odensystem

Tafel I

I									II	
1 **H** .00794									2 **He** 4.002602	1. Periode
bzw.	0b	Ib	IIb	IIIa	IVa	Va	VIa	VIIa	VIIIa	b)
9	**10**	**11**	**12**	**13**	**14**	**15**	**16**	**17**	**18**	a)
				5 **B** 10.811	6 **C** 12.011	7 **N** 14.00674	8 **O** 15.9994	9 **F** 18.998403	10 **Ne** 20.1797	2. Periode
op)				13 **Al** 26.981539	14 **Si** 28.0855	15 **P** 30.973762	16 **S** 32.066	17 **Cl** 35.4527	18 **Ar** 39.948	3. Periode
27 **Co** 8.933 20	28 **Ni** 58.6934	29 **Cu** 63.546	30 **Zn** 65.39	31 **Ga** 69.723	32 **Ge** 72.61	33 **As** 74.92159	34 **Se** 78.96	35 **Br** 79.904	36 **Kr** 83.80	4. Periode
45 **Rh** 2.90550	46 **Pd** 106.42	47 **Ag** 107.8682	48 **Cd** 112.411	49 **In** 114.818	50 **Sn** 118.710	51 **Sb** 121.760	52 **Te** 127.60	53 **I** 126.90447	54 **Xe** 131.29	5. Periode
77 **Ir** 92.217	78 **Pt** 195.08	79 **Au** 196.96654	80 **Hg** 200.59	81 **Tl** 204.3833	82 **Pb** 207.2	83 **Bi** 208.98037	84 **Po** *209.98286*	85 **At** *209.98714*	86 **Rn** *222.01757*	6. Periode
109 **Eka-Ir** *268*	110 **Eka-Pt** *271*	111 **Eka-Au** *272*	112 **Eka-Hg**	113 –	114 –	115 –	116 –	117 –	118 –	7. Periode
9	**10**	**11**	**12**	**13**	**14**	**15**	**16**	**17**	**18**	a)
bzw.	0B	IB	IIB	IIIB	IVB	VB	VIB	VIIB	VIIIB	c)

63 **Eu** 151.965	64 **Gd** 157.25	65 **Tb** 158.92534	66 **Dy** 162.50	67 **Ho** 164.93032	68 **Er** 167.26	69 **Tm** 168.93421	70 **Yb** 173.04	71 **Lu** 174.967
95 **Am** *43.06137*	96 **Cm** *247.07035*	97 **Bk** *247.07030*	98 **Cf** *251.07958*	99 **Es** *252.08282*	100 **Fm** *257.09510*	101 **Md** *258.09857*	102 **No** *259.10094*	103 **Lr** *260.10536*

„Die Wissenschaft sucht nach einem Perpetuum mobile.
Sie hat es gefunden: sie ist es selbst“.

VICTOR HUGO, 1863

Holleman-Wiberg

Lehrbuch der Anorganischen Chemie

begründet von A. F. Holleman
fortgeführt von Egon Wiberg

101., verbesserte und
stark erweiterte Auflage von

Nils Wiberg

W DE G
Walter de Gruyter
Berlin · New York 1995

Professor Dr. Nils Wiberg
Ludwig-Maximillians-Universität München
Institut für Anorganische Chemie
Meiserstraße 1
D-80333 München
e-mail: niw@anorg.chemie.uni-muenchen.de

Das Buch enthält 359 Abbildungen, 164 Tabellen und 6 Tafeln.

Chronologie

Autoren: Bis zur 19. Auflage (17. Edition) in den Jahren 1900–1927 Prof. Dr. Arnold Frederik Holleman (1859–1953), von der 20. bis zur 21. Auflage (18.-19. Edition) in den Jahren 1930–1937 Dr. E. H. Büchner, von der 22. bis zur 90. Auflage (20.–32. Edition) in den Jahren 1943–1976 Prof. Dr. Egon Wiberg (1901–1976), ab der 91. Auflage (33. Edition) Prof. Dr. Nils Wiberg (*1934; Mitarbeit ab der 34. Auflage, 1955).

1. Edition	1. Auflage 1900	18. Edition	20. Auflage 1930
2. Edition	2. Auflage 1903	19. Edition	21. Auflage 1937
3. Edition	3. Auflage 1904	20. Edition	22.– 23. Auflage 1943
4. Edition	4. Auflage 1906	21. Edition	24.– 25. Auflage 1945
5. Edition	5. Auflage 1907	22. Edition	26.– 27. Auflage 1951
6. Edition	6. Auflage 1908	23. Edition	28.– 29. Auflage 1951
7. Edition	7. Auflage 1909	24. Edition	30.– 31. Auflage 1952
8. Edition	8. Auflage 1910	25. Edition	32.– 33. Auflage 1953
9. Edition	9.–10. Auflage 1911	26. Edition	34.– 36. Auflage 1955
10. Edition	11.–12. Auflage 1913	27. Edition	37.– 39. Auflage 1956
11. Edition	13. Auflage 1916	28. Edition	40.– 46. Auflage 1958
12. Edition	14. Auflage 1918	29. Edition	47.– 56. Auflage 1960
13. Edition	15. Auflage 1919	30. Edition	57.– 70. Auflage 1964
14. Edition	16. Auflage 1920	31. Edition	71.– 80. Auflage 1971
15. Edition	17. Auflage 1921	32. Edition	81.– 90. Auflage 1976
16. Edition	18. Auflage 1925	33. Edition	91.–100. Auflage 1985
17. Edition	19. Auflage 1927	34. Edition	101. Auflage 1995

Die Deutsche Bibliothek – CIP-Einheitsaufnahme

Holleman, Arnold F.:
Lehrbuch der anorganischen Chemie / Holleman-Wiberg. Begr. von A. F. Holleman. Fortgef. von Egon Wiberg. – 101., verb. und stark erw. Aufl. / von Nils Wiberg. – Berlin ; New York : de Gruyter, 1995
ISBN 3-11-012641-9
NE: Wiberg, Egon; Wiberg, Nils [Bearb.]

∞ Gedruckt auf säurefreiem Papier, das die US-ANSI-Norm über Haltbarkeit erfüllt.

Satz und Druck: Tutte Druckerei GmbH, Salzweg-Passau. Buchbinderische Verarbeitung: Lüderitz & Bauer GmbH, Berlin. Einbandentwurf: Hansbernd Lindemann, Berlin.

Vorwort zur 101. Auflage

Der Text der vorliegenden 34. Edition (101. Auflage) des Lehrbuchs, das sich wie bisher sowohl an den *Anfänger, Fortgeschrittenen* und *Berufstätigen der Chemie* als auch an den *mit Chemie Befaßten anderer Wissensbereiche* (Physiker, Biologen, Geologen, Pharmazeuten, Lebensmittelchemiker, Mediziner usw.) wendet und das – ebenfalls wie bisher – sowohl *Grundlagen-* als auch zugleich *Stoffwissen* der anorganischen Chemie vermittelt, wurde weitestgehend umgestaltet, sorgfältig revidiert, erweitert und in großen Teilen neu gesetzt, so daß ein völlig neues Werk entstanden ist. Die Einbeziehung zusätzlicher Wissensgebiete und vieler aktueller chemischer Fakten dokumentiert sich in einer großen Zahl *hinzugekommener Haupt-* und *Unterkapitel,* zusätzlichen *Einfügungen* sowie vielen *neuen Tabellen, Figuren* und *Formelbildern.* Insbesondere alle mit der *Komplex-, metallorganischen* und *Festkörperchemie* befaßten Kapitel und Abschnitte wurden wesentlich ausgebaut, so daß das Lehrbuch erstmals *alle Zweige der Anorganischen Chemie* (Molekül-, Komplex-, Festkörper-, Kernchemie, ferner metallorganische und bioanorganische Chemie der bisher 111 bekannten Elemente) mit *gleichem Gewicht* erfaßt. Dementsprechend ermöglicht das Werk eine umfassende *Prüfungsvorbereitung* und – bei Nutzung der bis zum Jahre 1994 berücksichtigten Literaturzitate chemischer Artikel von Reviewcharakter – eine eingehende *Information über aktuelle chemische Sachgebiete* sowie einen schnellen *Zugang zu chemischen Daten.* Die nunmehr ausgewogene Darstellung aller anorganischen Wissensgebiete führte naturgemäß – trotz Straffung und Umorganisation vieler Abschnitte sowie Streichung entbehrlicher und überholter Angaben der vorhergehenden 33. Edition – zu einer deutlichen *Erweiterung des Werks.* Allerdings erreicht der Umfang der 34. Edition bei weitem noch nicht den Umfang vergleichbarer Lehrbücher der Grundlagen- und Stoffchemie zusammengenommen. Der Seitenzahlanstieg geht im wesentlichen auf die Einfügungen von drei Kapiteln allgemeinen Inhalts (Grundlagen der Komplexchemie; Grundlagen der Festkörperchemie; Überblick über wichtige Verbindungsklassen der Übergangsmetalle), auf die Erweiterungen im Anhang- und im Literaturteil sowie auf die Aufnahme vieler zusätzlicher Figuren, Formelbilder und Tabellen zurück.

Die bewährte Unterteilung des Textes in *Groß-* und *Kleingedrucktes,* welche dem Anfänger das *Auffinden* des für ihn zunächst *wichtigen Wissensstoffes* (Großdruck) und dessen Abtrennung vom Wissensstoff für Fortgeschrittene (Kleindruck) erleichtern soll, wurde beibehalten und weiter verfeinert. Auch die sehr weitgehende Gliederung des Textes in Haupt-, Unter-, Unterunterabschnitte usw. sowie die vielseitige Anwendung von *Halbfett-, Sperr-* und *Kursivdruck* dient dazu, das *Wesentliche* gegenüber dem weniger Wesentlichen *hervorzuheben* und *Blickpunkte* für eine leichtere *Orientierung* innerhalb des Buches zu schaffen. Des weiteren ermöglicht die *Textgestaltung* bei Nutzung der eingefügten *Querverweise* in der Regel ein Einlesen in jedes Buchkapitel *ohne eingehende Kenntnisse anderer Textabschnitte.* Viele neu hinzugekommene *zusammenfassende Überblicke* über Sachgebiete (siehe unten) erleichtern dem „eiligen" Studenten zudem die Prüfungsvorbereitung und verschaffen dem sich Orientierenden „rasch" Einblicke in Interessensgebiete. Ein *ausführliches Register* sorgt für die Auffindbarkeit eines jeden gewünschten Sachverhalts; auch ermöglichen „Datenbanken" vor dem Register (*Anhänge*) und im Vorspann (*Tafeln*) einen Zugang zu wichtigen *Kenndaten der Elemente* (s. unten).

Organisation des Lehrbuchs. Das Buch ist wie bisher in vier große Hauptteile (A, B, C, D) sowie einen Anhang (E) gegliedert. Im **Teil A** („*Grundlagen der Chemie*“; S. 1–295) werden zunächst – auf *induktivem Wege* – im Zusammenhang mit der *Zerlegung chemischer Stoffe* in zunehmend einfachere Bestandteile die Begriffe des Moleküls, Atoms, Elektrons, Protons und Neutrons abgeleitet und einige grundlegende Gesetze sowie das Periodensystem besprochen, dann – auf *deduktivem* Wege – im Zusammenhang mit dem *Aufbau chemischer Stoffe* aus einfachen Bestandteilen der Atom- und Molekülbau diskutiert sowie das chemische Gleichgewicht und wichtige Typen von Molekülumwandlungen (Redox-, Säure-Base-Reaktionen) erläutert. Die erworbenen Erkenntnisse finden schließlich im Zusammenhang mit der Behandlung des *Wasserstoffs und seiner Verbindungen* ihre Anwendung und Erweiterung. Es schließt sich in **Teil B** („*Hauptgruppen des Periodensystems*“; S. 297–1189) die systematische Abhandlung der Elemente der acht Hauptgruppen (Ausbau der äußersten Elektronenschalen), in **Teil C** („*Nebengruppen des Periodensystems*“; S. 1191–1716) die der äußeren Übergangselemente (Ausbau der zweitäußersten Elektronenschalen) und in **Teil D** („*Lanthanoide*“ und „*Actinoide*“; S. 1717–1824) die der inneren Übergangselemente (Ausbau der drittäußersten Elektronenschalen) an. Zum besseren Verständnis und zum raschen Erlangen eines Überblicks des Behandelten wird jeder der drei Teile durch *zusammenfassende Kapitel grundlegenden Inhalts* (Periodensystem sowie Trends der Elementeigenschaften; Grundlagen der Molekül-, Komplex-, Festkörper- sowie Kernchemie) eingeleitet, der Teil C zudem durch ein *zusammenfassendes Kapitel stofflichen Inhalts* (Überblicke über wichtige Verbindungsklassen der Übergangsmetalle) abgeschlossen. Der abschließende **Teil E** („*Anhang*“) enthält *Zahlentabellen*, einen Abschnitt über *SI-Einheiten*, ihre Definition und ihre Umrechnung in andere gebräuchliche Maßeinheiten, Tabellen der *natürlichen Nuklide*, der *Radien von Atomen und Ionen*, der *Bindungslängen zwischen Hauptgruppenelementen*, der *Normalpotentiale unterschiedlicher Elementwertigkeiten*, ferner eine Übersicht über die bisherigen *Nobelpreisträger* für Chemie und Physik. „*Tafeln*“ im vorderen und hinteren Vorsatz sowie im Vorspann informieren zudem über das *Lang-* und *kombinierte Periodensystem* (Taf. I, VI), über *Namen*, *Nummern*, *Massen*, *Entdecker*, *Häufigkeiten der Elemente* (Taf. II) sowie über *atomare*, *physikalische*, *chemische*, *biochemische*, *toxische Elementeigenschaften* (Taf. III, IV, V).

Umgestaltungen, Erweiterungen, Ergänzungen. Bei der Umarbeitung der 33. Edition des Lehrbuchs blieb fast keine Seite unverändert. Die **Grundlagenchemie**, die vielfach das Kernstück der Ausbildung von Chemieanfängern und Nebenfachstudenten darstellt, wurde – in noch stärkerem Maße als in der vorausgehenden Edition – *ausgebaut* und in eigenen Kapiteln sowie Abschnitten *übersichtlich zusammengefaßt* (s. oben)[1)].

Eingreifende Änderungen erfuhren auch alle Kapitel über **Stoffchemie**. So enthalten die Elementunterkapitel nunmehr durchgängig u. a. Hinweise auf die betreffenden *Elementisotope* und ihre Anwendungen, auf die *Geschichte* des Elements und seiner wichtigen Elementverbindungen, auf die *Physiologie* des betrachteten Elements und seiner Verbindungen sowie auf das Verhalten des *Elements in Verbindungen* (Oxidationsstufen, Koordinationszahlen, Bindungspartner, Clusterbildungstendenz, Redoxverhalten in Wasser usw.). Auch wurden die Angaben zur *technischen Darstellung* sowie zur *Verwendung* der Elemente und ihrer Verbindungen auf den neuesten Wissensstand gebracht. Textliche und tabellarische Erweiterungen erfuhren ferner alle Kapitel über *Verbindungen der Elemente* mit *Wasserstoff*, *Halogenen*, *Pseudohalogenen*, *Chalkogenen* und *Pentelen*. Jedes Kapitel über Metalle und Halbmetalle informiert nunmehr zudem über das *Salz-* und *Komplexbildungsverhalten* sowie über *organische Verbindungen* des betreffenden Elements. Berücksichtigung fanden in diesem Zusammenhang u. a. auch *binäre* und *ternäre*

---

1 Von den *neu hinzugekommenen Grundlagen-Unterkapiteln* seien nur einige erwähnt: Vergleichende Übersicht über die Elemente (S. 61), Mehrelektronenzustände (S. 99), Ionenradien (S. 126), Farbe chemischer Stoffe (S. 166), Molekülsymmetrie (S. 173), Trends einiger Eigenschaften der Hauptgruppenelemente, Nebengruppenelemente, Lanthanoide und Actinoide (S. 302, 1197, 1722), räumlicher Bau der Moleküle (S. 315), die Isomerie der Moleküle (S. 322), relativistische Effekte (S. 338), nucleophile Substitutionen an tetraedrischen und pseudotetraedrischen Zentren (S. 395), Stereochemie der Moleküle (S. 403), stereochemische Dynamik (S. 413), Laser und ihre Anwendungen (S. 868), Bau und Stabilität der Übergangsmetallkomplexe (S. 1206), Metallcluster (S. 1214), Komplexstabilität (S. 1218), Chelateffekt (S. 1221), räumlicher Bau der Komplexe (S. 1225), Stereoisomerie der Komplexe (S. 1236), Isolobalitätsprinzip (S. 1246), Bindungsmodelle (VB-, LF-, MO-Theorie) der Übergangsmetallkomplexe (S. 1243, 1250, 1270), magnetisches und optisches Verhalten der Komplexe (S. 1250, 1264), Reaktionsmechanismen (Substitutionen, Umlagerungen, Redoxreaktionen) der Übergangsmetallkomplexe (S. 1275, 1286, 1288), Anwendungen der Magnetochemie auf Übergangsmetallkomplexe (S. 1304), elektrische Eigenschaften der Festkörper (S. 1310), Supraleiter (S. 1315), Skelettelektronenabzählregeln von Wade und Mingos (S. 997, 1615), Nichtstöchiometrie (S. 1620), asymmetrische und superasymmetrische Kernspaltung (S. 1729), Dosimetrie (S. 1735), Mechanismus des radioaktiven Zerfalls (S. 1743), Höhenstrahlung (S. 1748), optisches Verhalten der Lanthanoide und Actinoide (S. 1784, 1802), stellare Energie und Masse (S. 1763, 1764), Evolution des Universums (S. 1765), Elementhäufigkeiten im Kosmos (S. 1766).

Chalkogenidphasen, bioanorganische Problemstellungen und – last not least – *umweltchemische Vorgänge und Gefahren*[2].

Auszeichnungen. Zur Erzielung eines „ruhigeren" Schriftbildes wurde bei allen neu konzipierten Hauptkapiteln des Lehrbuchs (III, IX, XVI–XXXVI) auf den Sperrdruck verzichtet und an dessen Stellen vermehrt *Kursivdruck* für Hervorhebungen und Schaffung von Blickpunkten genutzt. Einige Hauptkapitel (I, II, IV, VII, VIII) bzw. Unterkapitel von Hauptkapiteln (V, VI, X–XV) der 33. Edition, die weniger eingreifende Umänderungen erfuhren, wurden in die 34. Edition – nach kostensparender Tektur – übernommen und weisen dementsprechend noch Sperrungen auf.

Literaturzitate. Die in Fußnoten wiedergegebenen Zitate von *Sammelreferaten*[3] und *Monographien*, die den Lesern ein tieferes Eindringen in die aktuellen Teilgebiete der anorganischen Chemie erleichtern sollen, wurden sehr stark vermehrt (die Literatur ist bis Ende 1993, in vielen Fällen darüber hinaus berücksichtigt).

Dank. Bei der Neubearbeitung des Lehrbuchs erfreute ich mich der Mithilfe zahlreicher Leser, die mich in Zuschriften und mündlichen Gesprächen auf Verbesserungsmöglichkeiten hinwiesen und wertvolle Vorschläge zur Umgestaltung von Buchabschnitten machten. Erwähnt und bedankt seien hierfür: S. Appel, Schmelz; E. Aust, Budenheim; Prof. Dr. G. Binsch †, München; M. Blohm, Ilow; Prof. Dr. H. Bode, Hannover; G. Brauer, München; M. Brunner, Dosenheim; Prof. Dr. J. W. Buchler, Darmstadt; Dr. H. Cambensi, München; Akad. Dir. E. Diemann, Bielefeld; P. Dormann, Münster; Dr. H. Endres, Düsseldorf; Prof. Dr. E. Fluck, Frankfurt; Dr. E. Faninger, Ljubljana; K. Gerlach, Theilheim; B. Glaser, Wuppertal; F. Glatz, München; G. Glück, Mainz; C. Görsmann, Gehrden; Prof. Dr. N. N. Greenwood, Leeds; Prof. Dr. P. Gütlich, Mainz; Prof. Dr. A. Haaland, Oslo; Prof. Dr. Dr. A. Haas, Bochum; Dr. H. W. Häring, München; Akad. Dir. K. Häusler, München; H.-P. Hagin, Paderborn; Prof. Dr. E. Hahn, Berlin; J. Haller, Kiel; Ch. Hasse, Marburg; Prof. Dr. G. Heller, Berlin; Prof. Dr. E. Hengge, Graz; Prof. Dr. H. Heusinger, München; Prof. Dr. E. Hey-Hawkins, Leipzig; T. Hill, Hagen; M. von den Huwel, München; Prof. Dr. R. Janoschek, Graz; Prof. Dr. M. Jansen, Bonn; Dr. K. Karaghiosoff, München; Dr. F. Kämper, München; Dr. M. Kind, Ludwigshafen; StR. W. Klein, Hameln; G. Klugmann, Entringen; Prof. Dr. R. Kniep, Darmstadt; S. Koch, Steenbarg; S. Korn, Dieburg; S. Krebs, Kaiserslautern; S. Kockert, Schwedt; Dr. R. Köppe, München; Dr. J. Kroner, München; Ch. Liebner, Berlin; W.-D. Loos, Darmstadt; Prof. Dr. I.-P. Lorenz, München; J. Lorenzen, Kiel; P. Louridas, Aachen; Dr. M. Maurus, München; S.

---

2 Im einzelnen sei u. a. noch auf folgende *neu hinzugekommene, aktuelle und aktualisierte Stoffchemie-Unterkapitel* verwiesen: die Geosphäre (S. 61), die Biosphäre (S. 63), Chlor- und Bromoxide (S. 492, 497), angeregter und atomarer Sauerstoff (S. 509), die Atmosphäre (S. 517), der Kreislauf des Ozons (S. 519), Chemie in der Atmosphäre und ihre Folgen (S. 524), die Hydrosphäre (S. 527), Erdöl- und Rauchgasentschwefelung (S. 540, 568), Schwefelnitride (S. 599), Interchalkogene (S. 626), niedrigwertige Selen- und Tellurhalogenide (S. 620, 630), Pseudoelemente und Paraelemente (S. 668), Reinigung von Verbrennungsgasen und geregelter Dreiwegkatalysator (S. 694), acyclische, cyclische und käfigartige Phosphane (S. 738f), Tieftemperaturmatrix-isolierte Doppelbindungsmoleküle von Elementen der Phosphor-, Kohlenstoff- und Borgruppe (S. 770, 776, 915, 917, 960, 1036, 1077), Phosphate in der Biosphäre (S. 783), Farbe von Bismoranen (S. 828), die Fullerene (S. 839, 848), Vergleich von Silicium und Kohlenstoff (S. 882), Silene und Silylene (S. 902, 904), Hartstoffe (S. 918), anorganische Fasern und Whiskers (S. 935), anorganische Füllstoffe (S. 937), anorganische Farb-, Korrosionsschutz-, Glanz-, Magnetpigmente (S. 946), Keramiken (S. 947), Heteroborane (S. 989, 1021, 1025, 1026), Phosphorverbindungen des Bors (S. 1053), borhaltige Alkene und Alkine (S. 1056), Aluminiumsubhalogenide (S. 1076), III/V-Verbindungen (S. 1098), Arenkomplexe von Hauptgruppenelementen (S. 1103), Magnesium als Wasserstoffspeicher (S. 1118), Photosynthese (S. 1122), Alkalide und Elektride (S. 1167), Alkalimetallsub- und -peroxide (S. 1175), Komplexe mit Makrocyclen (S. 1184), photographischer Prozess (S. 1349), Gold in Verbindungen und „Vergolden" von Atomen (S. 1355), Goldcluster (S. 1359), die Transactinoide Eka-Hf bis Eka-Hg (S. 1418), Isopolymolybdate und -wolframate (S. 1464), Nitrogenase (S. 1442), eisen- und cobalthaltige Biowirkstoffe (S. 1530, 1560), Mono- und Diwasserstoffkomplexe (S. 1605), Disauerstoffkomplexe (S. 1623), Metallcluster vom Halogenid- und Carbonyl-Typ (S. 1617, 1629), hochreduzierte (Ellis-) Carbonylmetallate (S. 1647), Metallcarbonylwasserstoffe (S. 1648), Metallcarbonyl-Kationen (S. 1654), Chalkogenocarbonylkomplexe (S. 1655), Cyano- und Isocyanokomplexe (S. 1656, 1658), Nitrosylkomplexe (S. 1661), Distickstoffkomplexe (S. 1667), Übergangsmetallorganyle (S. 1673), Carben- und Carbinkomplexe (S. 1678, 1680), organische σ-Komplexe (S. 1681), Olefin-, Acetylen-, Aromatenkomplex (S. 1684, 1694, 1696), katalytische Prozesse unter Beteiligung von Metallorganylen (S. 1715), Bildung der Transurane in Kernreaktoren (S. 1770, 1798), radiochemische Eigenschaften der Actinoide (S. 1811).

3 Vgl. Anmerkung auf S. VIII.

Merchel, Köln; Dr. G. Meyer, Giessen; Prof. Dr. R. Minkwitz, Dortmund; A. Mohammed, Marburg; V. Monser, Aachen; Prof. Dr. W.-W. DuMont, Braunschweig; Prof. Dr. A. Müller, Bielefeld; Prof. Dr. H. Müller, Denzlingen; P. Nägele, Korntal-Münchingen; Prof. Dr. G. Nagorsen, München; M. de Paoli, Karlsruhe; F. Pauls, Frankfurt; G. Pelzer, Düren; Dr. P. Poganuich, Mainz; O. Reichardt, Arberg; Prof. Dr. Ch. Reichardt, Freiburg; B. Ringelmann, Trostberg; M. Ruppelt, Wunstorf; M. Sander, Ottobrunn; H. Schäfer, Dülmen; Prof. Dr. K. Schank, Saarbrücken; Prof. Dr. W.A. Schenk, Würzburg; J. Schirmacher, Braunschweig; Prof. Dr. P. von Ragué Schleyer, Erlangen; Prof. Dr. H. Schmidbaur, München-Garching; Prof. Dr. H.G. von Schnering, Stuttgart; Dr. W. Schnick, Bayreuth; J. Scholler, München; P. Seibel, Biedenkopf-Wallau; Ch. Seifert, Greven; Prof. Dr. D. Sellmann, Erlangen; Prof. Dr. A. Senning, Aarhus; Prof. Dr. L.R. Sita, Pasadena; O. Steigelmann, Landau-Mörzheim; Prof. Dr. R. Steudel, Berlin; O. Storz, Tübingen; Prof. Dr. G. Süss-Fink, Neuchâtel; Prof. Dr. R. Tacke, Karlsruhe; K. Trump, Bremen; Dr. W. Uhlenbrook, Marl; Prof. Dr. M. Veith, Saarbrücken; M. Wächter, Freiburg; Prof. Dr. F. Wagner, München; Prof. Dr. U. Wannagat, Graz; Prof. Dr. E. Weiß, Hamburg; Dr. M. Weller, Weinheim; Dr. E.E. Wille, Weinheim; Dr. H. Wittner, Singen; M. Wunder, Karlsruhe; T. Zimmermann, München; E. Zmarsky, Recklinghausen; Dr. Ch. Zybill, Singapur. Hervorheben möchte ich Herrn J. Bauhofer, der mir fast tausend kritische Anmerkungen zur 33. Edition des Lehrbuchs übersandte.

Einigen Kollegen schulde ich für ihre – teilweise sehr intensive – Mitarbeit bei der Umgestaltung und Modernisierung einiger Abschnitte des Lehrbuchs besonderen Dank: Prof. Dr. M. Baudler, Köln (Phosphorwasserstoffe); Prof. Dr. W. Beck, München (Grundlagen der Komplexchemie); Prof. Dr. H.-P. Boehm, München (Kohlenstoffmodifikationen, Grundlagen der Festkörperchemie); Prof. Dr. H. Brunner, Regensburg (Stereochemie); Prof. Dr. H.-J. Deiseroth, Stuttgart (Amalgame); Dr. J. Evers, München (Siliciummodifikationen); Prof. Dr. H.J. Frohn, Duisburg (Edelgasverbindungen); Dr. J. Hahn, Köln (Schwefel); Prof. Dr. K. Hartl, München (Natrium-Schwefel-Batterie, Abgasreinigung); Prof. Dr. W.A. Herrmann, München-Garching (Rheniumorganyle); Dr. E. Jakob, München (Fluoride); Prof. Dr. K. Kompa, München (Laser); Dr. H.J. Lunk, Berlin (Polymolybdate und -wolframate); Prof. Dr. H. Lux, München (Radiochemie); Prof. Dr. H. Nöth, München (Borgruppe); Prof. Dr. P.I. Paetzold, Aachen (Bor); Prof. Dr. Ch. Robl, Jena (Polymolybdate und -wolframate); Prof. Dr. H.W. Roesky, Göttingen (Schwefelnitride); Prof. Dr. O.J. Scherer, Kaiserslautern (Phosphor- und Arsenkomplexe); Prof. Dr. G. Schmid, Essen (Metallcluster); Prof. Dr. H. Schnöckel, Karlsruhe (Tieftemperaturmatrix-isolierte Moleküle); Prof. Dr. K. Seppelt, Berlin (hohe Koordina-

[3] Bei den Zeitschriften und Sammelwerken wurden folgende Abkürzungen gebraucht:

Acc. Chem. Res.	Accounts of Chemical Research	HOUBEN-WEYL	Houben-Weyl-Müller, Methoden der org. Chemie
Adv. Fluorine Chem.	Advances in Fluorine Chemistry	Hydrides	Hydrides of the Elements of Main Groups I–IV
Adv. Inorg. Chem. (and Radiochem.)	Advances in Inorganic Chemistry (and Radiochemistry)	J. Chem. Educ.	Journal of Chemical Education
Adv. Organomet. Chem.	Advances in Organometallic Chemistry	Progr. Inorg. Chem.	Progress in Inorganic Chemistry
Angew. Chem. (Int. Ed.)	Angewandte Chemie (International Edition in English)	Pure Appl. Chem.	Pure and Applied Chemistry
Chem. Rev.	Chemical Reviews	Quart. Rev.	Quarterly Reviews
Chem. Soc. Rev.	Chemical Society Reviews	Struct. Bond.	Structure and Bonding
Comprehensive	Comprehensive	Survey Progr. Chem.	Survey of Progress in Chemistry
– Coord. Chem.	– Coordination Chemistry		
– Inorg. Chem.	– Inorganic Chemistry	Topics Curr. Chem.	Topics in Current Chemistry
– Organomet. Chem.	– Organometalic Chemistry		
Fortschr. Chem. Forsch.	Fortschritte der chemischen Forschung	ULLMANN	Ullmann, Enzyklopädie der technischen Chemie
GMELIN	Gmelins Handbuch der Anorganischen Chemie	Umschau	Umschau in Wissenschaft und Technik

tionszahlen, Bromoxide); Dr. G. Siegert, Darmstadt (Transactinoide). Besonders danken möchte ich Herrn Prof. Dr. A. Schmidpeter, München, dafür, daß er mir während der fünfjährigen Erarbeitung der Neuauflage des „Holleman-Wibergs" mit vielen Diskussionsbeiträgen, Hinweisen auf Fehler der 33. Edition und Verbesserungs- sowie Erweiterungsvorschlägen für die 34. Edition unermüdlich zur Seite stand.

Zu großem Dank verpflichtet bin ich schließlich auch all jenen, die dazu beigetragen haben, daß die Neubearbeitung der vorliegenden Auflage des Lehrbuchs in druckfertiger Form abgeschlossen werden konnte: den am Münchener Institut für Anorganische Chemie tätigen Sekretärinnen U. Fitchie †, H. Mayer, C. Brackelmann für das Erstellen eines Typoskripts bzw. einer computerisierten Abschrift von Manuskriptteilen und Herrn M. Kidik, ferner den Diplomchemikern K. Amelunxen, H. Auer, F. Breitsameter, S. Dick, K. Eckstein, A. Fehn, J. Geike, B. Hailer, W. Hochmuth, W. Hoffmüller, T. Kerscher, P. Mürschel, W. Niedermayer, Ch. Seliger, K. Severin, A. Wörner sowie Dr. Ch. Finger, Dr. G. Hoffmann, Priv.-Doz. Dr. J. Kroner, Dr. K. Schurz, Priv.-Doz. Dr. K.-H. Sünkel, Priv.-Doz. Dr. W. Weigand und Dr. C. Wishnevsky für die Korrektur des Umbruchs. Herrn Dr. H. Pink, Starnberg, habe ich die sehr mühevolle Mitkorrektur des gesamten Vorumbruchs zu danken. Herr Dr. Weber (Verlag de Gruyter) betreute dankenswerterweise die Neuauflage bis zum Abschluß der Manuskriptarbeiten, Frau Ch. Speidel besorgte mit unermüdlichem Fleiß die vielen Neuzeichnungen der Figuren und Formelbilder, Frau M.-R. Dobler (Verlag de Gruyter) koordinierte mit großer Geduld die Wünsche des Autors, des Verlags und der Setzerei im Zuge der Herstellung des Lehrbuchs, die Setzerei Tutte, Salzweg-Passau, verwirklichte die im Manuskript verborgenen Vorstellungen des Autors in mühevoller Arbeit und führte die Buchherstellung zu einem guten Ergebnis. Bedanken möchte ich mich in diesem Zusammenhang auch bei Herrn Dr. Dr. h.c. H. Hassenpflug, der nach Beendigung der aktiven Verlagsarbeit von Herrn Dr. Weber trotz seiner zeitraubenden Tätigkeit als Leiter u.a. der natur-, rechts- und geisteswissenschaftlichen Verlagsabteilungen die Herstellung des Lehrbuchs unter seine Schirmherrschaft nahm. Er wirkte – im Sinne der Käufer – stets kostendämpfend, erfüllte aber nichtsdestotrotz dem Autor die meisten seiner Wünsche.

Herr Dr. G. Fischer unterzog sich wiederum in dankenswerter Weise der mühevollen Aufgabe der Neufassung des umfangreichen Sachregisters. Auch beteiligte er sich an der Korrektur der zahlreichen Figuren sowie Formelbilder, an der Erfassung neuer Kenndaten und an der Korrektur des Manuskripts. Meiner Familie bin ich für zahlreiche Hilfsdienste im Zusammenhang mit der Neubearbeitung des Lehrbuchs ebenfalls sehr verbunden. Besonders herzlich möchte ich mich auch an dieser Stelle bei meiner Frau Christel dafür bedanken, daß sie den Fortgang der Buchherstellung tatkräftig unterstützte (Erfassung geschichtlicher Daten, Kenndaten-Überprüfung, Erstellung einer computerisierten Abschrift von Manuskriptteilen, Mitkorrektur des gesamten Vorumbruchs, Erstellung des Personenregisters) und ihren Mann während der Buchbearbeitung mit leiblichen Genüssen und seelischen Aufmunterungen beglückte.

München, Sommer 1995

Nils Wiberg

Inhalt

Griechisches Alphabet

Buchstabe		Name	Aussprache
A	α	álpha	a
B	b	béta	b
Γ	γ	gámma	g
Δ	δ	délta	d
E	ε	épsilon	e (kurz)
Z	ζ	zéta	z
H	η	éta	e (lang)
Θ	ϑ, θ[a]	théta	th
I	ι	jóta	i
K	κ	káppa	k
Λ	λ	lámbda	l
M	μ	mü	m

[a] ϑ im deutschen, θ im anglo-amerikanischen Schrifttum.

Buchstabe		Name	Aussprache
N	ν	nü	n
Ξ	ξ	xi	x
O	ο	ómikron	o (kurz)
Π	π	pi	p
P	ϱ	rho	r
Σ	σ, ς[b]	sígma	s
T	τ	tau	t
ϒ	υ	ýpsilon	y
Φ	φ	phi	ph
X	χ	chi	ch
Ψ	ψ	psi	ps
Ω	ω	ómega	o (lang)

[b] σ am Anfang und in der Mitte, ς am Ende eines Wortes.

Wichtige Symbole

A	Arbeit freie Energie (Helmholtz-Energie) Massenzahl Aktivität des rad. Zerfalls
A_r	relative Atommasse
a	Aktivität
α	Dissoziationsgrad
$\boldsymbol{B}$	magnetische Induktion
C	molare Wärmekapazität
c	Konzentration
χ	Elektronegativität magnetische Suszeptibilität
d	Durchmesser, Abstand Dichte
δ	Partialladung
Δ	Differenz (z.B. ΔH = Reaktionsenthalpie $= H_{\text{Produkte}} - H_{\text{Edukte}}$) Wärmezufuhr bei chem. Reaktionen
E	Energie – Aktivierungs E_a – kinetische E_k – potentielle E_p
E_{MK}	elektromotorische Kraft
e	Elementarladung
ε	Dielektrizitätskonstante Redoxpotential
F	Kraft
G	freie Enthalpie (Gibbs-Energie)
H	Enthalpie
$\boldsymbol{H}$	magnetische Feldstärke
h	Höhe
η	Überspannung
I	Stromstärke
K	Kraft Gleichgewichtskonstante – Basereaktionen K_B – Gasreaktionen K_p – Lösungsreaktionen K_c – Säurereaktionen K_S
k	Konstante Reaktionsgeschwindigkeitskonstante $k_{\rightarrow}$
L	Löslichkeitsprodukt
l	Abstand, Länge
Λ	molare Leitfähigkeit
λ	Wellenlänge Zerfallskonstante rad. Stoffe
M	molare Masse
M_r	relative Molekülmasse
$\boldsymbol{M}$	Magnetisierung
m	Masse Atomzahl
μ	Dipolmoment magnetische Permeabilität
$\boldsymbol{\mu}_{mag}$	magnetisches Moment
N	Teilchenzahl
n	Atomzahl (auch m, o usw.) Molzahl Neutronenzahl
ν	Frequenz
$\tilde{\nu}$	Wellenzahl
p	Druck Protonenzahl
Q	Wärme (auch W)
R	Elektrischer Widerstand
r	Radius Reaktionsgeschwindigkeit $r_{\rightarrow}$
S	Entropie
T	absolute Temperatur
t	Celsiustemperatur Zeit
$\tau_{1/2}$	Halbwertszeit
U	elektrische Spannung innere Energie
V	Volumen
v	Geschwindigkeit Reaktionsgeschwindigkeit $v_{\rightarrow}$
y	Aktivitätskoeffizient
Z	Ionenladungszahl Kernladungszahl

[a] Bezüglich der Symbole für atomare Konstanten vgl. S. 1827

Tafel II Elemente

Element (radioak. rot)	Nummer Symbol	relative Atommasse[a)]	Entdecker (Jahr) und/oder Erstgewinner (*Jahr*)	Verteilung der Elemente Gew.-%[b)]	$\frac{mg}{kg}$ Kruste[c)]	$\frac{mg}{l}$ Meer[c)]	$\frac{mg}{kg}$ Mensch
Actinium	89 **Ac**	227.027751	Debierne (1899)	6×10^{-14}	6×10^{-10}	–	–
Aluminium	13 **Al**	26.981539(5)	Oersted (*1825*), Wöhler (*1827*)	7.7	81600	0.005	0.5
Americium	95 **Am**	241.0568246 243.0613741	Seaborg, James, Morgan Ghiorso (1944)	–	–	–	–
Antimon	51 **Sb**	121.757(3)	Valentin (*1492*)	2×10^{-5}	0.02	0.001	–
Argon	18 **Ar**	39.948(1)	Raleigh, Ramsey (*1894*)	3.6×10^{-4}	–	0.45	–
Arsen	33 **As**	74.92159(2)	Albertus Magnus (ca. *1250*)	1.7×10^{-4}	1.8	0.0023	0.05
Astat	85 **At**	209.987143	Corson, McKenzie, Segré (1940)	3×10^{-24}	3×10^{-20}	2×10^{-14}	–
Barium	56 **Ba**	137.327(7)	Scheele (1774), Davy (*1809*)	0.04	425	0.05	0.3
Berkelium	97 **Bk**	249.0749844	Thomson, Ghiorso, Seaborg (1949)	–	–	–	–
Beryllium	4 **Be**	9.012182(3)	Wöhler (*1828*)	2.7×10^{-4}	2.8	6×10^{-7}	–
Bismut[d)]	83 **Bi**	208.98037(3)	unbekannt (Antike)	2×10^{-5}	0.2	2×10^{-5}	–
Blei[e)]	82 **Pb**	207.2(1)	unbekannt (vor 1480)	1.2×10^{-5}	13	3×10^{-5}	0.5
Bor	5 **B**	10.811(5)	Gay-Lussac, Thenard, Davy (*1808*)	0.001	10	4.5	0.2
Brom	35 **Br**	79.904(1)	Balard (*1826*)	6×10^{-4}	2.5	68	2
Cadmium	48 **Cd**	112.411(8)	Stromeyer (*1817*)	2×10^{-5}	0.2	5×10^{-5}	0.4
Cäsium	55 **Cs**	132.90543(5)	Bunsen, Kirchhoff (1860)	3×10^{-4}	3	5×10^{-4}	–
Calcium	20 **Ca**	40.078(4)	Berzelius, Pontin (1808)	3.4	36400	410	15000
Californium	98 **Cf**	249.0748486 252.081622	Thompson, Street, Ghiorso Seaborg (1950)	–	–	–	–
Cer	58 **Ce**	140.115(4)	Berzelius, Hisinger, Klaproth	0.006	6.0	1.2×10^{-6}	–
Chlor	17 **Cl**	35.4527(9)	Scheele (*1774*) (1803)	0.11	130	18100	1400
Chrom	24 **Cr**	51.9961(6)	Vauquelin (1791, *1798*)	0.01	100	6×10^{-4}	0.03
Cobalt	27 **Co**	58.93320(1)	Brandt (*1735*)	2.4×10^{-3}	25	8×10^{-5}	0.03
Curium	96 **Cm**	244.0627477 248.072345	Seaborg, James, Morgan Ghiorso (1944)	–	–	–	–
Dysprosium	66 **Dy**	162.50(3)	de Boisbaudran (1886)	3×10^{-4}	3.0	9.1×10^{-7}	–
Einsteinium	99 **Es**	253.0848226 254.088021	amerikanisches Forscherteam (1952)	–	–	–	–
Eisen[e)]	26 **Fe**	55.847(3)	unbekannt (Antike)	4.7	50200	0.003	60
Erbium	68 **Er**	167.26(3)	Mosander (1843)	2.7×10^{-4}	2.8	9×10^{-7}	–
Europium	63 **Eu**	151.965(9)	Demarcay (1901)	1.1×10^{-4}	1.2	1.3×10^{-7}	–
Fermium	100 **Fm**	255.089958 257.095103	amerikanisches Forscherteam (1952)	–	–	–	–
Fluor	9 **F**	18.9984032(9)	Moissan (*1886*)	0.06	625	1.4	10
Francium	87 **Fr**	223.019734	Perey (1939)	1.3×10^{-21}	1.3×10^{-17}	6×10^{-16}	–
Gadolinium	64 **Gd**	157.25(3)	de Marignac (1880)	5.2×10^{-4}	5.4	7×10^{-7}	–
Gallium	31 **Ga**	69.723(1)	de Boisbaudran (*1875*)	1.6×10^{-3}	15	3×10^{-5}	–
Germanium	32 **Ge**	72.61(2)	Winkler (*1886*)	1.4×10^{-4}	1.5	6×10^{-5}	–
Gold[e)]	79 **Au**	196.96654(3)	unbekannt (Antike)	4×10^{-7}	0.004	5×10^{-5}	–
Hafnium	72 **Hf**	178.49(2)	Coster, Hevesy (1922, *1923*)	3×10^{-4}	3	–	–
Helium	2 **He**	4.002602(2)	Janssen, Lockyer (1868), Ramsay, Cleve (*1895*)	4.2×10^{-7}	–	7.2×10^{-6}	–
Holmium	67 **Ho**	164.93032(3)	Cleve, Soret (1879)	1.1×10^{-4}	1.2	2×10^{-7}	–
Indium	49 **In**	114.818(3)	Reich, Richter (*1863*)	1×10^{-5}	0.1	1×10^{-7}	–
Iod[d)]	53 **I**	126.90447(3)	Courtois (*1811*)	5×10^{-5}	0.5	0.06	1
Iridium	77 **Ir**	192.22(3)	Tennant (*1804*)	1×10^{-7}	0.001	–	–
Kalium	19 **K**	39.0983(1)	Davy (*1807*)	2.4	26000	380	2200
Kohlenstoff[e)]	6 **C**	12.011(1)	unbekannt (prähist. Zeit)	0.02	200	28	181000
Krypton	36 **Kr**	83.80(1)	Ramsay, Travers (*1898*)	1.9×10^{-8}	–	2.1×10^{-4}	–
Kupfer[e)]	29 **Cu**	63.546(3)	unbekannt (Antike)	0.005	55	0.003	3
Lanthan	57 **La**	138.9055(2)	Mosander (1839)	0.003	30	3.4×10^{-6}	–
Lawrencium	103 **Lr**	256.09857 260.10536	Ghiorso, Sikkeland, Larsh, Latimer (1961)	–	–	–	–
Lithium	3 **Li**	6.941(2)	Arfevedson (1817), Davy (*1818*)	0.002	20	0.18	0.03
Lutetium	71 **Lu**	174.967(1)	v. Weisbach, Urbain (1905)	5×10^{-5}	0.5	1×10^{-7}	–
Magnesium	12 **Mg**	24.3050(6)	Davy (*1809*)	2.0	21000	1300	470
Mangan	25 **Mn**	54.93805(1)	Scheele (1774), Gahn (*1774*)	0.091	950	0.002	0.3
Mendelevium	101 **Md**	256.09385 258.09857	Ghiorso, Harvey, Choppin, Thompson, Seaborg (1955)	–	–	–	–

a) In Klammern Standardabweich. der letzt. Ziffer. Radionuklide: jeweils wichtigste vermerkt (U: nat. Isotopengemisch; für längstlebige Nuklide vgl. Tafeln III–V). – **b)** Erdhülle. – **c)** mg/kg = g/t = mg/l Wasser. **d)** Früher: Wismut, Kobalt, Jod, Niob, Vanadin. – **e)** In Verbindungen (empfohlener Name: fett): **Plumbum** (Pb), **Ferrum** (Fe), **Aurum** (Au), **Cuprum** (Cu), **Carbon** (C), **Niccolum** (Ni), **Mercurium** (Hg), **Oxygen** (O), **Sulfur** (S), **Argentum** (Ag), **Nitrogen** (N), **Hydrogen** (H), **Stannum** (Sn).

Tafel II Elemente

Element (radioak. rot)	Nummer Symbol	relative Atommasse[a]	Entdecker (Jahr) und/oder Erstgewinner (*Jahr*)	Verteilung der Elemente Gew.-%[b]	$\frac{mg}{kg}$ Kruste[c]	$\frac{mg}{l}$ Meer[c]	$\frac{mg}{kg}$ Mensch
Molybdän	42 **Mo**	95.94(1)	Scheele (1778), Hjelm (*1782*)	1.4×10^{-4}	1.5	0.01	0.07
Natrium	11 **Na**	22.989768(6)	Davy (*1803*)	2.7	28400	11000	1500
Neodym	60 **Nd**	144.24(3)	v. Welsbach (1885)	2.7×10^{-3}	28	2.8×10^{-6}	–
Neon	10 **Ne**	20.1797(6)	Ramsey, Travers (*1898*)	5×10^{-7}	–	1.2×10^{-4}	–
Neptunium	93 **Np**	237.0481688	McMillan, Abelson (1940)	4×10^{-17}	4×10^{-13}	–	–
Nickel[e]	28 **Ni**	58.6934(2)	Cronstedt (*1751*)	7.2×10^{-3}	75	0.002	0.014
Niobium	41 **Nb**	92.90638(2)	Hatchett (1801)	0.002	20	1×10^{-6}	0.8
Nobelium	102 **No**	255.09326 259.100941	Ghiorso, Sikkeland, Walton, Seaborg (1958)	–	–	–	–
Osmium	76 **Os**	190.23(3)	Tennant (*1804*)	5×10^{-7}	0.005	–	–
Palladium	46 **Pd**	106.42(1)	Wollaston (*1803*)	1×10^{-6}	0.01	–	–
Phosphor	15 **P**	30.973762(4)	Brand (*1669*)	0.1	1000	0.07	10000
Platin	78 **Pt**	195.08(3)	unbekannt (Antike)	1×10^{-6}	0.01	–	–
Plutonium	94 **Pu**	239.0521578 244.064200	Seaborg, Kennedy, McMillan, Wahl (1941)	2×10^{-19}	2×10^{-15}	–	–
Polonium	84 **Po**	209.982864	M. Curie (*1898*)	2×10^{-14}	2×10^{-10}	–	–
Praseodym	59 **Pr**	140.90765(3)	v. Welsbach (1885) (1945)	8.0×10^{-4}	8, 2	–	–
Promethium	61 **Pm**	146.915148	Marinsky, Glendenin, Corvell	1×10^{-19}	1×10^{-15}	–	–
Protactinium	91 **Pa**	231.0358809	Fajans (1913), Göhring (*1913*)	9×10^{-11}	9×10^{-7}	2×10^{-19}	–
Quecksilber[e]	80 **Hg**	200.59(2)	unbekannt (Antike)	8×10^{-6}	0.08	5×10^{-5}	–
Radium	88 **Ra**	226.025406	Curie (1898), Debierne (*1910*)	1×10^{-10}	1×10^{-6}	1×10^{-10}	–
Radon	86 **Rn**	222.017574	Dorn, Rutherford, Soddy (*1900*)	6×10^{-16}	6×10^{-12}	–	–
Rhenium	75 **Re**	186.207(1)	Noddack, Tacke, Berg (1925, *1926*)	1×10^{-7}	0.001	1×10^{-6}	–
Rhodium	45 **Rh**	102.90550(3)	Wollaston (*1803*)	5×10^{-7}	0.05	–	–
Rubidium	37 **Rb**	85.4678(3)	Bunsen, Kirchhoff (1861, *1862*)	0.009	90	0.12	16
Ruthenium	44 **Ru**	101.07(2)	Claus (*1844*)	1×10^{-6}	0.01	7×10^{-7}	–
Samarium	62 **Sm**	150.36(3)	de Boisbaudran (1879)	6×10^{-4}	6.0	4.5×10^{-7}	–
Sauerstoff[e]	8 **O**	15.9994(3)	Scheele (*1772*), Priestley (*1774*)	48.9	467600	860500	654000
Scandium	21 **Sc**	44.955910(9)	Nilson (1879)	2.1×10^{-3}	22	1.5×10^{-6}	–
Schwefel[e]	16 **S**	32.066(6)	unbekannt (Antike)	0.030	260	928	2500
Selen	34 **Se**	78.96(3)	Berzelius (*1818*)	5×10^{-6}	0.05	4.5×10^{-4}	0.2
Silber[e]	47 **Ag**	107.8682(2)	unbekannt (prähist. Zeit)	7×10^{-6}	0.07	1×10^{-4}	–
Silicium	14 **Si**	28.0855(3)	Berzelius (*1824*)	26.3	278600	1	20
Stickstoff	7 **N**	14.00674(7)	Scheele (*1772*)	0.017	20	0.5	30000
Strontium	38 **Sr**	87.62(1)	Grawford (1790), Davy (*1809*)	0.036	375	8.5	4
Tantal	73 **Ta**	180.9479(1)	Ekeberg (1802), Berzelius (*1825*)	2×10^{-4}	2	2×10^{-5}	–
Technetium	43 **Tc**	98.906252	Perrier, Segré (1937)	–	–	–	–
Tellur	52 **Te**	127.60(3)	v. Reichenstein (*1782*)	1×10^{-6}	0.01	–	–
Terbium	65 **Tb**	158.92534(3)	Mosander (1843)	9×10^{-5}	0.9	1.4×10^{-7}	–
Thallium	81 **Tl**	204.3833(2)	Crookes (1861), Lamy (*1862*)	5×10^{-5}	0.5	1×10^{-6}	–
Thorium	90 **Th**	232.0380538	Berzelius (1828)	0.0011	11	4×10^{-8}	–
Thulium	69 **Tm**	168.93421(3)	Cleve, Soret (1879)	5×10^{-5}	0.5	2×10^{-7}	–
Titan	22 **Ti**	47.88(3)	Gregor (1791), Berzelius (*1825*)	0.42	4400	0.001	–
Uran	92 **U**	238.0289(1)	Klaproth (1789), Peligot (*1841*)	1.7×10^{-4}	1.8	0.0033	–
Vanadium[d]	23 **V**	50.9415(1)	Sefström (1830), Roscoe (*1867*)	0.013	135	1.5×10^{-3}	0.3
Wasserstoff[e]	1 **H**	1.00794(7)	Cavendish (*1766*)	0.74	1400	107300	101000
Wolfram	74 **W**	183.84(1)	Scheele (1871), d'Elhuyar (*1783*)	1.5×10^{-4}	1.5	1.2×10^{-4}	–
Xenon	54 **Xe**	131.29(2)	Ramsay, Travers (*1898*)	2.5×10^{-4}	–	5×10^{-6}	–
Ytterbium	70 **Yb**	173.04(3)	de Marignac (1878)	3.3×10^{-4}	3.4	8×10^{-7}	–
Yttrium	39 **Y**	88.90585(2)	Gadolin (1794), Wöhler (*1828*)	3.2×10^{-3}	33	1.3×10^{-5}	–
Zink	30 **Zn**	65.39(2)	13. Jahrh., Marggraf (1746)	0.007	70	0.005	40
Zinn[e]	50 **Sn**	118.710(7)	unbekannt (Antike)	2×10^{-4}	2	1×10^{-5}	2
Zirconium	40 **Zr**	91.224(2)	Klaproth (1789), Berzelius (*1824*)	0.016	165	2.6×10^{-6}	4

Element	Nummer	relative Atommasse	Entdecker (Jahr)	
Eka-Hf	104	261.10869	Ghiorso, Flerov (1969/64)	**Transactinoide** (vgl. hierzu S. 1392 sowie Anm.[17]), S. 1418)
Eka-Ta	105	262.11384	Ghiorso, Flerov (1971/67)	
Eka-W	106	263.118	Flerov, Ghiorso et al. (1974)	
Eka-Re	107	262.12	Armbruster, Hofmann, Münzenberg et al. (1981)	
Eka-Os	108	265	Armbruster, Hofmann, Münzenberg et al. (1983)	
Eka-Ir	109	268	Armbruster, Hofmann, Münzenberg et al. (1982)	
Eka-Pt	110	271	Armbruster, Hofmann, Münzenberg et al. (1994)	
Eka-Au	111	272	Armbruster, Hofmann, Münzenberg et al. (1994)	
Eka-Hg	112		Armbruster, Hofmann, Münzenberg et al. (1995?)	

Tafel III Hauptgruppenelemente

	H (s. u.)							He (s. u.)
Elementeigenschaften [a]	**Li**	**Be**	**B**	**C**	**N**	**O**	**F**	**Ne**
Rel. Atommasse A_r [b]	6.941	9.012182	10.811	12.011	14.00674	15.9944	18.998403	20.1797
Nat. Isotope Z_{Isotop} [c]	2	1	2	2 + *1*	2	3	1	3
1. Ionisierungsenergie **IE** [eV]	5.320	9.321	8.297	11.257	14.53	13.36	17.42	21.563
2. Ionisierungsenergie **IE** [eV]	75.63	18.21	25.15	24.38	29.60	35.11	34.97	40.96
3. Ionisierungsenergie **IE** [eV]	122.4	153.9	37.93	47.88	47.44	54.93	62.70	63.45
Elektronenaffinität **EA**	−0.618	+0.5	−0.277	−1.263	+0.07	−1.461	−3.399	1.2
Atomradius r_{Atom} [A] [d]	1.57	1.113	0.82/α-B	*0.77*	*0.70*	*0.66*	*0.64*	–
Dichte **d** [g/cm^3]	0.534	1.8477	2.46/α-B	3.514/Dia	0.880/Sdp.	1.140/Sdp.	1.513/Sdp.	1.207/Sdp.
Schmelzpunkt **Smp.** [°C]	180.54	1278	–	–	−209.99	−218.75	−219.62	−248.606
Siedepunkt **Sdp.** [°C]	1347	≈ 2500	2250/Sblp.	3370/Sblp.	−195.82	−182.97	−188.14	−246.08
Schmelz-Enthalpie H_S [kJ]	4.93	9.80	22.2	105.0	0.720	0.444	0.51	0.324
Verdampfg.- " H_V [kJ]	147.7	308.8	504.5	710.0	5.577	6.82	6.54	1.736
Spez. Leitfähigkeit Λ_s [S/cm]	1.17×10^5	2.50×10^5	5.56×10^{-7}	7.27×10^2 Gra	–	–	–	–
Elektronegativität **EN** [e]	0.97/1.0	1.47/1.5	2.01/2.0	2.50/2.5	3.07/2.5	3.50/3.5	4.10/4.0	4.8/–
Atomisierg.-Enthalpie **AE** [kJ]	159.37	324.6	562.7	716.682	472.704	249.170	78.99	0
E_2-Dissoziat.- " **DE** [kJ]	106.48	10	297	607	945.33	498.34	157.9	3.93
Hydratisierg.- " $\Delta H_{Hydr.}$ [kJ] [f]	-521^{I}	-2455^{II}	–	–	–	–	-458^{-I}	–
Normalpotentiale ε_0 [V]	-3.040^{I}	-1.97^{II}	-0.890^{III}	$+0.206^{IV}$	$+1.45^{III}$	$+1.229^{-II}$	$+3.053^{-I}$	–
Element essentiell? [h]	–	–	+ (Pflanz.)	⊕	⊕	⊕	⊕	–
Element/Ion toxisch? [i]	+ (t,s)	+++ (c)	–	–	–	+++ (O_3)	++ (F^-)	–
Elementeigenschaften [a]	**Na**	**Mg**	**Al**	**Si**	**P**	**S**	**Cl**	**Ar**
Rel. Atommasse A_r [b]	22.989768	24.3050	26.981539	28.0855	30.973762	32.066	35.4527	39.948
Nat. Isotope Z_{Isotop} [c]	1	3	1	3	1	4	2	3
1. Ionisierungsenergie **IE** [eV]	5.138	7.642	5.984	8.151	10.485	10.360	12.966	15.759
2. Ionisierungsenergie **IE** [eV]	47.28	15.03	18.83	16.34	19.72	23.33	23.80	27.62
3. Ionisierungsenergie **IE** [eV]	71.63	80.14	28.44	33.49	30.18	34.83	39.65	40.71
Elektronenaffinität **EA**	−0.546	+0.4	−0.456	−1.385	−0.747	−2.077	−3.617	+1.0
Atomradius r_{Atom} [Å] [d]	1.91	1.599	1.432	*1.17*	*1.10*	*1.04*	*0.99*	–
Dichte **d** [g/cm^3]	0.971	1.738	2.699	2.328	1.8232/P_4	2.06	1.565/Sdp.	1.381/Sdp.
Schmelzpunkt **Smp.** [°C]	97.82	648.8	660.37	1410	44.25/P_4	119.6	−101.00	−189.37
Siedepunkt **Sdp.** [°C]	881.3	1105	2330	2477	280.5/P_4	444.6	−34.06	−185.88
Schmelz-Enthalpie H_S [kJ]	2.64	9.04	10.67	39.6	2.51/P_4	2.49	6.41	1.21
Verdampfg.- " H_V [kJ]	99.2	127.6	290.8	383.3	51.9/P_4	10.76	20.40	6.53
Spez. Leitfähigk. Λ_s [S/cm]	2.38×10^5	2.25×10^5	3.767×10^5	um 10^{-6}	1×10^{-11}/P_4	5×10^{-16}	–	–
Elektronegativität **EN** [e]	1.01/0.9	1.23/1.2	1.47/1.5	1.74/1.8	2.06/2.1	2.44/2.5	2.83/3.0	3.2/–
Atomisierg.-Enthalpie **AE** [kJ]	107.32	147.70	326.4	455.6	314.64/P_4	278.805	121.679	0
E_2-Dissoziat.- " **DE** [kJ]	77	8.552	186.2	326.8	489.5	425.01	242.58	4.73
Hydratisierg.- " $\Delta H_{Hydr.}$ [kJ] [f]	-406^{I}	-1922^{II}	-4616^{III}	–	–	–	-384^{-I}	–
Normalpotentiale ε_0 [V] [f,g]	-2.713^{I}	-2.356^{II}	-1.676^{III}	-0.909^{IV}	-0.502^{III}	$+0.144^{-II}$	$+1.358^{-I}$	–
Element essentiell? [h]	⊕	⊕	–	⊕	⊕	⊕	⊕	–
Element/Ion toxisch?	–	–	–	–	+++ (P_4)	–	− (Cl^-)	–
Elementeigenschaften [a]	**K**	**Ca**	**Ga**	**Ge**	**As**	**Se**	**Br**	**Kr**
Rel. Atommasse A_r [b]	39.0983	40.078	69.723	72.61	74.92159	78.96	79.904	83.80
Nat. Isotope Z_{Isotop} [c]	2 + *1*	6	2	5	1	5 + *1*	2	6
1. Ionisierungsenergie **IE** [eV]	4.340	6.111	5.998	7.898	9.814	9.751	11.814	13.998
2. Ionisierungsenergie **IE** [eV]	31.62	11.87	20.51	15.93	18.63	21.18	21.80	24.35
3. Ionisierungsenergie **IE** [eV]	45.71	50.89	30.71	34.22	28.34	30.82	36.27	36.95
Elektronenaffinität **EA**	−0.502	+0.3	−0.30	−1.244	−0.80	−2.021	−3.365	+1.0
Atomradius r_{Atom} [Å] [d]	2.35	1.974	1.53	*1.22*	*1.21*	*1.17*	*1.14*	–
Dichte **d** [g/cm^3]	0.862	1.54	5.907	5.323	5.72	4.82	3.14	2.413/Sdp.
Schmelzpunkt **Smp.** [°C]	63.60	839	29.780	937.4		220.5	−7.25	−157.20
Siedepunkt **Sdp.** [°C]	753.8	1482	2403	2830	616/Sblp.	684.8	58.78	−153.35
Schmelz-Enthalpie H_S [kJ]	2.40	9.33	5.59	34.7	27.7	6.20	10.8	1.64
Verdampfg.- " H_V [kJ]	79.1	150.6	270.3	327.6	31.9	90	30.4	9.05
Spez. Leitfähigk. Λ_s [S/cm]	1.63×10^5	2.56×10^5	5.77×10^4	2.17×10^{-2}	3.00×10^4	1.00	–	–
Elektronegativität **EN** [e]	0.91/0.8	1.04/1.0	1.82/1.6	2.02/1.8	2.20/2.0	2.48/2.4	2.74/2.8	2.9/–
Atomisierg.-Enthalpie **AE** [kJ]	89.24	178.2	277.0	376.6	302.5	227.07	111.884	0
E_2-Dissoziat.- " **DE** [kJ]	57.3	14.98	138	273.6	382.0	332.6	193.87	5.4
Hydratisierg.- " $\Delta H_{Hydr.}$ [kJ] [f]	-322^{I}	-1577^{II}	-4641^{III}	–	–	–	-351^{-I}	–
Normalpotentiale ε_0 [V] [f,g]	-2.925^{I}	-2.84^{II}	-0.529^{III}	-0.036^{IV}	$+0.240^{III}$	$+0.40^{-II}$	$+1.065^{-I}$	–
Element essentiell? [h]	⊕	⊕	–	–	⊕	⊕	+	–
Element/Ion toxisch?	–	–	–(s)	–(s)	+++ (c,s)	+++ (c,t,s)	− (Br^-)	–

Tafel III Hauptgruppenelemente

Elementeigenschaften[a]	Rb	Sr	In	Sn	Sb	Te	I	Xe
Rel. Atommasse A_r[b]	85.4678	87.62	114.818	118.710	121.757	127.60	126.90447	131.29
Nat. Isotope Z_{Isotop}[c]	1 + *1*	4	1 + *1*	10	2	6 + *2*	1	9
1. Ionisierungsenergie **IE** [eV]	4.177	5.695	5.786	7.344	8.640	9.008	10.450	12.130
2. Ionisierungsenergie **IE** [eV]	27.28	11.03	18.87	14.63	18.59	18.60	19.13	21.20
3. Ionisierungsenergie **IE** [eV]	40.42	43.63	28.02	30.50	25.32	27.96	33.16	32.10
Elektronenaffinität **EA**	−0.486	+0.3	−0.30	−1.254	−1.047	−1.971	−3.059	+0.8
Atomradius r_{Atom} [Å][d]	2.50	2.151	1.67	1.58	*1.41*	*1.37*	*1.33*	–
Dichte **d** [g/cm³]	1.532	2.63	7.31	7.285/β-Sn	6.69	6.25	4.942	2.939/Sdp
Schmelzpunkt **Smp.** [°C]	38.89	768	156.61	231.91	630.7	449.5	113.6	−111.80
Siedepunkt **Sdp.** [°C]	688	1380	2070	2687	1635	1390	185.2	−107.1
Schmelz-Enthalpie H_S [kJ]	2.20	9.16	3.27	7.20	20.9	13.5	15.27	3.10
Verdampfg.- ″ H_V [kJ]	75.7	154.4	231.8	296.2	165.8	104.6	41.67	12.65
Spez. Leitfähigkeit Λ_s [S/cm]	8.0×10^4	4.35×10^4	1.19×10^5	9.09×10^4	2.29	7.69×10^{-10}	–	
Elektronegativität **EN**[e]	0.89/0.8	0.99/1.0	1.49/1.7	1.72/1.8	1.82/1.9	2.01/2.1	2.21/2.5	2.4/–
Atomisierg.-Enthalpie **AE** [kJ]	80.88	164.4	243.30	302.1	262.3	196.73	106.838	0
Hydratisierg.- ″ $\Delta H_{Hydr.}$ [kJ][f]	-301^{I}	-1415^{II}	-4065^{III}	–	–	–	-307^{-I}	–
Normalpotentiale ε_0 [V]	-2.924^{I}	-2.89^{II}	-0.338^{III}	-0.137^{II}	$+0.150^{III}$	-0.69^{-II}	$+0.536^{-I}$	$+2.32^{II}$
Element essentiell?[h]	–	–	–	⊕	–	–	⊕	–
Element/Ion toxisch?[i]	+(s)	–	++(s,t)	–	+(*s,t*)	+++(t)	++/−(I_2/I^-)	–

Elementeigenschaften[a]	Cs	Ba	Tl	Pb	Bi	Po	At	Rn
Rel. Atommasse A_r[b]	132.90543	137.327	204.3833	207.2	208.98037	*209.9829*	*209.9871*	*222.0176*
Nat. Isotope Z_{Isotop}[c]	1	7	2	4	1	*7*	*4*	*3*
1. Ionisierungsenergie **IE** [eV]	3.894	5.211	6.107	7.415	7.289	*8.42*	*9.64*	*10.75*
2. Ionisierungsenergie **IE** [eV]	25.08	10.00	20.43	15.03	16.69	*18.66*	*16.58*	–
3. Ionisierungsenergie **IE** [eV]	35.24	37.31	29.83	31.94	25.56	*27.98*	*30.06*	–
Elektronenaffinität **EA**	−0.471	+0.48	−0.31	−1.14	−1.14	*−1.87*	*−2.80*	*+0.4*
Atomradius r_{Atom} [Å][d]	2.72	2.24	1.700	1.750	1.82	?	*1.41*	–
Dichte **d** [g/cm³]	1.873	3.65	11.85	11.34	9.80	*9.20*	?	*4.400/Sdp.*
Schmelzpunkt **Smp.** [°C]	28.45	710	303.5	327.43	271.3	*254*	*−300*	*−71.1*
Siedepunkt **Sdp.** [°C]	678	1537	1453	1751	1580	*962*	*335*	*−61.8*
Schmelz-Enthalpie H_S [kJ]	2.09	7.66	4.31	5.121	10.48	*10*	*23.8*	*2.7*
Verdampfg.- ″ H_S [kJ]	66.5	150.9	166.1	177.8	179.1	*100.8*	–	–
Spez. Leitfähigk. Λ_s [S/cm]	5.00×10^4	2.00×10^4	5.56×10^4	4.84×10^4	9.36×10^3	*7.14×10^3*	–	–
Elektronegativität **EN**[e]	0.86/0.7	0.97/0.9	1.44/1.8	1.55/1.9	1.67/1.9	*1.76/2.0*	*1.96/2.2*	*2.1/–*
Atomisierg.-Enthalpie **AE** [kJ]	76.065	180	182.21	195.0	207.1	*146*	–	*0*
E_2-Dissoziat.- ″ **DE** [kJ]	41.75	–	63	81	200.4	*185.8*	*≈ 116*	–
Hydratisierg.- ″ $\Delta H_{Hydr.}$ [kJ][f]	-277^{I}	-1361^{II}	-4140^{III}	–	–	–	*-276^{-I}*	–
Normalpotentiale ε_0 [V][f,g]	-2.923^{I}	-2.92^{II}	-0.336^{I}	-0.125^{II}	0.317^{III}	*$< -1.0^{-II}$*	*$+0.25^{-I}$*	–
Element essentiell?[h]	–	–	–	–	–	–	–	–
Element/Ion toxisch?	–	+(s)	+++(t)	+++(c,t)	–	+++	+++	+++

Elementeigenschaften[a]	Fr	Ra	H	He
Rel. Atommasse A_r[b]	*223.0197*	*226.0254*	1.00794	4.002602
Nat. Isotope Z_{Isotop}[c]	*1*	*4*	2 + *1*	2
1. Ionisierungsenergie **IE** [eV]	*4.15*	*5.278*	13.60	24.586
2. Ionisierungsenergie **IE** [eV]	*21.76*	*10.15*	–	54.41
3. Ionisierungsenergie **IE** [eV]	*32.13*	*34.20*	–	–
Elektronenaffinität **EA**	*−0.46*	–	−0.756	≈ +0.5
Atomradius r_{Atom} [Å][d]	–	*2.30*	*0.37*	–
Dichte **d** [g/cm³]	–	*5.50*	0.0708/Sdp.	0.1248/Sdp.
Schmelzpunkt **Smp.** [°C]	*≈ 27*	*≈ 700*	−259.19	–
Siedepunkt **Sdp.** [°C]	*≈ 660*	*≈ 1140*	−252.76	−268.935
Schmelz-Enthalpie H_S [kJ]	–	*7.15*	0.12	0.021
Verdampfg.- ″ H_V [kJ]	–	*136.7*	0.46	0.082
Spez.Leitfähigk. Λ_s [S/cm]	–	*1.00×10^4*	–	–
Elektronegativität **EN**[e]	*0.86/0.7*	*0.97/0.9*	2.20/2.1	5.5/–
Atomisierg.-Enthalpie **AE** [kJ]	*72.8*	*159*	217.965	0
E_2-Dissoziat.- ″ **DE** [kJ]	–	–	436.002	–
Hydratisierg.- ″ $\Delta H_{Hydr.}$ [kJ][f]	–	*-1231^{II}*	-1168^{I}	–
Normalpotentiale ε_0 [V][f,g]	*-2.9^{I}*	*-2.916^{II}*	$\pm 0.00^{I}$	–
Element essentiell?[h]	–	–	⊖	–
Element/Ion toxisch?[i]	+++	+++	–	–

Elementeigenschaften

a) 298 K, 1 atm, stabile Modifikation (fehlt Smp.-Angabe, dann Schmelzen nur unter Druck möglich). *Kursiv: ausschließlich radioaktive Elemente.*

b) Für Nuklidmassen, -häufigkeiten, -spins, -kernmomente vgl. Anhang III, für Elektronenkonfiguration Kap. IX, XIX, XXXIII. *Radioaktive Elemente:* A_r des längstlebigen Isotops; Po/Pm: A_r des wichtigsten Isotops; U: A_r des natürlichen Isotopengemischs.

c) Häufigkeit $> 10^{-3}$% (Ausnahme: ^3_1H, $^{14}_6C$).

d) Metallatomradien (KZ = 12) bzw. Kovalenzradien; für Ionenradien vgl. Anhang III.

e) Allred-Rochow/Pauling.

f) Hochgestellte Zahlen (I,II,III,IV) beziehen sich auf die Oxidationsstufe des Elements.

g) $M \rightarrow M^{n+} + n \ominus$ (pH = 0); vgl. Anhang VI.

h) ?/+/⊕ = Biologische Funktion vermutet/für mindestens eine Spezies/auch für Menschen.

i) Metalle in ihren in Wasser beständigen Oxidationsstufen; c = carcinogen (krebserzeugend); t = teratogen (mißbildungserzeugend); s = stimulierend.

Tafel IV Nebengruppenelemente

Vgl. Taf. III	Sc	Tl	V	Cr	Mn	Fe	Co	Ni	Cu	Zn
A_r	44.95591	47.88	50.9415	51.9961	54.83805	55.847	58.93320	58.6934	63.546	65.39
$Z_{\text{Isotop/nat.}}$	1	2	2	4	1	4	1	5	2	5
IE [eV] 1.	6.54	6.82	6.74	6.764	7.435	7.869	7.876	7.635	7.725	9.393
2.	12.80	13.58	14.65	16.50	15.64	16.18	17.06	18.17	20.29	17.96
3.	24.76	27.48	29.31	30.96	33.67	30.65	33.50	35.16	36.84	39.72
EA [eV]	≈ 0	– 0.21	– 0.52	– 0.66	≈ 0	– 0.25	– 0.73	– 1.15	– 1.226	≈ 0
r_{Atom} [Å]	1.606	1.448	1.35	1.29	1.37	1.26	1.253	1.246	1.278	1.335
d [g/cm³]	2.985	4.506	6.092	7.14	7.44	7.873	8.89	8.908	8.92	7.140
Smp. [°C]	1539	1667	1915	1903	1244	1535	1495	1453	1083.4	419.6
Sdp. [°C]	2832	3285	3350	2640	2030	3070	3100	2730	2595	908.5
H_S [kJ/mol]	15.9	20.9	17.6	15.3	14.4	14.9	15.2	17.6	13.0	6.67
H_V "	376.1	425.5	459.70	341.8	220.5	340.2	382.4	374.8	306.7	114.2
Λ_s [S/cm]	1.64×10^4	2.38×10^4	4×10^4	7.75×10^4	5.41×10^3	1.03×10^5	1.60×10^5	1.46×10^5	5.959×10^5	1.690×10^5
EN	1.20/1.3	1.32/1.5	1.45/1.6	1.56/1.6	1.60/1.5	1.64/1.8	1.70/1.9	1.75/1.9	1.75/1.9	1.66/1.6
AE [kJ/mol]	377.8	469.9	514.21	396.6	280.7	416.3	424.7	429.7	338.32	130.729
E_2-**DE** "	159	119	240	172	≈ 80	87	92	202	194	5
$\Delta H_{\text{Hydr.}}$ "	–	-1.867^{II}	-1897^{II}	-1850^{II}	-1845^{II}	-1920^{II}	-2054^{II}	-2106^{II}	-2100^{II}	-2044^{II}
	-3960^{III}	-4300^{III}	-4400^{III}	-4402^{III}	–	-4376^{III}	-4700^{III}	–	582^{I}	–
ε_0 [V]	–	-1.63^{II}	-1.186^{II}	-0.913^{II}	-1.180^{II}	-0.440^{II}	-0.277^{II}	-0.257^{II}	$+0.340^{II}$	-0.763^{II}
	-2.03^{III}	-1.21^{III}	-1.876^{III}	-0.744^{III}	-0.28^{III}	-0.036^{III}	$+0.414^{III}$	–	$+0.521^{I}$	–
Essentiell?	–	–	⊕	⊕	⊕	⊕	⊕	⊕	⊕	⊕
Toxisch?	– (c)	– (s)	++ (s)	+ (s,c)	++ (c)	–	– (c)	+ (c,s)	+	+ (c)
Vgl. Taf. III	**Y**	**Zr**	**Nb**	**Mo**	***Tc***	**Ru**	**Rh**	**Pd**	**Ag**	**Cd**
A_r	88.90585	91.224	92.90638	95.94	*97.9072*	101.07	102.90550	106.42	107.8682	112.411
$Z_{\text{Isotop/nat.}}$	1	5	1	7	*–*	7	1	6	2	7 + *1*
IE [eV] 1.	6.38	6.84	6.88	7.099	*7.28*	7.37	7.46	8.34	7.576	8.992
2.	12.24	13.13	14.32	16.15	*15.25*	16.76	18.07	19.43	21.48	16.90
3.	20.52	22.99	25.04	27.16	*29.54*	28.47	31.06	32.92	34.83	37.47
EA [eV]	≈ 0	– 0.52	– 1.04	– 1.04	*– 0.72*	– 1.14	– 1.24	– 0.62	– 1.303	≈ 0
r_{Atom} [Å]	1.776	1.590	1.47	1.40	*1.352*	1.325	1.345	1.376	1.445	1.489
d [g/cm³]	4.472	6.508	8.581	10.28	*11.49*	12.45	12.41	12.02	10.491	8.642
Smp. [°C]	1523	1857	2468	2620	*2172*	2310	1966	1554	961.9	320.9
Sdp. [°C]	3337	4200	4758	4825	*4700*	4150	3670	2930	2215	767.3
H_S [kJ/mol]	17.2	23.0	27.2	27.6	*23.81*	23.7	21.55	17.2	11.3	6.11
H_V "	367.4	566.7	680.19	589.9	*585.22*	567	494.34	361.5	257.7	100.0
Λ_s [S/cm]	1.75×10^4	2.50×10^4	8.0×10^4	1.9×10^5	*–*	1.3×10^5	2.22×10^5	9.488×10^5	6.305×10^5	1.46×10^4
EN	1.11/1.2	1.22/1.4	1.23/1.6	1.30/1.8	*1.36/1.9*	1.42/2.2	1.45/2.2	1.3/2.2	1.42/1.9	1.46/1.7
AE [kJ/mol]	421.3	608.8	725.9	658.1	*678*	642.7	556.9	378.2	284.55	112.01
E_2-**DE** "	156	309	480	423	*306*	317	282	99.4	159	4
$\Delta H_{\text{Hydr.}}$ "	-3576^{III}	–	–	–	*–*	-1880^{II}	-2030^{II}	-2110^{II}	-486^{I}	-1776^{II}
ε_0 [V]	-2.37^{III}	-1.55^{IV}	-1.099^{III}	-0.20^{III}	*$+0.28^{IV}$*	$+0.623^{III}$	$'0.76^{III}$	$+0.915^{II}$	$+0.799^{I}$	-0.403^{II}
Essentiell?	–	–	–	⊕	*–*	–	–	–	–	?
Toxisch?	– (c)	–	+	+ (t)	*++*	–	–	–	–	++ (c,t,s)
Vgl. Taf. III	**La + Ln**	**Hf**	**Ta**	**W**	**Re**	**Os**	**Ir**	**Pt**	**Au**	**Hg**
A_r	↓	178.49	180.9479	183.84	186.207	190.23	192.22	195.08	196.96654	200.59
$Z_{\text{Isotop/nat.}}$	Vgl.	5 + *1*	1 + *1*	5	1 + *1*	6 + *1*	2	5 + *1*	1	7
IE [eV] 1.	Tafel V	6.65	7.89	7.98	7.88	8.71	9.12	9.02	9.22	10.44
2.		14.92	15.55	17.62	13.06	16.58	17.41	18.56	20.52	18.76
3.		23.32	21.76	23.84	26.01	24.87	26.95	29.02	30.05	34.20
EA [eV]		≈ 0	– 0.62	– 0.62	– 0.16	– 1.14	– 1.66	– 2.128	– 2.308	≈ 0
r_{Atom} [Å]		1.564	1.47	1.41	1.371	1.338	1.357	1.373	1.442	≈ 1.62
d [g/cm³]		13.31	16.677	19.26	21.03	22.61	22.65	21.45	19.32	13.55
Smp. [°C]		2227	3000	3410	3180	3045	2410	1772	1064.4	– 38.84
Sdp. [°C]		4450	5534	5700	5870	5020	4530	3830	2660	356.6
H_S [kJ/mol]		25.5	31.4	35.2	33.1	29.3	26.4	19.7	12.7	2.331
H_V "		570.7	758.22	824.2	704.25	738.06	612.1	469	343.1	59.11
Λ_s [S/cm]		2.85×10^4	8.032×10^4	1.77×10^5	5.18×10^4	1.1×10^5	1.9×10^5	9.43×10^5	4.517×10^5	1.02×10^4
EN		1.23/1.3	1.33/1.5	1.40/1.7	1.46/1.9	1.52/2.2	1.55/2.2	1.42/2.2	1.42/2.4	1.44/1.9
AE [kJ/mol]		619.2	782.0	849.4	769.9	791	665.3	565.3	336.1	61.317
E_2-**DE** "		330	400	500	410	410	360	358	221	7
$\Delta H_{\text{Hydr.}}$ "	Vgl.	–	–	–	–	-1860^{II}	-2000^{II}	-2190^{II}	-645^{I}	–
ε_0 [V]	Tafel V	-1.70^{IV}	-0.812^{V}	-0.119^{IV}	$+0.22^{IV}$	$+0.687^{IV}$	$+1.156^{III}$	$+1.188^{II}$	$+1.691^{I}$	$+0.860^{II}$
Essentiell?		–	–	?	–	–	–	–	–	–
Toxisch?	↑	–	–	+	–	++	–	–	–	+++ (t)
Vgl. Taf. III	***Ac + An***	***Eka-Hf***	***Eka-Ta***	***Eka-W***	***Eka-Re***	***Eka-Os***	***Eka-Ir***	***Eka-Pr***	***Eka-Au***	***Eka-Hg***

Tafel V Lanthan und Lanthanoide, Actinium und Actinoide

Vgl. Taf. III	La	Ce	Pr	Nd	*Pm*	Sm	Eu	Gd	Tb	Dy	Ho	Er	Tm	Yb	Lu
A_r	138.9055	140.115	140.9077	144.24	*146.9151*	150.36	151.965	157.25	158.9253	162.50	164.9303	167.26	168.9342	173.04	174.967
$Z_{\text{Isotop/nat.}}$	1 + *1*	4	1	6 + *1*	*1*	5 + *2*	2	6 + *1*	1	7	1	6	1	7	1 + *1*
IE [eV] 1.	5.577	5.466	5.421	5.489	*5.554*	5.631	5.666	6.140	5.851	5.927	6.018	6.101	6.184	6.254	5.425
2.	11.06	10.85	10.55	10.73	*10.90*	11.07	11.24	12.09	11.52	11.67	11.80	11.93	12.05	12.19	13.89
3.	19.17	20.20	21.62	22.07	*22.28*	23.42	24.91	20.62	21.91	22.80	22.84	22.74	23.68	25.03	20.96
r_{Atom} [Å]	1.870	1.825	1.820	1.814	*1.810*	1.802	1.995	1.787	1.763	1.752	1.734	1.743	1.724	1.940	1.718
$\mu^{\text{ber.}}_{\text{mag.}}$ M^{3+}	0	2.54	3.58	3.62	*2.68*	0.85	0	7.94	9.72	10.65	10.60	9.58	7.56	4.54	0
$\mu^{\text{gef.}}_{\text{mag.}}$ [BM]	0	2.3–2.5	3.4–3.6	3.5–3.6	*–*	1.4–1.7	3.3–3.5	7.9–8.0	9.5–9.8	10.4–10.6	10.4–10.7	9.4–9.6	7.1–7.5	4.3–4.9	0
d [g/cm³]	6.162	6.773	6.475	7.003	*7.22*	7.536	5.245	7.886	8.253	8.559	8.78	9.045	9.318	6.972	9.843
Smp. [°C]	920	798	931	1010	*1080*	1072	822	1311	1360	1409	1470	1522	1545	824	1656
Sdp. [°C]	3454	3468	3017	3027	*2730*	1804	1439	3000	2480	2335	2720	2510	1725	1193	3315
H_S [kJ/mol]	10.04	8.87	11.3	7.113	*12.6*	10.9	10.5	15.5	16.3	17.2	17.2	17.2	18.4	9.20	19.2
H_V ″	402.1	398	357	328	*–*	164.8	176	301	391	293	303	280	247	159	428
Λ_s [S/cm]	1.75×10^5	1.33×10^4	1.47×10^4	1.56×10^4	*–*	1.14×10^4	1.11×10^4	7.12×10^3	–	1.75×10^5	1.15×10^5	9.35×10^3	1.27×10^3	3.45×10^4	1.27×10^4
EN	1.08	1.08	1.07	1.07	*1.07*	1.07	1.10	1.11	1.10	1.10	1.10	1.11	1.11	1.06	1.14
AE [kJ/mol]	431.0	423	355.6	327.6	*–*	206.7	175.3	397.5	388.7	290.4	300.8	317.1	232.2	152.3	427.6
E_2-**DE** ″	241	243	–	< 163	*–*	–	33.5	–	131.4	–	84	–	–	20.5	142
$\Delta H_{\text{Hydr.}}$ ″	– 3238	– 3370^{III}	– 3413^{III}	– 3442^{III}	*– 3478^{III}*	– 3515^{III}	– 3547^{III}	– 3571^{III}	– 3605^{III}	– 3637^{III}	– 3667^{III}	– 3691^{III}	– 3717^{III}	– 3739^{III}	– 3760^{III}
ε_0 [V]	–	– 1.33^{IV}	– 0.96^{IV}	– 2.2^{II}	*–*	– 2.67^{II}	– 2.80^{II}	–	– 0.9^{IV}	– 2.2^{II}	–	–	– 2.3^{II}	– 2.8^{II}	–
	– 2.38^{III}	– 2.34^{III}	– 2.35^{III}	– 2.32^{III}	*– 2.29^{III}*	– 2.30^{III}	– 1.99^{III}	– 2.28^{III}	– 2.31^{III}	– 2.29^{III}	– 2.33^{III}	– 2.32^{III}	– 2.32^{III}	– 2.22^{III}	– 2.30^{IIII}

Vgl. Taf. III	*Ac*	*Th*	*Pa*	*U*	*Np*	*Pu*	*Am*	*Cm*	*Bk*	*Cf*	*Es*	*Fm*	*Md*	*No*	*Lr*
A_r	*227.0278*	*232.0381*	*231.0359*	238.0289	*237.0482*	*244.0642*	*243.0614*	*247.0703*	*247.0703*	*251.0796*	*252.0828*	*257.0951*	*258.0986*	*259.1009*	*260.1054*
$Z_{\text{Isotop/nat.}}$	*2*	*6*	*2*	*3*	*1*	*2*	*–*	*–*	*–*	*–*	*–*	*–*	*–*	*–*	*–*
IE [eV] 1.	*5.17*	*6.08*	*5.89*	*6.194*	*6.266*	*6.062*	*5.993*	*6.021*	*6.229*	*6.298*	*6.422*	*6.50*	*6.58*	*6.65*	*4.6*
2.	*11.87*	*11.89*	*11.7*	*11.9*	*11.7*	*11.7*	*12.0*	*12.4*	*12.3*	*12.5*	*12.6*	*12.7*	*12.8*	*13.0*	*14.8*
3.	*19.69*	*20.50*	*18.8*	*19.1*	*19.4*	*21.8*	*22.4*	*21.2*	*22.3*	*23.6*	*24.1*	*24.4*	*25.4*	*27.0*	*23.0*
r_{Atom} [Å]	*1.878*	*1.798*	*1.642*	*1.542*	*1.503*	*1.523*	*1.730*	*1.743*	*1.703*	*1.69*	*–*	*–*	*–*	*–*	*–*
d [g/cm³]	*10.07*	*11.724*	*15.37*	*19.16*	*20.45*	*19.86*	*13.6*	*13.5*	*14.79*	*15.10*	*–*	*–*	*–*	*–*	*–*
Smp. [°C]	*1050*	*1750*	*1572*	*1133*	*639*	*640*	*1173*	*1345*	*1050*	*900*	*(860)*	*–*	*–*	*–*	*–*
Sdp. [°C]	*3300*	*4850*	*4227*	*3930*	*3902*	*3230*	*2607*	*–*	*–*	*–*	*–*	*–*	*–*	*–*	*–*
H_S [kJ/mol]	*14.2*	*< 19.2*	*16.7*	*15.5*	*9.46*	*2.8*	*14.4*	*–*	*–*	*–*	*–*	*–*	*–*	*–*	*–*
H_V ″	*293*	*513.67*	*481*	*417.1*	*336.6*	*343.5*	*238.5*	*–*	*–*	*–*	*–*	*–*	*–*	*–*	*–*
Λ_s [S/cm]	*–*	*7.69×10^4*	*–*	*3.33×10^4*	*8.20×10^3*	*7.07×10^3*	*1.47×10^4*	*–*	*–*	*–*	*–*	*–*	*–*	*–*	*–*
EN	*1.00*	*1.11*	*1.14*	*1.22*	*1.22*	*1.22*	*1.2*	*1.2*	*1.2*	*1.2*	*1.2*	*1.2*	*1.2*	*1.2*	*1.2*
AE [kJ/mol]	*418*	*598*	*570*	*536*	*465*	*342*	*284*	*388*	*310*	*196*	*133*	*(130)*	*(128)*	*(126)*	*(341)*
E_2-**DE** ″	*–*	*< 289*	*–*	*222*	*–*	*–*	*–*	*–*	*–*	*–*	*–*	*–*	*–*	*–*	*–*
$\Delta H_{\text{Hydr.}}$ ″	*– 3266^{III}*	*– 3268^{III}*	*– 3289^{III}*	*– 3326^{III}*	*– 3406^{III}*	*– 3400^{III}*	*– 3439^{III}*	*– 3477^{III}*	*– 3510^{III}*	*– 3533^{III}*	*– 3567^{IIII}*	*– 3604^{III}*	*– 3642^{III}*	*– 3681^{III}*	*– 3721^{III}*
ε_0 [V]	*–*	*– 1.83^{IV}*	*– 1.19^{V}*	*– 0.83^{VI}*	*– 1.01^{V}*	*– 1.25^{IV}*	*– 1.95^{II}*	*– 1.2^{II}*	*– 1.54^{II}*	*– 1.97^{II}*	*– 2.2^{II}*	*– 2.5^{II}*	*– 2.53^{II}*	*– 2.6^{II}*	*–*
	– 2.13^{III}	*– 1.16^{III}*	*– 1.5^{III}*	*– 1.66^{III}*	*– 1.79^{III}*	*– 2.00^{III}*	*– 2.07^{III}*	*– 2.06^{III}*	*– 1.96^{III}*	*– 1.91^{III}*	*– 1.98^{III}*	*– 2.07^{III}*	*– 1.74^{III}*	*– 1.26^{III}*	*– 2.1^{III}*

Einleitung

Die **Chemie** ist die *Lehre von den Stoffen und Stoffänderungen*, die **Physik** – ihre Schwesterwissenschaft – die *Lehre von den Zuständen und Zustandsänderungen.* Einige Beispiele mögen diesen Unterschied erläutern:

Hält man einen „Platindraht" in eine nichtleuchtende Gas*flamme*, so beginnt er zu *glühen.* Zieht man ihn wieder aus der Flamme heraus, so kühlt er sich ab, und im abgekühlten Zustande ist an ihm *keine Änderung* gegenüber dem Ausgangszustande zu bemerken. Hier handelt es sich um einen *physikalischen Vorgang*: das Glühen stellt nur eine vorübergehende *Zustandsänderung* dar. Sobald die Ursache dieser Zustandsänderung beseitigt ist, kehrt der Draht in seinen ursprünglichen Zustand zurück. Hält man aber einen „Magnesiumdraht" in die *Flamme*, so *verbrennt* dieser mit glänzender Lichterscheinung zu einem weißen Pulver („*Magnesiumoxid*"), das von dem ursprünglichen Magnesium vollkommen verschieden ist. Hier hat man es mit einem *chemischen Vorgang* zu tun: beim Erhitzen verwandelt sich der Magnesiumdraht in einen *anderen Stoff.*

Als weiteres Beispiel sei das Verhalten zweier weißer kristallisierter Stoffe, Naphthalin und Rohrzucker, beim Verdampfen betrachtet. Bringt man „Naphthalin" in einer Retorte auf *steigende Temperaturen*, so schmilzt es bei 80,04 °C zunächst zu einer farblosen Flüssigkeit, beginnt dann bei 218,18 °C zu sieden, destilliert über und kondensiert sich in einem vorgelegten kalten Gefäß wieder zu festem weißem Naphthalin. Dieses destillierte Naphthalin gleicht vollkommen dem undestillierten. Der Stoff hat also durch das Schmelzen, Verdampfen und Verdichten nur wiederholt seine *Zustandsform geändert*, ist aber an sich derselbe geblieben. Es liegt also ein *physikalischer Vorgang* vor. Erhitzt man dagegen „Rohrzucker" auf steigende Temperaturen, so beobachtet man ganz andere Erscheinungen. Auch hier tritt zu Beginn bei 182 °C ein Schmelzen ein, doch färbt sich der Rohrzucker dann bald braun. Bei stärkerem Erhitzen wird die Masse noch dunkler, während eine braune Flüssigkeit überdestilliert und ein „brenzlicher" Geruch wahrzunehmen ist. Schließlich bleibt in der Retorte eine verkohlte, poröse Masse („*Zuckerkohle*") zurück. Beim Rohrzucker tritt also beim Erhitzen eine bleibende *stoffliche Änderung* ein: wir haben es mit einem *chemischen Vorgang* zu tun.

Als drittes Beispiel diene das Verhalten eines Metalldrahtes und das Verhalten von angesäuertem Wasser beim Hindurchleiten eines elektrischen Stroms. Der „Metalldraht" zeigt, solange der *Strom fließt*, andere Eigenschaften, z. B. in magnetischer Hinsicht (Ablenkung einer herangeführten Magnetnadel). Schaltet man den Strom ab, so verschwinden diese Eigenschaften wieder, und es kehrt der *ursprüngliche Zustand* zurück. Hier handelt es sich um einen *physikalischen Vorgang.* Bei dem angesäuerten „Wasser" verursacht der Strom dagegen eine Gasentwicklung, und das aus dem Wasser gebildete Gas („*Knallgas*") hat ganz andere Eigenschaften als das Wasser selbst. Hier ist eine bleibende *Änderung des Stoffes* eingetreten: es hat ein *chemischer Vorgang* stattgefunden.

Entsprechend dieser Definition der Chemie als der Lehre von den Stoffen und Stoffänderungen müssen wir uns in **Teil A** des Lehrbuchs (**Grundlagen der Chemie**; der **Wasserstoff**) zunächst mit dem *Begriff des Stoffs* und speziell des seinerseits in *Elemente und Verbindungen* unterteilbaren *reinen Stoffs* befassen (Kapitel I), zumal sich dabei Gelegenheit bietet, eine Reihe *chemischer Grundoperationen* und *Grundbegriffe* kennenzulernen. Vom Begriff des reinen Stoffs ausgehend, sollen dann die für die Massen- und Volumenverhältnisse bei chemischen

Umsetzungen geltenden *Grundgesetze* behandelt werden, deren experimentelle Ableitung das Arbeiten mit solchen reinen Stoffen voraussetzt. Die *chemischen* Grundgesetze werden uns weiter zu dem für das Verständnis chemischer Reaktionen grundlegenden Begriff vom *Atom* und *Molekül* (Kapitel II) sowie zur *Aufstellung des Periodensystems der Elemente* (Kapitel III) führen. In analoger Weise werden uns die elektrolytischen Dissoziationsvorgänge reiner Stoffe und die hierfür geltenden *elektrochemischen* Grundgesetze zu den – auf einen zusammengesetzten Aufbau der Atome (aus Elementarteilchen) weisenden – *Atom- und Molekülionen* führen (Kapitel IV). Anschließend an die der *Zerlegung* chemischer Stoffe in einfache Bestandteile („*Stoffanalyse*") gewidmeten Kapitel I, II und IV befassen sich die drei Kapitel V, VI und VII mit den Gesetzmäßigkeiten des *Stoffaufbaus* („*Stoffsynthese*"), nämlich mit dem *Bau der Atome* aus Elementarteilchen (Kapitel V), dem *Bau der Moleküle* aus Atomen (Kapitel VI) sowie der *Umwandlung der Moleküle* in andere chemische Stoffe (Kapitel VII). Die erworbenen grundlegenden Kenntnisse werden zum Schluß des Teils A anhand des – besonders einfach gebauten – *Wasserstoffs sowie seiner Verbindungen* praktisch angewandt (Kapitel VIII).

Es folgen dann in **Teil B** die 44 Elemente der acht **Hauptgruppen** (Ausbau der äußersten Elektronenschalen), in **Teil C** die 40 Elemente der acht **Nebengruppen** (Ausbau der zweitäußersten Elektronenschalen) und in **Teil D** die 28 **Lanthanoide** sowie **Actinoide** (Ausbau der drittäußersten Elektronenschalen). Zum besseren Verständnis des Behandelten wird dabei jeder dieser drei Teile durch allgemeine Kapitel eingeleitet: ein Kapitel über das *Periodensystem der Elemente*, in dem – vom verkürzten Periodensystem der Hauptgruppen ausgehend – stufenweise das Gesamtsystem durch Einbeziehung erst der Nebengruppen und dann der Lanthanoide und Actinoide entwickelt und darüber hinaus ein *vergleichender Überblick über wichtige Elementeigenschaften* gegeben wird, sowie Kapitel allgemeinen Inhalts (Grundlagen der Molekül-, Komplex-, Festkörper- und Kernchemie), in denen Fragen des *Atom-* und *Molekülbaus*, der chemischen *Bindung*, der chemischen *Reaktion*, der *Stereochemie*, der *Komplexbildung* und der natürlichen sowie künstlichen *Elementumwandlung* zur Sprache kommen. Der Teil C wird zudem durch ein Kapitel, das einen *vergleichenden Überblick über wichtige Verbindungsklassen oder Übergangsmetalle* (Wasserstoff-, Halogen-, Sauerstoff-, Stickstoff-, metallorganische Komplexe) verschafft, abgeschlossen.

Im **Teil E** (**Anhang**) finden sich *Zahlentabellen* (atomare und kosmische Konstanten), Angaben über *SI-Einheiten*, eine *Nuklidtabelle* (relative Massen, Häufigkeiten, Kernspins, kernmagnetische Momente natürlicher Nuklide), eine Zusammenstellung von *Atom- und Ionenradien*, von *Bindungsabständen* sowie von *Normalpotentialen*, eine Übersicht über die *Nobelpreisträger* für Chemie und Physik. **Tafeln** im vorderen und hinteren Buchdeckel sowie im Vorspann geben darüber hinaus das *Langperiodensystem* (Tafel I) sowie das *kombinierte Periodensystem* der Elemente (Tafel VI) wieder und informieren über relative *Atommassen*, *Entdeckung* und *Verbreitung* der Elemente (Tafel II) sowie über wichtige *atomare*, *physikalische* und *chemische Eigenschaften* der Hauptgruppenelemente (Tafel III), Nebengruppenelemente (Tafel IV) sowie Lanthanoide und Actinoide (Tafel V).

Teil A

Grundlagen der Chemie
Der Wasserstoff

Kapitel I

Element und Verbindung

1 Der reine Stoff

1.1 Homogene und heterogene Systeme

Die chemischen Eigenschaften eines aus einem gegebenen Material bestehenden Körpers sind praktisch unabhängig von seiner Größe und Gestalt[1]. Es hat sich daher als zweckmäßig erwiesen, Körper, die sich nur in Größe und Gestalt voneinander unterscheiden, sonst aber in allen spezifischen Eigenschaften (wie Farbe, Dichte, elektrischer Leitfähigkeit, Löslichkeit, chemischen Reaktionen usw.) miteinander übereinstimmen, unter einem materiellen Sammelbegriff zusammenzufassen. Dieser Sammelbegriff ist der Begriff **„Stoff"**. Ein Messer, ein Bohrer, eine Schere, eine Schreibfeder unterscheiden sich beispielsweise voneinander durch Größe und Gestalt; sieht man aber von diesen beiden Eigenschaften ab, so bleibt ein Eigenschaftskomplex zurück: der Stoff *„Stahl"*.

Marmor, Granit, Messing, Schwefel sind derartige Stoffe. Will man den stofflichen Aufbau der Umwelt näher erforschen, so wird man sich zunächst die Frage vorlegen, ob ein vorgegebener Stoff äußerlich einheitlich oder uneinheitlich ist. Dies läßt sich häufig schon mit bloßem Auge, in anderen Fällen erst unter dem Mikroskop feststellen. Betrachtet man z.B. Schwefel oder Messing oder Marmor unter dem Ultramikroskop, so stellt man fest, daß sie einheitlich aufgebaut sind. Derartige Stoffe nennt man **„homogene[2] Stoffe"** oder allgemeiner auch *„homogene Systeme"*. Der Granit dagegen erweist sich schon mit bloßem Auge als uneinheitlicher, **„heterogener[3] Stoff"** (*„heterogenes System"*). Er enthält weiße oder graue, halbdurchsichtige, sehr harte Anteile („Quarz"), weichere, rötliche oder gelbliche, undurchsichtige Stücke („Feldspat") und silber- oder schwarzglänzende, leicht in Blättchen spaltbare Teilchen („Glimmer"), besteht also aus verschiedenen – in sich wieder homogenen – festen Anteilen.

In dieser Weise gelangt man zu einer ersten groben Einteilung aller chemischen Stoffe in einheitliche homogene und uneinheitliche heterogene Systeme. Je nach dem Aggregatzustand der homogenen Anteile oder **„Phasen"** (S. 543) eines heterogenen Systems kann man verschiedenartige heterogene Systeme unterscheiden: fest-feste Gemische (z.B. Granit oder Schießpulver), fest-flüssige Gemische (z.B. Kalkmilch oder Töpferton), fest-gasförmige Gemische (z.B. Rauch oder Bimsstein), flüssig-flüssige Gemische (z.B. Milch oder Lebertran) und flüssig-gasförmige Gemische (z.B. Seifenschaum oder Nebel). Ein aus zwei gasförmigen Phasen bestehendes heterogenes System ist nicht haltbar, da Gase sich stets homogen miteinander vermischen.

Will der Chemiker die verschiedenen chemischen Systeme näher kennenlernen, so ist es seine erste Aufgabe, aus dem Gemenge der von der Natur dargebotenen heterogenen Stoffe die einzelnen homogenen Bestandteile abzutrennen und für sich weiter zu untersuchen.

---

1 Erst beim Übergang zu sehr kleinen Teilchengrößen ändern sich die chemischen Eigenschaften einer gegebenen Substanz merklich (vgl. aktiver Zustand der Materie, S. 1078).

2 homoios (griech.) = gleich; genos (griech.) = Art.

3 heteros (griech.) = verschieden.

Einige wichtige, zu diesem Ziel der Zerlegung chemischer Systeme führende Grundoperationen seien im folgenden behandelt.

1.2 Zerlegung heterogener Systeme

Die Zerlegung heterogener Systeme gelingt leicht auf mechanischem Wege auf Grund der verschiedenen physikalischen Eigenschaften der homogenen Bestandteile des heterogenen Systems. Allgemein anwendbar sind z.B. Unterschiede in den Dichten und Unterschiede in den Teilchengrößen.

1.2.1 Zerlegung auf Grund verschiedener Dichten

Liegt etwa ein fest-flüssiges Gemenge vor, so läßt sich die Zerlegung am einfachsten so durchführen, daß man (Fig. 1) den in der Flüssigkeit aufgeschlämmten, spezifisch schwereren festen Stoff sich absetzen läßt (**„Sedimentieren“**)[4] und dann die klare Flüssigkeit von dem

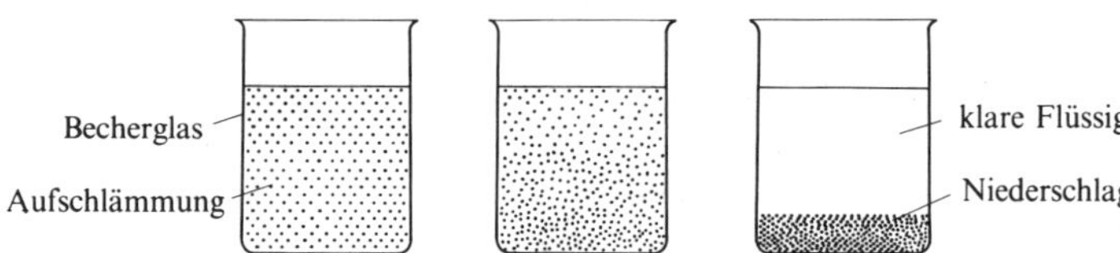

Fig. 1 Sedimentieren eines Niederschlags.

abgesetzten Stoff abgießt (**„Dekantieren“**)[5]. Vollkommener wird dieses Verfahren, wenn man an die Stelle der natürlichen Schwerkraft die viel wirksamere Zentrifugalkraft setzt (**„Zentrifugieren“**)[6]. Füllt man das zu zerlegende fest-flüssige Gemisch in Gefäße („*Zentrifugengläser*“) ein, die in einer „*Zentrifuge*“ (Fig. 2) in rasche Rotation versetzt werden, so wird der schwerere Stoff unter dem Einfluß der Zentrifugalkraft nach außen geschleudert, worauf wie oben dekantiert werden kann.

Bei fest-festen Gemengen kann man sich eines analogen Trennungsprinzips bedienen, indem man das Gemisch in eine Flüssigkeit einbringt, deren Dichte zwischen der Dichte der beiden festen Komponenten des Gemischs liegt. Der leichtere Bestandteil schwimmt dann auf der Oberfläche der Flüssigkeit, der schwerere sinkt unter (Beispiel: Trennung eines Gemischs von Sägemehl und Sand durch Wasser). Sind beide Bestandteile des festen Gemischs schwerer als die zur Trennung zur Verfügung stehende Flüssigkeit, so kann man die verschiedene Absetzgeschwindigkeit („*Sedimentationsgeschwindigkeit*“) der festen Stoffe ausnutzen, da sich feste Stoffe bei gleicher Teilchengröße um so rascher absetzen, je schwerer sie sind. Man trennt dann die schwereren, sich zuerst absetzenden Teilchen von den leichteren ab, indem man letztere mit der Flüssigkeit zusammen fortführt (**„Schlämmen“**). Ein Beispiel hierfür bietet das Goldschlämmen, bei dem auf die genannte Weise mit Hilfe von Wasser aus goldführendem, gepulvertem Gestein die sich rasch absetzenden schweren Goldkörnchen (Dichte 19.3 g/cm^3) von dem leichteren Gesteinspulver (Dichte 2.5–3.0 g/cm^3) abgetrennt werden. Statt der Flüssigkeit kann auch ein Gas benutzt werden (**„Windsichten“**). Die Trennung von leichter Spreu und schwerem Weizen durch Wind ist hierfür ein Beispiel.

Bei flüssig-flüssigen Gemischen erfolgt das Absetzen der dichteren Flüssigkeit zweckmäßig in einem „*Scheidetrichter*“ (Fig. 3), da man dann die abgesetzte Flüssigkeit durch den unteren Hahn des Trichters ausfließen lassen und so bequem von der darüber befindlichen leichteren Flüssigkeit abtrennen kann. Durch Zentrifugieren wird selbstverständlich auch hier die Trennungsgeschwindigkeit erhöht. So kann man z. B. in einer „*Milchzentrifuge*“ die Milch,

---

[4] sedimentum (lat.) = Bodensatz.
[5] = über die Kante des Gefäßes abgießen.
[6] centrum (lat.) = Mittelpunkt; fugere (lat.) = fliehen.

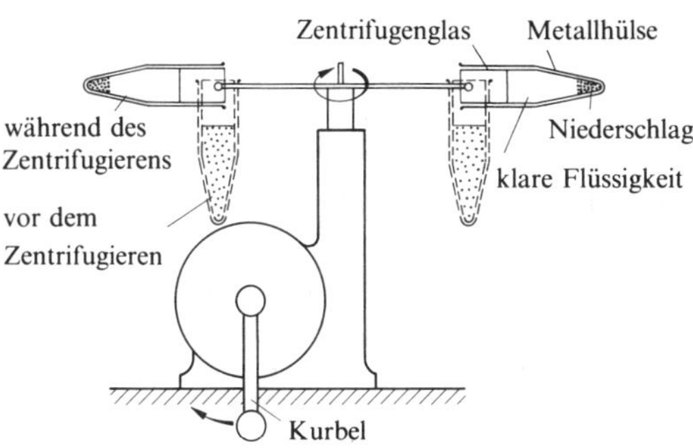

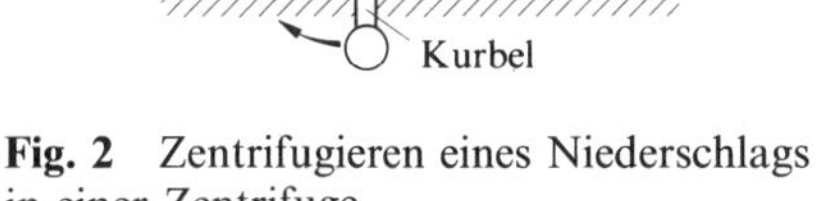

Fig. 2 Zentrifugieren eines Niederschlags in einer Zentrifuge.

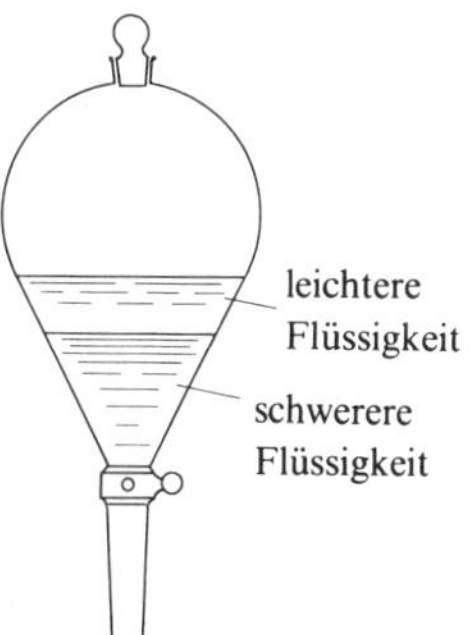

Fig. 3 Trennen zweier nichtmischbarer Flüssigkeiten im Scheidetrichter.

die eine Emulsion leichterer flüssiger Fett-tröpfchen in einer schwereren wässerigen Flüssigkeit darstellt, leicht in ihre beiden flüssigen Phasen trennen.

Die Abscheidung von „*Ruß*" aus rauchiger Luft oder das Niederschlagen von „*Tau*" aus nebliger Luft sind Beispiele für eine auf Dichteunterschieden beruhende Trennung fest-gasförmiger und flüssig-gasförmiger Systeme.

1.2.2 Zerlegung auf Grund verschiedener Teilchengrößen

Ein weiteres allgemein anwendbares Verfahren zur Zerlegung heterogener Systeme gründet sich auf die verschiedene Teilchengröße der Bestandteile.

So kann man beispielsweise fest-flüssige Systeme dadurch in die beiden Phasen scheiden, daß man das Gemisch auf ein geeignetes Filter[7] (Filterpapier, Filtertuch, keramisches Filter oder dergleichen) gießt (**„Filtrieren"**). Durch die Poren des Filters (Fig. 4) gehen die festen Teilchen, falls sie nicht zu klein sind, nicht hindurch („*Rückstand*"), während die Flüssigkeit unter der Einwirkung der Schwerkraft hindurchläuft („*Filtrat*"). Die den flüssigen Anteil durch das Filter treibende Kraft kann durch Erhöhung des Drucks oberhalb der Filterflüssigkeit (Durchpressen der Flüssigkeit; „*Druckfiltration*") oder durch Verminderung des Drucks unterhalb der Filterflüssigkeit (Durchsaugen der Flüssigkeit; „*Saugfiltration*"; Fig. 5) gesteigert werden. Auch durch Zentrifugieren kann der Druck und damit die Filtrierge-

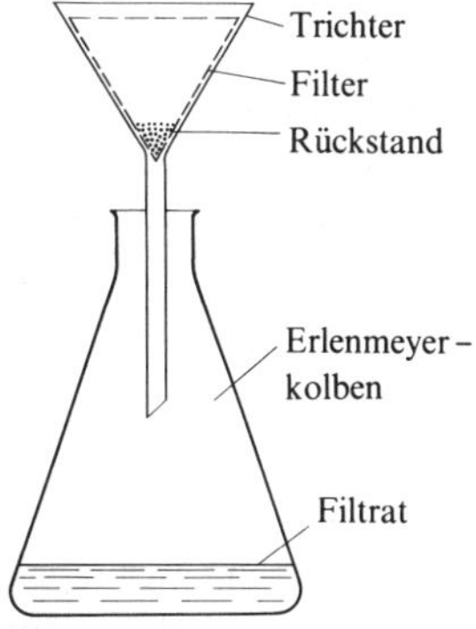

Fig. 4 Filtrieren eines Niederschlags.

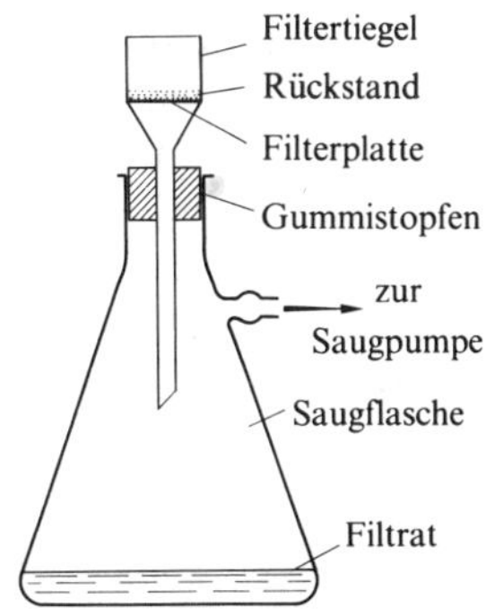

Fig. 5 Absaugen eines Niederschlags.

[7] filtrum (lat.) = Durchseihgerät aus Filz.

schwindigkeit erhöht werden; die Flüssigkeit wird hierbei nach außen geschleudert, der feste Stoff durch das Filter zurückgehalten.

Bei fest-festen Gemischen tritt, falls die beiden Komponenten verschiedene Teilchengrößen aufweisen, an die Stelle des Filtrierens das **„Sieben“**. Fest-gasförmige Gemenge können z. B. durch Durchsaugen durch ein Wattefilter von den im Gas schwebenden Teilchen befreit werden.

In vielen Fällen ist es bei der Zerlegung heterogener Gemische von Vorteil, die Bestandteile des Systems durch Temperaturänderung, durch Lösungsmittel oder auf andere Weise in leichter trennbare Aggregatzustände überzuführen. So läßt sich z. B. der in schwefelführenden Gesteinen vorhandene Schwefel in einfacher Weise so gewinnen, daß man das Gestein erhitzt, wobei der leicht schmelzende Schwefel (Smp. 119 °C) ausschmilzt (s. dort). In analoger Weise kann aus salzhaltigem Gestein das leicht lösliche Salz durch Wasser herausgelöst werden. In beiden Fällen wird das schwer zu trennende fest-feste Gemisch durch Phasenumwandlung auf den Fall des mechanisch leichter trennbaren fest-flüssigen Systems zurückgeführt. Besondere Bedeutung haben solche Trennungsmethoden bei der im folgenden zu besprechenden Zerlegung homogener Systeme.

1.3 Zerlegung homogener Systeme

Die bei der Zerlegung heterogener Systeme erhaltenen homogenen Stoffe können entweder **„reine Stoffe“** oder **„Lösungen“**, das heißt homogene Gemische reiner Stoffe, sein. Der Begriff Lösung im weiteren Sinne umfaßt dabei nicht nur flüssige, sondern auch feste (z. B. blaues Cobaltglas) und gasförmige Lösungen (z. B. Luft, s. weiter unten).

Liegt eine Lösung vor, so besteht die neue Aufgabe des Chemikers darin, die Lösung in ihre Bestandteile, die reinen Stoffe, zu zerlegen. Dies gelingt ganz allgemein dadurch, daß man auf physikalischem oder chemischem Wege das homogene Gemisch in ein heterogenes System verwandelt, welches nach den schon beschriebenen Methoden mechanisch getrennt werden kann.

1.3.1 Zerlegung auf physikalischem Wege

Bei der Zerlegung auf physikalischem Wege zwingt man etwa die flüssige Lösung durch Temperaturveränderung, durch Zusatz anderer, mit der Lösung nicht mischbarer Lösungsmittel, durch selektive Adsorption an Adsorptionsmitteln oder dergleichen zur Bildung einer zweiten Phase und damit zur teilweisen oder vollständigen Scheidung der Lösungsbestandteile. Während nämlich reine Stoffe – z. B. destilliertes Wasser oder absoluter Alkohol – bei der Änderung des Aggregatzustandes ihre stoffliche Zusammensetzung nicht ändern, enthalten die aus Lösungen neu entstehenden Phasen die Lösungskomponenten fast durchweg in einem anderen Verhältnis als die ursprüngliche Phase. Trennt man daher die neue Phase (z. B. die beim Verdampfen einer flüssigen Lösung entstehende gasförmige Phase) von der ursprünglichen ab, so hat man bereits eine beginnende Scheidung der Bestandteile bewirkt. Und indem man derartige Phasenscheidungen systematisch wiederholt („*Fraktionierung*“), gelangt man schließlich zu den reinen Stoffen.

Phasenscheidung durch Temperaturänderung

Erhitzt man einen festen Stoff, so geht er in den flüssigen oder gasförmigen Zustand über, er „*schmilzt*“ oder „*sublimiert*“. Die Flüssigkeit geht bei weiterem Erhitzen in den gasförmigen Zustand über, sie „*verdampft*“ („*destilliert*“). Beim Abkühlen werden die Phasenänderungen wieder rückgängig gemacht: der Dampf „*verdichtet*“ („*kondensiert*“) sich zur Flüssigkeit oder zum festen Stoff, die Flüssigkeit „*erstarrt*“ („*kristallisiert*“).

Verdampfen und Verdichten. Soll eine homogene Flüssigkeit – z. B. eine wässerige Lösung – durch abwechselndes teilweises Verdampfen und Verdichten in ihre Komponenten zerlegt werden, so bedient man sich im Laboratorium zweckmäßig einer Destillierapparatur, wie sie in Fig. 6a wiedergegeben ist. Die Lösung wird in einem mit einem Thermometer versehenen „*Destillierkolben*" zum Sieden erhitzt; der entstehende Dampf verdichtet („*kondensiert*") sich in einem mit fließendem Leitungswasser gekühlten „*Liebig-Kühler*"; die so aus dem Dampf rückgebildete Flüssigkeit tropft als „*Destillat*" („*Kondensat*") ab und wird in einer geeigneten „*Vorlage*" aufgefangen.

Besteht die homogene Flüssigkeit aus einem nichtflüchtigen festen Stoff und einem flüchtigen flüssigen Lösungsmittel (Beispiel: wässerige Kochsalzlösung), so genügt eine einmalige Destillation. Im Destillierkolben bleibt dann der nichtflüchtige feste Stoff (hier das Kochsalz) zurück, in der Vorlage sammelt sich das reine Lösungsmittel (hier das „*destillierte Wasser*"). Sind beide Bestandteile der homogenen Flüssigkeit flüchtig (Beispiel: Lösung von Alkohol in Wasser), so ist der Dampf im allgemeinen reicher an einer der beiden Komponenten (hier dem flüchtigeren Alkohol) als die zurückbleibende Flüssigkeit. Unterbricht man daher rechtzeitig die Destillation (bei vollständigem Überdestillieren besäße das Destillat in seiner Gesamtheit naturgemäß die gleiche Zusammensetzung wie die Ausgangslösung, so daß nichts erreicht wäre), so erhält man ein Destillat, in welchem die eine Komponente gegenüber der ursprünglichen Verteilung angereichert ist, während die zurückbleibende Flüssigkeit relativ mehr von der anderen Komponente enthält. Durch mehrfache Wiederholung der Destillation mit beiden Flüssigkeitsanteilen (**„fraktionierende Destillation"**[8]; vgl. weiter unten) und eventuelle Verwendung geeigneter Destillieraufsätze gelangt man so schließlich meist zu Fraktionen, die aus den reinen Komponenten der Ausgangslösung bestehen.

Liegt eine gasförmige Lösung vor, so kann man den umgekehrten Weg einschlagen, indem man teilweise verdichtet und die so erhaltene flüssige Fraktion erneut verdampft und wieder teilweise verdichtet usw. (**„fraktionierende Kondensation"**[9]). Man kann aber auch das gesamte Gas zur Flüssigkeit verdichten und diese dann der fraktionierenden Destillation unterwerfen (Beispiel: fraktionierende Destillation flüssiger Luft; s. unten).

Auch feste Stoffe können bisweilen durch wiederholtes Verdampfen und Verdichten („sublimierendes" Verdampfen und Verdichten) gereinigt werden. Man spricht dann von

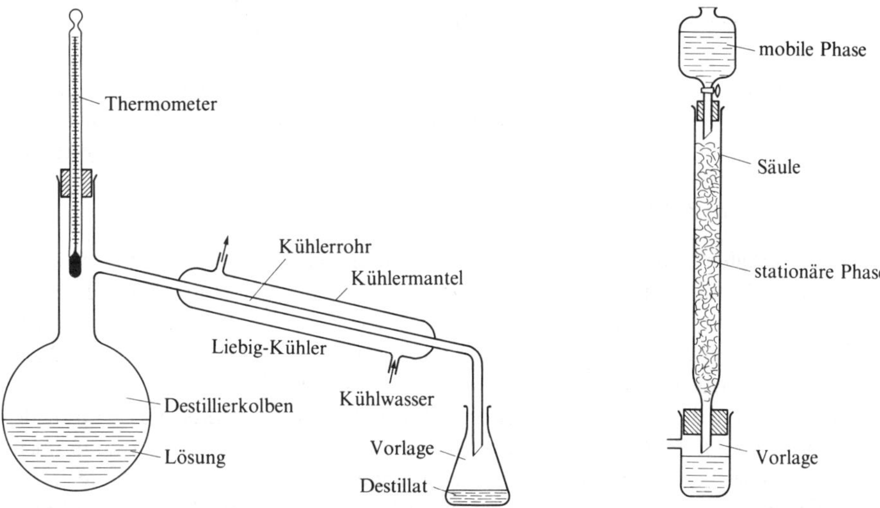

Fig. 6a Destillieren einer Lösung.

Fig. 6b Säulenchromatographie.

[8] unterbrochene Destillation: fractio (lat.) = das Brechen; destillare (lat.) = herabtropfen.
[9] Kondensation: condensare (lat.) = verdichten.

„fraktionierender Sublimation“[10] (Beispiel: Reinigung von Iod durch Sublimation). Im allgemeinen gehen jedoch feste Stoffe beim Erhitzen nicht direkt in den gasförmigen, sondern zunächst in den flüssigen Zustand über.

Schmelzen und Erstarren. Führt man eine homogene Flüssigkeit nicht, wie im vorhergehenden Abschnitt behandelt, durch Erhitzen teilweise in den Dampfzustand, sondern umgekehrt durch Abkühlen teilweise in den festen Zustand über, so sind wie dort verschiedene Fälle möglich. Zum Beispiel kann nur die eine Komponente *„auskristallisieren“*; dies ist etwa beim Abkühlen einer verdünnten Salzlösung der Fall, wobei sich reine Eiskristalle abscheiden. Es können aber auch beide Komponenten zugleich – z. B. in Form eines sogenannten *„Mischkristalls“*, d.h. einer festen Lösung – abgeschieden werden, wie dies etwa beim Erstarren einer geschmolzenen Silber-Gold-Legierung der Fall ist (vgl. Schmelz- und Erstarrungsdiagramme; S. 1295). Da im letzteren Falle genau wie beim oben behandelten Fall des Verdampfens die neu entstehende – hier feste – Phase im allgemeinen die Lösungskomponenten in anderem Mischungsverhältnis enthält als die ursprüngliche Phase, gelingt es meist auch hier, durch wiederholten Wechsel zwischen flüssigem und festem Zustand (**„fraktionierende Kristallisation“**[11]) zu Fraktionen zu gelangen, die aus den reinen Bestandteilen des ursprünglichen Stoffs bestehen.

Phasenscheidung durch Lösungsmittel

Statt durch Temperaturänderung kann man ein homogenes System auch durch geeignete Lösungsmittel zur Scheidung seiner Bestandteile zwingen. Schüttelt man z. B. eine wässerige Lösung mit einem Lösungsmittel, welches mit Wasser praktisch nicht mischbar ist (etwa Ether, Petrolether, Chloroform, Schwefelkohlenstoff, Tetrachlorkohlenstoff) und in welchem der in der wässerigen Lösung gelöste Stoff leichter als in Wasser löslich ist, so bilden sich beim anschließenden Stehenlassen zwei Flüssigkeitsschichten, in deren einer der gelöste Stoff angereichert ist. Trennt man die beiden Schichten mittels eines Scheidetrichters (Fig. 3) und wiederholt man das **„Ausschütteln“** einige Male, so kann man auf diese Weise den gelösten Stoff nahezu vollständig der ursprünglichen Lösung entziehen.

Das Verfahren ist selbstverständlich auch auf feste und gasförmige homogene Systeme übertragbar. So kann man beispielsweise mit Hilfe geeigneter Lösungsmittel Kristalle, die durch andere feste Stoffe verunreinigt sind, durch wiederholtes Auflösen und Auskristallisierenlassen (**„Umkristallisieren“**) reinigen. In analoger Weise macht man häufig bei der *„Gasanalyse“* Gebrauch von Lösungsmitteln zur Trennung gasförmiger Mischungen (Überführung des homogenen gasförmigen in ein heterogenes, leicht trennbares flüssig-gasförmiges System).

Phasenscheidung durch Chromatographie[12]

Bei der **„Chromatographie“**, einer in den letzten Jahrzehnten ausgebauten, den meisten anderen Verfahren an Wirksamkeit überlegenen Trennmethode, werden die zu trennenden Stoffe einer homogenen Lösung zwischen zwei Phasen verteilt, von denen die eine ruht (*„stationäre Phase“*), während die zweite (*„mobile Phase“*) die erstere umspült. Ist die stationäre Phase fest, so sind es Unterschiede in den Adsorptionskräften (s. dort) zwischen der festen stationären Phase einerseits und den Komponenten der mobilen Phase andererseits, die im Laufe des Durchtritts der mobilen durch die poröse stationäre Phase einen Trenneffekt für die zu trennenden Komponenten bewirken (**„Adsorptionschromatographie“**). Als Material für die feste stationäre Phase eignen sich pulverisierte anorganische oder organische Stoffe wie Aktivkohle,

[10] Sublimation: sublimare (lat.) = emporschweben.
[11] Kristallisation: krystallos (griech.) = Eis.
[12] **Literatur.** R. V. Dilts: „Analytical Chemistry: Methods of Separation“, Van Nostrand, New York 1974; H. Rüssel, G. Tölg: „Anwendung der Gaschromatographie zur Trennung und Bestimmung anorganischer Stoffe“, Fortschr. Chem. Forsch. **33** (1972) 1–74.

Kieselgel, Aluminiumoxid, Calciumcarbonat[13], Zucker u.a.m. Die stationäre Phase kann aber auch aus einer Flüssigkeit bestehen, die an ein festes Trägermaterial gebunden ist; die physikalische Ursache des Trenneffektes liegt dann im wesentlichen in der verschiedenartigen Verteilung (vgl. Nernstsches Verteilungsgesetz) der Komponenten der mobilen Phase zwischen der flüssigen mobilen und der flüssigen stationären Phase begründet (**„Verteilungschromatographie“**). Die mobile Phase kann naturgemäß nur flüssig (**„Flüssigkeitschromatographie“**) oder gasförmig (**„Gaschromatographie“**) sein, wobei die Durchführung der Gaschromatographie bei höherer Temperatur es gestattet, auch solche Stoffe mittels dieser Methode zu trennen, die bei Raumtemperatur noch nicht als Gase vorliegen.

Bei der Flüssigkeitschromatographie kann es die Schwerkraft sein, die die Strömung durch die stationäre Phase verursacht; dies ist z.B. bei der *„Säulenchromatographie“* der Fall, wie sie in Fig. 6b (S. 9) wiedergegeben ist. Die mobile Phase wird hierbei von oben zugetropft und durchsickert die stationäre Phase. Diejenige Komponente der mobilen Phase, die die geringste Adsorptions-Wechselwirkung mit der festen bzw. die geringste Lösungstendenz bezüglich der flüssigen stationären Phase aufweist, durchdringt die Säule am schnellsten und kann bei Einhaltung besonderer Versuchsbedingungen in der Vorlage in reiner Form aufgefangen werden. Eine besonders gute Trennwirkung kann hierbei erzielt werden, wenn die mobile Phase unter hohem Druck (bis ca. 300 bar) durch die feste Phase gepumpt wird (*„Hochdruckflüssigkeitschromatographie“* oder kurz *„HPLC“*[14]). Bei der Durchdringung der stationären Phase können aber auch Kapillarkräfte im Spiele sein, wenn man als stationäre Phase etwa saugfähiges Papier (*„Papierchromatographie“*) oder dünne, auf Glasplatten aufgetragene Schichten eines Stoffes wie Kieselgel (*„Dünnschichtchromatographie“*) verwendet. Während sich die Papierchromatographie nur für analytische Bestimmungen eignet, kann die Säulen- und Dünnschichtchromatographie auch für präparative Zwecke genutzt werden.

Bei der Gaschromatographie ist es in der Regel die Wirkung eines Trägergasstromes, die den Durchtritt der mobilen durch die stationäre Phase ermöglicht. Die Methode eignet sich sowohl für analytische als auch für präparative Trennungen.

Falls die zu trennenden Komponenten nicht schon von Natur aus gefärbt sind, können sie zur Beurteilung des Trennerfolges angefärbt werden. Das Anfärben der durch Papier- oder Dünnschichtchromatographie getrennten Stoffe (*„Entwickeln des Chromatogramms“*) liefert dabei eine Reihe von Farbtupfen, deren Abstände als analytische, für einen Stoff charakteristische Größen angesehen werden können[15]. Bei der Gaschromatographie mißt man zur Identifizierung der getrennten Komponenten mit Vorteil charakteristische physikalische Eigenschaften, z.B. ihre Wärmeleitfähigkeit oder ihre Gasdichte, bei der Flüssigkeitschromatographie (insbesondere HPLC) ihren Brechungsindex oder ihre Lichtabsorption im ultravioletten, sichtbaren bzw. infraroten Spektralbereich.

1.3.2 Zerlegung auf chemischem Wege

Der allgemeinste Weg zur Verwandlung homogener Gemische in leicht trennbare heterogene Systeme besteht darin, einen der Bestandteile der homogenen Mischung durch chemische Reaktion mit einem anderen Stoff in einen Stoff geeigneteren Aggregatzustandes überzuführen. So beruht z.B. eine der häufigsten Operationen der *„analytischen Chemie“* darauf, in wässeriger Lösung gelöste Stoffe durch Reaktion mit *„Fällungsmitteln“* als schwer lösliche, leicht abfiltrierbare *„Niederschläge“* auszufällen (vgl. z.B. die Ausfällung von Metall-Ionen in Form von Sulfiden). Das *„Trocknen“* von Gasen, Flüssigkeiten und Feststoffen durch feste

---

13 **Geschichtliches.** Dem russischen Botaniker M. Tswett gelang 1906 erstmals die Trennung der Blattfarbstoffe unter Verwendung von gepulvertem $CaCO_3$ als Adsorbens. Auf ihn geht also die Chromatographie letztlich zurück.

14 Von *„High Pressure Liquid Chromatography“* bzw. von *„***H***igh* **P***erformance* **L***iquid* **C***hromatography“*.

15 Die Benutzung der Farbe als analytischem Merkmal verdankt die Chromatographie ihren Namen; chroma (griech.) = Farbe.

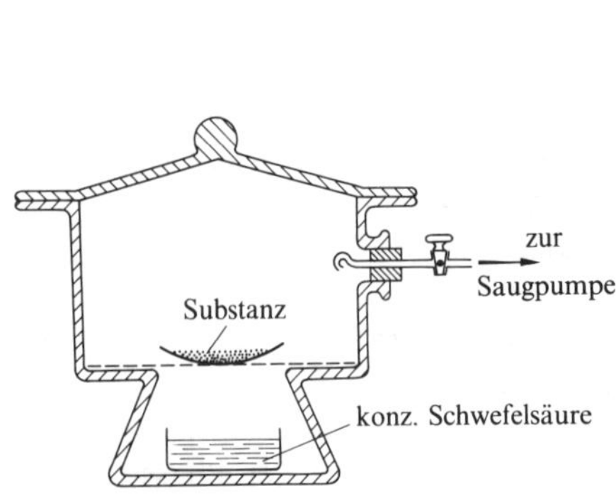

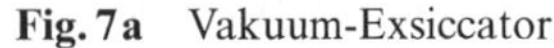

Fig. 7a Vakuum-Exsiccator.

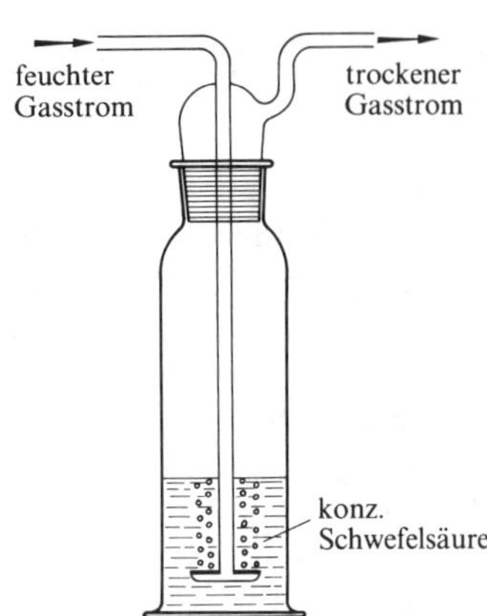

Fig. 7b Waschflasche.

oder flüssige Trockenmittel (Verwandlung eines homogenen Systems in ein heterogenes fest-gasförmiges bzw. flüssig-gasförmiges System) ist ein weiteres Beispiel. So dient zum Trocknen fester und flüssiger Substanzen zweckmäßig ein „*Exsiccator*" (Fig. 7a), ein luftdicht verschließbares Glasgefäß, auf dessen Boden sich konzentrierte Schwefelsäure (oder ein anderes Trockenmittel) befindet, welche – besonders wirksam im evakuierten Exsiccator – die Feuchtigkeit der darüber befindlichen, zu trocknenden Substanzen an sich zieht. Gase trocknet man zweckmäßig durch Hindurchleiten durch eine mit konzentrierter Schwefelsäure gefüllte „*Waschflasche*" (Fig. 7b).

Als praktisch und auch technisch wichtiges Anwendungsbeispiel des vorstehend Besprochenen sei nachfolgend auf die Zerlegung der Luft in ihre Bestandteile näher eingegangen.

1.4 Zerlegung der Luft in ihre Bestandteile

Die atmosphärische Luft wurde bis zum Ausgang des 18. Jahrhunderts für einen reinen Stoff gehalten. Erst durch die Untersuchungen von Scheele, Priestley und Lavoisier wurde gezeigt, daß sie ein Gemenge zweier Gase – nämlich eines die Verbrennung unterhaltenden (Sauerstoff) und eines die Verbrennung nicht unterhaltenden Gases (Stickstoff) – ist[16].

Geschichtliches. Der Versuch, durch den Lavoisier dies im Jahre 1774 bewies, war der folgende (Fig. 8): In einer Retorte, die durch einen zweimal gebogenen Hals mit einer in einer Glasglocke über Quecksilber

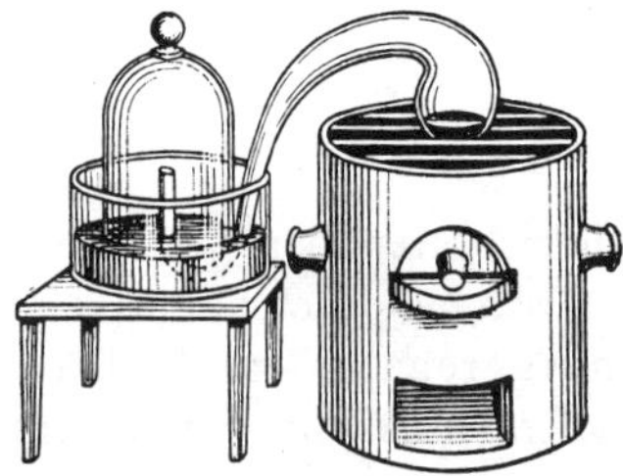

Fig. 8 Versuch von Lavoisier über die Zusammensetzung der Luft.

[16] Außer Sauerstoff und Stickstoff enthält die Luft noch die Edelgase (s. dort), sowie mehr oder weniger Wasserdampf und Kohlendioxid, ferner geringe Mengen anderer Gase (< 0,001 %; vgl. S. 518). Die mittlere Zusammensetzung trockener, reiner Luft ist nach neueren Analysen die folgende:

	Stickstoff	Sauerstoff	Edelgase	Kohlendioxid
Vol.-%	78,09	20,95	0,93	0,03
Gew.-%	75,51	23,16	1,28	0,05

abgesperrten, gegebenen Luftmenge in Verbindung stand, wurde Quecksilber auf einem Kohleofen mehrere Tage lang nahe am Sieden erhalten (Sdp. 357 °C). Hierbei verschwand ein Teil der Luft (Sauerstoff), während sich gleichzeitig das Quecksilber teilweise in ein rotgelbes, kristallines Pulver (Quecksilberoxid) verwandelte. Der zurückgebliebene Teil der Luft (Stickstoff) unterhielt zum Unterschied von der ursprünglichen Luft weder die Verbrennung noch die Atmung. Die gebildete rotgelbe Quecksilberverbindung spaltete bei stärkerem Erhitzen ein Gas (Sauerstoff) ab, das die Verbrennungserscheinungen und die Atmung viel lebhafter unterhielt („*Lebensluft*") als die ursprüngliche Luft und dessen Volumen dem vorher verschwundenen Luftanteil entsprach.

Die Zerlegung der Luft in ihre Bestandteile Sauerstoff und Stickstoff kann auf chemischem oder physikalischem Wege erfolgen. Zur Zerlegung auf **chemischem Wege** verfährt man so, daß man den Sauerstoff durch einen Stoff bindet, welcher diesen leicht wieder abzugeben imstande ist. Ein solcher Stoff ist z. B. das Quecksilber (vgl. Versuch von Lavoisier, Fig. 8). Praktisch zerlegt man die Luft nur auf **physikalischem Wege**, indem man sie zunächst verflüssigt und die verflüssigte Luft dann fraktionierend destilliert. Wir wollen uns demgemäß zunächst mit der Verflüssigung der Luft, dann mit ihrer Fraktionierung in Sauerstoff und Stickstoff befassen.

1.4.1 Flüssige Luft

Gewinnung

Zur Verflüssigung muß die Luft auf sehr tiefe Temperaturen (bei 1 bar Druck auf unter − 192 °C) abgekühlt werden. Hierzu bedient man sich des **„Joule-Thomson-Effektes"**[17]:

Entspannt man ein unter hohem Druck stehendes („*komprimiertes*") reales Gas[17] wie z. B. die Luft auf einen niedrigen Druck, so kühlt es sich – auch wenn bei der Entspannung („*Expansion*") keine äußere Arbeit geleistet wird – in der Regel ab (vgl. Lehrbücher der physikalischen Chemie). Die Celsiusgrade $t_{\text{Anfang}} - t_{\text{Ende}}$ um die sich die Luft bei der – ohne äußere Arbeitsleistung erfolgenden – Entspannung um $p_{\text{Anfang}} - p_{\text{Ende}}$ bar abkühlt, können nach der Faustregel

$$t_{\text{Anfang}} - t_{\text{Ende}} = \mu \cdot (p_{\text{Anfang}} - p_{\text{Ende}}) \cdot \left(\frac{273}{273 + t_{\text{Anfang}}}\right)^2 \quad (1)$$

berechnet werden ($\mu \approx {}^1/_4$ Grad pro bar bei nicht zu hohen Werten von p_{Anfang}). Bei 0 °C ($t_{\text{Anfang}} = 0$) kühlt sich hiernach die Luft um etwa ${}^1/_4$ °C je Bar Druckunterschied ($p_{\text{Anfang}} - p_{\text{Ende}} = 1$) ab. Auch bei sehr hohen Druckdifferenzen ist also die Verflüssigung der Luft durch einmaliges Expandieren nicht zu erreichen. Man vereinigt daher nach Carl von Linde (1842–1934) durch Anwendung des sogenannten „*Gegenstromprinzips*" die Wirkung beliebig vieler Expansionen in der Weise, daß man jede vorangehende Abkühlung zur Vorkühlung der nachfolgenden Luft vor der nächsten Entspannung benutzt (**„Linde-Verfahren"**). Hierdurch sinken die Temperaturen schrittweise, bis die Verflüssigungstemperatur erreicht ist.

Die Arbeitsweise einer derartigen „*Linde-Maschine*" sei an Hand nachstehender schematischer Zeichnung (Fig. 9) kurz erläutert: Die aus der Umgebung angesaugte Luft wird durch einen Verdichter („*Kompressor*") von Atmosphärendruck auf etwa 200 bar komprimiert (p_{Anfang}) und geht dann durch einen von Kühlwasser umflossenen Kühler, wo die Kompressionswärme beseitigt und die verdichtete Luft nahezu auf die Temperatur des Kühlwassers abgekühlt wird. Die so abgekühlte, verdichtete Luft wird mittels eines Drosselventils wieder auf den ursprünglichen Druck entspannt (p_{Ende}), wobei – wenn t_{Anfang}

---

[17] J. P. Joule und W. Thomson beobachteten 1852, daß sich komprimierte *reale Gase* unterhalb einer bestimmten Temperatur („*Joule-Thomson-Inversionstemperatur*") bei der *Expansion* unter Verletzung des Boyle-Mariotteschen Gesetzes $p \cdot V = \text{const.}$ (s. dort) *abkühlen* („*Joule-Thomson-Koeffizient*" μ = pos.). *Oberhalb* der J.-T.-Inversionstemperatur erfolgt umgekehrt *Erwärmung* (μ = neg.). Mit Ausnahme von Helium und Wasserstoff zeigen Gase bei Raumtemperatur einen positiven J.-T.-Koeffizienten (J.-T.-Inversionstemperatur für Helium = 16 K, für Wasserstoff = 193 K, für Stickstoff = 850 K, für Sauerstoff = 1040 K, für Kohlendioxid ca. 2000 K).

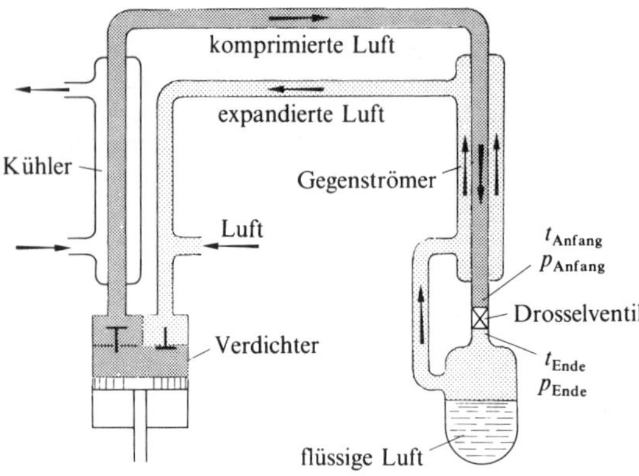

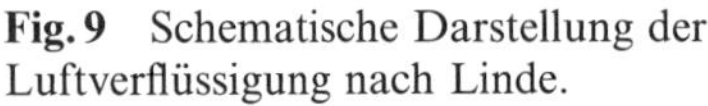

Fig. 9 Schematische Darstellung der Luftverflüssigung nach Linde.

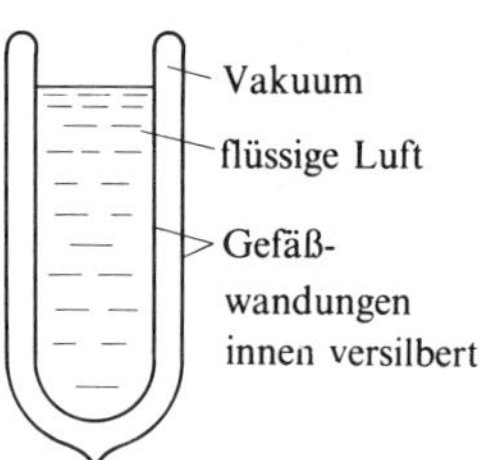

Fig. 10 Dewar-Gefäß zum Aufbewahren flüssiger Luft.

z. B. gleich 15 °C ist – eine Abkühlung um etwa $^1/_4 \times 200 \times 0.9 = 45$ °C eintritt. Die in dieser Weise auf -30 °C (t_{Ende}) abgekühlte Luft strömt im Gegenstrom-Wärmeaustauscher der nachkommenden verdichteten Luft entgegen und kühlt diese noch stärker als die vorangegangene vor, so daß sie mit tieferer Temperatur t_{Anfang} zum Drosselventil gelangt als die vorhergehende und daher bei der folgenden Entspannung gemäß (1) auch auf tiefere Temperatur t_{Ende} abgekühlt wird als diese usw. So sinkt die Temperatur immer mehr, zumal nach der angegebenen Formel (1) der Joule-Thomson-Effekt mit fallender Temperatur t_{Anfang} immer größer wird. Schließlich reicht die durch die Expansion bewirkte Kälteleistung zur Verflüssigung eines Teils der Luft aus.

Um ein zu rasches Verdampfen der flüssigen Luft im Laboratorium zu vermeiden, bewahrt man sie zweckmäßig in besonders konstruierten Gefäßen auf. Eine für das Laboratorium geeignete Form stellt z. B. das in Fig. 10 abgebildete, doppelwandige „*Dewar-Gefäß*" dar. Bei diesem ist zur Verringerung eines Wärmeverlustes durch Wärmeleitung und -strahlung der Raum zwischen beiden Wandungen evakuiert, während die Wandungen selbst innen versilbert oder verkupfert sind[18]. Auf dem gleichen Bauprinzip beruhen z. B. die „*Thermosflaschen*".

Eigenschaften

Die Verflüssigung der Luft wird zwecks Gewinnung von Sauerstoff und Stickstoff (s. unten) sowie Edelgasen (s. dort) technisch in großem Maßstabe ausgeführt (die größten Anlagen haben heute eine Kapazität von 200000 m^3 Luft pro Stunde). In frischem Zustande ist die flüssige Luft praktisch farblos. Bei längerem Stehen nimmt sie immer deutlicher eine bläuliche Farbe an. Dies kommt daher, daß der farblose Stickstoff (Sdp. -196 °C) schneller absiedet als der bläuliche Sauerstoff (Sdp. -183 °C). Entsprechend dieser Sauerstoffanreicherung beim Verdunsten steigt der Siedepunkt der flüssigen Luft (-194.5 °C) beim Stehen bis auf -185 °C und höher. Zugleich nimmt die Dichte, die zuerst 0.9 g/cm^3 beträgt, bis zum Werte 1.1 g/cm^3 zu (1 cm^3 flüssiger Sauerstoff wiegt beim Siedepunkt 1.12, 1 cm^3 flüssiger Stickstoff beim Siedepunkt 0.81 g), so daß frische flüssige Luft auf Wasser schwimmt, während auf gestandener flüssiger Luft umgekehrt das Wasser schwimmt. Füllt man ein Kupfergefäß mit flüssigem Stickstoff, so kondensiert sich an der Außenwand des Gefäßes der leichter kondensierbare (höher siedende) Sauerstoff der Luft und tropft als flüssiger Sauerstoff ab.

Interessant sind die Eigenschaftsänderungen, welche die Stoffe beim Abkühlen auf die Temperatur der flüssigen Luft erfahren:

Farbe. Taucht man ein mit Schwefel gefülltes Reagensglas in flüssige Luft, so wird der gelbe Schwefel weiß wie Kreide. Auch braunrotes Brom, roter Phosphor, orangerote Mennige oder rotes Quecksilberiodid werden beim Eintauchen in flüssige Luft in auffälliger Weise heller.

---

18 Nichtmetallisierte doppelwandige Gefäße obiger Art heißen „*Weinhold-Gefäße*".

Elastizität. Ein in flüssige Luft getauchter Gummiball wird glashart und zerspringt in Splitter, wenn man ihn auf den Boden fallen läßt. Ein Bleiglöckchen gibt nach Kühlung mit flüssiger Luft beim Anschlagen mit einem Glasstab einen hellen Ton, als ob es aus Silber bestünde.

Aggregatzustände. Übergießt man flüssiges Quecksilber mit flüssiger Luft, so erstarrt es alsbald zu einem silberähnlichen Metall, das man auf dem Amboß aushämmern kann. Propan-Heizgas verflüssigt sich leicht bei der Temperatur der flüssigen Luft. Wird eine Rose oder ein Apfel in flüssige Luft getaucht, so gefriert augenblicklich das Wasser in den Zellen; das Gewebe wird dadurch so spröde, daß man es im Mörser zu Pulver zerreiben kann.

Leitfähigkeit. Taucht man einen Kupferdraht in flüssige Luft, so nimmt dessen Leitfähigkeit wesentlich zu (bei sehr tiefen Temperaturen: „*Supraleitfähigkeit*"; s. dort).

Verbrennungsfördernde Eigenschaften. Taucht man z. B. einen glimmenden Holzspan in flüssigen Sauerstoff oder gestandene, also sauerstoffreiche Luft ein, so verbrennt der Span trotz der sehr tiefen Temperatur von $-183\,^\circ$C unter heftiger Reaktion mit heller Flamme. Wird Watte mit feinem Kohlepulver überstäubt, mit flüssigem Sauerstoff übergossen und dann angezündet, so verbrennt das Ganze explosionsartig. Man bedient sich dieser Eigenschaften des flüssigen Sauerstoffs bei den sogenannten „*Oxyliquit*"[19]-Sprengstoffen (Mischungen von voluminöser Kohle oder anderen brennbaren Stoffen wie Petroleum, Paraffin, Naphthalin mit flüssigem Sauerstoff bzw. flüssiger Luft). Es ist hiernach sehr gefährlich, flüssigen Sauerstoff oder gestandene flüssige Luft mit brennbaren Substanzen zusammenzubringen.

Trotz der tiefen Temperatur kann man flüssige Luft gefahrlos über die Hände gießen, ohne dabei das Gefühl von Kälte zu haben, da sich zwischen der warmen Haut und der kalten Flüssigkeit sofort eine schützende dünne Dampfhaut bildet, welche die Kälte nur schlecht leitet („*Leidenfrostsches Phänomen*").

1.4.2 Fraktionierung flüssiger Luft

Die flüssige Luft läßt sich durch Fraktionierung in ihre beiden Hauptbestandteile Sauerstoff und Stickstoff trennen.

Die Wirkungsweise der Fraktionierung geht aus dem nachstehenden Diagramm (Fig. 11, „*Siedediagramm*") hervor:

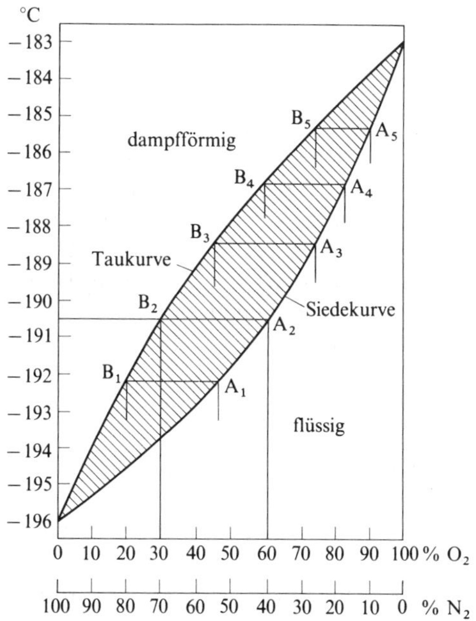

Fig. 11 Fraktionierende Destillation und Kondensation von Sauerstoff-Stickstoff-Gemischen.

[19] Oxygenium (lat.) = Sauerstoff; liquidus (lat.) = flüssig.

Trägt man die Siedepunkte aller Mischungen von Sauerstoff und Stickstoff in ein Koordinatensystem (Abszisse: Volumenprozente der Mischung; Ordinate: Siedetemperatur) ein, so erhält man die in Fig. 11 als „*Siedekurve*" bezeichnete Kurve. Erwärmt man nun die flüssige Mischung von Stickstoff und Sauerstoff gegebener Zusammensetzung, so besitzt der entstehende Dampf nicht die gleiche Zusammensetzung wie die Ausgangsflüssigkeit, sondern ist stets reicher am flüchtigeren, tiefer siedenden Stickstoff. Trägt man auch die Zusammensetzung dieser bei den verschiedenen Siedetemperaturen mit den einzelnen flüssigen Mischungen im Gleichgewicht befindlichen Dampfphasen in das Koordinatensystem ein, so erhält man die in Fig. 11 als „*Taukurve*" bezeichnete Kurve. Sie gibt die Temperaturen an, bei welchen dampfförmige Sauerstoff-Stickstoff-Gemische der durch die Abszisse gegebenen Zusammensetzung beim Abkühlen die ersten Flüssigkeitströpfchen („*Tau*") – von der durch die Siedekurve bei der gleichen Temperatur zum Ausdruck gebrachten Zusammensetzung – abscheiden[20].

Das so erhaltene Gesamtdiagramm ermöglicht in anschaulicher Weise eine Beurteilung des Verlaufs der Fraktionierung flüssiger Stickstoff-Sauerstoff-Gemische. Erwärmt man beispielsweise eine flüssige Mischung der Zusammensetzung 60% Sauerstoff + 40% Stickstoff, so beginnt diese bei −190.6 °C zu sieden (Punkt A_2 des Diagramms). Der dabei entstehende Dampf hat die Zusammensetzung 30% Sauerstoff + 70% Stickstoff (B_2). Da somit der Dampf stickstoffreicher als die Flüssigkeit ist, ist die Flüssigkeit relativ sauerstoffreicher geworden. Das bedeutet gemäß der Siedekurve eine Erhöhung des Siedepunktes. Wir bewegen uns also während der Destillation auf der Siedekurve in der Richtung auf A_3 aufwärts. Würden wir die gesamte Flüssigkeit verdampfen, so besäße der Dampf in seiner Gesamtheit natürlich die gleiche Zusammensetzung 60% Sauerstoff + 40% Stickstoff (B_4) wie die Ausgangsflüssigkeit, und der letzte verdampfende Flüssigkeitstropfen hätte dementsprechend die dieser Dampfzusammensetzung entsprechende Flüssigkeitszusammensetzung (A_4), da sich die Flüssigkeit jeweils mit dem Gesamtdampf im Gleichgewicht befindet. Man muß daher die Destillation schon dann unterbrechen („*fraktionierende*" Destillation), wenn der Dampf eine Zusammensetzung zwischen den beiden Punkten B_2 und B_4 (etwa B_3; 55% N_2 + 45% O_2) und die Flüssigkeit eine Zusammensetzung zwischen den beiden Punkten A_2 und A_4 (etwa A_3; 75% O_2 + 25% N_2) aufweist. Wir haben dann die ursprüngliche Flüssigkeit (A_2) in einen stickstoffreicheren gasförmigen (B_3) und einen sauerstoffreicheren flüssigen Anteil (A_3) getrennt. Kondensiert man den Dampf (B_3) völlig, so erhält man eine Flüssigkeit (A_1), welche beim Sieden einen schon sehr stickstoffreichen Dampf (B_1; 80% N_2 + 20% O_2) ergibt. Bei völligem Verdampfen des flüssigen Anteils (A_3) andererseits entsteht ein Dampf (B_5), welcher beim Kondensieren zu einer sehr sauerstoffreichen Flüssigkeit (A_5; 90% O_2 + 10% N_2) führt. Auf diese Weise gelingt es, durch wiederholte Destillation und Kondensation schließlich reinen Sauerstoff (im schwerer flüchtigen Destillationsrückstand) und reinen Stickstoff (im leichter flüchtigen Destillat) zu gewinnen. In der Technik wird diese „*Rektifikation*" der flüssigen Luft in großem Maßstabe unter Verwendung selbsttätig wirkender Rektifikationsapparate durchgeführt.

2 Der Element- und Verbindungsbegriff

Ob auf einem der geschilderten Wege zur Zerlegung homogener Systeme schließlich ein reiner Stoff erhalten worden ist, kann meist in einfacher Weise am Siede- und Schmelzpunkt erkannt werden. Reine Stoffe sieden bzw. schmelzen unter gegebenem Druck bei unveränderlicher Temperatur. Dagegen steigen die Siede-(Schmelz-)punkte von Lösungen während des

[20] Ein ähnliches Aussehen wie das „*Siedediagramm*" Sauerstoff/Stickstoff haben einfache „*Schmelzdiagramme*" (z. B. Kupfer/Gold). An die Stelle der Taukurve tritt dann die „*Erstarrungskurve*" („*Soliduskurve*"), an die Stelle der Siedekurve die „*Schmelzkurve*" („*Liquiduskurve*"). Vgl. hierzu Schmelz- und Erstarrungsdiagramme, S. 1295.

Siedens (Schmelzens) in dem Maße, in dem die flüchtigeren (leichter schmelzbaren) Bestandteile[21] entweichen, so daß man in solchen Fällen keinen Siede- bzw. Schmelzpunkt, sondern ein Siede- bzw. Schmelzintervall beobachtet (s. oben, flüssige Luft).

Die so charakterisierten reinen Stoffe können ihrerseits wieder verschiedener Natur sein. Unterwirft man nämlich einen reinen Stoff den mannigfaltigsten physikalischen und chemischen Einwirkungen – etwa der Einwirkung der Wärme, der Elektrizität, des Lichts, anderer chemischer Stoffe usw. –, so gelingt es in vielen Fällen, ihn in zwei oder mehrere ungleichartige Bestandteile zu zerlegen, während dies in anderen Fällen nicht möglich ist. Erhitzt man z.B. Quecksilberoxid, ein orangerotes Pulver, in einem mit einer Einbuchtung versehenen Reagensglas (Fig. 12) auf über 400 °C, so spaltet es sich, wie bereits erwähnt (s. oben), in zwei neue

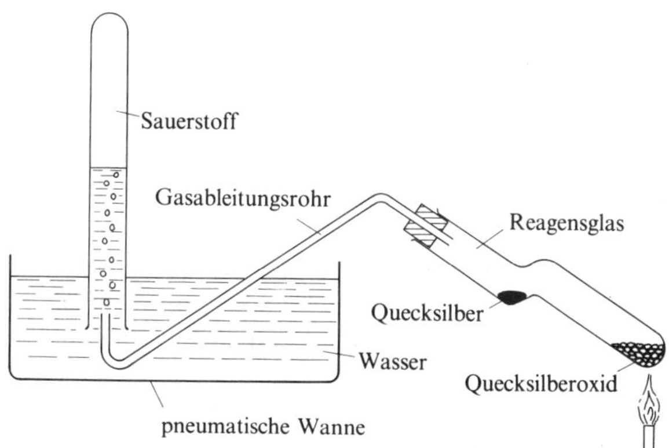

Fig. 12 Zerlegung von Quecksilberoxid.

Stoffe: flüssiges, sich an den kälteren Teilen des Rohres in feinen Tröpfchen absetzendes und in der Einbuchtung zusammenfließendes silberglänzend-metallisches Quecksilber und gasförmigen Sauerstoff. Quecksilberoxid läßt sich also in Quecksilber und Sauerstoff zerlegen (**„Analyse“**)[22, 23]. Umgekehrt kann man aus Quecksilber und Sauerstoff wieder Quecksilberoxid aufbauen (**„Synthese“**)[24], indem man beide Stoffe auf etwa 300 °C erwärmt:

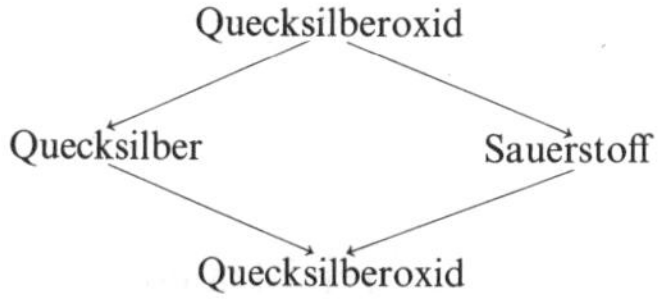

Die Stoffe Quecksilber und Sauerstoff (entsprechendes gilt für Stickstoff) können zum Unterschied vom Quecksilberoxid durch keine der gebräuchlichen physikalischen und chemischen Methoden in andere Elemente zerlegt werden. Man nennt derartige Stoffe nach A. L. Lavoisier „*Grundstoffe*“ oder **„Elemente“**[24], zum Unterschied von den **„Verbindungen“**, wie Quecksilberoxid, die weiter zerlegbar sind.

Nicht immer entstehen bei der Zerlegung einer Verbindung direkt die aufbauenden Elemente. Erhitzt man z. B. Kalkstein auf 900 °C, so erhält man zwei neue Stoffe: festen Ätzkalk und gasförmiges Kohlendioxid. Beide sind aber keine Elemente, sondern Verbindungen, da sie

21 Genauer: die den Siede- bzw. Schmelzpunkt der Lösung erniedrigenden Bestandteile (vgl. Lehrbücher der physikalischen Chemie).
22 analysis (griech.) = Trennung; synthesis (griech.) = Zusammenfügung.
23 Mittels *qualitativer* Analyse bestimmt man die Art der Bestandteile, mittels *quantitativer Analyse* deren Menge.
24 elementum (lat.) = Baustein.

sich bei sehr hohen Temperaturen weiter in metallisches Calcium und gasförmigen Sauerstoff bzw. in festen Kohlenstoff und gasförmigen Sauerstoff zerlegen lassen:

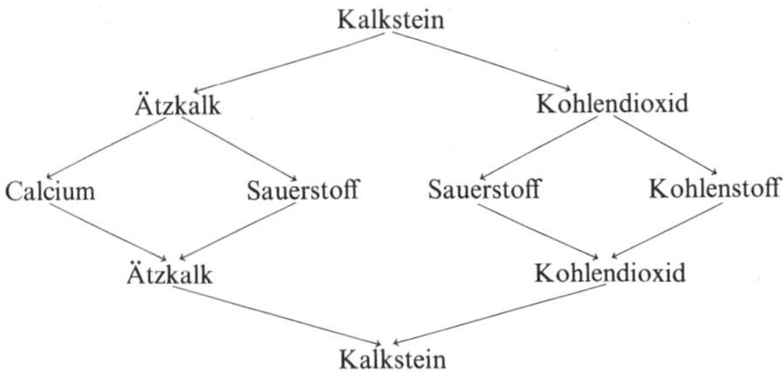

Erst die drei Stoffe Calcium, Kohlenstoff und Sauerstoff widerstehen allen weiteren Zerlegungsversuchen und müssen daher als Elemente bezeichnet werden. Durch Vereinigung von Calcium und Sauerstoff bzw. Kohlenstoff und Sauerstoff können Ätzkalk und Kohlendioxid wieder synthetisiert werden; die Vereinigung von Ätzkalk und Kohlendioxid schließlich führt zum Ausgangsprodukt Kalkstein zurück.

Während die Zahl der chemischen Verbindungen unbegrenzt groß ist (man kennt bis heute schon viele Millionen genau definierter Verbindungen), ist die Zahl der diese Stoffe aufbauenden Elemente begrenzt. Sie betrug 111 bis Ende 1994 (vgl. Atombau) und dürfte sich in naher Zukunft kaum wesentlich erhöhen.

Zusammenfassend ergibt sich damit folgendes: Die *chemischen Stoffe* lassen sich in *homogene Stoffe* und *heterogene Stoffe* (d.h. heterogene Gemische homogener Stoffe) einteilen. Bei den aus den heterogenen Systemen gewinnbaren homogenen Stoffen wiederum kann man *reine Stoffe* und *Lösungen* (d.h. homogene Gemische reiner Stoffe) unterscheiden. Die aus den homogenen Lösungen isolierbaren reinen Stoffe schließlich können *Elemente* oder aus solchen Elementen aufgebaute *Verbindungen* sein:

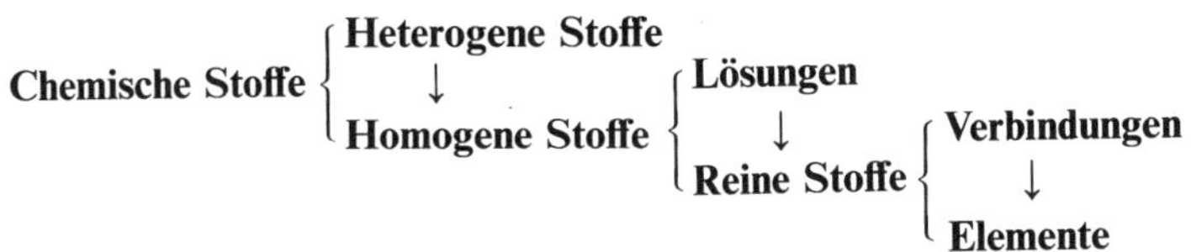

Über die weitere Unterteilung der aus den Verbindungen darstellbaren Elemente in Misch- und Reinelemente vgl. S. 79.

Geschichtliches. *Altertum* und *Mittelalter* kannten nur die vier „Elemente" Erde, Wasser, Luft und Feuer, die im Lichte unserer heutigen Anschauungen Symbole für die vier Aggregatzustände – den festen, flüssigen, gasförmigen und plasmatischen Zustand – darstellen. Im Ausdruck: „Alle Elemente waren entfesselt" (Erdbeben, Überschwemmung, Orkan, Gewitter) hat sich der alte Elementbegriff bis auf den heutigen Tag erhalten. Wichtigste Vorläufer als Begründer der Elementtheorie in der *Neuzeit* waren 1661, also über ein Jahrhundert vor Lavoisier (1777), R. Boyle und 1642 weitere 20 Jahre zuvor, J. Jungius. L.B.G. de Morveau erstellte 1772 die erste Tabelle „chemisch einfacher" Substanzen, die A. L. Lavoisier – erweitert – in seinem Buch „*Traité élementaire de Chimie*" (1789) veröffentlichte. Von den insgesamt aufgeführten 33 Elementen waren allerdings nur 23 wirkliche Elemente im heutigen Sinne. Tatsächlich hielt Lavoisier den Ätzkalk und mehrere andere sehr schwer zerlegbare Stoffe wie Magnesia, Quarz, Korund noch für Elemente.

Unsere bisherigen Betrachtungen haben gezeigt, auf welchen Wegen man die heterogenen Gemische in die homogenen Bestandteile und die homogenen Mischungen weiter in die reinen Stoffe zerlegen kann. Die so erhältlichen reinen Stoffe (Elemente und Verbindungen) wollen wir den folgenden Betrachtungen über einige wichtige Grundgesetze der Chemie zugrunde legen, welche das experimentelle Fundament der *Atom-* und *Molekularlehre* bilden.

Kapitel II

Atom und Molekül

1 Atom- und Molekularlehre

1.1 Massenverhältnisse bei chemischen Reaktionen Der Atombegriff

1.1.1 Experimentalbefunde

Gesetz von der Erhaltung der Masse

Die bei chemischen Reaktionen äußerlich beobachtbaren Gewichtsänderungen können verschiedener Art sein. Lassen wir z.B. eine Stearinkerze brennen, so stellen wir einen Gewichtsverlust der Kerze fest. Rostet dagegen ein Eisennagel an feuchter Luft, so tritt eine Gewichtsvermehrung des Nagels ein. Bei oberflächlicher Betrachtung könnte man daher schließen, daß bei chemischen Vorgängen bald Substanzverluste, bald Substanzgewinne auftreten. Dies ist aber bei genauerer Nachprüfung nicht der Fall. Führen wir nämlich chemische Reaktionen in einem geschlossenen Gefäß durch, so daß nichts hinzukommen und nichts entweichen kann, so stellen wir fest, daß das Gefäß samt Inhalt vor und nach dem Versuch das gleiche Gewicht besitzt. Beim Rosten des Nagels ist jetzt keine Gewichtszunahme mehr zu beobachten, da der Rostvorgang auf der Aufnahme eines Gases (Sauerstoff) aus der Luft beruht und sich das Luftgewicht dementsprechend um den Betrag der Gewichtszunahme des Nagels vermindert; in gleicher Weise macht sich beim Brennen der Kerze kein Substanzverlust mehr bemerkbar, da die beim Verbrennen (Vereinigung mit Sauerstoff) entstehenden Gase (Kohlendioxid, Wasserdampf) aus dem geschlossenen Gefäß nicht entweichen können und daher mit zur Wägung gelangen.

Man kann also ganz allgemein den Satz aussprechen: Bei allen chemischen Vorgängen bleibt das Gesamtgewicht der Reaktionsteilnehmer unverändert. Da das Gewicht G einer gegebenen Masse m eine Funktion ihres Standortes ist: $G = m \cdot g$ (Gewicht = Masse × Schwerebeschleunigung, Anh. II), ist es allerdings zweckmäßiger, vom Standort zu abstrahieren und an die Stelle des Begriffs „Gesamtgewicht" den Begriff „Gesamtmasse" zu setzen. Wir kommen so zum **Gesetz von der Erhaltung der Masse**: *Bei allen chemischen Vorgängen bleibt die Gesamtmasse der Reaktionsteilnehmer unverändert.* Es wurde namentlich von dem französischen Chemiker Antoine Laurent Lavoisier (1743–1794)[1)] in seiner vollen Bedeutung erkannt (1774).

Die experimentelle Prüfung des Fundamentalsatzes von der Erhaltung der Masse, die eine peinlichste Berücksichtigung aller denkbaren Fehlerquellen voraussetzt, ist am sorgfältigsten und genauesten 1908 durch den deutschen Physikochemiker Hans Landolt (1831–1910) und 1909 durch den ungarischen Physikochemiker Loránd v. Eötvös (1848–1919) erfolgt.

---

1 **Geschichtliches.** Wichtigste Vorläufer für die Formulierung des Gesetzes von der Erhaltung der Masse waren 1756, also rund 20 Jahre vor Lavoisier, M.W. Lomonossow und 1620, also über anderthalb Jahrhunderte zuvor, J.B. van Helmont.

Fig. 13 Landoltsches Gefäß zur Prüfung des Gesetzes von der Erhaltung der Masse.

Landolt verfuhr bei seinen Versuchen so, daß er in die beiden Schenkel des in Fig. 13 abgebildeten Gefäßes je eine von zwei chemisch umzusetzenden Lösungen einfüllte, das Gefäß zuschmolz und mit der größtmöglichen Sorgfalt wog. Durch Umdrehen des Gefäßes wurden dann die Lösungen gemischt und so zur Reaktion gebracht. Nach Beendigung der Reaktion wurde schließlich erneut genauestens gewogen. Die Versuche, zu denen jeweils Substanzlösungen von rund 300 g Gesamtmasse zur Anwendung kamen, ergaben, daß in keinem Falle die beobachtete Masseschwankung über die vorher durch Blindversuche experimentell ermittelte maximale Fehlergrenze der Massebestimmung (0.00003 g) hinausging. Wenn also bei chemischen Reaktionen überhaupt Masseänderungen auftreten, so müssen sie kleiner als $^{0.00003}/_{300} = {^1}/_{10000000}$ – d.h. $10^{-5}\,\%$ – der Masse der reagierenden Substanzen sein. Eötvös konnte die Fehlergrenze noch um eine weitere Zehnerpotenz herabsetzen. Innerhalb dieser Fehlergrenzen besitzt also das Gesetz von der Erhaltung der Masse strenge Gültigkeit.

Würde man allerdings die Genauigkeit der Massebestimmung über die von Landolt und von v. Eötvös erreichte Genauigkeit hinaus steigern können, so würde sich herausstellen, daß das Gesetz von der Erhaltung der Masse nicht mehr streng zutrifft. Bei fast allen chemischen Reaktionen wird nämlich nicht nur Materie umgesetzt, sondern auch Energie frei oder gebunden. Und jeder Energiemenge E kommt, wie wir heute wissen, eine Masse m zu, die sich aus der „*Einsteinschen Gleichung*"

$$E = m \cdot c^2 \tag{1}$$

(m = Masse in kg, c = Lichtgeschwindigkeit in m/s, E = Energie in J) ergibt. Wird also bei einer chemischen Reaktion etwa eine Wärme-Energiemenge von 500000 J frei, so entspricht dies einem Masseverlust von $E/c^2 = 500000 : (2.997925 \times 10^8)^2 = 5.5632 \times 10^{-12}$ kg. Um diesen Masseverlust feststellen zu können, müßte eine Massebestimmung auf mindestens $^1/_{1000000}$ mg genau reproduzierbar sein, was die von Landolt erreichte Genauigkeit von $^3/_{100}$ mg um 4 Zehnerpotenzen übertrifft. Landolt und auch v. Eötvös konnten daher zwangsläufig die nach unseren heutigen Kenntnissen zu erwartende Massenänderung bei chemischen Reaktionen nicht auffinden, zumal der Wärmeumsatz der von ihnen benutzten chemischen Reaktionen um Größenordnungen kleiner war als die oben angenommene Wärme-Energiemenge von 500000 J.

Während es so mit den uns zur Verfügung stehenden Waagen und Untersuchungsmethoden zur Zeit unmöglich ist, die bei gewöhnlichen chemischen Reaktionen infolge des Energieumsatzes auftretenden minimalen Massenänderungen festzustellen, läßt sich bei den mit weit größerem Energie-Umsatz verbundenen Reaktionen der Elementumwandlung (s. dort) die Gültigkeit der Masse-Energie-Gleichung (1) nachweisen. In diesen Fällen gilt das Gesetz von der Erhaltung der Masse in seiner eingangs gegebenen Fassung nur dann, wenn wir auch die Energie als Reaktionsteilnehmer in Rechnung setzen[2].

Das Gesetz von der Erhaltung der Masse befaßt sich mit der Gesamtmasse bei chemischen Reaktionen. Interessante Feststellungen ergeben sich nun auch, wenn man das Massenverhältnis untersucht, in welchem chemische Stoffe zu neuen Stoffen zusammentreten. Die sich hiermit befassenden Gesetze heißen „*stöchiometrische*[3] *Gesetze*".

[2] Das Gesetz von der Erhaltung der Masse und das Gesetz von der Erhaltung der Energie (s. dort) müssen also im Sinne der Einsteinschen Masse/Energie-Äquivalenzbeziehung zu einem Gesetz von der Erhaltung der Masse/Energie verschmolzen werden.

[3] stoicheion (griech.) = Grundstoff; metron (griech.) = Maß.

Stöchiometrische Gesetze

Gesetz der konstanten Proportionen. *Wasser* ist eine chemische Verbindung. Denn es läßt sich durch Zufuhr von Energie – z. B. thermischer oder elektrischer Energie – in gasförmigen Wasserstoff und gasförmigen Sauerstoff zerlegen:

$$\text{Wasser} + \text{Energie} \rightarrow \text{Wasserstoff} + \text{Sauerstoff}. \tag{2a}$$

Wasserstoff ist wie Sauerstoff (s. o.) durch gewöhnliche physikalische und chemische Methoden nicht in einfachere Stoffe trennbar und stellt demgemäß analog Sauerstoff ein Element dar.

Die Zerlegung des Wassers in seine elementaren Bestandteile kann beispielsweise im „*Hofmannschen Zersetzungsapparat*" (Fig. 14) durchgeführt werden. Man füllt zu diesem Zwecke den aus drei miteinander kommunizierenden Röhren bestehenden Apparat durch den Trichter der mittleren Röhre so weit mit Wasser, daß die beiden äußeren Rohre bis an die Hähne – die dann geschlossen werden – mit Wasser angefüllt sind. Im unteren Teil der beiden äußeren Rohre befindet sich je ein kleines Platinblech mit einem nach außen führenden Platindraht. Sobald die Platindrähte mit einer Gleichstromquelle von genügender Spannung verbunden werden, beginnen an den Platinblechen („*Elektroden*") kleine Bläschen aufzusteigen: das Wasser wird unter Bildung von Wasserstoff und Sauerstoff „*elektrolytisch zersetzt*", und zwar bildet sich der Wasserstoff (brennbares, die Verbrennung nicht unterhaltendes Gas) an der mit dem negativen Pol der Stromquelle verbundenen Elektrode („*Kathode*"), während der Sauerstoff (die Verbrennung unterhaltendes, nicht brennbares Gas) an der positiven Elektrode („*Anode*") entwickelt wird. Da reines Wasser den elektrischen Strom nur sehr schlecht leitet, verwendet man zur „*Elektrolyse*" ein durch Ansäuern mit Schwefelsäure besser leitend gemachtes Wasser. Ermittelt man nun die Massenverhältnisse, in denen Wasserstoff und Sauerstoff bei der beschriebenen Wasserzersetzung oder bei irgendeiner Art der Wasserzerlegung auftreten, so stellt man fest, daß Sauerstoff und Wasserstoff unabhängig von den Versuchsbedingungen (Menge des zersetzten Wassers, Temperatur, Druck, Stromstärke usw.) stets im Massenverhältnis **7.936 : 1** gebildet werden.

Zu dem gleichen Ergebnis wie bei dieser Analyse kommt man umgekehrt auch bei der Synthese des Wassers aus Wasserstoff und Sauerstoff:

$$\text{Wasserstoff} + \text{Sauerstoff} \rightarrow \text{Wasser} + \text{Energie}. \tag{2b}$$

Führt man z. B. in den linken, geeichten Schenkel („*Eudiometerrohr*")[4] des in Fig. 15 (S. 21)

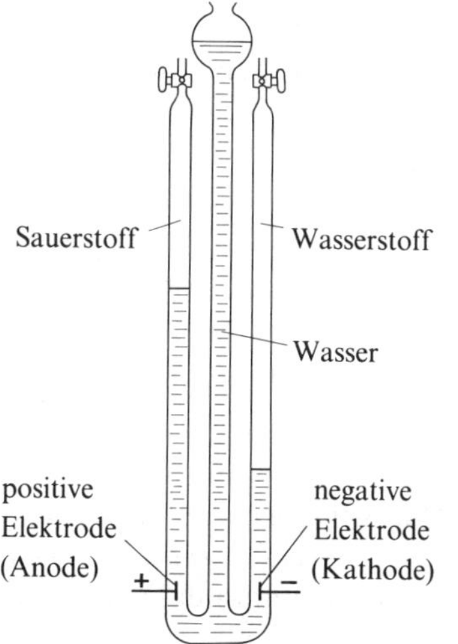

Fig. 14 Hofmannscher Apparat zur elektrolytischen Zerlegung von Wasser.

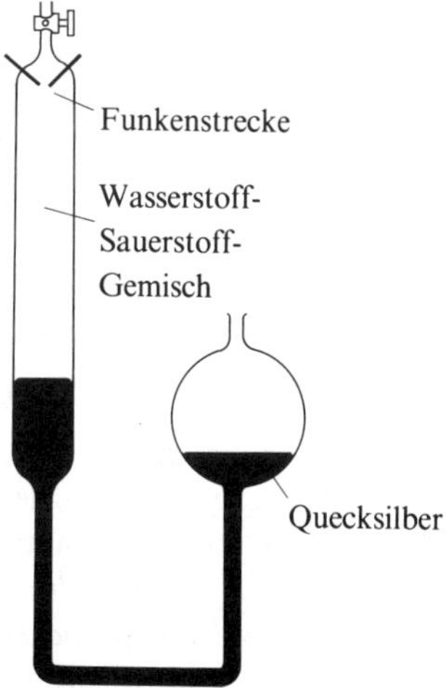

Fig. 15 Synthese von Wasser.

abgebildeten, mit Quecksilber gefüllten Gefäßes ein Wasserstoff-Sauerstoff-Gemisch ein und bringt das Gasgemisch durch einen kleinen elektrischen Funken zur Reaktion, so verbinden sich Wasserstoff und Sauerstoff unter explosionsartiger Wärmeentwicklung (Freiwerden der nach (2a) zur Wasserzersetzung erforderlichen Energie) zu Wasser, das sich in Form eines aus feinsten Wassertröpfchen bestehenden Beschlags auf der Innenwand des Rohres niederschlägt. Auch hier erfolgt die Vereinigung im Massenverhältnis Sauerstoff : Wasserstoff = 7.936 : 1. Ist der Wasserstoff (Sauerstoff) im Überschuß über dieses Massenverhältnis hinaus vorhanden, so bleibt die überschüssige Wasserstoffmenge (Sauerstoffmenge) bei der Reaktion unverändert zurück.

Analoge Beobachtungen macht man bei anderen chemischen Reaktionen. Zerlegt man beispielsweise den aus den beiden gasförmigen Elementen Chlor und Wasserstoff bestehenden *Chlorwasserstoff*, dessen wässerige Lösung unter dem Namen „*Salzsäure*" bekannt ist, in seine elementaren Bestandteile, so ergibt sich stets das konstante Massenverhältnis Chlor : Wasserstoff = **35.175 : 1**. Das aus den Elementen Wasserstoff und Stickstoff aufgebaute *Ammoniak*, dessen wässerige Lösung wir unter dem Namen „*Salmiakgeist*" kennen, enthält seine Bestandteile stets im unveränderlichen Massenverhältnis Stickstoff : Wasserstoff = **4.632 : 1**. In dem aus Wasserstoff und Kohlenstoff bestehenden *Methan*, das manchen Erdgasquellen als „*Grubengas*" entströmt, sind die Elemente stets im konstanten Massenverhältnis Kohlenstoff : Wasserstoff = **2.979 : 1** enthalten. Zu den gleichen Ergebnissen führt wiederum die Synthese von Chlorwasserstoff, Ammoniak und Methan aus Wasserstoff und Chlor, Wasserstoff und Stickstoff bzw. Wasserstoff und Kohlenstoff:

$$\begin{array}{lll} \text{Chlorwasserstoff} & + \text{Energie} \rightleftarrows & \text{Wasserstoff} + \text{Chlor} \\ \text{Ammoniak} & + \text{Energie} \rightleftarrows & \text{Wasserstoff} + \text{Stickstoff} \\ \text{Methan} & + \text{Energie} \rightleftarrows & \text{Wasserstoff} + \text{Kohlenstoff} \end{array}$$

Zahlreiche Untersuchungen haben nun gezeigt, daß es sich hier um ein allgemeingültiges Gesetz handelt. Man nennt es das **Gesetz der konstanten Proportionen**: *Das Massenverhältnis zweier sich zu einer chemischen Verbindung vereinigender Elemente ist konstant.* Das Gesetz wurde 1799 von dem französischen Chemiker Joseph Louis Proust (1754–1826) aufgefunden.

Gesetz der multiplen Proportionen. Häufig bilden zwei Elemente nicht nur eine, sondern mehrere Verbindungen miteinander. So lassen sich z.B. Stickstoff und Sauerstoff allein zu fünf verschiedenen Verbindungen vereinigen.

Vergleicht man nun die verschiedenen Massenverhältnisse, nach denen der Zusammentritt der beiden Elemente erfolgt, so stellt man fest, daß sie nicht willkürliche, voneinander unabhängige Zahlenwerte darstellen, sondern untereinander in einfachem Zusammenhang stehen. Die mit einer gegebenen Menge Stickstoff verbundene Menge Sauerstoff verhält sich nämlich bei den verschiedenen Verbindungen wie 1 : 2 : 3 : 4 : 5 :

Verb. 1: Massenverhältnis Sauerstoff : Stickstoff = 0.571 : 1 = (**1** × 0.571) : 1,
Verb. 2: Massenverhältnis Sauerstoff : Stickstoff = 1.142 : 1 = (**2** × 0.571) : 1,
Verb. 3: Massenverhältnis Sauerstoff : Stickstoff = 1.713 : 1 = (**3** × 0.571) : 1,
Verb. 4: Massenverhältnis Sauerstoff : Stickstoff = 2.284 : 1 = (**4** × 0.571) : 1,
Verb. 5: Massenverhältnis Sauerstoff : Stickstoff = 2.855 : 1 = (**5** × 0.571) : 1.

Auch hier handelt es sich, wie eingehende Untersuchungen zeigten, um ein allgemeingültiges Gesetz. Es wurde im Jahre 1803 von dem englischen Naturforscher John Dalton (1766–1844) aufgefunden und wird das **Gesetz der multiplen Proportionen** genannt. *Die Massenverhältnisse zweier sich zu verschiedenen chemischen Verbindungen vereinigender Elemente stehen im Verhältnis einfacher ganzer Zahlen zueinander.* Das Gesetz erweitert das Gesetz der konstanten Proportionen und schließt es in sich ein.

[4] Das Eudiometerrohr geht auf A. Volta zurück.

Gesetz der äquivalenten Proportionen. Vergleicht man die Massenverhältnisse, nach denen sich Sauerstoff und Stickstoff miteinander zu den oben genannten fünf Verbindungen vereinigen, mit den Massenverhältnissen, nach denen Sauerstoff und Stickstoff mit Wasserstoff zusammentreten (s. oben), so macht man eine neue interessante Feststellung. Man kann nämlich das für die Sauerstoff-Stickstoff-Verbindung 3 geltende Massenverhältnis Sauerstoff : Stickstoff = 1.713 : 1 auch durch das Verhältnis 7.936 : 4.632 (= 1.713) zum Ausdruck bringen, also durch jene Zahlenwerte, die schon in den für die Vereinigung von Sauerstoff und Stickstoff mit Wasserstoff geltenden Massenverhältnissen auftraten. In gleicher Weise können auch die Massenverhältnisse der übrigen Stickstoff-Sauerstoff-Verbindungen (s. oben) mit Hilfe dieser Verhältniszahlen ausgedrückt werden:

Verb. 1: Massenverhältnis Sauerstoff : Stickstoff = 0.571 : 1 = (1 × **7.936**) : (3 × **4.632**),
Verb. 2: Massenverhältnis Sauerstoff : Stickstoff = 1.142 : 1 = (2 × **7.936**) : (3 × **4.632**),
Verb. 3: Massenverhältnis Sauerstoff : Stickstoff = 1.713 : 1 = (3 × **7.936**) : (3 × **4.632**),
Verb. 4: Massenverhältnis Sauerstoff : Stickstoff = 2.284 : 1 = (4 × **7.936**) : (3 × **4.632**),
Verb. 5: Massenverhältnis Sauerstoff : Stickstoff = 2.855 : 1 = (5 × **7.936**) : (3 × **4.632**).

Analoges gilt ganz allgemein in anderen Fällen: Bilden zwei Elemente A und B mit einem dritten Element C in bestimmtem Massenverhältnis je eine Verbindung, so ergibt sich bei der Vereinigung der beiden Elemente A und B miteinander nie ein ganz neues Massenverhältnis, sondern ein Zahlenpaar, das in den beiden anderen Zahlenpaaren bereits enthalten ist. Man nennt dieses Gesetz, das grundsätzlich schon im Jahre 1791 von dem deutschen Chemiker Jeremias Benjamin Richter (1762–1807) erkannt wurde, das **Gesetz der äquivalenten Proportionen**: *Elemente vereinigen sich stets im Verhältnis bestimmter Verbindungsmassen („Äquivalentmassen")*[5] *oder ganzzahliger Vielfacher dieser Massen zu chemischen Verbindungen.* Das Gesetz geht über die Aussagen der beiden vorhergehenden Gesetze hinaus und schließt diese in sich ein.

1.1.2 Daltonsche Atomhypothese

Eine einfache und einleuchtende Deutung finden alle bisher behandelten Gesetzmäßigkeiten durch die von J. Dalton schon vor experimenteller Sicherstellung der stöchiometrischen Gesetze konzipierte (wichtigster Vorläufer: J. Jungius) und 1808 veröffentlichte *Atomhypothese.* Nach dieser Hypothese sind die chemischen Elemente nicht bis ins Unendliche teilbar, sondern aus kleinsten, chemisch nicht weiter zerlegbaren Teilchen, den sogenannten **„Atomen"**[6] aufgebaut. Alle Atome eines gegebenen Elements A haben dabei untereinander gleiche Masse[7], während die Massen der Atome zweier verschiedener Elemente A und B charakteristisch voneinander verschieden sind.

Vereinigt sich nun ein Element A mit einem Element B zu einer chemischen Verbindung, so kann dies nur so geschehen, daß je a Atome A mit je b Atomen B zu je einem kleinsten Teilchen A_aB_b der chemischen Verbindung zusammentreten, wobei a und b ganze Zahlen darstellen. Also z. B.:

$$\begin{array}{rcll} A + B & \rightarrow & AB & \text{oder} \\ 2A + B & \rightarrow & A_2B & \text{oder} \\ A + 2B & \rightarrow & AB_2 & \text{oder} \\ 2A + 3B & \rightarrow & A_2B_3 & \text{usw.} \end{array}$$

---

5 Der Begriff der Äquivalentmasse, der hier nur im Sinne der bei chemischen Reaktionen immer wiederkehrenden Verhältniszahlen gebraucht ist, wird später (S. 163) in anderer Weise definiert werden.

6 atomos (griech.) = unteilbar.

7 Wegen der Existenz von isotopen Atomarten eines Elements (s. dort) muß man heute statt „Masse" richtiger „Durchschnittsmasse" sagen.

Da die Atome hierbei mit ihren charakteristischen Massen in die Verbindung eintreten, finden alle bisher besprochenen stöchiometrischen Gesetze ihre zwanglose Deutung.

So erklärt sich das *Gesetz von der Erhaltung der Masse* daraus, daß bei chemischen Reaktionen entsprechend der Atomhypothese keine Umwandlung von Materie, sondern nur eine Zusammenlagerung oder Umgruppierung von Atomen erfolgt, so daß die Gesamtmasse des chemischen Systems naturgemäß unverändert bleiben muß. Die nach dem *Gesetz der konstanten und der multiplen Proportionen* experimentell bestimmbaren konstanten und multiplen Massenverhältnisse bei der Vereinigung von Elementen zu chemischen Verbindungen geben nach der Atomvorstellung das Verhältnis der Element-Atommassen bzw. ihrer ganzzahligen Vielfachen wieder. In gleicher Weise stellt das nach dem *Gesetz der äquivalenten Proportionen* experimentell beobachtbare Verhältnis der Verbindungsmassen nichts anderes dar als das Verhältnis der Atommassen bzw. ihrer Vielfachen.

Über das Massenverhältnis der Atome der einzelnen Elemente („*relative Atommassen*") läßt sich auf Grund der bei der Bildung chemischer Verbindungen aus Elementen feststellbaren Massenverhältnisse naturgemäß keine eindeutige Aussage machen. Denn es ist ja zunächst noch unbekannt, in welchem Zahlenverhältnis sich die Atome zur Verbindung vereinigen. Erfolgt z. B. die Wasserbildung aus Wasserstoff und Sauerstoff so, daß je 1 Wasserstoff- und 1 Sauerstoffatom zu einem Wasserteilchen zusammentreten, so besagt das experimentell gefundene Massenverhältnis Wasserstoff : Sauerstoff = 1 : 7.936, daß ein Sauerstoffatom 7.936 mal schwerer als ein Wasserstoffatom ist. Erfolgt aber die Vereinigung im Atomzahlenverhältnis Wasserstoff : Sauerstoff = 2 : 1 oder 1 : 2, so folgt aus dem beobachteten Massenverhältnis eine doppelt bzw. halb so große Atommasse des Sauerstoffs, nämlich von $7.936 \times 2 = 15.872$ bzw. $7.936 : 2 = 3.968$ (bezogen auf eine Atommasse 1 des Wasserstoffs), da dann 1 Sauerstoffatom 7.936 mal schwerer als 2 Wasserstoffatome bzw. 7.936 mal schwerer als $^1/_2$ Wasserstoffatom ist.

Es bedarf also mit anderen Worten zur Festlegung der relativen Atommassen noch der Kenntnis des Zahlenverhältnisses, nach welchem die Atome zu den chemischen Verbindungen zusammentreten. Wie im folgenden gezeigt werden soll, ist diese Aufgabe bei Reaktionen gasförmiger Stoffe in einfacher Weise durch Ermittlung der Volumenverhältnisse zu lösen, nach denen die Bildung der Verbindungen erfolgt.

1.2 Volumenverhältnisse bei chemischen Reaktionen Der Molekülbegriff

1.2.1 Experimentalbefunde

Jeder Menge eines Stoffes entspricht, wenn der Stoff gasförmig ist oder sich vergasen läßt, bei bestimmtem Druck und bei bestimmter Temperatur ein bestimmtes Gasvolumen. Wir können daher die besprochenen stöchiometrischen Massengesetze bei Reaktionen gasförmiger Stoffe in Volumengesetze umwandeln, indem wir den Ausdruck „*Massenverhältnis*" durch den Ausdruck „*Volumenverhältnis*" ersetzen (z. B.: „*Das Volumenverhältnis zweier sich zu einer chemischen Verbindung vereinigender gasförmiger Elemente ist konstant*"). Bei dieser Umformung der Massengesetze zu Volumengesetzen ergibt sich nun eine neue interessante Tatsache: die Volumenverhältnisse chemisch reagierender Gase sind nicht nur konstant oder multipel, sondern lassen sich zum Unterschied von den Massenverhältnissen darüber hinaus durch einfache ganze Zahlen ausdrücken.

Ermittelt man z. B. bei der elektrolytischen Zerlegung des *Wassers* im Hofmannschen Zersetzungsapparat (Fig. 14) die gebildeten Volumina Wasserstoff und Sauerstoff, so stellt man fest, daß auf 1 Volumen Sauerstoff genau 2 Volumina Wasserstoff entstehen. Während also das Massenverhältnis Wasserstoff : Sauerstoff den nicht ganzzahligen Wert 1 : 7.936 besitzt, ist das Volumenverhältnis durch die einfachen ganzen Zahlen 2 : 1 ausdrückbar. Das gleiche Volumenverhältnis ergibt sich bei der Synthese des Wassers in dem weiter oben beschriebenen Synthese-Apparat (Fig. 15): jede über das Volumenverhältnis Wasserstoff : Sauerstoff = 2 : 1 hinausgehende überschüssige Wasserstoff- oder Sauerstoffmenge wird nach der Explosion des Gasgemisches unverändert vorgefunden. Nimmt man die Synthese bei einer Temperatur oberhalb 100 °C vor, so daß nach der Reaktion auch das gebildete Wasser in Dampfform vorliegt, so zeigt sich, daß auch das Wasserdampfvolumen in einfachem ganzzahligen Verhältnis zu den Volumina der Ausgangsstoffe steht. Je Volumen Wasserstoff wird nämlich 1 Volumen Wasserdampf (gemessen bei gleichem Druck und gleicher Temperatur) gebildet:

2 Volumina Wasserstoff + 1 Volumen Sauerstoff → 2 Volumina Wasserdampf. (3)

Analoge Beobachtungen macht man z. B. bei der früher (S. 22) erörterten *Chlorwasserstoff-*, *Ammoniak-* und *Methan*-Synthese. Während für die Massenverhältnisse Wasserstoff : Chlor bzw. Wasserstoff : Stickstoff bzw. Wasserstoff : Kohlenstoff die Zahlen 1 : 35.175 bzw. 1 : 4.632 bzw. 1 : 2.979 gelten, lassen sich die Volumenverhältnisse durch die viel einfacheren Gleichungen

1 Volumen Wasserstoff + 1 Volumen Chlor → 2 Volumina Chlorwasserstoff (4)
3 Volumina Wasserstoff + 1 Volumen Stickstoff → 2 Volumina Ammoniak (5)
4 Volumina Wasserstoff + Kohlenstoff[8] → 2 Volumina Methan (6)

wiedergeben. Entsprechendes ergibt sich bei anderen Gasreaktionen.

Es handelt sich hier also wieder um ein allgemeingültiges Gesetz. Es wurde erstmals im Jahre 1808 von dem französischen Naturforscher Joseph Louis Gay-Lussac (1778–1850) aufgefunden und wird als **chemisches Volumengesetz** bezeichnet: *Das Volumenverhältnis gasförmiger, an einer chemischen Umsetzung beteiligter Stoffe läßt sich bei gegebener Temperatur und gegebenem Druck durch einfache ganze Zahlen wiedergeben.*

1.2.2 Avogadrosche Molekülhypothese

Nach dem Gesetz der äquivalenten Proportionen treten Elemente im Verhältnis bestimmter Verbindungsmassen oder deren Multipla zusammen (s. oben). Die Tatsache, daß die für chemische Umsetzungen gasförmiger Stoffe gültigen Massenverhältnisse bei der Umformung zu Volumenverhältnissen in ganzzahlige Proportionswerte übergehen, zeigt demnach, daß sich die Massen gleicher Volumina elementarer Gase wie die Verbindungsmassen dieser Gase oder deren Vielfache verhalten. Nach Dalton sind nun aber die Verbindungsmassen oder deren Vielfache den Atommassen proportional (s. oben). Es liegt daher nahe – und dieser Schluß wurde zunächst auch gezogen –, das chemische Volumengesetz durch die einfachste Annahme zu deuten, daß gleiche Volumina aller elementaren Gase bei gleichem Druck und gleicher Temperatur die gleiche Anzahl von Atomen enthalten, daß also mit anderen Worten das Volumenverhältnis chemisch miteinander reagierender gasförmiger Elemente direkt das Zahlenverhältnis der dabei in Reaktion tretenden Atome dieser Grundstoffe wiedergibt. Diese Annahme gleicher Teilchenzahl in gleichen Gasvolumina erklärte zugleich in zwangloser Weise das völlig gleichartige Verhalten der Gase gegenüber Druck-, Temperatur- und Volumenänderungen (vgl. weiter unten). Allerdings mußte man dann gerade wegen dieses gleichartigen physikalischen Verhaltens aller Gase schließen, daß auch gasförmige Verbindungen ebenso wie gasförmige Elemente in gleichen Volumina gleich viele kleinste Teilchen enthalten, und das führte zu Widersprüchen zwischen der Annahme

[8] Kohlenstoff ist kein Gas, sondern ein fester, äußerst schwer vergasbarer Stoff, für den praktisch keine Gasvolumenbestimmung möglich ist.

eines atomaren Aufbaus der elementaren Gase und den bei chemischen Gasreaktionen beobachtbaren Volumenverhältnissen:

So zeigt z.B. die Bildung von 2 Volumina *Chlorwasserstoff* aus 1 Volumen Chlor und 1 Volumen Wasserstoff, daß sich je kleinstes Teilchen Wasserstoff und kleinstes Teilchen Chlor 2 kleinste Teilchen Chlorwasserstoff bilden. Da nun jedes Teilchen Chlorwasserstoff sowohl Wasserstoff wie Chlor enthalten muß, muß sich jedes Teilchen Wasserstoff und Chlor in zwei Hälften aufgespalten haben. Dann kann es sich aber bei diesen Teilchen des Wasserstoffs und Chlors nicht um die Atome handeln, da diese ja definitionsgemäß chemisch nicht mehr teilbar sind. Man wird daher, wenn man an der Vorstellung einer gleichen Zahl kleinster Teilchen in gleichen Gasvolumina festhalten will, zwangsläufig zu dem Schluß geführt, daß gleiche Volumina von Wasserstoff und Chlor nicht eine gleiche Anzahl von Atomen, sondern eine gleiche Anzahl größerer, mindestens aus zwei Atomen bestehender Komplexe enthalten. Diese größeren Atomverbände nennt man **„Moleküle“**[9] oder *Molekeln*.

Der Begriff des Moleküls wurde im Jahre 1811 von dem italienischen Physiker Amedeo Avogadro (1776–1856) eingeführt. Nach ihm gilt der – heute als **Avogadrosches Gesetz** bezeichnete – Satz: *Gleiche Volumina idealer Gase enthalten bei gleichem Druck und gleicher Temperatur gleich viele Moleküle.* (Bezüglich idealer und realer Gase vgl. Zustandsgleichung idealer Gase.)

Aus den Volumenverhältnissen bei der Chlorwasserstoffbildung folgt zunächst nur, daß ein Molekül Wasserstoff oder Chlor eine durch 2 teilbare Anzahl von Atomen enthalten muß. Nun zeigt sich aber, daß es keine Reaktion gibt, bei der aus 1 Volumen Wasserstoff oder Chlor mehr als 2 Volumina eines gasförmigen, Wasserstoff bzw. Chlor enthaltenden Reaktionsproduktes gebildet werden. Es besteht daher kein Grund zur Annahme, daß das

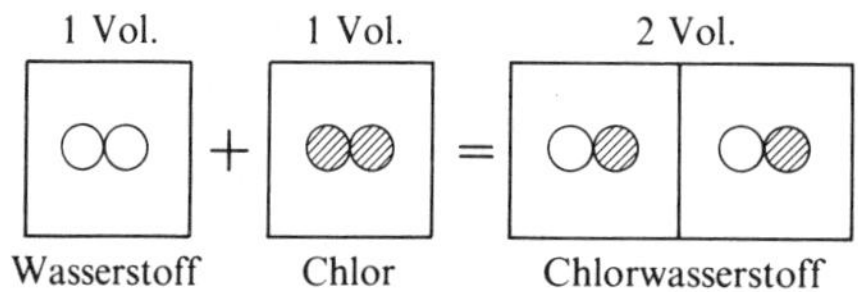

Wasserstoff- oder Chlormolekül mehr als zwei Atome enthält. Damit ergibt sich für die Chlorwasserstoffbildung das folgende Bild:

Die aus je zwei Atomen bestehenden Moleküle des Wasserstoffs und Chlors reagieren danach unter gegenseitigem Austausch von Atomen so miteinander, daß zwei aus je einem Wasserstoff- und Chloratom bestehende Chlorwasserstoffmoleküle entstehen.

In analoger Weise kann eine **„Reaktionsgleichung“** für die *Wasser*-Synthese abgeleitet werden. Die Bildung zweier Volumina Wasserdampf aus 2 Volumina Wasserstoff und 1 Volumen Sauerstoff zeigt, daß jedes Sauerstoffmolekül aus mindestens zwei Atomen Sauerstoff besteht. Da keine sonstige Reaktion bekannt ist, bei der aus 1 Volumen Sauerstoff mehr als 2 Volumina einer gasförmigen Sauerstoffverbindung entstehen, besteht keine Veranlassung, mehr als zwei Sauerstoffatome je Sauerstoffmolekül anzunehmen. Für den Wasserstoff folgt aus den Volumenverhältnissen der Wassersynthese kein zwingender Schluß zur Anmnahme eines mehr als einatomigen Aufbaus der kleinsten Wasserstoffteilchen. Denn da aus je 1 Teilchen Wasserstoff 1 Teilchen Wasser entsteht, wäre dem atomaren Aufbau des Wasserstoffs dann Genüge geleistet, wenn jedes Wassermolekül 1 Wasserstoffatom enthielte (wie man dies in der Tat eine Zeitlang annahm). Da nun aber die bei der Chlorwasserstoffsynthese beobachtbaren Volumenverhältnisse, wie oben auseinandergesetzt, zur Annahme eines aus zwei Atomen bestehenden Wasserstoffmoleküls zwingen, muß man diesen Schluß auch hier zugrunde legen. Für die Synthese von Wasser kommt man somit zu der Gleichung:

[9] molecula (lat.) = kleine Masse.

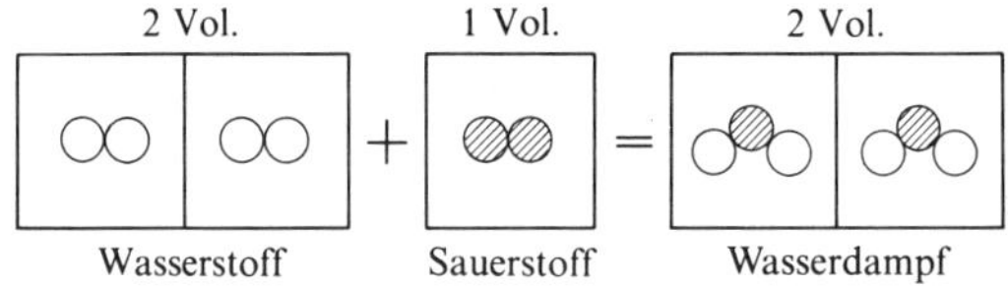

Danach besteht jedes Wassermolekül aus 2 Wasserstoffatomen und 1 Sauerstoffatom.

Entsprechende Überlegungen ergeben für die *Ammoniak*-Synthese aus Wasserstoff und Stickstoff das folgende Bild:

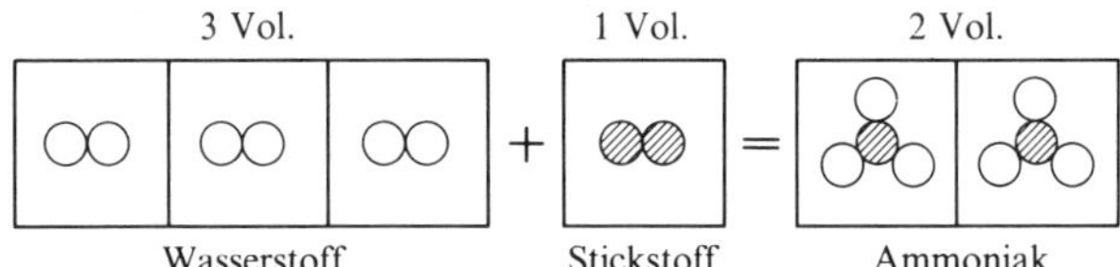

Jedes Ammoniakmolekül enthält danach 1 Stickstoffatom und 3 Wasserstoffatome.

Für den laufenden Gebrauch ist die oben angewandte Schreibweise für Reaktionsgleichungen natürlich zu umständlich. Man ist daher zur Vereinfachung der Ausdrucksweise übereingekommen, die einzelnen Atomarten durch chemische „Kurzschriftzeichen" (**„Elementsymbole"**), zum Ausdruck zu bringen (vgl. Tafel II). So bezeichnet man z.B. das Wasserstoffatom mit H (vom lateinisierten Namen Hydrogenium = Wasserbildner[10] für Wasserstoff), das Chloratom mit Cl (vom lateinischen Namen Chlorum[11]), das Sauerstoffatom mit O (vom latinisierten Namen Oxygenium = Säurebildner[12] für Sauerstoff), das Stickstoffatom mit N (vom latinisierten Namen Nitrogenium = Salpeterbildner[13] für Stickstoff), das Kohlenstoffatom mit C (vom latinisierten Namen Carboneum[14] für Kohlenstoff). Element- und Verbindungsmoleküle lassen sich nun in einfacher Weise durch **„chemische Formeln"** zum Ausdruck bringen, indem man das Symbol bzw. die aneinander gereihten Symbole der in den betreffenden Molekülen enthaltenen Elemente angibt. Dabei pflegt man die Anzahl der in einem Molekül vorhandenen Atome eines Elements durch einen entsprechenden Zahlenindex rechts unterhalb des Elementsymbols auszudrücken. Die „*Reaktionsgleichungen*" (3)–(6) vereinfachen sich damit wie folgt (vgl. hierzu S. 48):

$$\begin{aligned} H_2 + Cl_2 &= 2HCl, \\ 2H_2 + O_2 &= 2H_2O, \\ 3H_2 + N_2 &= 2NH_3, \\ 4H_2 + 2C^{15)} &= 2CH_4. \end{aligned}$$

Die aus den Massen- und Volumenverhältnissen bei chemischen Reaktionen abgeleitete *Atom- und Molekularlehre* gestattet, die im ersten Kapitel behandelten Begriffe des *heterogenen* und *homogenen Stoffs*, der *Lösung* und des *reinen Stoffs*, der *Verbindung* und des *Elements* wie folgt etwas strenger zu definieren (zum Aufbau der Elemente aus Rein- und Mischelementen vgl. Isotope):

[10] hydor (griech.) = Wasser; gennan (griech.) = erzeugen. Der Name gründet sich wie der deutsche Name Wasserstoff auf die Bildung von Wasser bei der Verbrennung von Wasserstoff.

[11] chloros (griech.) = gelbgrün. Der Name gründet sich auf die gelbgrüne Farbe des Chlors.

[12] oxys (griech.) = sauer. Der Name gründet sich wie der deutsche Name Sauerstoff auf die – inzwischen überholte – Auffassung, daß alle Säuren sauerstoffhaltig seien.

[13] nitrum (lat.) = Salpeter. Der Name gründet sich darauf, daß sich die Salpetersäure von Stickstoff ableitet. Zum deutschen Namen Stickstoff vgl. Kap. über Stickstoff.

[14] carbo (lat.) = Kohle. Der Name gründet sich auf den Kohlenstoffgehalt der Kohle.

[15] Bei festen Stoffen wie Kohlenstoff verzichtet man auf die Angabe der Molekülgröße. Daß bei der Methanbildung 2 Atome Kohlenstoff mit 4 Molekülen Wasserstoff in Reaktion treten, weiß man gemäß der weiter unten geschilderten Methode der relativen Atommassenbestimmung.

I. **Heterogene Stoffe:**	Stoffaufbau aus verschiedenen Phasen.
II. **Homogene Stoffe:**	Stoffaufbau aus einer einzigen Phase.
1. **Lösungen:**	Phasenaufbau aus verschiedenen Molekülarten.
2. **Reine Stoffe:**	Phasenaufbau aus einer einzigen Molekülart.
a) **Verbindungen:**	Molekülaufbau aus verschiedenen Atomarten.
b) **Elemente:**	Molekülaufbau aus einer einzigen Atomart.

Entsprechend diesem verschiedenen Aufbau sind die verschiedenen Stoffarten verschieden charakterisiert. **Heterogene Stoffe** können als heterogene „physikalische" Mischungen homogener Stoffe jede beliebige Zusammensetzung haben und weisen die charakteristischen chemischen und physikalischen Eigenschaften ihrer Bestandteile auf. So findet man z.B. im Schwarzpulver die Eigenschaften seiner Bestandteile Schwefel, Kohle und Salpeter wieder; und durch Variieren des Mischungsverhältnisses von Schwefel, Kohle und Salpeter lassen sich beliebig viele Sorten von Schwarzpulver erzeugen. Demgegenüber zeigen **Lösungen** als homogene, „physikalisch-chemische" Mischungen reiner Stoffe nur zum Teil die Eigenschaften ihrer Bestandteile, zum anderen Teil ganz neue Eigenschaften; ihre Zusammensetzung ist nicht mehr durchweg beliebig, sondern häufig nur innerhalb mehr oder minder weiter Grenzen variabel. So unterscheidet sich z.B. eine aus Chlorwasserstoffgas und Wasser bestehende wässerige Salzsäurelösung bereits in manchen chemischen und physikalischen Eigenschaften weitgehend von denen ihrer Bestandteile (vgl. Kapitel IV); auch gelingt es nicht, Lösungen jeder beliebigen Chlorwasserstoffkonzentration herzustellen, da dem Mischungsverhältnis durch die Löslichkeit des Chlorwasserstoffs in Wasser eine Grenze gesetzt ist. **Verbindungen** schließlich sind als „chemische" Mischungen von Elementen in ihren Eigenschaften vollkommen verschieden von denen ihrer Bestandteile und besitzen eine durch den Molekülaufbau gegebene, genau definierte Zusammensetzung (vgl. Kapitel VI). So sind die Eigenschaften des Wassers völlig anders als die seiner elementaren Bestandteile Wasserstoff und Sauerstoff, und seine Zusammensetzung entspricht stets dem Gewichtsverhältnis Wasserstoff : Sauerstoff = 1 : 7.936 (s. oben).

1.3 Wahl einer Bezugsgröße für die relativen Atom- und Molekülmassen

Die im vorangehenden Abschnitt erschlossenen „*chemischen Formeln*" HCl, H_2O, NH_3 und CH_4 für Chlorwasserstoff, Wasser, Ammoniak und Methan gestatten in Verbindung mit den bei ihrer Bildung aus den Elementen aufgefundenen Massenverhältnissen nunmehr eine eindeutige Festlegung der auf eine willkürliche Einheit bezogenen (dimensionslosen) **„relativen Atommassen"** A_r (früher: „*Atomgewicht*") der enthaltenen Elemente Wasserstoff, Chlor, Sauerstoff, Stickstoff und Kohlenstoff. Damit kommen wir zur Lösung jenes Problems, das auf Grund der Massenverhältnisse allein nicht lösbar war.

Das Wasser H_2O enthält nach der Analyse auf je 1 g Wasserstoff 7.936 g Sauerstoff. Also ist ein Sauerstoffatom 7.936 mal schwerer als zwei Wasserstoffatome. Setzt man daher die **Atommasse des Wasserstoffs** willkürlich gleich **1** fest (J. Dalton, 1805), so ist dem Sauerstoff die „relative" – d.h. auf die willkürlich gewählte Einheit H = 1 bezogene – Atommasse $2 \times 7.936 = 15.872$ zuzuordnen. In gleicher Weise ergeben sich aus den Massenverhältnissen und Formeln des Chlorwasserstoffs, Ammoniaks und Methans die relativen Atommassen 35.175 bzw. $3 \times 4.632 = 13.896$ bzw. $4 \times 2.979 = 11.916$ für Chlor, Stickstoff und Kohlenstoff.

Im Laufe der Zeit erwies es sich nun als zweckmäßig, nicht den Wasserstoff, sondern den Sauerstoff zur Vergleichsbasis für relative Atommassen zu wählen, da die Atommasse der meisten Elemente nicht aus der Zusammensetzung der Wasserstoffverbindungen, sondern aus der Zusammensetzung der zahlreicher vorkommenden Sauerstoffverbindungen ermittelt wird. Man setzte zu diesem Zwecke die **Atommasse des Sauerstoffs** willkürlich gleich **16** fest (J. S. Stas, 1865; allgemein angenommen seit 1905). Denn 16 ist die ganze Zahl, die dem ursprünglich auf H = 1 bezogenen Wert 15.872 für Sauerstoff am nächsten kommt. Später stellte sich dann heraus, daß der Sauerstoff kein aus lauter gleichschweren Atomen bestehendes „*Reinelement*", sondern ein aus Atomarten („*Isotopen*", s. dort) verschiedener Masse zusammengesetztes „*Mischelement*" darstellt. Da die Chemiker die Atommassen auf dieses Isotopengemisch als Bezugsbasis 16, die Physiker aber auf das zu 99.759% darin enthaltene leichteste Isotop als Bezugsbasis 16 bezogen, differierten die beiden Atommassenskalen ein wenig (um den Faktor 1.000 275) voneinander. Zur Beseitigung dieser Differenz beschloß die Internationale Atommassenkommission der IUPAC (International Union of Pure and Applied Chemistry) im Jahre 1961, die Atommassen einheitlich auf das zu 98.893% im Kohlenstoff enthaltene leichteste **Kohlenstoffisotop der Masse 12** ($^{12}_{6}C$; vgl. Isotope) als Bezugsbasis **12** zu beziehen (chemischer Wert für dieses Isotop bis 1961: 12.000 52, physikalischer Wert: 12.003 82). Dadurch wurden die beiden Skalen identisch, ohne daß sich die bis dahin gebrauchten chemischen und physikalischen Zahlenwerte der Atommassen wesentlich änderten (Division der alten Werte durch 1.000 043 bzw. 1.000 318). Wasserstoff besitzt nunmehr, auf eine Atommasse 12 des Kohlenstoffisotops ^{12}C bezogen, die Atommasse $A_r(H) = 1.008$, Chlor die Atommasse $A_r(Cl) = 35.453$, Sauerstoff die Atommasse $A_r(O) = 15.999$, Stickstoff die Atommasse $A_r(N) = 14.007$ und Kohlenstoff die Atommasse $A_r(C) = 12.011$ (Tab. 1; bezüglich genauester relativer Atommassen vgl. Tafel II).

Wie aus Tafel II hervorgeht, variiert die *Genauigkeit der relativen Atommassen* beträchtlich. Sie erstreckt sich von 1 Stelle nach dem Komma wie bei Pb bis hin zu 7 Stellen nach dem Komma wie bei F. *Genaue Werte* für A_r sind von allen *Reinelementen* bekannt, während die Bestimmung von A_r für *Mischelemente* teils auf *experimentelle* Schwierigkeiten stoßen kann (falls die Zahl der Elementisotope groß ist), teils auf *prinzipielle* (falls Schwankungen der relativen Isotopenhäufigkeit vorliegen). Näheres vgl. S. 80.

Tab. 1 Relative Atommassen

	bezogen auf H = 1 (Dalton 1805)	bezogen auf O = 16 (Stas 1865)	**bezogen auf ^{12}C = 12 (IUPAC 1961)**
Wasserstoff	1.000	1.008	**1.008**
Chlor	35.175	35.457	**35.453**
Sauerstoff	15.872	16.000	**15.999**
Stickstoff	13.896	14.008	**14.007**
Kohlenstoff	11.916	12.011	**12.011**

Addiert man die relativen Massen der in einem Molekül eines Elementes oder einer Verbindung enthaltenen Atome, so erhält man die **„relative Molekülmasse" M_r** (früher „*Molekulargewicht*"). Wasserstoff, Chlor, Sauerstoff und Stickstoff haben demnach, bezogen auf $^{12}C = 12$, die relativen Molekülmassen $M_r(H_2) = 2 \times 1.008 = 2.016$ bzw. $M_r(Cl_2) = 2 \times 35.453 = 70.906$ bzw. $M_r(O_2) = 2 \times 15.999 = 31.998$ bzw. $M_r(N_2) = 2 \times 14.007 = 28.014$, Chlorwasserstoff, Wasser, Ammoniak und Methan die relativen Molekülmassen $M_r(HCl) = 1.008 + 35.453 = 36.461$ bzw. $M_r(H_2O) = 2 \times 1.008 + 15.999 = 18.015$ bzw. $M_r(NH_3) = 3 \times 1.008 + 14.007 = 17.031$ bzw. $M_r(CH_4) = 4 \times 1.008 + 12.011 = 16.043$.

Bei Verbindungen, bei denen man wie z. B. im Falle von Kohlenstoff C, Kupfer Cu, Quarz SiO_2 oder Steinsalz NaCl wegen ihres hochatomaren Aufbaus auf eine Angabe der Molekülgröße verzichtet, bezeichnet man die den vereinfachten Molekülformeln („*Substanzformeln*", „*analytische Formeln*") entsprechenden relativen Molekülmassen besser als „*relative Formelmassen*".

Die den relativen Atom- bzw. Molekülmassen chemischer Stoffe numerisch entsprechenden Gramm-Mengen, die man früher als „1-*Gramm-atom*" bzw. „1-*Gramm-molekül*" bezeichnete[16]), enthalten ableitungsgemäß (vgl. Massen- und Volumengesetze) jeweils die gleiche Anzahl

[16] Gemäß dem „Internationalen Einheitensystem" („**S**ysteme **I**nternational d'Unites", kurz **SI**; vgl. Anhang II) sollen beide Bezeichnungen nicht mehr verwendet werden. Ihre früher üblichen Abkürzungen („Tom", „Mol") dürfen nicht mehr gebraucht werden, da ihnen heute eine andere Bedeutung zukommt (vgl. obigen Text).

Atome bzw. Moleküle, nämlich Z_A[17] Teilchen. Man definiert nun eine **„Stoffmenge"** mit Z_A Teilchen als Stoffmenge **„1 Mol"** dieser Substanz: „1 *Mol einer Substanz ist die Stoffmenge eines Systems* (*Materiebereichs*), *die aus ebensoviel* (Z_A) kleinsten Teilchen besteht, wie Kohlenstoffatome in genau *12 g des Kohlenstoffisotops* $^{12}_{6}C$ *enthalten sind*". Das Symbol für Mol ist „mol", die Anzahl Mole wird mit „*n*" bezeichnet.

Die auf die Stoffmenge 1 Mol bezogene Atom- bzw. Molekülmasse wird als **„molare**[18] **Masse"** *M* eines Stoffes bezeichnet (Symbol: g/mol bzw. auch kg/mol)[19]:

$$M = \frac{m}{n} \qquad (7)$$

(m = Masse (in g), n = Menge (in mol) des Stoffs). Sie entspricht numerisch der relativen Atom- bzw. Molekülmasse des betreffenden Stoffs[20]. Die Masse von Wasserstoffatomen, Chloratomen, Wassermolekülen oder Ammoniakmolekülen (A_r bzw. M_r = 1.008, 35.453, 18.015 oder 17.031; s. oben) beträgt mithin: M(H) = 1.008 g/mol, M(Cl) = 35.453 g/mol, $M(H_2O)$ = 18.015 g/mol bzw. $M(NH_3)$ = 17.031 g/mol. Mithin haben gemäß Beziehung (7) 1 mol H, 1 mol Cl, 1 mol H_2O bzw. 1 mol NH_3 eine Masse (früher „*Molmasse*") von $m = n \cdot M = 1 \times M$ = 1.008 g, 35.435 g, 18.015 g bzw. 17.031 g.

Die Einheit Mol bezieht sich nicht nur auf Stoffsysteme, deren Einzelteilchen Atome bzw. Moleküle sind. Die Einzelteilchen können ebensogut Ionen (s. dort), Elementarteilchen (s. dort), Photonen (s. dort) bzw. andere Teilchen oder Gruppen solcher Teilchen genau angegebener Zusammensetzung sein. So versteht man z. B. unter 1 mol Luft (78.09 mol% N_2, 20.95 % O_2, 0.93 % Ar, 0.03 % CO_2) eine Luftmenge, die eine Masse von $[78.09 \times 28.013 + 20.95 \times 31.999 + 0.93 \times 39.948 + 0.03 \times 44.010] : 100 = 28.964$ g hat[21].

Unter der **„Stoffmengenkonzentration"** *c* (kurz: **„Konzentration"**) versteht man die Anzahl Mole eines Stoffs je Liter (Symbol: mol/l). Befinden sich also z. B. 4 g H_2 in 2 Litern Gasraum, so ist die Konzentration c_{H_2} des Wasserstoffs gleich 1 (d. h. gleich 1 mol ≙ 2 g H_2 je l). Statt durch das Symbol c_{AB} pflegt man die Konzentration eines Stoffs AB auch durch die Schreibweise [AB] auszudrücken. Eine Lösung, die *n* mol Substanz je Liter enthält, nennt man „*n-molare Lösung*"[22]. Befinden sich demgemäß 4 mol HCl in 2 l Wasser, so liegt eine 2-molare (kurz: 2 M) Chlorwasserstofflösung vor.

Zu unterscheiden von der Konzentration (früher auch **„Molarität"**) c_{AB} eines Stoffs AB (in mol pro Liter Lösung) ist die **„Molalität"** m_{AB} eines Stoffs, worunter man die Anzahl Mole eines Stoffs je Kilogramm (Symbol: mol/kg) versteht. Eine „*n-molale Lösung*" (kurz: *n m* Lösung) enthält *n* mol Substanz je Kilogramm Lösungsmittel.

Da sich das Volumen einer Lösung, nicht dagegen die Masse des Lösungsmittels mit der Temperatur ändert, ist die Konzentration eines gelösten Stoffs zum Unterschied von der Molalität temperaturabhängig.

---

17 Z_A = Avogadrosche Zahl, vgl. S. 46.

18 Unter einer „*spezifischen*" Größe („*spezifische Wärme*", „*spezifisches Volumen*" usw.) versteht man nach internationaler Übereinkunft eine auf die Einheit der Masse (1 g), unter einer „*molaren*" Größe („*molare Wärme*", „*molares Volumen*" usw.) eine auf die Einheit der Stoffmenge (1 mol) bezogene Größe. Beide Größen hängen durch die Beziehung: **spezifische Größe × molare Masse = molare Größe** miteinander zusammen. Da sich die spezifischen Größen auf unterschiedliche Teilchenzahlen, die molaren Größen dagegen auf die gleichen Teilchenzahlen beziehen, treten Gesetzmäßigkeiten erst bei den molaren Größen zutage (z. B. gleiches molares Volumen der Gase bei den Normalbedingungen). Die früher gebrauchte Größe des „*spezifischen Gewichts*", unter der man das Gewicht der Volumeneinheit (1 cm^3) verstand, ist nach der obigen Festlegung keine spezifische Größe, weshalb man dafür den Ausdruck „*Dichte*" (= Masse der Volumeneinheit: g/cm^3) verwendet.

19 Bezüglich der Masse eines Atoms bzw. Moleküls („*atomare*" bzw. „*molekulare*" Masse) vgl. absolute Atom- und Molekülmassen.

20 Die Zahlenwerte sowohl der relativen Atom- bzw. Molekülmassen als auch der molaren Massen eines chemischen Stoffs geben ja definitionsgemäß an, um wieviel mal schwerer 1 Mol des betreffenden Stoffs als 1/12 Mol des Kohlenstoffisotops $^{12}_{6}C$ (= 1 g) ist.

21 Analog entspricht 1 mol Hg_2^{2+} einer Masse von 401.18 g, 1 mol SO_4^{2-} einer Masse von 96.062 g, 1 mol Elektronen einer Masse von 5.486×10^{-4} g, 1 mol Protonen einer Masse von 1.007 g, 1 mol CH_3-Radikale einer Masse von 15.035 g, 1 mol CuZn einer Masse von 128.923 g, 1 mol $Fe_{0.9}S$ einer Masse von 82.885 g.

22 Da es sich hierbei nicht um eine stoffmengenbezogene, sondern um eine volumenbezogene Größe handelt, ist die gebräuchliche Bezeichnungsweise „*n-molare Lösung*" strenggenommen falsch (vgl. Anm.[18]).

2 Atom- und Molekülmassenbestimmung

2.1 Bestimmung relativer Molekülmassen

Die Bestimmung relativer Molekülmassen von Stoffen erfolgt bevorzugt im gasförmigen oder gelösten Zustand. Und zwar ermittelt man auf dem Wege der nachfolgend beschriebenen Methoden die Molzahl n der Moleküle, aus der der zu untersuchende Stoff mit der gegebenen Masse m (bestimmt durch Wägung) besteht. Mittels der Beziehung $M = m/n$ (vgl. vorausgehenden Abschnitt, Gl. (7)) folgt dann die molare Masse der betreffenden Verbindung, deren Zahlenwert gleich der relativen Molekülmasse ist. (Vgl. auch Bestimmung relativer Molekülmassen mittels der Massenspektrometrie bzw. Dialyse; S. 75 und 928).

2.1.1 Gasförmige Stoffe

Die im vorstehenden Abschnitt erfolgte Festlegung einer bestimmten Bezugseinheit für die relativen Molekülmassen vereinfacht sehr die Molekülmassenbestimmung von Gasen. Jedes Mol einer Verbindung oder eines Elements enthält definitionsgemäß gleich viele Moleküle. Nun sind nach der Avogadroschen Hypothese in gleichen Volumina idealer Gase (s. unten) bei gleicher Temperatur und gleichem Druck gleich viele Moleküle und damit auch gleich viele Mole enthalten. Somit nehmen umgekehrt auch gleiche Molmengen idealer Gase bei gegebenem Druck und gegebener Temperatur unabhängig von der Art des Gases gleiche Volumina ein. Und zwar beträgt bei den **„Normalbedingungen“** – 0 °C und 1.013 bar – das von 1 mol eines Gases eingenommene Volumen stets 22.413 837 Liter (früher als „Molvolumen“ bezeichnet): „molares Gasvolumen“ V_0 = 22.413 837 l/mol. Die relative Molekülmasse eines idealen Gases ergibt sich damit sehr einfach als Zahlenwert der Masse von 22.413 837 Litern dieses Gases bei den Normalbedingungen[23].

Es ist zur relativen Molekülmassenbestimmung eines Gases nun nicht erforderlich, stets gerade 22.413 837 l bei 0 °C und 1.013 bar abzuwiegen. Denn mit Hilfe der „*Zustandsgleichung der Gase*“ läßt sich auch für ein unter anderen Druck- und Temperaturverhältnissen gemessenes beliebiges Gasvolumen von bekannter Masse die Anzahl enthaltener Gasmole angeben, so daß auf 1 mol umgerechnet werden kann. Wir wenden uns daher zunächst der Zustandsgleichung der Gase zu.

Zustandsgleichung idealer Gase

Ein Gas besteht aus einer sehr großen Zahl von Molekülen, die mit großer Geschwindigkeit und völlig regellos in dem ihnen zur Verfügung stehenden Raume herumschwirren[24] (vgl. unten), wobei sie gleichzeitig um ihre eigene Achse rotieren und innere Schwingungen ausführen (vgl. spezifische Wärme). Infolge ihrer ungeordneten Bewegung prallen sie häufig sowohl gegeneinander wie auch gegen die Wände des einschließenden Gefäßes und werden dabei unter Änderung von Richtung und Geschwindigkeit wie elastische Billardkugeln zurückgeworfen. Die Wirkung der Stöße auf die Wandungen erscheint uns als der **„Druck“** des Gases.

Denken wir uns die eine Wand des Gefäßes (Fig. 16a, S. 32) beweglich, so wird sich diese, dem Druck nachgebend, nach oben bewegen. Um sie in ihrer Lage zu halten, müssen wir sie mit einem ganz bestimmten Gewicht G belasten. Das Gegengewicht muß dabei – wenn Volumen, Temperatur und Gasmenge gegeben sind – umso größer sein, je größer die Fläche des beweg-

[23] Die Größe des molaren Gasvolumens ist naturgemäß eine Funktion der gewählten Bezugsgröße für die relativen Atom- und Molekülmassen. Hätte man beispielsweise die Atommasse des Kohlenstoff-Bezugsisotops nicht gleich 12, sondern gleich 1 gesetzt, so betrüge das molare Volumen nur 22.4138 : 12 = 1.86782 l/mol.

[24] Der Name „*Gas*“ wurde von dem belgischen Chemiker J. B. van Helmont im 17. Jahrhundert geprägt: chaos (griech.) = Durcheinander, Unordnung.

lichen Stempels, d.h. die je Zeiteinheit darauf prallende Zahl von Molekülen und damit die darauf ausgeübte Gesamtkraft des Gases ist. Zu einem charakteristischen konstanten Wert kommt man unter den gegebenen Bedingungen nur dann, wenn man das Gewicht auf eine bestimmte Fläche, z.B. auf die Flächeneinheit – 1 cm^2 – bezieht. Diese auf 1 cm^2 Wandfläche wirkende Kraft eines Gases nennt man im engeren Sinne den Gasdruck p.

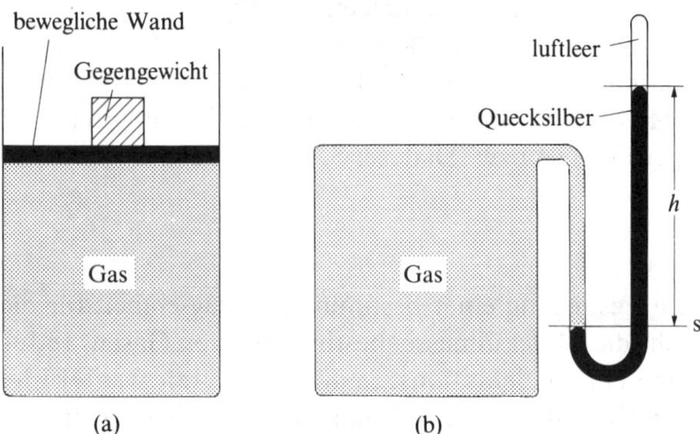

Fig. 16 Messung des Drucks eines Gases.

Er läßt sich experimentell am einfachsten in der Weise messen, daß man als Gegengewicht eine Flüssigkeit von bekannter Dichte verwendet. Denn dann genügt gemäß Fig. 16b die Messung der Höhe h (cm) der erforderlichen Flüssigkeitssäule in einem „*Manometerrohr*" („*Barometerrohr*"), da diese mit der Dichte (g/cm^3) multipliziert direkt den Gasdruck (g/cm^2) ergibt. Als Flüssigkeit verwendet man meist Quecksilber (Dichte = 13.595 g/cm^3 bei 0 °C). Den Druck gibt man dabei in mm Quecksilbersäule („*Torr*")[25] an; 760 mm = 760 Torr (= „1 Atmosphäre" = 1.013 250 bar = 101 325.0 Pascal, vgl. Anh. II) entsprechen hierbei der Masse von 76 × 13.595 = 1033.23 g Quecksilber.

Führt man dem Gas Wärme („*thermische*[26] *Energie*") zu, indem man seine Temperatur um einen bestimmten Betrag erhöht, so erhöht sich die Bewegungsenergie („*kinetische*[27] *Energie*") der Gasteilchen. Hält man dabei das Volumen des Gefäßes konstant, so wächst dementsprechend der auf die Wände ausgeübte Druck. Hält man umgekehrt den Außendruck konstant, so wird der bewegliche Stempel gehoben, d.h. das Volumen vergrößert. Druck und Volumen sind also von der Temperatur abhängig. Die quantitative Prüfung dieser Abhängigkeit ergab die Beziehung

$$p \cdot V = k \cdot (273.15 + t_c), \tag{1}$$

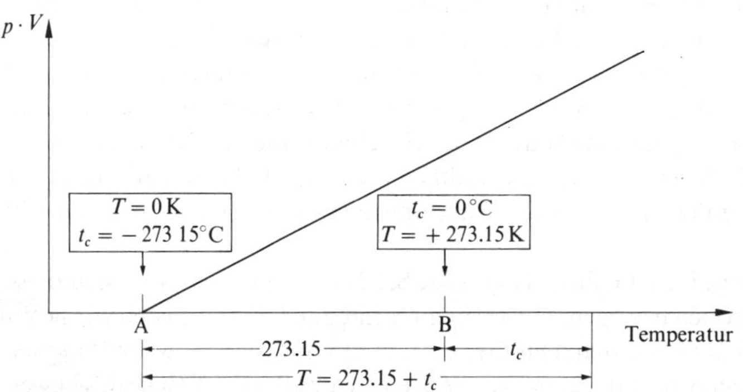

Fig. 17 Gasgesetz und absoluter Nullpunkt.

[25] Benannt nach dem italienischen Physiker und Mathematiker Evangelista Torricelli (1608–1647).
[26] thermos (griech.) = warm.
[27] kinein (griech.) = bewegen (vgl. Kino).

wonach das Produkt der Maßzahlen p und V für Druck und Volumen der um 273.15 vermehrten Celsiustemperatur t_c proportional ist.

Zeichnet man diese Funktion graphisch auf, d.h. trägt man das Produkt $p \cdot V$ in seiner Abhängigkeit von der Größe $(273.15 + t_c)$ in ein Koordinatensystem ein (Fig. 17), so erhält man eine Gerade, die beim Temperaturpunkt $t_c = -273.15\,°C$ (entsprechend $273.15 + t_c = 0$) die Abszisse schneidet ($p \cdot V = 0$). Durch das Gasgesetz (1) wird also eine Temperaturskala definiert, deren Nullpunkt A („*absoluter Nullpunkt*") um 273.15 Celciusgrade tiefer als der Nullpunkt B der — willkürlich festgelegten – Celsiusskala liegt. Man ist übereingekommen, diese durch das Gasgesetz geforderte Temperatur $273.15 + t_c$ **„absolute Temperatur"** („*Kelvin-Temperatur*") zu nennen und durch das Zeichen T zu symbolisieren. Damit vereinfacht sich die Gasgleichung (1) zu der Form

$$p \cdot V = k \cdot T, \qquad (2)$$

wonach das Produkt $p \cdot V$ der absoluten Temperatur T proportional ist.

Der Proportionalitätsfaktor k dieser Beziehung (2) ist keine universelle Konstante, sondern von Masse und Art des betrachteten Gases abhängig. Denn bei konstantem Volumen V und konstanter Temperatur T ändert sich natürlich der Druck p und damit die Konstante k bei gegebenem Gas mit dessen Masse und bei gegebener Masse mit der Natur des Gases. Eingehende Untersuchungen haben ergeben, daß k ganz allgemein der Anzahl Mole n eines betrachteten Gases proportional ist:

$$k = R \cdot n, \qquad (3)$$

wobei der neue Proportionalitätsfaktor R für alle Gase denselben Wert besitzt und daher **„universelle Gaskonstante"** genannt wird.

Die durch Gleichung (3) wiedergegebene experimentelle Beobachtung besagt, daß die Konstante k und damit nach (2) auch der Druck p eines Gases von gegebener Temperatur T und gegebenem Volumen V nur von der Zahl (Z), nicht aber von der Art (z.B. der Masse) der Gasmoleküle abhängt. Schwere Gasmoleküle üben mit anderen Worten den gleichen Druck auf die Wände eines Gefäßes aus wie eine gleiche Anzahl leichter Moleküle. Dies ist aber nur dann möglich, wenn die schweren Gasmoleküle im Mittel eine kleinere – und zwar der Quadratwurzel aus der Masse m umgekehrt proportionale – Geschwindigkeit v aufweisen als die leichteren, so daß die kinetische Energie $(mv^2)/2$ in beiden Fällen die gleiche ist (**„Gesetz der Gleichverteilung der Energie"**). Beispielsweise besitzen bei 20 °C die leichten Wasserstoffmoleküle eine mittlere Geschwindigkeit von 1760 m/s (6336 km/Stunde), die 16mal schwereren Sauerstoffmoleküle dagegen eine $\sqrt{16} = 4$mal kleinere Geschwindigkeit von 440 m/s (1584 km/Stunde).

Dieses Gleichverteilungsgesetz bezieht sich allerdings nur auf die mittlere kinetische Energie der Gasmoleküle. Die Energie der einzelnen Moleküle kann weitgehend von diesem Mittelwert abweichen, da als Folge der ständigen Energieübertragung von Molekül zu Molekül bei Zusammenstößen sich mitunter bei einzelnen Molekülen besonders hohe Energiebeträge ergeben („sehr heiße" Moleküle), während andere entsprechend energieärmer sind. Und zwar gilt nach J.C. Maxwell (1831–1879) und L. Boltzmann (1844–1906) unter gewissen vereinfachenden Voraussetzungen die Gesetzmäßigkeit, daß der Bruchteil von Molekülen, deren Energiegehalt den Betrag E_a je Mol überschreitet, gleich $e^{-E_a/RT}$ ist. In Fig. 18 (S. 34) ist die hieraus folgende Verteilung der Geschwindigkeit (**„Maxwellsche Geschwindigkeitsverteilung"**) über verschiedene Geschwindigkeitsstufen Δv (von je 10 m/s Breite) am Beispiel des Sauerstoffs (bei 0 und bei 100 °C) wiedergegeben. Wie das Diagramm zeigt, haben bei einer gegebenen Temperatur die weitaus meisten Moleküle eine in der Umgebung der mittleren Geschwindigkeit liegende Geschwindigkeit. Die Zahl der mit großer Geschwindigkeit begabten, besonders energiereichen Moleküle ist sehr gering und nimmt mit steigender Temperatur im Verhältnis zu der der anderen Moleküle zu.

Die durch Einführung der Beziehung (3) in Gleichung (2) entstehende neue und nunmehr allgemeingültige Gasgleichung

$$\boxed{p \cdot V = n \cdot R \cdot T} \qquad (4)$$

heißt **„allgemeine Zustandsgleichung idealer Gase"**. In ihr hat R, wenn man p in Bar, V in Liter, n in Mol und T in Kelvin ausdrückt, den Zahlenwert 0.083144 $\text{l bar mol}^{-1}\text{K}^{-1}$

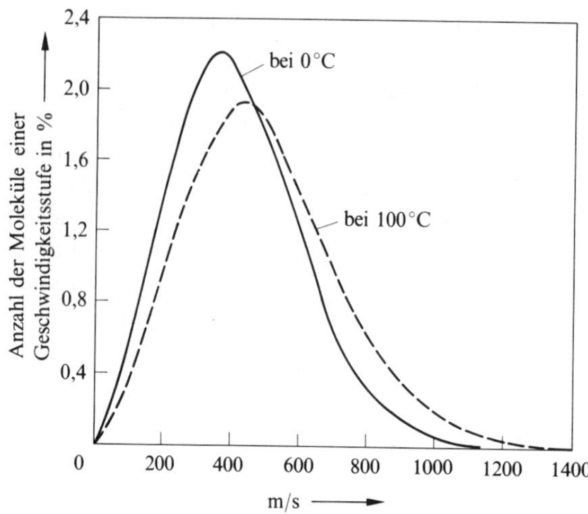

Fig. 18 Maxwellsche Geschwindigkeitsverteilung für Sauerstoff bei 0 bzw. 100 °C ($\Delta v = 10\,\mathrm{m \cdot s^{-1}}$).

($= 0.082057\,\mathrm{l\,atm\,mol^{-1}K^{-1}}$), wie durch Einsetzen des schon erwähnten *„molaren Gasvolumens“* ($V_o = 22.413\,837\,\mathrm{l/mol}$; $n = 1\,\mathrm{mol}$) bei den Normalbedingungen ($p = 1.013250\,\mathrm{bar} = 1\,\mathrm{atm}$; $T = 273.15\,\mathrm{K}$, vgl. hierzu Standardzustand) in die allgemeine Gasgleichung (4) ergibt. Die Dimension von R ist [Energie]/([Kelvin] × [mol]), weil $p \cdot V$ die Dimension Energie besitzt: [Druck] × [Volumen] = ([Kraft]/[Fläche]) × [Volumen] = [Kraft] × [Länge] = [Energie]. Drückt man die Konstante R in Joule, Kelvin und Mol aus, so besitzt sie den Wert $8.314\,412\,\mathrm{J mol^{-1}K^{-1}}$[28].

Die allgemeine Zustandsgleichung idealer Gase gilt, wie schon der Name besagt, nur für *„ideale Gase“*, d.h. solche Gase, deren Moleküle praktisch keinen gegenseitigen Anziehungskräften unterliegen und daher im Gasraum völlig frei beweglich sind (vgl. auch unten, 2.1.2). Bei *„realen Gasen“*, für die diese Voraussetzung nicht zutrifft, muß die Zustandsgleichung durch Korrektionsglieder ergänzt werden (vgl. Lehrbücher der physikalischen Chemie). Tatsächlich existiert strenggenommen kein ideales Gas; doch zeigen viele Gase nahezu ideales Verhalten, insbesondere wenn sie unter niedrigem Druck stehen und bei Temperaturen weit oberhalb ihres Siedepunktes untersucht werden. So weichen die molaren Volumina realer Gase bei den Normalbedingungen vielfach von dem, durch die Gasgleichung (4) festgelegten Volumen idealer Gase ($V_o = 22.414\,\mathrm{mol/l}$) nur wenig ab, z.B. H_2: 22.43 l/mol; N_2: 22.40 l/mol; O_2: 22.39 l/mol; HCl: 22.25 l/mol; NH_3: 22.08 l/mol.
Das *„reale“* Verhalten eines Gases zeigt sich – abgesehen davon, daß sein molares Volumen vom Idealwert etwas abweicht – z.B. auch darin, daß seine Expansion mit einer Abkühlung verbunden ist, auch wenn keine äußere Arbeit geleistet wird, da bei der Ausdehnung Arbeit gegen die gegenseitigen Anziehungskräfte der Gasmoleküle aufgewendet wird. Die zur Leistung dieser *„inneren Arbeit“* erforderliche Energie, die ja nach dem Gesetz von der Erhaltung der Energie irgendeinem Energievorrat entstammen muß, wird dem Wärmeinhalt des Gases entnommen (vgl. Verflüssigung der Luft).

Erwähnt sei, daß die Zustandsgleichung (4) eine Reihe von Teilgesetzen enthält, die sich aus ihr durch Konstanthalten einzelner Größen ergeben. Die bekanntesten dieser Teilgesetze sind:

Das **„Boyle-Mariottesche Gesetz“**: *Das Produkt aus Druck p und Volumen V einer bestimmten Gasmenge* (n = konstant) *ist bei gegebener Temperatur* (T = konstant) *konstant:* $p \cdot V = (nRT) = a$.

Das **„Gay-Lussacsche Gesetz“**: *Bei gegebenem Volumen* (V = konstant) *ist der Druck p, bei gegebenem Druck* (p = konstant) *das Volumen V einer bestimmten Gasmenge* (n = konstant) *der absoluten Temperatur T proportional:* $p = (nR/V) \cdot T = b \cdot T$ bzw. $V = (nR/p) \cdot T = c \cdot T$.

[28] Bezieht man die Gaskonstante statt auf 1 mol Moleküle auf 1 Molekül, indem man sie durch die Avogadrosche Konstante N_A (Dimension $\mathrm{mol^{-1}}$; S. 44), also die Anzahl der Molkeüle eines Mols dividiert, so erhält man die **„Boltzmannsche Konstante“** $k_B = 1.380662 \times 10^{-23}\,\mathrm{J/K}$ ($R = k_B \cdot N_A$).

Das **„Avogadrosche Gesetz"** (S. 26): *Gleiche Volumina* (V = konstant) *idealer Gase enthalten bei gleichem Druck* (p = konstant) *und gleicher Temperatur* (T = konstant) *gleich viele Moleküle:* $n = (pV/RT)$.

Methoden der Molekülmassenbestimmung

Die Zustandsgleichung (4) ermöglicht die Bestimmung der Molzahl n einer gegebenen Gasmenge. Bestimmt man gleichzeitig die Masse m dieser n Mole, so folgt die molare Masse M, deren Zahlenwert gleich der relativen Molekülmasse M_r ist[29], aus der Beziehung

$$M = \frac{m}{n}. \tag{5}$$

Führen wir hierin den aus der Zustandsgleichung (4) folgenden Wert für n ein, so erhalten wir die Beziehung

$$M = \frac{m \cdot R \cdot T}{p \cdot V}, \tag{6}$$

die es gestattet, aus 4 Größen, nämlich dem Druck (p), dem Volumen (V), der Temperatur (T) und der Masse (m) eines idealen Gases seine molare Masse (M) zu errechnen.

Bei der praktischen Molekülmassenbestimmung geht man in allen Fällen von einer gegebenen Temperatur T aus. Bei den übrigen drei Größen p, V und m kann man insofern mit einer gewissen Willkür verfahren, als man zwei von ihnen vorschreibt und die dritte sich durch den Versuch von selbst einstellen läßt. Dementsprechend lassen sich die Methoden zur Bestimmung der relativen Molekülmassen von Gasen in drei Gruppen einteilen:

1. p und V sind vorgegeben, m stellt sich ein: Wägung eines bestimmten Gasvolumens V von bekanntem Druck p bei gegebener Temperatur T.
2. p und m sind vorgegeben, V stellt sich ein: Volumenmessung einer bestimmten Gasmasse m von bekanntem Druck p bei gegebener Temperatur T.
3. m und V sind vorgegeben, p stellt sich ein: Druckmessung einer bestimmten Gasmasse m von bekanntem Volumen V bei gegebener Temperatur T.

2.1.2 Gelöste Stoffe

Aggregatzustände der Materie

Moleküle eines gegebenen Gases üben aufeinander Anziehungskräfte aus. Im **gasförmigen**, also stark verdünnten Zustande, in welchem die einzelnen Moleküle eine relativ große Entfernung voneinander aufweisen und sich in dauernder ungeordneter Bewegung befinden (s. oben, S. 31), treten diese Anziehungskräfte naturgemäß um so weniger in Erscheinung, je größer die Abstände zwischen den Molekülen und die molekularen Geschwindigkeiten (vgl. Maxwellsche Geschwindigkeitsverteilung) sind. Da erstere mit steigender Verdünnung, letztere mit steigender Temperatur zunehmen, verhält sich ein gegebener gasförmiger Stoff um so *„idealer"*, je verdünnter und heißer er ist, und um so *„realer"*, je mehr man ihn komprimiert und abkühlt.

Verkleinert man die Entfernungen zwischen den Molekülen eines gegebenen Gases durch Komprimieren oder die Bewegungsenergie der Gasteilchen durch Abkühlen des Gases, so werden die Anziehungskräfte immer wirksamer. Bei einem bestimmten Druck oder bei einer bestimmten Temperatur verlieren schließlich die Moleküle, diesen Kräften folgend, sprunghaft einen Teil ihrer Energie. Auch jetzt schwirren die Teilchen noch unge-

[29] Ist M(x) die molare Masse des Stoffs x, dessen relative Molekülmasse bestimmt werden soll und $1/12\,M(^{12}C)$ = 1 g/mol der zwölfte Teil der molaren Masse des Kohlenstoffisotops ^{12}C, so gilt: $M_r(x) = 12 \times M(x)/M(^{12}C)$.

ordnet umher; sie können sich aber – abgesehen von einer relativ geringen Anzahl besonders energiereicher Teilchen (vgl. Maxwellsche Geschwindigkeitsverteilung) – unter dem Einfluß der gegenseitigen Anziehung nicht mehr wie vorher beliebig weit voneinander entfernen. Aus dem Gas ist eine energieärmere **Flüssigkeit** geworden, der man zwar noch jede beliebige äußere Form geben kann, die aber nicht mehr wie das Gas jedes ihr dargebotene Volumen auszufüllen vermag. Die bei der Änderung des Aggregatzustandes abgegebene Energie wird als „*Kondensationsenthalpie*" frei (zum Begriff Enthalpie vgl. S. 51). Die gleiche Energiemenge muß als „*Verdampfungsenthalpie*" zugeführt werden, um umgekehrt die Flüssigkeit wieder in Dampf zu verwandeln. Sie beträgt für Wasser 40.683 kJ/mol bei 100 °C.

Verringert man die Bewegungsenergie der Moleküle durch erneute Abkühlung noch weiter, so nimmt der Energiegehalt bei einer bestimmten Temperatur unter dem Einfluß weiterer Kohäsionskräfte in derselben Weise nochmals sprunghaft – um den Betrag der „*Erstarrungsenthalpie*" – ab. Die Flüssigkeit erstarrt zum energieärmeren **festen Stoff**. Die Moleküle haben ihre freie Beweglichkeit eingebüßt, ihre Wärmebewegung besteht nur noch in einem pendelartigen, elastischen Schwingen um bestimmte Ruhelagen. Die Materie besitzt in diesem Aggregatzustand daher eine bestimmte Gestalt. Die Anordnungsgesetze, denen die einzelnen Teilchen dabei unterliegen, finden ihren Ausdruck in der „*Kristallstruktur*". Das Eis bildet mindestens 9 solcher kristallisierter Modifikationen (mit kubischer, hexagonaler und rhombischer Symmetrie). Beim Schmelzen eines festen Stoffs muß die beim Erstarren freigewordene Erstarrungsenthalpie als „*Schmelzenthalpie*" wieder zugeführt werden. Sie beträgt beim Wasser 6.0131 kJ/mol bei 0 °C.

Zustandsdiagramme von Stoffen

Jede Flüssigkeit und jeder feste Stoff hat bei gegebener Temperatur einen ganz bestimmten Dampfdruck[29a)]. Schließt man z. B. irgendeine Flüssigkeit in ein Gefäß von bestimmtem Volumen ein (Fig. 19), so beobachtet man, daß sich der freie Raum über der Flüssigkeit bis zu einer bestimmten Konzentration mit dem Dampf der Flüssigkeit anfüllt. Ein Teil der durch die Anziehungskräfte innerhalb des Flüssigkeitsvolumens festgehaltenen Moleküle vermag also die Flüssigkeitsoberfläche zu verlassen. Das kommt daher, daß wie beim Gas (s. oben) so auch bei der Flüssigkeit nicht alle Moleküle gleiche kinetische Energie besitzen, sondern daß letztere um einen bestimmten Mittelwert schwankt. Nur den „heißeren", d. h. infolge von Zusammenstößen mit anderen Molekülen besonders energiereich gewordenen Molekülen ist der Übertritt in die Dampfphase möglich, da es nur diesen gelingt, die in der Grenzfläche wirksamen, zurücktreibenden Kräfte zu überwinden. Die in den Gasraum gelangten Moleküle fliegen nun regellos umher, prallen auf die Grenzflächen des einschließenden Raumes und üben damit auf diese einen Druck aus. Sie stoßen dabei natürlich auch auf die Flüssigkeitsoberfläche zurück und werden von dieser wieder eingefangen. Solange die Zahl der die Flüssigkeitsoberfläche verlassenden Teilchen größer als die der zurückkehrenden ist, findet in summa noch eine Verdampfung statt. Sobald aber infolge dieser weiteren Verdampfung die Konzentration der Gasmoleküle so weit gestiegen ist, daß die Zahl der sich kondensierenden und der wieder verdampfenden Moleküle gleich geworden ist, kommt der Verdampfungsvorgang nach außen hin zum Stillstand. Es herrscht jetzt mit Erreichung des **„Sättigungsdampfdrucks"** dynamisches Gleichgewicht.

Der Sättigungsdampfdruck einer Flüssigkeit oder eines festen Stoffs ist für eine gegebene Temperatur eine Konstante und unabhängig von der Größe der Oberfläche. Ist die Oberfläche doppelt so groß, so werden zwar doppelt so viele Moleküle die Grenzfläche verlassen, aber es werden bei gegebenem Dampfdruck auch doppelt so viele Gasmoleküle zurückkehren, da ja der Druck eines Gases definitionsgemäß die

[29a] Der Dampfdruck einer Flüssigkeit wird fälschlicherweise auch als Dampfspannung (lateinische Übersetzung: Tension) bezeichnet. Spannung ist aber nach der physikalischen Definition eine längs einer Strecke wirkende Kraft (Kraft/Länge) (vgl. Oberflächenspannung), Druck zum Unterschied davon eine auf eine Fläche wirkende Kraft (Kraft/Fläche).

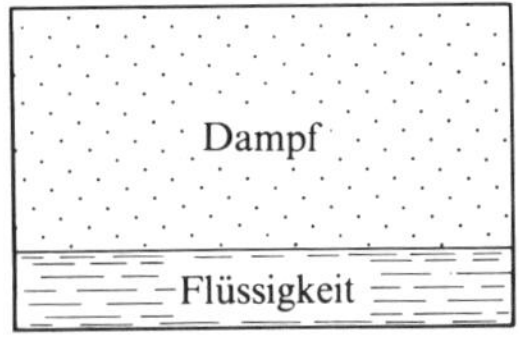

Fig. 19 Dampfdruck einer Flüssigkeit.

Kraft pro Flächeneinheit ist, die Kraft also, die durch die auf 1 cm^2 Fläche aufprallende Zahl von Gasteilchen ausgeübt wird.

Erhöht man die Temperatur der Flüssigkeit und damit die mittlere kinetische Energie der Flüssigkeitsteilchen, so vermag eine größere Anzahl von Molekülen die Flüssigkeitsoberfläche zu verlassen. Damit stellt sich ein neues dynamisches Gleichgewicht mit einem höheren Sättigungsdampfdruck ein. Trägt man alle diese Sättigungsdampfdrücke in ein Koordinatensystem mit dem Druck als Ordinate und der Temperatur als Abszisse ein, so erhält man demgemäß eine mit zunehmender Temperatur ansteigende Kurve, wie sie für das Beispiel des Wassers in Kurve A von Fig. 20 (nicht maßstäblich) dargestellt ist[30]. Längs der Kurve befinden sich Flüssigkeit und Dampf im Gleichgewicht. Bei höheren Drücken und niedrigeren Temperaturen als den durch die Kurve angezeigten ist nur die Flüssigkeit, bei niedrigeren Drücken und höheren Temperaturen nur der Dampf beständig.

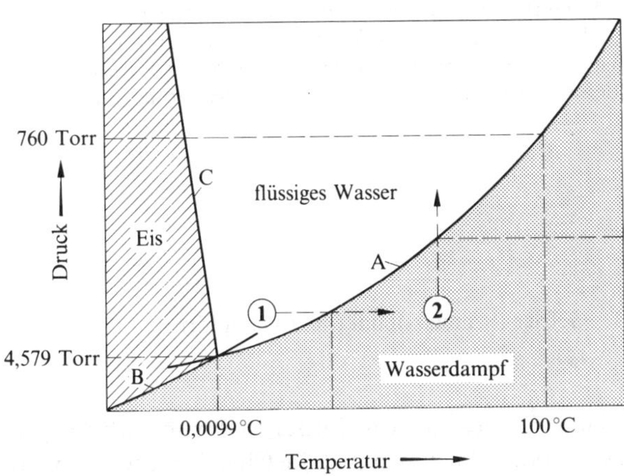

Fig. 20 Zustandsdiagramm des Wassers (nicht maßstäblich).

Erwärmt man z. B. flüssiges Wasser von der Temperatur und dem Druck des Punktes 1 (Fig. 20) bei gleichbleibendem Druck, bewegt man sich also in der Richtung des gestrichelten Pfeiles nach rechts, so beginnt das Wasser bei der Temperatur des Schnittpunktes mit Kurve A zu „sieden". Während dieses Übergangs der Flüssigkeit in den Dampfzustand ändert sich die Temperatur nicht, da die zugeführte Wärme restlos als Verdampfungswärme verbraucht wird. Erst nach völliger Verdampfung ist weitere Erwärmung möglich, wobei man sich in Richtung des gestrichelten Pfeiles von der Kurve entfernt. In gleicher Weise beginnt ein Wasserdampf von der Temperatur und dem Druck des Punktes 2 sich bei Druckvermehrung (Richtung des gestrichelten Pfeiles) zu „kondensieren", sobald die Kurve A erreicht ist. Während dieses Übergangs des Dampfes in den flüssigen Zustand ändert sich der Druck nicht, da der Dampf einer Druckerhöhung durch Kondensation zur dichteren Flüssigkeit ausweicht. Kurve A trennt somit das Existenzgebiet des flüssigen Wassers von dem des Wasserdampfes.

Diejenige Temperatur, bei welcher der Sättigungsdampfdruck einer Flüssigkeit den Wert von 1.013 bar = 760 Torr erreicht, nennt man definitionsgemäß den **Siedepunkt** der Flüssigkeit (**Taupunkt** des Dampfes). Er liegt für Wasser bei 100 °C. Die Dampfdruckkurve des Wassers

---

[30] Dampfdrücke p des Wassers zwischen 0 und 100 °C:

t(°C)	0	10	20	30	40	50	60	70	80	90	100
p (Torr)	4.58	9.21	17.53	31.82	55.32	92.51	149.38	233.7	355.1	525.8	760.

endet bei der kritischen Temperatur von 374,1 °C und dem kritischen Druck von 221.3 bar (kritische Dichte: 0.324 g/cm³), da bei höheren Temperaturen und Drücken flüssiges und gasförmiges Wasser identische Eigenschaften besitzen (vgl. physikalische Eigenschaften des Wasserstoffs, S. 256).

Eine analoge Kurve wie für die Verdampfung einer Flüssigkeit ergibt sich für die Verdampfung eines festen Stoffes. Sie gibt in entsprechender Weise die zusammengehörenden Paare von Druck und Temperatur an, bei denen sich fester Stoff und Dampf miteinander im dynamischen Gleichgewicht befinden, und verläuft – wie sich theoretisch auch begründen läßt – stets steiler als die Dampfdruckkurve der Flüssigkeit (vgl. Kurve B in Fig. 20). Ein besonders ausgezeichneter Punkt ist der Schnittpunkt der beiden Dampfdruckkurven des festen und flüssigen Stoffes. Er gibt den **Schmelzpunkt** des Feststoffs (**Gefrierpunkt** der Flüssigkeit) unter dem eigenen Dampfdruck an und liegt z. B. für reines luftfreies Wasser (Fig. 20) unter einem Eigendampfdruck von 4.579 Torr bei +0.0099 °C = 273.16 K („*Tripelpunkt*" des Wassers).

Unterhalb der Temperatur des Schnittpunktes hat die Flüssigkeit, oberhalb der feste Stoff den größeren Dampfdruck. Bringt man daher z. B. die flüssige und die feste Form des gleichen Stoffes getrennt in ein Gefäß der nachstehenden Form (Fig. 21) und kühlt das Ganze auf eine unterhalb der Temperatur des Kurvenschnittpunktes (Fig. 20) gelegene Temperatur t ($p_{\text{flüss.}} > p_{\text{fest}}$) ab, so wird die Flüssigkeit links (Fig. 21) bis zum konstanten Sättigungsdampfdruck $p_{\text{flüss.}}$ verdampfen und sich rechts – wegen Überschreitung des kleineren Sättigungsdampfdruckes p_{fest} – als fester Stoff kondensieren: die Flüssigkeit erstarrt. Liegt umgekehrt t oberhalb der Temperatur des Kurvenschnittpunktes ($p_{\text{flüss.}} < p_{\text{fest}}$), so verdampft rechts fester Stoff und kondensiert sich links zu Flüssigkeit: der feste Stoff schmilzt. Nur dann, wenn $p_{\text{flüss.}} = p_{\text{fest}}$ ist, d.h. bei der Temperatur des Schnittpunktes der beiden Dampfdruckkurven A und B, befinden sich flüssige und feste Form eines Stoffes miteinander im Gleichgewicht.

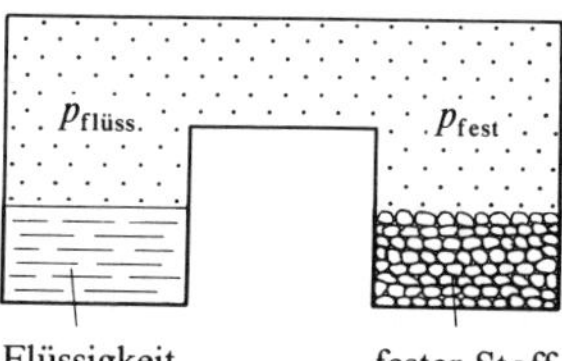

Fig. 21 Gefrier-(Schmelz-)punkt und Dampfdruck.

Der Schmelzpunkt (Gefrierpunkt) eines Stoffes ist vom äußeren Druck abhängig. Und zwar kann er mit steigendem Druck zu- oder abnehmen (vgl. Le Chateliersches Prinzip). Beim Wasser fällt er für je 1.013 bar Drucksteigerung im Mittel um 0.00753 °C. Bei 1.013 bar Druck schmilzt (gefriert) demnach reines, luftfreies Wasser bei 0.0099–0.0075 = 0.0024 °C, luftgesättigtes reines Wasser bei 0 °C = 273.15 K („*Eispunkt*" des Wassers). In Fig. 20 wird die Druckabhängigkeit des Schmelzpunktes durch Kurve C wiedergegeben.

Die drei Kurven A, B und C teilen das Druck-Temperatur-Diagramm des Wassers in drei Felder. Innerhalb dieser Felder ist nur je ein Aggregatzustand des Wassers existenzfähig; längs der Kurven dagegen sind je zwei Phasen, beim Schnittpunkt der drei Kurven alle drei Phasen nebeneinander beständig („*koexistent*"). Das ganze Diagramm heißt **„Zustandsdiagramm"** (**„Phasendiagramm"**) des Wassers. Entsprechende Diagramme (Ordinate: Druck; Abszisse: Temperatur) werden für andere Stoffe gefunden (z. B. Zustandsdiagramme des Schwefels, S. 543). Vgl. hierzu auch „*Siede*"- und „*Schmelzdiagramme*" (Ordinate: Temperatur; Abszisse: prozentuale molare Zusammensetzung, S. 15 und 1295).

Zustandsgleichung gelöster Stoffe

Löst man z. B. Zucker in Wasser auf, so verteilt er sich darin molekular. Die Zuckermoleküle diffundieren in der Lösung wie die Moleküle eines Gases regellos umher, so daß sich der gelöste Stoff wie ein gasförmiger Stoff verhält. Zwar üben die Moleküle des flüssigen

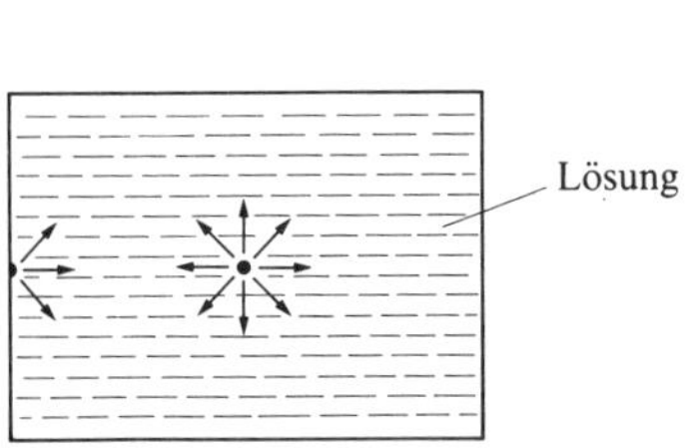

Fig. 22 Wirkung der Anziehungskräfte des Lösungsmittels auf gelöste Teilchen.

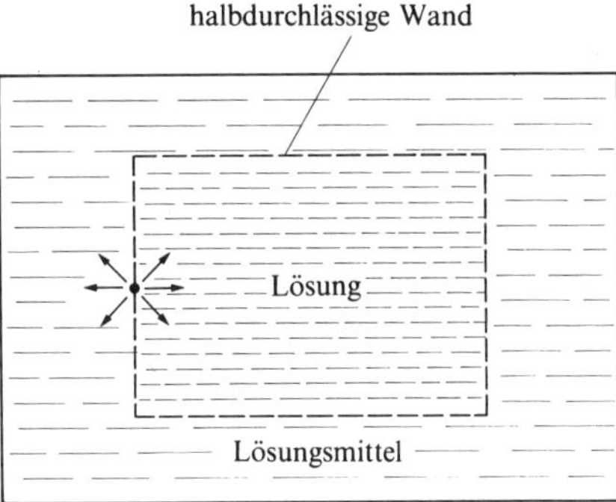

Fig. 23 Zustandekommen des osmotischen Druckes.

und daher spezifisch dichten Lösungsmittels starke Anziehungskräfte auf die gelösten Moleküle aus. Innerhalb der Lösung heben sich diese aber gegenseitig auf, da sie hier – wie in Fig. 22 an einem solchen Teilchen gezeigt ist – von allen Seiten her gleichmäßig wirken. Nur an der Außenfläche der Flüssigkeit, an der die Anziehung einseitig nach dem Innern erfolgt, wirken sich die Kräfte aus. Daher kommt es, daß die in einer Lösung gelösten Moleküle keinen dem Gasdruck entsprechenden Druck auf die Wände des einschließenden Gefäßes auszuüben vermögen. Dies ist erst dann der Fall, wenn das die Lösung enthaltende Gefäß von Lösungsmittel umgeben ist und die Wände des Gefäßes halbdurchlässig („*semipermeabel*")[31], d.h. durchlässig für das Lösungsmittel und undurchlässig für den gelösten Stoff sind. Denn nur dann wirken – wie in Fig. 23 an einem gelösten Teilchen gezeigt ist – auch an der Wandgrenzfläche die Anziehungskräfte wie im Innern der Lösung gleichmäßig von allen Seiten her auf die gelösten Moleküle, so daß diese – in summa der Anziehung entzogen – wie Gasmoleküle gegen die für sie undurchlässige Wand anprallen und damit einen Druck auf diese ausüben.

Es ist nach dieser Analogie zwischen dem Druck eines Gases und dem eines gelösten Stoffes nicht verwunderlich, daß der **„osmotische Druck"** (π) – wie namentlich quantitative Untersuchungen des holländischen Physikochemikers Jacobus Henricus van't Hoff (1852–1911) im Jahre 1885 zeigten – bei verdünnten („*idealen*") Lösungen in derselben Weise von dem Volumen (V), der Zahl gelöster Mole (n) und der absoluten Temperatur (7) abhängt wie der Gasdruck (vgl. Gl. (4));

$$\boxed{\pi \cdot V = n \cdot R \cdot T} \tag{7}$$

und daß die Konstante R den gleichen Wert wie bei der Zustandsgleichung der Gase (s. dort) besitzt. Gelöste Stoffe üben somit denselben Druck aus, den sie – falls man sie verdampfen könnte – bei gleicher Temperatur und im gleichen Volumen auch als Gase ausüben würden. Alle an die Gasgleichung (4) geknüpften Folgerungen gelten daher auch für den Lösungszustand. Enthalten also z. B. 22.4 l Wasser 1 mol eines Stoffs, so beträgt der osmotische Druck bei 0 °C 1.013 bar (= 1 atm).

Das Zustandekommen des osmotischen Druckes kann statt von der Seite des gelösten Stoffes aus auch von der Seite des Lösungsmittels her abgeleitet werden. Diese andere Art der Betrachtungsweise läßt die Analogie zwischen Gasdruck p und osmotischem Druck π weniger gut erkennen, ermöglicht dafür aber ein besseres Verständnis des Zusammenhangs zwischen dem osmotischen Druck π und der Dampfdruckerniedrigung Δp einer Lösung. Auch läßt sie leichter das Verhalten von Lösungen bei Verwendung starrer halbdurchlässiger Wände verstehen.

[31] semi (lat.) = halb; permeare (lat.) = hindurchgehen.

Infolge ihrer ungeregelten Wärmebewegung passieren die Moleküle des Lösungsmittels fortwährend die halbdurchlässige Trennungswand von innen nach außen und umgekehrt. Die Zahl der aus dem reinen Lösungsmittel mit einem „Diffusionsdruck“ $p_{\text{Diff.}}$ in die Lösung diffundierenden Moleküle ist dabei größer als die Zahl der in umgekehrter Richtung (Diffusionsdruck $p'_{\text{Diff.}}$) aus der Lösung in das reine Lösungsmittel wandernden Teilchen, da in der Lösung das Lösungsmittel durch den gelösten Stoff verdünnt und die Konzentration an diffundierbaren Lösungsmittelmolekülen in ihr dementsprechend geringer als im reinen Lösungsmittel ist[32]. Die Differenz $\Delta p_{\text{Diff.}}$ beider Diffusionsdrücke ($\Delta p_{\text{Diff.}} = p_{\text{Diff.}} - p'_{\text{Diff.}}$) ist numerisch gleich dem osmotischen Druck π und bei gegebener Temperatur und Flüssigkeitsmenge der Molzahl n des gelösten Stoffes proportional[33]:

$$\Delta p_{\text{Diff.}} = \pi = K \cdot n. \tag{8}$$

Infolge dieses „Diffusions-Überdruckes“ $\Delta p_{\text{Diff.}}$ dringt, falls die halbdurchlässige Membran starr ist und das Lösungsgefäß ein Steigrohr aufweist, solange Lösungsmittel in das Gefäß ein, bis der hydrostatische Druck $p_{\text{hydr.}}$ der Flüssigkeitssäule im Steigrohr den Wert des Differenzbetrags $\Delta p_{\text{Diff.}} = p_{\text{Diff.}} - p'_{\text{Diff.}}$ und damit des osmotischen Druckes π erreicht hat. Nunmehr gilt $p_{\text{hydr.}} + p'_{\text{Diff.}} = p_{\text{Diff.}}$, so daß jetzt unter dem Einfluß des um den hydrostatischen Druck $p_{\text{hydr.}}$ vermehrten Diffusionsdruckes $p'_{\text{Diff.}}$ in der Zeiteinheit gleich viele Lösungsmittelmoleküle die halbdurchlässige Wand in beiden Richtungen durchwandern. Die experimentelle Messung des osmotischen Drucks $\pi = \Delta p_{\text{Diff.}}$ läuft hiernach auf eine Messung des hydrostatischen Druckes $p_{\text{hydr.}} = \Delta p_{\text{Diff.}}$ der Flüssigkeitssäule im Steigrohr hinaus (vgl. hierzu Lehrbücher der physikalischen Chemie).

Methoden der Molekülmassenbestimmung

Die der Gasgleichung (4) entsprechende osmotische Gleichung (7) ermöglicht die Ermittlung von relativen Molekülmassen gelöster Stoffe, indem man durch Messung der Größen π, V und T die in einer Lösung je Liter Lösungsmittel vorhandene Molzahl n des gelösten Stoffes bestimmt, woraus sich bei Kenntnis der Masse m dieser n Mole die Masse eines Mols ergibt (vgl. (5)). Diese Methode der Molekülmassenbestimmung ist deshalb von großer Wichtigkeit, weil sich sehr viele Stoffe, wie z. B. der Zucker, nicht unzersetzt verdampfen lassen, während sie durch Auflösen in Wasser oder anderen Lösungsmitteln leicht in eine dem Gaszustand entsprechende molekulare Aufteilung gebracht werden können, so daß eine Ermittlung ihrer Molekülmasse mittels der der Gasgleichung (4) entsprechenden osmotischen Gleichung (7) möglich ist.

Leider stößt aber die Messung des osmotischen Drucks π meist auf experimentelle Schwierigkeiten, da es in vielen Fällen nicht gelingt, eine wirklich ideale halbdurchlässige Wand zu konstruieren. Glücklicherweise gibt es nun andere, ohne Zuhilfenahme einer semipermeablen Wand meßbare Größen, die wie der osmotische Druck π der Molzahl n des gelösten Stoffs proportional sind und daher an seiner Stelle zu deren Bestimmung und damit zur Ermittlung der relativen Molekülmasse des gelösten Stoffes dienen können. Es handelt sich hier um die „*Dampfdruckerniedrigung*“, die „*Siedepunktserhöhung*“ und die „*Gefrierpunktserniedrigung*“ von Lösungsmitteln.

Löst man in einem Lösungsmittel einen beliebigen nichtflüchtigen[34] Stoff auf, so werden die Moleküle der gelösten Substanz das Lösungsmittel verdünnen, so daß im Zeitmittel weniger Lösungsmittelmoleküle die Flüssigkeitsoberfläche verlassen als vor der Auflösung des Fremdstoffs[35]. Das dynamische Gleichgewicht zwischen Dampf und Flüssigkeit (s. weiter oben) stellt sich damit bei einem geringeren Sättigungsdampfdruck ein als beim reinen Lösungsmittel: die Dampfdruckkurve der Lösung (Fig. 24) liegt unterhalb der Dampfdruckkurve des reinen Lösungsmittels. Und zwar ist bei gegebener Flüssig-

---

[32] Hiervon haben die osmotischen Erscheinungen ihren Namen: osmos (griech.) = Eindringen.

[33] Gemäß (7) ist der Proportionalitätsfaktor $K = RT/V$.

[34] Bei flüchtigen Stoffen liegen die Verhältnisse komplizierter.

[35] Die Flüssigkeitsoberfläche spielt hier die Rolle einer idealen semipermeablen Wand, indem nur das flüchtige Lösungsmittel die Trennungsfläche durchwandern (verdampfen) kann, während der – voraussetzungsgemäß (vgl. oben) – nichtflüchtige gelöste Stoff an der Flüssigkeitsoberfläche zurückbleibt (vgl. die analogen Betrachtungen über das Zustandekommen der Diffusionsdruckerniedrigung.

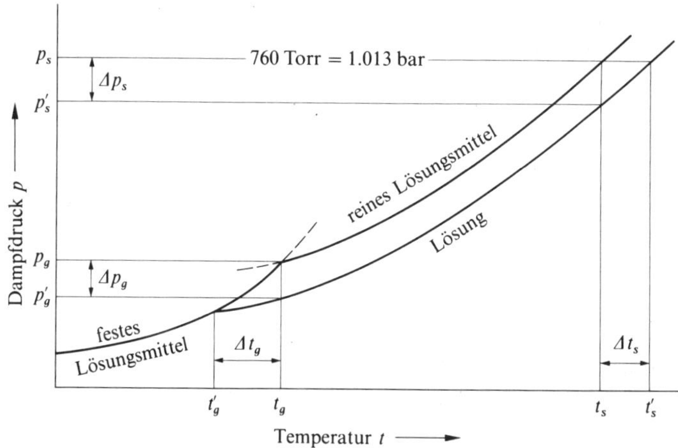

Fig. 24 Gefrierpunktserniedrigung, Siedepunktserhöhung und Dampfdruckerniedrigung.

keitsmenge und gegebener Temperatur die Dampfdruckerniedrigung $\Delta p = p - p'$ wie die in analoger Weise zustandekommende Diffusionsdruckerniedrigung $\Delta p_{\text{Diff.}} = p_{\text{Diff.}} - p'_{\text{Diff.}}$ – vgl. (8) – und wie der osmotische Druck π – vgl. (7) – der Molzahl n des gelösten Stoffes proportional:

$$\Delta p = k \cdot n, \tag{9}$$

so daß man bei Kenntnis von k durch Messung von Δp die Molzahl n ermitteln kann.

Experimentell noch einfacher ist die Messung der durch die Dampfdruckerniedrigung bedingten **Gefrierpunktserniedrigung** und **Siedepunktserhöhung** des Lösungsmittels. Wie aus Fig. 24 hervorgeht, liegt der Schnittpunkt der Dampfdruckkurve der Lösung mit der Dampfdruckkurve des festen Lösungsmittels und damit der Gefrierpunkt t'_g der Lösung bei einer tieferen, ihr Schnittpunkt mit der Atmosphärendruck-Horizontalen und damit der Siedepunkt t'_s der Lösung bei einer höheren Temperatur als beim reinen Lösungsmittel (t_g bzw. t_s). Genau wie die Dampfdruckerniedrigung ($\Delta p_t = p_t - p'_t$) ist nun, wie der französische Physikochemiker Francois Marie Raoult (1830–1901) fand, auch diese Fixpunktsverschiebung ($\Delta t_g = t_g - t'_g$ bzw. $\Delta t_s = t'_s - t_s$) bei gegebenem Flüssigkeitsvolumen der in diesem Volumen aufgelösten Molzahl n des gelösten Stoffs proportional (**„Raoultsches Gesetz“**):

$$\Delta t = E \cdot n \tag{10}$$

Übereinkunftsgemäß bezieht man die Anzahl Mole n stets auf ein Volumen von 1000 g Lösungsmittel. Der Proportionalitätsfaktor E nimmt dann z. B. beim Wasser den Wert 1.860 (Gefrierpunktserniedrigung) bzw. 0.511 K · kg/mol (Siedepunktserhöhung) an[36].

Zeigt also z. B. eine 1 %ige wässerige Lösung eine Gefrierpunktserniedrigung von 0.614 °C, so enthält sie in 1000 g = 1 Liter Wasser $n = \Delta t : E = 0.614 : 1.860 = 0.33$ mol gelöster Substanz, woraus für letztere gemäß der Beziehung $M = m/n$ eine molare Masse M von $10 : 0.33 = 30.3$ g/mol folgt.

Der Proportionalitätsfaktor E wird als *„molare Gefrierpunktserniedrigung“* bzw. *„molare Siedepunktserhöhung“* bezeichnet, weil er die Fixpunktsverschiebung einer Lösung wiedergibt, die je 1000 g Lösungsmittel (vgl. oben) 1 mol Substanz enthält (für $n = 1$ ist $\Delta t = E$). Die Bestimmung der Molekülmasse nach dem Gefrierpunktsverfahren nennt man auch *„kryoskopische“*[37], die nach dem Siedepunktsverfahren *„ebullioskopische“*[38] Methode. Letztere

[36] Eine hohe molare Gefrierpunktserniedrigung (40 °C) weist z. B. der Campher (Kampfer) $C_{10}H_{16}O$ (Smp. 179.5°) auf, der deshalb gerne für orientierende Molekülmassenbestimmungen im Schmelzpunktsröhrchen herangezogen wird.

[37] kryos (griech.) = Eis; skopein (griech.) = beobachten.

[38] bulla (lat.) = Siedeblase.

steht an Bedeutung hinter der ersteren zurück, da der Wert der Siedepunktserhöhung stets merklich kleiner als der der Gefrierpunktserniedrigung ist. Zur praktischen Ausführung beider Methoden dienen u.a. Apparate, die auf den deutschen Chemiker Ernst Beckmann (1853–1923) zurückgehen (1888). Zur Messung der Fixpunktsverschiebung werden dabei sogenannte „*Beckmann-Thermometer*" verwendet, deren Skala nur etwa 6 °C umfaßt, welche in $^1/_{100}$ Grade eingeteilt sind; eine besondere Vorrichtung erlaubt, den Nullpunkt der Skala willkürlich auf eine gewünschte Temperatur einzustellen, so daß ein einziges Thermometer für alle Bestimmungen benutzbar ist.

2.2 Bestimmung relativer Atommassen

2.2.1 Bestimmung über eine Massenanalyse von Verbindungen

Die kleinste Menge eines Elements, die sich in 1 Molekül einer Verbindung dieses Elements befinden kann, ist 1 Atom. Wie insbesondere der italienische Chemiker Stanislao Cannizzaro (1826–1910) erkannte, ergibt sich somit die molare Atommasse experimentell als die kleinste Anzahl von Grammen eines Elements, die in 1 mol einer Verbindung dieses Elements aufgefunden werden. Zur Bestimmung der numerisch mit der relativen Atommasse übereinstimmenden molaren Atommasse eines Elements ist es demnach erforderlich, nach einer der vorstehend erörterten Bestimmungsmethoden die molare Molekülmasse zahlreicher Verbindungen des betreffenden Elements zu ermitteln und anschließend durch Analyse jeweils die in 1 mol Verbindung enthaltene Gramm-Menge des Elements zu bestimmen. Tab. 2 enthält einige bei Verbindungen der Elemente Wasserstoff, Chlor, Sauerstoff, Stickstoff und Kohlenstoff auf solche Weise enthaltene Ergebnisse.

Wir ersehen aus der Tabelle folgendes: Die kleinste Gramm-Menge Wasserstoff, die in 1 mol der in der Tabelle aufgeführten Wasserstoffverbindungen enthalten ist (vgl. Spalte 3),

Tab. 2 Molare Masse und Zusammensetzung einiger gasförmiger oder leicht verdampfbarer Verbindungen

Substanz	**molare Masse** (g/mol)	Je Mol Substanz enthaltene Gramm-Menge **H**	**Cl**	**O**	**N**	**C**	**Formel**
Wasserstoff	2	2	–	–	–	–	H_2
Chlorwasserstoff	$36^1/_2$	1	$35^1/_2$	–	–	–	HCl
Wasser	18	2	–	16	–	–	H_2O
Wasserstoffperoxid	34	2	–	32	–	–	H_2O_2
Ammoniak	17	3	–	–	14	–	NH_3
Hydrazin	32	4	–	–	28	–	N_2H_4
Methan	16	4	–	–	–	12	CH_4
Ethan	30	6	–	–	–	24	C_2H_6
Ethylen	28	4	–	–	–	24	C_2H_4
Acetylen	26	2	–	–	–	24	C_2H_2
Benzol	78	6	–	–	–	72	C_6H_6
Chlor	71	–	71	–	–	–	Cl_2
Dichloroxid	87	–	71	16	–	–	Cl_2O
Chlordioxid	$67^1/_2$	–	$35^1/_2$	32	–	–	ClO_2
Chlorstickstoff	$120^1/_2$	–	$106^1/_2$	–	14	–	NCl_3
Kohlenstofftetrachlorid	154	–	142	–	–	12	CCl_4
Sauerstoff	32	–	–	32	–	–	O_2
Distickstoffoxid	44	–	–	16	28	–	N_2O
Stickstoffmonoxid	30	–	–	16	14	–	NO
Stickstoffdioxid	46	–	–	32	14	–	NO_2
Kohlenoxid	28	–	–	16	–	12	CO
Kohlendioxid	44	–	–	32	–	12	CO_2
Stickstoff	28	–	–	–	28	–	N_2

beträgt 1 g. Da auch in keiner sonstigen Wasserstoffverbindung weniger als 1 g Wasserstoff je mol Verbindung aufgefunden wird, muß man annehmen, daß 1 g/mol die molare Masse von Wasserstoff darstellt. Dem Wasserstoff kommt also mit anderen Worten die (abgerundete) relative Atommasse 1 zu. In gleicher Weise läßt sich aus der Tabelle entnehmen – und dieser Schluß wird durch die Untersuchung anderer Verbindungen bestätigt –, daß die Elemente Chlor, Sauerstoff, Stickstoff und Kohlenstoff die (abgerundeten) relativen Atommassen 35.5, 16, 14 und 12 besitzen. Denn 35.5, 16, 14 bzw. 12 g sind, wie man sieht, die kleinsten Gramm-Mengen dieser Elemente, die in 1 mol ihrer Verbindungen analytisch gefunden werden. Diejenigen Verbindungen der Tabelle, die ein ganzes Vielfaches der als molare Masse erkannten Gramm-Menge eines Elementatoms je Mol Substanz aufweisen, enthalten das entsprechende Vielfache dieses Elements je Molekül. Ethan zum Beispiel, das 6 g Wasserstoff und 24 g Kohlenstoff je Mol aufweist, hat also die Formel C_2H_6. In analoger Weise kommen wir zu den in Spalte 8 der Tabelle angegebenen *chemischen Formeln* für die übrigen Substanzen.

Diese Formeln – von denen wir diejenigen für Wasserstoff, Chlor, Sauerstoff und Stickstoff sowie für Chlorwasserstoff, Wasser und Ammoniak schon früher (vgl. Avogardrosche Molekülhypothese) durch einen im Prinzip analogen, wegen des Fehlens einer Bezugseinheit damals aber notgedrungen noch etwas umständlicheren Gedankengang abgeleitet hatten – ermöglichen dann bei Kenntnis der genauen massenmäßigen Zusammensetzung der Verbindungen eine exakte Festlegung der relativen Atommassen der enthaltenen Elemente.

Prinzipiell ergeben sich die molaren Massen der Atome auch schon als die kleinste, in 1 mol einer Verbindung dieseer Elemente enthaltene Gramm-Menge (vgl. oben). Da aber die beschriebene Bestimmung molarer Massen – falls man nicht alle bei der Messung der vier Größen p, V, m und T möglichen Fehlerquellen und die Abweichungen vom idealen Gesetz peinlichst durch Korrekturen kompensiert – im allgemeinen keine Präzisionswerte liefert, stellen auch die direkt aus den molaren Verbindungsmassen entnommenen molaren Massen der Elementatome im allgemeinen keine Präzisionswerte dar. Es ist daher zur Erzielung genauester Werte zweckmäßiger, die molaren Atommassen durch Kombination der aus der geschilderten Bestimmung molarer Molekülmassen hervorgehenden eindeutigen Molekülformeln mit dem analytisch genauestens bestimmbaren Massenverhältnis der Elemente in den einzelnen Verbindungen zu ermitteln.

Tafel II enthält die in solcher Weise durch genaueste Analyse chemischer Verbindungen gegebener Formel oder nach sonstigen Methoden[39)] bestimmten relativen Atommassen aller bis jetzt bekannten (109) Elemente samt ihren Symbolen und „*Atomnummern*" („*Ordnungszahlen*"). Unter letzteren wollen wir dabei zunächst einfach die laufende Nummer verstehen, die einem Element zukommt, wenn man die Grundstoffe nach steigender relativer Atommasse anordnet.

Die Werte werden laufend von einer *internationalen Kommission* kritisch geprüft und – falls zuverlässigere und genauere Bestimmungen von relativen Atommassen vorliegen – berichtigt. Die Zahl der Dezimalen (von denen die letzte als noch unsicher angenommen wird) gibt den Grad der Genauigkeit an, bis zu dem die betreffende relative Atommasse bis jetzt bestimmt worden ist. Sehr genaue chemische Bestimmungen relativer Atommassen verdanken wir dem amerikanischen Forscher Theodore William Richards (1868–1928) und dem deutschen Chemiker Otto Hönigschmid (1878–1945).

2.2.2 Bestimmung über die spezifische Wärmekapazität von Verbindungen

Da man anfangs noch keine Verbindungen der in geringer Menge in der Luft vorhandenen Edelgase (S. 13 und 418) kannte, war damals bei ihnen eine Bestimmung relativer Atommassen

[39] Bei den radioaktiven Elementen (s. dort), bei denen man als relative Atommasse die der stabilsten gesicherten Atomart anzugeben pflegt, ergeben sich z. B. die relativen Atommassenwerte indirekt aus den relativen Atommassen der Muttersubstanzen.

auf dem oben geschilderten Wege (Ermittlung der kleinsten in 1 mol Verbindung enthaltenen Elementmenge) nicht möglich. Hier mußte man zu physikalischen Methoden greifen. Eine geeignete derartige Methode ist z. B. die Bestimmung der spezifischen Wärmekapazität, die sowohl bei gasförmigen wie bei festen Elementen eine relative Atommassenbestimmung ermöglicht.

Gasförmige Stoffe

Führt man einem Gas Wärme zu, so wird dadurch die Bewegungsenergie der Gasmoleküle erhöht. Nun kann man dreierlei Möglichkeiten der Bewegung unterscheiden:

a) die fortschreitende Bewegung der Moleküle (**„Translation“**),
b) die Drehbewegung der Moleküle (**„Rotation“**),
c) die Schwingungsbewegung der Atome innerhalb der Moleküle (**„Oszillation“**).

Die fortschreitende Bewegung der Moleküle kann nach den 3 Richtungen des Raums hin erfolgen, hat also 3 „*Freiheitsgrade*“ (vgl. hierzu Lehrbücher der physikalischen Chemie). In analoger Weise besitzt auch die Drehbewegung eines Moleküls maximal 3 Freiheitsgrade, da sie um die 3 verschiedenen Molekül-Raumachsen erfolgen kann. Die Zahl der Freiheitsgrade der Schwingungsbewegung schließlich steigt mit der Zahl der Atome innerhalb des Moleküls rasch an (vgl. einschlägige Lehrbücher) und ist im einfachsten Falle eines zweiatomigen Moleküls gleich 2 (elastisches Hin- und Herschwingen der Atome gegeneinander, entsprechend einer Speicherung von potentieller und kinetischer Energie).

Die kinetische Gastheorie lehrt, daß die der Erwärmung eines idealen Gases um 1 °C bei konstantem Volumen entsprechende Bewegungssteigerung eine Zufuhr von $R/2 = 4.157206$ J pro Freiheitsgrad und Mol erfordert (s. Lehrbücher der physikalischen Chemie). Je nach der Zahl der bei der Erwärmung „angeregten“ Freiheitsgrade wird daher die zur Erwärmung eines Mols Gas um 1 °C erforderliche Energie C_V (**„molare Wärmekapazität“**[40]; Dimension $J \cdot mol^{-1} \cdot K^{-1}$) bei konstantem Volumen verschiedene Werte annehmen.

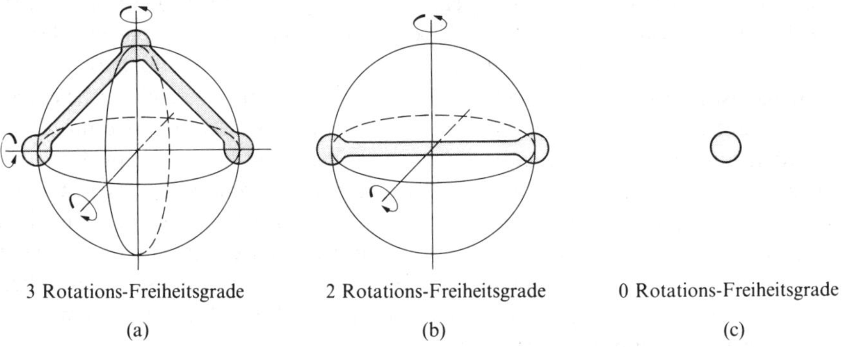

Fig. 25 Rotations-Freiheitsgrade drei-, zwei- und einatomiger Moleküle.

Liegt z. B. ein dreiatomiges, gewinkeltes Molekül (Fig. 25a) vor, so können bei der Erwärmung je 3 Freiheitsgrade der Translation und Rotation angeregt werden (die Freiheitsgrade der Oszillation „erwachen“ meist erst bei verhältnismäßig hohen Temperaturen und können hier daher außer acht gelassen werden). Dementsprechend beträgt C_V für solche Moleküle theoretisch $6\,R/2 = 24.9$ $J mol^{-1} K^{-1}$; gefunden werden z. B. für Wasser (H_2O) 25.2, für Schwefelwasserstoff (H_2S) 25.5 $J mol^{-1} K^{-1}$. Bei einem zweiatomigen Molekül (Fig. 25b) kann der Freiheitsgrad der Drehung um die Atom-Verbindungsachse des Moleküls bei Zimmertemperatur vernachlässigt werden, da der Radius der Drehbewegung wegen des

[40] Früher: „*Molwärme*“.

geringen Durchmessers der Atome verschwindend klein im Vergleich zum Radius der Drehbewegung um die beiden anderen Molekül-Raumachsen ist, so daß ein sehr kleines Trägheitsmoment um die Längsachse des Moleküls resultiert und die Auslösung der Rotation um diese Achse dementsprechend hohe Anregungsenergien erfordert und daher nur bei sehr hohen Temperaturen erfolgen kann[41]. Hier bleiben also $3+2=5$ Freiheitsgrade, entsprechend einer molaren Wärmekapazität $C_V = 5\,R/2 = 20.8$ J mol^{-1}K^{-1}; gefunden wurden z. B. für Wasserstoff (H_2) 20.6, für Stickstoff (N_2) 20.8 J mol^{-1}K^{-1}, was zugleich ein weiterer Beweis für den zweiatomigen Aufbau der Moleküle dieser Gase ist. Bei einatomigen Molekülen (Fig. 25c) schließlich kommen bei Zimmertemperatur nur die Freiheitsgrade der Translation in Frage, da die Anregung der Rotation wegen des geringen Durchmessers der Atome höhere Energiebeträge erfordert. Hier muß demnach $C_V = 3\,R/2 = 12.5$ J mol^{-1}K^{-1} betragen. Genau diesen Wert findet man nun bei den Edelgasen. Daraus geht hervor, daß die Edelgase einatomig sind, daß also die relative Molekülmasse (Zahlenwert der molaren Masse von 22.4138 l Gas bei 0 °C und 1.013 bar) gleich der relativen Atommasse ist.

Leichter als C_V läßt sich meist das Verhältnis $C_p/C_V = \gamma$ der molaren Wärmekapazitäten bei konstantem Druck (C_p) und bei konstantem Volumen (C_V) ermitteln (z. B. aus der Fortpflanzungsgeschwindigkeit von Schallwellen in dem untersuchten Gas; s. Lehrbücher der physikalischen Chemie). Da nun zwischen C_p und C_V bei idealen Gasen die einfache Beziehung $C_p = C_V + R$ besteht ($R = 8.314412$ J mol^{-1}K^{-1}), gilt:

für einatomige Gase: $\gamma = 20.80 : 12.48 = 1.67$,
für zweiatomige Gase: $\gamma = 29.14 : 20.80 = 1.40$,
für dreiatomige Gase: $\gamma = 33.29 : 24.95 = 1.33$.

Bei den Edelgasen ist $\gamma = 1.67$, woraus sich wieder die Einatomigkeit dieser Gase ergibt.

Feste Stoffe

Regel von Dulong und Petit. Die einzige Bewegungsmöglichkeit der Atome eines festen Stoffes, z. B. eines Metalls, besteht in einem elastischen Schwingen um bestimmte Schwerpunktslagen. Da diese Schwingungen nach den drei Raumrichtungen hin erfolgen können, besitzen die Atome je drei Freiheitsgrade, wobei jeder Freiheitsgrad doppelt zu zählen ist, da bei der elastischen Schwingung sowohl kinetische wie potentielle Energie gespeichert wird. Die zum Erwärmen eines festen Elements um 1 °C bei konstantem Volumen erforderliche Energie C_V sollte daher $6\,R/2 = 24.9$ J mol^{-1}K^{-1} betragen. Dieser Wert erhöht sich auf 25–27 J mol^{-1}K^{-1}, wenn man nicht die molare Wärmekapazität bei konstantem Volumen, sondern die molare Wärmekapazität bei konstantem Druck (C_p) betrachtet, welche bei festen Stoffen nahezu ausschließlich gemessen wird und um einige Prozent größer als erstere ist (Arbeitsleistung gegen den konstanten Luftdruck bei der thermischen Ausdehnung des festen Stoffs).

In der Tat ist nun nach einer von den französischen Forschern Pierre Louis Dulong (1785–1838) und Alexis Thérèse Petit (1791–1820) bereits im Jahre 1819 aufgestellten Regel das *Produkt aus spezifischer Wärmekapazität*[42] *und relativer Atommasse fester Elemente nahezu konstant und im Mittel gleich 26 J mol^{-1}K^{-1}:*

molare Masse $M \times$ *spez. Wärmekapazität* c_p = molare Wärmekapazität C_p (≈ 26 J mol^{-1}K^{-1}). (11)

So beträgt z. B. C_p für Aluminium 24.4, für Calcium 26.3, für Silber 25.5, für Platin 26.6, für Gold 25.2 und für Blei 26.8 J mol^{-1}K^{-1}. Da – wie oben schon erwähnt – die Freiheitsgrade der Oszillation verhältnismäßig spät erwachen, liegt bei manchen festen Elementen bei Zimmertemperatur noch keine volle Anregung der inneren Schwingungen vor, so daß die molare

---

41 Die zur Anregung der Rotation von Molekülen erforderlichen Energiequanten (s. dort) sind dem Trägheitsmoment umgekehrt proportional, also um so größer, je kleiner letzteres ist.

42 Unter *spezifischer Wärmekapazität* (häufig kurz: spezifische Wärme) versteht man die zum Erwärmen von 1 g Substanz um 1 °C (= 1 K) erforderliche Energie.

Wärmekapazität erst bei höheren Temperaturen den Durchschnittswert von 26 $J\,mol^{-1}\,K^{-1}$ erreicht. Zu diesen Elementen gehören z.B. Diamant, Bor und Silicium, deren Atome im Atomgitter sehr fest gebunden sind, wie nachfolgende C_p-Werte ($J\,mol^{-1}\,K^{-1}$) bei 0 und bei 800 °C zeigen:

	Diamant	Bor	Silicium
0 °C	5.23	9.92	19.05
800 °C	21.48	26.21	26.42

Die „*Dulong-Petitsche Regel*" ermöglicht, wie aus (11) hervorgeht, eine ungefähre Bestimmung der molaren Masse fester Elemente mittels ihrer spezifischen Wärmekapazität (molare Masse = 26/spezifische Wärmekapazität). Die Bestimmung ist naturgemäß nicht sehr genau, da der Wert 26 nur einen Durchschnittswert darstellt[43]. Bei Kombination der Dulong-Petitschen Regel mit der Bestimmung der relativen Äquivalentmassen (s. dort) ergeben sich aber genaueste relative Werte für die Atommassen.

Regel von Neumann und Kopp. Der Regel von Dulong und Petit schließt sich die Regel von Franz Neumann (1831) und Hermann Kopp (1864) an, wonach sich die molare Wärmekapazität fester Verbindungen additiv aus den molaren Atomwärmekapazitäten der enthaltenen Elemente zusammensetzt. Dividiert man dementsprechend die molare Wärmekapazität fester Verbindungen durch die Zahl ihrer Atome je Molekül, so ergibt sich im Mittel wieder die Zahl 26. So besitzt z.B. das Kupfersulfid CuS die molare Wärmekapazität von 49.66, entsprechend einer mittleren Atomwärmekapazität von 49.66 : 2 = 24.83, das Kupfersulfid Cu_2S die molare Wärmekapazität 78.46, entsprechend einer mittleren Atomwärmekapazität von 78.46 : 3 = 26.15 $J\,mol^{-1}\,K^{-1}$. Allerdings kennt man auch viele Ausnahmen von der „*Neumann-Koppschen Regel*".

2.3 Absolute Atom- und Molekülmassen

Da 1 mol eines chemischen Stoffs definitionsgemäß die gleiche Zahl kleinster Teilchen (Atome, Moleküle) enthält, lassen sich absolute Atom- bzw. Molekülmassen (atomare bzw. molekulare Massen) m_A bzw. m_M in einfacher Weise dadurch errechnen, daß man die molaren Massen M der betreffenden Stoffe durch die „*molare Teilchenzahl*" N_A dividiert:

$$m_{A(M)} = \frac{M}{N_A}. \qquad (12)$$

Die Bestimmung der molaren Teilchenzahl N_A, die nach dem italienischen Physiker Amedeo Avogadro auch **„Avogadrosche Konstante"** genannt wird[44], ist in verschiedenster Weise möglich. So kann man sie z.B. ableiten: 1. aus der kinetischen Gastheorie, 2. aus der Brownschen Molekularbewegung, 3. aus der Oberflächenspannung verdünnter Lösungen, 4. aus den Gesetzen der schwarzen Strahlung, 5. aus der elektrischen Ladung von Öltröpfchen (s. dort), 6. aus der Streuung bzw. Schwächung des Himmelslichts in der Atmosphäre, 7. aus der Größe des Elementarwürfels von Kristallen, 8. aus radioaktiven Prozessen (s. dort), 9. aus der Feinstruktur von Spektrallinien u.a.m.. So verschiedenartig aber alle diese physikalischen Methoden, auf die wir hier nicht näher eingehen wollen (vgl. Lehrbücher der physikalischen Chemie), auch sein mögen, sie führen doch alle zu dem gleichen Wert 6×10^{23} für die Zahl der Atome (Moleküle) je Mol eines Stoffs (genauester derzeitiger Wert: $N_A = 6.0220453 \times 10^{23}\,mol^{-1}$). Eine derartige Übereinstimmung der Untersuchungsergebnisse wäre undenkbar, wenn nicht den durch diese Methoden erfaßten Molekülen und Atomen eine objektive Realität zukäme. Der aus den Massen- und Volumenverhältnissen bei chemischen Reaktionen von Dalton und Avogadro indirekt erschlos-

---

[43] Aus den spezifischen Wärmekapazitäten von Silber (0.234), Gold (0.131) und Blei (0.128) folgen z.B. die molaren Atommassen 111,199 und 203 g/mol, deren Zahlenwerte gut mit den experimentell bestimmten relativen Atommassen 107.870 (Ag), 196.967 (Au) und 207.19 (Pb) übereinstimmen.

[44] Die molare Teilchenzahl wurde früher auch nach dem österreichischen Physiker Joseph Loschmidt (1821–1895) „*Loschmidtsche Konstante*" N_L genannt. Man bezieht heute die Loschmidtsche Konstante N_L auf 1 cm^3, die Avogadrosche Konstante N_A auf 22,4138 dm^3 (≙ 1 mol) gasförmiger Substanz: $N_A = 22413.8 \times N_L$. Der Zahlenwert beider Konstanten ist auch als Loschmidtsche Zahl Z_L bzw. Avogadrosche Zahl Z_A bekannt.

sene Begriff des Atoms und Moleküls stellt daher heute keine unsichere Hypothese mehr dar, sondern ist als festbegründete Erfahrungstatsache anzusehen.

Wie aus dem Wert der Avogadroschen Konstante hervorgeht, sind die Atome und Moleküle unvorstellbar winzige Teilchen. Denn 602204530000000000000000 Wasserstoffatome wiegen danach zusammen erst 1.008 g, so daß ein einzelnes Wasserstoffatom eine Masse von nur $1.008/(6.022 \times 10^{23}) = 1.674 \times 10^{-24}$ g besitzt; in gleicher Weise errechnet sich, daß 1 Sauerstoffatom $15.999/(6.022 \times 10^{23}) = 26.568 \times 10^{-24}$ g, 1 Wassermolekül also $(2 \times 1.674 + 26.568) \times 10^{-24} = 29.916 \times 10^{-24}$ g wiegt. Da man demgemäß äußerst kleine Atom- und Molekülmassen in Gramm erhält, drückt man diese lieber in **„atomaren Masseneinheiten" u** aus, worunter man den *zwölften Teil der Masse des Kohlenstoffisotops ^{12}C versteht*. Da definitionsgemäß der zwölfte Teil eines Mols des Kohlenstoffisotops ^{12}C ($= N_A/12$ Atome) eine Masse von 1 g besitzt, sind die absoluten Atom- und Molekülmassen (in u) numerisch gleich den molaren Massen der Atome und Moleküle (in g), und es folgt mit $1\,u = \frac{1}{12} M(^{12}C)/N_A$ (vgl. (12)): $1\,u = 1.660566 \times 10^{-24}$ g ($1\,g = 6.022045 \times 10^{23}$ u). Somit haben also die absoluten Atom- bzw. Molekülmassen (in u), die relativen Atom- bzw. Molekülmassen sowie die molaren Massen von Atomen und Molekülen (in g/mol) chemischer Stoffe den gleichen Zahlenwert (vgl. Tab. 3).

Tab. 3 Absolute, relative und molare Atom- bzw. Molekülmassen

Stoff X	**absolute Masse** $m_A(X)$, $m_M(X)$	**relative Masse** $A_r(X)$, $M_r(X)$	**molare Masse** $M(X)$
H	1.008 u	1.008	1.008 g/mol
Cl	35.453 u	35.453	35.453 g/mol
H_2O	18.015 u	18.015	18.015 g/mol
NH_3	17.031 u	17.031	17.031 g/mol
SiO_2	60.084 u	60.084	60.084 g/mol
NaCl	58.443 u	58.443	58.443 g/mol

Der Durchmesser der Atome und Moleküle liegt in der Größenordnung von 10^{-10} m = 1 „*Ångström*" (Å). Von der Kleinheit derartiger Masseteilchen kann man sich an Hand folgender zwei Zahlenbeispiele einen anschaulichen Begriff machen: 1. Würde man 1 cm^3 ≙ 0.8 g Alkohol ($M = 46$ g/mol) ins Meer gießen und sich über sämtliche Weltmeere (1370 Millionen Kubikkilometer) verteilen lassen, so enthielte jeder Liter Meerwasser – gleichgültig ob er im Atlantischen oder Indischen oder Stillen Ozean, im Nördlichen oder Südlichen Eismeer, an der Oberfläche oder in 1000 m Tiefe entnommen würde – noch 8 Moleküle Alkohol! 2. Die in einem Stecknadelkopf (1 mm^3) enthaltene ungeheure Zahl von rund 10^{20} (100 Trillionen) Eisen-Atomen[45)] ergäbe, zu einer Perlenkette aneinandergereiht, eine Strecke von 2×10^7 km, entsprechend der mehr als 50fachen Entfernung zwischen Erde und Mond[46)], wobei auf jedes einzelne Millimeter dieser riesigen Strecke allein schon 5 Millionen Atome entfielen!

Es ist eine erstaunliche Leistung der Naturforscher, daß sie die Massen und Durchmesser solch winziger Teilchen mit so großer Genauigkeit anzugeben in der Lage sind, ja, daß es ihnen – wie wir später sehen werden – darüber hinaus gelungen ist, festzustellen, daß die Atome ihrerseits aus einem billionenmal kleineren Atomkern und einer Atomhülle bestehen, die beide immer noch nicht die kleinsten Bestandteile der Materie darstellen, sondern in noch winzigere Teilchen („*Elektronen*", „*Protonen*" und „*Neutronen*") zerlegt werden können.

Ehe wir uns nun mit dem detaillierteren Aufbau der Stoffe befassen, wenden wir uns kurz ihrer Umwandlung zu. Hierbei bietet sich uns zugleich die Gelegenheit, einige einfache

---

[45] Der Durchmesser des Eisenatoms beträgt etwa 2 Å.

[46] Der mittlere Abstand des Mondes von der Erde beträgt 384400 km = 60.27 Erdradien.

chemische Reaktionen der gasförmigen Elemente Wasserstoff und Sauerstoff, die uns ja bereits früher als Bestandteile der Luft (S. 12) und des Wassers (S. 21) begegnet sind, kennenzulernen (Stickstoff – ein weiterer Hauptbestandteil der Luft (S. 12) – stellt ein sehr reaktionsträges („inertes") Gas dar).

3 Die chemische Reaktion, Teil I[47)]

3.1 Der Materie-Umsatz bei chemischen Reaktionen

3.1.1 Chemische Reaktionsgleichungen

Jede chemische Reaktion wie z. B. die an anderer Stelle (S. 26) bereits besprochene Bildung von Chlorwasserstoff, Wasser, Ammoniak bzw. Methan durch Einwirkung von Wasserstoff auf Chlor, Sauerstoff, Stickstoff bzw. Kohlenstoff ist mit einem **Materie-Umsatz** verbunden. Man bringt diesen zweckmäßig durch „*chemische Gleichungen*" („*Reaktionsgleichungen*") zum Ausdruck, z. B.:

$$H_2 + Cl_2 \rightarrow 2HCl \quad (1)$$
$$2H_2 + O_2 \rightarrow 2H_2O \quad (2)$$
$$3H_2 + N_2 \rightarrow 2NH_3 \quad (3)$$
$$2H_2 + C \rightarrow CH_4. \quad (4)$$

Wie aus (1)–(4) hervorgeht, pflegt man bei der Aufstellung von Reaktionsgleichungen die Molekülformeln der Ausgangsstoffe („**Edukte**") auf die linke, die der Endstoffe („**Produkte**") auf die rechte Seite zu schreiben. Edukte und Produkte (jeweils durch Pluszeichen verknüpft) werden durch einen „**Reaktionspfeil**" miteinander verbunden. Die Anzahl der sich umsetzenden Moleküle eines Reaktionsteilnehmers („**Reaktanden**") symbolisiert man durch eine Zahl („**stöchiometrischer Koeffizient**") vor der betreffenden Molekülformel. Zahl und Art der Atome muß entsprechend dem Gesetz von der Erhaltung der Masse (s. dort) auf beiden Seiten der Reaktionsgleichung dieselbe sein.

Bei nicht gasförmigen Stoffen verzichtet man bei der Aufstellung chemischer Gleichungen vielfach darauf, die wahre Molekülgröße dieser Stoffe einzusetzen und begnügt sich damit, die einfachste Bruttoformel des betreffenden Stoffs anzugeben. So schreibt man z. B. für die Vereinigung von festem Schwefel mit Sauerstoff zu Schwefeldioxid häufig die vereinfachte Gleichung $S + O_2 = SO_2$, obwohl man weiß, daß der feste Schwefel die Molekülformel S_8 besitzt und die Gleichung daher richtiger $S_8 + 8O_2 = 8SO_2$ lauten müßte (vgl. hierzu auch Gl. (4)).

Die „*chemischen Gleichungen*" (s. oben) bringen in kürzester Form sowohl qualitativ wie quantitativ alle jene experimentellen Beobachtungen und Grundgesetze zum Ausdruck, die zu ihrer Aufstellung führten. Die Gleichung (1) besagt also z. B. nicht nur qualitativ, daß Wasserstoff und Chlor unter Chlorwasserstoffbildung miteinander reagieren und daß die Moleküle des Wasserstoffs und Chlors aus je zwei gleichen Atomen, die des Chlorwasserstoffs aus je einem Wasserstoff- und Chloratom bestehen, sondern auch quantitativ, daß 1 mol ≙ 2.016 g ≙ 22.414 l (0 °C; 1.013 bar) Wasserstoff und 1 mol ≙ 70.906 g ≙ 22.414 l (0 °C; 1.013 bar) Chlor 2 mol ≙ 72.922 g ≙ 44.828 l (0 °C; 1.013 bar) Chlorwasserstoff ergeben. Sie bringt also zugleich eine Stoffmengen-, eine Massen- sowie eine Volumenbeziehung zum Ausdruck.

Dementsprechend ermöglichen derartige Reaktionsgleichungen in einfacher Weise die Berechnung der Massen und Gasvolumina, welche bei chemischen Reaktionen verbraucht oder gebildet werden. Einige Beispiele mögen den Gang derartiger **„stöchiometrischer Berechnungen"** erläutern:

---

[47] Teil II: S. 179; Teil III: S. 366; Teil IV: S. 1275.

1. Es sei danach gefragt, wieviel g Wasser durch Umsetzung von 3 g Wasserstoff mit Sauerstoff maximal gewonnen werden können. Da die molare Atommasse des Wasserstoffs gleich 1 g/mol und die des Sauerstoffs gleich 16 g/mol ist, lassen sich entsprechend der Gleichung (2) aus 4 g Wasserstoff 36 g Wasser, aus 3 g Wasserstoff demnach $(36 \times 3)/4 = 27$ g Wasser darstellen.

2. Wieviel Liter Stickstoff von 0 °C und 1.013 bar können sich maximal mit 1.5 g Wasserstoff zu Ammoniak umsetzen? Nach der Gleichung (3) reagieren 6 g ($\triangleq$ 3 mol) Wasserstoff mit 1 mol $\triangleq$ 22.414 l (0 °C; 1.013 bar) Stickstoff. Mit 1.5 g Wasserstoff können sich demnach $(22.414 \times 1.5)/6 = 5.6$ l Stickstoff umsetzen.

3.1.2 Einteilung chemischer Reaktionen

Ähnlich wie die Materie in heterogene sowie homogene Stoffe unterteilt wird, unterscheidet man auch im Falle chemischer Umsetzungen *„heterogene"* sowie *„homogene Reaktionen"*, je nachdem ob die Reaktionsedukte und -produkte miteinander ein heterogenes oder homogenes System bilden. So verlaufen etwa die Reaktionen (1)–(3) in homogener (Gas-)Phase, während die Umsetzung (4) eine heterogene Reaktion von gasförmigem Wasserstoff mit festem Kohlenstoff zu gasförmigem Methan darstellt.

Häufig klassifiziert man eine chemische Reaktion zusätzlich nach der Natur oder der Reaktionsweise besonders charakteristischer Reaktionsteilnehmer. Besondere Bedeutung kommt hierbei den Oxidations- und Reduktionsreaktionen zu, auf die kurz eingegangen werden soll: Als **„Oxidation"** (vom Namen Oxygenium für Sauerstoff) bezeichnet man Reaktionen mit Sauerstoff[48]. Diese erfolgen – meist bei erhöhter Temperatur – mit vielen Stoffen unter Energieentwicklung (häufig Licht- und Wärmeabgabe). Auf der Umsetzung mit Sauerstoff beruht ja der Vorgang der Verbrennung von Stoffen an der Luft. So verbrennt etwa Kohle unter Licht- und Wärmeentwicklung zu Kohlendioxid, Schwefel mit schwach blauer, heißer Flamme zu Schwefeldioxid, Phosphor unter Ausstrahlung von weißem Licht und Wärme zu Phosphorpentaoxid, Eisen unter Funkensprühen zu Eisenoxid oder Magnesium unter blendender Lichterscheinung bei gleichzeitiger Wärmeabgabe zu Magnesiumoxid.

$$C + O_2 \rightarrow CO_2 \quad (5)$$
$$S + O_2 \rightarrow SO_2 \quad (6)$$
$$4P + 5O_2 \rightarrow 2P_2O_5 \quad (7)$$
$$4Fe + 3O_2 \rightarrow 2Fe_2O_3 \quad (8)$$
$$2Mg + O_2 \rightarrow 2MgO. \quad (9)$$

Viel lebhafter als in Luft sind die Verbrennungen in reinem, gasförmigem Sauerstoff. Zum Beispiel beginnt ein glimmender Holzspan in einem mit Sauerstoff gefüllten Gefäß sogleich mit heller Flamme und ungewöhnlicher Lebhaftigkeit zu brennen, was man zur Erkennung von Sauerstoff (*„Reaktion auf Sauerstoff"*) benutzt. In gleicher Weise verbrennt der an Luft nur mit schwacher blauer Flamme brennende Schwefel in Sauerstoff mit intensivem Licht. Noch energischer als in gasförmigem Sauerstoff verlaufen schließlich Verbrennungsprozesse, wenn man den Sauerstoff in konzentrierter Form (z.B. als flüssigen Sauerstoff; vgl. flüssige Luft) einsetzt.

Nicht immer wurde die Verbrennungserscheinung richtig als die Vereinigung von Stoffen mit Sauerstoff gedeutet. So stellte z.B. der deutsche Arzt und Chemiker Georg Ernst Stahl (1660–1734) im Jahre 1697 die Theorie auf, daß beim Verbrennen eines Stoffs ein gasförmiges Etwas entweiche, das er *„Phlogiston"*[49] nannte. Nach dieser Theorie (**„Phlogistontheorie"**[49]), die fast ein Jahrhundert lang das Denken

---

[48] Sauerstoff bildet mit allen Elementen außer He, Ne, Ar und Kr auf direktem oder indirektem Wege Sauerstoffverbindungen.

[49] Von phlogistos (griech.) = verbrannt. **Literatur:** D. McKie: *„Die Phlogistontheorie"*, Endeavour **18** (1959) 144–147.

der Chemiker beherrschte, nahm man an, daß ein Stoff um so leichter und heftiger verbrenne, je mehr Phlogiston er enthalte. Schwefel, Phosphor, Kohlenstoff, Wasserstoff galten danach als sehr phlogistonreiche Stoffe. Auch als Lavoisier im Jahre 1777 zeigte, daß der von Carl Wilhelm Scheele (1742–1786) und Joseph Priestley (1733–1804), unabhängig voneinander, im Jahre 1774 als Luftbestandteil erkannte Sauerstoff (vgl. S. 12) für die Verbrennung notwendig ist und daß bei der Verbrennung eine Gewichtszunahme und nicht eine Gewichtsabnahme zu beobachten ist, gab man die Phlogistontheorie noch nicht auf, sondern suchte sie durch Zusatzhypothesen zu retten. So betrachtete man den Sauerstoff als „*dephlogistierte*", d.h. von Phlogiston befreite Luft, welche ein großes Bestreben habe, anderen Stoffen ihr Phlogiston zu entziehen, und schrieb dem Phlogiston ein „negatives Gewicht" zu.

Heutzutage mag man vielleicht die Hartnäckigkeit nicht ganz begreifen, mit der man ein Jahrhundert lang die Phlogistonhypothese aufrechtzuerhalten suchte. Man muß aber bedenken, daß diese Hypothese einen wahren Kern enthielt. Das, was die Phlogistiker als entweichendes Phlogiston ansahen, ist in der heutigen Ausdrucksweise die freiwerdende Energie (s. unten). Dadurch, daß die Phlogistontheorie bei den Verbrennungserscheinungen nicht klar zwischen den energetischen und den stofflichen Umsetzungen unterschied und auch das Phlogiston als einen Stoff betrachtete, verstrickte sie sich bald in unlösbare Widersprüche, was zwangsläufig zur Klärung des Problems führte.

Die in den Gleichungen (5)–(9) zum Ausdruck gebrachte Oxidation der Elemente läßt sich dadurch wieder rückgängig machen, daß man die gebildeten Elementoxide – bei erhöhter Temperatur – mit Wasserstoff, welcher den gebundenen Sauerstoff unter Bildung von Wasser entziehen kann, umsetzt, z.B.: $Fe_2O_3 + 3H_2 \rightarrow 2Fe + 3H_2O$. Man nennt diesen Entzug von Sauerstoff unter Bildung sauerstoffärmerer oder sauerstofffreier Stoffe, der die Oxidation rückgängig macht **„Reduktion"** (von reducere (lat.) = zurückführen). Im Laboratorium und in der Technik macht man von dieser „*reduzierenden*" Wirkung des Wasserstoffs – ähnlich wie von der „*oxidierenden*" Wirkung des Sauerstoffs – vielfach Gebrauch.

In der gleichen Weise wie Sauerstoffverbindungen ihren Sauerstoff an Wasserstoff abgeben können, vermögen auch Wasserstoffverbindungen ihren Wasserstoff auf Sauerstoff zu übertragen, z.B. $2NH_3 + \frac{3}{2}O_2 \rightarrow N_2 + 3H_2O$. In Erweiterung des ursprünglichen Oxidationsbegriffs (s. oben) spricht man auch in diesen Fällen von einer Oxidation und definiert ganz allgemein eine Oxidation als die *Zufuhr von Sauerstoff* (vgl. Gl. (5)–(9)) oder den *Entzug von Wasserstoff*. Ganz entsprechend versteht man in Erweiterung des ursprünglichen Reduktionsbegriffs (s. oben) unter einer Reduktion den *Entzug von Sauerstoff* oder die *Zufuhr von Wasserstoff* (vgl. Gl. (1)–(4))[50, 51]. (Bezüglich einer noch allgemeineren Definition des Oxidations- und Reduktionsbegriffs vgl. S. 212.)

Zur Oxidation und zur Reduktion benötigt man allerdings nicht notwendigerweise elementaren Sauerstoff bzw. Wasserstoff. Man kann ebensogut andere Stoffe zum Entzug bzw. zur Zufuhr von Sauerstoff oder Wasserstoff verwenden, z.B.

$$2NH_3 + 3Cl_2 \rightarrow N_2 + 6HCl \tag{10}$$
$$Fe_2O_3 + 3Mg \rightarrow 2Fe + 3MgO. \tag{11}$$

Dementsprechend versteht man unter einem **„Oxidationsmittel"** allgemein ein *sauerstoffzuführendes* oder *wasserstoffentziehendes Mittel* und unter einem **„Reduktionsmittel"** ein *sauerstoffentziehendes* oder *wasserstoffzuführendes Mittel.*

Wie aus den Gleichungen (10) und (11) darüber hinaus zu ersehen ist, ist bei einem chemischen Vorgang jede Oxidation zwangsläufig mit einer Reduktion verbunden und umgekehrt (vgl. hierzu S. 212). So wird im Falle von (10) Ammoniak oxidiert (Wasserstoffentzug) und Chlor gleichzeitig reduziert (Wasserstoffzufuhr); Ammoniak wirkt dabei als Reduktions-, Chlor als Oxidationsmittel. In analoger Weise erfolgt im Falle von (11) eine Oxidation von Magnesium (Sauerstoffzufuhr) und zugleich eine Reduktion von Eisenoxid (Sauerstoffentzug); Magnesium stellt das Reduktions-, Eisenoxid das Oxidationsmittel dar.

---

[50] Die Zufuhr von Wasserstoff wird auch als „**Hydrierung**" bezeichnet.

[51] Wasserstoff bildet mit allen Elementen außer den Edelgasen und einigen Metallen der Nebengruppen auf direktem oder indirektem Wege Wasserstoffverbindungen.

Neben den Oxidations- und Reduktionsreaktionen, die uns noch vielfach beschäftigen werden, nehmen unter den chemischen Umsetzungen die **„Säure-“** und **„Base-Reaktionen“** einen wichtigen Platz ein. Über sie soll in einem späteren Kapitel (vgl. S. 66) die Rede sein. Bezüglich *„doppelter Umsetzungen“* vgl. Anm.[7a], S. 69.

3.2 Der Energie-Umsatz bei chemischen Reaktionen

3.2.1 Gesamtumsatz an Energie

Die Vereinigung von Waserstoff und Sauerstoff zu Wasser ist mit einer starken Wärmeentwicklung verknüpft:

$$2\,H_2 + O_2 \rightarrow 2\,H_2O + \text{Energie.}$$

Umgekehrt erfordert die Spaltung von Wasser in die Elemente eine Zufuhr von Energie:

$$\text{Energie} + 2\,H_2O \rightarrow 2\,H_2 + O_2.$$

Es handelt sich hier um eine ganz allgemeine Erscheinung: chemische Reaktionen sind nicht nur mit einem *Materie-Umsatz*, sondern auch mit einem **Energie-Umsatz** verknüpft. Jeder chemische Stoff hat unter gegebenen Bedingungen einen bestimmten Energieinhalt. Ist bei einer chemischen Reaktion der Energieinhalt der Ausgangsstoffe (H') größer als der der Reaktionsprodukte (H''), also $H' > H''$, so wird bei der Umsetzung die Energiedifferenz $H' - H'' = \Delta H$ – meist in Form von Wärme – abgegeben; wir sprechen dann von einer **exothermen** Reaktion. Ist umgekehrt das Endsystem energiereicher als das Ausgangssystem, also $H'' > H'$, so wird bei der Umsetzung die Energie (Wärme) $H'' - H' = \Delta H$ von außen her aufgenommen: wir haben eine **endotherme** Reaktion vor uns. Beispiele für exotherme Reaktionen haben wir in den Verbrennungsreaktionen (5)–(9) kennengelernt. Die Energie wurde dabei in Form von Licht und Wärme frei.

Man pflegt den bei chemischen Reaktionen stattfindenden Energieumsatz[52)] auf einen der Reaktionsgleichung entsprechenden Molumsatz an Materie sowie auf 25 °C und 1.013 bar zu beziehen und in Kilojoule (früher Kilokalorien; 1 kcal = 4.1868 kJ) auszudrücken, da sich alle Reaktionen so leiten lassen, daß der damit verknüpfte Energieeffekt ganz in Form von Wärme (**„Reaktionsenthalpie“** ΔH[53)]) auftritt.

Die Gleichung

$$H_2 + \tfrac{1}{2}O_2 \rightarrow H_2O + 286.02\,\text{kJ} \tag{12}$$

besagt gemäß Vorstehendem, daß bei der Umsetzung von 1 mol ≙ 2.0159 g Wasserstoff und 0.5 mol ≙ 15.9994 g Sauerstoff unter Bildung von 1 mol ≙ 18.0153 g Wasser bei 25 °C und 1.013 bar eine Wärmemenge von 286.02 kJ frei wird (*„Bildungsenthalpie“* des Wassers) und daß umgekehrt zur Zerlegung von 18.0153 g Wasser in seine elementaren Bestandteile eine Energiemenge von 286.02 kJ aufgewendet werden muß (*„Spaltungsenthalpie“* des Wassers).

Man betrachtet übereinkunftsgemäß den aus der Differenz der Energieinhalte H' (Ausgangssystem I) und H'' (Endsystem II) hervorgehenden Energieumsatz ΔH einer chemischen Reaktion stets von der Seite des Ausgangssystems her und versieht ihn dementsprechend bei exothermen Reaktionen (Energie-

---

52 Der Energieumsatz ΔH ist gemäß der Einsteinschen Gleichung $E = m \cdot c^2$ dem verschwindend geringen Massenverlust bzw. -gewinn m bei chemischen Umsetzungen, also der Abweichung vom Gesetz von der Erhaltung der Masse (s. dort) äquivalent.

53 Da die Reaktionswärme bei konstantem Druck (ΔH), die der Chemiker durchweg mißt, von der Reaktionswärme bei konstantem Volumen (ΔU) verschieden ist, bezeichnet man erstere zur Unterscheidung von letzterer (*„Reaktionsenergie“*) als *„Reaktionsenthalpie“*: thalpos (griech.) = Wärme; en (griech.) = darin. – In die thermochemischen Gleichungen darf streng genommen nur ΔU mit einbezogen werden. Bei Reaktionen ohne Volumenänderung sind ΔU und ΔH identisch, bei solchen mit Volumenänderung unterscheiden sich ΔU und ΔH bei Raumtemperatur im allgemeinen nur wenig.

verlust des Ausgangssystems) mit einem negativen, bei endothermen Reaktionen (Energiegewinn des Ausgangssystems) mit einem positiven Vorzeichen, definiert also einheitlich ΔH als $H'' - H'$. Gemäß dieser Feststellung hat die Bildungsenthalpie ΔH des Wassers den Wert -286.02 kJ/mol, die Spaltungsenthalpie ΔH den Wert $+286.02$ kJ/mol, entsprechend den „*thermochemischen Reaktionsgleichungen*"[53]:

$$H_2 + 1/2\,O_2 \rightarrow H_2O \quad \Delta H = -286.02\ \text{kJ/mol}$$
$$H_2O \rightarrow H_2 + 1/2\,O_2 \quad \Delta H = +286.02\ \text{kJ/mol}.$$

Das Vorzeichen der Reaktionsenthalpien ist nach dem vorstehend Gesagten identisch mit dem Vorzeichen, das diese erhalten, wenn man sie auf die linke Seite der Reaktionsgleichung schreibt:

$$H_2 + 1/2\,O_2 - 286.02\ \text{kJ} \rightarrow H_2O \tag{13a}$$
$$H_2O + 286.02\ \text{kJ} \rightarrow H_2 + 1/2\,O_2. \tag{13b}$$

Wie ersichtlich, sind diese Gleichungen (13a) und (13b) untereinander und mit Gleichung (12) identisch, da man bei thermochemischen Gleichungen wie bei mathematischen Gleichungen Zahlenwerte unter Vorzeichenwechsel auf die andere Seite der Gleichung setzen kann.

Bei der Angabe einer thermochemischen Gleichung wie der Gleichung (12) müssen Anfangs- und Endzustand des chemischen Systems genau definiert sein, da der Enthalpiegehalt H der Stoffe von ihrem Zustand abhängt. So bezieht sich die Gleichung (12) auf 25 °C und 1.013 bar („**Standardzustand**", vgl. Normalbedingungen), gasförmigen Wasserstoff, gasförmigen Sauerstoff und flüssiges Wasser. Leitet man z. B. die Reaktion so, daß nicht flüssiges sondern gasförmiges Wasser entsteht, so geht von dem obigen Enthalpiebetrag die Enthalpie ab, die erforderlich ist, um 1 mol Wasser bei 25 °C und 1.013 bar Druck zu verdampfen. Sie beträgt 44.04 kJ/mol, so daß bei der Bildung von 1 mol Wasserdampf aus gasförmigem Wasserstoff und gasförmigem Sauerstoff bei 25 °C und 1.013 bar nur $286.02 - 44.04 = 241.98$ kJ/mol frei werden.

Die im Vorstehenden zum Ausdruck kommende Erfahrungstatsache, daß die umgesetzte Reaktionsenthalpie nur vom Anfangs- und Endzustand des chemischen Systems, nicht aber davon abhängt, ob die Reaktion direkt (Wasserstoffgas + Sauerstoffgas → Wasserdampf) oder in Stufen (Wasserstoffgas + Sauerstoffgas → flüssiges Wasser; flüssiges Wasser → Wasserdampf) vorgenommen wird, gilt für alle chemischen Reaktionen und wurde von dem Petersburger Chemieprofessor Hermann Hess (1802–1850) im Jahre 1840 zu folgendem Gesetz („**Hessscher Satz**") verallgemeinert: *Die beim Übergang eines chemischen Systems von einem bestimmten Anfangs- in einen bestimmten Endzustand abgegebene oder aufgenommene Enthalpie ist unabhängig vom Wege der Umsetzung*. Führt man hiernach ein chemisches System (Fig. 26) einmal auf dem Wege I, das andere Mal auf dem Wege II von einem gegebenen Anfangszustand A in einen gegebenen Endzustand B über, so sind die auf beiden Wegen insgesamt entwickelten bzw. verbrauchten Enthalpien $\Delta H'$ und $\Delta H''$ einander gleich:

$$\Delta H' = \Delta H''. \tag{14}$$

Der Hesssche Satz stellt seinerseits einen Spezialfall des 2 Jahre später (1842) von dem deutschen Arzt Julius Robert Mayer (1814–1878) erkannten, von J. P. Joule (1843) durch Versuche gestützten und von H. v. Helmholtz (1847) allgemein aufgestellten **1. Hauptsatzes der Thermodynamik** oder **Satzes von der Erhaltung der Energie** dar, welcher ganz allgemein zum Ausdruck bringt, daß bei irgendeinem – also nicht nur bei einem chemischen – Vorgang abgegebene oder aufgenommene Energie nur vom Anfangs- und Endzustand des Systems, nicht aber vom Wege des Vorgangs abhängig ist. Träfe dieser 1. Hauptsatz nicht zu, so könnte man (vgl. Fig. 26) einen Vorgang sich auf dem Wege I unter Entwicklung der Energie ΔH_I abspielen lassen, um ihn dann auf dem Wege II unter Aufwendung der kleineren

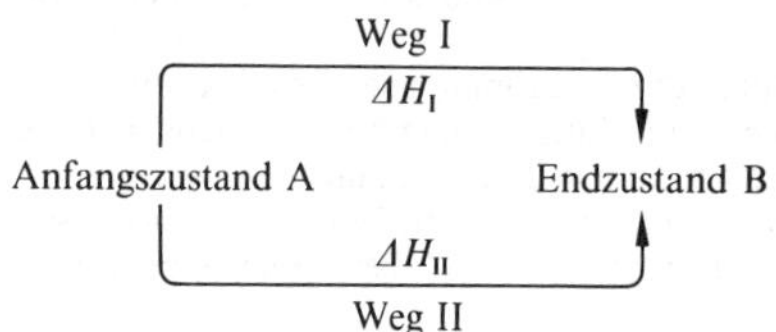

Fig. 26 Enthalpieänderung und Reaktionsweg.

Energie ΔH_{II} wieder rückgängig zu machen. Gewonnen wäre dabei der Energiebetrag $\Delta H_I - \Delta H_{II} = \Delta H$, während sich das zur Arbeitsleistung verwendete System wieder im Anfangszustand befände und daher zu erneuter Arbeitsleistung verwendbar wäre. Die Erfahrung zeigt, daß ein derartiges „*Perpetuum mobile 1. Art*", das fortgesetzt Energie aus Nichts erschafft, nicht konstruierbar ist.

Der Hesssche Satz wird häufig dazu benutzt, Reaktionsenthalpien ΔH, die direkt nicht oder nur sehr schwierig meßbar sind, indirekt zu bestimmen. So kann man z. B. die bei der Verbrennung von Kohlenstoff zu Kohlenoxid ($C + \frac{1}{2}O_2 \rightarrow CO$) freiwerdende Wärme $\Delta H_{C \rightarrow CO}$ unterhalb 1000 °C nicht unmittelbar ermitteln, weil hier bei der Oxidation von Kohlenstoff stets ein Gemisch von Kohlenoxid und Kohlendioxid entsteht. Dagegen ist sowohl die quantitative Verbrennung von Kohlenstoff mit überschüssigem Sauerstoff zu Kohlendioxid ($C + O_2 \rightarrow CO_2 + 393.77$ kJ) wie die quantitative Verbrennung von – auf anderem Wege rein dargestelltem – Kohlenoxid zu Kohlendioxid ($CO + {}^1/_2 O_2 \rightarrow CO_2 + 283.17$ kJ) experimentell leicht realisierbar. Gemäß dem aus dem Hessschen Satz folgenden Schema:

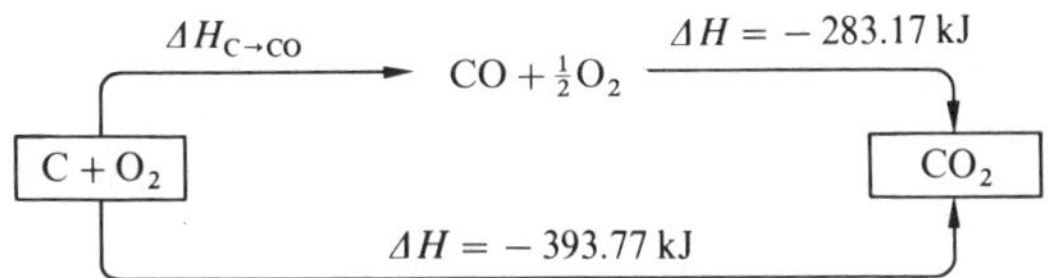

gilt dann, daß $\Delta H_{C \rightarrow CO} + (-283.17 \text{ kJ}) = -393.77$ kJ ist, woraus sich $\Delta H_{C \rightarrow CO}$ zu -110.60 kJ ergibt. Die angegebenen Reaktionswärmen („*Verbrennungsenthalpien*") gelten dabei für Graphitkohlenstoff, 25 °C und 1 atm = 1.013 bar.

Der Hesssche Satz ermöglicht auch eine drastische Reduzierung der Tabellenwerke der Reaktionsenthalpien[54]. Wie nämlich eine einfache Überlegung zeigt, genügt es, die – direkt oder indirekt bestimmten – molaren Enthalpien der Verbindungsbildung aus den Elementen („*Bildungsenthalpien*" ΔH_f[55]) zu tabellieren, da sich aus diesen Größen ohne weiteres die Reaktionsenthalpien aller Umsetzungen ableiten lassen, an welchen diese katalogisierten Stoffe beteiligt sind. Denn jede chemische Reaktion kann im Gedankenexperiment in die beiden Stufen einer Spaltung der Edukte in die Elemente und einer Bildung der Produkte aus den Elementen zerlegt werden, so daß sich die gesuchte Reaktionsenthalpie gemäß dem Hessschen Satz als die Differenz der Summen von Bildungsenthalpien der End- und Ausgangsstoffe ergibt[56]:

$$\Delta H = \Sigma n \Delta H_f^{\text{Produkte}} - \Sigma n \Delta H_f^{\text{Edukte}}. \qquad (15)^{56)}$$

Man pflegt die Bildungsenthalpien – und dementsprechend die daraus hervorgehenden Reaktionsenthalpien – auf 25 °C, 1.013 bar und die unter diesen Bedingungen stabilen Zustandsformen der beteiligten Stoffe zu beziehen. Sie liegen im Falle binärer, bei Raumtemperatur isolierbarer Verbindungen A_mB_n (A, B = Atome verschiedener Elemente) im Berreich $\Delta H_f = -2200$ bis ca. $+700$ kJ/mol (z. B. UF_6 -2165, Al_2O_3 -1677, CO_2 -394, H_2O -286, NH_3 -46, NCl_3 $+230$, HN_3 $+294$, $Cu(N_3)_2$ $+599$ kJ/mol).

3.2.2 Umsatz an freier und gebundener Energie

Früher glaubte man, daß die Größe der Reaktionswärme (Reaktionsenthalpie) einer Reaktion ein Maß für ihre chemische Triebkraft (**„Affinität"**) sei („*Thomsen-Berthelotsches Prinzip*") und daß dementsprechend nur exotherme Reaktionen freiwillig ablaufen könnten. Diese Annahme hat sich als irrig erwiesen. Wie wir heute wissen, setzt sich die Reaktionswärme $W_{\text{gesamt}} = \Delta H$ aus zwei Gliedern, der „*freien*" sowie „*gebundenen*" Wärme W_{frei} und W_{gebunden} zusammen ($W_{\text{gesamt}} = W_{\text{frei}} + W_{\text{gebunden}}$), von denen lediglich der auch als Arbeitsleistung

---

54 **Literatur.** Vgl. hierzu: „*Selected Values of Chemical Thermodynamic Properties*", herausgegeben vom „National Bureau of Standards", Washington, ACS.

55 Index f von formation (engl.) = Bildung.

56 *n* bezeichnet in (15), (16) und (17) die Molzahl, mit der sich der betreffende Reaktionsteilnehmer an der Formelgleichung der betrachteten Reaktion beteiligt.

gewinnbare Anteil W_{frei} („*maximale Arbeit*" einer Reaktion; **„freie Reaktionsenthalpie"** ΔG[57]) den Reaktionsablauf bestimmt (J. H. van't Hoff, 1883), indem nur solche Umsetzungen freiwillig abzulaufen vermögen, bei denen freie Enthalpie ΔG abgegeben wird, also Arbeit gewonnen werden kann (*negatives* Vorzeichen der freien Reaktionsenthalpie = **exergonische** Reaktionen), während Reaktionen, bei denen freie Enthalpie aufgenommen werden muß, nur durch Energiezufuhr erzwungen werden können (*positives* Vorzeichen der freien Reaktionsenthalpie = **endergonische** Reaktionen)[58]. Der in seiner Energieform gebundene, nur in Form von Wärme umsetzbare Anteil $W_{gebunden}$ ist mit diesem Reaktionsablauf zwangsläufig gekoppelt. Vorzeichen und Größe des Umsatzes $W_{gebunden}$ bedingen dabei das Vorzeichen der Gesamtenergie W_{gesamt} des freiwillig verlaufenden Vorgangs und damit dessen exothermen oder endothermen Charakter[59].

Auch für die freie Enthalpie $W_{frei} = \Delta G$ (und damit auch für die gebundene Enthalpie $W_{gebunden}$) gilt ein dem 1. Hauptsatz entsprechender – auf den französischen Physiker Sadi Carnot (1796–1832) zurückgehender (1824) und von R. Clausius und W. Thomson weiter ausgebauter (1850) – Satz über die Unabhängigkeit dieser (maximal gewinnbaren) Enthalpie vom (isothermen) Reaktionsweg (**2. Hauptsatz der Thermodynamik** oder **Satz von der Erhaltung der freien Enthalpie**). Als Beispiel hierfür seien im nachfolgenden Schema (obere Zahl: $W_{frei} = \Delta G$, mittlere Zahl: $W_{gebunden}$, untere Zahl: $W_{gesamt} = \Delta H$) die Enthalpieumsätze (in kJ) bei der stufenweisen und bei der direkten Bildung von gasförmigem Wasser aus Wasserstoff- und Sauerstoffgas bei 25 °C und 1.013 bar wiedergegeben:

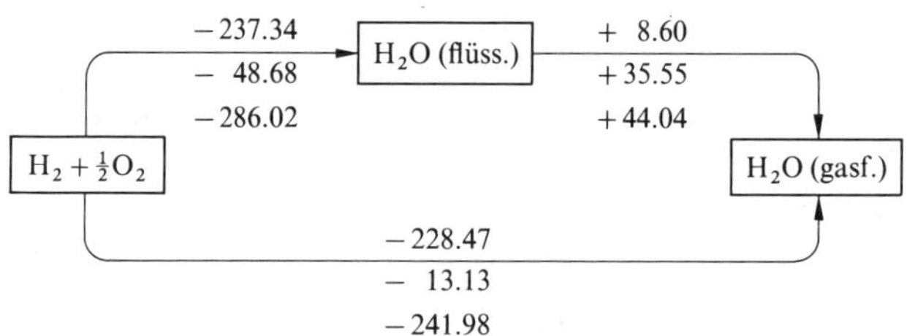

Leitet man also z. B. die Bildung von flüssigem Wasser aus Wasserstoff- und Sauerstoffgas in einem galvanischen Element („*Knallgaselement*") so, daß elektrische Energie dabei gewonnen wird (vgl. S. 215), so lassen sich je Mol gebildeten Wassers von den 286.02 kJ Bildungsenthalpie (W_{gesamt}) maximal 237.34 kJ (W_{frei}) in Form von elektrischer Energie gewinnen, während der Restbetrag von −48.68 kJ ($W_{gebunden}$) das galvanische Element erwärmt. Ein „*perpetuum mobile 2. Art*", das laufend Arbeit durch restlose Umwandlung von Wärme leistet, ist erfahrungsgemäß nicht konstruierbar.

Analog den Reaktionsenthalpien (s. oben) werden zweckmäßig auch die freien Reaktionsenthalpien in Form von „*freien Bildungsenthalpien*" ΔG_f[55] von Einzelstoffen tabelliert. Aus den für 25 °C und 1.013 bar gültigen ΔG_f-Werten lassen sich dann, auf einem der Gleichung (15) entsprechenden Wege die freien Reaktionsenthalpien aller Umsetzungen ableiten, an welchen die katalogisierten Stoffe beteiligt sind[56]:

$$\Delta G = \Sigma n \Delta G_f^{\text{Produkte}} - \Sigma n \Delta G_f^{\text{Edukte}} \qquad (16)^{56)}$$

Der Umsatz an gebundener Energie $W_{gebunden}$ geht auf den unterschiedlichen Entropieinhalt der an einer chemischen Reaktion beteiligten Stoffe zurück. Dabei kann die **„Entropie"**[60] $\boldsymbol{S}$ (Dimension Joule pro Kelvin und Mol) als Maß der molekularen Unordnung

---

57 Von der für konstanten Druck gültigen *freien Reaktionsenthalpie* („*Gibbs-Energie*") ΔG (= ausschließliche Nutzarbeit einer Reaktion) unterscheidet man die für konstantes Volumen gültige *freie Reaktionsenergie* („*Helmholtz-Energie*") ΔA = Nutz- + Volumenarbeit einer Reaktion: $\Delta A = \Delta G + p\Delta V$ bzw. (bei Gasreaktionen) $\Delta A = \Delta G + \Delta nRT$ ($p\Delta V = \Delta nRT$: die auf die Änderung der Gasmolzahl um Δn und auf die dadurch bedingte Änderung des Volumens ΔV zurückzuführende Volumenarbeit).

58 **Literatur.** Egon Wiberg: „*Die chemische Affinität*", de Gruyter, Berlin 1972. Vgl. auch Lehrbücher der physikalischen Chemie.

59 Auch endotherme Reaktionen können somit freiwillig ablaufen, wenn die Gesamtenergie durch die gebundene Energie überkompensiert wird, z. B. Zerfall von N_2O_3(g) in NO und NO_2: $W_{gesamt} = \Delta H = +39.7$, $W_{gebunden} = +41.3$, $W_{frei} = \Delta G = -1.6$ kJ/mol.

60 Von entrepein (griech.) = umkehren.

(anschaulicher als Maß der molekularen Bewegungsfreiheit) angesehen werden (vgl. Lehrbücher der physikalischen Chemie). Mit jeder Zunahme der molekularen Unordnung (Bewegungsfreiheit) z. B. durch Temperaturerhöhung, Schmelzen, Verdampfen, Expandieren chemischer Stoffe vergrößert sich deren Entropieinhalt. Dementsprechend weisen z. B. auch kristalline Feststoffe, deren Bestandteile ja mehr oder weniger starr angeordnet sind, kleinere – auf eine Formeleinheit bezogene – Entropien auf als Flüssigkeiten oder gar Gase, in welchen eine besonders hohe molekulare Unordnung vorliegt (z. B. betragen die molaren Entropien der Metalle maximal 85 $J mol^{-1} K^{-1}$, wogegen die einatomigen Edelgase Entropien zwischen 125 bis 190 $J mol^{-1} K^{-1}$ bei 25 °C, 1.013 bar aufweisen)[61)].

Da mithin jeder chemische Stoff bei definierten Bedingungen (Bezugspunkt: 25 °C, 1.013 bar) einen ganz bestimmten Entropieinhalt besitzt, kommt auch dem gesamten Ausgangssystem einer chemischen Reaktion ein definierter Entropievorrat zu, der als Summe der Einzelentropien S aller Ausgangsstoffe gegeben ist. Gleiches gilt für das Endsystem. Bei der Umwandlung des Ausgangs- in das Endsystem wird somit ein durch die Differenz dieser Entropiesummen festgelegte Entropiemenge (**„Reaktionsentropie" ΔS**[62)]) nach außen hin frei (negatives Vorzeichen; **exotrope** Reaktionen) oder von außen her gebunden (positives Vorzeichen; **endotrope** Reaktionen)[56)]:

$$\Delta S = \Sigma n S^{\text{Produkte}} - \Sigma n S^{\text{Edukte}}. \qquad (17)^{56)}$$

Der bei einer Reaktion umgesetzten Entropiemenge ΔS entspricht bei der Reaktionstemperatur T (in Kelvin) eine gebundene Reaktionswärme von

$$W_{\text{gebunden}} = T \cdot \Delta S, \qquad (18)$$

die infolge des verschiedenen Entropieinhalts von Ausgangs- und Endystem bei chemischen Reaktionen zusätzlich zur freien Reaktionsenthalpie $W_{\text{frei}} = \Delta G$ umgesetzt wird. Die Beziehung $W_{\text{gesamt}} = W_{\text{frei}} + W_{\text{gebunden}}$ für den Gesamtumsatz $W_{\text{gesamt}} = \Delta H$ an Energie bei chemischen Reaktionen (konstanter Druck) läßt sich somit wie folgt schreiben (**„Gibbs-Helmholtzsche Gleichung"**[63)]; vgl. Lehrbücher der physikalischen Chemie):

$$\boxed{\Delta H = \Delta G + T\Delta S} \qquad (19)$$

Die Gleichung (19) ist eine Fundamentalgleichung der chemischen Thermodynamik und ermöglicht u. a. die Berechnung der freien Reaktionsenthalpie ΔG einer Umsetzung aus den rein kalorischen Größen der Reaktionsenthalpie ΔH sowie der Reaktionsentropie ΔS, von denen die erstere direkt, die letztere indirekt auf dem Wege über molare Wärmekapazitäten C_p (s. dort) und daraus folgende Einzelentropien S experimentell meßbar ist.

Beispielsweise errechnet sich für die Ammoniaksynthese ($3H_2 + N_2 \rightarrow 2NH_3$) bei 25 °C (298.15 K) aus der Reaktionsenthalpie $\Delta H(NH_3) = [2\,\Delta H_f(NH_3)] - [3\,\Delta H_f(H_2) + \Delta H_f(N_2)] = [2 \times (-46.14)] - [3 \times 0 + 0] = -92.28$ kJ/mol (vgl. Gl. (15)) und der Reaktionsentropie $\Delta S = [2\,S(NH_3)] - [3\,S(H_2) + S(N_2)] = [2 \times 192.4] - [3 \times 130.7 + 191.6] = -198.9\ J mol^{-1} K^{-1} = -0.1989\ kJ mol^{-1} K^{-1}$ (vgl. Gl. (17)) die freie Reaktionsenthalpie $\Delta G = \Delta H - T\Delta S$ zu $-92.28 - 298.15 \cdot (-0.1989) = -32.98$ kJ/mol. Mithin stellt die exotherme und exotrope Umsetzung von Wasserstoff und Stickstoff zu Ammoniak eine bei 25 °C freiwillig verlaufende exergone Reaktion dar ($\Delta G_f(NH_3) = -32.98/2 = -16.49$ kJ/mol).

---

61 Bei den Feststoffen nimmt die – auf 1 mol Atome bezogene – Entropie mit ihrer Härte ab (z. B. Hg 76.07, Pb 64.85, W 32.66, C_{Diamant} 2.38 $J mol^{-1} K^{-1}$), bei den Gasen mit der Zahl der Molekülatome (z. B. einatomige Gase $\approx 150\ J mol^{-1} K^{-1}$, Gase mit zweiatomigen Molekülen $\approx 100\ J mol^{-1} K^{-1}$ Atome, Gase mit drei- bzw. vieratomigen Molekülen ≈ 80 bzw. 60 $J mol^{-1} K^{-1}$ Atome; vgl. Freiheitsgrade der Moleküle).

62 Von der normalerweise benutzten *Reaktionsentropie bei konstantem Druck* (ΔS_p) unterscheidet man die *Reaktionsentropie bei konstantem Volumen* (ΔS_V).

63 Exakt: $\Delta H = \Delta G + T\Delta S_p$. Für Reaktionen bei konstantem Volumen gilt entsprechend: $\Delta U = \Delta A + T\Delta S_V$.

Kapitel III

Das Periodensystem der Elemente, Teil I[1,2]

Vergleichender Überblick über die Elemente

Am Beispiel des Sauerstoffs und Wasserstoffs (vgl. vorstehendes Kapitel) sahen wir, daß jedes einzelne Element ganz *charakteristische chemische Eigenschaften* besitzt und Verbindungen ganz *bestimmter Zusammensetzung* bildet. Es wäre nun recht unbefriedigend, das chemische Verhalten der übrigen über 100 bis jetzt bekannten Elemente der Reihe nach zu behandeln, ohne die Elemente untereinander zu vergleichen und nach *Zusammenhängen und chemischen Analogien* zu suchen. So nimmt es nicht wunder, daß im Laufe des vorigen Jahrhunderts zahlreiche Versuche unternommen worden sind, die Elemente nach ihren chemischen Eigenschaften in Gruppen einzuteilen und Gesetzmäßigkeiten für diese Einordnung zu finden. Diese Versuche gipfelten in der Formulierung des **Periodensystems der Elemente** (häufig sprachlich inkorrekt auch als „Periodisches System der Elemente" bezeichnet).

Geschichtliches. Der erste Versuch einer Ordnung von Elementen nach Gesetzmäßigkeiten rührt von J. W. Döbereiner her, der im Jahre 1829 nachwies, daß sich verschiedene der damals bekannten Elemente (vgl. S. 18) ihrem chemischen Verhalten nach zu Gruppen von je 3 Elementen („*Triaden*") zusammenfassen lassen, in welchen die relativen Atommassenunterschiede jeweils annähernd gleich sind („*Triadenregel*"); z. B.:

Cl	35.5	S	32.1	Ca	40.1	Li	6.9
	> 44.4		> 46.9		> 47.5		> 16.1
Br	79.9	Se	79.0	Sr	87.6	Na	23.0
	> 47.0		> 48.6		> 49.7		> 16.1
I	126.9	Te	127.6	Ba	137.3	K	39.1

Damit wurde zum erstenmal der Gedanke eines *Zusammenhangs zwischen Eigenschaften und relativen Atommassen* eingeführt.

Eine Weiterentwicklung dieses Gedankens war erst nach Erweiterung der Kenntnis der relativen Atommassen möglich. Im Jahre 1864 entdeckte der englische Chemiker John Alexander Reina Newlands (1838–1898), daß bei der Anordnung der Elemente nach steigender Atommasse jeweils nach 7 Elementen ein Element folgt, das dem Anfangsglied der Reihe chemisch ähnlich ist („*Gesetz der Oktaven*"). 1869 haben dann der russische Chemiker Dimitrij Iwanowitsch Mendelejew (1834–1907) und der deutsche Forscher Lothar Meyer (1830–1895) unabhängig voneinander diese Beziehungen schärfer formuliert und zum *Periodensystem der Elemente* zusammengefaßt, dessen Grundprinzip ebenfalls die *Ordnung der Elemente nach der relativen Atommasse* ist. Auf dieses Periodensystem gehen letztlich alle heute in Gebrauch befindlichen Formen des Periodensystems zurück.

Da zur Zeit der Aufstellung des Periodensystems noch eine Reihe von Elementen fehlten, blieben in diesem System seinerzeit verschiedene Lücken, aus denen Mendelejew auf die Existenz und die Eigenschaften von hierher gehörenden, aber bis dahin noch *unbekannten Elementen* schloß. Deren bald darauf erfolgende *Entdeckung* (vgl. z. B. Germanium, S. 953) hat dann dem Mendelejewschen Periodensystem

[1] **Literatur.** J. W. van Spronsen; „*The Periodic System of Chemical Elements*", Elsevier, Amsterdam 1969; D. G. Cooper: „*Das Periodensystem der Elemente*", Verlag Chemie, Weinheim 1972.

[2] Teil II: S. 299; Teil III: S. 1192; Teil IV: S. 1719.

wesentlich zum Durchbruch verholfen, während z. B. Newlands für sein analoges Gesetz der Oktaven seinerzeit noch wenig Verständnis gefunden hatte[3].

Im folgenden wollen wir uns zunächst auf die Ableitung einer übersichtlichen *gekürzten Form* des Periodensystems beschränken. Diese soll dann zur *ungekürzten Form* des Periodensystems erweitert werden. Im Rahmen eines vergleichenden Überblicks sei schließlich kurz auf die *Entdeckung*, die *Verbreitung* sowie einige *Eigenschaften* der Elemente eingegangen.

1 Einordnung der Elemente in ein Periodensystem

Gekürztes Periodensystem

Ordnet man die in der Elementtabelle (Tafel II) aufgeführten Elemente nach steigender Größe der relativen Atommasse, d. h. nach der Reihenfolge der Atomnummern, so erhält man die folgende Reihe (bezüglich der Elemente 104–112 vgl. S. 1392 sowie Anm.[17], S. 1418):

1H	**2He**	**3Li**	**4Be**	**5B**	**6C**	**7N**	**8O**	**9F**	**10Ne**	**11Na**	**12Mg**	**13Al**	**14Si**	**15P**
16S	**17Cl**	**18Ar**	**19K**	**20Ca**	21Sc	22Ti	23V	24Cr	25Mn	26Fe	27Co	28Ni	29Cu	30Zn
31Ga	**32Ge**	**33As**	**34Se**	**35Br**	**36Kr**	**37Rb**	**38Sr**	39Y	40Zr	41Nb	42Mo	43Tc	44Ru	45Rh
46Pd	47Ag	48Cd	**49In**	**50Sn**	**51Sb**	**52Te**	**53I**	**54Xe**	**55Cs**	**56Ba**	57La	58Ce	59Pr	60Nd
61Pm	62Sm	63Eu	64Gd	65Tb	66Dy	67Ho	68Er	69Tm	70Yb	71Lu	72Hf	73Ta	74W	75Re
76Os	77Ir	78Pt	79Au	80Hg	**81Tl**	**82Pb**	**83Bi**	**84Po**	**85At**	**86Rn**	**87Fr**	**88Ra**	89Ac	90Th
91Pa	92U	93Np	94Pu	95Am	96Cm	97Bk	98Cf	99Es	100Fm	101Md	102No	103Lr	104	105
106	107	108	109	110	111	112.								

Ein Vergleich der *physikalischen und chemischen Eigenschaften* der so geordneten Elemente führt zu der interessanten Feststellung, daß sich diese Eigenschaften beim Fortschreiten vom einen zum nächsten Element in *ganz gesetzmäßiger Weise* ändern und daß jeweils nach einer gewissen Anzahl von Schritten *eine Elementreihe wiederkehrt, die in ihren Eigenschaften der vorangehenden Elementreihe ähnelt.*

Als Beispiel hierfür sei etwa die – fettgedruckte – Elementfolge Helium (He) bis Argon (Ar) herausgegriffen. „Helium" (He, Atomnummer 2) ist ein reaktionsträges, monoatomares Gas, das sich zum Unterschied von anderen Elementen mit keinem anderen Element chemisch zur Umsetzung bringen läßt. Das achte auf Helium folgende Element „Neon" (Ne, Atomnummer 10) ist wieder ein solches „*Edelgas*", ebenso das an achter Stelle hinter dem Neon stehende Element „Argon" (Ar, Atomnummer 18). Die *zwischen* den – fett umrahmten – Edelgasen Helium und Neon einerseits und Neon und Argon andererseits stehenden Elemente 3 (Lithium Li) bis 9 (Fluor F) bzw. 11 (Natrium Na) bis 17 (Chlor Cl) zeigen eine *übereinstimmende Abstufung ihrer Eigenschaften*. So sind z. B. die auf das Helium und Neon unmittelbar folgenden Elemente Lithium (Li) und Natrium (Na) beide silberglänzende Leichtmetalle, die sich mit Wasser lebhaft unter Wasserstoffentwicklung umsetzen, während die vor den Edelgasen Neon und Argon stehenden, diatomaren Elemente Fluor (F_2) und Chlor (Cl_2) beide erstickend riechende Gase darstellen, die mit den vorerwähnten Leichtmetallen Li und Na lebhaft unter Bildung salzartiger Verbindungen analoger Zusammensetzung (LiF, LiCl, NaF, NaCl) reagieren.

---

[3] Weitere wichtige Erkenntnisse: (i) Entdeckung der von Mendelejew nicht vorausgesagten *Edelgase* (u. a. durch J. W. Raleigh, W. Ramsay, M. W. Travers ab 1894; vgl. S. 417) und ihre Aufnahme ins Periodensystem. – (ii) Entdeckung, daß nicht die relative Atommasse, sondern die *Kernladungszahl* das ordnende Prinzip für Elemente darstellt. – (iii) Vorhersage von 14 *Lanthanoiden* durch N. Bohr (1913) sowie von 14 *Actinoiden* durch G. T. Seaborg (1944) und ihre Aufnahme ins Periodensystem.

Ordnet man demnach die Elemente Helium bis Argon in zwei waagrechte „Perioden" wie folgt ein:

He	**Li**	**Be**	**B**	**C**	**N**	**O**	**F**	**Ne**
Ne	**Na**	**Mg**	**Al**	**Si**	**P**	**S**	**Cl**	**Ar**,

so weisen die *untereinanderstehenden Elemente* („*homologe*"[4] Elemente) *weitgehende Ähnlichkeiten* in Eigenschaften und Verbindungsformen auf.

Die übrigen auf das Argon noch folgenden Elemente lassen sich nur dann in überzeugender Weise in die damit vorgezeichneten acht verschiedenen senkrechten **„Gruppen"** einordnen, wenn man sich auf die in der obigen Zusammenstellung fett gedruckten Elemente beschränkt und alle übrigen – nicht fett gedruckten – Elemente unberücksichtigt läßt. Denn erst die Elemente 36 (Krypton, Kr), 54 (Xenon, Xe) und 86 (Radon, Rn) haben wieder Edelgascharakter, und von den zwischen Argon und Krypton, Krypton und Xenon, Xenon und Radon stehenden Elementen zeigen nur die den Edelgasen nachfolgenden je zwei und die den Edelgasen vorangehenden je fünf Elemente Eigenschaften, die eine eindeutige Einordnung in die obigen sieben Gruppen zwischen den Edelgasen rechtfertigen:

Ar	**K**	**Ca**	↑	**Ga**	**Ge**	**As**	**Se**	**Br**	**Kr**
Kr	**Rb**	**Sr**	¦	**In**	**Sn**	**Sb**	**Te**	**I**	**Xe**
Xe	**Cs**	**Ba**	¦	**Tl**	**Pb**	**Bi**	**Po**	**At**	**Rn**
Rn	**Fr**	**Ra**	↓	(113)	(114)	(115)	(116)	(117)	(118),

in welcher der gestrichelte senkrechte Pfeil zum Ausdruck bringt, daß an dieser Stelle eine Reihe dazwischenliegender Elemente – Scandium (Sc) bis Zink (Zn), Yttrium (Y) bis Cadmium (Cd), Lanthan (La) bis Quecksilber (Hg) und Actinium (Ac) bis Element 112, insgesamt also $10 + 10 + 24 + 24 = 68$ Elemente – ausgelassen worden sind.

Man nennt die so erhaltene Elementanordnung **„Gekürztes Periodensystem der Elemente"**. Es läßt sich in besonders übersichtlicher Form – unter Einfügung des Wasserstoffs (Atomnummer 1) – wie folgt wiedergeben:

Gekürztes Periodensystem der Elemente

		I						II	
1		1 **H**						2 **He**	1
	0	I	II	III	IV	V	VI	VII	VIII	
2	2 **He**	3 **Li**	4 **Be**	5 **B**	6 **C**	7 **N**	8 **O**	9 **F**	10 **Ne**	2
3	10 **Ne**	11 **Na**	12 **Mg**	13 **Al**	14 **Si**	15 **P**	16 **S**	17 **Cl**	18 **Ar**	3
4	18 **Ar**	19 **K**	20 **Ca**	31 **Ga**	32 **Ge**	33 **As**	34 **Se**	35 **Br**	36 **Kr**	4
5	36 **Kr**	37 **Rb**	38 **Sr**	49 **In**	50 **Sn**	51 **Sb**	52 **Te**	53 **I**	54 **Xe**	5
6	54 **Xe**	55 **Cs**	56 **Ba**	81 **Tl**	82 **Pb**	83 **Bi**	84 **Po**	85 **At**	86 **Rn**	6
7	86 **Rn**	87 **Fr**	88 **Ra**	(113) –	(114) –	(115) –	(116) –	(117) –	(118) –	7
	0	I	II	III	IV	V	VI	VII	VIII	

[4] homologos (griech.) = übereinstimmend.

Dieses gekürzte Periodensystem der Elemente ist ein Teil des vollständigen Periodensystems der Elemente (s. unten) und enthält nur die sogenannten **„Hauptgruppen"** (die 44 *„repräsentativen Elemente"*) des Gesamtsystems (vgl. hierzu den oberen, orangefarbenen Teil des kombinierten Periodensystems der Tafel VI im hinteren Buchdeckel).

Es umfaßt *sieben waagrechte Perioden* (*„Periodennummer"* 1 bis 7) und – abgesehen von der ersten, „sehr kurzen Periode" – *acht senkrechte Gruppen* (*„Gruppennummer"* I bis VIII). Über den einzelnen Elementsymbolen ist die dazugehörige *„Atomnummer"* angegeben. Auf die tiefere Bedeutung der Periodennummer, Gruppennummer und Atomnummer werden wir später (vgl. Atombau) noch zu sprechen kommen.

In der Richtung *von oben nach unten und von rechts nach links* nimmt im gekürzten Periodensystem der Metallcharakter, in umgekehrter Richtung der Nichtmetallcharakter in der Weise zu, daß sich *links* eines von den Elementen B, Si, Ge, As, Sb, Se, Te, At gebildeten Bereichs die *metallischen, rechts* davon die *nichtmetallischen* Elemente befinden, während der Bereich selbst mit *Halbmetallen* bestückt ist (S. 303). Eine scharfe Grenze läßt sich allerdings nicht ziehen. In ähnlicher Weise wie der Metall- und Nichtmetallcharakter, unterliegen auch andere *physikalische Eigenschaften* solchen periodischen Abstufungen, z.B. der Atomradius, das Atomvolumen, der Ionenradius, die Dichte, das Ionisierungspotential, die Elektronenaffinität, die Elektronegativität, der Schmelzpunkt, der Siedepunkt, das Normalpotential, die Wertigkeit und Oxidationsstufe, die Schmelz-, Verdampfungs- und Sublimationsenthalpie, die Bildungsenthalpie eines gegebenen Verbindungstyps usw. Hiervon wird in den späteren Abschnitten des Lehrbuchs noch die Rede sein (vgl. hierzu Periodensystem, Teil II–IV sowie Tafeln III–V). Die Periodizität der *chemischen Eigenschaften* kommt etwa darin zum Ausdruck, daß Elemente einer gegebenen Gruppe mit Elementen einer anderen gegebenen Gruppe Verbindungen *analoger Zusammensetzung* bilden (*„homologe"* Verbindungen). Beispiele sind hierfür etwa die Verbindungsreihen $BeCl_2$, $MgCl_2$, $CaCl_2$, $SrCl_2$, $BaCl_2$, $RaCl_2$ oder B_2O_3, Al_2O_3, Ga_2O_3, In_2O_3, Tl_2O_3 oder NaF, NaCl, NaBr, NaI, NaAt oder CO_2, CS_2, CSe_2 usw.

Ungekürztes Periodensystem

Die an der Stelle des gestrichelten Pfeils im gekürzten Periodensystem ausgelassenen 68 *„Nebengruppenelemente"* + *„Lanthanoide"* + *„Actinoide"* (*„Übergangsmetalle"*) sind ausnahmslos *Metalle*. Ordnet man sie unter Auslassung von jeweils 14 dem „Lanthan" (La) bzw. „Actinium" (Ac) folgenden Elementen nach steigender Atomnummer in vier waagrechte Perioden (jeweils 10 Elemente) wie folgt ein:

Sc		**Ti**	**V**	**Cr**	**Mn**	**Fe**	**Co**	**Ni**	**Cu**	**Zn**
Y		**Zr**	**Nb**	**Mo**	**Tc**	**Ru**	**Rh**	**Pd**	**Ag**	**Cd**
La	↑	**Hf**	**Ta**	**W**	**Re**	**Os**	**Ir**	**Pt**	**Au**	**Hg**
Ac	↓	**104**	**105**	**106**	**107**	**108**	**109**	**110**	**111**	**112**,

so weisen *untereinanderstehende Elemente* – wie im Falle der repräsentativen Elemente – wieder auffallende *Ähnlichkeiten* in Eigenschaften und Verbindungsformen auf (vgl. hierzu auch Periodensystem, Teil III).

Die an der Stelle des punktierten Pfeils im oben wiedergegebenen System der **Übergangsmetalle** (*„äußere Übergangsmetalle"*) fehlenden 28 *„inneren Übergangsmetalle"* gleichen in ihren Eigenschaften einander und den Elementen Lanthan sowie Actinium (vgl. hierzu Periodensystem, Teil IV). Sie werden auch als **„Lanthanoide" Ln** (Ce, Pr, Nd, Pm, Sm, Eu, Gd, Tb, Dy, Ho, Er, Tm, Yb, Lu) bzw. **„Actinoide" An** (Th, Pa, U, Np, Pu, Am, Cm, Bk, Cf, Es, Fm, Md, No, Lr) bezeichnet (zu den sogenannten *„Seltenerd-Metallen"* zählen Scandium, Yttrium, Lanthan sowie alle Lanthanoide).

Die Einordnung der Übergangsmetalle erfolgt in sogenannte **„Nebengruppen"** eines Haupt- und Nebengruppen enthaltenden *„ungekürzten Periodensystems"*. Es läßt sich besonders übersichtlich in Form des **„Langperiodensystems der Elemente"** wiedergeben, welches aus dem gekürzten Periodensystem durch Einfügen des Systems der Nebengruppenelemente an der Stelle des gestrichelten Pfeils hervorgeht. Es ist auf der Innenseite des vorderen Buchdeckels (Tafel I) abgebildet. Ersichtlicherweise sind in ihm die auf Lanthan und Actinium folgenden „*Lanthanoide*" und „*Actinoide*" durch einen gestrichelten Pfeil ersetzt und *unterhalb vom System* getrennt aufgeführt. Das Langperiodensystem umfaßt damit *18 senkrechte Gruppen*, charakterisiert durch *arabische Gruppennummern* 1–18 (neues IUPAC-System; die 0. und 18. Gruppe sind miteinander identisch) sowie *7 waagrechte Perioden*, nämlich eine sehr kurze Periode (1. Periode, 2 Elemente), zwei kurze Perioden (2.–3. Periode, je 8 Elemente), zwei lange Perioden (4.–5. Periode, je 18 Elemente) und zwei sehr lange Perioden (6.–7. Periode, je 32 Elemente; die schwersten Elemente der 7. Periode sind bisher noch unbekannt). Innerhalb jeder waagrechten Periode sind die Elemente nach steigenden Atomnummern angeordnet. Innerhalb jeder senkrechten Gruppe stehen die besonders eng verwandten Elemente übereinander (im Falle der beiden kurzen Achterperioden, bei denen die Übergangselemente der langen Perioden fehlen, bleibt ein entsprechender Raum frei). Über den Elementsymbolen ist die zugehörige *Atomnummer*, unterhalb die *Atommasse* angegeben.

Wie wir bei der Eigenschaftsbesprechung der Nebengruppenelemente noch erfahren werden (vgl. Periodensystem, Teil III, S. 1193), weisen die *langen Perioden eine doppelte Periodizität* auf: es bestehen chemische Verwandtschaften von Elementen aus jeweils einer Haupt- und Nebengruppe. Die Zugehörigkeit der Nebengruppen zu entsprechenden Hauptgruppen kann hierbei durch *römische Gruppennummern* 0–VIII angedeutet werden (Chemical Abstract System, „CAS"). Das Langperiodensystem enthält dann der Reihe nach folgende Gruppen: I.–II. Hauptgruppe (Gruppen Ia, IIa), III.–VIII., dann I.–II. Nebengruppe (Gruppen IIIb–VIIIb und Ib–IIb; die Gruppe VIIIb setzt sich aus drei Teilgruppen zusammen), III.–VIII. Hauptgruppe (Gruppen IIIa–VIIIa). In Abweichung hiervon (altes IUPAC System) werden aber auch die ersten 10 Gruppen des Langperiodensystems als Gruppen IA–VIIIA bezeichnet (VIIIA setzt sich aus drei Teilgruppen zusammen) und die folgenden 8 Gruppen als IB–VIIIB. Das Langperiodensystem im vorderen Buchdeckel (Tafel I) berücksichtigt neben dem neuen IUPAC-System (über und unter den Elementen) zusätzlich sowohl das CA-System (über den Elementen) wie das alte IUPAC-System (unter den Elementen).

Um eine überzeugende Einordnung der Elemente in das Periodensystem zu ermöglichen, mußte an einzelnen Stellen das Prinzip der Aufeinanderfolge nach steigender relativer Atommasse durchbrochen werden. So findet sich in den Hauptgruppen des Periodensystems das *Argon* (Ar) *vor dem Kalium* (K) und das *Tellur* (Te) *vor dem Iod* (I), obwohl nach der relativen Atommasse die Reihenfolge umgekehrt sein sollte; in gleicher Weise muß bei den Nebengruppen entgegen der relativen Atommasse das *Cobalt* (Co) *vor das Nickel* (Ni) und das *Thorium* (Th) *vor das Protactinium* (Pa) gestellt werden. Daraus geht hervor, daß in Wirklichkeit nicht die relative Atommasse, sondern eine andere – mit der relativen Atommasse in gewissem Zusammenhang stehende – Größe die Reihenfolge der Elemente bedingt (vgl. Atombau). In der Zusammenstellung der Elemente auf S. 57 sind die Umstellungen („*Inversionen*") bereits berücksichtigt.

Nomenklatur chemischer Elemente

Die *Bezeichnung* („*Nomenklatur*"[5]) der Elemente erfolgt durch *Namen und Symbole*, welche in der Elementtabelle (Tafel II) aufgeführt sind. Zur rationellen Benennung werden die Elemente – entsprechend ihrer Atomnummer – durch Aneinanderreihung lateinischer bzw. griechischer *Zahlwortwurzeln* mit dem Suffix „*ium*" gebildet (0 = *nil*, 1 = *un*, 2 = *bi*, 3 = *tri*, 4 = *quad*, 5 = *pent*, 6 = *hex*, 7 = *sept*, 8 = *oct*, 9 = *enn*), z. B. Element 104 = Unnilquadium (Symbol Unq), 105 = Unnilpentium (Unp), 106 = Unnilhexium (Unh), 107 = Unnilseptium (Uns), 108 = Unniloctium (Uno), 109 = Unnilennium (Une). Die – meist mit dem Suffix „*ium*" versehenen – Namen der übrigen Elemente deuten auf irgendeinen Sachverhalt des betreffenden Elements (z. B. Vorkommen, Entdeckung, Eigenschaft)[6].

Viele Elementsymbole wurden von dem schwedischen Chemiker Jöns Jakob Berzelius (1779–1848) im Jahre 1814 eingeführt und sind im allgemeinen den lateinischen (latinisierten) oder griechischen (gräzisierten) Namen der Elemente entlehnt: z. B. Antimon (Stibium Sb), Gold (Aurum Au), Kupfer (Cuprum Cu), Quecksilber (Hydrargyrum Hg), Blei (Plumbum Pb), Zinn (Stannum Sn), Eisen (Ferrum Fe), Silber (Argentum Ag), Schwefel (Sulfur S), Wasserstoff (Hydrogenium H), Sauerstoff (Oxygenium O), Stickstoff (Nitrogenium N), Kohlenstoff (Carbonium C). Damit löste Berzelius die zwei Jahre zuvor (1812) von

[5] nomenclatio (lat.) = Benennung mit Namen.

[6] **Literatur.** M. E. Weeks, H. M. Leicester: „*Discovery of the Elements*", Chem. Educ. Publ. Company, Easton 1968; N. A. Figurovskii: „*Die Entdeckung der chemischen Elemente und der Ursprung ihrer Namen*", Deubner, Köln 1981.

Dalton vorgeschlagenen, etwas schwerfälligen Atomsymbole (Kreise mit eingefügten Punkten, Strichen, Zeichen, Buchstaben und Schattierungen) ab.

Um zu einer erwünschten Übereinstimmung der Anfangsbuchstaben von Elementnamen und -symbolen zu kommen, wird im Falle der Elemente „Wasserstoff" (H), „Kohlenstoff" (C), „Stickstoff" (N) und „Sauerstoff" (O) der Gebrauch der Namen „*Hydrogen*", „*Carbon*", „*Nitrogen*" und „*Oxygen*" empfohlen. Die Zahl der Atome in einem Elementmolekül kann durch ein, dem Elementnamen vorgestelltes griechisches Zahlwort (*mono, di, tri, tetra, ...poly*) zum Ausdruck gebracht werden (Tab. 4).

Tab. 4 Nomenklatur der Elemente

Formel	Systematischer Name	Trivialname
O_2	Disauerstoff (Dioxygen)	„*Sauerstoff*"
O_3	Trisauerstoff (Trioxygen)	„*Ozon*"
P_4	Tetraphosphor	„*Weißer Phosphor*"
S_8	Octaschwefel (Octasulfur)	„*Schwefel*"
S_x	Polyschwefel (Polysulfur)	„*μ-Schwefel*"

2 Vergleichende Übersicht über die Elemente

Entdeckung der chemischen Elemente[6)]

Die Hauptzeit der Entdeckung der Elemente fällt – wie aus der Tafel II hervorgeht – in das *18. Jahrhundert* (17 Elemente), das *19. Jahrhundert* (50 Elemente) und das *20. Jahrhundert* (27 Elemente). Zwölf Elemente waren schon im *Altertum* bekannt; zwei wurden im *13. Jahrhundert*, eines im *17. Jahrhundert* aufgefunden (in nachfolgender Zusammenstellung sind die Elemente chronologisch geordnet; bezüglich Einzelheiten der Entdeckung siehe bei den betreffenden Elementen):

Altertum: C, S, Cu, Ag, Au, Fe, Sn, Sb, Hg, Pb, Bi, Pt
13. Jahrhdt.: As, Zn
17. Jahrhdt.: P
18. Jahrhdt.: Co, Ni, Mg, H, N, O, Cl, Mn, Cr, Mo, Te, W, Zr, U, Ti, Y, Be
19. Jahrhdt.: V, Nb, Ta, Rh, Pd, Os, Ir, Ce, K, Na, B, Ca, Sr, Ru, Ba, I, Th, Li, Se, Cd, Si, Al, Br, La, Er, Tb, Cs, Rb, Tl, In, Ga, Ho, Yb, Sc, Sm, Tm, Gd, Pr, Nd, Ge, F, Dy, Ar, He, Kr, Ne, Xe, Po, Ra, Ac
20. Jahrhdt.: Rn, Eu, Lu, Pa, Hf, Re, Tc, Fr, Np, At, Pu, Am, Cm, Pm, Be, Cf, Es, Fm, Md, No, Lr, Elemente 104 und folgende (vgl. S. 1392 sowie Anm.[17)], S. 1418).

Verbreitung der chemischen Elemente[7)]

Die Verbreitung der im Periodensystem zusammengefaßten Elemente auf unserer Erde ist unterschiedlich. So bestehen die uns zugänglichen Teile der Erde (**„Erdhülle"**) – nämlich die Luft („*Atmosphäre*")[8)], das Meer („*Hydrosphäre*")[8)], die Tier- und Pflanzenwelt („*Biosphä-*

---

[7] **Literatur.** R. G. Schwab: „*Was wissen wir über die tieferen Schichten der Erde?*", Angew. Chem. **86** (1974) 612–624; Int. Ed. **13** (1974) 580; 1984; W. S. Fyfe: „*Geochemistry*", Oxford, University Press 1974; B. Mason, C. B. Moore (Übers.: G. Hintermaier-Erhard): „*Grundzüge der Geochemie*", Emke, Stuttgart 1985; H. J. M. Bowen: „*Environmental Chemistry of the Elements*", Acad. Press, New York 1979; E.-I. Ochiai: „*Bioinorganic Chemistry*", Allyn and Bacon Boston, 1977; R. W. Hay: „*Bioinorganic Chemistry*", Halsted Press, 1984.

[8] atmos (griech.) = Dunst; sphaira (griech.) = Kugel; hydor (griech.) = Wasser; bios (griech.) = Leben; lithos (griech.) = Stein; chalkos (griech.) = Kupfer; sideros (griech.) = Eisen; barys (griech.) = schwer.

re")[8] und eine ca. 5–50 km dicke Schicht („*Erdkruste*"; auch „*Lithosphäre*" genannt)[9] des äußeren Gesteinsmantels der Erde (vgl. Fig. 27) – zur Hälfte ihrer Masse (48.9 %) aus Sauerstoff und zu über einem Viertel (26.3 %) aus Silicium. In das restliche Viertel teilen sich in der Hauptsache die 11 Elemente Al, Fe, Ca, Na, K, Mg, H, Ti, N, Cl und P mit zusammen 24.44 % (Summe 99.64 %), während die übrigen Elemente zusammen nur noch 0.36 % ausmachen, wovon der Hauptteil (0.30 %) auf die Elemente Mn, F, Ba, Sr, S, C, Zr, V und Cr entfällt. Für die Häufigkeit der Elemente (in Gewichts-% der Erdkruste einschließlich Wasser- und Lufthülle, jeweils geordnet nach fallendem Anteil), die man nach ihrer Affinität für metallisches *Eisen*, für *Sulfid*, für *Silicat* bzw. für die *Atmosphäre* in **siderophile**[8], **chalkophile**[8], **lithophile**[8] und **atmophile**[8] Elemente unterteilt, gelten hierbei folgende Bereiche (vgl. hierzu auch die Tafel II, und bezüglich der Elementanteile in *Atmosphäre, Hydrosphäre, Biosphäre* und *Kosmos* S. 517, 527, 63, 1766):

> 10 %	*O*, Si.	**Elementhäufigkeit in der**
10–1 %	Al, **Fe**, Ca, Na, K, Mg.	**Erdhülle** (= Erdkruste +
$1–10^{-1}$ %	*H*[10], Ti, Cl, P.	Wasser + Lufthülle)
$10^{-1}–10^{-2}$ %	Mn, F, Ba, Sr, S, *C*, *N*, Zr, V, Cr.	
$10^{-2}–10^{-3}$ %	Rb, **Ni**, Zn, Ce, **Cu**, Y, La, Nd, **Co**, Sc, Li, Nb, **Ga**, Pb, Th, B.	
$10^{-3}–10^{-4}$ %	Pr, Br, Sm, Gd, *Ar*, Yb, Cs, Dy, Hf, Er, Be, *Xe*, Ta, **Sn**, U, **As**, **W**, **Mo**, **Ge**, Ho, Eu.	
$10^{-4}–10^{-5}$ %	Tb, I, Tl, Tm, Lu, **Sb**, Cd, Bi, In.	
$10^{-5}–10^{-6}$ %	Hg, Ag, Se, **Ru**, Te, **Pd**, **Pt**.	**siderophil** (fett)
$10^{-6}–10^{-7}$ %	**Rh**, **Os**, *Ne*, *He*, **Au**, Re, **Ir**.	chalkophil (unterstr.)
$10^{-7}–10^{-8}$ %	*Kr*.	lithophil (steil)
$10^{-10}–10^{-20}$ %	Ra, Pa, Ac, Po, *Rn*, Np, Pu, Pm.	*atmophil* (kursiv)
$< 10^{-20}$ %	Fr, At, Transplutonium-Elemente.	biophil (vgl. S. 63)

Bezogen auf die ganze Erdkugel ist Fe mit 34.6 % das häufigste Element. Es folgen O (29.5 %), Si (15.2 %), Mg (12.7 %), Ni (2.39), S (1.93), Ca (1.13), Al (1.09), Na (0.57), Cr (0.26), Mn (0.22), Co (0.13), P (0.10), K (0.07), Ti (0.05).

Aufbau der Erdkugel[7]. Man unterscheidet beim Aufbau der Erdkugel gemäß Fig. 27 die „Erdkruste" (5–50 km tief[9]), den „Erdmantel" (bis zu einer Tiefe von 2900 km) und den „Erdkern" (Kugelradius von 3500 km). Die Erdkruste enthält hauptsächlich Sauerstoff, Silicium und Aluminium, gebunden in Form von Fe-, Ca-, Na-, Mg-, K-, Ti-, P-haltigen „Silicaten" und „Alumosilicaten"; 95 % der Kruste sind hierbei *Erstarrungsgesteine* (meist „Granit"), 5 % *Sedimentgesteine* (4 % Tongesteine, 0.75 % Sandsteine, 0.25 % Kalksteine). Der Erdmantel besteht in seinem oberen, ca. 1200 km dicken Teil („*Lithosphäre*"[8]) aus „Silicatgesteinen" von Al, Fe, Ca, K, Na, Mg[11], in seinem unteren, ca. 1700 km dicken Teil („*Chalkosphäre*"[8]) aus einem Gemisch von „Oxiden" insbesondere der Elemente Mg, Fe, Cr, Ca, Na, Ni. Der aus Fe (86 Gew.-%), Ni (7 %), Co (1 %) und Schwefel (6 %) aufgebaute Erdkern („*Siderosphäre*", „*Barysphäre*"[8]) ist im inneren Teil (Radius von 1400 km) bei einem Druck von 1.5–3.5 Millionen Bar und einer Temperatur von über 4000 °C *fest*, im darum gelagerten äußeren Teil (Schale von 2100 km Dicke) *flüssig*. Die Dichte nimmt von außen nach innen in Stufen von 2.6 bis 13.5 g/cm^3 zu (*Durchschnittsdichte* der Erde: 5.514 g/cm^3).

Infolge der in der Tiefe herrschenden extrem hohen Drücke zeichnen sich die Strukturen der Verbindungen durch *höhere Koordinationszahlen* der Gitterbausteine und damit *höhere Dichte* aus (man vergleiche etwa den bei hohen Drücken entstehenden *Stishovit* SiO_2 (Koordinationszahl 6 des Si; Dichte = 4.35 g/cm^3) mit dem unter Normaldruck beständigen *Cristobalit* SiO_2 (Koordinationszahl 4 des Si; Dichte = 2.32 g/cm^3).

---

9 Die Dicke der Erdkruste schwankt und beträgt unter dem Ozean ca. 5–7 km, unter den Kontinentebenen 30–40 km, unter den Gebirgen > 40 km.

10 Bezogen auf Atomprozente rückt der leichte Wasserstoff an die dritte Stelle. Im Weltall nimmt der Wasserstoff mit 90 Atom-% sogar die 1. Stelle ein (9 Atom-% He, 1 Atom-% übrige Elemente).

11 Höhere, hellere, als „*Sial*" (von Si und Al) bezeichnete Schichten (insbesondere „Granit", „Gneis") sind Fe-ärmer als tiefere, dunklere, als „*Sima*" (von Si und Mg) bezeichnete Schichten (insbesondere „Basalt", „Melaphor", „Diabas", „Grabbo", „Diorit").

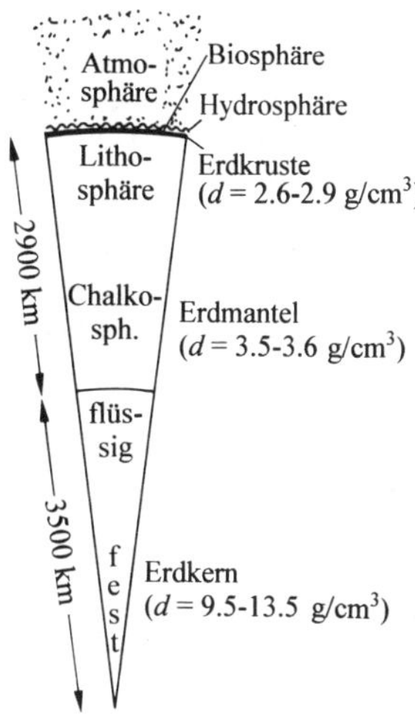

	Dicke [km]	Volumen [m^3]	Dichte[b)] [g/cm^3]	Masse [t]
Atmosph.	> 1000	–	–	5.136×10^{15}
Hydrosph.[c)]	bis 11	1.4×10^{18}	1.03	1.4×10^{18}
Erdkruste	17	8×10^{18}	2.8	24×10^{18}
Erdmantel	2883	899×10^{18}	4.5	4116×10^{18}
Erdkern	3471[a)]	175×10^{18}	11.0	1936×10^{18}
Gesamterde	6371[a)]	1083×10^{18}	5.514	5976×10^{18}

a) Radius. – b) Mittlere Dichte. – c) Ohne gebundenes Wasser der Gesteine.

Fig. 27 Der Aufbau der Erde

Biosphäre[7)]. Nach bisherigen Erkenntnissen liegen der anorganischen und organischen Materie des *Menschen* unter „normalen" Verhältnissen 26 lebensnotwendige („*essentielle*") und 11 nicht lebensnotwendige, nur zufällig anwesende oder durch andere Elemente ersetzbare („*akzidentelle*") Elemente zugrunde (Summe: 37 Elemente). Die Häufigkeiten dieser „*Bioelemente*" sind in der Tafel II wiedergegeben. Hiernach enthält ein erwachsener, 70 kg schwerer Mensch folgende Elementmengen (essentielle Elemente sind durch Fettdruck hervorgehoben):

O	45.8 kg	**S**	175 g	**Zn**	3.0 g	**Cu**	200 mg	Pb	35 mg	**Se**	14 mg
C	17.7 kg	**K**	170 g	**Si**	1.4 g	Br	140 mg	Cd	30 mg	**Mo**	5.0 mg
H	7.05 kg	**Na**	105 g	Rb	1.4 g	**Sn**	140 mg	Ba	20 mg	**As**	3.5 mg
N	2.10 kg	**Cl**	105 g	**F**	0.8 g	Nb	100 mg	**Mn**	20 mg	**Co**	2.8 mg
Ca	1.05 kg	**Mg**	33 g	Sr	0.3 g	**I**	70 mg	**V**	20 mg	**Cr**	2.0 mg
P	0.70 kg	**Fe**	4.2 g	Zr	0.3 g	Al	35 mg	B	14 mg	Li	2.0 mg
										Ni	1.0 mg

Andere Organismen bauen sich im wesentlichen aus den gleichen Elementen auf (hinzu kommen bei Pflanzen insbesondere La, Ti, W, Ag, Au, Hg, Ga). Die Mengenverhältnisse der Elemente sind jedoch zum Teil andere; auch können essentielle Elemente der Menschen bei anderen Lebewesen akzidentelle sein und umgekehrt. So reichern etwa viele Pflanzen (Roggen, Bohnen, Mohn usw.) das Element Bor, Manteltierchen oder Fliegenpilze das Element Vanadium an, wobei das Bor für die Pflanzen – anders als für den Menschen oder die Tiere – ein essentielles Element darstellt.

Die häufigsten Bioelemente des Menschen entstammen ersichtlicherweise der 1. und 2. Elementperiode, die meisten der 4. Periode (16 Elemente). Iod (Ordnungszahl 53) stellt das schwerste Nichtmetall, Molybdän (Ordnungszahl 42) das schwerste Metall von biologischer Bedeutung für den Menschen dar. Am Aufbau des Menschen sind mit insgesamt 93.6 Gew.-% im wesentlichen nur die drei Elemente O (65.4 %), C (18.1 %) und H (10.1 %) beteiligt. Weitere 6.3 Gew.-% steuern die Elemente N (3.0 %), Ca (1.5 %), P (1 %), S (0.25 %), K (0.22 %), Na (0.15 %), Cl (0.14 %) und Mg (0.05 %) bei (Summe 99.9 %), während die verbleibenden Elemente zusammen nur 0.1 % ausmachen. Man bezeichnet letztere als „*Spurenelemente*", worunter man Grundstoffe versteht, deren Menge die des Eisens in lebenden Organismen nicht übersteigt. Die häufigeren Bioelemente bilden in Form von *Wasser* (ca. 50 Gew.-% des Menschen) das „Reaktionsmedium", in Form von *Calciumcarbonat* und *-phosphat* die „Gerüstsubstanz", in Form von *Natriumchlorid* den „Elektrolyten" und in Form von *Eiweißstoffen, Zuckern* und *Fetten* den mengenmäßig wesentlichen „organischen" Teil des Menschen. Die Spurenelemente fungieren andererseits als aktive Zentren der Enzyme (z. B. Fe im Hämoglobin, Co im Vitamin B_{12})[12)].

Aus einem Vergleich der oben zusammengestellten Werte mit den Gewichtsanteilen der Erdhülle (S. 62) ist zu folgern, daß sich die biologischen Spezies im Zuge ihrer Entwicklung naturgemäß solcher Elemente

[12] Der „Wert" eines Menschen beträgt laut Tagespreis der einzelnen Elemente, aus denen der Mensch besteht, nur wenige Mark, laut Beschaffungskosten für die hochkomplizierten molekularen, den Menschen aufbauenden Stoffe zigmillionen Mark.

bedienten, die häufiger auftreten und demgemäß leichter zugänglich sind. So kommen unter den essentiellen Elementen des Menschen in der Erdhülle 19 reichlich ($> 10^{-2}$ Gew-%), 6 (Ni, Zn, Cu, Co, Sn, Mo) noch ausreichend (10^{-2} bis 10^{-4} %) und nur 2 (I, Se) untergeordnet vor ($< 10^{-4}$ %). Da essentiellen Elementen in jedem Falle *biologische* (zum Teil noch unbekannte) *Funktionen* zukommen, ist die *Verfügbarkeit* der Bioelemente für Organismen von größter Bedeutung; ihr *Mangel* führt meist zu schweren Schädigungen. Allerdings gibt sich ein *Überangebot* eines Bioelements ebenfalls in spezifischen Krankheitsbildern zu erkennen. Z. B. stellen Selen oder Arsen für Säugetiere essentielle Elemente dar, die bereits oberhalb sehr kleiner Konzentration in organischen Geweben „giftig" wirken. Für jedes Bioelement existiert somit ein mehr oder weniger großer, biologisch wirksamer Konzentrationsbereich („Fenster"), in welchem es weder *Mangelsymptome* verursacht, noch *toxisch* wirkt. In gewissen Grenzen können sich jedoch Organismen im Laufe der Zeit an – umweltbedingte – außergewöhnlich niedrige bzw. hohe Konzentrationen eines Elements *anpassen* (Entwicklung von Mechanismen zum „Aufspüren" und „Anreichern" bzw. zum „Tarnen" und „Ausscheiden" der betreffenden Elemente).

Eigenschaften der chemischen Elemente

Von den insgesamt bekannten 109 Elementen sind bei Raumtemperatur 11 (H, He, Ne, Ar, Kr, Xe, Rn, F, Cl, O, N) *gasförmig*, 2 (Br, Hg) *flüssig*, alle übrigen *fest*. Ca. 3/4 aller Elemente stellen *Metalle*, ca. 1/4 *Nicht*- und *Halbmetalle* dar. Erstere zeigen in der Regel *silberigen Metallglanz* (Ausnahmen: goldgelb glänzendes Cs, Ba, Au; rotbraun glänzendes Cu). Die Nicht- und Halbmetalle sind demgegenüber meist *farbig*. Bezüglich weiterer *Eigenschaften der Elemente* vgl. die Tafeln III–V.

Die *Giftigkeit* (*„Toxizität"*[13]) der einzelnen Elemente unterscheidet sich zum Teil stark. So wirken etwa die Elemente Be, As, Cd, Hg, Tb, Pb sehr toxisch, während ihre Nachbarelemente Li, B, Ge, Br (in Form von Br^-; Br_2 ist toxisch), Ag, In, Au, Bi ungefährlich sind. Toxisch wirken außer den aufgeführten und einigen weiteren nicht-radioaktiven Elementen alle Radionuklide aufgrund der von ihnen ausgehenden radioaktiven Strahlung (zur Toxizität der Elemente vgl. Tafeln III–V). Die Toxizität eines Elements stellt dabei *keine starre Größe* dar, sondern sie hängt sowohl von der *Verabreichungsform* des Elements (als kompakter oder staubförmiger Stoff, als unlösliche oder lösliche Verbindung) als auch vom *Empfänger* ab (z. B. ist As, Se, V für Menschen und Tiere bzw. Cu für die meisten Pflanzen hochgradig toxisch, während As, Se, V für Pflanzen bzw. Cu für Menschen und Tiere nur mäßig toxisch wirken).

Zur Beurteilung der Toxizität eines Stoffs dient u. a. der **MAK-Wert**, worunter man die *maximal zulässige Arbeitsplatz-Konzentration* (in ml/m^3 oder mg/m^3) eines Stoffes als Gas, Dampf oder Schwebestoff in der Luft versteht, die auch bei langfristiger Exposition (40 Stundenwoche) die Gesundheit des Menschen nicht beeinträchtigt[14]. Den weiter oben erwähnten Elementen bzw. ihren Verbindungen kommen etwa folgende MAK-Werte zu (bei Metallverbindungen beziehen sich die Werte auf den Metallgehalt; c = cancerogen, krebserzeugend[15]):

	Be	B_2O_3	Tl^+	Pb	As	SeO_2	Br_2	I_2	Cu	Ag	Cd	HgO	V_2O_5	
MAK	c	15	0.1	0.1	c	0.1	0.7	1	1	0.01	c	0.01	0.05	[mg/m^3]

Bezüglich weiterer Elementeigenschaften vgl. Tafeln III–V sowie Periodensystem II–IV (S. 299, 1193, 1719), bezüglich der Elemententstehung S. 1764.

[13] toxo (griech.) = Bogen; toxenma (griech.) = Pfeil; toxikon (griech.) = Pfeilgift.

[14] **Literatur.** Deutsche Forschungsgemeinschaft: *„Maximale Arbeitsplatzkonzentrationen und biologische Arbeitsstofftoleranzwerte 1990"*, VCH Verlagsgesellschaft, Weinheim 1990.

[15] Im Falle cancerogener Stoffe, für die kein MAK-Wert aufgestellt werden kann, verwendet man **TRK-Werte** (*technische Richtkonzentration* in ml oder mg pro m^3), die analog den MAK-Werten definiert sind[14], z. B. Be: TRK = 0.002 mg/m^3, As: 0.1, Cd: ?. Die MAK-Werte werden durch **BAT-Werte** (biologische Arbeitsstofftoleranz) ergänzt, die sich auf die im Blut und Harn bestimmbare Menge der aufgenommenen und gegebenenfalls metabolisierten Stoffe (in µg/l) beziehen[14].

Kapitel IV

Atom- und Molekülion

Vergleicht man die Atommassen der leichteren Elemente miteinander, so macht man die interessante Feststellung, daß sich diese als ganzzahlige Vielfache der Atommasse des Wasserstoffs darstellen lassen. So kommt etwa dem Helium-, Kohlenstoff-, Stickstoff- bzw. Sauerstoffatom die 4-, 12-, 14- bzw. 16-fache Atommasse des Wasserstoffs zu. Dieser Sachverhalt veranlaßte den englischen Arzt William Prout (1785–1850) bereits im Jahre 1815 zu der kühnen Hypothese („*Proutsche Hypothese*"), daß alle chemischen Elemente aus dem leichtesten Element Wasserstoff aufgebaut seien. Damit wurde erstmals die Annahme von der Unteilbarkeit der Atome in Zweifel gezogen. Man ließ dann die Proutsche Ansicht wieder fallen, als sich herausstellte, daß die – inzwischen genauer zugänglichen – Atommassen, insbesondere der schwereren Elemente, bezogen auf Wasserstoff als Einheit, von der Ganzzahligkeit abwichen.

Wie wir heute wissen, stellen die Atome in der Tat nicht die kleinsten Materieteilchen dar. Sie sind teilbar und setzen sich, wie in den nachfolgenden Abschnitten erläutert sei, aus Untereinheiten des Wasserstoffs zusammen. Somit hat sich die Proutsche Hypothese heute als eine geniale Intuition erwiesen.

Daß am Aufbau der Materie elektrische Ladungen beteiligt sind, folgerte man schon frühzeitig aus der bekannten Tatsache, daß etwa durch gegenseitiges Reiben geeigneter Stoffe Elektrizität erzeugt werden kann (vgl. Elektrisiermaschine). Bestätigt wurde diese Vorstellung u.a. durch physikalische und chemische Studien an wässerigen Lösungen polarer Stoffe. Wir wollen uns nun diesen Untersuchungen, die zum Ionenbegriff und darüber hinaus auch zum Elektronen- und Protonenbegriff führten, zuwenden.

1 Ionenlehre

1.1 Die elektrolytische Dissoziation. Der Ionenbegriff

1.1.1 Experimentalbefunde: Mengenverhältnisse bei der elektrolytischen Stoffauflösung

Löst man Chlorwasserstoff HCl, ein bei $-85\,^{\circ}C$ verflüssigbares, farbloses Gas, in Wasser auf, so erhält man die sogenannte „Salzsäure". Die chemischen Eigenschaften des reinen, wasserfreien, verflüssigten Chlorwasserstoffs sind nun ganz andere als die seiner wässerigen Lösung. So löst z.B. die wässerige Lösung Zink, Eisen und viele andere Metalle unter Entwicklung von Wasserstoff auf (z.B. $Zn + 2HCl \rightarrow ZnCl_2 + H_2$) und rötet blaues Lackmuspapier, während weder der reine verflüssigte Chlorwasserstoff noch das reine flüssige Wasser diese Reaktion geben. Gleiches gilt von den physikalischen Eigenschaften. So leitet z.B. die wässerige Lösung gut den elektrischen Strom unter Bildung von Chlor am positiven und Wasserstoff am negativen Pol, während reiner, flüssiger Chlorwasserstoff und reines, flüssiges Wasser praktisch Nichtleiter sind. Der Chlorwasserstoff muß sich demnach bei seiner Auflösung in Wasser irgendwie verändern.

Welcher Art diese Veränderung ist, ergibt sich bei einer Bestimmung der Molekülmasse des gelösten Chlorwasserstoffs nach der Gefrierpunktsmethode (s. dort). Es stellt sich dabei nämlich heraus, daß die Gefrierpunktserniedrigung Δt der wässerigen Lösung rund doppelt so groß ist, als sie sich gemäß der Gleichung $\Delta t = E \cdot n$ aus der Molmenge n des aufgelösten Chlorwasserstoffs – bei Zugrundelegen der Molekülmasse 36.5 – errechnet. Das bedeutet, daß die Lösung doppelt so viele ($2n$) Teilchen enthält, als der aufgelösten Zahl (n) von Chlorwasserstoffmolekülen entspricht. Jedes Chlorwasserstoffmolekül HCl muß sich also in der wässerigen Lösung in zwei Teilchen aufgespalten haben. Diese Teilchen können nach der Formel HCl nur das Wasserstoff- und das Chlorteilchen sein.

Die elektrische Leitfähigkeit der Lösung zeigt andererseits, daß die beiden Teilchen elektrisch geladen sind, und zwar wandern bei der elektrischen Stromleitung („*Elektrolyse*") die Chlorteilchen zur positiv geladenen, die Wasserstoffteilchen zur negativ geladenen Elektrode, was eine negative Aufladung der Chloratome und eine positive Aufladung der Wasserstoffatome nahelegt.

Somit sprechen alle Anzeichen für die Annahme einer Spaltung ungeladener Chlorwasserstoffmoleküle HCl in positiv geladene Wasserstoffteilchen H^+ und negativ geladene Chlorteilchen Cl^-:

$$HCl \rightarrow H^+ + Cl^-.$$

1.1.2 Arrheniussche Ionenhypothese

Den Sachverhalt, daß viele Stoffe, die man zur Unterscheidung von den in wässeriger Lösung nicht leitenden „*Nichtelektrolyten*" (wie Alkohol, Ether, Chloroform, Benzol) unter der Bezeichnung **„Elektrolyte"**[1)] zusammenfaßt, bei der Auflösung in Wasser nicht nur in einzelne Moleküle, sondern darüber hinaus in positiv und negativ geladene Molekülteile zerfallen, hat der schwedische Physikochemiker Svante Arrhenius (1859–1927) erkannt und mit dem Namen **„elektrolytische Dissoziation"** belegt. Gemäß seiner in den Jahren 1884–1887 aufgestellten *Theorie der elektrolytischen Dissoziation* bezeichnet man die durch Molekülspaltung gebildeten, geladenen Teilchen als **„Ionen"**[2)], und zwar nennt man die positiv geladenen Teilchen **„Kationen"**, weil sie bei der Elektrolyse zur negativen Kathode wandern und die negativ geladenen Teilchen **„Anionen"**, weil sie von der positiv geladenen Anode angezogen werden[3)].

Die Annahme einer elektrolytischen Dissoziation stieß anfangs auf vielfachen Widerspruch, da man den Unterschied zwischen Atomen und Ionen nicht genügend beachtete. So wurde beispielsweise der Einwand gemacht, daß in Natriumchloridlösungen (NaCl) – welche farblos, geruchlos und beständig sind – kein freies Natrium und kein freies Chlor vorhanden sein könne, weil Natrium Wasser sofort unter Wasserstoffentwicklung zersetze und Chlorlösungen grüngelb seien und einen angreifenden Geruch besäßen. Hierzu ist zu bemerken, daß die Lösung nach der Ionenlehre ja gar keine ungeladenen Natrium- und Chlor-Atome, sondern geladene Natrium- und Chlorid-Ionen enthält, die infolge ihrer elektrischen Ladung einen anderen Energieinhalt als die Atome besitzen und sich daher auch chemisch und physikalisch ganz anders als diese verhalten müssen.

---

[1] Die von M. Faraday geprägten Namen Elektrolyse (Zerlegung durch den elektrischen Strom) und Elektrolyt (elektrolytisch zerlegbarer Stoff) leiten sich ab von lysis (griech.) = Trennung (vgl. Analyse = Auftrennung).

[2] ion (griech.) = wandernd.

[3] Der positive Pol einer Stromquelle wurde nach kata (griech.) = hinab und hodos (griech.) = Weg als Kathode bezeichnet, weil der – damals noch als Strom positiver Ladungsträger betrachtete – elektrische Strom auf seinem Wege vom positiven zum negativen Pol gewissermaßen hinab fließt. Der negative Pol erhielt dementsprechend nach ana (griech.) = hinauf den Namen Anode. Der ebenfalls vom griechischen hodos = Weg abgeleitete Name Elektrode bezeichnet ganz allgemein eine Kathode oder Anode, an der sich der Übergang des elektrischen Stroms von einem Medium in ein anderes vollzieht.

Einteilung der Elektrolyte

Unter den Elektrolyten lassen sich drei große Gruppen unterscheiden, die „*Säuren*", die „*Basen*" und die „*Salze*":

Unter **Säuren** H_nA (n = Wertigkeit des Säurerestes – „*Acylrestes*"[4] – A) versteht man solche Stoffe, die wie der Chlorwasserstoff HCl in wässeriger Lösung positiv geladene Wasserstoff-Ionen H^+ bilden (bezüglich einer moderneren Definition der Säuren vgl. S. 232). Beispiele für solche Säuren sind etwa die Salpetersäure (HNO_3), die Schwefelsäure (H_2SO_4) und die Phosphorsäure (H_3PO_4):

$$HNO_3 \rightarrow H^+ + NO_3^-; \qquad H_2SO_4 \rightarrow 2H^+ + SO_4^{2-}; \qquad H_3PO_4 \rightarrow 3H^+ + PO_4^{3-}.$$

Die bei der Dissoziation auftretenden Wasserstoff-Ionen H^+ bedingen den sauren Geschmack der Säuren (daher ihr Name) und färben ein in die Lösung eingetauchtes blaues Lackmuspapier („*Reagens auf Säuren*") rot.

Das Gegenstück zu den Säuren bilden die **Basen** (Laugen) $B(OH)_m$ (m = Wertigkeit des Baserestes B), welche die Eigenschaft haben, umgekehrt rotes Lackmuspapier („*Reagens auf Basen*") zu bläuen. Diese Blaufärbung sowie der laugenhafte (seifenartige) Geschmack der Basen wird durch negativ geladene Hydroxid-Ionen OH^- (frühere Bezeichnung: Hydroxyl-Ionen) bedingt, und man definiert dementsprechend Basen als Stoffe, die in wässeriger Lösung negativ geladene Hydroxid-Ionen bilden (bezüglich einer moderneren Definition der Basen vgl. S. 232). Beispiele hierfür sind das Natriumhydroxid NaOH (wässerige Lösung: Natronlauge) und das Calciumhydroxid $Ca(OH)_2$ (wässerige Lösung: Kalkwasser):

$$NaOH \rightarrow Na^+ + OH^-; \qquad Ca(OH)_2 \rightarrow Ca^{2+} + 2OH^-.$$

Die aus Säureresten A und Basenresten B zusammengesetzten, salzartig schmeckenden **Salze** B_bA_a schließlich leiten sich von den Säuren H_nA durch Ersatz der Wasserstoff-Ionen H^+ durch positive Basereste B^{m+} bzw. von den Basen $B(OH)_m$ durch Ersatz der Hydroxid-Ionen OH^- durch negative Säurereste A^{n-} ab ($b : a = n : m$) und dissoziieren entsprechend ihrer Zusammensetzung in wässeriger Lösung (soweit sie löslich sind) in Base-Kationen B^{m+} und Säure-Anionen A^{n-}. Als Beispiel seien etwa angeführt: Natriumnitrat $NaNO_3$, Calciumnitrat $Ca(NO_3)_2$, Natriumsulfat Na_2SO_4, Calciumsulfat $CaSO_4$, Natriumphosphat Na_3PO_4 und Calciumphosphat $Ca_3(PO_4)_2$:

$$\begin{array}{llll} NaNO_3 \rightarrow Na^+ + NO_3^- & \qquad Na_2SO_4 \rightarrow 2Na^+ + SO_4^{2-} \\ Na_3PO_4 \rightarrow 3Na^+ + PO_4^{3-} & \qquad Ca(NO_3)_2 \rightarrow Ca^{2+} + 2NO_3^- \\ CaSO_4 \rightarrow Ca^{2+} + SO_4^{2-} & \qquad Ca_3(PO_4)_2 \rightarrow 3Ca^{2+} + 2PO_4^{3-}. \end{array}$$

Die verschiedene stöchiometrische Zusammensetzung der Salze B_bA_a wird dabei durch die Anzahl n bzw. m der positiven Ladungen der Kationen und Anionen bedingt, da deren Vereinigung ja elektroneutrale Moleküle ergeben muß ($b \cdot m = a \cdot n$).

Je nach der Zahl der durch Base-Kationen ersetzbaren Wasserstoffatome spricht man von „*einbasigen*", „*zweibasigen*", „*dreibasigen*"[5] (oder „*einwertigen*", „*zweiwertigen*" usw.) Säuren. Salpetersäure ist danach eine einbasige, Phosphorsäure eine dreibasige Säure. In gleicher Weise unterscheidet man je nach der Zahl der durch Säure-Anionen ersetzbaren Hydroxidgruppen „*einsäurige*", „*zweisäurige*", „*dreisäurige*" (oder „*einwertige*", „*zweiwertige*" usw.) Basen. Sind nicht alle Wasserstoffatome einer mehrbasigen Säure durch Base-Kationen bzw. nicht alle Hydroxidgruppen einer mehrsäurigen Base durch Säure-Anionen ersetzt, so spricht

[4] Die Bezeichnung „*Acylrest*" (= Säurerest) und „*acid*" (= sauer) leiten sich ab von acidus (lat.) = sauer.

[5] Häufig sprachlich inkorrekt als einbasisch, zweibasisch usw. bezeichnet.

man von „*sauren*" („*Hydrogen*"-, „*Bi*"-) bzw. „*basischen*" („*Hydroxid*"-) Salzen; z.B. $NaHSO_4$: „saures Natriumsulfat" („Natriumhydrogensulfat", „Natriumbisulfat"), $Ca(OH)NO_3$: „basisches Calciumnitrat" („Calciumhydroxidnitrat").

In den ungelösten reinen Salzen sind die in wässeriger Lösung beobachteten Ionen bereits vorgebildet, und zwar liegen in ihnen die Kationen und Anionen, bei welchen es sich sowohl um **„Atom-Ionen"** (wie Na^+, Ca^{2+}, Cl^-) als auch – aus mehreren Atomen zusammengesetzten – **„Molekül-Ionen"** (wie NH_4^+, NO_3^-, SO_4^{2-}, PO_4^{3-}) handeln kann, gemischt gepackt dicht nebeneinander (vgl. S. 122). Geschmolzene Salze leiten dementsprechend den Strom. Man bezeichnet dabei Stoffe, die aus Ionen aufgebaut sind, als „*echte Elektrolyte*" (z.B. NaCl) und unterscheidet sie von den „*potentiellen Elektrolyten*", bei welchen eine Ionenbildung erst nach Auflösung der – in reinem Zustand nicht-ionisch gebauten (vgl. S. 129) – Stoffe erfolgt. Zu letzterer Gruppe gehören die Säuren (z.B. HCl).

Warum Säuren wie z.B. Chlorwasserstoff erst beim Auflösen in Wasser elektrolytisch dissoziieren, werden wir später erfahren (S. 232). Hier wollen wir uns mit der Vorstellung begnügen, daß sich das Wasser als „*Dielektrikum*" (Wasser hat eine große Dielektrizitätskonstante[6]) zwischen die geladenen Bestandteile des Chlorwasserstoffmoleküls schiebt und diese dadurch voneinander trennt.

Stärke der Elektrolyte

Ein Elektrolyt kann praktisch vollständig oder teilweise oder praktisch überhaupt nicht in Ionen gespalten sein. Dementsprechend unterscheidet man *starke, mittelstarke* und *schwache Elektrolyte* (vgl. hierzu S. 190). Die Salzsäure HCl ist z.B. eine starke Säure, da sie in wässeriger Lösung praktisch vollkommen in Ionen dissoziiert ist; die Blausäure HCN wird dagegen als schwache Säure bezeichnet, da sie in wässeriger Lösung weitgehend in Form undissoziierter HCN-Moleküle vorliegt. Ein besonders schwacher Elektrolyt ist das Wasser, das gemäß $HOH \rightarrow H^+ + OH^-$ sowohl eine sehr schwache Säure wie eine sehr schwache Base ist und weder sauer noch basisch, sondern neutral reagiert, da die Anzahl der H^+- und OH^--Ionen gleich groß ist.

Die Stärke eines Elektrolyten pflegt man durch den sogenannten **„Dissoziationsgrad"** α auszudrücken, der angibt, welcher Bruchteil ($\alpha \leqq 1$) der insgesamt gelösten Moleküle des Elektrolyten in Ionen dissoziiert ist (vgl. S. 190): α = Anzahl dissoziierter Moleküle/Gesamtzahl der Moleküle. Mit 100 multipliziert ergibt α den prozentualen Dissoziationsgrad. Wasser besitzt z.B. bei 25 °C den Dissoziationsgrad $\alpha = 1.8 \times 10^{-9}$, was besagt, daß 1.8×10^{-7} % des Wassers in H^+ und OH^--Ionen gespalten sind.

Der Dissoziationsgrad läßt sich z.B. durch Messung des osmotischen Druckes π bzw. der – diesem Druck proportionalen – Siedepunktserhöhung oder Gefrierpunktserniedrigung Δt bestimmen. Denn diese Größen (s. dort) ermöglichen ja gemäß den Beziehungen $\pi \cdot V = n \cdot R \cdot T$ bzw. $\Delta t = E \cdot n$ die Ermittlung der in einer untersuchten Lösung vorhandenen Gesamt-Molzahl n. Diese Zahl n hängt ihrerseits aber – wenn die Anzahl Mole des gelösten Elektrolyten vor der Dissoziation mit n' und die Zahl der bei der Dissoziation je Molekül entstehenden Ionen mit ν bezeichnet wird – mit dem Dissoziationsgrad α durch die Gleichung $n = n'(1-\alpha) + \nu \cdot n' \cdot \alpha = n' + n'(\nu - 1)\alpha$ bzw.

$$\alpha = \frac{n - n'}{n'(\nu - 1)}$$

zusammen, da n' mol eines Elektrolyten bei der Dissoziation $n'(1-\alpha)$ mol undissoziierter Moleküle und $\nu \cdot n' \cdot \alpha$ mol Ionen ergeben. Löst man also z.B. $n' = 0.24$ mol eines in zwei ($\nu = 2$) Ionen je Molekül zerfallenden Elektrolyten in Wasser auf, und ergibt die Bestimmung der Molzahl n in der Lösung nach einer der oben genannten Methoden den Wert 0.30, so ist der Dissoziationsgrad $\alpha = (0.30 - 0.24)$: $[0.24(2-1)] = 0.25$, was bedeutet, daß 25% des Elektrolyten in Ionen dissoziiert sind.

---

[6] Die Dielektrizitätskonstante ε eines Stoffs gibt gemäß $F = F_0/\varepsilon$ an, wievielmal kleiner die Anziehungskraft F zwischen zwei entgegengesetzten Ladungen in einem von dem betreffenden Stoff erfüllten Medium ist als die Anziehungskraft F_0 im Vakuum unter gleichen Bedingungen. In Benzol, welches eine rund 35mal kleinere Dielektrizitätskonstante als Wasser aufweist, leitet HCl den elektrischen Strom nicht.

Zwei weitere Methoden zur Bestimmung des Dissoziationsgrades elektrolytischer Dissoziationen bestehen in der Messung der elektrischen Leitfähigkeit (vgl. Lehrbücher der physikalischen Chemie) und der Messung des elektrischen Potentials (s. dort). Bei dem ersten Verfahren vergleicht man die Leitfähigkeit (Λ_α) der Lösung eines Elektrolyten vom Dissoziationsgrad α mit der – aus Tabellen zu entnehmenden – Leitfähigkeit $\Lambda_{\alpha=1}$, die bei vollständiger Spaltung des Elektrolyten in Ionen ($\alpha = 1$) zu erwarten wäre: $\alpha = \Lambda_\alpha / \Lambda_{\alpha=1}$. Bei dem zweiten Verfahren ermittelt man aus dem Potential einer in die Elektrolytlösung eintauchenden Elektrode die Ionenkonzentration c_α des Elektrolyten und vergleicht sie mit der bei vollständiger Spaltung des Elektrolyten zu erwartenden Ionenkonzentration $c_{\alpha=1}$: $\alpha = c_\alpha / c_{\alpha=1}$.

Wie sich aus solchen experimentellen Bestimmungen von Dissoziationsgraden ergibt, ist der Dissoziationsgrad eines Elektrolyten keine Konstante, sondern bei gegebener Temperatur von der Verdünnung abhängig, und zwar nimmt er mit der Verdünnung zu. Die quantitativen Beziehungen hierfür werden wir später kennenlernen (vgl. Massenwirkungsgesetz, S. 190)[7)].

Reaktionen der Elektrolyte

Salze sind im allgemeinen in wässeriger Lösung vollkommen in Ionen gespalten. Ist die Lösung so verdünnt, daß die beiden entgegengesetzt geladenen Ionenarten keine merklichen Kräfte aufeinander ausüben („*ideale Ionenlösung*"), so setzen sich die physikalischen Eigenschaften der Salzlösung additiv aus den Eigenschaften der beiden Ionenarten zusammen. Dementsprechend ist z. B. die Farbe aller Permanganatlösungen $MMnO_4$ mit farblosem Metallion M^+ (wie Na^+, K^+, $Mg^{2+}/2$) violett, weil das Permanganat-Ion MnO_4^- violett gefärbt ist.

Ganz entsprechend stellen die chemischen Eigenschaften von verdünnten Elektrolytlösungen eine Summe der Eigenschaften von Kation und Anion dar. So fällt etwa aus wässerigen Lösungen aller löslichen Bleisalze PbX_2 (X z. B. = NO_3, CH_3CO_2) bei Zugabe von Schwefelsäure weißes Bleisulfat aus, weil die infolge der Dissoziation der Bleisalze vorhandenen Blei-Ionen Pb^{2+} ($PbX_2 \rightarrow Pb^{2+} + 2X^-$) mit den aus der Dissoziation der Schwefelsäure stammenden Sulfat-Ionen SO_4^{2-} ($H_2SO_4 \rightarrow 2H^+ + SO_4^{2-}$) zu schwerlöslichem Bleisulfat $PbSO_4$ zusammentreten:

$$Pb^{2+} + SO_4^{2-} \rightarrow PbSO_4.$$

Mithin können in Wasser gelöste Blei-Ionen Pb^{2+} durch **„Fällungsreaktion"** mit Sulfat-Ionen SO_4^{2-} nachgewiesen werden. In analoger Weise läßt sich das Chlorid-Ion Cl^- der Metallchloride ($MCl \rightarrow M^+ + Cl^-$; M z. B. = Na, K, Mg/2) in wässeriger Lösung daran erkennen, daß es mit Silbernitratlösung ($AgNO_3 \rightarrow Ag^+ + NO_3^-$) einen schwerlöslichen weißen Niederschlag von Silberchlorid AgCl ergibt:

$$Ag^+ + Cl^- \rightarrow AgCl.$$

Man nennt solche Umsetzungen zwischen Ionen **„Ionenreaktionen"**; sie verlaufen ganz allgemein sehr rasch (S. 375f)[7a)]. Liegt das fragliche Atom oder die Atomgruppe in wässeriger Lösung nicht in Ionenform vor, so bleibt selbstverständlich die charakteristische Ionenreaktion aus. So reagiert z. B. das im Tetrachlorkohlenstoff CCl_4 oder im Chloroform $CHCl_3$ an Kohlenstoff gebundene Chlor, welches

---

[7] Erwähnt sei in diesem Zusammenhang, daß die aus Messungen des osmotischen Drucks, der Siedepunktserhöhung, der Gefrierpunktserniedrigung, der elektrischen Leitfähigkeit bzw. des elektrischen Potentials hervorgehenden Werte von α aus Gründen, die später (S. 190) erörtert werden, etwas kleiner als die wahren Dissoziationsgrade sind und daher auch „*scheinbare Dissoziationsgrade*" genannt werden. Um zu den „*wahren Dissoziationsgraden*" zu kommen, müssen die zur Bestimmung von α (und damit der Molzahl n) dienenden Größen des osmotischen Drucks π_α, der Leitfähigkeit Λ_α und der Ionenkonzentration c_α vor Einsetzen in die betreffenden Bestimmungsgleichungen für α noch durch Korrektionsglieder $f (f < 1)$ dividiert werden (S. 190). Eine direkte Bestimmung der wahren Konzentrationen c aller Reaktionsteilnehmer eines teilweise dissoziierenden Elektrolyten und damit eine direkte Bestimmung von α kann durch optische Methoden erfolgen (vgl. Lehrbücher der Physikalischen Chemie).

[7a] Die Ionenreaktionen stellen einen Spezialfall **„doppelter Umsetzungen"** dar, worunter man allgemein die Umwandlung zweier Verbindungen AB und CD in zwei andere Verbindungen AC und BD versteht: $AB + CD \rightarrow AC + BD$. z. B.: $AgNO_3 + NaCl \rightarrow AgCl + NaNO_3$. (Die Reaktion $PbX_2 + H_2SO_4 \rightarrow PbSO_4 + 2\,HX$ stellt eine „*mehrfache Umsetzung*" dar.)

in wässeriger Lösung nicht als Chlor-Ion abdissoziiert, nicht mit Silbernitratlösung unter Silberchloridbildung.

Eine im Laboratorium häufig durchgeführte Ionenreaktion ist die **„Neutralisation"** (S. 204) von Säuren und Basen. Gibt man chemisch äquivalente Mengen einer starken Säure (z. B. Salzsäure) und einer starken Base (z. B. Natronlauge) zusammen, so geht die Eigenschaft der Säure, blaues Lackmuspapier zu röten („*sauer zu reagieren*"), und die Eigenschaft der Base, rotes Lackmuspapier zu bläuen („*basisch zu reagieren*"), verloren, weil sich die Wasserstoff-Ionen der Säure mit den Hydroxid-Ionen der Base zu dem nur spurenweise (s. oben) dissoziierten Wasser vereinigen:

$$Na^+ + OH^- + H^+ + Cl^- \rightarrow Na^+ + Cl^- + H_2O.$$

Die Kationen der starken Base und die Anionen der starken Säure beteiligen sich, wie aus dieser Gleichung hervorgeht, nicht an der Reaktion, so daß man den Neutralisationsvorgang auch vereinfacht als

$$H^+ + OH^- \rightarrow H_2O$$

schreiben kann. Die Reaktionsenthalpie dieser Ionenreaktion, die extrem rasch verläuft (vgl. S. 375) beträgt bei Zimmertemperatur 55.873 kJ (13.345 kcal) pro Mol H_2O. Daher kommt es, daß bei jeder Neutralisation einer starken Säure mit einer starken Base unabhängig von der Art der Säure und Base eine „*Neutralisationsenthalpie*" von 55.873 kJ freigesetzt wird.

Ist aber die Säure schwach, so hat die Neutralisationsenthalpie einen anderen Wert; denn dann müssen die Moleküle der schwachen Säure während der Neutralisation in dem Maße nachdissoziieren, in welchem die Wasserstoff-Ionen verbraucht werden, so daß sich die gemessene Neutralisationsenthalpie aus der eigentlichen Neutralisationsenthalpie (55.9 kJ) und der Dissoziationsenthalpie zusammensetzt. So beträgt z. B. die bei der Neutralisation von Blausäure (HCN) mit Natronlauge freiwerdende Neutralisationsenthalpie nur 12.2 kJ weil die Dissoziation der Blausäure in Wasserstoff- und Cyanid-Ionen 43.7 kJ erfordert:

$$\begin{array}{l} 43.7\,kJ + HCN \rightarrow H^+ + CN^- \\ \quad H^+ + OH^- \rightarrow H_2O + 55.9\,kJ \\ \hline HCN + OH^- \rightarrow CN^- + H_2O + 12.2\,kJ. \end{array}$$

Da das Wasser zu einem geringen Betrag in Wasserstoff- und Hydroxid-Ionen gespalten ist, verläuft die Neutralisation $H^+ + OH^- \rightarrow H_2O$ – und damit auch die Reaktion $HCN + OH^- \rightarrow CN^- + H_2O$ – nicht quantitativ, sondern führt zu einem – allerdings ganz nach der rechten Seite der Reaktionsgleichung verschobenen – Gleichgewicht (vgl. S. 186). Derselbe Gleichgewichtszustand stellt sich ein, wenn wir in Umkehrung der – zu Salz und Wasser führenden – Neutralisationreaktion Salz und Wasser zusammengeben. Es setzen sich letztere dann in geringem Maße unter Rückbildung von Säure und Base um (**„Hydrolyse"**). Ist die Säure schwach und die Base stark, so führt diese Hydrolyse – wie etwa die von rechts nach links gelesene Gleichung $HCN + OH^- \rightarrow CN^- + H_2O$ zeigt – zu einer basischen Reaktion der Lösung; im umgekehrten Falle (Säure stark und Base schwach) reagiert die Salzlösung sauer (Näheres S. 201).

Die bisherigen Betrachtungen, die veranschaulichen, daß Atome aus elektrisch geladenen Teilchen aufgebaut und mithin teilbar sind, waren mehr qualitativer Art. Im folgenden wenden wir uns quantitativen Beziehungen der Verhältnisse stromdurchflossener Elektrolytlösungen zu und betrachten speziell die Größe der elektrischen Ionenladung.

1.2 Die elektrolytische Zersetzung. Der Elektronen- und Protonenbegriff

1.2.1 Experimentalbefunde: Massenverhältnisse bei der elektrolytischen Stoffabscheidung

Taucht man in eine wässerige Salzsäurelösung zwei Platinelektroden ein und legt an die Elektroden eine elektrische Spannung an, so wandern die Wasserstoff-Ionen zur negativen und die Chlorid-Ionen zur positiven Elektrode (vgl. Fig. 28), wo dann eine Entladung zu freiem Wasserstoff bzw. Chlor erfolgt („*elektrolytische Zersetzung*" der Salzsäure, vgl. S. 230). Die abgeschiedenen Mengen Wasserstoff und Chlor entsprechen dabei einer von dem englischen Naturforscher Michael Faraday (1791–1867) im Jahre 1833 aufgefundenen und unter dem Namen **„1. Faradaysches Gesetz"** bekannten Gesetzmäßigkeit: *Die Masse eines elektrolytisch gebildeten Stoffs ist der durch den Elektrolyten geflossenen Elektrizitätsmenge direkt proportional.* Schickt man also z. B. doppelt soviel elektrischen Strom durch eine Salzsäurelösung, so wird auch doppelt soviel Wasserstoff an der Kathode und doppelt soviel Chlor an der Anode gebildet.

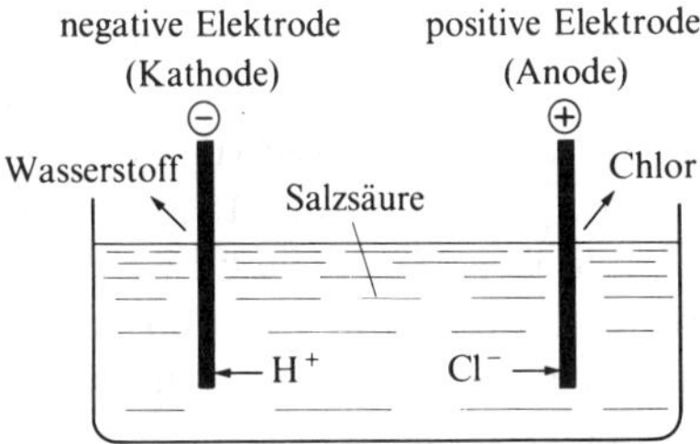

Fig. 28 Elektrolyse von Salzsäure.

Vergleicht man weiter die Massen gebildeten Wasserstoffs und Chlors miteinander, so stellt man fest, daß auf 1 mol ($\hat{=}$ 2.016 g) Wasserstoff H_2 jeweils auch 1 mol ($\hat{=}$ 70.906 g) Chlor Cl_2 entsteht. Somit unterscheiden sich die Ladungen des Wasserstoff- und Chlorid-Ions nur im Vorzeichen, aber nicht in der Größe voneinander, was ja auch schon daraus folgt, daß das Chlorwasserstoffmolekül HCl nach außen hin neutral ist. Wie groß die elektrische Ladung eines einzelnen Wasserstoff- oder Chlorid-Ions (das **„elektrische Elementarquantum"** *e*) ist, ergibt sich aus dem experimentellen Befund, daß zur Entladung von 1 mol Wasserstoff- bzw. Chlorid-Ionen – d. h. von jeweils 6.022×10^{23} Ionen (Avogadrosche Zahl) – eine Elektrizitätsmenge von 96485 Coulomb (Amperesekunden[8]) = Joule pro Volt) – entsprechend „1 *Faraday*" – erforderlich ist. Jedes Wasserstoff- bzw. Chlorid-Ion trägt danach eine Elementarladung von $96485 : (6.022 \times 10^{23}) = 1.6022 \times 10^{-19}$ Coulomb, in einem Falle mit positivem, im anderen mit negativem Vorzeichen.

Die „*elektrische Elementarladung*" wurde erstmals durch den amerikanischen Physiker Robert Andrew Millikan (1868–1953) im Jahre 1911 experimentell durch Messen des Unterschiedes der Fallgeschwindigkeit feiner, mit einem oder wenigen Ionen beladener Öltröpfchen einerseits im Schwerefeld der Erde, andererseits zusätzlich im elektrischen Feld direkt bestimmt. (Die an den Öltröpfchen haftenden Ionen wurden aus Gasmolekülen durch Bestrahlen erhalten; vgl. hierzu auch Lehrbücher der physikalischen Chemie.) Millikan stellte fest, daß die mit einem Öltröpfchen verbundene Ladung gleich 1.6×10^{-19} Coulomb oder ein Vielfaches dieses Wertes ist.

Da sich die Elementarladung *e* durch Weiterentwicklung der Millikanschen Methode sehr genau bestimmen läßt, berechnet man heute in Umkehrung der oben geschilderten Weise die Avogadrosche Konstante N_A (S. 46) gemäß $N_A = F/e$ aus der Faradaykonstante sowie der Ladung *e*.

---

[8] Man muß also einen elektrischen Strom von 1 Ampere Stärke 96485 Sekunden (= 26 Stunden und 48 Minuten) lang auf eine wäßrige Salzsäurelösung einwirken lassen, um 1.008 g Wasserstoff an der Kathode zu entwickeln.

Nimmt man statt Salzsäure HCl Schwefelsäure H_2SO_4, so sind auch hier zur Abscheidung von 1 mol Wasserstoffatomen 96485 Coulomb erforderlich. Die Wasserstoffatome der Schwefelsäure tragen somit die gleiche (positive) Elementarladung von 1.6022×10^{-19} Coulomb wie in der Salzsäure. Daher müssen die Sulfat-Ionen der Schwefelsäure zwei (negative) Elementarladungen aufweisen: SO_4^{2-}, da nur dann das ganze Molekül H_2SO_4 nach außen hin neutral ist. Demnach sind zur Entladung eines Mols Sulfat-Ionen 2×96485 Coulomb erforderlich[9]; und entsprechend müssen bei der Elektrolyse z. B. einer wässerigen Kupfersulfatlösung ($CuSO_4 \rightarrow Cu^{2+} + SO_4^{2-}$) zur kathodischen Abscheidung von 1 mol Kupfer 2×96485 Coulomb aufgewandt werden. Indem man nun die durch die Zahl der Ladungen dividierte molare Formelmasse eines Ions, d.h. den auf 1 Einheitsladung entfallenden Massenanteil ganz allgemein als „*molare Äquivalentmasse*“ (S. 163) des Ions bezeichnet, lassen sich diese experimentellen Befunde in einfacher Weise durch das **„2. Faradaysche Gesetz“** zum Ausdruck bringen: *Die Massen der durch gleiche Elektrizitätsmengen abgeschiedenen chemischen Stoffe verhalten sich wie deren molare Äquivalentmassen*[10].

1.2.2 Stoneysche Elektronen- und Rutherfordsche Protonenhypothese

Die beiden Faradayschen Gesetze sind ohne Annahme einer atomistischen Struktur der Elektrizität (d.h. einer kleinsten, nicht weiter unterteilbaren Elektrizitätsmenge) nicht zu deuten. In derselben Weise, in der die stöchiometrischen Massengesetze (Reaktionen von Materie mit Materie, S. 21) zur Entwicklung einer Atomtheorie für die Materie und die photochemischen Äquivalenzgesetze (Reaktionen zwischen Materie und Lichtenergie, S. 103) zur Ableitung einer atomistischen Struktur des Lichts zwangen, führten die Faradayschen Gesetze (Reaktionen zwischen Materie und elektrischer Energie) zwangsläufig zur Aufstellung einer atomistischen Theorie für die Elektrizität.

Aus den Faradayschen Gesetzen folgt allerdings zunächst nur, daß die Elektrizität diskreter und nicht kontinuierlicher Natur ist, daß also die positiven und negativen Ladungen der Atome nur bestimmte, nicht jedoch beliebige Werte annehmen können. So läßt etwa die elektrolytische Dissoziation des Chlorwasserstoffs bzw. die elektrolytische Zersetzung der Salzsäure:

$$HCl \xrightarrow{(H_2O)} H^{n+} + Cl^{n-} \quad \text{bzw.} \quad 2H^{n+} + 2Cl^{n-} \xrightarrow{(\text{Strom})} H_2 + Cl_2,$$

keine Aussage über die Zahl n der beim Wasserstoff- bzw. Chlorid-Ion vorhandenen positiven bzw. negativen Elementarladungen zu (fest steht allerdings, daß n für das Wasserstoff- und Chlorid-Ion gleich groß ist). Nun zeigt sich aber, daß bei der elektrolytischen Dissoziation von Säuren pro gebildetes Wasserstoffkation in keinem bekannten Fall mehr als maximal 1 Anion entsteht. Es besteht daher kein Grund zu der Annahme, daß das Wasserstoff-Ion mehr als eine positive, das Chlorid-Ion demgemäß mehr als eine negative Elementarladung trägt ($n = 1$; vgl. hierzu die Ableitung der stöchiometrischen Molekülzusammensetzung aus den Volumengesetzen der Gase, S. 24). Der elektrischen Elementarladung kommt hiernach der oben gegebene Wert von $\pm 1.6022 \times 10^{-19}$ Coulomb zu.

Der Elektronenbegriff. Die kleinste, als Bestandteil in Atomen auftretende Einheit der negativen Elektrizität ist nach einer, auf eigenen Überlegungen (1874) sowie Vorstellungen

---

[9] In der Tat werden allerdings nicht die Sulfat-Ionen entladen, sondern die Hydroxid-Ionen des Wassers: $OH^- \rightarrow \frac{1}{2}O_2 + H^+ + \ominus$. Hierauf ist die Sauerstoffentwicklung bei der Elektrolyse schwefelsäurehaltigen Wassers zurückzuführen.

[10] In Übereinstimmung mit diesem Gesetz wird die Einheit der elektrischen Strommenge, das „Coulomb“ (C)[11], als diejenige Elektrizitätsmenge definiert, die zur elektrolytischen Abscheidung von $1/F = 1/96485$ der molaren Äquivalentmasse eines Stoffes (z. B. von $107.870/96485 = 0.0011180$ g Silber aus einer Silbersalzlösung in einem „*Silbercoulombmeter*“) erforderlich ist. Eine Stromstärke von 1 Coulomb/Sekunde wird seit 1908 (über die neuere Definition seit 1948: s. Anh. II) als 1 „Ampere“ (A)[12] bezeichnet. Bezüglich weiterer elektrischer Einheiten wie Volt, Joule, Watt, Ohm und ihrer Definition vgl. Anh. II.

[11] Benannt nach dem französischen Physiker Charles Augustin de Coulomb (1736–1806).

[12] Benannt nach dem französischen Physiker André Marie Ampére (1775–1836).

des deutschen Naturforschers Hermann v. Helmholtz (1821–1894) fußenden Hypothese des englischen Forschers George Johnstone Stoney (1826–1911) aus dem Jahre 1891 das **„Elektron“**[13]. Dem Elektron (Namengebung: Stoney; Symbol: e, exakter: e^-)[14] kommt die Ladung -1 zu (d.h. 1 negative Elementarladung von $1.6021892 \times 10^{-19}$ Coulomb).

Bereits 6 Jahre nach Aufstellung der Elektronenhypothese – also im Jahre 1897 – entdeckte dann der englische Physiker Joseph John Thomson (1856–1940) das Elektron. Bedeutungsvoll für die Elektronenentdeckung waren dabei – anders als im Falle der auf Untersuchungen von geladenen Teilchen in der Lösungsphase gestützten Elektronenhypothese – Untersuchungen von geladenen Teilchen in der Gasphase, denen wir uns kurz zuwenden wollen: Legt man an zwei Elektroden, die in einem gasgefüllten, auf beiden Seiten abgeschlossenen Glasrohr („*Gasentladungsrohr*“) eingeschmolzen sind (Fig. 29), eine elektrische Spannung von 1000 V an und pumpt das Glasrohr zunehmend leer, so beginnt ab Gasdrücken $< 10^{-2}$ bar Strom zu fließen, was sich nach außen hin in einem Leuchten des gesamten eingeschlossenen Restgases bemerkbar macht („*leuchtende Gasentladung*“; Aussendung eines „*Linienspektrums*“, vgl. S. 107). Bei weiterer Druckabnahme erscheint ab 10^{-3} bar in der Nähe der Kathode eine dunkle Zone, die sich zunehmend vergrößert und schließlich bei Gasdrücken $< 10^{-5}$ bar das gesamte Gasrohr ausfüllt; die Gasentladung wird trotz Stromflusses unsichtbar („*dunkle Gasentladung*“). Sind Kathode und Anode durchlöchert (Fig. 29), so daß die Träger des Elektrizitätsflusses durch die Elektroden fliegen können, so lassen sich in letzterem Falle nur hinter der Anode – nicht dagegen hinter der Kathode – geladene Teilchen nachweisen (z.B. mittels eines Zinksulfid-Fluoreszenzschirms, s. dort). Träger des Stromes ist also bei sehr niedrigen Gasdrücken ausschließlich die zur positiven Anode fließende und demgemäß negativ geladene Elektrizität („*Kathodenstrahlen*“).

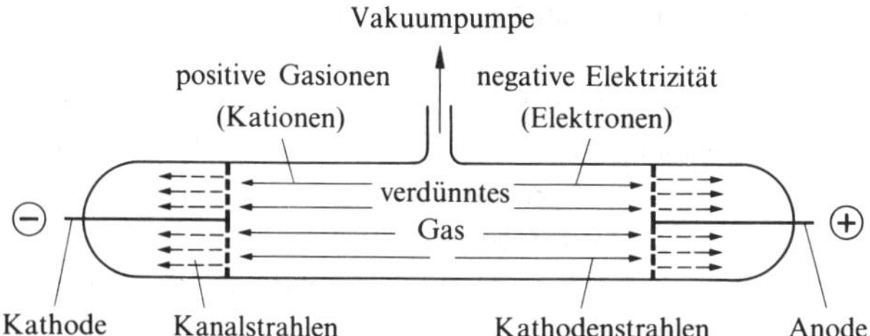

Fig. 29 Erzeugung von Kathoden- und Kanalstrahlen.

Über die Ablenkung der Kathodenstrahlen in elektrischen und magnetischen Feldern (S. 75) kann unter Berücksichtigung der Größe für die elektrische Elementarladung die relative Masse der Kathodenstrahlenteilchen bei Kenntnis ihrer Geschwindigkeit nach Elektrodendurchtritt ermittelt werden. Sie beträgt (nach genaueren neueren Untersuchungen) 1/1836 der Atommasse des Wasserstoffs. Da bisher kein leichteres, aus einem chemischen Stoff (hier der Elektrode) stammendes Teilchen der Elementarladung -1 aufgefunden wurde, besteht der berechtigte Grund zu der – erstmals von J.J. Thomson (1897) ausgesprochenen – Annahme, daß die aus der Kathode tretenden (emittierten) Teilchen negative Elektrizitätsatome, die Kathodenstrahlen mithin Strahlen aus Elektronen mit der relativen Masse $M_r(e) = 0.0005486$ darstellen.

[13] Die Bezeichnungen „*Elektron*“, „*Elektrizität*“ usw. stammen daher, daß Bernstein – griech. elektron –, wie schon im Altertum bekannt war, nach Reiben mit einem Fell leichte Körper (z.B. Holundermark-Kügelchen) anzieht, also nach unseren heutigen Kenntnissen „*elektrisch*“ aufgeladen ist. William Gilbert (1540–1603) entdeckte, daß diese Eigenschaft des Bernsteins auch anderen Stoffen, z.B. Glas, zukommt (das nach Reiben mit Seide Kräfte ausstrahlt, die denen des Bernsteins entgegengesetzt sind). Er prägte dafür die Namen „*Elektrizität*“ und „*elektrisiert*“ („gebernsteint“). Die Reibungselektrizität war bis in das 17. Jahrhundert die allein beachtete elektrische Erscheinung. 1747 führte Benjamin Franklin (1706–1790) die Bezeichnung „*positive*“ Elektrizität für die Glaselektrizität und „*negative*“ Elektrizität für die Harzelektrizität ein.

[14] **Literatur.** K.H. Spring: „*Protons and Electrons*“, Methuen, London 1955.

Der Protonenbegriff. Untersucht man im Falle einer leuchtenden statt einer dunklen Gasentladung (s. oben) den Raum hinter den durchlöcherten Elektroden (Fig. 29), so lassen sich nicht nur hinter der Anode, sondern auch hinter der Kathode geladene Teilchen nachweisen. Träger des Stromes ist nun außer zur positiven Anode fließende negative Elektrizität auch zur negativen Kathode fließende, positiv geladene Elektrizität („*Kanalstrahlen*", von Eugen Goldstein 1886 entdeckt). Wie aus der Ablenkung in elektrischen und magnetischen Feldern folgt, handelt es sich im Falle der Kanalstrahlenteilchen um Gaskationen, die beim Zusammenstoß der Kathodenstrahlen (Elektronen) mit den Atomen bzw. Molekülen des in der Entladungsröhre eingeschlossenen Gases durch Herausschlagen von Elektronen entstehen. In den vom Wasserstoffgas ausgehenden positiven Kanalstrahlen, die aus Wasserstoff-Ionen H^+ bestehen, wurden dann – fußend auf Untersuchungen von Wilhelm Wien (1864–1928) und Joseph John Thomson (s. o.) – von dem englischen Physiker Sir Ernest Rutherford im Jahre 1913 die lange gesuchten positiven Gegenpartner der negativen Elektronen erkannt.

Somit ist die kleinste, als Bestandteil in Atomen auftretende Materieeinheit der positiven Elektrizität das als **„Proton"**[15] bezeichnete Wasserstoffkation H^+. Dem Proton (Namengebung: Rutherford; Symbol: p, exakter: p^+)[14] kommt die Ladung +1 zu (d.h. 1 positive Elementarladung von $1.6021892 \times 10^{-19}$ Coulomb). Die relative Protonenmasse $M_r(p)$, die sich in einfacher Weise als Differenz $M_r(H) - M_r(e)$ der relativen Massen des Wasserstoffs und Elektrons (s. oben) ergibt, ist wegen der sehr kleinen Elektronenmasse praktisch gleich der relativen Wasserstoffatommasse ($M_r(p) = 1.007276$).

Jedes chemische Element ist durch eine ganz bestimmte Anzahl von Protonen charakterisiert, die in der Mitte des Atoms, dem sogenannten „*Atomkern*" lokalisiert sind (vgl. S. 85)[16]. Diese „*Protonenzahl*" (**„Kernladungszahl"**) ist gleich der bereits besprochenen „*Ordnungszahl*" („*Atomnummer*") des Elements[19]. Enthält der Atomkern 1 Proton, so handelt es sich um das Element Wasserstoff; 2 Protonen im Kern entsprechen dem Element Helium usw. Zur Kompensation der positiven Ladung jedes Kerns der nach außen hin neutral erscheinenden Atome umgibt eine der Protonenzahl entsprechende Anzahl von Elektronen den Atomkern in Form einer „*Elektronenhülle*" (vgl. S. 93). Positiv geladene Atome (Atom-Kationen) weisen dann weniger, negativ geladene Atome (Atom-Anionen) mehr Elektronen als Protonen auf.

Da die Atome des leichtesten Elements Wasserstoff jeweils nur einen positiv geladenen (Proton) sowie negativ geladenen (Elektron) Baustein der Materie enthalten, kann man sich die Elementatome formal aus Wasserstoffatomen zusammengesetzt denken. Dieser Sachverhalt kommt der alten Proutschen Hypothese (s. dort) sehr nahe. Allerdings ist dann nicht ganz verständlich, warum die relativen Atommassen von der Ganzzahligkeit zum Teil beträchtlich abweichen (z.B. B 10.81; Ge 72.59; Xe 131.30), nachdem die Atome offenbar aus Bausteinen der angenäherten Masse 1 bestehen (die Elektronen steuern wegen ihrer verschwindend kleinen Masse (0.0005) zur Atommasse praktisch nichts bei).

Eine Erklärung für die beobachteten Unstimmigkeiten werden uns Präzisionsmassenbestimmungen von Atom- und Molekül-Ionen mittels der „*Massenspektrometrie*" liefern.

---

[15] Von proton (griech.) = erstes, Ur-(Teilchen).

[16] Neben Protonen enthält der Atomkern („*Nukleus*")[17] noch ungeladene „*Neutronen*"[18] der angenäherten relativen Masse 1.

[17] nucleus (lat.) = Kern.

[18] Von ne-utrum (lat.) = keines von beiden (weder positiv noch negativ geladen).

[19] Daß die Zahl der positiven Kernladungen beim Fortschreiten von einem zum nächsten Element im Periodensystem um je 1 Einheit zunimmt, wurde erstmals 1913 von Henry Moseley nachgewiesen (S. 112).

2 Ionenmassenbestimmung

2.1 Die Massenspektrometrie[20)]

2.1.1 Wirkungsweise eines Massenspektrometers

Das von Joseph John Thomson (1856–1940) im Jahre 1907 entwickelte und ab 1919 von Francis William Aston (1877–1945) und vielen anderen (z. B. J. Mattauch, A. J. Dempster) apparativ weiterentwickelte Verfahren der Massenspektrometrie beruht auf folgendem (vgl. Fig. 30): Schickt man eine elektrische Entladung – also Elektronen hoher Geschwindigkeit – durch eine stark verdünnte, gasförmige Verbindungsprobe, so können die Gaspartikel durch Zusammenstoß mit den Elektronen in Ionen (Kanalstrahlen, s. oben) übergeführt werden, und zwar bilden sich insbesondere unter Elektronenabspaltung und gegebenenfalls gleichzeitiger Molekülspaltung positiv geladene Moleküle, Molekülbruchstücke bzw. Atome, also beispielsweise aus zwei-atomigen Molekülen AB:

$$AB \xrightarrow[-2e^-]{+e^-} AB^+ \qquad AB \xrightarrow[-3e^-]{+e^-} AB^{++} \qquad AB \xrightarrow[-2e^-]{+e^-} A^+ + B.$$

Seltener entstehen durch Elektroneneinfang und gegebenenfalls Molekülspaltung negativ geladene Moleküle, Molekülbruchstücke bzw. Atome (z. B. $AB + e^- \rightarrow AB^-$; $AB + e^- \rightarrow A + B^-$) oder durch Elektronenstoß positiv sowie negativ geladene Molekülbruchstücke (z. B. $AB + e^- \rightarrow A^+ + B^- + e^-$).

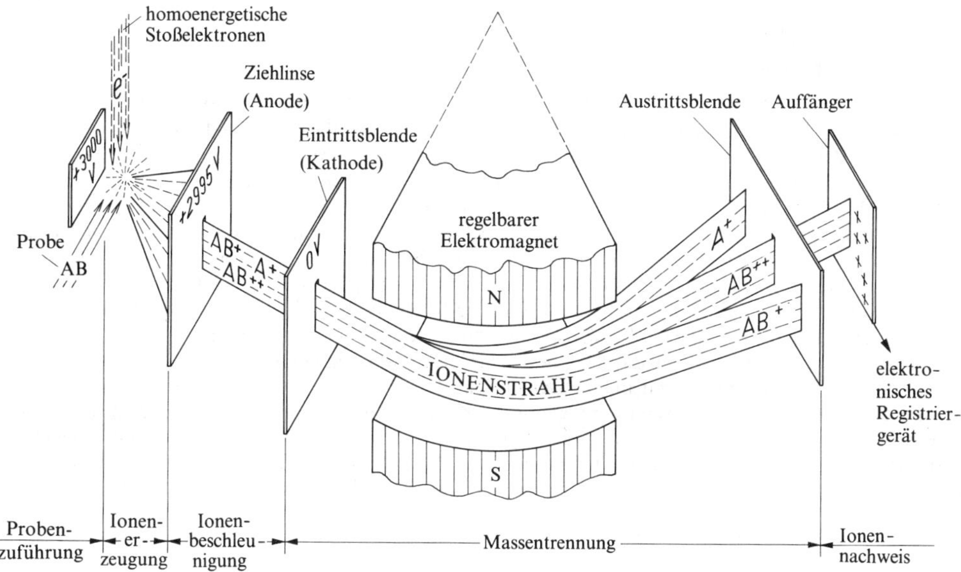

Fig. 30 Einfachfokussierendes, magnetisches Massenspektrometer. (Die wiedergebende Ablenkung im Magneten gilt unter der Voraussetzung, daß $m_A > m_B$.)

[20] **Literatur.** H. Ewald, H. Hintenberger: „*Methoden und Anwendungen der Massenspektroskopie*“, Verlag Chemie, Weinheim 1953; K. Biemann: „*Mass Spectrometry*“, McGraw-Hill, New York 1962; C. A. McDowell (Hrsg.): „*Massenspektrometrie*“, McGraw-Hill, New York 1963; C. Brunnée, H. Voshage: „*Massenspektrometrie*“, Thiemig, München 1964; W. L. Mead: „*Progress in Mass Spectrometry*“, Elsevier, Amsterdam 1966; H. Kienitz (Hrsg.): „*Massenspektrometrie*“, Verlag Chemie, Weinheim 1968; H. G. Thode, C. C. McMullen, K. Fritze: „*Mass Spectrometry in Nuclear Chemistry*“, Adv. Inorg. Radiochem. **2** (1960) 315–363; M. R. Litzow, T. R. Spalding: „*Mass Spectrometry of Inorganic and Organometallic Compounds*“, Elsevier, Amsterdam 1973.

Beschleunigt man nun die gebildeten Kationen oder Anionen in einem elektrostatischen Feld und läßt sie anschließend durch ein magnetisches Sektorfeld (vgl. Fig. 30) fliegen, so werden in letzterem Ionen unterschiedlicher Masse bzw. Ladung (genauer: unterschiedlichen Verhältnissen von Masse zur Zahl der Elementarladungen) verschieden stark abgelenkt, und zwar die leichteren und höher geladenen Ionen stärker als die schwereren und weniger geladenen Ionen (Fig. 30; vgl. auch Lehrbücher der Physik). Am Ausgang des Magneten erscheinen demgemäß alle Ionen nach Massen und Ladungen getrennt an verschiedenen Stellen[21] und können dort durch geeignete Meßanordnungen nachgewiesen werden. Die Massentrennungswirkung („*Massenauflösung*") kann noch verstärkt werden, wenn man die Ionen vor ihrem Durchgang durch das magnetische Sektorfeld durch ein elektrisches Sektorfeld (in Fig. 30 nicht eingezeichnet) schickt.

Jedes Massenspektrometer setzt sich mithin aus 5 Funktionsteilen zusammen: Probenzuführungs-, Ionenerzeugungs-, Ionenbeschleunigungs-, Massentrennungs- und Ionennachweisteil (vgl. Fig. 30). Der Massentrennungsteil besteht bei normal auflösenden Massenspektrometern aus einem Sektor-Magneten („*einfachfokussierendes Massenspektrometer*"), bei hochauflösenden Massenspektrometern zusätzlich aus einem Sektor-Radialkondensator (vgl. Photoelektronenspektrometer) („*doppelfokussierendes Massenspektrometer*"). Da die Ionenerzeugung, -beschleunigung und -trennung in gutem Hochvakuum (Druck $< 10^{-5}$ Torr) erfolgen muß, enthält ein Massenspektrometer zusätzlich eine Hochvakuumanlage.

Die – gegebenenfalls durch Erhitzen auf hohe Temperaturen gewonnene – *Gasprobe* wird im Ionenerzeugungsteil („*Ionenquelle*") im allgemeinen durch Elektronen ionisiert, die nach ihrem Austritt aus einer Glühelektrode eine Spannung U_e von 50–100 V (meistens 70 V)[22] durchflogen und mithin eine elektrische Energie eU_e (e = Elementarladung, e = Elektron) von 50–100 Elektronenvolt[23] erworben haben. Letztere führen sie in Form kinetischer Energie $m_e v_e^2/2$ mit sich. Es gilt dann die Beziehung $E_{\text{elektrisch}} = E_{\text{kinetisch}}$ also $eU_e = m_e v_e^2/2$, womit sich die Geschwindigkeit v_e der Elektronen (Masse m_e) wie folgt berechnet:

$$v_e = \sqrt{\frac{2eU_e}{m_e}}.$$

Nach Einsetzen des Wertes für die Elementarladung (s. dort) und Umrechnung der absoluten Elektronenmasse m_e in relative Masseneinheiten M_r(e) ergibt sich die Beziehung $v_e = 13.9\sqrt{U_e M_r(3)}$ [km/s]. Für $U_e = 70$ V und $M_e = 1/1836$ (s. oben) berechnet sich dann v_e zu ca. 5000 km/s. Das ist etwa die 450fache Geschwindigkeit, die ein Raumschiff benötigt, um der Erde zu entfliehen.

Analog der Elektronengeschwindigkeit läßt sich die Geschwindigkeit der durch Elektronenstöße in der „*Elektronenstoßionenquelle*" oder etwa der durch hohe Temperaturen in der „*Thermionenquelle*", starke elektrische Felder in der „*Feldionenquelle*", monochromatisches Licht in der „*Photoionenquelle*" (S. 114) erzeugten Ionen nach Durchfliegen des Ionenbeschleunigungsteils berechnen: es ist nur für e die Ionenladung $n \cdot e$ (n = Zahl der Ladungen), für U_e die Ionenbeschleunigungsspannung U_{Ion} und für m_e die absolute Ionenmasse m_{Ion} bzw. für M_r(e) die relative Ionenmasse M_r(Ion) einzusetzen.

Im Massentrennungsteil werden dann die beschleunigten Kationen beim Durchfliegen des homogenen, zur Ionenflugrichtung senkrechten magnetischen Sektorfeldes der Feldstärke $\boldsymbol{H}$ durch eine zur Flug- und Feldrichtung senkrecht wirkende magnetische Kraft („*Lorentzkraft*"), wie in Fig. 30 dargestellt, abgelenkt. (Die Anionenablenkung ist entgegengesetzt; zur Anionentrennung muß sowohl das elektrostatische Feld als auch der Magnet umgepolt werden.) Da eine Ionen-bremsende bzw. -beschleunigende Kraft fehlt, beschreiben die Ionen eine Kreisbahn. Der Radius dieser Bahn berechnet sich zu:

$$r_{\text{Ion}} = \frac{m_{\text{Ion}}\, v_{\text{Ion}}}{ne\boldsymbol{H}}.$$

Der Ablenkungsradius ist mithin umso kleiner (d.h. die Ablenkung umso größer), je kleiner die Ionenmasse sowie die Ionengeschwindigkeit und je größer die Ionenladung sowie die magnetische Feldstärke sind.

---

[21] Da für die Massentrennung das Verhältnis m/e der Masse m zur Ladung e des Ions maßgebend ist, erscheinen einfach geladene Ionen der Masse m, zweifach geladene Ionen der Masse $m/2$, dreifach geladene Ionen der Masse $m/3$ usw. an der gleichen Stelle.

[22] Bezüglich elektrischer Einheiten vgl. Anh. II.

[23] Passiert ein einfach geladenes Teilchen (Elektron, Proton, Anion, Kation) eine Potentialdifferenz von 1 V, so beträgt dessen mitgeführte Energie „1 *Elektronenvolt*" (eV). Der Energiewert von 1 eV ($= 1.6022 \times 10^{-19}$ J, vgl. Anh. II) pro Teilchen entspricht einer Energie von N_AeV = 96.485 kJ (23.045 kcal) pro Mol (N_A = Avogadrosche Konstante; s. dort).

Der Ionennachweis erfolgt im „*Massenspektrometer*“ durch ein elektrisches Anzeigegerät, welches die Folge von Ionen unterschiedlicher Masse (bzw. Ladung) in Form verschieden intensiver „*Massenpeaks*“ („*Massenlinien*“) mechanisch durch einen Tintenschreiber oder photographisch durch einen Lichtpunktschreiber aufzeichnet (**„Massenspektrum“**). Durch Änderung der Beschleunigungsspannung für die Ionen bzw. der Feldstärke des Magneten erreicht man dabei, daß die Ionen zunehmender Masse (bzw. abnehmender Ladung) der Reihe nach am Austrittsspalt (Fig. 30) erscheinen.

Als Beispiel ist das Kationen-Massenspektrum von Bismuttriiodid BiI_3 in Fig. 31 wiedergegeben, dem zu entnehmen ist, daß sich das Molekül beim Stoß mit Elektronen der Energie 70 eV unter Ionisierung in das Molekül-Ion BiI_3^+ (rel. Molekülmasse ca. 590) sowie unter gleichzeitiger Molekülspaltung in die Bruchstückionen BiI_2^+ (463), BiI^+ (336), Bi^+ (209) und I^+ (127) umwandelt (zweifach geladene Ionen treten beim Stoß mit Elektronen der Energie 70 eV hier noch nicht auf). Somit geht aus einem Verbindungsmassenspektrum in einfacher Weise sowohl die relative Verbindungsmasse als auch die Verbindungszusammensetzung hervor. Auch bei Unkenntnis einer Verbindungsprobe läßt sich aus ihrem Massenspektrum im allgemeinen leicht die Verbindungsstöchiometrie (und zusätzlich häufig die -struktur) ermitteln.

Die Höhe der Massenpeaks ist der Menge der gebildeten Ionensorte direkt proportional. Zur (tabellarischen bzw. graphischen) Registrierung von Massenspektren werden demgemäß die Peakhöhen prozentual aufeinander bezogen, indem man dem höchsten Peak („*Basispeak*“) bzw. der Höhensumme aller Peaks die Häufigkeit 100% zuschreibt (vgl. Fig. 31).

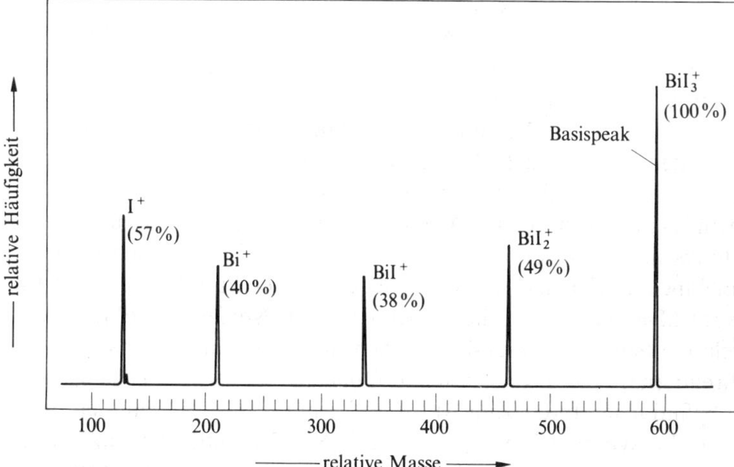

Fig. 31 Kationen-Massenspektrum von Bismuttriiodid BiI_3. (Der kleine Peak bei der relativen Masse 128 geht auf HI^+ zurück, das sich hydrolytisch aus BiI_3 gebildet hat.)

Zum Unterschied vom Massenspektrometer wird beim sogenannten „*Massenspektrograph*“ das in der Ebene der Austrittsblende (Bildebene; Fig. 30) abgebildete Massenspektrum als Gesamtspektrum auf einer Fotoplatte, die sich anstelle der Blende befindet, festgehalten. Einen dritten Apparatetyp stellt schließlich der „*Massenseparator*“ dar, bei dem in der Bildebene mehrere Austrittsspalte angebracht sind, durch welche die nach Massen getrennten Ionen treten, in Taschen gelangen und dort entladen werden. Nach längerem Betrieb sammeln sich auf diese Weise die entladenen Ionen in den Taschen an.

2.1.2 Anwendungsbereich eines Massenspektrometers

Die Massenspektrometrie ist heute ein äußerst wertvolles und vielseitig anwendbares Hilfsmittel zur stofflichen und energetischen Erforschung der Materie. So dient sie beispielsweise zur präparativen Stofftrennung (vgl. oben, Massenseparator), zur Aufklärung von Molekülstöchiometrien und -strukturen (s. oben) zur qualitativen und quantitativen Analyse von Verbindungsgemischen, zur Ermittlung von Spurenverunreinigungen, zur Feinbestimmung relativer Atommassen; zur Bestimmung von Ionisierungs- und Dissoziationsenergien und zur Klärung von Reaktionsabläufen. Wir wollen uns im folgenden der massenspektrometrischen Massenbestimmung sowie der Bestimmung von Ionisierungs- und Dissoziationsenergien zuwenden.

2.2 Bestimmung relativer Ionenmassen. Der Isotopenbegriff

2.2.1 Qualitative Untersuchungen

Schickt man das farblose, aus isolierten Atomen aufgebaute, gasförmige Element Neon Ne (Ordnungszahl 10, rel. Atommasse 20.179) durch ein Massenspektrometer, so kommt man nach Betrachtung des registrierten Massenspektrums (drei Ne^+-Massenpeaks) zu dem interessanten Schluß, daß das Element aus drei verschiedenen Sorten von Neonatomen bestehen muß, deren relative Massen rund der 20-, 21- bzw. 22-fachen Masse des Wasserstoffs entsprechen (Häufigkeit: 90.9%, 0.3% bzw. 8.8%). Dieser Sachverhalt wurde erstmals von dem Physiker Joseph John Thomson im Jahre 1912 bei Untersuchungen der Ablenkung von Neonkanalstrahlen (= Ne^+-Strahlen) im magnetischen Feld aufgedeckt[24].

Eingehende massenspektrometrische Untersuchungen haben inzwischen ergeben, daß die meisten Elemente aus Atomen verschiedener Masse zusammengesetzt sind. Der Massenunterschied der Elementatome beruht dabei, wie im einzelnen noch zu besprechen sein wird (S. 89), auf der unterschiedlichen Anzahl der am Atomaufbau neben den Protonen und Elektronen noch beteiligten, ungeladenen **„Neutronen“** der angenäherten Masse 1 (die Elektronen- und Protonenzahl ist, da ja nur Atome eines bestimmten Elements, also Atome gleicher Ordnungszahl betrachtet werden, selbstverständlich jeweils gleich groß). Neutronen und Protonen, die zum Unterschied von den in der Atomhülle lokalisierten Elektronen den Atomkern („*Nukleus*“) bilden, werden auch als „*Nukleonen*“, jedes durch die Anzahl seiner Neutronen und Protonen eindeutig bestimmtes Atom als **Nuklid**[25] bezeichnet.

Man nennt die zu einem Element gehörenden Atome (Nuklide) gleicher Ordnungszahl (Protonenzahl, Kernladungszahl) und verschiedener Masse, die im Periodensystem ein und denselben Platz einnehmen, nach einem Vorschlag des englischen Physikochemikers Frederick Soddy (1877–1965) „**Isotope**“[26] und kennzeichnet deren *Nukleonenzahl* („*Massenzahl*“ = abgerundete relative Isotopenmasse) durch einen links oben am Atomsymbol angebrachten Index, während man die *Protonenzahl* („*Ordnungszahl*“, „*Kernladungszahl*“) durch einen links unten befindlichen Index zum Ausdruck bringt. Für die erwähnten Neon-Isotope ergeben sich somit die Symbole ${}^{20}_{10}Ne$, ${}^{21}_{10}Ne$ und ${}^{22}_{10}Ne$. Die Differenz von Massen- und Ordnungszahl gibt naturgemäß jeweils die *Neutronenzahl* an. Die *Ladungszahl* eines Elementatoms E wird durch einen rechts oben, die *Atomzahl* des Elements in einem Molekül durch einen rechts unten angebrachten Index wiedergegeben:

$$\text{Nukleonenzahl}\;\;\;\;\;\;\;\;\;\;\;\;\text{Ladungszahl}$$
$$\mathrm{E}$$
$$\text{Kernladungszahl}\;\;\;\;\;\;\;\;\;\;\;\;\text{Atomzahl}$$

In diesem Sinne bezeichnet z. B. das Symbol ${}^{16}_{8}O_2^{2-}$ ein doppelt negativ geladenes, aus zwei Atomen Sauerstoff der Ordnungszahl (Protonenzahl) 8 und Masse (Nukleonenzahl) 16 aufgebautes Peroxid-Ion.

Als Beispiel eines aus besonders vielen Isotopen bestehenden Elements ist in Fig. 32 das Massenspektrum des in der gleichen Elementgruppe wie Neon stehenden, farblose, aus isolierten Atomen aufgebauten gasförmigen Elements Xenon Xe (Ordnungszahl 54, rel. Atommasse 131.30) wiedergegeben. Ersichtlicherweise setzt sich Xenon aus insgesamt 9 Isotopen zusammen.

---

24 Thomson fand zunächst nur die Ionen der häufiger auftretenden Neonatomsorten der rel. Massen 20 und 22.

25 Zur besseren Übersicht über die Vielzahl bisher bekannter Nuklide (Anh. III) ordnet man diese mit Vorteil in ein Koordinatensystem ein („*Nuklidkarte*“), deren Abszisse/Ordinate die Neutronenzahl/Protonenzahl wiedergibt. *Isotope Nuklide* stehen dann in der Karte in *waagrechten*, *isotone Nuklide* in *senkrechten* und *isobare Nuklide* in *diagonalen* Reihen (vgl. S. 91).

26 Von isos (griech.) = gleich; topos (griech.) = Platz (im Periodensystem am gleichen Platz).

Ähnlich wie im Falle des Xenons weisen die Massenspektren anderer Elemente eine durch Zahl, Lage (Masse) und Intensität charakterisierte Abfolge von Massenpeaks der Element-Isotopenkationen („*Isotopenmuster*") auf. Aus dem massenspektrometrisch ermittelten Atom-Isotopenmuster lassen sich daher umgekehrt in einfacher Weise Elemente identifizieren. Analog können aus den Molekül-Isotopenmustern Rückschlüsse auf die Zusammensetzung von Verbindungen gezogen werden.

Auf S. 17 definierten wir ein Element als einen Stoff, der zum Unterschied von den chemischen Verbindungen durch keine der „gebräuchlichen" physikalischen und chemischen Methoden in einfachere Stoffe zerlegt werden kann. Die im vorstehenden entwickelte Lehre vom Aufbau der Atomkerne ermöglicht nunmehr eine etwas exaktere Formulierung des Elementbegriffs: *Ein Element ist ein Stoff, dessen Atome (Nuklide) alle die gleiche Kernladung besitzen.* Haben die Atome eines Elements zugleich auch alle die gleiche Masse, so liegt ein „**Reinelement**" („*anisotopes Element*"), andernfalls ein „**Mischelement**" („*isotopes Element*") vor. Damit läßt sich die auf S. 28 gegebene Einteilung der Stoffe wie folgt fortsetzen:

b) **Elemente:** Molekülaufbau aus einer einzigen Atomart.
  α) **Mischelemente:** Atomaufbau aus Kernen verschiedener Masse.
  β) **Reinelemente:** Atomaufbau aus Kernen gleicher Masse.

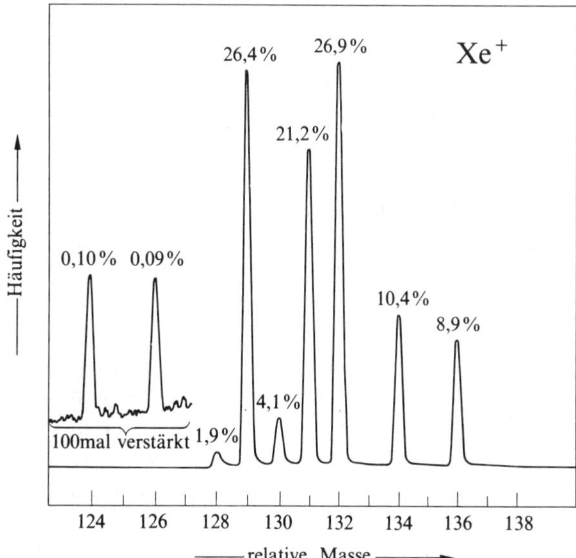

Fig. 32 Kationen-Massenspektrum von Xenon.

Da die chemischen Eigenschaften von Isotopen eines Mischelements praktisch nicht voneinander verschieden sind, muß man zur wirksamen Trennung der Isotope („**präparative Isolierung von Reinelementen**") physikalische Methoden anwenden, die sich auf die verschiedene Masse von Atom- bzw. Molekülisotopen (sowie -isotopenkationen) gründen. Ein einfaches und wirksames derartiges Verfahren ist z. B. die Isotopentrennung in *Massenseparatoren* (vgl. S. 77; z. B. „*Calutron-Verfahren*"[27]) oder in *Gaszentrifugen*. Andere, ebenfalls recht brauchbare Methoden zur Isotopentrennung bedienen sich der verschiedenen Diffusions-, Verdampfungs- und Ionenentladungsgeschwindigkeit (vgl. z. B. H_2O-Elektrolyse, S. 251), da die leichteren Isotope infolge ihrer geringeren Masse etwas leichter diffundieren bzw. verdampfen bzw. entladen werden. Ein recht wirksames Verfahren zur Isotopentrennung ist auch das von dem deutschen Physikochemiker Klaus Clusius und Gerhard Dickel im Jahre 1938 ausgearbeitete „*Trennrohrverfahren*", das sich der Kombination zweier physikalischer

[27] *Cal*ifornia *U*niversity Cyclo*tron*.

Erscheinungen, der Thermodiffusion und der Konvektionsströmung bedient (vgl. Lehrbücher der physikalischen Chemie).

Die Reindarstellung von Nukliden ist u.a. deshalb von Wichtigkeit, weil mit ihrer Hilfe eine Indizierung von Atomen möglich ist, deren Weg im Verlaufe einer Reaktion verfolgt werden soll („*Isotopenmarkierung*" zur Klärung von Reaktionsmechanismen). Verfüttert man z.B. an ein Tier eine Aminosäure, die an Stelle des gewöhnlichen Stickstoffs $^{14}_{7}N$ das schwere Stickstoffisotop $^{15}_{7}N$ enthält, so läßt sich das Schicksal dieser Aminosäure im tierischen Körper bis ins einzelne verfolgen, da der im Stoffwechsel ausgeschiedene oder in Form von Eiweiß im Organismus zurückbehaltene Stickstoff seiner Herkunft nach an der erhöhten Anwesenheit des Nuklids $^{15}_{7}N$ erkannt werden kann.

Darüber hinaus sind Reinelemente für die Kernchemie von Bedeutung, da sich naturgemäß deutliche Unterschiede zwischen den Isotopen eines Elements zeigen, sofern die Eigenschaften des Atomkerns betrachtet werden.

2.2.2 Quantitative Untersuchungen

Mit doppelfokussierenden Massenspektrometern (S. 76) lassen sich – abgesehen von Zahl und Häufigkeit der Isotope eines Elements – relative Nuklidmassen ohne weiteres bis auf 0.000001 Atommasseneinheiten genau bestimmen („*Präzisionsmassenbestimmungen*"). Die im Anhang III wiedergegebene Tabelle gibt den heutigen Stand der Nuklidforschung für die natürlich vorkommenden 262 stabilen und 72 radioaktiven – also insgesamt 334 – Nuklide wieder (künstliche Nuklide, vgl. Kap. über Radioaktivität).

Wie aus der Tabelle hervorgeht, sind 20 Elemente (Be, F, Na, Al, P, Sc, Mn, Co, As, Y, Nb, Rh, I, Cs, Pr, Tb, Ho, Tm, Au, Bi) aus nur einer natürlich vorkommenden Atomart aufgebaut („*Reinelemente*", „*mononuklide Elemente*", „*anisotope Elemente*"); sie besitzen alle ungerade Ordnungs- und Massenzahlen. Die übrigen Elemente stellen „*Mischelemente*" („*polynuklide Elemente*") dar, wobei bis zu 10 Isotope eines Elements in der Natur vorkommen. Unter den nichtradioaktiven Elementen (Wasserstoff bis Bismut ohne Technetium und Promethium) sind alle Massenzahlen von 1–209 mit Ausnahme der Massen 5 und 8 vertreten (künstliche Nuklide mit Massenzahl 5 und 8 existieren).

Wie sich aus der Tabelle weiterhin ergibt, besteht eine Tendenz zur Paarung von Protonen und Neutronen. So haben von den 262 nichtradioaktiven Nukliden der Natur nicht weniger als 257 (98%) gepaarte Protonen und/oder Neutronen, wobei die Mehrzahl hiervon (155) gepaarte Protonen und Neutronen besitzt, während vom Rest (102) die eine Hälfte (53) gepaarte Protonen, die andere Hälfte (49) gepaarte Neutronen aufweist. Nur 5 von den 262 stabilen Isotopen der Natur (2%) sind bezüglich ihrer Protonen-Neutronen-Zahl ungerade-ungerade. Besonders stabile Nuklide liegen bei den leichteren Elementen vor, wenn die Zahl der Protonen und Neutronen nicht nur gerade, sondern gleich groß ist: z.B. $^{4}_{2}He$, $^{12}_{6}C$, $^{16}_{8}O$, $^{40}_{20}Ca$.

Relative Atommassen[28]. Die relativen Massen der Nuklide sind in erster Näherung ganzzahlig und entsprechen – gerundet – der Massenzahl und damit der Nukleonenzahl des betreffenden Isotops. Da die natürlich vorkommenden Elemente im allgemeinen Gemische mehrerer Atomarten unterschiedlicher Masse sind, kommt den Elementen jeweils eine mittlere relative Atommasse $\bar{A}_r$ zu, die irgendwo zwischen den relativen Massen des leichtesten und schwersten Isotops des betreffenden Elements liegt. Sie berechnet sich in einfacher Weise aus den relativen Isotopenmassen A_r sowie den prozentualen Isotopenhäufigkeiten H der n Elementnuklide gemäß:

$$\bar{A}_r = \frac{1}{100}\left[(H \times A_r)_{1.\text{Isotop}} + (H \times A_r)_{2.\text{Isotop}} + \ldots + (H \times A_r)_{n.\text{Isotop}}\right].$$

[28] **Literatur.** Pure Appl. Chem. ab **60** (1988) 842.

Für das aus 9 Isotopen mit den Massenzahlen 124, 126, 128, 129, 130, 131, 132, 134 und 136 zusammengesetzte Xenon (vgl. Fig. 32) folgt, wie sich mit den Werten im Anhang III leicht berechnen läßt, demgemäß $\bar{A}_r$ (Xe) zu 131.30. Es wird nun verständlich, weshalb die relativen Atommassen der Elemente häufig von der Ganzzahligkeit beachtlich abweichen, obwohl die Atome aus Nukleonen (Protonen, Neutronen) der angenäherten relativen Masse 1 aufgebaut sind (die Elektronen spielen wegen ihrer verschwindend kleinen Masse für diese Betrachtung keine Rolle).

Da die Atomsorten eines Elements chemisch (praktisch) *gleichartig* reagieren, das Mischungsverhältnis also im wesentlichen *erhalten* bleibt, ändert sich die Durchschnitts-Atommasse bei chemischen Reaktionen praktisch nicht. Daher bedient sich der Chemiker in der Praxis stets der – in Tafel II zusammengestellten – *mittleren relativen Atommassen* (**„praktische relative Atommassen“**) $\mathrm{A_r}$.

Allerdings *schwankt* bei einigen Elementen (H, He, Li, B, C, N, O, Si, S, Ar, Cu, Sr, Pb) die *relative Häufigkeit* der Isotope in irdischem Material aufgrund langzeitiger Entmischungsprozesse *geringfügig*, wodurch sich eine *präzise Angabe* von $\mathrm{A_r}$ auf sechs oder mehr Stellen nach dem Komma verbietet, obwohl sich massenspektrometrisch – wie erwähnt – relative Nuklidmassen leicht bis auf 0.000001 Masseneinheiten bestimmen lassen. Da zudem der *Fehler* des Berechnungsergebnisses relativer Atommassen (wegen der massenspektrometrisch weniger präzise ermittelbaren relativen Isotopenhäufigkeiten) mit der *Anzahl der Isotope* eines Elements *wächst*, lassen sich insbesondere nur die Atommassen der 20 *Reinelemente* (s. oben) bzw. jener *Mischelemente*, die ein *dominierendes* Isotop enthalten (Häufigkeit: > 99 %: H, He, N, O, Ar, V, La, Ta, U), *sehr genau* bzw. *einigermaßen genau* angeben. Aus gleichem Grunde ermöglichen Mischelemente mit *ungerader* Kernladung (da sie nur aus wenigen Isotopen bestehen) *präzisere* Angaben von $\mathrm{A_r}$ als solche mit gerader Kernladung (meist viele Isotope).

Von einer Reihe von Elementen (H, He, Li, B, N, O, Ne, Ar, Ca, Kr, Rb, Sr, Zr, Ru, Pd, Ag, Cd, Sn, Te, Xe, La, Ce, Nd, Sm, Eu, Gd, Dy, Er, Yb, Lu, Os, Pb, Th, U) sind zudem geologische Vorkommen mit *anomaler Isotopenzusammensetzung* bekannt. Letztere wird durch *radioaktive Prozesse* hervorgerufen (z. B. Bildung bestimmter Nuklide aus radioaktiven Vorstufen). Die relativen Atommassen anomal zusammengesetzter Elemente liegen meist *weit außerhalb des Bereichs* der in Tafel II wiedergegebenen Werte. Auch kann in *Handelspräparaten* die relative Atommasse eines Elements, aus welchem ein für einen bestimmten Zweck benötigtes Isotop *technisch abgereichert* wurde (zur Zeit: H, Li, B, Ne, Kr, U), beträchtlich vom Normalwert abweichen. Für die *radioaktiven* Elemente ab Uran, die sich nur *künstlich* gewinnen lassen, hängt A_r vom Syntheseweg des betreffenden Elements ab. In Tafel II sind jeweils die relativen Nuklidmassen der *wichtigsten*, für präparative Zwecke genutzten radioaktiven Nuklide (häufig nicht identisch mit den längstlebigen Nukliden) wiedergegeben.

Relative Nuklidmassen.[28] Wie aus Anhang III hervorgeht, *weichen* die *relativen Nuklidmassen* etwas von der *Ganzzahligkeit ab*. So kommt dem aus je einem Elektron, Proton und Neutron zusammengesetzten Wasserstoffisotop ^{2}H (Deuterium) nicht etwa exakt ein Sechstel der Masse des aus je sechs Elektronen Protonen und Neutronen aufgebauten Kohlenstoffisotops ^{12}C (rel. Masse 12.000000) zu, also 2.000000, sondern die relative Masse 2.014102.

Der Grund für das Abweichen der relativen Nuklidmasse von der Ganzzahligkeit liegt in der hohen, etwa 8000000 eV (= 8 MeV) betragenden Energie („*Nukleonenbindungsenergie*“), die für jedes zusätzliche mit einem Atomkern verschmolzene Proton oder Neutron frei wird (vgl. S. 1737). Diesem Energiewert entspricht gemäß der „*Einsteinschen Beziehung*“ $E = mc^2$ (vgl. S. 20) ein Massenverlust von ca. 0.008 Masseneinheiten. Einem gebundenen Nukleon, dessen relative Masse im ungebundenen Zustand etwa 1.008 Masseneinheiten beträgt, kommt mithin näherungsweise die Masse 1.000 zu, dem aus a Nukleonen aufgebauten Atomkern mithin näherungsweise die ganzzahlige relative Masse a (= Massenzahl des Nuklids). Da jedoch die Bindungsenergie pro Nukleon der einzelnen Nuklidkerne keineswegs exakt übereinstimmt, sind natürlich auch keine exakten ganzzahligen relativen Nuklidmassen zu erwarten.

Die sehr hohen (allerdings nicht sehr weitreichenden) Nukleonenbindungskräfte bewirken trotz der gegenseitigen – aber vergleichsweise kleinen – elektrostatischen Abstoßung der Kernprotonen einen extrem festen Zusammenhalt des Kerns. Verglichen mit den Nukleonenbindungskräften sind die auf (weitreichender) elektrostatischer Anziehung beruhenden Bindungskräfte der Elektronen an den Kern, die nun besprochen werden sollen, etwa eine Million mal kleiner.

3 Ionisierungsenergie und Dissoziationsenergie

Die Energie, die erforderlich ist, um einem gasförmigen Atom A bzw. einem gasförmigen Molekül AB gemäß

$$\text{Energie} + A \rightarrow A^+ + e^- \qquad \text{Energie} + AB \rightarrow AB^+ + e^-$$

ein Elektron zu entreißen, um es also zu ionisieren, wird als **„Ionisierungsenergie“** (besser: *„Ionisierungsenthalpie“*) der betreffenden Atome und Moleküle bezeichnet. Sie beträgt z. B. für H-Atome 13.595 eV, für H_2-Moleküle 15.427 eV:

$$13.595\,\text{eV} + H \rightarrow H^+ + e^- \qquad 15.427\,\text{eV} + H_2 \rightarrow H_2^+ + e^-.$$

Die Ionisierungsenergie läßt sich u. a. in folgender Weise mittels eines Massenspektrometers bestimmen: man steigert die Energie der zur Probenionisierung eingesetzten Stoß-Elektronen, indem man letztere vor Eintritt in die Ionenquelle des Massenspektrometers (s. dort) ein elektrostatisches Feld durchfliegen läßt, dessen Potentialdifferenz U_e sukzessive vergrößert wird. Eine Ionisierung der Probenatome bzw. -moleküle wird durch Elektronenstoß dann eintreten, wenn die Energie eU_e der Elektronen gerade gleich der Ionisierungsenergie ist. Benötigt man demnach für die Ionisierung von Wasserstoffatomen H bzw. von Wasserstoffmolekülen H_2 Elektronen, die mindestens ein Potential von 13.595 V bzw. 15.427 V durchlaufen haben, so beträgt die Ionisierungsenergie des Wasserstoffatoms mithin 13.595 eV pro Atom bzw. sein *„Ionisierungspotential“* 13.595 V, die Ionisierungsenergie des Wasserstoffmoleküls 15.427 eV bzw. sein Ionisierungspotential 15.427 V[29]. Die einsetzende Ionisierung der Atome bzw. Moleküle läßt sich leicht am Auftreten eines Massenpeaks des betreffenden Atom- bzw. Molekül-Ions im Ionennachweisteil des Massenspektrometers erkennen. Man bezeichnet die Ionisierungsenergie bzw. das Ionisierungspotential deshalb auch als *„Auftrittsenergie“* bzw. *„Auftrittspotential“*[30].

Die Ionisierungsenergien, die für alle Atome (vgl. Tafeln III–V) und sehr viele Moleküle bestimmt wurden[31], liegen im Bereich 3–25 eV pro Teilchen (häufigster Bereich: 7–14 eV), d. h. im Bereich 300–2400 kJ pro Mol Teilchen (Anh. III–V). Höher als diese für neutrale Atome und Moleküle geltenden ersten Ionisierungsenergien sind erwartungsgemäß stets die zweiten Ionisierungsenergien (Ablösung eines Elektrons aus einem einfach positiv geladenen Ion), noch höher sind die dritten Ionisierungsenergien (Ablösung eines Elektrons aus einem zweifach positiv geladenem Ion) usw. Dabei macht man die Beobachtung, daß die Ionisierungsenergie eines Elementatoms der n-ten Hauptgruppe des Periodensystems beim Übergang von der n-ten zur $(n+1)$-ten Ionisierungsstufe besonders stark zunimmt (z. B. werden für das in der 4. Gruppe ($n = 4$) stehende Kohlenstoffatom folgende Ionisierungsenergien gefunden: C 11.3; C^+ 24.4; C^{++} 47.9; C^{+++} 64.5; C^{++++} 392 eV)[32].

Betrachtet man die Ionisierungsgleichung für Wasserstoffatome (s. oben) von rechts nach links, so besagt sie, daß die **„Elektronenaffinität“** des Wasserstoff-Kations −13.595 eV pro Teilchen beträgt[33], die Elektronenaffinität des neutralen Wasserstoffatoms ist wesentlich kleiner und beläuft sich auf −0.756 eV pro Atom[34]:

---

29 1 eV pro Teilchen = 96.485 kJ = 23.045 kcal pro Mol Teilchen.

30 Die Erzeugung der Atome aus den in die Ionenquelle eines Massenspektrometers eingelassenen zugehörigen Elementen kann bei den schwerer flüchtigen Elementen durch Erhitzen auf hohe Temperaturen, bei den leicher flüchtigen Elementen mittels einer elektrischen Entladung erfolgen.

31 **Literatur.** *„Handbook of Chemistry and Physics“*, CRC Press.

32 Weit mehr Energie (mehrere Millionen eV) erfordert die Ablösung von Protonen statt Elektronen aus Atomen (vgl. weiter oben).

33 Die Elektronenaffinität entspricht im vorliegenden Fall einer vom System *abgegebenen* Energie, sie muß demgemäß ein *negatives* Vorzeichen erhalten (vgl. S. 51). Es ist jedoch auch üblich, die Vorzeichensetzung für Elektronenaffinitäten umzukehren. Diesem Brauch wird im vorliegenden Lehrbuch nicht gefolgt.

$H^+ + e^- \rightarrow H + 13.595\,eV$ $\qquad$ $H + e^- \rightarrow H^- + 0.756\,eV$

Unter den neutralen Atomen zeichnen sich die Atome von Elementen der sechsten und siebten Hauptgruppe durch relativ große (negative), der zweiten und achten Hauptgruppe durch relativ kleine (positive) Elektronenaffinitäten aus (vgl. Tafeln III–V). Sie liegen im Bereich von etwa -4 bis $+1$ eV (vgl. S. 97).

Entsprechend der Elektronenaffinität ist die sogenannte **„Protonenaffinität“** als jener Energiebetrag festgelegt, der bei der chemischen (nicht kernchemischen) Vereinigung eines Wasserstoff-Kations H^+ (Proton) mit Atomen, Molekülen oder Ionen in der Gasphase frei wird (negative Vorzeichen) oder verbraucht wird (positive Vorzeichen):

$$A + H^+ \rightarrow AH^+; \qquad AB + H^+ \rightarrow ABH^+; \qquad B^- + H^+ \rightarrow BH.$$

Die Protonenaffinitäten neutraler Atome oder Moleküle liegen im Bereich -1.5 bis -10 eV, z.B.: He -1.79; Ne -2.15; Ar -2.34; H_2 -3.01; N_2 -5.4; HCl -5.2; HBr -6.1; HI -6.3; H_2O -7.9; H_2S -7.6; NH_3 -9.2; PH_3 -8.1; CH_4 -5.3 eV.

Beim Zusammenstoß von Elektronen mit Wasserstoffmolekülen H_2 entsteht in der Ionenquelle eines Massenspektrometers außer dem Molekül-Ion H_2^+ auch das Bruchstück-Ion H^+, sofern die Stoß-Elektronen mindestens eine Energie von 18.12 eV mit sich führen: 18.12 eV $+ H_2 \rightarrow H^+ + H + e^-$. Man kann diese Ionisierungsenergie dazu benutzen, um die auf direktem Wege nur schwer zugängliche Energie für die Spaltung von Wasserstoffmolekülen in zwei Wasserstoffatome indirekt auf einem Reaktionsumweg zu bestimmen (vgl. Hessschen Satz). Hierzu läßt man der energieverbrauchenden Spaltung $H_2 \rightarrow H^+ + H + e^-$ eine Entladung der Wasserstoff-Kationen folgen, bei der die negative Ionisierungsenergie des Wasserstoffatoms von -13.60 eV (= Elektronenaffinität) frei wird. Insgesamt muß mithin zur Spaltung eines H_2-Moleküls in H-Atome eine Energie von $18.12 - 13.60 = 4.52$ eV pro Molekül (436 kJ bzw. 104 kcal pro mol H_2) aufgewendet werden:

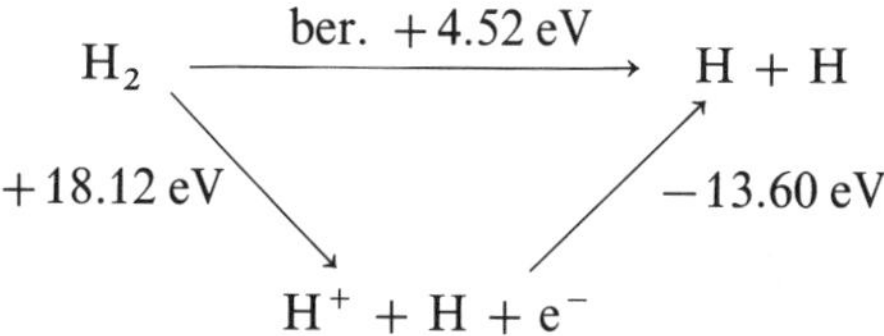

Man bezeichnet die zur Abspaltung von Atomen oder Atomgruppen aus Molekülen aufzubringende Energie als **„Dissoziationsenergie“** und spricht im vorliegenden Fall mithin von der Dissoziationsenergie des Wasserstoffs.

Die Spaltung eines Moleküls AB in A und B kann entweder in der Weise erfolgen, daß die Bindungselektronen gleichmäßig auf beide Molekülbruchstücke verteilt werden („*homolytische Dissoziation*“) oder so, daß ein Spaltprodukt die bindenden Elektronen übernimmt („*heterolytische Dissoziation*“).

$$\text{Energie} + A:B \xrightarrow[\text{Dissoziation}]{\text{homolytische}} A\cdot + \cdot B \qquad \text{Energie} + A:B \xrightarrow[\text{Dissoziation}]{\text{heterolytische}} A^+ + :B^-.$$

Ersteren Fall haben wir oben, letzteren bei der Besprechung der elektrolytischen Dissoziation (s. dort) kennengelernt. Es ist demgemäß zwischen der homolytischen Dissoziationsenergie (häufig auch einfach Dissoziationsenergie genannt) und der – betragsgemäß im allgemeinen höheren – heterolytischen Dissoziationsenergie zu unterscheiden. So muß beispielsweise zur „*Homolyse*“ von Wasserstoffmolekülen ein Energiebetrag von 4.52 eV pro Molekül (436 kJ/mol), zur „*Heterolyse*“ aber ein Energiebetrag von 17.36 eV pro Molekül (1675 kJ/mol) aufgewendet werden, wie aus folgendem Kreisprozeß hervorgeht[35]:

[34] Die Ionisierungsenergie eines Neutralatoms ist ganz allgemein numerisch gleich der Elektronenaffinität des zugehörigen einfach geladenen Kations, die Ionisierungsenergie eines einfach geladenen Anions numerisch gleich der Elektronenaffinität des zugehörigen Neutralatoms (jeweils entgegengesetztes Vorzeichen).

[35] Die heterolytische Dissoziationsenergie des Wasserstoffmoleküls ist numerisch gleich der Protonenaffinität des Wasserstoff-Anions (umgekehrtes Vorzeichen).

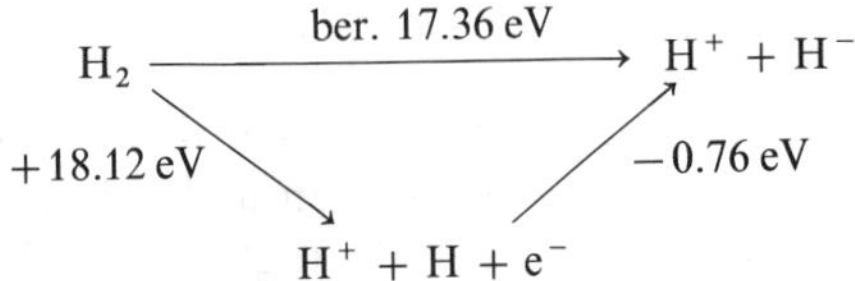

Die Dissoziationsenergien (positive Vorzeichen) werden in kJ, bezogen auf 1 mol Stoff, wiedergegeben. Sie liegen für homolytische Dissoziationen im Bereich 0–1000 kJ/mol, z. B.: H_2 436.22; F_2 158.09; Cl_2 243.52; Br_2 192.97; I_2 151.34; O_2 498.67; N_2 946.04 kJ/mol. Die Spaltung von Molekülen in Atome erfordert mithin im allgemeinen weniger Energie als die Spaltung von Atomen in Kationen und Elektronen.

Enthält ein Molekül AB_n mehrere gleichartige Atome B (B kann auch eine Atomgruppe sein), so wird zwischen der ersten, zweiten, dritten Dissoziationsenergie usw. unterschieden, je nachdem das erste Atom B oder nach Abspaltung des ersten das zweite Atom B oder nach Abspaltung zweier Atome B das dritte Atom B usw. abgespalten wird. Beispielsweise beträgt im Falle des Wassermoleküls H_2O die erste Dissoziationsenergie +499 kJ/mol für den Vorgang $H_2O \rightarrow H + HO$, die zweite Dissoziationsenergie +428 kJ/mol für den Vorgang $HO \rightarrow H + O$. Das arithmetische Mittel der gefundenen (ersten, zweiten, dritten ...) Dissoziationsenergien wird dann als **„Bindungsenergie"** des betreffenden Atoms B im Molekül AB_n bezeichnet[36]. Im Falle des Wassers beträgt die Sauerstoff-Wasserstoff-Bindungsenergie ersichtlicherweise $(499 + 428) : 2 = 463.5$ kJ/mol.

Aus der Bindungsenergie eines Moleküls AB_n folgt unter Berücksichtigung der zur Überführung der Elemente A_x und B_x in Atome A und B aufzubringenden Energiebeträge in einfacher Weise die AB_n-Bildungsenthalpie (s. dort). Beispielsweise ergibt sich die Bildungsenthalpie flüssigen Wassers – also die im Zuge der Reaktion $H_2 + 1/2O_2 \rightarrow H_2O$ abgegebene Wärme – als Summe der Enthalpien ΔH der Teilreaktionen $H_2 \rightarrow 2H$ ($\Delta H = +436$ kJ/mol), $1/2O_2 \rightarrow O$ ($\Delta H = 249$ kJ/mol), $2H + O \rightarrow H_2O$ (gasförmig; $\Delta H = -2 \times 463.5$ kJ/mol), H_2O (gasförmig) $\rightarrow H_2O$ (flüssig; $\Delta H = -44$ kJ/mol) zu $436 + 249 - 2 \times 463.5 - 44 = -286$ kJ/mol.

[36] Bei zweiatomigen Molekülen AB ist die Dissoziationsenergie naturgemäß identisch mit der Bindungsenergie.

Kapitel V

Der Atombau

Beim Studium der besprochenen und noch zu besprechenden Physik und Chemie der Atome und ihrer Bestandteile tauchen für den aufmerksamen Leser einige Fragen auf: Warum sind die Ionisierungsenergien der Edelgasatome so hoch, die der im Periodensystem unmittelbar folgenden Alkalimetallatome dagegen so niedrig? Warum sind andererseits die Elektronenaffinitäten der Halogenatome – verglichen mit jenen der Edelgasatome – so groß? Warum sind die chemischen Eigenschaften der Ionen von denen der Ausgangsatome ganz verschieden? Weshalb treten Alkalimetalle bevorzugt als einfach, Erdalkalimetalle als zweifach geladene Kationen auf und umgekehrt Halogene bzw. Chalkogene als ein- bzw. zweifach geladene Anionen? Warum nimmt die Ionisierungsenergie beim Übergang von der n-ten zur $(n+1)$-ten Ionisierungsstufe (n = Gruppennummer) so besonders stark zu? Weshalb zeigen Elemente einer bestimmten Gruppe des Periodensystems ähnliche Eigenschaften? Warum senden die Gasatome und -ionen im Falle einer leuchtenden Gasentladung Licht ganz bestimmter Wellenlänge und kein kontinuierliches Spektrum aus?

Auf alle diese Fragen gibt uns das „Schalenmodell der Atome", mit dem wir uns nun näher befassen wollen, eine einfache Antwort.

1 Das Schalenmodell der Atome

1.1 Die Bausteine der Materie. Der Elementarteilchenbegriff[1]

Nach unseren heutigen Kenntnissen (Werner Heisenberg, 1901–1976) bestehen die Atome aus einem winzig kleinen, fast die gesamte Atommasse in sich vereinigenden Atomkern („*Nukleus*")[2] und einer räumlich ausgedehnten, fast masseleeren Atomhülle. Alle Atomkerne sind dabei aus zwei Sorten von Teilchen der angenäherten relativen Massen 1 („*Nukleonen*")[2] aufgebaut, den einfach positiv geladenen „*Protonen*" (S. 74)[3] sowie den ungeladenen „*Neutronen*" (S. 78)[4]. Die Atomhülle enthält die einfach negativ geladenen „*Elektronen*" (S. 72)[5]. Die Anzahl der Protonen und Elektronen ist in neutralen Atomen gleich der Ordnungszahl (Kernladungszahl), die Anzahl der Neutronen gleich der Differenz der

---

1 **Literatur.** K.H. Spring: „*Protons and Electrons*", Methuen, London 1955; D.L. Anderson: „*The Discovery of the Electron*", Van Nostrand, Princeton 1964; D.I. Hughes: „*Das Neutron*", Desch, München 1960; N.R. Hanson: „*Das Konzept des Positrons*", Cambridge Univ. Press, London 1963; H. Schopper: „*Die Struktur von Proton und Neutron*" Angew. Chem. **76** (1964) 513–518; Int. Ed. **3** (1964) 597; H. Fritzsch, U. Deker: „*Was sind eigentlich Quarks?*", Bild der Wissenschaft, **18** (1981); H. Fritzsch: „*Quarks – Urstoff unserer Welt*"; „*Vom Urknall zum Zerfall*", Piper, München 1982; 1983; P. Becher, M. Böhm: „*Die neuen Elementarteilchen*", Physik in unserer Zeit **7** (1976) 34–38. Vgl. Anm. [53], Kap. XXXIV.

2 Von nucleus (lat.) = Kern.

3 Von proton (griech.) = erste, Ur-(Teilchen).

4 Von ne-utrum (lat.) = keines von beiden (weder positiv noch negativ geladen).

5 Von elektron (griech.) = Bernstein, vgl. Kap. IV Anm. [13].

Massen- und Ordnungszahl des betreffenden Elements („*Heisenbergsches Atommodell*", 1932).

Geschichtliches. Man hatte nach der Entdeckung des Elektrons (S. 72) zunächst angenommen, daß die Atome kleine, gleichmäßig mit schwerer Masse positiver Ladung ausgefüllte Kugeln seien, in welchen die leichten Elektronen eingebettet wären („*Thomsonsches Atommodell*" 1897). Ernest Rutherford (1871–1937) widerlegte dann wenig später die Vorstellung eines kompakten Atomaufbaus, indem er experimentell zeigte, daß zweifach geladene Helium-Ionen $^{4}_{2}He^{2+}$ [6] hoher Geschwindigkeit ($\approx$ 16000 km/s) zu 99.9% ungehindert durch hauchdünne etwa 10^{-6} m dicke Folien aus Metall (z. B. Aluminium, Kupfer, Silber, Gold, Platin) fliegen[7]. Aus der Seltenheit beobachteter Ablenkungen der Helium-Ionen (ca. 0.1%) schloß er, daß nur ein kleiner Raumteil der Atome den Kationen Widerstand leiste, und aus der beachtlichen Winkelgröße der Ablenkungen folgerte er, daß der betreffende Raumteil praktisch die gesamte Atommasse und zudem die gesamte positive Atomladung in sich vereinige[8]. Rutherford postulierte deshalb, daß die Atome aus einem kleinen schweren, positiv geladenen Kern und einer räumlich ausgedehnten leichten, negativ geladenen Elektronenhülle bestehen („*Rutherfordsches Atommodell*", 1911).

Den Befund, daß die Massenzahl eines Atoms im allgemeinen viel größer (etwa doppelt so groß) als die Kernladungszahl ist, erklärte man zunächst damit, daß die Protonenzahl eines Kerns gleich seiner Massenzahl sei und die über die Kernladungszahl hinausgehende Protonenzahl durch Kernelektronen neutralisiert werde. Später setzte man anstelle der überschüssigen Kernprotonen neuartige, ungeladene Kernteilchen, die man sich formal aus einer innigen Vereinigung von Proton und Elektron hervorgegangen dachte. Diese, von E. Rutherford 1920 postulierten und von W.D. Harkins 1921 als Neutronen bezeichneten Kernteilchen wurden dann 1932 von dem englischen Physiker James Chadwick (1891–1974) entdeckt. Dabei spricht die Tatsache, daß die Masse des Neutrons größer ist als die Masse von Proton + Elektron (Tab. 5), natürlich gegen die Auffassung, Neutronen bestünden aus Protonen und Elektronen in fester (energieliefernder) Bindung.

Elektronen (e), Protonen (p) und Neutronen (n) werden als **„Elementarteilchen"** bezeichnet, worunter man nicht weiter zerlegbare (aber durchaus ineinander umwandelbare) Bestandteile des Universums versteht. Auf die erwähnten drei materiellen Bausteine, deren Masse, Ladung, Radius und Dichte der Tab. 5 entnommen werden kann, ist letzten Endes die unendliche Vielfältigkeit der belebten und unbelebten Welt zurückzuführen[9]. Denn durch Kom-

Tab. 5 Atombausteine, -kerne und -hüllen
(Z = Kernladung, m = Massenzahl, A_r = relative Atommasse, N_A = Avogadrosche Konstante[a])

Teilchen	Masse relativ ($^{12}C = 12$)	Masse absolut [kg]	Ladung [in Coulomb]	Ladung [in e]	Radius[b] [ca., in m]	Dichte [ca., in g/cm³]
Elektron	0.000548580	9.109534×10^{-31}	$-1.602189 \times 10^{-19}$	-1	$< 10^{-19}$	$\gg 10^{14}$
u-Quark	0.322	0.535×10^{-27}	$+1.068126 \times 10^{-19}$	$+2/3$	$< 10^{-19}$	$\gg 10^{14}$
d-Quark	0.322	0.535×10^{-27}	$-0.534063 \times 10^{-19}$	$-1/3$	$< 10^{-19}$	$\gg 10^{14}$
Proton	1.007276[c]	1.672649×10^{-27}	$+1.602189 \times 10^{-19}$	$+1$	1.3×10^{-15}	2×10^{14}
Neutron	1.008665[c]	1.674954×10^{-27}	± 0	± 0	1.3×10^{-15}	2×10^{14}
Atomkern	$A_r - Z/1836$	$(A_r - Z/1836) : N_A$	$+1.6 \times 10^{-19} \times Z$	$+Z$	$1.3 \times 10^{-15} \times \sqrt[3]{m}$	2×10^{14}
Atomhülle	$Z/1836$	$(Z/1836) : N_A$	$-1.6 \times 10^{-19} \times Z$	$-Z$	um 2×10^{-10}	$2 \times 10^{-4} \times Z$

a) $N_A = 6.022045 \times 10^{23}\ mol^{-1}$. **b)** Plancksche Elementarlänge = 1.617×10^{-35}m. **c)** Ein Proton ist 1836.151mal, ein Neutron 1838.683mal schwerer als ein Elektron.

6 Das „elektronenfreie" Helium-Dikation wird in der Radiochemie auch als *α-Teilchen*, das Elektron als *β-Teilchen* bezeichnet. Die Teilchen treten beim radioaktiven Zerfall in Form von *α-* sowie *β-Strahlen* auf (s. dort).

7 Eine ähnliche Beobachtung machte der Physiker Philipp Lenard (1862–1947) im Falle schneller Elektronen im Jahre 1903.

8 Nach den Gesetzen des elastischen Stoßes sind Ablenkungen der relativ leichten Helium-Dikationen der beobachteten Größe nur an relativ schweren und hochgeladenen Massen denkbar.

9 Als – ebenfalls langlebige – Bausteine existieren noch die (fast) materielosen „*Neutrinos*" ν (vgl. Anm.[18], S. 91) sowie – als Träger der elektromagnetischen Strahlung – die materielosen „*Photonen*" γ (S. 103).

bination der aus Nukleonen (p^+, n) bestehenden Atomkerne mit den aus Elektronen (e^-) bestehenden Atomhüllen entstehen zunächst die Atome der über hundert Elemente, aus diesen die Millionen von Molekülen der chemischen Verbindungen und aus letzteren schließlich die unendlich vielseitigen Erscheinungsformen der belebten und unbelebten Natur.

Außer den erwähnten, kennt man heute noch einige hundert andere, am Atomaufbau nicht beteiligte Elementarteilchen (vgl. S. 1749). Insgesamt unterscheidet man zwei Gruppen von Elementarteilchen mit Ruhemasse: die Leptonen und die Hadronen. Zu den „*Leptonen*“[10] zählt man die Elektronen (e), Myonen (μ), Tauonen (τ)[10a] sowie Neutrinos (ν) in Form von Elektron-, Myon- und Tauonneutrinos ν_e, ν_μ und ν_τ[10a] (vgl. Anm.[18], S. 91), zu den „*Hadronen*“[10] die Mesonen[10] (geladene und ungeladene Teilchen mit Massen zwischen Proton und Elektron, S. 1749) und Baryonen[10] in Form der „Nukleonen“ (Proton, Neutron) und „Hyperonen“[10] (geladene und ungeladene Teilchen mit größerer als der Protonenmasse). Dabei kennt man zu jedem Elementar*teilchen* ein „*Antiteilchen*“. So stellt das von P. A. M. Dirac im Jahre 1928 vorausgesagte und von C. D. Anderson 1932 in der Höhenstrahlung entdeckte „*Positron*“ (positives Elektron e^+) das Antiteilchen zum negativen Elektron, dem „*Negatron*“ (e^-) dar[11]. In analoger Weise entspricht dem einfach positiv geladenen „*Proton*“ (p^+) ein einfach negativ geladenes, gleichschweres „*Antiproton*“ (p^-), dem ungeladenen „*Neutron*“ (n) ein ungeladenes, gleichschweres „*Antineutron*“ ($\bar{n}$), dem „*Neutrino*“ (ν) ein „*Antineutrino*“ ($\bar{\nu}$) usw. (Näheres vgl. S. 1749). Gelegentlich ist ein Teilchen (z. B. das Photon) auch sein eigenes Antiteilchen.

Die Vielzahl bisher bekannter Elementarteilchen spricht dafür, daß sie wohl zum Teil keine Urbausteine der Natur darstellen, sondern ihrerseits zusammengesetzter Natur sind. Tatsächlich folgt aus der Streuung von auf 20000 MeV beschleunigten – d. h. fast mit Lichtgeschwindigkeit fliegenden – Elektronen an Nukleonen, daß letztere strukturiert sind (man vergleiche die weiter oben im Kleindruck erwähnte, von Rutherford erforschte Streuung von α-Teilchen an Materieatomen, aus der die Struktur der Atome abgeleitet wurde). Genauere Untersuchungen mit hochbeschleunigten Elektronen (und auch mit Neutrinostrahlen) ergaben hierbei, daß das Proton wie das Neutron aus jeweils drei elektrisch geladenen Bausteinen besteht, die gleichberechtigt innerhalb des Nukleons existieren. Durch diese, ab 1966 im Stanforder Linear Accelerator Center (SLAC) und ab 1970 im Genfer CERN-Forschungszentrum durchgeführten Experimente wurde eine im Jahr 1964 von den amerikanischen Physikern Murray Gell-Mann und George Zweig unabhängig voneinander aufgestellte Hypothese bestätigt, wonach die Nukleonen aus jeweils drei **„Quarks“**[11a] bestehen sollen und zwar das Proton aus zwei u- und einem d-Quark, das Neutron aus einem u- und zwei d-Quarks (u und d stehen für „*up*“ und „*down*“). Sowohl das u- als auch das d-Quark sind wie das Elektron geladen, und zwar trägt das u-Quark 2/3 einer positiven, das d-Quark 1/3 einer negativen Elementarladung (Tab. 5). Die Masse beider Teilchen ist aber viel größer als die des Elektrons; sie beträgt etwa 1/3 der Masse des Protons bzw. Neutrons (Tab. 5). Hierbei stellen beide Quarks nur Massepunkte mit einer räumlichen Ausdehnung $< 10^{-19}$ m dar. Demgegenüber sind die Protonen und Neutronen als Folge ihres Baus aus herumschwirrenden Quarks ausgedehnte Objekte (vgl. die um die Atomkerne herumfliegenden Elektronen, die

---

[10] *Lepton* von leptos (griech.) = leicht; *Hadron* von hadros (griech.) = dick, stark; *Meson* von meson (griech.) = Mitte; *Baryon* von barys (griech.) = schwer; *Hyperon* von hyper (griech.) = über.

[10a] Tauonen und Tauonneutrinos nennt man auch Tritonen und Tritonneutrinos.

[11] Das Positron hat die genau gleiche verschwindende relative Masse von 0.000548580 und die genau gleiche elektrische Ladung von 1.602189×10^{-19} Coulomb (umgekehrtes Vorzeichen) wie das Negatron (vgl. S. 92, 1749, 1758). Es ist nicht im eigentlichen Sinne instabil, verschwindet aber beim Zusammentreffen mit einem Elektron unter Aussendung elektromagnetischer Strahlung, so daß es nur eine sehr kurze Lebensdauer ($\approx 10^{-9}$ s) besitzt: $e^- + e^+ \rightarrow 1.022$ MeV. Vgl. hierzu auch S. 1823.

[11a] Der von M. Gell-Mann geprägte Name Quark für die Konstituenten der Nukleonen bezieht sich auf ein von James Joyce in seinem Roman „Finnegans Wake“ geprägtes Kunstwort: „Three quarks for Master Mark“. Die drei Quarks sind hierin die Kinder eines Herrn Finn oder Mark, die manchmal anstelle von Herrn Finn (Mark) auftreten. Entsprechend verhält sich das Proton (Neutron) in mancher Situation so, als wenn es aus drei Quarks bestünde.

zu einer vergleichsweise großen Ausdehnung der Atome führen; S. 92). Die Nukleonen erscheinen als kleine Kugeln vom Radius 10^{-15} m (Tab. 5), deren drei Konstituenten im Mittel 10^{-15} m voneinander entfernt sind (vgl. Fig. 33). Die Nukleonenladungen setzen sich aus den Quarkladungen zusammen und betragen mithin erwartungsgemäß $+2/3+2/3-1/3 = +1$ im Falle des Protons und $+2/3-1/3-1/3 = 0$ im Falle des Neutrons (in analoger Weise ergeben sich die Ladungen der aus Antiquarks $\bar{u}$ und $\bar{d}$ zusammengesetzten Antiprotonen $\bar{u}\bar{u}\bar{d}$ und Antineutronen $\bar{u}\bar{d}\bar{d}$ zu $-2/3-2/3+1/3 = -1$ und $-2/3+1/3+1/3 = 0$).

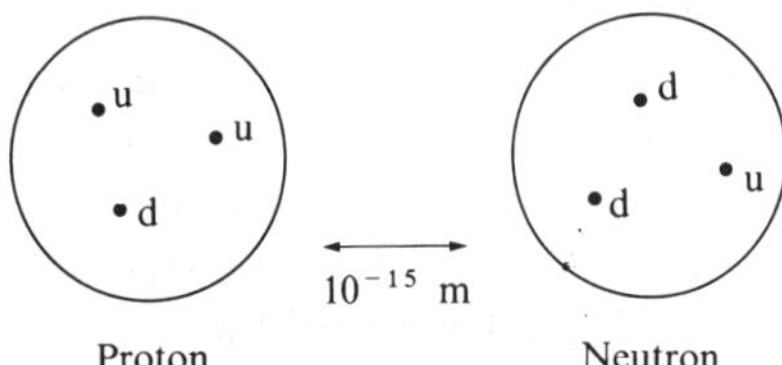

Fig. 33 Aufbau von Proton und Neutron aus Quarks.

Ähnlich wie die Nukleonen sind andere Baryonen aus jeweils drei Quarks aufgebaut (S. 1749). Sie unterscheiden sich damit von den Mesonen, die sich aus nur zwei Quarks (exakt aus einem Quark und einem Antiquark) zusammensetzen[11b]. Bisher kennt man 6 verschiedene Typen von Quarks (u, d, s, c, b, t) und Antiquarks ($\bar{u}$, $\bar{d}$, $\bar{s}$, $\bar{c}$, $\bar{b}$, $\bar{t}$), die den 6 Leptonen (e^-, μ^-, τ^-, ν_e, ν_μ, ν_τ) und Antileptonen (e^+, μ^+, τ^+, $\bar{\nu}_e$, $\bar{\nu}_\mu$, $\bar{\nu}_\tau$) an die Seite zu stellen sind. Näheres S. 1749.

Für die Struktur der stabilen Materie spielen nur die u- und d-Quarks als Konstituenten von Proton und Neutron eine Rolle[11c], so daß also die unendliche Vielfalt unseres Universums letztendlich auf einer Kombination von 3 Urbausteinen (Elektron, u- und d-Quark) beruht[11d]. Darüber hinaus enthält das Universum im wesentlichen nur noch die masse- oder fast masselosen Neutrinos (Anm.[18)]) und die masselosen Photonen (S. 103).

Die Quarks werden durch besondere Kräfte, die sogenannten „*chromoelektrischen Kräfte*“, aneinander gebunden. Anders als die elektrischen Wechselwirkungen, die mit dem Quadrat des Abstands der elektrisch geladenen Teilchen abnehmen, verschwinden die chromoelektrischen Wechselwirkungen zwischen den Quarks gerade bei sehr kleinen Abständen ($< 10^{-16}$ m), um im Bereich 10^{-16} bis 10^{-15} m sehr rasch größer zu werden und bei Abständen $> 10^{-15}$ m konstant stark zu bleiben. Aus letzterem Grunde ist die Kraft zwischen zwei Quarks bei 10^{-14} m genau so groß wie bei 1 cm oder 1 m Abstand. Demgegenüber bewegen sich die Quarks in den kleinen Nukleonen – sieht man einmal von den elektromagnetischen Wechselwirkungen ab – fast wie freie Teilchen. Man kann die Quarks gewissermaßen mit aneinandergeketteten Sklaven vergleichen, die sich ungehindert bewegen können, solange sie sich nicht weit voneinander entfernen. Es ist ihnen aber unmöglich, sich über die gegebene Kettenlänge hinaus voneinander wegzubewegen.

Die Spaltung eines Mesons oder Baryons in völlig freie, d. h. ungebundene Quarks erfordert gemäß dem Besprochenen unendlich viel Energie und ist aus diesem Grunde unmöglich. Selbst zur Abtrennung eines Nukleonenquarks um 1 cm von seinen beiden Partnern muß etwa die gleiche Energie aufgewendet werden wie zum Heben einer Masse von 1 Tonne um 1 m. Die chromoelektrischen Kräfte stellen somit in der Tat sehr starke Kräfte dar. Verglichen mit ihnen sind die elektrischen Kräfte zwischen den Quarks klein, so daß die Abstoßung gleich geladener u-Quarks in den Protonen oder d-Quarks in den Neutronen die Stabilität der Nukleonen nur unwesentlich vermindert.

[11b] Die leichtesten Mesonen sind das π^+-*Meson* (Bau: $\bar{d}$u; Masse = 0.248806×10^{-27} kg), das π^--*Meson* (Bau $\bar{u}$d; Masse wie bei π^+) und das π^0-*Meson* (Bau: Superposition aus 50% $\bar{u}$u und 50% $\bar{d}$d; Masse = 0.240598×10^{-27} kg). Die leichtesten Baryonen stellen das Proton p^+ (uud) sowie das *Neutron* n (udd) nebst zugehörigen Antiteilchen dar (Tab. 5). Die Mesonen gleichen in gewisser Beziehung dem aus einem Elektron e^- und seinem Antiteilchen e^+ aufgebauten Positronium e^-e^+ (vgl. S. 1823).

[11c] Nur die Quarkkombinationen uud (Proton) sowie udd (Neutron) mit dem Gesamtspin 1/2, d. h. der Spinanordnung ↑↓↑ der einzelnen Quarks (jeweils Spin 1/2) sind stabil (analoges gilt für $\bar{u}\bar{u}\bar{d}$ = Antiproton und $\bar{u}\bar{d}\bar{d}$ = Antineutron). So ist das Proton praktisch unbegrenzt haltbar (die *Protonen-Zerfallshalbwertszeit* wird auf 10^{30}–10^{32} s geschätzt), das freie *Neutron* durchschnittlich 636 s = $10^{2.8}$ s (in kerngebundener Form können Neutronen praktisch unbegrenzt stabil sein). Alle übrigen Kombinationen von u- und d-Quarks (z. B. uuu = Δ^+-Hyperon mit dem Gesamtspin 3/2 und der Spinanordnung ↑↑↑ der einzelnen Quarks oder $\bar{d}$u = π^+-Meson) oder von anderen Quarks mit u-, d- sowie anderen Quarks sind nur sehr kurzlebig (vgl. Tab. 153 auf S. 1749).

[11d] Ein 75 kg schwerer *Mensch besteht* beispielsweise *aus* 7.0×10^{28} u-*Quarks*, 6.5×10^{28} d-*Quarks* und 2.5×10^{28} *Elektronen*. Die Anzahl der im sichtbaren Teil des Universums vorhandenen Quarks wird auf 10^{80} geschätzt.

Quarks existieren ausschließlich im Quarkverband. Pumpt man etwa Energie in ein Meson, so werden sich dessen beide Konstituenten (Quark q und Antiquark $\bar{q}$) so lange voneinander entfernen, bis die aufgewendete Energie gemäß der Einsteinschen Beziehung $E = mc^2$ (S. 20) gerade der Masse eines Quark/Antiquark-Paares entspricht. Unter Aufbrechen der „Bindung", welche die Mesonenquarks ursprünglich verknüpfte, entsteht dann ein neues Quarkpaar aus dem „Nichts" heraus, wobei sich das alte Quark mit dem erzeugten Antiquark und das alte Antiquark mit dem erzeugten Quark zu zwei neuen Mesonen verbindet:

$$\text{Energie} + q\!\sim\!\sim\!\sim\bar{q} \rightarrow (q\!\sim\!\sim \overset{\uparrow\uparrow\uparrow\uparrow}{\underset{\downarrow\downarrow\downarrow\downarrow}{}} \sim\!\sim\bar{q}) \rightarrow q\!\sim\!\sim\!\sim\bar{q} + q\!\sim\!\sim\!\sim\bar{q}.$$

Entsprechendes gilt für die Baryonen. Somit sind die Quarks zwar Teile eines Hadrons, die man indirekt nachweisen kann, sie lassen sich aber nicht aus ihrem Zusammenhang lösen. Folglich stellen die Hadronen als „nicht weiter zerlegbare Bestandteile des Kosmos" Elementarteilchen dar[11e].

Daß ausschließlich Kombinationen von Quarks und Antiquarks (Mesonen) bzw. von drei Quarks oder drei Antiquarks (Baryonen) möglich sind und keine anderen, folgt aus der Theorie der „*starken Wechselwirkung*" (Theorie der **„Quantenchromodynamik"** QCD), einer Theorie, die der Theorie der „*elektromagnetischen Wechselwirkung*" (Theorie der „*Quantenelektrodynamik*" QED) an die Seite zu stellen ist. Hiernach „neutralisieren" sich die starken Wechselwirkungen zwischen den Quarks q nach außen hin bei Vorliegen von $q\bar{q}$- sowie qqq- bzw. $\bar{q}\bar{q}\bar{q}$-Verbänden (elektrische Wechselwirkungen erscheinen nach außen hin neutralisiert, wenn Verbände aus gleich vielen positiv und negativ geladenen Teilchen vorliegen; vgl. z. B. das aus einem positiven Proton und einem negativen Elektron bestehende „neutrale" Wasserstoffatom).

Alle Quarks und damit alle Hadronen nehmen an der starken Wechselwirkung – der stärksten in der Natur anzutreffenden Wechselwirkung – teil, die geladenen Quarks und Hadronen zusätzlich an der elektromagnetischen. Dabei sind die weiter oben diskutierten Kräfte zwischen den Nukleonen im Atomkern, wie sich nunmehr ergibt, nicht elementar, sondern eine Folgeerscheinung der starken Wechselwirkungen zwischen den Konstituenten der Nukleonen. Man kann sie mit den bei Abständen $< 10^{-10}$ m wirksamen van der Waals-Kräften (S. 143) zwischen Molekülen vergleichen, die eine Folgeerscheinung der elektrischen Kräfte innerhalb der Atome darstellen und den Zusammenhalt der Moleküle in der kondensierten Phase bedingen. Wie diese, nehmen dementsprechend auch die bei Abständen $< 10^{-15}$ m wirksamen Nukleonenbindungskräfte sehr rasch mit dem Abstand ab.

Zum Unterschied von den Hadronen unterliegen die Leptonen nicht der starken Wechselwirkung, sondern nur der elektromagnetischen und zusätzlich der sogenannten „*schwachen Wechselwirkung*", an der auch die Hadronen teilnehmen (Näheres vgl. Anm.[1])[11f]. Ein Elektron kann also in das Innere eines Atomkerns hineinfliegen, ohne daß seine Bahn von der starken Wechselwirkungskraft beeinflußt würde.

Wir wollen uns nunmehr etwas näher mit dem gesetzmäßigen Aufbau der Kerne sowie der Elektronenhülle der Atome befassen.

1.2 Der Atomkern

1.2.1 Bauprinzip

Wie aus Tab. 6 zu ersehen ist, variiert die der Ordnungszahl eines Elements gleichzusetzende Protonenzahl (Kernladungszahl) in bisher bekannten Atomkernen zwischen 1 und 111, entsprechend der Existenz von 111 verschiedenen Elementen. Die obere Grenze der für Elemente möglichen Protonenzahl soll nach theoretischer Überlegung bei 175 liegen, doch dürfte man bei der Synthese neuer Elemente („*superschwere Elemente*"[12]) mit den derzeit verfügbaren Methoden wenig über die Kernladungszahl 111 hinauskommen.

Wie der Tab. 6 weiter zu entnehmen ist, kann die Neutronenzahl bei vorgegebener Protonenzahl in gewissen Grenzen schwanken. Hierbei werden die chemischen Eigenschaften des betreffenden Elements nicht mehr merklich verändert. Denn die chemischen Eigenschaften eines Atoms hängen praktisch nur von der Elektronenhülle (s. unten) und

[11e] Da Energien, die zur Spaltung von Atomkernen in Nukleonen oder von Atomen in Atomkerne und Elektronen aufgebracht werden müssen, klein sind, verglichen mit der den Nukleonen bzw. Elektronen aufgrund ihrer Masse zukommenden Energie, lassen sich Atomkerne und Atome in Protonen, Neutronen und Elektronen auftrennen. Atomkerne und Atome sind somit keine Elementarteilchen.

[11f] Neben starker, schwacher und elektromagnetischer Wechselwirkungskraft existiert noch die Gravitationskraft.

[12] **Literatur.** B. Fricke: „*Super-heavy Elements*", Struct. Bonding **19** (1974) 1–44.

Tab. 6 Aufbau der Atomkerne

	Elemente	Kernaufbau	Massenzahlen bisher bekannt	Massenzahlen natürlich vorkommend
1 **H**	Wasserstoff	**1p** + 0 bis 2n	1 bis 3	1, 2, 3
2 **He**	Helium	**2p** + 1 bis 7n	3 bis 9	3, 4
3 **Li**	Lithium	**3p** + 2 bis 8n	5 bis 11	6, 7
4 **Be**	Beryllium	**4p** + 2 bis 10n	6 bis 14	9, 10
5 **B**	Bor	**5p** + 2 bis 12n	7 bis 17	10, 11
6 **C**	Kohlenstoff	**6p** + 2 bis 14n	8 bis 20	12, 13, 14
7 **N**	Stickstoff	**7p** + 5 bis 15n	12 bis 22	14, 15
8 **O**	Sauerstoff	**8p** + 4 bis 16n	12 bis 24	16, 17, 18
9 **F**	Fluor	**9p** + 6 bis 17n	15 bis 26	19
10 **Ne**	Neon	**10p** + 6 bis 18n	16 bis 28	20, 21, 22
11 **Na**	Natrium	**11p** + 8 bis 23n	19 bis 34	23
12 **Mg**	Magnesium	**12p** + 8 bis 22n	20 bis 34	24, 25, 26
13 **Al**	Aluminium	**13p** + 10 bis 24n	23 bis 37	27
14 **Si**	Silicium	**14p** + 10 bis 25n	24 bis 39	28, 29, 30
15 **P**	Phosphor	**15p** + 12 bis 27n	27 bis 42	31
92 **U**	Uran	**92p** + 134 bis 150n	226 bis 242	234, 235, 238
93 **Np**	Neptunium	**93p** + 135 bis 149n	228 bis 242	–
94 **Pu**	Plutonium	**94p** + 138 bis 152n	232 bis 246	–
95 **Am**	Americium	**95p** + 137 bis 152n	232 bis 247	–
96 **Cm**	Curium	**96p** + 142 bis 155n	238 bis 251	–
97 **Bk**	Berkelium	**97p** + 143 bis 154n	240 bis 251	–
98 **Cf**	Californium	**98p** + 141 bis 158n	239 bis 256	–
99 **Es**	Einsteinium	**99p** + 144 bis 157n	243 bis 256	–
100 **Fm**	Fermium	**100p** + 142 bis 159n	242 bis 259	–
101 **Md**	Mendelevium	**101p** + 146 bis 158n	247 bis 259	–
102 **No**	Nobelium	**102p** + 148 bis 157n	250 bis 259	–
103 **Lr**	Lawrencium	**103p** + 150 bis 157n	253 bis 260	–
104 **Eka-Hf**	vgl. S. 1392 sowie Anm.[17]) S. 1418	**104p** + 150 bis 158n	254 bis 262	–
105 **Eka-Ta**		**105p** + 151 bis 157n	256 bis 262	–
106 **Eka-W**		**106p** + 153 bis 157n	259 bis 263	–
107 **Eka-Re**		**107p** + 154 bis 157n	261 bis 264	–
108 **Eka-Os**		**108p** + 156n, 157n	264, 265	–
109 **Eka-Ir**		**109p** + 157n, 159n	266, 268	–
110 **Eka-Pt**		**110p** + 159n, 161n	269, 271	–
111 **Eka-Au**		**111p** + 161n	272	–
112 **Eka-Hg**		**112p** + ?	?	–

damit von der Protonenzahl ab, so daß es für das chemische Verhalten eines Atoms gleichgültig ist, wieviele ungeladene Neutronen sich außerdem im Atomkern befinden.

Wie weiter oben besprochen, nennt man die zu einem Element gehörenden Atome (Nuklide) gleicher Kernladung und verschiedener Masse „*Isotope*"[13] und unterscheidet sie damit von den „*Isobaren*"[13], deren Atome (Nuklide) verschiedene Kernladung (Protonenzahl) aber gleiche Masse (Nukleonenzahl) aufweisen (rund 80 der im Anhang III wiedergegebenen Massenzahlen treten mehrfach auf). Neben Isotopen und Isobaren unterscheidet man gemäß Tab. 7 noch „*Isotone*"[14] und „*Isomere*"[15] (bei letzteren sind die Nukleonen des Kerns verschieden angeordnet).

Für Isobare gilt die **„Mattauchsche Isobarenregel"**, wonach *kein Paar stabiler Isobaren existiert, deren Kernladungszahlen nur um 1 Einheit voneinander verschieden sind.* Entsprechend dieser Regel sind z. B. die Isobaren $^{40}_{18}$Ar und $^{40}_{20}$Ca sowie die Isobaren $^{176}_{70}$Yb und $^{176}_{72}$Hf stabil, während die dazwischenliegenden Isotopen $^{40}_{19}$K bzw. $^{176}_{71}$Lu instabil (*radioaktiv*) sind. Auch kann man aus der Mattauchschen Regel z. B. ableiten, daß die bisher in der Natur nicht aufgefundenen Elemente 43 und 61, deren Existenz

[13] von isos (griech.) = gleich; topos (griech.) = Platz; baros (griech.) = Gewicht.

[14] Von tonos (griech.) = Strick, Seil (Isotone: Protonen durch Neutronen gleicher Anzahl „zusammengebunden").

[15] Von meros (griech.) = Anteil (Isomere: aus gleichen Teilen aufgebaut).

Tab. 7 Isotope, Isomere, Isobare, Isotone

Protonenzahl (p)	**Neutronenzahl** (n)	**Nukleonenzahl** ($m = p + n$)	**Bezeichnung**
gleich	verschieden	verschieden	*Isotope*
	gleich	gleich	*Isomere*
verschieden	verschieden	gleich	*Isobare*
	gleich	verschieden	*Isotone*

wegen ihrer verhältnismäßig niedrigen Kernladungszahl denkbar wäre, nicht als stabile Elemente existieren können, da die Nachbarelemente ($_{42}Mo$ und $_{44}Ru$ bzw. $_{60}Nd$ und $_{62}Sm$) bereits dicht mit stabilen Isotopen besetzt sind (vgl. Anh. III).

1.2.2 Nukleonenzustände und Stabilität

Der zu stabilen Atomkernen führende relative Gehalt an Neutronen, die gewissermaßen als „Kittsubstanz" den Zusammenhalt der sich gegenseitig abstoßenden, gleichgeladenen Protonen bewirken, nimmt im Mittel mit steigender Protonenzahl zu[16]. So besteht der Kern des häufigsten Wasserstoffisotops nur aus einem Proton (Protonenzahl : Neutronenzahl = $p : n = 1 : 0$). Bei den folgenden Elementen bis zur Kernladungszahl 20 (Ca) ist die Neutronenzahl etwa gleich der Protonenzahl ($p : n = 1 : 1$), so daß die relative Atommasse angenähert gleich der verdoppelten Atomnummer ist. Vom Calcium ab steigt die Neutronenzahl rascher als die Protonenzahl, so daß beispielsweise beim Mangan auf 25 Protonen 30 Neutronen ($p : n = 1 : 1.2$), beim Arsen auf 33 Protonen 42 Neutronen ($p : n = 1 : 1.3$), beim Cäsium auf 55 Protonen 78 Neutronen ($p : n = 1 : 1.4$), beim Gold auf 79 Protonen 118 Neutronen ($p : n = 1 : 1.5$) und beim Uran auf 92 Protonen 146 Neutronen ($p : n = 1 : 1.6$) entfallen.

Ist in einem Atomkern das Verhältnis von Neutronen- zu Protonenzahl größer, als es dem eben genannten optimalen Verhältnis entspricht, so erfolgt im Kern ein Ausgleich in der Weise, daß ein Kern-Neutron in ein Kern-Proton übergeht[17]. Die dabei freiwerdende Energie (0.783 MeV/Teilchen = 75.55 Millionen kJ/mol) wird in Form eines negativen Elektrons e^- variabler Geschwindigkeit sowie eines „Antineutrinos" $\bar{\nu}_e$ abgegeben[18]:

---

[16] Diese Zunahme der Neutronenzahl mit der Protonenzahl ist der Grund dafür, daß die Reihenfolge der Elemente nach der Kernladungszahl (Protonenzahl) – von ganz wenigen Ausnahmen abgesehen (s. S. 112) – mit der Reihenfolge nach der Massenzahl (Protonen- + Neutronenzahl) übereinstimmt, so daß sich vor Kenntnis der Kernladungszahl ein Periodensystem der Elemente aufstellen ließ.

[17] Wegen der hohen Nukleonenbindungsenergie (s. oben) sind andere Kernumwandlungsprozesse wie etwa das Ausschleudern von Neutronen oder Protonen energetisch benachteiligt.

[18] Da die kinetische Energie des gebildeten negativen Elektrons (Negatrons) beobachtungsgemäß alle Werte annehmen kann, mußte man schließen, daß zusätzlich ein ladungsfreies und masse- oder fast masseloses Teilchen (**Elektron-Antineutrino** $\bar{\nu}_e$) erzeugt wird, dessen kinetische Energie die des Elektrons zum Wert von 75 Millionen kJ ergänzt. In analoger Weise treten bei einer Aussendung positiver Elektronen (Positronen) wie etwa beim Zerfall von Antineutronen ($\bar{n} \rightarrow p^- + e^+ + \nu_e$) gleichzeitig **Elektron-Neutrinos** ν_e auf.

Die masse- oder fast masselosen Neutrinos und Antineutrinos (man kennt neben Elektron- auch Myon- und Triton-Neutrinos und -Antineutrinos) sind wie die masselosen Photonen (keine Antiteilchen) neutral, haben aber nicht wie letztere einen Spin 1, sondern einen Spin $\frac{1}{2}$, den das Neutrino stets in seiner Fortbewegungsrichtung, das Antineutrino in entgegengesetzter Weise ausrichtet. Beide Teilchen fliegen gewissermaßen wie ein Propeller mit (exakt oder nahezu) Lichtgeschwindigkeit durch den Raum, das Neutrino mit Rechts-, das Antineutrino mit Linksdrall.

Die Wechselwirkung der Neutrinos und Antineutrinos mit normaler Materie ist äußerst schwach. Infolgedessen durchdringen sie Materieansammlungen sehr leicht und durchqueren z. B. ohne Schwierigkeit die Erde, die Sonne oder sogar noch wesentlich größere Sterne. Ein einmal erzeugter Neutrino- oder Antineutrinostrahl geistert – unbeeinflußt von den Sternen und Galaxien – noch in Jahrmillionen im Weltall herum. In den seltenen Fällen einer Wechselwirkung mit Materie verwandeln sich die Neutrinos und Antineutrinos normalerweise in das im Index angezeigte Lepton (z. B. ν_e in e^+, $\bar{\nu}_e$ in e^-).

$$n \xrightarrow[\text{abgabe}]{\text{Energie-}} p^+ + e^- + \bar{\nu}_e.$$

Derartigen exothermen Vorgängen begegnen wir beim natürlichen radioaktiven Zerfall (S. 1724) vieler Elemente und bei der künstlichen Atomumwandlung (S. 1746) in Form der „*β-Strahlung*“. Auch das Neutron selbst (außerhalb des Atomkerns) zerfällt spontan mit einer Halbwertszeit (s. S. 1739) von 10.6 Minuten in ein Proton und ein Elektron.

Umgekehrt kann, wenn das Verhältnis von Neutronen- zu Protonenzahl kleiner als das oben erwähnte optimale Zahlenverhältnis ist, auch ein Kern-Proton in ein Kern-Neutron übergehen. In diesem Fall wird das Elektron des gerade besprochenen Vorganges „mit umgekehrtem Vorzeichen“ frei, und zwar in Form eines positiven Elektrons e^+ (Positron: s. S. 1749)[18]:

$$p^+ \xrightarrow[\text{aufnahme}]{\text{Energie-}} n + e^+ + \nu_e.$$

Derartige Umwandlungen spielen sich aber nur bei vorheriger Energiezufuhr (1.805 MeV/Teilchen = 174.16 Millionen kJ/mol) ab und treten daher nicht bei dem freiwillig ablaufenden Zerfall der natürlich-radioaktiven Elemente, sondern nur bei dem durch Energiezufuhr erzwungenen Zerfall der künstlich-radioaktiven Elemente in Form einer β^+-Strahlung auf (s. S. 1758).

Aus den erwähnten energetischen Gründen neigt ein Atomkern mit zu kleinem Verhältnis von Neutronen- zur Protonenzahl zur Ausstrahlung des besonders stabilen Heliumkerns $^4_2He^{2+}$. Man begegnet dieser Art des Kernzerfalls sowohl bei natürlichen wie bei künstlichen radioaktiven Prozessen (s. S. 1725, 1754, 1756, 1759) in Form von „*α-Strahlung*“.

Viele Versuche sind unternommen worden, auch beim Aufbau der Atomkerne innere Strukturen wie beim Aufbau der Atomhüllen zu entdecken (Atomhüllen mit 2, 10, 18, 36, 54, 86 Elektronen sind besonders stabil; s. auch weiter unten). Erwähnenswert ist in diesem Zusammenhang die Feststellung, daß Atomkerne mit 2, 8, 20, 28, 40, 50, 82, 126 oder 184 Protonen bzw. Neutronen besonders stabil sind[19]. Man nimmt an, daß diese sogenannten „*magischen Zahlen*“ energetisch bevorzugte Nukleonenschalen charakterisieren (**„Schalenmodell des Kerns“**; J. H. D. Jensen und M. Goeppert-Mayer, 1948; vgl. S. 1744).

1.2.3 Durchmesser und Dichte der Atomkerne

Der Durchmesser des in guter Näherung kugelförmigen Atomkerns, der sich im Mittelpunkt des Atoms befindet und 99.95–99.98 % der gesamten Masse des Atoms verkörpert (vgl. Tab. 5), beträgt durchschnittlich nur den etwa zehntausendsten Teil (10^{-4}) des Durchmessers des Gesamtatoms, sein Volumen dementsprechend weniger als den billionsten Teil (10^{-12}) des gesamten Atomvolumens. 1000 Kubikmeter (= 10^{12} mm^3) Eisen z. B. enthalten demnach weniger als 1 Kubikmillimeter Atomkerne mit einem Gewicht von rund 8000 Tonnen, während der übrige Raum von 1000 Kubikmetern, verglichen mit der Masse der Atomkerne, praktisch masseleer und nur von Kraftfeldern erfüllt ist. Der absolute Durchmesser der Atomkerne liegt in der Größenordnung von 10^{-14} m[20], der der Atome in der Größenordnung von 10^{-10} m, entsprechend einem Volumen in der Größenordnung 10^{-33} (Atomkern) bzw. 10^{-21} mm^3 (Atom). In einem Kubikmillimeter finden also 10^{33} Atomkerne bequem Platz. Wie phantastisch groß diese Zahl ist, geht aus folgendem Zahlenbeispiel hervor: Die Zahl der seit Christi Geburt bis auf den heutigen Tag vergangenen Sekunden ist

---

19 Eine besondere Stabilität besitzt hiernach das Blei-Isotop $^{208}_{82}Pb$ mit der „*doppelt-magischen*“ Zahl von 126 Neutronen und 82 Protonen.

20 Der Durchmesser $d = 2r$ der Atomkerne variiert gemäß der Beziehung $d = 2.8 \times 10^{-15} \times \sqrt[3]{m}$ (m = Massenzahl = 1 bis ca. 260; vgl. Tab. 6) von 2.8 bis 17.6×10^{-15} m, entsprechend einem Durchschnitt von 10×10^{-15} m.

nur ein winziger Bruchteil von 10^{33}. Selbst wenn man für jede seit Beginn unserer Zeitrechnung verlaufende Sekunde einen Zeitraum von 1000 Milliarden Jahren setzt (das Alter des Weltalls beträgt etwa 14 Milliarden Jahre), so beträgt die Zahl der in dieser unvorstellbar langen Zeitspanne verflossenen Sekunden erst rund den tausendsten Teil (!) der in einem Kubikmillimeter unterzubringenden Zahl von 10^{33} Atomkernen. Es ist eine bewundernswerte Leistung des Physikers und Chemikers, daß er nicht nur von der Existenz solch winziger Atomkerne weiß, sondern daß er auch die zugehörigen Massen und den inneren Aufbau dieser – ihrerseits aus noch kleineren Partikeln aufgebauten – Teilchen kennt und die ihnen innewohnende Energie praktisch auszunutzen versteht (vgl. Elementumwandlung).

Aufgrund ihrer kleinen Ausdehnung weisen die Atomkerne eine unvorstellbare hohe mittlere Dichte von 2×10^{14} g/cm^3 auf (vgl. Tab. 5), entsprechend einem cm^3-Gewicht von ca. 200 Millionen Tonnen. Die Dichte ist in erster Näherung konstant. Das heißt, beim schrittweisen Einbau von Nukleonen in den Atomkern erfolgt – abgesehen von den leichteren Kernen – ein etwa gleichbleibender Raumzuwachs (vgl. hierzu: **„Tröpfchenmodell der Kerne"**, N. Bohr, 1935; S. 1743).

1.3 Die Elektronenhülle

1.3.1 Bauprinzip

Hauptschalen. Die *Z positiven* Ladungen (Protonen) jedes Atom*kerns* werden durch eine entsprechende Anzahl *Z negativer* Ladungen (Elektronen), welche die *Hülle* eines Atoms bilden, kompensiert. Die Elektronen der Atomhülle umgeben den Atomkern dabei nicht regellos, sondern verteilen sich *gesetzmäßig* auf räumliche Schalen (**„Hauptschalen"**), die von innen nach außen als „*1., 2., 3., 4. Schale*" usw. oder als Schalen der

Hauptquantenzahlen $n = 1, 2, 3, 4, \ldots, \infty$

bzw. mit den Buchstaben des Alphabets als „*K-, L-, M-, N-Schale*" usw. bezeichnet werden. Man nahm früher mit Bohr an, daß die Elektronen in diesen Schalen planetengleich auf gegebenen „Bahnen" um den Kern als „Sonne" rotieren[21)]. Heute ist man von diesem anschaulichen Modell notgedrungen wieder abgekommen, da es mit vielen Tatsachen in Widerspruch steht (vgl. S. 324f). Im Prinzip kann man sich aber immer noch des anschaulichen Schalenmodells bedienen, wenn man sich dabei nur dessen bewußt bleibt, daß die verschiedenen „Elektronenschalen" lediglich bildliche Symbole für verschiedene Energiezustände der Elektronen darstellen.

Jede Schale vermag maximal $2 \cdot n^2$ Elektronen aufzunehmen (vgl. unten). Die innerste, *erste* Schale ($n = 1$) ist demnach nach Einbau von $2 \cdot 1^2 = 2$, die nächstäußere, *zweite* Schale ($n = 2$) nach Aufnahme von $2 \cdot 2^2 = 8$, die *dritte* und *vierte* Schale ($n = 3, 4$) nach Besetzung mit $2 \cdot 3^2 = 18$ und $2 \cdot 4^2 = 32$ Elektronen gefüllt. (Bezüglich einer weiteren Unterteilung dieser Haupschalen in Unterschalen s. weiter unten.)

Beim *Fortschreiten von Element zu Element* in Richtung steigender Kernladungszahlen wird nun gemäß Tab. 8 die **1. Schale** vollständig mit 2, dann die **2. Schale** vollständig mit 8 und

---

[21] Nach Bohr sind nur solche Bahnen vom Radius r „erlaubt" („*stationäre Elektronenzustände*"), für die der Drehimpuls $m \cdot v \cdot r$ des Elektrons (m = Masse, v = Geschwindigkeit) gleich $h/2\pi$ (h = Plancksches Wirkungsquantum) oder einem ganzen Vielfachen davon ist („*Impulsquantelung*" des Bohrschen Atommodells). Nur so ließ sich das Atom-Linienspektrum des Wasserstoffs deuten (s. dort). So sollte z. B. im Wasserstoffatom das Elektron den Kern im Grundzustand in einem Abstand von 0.529 Å mit einer unvorstellbar großen Geschwindigkeit von 2180 km/s rund 10^{15} mal je Sekunde auf einer Kreisbahn umlaufen, da dann die Zentrifugalkraft $m \cdot v^2/r$ des umlaufenden Elektrons auf seiner festgelegten Bahn die Coulombsche (elektrostatische) Anziehungskraft e^2/r^2 des Kerns auf das Elektron (e = Elementarladung) kompensiert. Das Wasserstoffatom besitzt damit die Gestalt einer Kreisscheibe („*Scheibenmodell*" des Wasserstoffs). Hierzu und zu den Einwendungen gegen das Bohrsche Atommodell vgl. S. 325.

schließlich die **3. Schale** teilweise mit 8 Elektronen besetzt, so daß also die Außenschalen von $_{1}$H und $_{2}$He *ein* und *zwei* Elektronen, die Außenschalen von $_{3}$Li bis $_{10}$Ne sowie $_{11}$Na bis $_{18}$Ar *ein* bis *acht* Elektronen enthalten. Mit den nach $_{18}$Ar stehenden Elementen $_{19}$K und $_{20}$Ca erfolgt dann zunächst keine weitere Vervollständigung der 3. Schale, die mit 8 Elektronen beim Edelgas Argon offensichtlich eine *stabile Zwischenstufe* erreicht hat, sondern es beginnt der Ausbau der **4. Schale** mit *ein* und *zwei* Elektronen. Erst dann wird die 3. Schale mit den in Tab. 8 an der Stelle des gestrichelten Pfeils ausgelassenen 10 Übergangselementen (Kernladungszahlen 21 bis 30) vervollständigt. Die Hauptgruppenelemente $_{31}$Ga bis $_{36}$Kr setzen dann die begonnene Auffüllung der 4. Schale mit *drei* bis *acht* Elektronen (stabile Zwischenstufe) fort. In analoger Weise erfolgt mit den nach den Edelgasen $_{36}$Kr, $_{54}$Xe sowie $_{86}$Rn stehenden Alkali- und Erdalkalimetallen – vor der Vervollständigung ihrer (4., 5., 6.) Außenschale – eine Besetzung der nächsten (5., 6., 7.) Schale mit *ein* und *zwei* Elektronen, die – nach Überspringen der Übergangselemente (Auffüllung innerer Schalen mit Elektronen) – mit den Hauptgruppenelementen $_{49}$In, $_{81}$Tl sowie $_{113}$Eka-Tl (unbekannt)[22)] fortgeführt wird und bei den Edelgasen $_{54}$Xe, $_{86}$Rn sowie $_{118}$Eka-Rn (unbekannt)[22)] mit der stabilen Zwischenanordnung von 8 Elektronen ihren vorläufigen Abschluß findet.

Periodensystem. Vergleicht man die in der Tabelle 8 wiedergegebenen *Elektronenanordnungen* in der Außenschale der Atome mit dem auf Grund des *chemischen Verhaltens* der Elemente aufgestellten „*Gekürzten Periodensystem*" (S. 57), so stellt man fest, daß die zu einer *Gruppe* des Systems gehörenden, also chemisch einander ähnlichen Glieder jeweils die *gleiche Zahl von „Außenelektronen*" aufweisen. Daraus geht hervor, daß die *chemischen Eigenschaften* der Atome und damit auch der aus diesen Atomen aufgebauten Elemente in der Hauptsache durch die in der *äußersten* Elektronenschale enthaltenen Elektronen bedingt werden. Die *graduellen Abstufungen* der Elemente innerhalb einer solchen Gruppe beruhen auf der Verschiedenheit von Zahl und Bau der *inneren* Schalen und dem dadurch gegebenen unterschiedlichen Radius (s. unten) der äußersten Schale.

Da – wie aus der Tabelle ersichtlich – die Zahl der Außenelektronen nur zwischen 1 und 8 variiert, gibt es auch nur *acht große Gruppen* von Elementen. Die auf Grund der chemischen Eigenschaften vollzogene Einordnung der Elemente in 8 Hauptgruppen eines Periodensystems findet also durch die Lehre vom Atombau ihre theoretische Erklärung. Damit gewinnen zugleich auch die dort nur zur Gruppen-, Perioden- und Atom-Numerierung benutzten Zahlen eine tiefere Bedeutung. Die über und unter einer senkrechten *Gruppe* stehende römische Zahl stellt nicht einfach nur die *Gruppennummer* der betreffenden Elementfamilie dar, sondern gibt zugleich die *Zahl der Außenelektronen* in den Atomen dieser Gruppe wieder. Die links und rechts neben einer waagrechten *Periode* angegebene arabische Zahl bedeutet nicht einfach nur die *Periodennummer* der betreffenden Elementreihe, sondern gibt zugleich an, *in der wievielten Elektronenschale* sich die durch die römische Gruppenziffer angegebene Anzahl von Außenelektronen befindet. Die über jedem Elementsymbol verzeichnete Ordnungszahl schließlich stellt wie bereits erwähnt (S. 74) nicht einfach nur die *Atomnummer* des betreffenden Elements dar, sondern gibt zugleich die Zahl der Kernladungen und damit auch die *Gesamtzahl der Elektronen* in der Atomhülle wieder. So läßt sich z. B. aus dem Gekürzten Periodensystem ohne weiteres ablesen, daß z. B. das Strontium 2 Außenelektronen in der 5. Schale bei einer Gesamtzahl von 38 und das Chlor 7 Außenelektronen in der 3. Schale bei einer Gesamtzahl von 17 Elektronen besitzt.

Die in Tab. 8 wiedergegebene Elektronenanordnung der Hauptgruppenelemente erklärt auch, warum Alkalimetall-Ionen stets *einfach*, Erdalkalimetall-Ionen *zweifach positiv* geladen sind, während Halogenid-Ionen umgekehrt im *einfach*-, Chalkogenid-Ionen im *zweifach-negativen* Zustand existieren.

[22] Mendelejew benutzte die dem Sanskrit entnommenen Vorsilben Eka (= 1) und Dwi (= 2), um noch unbekannte Elemente zu bezeichnen, die unterhalb eines bereits bekannten Elements in der nächsten oder übernächsten Periode des Periodensystems zu erwarten waren.

Tab. 8 Elektronenzahl (Fettdruck) in der Außenschale der Atome von Hauptgruppenelementen (an der Stelle des gestrichelten Pfeils sind die Übergangselemente ausgelassen).

0	**1**							**2**
	$_1$H							$_2$He
0	**1**	**2**	**3**	**4**	**5**	**6**	**7**	**8**
$_2$He	$_3$Li	$_4$Be	$_5$B	$_6$C	$_7$N	$_8$O	$_9$F	$_{10}$Ne
$_{10}$Ne	$_{11}$Na	$_{12}$Mg	$_{13}$Al	$_{14}$Si	$_{15}$P	$_{16}$S	$_{17}$Cl	$_{18}$Ar
$_{18}$Ar	$_{19}$K	$_{20}$Ca ↑	$_{31}$Ga	$_{32}$Ge	$_{33}$As	$_{34}$Se	$_{35}$Br	$_{36}$Kr
$_{36}$Kr	$_{37}$Rb	$_{38}$Sr ¦	$_{49}$In	$_{50}$Sn	$_{51}$Sb	$_{52}$Te	$_{53}$I	$_{54}$Xe
$_{54}$Xe	$_{55}$Cs	$_{56}$Ba ¦	$_{81}$Tl	$_{82}$Pb	$_{83}$Bi	$_{84}$Po	$_{85}$At	$_{86}$Rn
$_{86}$Rn	$_{87}$Fr	$_{88}$Ra ↓	(113)	(114)	(115)	(116)	(117)	(118)

Da Alkali- bzw. Erdalkalimetalle ein bzw. zwei Elektronen mehr, Halogene bzw. Chalkogene ein bzw. zwei Elektronen weniger als ein Edelgas in der Außenschale besitzen, erreichen sie nach Abgabe bzw. Aufnahme von ein bzw. zwei Elektronen eine Außenschale mit 8 Elektronen („*Achterschale*", „*Oktettschale*"), die gemäß dem oben Besprochenen eine besonders stabile Zwischenstufe der Elektronenanordnung darstellt. Entsprechend der hohen Abgabetendenz der Alkalimetalle und Aufnahmetendenz der Halogene für Elektronen, sind die Ionisierungsenergien ersterer Elemente besonders niedrig und die Elektronenaffinitäten letzterer Elemente besonders negativ.

Die chemischen Eigenschaften der *Ionen* sind von denen der ungeladenen *Atome* natürlich ganz *verschieden*, da erstere ja zum Unterschied von letzteren *Edelgas-Elektronenschalen* besitzen und daher chemisch *beständiger* sind. So entwickeln z. B. die Natrium-Ionen des Natriumchlorids NaCl als „Pseudo-Neonatome" mit Wasser keinen Wasserstoff und besitzen in dieser Verbindung keinen Metallglanz, während sich die ungeladenen *Atome* des metallisch glänzenden Natriummetalls mit Wasser stürmisch unter Wasserstoffentwicklung umsetzen; in analoger Weise sind die Chlorid-*Ionen* des Natriumchlorids als „Pseudo-Argonatome" geruch- und farblos, während ungeladenes, elementares Chlor erstickend riecht und eine gelbgrüne Farbe besitzt.

1.3.2 Elektronenkonfiguration und Stabilität

Einelektronenzustände

Gemäß dem weiter oben Besprochenen sind Elektronenhüllen mit „*Edelgaskonfiguration*" von 2 (He), 10 (Ne), 18 (Ar), 36 (Kr), 54 (Xe) und 86 (Rn) Elektronen als besonders *beständige Anordnungen* zu betrachten. Dies folgt auch eindrucksvoll aus dem Gang der *Elementionisierungsenergien* und *-elektronenaffinitäten* (vgl. Fig. 89, S. 310), wonach für die Ionisierung der Edelgasatome besonders *hohe* Energien benötigt werden und für deren Beladung mit Elektronen sogar Energien aufzuwenden sind. Nun enthalten aber die Außenelektronenschalen der Edelgasatome zwei (He) bzw. acht Elektronen (Ne – Rn) und stellen somit im Falle von Ar, Kr, Xe und Rn noch keine mit Elektronen abgeschlossene Schalen dar[23]. Dieser Befund legt – ähnlich wie der Gang der Einordnung von Elektronen in eine bestimmte Hauptschale von Elementen steigender Ordnungszahl (s. oben) – den Gedanken nahe, daß *stabile Zwischenstufen* der Schalenbesetzungen mit Elektronen existieren, was auf eine Unterteilung der Elektronen-Hauptschalen in Unterschalen (Nebenschalen) deutet.

Nebenschalen. In der Tat lassen sich bei einer Elektronenschale der „*Hauptquantenzahl*" n (s. oben) jeweils n Unterschalen (**Nebenschalen**), charakterisiert durch die ganzzahligen

$$\textbf{Nebenquantenzahlen}\ l = 0, 1, 2, 3, \ldots n - l$$

[23] Jede n-te Schale vermag maximal $2 \cdot n^2$ Elektronen aufzunehmen (s. oben), also die äußerste (1., 2., 3., 4., 5., bzw. 6. Schale von He, Ne, Ar, Kr, Xe bzw. Rn 2, 8, 18, 32, 50 bzw. 72 Elektronen.

unterscheiden[24]. Da l ein Maß für den Bahndrehimpuls der in den betreffenden Nebenschalen untergebrachten Elektronen ist, spricht man auch von „*Bahndrehimpulsquantenzahlen*" („*Bahnquantenzahlen*"). Darüber hinaus bezeichnet man Nebenschalen der Bahnquantenzahlen $l = 0, 1, 2, 3$ usw. auch als **s-**, **p-**, **d-**, **f-**Nebenschalen (-Zustände) usw. (vgl. hierzu S. 327)[25]. Jede Nebenschale vermag dabei maximal $4l + 2$ Elektronen aufzunehmen, also die s-Schale ($l = 0$) maximal *zwei*, die p-Schale ($l = 1$) *sechs*, die d-Schale ($l = 2$) *zehn* und die f-Schale ($l = 3$) *vierzehn* Elektronen. Somit kann die „1. Hauptschale" zwei „s-*Elektronen*" der Nebenquantenzahl $l = 0$ aufnehmen, während bei den 8 Elektronen der „2. Hauptschale" zwischen zwei „s-*Elektronen*" (Elektronen der Nebenquantenzahl $l = 0$) und sechs „p-*Elektronen*" (Elektronen der Nebenquantenzahl $l = 1$) zu unterscheiden ist, indem sich die 8 Elektronen auf zwei Nebenschalen, nämlich einer mit 2 Elektronen abgesättigten s-Schale und einer mit 6 Elektronen abgesättigten p-Schale verteilen. In analoger Weise sind die 18 Elektronen der „3. Hauptschale" auf je eine s-, p- und d-Nebenschale, die 32 Elektronen der „4. Hauptschale" auf je eine s-, p-, d- und f-Nebenschale verteilt.

Je nachdem die mit steigender Ordnungszahl der Elemente neu hinzukommenden Elektronen eine s-, p-, d- oder f-Nebenschale besetzen, zählt man das betreffende Element zu den Elementen des „s-*Blocks*" (Elemente der I. und II. Hauptgruppe), „p-*Blocks*" (Elemente der III.–VIII. Hauptgruppe), „d-*Blocks*" (äußere Übergangselemente) bzw. „f-*Blocks*" (innere Übergangselemente = Lanthanoide, Actinoide).

Die s-, p-, d-, und f-Zustände der verschiedenen Schalen werden je nach deren *Hauptquantenzahl* als 1s-, 2s-, 3s- bzw. 2p-, 3p- bzw. 3d-, 4d-, bzw. 4f-, 5f-Nebenschalen usw. voneinander unterschieden, wobei die vorgesetzte Zahl die Hauptquantenzahl (Schalennummer) wiedergibt. Die jeweils in den s-, p-, d- und f-Nebenschalen vorhandene Elektronenzahl x eines Atoms wird durch einen hochgestellten Index zum Ausdruck gebracht: s^x bzw. p^x bzw. d^x bzw. f^x. So gilt beispielsweise für die Elektronenanordnung (**„Elektronenkonfiguration"**) der 5 Außenelektronen des Stickstoffs das Symbol $2s^2 2p^3$, während dem homologen Phosphor das analoge Symbol $3s^2 3p^3$ und dem homologen Arsen das Symbol $4s^2 4p^3$ zukommt. Die Gesamt-Elektronenkonfiguration des Arsens wäre durch den Ausdruck $1s^2|2s^2 2p^6|3s^2 3p^6 3d^{10}|4s^2 4p^3$ oder – da Argon die Elektronenkonfiguration $1s^2|2s^2 2p^6|3s^2 3p^6$ besitzt – durch den kürzeren Ausdruck $[Ar]3d^{10} 4s^2 4p^3$ wiedergegeben.

Bei einem gegebenen Atom kommt nun einem Elektron *in jeder Nebenschale* ein ganz bestimmter **Energiegehalt** zu. Man definiert diesen Energiebetrag als die beim Einfangen des aus „unendlicher" Entfernung kommenden – Elektrons in der betreffenden Nebenschale freiwerdende Energie. Sie entspricht dem negativen Betrag der – experimentell zugänglichen – Ionisierungsenergie des Elektrons[26].

Wie der Tab. 9 zu entnehmen ist, verringert sich die durch Elektroneneinfang abgegebene Energie sowohl bei Besetzung von Nebenschalen *zunehmender Haupt-*, aber *gleicher Nebenquantenzahl*, als auch bei Besetzung von Nebenschalen *gleicher Haupt-*, aber *zunehmender Nebenquantenzahl*. Der Energiegehalt der Atomelektronen *wächst* also in der Reihenfolge 1s-, 2s-, 3s ... oder 2p-, 3p-, 4p- ... oder 3d-, 4d-, 5d-Elektron bzw. in der Reihenfolge ns-, np-, nd-, nf- ... Elektron[27]. Dieser Sachverhalt ist in Fig. 34, welche die durch waagrechte Striche („*Niveaus*") symbolisierten Energiegehalte der Atomelektronen wiedergibt, bildlich

---

24 Wie im Falle der Hauptschalen stellen die Elektronen-Nebenschalen wieder lediglich bildliche Symbole für die verschiedenen Energiezustände der Elektronen dar.

25 Die Symbole s, p, d und f leiten sich von den willkürlichen Namen bestimmter Spektrallinien-Serien (vgl. Atomelektronenspektren, unten) ab: **s** = **s**charfe Nebenserie, **p** = **p**rinzipale Serie (= Hauptserie), **d** = **d**iffuse Nebenserie, **f** = **f**undamentale Serie. Die weiteren Zustände mit Nebenquantenzahlen > 3 werden in alphabetischer Reihenfolge g-, h-, i-Zustände usw. bezeichnet.

26 Der Energiegehalt der Elektronen der Atomhülle trägt also stets ein negatives Vorzeichen (vom System *abgegebene* Energie). Er ist umso kleiner (die bei der Elektronenbesetzung der Schale abgegebene Energie also umso negativer), je *fester* das Elektron an den Atomkern gebunden ist. Der absolute Zahlenwert des Elektronenenergiegehalts ist damit ein Maß für die „Stabilität" eines Elektronenzustandes.

27 Eine Ausnahme bildet nur das angeregte Wasserstoffatom, in welchem das Elektron in einer bestimmten Hauptschale *unabhängig* von der Nebenschale den *gleichen* Energiegehalt hat (vgl. Atomelektronenspektren).

Tab. 9 Ionisierungsenergien (= negative Energiegehalte) in eV von Atomelektronen einiger Hauptgruppenelemente in verschiedenen s-, p- und d-Zuständen

	2s	2p	3s	3p		3s	3p	3d	4s	4p	4d	5s	5p
3 **Li**	5.4				19 **K**	37	19	–	4.3				
4 **Be**	9.3				20 **Ca**	46	28	–	6.1				
5 **B**	12.9	8.3			31 **Ga**	162	107	20	11.0	6.0			
6 **C**	16.6	11.3			32 **Ge**	184	125	32	14.3	7.9			
7 **N**	20.3	14.5			33 **As**	208	145	45	17.0	9.8			
8 **O**	28.5	13.6			34 **Se**	234	166	60	20.2	9.8			
9 **F**	37.9	17.4			35 **Br**	262	189	76	23.8	11.9			
10 **Ne**	48.5	21.5			36 **Kr**	293	214	94	27.5	14.0			
11 **Na**	66	34	5.1		37 **Rb**	325	242	114	32	15	–	4.2	
12 **Mg**	92	54	7.6		38 **Sr**	361	273	137	40	22	–	5.7	
13 **Al**	121	77	10.6	6.0	49 **In**	830	669	447	126	82	20	10.0	5.8
14 **Si**	154	104	13.5	8.1	50 **Sn**	888	719	489	141	93	28	12.0	7.3
15 **P**	191	134	16.2	10.5	51 **Sb**	949	771	533	157	104	37	15.0	8.6
16 **S**	232	168	20.2	10.4	52 **Te**	1012	825	578	174	117	46	17.8	9.0
17 **Cl**	277	206	24.5	13.0	53 **I**	1078	881	626	193	131	56	20.6	10.5
18 **Ar**	326	248	29.2	15.8	54 **Xe**	1149	941	676	213	146	68	24	12.1

veranschaulicht. Ihr ist zu entnehmen, daß beispielsweise s-Zustände der Hauptquantenzahl n energetisch etwas günstiger liegen als die d-Zustände der Hauptquantenzahl $n-1$. Infolgedessen besetzen in Übereinstimmung mit dem weiter oben Besprochenen die mit steigender Ordnungszahl der Elemente nach den Edelgasen der 3.–6. Periode (Ar, Kr, Xe bzw. Rn) neu hinzukommenden Elektronen zunächst die 4s-, 5s, 6s- bzw. 7s-Unterschale, bevor ein weiterer Ausbau der bereits teilweise besetzten 3., 4., 5. bzw. 6. Hauptschale (Konfiguration s^2p^6) erfolgt. Bezüglich weiterer Einzelheiten des als **Aufbauprinzip** bezeichneten schrittweisen Elektroneneinbaus in die Haupt- und Nebenschalen der Atome im Grundzustand vgl. S. 299, 1192, 1719.

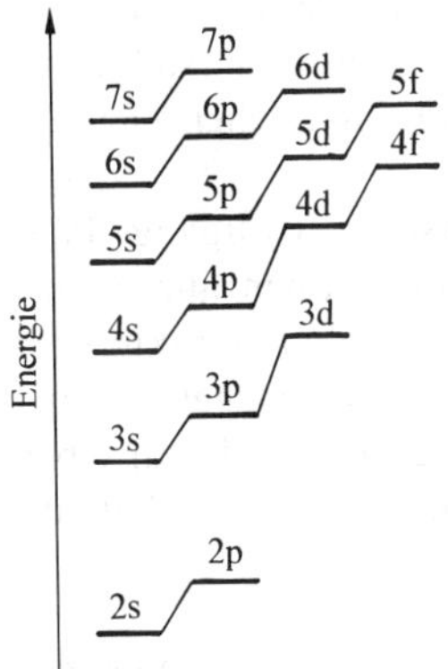
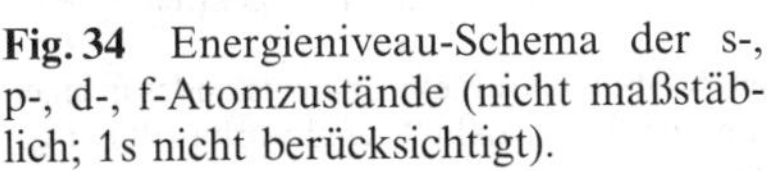

Fig. 34 Energieniveau-Schema der s-, p-, d-, f-Atomzustände (nicht maßstäblich; 1s nicht berücksichtigt).

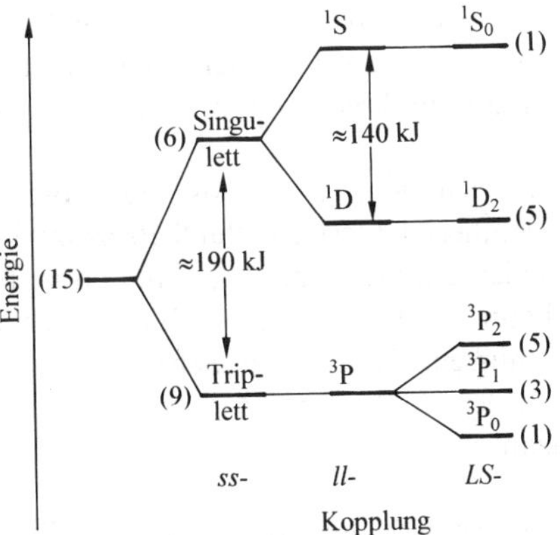

Fig. 35 Kopplungs- und Termschema des Kohlenstoffatoms (p^2-Konfiguration). In Klammern: Anzahl der Zustände.

Die **Bindungsstärke eines Elektrons** der *negativen* Atomhülle an den *positiven* Atomkern wächst 1. mit *zunehmender Kernladung*, 2. mit dem in Richtung kleiner werdender Hauptquantenzahlen *abnehmenden*

Abstand des Elektrons vom Kern (vgl. S. 327f) sowie 3. mit *abnehmender Abschirmung* der Kernladung durch die anderen Elektronen der Hülle[28] (für Beispiele vgl. Tab. 9).

Die ausgezeichnete Stabilität abgeschlossener sp-Außenschalen („*Achterschalen*", „*Oktettschalen*") rührt nun insbesondere daher, daß d-Elektronen (wie auch f-Elektronen) *erheblich stärker abgeschirmt* werden als s- und p-Elektronen der gleichen Hauptschale. Aus diesem Grunde ist beispielsweise das Außenelektron des Kaliums in der 3d-Nebenschale schwächer gebunden als ein Außenelektron des vorstehenden Edelgases Argon mit $3s^2\,3p^6$-Elektronenkonfiguration (tatsächlich besetzt das beim Kalium neu hinzukommende Elektron nicht die 3d-Schale, sondern den geringfügig stabileren 4s-Zustand; das betreffende Elektron ist in diesem Zustand zwar weiter vom positiven Atomkern entfernt und demgemäß um 11 eV schwächer gebunden aber entschieden weniger abgeschirmt als in der 3d-Schale).

Orbitale. Jede Nebenschale der Nebenquantenzahl l kann nun ihrerseits nochmals in $2\,l - 1$ *energiegleiche*, als **Orbitale**[29] bezeichnete Zustände (vgl. S. 324), charakterisiert durch die ganzzahligen

magnetischen (Bahn-) Quantenzahlen $m_l = +l, \ldots, +1, 0, -1, \ldots, -l$

unterteilt werden. Die „1. Hauptschale" ($n = 1$, $l = 0$, $m_l = 0$) beinhaltet damit nur *ein* s-Orbital, die „2. Hauptschale" ($n = 2$, $l = 0$ bzw. 1 ($m_l = +1, 0, -1$)) *ein* s-Orbital und *drei* p-Orbitale, die „3. Hauptschale" ($n = 3$, $l = 0$, 1 bzw. 2 ($m_l = +2, +1, 0, -1, -2$)) *ein* s-Orbital, *drei* p-Orbitale und *fünf* d-Orbitale, die „4. Hauptschale" *ein* s-, *drei* p-, *fünf* d- und *sieben* f-Orbitale[30]. Somit ergeben sich, wie abzuleiten ist, für jede n-te Schale n^2 Orbitale.

Jedes Orbital kann seinerseits 2 Elektronen von entgegengesetztem *Spin*, charakterisiert durch die

magnetischen Spinquantenzahlen $m_s = +\frac{1}{2}$ und $-\frac{1}{2}$,

aufnehmen. Die Existenz eines durch die

Spinquantenzahl $s = \frac{1}{2}$

festgelegten **„Elektronenspins"** folgerten S. A. Goudsmit und G. E. Uhlenbeck im Jahre 1925 aus einer sorgfältigen Analyse der Elektronenspektren von Alkalimetallatomen. Zur Veranschaulichung ordneten sie jedem Elektron ein mechanisches und magnetisches Moment so zu, als ob die Elektronenladung in dauernder Rotation in einer bestimmten ($m_s = +\frac{1}{2}$) oder der entgegengesetzten Richtung ($m_s = -\frac{1}{2}$) begriffen sei (spin (engl.) = schnell drehen). Tatsächlich besitzt der Elektronenspin, der – wie P. A. M. Dirac (Nobelpreis 1933) im Jahr 1928 nachwies – die notwendige Konsequenz einer relativistischen Quantentheorie darstellt, kein klassisches Analogon und ist deshalb – streng genommen – keiner anschaulichen Deutung zugänglich.

Nach dem wichtigen, 1925 von dem österreichischen Physiker Wolfgang Pauli (1900–1958) formulierten Gesetz (**„Pauli-Prinzip"**) können nun zwei Elektronen eines Atoms nie die gleichen vier Quantenzahlen n, l, m_l und m_s besitzen[31]. Jedes *Orbital* (charakterisiert durch n, l, m_l) kann somit maximal *zwei* Elektronen aufnehmen, die jedoch *entgegengesetzten Spin* aufweisen müssen. Da jede n-te Schale n^2-Orbitale beinhaltet, ergibt sich also in Übereinstimmung mit dem weiter oben Gesagten die maximale Elektronenzahl einer Schale der Hauptquantenzahl n zu $2 \cdot n^2$.

---

28 Letztere verringern die *wahre* Kernladung Z auf den für das betrachtete Elektron wirksamen Wert $Z - \alpha$ (= *effektive* Kernladung; α = Abschirmungskonstante des betrachteten Elektrons; s. auch Atomspektren S. 108 u. 112 sowie Atomorbitale S. 327f).

29 Da der auf Bohr zurückgehende Ausdruck „Elektronen-*Bahn*" der Beschreibung des Elektronenzustandes in einem Atom nach neueren Anschauungen nicht mehr gerecht wird, hat man das Wort „Bahn" (engl.: orbit) durch den Ausdruck „bahnartiger Zustand" (im engl. Schrifttum: orbital) ersetzt.

30 Die drei p-Orbitale werden auch als p_x-, p_y- und p_z-Orbital bezeichnet (S. 330), die fünf d-Orbitale als $d_{x^2-y^2}$-, d_{z^2}-, d_{xy}-, d_{xz}-, d_{yz}-Orbital (S. 331), die sieben f-Orbitale als $f_{z(x^2-y^2)}$-, $f_{x(y^2-z^2)}$-, $f_{y(x^2-z^2)}$-, f_{z^3}-, f_{x^3}-, f_{y^3}-, f_{xyz}-Orbitale.

31 Die Spinquantenzahl s ist für jedes Elektron gleich $\frac{1}{2}$, so daß sich Elektronen mit ihr nicht unterscheiden lassen. Zur Berechnung eines Einzelelektronenzustands genügen demnach 4 (n, l, m_l, m_s) der 5 Quantenzahlen (n, l, s, m_l, m_s).

Die Einordnung der Elektronen in die Orbitale regelt nun das **„Prinzip der größten Multiplizität“** („*1. Hundsche Regel*“; Näheres vgl. weiter unten), wonach die mit steigender Ordnungszahl der Elemente neu hinzutretenden Elektronen jedes Orbital einer Unterschale erst *einzeln* besetzen, bevor die *paarige* Einordnung der Elektronen beginnt. Demgemäß erfolgt die fortschreitende Besetzung der Orbitale der 2. Hauptgruppe so, daß nach Auffüllung des energieärmeren s-Orbitals mit 2 Elektronen die nachfolgenden Elektronen jedes der drei energiereicheren, aber untereinander energieentarteten[32)] p-Orbitale zunächst einmal einfach, dann doppelt besetzen. So verteilen sich z. B. die 5 Außenelektronen des „Stickstoffs“ derart, daß 2 Elektronen ein s-Orbital und je 1 Elektron in den drei p-Orbitalen enthalten sind, während von den 6 Außenelektronen des „Sauerstoffs“ 2 das s-. 2 weitere das erste p-Orbital und die 2 verbleibenden je eines der beiden restlichen p-Orbitale besetzen.

Die Atomelektronenkonfigurationen lassen sich bildlich dadurch *veranschaulichen*, daß man die einzelnen *Orbitale* durch *Kästchen* □ (oder auch Kreise ○) symbolisiert. In letztere trägt man dann – entsprechend der Elektronenbesetzung des betreffenden Orbitals – 0, 1 oder 2 durch Pfeile ↑ gekennzeichnete Elektronen ein. In entgegengesetzte Richtung weisende Pfeile beziehen sich dabei auf Elektronen unterschiedlichen Spins. Die Elektronenkonfiguration von Elementen der 2. Periode lassen sich demgemäß bei Berücksichtigung des Aufbau- und Multiplizitäts-Prinzips wie in Fig. 36 darstellen:

		1s	2s	2p		
He:	$1s^2$	↓↑				
Li:	$1s^2 2s^1$	↓↑	↑			
Be:	$1s^2 2s^2$	↓↑	↓↑			
B:	$1s^2 2s^2 2p^1$	↓↑	↓↑	↑		
C:	$1s^2 2s^2 2p^2$	↓↑	↓↑	↑	↑	
N:	$1s^2 2s^2 2p^3$	↓↑	↓↑	↑	↑	↑
O:	$1s^2 2s^2 2p^4$	↓↑	↓↑	↓↑	↑	↑
F:	$1s^2 2s^2 2p^5$	↓↑	↓↑	↓↑	↓↑	↑
Ne:	$1s^2 2s^2 2p^6$	↓↑	↓↑	↓↑	↓↑	↓↑

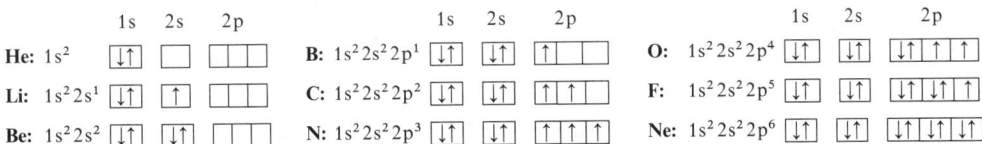

Fig. 36 Elektronenkonfigurationen der Elemente der 2. Periode.

Aus der 1. Hundschen Regel folgt, daß der **Energiegehalt** eines Nebenschalenelektrons bei *paariger* Einordnung *weniger negativ* ist als bei ungepaarter. Dies läßt sich anschaulich mit der gegenseitigen *elektrostatischen Abstoßung* der Elektronen erklären, die *größer* ist, wenn zwei Elektronen das *gleiche Orbital* (den gleichen „bahnartigen Zustand“[29)]) besetzen, und *kleiner* ist, wenn sie sich in *unterschiedliche Orbitale* einer bestimmten Unterschale einordnen. Aufgrund der geringeren „*Elektronenwechselwirkung*“ ist die Besetzung der Orbitale einer Nebenschale (p, d, f) mit jeweils nur einem statt zwei Elektronen demgemäß energetisch günstiger. Erst wenn alle Orbitale einer Nebenschale mit je einem Elektron gefüllt sind („*halbbesetzte Nebenschale*“) beginnt die etwas energieaufwendigere paarige Einordnung der Elektronen. Mithin stellen nicht nur mit Elektronen *vollbesetzte*, sondern auch mit Elektronen *halbbesetzte* Nebenschalen energetisch *ausgezeichnete Elektronenanordnungen* dar (vgl. hierzu Ionisierungsenergien, Elektronenaffinitäten, S. 310).

Mehrelektronenzustände

Sind Nebenschalen eines Atoms nicht vollständig mit Elektronen besetzt, also nicht p^6-, d^{10}-, f^{14}-konfiguriert, so bestehen ersichtlicherweise *mehrere Möglichkeiten der Elektroneneinordnung* in die einzelnen Orbitale der betreffenden Nebenschale. Zum Beispiel lassen sich in Kohlenstoffatomen (p^2-Außenelektronenkonfiguration) die zwei p-Elektronen wie folgt auf die drei p-Orbitale ($m_l = +1, 0, -1$) verteilen:

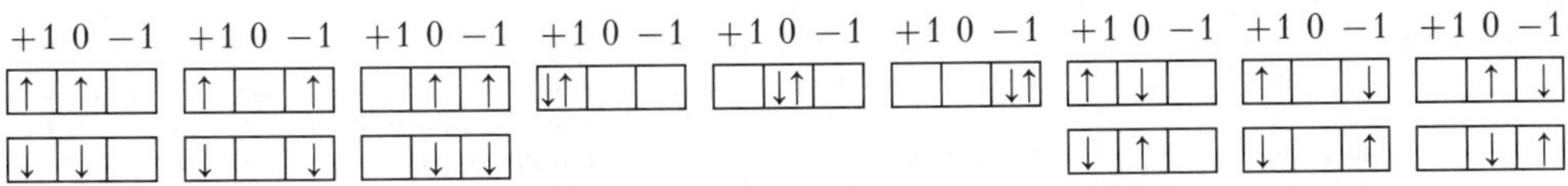

---

[32] Von „*Entartung*“ spricht man, wenn mehrere Orbitale zwar *verschiedene Quantenzahlen*, aber *gleiche Energie* haben.

Aufgrund der Kopplungen von Elektronenbahnen und -spins kommt den einzelnen Anordnungen („*Mikrozuständen*") zum Teil verschiedene Energie zu. Beispielsweise führt, wie oben abgeleitet wurde, die Spinwechselwirkung zu energieärmeren Zuständen mit ungepaarten und energiereicheren mit gepaarten Elektronen einer Nebenschale. Mithin kann eine bestimmte Elektronenkonfiguration (z. B. $1s^2\,2s^2\,2p^2$ im Falle von Kohlenstoffatomen) zu mehreren energetisch unterschiedlichen „*Gesamtzuständen*" (**Termen**[33]) führen. Ähnlich wie man den Zustand eines Atomelektrons (Einelektronenzustand) durch verschiedene Quantenzahlen (z. B. l und s) festlegt, charakterisiert man Terme (Mehrelektronenzustände) einer bestimmten Elektronenkonfiguration leichter bis mittelschwerer Atome (etwa bis zu den Lanthanoiden, s. unten) nach A. S. Russell und F. A. Saunders („*Russell-Saunders-Kopplung*", „*LS-Kopplung*") durch die **Gesamt-Bahndrehimpulsquantenzahlen *L*** sowie die **Gesamt-Spinquantenzahlen *S***, die zu **Termsymbolen** ^{2S+1}L zusammengefaßt werden (vgl. Tab. 10). Die Spin-Spin-Wechselwirkung führt dabei insgesamt zu einer etwas größeren Energieaufspaltung als die Bahn-Bahn-Wechselwirkung.

Spin-Spin-Kopplung. Die *Gesamt-Spinquantenzahl S* ergibt sich in einfacher Weise als Summe der Spinquantenzahlen $s = +{}^1/_2$ ungepaarter Elektronen einer Atomhülle und kann demnach die Werte $S = 0$, ${}^1/_2$, 1, ${}^3/_2$, 2 usw. annehmen, je nachdem die Elektronenhülle 0, 1, 2, 3, 4 ungepaarte Elektronen usw. aufweist. Für einen gegebenen Wert von S gibt es $2S+1$ entartete Spinzustände („*Spinmultiplizität*"), charakterisiert durch die *magnetischen Gesamt-Spinquantenzahlen* $M_S = S, S-1, S-2, \ldots, -S$ (die M_S-Werte stellen zugleich die Summe der m_s-Werte der Einzelelektronen dar). Die aus $S = {}^1/_2, 1, {}^3/_2, 2 \ldots$ usw. hervorgehenden Spinmultiplizitäten $2S+1$ werden als „*Singulett*", „*Dublett*", „*Triplett*", „*Quartett*", „*Quintett*" bezeichnet. Im Falle von C-Atomen (p^2-Konfiguration) sind z. B. Mikrozustände mit keinem ungepaarten Elektron ($S = 0$; Singulettzustand) sowie mit zwei ungepaarten Elektronen ($S = 1$; Triplettzustand) in der p-Nebenschale möglich, wobei der Triplettzustand im Sinne des oben Besprochenen energieärmer ist als der Singulettzustand (Energieaufspaltung ca. 190 kJ/mol; vgl. Fig. 35, S. 97).

Bahn-Bahn-Kopplung. Die *Gesamt-Bahndrehimpulsquantenzahlen L* möglicher Zustände einer Konfiguration mit x-Elektronen in einer Schale der Nebenquantenzahl l beträgt $L = 0, 1, 2, 3, 4, 5, 6 \ldots$ oder gleichbedeutend L = S, P, D, F, G, H, I ...[34]. Das Ende der Zahlen- bzw. Buchstabenreihe (Zustand mit dem höchsten L-Wert) ergibt sich, wenn man im Kästchendiagramm einer Nebenschale l die Elektronen der Reihe nach von links nach rechts – und zwar jeweils doppelt in die einzelnen, nach abnehmenden m_l-Werten angeordneten Kästchen füllt und dann die den Elektronen zukommenden m_l-Werte addiert. Hiernach lauten die Terme mit den höchsten L-Werten für Atome mit teilbesetzter p^x-Nebenschale ($m_l = +1 \;\; 0 \;\; -1$):

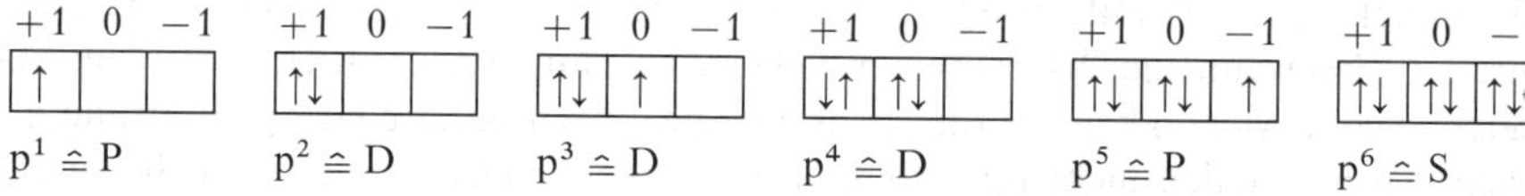

+1 0 −1	+1 0 −1	+1 0 −1	+1 0 −1	+1 0 −1	+1 0 −1
[↑][ ][ ]	[↑↓][ ][ ]	[↑↓][↑][ ]	[↓↑][↑↓][ ]	[↑↓][↑↓][↑]	[↑↓][↑↓][↑↓]
$p^1 \triangleq$ P	$p^2 \triangleq$ D	$p^3 \triangleq$ D	$p^4 \triangleq$ D	$p^5 \triangleq$ P	$p^6 \triangleq$ S

Für einen gegebenen Wert von L existieren jeweils $2L+1$ entartete Bahnzustände, charakterisiert durch die *magnetischen Gesamt-Bahndrehimpulsquantenzahlen* $M_L = L, L-1, L-2, \ldots 0 \ldots -L$ (die M_L-Werte stellen zugleich die Summe der m_l-Werte der Einzelelektronen dar). Im Falle des C-Atoms (p^2-Konfiguration) führt die Bahnkopplung der beiden p-Elektronen (l jeweils 1, d. h. $L_{max} = 2$) z. B. zu drei Zuständen mit Gesamt-Bahndrehimpulsquantenzahlen $L = 0, 1, 2$, nämlich zu einem S-, P- und D-Zustand. Es läßt sich bei einiger Übung aus den Mikrozuständen der p^2-Konfiguration (s. oben) ableiten, daß der S-Zustand und die D-Zustände nur als Singuletts (1 bzw. 5 Mikrozustände), die P-Zustände nur als Tripletts (9 Mikrozustände) existieren: ^{2S+1}L = ^{1}S, ^{1}D, ^{3}P (gesprochen: Singulett-S, Singulett-D, Triplett-P)[35].

33 terminus (lat.) = Grenze, Ende, Ziel.

34 Der Buchstabe S wird sowohl als Symbol für $L = 0$ (nicht kursiv) als auch als Symbol für den Gesamtspin der Elektronenhülle (kursiv) verwendet. Bezüglich der Bedeutung der Buchstaben S, P, D, F... vgl. Anm.[25].

35 Der Gang der Herleitung der Terme des C-Atoms aus den oben wiedergegebenen 15 Mikrozuständen der p^2-Konfiguration ist kurz folgender: (i) *Spinzustände:* Da jedem Triplett-Zustand drei Mikrozustände mit $M_S = 1, 0, -1$ zuzuordnen sind und 3 der 15 Mikrozustände M_S-Werte = 1 aufweisen, sind $3 \times 3 = 9$ Mikrozustände zu Triplett-Termen und mithin $15 - 9 = 6$ Zustände zu Singulett-Termen des C-Atoms zu zählen. (ii) *Bahnzustände:* Aus der Tatsache, daß unter den 15 Mikrozuständen des C-Atoms derjenige mit einem M_S-Wert = 2 (D-Term) gepaarte Elektronen aufweist, resultiert ein ^{1}D-Term. Da einem D-Zustand fünf Mikrozustände mit $M_L = 2, 1, 0, -1, -2$ zuzuordnen sind, verbleibt von den 6 zu Singulett-Termen zu zählenden Mikrozuständen (s. oben) nur ein einziger. Er kann nur einem ^{1}S-Term des C-Atoms zugeordnet werden. Damit müssen die 9 zu Triplett-Termen zu zählenden Mikrozustände (s. oben) dem verbleibenden P-Zustand des C-Atoms zugeordnet werden: ^{3}P.

Tab. 10 Russel-Saunders-Terme (RS-Terme, LS-Terme) für s^x-, p^x- und d^x-Elektronenkonfigurationen, geordnet nach steigender Energie.

$s^{0,2}$: ^1S	$d^{0,10}$: ^1S
s^1: ^3S	$d^{1,9}$: ^2D
$p^{0,6}$: ^1S	$d^{2,8}$: ^3F, ^3P, ^1G, ^1D, ^1S
$p^{1,5}$: ^3P, ^1D, ^1S	$d^{3,7}$: ^4F, ^4P, ^2H, ^2G, ^2F, ^2D, ^2D, ^2P
$p^{2,4}$: ^3P, ^1D, ^1S	$d^{4,6}$: ^5D, ^3H, ^3G, ^3F, ^3F, ^3D, ^3P, ^3P, ^1I, ^1G, ^1G, ^1F, ^1D, ^1D, ^1S, ^1S
p^3: ^4S, ^2D, ^2P	d^5: ^6S, ^4G, ^4F, ^4D, ^4P, ^2I, ^2H, ^2G, ^2G, ^2F, ^2F, ^2D, ^2D, ^2D, ^2P, ^2S

Durch die Bahnwechselwirkungen werden somit die Singulett-Zustände des C-Atoms energetisch aufgespalten (um ca. 140 kJ/mol), und zwar in einen energieärmeren ^1D- und energiereicheren ^1S-Zustand (vgl. Fig. 35, S. 97). In Tab. 10 sind die möglichen Russel-Saunders-Terme für s^x-, p^x- und d^x-Elektronenkonfigurationen zusammengestellt.

Spin-Bahn-Kopplung. Jeder durch S und L charakterisierte Term spaltet als Folge einer Kopplung des Gesamt-Spins und Gesamt-Bahndrehimpulses in $2S+1$ energetisch nur wenig voneinander unterschiedene Unterterme auf („Spinmultiplizität des Terms"), charakterisiert durch die „*Gesamtdrehimpuls-Quantenzahlen*" („*Innere Quantenzahlen*") J. Letztere ergeben sich als Summen der Quantenzahlen L und M_S mit ganzen bzw. halbzahligen Werten von $M_S = +S$ bis $M_S = -S$ und werden als Indices am Termsymbol angefügt: $^{2S+1}L_J$. Jeder so charakterisierte Unterterm beinhaltet $2J+1$ energiegleiche Niveaus. Im Falle des C-Atoms führt die Spin-Bahn-Wechselwirkung naturgemäß zu keiner Energieaufspaltung der Singulett-Terme (Spinmultiplizität = 1), während der ^3P-Term (Spinmultiplizität = 3) die Unterterme $^3P_0$, $^3P_1$, $^3P_2$ liefert, wobei der $^3P_1$-Term (3 Niveaus) um 0.2 kJ/mol, der $^3P_2$-Term (5 Niveaus) um 0.5 kJ/mol, der $^1D_2$-Term (5 Niveaus) um 122 kJ/mol und $^1S_0$-Term (1 Niveau) um 259 kJ/mol energiereicher ist als der $^3P_0$-Term (1 Niveau) (vgl. Fig. 35, S. 97).

Die Frage nach dem energieärmsten Term einer bestimmten Elektronenkonfiguration (Grundzustand des Atoms) läßt sich durch die drei **Hundschen Regeln** beantworten:

1. Unter den verschiedenen Termen zu einer Konfiguration liegt der Term mit der *höchsten Multiplizität* (d.h. dem höchsten S-Wert oder größten Zahl ungepaarter Elektronen) energetisch am tiefsten (im Falle von C-Atomen: ^3p).

2. Bei Termen einer Konfiguration mit der gleichen höchsten Multiplizität liegt der Term mit dem *höchsten Drehimpuls* (d.h. dem höchsten L-Wert) energetisch am tiefsten. Gemäß der 2. Hundschen Regel erhält man bei Berücksichtigung des Prinzips der größten Multiplizität (1. Hundsche Regel) den energieärmsten Term („LS-*Grundterm*") einer Elektronenkonfiguration, indem man einen Mikrozustand der mit Elektronen teilweise besetzten Nebenschale mit maximalem Gesamt-Spin- und Gesamt-Bahndrehimpuls bildet (voll besetzte Nebenschalen müssen nicht berücksichtigt werden, weil sich die Elektronendrehimpulse kompensieren). Beide Bedingungen sind automatisch erfüllt, wenn man im Kästchendiagramm einer Nebenschale l die Elektronen der Reihe nach von links nach rechts erst einzeln mit gleichem Spin, dann doppelt mit gepaartem Spin in die einzelnen, nach abnehmenden m_l-Werten angeordneten Kästchen füllt (Bestimmung von S durch Addition von m_s, von L durch Addition von m_l, der Multiplizität gemäß $2S+1$). Hiernach lauten die LS-Grundterme für Atome mit teilbesetzter p^x-Nebenschale ($m_l = +1\ 0\ -1$)[35]:

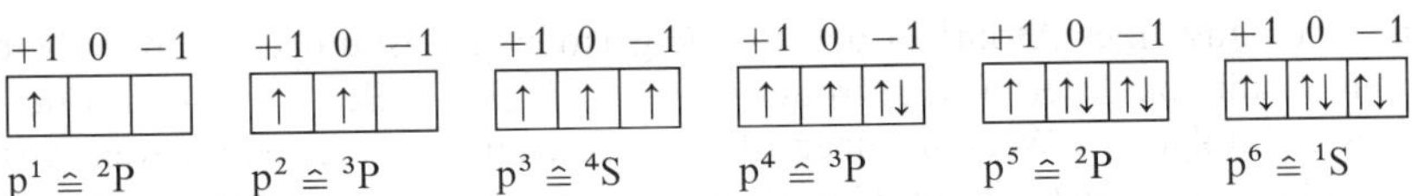

3. Bei Termen einer Konfiguration mit gleichem höchsten Spin- und Drehimpuls liegt bei weniger (mehr) als halbgefüllten Unterschalen der Term mit dem kleineren (größeren) Wert für J energetisch am tiefsten (im Falle von C-Atomen: $^3P_0$).

Die mit Hilfe der drei Hundschen Regeln leicht ermittelbaren *Terme der Elementatome* im Normalzustand sind in den Tab. 43, 96, 151 (S. 300, 1194, 1720) in der Spalte „Elektronenkonfiguration" wiedergegeben.

jj-Kopplung. Das vorstehend geschilderte Prinzip der LS-Kopplung trifft nicht mehr für schwere Atome ($\approx$ ab der 5. Periode) zu, bei welchen starke Kopplungen zwischen dem Bahn- und Spinmoment jedes einzelnen Elektrons aufgrund relativistischer Effekte auftreten ($l + s = j$), und die Kopplungen der resultierenden Einzelelektronen-Bahnimpulse („*jj-Kopplung*") schwächer sind und erst nachfolgend berücksichtigt werden müssen. Es lassen sich allerdings auch die schweren Atome nach dem LS-Kopplungsschema bei Berücksichtigung gewisser Korrekturen behandeln.

1.3.3 Durchmesser von Atomen und Atomionen

Fig. 37 gibt die Elektronenverteilung für die Elemente Lithium bis Fluor sowie Natrium bis Chlor bildlich wieder. Wir sehen daraus, daß innerhalb einer waagrechten *Elementperiode* der Atomdurchmesser entsprechend der wachsenden Anziehung des positiven Kerns auf die negative Elektronenhülle mit steigender Kernladung abnimmt (Li > Be > B usw.). Innerhalb

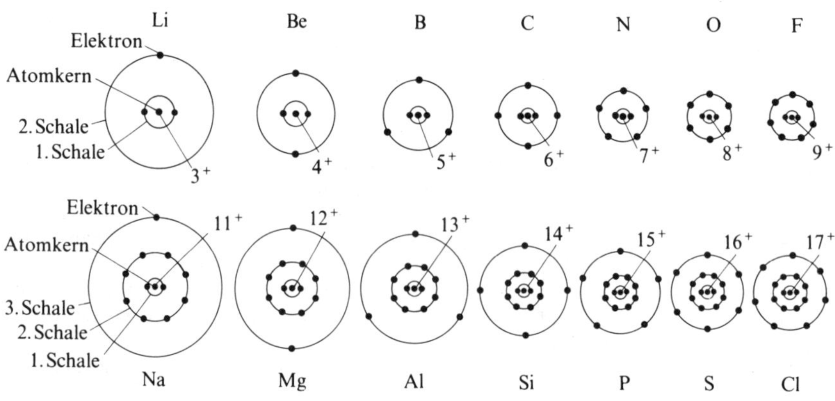

Fig. 37 Elektronenschalen und relative Atomradien der Elemente Lithium bis Chlor.

einer senkrechten *Elementgruppe* nimmt dagegen der Atomdurchmesser mit steigender Kernladung zu (Li < Na < K usw.), weil beim Fortschreiten von einem zum nächsten Gruppenglied eine neue Elektronenschale hinzukommt. Die *halben* Atomdurchmesser, die sogenannten „*van der Waals-Radien*" der Atome betragen ca. 1–3 Å (vgl. Tab. 11).

Tab. 11 Van der Waals-Radien (Å) einiger Nichtmetalle und Metalle

								H	1.4							He	1.8
						B	–	C	1.7	N	1.6	O	1.5	F	1.5	Ne	1.6
						Al	–	Si	2.1	P	1.9	S	1.8	Cl	1.8	Ar	1.9
Ni	1.6	Cu	1.4	Zn	1.4	Ga	1.9	Ge	–	As	2.0	Se	1.9	Br	1.9	Kr	2.0
Pd	1.6	Ag	1.7	Cd	1.6	In	1.9	Sn	2.2	Sb	2.2	Te	2.1	I	2.1	Xe	2.2
Pt	1.7	Au	1.7	Hg	1.5	Tl	2.0	Pb	2.0	Bi	2.4	Po	–	At	–	Rn	–

Beim Übergang eines Atoms in den *positiv* geladenen Zustand unter Abgabe der in der äußersten Schale lokalisierten Elektronen (Li → Li^+, Be → Be^{2+} usw.) wird der Teilchendurchmesser infolge des Wegfalls einer Elektronenschale und der geringeren Abschirmung der Kernladung *beachtlich kleiner*. Umgekehrt wird der Teilchendurchmesser beim Übergang eines Atoms in den *negativ* geladenen Zustand unter Aufnahme einer bestimmten, zur Vervollständigung seiner Außenschale mit 8 Elektronen noch benötigten Zahl von Elektronen (F → F^-, O → O^{2-} usw.) infolge der stärkeren Abschirmung der Kernladung *etwas größer*. So ist im Natriumchlorid, das aus Na^+- und Cl^--Ionen aufgebaut ist (vgl. Ionenbindung), zum Unterschied von den Verhältnissen beim ungeladenen Natrium- bzw. Chlor-*Atom* (s. oben) das Natrium-*Kation* (Ionenradius 1.16 Å) sogar wesentlich kleiner als das Chlor-*Anion* (Ionenradius 1.67 Å). Bei isoelektronischen Ionen steigt erwartungsgemäß der Ionendurchmesser von den Kationen zu den Anionen hin, und zwar bei den Kationen mit abnehmender, bei den Anionen mit zunehmender Ladung des Ions: $Ca^{2+} < K^+ < Cl^- < S^{2-}$ (Ionenradien: 1.14, 1.52, 1.67 bzw. 1.70 Å; bezüglich weiterer „*Ionenradien*" vgl. das Kapitel Ionenbindung, bezüglich „*Atomradien*" das Kapitel Atombindung und bezüglich „*Metallatomradien*" das Kapitel Metallbindung).

Wir haben uns bisher im wesentlichen mit dem Aufbau der Elektronenhülle des jeweils *stabilsten* Atomzustandes beschäftigt. Es existieren jedoch immer auch andere, energetisch *weniger stabile* Elektronenanordnungen der Atome. Wir wollen uns nunmehr den durch *Lichtwechselwirkung mit den Atomen* induzierten Übergängen zwischen den einzelnen Atomelektronenkonfigurationen zuwenden.

2 Atomspektren

2.1 Die Bausteine des Lichts. Der Photonenbegriff

Wie wir heute wissen, reagiert nicht nur die Materie sondern auch die Energie in Form von kleinsten, nicht weiter teilbaren Teilchen („*Quanten*"). Als „Atom" der potentiellen elektrischen Energie haben wir beispielsweise die Größe

$$\boxed{E = e \cdot U}$$

zu betrachten, in der e die *Elementarladung* ($= 1.602189 \times 10^{-19}$ C), d.h. das „Atom" der Elektrizitätsmenge (vgl. S. 72) und U die angelegte elektrische *Spannung* (Potentialdifferenz) darstellt[36].

Die elektrische Energie kommt also wie die Materie in verschieden großen („leichteren" und „schwereren") Quanten $e \cdot U$ vor, deren Energiebetrag der angelegten Spannung U proportional ist. „1 mol" elektrische Energie wird durch die Größe $N_A \cdot e \cdot U$ (N_A = Avogadrosche Konstante $= 6.022045 \times 10^{23}\ \text{mol}^{-1}$) wiedergegeben, in der man die molare Elektrizitätsmenge $N_A \cdot e$ (= 96485 C/mol) auch als 1 Faraday F bezeichnet ($F \cdot U$ = Faraday-Volt), benannt nach dem englischen Naturforscher Michael Faraday (1791–1867).

Die Energiequanten des Lichts (Strahlungsenergie), welche „*Photonen*"[37] oder „*Lichtquanten*" (Symbol γ) genannt werden, sind durch die Gleichung

$$\boxed{E = h \cdot \nu}$$

definiert, wobei h das **„Plancksche Wirkungsquantum"** (benannt nach dem deutschen Physiker Max Planck, 1858–1947) ein Proportionalitätsfaktor mit der Einheit einer „Wirkung" (Energie × Zeit) und ν die Frequenz[38] des betreffenden Lichts darstellt. Soll dabei E in Joule ausgedrückt werden, so hat h den Wert 6.626176×10^{-34} Js. „1 mol" Licht wird durch die Größe $N_A \cdot h \cdot \nu$ (N_A = Avogadrosche Konstante $= 6.022045 \times 10^{23}\ \text{mol}^{-1}$) wiedergegeben, in der man die Größe $N_A \cdot h$ auch als 1 Einstein ($= 3.990313 \times 10^{-10}$ Js) bezeichnet, benannt nach dem deutschen Physiker Albert Einstein (1879–1955)[39].

---

36 Mißt man e in Coulomb, die Spannung in Volt, so ergibt sich die elektrische Energie als Produkt beider Maßeinheiten in Coulomb × Volt = Joule.

37 Der Name Photon – von phos (griech.) = Licht – stammt von G. N. Lewis (1926).

38 Die Frequenz (Schwingungszahl) ν eines einfarbigen („*monochromatischen*") Lichts hängt mit dessen Wellenlänge durch die Beziehung $\nu \cdot \lambda = c$ (c = Lichtgeschwindigkeit $= 2.997925 \times 10^8$ m/s) zusammen (λ und c in der gleichen Längeneinheit gemessen). Die Frequenz ν (Zahl der Lichtschwingungen in der Sekunde) gibt also die Zahl der Wellenlängen λ an, die das betreffende Licht in einer Sekunde zurücklegt. Sie variiert bei sichtbarem Licht von 3.795×10^{14}/s (rotes Licht der Wellenlänge 790 nm) bis 7.687×10^{14}/s (violettes Licht der Wellenlänge 390 nm) (vgl. Spektrum der elektromagnetischen Wellen, Fig. 39). Die Zahl der Wellenlängen λ, die zusammen eine Strecke von 1 cm ergeben, nennt man die „*Wellenzahl*" $\tilde{\nu}$ also: $\tilde{\nu}$ (meist in cm^{-1} = $1/\lambda$ (λ in cm) = ν/c (ν in s^{-1}, c in cm/s). – Die Maßeinheit 1 Schwingung/Sekunde heißt „1 *Hertz*" (1 Hz); „1 *Kilohertz*" (1 KHz) ist gleich 10^3, „1 *Megahertz*" (1 MHz) gleich 10^6 Hz.

39 Der elektrischen Energie $e \cdot U$ und dem Lichtenergiequant $h \cdot \nu$ entspricht seitens der thermischen Energie das Produkt $k_B \cdot T$ bei der Temperatur T, wobei k_B die „Boltzmannsche Konstante" ($= 1.380662 \times 10^{-23}$ J/K, vgl. S. 34) – benannt

Gemäß der Beziehung $E = h \cdot \nu$ gibt es energieärmere („leichtere") und energiereichere („schwerere") Lichtquanten, je nachdem die Frequenz ν des betrachteten Lichts klein oder groß ist, während für eine Lichtart von gegebener Frequenz alle Quanten gleiche Energie (gleiche Masse; s. unten) besitzen. Rotes Licht der Wellenlänge $\lambda = 700$ nm (Frequenz $\nu = 4.2827 \times 10^{14}\,s^{-1}$) besteht z. B. aus Energiequanten („Energiepaketen") der Größe $h \cdot \nu = (6.6262 \times 10^{-34}) \times (4.2827 \times 10^{14}) = 2.8378 \times 10^{-21}$ J $= 2.8378 \times 10^{-24}$ kJ. Dagegen stellen die Quanten von blauem Licht der Wellenlänge $\lambda = 450$ nm (Frequenz $\nu = 6.6621 \times 10^{14}\,s^{-1}$) eine um 56% größere Energie von je $(6.6262 \times 10^{-34}) \times (6.6621 \times 10^{14}) \mathrel{\hat{=}} 4.4144 \times 10^{-24}$ kJ dar. 6.0220×10^{23} „rote" Lichtquanten („1 mol" rotes Licht der Wellenlänge 700 nm) sind einer Energie von $(6.0220 \times 10^{23}) \times (2.8378 \times 10^{-24}) \mathrel{\hat{=}} 170.89$ kJ äquivalent, „1 mol" blaues Licht der Wellenlänge 450 nm entspricht einer Energie von $(6.0220 \times 10^{23}) \times (4.4144 \times 10^{-24}) \mathrel{\hat{=}} 265.84$ kJ. In Tab. 12 sind solche „*Lichtäquivalente*" für die einzelnen Arten des sichtbaren Lichts in kJ/mol Photonen angegeben (der Energiewert für ein einzelnes Photon ist jeweils gleich dem wiedergegebenen Energiewert, dividiert durch die Avogadrosche Konstante N_A).

Tab. 12 Energiewerte der Äquivalente sichtbaren Lichts

Licht-Wellen-länge (nm)	**Licht-Wellen-zahl** (cm^{-1})	**Lichtfarbe**	**Komplementärfarbe**	**Licht-Äquivalent** (kJ/mol Photonen)
350	28600	Ultraviolett	Weiß	342
400	25000	Violett	Gelbgrün	299
450	22200	Blau	Orangegelb	266
500	20000	Blaugrün	Rot	239
550	18200	Grün	Purpur	218
600	16700	Gelb	Blau	199
650	15400	Orangerot	Blaugrün	184
700	14300	Rot	Blaugrün	171
750	13300	Dunkelrot	Blaugrün	160
800	12500	Ultrarot (Infrarot)	Schwarz	150

Setzt man die Plancksche Beziehung $E = h \cdot \nu$ zwischen Energie und Lichtfrequenz in die Einsteinsche Beziehung $E = m \cdot c^2$ zwischen Energie und Masse ein ($h \cdot \nu = m \cdot c^2$), so folgt unter Berücksichtigung von $\lambda = c/\nu$[38] die Gleichung

$$\lambda = \frac{h}{m \cdot c},$$

welche den Zusammenhang der Wellenlänge und der Masse eines Photons zum Ausdruck bringt und eindrucksvoll veranschaulicht, daß eine strenge Unterscheidung zwischen Wellen- und Teilchencharakter des Lichts nicht möglich ist: In vielen Fällen wie den Beugungs- und Interferenzerscheinungen verhält sich das Licht wie eine Welle und wird dann zweckmäßig durch eine Wellenlänge charakterisiert. In anderen Fällen wie z. B. den photochemischen Reaktionen oder dem photoelektrischen Effekt (s. unten) gleicht aber das Licht mehr einem durch eine bestimmte Energie bzw. bestimmte Masse charakterisierbaren Teilchen („*Welle-Teilchen-Dualismus*"; vgl. Lehrbücher der physikalischen Chemie). Gemäß der Beziehung $\lambda = h/mc$ kommt beispielsweise den Photonen der Wellenlänge 700 nm (rotes Licht) die – verschwindend kleine – Masse von 3.16×10^{-33} g, den etwas energiereicheren Photonen der Wellenlänge 450 nm (blaues Licht) die etwas größere Masse von 4.91×10^{-33} g zu (zum Vergleich: Ruhemasse des Elektrons $= 9.11 \times 10^{-28}$ g).

---

nach dem österreichischen Physiker Ludwig Boltzmann (1844–1906) – darstellt. k_B hat die Dimension einer Entropie. Das Produkt $N_A \cdot k_B$ (N_A = Avogadrosche Konstante) wird auch als „Gaskonstante" R ($= 8.314412\ J\,mol^{-1}\,K^{-1}$, s. dort) bezeichnet. $N_A \cdot k_B \cdot T$ ist die „molare Wärmeenergie" bei der Temperatur T.

Wie der französische Physiker Louis-Victor de Broglie im Jahre 1924 darüber hinaus zeigen konnte, lassen sich nicht nur elektromagnetische Wellen als Teilchen, sondern umgekehrt auch Materieteilchen (Elektronen, Protonen, Neutronen, Atome usw.) der Masse m und der Geschwindigkeit v als beugungs- und interferenzfähige elektromagnetische Wellen („*Materiewellen*"; „*de Broglie-Wellen*") der Wellenlänge

$$\lambda = \frac{h}{m \cdot v}$$

beschreiben (vgl. Lehrbücher der physikalischen Chemie). So entspricht etwa einem Elektron der kinetischen Energie ($E_k = mv^2/2$) von 1 oder 100 oder 10000 eV (Geschwindigkeit $v = 5.9 \times 10^5$ bzw. 5.9×10^6 bzw. 5.9×10^7 m/s) eine Wellenlänge von 12.3 bzw. 1.23 bzw. 0.123 Å, einem Proton der Geschwindigkeit 1.38×10^5 m/s eine Wellenlänge von 0.029 Å und einem H_2-Molekül von 200 °C eine Wellenlänge von 0.82 Å.

Genau wie sich nun Atome oder Moleküle der Materie nur in ganzzahligem Verhältnis miteinander umsetzen können („*stöchiometrische Gesetze*"; s. dort), können auch Materie und Energie nur in ganzzahligem Verhältnis ihrer kleinsten Teilchen miteinander reagieren. Für den Fall der Wechselwirkung zwischen Materie und elektrischer Energie haben wir diese Folgerung bereits kennengelernt („*Faradaysche Gesetze*"; s. dort). Für den Fall der Wechselwirkung zwischen Materie und Licht wird sie durch das **„photochemische Äquivalenzgesetz"** zum Ausdruck gebracht, welches besagt, *daß 1 Materie-atom oder -molekül nur mit 1 Lichtquant $h \cdot v$ (oder einem ganzzahligen Vielfachen davon) in Reaktion treten kann und umgekehrt.*

Will man z. B. die Reaktion

$$Cl_2 + 243.52\,\text{kJ}^{40)} \rightarrow 2\,Cl$$

erzwingen, welche die Vorbedingung für die Chlorwasserstoffbildung aus Wasserstoff und Chlor ist ($H_2 + Cl_2 \rightarrow 2\,HCl + 184.74$ kJ; „*Chlorknallgasreaktion*", s. dort), so ist zur Spaltung je Mol Chlor durch „*Photodissoziation*" (S. 373) 1 mol Lichtquanten aufzuwenden, wobei die Energie dieser Lichtquanten $h \cdot v$ je Mol den Wert der freien Reaktionsenthalpie (S. 53) der Cl_2-Dissoziation[40] von 211.53 kJ überschreiten muß. Nach Tab. 12 ist dies z. B. bei blauem und kürzerwelligem (etwa violettem) Licht der Fall, nicht dagegen z. B. bei gelbem oder längerwelligem (etwa rotem) Licht. So kommt es, daß die Chlorknallgasexplosion zwar durch blaues, nicht aber durch rotes Licht ausgelöst wird.

Will man andererseits aus einem Metall Elektronen herausschlagen, was durch Bestrahlung des Metalls mit Licht möglich ist („*photoelektrischer*" bzw. „*lichtelektrischer Effekt*" vgl. Fig. 38)[41], so benötigt man für jedes vorgegebene Metall Licht einer bestimmten Minimal-

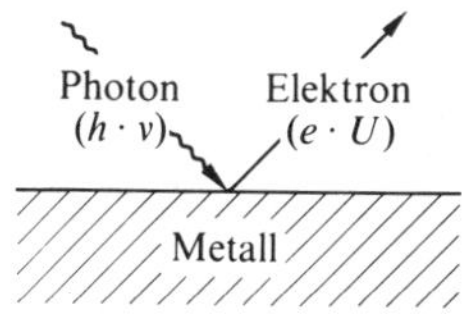

Fig. 38 Photoelektrischer Effekt.

frequenz („*photoelektrische Schwelle*"). So erfordert der Austritt von Elektronen („*Photoelektronen*") aus Natriummetall eine Auslöseenergie E_A von etwa 1.9 eV pro Elektron[42], entsprechend 183 kJ/mol Elektronen. Zur Überwindung der photoelektrischen Schwelle benötigt man dementsprechend orangerotes Licht ($\lambda \approx 650$ nm, vgl. Tab. 12). Licht mit Pho-

[40] Es kommt bei der photochemischen Erzwingung der Spaltung von Chlormolekülen in Chloratome auf die freie Enthalpie (s. dort) an, die hier etwas kleiner (211.53 kJ) als die Reaktionsenthalpie (243.52 kJ) ist.

[41] In Photozellen (z. B. für automatische, lichtgesteuerte Türen) wird dieser Effekt ausgenützt.

[42] Die Ionisierungsenergie einzelner Natriumatome beträgt 5.1 eV.

tonen kleinerer Energie ($h\nu < E_A$), also größerer Wellenlänge (kleinerer Frequenz) bleibt wirkungslos, auch wenn es sehr intensiv ist. Bestrahlt man andererseits das Metall mit Licht einer größeren als der mindestens benötigten Photonenenergie ($h\nu > E_A$), also kleinerer Wellenlänge (größerer Frequenz), so wird der Energieüberschuß auf die emittierten Elektronen in Form von kinetischer Energie $E_k = m \cdot v^2/2 = e \cdot U$ übertragen: $h \cdot \nu = E_A + m \cdot v^2/2$ (vgl. Photoelektronenspektren)[43]. (Bezüglich weiterer, den Quantencharakter des Lichts dokumentierender Beispiele vgl. auch Atomspektren.)

Da der Proportionalitätsfaktor $h = 6.626176 \times 10^{-34}$ Js eine Konstante ist, begnügt man sich bei Reaktionen wie der lichtinduzierten Spaltung von Chlormolekülen oder der Ionisierung von Metallen meist mit der Angabe der zur Verwirklichung der Umsetzung erforderlichen Frequenz (z.B. in Form der Wellenlänge $\lambda = c/\nu$ oder Wellenzahl $\tilde{\nu} = {}^1/\lambda$). So entspricht der freien Dissoziationsenthalpie von 211.53 kJ/mol im Falle des Chlors eine Frequenz von 211.53 : (3.9903×10^{-13}) = 5.3011×10^{14}/s, entsprechend einer Wellenlänge von 565.5 nm bzw. einer Wellenzahl von 17680/cm (3.9903×10^{-13} kJ · s/mol = Einstein-Konstante, s. oben).

In entsprechender Weise begnügt man sich bei elektrochemischen Reaktionen mit der Angabe des Potentials (z.B. in Form der Normalpotentiale ε_0, s. dort) der zur Verwirklichung der Umsetzung notwendigen Energie $E = e \cdot U$, da ja $e = 1.602189 \times 10^{-19}$ C (= J/V) wiederum eine Konstante ist. So benötigt man z.B. zur elektrolytischen Abscheidung eines Mols von metallischem Natrium Na aus Natrium-Ionen Na^+ ($Na^+ + e^- \rightarrow Na$) die Menge $N_A \cdot e \cdot U$ = 261.86 kJ/mol an freier[44] elektrischer Energie. Hieraus berechnet sich dann ein Abscheidungspotential von 261.86 : (96.485) = 2.714 V (96.485 kJ/V · mol = Faraday-Konstante, s. dort).

Ganz allgemein reichen die Quanten des sichtbaren Lichts, wie aus Tab. 12 hervorgeht, nur für solche chemischen Vorgänge aus, deren molarer Umsatz nicht mehr als 300 kJ an freier Energie erfordert. Allerdings stellt das dem Auge sichtbare Licht bekanntlich nur einen winzigen Ausschnitt (λ ca. 400 bis 800 nm) aus dem elektromagnetischen Spektrum (Fig. 39) dar, welches Wellenlängen von Bruchteilen eines Femtometers ($= 10^{-15}$ m) bis zu Tausenden von Kilometern umfaßt, einen Ausschnitt der uns trotz seiner verschwindenden Spaltbreite die ganze Farbenpracht der Natur vermittelt. Will man dennoch energieaufwendige chemische Prozesse wie z.B. die Spaltung von Stickstoffmolekülen in Atome (946 kJ + $N_2 \rightarrow 2N$) photochemisch erzwingen, so muß man unsichtbares, kurzwelliges Licht verwenden (im Falle der N_2-Spaltung z.B. ultraviolettes Licht (vgl. Fig. 39) der Wellenlänge $\leqslant$ 127 nm).

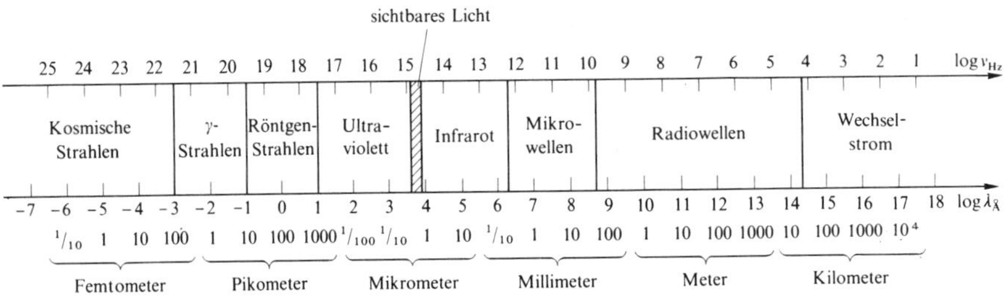

Fig. 39 Spektrum der elektromagnetischen Wellen[45] (vgl. S. 167).

Voraussetzung für die chemische Wirksamkeit einer bestimmten Lichtart ist jedoch, daß sie vom reaktionsfähigen System auch aufgenommen („*absorbiert*") wird. Wir wollen uns nunmehr etwas näher mit der Lichtabsorption und -emission der Materie (Atome) befassen.

---

43 Die Deutung des photochemischen Effektes (Überprüfung der wiedergegebenen Gleichung) durch Albert Einstein im Jahre 1905 hat wesentlich zur Anerkennung der Theorie der Lichtquanten beigetragen.

44 Zur elektrochemischen Entladung von Na^+ (1-molare Lösung) zu Na sind insgesamt (W_{gesamt}) 240.28 kJ/mol aufzuwenden. Die freie Energie (W_{frei}), auf die es hier zur Ermittlung des Abscheidungspotentials allein ankommt, beträgt 261.86 kJ/mol, die gebundene Energie ($W_{gebunden}$) gemäß $W_{gesamt} = W_{frei} + W_{gebunden}$ (vgl. chemische Reaktionswärme) dementsprechend − 21.58 kJ/mol.

45 Bezüglich der Wirkungen der elektromagnetischen Strahlen vgl. Kapitel über Rotations-, Schwingungs-, Elektronen-, Photoelektronen- bzw. kernmagnetische Resonanzspektroskopie; vgl. auch Kernzertrümmerung durch Strahlen.

2.2 Elektronenspektren

Bringt man feste Stoffe, wie Quarz oder gebrannten Kalk, durch Erhitzen zum Weißglühen und zerlegt das hierbei ausgesandte Licht durch ein Prisma, so erhält man ein sogenanntes „*kontinuierliches Spektrum*", d.h. ein Spektrum, in welchem alle Farben des sichtbaren sowie ultraroten und ultravioletten Lichts (Fig. 39) vertreten sind. Anders verhalten sich glühende, aus Elementatomen bestehende Gase und Dämpfe. Hier erhält man ein aus einzelnen Linien bestehendes, sogenanntes „*diskontinuierliches Spektrum*". Und zwar weist jedes Element ganz charakteristische *Spektrallinien* auf (z.B. Natrium: gelbe Doppellinie bei 589.3 nm; Kalium: rote Doppellinie bei 768.2 nm und violette Doppellinie bei 406.0 nm; s. dort), an denen es – wie R.W. Bunsen und G.R. Kirchhoff gezeigt haben – auch bei Gegenwart anderer Stoffe eindeutig erkannt werden kann (**„Spektralanalyse"**; vgl. Elektronenspektren, unten).

Die beobachtbare Lichtausstrahlung beruht auf Folgendem: Führt man einem Atom Energie (z.B. in Form von thermischer, optischer, chemischer oder elektrischer Energie) zu, so können dadurch Elektronen entgegen der Anziehung durch den Kern von energieärmeren, inneren Orbitalen auf energiereichere, äußere Orbitale „gehoben" werden. Das Atom befindet sich dann nicht mehr im „*Grundzustand*", sondern in einem „*angeregten Zustand*". In diesem Zustand verweilt es nur sehr kurze Zeit; schon nach durchschnittlich 10^{-8} (hundertmillionstel) bis 10^{-9} (milliardstel) Sekunden „springen" die energiereichen Elektronen wieder in ihre normalen oder doch wenigstens in energieärmere Orbitale zurück. Die dabei von den Elektronen abgegebene Energie wird in Form von Licht frei; und zwar wird je Elektronensprung ein Lichtatom („*Photon*") ausgesandt. Nach dem Gesetz von der Erhaltung der Energie muß dabei die Energie $h \cdot \nu$ des Lichtquants (s. oben) gleich der Differenz der Energieinhalte E_{vor} und E_{nach} des Elektrons vor und nach dem Elektronensprung sein ($|E|$ = Absolutwert der Elektronenenergie):

$$\boxed{h \cdot \nu = |E|_{nach} - |E|_{vor}} \qquad (1)$$

Da sich nun die Elektronen nur in ganz *bestimmten* Orbitalen mit ganz bestimmten Energiegehalten befinden können, sind nur ganz bestimmte Energiedifferenzen $|E|_{nach} - |E|_{vor}$ und damit auch nur ganz bestimmte Frequenzen ν möglich. So erklärt sich das **Linienspektrum** (s. oben) der Atome.

Das bei der energetischen (z.B. thermischen, elektrischen oder optischen) Anregung von Atomen emittierte Linienspektrum wird auch „*Emissionsspektrum*" genannt. Führt man die zur Anregung erforderliche Energie in Form von weißem, d.h. ein kontinuierliches Spektrum ergebendem Licht zu, so werden die einzelnen Anregungsbeträge diesem Licht entnommen. Dementsprechend treten in dem kontinuierlichen Spektrum des weißen Lichtes bei denjenigen Wellenlängen (Frequenzen), die vom Atom verschluckt („*absorbiert*") werden, „*Absorptionslinien*" als dunkle Linien auf sonst kontinuierlichem Grunde auf („*Absorptionsspektrum*"). Gemäß Beziehung (1) kann naturgemäß *jeder Stoff nur Licht der gleichen Frequenzen* (*Wellenlängen*) absorbieren, *die er selbst zu emittieren vermag* (**„Kirchhoffsches Gesetz der Absorption und Emission"**). So emittiert beispielsweise angeregter Natriumdampf eine charakteristische, bei 589.3 nm gelegene gelbe Doppel-Linie[46] („*D-Linie*"). Betrachtet man dementsprechend Natriumdampf in der Durchsicht, so erscheint er uns purpurfarben, da er vom weißen Licht alles bis auf das genannte Gelb hindurchläßt und daher die Komplementärfarbe zu Gelb zeigt. Die Tatsache, daß sich unter den Absorptionslinien des kontinuierlichen Sonnenspektrums („*Fraunhofersche Linien*") auch die D-Linie des Natriums befindet, beweist, daß die Sonnenatmosphäre u.a. Natriumdampf enthält. In dieser Weise kann uns die „*Spektralanalyse*" (**„Atomabsorptionsspektroskopie", „AAS"**) Aufschluß über die Zusammensetzung der Sonne und der Fixsterne geben.

Das vom Natriumdampf aus weißem Licht absorbierte und daher in der Durchsicht im sonst lückenlosen Spektrum fehlende Licht wird in Form eines gelben Leuchtens (Wellenlänge 589.3 nm) des Na-

[46] Genaue Wellenlängen: 588.9953 und 589.5923 nm.

triumdampfes nach allen Richtungen gestreut („*Fluoreszenz*“)[47]. In derselben Weise vermögen auch viele andere Stoffe bei Anregung durch Bestrahlung zu „*fluoreszieren*“ (vgl. S. 374). Dabei braucht nicht immer wie im Falle des Natriumdampfes nur eine einzige (Doppel-)Linie ausgestrahlt zu werden. Vielmehr kann die Rückkehr des angeregten Atoms in den Grundzustand auch über *dazwischenliegende* Energiezustände hinweg erfolgen, so daß ein ganzes „*Fluoreszenzspektrum*“ ausgestrahlt wird. Naturgemäß *besitzt dieses bei der Fluoreszenz ausgestrahlte Licht kleinere Frequenzen (größere Wellenlängen) als die erregende, absorbierte Strahlung* (**„Gesetz von Stokes“**). Klingt die Fluoreszenz nicht – wie dies bei Gasen und Dämpfen durchweg der Fall ist – sehr rasch, sondern verhältnismäßig langsam ab, so spricht man von „*Phosphoreszenz*“[47]. Diese Art der „langsamen Fluoreszenz“ trifft man häufig bei festen Stoffen an, z.B. beim Calciumsulfid (s. dort). Man unterscheidet somit bei Lumineszenz[48]-Erscheinungen zwischen Fluoreszenz (Leuchten nur während der Erregung) und Phosphoreszenz (allmähliches Abklingen des Leuchtens nach Abschaltung der Erregung).

Die Energiedifferenzen eines Elektrons zwischen zwei benachbarten Schalen eines Atoms nehmen mit wachsendem Radius der Schalen, also zunehmender Entfernung des Elektrons vom Kern, ab (vgl. das Unterkapitel 1.3.2, S. 97). Daher haben die beim Elektronensprung eines angeregten äußeren Elektrons ausgesandten Spektrallinien eine kleinere Frequenz ν (größere Wellenlänge λ) als die beim entsprechenden Elektronensprung zwischen inneren, kernnäheren Schalen ausgestrahlten Linien. So erklärt es sich, daß die im ersten Fall bedingten „*äußeren*“ Spektren im energieärmeren infraroten ($\lambda > 10^{2.9}$ nm), sichtbaren ($\lambda = 10^{2.9} - 10^{2.6}$ = ca. 800–400 nm) oder ultravioletten ($\lambda < 10^{2.6}$ nm) Gebiet liegen („*optische Spektren*“), während die durch Elektronensprünge im Innern der Atomhülle verursachten „*inneren*“ Spektren dem Gebiet der viel kurzwelligeren, energiereicheren Röntgenstrahlen ($\lambda = 10^{-2} - 10^{0}$ nm) angehören („*Röntgenspektren*“). Wir besprechen im folgenden zunächst die ersteren und dann die letzteren, und zwar in einfachster Form.

2.2.1 Die optischen Spektren

Der einfachste Fall eines Atoms liegt dann vor, wenn ein einzelnes Elektron einem positiv geladenen Atomkern zugeordnet ist[49]. Dies ist z.B. der Fall bei einem neutralen Wasserstoffatom H oder bei einem positiv geladenen Helium-Ion He^+ (d.h. einem Heliumatom, dem man – etwa unter der Einwirkung eines starken elektrischen Funkens – ein Elektron entrissen hat) oder bei einem doppelt positiv geladenen – d.h. zweier Elektronen beraubten – Lithium-Ion Li^{2+} usw.

Die Wasserstoffatome können am bequemsten dadurch zum Leuchten gebracht („angeregt“) werden, daß man Wasserstoff unter vermindertem Druck in eine mit Elektroden versehene Glasröhre („*Geissler-Röhre*“[50], „*Plücker-Röhre*“[51]) bringt und der elektrischen Entladung eines Induktoriums aussetzt (vgl. Fig. 40 sowie Kathodenstrahlen). Er leuchtet dann in einem eigentümlichen Rotviolett auf. Aber nur dem unbewaffneten Auge erscheint dieses Licht als einheitlich. Zerlegt man es durch ein Prisma, so beobachtet man im sichtbaren Spektralgebiet vier getrennte Linien, die als H_α, H_β, H_γ und H_δ bezeichnet werden (Fig. 40).

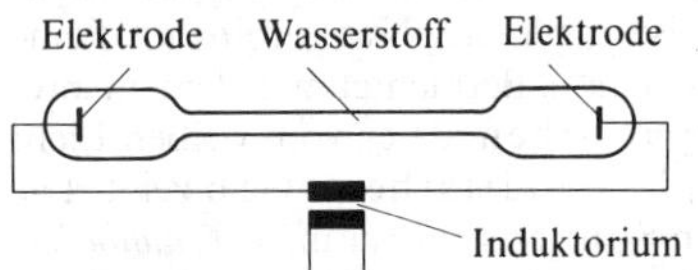

H_α = 656.5 nm (rot)
H_β = 486.3 nm (grünlichblau)
H_γ = 434.2 nm (violett)
H_δ = 410.3 nm (violett)

Fig. 40 Anregung von Wasserstoff in der Plücker-Röhre.

---

47 Da verunreinigte Abarten des Fluorits CaF_2 die Eigenart zeigen, grünliches, bläuliches oder violettes Licht auszustrahlen, nannte G. G. Stokes diese Erscheinung „*Fluoreszenz*“, obwohl sie, wie wir heute wissen, keineswegs auf Fluorverbindungen beschränkt und daher im erweiterten Sinne zu verstehen ist. Analoges gilt für den nach dem Leuchten des weißen Phosphors benannten Begriff der „*Phosphoreszenz*“.

48 Lumen (lat.) = Licht.

49 In diesem Fall entfällt bei den einzelnen Schalen der Hauptquantenzahl *n* eine Unterteilung in energieverschiedene Niveaus des Typus s, p, d usw., so daß die Spektren einfacher werden.

50 Die Geissler-Röhre war ein Vorläufer der modernen Neonröhre.

51 Die Plücker-Röhre führte 1858 zur Entdeckung der Kathodenstrahlen (s. dort).

Bei Benutzung geeigneter *Spektrographen* und einer photographischen Platte lassen sich noch weitere, im Ultraviolett liegende Linien sichtbar machen. Man erhält so das in Fig. 41 wiedergegebene *Spektrum*, das man auch als **„Balmer-Serie“** des Wasserstoffspektrums bezeichnet. Wie man aus dieser Balmer-Serie ersieht, rücken die einzelnen Linien beim Fortschreiten vom langwelligen zum kurzwelligen Licht hin in gesetzmäßiger Weise immer näher zusammen. Mathematisch läßt sich diese Gesetzmäßigkeit durch die Gleichung

$$\frac{1}{\lambda} = \tilde{\nu} = R_{\mathrm{H}} \left(\frac{1}{2^2} - \frac{1}{n^2} \right)$$

erfassen, worin λ die Wellenlänge in m, $\tilde{\nu} = 1/\lambda$ die auf 1 m entfallende Zahl von Wellenlängen λ („*Wellenzahl*“), R_{H} die sogenannte **„Rydbergsche Konstante“** (= 10967758 m^{-1}) und n die Reihe der ganzen Zahlen – begonnen mit $n = 3$ – bedeutet[52]. Für die obigen vier Linien H_α, H_β, H_γ und H_δ ergeben sich nach dieser Gleichung die Wellenlängen der obigen Tabelle (Fig. 40), die sehr genau mit den beobachteten Werten übereinstimmen. Für $n = \infty$ wird $\lambda = 364.5$ nm. Diese Wellenlänge stellt die „*Seriengrenze*“ der Balmer-Serie dar. Jenseits der Seriengrenze ist das Spektrum kontinuierlich.

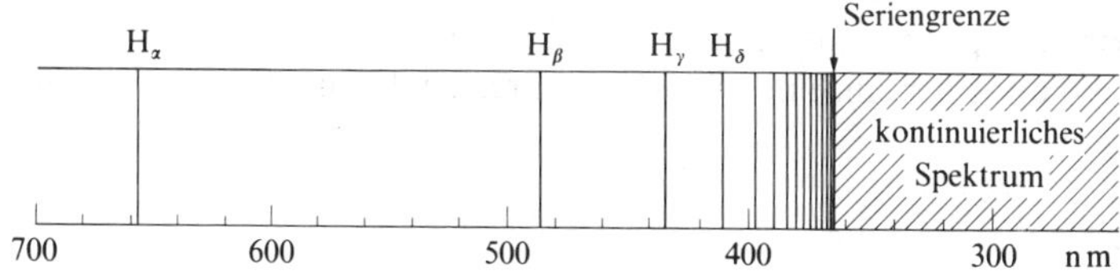

Fig. 41 Balmer-Spektrum des Wasserstoffs.

Außer der *Balmer-Serie* weist der Wasserstoff noch mehrere andere Serienspektren auf: die im ultravioletten Gebiet liegende *Lyman-Serie* und drei im Infraroten gelegene Serienspektren, die als *Paschen-Serie*, *Brackett-Serie* und *Pfund-Serie* bezeichnet werden. Sie lassen sich durch analoge Formeln mit der gleichen Konstante R_{H} darstellen:

			Spektralgebiet
Lyman-Serie	$\frac{1}{\lambda} = \tilde{\nu} = R_{\mathrm{H}} \left(\frac{1}{1^2} - \frac{1}{n^2} \right)$	$n = 2, 3, 4, 5, 6 \ldots$	ultraviollet
Balmer-Serie	$\frac{1}{\lambda} = \tilde{\nu} = R_{\mathrm{H}} \left(\frac{1}{2^2} - \frac{1}{n^2} \right)$	$n = 3, 4, 5, 6 \ldots$	sichtbar
Paschen-Serie	$\frac{1}{\lambda} = \tilde{\nu} = R_{\mathrm{H}} \left(\frac{1}{3^2} - \frac{1}{n^2} \right)$	$n = 4, 5, 6 \ldots$	ultrarot
Brackett-Serie	$\frac{1}{\lambda} = \tilde{\nu} = R_{\mathrm{H}} \left(\frac{1}{4^2} - \frac{1}{n^2} \right)$	$n = 5, 6 \ldots$	ultrarot
Pfund-Serie	$\frac{1}{\lambda} = \tilde{\nu} = R_{\mathrm{H}} \left(\frac{1}{5^2} - \frac{1}{n^2} \right)$	$n = 6 \ldots$	ultrarot

Die gefundenen Gesetzmäßigkeiten des Wasserstoffatom-Linienspektrums lassen sich in einfacher Weise deuten. Es läßt sich nämlich ableiten (vgl. Lehrbücher der theoretischen Chemie), daß die Energie E, die frei wird, wenn ein Elektron einem Z-fach positiv geladenen „nackten“ Atomkern genähert und auf eine Schale der Hauptquantenzahl n gebracht wird, proportional der Kernladung im Quadrat und umgekehrt proportional der Hauptquantenzahl im Quadrat ist:

---

[52] Bei $n = 1$ würde man einen negativen, bei $n = 2$ einen unendlich großen Wert für λ erhalten. In diesen beiden Fällen hätte also die Gleichung keinen physikalischen Sinn.

$$E = k \frac{Z^2}{n^2}.$$

(Der Proportionalitätsfaktor k[53]) hat dabei, wenn E in Joule ausgedrückt wird, den Zahlenwert 2.1799×10^{-18} J.) Beim Einsetzen dieser Beziehung in die oben abgeleitete Gleichung (1) folgt

$$h \cdot \nu = |E_{\text{nach}}| - |E_{\text{vor}}| = k \cdot Z^2 \cdot \left(\frac{1}{n_{\text{nach}}^2} - \frac{1}{n_{\text{vor}}^2} \right) \tag{2}$$

oder mit $h \cdot \nu = h \cdot c/\lambda$ (c = Lichtgeschwindigkeit):

$$\boxed{\frac{1}{\lambda} = \tilde{\nu} = R_{\text{Ryd}} \cdot Z^2 \cdot \left(\frac{1}{n_{\text{nach}}^2} - \frac{1}{n_{\text{vor}}^2} \right)} \tag{3}$$

Die in Gleichung (3) vorkommende Konstante $R_{\text{Ryd}} = k/hc = 10\,973\,731\ \text{m}^{-1}$ haben wir beim Wasserstoff, bei dem $Z = 1$ ist, als „Rydbergsche Konstante" (s. oben) kennengelernt[54]). Wie die Werte von n_{nach} und n_{vor} in den dort wiedergegebenen Serienformeln zeigen, erklärt sich die „*Lyman-Serie*" durch Elektronensprünge aus der 2., 3., 4., 5. usw. Schale in die 1. Schale, die „*Balmer-Serie*" durch Elektronensprünge aus der 3., 4., 5. usw. Schale in die 2. Schale, die „*Paschen-Serie*" durch Elektronensprünge aus der 4., 5. usw. Schale in die 3. Schale und so fort (vgl. Fig. 42). Die der Seriengrenze der einzelnen Serien entsprechende Energie gibt die beim

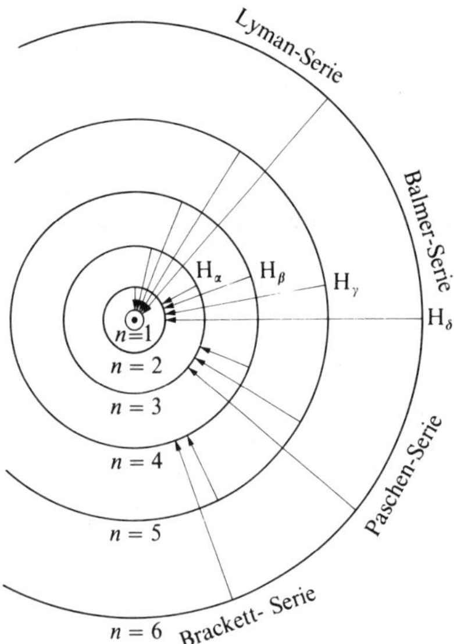

Fig. 42 Zustandekommen der verschiedenen Serien des Wasserstoffspektrums.

Einfangen eines aus „unendlicher" Entfernung kommenden Elektrons ($n_{\text{vor}} = \infty$) in der n-ten Schale ($n_{\text{nach}} = n$) freiwerdende und damit umgekehrt zur völligen Loslösung des Elektrons aus der n-ten Schale des Atomverbands aufzuwendende Energie wieder. Jenseits der Seriengrenze wird das Spektrum kontinuierlich, da das vom Atom losgelöste Elektron beliebige kinetische Energiegehalte besitzen kann (vgl. Photoelektronenspektren).

Beim positiv geladenen Helium-Ion He^+ ist $Z = 2$ und Z^2 damit $= 4$. Daher zeigen die Spektrallinien der entsprechenden Serie des Helium-Ions eine 4mal kleinere Wellenlänge als

---

53 $k = (4\pi\varepsilon_0)^{-2} \times 2\pi^2 m_e e^4 h^{-2}$ mit ε_0 (elektrische Feldkonstante = Permittivität im Vakuum) $= 8.8542 \times 10^{-12}\ \text{C}^2\text{J}^{-1}\text{m}^{-1}$, m_e (Elektronenmasse) $= 0.910953 \times 10^{-30}$ kg [$= \text{J s}^2\text{m}^{-2}$], e (Elementarladung) $= 1.602189 \times 10^{-19}$ C und h (Plancksches Wirkungsquantum) $= 6.626176 \times 10^{-34}$ J s.

54 Ersichtlicherweise stimmt die berechnete mit der experimentell bestimmten Rydbergschen Konstante ($10\,967\,758\ \text{m}^{-1}$) gut überein[55]).

die des Wasserstoffs, wie z.B. ein Vergleich der weiter oben angeführten Wasserstofflinien der Balmer-Serie mit den entsprechenden Heliumlinien zeigt[55]:

H_α	656.5 nm	He^+_α	164.0 nm
H_β	486.3 nm	He^+_β	121.5 nm
H_γ	434.2 nm	He^+_γ	108.5 nm
H_δ	410.3 nm	He^+_δ	102.6 nm

Beim doppelt positiv geladenen Lithium-Ion Li^{2+} ($Z = 3$; $Z^2 = 9$) ist die Wellenlänge entsprechender Linien 9mal kleiner als beim Wasserstoff.

Die von neutralen Atomen ausgehenden Spektren pflegt man als „*Bogenspektren*" zu bezeichnen, da sie vorzugsweise bei der Anregung von Atomen in einem – mit nur geringer Spannung brennenden – elektrischen Lichtbogen zu beobachten sind. Die Spektren positiver Ionen nennt man dagegen „*Funkenspektren*", da die Erzeugung solcher Ionen naturgemäß einer stärkeren elektrischen Anregung bedarf, wie sie etwa in den Funken kräftiger Leidener Flaschen vorliegt. Die von einfach, zweifach, dreifach usw. ionisierten Atomen herrührenden Spektren unterscheidet man dabei als „*erstes*", „*zweites*", „*drittes*" usw. Funkenspektrum. Die oben abgeleitete Beziehung zwischen Wasserstofflinien und Heliumlinien besagt demnach, daß das Bogenspektrum des Wasserstoffs in seinem Bau dem ersten Funkenspektrum des Heliums und dem zweiten Funkenspektrum des Lithiums entspricht. Dieser Satz kann auch auf höhere Atome übertragen und wie folgt verallgemeinert werden: *Das Bogenspektrum eines Elements gleicht in seinem Charakter dem ersten Funkenspektrum des im Periodensystem nächstfolgenden und dem zweiten Funkenspektrum des übernächsten Elements* (**„spektroskopischer Verschiebungssatz von Sommerfeld-Kossel"**).

Die Energie, die erforderlich ist, um ein Atom vom Grundzustand aus zu ionisieren, haben wir als **„Ionsierungsenergie"** oder **„Ionisierungspotential"** kennengelernt (S. 82). Sie ergibt sich in einfacher Weise, indem man in die Serienformel des betreffenden Atoms für n_{vor} den der „Seriengrenze" entsprechenden Wert ∞ und für n_{nach} die Grundbahn des Außenelektrons ($n = 1$) einsetzt. Für Wasserstoff ($Z = 1$; $n_{nach} = 1$) folgt so aus Gleichung (2) der Wert $E_{vor} - E_{nach} = 21.796 \times 10^{-22}$ kJ je Atom bzw. $(21.796 \times 10^{-22}) \times (6.022 \times 10^{23})$ $= 1312$ kJ je Mol H ($\triangleq$ 13.595 eV/Atom). Für die Spaltung des Wasserstoffatoms in ein Wasserstoff-Ion und ein Elektron e^- gilt damit die Gleichung:

$$1312\,\text{kJ} + \text{H(g)} \rightarrow \text{H}^+\text{(g)} + \text{e}^-.$$

Die Energie eines elektrischen Funkens ist groß genug, um Ionisierungsarbeiten dieser Größenordnung zu leisten.

Zum „Heben" des Elektrons von der Grundbahn ($n = 1$) des Wasserstoffs auf eine n-te Schale sind gemäß (2) naturgemäß kleinere Energien ($E_{1\rightarrow n}$) aufzuwenden als bei der völligen Ablösung vom Atom ($E_{1\rightarrow\infty}$), da der Absolutwert $|E_n|$ der Elektronenenergie mit wachsendem n abnimmt:

n	= 1	2	3	4	5	6	..... ∞	
E_n	= −13.6	−3.4	−1.5	−0.9	−0.5	−0.4	 0	[eV]
$E_{1\rightarrow n}$	= 0	10.2	12.1	12.7	13.1	13.2	..... 13.6	[eV]

Für Natrium errechnet sich aus der Seriengrenze des Absorptionsspektrums von Natriumdampf ($\lambda = 241.28$ nm) in analoger Weise wie beim Wasserstoff ein Ionisierungspotential von 5.138 eV/Atom.

Geht man von dem oben behandelten Beispiel eines einzelnen Elektrons an einem positiv geladenen Kern zu den komplizierteren Fällen der höheren Atome mit mehreren Elektronen über, so kann man die der Wirkung der Kernladung entgegengesetzte Wirkung der sonstigen Elektronen z.B. dadurch berücksichtigen, daß man an Stelle der wahren Kernla-

[55] Die Rydbergsche Konstante R_{Ryd} hängt in geringem Maße von der Masse des in Frage stehenden Atoms ab (vgl. Lehrbücher der physikalischen Chemie). So beträgt sie für Helium (R_{He}) nicht wie beim Wasserstoff (R_H) 10967758 m^{-1}, sondern 10972227 m^{-1}, für ein Atom mit unendlich großer Masse 10973731 m^{-1}.

dungszahl Z eine „*effektive*", d.h. nach außen hin wirksame Kernladungszahl $Z-a$ einführt (a = „*Abschirmungskonstante*"). Denn in solchen Fällen wird ja die positive Kernladung teilweise durch Elektronen „*abgeschirmt*" (vgl. das Unterkapitel 1.3.2, S. 98). Wir betrachten diese Verhältnisse zweckmäßig am Beispiel der besonders einfach gebauten Röntgenspektren.

2.2.2 Die Röntgen-Spektren

Läßt man auf Atome höherer Kernladungszahl „*Kathodenstrahlen*" (s. dort), d.h. Elektronen sehr hoher Energie auftreffen, so können durch die auf diese Weise zugeführte hohe Energie Elektronen aus inneren Schalen herausgeschleudert werden. Die so in den betreffenden inneren Schalen entstandenen Lücken werden alsbald dadurch wieder aufgefüllt, daß Elektronen aus weiter außenliegenden Schalen in die Lücken hineinspringen. Auf diese Weise werden ebenfalls Spektrallinien emittiert[56], die aber wegen der in der Nähe des – stark geladenen – Atomkerns auftretenden großen Energiedifferenzen viel kurzwelliger (10^{-2} bis 10^0 nm) als die durch Elektronensprünge an der Peripherie eines Atoms bedingten Linien (10^1 bis 10^4 nm) sind. Man nennt diese im Jahre 1895 von dem deutschen Physiker Wilhelm Conrad Röntgen (1845–1923; Nobelpreis Physik 1901) erstmals nachgewiesenen Strahlen **„Röntgenstrahlen"** („*X-Strahlen*"; vgl. Spektrum der elektromagnetischen Wellen). Ihre Wellenlängen sind zum Unterschied von denen der optischen Strahlen praktisch unabhängig von der Bindungsform des betrachteten Elements, da die chemischen Bindungen der Atome in den Molekülen fast ausschließlich durch die äußeren Elektronen bedingt werden (vgl. chemische Bindung).

Wird durch Beschuß mit energiereichen Elektronen ein Elektron aus der innersten, d.h. der 1. oder K-Schale herausgerissen, so beobachtet man das sogenannte **„*K*-Spektrum"**, welches durch Elektronensprünge aus der 2. (L-), 3. (M-) usw. Schale auf die K-Schale zustande kommt. Als effektive Kernladungszahl haben wir in diesem Falle in die Gleichung (3) für Z die Größe $Z-1$ einzusetzen, da durch das zweite Elektron der K-Schale 1 Kernladung abgeschirmt wird:

$$\frac{1}{\lambda} = \tilde{\nu} = R_{\text{Ryd}} \cdot (Z-1)^2 \cdot \left(\frac{1}{1^2} - \frac{1}{n_{\text{vor}}^2}\right). \tag{4}$$

In der Regel wird die Lücke in der K-Schale durch ein Elektron aus der benachbarten L-Schale ($n = 2$) ausgefüllt. Die so ausgestrahlte K_α-Linie ist daher die intensivste des K-Spektrums, während die K_β-Linie ($n = 3$) oder die K_γ-Linie ($n = 4$) weniger intensiv auftritt. Für die K_α-Linie geht Gleichung (4) in die Beziehung

$$\frac{1}{\lambda} = \tilde{\nu} = R_{\text{Ryd}} \cdot (Z-1)^2 \cdot \left(1 - \frac{1}{4}\right) \quad \text{oder} \quad \boxed{\frac{1}{\lambda} = \tilde{\nu}_0 = \frac{3}{4} R_{\text{Ryd}} \cdot (Z-1)^2} \tag{5}$$

über, wonach *die reziproke Wellenlänge* λ („*Wellenzahl*" $\tilde{\nu}$) der *K_α-Röntgenlinie aller Elemente dem Quadrat der um 1 verminderten Kernladungszahl Z proportional ist.* Diese als **„Moseleysches Gesetz"** (1913) bekannte Beziehung ermöglicht die eindeutige Festlegung der Kernladungszahl eines Elements.

In Fig. 43 sind die Wurzeln aus den Wellenzahlen $\tilde{\nu} = 1/\lambda$ der K_α-Linie in Abhängigkeit von der Kernladungszahl Z für eine Reihe von Elementen eingetragen. Es ergibt sich dabei gemäß (5) eine Gerade, die sofort erkennen läßt, ob an irgendeiner Stelle des Periodensystems ein bisher noch unbekanntes Element fehlt und ob die früher auf Grund des chemischen

[56] Statt Röntgenstrahlen werden auch Elektronen emittiert (Auger-Effekt, s. dort).

Verhaltens vorgenommene Umstellung einiger Elemente entgegen der Reihenfolge der relativen Atommasse berechtigt war (vgl. Periodensystem, Teil I). So ergab sich bei Aufstellung des Moseleyschen Gesetzes, daß bei den Ordnungszahlen 43 (vgl. Fig. 43), 61, 85 und 87 die

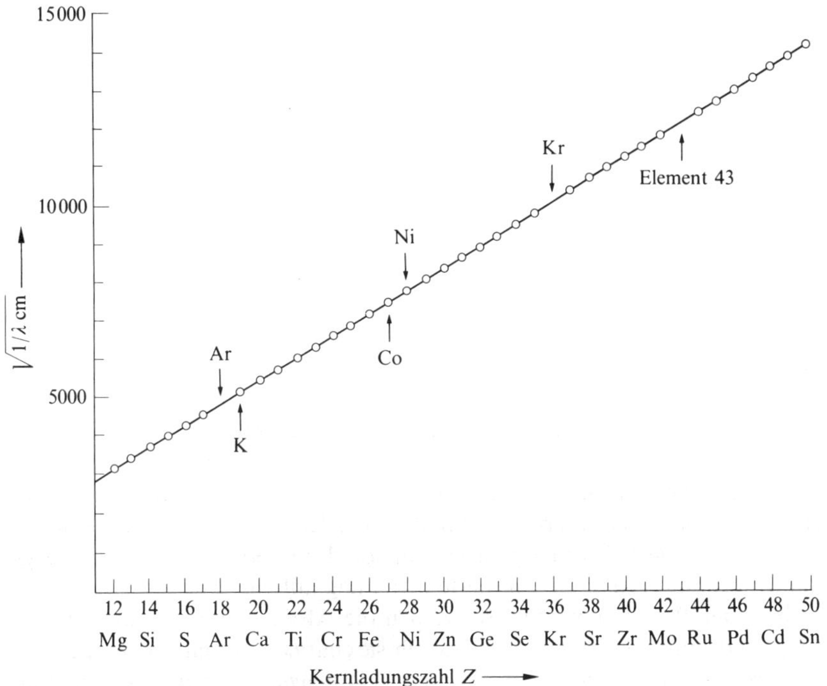

Fig. 43 Abhängigkeit der Wellenzahl der K_α-Röntgenlinie von der Kernladungszahl nach dem Moseleyschen Gesetz.

zugehörigen Elemente – deren Entdeckung erst später gelang (s. dort) – noch fehlten, und daß in der Tat entgegen der Anordnung nach steigender Atommasse das Argon[57] vor das Kalium, das Cobalt vor das Nickel (vgl. Fig. 43), das Tellur vor das Iod und das Thorium vor das Protactinium zu setzen ist. Wie früher schon vermutet, ist also in der Tat nicht die Atommasse, sondern – wie sich aus dem Vorstehenden ergibt – die Kernladungszahl Z das eigentliche ordnende Prinzip für die Reihenfolge der Elemente. Daß sich trotzdem bereits auf Grund der Atommassen ein Periodensystem der Elemente entwickeln ließ, ist dem Umstand zu verdanken, daß – abgesehen von den vier erwähnten Fällen – Kernladung und Atommasse gleichlaufend zunehmen.

Wird bei der Anregung durch Kathodenstrahlen ein Elektron aus der L-Schale entfernt, so entsteht infolge des Übergangs von Elektronen aus höheren Schalen auf die L-Schale ($n_{\text{nach}} = 2$) das **„L-Spektrum“**. Die Wellenlänge der L_α-Linie ($n_{\text{vor}} = 3$) wird dabei in Analogie zu (4) ganz allgemein durch die Beziehung

$$\frac{1}{\lambda} = \tilde{\nu} = R_{\text{Ryd}} \cdot (Z - 7.4)^2 \cdot \left(\frac{1}{2^2} - \frac{1}{3^2}\right)$$

wiedergegeben, in welcher die Abschirmkonstante $a = 7.4$ der Abschirmung der Kernladung Z durch die inneren Elektronen Rechnung trägt.

[57] Bei den Edelgasen (vgl. neben Argon Ar auch das Krypton Kr in Fig. 43) konnte man seinerzeit die Röntgeneigenstrahlung aus versuchstechnischen Gründen noch nicht messen.

Das Zustandekommen der verschiedenen Röntgenspektren wird durch Fig. 44 veranschaulicht, die ganz der Fig. 42 entspricht. Der Unterschied zwischen beiden Fällen besteht nur darin, daß in Fig. 42 die schematisch gezeichneten Kreise lediglich mögliche Schalen darstellen, auf die das dem Kern zugeordnete Elektron gehoben werden kann, die aber unbesetzt sind, während bei Fig. 44 mit Elektronen besetzte Schalen vorliegen.

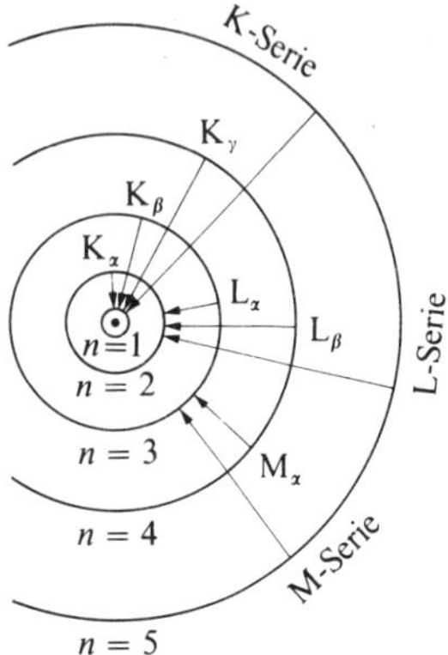

Fig. 44 Zustandekommen der Röntgenspektren.

Die von einer Röntgenröhre emittierte Strahlung besteht aus den oben behandelten „*charakteristischen Röntgenlinien*" (charakteristisch für das Anodenmaterial) und der „*Bremsstrahlung*", welche ein *kontinuierliches* Energiespektrum von der Energie null bis zur Energie der Kathodenstrahlen hat. Läßt man die emittierte Strahlung auf eine Substanz (z. B. Analysenprobe) außerhalb der Röhre einwirken, so werden die Atome der Substanz wie oben beschrieben angeregt und emittieren anschließend die für sie charakteristischen Röntgenlinien neben einer Bremsstrahlung. Man nennt diesen Vorgang „*Röntgenfluoreszenz*" und nutzt ihn zur Bestimmung der Zusammensetzung von Substanzproben (**„Röntgenfluoreszenzanalyse"**).

2.3 Photoelektronenspektren[58)]

Bestrahlt man ein Atom mit „*monochromatischem*" („*monoenergetischem*") Licht, dessen Photonen eine Energie $E = h \cdot \nu$ aufweisen, die größer als die Ionisierungsenergie („*Orbital-Ionisierungsenergie*") E_I der in den verschiedenen Atomorbitalen lokalisierten Elektronen ist, so wird die überschüssige Energie auf die abionisierenden Elektronen in Form von kinetischer Energie $E_\mathrm{k} = m_\mathrm{e} v_\mathrm{e}^2/2$ übertragen (vgl. hierzu auch photoelektrischen Effekt):

$$\boxed{E_\mathrm{k} = h \cdot \nu - E_\mathrm{I}}$$

Gemäß dieser Beziehung hängen die Werte für die kinetischen Energien der abgelösten Elektronen („*Photoelektronen*")[59)] – abgesehen von einem konstanten Energiebetrag $h \cdot \nu$ – mit

[58] **Literatur.** T.A. Carlson: „*Photoelectron and Auger Spectroscopy*", Plenum Press, New York 1975; A.D. Baker, D. Betteridge: „*Photoelectron Spectroscopy*", Pergamon Press, New York 1972; H. Bock, P.D. Mollère: „*Photoelectron Spectra*" J. Chem. Educ. **51** (1974) 506–514; K. Siegbahn et al.: „*ESCA Applied to Free Molecules*", North-Holland Publishing Comp., Amsterdam 1961.

[59] Von den Photoelektronen sind die „*Auger-Elektronen*" zu unterscheiden (entdeckt 1923 von dem französischen Naturwissenschaftler Pierre Auger (gespr. O'sché), die von Atomen ausgehen, welche durch Photonen bzw. energiereiche Elektronen (Kathodenstrahlen) bereits ionisiert wurden und folgendermaßen entstehen: Auf den durch den Ionisierungsvorgang freigewordenen Platz einer inneren Atomschale springt ein Elektron einer höheren Schale. Die hierdurch freiwerdende Energie ΔE wird jedoch nicht in Form von Photonen frei (bevorzugter Prozeß bei den schwereren Atomen), sondern zur Ablösung eines Atomelektrons genutzt („*Auger-Prozeß*"; bevorzugter Prozeß bei den leichteren Atomen). Die überschüssige Energie wird wiederum in Form von kinetischer Energie E_k auf das Auger-Elektron übertragen: $E_\mathrm{k} = \Delta E - E_\mathrm{I}$. Die Folge der Auger-Elektronenenergien stellt das **„Auger-Elektronenspektrum"** dar, welches besonders intensive Peaks aufweist, wenn die Atomionisierung durch Elektronenstoß erfolgte (vgl. Röntgenspektren der Atome).

den Orbital-Ionisierungsenergien der verschiedenen Atomelektronen zusammen. Die Abfolge der Photoelektronenenergien („**Photoelektronen-Spektrum**") gibt damit zugleich die Folge der Orbital-Ionisierungsenergien (der Energiegehalte der Elektronen) wieder. Im einzelnen unterscheidet man dabei – ähnlich wie im Fall der Elektronenspektren (s. dort) – zwischen Photoelektronenspektren der äußeren Atom- (bzw. Molekül-)elektronen (PES[60]) sowie den Photoelektronenspektren der inneren Atom- (bzw. Molekül-)elektronen (ESCA[60]). (Bezüglich weiterer Einzelheiten vgl. Fachbücher[58], bezüglich der Bestimmung von Ionisierungsenergien auf optischem bzw. massenspektrometrischem Wege vgl. das Kapitel über Elektronenspektren der Atome bzw. über Massenspektrometrie.)

Jedes zur Aufnahme von Photoelektronenspektren verwendete **Photoelektronenspektrometer** setzt sich – abgesehen von einer Hochvakuumanlage – aus 5 Funktionsteilen zusammen: dem Probenzuführungsteil, der Lichtquelle, dem Ionenerzeugungsteil, dem Energieanalysator sowie dem Elektronennachweisteil (vgl. Fig. 45).

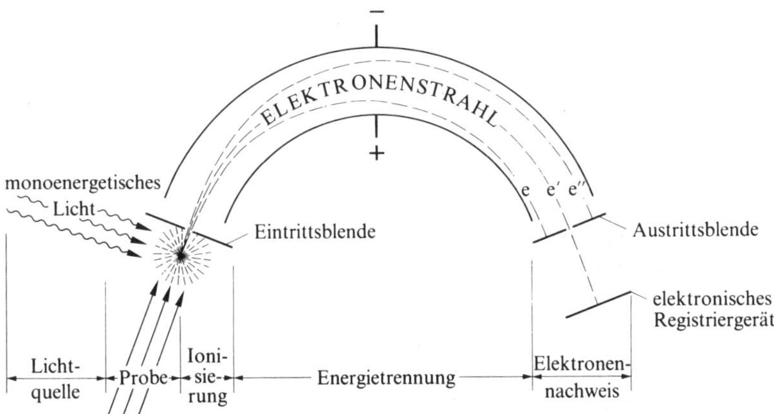

Fig. 45 Photoelektronenspektrometer (schematisch). Die wiedergegebene Ablenkung im Radialkondensator (Analysator) gilt unter der Voraussetzung, daß $E_k(e) < E_k(e') < E_k(e'')$.

Als monochromatische *Lichtquellen* werden zur Ionisierung der schwächer gebundenen äußeren Atom- bzw. auch Molekülelektronen der verdünnten Gasprobe ($\approx 10^{-4}$ Torr, vgl. Massenspektrometrie) Lampen mit Helium verwendet, bei dessen elektrischer Gasentladung (s. dort) im wesentlichen nur zwei Spektrallinien auftreten: He-I-Linie (21.22 eV; $\lambda = 58.4$ nm) sowie He-II-Linie (40.8 eV; $\lambda = 30.4$ nm). Zur Photoionisierung wird entweder die eine oder die andere Spektrallinie herausgefiltert. Die Ionisierung der stärker gebundenen inneren Atom- bzw. auch Molekül-elektronen erfolgt mit K_α-Spektrallinien von Metallen (z.B. Magnesium (1254 eV), Aluminium (1487 eV) oder Chrom (5415 eV)).

Im *Energieanalysator* werden dann die abgelösten Elektronen unterschiedlicher kinetischer Energie $E_k = m_e v_e^2/2$ beim Durchfliegen des zur Elektronenflugrichtung senkrechten elektrischen Radialfeldes mit einer der am Radialkondensator anliegenden Spannung U proportionalen Feldstärke $\boldsymbol{E}$ durch eine in Feldrichtung wirkende Kraft $K_E = e \cdot \boldsymbol{E}$ abgelenkt (vgl. Fig. 45). Da eine Elektronen-bremsende und -beschleunigende Kraft fehlt, beschreiben die Elektronen eine Kreisbahn; der Bahnradius berechnet sich in einfacher Weise aus der Gleichheit der auf die Elektronen wirkenden Zentrifugalkraft $K_Z = m_e v_e^2/r_e$ und der entgegengesetzt wirkenden elektrischen Ablenkungskraft ($K_Z = K_E$) zu:

$$r_e = \frac{m_e v_e^2}{e\boldsymbol{E}} = \frac{2\,E_k}{e\boldsymbol{E}}.$$

Der Ablenkungsradius der Elektronen ist mithin umso kleiner (d.h. die Ablenkung umso größer), je kleiner die kinetische Elektronenenergie und je größer die elektrische Feldstärke ist. Demnach werden die Elektronen beim Durchfliegen des Radialkondensators entsprechend ihrer Energie „sortiert" (in analoger Weise lassen sich auch Atomionen unterschiedlicher Energie trennen; vgl. doppelfokussierendes

[60] PES = Photo Electron Spectroscopy; ESCA = Electron Spectroscopy for Chemical Analysis.

Massenspektrometer). Durch Feldstärkenvergrößerung, d. h. durch Erhöhung der Kondensatorspannung kann man erreichen, daß die Elektronen zunehmender Energie der Reihe nach am Austrittsspalt erscheinen (Fig. 45), wo sie durch ein, mit einem Schreiber gekoppeltes elektrisches Anzeigegerät registriert werden. Aus der während der Registrierung anliegenden Analysatorspannung U folgt dann direkt die Elektronenenergie.

Photoelektronenspektren liefern wertvolle Informationen über die Struktur der Elektronenhülle von Atomen und Molekülen. So veranschaulicht beispielsweise das in Fig. 46 wiedergegebene Photoelektronenspektrum von Argonatomen eindrucksvoll den „Schalenaufbau" der Argonelektronenhülle sowie die drastische Zunahme der Elektronenionisierungsenergie mit abnehmender Haupt- und Nebenquantenzahl der Elektronen (bezüglich weiterer photoelektronenspektroskopisch gemessener Ionisierungsenergien von s-, p- und d-Elektronen einiger Hauptgruppenelementatome vgl. Tab. 9 auf S. 99).

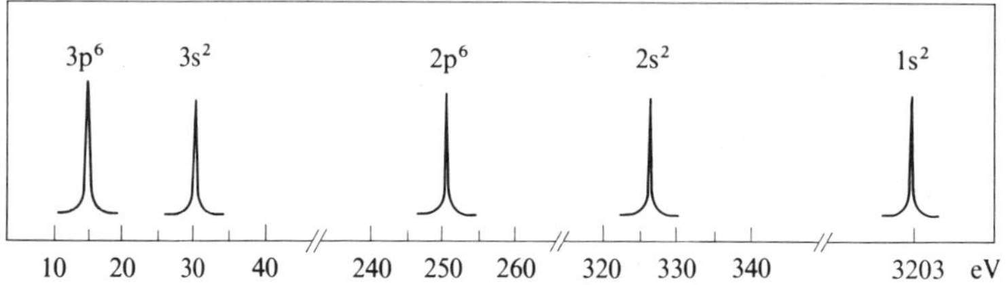

Fig. 46 Photoelektronenspektrum (schematisch) von Argon. ($3p^6$, $3s^2$ usw. bezeichnen die Nebenschalen, denen die Elektronen entstammen.)

Darüber hinaus kann durch Photoelektronenspektren insbesondere der inneren Atomelektronen der Nachweis von Elementen in chemischen Verbindungen erfolgen, selbst wenn diese nur in Spuren anwesend sind (zum selben Zweck dienen Auger-Spektren[59)]). Für unterschiedliche Elementatome differieren nämlich die Ionisierungsenergien beachtlich. Beispielsweise erfordert die Abspaltung von Elektronen der innersten Schale (1s-Elektronen) der Atome Lithium bis Argon Energien im Bereich 55–3203 eV (vgl. Tab. 13).

Tab. 13 Ionisierungsenergien (eV) von 1s-Elektronen

Li	Be	B	C	N	O	F	Ne
55	111	188	285	399	532	686	867
Na	Mg	Al	Si	P	S	Cl	Ar
1072	1305	1560	1839	2149	2472	2823	3203

Da aber die 1s-Orbital-Ionisierungsenergie eines bestimmten Atoms unabhängig davon, ob es frei oder in unterschiedlicher Weise chemisch gebunden ist, innerhalb eines sehr engen Bereichs liegen (z. B. C: 281–302; N: 396–417; O: 530–544 eV), lassen sich die in einer Verbindung vorliegenden Elementatome meist leicht anhand ihrer 1s-Photoelektronen-Peaks erkennen. Zwei oder mehrere derartige Peaks im elementcharakteristischen Bereich deuten zusätzlich auf die Anwesenheit von zwei oder mehreren unterschiedlich gebundenen Elementatomen in der untersuchten Probe.

Kapitel VI

Der Molekülbau

Die chemische Bindung, Teil I[1)]

Beim Studium der schon besprochenen und noch zu besprechenden Chemie und Physik der Elemente und ihrer Verbindungen tauchen für den aufmerksamen Leser zahlreiche Fragen auf. Warum sind z. B. die Edelgase so reaktionsträge und die im Periodensystem unmittelbar benachbarten Halogene und Alkalimetalle so reaktionsfreudig? Warum hat Natriumchlorid die Formel NaCl und nicht etwa die Zusammensetzung Na_2Cl oder $NaCl_2$ und Ammoniak die Formel NH_3 und nicht etwa die Zusammensetzung NH_2 oder NH_4? Warum sind die Edelgase atomar, andere Gase wie Chlor, Sauerstoff und Stickstoff dagegen diatomar und der im Periodensystem benachbarte Kohlenstoff polyatomar aufgebaut? Warum hat Phosphor zum Unterschied vom homologen Stickstoff N_2 die Formel P_4, Schwefel zum Unterschied vom homologen Sauerstoff O_2 die Formel S_8 und Siliciumdioxid zum Unterschied vom homologen monomeren Kohlendioxid CO_2 die hochpolymere Formel $(SiO_2)_x$? Warum ist Natriumchlorid NaCl fest und nichtflüchtig, Chlorwasserstoff HCl dagegen ein flüchtiges Gas? Warum leiten sich vom Natriumchlorid NaCl Sauerstoffverbindungen des Typus NaClO, $NaClO_2$, $NaClO_3$ und $NaClO_4$, dagegen keine der Formel $NaClO_5$, $NaClO_6$ usw. ab? Warum dissoziert Natriumchlorat in wässeriger Lösung in die Ionen $Na^+ + ClO_3^-$ und nicht etwa in die Ionen $NaCl^+ + O_3^-$ oder $NaClO^+ + O_2^-$? Warum leitet eine wässerige Lösung oder eine Schmelze von Natriumchlorid NaCl den elektrischen Strom, flüssiger Chlorwasserstoff HCl als zugrunde liegende Säure dagegen nicht? Warum ist das dreiatomige H_2O-Molekül gewinkelt, das ebenfalls dreiatomige CO_2-Molekül dagegen linear, das vieratomige ClO_3^--Ion pyramidal, das ebenfalls vieratomige NO_3^--Ion dagegen eben? Warum ist die Dissoziationsenergie von Stickstoff N_2 so viel größer als die von Sauerstoff O_2, und diese wiederum soviel größer als die Dissoziationsenergie von Chlor Cl_2?

Auf alle diese Fragen gibt uns die „Elektronentheorie der Valenz“ eine einfache und befriedigende Antwort. Wir wollen uns daher im folgenden etwas ausführlicher mit den Grundlagen und Aussagen dieser Theorie befassen.

Der Anfänger wird vielleicht manche Abschnitte des vorliegenden Kapitels – insbesondere des bindungstheoretischen Teils – wegen noch mangelnder Stoffkenntnis beim ersten Studium nicht ganz erarbeiten können; er möge dann später, nach Aneignung des stofflichen Tatsachenmaterials, von Fall zu Fall wieder zu den hier behandelten Zusammenhängen zurückblättern.

1 Die Elektronentheorie der Valenz

Die Tatsache, daß sich die Edelgase unter normalen Bedingungen chemisch sehr indifferent verhalten und in Übereinstimmung damit besonders hohe Ionisierungspotentiale (s. dort) aufweisen, zeigt, daß eine Konfiguration von 8 (in der 1. Schale: 2) Außenelektronen besonders stabil ist (**„Achterschale“, „Elektronenoktett“**; in der 1. Schale: „*Zweierschale*“); denn

[1] Teil II: S. 324, Teil III: S. 1242.

die chemischen Eigenschaften eines Atoms hängen ja – wie aus den Ausführungen auf S. 94 hervorgeht – von der Zahl der Außenelektronen („Valenzelektronen") ab[2]. Die Reaktionsfähigkeit aller übrigen Atome beruht nun nach Vorstellungen, die erstmals (1916) von dem deutschen Physiker Walter Kossel (1888–1956) und dem amerikanischen Physikochemiker Gilbert Newton Lewis (1875–1946) ausgesprochen und in der Folgezeit von zahlreichen Wissenschaftlern, z. B. Irving Langmuir (1881–1957), Thomas Martin Lowry (1874–1936), Linus Pauling (1901–1994) und Nevil Vincent Sidgwick (1873–1952) weiterentwickelt wurden, auf deren Bestreben, durch Vereinigung mit anderen Atomen zu Molekülen ebensolche *„Edelgas-Konfigurationen"* zu erlangen (**„Elektronentheorie der Valenz"**). Dieses Bestreben ist der Grund u. a. dafür, daß die den reaktionsträgen Edelgasen im Periodensystem unmittelbar nachfolgenden Alkalimetalle und vorausgehenden Halogene, die durch Abgabe bzw. Aufnahme eines Elektrons pro Atom zu Pseudo-Edelgasatomen werden können, im Sinne der oben gestellten diesbezüglichen Fragen so ganz besonders reaktionsfreudig sind und daß bei gewöhnlicher Temperatur alle Elemente außer den Edelgasen einen molekularen Aufbau aufweisen, indem ja nur die Edelgase bereits im atomaren Zustand jene stabilen Außenelektronenschalen besitzen, die sich die übrigen Elemente erst durch Molekülbildung verschaffen müssen. Im folgenden wollen wir die Gesetze besprechen, nach denen diese Molekülbildung erfolgt. Wir beginnen dabei mit den Verbindungen erster Ordnung, bei denen die erstrebten Edelgasschalen erstmals erreicht werden und von denen sich dann durch Anlagerung weiterer Atome oder Atomgruppen die Verbindungen höherer Ordnung (S. 155) ableiten lassen.

1.1 Verbindungen erster Ordnung

Bringt man die Außenelektronen der Atome durch Punkte zum Ausdruck, so ergibt sich für die Atome der Element-Reihen vom Edelgas Helium bis zum Edelgas Neon (2. Periode) und vom Edelgas Neon bis zum Edelgas Argon (3. Periode) das folgende Bild:

He ·Li ·Be· ·Ḃ· ·Ċ· ·N̈· ·Ö· :F̈· :N̈e:

Ne ·Na ·Mg· ·Ȧl· ·Ṡi· ·P̈· ·S̈· :C̈l· :Ӓr:

Für die homologen Elemente gilt die gleiche Elektronenverteilung. Die Atomsymbole stellen dabei die Atomkerne mit allen Elektronen außer den Außenelektronen dar (*„Atomrümpfe"*), in der ersten Reihe also mit den Elektronen der 1., in der zweiten mit denen der 1. und 2. Schale.

Man ersieht aus der Zusammenstellung, daß die links stehenden Atome (kleine Ionisierungsenergien) durch Abgabe, die rechts stehenden (große Elektronenaffinitäten) durch Aufnahme von Elektronen die Elektronenkonfiguration des vorangehenden bzw. nachfolgenden Edelgases erlangen können. Dieser Elektronenausgleich kann auf drei Wegen erfolgen, je nachdem man zwei in der obigen Zusammenstellung links stehende oder zwei rechts stehende oder ein links stehendes mit einem rechts stehenden Atom kombiniert. Wir beginnen zunächst mit dem letzten Fall.

1.1.1 Die Ionenbindung

Bindungsmechanismus: *Kombiniert* man ein Natriumatom mit einem Chloratom, also ein im Periodensystem *links mit einem rechts stehenden Atom*, so läßt sich für beide Atome dadurch

[2] Daß an den chemischen Bindungen im wesentlichen die Außenelektronen beteiligt sind, folgt auch aus dem Befund, daß sich die Elektronen- sowie Photoelektronenspektren (s. dort) der äußeren Elektronen beim Übergang eines Atoms vom „freien" in den chemisch „gebundenen" Zustand stark ändern. Eine entsprechende einschneidende Änderung der Elektronen- und Photoelektronenspektren der inneren Elektronen beobachtet man nicht.

eine „*Achterschale*“ („*Oktett*“) schaffen, daß *ersteres an letzteres ein Elektron* abgibt:

$$\mathrm{Na}\cdot + \cdot\underset{\cdot\cdot}{\overset{\cdot\cdot}{\mathrm{Cl}}}: \rightarrow [\mathrm{Na}]^+ \left[:\underset{\cdot\cdot}{\overset{\cdot\cdot}{\mathrm{Cl}}}:\right]^- .$$

Das Natrium erlangt dadurch die Außenschale des Neons, das Chlor die des Argons. Gleichzeitig führt dieser Übergang eines negativen Elektrizitätsquantums zu einer *positiven* Ladung für das Natrium (Bildung eines positiven „Natrium-Ions“ Na^+) und zu einer *negativen* für das Chlor (Bildung eines negativen „Chlorid-Ions“ Cl^-). Die *elektrostatische Anziehung* zwischen den beiden geladenen Atomen bewirkt den Zusammenhalt des entstandenen Natriumchlorid-Moleküls (s. unten), das somit in Beantwortung der auf S. 117 gestellten Frage nur die Zusammensetzung NaCl, nicht aber die Formel Na_2Cl oder $NaCl_2$ haben kann.

Man bezeichnet die auf dem eben beschriebenen Weg zustande gekommene Bindung zwischen den Atomen als **„Ionenbindung“ („Elektrovalenz“, „heteropolare Bindung“)**, da für sie der Aufbau aus *Ionen* charakteristisch ist. Die Ionenbindung ist naturgemäß *nicht gerichtet*, da sich das durch die Ladung der einzelnen Ionen bedingte elektrische Feld *gleichmäßig nach allen Richtungen hin* erstreckt. Daher wirkt sich auch die Anziehungskraft eines Natrium-Ions nicht nur auf ein einziges Chlorid-Ion aus und umgekehrt, sondern zugleich auf andere benachbarte Ionen entgegengesetzter Ladung. So kommt es, daß die durch Ionenbindung zusammengehaltenen Stoffe (**„Salze“**) in Form von „*Ionenkristallen*“ auftreten, in denen Kationen und Anionen *abwechselnd* nebeneinander liegen. Man kann demnach bei Ionenverbindungen *nicht eigentlich von einem Molekül* – z. B. der Formel NaCl oder CsCl – sprechen, da der *ganze Ionenkristall* ein einziges *Riesenmolekül* darstellt.

Charakterisierung der Salze. Thermisches Verhalten. Die Riesengröße der Ionenkristalle bedingt im Sinne der auf S. 117 gestellten Frage die *Schwerflüchtigkeit* von Salzen wie NaCl (hohe Schmelz- und Siedepunkte). Mit der *Verdampfung* der Salze ist ein Abbau der „riesigen“ Moleküle zu „kleinen“ Molekülen verbunden. Bei geeignet hohen Temperaturen liegen „gasförmige Salze“ im allgemeinen sogar in einer der Summenformel entsprechenden Molekülgröße vor.

Löslichkeit. Aufgrund ihres Molekülaufbaus aus Ionen lösen sich die Salze insbesondere in Medien mit *hoher Dielektrizitätskonstante* wie etwa Wasser.

Mechanisches Verhalten. Da die Ionen in den Ionenkristallen durch die von allen Seiten auf sie wirkenden Kräfte an ihren Plätzen „festgehalten“ werden, sind Salze in der Regel *harte Stoffe*. Die typische *Sprödigkeit* der Verbindungen beruht andererseits darauf, daß genügend große, auf einen Kristall ausgeübte mechanische Kräfte die Ionenpositionen gegebenenfalls so verändern, daß sich zusätzliche Kontakte gleichgeladener Teilchen bilden, wodurch der Kristall zerspringt.

Elektrisches Verhalten. Wegen ihres Aufbaus aus elektrisch geladenen Teilchen *leiten* die Salze sowohl für sich (z. B. in geschmolzenem Zustande oder in festem Zustande bei geeignet hohen Temperaturen) als auch in wässeriger Lösung den *elektrischen Strom*, weil bei Anlegen einer Spannung die positiv geladenen Kationen zur negativen Kathode, die negativ geladenen Anionen zur positiven Anode wandern. Die Leitfähigkeit fester Ionenleiter wächst hierbei mit der Temperatur („positiver“ Temperaturkoeffizient der Leitung). Da an der Elektrode durch Aufnahme bzw. Abgabe von Elektronen (vgl. S. 215) eine Entladung der Ionen erfolgt, geschmolzenes NaCl also z. B. zu elementarem Natrium oder Chlor entladen wird ($Na^+ + e^- \rightarrow Na$; $Cl^- \rightarrow 1/2\ Cl_2 + e^-$), ist die *Stromleitung stets mit einer Zersetzung des Stromleiters* verknüpft. Man nennt Leiter dieser Art „*Leiter 2. Klasse*“ („*Leiter 2. Ordnung*“, **„Ionenleiter“**; vgl. Elektronenleiter, S. 146).

Optisches Verhalten. Salze, deren Kationen und Anionen Edelgaskonfiguration aufweisen, sind mehr oder weniger *lichtdurchlässig* und *farblos*, da die zur Elektronenanregung solcher Ionen benötigten Lichtäquivalente (S. 104) meist im nicht-sichtbaren, ultravioletten Bereich liegen (bezüglich „farbiger“ Salze vgl. S. 166f).

Die Ionenwertigkeit

Die Zahl der Ladungen eines Ions, seine „*Wertigkeit*“ (**„Ladungszahl“, „Ionenwertigkeit“**), hängt von der Zahl der Außenelektronen des Ausgangsatoms ab: Das Calcium z. B., das zum Unterschied von Natrium zwei Valenzelektronen je Atom besitzt, vermag die Elektronenschalen zweier Chloratome auf je eine Achterschale aufzufüllen:

$$:\ddot{\underset{..}{Cl}}\cdot + \cdot Ca\cdot + \cdot\ddot{\underset{..}{Cl}}: \rightarrow \left[:\ddot{\underset{..}{Cl}}:\right]^- \ [Ca]^{2+} \left[:\ddot{\underset{..}{Cl}}:\right]^-$$

und ist somit zum Unterschied von *„positiv einwertigem“* Natrium ein *„positiv zweiwertiges“* Element. Kombinieren wir das Calcium statt mit Chlor mit Sauerstoff, so genügt für die Aufnahme der beiden Calcium-Elektronen bereits ein Atom, da dem Sauerstoffatom zwei Elektronen bis zur Edelgasschale fehlen:

$$Ca: + \ddot{\underset{..}{O}}: \rightarrow [Ca]^{2+} \left[:\ddot{\underset{..}{O}}:\right]^{2-}.$$

Der Sauerstoff ist somit zum Unterschied von *„negativ einwertigem“* Chlor ein *„negativ zweiwertiges“* Element, weshalb er auch an Stelle des positiv zweiwertigen Calciumatoms zwei Atome des positiv einwertigen Natriums zu binden vermag:

$$Na\cdot + \cdot\ddot{\underset{..}{O}}\cdot + \cdot Na \rightarrow [Na]^+ \left[:\ddot{\underset{..}{O}}:\right]^{2-} \ [Na]^+.$$

Damit ergeben sich die Formeln der heterovalenten Verbindungen der Hauptgruppenelemente zwangsläufig aus der Stellung der Elemente im Periodensystem.

Bei den höheren Gliedern der III. und IV. Hauptgruppe (größere positive Kernladungszahlen) beobachtet man neben der der Gruppennummer entsprechenden Wertigkeit +3 bzw. +4 auch noch eine um 2 Einheiten kleinere Wertigkeit +1 bzw. +2, bei der beim Kation eine Zweierelektronenschale („Heliumschale“) verbleibt: z. B. TlCl und $TlCl_3$ bzw. $PbCl_2$ und $PbCl_4$.

Der Wasserstoff sucht seine Elektronenschale nicht auf eine Achter-, sondern auf eine Zweierschale zu ergänzen, da – wie die Reaktionsträgheit des Heliums zeigt – die 1. Elektronenschale bereits bei Besetzung mit 2 Elektronen abgesättigt ist. Dementsprechend bildet er beispielsweise mit den Elementen Natrium und Calcium die Salze:

$$[Na]^+ [:H]^- \quad \text{und} \quad [H:]^- [Ca]^{2+} [:H]^-,$$

in denen er – zum Unterschied vom elektropositiv einwertigen Wasserstoff in Säuren H_nA (s. dort) – negativ einwertig ist, so daß er bei der Elektrolyse dieser Verbindungen zum Unterschied vom Wasserstoff der Säuren nicht an der Kathode, sondern an der Anode entwickelt wird.

Formeln. Der Chemiker vereinfacht für gewöhnlich die Schreibweise solcher Ionenverbindungen, indem er auf die Kennzeichnung der Elektronen verzichtet und die Ionenbindungen durch Plus- und Minus-Zeichen zum Ausdruck bringt (a), falls er sich nicht – wie wir dies bisher auch getan haben – mit der bloßen Aneinanderreihung der Atome unter Verwendung von Zahlenindizes begnügt (b):

Na^+Cl^-	NaCl
$Cl^-Ca^{2+}Cl^-$	$CaCl_2$
$Ca^{2+}O^{2-}$	CaO
$Na^+O^{2-}Na^+$	Na_2O
(a)	(b)

Die Gitterenergie von Ionenkristallen

Die bei der Bildung eines Ionenkristalls aus den Einzelionen freiwerdende Ionenbindungsenergie (**„Gitterenergie“, „Kristallenergie“**) U_G läßt sich in einfacher Weise berechnen: Nähert man ein Kation, z. B. das Natrium-Kation Na^+, einem Anion, z. B. dem Chlorid-Anion Cl^- aus unendlicher Entfernung, so verringert sich die auf elektrostatische Anziehung zurückgehende potentielle Energie E'_p des Systems nach der Coulombschen Beziehung um den Betrag $-k \cdot e^2/d$ (k = Konstante, e = Elementarladung, d = Kernbestand zwischen Kation und Anion; Fig. 47, untere Kurve). Mit zunehmender Annäherung beider Ionen macht sich überdies die elektrostatische Abstoßung der Elektronenhülle beider Ionen bemerkbar, entsprechend einer Zunahme der potentiellen Energie um den Betrag $E''_p = B/d^n$ (für B siehe unten). Da die Potenz n in der Größenordnung von 10 liegt, kommt der Energieverlust des Systems aber erst bei relativ kleinen Abständen d zum Tragen (Fig. 47, obere Kurve). Die Gesamtänderung der potentiellen Energie E_p ergibt sich dann als Summe von E'_p und E''_p (Fig. 47, fettgedruckte Kurve):

$$E_p = E'_p + E''_p = -k \cdot \frac{e^2}{d} + \frac{B}{d^n} \tag{1}$$

Ersichtlicherweise durchläuft die Kurve für E_p beim Abstand d_0 ein Minimum. Kation und Anion werden sich somit nur auf diesen Abstand (*„Gleichgewichtsabstand“*, *„Bindungsabstand“*) unter Energieabgabe nähern, da eine weitere Annäherung zu einem Energieanstieg des Systems führen würde. Für den Gleichgewichtsabstand geht die Beziehung (1) mit $B = k \cdot e^2 \cdot d_0^{n-1}/n$ in die Beziehung (2) über[3],

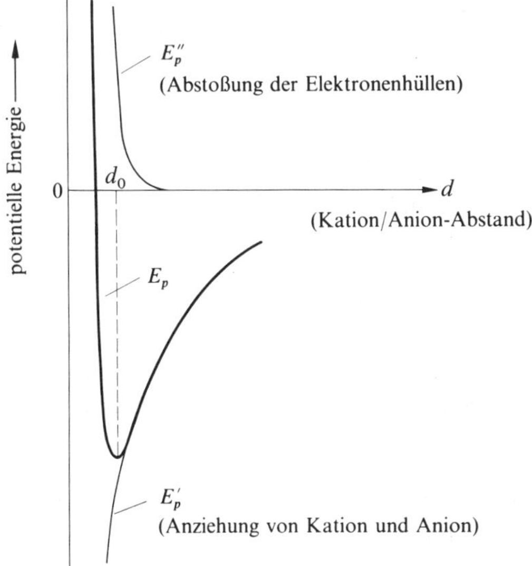

Fig. 47 Verlauf der potentiellen Energie bei der Bildung einer Ionenbindung zwischen Kation und Anion.

$$E_p = k \cdot \frac{e^2}{d_0}\left(1 - \frac{1}{n}\right), \tag{2}$$

aus der bei Kenntnis von k, d_0 und n die bei der Bildung einer Ionenbindung zwischen einem Kation und einem Anion freiwerdende Coulombsche Energie folgt[4].

Es ist nun zu berücksichtigen, daß die betrachteten Ionen eine Ladung Z^+ und Z^- größer 1 aufweisen können und daß die Kationen (Anionen) der Ionenverbindung immer zu mehreren Gegenionen Ionenbindungen ausbilden (s. oben und weiter unten). Ersteres kann in Gleichung (2) durch Faktoren Z^+ und Z^-, letzteres durch den sogenannten Madelungfaktor (*„Made-*

---

[3] B folgt aus (1) durch Nullsetzen der Ableitung von (1) nach $d(\mathrm{d}E_p/\mathrm{d} = 0)$.

[4] Der Bindungsabstand d_0 läßt sich durch Röntgenstrukturanalyse des Ionenkristalls bestimmen (s. unten). Der Parameter n folgt aus der Kompressibilität des aus den betreffenden Kationen und Anionen zusammengesetzten Salzes.

lungsche Konstante") M_K berücksichtigt werden. Mit der Madelungschen Konstante, deren errechenbarer Wert nur vom Strukturtyp des betrachteten Ionenkristalls K, nicht jedoch vom Ionenradius (S. 126) und von der Ionenladung abhängt[5], werden dabei alle anziehenden und abstoßenden Kräfte erfaßt, die gleich- und entgegengesetzt geladene nächste, übernächste, überübernächste Ionen usw. auf das betrachtete Ion ausüben[6]. Die endgültige von M. Born und A. Landé (1918) aufgestellte Gleichung (**„Madelung-Gleichung"**) für die auf „1 mol" der betreffenden Ionenverbindung bezogenen Gesamt-Bindungsenergie (Gitterenergie) U_G beträgt also (N_A = Avogadrosche Konstante):

$$\boxed{U_G = -k \cdot N_A \cdot M_K \cdot Z^+ \cdot Z^- \cdot \frac{e^2}{d_0}\left(1 - \frac{1}{n}\right)} \tag{3}$$

Mit der Beziehung (3) berechnet sich z.B. im Falle des Natriumchlorids ($Z^+ = Z^- = 1$; $M_{NaCl} = 1.7476$; $d_0 = 2.8198$ Å $= 2.8198 \cdot 10^{-10}$ m; $n = 9.1$)[7] eine Gitterenergie von -766 kJ/mol. Die bei der Vereinigung von 1 mol Natrium- und Chlorid-Ionen zu Natriumchlorid abgegebene Energie ist damit um 388 kJ/mol größer als die zur Ionenbildung aus den Elementen aufzubringende Energie von 378 kJ/mol[8]. Die Vereinigung von Natrium und Chlor zur Ionenverbindung Na^+Cl^- ist also ein exothermer Vorgang. Dabei bestätigt die gute Übereinstimmung des berechneten Werts für die Bildungswärme von NaCl (-388 kJ/mol) mit dem experimentell bestimmten Wert (-411 kJ/mol) das der Rechnung zugrunde liegende Bindungsmodell eines ionischen Verbindungsaufbaus[9].

Die Gitterenergie eines Salzes bestimmter Struktur (M_K = konstant) ist gemäß (3) umso größer, je höher geladen die Kationen und Anionen der Ionenverbindung sind (großes Z^+, Z^-) und je kleiner der kürzeste Abstand zwischen den entgegengesetzt geladenen Ionen ist (im allgemeinen entspricht d_0 der Summe der Radien von Kation und Anion, Tab. 16, S. 127). So nimmt etwa die Gitterenergie in der Reihe NaI (-687 kJ), NaBr (-737 kJ), NaCl (-788 kJ), NaF (-909 kJ/mol) bzw. in der Reihe RbCl (-682 kJ), KCl (-705 kJ), NaCl (-788 kJ), LiCl (-844 kJ/mol) zu, da in gleicher Richtung der Radius des Halogen- bzw. Alkalimetall-Ions (Tab. 16) abnimmt. Besonders groß ist die Zunahme der Kristallenergie beim Übergang von NaF (-909 kJ) zu MgO (-3931 kJ/mol), da sich hier nicht nur der Ionenabstand d_0 verkleinert, sondern zusätzlich auch die Kationen- und Anionenladung Z^+ und Z^- von eins auf zwei erhöht.

Alle erwähnten Salzbeispiele weisen voraussetzungsgemäß die gleiche Kristallstruktur, nämlich die Natriumchlorid-Struktur, auf. Mit dieser und einigen anderen einfachen Strukturen von Ionenverbindungen wollen wir uns nunmehr beschäftigen.

Die Strukturen einiger Ionenkristalle

Viele Strukturen ionisch gebauter Verbindungen der Zusammensetzung AB bzw. AB_2 (A = Metallkation, B = Nichtmetallanion) leiten sich von der Struktur des Natriumchlo-

---

5 Zum Beispiel $M_{NaCl} = 1.7476$; $M_{CsCl} = 1.7627$; $M_{CaF_2} = 5.0388$; $M_{ZnS} = 1.6381$ (Zinkblende), 1.6413 (Wurtzit), $M_{TiO_2} = 4.816$ (Rutil).

6 Die Ionen werden dabei als Punktladungen behandelt. Die Abstoßungskräfte der Elektronenhüllen jener Anionen untereinander, welche das betrachtete Kation direkt umgeben, bleiben wegen ihrer kurzen Reichweite (s. oben) unberücksichtigt. (Zum Unterschied von den entgegengesetzt geladenen Ionen eines Salzes vermeiden die gleichgeladenen Ionen einen direkten Kontakt.)

7 Soll U_G in J/mol ausgedrückt werden, so hat k den Wert $1/(2\pi\,\varepsilon_0) = 8.9876 \times 10^9$ J m C^{-2} (ε_0 = Permittivität im Vakuum $= 8.854188 \times 10^{-12}\ C^2 m^{-1} J^{-1}$); e ist in Coulomb (1.6022×10^{-19}C), d in Metern einzusetzen. $N_A = 6.0220 \times 10^{23}$/mol.

8 Der Wert von 378 kJ/mol ergibt sich experimentell als Summe der Na-Atomisierungsenergie (109 kJ + $Na_{fest} \rightarrow Na_{gasf.}$), der Na-Ionisierungsenergie (496 kJ + Na $\rightarrow Na^+ + e^-$), der Cl_2-Dissoziationsenergie (122 kJ + 1/2 $Cl_2 \rightarrow$ Cl) sowie der Cl-Elektronenaffinität (Cl + $e^- \rightarrow Cl^-$ + 349 kJ). (Bezüglich der erwähnten Energien vgl. zutreffende Kapitel.) Aus der Ionenbildungsenergie ΔH_i und der ebenfalls experimentell bestimmbaren Bildungswärme ΔH_f von NaCl ergibt sich auf dem Wege eines Born-Haber-Kreisprozesses die „experimentelle" Gitterenergie zu $U_G = |\Delta H_i| + |\Delta H_f| = 378 + 411 = 789$ kJ/mol.

9 Bei Berücksichtigung zusätzlicher Einflüsse auf die Gitterenergie (z. B. Nullpunktsenergie (s. dort), van der Waals-Energie, vgl. Lehrbücher der physikalischen Chemie) ist eine noch bessere Übereinstimmung von berechneter und gefundener Bildungswärme der Ionenverbindung NaCl zu erreichen.

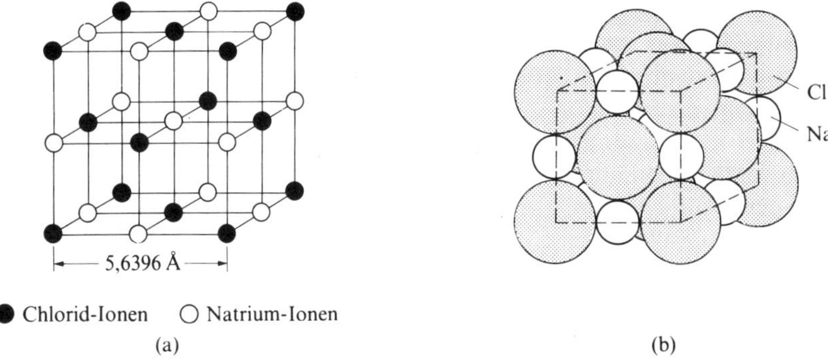

Fig. 48 Kristallstruktur des Natriumchlorids NaCl:
a) Ladungsschwerpunkte der Ionen; (b) Raumerfüllung der Ionen.

rids (Steinsalz) NaCl, Cäsiumchlorids CsCl, Calciumdifluorids CaF_2 sowie Titandioxids TiO_2 ab.

In Fig. 48a ist ein würfelförmiger Raumausschnitt aus der **„Natriumchlorid-Struktur"**, die von vielen Salzen AB wie z. B. den Alkalimetallhalogeniden (Ausnahmen CsCl, CsBr, CsI), Alkalimetallhydriden, Erdalkalimetalloxiden (Ausnahme BeO) bevorzugt wird, wiedergegeben. Durch wiederholte Aneinanderschichtung dieses Raumausschnitts nach den drei Richtungen des Raums erhält man die vollständige **„Kristallstruktur"** des Salzes, wonach die Natrium-Kationen sowie Chlorid-Anionen abwechselnd längs der drei Raumrichtungen des Würfels angeordnet sind. Jedes Natrium-Ion ist dabei oktaedrisch von 6 Chlorid-Ionen und jedes Chlorid-Ion oktaedrisch von 6 Natrium-Ionen umgeben („koordiniert"). Im gewählten Raumausschnitt (Fig. 48a) besetzen die Chlorid-Ionen die Ecken und Flächenmitten, die Natrium-Ionen die Kantenmitten sowie die Raummitte des Würfels. Der kubische Raumausschnitt des NaCl-Kristalls läßt sich – wie leicht ersichtlich – aber auch so wählen, daß die Natrium-Ionen die Ecken und Flächenmitten und die Chlorid-Ionen die Raum- und Kantenmitten des Würfels einnehmen. Somit kommt den Natrium- und den Chlorid-Ionen für sich betrachtet die gleiche Anordnung im Raum zu. Man bezeichnet diese Anordnung wegen der Besetzung der Ecken und Flächenmitten eines Würfels mit Ionen auch als „*kubisch-flächenzentrierte*" Anordnung („*Packung*"; vgl. hierzu auch dichteste Kugelpackungen, S. 146).

Auch die von einigen Salzen AB (z. B. CsCl, CsBr, CsI) bevorzugte **„Cäsiumchlorid-Struktur"** läßt sich durch einen kubischen Raumausschnitt beschreiben (Fig. 49a), deren dreidimensionale Aneinanderschichtung wiederum die vollständige Kristallstruktur der Verbindung liefert. In letzterer sind die Cäsium- und Chlorid-Ionen abwechselnd längs der Raumdiago-

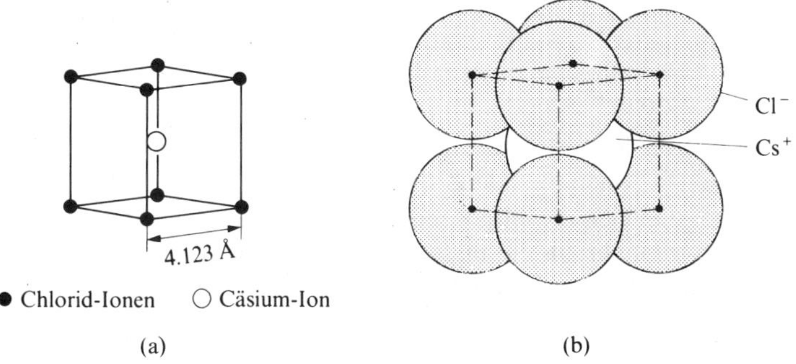

Fig. 49 Kristallstruktur des Cäsiumchlorids CsCl:
a) Ladungsschwerpunkte der Ionen; (b) Raumerfüllung der Ionen.

nalen der aneinandergeschichteten Würfel angeordnet. Jedes Cäsium-Ion ist kubisch von 8 Chlorid-Ionen und jedes Chlorid-Ion kubisch von 8 Cäsium-Ionen koordiniert. Auch im Falle des Cäsiumchlorids kommt somit den Kationen und Anionen – für sich betrachtet – eine gleiche (nämlich „*kubisch-einfache*") Anordnung zu.

Unter den Strukturen von AB_2-Verbindungen ist die **„Fluorit-Struktur"** (CaF_2-Struktur), die auch bei einigen anderen Metalldifluoriden (u.a. SrF_2, BaF_2) sowie bei Metalldihydriden angetroffen wird, mit der besprochenen Cäsiumchlorid-Struktur (Fig. 49) eng verwandt. Die Anionen sind nämlich wie im Falle von CsCl „*kubisch-einfach*" gepackt, wobei die Kationen regelmäßig jede übernächste kubische Lücke besetzen. Dementsprechend baut sich die CaF_2-Struktur in der Weise auf, daß die Calcium-Ionen kubisch von 8 Fluorid-Ionen und die Fluorid-Ionen tetraedrisch von 4 Calcium-Ionen umgeben sind[10)].

In der ebenfalls sehr häufig (z.B. bei vielen Metalldifluoriden – wie MgF_2 – bzw. -dioxiden) anzutreffenden **„Rutil-Struktur"** (TiO_2-Struktur) sind die Titan-Ionen oktaedrisch von 6 Oxid-Ionen O^{2-} und die Oxid-Ionen trigonal-planar von 3 Titan-Ionen koordiniert (vgl. den in Fig. 50a abgebildeten tetragonalen Raumausschnitt der vollständigen Kristallstruktur). Dabei haben die (geringfügig längsverzerrten) TiO_6-Oktaeder jeweils zwei gegenüberliegende Kanten mit zwei anderen Oktaedern gemeinsam und sind demgemäß miteinander zu langen Ketten verknüpft, die ihrerseits wieder untereinander über gemeinsame Oktaederecken zu einem dreidimensionalen Ionen-Netzwerk verbunden sind (vgl. den in Fig. 50b abgebildeten, etwas größeren Raumausschnitt der vollständigen Kristallstruktur sowie dichteste Kugelpackungen, S. 146).

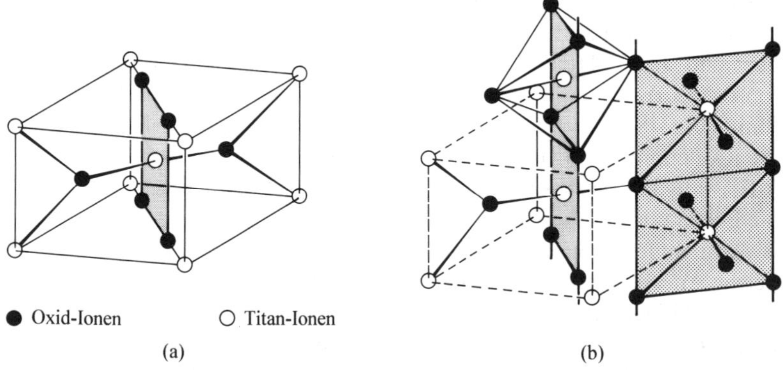

Fig. 50 Ladungsschwerpunkte der Ionen der Titandioxid- (Rutil-, TiO_2-)Struktur: a) Elementarzelle; (b) Veranschaulichung der oktaedrischen Umgebung der Titan-Ionen mit 6 Oxid-Ionen.

Unter den AB- sowie AB_2-Verbindungen weisen mithin die Kationen im Falle des Cäsiumchlorids und Calciumdifluorids eine kubische Koordination mit jeweils 8 Anionen, im Falle des Natriumchlorids und Titandioxids oktaedrische Koordination mit jeweils 6 Anionen auf. Vier negative Verbindungspartner umgeben die positiven Verbindungspartner jeweils tetraedisch z.B. im Falle von Zinkoxid ZnO (ZnS-Struktur, „*Zinkblende*"- sowie „*Wurtzit-Struktur*", s. dort) bzw. von Berylliumdifluorid BeF_2 (SiO_2-Struktur, „*Quarz*-" sowie „*Cristobalit-Struktur*", s. dort).

Man pflegt bei der Wiedergabe von Kristallstrukturen der Salze häufig nur die Schwerpunkte („*Gitterpunkte*") der einzelnen Ionen anzudeuten (vgl. Fig. 48a und 49a). In Wirklichkeit liegen die Verhältnisse so, daß sich die entgegengesetzt geladenen Ionen im Kristall so weit nähern, bis sie sich berühren (genauer: bis die abstoßenden Kräfte der Elektronenhüllen wirksam werden; s. weiter oben). Berücksichtigt man dabei die verschiedenen Ionendurch-

[10] An jeder mit einem Fluorid-Ion besetzten Würfelecke stoßen 8 Würfel zusammen, von denen die Hälfte – also 4 – in der Weise mit Calcium-Ionen besetzt sind, daß letztere die betrachtete Würfelecke (also das Fluoridion) tetraedrisch koordinieren. Damit ergibt sich insgesamt eine „kubisch-flächenzentrierte" Packung für die Calcium-Ionen (vgl. hierzu Strukturen der Metalle).

messer von Kationen und Anionen (Tab. 16), so erhält man beispielsweise im Falle des Natrium- oder Cäsiumchlorids das in Fig. 48b und 49b wiedergegebene wahrheitsgetreuere Bild, dem zu entnehmen ist, daß die kleineren Kationen Na^+ bzw. Cs^+ die oktaedrischen bzw. kubischen Lücken einer kubisch-flächenzentrierten bzw. kubisch-einfachen Packung der größeren Anionen Cl^- besetzen.

Kristallgitter. Durch einen Ionenkristall lassen sich in jedem Falle Netze aus drei – räumlich unterschiedlich orientierten – Scharen paralleler Geraden in der Weise legen, daß sich jeweils drei Geraden verschiedener Scharen in einem Punkt, nämlich dem „*Gitterpunkt*" (s. oben und weiter unten) schneiden (Fig. 51a). Die Geraden kreuzen sich dabei unter den sogenannten „*Gitterwinkeln*" α, β und γ (Fig. 51b). Auf der eindimensionalen Geraden („*Gittergeraden*") einer Geradenschar ordnen sich die Gitterpunkte zwangsläufig in gleichen Abständen an, und zwar beträgt der Abstand („*Gitterabstand*") von Gitterpunkten auf Geraden der ersten, zweiten bzw. dritten Schar *a*, *b* bzw. *c* (Fig. 51b). Wie der Fig. 51a weiter zu entnehmen ist, liegen die Schnittpunkte von bestimmten Geraden zweier Scharen stets zweidimensional in einer Ebene („*Gitterebene*", „*Netzebene*") und die Schnittpunkte aller drei Geradenscharen dreidimensional im Raum („*Raumgitter*", **„Kristallgitter"**).

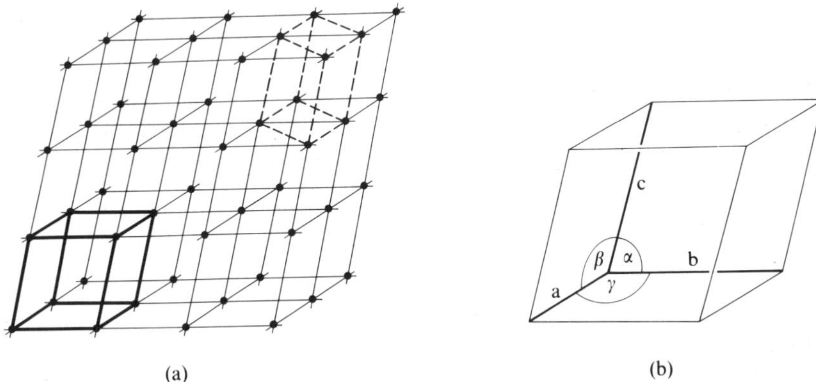

Fig. 51 Kristallgitter: (a) Größerer Ausschnitt mit Andeutung von zwei Zerlegungsmöglichkeiten in Elementarzellen; (b) Elementarzelle aus (a), links unten, vergrößert.

Das durch *a*, *b* und *c* sowie α, β und γ festgelegte Parallelepiped wird als **„Elementarzelle"** des Kristallgitters bezeichnet (Fig. 51a, links unten, bzw. Fig. 51b), da dessen dreidimensionale Aneinanderschichtung das vollständige Kristallgitter ergibt[11]. Die Begrenzung der Elementarzelle kann außer durch acht benachbarte Gitterpunkte auch durch vier benachbarte Gittergeraden aus jeder Geradenschar (also insgesamt 12 Gittergeraden) oder durch drei Paare benachbarter paralleler Gitterebenen (zusammen also sechs Ebenen) beschrieben werden.

Insgesamt unterscheidet man 7 verschiedene Typen von Elementarzellen, die den 7 **„Kristallsystemen"** zugrunde liegen (Tab. 14)[12]. Der Elementarzellentyp kommt dabei häufig in der äußeren Form („*Habitus*") eines Kristalls zum Ausdruck.

Bisher haben wir einen Gitterpunkt jeweils mit dem Schwerpunkt eines Ions identifiziert. Dies muß nicht notwendigerweise der Fall sein. Je nach Art des betrachteten Ionenkristalls repräsentiert er die

[11] Es gibt jeweils mehrere Möglichkeiten der Zerlegung eines Raumgitters in Elementarzellen. In Fig. 51a sind als Beispiele zwei, das Raumgitter beschreibende Zellen eingezeichnet (links unten und rechts oben). Aus praktischen Gründen wählt man die Elementarzelle im allgemeinen so, daß die Gitterabstände möglichst klein werden oder daß ein oder mehrere Gitterwinkel 90° betragen (vgl. Anm.[12]).

[12] Häufig wählt man auch statt der erwähnten, nur einen Gitterpunkt enthaltenden, „*einfach primitiven*" Elementarzelle („*P-Gitter*"; jeder Eckgitterpunkt gehört 8 an einer Ecke zusammenstoßenden Zellen gemeinsam an und darf deshalb nur zu 1/8 gezählt werden), eine größere Zelle, die zwar zusätzliche Gitterpunkte in den Flächenmitten („*flächenzentrierte*" Elementarzellen, „*F-Gitter*") bzw. in der Raummitte enthält („*innenzentrierte*" Elementarzellen, „*I-Gitter*"), dafür aber rechte Winkel aufweist. Beispielsweise wählt man aus dem Chloridionen-Teilgitter des Natriumchlorids lieber die höhersymmetrische, 4 Gitterpunkte enthaltende, kubisch-flächenzentrierte (Fig. 48a), als eine ebenfalls mögliche, weniger symmetrische rhomboedrisch-primitive Elementarzelle. Berücksichtigt man die mehr Gitterpunkte enthaltenden Zellen, so ergeben sich zusammen mit den oben wiedergegebenen, jeweils einen Gitterpunkt enthaltenden Zellen 14 verschiedene Elementarzellen, welche den 14 „*Bravais-Gittern*" zugrunde liegen (vgl. Lehrbücher der Kristallographie).

Tab. 14 Kristallsysteme

Elementarzelle	**Gitterabstände**	**Gitterwinkel**	**Punktgruppen** (vgl. S. 173)
triklin	$a \neq b \neq c$	$\alpha \neq \beta \neq \gamma$ (alle $\neq 90°$)	C_1, C_i
monoklin	$a \neq b \neq c$	$\alpha = \gamma = 90°$, $\beta \neq 90°$	C_2, C_s, C_{2h}
orthorhombisch	$a \neq b \neq c$	$\alpha = \beta = \gamma = 90°$	C_{2v}, D_2, D_{2h}
hexagonal	$a = b \neq c$	$\alpha = \beta = 90°$, $\gamma = 120°$	C_6, C_{6v}, C_{3h}, C_{6h}, D_6, D_{3h}, D_{6h}
rhomboedrisch	$a = b = c$	$\alpha = \beta = \gamma \neq 90°$	C_3, C_{3v}, S_6, D_3, D_{3d}
tetragonal	$a = b \neq c$	$\alpha = \beta = \gamma = 90°$	C_4, C_{4v}, S_4, C_{4h}, D_4, D_{2d}, D_{4h}
kubisch	$a = b = c$	$\alpha = \beta = \gamma = 90°$	T, T_h, O, O_h, T_d

Lage eines Atomions, eines Molekülions, einer Gruppe von Atomionen bzw. einer Gruppe von Molekülionen[13]. Dabei kann es wie im Falle des Natrium- oder Cäsiumchlorids zweckmäßig sein, die betreffende Kristallstruktur durch zwei ineinander gestellte (kubisch-flächenzentrierte bzw. kubisch-einfache) Gitter zu beschreiben (s. weiter oben)[14]. Somit kommt den Begriffen Kristallstruktur und Kristallgitter eine verschiedene Bedeutung zu: das Gitter ist ein Hilfsmittel zur Beschreibung der Struktur eines Kristalls, unter der man die exakte geometrische Anordnung der Kristallbausteine versteht.

Röntgenstrukturanalyse. Die Abstände der Gitterebenen (Fig. 51) voneinander entsprechen in ihrer Größenordnung den Wellenlängen der Röntgenstrahlen (s. dort). Daher werden die Röntgenstrahlen an diesen Netzebenen in analoger Weise gebeugt wie sichtbare Strahlen an Strichgittern von ebenfalls vergleichbarem Gitterabstand. Diese Beugung von Röntgenstrahlen an den Gitterebenen kristallisierter Stoffe gleicht formal einer Reflexion, so daß der Beugungswinkel gleich dem Einfallswinkel ist. Zum Unterschied von den sichtbaren Strahlen werden aber die Röntgenstrahlen bei gegebener Wellenlänge λ nur unter einem ganz bestimmten Beugungswinkel ϑ („*Glanzwinkel*") gespiegelt, dessen Größe von dem Netzebenenabstand d gemäß

$$n \cdot \lambda = 2d \cdot \sin\vartheta$$

(„**Braggsche Gleichung**") abhängt (n = Ordnung des Reflexes).

Entsprechend dieser Beziehung kann man durch Messung von ϑ bei Kenntnis von λ den Netzebenenabstand d und bei Kenntnis von d die Wellenlänge λ der auftreffenden Röntgenstrahlung ermitteln. Von der ersteren Möglichkeit macht man ganz allgemein zur Aufklärung des Kristallgitters („*Röntgenstrukturanalyse*"), von der letzteren zur Wellenlängenbestimmung von Röntgenstrahlen („*Röntgenspektroskopie*") Gebrauch (Näheres s. Lehrbücher der physikalischen Chemie). Dem Röntgenbeugungsdiagramm lassen sich darüber hinaus Aussagen über *Elektronendichteverteilungen* in Kristallen entnehmen.

Die Ionenradien

Der von den Salzen AB bzw. AB_2 jeweils bevorzugte Kristallstruktur-Typ wird durch das **Radienverhältnis** r^+/r^- von Kation und Anion mitbestimmt, da ein Kation umso mehr Anionen um sich gruppieren („*koordinieren*") kann, je größer es im Verhältnis zum Anion ist, und da die sich so ergebende **„Koordinationszahl"** (KZ)[15] des Kations bezüglich des betreffenden Anions die Typen energetisch günstiger Kristallstrukturen festlegt. So berechnet sich für den Fall, daß ein Kation kubisch von 8 bzw. oktaedrisch von 6 bzw. tetraedrisch von 4 Anionen in der Weise umgeben ist, daß sich *sowohl die ungleich- als auch die gleichgeladenen Ionen gerade berühren*, ein **Grenzradienverhältnis** von 0.732 bzw. 0.414 bzw. 0.225 (bezüglich weiterer Grenzradienverhältnisse vgl. Tab. 15). Demgemäß ist zu erwarten, daß die CsCl-Struktur mit KZ = 8 der Kationen (Fig. 49a) bzw. die NaCl-Struktur mit KZ = 6 der Kationen (Fig. 48a) bzw. die ZnS-Struktur mit KZ = 4 der Kationen bis zum Verhältnis

[13] In analoger Weise gibt er im Falle eines „Molekül-Kristalls" (vgl. Atombindung) die Lage eines Moleküls oder einer Gruppe von Molekülen wieder.

[14] Man kann für NaCl und CsCl natürlich auch ein einziges kubisch-flächenzentriertes bzw. kubisch-einfaches Gitter mit Gitterpunkten wählen, die in der Mitte zwischen Kationen und Anionen liegen und mithin jeweils ein Ionenpaar repräsentieren.

[15] coordinare (lat.) = beiordnen.

Tab. 15 Grenzradienverhältnisse r^+/r^- für unterschiedliche Koordinationszahlen der Kationen.

r^+/r^- [a]	KZ des Kations[b]	Anionenanordnung um das Kation	Strukturtyp[c] AB (r^+/r^-)	AB_2 (r^+/r^-)
> 0.732	8	kubisch	CsCl (1.13)	CaF_2 (1.06)
> 0.414	6	oktaedrisch	NaCl (0.70)	TiO_2 (0.45)
> 0.225	4	tetraedrisch	ZnS (0.44)	SiO_2 (0.33)
> 0.155	3	trigonal-planar	BN	

a) Weitere Grenzradienverhältnisse: > 1.000 (KZ = 12, kubooktaedrisch), > 0.902 (KZ = 12, ikosaedrisch), > 0.732 (KZ = 9, dreifach-überkappt-trigonal-prismatisch neben kubisch), > 0.668 (KZ = 8, dodekaedrisch), > 0.645 (KZ = 8, antikubisch), > 0.592 (KZ = 7, überkappt-oktaedrisch), > 0.528 (KZ = 6, trigonal-prismatisch). – **b)** Bei gegebener Salzformel AB_n und gegebener KZ_K des Kations berechnet sich KZ_A des Anions wie folgt: $KZ_A = KZ_K/n$ (z.B. $Al_2O_3 \triangleq AlO_{1.5}$ mit $KZ_K = 6 : KZ_A = 6 : 1{,}5 = 4$). – **c)** In Klammern jeweils berechnetes Radienverhältnis bei Zugrundelegen der für die betreffende KZ gültigen Radien von Kation und Anion.

$r^+/r^- = 0.732$ bzw. 0.414 bzw. 0.225 stabil bleibt. Wird das jeweilige *Grenzradienverhältnis unterschritten*, so entfällt der Berührungskontakt zwischen Kationen und Anionen. Es wird dann aus energetischen Gründen eine Struktur mit kleinerer Koordinationszahl der Kationen gebildet, in welcher sich wieder alle entgegengesetzt geladene Ionen berühren. Wird andererseits das jeweilige *Grenzradienverhältnis überschritten*, so kann sich eine Struktur mit höherer KZ der Kationen bilden; ein energetischer Zwang hierfür besteht allerdings weniger.

Wie aus Tab. 16 hervorgeht, welche **Kationen- und Anionenradien** wiedergibt, beträgt das für KZ = 6 berechnete Radienverhältnis r^+/r^- im Falle von MgO 0.68, im Falle von BeO ca. 0.40. Gemäß Tab. 15 kommt dem „Berylliumoxid" somit nicht mehr wie dem „Magnesiumoxid" die NaCl-Struktur, sondern die ZnS-Struktur zu, da das Radienverhältnis seiner Ionen unter dem kritischen Verhältnis von 0.414 liegt. Ganz entsprechend vermag der „Rutil" TiO_2 nicht mehr in der CsCl-Struktur zu kristallisieren, da das für KZ = 8 seiner Kationen berechnete Radienverhältnis (0.70) das kritische Verhältnis von 0.732 unterschreitet. Andererseits können CsI und RbI gemäß ihren Radienverhältnissen (0.88 und 0.81 für KZ = 6 bzw. 0.91 und 0.85 für KZ = 8) gleichermaßen in der CsCl- wie NaCl-Struktur existieren. Tatsächlich kristallisiert CsI (wie CsBr und CsCl) in der CsCl-Struktur, RbI (wie alle „Alkalimetallhalogenide" außer CsCl, CsBr, CsI) in der NaCl-Struktur. Bei *hohen Drücken* geht allerdings RbI wie auch viele andere Alkalimetallhalogenide mit NaCl-Struktur unter Wechsel der „*Modifikation*" (vgl. S. 541) in die CsCl-Struktur über, wie überhaupt feste Stoffe mit

Tab. 16 Ionenradien [Å] von Shannon und Prewitt[16] für Kationen und Anionen der Hauptgruppenelemente der Koordinationszahl 6 (die Radien vierfach bzw. achtfach koordinierter Kationen sind um ca. 0.1 Å kleiner bzw. größer; die Anionenradien ändern sich wenig mit der Koordinationszahl). Für weitere Ionenradien vgl. Anhang IV.

Hauptgruppenelemente

Li^+	0.73	Be^{2+}	0.41	B^{3+}	0.25	C^{4+}	0.29	N^{3+}	0.30	N^{3-}	1.32	O^{2-}	1.26	F^-	1.19
Na^+	1.16	Mg^{2+}	0.86	Al^{3+}	0.68	Si^{4+}	0.54	P^{3+}	0.58	P^{5+}	0.52	S^{2-}	1.70	Cl^-	1.67
K^+	1.52	Ca^{2+}	1.14	Ga^{3+}	0.76	Ge^{4+}	0.67	As^{3+}	0.72	As^{5+}	0.60	Se^{2-}	1.84	Br^-	1.82
Rb^+	1.66	Sr^{2+}	1.32	In^{3+}	0.94	Sn^{4+}	0.83	Sb^{3+}	0.90	Sb^{5+}	0.74	Te^{2-}	2.07	I^-	2.06
Cs^+	1.81	Ba^{2+}	1.49	Tl^{3+}	1.03	Pb^{4+}	0.92	Bi^{3+}	1.17	Bi^{5+}	0.90	Po^{4+}	1.08		
Fr^+	1.94	Ra^{2+}	1.62	Tl^+	1.64	Pb^{2+}	1.33								

Nebengruppenelemente, Lanthanoide, Actinoide: Anhang IV.

[16] **Literatur.** R.D. Shannon und C.T. Prewitt, Acta Crystallogr. **B 25** (1969) 925 und **A 32** (1976) 751.

steigendem Druck *Kristallstrukturen mit größeren Koordinationszahlen* der Kristallbausteine bevorzugen. Andererseits wandelt sich das Salz CsCl bei *hohen Temperaturen* (oberhalb 469 °C) unter Wechsel seiner CsCl-Struktur in eine NaCl-Struktur um. Auch lassen sich die gasförmigen Verbindungen CsCl, CsBr und CsI auf geeigneten Oberflächen (z.B. NaCl, KBr) mit NaCl-Struktur abscheiden („*Epitaxie*", vgl. S. 988).

Bezüglich der *Abhängigkeit der Radien von Stellung, Ladung und Koordinationszahl der Ionen* folgt aus Tab. 16 in Übereinstimmung mit dem auf S. 102 Besprochenen, daß die Größe der Kationen bei *gleicher Ladung* innerhalb einer *Elementperiode* von *links nach rechts* und innerhalb einer *Elementgruppe* von *unten nach oben* abnimmt (bezüglich der in letzteren Fällen zu beobachtenden Ausnahme von der Regel bei schwereren Übergangsmetallen vgl. S. 338). Darüber hinaus *verringert* sich die Größe eines Kations mit *wachsender Ladung* (Oxidationsstufe) und *sinkender Koordinationszahl*. Letzterer Sachverhalt erklärt sich damit, daß sich mit abnehmender Koordinationszahl die Abstoßung zwischen den gleichgeladenen Anionen verringert, so daß sie näher zusammenrücken können. Die Größe der Anionen nimmt ähnlich wie die der Kationen innerhalb einer *Periode* von *links nach rechts* und innerhalb einer *Gruppe* von *unten nach oben* ab. Ein Wechsel der Ladung und Koordinationszahl bewirkt hierbei weit kleinere Größenveränderungen als bei den Kationen. Dementsprechend ist die *Bildung eines Salzes* wie NaI ($r_{Na^+} = 1.16$ Å, $r_{I^-} = 2.06$ Å) aus Metallen und festen Nichtmetallen (z.B. Na und I_2; Metallatomradius von Natrium 1.86 Å, van der Waals-Radius von Iod 2.05 Å) insgesamt mit einer *Volumenminderung* verbunden. Von wenigen Ausnahmen abgesehen sind die *Anionen größer als die Kationen* (vgl. Tab. 16).

Die Bestimmung der Ionenradien, d.h. die Aufteilung der experimentell zugänglichen Kernabstände *d* auf Kationen- und Anionenradien erfolgt mit Vorteil über die aus Röntgenbeugungsexperimenten (s. oben) ableitbaren *Elektronendichteverteilungen*, wobei das *Minimum* der Elektronendichte zwischen Kation und Anion als Punkt genommen werden kann, bis zu dem die betreffenden Ionen „reichen". Es genügt hierbei die Kenntnis des Radius eines Ions; denn über dessen Größe lassen sich aus Abständen $d_{+/-}$ zu entgegengesetzt geladenen Ionen in Salzen Radien der Gegenionen ermitteln ($d_{+/-} = r_+ + r_-$), welche ihrerseits wieder für Ionenradienbestimmungen nach der gleichen Methode genutzt werden können. Die in Tab. 16 wiedergegebenen, von R.D. Shannon und C.T. Prewitt 1969 und 1976 veröffentlichten[16)], auf den Radius von $F^- = 1.19$ bezogenen Ionenradien wurden auf diese Weise erhalten.

Früher bestimmte man die Ionenradien nach Landé (1920) und V.M. Goldschmidt (1926; „*Goldschmidtsche Ionenradien*") über den kürzesten Abstand $d_{-/-}$ zwischen den Anionen geeigneter Salze mit kleinen Kationen und großen Anionen ($r_- = d_{-/-}/2$ und hieraus: $r_+ = d_{+/-} - r_-$), wobei die *Annahme* gemacht wurde, daß sich die *Anionen berühren* und daß die betreffenden Ionen in *allen* Salzen den *gleichen Radius* haben. Tatsächlich ist letzte Forderung nicht immer erfüllt, wie die unterschiedlichen O^{2-}/O^{2-}-Abstände in folgenden – hinsichtlich der O^{2-}-Packung (dichtest) und Kationenkoordinierung (KZ = 6) vergleichbaren – Verbindungen lehrt: $d_{O^{2-}/O^{2-}} = 2.97$ Å (MgO), 2.75 Å (TiO_2, Rutil), 2.49 Å (SiO_2, Stishovit). Die „neueren" Ionenradien von Shannon und Prewitt unterscheiden sich von den „traditionellen" Ionenradien um ca. +0.14 Å (Kationen) bzw. −0.14 Å (Anionen).

Die Mischkristallbildung

Die Kationen und Anionen eines Ionenkristalls können in vielen Fällen schrittweise durch andere Kationen und Anionen ersetzt werden, ohne daß sich der Kristallstrukturtyp dabei ändert. So kann man z.B. in einem Natriumchloridkristall das Natrium Ion für Ion durch Silber ersetzen, wodurch die Eigenschaften des Natriumchlorids kontinuierlich in die des Silberchlorids übergehen. Man nennt diese Erscheinung **„Mischkristallbildung"** („*Isomorphie*") und unterscheidet zwischen „*vollständiger*" und „*unvollständiger Mischkristallbildung*", je nachdem der gegenseitige Ersatz der Ionen unbegrenzt („*Mischkristalle ohne Mischungslücke*") oder nur begrenzt („*Mischkristalle mit Mischungslücke*") möglich ist.

Früher glaubte man, daß nur chemisch gleichwertig zusammengesetzte Verbindungen zur Mischkristallbildung fähig seien (**„Regel von Mitscherlich"**). Man benutzte diese Regel zur Ermittlung unbekannter Atommassen, indem man rückwärts aus der Isomorphie zweier Verbindungen auf deren analoge Zusammensetzung schloß. So zog man beispielsweise aus der Tatsache der Isomorphie zwischen Kaliumperchlorat $KClO_4$ und Kaliumpermanganat KMn_xO_4 die Schlußfolgerung, daß dem Kaliumpermanganat die Formel $KMnO_4$ zukomme, daß also die – zunächst unbekannte – Größe x den Wert 1 habe.

Heute wissen wir, daß in Wirklichkeit die Gleichheit des Formeltyps, der Gitterabstände und in den meisten Fällen auch des Strukturtyps (**„homöotype Mischkristallbil-**

dung“, „Homöomorphie“) die Voraussetzung für die Erscheinung der Mischkristallbildung zweier Salze ist, während Wertigkeit und chemische Ähnlichkeit der Gitterbausteine nicht so ausschlaggebend in Erscheinung treten. Beispielsweise bilden die Verbindungen $K[MnO_4]$, $K[BF_4]$, $Ba[SO_4]$ und $Y[PO_4]$ untereinander Mischkristalle, obwohl sie sich in der Wertigkeit der Bausteine und in ihrem chemischen Charakter weitgehend voneinander unterscheiden. Sind die Gitterabstände völlig oder praktisch gleich, so findet man sehr häufig unbegrenzte Mischbarkeit. Bei größeren Unterschieden in den Gitterabständen (im allgemeinen sind bei Zimmertemperatur Differenzen bis zu etwa 6% zulässig) vermag ein Salz die Ionen eines zweiten Salzes nur bis zu einem bestimmten Grenzwert aufzunehmen und umgekehrt, so daß mehr oder minder große Mischungslücken auftreten.

In manchen Fällen zwingt ein Salz dem anderen beim Einbau in sein Ionengitter seinen Strukturtyp auf. In diesem Falle spricht man von **„heterotyper Mischkristallbildung“** oder **„Heteromorphie“**. So haben z. B. die Mischkristalle, die bei der Aufnahme des monoklinen Eisenvitriols $FeSO_4 \cdot 7H_2O$ in das Gitter des rhombischen Magnesiumvitriols $MgSO_4 \cdot 7H_2O$ entstehen, eine rhombische Kristallform, während umgekehrt das monokline $FeSO_4 \cdot 7H_2O$ das rhombische $MgSO_4 \cdot 7H_2O$ zu monoklinen Mischkristallen einbaut.

Das sich gegenseitig vertretende Ionenpaar braucht nicht immer rein statistisch auf das Ionengitter verteilt zu sein, sondern kann sich auch nach einem bestimmten räumlichen Verteilungsplan im Gitter anordnen. In diesem Falle resultiert ein „*Doppelsalz*“ mit stöchiometrischer Zusammensetzung. Als Beispiel sei hier erwähnt: der *Dolomit* $CaMg(CO_3)_2$. Bei den Mischkristallen mit rein statistischer Verteilung des isomorphen Salzpaares läßt sich natürlich keine solche charakteristische stöchiometrische Formel angeben. Dies bedeutet aber keinen Widerspruch gegen das Gesetz der konstanten Proportionen (s. dort), weil sich dieses Gesetz auf die Zusammensetzung der Moleküle bezieht und in diesem Falle der ganze Kristall ein einziges Riesenmolekül darstellt, dessen stöchiometrische Zusammensetzung allein durch die Bedingung der Elektroneutralität bestimmt wird.

Auch bei einem aus nur zwei verschiedenen Ionenarten aufgebauten Ionengitter kann das Gesetz der konstanten Proportionen formal versagen, wenn z. B. eine der beiden Ionenarten in verschiedenen Wertigkeiten vorkommt und im Gitter entsprechende „*Leerstellen*“ auftreten. Beispielsweise hat das Oxid des zweiwertigen Eisens normalerweise nicht die Zusammensetzung FeO, sondern die Formel $Fe_{0.84}O$ bis $Fe_{0.95}O$, weil im FeO-Gitter einzelne Fe^{2+}-Gitterstellen unbesetzt sind und zum Valenzausgleich dafür an anderen Stellen Fe^{3+}-Ionen auftreten:

O^{2-}	Fe^{3+}	O^{2-}	Fe^{2+}	O^{2-}	Fe^{2+}
Fe^{2+}	O^{2-}	Fe^{2+}	O^{2-}	Fe^{2+}	O^{2-}
O^{2-}		O^{2-}	Fe^{3+}	O^{2-}	Fe^{2+}
Fe^{2+}	O^{2-}	Fe^{2+}	O^{2-}	Fe^{2+}	O^{2-}

Es handelt sich hier um einen homöotypen Mischkristall aus den Oxiden des zwei- und dreiwertigen Eisens, FeO und Fe_2O_3. Das Phänomen, daß hochmolekulare Verbindungen keine stöchiometrischen Zusammensetzungen aufweisen (**„nichtstöchiometrische Verbindungen“**) ist sehr verbreitet (vgl. S. 1620)[17].

1.1.2 Die Atombindung

Bindungsmechanismus: Nicht immer kann durch Elektronenübergang für die beteiligten Atome eine stabile Edelgasschale erreicht werden. *Kombinieren* wir etwa zwei im Periodensystem der Elemente *rechts stehende* Atome, z. B. zwei Chloratome, miteinander, so ist keine Ionenbindung denkbar, weil hierbei nur das eine, nicht aber das *andere* Atom ein Elektronenoktett erlangt:

$$:\underset{\cdot\cdot}{\overset{\cdot\cdot}{Cl}}\cdot + \cdot\underset{\cdot\cdot}{\overset{\cdot\cdot}{Cl}}: \rightarrow \left[:\underset{\cdot\cdot}{\overset{\cdot\cdot}{Cl}}\right]^{+} \left[:\underset{\cdot\cdot}{\overset{\cdot\cdot}{Cl}}:\right]^{-}.$$

[17] **Literatur.** D. J. M. Bevan: „*Non-stoichiometric Compounds. An Introductory Essay.*“ *Comprehensive Inorganic Chemistry*, Band **4** (1973) 453–540; L. Mandelcorn: „*Non-stoichiometric Compounds*“, Academic Press, New York 1964; N. N. Greenwood: „*Ionenkristalle, Gitterdefekte und Nichtstöchiometrische Verbindungen*“, Verlag Chemie, Weinheim 1973; A. Rabenau: „*Problems of Nonstoichiometry*“, North Holland, Amsterdam 1970.

Hier ist das Ziel stabiler Edelgasschalen nur dadurch zu erreichen, daß sich beide Atome *gemeinsam in ein Elektronenpaar* („*Dublett*") *teilen*:

$$:\underset{\cdot\cdot}{\overset{\cdot\cdot}{Cl}}\cdot + \cdot\underset{\cdot\cdot}{\overset{\cdot\cdot}{Cl}}: \rightarrow :\underset{\cdot\cdot}{\overset{\cdot\cdot}{Cl}}:\underset{\cdot\cdot}{\overset{\cdot\cdot}{Cl}}:$$

Das *gemeinsame Elektronenpaar* stellt ganz allgemein einen zweiten Typus von chemischer Bindung zwischen zwei Atomen dar, den man als **Atombindung** (**Kovalenz**, **homöopolare Bindung**) bezeichnet. Zum Unterschied von der Ionenbindung ist die Atombindung *räumlich gerichtet* (s. weiter unten).

Wie ein Vergleich der kovalent gebauten „*Atomverbindungen*" (**Moleküle** im engeren Sinne) mit den ionisch gebauten Salzen zeigt, bilden die Verbindungen mit Atombindungen im allgemeinen keine Riesenmoleküle, sondern abgeschlossene *kleinere Teilchen* („*niedermolekulare Atomverbindungen*"), da infolge Fehlens von Ionenkräften keine Veranlassung zur Zusammenlagerung der Einzelmoleküle zu Riesenverbänden besteht. Allerdings können einzelne Moleküle als solche aus sehr vielen bis überaus vielen Atomen bestehen und sind dann *sehr groß bis riesengroß*. Als Beispiele derartiger „*hochmolekularer Atomverbindungen*" sind hier der später noch zu besprechende „Diamant" C_x (S. 837) und der „Quarz" $(SiO_2)_x$ (S. 911) erwähnt. Sie zählen zusammen mit den aus Kationen und Anionen zusammengesetzten „Salzen" (S. 119) und den aus Kationen und Elektronen zusammengesetzten „Metallen" (S. 145) zur Klasse der „*Festkörper*" (vgl. S. 1294).

Charakterisierung der Molekülverbindungen. Thermisches Verhalten. *Niedermolekulare* Atomverbindungen sind zum Unterschied von den schwerflüchtigen Salzen meist *flüchtige Stoffe* (niedrige Schmelz- und Siedepunkte), womit eine auf S. 117 gestellte Frage nach der unterschiedlichen Flüchtigkeit von HCl und NaCl ihre Beantwortung gefunden hat. Allerdings kann die Flüchtigkeit durch *Assoziation der Moleküle infolge Dipolwirkung* (S. 143) herabgesetzt werden. Auch sind natürlich alle *hochmolekularen* Atomverbindungen wie Diamant oder Quarz *schwerflüchtig*.

Löslichkeit, mechanisches Verhalten. Bestehen Moleküle eines Stoffes aus nicht allzu vielen Atomen, so *lösen* sich die betreffenden Verbindungen in der Regel in *organischen* und vielen *anorganischen Medien*. Darüber hinaus sind sie nur von *geringer Härte*, da sich die Moleküle bei *mechanischer* Beanspruchung der Verbindungen im allgemeinen leicht gegeneinander *verschieben* lassen. Mit wachsender Molekülgröße nimmt naturgemäß die Löslichkeit der Verbindungen ab und die Härte der Stoffe zu, so daß etwa „Diamant" in allen gebräuchlichen Medien völlig unlöslich ist und zugleich an Härte von keinem anderen Stoff übertroffen wird (vgl. S. 921).

Elektrisches Verhalten. Der Aufbau aus Atomen statt aus Ionen bedingt, daß kovalente Stoffe wie HCl oder NH_3 zum Unterschied vom heterovalenten NaCl in reinem Zustand *keine elektrische Leitfähigkeit* zeigen, also **Nichtleiter** sind, womit sich eine weitere auf S. 117 gestellte diesbezügliche Frage beantwortet. Daß sie in wässeriger Lösung zum Teil (z. B. HCl) den elektrischen Strom leiten, beruht auf der Bildung von Ionen durch Reaktion mit dem Lösungsmittel (vgl. elektrolytische Dissoziation, S. 230).

Optisches Verhalten. Ähnlich wie die Ionenverbindungen sind auch die Atomverbindungen vielfach *lichtdurchlässig* und *farblos*. Farbe weisen sie nur dann auf, wenn sie spezielle Atomgruppierungen (z. B. die Azogruppe, vgl. S. 166f) enthalten, deren Elektronen mit *sichtbarem Licht* angeregt werden können.

Die Atomwertigkeit

Die Zahl der von einem Atom ausgehenden Atombindungen, seine „*Wertigkeit*" (**„Bindungszahl"**; **„Bindigkeit"**; **„Atomwertigkeit"**), hängt wie bei der Ionenbindung von der Zahl seiner Außenelektronen ab. Vereinigen wir z. B. Chlor mit Sauerstoff, so muß letzterer, da seinen Atomen zwei Elektronen zur Achterschale fehlen, zwei Elektronenpaare mit zwei Chloratomen teilen, um zur Neonschale zu kommen:

$$:\underset{\cdot\cdot}{\overset{\cdot\cdot}{Cl}}\cdot + \cdot\underset{\cdot\cdot}{\overset{\cdot\cdot}{O}}\cdot + \cdot\underset{\cdot\cdot}{\overset{\cdot\cdot}{Cl}}: \rightarrow :\underset{\cdot\cdot}{\overset{\cdot\cdot}{Cl}}:\underset{\cdot\cdot}{\overset{\cdot\cdot}{O}}:\underset{\cdot\cdot}{\overset{\cdot\cdot}{Cl}}:$$

Sauerstoff ist daher zum Unterschied von „*einwertigem*" („*einbindigem*") Chlor „*zweiwertig*" („*zweibindig*"). Dementsprechend sind auch die beiden Sauerstoffatome eines Sauerstoffmoleküls zum Unterschied von den Chloratomen des Chlormoleküls nicht durch eine „*einfache Bindung*“ (ein gemeinsames Elektronenpaar), sondern durch eine „*Doppelbindung*“ (zwei gemeinsame Elektronenpaare) miteinander verknüpft[18]:

$$\underset{\cdot\cdot}{\ddot{\mathrm{O}}}\!: + :\!\underset{\cdot\cdot}{\ddot{\mathrm{O}}} \rightarrow \underset{\cdot\cdot}{\ddot{\mathrm{O}}}\!::\!\underset{\cdot\cdot}{\ddot{\mathrm{O}}}$$

Beim Stickstoffmolekül muß die Verknüpfung der beiden Stickstoffatome sogar durch eine „*Dreifachbindung*“ erfolgen, da nur auf diesem Wege Achterschalen für die Stickstoffatome zu erzielen sind:

$$:\mathrm{N}:\cdot + \cdot:\mathrm{N}: \rightarrow :\mathrm{N}:::\mathrm{N}:$$

Ganz allgemein folgt die Bindungszahl eines kovalent gebundenen Atoms (außer Wasserstoff) der IV.–VIII. Hauptgruppe in einer Verbindung erster Ordnung aus der Differenz $8 - N$ der Außenelektronenzahl N des betreffenden Atoms von der Zahl acht („$(8 - N)$-*Regel*“). Im Falle von Chlor, Sauerstoff, Stickstoff bzw. Kohlenstoff mit 7, 6, 5 bzw. 4 Außenelektronen berechnet sich somit eine Bindigkeit von 1, 2, 3 bzw. 4.

Damit ergeben sich die Formeln der kovalenten Verbindungen der Hauptgruppenelemente wie die der heteropolaren aus der Stellung der Elemente im Periodensystem (vgl. hierzu auch das weiter unten über die Doppelbindungsregel Gesagte), und es ist damit u.a. die auf S. 117 gestellte Frage beantwortet, warum Chlor, Sauerstoff und Stickstoff zum Unterschied von den monoatomaren Edelgasen diatomar aufgebaut sind.

In ganz analoger Weise wie oben treten die Atome Chlor, Sauerstoff und Stickstoff auch gegenüber dem die Heliumschale erstrebenden Wasserstoff ein- oder zwei- oder dreiwertig auf, während sich das Kohlenstoffatom mit seinen vier Außenelektronen sowohl gegenüber Wasserstoff (als auch gegenüber anderen Elementen) als vierwertig erweist:

$$\mathrm{H}:\underset{\cdot\cdot}{\ddot{\mathrm{Cl}}}: \qquad \mathrm{H}:\underset{\cdot\cdot}{\ddot{\mathrm{O}}}:\mathrm{H} \qquad \begin{matrix}\mathrm{H}\\ \mathrm{H}:\underset{\cdot\cdot}{\ddot{\mathrm{N}}}:\mathrm{H}\end{matrix} \qquad \begin{matrix}\mathrm{H}\\ \mathrm{H}:\underset{\cdot\cdot}{\ddot{\mathrm{C}}}:\mathrm{H}\\ \mathrm{H}\end{matrix}$$

Ammoniak kann also im Sinne der auf S. 117 gestellten Frage nur die Zusammensetzung NH_3 und nicht etwa die Formel NH_2 oder NH_4 haben. Letztere Zusammensetzungen sind nur in Form des Anions NH_2^- und Kations NH_4^+ möglich, die wie NH_3 Edelgaselektronenkonfigurationen besitzen:

$$\left[\mathrm{H}:\underset{\cdot\cdot}{\ddot{\mathrm{N}}}:\mathrm{H}\right]^- \qquad \left[\begin{matrix}\mathrm{H}\\ \mathrm{H}:\underset{\cdot\cdot}{\ddot{\mathrm{N}}}:\mathrm{H}\\ \mathrm{H}\end{matrix}\right]^+$$

und mit H_2O bzw. CH_4 „*isoelektronisch*“ sind (bezüglich isoelektronischer Moleküle s. weiter unten).

Formeln. Der Chemiker vereinfacht die bisher genutzten „*Elektronenformeln*“ homöopolarer Verbindungen meist dadurch, daß er jedes gemeinsame („*anteilige*“, „*bindende*“) Elektronenpaar, also jede Atombindung durch einen vom betrachteten Atom ausgehenden Valenzstrich kennzeichnet (a) („*Valenzstrichformeln*“). Vielfach ist es dabei zweckmäßig, auch die unbeanspruchten („*freien*“, „*einsamen*“, „*nicht bindenden*“) Elektronenpaare durch Punkte (b) oder durch – quergerichtete – Striche wiederzugeben (c). Für die gewöhnliche Beziehung

[18] Die Elektronenformel von O_2 ist oben vereinfacht dargestellt und gilt nur für eine angeregte Form des Sauerstoffs („*Singulett-Sauerstoff*“, s. dort). Im normalen Sauerstoff („*Triplett-Sauerstoff*“, s. dort) entspricht die Bindungsstärke zwar einer Doppelbindung, doch ist er paramagnetisch, was für die Anwesenheit ungepaarter Elektronen spricht (vgl. S. 350 und Kapitel über Sauerstoff).

von Verbindungen genügt allerdings auch hier wie bei den heteropolaren Verbindungen die bloße Aneinanderreihung der Elementsymbole (d):

(a)	(b)	(c)	(d)
Cl—Cl	:C̈l—C̈l:	$|\overline{\underline{\mathrm{Cl}}}-\overline{\underline{\mathrm{Cl}}}|$	Cl_2
H—O—H	H—Ö—H (mit freiem Elektronenpaar unten)	$\mathrm{H}-\overline{\underline{\mathrm{O}}}-\mathrm{H}$	H_2O
H—N(—H)—H	H—N(—H)—H (mit freiem Elektronenpaar unten)	$\mathrm{H}-\underline{\mathrm{N}}(-\mathrm{H})-\mathrm{H}$	NH_3
O=O	Ö=Ö (mit freien Elektronenpaaren unten)	$\overline{\underline{\mathrm{O}}}=\overline{\underline{\mathrm{O}}}$ [18]	O_2
N≡N	:N≡N:	|N≡N|	N_2

Einfachbindungen werden auch als „*σ-Bindungen*", die zugehörigen Bindungselektronenpaare als „*σ-Elektronenpaare*" bezeichnet. Im Falle von Mehrfachbindungen bezeichnet man die über die Einfachbindung (σ-Bindung) hinaus vorhandenen Bindungen als „*π-Bindungen*", so daß etwa die Dreifachbindung des Stickstoffs N≡N aus einer σ- und zwei π-Bindungen besteht und mithin neben einem σ-Elektronenpaar zwei „*π-Elektronenpaare*" aufweist (vgl. S. 348f). Die freien Elektronenpaare werden „n-*Elektronenpaare*" genannt.

Formale Ladungszahl. Ein sehr nützlicher Begriff bei der Bildung von Molekülen aus Atomen ist die sogenannte „*formale Ladungszahl*". Man erhält diese (rein fiktive) Zahl, wenn man die zu einem gebundenen Atom gehörenden Elektronen zusammenzählt – wobei gemeinsame Elektronenpaare halb zum einen und halb zum anderen Atom zu rechnen sind (Verfahren der „*Homolyse*"[19] einer Bindung) – und die so erhaltene Elektronenzahl mit der Zahl der Außenelektronen des neutralen freien Atoms vergleicht. So tragen etwa die Atome des Stickstoffmoleküls N_2 keine formalen Ladungen (auf jedes N-Atom entfallen wie im freien Zustand 5 Elektronen), während im Kohlenoxidmolekül CO am Kohlenstoff eine negative, am Sauerstoff eine positive Formalladung anzunehmen ist (sowohl auf das C- wie auf das O-Atom entfallen 5 Elektronen, entsprechend 1 Elektron mehr bzw. weniger als im freien Zustand):

:N≡N: $:\overset{\ominus}{\mathrm{C}}\equiv\overset{\oplus}{\mathrm{O}}:$

Nach einer Regel, die 1920 von I. Langmuir ausgesprochen und 1948 von L. Pauling weiterentwickelt wurde (**„Elektroneutralitätsregel"**), erstreben die Atome in Molekülen möglichst kleine formale Ladungszahlen (nicht mehr als +1 bzw. −1). Beim Kohlendioxid CO_2 ist mithin von den beiden möglichen Valenzstrichformeln

Ö=C=Ö (mit freien Elektronenpaaren unten)   und $:\overset{\ominus}{\ddot{\mathrm{O}}}-\mathrm{C}\equiv\overset{\oplus}{\mathrm{O}}:$ (mit freiem Elektronenpaar unten am ersten O)

die erstere bei weitem bevorzugt (vgl. unten, Mesomerie).

---

19 „*Homolyse*" = Zerlegung in gleiche Teile: homoios (griech.) = gleichartig und lysis (griech.) = Trennung. Beim Verfahren der „*Heterolyse*" einer Bindung, bei dem die gemeinsamen Elektronen ganz zu dem elektronegativeren Atom gezählt werden – heteros (griech.) = andersartig –, erhält man eine andere (ebenfalls fiktive) Zahl: die „*Oxidationsstufe*" (vgl. S. 214).

Isosterie. Nach der Elektronenformel ist das Kohlenoxid CO mit dem Stickstoff N_2 isoelektronisch, wobei man unter **isoelektronischen (isosteren)** Molekülen nach Langmuir (1919) analog gebaute Moleküle mit *gleicher Atom- und Außenelektronenzahl* (Isosterie im weiteren Sinne) bzw. mit *gleicher Atom- und Gesamtelektronenzahl* (Isosterie im engeren Sinne) versteht. Isoelektronische Verbindungen zeichnen sich, falls die Kernladungssummen übereinstimmen, vielfach durch eine auffallende *Ähnlichkeit in den physikalischen Eigenschaften* aus, wie Tab. 17 am Beispiel der Verbindungspaare :C≡O:/:N≡N: und Ö=C=Ö/N̈=N=Ö zeigt. In analoger Weise beobachtet man *Ähnlichkeit in den chemischen Eigenschaften*. Unterscheiden sich die Kernladungssummen der isoelektronischen Moleküle voneinander, d.h. tragen die Moleküle als Ganzes verschiedene Ladungen wie z.B. Stickstoff :N≡N:, Cyanid :C≡N:$^-$, Acetylid :C≡C:$^{2-}$ oder Kohlenstoffdioxid Ö=C=Ö, Azid N̈=N=N̈$^-$, so sind sie physikalisch naturgemäß weniger vergleichbar, während nach wie vor vielseitige chemische Analogien zu beobachten sind. (Vgl. hierzu auch „*isolobale*" Moleküle, S. 1246.)

Tab. 17 Physikalische Eigenschaften der isoelektronischen Moleküle CO und N_2 sowie CO_2 und N_2O

	CO	**N_2**	**CO_2**	**N_2O**
Schmelzpunkt [K]	68	63	217	182
Siedepunkt [K]	82	77	195	184
Kritische Temperatur [K]	133	126	305	310
Kritischer Druck [bar]	35	34	73	72
Flüssigkeitsdichte [g/cm³]	0.793	0.796	1.031	0.996
Löslichkeit in Wasser bei 0°C (l Gas/l H_2O)	0.033	0.023	1.710	1.305

Der Bindungsgrad und die Bindungslänge (Atomradien)

Wie aus der Elektronentheorie der Valenz abgeleitet wurde, enthält das „Chlor" Cl_2 eine Einfach-, der „Sauerstoff" O_2 eine Doppel- und der „Stickstoff" N_2 eine Dreifachbindung. Man spricht hier auch von einem **„Bindungsgrad"** (einer **„Bindungsordnung"**) 1 in Cl_2, 2 in O_2 und 3 in N_2. Diese vom Cl_2 zum N_2 hin wachsende Bindungsordnung und damit auch Bindungsfestigkeit drückt sich beispielsweise in der in gleicher Richtung zunehmend aufzuwendenden Dissoziationsenergie zur Spaltung der Moleküle in die Atome aus, womit die diesbezügliche Frage auf S. 117 beantwortet wäre:

:C̈l—C̈l: +244 kJ/mol; Ö=Ö +499 kJ/mol; :N≡N: +946 kJ/mol.

Doppel- und Dreifachbindungen kommen in Verbindungen erster Ordnung bevorzugt bei Elementen der ersten Achterperiode vor (**„Doppelbindungsregel"**)[20]. So besitzt z.B. der Phosphor (zweite Achterperiode) im Gegensatz zum homologen Stickstoff (a) nicht die Molekularformel P_2, da diese eine Dreifachbindung voraussetzt: :P≡P:. Er weicht vielmehr der Ausbildung einer solchen Mehrfachbindung aus, indem er entweder ein Molekül P_4 („*weißer Phosphor*") bildet, den kleinsten Molekülverband, zu welchem sich dreiwertige Phosphoratome ohne Ausbildung von Mehrfachbindungen zusammenschließen können (b) oder indem er ein wabenförmiges, hochmolekulares Molekül P_x (c) aufbaut („*schwarzer Phosphor*"), in welchem das gleiche Ziel einer mehrfachbindungsfreien Dreiwertigkeit erreicht wird:

[20] In der zweiten Achterperiode bildet der Schwefel noch am leichtesten Doppelbindungen. Weniger ausgeprägt ist die Tendenz des Phosphors, noch weniger die des Siliciums zur Ausbildung von Mehfachbindungen. Die Begründung hierfür werden wir später kennenlernen (S. 886).

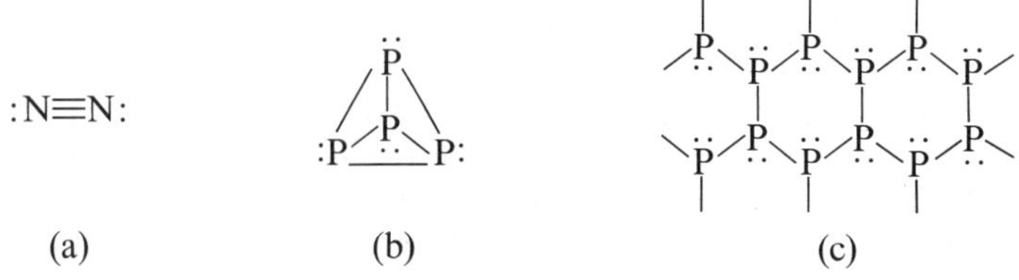

(a) (b) (c)

In analoger Weise vermeidet der Schwefel die Doppelbindung des homologen Sauerstoffs (d), indem sich seine Atome nicht zu S_2-Molekülen S=S, sondern zu Ringen S_n (e) („*Cycloschwefel*“; n z. B. = 6, 7 oder 8) oder zu hochmolekularen Ketten S_x (f) („*Catenaschwefel*“) zusammenschließen:

$$\ddot{O}=\ddot{O} \qquad \text{(d)}$$

$$\begin{matrix} :\ddot{S}-\ddot{S}-\ddot{S}: \\ | \qquad\quad | \\ :\ddot{S}: \quad :\ddot{S}: \\ | \qquad\quad | \\ :\ddot{S}-\ddot{S}-\ddot{S}: \end{matrix} \qquad \text{(e)}$$

$$\diagdown\ddot{S}\diagup\ddot{S}\diagdown\ddot{S}\diagup\ddot{S}\diagdown\ddot{S}\diagup\ddot{S}\diagdown \qquad \text{(f)}$$

Dem monomolekularen Kohlendioxid O=C=O entspricht aus den gleichen Gründen das homologe, hochmolekulare Siliciumdioxid $(SiO_2)_x$, dem monomeren Distickstofftrioxid O=N—O—N=O das homologe, dimere Tetraphosphorhexaoxid $(P_2O_3)_2 = P_4O_6$, dem monomolekularen Nitrat-Ion NO_3^- das homologe, hochmolekulare Metaphosphat-Ion $(PO_3^-)_x$ usw. Diese Scheu der Elemente höherer Elementperioden vor der Ausbildung von Mehrfachbindungen bestimmt maßgeblich die chemischen Unterschiede zwischen den Elementen der ersten Achterperiode und ihren höheren Homologen, wie später ausführlich am Beispiel der Sauerstoff/Schwefel- (S. 552), Stickstoff/Phosphor- (S. 734), Kohlenstoff/Silicium- (S. 882) und Bor/Aluminium-Chemie (S. 1068) gezeigt werden wird. Sie beantwortet zugleich die auf S. 117 gestellte Frage nach dem Grund der unterschiedlichen Molekülgröße von Sauerstoff/Schwefel, Stickstoff/Phosphor und Kohlendioxid/Siliciumdioxid.

Mesomerie (Resonanz). Elektronenformeln wie $\ddot{O}=\ddot{O}-\ddot{O}:$ für das Ozonmolekül O_3 oder $[\ddot{O}=\ddot{N}-\ddot{O}:]^-$ für das isoelektronische Nitrit-Ion NO_2^- dürfen nicht dazu verleiten anzunehmen, daß das eine endständige O-Atom doppelt, das andere dagegen einfach an das Zentralatom gebunden sei. Vielmehr sucht jedes der beiden O-Atome in gleichem Maße an den Bindungselektronen zu partizipieren, so daß der wahre Bindungszustand des Moleküls einem Zwischenzustand entspricht, der sich im Formelbild („*Mesomerieformel*“) durch Angabe der möglichen „*Alloktett*“-Formeln („*Grenzformeln*“) wiedergeben läßt:

$$\left[\ddot{O}=\ddot{O}-\ddot{O}: \leftrightarrow :\ddot{O}-\ddot{O}=\ddot{O}\right] \qquad \left[\ddot{O}=\ddot{N}-\ddot{O}: \leftrightarrow :\ddot{O}-\ddot{N}=\ddot{O}\right]^-$$

(g) (h)

Dieser Zwischenzustand ist dabei nicht als stoffliche Mischung der – mehr als Hilfsmittel dienenden – Grenzstruktur-Moleküle, sondern als energetischer Mischzustand des betrachteten Teilchens aufzufassen („*delokalisierte*“[21] π-Elektronen). Die angegebenen Grenzformeln stehen dabei zueinander in der Beziehung einer **„Mesomerie“**[22] (in der angelsächsischen Literatur: **„Resonanz“**[22]), ausgedrückt durch das Symbol „↔“ („*Mesomeriepfeil*“, „*Reso-*

21 Unter lokalisierten Elektronen versteht man Elektronen, die sich vorzugsweise zwischen zwei Atomen aufhalten, also platzgebunden sind: locus (lat.) = Platz. Bei delokalisierten Elektronen ist dies nicht der Fall: de (lat.) = von ... weg.

22 Der Ausdruck „*Mesomerie*“ von mesos (griech.) = mittlerer und meros (griech.) = Teil deutet auf einen mittleren Zustand eines Teilchens. Der Ausdruck „*Resonanz*“ – von resonus (lat.) = mitschwingend – geht auf ein dabei verwendetes Rechenverfahren zurück und hat mit dem physikalischen Phänomen der Resonanz (etwa bei schwingenden Körpern) nichts zu tun.

nanzpfeil"). Das gesamte Resonanzsystem wird als „*Resonanzhybrid*" bezeichnet und in eckige Klammern gesetzt. Um das Resonanzhybrid in einen durch die Grenzformeln wiedergegebenen Elektronenzustand zu bringen, müßte man dem Molekül eine bestimmte Energiemenge („*Mesomerieenergie*", „*Resonanzenergie*") zuführen; umgekehrt wird diese Energiemenge beim Übergang der Grenzformeln in das Resonanzhybrid frei, was dessen erhöhte Beständigkeit erklärt (vgl. hierzu auch S. 364).

Für die Formulierung von Mesomerieformeln bei Verbindungen erster Ordnung ist insbesondere die Regel zu beachten, daß nur Grenzformeln mit Alloktett-Konfigurationen und möglichst kleinen Ladungszahlen der gebundenen Atome zu einer sinnvollen Beschreibung der Elektronenstruktur eines Moleküls führen. So erstrebt z. B. das Distickstoffoxid N_2O, in welchem die Stickstoffatome direkt miteinander verbunden sind, von den nach der Oktett-Theorie formal möglichen drei Formeln

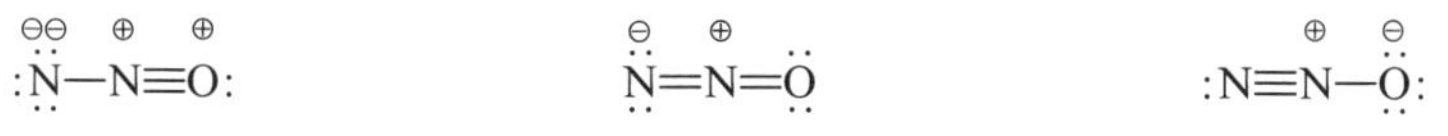

$$\overset{\ominus\ominus}{:\ddot{\underset{\cdot\cdot}{N}}}-\overset{\oplus}{N}\equiv\overset{\oplus}{O}: \qquad \overset{\ominus}{\ddot{\underset{\cdot\cdot}{N}}}=\overset{\oplus}{N}=\ddot{\underset{\cdot\cdot}{O}} \qquad :N\equiv\overset{\oplus}{N}-\overset{\ominus}{\ddot{\underset{\cdot\cdot}{O}}}:$$

(i) (k) (l)

einen Zwischenzustand zwischen den beiden letzten Grenzformeln (k) und (l), da die erste Formel (i) eine doppelt negative Formalladung am endständigen Stickstoffatom verlangt.

Tatsächlich sind die effektiven Ladungen der Molekülatome in N_2O kleiner, als die Formeln (k) und (l) zum Ausdruck bringen. Denn einerseits ist mit der Resonanz [k ↔ l] ein „*mesomerer Ladungsausgleich*" verbunden, andererseits erfolgt auch eine Verringerung der Atomladungen durch Verschiebung der bindenden Elektronenpaare zum positiven Molekülteil, beim N_2O also zum mittleren Stickstoffatom hin („*induktiver Ladungsausgleich*").

Der Bindungsgrad der OO-Bindung im Ozon-Molekül O_3 bzw. der NO-Bindung im Nitrit-Ion NO_2^- liegt gemäß (g) und (h) zwischen einer Einfach- und einer Doppelbindung. Zahlenmäßig ergibt er sich ganz allgemein als arithmetisches Mittel aller Bindungsordnungen einer gegebenen zweiatomigen Gruppe in den möglichen Grenzstrukturen, im Falle des Ozonmoleküls O_3 bzw. Nitrit-Ions NO_2^- also zu $(2+1)/2 = 1.5$ für jede der beiden OO- bzw. NO-Bindungen.

Atomradien. Da mit der Zunahme des Grades einer kovalenten Bindung eine Verkürzung des Schwerpunktsabstandes („*Bindungslänge*", „*Bindungsabstand*") der an der Bindung beteiligten Atome verbunden ist, kann der Mehrfachbindungscharakter aus den experimentell ermittelten Abständen einer Bindung abgeschätzt werden. Nun läßt sich die Bindungslänge d_{AB} zweier durch eine einfache, doppelte oder dreifache Kovalenz miteinander verbundener Atome A und B ihrerseits als Summe $d_{AB} = r_A + r_B$ von Einzelradien („*Kovalenzradien*") r der Atome A und B wiedergeben (vgl. Tab. 18)[22a]. So ergibt sich etwa aus einem Vergleich der für CO-Bindungen berechneten Abstände $d_{C-O} = 1.43$ Å, $d_{C=O} = 1.23$ Å und $d_{C\equiv O} = 1.10$ Å mit den experimentell gefundenen Werten d_{CO} für Methanol H_3COH (1.43 Å), Formaldehyd H_2CO (1.21 Å) und (festes) Kohlenmonoxid CO (1.06 Å), daß die Moleküle entsprechend den Elektronenformeln

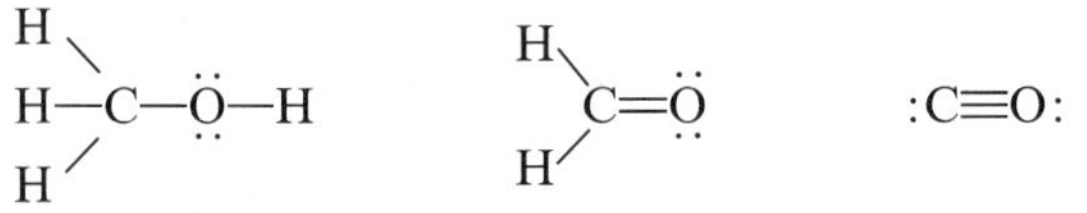

$$H_3C-\ddot{\underset{\cdot\cdot}{O}}-H \qquad H_2C=\ddot{\underset{\cdot\cdot}{O}} \qquad :C\equiv O:$$

im ersten Fall eine Einfach-, im zweiten eine Doppel- und im dritten eine Dreifachbindung enthalten. Weiterhin erkennt man z. B., daß in Übereinstimmung mit den weiter oben wiedergegebenen Elektronenformeln im Chlor eine Einfachbindung (ber. 1.98 Å; gef. 1.988 Å), im Sauerstoff eine Doppelbindung (ber. 1.12 Å; gef. 1.207 Å)[18] und im Stickstoff

[22a] **Literatur.** A. Haaland: „*Periodic Variation of Prototype El-C, El-H and El-Cl Bond Distances where El is a Main Group Element*", J. Molecular Struct. **97** (1983) 115–128; R. Blom, A. Haaland: „*A Modification of the Schomaker-Stevenson Rule for Prediction of Single Bond Distances*", J. Molecular Struct **128** (1985) 21–27.

eine Dreifachbindung vorliegt (ber. 1.10 Å; gef. 1.098 Å). Schließlich deutet der im Falle von Ozon O_3 bzw. Nitrit NO_2^- experimentell bestimmte Abstand d_{OO} = 1.278 bzw. d_{NO} = 1.236 Å darauf, daß die Moleküle entsprechend den Mesomerieformeln (g) bzw. (h) Bindungen zwischen einer Einfach- und einer Doppelbindung enthalten (ber. d_{O-O} = 1.32 Å; $d_{O=O}$ = 1.12 Å; d_{N-O} = 1.36 Å; $d_{N=O}$ = 1.16 Å).

Tab. 18 Kovalenzradien (Å) einiger Hauptgruppenelemente (für Bindungslängen vgl. Anh. V)

Einfachbindungsradien *r*:										
									H	0.37
	B	0.82[a)]	C	0.77	N	0.70[b)]	O	0.66[b)]	F	0.64[b)]
	Al	1.25	Si	1.17	P	1.10	S	1.04	Cl	0.99
	Ga	1.26	Ge	1.22	As	1.21	Se	1.17	Br	1.14
	In	1.44	Sn	1.40	Sb	1.41	Te	1.37	I	1.33
Doppelbindungsradien *r'*:										
($r' \approx r - 0.10$ Å)			C	0.67	N	0.60	O	0.56		
			Si	1.07	P	1.01	S	0.94		
Dreifachbindungsradien *r''*:										
($r'' \approx r - 0.15$ Å)			C	0.60	N	0.55	O	0.50		

a) Dreibindiges Bor. Für vierbindiges Bor ist $r > 0.82$ Å, für zweibindiges < 0.82 Å. – **b)** In der Literatur werden auch folgende Radien verwendet: N: 0.75, O: 0.73, F: 0.71.

Die aus den Kovalenzradien der Tab. 18 berechneten Bindungslängen stellen nur Näherungswerte dar, da die Bindungsabstände naturgemäß nicht nur von der Art der direkt verbundenen Atome, sondern – in geringerem Maße – auch von der Art der zusätzlich mit den betreffenden Atomen verbundenen *benachbarten Atomgruppen* abhängt. Auch die Verknüpfungsart dieser Atomgruppen mit den betreffenden Atomen beeinflußt deren Radius. So beträgt beispielsweise der Einfachbindungs-Kovalenzradius eines Kohlenstoffatoms 0.77 Å bzw. 0.73 Å bzw. 0.70 Å, je nachdem an das Kohlenstoffatom außer dem betrachteten Atom, dessen Abstand vom Kohlenstoff berechnet werden soll, noch weitere Atomgruppen einfach bzw. doppelt bzw. dreifach gebunden sind. Von Einfluß auf die Bindungslänge ist auch der *Elektronegativitätsunterschied* der Bindungspartner (vgl. Elektronegativitäten der Elemente, S. 143): ein wachsender Unterschied der Elektronegativitäten miteinander verbundener Atome A und B führt zu einer geringfügigen Verkürzung der Bindungslänge d_{AB}. Schließlich treten bei Abständen von Bindungen, an denen nur die kleinen Atome N, O und/oder F beteiligt sind, Anomalien wegen der verstärkten Abstoßungskräfte der *freien Elektronenpaare* auf, und zwar sind hierbei die experimentell gefundenen Bindungslängen stets größer als die nach Tab. 18 aus Kovalenzradien berechneten (z. B. $:\ddot{F}-\ddot{F}:$ gef. 1.43 Å; ber. 1.28 Å).

Die Molekülgestalt und der Bindungswinkel

Der *räumliche Bau* eines aus mehreren, kovalent verknüpften Atomen bestehenden *Moleküls* ist durch die *Bindungsabstände* (s. oben) sowie die *Bindungswinkel* festgelegt. Unter einem **„Bindungswinkel"** versteht man dabei den Winkel zwischen den Verbindungslinien eines Atoms zu jeweils zwei Bindungsnachbarn. Seine Größe läßt sich im Falle kovalenter Moleküle mittels des anschaulichen *Modells* der *„elektrostatischen Valenzelektronenpaar-Abstoßung"* (*„**V**alence **s**hell **e**lectron **p**air **r**epulsion"*; **„VSEPR"-Modell**) von R. J. Gillespie und R. S. Nyholm in einfacher Weise abschätzen. Dieses Modell basiert u. a. auf folgenden Regeln (*„Regeln von Gillespie und Nyholm"*; Näheres vgl. S. 315):

1. Bindende σ- und freie n-*Elektronenpaare* eines Moleküls ZL_n (Z = Zentralatom, L = Ligand[23)]) ordnen sich aufgrund ihrer Abstoßungskräfte so um das Zentralatom an, daß sie den *größtmöglichen Abstand* voneinander besitzen (π-Bindungselektronenpaare bleiben bei der Ableitung der Molekülgestalt zunächst unberücksichtigt).

[23] ligare (lat.) = binden; substituere (lat.) = an die Stelle setzen; derivare (lat.) = ableiten.

2. Die *Abstoßungskräfte* der *bindenden* Elektronen sind *kleiner* als jene der *nichtbindenden* Elektronen.

Tetraedische Strukturen: Gemäß der Regel 1 werden sich die vier von einem Zentralatom Z ausgehenden σ-Elektronenpaarbindungen eines Moleküls ZL_4 nach den vier *Ecken eines Tetraeders*[24)] abstoßen, da sie dann die größtmögliche Entfernung voneinander aufweisen (Fig. 52). Dementsprechend bilden z. B. die 4 Wasserstoffatome des „Methans" CH_4 ein *regelmäßiges Tetraeder*, in dessen Mittelpunkt der Kohlenstoff sitzt, während das „Ammoniak" NH_3, bei dem eine der 4 Bindungen unbeansprucht ist, die Form einer flachen *dreiseitigen Pyramide* (Grundfläche: 3 Wasserstoffatome; Spitze: 1 Stickstoffatom) und das „Wasser" H_2O, das nur 2 Kovalenzen betätigt, die Form eines *gleichschenkligen Dreiecks* (Spitze: 1 Sauerstoffatom; Grundlinie: 2 Wasserstoffatome) besitzt (Fig. 52). Der Valenzwinkel LZL entspricht in allen drei Fällen angenähert dem Tetraederwinkel von 109.5° (s. unten). Analoges gilt für die vom CH_4, NH_3 und H_2O durch Austausch („*Substitution*")[23)] der Wasserstoffatome gegen andere Atome oder Atomgruppen („*Substituenten*") ableitbaren Abkömmlinge („*Derivate*")[23)] bzw. auch für die mit CH_4, $:NH_3$ und $H_2\ddot{\underset{..}{O}}$ isoelektronischen Verbindungen (z. B. BH_4^-, NH_4^+, $:CH_3^-$, $:OH_3^+$, $\ddot{\underset{..}{N}}H_2^-$, $\ddot{\underset{..}{F}}H_2^+$).

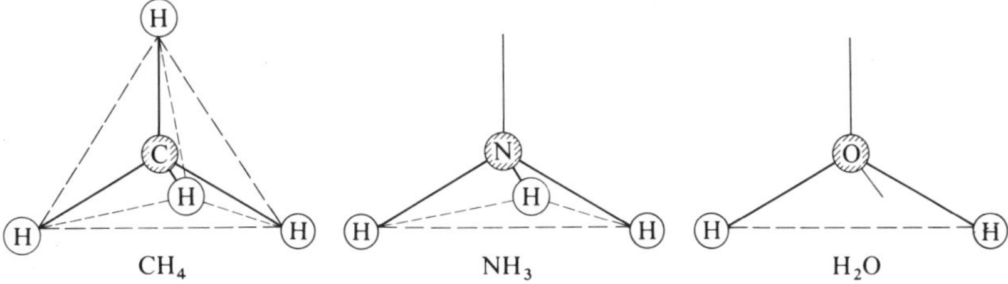

Fig. 52 Räumliche Atomanordnung im Methan-, Ammoniak- und Wassermolekül.

Da sich bei den kovalenten Molekülen die Bindungspartner wie im Falle der Salze (S. 120) soweit einander nähern, bis die Abstoßungskräfte ihrer Elektronenhüllen wirksam werden, lassen sich die Molekülbilder wahrheitsgetreuer durch **„Kalottenmodelle"** (Fig. 53) als durch Valenzmodelle der in Fig. 52 gezeigten Art wiedergeben. Bei den Atomkalotten wird jedes Atom durch eine Kugel vom Wirkungsradius r_W (*van-der-Waals-Radius*) dargestellt, von der an der Stelle, an der sich ein zweites Atom unter Ausbildung einer Atombindung bis auf den Atombindungsradius r_A nähern kann, eine „*Kalotte*" (= Kugelkappe) von der Höhe $r_W - r_A$ abgetrennt ist.

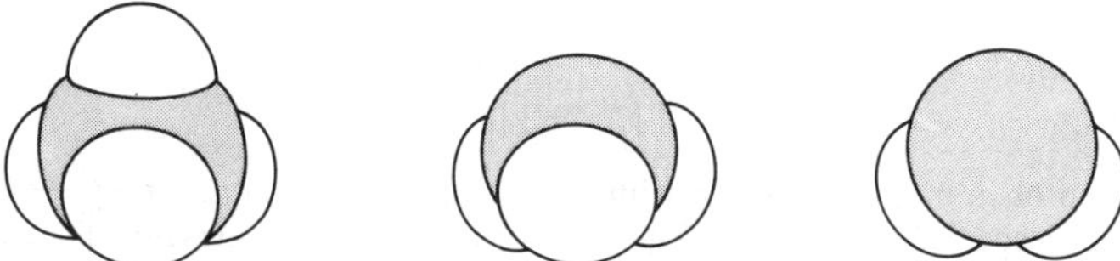

Fig. 53 Kalottenmodelle des Methan-, Ammoniak- und Wassermoleküls.

Tatsächlich ist der *reale Bindungswinkel* im Falle von Ammoniak und Wasser *kleiner* als der Tetraederwinkel (NH_3: 106.8°, H_2O: 104.5°). Dies ist darauf zurückzuführen, daß *freie* Elektronenpaare eines Moleküls *stärkere* Abstoßungskräfte ausüben als *bindende* (Regel 2), so daß die Abstoßungskraft von Elektronenpaaren in der Richtung frei/frei → frei/bindend → bindend/bindend abnimmt. Da die Zahl der *freien* Elektronenpaare in der Reihe der Wasserstoffverbindungen ZH_4, $:ZH_3$, $\ddot{\underset{..}{Z}}H_2$ (IV., V., VI. Hauptgruppe) von 0 bis 2 *anwächst*, nimmt dementsprechend der HZH-Bindungswinkel in einer waagrechten Elementperiode mit wachsender Atommasse des Zentralatoms der Wasserstoffverbindung ab.

24 Tetraeder = Vierflächner; von tetra (griech.) = vier und hedra (griech.) = Fläche.

Daß er auch innerhalb einer senkrechten Elementgruppe mit zunehmender Atommasse des Zentralatoms (V., VI. Hauptgruppe) abnimmt (z. B. NH_3: 106.8°, PH_3: 93.5°, AsH_3: 92.0°, SbH_3: 91.5°), wird dadurch bedingt, daß in dieser Richtung die Bindungslängen Z—H wachsen, so daß gleichgroße abstoßende Kräfte zwischen den Schwerpunkten der elektrischen Ladung zweier Z—H-Bindungen des ZH_n-Moleküls erst bei kleineren Bindungswinkeln HZH resultieren (Näheres S. 315f).

Trigonale Strukturen. *Drei* von einem Zentralatom Z ausgehende bindende σ-Elektronenpaare eines Moleküls ZL_3 stoßen sich nach den *Ecken eines gleichseitigen Dreiecks* ab. Daher besitzen Teilchen ZL_3 wie „Bortrichlorid" BCl_3 (m) oder „Carbonat" CO_3^{2-} (n) (kein freies Elektronenpaar) *trigonal-planare* Strukturen mit Bindungswinkeln von 120° und Teilchen $:ZL_2$ wie etwa „Ozon" O_3 (o) (ein freies Elektronenpaar) *gewinkelte* Strukturen mit Bindungswinkeln, die – aufgrund der größeren Abstoßungskraft freier gegenüber bindender Elektronenpaare (Regel 2) – etwas kleiner als 120° sind (im Falle von O_3: 116.8°; vgl. S. 316):

```
   Cl          ⎡   O             O             O   ⎤⁻     ⎡   ..              ..   ⎤
   |           ⎢   ‖             |             |   ⎥      ⎢   |               |    ⎥
   B           ⎢   C     ⟷      C      ⟷     C    ⎥      ⎢   O      ⟷       O    ⎥
  / \          ⎢  / \           // \          / \\  ⎥      ⎢  // \            / \\  ⎥
Cl   Cl        ⎣ O   O         O    O        O    O ⎦      ⎣ O    O          O    O ⎦
  (m)                         (n)                                    (o)
```

In analoger Weise enthält etwa „Ethylen" C_2H_4 (p) (kein freies Elektronenpaar) trigonal-planare Kohlenstoffatome und „*cis*"- oder „*trans*-Diimin" N_2H_2 (q, r) (ein freies Elektronenpaar) gewinkelt strukturierte Stickstoffatome:

```
 H       H          ..       H          ..       ..
  \     /             \     /             \     /
   C=C                 N=N                 N=N
  /     \             /     \             /     \
 H       H           H       ..          H       H
   (p)                  (q)                 (r)
```

Im Ethylen ist der gefundene HCH-Winkel mit 117.7° kleiner als 120° und der HCH-Winkel demgemäß größer als 120° (121.2°), weil die Abstoßungskraft einer Doppelbindung etwas größer als die einer Einfachbindung ist (vgl. S. 315). Da andererseits ein freies Elektronenpaar wiederum stärker abstoßend als eine Doppelbindung ist, weisen die Diiminmoleküle HNN-Winkel $< 120°$ auf.

Lineare Strukturen. *Zwei* von einem Zentralatom Z ausgehende σ-Elektronenpaare eines Moleküls ZL_2 stoßen sich gemäß Regel 1 des VSEPR-Modells unter Ausbildung einer *linearen Struktur* ab, da sie dann den größtmöglichen Abstand voneinander aufweisen. Dementsprechend besitzen Moleküle wie „Kohlendioxid" CO_2 (s), „Cyanat" NCO^- (t), „Fulminat" CNO^- (u) oder „Blausäure" HCN (v) eine *lineare* Gestalt (Bindungswinkel 180°):

O=C=O (s) N=C=O⁻ (t) C≡N—O⁻ (u) H—C≡N (v)

Sie unterscheiden sich damit von den oben besprochenen, gewinkelten Molekülen des Typs H—$\ddot{\text{O}}$—H oder O—$\ddot{\text{O}}$=O, womit zugleich eine diesbezügliche, auf S. 117 gestellte Frage nach den unterschiedlichen Strukturen von H_2O und CO_2 beantwortet ist.

Die Gestalten der oben erwähnten Doppelbindungsmoleküle lassen sich auch mittels eines *anderen Modells* ableiten, welches dem besprochenen VSEPR-Modell gleichwertig ist. Hiernach legt man auch im Falle mehrfach gebundener Atome Z in Molekülen ZL_n, deren geometrischer Bau bestimmt werden soll, der Betrachtungsweise alle vier, *nach den Ecken eines Tetraeders ausgerichteten* ($\sigma + \pi$) *Elektronenpaare* zugrunde. Sind nun zwei Atome wie die beiden C-Atome des Ethylenmoleküls $H_2C{=}CH_2$ oder Acetylenmoleküls HC≡CH durch eine Doppel- bzw. Dreifachbindung miteinander verknüpft, so kann man zur modellmäßigen Wiedergabe des Moleküls die Elektronentetraeder der an der Bindung beteiligten zwei C-Atome über eine *gemeinsame Kante* bzw. *Fläche* miteinander verknüpfen, so wie im Ethanmolekül $H_3C{-}CH_3$ (C—C-Einfachbindung) die beiden Kohlenstofftetraeder über eine *gemeinsame Ecke* miteinander verbunden sind. Dieses Verfahren führt in Übereinstimmung mit dem Experiment zu einer *räumlichen Struktur* von $H_3C{-}CH_3$, einer *planaren Gestalt* von $H_2C{=}CH_2$ und einem *linearen Aufbau* von HC≡CH. Ebenso ergibt sich für ein Molekül mit zwei benachbarten Doppelbindungen wie Kohlendioxid O=C=O (Verknüpfung des mittleren Tetraeders über je eine gemeinsame Kante mit zwei äußeren Tetraedern) in Übereinstimmung mit dem experimentellen Befund ein lineares Molekül.

Auf Grund der Vierwertigkeit des Kohlenstoffs (4 Außenelektronen) müßten in Fortführung der obigen Reihe die zwei Kohlenstoffatome eines Kohlenstoffmoleküls C_2 durch eine *Vierfach*bindung miteinander verknüpft sein: C≣C, um beide Atome in den Genuß von Achterschalen zu bringen. Da aber nach dem Tetraedermodell zwischen zwei Atomen nur *einfache* (gemeinsame Tetraeder*ecken*), *doppelte* (gemeinsame Tetraeder*kanten*) und *dreifache* Bindungen (gemeinsame Tetraeder*flächen*) möglich sind, ist das Molekül C_2 unter normalen Bedingungen nicht existenzfähig und weicht der Ausbildung von Vierfachbindungen durch Zusammenlagerung zu einer hochmolekularen kovalenten Verbindung C_x aus (s. dort), womit sich die auf S. 117 gestellte Frage nach der unterschiedlichen *Molekulargröße* von Kohlenstoff im Vergleich zu Stickstoff, Sauerstoff und Chlor beantwortet.

Isomere Strukturen. Die Formeln (t) und (u) bzw. die Formeln (q) und (r) symbolisieren jeweils zwei *isomere Formen* für Anionen der Zusammensetzung CNO bzw. Stickstoffwasserstoffe der Zusammensetzung N_2H_2. Auch im Falle anderer chemischer Verbindungen bestehen häufig Isomeriemöglichkeiten, wobei man unter *Isomerie* die Erscheinung versteht, daß zwei verschiedene Stoffe *dieselbe Summenformel und Molekülgröße* besitzen. Haben hierbei die Atome der formelgleichen Isomeren wie Cyanat (t) und Fulminat (u) nicht *überall dieselben Bindungspartner*, so spricht man von „*Konstitutionsisomerie*" („*Strukturisomerie*"). Weisen sie andererseits wie im Falle von *cis*-Diimin (q) und *trans*-Diimin (r) zwar überall dieselben Bindungspartner auf, sind aber *räumlich verschieden angeordnet*, so spricht man von „*Stereoisomerie*" („*Raumisomerie*"). Bezüglich weiterer Einzelheiten vgl. S. 322, 403, 1235.

Die Bindungsenergie

Allgemeines. Auf S. 84 haben wir die **„Bindungsenergie"** (genauer: **„Bindungsenthalpie"**) bereits als arithmetisches Mittel der Summe der ersten, zweiten, dritten ... bis *n*-ten Dissoziationsenergie eines Moleküls AB_n kennengelernt (A, B = Elementatome). Experimentell bestimmt man sie statt über Dissoziationsenergien einfacher aus den zur Zerlegung gasförmiger Moleküle AB_n in Atome A sowie *n* Atome B erforderlichen Energien (**„Atomisierungsenthalpien"** der Moleküle), die ihrerseits aus den Bildungsenthalpien der Verbindungen AB_n sowie den Atomisierungsenergien der Elemente A_x und B_y (vgl. Tab. 36 auf S. 264) zugänglich sind. Ein Beispiel – nämlich die Ermittlung der CH-Bindungsenergie des Methans – möge die Verfahrensweise verdeutlichen: „Methan" ist eine exotherme Verbindung ($\Delta H_f = -75$ kJ/mol). Die Spaltung der Verbindung in die Elemente, $CH_4 \rightarrow \frac{1}{x}C_x + 2H_2$, erfordert mithin einen Energiebetrag von 75 kJ/mol. Zur Atomisierung des gebildeten festen Kohlenstoffs (Graphit) sowie des molekularen Wasserstoffs müssen gemäß 717 kJ + $\frac{1}{x}C_x \rightarrow$ C bzw. 872 kJ + $2H_2 \rightarrow 4H$ weitere 717 + 872 = 1589 kJ/mol aufgewendet werden (Fig. 54, mittlere Spalte), so daß die Atomisierung von Methan unter Spaltung von 4CH-Bindungen, $CH_4 \rightarrow C + 4H$, insgesamt 75 + 1589 = 1664 kJ/mol erfordert. Ein Viertel dieses Betrags, 1664/4 = 416 kJ/mol, entspricht dann der molaren CH-Bindungsenergie des Methans.

Die gemäß 717 kJ + $\frac{1}{x}C_x \rightarrow$ C aus festem Kohlenstoff gebildeten Kohlenstoffatome entstehen im Grundzustand (Elektronenkonfiguration s^2p^2), in welchem zwei der vier Außenelektronen ein s-Orbital als Paar besetzen (vgl. Bau der Elektronenhülle). Nur die verbleibenden beiden ungepaarten, je ein p-Orbital besetzenden Elektronen stehen somit für eine Elektronenpaarbindung mit dem Wasserstoff zur Verfügung (Fig. 54, linke Spalte, unten). Die Verbindungsformel des einfachsten Kohlenwasserstoffs sollte dann CH_2 lauten. Um zur tatsächlich verwirklichten Formel CH_4 zu kommen, muß das Kohlenstoffatom unter Energiezufuhr von etwa 400 kJ/mol zunächst in jenen angeregten Zustand übergeführt werden, in welchem die 4 Außenelektronen einzeln das s- sowie die drei p-Orbitale besetzen (Elektronenkonfiguration: sp^3; Fig. 54, linke Spalte, Mitte). In diesem Zustand ist es jedoch, wie sich theoretisch begründen läßt, noch nicht bindungsbereit[25]. Es muß unter weiterer Energiezufuhr (ca. 314 kJ/mol) zunächst in einen real nicht erreichbaren, sondern nur errechenbaren, hypothetischen Zustand (**„Valenzzustand"** vgl. S. 345) gebracht werden, in welchem die im Atom wirksamen Kopplungen der vier Außen-

[25] Läge dem Kohlenstoffatom eine sp^3-Elektronenkonfiguration zugrunde, so wären sowohl s- als auch p-Elektronen des Kohlenstoffs an der Elektronenpaarbindung beteiligt, was zu unterschiedlichen CH-Bindungen in Methan führen müßte. Tatsächlich weist aber das CH_4-Molekül 4 gleichartige Bindungen auf.

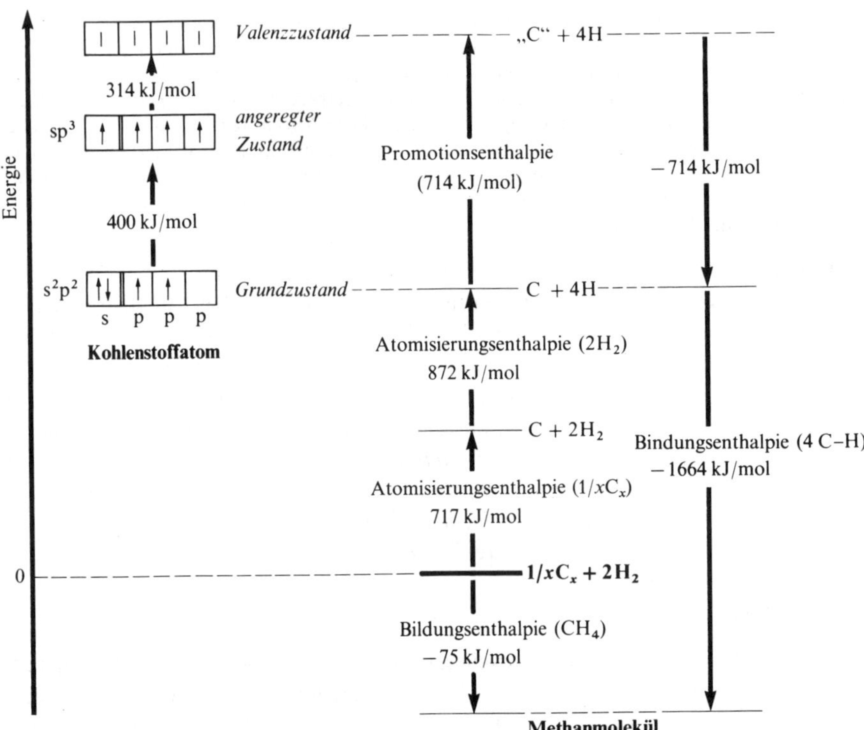

Fig. 54 Energetische Verhältnisse der CH_4-Bildung aus elementarem Kohlenstoff und Wasserstoff (nicht maßstabsgerecht).

elektronen aufgehoben sind (vgl. Fig. 54, linke Spalte, oben sowie Anm.[35] im Kap. V, S. 100). Nunmehr kann das Kohlenstoffatom mit 4 Wasserstoffatomen unter Energieabgabe zu CH_4 abreagieren. Der Energiegewinn ist dabei insgesamt so groß, daß er nicht nur die zur Überführung des Kohlenstoffatoms in den Valenzzustand aufzuwendende **„Promotionsenergie"** (genauer: **„Promotionsenthalpie"**)[26], sondern zusätzlich die für die Atomisierung von elementarem Kohlenstoff und Wasserstoff benötigte Energie um 75 kJ/mol übertrifft (Fig. 54, rechte Spalte). Während mithin CH_4 in exothermer Reaktion aus den Elementen entsteht, ist CH_2 (Methylen), wie sich theoretisch ableiten und experimentell auch bestätigen läßt, ein endothermes Molekül, womit die Disproportionierung von Methylen in Kohlenstoff und Methan $2CH_2 \rightarrow \frac{1}{x}C_x + CH_4$ unter Energieabgabe verläuft. Die Methan- ist also vor der Methylenbildung bevorzugt, und die Formel der einfachsten Wasserstoffverbindung des Kohlenstoffs lautet – wie aus der Elektronentheorie der Valenz schon gefolgert wurde – CH_4.

Anwendungen. In Tab. 19 sind einige nach der oben beschriebenen bzw. nach anderen[27] Methoden ermittelte Bindungsenergien (-enthalpien) wiedergegeben, die u.a. zur überschlagsmäßigen Berechnung von Bildungsenthalpien chemischer Verbindungen genutzt werden können. So ergibt sich z.B. die Enthalpie der Bildung von „Methylenchlorid" CH_2Cl_2 gemäß $\frac{1}{x}C_x + H_2 + Cl_2 \rightarrow CH_2Cl_2$ aus den aufzuwendenden Atomisierungsenthalpien der Elemente ($\frac{1}{x}C_x$: 717; H_2: 436; Cl_2: 242 kJ/mol), vermindert um die abgegebenen Energiebeträge für gebildete zwei CH- sowie zwei CCl-Einfachbindungen ($2 \times 416 = 832$ und $2 \times 327 = 654$ kJ/mol) zu $717 + 436 + 242 - 832 - 654 = -91$ kJ/mol (experimenteller Wert: -88 kJ/mol).

---

[26] promovere (lat.) = befördern.

[27] Zum Beispiel folgen AB-Bindungsenergien auch aus den Atomisierungsenergien von Molekülen des Typus H_xA-BH_y nach Abzug der Bindungsenergie für x HA- sowie y BH-Bindungen. So ergibt sich die NN-Einfachbindungsenergie aus der Atomisierungsenergie von Hydrazin H_2N-NH_2 (1723 kJ/mol), vermindert um den Energiebetrag von 4 NH-Bindungen ($4 \times 391 = 1564$ kJ/mol) zu 159 kJ/mol.

Tab. 19 Molare Bindungsenergien [kJ] bei 298 K.

Einfachbindungen:	B[a]	C	Si	N	P	O	S	F	Cl	Br	I
H	381	416	323	391	327	463	361	565	429	365	297
C	372	345[b]	306	305	264	358	289	489	327	272	214
Si	–	306	222	335	–	444	226	595	398	329	234
N	–	305	335	159	290	181	–	278	193	159	–
P	–	264	–	290	205	407	201	496	328	264	184
O	–	358	444	181	407	144	(285)	214	206	–	–
S	–	289	226	–	201	(285)	270[c]	368	272	(239)	(201)
F	646	489	595	278	496	214	368	158	255	238	–
Cl	444	327	398	193	328	206	272	255	243	217	209
Br	369	272	329	159	264	(239)	–	238	217	194	180
I	296	214	234	–	184	(201)	–	–	209	180	153

Doppelbindungen: C=C 615 C=N 616 C=O 729 C=S > 200 N=N 466 O=O 498
Dreifachbindungen: C≡C 811 C≡N 892 C≡O 1077 C≡S 762 N≡N 945

a) BB = 332 kJ/mol. – **b)** Durchschnittswert (z. B. $H_3C—CH_3$: 331 kJ/mol; C_x (Diamant): 358 kJ/mol). – **c)** Vgl. S. 548.

Bindungsenergien sind nur im Falle von zweiatomigen Molekülen identisch mit Dissoziationsenergien. Bei drei- und mehratomigen Molekülen sind Bindungs- und Dissoziationsenergien meist sehr unterschiedlich, z. B. beträgt im Falle von Hydrazin $H_2N—NH_2$ die NN-Bindungsenergie 159 kJ/mol, die NN-Dissoziationsenergie 251 kJ/mol.

Auch zur näherungsweisen Bestimmung von Mesomerieenergien (s. dort) eignen sich die Bildungsenergien. So berechnet sich die Bildungsenthalpie für das „Kohlendioxid", dessen Bindungszustand durch folgende Mesomerieformel

$$\left[\overset{\oplus}{:O}{\equiv}C{-}\overset{\ominus}{\ddot{O}}: \leftrightarrow \ddot{O}{=}C{=}\ddot{O} \leftrightarrow :\overset{\ominus}{\ddot{O}}{-}C{\equiv}\overset{\oplus}{O:}\right]$$

beschrieben werden kann (der ungeladenen Grenzformel kommt hierin das größte Gewicht zu), aus den Element-Atomisierungsenergien ($\frac{1}{x}C_x$: 717; O_2: 498 kJ) sowie CO-Doppelbindungsenergien (2 × 729 kJ) zu – 243 kJ/mol. Der experimentell gefundene Wert beträgt demgegenüber – 394 kJ/mol, womit sich die Resonanzenergie zu – 151 kJ/mol ergibt.

Schließlich können Bildungsenergien zur Lösung von Strukturfragen herangezogen werden. Beispielsweise ist für „Ozon" O_3 sowohl ein kettenförmiger (w) als auch ringförmiger Aufbau (x) denkbar:

$$\left[\ :\ddot{O}{-}\ddot{O}{=}\ddot{O}: \leftrightarrow \ddot{O}{=}\ddot{O}{-}\ddot{O}:\ \right] \qquad \text{(w)} \qquad\qquad :O:\ \text{Ring}\ :\ddot{O}{-}\ddot{O}: \qquad \text{(x)}$$

Wegen der großen Differenz zwischen der für ein Molekül der Struktur (x) mit drei OO-Einfachbindungen berechneten Bildungsenthalpie (+ 315 kJ/mol) und der experimentell für O_3 gefundenen (+ 143 kJ/mol) scheidet jedoch eine Ringstruktur für das Ozonmolekül aus.

Die AB-Bindungsenergien sollten sich jeweils nach Ersatz der Atome A oder B durch rechte Perioden- bzw. leichtere Gruppennachbarn erhöhen. Tatsächlich ist diese Regel in vielen Fällen nicht erfüllt, da die Erwartungswerte der Bindungsenergien durch zusätzliche Einflüsse verändert werden. So verstärkt sich eine Bindung mit zunehmender Elektronegativitätsdifferenz (vgl. Elektronegativitäten der Elemente S. 143) der an der Bindung beteiligten Atome. Dies führt z. B. dazu, daß die NO-Einfachbindungsenergie größer ist als das arithmetische Mittel der NN- und OO-Einfachbindungsenergie (vgl. Tab. 19). Andererseits sind Bindungen, die noch zu den Einfachbindungen gezählt werden, deren Bindungsgrad wie im Falle der BF-Bindung tatsächlich jedoch etwas größer als 1 ist (vgl. Mesomerie für BF_3), naturgemäß stärker als erwartet. Schließlich treten bei Energien von Bindungen, an denen die kleinen Atome N, O und/oder F beteiligt sind, Anomalien wegen der verstärkten Abstoßungskräfte der nichtbindenden Elektronenpaare auf: die experimentellen Bindungsenergien sind kleiner als erwartet (vgl. z.B. den Gang der CC-, NN-, OO-, FF- mit dem entsprechenden Gang der SiSi-, PP-, SS-, ClCl-Einfachbindungsenergien, Tab. 19).

Übergänge zwischen Ionenbindung und Atombindung. Dipolmoment und Elektronegativität

In einer Ionenverbindung $A^+ B^-$ kann das Kation A^+ infolge seiner positiven Ladung („*induktiver Effekt*" des kationischen Bindungspartners) die Elektronenhülle des Anions B^- zu sich herüberziehen („*Deformation*" der Elektronenhülle), so daß diese nicht mehr allein dem Anion, sondern teilweise auch dem Kation mit angehört. Es entsteht dann aus der *Ionenbindung* ein Übergangszustand (polarisierte Ionenbindung), der im Grenzfall in die *Atombindung* übergeht:

$[A]^+ [:B]^-$	$\rightarrow$	$[\overset{\delta+}{A} :\overset{\delta-}{B}]$	$\rightarrow$	$[A :B]$
Ionenbindung		polarisierte Ionenbindung polare Atombindung		Atombindung

Da bei gegebenem Anion die deformierende Wirkung des Kations um so stärker ist, je kleiner dessen Radius und je größer dessen positive Ladung ist, nimmt z. B. in der Reihe

NaCl	$MgCl_2$	$AlCl_3$	$SiCl_4$	PCl_3	SCl_2	ClCl
Ionenbindung						Atombindung

(A in AB variant, B konstant) von links nach rechts der Salzcharakter ab und der Molekülecharakter zu, so daß ganz links (Natriumchlorid) praktisch reine Ionen- und ganz rechts (Chlor) praktisch reine Atombindung vorliegt, während etwa das dazwischenliegende Aluminiumchlorid einen ausgesprochenen Übergangstyp zwischen Ionen- und Atombindung verkörpert und auch in seinen Eigenschaften eine Mittelstellung zwischen den Salzen (S. 118) und Atomverbindungen (S. 129) einnimmt.

Die Tatsache, daß das erste Element einer Hauptgruppe weniger dem zweiten Element der gleichen als dem zweiten Element der folgenden Hauptgruppe ähnelt, daß also z. B. die Lithiumverbindungen mehr den Magnesium- als den Natriumverbindungen (S. 1151), die Berylliumverbindungen mehr den Aluminium- als den Magnesiumverbindungen (S. 1108) und die Borverbindungen mehr den Silicium- als den Aluminiumverbindungen (S. 993) ähneln (**„Schrägbeziehung"** im Periodensystem):

```
Li    Be    B    C
  \     \    \
Na    Mg    Al    Si,
```

beruht mit auf dieser deformierenden Wirkung der Kationen, da in diesen Fällen die durch die Zunahme des Kationenradius ($Li^+ \rightarrow Na^+$; $Be^{2+} \rightarrow Mg^{2+}$; $B^{3+} \rightarrow Al^{3+}$) bedingte Verringerung der deformierenden Wirkung durch eine entsprechende Zunahme der Kationenladung ($Na^+ \rightarrow Mg^{2+}$; $Mg^{2+} \rightarrow Al^{3+}$; $Al^{3+} \rightarrow Si^{4+}$) wieder kompensiert wird.

Die Deformierbarkeit eines Anions B^- nimmt bei gegebenem Kation A^+ mit wachsender Größe des Radius und der negativen Ladung des Anions zu. Daher besitzen die Sulfide eines Metalls weniger Salzcharakter als seine Chloride und Oxide und die Iodide eines Metalls weniger Salzcharakter als seine Bromide. In analoger Weise besitzen – wegen der deformierenden Wirkung kleiner, hoch geladener Kationen (s.o.) – die Berylliumverbindungen weniger Salzcharakter als die entsprechenden Lithium- oder Natriumverbindungen und die Magnesiumverbindungen weniger Salzcharakter als die entsprechenden Natrium- oder Calciumverbindungen.

Der Übergang zwischen Ionen- und Atombindung läßt sich natürlich auch von der Seite der *Atombindung* her betrachten: In einer kovalenten Verbindung A–B ist das gemeinsame Elektronenpaar nur dann symmetrisch auf die beiden Bindungspartner verteilt, wenn A und B identisch sind. Sind aber A und B und damit auch deren Elektronegativitäten (s. u.) voneinander verschieden, so wird mit zunehmender Elektronegativitätsdifferenz das gemeinsame Elektronenpaar zunehmend stärker auf die Seite des Atoms B mit der größeren Elektronenanziehungskraft gezogen („*induktiver Effekt*" des anionischen Bindungspartners), wobei durch „*Polarisierung*" der Atombindung ein *Übergangszustand* (polare Atombindung) entsteht, der im Grenzfall in die *Ionenbindung* übergeht.

Zahlenmäßig wird der polare Charakter eines Moleküls AB durch das elektrische **„Dipolmoment"** μ[28)]

$$\mu = \delta \cdot l$$

zum Ausdruck gebracht (δ = Ladung; l = Abstand der Ladungsschwerpunkte). So besitzt z. B. der Chlorwasserstoff HCl ein Dipolmoment, weil das gemeinsame Elektronenpaar mehr dem Chlor als dem Wasserstoff angehört. Bei Ionenaufbau (H^+ $:\ddot{\underset{..}{Cl}}:^-$; *reine Ionenbindung*) müßte das Dipolmoment $(1.602 \times 10^{-19}) \times (1.275 \times 10^{-10}) = 20.43 \times 10^{-30}$ C · m = 6.12 „*Debye*"[29)] betragen, weil der Abstand der beiden Atomkerne im HCl-Molekül 1.275 Å = 1.275×10^{-10} m beträgt und jedem Ion eine elektrische Elementarladung von $\delta = e = 1.602 \times 10^{-19}$ Coulomb zukäme. In Wirklichkeit (H⟶$\ddot{\underset{..}{Cl}}$:; *polarisierte Ionenbindung, polare Atombindung*) sind aber die elektrischen Ladungen kleiner ($\delta+$ bzw. $\delta-$), da das gemeinsame Elektronenpaar dem Chloratom nicht völlig, sondern nur bevorzugt angehört. Dementsprechend beträgt das gefundene Dipolmoment nur 1.03 Debye. Selbst so typisch salzartige Verbindungen wie KCl, KBr oder CsCl weisen im *gasförmigen Zustand* noch einen *partiellen kovalenten* Charakter auf, wie man an den Dipolmomenten der gasförmigen monomeren Halogenide erkennt. Lägen in ihnen kugelsymmetrische Ionen in gemessenem Kernabstand l vor, so sollte das Dipolmoment $\mu = e \cdot l = 13$ bis 15 D betragen, während es tatsächlich kleiner ist und zwischen 8 und 10 D liegt.

Selbstverständlich kann man rückwärts aus der *Größe des gefundenen Dipolmoments* Rückschlüsse auf die Ladungsverteilung und damit den inneren Bau der Moleküle ziehen. Allerdings kommt das *Gesamtdipolmoment* eines Moleküls durch *Überlagerung der Teilmomente* der Bindungen und freien Elektronenpaare zustande, so daß es oft nicht ganz einfach ist, vom Dipolmoment auf die Bindungspolarität oder den Molekülbau zurückzuschließen. Bei Molekülen mit einem *Inversionszentrum* (vgl. S. 173) – z. B. einem aus zwei gleichartigen Atomen bestehenden Stoff wie H_2, I_2, N_2 – ist natürlich das *Dipolmoment gleich Null.*

In derselben Weise, in der sich entgegengesetzt geladene Ionen untereinander anziehen, können sich auch Ionen und Dipole sowie Dipole untereinander anziehen und auf diese Weise Molekülaggregate bilden. Die Kraft F, mit der dies geschieht, läßt sich für die verschiedenen Fälle durch die Gleichungen

	$F_{\text{Ion-Ion}} = \dfrac{e_1 \cdot e_2}{r^2}$	$F_{\text{Ion-Dipol}} = \dfrac{e_1 \cdot \mu_2}{r^3}$	$F_{\text{Dipol-Dipol}} = \dfrac{\mu_1 \cdot \mu_2}{r^4}$
Reichweite:	~ 500 Å	~ 15 Å	~ 5 Å

wiedergeben (e = Ladung des Ions: μ = Moment des Dipols: r = Abstand der sich anziehenden Ladungen). Man ersieht daraus, daß die „*Dipolkräfte*" bei gleichen Abständen r gemäß dem größenordnungsmäßigen Unterschied zwischen e und μ sehr viel kleiner als die „*Ionenkräfte*" sind und zudem mit wachsendem Abstand der Ladungen entsprechend der höheren Potenz von r sehr viel rascher abklingen als diese. Die Dipolkräfte („*van der Waalssche Kräfte*"; Bindungsenergie maximal 20 kJ/mol) bedingen u.a. die **Assoziation** vieler Substanzen im flüssigen Zustande (vgl. *van der Waalssche Radien*, Anhang IV).

Nützlich für die Beurteilung des polaren Charakters von Atomen in Molekülen ist die schon mehrmals erwähnte, von Linus Pauling im Jahre 1932 eingeführte **Elektronegativität**[30)], unter der man das Bestreben der Atome versteht, Bindungselektronen in Bindungen A–B an sich zu ziehen, so daß die Differenz $\chi_A - \chi_B$ der Elektronegativitäten χ von A und B den

---

[28] **Literatur.** M. Klessinger: „*Polarität kovalenter Bindungen*", Angew. Chemie **82** (1970) 534–547; Int. Ed. **9** (1970) 500; G.J. Moody and J.D.R. Thomas: „*Dipole Moments in Inorganic Chemistry*", Edward Arnold, London 1971.

[29] Man hat für 3.3356×10^{-30} C m des Dipolmoments die Bezeichnung „*Debye*" (D) eingeführt, weil die Entdeckung der permanenten molekularen elektrischen Dipole dem niederländischen Physiker Peter Debye (1884–1966) zu verdanken ist und weil alle Zahlenwerte des Dipolmoments in dieser Größenordnung liegen.

[30] **Literatur.** H.O. Pritchard, H.A. Skinner: „*The Concept of Electronegativity*", Chem. Rev. **55** (1955) 745–786; A.L. Allred: „*Electronegativity Values from Thermochemical Data*", J. Inorg. Nucl. Chem. **17** (1961) 215–221; J. Hinze: „*Elektronegativität der Valenzzustände*", Fortschr. Chem. Forsch. **9** (1968) 448–485.

ionischen Charakter der Bindung veranschaulicht[31]. „Elektronegativität" und „Elektronenaffinität" (s. dort) sind dementsprechend nicht identisch, da sich erstere auf „gebundene", letztere auf „freie" Atome bezieht.

In der Tab. 20 sind die häufig genutzten Allred-Rochow-Werte der Elektronegativitäten, die sich nicht viel von den Pauling-Werten unterscheiden, zusammengestellt. Wie aus der Tabelle hervorgeht, wächst die Elektronegativität der Hauptgruppenelemente innerhalb einer Elementperiode von links nach rechts (zunehmende effektive Kernladung Z) und innerhalb einer Elementgruppe – abgesehen von 5 Ausnahmen (Na → Li; Ga → Al; Ge → Si; As → P; Se → S) – von unten nach oben (abnehmender Atomradius r). Je größer die Differenz zwischen den Elektronegativitäten zweier miteinander verbundenen Atome ist, desto ausgeprägter ist der ionische Charakter der Bindung, wobei das Atom mit der kleineren Elektronegativität den positiveren, das mit der größeren Elektronegativität den negativeren Bindungspartner darstellt. So ist etwa der Wasserstoff im Aluminiumwasserstoff AlH_3 elektronegativ, im Chlorwasserstoff HCl elektropositiv. In analoger Weise kehren sich z. B. bei den Verbindungspaaren OF_2/OCl_2, NF_3/NCl_3 und NCl_3/PCl_3 die relativen Polaritäten der Bindungspartner um (OF_2, NF_3, PCl_3: Halogen elektronegativerer Partner; OCl_2, NCl_3: Halogen elektropositiverer Partner), was sich etwa bei der Hydrolyse bemerkbar macht (s. dort).

Tab. 20 Elektronegativitäten (nach Allred-Rochow) der Elemente (vgl. Tafeln III–V)[a)]

H	2.20					**Hauptgruppenelemente**								**He**	5.2
Li	0.97	**Be**	1.47	**B**	2.01	**C**	2.50	**N**	3.07	**O**	3.50	**F**	4.10	**Ne**	4.5
Na	1.01	**Mg**	1.23	**Al**	1.47	**Si**	1.74	**P**	2.06	**S**	2.44	**Cl**	2.83	**Ar**	3.2
K	0.91	**Ca**	1.04	**Ga**	1.82	**Ge**	2.02	**As**	2.20	**Se**	2.48	**Br**	2.74	**Kr**	2.9
Rb	0.89	**Sr**	0.99	**In**	1.49	**Sn**	1.72	**Sb**	1.82	**Te**	2.01	**I**	2.21	**Xe**	2.4
Cs	0.86	**Ba**	0.97	**Tl**	1.44	**Pb**	1.55	**Bi**	1.67	**Po**	1.76	**At**	1.96	**Rn**	2.1
Fr	0.86	**Ra**	0.97												

a) Die **Nebengruppenelemente** haben χ-Werte zwischen 1.00 und 1.75 (1. Übergangsperiode: 1.20–1.75; 2. Übergangsperiode: 1.11–1.46; 3. Übergangsperiode einschließlich **Lanthanoide**: 1.01–1.55; 4. Übergangsperiode einschließlich **Actinoide**: 1.00–1.22).

Man pflegt den polaren Zustand einer kovalenten Bindung häufig durch ihren **„partiellen Ionencharakter"** auszudrücken, welcher definitionsgemäß im Falle reiner Atombindung gleich 0%, im Falle reiner Ionenbindung gleich 100% ist und mit der Differenz der Elektronegativitäten näherungsweise wie folgt zusammenhängt:

---

31 **Geschichtliches.** Linus Pauling legte seinen Elektronegativitätswerten die Bindungsdissoziationsenergie D_{A-B} (in eV) zugrunde, indem er empirisch folgerte, daß die Differenz $\Delta D_{A-B} = D_{A-B} - D'_{A-B}$ zwischen der experimentell gefundenen Bindungsdissoziationsenergie D_{A-B} und der als arithmetisches Mittel (später geometrisches Mittel) der Bindungsdissoziationsenergien D_{A-A} und D_{B-B} berechneten (kleineren) Bindungsdissoziationsenergie $D'_{A-B} = (D_{A-A} + D_{B-B})/2$ (bzw. $D_{A-B} = \sqrt{D_{AA} \cdot D_{BB}}$) gemäß

$$\Delta D^{1/2}_{A-B} = k\,|\chi_A - \chi_B|$$

durch die (absolute) Elektronegativitätsdifferenz $|\chi_A - \chi_B|$ bedingt wird (Erschwerung der Dissoziation infolge der Polarität der Bindung). Da sich auf diese Weise nur Differenzen von Elektronegativitäten ermitteln lassen, mußte willkürlich ein *Referenzpunkt* festgelegt werden, wofür ursprünglich der Wert $\chi_H = 0$, dann, um negative χ-Werte zu vermeiden, der Wert $\chi_F = 4$ gewählt wurde.

Später (1958) haben dann A. L. Allred und E. G. Rochow als Maß für die Anziehungskraft eines Atomkerns auf die Elektronen einer Bindung die wirksame Coulomb-Kraft F eingeführt, die dem Wert Z/r^2 (Z = effektive Kernladung, vgl. dort; r = Atomradius) proportional ist, und haben dann durch Wahl passender Koeffizienten die so sich ergebenden Elektronegativitätswerte χ den Paulingschen Werten angepaßt. R. S. Mulliken (1934) verwendete zur Berechnung der χ-Werte die Ionisierungsenergien IE_V und die Elektronenaffinitäten EA_V der Valenzzustände (jeweils positive Werte in eV; vgl. S. 882):

Allred-Rochow: $\chi = 0.359\,Z/r^2 + 0.744$; Mulliken: $\chi = 0.168\,(IE_V + EA_V) - 0.207$.

$\lvert\chi_A - \chi_B\rvert$	= 0.0	0.4	0.8	1.2	1.6	2.0	2.4
Ionencharakter (%)	= 0	3	12	25	40	54	68.

Bei einer Elektronegativitätsdifferenz von etwa 2 (z. B. BF_3) handelt es sich hiernach um eine Atombindung mit etwa 50%igem Ionencharakter, bei kleineren Differenzen (z. B. NF_3) um vorwiegend kovalente, bei größeren (z. B. NaF) um vorwiegend elektrovalente Bindungen.

Ein großer Elektronegativitätsunterschied zweier kovalent miteinander verbundener Atome bedingt nicht notwendigerweise auch ein großes Dipolmoment. So beträgt das Dipolmoment des Kohlenoxids CO trotz der beachtlichen Differenz von 1.00 der Elektronegativitätswerte für Kohlenstoff (2.50) und Sauerstoff (3.50) nur 0.112 D. Der Grund hierfür folgt aus der Valenzstrichformel des Moleküls. $|\overset{-}{C}\equiv\overset{+}{O}|$, wonach dem weniger elektronegativen Verbindungspartner eine negative, dem elektronegativeren eine positive Formalladung zukommt. Hier bewirken die unterschiedlichen Atomelektronegativitäten deshalb umgekehrt eine Verringerung der Ladungen („induktiver Ladungsausgleich") durch Verschiebung der bindenden Elektronen zum elektronegativen Sauerstoff hin.

Bezüglich des Einflusses unterschiedlicher Elektronegativitäten von Atomen A und B in Molekülen AB_n auf die AB-Bindungslänge[31a], auf den AB-Bindungswinkel sowie auf die AB-Bindungsenergie vgl. S. 136, 141, 315.

1.1.3 Die Metallbindung

Bindungsmechanismus. *Kombiniert* man zwei im Periodensystem der Elemente *links stehende Atome*, etwa zwei Natriumatome, miteinander, so kann weder durch den Übergang eines Elektrons vom einen zum anderen Atom ($Na\cdot + \cdot Na \rightarrow [Na]^+ [:Na]^-$) noch durch gemeinsame Beanspruchung eines Elektronenpaares seitens beider Natriumatome ($Na\cdot + \cdot Na \rightarrow Na:Na$) eine stabile Achterschale für letztere geschaffen werden. Dies ist vielmehr nur dadurch möglich, daß *beide Atome ihr Außenelektron abgeben* und daß die so entstehenden *positiven Natrium-Ionen* (Pseudo-Neonatome) durch die *negativen Elektronen* zusammengehalten werden: schematisch:

$$Na\cdot + \cdot Na \rightarrow [Na]^+ \; [:]^{2-} \; [Na]^+.$$

Diese Art der Bindung wird **„Metallbindung"** genannt.[32] Wie bei der Ionenbindung (s. dort) liegen naturgemäß auch hier *keine gerichteten Kräfte* vor, so daß sich die Anziehung zwischen Elektronen und Metall-Ionen in **Metallen** nicht auf zwei Atome beschränkt, sondern – analog der Bildung eines „*Ionenkristalls*" bei den Salzen – zur Bildung eines „*Metallkristalls*" führt, in welchem Metallionen in ein Fluidum leichtverschiebbarer Elektronen eingebettet sind („*Elektronengas-Modell*"; vgl. S. 171 und 1310f).

Charakterisierung der Metalle. Thermisches Verhalten. Die Riesengröße der Metallkristalle bedingt ähnlich wie die der Salze und hochmolekularen Atomverbindungen die *Schwerflüchtigkeit* der Stoffe, wobei allerdings die Schmelz- und Siedepunkte infolge der unterschiedlichen Stärke der Metallbindungen (s. u.) innerhalb weiter Grenzen variieren können (die Schmelz-/Siedepunkte liegen zwischen −39 °C/357 °C (Hg) und 3410 °C/5700 °C (W)). Die *Verdampfung* der Metalle führt meist in hohem Ausmaß zur „Atomisierung". Charakteristisch für Metalle ist die hohe, auf das Elektronengas zurückzuführende *Wärmeleitfähigkeit* (letztere ist im Falle der Salze und Atomverbindungen vergleichsweise gering).

31a) Der Bindungsabstand r_{AB} in Molekülen AB_n errechnet sich nach der **Schomaker-Stevenson-Gleichung**

$$r_{AB} = r_A + r_B - c|\Delta EN| \quad (c \approx 0.09; \text{ vgl. Anh. V})$$

aus den Atomradien r_A und r_B und dem Elektronegativitätsunterschied ΔEN der Atome A und B (von Haaland wird die Anwendung der Beziehung

$$r_{AB} = r_A + r_B - 0.085|\Delta EN|^{1.4}$$

empfohlen).

32 Der Begriff Metall ist von metallon (griech.) = Bergwerk abgeleitet; ductus (lat.) = Zug.

Löslichkeit. Metalle sind in den typischen anorganischen und organischen Medien (physikalisch) *unlöslich*, während sie sich in *Metallschmelzen* meist *lösen* (vgl. Legierungen, S. 152).

Mechanisches Verhalten. Als Folge der Ioneneinbettung in ein Elektronenfluidum (s. o.) liegen die Positionen der Atome in Metallen weniger starr fest als die der Ionen in Salzen. Demgemäß sind die Metalle in der Regel elastisch verformbar und zeigen Dehnbarkeit („*Duktilität*")[32].

Elektrisches Verhalten. Die leichte Beweglichkeit des Elektronengases bedingt die *elektrische Leitfähigkeit* der Metalle, die bei steigenden Temperaturen infolge zunehmender Wärmebewegung des Metallatoms abnimmt („negativer Temperaturkoeffizient") und bei ausreichend tiefen Temperaturen häufig unendlich groß wird („*widerstandsfreie Stromleitung*", „*Supraleitung*", vgl. S. 1315). Die Stromleitung ist dabei mit *keiner Zersetzung des Leiters* verbunden, da beim Vorgang der elektrischen Leitung das Metallionengerüst erhalten bleibt und lediglich eine Wanderung der Elektronen (Abfluß zum positiven, Nachlieferung vom negativen Pol der Stromquelle) erfolgt. Leiter dieser Art nennt man „*Leiter 1. Klasse*" („*Leiter 1. Ordnung*"; **Elektronenleiter**[32a]; vgl. feste Ionenleiter (S. 119), deren Leitfähigkeit mit der Temperatur steigt).

Optisches Verhalten. Wegen der Aufnahmefähigkeit des metallischen Elektronengases für Lichtäquivalente innerhalb eines sehr weiten Bereichs sind Metalle *lichtundurchlässig*. Die durch Lichtabsorption angeregten Metallelektronen kehren allerdings sehr schnell unter Photonenabgabe in den Grundzustand zurück (vgl. S. 171). Dementsprechend wird Licht an einer glatten Metalloberfläche zum größten Teil reflektiert, was diesen Flächen den typischen *Metallglanz* verleiht (hohes Lichtabsorptions- und -reflexionsvermögen).

Die Metallwertigkeit, die Metallgitterenergie, die Metallatomradien

Die durch die Zahl der abgegebenen Valenzelektronen bedingte Ladung des Metall-Ions, die im allgemeinen der Gruppennummer des Metalls im Periodensystem entspricht, gibt die **„Metallwertigkeit"** wieder. So steuert z. B. das Natriumatom 1 Elektron, das Magnesiumatom 2, das Aluminiumatom 3 Elektronen zur Metallbindung bei. Parallel mit der Wertigkeitszunahme erhöht sich naturgemäß die **„Gitterenergie der Metallkristalle"**, worunter man die zur Überführung der elementaren Metalle M_x in Metallatome M aufzubringende Energie („*Atomisierungsenthalpie*" der Metalle, vgl. Tab. 36 auf S. 264 sowie Tafel III–V) versteht. Sie beträgt im Falle von Natrium 109, im Falle von Magnesium 147 und im Falle von Aluminium 327 kJ/mol. Mit der Erhöhung der Metallwertigkeit ist darüber hinaus eine überproportionale Verkürzung des Metallatom-Bindungsabstands verbunden (vgl. **„Metallatomradien"**, Tab. 21 sowie Anhang IV). So wurde der Radius für Natrium zu 1.91 Å (ber. für KZ = 12), für Magnesium zu 1.60 Å und für Aluminium zu 1.43 Å bestimmt.

Die *Atomisierungsenergien* von Metallen (Tab. 36) nehmen innerhalb der Langperioden (4., 5. bzw. 6. Periode) bis zur V. bzw. VI. Nebengruppe zu (z. B. 6. Periode: Cs 80, Ba 176, La 435, Hf 607, Ta 783, W 846 kJ/mol), so daß den Metallen der I.–II. Haupt- sowie III.–VI. Nebengruppe entsprechend ihrer Grup-

Tab. 21 Metallatomradien [Å] von Haupt- und Nebengruppenelementen (KZ = 12; vgl. Anhang IV)

Li 1.57	Be 1.11													
Na 1.91	Mg 1.60											Al 1.43		
K 2.35	Ca 1.97	Sc 1.61	Ti 1.45	V 1.35	Cr 1.29	Mn 1.37	Fe 1.26	Co 1.25	Ni 1.25	Cu 1.28	Zn 1.34	Ga 1.53		
Rb 2.50	Sr 2.15	Y 1.78	Zr 1.59	Nb 1.47	Mo 1.40	Tc 1.35	Ru 1.33	Rh 1.35	Pd 1.38	Ag 1.45	Cd 1.49	In 1.67	Sn 1.58	
Cs 2.72	Ba 2.24	La 1.87	Hf 1.56	Ta 1.47	W 1.41	Re 1.37	Os 1.34	Ir 1.36	Pt 1.37	Au 1.44	Hg 1.62	Tl 1.70	Pb 1.75	Bi 1.82

[32a] Die Elektronengeschwindigkeit ist in einem metallischen Leiter sehr klein und beträgt etwa für einen Cu-Draht von 1 mm² Querschnitt und einem Strom von 1 A weniger als 1/10 mm pro Sekunde (30 cm/h). Da sich allerdings bei Stromeinschaltung alle Leitungselektronen gleichzeitig in Bewegung setzen, ist die Stromwirkung auch an entfernten Stellen sofort zu beobachten.

pennummer offensichtlich die Wertigkeiten 1–6 zukommen. Parallel mit der Wertigkeitserhöhung der Metalle beobachtet man auch eine starke Abnahme der *Metallatomradien* (Tab. 21). Metalle ab der VI. Nebengruppe weisen dann vergleichbare bzw. kleinere Gitterenergien (vergleichbare bzw. größere Metallatomradien) auf als die Metalle der VI. Nebengruppe, was für Metallwertigkeiten von 6 bzw. < 6 spricht[33].

Die Strukturen der Metalle

Ähnlich wie im Falle der Ionenkristalle beobachtet man auch bei den Metallen häufig eine dichte Packung der Kristallbausteine, weil elektrostatische Anziehungskräfte entgegengesetzt geladener Teilchen (Kationen und Anionen in den Salzen bzw. (formal) Kationen und Elektronen in den Metallen) den Kristall zusammenhalten. Die aus „*kugelförmigen*" Metall-Atomen aufgebauten Metalle kristallisieren demgemäß bevorzugt in einer der „*dichtesten Kugelpackungen*" nämlich der hexagonal-dichtesten sowie der kubisch-dichtesten (kubisch-flächenzentrierten) Kugelpackung. Darüber hinaus kristallisieren sie häufig in der weniger dichten raumzentrierten Kugelpackung. Die erwähnten Packungen lassen sich wie folgt herleiten:

Hexagonal- und kubisch-dichteste Packung. Eine einzelne ebene Kugelschicht hat bei engster Kugelpackung das in Fig. 55a wiedergegebene Aussehen (*trigonale Anordnung* der Kugeln). Legt man auf diese Schicht eine zweite Schicht so auf, daß sich deren Kugeln in die Mulden von jeweils drei Kugeln der ersten Schicht einpassen, so erhält man die in Fig. 55b gezeigte Anordnung (dunkle Kugeln: untere Schicht; helle Kugeln: obere Schicht[34]). Die Kugeln einer dritten Schicht können nun entweder in die mit T′ oder die mit O bezeichneten freien Mulden der zweiten Schicht eingelegt werden. Im ersten Fall kommen die Kugeln der dritten Schicht senkrecht über die (gestrichelten) Kugeln der ersten zu liegen, so daß man bei analoger

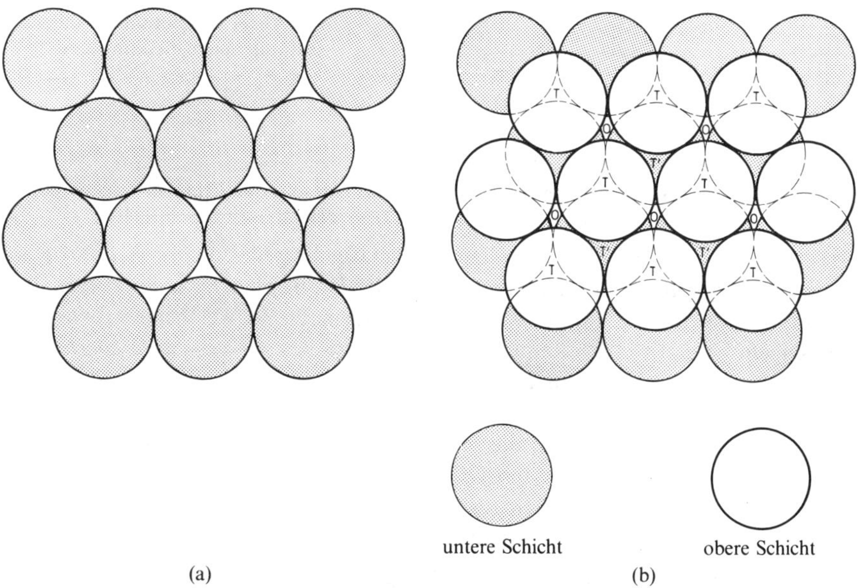

Fig. 55 Trigonale Kugelpackungen: (a) Zweidimensionale dichteste Kugelpackung; (b) zwei übereinander gelagerte dichtest gepackte Kugelebenen.

[33] Vergleiche hierzu die Hume-Rothery-Phasen (S. 152), für welche (unrichtigerweise) mit einer Wertigkeit 0 im Falle der Metalle der Elemente der VIII. Nebengruppe gerechnet wird.

[34] Jede Kugelschicht weist doppelt so viele Mulden auf, wie Kugeln auf ihr Platz haben. Jede Oberschicht besetzt mithin nur die Hälfte der Mulden einer betrachteten Schicht.

Fortführung dieser Aufeinanderschichtung (Kugeln der vierten Schicht senkrecht über denen der zweiten usw.) eine Packungsfolge erhält, die man mit A, B; A, B; A, B ... symbolisieren kann und die von der Seite gesehen das in Fig. 56a wiedergegebene Aussehen besitzt (**„hexagonal-dichteste Kugelpackung“**). Legt man dagegen die Kugeln der dritten Schicht in die mit O bezeichneten Mulden der zweiten Schicht, so liegen erst die Kugeln der vierten Schicht senkrecht über denen der ersten, so daß man bei Fortsetzung dieser Aufeinanderfolge (Kugeln der fünften Schicht senkrecht über denen der zweiten usw.) eine Schichtenpackung A, B, C; A, B, C ... erhält, die von der Seite gesehen das Bild 56b liefert (**„kubisch-dichteste Kugelpackung“**)[35]. Sowohl bei der hexagonal-dichtesten wie bei der kubisch-dichtesten Kugelpackung ist jede Kugel innerhalb einer einzelnen Kugelebene (Fig. 55a) von je 6 anderen Kugeln umgeben, wozu in der darunter- und darüberliegenden Kugelebene noch je 3 weitere Kugelnachbarn kommen (Fig. 55b), entsprechend einer Gesamtzahl von 12 benachbarten Kugeln (Fig. 56).

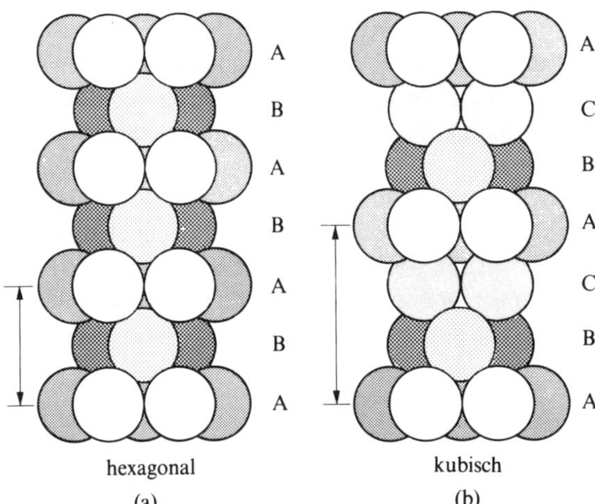

Fig. 56 Hexagonale (a) und kubische (b) dichteste Kugelpackung (der Abstand identischer Schichten ist durch einen Pfeil angedeutet).

Da im Falle einer hexagonal-dichtesten Kugelpackung niemals Kugeln an den in Fig. 55b mit O bezeichneten Stellen liegen, kann man an diesen Stellen durch eine noch so große Zahl von Kugelschichten hindurchsehen. Die kubisch-dichteste Kugelpackung ist demgegenüber „optisch dicht“.

Bei der kubisch- bzw. hexagonal-dichtesten Packung, in welcher jede Kugel *kubooktaedrisch* bzw. *antikubooktaedrisch* von 12 anderen Kugeln umgeben ist, werden 74% des Raums mit Kugeln ausgefüllt. Der ungenutzte Raum zwischen den Kugeln (26%), welcher gegebenenfalls durch kleinere Kugeln besetzt werden kann (s. weiter unten), besteht aus „*Tetraederlücken*“ sowie „*Oktaederlücken*“. Die kleineren Tetraederlücken zwischen jeweils 4 tetraedrisch angeordneten Kugeln befinden sich in der Fig. 55b an den mit T und T′ bezeichneten Stellen zwischen erster und zweiter Kugelschicht, die größeren Oktaederlücken zwischen jeweils 6 oktaedrisch angeordneten Kugeln an den mit O bezeichneten Stellen. Wie sich ableiten läßt, entfallen dabei in einem gegebenen Volumen auf n hexagonal- bzw. kubisch-dichtest gepackte Kugeln insgesamt $2n$ Tetraeder- und n Oktaederlücken.

Dabei sind im Falle einer kubisch-dichtesten Kugelpackung die Oktaederlücken oktaedrisch, im Falle einer hexagonal-dichtesten Kugelpackung trigonal-prismatisch um eine bestimmte Kugel angeordnet. Die Tetraederlücken umgeben eine Kugel bei Vorliegen einer kubisch-dichtesten Kugelpackung kubisch.

Kubisch-flächenzentrierte und -raumzentrierte Packung. Die Massenschwerpunkte einer „*kubisch-flächenzentrierten Kugelpackung*“, bei der die Kugeln die Ecken sowie Flächenmitten

[35] Auch Kristalle mit gemischten Stapel-Sequenzen (z. B. A,B,A,C; A,B,A,C...) sind bekannt.

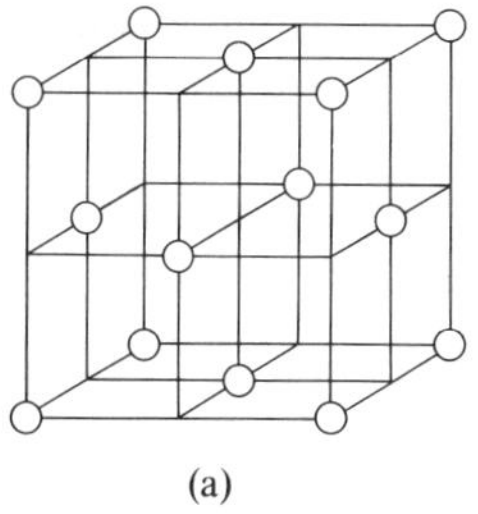

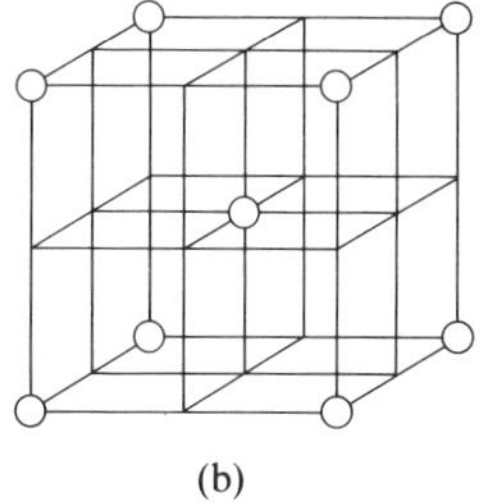

Fig. 57 Ladungsschwerpunkte der kubisch-flächenzentrierten (= kubisch-dichtesten) Kugelpackung (a) und der kubisch-raumzentrierten Kugelpackung (b).

eines Würfels besetzen, bzw. einer „*kubisch-innenzentrierten Kugelpackung*", bei der die Kugeln die Ecken und die Raummitte eines Würfels besetzen, sind in Fig. 57a und 57b wiedergegeben. Hierbei ist die **kubisch-flächenzentrierte Kugelpackung** mit einer kubisch-dichtesten Kugelpackung identisch. Dies sei nachfolgend gezeigt:

Statt in trigonaler Anordnung (Fig. 55a) lassen sich Kugeln auch in quadratischer Anordnung zu einer einzelnen Kugelschicht zusammenfügen (Fig. 58a). Legt man wiederum auf diese Schicht eine zweite so auf, daß sich deren Kugeln in die Mulden von (diesmal) jeweils vier Kugeln der unteren Schicht einpassen, so erhält man die in Fig. 58b gezeigte Anordnung (dunkle Kugeln: untere Schicht; helle Kugeln: obere Schicht[36)]). Da sich die Mulden der zweiten Schicht über den Kugelmitten der ersten Schicht befinden, kommen die Kugeln einer dritten Schicht senkrecht über die (gestrichelten) Kugeln der ersten Schicht zu liegen, so daß man bei analoger Fortführung dieser Aufeinanderschichtung eine Packungsfolge A, B; A, B; A, B ... erhält.

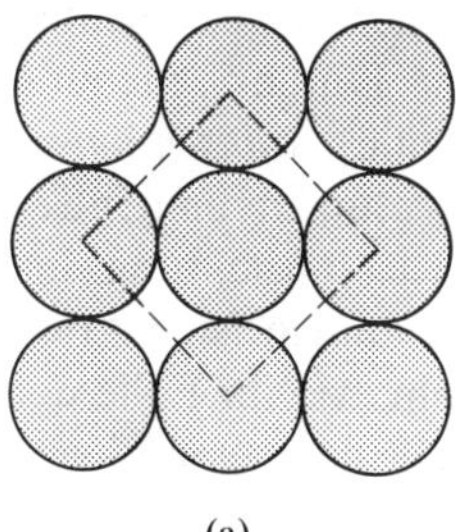

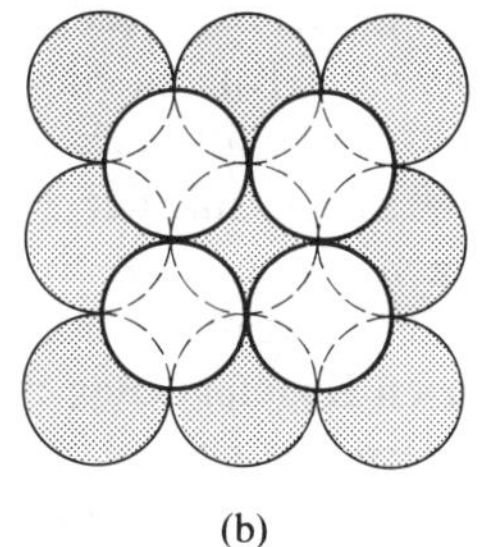

Fig. 58 Quadratische Kugelpackungen: (a) Eine Kugelschicht (gestrichelt: Basisfläche einer kubisch-flächenzentrierten Elementarzelle); (b) zwei übereinander gelagerte Kugelschichten.

Ersichtlicherweise ist die Packung einer einzigen Kugelschicht mit quadratischer Kugelanordnung weniger dicht als jene einer Schicht mit trigonaler Anordnung der Kugeln (vgl. Fig. 58a und 55a). Dafür sind jedoch „quadratische" Mulden tiefer als „trigonale". Die geringere Raumausnutzung einer quadratischen Kugelschicht wird demnach durch einen geringeren Schichtabstand wieder ausgeglichen. Tatsächlich beträgt die Raumerfüllung der besprochenen Kugelpackung wie im Falle der weiter oben abgeleiteten Packungen (Fig. 56) 74%, womit die in Fig. 57a wiedergegebene Anordnung ebenfalls eine dichteste Kugelpackung darstellt.

Eine Seitenansicht der in Fig. 58b wiedergegebenen Kugelpackung hat das Aussehen der Fig. 60a (kleiner Raumausschnitt mit einfach-quadratischer Kugelbasis) bzw. der Fig. 59a (großer Raumausschnitt mit quadratisch-flächenzentrierter Kugelbasis, in Fig. 58a gestrichelt eingezeichnet). Wie aus Fig. 59a hervorgeht, läßt sich aus dieser Packung eine – zwar mehr Kugeln beinhaltende, dafür aber hochsymmetrische – „*kubisch-flächenzentrierte*" Kugelpakkung herausschneiden (in Fig. 59a links oben angedeutet).

---

[36] Jede Schicht weist ebensoviele Mulden auf, wie Kugeln auf ihr Platz haben. Jede Oberschicht besetzt mithin sämtliche Mulden der Unterschicht.

Schneidet man von dem in Fig. 59a wiedergegebenen Würfel senkrecht zur Raumdiagonale verschieden große Ecken ab, so werden – wie dies Fig. 59b veranschaulicht – Kugelflächen mit trigonaler Kugelanordnung freigelegt. Da diese in der Schichtfolge A, B, C; A, B, C ... übereinander liegen, muß es sich im Falle der kubisch-flächenzentrierten Packung um die weiter oben schon beschriebene kubisch-dichteste Kugelpackung handeln.

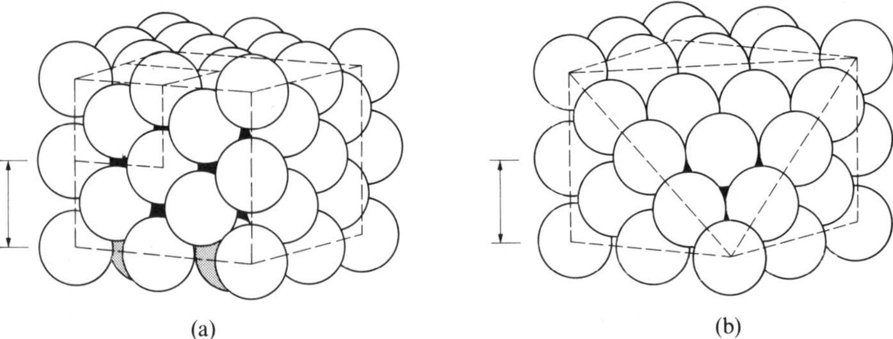

Fig. 59 Kubisch-flächenzentrierte (= kubisch-dichteste) Kugelpackung: (a) Kubischer Raumausschnitt; kubisch-flächenzentrierte Elementarzelle links oben angedeutet; (b) kubischer Raumausschnitt mit abgehobener Würfelecke.

Statt durch eine hochsymmetrische kubisch-flächenzentrierte Zelle mit quadratisch-flächenzentrierter Basis läßt sich die kubisch-dichteste Kugelpackung auch durch eine weniger symmetrische tetragonal-innenzentrierte Elementarzelle mit quadratisch-einfacher Basis beschreiben (Fig. 60a). Ersichtlicherweise ist in ihr der Abstand c identischer Kugelschichten größer als der – gleichgroße – Abstand a bzw. b der Kugeln einer Schicht. Durch Stauchung der tetragonal-innenzentrierten Zelle in Richtung c läßt sich diese in eine „*kubisch-innenzentrierte*" Elementarzelle überführen (Fig. 60b). Da mit der zu einer Volumenverminderung führenden Stauchung der tetragonal-innenzentrierten Zelle in einer Raumrichtung eine Volumenvergrößerung in den beiden anderen Raumrichtungen verbunden ist, beträgt die Raumerfüllung der **kubisch-innenzentrierten Kugelpackung** nicht mehr wie im Falle der kubisch-dichtesten Kugelpackung 74%, sondern nur noch 68%. Sie stellt demgemäß keine dichteste Kugelpackung dar, liegt aber trotzdem den Strukturen vieler Metalle zugrunde.

Eine noch schlechtere Raumausnutzung von nur 52% weist eine **„kubisch-einfache Kugelpackung"** mit sich berührenden Kugeln an den Ecken eines Würfels auf. Man findet sie bei Metallen im allgemeinen nicht (Ausnahme z. B. Polonium).

Bei der kubisch innenzentrierten Kugelpackung ist jede Kugel kubisch von 8 direkt benachbarten und zusätzlich oktaedrisch von 6 entfernter liegenden Kugeln umgeben (letztere liegen in den Mitten der sich an die kubisch-raumzentrierte Zelle nach den drei Raumrichtungen anschließenden Würfeln). Die Gesamt-Koordinationszahl beträgt hier also 8 + 6.

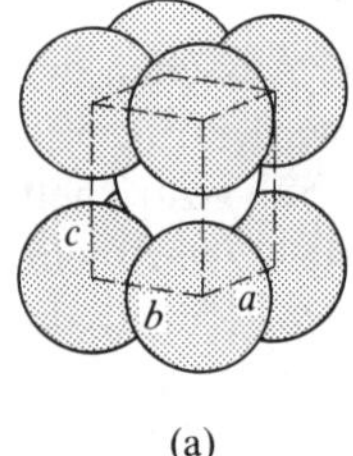

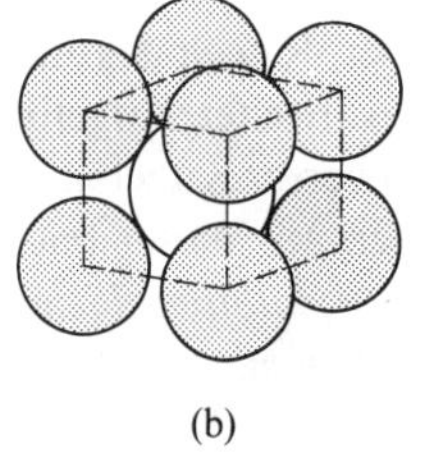

Fig. 60 Raumausschnitte aus der kubisch-dichtesten Kugelpackung (a) und der kubisch-innenzentrierten Kugelpackung (b).

Metallstrukturen: Die Strukturen von über 80% aller Metalle leiten sich, wie der Tab. 22 zu entnehmen ist, von einer der drei besprochenen Kugelpackungen ab, nämlich der kubisch-dichtesten (kubisch-flächenzentrierten) Packung („*Cu-Typ*", „*A1-Typ*"), der kubisch-innenzentrierten Packung („*W-Typ*", „*A2-Typ*") bzw. der hexagonal-dichtesten Packung („*Mg-Typ*", „*A3-Typ*"). Von den im Periodensystem benachbarten Metallen Na, Mg und Al kristallisiert z. B. das erste kubisch-raumzentriert, das zweite in hexagonal-dichtester, das dritte in kubisch-dichtester Kugelpackung.

Tab. 22 Strukturen einiger Metalle unter Standardbedingungen (1.013 bar, 298 K; die kursiv gedruckten Metalle bilden keine der wiedergegebenen Strukturen)

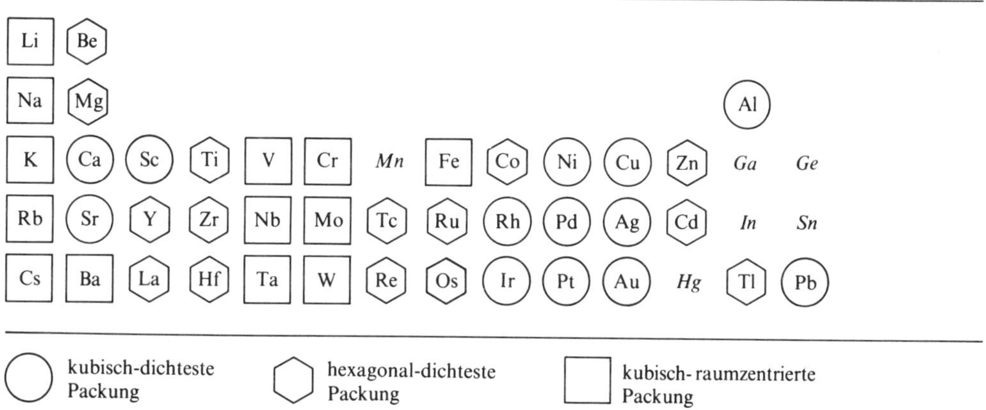

In Tab. 22 sind nur die unter Standardbedingungen (1.013 bar: 25 °C) beständigen Metallstrukturen aufgeführt. Unter anderen Temperatur- und Druckverhältnissen wandeln sich die Metallstrukturen häufig um. So nimmt etwa Calcium bzw. Strontium (jeweils kubisch-flächenzentriert) bei höheren Temperaturen (448 bzw. 621 °C) die – weniger dichte – kubisch-innenzentrierte, Lithium (kubisch-raumzentriert) bei tieferen Temperaturen (– 195 °C) die – kompaktere – hexagonal-dichte und Cäsium (kubisch-raumzentriert) bei höheren Drücken (23.7 kbar) die – ebenfalls kompaktere – kubisch-dichte Struktur an[37].

Salzstrukturen (vgl. S. 122): Die dichtesten Kugelpackungen liegen nicht nur den Metallstrukturen zugrunde, sondern sie werden ganz allgemein sowohl von ungeladenen Teilchen (Beispiele: feste Edelgase, festes H_2, N_2, O_2) als auch von geladenen Teilchen (Beispiele: Ionen in Salzen, Metallen und Legierungen (s. unten)) bevorzugt. Da im Falle von Salzen die negativen Anionen im allgemeinen wesentlich größer sind als die positiven Kationen (vgl. Tab. 16, S. 127) wird in Ionenkristallen die dichteste Kugelpackung von den Anionen gebildet, während die Kationen die *n* Oktaeder- und/oder 2*n* Tetraederlücken vollständig oder auch nur teilweise besetzen (*n* = Anzahl der Anionen). Als Beispiele für Salzstrukturen seien nachfolgend die Natriumchlorid-, Nickelarsenid-, Calciumdichlorid-, Cadmiumdichlorid-, Cadmiumdiiodid-, Chromtrichlorid-, Bismuttriiodid-, Dilithiumoxid-, Zinksulfid- sowie Spinellstruktur diskutiert.

Besetzung von Oktaederlücken in dichtesten Anionenpackungen: Im „*Natriumchlorid*" NaCl besetzen die Natrium-Ionen alle Oktaederlücken einer kubisch-dichtesten Packung von Chlorid-Ionen. Im – bereits mehr legierungsartigen (s. unten) – „*Nickelarsenid*" NiAs bilden die Arsenid-Ionen eine hexagonal-dichteste Packung mit Nickel-Ionen in allen Oktaederlücken. Nur *jede übernächste Oktaederlücke* einer *hexagonal-dichtesten Packung* von Chlorid-Ionen wird im „*Calciumdichlorid*" $CaCl_2$ von den Calcium-Ionen eingenommen (die TiO_2- (*Rutil*-)Struktur stellt eine verzerrte $CaCl_2$-Struktur dar). Im „*Cadmiumdichlorid*" $CdCl_2$ bzw. „*Cadmiumdiiodid*" CdI_2 sowie im „*Chromtrichlorid*" $CrCl_3$ bzw. „*Bismuttriiodid*" BiI_3 schließlich werden in einer kubisch-dichtesten Packung von Chlorid-Ionen bzw. hexagonal-dichtesten Packung von Iodid-Ionen die Oktaederlücken zwischen jeder übernächsten Anionenschicht (vgl. Fig. 55 auf S. 148) mit Cadmium-Ionen vollständig sowie mit Chrom- bzw. Bismut-Ionen zu $^2/_3$ besetzt. Zum Unterschied von NaCl, $CaCl_2$ sowie NiAs mit Raumstruktur kommt damit $CdCl_2$,

[37] Man nennt Substanzen gleichen Strukturtyps „*isotyp*" (von isos (griech.) = gleich: typos (griech.) = Wesen, Charakter). Kommen gegebene Substanzen in mehreren Strukturen vor, so spricht man von „*Polytypie*" (polys (griech.) = viel).

CdI_2, $CrCl_3$ bzw. BiI_3 eine Schichtstruktur zu (Schichtfolge: Halogenidschicht-Metallschicht-Halogenidschicht-Halogenidschicht-Metallschicht usw.).

Besetzung von Tetraederlücken in dichtesten Anionenpackungen: Im „*Dilithiumoxid*" Li_2O besetzen die Lithium-Ionen alle Tetraederlücken einer kubisch-dichtesten Packung von Oxid-Ionen (= „*Antifluorit*"-Struktur). Demgegenüber wird im „*Zinksulfid*" ZnS nur jede übernächste Tetraederlücke einer kubisch- bzw. hexagonal-dichtesten Packung von Sulfid-Ionen besetzt (= „*Zinkblende*" bzw. „*Wurtzit*" Struktur). Eine Besetzung aller Tetraederlücken einer hexagonal-dichtesten Anionenpackung mit – anionenberührenden – Kationen ist aus räumlichen Gründen unmöglich.

Besetzung von Okta- und Tetraederlücken dichtester Anionenpackungen: Ein Beispiel hierfür bildet der „*Spinell*" $MgAl_2O_4$ (vgl. Spinelle), in welchem die Aluminium-Ionen die Hälfte aller Oktaederlücken und die Magnesium-Ionen ein Achtel aller Tetraederlücken einer kubisch-dichtesten Packung von Oxid-Ionen besetzen.

Die Legierungen

Es ist leicht einzusehen, daß bei der Kombination zweier verschiedener Metallatomsorten zu einem Metallkristall anders wie bei der reinen Atom- oder Ionenbindung *kein* charakteristisches konstantes Atomverhältnis resultieren muß. Zum Beispiel kann bei passender Abmessung der Ionenradien wie im Falle der Mischkristallbildung bei Salzen (s. dort) eine – begrenzte oder unbegrenzte – Verteilung beider Partner über das ganze Gitter ohne gesetzmäßigen Verteilungsplan erfolgen; wir sprechen dann von „*Legierungen*" (Beispiel: Gold-Silber-Legierungen). Es kann die Verteilung der beiden Legierungspartner andererseits aber auch wie im Falle der Doppelsalze (s. dort) nach bestimmten Verteilungsgesetzen erfolgen. Dann ergibt sich zwar eine stöchiometrische Zusammensetzung („*intermetallische Verbindung*"; Beispiel: Cu_5Zn_8), aber die „Wertigkeit" der Elemente in diesen „Verbindungen" hat natürlich im allgemeinen nichts mit den normalen Wertigkeiten der Elemente zu tun, da sie ja nicht wie bei der Ionen- und Atombindung binärer Verbindungen durch die Zahl der Valenzelektronen zwangsläufig gegeben, sondern mehr ein formaler Ausdruck der durch räumliche Anordnungsgesetze bedingten Formel ist.

Diese räumlichen Anordnungsgesetze scheinen zum Teil durch das Verhältnis der Gesamtzahl der Leitungselektronen zur Gesamtzahl der Metall-Kationen bedingt zu werden, da in vielen Fällen (**„Hume-Rothery-Phasen"** = Legierungen der Übergangselemente mit den Elementen der Gruppen IIb, IIIb und IVb) bestimmten derartigen Zahlenverhältnissen ganz bestimmte Gitterstrukturen entsprechen („*Regel von Hume-Rothery*").

So weisen z. B. die drei Komponenten des Messings – Cu_5Zn, $CuZn_8$ und $CuZn_3$ – entsprechend ihren verschiedenen Verhältniszahlen $(1+2):(1+1) = \mathbf{3:2}$ bzw. $(5\cdot 1+8\cdot 2):(5+8) = \mathbf{21:13}$ bzw. $(1+3\cdot 2):(1+3) = \mathbf{7:4}$ und in Übereinstimmung mit vielen Legierungen gleicher Verhältniszahl eine kubisch-raumzentrierte bzw. eine kompliziert kubische bzw. eine hexagonal-dichtest gepackte Struktur auf (vgl. Tab. 23). Wie aus den in Spalte 3 der Tabelle durch römische Ziffern zum Ausdruck gebrachten Metallwertigkeiten hervorgeht, steuern die Metalle durchweg eine ihrer Gruppennummer im Periodensystem entsprechende Zahl von Valenzelektronen (Leitungselektronen) zum Elektronengas bei. Die Elemente der nullten (= achten) Nebengruppe (z. B. Fe, Ni, Co, Pt) werden hierbei als nullwertig angesehen.

Tab. 23 Hume-Rothery-Phasen

Zahl der Leitungselektronen	Struktur	Beispiele
21 : 14 (3 : 2)	kubisch-raumzentrierte Struktur	$Cu^{I}Zn^{II}$, $Ag^{I}Cd^{II}$, $Ag^{I}_{3}Al^{III}$, $Cu^{I}_{5}Si^{IV}$, $Cu^{I}_{5}Sn^{IV}$, $Ni^{0}Al^{III}$
21 : 13	komplizierte kubische Struktur	$Cu^{I}_{5}Zn^{II}_{8}$, $Cu^{I}_{9}Al^{III}_{4}$, $Fe^{0}_{5}Zn^{II}_{21}$, $Co^{0}_{5}Zn^{II}_{21}$, $Pt^{0}_{5}Zn^{II}_{21}$, $Cu^{I}_{31}Sn^{IV}_{8}$
21 : 12 (7 : 4)	hexagonal-dichteste Kugelpackung	$Cu^{I}Zn^{II}_{3}$, $Cu^{I}_{3}Sn^{IV}$, $Au^{I}Zn^{II}_{3}$, $Ag^{I}_{5}Al^{III}_{3}$, $Fe^{0}Zn^{II}_{7}$, $Cu^{I}_{3}Si^{IV}$

Neben den „*Hume-Rothery-Phasen*" sind bei den intermetallischen Verbindungen noch von Wichtigkeit: die **„Zintl-Phasen"** (S. 890), die **„Laves-Phasen"** und die **„Nickelarsenid-Phasen"**, deren Strukturen durch andere Gesetzmäßigkeiten als den für die Hume-Rothery-Phasen zutreffenden bedingt werden.

Übergänge zwischen Metallbindung und Atombindung/Ionenbindung. Halbmetalle, Elektronenhalbleiter

Ersetzen wir in Na^+Cl^- das Chlor der Reihe nach durch die übrigen Elemente der 3. Periode des Periodensystems:

$$\underset{\text{Ionenbindung}}{NaCl} \quad Na_2S \quad Na_3P \quad Na_xSi \quad Na_xAl \quad Na_xMg \quad \underset{\text{Metallbindung}}{NaNa}$$

(A in AB konstant, B variant), so kommen wir von der *reinen Ionenbindung* (Natriumchlorid) auf dem Wege über eine Ionen-/Metallbindung (z. B. Natriumsilicid) zur *reinen Metallbindung* (Natrium). Schematisch läßt sich dieser Übergang wie folgt wiedergeben:

$$\underset{\text{Ionenbindung}}{[A]^+ [:B]^-} \rightarrow \underset{\text{Übergang}}{[A]^+ \overset{\delta-}{:} \overset{\delta-}{B}} \rightarrow \underset{\text{Metallbindung}}{[A]^+ [:]^{2-} [B]^+}.$$

Es erfolgt also dabei ein allmählicher Übergang von gebundenen Elektronen in freie Leitungselektronen (vgl. hierzu Zintl-Phasen, S. 890).

In analoger Weise kann auch ein allmählicher Übergang von der *Atombindung* über eine Atom-/Metallbindung in die *Metallbindung* erfolgen:

$$\underset{\text{Atombindung}}{[A:B]} \rightarrow \underset{\text{Übergang}}{[\overset{\delta+}{A} \overset{2\delta-}{:} \overset{\delta+}{B}]} \rightarrow \underset{\text{Metallbindung}}{[A]^+ [:]^{2-} [B]^+},$$

wie man etwa an der Reihe der Elemente

$$\underset{\text{Atombindung}}{ClCl} \quad SS \quad PP \quad SiSi \quad AlAl \quad MgMg \quad \underset{\text{Metallbindung}}{NaNa}$$

(A und B in AB variant) sieht, die vom Molekül „Chlor" (*elektrischer Nichtleiter*) über „Silicium" (*elektrischer Halbleiter*) zum Metall „Natrium" (*elektrischer Leiter*) führt.

Zum Unterschied von den *Metallen* (S. 145), die eine hohe elektrische Leitfähigkeit[38] aufweisen („Leitfähigkeitsbereich" etwa 10^6 bis $10^4\ \Omega^{-1}\ cm^{-1}$ bei Raumtemperatur)[39] sind die Stoffe im Zwischenbereich der Metalle und der Nichtmetalle (teils **Halbmetalle**, teils **Halbleiter**; vgl. S. 1312) *mäßig bis schlechte Stromleiter* („Leitfähigkeitsbereich" etwa 10^1 bis $10^{-6}\ \Omega^{-1}\ cm^{-1}$). Sie stellen aber – anders als die elektrisch „nichtleitenden" *Nichtmetalle* (S. 1312; „Leitfähigkeitsbereich" etwa 10^{-10} bis $10^{-22}\ \Omega^{-1}\ cm^{-1}$) – noch ausgesprochene Elektronenleiter dar. In analoger Weise liegt die thermische Leitfähigkeit der Halbmetalle und Halbleiter *zwischen der von Metallen und Nichtmetallen*. Darüber hinaus unterscheiden sich die Halbmetalle und Halbleiter von den Metallen und Nichtmetallen dadurch in ihren optischen, mechanischen, thermischen und strukturellen Eigenschaften, daß sie *grauen Metallglanz* zeigen (Metalle: im allgemeinen silberweißer Glanz; Nichtmetalle: kein Metallglanz, dafür aber charakteristische Farben), *spröde* und *wenig flüchtig* sind (Metalle: duktil (formbar) und wenig flüchtig; Nichtmetalle: z. T. flüssig bis gasförmig und – mit Ausnahme von B_x, C_x – flüchtig) sowie Raum- bzw. Schichtstrukturen mit *mittlerer Koordinationszahl* KZ der Elementatome ausbilden (Metalle: Raumstrukturen mit hoher KZ – meist 12 bzw. 8 + 4 –; Nichtmetalle: Molekülstrukturen mit kleiner KZ)[40].

---

38 Die *spezifische Leitfähigkeit* wird in $\Omega^{-1}\ cm^{-1}$ bzw. $S\ cm^{-1}$ gemessen. Ω (Ohm) ist die Einheit für den *Widerstand*, S (Siemens) die Einheit für den *Leitwert*: $\Omega = 1/S$.

39 Noch höhere elektrische Leitfähigkeiten ($> 10^{10}\ \Omega^{-1}\ cm^{-1}$) kommen Metallen bei sehr tiefen Temperaturen zu (z. B. Al bei $\leqslant 1.14$ K), bei welchen sie in den *supraleitenden Zustand* übergehen (vgl. S. 1315).

40 Die Metalle Sn (β-Form), Pb, In, Tl werden neben Zn, Cd, Hg auch als **Metametalle** bezeichnet. Sie unterscheiden sich von ihren metallischen linken Periodennachbarn u. a. durch verhältnismäßig *niedrige Schmelzpunkte*, durch vergleichsweise *kleine elektrische und thermische Leitfähigkeiten* sowie durch *weniger symmetrische Kristallstrukturen* (kleinere Koordinationszahlen nächster Metallnachbarn; in Pb bleibt die Koordinationszahl 12 der Metallatome

Zu den **Elektronenhalbleitern**, deren Leitfähigkeit in charakteristischer Weise mit der Temperatur wächst („positiver" Temperaturkoeffizient der Leitung; vgl. Ionen- und Elektronenleiter, S. 119, 146) zählen außer den erwähnten, *zwischen den kovalenten „Atomverbindungen" und „Metallen"* stehenden Halbmetallen auch viele – zum Teil farbige (S. 171) – Stoffe, die im weiter oben diskutierten Sinne einen Zustand *zwischen den heterovalenten „Salzen" und den „Metallen"* sowie „Legierungen" einnehmen. Beispiele bieten insbesondere Verbindungen, die mit Elementen der IV. Hauptgruppe isoelektronisch sind ($A^{III}B^{V}$-Verbindungen wie BN, GaAs, InSb; $A^{II}B^{VI}$-Verbindungen wie BeO, MgTe, CdS; $A^{I}B^{VII}$-Verbindungen wie CuCl, AgBr), eine Reihe von Übergangsmetallboriden, -carbiden, -nitriden sowie auch viele Metalllegierungen (z. B. Na_xSi, Mg_2Ge, ZnSb). Bezüglich weiterer Einzelheiten vgl. S. 1312.

1.1.4 Nomenklatur anorganischer Verbindungen erster Ordnung[41,42]

Verbindungsnamen. Binäre Verbindungen. Zur „*Nomenklatur*"[43] binärer, aus Atomen A und B zusammengesetzter Verbindungen A_mB_n nennt man (unabhängig vom vorliegenden Bindungstyp und unabhängig davon, ob A_mB_n eine Verbindung erster oder höherer Ordnung ist) zunächst das elektropositivere Molekülatom mit seinem unveränderten Namen, dann das elektronegativere Molekülatom mit seinem – manchmal abgekürzten – Namen, an den man die Endung „*id*" hängt (z. B. „*Hydrid*" H^-, „*Fluorid*" F^-, „*Chlorid*" Cl^-, „*Bromid*" Br^-, „*Iodid*" I^-, „*Oxid*" O^{2-}, „*Hydroxid*" HO^-, „*Sulfid*" S^{2-}, „*Selenid*" Se^{2-}, „*Tellurid*" Te^{2-}, „*Nitrid*" N^{3-}, „*Phosphid*" P^{3-}, „*Arsenid*" As^{3-}, „*Antimonid*" Sb^{3-}, „Carbid" C^{4-}, „*Silicid*" Si^{4-}, „*Borid*" B^{3-}). Die Zahl *m* bzw. *n* der Elementatome in der Molekülformel wird durch ein, dem jeweiligen Elementnamen vorangestelltes griechisches Zahlwort angegeben (mono[44], di, tri, tetra, ... poly; vgl. Anh. I). Als elektropositiveren (elektronegativeren) Molekülbestandteil behandelt man – zum Teil in Abweichung vom Elektronegativitätsprinzip – jenes Element, das in nachfolgender Reihe früher (später) angeordnet ist:

Metalle[45], Rn, Xe, Kr, B, Si, C, Sb, As, P, N, H, Te, Se, S, At, I, Br, Cl, O, F.

Einige Beispiele mögen das Besprochene verdeutlichen (vgl. Tab. 24, welche neben *systematischen Namen* – „rationelle Nomenklatur" – auch Trivialnamen der Verbindungen enthält):

Tab. 24 Nomenklatur anorganischer Verbindungen erster Ordnung

Formel	Rationeller Name	Trivialname
H_2O	Dihydrogenoxid	„*Wasser*"
NH_3	Stickstofftrihydrid (Nitrogentrihydrid)	„*Ammoniak*"
N_2O	Distickstoffoxid (Dinitrogenoxid)	„*Lachgas*"
CS_2	Kohlenstoffdisulfid (Carbondisulfid)	„*Schwefelkohlenstoff*"
OF_2	Sauerstoffdifluorid (Oxygendifluorid)	–
NaCl	Natriumchlorid	„*Steinsalz*"
Al_2O_3	Dialuminiumtrioxid	„*Korund*"
NiAs	Nickelarsenid	„*Rotnickelkies*"

Ternäre Verbindungen. Enthält eine chemische Verbindung *mehrere positivierte* und/oder *negativierte* Elementatome, werden diese mit Ausnahme von Wasserstoff (Hydrogen), der unter den positivierten Partnern immer an letzter Stelle steht, in *alphabetischer Reihenfolge* genannt, und zwar erstere mit vollem

zwar erhalten, die Pb–Pb-Abstände sind aber extrem lang). Die Metametalle sind jedoch wie die übrigen Metalle *metallisch glänzend, duktil* und *normale Elektronenleiter* (negativer Temperaturkoeffizient; die Halbmetalle sowie Halbleiter sind demgegenüber metallisch grau, spröde und weisen in letzteren Fällen einen positiven Temperaturkoeffizienten auf). Auch zeigen die Metametalle wie Metalle normales Schmelzverhalten (die Halbmetalle und Halbleiter Ga, Si, Ge, Sb, Bi schmelzen wie Eis unter Volumenverminderung).

41 **Literatur.** Deutscher Zentralausschuß für Chemie: „*Internationale Reg. für die chemische Nomenklatur und Terminologie*" Band **2**. Gruppe 1. Verlag Chemie, Weinheim 1975.

42 Vergleiche hierzu auch Nomenklatur von Elementen (S. 60) sowie von Verbindungen höherer Ordnung (S. 162), Koordinationsverbindungen (S. 1240) und von Wasserstoffverbindungen (S. 270).

43 nomenclatio (lat.) = Benennung mit Namen.

44 Die Vorsilbe mono kann, wenn dadurch keine Unklarheiten entstehen, weggelassen werden.

45 Die Metalle werden nach steigender Gruppennummer geordnet (Ia–VIIIa, Ib–IVb (ohne B, C, Si), Bi, Po), innerhalb einer Gruppe nach abnehmender Periodennummer.

Elementnamen, letztere mit dem – zum Teil gekürzten (s.o.) – Namen, erweitert durch die Endung „*id*“, z.B. $KMgF_3$ = Kaliummagnesiumtrifluorid; $MgTiO_3$ = Magnesiumtitantrioxid; LiHS = Lithiumhydrogensulfid; $SOCl_2$ = Schwefeldichloridoxid; BiOCl = Bismutchloridoxid; PBrClF = Phosphorbromidchloridfluorid.

Verbindungsformeln. In den *Molekülformeln* von Verbindungen erster Ordnung ordnet man die Elemente in der Reihenfolge wie im Verbindungsnamen an (vgl. Tab. 24, linke Spalte). In Formeln kovalenter Elementhalogenidoxide wird zudem vielfach zunächst der Sauerstoff, dann das Halogen wiedergegeben (z.B. Schwefeloxiddichlorid: $SOCl_2$). Zur Verdeutlichung der Molekülstruktur sind aber auch *Strukturformeln* mit anderer Elementreihenfolge zulässig (z.B. Cyansäure HOCN; Knallsäure HCNO).

Wertigkeiten. Will man die Wertigkeit eines Elements in einer Verbindung zusätzlich zum Ausdruck bringen, so kann man diese als eingeklammerte römische Zahl hinter dem Elementnamen einfügen („*Stocksches Nomenklatursystem*“). Im Falle von A_mB_n-Molekülen gibt man dabei im allgemeinen nur die Wertigkeit des elektropositiveren Verbindungspartners an und verzichtet dann auf die Angabe der Zahl *n* der elektronegativeren Atome, z.B. $PbCl_2$ = Blei(II)-chlorid (gelesen: Blei-zwei-chlorid; formelmäßige Wiedergabe auch $Pb^{II}Cl_2$); $PbCl_4$ = Blei(IV)-chlorid ($Pb^{IV}Cl_4$); Pb_3O_4 = Diblei(II)-blei(IV)-oxid ($Pb_2^{II}Pb^{IV}O_4$). In früherer Zeit erfolgte die Angabe der Wertigkeit des Zentralatoms nicht gemäß der „*Stockschen Wertigkeitsbezeichnung*“ durch römische Zahlen, sondern durch charakteristische Endungen wie -o und -i, z.B. Ferro- = Fe(II)- und Ferri- = Fe(III)-Salze; Mercuro- = Hg(I)- und Mercuri- = Hg(II)-Verbindungen.

Verbindungsstrukturen. Die strukturelle Charakterisierung kann im Falle von Molekülen durch entsprechende Angaben vor den Verbindungsnamen erfolgen. So wird die Molekülgestalt durch die Vorsilben *catena* für *Ketten*struktur, *cyclo* für *Ring*struktur oder *closo* für *Käfig*struktur symbolisiert (z.B. S_x = *catena*-Polyschwefel; S_8 = *cyclo*-Octaschwefel; P_4 = *closo*-Tetraphosphor). Die Angabe der räumlichen Atomanordnung erfolgt u.a. durch die Vorsilben *cis* (benachbart, z.B. *cis*-Diazen), *trans* (gegenüber, z.B. *trans*-Diazen), *triangulo* (trigonal-planar), *quadro* (quadratisch), *tetrahedro* (tetraedrisch, z.B. *tetrahedro*-Tetraphosphor), *hexahedro* (kubisch), *octahedro* (oktaedrisch), *triprismo* (trigonal-prismatisch), *antiprismo* (quadratisch-antiprismatisch). Zur Bezeichnung der Kristallstruktur eines Festkörpers fügt man seinem Namen das *Kristallsystem* bzw. den *Kristalltypus* an (Tab. 14, S. 126, z.B. cub, hex für kubisch, hexagonal; dazu c bzw. f für innen- bzw. flächenzentriert). Als Beispiele seien genannt: Natrium (c.cub.), Magnesium (hex.), Aluminium (f.cub.), Kaliumchlorid (*NaCl-Typ*), Bariumdifluorid (*CaF_2-Typ*), Magnesiumdihydrid (*Rutil-Typ*).

1.2 Verbindungen höherer Ordnung

Verbindungen, wie die bis jetzt besprochenen, bei denen durch kovalenten oder elektrovalenten Elektronenausgleich für die beteiligten Bindungspartner erstmals Edelgasschalen erreicht werden, heißen **„Verbindungen erster Ordnung“**. Die Fähigkeit der Atome zur Bindung anderer Atome ist aber nach Bildung dieser Verbindungen noch nicht erschöpft, wenn sie über freie Elektronenpaare oder über mit Elektronen besetzbare freie Orbitale verfügen: durch Anlagerung von Atomen oder Molekülen vermögen viele Verbindungen erster Ordnung unter Energiegewinn in **„Verbindungen höherer Ordnung“** (**„Koordinationsverbindungen“**[46], **„Komplexe“**[46]) überzugehen.

Bindungsmechanismus. Die Verknüpfung der bei der Komplexbildung neu in das Molekül eintretenden *Liganden*[46] L mit dem *Zentralatom* bzw. *-ion* Z erfolgt wie bei der Atombindung jeweils durch ein *gemeinsames Elektronenpaar* (koordinative Bindung):

$$Z:L$$

Dabei kann das Bindungselektronenpaar formal *ganz vom Zentralatom* Z (a), *hälftig* von Z und L (b) oder *ganz vom Liganden* L (c) stammen. Im ersten Fall wirkt demgemäß Z als *Elektronendonator*[46], im dritten Fall als *Elektronenakzeptor*[46], im zweiten Fall als *Elektronendonatorakzeptor*:

[46] coordinare (lat.) = beiordnen; complexus (lat.) = verbunden; ligare (lat.) = binden; donator (lat.) = Geber; acceptor (lat.) = Empfänger.

$$Z\!: + L \rightarrow \overset{\oplus}{Z}\!:\!\overset{\ominus}{L} \quad (a) \qquad Z\cdot + \cdot L \rightarrow Z\!:\!L \quad (b) \qquad Z + :L \rightarrow \overset{\ominus}{Z}\!:\!\overset{\oplus}{L} \quad (c)$$

Ist Z ein *Nichtmetallatom* oder *-ion*, L ein Nichtmetall-Ligand, so deutet man den Bindungsmechanismus mit Vorteil im Sinne von (a) oder (b) (Bildung von **Nichtmetall-Komplexen**; vgl. S. 156, 158), ist Z andererseits ein *Metallatom* oder *-ion*, L ein *Nichtmetall-Ligand*, so legt man der Bindungsknüpfung zweckmäßigerweise den Mechanismus (c) zugrunde (Bildung von **Metall-Komplexen**; „Komplexe" im engeren Sinn; vgl. S. 159).

Gemäß dem Gesagten sind *koordinative* Bindungen von *kovalenten* Bindungen nicht zu unterscheiden, da die Herkunft der Elektronen bei der fertigen Bindung keine Rolle mehr spielt. So sind z.B. in dem aus H^+ und $:NH_3$ zustandekommenden Komplex NH_4^+ alle vier N—H-Bindungen genau gleichwertig; die koordinative N—H-Bindung unterscheidet sich also in nichts von den drei kovalenten N—H-Bindungen des Moleküls NH_3. Entsprechendes gilt etwa für die Element-Fluor-Bindungen in den aus BF_3 oder BeF_2 und F^- hervorgehenden Anionen BF_4^- oder BeF_4^{2-}.

Die Komplexbildung führt gemäß (a) bzw. (c) zu einer positiven bzw. negativen *Formalladung* an Z und einer negativen bzw. positiven Formalladung an L, während die Komplexbildung nach (b) den Ladungszustand von Z und L nicht ändert. Tragen Z und/oder L vor der Komplexbildung bereits Ladungen, so addieren sich naturgemäß die bei der koordinativen Verknüpfung neu auftretenden Ladungen zu den bereits vorhandenen.

Die Formalladungen sagen im Falle der koordinativen Bindungen ähnlich wie im Falle der Atombindungen (S. 132) nichts über die *effektive Ladung* der Bindungspartner, d.h. nichts über *Bindungspolaritäten* aus. Letztere wachsen mit zunehmendem Elektronegativitätsunterschied der an der koordinativen Bindung beteiligten Atome (vgl. S. 144), also etwa in der Reihe $ClF_6^+ < SF_6 < PF_6^- < SiF_6^{2-} < AlF_6^{3-}$. Somit stellen koordinative Bindungen mehr oder weniger *polare Atombindungen* dar, die bei sehr großem Elektronegativitätsunterschied der Komplexpartner (wie etwa im Falle von Komplexen mit stark elektropositiven Metallionen-Zentren und elektronegativen Liganden, S. 159) in mehr oder weniger *polarisierte Ionenbindungen* übergehen[47]. (Bezüglich des Übergangs *Komplexe* ↔ *Salze* sowie *Komplexe* ↔ *Metalle* vgl. S. 1208 und 1217.)

Verbindungscharakterisierung. Im allgemeinen vermag ein Zentralatom oder -ion gleichzeitig mit mehreren Liganden Bindungsbeziehungen des Typs (a), (b) oder (c) einzugehen. In den so gebildeten Komplexen ZL_n bezeichnet man die Zahl der vom Zentrum gebundenen Liganden als **Koordinationszahl** (**Zähligkeit**, „*Liganz*", „*koordinative Wertigkeit*"). Sind hierbei Komplexe ZL_n nach außen hin ungeladen („*komplexe Moleküle*"), so entsprechen deren Eigenschaften (z.B. thermisches, Löslichkeits-, elektrisches Verhalten) im wesentlichen den der kovalenten Verbindungen (S. 129). Sind sie andererseits positiv oder negativ geladen, so bilden sie zusammen mit Gegenionen „Ionenkristalle" („*komplexe Salze*") mit den typischen Eigenschaften heterovalenter Verbindungen (S. 119).

Im folgenden seien die drei Arten (a), (b) und (c) der Komplexbildung etwas näher besprochen.

1.2.1 Komplexbildung am Elektronendonator

Das Chlorid-Ion Cl^- im Natriumchloridmolekül Na^+Cl^- enthält vier freie Elektronenpaare,

$$\left[:\ddot{\underset{\cdot\cdot}{Cl}}:\right]^-$$

die zur Auffüllung unvollständiger Elektronenschalen anderer Atome dienen können. Lagern wir etwa an diese Elektronenpaare 1, 2, 3 oder 4 Sauerstoffatome $\underset{\cdot\cdot}{\ddot{O}}$: an, deren Elektro-

[47] Früher pflegte man die Verbindungen höherer Ordnung in *stärker polar* gebaute „*Anlagerungskomplexe*" und *weniger polar* gebaute „*Durchdringungskomplexe*" zu unterteilen.

nensextett dabei zu einem Oktett ergänzt wird, so gelangen wir zu folgenden vier Komplexionen (d), (e), (f) und (g) mit den „*Zähligkeiten*" 1–4 des zentralen Chlors:

$$\left[:\ddot{\mathbf{Cl}}:\ddot{\mathrm{O}}:\right] \qquad \left[:\ddot{\mathrm{O}}:\ddot{\mathbf{Cl}}:\ddot{\mathrm{O}}:\right]^- \qquad \left[\begin{array}{c} :\ddot{\mathrm{O}}: \\ :\ddot{\mathrm{O}}:\ddot{\mathbf{Cl}}:\ddot{\mathrm{O}}: \end{array}\right]^- \qquad \left[\begin{array}{c} :\ddot{\mathrm{O}}: \\ :\ddot{\mathrm{O}}:\mathbf{Cl}:\ddot{\mathrm{O}}: \\ :\ddot{\mathrm{O}}: \end{array}\right]^-$$

Hypochlorit-Ion	Chlorit-Ion	Chlorat-Ion	Perchlorat-Ion
(d)	(e)	(f)	(g)

Damit ist zugleich die auf S. 117 gestellte Frage beantwortet, warum sich vom Natriumchlorid NaCl zwar Verbindungen der Formel NaClO, $NaClO_2$, $NaClO_3$ und $NaClO_4$, aber keine der Zusammensetzung $NaClO_5$, $NaClO_6$ usw. ableiten und warum z.B. $NaClO_3$ in wässeriger Lösung in die Ionen Na^+ und ClO_3^- dissoziiert.

In ähnlicher Weise wie an das Chlorid-Ion $[:\ddot{\mathrm{Cl}}:]^-$ können z.B. auch an das Xenon-Atom $[:\ddot{\mathrm{Xe}}:]$, Sulfid-Ion $[:\ddot{\mathrm{S}}:]^{2-}$, Phosphid-Ion $[:\ddot{\mathrm{P}}:]^{3-}$ und Silicid-Ion $[:\ddot{\mathrm{Si}}:]^{4-}$ Sauerstoffatome angelagert werden. Die tetraedrischen Endglieder $[ZO_4]^{n-}$ (jeweils Zähligkeit 4 für Z) haben dabei, wenn wir zugleich die bei der koordinativen Bindung auftretenden formalen Ladungszahlen berücksichtigen, folgende Elektronenformeln (h), (i), (k), (l) und (m):

$$\left[\begin{array}{c} \overset{-}{:\ddot{\mathrm{O}}:} \\ \overset{-}{:\ddot{\mathrm{O}}}:\overset{4+}{\mathbf{Xe}}:\overset{-}{\ddot{\mathrm{O}}:} \\ \underset{-}{:\ddot{\mathrm{O}}:} \end{array}\right] \quad \left[\begin{array}{c} \overset{-}{:\ddot{\mathrm{O}}:} \\ \overset{-}{:\ddot{\mathrm{O}}}:\overset{3+}{\mathbf{Cl}}:\overset{-}{\ddot{\mathrm{O}}:} \\ \underset{-}{:\ddot{\mathrm{O}}:} \end{array}\right]^- \quad \left[\begin{array}{c} \overset{-}{:\ddot{\mathrm{O}}:} \\ \overset{-}{:\ddot{\mathrm{O}}}:\overset{2+}{\mathbf{S}}:\overset{-}{\ddot{\mathrm{O}}:} \\ \underset{-}{:\ddot{\mathrm{O}}:} \end{array}\right]^{2-} \quad \left[\begin{array}{c} \overset{-}{:\ddot{\mathrm{O}}:} \\ \overset{-}{:\ddot{\mathrm{O}}}:\overset{+}{\mathbf{P}}:\overset{-}{\ddot{\mathrm{O}}:} \\ \underset{-}{:\ddot{\mathrm{O}}:} \end{array}\right]^{3-} \quad \left[\begin{array}{c} \overset{-}{:\ddot{\mathrm{O}}:} \\ \overset{-}{:\ddot{\mathrm{O}}}:\overset{\pm 0}{\mathbf{Si}}:\overset{-}{\ddot{\mathrm{O}}:} \\ \underset{-}{:\ddot{\mathrm{O}}:} \end{array}\right]^{4-}$$

Xenontetraoxid	Perchlorat-Ion	Sulfat-Ion	Phosphat-Ion	Silicat-Ion
(h)	(i)	(k)	(l)	(m)

Man kann die Schreibweise dieser Elektronenformeln (h–m) dadurch weitgehend vereinfachen, daß man alle Elektronen und Formalladungen wegläßt und die Verbindungen durch **„Komplexformeln"**:

$$\left[\begin{array}{ccc} & \mathrm{O} & \\ \mathrm{O} & \mathbf{Xe} & \mathrm{O} \\ & \mathrm{O} & \end{array}\right] \quad \left[\begin{array}{ccc} & \mathrm{O} & \\ \mathrm{O} & \mathbf{Cl} & \mathrm{O} \\ & \mathrm{O} & \end{array}\right]^- \quad \left[\begin{array}{ccc} & \mathrm{O} & \\ \mathrm{O} & \mathbf{S} & \mathrm{O} \\ & \mathrm{O} & \end{array}\right]^{2-} \quad \left[\begin{array}{ccc} & \mathrm{O} & \\ \mathrm{O} & \mathbf{P} & \mathrm{O} \\ & \mathrm{O} & \end{array}\right]^{3-} \quad \left[\begin{array}{ccc} & \mathrm{O} & \\ \mathrm{O} & \mathbf{Si} & \mathrm{O} \\ & \mathrm{O} & \end{array}\right]^{4-}$$

zum Ausdruck bringt. Diese „komplexe Schreibweise" wurde von dem deutsch-schweizerischen Chemiker Alfred Werner (1866–1919) schon lange vor Kenntnis der Elektronenformeln eingeführt. Noch kürzer kann man natürlich die Formeln durch einfache Aneinanderreihung der Atomsymbole wiedergeben: XeO_4, ClO_4^-, SO_4^{2-}, PO_4^{3-}, SiO_4^{4-}.

Die „*Gesamtwertigkeit*" („*Oxidationsstufe*"; s. dort) der Zentralatome in solchen Komplexen ist gleich der Summe der aus den Elektronenformeln (h–m) zu entnehmenden Bindungs- und Formalladungszahlen (Xenon im Tetraoxid: $4 + 4 = 8$wertig; Chlor im Perchlorat: $4 + 3 = 7$wertig; Schwefel im Sulfat: $4 + 2 = 6$wertig; Phosphor im Phosphat: $4 + 1 = 5$wertig; Silicium im Silicat: $4 + 0 = 4$wertig).

Für die **Struktur** von Ionen wie (d–m), deren zentrales Nichtmetall bis zu vier $(\sigma + n)$-Valenzelektronenpaare aufweist, gilt das bei den kovalenten Verbindungen erster Ordnung Gesagte. Demgemäß sind die Ionen (h–m) *tetraedrisch*, das Ion (f) *pyramidal* und das Ion (e) *gewinkelt* aufgebaut, da das Zentralatom Cl^- von vier $(\sigma + n)$-Elektronenpaaren umgeben ist, die sich nach den *Ecken eines Tetraeders* abstoßen und von denen vier, drei bzw. zwei mit Sauerstoff verbunden, die restlichen ligandenfrei sind (vgl. CH_4, NH_3, H_2O; S. 136). Für weitere Einzelheiten vgl. S. 316.

Bei Komplexen wie XeO_4, ClO_4^- oder SO_4^{2-} können die hohen **formalen Ladungen** der Zentralatome (4+, 3+ bzw. 2+; vgl. h–k) durch zusätzliche „Hingabe" (engl. „*donation*") freier Elektronenpaare vom negativen Liganden zum positiven Zentralatom im Rahmen eines *mesomeren Ladungsaustauschs* kompensiert werden. So kann etwa der Schwefel im „Sulfat-Ion" SO_4^{2-} (n) seine formale Ladung 2+ durch „Hinkoordinierung" von zwei freien Elektronenpaaren zweier Sauerstoffatome auf Null erniedrigen. Die größere Elektronegativität vom Sauerstoff (3.50) im Vergleich zu Schwefel (2.44) bedingt allerdings, daß die **effektive Ladung** des Schwefels durch *induktiven Ladungsausgleich* auch im Ion noch einen kleinen positiven Wert (≈ 0.3+) besitzt.

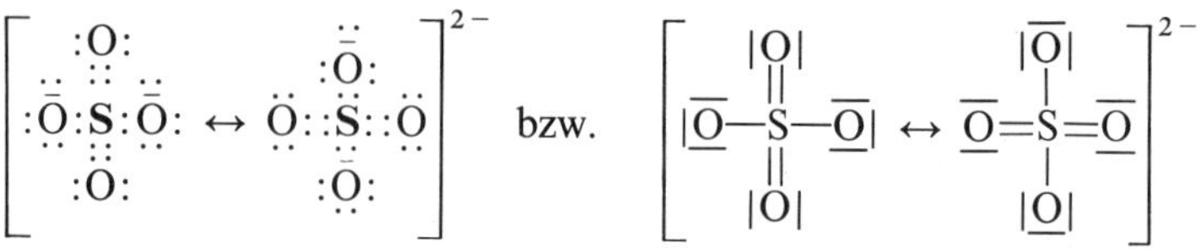

bzw.

(n)

Der Bindungsgrad der SO-Bindung in dem so entstehenden Resonanzhybrid-Ion (n) ist gleich (2 × 2 + 2 × 1)/4 = 1,5, womit auch die SO-Bindungslänge von 1.51 Å übereinstimmt, die einen Zwischenzustand zwischen einfacher (ber. 1.70 Å) und doppelter Bindung anzeigt. Ganz allgemein ergeben sich für die Ionen (h–m) durch Hingabebindung bis zur formalen Ladungszahl 0 des Zentralatoms folgende Elektronen-Grenzformeln

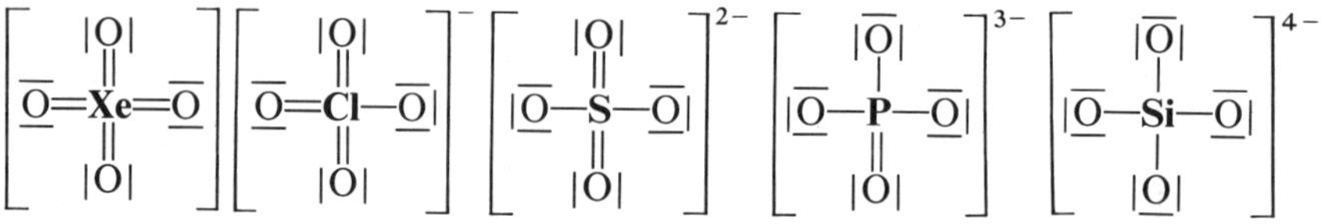

Bindungsgrad: 2.0 1.75 1.5 1.25 1.0

die mit den ZO-Bindungslängen im Einklang stehen, wonach der mittlere Bindungsgrad mit wachsender Gruppennummer des Zentralatoms zunimmt. Da die Hinkoordinierung von Elektronenpaaren zwangsläufig zu einer Erweiterung der Außenelektronenschale des Zentralatoms führt, kann der geschilderte mesomere Ladungsausgleich nur bei solchen Zentralatomen von Verbindungen höherer Ordnung erfolgen, die der dritten oder einer höheren – über d-Orbitale verfügenden – Elementperiode angehören (vgl. S. 361).

1.2.2 Komplexbildung am Elektronendonatorakzeptor

Erfolgt die Komplexbildung gemäß (b) (S. 156) in der Weise, daß sich die freien Elektronenpaare von Z jeweils mit zwei einwertigen Liganden, z. B. zwei Fluor-Atomen, verbinden, welche hierbei je 1 Elektron beisteuern, so kommt es zu einer Erhöhung der Elektronenzahl von Z um 2 Elektronen. Beispielsweise kann das Xenon-Atom :Ẍe: mit seinen vier freien Elektronenpaaren 2, 4 oder 6 Fluor-Atome unter Ausbildung einer 10er-, 12er bzw. 14er-Schale aufnehmen wobei, wie ersichtlich, keine formalen Ladungen auftreten, da in allen

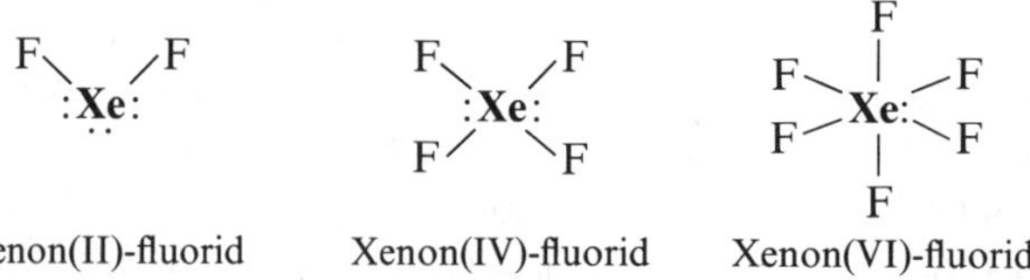

Xenon(II)-fluorid Xenon(IV)-fluorid Xenon(VI)-fluorid

Fällen die auf das Xenon-Atom entfallende Elektronenzahl gleich 8 ist (gebundene Elektronen hälftig, freie Elektronen ganz zum Xe gerechnet). Die Gesamtwertigkeit (Oxidationsstufe) ist hier daher gleich der Zahl der koordinativen Bindungen.

In analoger Weise vermag das Iod-Atom des Iodfluorids IF (3 freie Elektronenpaare) – gleiches gilt vom Tellur-Atom des Tellurdifluorids TeF_2 (2 freie Elektronenpaare) und vom Antimon-Atom des Antimontrifluorids SbF_3 (1 freies Elektronenpaar) – je freies Elektronenpaar zwei Fluor-Atome zu binden unter Bildung folgender Endglieder:

IF_7 — Iod(VII)-fluorid TeF_6 — Tellur(VI)-fluorid SbF_5 — Antimon(V)-fluorid

Die Ausbildung höherer Wertigkeiten setzt eine „*Promovierung*" von Elektronen aus doppelt besetzten in höhere unbesetzte Orbitale voraus (Überführung des Atoms in einen „*Valenzzustand*", vgl. S. 139), wozu oft eine beträchtliche Energie („*Promotionsenergie*", S. 140) erforderlich ist. Die Erfahrung zeigt, daß bei Nichtmetallatomen Elektronen nur innerhalb der gleichen Hauptschale promoviert werden können, weil offensichtlich nur dann die dazu erforderliche Promotionsenergie so klein ist, daß sie durch die Bindungsbildung wieder eingebracht werden kann. Hieraus folgt, daß die maximale Zahl kovalenter Bindungen eines Atoms der durch die Gruppennummer charakterisierten Zahl der innerhalb der Valenzelektronenschale realisierbaren einfach besetzten Orbitale entspricht (z. B. I: 7, Te: 6, Sb: 5)[48].

Bezüglich der **Struktur** der Moleküle XeF_2 (*gewinkelt*), XeF_4 (*quadratisch-planar*), XeF_6 (*verzerrt-oktaedrisch*), IF_7 (*pentagonal-bipyramidal*), TeF_6 (*oktaedrisch*) und SbF_5 (*trigonal-bipyramidal*) vgl. S. 315f.

1.2.3 Komplexbildung am Elektronenakzeptor

An ein Kation Z^{n+} bzw. an das Atom Z einer Verbindung erster Ordnung ZL_n, in welcher Z noch keine Edelgasschale besitzt, können sich Donatoren L mit abgeschlossener Edelgasschale und freien Elektronenpaaren, wie

$$[H:]^- \qquad [:\ddot{\underset{..}{F}}:]^- \qquad H:\ddot{\underset{..}{O}}:H \qquad H:\overset{H}{\underset{..}{\ddot{N}}}:H \qquad [:C:::N:]^-$$

gemäß (c) (S. 156) derart anlagern, daß sie mit ihren freien Elektronenpaaren koordinative Bindungen zum Zentral-Ion (-Atom) Z ausbilden und diesem dadurch zu einer Edelgasschale verhelfen. So nehmen etwa die Kationen Li^+ und Be^{2+} je vier H_2O-Moleküle auf und erreichen so die Schale des Neons (o, p); dasselbe Ziel erreichen die Atome Be und B des Berylliumfluorids BeF_2 und Borfluorids BF_3 durch Aufnahme von $2F^-$ bzw. $1F^-$ (q, r; jeder Strich in den **Valenzstrichformeln** o–r symbolisiert ein freies Elektronenpaar).

$[Li(OH_2)_4]^+$ (Formalladungen: Li 3−, O +) — Tetraaqua-lithium(I)-Ion (o)

$[Be(OH_2)_4]^{2+}$ (Formalladungen: Be 2−, O +) — Tetraaqua-beryllium(II)-Ion (p)

$[BeF_4]^{2-}$ (Formalladung: Be 2−) — Tetrafluoro-beryllat(II)-Ion (q)

$[BF_4]^-$ (Formalladung: B −) — Tetrafluoro-borat(III)-Ion (r)

Mit der Bildung solcher Achterschalen durch Ligandenanlagerung ist im Falle von Ionen oder Atomen der ersten Achterperiode (zweite Elementperiode) die maximale Bindungsfähigkeit von Z erreicht, da die 2. Schale ($n = 2$) nicht mehr als $2 \cdot n^2 = 2 \cdot 4 = 8$ Elektronen (entsprechend 4 koordinativ gebundenen Liganden L) aufnehmen kann (vgl. hierzu S. 94). Im Falle eines Ions oder Atoms der dritten (oder einer höheren) Elementperiode können dagegen unter Erweiterung der Achterschale auf 10, 12, 14 oder gelegentlich auch 16 (z. B. TaF_8^{3-}) oder 18 Elektronen (z. B. ReH_9^{2-}) weitere Liganden mit freien Elektronenpaaren

[48] In neuerer Zeit ist das Konzept der Promovierung von Valenzelektronen in d-Orbitale wegen der sehr hohen Promotionsenergien umstritten, vgl. S. 361.

angelagert werden, da in der dritten Schale ($n = 3$) durch Besetzung von fünf *d*-Orbitalen mit je 2 Elektronen über die s^2p^6-Achterschale (4 Liganden) hinaus insgesamt noch weitere 10 Außenelektronen (5 Liganden) bis zu einer Maximalzahl von $2 \cdot n^2 = 2 \cdot 9 = 18$ Elektronen unter Bildung einer $s^2p^6d^{10}$-Achtzehnerschale aufgenommen werden können[48,49]. So vereinigt sich z.B. sowohl $[AlF_4]^-$ – zum Unterschied von der homologen Borverbindung $[BF_4]^-$ – als auch SiF_4 – zum Unterschied von der elementhomologen Kohlenstoffverbindung CF_4 – zusätzlich noch mit zwei Fluorid-Ionen F^- unter Bildung von Hexafluorokomplexen (s, t), die Verbindung SbF_3 zum Unterschied vom elementhomologen Fluorid NF_3 noch mit zwei Fluorid-Ionen unter Bildung des Pentafluorokomplexes SbF_5^{2-} (u) (Ausweitung der Elektronenschale von jeweils 8 auf 12 Elektronen):

$[AlF_6]^{3-}$ (Al: 3−) — Hexafluoro-aluminat(III)-Ion (s)

$[SiF_6]^{2-}$ (Si: 2−) — Hexafluoro-silicat(IV)-Ion (t)

$[SbF_5]^{2-}$ (Sb: 2−) — Pentafluoro-antimonat(III)-Ion (u)

Wie bei den Komplexen des Elektronen*donator*-Typs berechnet sich auch bei den Komplexen des Elektronen*akzeptor*-Typs die „Gesamtwertigkeit" („Oxidationsstufe") der Zentralatome Z als Summe der Bindungs- und Formalladungszahlen (z. B. Li in $Li(H_2O)_4^+$: $4 - 3 = 1$; B in BF_4^-: $4 - 1 = 3$; Sb in SbF_5^{2-}: $5 - 2 = 3$).

Die oben beschriebene *Komplexbildung am Elektronendonator und -donatorakzeptor* läßt sich formal auch als Komplexbildung am *Elektronenakzeptor* behandeln. So könnten die Komplexverbindungen und -ionen (h–m) durch Koordination von jeweils 4 Oxid-Ionen O^{2-} mit den als Elektronenakzeptoren wirkenden, positiv geladenen Zentral-Ionen Xe^{8+}, Cl^{7+}, S^{6+}, P^{5+} und Si^{4+} entstanden sein. In analoger Weise könnten sich die Moleküle IF_7, TeF_6 und SbF_5 (s. o.) aus den Ionen I^{7+}, Te^{6+} oder Sb^{5+} und 7, 6 oder 5 Fluorid-Ionen F^- aufbauen. Vielfach bevorzugt man letztere Betrachtungsweise (insbesondere wenn das Zentralatom wie im Falle von Si oder Sb relativ elektropositiv ist).

Bezüglich der **Struktur** der Ionen (o–r) (*tetraedrisch*), (s, t) (*oktaedrisch*) und (u) (*quadratisch-pyramidal*) vgl. S. 315f.

Die **formale Ladung** des Berylliums im Tetrafluoroberyllat(II)-Ion BeF_4^{2-} (v), das man sich aus einem Beryllium-Kation Be^{2+} und vier Fluorid-Anionen F^- entstanden denken kann, ist gleich 2− (pro angelagertes Fluorid-Ion wird dem Beryllium-Ion formal 1 negative Ladung übertragen, während die des Fluorid-Ions verschwindet). Ein mesomerer Ladungsausgleich ist hier nicht möglich. Nun beschreibt aber die Elektronenformel (v) die Verhältnisse nur ungenügend. Denn wegen der großen Elektronegativitätsdifferenz von Beryllium und Fluor ($\chi_F - \chi_{Be} = 4.10 - 1.47 = 2.63$) handelt es sich bei den Beryllium-Fluor-Bindungen nicht um unpolare, sondern um polare Kovalenzen, so daß das komplexe Ion

$[BeF_4]^{2-}$ (Be: 2−) (v)

$[BeF_4]^{2-}$ (Be: 1+; jedes F: 0.75−) (w)

[49] Daß man bei Zentralatomen von Komplexen im allgemeinen nur kleinere maximale Koordinationszahlen als 9 beobachtet, hat einerseits räumliche, andererseits ladungsbedingte Gründe.

BeF_4^{2-} wahrheitsgetreuer durch die Elektronenformel (w) wiederzugeben ist, in die (v) durch induktiven Ladungsausgleich übergeht. Einer Elektronegativitätsdifferenz von 2.6 entspricht ein etwa 75%iger Ionencharakter der koordinativen Be ← F-Bindung (vgl. Elektronegativität), was bedeutet, daß dem Beryllium-Ion formal nur 25% der vier Bindungselektronenpaare gehören. In Wirklichkeit wird somit nur $\frac{1}{4}$ der von den vier Fluorid-Ionen gemäß (v) an das Beryllium-Ion Be^{2+} abgegebenen 4 negativen Ladungen – d.i. insgesamt 1 negative Ladung – auf das Be^{2+}-Ion übertragen, so daß es statt der formalen Ladungszahl 2 – (v) die *„effektive"* Ladungszahl 1 + (w) besitzt. In Übereinstimmung mit der Erwartung ist somit im BeF_4^{2-}-Ion das zentrale Metall-Ion positiv, jeder der vier Fluorid-Liganden negativ aufgeladen; die Ladungen übertreffen dabei nicht den in der Elektroneutralitätsregel festgelegten Ladungswert von ± 1.

Beispiele für Komplexe, bei denen die Bindung der Liganden weniger durch echte koordinative Valenzen, als bevorzugt durch polare Kräfte bewirkt wird, sind zahlreiche Hydrate, Ammoniakate, Alkoholate (allgemein: *„Solvate"*)[50] stark elektro-positiver Ionen wie Li^+, Na^+, K^+, Rb^+, Cs^+, Be^{2+}, Mg^{2+}, Ca^{2+}, Sr^{2+}, Ba^{2+}. Die Metall-Ionen bilden hier durch Anlagerung von Lösungsmittelmolekülen (*„Solvatation"*)[50] Komplexionen. Derartige Komplexe sind um so beständiger, je größer das Dipolmoment μ der Lösungsmittelmoleküle und die Ladung des Zentralions und je kleiner der Abstand ist, bis zu dem sich das Dipolmolekül dem Ion nähern kann (vgl. Dipolmoment sowie Ionenradien, S. 143, 126). So kommt es, daß sich die Solvatbildung im kristallisierten Zustand bevorzugt auf Kationen beschränkt; denn die Anionen sind meist zu groß, um eine genügende Annäherung von Ion und Dipol zuzulassen, so daß die ausgeübten Anziehungskräfte zu klein sind.

Die Zahl der von einem Kation angelagerten Dipolmoleküle wird – abgesehen von den Ladungsverhältnissen – wesentlich bedingt durch den auf der Oberfläche des Zentralions zur Verfügung stehenden Platz und durch die Möglichkeit einer regelmäßigen Anordnung der – sich meist gegenseitig abstoßenden – Addenden. Die drei einfachsten Körper von hoher Symmetrie sind das Tetraeder, das Oktaeder und das Hexaeder (Würfel)[51]. Dementsprechend findet man je nach dem Größenverhältnis von Kation und Addend vor allem die Koordinationszahlen 4 (vier Ecken eines Tetraeders), 6 (sechs Ecken eines Oktaeders) und 8 (acht Ecken eines Antiprismas)[51], während die sehr kleinen Koordinationszahlen 2 und 3 bzw. die ungeraden Koordinationszahlen 5, 7 und 9, für die keine symmetrische Anordnung möglich ist, viel seltener vorkommen (vgl. S. 315f). Als spezielle Beispiele für Ionen-Dipol-Komplexe seien die Ionen $[H(H_2O)_2]^+$, $[Be(H_2O)_4]^+$, $[Mg(H_2O)_6]^{2+}$ und $[Ba(H_2O)_8]^{2+}$ angeführt.

Die **Hydratisierung**[52] von Ionen ist für die *Löslichkeit heterovalenter Verbindungen* von entscheidender Bedeutung. Ob sich ein Stoff löst, hängt ja davon ab, ob er als *fester* oder gelöster Körper im energieärmeren Zustand vorliegt. Bei der Auflösung eines Salzes in Wasser müssen die Ionen aus dem Kristallverband entfernt werden, wobei die sehr erhebliche *„Gitterenergie"* (S. 120) aufgebracht werden muß. Dies ist nur dann möglich, wenn bei der Hydratisierung des Kations und des Anions insgesamt ein noch *größerer* Betrag an *„Hydratationsenergie"* gewonnen wird (vgl. Tab. 25), worunter man die beim Einfangen gasförmiger Ionen in Wasser freiwerdende, auf unendliche Verdünnung extrapolierte Reaktions-

Tab. 25 Hydratationsenergien [kJ/mol] einiger Ionen

Kationen									
H^+	Li^+	Na^+	K^+	Rb^+	Cs^+	NH_4^+	Mg^{++}	Ba^{++}	Sc^{+++}
−1168	−521	−406	−322	−301	−277	−304	−1922	−1361	−2643
Anionen									
F^-	Cl^-	Br^-	I^-	OH^-	ClO_4^-	e^-			
−458	−384	−351	−307	−511	−238	−160			

50 Solvate = Anlagerungsverbindungen mit dem Lösungsmittel; von solvo (lat.) = ich löse. Solvatation = Bildung von Solvaten mit dem Lösungsmittel.

51 Tetraeder = Vierflächner (4 Ecken, 6 Kanten, 4 Dreieckflächen), Hexaeder (Würfel) = Sechsflächner (8 Ecken, 12 Kanten, 6 Quadratflächen) und Oktaeder = Achtflächner (6 Ecken, 12 Kanten, 8 Dreieckflächen) gehören neben dem Dodekaeder = Zwölfflächner (20 Ecken, 30 Kanten, 12 Fünfeckflächen) und dem Ikosaeder = Zwanzigflächner (12 Ecken, 30 Kanten, 20 Dreieckflächen) zu den fünf sogenannten regelmäßigen Polyedern (*„Platonische Körper"*). Das Antiprisma stellt einen Würfel dar, bei dem zwei gegenüberliegende quadratische Flächen um 45° gegeneinander verdreht sind. Die antiprismatische Koordination ist aus elektrostatischen Gründen günstiger als die kubische.

52 **Literatur.** J.F. Hinton, E.S. Amis: *„Solvation Numbers of Ions"*, Chem. Rev. **71** (1971) 627–674; J.P. Hunt, H.L. Friedman: *„Aquo Complexes of Metal Ions"*, Progr. Inorg. Chem. **30** (1983) 359–387; G.W. Neilson, J.E. Enderby: *„The Coordination of Metal Aquaions"*, Adv. Inorg. Chem. **34** (1989) 195–218; H. Ohtaki, T. Radnai: *„Structures and Dynamics of Hydrated Ions"*, Chem. Rev. **93** (1993 1157–1204.

enthalpie versteht. (Genau genommen muß die *freie* Gitterenthalpie kleiner sein als die *freie* Hydratationsenthalpie, damit sich ein Salz löst.)

Die in Wasser gebildeten – ihrerseits hydratisierten – *Hydrate* $[M(H_2O)_n]^{m+/m-}$ weisen unterschiedliche „*Koordinationszahlen*" *n* auf. Der Wert von *n* hängt hierbei von verschiedenen Faktoren (z. B. Ionenradius, -konzentration, -ladung; H_2O-Austauschgeschwindigkeit, S. 377) ab. Als typische Beispiele für Hydrate seien etwa genannt: $[H(H_2O)_2]^+$, $[Li(H_2O)_6]^+$ (stark verdünnt), $[Be(H_2O)_4]^{2+}$, $[Mg(H_2O)_6]^{2+}$, $[Sr(H_2O)_8]^{2+}$.

1.2.4 Nomenklatur anorganischer Verbindungen höherer Ordnung[53)]

Verbindungsnamen. Zur rationellen Bezeichnung von Komplexsalzen gibt man zuerst den Namen des Kations (gleichgültig ob komplex oder nicht) und dann den Namen des Anions an. Die Nennung der Bestandteile des komplexen Ions erfolgt dabei in folgender Reihenfolge: 1. Zahl der Liganden, 2. Art der Liganden, 3. Zentralatom. Für die Angabe der Zahl der Liganden verwendet man die griechischen Zahlworte (di, tri, tetra, penta, hexa usw., vgl. Anh. I)[54)]. Die Benennung der Liganden erfolgt im Falle von Anionen durch Anhängen der Endung „*o*" an den – zum Teil verkürzten – Namen des Anions (z. B. „*Fluoro*" F^-, „*Chloro*" Cl^-, „*Bromo*" Br^-, „*Iodo*" I^-, „*Hydrido*" H^-, „*Oxo*" O^{2-}, „*Hydroxo*" HO^-, „*Thio*" S^{2-}, „*Cyano*" CN^-), bei neutralen Molekülen durch Nennung des Moleküls ohne Endung „*o*" sowie teilweise durch Spezialbezeichnungen (z. B. „*Aqua*" H_2O, „*Ammin*" NH_3). Die Nennung der Liganden erfolgt dabei ohne Berücksichtigung ihrer Zahl in alphabetischer Reihenfolge. Als Anionbestandteil erhält das Zentralatom die Endung „*at*". Einige Beispiele mögen das Besprochene verdeutlichen (vgl. Tab. 26, aus der zusätzlich hervorgeht, daß Säuren als Salze mit Wasserstoff-Kationen und komplexem Anion behandelt werden; H = Hydrogen immer an letzter Stelle des Kations).

Tab. 26 Nomenklatur anorganischer Verbindungen höherer Ordnung

Formel	Rationeller Name	Trivialname
Na_3AlF_6	Trinatrium-hexafluoroaluminat	„*Kryolith*"
$Na_2S_2O_3$	Dinatrium-trioxothiosulfat[a)]	„*Fixiersalz*"
$Na_2[Sn(OH)_4]$	Dinatrium-tetrahydroxostannat	„*Natriumstannit*"
$[Mg(H_2O)_6]SO_4 \cdot H_2O$	Hexaaquamagnesium-tetraoxosulfat-Hydrat[a)]	„*Bittersalz*"
$HClO_4$	Hydrogentetraoxochlorat[a)]	„*Perchlorsäure*"
$NaHSO_3$	Natrium-hydrogentrioxosulfat	„*Natrium-bisulfit*"
H_2SiF_6	Dihydrogenhexafluorosilicat	„*Fluorokieselsäure*"

a) In einfachen Anionen mit Oxo-Liganden kann auf dessen Nennung häufig verzichtet werden, also: SO_4^{2-} = Sulfat, $S_2O_3^{2-}$ = Thiosulfat, PO_4^{3-} = Phosphat usw. Aber ClO_4^- = Perchlorat!

Verbindungsformeln. In Formeln wird – anders als im Namen – das Symbol des Zentralatoms eines komplexen Ions an den Anfang gesetzt. Anschließend werden die Liganden (bei mehratomigen Liganden jeweils in runden Klammern) aufgeführt. Die Formel des komplexen Ions wird in eckige Klammern gesetzt (vgl. Tab. 26; bei einfachen Komplex-Ionen wie NH_4^+, BF_4^-, SO_4^{2-}, in welchen die Liganden Atomionen darstellen, verzichtet man im allgemeinen auf die Klammern). Die Reihenfolge der Liganden wird durch die alphabetische Reihenfolge der Symbole für die koordinierenden Ligandenatome bestimmt.

Wertigkeit. Die Wertigkeit des Zentralatoms eines komplexen Ions wird diesem häufig als römische Zahl in Klammern beigefügt, wobei dann gegebenenfalls auf die Angabe der Zahl von Kationen und/oder Anionen im Komplex verzichtet werden kann (z. B.: $Mg[ClO_4]_2$ = Magnesium-chlorat(VII); $Na_2[Sn(OH)_4]$ = Natrium-tetrahydroxostannat(II).

Elementsauerstoffsäuren. In Abweichung des oben Besprochenen ist es im Falle komplexer Anionen des Typus EO_n^{m-} (Anionen von Elementsauerstoffsäuren) auch üblich, die Anwesenheit von Sauerstoffliganden und ihr Mengenverhältnis ohne deren Nennung mit Hilfe bestimmter, dem Namen des Elements E vor- oder nachgestellter Silben anzugeben. Und zwar benutzt man die Nachsilbe „*at*" zur Bezeichnung von EO_n^{m-} mit E in einer gebräuchlichen Oxidationsstufe, die Nachsilbe „*it*" bzw. die Vor-

53 Vergleiche hierzu auch Nomenklatur von Elementen (S. 60) sowie von Verbindungen 1. Ordnung (S. 154), von Wasserstoffverbindungen (S. 270), von Koordinationsverbindungen (S. 1240). **Literatur**. S. 154.

54 Bei komplizierten Ausdrücken, oder um Zweideutigkeiten zu vermeiden, können zusätzlich die aus den adverbialen Formen griechischer Zahlwörter abgeleiteten Vorsilben bis, tris, tetrakis usw. (vgl. Anh. I) benutzt werden, z. B. $Mg[ClO_4]_2$ = Magnesium-bis(perchlorat).

silbe „*hypo*"[55] für einen um 2 Einheiten niedrigeren, die Vorsilbe „*per*"[55] für einen um 2 Einheiten höheren Oxidationszustand von E, z. B. „*Chlorat*" ClO_3^-, „*Perchlorat*" ClO_4^-, „*Chlorit*" ClO_2^-, „*Hypochlorit*" ClO^-, „*Sulfat*" SO_4^{2-}, „*Sulfit*" SO_3^{2-}, „*Selenat*" SeO_4^{2-}, „*Selenit*" SeO_3^{2-}, „*Nitrat*" NO_3^-, „*Nitrit*" NO_2^-, „*Arsenat*" AsO_4^{3-}, „*Arsenit*" AsO_3^{3-} (aber: „Phosphat" PO_4^{3-}, „Phosphonat" HPO_3^{2-}, „*Phosphinat*" $H_2PO_2^{2-}$; vgl. Phosphorsäuren).

Die Benennung von Elementsauerstoffsäuren H_mEO_n, die sich von auf „*at*" endenden Anionen EO_n^{m-} ableiten, erfolgt durch Anhängen des Worts „*Säure*" an den Element- bzw. einen Spezialnamen, z. B.: „*Chlorsäure*" $HClO_3$, „*Bromsäure*" $HBrO_3$, „*Iodsäure*" HIO_3, „*Schwefelsäure*" H_2SO_4, „*Selensäure*" H_2SeO_4, „*Salpetersäure*" HNO_3, „*Phosphorsäure*" H_3PO_4, „*Arsensäure*" H_3AsO_4, „*Kohlensäure*" H_2CO_3, „*Kieselsäure*" H_4SiO_4, „*Borsäure*" H_3BO_3. Entsprechend werden Säuren, die sich von auf „*it*" endenden Anionen EO_n^{m-} ableiten, durch Anhängen des Ausdrucks „*ige Säure*" an den Element- bzw. den betreffenden Spezialnamen benannt, z. B. „*Chlorige Säure*" $HClO_2$, „*Schweflige Säure*" H_2SO_3, „*Salpetrige Säure*" HNO_2, „*Arsenige Säure*" H_3AsO_3. Die Vorsilbe „*per*" („*hypo*"[55], früher auch „*unter*") wird zur Kennzeichnung einer Säure H_mEO_n mit E in einer um 2 Einheiten höheren (niedrigeren) als der oben erwähnten Oxidationsstufe benutzt, z. B. „*Perchlorsäure*" $HClO_4$, „*Hypochlorige Säure*" $HClO$. Säuren, die sich von den Elementsauerstoffsäuren H_mEO_n durch Ersatz von Sauerstoff O durch die Peroxogruppe O—O (bzw. Schwefel S) ableiten, werden als „*Peroxo ... Säuren*" (bzw. „*Thio*[55] ... *Säuren*") bezeichnet, z. B. „*Peroxoschwefelsäure*" H_2SO_5, „*Peroxosalpetersäure*" HNO_4, „*Thioschwefelsäure*" $H_2S_2O_3$, „*Dithiophosphorsäure*" $H_3PO_2S_2$, „*Trithioarsenige Säure*" H_3AsS_3.

Eine wesentlich einfachere Nomenklatur der Sauerstoffsäuren und ihrer Salze gründet sich auf den Begriff der Oxidationsstufe (Wertigkeit) des säurebildenden Zentralatoms, indem man diese als römische Zahl dem Elementnamen in Klammern beifügt und die Säuren durch Anhängen der Endung „*säure*", die Salze durch Anhängen der Endung „*-at*" zum Ausdruck bringt; z. B. *Chlor(I)-säure* (HClO), *Chlor(III)-säure* ($HClO_2$), *Chlor(V)-säure* ($HClO_3$), *Chlor(VII)-säure* ($HClO_4$); *Natriumchlorat (V)* ($NaClO_3$), *Natriumsulfat (IV)* (Na_2SO_3), *Natriumphosphat (III)* (Na_3PO_3).

Bezüglich der Nomenklatur von Heteropolysäuren vgl. Anm.[28], S. 1467.

1.3 Das Äquivalent

Dividiert man die relative Formelmasse (früher: Formelgewicht) eines Stoffteilchens (Ion, Atom, Molekül) durch die Ionen-, Atom-, Metall- bzw. Gesamtwertigkeit (Oxidationsstufe, s. dort)[56] einer Atomgruppe oder eines Atoms des Stoffteilchens, so erhält man die sogenannte **„relative Äquivalentmasse"** (früher Äquivalentgewicht), d.h. die auf eine Wertigkeitseinheit entfallende relative Formelmasse:

$$\text{rel. Äquivalentmasse} = \frac{\text{rel. Formelmasse}}{\text{Wertigkeit}} \tag{1}$$

Sie beträgt z. B. im Falle von Sulfat-Ionen SO_4^{2-} bei Bezug auf die Ionenwertigkeit 96.062 : 2 = 48.031, im Falle von Sauerstoffatomen O bei Bezug auf die Atomwertigkeit 15.9994 : 2 = 7.9997, im Falle von Aluminium Al bei Bezug auf die Metallwertigkeit 26.9815 : 3 = 8.9938, und im Falle von Perchlorat ClO_4^- bei Bezug auf die Gesamtwertigkeit (Oxidationsstufe) des Chlors 99.451 : 7 = 14.207. Die numerisch mit den relativen Äquivalentmassen übereinstimmenden molaren Massen der betreffenden Äquivalente (**„molare Äquivalentmassen"**) ergeben sich also zu 48.031 g (SO_4^{2-}), 7.9997 g (O), 8.9938 g (Al) und 14.207 g (ClO_4^-).[57]

Teilt man die molaren Äquivalentmassen durch die Avogadrosche-Konstante $N_A = 6.022 \times 10^{23}\ mol^{-1}$, so erhält man die Masse, die einem sogenannten Äquivalent-Teilchen (kurz: **Äquivalent**) zukommt[58]. Man versteht hiernach unter einem Äquivalent, das

[55] hypo (griech.) = unterhalb; pera (griech.) = darüber; theion (griech) = Schwefel. Das griechische Wort bezeichnet zugleich „das Göttliche", weil Räucherungen mit Schwefel, deren desinfizierende Wirkung schon im Altertum bekannt war, damals zusammen mit religiösen Handlungen durchgeführt wurden.

[56] Auch die Division durch eine, für die Chemie des betreffenden Stoffteilchens charakteristische Oxidationsstufendifferenz (vgl. Redox-Reaktionen) ist üblich.

[57] Früher wurde die der relativen Äquivalentmasse (Äquivalentgewicht) numerisch entsprechende Gramm-Menge als „1 *Grammäquivalent*" oder auch kurz als „1 *val*" bezeichnet.

[58] Die Masse eines Äquivalents in atomaren Masseneinheiten ist numerisch gleich der rel. Äquivalentmasse, also in obigen Beispielen 48.031 u (SO_4^{2-}), 7.9997 u (O), 8.9938 u (Al) und 14.207 u (ClO_4^-).

sich insbesondere bei stöchiometrischen Berechnungen von Säure-Base-, Redox- bzw. Ionenreaktionen als sehr nützlich erweist, den (gedachten) Bruchteil $\frac{1}{z}$ eines Stoffteilchens, wobei z die betreffende Wertigkeit einer Atomgruppe oder eines Atoms des Stoffteilchens darstellt[56)].

Unter der **„Äquivalentkonzentration"** (früher: „*Normalität*") eines gelösten Stoffes versteht man den Quotienten aus der Äquivalentmenge (in mol) und dem Volumen (in l) der Lösung. Lösungen, die je Liter 1 mol Äquivalent enthalten, werden als „*1-normale Lösungen*" bezeichnet. In einer 1-normalen Nitratlösung sind demnach 62.0049 : 1 = 62.0049 g NO_3^-, in einer 1-normalen Carbonatlösung 60.0094 : 2 = 30.0047 g CO_3^{2-} gelöst (Bezug auf die Ionenwertigkeit). Unter einer *1-normalen Säure* bzw. *Base* versteht man die Lösung einer Säure bzw. Base, die je Liter 1 mol Wasserstoff-Ionen bzw. Hydroxid-Ionen zu bilden imstande ist. Eine 1-normale Phosphorsäurelösung enthält demnach 97.9953 : 3 = 32.6651 g H_3PO_4, eine 1-normale Calciumhydroxidlösung 74.10 : 2 = 37.05 g $Ca(OH)_2$ je Liter.

Bei Atomen kann die Beziehung (1) wie folgt geschrieben werden:

$$\text{rel. Äquivalentmasse} \times \text{Wertigkeit} = \text{rel. Atommasse.} \qquad (2)$$

In dieser Form läßt sie sich zur Bestimmung der relativen Atommasse eines Elements benutzen, indem man die relative Äquivalentmasse und die Wertigkeit des Elements bestimmt. Die relative Äquivalentmasse ermittelt man dabei zweckmäßig über die numerisch mit dieser übereinstimmenden Gramm-Menge des betreffenden Elements, welche 1 mol der Äquivalentmenge von Wasserstoffatomen ($\triangleq$ 1.0079 g), von Sauerstoffatomen ($\triangleq$ 7.9997 g) oder Chloratomen ($\triangleq$ 35.453 g) zu binden oder aus einer Verbindung zu verdrängen vermag. Durch Einsetzen der so gefundenen rel. Äquivalentmasse und der aus der Dulong-Petitschen Regel (s. dort) folgenden angenäherten relativen Atommasse in (2) ergibt sich dann die Wertigkeit des Elements als angenäherte ganze Zahl. Die genaue relative Atommasse erhält man schließlich gemäß (2) durch Multiplikation der genau bestimmten relativen Äquivalentmasse mit seiner ganzzahligen Wertigkeit.

So beträgt z.B. die genaue rel. Äquivalentmasse des Golds (ermittelt durch Analyse des Chlorids) 65.6557. Da die spezifische Wärme des Golds 0.1306 J/g beträgt, besitzt das Gold nach der Dulong-Petitschen Regel die angenäherte rel. Atommasse 26 : 0.1306 = 199. Somit ist das Gold im untersuchten Chlorid dreiwertig (199 : 65.656 = 3.0), und die genaue rel. Atommasse des Golds ergibt sich zu 65.6557 × 3 = 196.967.

Kommt ein Element in mehreren Wertigkeitsstufen vor, so besitzt es natürlich gemäß (1) auch mehrere rel. Äquivalentmassen. Diese stehen nach (2), übereinstimmend mit dem Gesetz der multiplen Proportionen (s. dort), im Verhältnis einfacher ganzer Zahlen zueinander.

2 Molekülspektren

2.1 Überblick

Möglichkeiten der Molekülanregung. Viel komplizierter als die Atomspektren (S. 103) sind die Molekülspektren. Denn im Falle von Molekülen können ja bei Energiezufuhr außer *Elektronensprüngen* auch *Rotationen* (Drehbewegungen) der Moleküle und *Oszillationen* (Schwingungen) der Atome innerhalb der Moleküle angeregt werden (vgl. hierzu spezifische Wärmekapazität, S. 43).

Am leichtesten gelingt die Anregung von Molekülrotationen. Die dazu erforderlichen Energiebeträge (ca. 0.001–1 kJ/mol) entsprechen den Energiegehalten der Lichtquanten des Mikrowellenbereichs und des langwelligen Infrarots (λ ca. 100–0.1 mm; vgl. Fig. 61). Daher findet man in diesem Wellenbereich der Molekülspektren die „*Rotationsspektren*", wobei die Frequenzen der Rotationsspektrallinien durch die zwischen den verschiedenen Rotationsenergiezuständen des Moleküls bestehenden Energiedifferenzen gemäß $h \cdot \nu = |E|_{nach} - |E|_{vor}$ (vgl. Atomspektren) gegeben sind. Die Anregung von Molekülschwingungen erfordert Ener-

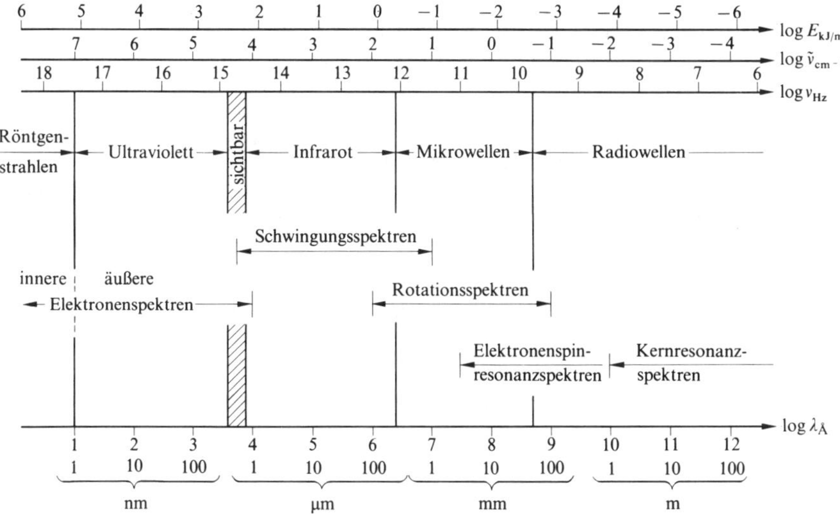

Fig. 61 Rotations-, Schwingungs-, Elektronen-, Kernresonanz- und Elektronenspinresonanzspektren von Molekülen im Spektrum der elektromagnetischen Wellen.

giemengen, wie sie im wesentlichen in den Energiequanten des Infrarots und des langwelligen sichtbaren Bereichs vorliegen (ca. 0.1–200 kJ, entsprechend λ ca. 1000–0.6 µm; Fig. 61). Somit findet man im infraroten Wellenbereich die „*Schwingungsspektren*". Die Molekülelektronenanregungen treten schließlich im sichtbaren und kürzerwelligen Gebiet auf. Wie bei den Atomen, unterscheidet man auch bei den „*Elektronenspektren*" zwischen den Spektren der *inneren Elektronen*, die nur durch Zufuhr von Photonen im Energiebereich der Röntgenstrahlen ($>$ 5000 kJ/mol, entsprechend λ $<$ 1 nm) angeregt werden können, und den Spektren der *äußeren Elektronen*, die durch Absorption von Lichtquanten im sichtbaren und ultravioletten Bereich in Zustände höherer Energie übergeführt werden (ca. 150–5000 kJ/mol, entsprechend λ ca. 800–1 nm); Fig. 61).

Neben den Rotations-, Schwingungs- und Elektronenspektren der Moleküle sind unter den Molekülspektren die „*Kernresonanzspektren*" sowie die „*Elektronenspinresonanzspektren*" chemischer Verbindungen von Bedeutung. Wie im Falle der anderen spektroskopischen Methoden, nimmt die Substanzprobe auch bei der Kern- bzw. Elektronenspinresonanz-Spektroskopie aus der angebotenen elektromagnetischen Strahlung Energiequanten bestimmter Größe auf. Sie dienen hier zur Anregung von Atomkernen bzw. Elektronen, und zwar hinsichtlich der Ausrichtung ihres magnetischen Spinmoments in einem *äußeren Magnetfeld*. Voraussetzung ist mithin, daß die Verbindungsprobe einem (möglichst starken) homogenen Magnetfeld ausgesetzt ist und daß die Kerne der Molekülatome ein magnetisches Moment besitzen (Kernresonanz-Spektroskopie) bzw. daß die untersuchten Moleküle ungepaarte Elektronen aufweisen (Elektronenspinresonanz-Spektroskopie). Bei dem in gängigen Kern- bzw. Elektronenspinresonanz-Spektrometern erreichten Induktionen von einigen Tesla liegen die zur Kernanregung benötigten Energiequanten im Radiowellenbereich (Meterbereich; ν um 10^8 Hz; Fig. 61), die zur Elektronenspinanregung erforderlichen Quanten im Mikrowellenbereich (Millimeterbereich; ν um 10^{10} Hz; Fig. 61).

Anwendungen. Die Molekülspektren stellen ein wichtiges Hilfsmittel zur Klärung von Struktur- und Bindungsfragen dar. So kann man den **Rotationsspektren** („*Mikrowellenspektren*")[59)] einfach gebauter Mo-

[59] **Literatur.** Rotationsspektren. T. M. Sugden, C. N. Kenney: „*Microwave Spectroscopy of Gases*", Van Nostrand, London 1965; H. W. Kroto: „*Molecular Rotation Spectra*", John Wiley, London 1975. Schwingungsspektren. G. Herzberg: „*Infrared and Raman Spectra of Polyatomic Molecules*", Van Nostrand, New York 1966; E. B. Wilson jr., I. C. Decius, P. C. Cross: „*Molecular Vibrations*", New York 1955; H. Siebert: „*Anwendung der Schwingungsspektroskopie in der anorganischen Chemie*", Springer Verlag, Berlin 1966; J. Brandmüller, H. Moser: „*Einführung in die Ramanspektroskopie*", Darmstadt 1962; J. Weidlein, U. Müller, K. Dehnicke: „*Schwingungsspektroskopie – Eine Einführung*", Thieme, Stuttgart 1982. Elektronenspektren. A. B. P. Leber: „*Inorganic Spectroscopy*", Elsevier, Amsterdam 1968; G. Herzberg: „*Elektronic Spectra of Polyatomic Molecules*", Van Nostrand, London 1966; B. G. Ramsey: „*Electronic Transitions in Organometalloids*", Academic Press, New York 1969; C. R. Brundle, A. D. Baker (Hrsg.): „*Electron-*

leküle etwa Aussagen über die Trägheitsmomente der Moleküle entnehmen. In besonders günstigen Fällen (z.B. bei dreiatomigen Molekülen ABA) lassen sich dann aus dem Trägheitsmoment eines Moleküls die *Bindungslängen* und *-winkel* mit hoher Präzision bestimmen[60]. In analoger Weise folgen aus Zahl, Lage und Intensität der in den **Schwingungsspektren** (in Form von „*Infrarot*"- und „*Ramanspektren*")[59] beobachtbaren Banden Aussagen über die *Symmetrie* (S. 173) und die *Struktur* (Atomfolge, Bindungswinkel, Bindungsenergie) der untersuchten Moleküle. Der Wert der **Elektronenspektroskopie** („*Ultraviolettspektroskopie*")[59] sowie auch der **Elektronenspinresonanzspektroskopie**[59] von Molekülen liegt u.a. darin, daß sich diese Meßmethoden vorzüglich dazu eignen, die Ergebnisse quantenmechanischer Rechnungen zu überprüfen. Durch eine derartige Korrelation zwischen Theorie und Experiment hat man erkenntnisreiche Einblicke in die *elektronische Struktur* bestimmter Verbindungsklassen gewonnen, z.B. in die Klasse der theoretisch relativ leicht zu behandelnden zweiatomigen Moleküle, in die Klasse der Moleküle mit Mehrfachbindungssystemen, in die Klasse der Übergangsmetall-Komplexverbindungen (S. 1205) oder in die Klasse der Radikale. **„Kernresonanzspektren"**[59] ermöglichen schließlich wertvolle Einsichten in *Bindungsarten* und die *räumliche Atomaufteilung* in Molekülen; auch gestatten sie, *schnelle reversible Reaktionen* zu untersuchen.

Nachfolgend seien im Zusammenhang mit der *Farbe chemischer Stoffe* die *Elektronenanregungen der Moleküle* etwas eingehender besprochen.

2.2 Farbe chemischer Stoffe[61]

2.2.1 Allgemeines

Farben faszinieren den Menschen seit alters her und lösen in ihm sowohl psychologische wie ästhetische Sinneserlebnisse aus (man denke nur an die Mode, die Architektur, die Gebrauchsgegenstände, das Signalwesen, die Werbung, die Malerei, die Filmkunst). So nimmt es nicht wunder, daß man intensiv nach naturwissenschaftlichen Antworten auf die Frage nach den *Ursachen der Farben* chemischer Stoffe wie „Ozon" O_3 (*blau*), „Stickstoffdioxid" NO_2 (*braun*), „Rubin" Al_2O_3 (*rot*), „Smaragd" $Be_3Al_2Si_6O_{18}$ (*grün*), „Zinnober" HgS (*rot*), „Malachit" $CuCO_3 \cdot Cu(OH)_2$ (*grün*), „Berliner Blau" $K[Fe^{II}Fe^{III}(CN)_6]$ (*blau*), „Gold" Au (*goldgelb*) gesucht hat.

Tatsächlich beruht die Farbe der anorganischen sowie organischen natürlichen bzw. synthetischen „farbgebenden" Stoffe (**„Farbmittel"**), die man in *lösliche* **„Farbstoffe"** und *unlösliche* **„Farbpigmente"** unterteilt, in der Regel auf der Absorption von sichtbarem Licht bestimmter Wellenlängenbereiche. Weißem Licht werden somit beim Durchstrahlen der reinen oder gelösten Farbmittel Farben entzogen, so daß man nur die Summe der verbleibenden Farben als *charakteristische Komplementärfarbe* (vgl. Fig. 62 und S. 1264) „sieht". Die zur Elektronen- sowie auch Schwingungs- und Rotationsanregung der Stoffe genutzten Energieabsorptionen geben sich im „*Absorptionsspektrum*" als „*Absorptionsbanden*" zu erkennen (s.u., S. 1265 und Fig. 64). Andererseits können die durch Licht oder auf anderen Wegen – z.B. durch thermische, elektrische, chemische Energie – angeregten Farbmittel ihrerseits unter Übergang in den Grundzustand Licht *emittieren*, d.h. „*fluoreszieren*" oder „*phosphoreszieren*" (vgl. S. 107).

Spectroscopy: Theory, Techniques and Applications", Volume I–IV, Academic Press, London 1977–1981. Elektronenspinresonanz. K. Scheffler, H.B. Stegmann: „*Elektronenspinresonanz*", Springer Verlag, Berlin 1970; G. Gerson: „*Hochauflösende ESR-Spektroskopie*", Verlag Chemie, Weinheim 1967; B.A. Goodman, J.B. Raynor: „*Electron-Spin Resonance of Transition Metal Complexes*", Advances Inorg. Radiochem. **13** (1970) 136–362. Kernspinresonanz. H. Günther: „*NMR-Spektroskopie*" 2. Aufl., Thieme, Stuttgart 1983; H. Friebolin: „*Ein- und Zweidimensionale NMR-Spektroskopie*", Verlag Chemie, Weinheim 1988; A.E. Derome: „*Modern NMR-Techniques for Chemistry Research*", Pergamon, Oxford 1987; R.R. Ernst, G. Bodenhausen, A. Wokaun: „*Principles of Nuclear Magnetic Resonance in One and Two Dimensions*", Clarendon Press, Oxford 1987.

60 Voraussetzung für eine meßtechnisch ausreichend intensive Absorption von Mikrowellen durch ein Molekül ist, daß dieses ein Dipolmoment aufweist. Aus diesem Grunde lassen sich ja Mikrowellen zur Ortung von Flugkörpern nutzen („*Radarstrahlen*"), da die wesentlichen Bestandteile der Luft (O_2, N_2, Edelgase, CO_2) kein Dipolmoment besitzen und deshalb die Mikrowellen nicht absorbieren.

61 **Literatur.** K. Nassau: „*Wie entstehen Farben?*", Spektrum der Wissenschaft, Dezember (1980) 65–81; W. Kaim, S. Ernst, S. Kohlmann: „*Farbige Komplexe: das Charge-Transfer Phänomen*", Chemie in unserer Zeit, **21** (1987) 50–58.

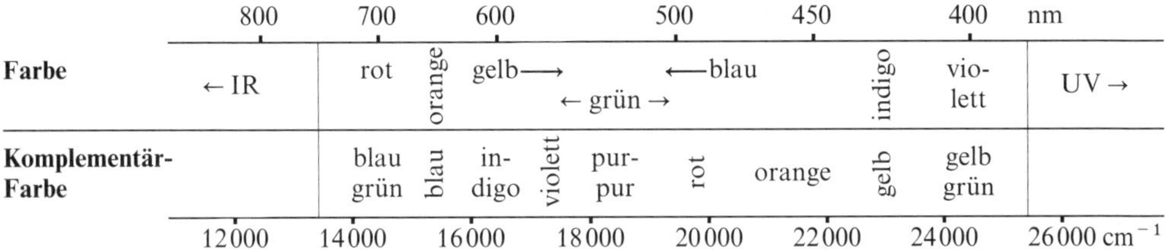

800 700 600 500 450 400 nm

Farbe	← IR	rot	orange	gelb ⟶		← grün →	⟵ blau		indigo	violett	UV →
Komplementär-Farbe		blaugrün	blau	indigo	violett	purpur	rot	orange	gelb	gelbgrün	

12000 14000 16000 18000 20000 22000 24000 26000 cm^{-1}

Fig. 62 Sichtbarer Bereich: *Farben* im wiedergegebenen Wellenzahlenbereich [cm^{-1}] bzw. Wellenlängenbereich [nm] sowie *Komplementärfarben* nach Absorption der Farbe im betreffenden Wellenzahlen-(Wellenlängen-)bereich.

Das *Absorptionsvermögen* und das damit verbundene *Emissionsvermögen* der chemischen Stoffe für Strahlung ist sehr unterschiedlich. So absorbiert das „Fensterglas" praktisch kein sichtbares, jedoch fast alles ultraviolette Licht, das „Farbmittel" einen Teil des sichtbaren Lichts, die „Metallfolie" alles sichtbare und ultraviolette Licht, jedoch fast keine Röntgenstrahlung. Absorbiert ein Stoff Strahlung des *gesamten Wellenzahlenbereichs*, so bezeichnet man ihn als „*idealschwarzen Körper*" („schwarzer Körper", „Schwarzkörper")[62]. Erwärmt man ihn, ausgehend von 0 K (alle Atome im Grundzustand), so verteilt sich die aufgenommene und zur Anregung der Stoffatome genutzte Energie gemäß Fig. 63 in der Weise, daß die weitaus meisten Atome eine mittlere, für jede Temperatur charakteristische und mit steigender Temperatur wachsende Energie aufweisen. Bei Raumtemperatur ist die vom schwarzen Körper aufgenommene Energie allerdings noch so klein, daß er im „*Strahlungsgleichgewicht*"[63] nur infrarote Strahlung aussendet, während bei 1000 K (ca. 700 °C) bereits eine kleine Anzahl stärker angeregter Atome beim Übergang in den Grundzustand sichtbares Licht des langwelligen Bereichs ausstrahlt (Fig. 63): der schwarze Körper glüht *dunkelrot*. Bei weiterer Temperaturerhöhung verschiebt sich der Farbton des Glühens von *Dunkelrot* (700 °C) über *Rot* (900 °C) und *Gelb* (1100 °C) nach *Weiß* (z. B. glühender Wolframdraht: 2200 °C; Blitzlicht: 4000 °C; Sonnenlicht: ca. 6000 °C; vgl. Fig. 63).

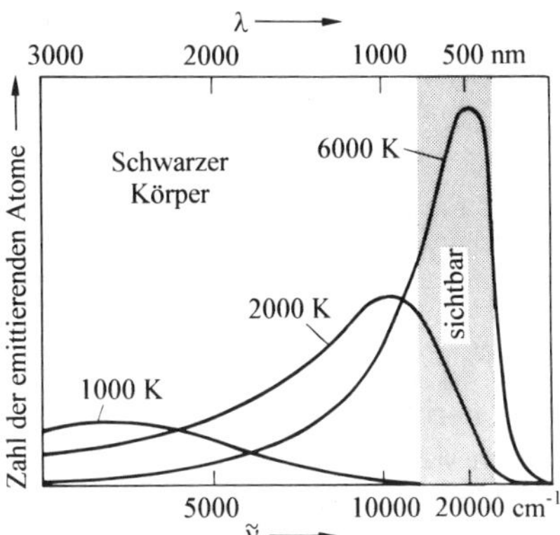

Fig. 63 Spektrale Energieverteilung der Strahlung des schwarzen Körpers bei 1000, 2000, 6000 K.

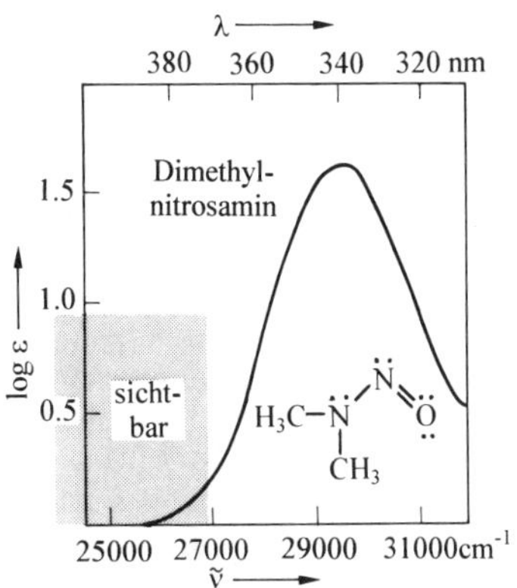

Fig. 64 Ultraviolett-Absorptionsspektrum von Me_2NNO in Wasser.

Nachfolgend soll im Zusammenhang mit der Frage nach den Ursachen der Farbe chemischer Stoffe zunächst kurz auf Absorptionsspektren, dann auf wichtige, für die „Farbbildung" verantwortliche Prozesse eingegangen werden.

---

[62] Tatsächlich gibt es keinen Stoff, der sämtliche Strahlung absorbiert und emittiert. Sehr nahe an die (hypothetische) Strahlung eines schwarzen Körpers kommt die aus einer kleinen Öffnung eines geschwärzten Hohlraums tretende und sich im Hohlraum bei jeder Temperatur ins Strahlungsgleichgewicht setzende Strahlung.

[63] Steht ein Körper im *Strahlungsgleichgewicht* mit seiner Umgebung, so entspricht die emittierte Strahlung hinsichtlich ihres Wellenzahlenbereichs und ihrer Energie der absorbierten Strahlung.

Absorptionsspektren. Charakteristisch für alle im *Schwingungs-* oder *Elektronenspektrum* chemischer Stoffe erscheinenden *Absorptionsbanden* ist deren *Kontur*, *Wellenlängen-* (*Wellenzahlen-*)*bereich* und *Intensität* (vgl. Fig. 64).

Kontur von Absorptionsbanden. Schwingungs- und Elektronenspektren von Molekülen bestehen in der Regel nicht wie die Elektronenspektren von Atomen (S. 107) aus einzelnen „*Linien*", sondern aus einer Folge von „*Banden*". Jede Bande beinhaltet viele nebeneinanderliegende und im einzelnen nicht sichtbare (*nicht aufgelöste*) *Spektrallinien* (vgl. Fig. 64; in der Regel liefern Farbmittel mehrere Absorptionsbanden). Die betreffenden Linien gehen auf die mit der Schwingungs- bzw. Elektronenanregung „gleichzeitig" erfolgende Anregung von Molekülrotationen bzw. von Molekülrotationen/-schwingungen zurück. Mithin stellen die Schwingungsspektren tatsächlich „*Rotations-Schwingungs-Spektren*" und die Elektronenspektren tatsächlich „*Rotations-Schwingungs-Elektronenspektren*" dar. Bei „guter" Spektrenauflösung geben sich jedoch die Rotationsanregungen im Schwingungsspektrum als „*Rotationsfeinstruktur*" der Schwingungsbanden bzw. die Schwingungsanregungen im Elektronenspektrum als „*Schwingungsfeinstruktur*" der Elektronenbanden zu erkennen.

Wellenlänge, Wellenzahl. Die in den IR- und UV-Spektren als *Abzisse* gewählte „Wellenzahl" $\tilde{\nu}$ [cm^{-1}] hängt mit der „Wellenlänge" λ [nm], der „Frequenz" ν [s^{-1}] und dem „Lichtäquivalent" E [J/Photon bzw. kJ/mol Photonen] durch folgende, auf S. 103, Anm.[38)] bereits abgeleiteten Beziehungen zusammen:

$$\tilde{\nu} = 1/\lambda = \nu/c;\quad E = h\nu = hc\tilde{\nu}\ \text{[J/Photonen]}\quad \text{bzw.}\quad E = 10^{-3}\, N_A hc\tilde{\nu}\ \text{[kJ/mol Photonen]}$$

(c = Lichtgeschwindigkeit, h = Plancksches Wirkungsquantum, N_A = Avogadrosche Zahl). Somit ergibt sich für den wechselseitigen Übergang von Wellenzahlen in Lichtäquivalente (1 eV = 96.485 kJ/mol):

$$1\ cm^{-1} \mathrel{\hat{=}} 0.01196\ kJ/mol \qquad 1\ kJ/mol \mathrel{\hat{=}} 83.60\ cm^{-1}$$
$$\mathrel{\hat{=}} 0.000124\ eV \qquad 1\ eV \mathrel{\hat{=}} 8066\ cm^{-1}$$

Tabellarisch gibt man nur Wellenzahlen $\tilde{\nu}_{max}$ bzw. Wellenlängen λ_{max} der Bandenmaxima in IR-, sichtbaren oder UV-Spektren wieder und erfaßt gegebenenfalls die Breite der Banden bei der Hälfte des Bandenmaximums („*Halbhöhenbreite*" in cm^{-1} bzw. nm).

Molare Extinktion. Die in den IR-, sichtbaren und UV-Spektren als *Ordinate* gewählte, wellenlängenabhängige „molare Extinktion" ε ist gemäß dem **Lambert-Beerschen Gesetz**[64)]:

$$\log\frac{I_0}{I} = \varepsilon \cdot c \cdot x$$

gleich dem Logarithmus des Quotienten der Intensität I_0 des eingestrahlten Lichts und der Intensität I des Lichts nach Durchstrahlung von x = 1 cm einer Lösung, welche die Probe in der Konzentration c = 1 mol/l enthält: $\varepsilon = \log I_0/I$. Die – meist in Form ihrer Logarithmen tabellierten – Werte ε (Bereich 10°–10^5; $\log\varepsilon = 0$–5) liegen im Falle „erlaubter" bzw. „verbotener" bzw. „stark verbotener" Anregungen im Bereich $> 10^2$ bzw. 10^2–10^1 bzw. $< 10^1$.

Farbverursachende Prozesse. Die Farben chemischer Stoffe beruhen in der Regel auf Elektronenanregungen der betreffenden Farbmittel (Einzelheiten siehe unten). Nur in Ausnahmefällen gehen Farben auf Schwingungsanregungen der Verbindungsatome zurück. Beispielsweise bedingt die Anregung einiger Obertöne von Schwingungen der H_2O-Moleküle eine schwache Lichtabsorption am langwelligen Ende des sichtbaren Bereichs, wodurch „Wasser" und „Eis" in dicker Schicht *bläulich* erscheinen (vgl. Fig. 62). In der Regel liegen jedoch die für Schwingungsanregungen benötigten Energiequanten meist im unsichtbaren infraroten Bereich und werden in Form von Wärmestrahlung aufgenommen sowie abgegeben. Außer durch Elektronen- und Schwingungsanregung können Farben schließlich durch optische Phänomene wie „*Lichtbrechung*" (z. B. Farben des Regenbogens, Feuer geschliffener Edelsteine), „*Lichtstreuung*" (z. B. blauer Tageshimmel, roter Sonnenuntergang; vgl. S. 511), „*Lichtinterferenz*" (z. B. Regenbogenfarben eines dünnen Ölfilms sowie dünner Häute einiger Insekten), „*Lichtbeugung*" (z. B. farbig schillernde Opale, Farben einiger Schmetterlinge und anderer Insekten) zustande kommen (vgl. hierzu Lehrbücher der Physik).

64 Der Zusammenhang bringt die Gesetzmäßigkeiten zum Ausdruck, daß der durch einen Stoff absorbierte Lichtanteil $\Delta I = I_0 - I$ proportional der Intensität I_0 und zugleich der Stoffdicke (**Lambertsches Gesetz**) bzw. der Anzahl Moleküle, d.h. der Stoffkonzentration (**Beersches Gesetz**) ist.

Nachfolgend sollen die auf Elektronenanregungen chemischer Stoffe durch *sichtbares Licht*, d.h. Licht im Wellenzahlenbereich von ca. 12800 cm^{-1} bis ca. 26300 cm^{-1} (Wellenlängenbereich ca. 780–380 nm)[65] zurückgehenden Farben eingehender behandelt werden.

2.2.2 Spezielles

Farbe von Atomen und Atomionen. Die zu einem *Linienspektrum* führende Strahlungsabsorption isolierter Atome und Atomionen wurde bereits auf S. 107f besprochen. Atome wie die „Edelgasatome" oder Ionen wie die „Alkali"- und „Erdalkalimetallkationen" bzw. „Halogenid"- und „Chalkogenidanionen" mit abgeschlossenen Elektronenaußenschalen treten in der Regel nur mit energiereicher Ultraviolett- oder Röntgen-Strahlung in Wechselwirkung; eine *Absorption* sichtbaren Lichts wird nicht beobachtet, und die betreffenden Stoffe (z.B. Edelgase, Alkalimetallhalogenide) erscheinen somit *farblos*. Andererseits erfolgt der Übergang *elektronisch hoch angeregter* edelgaskonfigurierter Atome und Atomionen in den Grundzustand häufig über *dazwischenliegende* Zustände in kleineren, *sichtbarem* Licht entsprechenden Energiestufen. Demgemäß enthält etwa die Strahlungs-*Emission* angeregter Edelgasatome auch sichtbare Anteile, was das – u.a. für Reklamezwecke genutzte – „farbige" Leuchten der betreffenden Gase nach ihrer Anregung durch elektrische Entladung bedingt („Helium": *elfenbeinfarben*, „Neon": *scharlachrot*, „Argon": *blaustichigrot*, „Krypton": *grünlichlila*, „Xenon": *violett*).

Haben Atome oder Atomionen keine abgeschlossenen Elektronenaußenschalen, so *absorbieren* sie häufig auch *sichtbares Licht* und erscheinen dann *farbig*. Beispiele für Atome dieses Typs bieten etwa die „Alkali"- und „Erdalkalimetallatome" in der Gasphase, die sichtbares Licht charakteristischer Wellenlängen absorbieren und auch wieder emittieren (letzterer Vorgang wird für den Nachweis der betreffenden Atome durch „*Flammenfärbung*" bzw. „*Atomabsorptionsspektroskopie*" (AAS) genutzt; vgl. S. 107, 1163). Die absorbierten Lichtphotonen dienen im Falle der betreffenden Atome zum „Heben" eines Außenelektrons vom energieärmeren s- in den energiereicheren p-Zustand (**s→p-Übergänge**).

Wichtige Beispiele für Atomkationen, die aufgrund unvollständiger Elektronenschalen sichtbares Licht absorbieren, stellen andererseits „Übergangsmetallionen" in vielen ihrer Verbindungen dar. Demgemäß weisen etwa die Cr-, Fe-, Co- und Cu-haltigen Substanzen $[Cr(H_2O)_6]Cl_3$ (*violettes* „Hexaaquachrom(III)-Ion"), Cr_2O_3 (*grünes* „Chrom(III)-oxid"), $Fe_3Al_2Si_3O_{12}$ (*rubinroter* „Karfunkel"), $[Cu(NH_3)_6]Cl_3$ (*goldbraunes* „Hexaammincobalt (III)-Ion"), $Cu(CO_3) \cdot Cu(OH)_2$ (*grüner* „Malachit"), $2\,CuCO_3 \cdot Cu(OH)_2$ (*blauer* „Azurit"), $4\,AlPO_4 \cdot 2\,Al(OH)_3 \cdot Cu(OH)_2$ (*blauer* „Türkis") charakteristische Farben auf. Da die Lichtabsorption in letzteren Fällen zur Anregung eines d-Außenelektrons der Übergangsmetallionen innerhalb der d-Unterschale genutzt wird, spricht man von farbverursachenden **d→d-Übergängen**.

Auch die *rote* Farbe des „Rubins" bzw. *grüne* Farbe des „Smaragds" geht auf ein Übergangsmetallkation, nämlich dreiwertiges Chrom Cr^{3+} zurück, das in kleiner Menge statt dreiwertigen Aluminiums Al^{3+} im farblosen „Korund" Al_2O_3 bzw. farblosen „Beryll" $Be_3Al_2Si_6O_{18}$ eingebaut ist (vgl. S. 1268)[66]. In entsprechender Weise führt der Einbau einiger Eisenionen in Beryll anstelle von Aluminiumionen zu *meerwasserblauem* „Aquamarin", der Einbau von Eisenionen in „Quarz" SiO_2 anstelle von Silicium zu *gelbem* „Zitrin".

---

[65] Daß wir elektromagnetische Strahlung gerade des sichtbaren Bereichs „sehen", läßt sich damit erklären, daß *energieärmere Strahlung* (< 13000 cm^{-1}) in der Regel unspezifisch zur Anregung der ungeordneten Wärmebewegung von Atomen und Molekülen aufgenommen wird, während *energiereichere Strahlung* (> 25000 cm^{-1}) bereits stoffzerstörend wirken kann.

[66] Die Farbe, d.h. der Lichtabsorptionsbereich von Übergangsmetallionen hängt von der Art der Liganden und der Art der Metall-Ligand-Bindungen ab (S. 1264). Selbst bei vergleichbaren Liganden, wie sie Cr^{3+} in $[Cr(H_2O)_6]^{3+}$, Cr_2O_3, Rubin, Smaragd zukommen (Cr^{3+} ist jeweils von 6 Sauerstoff-Liganden oktaedrisch koordiniert), kann deshalb ein Übergangsmetallion aufgrund unterschiedlicher Abstände oder Kovalenzanteile der Metall-Ligand-Bindungen unterschiedliche Farben annehmen (*violett, grün, rot, grün* im Falle der erwähnten Chromverbindungen).

Atomanionen mit unvollständiger Elektronenaußenschale sind wie entsprechende Kationen in der Regel ebenfalls *farbig*. Ein Fall besonderer Art liegt dann vor, wenn Elektronen den Platz einiger Anionen eines Salzes einnehmen. Man erhält derartige „defekte“ Ionenkristalle wie *purpurfarbenen* „Fluorit“ CaF_2 oder *blaues* „Steinsalz“ NaCl etwa dadurch, daß man Salze MX_n in Gegenwart von überschüssigem Metall M auskristallisiert oder daß man Salze der Elektrolyse oder Hochenergie-Bestrahlung aussetzt. Den „freien“ Elektronen kommen an ihren durch die Kationenumgebung diktierten Orten – ähnlich wie „gebundenen“ Elektronen in Atomen – diskrete Energiezustände zu; sie bilden – da ihre Anregung durch sichtbares Licht erfolgt – „*Farbzentren*“ (F-Zentren) in den betreffenden (farblosen) Salzen.

Auch „Rauchquarz“ SiO_2 (*braun*) und „Amethyst“ SiO_2 (*blau*) verdanken ihre Lichtabsorption F-Zentren, welche – grob vereinfachend – auf Sauerstoffanionen O^- mit nur sieben Außenelektronen zurückgehen. Und zwar leiten sich die betreffenden Quarz-Abarten von SiO_2 durch Ersatz einiger Si^{4+}-Ionen durch Al^{3+} (Rauchquarz) bzw. Fe^{3+} (Amethyst) ab, wobei die fehlenden Kationenladungen durch ebensoviele fehlende Anionenladungen (O^- statt O^{2-}) ausgeglichen werden.

Farbe von Molekülen und Molekülionen. Moleküle und Molekülionen mit abgeschlossenen Elektronenaußenschalen der Molekülatome sind – falls die betreffenden Teilchen nur „gebundene“ *σ-Elektronenpaare*, jedoch keine „gebundenen“ π- oder „freien“ n-Elektronenpaare aufweisen – ähnlich wie edelgaskonfigurierte Atome und Atomionen in der Regel farblos, da die Überführung eines Bindungselektrons vom energiearmen σ-Grundzustand in einen energiereichen σ*-Anregungszustand (**σ→σ*-Übergänge**) „nahe“ bzw. „ferne“ Ultraviolettstrahlung ($\tilde{\nu} = 25000-50000$ bzw. $> 50000\ cm^{-1}$, $\lambda = 400-200$ bzw. < 200 nm), also energiereiches, nicht-sichtbares Licht erfordert. Kleinere Energiequanten (Licht kleinerer Wellenzahlen bzw. größerer Wellenlängen) benötigt man zum „Heben“ eines π-Elektrons in einen angeregten π*-Zustand (**π→π*-Übergänge**) sowie eines n-Elektrons in einen σ*- oder π*-Zustand (**n→σ*-** bzw. **n→π*-Übergänge**), weshalb edelgaskonfigurierte Moleküle und Molekülionen mit *π- und/oder n-Elektronenpaaren* vielfach *farbig* sind und somit ein *Bandenspektrum* mit Absorptionen im *sichtbaren* Bereich liefern. In der Tat verdanken zahlreiche *Farbmittel der Natur* (z.B. Blattgrün, roter Blutfarbstoff, Sehpurpur) und der *Industrie* (z.B. Azo-, Anthrachinon-, Acridin-, Cyanin-, Polymethinfarbstoffe) ihre *Farbe* sowie ihre Möglichkeit zur *Fluoreszenz* oder *Phosphoreszenz* derartigen π→π*- bzw. n→π*-Übergängen.

Moleküle mit π-Elektronen erscheinen insbesondere dann farbig, wenn deren Nichtmetallatome (z.B. Kohlenstoffatome) abwechselnd durch Einfach- und Doppelbindungen miteinander verknüpft sind, so daß die π-Bindungen („*konjugierte Doppelbindungen*“[67]) im Sinne des auf S. 134 Besprochenen miteinander in eine „mesomere Wechselbeziehung“ treten können, z.B.:

$$[=CH-CH=CH-CH=CH- \quad \leftrightarrow \quad -CH=CH-CH=CH-CH=]$$

Mit *wachsender Zahl* konjugierter Mehrfachbindungen verschiebt sich hierbei die *π→π*-Absorption* der Doppelbindungsmoleküle zunehmend zu *kleineren Wellenzahlen* (größeren Wellenlängen). Beispielsweise sind unter den „Polyenen“ $H(-CH=CH-)_nH$ (n = Zahl konjugierter Doppelbindungen; das erste Glied der Reihe mit $n = 1$ *ist* „*Ethylen*“ $CH_2=CH_2$) die Glieder bis $n = 4$ *farblos* und ab $n = 5$ *farbig* (z.B. $n = 5$: *gelb*; $n = 8$: *orangefarben*; $n = 11$: *rot*; $n = 15$: *violett*). Man bezeichnet hierbei die farbverursachenden Gruppen mit Doppelbindungen wie die Ethylengruppe $>C=C<$ oder die weiter unten erwähnte Carbonylgruppe $>C=O$, Nitrosylgruppe $-N=O$, Azogruppe $-N=N-$ als „*Chromophore*“[67], zusätzlich mit den Chromophoren verknüpfte, die Farbwirkung des Chromophors beeinflussende Substituenten wie $-NR_2$, $-OR$, $-CR=O$, $-NO_2$ mit freien oder π-Elektronenpaaren als „*Auxochrome*“[67]. Letztere Gruppen bewirken hierbei sowohl eine Farbverschiebung in Richtung längerer bzw. kürzerer Wellenlängen (*bathochrome* bzw. *hypsochrome* Farbverschiebung[67]: gelb ⇄ rot ⇄ blau ⇄ violett) als auch eine Farbintensivierung bzw. -aufhellung (*hyperchromer* bzw. *hypochromer* Effekt[67]).

[67] coniugatio (lat.) = Vereinigung; chroma (griech.) = Farbe; phoros (griech.) = tragend: auxanein (griech.) = wachsen, verstärken; bathos (griech.) = Tiefe; hypsos (griech.) = Höhe; hypo (griech.) = unterhalb, darunter, weniger als gewöhnlich; hyper (griech.) = über, darüber, mehr als gewöhnlich.

Moleküle mit n- und π-Elektronen. Der Einbau *einfach gebundener* Nichtmetallatome mit freien Elektronenpaaren in ein edelgaskonfiguriertes Molekül oder Molekülion führt in der Regel zu *keiner Farbe*, es sei denn, das betreffende Atom entstammt wie Iod einer hohen Elementperiode. So sind viele „iodhaltige" Stoffe auch bei Ausschluß zwischenmolekularer Beziehungen (s. u.) aufgrund von n→σ*-Absorption *farbig*. Andererseits wirkt der Einbau *doppelt gebundener* Nichtmetallatome mit freien Elektronenpaaren in edelgaskonfigurierte Moleküle häufig *farbgebend*. Zwar liegt die n→π*-Absorption der als Chromophor dienenden Carbonylgruppe >C=Ö noch im nicht-sichtbaren UV-Bereich ($\tilde{\nu}$ bei ca. 37000 cm^{-1}, λ ca. 270 nm), die der Nitrosogruppe —N̈=Ö oder Azogruppe —N̈=N̈— (freie Elektronenpaare an jedem Doppelbindungsatom) aber bereits im sichtbaren Bereich. „Nitroso"- und „Azoverbindungen" weisen aus diesem Grunde *prächtige Farben* auf, die sich zudem durch geeignete auxochrome Substituenten beliebig batho- oder hypsochrom verschieben lassen (Näheres vgl. S. 672, 710; vgl. auch das *blaßgelbe* „Nitrosoamin" Me_2N̈—N̈=Ö (Fig. 64) sowie das *blaue* „Ozon" :Ö—Ö=Ö).

Unvollständige Außenelektronenschalen ermöglichen nicht nur „freien", sondern auch „gebundenen" Atomen vielfach die Absorption sichtbaren Lichts, so daß Moleküle ohne Edelgaskonfiguration ihrer Atome meistens *farbig* sind. Beispiele bieten etwa die „Radikale" NF_2 (*blau*, S. 687), O_2F (*rot*, S. 491), ClO_2 (*gelb*, S. 492), NO_2 (*braunrot*, S. 696), die „Radikalanionen" O_2^- (*gelb*, S. 508), O_3^- (*rot*, S. 509), S_3^- (*blau*, Farbprinzip des Lapislazuli, S. 555, 940) und das „Radikalkation" S_5^+ (*blau*, S. 554).

Farbe von Komplexen. Die *charakteristische Farbe* vieler „Übergangsmetallkomplexe" ML_n (vgl. S. 1253, 1264) beruht einerseits auf den weiter oben diskutierten **d→d-Übergängen** *innerhalb eines Metallzentrums M* (vgl. z. B. *violettes* $[Cr(H_2O)_6]^{3+}$, *goldbraunes* $[Co(NH_3)_6]^{3+}$), andererseits auf „*Ladungsübergängen*", d. h. **charge-transfer- (CT-)Übergängen** *zwischen Metallzentrum M und Liganden L* (Näheres vgl. S. 1269). Man unterscheidet hierbei Wechselprozesse der Elektronen e vom Typus $e_{Ligand}→e_{Metall}$ („*Ligand→Metall-CT-Übergänge*"), die wie im Falle von hydratisiertem *blutrotem* $[Fe(SCN)_3]$ zu sogenannten „*Metallreduktionsbanden*" im UV-Spektrum führen, und Prozesse vom Typus $e_{Metall}→e_{Ligand}$ („*Metall→Ligand-CT-Übergänge*"), die wie im Falle von *rotem* $[Fe(2,2'\text{-Bipyridyl})_3]^{2+}$ „*Metalloxidationsbanden*" verursachen. Enthält ein Komplex wie das *blaue* Ion $[Fe^{II}Fe^{III}(CN)_6]^+$ („*Berliner Blau*") *unterschiedlich oxidierte Metallzentren*, so kann sich der „charge transfer" darüber hinaus *zwischen zwei Metallzentren M und M'* abspielen („*Metall→Metall-CT-Übergänge*"). Auch das Mineral „Magnetit" $Fe^{II}Fe_2^{III}O_4$ (*schwarz*) und der Edelstein „Saphir" (*blau*), einem Mineral der Zusammensetzung Al_2O_3, in welchem dreiwertiges Aluminium Al^{3+} in kleiner Menge durch Fe^{2+}/Ti^{4+} ersetzt ist, verdanken ihre Farbe solchen Metall→Metall-CT-Übergängen. Schließlich kann ein Elektronentransfer *zwischen zwei Liganden L und L'* in gemischtkoordinierten Komplexen $ML_nL'_m$ erfolgen („*Ligand→Ligand-CT-Übergänge*"), wenn eine Ligandensorte *Elektronendonator-*, die andere Sorte *Elektronenakzeptor*-Eigenschaften aufweist. Hierbei kommt dem Metallzentrum allerdings keine wesentliche Bedeutung zu. Demgemäß beobachtet man derartige CT-Übergänge auch *zwischen zwei Molekülen*, die aufgrund ihres Elektronendonator- und -akzeptor-Charakters über *zwischenmolekulare Bindungen* verknüpft sind. Tatsächlich sind *Donator→Akzeptor-CT-Übergänge* vielfach für die intensiven Farben von Mischungen elektronenliefernder und -aufnehmender Moleküle verantwortlich (z. B. *braune* Lösungen von „Iod" in „Alkohol"; Näheres vgl. S. 448).

Farbe von Festkörpern (vgl. S. 1313). Als Beispiele farbiger Festkörper wurden weiter oben bereits Ionenverbindungen („Salze"; S. 118) besprochen, deren Farben auf eine Anregung *lokalisierter Elektronen* bestimmter Zentren (*Übergangsmetallionen, F-Zentren*) bzw. einen Elektronenübergang zwischen *unterschiedlich oxidierten* Zentren im Festkörper zurückgehen.

Vielfach beruht die Farbe fester Körper wie etwa die der Metalle (S. 145) aber auf einer Anregung *nicht-lokalisierter* („*delokalisierter*") *Elektronen*, d. h. Elektronen, die sich als „Elektronengas" (S. 145) innerhalb des ganzen Festkörpers mehr oder weniger frei bewegen (bei den weiter oben besprochenen Teilchen mit konjugierten Doppelbindungen bestand diese freie Beweglichkeit innerhalb der betreffenden Moleküle). Die „delokalisierten" Elektronen der Metalle besetzen dabei wie die „lokalisierten" Elektronen der Atome bestimmte Zustände (Orbitale) paarweise mit entgegengesetztem Spin (vgl. S. 98). Aufgrund der ungeheuer großen Zahl „beweglicher" Elektronen (um 10^{23} pro cm^3) weist ein Metall naturgemäß auch eine *ungeheuer große Zahl* derartiger Zustände auf, wobei die Energieniveaus der einzelnen Zustände *lückenlos übereinander* liegen. Sie bilden ein kontinuierliches, sich über einen bestimmten Energiebereich erstreckendes Band („*Energieband*"), das beim absoluten Temperaturnullpunkt – ausgehend vom energieärmsten Energieniveau – bis zu einer bestimmten Energie („*Fermi-Energie*", „*Fermi-Grenze*"; benannt nach dem italienischen Physiker Enrico Fermi) mit Elektronen gefüllt ist (vgl. hierzu auch S. 1310). Durch Lichteinwirkung werden die Metallelektronen in einen elektronenleeren Zustand oberhalb der Fermi-Grenze gehoben. Da auch die elektronenleeren Niveaus innerhalb eines weiten Energiebereichs dicht übereinander liegen, kann ein Metall Strahlung jeder Wellenlänge absorbieren und wieder emittieren. Letzterer Vorgang verleiht ihm seinen typischen Glanz (meist *silbrig*, in Ausnahmefällen wie Cu und Au auch farbig[68]).

Hochmolekulare Atomverbindungen (S. 129) weisen statt eines „breiten" zwei oder mehrere „schmälere", durch „*Energielücken*" („*Bandlücken*") getrennte Bänder auf. Die energieärmeren Bänder („*Valenzbänder*") sind vollständig mit Elektronen besetzt, die energiereicheren Bänder („*Leitungsbänder*") leer. Im Falle von „Diamant" C_x beträgt der Abstand zwischen dem elektronenbesetzten und -unbesetzten Band 5.4 eV $\triangleq$ 43600 cm^{-1}. Somit benötigt man zur Anregung der Diamantelektronen unsichtbares „Röntgenlicht"; Diamant ist *farblos*.

Festkörper aus dem *Übergangsbereich zwischen Metallen* und *Atom*- bzw. *Ionenverbindungen* (Halbleiter, S. 153) weisen ebenfalls Energiebänder auf. Diese sind aber durch vergleichsweise *kleine Lücken* voneinander getrennt, so daß die betreffenden Stoffe häufig bereits mit *sichtbarem Licht* in Wechselwirkung treten („Heben" eines Elektrons vom Valenz- in das Leitungsband). Ist der Bandabstand < 12500 cm^{-1} (< 1.6 eV), so absorbiert der Halbleiter das gesamte sichtbare Licht und erscheint – falls er das absorbierte Licht wieder vollständig im gleichen Wellenzahlenbereich emittiert – *metallisch glänzend* (z. B. Si_x: Bandabstand 1.09 eV; vgl. S. 1312), ansonsten *schwarz* (z. B. CdTe: Bandabstand 1.6 eV). Entspricht andererseits der Bandabstand des Halbleiters der Energie sichtbaren Lichts (ca. 12500–25000 cm^{-1} = 1.6–3.1 eV), so erscheint er *farbig* wie z. B. *gelbes* CdS („Cadmiumgelb"; Bandabstand 2.6 eV), *rotes* HgS („Zinnober"; Bandabstand 2.1 eV)[69].

Ein „*farbloser*" *Halbleiter* (Bandabstand > 25000 cm^{-1}; > 3.1 eV) läßt sich durch Ersatz einiger seiner Atome durch außenelektronenärmere oder -reichere Fremdatome („*Dotierung*") „*farbig machen*", falls die Energieniveaus der fehlenden oder überschüssigen Fremdatomelektronen in der Energielücke zwischen Valenz- und Leitungsband des Halbleiters liegen. Es werden dann Elektronenübergänge vom Valenzband in leere Fremdatomzustände oder von Fremdatomelektronen in das leere Leitungsband möglich (vgl. S. 1314). Beispielsweise erscheint Boratom-dotierter Diamant *blau*, Stickstoffatom-dotierter Diamant *grün*.

[68] Die unterschiedliche Farbe von Kupfer und Silber beruht wohl darauf, daß die Zahl der Zustände vergleichbaren Energiegehalts („*Zustandsdichte*") oberhalb der Fermi-Grenze unterschiedlich ist, womit Licht unterschiedlicher Wellenlängenbereiche unterschiedlich stark absorbiert und wieder emittiert wird (vgl. bezüglich Gold auch S. 1356).

[69] Man beschreibt die farbgebende Absorption von Halbleitern MX_n wie CdS, CdSe, HgS häufig einfach als „*charge-transfer-Übergänge*" zwischen M und X (vgl. weiter oben sowie S. 1269).

3 Molekülsymmetrie[70)]

Die Frage[71)] nach der Gestalt des Symbols, das – folgerichtig – an achter Stelle der Reihe

M ♡ 8 ⋈ ⊥ ⊛ ▽ ?

stehen müßte, läßt sich über eine Betrachtung der **Symmetrie**[72)], welche den wiedergegebenen *sieben Symbolen* innewohnt, leicht lösen: durch jedes Zeichen verläuft in der Mitte von oben nach unten eine *Ebene*, an der sich die beiden Hälften jedes einzelnen Symbols *spiegeln*. Die „rechte" Hälfte entspricht – der Reihe nach – den Zahlen 1 2 3 4 5 6 7, die „linke" Hälfte den Spiegelbildern dieser Zahlen. Somit hat das *achte Symbol* der Reihe das Aussehen 88.

Die Symmetrie stellt eine in der Natur und der Kunst weit verbreitete Erscheinung dar, bei der man *im alltäglichen Leben* an regelmäßige Formen, angenehme Proportionen, harmonische Anordnungen, periodische Wiederholungen denkt. Im *naturwissenschaftlichen Sinne* verbindet man mit dem Begriff Symmetrie andererseits die Möglichkeit, *Objekte* (Moleküle, Kristallbausteine usw.) durch geeignete *„Symmetrieoperationen" zur Deckung zu bringen* (s. u.)[73)]. Ähnlich wie für das oben angeschnittene Zahlenproblem sind hierbei Symmetriebetrachtungen auch für die Lösung naturwissenschaftlicher Fragestellungen äußerst hilfreich und tragen etwa in der Chemie zum *Verständnis der Eigenschaften und des Verhaltens von Verbindungen* wesentlich bei. Nachfolgend sei deshalb im Zusammenhang mit dem Bau der Moleküle – dem Leitthema dieses Kapitels VI – auf die *Molekülsymmetrie* eingegangen. Letztere dokumentiert sich in *Symmetrieelementen* und *-operationen* und wird durch die sogenannten *„Punktgruppen"* (s. u.) zum Ausdruck gebracht.

3.1 Symmetrieelemente, Symmetrieoperationen

Unter einer **Symmetrieoperation** (*„Deckoperation"*) versteht man einen Vorgang wie etwa das oben erwähnte „Spiegeln", durch den gleichartige Objekte so ineinander übergeführt werden, daß deren *Ausgangs- und Endlage nicht zu unterscheiden* (*„deckungsgleich"*) sind[74)]. **Symmetrieelemente** (z. B. die „Spiegelebene" im Falle des Spiegelns) schreiben hierbei vor, wie die betreffenden Symmetrieoperationen ausgeführt werden sollen.

Es läßt sich zeigen, daß zur Klassifizierung der Molekülsymmetrie nur zwei grundlegende Symmetrieelemente berücksichtigt werden müssen: *„Drehachsen"* (*„Symmetrieachsen"*; Symbol: C[75)]; zugehörige Operationen: *„Drehungen"*) und *„Drehspiegelachsen"* (Symbol: S[75)]; zugehörige Operationen: *„Drehspiegelungen"*). Beispielsweise enthalten die Moleküle „Wasser" und „Ammoniak" Drehachsen des Typs C_2 bzw. C_3, welche in nachfolgenden Formelbildern (a) und (b) durch Pfeile symbolisiert sind:

---

[70] **Literatur.** F.A. Cotton: *„Chemical Applications of Group Theory"*, 2. Aufl. Wiley, New York 1971; J.P. Fackler jr.: *„Symmetry in Coordination Chemistry"*, Academic Press, New York 1971; M. Orchin, H.H. Jaffé: *„Symmetry, Orbitals and Spectra"*, Wiley New York 1971; P.B. Dorain: *„Symmetrie und anorganische Strukturchemie"*, Vieweg, Braunschweig 1972; W.E. Hatfield, W.E. Parker: *„Symmetry in Chemical Bonding and Structure"*, Merrill, Columbus, Ohio 1974; J.M. Hollas: *„Die Symmetrie von Molekülen"*, Walter de Gruyter, Berlin, New York 1975.

[71] Gestellt im Rahmen einer Aufnahmeprüfung der Akademie in London.

[72] Von symmetria (griech.) – Gleichmaß.

[73] Darüber hinaus studiert der Naturwissenschaftler die *Symmetrie von Bewegungsformen* (Molekülschwingungen, Elektronenbahnen usw.; vgl. Lehrbücher der Symmetrielehre[70)]).

[74] Die mathematische Behandlung der Symmetrieoperationen ist Gegenstand der **Gruppentheorie**.

[75] C von cycle (engl.) = Zyclus, Kreislauf, Umlauf; S von Spiegelachse; i von Inversion; σ von Spiegelebene; m von mirror (engl.) = Spiegel; E bzw. I von equivalence, identity (engl.) = Gleichwertigkeit, Gleichheit.

(a_1) $\mathbf{C_{2v}}$ (a_2) (b_1) $\mathbf{C_{3v}}$ (b_2) $\mathbf{C_{3v}}$ (b_3)

Nach Drehung der Moleküle um 180° (H_2O) bzw. um 120° (NH_3) um die betreffenden Achsen nehmen alle Molekülatome Positionen ein, die mit der Ausgangsposition deckungsgleich sind. Demgemäß unterscheiden sich die Formelbilder (a_1) und (a_2) bzw. (b_1), (b_2) und (b_3) nur in der – nicht realen – „Numerierung" der Wasserstoffatome. Würde man während des Drehvorgangs die Augen schließen, so wüßte man nach Wiederöffnen der Augen nicht, ob die Drehung tatsächlich ausgeführt wurde oder nicht. Da nach zweimaliger Drehung von Wasser um 180° bzw. nach dreimaliger Drehung von Ammoniak um 120° wieder die Ausgangsposition hinsichtlich der Wasserstoffnumerierung erreicht wird, spricht man im Falle der betreffenden Symmetrieachsen von einer „zweizähligen" bzw. „dreizähligen" Drehachse (Symbole: C_2, C_3). Ganz allgemein heißt das Symmetrieelement der Drehung **n-zählige Drehachse C_n** (n = *Ordnung* der Rotation). *Die Symmetrieoperation C_n^m besteht in einer m-maligen Drehung eines Objektes um den Winkel 360°/n*, wobei nach $m = n$ Drehschritten die jeweilige Ausgangsposition des Objekts erreicht wird[76]. Ein Spezialfall der Drehung stellt die *einzählige Drehung* C_1^1 dar, der als Symmetrieelement die **Identität E**[75] (auch mit **I**[75] bezeichnet) zugeordnet wird; sie kommt als „Pseudooperation" jedem Objekt zu und führt letztendlich zu keiner Atomvertauschung in Molekülen ($C_1^1 = C_n^n = E$).

Das Molekül „Methan" enthält andererseits drei Drehspiegelachsen S_4, die in Richtung der HCH-Winkelhalbierenden verlaufen (im Formelbild c ist *eine* derartige Achse eingezeichnet; die beiden *anderen* Achsen verlaufen durch die Mitte der vorderen und hinteren bzw. linken und rechten Würfelfläche):

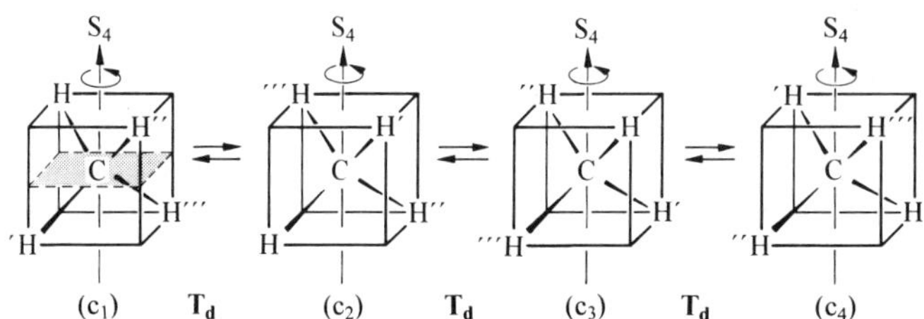

(c_1) $\mathbf{T_d}$ (c_2) $\mathbf{T_d}$ (c_3) $\mathbf{T_d}$ (c_4)

Nach Drehung des Moleküls um 90° bei *gleichzeitiger* Spiegelung an einer senkrecht zur Drehspiegelachse durch das zentrale Kohlenstoffatom verlaufenden Ebene (nur im Formelbild c_1 wiedergegeben) nehmen wiederum alle Molekülatome äquivalente Positionen ein, wobei hier nach viermaliger Wiederholung dieser Drehspiegelung die Molekülausgangsposition erreicht wird (charakterisiert durch den Index 4 am Symmetriesymbol S). Allgemein heißt das Symmetrieelement der Drehspiegelung **n-zählige Drehspiegelachse S_n**. *Die Symmetrieoperation S_n^m besteht in einer m-maligen Drehspiegelung eines Objekts um den Winkel 360°/n*, wobei nach $m = n$ Drehspiegelschritten die jeweilige Ausgangsposition des Objekts erreicht wird[76].

Spezialfälle der Drehspiegelung sind die *ein-* und *zweizähligen Drehspiegelungen* S_1^1 und S_2^1, deren zugehörige Symmetrieelemente als **Inversionszentrum** („*Symmetriezentrum*") **i** und

[76] Drehungen sowie Drehspiegelungen in entgegengesetzte Richtungen werden durch m und $-m$ charakterisiert (C_n^m und C_n^{-m} bzw. S_n^m und S_n^{-m}). Die kombinierte Operation S_n^m kann hierbei sowohl im Sinne „*Drehung, dann Spiegelung*", als auch im umgekehrten Sinne „*Spiegelung, dann Drehung*" ausgeführt werden.

Spiegelebene („*Symmetrieebene*") σ[75)] bezeichnet werden. Durch einmalige „*Spiegelung*" σ^m ($m = 1$) werden Molekülatome auf der einen Seite einer durch ein Molekül verlaufenden Spiegelebene in entsprechende Atome auf der anderen Seite dieser Ebene übergeführt, während Atome, die auf der Spiegelebene liegen, in sich selbst übergehen. Zweimalige Spiegelung σ^m ($m = 2$) führt zur Ausgangsposition des Objekts zurück ($\sigma^2 = E$).

Das „Wasser" (a) enthält z. B. zwei Spiegelebenen, nämlich die durch die Molekülatome festgelegte Ebene sowie die senkrecht zu dieser „Molekülebene" in Richtung der HOH-Winkelhalbierenden verlaufende Ebene. „Ammoniak" (b) weist drei Spiegelebenen auf; sie erstrecken sich jeweils in Richtung einer NH-Bindung und der Winkelhalbierenden der beiden anderen NH-Bindungen. Dem „Methan" (c) liegen schließlich sogar 6 Spiegelebenen zugrunde. Bezieht man sich hierbei auf den Würfel des Formelbildes (c), so spannen sich letztere in Richtung der Flächendiagonalen auf (jeweils 2 gegenüberliegende Diagonalen der insgesamt 12 Flächendiagonalen eines Würfels liegen auf der gleichen Ebene).

Die „*Inversion*" stellt andererseits eine Spiegelung an einem Symmetriezentrum dar; durch einmalige Inversion i^m ($m = 1$) werden Molekülatome in Richtung des in der Molekülmitte lokalisierten Inversionszentrums auf die andere Seite befördert, wobei der Abstand zum Zentrum in Ausgangs- und Endposition der invertierten Atome gleich groß ist. Zweimalige Inversion i^m ($m = 2$) führt zur Ausgangsposition des Objekts zurück ($i^2 = E$).

Ersichtlicherweise besitzen Wasser (a), Ammoniak (b) und Methan (c) kein Inversionszentrum. Symmetriezentren kommen aber den nachfolgend wiedergegebenen Molekülen „*trans*-Diimin" (d), „Ethylen" (e), „Xenontetrafluorid" (f), „Kohlendioxid" (g) und „Tellurhexafluorid" (h) zu:

H–N=N–H C_{2h} (d) | $H_2C=CH_2$ D_{2h} (e) | XeF_4 D_{4h} (f) | O=C=O $D_{\infty h}$ (g) | TeF_6 O_h (h)

3.2 Punktgruppen

Wie oben bereits angedeutet wurde und aus den Formelbildern (a)–(h) hervorgeht, besitzen Moleküle häufig nicht nur ein, sondern *mehrere Symmetrieelemente*. Beispielsweise enthält „Methan" (c) 3 vierzählige Drehspiegelachsen (jeweils in Richtung der HCH-Winkelhalbierenden), 6 Spiegelebenen (alle durch ein C- und zwei H-Atome gebildete Ebenen) sowie 4 dreizählige Drehachsen (jeweils in Richtung der CH-Bindungen). Je mehr Symmetrieelemente einem Molekül zukommen, desto *symmetrischer* ist es. Demgemäß wächst etwa die Symmetrie in Richtung H_2O (C_2, $2\sigma_v$), NH_3 (C_3, $3\sigma_v$), CH_4 ($3S_4$, $4C_3$, $6\sigma_v$). Der komplette Satz aller Symmetrieelemente bzw. -operationen eines Moleküls (*Ordnung* der Gruppe) stellt dann dessen **Punktgruppe** („*Symmetriegruppe*") dar, charakterisiert durch eines der nachfolgend wiedergegebenen **Punktgruppensymbole** (bezüglich einiger Punktgruppensymbole, zugehöriger Symmetrieelemente sowie Verbindungsbeispiele vgl. Tab. 27, erste, vierte und fünfte Spalte):

$$C_n \quad C_{nv} \quad C_{nh} \quad D_n \quad D_{nh} \quad S_n \quad S_{nv} \hat{=} D_{\frac{n}{2}d} \qquad (n = 1, 2, 3 \ldots \infty)$$

$$T \quad T_d \quad T_h \quad O \quad O_h \quad I \quad I_h \quad K_h$$

Der Begriff Punktgruppe geht im einzelnen darauf zurück, daß sich die Symmetrieelemente in der Regel in einem Punkt schneiden bzw. daß bei Ausführung aller Symmetrieoperationen eines Moleküls mindestens ein Punkt unberührt bleibt (der betreffende Punkt ist identisch mit dem *Molekülschwerpunkt*). Die einzelnen Punktgruppensymbole resultieren andererseits aus einer Aneinanderreihung von Symmetrieelementen, die voneinander unabhängig sind. Hierbei gibt man nach Schoenflies („*Schoenflies-Symbole*", Tab. 27, erste Spalte) zunächst die höchstzählige Drehachse C_n oder Drehspiegelachse S_n („*Haupt-*

achse") bzw. – bei Vorliegen von *Dieder-*, *Tetraeder-*, *Oktaeder-*, *Ikosaeder-* oder *Kugelsymmetrie* – den Symmetrietypus D, T, O, I oder K an, anschließend die Art der vorhandenen Spiegelebenen als Index (Diedersymmetrie haben Moleküle mit einer Hauptachse C_n und n hierzu senkrecht angeordneten zweizähligen „*Nebenachsen*" C_2). Im Falle der Spiegelebenen unterscheidet man zusätzlich horizontal zur Hauptachse verlaufende *Horizontalebenen* (Index h) sowie vertikal zu den betreffenden Achsen verlaufende *Vertikalebenen* (Index v) bzw. – falls Vertikalebenen zwischen zwei zweizähligen Achsen liegen – *Diederebenen* (Index d).

Im einzelnen ist noch zu beachten, daß Moleküle, die ausschließlich eine Spiegelebene bzw. ein Inversionszentrum aufweisen, durch das Punktgruppensymbol C_s bzw. C_i charakterisiert werden ($C_{1v} = C_{1h} = S_2 = C_s$; $S_i = C_i$). Darüber hinaus gilt: $C_2 = C_1$ und $C_{2v} = D_{1h}$. Schließlich enthält jede geradzählige Drehspiegelachse S_n (n = 2, 4, 6 ...) eine Drehachse $C_{n/2}$, jede ungeradzählige Drehspiegelachse (n = 1, 3, 5 ...) eine Drehachse C_n, wodurch sich folgende Punktgruppen einander entsprechen: $S_{nv} = D_{n/2d}$ (n = gerade) und $S_n = C_{nh}$ (n = ungerade).

Neben den zur Charakterisierung der *Molekülsymmetrie* verwendeten Punktgruppensymbolen von Schoenflies benutzt man – insbesondere zur Symmetrie-Charakterisierung der 32 *Kristallklassen*[77] die Punktgruppensymbole von Hermann und Mauguin, („*Hermann-Mauguin-Symbole*", „*Internationale Symbole*") die in der zweiten Spalte der Tab. 27 wiedergegeben sind[78].

Es läßt sich zeigen, daß nur die in den Punktgruppensymbolen zum Ausdruck gebrachten Kombinationen von Symmetrieelementen bzw. -operationen für Moleküle möglich sind. Symmetrieelementkombinationen haben hierbei vielfach zwangsläufig andere Symmetrieelemente zur Folge, z. B. die Kombination von C_2 oder C_4 mit σ_h (Punktgruppen C_{2h} bzw. C_{4h}) ein Inversionszentrum i. Auch läßt sich eine Lageänderung eines Moleküls, die durch das Hintereinanderschalten „zweier" Symmetrieoperationen hervorgerufen wurde („*Multiplikation*" von Operationen), *immer* auch durch „eine" Symmetrieoperation erzielen. Z. B. entspricht im Falle der Punktgruppe T_d (vgl. c, Methan) die Folge der Operationen S_4^1 und S_4^1 der Operation S_4^2 ($S_4^1 x S_4^1 = S_4^2$). In analoger Weise gilt etwa für die Punktgruppe C_{2h}: $C_2^1 x \sigma_h^1 = i^1$.

Tab. 27 Punktgruppen einiger Moleküle

Punktgruppen Sch.[a)]	H.-M.[b)]	**Zähligkeit**	**Symmetrieelemente** (außer E)	**Beispiele** (für Strukturen vgl. einschlägige Kap.[c)]
$\mathbf{C_1}$	1	1	C_1	CHFClBr, POFClBr, SiFClBrI
$\mathbf{C_2} \equiv D_1$	2	2	C_2	H_2O_2, N_2H_4, *gauche*-$CHCl_2$–$CHCl_2$
$\mathbf{C_3}$	3	3	C_3	PPh_3 (propellerförmig), $[Co(pn)_3]^{3+}$ [d)]
$\mathbf{C_4}$	4	4	C_4	–
$\mathbf{C_6}$	6	6	C_6	–
$\mathbf{C_s} \equiv S_1$	$m \equiv \bar{2}$	2	σ	HOCl, SO_2FCl, BFClBr
$\mathbf{C_{2v}} \equiv D_{1h}$	2 mm	4	C_2, $2\sigma_v$	H_2O, *cis*-N_2H_2, ClF_3, SF_4, *cis*-$[Pt(NH_3)_2Cl_2]$
$\mathbf{C_{3v}}$	3 m	6	C_3, $3\sigma_v$	NH_3, PCl_3, $CHCl_3$, NSF_3, XeO_3, $[Cr(C_6H_6)(CO)_3]$
$\mathbf{C_{4v}}$	4 mm	8	C_4, $4\sigma_v$	BrF_5, IF_5, $SClF_5$, $XeOF_4$
$\mathbf{C_{5v}}$		10	C_5, $5\sigma_v$	$[Ni(C_5H_5)(NO)]$
$\mathbf{C_{6v}}$	6mm	12	C_6, $6\sigma_v$	$[Cr(C_6H_6)(C_6Me_6)]$
$\mathbf{C_{\infty v}}$		∞	C_∞, $\infty\sigma_v$	CO, NO, HCN, COS

77 Im Falle von **Kristallen** sind nur die mit den **7 Kristallsystemen** in Tab. 14 (S. 126) wiedergegebenen 32 Punktgruppen (**32 Kristallklassen**) vereinbar, die nochmals in **230 Raumgruppen** unterteilt werden. Zur Ableitung letzterer Gruppen nutzt man neben Dreh- und Drehspiegelachsen noch die **Translation** als drittes Grundsymmetrieelement. Die gleichzeitige Ausführung von Spiegelung bzw. Drehung und Translation führt dabei zur *Gleitspiegelung* sowie *Schraubenbewegung* als Folgesymmetrieoperation.

78 Die Punktgruppensymbole von Hermann und Mauguin resultieren aus einer Aneinanderreihung von *Drehachsen* (charakterisiert durch die Zahlen 1, 2, 3, 4, 6; fünfzählige Achsen sind wie höher als sechszählige Achsen mit Kristallen in der Regel nicht vereinbar), *Drehinversionsachsen* (statt Drehspiegelachsen; charakterisiert durch die Zahlen $\bar{1} \equiv i$, $\bar{2} \equiv \sigma$, $\bar{3} \equiv S_6$, $\bar{4} \equiv S_4$, $\bar{6} \equiv S_3$) und *Spiegelebenen* (charakterisiert durch m[75]), die vertikale bzw. horizontale Lage von m zur Drehachse X wird wie folgt symbolisiert: Xm bzw. X/m).

Tab. 27 Fortsetzung

Punktgruppen Sch.[a)]	H.-M.[b)]	**Zählig-keit**	**Symmetrieelemente** (außer E)	**Beispiele** (für Strukturen vgl. einschlägige Kap.[c)])
$C_i \equiv \mathbf{S_2}$	$\bar{1}$	2	$S_2 \equiv i$	CHClF–CHClF (antiperiplanar)
$\mathbf{S_4}$	$\bar{4}$	4	S_4	*cyclo*-$B_4N_4Cl_4R_4$
$\mathbf{S_6}$	$\bar{3}$	6	S_6	–
$\mathbf{C_{2h}} \equiv \left.\begin{matrix} D_{1d} \\ S_{2v} \end{matrix}\right\}$	2/m	4	C_2, σ_h, i	*trans*-N_2H_2, *trans*-CHCl=CHCl
$\mathbf{C_{3h}} \equiv S_3$	$3/m \equiv \bar{6}$	6	C_3, σ_h	$B(OH)_3$
$\mathbf{C_{4h}}$	4/m	8	C_4, σ_h, i	$[Re_2\,(\mu-\eta^2\text{-}SO_4)_4]$
$\mathbf{C_{6h}}$	6/m	12	C_6, σ_h, i	–
$\mathbf{D_2} \equiv S_{1v}$	222	4	$3C_2$	–
$\mathbf{D_3}$	32	6	C_3, $3C_2$	$[Co(en)_3]^{3+}$ [d)]
$\mathbf{D_4}$	422	8	C_4, $4C_2$	–
$\mathbf{D_6}$	62	12	C_6, $6C_2$	–
$\mathbf{D_{2d}} \equiv S_{4v}$	$\bar{4}2\,m$	8	S_4, $3C_2$, $2\sigma_d$	S_4N_4, As_4S_4, B_2Cl_4, $H_2C=C=CH_2$
$\mathbf{D_{3d}} \equiv S_{6v}$	$\bar{3}\,m$	12	S_6, C_3, $3C_2$, $3\sigma_d$, i	S_6, $H_3C–CH_3$, $S_2O_6^{2-}$, $R_3W \equiv WR_3$
$\mathbf{D_{4d}} \equiv S_{8v}$		16	S_8, C_4, $4C_2$, $4\sigma_d$	S_8, *closo*-$B_{10}H_{10}^{2-}$
$\mathbf{D_{2h}}$	mmm	8	$3C_2$, $2\sigma_v$, σ_h, $i \equiv S_2$	$H_2C=CH_2$, B_2H_6, Al_2Br_6, *trans*-$[Pt(NH_3)_2Cl_2]$
$\mathbf{D_{3h}}$	$\bar{6}\,m2$	12	C_3, $3C_2$, $3\sigma_v$, σ_h, S_3	BCl_3, PF_5, NO_3^-, $B_3N_3H_6$, ReH_9^{2-}
$\mathbf{D_{4h}}$	4/mmm	16	C_4, $4C_2$, $4\sigma_v$, σ_h, i, S_4	XeF_4, ICl_4^-, $PtCl_4^{2-}$, $[Cl_4Re \equiv ReCl_4]^{2-}$
$\mathbf{D_{5h}}$		20	C_5, $5C_2$, $5\sigma_v$, σ_h, S_5	$C_5H_5^-$, $[Fe(C_5H_5)_2]$, $B_7H_7^{2-}$, XeF_5^-
$\mathbf{D_{6h}}$	6/mmm	24	C_6, $6C_2$, $6\sigma_v$, σ_h, i, S_6	C_6H_6
$\mathbf{D_{\infty h}}$		∞	C_∞, $\infty\sigma_v$, i, S_∞	CO_2, Cl_2, $HC \equiv CH$
$\mathbf{T}$	23	12	$4C_3$, $3C_2$, $3S_4$	–
$\mathbf{T_d}$	$\bar{4}3\,m$	24	$4C_3$, $3C_2$, $6\sigma_d$, $3S_4$	CH_4, SiF_4, P_4, XeO_4, $[Ni(CO)_4]$, $[Ir_4(CO)_{12}]$
$\mathbf{T_h}$	m3	24	$4C_3$, $3C_2$, $3\sigma_h$, i, $4S_6$	$[Co(NO_2)_6]^{3-}$, $[W(NMe_2)_6]$
$\mathbf{O}$	432	24	$3C_4$, $4C_3$, $6C_2$	
$\mathbf{O_h}$	m3m	48	$3C_4$, $4C_3$, $6C_2$, $3\sigma_h$, $6\sigma_d$, i, $3S_4$, $4S_6$	TeF_6, $B_6H_6^{2-}$, $[Cr(CO)_6]$
$\mathbf{I_h}$		40	$6C_5$, $10C_3$, $15C_2$, $15\sigma_v$, i, $12S_{10}$, $10S_6$	*closo*-$B_{12}H_{12}^{2-}$
$\mathbf{K_h}$		∞	∞C_∞, $\infty\sigma$, i	He, Ne, Ar, Kr, Xe, Rn

a) Schoenflies-Symbole. **b)** Hermann-Mauguin-Symbole. **c)** Vgl. insbesondere S. 318, 1226, 1804.
d) en = $H_2NCH_2CH_2NH_2$, pn = $H_2NCH_2CHMeNH_2$.

Zur Identifizierung der Punktgruppensymmetrie eines Moleküls sucht man mit Vorteil zunächst dessen *Hauptsymmetrieachsen* (Bestimmung der Zähligkeit *n*), dann hierzu unter einem Winkel angeordnete C_1-, C_2-, C_3-, C_4- oder C_5-*Nebenachsen* (Bestimmung des Hauptsymbols C/S, D, T, O, I), schließlich *Spiegelebenen* und deren Lage zur Hauptachse (Bestimmung des Index h, v, d).

Lage von Atomen, Bindungen, Winkeln und Koordinaten. Molekülatome wie die Wasserstoffatome des Wassers (a), Ammoniaks (b), Methans (c), die sich durch Symmetrieoperationen des betreffenden Teilchens ineinander überführen lassen, heißen **äquivalente Atome**. Die Gesamtheit der äquivalenten Atome bildet einen „*Atomsatz*". Liegen hierbei die Atome eines Satzes auf *keinem* Symmetrieelement, so spricht man von einer „*allgemeinen Lage*", liegen sie wie die Wasserstoffatome in H_2O, NH_3, CH_4 auf einem oder mehreren Symmetrieelementen, so nehmen die Atome eine „*spezielle Lage*" ein. Bei allgemeiner

Lage entspricht die Atomzahl (der „*Rang*") eines Satzes der Zähligkeit, welcher der Punktgruppe des betrachteten Moleküls zukommt (vgl. Tab. 27, dritte Spalte); bei spezieller Lage ist diese Zahl kleiner[79].

Entsprechendes wie für die Molekülatome gilt auch für die Molekülbindungen und Molekülwinkel. Demgemäß spricht man von äquivalenten Bindungen und Winkeln bzw. von einem Bindungs- oder Winkelsatz. Auch unterscheidet man *äquivalente*, zu einer *Klasse* zählende *Symmetrieelemente* von nicht äquivalenten. Beispielsweise sind die drei Spiegelebenen des Ammoniaks (b) äquivalent, weil sie sich durch dreizählige Drehung ineinander überführen lassen, wogegen die beiden Spiegelebenen des Wassers (a) keine Äquivalenz aufweisen, weil keine Symmetrieoperation existiert, welche sie zur Deckung bringen könnte.

Die *Symmetrieelemente* eines Moleküls bestimmen auch die Lage der Koordinatenachsen. Und zwar wird der Koordinatenursprung mit dem *Molekülschwerpunkt* gleichgesetzt. Die Symmetrieachse mit der höchsten Zähligkeit (*Hauptachse*) wird dann zur *z-Achse* (bei mehreren gleichwertigen Hauptachsen soll die z-Achse durch die meisten Atome gehen). Die *x-Achse* liegt senkrecht zur Molekülebene, falls die z-Achse in der Molekülebene verläuft und umgekehrt; sie soll dabei durch die meisten Atome gehen. Die *y-Achse* ergibt sich zwangsläufig.

Anwendungen. Aussagen über Moleküleigenschaften, die aus Symmetriebetrachtungen gefolgert werden können, betreffen – abgesehen von den im vorstehenden Unterkapitel behandelten Zusammenhängen – etwa den Verbindungsschmelzpunkt[80], die optische Aktivität von Molekülen (S. 404), das Dipolmoment (S. 143), physikalische Eigenschaften der Kristalle[81], Orbitale von Molekülen (S. 166), Zahl, Lage und Intensität von Molekülschwingungen[81], Elektronenspektren von Verbindungen (S. 352f), NMR-Spektren[81], Synchronreaktionen chemischer Verbindungen (S. 399).

---

[79] Die Zähligkeit einer Punktgruppe ergibt sich als Produkt von Zähligkeiten, welche den im Punktgruppensymbol aufgeführten Symmetrieebenen zukommt (2 im Falle von σ bzw. i; n im Falle von C_n bzw. S_n; $2n$ im Falle von D_n; 12, 24 bzw. 20 im Falle von T, O bzw. I). Der Rang eines Atomsatzes ist dann die Punktgruppenzähligkeit geteilt durch die Zähligkeit der Symmetrieelemente, auf denen ein Atom des Satzes liegt. Demgemäß umfaßt der Wasserstoffatomsatz in H_2O (C_{2v}, H-Lage auf σ), NH_3 (C_{3v}, H-Lage auf σ) bzw. CH_4 (T_d, H-Lage auf C_3 und σ): $4 : 2 = 2$ Atome; $6 : 2 = 3$ Atome; $24 : (3 \times 2) = 4$ Atome.

[80] Mit zunehmender Molekülsymmetrie wächst der Schmelzpunkt von solchen Verbindungen, deren Moleküle im wesentlichen durch van der Waalsche Kräfte verknüpft sind (der geordnete Kristall bildet sich aus entropischen Gründen umso leichter, je geordneter die Kristallbausteine als solche sind).

[81] Vgl. Lehrbücher der physikalischen und theoretischen Chemie sowie der Spektroskopie.

Kapitel VII

Die Molekülumwandlung

Die chemische Reaktion, Teil II[1]

Unter den chemischen Reaktionen sind Gleichgewichts-, Oxidations-Reduktions- und Säure-Base-Reaktionen von grundlegender Bedeutung. Sie werden in den nachfolgenden Unterkapiteln 1 („*Das chemische Gleichgewicht*"), 2 („*Die Oxidation und Reduktion*") und 3 („*Die Acidität und Basizität*") eingehender besprochen.

Der Anfänger wird vielleicht manche Abschnitte des vorliegenden Kapitels wegen noch mangelnder Stoffkenntnis beim ersten Studium nicht voll erarbeiten können. Ihm wird empfohlen, diese Teile nur informatorisch zu durchblättern, um dann später, nach Aneigung des stofflichen Tatsachenmaterials, von Fall zu Fall wieder zu den hier behandelten Zusammenhängen zurückzukehren.

1 Das chemische Gleichgewicht

Erwärmt man Iodwasserstoff HI, ein bei Zimmertemperatur farbloses Gas, in einem geschlossenen Gefäß auf höhere Temperaturen, so beginnt er sich wenig oberhalb von 180 °C in Wasserstoff und Iod zu zersetzen:

$$9.46\,\mathrm{kJ} + 2\,\mathrm{HI} \rightleftarrows \mathrm{H_2} + \mathrm{I_2(g)},$$

wie an dem Auftreten violetter Ioddämpfe zu erkennen ist. Mit steigender Temperatur nimmt das Ausmaß dieser Zersetzung zu. Kühlt man umgekehrt ein H_2/I_2-Gasgemisch von hohen Temperaturen ausgehend langsam ab, so vereinigen sich Iod und Wasserstoff rückwärts zu Iodwasserstoff. Dabei macht man in beiden Fällen die interessante experimentelle Beobachtung, daß jeder Temperatur ein ganz bestimmter Zersetzungsgrad entspricht. So sind beispielsweise bei 300 °C stets 19 %, bei 1000 °C stets 33 % des Iodwasserstoffs zerfallen, gleichgültig ob man diese Temperaturen von niedrigeren oder höheren Temperaturen ausgehend einstellt oder ob man von Iodwasserstoff oder einem äquimolekularen Gemisch von Iod und Wasserstoff ausgeht. Wir beobachten also, daß derartige Umsetzungen zu einem „*chemischen Gleichgewicht*" führen, wobei die Reaktion mit zunehmender Annäherung an den Gleichgewichtszustand zunehmend langsamer erfolgt. Zur Ableitung des für das Gleichgewicht gültigen Gesetzes („*Massenwirkungsgesetz*") gehen wir zweckmäßig vom Begriff der Reaktionsgeschwindigkeit aus.

1.1 Die Reaktionsgeschwindigkeit

1.1.1 Die „Hin"-Reaktion

In einem geschlossenen Gefäß möge sich bei gegebener Temperatur zwischen zwei gasförmigen oder zwei gelösten Stoffen AB und CD eine im Sinne der Gleichung (1)

---

[1] Teil I: S. 48; Teil III: S. 366; Teil IV: S. 1275

$$\mathrm{AB} + \mathrm{CD} \rightarrow \mathrm{AD} + \mathrm{BC} \tag{1}$$

einsinnig von links nach rechts verlaufende Reaktion mit der Geschwindigkeit $v_{\rightarrow}$ abspielen. Die **„Reaktionsgeschwindigkeit"** (genauer: „*Konzentrationszuwachsrate*") $v_{\rightarrow}$ können wir dabei wahlweise definieren als die Abnahme der „*Konzentration*" (S. 30) c_{AB} bzw. c_{CD} der Ausgangsstoffe AB und CD oder als Zunahme der Konzentration c_{AD} bzw. c_{BC} der Endstoffe AD und BC je Sekunde (zur Formulierung als Differentialquotient vgl. weiter unten)[2]:

$$v_{\rightarrow} = -\frac{dc_{AB}}{dt} = -\frac{dc_{CD}}{dt} = +\frac{dc_{AD}}{dt} = +\frac{dc_{BC}}{dt}. \tag{2}$$

Die direkte Bestimmung der zeitlichen Konzentrationsänderung eines reagierenden Stoffes ohne Störung des Reaktionssystems stößt häufig auf experimentelle Schwierigkeiten. Man verfolgt dann die Änderung anderer physikalischer Größen (z. B. Druck, Brechungsindex, elektrische Leitfähigkeit, Lichtabsorption), die mit der Konzentration in irgendeiner – meist linearer – Beziehung stehen. So läßt sich beispielsweise bei mit Volumenänderungen verbundenen Gasreaktionen die zeitliche Änderung des Gasdrucks experimentell einfach an einem Manometer verfolgen. Man definiert dann in diesem Falle die Reaktionsgeschwindigkeit als Ab- bzw. Zunahme des Partialdrucks eines an der Reaktion beteiligten Gases.

Da die beiden betrachteten Substanzen AB und CD gasförmig oder gelöst sein sollen, fliegen ihre Moleküle im homogenen Reaktionsraum regellos umher. Damit eine Wechselwirkung zwischen beiden Stoffen erfolgen kann, muß je ein Molekül AB mit einem Molekül CD zusammenstoßen (**„Stoßtheorie"**). Die Reaktionsgeschwindigkeit wird also der Zahl der Zusammenstöße je Sekunde (z) proportional sein ($v_{\rightarrow} = k' \cdot z$). Da letztere ihrerseits mit der Konzentration sowohl von AB als auch von CD wächst[3] ($z = k'' \cdot c_{AB} \cdot c_{CD}$), ergibt sich insgesamt die einfache Beziehung

$$\boxed{v_{\rightarrow} = k_{\rightarrow} \cdot c_{AB} \cdot c_{CD}} \tag{3}$$

wonach die Geschwindigkeit einer einsinnig ablaufenden chemischen Umsetzung den Konzentrationen der Reaktanden proportional ist.

Die darin vorkommende Konstante $k_{\rightarrow}$ $(= k' \cdot k'')$ bezeichnet man aus naheliegenden Gründen als „*Geschwindigkeitskonstante*" der Reaktion. Sie stellt die Geschwindigkeit der Reaktion bei den Einheiten der Konzentration der reagierenden Stoffe dar (für $c_{AB} = c_{CD} = 1$ wird ja $v_{\rightarrow} = k_{\rightarrow}$), hat für jeden chemischen Vorgang bei gegebener Temperatur einen charakteristischen konstanten Wert und wächst bei nicht zusammengesetzter Reaktion mit steigender Temperatur (s. unten).

Zum Unterschied von der Geschwindigkeitskonstante $k_{\rightarrow}$ ist die Reaktionsgeschwindigkeit $v_{\rightarrow}$ keine bei gegebener Temperatur konstante Größe (Ausnahme: Reaktion 0. Ordnung; vgl. S. 367). Sie hängt vielmehr, wie Gleichung (3) zeigt, von den Konzentrationen der Ausgangsstoffe ab und nimmt daher nach Einsetzen einer chemischen Reaktion in dem Maß dauernd ab, in dem die Konzentrationen dieser Stoffe infolge der Umsetzung kleiner werden. Aus diesem Grunde muß sie – vgl. Gleichung (2) – durch einen Differentialquotienten ausgedrückt werden, da sie in jedem Zeitmoment eine andere Größe besitzt.

Würde jeder Zusammenstoß zwischen zwei Molekülen AB und CD zur Reaktion führen,

---

2 Ganz allgemein gilt für die Geschwindigkeit einer Reaktion des Typus $q\mathrm{AB} + r\mathrm{CD} \rightarrow s\mathrm{AD} + t\mathrm{BC}$ die Beziehung:

$$v_{\rightarrow} = -\frac{1}{q} \cdot \mathrm{d}c_{AB}/\mathrm{d}t = -\frac{1}{r} \cdot dc_{CD}/\mathrm{d}t = +\frac{1}{s} \cdot \mathrm{d}c_{AD}/\mathrm{d}t = +\frac{1}{t} \cdot \mathrm{d}c_{BC}/\mathrm{d}t.$$

Z. B. entstehen bei der Umsetzung von Wasserstoff und Iod zu Iodwasserstoff HH + II → HI + HI, einem Spezialfall der allgemeinen Reaktion (1), pro H_2- und I_2-Molekül jeweils zwei HI-Moleküle. Die Abnahme von c_{H_2} bzw. c_{I_2} entspricht also nur der Hälfte der Zunahme von c_{HI}, und es gilt mithin: $v_{\rightarrow} = -\mathrm{d}c_{H_2}/\mathrm{d}t = -\mathrm{d}c_{I_2}/\mathrm{d}t = +\frac{1}{2}\,\mathrm{d}c_{HI}/\mathrm{d}t$.

3 Bei gegebener Konzentration c_{AB} der Moleküle AB verdoppelt sich die Zahl ihrer Zusammenstöße mit den Molekülen CD bei Verdoppelung von deren Konzentration c_{CD}. Analoges gilt für die Abhängigkeit der Stoßzahl von der Konzentration c_{AB} bei gegebener Konzentration c_{CD}.

so müßte $k_{\rightarrow}$ bei Gasreaktionen einen ungeheuer großen Wert (10^{11} bis 10^{12} pro Mol und Sekunde) besitzen, da die Zahl der Zusammenstöße eines einzelnen Moleküls mit anderen je Sekunde ungeheuer groß ist ($\approx 10^{11}$ bei den Einheiten der Konzentration und $\approx 10^{10}$ bei 1 bar):

$$v_{max} = k_{max} \cdot c_{AB} \cdot c_{CD}$$

(v_{max}: maximale Reaktionsgeschwindigkeit; k_{max}: maximale Geschwindigkeitskonstante). In Wirklichkeit ist aber die Geschwindigkeitskonstante im allgemeinen um viele Zehnerpotenzen kleiner als dieser maximal zu erwartende Wert k_{max}, so daß die meisten Gasreaktionen nicht mit unmeßbar großer Geschwindigkeit, sondern in endlicher Zeit ablaufen. Dies rührt daher, daß nicht alle Zusammenstöße zur Reaktion führen, sondern nur die Zusammenstöße besonders energiereicher („*reaktionsbereiter*") Moleküle, deren kinetische Energie (Translationsenergie) einen bestimmten Energiebetrag E_a (**„Aktivierungsenergie"** der „Hin"-Reaktion) – bei Gasreaktionen meist 80–400 kJ/mol – überschreitet. Der Bruchteil von Molekülen, der pro Mol eine höhere Energie als E_a aufweist, ist nach S. 33 gleich $e^{-E_a/RT}$. Daher gilt:

$$k_{\rightarrow} = k_{max} \cdot e^{-E_a/RT}.$$

k_{max} ändert sich nur wenig mit der Temperatur und kann näherungsweise als konstant angesehen werden. Die bekannte Erhöhung der Reaktionsgeschwindigkeit mit steigender Temperatur beruht also hauptsächlich auf einer Zunahme energiereicher Moleküle und nur untergeordnet auf einer Zunahme der Stoßzahl.

Die Geschwindigkeit einer Reaktion hängt nicht ausschließlich von der Zahl der Zusammenstöße energiereicher Moleküle, sondern – in weniger starkem Maße – auch von der richtigen räumlichen Orientierung der zusammenstoßenden Moleküle sowie von der Rotations- und Schwingungsenergie (s. dort), welche den reagierenden Molekülen neben der Translationsenergie zukommt, ab. Man berücksichtigt diesen Sachverhalt durch einen Faktor p („*sterischer Faktor*"), und es gilt dann:

$$\boxed{k_{\rightarrow} = A_{\rightarrow} \cdot e^{-E_a/RT}} \qquad (4)$$

(**„Arrheniussche Gleichung"**) mit $A_{\rightarrow} = p \cdot k_{max}$ („*Häufigkeitsfaktor*", „*Frequenzfaktor*"). Mit steigender Reaktionstemperatur steigt mithin die Geschwindigkeitskonstante exponentiell an.

Beispiel: Für die Umsetzung von Wasserstoff und gasförmigem Iod zu Iodwasserstoff ist $A_{\rightarrow} = 10^{11.3}$ l/mol · s und $E_a = 167.5$ kJ/mol. Daraus folgt z.B. für 356 °C (629 K) unter Berücksichtigung der Arrheniusschen Gleichung in logarithmischer Schreibweise: $\ln k_{\rightarrow} = \ln A_{\rightarrow} - E_a/RT$ bzw. (da $\ln k = 2.303 \log k$): $\log k_{\rightarrow} = 11.3 - 167.5/(2.303 \times 0.008314 \times 629) = -2.61$ oder $k_{\rightarrow} = 2.46 \times 10^{-3}$ l/mol · s in guter Übereinstimmung mit dem experimentellen Wert von 2.55×10^{-3} l/mol · s. Ganz entsprechend berechnet sich für 377 °C (650 K) ein Wert von 5.75×10^{-3} l/mol · s.

1.1.2 Die „Rück"-Reaktion

Die bisherigen Betrachtungen über die Reaktionsgeschwindigkeit gelten nur für den Fall, daß die Reaktion im Sinne der Reaktionsgleichung (1) einsinnig („*irreversibel*") von links nach rechts verläuft. Diese Voraussetzung trifft aber nur für einen Teil der bekannten chemischen Umsetzungen näherungsweise zu. Im allgemeinen sind die chemischen Reaktionen umkehrbar („*reversibel*"), d.h. die an der Reaktion beteiligten Stoffe haben das Bestreben, im Sinne der Reaktionsgleichung

$$AB + CD \rightleftarrows AD + BC$$

sowohl von links nach rechts („Hin"-Reaktion) wie von rechts nach links („Rück"-Reaktion) zu reagieren. Es werden also die Moleküle AD und BC bei Zusammenstößen ihrerseits die Neigung zeigen, sich wieder rückwärts unter Bildung der ursprünglichen Stoffe AB und CD umzusetzen. Für diese Reaktion läßt sich, falls die Stoffe AD und BC ebenfalls gasförmig oder gelöst sind, in entsprechender Weise eine der Gleichung (3) analoge Geschwindigkeitsgleichung ableiten:

$$\boxed{v_{\leftarrow} = k_{\leftarrow} \cdot c_{AD} \cdot c_{BC}} \tag{5}$$

wobei $v_{\leftarrow}$ hier in Anlehnung an Gleichung (2) als Zunahme der Konzentration der Stoffe AB bzw. CD oder als Abnahme der Konzentration der Stoffe AD bzw. BC je Sekunde definiert ist[2]:

$$v_{\leftarrow} = + \frac{dc_{AB}}{dt} = + \frac{dc_{CD}}{dt} = - \frac{dc_{AD}}{dt} = - \frac{dc_{BC}}{dt}. \tag{6}$$

Der im allgemeinen von $k_{\rightarrow}$ verschiedene Zahlenwert von $k_{\leftarrow}$ läßt sich wieder bei Kenntnis der Aktivierungsenergie E_a sowie des Häufigkeitsfaktors $A_{\leftarrow}$ für die Rückreaktion über die Arrheniussche Gleichung (4) für jede beliebige Temperatur berechnen.

Beispiel: Für die Spaltung von Iodwasserstoff in Wasserstoff und gasförmiges Iod ist $A_{\leftarrow} = 10^{10.8}$ l/mol · s und $E_a = 184.2$ kJ/mol. Hieraus folgt gemäß (4) z.B. für 356 °C (629 K): $\log k_{\leftarrow} = 10.8 - 184.2/(2.303 \times 0.008314 \times 629) = -4.49$ oder $k_{\leftarrow} = 3.24 \times 10^{-5}$ l/mol · s (experimenteller Wert 3.02×10^{-5} l/mol · s).

Die Aktivierungsenergien für „Hin"- und „Rück"-Reaktion, $E_{a\rightarrow}$ und $E_{a\leftarrow}$, stellen keine unabhängigen Größen dar, sondern sie stehen zahlenmäßig durch die chemische Reaktionsenergie (s. dort) miteinander in Beziehung. Dies läßt sich in einfacher Weise im Rahmen der **„Theorie des Übergangszustandes"** („*transition state theory*"[4]) – einer der Stoßtheorie gleichwertigen, mehr auf den Stoßkomplex der reagierenden Moleküle (statt auf deren Zusammenstoß) ausgerichteten Beschreibung des Ablaufs chemischer Reaktionen – verständlich machen:

Im Zuge der „Hin"- (bzw. „Rück"-)Reaktion AB + CD ⇄ AD + BC nähern sich die Moleküle AB und CD (bzw. AD und BC), wobei unter stetiger Energieaufnahme eine Lockerung gewisser Molekülbindungen, verbunden mit einer mehr oder minder starken Knüpfung neuer zwischenmolekularer Bindungen, erfolgt („*Reaktionsknäuel*"). Es entsteht schließlich in einem „*Übergangszustand*" der Reaktion ein besonders energiereicher Komplex $[ABCD]^{\neq}$ (**„aktivierter Komplex"**)[5], der rasch unter Energieabgabe in die Moleküle AD und BC (bzw. AB und CD) zerfällt:

$$\underset{\textit{Edukte}}{AB + CD} \rightleftarrows \underset{\substack{\textit{aktivierter}\\ \textit{Komplex}}}{[ABCD]^{\neq}} \rightleftarrows \underset{\textit{Produkte}}{AD + BC}$$

Zur Auslösung einer chemischen Reaktion genügt hiernach häufig eine Lockerung chemischer Bindungen. Die zur Bildung des aktivierten Komplexes aufzuwendende Aktivierungsenergie ist damit im allgemeinen kleiner als die Summe der Dissoziationsenergien der in Reaktion tretenden Molekülbindungen[6]. Nach dem *Postulat von G. S. Hammond* ist dabei die Bindungslockerung bei der Bildung aktivierter Komplexe im Falle exothermer Reaktionen kleiner als im Falle endothermer Reaktionen, d.h. der aktivierte Komplex gleicht im ersteren Falle mehr den Ausgangs-, in letzterem Falle mehr den Endstoffen der Umsetzung.

Die Geschwindigkeit der „Hin"- (bzw. „Rück"-)Reaktion AB + CD ⇄ AD + BC ist nun verständlicherweise umso größer, 1. je höher die Konzentration $c_{[ABCD]^{\neq}}$ des gebildeten

---

[4] Die Theorie des Übergangszustandes geht u.a. auf Henry Eyring zurück.

[5] Man pflegt mit dem Zeichen ≠ die Größen zu charakterisieren, die sich auf den aktivierten Übergangskomplex beziehen.

[6] Für Gasreaktionen gilt häufig: aufzuwendende Energie ≈ 1/3 der zur Dissoziation der Bindungen benötigten Energie. So beträgt die Aktivierungsenergie für die HI-Bildung aus H_2 und I_2 bzw. HI-Spaltung in H_2 und I_2 167 bzw. 184 kJ/mol, das ist etwa 1/3 der zur Spaltung der Moleküle H_2 und I_2 bzw. zweier Moleküle HI in H- und I-Atome erforderlichen Energie von 436 + 153 = 589 kJ/mol bzw. 2 × 297 = 594 kJ/mol.

aktivierten Komplexes ist, 2. je rascher der aktivierte Komplex $[ABCD]^{\ddagger}$ in die Produkte (bzw. Edukte) zerfällt und 3. je größer die Wahrscheinlichkeit dafür ist, daß der Zerfall von $[ABCD]^{\ddagger}$ in der gewünschten und nicht in der umgekehrten Richtung abläuft („*Durchlässigkeit*" der Reaktion)[7]. Wie dabei aus der Theorie des Übergangszustandes folgt, hängt die für eine chemische Reaktion charakteristische Geschwindigkeit insbesondere von der Konzentration $c_{[ABCD]^{\ddagger}}$ ab, die ihrerseits von der zur Bildung des Komplexes $[ABCD]^{\ddagger}$ erforderlichen Energie, auf die wir nun näher eingehen wollen, bestimmt wird.

Der Energiegehalt des Reaktionsknäuels während der Bildung des aktivierten Komplexes hängt von der räumlichen Orientierung der Atome im Komplex $[ABCD]^{\ddagger}$ ab. Jener Reaktionsweg, auf dem die Edukte (bzw. Produkte) unter Überschreiten des energieärmsten der möglichen Übergangsstufen in die Produkte (bzw. Edukte) übergeführt werden, wird als „*Reaktionskoordinate*" bezeichnet. Dabei werden „Hin"- und „Rück"-Reaktion durch die gleiche Reaktionskoordinate beschrieben („*Gesetz der mikroskopischen Reversibilität*").

In übersichtlicher Form trägt man die Energie in einem **„Reaktionskoordinaten-Diagramm"** gegen die Reaktionskoordinate in der in Fig. 65a veranschaulichten Weise auf

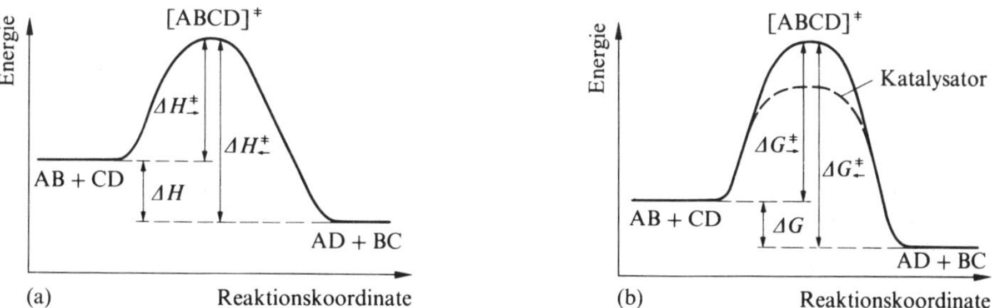

Fig. 65 Reaktionskoordinaten-Diagramm: Profil der Enthalpie (a) bzw. freien Enthalpie (b) einer chemischen Umsetzung (bezüglich der Katalysatorwirkung (b) vgl. S. 200).

(„*Energieprofil*" einer chemischen Reaktion). In diesem Diagramm stellen die waagrechten Niveaus zu Beginn und am Ende des Kurvenzuges den Energiegehalt des Ausgangs- bzw. Endstoffs („*Ausgangs*"- bzw. „*Endzustand*" der Reaktion) dar, während das Maximum („*Übergangszustand*" der Reaktion) dem Energiegehalt des aktivierten Komplexes entspricht. Dabei verläuft die „Hin"-Reaktion entlang der Reaktionskoordinate von links nach rechts, die „Rück"-Reaktion umgekehrt von rechts nach links. Die Energiedifferenz zwischen dem Energiegehalt der Reaktanden AB/CD bzw. AD/BC und dem des aktivierten Komplexes ist dann die **„Aktivierungsenthalpie"** $\Delta H^{\ddagger}_{\rightarrow}$ bzw. $\Delta H^{\ddagger}_{\leftarrow}$ der „Hin"- und „Rück"-Reaktion. Sie entspricht näherungsweise der Aktivierungsenergie[8]:

$$\Delta H^{\ddagger} \approx E_a . \tag{7}$$

Die Differenz der Aktivierungsenthalpien für die „Hin"- und „Rück"-Reaktion gibt, wie der Fig. 65a leicht zu entnehmen ist, die im Zug der Reaktion $AB + CD \rightleftarrows AD + BC$ abgegebene bzw. aufgenommene Reaktionsenthalpie wieder:

$$\Delta H^{\ddagger}_{\rightarrow} - \Delta H^{\ddagger}_{\leftarrow} = \Delta H . \tag{8}$$

[7] Im Gegensatz hierzu sind für die Geschwindigkeit im Rahmen der Stoßtheorie (s. dort) 1. die Zahl der Molekülzusammenstöße pro Zeiteinheit, 2. der Bruchteil energiereicher Zusammenstöße und 3. die Geometrie des Zusammenstoßes (sterischer Faktor) von Bedeutung.

[8] Es gilt $\Delta H^{\ddagger} = E_a - nRT$ mit $n = 1$ für Reaktionen in Lösung und $n = 2$ für Gasreaktionen des Typs $AB + CD \rightleftarrows AD + BC$. Da $E_a \approx 80-400$ kJ/mol und RT bei 25 °C (298 K) etwa 2.5 kJ/mol beträgt, folgt $E_a \gg RT$ und mithin $\Delta H^{\ddagger} \approx E_a$.

Mithin wird die Geschwindigkeit einer Reaktion nicht von der Reaktionsenthalpie ΔH bestimmt, wie man früher einmal annahm.

Die Geschwindigkeit einer Reaktion wird allerdings auch nicht von der Aktivierungsenthalpie $\Delta H^{\ddagger}$ (bzw. Aktivierungsenergie E_a) bestimmt; denn die Aktivierungswärme $W^{\ddagger}_{\text{gesamt}} = \Delta H^{\ddagger}$ der Bildung des aktivierten Komplexes aus den Reaktanden AB/CD bzw. AD/BC setzt sich ähnlich wie die Reaktionswärme (s. dort) aus zwei Gliedern, der *„freien"* ($W^{\ddagger}_{\text{frei}}$) und der *„gebundenen Aktivierungswärme"* ($W^{\ddagger}_{\text{gebunden}}$) zusammen (vgl. hierzu S. 53):

$$W^{\ddagger}_{\text{gesamt}} = W^{\ddagger}_{\text{frei}} + W^{\ddagger}_{\text{gebunden}} \,. \tag{9}$$

Nur der bezüglich seiner Energieform freie Anteil $W^{\ddagger}_{\text{frei}} = \Delta G^{\ddagger}$ (**„freie Aktivierungsenthalpie"**) bestimmt die Reaktionsgeschwindigkeit.

Die Differenz der freien Aktivierungsenthalpien für die „Hin"- und „Rück"-Reaktion $\Delta G^{\ddagger}_{\rightarrow} - \Delta G^{\ddagger}_{\leftarrow}$, stellt gemäß Fig. 65b die freie Reaktionsenthalpie ΔG dar, welche ihrerseits die Affinität einer chemischen Reaktion (s. dort) bestimmt. Mithin wird die Reaktionsgeschwindigkeit nicht durch die chemische Affinität, sondern ausschließlich durch die freie Aktivierungsenthalpie einer Umsetzung festgelegt. Ein *thermodynamisch instabiles* chemisches System (negatives ΔG) kann dementsprechend sowohl *kinetisch stabil* (*„inert"*, *„metastabil"*; großes $\Delta G^{\ddagger}$) als auch *kinetisch instabil* (*„labil"*; kleines $\Delta G^{\ddagger}$) sein. *Thermodynamisch stabile* (kurz: *„stabile"*) chemische Systeme (positives ΔG) sind andererseits immer *kinetisch stabil* (Fig. 65b, Reaktionskoordinate von rechts nach links gelesen; $\Delta G^{\ddagger} > \Delta G$). Vgl. hierzu auch S. 53.

Die in ihrer Energie gebundene Aktivierungswärme $W^{\ddagger}_{\text{gebunden}}$ ist mit der Bildung des aktivierten Komplexes zwangsläufig gekoppelt. Sie hängt mit der sogenannten **„Aktivierungsentropie"** $\Delta S^{\ddagger}$ durch die Beziehung $\Delta W^{\ddagger}_{\text{gebunden}} = T\Delta S^{\ddagger}$ zusammen (vgl. gebundene Reaktionswärme, S. 54), worin die Aktivierungsentropie in gleicher Weise wie die Reaktionsentropie ein Maß für die Erhöhung (positives Vorzeichen von $\Delta S^{\ddagger}$) bzw. Erniedrigung (negatives Vorzeichen von $\Delta S^{\ddagger}$) der molekularen Unordnung (Bewegungsfreiheit) bei der Bildung des aktivierten Komplexes aus den Edukten (bzw. Produkten) ist. Die Beziehung (9) für den Gesamtumsatz der Aktivierungswärme $W^{\ddagger}_{\text{gesamt}} = \Delta H^{\ddagger}$ läßt sich mithin wie folgt formulieren:

$$\Delta H^{\ddagger} = \Delta G^{\ddagger} + T\Delta S^{\ddagger} \,. \tag{10}$$

Die freie Aktivierungsenthalpie $\Delta G^{\ddagger}$ hängt, wie die Theorie des Übergangszustandes lehrt, mit der Geschwindigkeitskonstante k für die „Hin"- oder „Rück"-Reaktion folgendermaßen zusammen:

$$k = \frac{k_B \cdot T}{h} \cdot e^{-\Delta G^{\ddagger}/RT} \tag{11}$$

(k_B = Boltzmannsche Konstante $= 1.380662 \times 10^{-23}$ J/K; h = Plancksches Wirkungsquantum $= 6.626176 \times 10^{-34}$ Js)[9]. Bei Berücksichtigung der Beziehung (10) und des Zusammenhangs $e^{a+b} = e^a \cdot e^b$ ergibt sich hieraus die **„Eyringsche Gleichung"**:

$$k = \frac{k_B \cdot T}{h} \cdot e^{\Delta S^{\ddagger}/R} \cdot e^{-\Delta H^{\ddagger}/RT} \,. \tag{12}$$

Einer Gegenüberstellung des Ausdrucks (12) mit der Arrheniusschen Gleichung (4) läßt sich unter Berücksichtigung von $\exp(-E_a/RT) \approx \exp(-\Delta H^{\ddagger}/RT)$ somit die Beziehung

$$A = \frac{k_B \cdot T}{h} \cdot e^{\Delta S^{\ddagger}/R}$$

entnehmen, wonach die Häufigkeitsfaktoren wesentlich durch die Änderung der Aktivierungsentropie $\Delta S^{\ddagger}$ (Änderung der molekularen Unordnung (Bewegungsfreiheit)) beim Übergang der Reaktanden in den aktivierten Komplex bestimmt werden.

Beispiel: Für die Umsetzung von H_2 und gasförmigen I_2 zu HI ergibt sich $k_{\rightarrow}$ bei 356 °C (629 K) experimentell zu $2{,}53 \times 10^{-3}$ l/mol · s. Aus der Gleichung (11) in logarithmischer Schreibweise (Zahlenwerte für k_B, h, R berücksichtigt), $\log k_{\rightarrow} = 10.32 + \log T - 52.23\,\Delta G^{\ddagger}/T$, folgt dann $\Delta G^{\ddagger} = 0.01915\,T \times (10.32 + \log T - \log k_{\rightarrow}) = 0.01915 \times 629 \times (10.32 + \log 629 - \log 2.53 \times 10^{-3}) = 189.3$ kJ/mol. Zur Berechnung von $\Delta S^{\ddagger}$ und $\Delta H^{\ddagger}$ aus Gleichung (12) (bzw. (10)) ist die Kenntnis von Geschwindigkeitskonstanten (bzw. freier Aktivierungsenthalpien) bei mindestens zwei Temperaturen einer chemischen Reaktion Voraussetzung.

---

9 Eine exaktere Form der Beziehung (11) enthält noch den Faktor κ (*„Durchlässigkeits-"*, *„Übergangs-"* bzw. *„Transmissionskoeffizient"*), der zwischen 0.5 und 1 liegt und im allgemeinen gleich 1 gesetzt wird.

1.1.3 Die Gesamtreaktion

Der in jedem Zeitmoment nach außen hin beobachtete Bruttoumsatz der Gesamtreaktion ist gleich dem Umsatz der „Hin"-Reaktion vermindert um den Umsatz der „Rück"-Reaktion. Daher stellt sich die Geschwindigkeit r der Gesamtreaktion als die Differenz der Geschwindigkeiten der beiden Teilreaktionen dar:

$$r = v_{\rightarrow} - v_{\leftarrow} . \tag{13}$$

Die messende Verfolgung der Geschwindigkeit einer Reaktion ergibt dementsprechend immer nur die Differenz der Teilgeschwindigkeiten $v_{\rightarrow}$ und $v_{\leftarrow}$. Nur bei solchen Reaktionen, bei denen $k_{\leftarrow}$ im Vergleich zu $k_{\rightarrow}$ klein ist, $v_{\leftarrow}$ daher gegenüber $v_{\rightarrow}$ vernachlässigt werden kann, ist r annähernd gleich $v_{\rightarrow}$. Dies sind dann die praktisch quantitativ von links nach rechts verlaufenden Reaktionen. Alle anderen Reaktionen führen zu einem Gleichgewichtszustand, dessen Lage durch die relative Größe von $k_{\rightarrow}$ und $k_{\leftarrow}$ bestimmt wird (S. 186)[10)].

Um alles bisher Gesagte durch ein Zahlenbeispiel zu veranschaulichen, wollen wir die bereits öfter erwähnte Reaktion der *Bildung* und des *Zerfalls* von Iodwasserstoff eingehender betrachten:

$$H_2 + I_2(g) \rightleftharpoons HI + HI + 9.46\,kJ .$$

Für die Abhängigkeit der Geschwindigkeit dieser Reaktion von den Konzentrationen der Reaktanden fand M. Bodenstein im Jahre 1894 ein aus (13) nach Einsetzen von (3) und (5) folgendes Geschwindigkeitsgesetz:

$$r = -\frac{dc_{H_2}}{dt} = k_{\rightarrow} \cdot c_{H_2} \cdot c_{I_2} - k_{\leftarrow} \cdot c_{HI}^2 . \tag{14}$$

Die beiden Geschwindigkeitskonstanten $k_{\rightarrow}$ und $k_{\leftarrow}$ haben bei den in Spalte 1 der Tab. 28 angegebenen Temperaturen die in Spalte 2 und 3 wiedergegebenen Werte (wobei $k_{\rightarrow}$ in diesem Temperaturbereich durchweg um rund 2 Zehnerpotenzen größer als $k_{\leftarrow}$ ist, entsprechend einer Begünstigung der HI-Bildung gegenüber dem HI-Zerfall):

Tab. 28 Geschwindigkeits- und Gleichgewichtskonstanten der HI-Bildung und -Zersetzung

t°C	**Geschwindigkeitskonstanten**		**Gleichgewichtskonstanten**	
	$k_{\rightarrow}$ [l/mol·s]	$k_{\leftarrow}$ [l/mol·s]	$k_{\rightarrow}/k_{\leftarrow}$	K_c
356	2.53×10^{-3}	3.02×10^{-5}	0.84×10^2	0.67×10^2
393	1.42×10^{-2}	2.20×10^{-4}	0.64×10^2	0.60×10^2
443	1.40×10^{-1}	2.50×10^{-3}	0.56×10^2	0.50×10^2
508	1.34×10^0	3.96×10^{-2}	0.34×10^2	0.40×10^2

Befinden sich also in 1 Liter 1 mol (= 2 g) Wasserstoff und 1 mol (254 g) Iod bei Abwesenheit von Iodwasserstoff, so werden gemäß der dann gültigen Geschwindigkeitsgleichung (14) ($c_{H_2} = c_{I_2} = 1$; $c_{HI} = 0$) bei 356 °C je Sekunde $2.53 \cdot 10^{-3}$ mol (= 5,06 mg) Wasserstoff pro Liter umgesetzt. Umgekehrt entstehen bei einer Konzentration von 1 mol (= 128 g) reinem Iodwasserstoff je Liter und Sekunde gemäß der Gleichung (14) ($c_{H_2} = c_{I_2} = 0$; $c_{HI} = 1$) bei 356 °C $3.02 \cdot 10^{-5}$ mol (= 0.06 mg) Wasserstoff durch Zerfall des Iodwasserstoffs. Bei gleichzeitigem Vorhandensein von je 1 mol H_2, I_2 und HI je Liter beträgt daher die Bruttoabnahme an

[10] Will man in den letztgenannten Fällen die für einsinnig verlaufende Reaktionen geltenden Gleichungen (3) und (5) zur Berechnung der Teilgeschwindigkeiten v benutzen, so muß man die Geschwindigkeitsbestimmung ganz zu Beginn der chemischen Umsetzung vornehmen, wo infolge Fehlens von Reaktionsprodukten die Gegenreaktion noch nicht ins Gewicht fällt.

Wasserstoff je Sekunde 0.00253 – 0.00003 = 0.00250 mol (= 5.00 mg) Wasserstoff. Dabei werden $2 \times 0.0025 = 0.005$ mol (= 640 mg) Iodwasserstoff gebildet.

Betragen die Konzentrationen nicht 1 sondern nur 0.1 mol/l, so ergibt sich für die je Sekunde gebildeten und verbrauchten Mengen und damit für die Geschwindigkeit r der HI-Bildung, wie durch Einsetzen der Konzentrationen in die Geschwindigkeitsgleichung (14) hervorgeht, ein 100mal kleinerer Wert.

Wie Tab. 28 weiter zeigt, wachsen die beiden Geschwindigkeitskonstanten $k_{\rightarrow}$ und $k_{\leftarrow}$ mit steigender Temperatur, und zwar nimmt $k_{\rightarrow}$ weniger rasch zu als $k_{\leftarrow}$ (bei 800 °C gilt: $k_{\rightarrow} \approx k_{\leftarrow}$). Der Iodwasserstoffzerfall wird also bei Temperaturerhöhung stärker begünstigt als die Iodwasserstoffbildung, so daß in summa mit steigender Temperatur zunehmende Zersetzung des Iodwasserstoffs erfolgt (bezüglich der Spalten 4 und 5 der Tab. 28 vgl. S. 187). Bei Zimmertemperatur sind $k_{\rightarrow}$ und $k_{\leftarrow}$ so klein, daß hier weder Umsetzung von H_2 und I_2 zu HI noch Zerfall von HI in H_2 und I_2 erfolgt. $k_{\leftarrow}$ ist dabei um 4 Zehnerpotenzen kleiner als $k_{\rightarrow}$, so daß bei Raumtemperatur ein gasförmiges H_2/I_2-Gemisch als metastabil, HI dagegen als stabil anzusehen ist.

1.2 Der Gleichgewichtszustand

1.2.1 Das Massenwirkungsgesetz

Nach Gleichung (14) ist die Geschwindigkeit einer Gesamtreaktion AB + CD ⇄ AD + BC gleich der Differenz der Geschwindigkeit der „Hin"- und „Rück"-Reaktion. Nun nimmt, wie schon erwähnt, die Geschwindigkeit $v_{\rightarrow} = k_{\rightarrow} \cdot c_{AB} \cdot c_{CD}$ (3) der Teilreaktion AB + CD → AD + BC nach Einsetzen der Reaktion dauernd ab, da die Stoffe AB und CD dabei verbraucht und die Konzentrationen c_{AB} und c_{CD} dementsprechend kleiner werden. Umgekehrt wächst die Geschwindigkeit $v_{\leftarrow} = k_{\leftarrow} \cdot c_{AD} \cdot c_{BC}$ (5) der Gegenreaktion in dem Maße, in dem sich bei der Gesamtreaktion die Reaktionsprodukte AD und BC bilden, c_{AD} und c_{BC} daher größer werden. Die Geschwindigkeit $r_{\rightarrow} = v_{\rightarrow} - v_{\leftarrow}$ (14) der von links nach rechts verlaufenden Gesamtreaktion muß demnach nach Beginn der chemischen Umsetzung dauernd abnehmen. Schließlich kommt ein Punkt, bei dem $v_{\rightarrow} = v_{\leftarrow}$ wird. Dann ist

$$r_{\rightarrow} = v_{\rightarrow} - v_{\leftarrow} = 0\,. \tag{15}$$

Das heißt: die Geschwindigkeit der nach außen hin beobachtbaren Reaktion ist gleich Null; die Reaktion ist nach außen hin zum Stillstand gekommen, sie befindet sich *„im chemischen Gleichgewicht"*.

Das chemische Gleichgewicht ist also kein statisches, sondern ein dynamisches. Im Gleichgewichtszustand befinden sich nicht etwa die Moleküle AB, CD, AD und BC indifferent nebeneinander (*„statisches Gleichgewicht"*). Vielmehr findet auch hier wie zuvor eine „Hin"- und „Rück"-Reaktion statt; nur hebt sich nunmehr der gegenseitige Umsatz gerade auf (*„dynamisches Gleichgewicht"*). Es werden mit anderen Worten in einem gegebenen Zeitabschnitt ebenso viele Moleküle AB und CD unter Bildung von AD und BC verbraucht, wie umgekehrt Moleküle AB und CD aus AD und BC wieder entstehen, so daß keine Konzentrationsänderungen mehr erfolgen, nach außen hin also keine Veränderung des Systems mehr wahrzunehmen ist.

Bei welchen Konzentrationen der Reaktionsteilnehmer sich das dynamische Gleichgewicht einstellt, ergibt sich aus der Gleichgewichtsbedingung (15). Ersetzen wir hierin die Werte $v_{\rightarrow}$ und $v_{\leftarrow}$ durch die Ausdrücke (3) und (5), so erhalten wir:

$$k_{\rightarrow} \cdot c_{AB} \cdot c_{CD} - k_{\leftarrow} \cdot c_{AD} \cdot c_{BC} = 0 \quad \text{bzw.} \quad k_{\rightarrow} \cdot c_{AB} \cdot c_{CD} = k_{\leftarrow} \cdot c_{AD} \cdot c_{BC} \quad \text{oder}$$

$$\frac{c_{AD} \cdot c_{BC}}{c_{AB} \cdot c_{CD}} = \frac{k_{\rightarrow}}{k_{\leftarrow}} = K_c \tag{16}$$

Diese Gleichung (16) ist unter dem Namen „*Massenwirkungsgesetz*" bekannt und besagt folgendes: *Eine chemische Reaktion kommt bei gegebener Temperatur dann zum Stillstand („Gleichgewichtszustand"), wenn der Quotient aus dem Produkt der Konzentrationen der Reaktionsprodukte und dem Produkt der Konzentrationen der Ausgangsstoffe einen bestimmten, für die Reaktion charakteristischen Zahlenwert K_c erreicht hat.* Welche Einzelwerte den verschiedenen Konzentrationen im Gleichgewichtszustand zukommen, ist gleichgültig, sofern nur der Quotient aus den Konzentrations-Produkten dem Wert der **„Gleichgewichtskonstante"** K_c entspricht. Es gibt also unendlich viele Gemische von AB, CD, AD und BC, die der Gleichgewichtsbedingung (16) genügen und daher nach außen hin nicht reagieren[11]. Ist der Quotient aus den Konzentrationsprodukten kleiner (größer) als die Gleichgewichtskonstante, so verläuft eine chemische Reaktion so lange von links nach rechts (von rechts nach links), bis durch die Konzentrationsänderung der Reaktionsteilnehmer das Massenwirkungsgesetz schließlich wieder erfüllt und somit der Gleichgewichtszustand erreicht ist.

Das Gesetz der chemischen Massenwirkung wurde zum ersten Male klar und umfassend im Jahre 1867 von dem norwegischen Mathematiker Cato Maximilian Guldberg (1836–1902) und dem norwegischen Chemiker Peter Waage (1833–1900) ausgesprochen. Es blieb zunächst unbekannt und wurde dann von verschiedenen Seiten, unabhängig von Guldberg und Waage, neu entdeckt.

Daß in der Tat gemäß Gleichung (16) die Gleichgewichtskonstante K_c gleich dem Quotienten der beiden Geschwindigkeitskonstanten $k_{\rightarrow}$ und $k_{\leftarrow}$ ist, geht für das schon behandelte Beispiel $H_2 + I_2 \rightleftarrows HI + HI$ aus der Tab. 28 (S. 185) hervor, in welcher der Quotient $k_{\rightarrow}/k_{\leftarrow}$ (Spalte 4) dem durch analytische Bestimmung der HI-, H_2- und I_2-Konzentrationen im Gleichgewicht gemäß der Massenwirkungsgleichung

$$\frac{c_{HI} \cdot c_{HI}}{c_{H_2} \cdot c_{I_2}} = K_c$$

ermittelten K_c-Wert (Spalte 5) gegenübergestellt ist. Die Zahlen zeigen eine gute Übereinstimmung. Entsprechend der Tatsache, daß in diesem speziellen Fall $k_{\leftarrow}$ mit steigender Temperatur rascher wächst als $k_{\rightarrow}$, wird $K_c = k_{\rightarrow}/k_{\leftarrow}$ mit Temperaturerhöhung kleiner: die Dissoziation des Iodwasserstoffes nimmt zu, das Gleichgewicht „*verschiebt sich zugunsten der linken Seite*" der obigen Reaktionsgleichung.

Beteiligen sich an einer Einzelreaktion mehrere Moleküle ein- und derselben Molekülart, so verändert sich das Massenwirkungsgesetz sinngemäß. Betrachten wir etwa den Deacon-Prozeß (s. dort) $HCl + HCl + HCl + HCl + O_2 \rightleftarrows H_2O + H_2O + Cl_2 + Cl_2$ bzw. $4HCl + O_2 \rightleftarrows 2H_2O + 2Cl_2$, so lautet das Massenwirkungsgesetz:

$$\frac{c_{H_2O} \cdot c_{H_2O} \cdot c_{Cl_2} \cdot c_{Cl_2}}{c_{HCl} \cdot c_{HCl} \cdot c_{HCl} \cdot c_{HCl} \cdot c_{O_2}} = K_c \quad \text{oder zusammengefaßt:} \quad \frac{c^2_{H_2O} \cdot c^2_{Cl_2}}{c^4_{HCl} \cdot c_{O_2}} = K_c. \tag{17}$$

Allgemein: *Nehmen an einer Reaktion zwei, drei oder mehr Moleküle der gleichen Molekülart teil, so ist in der Massenwirkungsgleichung die Konzentration dieser Molekülart in die zweite, dritte oder höhere Potenz zu erheben.* Führen wir für das Produkt der zur jeweiligen Potenz erhobenen Konzentrationen den Ausdruck „*Massenwirkungsprodukt*" ein, so ergibt sich für das Massenwirkungsgesetz in seiner allgemeinen Form die einfache Formulierung: *Im*

---

[11] Hat die Gleichgewichtskonstante in (16) etwa den Wert 4, so können z. B. die Gleichgewichtskonzentrationen c_{AD}, c_{BC}, c_{AB} und c_{CD} folgende Werte besitzen:

$$\frac{1 \cdot 8}{2 \cdot 1} \text{ oder } \frac{2 \cdot 6}{1 \cdot 3} \text{ oder } \frac{5 \cdot 8}{2 \cdot 5} \text{ oder } \frac{6 \cdot 6}{9 \cdot 1} \text{ oder} \ldots,$$

da sich dann für K_c immer der Wert 4 ergibt.

Gleichgewichtszustand einer chemischen Reaktion besitzt der Quotient aus den Massenwirkungsprodukten der End- und Ausgangsstoffe bei gegebener Temperatur einen bestimmten, für die Reaktion charakteristischen Zahlenwert K_c.

Es ist zu beachten, daß der Zahlenwert der Gleichgewichtskonstanten von der Schreibweise der für einen chemischen Prozeß benutzten Reaktionsgleichung abhängt. So stellen etwa die Gleichungen $4HCl + O_2 \rightleftarrows 2H_2O + 2Cl_2$ und $2HCl + 1/2O_2 \rightleftarrows H_2O + Cl_2$ zwei gleichwertige Formulierungen des Deacon-Prozesses dar. Wie sich jedoch unschwer aus einem Vergleich der den beiden Formulierungen entsprechenden Massenwirkungsausdrücken $c^2_{H_2O} \cdot c^2_{Cl_2}/c^4_{HCl} \cdot c_{O_2} = K_c$ und $c_{H_2O} \cdot c_{Cl_2}/c^2_{HCl} \cdot c^{1/2}_{O_2} = K'_c$ ergibt, ist der Zahlenwert K'_c gleich der Quadratwurzel aus dem Zahlenwert K_c: $K'_c = \sqrt{K_c}$. Ganz allgemein muß der Zahlenwert einer Gleichgewichtskonstanten, der für eine gewählte Formulierung eines chemischen Prozesses zutrifft, mit n potenziert werden, wenn die gewählte Reaktionsgleichung mit n multipliziert wird (n = ganze oder gebrochene positive Zahlen bzw. – falls die Gesamtgleichung umgedreht werden soll – auch -1).

Statt mit den Konzentrationen c kann man bei Gasen (Lösungen) ebensogut auch mit den Gasdrücken (osmotischen Drücken) p der einzelnen Reaktionsteilnehmer im Reaktionsraum rechnen, da ja Konzentration (= Anzahl Mole pro Volumeneinheit) und Druck eines gasförmigen (gelösten) Stoffes bei gegebener Temperatur einander proportional sind; $p = RT \cdot n/V = RT \cdot c = k \cdot c$. Gleichung (17) lautet dann z. B.:

$$\frac{p^2_{H_2O} \cdot p^2_{Cl_2}}{p^4_{HCl} \cdot p_{O_2}} = K_p\,.$$

K_p und K_c hängen dabei, wie leicht abzuleiten, ganz allgemein durch die Gleichung $K_p = K_c(RT)^{\Delta n}$ bzw. $\ln K_c = \ln K_c + \Delta n \cdot \ln(RT)$ zusammen, wenn wir unter Δn die Zunahme (Δn positiv) bzw. Abnahme (Δn negativ) der Molzahl n bei einer chemischen Reaktion verstehen ($\Delta n = \Sigma n^{\text{Endprodukte}} - \Sigma n^{\text{Ausgangsprodukte}}$). Im obigen Falle des Deacon-Gleichgewichtes ist also $K_p = K_c/RT$, da Δn den Wert $2 + 2 - 4 - 1 = -1$ besitzt.

Da die Geschwindigkeitskonstanten $k_{\rightarrow}$ und $k_{\leftarrow}$ temperaturabhängig sind, gilt der Zahlenwert einer Gleichgewichtskonstante K immer nur für eine bestimmte Temperatur, und man bezeichnet aus diesem Grunde das Massenwirkungsgesetz auch als **„Reaktionsisotherme“**[12]. Je nachdem, ob bei Temperaturerhöhung $k_{\rightarrow}$ oder $k_{\leftarrow}$ schneller wächst, nimmt der Zahlenwert der Gleichgewichtskonstante wegen der Beziehung $K = k_{\rightarrow}/k_{\leftarrow}$ (16) mit steigender Temperatur zu oder ab.

Quantitativ ergibt sich dabei die Änderung der Gleichgewichtskonstante K_c mit der absoluten Temperatur T aus der **„Reaktionsisochore“**[13] (18a):

$$\text{(a)}\ \frac{d\ln K_c}{dT} = \frac{\Delta U}{RT^2} \qquad \text{(b)}\ \frac{d\ln K_p}{dT} = \frac{\Delta H}{RT^2} \qquad (18)$$

(ΔU = Reaktionswärme bei konstantem Volumen; R = Gaskonstante). Eine ganz entsprechende Funktion, in welcher ΔH die Reaktionsenthalpie (Reaktionswärme bei konstantem Druck) bedeutet, gilt für die Temperaturabhängigkeit der Gleichgewichtskonstante K_p: **„Reaktionsisobare“** (18b)[14].

1.2.2 Sonderanwendungen des Massenwirkungsgesetzes

Der Anwendungsbereich des Massenwirkungsgesetzes ist recht vielseitig und beschränkt sich keineswegs auf die quantitative Beschreibung von chemischen Reaktionen des vorstehend geschilderten Typus. Unter den weiteren Anwendungsmöglichkeiten des Massenwirkungsgesetzes sei im folgenden auf den Fall des mehr physikalischen Gleichgewichts der Verteilung

[12] isos (griech.) = gleich; therme (griech.) = Wärme. Auch für die Gleichung $\Delta A = -RT\ln K_c$ bzw. $\Delta G = -RT\ln K_p$ welche die freie Energie ΔA bzw. freie Enthalpie ΔG einer Reaktion (s. dort) mit der zugehörigen Gleichgewichtskonstante K_c bzw. K_p bei den Einheiten der Konzentration bzw. des Partialdrucks der Reaktionsteilnehmer verknüpft, wird die Bezeichnung „*Reaktionsisotherme*“ gebraucht.

[13] isos (griech.) = gleich; chora (griech.) = Raum. Die Reaktionsisochore ist gemäß dieser Namensgebung gültig für gleichbleibendes Volumen während der Reaktion.

[14] isos (griech.) = gleich; baros (griech.) = Druck. Die Reaktionsisobare ist gemäß dieser Namensgebung gültig für gleichbleibenden Druck während der Reaktion.

eines Stoffs zwischen zwei Phasen sowie auf die elektrolytische Dissoziation, also die Beteiligung elektrisch geladener Teilchen an chemischen Gleichgewichten näher eingegangen.

Das Verteilungsgesetz

Wenn ein Stoff A die Möglichkeit hat, sich zwischen zwei Phasen (z. B. einer gasförmigen und einer flüssigen Phase oder zwei flüssigen Phasen) physikalisch zu verteilen:

$$A_{\text{Phase 1}} \rightleftarrows A_{\text{Phase 2}},$$

so führt diese Verteilung wie bei einer chemischen Reaktion zu einem Gleichgewicht, welches durch die Beziehung

$$\frac{c_{\text{A(Phase 2)}}}{c_{\text{A(Phase 1)}}} = K \tag{19}$$

charakterisiert ist. Denn die Geschwindigkeit $v_{\rightarrow}$ des Übergangs von A aus Phase 1 in Phase 2 ist proportional der Konzentration von A in Phase 1: $v_{\rightarrow} = k_{\rightarrow} \cdot c_{\text{A(Phase 1)}}$, und die Geschwindigkeit des rückläufigen Vorgangs ist proportional der Konzentration von A in Phase 2: $v_{\leftarrow} = k_{\leftarrow} \cdot c_{\text{A(Phase 2)}}$; entsprechend diesen verschiedenen Geschwindigkeiten ändern sich die beiden Konzentrationen $c_{\text{A(Phase 1)}}$ und $c_{\text{A(Phase 2)}}$ so lange, bis $v_{\rightarrow} = v_{\leftarrow}$ geworden ist, was zur Gleichung (19) führt.

Die Beziehung (19) wird **„Nernstsches Verteilungsgesetz"**[15] genannt und besagt, daß *das Verhältnis der Konzentrationen eines sich zwischen zwei Phasen verteilenden Stoffes im Gleichgewichtszustande bei gegebener Temperatur konstant ist.* Die Konstante K heißt „*Verteilungskoeffizient*" und hat bei gegebenen Phasen für jeden Stoff einen charakteristischen Wert. Voraussetzung für die Gültigkeit des Gesetzes ist, daß der Stoff in beiden Phasen denselben Molekularzustand aufweist.

Ist eine der beiden Phasen eine Gasphase, so kann man bei gegebener Temperatur die Konzentration des betreffenden Stoffs in der Gasphase auch durch seinen Druck ersetzen ($c = p/RT$). Gleichung (19) geht dann über in die spezielle Form

$$\frac{c_{\text{A(Lösung)}}}{p_{\text{A(Gas)}}} = \frac{K}{RT} = K' \quad \text{oder} \quad c_{\text{A(Lösung)}} = K' \cdot p_{\text{A(Gas)}} \tag{20}$$

In Worten: *Die Löslichkeit eines Gases ist bei gegebener Temperatur proportional seinem Druck* (**„Henry-Daltonsches Gesetz"**). Der Proportionalitätsfaktor K' wird in diesem speziellen Fall „*Löslichkeitskoeffizient*" genannt. Erhöht man also den Druck eines Gases – z. B. von Sauerstoff – aufs vierfache, so steigt auch seine Löslichkeit – z. B. in Wasser – aufs vierfache.

Das Henry-Daltonsche Gesetz kann auch wie folgt formuliert werden: *Das von einer bestimmten Flüssigkeitsmenge gelöste* **Volumen** *eines Gases ist bei gegebener Temperatur unabhängig von dessen Druck.* Denn die in einem bestimmten Gasvolumen (V = konstant) enthaltene Molmenge n eines Gases ist gemäß dem Gasgesetz $p \cdot V = n \cdot R \cdot T$ genau wie die gelöste Molmenge c_A (20) bei gegebener Temperatur (T = konstant) dem Druck p proportional.

So lösen sich in 1 Liter Wasser, unabhängig vom Druck, bei 0 °C 49.1 cm³ O_2 bzw. 23.2 cm³ N_2. Da der Partialdruck von O_2 und N_2 in Luft von Atmosphärendruck 0.21 bzw. 0.78 atm beträgt, werden hiernach von 1 Liter Wasser bei 0 °C $n = 0.46$ mmol O_2 bzw. $n = 0.81$ mmol N_2 aufgenommen ($n = pV/RT = pV/22.4$), was $0.46 \times 22.4 = 10.3$ cm³ O_2 bzw. $0.81 \times 22.4 = 18.1$ cm³ N_2 von Atmosphärendruck entspricht. Mit steigender Temperatur nimmt die Gaslöslichkeit ab, so daß sich z. B. bei 50 °C in 1 Liter Wasser, unabhängig vom Druck, nur noch 20.9 (statt 49.1) cm³ bzw. 10.2 (statt 23.2) cm³ N_2 lösen.

---

[15] Das Nernstsche Verteilungsgesetz bildet die Grundlage für die „*Lösungsmittelextraktion*" (z. B. zur Gewinnung von Lanthanoiden und Actinoiden (s. dort).

Die elektrolytische Dissoziation

Allgemeines. Das Massenwirkungsgesetz kann auch auf Reaktionen angewendet werden, an denen Ionen beteiligt sind, solange die Ionenkonzentrationen so klein, die Lösungen also so verdünnt („*ideal*") sind, daß die Anziehungskräfte zwischen den entgegengesetzt geladenen Teilchen vernachlässigt werden können[16]. So gilt z. B. für elektrolytische Dissoziationen des Typus

$$BA \rightleftharpoons B^+ + A^-$$

(B^+ = Kation; A^- = Anion) die Gleichgewichtsbeziehung

$$\frac{c_{B^+} \cdot c_{A^-}}{c_{BA}} = K_c\,. \tag{21}$$

Die Gleichgewichtskonstante K_c heißt in diesem Falle „*Dissoziationskonstante*".

Der Zahlenwert der Dissoziationskonstante ist ein Maß für die Stärke eines Elektrolyten. Elektrolyte (z. B. Säuren, Basen) mit einer Dissoziationskonstante $K_c < 10^{-4}$ nennt man „*schwache*", solche mit einer Dissoziationskonstante $K > 10^{-4}$ „*mittelstarke*", während unter „*starken*" Elektrolyten solche verstanden werden, die praktisch vollkommen dissoziiert sind. Statt durch die Dissoziationskonstante K_c kann man die Stärke von Elektrolyten auch durch den „*Dissoziationsgrad*" α (S. 68) ausdrücken. *Schwache* Säuren (Basen) sind dann solche, die in 1-molarer Elektrolyt-Lösung zu weniger als 1% ($\alpha < 0.01$), *mittelstarke* solche, die in 1-molarer Lösung zu mehr als 1% ($\alpha > 0.01$) und *starke* solche, die praktisch 100%ig ($\alpha = 1$) dissoziiert sind.

Dissoziationsgrad α und Dissoziationskonstante K_c hängen bei einem in zwei Ionen zerfallenden („*binären*") Elektrolyten durch die Gleichung

$$\frac{\alpha^2}{1-\alpha} = K_c \cdot V \tag{22}$$

(**„Ostwaldsches Verdünnungsgesetz"**) zusammen, worin V das Volumen in Litern darstellt, in dem 1 mol des Elektrolyten gelöst ist[17]. Denn wenn von 1 mol des Elektrolyten BA der Definition von α entsprechend α Mole ($\alpha < 1$) in Kation und Anion zerfallen sind, so hat die Konzentration c_{BA} (= Mole pro Liter) den Wert $(1-\alpha)/V$ und die Konzentration $c_{B^+} = c_{A^-}$ den Wert α/V, was beim Einsetzen in Gleichung (21) die obige Beziehung (22) ergibt. Bei sehr kleinem α geht (22) in die vereinfachte Beziehung $\alpha^2 = K_c \cdot V$ über, da dann im Nenner α gegenüber 1 vernachlässigt werden kann. Gemäß dieser Beziehung nimmt der Dissoziationsgrad α mit steigender Verdünnung (wachsendem V) zu.

Bei schwachen Elektrolyten kann das Massenwirkungsgesetz auf konzentriertere als 0.1-molare, bei mittelstarken und starken Elektrolyten schon auf konzentriertere als 0.01- bis 0.001-molare Lösungen nicht mehr angewandt werden, da in diesen Fällen die Ionenkonzentrationen schon solche Werte erreichen, daß infolge der gegenseitigen Anziehung der Ionen die bei der kinetischen Ableitung des Massenwirkungsgesetzes gemachten Voraussetzungen einer ungestörten regellosen Bewegung der Moleküle nicht mehr zutrifft („*reale Lösungen*"). Die Anziehungskräfte der Ionen wirken sich nach außen hin so aus, als wäre die Konzentration der Ionen geringer und damit die Konzentration der undissoziierten Moleküle größer, als sie es in Wirklichkeit ist.

Will man auch bei stärkeren Elektrolyten oder in konzentrierteren Lösungen schwacher Elektrolyte das Massenwirkungsgesetz anwenden, so muß man die tatsächlich vorhandenen Konzentrationen an BA, B^+ und A^- nach dem Vorschlag des amerikanischen Physikoche-

[16] Nur dann ist ja eine freie, ungestörte Beweglichkeit der Teilchen im homogenen Raum gegeben, welche die Voraussetzung für die kinetische Ableitung des Massenwirkungsgesetzes bildete (s. dort).

[17] Dem Dissoziationsgrad $\alpha = 0.01$ in 1-molarer Lösung ($V = 1$) entspricht demnach eine Dissoziationskonstante $K_c = (0.01)^2/0.99 = 10^{-4}$, dem Dissoziationsgrad $\alpha = 0.99$ formal (vgl. das weiter unten über reale Lösungen Gesagte) eine Dissoziationskonstante $K_c = (0.99)^2/0.01 = 10^2$.

mikers Gilbert Newton Lewis (1875–1946) mit Korrekturfaktoren (**„Aktivitätskoeffizienten“**) multiplizieren, welche normalerweise kleiner als 1 sind und die wahre Elektrolyt- bzw. Ionenkonzentration c in die wirksame (z. B. potentiometrisch gemessene, s. dort) **„Aktivität“** a verwandeln:

$$a = y \cdot c\,. \tag{23}$$

An die Stelle der Massenwirkungsgleichung (21) tritt damit die Beziehung:

$$\frac{a_{B^+} \cdot a_{A^-}}{a_{BA}} = K_a, \tag{24a}$$

in welcher K_a („*thermodynamische Dissoziationskonstante*“) zum Unterschied von K_c („*stöchiometrische Dissoziationskonstante*“) bei gegebener Temperatur eine Konstante ist. Das heißt, in der Formulierung (24a) gilt das Massenwirkungsgesetz für die elektrolytische Dissoziation exakt. Bei nicht allzu hoher BA-Konzentration ist der Aktivitätskoeffizient y_{BA} des ungeladenen Stoffs BA näherungsweise gleich 1, d.h. $a_{BA} \approx c_{BA}$ und somit:

$$\frac{a_{B^+} \cdot a_{a^-}}{c_{BA}} = K_a\,. \tag{24b}$$

Die Aktivitätskoeffizienten y werden bei gegebener Temperatur mit zunehmender Konzentration und Ladung der in der Lösung befindlichen Ionen kleiner und lassen sich nach einer von den Physikern Peter Debye (1884–1966) und Erich Hückel (1895–1973) stammenden Theorie errechnen. In einer 0.01-molaren Bariumchloridlösung ($BaCl_2 \rightleftarrows Ba^{2+} + 2Cl^-$) hat $y_{Ba^{2+}}$ beispielsweise den Wert 0.51 und y_{Cl^-} den Wert 0.86. Vergrößert man die Ionenkonzentration in der Lösung durch Zugabe von 0.1 mol/l Kaliumchlorid, so fallen die Aktivitätskoeffizienten auf die Werte $y_{Ba^{2+}} = 0.10$ und $y_{Cl^-} = 0.79$. In letzterer Lösung darf also z.B. nicht die Konzentration der Barium-Ionen $c_{Ba^{2+}} = 0.01$, sondern nur der korrigierte Wert $a_{Ba^{2+}} = 0.01 \times 0.1 = 0.001$ in die Massenwirkungsgleichung eingesetzt werden. Mit abnehmender Ionenkonzentration werden die Aktivitätskoeffizienten größer, um bei der Konzentration 0 den Grenzwert 1 zu erreichen. Bei genügend verdünnten Lösungen („*ideale Lösungen*“) weichen daher die Aktivitäten a so wenig von den analytischen Konzentrationen c ab, daß man ohne große Ungenauigkeit letztere an Stelle der ersteren in die Massenwirkungsgleichung einsetzen kann (es gilt dann: $K_c \approx K_a$)[18].

Der Aktivitätskoeffizient y_i eines z_i-fach geladenen Ions i läßt sich durch die Beziehung (25a) gut abschätzen, wenn die gemäß (25b) definierte Ionenstärke I der wäßrigen Elektrolytlösung (25 °C) den Wert 0.1 nicht überschreitet:

$$\underset{\text{(a)}}{\log y_i = -0.5 \times \frac{z_i^2 \times \sqrt{I}}{1+\sqrt{I}}} \quad \text{mit} \quad \underset{\text{(b)}}{I = 0.5 \times \sum_i z_i^2 \cdot c_i}\,. \tag{25}$$

[18] Der Einfluß der Ionenanziehung wirkt sich auch bei anderen Erscheinungen, z.B. beim osmotischen Druck (s. dort) und bei der elektrischen Leitfähigkeit (s. dort) so aus, daß die Ionenkonzentrationen geringer erscheinen, als sie es in Wirklichkeit sind. Daher fallen die experimentell ermittelten osmotischen Drücke π (bzw. die damit proportionalen Gefrierpunktserniedrigungen und Siedepunktserhöhungen Δt) und die molekularen Leitfähigkeiten Λ von Lösungen mittelstarker und starker Elektrolyte kleiner aus, als sie nach den wahren Ionenkonzentrationen zu erwarten wären. Will man daher von den gemessenen osmotischen Drücken und Leitfähigkeiten auf die wirklich vorhandenen Ionenkonzentrationen und damit auf den wahren – nicht nur den „scheinbaren“-Dissoziationsgrad α rückschließen, so muß man auch hier mit Hilfe von Korrektionsfaktoren („*osmotischen Koeffizienten*“ und „*Leitfähigkeitskoeffizienten*“) den Einfluß der Ionenanziehung kompensieren. Die betreffenden Koeffizienten, die lediglich rechnerische Hilfsgrößen darstellen, sind im allgemeinen untereinander nicht gleich, da sich die Ionenanziehung beim Massenwirkungsgesetz, beim osmotischen Druck und bei der elektrischen Leitfähigkeit verschieden auswirkt. Mit steigender Verdünnung streben sie alle dem Grenzwert 1 zu.

Nach (25b) berechnet sich beispielsweise für eine 0.01-molare $BaCl_2$-Lösung ($c_{Ba^{2+}} = 0.01$; $c_{Cl^-} = 0.02$ mol/l): $I = 0.5\,(2^2 \times 0.01 + 1 \times 0.02) = 0.03$ mol/l. Einsetzen dieses Werts in die Beziehung (25a) ergibt dann für den Aktivitätskoeffizienten der Ba^{2+}-Konzentration: $\log y_{Ba^{2+}} = -[0.5 \times 2^2 \times \sqrt{0.03}]:[1 + \sqrt{0.003}] = -0.295$ und $y_{Ba^{2+}} = 0.51$.

Fügt man zur Lösung eines teilweise in Ionen B^+ und A^- dissoziierten Elektrolyten BA ein beliebiges, lösliches Salz C^+D^-, wodurch sich die Ionenstärke I der Elektrolytlösung vergrößert (vgl. (25b)), so erniedrigen sich auf Grund der Beziehungen (25a) und (23) die Ionenaktivitäten a_{B^+} und a_{A^-}. Mithin muß sich wegen der Konstanz der für den Dissoziationsvorgang in guter Näherung gültigen thermodynamischen Massenwirkungsbeziehung (24b) die Konzentration c_{BA} des undissoziierten Elektrolyten verringern und die Konzentration c_{B^+} sowie c_{A^-} der Ionen B^+ und A^- also erhöhen: mit zunehmender Ionenstärke einer (nicht allzu konzentrierten) Elektrolytlösung erhöht sich der Dissoziationsgrad des Elektrolyten. Ein Beispiel hierfür ist etwa die Aufhellung einer roten Eisen(III)-rhodanid-Lösung $Fe(SCN)_3$:

$$\underset{\text{rot}}{Fe(SCN)_3} \rightleftarrows \underset{\text{gelb}}{Fe^{3+}} + \underset{\text{farblos}}{3\,SCN^-}$$

bei Zusatz eines Salzes.

In *konzentrierterer* Lösung ($I > 10^{-1}$), für welche die Beziehung (25a) *ungültig* ist, durchläuft $\log y_i$ mit *wachsender Ionenkonzentration* ein *Minimum* mit der Folge, daß y_i in *sehr konzentrierter* Lösung *größer* als 1 werden kann.

Den folgenden Betrachtungen elektrolytischer Dissoziationsphänomene legen wir in vereinfachender Weise die im allgemeinen nur näherungsweise gültige Beziehung (21) zugrunde.

Dissoziation schwacher Elektrolyte. Die Anwendung des Massenwirkungsgesetzes auf schwache Elektrolyte führt zu einer Reihe von Folgerungen, die für die Praxis des Laboratoriums vielfach von Wichtigkeit sind. Dies sei im folgenden an einigen Beispielen der Dissoziation schwacher Säuren gezeigt.

Für die Dissoziation $HA \rightleftarrows H^+ + A^-$ (richtiger: $HA + H_2O \rightleftarrows H_3O^+ + A^-$; vgl. S. 232) einer schwachen Säure HA mit der „*Säure-Dissoziationskonstante*" K_S (kurz: „*Säurekonstante*") gilt die Beziehung:

$$\frac{c_{H^+} \cdot c_{A^-}}{c_{HA}} = K_S\,. \tag{26a}$$

Da bei der Säuredissoziation auf Grund der Reaktionsstöchiometrie äquimolare Mengen an Wasserstoff-Kationen H^+ und Säure-Anionen A^- entstehen ($c_{H^+} = c_{A^-}$), ergibt sich die Wasserstoffionen-Konzentration c_{H^+} aus dieser Beziehung zu:

$$c_{H^+} = \sqrt{K_S \cdot c_{HA}}\,. \tag{26b}$$

Beträgt demnach die Säurekonstante K_S einer 0.1-molaren wässerigen Lösung einer schwachen Säure 10^{-5} (etwa Essigsäure), so ist die Wasserstoffionen-Konzentration c_{H^+} gleich: $c_{H^+} = \sqrt{10^{-5} \times 0.1} = 10^{-3}$ mol/l. Mithin liegen nur rund 1 % der Säure in dissoziierter Form vor.

Wegen des sehr kleinen Dissoziationsausmaßes schwacher Säuren kann man im allgemeinen – ohne einen wesentlichen Fehler zu machen – in der Beziehung (26b) für c_{HA} die Gesamtkonzentration der Säure HA statt der – nur unwesentlich kleineren – aktuellen HA-Konzentration einsetzen. Bei verdünnten Lösungen starker Säuren, die vollständig nach $HA \rightleftarrows H^+ + A^-$ in Wasserstoff-Kationen sowie Säure-Anionen dissoziiert sind, gilt die Beziehung natürlich nicht. Die Wasserstoffionen-Konzentration entspricht bei ihnen einfach der Gesamtkonzentration an gelöster Säure:

$$c_{H^+} = c_{HA}\,.$$

Die Wasserstoffionen-Konzentration c_{H^+} (genauer: die Wasserstoffionen-Aktivität a_{H^+}) pflegt man hier und in anderen Fällen der kürzeren Schreibweise halber statt durch eine Zehnerpotenz ($c_{H^+} = 10^{-pH}$) durch den negativen Potenzexponenten pH (**„Wasserstoffionen-**

Exponent", „pH-Wert") auszudrücken ($pH = -\log c_{H^+}$, exakter: $pH = -\log a_{H^+}$)[19]. In analoger Weise drückt man auch die Dissoziationskonstante K_S einer Säure (oder K_B einer Base: $BOH \rightleftarrows B^+ + OH^-$) statt durch eine Zehnerpotenz ($K = 10^{-pK}$) häufig einfach durch den negativen Potenzexponenten pK (**„Säure-Exponent"**, **„Base-Exponent"**, allgemein: **„Gleichgewichts-Exponent"**) aus ($pK = -\log K$). Mithin lautet die Beziehung (26b) in logarithmischer Schreibweise:

$$pH = \tfrac{1}{2} \times (pK_S - \log c_{HA}) .$$

Die für schwache Säuren gültige Massenwirkungsbeziehung (26a) läßt sich wie folgt umstellen:

$$c_{H^+} = K_S \times \frac{c_{HA}}{c_{A^-}} \quad \text{bzw.} \quad pH = pK_S - \log \frac{c_{HA}}{c_{A^-}} . \qquad (26c)$$

Danach ist die Wasserstoffionen-Konzentration c_{H^+} vom Verhältnis c_{HA}/c_{A^-} abhängig und umgekehrt. Sind c_{HA} und c_{A^-} einander gleich, liegt also eine äquimolare Mischung der – praktisch undissoziierten (s. oben) – schwachen Säure HA und ihres – praktisch vollständig in $M^+ + A^-$ dissoziierten – Alkalisalzes MA vor, so ist die Wasserstoffionen-Konzentration gleich dem Wert K_S der Dissoziationskonstante. Ist $K_S = 10^{-5}$ mol/l und c_{HA}/c_{A^-} gleich 10 (100), so ist c_{H^+} gleich 10^{-4} (10^{-3}), ist es gleich 1/10 (1/100), so nimmt c_{H^+} den Wert 10^{-6} (10^{-7} mol/l) an usw. Trägt man daher auf der Abszisse eines Koordinatensystems die Wasserstoffionen-Konzentration in Zehnerpotenzen (untere Koordinate) bzw. die pH-Werte (obere Koordinate) und auf der Ordinate die zugehörigen Mengen HA und A^- in Molprozenten auf, so erhält man das in Fig. 66 wiedergegebene Kurvenbild, aus dem sich für jede vorgegebene Wasserstoffionen-Konzentration c_{H^+} (für jeden pH-Wert) das Molverhältnis HA/A^- und für jedes vorgegebene Molverhältnis HA/A^- die Wasserstoffionen-Konzentration c_{H^+} (der pH-Wert) entnehmen läßt. Die Kurve hat bei allen schwachen Säuren das gleiche Aussehen, nur ist sie entsprechend den verschiedenen Werten von K_S längs der Abszisse mehr nach links ($K_S > 10^{-5}$) oder mehr nach rechts ($K_S < 10^{-5}$) verschoben (vgl. S. 204).

Wie aus Fig. 66 ersichtlich ist, entspricht in dem schräg schraffierten Gebiet einem kleinen pH-Intervall ($pH = pK_S \pm 1$) eine große Änderung des Molverhältnisses HA/A^- (10 : 1 bis 1 : 10). Diesen Umstand nutzt man im Laboratorium einerseits bei den sogenannten „*Indikatoren*" (große Änderung von HA/A^- bei kleiner Änderung von pH) und andererseits bei den sogenannten „*Puffergemischen*" (kleine Änderung von pH bei großer Änderung von HA/A^-) aus.

Unter **„Indikatoren**[20]) versteht man schwache Säuren (analoges gilt für Basen), bei denen HA eine andere Farbe besitzt als A^-, z. B. (Methylrot):

$$\underset{\text{(rot)}}{HA} \rightleftarrows \underset{\text{(gelb)}}{H^+ + A^-} .$$

[19] Der Zusammenhang zwischen c_{H^+} und pH ($= -\log c_{H^+}$) sei nachfolgend an einigen Beispielen dargelegt:

c_{H^+}	10	4	2	1	½	¼	$^1/_{10}$	$^1/_{100}$ mol/l
pH	−1	−0.6	−0.3	±0	+0.3	+0.6	+1	+2

Einer Zunahme des pH-Werts entspricht mithin eine Abnahme der Wasserstoffionen-Konzentration. Analog der Wasserstoffionen-Konzentration kann man allgemein eine Ionen-Konzentration (genauer: Ionen-Aktivität) durch den negativen Potenzexponenten (**„Ionen-Exponent"**) ausdrücken ($pX = -\log c_X$; X = Kation bzw. Anion, z. B. $pOH = -\log c_{OH^-}$).

[20] indicare (lat.) = anzeigen.

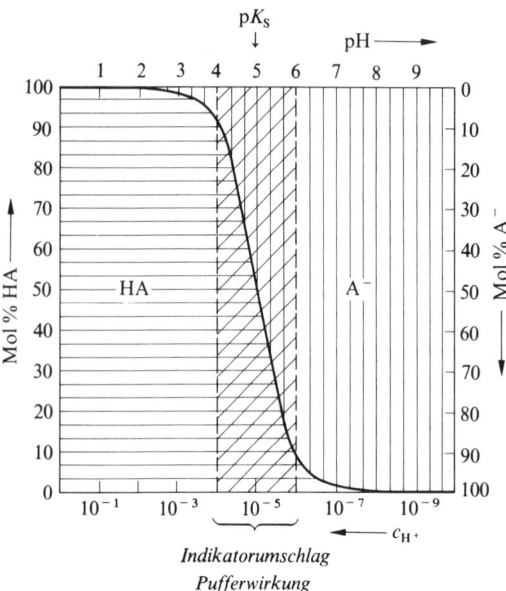

Fig. 66 Molprozente HA und A^- einer schwachen Säure HA ($K_S = 10^{-5}$) in Abhängigkeit vom pH-Wert.

Ändert man daher in einer mit wenig[21)] Indikator versetzten Lösung die Wasserstoffionen-Konzentration (z. B. bei der Neutralisation; s. dort), so beobachtet man in einem bestimmten „*Umschlagsbereich*" (pH $\approx$ p$K_S \pm 1$, entsprechend $HA/A^- = 10$ bis 1/10) einen Umschlag der Indikatorfarbe, da hier (vgl. schräg schraffiertes Gebiet in Fig. 66) die Mischfarbe des HA/A^--Gemisches auftritt, während außerhalb dieses Gebietes wegen zu starken Überwiegens der einen Farbkomponente die Farbe als reine Farbe von HA bzw. A^- empfunden wird. Auf diese Weise kann man mit Hilfe geeigneter Indikatoren bei Neutralisationstitrationen leicht den Äquivalenzpunkt ermitteln, da geringe Änderungen des pH-Wertes (um 2 Einheiten) im Äquivalenzpunktbereich große Änderungen im Molverhältnis HA : A^- der farbtragenden Komponenten des Indikators (10 : 1 bis 1 : 10) zur Folge haben. Als Beispiele für Indikatoren seien angeführt (in Klammern die pH-Umschlagsbereiche und zugehörigen Farben): *Methylrot* (4–6; rot–gelb), *Lackmus* (6–8; rot–blau), *Bromthymolblau* (6–8; gelb–blau), *Phenolphthalein* (8–10; farblos–rot).

Indikatoren eignen sich naturgemäß auch für pH-Bestimmungen. Zur näherungsweisen pH-Bestimmung verwendet man dabei Indikatorpapiere, die mit Universalindikatoren, d.h. Mischungen aus bis zu fünf Indikatoren getränkt sind und bei Berührung mit der zu untersuchenden Lösung eine bestimmte, auf den jeweiligen pH-Wert der Lösung weisende Farbe annehmen. Zur genaueren pH-Bestimmung vergleicht man die Farbe einer, mit einem geeigneten – gerade umschlagenden – Indikator versetzten Lösung mit der Farbe von zwei hintereinander geschalteten Lösungen, die den Indikator in der einen bzw. anderen Grenzform (HA bzw. A^-) enthalten. Hat man durch Änderung der Schichtdicken der beiden letzteren Indiaktorlösungen Farbgleichheit mit der Probelösung erreicht, so ist das Schichtdickenverhältnis gleich dem Konzentrationsverhältnis c_{HA}/c_{A^-} von undissoziiertem und dissoziiertem Indikator, womit sich aus der Beziehung (26c) der pH-Wert der Lösung errechnet („*kolorimetrische pH-Bestimmung*", vgl. auch potentiometrische pH-Bestimmung, S. 225).

Unter **Puffergemischen** („*Pufferlösungen*") versteht man Substanzgemische, deren pH-Wert („*Pufferniveau*") in wässerigen Lösungen recht unempfindlich gegen Säure- oder Basezusatz ist. Nach Fig. 66 lassen sich äquimolekulare Mischungen schwacher Säuren HA und ihrer Alkalisalze A^- (analoges gilt von den Basen) gut als solche Puffergemische verwenden (z. B. HAc/Ac^- (HAc = Essigsäure), NH_4Cl/NH_3, $H_2PO_4^-/HPO_4^{2-}$): Denn große Ände-

[21] Man darf bei der Neutralisationstitration naturgemäß nur wenig Indikator zufügen, damit die zur Umsetzung des Indikators erforderliche Säure- bzw. Basemenge gegenüber der zur Titration des Titranden notwendigen nicht ins Gewicht fällt.

rungen im Molverhältnis HA/A^- (Neutralisation von HA durch Basezusatz: $HA + OH^- \rightarrow A^- + H_2O$; Bildung von HA durch Säurezusatz: $A^- + H^+ \rightarrow HA$) haben in dem schraffierten Gebiet von Fig. 66 nur eine geringe Änderung des pH-Wertes zur Folge[22]. Das Pufferniveau entspricht gemäß (26c) ($c_{HA} = c_{A^-}$) dem pK_S-Wert der betreffenden Säure HA: $pH = pK_S$ (z. B. HAc/Ac^- 4.75, NH_4Cl/NH_3 9.25, $H_2PO_4^-/HPO_4^{2-}$ 7.21).

Für die chemischen Prozesse in lebenden Organismen, die im allgemeinen nur innerhalb enger pH-Bereiche (z. B. im menschlichen Blut im Bereich pH 7.3 bis 7.5) ablaufen, sind Puffergemische naturgemäß von besonderer Bedeutung. Als Puffer wirken hier die in der Körperflüssigkeit gelösten Eiweißstoffe.

Eigendissoziation des Wassers. Erwähnt sei zum Schluß noch das Dissoziationsgleichgewicht des Wassers: $HOH \rightleftarrows H^+ + OH^-$ (richtiger: $H_2O + H_2O \rightleftarrows H_3O^+ + OH^-$; vgl. S. 232). Die Dissoziationskonstante K hat hier bei 25 °C den außerordentlich kleinen Wert[23]

$$\frac{c_{H^+} \cdot c_{OH^-}}{c_{H_2O}} = 1.8 \times 10^{-16}. \tag{27a}$$

Hierin ist die Konzentration c_{H_2O} des Wassers – die wegen des äußerst geringen Dissoziationsgrades praktisch der Gesamtkonzentration an Wasser gleichkommt – bei reinem Wasser gleich 997: 18 = 55.3 mol/l[24], während sie in verdünnten wässerigen Lösungen, bei denen 1 Liter etwas mehr oder weniger als 997 g Wasser enthalten kann, ein wenig, aber nicht viel von 55.3 mol/l verschieden ist. Man pflegt daher diese praktisch konstante Größe mit der Dissoziationskonstante K zusammenzuziehen ($55.3 \times 1.8 \times 10^{-16} = 1.0 \times 10^{-14}$) und kommt so zu der Beziehung:

$$c_{H^+} \cdot c_{OH^-} = K_W = 1.0 \times 10^{-14}$$

(exakter: $a_{H^+} \cdot a_{OH^-} = K_W$), die man als **„Ionenprodukt des Wassers“** (bei 25 °C) bezeichnet und die logarithmiert in die Gleichung

$$pH + pOH = 14.00 \tag{27b}$$

übergeht.

In reinem, neutralem Wasser, welches äquivalente Mengen an Wasserstoff- und Hydroxid-Ionen enthält („*Neutralpunkt*“), beträgt die Wasserstoffionen- (= Hydroxidionen-)Konzentration danach 10^{-7}, entsprechend einem pH-Wert (pOH-Wert) von 7. 1 Liter Wasser enthält hiernach nur $^1/_{10000}$ mg freie Wasserstoff-Ionen. Ist die Wasserstoffionen-Konzentration grösser als 10^{-7} ($pH < 7$), so ist die Hydroxidionen-Konzentration gemäß (27a) kleiner als 10^{-7} ($pOH > 7$) und umgekehrt. Saure Lösungen sind also bei 25 °C durch die Bedingung $c_{H^+} > 10^{-7}$ ($pH < 7$) bzw. $c_{H^+} > c_{OH^-}$, basische Lösungen durch die Bedingung $c_{H^+} < 10^{-7}$ ($pH > 7$) bzw. $c_{H^+} < c_{OH^-}$, und neutrale Lösungen durch die Bedingung $c_{H^+} = 10^{-7}$ ($pH = 7$) bzw. $c_{H^+} = c_{OH^-}$ charakterisiert (vgl. Tab. 29)[25].

---

[22] Die Pufferwirkung ist naturgemäß umso ausgiebiger, die „*Pufferkapazität*“ also umso beachtlicher, je größer die Menge des zugesetzten Puffergemischs ist. Aus diesem Grunde darf ja bei einer Neutralisationstitration nur wenig Indikator zugefügt werden[21], damit dieser keine Pufferwirkung ausüben kann.

[23] Aus dem Wert $K = 1.8 \times 10^{-16}$ ergibt sich gemäß (22) (V = Volumen von 1 mol Wasser = 0.018 Liter) ein Dissoziationsgrad α des Wassers von $\sqrt{1.8 \times 10^{-16} \times 1.8 \times 10^{-2}} = 1.8 \times 10^{-9}$.

[24] Masse eines Liter Wassers bei 25 °C = 997 g.

[25] Mit steigender Temperatur nimmt das Ionenprodukt des Wassers zu. Während es bei 22 °C den Wert 1.001×10^{-14} mol²/l² hat, besitzt es bei 100 °C den Wert 5.483×10^{-13} mol²/l². Die Konzentrationen (exakter: Aktivitäten) von H^+ und OH^- in reinem Wasser betragen also bei 22 °C je 1.000×10^{-7}, bei 100 °C je 7.405×10^{-7} mol/l. Der Neutralpunkt bei 100 °C liegt dementsprechend statt bei pH 7.00 (22 °C) bei pH 6.13. Zum Unterschied vom Ionenaktivitätsprodukt $a_{H^+} \cdot a_{OH^-}$ ist das Ionenkonzentrationsprodukt $c_{H^+} \cdot c_{OH^-}$ des Wassers noch von der Ionenstärke der wässerigen Lösung abhängig. In reinem Wasser haben beide Ionenprodukte wegen der verschwindenden Ionenstärke den gleichen Wert.

Tab. 29 H^+- sowie OH^--Ionenkonzentrationen saurer, neutraler und basischer Lösungen

	c_{H^+}	c_{OH^-}	pH	pOH
Saure Lösungen	$>10^{-7}$	$<10^{-7}$	<7	>7
Neutrale Lösungen	10^{-7}	10^{-7}	7	7
Basische Lösungen	$<10^{-7}$	$>10^{-7}$	>7	<7

Entsprechend dem außerordentlich kleinen Wert des Ionenprodukts des Wassers können in einer wässerigen Lösung niemals größere Mengen an Wasserstoff- und Hydroxid-Ionen gleichzeitig nebeneinander bestehen. Gibt man daher eine Säure und eine Base zusammen, so wird – falls die beiden nicht sehr schwach, d.h. außerordentlich wenig dissoziiert sind – der im Unterschuß vorhandene Partner praktisch quantitativ gemäß $H^+ + OH^- \rightarrow H_2O$ neutralisiert.

1.3 Die Beschleunigung der Gleichgewichtseinstellung

Liegt ein Zerfallsgleichgewicht $AB \rightleftarrows A + B$ ganz auf der rechten Seite der Reaktionsgleichung (großes $K = k_{\rightarrow}/k_{\leftarrow}$), so wird Substanz AB dann rasch zerfallen, wenn die Geschwindigkeitskonstante $k_{\rightarrow}$ groß ist; wir nennen die Substanz in diesem Falle wie beprochen (S. 184) „*labil*". Ist $k_{\rightarrow}$ dagegen unmeßbar klein, so ist die Verbindung „*metastabil*", obwohl sie nach der Lage des Gleichgewichts eigentlich zerfallen müßte. Als „*stabil*" bezeichnen wir eine Substanz AB nur dann, wenn das obige Zerfallsgleichgewicht ganz auf der linken Seite der Reaktionsgleichung liegt (kleines $K = k_{\rightarrow}/k_{\leftarrow}$).

So sind z.B. bei Zimmertemperatur und Atmosphärendruck CO_2 und H_2O stabil, NO ($\rightarrow 1/2\,N_2 + 1/2\,O_2$) und CO ($\rightarrow 1/2\,C + 1/2\,CO_2$) metastabil, N_2O_3 ($\rightarrow NO + NO_2$) und flüssiges NH_3 ($\rightarrow$ gasförmiges NH_3) labil. Auch ganze chemische Systeme können stabil, metastabil oder labil sein. Zum Beispiel dürfte bei gewöhnlicher Temperatur eigentlich kein Sauerstoff neben Wasserstoff und kein Schwefeldioxid neben Sauerstoff bestehen, da das Gleichgewicht ganz auf der Seite des Wassers ($2H_2 + O_2 \rightarrow 2H_2O$) bzw. Schwefeltrioxids ($2SO_2 + O_2 \rightarrow 2SO_3$) liegt. Ebenso müßten sich bei Zimmertemperatur eigentlich alle organischen Substanzen an der Luft zu CO_2, H_2O usw. oxidieren, so daß ein pflanzliches und tierisches Leben unmöglich wäre, wenn es sich hier nicht um metastabile Zustände handeln würde, die unter normalen Bedingungen nur mit unmeßbar kleiner Geschwindigkeit in den wahren stabilen Endzustand übergehen.

Ein metastabiles System ist einem Wagen vergleichbar, der auf einem Bergabhang stehenbleibt, weil die Bremse angezogen ist. Erst wenn die Bremse gelöst, die Reibung also beseitigt ist (vgl. unten), setzt sich der Wagen – der auf ihn einwirkenden Schwerkraft folgend – in Bewegung[26]. Bei chemischen Reaktionen kann die „Reibung" durch Katalysatoren und durch Temperaturerhöhung vermindert oder aufgehoben werden.

1.3.1 Beschleunigung durch Katalysatoren

Unter **„Katalysatoren"**[27] versteht man ganz allgemein Stoffe, welche die Geschwindigkeit einer chemischen Reaktion erhöhen („*positive Katalysatoren*") oder erniedrigen („*negative*

[26] Noch zutreffender ist vielleicht der Vergleich mit einem auf einem Bergabhang in einer Mulde stehenden Wagen. Der (entbremste) Wagen muß erst aus der Mulde herausgezogen werden (Aufwand der „*Aktivierungsenergie*"), damit er den Berg hinunterrollen kann.

[27] Von katalyein (griech.) = losbinden, aufheben.

Katalysatoren“), ohne dabei im Endeffekt verbraucht zu werden, so daß sie nach der Reaktion unverändert wieder vorliegen und in der Reaktionsgleichung daher nicht auftreten. So setzt sich etwa ein metastabiles Gemisch von Wasserstoff und Sauerstoff in Berührung mit fein verteiltem Palladium oder Platin bereits bei Raumtemperatur rasch – oft unter Explosion – zu Wasser um bzw. werden die metastabilen Nahrungsmittel im menschlichen Körper unter dem Einfluß von Katalysatoren (Enzymen) oxidiert.

Ein positiver Katalysator beeinflußt eine chemische, auf dem Wege über einen aktivierten Komplex (s. dort) ablaufende Reaktion in der Weise, daß er die Bindung eines energieärmeren aktivierten Komplexes ermöglicht. Positive Katalysatoren setzen mithin die freien Aktivierungsenergien einer „Hin“- und „Rück“-Reaktion, $\Delta G^{\ddagger}_{\rightarrow}$ und $\Delta G^{\ddagger}_{\leftarrow}$, um den gleichen Betrag herab (vgl. Fig. 69 auf S. 183, gestrichelte Linie), erhöhen also die Geschwindigkeit sowohl der „Hin“- als auch der „Rück“-Reaktion gleichermaßen und beschleunigen demgemäß die Gleichgewichtseinstellung. Negative Katalysatoren erniedrigen in analoger Weise die Geschwindigkeit der „Hin“- und „Rück“-Reaktion um gleiche Beträge und hemmen damit die Gleichgewichtseinstellung. An der Differenz der freien Aktivierungsenthalpien, also an der freien Reaktionsenthalpie ΔG ändert sich hierdurch naturgemäß nichts; d.h. die *chemische Affinität* einer Reaktion, welche ja deren *Gleichgewichtslage* bestimmt, *wird durch Katalysatoren nicht verändert*.

Der deutsche Physikochemiker Wilhelm Ostwald (1853–1932), dem wir eine eingehende Erforschung der katalytischen Erscheinungen verdanken, hat die Wirkungsweise eines positiven Katalysators sehr anschaulich mit der Wirkung eines Schmiermittels auf ein Räderwerk (etwa ein Uhrwerk) verglichen, welches sich ungeölt nur mit großer Reibung und daher sehr langsam unter dem Einfluß der treibenden Kraft (etwa der Spannung einer Uhrfeder) bewegt. Ölt man die Achsen, so erfolgt der Ablauf des Räderwerks schneller, während die treibende Kraft durch das Ölen keine Änderung erfährt. Wie nun eine Taschenuhr ohne Federantrieb durch das Ölen allein nicht in Bewegung gesetzt werden kann, vermag auch ein Katalysator Reaktionen ohne chemische Triebkraft nicht in Gang zu bringen, sondern lediglich die einer vorhandenen Triebkraft entgegenwirkenden „chemischen Reibungen“ zu vermindern und damit langsam (gegebenenfalls unmerklich) ablaufende Reaktionen zu beschleunigen.

Die katalytischen Wirkungen können nicht alle auf gleiche Weise erklärt werden. Die beiden wichtigsten Deutungen sind: 1. die Bildung leicht reagierender Zwischenprodukte, 2. der Einfluß einer Oberflächenwirkung.

Im ersten Falle verläuft eine Reaktion etwa des Typus $A + B \rightleftarrows AB$ bei Anwesenheit eines Katalysators K nach dem Schema

$$\begin{array}{rcl} A + K & \rightleftarrows & AK \\ AK + B & \rightleftarrows & K + AB \\ \hline A + B & \rightleftarrows & AB \end{array}$$

derart, daß ein Zwischenprodukt AK gebildet wird, welches sofort nach seiner Entstehung unter Rückbildung des Katalysators weiterreagiert. Die beiden Teilreaktionen sind dabei dadurch charakterisiert, daß sie zusammengenommen mit größerer Geschwindigkeit ablaufen als die direkte Reaktion. Man nennt derartig wirkende Katalysatoren „*Überträger*“. Ein hierher gehörendes Beispiel ist etwa die Übertragung von Sauerstoff auf Schwefeldioxid ($SO_2 + 1/2\,O_2 \rightarrow SO_3$) durch Stickstoffoxide (Bleikammerverfahren der Schwefelsäuregewinnung, s. dort). Man beobachtet diese Überträgerwirkung von Katalysatoren vor allem bei der **„homogenen Katalyse“**, bei der reagierende Stoffe und Katalysatoren eine einzige Phase (Gas- oder Lösungsphase) bilden.

Die **„heterogene Katalyse“**, bei der Gas- oder Lösungsreaktionen durch feste Katalysatoren („*Kontakte*“; vgl. das Kontaktverfahren der Schwefelsäuregewinnung) beschleunigt werden, ist meist durch eine Oberflächenwirkung des Katalysators zu deuten. Hiernach werden die reagierenden Stoffe durch Adsorption (s. dort) an der Oberfläche des Katalysators in einen reaktionsbereiteren Zustand übergeführt, in dem sie befähigt sind, schneller als im „*un-*

aktivierten“ Zustand zu reagieren. Die Festigkeit der Adsorptions-Bindung muß dabei naturgemäß sehr spezifisch abgestuft sein, damit das adsorbierte Molekül zwar durch die Oberflächenbindung in einen gegenüber dem Normalzustand reaktionsfähigeren Zustand versetzt wird, andererseits aber nicht infolge zu fester Bindung eine stabile chemische Oberflächen-Verbindung mit dem festen Katalysator bildet[28]. Auch muß die Art der Bindung eine leichte Loslösung des Reaktionsproduktes vom Katalysator ermöglichen, was ebenfalls dazu beiträgt, daß für jede chemische Reaktion ganz spezifische Katalysatoren erforderlich sind. Die Tatsache, daß die Wirkung fester Katalysatoren häufig durch minimale Mengen von **„Kontaktgiften“** („*Hemmstoffen*“) aufgehoben werden kann, zeigt, daß nicht die ganze Oberfläche des festen Katalysators, sondern wahrscheinlich nur bestimmte „*aktive Stellen*“ (z. B. Spitzen, Ecken, Kanten, Gitterstörungen) des Katalysators – welche bei der „*Vergiftung*“ durch anderweitige Adsorption blockiert werden – für die Katalysatorwirkung verantwortlich zu machen sind. Durch Zugabe bestimmter Fremdstoffe („*Aktivatoren*“, „*Promotoren*“), die an sich für die fragliche Reaktion gar nicht katalytisch wirksam zu sein brauchen, kann die Wirkung eines Kontakts häufig in sehr bedeutendem Maße verstärkt werden. So beschleunigt beispielsweise fein verteiltes Eisen die Bildung von Ammoniak aus Wasserstoff und Stickstoff ($3H_2 + N_2 \rightarrow 2NH_3$) weit weniger als ein Gemisch von Eisen und Aluminiumoxid (vgl. NH_3-Synthese), da das schwerschmelzende Aluminiumoxid die Eisenteilchen bei der erhöhten Reaktionstemperatur der Ammoniaksynthese am allmählichen Zusammensintern („*Rekristallisieren*“) hindert und so deren große unregelmäßige Oberfläche stabilisiert. Die Entwicklung solcher aus mehreren Stoffen bestehender **„Mischkatalysatoren“**, die den Ausgangspunkt der modernen katalytischen Großindustrie bildet, ist weitgehend den systematischen Untersuchungen des deutschen Naturforschers A. Mittasch (1869–1953) zu danken.

Vielfach läßt sich bei der heterogenen Katalyse keine scharfe Grenze zwischen einer Adsorptionsverbindung und einer wahren chemischen Zwischenverbindung und damit zwischen der ersten und zweiten Art der Katalysatorwirkung ziehen.

1.3.2 Beschleunigung durch Temperaturerhöhung

Ein anderes Mittel zur Steigerung der Reaktionsgeschwindigkeit einer chemischen Umsetzung ist, wie bereits erwähnt wurde, die Erhöhung der Reaktionstemperatur, und zwar steigert bei Raumtemperatur eine Temperaturerhöhung um je 10 °C nach einer von van't Hoff erkannten Regel die Reaktionsgeschwindigkeit im allgemeinen auf das zwei- bis vierfache. Eine chemische Reaktion verläuft daher bei 100 °C mindestens $2^{10} \approx 1000$mal schneller als bei 0 °C, so daß Reaktionen, die bei 100 °C in einer Stunde ablaufen, bei 0 °C mindestens 40 Tage erfordern. Bezüglich der Gründe der reaktionsbeschleunigenden Wirkung der Temperatursteigerung vgl. S. 181.

Zum Unterschied vom oben (Abschnitt 1.3.1) besprochenen Katalysator, welcher die Lage eines Gleichgewichts nicht verändert, also die Geschwindigkeit der „Hin“- und „Rück“-Reaktion in gleicher Weise beschleunigt, beeinflußt die Temperatursteigerung – vgl. Gleichung (18) – auch den Gleichgewichtszustand, da sie die Geschwindigkeiten der Hin- und Rückreaktion in verschieden starker Weise erhöht. Daher läßt sich das Mittel der Geschwindigkeitssteigerung durch Temperaturerhöhung immer dann nicht anwenden, wenn es mit einer Verschlechterung der Gleichgewichtslage der erwünschten Reaktion verbunden ist. Das ist bei exothermen Reaktionen der Fall (s. unten), weshalb man bei solchen Umsetzungen (etwa der NH_3-Synthese; s. dort) zum Unterschied von endothermen Reaktionen (etwa der NO-Synthese; s. dort) Katalysatoren statt Temperaturerhöhung zur Reaktionsbeschleunigung anwendet.

---

[28] Auf die Bildung solcher Oberflächen-Verbindungen ist z. B. die Passivierung (s. dort) vieler Metalle an der Luft oder in oxidierenden Säuren zurückzuführen.

1.4 Die Verschiebung von Gleichgewichten

1.4.1 Qualitative Beziehungen

Das Prinzip von Le Chatelier

Ein Gas oder ein gelöster Stoff ist nach der allgemeinen Zustandsgleichung $p = c \cdot R \cdot T$ durch drei Größen charakterisiert: den Druck p, die Konzentration c und die Temperatur T. Dementsprechend kann man ein im chemischen Gleichgewicht befindliches homogenes System durch Veränderung dieser Größen, also durch Vergrößern (Verkleinern) des Reaktionsdrucks, durch Vergrößern (Verkleinern) der Konzentration der Reaktionspartner oder durch Erhöhen (Erniedrigen) der Reaktionstemperatur stören und verschieben. Nach welcher Seite der chemischen Reaktionsgleichung hin die Gleichgewichtsverschiebung bei derartigen äußeren Eingriffen erfolgt, geht qualitativ aus dem im Jahr 1888 von dem französischen Chemiker Henry Le Chatelier (1850–1936) formulierten **„Prinzip des kleinsten Zwanges“** hervor: *Übt man auf ein im Gleichgewicht befindliches System durch Änderung der äußeren Bedingungen einen Zwang aus, so verschiebt sich das Gleichgewicht derart, daß es dem äußeren Zwange ausweicht.*

Das Gesetz gilt sowohl für physikalische wie für chemische Gleichgewichte. Beispiele ersterer Art sind z.B. die Veränderung des Schmelzpunktes mit dem Druck und das Verdampfen einer Flüssigkeit beim Erwärmen: Übt man auf ein bei 0 °C im Gleichgewicht befindliches Gemisch von Wasser und Eis einen Druck aus, so tritt Schmelzen des Eises ein (Grundlage des Schlittschuhlaufens), weil beim Übergang von Eis in Wasser eine Volumenverminderung erfolgt und so dem äußeren Druck ausgewichen wird. Erhitzt man ein bei 100 °C im Gleichgewicht befindliches Gemisch von Wasser und Wasserdampf, so erfolgt Verdampfung des Wassers, weil der Übergang von flüssigem in dampfförmiges Wasser Wärme verbraucht und so dem äußeren Zwang der Wärmezufuhr ausgewichen wird.

In ganz entsprechender Weise lassen sich auch die Verschiebungen voraussehen, welche die Ausübung eines äußeren Zwanges bei chemischen Gleichgewichten zur Folge haben muß.

Folgerungen des Prinzips von Le Chatelier

Veränderung der Konzentration eines Reaktionspartners. Fügt man zu einem im chemischen Gleichgewicht befindlichen System

$$A + B \rightleftarrows C + D$$

neuen Stoff A hinzu, so verschiebt sich das Gleichgewicht nach rechts, da hierdurch dem äußeren Zwang der Konzentrationsvergrößerung von A durch Verbrauch von A ausgewichen wird. Wie weit die Verschiebung geht, ergibt sich aus dem Massenwirkungsgesetz, da auch die Stoffkonzentrationen des sich neu einstellenden Gleichgewichts natürlich wie vorher der Beziehung

$$\frac{c_C \cdot c_D}{c_A \cdot c_B} = K_c$$

genügen müssen. Befanden sich also vorher in der Volumeneinheit a mol A, b mol B, c mol C und d mol D und erhöhen wir die Konzentration des Stoffs A um a' mol auf $a + a'$, so wird, wenn wir die bis zur neuen Gleichgewichtseinstellung umgesetzte Molmenge des Stoffs A mit x bezeichnen, das neue Gleichgewicht durch die Beziehung

$$\frac{(c + x)(d + x)}{(a + a' - x)(b - x)} = K_c$$

wiedergegeben, aus der sich x errechnen läßt.

Fügt man also z. B. zu einer Säure HA (A = Säurerest) oder einer Base BOH (B = Baserest):

$$HA \rightleftarrows H^+ + A^- \qquad BOH \rightleftarrows B^+ + OH^-$$

weitere Ionen A^- (in Form eines Salzes MA der Säure) bzw. B^+ (in Form eines Salzes BX der Base) hinzu (etwa Natriumacetat zu Essigsäure oder Ammoniumchlorid zu Ammoniak), so müssen sich die obigen Gleichgewichte nach links verschieben, so daß die saure (basische) Wirkung der Lösung abnimmt („*Abstumpfen*" von Säuren und Basen).

Ein anderes Beispiel für eine Gleichgewichtsverschiebung durch Konzentrationsänderung ist etwa der Übergang von gelbem Chromat CrO_4^{2-} in orangefarbenes Dichromat $Cr_2O_7^{2-}$ bei Zusatz von Säure (S. 1444):

$$\underset{\text{gelb}}{2CrO_4^{2-}} + 2H^+ \rightleftarrows \underset{\text{orange}}{Cr_2O_7^{2-}} + H_2O$$

oder der Umschlag von Indikatoren (s. dort) bei Änderung der Wasserstoffionen-Konzentration.

In gleicher Richtung wie die Vermehrung der Konzentration eines Reaktionspartners auf der einen Seite der Reaktionsgleichung wirkt natürlich die Verminderung der Konzentration eines Reaktionspartners auf der anderen Seite.

Veränderung des Reaktionsdrucks. Übt man auf eine Gasreaktion des Typus $A + B \rightleftarrows C + D$ einen Druck aus, so erfolgt nach dem Prinzip von Le Chatelier keine Verschiebung des Gleichgewichts, da die Zahl der Moleküle und damit das Volumen der Reaktionspartner auf beiden Seiten der Reaktionsgleichung gleich ist, also weder durch eine Reaktion von links nach rechts noch durch eine solche von rechts nach links dem Zwang des Drucks ausgewichen werden könnte. Besitzen aber z. B. die gasförmigen Reaktionsprodukte ein kleineres Volumen als die gasförmigen Ausgangsstoffe, wie dies z. B. bei der Ammoniakbildung aus Wasserstoff und Stickstoff der Fall ist:

$$3H_2 + N_2 \rightleftarrows 2NH_3,$$

so führt eine Druckerhöhung (Verminderung des Reaktionsraums) zu einer Verschiebung nach rechts und damit zu einer Ausbeuteverbesserung (vgl. Ammoniaksynthese).

Vergrößerung des Reaktionsraumes (Verminderung des Drucks) ergibt umgekehrt eine Verschiebung des Gleichgewichts nach der Seite mit dem größeren Volumen. So nimmt beispielsweise bei elektrolytischen Dissoziationen des allgemeinen Typus

$$BA \rightleftarrows B^+ + A^-$$

die Spaltung mit steigender Verdünnung der Lösung (Erniedrigung des osmotischen Drucks) zu. Die quantitative Zunahme der Dissoziation folgt wieder aus dem Massenwirkungsgesetz, bei binären Elektrolyten also aus Gleichung (22), die direkt die Beziehung zwischen Dissoziationsgrad α und Volumen V wiedergibt. Bei kleinen Dissoziationsgraden, bei denen α gegenüber 1 vernachlässigt werden kann, ist nach (22) der Dissoziationsgrad α der Wurzel aus dem Volumen V proportional:

$$\alpha = k \cdot \sqrt{V}$$

($k = \sqrt{K}$). Verdünnt man demnach die Lösung eines schwachen binären Elektrolyten aufs vierfache, so nimmt der Dissoziationsgrad α aufs doppelte zu. Für $V = \infty$ folgt aus (22) $\alpha = 1$, da nur dann die linke Seite von (22) den Wert ∞ annimmt ($\alpha^2/(1-\alpha) = 1/0 = \infty$); bei „*unendlicher Verdünnung*" sind also auch die schwächsten Elektrolyte vollständig dissoziiert.

Ein Beispiel für den mit steigender Verdünnung zunehmenden Dissoziationsgrad ist etwa die Aufhellung von rot nach gelb beim Verdünnen einer roten Eisen(III)-rhodanid-Lösung $Fe(SCN)_3$:

$$\underset{\text{rot}}{Fe(SCN)_3} \rightleftarrows \underset{\text{gelb}}{Fe^{3+}} + \underset{\text{farblos}}{3SCN^-},$$

ein Umschlag, der sich durch Zugabe von Fe^{3+} oder SCN^- zur gelben Lösung (Verschiebung des obigen Gleichgewichts nach links) wieder rückgängig machen läßt.

Veränderung der Reaktionstemperatur. Bei Temperaturerhöhung (-erniedrigung) verschiebt sich ein chemisches Gleichgewicht nach dem Prinzip von Le Chatelier nach der unter Wärmeverbrauch (-entwicklung) entstehenden Seite hin. Liegt also ein Gleichgewicht der Art

$$A + B \rightleftarrows C + D + W \tag{28}$$

(W = Reaktionswärme = $-\Delta H$) vor, so begünstigt Temperaturerhöhung die von rechts nach links verlaufende endotherme, Temperaturerniedrigung die von links nach rechts verlaufende exotherme Reaktion, da sich die Wärme W hierbei wie ein Reaktionsteilnehmer verhält, dessen Vermehrung (Temperaturerhöhung) mit Wärmeverbrauch (Verschiebung des obigen Gleichgewichts nach links) und dessen Verminderung (Temperaturerniedrigung) mit Wärmeentwicklung (Verschiebung des obigen Gleichgewichts nach rechts) beantwortet wird.

So vertieft sich etwa die gelbe Farbe einer Eisen(III)-Salzlösung Fe^{3+} beim Erhitzen gemäß der Hydrolysegleichung

$$W + \underset{\text{gelb}}{Fe^{3+}} + 3H_2O \rightleftarrows \underset{\text{braun}}{Fe(OH)_3} + 3H^+$$

nach Braun hin, während sie sich beim Abkühlen umgekehrt aufhellt. Der gleiche Effekt der Aufhellung kann naturgemäß durch Zugabe von Säure (Verschiebung des obigen Gleichgewichtes nach links durch Vergrößerung der H^+-Konzentration; s. oben) erzielt werden.

Ganz allgemein herrschen bei hohen Temperaturen die endothermen, bei tiefen Temperaturen die exothermen Vorgänge vor. Beim absoluten Nullpunkt ($T = 0$ K) können sich nur exotherme Reaktionen abspielen; bei gewöhnlicher Temperatur ($T = 300$ K) verlaufen die meisten Umsetzungen noch exotherm, doch kommen bereits endotherme Reaktionen vor; bei den Temperaturen des elektrischen Lichtbogens ($T > 3000$ K) dagegen werden die exothermen Verbindungen größtenteils zerstört und endotherme gebildet.

Quantitativ läßt sich die Gleichgewichtsverschiebung durch Temperaturveränderung mit Hilfe der Reaktionsisochore (18a) bzw. Reaktionsisobare (18b) (s. weiter oben) errechnen, die sich ja für negatives ΔU bzw. ΔH (exotherme Reaktionen) eine Abnahme und für positives ΔU bzw. ΔH (endotherme Reaktionen) eine Zunahme der Gleichgewichtskonstante K von Reaktion (28) ergibt. Zur Auswertung der Differentialgleichungen (18) ist allerdings eine vorherige Integration erforderlich, welche die Kenntnis der Temperaturabhängigkeit von ΔU bzw. ΔH voraussetzt (vgl. Anm.[58)] S. 54).

1.4.2 Quantitative Anwendungsbeispiele

Die Hydrolyse

Salze BA (Baserest B, Säurerest A) sind im allgemeinen praktisch vollständig dissoziiert ($BA \rightarrow B^+ + A^-$). Löst man ein solches Salz BA in Wasser auf, welches in geringem Betrage in Wasserstoff- und Hydroxid-Ionen gespalten ist ($HOH \rightleftarrows H^+ + OH^-$), so liegen in der wässerigen Lösung nebeneinander die Ionen

$$B^+, A^-, H^+, OH^-$$

vor. Je nach der Stärke der aus diesen Ionen zusammensetzbaren Säure HA und Base BOH kann nun verschiedenerlei erfolgen. Handelt es sich um eine starke Säure HA und eine starke Base BOH – wie bei dem Salz NaCl (B = Na; A = Cl) –, so können die vier Ionen unverändert nebeneinander bestehen (I), so daß keine Reaktion des Salzes mit dem Wasser (**„Hydrolyse“**) eintritt, die Lösung also neutral reagiert (pH = 7). Ist aber bei starker Base BOH die Säure HA oder bei starker Säure HA die Base BOH schwach – wie im Falle von Natriumacetat NaAc[29] (B = Na; A = Ac) bzw. von Ammoniumchlorid NH_4Cl (B = NH_4; A = Cl) –, so setzen sich die Anionen A^- bzw. Kationen B^+ mit den – in geringer Konzentration vorliegenden – Wasserstoff- bzw. Hydroxid-Ionen des Wassers teilweise zu undissoziierter Säure (Base) um, so daß eine alkalische (saure) Reaktion der Lösung auftritt (II; III). Sind schließlich sowohl Säure HA wie Base BOH schwach – wie im Falle von Ammoniumacetat NH_4Ac (B = NH_4; A = Ac) –, so bildet sich unter Hydrolyse sowohl undissoziierte Säure wie undissoziierte Base (IV), und die Reaktion der Salzlösung hängt in diesem Falle von der relativen Stärke der hydrolytisch gebildeten schwachen Säure und schwachen Base ab (vgl. unten):

$$B^+OH^-H^+A^- \qquad\qquad B^+OH^-\underbrace{H^+A^-}$$

(I) (starke Base, starke Säure) — (II) (starke Base, schwache Säure)

$$\underbrace{B^+OH^-}H^+A^- \qquad\qquad \underbrace{B^+OH^-}\underbrace{H^+A^-}$$

(III) (schwache Base, starke Säure) — (IV) (schwache Base, schwache Säure)

Wie weit jeweils die Hydrolyse fortschreitet, läßt sich leicht mit Hilfe des Massenwirkungsgesetzes errechnen, wie nachfolgend am Beispiel eines aus einer schwachen Säure HA und einer starken Base B^+OH^- aufgebauten Salzes B^+A^- gezeigt sei: Die Hydrolyse eines solchen Salzes setzt sich aus den beiden Teilreaktionen

$$\begin{array}{rcl} HOH & \rightleftarrows & H^+ + OH^- \qquad (29a) \\ H^+ + A^- & \rightleftarrows & HA \qquad (29b) \\ \hline A^- + HOH & \rightleftarrows & HA + OH^- \qquad (29) \end{array}$$

zusammen. Solange die durch die Gleichgewichtskonstante der ersten Teilreaktion (Ionenprodukt des Wassers: $K_w = c_{H^+} \cdot c_{OH^-}$; s. dort) bedingte Wasserstoffionen-Konzentration $c_{H^+} = K_W/c_{OH^-}$ größer als die durch die Gleichgewichtskonstante der zweiten Teilreaktion („Säurekonstante" K_S) bedingte Wasserstoffionen-Konzentration $c'_{H^+} = K_S \cdot c_{HA}/c_{A^-}$ ist, geht die Hydrolyse gemäß (29) weiter. Dabei nimmt c_{H^+} infolge Zunahme von c_{OH^-} ab und c'_{H^+} infolge Zunahme von c_{HA} und Abnahme von c_{A^-} zu. Gleichgewicht tritt dann ein, wenn $c_{H^+} = c'_{H^+}$, d.h.

$$\frac{K_W}{c_{OH^-}} = \frac{K_S \cdot c_{HA}}{c_{A^-}}$$

geworden ist. Umgeformt ergibt diese Gleichung die Beziehung

$$\frac{c_{HA} \cdot c_{OH^-}}{c_{A^-}} = \frac{K_W}{K_S} = K_{Hydr.} = K_B, \qquad (30)$$

die man früher als die **„Hydrolysekonstante"** $K_{Hydr.}$ des Salzes B^+A^- bezeichnete, während man heute (was im Endergebnis auf das gleiche hinauskommt) im Sinne der Brönstedschen Säure-Base-Auffassung (S. 232) die Hydrolyse (29) als Basewirkung der starken „Anionbase" A^- und die Hydrolysekonstante (30) dementsprechend als „*Basekonstante*" K_B von A^- definiert. Nach (30) ist die Hydrolysekonstante (die Stärke der Anionbase A^-) umso größer, die Hydrolyse gemäß (29) also umso stärker, je kleiner K_S, d.h. je schwächer die bei der

[29] Die Abkürzung „Ac" symbolisiert den „*Acetatrest*" (Essigsäurerest) CH_3CO_2 der Essigsäure CH_3CO_2H: acetum (lat.) = Essig.

Reaktion (29) gebildete Säure HA ist. Ist die Säurekonstante K_S der schwachen Säure HA – wie häufig der Fall – größer als das sehr kleine Ionenprodukt $K_W = 10^{-14}$ des Wassers (z. B. Essigsäure: K_S ca. 10^{-5}), so folgt für $K_{Hydr.} = K_B$ ein Wert < 1. Das Gleichgewicht (29) liegt dann weitgehend auf der linken Seite.

Der pH-Wert der Lösung eines Salzes B^+A^-, das sich von einer schwachen Säure HA und einer starken Base B^+OH^- ableitet, folgt aus der Gleichung (30), sofern berücksichtigt wird, daß beim Umsatz von A^- mit Wasser gemäß (29) OH^--Ionen und HA-Moleküle in äquimolekularer Menge entstehen ($c_{OH^-} = c_{HA}$): $c^2_{OH^-}/c_{A^-} = K_W/K_S$ bzw. (da $c_{H^+} \cdot c_{OH^-} = K_W$): $c_{H^+} = \sqrt{K_W \cdot K_S/c_{A^-}}$. In logarithmischer Schreibweise ergibt sich damit:

$$\mathrm{pH} = \tfrac{1}{2} \times (\mathrm{p}K_W + \mathrm{p}K_S + \log c_{A^-}).$$

Hat also z. B. die Säure HA eine Dissoziationskonstante $K_S = 10^{-5}$ (pK_S = 5; etwa Essigsäure), so berechnet sich für den pH-Wert einer 0.1-molaren B^+A^--Lösung mit $c_{A^-} \approx c_{B^+A^-}$ (das Gleichgewicht (29) ist praktisch vollständig nach links verschoben): pH = 0.5 × (14 + 5 + log 0.1) = 9. Die wässerige Lösung von Salzen derartiger Säuren (also z. B. Natriumacetat) reagiert demnach alkalisch, so daß etwa bei der Titration von Essigsäure mit Natronlauge (s. unten) der Äquivalenzpunkt (quantitative Natriumacetatbildung) nicht mit dem Neutralpunkt zusammenfällt, sondern im alkalischen Gebiet (bei pH = 9) liegt.

In ganz entsprechender Weise leitet sich für Salze B^+A^-, die aus einer starken Säure H^+A^- und einer schwachen Base BOH gebildet sind, die Hydrolysekonstante

$$\frac{c_{H^+} \cdot c_{BOH}}{c_{B^+}} = \frac{K_W}{K_B} = K_{Hydr.} = K_S \qquad (31)$$

ab, die sich auf die Hydrolysegleichung (32) bezieht:

$$\begin{array}{lll} \mathrm{HOH} \rightleftarrows \mathrm{H^+} + \mathrm{OH^-} & & (32\mathrm{a}) \\ \mathrm{B^+} + \mathrm{OH^-} \rightleftarrows \mathrm{BOH} & & (32\mathrm{b}) \\ \hline \mathrm{B^+} + \mathrm{HOH} \rightleftarrows \mathrm{BOH} + \mathrm{H^+} & & (32) \end{array}$$

und im Sinne der Brönstedschen Säure/Base-Auffassung (S. 232) zahlenmäßig die Säurewirkung der starken „Kationsäure" B^+ wiedergibt. Die Säurekonstante K_S von B^+ und damit das Ausmaß der Hydrolyse (32) ist dabei gemäß (31) umso größer, je kleiner K_B, d. h. je schwächer die bei der Reaktion (32) gebildete Base BOH ist.

Für den pH-Wert der Lösung eines Salzes B^+A^-, das sich von einer starken Säure H^+A^- und einer schwachen Base BOH ableitet, folgt aus der Beziehung (31) mit $c_{H^+} = c_{BOH}$: $c^2_{H^+}/c_{B^+} = K_W/K_B$ bzw.: $c_{H^+} = \sqrt{K_W \cdot c_{B^+}/K_B}$. In logarithmischer Schreibweise ergibt sich damit:

$$\mathrm{pH} = \tfrac{1}{2} \times (\mathrm{p}K_W - \mathrm{p}K_B - \log c_{B^+})$$

Hat also z. B. die Base BOH eine Dissoziationskonstante $K_B = 10^{-5}$ (pK_B = 5; etwa Ammoniak), so berechnet sich für den pH-Wert einer 0.1-molaren B^+A^--Lösung mit $c_{B^+} \approx c_{B^+A^-}$ (das Gleichgewicht (32) ist praktisch vollständig nach links verschoben): pH = 0.5 × (14 − 5 − log 0.1) = 5. Die wässerige Lösung von Salzen derartiger Basen (also z. B. von Ammoniumchlorid) reagiert also sauer, so daß man etwa bei der Titration von Ammoniak mit Salzsäure (s. unten) zur Erkennung des Endpunkts der Titration (Äquivalenzpunkt) einen Indikator (s. dort) verwenden muß, der im sauren Gebiet (bei pH = 5) umschlägt.

Für Salze B^+A^-, denen eine schwache Säure HA und eine schwache Base BOH zugrunde liegt (also z. B. für Ammoniumacetat) gilt gemäß der Hydrolysegleichung

$$\mathrm{A^-} + \mathrm{B^+} + \mathrm{HOH} \rightleftarrows \mathrm{HA} + \mathrm{BOH} \qquad (33)$$

die Hydrolysekonstante

$$\frac{c_{HA} \cdot c_{BOH}}{c_{A^-} \cdot c_{B^-}} = \frac{K_W}{K_S \cdot K_B} = K_{Hydr.}, \qquad (34)$$

wonach die Hydrolysetendenz (33) mit abnehmender Größe von K_S und K_B wächst.

Für den pH-Wert der Lösung eines Salzes B^+A^-, das sich von einer schwachen Säure und einer schwachen Base ableitet, gilt in guter Näherung:

$$pH = \frac{1}{2} \times (pK_W + pK_S - pK_B).$$

Die Neutralisation

Während bei der Hydrolyse aus Salz und Wasser Säure und Base entstehen, bilden sich bei der **„Neutralisation"** umgekehrt aus Säure und Base Salz und Wasser:

$$\text{Säure} + \text{Base} \underset{\text{Hydrolyse}}{\overset{\text{Neutralisation}}{\rightleftharpoons}} \text{Salz} + \text{Wasser}.$$

Die Hydrolyse ist also die Umkehrung der Neutralisation. Beide führen naturgemäß zu demselben Gleichgewichtszustand:

starke Säure + starke Base:	$H^+ + OH^- \rightleftharpoons HOH$,		(35)
schwache Säure + starke Base:	$HA + OH^- \rightleftharpoons HOH + A^-$,		(36)
starke Säure + schwache Base:	$H^+ + BOH \rightleftharpoons HOH + B^+$,		(37)
schwache Säure + schwache Base:	$HA + BOH \rightleftharpoons HOH + A^- + B^+$.		(38)

Beim Zusammengeben äquivalenter Mengen starker Säure H^+ und starker Base OH^- (35) entsteht somit eine neutrale Lösung, da das bei der Neutralisation neben Wasser verbleibende, vollkommen dissoziierte Salz B^+A^- nach dem weiter oben Gesagten keine Neigung zur Hydrolyse besitzt, so daß die Salzlösung äquivalente Mengen H^+ und OH^- ($c_{H^+} = c_{OH^-} = 10^{-7}$) aufweist. Dagegen bildet sich beim Zusammengeben äquimolekularer Mengen einer schwachen Säure und starken Base (bzw. einer starken Säure und schwachen Base) eine basisch (bzw. sauer) reagierende Lösung, da das gebildete Salz B^+A^- gemäß Gleichung (36) bzw. (37) – Umkehrung von Gleichung (29) und (32) – bis zum Hydrolysegleichgewicht (s. oben) hydrolysiert ist. Äquimolekulare Mischungen einer schwachen Säure und schwachen Base schließlich (38) – Umkehrung von (33) – können schwach sauer, schwach basisch oder neutral reagieren, je nachdem die schwache Säure HA im Vergleich zur schwachen Base BOH stärker, schwächer oder gleich stark ist.

Wichtig für die Praxis des Laboratoriums ist die Änderung des pH-Wertes während des Verlaufs der Neutralisation einer Säure durch eine Base und umgekehrt. Denn die Art dieser Abhängigkeit des pH-Wertes vom Neutralisationsgrad (**„Neutralisationskurve"**) legt – wie im folgenden gezeigt sei – die Bedingungen fest, unter denen der **„Äquivalenzpunkt"** – d.h. der Punkt, bei dem gerade die der Säure (Base) äquivalente Menge Base (Säure) zugesetzt ist – erkannt werden kann.

Die Wasserstoffionen-Konzentration c_{H^+} einer zehntelmolaren („0.1-molaren"-)Lösung einer starken Säure H^+A^- (z.B. Salzsäure) beträgt 10^{-1}, entsprechend einem pH-Wert von 1. Neutralisiert man durch Zusatz einer starken Base B^+OH^- (z.B. Natronlauge) 90% der Säure, so daß nur noch $^1/_{10}$ der ursprünglichen Säure vorhanden ist, so verringert sich – wenn wir die Volumenvergrößerung der Lösung bei der Titration außer acht lassen[30] – die Wasserstoffionen-Konzentration auf den zehnten Teil ($c_{H^+} = 10^{-2}$), entsprechend einem pH-Wert von 2. Bei abermaliger Neutralisation von 90% der jetzt noch vorhandenen Säuremenge (entsprechend einer Gesamtneutralisation von 99%) nimmt der pH-Wert, da nunmehr nur noch $^1/_{100}$ der ursprünglichen Säure vorliegt, wieder um 1 Einheit auf den Wert 3 zu usw. Ist der pH-Wert 7 erreicht, so liegt nach dem früher Gesagten der Äquivalenzpunkt, d.h. eine – in diesem Falle neutrale – wässerige Lösung des Salzes B^+A^- vor. Bei weiterer Zugabe von starker Base ergibt ganz entsprechend jede Vermehrung der gerade vorhandenen Hydroxidionen-Konzentration c_{OH^-} auf das zehnfache eine Abnahme des pOH-Wertes und

---

[30] Man kann, um dieser Voraussetzung näher zu kommen, annehmen, daß die zugesetzte starke Base konzentriert sei. Aber auch bei der Titration mit einer zehntelmolaren starken Base unterscheidet sich die Titrationskurve nicht wesentlich von der in Fig. 67 gezeichneten: Endprodukt der Kurve (200% zugesetzte Base) bei pH = 12.53 statt 13.00.

damit Zunahme des pH-Wertes um 1 Einheit, so daß ein bestimmter Basezusatz nach Überschreiten des Äquivalenzpunktes zuerst eine große und dann eine immer mehr abnehmende Änderung des pH-Wertes zur Folge hat. Trägt man alle diese pH-Werte in Abhängigkeit vom Neutralisationsgrad in ein Koordinatensystem ein, so erhält man die in Fig. 67 mit „starker Säure" und „starke Base" gekennzeichnete Kurve.

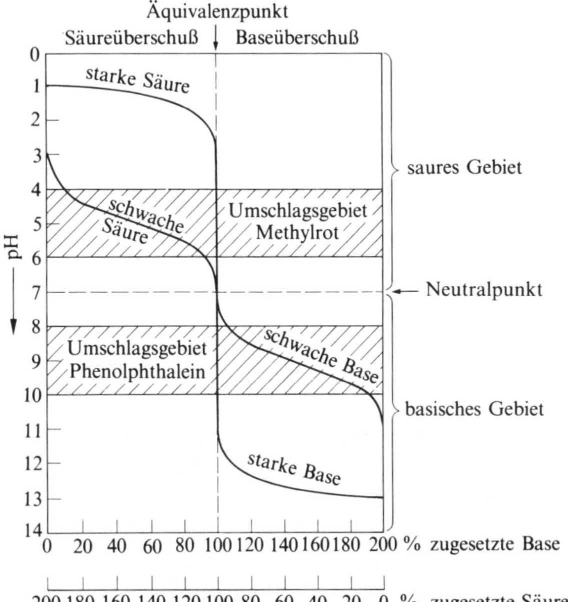

Fig. 67 Neutralisationskurven starker und schwacher Säuren und Basen.

Man ersieht daraus, daß der Äquivalenzpunkt durch einen steilen Abfall der Kurve, d.h. eine sprunghafte Zunahme des pH-Wertes charakterisiert ist. Diese sprunghafte pH-Änderung läßt sich in einfachster Weise mit Hilfe eines Indikators (s. dort) erkennen, der in dem betreffenden pH-Gebiet „*umschlägt*". Die Umschlagsbereiche zweier solcher Indikatoren sind in Fig. 67 mit eingetragen. Will man demnach den unbekannten Gehalt der wäßrigen Lösung einer starken Säure ermitteln, so braucht man nur nach Zusatz einer geringen Indikatormenge so lange eine Baselösung bekannter Konzentration („*eingestellte Lösung*", „*Maßlösung*", „*Titrierflüssigkeit*", „*Titrant*") zufließen zu lassen, bis der zugesetzte Indikator umschlägt. Aus Milliliter-Anzahl und Konzentration („*Titer*") der verbrauchten Base läßt sich dann ohne weiteres der Säuregehalt der in dieser Weise „*titrierten*" Lösung (früher als „Titrand" bezeichnet) errechnen (**„Acidimetrie"**). In gleicher Weise läßt sich eine „*Titration*" („*Maßanalyse*") von Basen mit Säuren (**„Alkalimetrie"**) durchführen; man durchläuft dann in Fig. 67 die Neutralisationskurve von rechts nach links (vgl. untere Abszisse).

Titriert man eine schwache Säure (z.B. Essigsäure) mit einer starken Base (z.B. Natronlauge), so sieht das Kurvenbild etwas anders aus. Denn eine zehntelmolare Lösung einer schwachen Säure mit z.B. der Dissoziationsonstante $K_S = 10^{-5}$ (Essigsäure) hat ja nicht wie eine starke Säure einen pH-Wert von 1, sondern gemäß der Beziehung

$$\frac{c_{H^+} \cdot c_{A^-}}{c_{HA}} = 10^{-5} \qquad (39)$$

($c_{H^+} = c_{A^-}$; c_{HA} praktisch $= 10^{-1}$) einen pH-Wert von 3. Die Neutralisationskurve beginnt damit in Fig. 67 beim Ordinatenpunkt 3. Der weitere Verlauf ergibt sich ebenfalls aus der obigen, zweckmäßig zu

$$c_{H^+} = 10^{-5} \cdot \frac{c_{HA}}{c_{A^-}} \tag{40}$$

umgeformten Beziehung (39), indem man für das Verhältnis c_{HA}/c_{A^-} die dem gerade vorliegenden Neutralisationsgrad entsprechenden Werte einsetzt. So ist für $c_{HA}/c_{A^-} = 10$ (9%ige Neutralisation; $c_{HA}/c_{A^-} = 91/9 \approx 10$) $c_{H^+} = 10^{-4}$ (pH = 4), für $c_{HA}/c_{A^-} = 1$ (50%ige Neutralisation) $c_{H^+} = 10^{-5}$ (pH = 5), für $c_{HA}/c_{A^-} = {}^1/_{10}$ (91%ige Neutralisation; $c_{HA}/c_{A^-} = 9/91 \approx {}^1/_{10}$) $c_{H^+} = 10^{-6}$ (pH = 6), für $c_{HA}/c_{A^-} = {}^1/_{100}$ (99%ige Neutralisation) $c_{H^+} = 10^{-7}$ (pH = 7) usw. (vgl. S. 193). Der Äquivalenzpunkt liegt bei pH = 9 (s. oben). Bei weiterer Zugabe von starker Base mündet die Neutralisationskurve der schwachen Säure in die mit „starke Base" bezeichnete Kurve ein (Fig. 67).[31)]

Wie aus dem Kurvenbild („schwacher Säure", „starke Base") hervorgeht, läßt sich von den beiden in Fig. 67 angeführten Indikatoren in diesem Falle nur das Phenolphthalein zur Erkennung des Äquivalenzpunktes verwenden; denn das Methylrot würde schon lange vor dem Äquivalenzpunkt (pH = 9), nämlich ab pH = 4 (entsprechend einer erst rund 10%igen Neutralisation der schwachen Säure) umzuschlagen beginnen (Endpunkt des Umschlags bei pH = 6, entsprechend einer erst rund 90%igen Neutralisation). Umgekehrt ist bei der Titration einer schwachen Base ($K_B = 10^{-5}$) mit einer starken Säure, etwa von Ammoniak mit Salzsäure (Kurvenbild „starke Säure", „schwache Base"), zur Erkennung des Äquivalenzpunktes pH = 5 (s. oben) nur das Methylrot, nicht aber das Phenolphthalein zu gebrauchen, da letzteres schon ab pH = 10 (entsprechend einer erst rund 10%igen Neutralisation der schwachen Base) umzuschlagen begänne (Endpunkt des Umschlags bei pH = 8, entsprechend einer erst rund 90%igen Neutralisation). Und die Titration einer schwachen Säure ($K_S = 10^{-5}$) mit einer schwachen Base ($K_B = 10^{-5}$), etwa von Essigsäure mit Ammoniak, läßt sich (vgl. Kurvenbild „schwache Säure", „schwache Base") mit keinem der beiden angeführten Indikatoren durchführen und ist zudem nicht empfehlenswert, weil der pH-Sprung beim Äquivalenzpunkt (pH = 7) nur klein und wenig ausgeprägt (undeutlicher Indikatorumschlag) ist.

Bei starken, d. h. vollkommen in Ionen dissoziierten Säuren stimmt die durch Titration ermittelte Säurekonzentration mit der wirklich vorhandenen Wasserstoffionen-Konzentration numerisch überein. Bei schwachen Säuren dagegen ist die durch Titration gefundene Säurekonzentration selbstverständlich weit größer als die vorhandene Konzentration freier Wasserstoff-Ionen, da bei der Titration (Gleichgewichtsverschiebung) nicht nur die freien, sondern auch die gebundenen (potentiellen) H^+-Ionen der schwachen Säure erfaßt werden. Man unterscheidet hier daher zwischen einer „*potentiellen*" und einer „*aktuellen*" Wasserstoffionen-Konzentration. Die erstere findet man bei der Titration, die letztere mit Hilfe von Indikatoren und Vergleichslösungen bekannten pH-Wertes oder auf potentiometrischem Wege (S. 225).

Die von F. Descroizilles im Jahre 1791 begründete und in der Folgezeit von R. Boyle und insbesondere J.L. Gay-Lussac (1830) ausgebaute **„Maßanalyse"** (**„Titrimetrie"**, **„Titrimetrische Analyse"**), d.h. die quantitative Analyse eines gelösten Stoffs durch Bestimmung des Endpunktes einer Titrationskurve mit Indikatoren oder physikalischen Methoden (z.B. ampero-, kondukto-, potentio-, volta-, polaro-, nephelometrischen Messungen) nach Zugabe von *n* ml Maßlösung, beschränkt sich nicht auf Säure- und Base-Titrationen. Voraussetzung für die – verglichen mit einer *gravimetrischen* Bestimmung (S. 211) einfacheren und rascheren – *maßanalytische* Stoffbestimmung ist eine schnell, eindeutig und quantitativ erfolgende Reaktion des Stoffs mit dem für die Titration genutzten Reagens. Wichtige maßanalytische Verfahren sind neben der „*Neutralisations-Titration*" („Acidimetrie", „Alkalimetrie") die „*Komplexometrie*" (Titration von Metallionen mit starken Komplexbildnern, vgl. S. 1223), die „*Fällungstitration*" (Titration von Kationen bzw. Anionen mit Niederschlag bildenden Anionen bzw. Kationen; vgl. nachfolgenden Abschnitt) und die „*Redoxtitration*" (Titration von Ionen und Molekülen mit Oxidationsmitteln („*Oxi-*

[31] Der Kurvenverlauf „schwache Säure" in Fig. 67 entspricht ganz dem Kurvenverlauf von Fig. 66 (vertauschte Koordinaten!).

dimetrie", z. B. „Bromato"-, „Iodo"-, Dichromato"-, „Mangano"-, „Cerimetrie"; S. 482, 594, 1444, 1490, 1787) und – weniger gebräuchlich – Reduktionsmitteln („*Reduktometrie*", z. B. „Titanometrie"; S. 1409)).

1.5 Heterogene Gleichgewichte

Alle bisher behandelten chemischen Gleichgewichte bezogen sich auf homogene, d.h. aus einer einzigen Phase (Gasphase, Lösungsphase) bestehende Systeme. Liegen heterogene, d.h. aus mehreren Phasen bestehende Systeme vor (z.B. Gas und fester Stoff; Lösung und fester Stoff), so läßt sich das Massenwirkungsgesetz nicht unmittelbar anwenden, da dieses unter der Voraussetzung frei und ungeordnet im Reaktionsraum herumschwirrender Moleküle abgeleitet wurde (S. 180), eine Voraussetzung, die bei festen Stoffen nicht erfüllt ist. Man kann sich hier aber so helfen, daß man die Reaktion als nur in einer Phase verlaufend betrachtet.

1.5.1 Fest-gasförmige Systeme

Als Beispiel wollen wir die Umsetzung von Eisen und Wasserdampf zu Eisenoxid[32] und Wasserstoff heranziehen:

$$Fe + H_2O \rightleftarrows FeO + H_2\,, \tag{41}$$

die im geschlossenen Reaktionsgefäß zu einem Gleichgewichtszustand führt. Als fester Stoff hat Eisen bei gegebener Temperatur wie jeder Stoff einen konstanten Sättigungsdruck p_{Fe}. Der Druck ist zwar wegen seiner Kleinheit nicht direkt meßbar, besitzt aber einen bestimmten endlichen Wert. Das Eisen wird daher im Reaktionsgefäß (vgl. Fig. 68) bis zur Erreichung des Wertes p_{Fe} verdampfen. Im Gasraum findet dann gemäß (41) die Umsetzung zwischen Eisen- und Wassermolekülen statt. Der dabei gebildete Eisenoxiddampf scheidet sich wegen des außerordentlich kleinen Sättigungsdruckes von festem Eisenoxid sofort in fester Form ab, bis der Druck auf diesen Sättigungsdruck p_{FeO} gesunken ist. Umgekehrt verdampft das Eisen in dem Maße, in dem es durch die Reaktion verbraucht wird, immer wieder nach, so daß auch sein Druck im Gasraum dauernd konstant bleibt, solange noch fester Bodenkörper vorhanden ist.

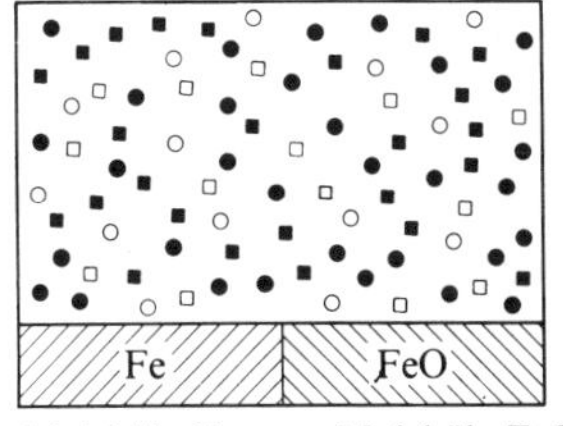

Fig. 68 Heterogener Reaktionsraum.

Im Gleichgewichtszustand gilt für den Gasraum das Massenwirkungsgesetz:

$$\frac{p_{FeO} \cdot p_{H_2}}{p_{Fe} \cdot p_{H_2O}} = K_p\,.$$

[32] Bezüglich der Formel des Eisenoxids vgl. Anm.[7], Kapitel VIII, Die oben abgeleitete Gleichgewichtsbeziehung (42) ist unabhängig von dieser Formel.

Da p_{Fe} und p_{FeO}, wie eben abgeleitet, konstante Größen sind, können sie zur mathematischen Vereinfachung mit der Konstante K_p zu einer neuen Konstante $K_p'(K_p' = K_p \cdot p_{Fe}/p_{FeO})$ zusammengefaßt werden (vgl. hierzu aber Anm.[128], Kap. XVI):

$$\frac{p_{H_2}}{p_{H_2O}} = K_p' . \tag{42}$$

Die betrachtete Reaktion kommt danach bei gegebener Temperatur dann zum Stillstand, wenn das Verhältnis der Drücke von Wasserstoff und Wasserdampf einen bestimmten konstanten Wert K_p' erreicht hat. Solange das Druckverhältnis p_{H_2}/p_{H_2O} kleiner als K_p' ist, findet die Reaktion (41) in der Richtung von links nach rechts, im anderen Falle von rechts nach links statt[33]. Arbeitet man nicht in geschlossenem Gefäß, sondern leitet man Wasserdampf durch ein mit Eisenpulver gefülltes erhitztes offenes Rohr, so erfolgt quantitative Oxidation des Eisens, da dann der Wasserstoff entweicht und deshalb den für die Einstellung des Gleichgewichts erforderlichen Druck nicht erreichen kann.

Das hier Abgeleitete gilt ganz allgemein: *Beteiligen sich an einem chemischen Gleichgewicht feste Stoffe, so können deren Drücke oder Konzentrationen bei der Aufstellung der Massenwirkungsgleichungen unberücksichtigt bleiben.*

Entwässert man also z. B. bei konstanter Temperatur ein kristallwasserhaltiges Salz („*Hydrat*") wie Kupfersulfat $CuSO_4 \cdot 5H_2O$ – das zuerst 2, dann nochmals 2 und schließlich das letzte Wassermolekül abgibt –:

$$\begin{aligned} CuSO_4 \cdot 5H_2O &\rightleftarrows CuSO_4 \cdot 3H_2O + 2H_2O, \\ CuSO_4 \cdot 3H_2O &\rightleftarrows CuSO_4 \cdot 1H_2O + 2H_2O, \\ CuSO_4 \cdot 1H_2O &\rightleftarrows CuSO_4 + H_2O, \end{aligned}$$

so gilt für den Gleichgewichtszustand in allen drei Fällen die einfache Beziehung

$$p_{H_2O} = K_p' ,$$

wobei K_p' (und damit der Wasserdampfdruck p_{H_2O}) für jede der drei Teilreaktionen einen charakteristischen konstanten Wert besitzt (bei 50 °C: 45 bis 30 bzw. 4.5 Torr). Saugt man daher bei 50 °C über dem Kupfersulfat-Hydrat den Wasserdampf ab, so erhält man beim Auftragen der Wasserdampfdrücke gegen die Zusammensetzung des Hydrats eine charakteristische Treppenkurve (Fig. 69), aus der man – hier wie in anderen Fällen – die bei der Entwässerung auftretenden Zwischenhydrate direkt entnehmen kann.

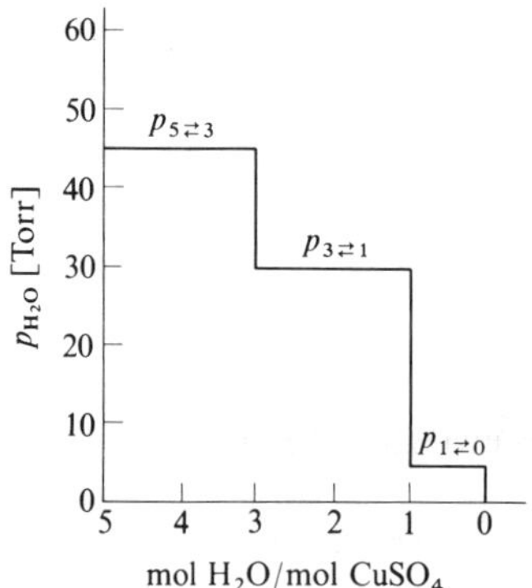

Fig. 69 Druckänderung bei der isothermen Entwässerung (50 °C) von $CuSO_4 \cdot 5H_2O$.

[33] Bei etwa 1350 °C hat K_p' den Wert 1. Oberhalb dieser Temperatur geht bei den Einheiten des Drucks von H_2 und H_2O Eisenoxid in Eisen, unterhalb dieser Temperatur Eisen in Eisenoxid über.

1.5.2 Fest-flüssige Systeme

Unter den Anwendungen auf heterogene Systeme aus Lösungen und festen Stoffen seien hier die Reaktionen herausgegriffen, bei denen in wässeriger Lösung neutrale Moleküle in Ionen aufspalten:

$$BA \rightleftharpoons B^+ + A^-.$$

Hierfür gilt (vgl. Gl. (21)) die Gleichgewichtsbedingung:

$$\frac{c_{B^+} \cdot c_{A^-}}{c_{BA}} = K_c.$$

Erhöht man durch Zugabe von B^+ und/oder von A^- und durch die hierdurch bedingte Gleichgewichtsverschiebung nach links die Konzentration von BA so weit, daß die Löslichkeit von BA erreicht wird, so fällt BA als fester Stoff aus. Jetzt ist seine Konzentration c_{BA} nicht mehr wie zuvor in der ungesättigten Lösung variabel, sondern gleich dem konstanten Wert der Löslichkeit. Man kann daher c_{BA} – wie vorher p_{Fe} und p_{FeO} – mit der Gleichgewichtskonstanten K_c zu einer neuen Konstanten L ($L = K_c \cdot c_{BA}$) zusammenfassen (statt L wird häufig auch K_L geschrieben):

$$c_{B^+} \cdot c_{A^-} = L, \tag{43a}$$

die man als **„Löslichkeitsprodukt"** des Stoffes BA bezeichnet, weil das Produkt der Ionenkonzentration c_{B^+} und c_{A^-} diesen Wert annehmen muß, damit die Löslichkeit der Verbindung BA erreicht wird und diese bei weiterer Erhöhung von c_{B^+} oder c_{A^-} ausfällt.

Bei Salzen B_bA_a (B = Baserest, A = Acidrest), bei denen sich gemäß

$$B_bA_a \rightleftharpoons b\,B^{m+} + a\,A^{n-}$$

neutrale Moleküle B_bA_a in b Kationen B^{m+} und a Anionen A^{n-} aufspalten ($b \cdot m = a \cdot n$), nimmt das Löslichkeitsprodukt L folgende allgemeine Form an (vgl. Gl. (17)):

$$c^b_{B^{m+}} \cdot c^a_{A^{n-}} = L. \tag{43b}$$

Auflösung von Salzen. Wie man der nach abnehmender Größe von L geordneten Tab. 30 entnehmen kann, sind die Löslichkeitsprodukte und damit die Löslichkeiten[34)] von Salzen sehr unterschiedlich[35)]. So berechnet sich die Löslichkeit eines schwerer löslichen, in zwei Ionen zerfallenden Salzes $BA \rightleftharpoons B^{m+} + A^{m-}$ unter der Annahme, daß undissoziierte Moleküle in der (sehr verdünnten) BA-Lösung nicht vorhanden sind und mithin die Konzentration des insgesamt gelösten BA-Anteils gleich der Konzentration der Kationen bzw. Anionen ist ($c_{BA} \mathrel{\hat{=}} c_{B^{m+}} = c_{A^{m-}}$), aus dem für den Dissoziationsvorgang gültigen Löslichkeitsprodukt $L = c_{B^{m+}} \cdot c_{A^{m-}} = c^2_{BA}$ zu $c_{BA} = \sqrt{L}$ (Anm.[36)]). Demgemäß lösen sich in 1 Liter Wasser bei Raumtemperatur 4.9×10^{-3} mol $CaSO_4$, 3.9×10^{-5} mol $BaSO_4$, 7.1×10^{-7} mol AgBr oder gar nur 9.2×10^{-23} mol CuS (für L vgl. jeweils Tab. 30).[36a)]

---

34 Man pflegt die Löslichkeit schwerer löslicher Salze ($L < 1$) durch das Löslichkeitsprodukt, leichter löslicher Salze ($L > 1$) durch die in 100 g Lösungsmittel lösliche Grammenge eines Salzes zu charakterisieren.

35 Die in der Literatur angegebenen Werte von Löslichkeitsprodukten schwanken bei ein und demselben Stoff infolge mangelnder kristallchemischer Charakterisierung bisweilen bis zu einer Zehnerpotenz und mehr.

36 Für Salze B_bA_a ergibt sich die Löslichkeit allgemein zu: $c_{B_bA_a} = \sqrt[a+b]{L/b^b \cdot a^a}$.

36a Da die thermodynamische Behandlung von Systemen mit weniger als 10^6 gelösten Teilchen pro Liter zunehmend unsicherer wird, kommt den Löslichkeitsprodukten von CuS und HgS (Tab. 30) bzw. der heterolytischen Dissoziation des Wasserstoffs (S. 258) keine reale Bedeutung zu.

Tab. 30 Löslichkeitsprodukte L einiger in zwei, drei bzw. vier Ionen dissoziierender Salze in Wasser

Salz	L	pK_L	Salz	L	pK_L	Salz	L	pK_L
$SrCrO_4$	3.6×10^{-5}	4.44	$PbCrO_4$	1.8×10^{-14}	13.7	SrF_2	2.8×10^{-9}	8.55
$KClO_4$	2.9×10^{-5}	4.54	AgCN	1.6×10^{-14}	13.8	CaF_2	1.7×10^{-10}	9.77
$MgCO_3$	2.6×10^{-5}	4.59	MnS	7.0×10^{-16}	15.2	Ag_2CO_3	6.2×10^{-12}	11.2
$CaSO_4$	2.4×10^{-5}	4.62	AgI	8.5×10^{-17}	16.1	Ag_2CrO_4	4.1×10^{-12}	11.4
CuCl	1.0×10^{-6}	6.00	FeS	3.7×10^{-19}	18.4	$Mg(OH)_2$	1.5×10^{-12}	11.8
$SrSO_4$	7.6×10^{-7}	6.12	ZnS	1.1×10^{-24}	24.0	$Mn(OH)_2$	6.8×10^{-13}	12.2
$NiCO_3$	1.4×10^{-7}	6.85	SnS	1.0×10^{-26}	26.0	$Cd(OH)_2$	2.3×10^{-14}	13.6
CuBr	4.2×10^{-8}	7.38	PbS	3.4×10^{-28}	27.5	$Pb(OH)_2$	4.2×10^{-15}	14.4
AgOH	2.0×10^{-8}	7.70	CdS	1.0×10^{-28}	28.0	$Fe(OH)_2$	1.6×10^{-15}	14.8
$PbSO_4$	1.6×10^{-8}	7.80	CuS	8.5×10^{-45}	44.1[36a)]	$Ni(OH)_2$	3.2×10^{-17}	16.5
$CaCO_3$	4.7×10^{-9}	8.33	HgS	1.6×10^{-54}	53.8[36a)]	$Zn(OH)_2$	1.8×10^{-17}	16.7
$BaCO_3$	1.9×10^{-9}	8.72	$Ba(OH)_2$	4.3×10^{-3}	2.37	Hg_2Cl_2	2.0×10^{-18}	17.7
$SrCO_3$	1.6×10^{-9}	8.80	Li_2CO_3	1.7×10^{-3}	2.77	$Be(OH)_2$	2.7×10^{-19}	18.6
$BaSO_4$	1.5×10^{-9}	8.82	$Sr(OH)_2$	4.2×10^{-4}	3.38	$Cu(OH)_2$	1.6×10^{-19}	18.8
AgCl	1.7×10^{-10}	9.77	$PbCl_2$	1.6×10^{-5}	4.80	Hg_2Br_2	1.3×10^{-21}	20.9
$BaCrO_4$	8.5×10^{-11}	10.1	$Ca(OH)_2$	3.9×10^{-6}	5.41	Hg_2I_2	1.2×10^{-28}	27.9
$ZnCO_3$	6.3×10^{-11}	10.2	BaF_2	1.7×10^{-6}	5.77	Ag_2S	5.5×10^{-51}	50.3
CuI	5.1×10^{-12}	11.3	PbF_2	3.6×10^{-8}	7.44	$Cr(OH)_3$	6.7×10^{-31}	30.2
AgBr	5.0×10^{-13}	12.3	PbI_2	1.4×10^{-8}	7.85	$Al(OH)_3$	1.9×10^{-33}	32.7
$PbCO_3$	3.3×11^{-14}	13.5	MgF_2	6.4×10^{-9}	8.19	$Fe(OH)_3$	5.0×10^{-38}	37.3

Streng genommen gilt das Löslichkeitsprodukt (43 b) nur für ideale, also ausreichend verdünnte Ionenlösungen. Diese Bedingung ist im Falle der Auflösung schwerer löslicher Salze B_bA_a in reinem Wasser naturgemäß erfüllt. Löst man die Salze jedoch in Wasser, welches bereits „*fremdionige*" Zusätze, also Ionen, die in dem zu lösenden Salz nicht vorhanden sind, enthält, so muß – da nunmehr statt einer idealen eine reale Ionenlösung vorliegt – mit Aktivitäten $a = y \cdot c$ statt Konzentrationen c gerechnet werden (vgl. S. 191). An die Stelle des Löslichkeitsprodukts $c^b_{B^{m+}} \cdot c^a_{A^{n-}} = L_c$ (43 b) tritt damit die Beziehung:

$$a^b_{B^{m+}} \cdot a^a_{A^{n-}} = L_a, \tag{43c}$$

in welcher L_a („*thermodynamisches Löslichkeitsprodukt*") zum Unterschied von L_c („*stöchiometrisches Löslichkeitsprodukt*") bei gegebener Temperatur eine wahre, von der Ionenstärke (S. 191) der Lösung unabhängige Konstante ist (in Tab. 30 sind thermodynamische Löslichkeitsprodukte $L_a = L$ wiedergegeben; vgl. auch Anm.[35)]).

Aus der für ein schwerer lösliches, in B^+ und A^- dissoziierendes Salz gültigen Beziehung $L_a = a_{B^+} \cdot a_{A^-} = y_{B^+} \cdot c_{B^+} \cdot y_{A^-} \cdot c_{A^-}$ (vgl. 23)) folgt nun, da die Aktivitätskoeffizienten y für nicht allzu konzentrierte Elektrolytlösungen kleiner 1 sind und mit wachsender Ionenstärke der Lösung abnehmen (S. 191), daß sich die Konzentrationen c_{B^+} und c_{A^-} mit zunehmender Ionenstärke erhöhen[37)]. Allgemein gilt: Mit zunehmender Ionenstärke einer (nicht allzu konzentrierten) Elektrolytlösung erhöht sich die Löslichkeit eines schwerer löslichen Salzes. So steigt etwa die Löslichkeit des Bariumsulfats $BaSO_4$ von 3.9×10^{-5} mol/l in reinem Wasser auf etwa das Doppelte, nämlich auf 7.6×10^{-5} mol/l in einer wässerigen 0.01-molaren $MgCl_2$-Lösung (Ionenstärke $I = 0.03$ mol/l; vgl. Gl. (26))[38)].

Enthält eine wässerige Lösung Kationen B^{m+} bzw. Anionen A^{n-}, die auch in dem zu lösenden Salz vorhanden sind („*gleichioniger*" Zusatz), so wird die Dissoziation eines Salzes B_bA_a zurückgedrängt (vgl. Prinzip von Le Chatelier) und seine Löslichkeit mithin verringert: *Gleichionige Zusätze erniedrigen die Löslichkeit schwerer löslicher Elektrolyte.* Beispielsweise erniedrigt sich die $BaSO_4$-Löslichkeit von 3.9×10^{-5} mol/l in reinem Wasser auf 1.5×10^{-7} mol/l in einer wässerigen, 0.01-molaren $BaCl_2$-Lösung; denn mit $c_{Ba^{2+}} \approx c_{BaCl_2}$ und

[37] Zur Wahrung der Konstanz von L_a muß einer Verkleinerung des Produkts $y_{B^+} \cdot y_{A^-}$ mit wachsender Ionenstärke eine Vergrößerung des Produkts $c_{B^+} \cdot c_{A^-}$ entsprechen.

[38] Ähnlich wie sich aus der für den Lösevorgang $BA \rightleftarrows B^+ + A^-$ gültigen Beziehungen (43a) die BA-Löslichkeit zu $c_{BA} = \sqrt{L}$ ergibt (s. oben), folgt aus der Beziehung $a_{B^+} \cdot a_{A^-} = L_a$: $c_{BA} = \sqrt{L_a}/y$. Für eine 0.01-molare $MgCl_2$-Lösung ($I = 0.03$) errechnet sich nun mit der Beziehung (25a): $y = y_{B^+} = y_{A^-} = 0.51$. Damit folgt für die $BaSO_4$-Löslichkeit ($L_{BaSO_4} = 1.5 \times 10^{-9}$) der oben wiedergegebene Wert.

$c_{SO_4^{2-}} = c_{BaSO_4}$ folgt: $L_{BaSO_4} = c_{Ba^{2+}} \cdot c_{SO_4^{2-}} = c_{BaCl_2} \cdot c_{BaSO_4}$ und $c_{BaSO_4} = L_{BaSO_4}/c_{BaCl_2} = 1.5 \times 10^{-9}/0.01 = 1.5 \times 10^{-7}$ mol/l.

Tatsächlich ist die Löslichkeit von $BaSO_4$ in einer 0.01-molaren $BaCl_2$-Lösung etwas höher (5.8×10^{-7} mol/l), wie sich aus einer exakteren Rechnung mit Ionenaktivitäten statt -konzentrationen ergibt (vgl. oben).

Ausfällung von Salzen. Da Salze in wässeriger Lösung vollkommen in Ionen gespalten sind, setzen sich die physikalischen und chemischen Eigenschaften der Salzlösung additiv aus den Eigenschaften der das Salz aufbauenden Ionenarten zusammen. Gibt man daher die Lösung eines leichtlöslichen Salzes B^+A^- zu der Lösung eines anderen leichtlöslichen Salzes C^+D^-, so fällt aus dem Lösungsgemisch, falls keine Komplikationen (z. B. Komplexbildungen) auftreten, B^+D^- bzw. C^+A^- aus, wenn die Löslichkeit (das Löslichkeitsprodukt) von B^+D^- bzw. C^+A^- in Wasser kleiner ist als die von B^+A^- bzw. C^+D^- („*Fällungsreaktion*"). So fällt beispielsweise beim Vereinigen einer wässerigen Bariumchlorid bzw. -nitrat-Lösung mit einer wässerigen Natrium-, Zink- oder Kupfer(II)-sulfat-Lösung Bariumsulfat aus (z. B. $BaCl_2 + Na_2SO_4 \rightarrow [BaSO_4]_{fest} + 2\,NaCl$; $Ba(NO_3)_2 + ZnSO_4 \rightarrow [BaSO_4]_{fest} + Zn(NO_3)_2$), da die Ionenkombination $Ba^{2+}SO_4^{2-}$ ein sehr kleines Löslichkeitsprodukt (1.5×10^{-9}) aufweist, und demnach die Gleichgewichtskonstante der Fällungsreaktion:

$$\underset{\text{farblos}}{Ba^{2+}} + \underset{\text{farblos}}{SO_4^{2-}} \rightleftarrows \underset{\text{farblos}}{[BaSO_4]_{fest}} \tag{44}$$

sehr groß ist ($K_{Fällung} = 1/L_{BaSO_4} = 1/1.5 \times 10^{-9} = 6.7 \times 10^8$). In analoger Weise führt z. B. die Vereinigung einer Ag^+- mit einer I^--haltigen Lösung zur Fällung von gelbem Silberiodid, die Vereinigung einer Hg^{2+}- mit einer S^{2-}-haltigen Löung zur Fällung von schwarzem Quecksilbersulfid:

$$\underset{\text{farblos}}{Ag^+} + \underset{\text{farblos}}{I^-} \rightarrow \underset{\text{gelb}}{AgI}\,, \tag{45}$$

$$\underset{\text{farblos}}{Hg^{2+}} + \underset{\text{farblos}}{S^{2-}} \rightarrow \underset{\text{schwarz}}{HgS}\,. \tag{46}$$

Man nutzt die Schwerlöslichkeit vieler Salze in der analytischen Chemie zum qualitativen und quantitativen Nachweis von Ionen löslicher Salze. So lassen sich Ionen qualitativ an charakteristischen Fällungsreaktionen sowie Eigenschaften der gebildeten Niederschläge (z. B. Farbe, vgl. (44)–(46)) erkennen. Andererseits kann die quantitative Bestimmung der Menge einer bestimmten, in Wasser gelösten Ionensorte B^{m+} bzw. A^{n-} in einfacher Weise durch Wägung eines, über eine charakteristische Fällungsreaktion erhaltenen, unlöslichen Niederschlags B_bD_d bzw. C_cA_a eindeutiger und bekannter Zusammensetzung erfolgen (**„Gravimetrie"**; zur Erzielung einer möglichst vollständigen Fällung setzt man das Fällungsmittel gemäß dem oben Besprochenen zweckmäßig im Überschuß ein). Multipliziert man die gefundene Niederschlagsmasse mit dem – tabellierten und wie folgt festgelegten – Massenanteil („*gravimetrischer*" bzw. „*analytischer Faktor*") des betreffenden Ions (z. B. B^{m+}) in der ausgefällten Verbindung (z. B. B_bD_d):

$$\text{gravimetrischer Faktor (für } B^{m+} \text{ in } B_bD_d) = \frac{b \times \text{rel. Ionenmasse von } B^{m+}}{\text{rel. Formelmasse von } B_bD_d}\,,$$

so erhält man die Ionenmasse und damit die ursprünglich in der Lösung vorhandene Ionenmenge[39].

[39] Analog folgt aus dem Produkt der Niederschlagsmasse mit dem gravimetrischen Faktor eines bestimmten, im ausgefallenen Salz anwesenden Elements die Masse des betreffenden Elements.

Beispielsweise beträgt der gravimetrische Faktor für Barium in Bariumsulfat ($A_r(Ba^{2+}) = 137.34$; $M_r(BaSO_4) = 233.40$) $1 \times 137.34/233.40 = 0.5884$. Fallen also beim Versetzen einer Ba^{2+}-haltigen Lösung mit Natriumsulfat 2.3319 g $BaSO_4$ aus, so enthielt die Lösung $0.5884 \times 2.3319 = 1.3721$ g Ba^{2+} (also etwa 0.01 mol Ba^{2+}).

2 Die Oxidation und Reduktion

Bei der Besprechung der Einteilung chemischer Reaktionen (s. dort) waren wir u.a. auch auf die Begriffe der Oxidation und Reduktion eingegangen. Auf Grund der im vorangehenden Kapitel VI entwickelten Elektronentheorie der Valenz läßt sich nun die Erscheinung der Oxidation und Reduktion auf breiterer Grundlage diskutieren. Hiermit wollen wir uns im folgenden beschäftigen.

2.1 Ableitung eines neuen Oxidations- und Reduktionsbegriffs

2.1.1 Das Redoxsystem

Nach der ursprünglichen Definition bedeutet die **Oxidation** eine Vereinigung mit Sauerstoff (Oxygenium). Verbindet sich nun z.B. ein Metallatom M mit einem Sauerstoffatom O ($M + O \rightarrow MO$), so beruht die Oxidbildung nach der Elektronentheorie der Valenz auf einem Übergang von Elektronen ($\ominus$) vom Metall- zum Sauerstoffatom:

$$\begin{array}{rcl} M & \rightarrow & M^{2+} + 2\ominus \\ 2\ominus + O & \rightarrow & O^{2-} \\ \hline M + O & \rightarrow & M^{2+} + O^{2-} \end{array}$$

Das Sauerstoffatom entzieht dem Metallatom Elektronen, da es die Tendenz hat, sich durch Aufnahme zweier Elektronen eine Achterschale aufzubauen. Nun haben auch andere Stoffe dieses Bestreben. Daher kann man dem Metall auch mit Hilfe z.B. von Chlor seine Valenzelektronen entreißen:

$$\ominus + Cl \rightarrow Cl^- .$$

Es liegt nahe, den dabei sich ergebenden Gesamtvorgang ($M + Cl_2 \rightarrow MCl_2$) ebenfalls als eine Oxidation des Metalls zu bezeichnen. In der Tat hat man schon früher von einer „Oxidationswirkung“ des Chlors und von einem „Verbrennen“ von Metallen im Chlorstrom gesprochen. Die Schwierigkeit, daß solche sauerstoff-freien Oxidationsmittel wie das Chlor entgegen der ursprünglichen Definition keine sauerstoff-übertragenden Mittel sind, umging man durch eine Erweiterung des Begriffs eines Oxidationsmittels, indem man in Analogie zur wasserstoffentziehenden Wirkung des Sauerstoffs ganz allgemein alle Wasserstoff-entziehenden Mittel (Chlor ist z.B. ein solches Mittel: $Cl_2 + H_2 \rightarrow 2HCl$) als Oxidationsmittel bezeichnete.

Nach der neuen Definition besteht die *Oxidation* in einem Entzug von Elektronen und die *oxidierende Wirkung* eines Oxidationsmittels in dessen *elektronen-entziehender Wirkung*. In diese Definition fügen sich das Chlor und andere sauerstoff-freie Oxidationsmittel nunmehr zwangslos ein. Der elektronen-entziehende Stoff braucht dabei kein neutrales Atom, sondern kann z.B. auch ein geladenes Ion sein. So haben beispielsweise dreifach geladene Eisen-Ionen das Bestreben, durch Aufnahme je eines Elektrons in zweifach geladene überzugehen:

$$\ominus + Fe^{3+} \rightarrow Fe^{2+} .$$

Daher bezeichnet man auch Eisen(III)-Salze als Oxidationsmittel. Ebenso kann der Entzug von Elektronen auch ohne direkte Zuhilfenahme chemischer Stoffe elektrolytisch mittels einer Anode erfolgen („*anodische Oxidation*"), da die Anode als positive Elektrode ganz allgemein der Lösung Elektronen entzieht und sie an den positiven Pol der Stromquelle abführt.

Die gleiche Entwicklung hat der Begriff der **Reduktion** durchgemacht. Ursprünglich bedeutet die Reduktion das Rückgängigmachen der Oxidation. Läßt man z.B. auf ein Metalloxid bei erhöhter Temperatur Wasserstoff einwirken, so wird es zu Metall reduziert ($MO + H_2 \rightarrow M + H_2O$). Nach der Elektronentheorie der Valenz beruht dieser Vorgang darauf, daß das Metall die bei der Oxidation abgegebenen Elektronen wieder zurückerlangt: $M^{2+}O^{2-} + 2H \rightarrow M + H^+O^{2-}H^+$ bzw. (da sich O^{2-} heraushebt) $M^{2+} + 2H \rightarrow M + 2H^+$, indem der vorher ungeladene Wasserstoff unter Bildung von Wasserstoff-Ionen seine Außenelektronen an das Metall abgibt:

$$\begin{array}{lll} & 2H & \rightarrow 2H^+ + 2\ominus \\ M^{2+} + 2\ominus & & \rightarrow M \\ \hline 2H & + M^{2+} & \rightarrow 2H^+ + M \end{array}$$

wobei sich die gebildeten Wasserstoff-Ionen mit den Sauerstoff-Ionen des Metalloxids zu Wasser vereinigen ($2H^+ + O^{2-} \rightarrow H_2O$).

Statt durch Wasserstoff kann nun die Zufuhr von Elektronen z.B. auch mittels Natrium erfolgen:

$$Na \rightarrow Na^+ + \ominus,$$

weshalb man ein Metalloxid auch mit Hilfe von Natrium zum Metall reduzieren kann.

Somit ergibt sich die *Reduktion* nach der erweiterten Definition als eine *Zufuhr von Elektronen* und ein *Reduktionsmittel* als ein *elektronen-zuführendes Mittel.* Auch geladene Ionen – z.B. zweifach geladene Chrom-Ionen, die das Bestreben haben, in dreifach geladene überzugehen –:

$$Cr^{2+} \rightarrow Cr^{3+} + \ominus,$$

können daher Reduktionsmittel sein. Ebenso stellt bei einer Elektrolyse die Kathode ein Reduktionsmittel dar („*kathodische Reduktion*"), weil die Kathode als negative Elektrode diejenige Elektrode ist, welche die vom negativen Pol der Stromquelle kommenden Elektronen der Lösung zuführt.

Die entwickelten Definitionen der Oxidation bzw. Reduktion und des Oxidationsmittels bzw. Reduktionsmittels können zu der Gleichung

$$\textbf{Reduktionsmittel} \underset{\text{Reduktion}}{\overset{\text{Oxidation}}{\rightleftarrows}} \textbf{Oxidationsmittel + Elektron}$$

zusammengefaßt werden. Man nennt ein dieser Definitionsgleichung entsprechendes elektronenabgebendes und -aufnehmendes System auch „*Reduktions-Oxidations-System*" oder abgekürzt **„Redoxsystem"** („*korrespondierendes Redox-Paar*"):

$$\text{Red.} \rightleftarrows \text{Ox.} + \ominus.$$

Da unter normalen chemischen Bedingungen keine freien Elektronen existieren, erfolgt der Übergang eines Reduktionsmittels zum „*korrespondierenden*" („*konjugierten*") Oxidationsmittel unter Elektronenabgabe immer nur in Anwesenheit eines geeigneten Oxidationsmittels, welches die abgegebenen Elektronen unter Übergang in das mit ihm korrespondierende (konjugierte) Reduktionsmittel aufzunehmen vermag. Mithin setzen sich Redox-Reaktionen immer aus zwei korrespondierenden Redox-Paaren („Redox-Halbreaktionen") wie folgt zusammen:

$$\begin{array}{lcl} \text{Red.}_{\text{I}} & \rightleftarrows & \text{Ox.}_{\text{I}} + \ominus \\ \text{Ox.}_{\text{II}} + \ominus & \rightleftarrows & \text{Red.}_{\text{II}} \\ \hline \text{Red.}_{\text{I}} + \text{Ox.}_{\text{II}} & \rightleftarrows & \text{Ox.}_{\text{I}} + \text{Red.}_{\text{II}} \end{array}$$

2.1.2 Die Oxidationsstufe[40)]

Ein für den Chemiker recht nützlicher, wenn auch fiktiver Begriff ist der der „Oxidationsstufe" („*Oxidationszahl*", „*Oxidationsgrad*", „*elektrochemische Wertigkeit*"). Man versteht darunter diejenige Ladung, die ein Atom in einem Molekül besäße, wenn letzteres aus lauter Ionen aufgebaut wäre (Verfahren der *Heterolyse* einer Bindung; vgl. formale Ladungszahl). So besitzt z.B. der Schwefel in der Dithionsäure ($H_2S_2O_6$) die Oxidationsstufe $+5$ ($2H^+ + 6O^{2-} + 2S^{5+}$), das Mangan im Permanganat-Ion (MnO_4^-) die Oxidationsstufe $+7$ ($4O^{2-} + Mn^{7+}$) und der Stickstoff im Nitrat-Ion (NO_3^-) bzw. im Ammoniumchlorid (NH_4Cl) die Oxidationsstufen $+5$ ($3O^{2-} + N^{5+}$) bzw. -3 ($4H^+ + Cl^- + N^{3-}$). Man pflegt diese elektrochemischen Wertigkeiten als kleine arabische Ziffern über das betreffende Elementsymbol zu setzen:

$$H_2\overset{+5}{S}_2O_6 \qquad K\overset{+7}{Mn}O_4 \qquad Na\overset{+5}{N}O_3 \qquad \overset{-3}{N}H_4Cl\,.$$

Die Summe der Oxidationsstufen der Atome eines Moleküls bzw. Ions ist dann Null bei Molekülen bzw. gleich der Ladung des Ions bei Ionen [z. B. MnO_4^-: $(+7) + 4x(-2) = -1$].

Zur Erhöhung der Oxidationsstufe ist stets ein Oxidationsmittel, zur Erniedrigung ein Reduktionsmittel erforderlich; die Überführung von Stickstoffmonoxid NO (Oxidationsstufe des Stickstoffs: $+2$) in Nitrat kann also nur mit Hilfe eines Oxidationsmittels wie z.B. MnO_4^- oder HOCl, die Überführung von Permanganat in eine Mangan(II)-Verbindung (Oxidationsstufe des Mangans: $+2$) nur mit Hilfe eines Reduktionsmittels wie Fe^{2+} oder SO_3^{2-} bewerkstelligt werden:

$$\overset{+2}{N}O + 2H_2O \rightleftarrows \overset{+5}{N}O_3^- + 4H^+ + 3\ominus \qquad (1)$$

$$\overset{+7}{Mn}O_4^- + 8H^+ + 5\ominus \rightleftarrows \overset{+2}{Mn}{}^{2+} + 4H_2O\,. \qquad (2)$$

Die Formulierung komplizierter, in Wasser ablaufender Redoxsysteme wie (1) oder (2) erfolgt zweckmäßig in der Weise, daß man auf eine Gleichungsseite die tiefere (z. B. NO; Mn^{2+}), auf die andere Seite die höhere Oxidationsstufe (NO_3^-; MnO_4^-) schreibt und dann die dem Sauerstoffunterschied zwischen höherer und tieferer Oxidationsstufe entsprechende Zahl von Wassermolekülen (2; 4) auf der sauerstoffärmeren Gleichungsseite hinzufügt, was auf der anderen Seite eine entsprechende Zahl von Wasserstoff-Ionen (4; 8) ergibt. Aus dem Ladungsunterschied zwischen beiden Gleichungsseiten des betreffenden Redoxvorganges folgt nunmehr zwangsläufig die bei dem Vorgang umgesetzte Zahl von Elektronen (3; 5), die zugleich den „*Oxidationsstufenwechsel*" („*Wertigkeitsunterschied*") des betrachteten Redoxsystems wiedergibt.

Die Umformung der für saure Lösungen gewonnenen Redoxgleichungen auf basische Lösungen erfolgt am einfachsten so, daß man die in saurer Lösung vorhandenen Molekülformen durch die in basischer Lösung existierenden ersetzt, wodurch sich gegebenenfalls die Anzahl der Wasserstoff-Ionen verändert. Anschließend tauscht man die Wasserstoff-Ionen durch die gleiche Zahl an Hydroxid-Ionen auf der anderen Gleichungsseite aus, was in der Gesamtbilanz einen der Anzahl der Hydroxid-Ionen entsprechenden Zuwachs von Wassermolekülen auf der Seite der Wasserstoff-Ionen ergibt.

Der Zunahme der Oxidationsstufe des oxidierten Stoffs (vgl. (1)) bzw. Abnahme der Oxidationsstufe des reduzierten Stoffs (vgl. (2)) entspricht jeweils eine gleich große Abnahme der Oxidationsstufe des Oxidationsmittels bzw. Zunahme der Oxidationsstufe

[40] **Literatur.** C.K. Jörgensen: „Oxidationszahlen und Oxidationszustände", Springer, New York 1962.

des Reduktionsmittels. Beispielsweise steht im Falle der durch Permanganat erfolgenden Oxidation von Stickstoffmonoxid (Kombination von (1) und (2)) der Zunahme der Oxidationsstufe des Stickstoffs um $5 \times 3 = 15$ Einheiten eine Abnahme der Oxidationsstufe des Mangans um $3 \times 5 = 15$ Einheiten gegenüber:

$$x5|\ NO + 2H_2O \rightleftarrows NO_3^- + 4H^+ + 3\ominus \qquad (1)$$

$$x3|\ MnO_4^- + 8H^+ + 5\ominus \rightleftarrows Mn^{2+} + 4H_2O \qquad (2)$$

$$5NO + 3MnO_4^- + 4H^+ \rightleftarrows 5NO_3^- + 3Mn^{2+} + 2H_2O \qquad (3)$$

Wie ersichtlich, ergeben sich die Gleichungen chemischer Redoxprozesse in einfacher Weise aus den beiden in Frage kommenden (Teil-)Redoxsystemen (z. B. (1) und (2)), indem man zuerst das elektronenabgebende, dann das elektronen-aufnehmende System formuliert und schließlich die beiden Reaktionsgleichungen mit solchen Faktoren multipliziert, daß die Zahl der abgegebenen und der aufgenommenen Elektronen einander entspricht (vgl. hierzu auch unten, Gl. (7) und (8)).

Die durch den elektrochemischen Wertigkeitsunterschied einer Redoxreaktion dividierte relative Formelmasse eines Oxidations- bzw. Reduktionsmittels nennt man **„relative elektrochemische Äquivalentmasse"** (früher: elektrochemisches Äquivalentgewicht; vgl. hierzu S. 163). Die der relativen elektrochemischen Äquivalentmasse entsprechende *„molare elektrochemische Äquivalentmasse"* gibt dann den Massenanteil wieder, dem die Aufnahme (Abgabe) eines Mols Elektronen entspricht. Teilt man die molare elektrochemische Äquivalentmasse durch die Avogadrosche Konstante $N_A = 6.022 \times 10^{23}\ mol^{-1}$, so erhält man die Masse, die einem *„elektrochemischen Äquivalent"* – also dem (gedachten) Bruchteil $1/z$ eines Oxidations- bzw. Reduktionsteilchens (z = Wertigkeitsunterschied) – zukommt (vgl. S. 163). 1 mol elektrochemisches Äquivalent (= N_A Äquivalentteilchen) Kaliumpermanganat (1 mol *„Oxidationsäquivalent"*) entspricht dann 158.038 : 5 = 31.608 g $KMnO_4$, 1 mol elektrochemisches Äquivalent Kaliumiodid (1 mol *„Reduktionsäquivalent"*; $I^- \rightarrow 1/2 I_2 + \ominus$) 166.006 : 1 = 166.006 g KI. Eine Lösung die je Liter 1 mol Oxidations- bzw. Reduktionsäquivalent enthält, bezeichnet man als eine *„1-normale Lösung"* eines Oxidations- bzw. Reduktionsmittels; sie kann je Liter 1 mol Elektronen (entsprechend 96484.6 Coulomb) aufnehmen bzw. abgeben. Dementsprechend verbrauchen a ml einer b-normalen Lösung eines Oxidationsmittels bei der Titration (s. dort) mit einer gleichfalls b-normalen Lösung eines Reduktionsmittels bis zum Äquivalenzpunkt genau ebenfalls a ml dieser Lösung (**„Oxidimetrie"**).

2.2 Die elektrochemische Spannungsreihe[40a)]

2.2.1 Das Normalpotential

Allgemeines

Wie aus dem Vorstehenden leicht ersichtlich ist, kann es bei einem chemischen Vorgang keine Oxidation ohne eine gleichzeitige Reduktion geben und umgekehrt. Denn ein Stoff muß ja die Elektronen abgeben (Reduktionsmittel), ein anderer muß sie aufnehmen (Oxidationsmittel). Da nun ein gegebener Stoff Elektronen nicht von jedem anderen Stoff aufzunehmen oder an jeden anderen Stoff abzugeben vermag, gibt es keine absoluten Oxidations- und Reduktionsmittel. Vielmehr ist die Oxidations- oder Reduktionswirkung einer Substanz eine Funktion des zu oxidierenden oder zu reduzierenden Reaktionspartners.

[40a] **Literatur.** W. M. Latimer: *„Oxidation Potentials"*, Prentice-Hall, Englewood Cliffs 1952; A. J. de Bethune, N. A. S. Loud: *„Standard Aqueous Electrode Potentials and Temperature Coeffitients at 25 °C"*; C. A. Hampel, Skokie, Ill., 1964: G. Charlot, A. Collumeau, M. J. C. Marchoni: *„Oxidation-Reduction Potentials of Inorganic Substances in Aqueous Solution"*, Butterworth, London 1971; D. Dobos: *„Electrochemical Data"*, Elsevier, Amsterdam 1975; E. Wiberg: *„Die chemische Affinität"*, de Gruyter, Berlin 1972; A. J. Bard, R. Parsons, J. Jordan (Hrsg.): *„Standard Potentials in Aqueous Solution"*, Dekker, New York 1985; D. M. Stanburg: *„Reduction Potentials Involving Inorganic Free Radicals in Aqueous Solution"*, Adv. Inorg. Chem. **33** (1989) 70–138.

Taucht man z.B. einen Zinkstab in eine Kupfersulfatlösung, so überzieht er sich mit Kupfer, weil das Zink bestrebt ist, an Kupfer-Ionen Elektronen abzugeben:

$$Zn \rightarrow Zn^{2+} + 2\ominus \quad (4)$$
$$2\ominus + Cu^{2+} \rightarrow Cu \quad (5)$$
$$\overline{Zn + Cu^{2+} \rightarrow Zn^{2+} + Cu} \quad (6)$$

Zink reduziert also die Kupfer-Ionen zu metallischem Kupfer. Taucht man aber umgekehrt einen Kupferstab in eine Zinksulfatlösung, so ist das Kupfer nicht imstande, die Zink-Ionen zu Zink zu reduzieren. Wohl aber wirkt es beispielsweise gegenüber Silber-Ionen als Reduktionsmittel:

$$Cu \rightarrow Cu^{2+} + 2\ominus$$
$$2\ominus + 2Ag^{+} \rightarrow 2Ag$$
$$\overline{Cu + 2Ag^{+} \rightarrow Cu^{2+} + 2Ag}$$

Will man diese unterschiedliche Oxidations- und Reduktionswirkung zahlenmäßig erfassen, so muß man nach der treibenden Kraft des Elektronenübergangs fragen. Die Tatsache, daß Zink an Kupfer-Ionen Elektronen abzugeben imstande ist, daß also zwischen dem Zinksystem (4) und dem Kupfersystem (5) ein elektrischer Strom fließt, zeigt, daß zwischen beiden Systemen eine Spannung („*Potentialdifferenz*") besteht. Denn ein Strom – handele es sich um einen Wasser-, Wärme-, Gas- oder Elektrizitätsstrom – fließt nur beim Vorhandenensein eines „Niveau"-Unterschieds (Höhen-, Temperatur-, Druck-, Potential-Differenz), nämlich vom höheren zum tieferen Niveau hin.

Die zwischen Zink und Kupfer vorhandene Spannung oder Potentialdifferenz läßt sich beim bloßen Eintauchen eines Zinkstabes in eine Kupfersulfatlösung experimentell nicht messen, weil sich der Elektronenaustausch zwischen Atom und Atom, also innerhalb atomarer Dimensionen abspielt. Trennt man aber das Zinksystem (4) räumlich von dem Kupfersystem (5), indem man – vgl. Fig. 70 – einen Zinkstab in eine Zinksulfatlösung und einen Kupferstab in eine Kupfersulfatlösung eintaucht und die beiden Lösungen durch eine poröse Scheidewand („*Diaphragma*") voneinander scheidet („*Daniell-Element*"), so kann das Zink seine Elektronen nur auf dem Wege über einen das Zink mit dem Kupfer verbindenden äußeren Schließungsdraht an die Kupfer-Ionen abgeben. Der chemische Vorgang ist dabei derselbe (6) wie im Reagenzglas; die vorhandene Spannung läßt sich aber zum Unterschied von dort durch Anlegen einer gleich großen Gegenspannung an die beiden Elektroden messen (Stromlosigkeit im Schließungsdraht).

Die Potentialdifferenz hat im Fall des Zink-Kupfer-Elements, falls die Konzentration an Zink- und Kupfer-Ionen je 1 mol pro Liter beträgt, den Wert 1.10 V. Und zwar besitzt das Zink das höhere, das Kupfer das tiefere Potential, da die Elektronen in der Richtung des Pfeils (Fig. 70) vom Zink zum Kupfer hin fließen (vgl. Fig. 76, S. 230).

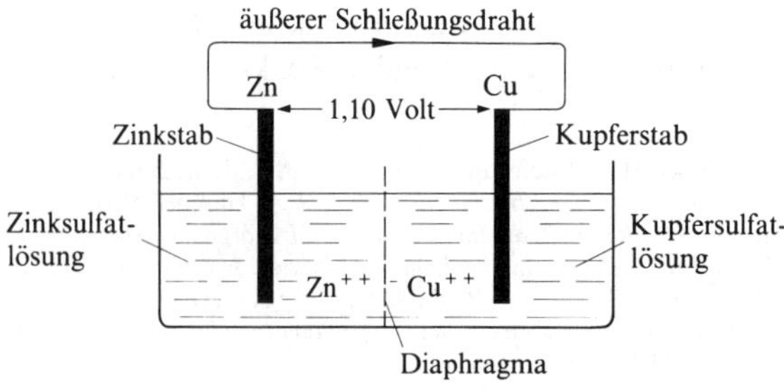

Fig. 70 Galvanisches Zink-Kupfer-Element.

Die Potential-Differenz zwischen den beiden Elektroden kann mit der Druck-Differenz zwischen zwei mit Gas von verschiedenem Druck gefüllten Gasbehältern verglichen werden. Wie sich beim Öffnen eines Verbindungsrohrs zwischen beiden Behältern der Gasdruck durch Fließen eines Gasstroms vom Behälter mit höherem zum Behälter mit niedrigerem Druck ausgleicht, fließt auch hier bei leitender Verbindung von Zink und Kupfer das „Elektronengas" vom Zink, der Stelle höheren „Elektronendrucks", zum Kupfer, der Stelle niederen „Elektronendrucks". Die Potential-Differenz ist demnach ein – logarithmisches – Maß für die Elektronendruck-Differenz zwischen zwei Elektroden. Die Reaktion (6) kommt dann zum Ende, wenn sich die Elektronendrücke von Zn und Cu ausgeglichen haben (vgl. weiter unten).

Kombiniert man das Kupfer statt mit Zink mit Silber (s. oben), so fließt der Strom in umgekehrter Richtung (Fig. 71), und die Potentialdifferenz hat bei Anwendung 1-molarer

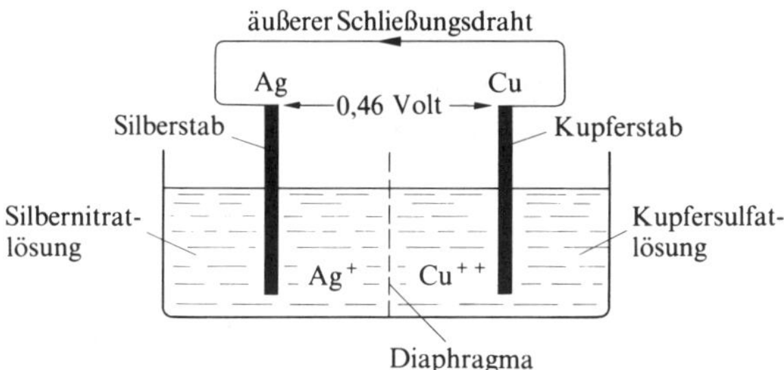

Fig. 71 Galvanisches Silber-Kupfer-Element.

Ionenlösungen den Wert 0.46 Volt. Zink und Silber lassen sich ihrerseits in analoger Weise zu einem „*galvanischen*[41] *Element*" zusammenstellen, dessen **„elektromotorische Kraft"** (E_{MK}) gleich 1.56 V, also gleich der Summe der beiden anderen Potentialdifferenzen (1.10 + 0.46 = 1.56) ist und dessen Elektronenstrom vom Zink zum Silber fließt. Eine Wasserstoffelektrode, d.h. eine von Wasserstoff bei Atmosphärendruck umspülte und in eine 1-normale Wasserstoffionen-Lösung (genauer: in eine H^+-Lösung der Aktivität $a_{H^+} = 1$) bei 25 °C eintauchende platinierte Platinelektrode[42] (**„Normal-Wasserstoffelektrode"**), liefert mit Zink bzw. Kupfer bzw. Silber galvanische Elemente der elektromotorischen Kraft 0.76 bzw. 0.34 bzw. 0.80 V, wobei der Elektronenstrom im ersten Fall vom Metall zu Wasserstoff, in den beiden letzten Fällen vom Wasserstoff zum Metall fließt.

Auch an der Grenzfläche der Kathoden- und Anodenflüssigkeit tritt jeweils eine kleine Potentialdifferenz („*Diffusionspotential*") auf. Bezüglich dieser Potentialdifferenz, die hier außer acht gelassen wurde, vgl. die Lehrbücher für physikalische Chemie.

Trägt man die obigen Ergebnisse nach Art der Fig. 72 maßstäblich auf, so erhält man eine **„elektrochemische Spannungsreihe"** (besser wäre die Bezeichnung „*Potentialreihe*"), in welcher jedes höherstehende Element an die tieferstehenden Elemente Elektronen abzugeben imstande ist, und aus der die jeweilige Potentialdifferenz E_{MK} (in Volt) eines galvanischen Elements unmittelbar zu entnehmen ist. Die E_{MK} ist dabei ein Maß für die „*freie Energie*" $\Delta G = n \cdot F \cdot E_{MK}$ des dem galvanischen Element zugrunde liegenden elektrochemischen Vorgangs (ausgedrückt in „*Faradayvolt*" (FV) pro Molgleichung ≙ „*Elektronenvolt*" (eV) pro Molekülgleichung mit n = Zahl der in der Gleichung umgesetzten Faraday-Einheiten bzw. Elektronen)[43].

Natürlich sind bei der geschilderten Versuchsanordnung nur Potentialdifferenzen meßbar. Die absoluten Potentialwerte der einzelnen Elektroden bleiben hierbei unbekannt. Ihre

---

[41] Die „galvanischen" Erscheinungen sind benannt nach dem italienischen Arzt und Naturforscher Luigi Galvani (1737–1798).

[42] **Literatur.** A.M. Feltham, M. Spiro: „Platinierte Platinelektroden", Chem. Rev. **71** (1971) 177–193.

[43] Die von der Reaktion $2Ag^+ + Cu \rightarrow 2Ag + Cu^{2+}$ abgegebene freie Energie ΔG beträgt somit (ohne Berücksichtigung des Diffusionspotentials) bei den Einheiten der Konzentration von Cu^{2+} und Ag^+ $2 \times 0.46 = 0.92$ eV pro Molekülgleichung ≙ 0.92 FV pro Molgleichung.

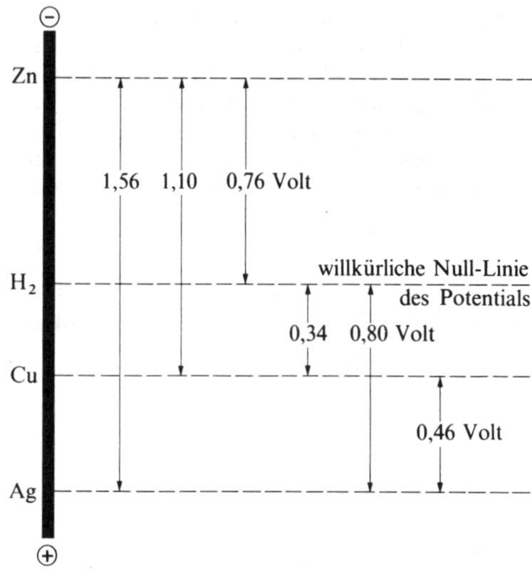

Fig. 72 Wahl eines willkürlichen Nullpunktes der Spannungsreihe.

Kenntnis ist aber auch nicht erforderlich, da bei galvanischen Elementen nur die elektromotorische Gesamtkraft interessiert. Es genügt daher, einen willkürlichen Nullpunkt festzusetzen, so wie man etwa zur Temperaturmessung statt des absoluten Nullpunktes die Temperatur des schmelzenden Eises und zur Höhenmessung statt des Erdmittelpunktes die Höhe des Meeresspiegels als willkürlichen Nullpunkt wählt. Bei der Spannungsreihe hat man sich dahin entschieden, das Potential einer Normal-Wasserstoffelektrode ($H_2 \rightleftarrows 2H^+ + 2\ominus$) (vgl. oben) willkürlich als Nullpunkt festzulegen[44] (vgl. Fig. 72); man hätte aber genau so gut auch das Potential des Silbers oder Kupfers zum Nullpunkt der Skala machen können. Zur Unterscheidung voneinander erhalten gemäß einer 1953 getroffenen internationalen Übereinkunft die Potentiale aller in der Spannungsreihe über dem Wasserstoff stehenden Elemente ein negatives, die aller darunter stehenden Elemente ein positives Vorzeichen[45]. Zink, Kupfer und Silber haben demnach, bezogen auf die Wasserstoffelektrode als Nullelektrode, in 1-molarer Metallionenlösung bei 25 °C **„Normalpotentiale“** („*Standardpotentiale*“) ε_0 von -0.76 bzw. $+0.34$ bzw. $+0.80$ V.

Normalpotentiale in saurer und basischer Lösung

Die in Tab. 31 wiedergegebene erweiterte Spannungsreihe enthält eine Zusammenstellung der Normalpotentiale ε_0 (in Volt) einiger wichtiger **Metalle** in saurer und basischer Lösung ($c_{H^+} = 1$ bzw. $c_{OH^-} = 1$; exakter: $a_{H^+} = 1$ bzw. $a_{OH^-} = 1$), geordnet nach der Höhe dieser Normalpotentiale (für weitere Potentiale vgl. Anh. VI). Sie beziehen sich alle auf 25 °C, auf 1-molare wässerige Metallionenlösungen (genauer: Lösungen der Ionenaktivität 1) sowie auf die Normal-Wasserstoffelektrode als Nullpunkt und sind ein Maß für die reduzierende bzw. oxidierende Kraft des betreffenden Redoxsystems[46,47]. Je höher (tiefer) das System

[44] In Wirklichkeit besitzt die Reaktion $H_2 \rightleftharpoons 2H^+ + 2\ominus$ gar nicht einen Wert Null der freien Energie, sondern erfordert eine Zufuhr von mehr als 800 kJ entsprechend einem Wasserstoffpotential ε_0 von 4.5 statt – wie willkürlich festgelegt – von 0 V.

[45] Auch die umgekehrte Vorzeichengebung für Potentiale ist im amerikanischen Schrifttum bisweilen noch gebräuchlich. Die hier verwendeten Vorzeichen der Normalpotentiale stimmen mit dem international festgelegten Vorzeichen der auf Wasserstoff bezogenen freien Energie $\Delta G = n \cdot F \cdot \varepsilon_0$ der tabellierten Redoxhalbsysteme Red. $\rightleftharpoons$ Ox. + $\ominus$ überein. In elektrochemischen Spannungsreihen bevorzugt man dabei die Formulierung Red. $\rightleftharpoons$ Ox. + $\ominus$ („Oxidationspotentiale“: Oxidation = Elektronenentzug der Redox-Halbsysteme) vor der Formulierung Ox. + $\ominus \rightleftharpoons$ Red. („Reduktionspotentiale“; Reduktion = Elektronenzufuhr der Redox-(Halbsysteme): $\varepsilon_{Ox.} = \varepsilon_{Red.}$.

[46] Aus der Stellung des Lithiums über dem Kalium und Natrium ersieht man, daß für die Aufeinanderfolge der Metalle in der Spannungsreihe nicht allein die *Ionisierungsenergie* IE (exakter: freie Ionisierungsenthalpie) maßgeblich ist, die bei den Alkalimetallen vom Cs zum Li zunimmt, sondern daß auch die *Hydratationsenthalpie* $\Delta H_{Hydr.}$ (exakter:

in die Spannungsreihe steht, d.h. je negativer (positiver) sein Normalpotential ist, um so stärker ist seine reduzierende (oxidierende) Wirkung. Die an der Spitze der Reihe stehenden Metalle sind demnach besonders starke Reduktionsmittel und lassen sich hiernach besonders leicht oxidieren („*unedle Metalle*"); dagegen sind die am unteren Ende der Reihe stehenden Metalle nur schwer zu oxidieren („*edle Metalle*") und wirken in Form ihrer Ionen umgekehrt als starke Oxidationsmittel.

Tab. 31 Spannungsreihe einiger Metalle (Wasser, 25 °C; weitere Werte: Anhang VI)

Saure Lösung ($a_{H^+} = 1$)

Red.	⇄	Ox.	+ ⊖	ε_0
Li	⇄	Li^+	+ ⊖	−3.040
K	⇄	K^+	+ ⊖	−2.925
Ca	⇄	Ca^{2+}	+2⊖	−2.84
Na	⇄	Na^+	+ ⊖	−2.713
Mg	⇄	Mg^{2+}	+2⊖	−2.356
Al	⇄	Al^{3+}	+3⊖	−1.676
Mn	⇄	Mn^{2+}	+2⊖	−1.180
Zn	⇄	Zn^{2+}	+2⊖	−0.7626
Cr	⇄	Cr^{3+}	+3⊖	−0.744
Fe	⇄	Fe^{2+}	+2⊖	−0.440
Cd	⇄	Cd^{2+}	+2⊖	−0.4025
Sn	⇄	Sn^{2+}	+2⊖	−0.137
Pb	⇄	Pb^{2+}	+2⊖	−0.125
H_2	**⇄**	**$2H^+$**	**+2⊖**	**∓0.0000**
Cu	⇄	Cu^{2+}	+2⊖	+0.340
Ag	⇄	Ag^+	+ ⊖	+0.7991
Hg	⇄	Hg^{2+}	+2⊖	+0.8595
Pd	⇄	Pd^{2+}	+2⊖	+0.915
Pt	⇄	Pt^{2+}	+2⊖	+1.188
Au	⇄	Au^{3+}	+3⊖	+1.498

Basische Lösung ($a_{OH^-} = 1$)

Red.		⇄	Ox.		+ ⊖	ε_0
Li		⇄	Li^+		+ ⊖	−3.040
Ca	$+2OH^-$	⇄	$Ca(OH)_2$		+2⊖	−3.02
K		⇄	K^+		+ ⊖	−2.925
Na		⇄	Na^+		+ ⊖	−2.713
Mg	$+2OH^-$	⇄	$Mg(OH)_2$		+2⊖	−2.687
Al	$+4OH^-$	⇄	$Al(OH)_4^-$		+3⊖	−2.310
Mn	$+2OH^-$	⇄	$Mn(OH)_2$		+2⊖	−1.55
Zn	$+4OH^-$	⇄	$Zn(OH)_4^{2-}$		+2⊖	−1.285
Cr	$+4OH^-$	⇄	$Cr(OH)_4^-$		+3⊖	−1.33
Sn	$+3OH^-$	⇄	$Sn(OH)_3^-$		+2⊖	−0.909
Fe	$+2OH^-$	⇄	$Fe(OH)_2$		+2⊖	−0.877
H_2	$+2OH^-$	⇄	$2H_2O$		+2⊖	−0.828
Cd	$+2OH^-$	⇄	$Cd(OH)_2$		+2⊖	−0.824
Pb	$+3OH^-$	⇄	$Pb(OH)_3^-$		+2⊖	−0.540
Cu	$+2OH^-$	⇄	$Cu(OH)_2$		+2⊖	−0.219
Pd	$+2OH^-$	⇄	$Pd(OH)_2$		+2⊖	+0.07
Hg	$+2OH^-$	⇄	HgO	$+H_2O$	+2⊖	+0.0977
Pt	$+2OH^-$	⇄	$Pt(OH)_2$		+2⊖	+0.15
2Ag	$+2OH^-$	⇄	Ag_2O	$+H_2O$	+2⊖	+0.342
Au	$+4OH^-$	⇄	$H_2AuO_3^-$	$+H_2O$	+3⊖	+0.70

Jedes Redoxsystem kann – bei den Einheiten der Konzentration der Redoxpartner (vgl. unten, Abschn. 2.2.2) – nur gegenüber einem tiefer (höher) stehenden System als Reduktionsmittel (Oxidationsmittel) auftreten. Da sich aus den jeweils 20 Systemen der in Tab. 31 angegebenen Spannungsreihen insgesamt $(20 \times 19) : 2 = 190$ Kombinationen bilden lassen, sind wir allein an Hand der obigen Tabelle bereits in der Lage, fast 200 chemische Reaktionen vorauszusagen. Greifen wir etwa die Reduktion von Wasserstoff-Ionen zu elementarem Wasserstoff in saurer Lösung, also die Entwicklung von Wasserstoff aus Säuren heraus, kommen hierfür nur die in der Spannungsreihe über dem System $2H^+ + 2⊖ ⇄ H_2$ stehenden Metalle Blei bis Lithium, nicht aber die darunter stehenden Metalle Kupfer bis Gold in Frage. So kann man z.B. durch Einwirkung von Zink oder Eisen auf Säuren Wasserstoff erzeugen, während die reduzierende Kraft von Kupfer oder Silber zur Entladung

freie Hydratationsenthalpie) eine Rolle spielt, die beim Li^+ besonders groß, bei Cs^+ am kleinsten ist und daher die Bildung positiver Li^+-Ionen in wässeriger Lösung begünstigt; ferner spielt die *Atomisierungsenergie* AE (exakter: freie Atomisierungsenthalpie), die in Richtung von Cs zum Li hin wächst, eine Rolle (bzgl. Ionisierungs-, Hydratations-, Atomisierungsenergie vgl. Tafel III). $1/n\ M_n \rightarrow M \rightarrow M^+ + e^- \rightarrow M^+_{Hydr.} + e^-$.

[47] Es ist für die Angabe der Normalpotentiale gleichgültig, ob man z.B. für das Wasserstoff-Redoxsystem die Gleichung $H_2 \leftrightarrows 2H^+ + 2⊖$ oder die Gleichung $½H_2 \leftrightarrows H^+ + ⊖$ schreibt, da die Potentiale ja nur das „Niveau" angeben, bei dem die Elektronen aufgenommen oder abgegeben werden. Dagegen ist die bei einer Redoxreaktion gewinnbare freie Energie $\Delta G = n \cdot F \cdot E_{MK}$ naturgemäß von der gewählten Reaktionsgleichung abhängig, da letztere die Zahl n der umgesetzten Elektronen und damit die fließende Ladungsmenge bestimmt (freie Energie = Ladungsmenge × Potentialdifferenz).

von Wasserstoff-Ionen nicht ausreicht, so daß sich diese Metalle in Säuren nicht unter Wasserstoffentwicklung auflösen, sondern umgekehrt aus den Lösungen ihrer Salze durch Wasserstoff (unter Druck) ausgefällt werden können. In ähnlicher Weise kann man z. B. Kupfer aus Kupfersalzlösungen durch Eisen und Silber aus Silbersalzlösungen durch Zink, nicht aber etwa Cadmium aus Cadmiumsalzlösungen durch Blei niederschlagen.

Beim Übergang von saurer zu basischer Lösung verschieben sich entsprechend Tab. 31 die Potentiale aller derjenigen Metalle, die Hydroxokomplexe oder schwerlösliche Hydroxide bilden, nach negativeren Werten hin, da dann die Metallionen-Konzentrationen stark herabgesetzt und die Redoxgleichgewichte daher nach rechts verschoben sind, entsprechend einer erhöhten Reduktionswirkung (vgl. hierzu Konzentrationsabhängigkeit der Einzelpotentiale, S. 224). So sind z. B. Aluminium, Zink oder Zinn in alkalischer Lösung noch wesentlich stärkere Reduktionsmittel als in saurer, wovon man für präparative Zwecke häufig Gebrauch macht. Ebenso sind z. B. Palladium und Platin in alkalischer Lösung wesentlich weniger edel als in saurer, was man beim Schmelzen von Alkalien in Tiegeln aus solchen Materialien beachten muß.

Auch für **Nicht- und Halbmetalle** läßt sich eine Spannungsreihe aufstellen, wobei die Nicht-(Halb-)metalle sowohl als Reduktions- wie als Oxidationsmittel auftreten können und mithin „*Redox-Amphoterie*" zeigen (vgl. hierzu Säure-Base-Amphoterie). So vermag etwa Chlor als redox-amphoteres Element unter Elektronenaufnahme (Wirkung als Oxidationsmittel) in Chlorid bzw. unter Elektronenabgabe (Wirkung als Reduktionsmittel) in unterchlorige Säure überzugehen. In analoger Weise lassen sich beispielsweise die Elemente Brom, Schwefel, Selen, Phosphor oder Arsen sowohl reduzieren als auch oxidieren (vgl. Tab. 32).

Tab. 32 Spannungsreihe einiger Nicht- und Halbmetalle (Wasser, 25 °C; vgl. Anhang VI)

Saure Lösung ($a_{H^+} = 1$)						Basische Lösung ($a_{OH^-} = 1$)
Red.		⇄ **Ox.**	**+**	**⊖**	ε_0	ε_0
AsH_3		⇄ As	$+3H^+$	+3⊖	−0.225	−1.37
P	$+3H_2O$	⇄ H_3PO_3	$+3H^+$	+3⊖	−0.502	−1.73
H_2Se		⇄ Se	$+2H^+$	+2⊖	−0.40	−0.92
PH_3		⇄ P	$+3H^+$	+3⊖	−0.063	−0.89
$\mathbf{H_2}$		⇄	$\mathbf{2H^+}$	**+2⊖**	**∓0.000**	−0.828
H_2S		⇄ S	$+2H^+$	+2⊖	+0.144	−0.476
As	$+3H_2O$	⇄ H_3AsO_3	$+3H^+$	+3⊖	+0.240	−0.68
S	$+2H_2O$	⇄ SO_2	$+4H^+$	+4⊖	+0.500	−0.659
$2I^-$		⇄ I_2		+2⊖	+0.535	+0.535
Se	$+3H_2O$	⇄ H_2SeO_3	$+4H^+$	+4⊖	+0.74	−0.366
$2Br^-$		⇄ Br_2		+2⊖	+1.065	+1.065
$2H_2O$		⇄ O_2	$+4H^+$	+4⊖	+1.229	+0.401
$2Cl^-$		⇄ Cl_2		+2⊖	+1.358	+1.358
Br_2	$+2H_2O$	⇄ 2HBrO	$+2H^+$	+2⊖	+1.604	+0.455
Cl_2	$+2H_2O$	⇄ 2HClO	$+2H^+$	+2⊖	+1.630	+0.421
2HF		⇄ F_2	$+2H^+$	+2⊖	+3.053	+2.866

Wie bei den Metallen stehen oben die Redoxsysteme mit starker Reduktions- und unten die Redoxsysteme mit starker Oxidationskraft. So wirkt z. B. der Phosphor stärker reduzierend als Arsen und die Hypochlorige Säure stärker oxidierend als Hypobromige Säure: der Schwefelwasserstoff ist ein schwächeres Reduktionsmittel als Selenwasserstoff und das Fluor ein stärkeres Oxidationsmittel als Brom. Jedes Halogen läßt sich nur durch solche Oxidationsmittel aus seinen Anionen in Freiheit setzen, welche in der Spannungsreihe darunterstehen. Daher kann z. B. das Brom aus Iodiden Iod und das Chlor aus Bromiden

Brom freimachen, nie umgekehrt. Unter den in obiger Tabelle aufgenommenen Nichtmetallen ist Phosphor das stärkste Reduktions-, Fluor das stärkste Oxidationsmittel. Das Fluor, welches das positivste Potential aller Oxidationsmittel überhaupt besitzt, kann dieser Stellung in der Spannungsreihe gemäß überhaupt nicht auf chemischem Wege, sondern nur durch eine Anode entsprechend positiven Potentials, also durch anodische Oxidation aus Fluoriden gewonnen werden.

Die Potentiale aller derjenigen Nichtmetalle, an deren Redoxgleichgewichten in saurer Lösung Wasserstoff-Ionen beteiligt sind, nehmen in alkalischer Lösung negativere bzw. weniger positive Werte an, da hier die H^+-Konzentrationen viel kleiner sind, was einer Verschiebung dieser Redoxgleichgewichte nach rechts entspricht. So ist z. B. das Sulfid-Ion S^{2-} (etwa in Form von Natriumsulfid Na_2S) in alkalischer Lösung ein stärkeres Reduktionsmittel als der zugehörige Schwefelwasserstoff H_2S in saurer Lösung, und Sauerstoff wirkt in saurer Lösung stärker oxidierend als in alkalischer.

Für die Chemie in wässeriger Lösung ist die Tatsache von Bedeutung, daß sich Wasser sowohl zu Wasserstoff reduzieren ($H_2O + \ominus \rightarrow \frac{1}{2} H_2 + OH^-$) als auch zu Sauerstoff oxidieren läßt ($H_2O \rightarrow \frac{1}{2} O_2 + 2H^+ + 2\ominus$). Reduktionsmittel wie beispielsweise Natrium (Oxidationsmittel wie beispielsweise Fluor), deren Normalpotential negativer (positiver) als das für die Reduktion (Oxidation) von Wasser gültige ist (vgl. Tab. 32), sind in Wasser – falls keine Reaktionshemmungen vorliegen (vgl. weiter unten, Abschn. 2.2.2) – instabil (Wasserstoff- bzw. Sauerstoffentwicklung).

Weiterhin können Redoxsysteme in **Ionen-Umladungen** und in **komplizierteren chemischen Vorgängen** bestehen. Auch hier seien einige Beispiele in Tab. 33 gegeben (weitere Beispiele bei der späteren Besprechung der einzelnen Elemente und ihrer Verbindungen; vgl. auch Anh. VI). Die Potentiale der Ionenumladungen in alkalischer Lösung sind alle negativer bzw. weniger positiv als in saurer, da die Konzentrationen der höherwertigen Ionen durch Hydroxid-, Oxid-, oder Hydroxokomplex-Bildung stärker herabgesetzt werden als die der niederwertigen. So wird z. B. Fe(II) in alkalischer Lösung durch Sauerstoff wesentlich leichter zu Fe(III) oxidiert als in saurer, und Sn(II) ist in alkalischer Lösung ein wesentlich stärkeres Reduktionsmittel als in saurer, so wie auch Ag(II) in alkalischer Lösung wesentlich schwächer oxidierend wirkt als in saurer. Auch die Redoxpotentiale der komplizierteren Redoxsysteme verschieben sich beim Übergang von sauren zu alkalischen Lösungen stark zur negativeren Seite hin, da in basischen Lösungen die H^+-Konzentration klein ist, so daß sich die Redoxgleichgewichte der sauren Systeme in alkalischer Lösung nach rechts verschieben, entsprechend einer größeren Reduktionskraft (schwächeren Oxidationswirkung); vgl. Abschnitt 2.2.2. So wirken gemäß Tab. 33 z. B. Phosphonate und Sulfite in alkalischer Lösung wesentlich stärker reduzierend als Phosphonsäure bzw. Schwefeldioxid in saurer. Sulfate und Nitrate sind in alkalischer Lösung wesentlich schwächere Oxidationsmittel als Schwefel- und Salpetersäure in saurer.

Tab. 33 Spannungsreihe einiger Ionen-Umladungen und komplizierterer Redoxsysteme (Wasser, 25 °C; vgl. Anhang VI)

Saure Lösung ($a_{H^+} = 1$)							*Basische Lösung* ($a_{OH^-} = 1$)
Red.		$\rightleftarrows$	**Ox.**		$+\ominus$	ε_0	ε_0
Cr^{2+}		$\rightleftarrows$	Cr^{3+}		$+\ \ominus$	-0.408	-1.33
H_3PO_3	$+\ H_2O$	$\rightleftarrows$	H_3PO_4	$+2H^+$	$+2\ominus$	-0.276	-1.12
Sn^{2+}		$\rightleftarrows$	Sn^{4+}		$+2\ominus$	$+0.154$	-0.93
SO_2	$+2H_2O$	$\rightleftarrows$	SO_4^{2-}	$+4H^+$	$+2\ominus$	$+0.158$	-0.936
Fe^{2+}		$\rightleftarrows$	Fe^{3+}		$+\ \ominus$	$+0.771$	-0.69
NO	$+2H_2O$	$\rightleftarrows$	NO_3^-	$+4H^+$	$+3\ominus$	$+0.959$	-0.15
Pb^{2+}	$+2H_2O$	$\rightleftarrows$	PbO_2	$+4H^+$	$+2\ominus$	$+1.698$	$+0.28$
Mn^{2+}	$+4H_2O$	$\rightleftarrows$	MnO_4^-	$+8H^+$	$+5\ominus$	$+1.51$	$+0.33$
Ag^+		$\rightleftarrows$	Ag^{2+}		$+\ \ominus$	$+1.980$	$+0.604$
O_2	$+\ H_2O$	$\rightleftarrows$	O_3	$+2H^+$	$+2\ominus$	$+2.075$	$+1.246$

Ganz allgemein läßt sich somit feststellen, daß Oxidationsmittel in saurer, Reduktionsmittel in alkalischer Lösung stärker wirksam sind.

Ähnlich wie die OH^--Ionen vermögen auch andere Komplexbildner oder Fällungsmittel wie F^-, Cl^-, Br^-, I^-, CN^- oder NH_3 infolge Bildung von Komplexionen oder schwerlöslichen Verbindungen die Redoxpotentiale von Metallen oder Ionenumladungen oft drastisch zu verschieben. So ist z.B. das edle Silber ($\varepsilon_0 = +0.7991$ V) in einer Cyanidlösung ($Ag + 2CN^- \rightleftharpoons Ag(CN)_2^- + \ominus$; $\varepsilon_0 = -0.31$ V) unedler als etwa Zinn oder Blei in saurer Lösung, und auch die Oxidation von Eisen(II) zu Eisen(III) erfolgt im komplexierten Zustand (z.B. $Fe(CN)_6^{4-} \rightleftharpoons Fe(CN)_6^{3-} + \ominus$; $\varepsilon_0 = +0.361$ V) viel leichter als im unkomplexierten ($\varepsilon_0 = +0.771$ V).

Die Kenntnis der Redoxsysteme (zur Formulierung vgl. Abschnitt 2.1.2) und ihrer Normalpotentiale erleichtert sehr die Aufstellung von Oxidations-Reduktions-Gleichungen. Zum Beispiel folgt aus den Werten der Normalpotentiale, daß man bei den Einheiten der Konzentration mit Hilfe von Permanganat in saurer Lösung aus Chloriden Chlor in Freiheit setzen kann (vgl. Tab. 32 und 33):

$$\begin{array}{ll} \times 5| & 2Cl^- \rightleftarrows Cl_2 + 2\ominus \\ \times 2| & MnO_4^- + 8H^+ + 5\ominus \rightleftarrows Mn^{2+} + 4H_2O \\ \hline & 2MnO_4^- + 16H^+ + 10Cl^- \rightleftarrows 2Mn^{2+} + 5Cl_2 + 8H_2O \end{array} \qquad (7)$$

Als weiteres Beispiel sei etwa die Auflösung von Kupfer in Salpetersäure angeführt, die gemäß den Gleichungen

$$\begin{array}{ll} \times 3| & Cu \rightleftarrows Cu^{2+} + 2\ominus \\ \times 2| & NO_3^- + 4H^+ + 3\ominus \rightleftarrows NO + 2H_2O \\ \hline & 3Cu + 2NO_3^- + 8H^+ \rightleftarrows 3Cu^{2+} + 2NO + 4H_2O \end{array} \qquad (8)$$

nicht unter Wasserstoff-, sondern unter Stickstoffoxid-Entwicklung vor sich gehen muß, da das Kupfer als edles Metall zum Unterschied vom Zink oder Eisen (vgl. Tab. 31) nicht von den Wasserstoff-Ionen, sondern von der Salpetersäure (vgl. Tab. 33) oxidiert wird.

Relative Stärke gebräuchlicher Oxidations- und Reduktionsmittel

Die Normalpotentiale von Redoxsystemen variieren, wie aus den oben wiedergegebenen Spannungsreihen hervorgeht, von -3 bis $+3$ V. Da die Oxidationskraft eines Oxidationsmittels (Reduktionskraft eines Reduktionsmittels) keine absolute Größe ist, sondern – außer von Konzentrationsänderungen (vgl. weiter unten, Abschnitt 2.2.2) – von dem zu oxidierenden (zu reduzierenden) Reaktionspartner abhängt, kann man nur in relativem Sinne von starken und schwachen Oxidations- und Reduktionsmitteln sprechen. Und zwar ist in Übereinstimmung mit dem weiter oben Besprochenen die elektronenentziehende oxidierende (elektronenzuführende reduzierende) Kraft eines Redoxsystems bezüglich eines anderen um so größer, je positiver bzw. weniger negativ (je negativer bzw. weniger positiv) sein Normalpotential, verglichen mit dem des anderen Redoxsystems, ist. So ist z.B. Iodwasserstoff in saurer Lösung ($\varepsilon_0 = +0.5355$ V) gegenüber Arsensäure ($\varepsilon_0 = +0.560$ V) ein sehr schwaches, gegenüber Wasserstoffperoxid ($\varepsilon_0 = +1.763$ V) dagegen ein sehr starkes Reduktionsmittel; Sauerstoff vermag in alkalischer Lösung ($\varepsilon_0 = +0.401$ V) zwar Eisen(II) zu Eisen(III) ($Fe(OH)_2 + OH^- \rightleftarrows Fe(OH)_3 + \ominus$; $\varepsilon_0 = -0.69$ V), aber nicht Silber(I) zu Silber(II) ($Ag_2O + 2OH^- \rightleftarrows 2AgO + H_2O + 2\ominus$; $\varepsilon_0 = +0.604$ V) zu oxidieren, wirkt also nur im ersteren Fall als Oxidationsmittel.

Die Fig. 73 gibt die Stärke einiger gebräuchlicher Reduktions- und Oxidationsmittel maßstäblich auf einer Potentialskala wieder. Besonders starke Reduktionsmittel sind danach

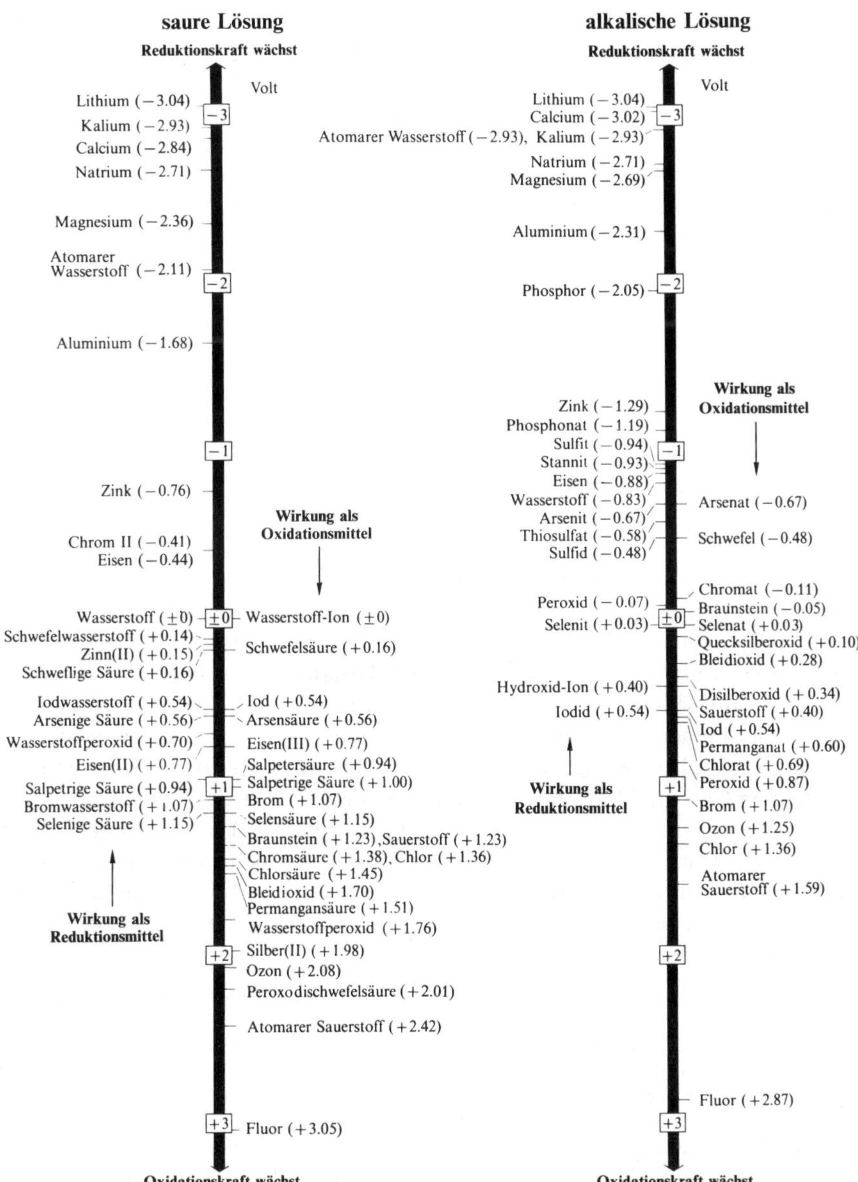

Fig. 73 Maßstäbliche Potentialskala (Volt) gebräuchlicher Reduktions- und Oxidationsmittel in saurer und basischer Lösung.

sowohl in saurer wie in alkalischer Lösung Li, Na und Ca, besonders starke Oxidationsmittel F_2, O und $S_2O_8^{2-}$. Potentiale im Bereich > + 2 V (entsprechend sehr starker Oxidationskraft) besitzen nach unseren heutigen Kenntnissen in saurer Lösung: O_3 (+ 2.08), F_2O (+ 2.15), $S_2O_8^{2-}$ (+ 2.01), O (+ 2.422), H_4XeO_6 (+ 2.42) und F_2 (+ 3.05); Potentiale im Bereich < − 2 V (entsprechend sehr hoher Reduktionskraft) weisen in alkalischer Lösung auf: H^+ (− 2.93), 1. Hauptgruppe (− 3.04 bis − 2.713), 2. Hauptgruppe (− 3.02 bis − 2.62), Al und 3. Nebengruppe (− 2.85 bis − 2.31), Zr (− 2.36), Hf (− 2.50) und P (− 2.05). Wie aus der Fig. 73 darüber hinaus anschaulich hervorgeht, gehört zu einem starken Reduktionsmittel jeweils ein schwaches korrespondierendes Oxidationsmittel und zu einem starken Oxidationsmittel umgekehrt ein schwaches konjugiertes Reduktionsmittel.

Sind von einem Element wie beispielsweise Chlor Verbindungen mehrerer unterschiedlicher Oxidationsstufen bekannt (z. B. HCl, HClO, $HClO_2$, $HClO_3$, $HClO_4$), so läßt sich dessen Redoxverhalten besonders übersichtlich in Form eines **„Potentialdiagramms“** wiedergeben. Hierzu schreibt man die (ungeladenen bzw. geladenen) Elementverbindungen mit abnehmender Oxidationsstufe des Elements nebeneinander und verbindet jeweils Paare von Elementverbindungen mit einem Strich, auf dem das – für saure bzw. basische Lösung zutreffende – Normalpotential des Redoxprozesses steht. Als Beispiel sei nachfolgend das Potentialdiagramm einiger wichtiger Oxidationsstufen des Chlors wiedergegeben:

Saure Lösung

$$\overset{+7}{ClO_4^-} \overset{+1.20}{\text{———}} \overbrace{\underbrace{\overset{+5}{ClO_3^-} \overset{+1.18}{\text{———}} \overset{+3}{HClO_2} \overset{+1.65}{\text{———}} \overset{+1}{HClO} \overset{+1.63}{\text{———}} \overset{0}{Cl_2}}_{+1.46} \overset{+1.36}{\text{———}} \overset{-1}{Cl^-}}^{+1.45} \qquad (9)$$

Ihm ist zu entnehmen, daß die Verbindungen des Chlors – mit Ausnahme von Chlorid Cl^- – in saurer Lösung bei den Einheiten der Konzentration mehr oder minder starke Oxidationsmittel sind (alle Potentiale > 1). Besonders hohe Oxidationskraft kommt der Chlorigen und Unterchlorigen Säure $HClO_2$ und HClO zu. Der als **„Disproportionierung“**[48] bezeichnete Übergang einer Elementverbindung aus einer mittleren in eine höhere und eine tiefere Oxidationsstufe, der immer dann erfolgen kann, wenn das Potential des betreffenden Reduktionsprozesses positiver bzw. weniger negativ ist als das Potential des Oxidationsprozesses, ist z. B. ausgehend von Chlorat ClO_3^- unter Bildung von Perchlorat ClO_4^- sowie eine rechts von ClO_3^- stehende Chlorverbindung ($HClO_2$, HClO, Cl_2 bzw. Cl^-) möglich (vgl. 9). Ein Beispiel für den umgekehrten Vorgang, nämlich die Bildung einer Elementverbindung mittlerer Oxidationsstufe aus einer niedrigeren und einer höheren Oxidationsstufe (**„Komproportionierung“**[48]) bildet die Umsetzung von Hypochloriger Säure HClO mit Chlorid Cl^-, die in saurer Lösung zu Chlor führt (vgl. (9)).

Sind die Normalpotentiale einer zusammenhängenden Reihe von Redoxpaaren (z. B. $ClO_3^-/HClO_2$; $HClO_2/HClO$; $HClO/Cl_2$) bekannt, so berechnet sich das Normalpotential irgendeines Paares nicht benachbarter Oxidationsstufen dieser Reihe wie folgt: Man multipliziert jedes Normalpotential der Reihe von Redoxpaaren zwischen den betreffenden, nicht benachbarten Oxidationsstufen mit der Anzahl der beim zugehörigen Redoxschritt jeweils umgesetzten Elektronen und addiert die so erhaltenen Werte. Das durch die Anzahl der im Falle des zu berechnenden Redoxvorganges umgesetzten Elektronen dividierte Ergebnis stellt das gesuchte Redoxpotential dar. Demgemäß errechnet sich das Normalpotential für den Prozeß ClO_3^-/Cl_2 aus den Potentialen für die Vorgänge $ClO_3^-/HClO_2$ (1.18 V), $HClO_2/HClO$ (1.65 V) und $HClO/Cl_2$ (1.63 V) zu: $[2 \times 1.18 + 2 \times 1.65 + 1 \times 1.63]: 5 = 1.46$ V.

2.2.2 Die Konzentrationsabhängigkeit des Einzelpotentials

Allgemeines

Durch Änderung der Konzentrationen der an einem Redoxsystem beteiligten Reaktionspartner kann man den Zahlenwert des Normalpotentials und damit die oxidierende bzw. reduzierende Kraft eines Redoxsystems **Red.** $\rightleftarrows$ **Ox.** + $n\ominus$ willkürlich verändern. Es gilt dafür bei Zimmertemperatur (25 °C) die **„Nernstsche Gleichung“**:

[48] dis. (lat.) = auseinander: com (lat.) = zusammen: proportio (lat.) = Verhältnis.

$$\boxed{\varepsilon = \varepsilon_0 + \frac{0.05916}{n} \log \frac{c_{\text{Ox.}}}{c_{\text{Red.}}}} \qquad (10)^{49)}$$

Hierin bedeutet ε_0 das Normalpotential (bei den Einheiten der Konzentration der Reaktionsteilnehmer), n die Zahl der in der Redoxgleichung abgegebenen bzw. aufgenommenen Elektronen, c_{Ox} bzw. c_{Red} das Massenwirkungsprodukt (s. dort) der Konzentrationen – genauer: Aktivitäten (s. dort) – der Reaktionsteilnehmer auf der Oxidations- bzw. Reduktionsseite der Redoxgleichung und ε das bei diesen Konzentrationen resultierende Einzelpotential[49]. Bei den Einheiten der Konzentration der Reaktionspartner folgt aus Gleichung (10): $\varepsilon = \varepsilon_0 + \frac{0.05916}{n} \log 1 = \varepsilon_0 + 0 = \varepsilon_0$, was der Definition von ε_0 entspricht.

Bei Kenntnis der Normalpotentiale ε_0 und der Konzentrationen der Reaktionspartner lassen sich mittels (10) die unter den betreffenden Bedingungen bei 25 °C gültigen Einzelpotentiale der Redoxteilsysteme berechnen. Beispielsweise ergibt sich für das Permanganatsystem ($MnO_4^- + 8H^+ + 5\ominus \rightleftarrows Mn^{2+} + 4H_2O$) die Beziehung[50]:

$$\varepsilon = 1.51 + 0.0118 \log \frac{c_{MnO_4^-} \times c_{H^+}^8}{c_{Mn^{2+}}} \qquad (11)$$

Man kann demnach durch Vergrößerung (Verkleinerung) der Permanganat- und Wasserstoffionen-Konzentrationen bzw. durch Verkleinerung (Vergrößerung) der Manganionen-Konzentration die oxidierende Kraft des Permanganats nach Belieben erhöhen (erniedrigen).

So nimmt das Potential im Falle gegebener Permanaganat- und Manganionen-Konzentration bei Vergrößerung (Verkleinerung) der Wasserstoffionen-Konzentration um je 1 Zehnerpotenz – entsprechend der Erniedrigung (Erhöhung) des pH-Wertes um 1 Einheit – um je $0.0118 \log 10^8 \approx 0.1$ V zu (ab). Demgemäß beträgt das Einzelpotential bei einer Wasserstoffionen-Konzentration von 10^{-3} (z.B. in 1/10-molarer Essigsäure) nicht mehr 1.5, sondern $1.5 - (3 \times 0.1) = 1.2$ V und bei einer Wasserstoffionen-Konzentration von 10^{-6} (z.B. in 1/10-molarer Borsäure) nur noch $1.5 - (6 \times 0.1) = 0.9$ V. Dementsprechend vermag Permanganat bei einem pH-Wert 0 Chlorid zu Chlor ($\varepsilon_0 = 1.4$ V), Bromid zu Brom ($\varepsilon_0 = 1.1$ V) und Iodid zu Iod ($\varepsilon_0 = 0.5$ V) zu oxidieren; bei einem pH-Wert 3 erstreckt sich dagegen die Oxidationswirkung nur noch auf das Bromid und Iodid und bei einem pH-Wert 6 nur noch auf das Iodid.

Bei Kenntnis der Normalpotentiale ε_0 kann man die Beziehung (10) zwischen Potential und Ionenkonzentration umgekehrt auch dazu verwenden, um durch Messung des Einzelpotentials ε (vgl. (12), (13)) einer in eine Lösung unbekannter Ionenkonzentration eintauchenden Elektrode die Ionenkonzentration c_{Ion} (genauer Ionenaktivität) der Lösung zu ermitteln. Man benutzt dieses Prinzip besonders häufig zur Bestimmung der Wasserstoffionen-Konzentration einer Lösung („*potentiometrische* pH-Bestimmung"; vgl. Gl. 20) und Lehrbücher der physikalischen Chemie).

Konstant bleibende Konzentrationen (wie z.B. die – verschwindend kleine – Konzentration einer Lösung an Metallelektronen oder die Konzentration einer Lösung an Gas bei Gaselektroden von 1 atm = 1.013 bar Druck) brauchen in die Massenwirkungsprodukte $c_{\text{Ox.}}$ bzw. $c_{\text{Red.}}$ nicht mit eingesetzt zu werden, da sie übereinkunftsgemäß als konstante Größen schon im Zahlenwert ε_0 des Normalpotentials mit enthalten sind. So gilt z.B. für Redoxsysteme des Typus $M \rightleftarrows M^{2+} + 2\ominus$ (M = Metall) die vereinfachte Beziehung:

$$\varepsilon = \varepsilon_0 + 0.02958 \log c_{M^{2+}} \qquad (12)$$

49 Der Proportionalitätsfaktor 0.05916 resultiert aus einer Größe $\frac{RT}{F} \cdot \ln$, die bei der Umrechnung in $\frac{RT}{F} \cdot \log$ den Zahlenwert 0.05916 ergibt (Gaskonstante $R = 8.314412\,\text{J mol}^{-1}\,\text{K}^{-1}$; Temperatur $T = 298.15$ K (25 °C); Faraday $F = 96485\,\text{J mol}^{-1}\,\text{V}^{-1}$; Faktor zur Umwandlung des natürlichen in den dekadischen Logarithmus = 2.3026).

50 Die Konzentration des Wassers ist als Konstante schon mit in der Größe 1.51 V in (11) enthalten.

und für Gaselektroden des Typus $2X^- \rightleftarrows X_2 + 2\ominus$ (X = Nichtmetall) bei 1.013 bar Druck die vereinfachte Beziehung:

$$\varepsilon = \varepsilon_0 - 0.02958 \log c^2_{x^-} . \tag{13}$$

Danach wirkt ein Kationen-bildendes Metall um so stärker reduzierend, je kleiner die Ionenkonzentration der Lösung ist, während bei einem Anionen-bildenden Nichtmetall umgekehrt die Oxidationswirkung mit abnehmender Ionenkonzentration steigt.

Auf die Konzentrationsabhängigkeit der Potentiale ist es zurückzuführen, daß die Normalpotentiale solcher Metalle, die schwerlösliche Hydroxide bilden (Erniedrigung der Metallionen-Konzentration), in alkalischer Lösung wesentlich negativer sind als in saurer (vgl. Abschn. 2.2.1). Man kann diese Potentialänderung dazu benutzen, um die Löslichkeitsprodukte derartiger Hydroxide zu ermitteln. So errechnet sich etwa aus der Normalpotentialabnahme des Redoxsystems Fe/Fe(II) um 0.437 V beim Übergang von saurer ($Fe \rightleftarrows Fe^{2+} + 2\ominus$; $\varepsilon_0 = -0.440$ V) zu alkalischer Lösung ($Fe + 2OH^- \rightleftarrows Fe(OH)_2 + 2\ominus$; $\varepsilon_0 = -0.877$ V), daß der Logarithmus der Fe^{2+}-Konzentration in 1-molarer OH^--Lösung gemäß $-0.437 = 0.02958 \log c_{Fe^{2+}}$ einen Wert von $-0.437/0.02958 = -14.8$ besitzt, was einem Löslichkeitsprodukt $L = c_{Fe^{2+}} \cdot c^2_{OH^-} = 10^{-14.8}$ von $Fe(OH)_2$ entspricht.

Im Verlaufe einer Reaktion zwischen zwei elektrochemischen Redoxsystemen I und II:

$$\text{Red.}_I \rightleftarrows \text{Ox.}_I + n\ominus \quad \varepsilon_I \tag{14}$$

$$\times(-1)|\ \text{Red.}_{II} \rightleftarrows \text{Ox.}_{II} + n\ominus \quad \varepsilon_{II} \tag{15}$$

$$\text{Red.}_I + \text{Ox.}_{II} \rightleftarrows \text{Ox.}_I + \text{Red.}_{II} \quad \varepsilon_I - \varepsilon_{II} \tag{16}$$

(n = Zahl der in der Redoxgleichung (16) umgesetzten Elektronen (Faraday-Einheiten)) verringert sich wegen der Konzentrationsabhängigkeit der Einzelpotentiale ε_I und ε_{II} die elektromotorische Kraft

$$E_{MK} = \varepsilon_I - \varepsilon_{II} , \tag{17}$$

denn das Potential ε_I des Elektronen-abgebenden Systems wird gemäß (10) infolge Vergrösserung des Quotienten $c_{Ox.I}/c_{Red.I}$ positiver (weniger negativ), das Potential ε_{II} des Elektronen-aufnehmenden Systems wegen der Verkleinerung des Quotienten $c_{Ox.II}/c_{Red.II}$ umgekehrt weniger positiv (negativer). Die Reaktion kommt dann zum Stillstand, wenn die beiden Einzelpotentiale ε_I und ε_{II} einander gleich geworden sind. Die Potentialdifferenz E_{MK} (Triebkraft des Elektronenübergangs) ist jetzt gleich Null, was besagt, daß die in diesem Zeitpunkt erreichten Konzentrationen der Reaktionsteilnehmer der Gleichgewichtsbedingung des Massenwirkungsgesetzes (Endpunkt der Reaktion) entsprechen.

Gehen wir beispielsweise bei der Reaktion

$$Cr^{2+} + Fe^{3+} \rightleftarrows Cr^{3+} + Fe^{2+} \tag{18}$$

von einer wässerigen Lösung (25 °C) aus, die je ein Mol Cr^{2+} und Fe^{3+} pro Liter enthält, und tragen die Einzelpotentiale der zugrunde liegenden Redoxsysteme $Cr^{2+} \rightleftarrows Cr^{3+} + \ominus$ ($\varepsilon_0 = -0.41$ V) und $Fe^{2+} \rightleftarrows Fe^{3+} + \ominus$ ($\varepsilon_0 = +0.77$ V) gemäß (10) ($n = 1$) als Funktion des prozentualen Umsatzes graphisch auf, so erhalten wir die in Fig. 74 wiedergegebenen ausgezogenen Kurven. Wie aus dem Kurvenverlauf ersichtlich, nimmt während der Umsetzung das Redoxpotential des Chromsystems ($\varepsilon_{(Cr)}$) ab, das des Eisensystems ($\varepsilon_{(Fe)}$) zu, und zwar anfangs rasch, dann innerhalb eines weiten Bereichs langsam[51)], zum Schluß wieder rasch. Die Reaktion (18) kommt dann zum Stillstand wenn beide Potentiale ein-

---

[51] Die geringe Konzentrationsabhängigkeit der Einzelpotentiale innerhalb eines weiten Konzentrationsbereichs der Partner eines korrespondierenden Redoxpaares ist typisch für Redoxsysteme: das Redoxpotential wird in erster Linie durch das für 50%igen Umsatz gültige Normalpotential eines Redoxsystems und erst in zweiter Linie durch die Konzentration des Reduktions- und Oxidationsmittels bestimmt (stärker wirkt sich in vielen Fällen die Wasserstoffionen-Konzentration auf das Redoxpotential aus; vgl. das MnO_4^-/Mn^{2+}-System, oben). Das Oxidations- bzw. Reduktionsvermögen von Redoxysystemen läßt sich also bereits aufgrund ihrer Normalpotentiale in saurer bzw. basischer Lösung in guter Näherung richtig beurteilen.

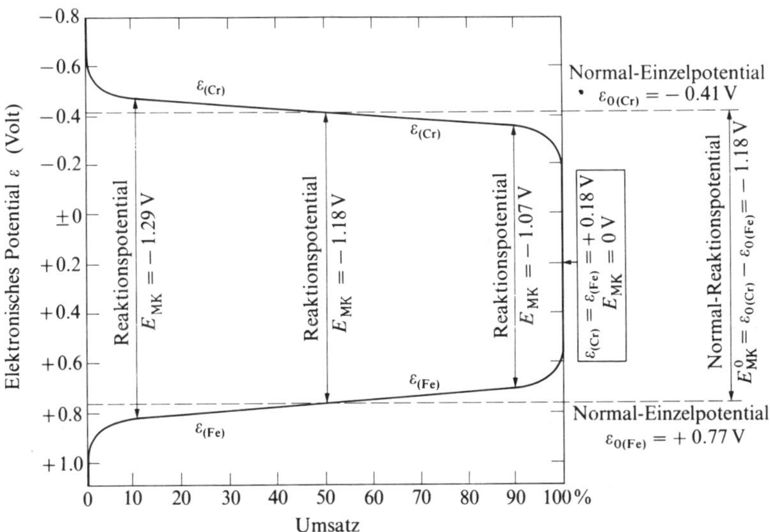

Fig. 74 Potentialänderungen im Verlauf der Umsetzung $Cr^{2+} + Fe^{3+} \rightleftarrows Cr^{3+} + Fe^{2+}$.

ander gleich geworden sind ($\varepsilon_{(\mathrm{Cr})} = \varepsilon_{(\mathrm{Fe})}$), d.h. wenn die durch den jeweiligen Abstand zwischen den beiden ε-Kurven zum Ausdruck kommende elektromotorische Kraft E_{MK} des Vorgangs (vgl. (17)) Null geworden ist. Dies ist gemäß dem Diagramm erst nach praktisch quantitativem (99.99999999 %igen) Umsatz der Fall ($\varepsilon_{(\mathrm{Cr})} = \varepsilon_{(\mathrm{Fe})} = +0.18$ V; $E_{MK} = \varepsilon_{(\mathrm{Cr})} - \varepsilon_{(\mathrm{Fe})} = 0$ V).

Ersetzt man in der für den Gleichgewichtszustand des Redoxvorgangs (16) gültigen Beziehung

$$\varepsilon_{\mathrm{I}} = \varepsilon_{\mathrm{II}}$$

die Einzelpotentiale ε_{I} und $\varepsilon_{\mathrm{II}}$ der Redoxteilsysteme (14) und (15) durch die rechte Seite der Nernstschen Gleichung (10), so erhält man – nach einfacher Umformulierung – die Beziehung

$$\frac{n}{0.05916} \times \Delta\varepsilon_0 = -\log\left[\frac{c_{\mathrm{Ox.I}} \cdot c_{\mathrm{Red.II}}}{c_{\mathrm{Red.I}} \cdot c_{\mathrm{Ox.II}}}\right]_{\mathrm{Gleichgew.}} = -\log K = \mathrm{p}K, \qquad (19)$$

welche die Berechnung der Gleichgewichtskonstanten K einer Redox-Gesamtreaktion ($K = c_{\mathrm{Ox.I}} c_{\mathrm{Red.II}} / c_{\mathrm{Red.I}} c_{\mathrm{Ox.II}}$) bzw. ihres p$K$-Wertes aus der Differenz $\Delta\varepsilon_0 = \varepsilon_{0,\mathrm{I}} - \varepsilon_{0,\mathrm{II}}$ von Normalpotentialen der ihr zugrunde liegenden Redox-Teilreaktionen gestattet[52]).

Beispielsweise berechnet sich der pK-Wert für den Vorgang $Zn + Cu^{2+} \rightleftarrows Zn^{2+} + Cu$ des Daniell-Elements (Zn/Zn^{2+}: $\varepsilon_0 = -0.763$ V; Cu/Cu^{2+}: $\varepsilon_0 = +0.337$ V) nach (19) ($n = 2$) zu $[2/0.5916] \times [-0.763 - 0.337] = -37.2$. Die Gleichgewichtskonstante $K = c_{Zn^{2+}}/c_{Cu^{2+}}$ der Redoxreaktion beträgt also $10^{37.2}$, was einer quantitativen Reduktion von Cu^{2+} durch Zn zu Cu entspricht. Ganz allgemein läßt sich sagen, daß eine Redoxreaktion, deren Redoxteilsysteme eine negative Normalpotentialdifferenz von 0.4 V und mehr aufweisen, praktisch quantitativ abläuft, da dann der pK-Wert gleich $-0.4/0.05916 = -7$ und kleiner ist.

[52] Die Quotienten $\varepsilon_0/0.05916$ sind gleich den „*Oxidationsexponenten*" p$K_{\mathrm{Ox.}}$, der auf einen Elektronenumsatz bezogenen Redox-Teilreaktionen Red. ⇄ Ox. + ⊖: $\varepsilon_0/0.05916 = -\log c_{\mathrm{Ox.}}/c_{\mathrm{Red.}} = -\log K_{\mathrm{Ox.}} = \mathrm{p}K_{\mathrm{Ox.}}$. $K_{\mathrm{Ox.}}$ stellt dabei nicht die wahre, auf den Vorgang Red. ⇄ Ox. + ⊖, sondern eine relative, auf den Vorgang Red. + H^+ ⇄ Ox. + 1/2 H_2 bezogene Gleichgewichtskonstante dar (wendet man (19) auf letzteren Redoxprozeß an, so folgt mit $n = 1$ und $\varepsilon_{0,\mathrm{I}} = \varepsilon_0$ (für Red. ⇄ Ox. + ⊖) sowie $\varepsilon_{0,\mathrm{II}} = 0$ (für H^+ + ⊖ → 1/2 H_2) wie gefordert: $\varepsilon_0/0.05916 = \mathrm{p}K_{\mathrm{Ox.}}$). Mithin vereinfacht sich (19) zur Beziehung $n \times \mathrm{p}K_{\mathrm{Ox.I}} - n \times \mathrm{p}K_{\mathrm{Ox.II}} = \mathrm{p}K$ (n = Zahl der in der Redoxgesamtreaktion Red.$_{\mathrm{I}}$ + Ox.$_{\mathrm{II}}$ ⇄ Ox.$_{\mathrm{I}}$ + Red.$_{\mathrm{II}}$ umgesetzten Elektronen). Den für Prozesse Red. ⇄ Ox. + ⊖ gültigen Oxidationsexponenten sind die auf Vorgänge Ox. + ⊖ ⇄ Red. bezogenen „*Reduktionsexponenten*" p$K_{\mathrm{Red.}}$ an die Seite zu stellen: $\mathrm{p}K_{\mathrm{Red.}} = -\mathrm{p}K_{\mathrm{Ox.}}$ (vgl. Säure- und Baseexponenten).

Redoxkraft in saurer, neutraler und basischer Lösung

Beim Wasserstoff ($\frac{1}{2}H_2 \rightleftarrows H^+ + \ominus$) ergibt sich – da $\varepsilon_0 = 0$ ist – gemäß (10) die Veränderung des Einzelpotentials mit der Wasserstoffionen-Konzentration beim Wasserstoffdruck von 1 atm (1.013 bar)[53] aus der Beziehung

$$\varepsilon_{H_2} = 0.05916 \log c_{H^+} \quad \text{oder} \quad \varepsilon_{H_2} = -0.05916\,\text{pH}\,. \tag{20}$$

In 1-molarer H^+-Lösung (pH = 0) hat danach das Potential ε des Wasserstoffs den Wert ± 0.000 ($= \varepsilon_0$), in reinem Wasser (pH = 7) den Wert $-0.05916 \times 7 = -0.414$, in 1-molarer OH^--Lösung (pH = 14) den Wert $-0.05916 \times 14 = -0.828$ V. Dementsprechend lassen sich z.B. die Wasserstoff-Ionen des neutralen Wassers thermodynamisch nur durch solche Metalle zu elementarem Wasserstoff entladen, deren Potential < -0.414 V ist, z.B. durch Alkali- und Erdalkalimetalle. Die Zahl der zur Darstellung von Wasserstoff aus Wasser geeigneten Metalle ist also kleiner als die zur Wasserstoffstoffgewinnung aus Säuren in Frage kommende Zahl von Metallen mit einem Potential < 0 V (vgl. S. 251). Zur Wasserstoffentwicklung in alkalischen Lösungen kommen nach der zugehörigen Spannungsreihe der Metalle (Tab. 31) alle Metalle mit einem negativeren Normalpotential als -0.828 V in Frage, z.B. Aluminium oder Zink.

Die Tatsache, daß Stoffe wie Magnesium (s. dort), Aluminium (s. dort) oder Zink (s. dort) mit Wasser entgegen ihrer Stellung in der Spannungsreihe keinen Wasserstoff entwickeln, beruht darauf, daß das bei der Umsetzung gebildete unlösliche Metallhydroxid ($Mg + 2\,HOH \rightarrow Mg(OH)_2 + H_2$) eine Schutzschicht um das Metall bildet (Fig. 75), welche den weiteren Angriff des Wassers verhindert, so daß die Reaktion gleich nach Beginn zum Stillstand kommt. Löst man die Hydroxidschicht durch Zugabe von Säure oder eines anderen Lösungsmittels auf, so geht die Wasserstoffentwicklung weiter. Metalle wie die Alkali- oder schwereren Erdalkalimetalle, die lösliche Hydroxide bilden, können keine solche Schutzschicht ausbilden und reagieren daher mit Wasser lebhaft unter Wasserstoffentwicklung.

Auch bei der Einwirkung von Metallen auf Säuren kann häufig die Wasserstoffentwicklung entgegen den Aussagen der Spannungsreihe wegen Ausbildung einer unlöslichen Schutzschicht ausbleiben. So löst sich z.B. Blei u.a. deshalb nicht in verdünnter Schwefelsäure, weil das dabei sich bildende Bleisulfat ($Pb + H_2SO_4 \rightarrow PbSO_4 + H_2$) als schüt-

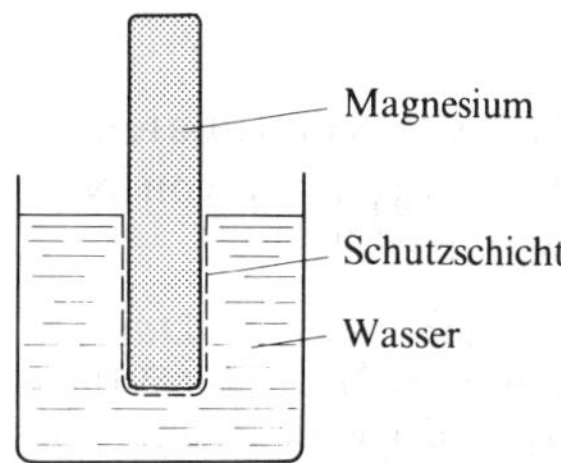

Fig. 75 Passivität des Magnesiums gegenüber Wasser.

[53] Für beliebigen Wasserstoffdruck folgt aus (10): $\varepsilon_{H_2} = -0.05916 \times (\text{pH} + 1/2 \log p_{H_2})$. Gemäß dieser Beziehung ist jedem Potentialwert ε_{H_2} bei gegebenem pH ein bestimmter Wasserstoffdruck zugeordnet: $-\log p_{H_2} = 2\,\text{pH} + \varepsilon_{H_2}/0.02958$. Bisweilen verwendet man zur Charakterisierung der Reduktionskraft eines Redoxsystems den „*Wasserstoff-Redoxexponenten*" rH, der in Analogie zum „Wasserstoff-Ionenexponenten" pH $= -\log c_{H^+}$ den negativen Logarithmus des Wasserstoffdrucks p_{H_2} einer Wasserstoffelektrode von gleich großem Reduktionsvermögen wiedergibt:

$$\text{rH} = -\log p_{H_2} = \varepsilon_{H_2}/0.02958 + 2\,\text{pH}$$

Hiernach besitzt ein Redoxsystem vom rH-Wert 5 die gleiche Reduktionskraft wie Wasserstoff von 10^{-5} Atmosphären ($1.013 \cdot 10^{-5}$ bar), der eine in Säure (pH = 0) tauchende Platinelektrode berührt, nämlich $\varepsilon_{H_2} = 0.02958 \times (\text{rH} - 2\,\text{pH}) = 0.02958 \times (5 - 2 \times 0) = 0.1479$ V. Die „normale" rH-Skala (pH = 0) erstreckt sich von 0 (Normal-Wasserstoffelektrode, $\varepsilon_0 = 0$ V) bis 42 (Normal-Sauerstoffelektrode, $\varepsilon_0 = +1.229$ V). Bei rH-Werten < 0 bzw. > 42 wird aus wässerigen Lösungen vom pH-Wert = 0 Wasserstoff bzw. Sauerstoff entwickelt. Der rH-Wert ist wie der pH-Wert für biologische Prozesse insofern von Bedeutung, als organisches Leben nur innerhalb bestimmter rH-Grenzen möglich ist.

zende Deckschicht die weitere Einwirkung der Schwefelsäure unterbindet (vgl. Anm.[69)]). Man macht von dieser Beständigkeit des Bleis Gebrauch beim Bleikammerprozeß (s. dort) und beim Akkumulator (s. dort).

Zum Unterschied von anderen Ionenreaktionen in Wasser wie z. B. der Ausfällung unlöslicher Salze oder den Säure-Base-Reaktionen, die im allgemeinen ungehemmt verlaufen, beobachtet man im Falle von Redoxumsetzungen bei normalen Temperaturen häufig Reaktionshemmungen. So ist etwa die Wasserstoffbildung nicht nur im Falle der Einwirkung von Metallen, sondern auch von anderen Reduktionsmitteln auf Wasser vielfach gehemmt. Beispielsweise sollte Cr^{2+} entsprechend dem für die Ionenumladung $Cr^{2+} \rightleftarrows Cr^{3+} + \ominus$ in saurer Lösung gültigen Normalpotential ($\varepsilon_0 = -0.41$ V) bei pH = 0 mit Wasser unter Wasserstoffentwicklung reagieren ($Cr^{2+} + H^+ \rightleftarrows Cr^{3+} + \frac{1}{2}H_2$). Tatsächlich sind jedoch Chrom(II)-Ionen auch in saurer Lösung längere Zeit beständig.

Umgekehrt wirkt der Wasserstoff gegenüber wässerigen Lösungen von Oxidationsmitteln, mit denen er aufgrund der Redoxpotentialverhältnisse unter Wasserstoffaufnahme (Bildung von Wasser) reagieren sollte, bei normalen Temperaturen meist nicht reduzierend. So sollte beispielsweise Fe^{3+} entsprechend dem für die Ionenumladung $Fe^{2+} \rightleftarrows Fe^{3+} + \ominus$ in saurer Lösung gültigen Normalpotential ($\varepsilon_0 = +0.771$ V) bei pH = 0 in Wasser von Wasserstoff reduziert werden ($Fe^{3+} + \frac{1}{2}H_2 \rightleftarrows Fe^{2+} + H^+$)[54)]. Tatsächlich wirkt H_2 jedoch auf Eisen(III)-Ionenlösungen nicht ein. Selbst so starke Oxidationsmittel wie MnO_4^- oder $S_2O_8^{2-}$ werden in wässerigen Lösungen von Wasserstoff nicht angegriffen.

Das Potential eines Redoxsystems, an dem H^+-Ionen beteiligt sind, wird beim Übergang von saurer (pH = 0) zu neutraler (pH = 7) und zu alkalischer Lösung (pH = 14), falls die übrigen Teilnehmer des Redoxsystems unverändert bleiben und das Verhältnis $H^+/\ominus$ gleich 1 ist (Red. $\rightleftarrows$ Ox. $+ nH^+ + n\ominus$)[55)] ganz allgemein um 0.414 bzw. 0.828 V negativer. So entspricht etwa dem Potentialwert -0.225 V des Redoxsystems AsH_3/As in saurer Lösung ($AsH_3 \rightleftarrows As + 3H^+ + 3\ominus$) ein Potentialwert $-0.225-0.414 = -0.639$ V in neutraler und $-0.225-0.828 = -1.053$ V in alkalischer Lösung ($AsH_3 + 3OH^- \rightleftarrows As + 3H_2O + 3\ominus$).

Beim Sauerstoff ($\frac{1}{2}H_2O \rightleftarrows \frac{1}{4}O_2 + H^+ + \ominus$) ergibt sich – da $\varepsilon_0 = +1.229$ V ist – gemäß (10),

$$\varepsilon_{O_2} = +1.229 + 0.05916 \log c_{H^+} \quad \text{bzw.} \quad \varepsilon_{O_2} = +1.229 - 0.05916\,\text{pH}$$

das Normalpotential in 1-molarer H^+-Lösung (pH = 0) zu $+1.229$, in reinem Wasser (pH = 7) zu $+1.229 - 0.05916 \times 7 = +0.815$ und in 1-molarer OH^--Lösung (pH = 14) zu $+1.229 - 0.05916 \times 14 = +0.401$ V. Sauerstoff kann somit thermodynamisch alles oxidieren, was bei pH 0 ein Potential von $< +1.229$, bei pH 7 von $< +0.815$ und bei pH 14 von $< +0.401$ V besitzt, wirkt also in saurer Lösung wesentlich stärker oxidierend als in alkalischer. So wird z. B. Cr(II) ($\varepsilon_0 = -0.41$ V in saurer und neutraler, -1.33 V in alkalischer Lösung) in luftgesättigtem Wasser rasch zu Cr(III) oxidiert, während es in luftfreiem Wasser beständig ist und in saurer (ε_0 von H_2 0.00 V) und alkalischer Lösung (ε_0 von H_2 -0.83 V) langsam (s. oben) Wasserstoff entwickelt. Auch Fe(II) ($\varepsilon_0 = +0.771$ V in saurer, -0.69 V in alkalischer Lösung) ist in luftfreiem Wasser stabil, während es in Gegenwart von Luft in Wasser langsam, in Säuren und Laugen schnell zu Fe(III) oxidiert wird.

Zum Unterschied von den im allgemeinen stark gehemmten Reaktionen des Wasserstoffs mit in Wasser gelösten Oxidationsmitteln sind Umsetzungen von Sauerstoff mit in Wasser gelösten Reduktionsmitteln in vielen Fällen nicht gehemmt. Große Hemmung weist demgegenüber praktisch immer die Oxidation des Wassers zu Sauerstoff ($2H_2O \rightleftarrows O_2 + 4H^+ + 4\ominus$) auf. So sollte etwa Chlorat ClO_3^- entsprechend dem für die Redoxreaktion $Cl^- + 3H_2O \rightarrow ClO_3^- + 6H^+ + 6\ominus$ in saurer Lösung gültigen Normalpotentiale ($\varepsilon_0 = +1.45$ V) bei pH = 0 unter Sauerstoffentwicklung mit Wasser reagieren.[56)] Tatsächlich sind jedoch Chlorate in Wasser stabil. Ein Oxidationsmittel, das aus Wasser Sauerstoff rasch in Freiheit setzt, ist z. B. das Fluor.

---

[54] Wasserstoff kann in wässeriger Lösung gemäß (20) thermodynamisch nur durch solche Stoffe zu Wasser oxidiert werden, deren Potential beim pH = 0, 7 bzw. 14 positiver als 0.000, -0.414 bzw. -0.828 V ist.

[55] Allgemein gilt für Red. $\rightleftarrows$ Ox. $+ mH^+ + n\ominus$ bei den Einheiten der Konzentration von Red. und Ox.: $\varepsilon = \varepsilon_0 - 0.05916 \times (m/n) \times \text{pH}$.

[56] Chemische Stoffe können in wässeriger Lösung Wasser zu Sauerstoff oxidieren, wenn ihr Potential bei pH = 0, 7 bzw. 14 positiver als $+1.229$, $+0.815$ bzw. $+0.401$ V ist.

2.3 Die elektrolytische Zersetzung

Die in den vorangehenden Abschnitten behandelte Theorie der galvanischen Elemente ermöglicht nunmehr auch ein besseres Verständnis für den Vorgang der elektrolytischen Zersetzung, da es sich bei der Elektrolyse um eine Umkehrung der in einem galvanischen Element freiwillig ablaufenden Redox-Reaktion handelt.

Schalten wir beispielsweise eine in Zinksulfatlösung tauchende Zinkelektrode mit einer in Kupfersulfatlösung eintauchenden Kupferelektrode zu einem Daniell-Element zusammen, so „fließt" bei leitender Verbindung der beiden Elektroden durch einen äußeren Schließungsdraht der Elektronen-„Strom" gemäß dem vorhandenen Potential-„Gefälle" vom „höheren" (− 0.76 V) zum „tieferen" (+ 0.34 V) Potential-„Niveau" (Fig. 76):

$$\begin{array}{rcll} Zn & \rightarrow & Zn^{2+} + 2\ominus & (a) \\ 2\ominus + Cu^{2+} & \rightarrow & Cu & (b) \\ \hline Zn + Cu^{2+} & \rightarrow & Zn^{2+} + Cu & \end{array} \qquad (21)$$

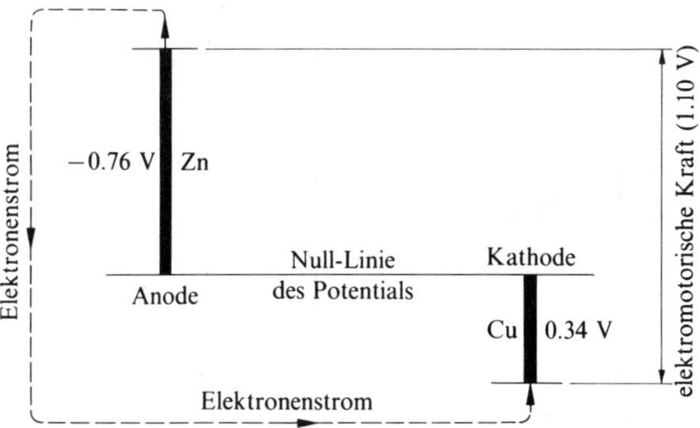

Fig. 76 Elektromotorische Kraft des Daniell-Elements.

Das Zink reduziert mit anderen Worten die Kupfer-Ionen zu metallischem Kupfer. Dabei wird eine elektrische Arbeitsmenge verfügbar, die durch das Produkt aus Potentialdifferenz und fließender Elektrizitätsmessung (Volt × Coulomb = Joule oder Volt × Faraday = Faradayvolt oder Volt × Elektronenladung = Elektronenvolt) gegeben ist.

Der umgekehrte Vorgang, d.h. die Abscheidung von Zink und die Auflösung von Kupfer, läßt sich nur dann erzwingen, wenn man durch Einschaltung einer Stromquelle von genügender Spannung in den äußeren Stromkreis der Zinkelektrode ein „höheres" (d.h. negativeres) Potential als − 0.76 und der Kupferelektrode ein „tieferes" (d.h. positiveres) Potential als + 0.34 V erteilt und damit in Umkehrung der Stromrichtung von Fig. 76 dem Kupfer Elektronen entzieht, dem Zink Elektronen aufzwingt (Fig. 77). Denn dann nimmt gemäß dem zwischen Stromquelle und Elektrode vorhandenen Potential- „gefälle" die vorher Elektronen-abführende Zinkanode (21 a) jetzt Elektronen aus der Stromquelle auf und wird damit zur Elektronen-zuführenden Kathode (22a), während die vorher Elektronen-zuführende Kupferkathode (21 b) jetzt Elektronen an die Stromquelle abgibt und damit zur Elektronen-abführenden Anode (22b) wird:

$$\begin{array}{rcll} Zn^{2+} + 2\ominus & \rightarrow & Zn & (a) \\ Cu & \rightarrow & Cu^{2+} + 2\ominus & (b) \\ \hline Zn^{2+} + Cu & \rightarrow & Zn + Cu^{2+} & \end{array} \qquad (22)$$

Insgesamt geht damit unter gleichzeitiger Abscheidung von Zink[57)] Kupfer in Lösung. Die

[57] An reinem Zink werden die an sich leichter entladbaren H^+-Ionen wegen Überspannung des Wasserstoffs nicht entladen. Vgl. hierzu S. 232 sowie Anm.[58,60)]. Siehe auch bei Zink, S. 1370.

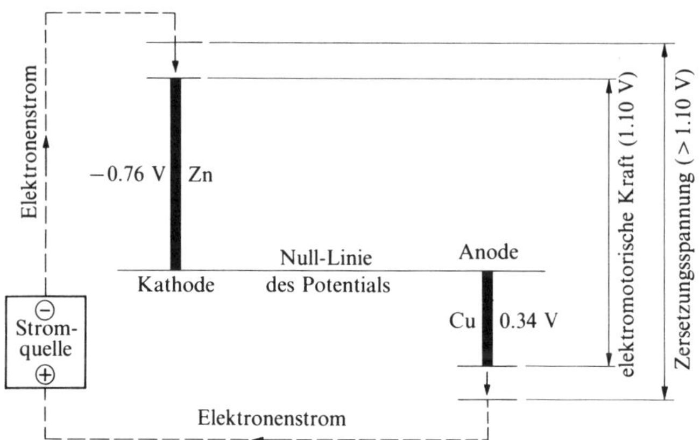

Fig. 77 Elektromotorische Kraft und Zersetzungsspannung.

für eine solche elektrolytische Zersetzung erforderliche **„Zersetzungsspannung"** muß, wie aus Fig. 77 hervorgeht, ganz allgemein mindestens etwas größer als die elektromotorische Kraft des freiwillig ablaufenden Vorgangs sein. Das Mehr an Spannung (U) dient dabei zur Überwindung des Ohmschen Widerstandes R der Zelle und damit zur Aufrechterhaltung einer bestimmten Stromstärke I gemäß dem *„Ohmschen Gesetz"* ($U = I \cdot R$). Im Falle unseres Daniellschen Elements muß also die Zersetzungsspannung größer als $0.76 + 0.34 = 1.10$ V sein.

Die bei der Elektrolyse angewandte Stromquelle (vgl. Fig. 77) wirkt gewissermaßen als „Elektronenumlaufpumpe". Sie „saugt" an der Anode (Kupfer) die Elektronen mit „Unterdruck" ab, „komprimiert" sie auf höheren „Druck" (die hierfür erforderliche Energie wird bei chemischen Stromquellen durch einen freiwillig ablaufenden chemischen Vorgang – beim Bleiakkumulator z. B. durch die Reaktion $Pb + PbO_2 + 2H_2SO_4 \rightarrow 2PbSO_4 + 2H_2O$ + Energie – geliefert) und „preßt" die Elektronen mit diesem höheren „Druck" in die Kathode (Zink) ein. Würde man die beiden Pole der Stromquelle direkt statt über die galvanische Zelle miteinander verbinden („Kurzschluß"), so flössen die Elektronen unausgenutzt vom höheren zum tieferen Potential. Dadurch, daß man das galvanische Element in der aus Fig. 77 hervorgehenden Weise zwischen die Pole der Stromquelle einschaltet, zwingt man die Elektronen der Stromquelle, bei ihrem „Fall" vom negativen zum positiven Pol Arbeit zu leisten, d. h. den im galvanischen Element freiwillig ablaufenden Vorgang umzukehren. Die hineingesteckte Arbeit speichert sich dabei in Form der Elektrolyseprodukte (im Falle des betrachteten Daniell-Elements also in Form der im Vergleich zu den Ausgangsstoffen Zn^{2+} und Cu energiereicheren Endprodukte Zn und Cu^{2+}) auf. Entfernt man die Elektronenpumpe (Stromquelle) aus dem äußeren Stromkreis (vgl. Fig. 76) und ersetzt sie durch einen Widerstandsdraht, so kehrt sich entsprechend dem zwischen Zink und Kupfer vorhandenen Potentialgefälle automatisch die Stromrichtung um, indem jetzt wieder das Elektronen-affinere Kupfer dem weniger Elektronen-affinen Zink die Elektronen entzieht.

Befinden sich in einer Lösung mehrere entladbare Ionensorten, so hängt die Reihenfolge der Entladung von der relativen Größe der verschiedenen Einzelpotentiale ab. Eine wässerige Natriumchloridlösung enthält beispielsweise Natrium-, Wasserstoff-, Chlorid- und Hydroxid-Ionen. Ihre Einzelpotentiale haben in 1-molarer Natriumchloridlösung die Werte $\varepsilon_{Na} = -2.7$ V, $\varepsilon_{H_2} = -0.4$ V, $\varepsilon_{Cl_2} = +1.4$ V, $\varepsilon_{O_2} > 1.4$ V.[58] Führt man daher in die Lösung etwa zwei Platinelektroden ein und legt an die Elektroden eine steigende Spannung an, so wird (vgl. Fig. 78) der Elektronenstrom zu fließen beginnen, sobald die Einzelpotentiale von Wasserstoff und Chlor überschritten werden[59]. Die Natrium- und Hydroxid-Ionen bleiben unentladen als Natronlauge, NaOH, zurück.

---

58 Das Einzelpotential für den Vorgang $2OH^- \rightleftarrows \frac{1}{2}O_2 + H_2O + 2\ominus$ beträgt in neutraler Lösung (pH = 7) theoretisch + 0.8 V. Normalerweise erfordert aber die Abscheidung von Sauerstoff je nach Art der Elektrode noch eine zusätzliche **„Überspannung"**, die bei größeren Stromdichten mehr als 1 V betragen kann (s. Lehrbücher der physikalischen Chemie). Analoges gilt für den Wasserstoff[60].

59 Wegen der Konzentrationsabhängigkeit der Normalpotentiale sind naturgemäß auch die Zersetzungsspannungen von der Konzentration der Reaktionsteilnehmer abhängig (vgl. Anm.[51]).

Man benutzt die Verschiedenheit der Abscheidungsspannung von Metallen und Nichtmetallen in der Analyse häufig zur Trennung und Bestimmung von Kationen und Anionen („*Elektroanalyse*" und „*Polarographie*"; vgl. Lehrbücher der analytischen Chemie).

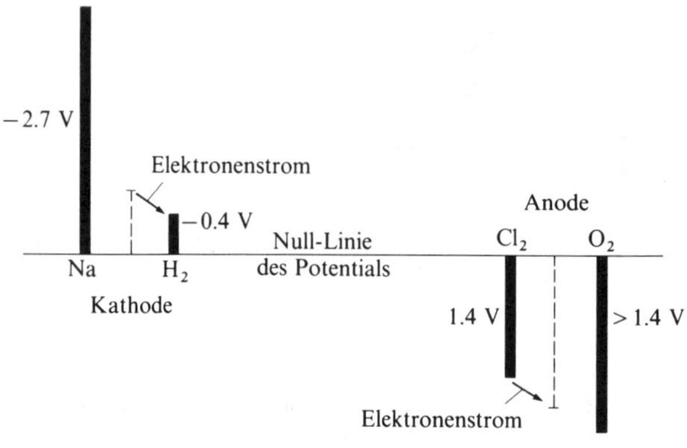

Fig. 78 Potentialverhältnisse bei der Elektrolyse einer 1-molaren wässerigen Natriumchlorid-Lösung.

Bei ungünstiger Lage der Potentiale lassen sich häufig durch Konzentrationsänderungen, Komplexierung der Ionen (vgl. S. 226), Anwendung von Überspannungselektroden usw. die für eine erfolgreiche Elektrolyse erforderlichen Potentialverhältnisse schaffen. So kann man z. B. bei der Elektrolyse wässeriger Natriumchloridlösungen durch Anwendung von Quecksilberkathoden und von hohen Natriumchlorid-Konzentrationen die Abscheidung von Natrium statt Wasserstoff erzwingen (vgl. S. 438), weil unter diesen Versuchsbedingungen das Natriumpotential $\varepsilon = \varepsilon_0 + 0.05916 \log c_{Na^+}/c_{Na}$ infolge Vergrößerung von c_{Na^+} und Verkleinerung von c_{Na} (Amalgambildung) so weit nach der positiven und das Wasserstoffpotential ($\varepsilon = 0.05916 \log c_{H^+}$) infolge der großen Überspannung (η) des Wasserstoffs an Quecksilber[60)] so weit nach der negativen Seite hin verschoben wird, daß Natrium und Wasserstoff in der Spannungsreihe ihre Plätze tauschen.

3 Die Acidität und Basizität

Die Begriffe „*Säure*" und „*Base*", wie sie 1887 von S. Arrhenius und W. Ostwald definiert wurden, haben eine ähnliche Erweiterung erfahren wie die vorstehend behandelten Begriffe „*Reduktionsmittel*" und „*Oxidationsmittel*".

3.1 Ableitung neuer Säure- und Basebegriffe

3.1.1 Brönsted-Säuren und -Basen[61 a,b)]

Arrhenius und Ostwald verstanden unter einer **Säure** einen sauer schmeckenden Stoff wie HCl, der in wässeriger Lösung unter Bildung von Wasserstoff-Ionen dissoziiert (S. 66): $HCl \rightleftarrows H^+ + Cl^-$. Nach Brönsted und Lowry beruht die Säurewirkung eines Stoffes darauf,

[60] Die **Überspannung** η des Wasserstoffs an Quecksilber beträgt bei Raumtemperatur und niedrigen Stromdichten 0.78 V, an Blei bis 0.78 V, an Zink 0.70 V, an blankem Platin 0,10 V (platiniertes Pt 0.005 V), die des Sauerstoffs an Nickel 0.1, an Eisen 0.24 und an blankem Platin 0.44 V. Sie nimmt ganz allgemein mit wachsender Stromdichte I zu: $\eta = a + b \cdot \log I$ (a abhängig von der Art der Elektrode, b von der Natur des entwickelten Gases).

[61a] **Geschichtliches.** A. L. Lavoisier (1743–1794) hielt noch den „Sauer"stoff (daher der Name) für das maßgebende „saure Prinzip" eines Stoffes, da beim Auflösen vieler Nichtmetalloxide in Wasser saure Lösungen entstehen (Oxygenium = Säurebildner). 1816 wies dann H. Davy (1779–1829) und später (1840) vor allem J. Liebig (1803–1873) dem durch Metalle ersetzbaren Wasserstoff diese Rolle zu. Nach Arrhenius (1859–1927) schließlich ist nicht das Wasserstoff-Atom, sondern das Wasserstoff-Ion, nach J. N. Brönsted (1874–1947), T. M. Lowry (1874–1936) das *Oxonium-Ion* H_3O^+ als ursächlich für eine Säure in Wasser zu betrachten[61b)].

[61b] **Literatur.** P. A. Giguère: „*The Great Fallacy of the H^+ Ion and the True Nature of H_3O^+*", J. Chem. Educ. **56** (1979) 571–575; J. E. Prue: „*Proton, Protonic Acids, and Hydrogen Bonds*" in Comprehensive Inorg. Chem. **1** (1973) 117–138.

daß er an die Moleküle des Wassers Protonen abgibt („*protolytische Reaktion*") und so zur Bildung von Oxonium-Ionen H_3O^+ (hydratisiert in Form von – ihrerseits wieder solvatisierten – „*Hydronium-Ionen*" $[H_3O \cdot 3H_2O]^+ = H_9O_4^+$; vgl. Wasserstoffbindung) Veranlassung gibt, die den sauren Geschmack der Lösung bedingen, z. B.:

$$:\ddot{\underset{..}{Cl}}:H + :\overset{H}{\underset{H}{\ddot{O}}}: \rightleftarrows \left[H:\overset{H}{\underset{H}{\ddot{O}}}:\right]^+ + \left[:\ddot{\underset{..}{Cl}}:\right]^-$$

Die Ionen einer wässerigen Salzsäure entstammen also in Wirklichkeit nicht einer Dissoziation des Chlorwasserstoffs gemäß

$$HCl \rightleftarrows H^+ + Cl^- , \qquad (1)$$

sondern einer (stark exothermen) chemischen Reaktion zwischen Chlorwasserstoff und Wasser[62]:

$$HCl + H_2O \rightleftarrows H_3O^+ + Cl^- . \qquad (2)$$

Der Kürze halber pflegt man aber statt der ausführlichen Gleichung (2) gewöhnlich die gekürzte Gleichung (1) zu schreiben. Man muß sich dabei aber bewußt bleiben, daß die Wasserstoff-Ionen H^+ hier wie bei anderen Säuren HA in Wirklichkeit hydratisierte Oxonium-Ionen sind, daß also freie Protonen H^+ in Wasser nicht existieren[63].

Definieren wir nun ganz allgemein *eine Säure als einen Stoff, der imstande ist, an Wasser Protonen abzugeben* („*Protonensäure*"), so steht – ähnlich wie beim Begriff des Reduktionsmittels (s. oben, Abschnitt 2.1.1) – nichts im Wege, auch geladene Ionen als Säuren zu bezeichnen. Denn die saure Reaktion z. B. von Hydrogensulfaten ($MHSO_4$) in wässeriger Lösung beruht ja auf einem ganz analogen Protonenübergang:

$$HSO_4^- + H_2O \rightleftarrows H_3O^+ + SO_4^{2-} .$$

Und in gleicher Weise erklärt sich auch die saure Wirkung wässeriger Ammoniumsalzlösungen (NH_4X) durch die Bildung von Oxonium-Ionen:

$$NH_4^+ + H_2O \rightleftarrows H_3O^+ + NH_3 . \qquad (3)$$

Dementsprechend unterscheidet man zwischen „*Neutral-säuren*" (z. B. HCl, HNO_3), „*Anion-säuren*" (z. B. HSO_4^-, $H_2PO_4^-$) und „*Kation-säuren*" (z. B. NH_4^+, $[Al(OH_2)_6]^{3+}$).

Viele protonenfreie Stoffe wie Nichtmetalloxide oder Metallkationen (z. B. in Form der Metallhalogenide) verwandeln sich erst beim Auflösen durch Reaktion mit dem Wasser in Brönsted-Säuren z. B.

$$SO_3 + H_2O \rightleftarrows H_2SO_4 \quad \text{bzw.} \quad Al^{3+} + 6H_2O \rightleftarrows Al(OH_2)_6^{3+} .$$

Man bezeichnet derartige, durch Wasseranlagerung in Brönsted-Säuren überführbare (bzw. umgekehrt durch Wasserentzug aus Brönsted-Säuren hervorgehende) Stoffe als **„Säure-anhydride"**. Das Schwefeltrioxid bzw. das Aluminium(III)-Kation stellen also das Säure-anhydrid der Schwefelsäure H_2SO_4 bzw. der Kationsäure $Al(OH_2)_6^{3+}$ dar. Reagieren Metallsalze M^+X^- (M^+ = Metallkation) in Wasser sauer, so beruht die saure Wirkung mithin auf der großen Stärke der in Wasser gebildeten Kationsäure $M(OH_2)_n^+$ [$M(OH_2)_n^+ + H_2O \rightleftarrows M(OH_2)_{n-1}(OH) + H_3O^+$] und nicht – wie früher angenommen (vgl. S. 201) – auf der geringen Stärke der Base MOH ($M^+ + H_2O \rightleftarrows MOH + H^+$).

Unter einer **Base** verstanden Arrhenius und Ostwald einen seifig schmeckenden Stoff wie NaOH, der in wässeriger Lösung unter Bildung von Hydroxid-Ionen dissoziiert (S. 66): $NaOH \rightleftarrows Na^+ + OH^-$. Nach Brönsted und Lowry dagegen *beruht die Basewirkung eines Stoffes darauf, daß er von Wassermolekülen Protonen aufnimmt* und so zur Bildung von Hy-

[62] Die gebildeten Oxoniumverbindungen lassen sich in vielen Fällen aus der Lösung isolieren (vgl. Wasserstoffbindung).

[63] Die Hydratation (allgemein: Solvatation) des Protons H^+ ist wegen seiner hohen elektrischen Feldstärke (Radius von nur ca. 10^{-13} cm) ein sehr stark exothermer Prozeß. Freie Protonen treten nur bei Abwesenheit eines Solvatisierungsmittels, z. B. bei Beschuß von H-Atomen mit energiereichen Elektronen, auf (vgl. Massenspektrometrie).

droxid-Ionen OH^- Veranlassung gibt, die den basischen Charakter der Lösung bedingen, z.B.:

$$\begin{matrix} H \\ H\!:\!\ddot{N}\!: \\ H \end{matrix} + H\!:\!\ddot{\underset{..}{O}}\!:\!H \rightleftarrows \left[\begin{matrix} H \\ H\!:\!\ddot{N}\!:\!H \\ H \end{matrix}\right]^+ + \left[:\ddot{\underset{..}{O}}\!:\!H\right]^-$$

Die Ionen NH_4^+ und OH^- einer wässerigen Ammoniaklösung kommen also nicht durch teilweise Dissoziation einer in der Lösung vorhandenen Base NH_4OH zustande:

$$NH_4OH \rightleftarrows NH_4^+ + OH^-,$$

sondern durch eine chemische Reaktion zwischen Ammoniak und Wasser:

$$NH_3 + H_2O \rightleftarrows NH_4^+ + OH^-.$$

Undissoziierte NH_4OH-Moleküle existieren in einer wässerigen Ammoniaklösung nicht. Mithin stellt Ammoniak nicht – wie man früher glaubte – das „*Base-anhydrid*" einer in Wasser gelösten Base NH_4OH, sondern die (Brönsted-)Base selbst dar.

Gemäß der neuen Basedefinition können auch geladene Ionen Basen sein, z.B.

$$ClO^- + H_2O \rightleftarrows HClO + OH^-, \quad (4)$$
$$[Be(OH_2)_3(OH)]^+ + H_2O \rightleftarrows [Be(OH_2)_4]^{2+} + OH^-,$$

und wir können daher auch hier zwischen „*Neutral-Basen*" (z.B. NH_3, NH_2OH), „*Anion-Basen*" (z.B. ClO^-, HPO_4^{2-}) und „*Kation-Basen*" (z.B. $[Be(OH_2)_3OH]^+$, $[Al(OH_2)_5OH]^{2+}$) unterscheiden. Die häufig als Base-Prototyp angesehenen Metallhydroxide $M(OH)_n$ sind nur ein spezieller Fall von Anionbasen, da die Basewirkung dieser Verbindungen auf die Hydroxid-Ionen OH^- zurückzuführen ist, bei welchen sich der Protonenübergang vom Wasser zum Anion wegen der Gleichheit von linker und rechter Seite der Reaktionsgleichung ($OH^- + H_2O \rightleftarrows H_2O + OH^-$) nach außen hin ebensowenig bemerkbar macht wie der Protonenübergang vom Oxonium-Ion zum Wasser ($H_3O^+ + H_2O \rightleftarrows H_2O + H_3O^+$).

Der früher als *Hydrolyse* von Salzen bezeichnete Vorgang ist, wie aus den Gleichungen (3) und (4) hervorgeht, nichts anderes als die Säure-Wirkung von Ionensäuren bzw. Base-Wirkung von Ionenbasen; die Bezeichnung Hydrolyse müßte daher in solchen Fällen nicht mehr gebraucht werden. Gerechtfertigt ist der Ausdruck Hydrolyse dagegen bei der Zerlegung kovalenter Bindungen durch Wasser (z.B. $>P{-}Cl + H_2O \rightarrow\ >P{-}OH + HCl$).

Die im vorstehenden besprochene, von dem dänischen Physikochemiker Johannes Nikolaus Brönsted (1879–1947) und dem amerikanischen Chemiker Thomas Martin Lowry (1874–1936) unabhängig voneinander im Jahre 1923 entwickelte Definition der Säuren und Basen läßt sich zu der Gleichung

$$\text{Säure} \underset{\text{Protonenaufnahme}}{\overset{\text{Protonenabgabe}}{\rightleftarrows}} \textbf{Base + Proton} \quad (5)$$

zusammenfassen, welche ganz der Definitionsgleichung eines Reduktions- und Oxidationsmittels (s. dort) entspricht. Man nennt die durch (5) definierten Säuren und Basen „*Brönsted-Säuren*" (Protonendonatoren) und „*Brönsted-Basen*" (Protonenakzeptoren), ein der Definitionsgleichung (5) entsprechendes protonenabgebendes und -aufnehmendes System auch als *Säure-Base-Paar* („*korrespondierendes*" bzw. „*konjugiertes Säure-Base-System*"). Da unter normalen chemischen Bedingungen in kondensierter Phase keine freien Protonen existieren, erfolgt die zur korrespondierenden (konjugierten) Base einer Säure führende Protonenabgabe nur in Anwesenheit einer geeigneten Base (z.B. Wasser), welche die abgegebenen Protonen unter Übergang in die korrespondierende (konjugierte) Säure aufzunehmen vermag.

Mithin setzen sich Säure-Base-Reaktionen immer aus zwei korrespondierenden Säure-Base-Paaren („*Säure-Base-Halbreaktionen*“) wie folgt zusammen:

$$\begin{array}{lcl} \text{Säure}_\text{I} & \rightleftarrows & \text{Base}_\text{I} + H^+ \\ \text{Base}_\text{II} + H^+ & \rightleftarrows & \text{Säure}_\text{II} \\ \hline \text{Säure}_\text{I} + \text{Base}_\text{II} & \rightleftarrows & \text{Base}_\text{I} + \text{Säure}_\text{II} \end{array}$$

Zum Unterschied von den häufig gehemmten Redox-Reaktionen verlaufen Säure-Base-Reaktionen in Wasser immer sehr rasch. Dies rührt daher, daß einerseits selbst sehr schwache Säuren ihre Protonen – zumindest zu einem geringen Bruchteil – an das Wasser unter Bildung hydratisierter Protonen H^+_{aq} („*Hydronium-Ionen*“) rasch abzugeben und Basen die in Wasser gelösten Protonen rasch aufzunehmen in der Lage sind und daß andererseits die Hydronium-Ionen unbegrenzt stabil sind. Demgegenüber vermögen nur stärkste Reduktionsmittel wie z. B. die Alkali- und Erdalkalimetalle Elektronen an das Wasser unter Bildung von hydratisierten Elektronen e^-_{aq} abzugeben, wobei letztere zudem sehr instabil sind und sich rasch gemäß $e^-_{aq} + H_2O \rightarrow 1/2H_2 + OH^-$ bzw. $e^-_{aq} + H_3O^+ \rightarrow 1/2H_2 + H_2O$ umsetzen. Zum Unterschied von der Protonenübertragung zwischen zwei Säure-Base-Systemen kann das Wasser im Falle von Redox-Reaktionen demgemäß in den überwiegenden Fällen keine Elektronenübertragung zwischen den Redox-Teilsystemen vermitteln, so daß sich Redox-Reaktionen meistens auf umständlicheren – oft gehemmten – Wegen abwickeln.

Die Brönstedsche Definition der Säuren und Basen gemäß (5) ist nicht auf das Lösungsmittel Wasser („*Aquosystem*“) beschränkt, sondern gilt auch für Reaktionen ohne Lösungsmittel oder für „wasserähnliche“ Lösungsmittel[64] wie flüssiges Ammoniak („*Ammonosystem*“) oder Hydrogenfluorid. An die Stelle der in wässeriger Lösung durch Protonenabgabe bzw. -aufnahme entstehenden Oxonium- und Hydroxid-Ionen treten dann natürlich andere Ionen. So entspricht z. B. im flüssigen Ammoniaksystem dem Oxonium-Ion H_3O^+ das Ammonium-Ion NH_4^+ und dem Hydroxid-Ion OH^- das Amid-Ion NH_2^-; z. B.:

$$\underset{\text{(Neutralsäure)}}{HCl + NH_3 \rightleftarrows NH_4^+ + Cl^-} \qquad \underset{\text{(Anionbase)}}{CH_3^- + NH_3 \rightleftarrows CH_4 + NH_2^-}.$$

Die Neutralisation besteht bei diesem Ammonosystem in einer Vereinigung von Ammonium- und Amid-Ionen zu Ammoniak:

$$NH_4^+ + NH_2^- \rightarrow 2NH_3$$

(Ionenprodukt $c_{NH_4^+} \cdot c_{NH_2^-} = 10^{-32}$ bei $-34\,°C$, Neutralpunkt bei pH = 16). Sie erfolgt z. B. beim Zusammengeben von Ammoniumchlorid (Säure) und Natriumamid (Base) in flüssigem Ammoniak, läßt sich mit geeigneten Indikatoren verfolgen und entspricht ganz der Vereinigung von Oxonium- und Hydroxid-Ionen zu Wasser:

$$H_3O^+ + OH^- \rightarrow 2H_2O$$

(Ionenprodukt $c_{H_3O^+} \cdot c_{OH^-} = 10^{-14}$ bei 25 °C, Neutralpunkt bei pH = 7) beim Zusammengeben wässeriger Lösungen von Salzsäure und Natriumhydroxid (Näheres vgl. bei Ammoniak, S. 653).

Allgemein wirken in „*protonenhaltigen*“ Lösungsmitteln („Solventien“) HS mit Eigendissoziation

$$2HS \rightleftarrows H_2S^+ + S^-$$

---

[64] **Literatur.** H. H. Sisler: „*Chemistry in Non-Aqueous Solvents*“, Reinhold, New York 1961; J. Jander, Ch. Lafrenz: „*Wasserähnliche Lösungsmittel*“, Verlag Chemie, Weinheim 1968; G. W. A. Fowles, D. Nicholls: „*Inorganic Reactions in Liquid Ammonia*“, Quart. Rev. **16** (1962) 19–43, „*Reactions in Liquid Ammonia*“, Elsevier, Amsterdam 1979; G. Jander, H. Spandau, C. C. Addison (Hrsg.): „*Chemistry in Non-Aqueous Liquid Ammonia*“, Interscience, New York 1966; T. C. Waddington (Hrsg.): „*Non-Aqueous Solvent Systems*“, Academic Press, New York 1965; J. J. Lagowski (Hrsg.): „*Chemistry of Non-Aqueous Solvents*“, Academic Press, New York, Band **1** (1966), Band 2 (1967), Band **3** (1970); V. Gutmann: „*Coordination Chemistry in Non-Aqueous Solutions*“, Springer-Verlag, Wien 1968.

Stoffe, welche die Konzentration des kationischen Bestandteils des betreffenden Lösungsmittels erhöhen, als Säuren und Stoffe, welche diese erniedrigen (d. h. die Konzentration des anionischen Bestandteils erhöhen) als Basen[65]. Kommt dem betreffenden Solvens das Ionenprodukt („*Autoprotolyse-Konstante*") $K_{HS} = c_{H_2S^+} \cdot c_{S^-}$ zu[66], so ergibt sich der Neutralpunkt jeweils zu $c_{H_2S^+} = \sqrt{K_{HS}}$ bzw. $pH = \frac{1}{2} pK_{HS}$.

Wie bereits angedeutet (s. oben), bestimmt ein Solvens wesentlich die Säure-Base-Wirkung eines Stoffs. So verhalten sich etwa chemische Stoffe in flüssigem Ammoniak bevorzugt als Säuren, in Schwefelsäure bevorzugt als Basen. Z.B. wirkt Essigsäure in NH_3 als starke Säure, in H_2SO_4 als starke Base (in H_2O ist CH_3COOH eine schwache Säure). Nur besonders basische Stoffe wie das Hydrid-Ion H^- sind in NH_3 noch Basen bzw. besonders saure Stoffe wie die Dischwefelsäure $H_2S_2O_7$ in H_2SO_4 Säuren.

3.1.2 Lewis-Säuren und -Basen

Im Jahre 1923 hat G.N. Lewis (1875–1946) den Säure-Base-Begriff nochmals erweitert und vom Proton völlig unabhängig gemacht. Gemäß (5) erfolgt die Vereinigung eines Protons mit einer Brönsted-Base derart, daß sich das die sauren Eigenschaften bedingende Proton, dem ein Elektronenpaar zu Erreichung einer Heliumschale fehlt, als Elektronenakzeptor an ein freies Elektronenpaar der Donator-Base (z.B. NH_3) unter Ausbildung einer Elektronenpaarbindung anlagert. Nun gibt es aber noch viele andere Elektronenakzeptoren, die sich analog dem Proton an freie Elektronenpaare von Elektronendonatoren anzulagern suchen. Solche Akzeptoren (wie BF_3, AlH_3, SO_3, H^+, Fe^{2+}) bezeichnet Lewis ganz allgemein als Säuren, die Donator-Partner (wie F^-, H_2O, OH^-, NH_3, CN^-) als Basen. Um sie von den vorher definierten Brönsted-Säuren und -Basen zu unterscheiden, nennt man sie heute „*Lewis-Säuren*" und „*Lewis-Basen*"[67].

Das Vereinigungsprodukt einer Lewis-Säure (Elektronenpaar-Akzeptor) und einer Lewis-Base (Elektronenpaar-Donator, Ligand) wird als „*Säure-Base-Komplex*" („*Säure-Base-Addukt*", „*Koordinationsverbindung*", „*Elektronenpaar-Akzeptor-Donator-Komplex*") bezeichnet:

$$\textbf{Lewis-Säure} + \textbf{Lewis-Base} \underset{\text{Dissoziation}}{\overset{\text{Assoziation}}{\rightleftarrows}} \textbf{Säure-Base-Komplex}\,. \tag{6}$$

Hiernach stellen etwa H_3BNH_3, $[Ag(OH_2)_2]^+$, $[Fe(CN)_6]^{4-}$ bzw. NaCl Komplexe aus den Lewis-Säuren H_3B, Ag^+, Fe^{2+} bzw. Na^+ und den Lewis-Basen NH_3, H_2O, CN^- bzw. Cl^- dar. In entsprechender Weise lassen sich z.B. Brönsted-Säuren HA als Komplexe aus der Lewis-Säure H^+ und der Lewis-Base A^- beschreiben. Auch die Bildung einer Brönsted-Säure aus ihrem Anhydrid (= Lewis-Säure) und Wasser (= Lewis-Base) ist im Sinne von (6) als Komplexbildung zu klassifizieren (z.B. $SO_3 + H_2O \rightarrow H_2SO_4$).

Da auch die Reduktionsmittel wie die Lewis-Basen Elektronendonatoren und die Oxidationsmittel wie die Lewis-Säuren Elektronenakzeptoren sind, gehen die beiden Begriffe im Grenzfall ineinander über. Man kann aber unterscheidend sagen, daß bei Redox-Reaktionen ein völliger Übergang eines oder mehrerer Elektronen vom einen zum anderen

---

65 Die Definition läßt sich sinngemäß auf „*protonenfreie*" Lösungsmittel BS übertragen, sofern diese Eigendissoziation zeigen: $2BS \rightleftarrows B_2S^+ + S^-$ bzw. $2BS \rightleftarrows B^+ + BS_2^-$. Sogenannte „*Solvo-Säuren*" sind in diesem Falle Stoffe, welche durch Abgabe von B^+-Kationen bzw. Aufnahme von S^--Anionen die Konzentration der charakteristischen Lösungsmittel-Kationen (B_2S^+ bzw. B^+) erhöhen. Als „*Solvo-Basen*" bezeichnet man umgekehrt Stoffe, die durch Abgabe von S^--Anionen bzw. Aufnahme von B^+-Kationen die Konzentration der charakteristischen Lösungsmittel-Anionen (S^- bzw. BS_2^-) steigern. Z.B. dissoziiert flüssiges BrF_3 in geringem Maße nach $2BrF_3 \rightleftarrows BrF_2^+ + BrF_4^-$. Im BrF_3-System sind mithin Fluorid-Akzeptoren wie SbF_5 Solvo-Säuren, Fluorid-Donatoren wie NaF Solvo-Basen.

66 Z.B. beträgt K_{HS} für H_2SO_4: $10^{-2.9}$ (25 °C); HF: $10^{-10.7}$ (0 °C); H_2O: $10^{-14.0}$ (25 °C); CH_3COOH: $10^{-15.2}$ (25 °C); CH_3OH: $10^{-16.7}$ (25 °C); NH_3: 10^{-32} (−34 °C) bzw. $10^{-27.7}$ (25 °C); H_2S: $10^{-32.6}$ (25 °C).

67 Viele Lewis-Säuren zeichnen sich gleich den Brönsted-Säuren durch folgende Eigenschaften aus: a) katalytische Wirkung, b) Fähigkeit zur Neutralisation von Basen, c) Einwirkung auf Indikatoren, d) Verdrängung schwächerer durch stärkere Säuren.

Reaktionspartner erfolgt (z. B.: Zn: + Cu^{2+} → Zn^{2+} + : Cu), während bei Lewis-Säure-Base-Reaktionen (6) nur der teilweise Übergang eines Elektronenpaares unter Ausbildung einer kovalenten Bindung stattfindet (z. B. R_3N: + BF_3 → $R_3N{:}BF_3$).

Wenn man einen Vorgang wie die Vereinigung von PCl_3 mit O zu PCl_3O zugleich auch als Oxidationsvorgang (Oxidation des Phosphors von der Oxidationsstufe +3 zur Oxidationsstufe +5) betrachtet, obwohl es sich dabei nicht um einen völligen Elektronenübergang, sondern um die Ausbildung einer Elektronenpaarbindung handelt (Cl_3P: + Ö: → Cl_3P:Ö:), so widerspricht dies nicht der obigen unterscheidenden Definition. Denn zur Ermittlung der Oxidationsstufen und damit zur Deklarierung der Reaktion als Oxidationsreaktion muß man ja im Sinne dieser Definition (s. dort) einen (fiktiven) völligen Übergang der Elektronen vom Phosphor zu den Liganden zugrunde legen.

3.2 Stärke von Brönsted-Säuren und -Basen[68)]

3.2.1 Die protochemische Spannungsreihe

Wie die Redoxsysteme Red. ⇄ Ox. + Elektron (S. 213) lassen sich auch die Brönstedschen Säure-Base-Systeme Säure ⇄ Base + Proton in eine Potentialreihe einordnen, wobei sich als ordnendes Prinzip in diesem Fall der Säureexponent pK_S („*protochemisches Normalpotential*") anbietet; denn dieser gibt den pH-Wert bei den Einheiten der Konzentration (genauer: Aktivität) von Säure und Base wieder [$pK_S = pH + \log(c_{Säure}/c_{Base}) = pH + \log 1 = pH$; vgl. S. 193]. Er ist daher ein logarithmisches Maß für die H^+-Konzentration (genauer: Aktivität) von Säure/Base-Systemen unter Standardbedingungen, so wie das Normalpotential ε_0 (s. dort) ein analoges logarithmisches Maß für die Elektronenkonzentration von Redoxsystemen bei den Einheiten der Konzentration des Reduktions- und Oxidationsmittels darstellt[69,70)].

Die in Tab. 34 wiedergegebene **„protochemische Spannungsreihe"** enthält eine Zusammenstellung der „*protochemischen Normalpotentiale*" einiger Säuren in wässeriger Lösung bei 25 °C, geordnet nach der Höhe des Säureexponenten pK_S[69)] (bezüglich weiterer Säureexponenten vgl. Anm. [68)]). Je höher (tiefer) ein System in der protochemischen Spannungsreihe steht, d. h. je negativer (positiver) sein protochemisches Potential ist, um so stärker ist seine protonenabgebende (protonenaufnehmende) Wirkung. Die *überaus starken* (pK_S < ca. −3.5) sowie die *sehr starken, starken* und *mittelstarken* Säuren (pK_S ca. 0 ± 3.5) stehen demgemäß im oberen, die *schwachen* Säuren (pK_S ca. 7 ± 3.5) im mittleren und die *sehr schwachen* Säuren (pK_S ca. 14 ± 3.5) sowie die *überaus schwachen* Säuren (pK_S > ca. 17.5) im unteren Teil der protochemischen Spannungsreihe.

Innerhalb der Reihe kann ähnlich wie im Falle der elektrochemischen Spannungsreihe (s. dort) bei den Einheiten der Konzentration von Säuren und korrespondierenden Basen eine Protonenabgabe nur von einem höherstehenden an ein tieferstehendes System erfolgen. So führt etwa die Vereinigung von NH_4^+ (Säure) mit OH^- (Base) gemäß der protochemischen Spannungsreihe unter Protonenübergang von NH_4^+ zu OH^- zur Bildung von

---

68 **Literatur.** E. Wiberg: „*Die chemische Affinität*", de Gruyter, Berlin 1972; D. D. Perrin: „*Dissociation Constants of Organic Bases in Aqueous Solution*", Butterworth, London 1969; R. P. Bell: „*Acids and Bases: Their Quantitative Behaviour*", Chapman and Hall, London 1969; R. J. Gillespie: „*Proton Acids, Lewis Acids, Hard Acids, Soft Acids and Superacids*" in E. F. Caldin, V. Gold: „*Proton Transfer Reactions*", Chapman and Hall, London 1975; F. Strohbusch: „*Neuere Erkenntnisse der Säure-Basen-Theorie*", Chemie in unserer Zeit **16** (1982) 103–110.

69 Der Säureexponent pK_S von Säure-Base Systemen entspricht dem Oxidationsexponent $pK_{Ox.}$ von Redoxsystemen (vgl. Anm.[52)], S. 230).

70 Da freie Protonen (wie auch freie Elektronen) in kondensierter Phase nicht existieren, bleiben die wahren protochemischen Einzelpotentiale $-\log K_S' = \mathbf{p}K_S'$ der Systeme Säure ⇄ Base + H^+ ($K_S' = c_{Base} \cdot c_{H^+}/c_{Säure}$) unbekannt. Man kann aber wie im Falle der Redoxreaktionen einen willkürlichen Nullpunkt wählen, der sich zweckmäßigerweise auf das System $H_3O^+ \rightleftarrows H_2O + H^+$ bezieht ($K_{H_3O^+}' = c_{H^+}/c_{H_3O^+} = 1$; $pK_{H_3O^+}' = 0$). Für die Säurekonstanten K_{HA}' bzw. K_{HA}, welche sich auf die Säure-Base-Vorgänge $HA \rightleftarrows A^- + H^+$ bzw. $HA + H_2O \rightleftarrows H_3O^+ + A^-$ beziehen, ergibt sich dann folgender Zusammenhang: $K_{HA} = c_{H_3O^+} \cdot c_{A^-}/c_{HA}$ und nach Erweiterung mit c_{H^+}: $K_{HA} = (c_{A^-} \cdot c_{H^+}/c_{HA}) \times (c_{H_3O^+}/c_{H^+}) = K_{HA}'/K_{H_3O^+}'$. Mit $K_{H_3O^+}' = 1$ ergibt sich also: $K_{HA} = K_{HA}'$ bzw. $pK_{HA} = pK_{HA}'$. Somit stellen die für Wasser gültigen Säureexponenten pK_S in der Tat ein (logarithmisches) Maß für die Säuredissoziation dar.

NH_3 und H_2O (Ammoniakgewinnung im Laboratorium durch Freisetzen der schwächeren Base durch die stärkere), die Umsetzung von H_3O^+ mit S^{2-} unter Protonenübergang von H_3O^+ zu S^{2-} über SH^- zur Entwicklung von H_2S (Schwefelwasserstoffgewinnung im Laboratorium durch Freisetzen der schwächeren Säure durch die stärkere). Die jeweilige Potentialdifferenz ΔpK_S der Säurepotentiale pK_S zweier korrespondierender Säure-Base-Paare („*protomotorische Kraft*") ist dabei ein Maß für die „*freie Energie*" $\Delta G = 0.05916 \times \Delta pK_S$ (in Faradayvolt) bzw. $\Delta G = 5.2294 \times \Delta pK_S$ (in Kilojoule)[71)] des aus beiden Teilsystemen zusammengesetzten Gesamtvorgangs.

Tab. 34 Protochemische „Spannungsreihe" einiger Säure-Base-Systeme (Wasser 25 °C)

Säure	⇄ **Base**	**+ H⁺**	**pK_S**[69)]
$HClO_4$	⇄ ClO_4^-	$+ H^+$	~ − 10
HCl	⇄ Cl^-	$+ H^+$	− 7.0
H_2SO_4	⇄ HSO_4^-	$+ H^+$	− 3.0
$H_4PO_4^+$	⇄ H_3PO_4	$+ H^+$	~ − 3
$HClO_3$	⇄ ClO_3^-	$+ H^+$	− 2.7
HNO_3	⇄ NO_3^-	$+ H^+$	− 1.37
H_3O^+	⇄ H_2O	$+ H^+$	∓ 0[a)]
$SO_2 + H_2O$	⇄ HSO_3^-	$+ H^+$	+ 1.90
HSO_4^-	⇄ SO_4^{2-}	$+ H^+$	+ 1.96
H_3PO_4	⇄ $H_2PO_4^-$	$+ H^+$	+ 2.161
$[Fe(OH_2)_6]^{3+}$	⇄ $[Fe(OH_2)_5(OH)]^{2+}$	$+ H^+$	+ 2.46
HF	⇄ F^-	$+ H^+$	+ 3.17
HAc	⇄ Ac^-	$+ H^+$	+ 4.75
$[Al(OH_2)_6]^{3+}$	⇄ $[Al(OH_2)_5(OH)]^{2+}$	$+ H^+$	+ 4.97
$CO_2 + H_2O$	⇄ HCO_3^-	$+ H^+$	+ 6.35
$[Fe(OH_2)_6]^{2+}$	⇄ $[Fe(OH_2)_5(OH)]^+$	$+ H^+$	+ 6.74
H_2S	⇄ HS^-	$+ H^+$	+ 6.99
HSO_3^-	⇄ SO_3^{2-}	$+ H^+$	+ 7.20
$H_2PO_4^-$	⇄ HPO_4^{2-}	$+ H^+$	+ 7.207
$HClO$	⇄ ClO^-	$+ H^+$	+ 7.537
HCN	⇄ CN^-	$+ H^+$	+ 9.21
NH_4^+	⇄ NH_3	$+ H^+$	+ 9.25
$[Zn(OH_2)_6]^{2+}$	⇄ $[Zn(OH_2)_5(OH)]^+$	$+ H^+$	+ 8.96
HCO_3^-	⇄ CO_3^{2-}	$+ H^+$	+ 10.33
H_2O_2	⇄ HO_2^-	$+ H^+$	+ 11.65
HPO_4^{2-}	⇄ PO_4^{3-}	$+ H^+$	+ 12.325
HS^-	⇄ S^{2-}	$+ H^+$	+ 12.89
H_2O	⇄ OH^-	$+ H^+$	+ 14.00[a)]
NH_3	⇄ NH_2^-	$+ H^+$	+ 23
OH^-	⇄ O^{2-}	$+ H^+$	+ 29
H_2	⇄ H^-	$+ H^+$	+ 39[36a)]

a) Die Konzentration des Wassers (55.3 mol/l) ist als Konstante im pK_S-Wert mit enthalten.

Da die pK_S-Werte sowohl für die Brönsted-Säuren wie für die korrespondierenden Brönsted-Basen gelten, benötigt man nicht wie früher gesonderte Basekonstanten K_B (sowie Hydrolysekonstanten $K_{Hydr.}$, die im Brönstedschen Sinne Säure- bzw. Basekonstanten von Ionensäuren bzw. -basen darstellen), sondern kommt mit der Säurekonstante K_S aus. Die auf Vorgänge des Typus

$$HA + H_2O \rightleftarrows H_3O^+ + A^- \qquad A^- + H_2O \rightleftarrows HA + OH^-$$

Säurereaktion mit Wasser *Basereaktion mit Wasser*

---

[71] Der Proportionalitätsfaktor resultiert aus einer Größe $RT \cdot \ln$ ($R = 8.617 \times 10^{-5}$ F · V/K bzw. 8.314×10^{-3} kJ mol^{-1} K^{-1}; $T = 273.15$ K: Faktor zur Umwandlung des natürlichen in den dekadischen Logarithmus = 2.3026); denn $\Delta G = -RT\Delta\ln K_S$ (vgl. Anm.[12)], S. 188).

(HA z. B. NH_4^+ oder HF, A^- demgemäß NH_3 oder F^-) bezogenen Säure- und Basekonstanten $K_S = c_{H_3O^+} \cdot c_{A^-}/c_{HA}$ und $K_B = c_{HA} \cdot c_{OH^-}/c_{A^-}$ hängen, wie eine Multiplikation beider Konstanten ergibt, über das Ionenprodukt des Wassers $K_W = c_{H_3O^+} \cdot c_{OH^-}$ miteinander zusammen: $K_S \cdot K_B = c_{H_3O^+} \cdot c_{A^-} \cdot c_{HA} \cdot c_{OH^-}/c_{HA} \cdot c_{A^-} = c_{H_3O^+} \cdot c_{OH^-}$:

$$pK_S + pK_B = pK_W = 14.00\,. \qquad (7)$$

Die Säure- und Baseexponenten eines korrespondierenden Säure-Base-Paares, welche die Säurestärken („*Acidität*") bzw. Basestärken („*Basizität*") von Säuren bzw. Basen zum Ausdruck bringen ergänzen sich also zu 14. So beträgt z. B. für das Ammoniak $NH_3 + H_2O \rightleftarrows NH_4^+ + OH^-$ der pK_B-Wert 4.75 (entsprechend einem pOH-Wert 4.75 für die Einheiten der Konzentration von NH_3 und NH_4^+), während der pK_S-Wert der zu NH_3 korrespondierenden Säure $NH_4^+ + H_2O \rightleftarrows NH_3 + H_3O^+$ gleich 9.25 ist ($pK_S = 14.00 - pK_B = 14.00 - 4.75 = 9.25$).

Aus der Beziehung (7) folgt unmittelbar, daß einer mittel- bis sehr starken Säure (pK_S ca. 0 ± 3.5) eine sehr schwache korrespondierende Base (pK_S ca. 14 ± 3.5) zugeordnet ist (z. B. HCl/Cl^-) und umgekehrt (z. B. S^{2-}/HS^-), während schwache Säuren auch schwache korrespondierende Basen bedingen (pK_S jeweils ca. 7 ± 3.5; z. B. HAc/Ac^- oder $HClO/ClO^-$)[72].

Die pK_S-Werte (protochemische Normalpotentiale) wässeriger Säure-Base-Systeme variieren, wie aus Tab. 34 hervorgeht, von -10 bis ca. 40[73]. Die Aciditäten der Wasserstoffverbindungen von Nichtmetallen EH_n nehmen dabei beim Austausch des Elements E durch ein im Periodensystem weiter unten bzw. rechts stehendes Element zu (z. B. pK_S HF > HCl > HBr > HI; $pK_S NH_3 > H_2O$ > HF; vgl. auch Kapitel über Wasserstoffverbindungen). Bei Sauerstoffsäuren der Elemente $H_nEO_{m+n} = EO_m(OH)_n$ wächst die Acidität mit abnehmender Zahl von sauerstoffgebundenen H-Atomen und zunehmender Zahl von wasserstofffreien O-Atomen (z. B. pK_S $HClO > HClO_2 > HClO_3 > HClO_4$; pK_S $H_4SiO_4 > H_3PO_4 > H_2SO_4 > HClO_4$; vgl. abweichendes Verhalten von Säuren wie $H_2PO(OH)$, $HPO(OH)_2$, $HCO(OH)$). Nach R. P. Bell gilt für die Acidität von $EO_m(OH)_n$ die Überschlagsregel:

$$pK_S = 8 - 5m\,,$$

wonach unabhängig von der Zahl n der OH-Gruppen für $m = 0$ die pK_S-Werte bei 8 (± 1) (schwache Säuren), für $m = 1$ bei 3 (± 1) (mittelstarke Säuren), für $m = 2$ bei -2 (± 1) (starke Säuren) und für $m = 3$ bei -7 (± 1) (überaus starke Säuren) liegen (vgl. Tab. 35). Darüber hinaus sind die pK_S-Werte für die 2. bzw. 3. Säuredissoziationskonstante (pK_2 und pK_3) ca. 5 bzw. ca. 10 Einheiten positiver als der entsprechende Wert (pK_1) für die 1. Säuredissoziationskonstante (erster, zweiter, dritter Wert in Tab. 35 jeweils pK_1, pK_2, pK_3).

Tab. 35 pK_S-Werte für Elementsauerstoffsäuren $EO_m(OH)_n$

m = 0		**m = 1**				**m = 2**	
ClOH	7.5	ClO(OH)	1.9	$TeO(OH)_2$	2.5/7.7	$ClO_2(OH)$	−2.7
$Te(OH)_6$	7.7	$IO(OH)_5$	1.6/8.3	NO(OH)	3.3	$SO_2(OH)_2$	−3.0/2.0
$As(OH)_3$	9.2	$SO(OH)_2$	1.8/7.2	$PO(OH)_3$	2.2/7.2/12.3	$SeO_2(OH)_2$	−3.0/1.7
$Si(OH)_4$	9.5	$SeO(OH)_2$	2.6/8.3	$AsO(OH)_3$	2.2/6.9/11.5	$NO_2(OH)$	−1.4

Die saure oder basische Wirkung einer Substanz ist keine gegebene Stoffeigenschaft, sondern – abgesehen von ihrer Konzentration (s. unten) – eine Funktion des Reaktionspartners. Säuren und Basen im absoluten Sinne gibt es also ebensowenig wie absolute Reduktions- und Oxidationsmittel (s. dort). So ist etwa NH_3 gegenüber HClO eine schwa-

---

[72] Während die Säurestärke – wie bei Elektrolyten üblich – die Tendenz eines Elektrolyten (hier: Säure) zur Dissoziation unter Bildung von Ionen (hier: Protonen + korrespondierende Base) zum Ausdruck bringt, geht aus der Stärke einer Base ihre Kraft zur Deprotonierung einer Säure hervor. Die Basestärke drückt damit die Tendenz zur Assoziation von Ionen (hier: Protonen + Base) aus.

[73] Ein für das System $HA + H_2O \rightarrow H_3O^+ + A^-$ zutreffender pK_S-Wert von -10 (von $+40$) bedeutet, daß bei einer Protonenaktivität von $a_{H^+} = 10^{10}$ ($a_{H^+} = 10^{-40}$) die Säure HA zur Hälfte undissoziiert, zur Hälfte dissoziiert vorliegen würde.

che, gegenüber HCl dagegen eine starke Base (kleine pK_S-Differenz von 1.7 im ersten, große von 16.3 im zweiten Fall). Häufig vermögen chemische Stoffe (sogenannte „*Ampholyte*") sowohl als Säure als auch als Base zu wirken und zeigen mithin „*Säure-Base-Amphoterie*". Beispielsweise ist $H_2PO_4^-$ als amphoteres Ion gegenüber NH_3 eine Säure, gegenüber HNO_3 eine Base. Auch das zu H_3O^+ protonierbare bzw. zu OH^- deprotonierbare Wasser ist ein Ampholyt.

In Wasser ist die stärkste Säure das Oxonium-Ion H_3O^+, die stärkste Base das Hydroxid-Ion OH^-, da sich alle – gemäß ihrem pK_S-Wert – stärkeren Säuren und Basen praktisch quantitativ zu H_3O^+ bzw. OH^- umsetzen, z.B.

$$HClO_4 + H_2O \rightleftarrows H_3O^+ + ClO_4^-$$
$$NH_2^- + H_2O \rightleftarrows NH_3 + OH^- .$$

Dementsprechend sind alle sehr starken Säuren und Basen in Wasser gleich stark; das Wasser übt durch die Bildung von H_3O^+- bzw. OH^--Ionen einen „*nivellierenden*" Effekt auf die Acidität sehr starker Säuren und Basen aus.

Die Unterschiede der Säurekonstanten sehr starker Säuren (entsprechendes gilt für sehr starke Basen) machen sich in geeigneten nichtwässerigen Lösungsmitteln bemerkbar. So sind etwa entsprechend der kleineren Neigung der Essigsäure ($CH_3COOH = HAc$) zur Aufnahme von Protonen (Bildung von H_2Ac^+) alle in Wasser sehr starken Säuren in HAc nur schwache, in ihrer Acidität deutlich voneinander verschiedene Säuren. Es ist allerdings zu berücksichtigen, daß die relativen Aciditäten von Säuren etwas vom gewählten Reaktionsmedium abhängen.

3.2.2 Die Konzentrationsabhängigkeit der Brönstedschen Acidität und Basizität

Allgemeines

Durch Veränderung der Konzentrationen der Säure-Base-Partner läßt sich – analog wie bei den Redoxsystemen (s. dort) – die Acidität bzw. Basizität eines Stoffs und damit seine Stellung in der Säure-Base-Reihe willkürlich ändern. Es gilt dafür eine, bereits an anderer Stelle erwähnte Beziehung (s. S. 193), welche der Nernstschen Gleichung (s. dort) sehr ähnlich ist:

$$\boxed{pH = pK_S + \log \frac{c_{Base}}{c_{Säure}}} \qquad (8)$$

Hierin bedeutet pK_S den Säureexponenten („*protochemisches Normalpotential*"), c_{Base} bzw. $c_{Säure}$ die Konzentration (genauer: Aktivität) der Base bzw. ihrer korrespondierenden Säure und pH den bei dieser Konzentration resultierenden Wasserstoffionenexponenten („*protochemisches Potential*"). Bei den Einheiten der Konzentration der Säure-Base-Partner folgt aus der Gleichung (8): $pH = pK_S + \log 1 = pK_S + 0 = pK_S$, was der Definition des pK_S-Wertes entspricht.

Bei Kenntnis der pK_S-Werte und der Konzentration der Säure-Base-Partner läßt sich mittels (8) das unter den betreffenden Bedingungen gültige protochemische Potential berechnen. Beispielsweise ergibt sich für das Ammoniumsystem ($NH_4^+ \rightleftarrows NH_3 + H^+$) die Beziehung (25°C; Wasser):

$$pH = 9.25 + \log \frac{c_{NH_3}}{c_{NH_4^+}}$$

Man kann demnach durch Vergrößerung (Verkleinerung) der Ammoniakkonzentration bzw. durch Verkleinerung (Vergrößerung) der Ammoniumkonzentration die Acidität des Ammoniums in Wasser nach Belieben erniedrigen (erhöhen).

So beträgt etwa das protochemische Potential (pH) von NH_4^+ in Wasser ($c_{NH_4^+} = 1$ mol/l) bei Verminderung der NH_3-Konzentration von 1 auf 0.1 mol/l nicht mehr + 9.25, sondern 9.25 – 1.00 = 8.25, entsprechend einer Erhöhung seiner Acidität.

Bei Kenntnis der pK_S-Werte von Säure-Base-Systemen kann man die Beziehung (8) zwischen pH und der Konzentration der Säure-Base-Partner umgekehrt auch dazu verwenden, um durch Messung der Konzentrationen c_{Base} und $c_{Säure}$ eines in kleiner Menge einer Lösung zugesetzten Säure-Base-Systems den pH-Wert der betreffenden Lösung zu ermitteln (vgl. Indikatoren und weiter unten).

Das protochemische Potential einer Säure in Abwesenheit der korrespondierenden Base ($c_{Base} = 0$) liegt nach (8) unendlich hoch ($\log 0 = -\infty$), das einer entsprechenden reinen Base unendlich niedrig ($\log \infty = +\infty$). Bringt man daher eine reine Säure mit einer reinen Base zusammen, so ist im ersten Moment das Potentialgefälle und damit die protomotorische Kraft unendlich groß. Sobald sich aber Spuren von korrespondierenden Säuren und Basen gebildet haben, nimmt das Reaktionspotential sofort endliche Werte an. Die Reaktion geht dann solange weiter, bis das Potential des Säure-Base-Systems I (pH_I) infolge der Abnahme der Konzentration der Säure I und der Zunahme der Konzentration der korrespondierenden Base I soweit gesenkt und das Potential des Systems II (pH_{II}) infolge Abnahme der Konzentration der Base II und Zunahme der Konzentration der Säure II soweit gestiegen ist, daß beide einander gleich ($pH_I = pH_{II}$) und die treibende Kraft ($\Delta pH = pH_I - pH_{II}$) dementsprechend gleich 0 geworden ist (vgl. hierzu die entsprechenden Verhältnisse bei Redoxreaktionen S. 226).

Ersetzt man in der für den Gleichgewichtszustand des Säure-Base-Vorgangs

$$\text{Säure}_I + \text{Base}_{II} \rightleftarrows \text{Base}_I + \text{Säure}_{II} \qquad (9)$$

gültigen Beziehung $pH_I = pH_{II}$ (s. oben) die protochemischen Potentiale pH_I und pH_{II} der Teilvorgänge $\text{Säure}_I \rightleftarrows \text{Base}_I + \text{Proton}$ und $\text{Säure}_{II} \rightleftarrows \text{Base}_{II} + \text{Proton}$ durch die rechte Seite der Gleichung (8), so erhält man – nach einfacher Umformulierung – die Beziehung:

$$\Delta pK_S = -\log\left[\frac{c_{Base\,I} \cdot c_{Säure\,II}}{c_{Säure\,I} \cdot c_{Base\,II}}\right]_{Gleichgew.} = -\log K = pK\,. \qquad (10)$$

Sie gestattet die Berechnung der Gleichgewichtskonstante K einer Säure-Base-Gesamtreaktion ($K = c_{BaseI} \cdot c_{SäureII}/c_{SäureI} \cdot c_{BaseII}$) bzw. ihres pK_S-Werts aus der Differenz $\Delta pK_S = pK_{S.I} - pK_{S.II}$ von protochemischen Normalpotentialen (pK_S-Werten) der ihr zugrundeliegenden Säure-Base-Teilreaktionen.

Wie sich aus (10) herleiten läßt, treten eine Säure I und eine Base II in wässeriger Lösung unter Standardbedingungen ganz allgemein zu rund 0.1 %, 1 %, 10 %, 50 %, 90 %, 99 % bzw. 99.9 % gemäß (9) in Reaktion, wenn ihre pK_S-Werte um + 6, + 4, + 2, 0, – 2, – 4 bzw. – 6 Einheiten voneinander verschieden sind[74]:

ΔpK_S	+ 6	+ 4	+ 2	0	– 2	– 4	– 6	...
% Umsatz ca.	0.1	1	10	50	90	99	99.9	

(Zur Berechnung von $\Delta pK_S = pK_{S.I} - pK_{S.II}$ geht man vom pK_S-Wert des protonenabgebenden Systems ($pK_{S.I}$) aus und zieht hiervon den pK_S-Wert des protonenaufnehmenden Sy-

[74] Für $\Delta pK_S = -2$ folgt z. B. aus (10): $K = 100 = c_{BaseI} \cdot c_{SäureII}/c_{SäureI} \cdot c_{BaseII}$. Da äquimolare Mengen Säure_I und Base_{II} eingesetzt und gemäß (9) zu äquimolaren Mengen Base_I und Säure_{II} umgesetzt werden, verhalten sich somit die Konzentrationen von Produkten zu Edukten wie 10 : 1. Pro Mol Säure_I und Base_{II} entstehen also in rund 90%iger Ausbeute 0.91 mol Base_I und Säure_{II} (es verbleiben 0.09 mol Säure_I und Base_{II}). Für $pK_S = -4, -6$ usw. bzw. $+2, +4, +6$ usw. berechnet sich der Umsatz in analoger Weise. Für $\Delta pK_S = 0$, d. h. $K = 1$, beträgt er, wie gefordert 50 %.

stems ($pK_{S,II}$) ab.) Mithin verhält sich – wenn man von reinen Säuren und Basen der Konzentration 1 mol/l ausgeht – eine Säure gegenüber allen in der protochemischen Spannungsreihe um 2 Einheiten und mehr unter ihr stehenden Basen als starke bis sehr starke, gegenüber allen in der Spannungsreihe um 2 Einheiten und mehr über ihr stehenden Basen als schwache bis sehr schwache Säure und umgekehrt. Essigsäure ($pK_S = 4.75$) ist z. B. gegenüber Wasser ($pK_S = 0.00$) eine schwache Säure ($\Delta pK_S = +4.75$), da sich H_3O^+ und CH_3COO^- gemäß der relativ großen Potentialdifferenz von $\Delta pK_S = -4.75$ zu über 99% zu H_2O und CH_3COOH umsetzen müssen, was umgekehrt einer geringeren als 1%igen Dissoziation der Essigsäure entspricht (vgl. hierzu Dissoziationsgrad von Säuren sowie Ostwaldsches Verdünnungsgesetz). Dagegen ist Essigsäure gegenüber wässerigem Ammoniak ($pK_S = 9.25$) eine sehr starke Säure, da die Potentialdifferenz ΔpK_S von -4.50 zwischen CH_3COOH und NH_3 zu einer über 99%igen Reaktion beider Stoffe zu CH_3COO^- und NH_4^+ führt.

Der erwähnte Zusammenhang von ΔpK_S und prozentualem Säure-Base-Umsatz ermöglicht auch in einfacher Weise eine Vorhersage über das Ausmaß der – früher als Hydrolyse (S. 201) bezeichneten – Reaktionen von Salzen B^+A^- mit Wasser. – So reagieren etwa alle Anionbasen A^- bei Standardbedingungen praktisch vollständig gemäß $A^- + H_2O \rightleftarrows OH^- + HA$, wenn die pK_S-Werte der zu A^- korrespondierenden Säuren HA um einige Einheiten positiver sind als 14.00 (= pK_S des Systems $H_2O \rightleftarrows OH^- + H^+$). Dementsprechend sind Salze wie $Na^+NH_2^-$ oder Na^+H^- ($pK_S(NH_3) = 23$; $pK_S(H_2) = 39$) wasserunbeständig und zersetzen sich zu NH_3 bzw. H_2 sowie Natronlauge. Ist demgegenüber der pK_S-Wert der korrespondierenden Säure des Anions A^- um einige Einheiten weniger positiv als 14.00, so erfolgt praktisch keine Reaktion in der angegebenen Weise. Zum Beispiel sind Salze wie Na^+CN^- oder Na^+Ac^- ($pK_S(HCN) = 9.21$; $pK_S(HAc) = 4.75$; weitere Beispiele vgl. Tab. 34) wasserbeständig und „hydrolysieren" nur zu rund 1% bzw. 0.001%. In analoger Weise setzen sich die Kationsäuren B^+ (exakter: BH^+), deren pK_S-Werte um einige Einheiten negativer (weniger negativ) sind als 0.00 (= pK_S des Systems $H_3O^+ \rightleftarrows H_2O + H^+$), bei Standardbedingungen praktisch vollständig (praktisch nicht) mit Wasser unter Protonenübertragung um. Dementsprechend ist das Salz $H_2F^+ClO_4^-$ ($pK_S(H_2F^+) = -6$) wasserunbeständig ($H_2F^+ + H_2O \rightleftarrows HF + H_3O^+$), das Salz $NH_4^+ClO_4^-$ bzw. das Salz Na^+Cl^- ($pK_S(NH_4^+) = 9.25$; $pK_S(Na(OH_2)_6^+)$ = sehr groß) wasserbeständig (nur ca. 0.001%ige Reaktion gemäß $NH_4^+ + H_2O \rightleftarrows NH_3 + H_3O^+$ bzw. keine Reaktion gemäß $Na(OH_2)_6^+ + H_2O \rightleftarrows Na(OH_2)_5OH + H_3O^+$; weitere Beispiele vgl. Tab. 34).

Liegen die pK_S-Werte beider Ionen eines Salzes B^+A^- innerhalb des Bereichs 0 bis 14, so daß also sowohl die Kationsäure B^+ als auch die Anionsäure A^- (praktisch) wasserbeständig ist, so beobachtet man eine mehr oder minder starke Zersetzung des Salzes durch Reaktion der Salzionen untereinander, wenn der pK_S-Wert von B^+ weniger positiv bzw. nur etwas positiver ist als der pK_S-Wert der zu A^- korrespondierenden Säure. Dementsprechend sind unter den Ammoniumverbindungen $NH_4^+A^-$ ($pK_S(NH_4^+) = 9.25$) in Wasser das Sulfid $(NH_4)_2S$ ($pK_S(SH^-) = 12.89$) zu ca. 99%, das Carbonat $(NH_4)_2CO_3$ ($pK_S(HCO_3^-) = 10.33$) zu rund 75%, das Cyanid NH_4CN ($pK_S(HCN) = 9.21$) zu rund 50%, das Hydrogensulfid NH_4SH ($pK_S(H_2S) = 6.99$) zu 6% und das Acetat NH_4Ac ($pK_S(HAc) = 4.75$) zu < 1% gemäß $NH_4^+A^- \rightleftarrows NH_3 + HA$ zerfallen.

Ist das Kation bzw. Anion eines Salzes amphoter, so kann das betreffende Ion auch mit sich selbst unter Säure-Base-Disproportionierung reagieren, z.B.: $2Al(OH_2)_5(OH)^{2+} \rightleftarrows Al(OH_2)_6^{3+} + Al(OH_2)_4(OH)_2^+$ bzw. $2H_2PO_4^- \rightleftarrows H_3PO_4 + HPO_4^{2-}$. Da jedoch der pK_S-Wert der $(n+1)$-ten Dissoziationskonstante einer Säure (pK_{n+1}) immer um mehrere Einheiten größer ist als der pK_S-Wert der n-ten Dissoziationskonstante (pK_n), die Differenz $\Delta pK_S = pK_{n+1} - pK_n$ beider pK_S-Werte also mehrere (positive) Einheiten beträgt (im Falle von H_nEO_m ca. 5 Einheiten; S. 239), liegt das Säure-Base-Disproportionierungsgleichgewicht weitgehend auf der linken Seite, d.h. die Reaktion mehrwertiger Säuren erfolgt immer im Sinne einer Komproportionierung der höheren und niederen zu der mittleren Aciditätsstufe. Dementsprechend sind Hydrogencarbonate HCO_3^- ($\Delta pK_S = 3.98$), Hydrogensulfate HSO_4^- ($\Delta pK_S = 5.0$) sowie Hydrogen- und Dihydrogenphosphate HPO_4^{2-} und $H_2PO_4^-$ (ΔpK_S ca. 5.1) zu weniger als 1%, Hydrogensulfide SH^- ($\Delta pK_S = 5.9$) und Hydroxide ($\Delta pK_S = 15$) praktisch überhaupt nicht in die höhere und niedere Säurestufe disproportioniert. Die Titration einer mehrwertigen Säure mit einer Base verläuft demnach stufenweise. (Liegt der pK_S-Wert des amphoteren Ions unterhalb 0.00 (oberhalb von 14.00), so wirkt dieses gemäß oben Besprochenem gegenüber Wasser als Säure (Base).)

Eine wässerige Salzlösung reagiert sauer (basisch), wenn sich die Kationsäure B^+ eines Salzes mit Wasser weitgehender (unvollständiger) unter H_3O^+-Bildung umsetzt als die Anionbase unter Bildung von OH^- (z.B. saure Reaktion im Falle von NH_4Cl, basische Reaktion im Falle von NaAc). Sind die Salzionen B^+ bzw. A^- überaus schwache Säuren bzw. Basen wie im Falle von NaCl, so reagiert die Salzlösung neutral. Die pH-Werte wässeriger Salzlösungen lassen sich im einzelnen nach den bereits auf S. 203 abgeleiteten Formeln berechnen.

Sehr starke Säuren und Supersäuren[68)]

Die Acidität nicht allzu konzentrierter wässeriger Säurelösungen, d.h. die Protonenaktivität a_{H^+} derartiger Lösungen geht auf die gebildeten, ihrerseits hydratisierten[75)] Oxonium-Ionen H_3O^+ zurück. Demgemäß kann a_{H^+} in verdünnten wässerigen Lösungen gleich der Oxoniumionen-Aktivität $a_{H_3O^+}$, in sehr verdünnten wässerigen Lösungen gleich der Oxoniumionen-Konzentration $c_{H_3O^+}$ gesetzt werden, womit für den als negativen Logarithmus der Wasserstoffionen-Aktivität definierten pH-Wert (pH $= -\log a_{H^+}$) die Beziehung pH $= -\log a_{H_3O^+}$ (verdünnte Lösung) und pH $= -\log c_{H_3O^+}$ (sehr verdünnte Lösung) gelten.

In wässerigen Lösungen wachsender Säurekonzentration, d.h. in Lösungen sinkenden Wassergehalts nimmt zunächst die Hydratation der Oxonium-Ionen, dann – bei gleichzeitiger Zunahme der Menge undissoziierter Säure – die Konzentration der Oxonium-Ionen ab. Die Acidität konzentrierter wässeriger Säurelösungen geht also nicht auf die vollständig hydratisierten H_3O^+-Ionen, sondern auf teilweise- oder nicht-hydratisierte Oxonium-Ionen bzw. auf undissoziierte Säuremoleküle zurück. Der pH-Wert (pH $= -\log a_{H^+}$) der betreffenden Lösungen kann somit nicht mehr durch den negativen Logarithmus der Aktivität (hydratisierter) H_3O^+-Ionen beschrieben werden. So müßte etwa der pH-Wert einer Mischung von – in Wasser vollständig dissoziierter – Schwefelsäure und Wasser mit wachsender Schwefelsäure-Konzentration im Bereich äquimolekularer Zusammensetzung ein Maximum durchlaufen, würde man $-\log a_{H_3O^+}$ zum Maß der Acidität der Schwefelsäurelösung machen. Tatsächlich nimmt jedoch die (z.B. durch Indikatoren bestimmbare) Acidität mit zunehmender H_2SO_4-Konzentration stetig zu. Entsprechende Überlegungen gelten für die Basizität wässeriger Baselösungen, die – falls verdünnte Baselösungen vorliegen – auf hydratisierte Hydroxid-Ionen OH^- bzw. – falls konzentrierte Baselösungen betrachtet werden – auf teilweise oder nicht-hydratisierte OH^--Ionen bzw. auf die gelöste Base selbst zurückgeht.

Man betrachtet im allgemeinen wässerige Säure- bzw. Baselösungen als verdünnt, wenn die Konzentration der Säure oder Base 1 mol pro Liter nicht überschreitet. Der *„normale"* pH-Bereich, d.h. der durch die Beziehung pH $= -\log a_{H_3O^+}$ beschreibbare Bereich – erstreckt sich mithin für wässerige Säure-Base-Systeme von pH = 0 bis pH = pK_W ($K_W = 10^{-14}$ = Ionenprodukt des Wassers)[76)]. Lösungen, deren pH-Wert $<0 (>14)$ ist, werden als *„übersauer"* (*„überbasisch"*) bezeichnet. Sehr starke Säuren ($pK_S < 0$; z.B. $HClO_4$) bzw. sehr starke Basen ($pK_S > 14$, d.h. $pK_B < 14$; z.B. O^{2-}) liegen innerhalb des gesamten normalen pH-Bereichs in Wasser nur in deprotonierter bzw. nur in protonierter, sehr schwache Säuren ($pK_S > 14$; z.B. NH_3) bzw. sehr schwache Basen ($pK_S < 0$, d.h. $pK_B > 14$; z.B. HF) nur in unveränderter Form vor.

Die Messung der Acidität konzentrierter Lösungen sehr starker Säuren, die erstmals durch L.P. Hammett im Jahre 1930 durchgeführt wurde, kann mittels schwacher bis überaus schwacher Indikatorbasen In erfolgen (z.B. Nitroaniline, aromatische Nitroverbindungen), welche in der betreffenden Säurelösung nur teilweise protoniert werden. Bei Kenntnis des pK_S-Werts des Indikatorsystems ($InH^+ \rightleftarrows In + H^+$) läßt sich dann über die Beziehung (8) nach Einsetzen der auf spektroskopischem Wege bestimmten Konzentration c_{In} und c_{InH^+} der Indikatorbase In und ihrer korrespondierenden Säure InH^+ die Acidität der Lösung berechnen. Da wegen der hohen Säurekonzentration mit Aktivitäten $a = y \cdot c$ gerechnet werden muß (y = Aktivitätskoeffizient, s. dort) und die Beziehung (8) mithin pH $= pK_S + \log a_{In}/a_{InH^+} = pK_S + \log c_{In}/c_{InH^+} + \log y_{In}/y_{InH^+}$ lautet[77)], erhält man allerdings nach Einsetzen der experimentell ermittelten wahren Konzentrationen c_{In} und c_{InH^+} nicht den pH-Wert selbst, sondern gemäß der unter diesen Bedingungen gültigen *„Hammetschen Aciditätsfunktion"*

---

[75] H_3O^+ liegt in nicht allzu konzentrierter wässeriger Lösung hauptsächlich in Form von solvatisierten Ionen $[H_3O \cdot 3H_2O]^+ = H_9O_4^+$ vor (vgl. Wasserstoffbindung, S. 282). Man bezeichnet die im Wasser existierenden hydratisierten Protonen H_{aq}^+ auch als *„Hydronium-Ionen"*.

[76] Entsprechendes gilt ganz allgemein für Säure-Systeme in einem Lösungsmittel HS mit Eigendissoziation: $2HS \rightleftarrows H_2S^+ + S^-$. Der *„normale"* Aciditätsbereich ΔpH, d.h. der Bereich für welchen die Beziehung pH $= -\log a_{H_2S^+}$ Gültigkeit besitzt, ist hier $\Delta pH = \Delta pK_{HS}$ (K_{HS} = Ionenprodukt des Lösungsmittels).

[77] $\log a_{In}/a_{InH^+} = \log c_{In} y_{In}/c_{InH^+} y_{InH^+} = \log c_{In}/c_{InH^+} + \log y_{In}/y_{InH^+}$.

$$H_0 = pK_{S,In} + \log c_{In}/c_{InH^+} \qquad (11)$$

den Hammetschen H_0-Wert, der seinerseits ein Maß für den pH-Wert ist ($H_0 = pH - \log y_{In}/y_{InH^+} = -\log a_{H^+} \cdot y_{In}/y_{InH^+}$)[78].

Die H_0-Werte werden im einzelnen wie folgt ermittelt: Zunächst errechnet man mittels (11) nach Einsetzen der spektroskopisch bestimmten Konzentrationen c_{In} sowie c_{InH^+} eines noch relativ basischen, in einer verdünnten Säure gelösten Indikators sowie des konventionell bestimmten pH-Werts der Säurelösung den pK_S-Wert des betreffenden Indikators (für verdünnte Säurelösungen gilt: $H_0 \approx pH$[78]). Mit diesem Indikator bekannten pK_S-Werts bestimmt man dann, wie oben beschrieben, den H_0-Wert einer konzentrierteren Lösung der betreffenden Säure. Die konzentriertere Säurelösung dient anschließend wieder zur Ermittlung des pK_S-Werts eines weniger basischen Indikators mittels der Beziehung (11) usf.

Wie sich im einzelnen ergab, weisen wässerige Lösungen starker Säuren bis zu einer Konzentration von etwa 8 mol/l sehr ähnliche – und mithin vom Säureanion unabhängige – H_0-Werte auf. Bei weiterer Konzentrierung steigen dann die H_0-Werte in Abhängigkeit von der Säure verschieden stark an und betragen z. B. im Falle von Schwefelsäure/Wasser-Gemischen (in Klammern jeweils das Verhältnis mol H_2SO_4/mol H_2O): -2.5 (0.1/0.9; $c_{H_2SO_4}$ ca. 8 mol/l); -4.9 (0.2/0.8); -6.8 (0.4/0.6); -8.5 (0.6/0.4); -9.8 (0.8/0.2); -11.9 (1.0/0.0; reine Schwefelsäure). Mit $H_0 = -11.9$ ist reine Schwefelsäure näherungsweise 1000000000000 mal (1 Billion mal) saurer als wässerige 1-molare Schwefelsäure. Weniger sauer als reine Schwefelsäure ist reines Hydrogenfluorid HF (H_0 ca. -11), Salpetersäure HNO_3 (H_0 ca. -6), Phosphorsäure H_3PO_4 (H_0 ca. -5) bzw. Essigsäure CH_3CO_2H (H_0 ca. -2). In ihrer Acidität übertroffen wird reine Schwefelsäure demgegenüber von reiner Dischwefelsäure $H_2S_2O_7$ (H_0 ca. -15), Fluoroschwefelsäure HSO_3F (H_0 ca. -15) bzw. Perchlorsäure $HClO_4$ ($H_0 < -15$). Man nennt letztere Systeme, welche sogar saurer als 100%ige Schwefelsäure sind, **„Supersäuren“**.

Eine Aciditätserhöhung von reiner, in geringem Umfang autoprotolytisch dissoziierter Schwefelsäure,

$$2H_2SO_4 \rightleftarrows H_3SO_4^+ + HSO_4^-$$

($pK_{H_2SO_4} = 2.9$), also die Überführung der starken Säure H_2SO_4 in eine Supersäure, läßt sich durch Zugabe der extrem starken Brönsted-Säuren $H_2S_2O_7$ oder HSO_3F (s. oben) bewirken. Diese Säuren vermögen H_2SO_4 zu protonieren und somit die Konzentration der (u. a.) für die Säurewirkung von Schwefelsäure verantwortlichen $H_3SO_4^+$-Kationen zu steigern (Aciditätszunahme von $H_0 = -12$ (reine H_2SO_4) bis $H_0 = -15$ (reine $H_2S_2O_7$ bzw. HSO_3F)).

Eine entsprechende Aciditätserhöhung von ebenfalls autoprotolytisch dissoziierter Fluoroschwefelsäure

$$2HSO_3F \rightleftarrows H_2SO_3F^+ + SO_3F^-$$

scheitert am Fehlen geeigneter superstarker Brönstedsäuren zur Protonierung von HSO_3F. Eine Aciditätssteigerung kann aber durch Zugabe sehr starker Lewis-Säuren wie SO_3, BF_3, AsF_5, SbF_5 erfolgen, welche durch Adduktbildung mit der sehr schwachen Lewis-Base SO_3F^- die SO_3F^--Konzentration erniedrigen und damit die Konzentration der für

[78] Man nimmt an, daß der Quotient y_{In}/y_{InH^+} in einer gegebenen Säurelösung für alle ungeladenen Basen gleich ist. Dieser Sachverhalt ist für verdünnte Lösungen experimentell bewiesen, für welche Aktivitätskoeffizienten nur eine Funktion der Ionenstärke sind (s. dort). Er trifft wohl näherungsweise auch für konzentrierte Lösungen zu, falls gleich geladene – und zudem ähnlich strukturierte – Basen betrachtet werden. Das Aciditätsmaß H_0 unterscheidet sich dann für alle derartigen Basen nur um einen Betrag $\log y_{In}/y_{InH^+}$ vom pH-Wert. Für negativ geladene Basen In^- ($HIn \rightleftarrows In^- + H^+$) verliert die H_0-Funktion naturgemäß ihre Bedeutung. Die Acidität wird hier durch eine entsprechende H_--Funktion definiert: $H_- = pK_{S,In^-} + \log c_{In^-}/c_{HIn}$ mit $H_- = -\log a_{H^+} \cdot y_{In^-}/y_{HIn}$. Die Größe des Quotienten y_{In}/y_{InH^+} hängt in jedem Falle von der Säurekonzentration ab, sie nähert sich mit zunehmender Säureverdünnung dem Wert 1.

den sauren Charakter von Fluoroschwefelsäure verantwortlichen $H_2SO_3F^+$-Kationen erhöhen[79]. Besonders drastisch steigert Antimonpentafluorid – eine flüssige, gut handhabbare Verbindung – die Acidität von HSO_3F (SbF_5/HSO_3F-Mischungen werden auch als „*magische Säure*" bezeichnet). Das sauerste, bisher erhaltene System stellt ein Gemisch von HSO_3F mit 25 mol-% SbF_5 dar[80]. Da dieser Mischung ein H_0-Wert von -21.5 zukommt, ist sie ca. 10^{10} mal (10 Milliarden mal) saurer als reine Schwefelsäure und ca. 10^{22} mal (10 Trilliarden mal) saurer als eine wässerige 1-molare Schwefelsäure.

Statt SbF_5 kann man auch die gemäß $SbF_5 + nSO_3 \rightarrow SbF_{5-n}(SO_3F)_n$ ($n = \frac{1}{2}$, 1, 2, 3) erhältlichen Umsetzungsprodukte von Antimonpentafluorid mit Schwefeltrioxid verwenden, die sich von SbF_5 durch Ersatz von bis zu 3 Fluor- durch Fluorosulfatreste ableiten. Besonders sauer ($H_0 = -19.3$) ist eine Mischung von HSO_3F, die 7 mol% $SbF_2(SO_3F)_3$ enthält. Der H_0-Wert einer Mischung von flüssigem HF mit 0.6 mol% SbF_5 beträgt -21.1.

Supersäuren vermögen als extrem starke Säuren überaus schwache Basen zu protonieren und führen beispielsweise Kohlensäure $CO(OH)_2$ in $C(OH)_3^+$, Ameisensäure HCO(OH) in $HC(OH)_2^+$, Formaldehyd H_2CO in $H_2C(OH)^+$ bzw. Fluorbenzol C_6H_5F in $C_6H_6F^+$ über. Selbst Wasserstoff kann – wenn auch in sehr geringem Ausmaß – protoniert werden, wie aus der Bildung von HD beim Durchleiten von D_2 durch eine protonenhaltige Supersäure HS^+ folgt ($D_2 + HS^+ \rightarrow D_2H^+ + S \rightarrow DH + DS^+$). Supersäuren sind sogar befähigt, eine Hydrid-Abspaltung zu erzwingen ($H^- + H^+ \rightarrow H_2$), selbst wenn der Wasserstoff wie im Falle der Kohlenwasserstoffe praktisch keinen Hydridcharakter aufweist (z. B. $(CH_3)_3CH + HS^+ \rightarrow (CH_3)_3C^+ + H_2 + S$). Andererseits sind die korrespondierenden Basen der Supersäuren als extrem schwache Basen auch gegen starke Säuren stabil. Zum Beispiel ist das blaue, sehr Lewis-saure Diiod-Kation I_2^+ in Anwesenheit von SO_3F^- existenzfähig (vgl. Halogen- und Chalkogen-Kationen).

3.3 Stärke und Weichheit von Lewis-Säuren und -Basen[81]

Es läge nahe, auch die Lewis-Säuren und -Basen wie die Brönsted-Säuren und -Basen (vgl. voranstehenden Abschnitt) gemäß ihrer Stärke in eine Aciditäts- bzw. Basizitäts-Reihe einzuordnen und anzunehmen, daß ein gemäß

$$S + :B \rightarrow S:B \qquad (12)$$

gebildeter Lewis-Säure-Base-Komplex S : B eine umso größere Stabilität[82] besitze, je höher die Acidität der Lewis-Säure S und die Basizität der Lewis-Base :B sei. Es zeigt sich aber, daß eine eindeutige Einordnung in solche Reihen nicht möglich ist[83]. So bildet z. B. die Lewis-Säure BF_3 mit der Lewis-Base $:OR_2$ ($R = CH_3$) einen stabileren, mit der Lewis-Base $:SR_2$ dagegen umgekehrt einen instabileren Komplex als die Lewis-Säure BH_3. Um dieser Sachlage Rechnung zu tragen, hat der amerikanische Chemiker R. G. Pearson 1963

---

79 Da das Konzentrationsprodukt $c_{H_2SO_3F^+} \cdot c_{SO_3F^-}$ eine Konstante ist, bedingt eine Abnahme von $c_{SO_3F^-}$ eine Zunahme von $c_{H_2SO_3F^+}$.

80 Ein höherer SbF_5-Gehalt steigert die Acidität nicht weiter, da SbF_5 dann in unerwünschter Weise unter Bildung „nur" sehr starker Säuren mit HSO_3F reagiert (z. B. $2HSO_3F + 2SbF_5 \rightarrow HSb_2F_{11} + HS_2O_6F$).

81 **Literatur.** R. G. Pearson: „*Hard and Soft Acids and Bases*", Survey Progr. Chem. **5** (1969) 1–52; „*Hard and Soft Acids and Bases – the Evolution of a Chemical Concept*", Coord. Chem. Rev. **100** (1990) 403–425; H. Werner: „*Harte und weiche Säuren und Basen*", Chemie in unserer Zeit **1** (1967) 135–139; R. G. Pearson (Hrsg.): „*Hard and Soft Bases and Acids*", Dowdon/Hutchinson/Ross, Stroudsburg (Pa), 1973; R. J. Gillespie: „*Proton Acids, Lewis Acids, Hard Acids, Soft Acids and Superacids*" in E. F. Caldin, V. Gold: „*Proton Transfer Reactions*", Chapman and Hall, London 1975; W. B. Jensen: „*The Lewis Acid-Base Concepts*". Wiley, New York 1980.

82 Die „Komplexstabilität" läßt sich quantitativ durch die Gleichgewichtskonstante bzw. durch die freie Enthalpie der Komplexbildung (12) zum Ausdruck bringen.

83 Bezüglich der Faktoren, welche die Lewis-Acidität und -Basizität bestimmen, vgl. weiter unten.

vorgeschlagen, zwischen „*harten*" (schwerer polarisierbaren) und „*weichen*" (leichter polarisierbaren) Lewis-Säuren und -Basen zu unterscheiden, wobei vergleichsweise *stabilere Säure-Base-Komplexe aus der Kombination von harten Säuren und harten Basen bzw. von weichen Säuren und weichen Basen* resultieren, während die Kombination von harten Säuren mit weichen Basen bzw. von weichen Säuren mit harten Basen weniger bevorzugt ist („*principle of **hard** and **soft** **acids** and **bases***"; **HSAB-Prinzip**): z. B. $F_3B + :OR_2 \rightarrow F_3B:OR_2$ (hart/hart); $H_3B + :SR_2 \rightarrow H_3B:SR_2$ (weich/weich). Die Bindung zwischen harten Säuren und Basen (z. B. $F^-Ca^{++}F^-$) hat häufig mehr ionischen, zwischen weichen Säuren und Basen (z. B. I—Hg—I) mehr kovalenten Charakter.

Die *Akzeptoratome* der typischen **harten Säuren** weisen eine kleine räumliche Ausdehnung, eine hohe positive Ladung und keine nichtbindenden Elektronen in der Valenzschale auf, wogegen die Akzeptoratome der typischen **weichen Säuren** eine große räumliche Ausdehnung, eine kleinere positive Ladung und freie Valenzelektronen (bevorzugt 10 äußere d-Elektronen) besitzen. Demgemäß zählt man alle Kationen mit abgeschlossener s^2p^6-Edelgasschale („A-Kationen") zu den mehr oder minder harten Säuren und alle Kationen ohne Edelgaskonfiguration („B-Kationen") zu den mehr oder minder weichen Säuren, z. B.:

harte Lewis-Säuren (u. a.)						*weiche Lewis-Säuren* (u. a.)					
H^+											
Li^+	Be^{2+}	B^{3+}	C^{4+}	...	...	Ni^{2+}	Cu^+	Zn^{2+}	Ga^{3+}	Ge^{2+}	...
Na^+	Mg^{2+}	Al^{3+}	Si^{4+}	...	...	Pd^{2+}	Ag^+	Cd^{2+}	In^{3+}	Sn^{2+}	...
K^+	Ca^{2+}	Sc^{3+}	Ti^{4+}	...	...	Pt^{2+}	Au^+	Hg^{2+}	Tl^{3+}	Pb^{2+}	...
⋮	⋮	⋮[84]	⋮								

Je größer und weniger positiv dabei ein Akzeptorion ist, desto geringer ist seine „Härte" bzw. desto größer seine „Weichheit".

So werden gleichgeladene harte bzw. weiche Akzeptorionen innerhalb einer Elementgruppe von oben nach unten – also mit zunehmendem Radius – weicher (z. B. abnehmende Härte: $Li^+ > Na^+ > K^+ > Rb^+ > Cs^+$; zunehmende Weichheit: $Cu^+ < Ag^+ < Au^+$ bzw. $Zn^{2+} < Cd^{2+} < Hg^{2+}$)[85]. Andererseits wirken harte Akzeptorionen innerhalb einer Elementperiode von links nach rechts – also mit wachsender Ladung – zunehmend härter (z. B. $Na^+ < Mg^{2+} < Al^{3+} < Si^{4+}$). Aus entsprechenden Gründen ist, auf das gleiche Element bezogen, ein Akzeptorion im allgemeinen um so weicher je niedriger seine Oxidationsstufe ist (z. B. $Cu^+ > Cu^{2+}$; $Fe^0 > Fe^{2+} > Fe^{3+}$; $Ni^0 > Ni^{2+} > Ni^{4+}$; $RS^+ > RSO^+ > RSO_2^+$ (R = anorganischer oder organischer Rest))[86].

Neben der Größe und Ladung eines Akzeptoratoms bestimmen naturgemäß dessen Liganden seine Härte bzw. Weichheit: je mehr negative Ladungsanteile die Liganden auf das Lewis-saure Zentrum übertragen, desto kleiner wird dessen nach außen wirksame positive Ladung, was gemäß dem oben Besprochenen zu einer Abnahme seiner Härte (Zunahme seiner Weichheit) führen muß. So wirkt beispielsweise das Bor in der Lewis-Säure BH_3 ($= B^{3+} + 3H^-$) zum Unterschied vom Bor der harten Säure BF_3 ($= B^{3+} + 3F^-$) bereits als weiches Akzeptor-Zentrum, weil die Liganden H^- ihre negative Ladung (anders als die elektronegativen Liganden F^-) weitgehend auf das Bor-Kation übertragen, so daß dieses praktisch neutral und – als Folge hiervon – weich wird (**„synergetischer Effekt"**[86a]). Demgemäß bildet die weiche Base CO zwar mit BH_3, nicht dagegen mit BF_3 einen Komplex (vgl. auch die oben erwähnten Umsetzungen von BH_3 und BF_3 mit OR_2 und SR_2).

---

[84] Zu den harten (und nicht den weichen) Säuren zählen die Lanthanoid- und Actinoid-Kationen, obwohl sie keine Edelgaskonfiguration haben (f-Elektronen in der äußeren Schale).

[85] Die größeren und einfach geladenen harten Metallkationen (z. B. Cs^+) bzw. die kleineren und zweifach geladenen weichen Metallkationen (z. B. Fe^{2+}, Ni^{2+}, Cu^{2+}, Zn^{2+}) sind als Grenzfälle zu betrachten und zwischen den typischen harten und weichen Säuren einzureihen. Kleinere dreiwertige Kationen mit weniger als 10d-Elektronen wirken häufig bereits als harte Säuren (z. B. Cr^{3+}, Co^{3+}, Fe^{3+}).

[86] Ausnahmen werden für große Ionen mit 10 äußeren d-Elektronen beobachtet: Hg^{2+} ist weicher als Hg_2^{2+}, Tl^{3+} weicher als Tl^-.

[86a] synergein (griech.) = zusammenbinden.

Die *Donatoratome* der **Basen** sind im allgemeinen umso *härter* (bzw. umso *weniger weich*), je kleiner (z. B. $S^{2-} < I^-$), je elektronegativer (z. B. $Cl^- > S^{2-}$) und je höher oxidiert sie sind (z. B. $SO_3^{2-} > S^{2-}$). Geordnet nach abnehmender Härte resultiert für einige wichtige Donatoratome in nicht allzu hoher Oxidationsstufe folgende Reihe[87]:

Donatoratome in Lewis-Basen

härter F > O ≫ N, Cl > Br, H > S, C > I, Se > P, Te > As > Sb *weicher*

Die Ladung hat in der Regel keinen deutlichen Einfluß auf den harten bzw. weichen Charakter einer Base (z. B. $O^{2-} \approx OH^- \approx H_2O$; $S^{2-} \approx SH^-$). Auch der Einfluß unterschiedlicher Substitution bleibt meist klein (z. B. $PR_3 \approx P(OR)_3$ (R = organischer Rest))[88].

Mittels des empirischen Konzepts der harten und weichen Säuren und Basen (HSAB-Prinzip) läßt sich in vielen Fällen die *Stabilität von Komplexen* qualitativ richtig beurteilen. So kann etwa der bekannte Befund, daß Metallionen wie Mg^{2+}, Ca^{2+}, Al^{3+} in der Natur vielfach als Oxide, Carbonate bzw. Sulfate und Metallionen wie Cu^+, Hg^{2+}, Pb^{2+} demgegenüber als Sulfide vorkommen, damit erklärt werden, daß erstere Ionen als harte Säuren wirken und deshalb die harte Base O^{2-} (bzw. Oxid-haltige Anionen wie CO_3^{2-}, SO_4^{2-}) bevorzugen, während sich letztere Ionen als weiche Säuren lieber mit der weichen Base S^{2-} verbinden. In analoger Weise läßt sich die Tatsache, daß hohe Oxidationsstufen der Elemente vielfach nur in ihren Fluor- und Sauerstoffderivaten anzutreffen sind (z. B. SF_6, IF_7, PtF_6, CuF_4^-, ClO_4^-, XeO_6^{4-}, MnO_4^-, OsO_4) darauf zurückführen, daß hochgeladene und deshalb als sehr harte Säuren wirkende Elementkationen (z. B. S^{6+}, I^{7+}, Pt^{6+}, Cu^{3+}, Cl^{7+}, Xe^{8+}, Mn^{7+}, Os^{8+}) bevorzugt die härtesten Basen (F^-, O^{2-}) koordinieren. Umgekehrt werden die als weiche Säuren wirkenden Übergangsmetalle in niedrigen Oxidationsstufen besonders durch weiche Basen wie CO, CN^-, PR_3 usw. stabilisiert (z. B. Bildung von $Ni(CO)_4$, $Fe(CO)_4^{2-}$, $Cr(CN)_6^{6-}$, $Pt(PR_3)_4$).

Aus dem HSAB-Prinzip folgt weiterhin, daß *doppelte Lewis-Säure-Base-Umsetzungen* (vgl. S. 69, Anm. [7a]) des Typs

$$S:B + S':B' \rightleftarrows S:B' + S':B \tag{13}$$

bevorzugt so ablaufen, daß sich jeweils Säure-Base-Adduktpaare (S : B und S' : B' bzw. S : B' und S' : B) mit vergleichbar harten und weichen Säure- und Basepartnern (S bzw. S'; B bzw. B') bilden. Dieser Sachverhalt erklärt viele Reaktionen, die unter Komplex- bzw. Niederschlagsbildung (Bildung von Polynuklearkomplexen) erfolgen. So verdrängt etwa die weichere Base NH_3 die härtere Base H_2O in Komplexionen $M(OH_2)_n^{m+}$, in welchen M^{m+} als weiche Säure wirkt, z. B.: $[Cu(OH_2)_4]^{2+} + 4NH_3 \rightarrow [Cu(NH_3)_4]^{2+} + 4H_2O$. Kationen, die wie Ca^{2+} oder Al^{3+} als harte Säuren wirken, liegen demgegenüber auch in wässerigem Ammoniak in Form ihrer Hydrate bzw. – als Folge der Brönstedschen Basewirkung von Ammoniak – in Form ihrer Hydroxide vor. Eine Verdrängung des harten Wassers ist in diesen Fällen aber vielfach durch die noch härtere Base Fluorid F^- möglich. So setzen sich etwa die in wässeriger Lösung vorliegenden Aquakomplexe der sehr harten Säuren Li^+, Be^{2+}, Mg^{2+} und Ca^{2+} mit überschüssigem F^- gemäß (13) unter Bildung der schwer löslichen Salze LiF und CaF_2 bzw. der löslichen Komplexionen BeF_4^{2-} und MgF_4^{2-} um.

Außer über Komplex- und Niederschlagsbildung ermöglicht das HSAB-Prinzip in vielen Fällen qualitative Vorhersagen über Energie- und Geschwindigkeitsverhältnisse chemischer Reaktionen. So wäre etwa zu erwarten, daß bei der Hydrolyse von Natriumhydrid NaH mehr Energie freigesetzt wird

---

87 Man zählt F^- sowie O-haltige Verbindungen zu den harten Basen, Cl^- sowie N-haltige Verbindungen zu den mittelharten Basen und Br^-, I^-, H^- sowie S-, Se-, Te-, P-, As-, Sb-, C-haltige Verbindungen zu den weichen Basen.

88 Mit zunehmendem Durchmesser einer Oxid-haltigen Lewis-Base nimmt deren Härte im allgemeinen ab, z. B. $O^{2-} > SO_4^{2-}$.

als bei der Hydrolyse von Kupferhydrid CuH: $MH + H^+_{aq} \rightarrow M^+_{aq} + H_2$. Denn die Verdrängung der weichen Base H^- durch die harte Base H_2O erfolgt im ersteren Falle an einem harten Zentrum (Na^+), in letzterem Falle an einem weichen Zentrum (Cu^+) und führt mithin einmal zu einer günstigeren, einmal zu einer ungünstigeren Säure-Base-Kombination. Tatsächlich verläuft die NaH-Hydrolyse exotherm, die CuH-Hydrolyse endotherm[89]. (Bezüglich der Anwendung des HSAB-Prinzips auf Reaktionsgeschwindigkeiten vgl. S. 393.)

Neben der Härte und Weichheit spielt natürlich auch die **Stärke** der Lewis-Säuren und -Basen eine entscheidende – und in einigen Fällen sogar dominierende – Rolle für die Stabilität eines Säure-Base-Addukts. So vereinigen sich etwa H^+ (harte Säure) und H^- (weiche Base) miteinander zu einem beachtlich stabilen Komplex H_2 (Abgabe von 1675 kJ/mol), weil H^+ eine sehr starke Säure und H^- eine sehr starke Base ist. Dabei wirken Elemente in einer Verbindung um so stärker sauer, je positiver und je kleiner sie sind und um so stärker basisch, je negativer und größer sie sind. Zum Beispiel nimmt die Säurestärke des Aluminiums in der Reihe $AlCl_3 < AlCl_2^+ < AlCl^{2+} < Al^{3+}$, die Basestärke des Sauerstoffs in der Reihe $H_2O < OH^- < O^{2-}$ zu.

Die relative Stärke von Lewis-Säuren mit nur einer Elektronenpaarlücke (z. B. $Al(OH_2)_5^{3+}$, $B(OH)_3$, SO_3, H^+) läßt sich näherungsweise aus der Stärke der sich unter Wasseraddition an diese Lewis-Säuren bildenden Brönsted-Säuren (z. B. $Al(OH_2)_6^{3+}$ $B(OH)_3(OH_2)$, H_2SO_4, H_3O^+) abschätzen, während die Stärke von Lewis-Basen aus der Stärke der mit ihnen identischen Brönsted-Basen hervorgeht. Demgemäß stellen z. B. viele Hydrate $M(OH_2)_{n-1}^{m+}$ von Metallkationen schwache und SO_3 bzw. H^+ sehr starke Lewis-Säuren dar. Beispiele für schwache Lewis-Basen sind Cl^-, PR_3, CN^-, CO für starke Lewis-Basen H^-, OH^-, S^{2-}.

Erst bei gleichzeitiger Berücksichtigung der Stärke und der Weichheit (Härte) lassen sich Lewis-Säure-Base-Beziehungen angenähert richtig beurteilen. Setzt sich dabei der Säure-Base-Komplex wie im Falle der Hydrate oder Ammoniakate niedrig geladener Ionen oder der Wasserstoffbrücken-Komplexe (s. dort) aus schwachen Säuren und Basen zusammen, so tritt verständlicherweise das HSAB-Prinzip besonders deutlich zutage; denn es bestimmt unter diesen Bedingungen allein die Stabilität eines Säure-Base-Addukts, d.h. die Gleichgewichtslage der Reaktion (12).

Während im Bereich der schwachen Säuren und Basen Kombinationen aus harten (weichen) Säuren und weichen (harten) Basen ohne Wechselwirkung bleiben, führt praktisch jede Kombination von starken Säuren und Basen zu einem stabilen Säure-Base-Komplex. Das HSAB-Prinzip ist aber nach wie vor selektiv wirksam und bestimmt die Gleichgewichtslage der Reaktion (13): bevorzugt bilden sich die Kombinationspaare $S_{hart}:B_{hart}$ und $S_{weich}:B_{weich}$. So stellen beispielsweise Al_2S_3 und HgO sehr stabile Addukte der starken Säure Al^{3+} (hart) bzw. Hg^{2+} (weich) mit der starken Base S^{2-} (weich) bzw. O^{2-} (hart) dar, reagieren aber miteinander zu Al_2O_3 und HgS (Abgabe von über 850 kJ/mol).

Da sich die Härte oder Weichheit von Lewis-Säuren oder -Basen nicht theoretisch, sondern nur empirisch erfassen läßt, sind weder quantitative Angaben über die Säure- bzw. Basestärke, d.h. über den nicht durch Härte oder Weichheit verursachten Teil des Wechselwirkungsvermögens von Komplexpartnern, noch exakte Vorhersagen über Komplexstabilitäten möglich. Nach experimentellen Ergebnissen liefert die Adduktbildung harter Säuren mit harten Basen im allgemeinen mehr Energie (häufig viele hundert Kilojoule) als die Adduktbildung weicher Säuren mit weichen Basen (gelegentlich nur einige Kilojoule pro Koordinationsbindung).

---

[89] Der aus dem HSAB-Prinzip abzuleitende Sachverhalt, daß sich die weiche Base H^- lieber mit der weichen Säure Cu^+ als mit der harten Säure Na^+ verbindet, bedeutet nicht, daß CuH bezüglich eines Zerfalls in die Elemente stabiler als NaH ist. Denn für den Zerfall der Metallhydride in M_x und H_2 sind die Energien der homolytischen Dissoziation von MH in M und H sowie der Assoziation von M zu M_x und H zu H_2, nicht dagegen die Energie der heterolytischen Dissoziation von MH in M^+ und H^- maßgebend. Tatsächlich ist CuH eine endotherme, NaH eine exotherme Verbindung.

Kapitel VIII

Der Wasserstoff und seine Verbindungen[1)]

Der Wasserstoff (Atomnummer 1), der im Jahre 1766 von dem englischen Privatgelehrten Henry Cavendish (1731–1810) entdeckt wurde[2)], ist das leichteste und einfachst gebaute Element. Demgemäß hat die wissenschaftliche Beschäftigung mit ihm und seinen Verbindungen wesentlich zur Entwicklung des Atom- und Molekülbegriffs sowie zum Verständnis des Baus und der Umwandlung von Atomen und Molekülen beigetragen (vgl. vorstehende Kapitel) und u.a. zu der Hypothese geführt, daß alle Elemente aus Wasserstoff (genauer: aus seinen Bestandteilen) zusammengesetzt sind.

Tatsächlich ist der zuletzt angedeutete Sachverhalt nicht nur formaler Art. Man nimmt nämlich an, daß bei der Entstehung des Weltalls durch einen „*Urknall*" primär neben kleineren Mengen Helium ausschließlich Wasserstoff gebildet wurde, der sich dann in der Folgezeit durch kernchemische Reaktionen teilweise in die übrigen Elemente umwandelte (vgl. S. 1763). So gehen die unendlich vielseitigen Erscheinungsformen der belebten und unbelebten Natur letztlich auf Wasserstoff zurück („Am Anfang war der Wasserstoff").

Im folgenden wollen wir uns zunächst mit dem Vorkommen, der Darstellung und den physikalischen sowie chemischen Eigenschaften des natürlichen Wasserstoffs, dann mit einigen besonderen Formen des Wasserstoffs (atomarer, schwerer und superschwerer Wasserstoff, Ortho- und Parawasserstoff) befassen, um uns schließlich den Verbindungen des Wasserstoffs mit den übrigen Elementen zuzuwenden. Aus letzteren gehen nach Substitution der Wasserstoffatome gegen andere Atome oder Molekülreste die als „*Derivate*" der Wasserstoffverbindungen bezeichneten weiteren Verbindungen der betreffenden Elemente hervor. Spielt demnach das Element Wasserstoff die Rolle eines Vaters aller Elemente, so kann man in den Wasserstoffverbindungen gewissermaßen die den mannigfaltigen Verbindungen eines Elements zugrundeliegenden „Muttersubstanzen" sehen.

1 Der natürliche Wasserstoff[1)]

1.1 Vorkommen

Der Wasserstoff kommt in der unteren Erdatmosphäre in freiem Zustande nur spurenweise (5×10^{-5} Vol.-%) vor. Mit steigender Höhe nimmt der prozentuale Wasserstoffgehalt zu, bis in einigen 100 km Höhe die dort außerordentlich dünne Erdatmosphäre fast ausschließ-

---

[1] **Literatur.** K.M. Mackay: „*The Element Hydrogen, Ortho- and Para-Hydrogen, Atomic Hydrogen*", Comprehensive Inorg. Chem. **1** (1973) 1–22; GMELIN: „Hydrogen", Syst. Nr. **2**, bisher 1 Band; ULLMANN: „*Hydrogen*", **A 13** (1989) 297–442. Vgl. auch Anm. 19, 22, 31, 54.

[2] **Geschichtliches.** Der englische Naturforscher Robert Boyle (1627–1691) beschreibt im Jahre 1671 die Bildung eines „leichtbrennbaren Dampfes" als Folge der Einwirkung von Eisenpulver auf verdünnte Schwefelsäure und hatte damit wohl als erster Wasserstoff in Händen (die Ansicht, Paracelsus (1493–1541) habe Wasserstoff bereits gekannt, ist umstritten). Erst von Henry Cavendish wurde die aus Metallen und Säuren erzeugbare „brennbare Luft" isoliert, sorgfältig charakterisiert und eingehend untersucht. Ihm wird deshalb die Entdeckung des Wasserstoffs zuerkannt. Der französische Chemiker Antoine Laurent de Lavoisier (1743–1794) hat dann im Jahre 1783 für Wasserstoff den Namen *Hydrogen* (= Wasserbildner; hydor (griech.) = Wasser) vorgeschlagen. Hiervon leitet sich das Elementsymbol H ab.

lich aus Wasserstoff besteht. In gebundenem Zustande ist der Wasserstoff als Bestandteil des Wassers (11.19 Gewichtsprozente Wasserstoff) und anderer Verbindungen weit verbreitet; und zwar ist im Durchschnitt jedes sechste Atom aller am Aufbau der Erdkruste (einschließlich der Wasser- und Lufthülle) beteiligten Atome ein Wasserstoffatom (entsprechend 0.74 Gewichtsprozenten Wasserstoff). Im Weltall ist der Wasserstoff das bei weitem verbreitetste Element. So besteht etwa die Sonne ganz überwiegend (zu rund 80 Atom- = über 50 Gewichtsprozent) aus Wasserstoff, dessen unter riesiger Energieerzeugung erfolgende Umwandlung in Helium (die man in der „*Wasserstoffbombe*" nachzuahmen versucht) seit Jahrmilliarden der Erde Licht und Wärme spendet.

Der natürlich vorkommende Wasserstoff besteht zu 99.9855% aus dem Isotop ${}^1_1H$ (relative Atommasse 1.00782519), zu 0.0145% aus dem Isotop ${}^2_1H$ (relative Atommasse 2.01410222) und zu 10^{-15}% aus dem Isotop ${}^3_1H$ (relative Atommasse 3.0160497); ihre Häufigkeiten verhalten sich also näherungsweise wie $1 : 10^{-4} : 10^{-17}$. Der in elementarer Form diatomar auftretende Wasserstoff setzt sich mithin hauptsächlich aus dem Molekülisotop ${}^1_1H_2$ sowie untergeordnet aus den Isotopen ${}^2_1H_2$, ${}^3_1H_2$, ${}^1_1H{}^2_1H$, ${}^1_1H\,{}^3_1H$ und ${}^2_1H{}^3_1H$ zusammen. Da die aus nur einer Isotopensorte aufgebauten Wasserstoffmoleküle ${}^1_1H_2$, ${}^2_1H_2$ und ${}^3_1H_2$ zudem in zwei verschiedenen Formen (Ortho- und Para-Form, s. weiter unten) existieren, besteht natürlicher Wasserstoff insgesamt aus neun verschiedenen Molekülsorten.

1.2 Darstellung[1)]

Als Ausgangsstoff zur Wasserstoffgewinnung eignet sich praktisch jede Wasserstoffverbindung. Die Darstellung von Wasserstoff erfolgt jedoch zweckmäßig aus Wasser H_2O, das in praktisch unbegrenzten Mengen zur Verfügung steht, sowie auch aus Methan CH_4 (Erdgas) und anderen Kohlenwasserstoffen C_mH_n, die in Form der „*fossilen Brennstoffe*" Kohle, Erdöl[3)] und Erdgas – noch – reichlich zur Verfügung stehen.

Zur *großtechnischen Darstellung* von Wasserstoff (Weltjahresproduktion 1990 um 35 Millionen Tonnen) dienen als *Rohstoffquellen* zu über 90% *fossile Stoffe* (insbesondere Erdgas und Erdöl, in geringerer Menge Kohle), die „*Crack*"-Prozessen, dem „*Steam-Reforming*"-Verfahren, der „*partiellen Oxidation*" bzw. der *Vergasung*, unterworfen werden (s.u.). Die technische H_2-Gewinnung aus *Wasser* hat in Kombination mit der O_2-Gewinnung („*Wasser-Elektrolyse*", s.u.) bisher nur untergeordnete, in Kombination mit der Cl_2-Gewinnung („*Chloralkali-Elektrolyse*", S. 436) etwas größere Bedeutung.

1.2.1 Aus Wasser

Die Bindung von Wasserstoff und Sauerstoff ist im Wassermolekül sehr fest und läßt sich nur durch Zufuhr erheblicher Energiemengen sprengen.

$$286.02\,\text{kJ}^{4)} + H_2O\,(\text{fl}) \rightarrow H_2 + \tfrac{1}{2}O_2.$$

Die Energie kann dabei in verschiedenster Weise, z.B. in Form thermischer, elektrischer oder chemischer Energie zugeführt werden. Die „**thermische Spaltung**" des Wassers in seine elementaren Bestandteile gelingt nur bei sehr hohen Temperaturen und auch hier nur unvollkommen. So sind gemäß folgender Tabelle:

T (Kelvin)	1000	1500	2000	2500	3000	3500
% Spaltung	0.00003	0.020	0.582	4.21	14.4	30.9

[3] Hieraus Rohbenzin = *Naphtha* sowie *schweres Heizöl*.

[4] Zur Spaltung von gasförmigem Wasser $H_2O(g)$ – statt von flüssigem Wasser $H_2O(fl)$ – benötigt man 241.98 kJ/mol H_2O.

bei 2500 K ($\sim$ 2200 °C) erst rund 4 % des Wasserdampfes in Wasserstoff und Sauerstoff gespalten. Demgemäß spielt die Thermolyse von Wasser für die Wasserstoffdarstellung keine Rolle.

Die wiedergegebenen Prozente beziehen sich nur auf den in H_2 und O_2 zerfallenden Wasseranteil. Tatsächlich werden bei der thermischen Spaltung des Wassers neben den Molekülen H_2 und O_2 auch Radikale H, O und OH gebildet, so daß der wahre Dissoziationsgrad insbesondere bei höheren Spaltungstemperaturen erheblich größer ist. So sind bei 2000 bzw. 3000 K insgesamt 0.87 bzw. 29.2 % des Wasserdampfes gespalten.

Die **elektrochemische Spaltung** haben wir als besonders einfache Methode zur Zerlegung des Wassers in Wasserstoff und Sauerstoff bereits auf S. 21 kennengelernt („**Elektrolyse des Wassers**"). Der Energieverbrauch zur Darstellung von 1 m^3 Elektrolysewasserstoff (neben $\frac{1}{2}$ m^3 Sauerstoff), der in sehr reiner Form entsteht und deshalb für katalytische Hydrierungen (z. B. Fetthärtung) verwendet werden kann (s. unten), beträgt immerhin rund 5 Kilowattstunden (kWh). Daher ist die technische Wasserstofferzeugung durch H_2O-Elektrolyse nur in Ländern mit billigen Wasserkräften (Ägypten, Indien, Peru, Norwegen) lohnend. Im Hinblick auf die angestrebte technische Nutzung von Wasserstoff als (sekundärem) Energieträger in naher Zukunft („Nach-Erdöl-Zeitalter") könnte allerdings die H_2-Erzeugung aus Wasser langfristig größere Bedeutung erlangen.

Technisch verfährt man bei dieser Methode im Prinzip so, daß man (Fig. 79) mehrere hundert Zersetzungszellen hintereinanderschaltet und die erste Elektrode (Nickel) der ersten Zelle mit dem positiven, die letzte Elektrode (Eisen) der letzten Zelle mit dem negativen Pol der Stromquelle verbindet, während die mittleren Elektroden aus anodenseitig vernickeltem Eisenblech als „bipolare" (d. h. in der einen Zelle als Kathode, in der benachbarten als Anode wirkende) Elektroden benutzt werden. Eine poröse, den Stromtransport gestattende Scheidewand („*Diaphragma*") verhindert in jeder Zelle die Vermischung des kathodisch gebildeten Wasserstoffs und anodisch entwickelten Sauerstoffs zu Knallgas Zwecks besserer Stromleitung wird das Wasser mit Natron- oder Kalilauge versetzt (Spannung je Zelle rund 2 V; theoretische Zersetzungsspannung für eine 1-normale OH^--Lösung: 0.828 (H^+) + 0.401 (OH^-) = 1.229 V, S. 228). Die Elektrolysetemperatur beträgt hierbei 80–85 °C. Auch wässerige Kochsalzlösungen werden zur Elektrolyse verwandt („*Chloralkali-Elektrolyse*", vgl. S. 436). Der hierbei erzeugte Wasserstoff ist wegen seiner hohen Reinheit ein begehrtes Produkt.

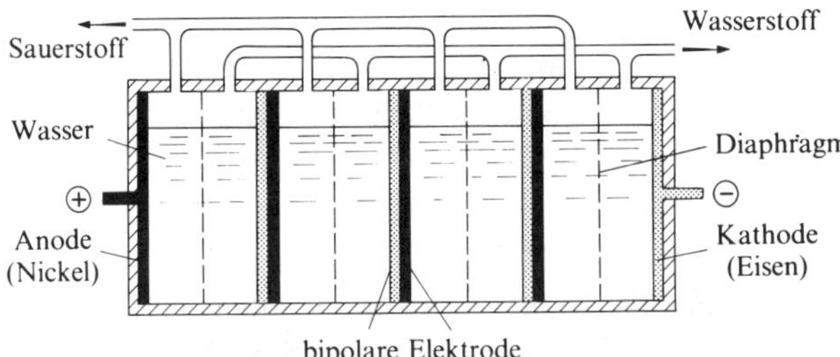

Fig. 79 Schematische Darstellung der Wasserstoff- und Sauerstoffgewinnung durch Wasserelektrolyse.

Für die **chemische Spaltung** des Wassers können alle Metalle, Halbmetalle und Nichtmetalle dienen, welche eine höhere *Affinität* zu Sauerstoff als der Wasserstoff haben. Das sind jene Elemente, deren Normalpotential negativer als das des Wasserstoffs ist (vgl. elektrochemische Spannungsreihe), deren Potential in saurem Wasser (pH = 0) also negativer als ± 0 V, in neutralem Wasser (pH = 7) negativer als $-$ 0.414 V bzw. in alkalischem Wasser (pH = 14) negativer als -0.828 V ist. Hierzu gehören (vgl. z. B. Tabellen 29 und 30 auf S. 196 und 210) – mit Ausnahme von Kohlenstoff – die Elemente der I.–IV. Hauptgruppe und darüber hinaus der Phosphor (alkalisches Milieu) aus der V.–VIII. Hauptgruppe sowie – mit Ausnahme der Metalle der Platingruppe, Kupfergruppe und des Quecksilbers – alle Elemente der Nebengruppen, Lanthanoiden und Actinoiden (s. dort). Ist das Normalpotential wie im Falle fast aller Nichtmetalle (z. B. Kohlenstoff) positiver als das des Wasserstoffs, so kann das betreffende Element Wasserstoff aus Wasser nur unter Energiezufuhr in Freiheit setzen.

Die *Geschwindigkeit* der Reaktionen von Wasser bzw. wässerigen Säuren oder Basen mit den Elementen, die aufgrund ihrer Stellung in der Spannungsreihe Wasserstoff entwickeln müßten, kann sehr groß bis verschwindend klein sein. Der zum Teil langsame Reaktionsablauf beruht, wie bereits erwähnt wurde (S. 228), u.a. auf der Ausbildung einer, den weiteren Elementangriff durch Wasser, Säuren oder Basen mehr oder weniger stark hemmenden Schutzschicht um das betreffende Element.

Beispielsweise nimmt die Reaktionsfähigkeit der Metalle der I.–III. Hauptgruppe gegen (neutrales) Wasser innerhalb der Elementgruppen von unten nach oben und innerhalb der Elementperioden von links nach rechts ab, da das nach

$$M + nH_2O \xrightarrow[(n=1-3)]{} M(OH)_n + \tfrac{n}{2}H_2$$

gebildete Metallhydroxid in gleicher Richtung unlöslicher wird und das Metall somit zunehmend vor einem weiteren Angriff des Wassers schützt. So zersetzen die Alkalimetalle K, Rb, Cs das Wasser mit so großer Heftigkeit unter Bildung von MOH, daß die entstehende Wärme genügt, um die Metalle zu schmelzen und den gebildeten Wasserstoff zu entzünden. Bringt man dagegen ein Stückchen des leichten Gruppenhomologen Na auf Wasser, so bewegt es sich zwar unter lebhafter Wasserstoffentwicklung und unter Schmelzen auf der Wasseroberfläche, der Wasserstoff wird jedoch nicht mehr entzündet. Während die Erdalkalimetalle Ca, Sr, Ba sich mit dem Wasser verhältnismäßig lebhaft – wenn auch weniger heftig als die Alkalimetalle – unter Bildung von Metallhydroxiden $M(OH)_2$ umsetzen, reagiert das leichtere Gruppenhomologe Mg erst bei erhöhter Temperatur (Überleiten von Wasserdampf über erhitztes Magnesiumpulver), dann allerdings ohne weitere Energiezufuhr unter starker Licht- und Wärmeentwicklung und Bildung des Oxids:

$$H_2O\,(g) + Mg \rightarrow MgO + H_2 + 260\,kJ.$$

Wässerige Säuren (z. B. HCl, H_2SO_4), in denen die Hydroxide aller Erdalkalimetalle gut löslich sind, setzen sich demgegenüber mit Mg (sowie Be) auch bei Raumtemperatur glatt unter Wasserstoffentwicklung um. In analoger Weise lassen sich auch die Metalle der III. Hauptgruppe (Al, Ga, In, Tl), die mit neutralem Wasser unter Normalbedingungen nur sehr langsam bzw. nicht unter Bildung von Hydroxiden $M(OH)_3$ reagieren, in nicht oxidierenden Säuren lösen[5]. Entsprechendes gilt für die Metalle der IV. Hauptgruppe (Sn, Pb)[5]. Wegen der Bildung säureunlöslicher Oxidschichten reagieren die Halbmetalle der IV. Hauptgruppe (Si, Ge) auch nicht mehr mit Säuren. Sie können aber – wie auch B, Al, Ga, Sn, Pb oder P in stärkeren Basen (z. B. NaOH, KOH) unter Wasserstoffentwicklung gelöst werden (für Reaktionsgleichungen s. weiter unten).

Für die technische Darstellung von Wasserstoff kommt der Umsetzung von Metallen mit Wasser keine Bedeutung zu. In begrenztem Umfang diente die Zerlegung von Wasser durch Eisen bei Rotglut[6] zur Wasserstofferzeugung[7]:

$$H_2O + Fe \rightleftharpoons FeO + H_2.$$

Von technischer, heute wieder zunehmender Bedeutung ist demgegenüber die Spaltung von Wasser durch das Nichtmetall Kohlenstoff (in Form von Koks, S. 835), der sich bei 800–1000 °C (Hellrotglut[6]) mit Wasserdampf nach der Gleichung

$$131.38\,kJ + H_2O\,(g) + C \rightleftharpoons CO + H_2$$

---

5 Thallium löst sich wegen der Bildung von schwerlöslichem TlCl nicht in Salzsäure, Blei wegen der Bildung von schwerlöslichem $PbCl_2$ bzw. $PbSO_4$ nicht in Salz- bzw. Schwefelsäure auf.

6 Zur ungefähren Bezeichnung höherer Temperaturen bedient man sich häufig der Ausdrücke „*Rotglut*" und „*Weißglut*" wobei man folgende Unterscheidung macht: Beginnende Rotglut: ~ 500°C; Dunkelrotglut: ~ 700°C; Hellrotglut: ~ 900 °C; Gelbglut: ~ 1100 °C: Beginnende Weißglut: ~ 1300°C; Weißglut: ~ 1500°C (vgl. S. 166).

7 Die Gleichung ist hier mit dem einfachsten Eisenoxid FeO formuliert; in Wirklichkeit sind die Verhältnisse aber komplizierter. So ist FeO nur oberhalb 560°C stabil, während unterhalb 560°C ein Mischoxid „$FeO \cdot Fe_2O_3$" = Fe_3O_4 vom Spinelltyp entsteht ($4H_2O + 3Fe \rightarrow Fe_3O_4 + 4H_2$). Gebildetes Fe_3O_4 wird in der Technik z. B. mit HCl bei 380 °C in die Stoffe $FeCl_2$ und Cl_2 überführt, welche sich bei 650 °C bzw. 900 °C mit Wasser unter Rückbildung von HCl zu H_2 und O_2 umsetzen:

$$\left.\begin{array}{lll} Fe_3O_4 + 8\,HCl & \rightarrow & 3\,FeCl_2 + Cl_2 + 4\,H_2O \\ 3\,FeCl_2 + 4\,H_2O & \rightarrow & Fe_3O_4 + 6\,HCl + H_2 \\ Cl_2 + H_2O & \rightarrow & 2\,HCl + \tfrac{1}{2}O_2 \end{array}\right\} \text{Summengleichung: } H_2O \rightarrow H_2 + \tfrac{1}{2}O_2.$$

Auf diese Weise kommt man mit einer begrenzten Menge Eisen aus.

zu einem als „*Wassergas*“ oder „*Synthesegas*“[8] bezeichneten Gasgemisch von Kohlenoxid und Wasserstoff umsetzt (es entsteht nebenbei auch etwas Kohlendioxid, vgl. S. 864). Dabei wird der Energiebedarf dieser endothermen Reaktion („**Kohlevergasung**“) durch Teilverbrennung der Kohle gedeckt. Hierzu leitet man entweder abwechselnd Luft und Wasserdampf über die Kohle, wodurch sich diese zunächst erhitzt („*Heißblasen*“, „*Blaseperiode*“) und dann wieder abkühlt („*Kaltblasen*“, „*Gaseperiode*“), oder man setzt gleich ein Gemisch von Sauerstoff und Wasserdampf ein.

Die Abtrennung des Kohlenoxids aus Wassergas erfolgt in der Technik in geschickter Weise so, daß man es (nach Entfernung schwefelhaltiger Verunreinigungen; vgl. S. 255) mit weiterem Wasserdampf unter Neubildung von Wasserstoff zu Kohlendioxid oxidiert („**Kohlenoxid-Konvertierung**“):

$$H_2O\,(g) + CO \rightleftharpoons H_2 + CO_2 + 41.19\,kJ,$$

welches sich zum Unterschied von CO unter Druck (25–30 bar) leicht mit Wasser, Methanol oder anderen Lösungsmitteln herauswaschen, durch Tiefkühlung abtrennen oder durch Basen (z. B. organische Amine, Kaliumcarbonat) chemisch binden läßt (Näheres vgl. S. 647 beim Ammoniak). Da die CO-Konvertierung eine exotherme Reaktion darstellt, verschiebt sich das Konvertierungsgleichgewicht mit abnehmenden Temperaturen nach rechts (vgl. S. 864). Eine praktisch quantitative Ausbeute wäre bei Raumtemperatur zu erwarten. Bei dieser Temperatur ist jedoch die Umsatzgeschwindigkeit unmeßbar klein. Man führt die Reaktion dementsprechend in Anwesenheit von Katalysatoren durch, welche allerdings bestenfalls ab 200 °C genügend reaktionsbeschleunigend wirken.

Die Gleichungen der Kohlevergasung und CO-Konvertierung ergeben addiert die Gesamtgleichung

$$90.19\,kJ + 2H_2O\,(g) + C \rightleftharpoons 2H_2 + CO_2.$$

In summa reagiert also Kohlenstoff mit dem Wasserdampf in endothermer Reaktion unter Bildung von Wasserstoff und Kohlendioxid.

Für die Darstellung von Wasserstoff im Laboratorium können die Umsetzungen der Metalle Aluminium bzw. Silicium (eingesetzt als Ferrosilicium, s. dort) mit heißer Natronlauge genutzt werden:

$$Al + OH^- + 3H_2O \rightarrow Al(OH)_4^- + 1.5H_2,$$
$$Si + 2OH^- + H_2O \rightarrow SiO_3^{2-} + 2H_2.$$

Je 27 g (1 mol) Aluminium werden dabei 33.6 l Wasserstoff (= 1.2 m^3 je kg Al) bzw. je 28 g (1 mol) Silicium 44.8 l Wasserstoff (= 1.6 m^3 H_2 je kg Si) entwickelt.

Im allgemeinen verwendet man jedoch Zink, das sich mit verdünnter Salz- oder Schwefelsäure bereits bei Zimmertemperatur unter lebhafter Wasserstoffentwicklung umsetzt (mit Wasser reagiert es erst bei erhöhter Temperatur):

$$Zn + 2H_3O^+ \rightarrow Zn^{2+} + 2H_2O + H_2.$$

Die Reaktion wird zweckmäßig in einem „**Kippschen Apparat**“ durchgeführt, der auch für die Entwicklung vieler anderer Gase (z. B. von CO_2, O_2, Cl_2) im Laboratorium geeignet ist.

Er besteht (Fig. 80) aus einem Kugeltrichter und einem mit einer Einschnürung versehenen Entwicklungsgefäß. Trichter und Entwicklungsgefäß sind durch einen Glasschliff derart miteinander ver-

[8] Mit **Synthesegas** bezeichnet man CO/H_2-Gemische sowie auch $N_2/3H_2$-Gemische (für die NH_3-Synthese). Für einige CO/H_2-Gemische existieren auch andere Bezeichnungen (z. B. „*Wassergas*“ für CO/H_2 durch Kohlevergasung (s. o.), „*Spaltgas*“ für CO/H_2 durch chemische Kohlenwasserstoffspaltung (S. 255). Synthesegas stellt die Rohstoffbasis zur Gewinnung von Wasserstoff (s. o.), Kohlenmonoxid (S. 863) sowie einigen großtechnischen Basisprodukten wie Ammoniak (S. 645), Methanol und Oxoalkoholen (S. 867) und (möglicherweise in naher Zukunft) Kohlenwasserstoffen (S. 867) dar.

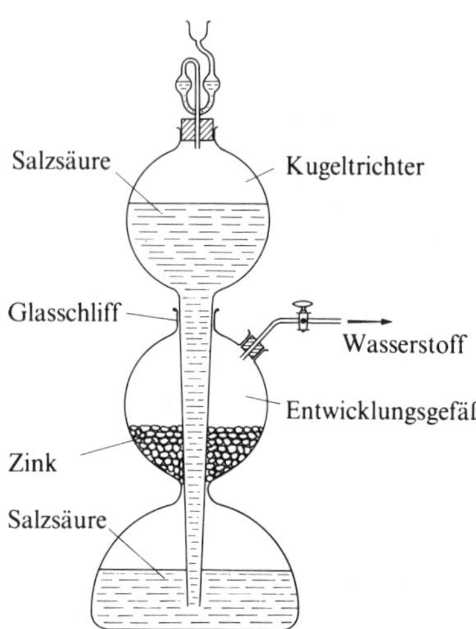

Fig. 80 Wasserstoffgewinnung im Kippschen Apparat.

bunden, daß das lange Ansatzrohr des ersteren bis in den unteren Teil des letzteren hineinragt, ohne dabei die Verbindung der beiden Volumenteile des Entwicklungsgefäßes zu unterbrechen. Im mittleren Teil des Apparates befindet sich das Zink, der obere und untere enthält Salzsäure. Öffnet man den Hahn der mittleren Kugel, so fließt infolge des Überdrucks der Flüssigkeitssäule Säure aus dem oberen in den unteren Teil, gelangt so schließlich mit dem Zink des mittleren Teils in Berührung und setzt sich mit diesem nach der obigen Reaktionsgleichung unter Bildung von Wasserstoff und Zinkchlorid ($ZnCl_2$) um. Schließt man den Hahn, so wird durch die zunächst noch fortdauernde Wasserstoffentwicklung die Säure aus der mittleren Kugel auf dem Wege über den unteren Teil und das Ansatzrohr des Kugeltrichters in diesen zurückgedrängt, so daß die Berührung zwischen Säure und Metall unterbrochen wird und die Gasentwicklung zum Stillstand kommt. Auf diese Weise ist man in der Lage, durch einfaches Öffnen und Schließen des Hahns die Wasserstoffentwicklung in Gang zu bringen oder zu beenden. Beim Arbeiten mit Wasserstoff im Laboratorium achte man stets auf die Explosionsgefahr (Mischung mit Luft: Knallgas; s. unten) und auf die Möglichkeit giftiger Beimengungen (wie AsH_3 aus dem As-Gehalt des Zinks).

Da praktisch alle Nichtmetalle Wasser nur unter Energiezufuhr zu spalten vermögen (s. oben), spielen sie für die Wasserstoffdarstellung im Laboratorium keine Rolle. Eine gewisse Bedeutung zur Gewinnung kleiner Wasserstoffmengen hat die Umsetzung von Wasser mit Hydrid-Ionen H^- (erhältlich durch Reduktion von molekularem Wasserstoff mit elektropositiven Metallen wie Natrium oder Calcium), die insbesondere in Form des Calciumdihydrids CaH_2 eingesetzt werden:

$$CaH_2 + 2H_2O \rightarrow Ca(OH)_2 + 2H_2.$$

Der so erzeugte Wasserstoff kann u.a. zum Füllen meteorologischer Ballone dienen.

1.2.2 Aus Kohlenwasserstoffen

Die Kohlenwasserstoffe sind im allgemeinen exotherme Verbindungen, d.h. ihre Zerlegung in die Bestandteile Wasserstoff und Kohlenstoff kann nur unter Energiezufuhr – wenn auch kleinerer als im Falle von Wasser (s. oben) – erfolgen. Beispielsweise erfordert die Spaltung des einfachsten Kohlenwasserstoffs, Methan CH_4, eine Energiemenge von 74.86 kJ:

$$74.86\,\text{kJ} + CH_4 \rightleftharpoons C + 2H_2.$$

Die Wasserstoffgewinnung aus Kohlenwasserstoffen, die für das Laboratorium keine Bedeutung hat, erfolgt in der Technik durch Zufuhr thermischer sowie chemischer Energie. Ausgangsprodukt der „**thermischen Kohlenwasserstoffspaltung**" ist die Steinkohle, welche sich bei 1100–1300 °C (Gelb- bis Weißglut[6]) unter Luftausschluß („*Verkokung*") in Koks

($\sim$98 %iger Kohlenstoff), Steinkohlenteer (= höhermolekulare Kohlenwasserstoffe) sowie – hauptsächlich aus Wasserstoff (60–64 Vol.-%) und Methan (25–27 Vol.-%) bestehendes – Koksofengas („*Kokereigas*") verwandelt. Aus dem Gas läßt sich durch Tieftemperaturfraktionierung (vgl. fraktionierende Destillation der Luft) Wasserstoff abtrennen. In entsprechender Weise läßt sich durch hohes Erhitzen von Erdölen („*Cracken*") Wasserstoff neben Kohlenstoff (Ruß, S. 836) erzeugen.

Bei der „**chemischen Kohlenwasserstoffspaltung**" verbindet man im Prinzip die thermische Kohlenwasserstoffspaltung mit einer Oxidation des hierbei gebildeten Kohlenstoffs, wobei der für den Oxidationsprozeß benötigte Sauerstoff dem Wasser entnommen wird. Dabei ergibt sich für das Methan (aus Erdgasquellen bzw. Kokereigas) folgende Reaktionssummengleichung:

$$206.2\,\text{kJ} + CH_4 + H_2O\,(g) \rightleftharpoons CO + 3\,H_2.$$

Ihr ist zu entnehmen, daß sich Methan und Wasser nur unter Energiezufuhr in Wasserstoff und – seinerseits konvertierbares (s. oben) – Kohlenmonoxid umwandeln. Hohe Temperaturen begünstigen somit den Prozeß der Bildung von CO/H_2 („*Spaltgas*", „*Synthesegas*"; vgl. Anm.[8)]).

In der Praxis führt man die – gewissermaßen eine Kombination der Wasserstoffgewinnung aus Wasser und Kohlenwasserstoffen darstellende – Spaltung („Vergasung") von Erdöl und Erdgas in „Spaltröhren" aus Chrom-Nickel-Stahl bei 700–830 °C und 40 bar in Anwesenheit eines Nickelkatalysators oder bei 1200–1500 °C ohne Katalysator durch (Näheres vgl. S. 864). Im ersten Falle („*katalytische Röhrenspaltung von Kohlenwasserstoffen*", „**Steam Reforming**") verbleiben etwa 8 Vol.-%, in letzterem 0.2 Vol.-% Methan im Gleichgewicht (um das erreichte Gleichgewicht der unkatalysierten Spaltung „einzufrieren", muß das Prozeßgas sehr schnell abgekühlt werden). Die hohen Temperaturen des zweiten, insbesondere zur Umwandlung von Schwerölen aus Raffinerierückständen wichtigen (Texaco- bzw. Shell-) Verfahrens erzeugt man in geschickter Weise durch teilweise Verbrennung der Kohlenwasserstoffe mit Sauerstoff („*partielle Oxidation*" *von Schweröl*).

Reinigung. Vor seiner Weiterverwendung (z. B. für Hydrierungen) muß der technisch aus Kohle, Koks, Erdöl, Erdgas und Wasser auf dem Wege der Kohlevergasung, Verkokung, chemischer Kohlenwasserstoffspaltung, Kohlenoxid-Konvertierung dargestellte Wasserstoff von verbliebenen Verunreinigungen (hauptsächlich H_2S, CO, CO_2) befreit werden, da sie z. B. die für Hydrierungen benützten Katalysatoren vergiften. Als Methoden zur Abtrennung des schwach sauer und reduzierend wirkenden Schwefelwasserstoffs aus Synthesegas (Anm.[8)]) haben sich u. a. dessen *Absorption* in Methanol, dessen Bindung an Basen (festes ZnO bzw. Na_2O; wäßrige $H_2NCH_2CH_2OH$- bzw. K_2CO_3-Lösung) sowie dessen Oxidation zu Schwefel bewährt (z. B. oxidative Adsorption an Aktivkohle oder Eisen(III)-hydroxid). Kohlenoxid sowie Kohlendioxid können – nachdem die Hauptmenge im Synthesegas durch CO-Konvertierung und CO_2-Druckwäsche beseitigt wurde – physikalisch durch Ausfrieren bei tiefen Temperaturen im Zuge einer Wäsche mit flüssigem Stickstoff oder chemisch durch Auswaschen mit einer ammoniakalischen Kupfer(I)-chlorid- oder -carbonatlösung unter Druck abgetrennt werden (vgl. hierzu NH_3-Darstellung). Beide Kohlenoxide lassen sich auch auf dem Wege einer *Umwandlung in Methan* bei 250–350 °C und 30 bar in Gegenwart eines Ni-Katalysators ($CO + 3\,H_2 \rightleftharpoons CH_4 + H_2O$; $CO_2 + 4\,H_2 \rightleftharpoons CH_4 + 2\,H_2O$; vgl. S. 867), welches sich leicht von Wasserstoff durch Ausfrieren trennen läßt, beseitigen.

Relativ reiner Wasserstoff entsteht bei der Elektrolyse von Wasser an Platinelektroden. Zur Gewinnung höchstreinen Wasserstoffs läßt man diesen bei 300 °C durch Palladium diffundieren (vgl. S. 289; die Verunreinigungen wandern nicht durch Pd) oder setzt ihn bei 250 °C mit Uran zu Urantrihydrid um ($U + 1\frac{1}{2}\,H_2 \rightarrow UH_3$), welches nach Abpumpen der unumgesetzten Gasverunreinigungen in Umkehr seiner Bildung bei 500 °C im Vakuum wieder in Uran und Wasserstoff gespalten wird. In entsprechender Weise läßt sich Wasserstoff noch einfacher durch Umsetzen mit der Legierung $LaNi_5$ bei Raumtemperatur und anschließender Zersetzung des gebildeten Hydrids $LaNi_5H_x$ (x maximal 6.7) bei etwas erhöhter Temperatur reinigen.

Transport. In den Handel kommt Wasserstoff in (rot gestrichenen) Stahlbomben, in denen er unter einem Druck von 200 bar steht. Der Transport von H_2 erfolgt darüber hinaus als *Gas* bei Raumtemperatur in Rohrleitungen oder als *Flüssigkeit* bei -253 °C in hochisolierten Drucktankwagen. Möglich erscheint in naher Zukunft ein Transport von „gespeichertem" Wasserstoff als „*Feststoff*" in Form von Hydriden (z. B. $TiFeH_x$, $MgNiH_x$). Der größte Teil des synthetisierten Wasserstoffs wird allerdings direkt in den H_2-erzeugenden Betrieben verbraucht.

1.3 Physikalische Eigenschaften

Wasserstoff ist ein farb-, geruch- und geschmackloses, wasserunlösliches Gas. Durch sehr starke Abkühlung läßt er sich zu einer farblosen Flüssigkeit verdichten, welche bei $-252.76\,°C$ (20.39 K) siedet und bei $-259.19\,°C$ (13.96 K) zu einer festen Masse (bestehend aus einer hexagonal-dichtesten Kugelpackung von H_2-Molekülen) erstarrt. – Der HH-Abstand im gasförmigen H_2-Molekül beträgt 0.741 66 Å.

Dichte. Da der Wasserstoff unter allen Stoffen die kleinste Molekülmasse (2.01594) besitzt, ist er das leichteste aller Gase. 1 Liter Wasserstoff wiegt bei 0 °C und 760 Torr 0.089870 g; die Luft besitzt demgegenüber unter gleichen Bedingungen ein rund 14mal größeres Litergewicht von 1.2928 g. Dementsprechend zeigt der Wasserstoff in Luft eine *Auftriebskraft* von rund $1.2928 - 0.0899 = 1.2029$ g je Liter oder 1.2029 kg je Kubikmeter. Er eignet sich somit als Füllgas für Luftballons und Luftschiffe. Zum Tragen von zwei Personen samt Ballon, Gondel und Ausrüstung sind 600 m^3 Wasserstoff (Auftrieb von 720 kg; Ballondurchmesser von 10–11 m) erforderlich; ein Zeppelinluftschiff benötigte seinerzeit etwa 250000 m^3. Nachteilig für die Verwendung von Wasserstoff als Füllgas ist seine Brennbarkeit und sein großes Diffusionsvermögen (s. unten). Daher bevorzugt man jetzt Helium (s. dort) als Traggas. Auch im flüssigen und festen Zustande ist der Wasserstoff erheblich leichter als andere Stoffe. So beträgt die Dichte des flüssigen Wasserstoffs beim Siedepunkt 0.0700 g/cm^3 und des festen Wasserstoffs beim Schmelzpunkt 0.0763 g/cm^3, was den rund 800fachen Wert der Dichte des gasförmigen Wasserstoffs entspricht.

Kritische Daten. Lange Zeit hindurch hielt man den Wasserstoff – wie auch verschiedene andere Gase – für ein sogenanntes „**permanentes Gas**", d.h. ein Gas, das in keinen der beiden anderen Aggregatzustände übergeführt werden kann. Zu dieser Meinung gelangte man, weil alle Versuche, den Wasserstoff durch Druck zu verflüssigen, fehlschlugen, obwohl man Drücke bis zu mehreren tausend Bar anwandte. Heute weiß man, daß es für jedes Gas eine Maximaltemperatur gibt, oberhalb derer es auch durch noch so hohen Druck nicht verflüssigt werden kann. Diese Temperatur nennt man „**kritische Temperatur**". Wir können die Bedeutung dieser Temperatur leicht verstehen, wenn wir uns die Vorgänge beim Erhitzen einer Flüssigkeit näher vergegenwärtigen:

In einem geschlossenen Gefäß (Fig. 81) befinde sich eine Flüssigkeit unter ihrem eigenen Dampfdruck (S. 36). Bei bestimmter Temperatur T_1 hat die Flüssigkeit eine bestimmte

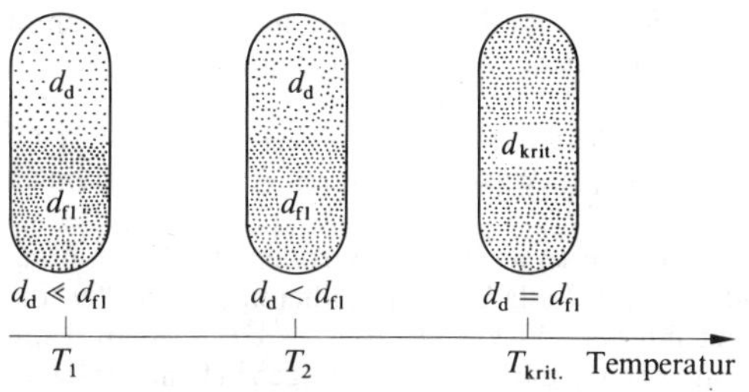

Fig. 81 Kritischer Zustand.

Flüssigkeitsdichte d_{fl}, der Dampf eine bestimmte Dampfdichte d_d; d_{fl} ist dabei wesentlich größer als d_d. Erhöhen wir die Temperatur auf den Wert T_2, so verdampft ein Teil der Flüssigkeit, bis der der Temperatur T_2 entsprechend höhere Dampfdruck erreicht ist. Die Dampfdichte d_d wird damit größer. Gleichzeitig nimmt d_{fl} ab, weil sich die Flüssigkeit mit steigender Temperatur ausdehnt. Bei weiterer Temperaturerhöhung nimmt d_d weiter zu, d_{fl} weiter ab. Schließlich kommt ein Punkt, bei dem $d_d = d_{fl}$ wird. Flüssigkeit und Dampf haben bei dieser Temperatur die gleiche Dichte, so daß kein Unterschied mehr zwischen beiden besteht. Die Temperatur, bei der dies der Fall ist, bezeichnet man als *kritische Temperatur*;

die dazugehörige Dichte heißt *kritische Dichte*, der dazugehörige Druck *kritischer Druck*. Beim Wasserstoff beträgt die kritische Temperatur $-239.96\,°C$ (33.19 K), der kritische Druck 13.10 bar und die kritische Dichte 0.0310 g/cm³. Will man also den Wasserstoff verflüssigen, so muß man eine Temperatur von $-239.96\,°C$ unterschreiten; es genügt dann ein Druck von 13.10 bar[9, 10)].

Bei sehr hohen Drücken (3–4 Millionen bar) geht der Wasserstoff, wie man annimmt, in eine metallische Form über, bei der die intermolekularen HH-Abstände den intramolekularen HH-Abständen gleichen, so daß die Elektronen wie in einem Metall als delokalisiert betrachtet werden können. Möglicherweise enthalten die großen Planeten wie Jupiter (der zu 78 % seiner Masse aus Wasserstoff besteht) in ihrem Inneren solchen metallischen Wasserstoff.

Diffusionsvermögen. Unter dem Diffusionsvermögen von Gasen versteht man ihre Fähigkeit, sich – auch durch poröses Material hindurch – in ein anderes Medium hinein auszubreiten. Die Geschwindigkeit v dieser Diffusion ist bei gegebenen äußeren Bedingungen der Wurzel aus der molaren Masse des Gases umgekehrt proportional. Daher verhalten sich die Diffusionsgeschwindigkeiten zweier Gase umgekehrt wie die Wurzeln aus ihren molaren Massen:

$$\frac{v_1}{v_2} = \sqrt{\frac{M_2}{M_1}}.$$

Als leichtestes Gas diffundiert dementsprechend der Wasserstoff am schnellsten durch poröse Trennwände – z. B. das Material einer Ballonhülle (s. oben) – hindurch (gemäß obiger Beziehung 4mal schneller als der Sauerstoff). Ja selbst durch Metalle wie Eisen, Platin oder Palladium diffundiert der Wasserstoff (allerdings nicht physikalisch, sondern chemisch; vgl. metallartige Wasserstoffverbindungen) verhältnismäßig leicht. Ein heißes Palladiumblech z. B. stellt für Wasserstoff praktisch kein Hindernis dar (für Helium besteht diese Durchlässigkeit nicht). Analoges wie für das Diffusionsvermögen gilt für das Effusionsvermögen des Wasserstoffs, also sein Entweichen aus Kapillaren.

Wärmeleitvermögen. Das Wärmeleitvermögen des Wasserstoffs ist wesentlich höher als das der Luft, da sich die leichteren Wasserstoffmoleküle wesentlich schneller bewegen als die schwereren Stickstoff- und Sauerstoffmoleküle (vgl. oben), dabei aber gleichviel Energie pro Molekül transportieren (vgl. S. 33). Bringt man z. B. in einem mit Stickstoff gefüllten Glaszylinder eine Platinspirale auf elektrischem Wege gerade zum Glühen und verdrängt dann den Stickstoff durch Wasserstoff, so leuchtet die Spirale nicht mehr, weil sie in Wasserstoff weit mehr Wärme durch Leitung verliert als in Stickstoff.

Löslichkeit. Die Löslichkeit des Wasserstoffs in Wasser ist gering. 100 l Wasser lösen bei 0 °C und einem Druck von 1 atm = 1.013 bar 2.15 l Wasserstoff. In Alkohol ist die Löslichkeit etwas größer. Ein großes Lösungsvermögen für Wasserstoff besitzen dagegen viele Metalle, was zur Wasserstoffspeicherung genutzt werden kann (vgl. Anm.[83)], S. 295). So kann z. B. schwammförmiges Palladiummetall das 850fache seines eigenen Volumens an Wasserstoff aufnehmen. Da mit der Absorption eine Aufspaltung der Wasserstoffmoleküle in reaktionsfähigere Wasserstoffatome verknüpft ist (Bildung einer Pd-H-Legierung; vgl. metallartige Hydride), wirkt Palladium als Katalysator bei Hydrierungen mit Wasserstoff (s. unten).

---

[9] Für den Sauerstoff beträgt die kritische Temperatur $-118.37\,°C$ (154.78 K), der kritische Druck 50.2 bar und die kritische Dichte 0.430 g/cm³. Für den Stickstoff lauten die kritischen Daten: $-146.95\,°C$ (126.20 K), 33.9 bar, 0.311 g/cm³.

[10] In der Praxis erfolgt die Wasserstoffverflüssigung in analoger Weise wie die Verflüssigung der Luft (s. dort), wobei mit flüssiger Luft vorgekühlter Wasserstoff eingesetzt wird.

1.4 Chemische Eigenschaften

Thermisches Verhalten. Die Bindung zwischen den Wasserstoffatomen des Wasserstoffmoleküls ist sehr stark, so daß zur homolytischen Dissoziation der Wasserstoffmoleküle in Wasserstoffatome erhebliche Energiemengen benötigt werden:

$$436.22\,\text{kJ} + H_2 \rightleftharpoons 2\,H.$$

Dementsprechend gelingt die thermische Spaltung von Wasserstoffmolekülen erst bei relativ hohen Temperaturen (K_p für obiges Gleichgewicht bei 25 °C = 10^{-71}). Beispielsweise sind gemäß folgender Tabelle

T [Kelvin]	300	1500	2000	3000	4000	5000	6000
% Spaltung	10^{-34}	10^{-3}	0.081	7.85	62.2	95.4	99.3

selbst bei 3000 K (~2700 °C) nur rund 8 % der Wasserstoffmoleküle gespalten (die Prozente beziehen sich auf einen Gesamtdruck $p = p_{H_2} + p_H = 1.013$ bar). Erst bei 6000 K liegt Wasserstoff praktisch vollständig in atomarer Form vor. Da die Außentemperatur der überwiegend aus Wasserstoff bestehenden Sonne etwa 6000 K beträgt, existieren hiernach an der Sonnenoberfläche im wesentlichen nur Wasserstoffatome. Bei weiterer Erwärmung zerfallen dann die Wasserstoffatome bis 100000 K (Temperatur des Sonnenmantels) unter Abspaltung von Elektronen in Wasserstoff-Kationen (1312.14 kJ + H $\rightleftharpoons$ $H^+ + e^-$), welche ihrerseits ab 10000000 K (Temperatur des Sonnenkerns) zu schwereren Atomkernen wie ^4_2He zusammenschmelzen (S. 1763).

Säure-Base-Verhalten. Energetisch noch aufwendiger als die homolytische H_2-Dissoziation (s. oben) ist die heterolytische Dissoziation der Wasserstoffmoleküle in Wasserstoff-Kationen und -Anionen[11]:

$$1675\,\text{kJ} + H_2 \rightleftharpoons H^+ + H^-.$$

Demgemäß stellt Wasserstoff eine extrem schwache Säure, das Hydrid-Ion also eine überaus starke Base dar. Das wiedergegebene Gleichgewicht liegt selbst in Wasser, welches die gebildeten Ionen durch Hydratation beachtlich stabilisiert (Hydratationsenthalpie für H^+: −1168 kJ/mol; für H^- (geschätzt): −350 kJ/mol) vollständig auf der linken Seite. So berechnet sich aus der Säurekonstante für den Dissoziationsvorgang ($K_S = c_{H^+} \cdot c_{H^-} = 10^{-39}$)[12] bei Berücksichtigung der für neutrales Wasser zutreffenden Protonenkonzentration ($c_{H^+} = 10^{-7}$ mol/l) eine Hydridionen-Konzentration von 10^{-32} mol/l (vgl. hierzu Anm.[36a], S. 209). Demnach ist das Hydrid-Ion in Wasser nur bis zur unvorstellbar kleinen Konzentration von 10^{-32} mol/l existenzfähig[13] und vereinigt sich bei höherer Konzentration mit den Protonen des Wassers unter Bildung molekularen Wasserstoffs. Aus diesem Grunde lösen sich die aus Metall-Kationen und Hydrid-Anionen aufgebauten Alkali- bzw. schweren Erdalkalimetallhydride (vgl. salzartige Hydride) in Wasser nur unter Zersetzung (z. B. $NaH + H_2O \rightarrow NaOH + H_2$; vgl. protochemische Spannungsreihe). Analog entziehen H^--haltige Metallhydride selbst extrem schwachen Säuren wie NH_3 oder CH_4 Protonen.

---

11 Die heterolytische Wasserstoffdissoziation läßt sich nicht nur als Säure-Base-, sondern auch als Redox-Reaktion klassifizieren: Wasserstoff-Moleküle (Oxidationsstufe von H = 0) disproportionieren in Wasserstoff-Kationen (Oxidationsstufe von H = +1) und Wasserstoff-Anionen (Oxidationsstufe von H = −1).

12 Die H_2-Konzentration ist, da sie als konstant betrachtet werden kann (vgl. Löslichkeit von H_2 in H_2O) bereits in der Gleichgewichtskonstanten enthalten.

13 Eine Konzentration $c_{H^-} = 10^{-32}$ mol/l entspricht einem Hydrid-Ion in ca. 1 Milliarde Liter Wasser (1 mol H^- = 6×10^{23} Teilchen).

Die Fähigkeit des Wasserstoffs, sowohl wie die Alkalimetalle im einfach positiv, als auch wie die Halogene im einfach negativ geladenen Zustand existieren zu können, legt eine Einordnung des Wasserstoffs in beide angesprochenen Elementgruppen nahe. Wie nachfolgende Zusammenstellung veranschaulicht, ist jedoch die Ionisierungsenergie des Wasserstoffs, welche dessen Reduktionsbestreben veranschaulicht, erheblich höher als die des typischen Reduktionsmittels Lithium und die das Oxidationsbestreben von Wasserstoff symbolisierende Elektronenaffinität erheblich größer als die des typischen Oxidationsmittels Fluor:

	H	Li	F
Ionisierungsenergie [kJ/mol]	1312	520	1682
Elektronenaffinität [kJ/mol]	−73	−57	−333

Somit ist der Vergleich von Wasserstoff mit den Alkalimetallen sowie Halogenen eher irreführend.

Außer der *Brönsted-Acidität/Basizität* kommt dem Wasserstoff auch *Lewis-Acidität/Basizität* hinsichtlich von Metallfragmenten L_nM (L = geeigneter Ligand) zu, mit denen er **Komplexe** des Typs $L_nM \cdot H_2$ bildet (Näheres S. 1608).

Redox-Verhalten. Die charakteristischste chemische Eigenschaft des Wasserstoffs ist seine Brennbarkeit[14]. Entzündet man Wasserstoff an der Luft, so verbrennt er mit fahler, bläulicher, heißer Flamme zu Wasser:

$$2H_2 + O_2 \rightarrow 2H_2O\,(\text{fl.}) + 572.04\,\text{kJ}.$$

Bei Zimmertemperatur erfolgt die Vereinigung von Wasserstoff und Sauerstoff zu Wasser mit unmeßbar geringer Geschwindigkeit, da der molekulare Wasserstoff H_2 infolge seiner hohen Dissoziationsenergie (s. oben) recht reaktionsträge ist. Ein Gemisch von H_2 und O_2 im Volumenverhältnis 2 : 1 kann man z. B. jahrelang aufbewahren, ohne daß es zu einer merklichen Umsetzung kommt. Daß aber auch bei dieser niedrigen Temperatur die Neigung zur Wasserbildung besteht, ersieht man daraus, daß bei Zugabe eines Katalysators die Reaktion stattfindet. Läßt man ein Wasserstoff-Sauerstoff-Gemisch beispielsweise in Berührung mit wenig fein verteiltem Palladium- oder Platinmetall stehen, welche den Wasserstoff in atomarer Form lösen (vgl. metallartige Hydride), so erfolgt schon bei Zimmertemperatur in kurzer Zeit – oft unter Explosion – quantitative Bildung von Wasser.

Der deutsche Chemiker Johann Wolfgang Döbereiner (1780–1849) bediente sich schon im Jahre 1823 dieser katalytischen Wirkung des Platins zur Herstellung eines Feuerzeugs („*Döbereiners Feuerzeug*"). Bei diesem Feuerzeug wurde in ähnlicher Weise wie im Kippschen Apparat (s. dort) aus Zink und Säure Wasserstoff entwickelt, der durch eine Düse gegen fein verteiltes Platin strömte. Die bei der so katalysierten Wasserbildung freiwerdende Wärme brachte das Platin zum Glühen, so daß sich der ausströmende Wasserstoff entzündete.

Bei erhöhter Temperatur erfolgt die Wasserbildung aus H_2 und O_2 auch ohne Gegenwart eines Katalysators mit meßbarer Geschwindigkeit. Erhitzt man z. B. ein Wasserstoff-Sauerstoff-Gemisch an einer Stelle durch Berühren mit einer Flamme auf etwa 600 °C, so kommt die Reaktion in Gang. Durch die hierbei frei werdende Wärme werden die Nachbarpartien der erhitzten Stelle zur Umsetzung angeregt. Die so in Form einer „Kettenreaktion" (vgl. Mechanismus der H_2/O_2-Reaktion) weitergeführte Umsetzung erzeugt ihrerseits Wärme usw., so daß sich die Umsetzung schließlich von der erhitzten Stelle ausgehend unter starker Temperatursteigerung explosionsartig durch das ganze Gemisch hindurch fortsetzt („**Knallgasexplosion**")[15]. Der dabei zu beobachtende laute Knall kommt dadurch zustande, daß der gebildete Wasserdampf infolge der momentan entwickelten Reaktionswärme plötzlich ein

[14] Dagegen unterhält der brennbare Wasserstoff zum Unterschied vom nichtbrennbaren Sauerstoff (s. dort) nicht die Verbrennung: eine in Wasserstoffgas eingeführte Kerze erlischt.

[15] Besonders heftig explodiert ein Gemisch, das Wasserstoff und Sauerstoff im stöchiometrischen Volumenverhältnis 2 : 1 enthält (bei Luft statt Sauerstoff gilt das Volumenverhältnis 2 : 4.78, entsprechend 30 Vol.-% H_2). Wasserstoff-Luft-Gemische, die weniger als 6 oder mehr als 67 Vol.-% Wasserstoff enthalten, detonieren nicht mehr.

viel größeres Volumen erlangt, als es das ursprüngliche Wasserstoff-Sauerstoff-Gemisch einnahm, so daß die Luft mit großer Gewalt weggestoßen wird.

Wegen der Gefährlichkeit der Knallgasexplosion muß man sich beim Arbeiten mit Wasserstoff stets durch eine „*Knallgasprobe*" davon überzeugen, daß die verwendete Apparatur und das Wasserstoffgas luftfrei sind. Zu diesem Zwecke fängt man nach längerem Durchleiten von Wasserstoff etwas Gas in einem Reagensglas auf und bringt die Mündung des Glases an eine Flamme. Ist der Wasserstoff frei von Luft, so brennt er ruhig oder mit nur ganz schwachem Verpuffen ab. Erfolgt die Verbrennung dagegen mit pfeifendem Geräusch, so ist noch Knallgas vorhanden.

Mischt man dem Wasserstoff erst im Moment des Entzündens den zur Verbrennung notwendigen Sauerstoff bei, so wird naturgemäß eine Explosion vermieden, da sich dann die Verbrennung wegen des Fehlens eines zündfähigen Gasgemisches nicht ausbreiten kann. Man bedient sich dieser Art der gefahrlosen Wasserstoffverbrennung zur Erzeugung hoher Temperaturen im „*Knallgasgebläse*". Bei diesem Gebläse (Fig. 82) werden die beiden Gase Wasserstoff und Sauerstoff mittels eines sogenannten „*Daniellschen Hahns*" getrennt voneinander einer gemeinsamen Austrittsöffnung zugeführt, an der das entströmende Gasgemisch entzündet wird. Die Temperatur der Knallgasflamme kann bis zu 3000 °C betragen, so daß sich in dieser Flamme hochschmelzende Stoffe wie Platin Pt (Smp. 1772 °C), Aluminiumoxid Al_2O_3 (Smp. 2050 °C), Quarz SiO_2 (Smp. 1550 °C) leicht schmelzen lassen[16].

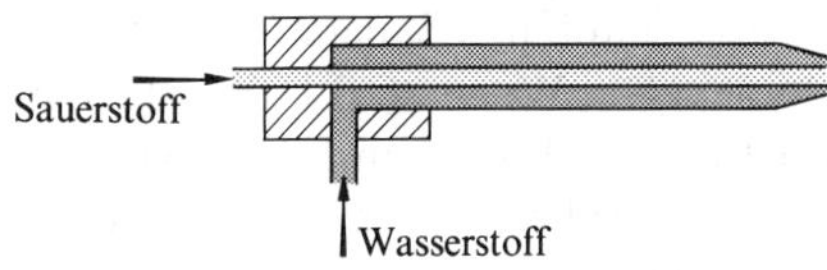

Fig. 82 Daniellscher Hahn.

Technisch wird das Knallgasgebläse in großem Umfang zum „**autogenen Schweißen und Schneiden**" von Metallen angewendet.

Die Bezeichnung „*autogene*" *Schweißung* rührt daher, daß bei dieser Art der Schweißung zum Unterschied von der Nietung oder Lötung eine Schweißnaht aus dem Metall selbst erzeugt wird[17]. Zur Vermeidung einer Oxidation der Schweißstelle verwendet man einen Überschuß an Wasserstoff (4 bis 5 Vol. H_2 auf 1 Vol. O_2); die Temperatur der so erzeugten Flamme beträgt 2000 °C). Höhere Temperaturen erreicht man bei der Acetylen-Sauerstoff-Schweißung ($C_2H_2 + 2.5\,O_2 \rightarrow 2\,CO_2 + H_2O + 1300.5$ kJ), der verbreitetsten Art der autogenen Schweißung, bei der man auf 3 Teile Acetylen 4 Teile Sauerstoff anwendet[18]. Zur Schweißung dienen in beiden Fällen „*Schweißbrenner*" oder „*Schweißpistolen*", die nach Art des Daniellschen Hahns (Fig. 82) konstruiert sind und denen die Gase aus Stahlflaschen durch Druckschläuche zugeführt werden. Autogen schweißen lassen sich z. B. Kupfer, Messing, Bronze, Eisen, Nickel und Aluminium, aber z. B. kein Werkzeugstahl.

Das „*autogene Schneiden*" und Durchbohren von Metallen geschieht in der Weise, daß man mit einem Schweißbrenner eine kleine Stelle zur Weißglut erhitzt und dann mit Sauerstoffüberschuß (Drosselung der Wasserstoff- bzw. Acetylen-Zufuhr) weiterbläst. Das Metall verbrennt zu Oxid, welches weggeblasen wird, und die dabei auftretende Verbrennungswärme liefert die erforderliche Schmelzhitze. Das Verfahren des autogenen Schneidens liefert einen scharfen, sauberen Schnitt und wird in der Technik zum Schneiden von Panzerplatten, Ausschneiden von Kesselböden, Durchlochen von Profileisen, Demontieren alter Brücken und Schiffe usw. angewendet.

Wie mit Sauerstoff vereinigt sich der Wasserstoff auch mit fast allen anderen Elementen E_x zu Wasserstoffverbindungen EH_n. Ist dabei das Element wie im Falle des Sauerstoffs (s. oben), der Halogene oder des Stickstoffs elektronegativer als der Wasserstoff (vgl. Elek-

16 Verbrennt man den Wasserstoff nicht mit reinem Sauerstoff, sondern mit dem Sauerstoff der Luft, so beträgt die mit dieser Flamme erreichbare Maximaltemperatur nicht 3000 °C, sondern nur rund 2000 °C. Dies kommt nicht etwa daher, daß die Wärmeentwicklung bei der Verbrennung einer bestimmten Menge Wasserstoff im letzteren Falle kleiner als im anderen wäre, sondern daher, daß sich die entwickelte Wärme wegen des in der Luft neben Sauerstoff noch in großer Menge vorhandenen Stickstoffs auf ein wesentlich größeres Gasquantum verteilt.

17 autos (griech.) = selbst; gennan (griech.) = erzeugen.

18 Auf die gleiche H_2-Molmenge bezogen liefert die Acetylenverbrennung $4\frac{1}{2}$ mal mehr Wärme als die Wasserstoffverbrennung.

tronegativitäten), so erfolgt die Bildung der Wasserstoffverbindung formal unter Oxidation des Wasserstoffs (Reduktion des Elements), ist es wie im Falle der Alkali- oder Erdalkalimetalle weniger elektronegativ, so erfolgt die Bildung des Elementwasserstoffs unter Reduktion des Wasserstoffs (Oxidation des Elements), z. B.:

$$\overset{\pm 0}{H_2} + \overset{\pm 0}{Cl_2} \rightarrow 2\overset{+1\,-1}{HCl} \qquad 3\overset{\pm 0}{H_2} + \overset{\pm 0}{N_2} \rightarrow 2\overset{-3\,+1}{NH_3}$$

$$\overset{\pm 0}{H_2} + 2\overset{\pm 0}{Na} \rightarrow 2\overset{+1\,-1}{NaH} \qquad \overset{\pm 0}{H_2} + \overset{\pm 0}{Ca} \rightarrow \overset{+2\,-1}{CaH_2}$$

Wasserstoff vermag demgemäß sowohl als Reduktionsmittel als auch als Oxidationsmittel zu wirken.

Die unter Zufuhr von Wasserstoff ablaufenden und deshalb auch als „*Hydrierungen*" bezeichneten Umsetzungen des Wasserstoffs mit den Elementen erfolgen bei Raumtemperatur – ähnlich wie beim Sauerstoff bereits besprochen (s. oben) – häufig noch unmeßbar langsam. Man führt sie zur Reaktionsbeschleunigung deshalb im allgemeinen bei höheren Temperaturen durch und katalysiert sie darüber hinaus in vielen Fällen (als „*Hydrierungskatalysatoren*" eignen sich u.a. die Metalle der VIII. Nebengruppe; insbesondere Fe, Co, Ni, Pd, Pt werden verwendet).

So läßt sich etwa die Einfachbindung des Chlors (Cl—Cl) erst oberhalb 100 °C, die Doppelbindung des Sauerstoffs (O=O; vgl. S. 383) erst oberhalb 400 °C und die Dreifachbindung des Stickstoffs (N≡N) erst bei so hohen Temperaturen mit meßbarer Geschwindigkeit hydrierend spalten, daß man zur Darstellung von Ammoniak aus den Elementen auf die Verwendung eines Katalysators (Fe) angewiesen ist (vgl. Darstellung von NH_3). Auch die technisch wichtigen Hydrierungen organischer ungesättigter Verbindungen (z. B. $H_2 + {>}C{=}C{<} \rightarrow {>}CH{-}CH{<}$; $2H_2 + {>}C{=}O \rightarrow {>}CH_2 + H_2O$) können meistens nur in Anwesenheit von Katalysatoren durchgeführt werden. (Bezüglich weiterer Einzelheiten der Umsetzungen von Elementen mit Wasserstoff vgl. die Darstellung der Elementwasserstoffe, weiter unten.)

Außer mit den Elementen reagiert der Wasserstoff auch mit vielen Elementverbindungen EY_n (Y = elektronegativer Verbindungspartner), und zwar im allgemeinen unter Reduktion des betreffenden Elements. So entzieht er vielen Metalloxiden EO_n den Sauerstoff unter Bildung von Wasser. Leitet man z. B. Wasserstoff über erhitztes Kupferoxid, so wird letzteres zu metallischem Kupfer reduziert: $CuO + H_2 \rightarrow Cu + H_2O$. In entsprechender Weise können Metallhalogenide $EHal_n$ durch Wasserstoff in Metalle und Halogenwasserstoffe übergeführt werden, z. B. Palladiumdichlorid in Palladium und Chlorwasserstoff: $PdCl_2 + H_2 \rightarrow Pd + 2HCl$. Da letztere Reaktion in wäßrigem Medium – ausnahmsweise – selbst bei Raumtemperatur rasch abläuft, nutzt man sie als Testreaktion auf Wasserstoff. In einigen Fällen beobachtet man als Folge der Einwirkung von Wasserstoff auf Elementverbindungen aber auch eine Oxidation des (elektropositiven) Elements. So setzt sich etwa die Iridium(I)-Verbindung $IrClL_3$ (L = Ligand) unter „oxidativer Addition" von Wasserstoff bereits bei Raumtemperatur zur Iridium(III)-Verbindung H_2IrClL_3 um.

Verwendung. Der größte Teil des technisch erzeugten Wasserstoffs (Jahresweltproduktion im zig Megatonnen-Bereich) dient zur Synthese von Ammoniak (s. dort). Technisch von großer Bedeutung sind weiterhin Hydrierungen von Kohlenstoffverbindungen wie etwa die Hydrierung von Kohle, Erdöl und Teer zu Benzin, die Hydrierung von Kohlenoxid zu Alkoholen oder Kohlenwasserstoffen und die Hydrierung öliger Fette zu festen Fetten („*Fetthärtung*"). Erwähnt sei schließlich der Einsatz von Wasserstoff zur Synthese von Chlorwasserstoff (s. dort), als Treibstoff für Raketen (und in Zukunft wohl auch für Verbrennungsmotoren; vgl. Anm.[83)]; S. 295), als Heizgas, als Reduktionsmittel zur Darstellung von Metallen (z. B. Mo, W, Co, Ge) aus den Oxiden und zum autogenen Schweißen und Schneiden (s. oben).

1.5 Atomarer Wasserstoff[1,19)]

Wesentlich reaktionsfähiger als der gewöhnliche molekulare Wasserstoff (H_2) ist der atomare Wasserstoff (H). Man erhält ihn aus ersterem durch Zufuhr von Energie (z.B. Erhitzen auf einige tausend Grad (s. oben), elektrische Durchladung bei hoher Stromdichte und niedrigem Druck, Bestrahlung mit dem ultravioletten Licht eines Quecksilberbogens, Bombardierung mit Elektronen im 10–20 eV-Energiebereich, Mikrowellenbestrahlung):

$$436.22\,\text{kJ} + H_2 \rightleftharpoons 2\,H.$$

Diese erhöhte Reaktionsfähigkeit der Wasserstoffatome im Vergleich zu den Wasserstoffmolekülen erklärt sich aus dem Mehrgehalt an Energie. Besonders geeignet zur Darstellung größerer Mengen atomaren Wasserstoffs sind die Verfahren von R.W. Wood (1868–1955) und von I. Langmuir (1881–1957).

Woodsches Darstellungsverfahren. Das Woodsche Verfahren besteht darin, daß man gewöhnlichen molekularen Wasserstoff unter stark vermindertem Druck einer elektrischen Entladung aussetzt. Ein hierfür sehr zweckmäßiger Apparat wird in Fig. 83 wiedergegeben.

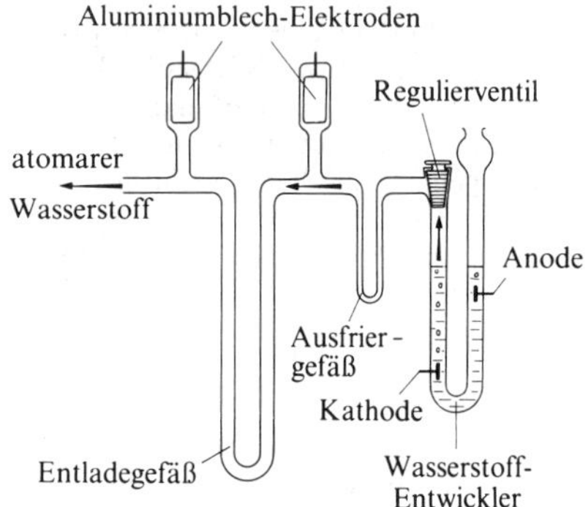

Fig. 83 Darstellung von atomarem Wasserstoff nach Wood.

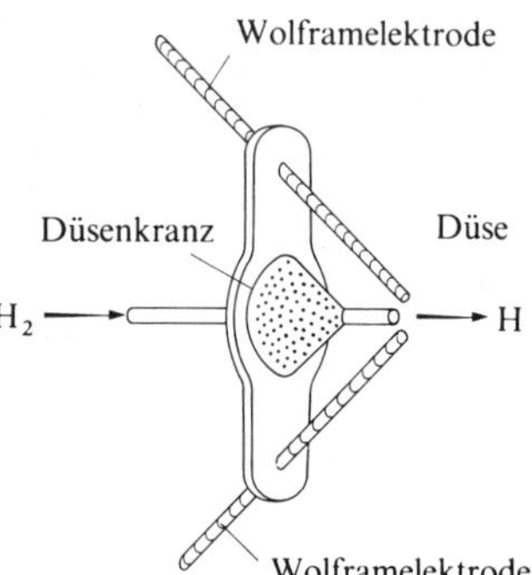

Fig. 84 Darstellung von atomarem Wasserstoff nach Langmuir.

Er besteht im wesentlichen aus einem elektrolytischen Wasserstoffentwickler und einem Entladungsgefäß. Letzteres ist ein 2 cm weites, 2 m langes, zwecks Platzersparnis U- oder S-förmig gebogenes, mit zylinderförmigen Aluminiumblech-Elektroden versehenes Glasrohr. Durch entsprechendes Einstellen eines zwischen Entwicklungs- und Entladungsgefäß angebrachten Regulierventils und durch lebhaftes Absaugen des Wasserstoffs am Ende der Apparatur wird der Druck des – in einem Ausfriergefäß von Wasserdampf befreitem – Wasserstoffs auf $^1/_{10}$ bis 1 Torr gehalten und ein rascher Gasstrom bewirkt. Durch Anlegen einer Spannung von 3000–4000 Volt an die Aluminiumelektroden des Entladungsgefäßes erzeugt man dann eine Glimmentladung, in welcher eine Aufspaltung der Wasserstoffmoleküle zu Atomen erfolgt. Die Ausbeute beträgt bei geeigneten Vorsichtsmaßregeln (s. unten) bis zu 95% der Theorie. Zwar vereinigen sich die Atome nach kurzer Zeit ($^1/_3$ bis $^1/_2$ Sekunde) wieder zu Molekülen; diese Zeit genügt aber, um den atomaren Wasserstoff aus dem Entladungsgefäß abzusaugen und über die in Reaktion zu bringenden Stoffe zu leiten[20)].

Die größere Reaktionsfähigkeit des atomaren Wasserstoffs im Vergleich zum molekularen Wasserstoff zeigt sich z.B. darin, daß er sich zum Unterschied vom letzteren bereits bei Zimmertemperatur mit Chlor, Brom, Iod, Sauerstoff, Schwefel, Phosphor, Arsen, Anti-

---

[19] **Literatur.** W.E. Jones, S.D. Macknight, L. Teng: „*The Kinetics of Atomic Hydrogen Reactions in the Gas Phase*", Chem. Rev. **73** (1973) 407–440; P. Neta: „*Reactions of Hydrogen Atoms in Aqueous Solutions*", Chem. Rev. **72** (1972) 533–543.

[20] Da Metalle die Rückbildung von H_2 katalysieren, verwendet man heute bevorzugt elektrodenlose Entladungen zur Spaltung von H_2 (z.B. „*Mikrowellenentladung*").

mon, Germanium unter Bildung von Wasserstoffverbindungen (HCl, HBr, HI, H_2O, H_2S, PH_3, AsH_3, SbH_3, GeH_4) vereinigt und viele Oxide schon bei Raumtemperatur zu Elementen (z. B. SO_2, CuO, SnO_2, PbO, Bi_2O_3) oder niederen Oxiden (z. B. $NO_2 \rightarrow NO$[20a]) reduziert.

Die Vereinigung („*Rekombination*") von Wasserstoffatomen zu -molekülen kann nicht durch eine bimolekulare Stoßreaktion zweier H-Atome erfolgen, da hierbei die zur Aufspaltung der H_2-Moleküle erforderliche Energie von 436.22 kJ/mol wieder frei wird, aber nicht nach außen abgegeben werden kann. Sie verbleibt im H_2-Molekül und führt nach seiner Bildung wieder zu einer Spaltung in H-Atome. Erst die Anwesenheit eines, die Reaktionsenergie übernehmenden dritten Stoßpartners M (z. B. die Gefäßwand, ein Gasmolekül bzw. -atom) ermöglicht die Wasserstoffatomvereinigung: $H + H + M \rightarrow H_2 + M_{angeregt}$. Derartige trimolekulare Stoßreaktionen sind aber vergleichsweise selten: nur jeder millionste Zusammenstoß von H-Atomen in der Gasphase bzw. jeder zehntausendste Zusammenstoß an einer Glaswand führt zur H_2-Bildung. Demgemäß ist die mittlere Lebenszeit der Wasserstoffatome – gemessen an ihrer Reaktivität – relativ groß (bei einem Druck von 0.5 Torr etwa 0.5 s, s. oben).

Die Rekombination der Wasserstoffatome wird durch verschiedene Stoffe stark beschleunigt. Man kann die beschleunigende Wirkung der einzelnen Stoffe in einfacher Weise z. B. dadurch messen, daß man die Substanzen auf die Kugel eines Thermometers bringt und dieses in den H-Atom-haltigen Wasserstoffstrom einhängt. Je höher die katalytische Wirkung ist, umso höher steigt die Temperatur des Thermometers. Sie nimmt für Metalle beispielsweise in der Reihenfolge Platin, Palladium, Wolfram, Eisen, Chrom, Silber, Kupfer, Blei ab. Umgekehrt gibt es auch Stoffe, welche die Rückbildung der Wasserstoffmoleküle hemmen. Hierzu gehören z. B. die sirupöse Phosphorsäure, Silicone, Teflon. Daher pflegt man die Wandungen der Rohre, durch welche der atomare Wasserstoff geleitet wird, mit Phosphorsäure auszustreichen bzw. mit Siliconen oder Teflon zu beschichten.

Langmuirsches Darstellungsverfahren. Die bei der Rückbildung von Wasserstoffmolekülen aus Wasserstoffatomen freiwerdende Rekombinationswärme kann zum Schweißen und Schmelzen hochschmelzender Metalle oder Metallverbindungen verwandt werden. Man benutzt hierzu zweckmäßig die sogenannte „*Langmuir-Fackel*"[21] (Fig. 84). Im Prinzip beruht das Verfahren darauf, daß man zwischen Wolframelektroden in einer aus einem Kranz feiner Düsen ausströmenden Wasserstoffatmosphäre einen Lichtbogen erzeugt und durch diesen mittels einer Düse einen scharfen Wasserstoffstrahl bläst. Richtet man den auf solche Weise erzeugten Strom von heißem, atomarem Wasserstoff auf eine einige cm vom Lichtbogen entfernte Metalloberfläche, so erfolgt auf Grund der katalysierten Vereinigung der Atome zu Molekülen und der hierdurch bedingten sehr starken Wärmeentwicklung eine intensive lokale Erhitzung. Es lassen sich so die höchstschmelzenden Stoffe – z. B. Wolfram (Smp. 3410 °C). Tantal (Smp. 3000 °C), Thoriumdioxid (Smp. 3220 °C) – zum Schmelzen bringen. Technisch wendet man das geschilderte Langmuir-Verfahren zum Schweißen (s. oben) an; es besitzt den großen Vorteil, daß der Wasserstoff eine Schutzatmosphäre bildet, so daß ein oxidativer Angriff der Schweißfläche durch den Sauerstoff der Luft ausgeschlossen ist. Die maximale Temperatur der Langmuir-Fackel (4000 °C) ist um rund 1000 °C höher als die des Knallgasgebläses (s. oben).

„Status nascendi". Auch bei der auf S. 251 besprochenen chemischen und elektrochemischen Darstellung des Wasserstoffs aus Wasser oder Säuren entsteht der Wasserstoff im ersten Augenblick atomar oder doch wenigstens in einem angeregten, energiereicheren Zustand:

$$Na(f) + H^-(aq) \rightarrow Na^+(aq) + H + 21.70\ kJ.$$

So kommt es, daß der Wasserstoff im Augenblick des Entstehens („*in statu nascendi*") viel reaktionsfähiger als gewöhnlicher Wasserstoff ist. Leitet man z. B. den in einem Kipp-

---

[20a] NO katalysiert auf dem Wege $H + NO \rightarrow HNO$; $H + HNO \rightarrow H_2 + NO$ die Rekombination der H-Atome.

[21] Eine Weiterentwicklung der Langmuir-Fackel ist der „*Plasma-Brenner*", bei dem Gase durch ein 20 MHz-Hochfrequenzfeld in Atomionen und Elektronen gespalten werden, die sich am Brennerausgang in sehr starker exothermer Reaktion wieder zu normalen Gasmolekülen vereinigen und dabei Temperaturen von 15000–19000 °C erzeugen.

schen Apparat aus Zink und Säure entwickelten Wasserstoff (s. dort) in eine mit Schwefelsäure angesäuerte, verdünnte violette Kaliumpermanganatlösung $KMnO_4$ oder orangegelbe Kaliumdichromatlösung $K_2Cr_2O_7$, so beobachtet man keine Farbänderung, da der reaktionsträge molekulare Wasserstoff diese sauerstoffreichen farbigen Stoffe nicht zu andersfarbigen sauerstoffärmeren Produkten zu reduzieren vermag. Gibt man aber das Zink direkt zu den beiden sauren Lösungen, so daß sich der Wasserstoff in diesen Lösungen selbst entwickeln und so in statu nascendi auf die gelösten Stoffe einwirken kann, so beobachtet man im Falle des Kaliumpermanganats bald eine reduktive Entfärbung (Bildung von farblosem Mn^{2+}, s. dort), im Falle des Kaliumdichromats bald eine reduktive Grünfärbung (Bildung von grünem Cr^{3+}, s. dort) der Lösung. Die erhöhte Reaktionsfähigkeit von Stoffen im Augenblick des Entstehens ist eine ganz allgemeine Erscheinung.

Wie der Wasserstoff, lassen sich auch andere Elemente durch Zufuhr von Energie in den atomaren Zustand überführen. Die zur Überführung eines Elementes E_x in 1 mol Atome E benötigte Energie („**Atomisierungsenergie**“: genauer: Atomisierungsenthalpie = Sublimationsenthalpie + Dissoziationsenthalpie):

$$\text{Atomisierungsenergie} + \tfrac{1}{x}\,E_x \rightarrow E$$

ist dabei sehr unterschiedlich groß, wie die folgende Zusammenstellung (Tab. 36) von Atomisierungsenergien der Elemente veranschaulicht (alle Werte in kJ/mol Elementatome):

Tab. 36 Atomisierungsenergien (kJ/mol) der Elemente

H																
218																
Li	Be											B	C	N	O	F
159	325											563	717	473	249	79
Na	Mg											Al	Si	P	S	Cl
107	148											326	456	315	279	122
K	Ca	Sc	Ti	V	Cr	Mn	Fe	Co	Ni	Cu	Zn	Ga	Ge	As	Se	Br
89	178	378	470	514	397	281	416	425	430	338	131	277	377	303	227	112
Rb	Sr	Y	Zr	Nb	Mo	Tc	Ru	Rh	Pd	Ag	Cd	In	Sn	Sb	Te	I
81	164	421	609	726	658	678	643	357	378	285	112	243	302	262	197	107
Cs	Ba	La	Hf	Ta	W	Re	Os	Ir	Pt	Au	Hg	Tl	Pb	Bi	Po	At
76	180	431	619	782	849	770	791	665	565	336	61	182	195	207	146	–

Ersichtlicherweise nehmen die Atomisierungsenergien innerhalb einer Elementgruppe im Falle der Hauptgruppenelemente von oben nach unten ab (Ausnahmen O/S, F/Cl), im Falle der Nebengruppenelemente demgegenüber zu (Ausnahmen Ni/Pd, Cu/Ag, Zn/Cd/Hg). Innerhalb der Elementperioden beobachtet man beim Gang von links nach rechts energetische Auf- und Abbewegungen. Besonders kleine Atomisierungsenergien weisen jeweils die Elemente der I. und VII. Haupt-, sowie der II. Nebengruppe, besonders große die Elemente der IV. Haupt- sowie V. bzw. VI. Nebengruppe auf. Die niedrigste Atomisierungsenergie kommt dem Fluor zu, die höchste dem Kohlenstoff unter den Hauptgruppenelementen bzw. dem Wolfram unter den Nebengruppenelementen.

2 Leichter, schwerer und superschwerer Wasserstoff[1,22]

Da sich die Massen der drei in natürlichem Wasserstoff aufzufindenden Wasserstoffisotope ${}^1_1H$, ${}^2_1H$ und ${}^3_1H$ (Häufigkeiten 99.9855%, 0.0145%, 10^{-15}%) wie 1 : 2 : 3 verhalten, der prozentuale Massenunterschied also außerordentlich groß ist, werden die – in anderen

[22] **Literatur.** K.M. Mackay, M.F.A. Dove: „*Deuterium and Tritium*“, Comprehensive Inorg. Chem. **1** (1973) 77–116; E.A. Evans: „*Tritium and its Compounds*“, Butterworth, London 1974.

Isotopiefällen verschwindenden – Eigenschaftsunterschiede hier so merklich, daß man zwischen einem „**leichten**", einem „**schweren**" und einem „**superschweren**" Wasserstoff unterscheidet und ersteren als **Protium**[23] (Symbol ^1_1H oder H), den zweiten als **Deuterium**[24] (Symbol ^2_1H oder D) und den dritten als **Tritium**[25] (Symbol ^3_1H oder T) bezeichnet.

2.1 Darstellung

Die **Gewinnung von Tritium** T_2, das in der Natur nur in Spuren als Produkt der Einwirkung schneller Neutronen (aus kosmischen Kernprozessen) auf den Luftstickstoff vorkommt, kann künstlich z.B. durch Bombardieren von ^6_3Li mit langsamen Neutronen erfolgen (vgl. S. 1756). Tritium wurde 1934 von M.L.E. Oliphant, P. Harteck und E. Rutherford unter den Produkten der Kernreaktion $^2_1H + ^2_1H \rightarrow ^1_1H + ^3_1H$ entdeckt. Es ist β-radioaktiv mit einer Halbwertszeit von 12.346 Jahren. (Bezüglich weiterer Einzelheiten vgl. Kapitel über Radioaktivität.)

An seiner Radioaktivität ist das Tritium leicht zu erkennen, weshalb Tritium-markierte Wasserstoffverbindungen z.B. beim Studium von Reaktionsmechanismen Verwendung finden (vgl. Isotopenmarkierung).

Eine Möglichkeit zur **Gewinnung von Deuterium** D_2, das 1932 von H.C. Urey, F.G. Brickwedde und G.M. Murphy im Atomspektrum des Wasserstoffs erstmals entdeckt wurde[26], besteht in der Fraktionierung von natürlichem Wasserstoff nach den für Isotopentrennungen üblichen Verfahren (s. dort). Diese Methode spielt allerdings für die D_2-Gewinnung keine praktische Rolle, wird aber zur Isolierung von HD aus HD-reichen, gemäß $H_2 + D_2 \rightleftharpoons 2HD$ in Anwesenheit von Hydrierungskatalysatoren leicht zugänglichen Gemischen von H_2, D_2 und HD (s. weiter unten) genutzt.[27] Von großer Bedeutung für die Darstellung von Deuterium ist demgegenüber die Spaltung von „*schwerem Wasser*" D_2O („*Deuteriumoxid*") in Deuterium und Sauerstoff auf elektrochemischem bzw. chemischem Wege (z.B. mit Zn, vgl. Darstellung von H_2 aus Wasser):

$$294.80\,\text{kJ} + D_2O\,(\text{fl}) \rightleftharpoons D_2 + \tfrac{1}{2}O_2.$$

Die Gewinnung des hierfür benötigten **schweren Wassers** erfolgt in einfacher Weise durch stufenweise Elektrolyse von natürlichem Wasser, wobei sich vorzugsweise der leichte Wasserstoff entwickelt (natürliches Wasser enthält neben H_2O verständlicherweise auch kleine Mengen HDO sowie D_2O[28]). In Abhängigkeit vom Elektrodenmaterial ist dabei das Verhältnis H : D im Gas ca. 6mal (Ni-, Fe-, Cu-, Ag-, Pb-Elektroden) bis 16mal größer (Pt-, Au-Elektroden) als in der zugehörigen Flüssigkeit. Wegen des kleinen Gehalts an schwerem Wasserstoff (H : D = 6000 : 1) ist die Ausbeute gering: aus 20 Litern gewöhnlichem Wasser lassen sich 0.1 cm^3 99.99 %iges D_2O isolieren. Zur industriellen Darstellung von schwerem Wasser geht man zweckmäßig von technischen Elektrolytlaugen aus, die nach längerem Gebrauch von vornherein einen bis aufs Fünffache angereicherten Deuteriumgehalt besitzen. Derart fabrikmäßig im Tonnenmaßstab hergestelltes schweres Wasser ist im Handel.

Die Verschiedenheit der physikalischen Eigenschaften von gewöhnlichem, schwerem und superschwerem Wasser geht aus Tab. 37 hervor.

---

23 to proton (griech.) = das Erste.

24 to deuteron (griech.) = das Zweite.

25 to triton (griech.) = das Dritte.

26 **Geschichtliches.** Kurz darauf fanden H.C. Urey und E.W. Washburn, daß sich bei der Wasserelektrolyse das Deuterium im zurückbleibenden Wasser anreichert. 1933 konnten G.N. Lewis und R.T. Macdonald durch lange fortgesetzte Elektrolyse von Wasser erstmals einige ml D_2O gewinnen.

27 Entsprechend lassen sich HT und DT auf den Wegen $H_2 + T_2 \rightleftharpoons 2\,HT$ und $D_2 + T_2 \rightleftharpoons 2\,DT$ synthetisieren und anschließend durch Trennung der erhaltenen Gemische ($H_2/T_2/HT$ bzw. $D_2/T_2/DT$) isolieren. 98% reines HD läßt sich in einfacher Weise auch gemäß $LiAlH_4 + 4D_2O \rightarrow LiAl(OD)_4 + 4\,HD$ gewinnen.

28 Berücksichtigt man, daß das Wassermolekül neben H und D auch das Isotop T, neben $^{16}_8O$ auch die Isotope $^{17}_8O$ oder $^{18}_8O$ enthalten kann, so ergeben sich nicht weniger als 18 verschiedene Möglichkeiten unterschiedlicher Wassermolekül-Arten.

Tab. 37 Einige Kenndaten von leichtem, schwerem und superschwerem Wasser

Eigenschaften	H_2O	D_2O	T_2O
Rel. Molekülmasse	18.0151	20.0276	22.0315
Dichte bei 25 °C [$g \cdot cm^{-3}$]	0.99701	1.1044	1.2138
Maximale Dichte [$g \cdot cm^{-3}$] des flüssigen Wassers	1.0000	1.1059	1.2150
Temperatur des Dichtemaximums [°C]	3.98	11.23	13.4
Schmelzpunkt [°C]	0.00	3.81	4.48
Siedepunkt [°C]	100.00	101.42	101.51
Molare Schmelzwärme beim Gefrierpunkt [kJ/mol]	4.788	6.343	
Molare Verdampfungswärme beim Siedepunkt [kJ/mol]	40.692	41.701	
Dielektrizitätskonstante [20 °C]	78.39	78.06	
pK_W-Wert [25 °C]	14.000	14.869	15.215

In chemischer Hinsicht ist das leichte Wasser etwas reaktionsfähiger als das schwere. Daher laufen die Reaktionen mit schwerem Wasser etwas langsamer ab als die Umsetzungen mit leichtem. Sie können dazu dienen, viele andere Deuteriumverbindungen zu gewinnen. So entstehen bei der Einwirkung von schwerem Wasser D_2O auf Metalloxide $MO_{n/2}$ (n = Wertigkeit des Metalls M) Metalldeuterohydroxide $M(OD)_n$ (z.B. NaOD aus Na_2O, $Ca(OD)_2$ aus CaO), während die Nichtmetalloxide (z.B. SO_3, P_2O_5) hierbei Deuterosäuren (z.B. D_2SO_4, D_3PO_4) ergeben. Deuteroammoniak ND_3 (Smp. −73,5°, Sdp. −30.9 °C) kann durch Umsetzung von D_2O mit Magnesiumnitrid, Deuteromethan CD_4 (Smp. −183.37 °C) in analoger Weise aus Aluminiumcarbid, Deuteriumsulfid D_2S (Smp. −86.02 °C) aus Aluminiumsulfid, Deuteriumperoxid D_2O_2 (Smp. +1.5 °C) aus Peroxodisulfaten, Deuterophosphan PD_3 (krit. Temp. 50.4 °C) aus Aluminiumphosphid erhalten werden. Zersetzung hydrolyseempfindlicher Halogenide führt zur Bildung von Deuteriumhalogeniden (DF: Sdp. +18.65 °C; DCl: Smp. −114.72 °C, Sdp. −84.4 °C; DBr: Smp. −87.54 °C, Sdp. −66.9 °C; DI: Smp. −51.93 °C, Sdp. −36.2 °C). Die so gewonnenen Deuteriumverbindungen können dann ihrerseits dazu verwendet werden, weitere Derivate zu synthetisieren. Viele derartige Produkte sind im Handel erhältlich.

Auf höhere Organismen wirken deuterierte Verbindungen giftig. Werden z.B. Mäuse mit volldeuterierter Nahrung ernährt, so sterben sie, wenn etwa ein Drittel ihres Körperwasserstoffs durch Deuterium ersetzt ist. Dagegen vermögen niedere Organismen in einer volldeuterierten Umgebung zu leben. So konnten mehrere Algenstämme in reinem D_2O gezüchtet und bei ihrer späteren Aufarbeitung zahlreiche volldeuterierte, organische Verbindungen (u.a. volldeuteriertes Chlorophyll) isoliert werden.

Interessant sind die Austauschreaktionen zwischen schwerem Wasser und Wasserstoffverbindungen. Sie verlaufen nur auf dem Wege über Ionenreaktionen mit genügender Geschwindigkeit und ermöglichen einen Einblick in die Protonen-Austauschreaktionen wässeriger Lösungen. So werden z. B. beim Auflösen von Natriumhydroxid oder Ammoniak oder Ammoniumsalzen in schwerem Wasser die Wasserstoffatome dieser Verbindungen schrittweise durch Deuteriumatome ersetzt, da gemäß folgenden Gleichgewichtsreaktionen ein Austausch von Wasserstoff-Ionen erfolgt[29]:

$$OH^- + DOD \rightleftarrows DOH + OD^-$$

$$NH_3 + DOD \rightleftarrows NH_3D^+ + OD^- \rightleftarrows NH_2D + HOD \quad \text{usw.}$$

$$NH_4^+ + DOD \rightleftarrows NH_3 + D_2OH^+ \rightleftarrows NH_3D^+ + DOH \quad \text{usw.}$$

Dagegen werden z.B. die Wasserstoffatome von Kohlenwasserstoffen C_mH_n oder von Phosphonat-Ionen HPO_3^{2-} und Phosphinat-Ionen $H_2PO_2^-$ mit schwerem Wasser nicht ausgetauscht, da ihnen keine saure Funktion zukommt.

[29] Eine Reihe solcher Austauschreaktionen kann zur Anreicherung von Deuterium in Verbindungen dienen, wenn man die Wirkung der an sich nicht günstigen Gleichgewichtslage durch eine große Anzahl von Wiederholungen in einem fließenden System potenziert.

2.2 Eigenschaften

Noch größer als beim leichten und schweren Wasser sind wegen der größeren prozentualen Massenunterschiede die physikalischen und chemischen Unterschiede beim leichten, schweren und superschweren Wasserstoff, wie z. B. aus nachfolgender Zusammenstellung (Tab. 38) einiger physikalischer Daten von H_2, HD, D_2, HT, DT und T_2 hervorgeht:

Tab. 38 Einige Kenndaten von leichtem, schwerem und superschwerem Wasserstoff

Eigenschaften	H_2	HD	D_2	HT	DT	T_2
Smp. beim Tripelpunkt [K][a]	13.957	16.60	18.73	18.5	19.7	20.62
Sdp. [K]	20.390	22.13	23.67	23.6	24.3	25.04
Dampfdruck beim Smp. [Torr]	55.1	92.9	128.5	124.6	142.9	162.0
Schmelzenthalpie [kJ/mol]	0.117	0.159	0.197			0.250
Verdampfungsenthalpie beim Sdp. [kJ/mol]	0.904	1.076	1.226			1.393
Sublimationsenthalpie beim Smp. [kJ/mol]	1.029		1.524			1.645
Dissoziationsenergie bei 298 K [kJ/mol]	436.2	439.6	443.6	440.9	445.5	447.2
Dissoziationsenergie bei 0 K [kJ/mol]	432.2	435.7	439.8	437.0	441.4	443.2
Nullpunktsenergie [kJ/mol][b]	26.0	22.5	18.5	21.3	16.8	15.2
Kernabstand [Å]	0.74166	0.74136	0.74164			< 0.74164

a) Alle Wasserstoffarten kristallisieren aus der zugehörigen Flüssigkeit als hexagonal-dichtest gepackte Festkörper aus. **b)** Die Nullpunktsenergie (s. dort) ist die Schwingungsenergie, die dem Kern eines Moleküls in dessem niedrigsten Schwingungszustand bei 0 K verbleibt.

Chemisch ist der leichte Wasserstoff reaktionsfähiger als der schwere. So verlaufen z. B. die Reaktionen des leichten Wasserstoffs mit Chlor, Brom und Sauerstoff merklich schneller als die entsprechenden Umsetzungen des schweren Wasserstoffs. Auch unterscheiden sich die Gleichgewichtslagen von Reaktionen, an denen leichter bzw. schwerer Wasserstoff beteiligt ist. So ist etwa wegen der in Richtung $H_2 \rightarrow D_2$ zunehmenden Dissoziationsenergie (vgl. Tab. 38) der leichte Wasserstoff bei 2000 K zu 0.000813 %, der schwere aber nur zu 0.000746 % in Atome zerfallen.

Schwerer Wasserstoff D_2 kann wie schweres Wasser D_2O zur Herstellung deuterierter Verbindungen (etwa von Metalldeuteriden MD_n) dienen (z. B. $M + \frac{n}{2}D_2 \rightarrow MD_n$; $2\,Li_3N + 3\,D_2 \rightarrow 6\,LiD + N_2$). Mit H_2, H_2O, NH_3, CH_4 usw. reagiert D_2 an feinverteiltem Pt- oder Ni-Kontakt bis zu einem Gleichgewicht unter Bildung isotop substituierter Moleküle (HD, HDO usw.).

Hierbei sollte etwa die Deuterierung von Protium gemäß $H_2 + D_2 \rightleftharpoons 2HD$ zu einem Produktgemisch mit gleichen Mengen H_2 und D_2 sowie der doppelten Menge HD führen, falls die Reaktion thermoneutral, d. h. ohne Zufuhr oder Abgabe von Energie verlaufen würde. Die Gleichgewichtskonstante hätte dann den Wert: $K_c = c_{HD}^2/c_{H_2}c_{D_2} = 2^2/1 \cdot 1 = 4$. Tatsächlich ist jedoch die HD-Dissoziationsenergie nicht gleich der mittleren Dissoziationsenergie von H_2 und D_2, sondern kleiner (vgl. Tab. 38), so daß zur Überführung von H_2 und D_2 in HD Energie aufgewendet werden muß:

$$0.6\,\text{kJ} + H_2 + D_2 \rightleftharpoons 2HD.$$

Entsprechend dieser Gleichung ist das Gleichgewicht temperaturabhängig und verschiebt sich mit fallender Temperatur zugunsten der linken Seite. Beim absoluten Nullpunkt liegen dementsprechend ausschließlich H_2 und D_2 vor ($K_c = 0$). Mit steigender Temperatur setzen sich dann zunehmende Mengen von HD mit H_2 und D_2 ins Gleichgewicht, wobei sich die Gleichgewichtskonstante K_c der Reaktion zunehmend dem Wert 4 nähert. Bei Raumtemperatur beträgt $K_c = 3.26$. (Zum Mechanismus der Reaktion vgl. auch „Erhaltung der Orbitalsymmetrie", S. 399.)

3 Ortho- und Parawasserstoff[1)]

Wie die Elektronen, rotieren auch die Protonen um ihre eigene Achse (vgl. S. 98; Entsprechendes gilt für die Neutronen). Diese, durch die Spinquantenzahl s = 1/2 charakterisierte Rotation, die sowohl beim Elektron wie Proton (bzw. Neutron) ein magnetisches Spinmoment bedingt, kann jeweils nur in einer bestimmten sowie der entgegengesetzten Richtung erfolgen.

Beim Wasserstoffmolekül kann nun die Eigenrotation der beiden, aus je einem Proton bestehenden Atomkerne innerhalb der Elektronenhülle gleichsinnig oder gegensinnig erfolgen (Fig. 85). Im ersten Falle spricht man von der „*symmetrischen*" oder „*Ortho*"-Form

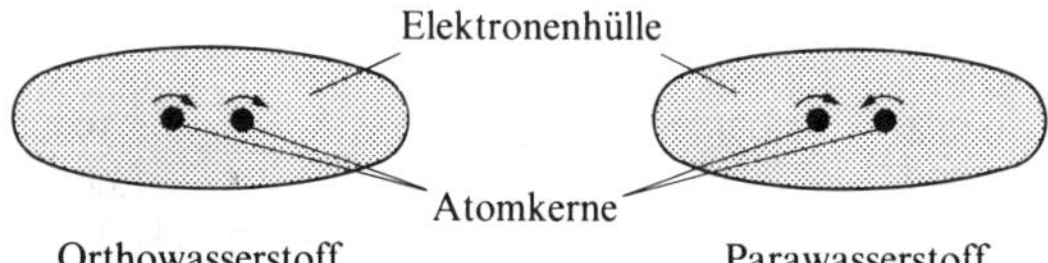

Fig. 85 Spin der Atomkerne im Wasserstoffmolekül.

(„**Orthowasserstoff**"), im zweiten von der „*antisymmetrischen*" oder „*Para*"-Form („**Parawasserstoff**"). Da beim Parawasserstoff die magnetischen Spinmomente antiparallel zueinander stehen und sich daher kompensieren, ist das magnetische Kernmoment des Moleküls gleich Null. Beim Orthowasserstoff sind dagegen die Spinmomente parallel gerichtet, so daß ein magnetisches Kernmoment resultiert, das etwa zweimal so groß wie das eines Protons ist.

Auch Atomkerne haben – als Folge der vektoriellen Addition von Spinbeiträgen der einzelnen Kernnukleonen – meist einen Spin[30)] („*Kernspin*"; die vektorielle Spinaddition führt nur bei Kernen mit gerader Protonen- und zugleich gerader Neutronenzahl (gg-Kerne) zu einem Gesamtspin Null). Nun macht sich die eben erwähnte Art der Molekül-Isomerie (vgl. Lehrbücher der physikalischen Chemie) bei allen Molekülen bemerkbar, die aus zwei ganz gleichartigen Atomen aufgebaut sind und deren Kerne einen Spin aufweisen (also keine gg-Kerne). So findet man sie z. B. auch beim D_2 und T_2, aber nicht beim HD oder beim $^{16}O_2$.

Darstellung. Orthowasserstoff (o-H_2) und Parawasserstoff (p-H_2) haben einen verschiedenen Energieinhalt und hängen durch die Gleichgewichtsbeziehung

$$\text{o-H}_2 \rightleftarrows \text{p-H}_2 + 0.08\,\text{kJ}$$

miteinander zusammen. Entsprechend dieser Gleichung, nach welcher die Orthoform die energiereichere ist, ist das Gleichgewicht temperaturabhängig und verschiebt sich mit fallender Temperatur zugunsten der rechten Seite (Fig. 86). Beim absoluten Nullpunkt liegt dementsprechend reiner Parawasserstoff vor. Mit steigender Temperatur setzen sich zunehmende Mengen von Orthowasserstoff mit der Paraform ins Gleichgewicht, bis bei Zimmertemperatur 75 % Ortho- und 25 % Paraform vorliegen. Es läßt sich theoretisch zeigen, daß der Orthowasserstoff im Gleichgewichtszustand nicht über diesen Betrag hinaus angereichert werden kann (s. Lehrbücher der physikalischen Chemie).

Die Einstellung des Gleichgewichts bei den verschiedenen Temperaturen erfolgt bei Abwesenheit von Katalysatoren nur außerordentlich langsam und erfordert Jahre. Aus diesem Grunde lassen sich Ortho- und Parawasserstoff, deren physikalische Eigenschaften sich geringfügig voneinander unterscheiden (s. unten) auf physikalischem Wege bei tiefen Temperaturen voneinander trennen. So kann etwa durch wiederholte Ad- und Desorption von normalem Wasserstoff H_2 an Aluminiumoxid bei 20.4 K und 50 mbar der adsorptionsfreudigere Orthowasserstoff o-H_2 in 99 %iger Reinheit gewonnen werden. Bei Gegenwart geeigneter Katalysatoren findet die gegenseitige Umwandlung von Ortho- und Parawasser-

---

30 **Geschichtliches.** Die Existenz eines Kernspins wurde erstmals 1924 von D. M. Dennison erwiesen, als er zeigte, daß es zwei molekulare Spezies von H_2 (mit parallelem und antiparallelem Kernspin) gibt.

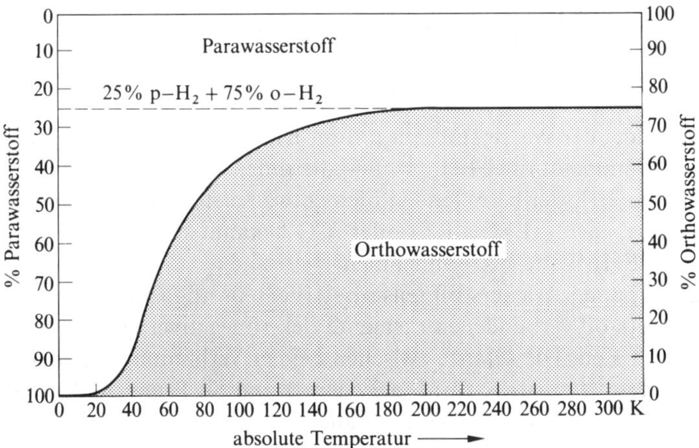

Fig. 86 Temperaturabhängigkeit des Ortho-Parawasserstoff-Gleichgewichts.

stoff selbst bei sehr tiefen Temperaturen in wenigen Minuten statt. Ein sehr guter Katalysator ist z. B. Aktivkohle. Läßt man gewöhnlichen Wasserstoff bei 20 K in Berührung mit aktiver Kohle stehen, so kann man nach kurzer Zeit einen 99.7%igen Parawasserstoff absaugen, wie erstmals K. F. Bonhoeffer und P. Harteck im Jahre 1929 zeigten.

Beim Deuterium D_2 ist nicht wie beim leichten Wasserstoff H_2 die Ortho-, sondern die Paraform die energiereichere, so daß bei tiefen Temperaturen Orthodeuterium gebildet wird. Das Gleichgewichtsgemisch bei Zimmertemperatur besteht zu $\frac{2}{3}$ aus Ortho- und zu $\frac{1}{3}$ aus Paraform. Beim Deuteriumwasserstoff HD sind in Übereinstimmung mit der weiter oben angeführten Regel keine verschiedenen Sorten bekannt. Tritium T_2 besteht wie H_2 bei Zimmertemperatur zu 75% aus o-T_2 und zu 25% aus p-T_2.

Eigenschaften. Parawasserstoff hat ebenso wie der Orthowasserstoff andere physikalische Eigenschaften als der natürliche. So besitzt p-H_2 z. B. eine höhere spezifische Wärme, was man zur genauen Analyse von Ortho-Para-Wasserstoffgemischen benutzen kann. Weiterhin unterscheiden sich z. B. Schmelzpunkte, Siedepunkte, Dampfdrücke und Dissoziationsenergien, wie aus Tab. 39 hervorgeht.

Tab. 39 Einige Kenndaten von Ortho- und Parawasserstoffen

Eigenschaften	**p-H_2**	**o-H_2**	**p-D_2**	**o-D_2**
Smp. beim Tripelpunkt [K]	13.813	14.05	18.78	18.69
Sdp. [K]	20.273	20.454	23.66	23.53
Dampfdruck beim Smp. [Torr]	52.8	55.1		128.5
Dissoziationsenergie bei 298 K [kJ/mol]	436.23	436.15	443.64	443.64
Dissoziationsenergie bei 0 K [kJ/mol]	432.24	430.82	439.10	439.81
Anteile in H_2 (D_2) bei Raumtemp. [%][a)]	25	75	33.3	66.7

a) T_2 enthält bei Raumtemperatur 25% p-T_2 und 75% o-T_2

Para- und Orthowasserstoff können in Abwesenheit von Katalysatoren bei Zimmertemperatur wochenlang in Glasgefäßen ohne merkliche Umwandlung in das Gleichgewichtsgemisch aufbewahrt werden (s. oben). Die Gleichgewichtseinstellung wird durch Erhitzen auf 800–1000 °C, durch elektrische Entladungen, durch atomaren Wasserstoff oder durch Katalysatoren beschleunigt. Als Katalysatoren sind paramagnetische Stoffe (z. B. molekularer Sauerstoff, Stickstoffmonoxid NO, Platinschwarz, Mn^{2+}-Ionen) wirksam, wobei die Umwandlung umso schneller verläuft, je größer der Paramagnetismus des Katalysators ist. Daher kann die Beschleunigung der Umwandlung z. B. von Para- in Orthowasserstoff zum Nachweis paramagnetischer Stoffe dienen.

4 Verbindungen des Wasserstoffs[1,31)]

4.1 Systematik und Konstitution

Abgesehen von den Edelgasen bildet der Wasserstoff mit jedem Element E mindestens eine Wasserstoffverbindung der Summenformel EH_n, wobei allerdings von einigen wenigen Elementen bisher nur Addukte $L_m \cdot EH_n$ der betreffenden Elementwasserstoffe mit geeigneten Elektronendonormolekülen („*Liganden*") :L wie :PR_3 oder :CO bekannt sind. Der Index n kann in EH_n Werte bis 4, in $L_m \cdot EH_n$ Werte bis 7 annehmen.

In den Elementwasserstoffen trägt der Wasserstoff teils positive, teils negative Ladungsanteile, je nachdem die mit Wasserstoff verbundenen Elemente elektronegativer oder weniger elektronegativ als der Wasserstoff sind. Die Grenze zwischen beiden Verbindungstypen, die gemäß der Elektronegativitätswerte (s. dort) formal zwischen B und Si, P und S, As und Se, Te und I, At und Rn verläuft, läßt sich – sofern man auch chemische Einsichten (z.B. Säure-Base-Verhalten) berücksichtigt – nicht scharf ziehen[32)]. Häufig betrachtet man – mehr oder weniger willkürlich – die Wasserstoffverbindungen von B, Si, Ge, Sn, Pb sowie der links hiervon im Periodensystem stehenden Elemente als solche mit negativ polarisiertem Wasserstoff und die Wasserstoffverbindungen von C, P, As, Sb, Bi sowie der rechts hiervon stehenden Elemente als solche mit positiv polarisiertem Wasserstoff. Demgemäß ergeben sich dann die Oxidationsstufen der Zentralelemente von EH_n in BH_3 zu $+3$, in CH_4 zu -4, in SiH_4, GeH_4, SnH_4 sowie PbH_4 zu $+4$ und in PH_3, AsH_3, SbH_3 sowie BiH_3 zu -3.

Die **Nomenklatur der Elementwasserstoffe** geht – abweichend vom Besprochenen – davon aus, daß der Wasserstoff erst in Verbindung mit Elementen ab der VI. Hauptgruppe als positiver Verbindungspartner auftritt. Demgemäß bezeichnet man die einfachen Wasserstoffverbindungen von Elementen der V. Hauptgruppe (NH_3, PH_3, AsH_3, SbH_3, BiH_3) rationell noch als Stickstoff-, Phosphor-, Arsen-, Antimon- bzw. Bismut-*hydride* (genauer: trihydride) und formuliert sie unter Angabe zunächst des Element-, dann des Wasserstoffsymbols, wogegen erst die einfachen Wasserstoffverbindungen von Elementen der VI. Hauptgruppe (H_2O, H_2S, H_2Se, H_2Te), als *Hydrogen-* (genauer Dihydrogen-) oxid, sulfid, selenid bzw. tellurid benannt und durch Angabe zunächst des Wasserstoff-, dann des Elementsymbols formelmäßig wiedergegeben werden (vgl. hierzu Nomenklatur anorganischer Verbindungen, S. 154).

Neben dieser rationellen Benennungsart ist noch eine weitere Bezeichnungsweise für neutrale Wasserstoffverbindungen von Elementen ab der III. Hauptgruppe allgemein gebräuchlich („*an-Nomenklatur*"), und zwar bildet man die Namen der betreffenden Elementwasserstoffe durch Anfügen der Endung „*an*" an den Wortstamm des Elementnamens (entfällt bei Kohlenwasserstoffen), wobei die Zahl der Elementatome im Elementwasserstoff durch ein griechisches, dem Namen vorangestelltes Zahlwort wiedergegeben wird (Tab. 40).

Die Protonenaddukte der Elementwasserstoffe werden in entsprechender Weise durch Anfügen der Endung „*onium*", die Deprotonierungsprodukte durch Anfügen der Endung „*id*" an den Wortstamm des Elementnamens gebildet (in letzterem Falle muß dem Wortstamm die Bezeichnung Hydrogen- sowie die Anzahl der Wasserstoffe durch ein griechisches Zahlwort vorausgestellt werden): *Phosphonium* PH_4^+, *Arsonium* AsH_4^+, *Oxonium* H_3O^+ (*Hydronium* für in Wasser vorliegendes, hydratisiertes H^+), *Sulfonium* H_3S^+, *Selenonium* H_3Se^+ (statt Selonium), *Telluronium* H_3Te^+ (statt Tellonium), *Fluoronium* H_2F^+, *Dihydrogenphosphid* PH_2^-, *Hydrogenoxid* bzw. kürzer *Hydroxid* HO^-, *Hydrogensulfid* HS^- usw. Zur

---

[31] **Literatur.** B.L. Shaw: „*Inorganic Hydrides*", Pergamon Press, Oxford 1967; E. Wiberg, E. Amberger: „*Hydrides of the Elements of the Main Groups* I–VII", Elsevier, Amsterdam 1971; K.M. Mackay: „*Hydrides*", *Comprehensive Inorg. Chem.*, **1** (1973) 23–76; E.L. Muetterties: „*Transition Metal Hydrides*", Dekker, New York 1974; H. Peisl: „*Wasserstoff in Metallen*", Physik in unserer Zeit **9** (1978) 37–45; ULLMANN: „*Hydrides*", **A 13** (1989) 199–226; J.C. Green, M.L.H. Green: „*Transition Metal Hydrogen Compounds*", Comprehensive Inorg. Chem. **4** (1973) 355–452; R.H. Crabtree: „*Hydrogen and Hydrides as Ligands*", Comprehensive Coord. Chem. **2** (1987) 689–714; W. Bronger: „*Komplexe Übergangsmetallhydride*", Angew. Chem. **103** (1991) 776–784; Int. Ed. **30** (1991) 759; M.Y. Darensbourg, C.E. Ash: „*Anionic Transition Metal Hydrides*", Adv. Organometal. Chem. **27** (1987) 1–50; R.G. Pearson: „*The Transition-Metal-Hydrogen-Bond*", Chem. Rev. **85** (1985) 41–49.

[32] Die Polarität des Wasserstoffs hängt auch davon ab, ob das dem Hydrid zugrundeliegende Element E nur mit Wasserstoff oder wie bei den metallartigen bzw. höheren kovalenten Hydriden (s. dort) zusätzlich mit weiteren Elementen verknüpft ist. In letzteren Fällen ist der Wasserstoff weniger negativiert bzw. mehr positiviert als in ersteren Fällen.

Tab. 40 Nomenklatur von Elementwasserstoffen

Formel	Name	Formel	Name	Formel	Name	Formel	Name
B_2H_6	Diboran[b)]	C_5H_{12}	Pentan	N_2H_4	Diazan[a)]	H_2O_2	Dioxan[a)]
B_4H_{10}	Tetraboran[b)]	Si_3H_8	Trisilan	P_2H_4	Diphosphan[c)]	H_2S_6	Hexasulfan
$(AlH_3)_x$	Polyalan	Ge_2H_6	Digerman	AsH_3	Arsan	H_2S_x	Polysulfan
GaH_3	Gallan	SnH_4	Stannan	SbH_3	Stiban	H_2Se	Selan
InH_3	Indan	PbH_4	Plumban	BiH_3	Bismutan	H_2Te	Tellan

a) An-Nomenklatur im Falle der Wasserstoffverbindungen von Stickstoff und Sauerstoff noch nicht offiziell (Stickstoff wird in Wasserstoffverbindungen durch das Kürzel „*az*“, nicht dagegen „*nitr*“ symbolisiert). **b)** Vgl. hierzu S. 995. **c)** Vgl. hierzu S. 738.

Bezeichnung der Hydridaddukte der Elementwasserstoffe kann man an den Namen der betreffenden Wasserstoffverbindung (an-Nomenklatur) die Endung „*at*“ anfügen, z. B. *Boranat* BH_4^-, *Alanat* AlH_4^-. Üblicherweise werden die Hydridaddukte jedoch wie Komplexverbindungen behandelt und dementsprechend bezeichnet (vgl. Nomenklatur anorganischer Verbindungen höherer Ordnung, S. 162), z. B. *Tetrahydridoborat* BH_4^-, *Tetrahydridoaluminat* AlH_4^-. Schließlich existieren auch Trivialnamen: *Methan* CH_4, *Ammoniak* NH_3, *Hydrazin* N_2H_4, *Wasser* H_2O, *Ammonium* NH_4^+, *Amid* NH_2^-, *Hydrazinium* $N_2H_5^+$ usw. Gebräuchlich sind auch Bezeichnungen wie Bor-, Kohlen-, Stickstoff-, Phosphor-, Schwefel-*Wasserstoffe* usw. als Sammelnamen für alle Wasserstoffverbindungen eines Elements (B, C, N, P, S usw.) bzw. Bezeichnungen wie Fluor-, Chlor-, Schwefel*wasserstoff* usw. als Namen für die einfachste Wasserstoffverbindung eines Elements (F, Cl, S usw.)[33)].

Nachfolgend wollen wir uns zunächst etwas näher mit der stöchiometrischen Zusammensetzung, dann mit den Struktur- sowie Bindungsverhältnissen der Elementwasserstoffe befassen.

4.1.1 Stöchiometrie

Wasserstoffverbindungen der Hauptgruppenelemente. Gemäß der Elektronentheorie der Valenz (S. 117), wonach die Hauptgruppenelemente bestrebt sind, durch Verbindungsbildung stabile Edelgas-Konfiguration mit 2 (Wasserstoff) bzw. 8 Elektronen (übrige Elemente) in der Außenschale zu erlangen, ergeben sich z. B. für die Wasserstoffverbindungen der Elemente Lithium bis Fluor (2. Periode) folgende Elektronenformeln:

$$\mathrm{Li{:}H} \qquad \mathrm{H{:}Be{:}H} \qquad \mathrm{H{:}\overset{H}{\overset{..}{B}}{:}H} \qquad \mathrm{H{:}\underset{H}{\underset{..}{\overset{H}{\overset{..}{C}}}}{:}H} \qquad \mathrm{H{:}\underset{H}{\underset{..}{\overset{..}{N}}}{:}H} \qquad \mathrm{H{:}\underset{..}{\overset{..}{O}}{:}H} \qquad \mathrm{H{:}\underset{..}{\overset{..}{F}}{:}}$$

Entsprechende Formeln folgen für die Wasserstoffverbindungen der schwereren Gruppenhomologen der Elemente Li bis F. Hiernach kommt den einfachsten, nur jeweils ein Elementatom enthaltenden Wasserstoffverbindungen der Hauptgruppenelemente im Falle der Alkalimetalle (Li, Na, K, Rb, Cs, Fr) bzw. Erdalkalimetalle (Be, Mg, Ca, Sr, Ba, Ra) die Stöchiometrie EH bzw. EH_2, im Falle der Elemente der Borgruppe (B, Al, Ga, In, Tl), Kohlenstoffgruppe (C, Si, Ge, Sn, Pb) bzw. Stickstoffgruppe (N, P, As, Sb, Bi) die Stöchiometrie

---

[33] Die nach teilweiser oder vollständiger Substitution der Wasserstoffatome eines Elementwasserstoffs durch andere Atome oder Molekülreste hervorgehenden Elementwasserstoff-Derivate lassen sich u. a. in der Weise bezeichnen, daß dem Namen des ungeladenen oder geladenen Elementwasserstoffs („*Stammsystem*“) geeignete Substituentenbezeichnungen als Vor- bzw. Nachsilben („*Präfixe*“ bzw. „*Suffixe*“), ihre Zahl durch griechische Zahlwörter beigegeben werden („*substitutive Nomenklatur*“; insbesondere in der organischen Chemie gebräuchlich). Als Präfixe seien genannt: *Fluor* für F, *Chlor* für Cl, *Brom* für Br, *Iod* für I, *Hydroxo* für HO, *Mercapto* für HS, *Sulfo* für SO_3H, *Amino* für NH_2, *Phosphino* für PH_2, *Methyl* für CH_3, *Cyano* für CN. Als Suffixe werden z. B. *-ol* für HO, *-thiol* für HS, *-sulfonsäure* für SO_3H, *-nitril* für CN verwendet. Demgemäß kann man SiH_2Cl_2 als Dichlorsilan, P_2I_4 als Tetraioddiphosphan, NF_4^+ als Tetrafluorammonium, $CH_3OH_2^+$ als Methyloxonium, $HO_3S-S-S-SO_3H$ als Disulfandisulfonsäure bezeichnen. Auch nicht existierende Elementwasserstoffe wie *Phosphoran* PH_5 oder *Sulfuran* SH_4 werden als Stammsystem der substitutiven Nomenklatur verwendet, z. B. PF_5 = Pentafluorphosphoran, SF_4 = Tetrafluorsulfuran.

EH_3, EH_4 bzw. EH_3, im Falle der Chalkogene (O, S, Se, Te, Po) bzw. Halogene (F, Cl, Br, I, At) die Stöchiometrie EH_2 bzw. EH zu. Dabei erlangen die Elemente der I.–III. Hauptgruppe nach Verbindungsbildung mit Wasserstoff zunächst noch kein Elektronenoktett. Wie wir noch sehen werden, vervollständigen sie ihre Elektronenschalen durch Molekülzusammenlagerung („*Polymerisation*“).

Die Atome von Elementen der III. bzw. IV. Hauptgruppe weisen im Grundzustand (Elektronenkonfiguration: s^2p^1 bzw. s^2p^2) mit zwei Außenelektronen besetzte – und demgemäß abgeschlossene – s-Schalen (s-Orbitale, He-Schalen) auf, denen naturgemäß erhöhte Stabilität und somit geringere Bindungsbereitschaft zukommt (vgl. Bau der Elektronenhülle). Man hat deshalb auch mit Verbindungen der Stöchiometrie: :EH (E = Borgruppenelement) sowie :EH_2 (E = Kohlenstoffgruppenelement) zu rechnen. Beide Verbindungstypen addieren jedoch freiwillig molekularen Wasserstoff unter Bildung von EH_3 bzw. EH_4, da die zur Überführung der Elemente vom ein- bzw. zwei- in den drei- bzw. vier-bindigen „Valenzzustand“ aufzubringende „Promotionsenergie“ (s. dort) kleiner als die durch Bildung zweier zusätzlicher EH-Bindungen freiwerdende Energie ist. Die u.a. bezüglich einer Disproportionierung nach $3\,EH \rightarrow \frac{2}{n}E_n + EH_3$ bzw. $2\,EH_2 \rightarrow \frac{1}{n}E_n + EH_4$ instabilen Wasserstoffverbindungen :EH bzw. :EH_2 sind dementsprechend nur als instabile Reaktionszwischenprodukte bekannt (die Bildung eines bei Raumtemperatur stabilen Indium(I)-hydrids InH sowie Thallium(I)-hydrids TlH ist umstritten)[34].

Zum Unterschied von den niederwertigen Wasserstoffverbindungen :EH bzw. :EH_2 der Elemente der III. bzw. IV. Hauptgruppe vermögen die (normalwertigen) Wasserstoffverbindungen :EH_3 der Elemente der V. Hauptgruppe, die wie erstere ein nichtbindendes Elektronenpaar aufweisen, nicht weiteren Wasserstoff unter Bildung von EH_5 (also unter Bildung von Verbindungen höherer Ordnung, s. dort) zu addieren. Offensichtlich ist hier in jedem Falle die zur Überführung der Elemente vom drei- in den fünf-bindigen „Valenzzustand“ erforderliche „Promotionsenergie“ größer als die durch Bildung zweier zusätzlicher EH-Bindungen freiwerdende Energie[35]. Entsprechendes gilt für die Wasserstoffverbindungen $\ddot{E}H_2$ bzw. :$\ddot{E}H$ von Elementen der VI. bzw. VII. Hauptgruppe.

Neben den bisher besprochenen einfachen Elementwasserstoffen bilden fast alle Elemente der III.–VI. Hauptgruppe noch höhere, jeweils mehrere Elementatome enthaltende Wasserstoffverbindungen, in welchen neben Element-Wasserstoff-Bindungen (E—H) auch ein oder mehrere Element-Element-Bindungen (E—E, E=E, E≡E) vorliegen. Als Beispiele aus dieser sehr umfangreichen Verbindungsgruppe seien die Valenzstrichformeln der Wasserstoffverbindungen mit jeweils zwei Bor-, Kohlenstoff-, Stickstoff- bzw. Sauerstoffatomen wiedergegeben (die Verbindung B_2H_4 läßt sich nur in Form von $L_2 \cdot B_2H_4$ isolieren; L z.B. R_3P, BH_3):

$H_2B{-}BH_2$ $\quad$ $H_3C{-}CH_3$ $\quad$ $H_2C{=}CH_2$ $\quad$ $H{-}C{\equiv}C{-}H$ $\quad$ $H_2\ddot{N}{-}\ddot{N}H_2$ $\quad$ $H{-}\ddot{N}{=}\ddot{N}{-}H$ $\quad$ $H{-}\ddot{O}{-}\ddot{O}{-}H$

Zusammenfassend ergibt sich also folgendes Bild möglicher Stöchiometrien neutraler, isolierbarer Wasserstoffverbindungen der Hauptgruppenelemente:

<table>
<tr><th colspan="7">Hauptgruppen</th></tr>
<tr><th>I</th><th>II</th><th>III</th><th>IV</th><th>V</th><th>VI</th><th>VII</th></tr>
<tr><td rowspan="2">EH</td><td rowspan="2">EH_2</td><td>(EH)
EH_3</td><td>(EH_2)
EH_4</td><td>EH_3</td><td rowspan="2">EH_2</td><td rowspan="2">EH</td></tr>
<tr><td colspan="3">E_mH_n mit E-E-Bindungen
(E = B, C bis Sn, N bis Sb, O bis Se)</td></tr>
</table>

[34] Bekannt sind demgegenüber stabile Derivate von :EH bzw. :EH_2 wie InCl, TlCl, $SnCl_2$, $PbCl_2$ (s. dort).

[35] Durch Ersatz von Wasserstoffatomen in EH_5 gegen stark elektronegative Gruppen kann die Verbindungsstabilität stark erhöht werden. So lassen sich beispielsweise die Verbindungen HPF_4, H_2PF_3, $HPO(OH)_2$, $H_2PO(OH)$ isolieren.

Außer den neutralen existieren auch eine Reihe geladener Wasserstoffverbindungen, die sich von den bisher erwähnten Verbindungen durch Anlagerung oder Abspaltung von Wasserstoff-Kationen bzw. -Anionen ableiten. So lassen sich etwa die Wasserstoffverbindungen der Elemente der V. bis VII. Hauptgruppe durch Anlagerung von Protonen H^+ an ungebundene Elektronenpaare in Elementwasserstoff-Kationen verwandeln (z.B. $NH_3 + H^+ \rightarrow NH_4^+$; $H_2O + H^+ \rightarrow H_3O^+$; $HF + H^+ \rightarrow H_2F^+$). Selbst Edelgase vermögen Protonen unter Bildung kationischer, allerdings nur in Abwesenheit von Gegenionen in der Gasphase existierender Wasserstoffverbindungen zu addieren (vgl. Protonenaffinität). Umgekehrt können die Wasserstoffverbindungen von Elementen der IV. bis VI. Hauptgruppe durch Protonenabspaltung in Elementwasserstoff-Anionen übergeführt werden (z.B. $CH_4 \rightarrow CH_3^- + H^+$; $NH_3 \rightarrow NH_2^- + H^+$; $H_2O \rightarrow HO^- + H^+$). Sowohl die Anlagerung als auch die Abspaltung von Protonen ändert naturgemäß nichts an der Elektronenzahl des betreffenden Elementwasserstoffs.

Zum Unterschied hiervon führt die Anlagerung von Hydridionen $:H^-$ zu einer Erhöhung der Elektronenanzahl des Elementwasserstoffs um jeweils zwei. Die H^--Addition ist also nur bei jenen Elementwasserstoffen möglich, in welchen die Elemente noch „Elektronenpaarlücken“ aufweisen. Dementsprechend addiert z.B. die einfachste Wasserstoffverbindung des Bors (entsprechendes gilt für die Gruppenhomologen des Bors) zur Vervollständigung der B-Elektronenschale ein Hydrid-Ion unter Bildung von BH_4^- (analog: AlH_4^-, GaH_4^-, InH_4^-):

$$\begin{array}{c}H\\ H:\ddot{\underset{..}{B}}\\ H\end{array} + :H^- \rightarrow \begin{array}{c}H\\ H:\ddot{\underset{..}{B}}:H^-\\ H\end{array}$$

In entsprechender Weise führt die Addition eines Hydrid-Ions an instabiles, nicht isolierbares Silicium(II)-hydrid $:SiH_2$ (analoges gilt für $:GeH_2$, $:SnH_2$), zum stabilen und z.B. als Na^+-Salz isolierbaren Anion $:SiH_3^-$, in welchem Silicium ein Elektronenoktett zukommt.

Wasserstoffverbindungen der Nebengruppenelemente. Die Stöchiometrien der bisher von den Übergangselementen bekannten Wasserstoffverbindungen sind in der nachfolgenden Übersicht wiedergegeben:

Nebengruppen								
III	**IV**	**V**	**VI**	**VII**	**VIII** bzw. **0**		**I**	**II**
$EH_{\leq 3}$ a)	$EH_{\leq 2}$	$EH_{\leq 2}$	$EH_{\leq 2}$ b)	–	– –	$EH_{\leq 2}$ b)	EH	EH_2

a) Einschließlich Lathanoid- und Actinoidhydride. **b)** Bisher nur von Cr bzw. Ni, Pd bekannt.

Es handelt sich zum Unterschied von den stöchiometrisch zusammengesetzten Wasserstoffverbindungen der Hauptgruppenelemente in den überwiegenden Fällen um nichtstöchiometrische Verbindungen. Mit Ausnahme der Wasserstoffverbindungen von Elementen der I. und II. Nebengruppe sowie der Dihydride des Europiums und Ytterbiums (EuH_2, YbH_2) stellen die wiedergegebenen Atommengenverhältnisse nur obere, nicht in jedem Falle erreichbare Grenzstöchiometrien dar (symbolisiert durch das Zeichen $\leqslant$ vor dem Wasserstoffindex), die beachtlich unterschritten werden können. Beispielsweise ist für die kubische Hydridphase des Titans (s. weiter unten) jede Stöchiometrie zwischen den Grenzen TiH und TiH_2 zulässig.

Ersichtlicherweise existiert bisher nicht von jedem Nebengruppenelement eine Wasserstoffverbindung des Typs EH_n. Da jedoch jene Elemente, von denen keine Wasserstoffverbindungen bekannt sind, als Hydrierungskatalysatoren (s. dort) zu wirken vermögen und damit eine Affinität zu Wasserstoff dokumentieren, sollte ihre Überführung in Wasserstoffverbindungen unter verschärften experimentellen Bedingungen (etwa hohem H_2-Druck, vgl. Bildung von Nickelhydrid) prinzipiell möglich sein[36)].

---

[36] Diese Annahme wird durch den Befund gestützt, daß von den betreffenden Elementen komplexstabilisierte Elementwasserstoffe $L_m \cdot EH_n$ bekannt sind. Als Beispiele seien genannt: L_5CrH_2, L_4ReH_3, L_4MoH_4, L_3WH_6, L_5MnH, L_2ReH_7, L_4FeH_2, L_3RuH_4, L_2OsH_6, L_4CoH, L_3CoH_3, L_2IrH_5, L_2PtH_2 ($L = R_3P$ mit R = organischer Rest oder gelegentlich F). Besonderes Interesse verdienen auch die Verbindungen L_2TcH_7 und L_2ReH_7 mit $L = H^-$: TcH_9^{2-} und ReH_9^{2-} (vgl. Tab. 133 auf S. 1607 und Anm.[37)]).

Da die Elemente der I., II., III., IV. Nebengruppe usw. entsprechend ihrer Stellung im Periodensystem ein, zwei, drei, vier ... usw. chemisch wirksame Außenelektronen aufweisen, sollte die Stöchiometrie der sich von den Elementen ableitenden Wasserstoffverbindungen EH, EH_2, EH_3, EH_4 usw. lauten. Wie jedoch schon aus der Nichtstöchiometrie vieler Verbindungen hervorgeht, folgt die Zusammensetzung der Nebengruppenelementhydride mit Ausnahme der stöchiometrisch zusammengesetzten Hydride der Kupfer- und Zinkgruppe[37] offensichtlich anderen Gesetzmäßigkeiten (s. weiter unten).

4.1.2 Struktur und Bindung

Die einfachen Elementhydride lassen sich ähnlich wie die Elemente in ein **Periodensystem der Elementwasserstoffe** einordnen, dem zweckmäßigerweise das Langperiodensystem der Elemente (s. dort) zugrunde liegt (vgl. Tab. 41). Es umfaßt demgemäß wie dieses mehrere kürzere bzw. längere waagrechte Elementhydrid-Perioden und senkrechte Elementhydrid-Haupt- und -Nebengruppen. Innerhalb einer Elementhydridgruppe weisen dann die Elementwasserstoffe – abgesehen von übereinstimmenden Stöchiometrien (s. oben) – eine große Ähnlichkeit in ihren Eigenschaften auf, während sich die Eigenschaften innerhalb der Elementhydridperioden beim Fortschreiten von einem zum nächsten Elementwasserstoff in gesetzmäßiger Weise ändern. Dies sei nachfolgend anhand von Struktur und Bindung der Elementhydride demonstriert (vgl. auch physikalische und chemische Eigenschaften der Elementhydride, Abschnitte 4.3 und 4.4).

Wasserstoff kann in seinen Verbindungen über Ionen-, Metall- bzw. Atombindungen mit den Elementen verbunden sein. Man unterscheidet dementsprechend salzartige, metallartige sowie kovalente Wasserstoffverbindungen, wobei – abgesehen von wenigen Ausnahmen – die im Langperiodensystem der Elementwasserstoffe links stehenden Hydride (1. und 2. Gruppe) salzartig, die in der Mitte stehenden (3. bis 10. Gruppe) metallartig und die rechts stehenden Wasserstoffverbindungen (11. bis 17. Gruppe) kovalent aufgebaut sind (vgl. Tab. 41).

Salzartige Wasserstoffverbindungen

Strukturverhältnisse. Den salzartigen Elementwasserstoffen, zu denen man die Wasserstoffverbindungen der Alkalimetalle und der Erdalkalimetalle (ohne Beryllium) sowie die Dihydride des Europiums und Ytterbiums zählt (Tab. 41), liegen typische Salzstrukturen zugrunde. So kommt den Alkalimetallhydriden LiH, NaH, KH, RbH und CsH *Natriumchlorid-Struktur* (NaCl-Struktur) zu, in welcher jedes Hydrid-Ion von jeweils 6 Alkalimetall-Kationen (Koordinationszahl von H^- = sechs) und jedes Alkalimetall-Kation von 6 Hydrid-Ionen oktaedrisch umgeben ist (vgl. Fig. 48 auf S. 123 mit Hydrid- statt Chlorid-Ionen).

Die Erdalkalimetallhydride CaH_2, SrH_2 und BaH_2 kristallisieren mit *Fluorit-Struktur* (CaF_2-Struktur, S. 124), in welcher die Hydrid-Ionen jeweils tetraedrisch von 4 Erdalkalimetall-Kationen (Koordinationszahl von H^- = vier), die Erdalkalimetall-Kationen jeweils kubisch von 8 Hydrid-Ionen umgeben sind[38]. Allerdings existiert diese „β-Form" der Erdalkalimetallhydride nur bei höheren Temperaturen; sie geht unterhalb von 780 °C (CaH_2), 855 °C (SrH_2) bzw. 598 °C (BaH_2) unter geringfügiger Verschiebung der Ionen-Lagen in die – auch noch bei Normalbedingungen beständige – „α-Form" der Erdalkalimetallhydride mit *Bleidichlorid-Struktur* ($PbCl_2$-Struktur, S. 976) über. Die gleiche Struktur weisen die salzartigen Hydride EuH_2 und YbH_2 bei Normalbedingungen auf[38].

In den α-Formen sind die Hydrid-Ionen teils von 4, teils von 5 Erdalkalimetall-Kationen verzerrt tetraedrisch bzw. quadratisch-pyramidal (Koordinationszahl von H^- = vier bzw. fünf) und die

---

37 Es wurde auch die Existenz eines Moleküls TiH_4 in der Gasphase massenspektrometrisch nachgewiesen. So erscheint die Bildung weiterer, stöchiometrisch zusammengesetzter Nebengruppenelementwasserstoffe nicht ausgeschlossen (vgl. Anm.[36]).

38 Auch von YbH_2 kennt man eine Phase mit CaF_2-Struktur. Sie lagert sich bei Raumtemperatur langsam in die stabile Phase mit $PbCl_2$-Struktur um.

Tab. 41 Periodensystem der Elementwasserstoffe

(Stöchiometrie, Bindungsverhältnisse, Bildungsenthalpien, Bindungsenergien und Zersetzungstemperaturen einfacher Elementwasserstoffe)

1	2	3	4	5	6	7	8 9 10	11	12	13	14	15	16	17
Ia	IIa	IIIa	IVa	Va	VIa	VIIa	VIIIa bzw. 0b	Ib	IIb	IIIb	IVb	Vb	VIb	VIIb
LiH −91 *(238)* 972°	**BeH_2** um 0[b] *(<370)* ca. 190°	– – – –	– – – –	– – – –	– – – –	– – – –	– – – –	– – – –	– – – →	**BH_3** +18[b] *(372)* ab 100°	**CH_4** −75 *(416)* –	**NH_3** −46 *(391)* –	**H_2O** −286[b] *(463)* –	**HF** −300[b] *(565)* –
NaH −57 *(201)* 425°	**MgH_2** −74 *(c)* ca. 300°									**AlH_3** −11[b] *(272)* 150°	**SiH_4** +34 *(323)* 450°	**PH_3** −5 *(227)* 300°	**H_2S** −21 *(361)* –	**HCl** −92 *(429)* –
KH −56 *(183)* 420°	**CaH_2** −184 *(c)* ca. 1000°	**$ScH_{<2}$** −135[b] – –	**$TiH_{<2}$** −124[b] – –	**$VH_{<1}$** $_{<2}$	**$CrH_{<1}$** $_{<2}$	**Mn**	**Fe Co $NiH_{<1}$** −2[b] ***Hy-*** *(255)* (e)	**CuH** +21[b] *(281)* < 20°	**ZnH_2** ≫0 *(c)* 25°	**GaH_3** ≫0 *(<270)* −15°	**GeH_4** +91 *(289)* 280°	**AsH_3** +66 *(297)* 300°	**H_2Se** +73 *(316)* 300°	**HBr** −36 *(365)* –
RbH −55 *(176)* 364°	**SrH_2** −177 *(c)* ca. 1000°	**$YH^{<2}_{<3}$** −186[b] – –	**$ZrH_{<2}$** −163[b] – –	**$NbH_{<1}$** $_{<2}$	**Mo**	**Tc**	**Ru Rh $PdH_{<2}$** −10[b] ***drie-*** – (e)	**(AgH)** (b) *(226)* ≪0°	**CdH_2** ≫0 *(c)* −20°	**(InH_3)** ≫0 *(<250)* <0°	**SnH_4** +163 *(253)* −50°	**SbH_3** +145 *(257)* 150°	**H_2Te** +100 *(266)* <300°	**HI** +26 *(297)* 300°
CsH −50 *(195)* 389°	**BaH_2** −172 *(c)* ca. 1000°	**LaH[f] $_{<2}$ $_{<3}$** −208[b] – –	**$HfH_{<2}$** −113[b] – –	**$TaH_{<1}$**	**W**	**Re**	**Os Ir Pt** ***rungskataly-*** ***satoren***	**(AuH)** (b) *(301)* <0°	**(HgH_2)** ≫0 *(c)* −125°	**(TlH_3)** ≫0 *(c)* –	**(PbH_4)** > +278 *(c)* –	**BiH_3** +278 *(194)* 20°	**(H_2Po)** < +278 – –	**(HAt)** >0 – –

Hydride[a]
Bildungsenthalpien kJ[b]
(Bindungsenergien kJ)[c]
Zersetzungstemp. °C[d]

salzartig	metallartig (2 Indizes ≙ 2 Hydridphasen)	kovalent: E···$H^{\delta-}$···E E—H E—$H^{\delta+}$···E

a) AgH, AuH, InH_3, PbH_4 und H_2Po wurden bisher nur in Spuren in der Gasphase nachgewiesen, HgH_2, TlH_3 und HAt sind noch unsicher.

b) Bezugszustand: EH_n, ScH_2, YH_2, LaH_2, TiH_2, ZrH_2, $HfH_{1,7}$, $NiH_{0,5}$, $PdH_{0,5}$; Temperatur von 25 °C; alle an der Bildung beteiligten Stoffe im bei 25 °C stabilen Zustand (Gase unter 1.013 bar Druck). Die Bildungsenthalpien beziehen sich also insbesondere auf polymeres Kupferhydrid $^1/x(CuH)_x$, polymeres Berylliumhydrid $^1/x(BeH_2)_x$, dimeres Boran $^1/_2(BH_3)_2$ polymeres Alan $^1/x(AlH_3)_x$, flüssiges Wasser $^1/x(H_2O)_x$, polymeren Fluorwasserstoff $^1/x(HF)_x$. Bildungsenthalpien monomerer gasförmiger Elementhydride: CuH +243, AgH +285, AuH +310, BH_3 +100, AlH_3 ca. +150, H_2O −242, HF −271 kJ/mol.

c) Bezogen auf jeweils 1 mol gasförmiges monomeres Hydrid EH_n. Dissoziationsenergien für Elementmonohydride: MgH 218, CaH 167, SrH 163, BaH 176, ZnH 85, CdH 69, HgH 40, BH 293, AlH 285, GaH 276, InH 243, TlH 188, CH 339, SiH 314, GeH 322, SnH 314, PbH 176, NH 352, PH 297, OH 427, SH 345 kJ/mol.

d) Im Falle der exothermen salzartigen Hydride beziehen sich die Zersetzungstemperaturen auf p_{H_2} = 1 bar (Plateauregion; vgl. Fig. 87, S. 285).

e) Wasserstoffzersetzungsdruck bei Raumtemperatur für $NiH_{0,9}$: 3400 bar, für $PdH_{0,5}$: 0.5 mbar.

f) Entsprechend sind von den Lanthanoiden Ln metallartige Hydride $LnH_{<2,<3}$ bekannt ($EuH_{<3}$ fehlt; EuH_2 und YbH_2 sind salzartig). Von den Actinoiden An kennt man bisher folgende metallartige Hydride $AnH_{<2,<3}$: $AcH_{<2}$, $PaH_{<3}$, $UH_{<3}$, $NpH_{<3}$, $PuH_{<3}$, $AmH_{<3}$. Bildungsenthalpien: LnH_2 um −210, AnH_2 um −160 kJ/mol.

Erdalkalimetall-Kationen von 9 Hydrid-Ionen umgeben, von denen 6 an den Ecken eines trigonalen Prismas und 3 über den Rechtecksflächen des Prismas lokalisiert sind.

Dem Magnesiumhydrid MgH_2 liegt schließlich die *Rutil-Struktur* (TiO_2-Struktur) zugrunde mit trigonal-planarer Umgebung der Hydrid-Ionen mit Magnesium-Kationen (Koordinationszahl von H^- = drei) und oktaedrischer Umgebung der Magnesium-Kationen mit Hydrid-Ionen (vgl. Fig. 50 auf S. 124).

Bindungsverhältnisse. Die gefundenen, für Salze charakteristischen Strukturen der Alkali- und Erdalkalimetalle (ohne BeH_2) sprechen für einen – zunächst überraschenden – *ionischen Aufbau* der Verbindungen. Betrachtet man nämlich die Differenz der Elektronegativitäten der Metalle und des – in jedem Falle elektronegativen – Wasserstoffs (maximal 1.3 (CsH), minimal 1.0 (MgH_2)) und dem sich daraus errechnenden prozentualen Ionencharakter der Metall-Wasserstoff-Bindungen (maximal ca. 30 %, minimal ca. 18 %; vgl. Elektronegativität, S. 144), so würde man eher kovalenten Verbindungsbau erwarten.

Tatsächlich stützen noch eine Reihe anderer Befunde die Vorstellung eines ionischen Aufbaus der Alkali- und Erdalkalimetallhydride (ohne BeH_2): So stimmen gefundene und berechnete Gitterenergien einigermaßen überein, wenn man der Rechnung einen ionischen Verbindungsaufbau zugrunde legt, z. B.:

		LiH	NaH	KH	MgH_2	CaH_2	SrH_2
Gitterenergie	gef.:	913	810	712	2709	2428	2261
[kJ/mol]	ber.:	929	800	707	2805	2512	2269

Darüber hinaus leitet geschmolzenes Lithiumhydrid (Smp. 692 °C) den Strom ähnlich gut wie andere, aus einwertigen Anionen und Kationen zusammengesetzte, geschmolzene Salze. Bei Stromdurchgang wird der Wasserstoff dabei an der Anode entwickelt. Eine ähnliche Beobachtung macht man im Falle der übrigen, salzartigen Hydride (einschließlich EuH_2, YbH_2), die zwar – wegen ihrer hohen Schmelzpunkte – nicht mehr ohne Zersetzung in den flüssigen Aggregatzustand übergeführt, aber in geeigneten Salzschmelzen (LiCl/KCl: Smp. 360 °C; NaOH: 318 °C) unzersetzt gelöst und elektrolysiert werden können.

Die aus den Strukturbestimmungen der salzartigen Wasserstoffverbindungen abgeleiteten und nachfolgend zusammengestellten „Radien der Hydrid-Ionen"[39] unterscheiden sich auffallend und sind insgesamt viel kleiner als der Radius für das ungebundene H^- (ca. 2 Å):

	LiH	NaH	KH	RbH	CsH	MgH_2	CaH_2	SrH_2	BaH_2	EuH_2	YbH_2
d_{MH} [Å]	2.04	2.45	2.86	3.03	3.20	1.95	2.32	2.49	2.67	2.45	2.32
r_{H^-} [Å]	1.14	1.29	1.34	1.37	1.39	1.09	1.06	1.09	1.11	1.06	1.04

Die Radienverkleinerung geht wohl zum Teil auf die hohe Kompressibilität des Hydrid-Ions zurück. Zum Teil beruht sie aber sicher auch auf einer starken, den Übergang einer Ionen- in eine Atombindung dokumentierenden Polarisation des Hydrid-Ions. Demgemäß hat das Hydrid-Ion gerade in jenen Wasserstoffverbindungen, deren Metall-Kationen besonders elektropositiv und wenig geladen sind (RbH und CsH), einen besonders großen Radius[40]. Tatsächlich folgt aus Neutronenbeugungsuntersuchungen, daß im Lithiumhydrid das Außenelektron des Lithiums nicht vollständig, sondern nur zu 88% auf den Wasserstoff übergegangen ist.

Demgemäß bietet sich für die salzartigen Wasserstoffverbindungen also folgendes Bindungsmodell an. Die Bindungspartner sind durch Ionenbindungen mit kovalenten Bindungsanteilen verknüpft. Letztere nehmen in Richtung CsH → LiH bzw. BaH_2 → MgH_2 bzw. Alkali → Erdalkalimetallhydride zu. Magnesiumhydrid steht, wie aus der vergleichsweise hohen Abweichung des berechneten vom gefundenen Wert der Ionengitterenergie (s. oben) bzw. niedrigen Koordinationszahl des Hydrid-Ions im Ionengitter (drei)[41] hervorgeht, bereits an der Grenze zu den kovalenten Wasserstoffverbindungen.

Metallartige Wasserstoffverbindungen

Strukturverhältnisse. Den metallartigen Wasserstoffverbindungen, zu denen – von wenigen Ausnahmen abgesehen – die Übergangsmetallhydride zählen (vgl. Tab. 41), liegen typische Metallstrukturen zugrunde, in welche atomarer Wasserstoff eingelagert ist (s. unten). Man rechnet die Verbindungsgruppe deshalb auch zu den (Wasserstoff-) „*Einlagerungsverbindungen*" („*interstitielle Verbindungen*").

Da sich mit der Einlagerung von Wasserstoff in die betreffenden Metalle im allgemeinen die Metallstruktur ändert, stellen die metallartigen Hydride keine Einlagerungsverbindungen im strengen Sinne dar. Nur verschwindend wenig Wasserstoff wird jeweils von den betreffenden Metallen ohne Änderung ihrer Struktur unter Bildung „echter Einlagerungsverbindungen" in oktaedrischen Lücken aufgenommen. Die Löslichkeit des Wasserstoffs in den Metallen nimmt mit steigender Temperatur zu,

---

39 Die Radien der Hydrid-Ionen berechnen sich in einfacher Weise aus den experimentell zugänglichen kürzesten Kernabständen zwischen Metall-Kationen und Hydrid-Ionen, vermindert um die bekannten Ionenradien der betreffenden Metall-Kationen.

40 Der Radius des Wasserstoffs in rein kovalenten Verbindung beträgt 0,37 Å.

41 In kovalenten Wasserstoffverbindungen (s. dort) kommt dem Wasserstoff im allgemeinen die Koordinationszahl eins oder zwei zu.

beträgt aber selbst oberhalb von 500 °C im allgemeinen nicht mehr als zehn Atomprozente ($MH_{<0.1}$). Mit am meisten Wasserstoff lösen Vanadium, Niobium und Tantal ohne Änderung ihres kubisch-raumzentrierten Gitters (Grenzstöchiometrie bei Raumtemperatur: $VH_{0.05}$, $NbH_{0.11}$, $TaH_{0.22}$; bei 200 °C MH).

In den metallartigen Hydriden besetzt Wasserstoff oktaedrische und tetraedrische Lücken einer (zum Teil etwas verzerrten) kubisch- bzw. hexagonal-dichten Metallatompakkung (Koordinationszahl des Wasserstoffs = sechs, vier). Da jede aus *n* Kugeln (= Metallatome) bestehende dichte Packung *n* oktaedrische bzw. 2*n* tetraedrische Lücken aufweist (vgl. Metallstrukturen), ergibt sich im Falle der metallartigen Wasserstoffverbindungen bei Besetzung aller oktaedrischer Lücken die Grenzzusammensetzung MH, bei Besetzung aller tetraedrischer Lücken die Grenzzusammensetzung MH_2 und bei Besetzung sowohl aller oktaedrischer als auch tetraedrischer Lücken die Grenzzusammensetzung MH_3.

In der von den metallartigen Hydriden allgemein bevorzugten Struktur sind die Metallatome kubisch-dicht (= kubisch-flächenzentriert) gepackt, und die Wasserstoffatome besetzen tetraedrische Lücken[42]. Sind alle Tetraederlücken mit Wasserstoff gefüllt, so kommt dem dann vorliegenden Hydrid MH_2 – wie den Hydriden CaH_2, SrH_2, BaH_2 in ihrer Hochtemperaturmodifikation (s. oben) – *Fluoritstruktur* (CaF_2-Struktur, S. 124) zu[43]. Diese – in vielen Fällen tatsächlich realisierbare – ideale Stöchiometrie kann jedoch zum Teil beachtlich unterschritten werden (Teilbesetzung der Tetraederlücken), ohne daß die Metallphase instabil würde. So existieren für die Hydride des Titans, Zirconiums bzw. Hafniums folgende Stabilitätsbereiche: $TiH_{1.0-2.0}$, $ZrH_{1.5-2.0}$, $HfH_{1.7-2.0}$[44]. Die Grenzstöchiometrie kann aber wie im Falle von Yttriumdihydrid sowie der Lanthanoid- und Actinoidhydride (mit Ausnahme von EuH_2) auch dadurch überschritten werden, daß Wasserstoff nicht nur alle tetraedrischen, sondern zusätzlich oktaedrische Lücken besetzt.

Dabei lassen sich die Oktaederlücken bei den leichteren Lanthanoiden (La-Nd) vollständig (Grenzstöchiometrie MH_3)[46], bei Yttrium und den schwereren Lanthanoiden (Sm-Lu)[47] sowie Actinoiden (ab Np)[48] jedoch nur teilweise mit Wasserstoff auffüllen (z. B. bis zur Grenzstöchiometrie $SmH_{2.55}$, $HoH_{2.24}$, $ErH_{2.31}$, $YbH_{2.55}$). Bei höheren Wasserstoffgehalten bilden sich bei Yttrium und in den zuletzt genannten Fällen neue Hydridphasen aus, in welchen die Metallatome nicht mehr kubisch-dicht, sondern (verzerrt) hexagonal-dicht gepackt sind und der Wasserstoff alle tetraedrischen sowie zusätzlich oktaedrische Lücken besetzt (Grenzstöchiometrie MH_3).

---

42 Tatsächlich ist dieser Verbindungsaufbau nicht ideal verwirklicht, da Wasserstoff statt in tetraedrischen Lücken zu einem kleinen, mit wachsenden Temperaturen steigenden und von Metall zu Metall verschiedenen Prozentsatz auch in oktaedrischen Lücken lokalisiert ist.

43 Die MH_2-Struktur läßt sich auch wie folgt beschreiben: Wasserstoff bildet eine kubisch-einfache Packung, deren kubische Lücken zur Hälfte mit Metallatomen besetzt sind (vgl. Anm.[42]).

44 Die Verhältnisse werden allerdings im Falle der Hydride der – im wasserstofffreiem Zustand hexagonal-dicht gepackten – Metalle der **vierten Nebengruppe** (Ti, Zr, Hf) dadurch kompliziert, daß neben der normalen kubischen Phase (s. oben) auch eine mehr oder weniger stark tetragonal verzerrte Phase existiert (die Metallatome bilden hier eine tetragonal verzerrte kubisch-flächenzentrierte Packung, die auch als tetragonal-innenzentrierte Packung beschreibbar ist). Die nicht verzerrte kubische Phase bildet sich bei höheren Temperaturen (bei gegebener Stöchiometrie MH_2 oberhalb 37 °C (Ti), 900 °C (Zr), 407 °C (Hf))[45] und kleineren Wasserstoffgehalten (bei Raumtemperatur: $ZrH_{<1.61}$. $HfH_{<1.80}$). Auch im Falle der Hydride der – im wasserstofffreien Zustand kubisch-innenzentrierten Metalle – der **fünften Nebengruppe** (V, Nb, Ta) existiert neben der kubischen Phase eine entsprechende verzerrte Phase. Sie ist aber gerade umgekehrt bei niedrigen Wasserstoffgehalten stabil ($MH_{<1}$; einzige bisher beobachtete Hydridphase für M = Ta) und wird oberhalb 200 °C mit der durch Lösen von Wasserstoff in den Metallen erhältlichen Phase identisch. Im Falle des Hydrids des – im wasserstofffreien Zustand kubisch-innenzentrierten – **Chroms** existiert neben einer wasserstoffreichen Phase ($CrH_{<2}$), mit normaler Struktur (s. oben) eine wasserstoffarme Phase (Stöchiometrie CrH), in welcher Wasserstoff offenbar oktaedrische Lücken einer hexagonal-dicht gepackten Chromstruktur besetzt (anti-NiAs-Struktur).

45 Mit zunehmendem Unterschreiten der wiedergegebenen Temperatur tritt zunehmende Verzerrung des Metallgitters ein. Im Falle von TiH_2 ist die Verzerrung bei Raumtemperatur noch vernachlässigbar klein.

46 Beschreibt man die MH_2-Fluoritstruktur als kubisch-einfache Wasserstoff-Packung mit M in der Hälfte aller kubischen Lücken, so besteht der Übergang von MH_2 zu MH_3 in der Auffüllung der noch leeren kubischen Lücken mit H.

47 Im Falle von YbH_2 nimmt nur die metastabile YbH_2-Phase (Fluoritstruktur) Wasserstoff auf.

48 Die leichten Actinoide Th, Pa, U bilden kompliziert gebaute Hydridphasen $ThH_{<3.75}$, $PaH_{<3}$, $UH_{<3}$, Actinium nur die Phase $AcH_{<2}$ (Fluoritstruktur).

Bindungsverhältnisse: Ein charakteristisches Merkmal der zur Diskussion stehenden Hydride stellt ihre elektrische Leitfähigkeit dar. Diese läßt sich durch ein, die wahren Verhältnisse allerdings stark vereinfachendes Bindungsmodell erklären, wonach die Metallatome der metallartigen Hydride MH_n sowohl miteinander als auch mit Wasserstoffatomen über Metallbindungen (s. dort) verknüpft sind. Chemisch vermag der im Metall bewegliche Wasserstoff (vgl. physikalische und chemische Eigenschaften) sowohl wie hydridischer Wasserstoff (Wasserstoffentwicklung bei Säureeinwirkung, z.B. $UH_3 + 3HCl \rightarrow UCl_3 + 3H_2$) als auch wie protischer Wasserstoff zu wirken (z.B. kathodische H_2-Entwicklung bei der Elektrolyse von Titan- bzw. Palladiumwasserstoff).

Kovalente Wasserstoffverbindungen

Strukturverhältnisse. Den kovalenten Wasserstoffverbindungen, zu denen die Hydride des Berylliums sowie der Elemente der I.–II. Neben- und III.–VII. Hauptgruppe zählen (Tab. 41), liegen Molekülstrukturen zugrunde, welche in einfacher Weise aus der Zahl der den Elementen E in ihren Verbindungen zukommenden bindenden und nichtbindenden Elektronenpaaren folgen (vgl. Regeln von Gillespie und Nyholm, S. 136). Für die monomeren kovalenten Hydride EH_n der 12.–16. Elementgruppe ergeben sich hiernach folgende Molekülgestalten (für Strukturen höherer Elementwasserstoffe E_mH_n vgl. die Verbindungskapitel der betreffenden Elemente):

2.- bzw. 12.-	13.-	14.-	15.-	16.-Gruppe
H—E—H	EH_3 (H, E, H, H)	EH_4 (H, E, H, H, H)	$\ddot{E}H_3$ (H, H, H)	$\ddot{\ddot{E}}H_2$ (H, H)
linear	trigonal-planar	tetraedrisch	pyramidal	gewinkelt

Der Bindungswinkel HEH beträgt mithin im Falle der monomeren kovalenten Wasserstoffverbindungen von Elementen der 2. (12.)–14. Gruppe (z.B. Be, Zn, B, Al, C, Si) 180, 120 bzw. 109.5°. Im Falle der Wasserstoffverbindungen von Elementen der 15. und 16. Gruppe (z.B. N, P, O, S) erreicht der HEH-Bindungswinkel – wie auf S. 137 bereits besprochen wurde – nicht ganz den Tetraederwinkel (109.5°). Er verkleinert sich zudem mit steigender Ordnungszahl des Gruppenelementes bis auf 90° (vgl. Tab. 42).

Die Gestalt der aus den ungeladenen Elementwasserstoffen durch Protonierung, Deprotonierung bzw. Hydridionen-Anlagerung hervorgehenden geladenen Elementwasserstoffe läßt sich ähnlich wie bei diesen aus der Zahl bindender und nichtbindender Elektronenpaare folgern. Hiernach sind etwa die aus HF, H_2O bzw. NH_3 durch Protonierung gebildeten Ionen H_2F^+, H_3O^+ bzw. NH_4^+ gewinkelt, pyramidal bzw. tetraedrisch, die aus CH_4 bzw. NH_3 durch Deprotonierung erhaltenen Ionen CH_3^- bzw. NH_2^- pyramidal bzw. gewinkelt und die aus BH_3 bzw. AlH_3 durch H^--Anlagerung hervorgehenden Ionen BH_4^- bzw. AlH_4^- tetraedrisch gebaut.

Die Tab. 42 enthält einige EH- und EE-Bindungslängen der kovalenten Wasserstoffverbindungen EH_n und E_2H_n (zum Vergleich sind auch Abstände in einigen Elementen E_x wiedergegeben). Ersichtlicherweise nehmen die – nicht nur für EH_n, sondern in guter Näherung allgemein für E_mH_n gültigen – EH-Abstände innerhalb einer Elementperiode (z.B. CH_4, NH_3, H_2O, HF) ab, innerhalb einer Elementgruppe (z.B. CH_4, SiH_4, GeH_4, SnH_4) zu. In gleicher Richtung ändern sich die – häufig als Bezugsgrößen bei vergleichenden Bindungsabstandsbetrachtungen benutzten – EE-Abstände. Erhöhte Ordnung einer Bindung führt naturgemäß zu einer Bindungsverkürzung.

Die kovalenten Hydride von Elementen der 2. (12.) und 13. Gruppe sowie des Stickstoffs, Sauerstoffs und Fluors existieren in monomerer Form nur unter besonderen Bedingungen

Tab. 42 Einige Bindungslängen und -winkel in Wasserstoffverbindungen und freien Elementen. (Aus Kovalenzradien *berechnete* EE-Abstände (vgl. Anh. V) sind kursiv gedruckt[a].)

EH-Abstände und HEH-Winkel in Wasserstoffverbindungen EH_n

Molekül	d_{EH} [Å]	Molekül	d_{EH} [Å]	∢ HEH
HF	0.917	H_2O[a)]	0.957	104.5°
HCl	1.274	H_2S	1.334	92.3°
HBr	1.415	H_2Se	1.47	91.0°
HI	1.609	H_2Te	1.69	89.5°
CH_4	1.091	NH_3	1.031	106.8°
SiH_4	1.479	PH_3	1.419	93.5°
GeH_4	1.527	AsH_3	1.519	92.0°
SnH_4	1.701	SbH_3	1.707	91.5°

EE-Abstände in Wasserstoffverbindungen E_2H_n und freien Elementen E_x

Molekül	d_{EE} [Å]	Molekül	d_{EE} [Å]	Molekül	d_{EE} [Å]
$H_3C—CH_3$	1.543	$H_3Si—SiH_3$	2.32	$H_3Ge—GeH_3$	2.41
$H_2C{=}CH_2$	1.353	$H_2Si{=}SiH_2$	*2.14*	$H_3Sn—SnH_3$	*2.80*
HC≡CH	1.207	HSi≡SiH	*2.00*	$H_2As—AsH_2$	*2.42*
$H_2N—NH_2$	1.47	$H_2P—PH_2$	2.21	$H_2Sb—SbH_2$	*2.82*
HN=NH	*1.20*	HP=PH	*2.00*		
N≡N	1.098	P≡P	1.86	HSe—SeH	*2.34*
HO—OH	1.475	HS—SH	2.06	HTe—TeH	*2.74*
O=O	1.207	S=S	1.887	Br—Br	2.28
F—F	1.435	Cl—Cl	1.988	I—I	2.66

a) H_3O^+ : d_{O-H} ca. 1.01 Å; ∢ HOH 110–115°.

(Gasphase, kleine Drücke, hohe Temperaturen usw.). Unter Normalbedingungen vereinigen sie sich zu Molekülverbänden und liegen also in polymerer Form vor. Dabei erfolgt die Molekülverknüpfung im Falle der kovalenten Hydride von Elementen bis zur 13. Gruppe über sogenannte „*anionische Wasserstoffbrücken*", im Falle der Wasserstoffverbindungen des Stickstoffs, Sauerstoffs und Fluors über „*kationische Wasserstoffbrücken*" (vgl. Tab. 41, S. 275).

Unter den Wasserstoffverbindungen mit anionischen Wasserstoffbrücken kommt dem dimeren Borhydrid $(BH_3)_2$ die weiter unten wiedergegebene Struktur zu: Hiernach ist jedes der beiden Boratome verzerrt tetraedrisch von 4H-Atomen umgeben. Zwei der vier Wasserstoffe, nämlich die Brückenwasserstoffe gehören jeweils beiden Wasserstofftetraedern an, die somit eine gemeinsame Kante haben. Die vier Abstände der Brückenwasserstoffatome zu den Boratomen sind gleich groß (1.329 Å). Entsprechendes gilt für die vier (kürzeren) Abstände der Endwasserstoffatome (1.192 Å):

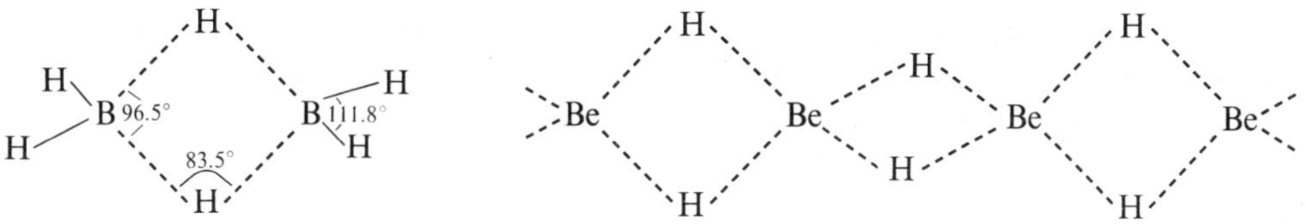

Ähnlich wie Bor in $(BH_3)_2$ ist wohl Beryllium im polymeren, strukturell noch nicht aufgeklärten Berylliumhydrid $(BeH_2)_x$ von jeweils 4H-Atomen tetraedrisch umgeben, wobei die Wasserstofftetraeder ihrerseits gemeinsame Kanten (SiS_2-Struktur, S. 916), vgl. vorstehendes Formelbild) oder möglicherweise nur gemeinsame Ecken (SiO_2-Struktur, S. 914) haben.

Zum Unterschied vom tetraedrisch mit Wasserstoff koordinierten Bor in $(BH_3)_2$ ist Aluminium in polymerem Aluminiumhydrid $(AlH_3)_x$ oktaedrisch von 6H-Atomen umgeben, die ihrerseits als symmetrische Wasserstoffbrücken andere AlH_6-Oktaeder über gemeinsame Oktaederecken zu einer dreidimensionalen Struktur vernetzen (AlF_3-Struktur)[49]. Von den übrigen polymeren Elementwasserstoffen mit anionischen H-Brücken sind bisher, außer von Kupferhydrid CuH[50], keine Strukturen bekannt.

Unter den Wasserstoffverbindungen mit kationischer Wasserstoffbrücke ist der bei Raumtemperatur gasförmige Fluorwasserstoff hexamer, wobei die über Wasserstoff ver-

[49] In der Gasphase läßt sich bei hoher Temperatur neben monomerem AlH_3 auch relativ stabiles $(AlH_3)_2$ nachweisen, dem wohl eine $(BH_3)_2$-analoge Struktur zukommt.

[50] CuH kommt Wurtzitstruktur (ZnS-Struktur, s. dort) zu, in welcher jedes H tetraedrisch von 4Cu und jedes Cu tetraedrisch von 4H umgeben ist.

bundenen Fluoratome an den Ecken eines gewellten Sechsrings liegen und die Wasserstoffatome unsymmetrisch zwischen den Fluoratomen angeordnet sind (FF-Abstand: 2.53 Å; F—H: 0.92 Å, H···F: 1.61 Å). Im flüssigen bzw. festen Verbindungszustand (Smp. −83.5 °C; Sdp. 19.5 °C) liegen andererseits lange, gewinkelte Fluor-Zickzackketten mit linearen F—H····F-Einheiten vor (FF-Abstand: 2.50 Å, F—H: 0.92 Å, H····F: 1.58 Å):

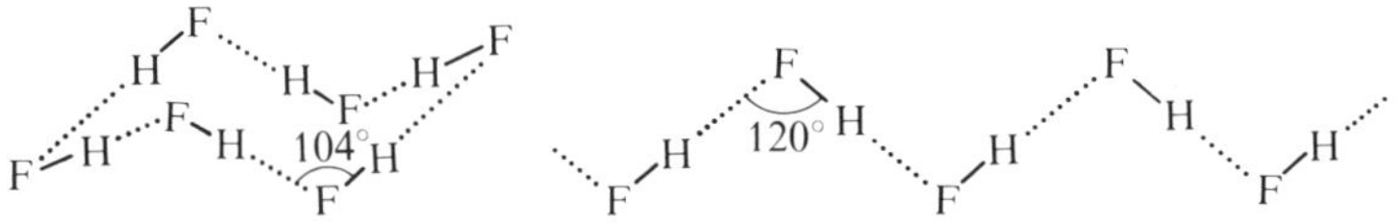

Zum Unterschied vom zweifach mit Wasserstoff koordinierten Fluor in $(HF)_6$ bzw. $(HF)_x$ ist Sauerstoff in festem Wasser $(H_2O)_x$ (Eis) verzerrt tetraedrisch von 4H-Atomen umgeben, die ihrerseits als unsymmetrische Wasserstoffbrücken andere H_4O-Tetraeder über gemeinsame Tetraederecken zu einem dreidimensionalen Gitter vernetzen (SiO_2-Struktur, S. 914); OO-Abstand: 2.75 Å, O—H: 0.99 Å, H···O: 1.76 Å). In flüssigem Wasser sind die Wassermoleküle in recht verwickelter Weise zum Teil wie in Eis, zum Teil anders und zum Teil nicht über Wasserstoffbrücken verknüpft (vgl. hierzu Wasserstoffverbindungen des Sauerstoffs). Ein entsprechend komplizierter Aufbau liegt flüssigem bzw. festem Ammoniak zugrunde.

Bindungsverhältnisse. Der die Koordinationszahl eins aufweisende, also einzählige Wasserstoff der kovalenten Elementwasserstoffe ist über normale – an anderer Stelle (S. 129) bereits ausführlich besprochene – polare Elektronenpaarbindungen (**Wasserstoff-Atombindungen**) mit den Elementatomen verknüpft, wobei der Wasserstoff teils negative, teils positive Partialladungen trägt (vgl. hierzu Tab. 41, S. 275). Unter allen Wasserstoffverbindungen weist dabei der Fluorwasserstoff den positiviertesten Wasserstoff auf. Dies folgt unter anderem daraus, daß sich die HF-Bindungsenergie (z. B. im Unterschied zur HCl-Bindungsenergie) bei Zugrundelegen eines ionischen Molekülaufbaus ($H^+ F^-$) noch näherungsweise richtig errechnen läßt[51)]. Tatsächlich ist jedoch selbst Fluorwasserstoff ein Gas und stellt somit kein inverses Analogon zum salzartig gebauten Cäsiumhydrid $Cs^+ H^-$ – der Wasserstoffverbindung mit dem negativiertesten Wasserstoff – dar. In der Polymerisation von Fluorwasserstoff über kationische Wasserstoffbrücken kommt allerdings das Bestreben dieses Moleküls zur Verwirklichung einer Ionen-Struktur sichtbar zum Ausdruck (ähnliches, wenn auch abgeschwächt, gilt für Wasser bzw. Ammoniak, s. weiter unten).

Zum Unterschied von den erwähnten, auch als „*Zweielektronen-Zweizentrenbindungen*" bezeichneten Atombindungen des einzähligen Wasserstoffs, kommt die Verknüpfung von Elementwasserstoffen über **anionische Wasserstoffbrücken** – also über zweizählige Wasserstoffatome – durch einen besonderen Bindungsmechanismus zustande, den man als „*Zweielektronen-Dreizentrenbindung*" bezeichnet. Er besteht darin, daß Wasserstoff als Anionenbrückenatom sein Elektronenpaar mit zwei Elementatomen teilt, so daß also drei Atome (E—H—E) durch ein Elektronenpaar gebunden werden. Der Sachverhalt läßt sich z. B. im Falle des „Diborans" durch die Mesomerieformel (a) bzw. durch die Valenzstrichformel (b) zum Ausdruck bringen:

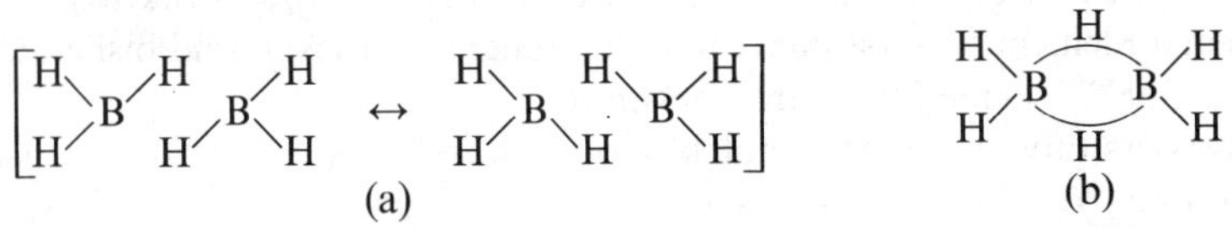

(a) (b)

[51] So berechnet sich der Wert der Assoziationsenergie H + F → H—F aus der Ionisierungsenergie von H (1302 kJ/mol), der Elektronenaffinität von F (−335 kJ/mol) sowie der durch Ionenvereinigung bis zum H—F-Bindungsabstand (0,917 Å) erhältlichen Coulombenergie (−1494 kJ/mol) zu −527 kJ/mol. Gefunden wurden: −565 kJ/mol (negativer Wert der Dissoziationsenergie).

Als treibende Kraft der Zusammenlagerung kann dabei das Bestreben der betreffenden Elementatome nach Vervollständigung ihrer Elektronenschale angesehen werden. So weisen z. B. die Boratome in den monomeren BH_3-Molekülen nur Elektronensextette auf, während in den dimeren Molekülen alle beteiligten B- und H-Atome im Endeffekt Edelgasschalen (Neon bzw. Helium) erreichen (bezüglich weiterer Einzelheiten zum Mechanismus der Zweielektronen-Dreizentrenbindung vgl. S. 999). Wie sehr in der Tat die Brückenbindungen zur Stabilität des $(BH_3)_2$-Moleküls beitragen, ersieht man daraus, daß die Bildungsenthalpie ΔH_f für BH_3 den Wert +100 und für $\frac{1}{2}(BH_3)_2$ den Wert +18 kJ/mol besitzt, so daß die Dimerisierung von BH_3 gemäß $BH_3 \rightarrow \frac{1}{2}(BH_3)_2 + 82$ kJ ein stark exothermer Prozeß ist, der praktisch quantitativ abläuft[52].

Entsprechend wie BH_3 beheben die übrigen Wasserstoffverbindungen von Elementen der III. Hauptgruppe, des Berylliums, der Kupfer- und Zinkgruppenelemente ihren Elektronenunterschuß durch Molekülzusammenlagerung und Ausbildung von Zweielektronen-Mehrzentrenbindungen. In jedem Falle weisen dann die Bindungen zwischen dem anionischen Wasserstoffbrücken-Liganden und den betreffenden Elementpartnern der Wasserstoffbrücke rechnerisch weniger als zwei Elektronen auf. Man bezeichnet diese Bindungen deshalb auch als „*Elektronenmangelbindungen*" und nennt die polymeren Elementwasserstoffe mit anionischen Wasserstoffbrücken demzufolge: „*Elektronenmangel-Verbindungen*"[53].

Elektronenmangelbindungen werden außer in den besprochenen einfachen Elementwasserstoffen in vielen weiteren Molekülen aufgefunden, wobei neben Wasserstoff auch andere Atome bzw. Atomgruppen als Brückenliganden fungieren können (vgl. z. B. höhere Borwasserstoffe, Aluminiumorganyle). Charakteristisch für die Brückenliganden ist dabei, daß sie zu gleichartigen Brückenpartnern auch gleichartige und demgemäß gleichlange Bindungen ausbilden.

Während die Aggregation von Elementwasserstoffen über anionische Wasserstoffbrücken auf das Bestreben der Bindungsmoleküle zurückgeht, ihre Elementelektronenschalen zu vervollständigen, ist als treibende Kraft der Zusammenlagerung von Fluorwasserstoff, Wasser und Ammoniak über **kationische Wasserstoffbrücken** das Bestreben dieser Moleküle EH_n anzusehen, ihre hohe EH-Bindungspolarität (s. oben) dadurch auszugleichen, daß sich jeweils der positivierte Wasserstoff eines Moleküls mit dem negativierten Elementteil eines anderen Moleküls zusammenlagert, z. B.:

$$\cdots \text{F—H} \cdots\cdots \text{F—H} \cdots\cdots \text{F—H} \cdots$$

Der kationische Wasserstoff bildet hiernach in HF, H_2O und NH_3 – anders als der durch zwei kovalente Bindungen mit seinen Partnern verknüpfte anionische Brückenwasserstoff in $(BH_3)_2$, $(AlH_3)_x$ usw. – zwei unterschiedliche Bindungen aus: eine polare kovalente Atombindung und eine längere, als „*Wasserstoffbindung*"[54] bezeichnete Bindung.

Die Wasserstoffbindung stellt – abgesehen von wenigen Ausnahmen (s. unten) – eine relativ schwache Bindungsbeziehung dar, wie z. B. daraus zu ersehen ist, daß die Bildungsen-

[52] Bei 155 °C hat die Gleichgewichtskonstante K der Dimerisierungsreaktion den Wert 6.13×10^4, doch spielt das Monomere bei einigen Reaktionsabläufen als Zwischenstufe eine Rolle (vgl. Wasserstoffverbindungen des Bors).

[53] Auch andere Elemente als Wasserstoff, z. B. Halogene können Anionenbrücken ausbilden (z. B. $(AlCl_3)_2$, s. dort). Die Halogenid- (und anderen) Brücken unterscheiden sich aber dadurch von den Hydridbrücken, daß sich die Brükkenatome an der Brückenbindung nicht nur mit 1, sondern mit 2 Elektronenpaaren beteiligen, so daß also keine Elektronenmangelbindungen vorliegen. Moleküle wie $(AlCl_3)_2$ zählen mithin nicht zu den Elektronenmangelverbindungen. Ebenso werden Moleküle wie BH_3 und $AlCl_3$ mit einer Elektronenlücke nicht als Elektronenmangelverbindungen, sondern als Lewis-Säuren bezeichnet.

[54] **Literatur.** G. C. Pimentel, A. L. McClellan: „*Hydrogen Bond*", Freeman, San Francisco 1960; D. Hadzi (Hrsg.): „*Hydrogen Bonding*", Pergamon, Oxford 1959; W. C. Hamilton, S. A. Ibers: „*Hydrogen Bonding in Solids*", Benjamin, New York 1968; M. L. Huggins: „50 *Jahre Theorie der Wasserstoffbrückenbindung*", Angew. Chem. **83** (1971) 163–168; Int. Ed. **10** (1971) 147; (die Existenz von Wasserstoffbrücken wurde erstmals 1920 von Huggins vorgeschlagen); P. A. Kollman, L. C. Allen: „*The Theory of the Hydrogen Bond*", Chem. Rev. **72** (1972) 283–303; J. E. Prue: „*Hydrogen Bonds*", Comprehensive Inorg. Chem. **1** (1973) 133–138; M. D. Joesten, L. J. Schaad: „*Hydrogen Bonding*", Dekker, New York 1974; R. D. Green: „*Hydrogen Bonding by C–H Groups*", Macmillan, London 1974; J. Emsley: „*Very Strong Hydrogen Bonding*", Chem. Soc. Rev. **9** (1980) 91–124.

thalpie ΔH_f für monomeres HF den Wert −268 kJ/mol, für polymeres HF den Wert −300 kJ/mol HF besitzt, so daß die Polymerisation von HF gemäß HF → $1/x(HF)_x$ nur den vergleichsweise bescheidenen Energiebetrag von 32 kJ pro Mol Wasserstoffbindung liefert (die H—F-Bindungsdissoziationsenergie beträgt demgegenüber 565 kJ/mol). Noch kleiner ist die Wasserstoffbindungsenergie im Falle von Eis $(H_2O)_x$ (21 kJ/mol) sowie festem Ammoniak $(NH_3)_x$ (< 20 kJ/mol).

Kationische Wasserstoffbrücken werden außer in den erwähnten Elementwasserstoffen in vielen weiteren wasserstoffhaltigen Verbindungen angetroffen, deren Struktur und Eigenschaften sie dann ähnlich wie im Falle von HF, H_2O bzw. NH_3 (vgl. oben sowie Anomalien des Wassers) mitbestimmen. Und zwar bilden sich Wasserstoffbindungen ganz allgemein zwischen Wasserstoffdonatoren, die einen stark positivierten, an elektronegative Elementatome X gebundenen sauren Wasserstoff aufweisen, und Wasserstoffakzeptoren, welche ein elektronegatives Atom Y mit freien, basischen Elektronenpaaren enthalten:

$$\overset{\delta-}{X}-\overset{\delta+}{H}\cdots\cdots:\overset{\delta-}{Y}.$$

Als X- und Y-Atome führen insbesondere Fluor, Sauerstoff sowie Stickstoff zu relativ starken, Chlor, Schwefel, Phosphor, Brom, Iod und – in Ausnahmefällen – Kohlenstoff[55] zu schwachen bis sehr schwachen Wasserstoffbindungen.

Die Position des kationischen Brückenwasserstoffs zwischen dem X- und Y-Atom ist vielfach noch unbekannt[56]. Aus bisherigen Untersuchungen folgt jedoch, daß der Wasserstoff im allgemeinen unsymmetrisch zwischen X und Y angeordnet ist, wobei der Abstand der polaren X—H-Atombindung häufig nur etwas, der der H ··· Y-Wasserstoffbindung viel länger als der normale kovalente Wasserstoffatom-Bindungsabstand X—H bzw. H—Y ist. Die Gruppierungen X—H ···· Y sind darüber hinaus bevorzugt linear (bzw. fast linear) gebaut, d.h. der Winkel XHY beträgt ca. 180°. Demgegenüber bildet die Wasserstoffbindung H ···· Y mit weiteren, von Y ausgehenden Bindungen im allgemeinen einen Winkel um 110° (Tetraederwinkel, vgl. z.B. die Struktur des polymeren Fluorwasserstoffs, weiter oben). Offenbar erfolgt die elektrostatische Verknüpfung des positivierten Brückenwasserstoffs bevorzugt mit einem der – naturgemäß besonders negativierten – freien Elektronenpaare des Akzeptoratoms, die zusammen mit den Bindungselektronenpaaren an den Ecken eines mehr oder weniger verzerrten Tetraeders lokalisiert sind[57].

Bei Vorliegen einer kationischen Wasserstoffbrücke ist der Abstand zwischen X- und Y-Atom kleiner als der van der Waals-Abstand der betreffenden Atome X und Y, wobei im allgemeinen die Wasserstoffbrücken mit abnehmendem X ···· Y-Abstand symmetrischer werden. In gleicher Richtung nimmt die bei der Bildung einer kationischen Wasserstoffbrücke gemäß X—H + Y → X—H ···· Y freiwerdende Wasserstoffbindungsenergie zu und erreicht in Ausnahmefällen Werte über 100 kJ/mol.

So ist etwa der F ··· F-Abstand im $(HF)_6$ mit 2.53 Å etwas (um 0.17 Å), im HF_2^- mit 2.26 Å ganz erheblich (um 0.44 Å) kleiner als der van der Waals-Abstand zweier Fluoratome (ca. 2.70 Å). Dementsprechend liegt der kationische Brückenwasserstoff in $(HF)_6$ unsymmetrisch und in HF_2^- symmetrisch zwischen den Fluoratomen, und die Wasserstoffbindungsenergien betragen 29 bzw. 150 kJ/mol (höchster bisher gefundener Wert für eine Wasserstoffbindung). Wegen seines symmetrischen Baus und seiner hohen Bildungsenergie wird das Ion HF_2^- zweckmäßig durch die Valenzstrichformeln (a) oder (b) symbolisiert:

---

55 Donatoren z.B. Cl_3C-H, RC≡C−H, N≡C−H; Akzeptoren z.B. Kohlenstoffverbindungen mit Mehrfachbindungssystemen.

56 Das Vorliegen von Wasserstoffbindungen läßt sich u.a. aus physikalischen Verbindungseigenschaften (z.B. hoher Schmelzpunkt und Siedepunkt, hohe Verdampfungsenthalpie), spektroskopischen Untersuchungen (z.B. Schwingungs- und Massenspektren) und der Tatsache ableiten, daß der durch Röntgenstrukturanalyse (s. dort) bestimmbare Abstand zwischen X- und Y-Atom unerwartet klein ist. Die exakte Position des Brückenwasserstoffs folgt aus Neutronenbeugungsuntersuchungen.

57 Neben diesen sogenannten tetraedrischen Wasserstoffbrücken existieren unter besonderen Bedingungen (z.B. hoher Druck) auch nicht-tetraedrische Wasserstoffbrücken.

$F \cdots H \cdots F^-$ (a) $F—H—F^-$ (b)

Ähnlich variabel wie der F ··· F-Abstand, doch durchschnittlich etwas länger ist der O ··· O-Abstand in Verbindungen mit kationischer Wasserstoffbrücke zwischen Sauerstoffatomen[58], wie folgendes Formelbild demonstriert:

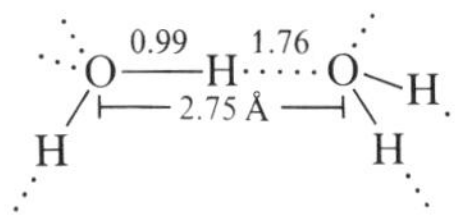

0.99 1.76 2.75 Å **$(H_2O)_x$**

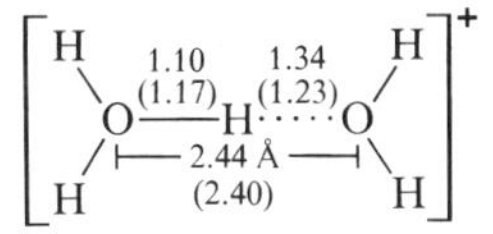

1.10 (1.17) 1.34 (1.23) 2.44 Å (2.40) **$H_5O_2^+$**

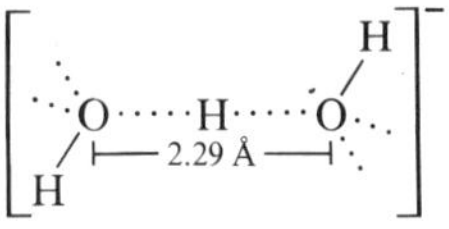

2.29 Å **$H_3O_2^-$**

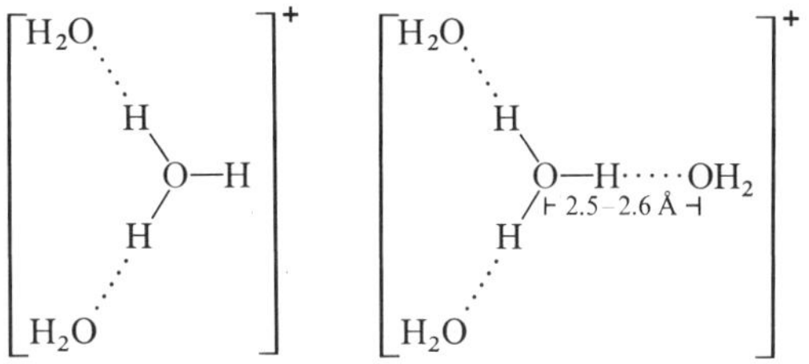

$H_9O_4^+$ 2.5–2.6 Å

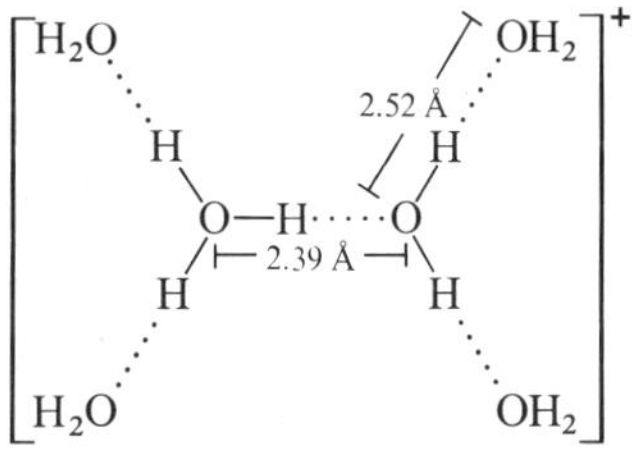

$H_{13}O_6^+$ 2.52 Å 2.39 Å

Hiernach ist der O ··· O-Abstand im Eis $(H_2O)_x$, in welchem jedes Wassermolekül mit jeweils $4H_2O$-Molekülen in Wasserstoffbrückenkontakt steht, noch relativ groß (van der Waals-Abstand zweier Sauerstoffatome ca. 2.80 Å). Kleiner ist er demgegenüber in den Kationen $H_9O_4^+$ und insbesondere $H_5O_2^+$, die formal als Addukte des Oxonium-Ions H_3O^+ mit drei bzw. einem Wassermolekül angesehen werden können (die für $H_5O_2^+$ wiedergegebenen Abstände beziehen sich auf das Sulfosalicylat bzw. – in Klammern – auf das Bromid). Der kürzeste, bisher für ein $H_5O_2^+$-Ion aufgefundene O ··· O-Abstand liegt in dessen Tetrawasseraddukt $H_{13}O_6^+$ vor. Den kürzesten bekannt gewordenen O ··· O-Abstand weist schließlich das mit $4H_2O$-Molekülen in Wasserstoffbrückenkontakt stehende Anion $H_3O_2^-$ auf, das formal ein H-verbrücktes Addukt des Hydroxids HO^- mit einem Molekül Wasser darstellt und welches ähnlich wie HF_2^- (= Addukt von Fluorid mit 1 Molekül Fluorwasserstoff) eine symmetrische Wasserstoffbrücke besitzt.

Die erwähnten Addukte des Oxonium- bzw. Hydroxid-Ions mit Wasser kommen in der Ionosphäre der Erde vor. Sie bilden zudem in Anwesenheit großer, wenig basischer Gegenionen stabile salzartige Verbindungen (z. B. $H_5O_2^+Cl^-$, $H_9O_4^+Br^-$, vgl. hierzu S. 461) und sind auch für die sauren bzw. basischen Eigenschaften wäßriger Lösungen verantwortlich. Wäßrige Säuren oder Basen enthalten – streng genommen – nicht die Ionen H_3O^+ oder OH^-, sondern die Wasseraddukte $H_9O_4^+$ (zum Teil wohl auch $H_5O_2^+$) sowie $H_3O_2^-$, wobei diese Ionen ihrerseits mit weiteren Wassermolekülen solvatisiert sind[59].

Die Ionen H_3O^+ sowie $H_5O_2^+$ lassen sich auch als Monohydrat $H(H_2O)^+$ sowie Dihydrat $H(H_2O)_2^+$ des Protons H^+ auffassen. Sie entstehen aus diesem unter Abgabe der „Hydratationsenergie" von −708 kJ/mol (Anlagerung von $1H_2O$) bzw. −749 kJ/mol (Anlagerung von $2H_2O$; pro H_2O-Molekül also 375 kJ/mol). Ein Trihydrat $H(H_2O)_3^+$ des kleinen Protons ist bisher unbekannt und aus räumlichen Gründen auch undenkbar[60]. Die maximale Koordinationszahl des Protons ist hiernach 2[61].

Das Dihydrat des Protons stellt nur ein Beispiel aus der großen Gruppe des mit zwei Neutralmolekülen bzw. Anionen solvatisierten Protons dar. So findet man den gleichen Verbindungstyp in den schon erwähnten Ionen $H_3O_2^- = H(OH)_2^-$ bzw. $HF_2^- = H(F)_2^-$ oder in den Ionen $H(CO_3)_2^{3-}$, $H(NO_3)_2^-$, $H(Cl)_2^-$, $H(Br)_2^-$ usw. In jedem Falle liegt dabei der Brückenwasserstoff näherungsweise symmetrisch zwischen

[58] Häufig findet man für O···O einen Abstand von 2.80–2.60 Å (Wasserstoffbindungsenergien: 15–40 kJ/mol). Noch größer ist der durchschnittliche N···N-Abstand (z. B. F···F in $(HF)_6$ 2.50 Å, O···O in $(H_2O)_x$ 2.75 Å, N···N in $(NH_3)_x$ 3.35 Å (Atomradius $r_F = 0.64$, $r_O = 0.66$, $r_N = 0.70$ Å)).

[59] Dies geht u. a. daraus hervor, daß beim Auflösen eines Protons in Wasser eine Solvatationsenergie von 1168 kJ/mol frei wird, wogegen die Reaktion $H^+ + 2H_2O \rightarrow H_5O_2^+$ nur 749 kJ liefert. Beim Lösen von OH^- in Wasser werden 511 kJ/mol frei. Die freiwerdenden Enthalpien $\Delta H_f(1,2,3,4)$ für $H^+ \xrightarrow{(1)} H_3O^+ \xrightarrow{(2)} H_5O_2^+ \xrightarrow{(3)} H_7O_3^+ \xrightarrow{(4)} H_9O_4^+$ betragen: 611, 138, 88 und 67 kJ/mol.

[60] Das in einigen Verbindungen vorliegende Ion $H_7O_3^+$ stellt ein Wasserstoffbrückenaddukt von H_3O^+ mit $2H_2O$-Molekülen dar (vgl. $H_9O_4^+$).

[61] Schon aus diesen Gründen ist die Bildung eines salzartig gebauten Fluorwasserstoffs mit dreidimensionaler Ionenstruktur unmöglich.

den an gegenüberliegenden Seiten angeordneten „Solvatmolekülen", mit welchen er somit gleichartig über stark polarisierte Ionenbindungen verknüpft ist.

4.2 Darstellung

Die Wasserstoffverbindungen EH_n werden hauptsächlich auf drei Wegen gewonnen, nämlich durch Umsetzung von Wasserstoff H_2 (Oxidationsstufe von H: ± 0) mit Elementen E_x („Hydrogenolyse"), von Säuren H^+ (Oxidationsstufe von H: $+1$) mit Metallverbindungen M_nE („Protolyse") sowie von Hydriden H^- (Oxidationsstufe von H: -1) mit Halogenverbindungen $EHal_n$ („Hydridolyse").

Für weitere, insbesondere zur Synthese höherer kovalenter Elementwasserstoffe (z. B. H_2O_2, N_mH_n, B_mH_n) genutzte Verfahren sowie für Einzelheiten der EH_n-Darstellung durch Hydrogenolyse, Protolyse und Hydridolyse vgl. die Wasserstoffverbindungen der betreffenden Elemente.

4.2.1 Durch Hydrogenolyse

Fast alle einfachen Elementwasserstoffe EH_n lassen sich durch *Hydrogenolyse der Elemente* nach folgender Summengleichung gewinnen:

$$\tfrac{1}{x}E_x + \tfrac{n}{2}H_2 \rightleftarrows EH_n.$$

Handelt es sich hierbei um einen *endothermen* Prozeß (vgl. Tab. 41, S. 275), so muß zur Verschiebung des Gleichgewichts nach rechts bei erhöhter Temperatur oder mit aktiviertem (nascierendem, kathodisch entwickeltem, atomarem) Wasserstoff gearbeitet werden. Da jedoch *exotherme* Hydrogenolysen von Elementen unter Normalbedingungen im allgemeinen noch sehr langsam ablaufen, führt man letztere ebenfalls bei höherer Temperatur und häufig in Anwesenheit eines Katalysators durch. Zur günstigen Beeinflussung des durch die Temperaturerhöhung sich in diesem Fall nach links verschiebenden Gleichgewichts kann man zusätzlich unter Wasserstoffdruck arbeiten, wenn es sich um eine unter Gasvolumenverminderung ablaufende Reaktion handelt.

So setzen sich unter den Hauptgruppenelementen nur die (gasförmigen) Nichtmetalle *Fluor*, *Chlor* und *Sauerstoff* sowie die (fein verteilten) Metalle *Calcium*, *Strontium* und *Barium* auch in Abwesenheit von Katalysatoren ohne äußere Energiezufuhr mit molekularem Wasserstoff (im Fall von Cl_2 und O_2 nach „Zündung" des Gasgemischs) zu den besonders exothermen Verbindungen HF, HCl und H_2O sowie CaH_2, SrH_2 und BaH_2 um. Erst bei höherer bis sehr hoher Temperatur entstehen demgegenüber die weniger exothermen bzw. endothermen einfachen Wasserstoffverbindungen der Elemente *Brom* (Hydrogenolyse bei 150–300 °C, Pt bzw. Aktivkohle als Katalysator), *Iod* (vgl. Brom), *Schwefel* (ab 300 °C, MoS_2, Bimsstein bzw. V_2O_5 als Katalysator), *Selen* (350 °C), *Tellur* (650 °C), *Stickstoff* (500 °C, 200 bar, Fe als Katalysator), *Phosphor* (vgl. Stickstoff), *Kohlenstoff* (3500 °C)[62], *Silicium* (1500 °C), *Germanium* (1000 °C), *Aluminium* (1100–1300 °C)[63], *Gallium* (um 1150 °C)[63], *Indium* (um 1050 °C)[63], *Magnesium* (500 °C, 200 bar oder 450°, 70 bar, MgI_2 als Katalysator), *Lithium* (600–700 °C) bzw. *Natrium–Cäsium* (250–600 °C). Wasserstoff in statu nascendi (s. dort) kann beispielsweise zur Bildung der endothermen Wasserstoffverbindungen H_2Po, AsH_3, SbH_3, BiH_3 oder SnH_4 aus *Polonium, Arsen, Antimon, Bismut* oder *Zinn* sowie aus Verbindungen dieser Elemente genutzt werden (vgl. Marsh'sche Arsenprobe), kathodisch freigesetzter Wasserstoff zur Synthese von Tellurwasserstoff aus *Tellur* (Elektrolyse von 15–50%iger H_2SO_4 unter Verwendung einer Tellurkathode). Die Einwirkung von atomarem Wasserstoff u.a. auf *Blei* bzw. *Thallium* liefert deren (besonders endotherme) Wasserstoffverbindungen in Spuren[64].

---

[62] Statt exothermen Methans CH_4 entsteht endothermes Acetylen C_2H_2. Man arbeitet unter den Bedingungen eines elektrischen Kohlelichtbogens.

[63] Es bilden sich gasförmiges AlH_3, $(AlH_3)_2$, GaH_3, InH_3 in kleiner Konzentration.

[64] Auch die bei sehr hohen Temperaturen gebildeten Wasserstoffverbindungen des Kohlenstoffs, Siliciums, Germaniums, Aluminiums, Galliums, Indiums entstehen offenbar durch Reaktion der (gasförmigen) Elemente mit atomarem Wasserstoff, der sich bei den gewählten hohen Temperaturen in sehr kleiner Menge im Gleichgewicht mit molekularem Wasserstoff befindet. Wie wir darüber hinaus noch sehen werden, ist der atomare Wasserstoff auch an der unkatalysierten Bildung von Wasserstoffverbindungen der Nichtmetalle bei niedrigeren Temperaturen beteiligt (vgl. z. B. Bildung von Halogenwasserstoffen, Wasser S. 387 und 388).

Durch Synthese aus den Elementen werden in der Technik insbesondere Ammoniak sowie die Metallhydride gewonnen. Über Einzelheiten der Ammoniakdarstellung soll im Zusammenhang mit den Wasserstoffverbindungen des Stickstoffs berichtet werden (s. dort). Hier sei auf die **Bildung der Metallhydride** etwas näher eingegangen: In der Fig. 87 ist der vom H_2-Druck abhängige Verlauf der Wasserstoffaufnahme von Metallen bzw. Legierungen bei festgelegten Temperaturen dargestellt („*Isothermen*" der Metallhydrogenolyse). Ersichtlicherweise nimmt das bei den gewählten Reaktionstemperaturen (T_1 bzw. T_2 in Fig. 87) mit Wasserstoffgas in Berührung stehende feste oder bereits flüssige Metall zunächst Wasserstoff unter Bildung einer festen oder flüssigen Lösung auf (Region der „*Lösungsphase*", „*α-Phase*"). Die vom Metall gelöste Wasserstoffmenge steigt mit wachsendem Wasserstoffdruck etwas an, bis die von der gewählten Temperatur abhängige und sich mit zunehmender Temperatur zu höheren Wasserstoffgehalten verschiebende Grenze der Wasserstofflöslichkeit erreicht ist (Fig. 87): Grenzzusammensetzung MH_a bei T_1 und MH_b bei T_2.

Die weitere Wasserstoffaufnahme erfolgt nun innerhalb einer mehr oder weniger breiten Region bei konstantem Wasserstoffdruck (Region der *Mischphase*, „*Plateauregion*", Fig. 87: a/a' bzw. b/b'). Hierbei bildet sich die mit der Lösungsphase nicht mischbare Hydridphase des Metalls. Letztere weist bis zur vollständigen Umsetzung der Lösungs- in die Hydridphase den für das betreffende Metallhydrid kleinsten bei der gewählten Temperatur zulässigen Wasserstoffgehalt auf (Fig. 87): Grenzstöchiometrie $MH_{a'}$ bei T_1 und $MH_{b'}$, bei T_2; erst dann absorbiert die Hydridphase bei nunmehr wieder ansteigendem Wasserstoffdruck zusätzlich Wasserstoff bis zur idealen Grenzstöchiometrie (z. B. MH_2) des Hydrids (Region der *Hydridphase*, „*β-Phase*")[64a].

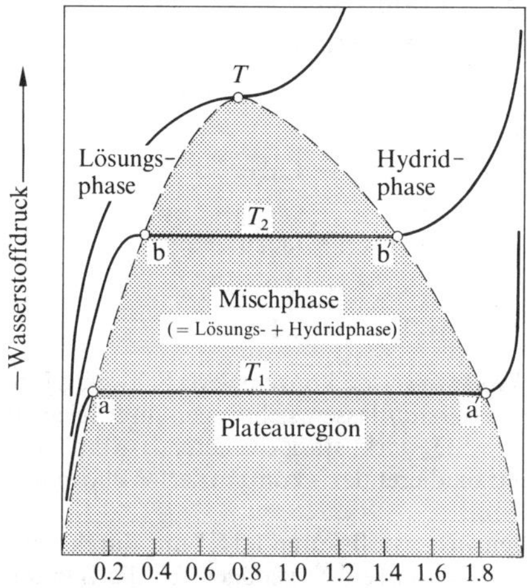

Fig. 87 Isothermen der vom Wasserstoffdruck abhängigen Bildung von Metallhydriden $MH_{<2}$ ($T > T_2 > T_1$).

Bei Bildung einer weiteren Hydridphase (z. B. $MH_{\leq 3}$) schließt sich dem in Fig. 87 wiedergegebenen Diagramm ein entsprechendes Diagramm an. Die Plateauregion – d. h. der Koexistenzbereich zweier verschiedener wasserstoffhaltiger Phasen – wird ihrerseits mit zunehmenden Temperaturen kleiner und entfällt schließlich ab einer gewissen Temperatur (T in Fig. 87) ganz. Oberhalb T existiert dann nur noch eine Metall-Wasserstoff-Phase.

Wie dem Besprochenen zu entnehmen ist, muß somit die durch Temperaturerhöhung erzielbare Beschleunigung der Metallhydridbildung jeweils durch unerwünschte höhere Was-

[64a] Der Bereich der Hydridphase kann bei metallartigen Hydriden beachtlich sein; bei den salzartigen Hydriden ist er sehr klein oder verschwindet ganz. In letzteren Fällen sind also die Grenzstöchiometrien $MH_{a'}$, und $MH_{b'}$, praktisch gleich der idealen Stöchiometrie (z. B. wurde für Magnesiumdihydrid eine Grenzstöchiometrie $MgH_{>1.99}$ aufgefunden).

serstoffdrücke erkämpft werden. Man wählt demgemäß einen Mittelweg und setzt Wasserstoff bei nicht zu hohen Temperaturen und dafür kleineren Drücken etwas länger mit den Metallen bzw. auch Legierungen um. In vielen Fällen lassen sich stöchiometrisch zusammengesetzte Metallhydride sogar bei Wasserstoffdrücken von 1 bar und darunter aus den Elementen synthetisieren, und zwar insbesondere, wenn genügend reine Metalle verwendet werden.

So setzen sich unter den *Nebengruppenelementen, Lanthanoiden* sowie *Actinoiden* die Elemente *Scandium, Yttrium, Lanthan* und *Actinium* (einschließlich aller Lanthanoide und Actinoide) bei 300 °C und darunter, *Titan, Zirconium* und *Hafnium* bei 300–400 °C mit molekularem Wasserstoff unter Normaldruck zu Dihydriden MH_2 der betreffenden Elemente um. Entsprechend erhält man aus *Vanadium, Niobium* und *Tantal* bei 300–400 °C Monohydride MH[65]. Höhere Wasserstoffdrücke benötigt man demgegenüber zur Synthese der Trihydride MH_3 des Yttriums, Lanthans und der Lanthanoide, der Dihydride MH_2 des Vanadiums und Niobiums sowie des Monohydrids des *Palladiums* und *Nickels* (hier muß Wasserstoff sogar mit einem Druck von 3400 bar bei Raumtemperatur eingesetzt werden). Bei den verbleibenden Nebengruppenmetallen konnte eine Wasserstoffaufnahme in der beschriebenen Weise bisher nicht festgestellt werden. Bei der Einwirkung von Wasserstoff auf gasförmiges *Kupfer* (bei 1400 °C), *Silber* (1100 °C) bzw. *Gold* (1400 °C) konnte jedoch die Bildung von gasförmigem CuH, AgH bzw. AuH nachgewiesen werden (vgl. die oben beschriebenen Verhältnisse im Falle von Al, Ga, In und Anm.[64]). Darüber hinaus ließen sich mittels kathodisch freigesetztem Wasserstoff Hydride des *Chroms* und *Kupfers* und von anderen Metallen (z. B. V, Nb, Ni) synthetisieren (z. B. Elektrolyse von HF unter Verwendung der betreffenden Metalle als Kathode).

4.2.2 Durch Protolyse

Wasserstoff sowie die Wasserstoffverbindungen von Elementen E der IV.–VII. Hauptgruppe und von Bor lassen sich außer durch Elementhydrogenolyse auch durch Protolyse u. a. der nachfolgend zusammengestellten Metallverbindungen M_nE mittels Säuren HA wie Schwefel-, Phosphor- oder Salzsäure gewinnen (M = Na, K, $\frac{1}{2}$Mg, $\frac{1}{2}$Ca, $\frac{1}{2}$Zn, $\frac{1}{2}$Fe bzw. $\frac{1}{3}$Al; A z. B. SO_4H, PO_4H_2):

$$M_nE + nHA \rightarrow nMA + EH_n$$

					CaH_2
M_nE z. B.:	MgB_2	CaC_2	Mg_3N_2	Na_2O_2	CaF_2
		Mg_2Si	Ca_3P_2	FeS	NaCl
		Mg_2Ge	Zn_3As_2	Al_2Se_3	KBr
		Mg_2Sn	Mg_3Sb_2	Al_2Te_3	KI

So setzt man zur technischen Darstellung von *Fluor-* bzw. *Chlorwasserstoff* konzentrierte Schwefelsäure mit Flußspat CaF_2 bzw. Kochsalz NaCl um. *Brom-* und *Iodwasserstoff* lassen sich wegen ihrer leichten Oxidierbarkeit nicht auf analogem Wege synthetisieren (konz. H_2SO_4 wirkt stark oxidierend). Man kann beide Säuren jedoch aus ihren Alkalimetallsalzen mittels – nicht oxidierender – konzentrierter Phosphorsäure austreiben (einfacher ist die Protolyse von PBr_3 bzw. PI_3).

Während sich die mittel- bis sehr starken flüchtigen Halogenwasserstoffsäuren HHal nur durch konzentrierte nicht-flüchtige Säuren aus ihren Salzen in Freiheit setzen lassen[66], genügen für die Bildung der nur *schwach sauren Wasserstoffverbindungen* H_2O_2, H_2S, H_2Se, H_2Te, NH_3, PH_3, AsH_3, SbH_3, C_2H_2, SiH_4, GeH_4, SnH_4 und B_mH_n[67] aus ihren oben wiedergegebenen „Metallsalzen" bereits verdünnte Säuren oder zum Teil sogar Wasser. Die Umsetzung von Eisensulfid FeS mit Salzsäure im Kippschen Apparat (s. dort) dient dabei zur Synthese von *Schwefelwasserstoff* im Laboratorium, die Protolyse von Calciumcarbid CaC_2 mit Wasser zur technischen Darstellung von *Acetylen* C_2H_2. Der Gewinnung des einfachsten Kohlenwasserstoffs *Methan* CH_4 durch Hydrolyse von Aluminiumcarbid Al_4C_3 kommt demgegenüber keine praktische Bedeutung zu, da CH_4 in Form von Erdgas ausreichend zur Verfügung steht. Das Verfahren spielt jedoch für die Synthese von *deuteriertem Methan* CD_4 eine Rolle (Umsetzung von Al_4C_3 mit D_2O). Analog läßt sich *deuteriertes Ammoniak* ND_3 durch Reaktion von Mg_3N_2 bzw. AlN mit D_2O gewinnen.

---

65 Sehr reines Vanadiumpulver setzt sich bereits bei Raumtemperatur mit Wasserstoff in exothermer Reaktion zu VH um.

66 Das – insbesondere bei Verwendung von Phosphorsäure – ungünstig liegende Gleichgewicht MHal + HA $\rightleftharpoons$ MA + HHal kann dann durch Abdestillieren der flüchtigen Halogenwasserstoffe auf die rechte Seite verschoben werden.

67 Im Falle von MgB_2 erhält man statt des erwarteten Hydrids der Stöchiometrie BH dessen Zerfallsprodukte, u. a. B_2H_6, B_4H_{10}, B_5H_9, B_5H_{11}, B_6H_{10}, $B_{10}H_{14}$ (vgl. Borwasserstoffe).

4.2.3 Durch Hydridolyse

Mit Vorteil werden die Wasserstoffverbindungen von Elementen E der III.–V. Hauptgruppe sowie von Beryllium, Magnesium, Kupfer, Zink und Cadmium auch durch *Hydridolyse* von Elementhalogeniden $EHal_n$ (z. B. $BeCl_2$, $MgBr_2$, BF_3, $AlCl_3$, $SiCl_4$, $GeCl_4$, $SnCl_4$, PCl_3, $AsCl_3$, $SbCl_3$, $BiCl_3$, CuI, ZnI_2, CdI_2) mit Lithiumhydrid LiH, Natriumboranat $NaBH_4$ oder Lithiumalanat $LiAlH_4$, also Hydrierungsmitteln, die hydridischen Wasserstoff H^- enthalten, synthetisiert:

$$EHal_n + nH^- \rightarrow EH_n + nHal^-.$$

(Für nähere Einzelheiten vgl. Wasserstoffverbindungen der betreffenden Elemente.)

4.3 Physikalische Eigenschaften

Die einfachen Wasserstoffverbindungen von Elementen der IV.–VII. Hauptgruppe sowie des Bors sind farblose[68], mit Ausnahme von geruchlosem und ungiftigem Wasser bzw. Methan unangenehm widerlich bis stechend riechende, giftige bis hochgiftige Flüssigkeiten bzw. Gase. Die übrigen Hydride stellen – abgesehen von schmelzbarem Lithiumhydrid (Smp. 692 °C) – unter Zersetzung schmelzende Feststoffe dar, welche im Falle der meist spröden[69] und häufig pulverig anfallenden metallartigen Wasserstoffverbindungen metallisch-grau bis -dunkel, im Falle der salzartigen und kovalenten Wasserstoffverbindungen mit Ausnahme von rotbraunem Kupferhydrid farblos sind[68] (verunreinigte salzartige Hydride haben blaßgraues bis schwarzes Aussehen).

Flüchtigkeit. Wie der Fig. 88 zu entnehmen ist, erhöhen sich im Falle der einfachen kovalenten Wasserstoffverbindungen von Elementen der IV.–VII. Hauptgruppe innerhalb einer Hydridgruppe (z. B. CH_4, SiH_4, GeH_4, SnH_4, PbH_4) die Schmelz- und Siedepunkte mit zunehmender Masse des Hydrids[70]. Ausnahmen bilden nur die Verbindungen Fluorwasserstoff HF, Wasser H_2O sowie Ammoniak NH_3, die wegen der Assoziation der betreffenden Elementwasserstoffmoleküle über kationische Wasserstoffbrücken (s. dort) weniger leicht schmelzbar und weniger flüchtig sind als ihre – nicht assoziierten – schwereren Gruppenhomologen HCl, H_2S sowie PH_3 (Fig. 88). Wären die Verbindungen HF, H_2O sowie NH_3 monomolekular, so sollten sie naturgemäß bei niedrigeren Temperaturen als ihre Homologen HCl, H_2S sowie PH_3 schmelzen bzw. sieden.

Im anomalen Schmelz- und Siedeverhalten von HF, H_2O und NH_3 (entsprechendes gilt auch für das Verhalten anderer physikalischer Eigenschaften wie Verdampfungsenthalpie, Troutonkonstante) kommen demnach die vorliegenden Wasserstoffbindungen sichtbar zum Ausdruck. Methan, das wegen Fehlens freier Elektronenpaare keine kationischen Wasserstoffbrücken ausbilden kann, fällt dementsprechend mit seinen physikalischen Daten auch nicht aus der Reihe der übrigen Wasserstoffverbindungen der vierten Gruppe des Periodensystems heraus.

Als weitere Ausnahmen unter den flüchtigen kovalenten Hydriden weist auch der einfachste Borwasserstoff BH_3 wegen seiner Dimerisierung über anionische Wasserstoffbrücken einen höheren Schmelz- und Siedepunkt als die einfachste Wasserstoffverbindung des rechts im Periodensystem neben Bor stehenden Kohlenstoffs (CH_4) auf (Fig. 88). Wäre das Hydrid

---

[68] Farbig können höhere kovalente Wasserstoffverbindungen mit Doppelbindungssystemen sein (z. B. Diimin HN=NH: leuchtend gelb; Circumanthracen $C_{40}H_{16}$: schwarz). Salzartige Hydride, die in geringer Menge freies Metall enthalten, sind blau.

[69] Die Bildung von spröden metallartigen Hydriden aus dem Gefäßmaterial von Wasserstoffdruckautoklaven (z. B. aus Ti, Zr) führt zu drastischem Verlust der Materialfestigkeit und ist der Grund für viele Explosionen der Autoklaven.

[70] Darüber hinaus steigen Schmelz- und Siedepunkte mit zunehmender Zahl von Elementatomen der betreffenden Wasserstoffverbindung (vgl. z. B. höhere Bor-, Kohlen-, Silicium-, Stickstoff-, Phosphorwasserstoffe).

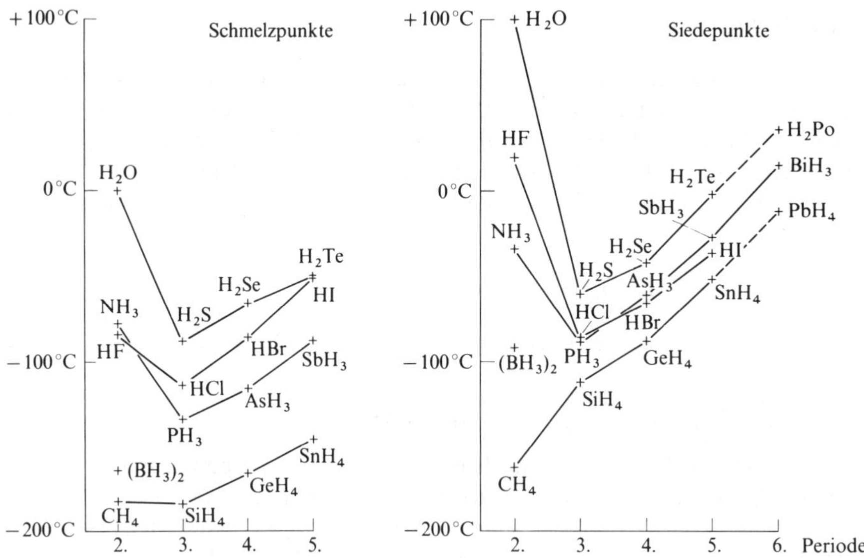

Fig. 88 Schmelz- und Siedepunkte einfacher flüchtiger kovalenter Elementwasserstoffe.

BH_3 monomolekular, so sollte es leichter schmelzbar und flüchtiger als das schwerere monomolekulare Methan sein. Da Aluminium-, Beryllium-, Zink- bzw. Kupferhydrid nicht nur zu Moleküldimeren, sondern auch über relativ starke anionische Wasserstoffbrücken zu Molekülpolymeren zusammentritt, sind die betreffenden Verbindungen ähnlich wie die polymeren salz- und metallartigen Hydride nicht mehr flüchtig und (mit Ausnahme von LiH) nicht unzersetzt schmelzbar.

Dichte. Die salzartigen Hydride sind mit Ausnahme von MgH_2, welches weniger dicht als Magnesiummetall ist, um 40–80 % (Alkalimetallhydride) bzw. 15–25 % (Erdalkalimetallhydride, EuH_2, YbH_2) dichter als die zugrunde liegenden Metalle. Dies geht u.a. auf die Radienverkleinerung beim Übergang der Metall-Atome in -Ionen sowie auf die hohe Kompressibilität des Hydrid-Ions H^- zurück. Im Falle der Alkalimetalle und ihrer Wasserstoffverbindungen spielt darüber hinaus die höhere Packungsdichte der Metallatome in den Hydriden eine Rolle (Metall: kubisch-innenzentrierte Packung; Hydrid: kubisch-flächenzentrierte Packung: vgl. Metallbindung). Die metallartigen Hydride sind umgekehrt weniger dicht (und zwar im allgemeinen mit zunehmendem H-Gehalt in wachsendem Maße) als die zugrunde liegenden Metalle. Die Packung des Wasserstoffs ist in den wasserstoffreichen Hydriden andererseits zum Teil dichter als im festen, reinen Wasserstoff (vgl. Verwendung von Metallen als Wasserstoffspeicher).

Löslichkeit. Unter den kovalenten Wasserstoffverbindungen lösen sich die Halogen-, Chalkogen- sowie Stickstoffwasserstoffe in Wasser gut, die Hydride der Stickstoffgruppenelemente (ab Phosphor), der Kohlenstoffgruppenelemente sowie des Bors schlecht, die restlichen kovalenten Elementwasserstoffe nur unter Zersetzung (Bildung von H_2). In Diethylether $(C_2H_5)_2O$ lösen sich mit Ausnahme von ZnH_2 und CdH_2 alle kovalenten Hydride mehr oder weniger gut. Wasser, flüssiges Ammoniak sowie flüssiger Fluorwasserstoff werden ihrerseits als Lösungsmittel für polare, Kohlenwasserstoffe für unpolare Stoffe verwendet.

Die salzartigen Wasserstoffverbindungen lösen sich in Wasser nur unter Zersetzung (Bildung von H_2) und sind in aprotischen organischen Medien mit Ausnahme von Lithiumhydrid vollständig unlöslich (wegen der geringfügigen Löslichkeit von LiH in Lösungsmitteln wie Diethylether verlaufen Hydrierungen mit LiH in derartigen Reaktionsmedien im allgemeinen erfolgreicher als mit dem stärker reduzierend wirkenden, aber unlöslichen NaH).

Gute Löslichkeit zeigen salzartige Hydride demgegenüber in Alkalimetallhalogenid- bzw. -hydroxidschmelzen. Da Natriumhydrid, gelöst in NaOH (Smp. 318 °C) bis 550 °C stabil ist[71)], kann es in dieser Form für Reduktionsprozesse bei höheren Temperaturen verwendet werden.

Zum Unterschied von den salzartigen Hydriden lösen sich die metallartigen Hydride nicht in Salzschmelzen und können aufgrund dieser Eigenschaft von ersteren unterschieden werden (die Löslichkeit der Hydride EuH_2 und YbH_2 in Salzschmelzen spricht hiernach für deren salzartigen Aufbau).

Elektrische Leitfähigkeit. Die kovalenten Wasserstoffverbindungen sind Nichtleiter, die salzartigen Hydride in geschmolzenem, gelöstem oder festem Zustand (bei höheren Temperaturen) Ionenleiter, die metallartigen Hydride Elektronenleiter. Die elektrische Leitfähigkeit der zuletzt genannten Verbindungen nimmt mit steigendem Atomverhältnis von Wasserstoff zu Metall ab. Metallartige Hydride mit sehr hohem Wasserstoffgehalt (Stöchiometrie MH_3) sind demgemäß nur noch Halbleiter.

Bildungsenthalpie. Legt man den Hydriden wie in Tab. 41 (S. 275) das Langperiodensystem zugrunde, so finden sich die unter Wärmeabgabe aus den Elementen erhältlichen, also exothermen Verbindungen auf der linken und rechten Seite (exothermste Verbindung: HF) und die nur unter Wärmeaufnahme aus den Elementen darstellbaren endothermen Verbindungen in der Mitte des Periodensystems der Elementwasserstoffe.

Im Falle der kovalenten Hydride wird die Bildungsenthalpie innerhalb der Elementgruppen von oben nach unten positiver bzw. weniger negativ (Tab. 41). Thermodynamisch relativ instabil sind demgemäß insbesondere die kovalenten Wasserstoffverbindungen der jeweils schwersten Gruppenelemente (Au, Hg, Tl, Pb, Bi, Po, At). Innerhalb der Elementperioden wächst die thermodynamische Stabilität der kovalenten Wasserstoffverbindungen im großen und ganzen von links nach rechts, wobei die beobachteten Unregelmäßigkeiten im Gang der Bildungsenthalpien (z. B. $BH_3 \rightarrow CH_4 \rightarrow NH_3$ vgl. Tab. 41) auf die unterschiedlich hohen, in die EH_n-Bildungsenthalpien eingehenden Atomisierungsenergien der Elemente E_x (s. dort) zurückgehen. Die monomeren Formen der unter Normalbedingungen polymeren kovalenten Elementwasserstoffe weisen naturgemäß stets weniger negative bzw. positivere Bildungsenthalpien als die entsprechenden polymeren Formen auf (vgl. Tab. 41). Zieht man von den auf eine Formeleinheit bezogenen Bildungsenthalpien der polymeren Hydride die Bildungsenthalpien der monomeren Hydride ab, so ergeben sich die im Zuge der Hydridpolymerisation über Wasserstoffbrücken freiwerdenden Energien. Sie sind zum Teil recht hoch, z. B. CuH ca. 222, BH_3 82, AlH_3 ca. 161, NH_3 < 20, H_2O 21, HF 32 kJ/mol.

Unter den salzartigen Hydriden kommen – wie bei ionischem Bindungsaufbau zu erwarten ist (vgl. Ionenbindung) – den Dihydriden höhere Bildungsenthalpien als den Monohydriden zu. Im Falle der metallartigen Hydride nimmt andererseits die Enthalpie für die Bildung einer Wasserstoffverbindung der Stöchiometrie $EH_{<n}$, bezogen auf die Aufnahme von 1 mol Wasserstoff pro mol Metall, mit zunehmendem Atomverhältnis n von Wasserstoff zu Metall ab.

Wasserstoffmobilität. Im Falle einer Reihe von Elementhydriden bleiben die Wasserstoffatome nicht auf Dauer mit ihren Elementnachbarn verknüpft, sondern weisen eine mehr oder weniger große Beweglichkeit („Mobilität") auf. So vertauschen etwa die Wasserstoffatome der metallartigen Hydride ihre Plätze gegenseitig, indem sie aus ihren Gitterpositionen in benachbarte unbesetzte (tetraedrische bzw. oktaedrische) Lücken der Metallstrukturen wandern, wobei die hierdurch freiwerdenden Zwischengitterplätze anschließend wieder durch andere Wasserstoffatome besetzt werden und so fort. Extrem leicht erfolgt diese Art der Wasserstoffdiffusion im Falle des Vanadium-, Niobium-, Tantal- und insbesondere Palladiumhydrids (Diffusionsaktivierungsenergie E_a: 10–20 kJ/mol). Doch auch die Hydride der Titan-

71 Für reines NaH beträgt der H_2-Zersetzungsdruck bei 425 °C 1 bar, vgl. Tab. 41, S. 275.

gruppenelemente (E_a = 40–50 kJ/mol) oder der Lanthanoide (E_a ca. 80 kJ/mol) zeigen Wasserstoffmobilität.

Darüber hinaus beobachtet man im Falle der salzartigen Hydride bei höheren Temperaturen Umgruppierungen der Verbindungsbestandteile[72]. Unter den kovalenten Wasserstoffverbindungen neigen insbesondere die zur Ausbildung von Wasserstoffbrücken befähigten Hydride (u.a. Fluor-, Sauerstoff-, Stickstoff-, Borwasserstoffe) zum zwischenmolekularen (intermolekularen) oder auch innermolekularen (intramolekularen) raschen bis sehr raschen Wasserstoffaustausch.

4.4 Chemische Eigenschaften

Unter den chemischen Eigenschaften der Verbindungen des Wasserstoffs sind das thermische, das Säure-Base sowie das Redox-Verhalten, über das in den nachfolgenden 3 Unterkapiteln zusammenfassend berichtet wird, von besonderem Interesse. (Bezüglich weiterer Einzelheiten der chemischen Eigenschaften kovalenter Elementwasserstoffe vgl. die Wasserstoffverbindungskapitel der betreffenden Elemente.)

4.4.1 Thermisches Verhalten

Alle Wasserstoffverbindungen EH_n lassen sich – in Umkehrung ihrer Bildung (s. dort) – thermisch in die Elemente spalten:

$$EH_n \rightleftarrows \tfrac{1}{x}E_x + \tfrac{n}{2}H_2.$$

Als Zersetzungszwischenprodukte können sich hierbei im Falle der kovalenten Elementhydride (Element u.a. B, C, Si, N, P) höhere Elementwasserstoffe, im Falle der salz- und metallartigen Hydride andere Hydridphasen bilden (z.B. Strukturumwandlung von CaH_2, SrH_2, BaH_2; Bildung von Monohydriden aus VH_2, NbH_2).

Die Thermolyse der nur unter Energiezufuhr zersetzbaren **exothermen Elementhydride** (vgl. Tab. 41, S. 275)[73] erfordert naturgemäß umso höhere Temperaturen je stabiler die betreffenden Elementwasserstoffe, d.h. je negativer ihre Bildungsenthalpien ΔH_f sind, und je höher der angestrebte Dissoziationsgrad der Verbindungen ist. So zerfällt etwa unter den kovalenten Wasserstoffverbindungen der schwach exotherme Schwefelwasserstoff H_2S ($\Delta H_f = -21$ kJ/mol) bei 1000 °C zu 25 % und bei 1500 °C zu 66 % in Schwefel und Wasserstoff, wogegen das weit exothermere Wasser H_2O ($\Delta H_f = -286$ kJ/mol) selbst bei 2200 °C erst zu 4 % in Sauerstoff und Wasserstoff gespalten vorliegt.

Bei den festen exothermen Hydriden dokumentiert sich das mit steigenden Temperaturen wachsende Bestreben zur Spaltung in die Elemente eindrucksvoll anhand des mit der Temperatur zunehmenden Wasserstoffdrucks über der festen Phase. Er beträgt unter den salzartigen Hydriden im Falle des Magnesiumhydrids MgH_2 ($\Delta H_f = -74$ kJ/mol) bzw. Lithiumhydrids LiH ($\Delta H_f = -91$ kJ/mol) bei 650 bzw. 972 °C jeweils 1013 mbar (weitere Temperaturen, bei denen der Wasserstoffdruck über salzartigen Hydriden Atmosphärendruck entspricht, sind in Tab. 41, S. 275 wiedergegeben). Unter den metallartigen Hydriden, deren Spaltungstendenz nicht nur mit der Zersetzungstemperatur, sondern auch mit dem Wasserstoffgehalt der Verbindungen wächst, beobachtet man einen Zersetzungsdruck von 760 Torr z.B. im Falle der Lanthanhydride $LaH_{2.55}$ bzw. $LaH_{2.85}$ bei 400 °C bzw. 200 °C, im Falle der Thoriumhydride $ThH_{1.8}$ bzw. $ThH_{3.5}$ bei 800 °C bzw. 300 °C. Vanadium- und Niobium-

---

[72] Offenbar wandern hierbei nicht die Wasserstoff-Anionen, sondern die Metall-Kationen.

[73] Genau genommen bestimmt nicht der durch Vorzeichen und Zahlenwert der Bildungsenthalpie ΔH_f festgelegte exo- bzw. endotherme Charakter einer Verbindung deren thermodynamische Stabilität, sondern die – bei Raumtemperatur mit der Bildungsenthalpie größenordnungsmäßig meist vergleichbare – freie Bildungsenthalpie ΔG_f (vgl. chemische Reaktionswärme). Unstimmigkeiten können sich demgemäß insbesondere bei schwach exo- bzw. endothermen Verbindungen ergeben. So stellt z.B. festes, polymeres Aluminiumhydrid $(AlH_3)_x$ eine exotherme Verbindung dar ($\Delta H_f = -11$ kJ/mol, vgl. Tab. 41), die sich jedoch nicht freiwillig aus den Elementen bildet ($\Delta G_f = +47$ kJ/mol).

monohydrid stellen unter Normalbedingungen stabile Hydride dar (ein Wasserstoffdruck von etwa 760 Torr wird bei 500 °C erreicht), wogegen die betreffenden Dihydride ihren Wasserstoff bereits bei Raumtemperatur abgeben.

Die thermische Zersetzung von metallartigen Hydriden wird – in Verbindung mit ihrer Darstellung – zur Gewinnung reinen Wasserstoffs (z. B. Thermolyse von $TiH_{<2}$ bei 1000 °C, von $PdH_{<1}$ bei 200 °C, von $UH_{<3}$ bei 450–550 °C) sowie zur Darstellung reiner Metalle genutzt. Da letztere meist pulverförmig anfallen, lassen sich Metalle (insbesondere der III. und IV. Nebengruppe einschließlich der Lanthanoide und Actinoide) auf dem Wege über ihre Hydride pulverisieren.

Zum Unterschiede von den exothermen Wasserstoffverbindungen sind die **endothermen Elementhydride** (vgl. Tab. 41, S. 275) bezüglich einer Spaltung in die Elemente thermodynamisch instabil und sollten sich mithin auch ohne äußere Energiezufuhr zersetzen[73)]. Dies ist in der Tat der Fall. Doch erfordert die Zersetzung wegen der vielfach recht hohen Zerfalls-Aktivierungsenergien (s. dort) zum Teil so lange Reaktionszeiten, daß die betreffenden Hydride als kinetisch stabil (metastabil) erscheinen. Nur dann, wenn keine größeren Aktivierungsenergien für den Zerfall aufgebracht werden müssen, sind die Wasserstoffverbindungen (wie u. a. CuH, ZnH_2, CdH_2, HgH_2, GaH_3, SnH_4, BiH_3; vgl. Tab. 41) bereits bei Raumtemperatur und darunter kinetisch instabil, so daß man sie bei tiefen bis sehr tiefen Temperaturen aufbewahren muß, um sie vor ihrem Zerfall zu schützen.

Bei den übrigen – also metastabilen – Hydriden (u. a. BH_3, AlH_3[73)], SiH_4, GeH_4, PH_3, AsH_3, SbH_3, H_2Se, H_2Te, HBr, HI; vgl. Tab. 41) erfolgt der Zerfall erst bei erhöhter Temperatur mit meßbarer Geschwindigkeit. Zunehmende Temperaturen verschieben allerdings gleichzeitig das Zerfallsgleichgewicht – wegen des endothermen Charakters der Verbindungen – auf die Seite des Elementhydrids (vgl. Darstellung endothermer Hydride bei hohen Temperaturen). Bei den in Tab. 41 , S. 275 wiedergegebenen, für einen gerade meßbar einsetzenden Zerfall geltenden Zersetzungstemperaturen beobachtet man jedoch noch überwiegend Spaltung[74)].

Die Zersetzungstemperaturen der flüchtigen endothermen Elementwasserstoffe nehmen im Periodensystem der Hydride (Tab. 41) von rechts nach links sowie von oben nach unten ab. Dieser Temperaturgang rührt u. a. daher, daß zunächst unter Zufuhr von Energie (Aktivierungsenergie) EH-Bindungen der betreffenden Hydride gespalten werden. Die Höhe der EH_n-Zerfallstemperaturen folgt demgemäß näherungsweise aus dem Wert der – mit den EH-Dissoziationsenergien größenordnungsmäßig vergleichbaren – EH-Bindungsenergien, die im Periodensystem der flüchtigen Hydride ebenfalls von rechts nach links sowie von oben nach unten abnehmen (Tab. 41). Allerdings kommt es nicht in jedem Falle zu einer Dissoziation von EH_n in EH_{n-1} und atomaren Wasserstoff. So zerfällt etwa Iodwasserstoff (s. dort) bei nicht zu hohen Temperaturen auf dem Wege $I—H + H—I \rightarrow I + H—H + I$ in Iodatome und molekularen Wasserstoff. Die – auch bei den nichtflüchtigen Hydriden und den flüchtigen Borwasserstoffen zu beobachtende – Bildung von molekularem statt energiereichem, atomarem Wasserstoff senkt naturgemäß die Zersetzungsaktivierungsenergien und damit die Zerfallstemperaturen der endothermen Wasserstoffverbindungen.

Eine Reihe von Katalysatoren (insbesondere Metalle) erhöhen die Zersetzungsgeschwindigkeit der endothermen Hydride und verringern mithin ihre Zerfallstemperaturen. Leitet sich das Hydrid selbst von einem Metall oder Halbmetall ab (z. B. AsH_3, SbH_3, BiH_3, SnH_4), so beobachtet man naturgemäß eine Eigenkatalyse des Zerfalls. Die im Zuge der Metallhydridsynthesen häufig nicht auszuschließende Bildung von Metallspuren hat wegen ihrer destabilisierenden Wirkung in vielen Fällen eine Reinisolierung der betreffenden endothermen Hydride sehr erschwert (z. B. BiH_3) oder bisher sogar unmöglich gemacht (z. B. PbH_4).

---

[74] Die in Tab. 41 wiedergegebenen Bildungsenthalpien beziehen sich auf 25 °C und Reaktionspartner im bei 25 °C stabilsten Zustand. Da bei höheren Temperaturen meist alle Reaktanden im gasförmigen Zustand vorliegen, gelten unter diesen Bedingungen häufig andere, um Sublimations- bzw. Verdampfungsenthalpien beteiligter Feststoffe bzw. Flüssigkeiten verringerte Bildungsenthalpien, z. B. statt $26\,kJ + \frac{1}{2}H_2 + \frac{1}{2}I_2(f) \rightleftharpoons HI$ nunmehr $\frac{1}{2}H_2 + \frac{1}{2}I_2(g) \rightleftharpoons HI + 4.7\,kJ$ bzw. statt $5\,kJ + \frac{3}{2}H_2 + \frac{1}{4}P_4(f) \rightleftharpoons PH_3$ nunmehr $\frac{3}{2}H_2 + \frac{1}{4}P_4\,(g) \rightleftharpoons PH_3 + 54\,kJ$.

4.4.2 Säure-Base-Verhalten

Die kovalenten Wasserstoffverbindungen von Elementen der IV.–VII. Hauptgruppe und des Bors vermögen als **Säuren** zu wirken:

$$EH_n \rightleftharpoons EH_{n-1}^- + H^+.$$

Die Säurestärke der betreffenden Verbindungen wächst innerhalb der Elementhydridgruppen von oben nach unten und innerhalb der Elementhydridperioden von links nach rechts (vgl. Tab. 34, S. 238)[75]. Auch mit zunehmender Zahl von Element-Element-Bindungen in Wasserstoffverbindungen E_mH_n eines bestimmten Elements E (also z.B. in Richtung $H_2O \rightarrow H_2O_2$, $NH_3 \rightarrow N_3H$, $C_2H_6 \rightarrow C_2H_4 \rightarrow C_2H_2$, $B_5H_9 \rightarrow B_{10}H_{14}$) wächst u.a. die Säurestärke eines Elementwasserstoffs.

So wirken Chlor-, Brom- bzw. Iodwasserstoff in Wasser als überaus starke, Fluor-, Selen- bzw. Tellurwasserstoff als mittelstarke, Schwefelwasserstoff als schwache, Wasser als sehr schwache und Ammoniak bzw. Methan als überaus schwache Säuren. Zur Deprotonierung der überaus schwachen, in Wasser nicht mehr dissoziierenden Säuren benötigt man genügend basische Lösungsmittel (u.a. flüssiges Ammoniak, das z.B. mit German oder Tetraboran reagiert: $NH_3 + GeH_4 \rightleftharpoons NH_4^+ + GeH_3^-$; $NH_3 + B_4H_{10} \rightleftharpoons NH_4^+ + B_4H_9^-$) bzw. sehr starke Basen (u.a. H^- in Form von festen Alkalihydriden, die sich z.B. mit Ammoniak oder Methan umsetzen: $H^- + NH_3 \rightleftharpoons H_2 + NH_2^-$; $H^- + CH_4 \rightleftharpoons H_2 + CH_3^-$).

Die Elementwasserstoffe vermögen umgekehrt auch als **Basen** zu wirken, sofern sie wie im Falle der kovalenten Wasserstoffverbindungen von Elementen der V.–VII. Hauptgruppe über freie Elektronenpaare verfügen:

$$:EH_n + H^+ \rightleftharpoons EH_{n+1}^+.$$

Die Basenstärke der betreffenden Verbindungen $:EH_n$ sinkt, d.h. die Stärke der korrespondierenden Säuren EH_{n+1}^+ wächst dabei innerhalb der Elementhydridgruppen bzw. -perioden von oben nach unten bzw. von links nach rechts (vgl. Tab. 34, S. 238). Ammoniak NH_3 ist in Wasser eine schwache, Phosphan PH_3 eine sehr schwache, nur noch durch stärkste Säuren wie HI protonierbare Base.

Wegen ihrer Wirkung sowohl als Säure als auch Base beobachtet man eine Eigendissoziation der besprochenen Elementwasserstoffe:

$$2EH_n \rightleftharpoons EH_{n+1}^+ + EH_{n-1}^-.$$

Das „*Eigendissoziationsgleichgewicht*" liegt allerdings in jedem Falle weitgehend auf der linken Seite (positive Gleichgewichtsexponenten, z.B. H_2O 15.7, NH_3 27.7, HF 10.7).

Neben den erwähnten kovalenten Wasserstoffverbindungen reagieren auch die salzartigen Hydride als Brönsted-Basen. Ihre Basizität geht auf das Hydrid-Ion H^- zurück und ist demgemäß extrem hoch (S. 258). Alkali- sowie die schweren Erdalkalimetallhydride setzen sich daher selbst mit den allerschwächsten Säuren wie CH_4 (s. oben) um[76]. Die Reaktivität der salzartigen Hydride steigt dabei mit zunehmendem Ionencharakter der Verbindungen (s. dort). So setzt sich etwa Wasser mit Magnesiumdihydrid langsam, mit Calciumdihydrid[77] bzw. Lithiumhydrid rasch und mit Natriumhydrid so heftig um, daß sich der gemäß

[75] Auch B_2H_6 vermag wohl wie viele höhere Borwasserstoffe (z.B. B_4H_{10}; B_5H_9, B_6H_{10}, $B_{10}H_{14}$) als Säure zu wirken; doch ist die Protonendissoziation nicht beobachtbar, da sich Basen mit B_2H_6 in anderer Weise rascher umsetzen (vgl. Borwasserstoffe).

[76] Alkalimetallhydride katalysieren organische Kondensationsreaktionen, für deren Start eine CH-Deprotonierung Voraussetzung ist (z.B. Esterkondensation).

[77] Die Reaktion von CaH_2 mit H_2O dient zur H_2-Gewinnung. Darüber hinaus lassen sich Lösungsmittel, die Spuren von Wasser enthalten, durch Kochen mit festem CaH_2 „trocknen" ($CaH_2 + 2H_2O \rightarrow 2H_2 + Ca(OH)_2$).

$NaH + H_2O \rightarrow H_2 + NaOH$ gebildete Wasserstoff entzündet[78]. Aber selbst dann, wenn der negativierte Wasserstoff wie in metallartigen bzw. vielen kovalenten Wasserstoffverbindungen über stark polarisierte Ionen- bzw. polare Atombindungen mit Elementen verknüpft ist, vermag er noch mit Säuren zu reagieren. So zersetzen sich u.a. UH_3, CuH, ZnH_2, AlH_3, SiH_4 mit Salzsäure unter Wasserstoffentwicklung[79].

Die kovalenten und salzartigen Hydride vermögen nicht nur in der beschriebenen Weise als Säuren und Basen im Sinne von Brönsted zu wirken, sondern sie reagieren auch als **Lewis-Säuren** bzw. **-Basen** (S. 236). So zeigt sich etwa in Reaktionen wie

$$NaH + BH_3 \rightarrow NaBH_4, \quad LiH + AlH_3 \rightarrow LiAlH_4, \quad NH_3 + BH_3 \rightarrow H_3NBH_3$$

der Lewis-saure Charakter von Boran BH_3 oder Alan AlH_3 bzw. der Lewis-basische Charakter von Alkalimetallhydriden oder Ammoniak. (Vgl. hierzu auch die als Säure-Base-Komplexbildung beschreibbare Wasserstoffbrücken-Adduktbildung, z.B.: F—H (Lewis-Säure) + F^- (Lewis-Base) → $F—H \cdots F^-$.)

Unter den zahlreich bekannt gewordenen Lewis-Säure-Base-Reaktionen der Elementwasserstoffe sei insbesondere die unter Wasserstoffentwicklung ablaufende Hydrolyse vieler Hydride erwähnt:

$$EH_n + nH_2O \xrightarrow{(OH^-)} E(OH)_n + nH_2$$

(E z.B.: B, Al, Si, Ge, Sn, P). Der Ablauf dieser durch Hydroxid-Ionen katalysierten Reaktion erfolgt dabei in der Weise, daß sich OH^- als Lewis-Base zunächst an die Lewis-Säure EH_n unter Bildung des Säure-Base-Komplexes $HOEH_n^-$ addiert. In letzterem sind die mit dem Element verbundenen Wasserstoffatome wegen der negativen Komplexladung naturgemäß negativierter als in der ungeladenen Ausgangsverbindung. Demgemäß setzen sie sich relativ leicht mit den Protonen des Wassers unter H_2-Entwicklung und Rückbildung von OH^- um: $HOEH_n^- + H_2O \rightarrow HOEH_{n-1} + H_2 + OH^-$. Eine mehrmalige Wiederholung dieser – jeweils zu einem Austausch eines Wasserstoffs gegen die OH-Gruppe führenden – Reaktionsfolge liefert letztlich das Produkt $E(OH)_n$. Da Wasser die Rolle des Hydroxid-Ions übernehmen kann, zersetzen sich die betreffenden Hydride – allerdings langsamer – auch in neutralem Wasser.

4.4.3 Redox-Verhalten

Die Elementwasserstoffe haben sowohl oxidierende als auch reduzierende Eigenschaften und lassen sich demnach sowohl reduzieren als auch oxidieren. Ihre Wirkung als **Oxidationsmittel** entfalten sie insbesondere gegenüber stark elektropositiven Elementen wie Natrium, Kalium, Calcium usw., welche mit den Hydriden von Elementen der IV.–VII. Hauptgruppe in geeigneten Lösungsmitteln (u.a. Ethern) unter Wasserstoffentwicklung reagieren, z.B.:

$$K + EH_n \rightarrow KEH_{n-1} + \tfrac{1}{2}H_2$$

(vgl. hierzu auch Darstellung von Wasserstoff aus Wasser). Ohne Wasserstoffentwicklung erfolgt z.B. die Reduktion von Diboran mit Alkalimetallen:

$$2Na + 2(BH_3)_2 \rightarrow NaBH_4 + NaB_3H_8.$$

Reduziert wird im Falle der Hydride mit positiviertem Wasserstoff ($E^{\delta-}—H^{\delta+}$) formal der gebundene Wasserstoff (Oxidationsstufe: +1) zu molekularem Wasserstoff (Oxidationsstufe: 0), im Falle der Hydride mit negativiertem Wasserstoff ($E^{\delta+}—H^{\delta-}$) das Element. Demgemäß sinkt im zuletzt erörterten Reaktionsbeispiel die Oxidationsstufe des Bors im Diboran von +3 auf $\frac{7}{3} \approx 2.3$ im Triboranat $B_3H_8^-$[80].

[78] Die Reaktivität salzartiger Hydride hängt auch von anderen Faktoren (Verteilung, Verunreinigungen) ab. So ist beispielsweise aus den Elementen synthetisiertes, kompaktes Magnesiumdihydrid (> 98% MgH_2, < 2% Mg, MgO) relativ hydrolyse- und sauerstoffstabil, während durch Pyrolyse aus $Mg(C_2H_5)_2$ erhaltenes $MgH_{1.97}$ heftig mit Wasser und Luft (Selbstentzündung) reagiert.

[79] Elementwasserstoffe mit negativiertem H reagieren – allerdings meist nur bei erhöhter Temperatur – auch mit gasförmigen Säuren (z.B. HCl, H_2O, H_2S, NH_3). So setzt sich etwa LiH bei 400 °C mit HCl bzw. NH_3 zu LiCl bzw. $LiNH_2$, UH_3 bei 400 °C mit H_2O zu Uranoxid um.

[80] Verwickelter sind die Verhältnisse, wenn wie im Falle von Silan SiH_4 die Reduktion eines Hydrids mit negativiertem Wasserstoff unter H_2-Entwicklung verläuft: $K + SiH_4 \rightarrow KSiH_3 + \frac{1}{2}H_2$. Der Oxidation von Kalium (Oxidationsstufe: ±0) und eines gebundenen Wasserstoffs (Oxidationsstufe: −1) um je eine Einheit steht hier die Reduktion des Elements (Si) um zwei Einheiten gegenüber (Oxidationsstufe von Si in SiH_4: +4; in SiH_3^-: +2).

Oxidiert man Elementwasserstoffe (s. unten), so wird die Oxidationsstufe des Elements (des Wasserstoffs) erhöht, falls ein Hydrid mit positiviertem (negativiertem) Wasserstoff vorliegt.

Gegenüber elektronegativen Elementen wie Fluor, Chlor, Sauerstoff usw. wirken die Elementwasserstoffe als **Reduktionsmittel**. Ihre Reduktionskraft wächst dabei innerhalb der Elementhydridgruppen bzw. -perioden von oben nach unten bzw. von rechts nach links (vgl. hierzu Normalpotentiale, Tab. 32 auf S. 220). Der Fluorwasserstoff stellt hiernach unter den Elementwasserstoffen das schwächste Reduktionsmittel dar. Seine Oxidation gelingt nicht mehr auf chemischem, sondern nur noch auf elektrochemischem Wege. Alle übrigen Elementwasserstoffe lassen sich auch chemisch oxidieren.

So führt etwa Fluor alle kovalenten Wasserstoffverbindungen in Elementfluoride über:

$$EH_n + \tfrac{n+p}{2}\,F_2 \rightarrow n\,HF + EF_p.$$

In entsprechender Weise – aber nicht mehr mit allen kovalenten Hydriden – setzen sich Chlor sowie Brom zu Elementchloriden sowie -bromiden um. Sauerstoff verwandelt die Elementwasserstoffe mit Ausnahme von HF und H_2O bei mehr oder weniger hohen Temperaturen gemäß

$$EH_n + \tfrac{n}{4}O_2 \rightarrow \tfrac{n}{2}H_2O + \tfrac{1}{x}E_x \left(\xrightarrow{+\frac{p}{2}O_2} EO_p\right)$$

in Elemente bzw. – bei Sauerstoffüberschuß – in Elementoxide.

Beispielsweise setzt Sauerstoff aus Chlorwasserstoff bei 430 °C in Anwesenheit von Kupferoxid als Katalysator Chlor in Freiheit („Deacon-Verfahren“ zur Chlorgewinnung), Ammoniak führt er bei 600–700 °C in Anwesenheit von Platin als Katalysator in Wasser und Stickstoffoxid („Ammoniakverbrennung“ zur Gewinnung von NO, s. dort), Methan sowie höhere Kohlenwasserstoffe (Benzine, Dieselöle usw.) in Wasser und Kohlendioxid über (zur Energiegewinnung). Des weiteren bildet sich beim Leiten von Sauerstoff durch eine wässerige Lösung von Brom-, Iod-, Schwefel-, Selen- oder Tellurwasserstoff Brom, Iod, Schwefel, Selen, Tellur in elementarer Form. Phosphor-, Arsen-, Antimon-, Silicium-, Germanium-, Zinn-, Bor-, Beryllium- oder Zinkwasserstoff entzünden sich an Luft teils bei erhöhter Temperatur (z. B. PH_3 bei 150 °C), teils bereits bei Raumtemperatur (z. B. AlH_3); B_2H_6/O_2-, SiH_4/O_2-, PH_3/O_2-Gemische können explodieren.

Entsprechend den kovalenten Wasserstoffverbindungen lassen sich die metallartigen Hydride beispielsweise mit Halogenen in Metallhalogenide, mit Sauerstoff in Metalloxide überführen. Insbesondere die Reaktion mit Sauerstoff ist im allgemeinen kinetisch beachtlich gehemmt, so daß die metallartigen Hydride recht luftstabil sind (z. B. Lanthanhydrid bis 1000 °C).

Besonders starke Reduktionsmittel stellen die salzartigen Hydride dar, da sie das sehr oxidable Hydrid-Ion enthalten. Demgemäß setzen sie sich (zum Teil bei erhöhter Temperatur) mit allen Nichtmetallen (selbst Stickstoff) zu Alkali- bzw. Erdalkalimetallverbindungen der Elemente um, z. B.:

$$CaH_2 + O_2 \xrightarrow{500\,°C} CaO + H_2O, \qquad 3\,CaH_2 + N_2 \xrightarrow{500\,°C} Ca_3N_2 + 3\,H_2,$$

$$CaH_2 + 2\,C \xrightarrow{>700\,°C} CaC_2 + H_2.$$

Die Geschwindigkeit der Reduktionsreaktionen steigt dabei mit zunehmendem Ionencharakter des Hydrids (S. 275). So setzt sich Lithium- bzw. Calciumhydrid bei 500 °C und Natriumhydrid bei 230 °C mit Sauerstoff um, während sich die schwereren Alkali- und Erdalkalihydride bereits bei Raumtemperatur an Luft entzünden[78)].

Neben Elementen vermögen salzartige Hydride auch die – in oxidierter Form vorliegenden – Elemente von Elementverbindungen (z. B. Elementhalogenide, -chalkogenide) zu reduzieren. Die Reaktion führt im allgemeinen zu den Elementen selbst (s. unten), unter schonenden Bedingungen aber auch zu Verbindungen der Elemente in niedrigen positiven Oxidationsstufen (z. B. Reduktion von TiO_2, ZrO_2, HfO_2, V_2O_5, Nb_2O_5, Ta_2O_5 mit LiH) und in einigen Fällen zu Elementhydriden (vgl. Darstellung der Elementwasserstoffe durch Hydridolyse). Ein wichtiges technisches Verfahren stellt hier die bei etwa 600–1000 °C erfolgende Reduktion von pulverisierten Metalloxiden mit ebenfalls pulverisiertem und mit den Oxiden innig vermischtem Calciumdihydrid zu Metallen M wie Ti, Zr, V, Nb, Ta, Cr, Mo, W, Mn, Fe, Cu, B, Al, Si, Sn, Pb dar („*Hydrimet-Verfahren*")[81]:

$$n\,CaH_2 + MO_n \rightarrow M + n\,CaO + n\,H_2.$$

Der Vorteil dieser Art der Reaktion mit Calciumhydrid statt – wie ebenfalls gebräuchlich – mit Magnesium, Aluminium oder Silicium (s. dort) besteht in der relativ niedrigen Reaktionstemperatur, der Bildung einer metallschützenden Wasserstoffatmosphäre, der im allgemeinen quantitativ ablaufenden Reduktion zum Metall (und nicht etwa zu niederwertigen Elementoxiden oder Calcium/Metall-Legierungen[82]) sowie der einfachen Metallisolierung durch Waschen des Produkts mit Wasser. Statt der Metalloxide werden auch Metallsulfide oder -halogenide, statt des Calciumhydrids auch Lithium- oder Natriumhydrid verwendet (z. B. dient NaH zum Entrosten von Stahl).

4.4.4 Verwendung von Elementwasserstoffen

Die vielseitig nutzbaren Elementwasserstoffe dienen u. a. als Reaktionsmedien (z. B. C_mH_n, NH_3, H_2O, HF), als Säuren und Basen (z. B. HCl, NH_3), als Energiequellen (z. B. C_mH_n, N_2H_4), als Wasserstoffquellen (z. B. H_2O, C_mH_n, CaH_2, NH_3), als Wasserstoffspeicher (insbesondere metallartige Hydride, denen eine Legierung – besonders wichtig: $LaNi_5$ bzw. FeTi[83] – zugrunde liegt sowie das salzartige Magnesiumdihydrid), als Reduktionsmittel für anorganische Verbindungen (z. B. Hydrimet-Verfahren) sowie organische Substanzen, als Trocknungsmittel (z. B. CaH_2), als Neutronenmoderatoren (z. B. ZnH_2, ScH_2). Von großer Bedeutung ist auch die Verwendung der Elementwasserstoffe zur Darstellung der den Wasserstoffverbindungen zugrundeliegenden Elemente in reiner Form sowie für synthetische Zwecke (bezüglich Einzelheiten hierzu sei auf die Wasserstoffverbindungskapitel der betreffenden Elemente verwiesen).

[81] CaH_2 wirkt wohl nicht direkt, sondern nach seiner Spaltung in Calcium und Wasserstoff indirekt durch das entstandene Calcium als Reduktionsmittel.

[82] Die Legierungstendenz von Calcium ist klein.

[83] Legierungen wie die erwähnten, die Wasserstoff bei leicht erhöhtem Druck aufnehmen und bei niedrigem Druck wieder reversibel abgeben, sind zur Speicherung des als Treibstoff für Kraftfahrzeugmotoren empfohlenen Wasserstoffs von Bedeutung.

Teil B

Hauptgruppenelemente

	0	I							II	
1		1 **H** S. 249							2 **He** S. 417	1
	0	I	II	III	IV	V	VI	VII	VIII	
	0	1	2	13	14	15	16	17	18	
2	2 **He** S. 417	3 **Li** S. 1150	4 **Be** S. 1105	5 **B** S. 986	6 **C** S. 830	7 **N** S. 637	8 **O** S. 502	9 **F** S. 432	10 **Ne** S. 417	2
3	10 **Ne** S. 417	11 **Na** S. 1159	12 **Mg** S. 1115	13 **Al** S. 1061	14 **Si** S. 876	15 **P** S. 725	16 **S** S. 538	17 **Cl** S. 435	18 **Ar** S. 417	3
4	18 **Ar** S. 417	19 **K** S. 1159	20 **Ca** S. 1126	31 **Ga** S. 1091	32 **Ge** S. 953	33 **As** S. 794	34 **Se** S. 613	35 **Br** S. 443	36 **Kr** S. 417	4
5	36 **Kr** S. 417	37 **Rb** S. 1159	38 **Sr** S. 1126	49 **In** S. 1092	50 **Sn** S. 961	51 **Sb** S. 811	52 **Te** S. 628	53 **I** S. 446	54 **Xe** S. 417	5
6	54 **Xe** S. 417	55 **Cs** S. 1159	56 **Ba** S. 1126	81 **Tl** S. 1093	82 **Pb** S. 973	83 **Bi** S. 822	84 **Po** S. 635	85 **At** S. 454	86 **Rn** S. 417	6
7	86 **Rn** S. 417	87 **Fr** S. 1159	88 **Ra** S. 1126	(113) – –	(114) – –	(115) – –	(116) – –	(117) – –	(118) – –	7
	0	1	2	13	14	15	16	17	18	
	0	I	II	III	IV	V	VI	VII	VIII	

Kapitel IX

Hauptgruppenelemente (Repräsentative Elemente)

Periodensystem (Teil II[1]) und vergleichende Übersicht[2] über die Hauptgruppenelemente

Gemäß dem auf S. 56 Besprochenen zählt man die 44 Elemente mit den Ordnungszahlen 1–20 (H bis Ca), 31–38 (Ga bis Sr), 49–56 (In bis Ba) und 81–88 (Tl bis Ra) zu den **Hauptgruppenelementen („repräsentativen" Elementen).** Bei ihnen erfolgt, wie ebenfalls bereits angedeutet wurde (S. 93), ein Ausbau der *äußersten* Elektronenschalen mit insgesamt *acht* Elektronen, und zwar zunächst mit zwei s-Elektronen von 0 auf 2 („*s-Block-Elemente*"), anschließend mit sechs p-Elektronen von 2 auf 8 („*p-Block-Elemente*"). Die Besetzung der für die p-Elektronen zur Verfügung stehenden *drei* p-Orbitale in jeder Hauptschale erfolgt gemäß der Hundschen Regel (s. dort) zunächst *einzeln* mit Elektronen des gleichen Spins. Dann beginnt die *paarige* Einordnung der Elektronen. Im folgenden wollen wir uns etwas näher mit der *Elektronenkonfiguration der* 44 *Hauptgruppenelemente,* ihrer hieraus abzuleitenden *Einordnung in das Periodensystem* sowie mit *Trends einiger ihrer Eigenschaften* befassen.

1 Elektronenkonfiguration der Hauptgruppenelemente

Die Tab. 43 gibt für die nach steigender Kernladungszahl geordneten Hauptgruppenelemente die Verteilung der Elektronen auf die verschiedenen Elektronenschalen wieder, wobei die jeweils neu hinzugekommenen Elektronen in der Spalte „Schalenaufbau" durch fetteren Druck hervorgehoben sind (jede Hauptschale *n* nimmt maximal $\mathbf{2 \cdot n^2}$ Elektronen auf; bezüglich einer Erläuterung der Spalte „Elektronenkonfiguration" vgl. S. 95 und 99).

Das Elektron des „Wasserstoffatoms" befindet sich in der innersten ersten Schale. Das gleiche gilt für die beiden Elektronen des „Heliumatoms". Damit ist die **1. Schale** bereits *voll aufgefüllt* ($2 \cdot 1^2 = 2$). Mit dem nächsten Element, dem „Lithium", beginnt der Aufbau der **2. Schale**. Da diese insgesamt 8 Elektronen aufzunehmen vermag ($2 \cdot 2^2 = 8$), ist sie erst nach *acht Elementen,* also beim „Neon" abgeschlossen. Das nächste Elektron tritt in die **3. Schale** ein („Natrium"). Diese erreicht dann beim „Argon" mit 8 Elektronen einen vorläufigen Abschluß. Sie ist zwar mit 8 Elektronen *noch nicht gesättigt,* da ihre Maximalzahl an Elektronen $2 \cdot 3^2 = 18$ beträgt; aber die Zahl 8 stellt – wie aus der maximalen Elektronenzahl 8 der

---

[1] Teil I: S. 56, Teil III: S. 1192, Teil IV: S. 1719.

[2] **Literatur.** R. T. Sanderson: „*Chemical Periodicity*" sowie „*Inorganic Chemistry*", Reinhold, New York 1960 sowie 1965; B. Moody: „*Vergleichende anorganische Chemie*", Arnold, London 1973; H.-D. Hardt: „*Die periodischen Eigenschaften der chemischen Elemente*", Thieme, Stuttgart 1974; R. Rich: „*Periodic Correlations*", W. A. Benjamin, New York 1965; W. L. Jolly: „*The Chemistry of Non-Metals*", Prentice-Hall, Englewood-Cliffs 1966; E. Sherwin, G. J. Weston: „*Chemistry of Non-metallic Elements*", Pergamon, Oxford 1966.

Tab. 43 Aufbau der Elektronenhülle der Hauptgruppenelemente im Grundzustand. (Über die Elektronenanordnung der in der Tabelle ausgelassenen Elemente (gestrichelte Linien) und ihre Einordnung in das Periodensystem wird auf S. 1194 und S. 1720 näher berichtet.)

	Elemente E		Elektronenkonfiguration		Schalenaufbau						
	Nr. E	Name	Symbol	Term	1s	2sp	3spd	4spdf	5spdf	6spd	7sp
1. Periode	1 **H**	Wasserstoff	$1s^1$	$^2S_{1/2}$	**1**						
	2 **He**	Helium	$1s^2$	$^1S_0$	**2**						
2. Periode	3 **Li**	Lithium	[He] $2s^1$	$^2S_{1/2}$	2	**1**					
	4 **Be**	Beryllium	[He] $2s^2$	$^1S_0$	2	**2**					
	5 **B**	Bor	[He] $2s^2 2p^1$	$^2P_{1/2}$	2	**3**					
	6 **C**	Kohlenstoff	[He] $2s^2 2p^2$	$^3P_0$	2	**4**					
	7 **N**	Stickstoff	[He] $2s^2 2p^3$	$^4S_{3/2}$	2	**5**					
	8 **O**	Sauerstoff	[He] $2s^2 2p^4$	$^3P_2$	2	**6**					
	9 **F**	Fluor	[He] $2s^2 2p^5$	$^2P_{3/2}$	2	**7**					
	10 **Ne**	Neon	[He] $2s^2 2p^6$	$^1S_0$	2	**8**					
3. Periode	11 **Na**	Natrium	[Ne] $3s^1$	$^2S_{1/2}$	2	8	**1**				
	12 **Mg**	Magnesium	[Ne] $3s^2$	$^1S_0$	2	8	**2**				
	13 **Al**	Aluminium	[Ne] $3s^2 3p^1$	$^2P_{1/2}$	2	8	**3**				
	14 **Si**	Silicium	[Ne] $3s^2 3p^2$	$^3P_0$	2	8	**4**				
	15 **P**	Phosphor	[Ne] $3s^2 3p^3$	$^4S_{3/2}$	2	8	**5**				
	16 **S**	Schwefel	[Ne] $3s^2 3p^4$	$^3P_2$	2	8	**6**				
	17 **Cl**	Chlor	[Ne] $3s^2 3p^5$	$^2P_{3/2}$	2	8	**7**				
	18 **Ar**	Argon	[Ne] $3s^2 3p^6$	$^1S_0$	2	8	**8**				
4. Periode	19 **K**	Kalium	[Ar] $4s^1$	$^2S_{1/2}$	2	8	8	**1**			
	20 **Ca**	Calcium	[Ar] $4s^2$	$^1S_0$	2	8	8	**2**			
	31 **Ga**	Gallium	[Ar] $3d^{10} 4s^2 4p^1$	$^2P_{1/2}$	2	8	18	**3**			
	32 **Ge**	Germanium	[Ar] $3d^{10} 4s^2 4p^2$	$^3P_0$	2	8	18	**4**			
	33 **As**	Arsen	[Ar] $3d^{10} 4s^2 4p^3$	$^4S_{3/2}$	2	8	18	**5**			
	34 **Se**	Selen	[Ar] $3d^{10} 4s^2 4p^4$	$^3P_2$	2	8	18	**6**			
	35 **Br**	Brom	[Ar] $3d^{10} 4s^2 4p^5$	$^2P_{3/2}$	2	8	18	**7**			
	36 **Kr**	Krypton	[Ar] $3d^{10} 4s^2 4p^6$	$^1S_0$	2	8	18	**8**			
5. Periode	37 **Rb**	Rubidium	[Kr] $5s^1$	$^2S_{1/2}$	2	8	18	8	**1**		
	38 **Sr**	Strontium	[Kr] $5s^2$	$^1S_0$	2	8	18	8	**2**		
	49 **In**	Indium	[Kr] $4d^{10} 5s^2 5p^1$	$^2P_{1/2}$	2	8	18	18	**3**		
	50 **Sn**	Zinn	[Kr] $4d^{10} 5s^2 5p^2$	$^3P_0$	2	8	18	18	**4**		
	51 **Sb**	Antimon	[Kr] $4d^{10} 5s^2 5p^3$	$^4S_{3/2}$	2	8	18	18	**5**		
	52 **Te**	Tellur	[Kr] $4d^{10} 5s^2 5p^4$	$^3P_2$	2	8	18	18	**6**		
	53 **I**	Iod	[Kr] $4d^{10} 5s^2 5p^5$	$^2P_{3/2}$	2	8	18	18	**7**		
	54 **Xe**	Xenon	[Kr] $4d^{10} 5s^2 5p^6$	$^1S_0$	2	8	18	18	**8**		
6. Periode	55 **Cs**	Cäsium	[Xe] $6s^1$	$^2S_{1/2}$	2	8	18	18	8	**1**	
	56 **Ba**	Barium	[Xe] $6s^2$	$^1S_0$	2	8	18	18	8	**2**	
	81 **Tl**	Thallium	[Xe] $4f^{14} 5d^{10} 6s^2 6p^1$	$^2P_{1/2}$	2	8	18	32	18	**3**	
	82 **Pb**	Blei	[Xe] $4f^{14} 5d^{10} 6s^2 6p^2$	$^3P_0$	2	8	18	32	18	**4**	
	83 **Bi**	Bismut	[Xe] $4f^{14} 5d^{10} 6s^2 6p^3$	$^4S_{3/2}$	2	8	18	32	18	**5**	
	84 **Po**	Polonium	[Xe] $4f^{14} 5d^{10} 6s^2 6p^4$	$^3P_2$	2	8	18	32	18	**6**	
	85 **At**	Astat	[Xe] $4f^{14} 5d^{10} 6s^2 6p^5$	$^2P_{3/2}$	2	8	18	32	18	**7**	
	86 **Rn**	Radon	[Xe] $4f^{14} 5d^{10} 6s^2 6p^6$	$^1S_0$	2	8	18	32	18	**8**	
7. Periode	87 **Fr**	Francium	[Rn] $7s^1$	$^2S_{1/2}$	2	8	18	32	18	8	**1**
	88 **Ra**	Radium	[Rn] $7s^2$	$^1S_0$	2	8	18	32	18	8	**2**
	(113)	(Eka-Tl)	[Rn] $5f^{14} 6d^{10} 7s^2 7p^1$	$^2P_{1/2}$	2	8	18	32	32	18	**3**
	(114)	(Eka-Pb)	[Rn] $5f^{14} 6d^{10} 7s^2 7p^2$	$^3P_0$	2	8	18	32	32	18	**4**
	(115)	(Eka-Bi)	[Rn] $5f^{14} 6d^{10} 7s^2 7p^3$	$^4S_{3/2}$	2	8	18	32	32	18	**5**
	(116)	(Eka-Po)	[Rn] $5f^{14} 6d^{10} 7s^2 7p^4$	$^3P_2$	2	8	18	32	32	18	**6**
	(117)	(Eka-At)	[Rn] $5f^{14} 6d^{10} 7s^2 7p^5$	$^2P_{3/2}$	2	8	18	32	32	18	**7**
	(118)	(Eka-Rn)	[Rn] $5f^{14} 6d^{10} 7s^2 7p^6$	$^1S_0$	2	8	18	32	32	18	**8**

2. Schale hervorgeht – eine *stabile Zwischenstufe* der Elektronenanordnung dar. Mit dem „Kalium" und „Calcium" (Ausbildung einer Zweier-Außenschale wie beim Helium) beginnt die Bildung der **4. Schale**. Dann folgen 10, in der Tabelle nicht aufgeführte, sondern nur durch eine gestrichelte Linie angedeutete „*Übergangsmetalle*" (Kernladungszahl 21 bis 30), bei denen die Elektronenzahl der noch unvollständig gebliebenen 3. Schale von 8 auf die *Sättigungszahl* 18 ergänzt wird. Das „Gallium" setzt dann die vorher begonnene Besetzung der 4. Schale fort, die beim „Krypton" mit der schon erwähnten stabilen Zwischenanordnung von 8 Elektronen ihren vorläufigen Abschluß findet. „Rubidium" und „Strontium" (Ausbildung einer „Helium"-Außenschale als Zwischenschale) eröffnen den Aufbau der **5. Schale**. Dann erfolgt wie zuvor durch 10 in der Tabelle nicht aufgeführte Übergangsmetalle (Kernladungszahl 39 bis 48) die Auffüllung der noch unvollständig gebliebenen nächstinneren 4. Schale von der Zahl 8 auf die *nächststabile*, aber noch *nicht maximale* Zahl von 18 Elektronen (für $n = 4$ ist $2 \cdot n^2 = 32$). Dann erst wird wieder durch die Elemente „Indium" bis „Xenon" die 5. Schale bis zur Elektronenzahl 8 ergänzt. Mit dem „Cäsium" und „Barium" (Helium-Zwischenschale) beginnt die **6. Schale**. Durch $10 + 14 = 24$ in der Tabelle fortgelassene Übergangsmetalle (Kernladungszahl 57 bis 80) wird anschließend die 5. Schale von 8 auf 18 und die 4. Schale von 18 auf 32 Elektronen ergänzt, so daß erst mit dem „Thallium" der Weiterausbau der seit dem Barium unverändert gebliebenen 6. Schale bis zur Elektronenzahl 8 („Radon") erfolgt. Die Elemente 87 („Francium") und 88 („Radium") (Helium-Zwischenschale) eröffnen die **7. Schale**. Die folgenden, in der Tabelle nicht aufgeführten $10 + 14 = 24$ Übergangsmetalle (Kernladungszahl 89 bis 112) bauen ihre neu hinzukommenden Elektronen in der noch ungesättigten 5. und 6. Schale ein. Man kennt von diesen 24 Elementen bis jetzt allerdings noch nicht alle, da die Elemente mit wachsender Kernladungszahl immer instabiler werden und vom „Polonium" ab (Atomnummer 84) „*radioaktiv*" zerfallen. Mit den Elementen 110 (Eka-Pt), 111 (Eka-Au), 112 (Eka-Hg; in Präparation) bricht daher zur Zeit die Reihe der Elemente und damit der Ausbau der 5., 6. und 7. Schale ab (vgl. Anm.[17], S. 1418). Auf das Element 112 würden, wie man voraussagen kann, 6 Elemente (Kernladungszahl 113 bis 118) folgen, die gemäß der Tabelle die Elektronenzahl der 7. Schale von 2 auf 8 ergänzten. Element 118 wäre also wieder ein Edelgas (Eka-Radon).

2 Einordnung der Hauptgruppenelemente in das Periodensystem

Wie bereits auf S. 57 angedeutet wurde, bringt man die besprochenen Zusammenhänge in übersichtlicher Form durch das unten wiedergegebene **gekürzte Periodensystem** zum Ausdruck (vgl. hierzu den orangefarbenen Teil des „*kombinierten Periodensystems*", Tafel VI). Es leitet sich vom ungekürzten Periodensystem („*Langperiodensystem*", vgl. Tafel I) durch *Weglassen* aller *Nebengruppenelemente* ab und umfaßt die *waagrechten Perioden* 1 bis 7 und – abgesehen von der ersten „kurzen Periode" – die *senkrechten Gruppen* I–VIII (die 0. und VIII. Gruppe sind miteinander identisch). Letztere bezeichnet man der Reihe nach auch als Gruppe der „*Alkalimetalle*" (Li, Na, K, Rb, Cs, Fr), „*Erdalkalimetalle*" (Be, Mg, Ca, Sr, Ba, Ra), „*Triele*" (auch: „Borgruppe"; B, Al, Ga, In, Tl), „*Tetrele*" (auch: „Kohlenstoffgruppe"; C, Si, Ge, Sn, Pb), „*Pentele*" (auch: „Stickstoffgruppe"; N, P, As, Sb, Bi), „*Chalkogene*" (O, S, Se, Te, Po), „*Halogene*" (F, Cl, Br, I, At) sowie „*Edelgase*" (He, Ne, Ar, Kr, Xe, Rn). Über den einzelnen Elementsymbolen ist die *Kernladungszahl*, unter ihnen die *relative Atommasse* der betreffenden Elemente angegeben. Die links und rechts neben einer waagrechten Periode stehende *arabische Zahl* („*Periodennummer*") gibt zugleich die Hauptquantenzahl der äußersten, mit Elektronen besetzten Schale wieder, die ober- und unterhalb jeder senkrechten Gruppe stehende *römische Zahl* („*Gruppennummer*") zugleich die Anzahl von Elektronen in der be-

Gekürztes Periodensystem der Elemente

	0	I							II	
1		1 H 1.0079							2 He 4.0026	1
	0	I	II	III	IV	V	VI	VII	VIII	
	0	1	2	13	14	15	16	17	18	
2	2 He 4.0026	3 Li 6.941	4 Be 9.0122	5 B 10.811	6 C 12.011	7 N 14.0067	8 O 15.9994	9 F 18.9984	10 Ne 20.1797	2
3	10 Ne 20.1719	11 Na 22.9898	12 Mg 24.3050	13 Al 26.9815	14 Si 28.0855	15 P 30.9738	16 S 32.066	17 U 35.4527	18 Ar 39.948	3
4	18 Ar 39.948	19 K 39.0938	20 Ca 40.078	31 Ga 69.723	32 Ge 72.61	33 As 74.9216	34 Se 78.96	35 Br 79.904	36 Kr 83.80	4
5	36 Kr 83.80	37 Rb 85.4678	38 Sr 87.62	49 In 114.82	50 Sn 118.710	51 Sb 121.75	52 Te 127.60	53 I 126.904	54 Xe 131.29	5
6	54 Xe 131.29	55 Cs 132.905	56 Ba 137.327	81 Tl 204.383	82 Pb 207.2	83 Bi 208.980	84 Po 209.983	85 At 209.987	86 Rn 222.018	6
7	86 Rn 222.018	87 Fr 223.020	88 Ra 226.025	113 – –	114 – –	115 – –	116 – –	117 – –	118 – –	7
	0	1	2	13	14	15	16	17	18	
	0	I	II	III	IV	V	VI	VII	VIII	

treffenden Außenschale. Auf die Bedeutung der ebenfalls aufgeführten *arabischen Gruppennummern*, die dem Langperiodensystem entstammen (Tafel I), und sich auf die Gesamtzahl der Elementgruppen – einschließlich der an der Stelle des *gestrichelten Pfeils* ausgelassenen Nebengruppen – beziehen, wird auf S. 1719 näher eingegangen.

3 Trends einiger Eigenschaften der Hauptgruppenelemente (Tafel III)[2)]

Da sich die in Tab. 43 aufgeführten Hauptgruppenelemente im Elektronenbau der *äußersten* Hauptschale unterscheiden, sind die Eigenschaften der Elemente *charakteristisch voneinander verschieden*. Dies erkennt man schon daran, daß die Elemente unter Normalbedingungen teils gasförmig (Edelgase, Fluor, Chlor, Sauerstoff, Stickstoff), flüssig (Brom) oder fest (übrige Elemente), teils als Nicht- sowie Halbmetalle mit bestimmten Farben oder als Metalle mit silberigem Glanz vorkommen und daß die Elemente entsprechend ihrer Außenelektronenzahl unterschiedliche Wertigkeiten betätigen. Im Sinne einer deutlichen **Periodizität** ändern sich die Eigenschaften der Elemente innerhalb einer *Periode* (gleiche Außenschale, unterschiedliche $s^x p^y$-Konfiguration) in *prinzipieller*, innerhalb einer *Gruppe* (unterschiedliche Außenschalen, gleiche $s^x p^y$-Konfiguration) in *gradueller* Weise.

Einige Eigenschaften der Hauptgruppenelemente sind in der Tafel II zusammengestellt. Nachfolgend soll zunächst auf den *metallischen und nichtmetallischen Charakter*, auf die *Wertigkeit* und auf die *allgemeine Reaktivität* der Hauptgruppenelemente eingegangen werden. Ein abschließendes Unterkapitel befaßt sich dann mit *Periodizitäten im Hauptsystem*. Bezüglich der *Entdeckung* der Hauptgruppenelemente sowie ihrer *Verbreitung* in der Erdhülle (Atmosphäre, Hydrosphäre, Biosphäre, Erdkruste) und ihrer *Toxizität* vgl. Tafeln II und III sowie S. 61 f.

Metallischer und nichtmetallischer Charakter

Metalle, Halbmetalle, Nichtmetalle. Im Periodensystem der Hauptgruppenelemente nimmt (wie auf S. 59 bereits angedeutet) von links nach rechts und von unten nach oben, also in der Richtung *nach rechts oben* hin der *nichtmetallische* (elektronegative) und in umgekehrter Richtung, also *nach links unten* hin der *metallische* (elektropositive) Charakter der Elemente zu. Infolgedessen enthält die I. und II. Hauptgruppe nur **Metalle**[3)] (Charakteristika: meist silberig-glänzend, formbar, wenig flüchtig, strom- und wärmeleitend; vgl. S. 145), die VII. und VIII. Hauptgruppe nur **Nichtmetalle** (Charakteristika: nicht-glänzend, farbig, spröde, meist flüchtig, nicht-stromleitend, schlecht wärmeleitend; vgl. S. 130). Deshalb sind sich die Alkali- und Erdalkalimetalle einerseits und die Halogene und Edelgase andererseits untereinander jeweils *sehr ähnlich*, während dies gemäß nachfolgender Tabelle bei den mittleren Hauptgruppen nicht mehr der Fall ist, da diese sowohl Metalle (unterer Bereich)[3)] wie Nichtmetalle (oberer Bereich) enthalten, und zusätzlich im dazwischen liegenden, grau unterlegten Bereich der Tabelle auch noch **Halbmetalle** bzw. **Halbleiter** (Charakteristika: mattgrau-glänzend, spröde, wenig flüchtig, mäßig strom- und wärmeleitend; vgl. S. 153, 1312; Iod, Astat und Radon stehen an der Grenze zu den Halbmetallen sowie -leitern).

a)	I	II		III	IV	V	VI	VII	VIII
2	Li	Be		B	C	N	O	F	Ne
3	Na	Mg		(Al)	Si	P	S	Cl	Ar
4	K	Ca	Neben-	Ga	Ge	As	Se	Br	Kr
5	Rb	Sr	gruppen-	In	Sn	Sb	Te	I	Xe
6	Cs	Ba	metalle	Tl	Pb	Bi	Po	At	Rn

a) Zu den 41 Hauptgruppenelementen der Tabelle kommen noch H, Fr und Ra.

So ist in der III. und IV. Hauptgruppe „Diamant-Kohlenstoff" ein typisches *Nichtmetall*, während „Graphit-Kohlenstoff", „Bor", „Gallium", „Silicium", „Germanium" und graues „α-Zinn" *Halbmetalle* bzw. -leiter (Bor an der Grenze zu den Nichtmetallen, Gallium an der Grenze zu den Metallen), die verbleibenden Elemente „Aluminium", „Indium", „Thallium", weißes „β-Zinn" und „Blei" *Metalle* darstellen. Der metallische Charakter wächst also – wie erwartet – beim Übergang von Elementen der Kohlenstoffgruppe zu entsprechenden Elementen der Borgruppe sowie innerhalb beider Gruppen vom Bor zum Thallium sowie vom Kohlenstoff zum Blei hin (bezüglich der Unregelmäßigkeit bei Al s. weiter unten). Dementsprechend ist Diamant-Kohlenstoff ein *harter*, *spröder Stoff* mit starken Kovalenzbindungen (Analoges gilt – abgeschwächt – für B, Si, Ge), Thallium bzw. Blei ein *weicher*, *duktiler Stoff* mit schwächeren Metallbindungen (Analoges gilt – abgeschwächt – für $C_{Graphit}$, Al, Ga, In, β-Sn). Auch zeigt sich der wachsende Metallcharakter in der Zunahme der *Koordinationszahlen* der Elementatome (B: < 12; Al bis Tl: 12[4)]; $C_{Diamant}$ bis α-Sn: 4; β-Sn bis Pb: 12[4)]). Auffallenderweise steigt die *elektrische Leitfähigkeit* (S. 1310) innerhalb beider Elementgruppen von oben nach unten nicht kontinuierlich an (vgl. Tafel III). Gründe hierfür werden weiter unten (S. 313) besprochen.

In der V. und VI. Hauptgruppe sind „Stickstoff", „Sauerstoff" und „Schwefel" ausgesprochene *Nichtmetalle* (Leitfähigkeit wie bei $C_{Diamant}$ $< 10^{-10}\ \Omega^{-1}\ cm^{-1}$). „Phosphor", „Arsen" und „Selen" kommen

[3] Unter den Metallen sind die der I. und II. Hauptgruppe sowie Aluminium *Leichtmetalle* (Dichte < 5 g/cm³), die der III.–VI. Hauptgruppe mit Ausnahme von Al *Schwermetalle* (Dichte > 5 g/cm³).

[4] In Ga sind Ga_2-Einheiten von 12 Ga-Atomen umgeben; In und β-Sn weisen verzerrt dichtest gepackte Strukturen auf.

außer in typischen nichtmetallischen Formen (weißer und violetter Phosphor, gelbes Arsen, rotes Selen) bereits in *halbleitenden* Modifikationen vor (schwarzer Phosphor, graues Arsen, graues Selen), die sich durch starke *Lichtabsorption* bzw. *-reflexion* und ein gewisses *Leitvermögen* für den elektrischen Strom auszeichnen (S. 1312). Bei „Antimon“, „Bismut“, „Tellur“ und „Polonium“ ist diese halbleitende bzw. metallische Form bereits die bevorzugte Erscheinungsform, wobei letzteren Elementen eine elektrische Leitfähigkeit wie vielen Metallen zukommt ($> 10^{-1}\ \Omega^{-1}\ cm^{-1}$).

In der II. Hauptgruppe (Erdalkalimetalle) sind – wie angedeutet – alle Elemente Metalle, in der VII. Hauptgruppe (Halogene) alle Elemente Nichtmetalle, jedoch nimmt auch hier der metallische Charakter zum leichtesten Erdalkalimetall, der nichtmetallische Charakter zum schwersten Halogen hin ab. „Beryllium“ bildet dementsprechend zum Unterschied von den übrigen Erdalkalimetallen bereits ein *amphoteres Hydroxid* (s.u.), und beim „Iod“ fällt schon ein äußeres Kennzeichen der Metalle, der *Metallglanz*, ins Auge.

Basizität und Acidität. Da mit dem *metallischen* Charakter eines Elements E auch der *basische* und mit dem *nichtmetallischen* Charakter auch der *saure* Charakter der betreffenden **Elementsauerstoffverbindungen**[5] wächst, sind die Hydroxide $E(OH)$ und $E(OH)_2$ in der I. und II. Hauptgruppe alle *Basen* ($E(OH) \rightleftharpoons E^+ + OH^-$; $E(OH)_2 \rightleftharpoons E^{2+} + 2OH^-$) und die in der VII. und VIII. Hauptgruppe alle *Säuren* ($EOH \rightleftharpoons EO^- + H^+$)[6], während sich die Hydroxide von Elementen in der Mitte des Hauptsystems – einschließlich Beryllium- und Astathydroxid – mehr oder minder *amphoter*, also zugleich wie Säuren und Basen verhalten (Richtung links oben nach rechts unten; ausgesprochen amphoter: $Be(OH)_2$, $Al(OH)_3$, $Ga(OH)_3$, $Sn(OH)_2$, $Sb(OH)_3$, $Po(OH)_2$, $At(OH)$). Durch Anlagerung von Sauerstoffatomen an die freien Elektronenpaare der Zentralatome in den OH-Verbindungen der V. bis VII. Hauptgruppe wird deren Acidität stark erhöht: $As(OH)_3 \rightarrow AsO(OH)_3$; $S(OH)_2 \rightarrow SO(OH)_2 \rightarrow SO_2(OH)_2$; $Cl(OH) \rightarrow ClO(OH) \rightarrow ClO_2(OH) \rightarrow ClO_3(OH)$ (vgl. hierzu S. 239)[7]. Die *Säurestärke* wächst nicht nur mit der Oxidationsstufe, sondern ganz allgemein mit dem *nichtmetallischen* Charakter – also im Periodensystem von links nach rechts und von unten nach oben –, die *Basenstärke* analog in umgekehrter Richtung wie etwa folgende Beispiele von Sauerstoffsäuren höchstoxidierter Elemente aus der 3. waagrechten Periode und III. senkrechten Hauptgruppe zeigen (bezüglich der Unregelmäßigkeit bei Ga s. weiter unten):

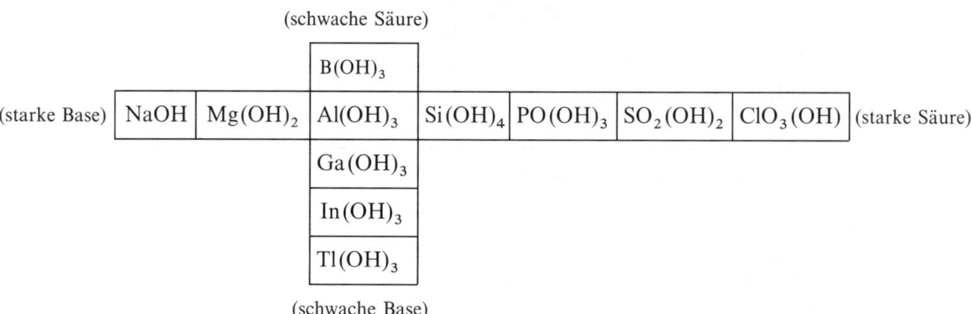

Die mit abnehmender Oxidationsstufe und zunehmendem Metallcharakter – also im Periodensystem von rechts nach links sowie von oben nach unten – wachsende Basenstärke geht auch aus dem in dieser Richtung steigenden *Salzcharakter* der Halogenide hervor. So treten im sauren Milieu alle Elemente der I. und II. Hauptgruppe im ein- oder zweifach positiven Zustand und darüber hinaus die schwereren Glieder der III. bis VII. Hauptgruppe in niedrigen positiven Wertigkeiten (Tl^+, Sn^{2+}, Pb^{2+}, Bi^{3+}, Po^{2+}, At^+)[8] in Form von Kationen auf, wobei letztere mit H_2S gefällt werden (Bildung von Tl_2S, SnS, PbS, Bi_2S_3, PoS, At_2S). Der ansteigende Salzcharakter zeigt sich auch in der wachsenden *Thermo-* und *Hydrolysestabilität* der Verbindungen. So lassen sich etwa die Carbonate oder Nitrate der zweiwertigen Erdalkalimetalle (II. Hauptgruppe) bzw. der dreiwertigen Triele (III. Hauptgruppe) in Richtung vom

5 Bezüglich der Basizität und Acidität von **Elementwasserstoffverbindungen** vgl. S. 292.
6 Die Hydroxide $Kr(OH)_2$, $Xe(OH)_2$ und wohl auch $Rn(OH)_2$ sind instabil (S. 423f).
7 OH-Verbindungen addieren in wässerigem Milieu zum Teil Wassermoleküle; z.B. $Be(OH)_2 \cdot 2H_2O$, $Al(OH)_3 \cdot 3H_2O$, $Sn(OH)_4 \cdot 2H_2O$, $SbO(OH)_3 \cdot 2H_2O$, $TeO_2(OH)_2 \cdot 2H_2O$, $IO_3(OH) \cdot 2H_2O$.
8 Ga^+ und In^+ sind in Säuren redoxinstabil.

Beryllium zum Radium bzw. vom Bor zum Thallium hin zunehmend schwerer thermisch, die Halogenide dieser Elemente in gleicher Richtung zunehmend schwerer hydrolytisch zersetzen, wobei allerdings die Halogenide der Borgruppe alle mehr oder minder stark mit Wasser reagieren ($EX_3 + 3H_2O \rightarrow E(OH)_3 + HX$), während die einwertigen Thalliumhalogenide vergleichsweise wasserstabil sind. In analoger Weise wächst die Hydrolyseneigung in der IV. und V. Hauptgruppe mit der Oxidationsstufe und abnehmender Ordnungszahl des Elements[9]. So wird etwa $SiCl_4$ sehr heftig, $PbCl_2$ gar nicht und $SnCl_4$ leichter als $SnCl_2$ hydrolysiert. Auch zersetzen sich PCl_3 und $AsCl_3$ in Wasser bis zu den zugrundeliegenden Säuren $E(OH)_3$, während $SbCl_3$ und $BiCl_3$ in basische Chloride „SbOCl" und „BiOCl" übergehen, wovon nur SbOCl bei fortgesetzter Behandlung mit Wasser langsam weiter in $Sb(OH)_3$ umgewandelt wird.

Wertigkeit

Die **Maximalwertigkeit** der Hauptgruppenelemente (*Metallwertigkeit* in Metallen, *Ionenwertigkeit* oder *Oxidationsstufe* in elektrovalenten Verbindungen, *Bindigkeit* oder *Oxidationsstufe* in kovalenten Verbindungen) wächst *gegenüber stark elektronegativen Elementen* wie „Sauerstoff" und „Fluor" gemäß dem nachfolgenden Schema von 0 in der 0. Hauptgruppe (leichte Edelgase) bis 8 in der VIII. Hauptgruppe (schwere Edelgase) und entspricht somit jeweils der Gruppennummer, wie etwa die beiden Reihen Ne, Na_2O, MgO, Al_2O_3, SiO_2, P_2O_5, SO_3, Cl_2O_7, XeO_4 bzw. Ne, NaF, MgF_2, AlF_3, SiF_4, PF_5, SF_6, IF_7, XeF_8 (unbekannt) zeigen. Die Maximalwertigkeit *gegenüber weniger elektronegativen Elementen* wie dem „Wasserstoff" oder dem „Iod" steigt – sofern das Vorzeichen der Wertigkeit unberücksichtigt bleibt – in der 0. bis IV. Hauptgruppe von 0 bis 4 an, um dann in der IV. bis VIII. Hauptgruppe wieder von 4 auf 0 zu fallen, wie folgende zwei Reihen lehren: Ne, NaH, MgH_2, AlH_3, SiH_4, PH_3, SH_2, ClH, Ar bzw. Ne, NaI, MgI_2, AlI_3, SiI_4, PI_3, SI_2, ClI, Ar.

Hauptgruppe									
0	I	II	III	IV	V	VI	VII	VIII	
								[8]	maximale Wertigkeit gegen O und F[10]
							[7]		
						[6]		6	
					[5]		5		
				[4]		4		4	
			[3]		[3]		3		
		[2]		2		[2]		2	
	[1]		1				[1]		
[0]		0						[0]	maximale Wertigkeit gegen H und I[11]

Zwischen den umrandeten Wertigkeiten der Hauptgruppen VI bis VIII treten gemäß obiger Tabelle jeweils noch **Zwischenwertigkeiten** auf, die sich von diesen um je *zwei Einheiten* unterscheiden (z. B. in der VI. Hauptgruppe zwischen SF_6 und SF_2 die Verbindung SF_4, in der VII. Hauptgruppe zwischen IF_7 und IF die Verbindungen IF_5, IF_3, in der VIII. Hauptgruppe zwischen XeF_8 (unbekannt) und Xe die Verbindungen XeF_6, XeF_4, XeF_2), während dazwischenliegende Oxidationsstufen nur in Ausnahmefällen beobachtet werden[12]. Weiterhin neigen die im oben wiedergegebenen Periodensystem der Hauptgruppenelemente (S. 302) rechts

[9] Daß CX_4 nicht hydrolysiert, ist darauf zurückzuführen, daß dem Kohlenstoff die für den Primärangriff des Wassers erforderlichen Akzeptor-Orbitale fehlen; ohne diese Hemmung würde CX_4 heftig mit Wasser reagieren. Analoges gilt für NF_3. NCl_3 ist mit den übrigen Gruppenhalogeniden nicht vergleichbar, da es nach $NCl_3 + 3H_2O \rightarrow NH_3 + 3HOCl$ hydrolysiert.

[10] Nicht erreichbar bei Sauerstoff, Fluor, Edelgasen; Ausnahme: XeO_4.

[11] Ohne Berücksichtigung des Wertigkeitsvorzeichens. Es existieren weder TlI_3 noch PbI_4, sondern nur TlI bzw. PbI_2.

[12] Daß sich die Wertigkeitsstufen eines Nichtmetalls jeweils um 2 Einheiten voneinander unterscheiden, läßt sich u. a. damit veranschaulichen, daß bei der Promovierung (s. dort) eines Elektrons aus einem doppelt besetzten s- bzw. p-Orbital (freies Elektronenpaar) in ein höheres, unbesetztes d-Orbital jeweils zwei Einzelelektronen auftreten, die zur Bildung von Kovalenzen befähigt sind.

vom gestrichelten Pfeil stehenden Elemente der Hauptgruppen III und IV mit steigender Atommasse immer stärker zu einer im Vergleich zur Gruppennummer um zwei Einheiten kleineren Wertigkeit (vgl. etwa TlCl in der III., $SnCl_2$ und $PbCl_2$ in der IV. Hauptgruppe). Durch Abgabe von nur 1 (III. Hauptgruppe) bzw. 2 (IV. Hauptgruppe) Außenelektronen erlangen sie nämlich die ausschließlich aus stabilen 2er, 8er, 18er und 32er Schalen aufgebauten Elektronenanordnungen der links angrenzenden Elemente Zn, Cd und Hg (s. dort), bei welchen den Elementen eine Zweierschale von Außenelektronen („Helium"-Schale) verbleibt („*Effekt des inerten Elektronenpaares*")[13].

Je nachdem der Rest X in Verbindungen EX_n *elektronegativer* oder *elektropositiver* als das betrachtete Hauptgruppenelement E ist, kommt der Wertigkeit (**Oxidationsstufe**) des Elements ein *positives* oder *negatives Vorzeichen* zu. So enthalten etwa die Wasserstoffverbindungen EH, EH_2 und EH_3 von Elementen der I., II. und III. Hauptgruppe negativ-polarisierten, die der VII., VI. und V. Hauptgruppe positiv-polarisierten Wasserstoff, so daß also die betreffenden Elemente positiv- bzw. negativ-einwertig, -zweiwertig und -dreiwertig sind, während in der IV. Hauptgruppe Kohlenstoff in CH_4 positiv-vierwertig, Silicium, Germanium, Zinn und Blei in SiH_4, GeH_4, SnH_4, PbH_4 negativ-vierwertig vorliegen (vgl. S. 270). Entsprechendes gilt für die Iodverbindungen. Die *Minimaloxidationsstufen* der Hauptgruppenelemente gegenüber *stark elektropositiven Elementen* wie den Alkali- und Erdalkalimetallen (bzw. H, I in den höheren Elementgruppen) beträgt in der 0., I., II. und III. Hauptgruppe 0, −1, 0 und −1 und steigt in der IV. bis VIII. Hauptgruppe von −4 bis 0 an, wie etwa folgende Reihe demonstriert: Ne, Na^-[13], Mg, LiAl, Ca_2Si, Ca_3P_2, Na_2S, NaCl, Ne. Einschließlich der oben erwähnten *Maximaloxidationsstufen* erstrecken sich damit die Oxidationsstufen der Hauptgruppenelemente zwischen den nachfolgend angegebenen Grenzen:

Hauptgruppe									
0	I	II	III	IV	V	VI	VII	VIII	
0	+1	+2	+3	+4	+5	+6	+7	+8	maximale Oxidationsstufe
0	−1	0	−1	−4	−3	−2	−1	0	minimale Oxidationsstufe

Zwischen den in der IV.–VI. Hauptgruppe gegenüber *weniger elektronegativen Resten* betätigten minimalen Oxidationsstufen −4, −3, −2 und maximalen Oxidationsstufen +4, +3, +2 treten *Zwischenoxidationsstufen* auf, die sich wiederum um je *zwei Einheiten* unterscheiden, sofern man sich auf Verbindungen EX_m mit *einem zentralen Elementatom* beschränkt (z. B. in der IV. Hauptgruppe zwischen $C^{-IV}H_4$ und $C^{+IV}F_4$ die Verbindungen $C^{-II}H_3F$, $C^0H_2F_2$, $C^{+II}HF_3$, in der V. Hauptgruppe zwischen $N^{-III}H_3$ und $N^{+III}F_3$ die Verbindungen $N^{-I}H_2F$ und $N^{+I}HF_2$, in der VI. Hauptgruppe zwischen $O^{-II}H_2$ und $O^{+II}F_2$ die Verbindung O^0HF). In Verbindungen E_mX_n mit *mehreren zentralen Elementatomen* kommen letzteren allerdings auch dazwischenliegende Oxidationsstufen zu (z. B. hat Kohlenstoff im Ethan C_2H_6, Acetylen C_2H_2, Difluoracetylen C_2F_2 bzw. Tetrafluorethylen C_2F_4 die Oxidationsstufe −3, −1, +1 bzw. +2, Stickstoff in Diimin N_2H_2 bzw. Difluordiimin N_2F_2 die Oxidationsstufe −1 bzw. +1, Sauerstoff in Wasserstoffperoxid O_2H_2 die Oxidationsstufe −1).

Allgemeine Reaktivität

Im oben wiedergegebenen Periodensystem der Hauptgruppenelemente befinden sich in der I. Hauptgruppe („Alkalimetalle") und in der VII. Hauptgruppe („Halogene") die *reaktionsfreudigsten* Elemente, da die Atome dieser Grundstoffe besonders große Tendenz zeigen, durch Abgabe (I. Hauptgruppe) bzw. Aufnahme (VII. Hauptgruppe) je eines Elektrons die Elektronenschale des jeweils links bzw. rechts benachbarten Edelgases (0. bzw. VIII. Hauptgruppe) zu erlangen. Sowohl die Alkalimetalle wie die Halogene treten daher zum Unterschied von manchen Elementen der mittleren Hauptgruppen (z. B. C, N, O, As, S) in der Natur nie in elementarer Form auf. Die *allgemeine Reaktivität* der den Alkalimetallen folgenden bzw. den

[13] Auch bei den Elementen der I. und II. Hauptgruppe beobachtet man den Effekt des inerten Elektronenpaares. So tritt z. B. Na bei geeignetem, komplexem Kation $[M(Donor)]^+$ als Natrium-Anion Na^- auf: $[M(Donor)]^+Na^-$; Ca bildet mit geeigneten Komplexbildnern Verbindungen mit nullwertigem Calcium: $Ca(NH_3)_6$, was in beiden Fällen eine abgeschlossene, unbeanspruchte s-Zweierschale bedingt.

Halogenen vorausgehenden (weniger reaktionsfreudigen) Elementen der II., III. und IV. Hauptgruppe bzw. VI., V. und IV. Hauptgruppe, die durch Abgabe bzw. Aufnahme von je zwei, drei oder vier Elektronen die Elektronenschale des jeweils zwei bis vier Gruppen weiter links bzw. rechts stehenden Edelgases erlangen, nimmt sowohl in ersteren Fällen (*Oxidation* der Elemente) wie letzteren Fällen (*Reduktion* der Elemente) mit wachsender Entfernung der Elemente von den Alkalimetallen bzw. Halogenen ab. Hinsichtlich der Reduktion der Alkalimetalle, Erdalkalimetalle, Triele, Tetrele bzw. Oxidation der Halogene, Chalkogene, Pentele, Tetrele trifft das Umgekehrte zu. Die Elemente der 0.- bzw. VIII.-Hauptgruppe („Edelgase") stellen, da sie stabile Außenschalen mit 8 Elektronen aufweisen, die *reaktionsträgsten* Elemente dar. Sie schließen sich den vorausgehenden Halogenen und nachfolgenden Alkalimetallen insofern an, als sie einerseits wie erstere flüchtige *Nichtmetalle* sind und andererseits wie letztere in ihren Verbindungen ausschließlich *elektropositiv* aufzutreten vermögen, wobei der elektropositive Charakter nur bei den schwersten Gliedern (Kr, Xe, Rn) und gegenüber den elektronegativsten Elementen (im wesentlichen nur F, O) zur Verbindungsbildung ausreicht.

Bei den „Alkali"- und „Erdalkalimetallen" *wächst* das Reduktionsvermögen mit steigender Ordnungszahl des Elements. So reagiert „Lithium" mit Wasser ohne zu schmelzen und ohne Entzündung des entwickelten Wasserstoffs an der Luft; „Natrium" schmilzt bei der Reaktion, ohne daß der Wasserstoff verbrennt; „Kalium", „Rubidium" und insbesondere „Cäsium" (das *elektropositivste, reaktionsfreudigste Metall* und *stärkste Reduktionsmittel*) reagieren so heftig, daß sich der frei werdende Wasserstoff sofort entzündet. In analoger Weise nimmt die Beständigkeit der Erdalkalimetalle gegenüber Wasser oder Luftsauerstoff von „Beryllium" zum „Barium" hin ab. Daß Be und Mg so außerordentlich langsam mit Wasser reagieren, wird allerdings auch dadurch mitbedingt, daß ihre dabei sich bildenden Hydroxide viel schwerer löslich sind als die von Ca, Sr und Ba, wodurch der Angriff des Wassers behindert wird (bzgl. Fr und Ra vgl. relativistische Effekte S. 338). Bei den „Halogenen" und „Chalkogenen" *sinkt* andererseits das *Oxidationsvermögen* mit steigender Ordnungszahl des Elements. So verbindet sich „Fluor" (*elektronegativstes, reaktionsfähigstes Nichtmetall; stärkstes Oxidationsmittel*) schon bei niedriger Temperatur mit Wasserstoff ohne Zündung explosionsartig unter Bildung einer thermisch außerordentlich beständigen Wasserstoffverbindung (HF), wogegen „Iod" selbst in der Wärme (150–300 °C) in Abwesenheit eines Katalysators sehr langsam mit Wasserstoff reagiert und eine thermisch weit weniger stabile Wasserstoffverbindung (HI; vgl. S. 179) liefert. In analoger Weise setzt sich „Sauerstoff" mit Wasserstoff nach „Zündung" explosionsartig und vollständig zu stark exothermem Wasser, „Tellur" erst bei höheren Temperaturen (650 °C) langsam und unvollständig zu endothermem Tellurwasserstoff um (S. 284).

Ganz allgemein wächst die *Affinität zu Wasserstoff* innerhalb der Hauptgruppen von unten nach oben und innerhalb der 2. und 3. Hauptperiode von links nach rechts, während sie in der 3., 4. und 5. Hauptperiode zunächst bis zur II. Hauptgruppe zunimmt dann (über die Nebengruppen hinweg) zur III. Hauptgruppe sinkt und schließlich bis zur VII. Hauptgruppe wieder ansteigt (vgl. z. B. Bindungsenergien und Bildungsenthalpien[14] der Wasserstoffverbindungen EH_n, Tab. 41, S. 275). Die *Affinität zu Sauerstoff* wächst innerhalb der Hauptperioden von rechts nach links, also entgegengesetzt wie die Affinität zu Wasserstoff, während sie innerhalb der Hauptgruppen keinen regelmäßigen Gang aufweist[15] (z. B. sind ab der III. Hauptgruppe die Oxide der 3. und 5. Periode stabiler als die der benachbarten Perioden; vgl. hierzu auch unten).

Redoxstabilität. Reduktionsvermögen der Elemente. Innerhalb der einzelnen *Hauptperioden* (Entsprechendes gilt für die Nebenperioden, S. 1197) erniedrigt sich die Beständigkeit der der Gruppenzahl entsprechenden *Maximalwertigkeit* mit steigender Ordnungszahl der Elemente, so daß dementsprechend die *Oxidationskraft* der höchsten Oxidationsstufen E^n in gleicher Richtung *wächst*, wie aus nachfolgender Zusammenstellung von Normalpotentialen für Übergänge E^0/E^n z. B. für E = Rb, Sr, In, Sn, Sb, Te, I, Xe hervorgeht (saures Milieu; n = Oxidationsstufe; vgl. Anhang VI):

14 Aus den Bildungsenthalpien ΔH_f, die auch die – recht unterschiedlichen – Bindungsenthalpien von Elementen enthalten, läßt sich nur in grober Näherung auf die Affinitäten von Elementen zu anderen Elementen schließen.

15 Die Bildungsenthalpien ΔH_f der Elementoxide (siehe bei den einzelnen Elementen), jeweils bezogen auf die gleiche Menge des betreffenden Elements, geben die Sauerstoffaffinitäten in groben Zügen wieder[14].

Normalpotentiale ε_0 [V] *für* E^0/E^n

+1		+2		+3		+4		+5		+6		+7		+8	
Li	−3.04	Be	−1.97	B	−0.89	**C**	**+0.21**	N	+1.25	O	–	F	–	Ne	–
Na	−2.71	Mg	−2.36	Al	−1.68	**Si**	**−0.91**	P	−0.41	S	+0.39	Cl	+1.38	Ar	–
K	−2.93	Ca	−2.84 ↑	Ga	−0.53	***Ge***	***−0.04***	*As*	*+0.37*	*Se*	*+0.88*	*Br*	*+1.59*	*Kr*	–
Rb	**−2.92**	**Sr**	**−2.89**	**In**	**−0.34**	**Sn**	**−0.10**	**Sb**	**+0.37**	**Te**	**+0.69**	**I**	**+1.31**	**Xe**	**+2.18**
Cs	−2.92	Ba	−2.92 ↓	Tl	+0.72	**Pb**	**+0.79**	Bi	≈+1	Po	+0.99	At	–	Rn	–

Innerhalb der einzelnen *Hauptgruppen* weist andererseits die Oxidationskraft der höchsten Oxidationsstufe keinen einheitlichen Gang auf. So nimmt in der IV. Hauptgruppe das Normalpotential für den Übergang E^0/E^{IV} zunächst ab (C/Si), dann zu (Si/Ge), dann wieder ab (Ge/Sn) und schließlich wieder zu (Sn/Pb).

In der I. und II. Hauptgruppe sinkt die Oxidationskraft der höchsten Oxidationsstufe mit steigender Ordnungszahl des Elements (Ausnahme: Li[16)]), was einer Zunahme des *unedlen Charakters* der Elemente mit zunehmender Ordnungszahl entspricht (analoges Verhalten zeigen die rechts benachbarten Metalle Sc, Y und La der III. Nebengruppe; vgl. S. 1395). In der III. Hauptgruppe wächst der unedle Charakter vom Bor zum Aluminium hin, um dann zum Thallium hin wieder abzunehmen, womit sich die Metalle Ga, In und Tl an die links benachbarten Metalle Zn, Cd, Hg der II. Nebengruppe anschließen, bei denen – zum Unterschied von den entsprechenden Metallen Ca, Sr, Ba der II. Hauptgruppe – das gleiche der Fall ist (vgl. S. 1129). Die „Zunahme" des „edlen Charakters" ist besonders groß beim Übergang von Al nach Ga ($\Delta\varepsilon_0 = 1.15$ V), viel kleiner beim Übergang von Ga nach In ($\Delta\varepsilon_0 = 0.19$ V) und wieder größer beim Übergang von In nach Tl ($\Delta\varepsilon_0 = 1.06$ V). Die besprochenen Tendenzen setzen sich in der IV., V., VI. und VII. Hauptgruppe fort, wobei die E^0/E^n-Normalpotentiale von Elementen der 4. Periode (Ge, As, Se, Br; kursiv in obiger Zusammenstellung) allerdings – entgegen der Regel – positiver sind als die von Elementen der 5. Periode (Sn, Sb, Te, I), so daß also die Stabilität der höchsten Oxidationsstufe der betreffenden Gruppenelemente beim Übergang von der 2. über die 3., 4. und 5. zur 6. Periode zu-, ab-, zu- und wieder abnimmt (bezüglich einer Erklärung vgl. S. 312). Demgemäß lassen sich die höchsten Oxidationsstufen im Falle von Elementen der 3. und 5. Periode leichter als die der 2., 4. und 6. Periode gewinnen. So ist etwa eine Oxidation von Sauerstoff und Fluor zur Sechs- und Siebenwertigkeit unmöglich. Auch sind Verbindungen wie $AsCl_5$, SeO_3, BrO_4^- stärkere Oxidationsmittel als entsprechende Verbindungen der über und unter ihnen stehenden Elemente (PCl_5, $SbCl_5$; SO_3, TeO_3; ClO_4^-, IO_4^-) und konnten lange Zeit hindurch nicht synthetisiert werden.

Die Abstufungen der Oxidationskräfte zweit- und dritthöchster Oxidationsstufen E^{n-2} und E^{n-4} von Hauptgruppenelementen sind mit dem Gang der Oxidationskraft der höchsten Oxidationsstufe vergleichbar, wie nachfolgende Zusammenstellung von Normalpotentialen für Übergänge E^0/E^{n-2} veranschaulicht (vgl. Anhang VI):

Normalpotentiale ε_0 [V] *für* E^0/E^{n-2}

+1		+2		+3		+4		+5		+6	
B	–	C	+0.52	N	+1.45	O	–	F	–	Ne	–
Al	–	Si	+0.81	P	−0.50	S	+0.50	Cl	+1.46	Ar	–
Ga	–	Ge	+0.23	As	+0.24	Se	+0.74	Br	+1.48	Kr	–
In	−0.13	Sn	−0.14	Sb	+0.15	Te	+0.57	I	+1.19	Xe	+2.12
Tl	−0.34	Pb	−0.13	Bi	+0.32	Po	+0.72	At	+1.3	Rn	–

Ersichtlicherweise sind die Potentiale für die Übergänge E^0/E^{n-2} teils negativer (weniger positiv; unterhalb der gestrichelten Linie) teils positiver (weniger negativ; oberhalb der gestrichelten Linie) als die für E^0/E^n. Ins Auge fällt insbesondere das hohe negative Potential des Phosphors (*stärkstes Reduktionsmittel* unter den Nichtmetallen). Wie aus den beiden Potentialzusammenstellungen weiter hervorgeht, können sich die Elemente der I.–IV. Hauptgruppe (Ausnahme: Kohlenstoff) sowie das Element Phosphor in nicht oxidierenden Säuren wie HCl unter H_2-Entwicklung lösen (negative Normalpotentiale), wobei Thallium sowie Zinn und Blei zum Unterschied von ihren leichteren Homologen nicht in die drei- bzw. vierwertige, sondern in die (hier stabilere) ein- bzw. zweiwertige Stufe übergehen (die Reaktion mit HCl ist im Falle von Si, Ge und P gehemmt, erfolgt hier aber in stark alkalischem Milieu). Die verbleibenden Elemente lassen sich nur in „oxidierenden" Säuren auflösen.

[16] Der Grund für den aus dem Rahmen fallenden höheren negativen Wert des Normalpotentials für Lithium (kleinstes Redoxpotential aller Elemente) ist die *hohe Hydratationsenthalpie* des *kleinen Ions* Li^+ zusätzlich zur *niedrigen* (aber innerhalb der Alkalimetalle größten) *Ionisierungsenergie* von Li (vgl. Tafel III).

Oxidationsvermögen der Elemente. Die *Reduktionskraft* der niedrigsten Oxidationsstufen der Hauptgruppenelemente *sinkt* innerhalb der Hauptperioden von der III. bis zur VIII. Hauptgruppe und steigt innerhalb der Hauptgruppen mit wachsender Ordnungszahl der Elemente an. Demgemäß wirken die leichteren Halogene und das Chalkogen Sauerstoff als starke Oxidationsmittel, während umgekehrt die Wasserstoffverbindungen des Iods sowie der schwereren Chalkogene als Reduktionsmittel fungieren und Wasserstoffverbindungen des Bismuts, Zinns, Bleis, Indiums und Thalliums wegen ihrer Instabilität nur schwer zugänglich sind (in den H-Verbindungen der Alkali- und Erdalkalimetalle sind die Hauptgruppenelemente nicht negativ, sondern positiv geladen; vgl. S. 274, 293).

Redoxvermögen positiver Elementwertigkeiten. Ein *hohes Oxidationsvermögen* eines Redoxsystems *entspricht* einem *kleinen Reduktionsvermögen* dieses Systems und umgekehrt. Z. B. kommt unter den mittleren Oxidationsstufen dem System N_2/HNO_2 ein stark positives, dem System P_4/H_3PO_3 ein recht negatives Potential zu. Demgemäß stellt „Salpetrige Säure" HNO_2 ein gutes, die homologe „Phosphonsäure" H_3PO_3 ein sehr schlechtes Oxidationsmittel dar, wogegen umgekehrt Stickstoff praktisch keine, Phosphor aber ausgezeichnete Reduktionsqualitäten aufweist. Haben andererseits mittlere Oxidationsstufen ein positiveres Potential als höhere Oxidationsstufen, so wirken sie (falls die Potentiale nicht zu hoch sind) als Reduktionsmittel. Das Umgekehrte gilt für die höheren Oxidationsstufen. So ist beispielsweise die „Schweflige Säure" (ε_0 für H_2SO_3 größer als für H_2SO_4) ein starkes Reduktionsmittel ($S(IV) \rightarrow S(VI) + 2e^-$), die „Selensäure" ($\varepsilon_0$ für H_2SeO_3 kleiner als für H_2SeO_4) umgekehrt ein starkes Oxidationsmittel ($Se(VI) + 2e^- \rightarrow Se(IV)$). Auch wächst innerhalb der III. und IV. Hauptgruppe von oben nach unten die Oxidationskraft der höheren Wertigkeit und in umgekehrter Richtung die Reduktionskraft der niedrigeren Oxidationsstufe (Abnahme und schließlich Vorzeichenumkehr der Differenz $\varepsilon_0^{III} - \varepsilon_0^{I}$ bzw. $\varepsilon_0^{IV} - \varepsilon_0^{II}$). Dies zeigt sich etwa darin, daß im Falle von B, Al bzw. C, Si die ein- bzw. zweiwertigen Verbindungen (z. B. Al_2O, AlCl, SiO, SiF_2, $SiCl_2$) anders als die drei- bzw. vierwertigen unbeständig und nur bei hohen Temperaturen in der Gasphase zugänglich sind[17], während bei Tl bzw. Pb umgekehrt die Ein- bzw. Zweiwertigkeit gegenüber der Drei- bzw. Vierwertigkeit überwiegt[18] (die Zwischenglieder Ga^I, In^I bzw. Ge^{II}, Sn^{II} zeigen ein mehr oder weniger großes Bestreben zur Disproportionierung). Des weiteren kommen B bis In bzw. C bis Sn in der Natur drei- bzw. vierwertig vor, während sich Tl und Pb ausschließlich ein- bzw. zweiwertig vorfinden.

Periodizitäten innerhalb des Hauptsystems

Gang in horizontaler Richtung. Beim Fortschreiten von Element zu Element einer *Hauptperiode*, also beim Gang in *horizontaler Richtung* des Hauptsystems, ändern sich die physikalischen und chemischen Elementeigenschaften in charakteristischer (*prinzipieller*) Weise. Dies beruht darauf, daß den einzelnen Elementatomen innerhalb einer Periode jeweils eine *unterschiedliche Anzahl* von s- und p-*Außenelektronen* zukommt (vgl. Tab. 43 auf S. 300). Sie bestimmt die **Wertigkeit (Bindigkeit)** der betreffenden Atome und damit die Eigenschaften der Elemente sowie die Zusammensetzung ihrer Verbindungen (für Einzelheiten vgl. S. 304).

Der Wechsel der Wertigkeit (Bindigkeit) innerhalb einer Periode beim Gang von der 0. bis zur VIII. Hauptgruppe ergibt sich z. B. aus den Atomisierungsenthalpien der Hauptgruppenelemente (vgl. S. 264). Trägt man diese gegen die Ordnungszahlen auf, so erhält man den in Fig. 89 (oben links) wiedergegebenen Kurvenverlauf, der die *Periodizitäten im Hauptsystem* widerspiegelt: die Kurvenzüge der Enthalpien für die einzelnen Elementperioden (He bis Ne; Ne bis Ar; Ar bis Kr; Kr bis Xe; Xe bis Rn) entsprechen sich einander. Analoges gilt für den Verlauf vieler anderer Elementeigenschaften (z. B. die *Dissoziationsenthalpien* von E_2-Molekülen, die *Ionisierungsenthalpien* und *Elektronenaffinitäten* von Elementatomen; vgl. Fig. 89 und weiter unten). Die *Atomisierungsenthalpien* durchlaufen ähnlich wie die Wertigkeiten (Bindigkeiten) der Hauptgruppenelemente gegenüber weniger elektronegativen Elementen (vgl. Tabelle auf S. 305) *Maxima* bei den vierwertigen *Tetrelen* (C, Si, Ge, Sn; bzgl. der Unregelmäßigkeit bei Pb vgl. relativistische Effekte) und *Minima* bei den 0-wertigen Edelgasen. Korrespondierend hiermit wachsen im Falle der „polymeren" Elemente E_∞ die *Schmelz-* und *Siedepunkte* bzw. *Schmelz-* und *Siedeenthalpien* innerhalb einer Periode bis zur IV. Hauptgruppe an, um von da ab wieder abzusinken

---

[17] Eine Ausnahme bildet CO, in welchem aber Kohlenstoff nicht zwei-, sondern im Sinne von :C≡O: dreibindig ist. Zweibindig tritt er nur in Form reaktiver Zwischenstufen („*Carbene*" wie CF_2, CCl_2) auf.

[18] Blei reagiert z. B. mit O_2 und Cl_2 unter Bildung von PbO und $PbCl_2$, während die leichten Homologen dabei EO_2 und ECl_4 ergeben. Thallium(III)-iodid TlI_3 existiert nicht, sondern nur ein Thallium(I)-triiodid $Tl^+I_3^-$, da TlI_3 gemäß $Tl^{3+} + 3I^- \rightarrow Tl^+ + I^- + I_2$ in $TlI + I_2$ übergeht.

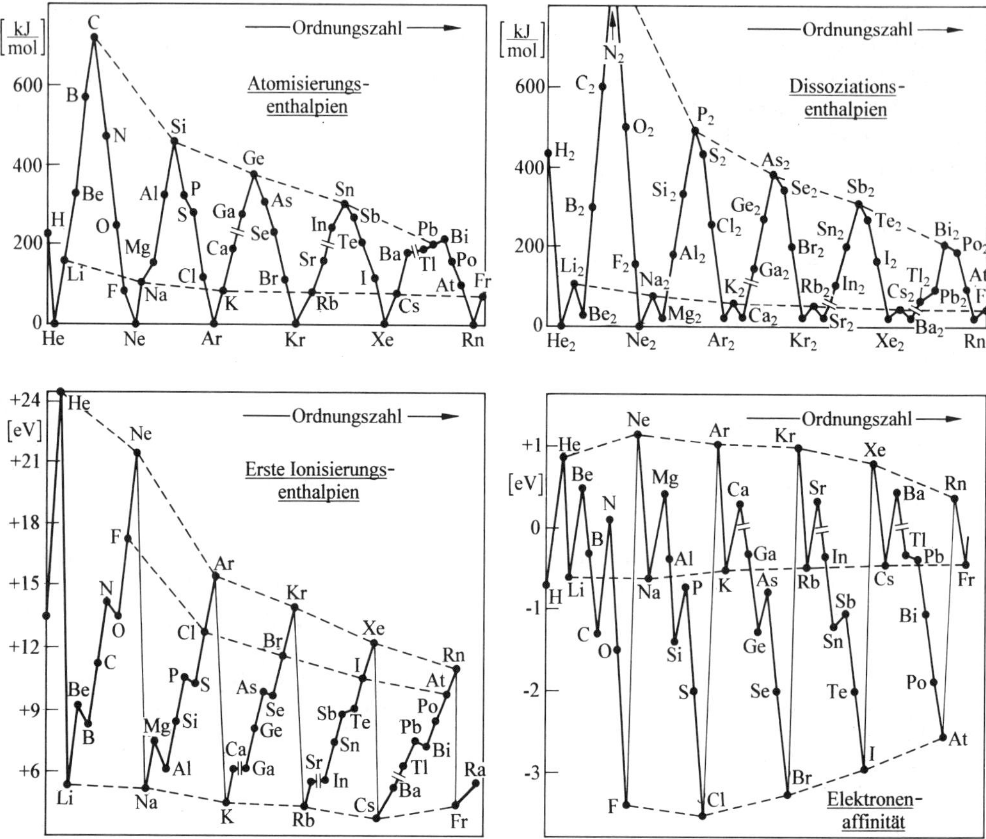

Fig. 89 Atomisierungsenthalpien der Elemente E_n und Dissoziationsenthalpien gasförmiger Moleküle E_2 sowie erste Ionisierungsenthalpien und Elektronenaffinitäten der Hauptgruppenelementatome E (vgl. Tafel III; an den unterbrochenen Stellen sind die Übergangselemente ausgelassen).

(Tafel III; auftretende Unregelmäßigkeiten beruhen darauf, daß die zur Diskussion stehenden Eigenschaften nicht ausschließlich von der Zahl der *chemischen Bindungen*, sondern auch von anderen Faktoren wie der Stärke zwischenmolekularer *van der Waals-Bindungen* beeinflußt werden). Mit der Wertigkeit (Bindigkeit) der Hauptgruppenelemente erhöht sich des weiteren die *Dichte* der Elemente E_∞ (besonders kleine Werte haben jeweils die Alkalimetalle, große Werte die Elemente der mittleren Gruppen; Tafel III). Invers korrespondierend mit der Dichtekurve erstreckt sich die *Atomvolumenkurve* (S. 1782; große Werte bei den Alkalimetallen, kleine Werte bei den Trielen B bis Tl).

Etwas anders als die Atomisierungsenthalpien verlaufen die Dissoziationsenthalpien gasförmiger, nur aus zwei Elementatomen bestehender Moleküle E_2 (Fig. 89, oben rechts). Die beobachteten *Maxima* in der I. und V. Hauptgruppe und *Minima* in der 0./VIII. und II. Hauptgruppe erklären sich damit, daß die einzelnen Hauptgruppenelemente hier nur Wertigkeiten (Bindigkeiten) betätigen, die in der Wertigkeitstabelle auf S. 305 an unterster Stelle stehen (0, 1, 0, 1, 2, 3, 2, 1, 0 für Elemente der 0. bis VIII. Hauptgruppe, z. B. He/He, Li—Li, Be/Be, B—B, C=C, N≡N, O=O, F—F, Ne/Ne; vgl. hierzu auch S. 347f)[19].

Da die *Kernladung* der Elemente innerhalb einer Periode von links nach rechts *anwächst*, erhöhen sich die Bindungskräfte der Außenelektronen an die betreffenden Atomkerne, was einer *Verminderung der Elektronenabgabetendenz* in gleicher Richtung entspricht. Als Folge hiervon nimmt – wie bereits besprochen (s. oben) – der **Metallcharakter** und – damit korre-

[19] Festes „polymeres" Gallium baut sich auffallenderweise aus dichtest-gepackten Ga_2-Einheiten auf (man vergleiche hierzu festes Iod, S. 447)[4]. Auf die besondere Ga-Struktur zurückgehende Eigenschaftsanomalien betreffen etwa den niedrigen Schmelzpunkt (29.8 °C), die niedrige Schmelzenthalpie (5.6 kJ/mol), die Volumenverminderung beim Schmelzen.

spondierend – der *elektropositive Elementarcharakter*, die *Reduktionskraft* der Elemente sowie die *Basizität* der Elementoxide (S. 303) ab. Umgekehrt nimmt von der I. bis zur VIII. Hauptgruppe der **Nichtmetallcharakter** und – damit korrespondierend – der *elektronegative Charakter* der Elemente sowie die *Oxidationskraft* und *Acidität* positiver Wertigkeiten zu. Allerdings vermindert sich die Abgabetendenz der Außenelektronen innerhalb einer Periode *nicht stetig*, da Elektronenaußenschalen mit einer *vollbesetzten* s-Nebenschale (II. Hauptgruppe) bzw. einer *halbbesetzten* p-Nebenschale (V. Hauptgruppe) zusätzlich stabilisiert sind (S. 99).

Dies folgt experimentell aus den Ionisierungsenthalpien und Elektronenaffinitäten der Hauptgruppenelemente (vgl. Fig. 89, unten links und rechts). Als Folge der zunehmenden Kernladung wachsen erstere *innerhalb einer Periode* von der I. bis zur VIII. Hauptgruppe zu positiveren Werten an, während letztere von der 0. bis zur VII. Hauptgruppe zu negativeren Werten absinken. Die *positivsten Beträge* haben in beiden Fällen die „Edelgase" (hohe Ionisierungsenergien, kleine Elektronenaffinitäten), die am *wenigsten positiven* (niedrigsten) Ionisierungsenergien die „Alkalimetalle", die *negativsten* (größten) Elektronenaffinitäten die „Halogene". Der starke *Abfall* der Ionisierungsenthalpien beim Übergang von der VIII. (0.) zur I. Hauptgruppe beruht darauf, daß das abzuspaltende Außenelektron der den Edelgasen nachfolgenden Alkalimetalle einer höheren, weiter vom Kern entfernten Schale entstammt und damit schwächer gebunden ist. In analoger Weise erklärt sich der starke *Anstieg* der Elektronenaffinität beim Übergang von der VII. zur VIII. Hauptgruppe dadurch, daß die Edelgase ein zusätzliches Elektron in einer höheren Schale anlagern als die vorausgehenden Halogene. Die Kurvenzüge der Ionisierungsenergien weisen jeweils Unstetigkeiten *nach den Elementen mit zwei, fünf* sowie *acht* Außenelektronen, d. h. bei Elementatomen mit vollbesetzter s-Nebenschale, vollbesetzter s- und halbbesetzter p-Nebenschale sowie vollbesetzter s- und p-Nebenschale auf, die Kurvenzüge der Elektronenaffinitäten Unstetigkeiten *vor den erwähnten Elementen.* Dieser Sachverhalt deutet auf eine mehr oder minder große *Tendenz zur Ausbildung vollständig-* oder *halbbesetzter Nebenschalen.* (Bezüglich der Unregelmäßigkeiten bei Pb und Bi vgl. relativistische Effekte, S. 338).

Gang in vertikaler Richtung. Alle Glieder einer bestimmten *Hauptgruppe* (Alkalimetalle, Erdalkalimetalle, Triele, Tetrele, Pentele, Chalkogene, Halogene, Edelgase) – d. h. alle in *vertikaler Richtung* des Hauptsystems angeordneten Elemente – besitzen ähnliche, sich mit steigender Atommasse *graduell* abstufende physikalische und chemische Eigenschaften und bilden analog zusammengesetzte Verbindungen. Dies geht darauf zurück, daß den Elementatomen innerhalb einer Gruppe jeweils die *gleiche Anzahl* von s- sowie p-Außenelektronen zukommt (vgl. Tab. 43, S. 300) und daß der (mittlere) *Abstand* dieser Elektronen vom Kern mit steigender Ordnungszahl wächst, was – trotz der in gleicher Richtung zunehmenden Kernladungszahl – in summa eine *Erhöhung der Elektronenabgabetendenz* zur Folge hat. Demgemäß verkleinert sich etwa die *Ionisierungsenthalpie* innerhalb einer Elementgruppe (z. B. He bis Rn, F bis At, Li bis Cs, vgl. die gestrichelten Verbindungslinien in der Fig. 89, oben links und bezüglich Fr, Ra relativistische Effekte, S. 338).

Die „**Kopfelemente**" der Hauptgruppen (Li, Be, B, C, N, O, F) sind insgesamt mit ihren zugehörigen schwereren Homologen weniger verwandt als diese unter sich. Dies beruht u. a. darauf, daß sie – anders als die Gruppenhomologen – ein *Elektronenoktett* in der Außenschale *nicht überschreiten* können. Auch weisen die Atome der Kopfelemente *besonders kleine Radien* innerhalb der einzelnen Elementgruppen auf (vgl. Anhang IV), so daß die *Außenelektronen* an die betreffenden Atomkerne *sehr stark gebunden* werden.

Einige Beispiele mögen die Sonderstellung der Kopfelemente belegen: (i) Das Elektronenoktett als stabile Außenschale in der 1. Achterperiode dokumentiert sich etwa in der bevorzugten Koordinationszahl 4 der *Anfangsglieder* „Lithium", „Beryllium" und „Bor" gegenüber 6 bei den Homologen (z. B. $Li(H_2O)_4^+$, $Be(H_2O)_4^{2+}$, BF_4^-; aber: $Na(H_2O)_6^+$, $Mg(H_2O)_6^{2+}$, AlF_6^{3-}), der maximalen Bindigkeit 4 der *Mittelglieder* „Kohlenstoff" und „Stickstoff" gegenüber 6 bei den Homologen (z. B. CF_4, NF_4^+; aber: SiF_6^{2-}, PF_6^-) und der höchsten Wertigkeit 2 und 0 der *Endglieder* „Sauerstoff" und „Fluor" gegenüber 6 und 7 bei den Homologen (z. B. OF_2, FF; aber: SF_6, ClF_6^+).

(ii) Die vergleichsweise kleinen Ionenradien der frühen Kopfelemente im kationischen, der späten Kopfelemente im anionischen Zustand bedingen hohe Hydratationsenthalpien der Kationen und Anionen (vgl. Tafel III sowie Anm.[16]) sowie einen *harten Säure- bzw. Basecharakter* der Ionen. Letzterer folgt u. a. aus der Löslichkeit der Verbindungen: Salze des „Lithiumkations" mit kleinen, harten Anionen wie OH^- oder CO_3^{2-} sind ebenso wie Salze des „Fluorids" mit harten Kationen wie Ca^{2+} viel *unlöslicher*, solche von Li^+ mit weichen Anionen wie ClO_4^- bzw. von F^- mit weichen Kationen wie Ag^+ viel *löslicher* als entsprechende Salze der *weniger hart wirkenden* Homologen von Li^+ bzw. der bereits *weich wirkenden* Homologen von F^-. Allerdings nimmt etwa im Falle der Halogenide die Löslichkeit bereits von CaI_2 über $CaBr_2$ nach $CaCl_2$ hin ab und von AgI über AgBr nach AgCl hin zu, so daß beim Übergang von $CaCl_2$ nach CaF_2 und AgCl nach AgF lediglich die sehr *starke Zunahme einer Eigenschaftsänderung* ins Auge fällt, die – zwar schwach ausgeprägt, aber doch *gleichsinnig* – schon bei den übrigen Halogeniden feststellbar ist. Analoges beobachtet man im Falle anderer „anomaler" Eigenschaften der Kopfelemente.

(iii) Wie an anderer Stelle (S. 142) bereits erwähnt wurde, leiten die Elemente „Lithium", „Beryllium" und „Bor" in ihren Eigenschaften zur folgenden Hauptgruppe über, wobei sie dem *zweiten Glied der nächsten Hauptgruppe ähneln.* Dieser als Schrägbeziehung im Periodensystem bezeichnete, durch die kleinen Ionenradien der betreffenden Kopfelemente verursachte Sachverhalt, rührt von ähnlichen „Ladung-zu-Radius-Verhältnissen" im Falle von Li^+/Mg^{2+} (S. 1151), Be^{2+}/Al^{3+} (S. 1108) und B^{3+}/Si^{4+} (S. 993) her, welche eine *vergleichbare deformierende Wirkung* der betreffenden Paare von Kationen zur Folge haben.

(iv) Wie ebenfalls an anderer Stelle (S. 133) bereits angedeutet wurde, tendieren die dem Bor folgenden Kopfelemente „Kohlenstoff", „Stickstoff" und „Sauerstoff" zur *Ausbildung von Mehrfachbindungen.* Als Folge dieses in der Doppelbindungsregel zum Ausdruck gebrachten Sachverhalts bestehen etwa Sauerstoff und Stickstoff zum Unterschied von ihren schwereren Homologen nicht aus vielatomigen Gebilden (ausschließlich Einfachbindungen), sondern aus *zweiatomigen Molekülen* (Zwei- bzw. Dreifachbindung); auch ist die Chemie des Kohlenstoffs – anders als die der schwereren Homologen – wesentlich durch die Vielfalt *ungesättigter Verbindungen* (Olefine, Aromaten usw.) geprägt. Diese – u. a. auf die kleinen Atomradien zurückgehende – Fähigkeit von C, N und O zur Ausbildung von $p_\pi p_\pi$-Bindungen findet sich – abgeschwächt – allerdings auch bei den schwereren Gruppenhomologen (vgl. S. 552, 734, 886).

(v) Die Sonderstellung der Kopfelemente innerhalb der Elementgruppen zeigt sich darüber hinaus in *Anomalien des Verlaufs vieler Eigenschaften.* Ein Beispiel bietet etwa die N—N-, O—O- und F—F-Bindungsenergie: Wie nämlich aus nachfolgender Zusammenstellung hervorgeht, nimmt die Element-Element-Einfachbindungsenergie – der Regel entsprechend – zwar bei allen Elementen der I.–IV. sowie den schwereren Elementen der V.–VII. Hauptgruppe ab, im Falle der Übergänge N/P, O/S und F/Cl aber zu:[20)]

Bindungsenergien [kJ/mol]

Li—Li	106	Be—Be	208	B—B	310	C—C	345	N—N	159	O—O	144	F—F	158
Na—Na	77	Mg—Mg	129	Al—Al	?	Si—Si	222	P—P	205	S—S	268	Cl—Cl	244
K—K	57	Ca—Ca	105	Ga—Ga	113	Ge—Ge	188	As—As	146	Se—Se	172	Br—Br	193
Rb—Rb	46	Sr—Sr	84	In—In	100	Sn—Sn	146	Sb—Sb	128	Te—Te	130	I—I	151

Diese – regelwidrige – Zunahme ist offensichtlich die Folge einer besonders starken Abstoßung zwischen den freien Elektronenpaaren aufgrund der sehr kleinen Atomradien von N, O und F. Korrespondierend hiermit ist die N—N-, O—O- und F—F-Bindungslänge größer als erwartet (vgl. S. 136 und Anhang IV). Weitere „Anomalien" ergeben sich u. a. aus dem Verlauf der E_2-*Dissoziations*- und E_n-*Atomisierungsenthalpien*, der *Elektronegativitäten* (vgl. S. 144), der *Ionisierungsenergien*, der *Elektronenaffinitäten.* Dieser zeigt beim Übergang von den schwereren Homologen zum betreffenden Kopfelement vielfach einen „anomalen" *Anstieg* bzw. *Abfall* (vgl. gestrichelte Linien in Fig. 89).

(vi) Erwähnt seien schließlich die Wasserstoffverbindungen von Elementen der V.–VII. Hauptgruppe, unter denen NH_3, H_2O und HF anomal hohe *Schmelz-* und *Siedepunkte, Schmelz-* und *Verdampfungsenthalpien* sowie *Troutonkonstanten* aufweisen (vgl. S. 287). Die Unregelmäßigkeiten rühren hier von der starken *Assoziation über Wasserstoffbrücken*, die durch die hohen Dipolmomente der Verbindungen bedingt sind (vgl. S. 281; wäre Wasser monomolekular, so sollte der Schmelz- bzw. Siedepunkt weit unterhalb 0 °C bzw. 100 °C liegen). In der IV. Hauptgruppe fällt andererseits CH_4 hinsichtlich der erwähnten Eigenschaften nicht aus der Reihe der homologen Wasserstoffverbindungen heraus, weil hier infolge des Fehlens von freien Elektronenpaaren des Zentralatoms keine Möglichkeit zur Assoziation über H-Brücken besteht.

Beim Fortschreiten von Element zu Element einer Hauptgruppe (gleiche Besetzung der *äußersten* Schale mit Elektronen) ergeben sich auch beim Übergang zwischen **höheren Gruppengliedern** auffallende – wenn auch schwächer als bei den Kopfelementen ausgeprägte – Unregelmäßigkeiten im Eigenschaftsverlauf. Der Grund hierfür liegt in den zwischen Ca, Sr, Ba in der II. und Ga, In, Tl in der III. Hauptgruppe eingeschobenen Übergangselementen

---

[20] Ganz allgemein ist eine *Verstärkung* der EE-Einfach- und Mehrfachbindungen im Hauptsystem in Richtung *von links unten nach rechts oben* zu erwarten.

und der dadurch bedingten unterschiedlichen Auffüllung der *zweit-* bzw. *drittäußersten* Schale mit Elektronen. Gemäß Tab. 43 enthalten die Elemente der 4. Periode ab der III. Hauptgruppe – anders als die Homologen in der 3. Periode – zusätzlich *zehn* d-Elektronen in der zweitinnersten Schale, die Elemente in der 6. Periode ab der III. Hauptgruppe – anders als die Homologen in der 5. Periode – zusätzlich *vierzehn* f-Elektronen in der drittinnersten Schale. Da d- und f-Elektronen die Kernladung vergleichsweise schlecht abschirmen, erfahren die für die Eigenschaften verantwortlichen s- und p-Außenelektronen der Hauptgruppenelemente Ga bis Kr und Tl bis Rn (4. bzw. 6. Periode) – anders als die der Homologen Al bis Ar und In bis Xe (3. bzw. 5. Periode) – eine zusätzliche Anziehung durch die Atomkerne.

Einige Beispiele mögen wieder den Sachverhalt verdeutlichen: (i) Als Folge der stärkeren Anziehung der Außenelektronen von Atomen der 3. und 5. Periode in der III.–VIII. Hauptgruppe ist die Ionisierungsenergie IE der betreffenden Atome *höher* als die der homologen Atome der 3. und 5. Periode; sie erreicht allerdings nicht die „anomalen" hohen Werte der Kopfelemente (vgl. Fig. 89). Es seien etwa die Ionisierungsenergien für Atome der *III. Hauptgruppe aufgeführt*:

B 8.30 Al 5.98 Ga 6.00 In 5.79 Tl 6.11 eV

Die Metalle Ga, In und Tl schließen sich in ihrem Ionisierungsverhalten den links benachbarten Elementen Zn, Cd, Hg der II. Nebengruppe an (IE = 9.39, 8.99, 10.44 eV), bei denen Cd ähnlich wie In eine kleinere Ionisierungsenergie als die benachbarten Homologen aufweist. Sie unterscheiden sich damit von den entsprechenden Elementen Ca, Sr, Ba der II. Hauptgruppe (*kein* d- bzw. f-Elektron in der zweit- bzw. drittäußersten Schale; IE = 6.11, 5.70, 5.21 eV) und von den rechts neben Ca, Sr, Ba angeordneten Elementen Sc, Y, La der III. Nebengruppe (*ein* d-Elektron; IE = 6.54, 6.38, 5.58 eV), bei denen kein Minimum der Ionisierungsenergie beim mittleren Glied Sr bzw. Y existiert.

(ii) Im Falle der Elektronenaffinität ist der erwartete *negativere* Energiewert in der 4. und 6. Periode wenig deutlich ausgeprägt (vgl. Fig. 89). Dies rührt daher, daß die Unterschiede der Elektronenaffinitäten als solche nicht sehr groß sind und daß die Affinitäten zudem durch die Elektronenabstoßung in der Außenschale stark beeinflußt werden (die Elektronenaffinitäten der Kopfelemente sind aus letzterem Grunde vergleichsweise klein, vgl. Fig. 89). Immerhin liegen die Elektronenaffinitäten von Ga bis Tl aus der III. Hauptgruppe (zehn d-Elektronen) mit ca. -0.30 eV deutlich niedriger als die von Sc bis La aus der III. Nebengruppe (ein d-Elektron) mit ca. 0 eV.

(iii) Korrespondierend mit den Ionisierungsenergien und Elektronenaffinitäten sind die Elektronegativitäten (S. 144) der Elemente Ga bis Kr und Tl bis Rn vergleichsweise *groß*.

(iv) Die verminderte Abgabetendenz für Elektronen der Elemente Ga bis Kr und Tl bis Rn zeigt sich darüber hinaus darin, daß der Metallcharakter (und damit die elektrische Leitfähigkeit; vgl. Tafel III) in Richtung Al → Ga, In → Tl, Sn → Pb, Sb → Bi nicht zu-, sondern *abnimmt*. Auch erniedrigt sich die Acidität beim Übergang $Al(OH)_3 \rightarrow Ga(OH)_3$ nicht, sondern sie erhöht sich. Schließlich wächst die Beständigkeit höchster Oxidationsstufen (Abgabetendenz für Elektronen) für die nachfolgend aufgeführten Elemente einer Hauptgruppe in Pfeilrichtung (vgl. S. 307): Al ← Ga ← In ← Tl (der Übergang Ga/In entspricht nicht der Erwartung); Si ← Ge → Sn ← Pb; P ← As → Sb ← Bi; S ← Se → Te ← Po; Cl ← Br → I ← At; Kr → Xe ← Rn.

(v) Bezüglich einiger auf relativistische Effekte zurückgehenden Unregelmäßigkeiten der Eigenschaften schwerer Gruppenelemente vgl. S. 338.

Im folgenden werden die **44 Elemente** des Hauptsystems mit Ausnahme des bereits besprochenen Wasserstoffs (S. 249) der Reihe nach von der VIII. bis zur I. Hauptgruppe abgehandelt. Zuvor sei aber noch ein allgemeines Kapitel über die **Grundlagen der Molekülchemie** eingeschoben.

Kapitel X

Grundlagen der Molekülchemie

Unter **„Molekülchemie“** versteht man die Lehre von der Synthese, der (räumlichen sowie elektronischen) Struktur und der Reaktivität *molekularer Nicht- und Halbmetallverbindungen*. Im Zusammenhang hiermit befassen sich die nachfolgenden vier Unterkapitel mit den Strukturen (S. 314), den Bindungsmodellen (S. 324), den Reaktionsmechanismen (S. 366) sowie der Stereochemie (S. 403) derartiger Verbindungen. Die der Lehre molekularer Verbindungen der Nicht- und Halbmetalle zugrundeliegenden Gesetzmäßigkeiten gelten im wesentlichen auch für die Lehre von Synthese, Struktur und Reaktivität *molekularer Verbindungen der Metalle* (**„Komplexchemie“**), deren Grundlagen in einem eigenen Kapitel (S. 1205) besprochen werden.

Die Unterteilung der Chemie molekularer Verbindungen in Molekül- und Komplexchemie[1)] ist teils historisch bedingt, teils in gewissen Eigenschaftsunterschieden der Verbindungsklassen begründet. So bilden die vergleichsweise *elektronegativen* Nicht- und Halbmetalle meist *farblose und diamagnetische* Moleküle, die vergleichsweise *elektropositiven* Metalle vielfach *farbige und paramagnetische* Komplexe, wobei sich die Stufen *unterschiedlich oxidierter* Nicht- und Halbmetallatome fast immer um *zwei Einheiten* unterscheiden, während die Metallatome (ohne Hauptgruppenmetalle) auch in *dazwischenliegenden* Oxidationsstufen existieren. Die Abgrenzung der Molekül- von der Komplexchemie wird darüber hinaus auch in unterschiedlichen Modellen zur Beschreibung des Bindungszustands deutlich.

Von der Lehre (nieder)molekularer Verbindungen (Molekül- und Komplexchemie) grenzt man die Lehre *hochmolekularer Verbindungen* – nämlich der Salze (S. 118), hochmolekularen Atomverbindungen (S. 130) und Metalle sowie Legierungen (S. 145) – ab und faßt sie unter dem Begriff **„Festkörperchemie“**[2)] zusammen. Die allgemeinen Kapitel über *Molekülchemie* (nachfolgend), *Komplexchemie* (S. 1205) und *Festkörperchemie* (S. 1294)[3)] ergänzen und vertiefen – zusammen mit dem Kapitel über **„Kernchemie“** (S. 1724) – die in den Kapiteln I–VII erarbeiteten *Grundlagen der Chemie* (S. 1–248).

1 Strukturen der Moleküle

Nachfolgend wird in einem ersten Unterabschnitt (1.1) die – durch Bindungsabstände und -winkel charakterisierte – *Gestalt von Molekülen* besprochen. Ein sich anschließender zweiter Unterabschnitt (1.2; S. 322) befaßt sich dann mit der *Isomerie von Molekülen*, d. h. mit den Möglichkeiten molekularer Verbindungen, unterschiedliche Gestalten bei gleicher Zusammensetzung anzunehmen.

---

1 Die *Nichtmetallverbindungen höherer Ordnung* (S. 155) bezeichnet man gelegentlich ebenfalls als Komplexe und unterscheidet sie als „*Nichtmetall-Komplexe*“ von den „*Metall*-Komplexen („Komplexe“ im engeren Sinn).

2 Im Englischen: Solid State Chemistry.

3 Mit den *Grundlagen der Festkörperchemie* befassen sich im vorliegenden Lehrbuch Abschnitte u.a. über folgende Themen: *Strukturen* der Salze (S. 122, 151), Atomverbindungen (S. 729, 795, 832, 837, 988), Metalle (S. 147); *Phasendiagramme* (S. 543, 1295, 1512); *Nichtstöchiometrie* (S. 1620); *Bindungsmodelle* der Salze (S. 120), Atomverbindungen (S. 352), Metalle und Halbmetalle (S. 171, 1310, 1312); elektrische und Supra-*Leitfähigkeit* (S. 1310, 1315); *Farbe* (S. 171); Ferro-, Ferri- und Antiferro-*Magnetismus* (S. 1306); Ferro- und Antiferro-*Elektrizität* (S. 1309); *Kolloide* (S. 926); *aktiver Materiezustand* (S. 1078).

1.1 Der räumliche Bau der Moleküle[4)]

Die geometrische Anordnung („*Stereochemie*“, S. 403) von *n* Atomen oder Atomgruppen (allgemein: Liganden) L sowie *m* Elektronenpaaren (:) um ein zentrales Nicht- oder Halbmetallatom Z einer Verbindung $(:)_m ZL_n$ läßt sich im Sinne des **VSEPR-Modells** (**v**alence **s**hell **e**lectron **p**air **r**epulsion)[5)] unter Berücksichtigung folgender, auf S. 136 bereits auszugsweise erwähnter Regeln vorhersagen:

(i) Bindende *σ- und nichtbindende (freie)* n-*Elektronenpaare suchen sich wegen ihrer gegenseitigen Abstoßung möglichst weit voneinander zu entfernen* (bindende π-Elektronenpaare brauchen zur Vorhersage der („idealen“) Molekülgestalt nicht besonders berücksichtigt zu werden, da sie zusammen mit dem jeweils zugehörigen σ-Elektronenpaar eine abstoßende Einheit bilden).

(ii) Die *Abstoßungskraft einer Einfachbindung ist kleiner als die eines freien Elektronenpaars oder einer Mehrfachbindung* (freie Elektronenpaare und die Elektronenpaare einer Mehrfachbindung nehmen mehr Platz auf der „Oberfläche“ eines Zentralatoms ein als ein σ-Elektronenpaar, was „reale“, von den idealen Gestalten etwas abweichende Strukturen für Moleküle $(:)_m ZL_n$ bzw. $L_nZ{=}L'$ mit verkleinerten LZL-Winkeln bedingt).

(iii) *Die Abstoßungskraft einer* ZL-*Bindung erniedrigt sich mit wachsendem Elektronegativitätsunterschied von* Z *und* L (L = elektronegativerer Bindungspartner; mit wachsendem Elektronegativitätsunterschied werden die Bindungselektronen in zunehmendem Maße nach „außen“ zum Liganden abgedrängt, was zur Verminderung ihrer Abstoßungskraft und damit zu einer Verkleinerung des LZL-Winkels führt).

(iv) *Die gegenseitige elektronische und sterische Abstoßungskraft negativ polarisierter Liganden in* ZL_n *wächst mit abnehmendem Radius von* Z *bzw. zunehmendem Radius von* L, da sich die Liganden in gleicher Richtung räumlich näher kommen (Aufweitung des LZL-Winkels). Insbesondere bei hoher Koordinationszahl des Zentralatoms kann diese Art der Abstoßung diejenige eines freien Elektronenpaars übertreffen, so daß das nicht bindende Elektronenpaar als „*stereochemisch unwirksam*“ erscheint.

Als Folge der Elektronenpaarabstoßung (Regel i) resultieren für Moleküle ZL_n bei 2–8 Liganden *lineare, trigonal-planare, tetraedrische, trigonal-bipyramidale, oktaedrische, pentagonal-bipyramidale* und *antikubische Strukturen*, auf die anschließend näher eingegangen wird. Weist das Zentralatom neben σ auch n-Elektronenpaare auf, so spricht man von einem „*pseudo*“- oder ψ-trigonal-planarem, -tetraedrischem, -trigonal-bipyramidalem, -oktaedrischem[6)] Zentrum usw.

Lineare, trigonale, pseudotrigonale Strukturen. Umfaßt die Valenzschale des Zentralatoms in einem Molekül zwei oder drei (σ + n)-Elektronenpaare, so stoßen sich diese gemäß Regel (i) des VSEPR-Modells in entgegengesetzte (*diagonale*) Richtungen (a) bzw. nach den Ecken eines *gleichseitigen Dreiecks* (b, c) ab, da sie dann den größtmöglichen Abstand voneinander aufweisen:

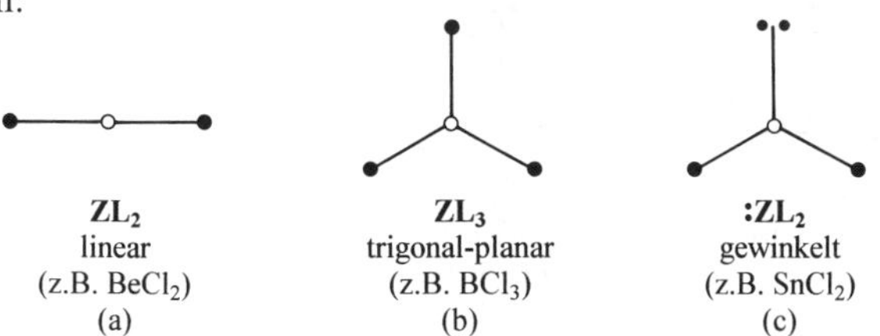

ZL_2	**ZL_3**	**$:ZL_2$**
linear	trigonal-planar	gewinkelt
(z.B. $BeCl_2$)	(z.B. BCl_3)	(z.B. $SnCl_2$)
(a)	(b)	(c)

[4] **Literatur.** R. J. Gillespie: „*Elektronenpaar-Abstoßung und Molekülgestalt*“, Angew. Chem. **79** (1967) 885–896; Int. Ed. **6** (1967) 819; „*The Electron Pair Repulsion Model for Molecular Geometries*“, J. Chem. Educ. **47** (1970) 18–23; „*Molecular Geometry*“, Van Nostrand, Reinhold, London 1972; D. L. Kepert: „*Inorganic Stereochemistry*“, Springer, Berlin 1982.

[5] **Geschichtliches.** Die Zusammenhänge zwischen Elektronenpaarabstoßung und Molekül- sowie Komplexgeometrie wurden von N. V. Sidgwick und H. M. Powell 1940 erkannt. In der Folgezeit haben R. J. Gillespie und R. S. Nyholm (1957) sowie J. L. Hoard und J. V. Silverton (1963) das VSEPR-Modell entwickelt. Eine umfassende Darstellung des Modells verdanken wir D. L. Kepert.

[6] Pseudo ≙ ψ von pseudos (griech.) = Täuschung, Schein.

Dementsprechend haben Moleküle wie O=C=O oder H—C≡N eine *lineare* Gestalt[7] und Moleküle wie BCl_3, CO_3^{2-}, NO_3^-, SO_3 eine *trigonal-planare* Gestalt (Bindungswinkel 180° bzw. 120°; für weitere Beispiele vgl. Tab. 46). Ist eines der drei strukturbedingenden Elektronenpaare wie im Falle von O—Ö=O, O—N̈=O⁻ oder Cl—N̈=O ein freies n-Elektronenpaar, so wird aus dem trigonal-planaren Molekül ZL_3 ein *gewinkeltes* Molekül $:ZL_2$ mit Bindungswinkeln um 120° (c) (vgl. Tab. 46).

Die 3 Liganden in Molekülen wie SO_3, NO_3^-, CO_3^{2-} sind nicht ausschließlich über σ-, sondern zusätzlich über π-Bindungen mit dem Zentralatom verknüpft. Da sich aber die π-Bindungen gleichmäßig über alle ZL-Bindungen verteilen (S. 572, 716, 863), kommt es zu keinen Abweichungen der Strukturen von der „idealen" trigonal-planaren Molekülgeometrie. Erstreckt sich demgegenüber in einem Komplex $L_nZ{=}L'$ eine Doppelbindung wie z. B. in „*Ethylenen*" $L_2C{=}CH_2$ oder „*Ketonen*" $L_2C{=}O$ (L u. a. H. Halogen) im wesentlichen nur zu einem Liganden, so resultieren im Sinne der Regel (ii) „reale" Molekülgeometrien mit Bindungswinkeln LZL < 120° und LZL' > 120° (vgl. Tab. 44), da die Abstoßungskraft einer Mehrfachbindung etwas größer als die einer Einfachbindung ist. Daß sich die LZL-Winkel hierbei in der Richtung $H_2C{=}L' > Cl_2C{=}L' > F_2C{=}L'$ bzw. $L_2C{=}CH_2 > L_2C{=}O$ verkleinern (Tab. 44), beruht darauf, daß der Elektronegativitätsunterschied zwischen Kohlenstoff und L bzw. L' in gleicher Richtung wächst, was eine Verminderung der Abstoßungskraft der Bindungen LC bzw. CL' bedingt (Regel iii).

Tab. 44 Bindungswinkel (wachsend in Pfeilrichtung) einiger Moleküle $L_2C{=}L'$ und L—Ż=L'.

∢ LZL in $L_2C{=}L'$					L—Z̈ = L'	∢ LZL
$H_2C{=}CH_2$	←	$Cl_2C{=}CH_2$	←	$F_2C{=}CH_2$	O—Ö=O	116.8°
(117.7°)		(114.0°)		(109.3°)	O—N̈=O⁻	115.4°
↑		↑		↑	F—N̈=O	110°
$H_2C{=}O$	←	$Cl_2C{=}O$	←	$F_2C{=}O$	Cl—N̈=O	113°
(115.8°)		(111.3°)		(108.0°)	Br—N̈=O	117°

Auch im Falle der in Tab. 44 aufgeführten Moleküle des Typs $:ZL_2$ beobachtet man Bindungswinkel < 120° (Regel ii). Ersichtlicherweise ist mithin die Abstoßungskraft eines freien Elektronenpaars im Falle von O_3 oder NO_2^- sogar größer als die der vorliegenden Mehrfachbindungen [O—O=O ↔ O=O—O], [O—N=O ↔ O=N—O]⁻. Die Abnahme des Bindungswinkels in Richtung BrNO > ClNO > FNO (Tab. 44) geht wieder auf die wachsende Elektronegativitätsdifferenz zwischen Halogen und Stickstoff in gleicher Richtung zurück.

Tetraedrische und pseudotetraedrische Strukturen. Vier (σ + n)-Valenzelektronenpaare richten sich nach den VSEPR-Modellvorstellungen (Regel i) um ein Zentralatom *tetraedrisch* bzw. *pseudotetraedrisch* aus, was im Sinne des auf S. 136 Besprochenen zu „*tetraedrischen*", „*trigonal-pyramidalen*" bzw. „*gewinkelten*" Molekülen ZL_4, $:ZL_3$ bzw. $\ddot{Z}L_2$ führt[8] (z. B. $SiCl_4$, $:PCl_3$, $\ddot{S}Cl_2$; vgl. d, e, f):

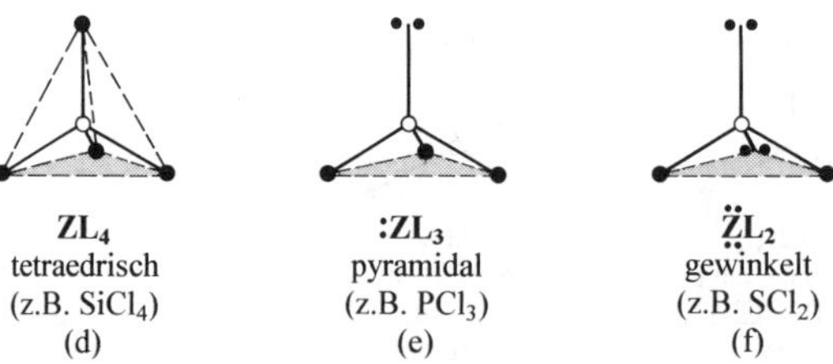

ZL_4 tetraedrisch (z.B. $SiCl_4$) (d) **$:ZL_3$** pyramidal (z.B. PCl_3) (e) **$\ddot{Z}L_2$** gewinkelt (z.B. SCl_2) (f)

---

[7] Die nicht zur Molekül-, sondern zur Komplexchemie zu zählenden „*Halogenide*" ZX_2 der Erdalkalimetalle (2 Valenzelektronenpaare) sind im monomeren Zustand in der Gasphase bei höheren Temperaturen teils – der Erwartung entsprechend – *linear*: BeF_2, (Be,Mg,Ca)Cl_2, (Be,Mg,Ca,Sr)Br_2, (Be,Mg,Ca,Sr)I_2, teils – Regel (i) verletzend – *gewinkelt* strukturiert: (Mg,Ca,Sr,Ba)F_2, (Sr,Ba)Cl_2, $BaBr_2$, BaI_2. Und zwar wächst die – möglicherweise auf eine d-Orbitalbeteiligung zurückgehende – Tendenz zur Abwinkelung der Gruppierung XZX mit der Polarisierbarkeit von Z (Be < Mg < Ca < Sr < Ba) und der polarisierenden Wirkung von X (F > Cl > Br > I).

[8] Das nicht zur Molekül-, sondern zur Komplexchemie zählende „*Oxid*" Li_2O (4 Sauerstoffvalenzelektronenpaare) hat im monomeren Zustand in der Gasphase als Folge des elektrovalenten Baus eine lineare und keine gewinkelte Struktur wie etwa H_2O (vgl. Tab. 45).

Tab. 45 Bindungswinkel (wachsend in Pfeilrichtung) einiger tetraedrischer und pseudotetraedrischer Moleküle ZL_4, $:ZL_3$, $\ddot{Z}L_2$ (gasförmiger Zustand).

Wasserstoffverbindungen					**Halogenverbindungen**											
CH_4	←	NH_3	←	H_2O	OF_2	→	OCl_2	→	OBr_2	NF_3	→	NCl_3	→	NBr_3	→	NI_3
(109.5°)		(106.8°)		(104.5°)	(103.7°)		(111.2°)		(?)	(102.4°)		(107.4°)		(?)		(?)
		↑		↑	↑		↑		↑	↑		↑		↑		↑
SiH_4	←	PH_3	←	H_2S	SF_2	→	SCl_2	→	SBr_2	PF_3	→	PCl_3	→	PBr_3	→	PI_3
(109.5°)		(93.5°)		(92.3°)	(98.2°)		(102.7°)		(?)	(97.4°)		(100.1°)		(101.0°)		(ca. 102°)
		↑		↑	↑		↑		↑	↑		↑		↑		↑
GeH_4	←	AsH_3	←	H_2Se	SeF_2	→	$SeCl_2$	→	$SeBr_2$	AsF_3	→	$AsCl_3$	→	$AsBr_3$	→	AsI_3
(109.5°)		(92.0°)		(91.0°)	(95.8°)		(99.6°)		(100°)	(96.0°)		(98.6°)		(99.7°)		(100.2°)
		↑		↑	↑		↑		↑	↑		↑		↑		↑
SnH_4	←	SbH_3	←	H_2Te	TeF_2	→	$TeCl_2$	→	$TeBr_2$	SbF_3	→	$SbCl_3$	→	$SbBr_3$	→	SbI_3
(109.5°)		(91.5°)		(89.5°)	(93.3°)		(97.0°)		(98.3°)	(95.0°)		(95.5°)		(98.2°)		(ca. 99°)

Allerdings entsprechen hierbei die LZL-Bindungswinkel aufgrund unterschiedlicher Abstoßungskräfte der freien und gebundenen Elektronenpaare von Z (Regel ii, iii, iv) meist nicht dem Tetraederwinkel von 109.5°. Beispielsweise erniedrigt sich der HZH-Winkel in „*Wasserstoffverbindungen*" von Elementen der IV., V. und VI. Hauptgruppe gemäß Tab. 45 für Elemente einer Periode in Richtung ZH_4, $:ZH_3$, $\ddot{Z}H_2$ (wachsende Anzahl von freien Elektronenpaaren; Regel ii), für Elemente der gleichen Gruppe mit wachsender Ordnungszahl (Regel iv). In analoger Weise läßt sich die Zunahme des Bindungswinkels im Falle von „*Halogeniden*" $:ZX_3$ von Elementen Z der V. Hauptgruppe in Richtung $SbX_3 \rightarrow AsX_3 \rightarrow PX_3 \rightarrow NX_3$ und $ZF_3 \rightarrow ZCl_3 \rightarrow ZBr_3 \rightarrow ZI_3$ (vgl. Tab. 45) mit der Verkleinerung von Z und Vergrößerung von X in gleicher Richtung erklären (Regel iv). Ganz entsprechend wächst der XZX-Winkel in Halogeniden $\ddot{Z}X_2$ von Elementen Z der VI. Hauptgruppe in der Richtung $TeX_2 \rightarrow SeX_2 \rightarrow SX_2 \rightarrow OX_2$ und $ZF_2 \rightarrow ZCl_2 \rightarrow ZBr_2$ (vgl. Tab. 45). Andererseits beträgt der XZX-Winkel in Halogeniden ZX_4 von Elementen Z der IV. Hauptgruppe erwartungsgemäß 109.5° (Tetraederwinkel).

Die Vergrößerung des XZX-Winkels in den Reihen $ZF_3 \rightarrow ZCl_3 \rightarrow ZBr_3 \rightarrow ZI_3$ und $ZF_2 \rightarrow ZCl_2 \rightarrow ZBr_2$ kann auch über eine Abnahme des Elektronegativitätsunterschieds der Bindungspartner gedeutet werden (Regel iii). Aus gleichem Grunde ist auch der Bindungswinkel in den Fluorverbindungen NF_3 und OF_2 kleiner als in den Wasserstoffverbindungen NH_3 und H_2O. Die Aufweitung der Bindungswinkel in Richtung $NH_3 \rightarrow NCl_3$, $PH_3 \rightarrow PCl_3$, $H_2O \rightarrow Cl_2O$ usw. läßt sich andererseits mit einer Ligandenvergrößerung in gleicher Richtung erklären (Effekt iv stärker als Effekt iii)[9, 10]. Daß schließlich der HOF-Winkel in „*Hypofluoriger Säure*" HOF nicht zwischen dem HOF-Winkel im Wasser (104.5°) und FOF-Winkel im Sauerstoffdifluorid (103.7°) liegt, sondern mit 97.2° wesentlich kleiner als die betreffenden Winkel ist, rührt von der elektrostatischen Anziehung des positiv polarisierten Wasserstoff- und negativ polarisierten Fluorliganden. In analoger Weise erklärt sich der besonders kleine HOO-Winkel von 94.8° in „*Wasserstoffperoxid*" HOOH.

Verbindungen des Typs $:ZL_3$ und $\ddot{Z}L_2$ stellen Spezialfälle von Verbindungen des allgemeinen Typs $ZL_nL'_{4-n}$ dar (L, L′ = Atome, Atomgruppen, Elektronenpaare). Die Abschätzung der Größe der in solchen Molekülen vorliegenden Bindungswinkel ist im Rahmen des VSEPR-Modells über das *Verhältnis $R(L/L')$ effektiver Längen der Bindungen ZL und ZL′* möglich, wobei die **effektive Bindungslänge** als Abstand des effektiven Bindungszentrums vom Kern definiert ist, und das *effektive Bindungszentrum* im

---

[9] Man hat die Winkelvergrößerung in Richtung $:ZH_3 \rightarrow :ZX_3$ auch über einen *mesomeren Ladungsausgleich* im Sinne von $[{>}\ddot{Z}{-}X \leftrightarrow {>}Z{=}X]$ erklärt, der mit einer Erhöhung des ZX-Bindungsgrades und damit der Abstoßungskraft der ZX-Bindungselektronen verbunden ist (Regel ii).

[10] In den Reihen $ZX_4 \leftarrow :ZX_3 \rightarrow \ddot{Z}X_2$ (Z = Element der IV. V. bzw. VI. Hauptgruppe, X = Halogen) nimmt der XZX-Winkel zunächst ab, dann wieder zu (vgl. obige Zusammenstellungen). Die *Winkelabnahme* läßt sich wie bei den Wasserstoffverbindungen (Tab. 45) über den Effekt ii erklären, während die *Winkelzunahme* möglicherweise auf die Verringerung der Elektronegativitätsdifferenz der Bindungspartner in gleicher Richtung zurückgeht (Effekt iii stärker als Effekt ii).

Tab. 46 Gestalt von Molekülen des Typus ZL_2, ZL_3, ZL_4, ZL_5, ZL_6, ZL_7 und ZL_8 (vgl. Tab. 101, S. 1226 und Tab. 161, S. 1804).

Elektronenpaare		**Verbindung**		**Beispiele**
Zahl	Anordnung	Typus	Liganden-anordnung	(X = Hal, R = Organyl, py = Pyridin)
2	**linear**	$\mathbf{ZL_2}$	*linear*	BO_2^-, CO_2, NO_2^+, HCN, $BeCl_2$(g), N_3^-
3	(pseudo-) **trigonal-planar**	$\mathbf{ZL_3}$	*trigonal-planar*	BCl_3, GaI_3, $InMe_3$, CO_3^{2-}, COX_2, NO_2X, NO_3^-, SO_3, TeO_3(g)
		$:\mathbf{ZL_2}$	*gewinkelt*	CF_2, $SiCl_2$, SnX_2(g), PbX_2, NOX, NO_2^-, O_3, SO_2, NSF
4	(pseudo-) **tetraedrisch**	$\mathbf{ZL_4}$	*tetraedrisch*	BF_4^-, CH_4, NH_4^+, NR_3O, NSF_3, PF_3O, PO_3F^{2-}, SO_3X^-, SO_2X_2, SO_4^{2-}, ClO_4^-, XeO_4
		$:\mathbf{ZL_3}$	*trigonal-pyramidal*	CH_3^-, NH_3, H_3O^+, PX_3, SOX_2, SO_3^{2-}, TeO_3^{2-}, ClO_3^-, ClO_2F, XeO_3
	–	$\underset{\cdot\cdot}{\ddot{\mathbf{Z}}}\mathbf{L_2}$	*gewinkelt*	NH_2^-, H_2O, H_2F^+, SX_2, ClO_2^-, Cl_2O, I_3^+, XeO_2
5	(pseudo-) **trigonal-bipyramidal**	$\mathbf{ZL_5}$	*trigonal-bipyramidal*	PF_5, PCl_5, PPh_5, $P(OPh)_5$, $SbCl_5$, $AsPh_5 \cdot \frac{1}{2}C_6H_{12}$, $SbPh_5 \cdot \frac{1}{2}C_6H_{12}$, SOF_4, IO_2F_3, $IO_3F_2^-$, XeO_3F_2
		$:\mathbf{ZL_4}$	*verzerrt tetraedrisch*[a)]	SbF_4^-, SF_4, SeF_4, R_2SeX_2, $TeCl_4$, R_2TeX_2, $ClOF_3$, $IO_2F_2^-$, XeO_2F_2
		$\underset{\cdot\cdot}{\ddot{\mathbf{Z}}}\mathbf{L_3}$	*T-förmig*	ClF_3, BrF_3, ICl_3, RIX_2, $XeOF_2$
		$:\underset{\cdot\cdot}{\ddot{\mathbf{Z}}}\mathbf{L_2}$	*linear*	ICl_2^-, $IBrCl^-$, I_3^-, KrF_2, XeF_2
	quadratisch-pyramidal	$\mathbf{ZL_5}$	*quadratisch-pyramidal*	$SbPh_5$, $InCl_5^{2-}$, $Mg(OPMe_3)_5^{2+}$
	pentagonal-planar	$\mathbf{ZL_5}$	*pentagonal-planar*	$In[Mn(CO)_4]_5^{2-}$
6	(pseudo-) **oktaedrisch**	$\mathbf{ZL_6}$	*oktaedrisch*	AlF_6^{3-}, SiF_6^{2-}, PF_6^-, SF_6, SeF_6, $Te(OH)_6$, IF_6^+, IO_6^{5-}, IOF_5, XeO_6^{4-}, XeO_2F_4
		$:\mathbf{ZL_5}$	*quadratisch-pyramidal*	SbF_5^{2-}, SF_5^-, $SeOCl_2py_2$, $TeCl_5^-$, BrF_5, IF_5, $ClOF_4^-$, XeF_5^+, $XeOF_4$
		$\underset{\cdot\cdot}{\ddot{\mathbf{Z}}}\mathbf{L_4}$	*quadratisch*	BrF_4^-, IF_4^-, ICl_4^-, XeF_4
	pentagonal-pyramidal	$\mathbf{ZL_6}$	*pentagonal-pyramidal*	$SbCl(15\text{-Krone-}5)^{2+}$, $BiCl(15\text{-Krone-}5)^{2+}$ [b)]
7	(pseudo-) **pentagonal-bipyramidal**	$\mathbf{ZL_7}$	*pentagonal-bipyramidal*	IF_7, IOF_6^-, $TeOF_6^{2-}$, TeF_7^-, $TeF_6(OMe)^-$, $TeF_5(OMe)_2^-$
	(pseudo-) **überkappt-oktaedrisch**	$:\mathbf{ZL_6}$	*verzerrt-oktaedrisch*	ClF_6^+, BrF_6^+, IF_6^-, XeF_6, $XeOF_5^-$
			regulär-oktaedrisch	ZL_6 mit Z = In(I), Tl(I), Sn(II), Pd(II), Sb(III), Bi(III), Se(IV), Te(IV), Po(IV); L u.a. Cl^-, Br^-, H_2O.
		$\mathbf{ZL_5}$	*pentagonal-planar*	XeF_5^-
8	**antikubisch**	$\mathbf{ZL_8}$	*antikubisch*	TeF_8^{2-}, IF_8^-
		$:\mathbf{ZL_7}$	*überkappt-trigonal prismatisch*	XeF_7^-
9	**antikubisch**	$:\mathbf{ZL_8}$	*antikubisch*	XeF_8^{2-}

a) Auch als „wippenförmig" bezeichnet. – **b)** 15-Krone-5 = $(-CH_2CH_2O-)_5$; vgl. Fig. 248, S. 1210.

gewählten Modell den Punkt darstellt, von welchem die – auf unterschiedlichen elektronischen und sterischen Ursachen beruhende – Abstoßung der Bindung zurückgeht[11]. Nimmt R(L/L′) bei variablem L und festgelegtem L′ ab, so steigt in gleicher Richtung die Abstoßungskraft der ZL-Bindung hinsichtlich der ZL′-Bindung an. Aus der Reihe $R(F/CH_3) > R(H/CH_3) > R(Cl/CH_3) > R(Br/CH_3)$ folgt mithin, daß die Abstoßungskräfte der Bindungen in der Reihe ZF < ZH < ZCl < ZBr < ZCH_3 anwachsen. Als Folge hiervon ist in Molekülen L_3ZL' wie F_3CCH_3, Cl_3CCH_3 und in Molekülen $L_2ZL'_2$ wie $Cl_2Sn(CH_3)_2$, $Br_2Sn(CH_3)_2$ der XZX-Winkel (X = Halogen) kleiner als der XZC- bzw. CZC-Winkel (Z = C, Sn); auch vergrößert sich der XZX-Winkel beim Übergang von F_3CCH_3 zu Cl_3CCH_3 und von $Cl_2Sn(CH_3)_2$ zu $Br_2Sn(CH_3)_2$. Da Sauerstoffdoppelbindungen eine größere Abstoßungskraft ausüben als Ligandeneinfachbindungen, sind in „*Halogenidoxiden*" POX_3 oder SO_2X_2 (tetraedrisch) bzw. $:SOX_2$ (pyramidal) die XPX- bzw. XSX-Winkel kleiner als die XPO- bzw. OSO- oder XSO-Winkel (Abnahme des XZX-Winkels in Richtung BrZBr > ClZCl > FZF: Regel iii).

Während das Verhältnis R(L/L′) mit L, L′ = Atom oder Atomgruppe ein von Molekül zu Molekül übertragbares Maß für die relative gegenseitige Abstoßung der ZL- und ZL′-Bindungen darstellt, gilt entsprechendes nicht für R(:/L′), d.h. für die relative gegenseitige Abstoßung von freien und gebundenen Elektronenpaaren. So nimmt R(:/X) für die „*Trihalogenide*" $:ZX_3$ der Elemente der V. Hauptgruppe bei vorgegebenem X mit zunehmender Ordnungszahl von Z ab, entsprechend einer Zunahme der Abstoßungskraft der freien Elektronenpaare hinsichtlich der ZX-Bindung in gleicher Richtung (vgl. Tab. 45). Erwartungsgemäß sinkt R(X/:) für $:ZX_3$ bei vorgegebenem Z und variablem X in Richtung X = F < Cl < Br < I, entsprechend einer Zunahme der Abstoßungskraft der Bindungen in der Reihe ZF < ZCl < ZBr < ZI (Tab. 45).

Bezüglich weiterer Beispiele für tetraedrische, pyramidale und gewinkelte Strukturen $(:)_mZL_n$ $(m + n = 4)$ vgl. S. 136 sowie Tab. 46.

(Pseudo-)Trigonal-bipyramidale, quadratisch-pyramidale Strukturen. Ideale Strukturen. Umfaßt die Valenzschale des Zentralatoms in einem Molekül fünf (σ + n)-Elektronenpaare, so richten sich diese im Sinne des VSEPR-Modells nach den Ecken einer *trigonalen Bipyramide* aus. Zum Unterschied vom regulären Tetraeder (s. oben) oder Oktaeder (s. unten), dessen Eckplätze alle gleichwertig sind, muß man bei der trigonalen Bipyramide zwei Arten von Positionen unterscheiden: 3 gleichwertige *äquatoriale* und 2 davon verschiedene, gleichwertige *axiale* Plätze. Es gilt hierbei die Regel, daß die *freien Elektronenpaare die äquatorialen* Positionen einnehmen, was man folgendermaßen erklären kann: die axialen Elektronenpaare werden von drei äquatorialen, die äquatorialen aber nur (d.h. schwächer) von zwei axialen, im rechten Winkel angeordneten Elektronenpaaren abgestoßen (die Abstoßung der unter 120°-Winkeln angeordneten äquatorialen Elektronenpaare untereinander ist wegen ihrer großen Entfernung zu vernachlässigen); σ-Elektronenpaare besetzen infolgedessen erstere, freie Elektronenpaare letztere Positionen (Regel i. S. 315). Im Sinne des Besprochenen sind damit Moleküle $(:)_mZL_n$ $(m + n = 5)$ wie folgt gebaut: bei fünf Liganden (kein freies Elektronenpaar) gemäß (g) „*trigonal-bipyramidal*" (ZL_5, z.B. PF_5), bei 4 Liganden (1 freies Elektronenpaar) gemäß (h) „*verzerrt-tetraedrisch*" ≡ „*wippenförmig*" ($:ZL_4$, z.B. $:SF_4$), bei 3 Liganden (2 freie Elektronenpaare) gemäß (i) „*T-förmig*" ($\ddot{Z}L_3$, z.B. $\ddot{B}rF_3$) und bei 2 Liganden (3 freie Elektronenpaare) gemäß (k) „*linear*" ($:\ddot{Z}L_2$, z.B. $:\ddot{X}eF_2$). Bezüglich weiterer Beispiele für trigonal-bipyramidale, wippenförmige, T-förmige, lineare Strukturen vgl. Tab. 46.

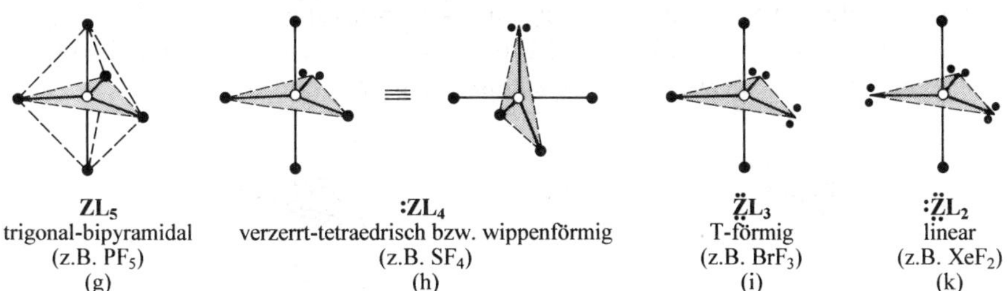

ZL_5 trigonal-bipyramidal (z.B. PF_5) (g) | $:ZL_4$ verzerrt-tetraedrisch bzw. wippenförmig (z.B. SF_4) (h) | $\ddot{Z}L_3$ T-förmig (z.B. BrF_3) (i) | $:\ddot{Z}L_2$ linear (z.B. XeF_2) (k)

[11] Die effektiven Bindungslängen stehen in keinem Zusammenhang mit den üblichen, als Bindungslängen bezeichneten Kernabständen. Z.B. ist die effektive CF-Bindungslänge größer als die effektive CC-Bindungslänge, während für die CF- und CC-Kernabstände das Umgekehrte gilt.

Etwas energiereicher als die Ausrichtung von fünf Elektronenpaaren nach den Ecken einer trigonalen Bipyramide ist die Ausrichtung nach den Ecken einer *quadratischen Pyramide* (vgl. S. 1229). Quadratisch-pyramidal gebaute Moleküle ZL_5 werden deshalb nur selten beobachtet (vgl. Tab. 46). Pseudo-quadratisch-pyramidal gebaute Moleküle $(:)_mZL_n$ ($m + n = 5$: Z = Nichtmetall) sind bisher unbekannt.

Reale Strukturen. Die unterschiedliche Abstoßungskraft von freien und bindenden Elektronenpaaren führt zu gewissen Abweichungen der Atomlagen von den idealen Positionen der vorstehend behandelten geometrischen Körper. Und zwar bedingt die größere Abstoßungskraft der freien Elektronenpaare bei Molekülen $(:)_mZL_n$ mit fünf Valenzelektronenpaaren ($m + n = 5$) genau wie bei Verbindungen mit vier oder drei Elektronenpaaren ($m + n = 4, 3$) eine *Verkleinerung des idealen Bindungswinkels* (Regel ii, S. 315). So beträgt etwa beim $:SF_4$-Molekül (h) der Winkel FSF zwischen den beiden axialen Fluoratomen statt 180° nur 173° und zwischen den beiden äquatorialen Fluoratomen statt 120° nur 101°. Im $\ddot{B}rF_3$-Molekül (i) beträgt der Valenzwinkel $Br_{axial}FBr_{äquat.}$ statt 90° nur 86° ($\measuredangle\, Br_{ax}FBr_{ax} = 172°$). Das $:\ddot{X}eF_2$-Molekül (k) ist verständlicherweise exakt linear, da die 3 freien Elektronenpaare symmetrisch um die axiale Bindung angeordnet sind. Ebenso kommen natürlich auch im PF_5-Molekül (g) den FPF-Winkeln die zu erwartenden idealen Werte von 90 bzw. 120° zu.

Die unterschiedliche Abstoßungskraft der Ligandenbindungen (z. B. Z—CH_3 > Z—H > Z—F; vgl. tetraedrische Strukturen, oben) hat zur Folge, daß Liganden in Molekülen $(:)_mZL_n$ ($m + n = 5$), falls sie *verschiedenartig* sind, bestimmte (axiale oder äquatoriale) Plätze der trigonalen Bipyramide einnehmen. Und zwar besetzen die Liganden mit der größeren Abstoßungskraft der zugehörigen Bindungselektronen erwartungsgemäß äquatoriale Plätze, die ja auch von den freien Elektronenpaaren aus den oben besprochenen Gründen bevorzugt werden. So sind die stark elektronegativen Fluoratome in $:PCl_4F$ bzw. $:PCl_3F_2$ axial, die weniger elektronegativen Methylgruppen in $:PF_4Me$ bzw. $:PF_3Me_2$ äquatorial gebunden. In analoger Weise nimmt der doppelt gebundene Sauerstoff-Ligand im Molekül $:SOF_4$ (isoelektronisch mit PF_5) die äquatoriale Stellung des freien Elektronenpaars im $:SF_4$-Molekül (h) ein.

Besetzen in einem Molekül $(:)_mZL_n$ ($m + n = 5$) *gleichartige Liganden* äquatoriale und axiale Plätze einer *trigonalen Bipyramide*, so sind die *axialen Bindungen länger* als die äquatorialen, da axiale Elektronenpaare stärker als äquatoriale abgestoßen werden (s. oben). Das „trigonal-bipyramidale" Zentralatom verhält sich also so, als wäre sein Radius in der axialen Richtung größer als in der äquatorialen; man hat es sich also nicht als Kugel, sondern als Ellipsoid vorzustellen. Im PF_5-Molekül beträgt z. B. der axiale PF-Abstand $r_{axial} = 1.577$, der äquatoriale $r_{äquat.}$ aber nur 1.534 Å. Ganz entsprechend findet man etwa für das Schwefelatom in SF_4 die Werte $r_{axial} = 1.646$ und $r_{äquat.} = 1.545$ Å und für das Bromatom in BrF_3 die Werte $r_{axial} = 1.810$ und $r_{äquat.} = 1.721$ Å.

In *quadratisch-pyramidal-gebauten Molekülen* ML_5 ist andererseits die *axiale Bindung kürzer* als die Bindung zu einem Liganden in der Basis.

Oktaedrische und pseudooktaedrische Strukturen. Sechs (σ + n) Valenzelektronenpaare richten sich nach den VSEPR-Modellvorstellungen (Regel i, S. 315) um ein Zentralatom *oktaedrisch* bzw. *pseudooktaedrisch* aus, was zu „*oktaedrischen*", „*quadratisch-pyramidalen*" bzw. „*quadratisch-planaren*" Molekülen ZL_6, $:ZL_5$, $\ddot{Z}L_4$ führt (z. B. SF_6, $:BrF_5$, $\ddot{X}eF_4$, vgl. l, m, n und bezüglich weiterer Verbindungsbeispiele Tab. 46; erwartungsgemäß besetzen zwei freie Elektronenpaare in pseudooktaedrischen Molekülen $\ddot{Z}L_4$ gegenüberliegende Plätze („*trans*-Stellung"), in denen sie am weitesten voneinander entfernt sind):

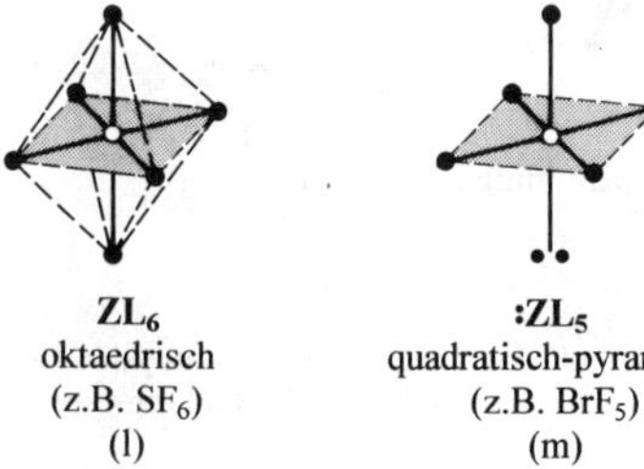

ZL_6 oktaedrisch (z.B. SF_6) (l)

$:ZL_5$ quadratisch-pyramidal (z.B. BrF_5) (m)

$\ddot{Z}L_4$ quadratisch (z.B. XeF_4) (n)

Die unterschiedliche Abstoßungskraft von freien und bindenden Elektronenpaaren (Regel ii; S. 315) bedingt im Falle von $:ZL_5$-Molekülen Abweichungen der Atomlagen von der idealen Position. Und zwar werden die vier in der quadratischen Basisfläche liegenden σ-Bindungen von dem nicht bindenden Elektronenpaar stärker abgestoßen als von dem zur oberen Spitze der Pyramide führenden bindenden Elektronenpaar, so daß das *Zentralatom unterhalb dieser Basisfläche* liegt, und die *Bindungen zu den Basisliganden länger* sind als die zum axialen Liganden. So beträgt etwa der Valenzwinkel $F_{Achse}BrF_{Basis}$ in $:BrF_5$ statt 90° nur 85°: auch ist der Bindungsabstand $F_{Achse}Br$ mit 1.69 Å kleiner als der Abstand BrF_{Basis} (1.77 Å). Die Bindungswinkel LZL von ZL_6- und $\ddot{Z}L_4$-Molekülen (alle ZL-Bindungen bei gleichartigen Liganden gleich lang) entsprechen der Erwartung von 90°.

Enthält ein Molekül $(:)_mZL_n$ ($m + n = 6$) *ungleichartige Liganden*, so besetzen die Liganden mit der größeren Abstoßungskraft der zugehörigen Bindungselektronen wiederum Positionen, die auch von den freien Elektronenpaaren eingenommen würden. So nimmt etwa im quadratisch-pyramidal gebauten Molekül $:XeOF_4$ (isoelektronisch mit IF_5) der doppelt gebundene Sauerstoff-Ligand die axiale Stellung eines der beiden freien Elektronenpaare im $\ddot{X}eF_4$-Molekül (Fig. 89n) ein.

(Pseudo-) Pentagonal-bipyramidale, überkappt-oktaedrische und antikubische Strukturen. Umfaßt die Valenzschale des Zentralatoms in einem Molekül sieben oder acht (σ + n)-Elektronenpaare, so richten sich diese im Sinne des VSEPR-Modells nach den Ecken einer *pentagonalen Bipyramide* (o)[12], eines *überkappten Oktaeders* (q)[12] oder eines *Antikubus* (s)[12] aus. Sieben bzw. acht Liganden ordnen sich infolgedessen „*pentagonal-bipyramidal*", „*überkappt oktaedrisch*" (bisher kein Beispiel) bzw. „*antikubisch*" („*quadratisch-antiprismatisch*") um ein Zentralatom an (Moleküle ZL_7 bzw. ZL_8, z. B. IF_7, TeF_8^{2-}, IF_8^-).

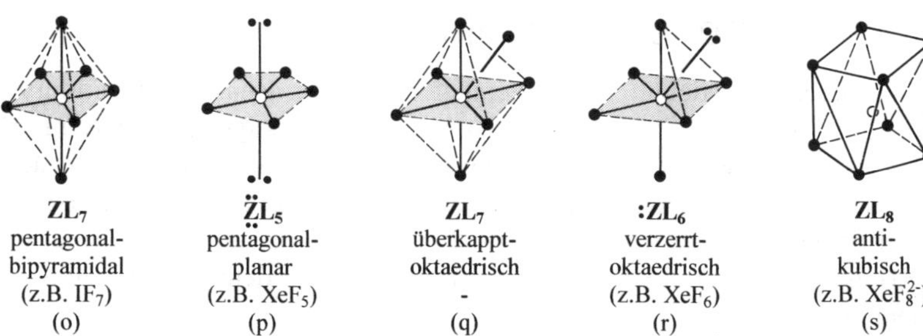

Im Gegensatz zum Antikubus, dessen Eckplätze alle gleichartig sind, gibt es bei der *pentagonalen Bipyramide äquatoriale* und – davon verschiedene – *axiale* Plätze. Im Falle pentagonal-bipyramidal gebauter Moleküle ZL_7 sind dabei – anders als im Falle trigonal-bipyramidal strukturierter Moleküle ZL_5 – die *äquatorialen Bindungen länger* (stärkere Abstoßung der unter 72° zueinander stehenden äquatorialen Elektronenpaare), die *axialen kürzer* (schwächere Abstoßung der 90° zu den äquatorialen Elektronenpaaren stehenden axialen Elektronenpaare), so daß Liganden mit der größeren Abstoßungskraft der zugehörigen Bindungselektronen axiale Plätze einnehmen (z. B. OMe in $TeF_6(OMe)^-$ und $TeF_5(OMe)_2^-$; O in IOF_6^-); auch ist die Planarität der äquatorialen Bindungen als Folge ihrer hohen gegenseitigen Abstoßung nicht streng erfüllt.

Zentralatome mit fünf Liganden und zwei zusätzlichen freien Elektronenpaaren (Moleküle $\ddot{Z}L_5$) leiten sich von der pentagonalen Bipyramide ab, in welcher die axialen Positionen durch freie Elektronenpaare besetzt sind (p). Sie haben dementsprechend einen *pentagonal-planaren* Bau (z. B. XeF_5^-). Zentralatome mit sechs Liganden und einem zusätzlichen freien Elektronenpaar (Moleküle $:ZL_6$) leiten sich andererseits vom überkappten Oktaeder (r; Kappe = Elektronenpaar) oder vom Oktaeder ab und weisen mithin sowohl eine „*verzerrt-oktaedrische*" als auch „*regulär-oktaedrische*" Ligandenkoordination auf. In ersteren Fällen ist das nicht bindende Elektronenpaar stereochemisch wirksam (Besetzung einer Dreiecksfläche) in

[12] Energetisch vergleichbar mit der *pentagonalen Bipyramide* ist nicht nur ein *überkapptes Oktaeder*, sondern auch ein *überkapptes trigonales Prisma* (S. 1232), energetisch vergleichbar mit dem *Antikubus* (quadratisches Antiprisma) das *Dodekaeder* (S. 1233). Vgl. auch *Pseudorotation*, S. 758.

letzteren nicht. Für Beispiele verzerrt- und regulär-oktaedrischer Verbindungen $:ZL_n$ vgl. Tab. 46.

Offenbar sinkt die **stereochemische Wirksamkeit eines freien Elektronenpaars** in Molekülen $:ZL_n$ mit *steigender Periodennummer* des Zentralatoms innerhalb einer Elementgruppe (verstärkte Bindung des s-Elektronenpaars an den Elementkern), mit *wachsender Koordinationszahl n* (Regel iv, S. 315) und mit *zunehmendem Platzbedarf* der Liganden, also etwa in der Reihe $:ZF_n \gg :ZCl_n > :ZBr_n > :ZI_n$ (Regel iv, S. 315). Dementsprechend ist etwa das nicht bindende Elektronenpaar zwar in $:XeF_6$ (7 Elektronenpaare; pseudo-überkappt-oktaedrischer Bau) wirksam, während es in $:XeF_8^{2-}$ (9 Elektronenpaare; antikubischer Bau) aufgrund der höheren Koordinationszahl des Zentralatoms und in $:TeCl_6^{2-}$ (7 Elektronenpaare, regulär-oktaedrischer Bau) wegen der größeren Halogenliganden unwirksam bleibt. Auch konnten als Folge der kleineren stereochemischen Wirksamkeit eines freien Elektronenpaars in Nichtmetallchloriden, -bromiden, -iodiden und viel größeren Wirksamkeit in entsprechenden Fluoriden zwar Hexahalogenotellurate $:TeCl_6^{2-}$, $:TeBr_6^{2-}$, $:TeI_6^{2-}$, aber kein Hexafluorotellurat $:TeF_6^{2-}$ gewonnen werden ($:TeF_5^-$ ist darstellbar). Der als Folge stereochemischer Unwirksamkeit bedingte Aufenthalt eines Valenzelektronenpaares von $:ZL_n$ in einem zentrosymmetrischen Z-Atomorbital führt insgesamt zu einer geringen Verlängerung der ZL-Bindungen (z. B. $BrF_6^+ \rightarrow :BrF_6^-$ (jeweils oktaedrisch), $IF_8^- \rightarrow :XeF_8^{2-}$ (jeweils quadratisch-antiprismatisch)).

Zusammenfassung. Nach dem oben Besprochenen und dem in Tab. 46 Dokumentierten haben Moleküle ZL_n folgende Gestalten: $\mathbf{ZL_2}$ mit 0, 1, 2 oder 3 freien *Elektronenpaaren*: *linear* (0 bzw. 3 freie Elektronenpaare) oder *gewinkelt* (1 bzw. 2 freie Elektronenpaare); $\mathbf{ZL_3}$ mit 0, 1 oder 2 freien Elektronenpaaren: *trigonal-planar* (0), *trigonal-pyramidal* (1), *T-förmig* (2); $\mathbf{ZL_4}$ mit 0, 1 oder 2 freien Elektronenpaaren: *tetraedrisch* (0), *wippenförmig* (1), *quadratisch-planar* (2); $\mathbf{ZL_5}$ mit 0, 1 oder 2 freien Elektronenpaaren: *trigonal-bipyramidal* (0) bzw. *quadratisch-pyramidal* (0, 1), *pentagonal-planar* (2); $\mathbf{ZL_6}$ mit 0 oder 1 freiem Elektronenpaar: *oktaedrisch* (0, 1), *verzerrt-oktaedrisch* (1); $\mathbf{ZL_7}$ mit 0 freien Elektronenpaaren: *pentagonal-bipyramidal*; $\mathbf{ZL_8}$ mit 0 oder 1 freiem Elektronenpaar: *antikubisch*.

1.2 Die Isomerie der Moleküle

Wie auf S. 139 bereits angedeutet wurde, versteht man unter **Isomerie** die häufig zu beobachtende Erscheinung, daß zwei Stoffe, die sich in allen (oder wenigstens einigen) Eigenschaften voneinander unterscheiden, *dieselbe Zusammensetzung (Summenformel) und Molekülgröße* besitzen. Je nach den Ursachen für die unterschiedlichen Eigenschaften der Isomeren unterscheidet man dabei zwischen Konstitutions-, Konfigurations- und Konformationsisomerie, wobei die Konfigurations- und Konformationsisomerie unter dem Oberbegriff *Stereoisomerie* zusammengefaßt werden.

Beim Vorliegen von **„Konstitutionsisomerie“** (**„Strukturisomerie“**) haben die Atome der formelgleichen Isomeren nicht überall dieselben Bindungspartner wie am Beispiel der Isocyansäure (a) und der strukturisomeren Knallsäure (b) gezeigt sei (anhand von (a) und (b) wurde die Isomerie durch J. v. Liebig und F. Wöhler im Jahre 1822 entdeckt):

$$[\mathrm{H{-}\ddot{N}{=}C{=}\ddot{O}} \leftrightarrow \mathrm{H{-}\overset{\oplus}{N}{\equiv}C{-}\overset{\ominus}{\ddot{O}}{:}}] \quad (a) \qquad [\mathrm{H{-}\overset{\ominus}{C}{=}\overset{\oplus}{N}{=}\ddot{O}} \leftrightarrow \mathrm{H{-}C{\equiv}\overset{\oplus}{N}{-}\overset{\ominus}{\ddot{O}}{:}}] \quad (b)$$

Konstitutionsisomere weisen mithin eine *unterschiedliche Atomverkettung* (*Atomfolge*) auf. Zur gegenseitigen Überführung von Konstitutionsisomeren müssen Atome oder Atomgruppen umgeordnet, d. h. chemische Bindungen gespalten und neu geknüpft werden, was nur unter Zufuhr von Aktivierungsenergie (S. 181) möglich ist. Die aufzubringende Energie kann hierbei sehr große Beträge annehmen, sie kann aber ebensogut sehr klein sein (vgl. S. 379). Für die Konstitutionsisomerie gibt es insbesondere in der organischen Chemie (vgl. einschlägige Lehrbücher), der anorganischen Molekülchemie des Siliciums und Phosphors (S. 740, 893) sowie der anorganischen Komplexchemie (S. 1235) zahlreiche Beispiele.

Die Konstitutionsisomerie äußert sich bei den molekularen Elementwasserstoffen, die sich ganz allgemein aus einem mit Wasserstoff abgesättigten Gerüst von miteinander verknüpften gleich- oder ungleichartigen Atomen aufbauen wie im Falle der Molekülpaare Isocyansäure/Knallsäure (a/b) bzw. Ethylalkohol/Dimethylether (c/d) bzw. Tetrasilan/Isotetrasilan (e/f) in einer unterschiedlichen Anordnung der Gerüstatome („*Isomerie des Gerüsts*“):

$$\underset{(c)}{H_3C{-}CH_2{-}OH} \qquad \underset{(d)}{H_3C{-}O{-}CH_3} \qquad \underset{(e)}{H_3Si{-}SiH_2{-}SiH_2{-}SiH_3} \qquad \underset{(f)}{H_3Si{-}\overset{\overset{\displaystyle SiH_3}{|}}{Si}H{-}SiH_3}$$

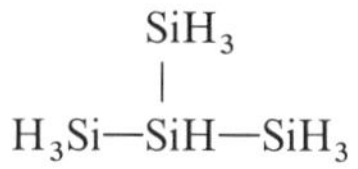

Bei Derivaten der Elementwasserstoffe kann sie darüber hinaus wie im Falle der Molekülpaare 1-Organyltriphosphan/2-Organyltriphosphan (g/h) bzw. 1,2-Dichlordisilan/1,1-Dichlordisilan (i/k) darin bestehen, daß Substituenten X ihre Plätze vertauschen („*Isomerie der Gerüstsubstitution*"):

$$\underset{(g)}{XHP{-}PH{-}PH_2} \qquad \underset{(h)}{H_2P{-}PX{-}PH_2} \qquad \underset{(i)}{ClH_2Si{-}SiH_2Cl} \qquad \underset{(k)}{Cl_2HSi{-}SiH_3}$$

Eine besondere Art von Isomerie der Gerüstsubstitution liegt dann vor, wenn sich wie im Falle der Paare Diimin/Isodiimin (l/m) bzw. Difluordisulfan/Thiothionyldifluorid (n/o) Isomere nur in der Stellung eines Gerüstsubstituenten unterscheiden (vgl. hierzu auch „*Tautomerie*", S. 380):

$$\underset{(l)}{H{-}N{=}N{-}H} \qquad \underset{(m)}{H_2\overset{\oplus}{N}{=}\overset{\ominus}{N}} \qquad \underset{(n)}{F{-}S{-}S{-}F} \qquad \underset{(o)}{F_2S{=}S}$$

Bei Vorliegen von **„Stereoisomerie"** (**„Raumisomerie"**) haben die Atome der isomeren (formelgleichen) Moleküle zwar alle dieselben Bindungspartner, besitzen also die gleiche Konstitution, sind aber räumlich verschieden angeordnet. Stereoisomere weisen mithin bei gleicher Atomfolge *verschiedene räumliche Anordnungen der Atome und Bindungen* auf. Besteht dabei die unterschiedliche räumliche Anordnung wie im Falle von *cis*-Diimin (p) und stereoisomerem *trans*-Diimin (q) in der verschiedenen Raumlage zweier an ein Element oder eine Elementgruppe gebundener Atome oder Atomgruppen, so spricht man speziell auch von „*geometrischer Isomerie*" (**Diastereomerie**, „*cis-trans-Isomerie*"; Näheres S. 410). Besteht sie nur darin, daß sich die stereoisomeren Moleküle wie im Falle eines mit vier verschiedenen Gruppen (z. B. Halogenen) umgebenen Kohlenstoffs bei gleicher geometrischer Anordnung der Liganden wie Bild (r) und Spiegelbild (s) verhalten und daher nicht zur Deckung gebracht werden können, so spricht man von „*Spiegelbildisomerie*" (**Enantiomerie** „*Chiralitätsisomerie*"). Spiegelbildisomere (Enantiomere, Chiralitätsisomere, optische Antipoden) zeichnen sich dadurch aus, daß sie „*optisch aktiv*" sind, d. h. daß sie die Ebene des linear-polarisierten Lichts um den gleichen Betrag einmal nach links und einmal nach rechts drehen (Näheres S. 404).

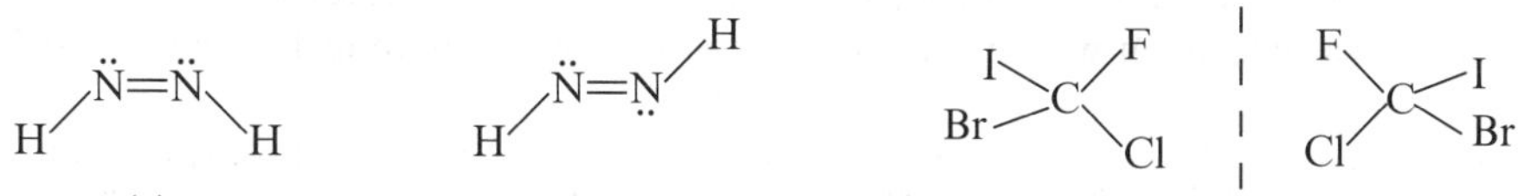

(p) *cis*-HN=NH (q) *trans*-HN=NH (r) CFClBrI (s) CFClBrI (Spiegelbild)

Zur gegenseitigen Überführung von Stereoisomeren müssen Atome oder Atomgruppen aneinander vorbeibewegt oder -gedreht werden, wobei Bindungen nur zum Teil oder überhaupt nicht gespalten werden müssen (s. unten). Sind für den wechselseitigen Übergang von Stereoisomeren hierbei Aktivierungsenergien (S. 181) von der Größenordnung chemischer Bindungsenergien aufzubringen, so liegt ein Fall der **„Konfigurationsisomerie"** vor. Beispielsweise läßt sich *cis*-N_2H_2 (p) durch Drehen um die N=N-Doppelbindung nur dann in *trans*-N_2H_2 (q) verwandeln, wenn während des Drehvorgangs die π-Bindung unter Energieaufwand zeitweilig aufgebrochen wird (S. 362). Ist andererseits der wechselseitige Übergang von konstitutionsgleichen Molekülen ohne allzu großen Energieaufwand möglich, so spricht man von **„Konformationsisomerie"**, wobei – wegen der energiebezogenen Abgrenzung – der Übergang von der Konfigurations- zur Konformationsisomerie naturgemäß gleitend ist. Unter den Spezialfällen der Konformationsisomerie seien genannt die „*Rotationsisomerie*" („*Kon-*

stellationsisomerie"), bei der sich die isomeren Moleküle durch Drehung von Atomgruppen um Einfachbindungen ineinander überführen lassen (vgl. innere Molekülrotationen, S. 663), und die „*Inversionsisomerie*" („*Pseudorotationsisomerie*"), bei der die isomeren Moleküle durch Aneinandervorbeischwingen von Atomen und Atomgruppen ineinander übergehen (vgl. Pseudorotationen, S. 758).

Zusammenfassend ergibt sich damit folgendes Bild: Im Sinne des nachfolgenden Schemas lassen sich Isomere (gleiche Summenformel und Molekülgröße) in *Konstitutionsisomere* (unterschiedliche Atomfolge) und *Stereoisomere* (gleiche Atomfolge, unterschiedliche Atomlagen) einteilen. Bei den Stereoisomeren kann man wiederum *Diastereomere* (keine Bild/Spiegelbild-Beziehung) und *Enantiomere* (Bild/Spiegelbild-Beziehung) unterscheiden, wobei in beiden Fällen sowohl *Konfigurationsisomere* (hohe Isomerisierungsbarrieren) als auch *Konformationsisomere* (kleine Isomerisierungsbarrieren) beobachtet werden.

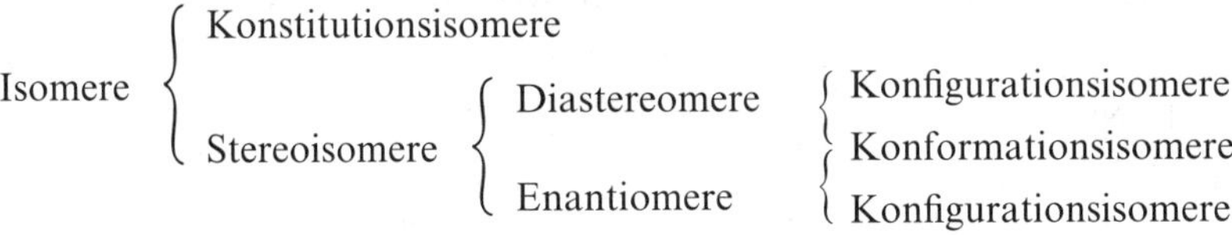

2 Bindungsmodelle der Moleküle[13)]

Die chemische Bindung, Teil II[14)]

2.1 Die Atomorbitale

Wie in einem früheren Kapitel (Bau der Elektronenhülle, S. 93) besprochen wurde, verteilen sich die Atomelektronen der bisher bekannten Elemente in gesetzmäßiger Weise auf sieben räumliche Schalen der Hauptquantenzahlen $n = 1$ bis 7 und besetzen innerhalb dieser Schalen s-, p-, d- und f-Atomorbitale. Für jede Schale existiert dabei ein s-Orbital. Ferner weisen Schalen der Hauptquantenzahl $n > 1$ drei p-, Schalen der Hauptquantenzahl $n > 2$ zusätzlich fünf d- und Schalen der Hauptquantenzahl $n > 3$ darüber hinaus sieben f-Atomorbitale auf. Jedes Orbital kann maximal zwei Elektronen entgegengesetzten Spins aufnehmen.

Man nahm zunächst an, daß die Elektronen in den erwähnten Schalen planetengleich auf gegebenen Kreisbahnen (Niels Bohr, 1913) bzw. Ellipsenbahnen (Arnold Sommerfeld, 1915) den Kern umrunden würden. Dieses anschauliche Atommodell konnte jedoch mit

[13] **Literatur.** H. Eyring, J. Walter, G.E. Kimball: „*Quantum Chemistry*", Wiley, London 1960; J.W. Linnett: „*Wave Mechanics and Valency*", Wiley, New York 1960; J.C. Slater: „*Quantum Theory of Atomic Structure*", McGraw-Hill, New York 1960; L. Harris, A.L. Loeb: „*Einführung in die Wellenmechanik*", McGraw-Hill, New York 1963; R.M. Hochstrasser: „*Das Verhalten von Elektronen in Atomen*", Benjamin, New York 1964; C.J. Ballhausen, H.B. Gray: „*Molecular Orbital Theory*", Benjamin, New York 1965; M.W. Hanna: „*Quantenmechanik in der Chemie*", Steinkopff, Darmstadt 1975; H. Preuss: „*Quantenchemie für Chemiker*", Verlag Chemie, Weinheim 1972; L. Pauling, (Übersetzer: H. Noller): „*Die Natur der chemischen Bindung*", Verlag Chemie, Weinheim 1968; E. Heilbronner, H. Bock: „*Das HMO-Modell und seine Anwendung*", 3 Bände, Verlag Chemie, Weinheim 1968–70; H. Bock: „*Molekülzustände und Molekülorbitale*", Angew. Chem. **89** (1977) 631–655; Int. Ed. **16** (1977) 613; F.L. Pilar: „*Elementary Quantum Chemistry*", McGraw Hill, New York 1968; C.A. Coulson (Übersetzer: F. Wille): „*Die chemische Bindung*", Hirzel, Stuttgart 1969; R. MacWeeny: „*Coulson's Valence*", University Press, Oxford 1979; J.M. Anderson: „*Introduction to Quantum Chemistry*", Benjamin, New York 1969; W.M. Tatewski: „*Quantenmechanik und Theorie des Molekülbaus*", Verlag Chemie, Weinheim 1969; P.W. Atkins: „*Molecular Quantum Mechanics*", 2 Bände, Clarendon Press, Oxford 1970; H.F. Schäfer: „*The Electronic Structure of Atoms and Molecules*", Addison-Wesley, Reading 1972; H.B. Gray (Übersetzer: E. Riedel): „*Elektronen und chemische Bindung*", de Gruyter, Berlin 1973; J. Barrett (Übersetzer: M. Ziegler): „*Die Struktur der Atome und Moleküle*", Verlag Chemie, Weinheim 1973; I.N. Levine: „*Quantum Chemistry*", Allyn and Bacon, Boston 1975; W. Kutzelnigg: „*Einführung in die Theoretische Chemie*", Band I (Quantenmechanische Grundlagen) und Band II (Die chemische Bindung) Verlag Chemie, Weinheim 1975/1978; Z.B. Maksic (Hrsg.): „*Theoretical Models of Chemical Bonding*", Springer, Berlin 1990.

[14] Teil I: S. 117; Teil III: S. 1242.

Ausnahme der Spektren von Atomen mit nur einem Elektron in der äußeren Schale (z.B. H, He^+, Li^{++}, Li, Na, K) nichts erklären und stand zudem mit naturwissenschaftlichen Tatsachen in Widerspruch. Man ist deshalb von dem Bohrschen bzw. Bohr-Sommerfeldschen Elektronenbahn-Modell („*Orbit-Modell*") wieder abgekommen.

Eine kleine Überlegung möge auf einen der Widersprüche des Bohrschen Modells aufmerksam machen: Das nach Art eines Sonnenplaneten um den positiven Atomkern, also in einem elektrischen Felde kreisende negative Elektron muß, wie die klassische Physik lehrt, Energie ausstrahlen. Infolge dieses Energieverlustes müßten sich die Umlauffrequenzen und damit die Wellenlänge des ausgestrahlten Lichts kontinuierlich ändern, bis das Elektron schließlich in den Atomkern stürzte. Dies steht jedoch im Widerspruch zu der Erfahrung, wonach einerseits statt eines kontinuierlichen Spektrums nur Licht ganz bestimmter Frequenzen ausgestrahlt wird (vgl. Atomspektren), andererseits für jedes Atom ein strahlungsloser Grundzustand existiert, bei dem die Elektronen offenbar nicht in den Kern gefallen sind. Dieser Diskrepanz mit der klassischen Physik begegnete Bohr durch die Aufstellung zweier ad hoc-Postulate: 1. Existenz stationärer Zustände; 2. Frequenzbedingung (vgl. Lehrbücher der physikalischen Chemie).

Heute bedient man sich zur Erklärung des Baus der Elektronenhülle von Atomen (bzw. auch Molekülen, vgl. S. 340) eines weniger anschaulichen, aber dafür bisher in jeder Hinsicht befriedigenden „*Orbital-Modells*", dessen Grundlage die von Werner Heisenberg, Erwin Schrödinger und Paul Adrien Dirac um 1925 entwickelte **„Quantenmechanik"** (**„Wellenmechanik"**) bildet. Einige Grundbegriffe des Modells seien nachfolgend anhand des besonders einfach gebauten Wasserstoffatoms erarbeitet.

2.1.1 Das Wasserstoffatom

Nähert man einem Proton ein Elektron aus unendlicher Entfernung, so gibt das System Proton/Elektron als Folge der elektrostatischen Coulombanziehung der Elementarteilchen potentielle Energie (Lageenergie) E_{pot} ab. Allerdings wird hiervon nur ein bestimmter Energieanteil E nach außen hin frei, da sich die gewonnene potentielle Energie teilweise in kinetische Energie (Bewegungsenergie) E_{kin} des Systems verwandelt (vgl. Fig. 90)[15]. Nun läßt sich quantenmechanisch (im Gedankenexperiment) berechnen, daß mit zunehmender Annäherung des Elektrons an den Wasserstoffkern zunächst die potentielle Energie rascher abnimmt, als die kinetische Energie zunimmt (Fig. 90), so daß also insgesamt Energie frei

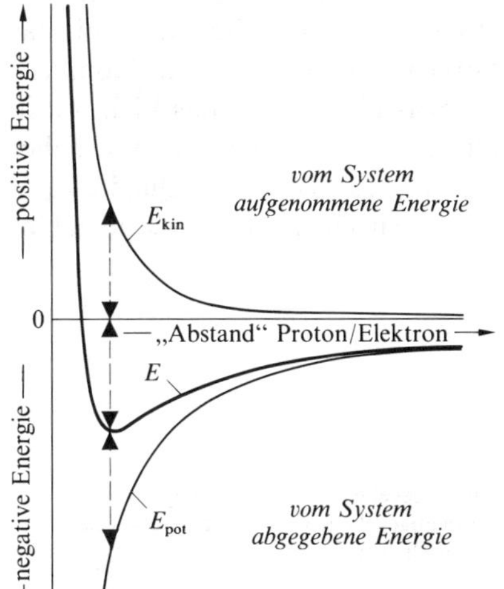

Fig. 90 Veranschaulichung des Verlaufs der kinetischen Energie E_{kin}, potentiellen Energie E_{pot} und Gesamtenergie $E = E_{kin} + E_{pot}$ beim Vereinigen eines Elektrons mit einem Proton (bezüglich des „Abstands" Proton/Elektron vgl. Text).

[15] Man vergleiche etwa ein schwingendes Pendel, bei welchem während des Schwingvorganges die potentielle Energie vollständig in kinetische Energie übergeht, diese dann wieder in potentielle usw.

wird ($E = E_{pot} + E_{kin}$ = negativ[16]), was einer Stabilisierung des Systems entspricht. Im weiteren Verlauf der Elektronenannäherung wird aber dann umgekehrt weniger potentielle Energie gewonnen, als kinetische Energie verbraucht wird (Fig. 90), so daß die Annäherung nunmehr mit einer Energieaufnahme verbunden ist ($E = E_{pot} + E_{kin}$ = positiv[16]), was einer Destabilisierung des Systems entspricht. Somit durchläuft die Kurve für E bei bestimmten – weiter unten noch zu erläuterndem – „Abstand" Proton/Elektron ein Minimum (Fig. 90) und die Stabilität des Systems Proton/Elektron ein Maximum. Es existiert offensichtlich ein stabiler Grundzustand des Wasserstoffatoms, in welchem sich das Elektron dem Proton noch nicht vollständig genähert hat. Dieser Zustand ist zudem dadurch ausgezeichnet, daß die bei seiner Bildung gewonnene potentielle Energie (−27.190 eV) gerade zur Hälfte (−13.595 eV) freigesetzt und zur anderen Hälfte in kinetische Elektronenenergie umgewandelt wurde (vgl. Fig. 90)[17]:

$$\boxed{-E = E_{kin} = -\tfrac{1}{2}E_{pot}} \qquad (1)$$

Die als **„Virialtheorem"** („*Virialsatz*") bekannte Beziehung (1) gilt ganz allgemein für Systeme mit Coulomb-Wechselwirkungen. Fügt man hiernach Atomkerne und Elektronen zu Atomen (bzw. Molekülen, S. 340) im Grund- oder angeregten Zustand zusammen, so entspricht die nach außen abgegebene Energie ($-E$) immer exakt der vom atomaren (bzw. molekularen) System aufgenommenen kinetischen Energie ($+E_{kin}$) bzw. der Hälfte der vom System abgegebenen potentiellen Energie ($-E_{pot}$). Da sich in den Atomen (und Molekülen) hauptsächlich die leichten Elektronen und nicht die vergleichsweise schweren Atomkerne bewegen[18], ist die vom System aufgenommene kinetische Energie praktisch gleich der Elektronenbewegungsenergie.

Man kann sich nun fragen, in welcher Weise sich die Elektronen in den Atomen bewegen. Nach den älteren atomistischen Vorstellungen sollte etwa das Elektron des Wasserstoffatoms im Grundzustand den Kern auf einer Kreisbahn im Abstand von 0.529167 Å (= „*Bohrscher Radius*" r_B) mit einer Geschwindigkeit von 2.187×10^6 m/s[19] ca. 10^{15}mal pro Sekunde umrunden. Tatsächlich hat man sich nach dem neuen, heute allgemein akzeptierten Atommodell jedoch vorzustellen, daß sich das Wasserstoffelektron im gesamten, den Wasserstoffkern umgebenden Raum auf experimentell und mathematisch nicht erfaßbaren Bahnen bewegt[20]. Somit kann über die Bahn des Wasserstoffelektrons nichts bestimmtes ausgesagt werden. Es läßt sich jedoch exakt angeben, mit welcher Wahrscheinlichkeit das Elektron bei seinem raschen Flug einen bestimmten Punkt im Abstand r vom Atomkern erreicht oder – gleichbedeutend – mit welcher Wahrscheinlichkeit sich das Elektron in einem kleinen Volumenelement im Abstand r aufhält. Die im folgenden Unterkapitel näher zu besprechende „*Elektronenaufenthaltswahrscheinlichkeit*" ergibt sich dabei als Quadrat (φ^2) sogenannter „*Wellenfunktionen*" ψ des Wasserstoffelektrons, die in einem anschließenden Unterkapitel (S. 332) behandelt werden sollen.

---

16 Vom System aufgenommene Energie hat stets ein positives Vorzeichen, abgegebene Energie ein negatives.

17 Die bei der Vereinigung eines Protons und Elektrons zum Wasserstoffatom abgegebene Energie wird stets stufenweise und nicht – wie aus Fig. 90 vielleicht gefolgert werden könnte – kontinuierlich frei.

18 Man vgl. das Sonnensystem.

19 Die Elektronengeschwindigkeit v folgt aus der Beziehung $E_{kin} = m_e v^2/2$ mit $E_{kin} = 13.595$ eV $= 21.7834 \times 10^{-19}$ J (s. oben) und m_e (Elektronenmasse) $= 9.1095 \times 10^{-31}$ kg zu: $v = \sqrt{2 \cdot E_{kin}/m_e}$ $= \sqrt{[2 \times (21.7834 \times 10^{-19}/9.1095 \times 10^{-31})]} = 2.1869 \times 10^6$ m/s.

20 Das Elektron gleicht hier in mancher (wenn auch nicht in jeder) Beziehung einer Mücke, die eine kugelförmige Lichtquelle umschwirrt.

Aufenthaltswahrscheinlichkeiten des Wasserstoffelektrons

Die Wahrscheinlichkeitsverteilung eines 1s-Wasserstoffatomelektrons (s-„*Elektronendichte*") ist durch die Beziehung

$$\psi_{1s}^2 = \frac{1}{\pi} \cdot e^{-2r} \tag{2}$$

(r = Abstand des Elektrons vom Wasserstoffkern in atomaren Einheiten[21]) gegeben. Wie aus einer graphischen Darstellung dieser Funktion (Fig. 91b) unmittelbar folgt, nimmt die Elektronenaufenthaltswahrscheinlichkeit mit wachsendem r radialsymmetrisch zunächst rasch, dann zunehmend langsamer ab. Die Wahrscheinlichkeit, das 1s-Elektron in einem kleinen Volumenelement $dV = dx\,dy\,dz$ im Abstand r vom Wasserstoffkern vorzufinden, ist gleich $\psi_{1s}^2\,dV$. Die Wahrscheinlichkeit, das Elektron in der Summe aller Volumenteile anzutreffen, ist naturgemäß gleich 1 ($\int \psi_{1s}^2\,dV = 1$).

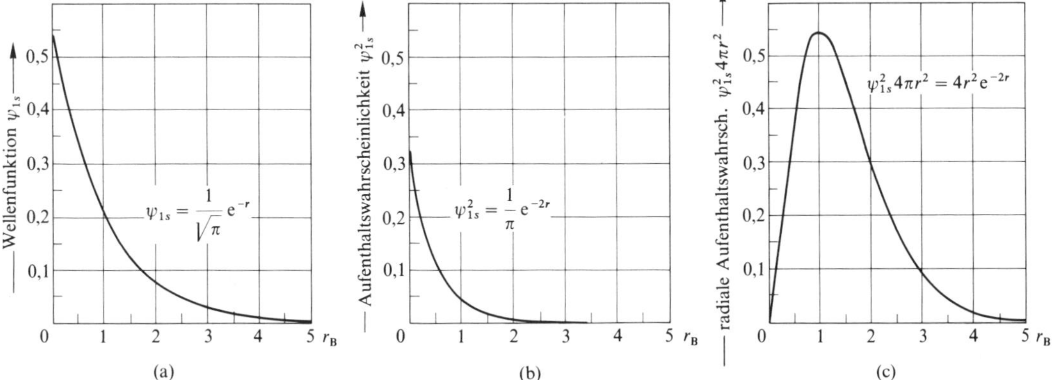

Fig. 91 1s-Orbital des Wasserstoffatoms: Graphische Darstellung (a) der *Wellenfunktion* ψ_{1s}, (b) ihres Quadrates ψ_{1s}^2 (Elektronenaufenthaltswahrscheinlichkeit pro Volumenelement), (c) ihres mit $4\pi r^2$ multiplizierten Quadrats (Elektronenaufenthaltswahrscheinlichkeit pro Kugelschale).

Die Größe $\psi_{1s}^2\,dV$ kann auch als durchschnittliche „*Elektronendichte*" und die mit der Elektronenladung e multiplizierte Größe $\psi_{1s}^2\,dV$ auch als mittlere „*Ladungsdichte*" im betreffenden Volumenelement dV in einer großen Anzahl von Wasserstoffatomen interpretiert und wie in Fig. 92a als „*Elektronenladungswolke*" („verschmiertes" Elektron) veranschaulicht werden (die Dichte der Punktierung entspricht in dieser Figur der jeweiligen Elektronendichte)[22]. Die sphärische *Gestalt der* 1s-*Elektronenladungswolke* des Wasserstoffatoms kommt dabei besonders gut durch die in Fig. 92b gewählte Darstellungsweise zum Ausdruck (wiedergegeben ist eine Fläche gleichen ψ_{1s}^2-Wertes). Aus der Dichteverteilung des Elektrons im Grundzustand des Wasserstoffatoms ergibt sich unter Zuhilfenahme des Coulombschen Gesetzes in einfacher Weise die potentielle Energie und damit auch (vgl. Virial-Theorem) die kinetische sowie gesamte Energie des Systems Proton/Elektron.

Wegen der starken Abnahme der Elektronendichte bereits in nächster Nähe des Protons erscheint das Wasserstoffatom als kugelförmiges Teilchen sehr kleiner, endlicher Ausdehnung („*Kugelmodell*" des Wasserstoffatoms zum Unterschied vom Bohrschen „*Scheibchenmodell*").

---

21 1 atomare Längeneinheit entspricht der Länge des Bohrschen Radius $r_B = 0.529167$ Å.

22 Die Elektronendichte von freien und gebundenen Atomen spielt in der Röntgenkristallographie eine wichtige Rolle; die von Brill, Grimm, Herrmann und Peters 1939 erstmals eingeführte und seitdem intensiv ausgebaute „*Fourier-Analyse*" von Kristallstrukturen liefert aus den absoluten Röntgenintensitäten bei der Beugung der Röntgenstrahlen an den Elektronen des Kristalls die Elektronendichte an jedem Punkt des Kristalls.

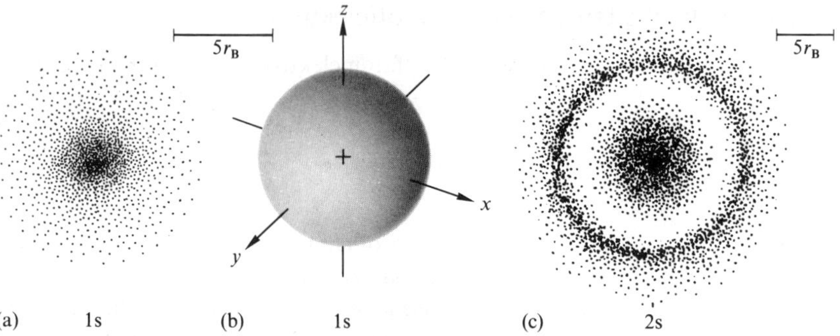

Fig. 92 (a) Bildliche Darstellung der Dichte des 1s-Wasserstoffelektrons (Elektronendichte). (b) Gestalt des kugelsymmetrischen 1s-Orbitals (der 1s-Elektronenladungswolke) des Wasserstoffatoms[23]. (c) Bildliche Wiedergabe der Dichte des 2s-Wasserstoffelektrons.

Tatsächlich hält sich das 1s-Elektron des Wasserstoffatoms zu 99% innerhalb einer Kugel mit dem Radius von 4.2 atomaren Einheiten (2.2 Å) auf (Fig. 92).

Da sich das Wasserstoffelektron im gesamten, den Atomkern umgebenden Raum aufhält, kann man natürlich nicht von einem bestimmten Abstand Proton/Elektron sprechen. Der weiter oben benutzte Begriff „Abstand" (in Gänsefüßchen) ist somit als durchschnittlicher Elektronenabstand zu interpretieren. In analoger Weise veranschaulichen die in Fig. 90 wiedergegebenen Kurven für E_{pot} und E_{kin} nur Kurven durchschnittlicher Energie („Erwartungswerte" der Energie) des 1s-Waserstoffelektrons, dem ja entsprechend seinem mehr oder minder großen Abstand vom Kern eine mehr oder minder kleine potentielle bzw. mehr oder minder große kinetische Energie zukommt. Die Fig. 90 bringt somit zum Ausdruck, daß sich mit abnehmendem mittleren „Abstand" (also mit kleiner werdendem „Aufenthaltsraum") des 1s-Wasserstoffelektrons dessen kinetische Energie vergrößert und dessen potentielle Energie verkleinert.

Dieser allgemein für Atom- und Molekülelektronen gültige Sachverhalt folgt direkt aus einem von Werner Heisenberg im Jahre 1927 aufgefundenen Prinzip, wonach es unmöglich ist, gleichzeitig sowohl den durch die Koordinaten x, y und z festgelegten Ort eines Teilchens (etwa eines Elektrons) als auch die x-, y- und z-Komponente des Teilchenimpulses $p = m \cdot v$ (m = Masse, v = Geschwindigkeit des Teilchens) mit absoluter Genauigkeit zu kennen. Vielmehr kann das Produkt aus der Unschärfe des Teilchenortes (Δx, Δy, Δz) und der Unschärfe des Teilchenimpulses (Δp_x, Δp_y, Δp_z) nie kleiner als das durch 4π dividierte Plancksche Wirkungsquantum $h = 6.626176 \times 10^{-34}$ J · s sein, z. B.:

$$\boxed{\Delta x \cdot \Delta p_x \geqslant h/4\pi} \qquad (3)$$

(**„Heisenbergsche Unschärferelation"**). Eine genaue Kenntnis des Orts eines Atomelektrons (Δx sehr klein) bedingt somit eine entsprechend vage Kenntnis des Impulses (bzw. der Geschwindigkeit) des Teilchens und umgekehrt. In Übereinstimmung mit der Heisenbergschen Unschärferelation muß also eine Verkleinerung des Elektronenaufenthaltsraums, d. h. eine Verkleinerung der Ortsunschärfe des Elektrons zu einer Vergrößerung der Impulsunschärfe führen. Folglich werden große Elektronenimpulse wahrscheinlicher, was der Zunahme der kinetischen Energie entspricht[24].

Die Wahrscheinlichkeit, das 1s-Wasserstoffelektron in einer Kugelschale $dV_r = 4\pi r^2 dr$[25] des Radius r und der verschwindenden Dicke dr aufzufinden, beträgt $\psi_{1s}^2 \, dV_r = \psi_{1s}^2 \, 4\pi r^2 dr$. Die *„radiale Aufenthaltswahrscheinlichkeit"* (*„radiale Elektronendichte"*) des 1s-Elektrons er-

---

[23] Wiedergegeben ist eine Grenzfläche, die 99% der gesamten Ladungswolke des betreffenden Elektrons einschließt (die Wiedergabe einer, die gesamte Wahrscheinlichkeitsverteilung einschließenden Begrenzungsfläche ist unmöglich, da sie im Unendlichen liegt.) Die eingezeichneten Plus- und (gegebenenfalls) Minus-Zeichen stellen keine Ladungen dar, sondern beziehen sich auf das Vorzeichen des Wertes der ψ-Wellenfunktion (S. 332) im betreffenden Raumteil: es handelt sich also bei Abbildungen vom Typ der Fig. 92b um kombinierte Bilder, in denen sowohl ψ^2 graphisch durch eine Grenzfläche als auch ψ symbolisch durch Vorzeichen dargestellt sind (vgl. hierzu S. 332 sowie Anm. [32]).

[24] Mit der Verkleinerung des mittleren „Abstands" der negativen Elektronen vom positiven Atomkern ist naturgemäß zugleich eine Erniedrigung der potentiellen Energie verbunden.

[25] Das Volumen einer (unendlich) dünnen Kugelschale ergibt sich als Produkt aus der Oberfläche $4\pi r^2$ und der Dicke dr der Kugelschale.

gibt sich demnach zu $\psi_{1s}^2 4\pi r^2$. Sie nimmt, wie aus der graphischen Darstellung dieser Funktion unmittelbar folgt (Fig. 91c), mit wachsendem Abstand r vom Wasserstoffatomkern erst rasch zu, dann wieder ab. Das Maximum der Elektronendichte liegt genau beim Radius r_B der alten Bohrschen Elektronengrundbahn. Während sich aber das Elektron nach der Bohrschen Vorstellung ausschließlich auf einer Kreisbahn im Abstand r_B aufhält, ist das Elektron nach den neuen atomistischen Vorstellungen auch auf Schalen kleineren und größeren Durchmessers anzutreffen, allerdings mit geringerer Wahrscheinlichkeit.

Der Sachverhalt, daß die radiale Aufenthaltswahrscheinlichkeit des 1s-Wasserstoffelektrons zum Unterschied von der volumenelementbezogenen Aufenthaltswahrscheinlichkeit ein Wahrscheinlichkeitsmaximum aufweist, ist in Fig. 93, welche einen in lauter gleich große Volumenelemente eingeteilten Querschnitt durch das Wasserstoffatom wiedergibt, veranschaulicht. Die Dichte der Punktierung entspricht hierbei der Elektronendichte im betreffenden Volumenelement. Sie nimmt forderungsgemäß (2) mit zunehmendem Abstand vom Atommittelpunkt ab. Demgegenüber durchläuft die Elektronendichte pro Kugelschalenring ein Maximum (1. Schale: 8, 2. Schale: 18, 3. Schale: 20, 4. Schale 14 Punkte).

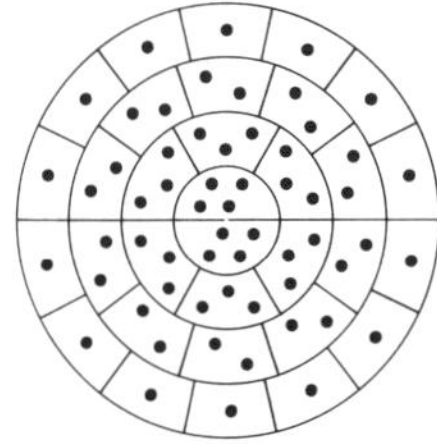

Fig. 93 Veranschaulichung der Elektronenaufenthaltswahrscheinlichkeit pro Volumeneinheit und pro Kugelschale.

Ganz allgemein kommt dem Elektron in den verschiedenen ***n*s-Orbitalen** des Wasserstoffatoms (n = Hauptquantenzahl) eine kugelsymmetrische Wahrscheinlichkeitsverteilung zu, d. h. die Elektronendichte ist in Zonen gleichen Abstands r vom Kern jeweils gleich (sphärische Gestalt der ns-Elektronenladungswolken). Zum Unterschied vom Wasserstoffelektron im 1s-Grundzustand ($n = 1$) enthält die Dichteverteilung eines ns-Elektrons im angeregten Wasserstoff ($n > 1$) jedoch jeweils $n - 1$ Kugelschalen, auf denen die Elektronendichte gleich null ist („*Knotenflächen*" s. hierzu folgendes Unterkapitel). So nimmt etwa die volumenelementbezogene Aufenthaltswahrscheinlichkeit ψ_{2s}^2 des 2s-Wasserstoffelektrons mit zunehmendem Abstand r vom Proton zunächst rasch bis auf den Wert null (beim Abstand $2r_B$) ab, dann rasch zu und schließlich wieder ab (Fig. 91c)[26]. Die radiale Elektronendichte $\psi_{2s}^2 4\pi r^2$ des 2s-Wasserstoffelektrons (Fig. 94a) weist zwei Maxima – ein kleines inneres und ein größeres äußeres – auf (zwischen den Maxima geht – wie erwähnt – die Elektronenaufenthaltswahrscheinlichkeit im Abstand $2r_B$ auf null zurück). Der Radius des äußeren Dichtemaximums ist dabei etwas größer als der Radius der von Bohr für $n = 2$ berechneten Kreisbahn ($4r_B$). Innerhalb des Minimums der Elektronendichte beträgt die gesamte Aufenthaltswahrscheinlichkeit des Elektrons nur 5.4 %, außerhalb 94.6 %. Ganz allgemein weist die radiale Dichte eines ns-Elektrons n – von innen nach außen wachsende – Maxima auf (vgl. Fig. 92c, 94a, 97a), zwischen denen $n - 1$ Nullstellen liegen. Dabei hält sich das Elektron im wesentlichen außerhalb des äußersten Minimums auf.

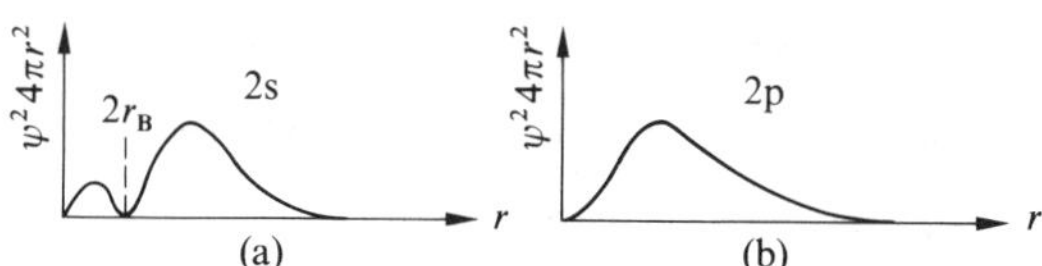

Fig. 94 Radiale Aufenthaltswahrscheinlichkeit (a) eines 2s-, (b) eines 2p-Elektrons (bezüglich der p-Elektronendichte vgl. Text).

[26] Die Dichteverteilung des 2s-Wasserstoffelektrons ist gegeben durch: $\psi_{2s}^2 = (2 - r)^2 e^{-r}/32\pi$ (r in atomaren Einheiten). Für $r = 2$ atomare Einheiten wird $2 - r$ und damit ψ_{2s}^2 gleich null.

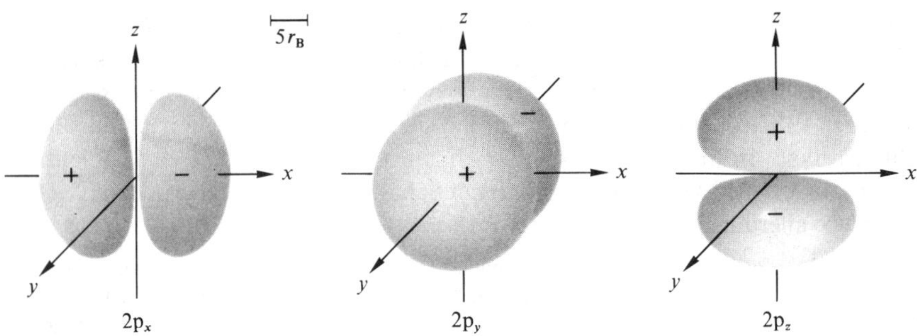

Fig. 95 Gestalt der drei axialsymmetrischen 2p-Orbitale (der 2p-Elektronenladungswolken) des Wasserstoffatoms[23)].

Zum Unterschied von der kugelsymmetrischen Dichteverteilung des Wasserstoffelektrons in den verschiedenen *n*s-Zuständen weist das Elektron in jedem der drei möglichen ***n*p-Orbitale** einer bestimmten Hauptschale $n > 1$ des angeregten Wasserstoffatoms nur eine axial-symmetrische Wahrscheinlichkeitsverteilung auf. Die *Gestalt der drei* 2p-*Elektronenladungswolken* gleicht dabei Hantelformen, die nach den drei Raumkoordinaten *x*, *y* bzw. *z* ausgerichtet sind und daher als p_x-, p_y- bzw. p_z-Orbital bezeichnet werden (Fig. 95)[27)]. Die Elektronenwahrscheinlichkeitsverteilung ist in allen Hantelhälften der drei *n*p-Zustände gleich. Das Maximum der volumenelementbezogenen $2p_x$-, $2p_y$- bzw. $2p_z$-Elektronendichte liegt auf der betreffenden *x*-, *y*- bzw. *z*-Symmetrieachse beiderseits des Wasserstoffkerns im gleichen Abstand (im Falle des 2p-Elektrons bei ca. ± 5 atomaren Einheiten ≈ 2.6 Å). Ausgehend hiervon verringert sich die Aufenthaltswahrscheinlichkeit nach allen Richtungen unter Wahrung der Axialsymmetrie (jedoch nicht der Kugelsymmetrie).

Ähnlich wie im Falle des Wasserstoffelektrons in *n*s-Zuständen weist auch die Dichteverteilung des Elektrons in einem np_x-, np_y- bzw. np_z-Wasserstoffatomzustand $n - 1$ Knotenflächen auf. Eine dieser Knotenflächen ist allerdings eben und verläuft zu der im Orbital-Index angegebenen Achse senkrecht durch den Atommittelpunkt; $n - 2$ Knotenflächen (also null im Falle der 2p-, eine im Falle der 3p-Orbitale usw.) liegen wie im Falle der *n*s-Zustände ($n > 1$) konzentrisch zum Atommittelpunkt (vgl. z.B. Fig. 94b, 97b, 98).

Wegen der axialsymmetrischen Wahrscheinlichkeitsverteilung eines p-Elektrons ist die Elektronendichte auf Kugelschalen mit dem Radius *r* nicht an allen Orten gleich groß. Nun kommt aber einem Wasserstoffelektron im p_x-, p_y- sowie p_z-Atomorbital einer bestimmten Hauptquantenzahl jeweils gleiche Energie zu. Es besetzt demzufolge die drei „energieentarteten" p-Zustände mit gleicher Wahrscheinlichkeit. Da bei der Addition der Dichteverteilung $\psi^2_{p_x} + \psi^2_{p_y} + \psi^2_{p_z}$ des Wasserstoffelektrons im p_x-, p_y- und p_z-Zustand eine sphärische Gesamtelektronendichteverteilung resultiert[28)], erscheint auch ein angeregtes Wasserstoffatom mit einem *n*p-Elektron als kugelförmiges Teilchen.

Von den fünf möglichen ***n*d-Orbitalen** einer bestimmten Hauptschale $n > 2$ des angeregten Wasserstoffatoms haben vier d-Orbitale (d_{xy}, d_{xz}, d_{yz}, $d_{x^2-y^2}$) eine rosettenförmige Gestalt, während ein d-Orbital (d_{z^2}) einem hantelförmigen Gebilde gleicht, das von einem ring-

---

27 Man könnte sich das Modell eines 2p-Wasserstoffatomorbitals bequem und billig aus kreisrunden Brötchen anfertigen.

28 Zum Beispiel gilt für die relative Wahrscheinlichkeitsverteilung eines $2p_x$-, $2p_y$- bzw. $2p_z$-Wasserstoffatomelektrons:
$$\psi^2_{2p_x} = f(r)\sin^2\theta\cos^2\varphi \quad \psi^2_{2p_y} = f(r)\sin^2\theta\sin^2\varphi \quad \psi^2_{2p_z} = f(r)\cos^2\theta$$
mit $f(r) = r^2 e^{-r}/32\pi$ (*r* in atomaren Einheiten) und θ sowie φ = Winkelkoordinaten. Somit folgt:
$$\begin{aligned}\psi^2_{2p_x} + \psi^2_{2p_y} + \psi^2_{2p_z} &= f(r)[\sin^2\theta\cos^2\varphi + \sin^2\theta\sin^2\varphi + \cos^2\theta] \\ &= f(r)[\sin^2\theta(\cos^2\varphi + \sin^2\varphi) + \cos^2\theta] \\ &= f(r)[\sin^2\theta + \cos^2\theta] = f(r).\end{aligned}$$
Für ein herausgegriffenes $2p_x$-, $2p_y$- bzw. $2p_z$-Orbital gilt die Dichteverteilung f(*r*) nur entlang der Orbitalsymmetrieachsen.

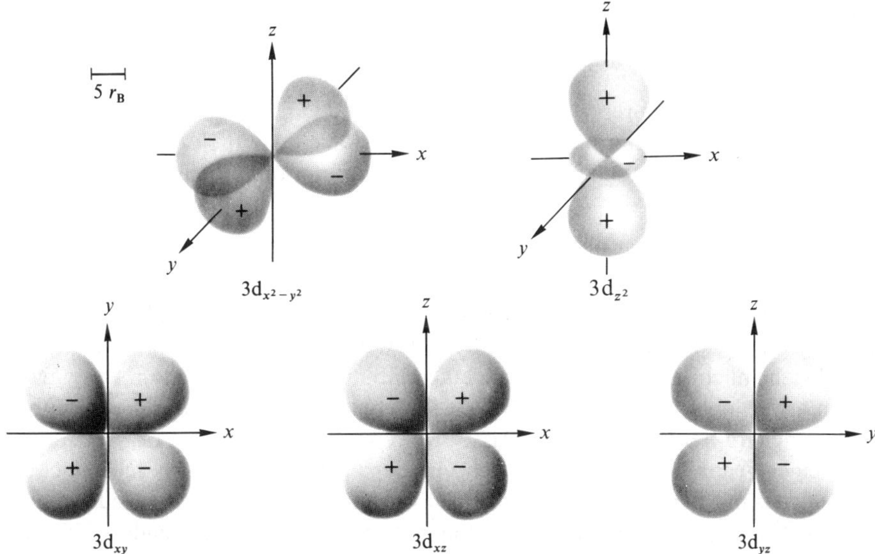

Fig. 96 Gestalt der fünf 3d-Orbitale (der 3d-Elektronenladungswolken) des Wasserstoffatoms[23].

förmigen Wulst umgeben ist. Zur *Gestalt der fünf* 3d-*Elektronenladungswolken* vgl. Fig. 96[29]. Die Elektronenwahrscheinlichkeitsverteilung ist in allen Rosettenteilen der Orbitale gleichartig und z. B. im Falle der 3d-Orbitale mit der Dichteverteilung der 2p-Orbitale vergleichbar[30]. Die Wahrscheinlichkeitsverteilung des d_{z^2}-Elektrons ist bezüglich der z-Achse axialsymmetrisch.

Wie im Falle des Wasserstoffelektrons in ns- und np-Zuständen weist die Dichteverteilung des Elektrons in einem nd-Wasserstoffatomzustand wiederum $n - 1$ Knotenflächen auf. Zwei dieser Knotenflächen sind im Falle des d_{xy}-, d_{xz}- und d_{yz}-Orbitals eben und verlaufen zu den im Orbital-Index genannten Achsen jeweils senkrecht durch den Atomkern. Auch das $d_{x^2-y^2}$-Orbital besitzt zwei durch den Kern verlaufende, jedoch auf der Winkelhalbierenden der x- und y-Achse senkrecht stehende Knotenebenen, während die entsprechenden beiden Knotenflächen des d_{z^2}-Orbitals nicht mehr eben sind, sondern zwei Kegelmäntel bilden, an deren gemeinsamer Spitze sich der Atomkern befindet. Zusätzlich zu den erwähnten Knotenflächen liegen $n - 3$ Knotenflächen (also null im Falle der 3d-, eine im Falle der 4d-Orbitale usw.) konzentrisch zum Atommittelpunkt (vgl. z. B. Fig. 97c).

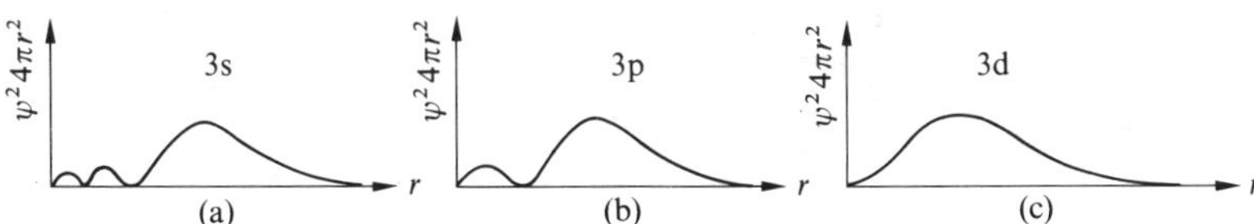

Fig. 97 Radiale Aufenthaltswahrscheinlichkeit (a) eines 3s-, (b) eines 3p- und (c) eines 3d-Elektrons.

---

[29] Die andersartige Form des d_{z^2}-Orbitals im Vergleich mit dem $d_{x^2-y^2}$-Orbital rührt daher, daß man die dem $d_{x^2-y^2}$-Orbital (Rosette längs der x- und y-Achse) entsprechenden zwei Orbitale $d_{y^2-z^2}$ (Rosetten längs der y- und z-Achse) und $d_{x^2-z^2}$ (Rosette längs der x- und z-Achse) aus mathematischen Gründen kombiniert. Prinzipiell ließen sich die d-Orbitale auch in anderer Form repräsentieren, doch haben sich die in Fig. 96 dargestellten Gestalten allgemein eingebürgert.

[30] Axialsymmetrische Dichteverteilung bezüglich jeweils einer Winkelhalbierenden des xy-, xz- oder yz-Achsenkreuzes bzw. bezüglich der x- oder y-Achse. Jeder Rosettenteil weist im Inneren ein Dichtemaximum auf. Ausgehend hiervon verringert sich die Elektronenaufenthaltswahrscheinlichkeit nach allen Richtungen unter Wahrung der Axialsymmetrie (vgl. Fig. 97).

Wie im Falle der p-Elektronen ändert sich auch im Falle der d-Elektronen die Dichte im Abstand r vom Kern von Ort zu Ort. Da jedoch einem Elektron in jedem d-Orbital eines Wasserstoffatoms gleiche Energie zukommt, hält es sich in den fünf d-Orbitalen mit gleicher Wahrscheinlichkeit auf. Wieder resultiert bei der Addition der Elektronendichten der fünf d-Orbitale einer bestimmten Hauptquantenzahl eine sphärische Gesamtelektronendichteverteilung. Infolgedessen erscheint auch ein angeregtes Wasserstoffatom mit einem nd-Elektron als kugelförmiges Teilchen.

Wellenfunktionen des Wasserstoffelektrons

Nach dem auf S. 104 Besprochenen kommt einem Elektron sowohl Teilchen- als auch Wellencharakter zu. Während sich nun die durch das Quadrat von ψ gegebene Elektronen-Aufenthaltswahrscheinlichkeit ψ^2 anschaulich deuten läßt, wenn man das Atom- (bzw. Molekül-)Elektron als Teilchen behandelt (s. oben), geht man zur Deutung der Funktion ψ besser vom Wellencharakter des Elektrons aus.

Um einen kleinen Anhaltspunkt für die Richtung der Gedankengänge zu geben, sei ein Beispiel erläutert, das mit dem hier zu behandelnden Problem in einem gewissen Zusammenhang steht. Regt man eine, an zwei Stellen eingespannte Saite zu einer stehenden Welle an, so schwingt diese Saite (Energieverluste durch Reibung seien ausgeschlossen) unendlich lange im gleichen Rhythmus weiter. Stehende Wellen („*stationäre Schwingungen*") solcher Art sind bei gegebener Saitenlänge l jedoch nur mit ganz bestimmten Frequenzen möglich. Die Wellenlängen λ_n besitzen bekanntlich die Werte $2\,l/n$ (also $2\,l$, l, $2/3\,l$, $1/2\,l$, $2/5\,l$, $1/3\,l$ usw.) entsprechend der Grundschwingung ($n = 1$) und den verschiedenen Oberschwingungen ($n = 2$, 3, 4, 5, 6, usw.) des betrachteten Systems. Je nachdem das Seil mit der einen oder anderen Frequenz schwingt, kommt ihm als schwingendes System ein bestimmter Energieinhalt zu. Um das System in die einzelnen Schwingungszustände zu überführen, müssen bestimmte „*Energie-Quanten*" zu- oder abgeführt werden.

Die Schwingungsamplitude ψ' in einer Entfernung x von der Einspannung der Saite ist (im Zeitpunkt maximaler Saitenauslenkung) durch die Wellenfunktion

$$\psi' \sim \sin(180\,nx)$$

gegeben (x in l-Einheiten gemessen: x läuft also von 0 bis l). Wie aus der graphischen Darstellung der für die Grundschwingung ($n = 1$) und die 1. Oberschwingung ($n = 2$) gültigen Funktionen $\psi'_1 \sim \sin(180\,x)$ und $\psi'_2 \sim \sin(360\,x)$ hervorgeht:

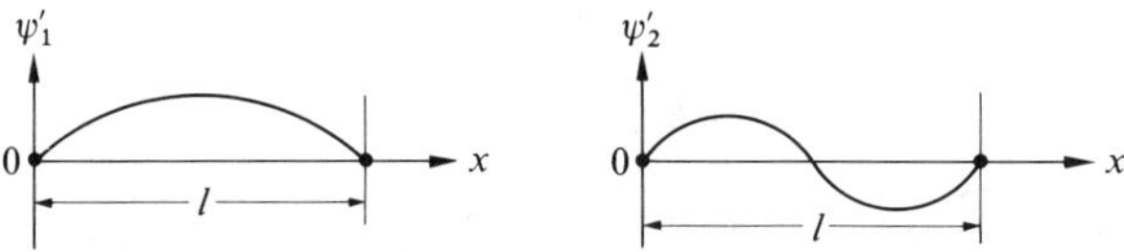

weist erstere Funktion im ganzen x-Bereich nur positive Werte, letztere Funktion im Bereich $x < 0.5$ positive und im Bereich $x > 0.5$ negative Schwingungsamplituden auf. Abgesehen von den Stellen, an denen die Saite eingespannt ist, wird im Falle von ψ'_1 (Grundschwingung) keine, im Falle von ψ'_2 eine Nullstelle („*Knotenpunkt*") bei $x = 0.5$ aufgefunden (die 2., 3., 4. Oberschwingung usw. weist 2, 3, 4 Knotenpunkte usw. auf).

Analoges wie für die Schwingungszustände der Saite als eines eindimensionalen Schwingungssystems gilt für die Schwingungszustände einer eingespannten Metallplatte als eines zweidimensionalen Schwingungssystems. Damit ähneln die eindimensionale Saite und die schwingende zweidimensionale Metallplatte der dreidimensionalen Elektronenhülle des Wasserstoffatoms, die ebenfalls durch bestimmte Energiequanten in ganz bestimmte Energiezustände (Schwingungszustände) gebracht werden kann. Wie bei der schwingenden Saite und der schwingenden Platte läßt sich auch im Falle der „negativen Elektrizität" des Wasserstoffatoms eine stationäre „Grundschwingung" und eine stationäre 1., 2., 3 usw. Oberschwingung unterscheiden. Den (schwingungsfreien) Knotenpunkten der eindimensionalen und den schwingungsfreien Knotenlinien der zweidimensionalen Schwingungen entsprechen dabei schwingungsfreie Knotenflächen der dreidimensionalen Schwingungen (Knotenzahl bei der Grundschwingung = 0, bei der 1. Oberschwingung = 1, bei der 2. Oberschwingung = 2 usw.). Jeder Schwingungszustand des Wasserstoffelektrons läßt sich durch eine „*Wellenfunktion*" („*Orbital*", exakter: „**A**tom**o**rbital" **AO**) ψ mathematisch erfassen. Sie hat an jedem Punkt des Wasserstoffatoms einen bestimmten endlichen, als Schwingungsamplitude deutbaren positiven oder – gegebenenfalls – negativen oder – an Stellen einer Knotenfläche – verschwindenden Wert, dessen stets positives Quadrat die weiter oben besprochene Aufenthaltswahrscheinlichkeit des Wasserstoffelektrons am betreffenden Punkt ergibt.

Beispielsweise lautet die Wellenfunktion des Wasserstoffelektrons im Zustand der „Grundschwingung" (1s-Zustand; keine Knotenfläche):

$$\psi_{1s} = \frac{1}{\sqrt{\pi}} \cdot e^{-r} \tag{4}$$

(r = Abstand des Elektrons vom Wasserstoffkern in atomaren Einheiten[21]). Sie ist in Fig. 91a (S. 327) graphisch dargestellt. Die sphärische Symmetrie der Funktion (4) kommt besonders gut in der Darstellungsweise der Fig. 98 (erste Reihe) zum Ausdruck, in welcher die wiedergegebene kreisförmige Konturlinie eine Linie gleichen ψ_{1s}-Wertes repräsentiert. Durch Rotation dieser Konturlinie um den Kreismittelpunkt entsteht eine kugelförmige Konturfläche konstanten ψ_{1s}-Wertes (Fig. 92b; S. 328), welche die 1s-Schwingungsform (Gestalt des 1s-Orbitals) veranschaulicht[31]. Zweckmäßigerweise wählt man die Knotenfläche so, daß sich das 1s-Elektron innerhalb der Fläche zu einem hohen Prozentsatz (z. B. 99 %) aufhält. Das in den Kreis der Fig. 98 (erste Reihe) bzw. in die Kugelschale der Fig. 92b eingezeichnete

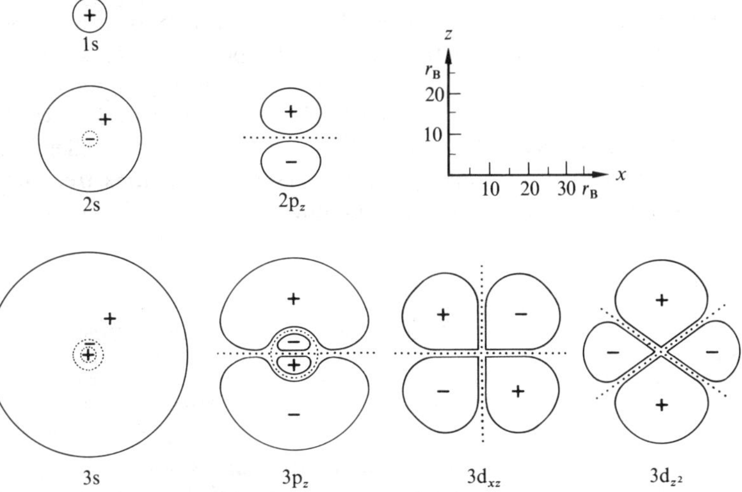

Fig. 98 Maßstäbliche Konturliniendiagramme der 1s-, 2s-, $2p_z$-, 3s-, $3p_z$-, $3d_{xz}$-, $3d_{z^2}$-Atomorbitale des Wasserstoffs (wiedergegeben sind jeweils die 99 % Konturen; die punktierten Linien repräsentieren Knotenebenen der betreffenden Orbitale).

[31] Der Begriff „Orbital" wird auch im Sinn von „Elektronenaufenthaltsraum" gebraucht. Man spricht dementsprechend etwa vom „Besetzen" eines Orbitals mit einem Elektron.

Pluszeichen bringt zum Ausdruck, daß die ψ-Werte des 1s-Orbitals im gesamten Funktionsbereich positiv sind.

Führt man dem Wasserstoffatom im Grundzustand (Hauptquantenzahl $n = 1$) Energie zu, so geht es in den durch $n = 2$ charakterisierten Zustand der „1. Oberschwingung" (eine Knotenfläche) über. Es hat in diesem Zustand die Möglichkeiten zu zwei verschiedenen, als 2s- und 2p-Zustände bezeichneten Schwingungsformen (vgl. Konturliniendiagramm Fig. 98 (zweite Reihe) sowie Gestalt des p_x-, p_y- und p_z-Orbitals: Fig. 95[32)]). Sowohl das 2s- als auch jedes der drei 2p-Orbitale weist jeweils einen Bereich mit positiven und negativen Schwingungsamplituden auf. Beide Bereiche sind im ersten Fall durch eine sphärische, in den letzten Fällen durch eine ebene Knotenfläche voneinander getrennt.

Noch größere Energiezufuhr zum Wasserstoffatom bedingt die Ausbildung der durch $n = 3$ charakterisierten „2. Oberschwingung" (zwei Knotenflächen). Hier lassen sich drei verschiedene, als 3s-, 3p- und 3d-Zustände bezeichnete Schwingungsformen unterscheiden (vgl. Konturliniendiagramm Fig. 98 (dritte Reihe) sowie Gestalt des d_{xy}-, d_{xz}-, d_{yz}-, $d_{x^2-y^2}$- und d_{z^2}-Orbitals: Fig. 96)[32)].

Im Zustand der „3. Oberschwingung" ($n = 4$) der Wasserstoffelektronenhülle lassen sich vier als 4s-, 4p-, 4d- und 4f-Zustände bezeichnete Schwingungsmöglichkeiten unterscheiden (jeweils drei Knotenflächen). Bezüglich der Gestalt der f-Orbitale vgl. Lehrbücher der theoretischen Chemie[13)].

Wie aus den maßstabsgerechten Konturliniendiagrammen (Fig. 98) hervorgeht, bestimmt die Hauptquantenzahl n (= 1, 2, 3) die Größe, die Nebenquantenzahl l (= 0, 1, 2 entsprechend s, p, d) die Gestalt des betreffenden Orbitals.

2.1.2 Atome mit mehreren Elektronen

Die *korrekte Wellenfunktion* für Atome mit mehreren Elektronen hängt von den jeweils *drei Koordinaten aller Elektronen gleichzeitig* ab (für die 1s-Wellenfunktion des Wasserstoffelektrons genügte demgegenüber bereits eine Koordinate, nämlich der Abstand r; vgl. S. 333). Genau genommen läßt sich deshalb das *Orbitalkonzept nicht auf Mehrelektronensysteme* übertragen (Orbitale stellen definitionsgemäß Einzelelektronenwellenfunktionen dar). *Näherungsweise* kann jedoch ein herausgegriffenes Elektron eines Mehrelektronenatoms so behandelt werden, als würde es sich in einem kugelsymmetrischen Feld des positiven Kerns und der negativen Ladungswolke der übrigen Elektronen bewegen, wobei die Bewegungsdetails der übrigen Elektronen ohne Einfluß auf die Bewegung des betreffenden Elektrons sind („*Modell des unabhängigen Elektrons*", **„Einelektronen-Näherung"**)[33)]. Die Mehrelektronenwellenfunktion ergibt sich dann näherungsweise als Produkt $\psi_1 \psi_2 \psi_3 \ldots$ (sogenanntes **„Hartree-Fock-Produkt"**) aller Einelektronenfunktionen ψ_1, ψ_2, $\psi_3 \ldots$ (s. unten)[33)].

---

[32] Die räumliche Darstellung der durch ψ gegebenen Wellenfunktion und der durch ψ^2 gegebenen Dichteverteilung des ns-, np- und nd-Wasserstoffelektrons in der beschriebenen Weise (Wiedergabe von Grenzflächen gleichen ψ- bzw. ψ^2-Wertes) führt naturgemäß zum gleichen Ergebnis (Orte gleichen ψ-Werts sind auch Orte gleichen ψ^2-Werts). Zum Unterschied von den Orbitalen, welche Bereiche positiver und negativer Funktionswerte aufweisen können, ist die Elektronendichteverteilung (Elektronenwahrscheinlichkeitsverteilung) stets positiv (das Quadrat einer negativen Zahl ist positiv).

[33] Da nach dem von Wolfgang Pauli (1900–1958) aufgefundenen **Antisymmetrie-Prinzip** (Verallgemeinerung des auf S. 98 besprochenen Pauli-Prinzips) nur solche Mehrelektronenfunktionen erlaubt sind, die bei Vertauschung der Koordinaten zweier beliebiger Elektronen ihren *Betrag beibehalten*, aber ihr *Vorzeichen umkehren*, genügt nicht ein einziges Hartree-Fock-Produkt; denn dieses verhält sich immer symmetrisch bezüglich eines Koordinatentauschs. Man benötigt eine Summe von Hartree-Fock-Produkten, einschließlich der Elektronenspinfunktionen mit geeignet gewählten positiven und negativen Vorzeichen. Hierbei werden die Einelektronenfunktionen in geschickter Weise so gewählt, daß sich die antisymmetrisierte Hartree-Fock-Produktfunktion der korrekten Mehrelektronenfunktion *optimal* anpaßt (vgl. S. 336). Den Fehler, den man macht, weil das zur Beschreibung von Mehrelektronensystemen benutzte Einelektronenmodell Details der Elektronenbewegung nicht berücksichtigt, nennt man den „*Korrelationsfehler*" und den hiermit verknüpften Energiefehler die **„Korrelationsenergie"**.

Im Rahmen dieser Näherung kommt den *n*s-, *n*p-, *n*d- und *n*f-Orbitalen von Atomen der Ordnungszahl > 1 die gleiche *Gestalt* wie den entsprechenden Orbitalen des Wasserstoffatoms (s. oben) zu. Ihre *Größe* unterscheidet sich jedoch. Auch hängt der *Energiegehalt* eines Elektrons in einem bestimmten Atomorbital wesentlich von der Zahl und Art der übrigen Elektronen des Atoms ab. Denn letztere *schirmen* die positive Ladung des Atomkerns mehr oder weniger gut ab (S. 97) und *mindern* damit die für den Energiegehalt des betrachteten Elektrons u. a. mitverantwortliche *elektrostatische Kernanziehung*. So *durchdringt* etwa die Ladungswolke des äußeren 2s-Elektrons des Lithiumatoms (Elektronenkonfiguration $1s^2 2s^1$) nur zum Teil die Ladungswolke der beiden 1s-Atomelektronen (vgl. Fig. 92c, S. 328): Die 1s-Elektronen schirmen deshalb die drei positiven Kernladungen des Lithiums gegenüber dem 2s-Elektron erheblich ab. Der Energiegehalt eines 2s-Elektrons in einem Lithium*atom* ist damit um vieles größer als der Energiegehalt eines 2s-Elektrons in einem (angeregten) Lithium*kation* Li^{2+} mit fehlenden 1s-Elektronen.

Weniger als eine 2s- durchdringt eine 2p-Elektronenladungswolke die Ladungswolke eines 1s-Elektrons (Fig. 99). Als Folge hiervon ist ein 2p-Elektron (allgemein *n*p-Elektron) schwächer als ein 2s-Elektron (allgemein *n*s-Elektron) an den Kern eines Atoms mit mehreren Elektronen gebunden. Einem angeregten Lithiumatom der Elektronenkonfiguration $1s^2 2p^1$ kommt deshalb ein um 745 kJ/mol größerer Energiegehalt als einem Lithiumatom im Grundzustand ($1s^2 2s^1$) zu. Noch weniger „durchdringend" als eine p-Elektronenladungswolke wirkt eine d- und insbesondere eine f-Elektronenladungswolke. Folglich wird ein Elektron vorgegebener Hauptquantenzahl *n* in der Reihe s-, p-, d-, f-Elektron zunehmend stärker durch die anderen Atomelektronen abgeschirmt[34)]. Atome mit mehreren Elektronen unterscheiden sich also u. a. dadurch von atomaren Teilchen mit nur einem Elektron in der Atomhülle (H, He^+, Li^{2+} usw.), daß die s-, p-, d- und f-*Zustände* ein und derselben Hauptquantenzahl *nicht mehr* – wie bei diesen (vgl. Atomspektren) – *energieentartet* sind.

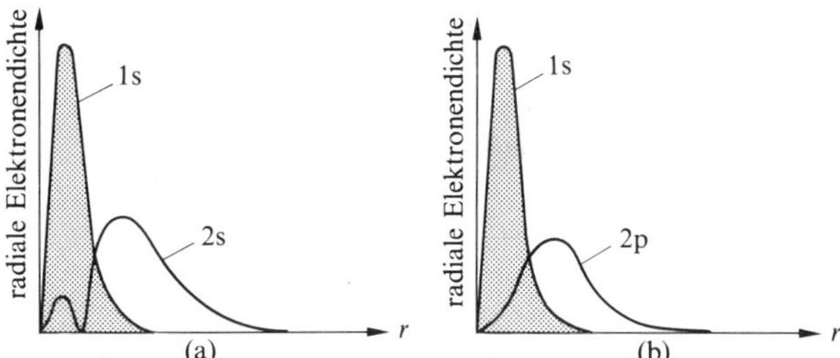

Fig. 99 Radiale Aufenthaltswahrscheinlichkeit für Elektronen in 1s-, 2s-, und 2p-Atomorbitalen des Wasserstoffatoms.

Die *Atome* lassen sich in der Reihenfolge wachsender Ordnungszahlen aus Kernen und Elektronen dadurch *aufbauen*, daß man unter Berücksichtigung des Pauli-Prinzips sowie der 1. Hundschen Regel das jeweils neu hinzukommende Elektron in dasjenige wasserstoffähnliche Atomorbital einfügt, in welchem es den niedrigsten Energiegehalt aufweist. Hierbei ist zu berücksichtigen, daß sich mit dem „Einbau" jedes weiteren Elektrons die Energien der übrigen Atomelektronen ändern, was in einigen wenigen Fällen sogar einen Elektronenumbau zur Folge hat. So kommt etwa dem Vanadium die Elektronenkonfiguration $1s^2 2s^2 2p^6 3s^2 3p^6 3d^3 4s^2$, dem im Periodensystem nachfolgenden Chrom aber die Konfiguration $1s^2 2s^2 2p^6 3s^2 3p^6 3d^5 4s^1$ zu. Beim Übergang vom Vanadium zum Chrom führt mithin der weitere Einbau eines 3d-Elektrons gleichzeitig zu einem Wechsel eines Elektrons aus dem 4s- in den 3d-Zustand. Bezüglich weiterer Einzelheiten des „*Aufbauprinzips der Atome*" vgl. S. 299, 1192, 1719.

---

[34] Bezüglich eines Elektrons e der Hauptquantenzahl *n* und Nebenquantenzahl *l* (= 1, 2, 3 ..., entsprechend s, p, d ...) wird die Kernladung in guter Näherung nur durch Elektronen e′ kleinerer bzw. gleicher Hauptquantenzahl abgeschirmt ($n' \leqslant n$). Bei gleicher Hauptquantenzahl ($n' = n$) wirken überdies nur Elektronen kleinerer bzw. gleicher Nebenquantenzahl ($l' \leqslant l$). *Elektronen im gleichen Zustand* ($n' = n$; $l' = l$) verringern die Kernladung jeweils um ca. 1/3 Ladungseinheit. Elektronen in anderen Zuständen ($n' < n$ und/oder $l' < l$) bewirken meist eine mehr oder minder vollständige Abschirmung einer Kernladung pro Elektron (vgl. Lehrbücher der theoretischen Chemie).

Jedes Elektron eines Atoms mit mehreren Elektronen läßt sich in guter Näherung (s. unten) durch eine Wellenfunktion beschreiben, deren Quadrat die Aufenthaltswahrscheinlichkeitsverteilung (Dichteverteilung) des betreffenden Elektrons liefert. Die *Dichteverteilung aller Elektronen* eines beliebigen Atoms kann dann als *Summe der Dichteverteilung der einzelnen Atomelektronen* dargestellt werden. Wie im Falle des Wasserstoffatoms im Grund- bzw. angeregten Zustand ergibt sich hierbei in jedem Falle eine *kugelsymmetrische* Elektronendichteverteilung. Letztere weist sphärische Dichtemaxima auf, deren Zahl der Anzahl von Hauptschalen entspricht, die im betreffenden Atom mit Elektronen besetzt sind (vgl. Fig. 100). Be-

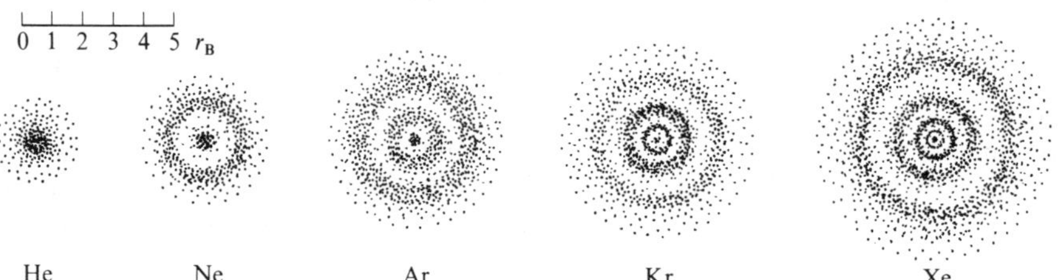

Fig. 100 Bildliche Wiedergabe der Dichte der Elektronen in den Atomen der Edelgase ($r_B = 0.529$ Å).

züglich des – experimentell nachweisbaren – schalenartigen Aufbaus der Elektronenhülle kommen mithin das alte und das neue Atommodell zu entsprechenden Ergebnissen. Während jedoch nach den Bohrschen Vorstellungen jedes Elektron eines Mehrelektronenatoms einer bestimmten Schale zugeordnet wird, auf der es ausschließlich anzutreffen ist, hält sich das betreffende Elektron nach den neuen atomistischen Vorstellungen im gesamten Raum um den Atomkern auf. Damit trägt es gleichzeitig zur Dichte aller sphärischen Elektronendichtemaxima eines Atoms bei.

Die bereits mehrfach erwähnten Wellenfunktionen der Atomelektronen stellen Lösungen der – in ihrer mathematischen Form hier nicht näher behandelten – **„Schrödinger-Gleichung"** dar:

$$\boxed{\mathrm{H}\psi = E\psi}$$

(H = Hamilton-Operator, ψ = Wellenfunktion, E = der zu ψ gehörende Energiewert („*Eigenwert*"); vgl. Lehrbücher der physikalischen Chemie). Anders als für Einelektronensysteme (H, He^+, Li^{++}) ist für Mehrelektronensysteme (z.B. He, Li, Be) eine Lösung dieser Gleichung in geschlossener Form grundsätzlich unmöglich. Eine „exakte" Lösung der Schrödinger-Gleichung, d.h. die Bestimmung der exakten Wellenfunktion eines Mehrelektronensystems ist für beliebig komplizierte atomare oder molekulare Systeme aber ebenso zugänglich wie die „exakte" Lösung etwa der Gleichung $x = \sqrt{2}$, nämlich durch eine konvergente Entwicklung in eine unendliche Reihe. Allerdings erfordert die angesprochene Lösung schon im Falle einfacher Probleme einen enormen rechnerischen und damit auch finanziellen Aufwand. In allen Fällen, in denen dieser Aufwand nicht gescheut wurde, konnten *theoretische Ergebnisse* erzielt werden, die ohne eine einzige Ausnahme mit den *experimentellen Ergebnissen völlig übereinstimmten.*

Durch geeignete Methoden (z.B. „Hartree-Fock-Näherung" der Wellenfunktion für Atome mit mehreren Elektronen) lassen sich zudem Näherungswellenfunktionen errechnen, aus welchen etwa Elektronendichteverteilungen folgen, die mit experimentell durch Röntgen- und Elektronenbeugungsmessungen ermittelten Dichteverteilungen in dem betreffenden Atom (oder Molekül) gut übereinstimmen (vgl. etwa Fig. 100a). Von großer Hilfe ist hierbei ein theoretisch begründeter Satz (**Variationsprinzip**), wonach keine, versuchsweise für ein Mehrelektronensystem verwendete und in die Schrödinger-Gleichung eingesetzte Wellenfunktion eine niedrigere Energie der Atom- bzw. Molekülelektronen ergeben kann, als der exakten Energie des Systems entspricht. Führen damit versuchsweise eingeführte Wellenfunktionen nach vorgenommenen Änderungen zu niedrigeren Energiewerten, so entsprechen sie in besserem Maße den exakten Wellenfunktionen, sind also besser angepaßt. Die *Anpassung der Wellenfunktionen* kann z.B. dadurch erfolgen, daß man in die Funktion einen Parameter einführt und mathematisch das Funktionsminimum in Abhängigkeit von der Energie aufsucht.

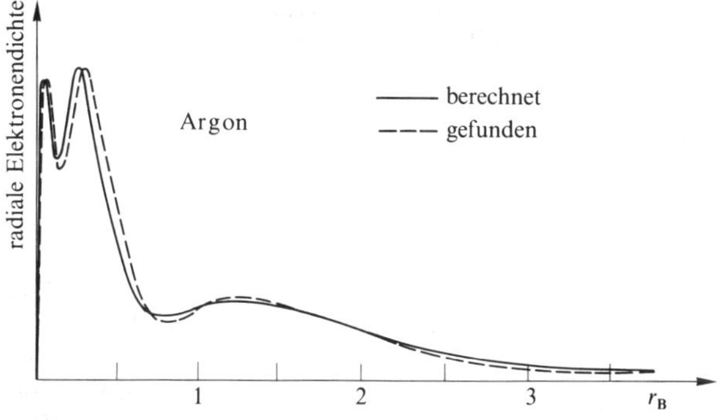

Fig. 100a Berechnete und gefundene radiale Elektronendichte in Argonatomen ($r_B = 0.529$ Å).

Im Falle der **„self-consistent field (SCF-) Methode"** („*Methode des selbstkonsistenten Feldes*", „*Hartree-Fock-Methode*") verfährt man im einzelnen zur Anpassung der Atomelektronenwellenfunktionen etwa wie folgt: Man nimmt für n-1 der n Atomelektronen plausible Wellenfunktionen an, berechnet mit ihrer Hilfe die sphärische Feldwirkung der n-1 Elektronen und bestimmt über die Schrödinger-Gleichung unter Berücksichtigung der Feldwirkung des Atomkerns und der n-1 Elektronen die Wellenfunktion des n-ten Elektrons. Dann greift man ein anderes Elektron heraus und bestimmt dessen Wellenfunktion unter Berücksichtigung eines „verbesserten" Feldes (berechnet aus n-2 angenommener Wellenfunktionen und der erhaltenen Wellenfunktion für das n-te Elektron). Nachdem auf diese Weise für jedes Atomelektron die Wellenfunktion verbessert wurde, beginnt der Zyklus erneut. Es folgen so viele Zyklen bis die Wellenfunktionen der einzelnen Elektronen bei einem zusätzlichen Zyklus keine Änderung mehr erfahren und somit *selbstkonsistent* geworden sind.

2.1.3 Mehratomige Systeme[13)]

Ein einfaches, auf W. Heitler und F. London (1927) zurückgehendes und von J.C. Slater sowie L. Pauling weiterentwickeltes Näherungsverfahren (**Valenzstruktur-Methode** bzw. **-Theorie**, **Valence-Bond- (VB-) Theorie**, „*Elektronenpaar-Theorie*") behandelt Bindungselektronen in mehratomigen Systemen (Molekülen) ähnlich wie Atomelektronen, deren Gesamt-Wellenfunktion sich als Produkt der mit Elektronen besetzten Atomorbitale ergibt (s. oben). Das Verfahren sei nachfolgend anhand des Wasserstoffmoleküls erläutert.

Wasserstoffmolekül. In zwei weit voneinander entfernten Wasserstoffatomen H und H′ besetzt ein Elektron (Elektron (1)) das s-Atomorbital (exakter: 1s Atomorbital) ψ_s des einen, das andere Elektron (Elektron (2)) das s′-Atomorbital $\psi_{s'}$ des anderen Wasserstoffatoms. Die Zweielektronenwellenfunktion des Atomsystems ergibt sich dann als Produkt $\psi_s(1)\,\psi_{s'}(2)$ der elektronenbesetzten s-Orbitale. Sind die Wasserstoffatome andererseits wie im Wasserstoffmolekül nahe benachbart, so kommt es im Sinne des auf S. 129 Besprochenen dadurch zu einer chemischen Bindung zwischen den H-Atomen, daß sich die *Bindungspartner gemeinsam in ein Elektronenpaar teilen.* Mit anderen Worten besetzt das Elektron (1) bzw. (2) nunmehr nicht länger ausschließlich das Orbital ψ_s bzw. $\psi_{s'}$, sondern mit gleicher Wahrscheinlichkeit zusätzlich das Orbital $\psi_{s'}$ bzw. ψ_s. Dies läßt sich durch die Zweielektronenwellenfunktion

$$\psi_{kov} = \psi_s(1)\,\psi_{s'}(2) + \psi_s(2)\,\psi_{s'}(1)$$

zum Ausdruck bringen. Einsetzen von ψ_{kov} in die Schrödinger-Gleichung liefert bei Berücksichtigung der Wirkung effektiver Kernladungen (Abschirmung der Kernladung durch das andere Elektron) für den Bindungsabstand von 0.743 Å ein Energieminimum von -365 kJ/mol (experimentelle Werte: 0.742 Å,

458 kJ/mol). Die Wellenfunktion (**„Bindungsorbital“**) des Wasserstoffmoleküls läßt sich durch zusätzliche Berücksichtigung von Ionen- neben Kovalenzstrukturen im Rahmen der Resonanz (S. 134)

$$[\text{H—H} \leftrightarrow \text{H}^+\text{H}^- \leftrightarrow \text{H}^-\text{H}^+],$$

d.h. von Funktionen, die wie $\psi_s(1)\,\psi_s(2)$ bzw. $\psi_{2'}(1)\,\psi_{s'}(2)$ die Besetzung des s-Orbitals von H bzw. H′ mit zwei Elektronen zum Ausdruck bringen, weiter verbessern:

$$\psi = \psi_{\text{kov}} + \lambda\psi_{\text{ion}} \quad \text{mit} \quad \psi_{\text{ion}} = \psi_s(1)\,\psi_s(2) + \psi_{s'}(1)\,\psi_{s'}(2)$$

(λ, das Gewicht der Ionengrenzstruktur an der Mesomerie beträgt ca. 0.25). Berücksichtigt man schließlich noch die Elektronenkorrelation[33)] und verwendet „verbesserte“ s-Wellenfunktionen (vgl. S. 345), so liefert die Rechnung fast exakt die experimentell gefundenen Werte für die Bindungslänge und -eneregie. Eine *Bindung zwischen den Wasserstoffatomen* tritt aber in jedem Falle nur dann ein, d.h. eine negative Bindungsenergie wird nur dann erhalten, *falls die beiden Elektronen entgegengesetzten Spin haben* („*Paaren von Elektronen*“).

Andere Moleküle. In entsprechender Weise wie die *s-Elektronen halb-besetzter s-Orbitale* (s. oben) bilden die *p-Elektronen halbbesetzter p-Orbitale* zweier Hauptgruppenelemente Zweielektronenbindungen. Die „Bindungsorbitale“ können hierbei vom σ- oder π-Typ sein, auch können mehrere Elektronenpaare den Zusammenhalt der Bindungspartner verursachen. Tatsächlich wurde das Bindungsmodell der Elektronenpaarung (VB-Methode) stillschweigend vielen Ausführungen in Kapitel VI zugrunde gelegt.

2.1.4 Relativistische Effekte[34a)]

Im Zusammenhang mit der Besprechung von *Trends einiger Eigenschaften der Hauptgruppenelemente* (S. 302) wurde verdeutlicht, daß die Eigenschaftsänderungen dieser Elemente in freiem oder gebundenem Zustande beim Fortschreiten von einem zum nächsten Element innerhalb der einzelnen Perioden und Gruppen jeweils den gleichen Gang aufweisen. Bei den schweren Hauptgruppenelementen Tl, Pb, Bi, Po, At, Rn, Fr, Ra (Ordnungszahlen 81–88) beobachtet man jedoch vielfach Eigenschaften (Metallcharakter, Wertigkeit, Ionisierungsenergie, Elektronenaffinität, Atom- und Ionenradien, Bindungsenergien, -längen und -winkel, Farben der Elemente und ihrer Verbindungen), die nicht dem erwarteten Eigenschaftsgang entsprechen (vgl. etwa die Fig. 89 auf S. 310). In analoger Weise unterscheiden sich die Eigenschaften der schweren *Nebengruppenelemente* Hf, Ta, W, Re, Os, Ir, Pt, Au, Hg (Ordnungszahlen 72–80) zum Teil auffällig von denen der leichteren Gruppenhomologen (vgl. S. 1197f).

Die Eigenschaftsanomalien der schweren Elemente gehen in erster Linie auf *relativistische Effekte* der Elektronen zurück. Und zwar beobachtet man **direkte relativistische Effekte** insbesondere für Elektronen in *s-Atomorbitalen* und (abgeschwächt) *p-Atomorbitalen* (bzw. Molekülorbitalen mit s- und p-Orbitalbeteiligung; vgl. Unterabschnitt 2.2). Die überaus großen Geschwindigkeiten der s- und p-Elektronen in Kernnähe (s-Elektronen halten sich im Unterschied zu anderen Elektronen sogar an Stellen der Atomkerne auf) führen zu einer deutlichen *relativistischen Erhöhung* der s- und p-*Elektronen-Massen* (vgl. S. 20) und damit zu einer gravitationsbedingten Zunahme der *Elektronen/Kern-Anziehung*, verbunden mit einer *Abnahme* des mittleren *Elektronen/Kern-Abstandes* (**„relativistische s- und p-Orbitalkontraktion“**). Z. B. erreichen 1s-Elektronen des „Quecksilbers“ im Mittel 58 % der Lichtgeschwindigkeit, entsprechend einer 20 %igen Erhöhung ihrer Ruhemasse bzw. 20 %igen Verkleinerung ihres mittleren Kernabstandes.

Der mit einer Absenkung der Energie der s- und p-Orbitale (bzw. Molekülorbitale mit s- und p-Orbitalbeteiligung) verbundene Effekt ist naturgemäß in Atomen mit massenreichen („schweren“) Kernen größer als in solchen mit massenarmen („leichten“) Kernen. Wegen der gegenseitigen Elektronenabschirmung (S. 97)[34)] nimmt die relativistische Orbitalkontraktion allerdings nicht stetig mit steigender Kernladung der Atome zu. Z. B. wächst sie für 6s-Elektronen gemäß Fig. 101 von „Cäsium“ (Ordnungszahl 55) zunächst bis zum „Gold“ (Ordnungszahl 70), vermindert sich dann bis zum „Radium“ (Ordnungszahl 88) und nimmt schließlich bis zum „Fermium“ (Ordnungszahl 100) hin wieder zu (Unregelmäßigkeiten bei Ba, La, Ce, Gd, Cm).

Weniger ausgeprägt als die Kontraktion der s- und p-Orbitale[34b)] ist die der *d- und f-Atomorbitale*. Da die Aufenthaltswahrscheinlichkeit der Elektronen in d- und f-Orbitalen in der Nähe der Atomkerne

---

[34a] **Literatur.** P. Pyykkö: „*Relativistic Quantum Chemistry*“, Adv. Quantum Chem. **11** (1978) 353–409; „*Relativistic Effects in Structural Chemistry*“, Chem. Rev. **88** (1988) 563–594; P. Pyykkö, J.-P. Desclaux: „*Relativity and the Periodic System of Elements*“, Acc. Chem. Res. **12** (1979) 276–281; G.L. Mali (Hrsg.): „*Relativistic Effects in Atoms, Molecules, and Solids*“, Plenum Press, New York 1983.

[34b] Die Elektronen in p-Orbitalen (Entsprechendes gilt für d- und f-Orbitale) teilen sich aufgrund der **„relativistischen Spin-Bahn-Kopplung“** in zwei Gruppen: Elektronen in *stärker kontrahierten* $p_{1/2}$-Orbitalen mit der Spin-Bahn-Quantenzahl $j = 1 - s = 1 - {}^1/_2 = {}^1/_2$ (Fassungsvermögen: 2 Elektronen) und Elektronen in *weniger stark kontrahierten*

klein ist, werden die *d- und f-Elektronen* von den s- und p-Elektronen vor der Kernladung *gut abgeschirmt* (vgl. Anm.[34)]). Die *relativistische Kontraktion* der s- und p-Orbitale *erhöht* noch den *Abschirmungseffekt* der s- und p-Elektronen. Letzterer fällt stärker als der Effekt der relativistischen d- und f-Orbitalkontraktion ins Gewicht, so daß man bei schweren Elementen insgesamt als Folge **indirekter relativistischer Effekte** eine **„relativistische d- und f-Orbitalexpansion"** beobachtet.

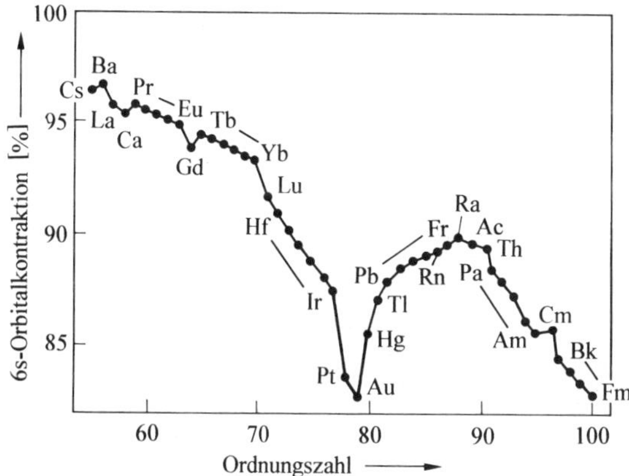

Fig. 101 Relativistische Kontraktion (in %) der 6s-Atomorbitale der Elemente Cäsium (Ordnungszahl 55) bis Fermium (Ordnungszahl 100).

Einige Beispiele mögen den Einfluß relativistischer Effekte auf die Eigenschaften der schweren Elemente verdeutlichen:

I. und II. Hauptgruppe. Die *Ionisierungsenergien* nehmen innerhalb der Elemente der Alkali- und Erdalkaligruppe (s^1- bzw. s^2-Außenelektronenkonfiguration) bis Cs bzw. Ba als Folge des wachsenden mittleren Abstands der s-Valenzelektronen vom Kern ab, dann beim Übergang zu Fr bzw. Ra als Folge der relativistischen s-Orbitalkontraktion wieder zu (vgl. Tafel III). Cäsium hat unter allen Atomsorten die kleinste Ionisierungsenergie und zugleich den größten *Atomradius*. Da die *Ionenradien* der Alkali- und Erdalkalikationen M^+ und M^{2+} durch die (relativistisch weniger beeinflußten) p-Orbitale der zweitinnersten Hauptschale bestimmt werden, steigen diese stetig mit zunehmender Ordnungszahl der Gruppenelemente an (vgl. Anhang IV).

I. und II. Nebengruppe. Die *Ionisierungsenergien* nehmen innerhalb der Elemente der Kupfer- und Zinkgruppe (s^1- bzw. s^2-Außenelektronenkonfiguration) mit steigender Ordnungszahl als Folge des wachsenden Abstands der Valenzelektronen vom Kern und der (gegenläufigen) steigenden relativistischen s-Orbitalkontraktion zunächst ab, dann wieder zu (vgl. Tafel IV). Dies dokumentiert sich auch darin, daß die Elemente Au und Hg auffallend edler sind als die leichteren Homologen der I. und II. Nebengruppe, wogegen sich die in der gleichen Periode stehenden Elemente Cs und Ba unedler als ihre leichteren Homologen in der I. und II. Hauptgruppe verhalten. Wegen der erwähnten gegenläufigen Effekte (Schalenerhöhung, Orbitalkontraktion) vergrößert und verkleinert sich darüber hinaus der *Atomradius* von E (1.278/1.445/1.442 Å) bzw. der *Bindungsabstand* von E_2-Molekülen (2.220/2.482/2.742 Å) beim Übergang von E = Cu über Ag nach Au, während die *Dissoziationsenthalpie* von E_2 in gleicher Richtung sinkt und wächst (202/163/221 kJ/mol). Auffallende Stabilität weist auch das mit Au_2 isoelektronische Hg_2^{2+}-Ion auf, wogegen Cd_2^{2+} vergleichsweise instabil ist. Als Folge der hohen s-Orbitalkontraktion (Fig. 101) ist die *Elektronenaffinität* von Au (−2.31 eV) wesentlich größer als die von Cu und Ag (−1.23/−1.30 eV). Gold verhält sich demgemäß in mancher Beziehung „iodanalog" und bildet wie Iod mit Rb und Cs anionisches Au^-. In analoger Weise verhält sich Hg „edelgasanalog" (gefüllte s-Unterschale) und ist anders als das

$p_{3/2}$-Orbitalen mit der Spin-Bahn-Quantenzahl $j = 1 + s = 1 + \frac{1}{2} = \frac{3}{2}$ (Fassungsvermögen: 4 Elektronen; bezüglich der Spin-Bahn-Kopplung vgl. S. 101). Als Folge hiervon zeigt „Thallium" (Außenelektronenkonfiguration $6s^2 6p^1_{1/2}$ in mancher Beziehung „halogenähnliches", „Blei" (Konfiguration $6s^2 6p^2_{1/2}$) „edelgasähnliches" und „Bismut" (Konfiguration $6s^2 6p^2_{1/2} 6p^1_{3/2}$) „alkalimetallähnliches" Verhalten. So ist etwa die *Elektronenaffinität* von Thallium (−0.31 eV) nur unwesentlich kleiner als die von Blei (−0.36 eV), trotz seiner niedrigeren Kernladung, wogegen sie sich beim entsprechenden Übergang zwischen den leichteren Homologen In/Sn, Ga/Ge, Al/Si, B/C stark erhöht (vgl. Fig. 89 auf S. 310). Auch weist die *Ionisierungsenthalpie* beim Übergang Tl/Pb/Bi (6.107/7.415/7.285 eV) bei Pb ein lokales Maximum auf, das im Falle der leichteren Homologen, für welche die relativistischen Effekte kleiner sind, nicht beobachtet wird (vgl. Fig. 89 auf S. 310). Die Stabilität einer vollbesetzten $p_{1/2}$-Unterschale zeigt sich schließlich darin, daß das Pb ($6s^2 6p^2_{1/2}$) wie die Edelgase in dichtester Packung kristallisiert (leichtere Homologe: Diamantgitter) und das Bi ($6s^2 6p^2_{1/2} 6p^1_{3/2}$) *einwertig*, Po ($6s^2 6p^2_{1/2} 6p^2_{3/2}$) *zweiwertig* aufzutreten imstande sind (offenbar bildet Rn ebenfalls höherwertige Kationen, vgl. S. 224).

feste Nachbarelement Au (starke Metallbindungen) *flüssig* (schwache Metallbindungen). Der der s-Orbitalkontraktion entgegengesetzte Effekt der d-Orbitalexpansion von Au zeigt sich in einer vergleichsweise niedrigen 2. Ionisierungsenergie (20.52 statt 21.48 eV bei Ag) und in der – bei Ag nur wenig ausgeprägten – Tendenz von Au zur Ausbildung höherer *Wertigkeiten* (insbesondere drei aber auch noch fünf).

III.–VIII. Nebengruppe. Wie an anderer Stelle noch ausführlich behandelt wird (S. 1722), führt die Zunahme der positiven Kernladung innerhalb der Reihe der *Lanthanoide* Ln (6. Periode; Ordnungszahlen 57–71; Füllung der 4f-Schale mit Elektronen) bzw. der *Actinoide* An (7. Periode; Ordnungszahlen 89–103; Füllung der 5f-Schale mit Elektronen) zu einer Verkleinerung der Ln^{3+}- und An^{3+}-Ionenradien als Folge der wachsenden Anziehung der 5sp- bzw. 6sp-Elektronen seitens der durch die f-Elektronen nur wenig abgeschirmten Kernprotonen, deren Zahl in gleicher Richtung zunimmt. Die relativistische s- und p-Orbitalkontraktion verstärkt hierbei die angesprochene *Lanthanoid-* bzw. *Actinoidkontraktion* (vgl. S. 1722). Der Effekt der relativistischen *f-Orbitalexpansion*, der sich naturgemäß bei den Actinoiden (größere Kernmasse) stärker als bei den Lanthanoiden (kleinere Kernmasse) auswirkt, zeigt sich u. a. in der – bei den Lanthanoiden nur wenig ausgeprägten – Tendenz der frühen Actinoide zur Ausbildung hoher Wertigkeiten (vier bei Th, fünf bei Pa, sechs bei U, sieben bei Np, Pu, Am; vgl. S. 1803). In analoger Weise ist die Tendenz der Nebengruppenelemente Hf bis Au zur Ausbildung hoher Oxidationsstufen aufgrund der relativistischen *5d-Orbitalexpansion* größer als die der leichteren Homologen Zr bis Ag (vgl. S. 1197). Die Ln-Kontraktion bewirkt, daß der Atomradius des auf Ln folgenden Elements Hf (1.564 Å) sogar kleiner ist als der des leichteren Homologen Zr (1.590 Å). Hierbei heben sich die entgegengesetzt wirkenden relativistischen Effekte der s, p-Orbitalkontraktion und der d, f-Orbitalexpansion bei Hf – wie sich berechnen läßt – gerade auf. Bei den rechts von Hf stehenden Elementen wirken sich die radienvergrößernden Effekte stärker als die radienverkleinernden Effekte aus, so daß die Atomradien von Nb und Ta gleich (1.47 Å), die von W, Re, Os, Ir, Hg größer als die der Gruppenhomologen sind (vgl. Tafel IV; die Radien von Pt und Au mit ihrem sehr starken relativistischen Kontraktionseffekt sind mit 1.37 Å bzw. 1.44 Å vergleichbar mit denen von Pd und Ag). Die d-Orbitalexpansion der späteren Elemente der 3. Übergangsreihe (Os, Ir, Pt, Au, Hg) ist u. a. auch der Grund für das besonders weiche Lewis-saure Verhalten dieser Elemente (vgl. S. 246).

III.–VIII. Hauptgruppe. Die relativistische s-Orbitalkontraktion zeigt sich bei den Elementen Tl bis Rn darin, daß das s-Valenzelektronenpaar chemisch vergleichsweise inert ist (Effekt des *inerten Elektronenpaars*). Demgemäß existiert Thallium bevorzugt in der einwertigen, Blei bevorzugt in der zweiwertigen Form, während die zugehörigen leichteren Homologen bevorzugt drei- und vierwertig auftreten. Bezüglich der Wertigkeiten von Bi, Po, At und Rn vgl. Anm.[34b)], bezüglich der Farbe von $BiPh_5$, S. 828.

2.2 Die Molekülorbitale

Bezüglich ihres Baus unterscheiden sich Moleküle von den Atomen hauptsächlich nur dadurch, daß sie statt eines Atomkerns mehrere in eine „Wolke von Elektronen" eingebettete positive Kerne aufweisen, daß sich also ihre Elektronen nicht nur im Felde eines, sondern mehrerer positiver Zentren bewegen. Das vorstehend für Atome Besprochene läßt sich demgemäß im wesentlichen auf die Moleküle übertragen. So wird etwa die bei der Bildung von Molekülen aus den zugehörigen Atomkernen und -elektronen gewonnene potentielle Coulomb-Energie E_{pot} wie im Falle der Bildung der Atome aus ihren geladenen Bestandteilen zur einen Hälfte in kinetische Energie E_{kin} der Elektronen umgewandelt und zur anderen Hälfte nach außen abgegeben (vgl. Virial-Theorem).

Beispielsweise wird bei der Vereinigung von 2 Protonen und 2 Elektronen zu einem Wasserstoffmolekül H_2 im Grundzustand ein potentieller Energiebetrag von -63.874 eV gewonnen, wobei die Hälfte ($+31.937$ eV) dem System als kinetische Energie verbleibt, während die andere Hälfte (-31.937 eV) freigesetzt wird. Letzterer Energiebetrag ist hierbei größer als der durch Vereinigung von 2 Protonen und 2 Elektronen zu zwei Wasserstoffatomen im Grundzustand erhältliche Energiebetrag von $2 \times (-13.595) = -27.190$ eV. Die Differenz beider Beträge (-4.747 eV) stellt dann die bei der Vereinigung von zwei Atomen Wasserstoff zu einem Wasserstoffmolekül abgegebene chemische Bindungsenergie dar.

Wie im Falle der Atomelektronen läßt sich naturgemäß auch im Falle der Molekülelektronen nichts bestimmtes über deren Bahn aussagen. Es kann jedoch wieder eine Wahrscheinlichkeitsverteilung für den Aufenthalt der einzelnen Elektronen angegeben werden, welche sich als Quadrat (ψ^2) von Elektronenwellenfunktionen („*Orbitalen*"; exakter: „**M**olekül**o**rbitalen", **MO**s) ψ ergibt. Das heißt, ähnlich den Atomelektronen „besetzen"[31)] auch die Molekülelektronen einzelne Orbitale (hier: Molekülorbitale), in welchen ihnen jeweils ein ganz bestimmter Energiegehalt zukommt. Jedes Molekülorbital kann wiederum maximal 2 Elektronen entgegengesetzten Spins aufnehmen. Darüber hinaus ergibt sich im Rahmen der Einelektronen-Näherung (S. 334) die Mehrelektronenwellenfunktion als Produkt aller Einelektronenwellenfunktionen[33].

Wie nun in den nachfolgenden beiden Unterkapiteln anhand zwei- und mehratomiger Moleküle demonstriert sei, lassen sich die betreffenden Molekülorbitale, deren Kenntnis nicht nur die Berechnung von Elektronendichten, sondern u.a. auch von Elektronenenergien ermöglicht, in guter Näherung aus Atomorbitalen der am Molekülaufbau beteiligten Atome herleiten.

2.2.1 Zweiatomige Moleküle

Allgemeines

Nähert man zwei Atome (bzw. Atomgruppen) A und B einander, die eine stabile chemische Verbindung AB bilden, so nimmt der Energiegehalt des Systems A/B zunächst ab, dann – bei kleinen AB-Abständen – wieder zu. Als Beispiel ist in Fig. 102 der Energieverlauf der Bildung von Wasserstoffmolekülen H_2 beim absoluten Nullpunkt als Funktion des Abstandes zweier Wasserstoffatome H wiedergegeben. Der Gleichgewichtsabstand der Atomkerne im Molekül AB (im Falle von H_2: 0.741 66 Å) ist durch das Energieminimum gegeben. Die bei der Annäherung der Atome A und B bis auf diesen Abstand freigesetzte Energie entspricht in Übereinstimmung mit dem Virial-Theorem (s. dort) der vom A/B-System aufgenommenen kinetischen Energie der Elektronen (und Kerne, s. u.) bzw. der Hälfte der bei der Atomvereinigung gewonnenen potentiellen Energie. Wollte man die Atomkerne einander noch über den Gleichgewichtsabstand im Molekül AB annähern, so müßte man dem A/B-System Energie zuführen, da sich im Zuge der Kernabstandsverkürzung die kinetische Energie der (auf einen kleineren Raum zusammengedrängten) Elektronen in weit stärkerem Maße erhöht, als sich die potentielle Energie erniedrigt[35]. Umgekehrt erfordert die Trennung der Atomkerne des Moleküls AB wegen der starken Zunahme der potentiellen und der vergleichsweise geringeren Abnahme der kinetischen Systemenergie eine Energiezufuhr.

Ähnlich wie die Elektronen, so sind auch die Kerne eines zweiatomigen (bzw. mehratomigen) Moleküls im Grundzustand nicht in Ruhe: Selbst beim absoluten Nullpunkt (0 K) schwingen sie um ihre Gleichgewichtslage, so daß also nicht von einem bestimmten, sondern nur von einem durchschnittlichen Kernabstand gesprochen werden kann. Im Falle des Wasserstoffmoleküls können die Protonen etwa jeden Abstand unter der in der Energiekurve der Fig. 102 eingezeichneten ausgezogenen waag-

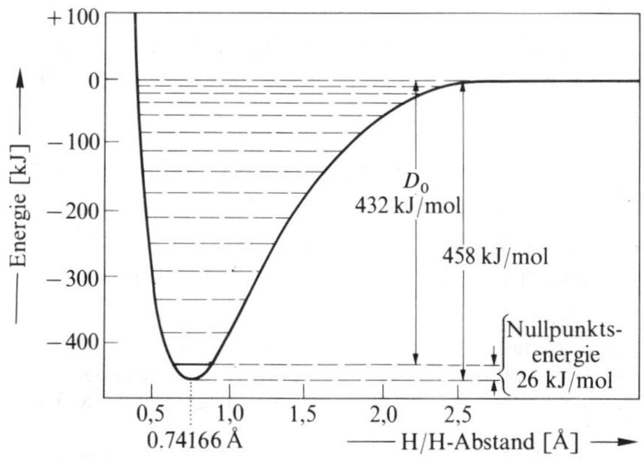

Fig. 102 Verlauf der Gesamtenergie der Bildung von Wasserstoffmolekülen H_2 als Funktion des Abstands zweier Wasserstoffatome ^1H (D_0 = experimentelle H_2-Dissoziationsenergie bei 0 K; bei 25 °C beträgt letztere 436.22 kJ/mol).

35 Bei sehr kleinen Kernabständen nimmt die potentielle Energie infolge der elektrostatischen Kernabstoßung sogar wieder zu.

rechten Linie einnehmen. Die Mitte dieser Linie (0.741 66 Å) repräsentiert dann den durchschnittlichen Kernabstand.

Man bezeichnet die besprochene Schwingung der Molekülkerne als „*Nullpunktsschwingung*"[36] und die mit ihr verbundene Energie, d.h. der im Molekül selbst bei beliebig niedriger Temperatur verbleibende Rest an Schwingungsenergie als „*Nullpunktsenergie*". Ihr Betrag E_0 ergibt sich für zweiatomige Moleküle AB zu:

$$E_0 = \tfrac{1}{2} h \cdot \nu_0$$

(ν_0 = Frequenz der Nullpunktsschwingung)[37]. Da zwei miteinander durch eine elastische Feder (= chemische Bindung) verknüpfte Kugeln (= Atome A und B) bekanntlich umso häufiger gegeneinander schwingen, je stärker die Federkraft und je leichter die Kugeln sind, kommt dem Wasserstoffmolekül $^1H_2$ (Diprotium), in welchem besonders leichte Atome relativ fest miteinander verbunden sind, eine vergleichsweise hohe Nullpunktsenergie von 26.0 kJ/mol zu (vgl. Fig. 102). Entsprechend der höheren Kernmasse des Dideuteriums und insbesondere des Ditritiums beträgt die Nullpunktsenergie des Wasserstoffmoleküls $^2H_2$ bzw. $^3H_2$ nur 18.5 bzw. 15.2 kJ/mol (vgl. Tab. 38 auf S. 267). Da der Energieverlauf der $^1H_2$-, $^2H_2$- bzw. $^3H_2$-Bildung aus ^1H-, ^2H- bzw. ^3H-Wasserstoffatomen jeweils in der gleichen Weise vom Wasserstoffkernabstand abhängt (Energieminimum: 458 kJ/mol), nimmt die experimentell meßbare Dissoziationsenergie der Moleküle in der Reihe $^1H_2$, $^2H_2$, $^3H_2$ zu (vgl. Tab. 38).

Ähnlich wie nun die Elektronenhülle eines Atoms oder Moleküls durch Zufuhr bestimmter Energiemengen in angeregte Zustände übergeführt werden kann (vgl. S. 332), läßt sich auch das schwingende Kernsystem zwei- bzw. mehratomiger Moleküle durch Zufuhr geeigneter Energiequanten in verschieden angeregte Schwingungszustände versetzen (vgl. Schwingungsspektroskopie). So führt etwa ein Energiebetrag von 49.8 kJ/mol das Molekül Diprotium $^1H_2$ in den ersten angeregten Schwingungszustand über (in Fig. 102 sind die angeregten Schwingungszustände von $^1H_2$ durch gestrichelte, in die Energiekurve eingezeichnete waagrechte Linien charakterisiert).

Die Fig. 103a gibt die Dichteverteilung ψ^2 der beiden Elektronen im Grundzustand eines Wasserstoffmoleküls wieder. Ersichtlicherweise halten sich die Elektronen bevorzugt in der Nähe der Wasserstoffatomkerne sowie der Kernverbindungsachse auf. Somit kommt in der Wahrscheinlichkeitsverteilung der Wasserstoffmolekülelektronen die durch einen Valenzstrich symbolisierte chemische Bindung zwischen zwei Wasserstoffatomen sichtbar zum Ausdruck. Die bezüglich der Bindungsachse rotationssymmetrische Gestalt der Ladungswolke der Wasserstoffmolekülelektronen wird besonders gut durch die Fig. 103b und c veranschaulicht (wiedergegeben sind jeweils Flächen gleichen ψ^2-Wertes).

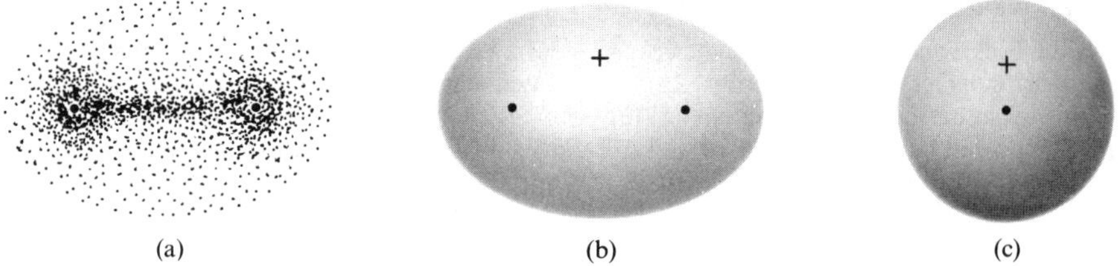

Fig. 103 (a) Dichteverteilung eines Elektrons im energieärmsten σ-Molekülorbital des Wasserstoffmoleküls. (b, c) Gestalt des σ-Molekülorbitals des Wasserstoffatoms im Grundzustand (in (c) in Richtung der Bindungsachsen gesehen).

Sowohl Fig. 103b wie c repräsentieren zugleich die Gestalt des mit zwei Elektronen „besetzten" Molekülorbitals ψ des Wasserstoffmoleküls im Grundzustand. Man nennt es wegen seiner Ähnlichkeit mit einem s-Atomorbital (vgl. Fig. 103c) auch σ-Molekülorbital. In analoger Weise werden ganz allgemein Molekülorbitale zweiatomiger Moleküle, die be-

36 Die Nullpunktsschwingung stellt eine nichtklassische Schwingung dar, für die kein klassisches Analogon existiert. Der Unterschied zwischen der klassischen und der Nullpunktsschwingung besteht insbesondere darin, daß bei ersterer die Aufenthaltswahrscheinlichkeit der schwingenden Massen bei minimaler bzw. maximaler Auslenkung, bei letzterer aber in der Gleichgewichtslage am größten ist.

37 Einem aus n Atomen zusammengesetzten Molekül kommen im Normalfall $3n-6$ Schwingungsmöglichkeiten zu (vgl. Schwingungsspektroskopie). Die gesamte Nullpunktsenergie eines mehratomigen Moleküls stellt dann die Summe der durch $E_0^i = \frac{1}{2} h\nu_0^i$ (i = i-te Molekülschwingung) gegebenen Energien der $3n-6$ Nullpunktsschwingungen dar. Ist n sehr groß, so nimmt die gesamte Nullpunktsenergie eines Moleküls zum Teil recht große Beträge an.

züglich der Bindungsachse rotationssymmetrisch sind, als *σ-Molekülorbitale*[38] bezeichnet. Alle Elektronen von Einfachbindungen (σ-Bindungen, S. 132) besetzen Orbitale letzteren bzw. angenähert letzteren Typus.

Von den σ-Molekülorbitalen unterscheidet man die *π-Molekülorbitale*[38], welche den p-Atomorbitalen ähnlich sind und (gegebenenfalls neben anderen Knotenflächen) eine ebene Knotenfläche aufweisen, die in Richtung der Bindungsachse verläuft (vgl. Fig. 104b und c). Wie im Falle der p-Orbitale sind auch die ψ-Werte der π-Orbitale auf beiden Seiten der betreffenden Knotenebene spiegelbildlich gleich, haben aber ein unterschiedliches Vorzeichen (in Fig. 104b und c durch + und − symbolisiert). Die durch ψ^2 gegebene Elektronendichte hat hierbei in bestimmtem Abstand beiderseits der Knotenebene oberhalb und unterhalb der Bindungsachse besonders hohe Werte (Fig. 104a). π-Molekülorbitale werden von Elektronen der über Einfachbindungen hinausgehenden Bindungen (π-Bindungen, S. 132) zwischen mehrfach miteinander verknüpften Atomen (z. B. N≡N) besetzt.

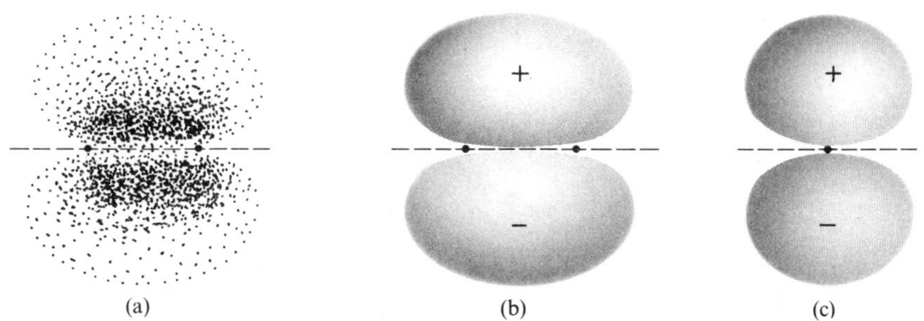

Fig. 104 (a) Dichteverteilung des Elektrons eines π-Molekülorbitals. (b, c) Gestalt eines π-Molekülorbitals (in (c) in Richtung der Bindungsachse gesehen). Die gestrichelten Linien repräsentieren Knotenebenen senkrecht zur Papierebene.

Lineare Kombination von Atomorbitalen zu Molekülorbitalen[1]

Ein einfaches, auf F. Hund (1928) zurückgehendes und u. a. von E. Hückel, R. S. Mulliken, J. E. Lennard-Jones und C. A. Coulson weiterentwickeltes Näherungsverfahren zur Herleitung von Molekülorbitalen zwei- (und mehr-)atomiger Moleküle stellt die lineare Kombination von Atomorbitalen zu Molekülorbitalen dar („*Linear **Combination** of **Atomic Orbitals** to **Molecular Orbitals***", „***LCAO-MO*-Methode**" bzw. **-Theorie**; häufig kurz als **Molekülorbital- (MO-)Theorie** bezeichnet)[13, 39]. Das Verfahren sei nachfolgend anhand des Wasserstoffmoleküls H_2 sowie anderer zweiatomiger Moleküle (u. a. N_2, O_2, F_2, HF) näher erläutert.

Das Wasserstoffmolekül. Unter der erwähnten linearen Kombination von Atomorbitalen zu angenäherten Molekülorbitalen versteht man explizit die Addition bzw. Subtraktion von Atomorbitalen (Wellenfunktionen) der an einer chemischen Bindung beteiligten Atome. Demgemäß folgt etwa das in Fig. 103 wiedergegebene σ-Molekülorbital der Wasserstoffmolekülelektronen im Grundzustand näherungsweise aus einer Addition der 1s-Atomorbitale zweier Wasserstoffatome H und H′ (Fig. 105; der Index s am MO-Symbol σ soll dessen Herkunft aus s-Atomorbitalen aufzeigen):

---

[38] In Analogie zu den mit lateinischen Buchstaben s, p, d ... symbolisierten Orbitalen der Atome mit 0, 1, 2, ... ebenen Knotenflächen werden Orbitale zweiatomiger Moleküle mit 0, 1, 2 ... ebenen, in Richtung der Bindungsachsen durch diese verlaufenden Knotenflächen durch entsprechende griechische Buchstaben σ, π, δ ... charakterisiert.

[39] Bezüglich der **Valence-Bond- (VB-)Methode**, einem anderen Näherungsverfahren, vgl. S. 337 sowie Anm.[13].

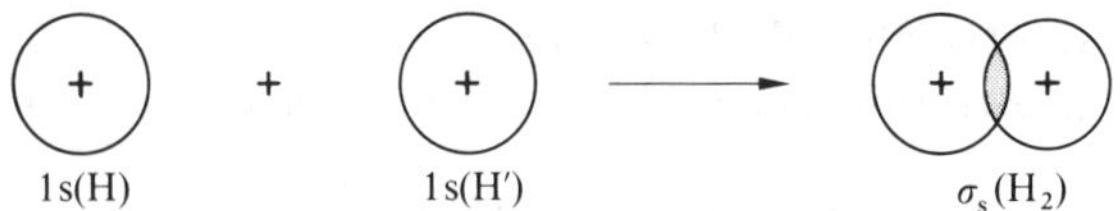

Fig. 105 Zustandekommen des bindenden σ-Molekülorbitals von H_2 durch Überlappung (positive Interferenz) von 1s-Wasserstoffatomorbitalen.

Durch diese als „*positive Interferenz*" von Schwingungsamplituden deutbare **„Überlappung"** (symmetrische Kombination) der 1s-Wellenfunktionen zweier Wasserstoffatome erhöhen sich die Funktionswerte ψ (Schwingungsamplituden) und damit auch deren Quadrate ψ^2 (Elektronendichte) – wie zu fordern (Fig. 103) – insbesondere in der Gegend der Kernverbindungslinie (vgl. Fig. 106). Die Zweielektronenwellenfunktion ψ_σ des Wasserstoffmoleküls mit den Elektronen (1) und (2) ergibt sich dann – abgesehen vom Normierungsfaktor N[40] – als Produkte der σ-Molekülorbitale $\psi_{1s} + \psi_{1s'}$:

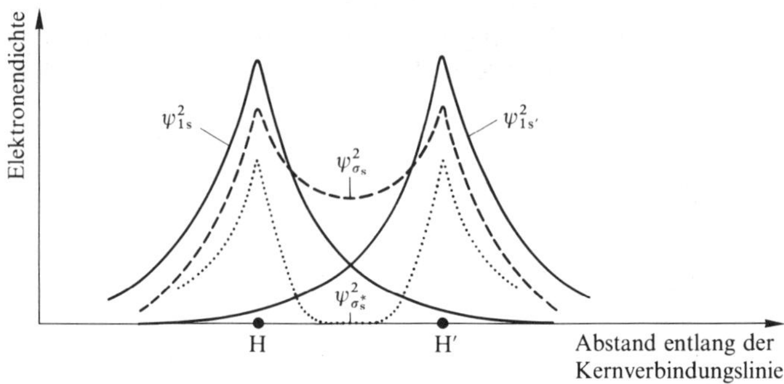

Fig. 106 Elektronendichte *eines Elektrons* im Wasserstoffatom sowie im Wasserstoffmolekül entlang der Wasserstoffverbindungslinie (ψ^2_{1s} = Dichtefunktion des Elektrons im 1s-Wasserstoffatomorbital (vgl. Fig. 91b auf S. 327); $\psi^2_{\sigma(\sigma^*)} = N^2(\psi_{1s(}\pm_{)}\psi_{1s'})^2$ (vgl. Anm. [40]).

$$\psi_\sigma = [\psi_{1s}(1) + \psi_{1s'}(1)]\,[\psi_{1s}(2) + \psi_{1s'}(2)].$$

Mit der Näherungswellenfunktion ψ_{σ_s} läßt sich der in Fig. 102 dargestellte Verlauf der Gesamtenergie der Bildung von Wasserstoff-Molekülen aus -Atomen als Funktion des Wasserstoffkernabstandes qualitativ richtig wiedergeben: Die Berechnung führt zu einem Energieminimum des H_2-Moleküls. D.h., mit ψ_{σ_s} wird die chemische Bindung zwischen den Wasserstoffatomen erfaßt. Allerdings liegt das errechnete Energieminimum mit -260 kJ/mol noch beachtlich oberhalb des tatsächlichen Minimums (-458 kJ/mol; vgl. Fig. 102). Auch wird es bei einem Kernabstand von 0.850 statt 0.7417 Å aufgefunden. Dies ist aber von geringer Bedeutung. Zudem können die Werte für die Energie sowie den Kernabstand durch geeignete Korrekturen (Berücksichtigen der Elektronenkorrelation[33]) und der Konfigurationswechsel-

[40] **Normierungsfaktor, Überlappungsintegral.** Das durch Überlagerung der s-Atomorbitale von Wasserstoffatomen gebildete σ_s- (bzw. σ_s^*-) Molekülorbital des Wasserstoffmoleküls lautet explizit:

$$\psi_{\sigma(\sigma^*)} = N \cdot (\psi_{1s(}\pm_{)}\psi_{1s'})$$

Der „*Normierungsfaktor*" N ergibt sich dabei aus der Forderung, daß die Wahrscheinlichkeit, 1 Wasserstoffelektron in der Summe aller Volumenelemente dV des Raums um den Wasserstoffkern anzutreffen, naturgemäß gleich 1 sein muß (vgl. S. 327):

$$\begin{aligned}\int\psi^2_{\sigma(\sigma^*)}\mathrm{d}V &= \int N^2(\psi_{1s(}\pm_{)}\psi_{1s'})^2\,\mathrm{d}V\\ &= N^2\int(\psi^2_{1s(}\pm_{)}2\psi_{1s}\psi_{1s'} + \psi^2_{1s'})\mathrm{d}V\\ &= N^2(\int\psi^2_{1s}\mathrm{d}V_{(}\pm_{)}2\int\psi_{1s}\psi_{1s'}\mathrm{d}V + \int\psi^2_{1s}\mathrm{d}V) = N^2(1_{(}\pm_{)}2S+1) = 1.\end{aligned}$$

(Bei der Rechnung wurde berücksichtigt, daß die Integrale $\int\psi^2_{1s}\mathrm{d}V$ und $\int\psi^2_{1s'}\mathrm{d}V$ gleich 1 sind (vgl. S. 327). S ist das sogenannte „*Überlappungsintegral*" $\int\psi_{1s}\psi_{1s'}\mathrm{d}V$, welches das Ausmaß der Überlappung beider Atomorbitale zum Ausdruck bringt. Es folgt somit:

$$N = 1/\sqrt{2(1_{(}\pm_{)}S)}.$$

Da im vorliegenden Falle S ca. 0.6 ist, folgt darüber hinaus: $N = 0.56$ und $N^* = 1.12$.

wirkung, Verwendung geeigneter Ausgangswellenfunktionen für die Atomelektronen, s. unten) noch erheblich verbessert werden.

Man kann sich fragen, welcher physikalische Mechanismus im Rahmen der LCAO-MO-Näherung für die chemische Bindung des H_2-Moleküls verantwortlich ist. Denkbar wäre etwa, daß die mit der H_2-Bildung verbundene Konzentrierung der Wasserstoffelektronen in der Bindungsregion, also in einer Gegend, in welcher die Elektronen von beiden H_2-Kernen gleichzeitig angezogen werden, eine Abnahme der potentiellen Systemenergie bewirkt. Tatsächlich führt die positive Interferenz der 1s-Wasserstofforbitale jedoch zu einer geringfügigen Erhöhung der potentiellen Energie; denn die der Bindungsregion aus anderen Molekülgegenden zugeführte Ladung wird – wie sich berechnen läßt – im wesentlichen gerade an Stellen in unmittelbarer Nähe der Wasserstoffkerne, also an Orten besonders kleiner potentieller Elektronenenergie weggenommen (vgl. hierzu Fig. 106)[41]. Entscheidend für die chemische Bindung des H_2-Moleküls ist (bei Zugrundelegen der LCAO-MO-Näherung) demgegenüber eine starke Abnahme der kinetischen Energie der Wasserstoffelektronen im Zuge der H-Atomvereinigung.

Offensichtlich steht dann die LCAO-MO-Näherung nicht in Übereinstimmung mit dem Virial-Theorem (s. dort); denn der beachtlichen Erniedrigung der kinetischen Energie entspricht zwar eine gewisse, jedoch bei weitem keine doppelte Erhöhung der potentiellen Energie. Um eine das Virial-Theorem besser erfüllende und demgemäß auch richtigere[42] Näherungsfunktion für die H_2-Elektronen zu erhalten, ohne auf die dem Chemiker sehr entgegenkommende LCAO-MO-Näherungsmethode verzichten zu müssen[43], geht man zweckmäßig von geeignet veränderten („vorbereiteten", „*promovierten*"), nämlich verkleinerten 1s-Wasserstoffatomorbitalen aus[44]. Diese Orbitalverkleinerung führt laut Fig. 90 (S. 325) zu einer drastischen Erhöhung der kinetischen Energie und einer weniger drastischen Erniedrigung der potentiellen Systemenergie, so daß nunmehr die kinetische Energie E_{kin} des Wasserstoffatomelektrons nicht mehr – wie gefordert – gleich der Hälfte seiner potentiellen Energie E_{pot}, sondern größer ist: $|E_{kin}| > |\frac{1}{2} E_{pot}|$. Mit Vorteil wählt man nun die promovierten Wasserstoffatomorbitale in der Weise, daß die mit der positiven Orbitalinterferenz verbundene Abnahme der kinetischen Elektronenenergie gerade so groß ist, daß die dem H-System verbleibende kinetische Energie näherungsweise gleich der Hälfte der potentiellen Elektronenenergie wird ($|E_{kin}| \approx |\frac{1}{2} E_{pot}|$).

Wie sich theoretisch begründen läßt, führt die lineare Kombination einer bestimmten Anzahl von Atomorbitalen jeweils zur gleichen Anzahl von Molekülorbitalen. Infolgedessen resultieren aus der Überlappung der 1s-Orbitale zweier Wasserstoffatome H und H' zwei Molekülorbitale von denen eines – wie besprochen (Fig. 105) – durch Addition, das andere jedoch durch Subtraktion der betreffenden Atomorbitale erhalten wird (Fig. 107):

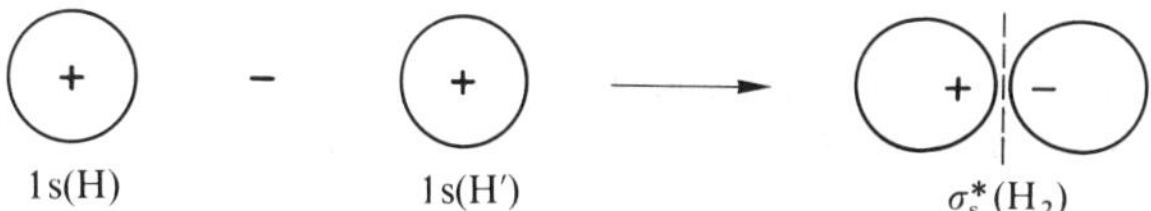

Fig. 107 Zustandekommen des antibindenden σ_s^*-Molekülorbitals des Wasserstoffmoleküls durch Überlappung (negative Interferenz) von 1s-Wasserstoffatomorbitalen (die gestrichelte Linie stellt eine senkrecht zur Kernverbindungsachse verlaufende Knotenebene dar).

Durch die in Fig. 107 wiedergegebene, auch als „*negative Interferenz*" von Schwingungszuständen deutbare „Überlappung" (antisymmetrische Kombination) der 1s-Wellenfunktionen zweier Wasserstoffatome erniedrigen sich die Funktionswerte ψ und damit auch deren als Elektronendichte deutbaren Quadrate ψ^2 insbesondere in der Gegend der Kernverbindungslinie. Wie aus Fig. 107 auch hervorgeht, führt die negative Kombination der 1s-Atomorbitale zudem zu einer senkrecht zur Kernverbindungsachse verlaufenden Knotenebene. Es kommt somit gar keine Bindung zustande. Man bezeichnet das betreffende Molekülorbital demzufolge als „*antibindendes*" σ_s-Orbital und unterscheidet es dadurch von dem in Fig. 105 veranschaulichten „*bindenden*" σ_s-Molekülorbital, das aus einer positiven Kombination

[41] Darüber hinaus erhöht sich die potentielle Energie infolge der gegenseitigen Abstoßung der beiden H_2-Elektronen.
[42] Für die exakte Wellenfunktion der Wasserstoffmolekülelektronen gilt der Virialsatz natürlich exakt.
[43] Der Chemiker baut Moleküle bevorzugt aus Atomen und demgemäß Molekülorbitale aus Atomorbitalen auf.
[44] Man verwendet statt der Wellenfunktion $\psi_{1s} = N \cdot e^{-r}$ (N = Nominierungsfaktor, s. dort) etwa die Wellenfunktion $\psi_{1s} = N \cdot e^{-\eta r}$ ($\eta > 1$) für das Wasserstoffelektron. η wird dabei so gewählt, daß sich mit der betreffenden Wellenfunktion im Sinne der Fig. 102 ein besonders tiefes Energieminimum für das H_2-Molekül berechnet.

der 1s-Wasserstoffatomorbitale resultierte. Ganz allgemein werden Orbitale zweiatomiger Moleküle mit einer senkrecht zur Bindungsachse verlaufenden Knotenebene von den bindenden Molekülorbitalen, die keine derartigen Knotenebenen aufweisen, als antibindende Molekülorbitale unterschieden und durch einen am Orbitalsymbol rechts oben angebrachten Stern* gekennzeichnet (bezüglich der sogenannten „*nicht bindenden*" Molekülorbitale vgl. weiter unten). Demgemäß bezeichnet man das H_2-Orbital der Fig. 107 auch als σ_s^*-Molekülorbital.

Während Elektronen im σ_s-Molekülorbital des Wasserstoffmoleküls einen kleineren Energiegehalt aufweisen als die 1s-Atomorbitale der getrennten Wasserstoffatome, kommt Elektronen im σ_s^*-Molekülorbital umgekehrt ein größerer Energiegehalt zu. Dieser Sachverhalt ist in Fig. 108a, welche die durch waagrechte Striche (**„Energieniveaus"**) symbolisierten Energiegehalte der Wasserstoffelektronen im 1s-Atomorbital sowie im bindenden σ_s- bzw. antibindenden σ_s^*-Molekülorbital wiedergibt, in Form eines „*Energieniveau-Schemas*" des Wasserstoffmoleküls bildlich veranschaulicht. Die beiden (im Schema durch Pfeile symbolisierten) Elektronen des Wasserstoffmoleküls im Grundzustand besetzen – mit entgegengesetztem Spin (vgl. Pauli-Prinzip) – naturgemäß das energieärmere Molekülorbital[45].

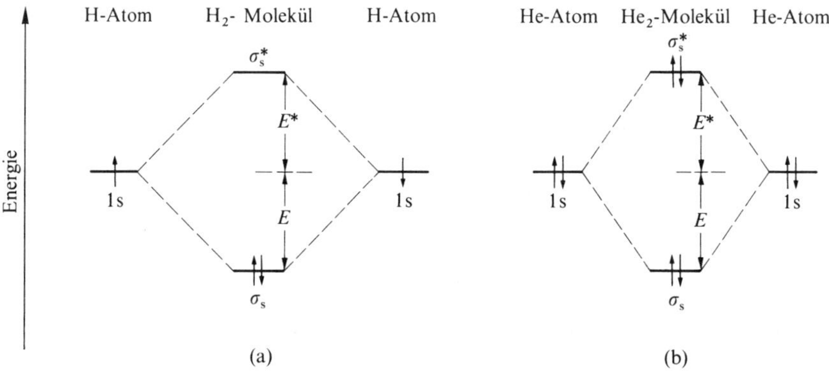

Fig. 108 Energieniveauschema der Bildung von σ_s- und σ_s^*-Molekülorbitalen (a) des H_2-Moleküls bzw. (b) des He_2-Moleküls durch Interferenz von 1s-Atomorbitalen des Wasserstoffs bzw. Heliums (nicht maßstabsgerecht).

Bei der Bildung eines Wasserstoffmoleküls aus zwei Wasserstoffatomen wird gemäß Fig. 108a zweimal der Energiebetrag E freigesetzt, da zwei 1s-Wasserstoffatomelektronen in das gemeinsame, um den Betrag E energieärmere[46] σ_s-Wasserstoffmolekülorbital übergehen. Nur einmal erhält man diesen Energiebetrag im Falle der Vereinigung eines Wasserstoffatoms H mit einem Wasserstoffatom-Ion H^+ zum Wasserstoffmolekül-Ion H_2^+, da das u.a. durch Ionisierung von H_2 in der Gasphase zugängliche H_2^+-Kation nur über ein einziges Elektron im σ_s-Molekülorbital verfügt. Demgemäß ist die Dissoziationsenergie von H_2^+ bei 25 °C mit 255 kJ/mol erheblich kleiner als von H_2 (432 kJ/mol). Daß sie nicht exakt halb so groß ist wie die Dissoziationsenergie von H_2, hängt u.a. mit der gegenseitigen Abstoßung der

[45] **Konfigurationswechselwirkung.** VB- und LCAO-MO-Methode werden für H_2 äquivalent, falls man über das Stadium der ersten Näherung hinausgeht und neben *kovalenten* auch *ionische* **VB-Strukturen** berücksichtigt (Resonanzwechselwirkung: $\psi_{VB} = \psi_{kov} + \lambda\psi_{ion} = \psi_A(1)\psi_B(2) + \psi_A(2)\psi_B(1) + \lambda\psi_A(1)\psi_A(2) + \lambda\psi_B(1)\psi_B(2)$; vgl. S. 337) bzw. neben den *bindenden* auch *antibindende* **MO-Konfigurationen** erfaßt (Konfigurationswechselwirkung: $\psi_{MO} = \psi_{bind} + k\psi_{antibind} = [\psi_A(1) + \psi_B(1)][\psi_A(2) + \psi_B(2)] + k[\psi_A(1) - \psi_B(1)][\psi_A(2) - \psi_B(2)]$. Wie sich durch Ausmultiplizieren leicht zeigen läßt wird ψ_{VB} (abgesehen vom Normierungsfaktor) gleich ψ_{MO}, falls man $\lambda = (1 + k)/(1 - k)$ setzt.

[46] Die energetische Lage eines mit Elektronen besetzten Molekülorbitals kann näherungsweise dem negativen Wert der zur Abdissoziation eines Elektrons aus dem betreffenden Orbital benötigten Energie (Ionisierungsenergie) gleichgesetzt werden (bezüglich der Bestimmung von Ionisierungsenergien vgl. Massen- bzw. Photoelektronenspektroskopie).

beiden Elektronen im Wasserstoffmolekül H_2 zusammen, die eine gewisse Destabilisierung von dessen σ_s-Molekülorbital bewirkt.

Fig. 108b gibt das dem Energieniveauschema der Wasserstoffmolekülorbitale (Fig. 108a) entsprechende Schema der Bildung von σ_s- und σ_s^*-Molekülorbitalen des hypothetischen Heliummoleküls He_2 durch Überlappung der betreffenden 1s-Heliumorbitale wieder. Da das He_2-Molekül über 4 Elektronen verfügt, jedes Molekülorbital aber maximal nur zwei Elektronen aufnehmen kann, sind sowohl das bindende σ_s- als auch das antibindende σ_s^*-Molekülorbital vollständig mit Elektronen besetzt. Bei der Bildung eines Heliummoleküls aus zwei Heliumatomen gehen also im Sinne des in Fig. 108b wiedergegebenen Schemas zwei von den vier Heliumatomelektronen in das um den Betrag E energieärmere σ_s-Molekülorbital und die restlichen zwei Elektronen in das um den Betrag E^* energiereichere σ_s^*-Molekülorbital über. Nun ist jedoch E^* dem absoluten Betrag nach größer als E (Analoges gilt für das H_2-Molekül). Infolgedessen ist das He_2-Molekül im Grundzustand instabiler als die isolierten Atome; es existiert in Übereinstimmung mit der Erfahrung nicht.

Zum Unterschied vom Heliummolekül He_2 existiert das Heliummolekül-Ion He_2^+ in der Gasphase. Dies ist im Rahmen der LCAO-MO-Näherungsmethode auch zu erwarten. Denn von den drei Elektronen des Molekül-Ions He_2^+ muß nur eines das antibindende σ_s^*-Molekülorbital besetzen. Bezogen auf die 1s-Atomorbitale des Heliums wird somit zweimal der Energiebetrag E erhalten (zwei Elektronen im σ_s-MO), während nur einmal der Betrag E^* aufzuwenden ist (ein Elektron im σ_s^*-MO). Da nun $2\,|E| > |E^*|$, wird bei der Vereinigung von He und He^+ zu He_2^+ insgesamt Energie gewonnen. Die destabilisierende Wirkung des antibindenden He_2^+-Elektrons zeigt sich jedoch darin, daß die Dissoziationsenergie des He_2^+-Kations mit 251 kJ/mol erheblich kleiner ist als die Dissoziationsenergie des H_2-Moleküls (432 kJ/mol), dessen σ_s^*-Molekülorbital „elektronenleer" ist.

Andere zweiatomige Moleküle. Da Atome der zweiten und höheren Elementperiode neben s- auch p-Orbitale in der Valenzschale aufweisen, muß im Falle zweiatomiger Moleküle, die nicht ausschließlich Wasserstoff und/oder Heliumatome enthalten, auch die Möglichkeit einer positiven und negativen Überlappung (Interferenz) von p- mit p- bzw. s-Atomorbitalen berücksichtigt werden. Die betreffenden Orbitalkombinationen führen im Prinzip zu den gleichen Ergebnissen wie die oben besprochene Wechselwirkung von s- mit s-Atomorbitalen. So kombinieren etwa p_z- mit p_z-Atomorbitalen zu energieärmeren bindenden σ_p- und energiereicheren antibindenden σ_p^*-Molekülorbitalen (Fig. 109a) und p_z- mit s-Atomorbitalen zu energieärmeren bindenden σ_{sp}- und energiereicheren antibindenden σ_{sp}^*-Molekülorbitalen (Fig. 109b):

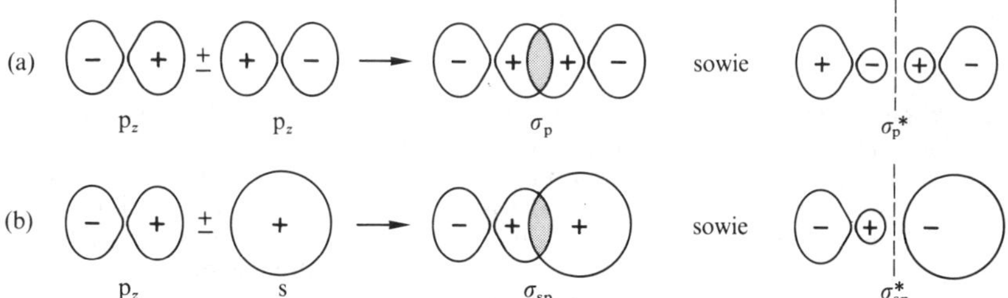

Fig. 109 Zustandekommen eines bindenden σ- und antibindenden σ^*-Molekülorbitals eines zweiatomigen Moleküls durch positive und negative Überlappung der p_z-Atomorbitale eines Molekülatoms mit (a) dem p_z- bzw. (b) dem s-Atomorbital des anderen Molekülatoms (die z-Achse verläuft jeweils entlang der Kernverbindungslinie; die gestrichelte Linie stellt eine senkrecht zur Bindungsachse orientierte Knotenebene dar).

In entsprechender Weise führt die Interferenz von p_x- bzw. p_y- mit p_x- bzw. p_y-Atomorbitalen zweiatomiger Moleküle in der in Fig. 110 veranschaulichten Weise zu energieärmeren bindenden π_x- bzw. π_y- sowie energiereicheren antibindenden π_x^*- bzw. π_y^*-Molekülorbitalen (die x- bzw. y-Achse verläuft jeweils senkrecht zur Bindungsachse).

Die zu bindenden π-Molekülorbitalen führende Überlappung von p-Atomorbitalen senkrecht zu ihrer Symmetrieachse (Fig. 110a) ist – insbesondere bei großen Kernabständen – meist kleiner als die zu bindenden σ-Molekülorbitalen führende p-Orbitalüberlappung in Richtung der Orbitalachsen (Fig. 109a). Infolgedessen sind π-Bindungen des erwähnten Typs („$p_\pi p_\pi$-*Bindungen*") zwischen Atomen (und zwar insbesondere großen) meist schwächer als σ-Bindungen zwischen den gleichen Atomen. So beträgt etwa im Falle von CC-Gruppierungen die molare Energie einer σ-Bindung ca. 345 kJ und einer (nicht mesomeriestabilisierten) π-Bindung ca. 270 kJ. In analoger Weise ist die Energie von $p_\pi p_\pi$-Bindungen zwischen anderen Atomen der ersten Achterperiode vielfach und zwischen den (insgesamt voluminöseren) Atomen der höheren Achterperioden immer kleiner als die diesbezügliche Energie von σ-Bindungen[47]. Daß Verbindungen mit Mehrfachbindungen zwischen Atomen der ersten Achterperiode anders als ungesättigte Verbindungen von Elementen der höheren Achterperioden auch dann unter Normalbedingungen existieren und nicht unter Übergang von π- in σ-Bindungen polymerisieren (vgl. Doppelbindungsregel), wenn dieser Übergang wie im Falle der exothermen Polymerisation von Ethylen $H_2C{=}CH_2$ aus thermodynamischen Gründen erfolgen könnte, hat kinetische Ursachen (vgl. S. 399).

Zum Unterschied von den p_x- bzw. p_y-Atomorbitalen können s-Atomorbitale nicht mit p_x- bzw. p_y-Atomorbitalen interferieren, weil sie bezüglich der Bindungsachse nicht die gleiche Symmetrie aufweisen: im Falle eines s-Atomorbitals sind sowohl die absoluten Funktionswerte als auch die Vorzeichen dieser Werte bezüglich der Kernverbindungslinie spiegelbildlich gleich, während im Falle eines p_x- bzw. p_y-Atomorbitals nur die absoluten Funktionswerte diese Eigenschaft haben; das Vorzeichen der Funktionswerte ändert sich jedoch bei Spiegelung an der Kernverbindungslinie (vgl. hierzu Fig. 110b). Ganz allgemein lassen sich, wie theoretisch leicht begründet werden kann (vgl. einschlägige Lehrbücher), Atomorbitale benachbarter Atome dann nicht zur Interferenz bringen („*nicht bindende*" Situation), wenn bei ihrer Kombination positive (bzw. negative) Bereiche des einen Orbitals sowohl mit positiven als auch mit exakt gleich großen negativen Bereichen des anderen Orbi-

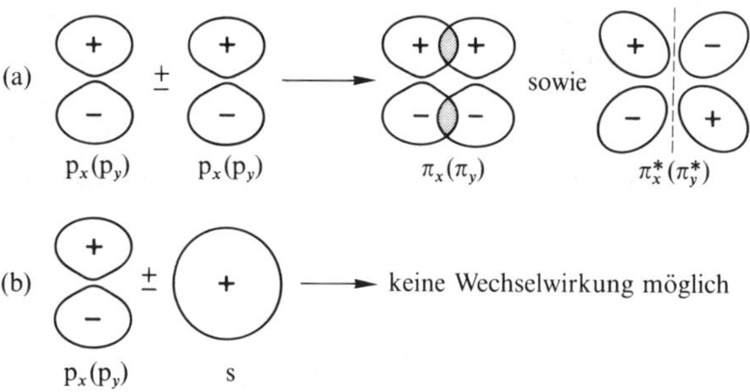

Fig. 110 (a) Zustandekommen eines bindenden π- und antibindenden π^*-Molekülorbitals eines zweiatomigen Moleküls durch positive und negative Interferenz eines p_x- bzw. p_y-Atomorbitals eines Molekülatoms mit dem p_x- bzw. p_y-Atomorbital des anderen Molekülatoms (die x- bzw. y-Achse verläuft senkrecht zur Bindungsachse; die gestrichelte Linie stellt eine senkrecht zur Bindungsachse orientierte Knotenebene dar. (b) Eine Interferenz von p_x- bzw. p_y- mit einem s-Atomorbital ist in der veranschaulichtne Weise unmöglich, da die Orbitale bezüglich der Bindungsachse eine unterschiedliche Symmetrie aufweisen (vgl. Vorzeichen der Wellenfunktionswerte).

47 Die nebenstehend veranschaulichte, zu π-Molekülorbitalen führende Überlappung eines p-Orbitals mit einem d-Orbital („$d_\pi p_\pi$-*Bindungen*") kann auch im Falle größerer Bindungspartner aufgrund der im Vergleich zu einem p-Orbital räumlich günstigeren Orientierung des d-Orbitals erheblich sein, falls die Energie der betreffenden p- und d-Orbitale von vergleichbarer Größe sind.

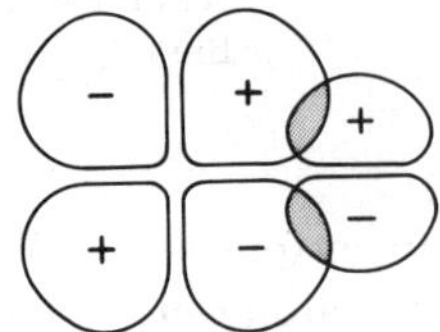

tals zusammentreffen[48]. Infolgedessen ist etwa auch eine Kombination von p_x- mit p_y- bzw. von p_x- mit p_z- bzw. von p_y- mit p_z-Atomorbitalen unmöglich.

Abgesehen von jenen Fällen, in welchen eine Interferenz von Atomorbitalen zweiatomiger Moleküle aus den genannten Gründen unterbleibt, kombinieren auch in den übrigen Fällen, in welchen eine Möglichkeit zur Interferenz besteht, Atomorbitale häufig so schlecht, daß die betreffende Orbitalüberlappung näherungsweise vernachlässigt werden kann. Eine wirkungsvolle Kombination von Atom- und Molekülorbitalen erfolgt insbesondere unter der Voraussetzung, daß

1. der Energiegehalt der interferierenden Atomorbitale von vergleichbarer Größenordnung ist und
2. die gegenseitige Durchdringung der interferierenden Atomorbitale in genügend hohem Maße erfolgt.

So müssen etwa aufgrund der Regel 2 jeweils nur Kombinationen von Orbitalen der Valenzschale der betreffenden Molekülatome berücksichtigt werden; denn die Orbitale der inneren Atomelektronen sind erheblich kleiner als die Orbitale der Valenzelektronen und durchdringen sich infolgedessen bei gegebenem Kernabstand auch erheblich schlechter als diese. Andererseits ist im Falle zweiatomiger Moleküle A_2 die Wechselwirkung des s-Orbitals der Valenzschale eines Atoms A mit dem p_z-Orbital der Valenzschale des anderen Atoms A (vgl. Fig. 109b) aufgrund der Regel 1 dann unerheblich, wenn sich der Energiegehalt der Elektronen in beiden Atomorbitalen sehr stark voneinander unterscheidet.

Letzteres trifft beispielsweise für die Sauerstoffatome des Sauerstoffmoleküls O_2 zu (vgl. Tab. 9 auf S. 97). Demgemäß lassen sich die Molekülorbitale des O_2-Moleküls wie folgt aus den s- und p-Orbitalen der Valenzschale (= 2. Hauptschale) der O-Atome herleiten: Die 2s-Orbitale der beiden Sauerstoffatome kombinieren ähnlich wie die 1s-Wasserstoffatomorbitale (Fig. 105 und 107) zu einem bindenden σ_s- und einem antibindenden σ_s^*-Molekülorbital. In analoger Weise führt die Interferenz der p_z-Orbitale der Sauerstoffatome nach der in Fig. 109a veranschaulichten Weise zu zwei σ_p-Molekülorbitalen. Durch Überlappung der p_x- bzw. p_y-Orbitale der Sauerstoffatome erhält man gemäß Fig. 110a schließlich Paare bindender und antibindender π-Molekülorbitale.

Weitere Interferenzen von Sauerstoffatomorbitalen sind nicht zu berücksichtigen, da sie aus den oben erörterten Gründen entweder schlecht (s/p_z-Kombination) oder unmöglich sind (s/p_x-, s/p_y-, p_x/p_y-, p_x/p_z-, p_y/p_z-Kombinationen).

Die Fig. 111a veranschaulicht in Form eines Energieniveauschemas die Bildung der Molekülorbitale des Sauerstoffs aus den Atomorbitalen der Valenzschale der beiden Sauerstoffatome. Hiernach erhält man, wie gefordert, aus den acht Atomorbitalen der Valenzschale der beiden Sauerstoffatome auch acht Molekülorbitale. Unter ihnen hat das σ_s-Molekülorbital die geringste Energie. Es schließen sich – in energetischer Reihenfolge – das σ_s^*-, das σ_p-, das π_x- sowie π_y-, das π_x^*- sowie das π_y^*- und das σ_p^*-Molekülorbital an. Den beiden bindenden π-Molekülorbitalen (Analoges gilt für die beiden π^*-Orbitale) kommt hierbei die gleiche Energie (und auch die gleiche Gestalt) zu. Dies beruht verständlicherweise darauf, daß sich die zum π_x-Molekülorbital interferierenden p_x- und die zum π_y-Molekülorbital interferierenden p_y-Orbitale der beiden Sauerstoffatome außer in ihrer räumlichen Lage durch nichts unterscheiden.

Daß die Energiedifferenz zwischen bindenden und antibindenden π-Molekülorbitalen kleiner als die Energieaufspaltung des bindenden und antibindenden σ_p-Molekülorbitals ist, rührt daher, daß die in Fig. 110a veranschaulichte Kombination der p_x- bzw. p_y-Atomorbitale zu einer vergleichsweise schlechteren p-Orbitalüberlappung führt als die in Fig. 109a wiedergegebene Möglichkeit der p_z-Orbitalkombination (vgl. hierzu obige Regel 2 sowie das Kleingedruckte auf S. 348).

---

[48] Im Falle einer bindenden (antibindenden) Situation treffen demgegenüber ausschließlich Orbitalbereiche, in welchen die Funktionswerte gleiches (entgegengesetztes) Vorzeichen aufweisen, aufeinander.

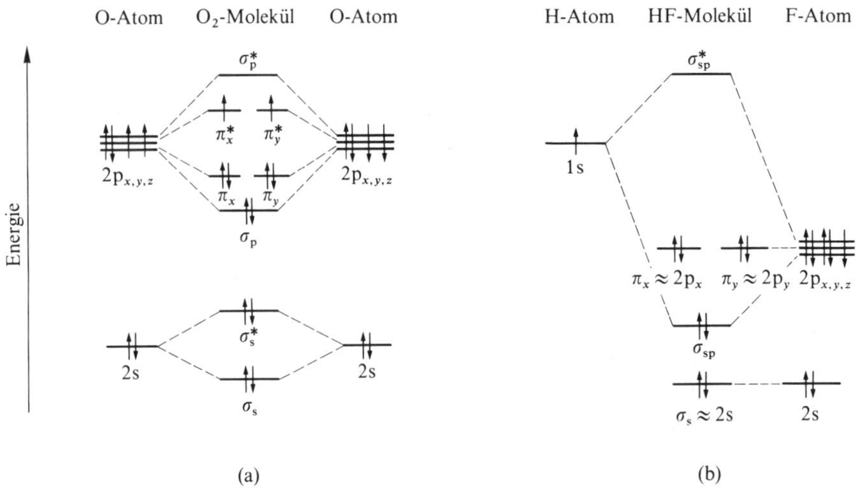

Fig. 111 Energieniveauschema der Bildung der σ- und π-Molekülorbitale (a) des O_2-Moleküls und (b) des HF-Moleküls (nicht maßstabsgerecht).

Die Elektronenkonfiguration $\sigma_s^2 \sigma_s^{*2} \sigma_p^2 \pi_x^2 \pi_y^2 \pi_x^{*1} \pi_y^{*1}$ des Sauerstoffmoleküls[49] im Grundzustand ergibt sich nunmehr in einfacher Weise dadurch, daß die nach steigender Energie geordneten Molekülorbitale der Reihe nach mit den $2 \times 6 = 12$ Valenzelektronen des O_2-Moleküls aufgefüllt werden (Fig. 111a). Hierbei ist zu berücksichtigen, daß jedes Molekülorbital maximal zwei Elektronen entgegengesetzten Spins aufnehmen kann (vgl. Pauli-Prinzip) und daß energieentartete Molekülorbitale zunächst einfach mit Elektronen gleichen Spins besetzt werden (vgl. 1. Hundsche Regel). Wie nun im einzelnen aus Fig. 111a hervorgeht, enthält das nicht angeregte O_2-Molekül zwei ungepaarte, in den antibindenden π^*-Molekülorbitalen lokalisierte Elektronen: Sauerstoff ist ein paramagnetisches Gas. Dieser aus der Valenzstrichformel (vgl. S. 131) nicht hervorgehende Sachverhalt steht in Übereinstimmung mit dem Experiment[50].

Da nach einer (mehr formalen) Regel die Differenz zwischen der Anzahl bindender und antibindender Elektronen eines zweiatomigen (bzw. auch mehratomigen) Moleküls der Zahl halber chemischer Bindungen im Molekül entspricht, ergibt sich die Bindungsordnung des Sauerstoffmoleküls aus dessen Elektronenkonfiguration (8 bindende und 4 antibindende Elektronen; vgl. Fig. 111a) zu $(8-4)/2 = 2$. Geht man zum Fluormolekül F_2 (14 Valenzelektronen) bzw. zum Stickstoffmolekül N_2 (10 Valenzelektronen) über, deren Energieniveauschemata sich von dem in Fig. 111a wiedergegebenen Schema des Sauerstoffmoleküls O_2 (12 Valenzelektronen) dadurch unterscheiden, daß die antibindenden π^*-Molekülorbitale vollständig (F_2) bzw. überhaupt nicht (N_2) mit Elektronen besetzt sind, so muß sich entsprechend der um 2 erhöhten bzw. erniedrigten Zahl antibindender Elektronen die Bindungsordnung um 1 vermindern (F_2) bzw. erhöhen (N_2). Die LCAO-MO-Modellbetrachtungen führen mithin zu den gleichen Bindungsordnungen 1, 2 bzw. 3 für die Moleküle F_2, O_2 bzw. N_2, die bereits früher (S. 130) aus den Elektronenformeln abgeleitet wurden.

---

[49] Die Elektronenkonfiguration eines zweiatomigen Moleküls wird ähnlich wie jene der Atome durch Aneinanderreihen der Symbole der betreffenden, mit Elektronen besetzten Molekülorbitale in energetischer Reihenfolge zum Ausdruck gebracht, wobei die im Orbital vorhandene Zahl der Elektronen wieder durch eine hochgestellte Zahl am Orbitalsymbol gekennzeichnet wird.

[50] Da sich die Spinmultiplizität bei Vorliegen von zwei ungepaarten Elektronen mit dem Gesamtspin $S = 1/2 + 1/2 = 1$ zu $2S + 1 = 2 \times 1 + 1 = 3$ (= Triplett) ergibt (vgl. hierzu S. 100), bezeichnet man den Sauerstoff im Grundzustand auch als „*Triplett-Sauerstoff*". Durch Zufuhr von 95 kJ/mol läßt sich der Triplett-Sauerstoff in den reaktiven und chemisch vielseitig nutzbaren „*Singulett-Sauerstoff*" überführen (vgl. Kapitel über Sauerstoff), in welchem die beiden energiereichsten Elektronen mit entgegengesetztem Spin ein einziges π^*-Molekülorbital besetzen.

Im Falle des N_2-Moleküls muß allerdings beachtet werden, daß aufgrund des vergleichsweise kleinen energetischen Abstands zwischen dem s- und dem p-Orbital des Stickstoffatoms (vgl. Tab. 9 auf S. 97) – anders als im Falle des O_2-Moleküls – auch mit einer gewissen Interferenz zwischen dem s-Orbital eines Stickstoffatoms und dem p_z-Orbital des anderen Stickstoffatoms zu rechnen ist. Als wesentliche Folge hiervon erniedrigt sich die Energie des σ_s-Molekülorbitals und erhöht sich die Energie des σ_p-Molekülorbitals. Die energetische Anhebung letzteren Orbitals ist dabei so groß, daß es im Energieniveauschema oberhalb der bindenden π-Molekülorbitale zu liegen kommt. Geordnet nach steigender Energie lautet also nunmehr die Reihenfolge der Molekülorbitale: σ_s, σ_s^*, π, σ_p, π^*, σ_p^*. Die gleiche Orbitalreihenfolge trifft auch für die Molekülorbitale der in der Gasphase unter besonderen Bedingungen erhältlichen Moleküle C_2 (8 Valenzelektronen), B_2 (6 Valenzelektronen), Be_2 (4 Valenzelektronen) und Li_2 (2 Valenzelektronen) zu. Demgegenüber wird für F_2 die gleiche Reihenfolge der Molekülorbitale wie im Falle des O_2-Moleküls aufgefunden.

Nachfolgende Zusammenstellung gibt die jeweils zutreffende Elektronenkonfiguration (EK) und die daraus folgende Bindungsordnung (BO) für die erwähnten, aus jeweils zwei gleichen Atomen von Elementen der ersten Achterperiode aufgebauten Moleküle – geordnet nach steigender Ordnungszahl der Elemente – wieder:

	Li_2	**„Be_2“**	**B_2**	**C_2**	**N_2**	**O_2**	**F_2**
EK	σ_s^2	$\sigma_s^2\sigma_s^{*2}$	$\sigma_s^2\sigma_s^{*2}\pi^2$	$\sigma_s^2\sigma_s^{*2}\pi^4$	$\sigma_s^2\sigma_s^{*2}\pi^4\sigma_p^2$	$\sigma_s^2\sigma_s^{*2}\sigma_p^2\pi^4\pi^{*2}$	$\sigma_s^2\sigma_s^{*2}\sigma_p^2\pi^4\pi^{*4}$
BO	1	0	1	2	3	2	1
DE [kJ/mol]	106	9.7[51)]	297	607	945	498	158
BL [Å]	2.67	2.51[51)]	1.59	1.24	1.10	1.21	1.42

Der Gang der aus LCAO-MO-Betrachtungen abgeleiteten Bindungsordnungen steht dabei in guter Übereinstimmung mit dem Gang der experimentell bestimmten Dissoziationsenergien (DE) sowie Bindungslängen (BL) der betreffenden zweiatomigen Moleküle (hohe BO ≙ hohe DE ≙ kleine BL). Auch die Forderung der Theorie, daß die Moleküle Li_2, C_2, N_2 und F_2 nur gepaarte, die Moleküle B_2 und O_2 demgegenüber zwei ungepaarte Elektronen enthalten, wird durch das Experiment bestätigt.

Als Beispiel eines nicht aus zwei gleichen Atomen zusammengesetzten („*homonuklearen*“), sondern aus zwei verschiedenen Atomen aufgebauten („*heteronuklearen*“) Moleküls ist in Fig. 111b das Energieniveauschema der Bildung der Orbitale des Fluorwasserstoffs HF aus dem 1s-Orbital des Wasserstoffatoms und den 2s- sowie 2p-Orbitalen des Fluoratoms wiedergegeben. Ersichtlicherweise führt hier nur die Kombination des 1s-Wasserstoff- mit dem $2p_z$-Fluoratomorbital in der in Fig. 109b veranschaulichten Weise zu einer effektiven Interferenz; denn eine Überlappung des 1s-Wasserstoffatomorbitals ist im Falle des $2p_x$- und $2p_y$-Fluoratomorbitals aus Symmetriegründen unmöglich (vgl. Fig. 110b) und im Falle des 2s-Fluoratomorbitals wegen des großen Energieunterschiedes der Atomorbitale von untergeordneter Bedeutung.

Nach einer weiter oben besprochenen Regel ist ja nur zwischen zwei Atomorbitalen nicht zu großen Energieunterschieds eine wirkungsvolle Kombination zu erwarten. Mit zunehmender Energiedifferenz zweier interferierender Atomorbitale verringert sich deren Wechselwirkung und damit der Betrag E (bzw. E^*), um welchen das bindende (bzw. antibindende) Molekülorbital unter dem energieärmeren (über dem energiereicheren) der beiden kombinierten Atomorbitale liegt (vgl. Fig. 112). Die Energieaufspaltung $|E| + |E^*|$ miteinander interferierender Atomorbitale verringert sich also mit wachsendem Energieunterschied der beiden Atomorbitale (vgl. Fig. 112a und 112b) und verschwindet bei sehr großer Energiedifferenz (vgl. Fig. 112c)[52)]. In der gleichen Richtung werden die resultierenden Molekülorbitale den Ausgangsatomorbitalen zunehmend ähnlicher, und zwar das bindende dem energieärmeren, das antibindende dem energiereicheren Atomorbital. Bei sehr großem Energieunterschied sind demzufolge die Molekülorbitale im wesentlichen identisch mit den betreffenden Atomorbitalen.

[51] Der Wert von 9.7 kJ/mol bezieht sich auf ein van-der-Waals-Minimum bei 2.51 Å. Ein Be_2-Molekül mit chemischer Be-Be-Bindung existiert nicht.

[52] Die Betrachtung bezieht sich allerdings nur auf die durch Interferenz von Atomorbitalen und nicht auf die u. a. durch „Ladungsübertragungen“ zwischen den unterschiedlich elektronegativen Bindungsatomen verursachten Energieänderungen. Derartige mit der Atomvereinigung zu Molekülen zwangsläufig verbundene Ladungsübertragungen verändern naturgemäß auch den Energiegehalt nicht interferierender Atomorbitale. So ist etwa die Energie des 2s-Atomorbitals des Fluors in Fluorwasserstoff negativer als im freien Zustand.

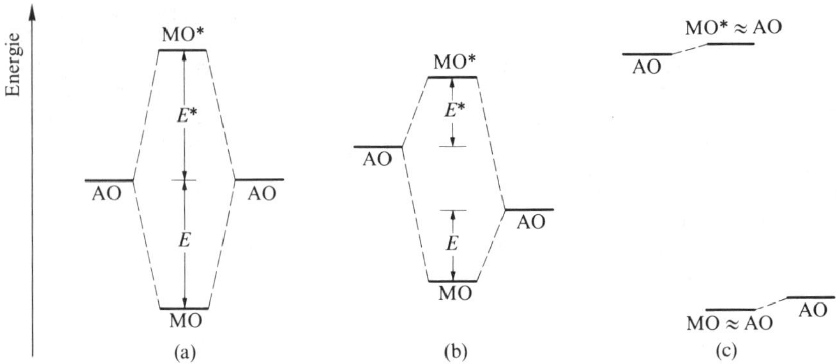

Fig. 112 Veranschaulichung der Energieaufspaltung bei der Überlappung zweier Atomorbitale (a) gleicher Energie, (b) unterschiedlicher Energie, (c) stark unterschiedlicher Energie (nicht maßstabsgerecht).

Die energetische Reihenfolge der fünf Orbitale des HF-Moleküls lautet: σ_s-, σ_{sp}-, π_x- sowie π_y-, σ^*_{sp}-Molekülorbital. Da HF über $1 + 7 = 8$ Valenzelektronen verfügt, sind bis auf das antibindende σ^*_{sp}-Molekülorbital alle verfügbaren Orbitale vollständig mit Elektronen besetzt. Drei unter ihnen (σ_s, π_x, π_y) sind im wesentlichen identisch mit dem 2s-, p_x- sowie p_y-Atomorbital des Fluoratoms. Die in ihnen untergebrachten 3×2 Elektronen stellen somit die 3 „freien" („nichtbindenden"), am Fluor lokalisierten Elektronenpaare des HF-Moleküls dar. Das restliche „bindende" Elektronenpaar besetzt das für die kovalente Bindung im HF-Molekül verantwortliche σ_{sp}-Molekülorbital. Die LCAO-MO-Betrachtungsweise bestätigt mithin die aus der HF-Elektronenformel H—F̤̈:) bereits erhaltenen Ergebnisse.

2.2.2 Mehratomige Moleküle

Delokalisierte Molekülorbitale. In analoger Weise wie bei den zweiatomigen Molekülen verteilen sich auch die Elektronen mehratomiger Moleküle auf verschiedene (maximal mit zwei Elektronen besetzbare) Molekülorbitale, die sich – abgesehen von den Orbitalen der inneren Atomelektronen – über das ganze Molekül erstrecken (**„delokalisierte"** bzw. *„polyzentrische"* Molekülorbitale). Wiederum können die einzelnen Molekülorbitale näherungsweise über eine lineare Kombination von Atomorbitalen hergeleitet werden. Im Falle der Dihydride AH_2 von Hauptgruppenelementen (z. B. lineares BeH_2 bzw. gewinkeltes H_2O) erhält man etwa durch Kombination der zur Verfügung stehenden *sechs Atomorbitale* der Atomvalenzschalen (zwei 1s-Orbitale der Wasserstoffatome sowie 2s-, $2p_x$-, $2p_y$-, $2p_z$-Orbital des Hauptgruppenatoms) *sechs Molekülorbitale* (vgl. Fig. 114b, links für lineares, rechts für gewinkeltes AH_2), die für gewinkeltes H_2O in Fig. 113 veranschaulicht sind (die Molekülorbitale sind in der Reihenfolge zunehmenden Energiegehalts wiedergegeben). Da H_2O über $2 + 6 = 8$ Valenzelektronen verfügt, sind im Molekülgrundzustand vier Molekülorbitale (σ_s, σ_{sp}, σ_π, π) mit Elektronen besetzt. Zwei unter ihnen (σ_s und π) sind mehr oder weniger identisch mit dem 2s- bzw. $2p_x$-Orbital des Sauerstoffatoms (die *x*-Achse verläuft senkrecht zur Molekülebene). Die in ihnen untergebrachten $2 \times 2 = 4$ Elektronen stellen im Sinne der Elektronenformel H—Ö̤—H somit die 2 „freien" („nichtbindenden"), am Sauerstoff lokalisierten Elektronenpaare des Moleküls dar. Die verbleibenden 4 Elektronen besetzen paarweise die beiden „bindenden" Molekülorbitale σ_{sp} und σ_π. Die „antibindenden" Molekülorbitale σ^*_π und σ^*_{sp} sind im Grundzustand des H_2O-Moleküls nicht mit Elektronen besetzt.

Zur Ableitung der sechs Molekülorbitale im Falle linearer Moleküle AH_2 bildet man mit Vorteil zunächst Kombinationen der beiden 1s-Orbitale der Wasserstoffatome, indem man die betreffenden Orbitale addiert sowie voneinander subtrahiert (vgl. Fig. 114a, zweite Spalte). Erstere Kombination kann nun

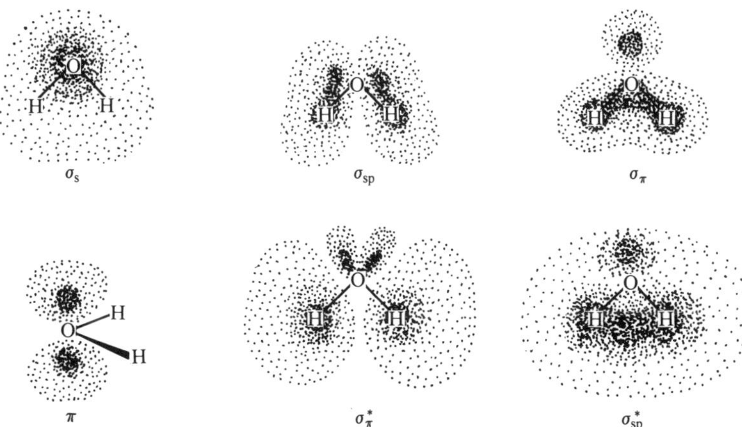

Fig. 113 Veranschaulichung der Dichteverteilung der Elektronen in den sechs Molekülorbitalen des H_2O-Moleküls (im Falle der unbesetzten Orbitale σ_π^* und σ_{sp}^* kommt der berechneten Dichteverteilung keine Realität zu).

ersichtlicherweise nur mit dem s-Orbital von A effektiv interferieren (Bildung der σ_s- und σ_s^*-Molekülorbitale), letztere Kombination nur mit dem p_z-Orbital von A (Bildung der σ_{sp}- und σ_{sp}^*-Molekülorbitale; z-Achse = Molekülachse); denn eine Überlappung der Kombination $s_H + s_{H'}$ ist im Falle der $p_{x,y,z}$-Orbitale, eine Überlappung der Kombination $s_H - s_{H'}$ im Falle der s- und $p_{x,y}$-Orbitale von A aus Symmetriegründen unmöglich (vgl. Fig. 110b auf S. 348). Für die $p_{x,y}$-Orbitale besteht demnach keine Möglichkeit einer Wechselwirkung mit den s-Orbitalen des Wasserstoffs; sie sind als π_x- und π_y-Molekülorbitale von AH_2 am Zentralatom lokalisiert. Die Fig. 114a (dritte Spalte) und 114b (linke Seite) geben die durch Interferenz aus den Valenzorbitalen von linearen AH_2-Teilchen hervorgehenden Molekülorbitale als „Eneregieniveaudiagramm" und in Form von „Orbitalbildchen" wieder (vgl. hierzu auch HF-Energieniveaudiagramm, Fig. 111 auf S. 350).

Beim Überführen der linearen in gewinkelte Moleküle AH_2 (Grenzfall: *dreigliederige* AH_2-Ringe) ändern sich die Lagen der Energieniveaus; auch wandelt sich eines der beiden π-Molekülorbitale in zunehmendem Maße in ein σ-Molekülorbital um (das andere π-Molekülorbital ändert seinen Charakter und seine Energie nicht). Wie hierbei in Fig. 114b (linke und rechte Seite) anhand der betreffenden Orbitalbildchen verdeutlicht wird, führt die Abwinkelung im Falle des σ_s-Molekülorbitals zu einer zusätzlich *energieabsenkenden bindenden Wechselwirkung*, im Falle des σ_{sp}-Molekülorbitals zu einer zusätzlich *energieanhebenden antibindenden Wechselwirkung* zwischen den beiden H-Atomen. Mit der Abwinkelung nimmt zudem eines der π-Molekülorbitale die Symmetrie des σ_s^*-Molekülorbitals an. Als Folge der dadurch möglichen *Kopplung* beider Orbitale erniedrigt sich die Energie des ersteren und erhöht sich die Energie des letzteren Molekülorbitals mit zunehmender AH_2-Abwinkelung in wachsendem Maße ($\pi \rightarrow \sigma_\pi$; $\sigma_s^* \rightarrow \sigma_\pi^*$; vgl. Fig. 114b). Der Gang des σ_{sp}^*-Energieniveaus ist weniger einsichtig.

Das Ausmaß der Energieänderungen im Zuge der AH_2-Abwinkelung und damit gegebenenfalls die Reihenfolge der Molekülorbitale σ_{sp}/σ_π bzw. $\sigma_{sp}^*/\sigma_\pi^*$ bestimmt das Atom A. Es legt durch seine Elektronegativität (u. a.) zudem die örtliche Aufenthaltswahrscheinlichkeit der Elektronen in den einzelnen Molekülorbitalen fest (z. B. halten sich die beiden Elektronen des σ_s-Molekülorbitals in BeH_2 hauptsächlich in Nähe der Wasserstoffatome, in H_2O hauptsächlich in Nähe des Zentralatoms auf).

Die Fig. 114b gibt den *Energieverlauf* der sechs Molekülorbitale von AH_2 mit abnehmendem HAH-*Bindungswinkel* α in Form eines **„Walsh-Diagramms"** wieder. Ihm läßt sich u. a. entnehmen, ob ein AH_2-Molekül bei gegebener Valenzelektronenzahl *linear oder gewinkelt gebaut* ist, und welches von zwei nichtlinearen AH_2-Molekülen mit gleicher Valenzelektronenzahl *stärker oder schwächer gewinkelt* ist.

Geometrie von AH_2-Molekülen. Ersichtlicherweise liegen die σ_s- und σ_π-Molekülorbitale im Falle gewinkelter AH_2-Moleküle energetisch niedriger, das σ_{sp}-Molekülorbital energetisch höher als im Falle linearer AH_2-Moleküle. Das – nur unter besonderen Bedingungen existierende – Kation H_3^+ (*zwei Valenzelektronen*; Elektronenkonfiguration σ_s^2) hat demgemäß ge-

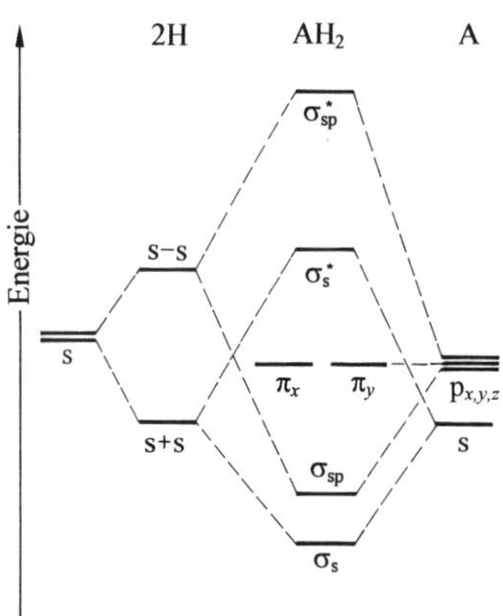

Fig. 114a Energieniveauschema der Bildung der σ- und π-MOs linearer AH_2-Moleküle (die Energielagen der Molekülorbitale hängen wesentlich von A ab).

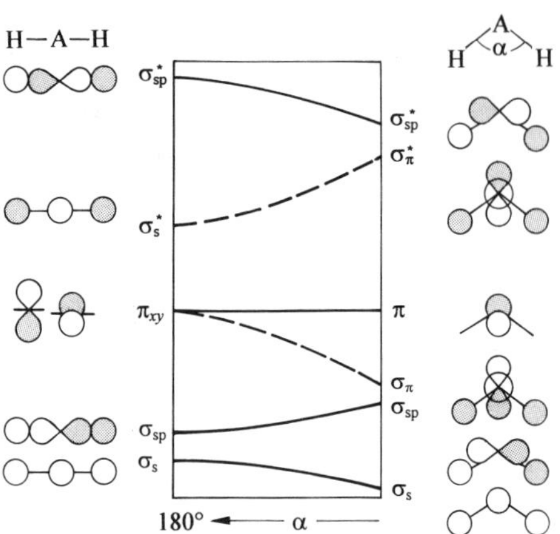

Fig. 114b Walsh-Diagramm für AH_2-Moleküle mit linearem bis gewinkeltem Bau (leere und ausgefüllte Orbitalbereiche beziehen sich auf unterschiedliche Funktionsvorzeichen).

winkelten Bau (genauer: trigonal-planaren Bau mit $\alpha = 60°$), während das – nur in der Gasphase bei höheren Temperaturen erzeugbare – Molekül BeH_2 (*vier Valenzelektronen*; Elektronenkonfiguration $\sigma_s^2 \sigma_{sp}^2$) linear strukturiert ist, da die Energieerhöhung des σ_{sp}-MOs bei Abwinkelung von AH_2 stärker ins Gewicht fällt als die Energieerniedrigung des σ_s-MOs. BeH_2^+ (*drei Valenzelektronen*; Elektronenkonfiguration $\sigma_s^2 \sigma_{sp}^1$; $\alpha = 20°$) und BH_2 (*fünf Valenzelektronen*; Elektronenkonfiguration $\sigma_s^2 \sigma_{sp}^2 \sigma_\pi^1$; $\alpha = 131°$) sind wiederum gewinkelt, da der Energiegewinn (im ersteren Falle 2 Elektronen in σ_s, in letzterem Falle 1 Elektron in σ_π) den Energieverlust (1 bzw. 2 Elektronen in σ_{sp}) übertrifft (BeH_2^+ ist als Komplex von Be^+ und H_2 zu beschreiben). Aus gleichen Gründen sind Teilchen wie CH_2, NH_2, H_2O (*sechs, sieben, acht Valenzelektronen*; Elektronenkonfigurationen $\sigma_s^2 \sigma_{sp}^2 \sigma_\pi^2 \pi^{0,1\,\text{bzw.}\,2}$; $\alpha = 136, 103.4, 104.5°$) gewinkelt. Somit haben AH_2-Moleküle mit *ein bis drei* sowie *fünf bis acht* Valenzelektronen *gewinkelten Bau*, solche mit *vier* Valenzelektronen *linearen* Bau (vgl. Tab. 46a).

Ausmaß der AH_2-Abwinkelung. Der Energieverlauf der AH_2-Molekülorbitale mit dem HAH-Bindungswinkel α bestimmt letztendlich das Ausmaß der AH_2-Abwinkelung. Beispielsweise erhöht sich die Kopplung zwischen dem π- und σ_s^*-Molekülorbital und damit das Ausmaß der Energieabsenkung von σ_π bzw. Energieanhebung von σ_π^* im Zuge der Abwinkelung linearer AH_2-Moleküle mit abnehmendem Energieabstand beider Orbitale in den linearen AH_2-Molekülen. Alle Effekte, die in derartigen Molekülen mit *fünf* bis *acht* Valenzelektronen zu einer *energetischen Annäherung von π- und σ_s-Molekülorbitalen* führen, haben somit eine *Valenzwinkelverkleinerung* zur Folge.

Zwei Beispiele mögen das Gesagte verdeutlichen: (i) Wegen der Lokalisation der π-Molekülorbitale in linearen AH_2-Molekülen am Zentralatom bedingt eine *Elektronegativitätsabnahme* von A eine stärkere energetische *Anhebung des π-Molekül*orbitals und nur eine schwächere des σ_s^*-Molekülorbitals. Insgesamt kommt es dann zu einer *Verkleinerung der Energiedifferenz* von π- und σ_s^*-MO und damit zu einer Verkleinerung von α. Von den beiden Molekülen H_2O und H_2S (jeweils 8 Valenzelektronen; Elektronenkonfiguration jeweils $\sigma_s^2 \sigma_{sp}^2 \sigma_\pi^2 \pi^2$; Elektronegativität der Zentralatome O/S = 3.50/2.44) weist demgemäß H_2S den *kleineren Valenzwinkel* auf (α von $H_2O/H_2S = 104.5/92.3°$; vgl. hierzu S. 317, 361). – (ii) Der Ersatz von Wasserstoff in AH_2-Molekülen durch elektropositivere Gruppen wie den Silylrest SiH_3 führt zu einer stärkeren energetischen *Anhebung des σ_s^*-Molekülorbitals* und nur zu einer schwächeren des π-Molekülorbitals. Insgesamt kommt es nunmehr zu einer *Vergrößerung der Energiedifferenz* von π- und σ_s^*-MO und somit zu einer Vergrößerung von α. Von den beiden Molekülen H_2O und $(H_3Si)_2O$ weist demgemäß $(H_3Si)_2O$ den *größeren Valenzwinkel* auf (α von $H_2O/(H_3Si)_2O = 104.5/144.1°$).

In analoger Weise wie die *sechs* Molekülorbitale von AH_2-Molekülen lassen sich die *zwölf* Molekülorbitale von *linearen* oder *gewinkelten* AB_2-Molekülen (z.B. CO_2, N_2O, N_3^-, NO_2, O_3, SO_2, NO_2^-, OF_2, I_3^-, XeF_2), die *sieben* Molekülorbitale von *planaren* oder *pyramidalen* AH_3-Molekülen (z.B. BH_3, CH_3^-, NH_3, H_3O^+) und die *sechzehn* Molekülorbitale von *planaren* oder *pyramidalen* AB_3-Molekülen (z.B. BF_3, CO_3^{2-}, NO_3^-, SO_3, SO_3^{2-}, NF_3, ClF_3) über eine lineare Kombination der Valenzorbitale des Wasserstoffs und der Hauptgruppenatome A bzw. B herleiten[53]. Der aus Walsh-Diagrammen von Molekülen AB_2, AH_3 und AB_3 neben Molekülen AH_2 folgende Zusammenhang zwischen Valenzelektronenzahl und Molekülgeometrie ist der Tab. 46a zu entnehmen.

Tab. 46a Geometrie von AH_2-, AB_2-, AH_3- und AB_3-Molekülen in Abhängigkeit von der Anzahl Z_e der Valenzelektronen (gew. = gewinkelt, lin. = linear, plan. = planar, pyr. = pyramidal; AB_3-Moleküle mit $Z_e = 28$ sind T-förmig planar)

	Z_e	Geom.	Beispiele
AH_2	1–3	gew.	H_3^+, LiH_2^+, BeH_2^+
	4	lin.	BeH_2, BH_2^+
	5–9	gew.	BH_2, CH_2, NH_2, NH_2^-, H_2O, H_2S
	10–12	lin.	–
AB_2	2–16	lin.	C_3, C_2N, CN_2, BO_2, CO_2, N_2O, N_3^-
	17–20	gew.	NO_2, CF_2, O_3, NO_2^-, NF_2, O_3^-, OF_2
	21–24	lin.	I_3^-, IF_2^-, KrF_2, XeF_2

	Z_e	Geom.	Beispiele
AH_3	1–6	plan.	BeH_3^+, BH_3, CH_3^+
	7–9	pyr.	CH_3^-, NH_3, H_3O^+
	10–14	plan.	–
AB_3	2–24	plan.	BF_3, CO_3^{2-}, NO_3^-, SO_3
	25–27	pyr.	CF_3, NF_3, SO_3^{2-}, PF_3
	28–30	plan.	IF_3, ClF_3, BrF_3, XeF_3^+

Lokalisierte Molekülorbitale. Die Delokalisierung der Orbitale über das gesamte Molekül widerspricht vielfach der chemischen Erfahrung, wonach eine große Anzahl der bekannten Moleküle diskrete chemische Bindungen mit ganz bestimmten additiven Eigenschaften wie Bindungslänge (S. 133), Bindungsenergie (S. 139) oder Bindungspolarität (S. 143) aufweisen. In der Tat können nun die mit Elektronen besetzten delokalisierten Orbitale eines Moleküls in vielen Fällen mathematisch in gleichwertige andere Orbitale umgeformt werden, die in guter Näherung an der Stelle jeweils einer Molekülbindung bzw. eines Molekülatoms lokalisiert sind (**„lokalisierte Molekülorbitale“**; *„bizentrisch“* für bindende, *„monozentrisch“* für nichtbindende Elektronen)[54]. Die „Lokalisierung“ läßt sich – und zwar gegebenenfalls getrennt für σ- und π-Molekülorbitale – im allgemeinen für solche mehratomigen Moleküle durchführen, deren σ- bzw. π-Bindungsverhältnisse durch eine einzige Valenzstrichformel dargestellt werden können.

Ist im Falle eines zweiatomigen Moleküls ein bindendes und das zugehörige antibindende Molekülorbital mit jeweils 2 Elektronen besetzt, so können die betreffenden beiden Molekülorbitale in Atomorbitale umgeformt werden. Beispielsweise lassen sich die beiden besetzten Orbitale σ_s und σ_s^* des Heliummoleküls He_2 im Grundzustand (vgl. Fig. 108b) in zwei äquivalente und jeweils doppelt mit Elektronen besetzte 1s-Heliumatomorbitale transformieren, wodurch besonders eindrucksvoll veranschaulicht wird, daß gar kein Molekül He_2 existiert; statt dessen liegen zwei Atome He vor. In analoger Weise wie bei

[53] Verglichen mit AH_2-Molekülen weisen lineare AB_2-Moleküle – abgesehen von *zwei zusätzlichen σ-MOs* (σ_p und σ_{ps} durch Kombination $p_B + p_A + p_{B'}$ bzw. $p_B + s_A - p_{B'}$) im Energiebereich der σ_s- und σ_{sp}-MOs – *vier zusätzliche πMOs* auf. Letztere resultieren, zusammen mit den beiden π-MOs von AH_2, aus einer Interferenz der drei p_x- bzw. drei p_y-AOs der Atome B, A und B. Die Wechselwirkung führt zu zwei energieärmeren bindenden, zwei nichtbindenden und zwei energiereicheren antibindenden π-MOs (π, π^n und π* durch Kombination $p_B + p_A + p_{B'}$ bzw. $p_B - p_{B'}$ bzw. $p_B - p_A + p_{B'}$), die im Energiebereich zwischen σ- und σ*-MOs liegen (vgl. S. 365). Bei *Abwinkelung* von AB_2 spalten sie energetisch jeweils in ein π- und ein σ_π-MO *auf* und *erfahren* eine *Energieerniedrigung* (π, π*) oder *-erhöhung* (π^n) (in gleicher Richtung wird σ_p energetisch angehoben, σ_{ps} energetisch abgesenkt). Höchstes elektronenbesetztes/niedrigstes elektronenleeres Molekülorbital (HOMO/LUMO) sind etwa im *linearen Kohlendioxid* CO_2 (16 Valenzelektronen) bzw. *gewinkeltem Ozon* O_3 (18 Valenzelektronen) π^n/π^*-MOs.

[54] Die lokalisierten Molekülorbitale werden auch als *„äquivalente“*, die delokalisierten als *„kanonische“* Molekülorbitale bezeichnet.

He_2 lassen sich etwa von den besetzten Orbitalen des Fluormoleküls F_2 (vgl. Fig. 111a) die Paare σ_s/σ^*_{sp}, π_x/π^*_x und π_y/π^*_y in 6 Atomorbitale der Fluoratome umwandeln, die mit 6 nichtbindenden Elektronenpaaren besetzt sind. Es verbleibt das σ_{sp}-Molekülorbital für die Bindungselektronen.

Ein Beispiel eines mehratomigen Moleküls, dessen delokalisierte Molekülorbitale sich in lokalisierte Molekülorbitale umwandeln lassen, bietet etwa das durch eine Valenzstrichformel beschreibbare dreiatomige Wassermolekül H_2O im Grundzustand. Seine Eigenschaften lassen sich nämlich außer durch die oben erwähnten vier elektronenbesetzten und zum Teil delokalisierten Molekülorbitale (σ_s, σ_{sp}, σ_π und π in Fig. 113) auch – in völlig äquivalenter Weise – durch vier lokalisierte Molekülorbitale beschreiben, die aus ersteren durch geeignete mathematische Transformationen hergeleitet werden können. Zwei der vier Molekülorbitale stellen am Sauerstoff lokalisierte Orbitale der beiden „einsamen" Elektronenpaare des H_2O-Moleküls dar. Das dritte Molekülorbital ist im Bereich einer OH-Bindung, das vierte im Bereich der anderen OH-Bindung lokalisiert und mit jeweils einem Bindungselektronenpaar des H_2O-Moleküls besetzt.

Zum Unterschied von den Orbitalen des H_2O-Moleküls lassen sich unter den Orbitalen etwa des Ozonmoleküls O_3 nur die delokalisierten σ-, nicht dagegen die delokalisierten π-Molekülorbitale in lokalisierte Orbitale umwandeln, da das π-Bindungssystem des Moleküls (zum Unterschied vom σ-Bindungssystem) nicht durch eine einzige Valenzstrichformel beschrieben werden kann (vgl. S. 364).

Von den $3 \times 6 = 18$ Valenzelektronen ($\hat{=}$ 9 Valenzelektronenpaaren) des gewinkelten O_3-Moleküls besetzen, wie weiter unten noch näher ausgeführt wird, 2 Paare lokalisierte σ- und 2 weitere Paare delokalisierte π-Bindungsmolekülorbitale. In 5 – an Atomen – lokalisierten Molekülorbitalen sind die restlichen 5 Paare nichtbindender Elektronen des Moleküls [Ö=Ö—Ö: ↔ :Ö—Ö=Ö] untergebracht.

Weitere Beispiele chemischer Stoffe, deren delokalisierte Molekülorbitale nicht „lokalisiert" werden können, sind etwa die Metalle (vgl. S. 1310) oder die Borwasserstoffe (S. 999). Analoges gilt für die Orbitale elektronisch angeregter sowie ionisierter Moleküle.

Die lokalisierten Molekülorbitale lassen sich durch lineare Kombination geeignet veränderter („promovierter") Atomorbitale auch direkt herleiten. Im nachfolgenden Unterkapitel sei nun auf diese, als *Hybridorbitale* bezeichneten promovierten Atomorbitale näher eingegangen.

2.3 Die Hybridorbitale[13,55)]

2.3.1 Allgemeines

Im linear gebauten Berylliumdihydrid BeH_2[59)], trigonal gebauten Boran BH_3[59)] bzw. tetraedrisch gebauten Methan CH_4 liegen nach chemischer Anschauung 2, 3 bzw. 4 äquivalente digonal (BeH_2), trigonal (BH_3) bzw. tetraedrisch (CH_4) gerichtete Element-Wasserstoff-Einfachbindungen vor, welche im Sinne des oben Besprochenen 2, 3 bzw. 4 äquivalente, an Stellen der chemischen Bindungen lokalisierte σ-Molekülorbitale bedingen. Zu ihrer Herleitung durch lineare Kombination von Orbitalen der an den Bindungen beteiligten Atome sollten infolgedessen für das Beryllium-, Bor- bzw. Kohlenstoffatom 2, 3 bzw. 4 Orbitale verfügbar sein, die unter sich gleichwertig sind und zudem in entgegengesetzte Richtung (Be), in die Ecken eines gleichseitigen Dreiecks (B) bzw. in die Ecken eines Tetraeders (C) weisen.

Wie Linus Pauling 1931 erstmals demonstrierte, erhält man derartige **„Hybridorbitale"** aus einer geeigneten Linearkombination („*Mischung*", „*Hybridisierung*") der s- und p-Orbitale der Valenzschale der betreffenden Atome. So ergeben sich etwa aus der positiven bzw. negativen Kombination $\psi_s + \psi_p$ bzw. $\psi_s - \psi_p$ eines s-Orbitals ψ_s mit einem p-Orbital ψ_p der

---

[55] **Literatur.** W. A. Bingel, W. Lüttke: „*Hybridorbitale und ihre Anwendung in der Strukturchemie*", Angew. Chem. **93** (1981), 944–956; Int. Ed. **20** (1981) 899.

Valenzschale eines Atoms zwei äquivalente, bezüglich der gleichen Achse axialsymmetrische, in entgegengesetzte Richtung weisende (digonale) „sp-*Hybridorbitale*" (vgl. Fig. 115a, b)[56]. Da die Funktionswerte eines p-Atomorbitals auf der einen Seite das gleiche,

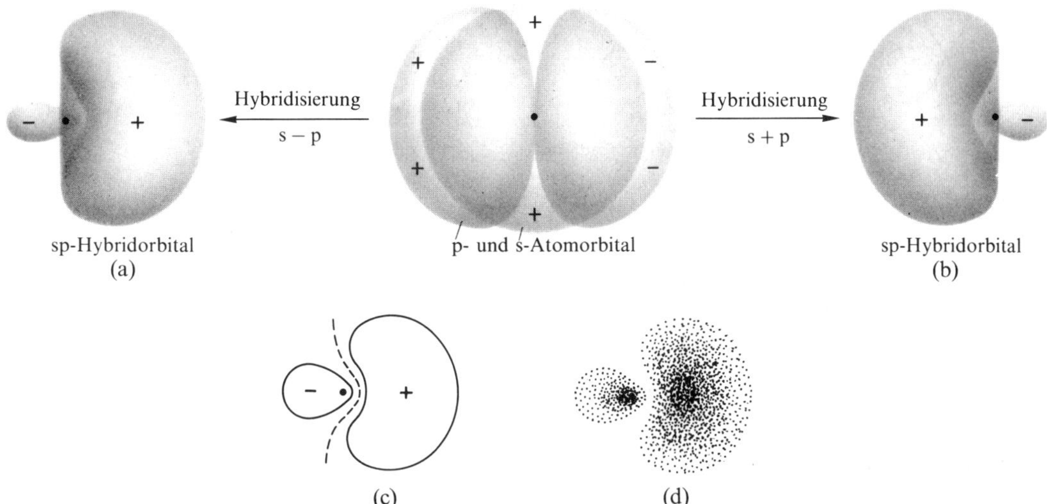

Fig. 115 Veranschaulichung der Bildung von zwei äquivalenten atomaren sp-Hybridorbitalen aus je einem s- und p-Orbital eines Atoms[57] (a, b). Atomares sp^3-Hybridorbital (vergleichbar hiermit sp^2- sowie sp-Hybridorbital)[58]: (c) Konturliniendiagramm (die gestrichelte Linie symbolisiert eine Knotenfläche), (d) Elektronendichteverteilung.

auf der anderen Seite das entgegengesetzte Vorzeichen haben wie die Werte der im gesamten Raum positiven s-Wellenfunktion, werden bei der Linearkombination von s- und p-Orbital naturgemäß Hybridfunktionen gewonnen, deren Funktionswerte auf der einen Seite des Atomkerns größer, auf der anderen Seite kleiner sind als zuvor. Demzufolge haben die beiden sp-Hybridorbitale ψ_{sp} eine pilzartige Gestalt und weisen einen sehr ausgedehnten Bereich hoher positiver Funktionswerte auf der einen Seite und einen hiervon durch eine Knotenfläche[57] abgetrennten wenig ausgedehnten Bereich vergleichbar hoher negativer Funktionswerte auf der anderen Seite auf (vgl. Fig. 115a, b). Die durch das Quadrat ψ_{sp}^2 gegebene Dichteverteilung eines Elektrons in einem sp-Hybridorbital ist also auf einer Seite des Atomkerns besonders hoch (vgl. Fig. 115d).

Eine ähnliche Gestalt wie dem sp-Hybridorbital kommt den durch Hybridisierung von einem s- mit zwei p-Atomorbitalen resultierenden drei äquivalenten trigonalen „sp^2-*Hybridorbitalen*" sowie den durch Hybridisierung von einem s- mit drei p-Atomorbitalen resultierenden vier äquivalenten tetraedrischen „sp^3-*Hybridorbitalen*" zu. Die Achsen der jeweils axialsymmetrischen Hybridorbitale weisen bei ersteren in die Ecken eines gleichseitigen Dreiecks (Fig. 116a), bei letzteren in die Ecken eines Tetraeders (Fig. 116b). Ganz entsprechend führen andere Kombinationen von Atomorbitalen ebenfalls zu charakteristischen Hybridorbitalen (Tab. 47). So ergibt etwa die Kombination von einem s-, drei p- und

[56] Die zu äquivalenten sp-Hybridorbitalen ψ'_{sp} und ψ''_{sp} führenden Kombinationen von s- und p-Atomorbitalen lauten exakt: $\psi'_{sp} = (\psi_s + \psi_p)/\sqrt{2}$ und $\psi''_{sp} = (\psi_s - \psi_p)/\sqrt{2}$.

[57] Die Knotenebene verläuft nicht durch den Atomkern.

[58] Bei Vorliegen von radialen Knotenflächen (ab 2s bzw. 3p) wechselt das Vorzeichen der Hybridorbitale in Kernnähe. Dieser für die beschriebenen Betrachtungen unwesentliche Vorzeichenwechsel ist in Fig. 115c und 115d nicht berücksichtigt.

zwei d-Atomorbitalen sechs äquivalente, nach den Ecken eines Oktaeders orientierte „sp^3d^2-*Hybridorbitale*" (vgl. Fig. 116c).

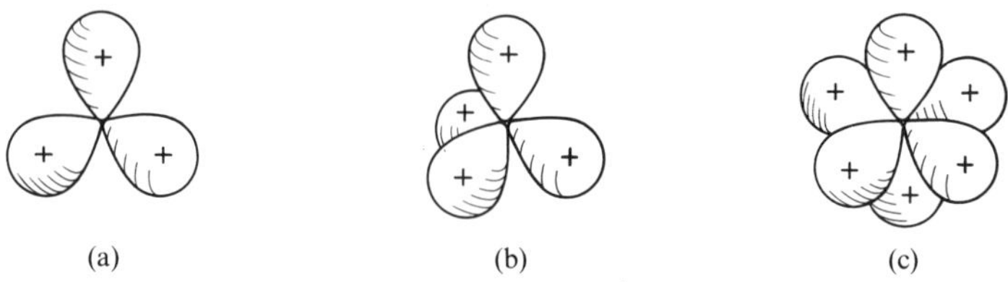

Fig. 116 (a) Trigonale Orientierung der dreiatomaren sp^2-Hybridorbitale, (b) tetraedrische Orientierung der vier atomaren sp^3-Hybridorbitale, (c) oktaedrische Orientierung der sechs atomaren sp^3d^2-Hybridorbitale (die Hybridorbitale sind der Übersichtlichkeit halber nicht maßstabsgerecht und nicht vollständig wiedergegeben; es fehlt jeweils der auf der anderen Atomseite lokalisierte, kleinere negative Orbitalbereich (vgl. Fig. 115c)).

Tab. 47 Hybridisierung von Atomorbitalen (vgl. hierzu S. 362).

Hybridisierung	**Hybridorbitale** Zahl	Orientierung	**Beispiele** (vgl. auch Tab. 46/101 auf S. 318/1226)
sp	2	digonal	$BeCl_2$(g), CO_2, HCN, N_3^-, $HgCl_2$, $Cu(CN)_2^-$
sp^2	3	trigonal	BCl_3, SO_3, NO_3^-, CO_3^{2-}, HgI_3^-, $CdCl_3^-$
sp^3	4	tetraedrisch[a)]	CH_4, BF_4^-, NH_4^+, SO_4^{2-}, XeO_4, HgI_4^{2-}
sp^2d	4	quadratisch[b)]	$PtCl_4^{2-}$, $Ni(CN)_4^{2-}$
sp^3d	5	trigonal-bipyramidal[c)]	PF_5, PCl_5, $SbCl_5$, $Fe(CO)_5$
sp^3d^2	6	oktaedrisch	SF_6, PF_6^-, SiF_6^{2-}, $Te(OH)_6$, XeO_6^{4-}, $MnCl_6^{3-}$
sp^3d^3	7	pentagonal-bipyramidal[d)]	IF_7, ZrF_7^{3-}, $V(CN)_7^{4-}$, $Mo(CN)_7^{5-}$
sp^3d^4	8	quadratisch-antiprismatisch[e)]	TaF_8^{3-}, ZrF_8^{4-}, $Mo(CN)_8^{4-}$, $W(CN)_8^{4-}$

a) Auch die – nur für Verbindungen von Nebengruppenelementen zu berücksichtigende – sd^3-Hybridisierung führt zu tetraedrisch orientierten Hybridorbitalen (Beispiele: CrO_4^{2-}, MnO_4^-). **b)** Die sp^2d-Hybridisierung ist nur für Nebengruppenmetallkomplexe von Bedeutung. **c)** Die trigonal-bipyramidale Orientierung gilt für die Hybridisierung mit d_{z^2}-Orbitalen. Bei $d_{x^2-y^2}$-Orbitalen resultiert eine quadratisch pyramidale Anordnung, die in Ausnahmefällen gefunden wird (z. B. $Ni(PR_3)_2Br_3$). **d)** Überkappt-oktaedrisch: $Mo(CNMe)_7^{2+}$, $W(CNMe)_7^{2+}$. **e)** Dodekaedrisch: ZrF_8^{4-}, $Mo(CN)_8^{4-}$ in Anwesenheit geeigneter Gegenionen.

2.3.2 Struktur von Molekülen mit Einfachbindungen

Prinzip der maximalen Überlappung. Durch *positive Überlappung* sowohl des einen als auch des anderen sp-Hybridorbitals des Berylliumatoms mit dem 1s-Orbital jeweils eines Wasserstoffatoms resultieren die in Fig. 117 bildlich veranschaulichten *äquivalenten*, mit den 2 Valenzelektronenpaaren des BeH_2-Moleküls[59)] besetzten *σ-Molekülorbitale*, von denen das eine im Bereich der einen und das andere im Bereich der anderen BeH_2-Molekülbindung lokalisiert ist. Berücksichtigt man hierbei, daß sich die größtmögliche Orbitalüberlappung und somit die stabilste Atomanordnung jeweils dann ergibt, wenn sich die Bindungspartner auf den Symmetrieachsen der Hybridorbitale befinden („*Prinzip der maximalen Überlappung*" von

[59] Die Moleküle BeH_2 bzw. BH_3 sind unter Normalbedingungen als solche nicht stabil, sondern liegen in polymerer bzw. dimerer Form vor: $(BeH_2)_x$ bzw. $(BH_3)_2$.

Hybrid- und anderen Orbitalen), so folgt aus der *digonalen* Orientierung der sp-Hybridorbitale automatisch eine *lineare* Struktur des BeH_2-Moleküls.

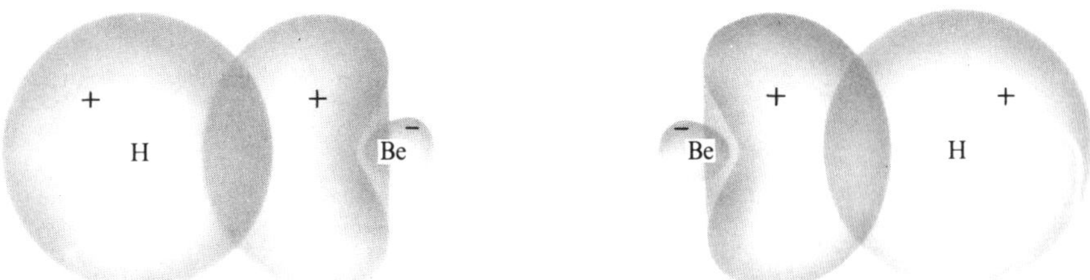

Fig. 117 Zustandekommen der beiden bindenden lokalisierten Molekülorbitale des linear gebauten Berylliumdihydrids durch Überlappung der beiden sp-Hybridorbitale des Be mit jeweils einem 1s-Wasserstoffatomorbital.

In analoger Weise wie die 2 lokalisierten σ-Molekülorbitale des BeH_2-Moleküls ergeben sich die 3 lokalisierten σ-Molekülorbitale für die 3 Valenzelektronenpaare des BH_3-Moleküls bzw. die 4 lokalisierten σ-Molekülorbitale für die 4 Valenzelektronenpaare des CH_4-Moleküls durch positive Interferenz von sp^2-Hybridorbitalen (Fig. 116a) bzw. sp^3-Hybridorbitalen (Fig. 116b) mit den 1s-Orbitalen von 3 bzw. 4 Wasserstoffatomen. Aus der *trigonalen* Orientierung der sp^2- bzw. der *tetraedrischen* Orientierung der sp^3-Hybridorbitale folgt dann zwangsläufig die *trigonal-planare* Struktur des BH_3-Moleküls[59)] bzw. die *tetraedrische* Struktur des CH_4-Moleküls.

Ganz allgemein ist in einer Verbindung $(:)_m ZL_n$ eines Hauptgruppenelements Z die *Zahl der für das Zentralatom zur Unterbringung freier Elektronenpaare bzw. zur Überlappung mit Orbitalen der Ligandenatome benötigten Hybridorbitale gleich der Summe der Zahlen m und n der freien Elektronenpaare* (:) *und der einfach gebundenen Liganden* (L) (Entsprechendes gilt für mehrfach gebundene Liganden; vgl. Unterkapitel 2.3.3). Mit der Zahl der Hybridorbitale folgt dann aus Tab. 47 die Hybridisierung von Z in der betreffenden Verbindung[60)] und damit die räumliche Anordnung der Liganden und der freien Elektronenpaare um das Zentralatom. Hiernach ist etwa das Zentralatom des „Ammoniaks" $:NH_3$ (ein freies Elektronenpaar, drei Liganden) bzw. des „Wassers" $H_2\ddot{\underset{..}{O}}$ (zwei freie Elektronenpaare, zwei Liganden) wie das Kohlenstoffatom in „Methan" CH_4 (kein freies Elektronenpaar, vier Liganden) sp^3-hybridisiert. Im Falle von NH_3 überlappen drei, im Falle von H_2O zwei sp^3-Hybridorbitale des Zentralatoms mit den 1s-Orbitalen der Wasserstoffatome, während ein bzw. zwei sp^3-Hybridorbitale mit freien Elektronenpaaren der Moleküle besetzt sind. Aus der tetraedrischen Orientierung der sp^3-Hybridorbitale folgt dann eine *pyramidale Struktur* des NH_3-Moleküls und eine *gewinkelte Struktur* des H_2O-Moleküls (vgl. Fig. 118a, b). In entsprechender Weise bedingt die aus der Zahl freier Elektronenpaare und gebundener Liganden abzuleitende sp^3d-Hybridisierung der Zentralatome z. B. von PF_5, $:SF_4$, $\underset{..}{\dot{C}}lF_3$, $:\underset{..}{X}eF_2$ bzw. sp^3d^2-Hybridisierung der Zentralatome z. B. von SF_6, $:BrF_5$, $\underset{..}{\ddot{X}}eF_4$ bzw. sp^3d^3-Hybridisierung des Zentralatoms z. B. von $:XeF_6$ Molekülstrukturen (vgl. Fig. 118c–h), die bereits früher (Tab. 46 auf S. 318) mittels des VSEPR-Modells abgeleitet wurden[61)].

Wegen ihrer starken Ausrichtung (vgl. Fig. 115) eignen sich die Hybridorbitale weit besser zur Überlappung mit anderen Atomen als eines der Atomorbitale, durch deren Hybridisierung sie gewonnen wurden. Demzufolge führt ihre Kombination mit anderen Orbitalen zu beson-

[60] Bezüglich der für ein Nebengruppenelement in einer Verbindung zutreffenden Hybridisierung vgl. S. 1247.

[61] Das VSEPR- und das Hybridisierungsmodell führen bei Verbindungen der Hauptgruppenelemente zu gleichen Ergebnissen der Strukturvorhersage (bei letzterem Modell wird die Annahme gemacht, daß freie Elektronenpaare äquatoriale sp^3d- und digonale sp^3d^2-Hybridorbitale besetzen). Die Strukturzuordnung ist mittels der anschaulichen VSEPR-Methode jedoch meist problemloser. **Literatur.** R. Ahlrichs: *„Gillespie- und Pauling-Modell – ein Vergleich"*, Chemie in unserer Zeit **14** (1980) 18–24.

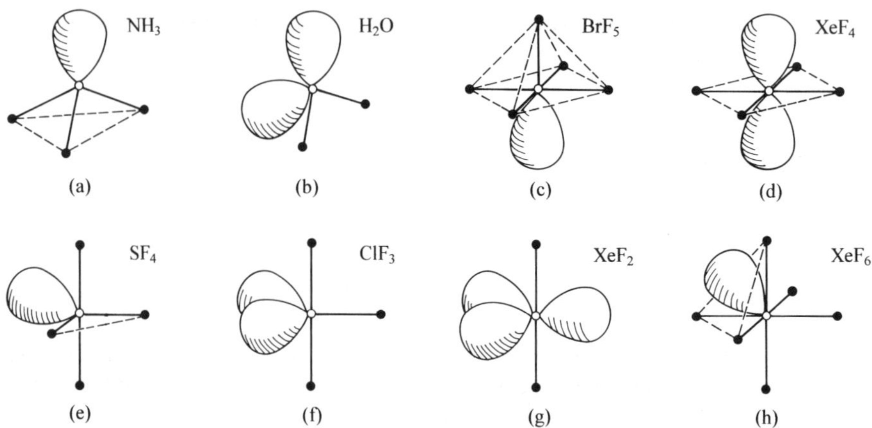

Fig. 118 Veranschaulichung der Strukturen von NH_3 (a), H_2O (b), BrF_5 (c), XeF_4 (d), SF_4 (e), ClF_3 (f), XeF_2 (g). (Die ausgezogenen Striche repräsentieren Bindungen zwischen dem Zentralatom und den Liganden; sie resultieren aus Überlappungen von sp^3-Hybridorbitalen (a, b) bzw. sp^3d^2-Hybridorbitalen (c, d) bzw. sp^3d-Hybridorbitalen (e, f, g) bzw. sp^3d^3-Hybridorbitalen mit Ligandenorbitalen.)

ders *stabilen* Bindungen[62]. Die zur Überführung der Atome vom Grundzustand (Elektronen in Atomorbitalen) in den real nicht erreichbaren, sondern nur errechenbaren „*Valenzzustand*“ (Elektronen in Hybridorbitalen = promovierte Atomorbitale; vgl. hierzu auch S. 139)[63] notwendige *Energiezufuhr* wird in vielen Fällen durch den erhöhten *Energiegewinn* bei der Bildung von Bindungen mittels der betreffenden Hybridorbitale mehr als ausgeglichen.

So sind etwa 314 kJ/mol erforderlich, um aus „Kohlenstoffatomen“ im *angeregten* Zustand (Fig. 119b) mit je einem Valenzelektron gleichen Spins im 2s-, $2p_x$-, $2p_y$- und $2p_z$-Atomorbital Atome im *Valenzzustand* (Fig. 119c) zu erzeugen, bei denen jeweils eines der vier – nunmehr ungekoppelten[64] – Valenzelektronen in einem tetraedrischen sp^3-Hybridorbital untergebracht ist (die angeregten Kohlenstoffatome entstehen ihrerseits durch Zufuhr von ca. 400 kJ/mol aus Kohlenstoffatomen im s^2p^2-*Grundzustand* (Fig. 119a; vgl. hierzu auch das auf S. 139 Besprochene).

Im Valenzzustand vermögen sich die Kohlenstoffatome mit vier Atomen oder Atomgruppen L in der beschriebenen Weise (Überlappung der sp^3-Hybridorbitale mit geeigneten Orbitalen von L) zu *tetraedrisch gebauten* Molekülen CL_4 zu verbinden (vier gleichlange CL-Bindungen, LCL-Bindungswinkel jeweils 109.5°). Würden die Kohlenstoffatome bereits auf der Stufe des angeregten sp^3-Zustandes mit den Liganden L in eine Bindungsbeziehung treten, so würden *weniger symmetrische* Moleküle CL_4 resultieren. Und zwar wären in ihnen *drei* Liganden *gleichartig* über die drei 2p-Atomorbitale des Kohlenstoffs gebunden (drei gleichlange CL-Bindungen; LCL-Bindungswinkel jeweils 90°) und *ein* Ligand *andersartig* über das 2s-Atomorbital des Kohlenstoffs (Winkel dieser CL-Bindung zu den anderen CL-Bindungen ca. 125°). Im vorliegenden Falle ist jedoch die weniger symmetrische Molekülstruktur offenbar energetisch ungünstiger als die symmetrische; denn für die CL_4-Verbindungen wird experimentell tetraedrischer Bau gefunden. Die zur Überführung sp^3-angeregter Kohlenstoffatome (Fig. 119b) in den Valenzzustand (Fig. 119c) zusätzlich aufzuwendende Energie (ca. 314 kJ/mol) wird hier also durch die Bildung besonders starker CL-Bindungen mittels der sp^3-Hybridorbitale wiedergewonnen.

Nicht äquivalente Hybridorbitale. Besitzt das Zentralatom Z in einer Verbindung ZL_n im valenzmäßig gesättigten Zustand neben σ- auch *freie Elektronenpaare* bzw. sind an das Zentralatom *unterschiedliche Liganden* L geknüpft, so können sich natürlich *keine äquivalenten* Hybridorbitale ausbilden. Eine Folge

[62] Die relativen Bindungsstärken der Orbitale s : p : sp : sp^2 : sp^3 : sp^3d^2 verhalten sich wie 1 : 1.7 : 1.9 : 2 : 2 : 2.9.

[63] Die experimentell nicht zugänglichen Valenzzustände stellen für den theoretischen und praktischen Chemiker geeignete Hilfsmittel dar, die auf besonders einfachem Wege eine theoretisch fundierte und zugleich anschauliche Korrelation von Experimentalgrößen der Strukturchemie gestatten. Zum Unterschied von den Valenzzuständen ist die Dichteverteilung freier Elektronen eines Molekülatoms in einem Hybridorbital experimentell zugänglich.

[64] Bezüglich der Elektronenbahn- und Spinkopplung vgl. S. 99f.

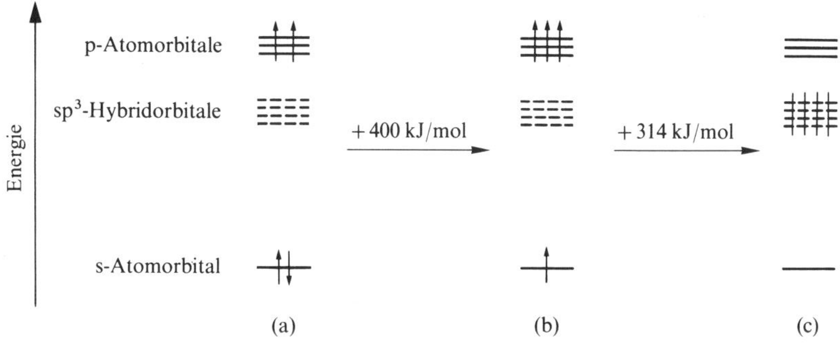

Fig. 119 Bildung des Valenzzustandes von Kohlenstoffatomen (nicht maßstabsgerecht): (a) Kohlenstoffatom im s^2p^2-Grundzustand ($^3P_0$-s^2p^2-Zustand). (b) Kohlenstoff im angeregten sp^3-Zustand (^5S-sp^3-Zustand). (c) Kohlenstoff im $(sp^3)^4$-Valenzzustand.

davon ist u.a., daß die Winkel zwischen den Symmetrieachsen der Hybridorbitale und folglich auch die Bindungswinkel LZL von den Erwartungswerten (Tab. 47) abweichen[65]. So verringert sich, wie wir auf S. 317 sahen, der Winkel HZH in Wasserstoffverbindungen ZH_n in der Reihe CH_4 (109.5°), NH_3 (106.8°), H_2O (104.5°) bzw. in der Reihe NH_3 (106.8°), PH_3 (93.5°), AsH_3 (92.0°), SbH_3 (91.5°) bzw. in der Reihe H_2O (104.5°), H_2S (92.3°), H_2Se (91.0°), H_2Te (89.5°) vom Tetraederwinkel (109.5°) bis auf den Wert $\approx 90°$, entsprechend einer Abnahme des s-Charakters der mit den Wasserstoffatomorbitalen überlappenden sp^3-Hybridorbitalen der Zentralatome (reine sp^3-Hybridorbitale bedingen HZH-Winkel von 109.5°, reine p^3-Hybridorbitale HZH-Winkel von 90°)[66]. Die Verkleinerung des Bindungswinkels läßt sich etwa damit erklären, daß sich die nichtbindenden Elektronenpaare der Zentralatome, insbesondere bei hoher Kernladung der betreffenden Atome, mit Vorteil im energetisch tiefstliegenden Orbital, dem s-Orbital der betreffenden Valenzschale, aufhalten. Es werden sich demzufolge um so bevorzugter Hybridorbitale für die Molekülbindungen mit weniger s- und mehr p-Charakter ausbilden, je höher die Kernladung und die Zahl der freien Elektronenpaare der Zentralatome sind[67]. Die Bindungsverhältnisse lassen sich dann z.B. im Falle des Schwefelwasserstoffs (HSH-Winkel 92.3°) folgendermaßen erklären: Die bindenden lokalisierten σ-Molekülorbitale für die zwei Bindungselektronenpaare resultieren aus der positiven Interferenz von zwei der drei p-Atomorbitale des Schwefels. Das verbleibende p-Atomorbital sowie das s-Atomorbital des Schwefels ist mit je einem freien Elektronenpaar besetzt.

Verringerten s-Charakter weisen nicht nur sp^x-Hybridorbitale von Zentralatomen Z in $(:)_mZL_n$ mit bis zu 4 Valenzelektronenpaaren auf ($m + n \leqslant 4$), sondern auch sp^xd^y-Hybridorbitale, wie sie von Zentralatomen Z mit mehr als 4 Valenzelektronenpaaren gebildet werden ($m + n > 4$), falls die s-Atomorbitale deutlich energieärmer sind als die p-Atomorbitale. Bei sp^xd^y-Hybridisierung beobachtet man zudem eine Abnahme des d-Charakters der Hybridorbitale mit wachsendem Energieunterschied von p- und (energiereicheren) d-Atomorbitalen. Tatsächlich sprechen quantenmechanische Berechnungen und einige experimentelle Studien (kernmagnetische Quadrupol-Resonanz) für keine allzu große oder gar für eine verschwindende Beteiligung der d-Orbitale an ZL-Bindungen vieler Verbindungen $(:)_mZL_n$. Zur Erklärung der Ligandenverknüpfung mit Z in derartigen Verbindungen postuliert man neben normalen „*Zweielektronen-Zweizentrenbindungen*" die Existenz von **„Vierelektronen-Dreizentrenbindungen"**. Letztere resultieren aus einer Kombination dreier Orbitale, nämlich eines p-Atomorbitals des Zentralatoms und je eines Atom- oder Hybridorbitals zweier Liganden, die zu drei delokalisierten σ-Molekül-

[65] Ausnahmen vom Prinzip maximaler Überlappung (s. oben) bilden kleine Ringe, bei welchen die Achsen der sich überlappenden Hybridorbitale nicht mit den Kernverbindungsachsen übereinstimmen und zudem unter einem Winkel < 180° aufeinander stoßen (S. 363 und Anm.[69]).

[66] Die Abnahme des s-Charakters der sp^x-Hybridorbitale von Z ($x = 1, 2, 3$), die in Verbindungen ZL_n mit den Ligandenorbitalen überlappen, bewirkt nicht nur eine *Verkleinerung* des LZL-Bindungs*winkels*, sondern auch eine *Vergrößerung* des ZL-Bindungs*abstandes*, eine *Verkleinerung* der *Z-Elektronegativität* und eine *Änderung* der ZL-Bindungs*energie*.

[67] Die starke Abnahme der „*Hybridisierungswilligkeit*" der s- mit den p-Atomorbitalen beim Übergang von den Hauptgruppenelementen der 2. Periode (Li bis Ne) zu den schwereren Homologen ist tatsächlich weniger auf die zunehmenden Energiedifferenzen als vielmehr auf die wachsenden Größenunterschiede der s- und p-Orbitale zurückzuführen. Als Folge einer quantenmechanisch bedingten (vom Orthogonalitätsprinzip geforderten) Abstoßung von 1s- und 2s-Orbital dehnt sich das 2s-Orbital aus und nimmt dadurch den gleichen Raum wie das etwas größere 2p-Orbital ein, welches – wegen Fehlens eines 1p-Orbitals – keine zusätzliche Vergrößerung erfährt. Die 3s- und 3p-Orbitale dehnen sich andererseits – auf Grund der Existenz sowohl von 2s- als auch 2p-Orbitalen – gleichermaßen räumlich aus, so daß die 3s-Orbitale nunmehr kleiner als die 2p-Orbitale und damit weniger bindungsfähig als letztere sind.

orbitalen führt, unter denen eines *energieärmer* und *bindend*, eines von *mittlerer Energie* und *nicht bindend*, eines *energiereicher* und *antibindend* ist (Fig. 120a und b). Die beiden Ligandenelektronenpaare besetzen das bindende σ- und das nicht bindende σ^n-Molekülorbital, während das antibindende σ^*-Molekülorbital unbesetzt bleibt. Hiernach ist im Falle der „*Vierelektronen-Dreizentrenbindung*" ein einziges Elektronenpaar für die chemische Bindung von drei Atomen (zwei Liganden-, ein Zentralatom) verantwortlich[68].

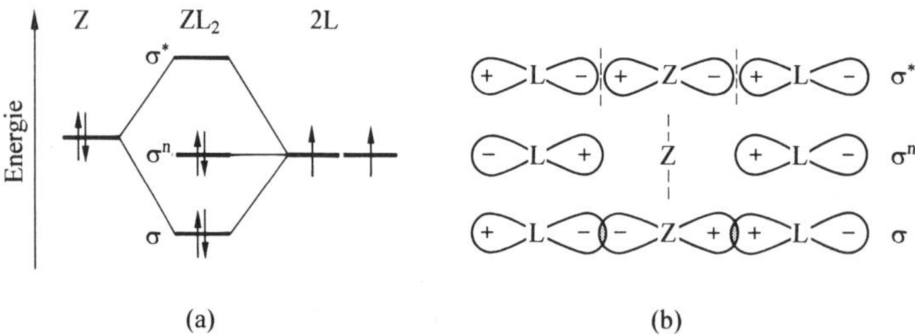

Fig. 120 Überlappung eines p-Atomorbitals des Zentralatoms in ZL_2 mit p-Orbitalen zweier Liganden („*Dreizentrenbindung*"). Veranschaulichung (a) der Energieaufspaltung, (b) der durch p-Orbital-Überlappung gebildeten Molekülorbitale (gestrichelte Linien entsprechen Knotenebenen).

Unter der – insbesondere für elektronegativere Elemente Z in hohen Oxidationsstufen – nicht ganz zutreffenden Annahme einer *verschwindenden Beteiligung* von d-Orbitalen an den ZL-Bindungen würde etwa Xenon für die zwei bzw. vier XeF-Bindungen in XeF_2 bzw. XeF_4 (5 bzw. 6 Valenzelektronenpaare) ein bzw. zwei p-Atomorbitale im Rahmen einer bzw. zweier Vierelektronen-Dreizentrenbindungen nutzen, was in Übereinstimmung mit dem Experiment eine *lineare* XeF_2- bzw. *quadratisch-planare* XeF_4-Anordnung bedingt (die 3 bzw. 2 freien Elektronenpaare besetzen dann das s- sowie zwei bzw. ein p-Atomorbital). In Molekülen ZL_5 (5 Valenzelektronenpaare) ist *quadratisch-pyramidal* koordiniertes E mit den vier Basisliganden durch zwei Vierelektronen-Dreizentrenbindungen, mit dem axialen Liganden durch eine Zweielektronen-Zweizentrenbindung verknüpft, während *trigonal-bipyramidal* koordiniertes E für die beiden axialen Liganden eine Vierelektronen-Dreizentrenbindung nutzt, für die drei äquatorialen Liganden sp^2-Hybridorbitale. Folglich sollten bei quadratisch-pyramidalem Bau die axialen, bei trigonal-bipyramidalem Bau die äquatorialen Bindungen aufgrund ihres Zweizentrencharakters kürzer als die anderen (Dreizentren-) Bindungen sein, was in Übereinstimmung mit den experimentellen Befunden steht. Zu keiner guten Strukturvorhersage führt das Vierelektronen-Dreizentrenbindungsmodell im Falle von $:XeF_6$ (7 Valenzelektronenpaare). Bei Beteiligung von 3 Vierelektronen-Dreizentrenbindungen (freies Elektronenpaar im kugelsymmetrischen s-Atomorbital) sollte ein *oktaedrischer* Molekülbau resultieren. Tatsächlich ist XeF_6 jedoch *verzerrt-oktaedrisch* gebaut (S. 427), was für eine stereochemische Wirksamkeit des s-Elektronenpaares als Folge einer Hybridisierung von s- und p-Atomorbitalen des Xenons spricht. In anderen Fällen (z. B. $:BrF_6^-$, $:SeCl_6^{2-}$, $:BiBr_6^{3-}$) wird jedoch der geforderte oktaedrische Bau aufgefunden.

2.3.3 Struktur von Molekülen mit Mehrfachbindungen

Lokalisierte σ- und π-Molekülorbitale. Die Bindungsverhältnisse im *planar* gebauten „Ethylen" $H_2C{=}CH_2$, das nach chemischer Anschauung fünf lokalisierte σ-Bindungen (vier CH-, eine CC-Bindung) und eine lokalisierte π-Bindung (CC-Bindung) aufweist, lassen sich besonders gut durch folgendes Modell wiedergeben: Jedes Kohlenstoffatom betätigt drei sp^2-Hybridorbitale, von denen jeweils zwei mit 1s-Wasserstoffatomorbitalen überlappen, während das dritte mit einem sp^2-Hybridorbital des anderen Kohlenstoffatoms in Wechselwirkung tritt (Fig. 121a). Insgesamt resultieren also fünf bindende lokalisierte σ-Molekülorbitale für die fünf σ-Elektronenpaare der CH- und CC-Bindungen sowie fünf antibindende, elektronenleere σ^*-Molekülorbitale. Das lokalisierte bindende π-Molekülorbital für das π-Elektronenpaar ergibt sich dann (neben einem antibindenden, elektronenleeren π^*-Molekülorbital) durch Interferenz der nicht in die Hybridisierung mit einbezogenen p-Orbitale der Kohlen-

[68] Für die **„Zweielektronen-Dreizentrenbindung"** der anionischen Wasserstoffbrücke (S. 280) gilt ein der Fig. 120a und b entsprechendes Überlappungs- und Energieniveau-Schema. Nur bleibt dann auch das nicht bindende σ^n-Molekülorbital elektronenleer.

stoffatome (Fig. 121b). Aus der *trigonal-planaren* Orientierung der sp^2-Hybridorbitale und der hierzu *senkrechten* Orientierung der für die π-Bindung verantwortlichen p-Orbitale der Kohlenstoffatome folgt nunmehr zwangsläufig, daß alle Atome des Moleküls *in einer Ebene* liegen. Eine gegenseitige *Verdrillung* der CH_2-Gruppen des Moleküls um die CC-Kernverbindungslinie führt zu einer Abnahme der p-Orbitalüberlappung und ist – in Übereinstimmung mit den experimentellen Ergebnissen (s. innere Molekülrotationen, S. 663) – nur unter Energiezufuhr möglich.

Die Bindungsverhältnisse des Ethylens $H_2C{=}CH_2$ könnten auch damit erklärt werden, daß jedes Kohlenstoffatom vier sp^3-Hybridorbitale betätigt, von denen jeweils zwei mit 1s-Wasserstoffatomorbitalen überlappen, während die restlichen Hybridorbitale gemäß Fig. 121c in eine gegenseitige Wechselbeziehung treten, aus denen zwei *äquivalente bindende lokalisierte σ-Molekülorbitale* („*Bananenbindungen*") für die zwei CC-Bindungselektronenpaare resultieren. In analoger Weise läßt sich der Bindungszustand im *Acetylen* $HC{\equiv}CH$ damit beschreiben, daß drei der vier sp^3-Hybridorbitale der Kohlenstoffatome eine CC-Wechselbeziehung eingehen, während ein sp^3-Orbital für eine CH-Bindung genutzt wird (Fig. 121f). Das diskutierte Bindungsmodell führt jedoch zu einer geringeren Gesamtüberlappung der Orbitale[69)] als das oben für Ethylen und unten für Acetylen vorgestellte Modell mit *nicht äquivalenten bindenden lokalisierten σ- sowie π-Molekülorbitalen* für die beiden CC-Bindungselektronenpaare. Auch der experimentell gefundene HCH-Bindungswinkel des Ethylens von 117.7° spricht im Falle von C_2H_4 für eine sp^2- und gegen eine sp^3-Hybridisierung der Kohlenstoffatome.

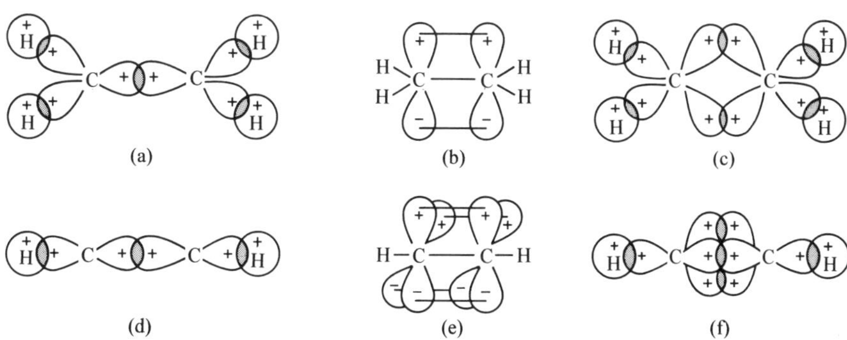

Fig. 121 σ/π-Bindungsmodell (a/b und d/e; nicht äquivalente Kohlenstoffatom-Orbitale) sowie reines σ-Bindungsmodell (c und f; äquivalente Kohlenstoffatom-Orbitale) für Ethylen C_2H_4 und Acetylen C_2H_2. (Die sp-Hybridorbitale (a, c, d, f) bzw. p-Atomorbitale (b, e) sind nicht maßstabsgerecht und im Falle der Hybridorbitale auch nicht vollständig wiedergegeben; die Überlappung der p-Orbitale ist durch einen Strich angedeutet.)

In entsprechender Weise wie beim Ethylen lassen sich die *Bindungsverhältnisse* in anderen *Molekülen mit Mehrfachbindungen* dadurch befriedigend erklären, daß man das σ- und π-Bindungssystem der Verbindungen getrennt voneinander betrachtet. Dabei bestimmt jeweils die Zahl der σ- und n-Elektronenpaare der einzelnen Molekülatome im Sinne der Regel auf S. 359 die Hybridisierung der betreffenden Atome und damit die räumliche Anordnung ihrer Bindungspartner. Demgemäß sind etwa die Kohlenstoffatome in *linear gebautem* „Acetylen" $HC{\equiv}CH$ sp-hybridisiert, da ihnen jeweils zwei σ-Elektronenpaare zukommen. Eines der beiden sp-Hybridorbitale der Kohlenstoffatome steht für eine der beiden σ-CH-Bindungen, das andere für die σ-CC-Bindung zur Verfügung (Fig. 121d). Aus der gegenseitigen p o s i t i v e n Überlappung der beiden verbleibenden nicht hybridisierten p-Orbitale jedes Kohlenstoffatoms resultieren die zueinander senkrecht angeordneten π-Molekülorbitale für die beiden π-Elektronenpaare (Fig. 121e). Die *digonale* Orientierung der sp-Hybridorbitale bedingt hierbei eine *lineare* Struktur des C_2H_2-Moleküls.

---

[69] Die Symmetrieachsen der zwischen den C-Atomen angeordneten interferierenden sp^3-Hybridorbitale stoßen – das Prinzip der maximalen Überlappung verletzend – unter einem Winkel < 180° aufeinander („*gebogene Bindungen*").

Lokalisierte σ-, delokalisierte π-Molekülorbitale. Im Falle des Ethylens und Acetylens läßt sich der Bindungszustand durch *lokalisierte* Molekülorbitale sowohl des σ- als auch π-Typus beschreiben. In anderen Fällen wie etwa dem *gewinkelt gebautem* „Ozon" O_3 trifft dies aber nur für das σ-Bindungssystem zu (vgl. hierzu das auf S. 356 Besprochene). Wie aus der Mesomerieformel

[:Ö=Ö–Ö: ↔ :Ö–Ö=Ö:]

(vgl. S. 134) folgt, weist das O_3-Molekül zwei bindende σ-, fünf freie n- sowie zwei bindende π-Elektronenpaare auf. Da jedem Sauerstoffatom drei Elektronenpaare des σ- und n-Typus zukommen, sind alle O-Atome – formal betrachtet – sp^2-hybridisiert (letzteres trifft sicher nicht ganz für die endständigen O-Atome zu, was aber für die folgenden Ausführungen ohne Bedeutung ist). Fünf der insgesamt neun sp^2-Hybridorbitale sind mit den nicht bindenden Elektronenpaaren besetzt. Die gegenseitige Überlappung der restlichen vier sp^2-Hybridorbitale führt zu den *lokalisierten* σ-Molekülorbitalen für die beiden Elektronenpaare (Fig. 122a). Die sp^2-Hybridisierung des mittleren Sauerstoffatoms bedingt hierbei eine gewinkelte Struktur des O_3-Moleküls. Jedes Sauerstoffatom des O_3-Moleküls weist noch ein nicht in die Hybridisierung einbezogenes, senkrecht zu den sp^2-Hybridorbitalen orientiertes p-Atomorbital auf. Die Kombination der betreffenden p-Orbitale führt zu drei *delokalisierten* π-Molekülorbitalen, unter denen eines *bindend* (Fig. 122b), eines *nichtbindend* (Fig. 122c) und eines *antibindend* (Fig. 122d) ist. Die beiden π-Elektronenpaare besetzen das bindende π- und das nichtbindende π^n-Molekülorbital, während das antibindende π^*-Molekülorbital unbesetzt bleibt.

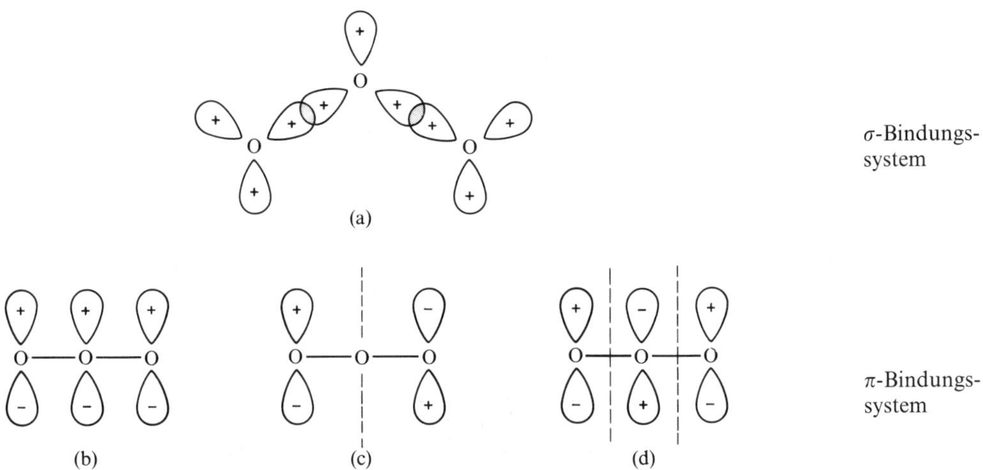

Fig. 122 Bindungsverhältnisse im Ozon: (a) σ-Bindungssystem, (b, c, d) π-Bindungssystem von der Seite gesehen. (Die sp^2-Hybridorbitale (a) bzw. p-Atomorbitale (b, c, d) sind nicht maßstabsgerecht und im Falle der Hybridorbitale nicht vollständig wiedergegeben; die gestrichelten Linien symbolisieren Knotenebenen.)

Delokalisierte σ- und π-Molekülorbitale. Der Bindungszustand des Ozons O_3 und anderer dreiatomiger Moleküle AB_2 (A, B = Hauptgruppenatome mit einem s- und drei p-Valenzorbitalen) läßt sich ähnlich wie der von Sauerstoff O_2 und anderen zweiatomigen Molekülen A_2 (S. 351) auch durch Molekülorbitale beschreiben, die nicht nur hinsichtlich des π-, sondern auch des σ-Teils *delokalisiert* sind. Sie folgen wie dort aus der Kombination aller Atom-Valenzorbitale untereinander und seien zunächst für lineare Moleküle AB_2 (z-Achse = C_∞-Symmetrieachse) abgeleitet: Die s-Orbitale der drei Atome A, B und B interferieren hier ähnlich wie in Fig. 120 (S. 362) für p-Orbitale veranschaulicht, zu drei σ-Molekülorbitalen, nämlich zu einem energieärmeren *bindenden* σ_s-, einem *nicht bindenden* σ_s^n- und einem *antibindenden* σ_s^*-MO. In entsprechender Weise führt die Kombination der in Richtung der BAB-Achse ausgerichteten p_z-Orbitale zu einem σ_p-, σ_p^n- und σ_p^*-MO (S. 362). Die senkrecht zur BAB-Achse angeordneten p_x- und p_y-Orbitale interferieren, wie in Fig. 122b, c, d veranschaulicht, zu bindenden π_x- bzw. π_y-, nicht bindenden π_x^n- bzw. π_y^n- sowie antibindenden π_x^*- und π_y^*-MOs (jeweils entartet). Die Fig. 123 gibt die durch Wechselbeziehung aus den Valenzorbitalen von AB_2-Teilchen hervorgehenden Molekülorbitale (jeweils linke Formel der durch einen Pfeil verknüpften Formelbilder) schematisch wieder.

Beim Überführen der linearen Moleküle in gewinkelte Moleküle AB_2 (z-Achse = C_2-Symmetrieachse; x-Achse senkrecht zur AB_2-Molekülebene) ändern sich die Energien der Molekülorbitale; auch wandeln sich die π_y-MOs in zunehmendem Maße in σ-MOs um (die π_x-MOs ändern ihren Charakter nicht). Wie nachfolgend in Fig. 123 demonstriert, führt die Abwinkelung der drei σ_s-MOs im Falle der σ_s- und σ_s^*-MOs zu einer *energieabsenkenden* bindenden Wechselwirkung, im Falle des σ^n-MOs zu einer *energieanhebenden* antibindenden Wechselwirkung zwischen den Atomen B des Moleküls AB_2. Entsprechendes gilt für die drei π_x-MOs (Fig. 123) sowie für die drei π_y-MOs (Fig. 123; die positive Interferenz innerhalb der Bindungsregion stabilisiert das σ_π^*-MO in besonderem Maße). Schließlich führt die Abwinkelung der drei σ_p-MOs gleichsinnig zu einer Energiesteigerung (Fig. 123).

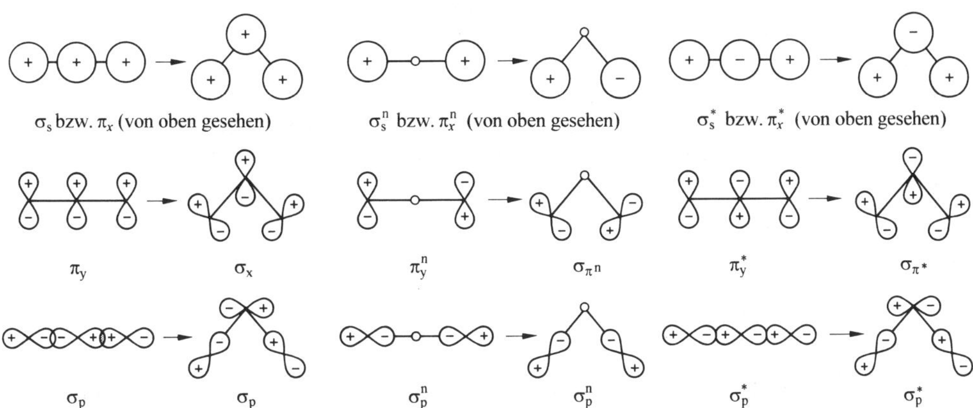

Fig. 123 Veranschaulichung der σ- und π-MOs in linearen und gewinkelten AB_2-Molekülen.

Die Energiesteigerung von σ_p- und σ_p^*-MO ist wieder mit der Antibindung zwischen den Atomen B erklärbar, während die Energieerhöhung des σ_p^n-MOs mit abnehmendem Bindungswinkel α weniger einsichtig ist. Dies hängt damit zusammen, daß mit der Abwinkelung linearer Moleküle eine Wechselwirkung der den σ_p- und π_y-MOs zugrundeliegenden p-Orbitale untereinander erfolgt. Die Reihenfolge sowie der Energieverlauf der MOs im Zuge der Abwinkelung hängen zudem von der Art der Atome A und B ab.

Wie aus einem der Fig. 114b analogen **„Walsh-Diagramm"** hervorgeht (vgl. auch Anm.[53)], S. 355) liegen die *energieärmeren* Molekülorbitale σ_s, σ_s^n, σ_s^*, σ_p, π_x, π_y, π_x^n und π_y^n im Falle linearer AB_2-Moleküle insgesamt energetisch niedriger als in entsprechenden gewinkelten AB_2-Molekülen. Da jedes der 8 MOs mit zwei Elektronen entgegengesetzten Spins besetzbar ist, kommt AB_2-Molekülen mit bis zu 16 Valenzelektronen ein linearer Bau zu (vgl. Tab. 46a auf S. 355; z. B. CO_2, N_2O, N_3^- mit jeweils 16 Elektronen, die alle bindenden und nichtbindenden MOs besetzen). Andererseits haben die *energiereicheren* σ_π^*- und π_x^*-MOs im Falle gewinkelter AB_2-Moleküle einen wesentlich geringeren Energiegehalt als die korrespondierenden π_y^*- und π_x^*-MOs im Falle linearer AB_2-Moleküle. Der Einbau des 17., 18., 19. und 20. Valenzelektrons führt demzufolge zur Abwinkelung der AB_2-Moleküle (vgl. Tab. 46a auf S. 355; z. B. NO_2 mit 17, O_3 mit 18, O_3^- mit 19 und OF_2 mit 20 Elektronen; höchstes elektronenbesetztes MO ist im Falle von O_3 von π^n-, niedrigstes elektronenleeres MO von π^*-Symmetrie). Da schließlich die *besonders energiereicheren* σ_p^n- und σ_p^*-MOs in linearen AB_2-Molekülen energieniedriger als in gewinkelten liegen, sind AB_2-Moleküle mit mehr als 20 Valenzelektronen wiederum linear strukturiert (vgl. Tab. 46a auf S. 355; z. B. I_3^- und XeF_2 mit jeweils 22 Elektronen).

Ähnlich wie aus Walsh-Diagrammen für AB_2-Moleküle lassen sich auch aus solchen für AH_2-, AH_3-, AB_3-Molekülen usw. Zusammenhänge von Valenzelektronenzahl und Molekülgeometrie herauslesen (vgl. hierzu Tab. 46a). Bezüglich eines MO-Energieniveauschemas für oktaedrische AB_6-Moleküle vgl. S. 1272.

3 Reaktionsmechanismen der Moleküle
Die chemische Reaktion, Teil III[70)]

Wie in früheren Kapiteln (chemische Reaktion, Teil I und II[70)]) bereits dargelegt wurde, sind chemische Reaktionen stets mit einem materiellen, energetischen und zeitlichen Stoffumsatz verknüpft. Dieser wird durch die betreffende „*Reaktionsstöchiometrie*", „*Reaktionsenergie*" und „*Reaktionsgeschwindigkeit*" zum Ausdruck gebracht. Neben Stöchiometrie, Energie und Geschwindigkeit ist darüber hinaus der „*Reaktionsmechanismus*" von besonderem Interesse. Man versteht unter einem chemischen Mechanismus im weiteren Sinne die Summe aller gleichzeitig oder nacheinander ablaufenden Teilreaktionen einer chemischen Umsetzung und im engeren Sinne darüber hinaus die Art und Weise, in der die aktivierten Komplexe (S. 182) aus den Reaktionspartnern unter Änderung der Bindungslängen und -winkel entstehen. Nachfolgend wollen wir uns mit einigen typischen Mechanismen chemischer Umsetzungen näher befassen. Zuvor sei aber noch kurz auf Geschwindigkeitsgesetze sowie Geschwindigkeiten chemischer Reaktionen eingegangen, da deren Kenntnisse u. a. wertvolle Einblicke in die Reaktionsmechanismen gewähren können.

3.1 Die Geschwindigkeit chemischer Reaktionen

3.1.1 Chemische Geschwindigkeitsgesetze[71)]

Die Geschwindigkeitsbestimmung einer chemischen Reaktion läuft immer auf die Ermittlung einer Geschwindigkeitskonstante k hinaus, da bei Kenntnis der letzteren sowie des der Reaktion zugrundeliegenden Geschwindigkeitsgesetzes die Reaktionsgeschwindigkeit für jede Konzentration der Reaktionsteilnehmer gegeben ist. Handelt es sich hierbei um „*einmolekulare*" („*unimolekulare*", „*monomolekulare*") Reaktionen[72)], also um Reaktionen etwa des Typus

$$AB \rightarrow A + B,$$

so erfolgt die Bestimmung der Konstante $k_{\rightarrow}$ mittels der Gleichung

$$v_{\rightarrow} = k_{\rightarrow} \cdot c_{AB}, \tag{1}$$

bei „*zweimolekularen*" („*bimolekularen*", „*dimolekularen*") Reaktionen etwa des Typus

$$AB + CD \rightarrow AD + BC \quad \text{oder} \quad AB + AB \rightarrow A_2 + B_2$$

nach der Gleichung

$$\underset{(a)}{\nu_{\rightarrow} = k_{\rightarrow} \cdot c_{AB} \cdot c_{CD}} \quad \text{bzw.} \quad \underset{(b)}{\nu_{\rightarrow} = k_{\rightarrow} \cdot c_{AB}^2}. \tag{2}$$

„*Dreimolekulare*" („*termolekulare*", „*trimolekulare*") Reaktionen kommen selten[73)], höher-als trimolekulare Reaktionen nicht vor, da die Wahrscheinlichkeit des gleichzeitigen Zusammenpralls von mehr als zwei reaktionsbereiten Molekülen sehr klein ist. In Reaktionsgleichungen, die die chemische Umsetzung mehrerer Moleküle zum Ausdruck bringen, sind

[70] Teil I: S. 48, Teil II: S. 179, Teil IV: S. 1275.

[71] Vergleiche hierzu auch Reaktionsgeschwindigkeit S. 179.

[72] Durch die „*Molekularität*" wird die Anzahl der an einer Stoßreaktion beteiligten Moleküle zum Ausdruck gebracht.

[73] Der Zusammenstoß von 2 Molekülen hat im Vergleich mit Dreierstößen eine tausendmal größere Wahrscheinlichkeit. Demgemäß beträgt der Häufigkeitsfaktor A in der Arrheniusschen Gleichung (s. dort) durchschnittlich $10^{10}-10^{12}$ [l/mol · s] im Falle bimolekularer und $10^{9}-10^{10}$ [l^2/mol^2 · s] im Falle trimolekularer Reaktionen. Häufigkeitsfaktoren monomolekularer Reaktionen liegen im allgemeinen im Bereich $10^{12}-10^{14}$/s.

daher meist mehrere, nacheinander sich abspielende ein- oder zweimolekulare Reaktionen zusammengefaßt, über die sich die Endprodukte insgesamt rascher als auf dem „Direktweg“ bilden (s. unten).

Sind alle Reaktionen einer aus vielen chemischen Einzelvorgängen zusammengesetzten Gesamtreaktion zu berücksichtigen, so beobachtet man nicht mehr so einfache Geschwindigkeitsgesetze, wie sie in den Gleichungen (1) und (2) zum Ausdruck gebracht sind. So geht das einfache, für die einsinnig von links nach rechts verlaufende bimolekulare Reaktion AB + CD → AD + BC gültige Gesetz (2a) in den komplizierteren Ausdruck (3) über (vgl. S. 185),

$$v_{\rightarrow} = k_{\rightarrow} \cdot c_{AB} \cdot c_{CD} - k_{\leftarrow} \cdot c_{AD} \cdot c_{BC}, \qquad (3)$$

wenn neben der Hinreaktion eine simultane Rückreaktion AD + BC → AB + CD zu berücksichtigen ist. Weitere Reaktionen, welche häufig gleichzeitig mit einer bestimmten Hinreaktion ablaufen, sind die „*Parallelreaktion*“, also im Falle unseres Beispiels etwa die Reaktion AB + CD → AC + BD, sowie insbesondere die „*Folgereaktion*“, also beispielsweise die Reaktion AD + BC → AC + BD. In letzterem Reaktionsbeispiel verwandeln sich die Edukte AB und CD über „*Zwischenprodukte*“ AD und BC in die Produkte AC und BD, wobei man unter Zwischenprodukten allgemein chemische Stoffe versteht, die während einer Reaktion auf mono-, bi- oder gegebenenfalls trimolekularem Wege langsamer entstehen als weiter reagieren[74]. Reaktionszwischenprodukte sind demzufolge kurzlebige und deshalb nur in kleiner Konzentration gebildete, auch als „*reaktive Zwischenstufen*“[75] bezeichnete chemische Teilchen.

Häufig setzen sich Gesamtreaktionen aus einer ganzen Reihe von einsinnigen oder auch rückläufigen Folge- und Parallelreaktionen zusammen. Dabei gilt jedoch immer, daß sich gleichzeitig verlaufende Reaktionen gegenseitig nicht beeinflussen und häufig, daß jeweils der langsamste Einzelvorgang geschwindigkeitsbestimmend ist („*geschwindigkeitsbestimmender Schritt*“).

Für den speziellen, doch häufig anzutreffenden Fall, daß das empirisch ermittelte Geschwindigkeitsgesetz irgendeiner Gesamtreaktion von Molekülen A mit B, C usw. dem Ausdruck

$$v_{\rightarrow} = -\frac{dc_A}{dt} = k_{\rightarrow} \cdot c_A^a \cdot c_B^b \cdot c_C^c \ldots \qquad (4)$$

genügt, ist der Begriff der „*Reaktionsordnung*“ n, welche die Summe der Exponenten aller Konzentrationen darstellt, definiert:

$$n = a + b + c + \ldots$$

Findet man demnach experimentell das Gesetz (1), so spricht man von einer „*Reaktion 1. Ordnung*“, bei einem Gesetz (2) von einer „*Reaktion 2. Ordnung*“. Dabei ist zu beachten, daß Stöchiometrie, Molekularität und Ordnung einer Reaktion keineswegs miteinander übereinstimmen müssen. Beispielsweise wäre nach den stöchiometrischen Reaktionsgleichungen häufig eine vier-, fünf- oder noch höhermolekulare Reaktion zu erwarten, während in Wirklichkeit praktisch ausschließlich ein- bzw. zweimolekulare Reaktionen auftreten. Die Reaktionsordnungen n ergeben sich experimentell zu $n = 0$ bis $n = 3$ (einschließlich gebrochener Zahlen)[76].

---

74 Anderenfalls wäre der betreffende chemische Stoff kein nicht isolierbares Zwischen-, sondern ein isolierbares Reaktionsendprodukt.

75 „Zwischenstufen“ sind nicht zu verwechseln mit „Übergangszuständen“ (auch inkorrekt als „Übergangsstufen“ bezeichnet). Erstere zeichnen sich im Energieprofil durch Energiemulden, letztere durch Energieberge aus.

76 Liegen einige Edukte einer Reaktion A + B + C ... → Produkte, deren Geschwindigkeit einer Beziehung des Typs (4) folgt, in weit größerer Konzentration als die übrigen Reaktionsteilnehmer vor, so bleibt die Konzentration dieser Partner während der Reaktion nahezu konstant, so daß ihre Konzentrationen mit in die Konstante k einbezogen werden können. Damit erniedrigt sich die Reaktionsordnung n um die Exponenten, welche den Konzentrationen in der Beziehung (4) zukommen, auf den Wert m, und man spricht dann von einer „*Reaktion pseudo m-ter Ordnung*“.

Geschwindigkeitsgesetze des Typs (4) findet man selbst bei Gesamtreaktionen, die aus vielen Folgereaktionen zusammengesetzt sind, wenn ein bestimmter Reaktionsteilvorgang als geschwindigkeitsbestimmender Schritt (s. oben) besonders langsam abläuft. Wickeln sich Hin- und Rück- bzw. Parallelreaktionen vergleichsweise rasch ab, so besteht das Geschwindigkeitsgesetz häufig aus einer Summe von zwei oder mehreren Beziehungen des Typs (4). So erfolgt beispielsweise die bereits öfter erwähnte (S. 185) Bildung von Iodwasserstoff aus Wasserstoff und Iod (5) nicht „direkt" durch molekulare Stoßreaktion von H_2 und I_2, sondern „indirekt" auf dem Wege (5a, b) über Iodatome als reaktive Zwischenprodukte (vgl. hierzu Radikalbildung und -rekombination (S. 381), Erhaltung der Orbitalsymmetrie (S. 399) sowie Darstellung von Halogenwasserstoffen (S. 387, 441)):

$$151.35\,\text{kJ} + I_2\,(g) \underset{k_2}{\overset{k_1}{\rightleftharpoons}} 2\,I \tag{5a}$$

$$H_2 + 2\,I \underset{k_4}{\overset{k_3}{\rightleftharpoons}} 2\,HI + 160.81\,\text{kJ (geschwindigkeitsbestimmend)} \tag{5b}$$

$$H_2 + I_2\,(g) \rightleftharpoons 2\,HI + 9.46\,\text{kJ} \tag{5}$$

Die Bildung von Iodwasserstoff vollzieht sich hiernach gemäß (5b) im Zuge einer trimolekularen Reaktion von Wasserstoffmolekülen mit Iodatomen ($v_{\text{HI-Bildung}} = k_3 \cdot c_{H_2} \cdot c_I^2$; vgl. S. 378), seine Spaltung durch bimolekulare Reaktion zweier Iodwasserstoffmoleküle ($v_{\text{HI-Spaltung}} = k_4 \cdot c_{HI}^2$). Für die Gesamtgeschwindigkeit der Iodwasserstoffbildung ergibt sich damit folgende Beziehung:

$$v_{\rightarrow} = v_{\text{HI-Bildung}} - v_{\text{HI-Spaltung}} = k_3 \cdot c_{H_2} \cdot c_I^2 - k_4 \cdot c_{HI}^2\,. \tag{6}$$

Nun verläuft die reversible Dissoziation von Iodmolekülen (5a) viel rascher als die – für die Gesamtreaktion geschwindigkeitsbestimmende – Bildung und Spaltung von Iodwasserstoffmolekülen (5b). Sie führt demzufolge zu einer Gleichgewichtskonzentration an Iodatomen, die sich in einfacher Weise aus dem für die I_2-Dissoziation gültigen Massenwirkungsgesetz $K = k_1/k_2 = c_I^2/c_{I_2}$ ergibt: $c_I = \sqrt{K \cdot c_{I_2}} = \sqrt{k_1 \cdot c_{I_2}/k_2}$. Nach Einsetzen letzteren Zusammenhangs in die Gleichung (6) ergibt sich dann die – auch experimentell gefundene (S. 185) – Beziehung (7) für die Gesamtgeschwindigkeit der Iodwasserstoffbildung ($k = k_1 \cdot k_3/k_2$, $k' = k_4$):

$$v_{\rightarrow} = k \cdot c_{H_2} \cdot c_{I_2} - k'\,c_{HI}^2. \tag{7}$$

Natürlich findet man für komplexe, aus mehreren chemischen Einzelvorgängen zusammengesetzte Reaktionen nicht in jedem Falle einfache (bzw. eine Summe oder Differenz einfacher) Geschwindigkeitsgesetze des Typs (4). So erfolgt die nach außen hin ganz analog wie die HI-Bildung (5) verlaufende Synthese von Bromwasserstoff aus Wasserstoff und Brom (10) nach einem ganz anderen Geschwindigkeitsgesetz:

$$v_{\rightarrow} = \frac{k \cdot c_{H_2} \cdot \sqrt{c_{Br_2}}}{1 + k' \cdot c_{HBr}/c_{Br_2}} \tag{8}$$

($k = 2k_3\sqrt{k_1/k_2}$, $k' = k_4/k_5 = \text{ca. } 0.1$; vgl. (9), (10a), (10b)).

Die Tatsache, daß hier die Halogenkonzentration c_{Br_2} als Wurzel $\sqrt{c_{Br_2}}$ auftritt, zeigt, daß das Brom zum Unterschied vom Iod nicht paarweise, sondern einzeln in Form von Atomen in die Reaktion eintritt, da gemäß der für die Bromspaltung

$$192.97\,\text{kJ} + Br_2\,(g) \underset{k_2}{\overset{k_1}{\rightleftharpoons}} 2\,Br \tag{9}$$

gültigen Gleichgewichtsbeziehung $K = k_1/k_2 = c_{Br}^2/c_{Br_2}$ die Bromatomkonzentration proportional $\sqrt{c_{Br_2}}$ ist. Tatsächlich verläuft hier die Halogenwasserstoff-Bildung gemäß dem Schema (vgl. Radikalkettenreaktionen):

$$69.71\,\text{kJ} + Br + H_2 \underset{k_4}{\overset{k_3}{\rightleftharpoons}} HBr + H \tag{10a}$$

$$H + Br_2\,(g) \xrightarrow{k_5} HBr + Br + 173.50\,\text{kJ} \tag{10b}$$

$$H_2 + Br_2\,(g) \longrightarrow 2\,HBr + 103.79\,\text{kJ}. \tag{10}$$

Da der Teilvorgang (10a) zum Unterschied von der – stark exothermen – Teilreaktion (10b) reversibel ist, wirkt sich HBr mit zunehmender Konzentration hemmend auf die HBr-Bildung aus, weshalb c_{HBr} im Nenner von (8) auftritt. Die reaktionsfördernde Wirkung von Br_2-Molekülen (Auftreten von c_{Br_2} im Nenner des Nenners) ist auf die – einseitig von links nach rechts ablaufende – Teilreaktion (10b) zurückzuführen. (Zur quantitativen Ableitung des Geschwindigkeitsgesetzes (8) aus den Reaktionen (9), (10a) und (10b) vgl. Lehrbücher der physikalischen Chemie.)

Im Falle der Iodwasserstoff-Bildung gewinnt die Reaktionsfolge (10a/b, I statt Br) erst bei höheren Temperaturen an Gewicht[77], weil die der Teilreaktion (10a) entsprechende Umsetzung 137.70 kJ + I + H_2 → HI + H, welche die Voraussetzung für die exotherme Weiterreaktion H + I_2 (g) → HI + I + 147.17 kJ bildet, weit stärker endotherm ist als beim Bromwasserstoff. Dagegen vollziehen sich beim Chlorwasserstoff bzw. Fluorwasserstoff (s. dort) die Reaktionsfolgen (10) explosionsartig, weil hier die der Teilreaktion (10a) entsprechenden Umsetzungen: 3.98 kJ + Cl + H_2 → HCl + H bzw. F + H_2 → HF + H + 132.22 kJ ganz schwach endotherm bzw. bereits exotherm und mit den stark exothermen Teilreaktionen H + Cl_2 → HCl + Cl + 188.72 kJ bzw. H + F_2 → HF + F + 410.39 kJ gekoppelt sind (vgl. Radikalkettenreaktionen, S. 387).

Besonders komplizierte Geschwindigkeitsgesetze findet man im Falle „*oszillierender Reaktionen*“[77a], worunter man chemische Umsetzungen versteht, die periodisch in der einen und der entgegengesetzten Richtung ablaufen. Ein Beispiel bietet die von W. C. Bray im Jahre 1921 als erste homogene, oszillierende chemische Reaktion aufgefundene und zusammen mit A. H. Liebhafsky näher untersuchte iodatkatalysierte Wasserstoffperoxid-Zersetzung im sauren Milieu („*Bray-Liebhafsky-Reaktion*“):

$$2H_2O_2 \xrightarrow{(IO_3^-)} O_2 + 2H_2O,$$

bei der man (nach kurzer Induktionsperiode) rhythmische Schwankungen der Konzentration von gebildetem gelösten Iod sowie Sauerstoff im Gegentakt beobachtet. Die Oszillationen beruhen darauf, daß Iodat von H_2O_2 über ionische Zwischenstufen zu Iod reduziert (11a) und dieses anschließend von H_2O_2 über radikalische Zwischenstufen wieder zu Iodat oxidiert wird (11b). Das Wasserstoffperoxid zersetzt sich dabei gleichzeitig in Sauerstoff und Wasser (11) und liefert mit diesem Zerfall die Energie für die chemische Oszillation:

$$\left.\begin{array}{lcl} 2IO_3^- + 5H_2O_2 + 2H^+ & \rightarrow & I_2 + 5O_2 + 6H_2O \\ I_2 + 11H_2O_2 & \rightarrow & 2IO_3^- + 3O_2 + 2H^+ + 10H_2O \end{array}\right\} \text{oszillierendes System} \quad \begin{array}{r}(11a)\\(11b)\end{array}$$

$$\left.16H_2O_2 \rightarrow 8O_2 + 16H_2O + 3061\ \text{kJ}\right\} \text{energielieferndes System} \quad (11)$$

Wie eine Pendeluhr, die als wesentliche Bestandteile einen Energielieferanten – das Gewicht – sowie ein schwingungsfähiges System – das Pendel – enthält, weist mithin auch eine oszillierende Reaktion ein energielieferndes und ein geeignetes, zu Oszillationen befähigtes chemisches System auf.

3.1.2 Geschwindigkeiten chemischer Reaktionen

Während sich Wasserstoff und Iod gemäß $H_2 + I_2 \rightarrow 2HI$ bei 350 °C im Zeitraum von einigen Stunden zu Iodwasserstoff vereinigen, erfolgt eine Reaktion von Wasserstoff und Sauerstoff unter Bildung von Wasser ($2H_2 + O_2 \rightarrow 2H_2O$) bei 350 °C noch extrem langsam und ist auch nach sehr vielen Jahren nicht abgeschlossen. Andere Reaktionen wie die Vereinigung von in Wasser gelösten Wasserstoff- und Hydroxid-Ionen zu Wasser ($H^+ + OH^- \rightarrow H_2O$) laufen

[77] Bei 360 °C verläuft die HI-Bildung zu 90 % gemäß (5) und nur zu 10 % analog (10). Bei 530 °C umfaßt die HI-Bildung nach (10) bereits 95 % des Gesamtumsatzes.

[77a] **Literatur.** R. J. Field, F. W. Schneider: „*Oszillierende chemische Reaktionen und nichtlineare Dynamik*“, Chemie in unserer Zeit **22** (1988) 17–29.

wiederum so rasch ab, daß man ihre Geschwindigkeit lange Zeit für unmeßbar groß gehalten hat. Die Geschwindigkeiten chemischer Reaktionen erstrecken sich mithin über einen ansehnlichen Zahlenbereich. Besonders augenfällig kommen die beobachteten Geschwindigkeitsunterschiede chemischer Reaktionen in deren Halbwertszeiten zum Ausdruck. Mit ihnen wollen wir uns daher zunächst beschäftigen, um uns anschließend dem Zeitmaßstab chemischer Vorgänge zuzuwenden.

Halbwertszeit chemischer Vorgänge

Unter der „*Halbwertszeit*" $t_{1/2} = \tau$ eines einsinnig reagierenden chemischen Systems, in welchem die Reaktionspartner in stöchiometrischem Verhältnis vorliegen, versteht man jene Zeit, die für den Übergang der Hälfte der vorhandenen Edukt- in Produktmoleküle benötigt wird. Nach τ Sekunden sinkt mithin die ursprüngliche, zur Zeit $t = 0$ Sekunden vorliegende Konzentration c_0 der Reaktionspartner auf den halben Wert: $c = c_0/2$. Hiernach ergibt sich beispielsweise für eine bimolekulare Reaktion des Typs AB + CD → Produkte, für die das Geschwindigkeitsgesetz $v_{\rightarrow} = -\mathrm{d}c/\mathrm{d}t = k \cdot c_{\mathrm{AB}} \cdot c_{\mathrm{CD}} = k \cdot c^2$ $(c_{\mathrm{AB}} = c_{\mathrm{CD}} = c)$ bzw. nach Gleichungsumstellung $(-\mathrm{d}c/c^2 = k \cdot \mathrm{d}t)$ und anschließender Integration zwischen den Grenzen c_0 und c die Beziehung

$$\frac{1}{c} - \frac{1}{c_0} = k \cdot t \tag{12}$$

gilt, folgender Ausdruck für die Halbwertszeit (Einsetzen von $c_0/2$ für c sowie τ für t in (12)):

$$\tau_{\mathrm{bimolekular}} = \frac{1}{k \cdot c_0}. \tag{13}$$

Ganz entsprechend erhält man für monomolekulare Reaktionen des Typs AB → Produkte aus dem für diesen Fall gültigen Zeitgesetz $v_{\rightarrow} = -\mathrm{d}c/\mathrm{d}t = k \cdot c$ $(c = c_{\mathrm{AB}})$ die Beziehung:

$$\tau_{\mathrm{monomolekular}} = \frac{\ln 2}{k} = \frac{0.693}{k} \tag{14}$$

und für trimolekulare Reaktionen des Typs AB + CD + EF → Produkte unter Berücksichtigung des Geschwindigkeitsgesetzes $v_{\rightarrow} = -\mathrm{d}c/\mathrm{d}t = k \cdot c^3$ $(c = c_{\mathrm{AB}} = c_{\mathrm{CD}} = c_{\mathrm{EF}})$ den Ausdruck:

$$\tau_{\mathrm{trimolekular}} = \frac{1.5}{k \cdot c_0^2}. \tag{15}$$

Liegen mithin die Reaktanden monomolekularer Reaktionen in variabler, Reaktanden di- und trimolekularer Reaktionen in einmolarer Konzentration vor (c_0 oder kurz $c = 1$), so ist die Reaktionshalbwertszeit überschlagsmäßig (bei bimolekularen Reaktionen sogar exakt) gleich dem Kehrwert der Geschwindigkeitskonstante:

$$\tau_{c=1} \approx \frac{1}{k}. \tag{16}$$

Im Falle monomolekularer Zerfallsreaktionen ist neben der Halbwertszeit auch die „*Lebensdauer*" τ' definiert. Man versteht hierunter jene Zeit, die für den Zerfall von 2/e-tel Edukt- in Produktmoleküle benötigt wird. Nach τ' Sekunden sinkt mithin die ursprünglich vorliegende Konzentration c_0 des Reaktanden auf 1/e ($\approx 1/3$): $c = c_0/\mathrm{e}$ (Basis der natürlichen Logarithmen e = 2.71828). Man erhält dann aus dem für monomolekulare Reaktionen gültigen Zeitgesetz $\ln(c_0/c) = k \cdot t$ die Beziehung:

$$\tau'_{\mathrm{monomolekular}} = \frac{\ln \mathrm{e}}{k} = \frac{1}{k} \tag{17}$$

($\tau_{\text{monomolekular}} = 0.7\ \tau'_{\text{monomolekular}}$). Die Lebensdauer eines nach 1. Ordnung zerfallenden Reaktanden ist mithin exakt gleich dem Kehrwert der Geschwindigkeitskonstanten.

Während die Halbwertszeiten monomolekularer Reaktionen nach Gl. (14) von der Konzentration der Reaktionsteilnehmer unabhängig sind, nehmen die Halbwertszeiten von di- und insbesondere von trimolekularen Reaktionen gemäß (13) und (15) mit wachsender Anfangskonzentration der Reaktanden ab. Durch ausreichende „*Verdünnung*" der Reaktanden läßt sich mithin jedes kinetisch instabile (labile) chemische System in ein stabiles (metastabiles, inertes), d.h. mit „genügend" großer Halbwertszeit abreagierendes System, überführen, falls im Zuge der chemischen Umwandlung ein Teilschritt der Molekularität > 1 durchlaufen wird. Beispielsweise zersetzt sich Diimin N_2H_2 (S. 673) sehr rasch nach zweiter Reaktionsordnung gemäß $2\,H{-}N{=}N{-}H \rightarrow N{\equiv}N + H_2N{-}NH_2$. Es läßt sich deshalb unter Normalbedingungen nicht isolieren. Die Verbindung ist jedoch in der Gasphase bei Partialdrücken $< 10^{-3}$ Torr metastabil. Das *Weltall* ist wegen seiner hohen Materieverdünnung demgemäß ein idealer Ort für „exotische" Moleküle. Vgl. hierzu auch die *Matrix-Technik*, S. 531, Anm.[35].

Wegen der Abhängigkeit der Geschwindigkeitskonstanten von der Temperatur der Reaktionsteilnehmer sind demgemäß (13), (14), (15) auch die Halbwertszeiten temperaturabhängig; sie nehmen mit sinkender Temperatur unabhängig von der Reaktionsmolekularität zu (vgl. Arrheniussche Gleichung). Ein chemisches System läßt sich mithin auch durch „*Einfrieren*" in einen metastabilen Zustand überführen. So wird beispielsweise das erwähnte, bei Raumtemperatur beachtlich instabile Diimin N_2H_2 (S. 673) unterhalb −180 °C metastabil, selbst wenn es in reiner, also hochkonzentrierter Form vorliegt.

Die Fig. 124 gibt den Zusammenhang von Halbwertszeiten $\tau_{c=1}$ chemischer Reaktionen mit ihren freien Aktivierungsenthalpien ΔG^{+} (vgl. Anm.[83]), die bei nicht allzu hohen Temperaturen den Aktivierungsenergien E_a bzw. -enthalpien ΔH^{+} näherungsweise gleichgesetzt werden können, graphisch wieder (bezüglich der gewählten logarithmischen Zeitskala vgl. auch Fig. 125 und das dort Gesagte). Man erkennt, daß die Halbwertszeiten erwartungsgemäß mit steigender freier Aktivierungsenthalpie zunehmen, und zwar umso rascher, je kleiner die Temperatur ist, bei der die Umsetzung durchgeführt wird. Bei vorgegebener freier Aktivierungsenthalpie (z.B. 100 kJ) wachsen mithin die Halbwertszeiten mit abnehmender Reaktionstemperatur überproportional.

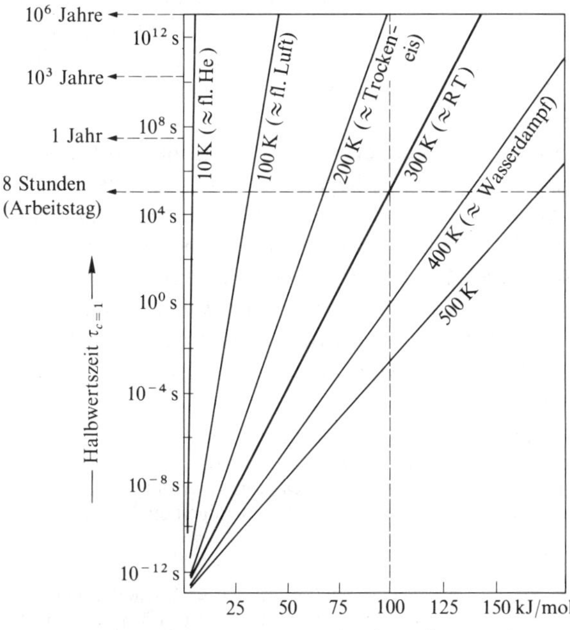

Fig. 124 Zusammenhang von Halbwertszeiten $\tau_{c=1}$ chemischer Reaktionen mit deren freien Aktivierungsenergien ΔG^{+} bei verschiedenen Reaktionstemperaturen T.

So zerfällt beispielsweise eine thermodynamisch instabile Verbindung, für deren Zersetzung eine freie Aktivierungsenthalpie von 100 kJ/mol aufgebracht werden muß (vgl. gestrichelte Senkrechte in Fig. 124), bei 500 K (227 °C) sehr rasch ($\tau \approx 1/1000$ s), bei 400 K (127 °C) noch rasch ($\tau \approx 1$ s), bei 300 K (27 °C) bereits langsam ($\tau \approx 8$ Stdn. = 1 Arbeitstag) und bei 200 K (− 73 °C) sehr langsam ($\tau \approx 1000000$ Jahre) zur Hälfte. Die fragliche Verbindung ist mithin oberhalb Raumtemperatur kinetisch instabil und geht unterhalb Raumtemperatur in den metastabilen Zustand über.

Ist die für den Verbindungszerfall benötigte freie Aktivierungsenthalpie größer als oben angenommen, so ist die Verbindung auch noch bei höheren Temperaturen metastabil (vgl. gestrichelte Waagrechte in Fig. 124). Zum Beispiel ließe sie sich ohne sichtbare Zersetzung auf 100 °C (373 K) erwärmen, würde ΔG^{+} mehr als 150 kJ/mol betragen (vgl. z. B. den Iodwasserstoffzerfall, S. 182). Muß andererseits zum Zerfall nur eine freie Aktivierungsenthalpie von 50 oder gar 20 kJ/mol aufgebracht werden, so kann die Verbindung nur unterhalb −100 °C bzw. −200 °C (173 bzw. 73 K) längere Zeit unzersetzt aufbewahrt werden.

Der Zeitmaßstab physikalischer und chemischer Vorgänge

In der Fig. 125 ist ein logarithmischer Sekundenmaßstab mit einigen charakteristischen Fixpunkten unserer Erfahrungswelt wiedergegeben. Die Skala nimmt ihren Anfang bei der kleinsten Zeiteinheit, der Planckschen Elementarzeit (5×10^{-44} s), und endigt mit dem zur Zeit gültigen Alter des Universums (20 Milliarden Jahre $\approx 6.3 \times 10^{17}$ s). Dabei versteht man unter der „*Elementarzeit*“ jene sehr kurze Zeit, die das mit maximal möglicher Geschwindigkeit von etwa 3.0×10^{8} m/s fortschreitende Licht zum Passieren der Planckschen Elementarlänge von 1.6×10^{-35} m benötigt ($t_{\text{Planck}} = l_{\text{Planck}}/c$)[78].

Der logarithmische Maßstab der Fig. 125 bedingt dabei, daß beim Voranschreiten um einen äquidistanten Abschnitt auf der Zeitskala die Zeit lawinenartig um jeweils den zehnfachen Betrag anschwillt. Demzufolge ist der Skalenabstand zwischen 1 s und 10 s doppelt so groß wie der Abstand zwischen dem – kosmisch gesehen – jungen Alter der Erde (6 Milliarden Jahre = $10^{17.3}$ s) und dem Alter des Universums (20 Milliarden Jahre = $10^{17.8}$ s).

Außer den erwähnten Fixpunkten finden sich in der Zeitskala Halbwertszeiten „chemischer Vorgänge“ sowie Perioden (Dauern) einiger, insbesondere im Zusammenhang mit der Geschwindigkeit chemischer Reaktionen interessierender „physikalischer Vorgänge“, die zunächst diskutiert werden sollen.

Physikalische Molekülvorgänge. Zur **Anregung** von Molekülrotationen bzw. -schwingungen benötigt man Mikrowellen bzw. Licht des infraroten Bereichs (Schwingungsperioden $< 10^{-9}$ s bzw. $< 10^{-11}$ s; vgl. Fig. 125 sowie S. 164). Die Anregung von Atom- und Molekülelektronen bzw. die Anregung der Atomkerne (Schwingungsperioden $< 10^{-14}$ s bzw. $< 10^{-18}$ s) erfordert kürzerwelliges Licht.

Da die *Rotations-* bzw. *Schwingungsperioden* rotierender bzw. schwingender Moleküle im Bereich von ca. 10^{-9} bis 10^{-13} bzw. 10^{-11} bis 10^{-15} s liegen (vgl. Fig. 125, ausgezogene Pfeile), beträgt die mittlere Dauer einer Molekülrotation bzw. einer Molekülschwingung mithin etwa 10^{-11} bzw. 10^{-13} s. Rotiert also ein Molekül einmal um eine seiner drei Trägheitsachsen, so kann es in dieser Zeit durchschnittlich 100 Schwingungen ausführen. Da andererseits die mittlere Stoßzeit zweier Moleküle im Gasraum (Fig. 125) bzw. in Lösung (S. 375) unter Normalbedingungen etwa 10^{-10} s beträgt, kann ein Molekül zwischen zwei Zusammenstößen ungefähr 10mal rotieren und 1000mal schwingen.

Die Anregung äußerer Molekülelektronen durch sichtbares bzw. ultraviolettes Licht erfolgt im Mittel in 10^{-15} s, also in einer Zeit, die wesentlich kürzer ist, als die Periode einer Molekülschwingung (etwa 10^{-13} s). Wird mithin ein Molekül elektronisch angeregt, so ändern sich die Atomabstände während des Anregungsaktes nur unwesentlich („*Franck-Condon-Prinzip*“, 1927). Da nun die Atomgleichgewichtslagen im Molekülgrundzustand und im elektronisch angeregten Zustand im allgemeinen verschieden

---

[78] Die Plancksche Elementarlänge ergibt sich nach $l_{\text{Planck}} = \sqrt{G \cdot \hbar / c^3}$ [m] mit G = Gravitationskonstante $= 6.68 \times 10^{-11}$ m³/kg · s², $\hbar = h/2\pi$, h = Plancksches Wirkungsquantum $= 6.626 \times 10^{-34}$ kg · m²/s und c = Lichtgeschwindigkeit $= 2.998 \times 10^{8}$ m/s.

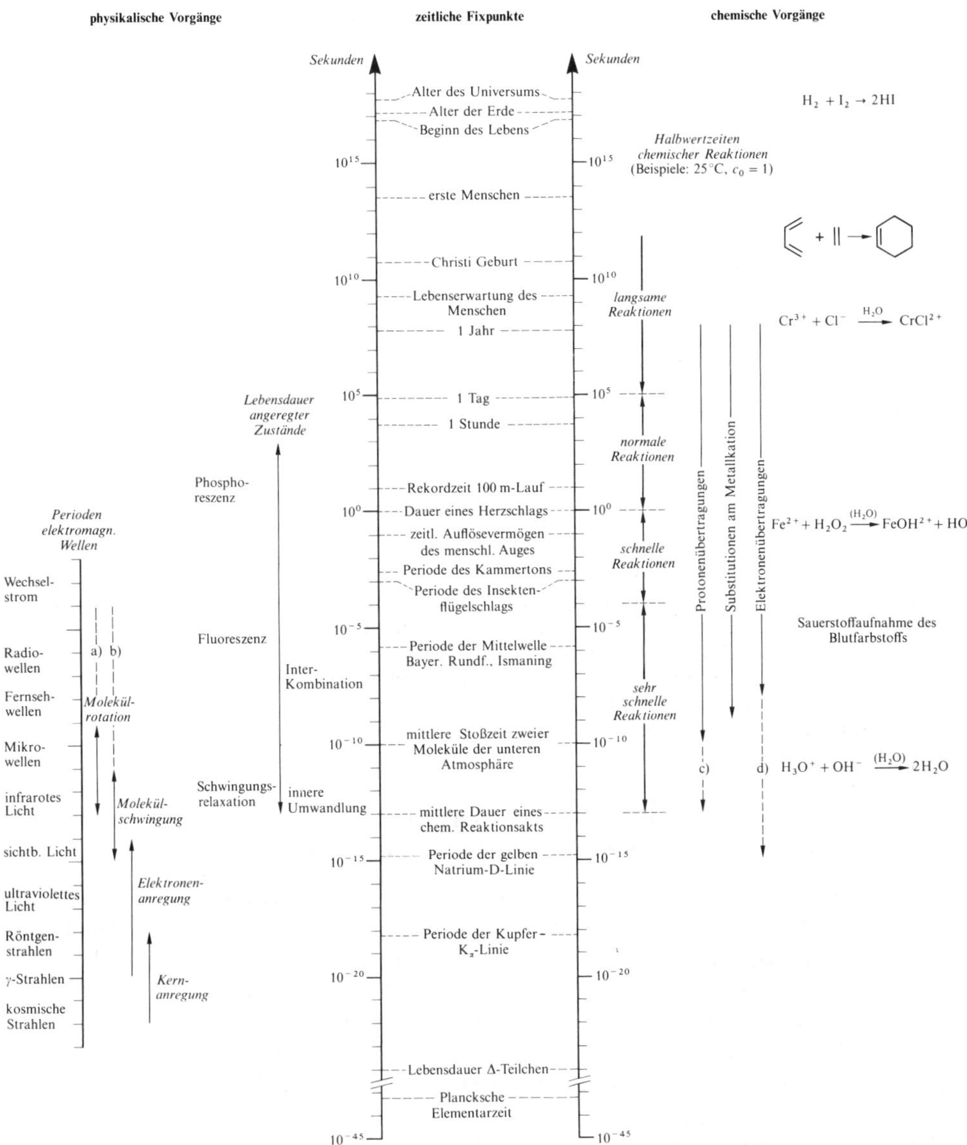

Fig. 125 Zeitskala einiger historischer, biologischer, physikalischer und chemischer Vorgänge. (Die gestrichelten Linien beziehen sich auf innere Molekülvorgänge: **a)** innere Molekülrotation, S. 663; **b)** Pseudorotation, S. 758; **c)** S. 375; **d)** S. 376.)

sind, ist die Elektronenanregung eines Moleküls häufig mit einer Schwingungsanregung gekoppelt. Ist letztere sehr groß, so kann das Molekül als Folge der Elektronenanregung sogar in Molekülbruchstücke (Radikale) zerfallen („*Photodissoziation*").

Die **Desaktivierung** angeregter Molekülzustände erfolgt im allgemeinen rasch. So übertragen etwa rotations- bzw. schwingungsangeregte Moleküle in Lösungsmitteln ihre Rotations- bzw. Schwingungsenergie in ca. 10^{-13} bis 10^{-12} s auf die sie umgebenden Lösungsmittelmoleküle („*Rotations*"- bzw. „*Schwingungsrelaxation*"; Fig. 125)[79]. Elektronisch an-

[79] Da die Rotations- und Schwingungsrelaxation über Molekülzusammenstöße erfolgt, stellt die erwähnte Art des Energieausgleichs in stark verdünnten Gasen einen langsamen Prozeß dar.

geregte Moleküle verbleiben ähnlich wie die Atome (vgl. Atomspektren) im allgemeinen 10^{-9} bis 10^{-4} s (häufig 10^{-9} bis 10^{-8} s) im Anregungszustand, um dann unter Abgabe von Licht („*Fluoreszenz*"; vgl. Fig. 125 und S. 107) in den Grundzustand überzugehen. Erfolgt hierbei eine Änderung des Elektronengesamtspins (S. 400) des Moleküls, d. h. ändert sich hierbei die Anzahl der ungepaarten Molekülelektronen, so kann sich die Lebensdauer eines elektronisch angeregten Moleküls oft beträchtlich erhöhen, der Übergang in den Grundzustand unter Abgabe von Licht mithin verzögern. Diese dann als „*Phosphoreszenz*" bezeichnete Art der „langsamen Fluoreszenz" (vgl. Fig. 125 und S. 107) beobachtet man vielfach beim Übergang der Moleküle vom angeregten Triplett-Zustand in ihren Singulett-Grundzustand. (Im üblicherweise anzutreffenden Singulett-Grundzustand sind alle Molekülelektronen spingepaart, im – durch optische Molekülanregung erreichbaren (s. unten) – Triplett-Zustand liegen zwei ungepaarte Elektronen vor; vgl. Spinmultiplizität.)

Für elektronisch angeregte Moleküle besteht darüber hinaus auch eine Möglichkeit, sich viel rascher als durch Fluoreszenz ohne Abgabe von Licht zu desaktivieren („*strahlungslose Übergänge*"). So können Moleküle ihre elektronische Energie ähnlich wie rotations- und schwingungsangeregte Moleküle (s. oben) über Stoßreaktionen auf andere Moleküle übertragen („*äußere Umwandlung*"). Häufig erfolgt aber auch in 10^{-13} bis 10^{-11} s eine sogenannte „*innere Umwandlung*" (Fig. 125) eines elektronisch angeregten Molekülzustandes unter Erhalt des Elektronengesamtspins (s. oben) in einen stark schwingungsangeregten, energieärmeren elektronischen Molekülzustand (z. B. Grundzustand). Die freigesetzte Elektronenenergie wird also in diesem Falle in Schwingungsenergie des betreffenden Moleküls verwandelt[80, 81]. In analoger Weise, allerdings durchschnittlich langsamer (in 10^{-11} bis 10^{-7} s), vermögen sich elektronisch angeregte Molekülzustände auch unter Änderung des Elektronengesamtspins in schwingungsangeregte[81] Molekülzustände umzuwandeln. Durch diesen, als „*Interkombination*" bezeichneten Vorgang gehen angeregte Singulett-Zustände, die durch Lichteinwirkung aus Molekülen im Singulett-Grundzustand zunächst entstehen, unter Spinumkehr eines Elektrons in energetisch günstigere Triplett-Zustände über. Die Desaktivierung eines gebildeten Triplett-Zustandes (Übergang in den Singulett-Grundzustand) kann dann unter Abgabe von Licht (Phosphoreszenz, s. oben) oder strahlungslos erfolgen.

Bezüglich der in Fig. 125 bei den physikalischen Molekülvorgängen noch erwähnten inneren Molekülrotationen sowie Pseudorotationen vgl. S. 663 und 758.

Chemische Molekülvorgänge. Wie der Fig. 125 zu entnehmen ist, überstreichen die Halbwertszeiten *normaler* Reaktionen, deren Geschwindigkeiten mit klassischen Untersuchungsmethoden (vgl. S. 180) bestimmt werden, einen Bereich von etwa 10^0–10^5 s. Sehr viele chemische Reaktionen wickeln sich jedoch mit Halbwertszeiten $> 10^5$ s (*langsame* Reaktionen) bzw. mit Halbwertszeiten $< 10^0$ s (*schnelle* Reaktionen) oder gar $< 10^{-3}$ s (*sehr schnelle* Reaktionen) ab. Zur zeitlichen Verfolgung schneller und sehr schneller Reaktionen benutzt man Strömungs- bzw. Relaxationsmethoden (z. B. zeitabhängige NMR-Phänomene; vgl. Lehrbücher der physikalischen Chemie)[82].

Während die Halbwertszeit chemischer Reaktionen in Richtung großer Werte nicht begrenzt ist, existiert offenbar eine untere Zeitgrenze für chemische Umwandlungen, die der Dauer des eigentlichen chemischen Reaktionsaktes entspricht und bei Raumtemperatur etwa bei 10^{-13} s (Fig. 125)[83], d. h. der mittleren Zeit einer Molekülschwingungsperiode

---

80 Eine innere Umwandlung vollzieht sich insbesondere bei großen, flexiblen Molekülen mit vielen Schwingungsmöglichkeiten leicht. Fluoreszenz beobachtet man demzufolge bevorzugt bei starren Molekülen wie den organischen Aromaten.

81 Die Schwingungsenergie wird ihrerseits rasch durch Stoß auf andere Moleküle übertragen (s. oben) bzw. für Moleküldissoziationsprozesse verbraucht. Zum Unterschied von der als „*Photodissoziation*" bezeichneten (S. 373) direkt vom elektronisch angeregten Zustand ausgehenden Molekülspaltung nennt man die nach innerer Umwandlung des Elektronenzustands erfolgte Spaltung in Molekülbruchstücke „*Prädissoziation*".

82 Um die Ermittlung der Geschwindigkeiten sehr schneller Reaktionen hat sich der deutsche Nobelpreisträger Manfred Eigen verdient gemacht.

83 Gemäß Gleichung (11) im Kap. VII sowie Gleichung (16) in Kap. X hängt die Reaktionshalbwertszeit folgendermaßen mit der freien Aktivierungsenthalpie $\Delta G^{\neq}$ zusammen: $\tau_{c=1} \approx 1/k = (h/k_B T) \cdot e^{\Delta G^{\neq}/RT}$. Verschwindet $\Delta G^{\neq}$, so folgt: $\tau_{c=1} \approx h/k_B T$. Mit h (Plancksches Wirkungsquantum) $= 6.266 \times 10^{-34}$ J · s und k_B (Boltzmannsche Konstante)

liegt[84]. Allerdings erreichen aber selbst die schnellsten chemischen Reaktionen im allgemeinen nicht die maximal mögliche Geschwindigkeit, da die mittlere Stoßzeit zweier Moleküle in der Gasphase bzw. in der Lösung bei den Einheiten des Drucks bzw. der Konzentration nur etwa 10^{-10} s beträgt[85].

Tatsächlich beträgt die Stoßzahl von Molekülen in Lösung bei Konzentrationen von 1 mol/l etwa 10^{11} pro Sekunde; sie ist mithin größer als die Stoßzahl von Molekülen in der Gasphase unter Normalbedingungen ($10^{10}\,s^{-1}$), was u.a. einfach auf die größere Bezugskonzentration der Moleküle in Lösung zurückzuführen ist (bei 1 atm. ≈ 1 bar beträgt die Gasmolekülkonzentration 1/22.4 ≈ 0.05 mol/l). Nun besteht aber zudem ein wesentlicher Unterschied zwischen den Zusammenstößen von Molekülen in der Gasphase und in der Lösung. Gelöste Moleküle werden im Gegensatz zu gasförmigen Molekülen durch Lösungsmittelmoleküle wie von einem Käfig umgeben, in welchem sie einige Zeit verharren, bevor sie aus dem Käfig durch Diffusion wieder entweichen („*Käfig-Effekt*")[86]. Aus diesem Grunde stoßen zwei Moleküle, die sich zufällig gleichzeitig in einem Lösungsmittelkäfig befinden, mehrmals zusammen. Bei extrem schnellen Umsetzungen, bei denen jeder Stoß zur Reaktion führt (ΔG^{+} verschwindet), ist nur die Anzahl der „ersten" Zusammenstöße maßgebend, die für gelöste Stoffe bei den Einheiten der Konzentration und 25 °C etwa $10^{9.5}\,s^{-1}$ beträgt, was einer chemisch wirksamen Stoßzeit von $10^{-9.5}$ s entspricht.

Unter den chemischen Umsetzungen zählen die **Protonenübertragungen**, die sich nach dem Schema

$$A: + H—B \rightarrow A—H + :B$$

abwickeln und nucleophile, nach 2. Ordnung ablaufende Substitutionsreaktionen (S. 391) am Proton darstellen, zu den besonders schnellen Reaktionen (Fig. 125). Drei Beispiele mögen dies belegen:

	k [l/mol^{-1} s^{-1}]	$1/k = \tau_{c=1}$ [s]
$H_3O^+ + OH^- \rightarrow H_2O + H_2O$	1.4×10^{11}	$10^{-11.15}$
$NH_4^+ + OH^- \rightarrow NH_3 + H_2O$	3.4×10^{10}	$10^{-10.53}$
$NH_4^+ + NH_3 \rightarrow NH_3 + NH_4^+$	1.1×10^{9}	$10^{-9.04}$

Hiernach haben sich also bei einer *Neutralisation* nach einer hundertmilliardstel Sekunde bereits über die Hälfte der H_3O^+- und OH^--Ionen zu Wasser vereinigt, falls ursprünglich $c_{H^+} = c_{OH^-} = 1$ mol/l betrug. Die Neutralisation erfolgt demzufolge mit einer Halbwertszeit, die sogar kleiner als die mittlere normale Stoßzeit zweier Moleküle in Lösung ist (s. Anm.[85]). Dies beruht weniger darauf, daß sich die Stoßzahl entgegengesetzt geladener Teilchen erhöht (s. oben), sondern hauptsächlich auf dem speziellen Bewegungsmechanismus von Oxonium- und Hydroxid-Ionen. Da nämlich die Wassermoleküle des Lösungsmittels Wasser über Wasserstoffbrücken (s. dort) untereinander sowie auch mit den H_3O^+- und OH^--Ionen „vernetzt" sind, kann der Transport eines Oxonium- bzw. Hydroxid-Ions im Sinne folgender Kettenreaktionen (a) und (b) schematisch durch rasche Weitergabe von Protonen nach rechts (a) bzw. links (b) erfolgen:

$= 1.381 \times 10^{-23}$ J/K ergeben sich dann bei Reaktionstemperaturen von 30, 300 bzw. 3000 K näherungsweise die Werte 10^{-12}, 10^{-13} bzw. 10^{-14} s als untere Zeitgrenze für chemische Reaktionen.

84 Die minimale Halbwertszeit einer chemischen Reaktion (10^{-13} s) ist mithin noch 100mal größer als die Anregungsdauer äußerer Molekülelektronen (10^{-15} s). Wegen der relativ langen Lebensdauer elektronisch angeregter Moleküle (10^{-9} s) können letztere aber chemisch abreagieren.

85 Die Stoßzeit der Moleküle läßt sich durch Erhöhung von Temperatur und Druck bzw. Konzentration vermindern. In der gleichen (entgegengesetzten) Richtung wirken sich elektrostatische Anziehungskräfte (Abstoßungskräfte) zwischen den reagierenden Molekülen aus. Im Festzustand können die Stoßzeiten reagierender Teilchen wegen der Teilchenfixierung im Kristallgitter beachtliche Werte annehmen. Festkörperreaktionen laufen deshalb im allgemeinen erst bei erhöhten Temperaturen mit vernünftiger Reaktionsgeschwindigkeit ab.

86 Die Lebensdauer der Käfige hängt von der Viskosität des Lösungsmittels ab.

$\overset{\oplus}{\text{O}}$(H)–H···O(H)–H···O(H)–H···O(H)–H···O(H)–H··· usw.

„Wanderung" der H_3O^+-Ionen nach rechts

(a)

$\overset{\ominus}{\text{O}}$(H)···H–O(H)···H–O(H)···H–O(H)···H–O(H)··· usw.

„Wanderung" der OH^--Ionen nach rechts

(b)

Der auf das „Umklappen" von Wasserstoffbindungen (s. dort) zurückgehende Protonentransport wickelt sich also innerhalb eines großen, aus vielen H_2O-Molekülen sowie H_3O^+- und OH^--Ionen zusammengesetzten Moleküls ab und kann daher rascher, als es die Stoßreaktion erlauben würde, erfolgen (Fig. 125, gestrichelte Linie).

Die einzelnen Protonenübergänge laufen sehr schnell ab. So überträgt etwa das H_3O^+-Ion nach durchschnittlich 10^{-13} s eines seiner drei Protonen auf ein benachbartes H_2O-Molekül (und hat damit eine extrem kurze Lebenszeit). Wären etwa H_2O-Moleküle über H-Brücken zu einer sehr langen, mit einem H_3O^+-Ion beginnenden Kette vereinigt und würde sich das Proton entlang dieser Kette gemäß dem obigen Mechanismus fortbewegen, so ergäbe sich bei diesem „Stafettenlauf" der Protonenweitergabe eine beachtliche Protonenwanderungsgeschwindigkeit von etwa 10000 km/h, so daß das Proton in Wasser bei geradliniger Bewegung die Erde in 4 Stunden umrasen könnte. Wegen der rasch vor sich gehenden Protonenübergänge in Wasser („*Protonenleitfähigkeit*") „wandern" H_3O^+- und OH^--Ionen auch im elektrischen Feld unvergleichlich schneller als andere Ionen (Weitergabe von Protonen in Richtung zur Kathode).

Ähnlich rasch wie in den oben wiedergegebenen Reaktionsbeispielen wickeln sich viele andere Protonenübergänge zwischen Nichtmetallen ab (eine Ausnahme bilden z. B. Deprotonierungen CH-acider Verbindungen, deren Halbwertszeiten im Minutenbereich liegen). Die hohen Protonenübertragungsgeschwindigkeiten sind u. a. für den raschen Ablauf biologischer Vorgänge (z. B. Genreproduktion, Enzymsynthesen), die sich im allgemeinen aus sehr vielen und häufig mit Protonenübergängen verbundenen Einzelreaktionen zusammensetzen, von wesentlicher Bedeutung (vgl. Lehrbücher der Biochemie).

Natürlich erfolgen nur freiwillig (also unter Energieabgabe) verlaufende Protonenübergänge sehr rasch. Die Halbwertszeit eines energieverbrauchenden Protonenübergangs, wie sie die Rückreaktion der Neutralisation, d. h. die Dissoziation des Wassers darstellt:

$$55.873\,\text{kJ} + H_2O + H_2O \rightarrow H_3O^+ + OH^-,$$

ist erwartungsgemäß sehr groß[87].

Langsamer als Protonenübergänge erfolgen im allgemeinen die – in ihrer Geschwindigkeit stark reaktandenabhängigen – **Elektronenübertragungen**:

		$k\ [\text{l mol}^{-1}\text{s}^{-1}]$	$1/k = \tau_{c=1}$ [s]
$Co(NH_3)_6^{2+} + \overset{*}{Co}(NH_3)_6^{3+}$	$\rightarrow Co(NH_3)_6^{3+} + \overset{*}{Co}(NH_3)_6^{2+}$	$10^{-5.1}$	$10^{5.1}$
$Fe(H_2O)_6^{2+} + \overset{*}{Fe}(H_2O)_6^{3+}$	$\rightarrow Fe(H_2O)_6^{3+} + \overset{*}{Fe}(H_2O)_6^{2+}$	ca. 1	ca. 1
$Fe(H_2O)_6^{2+} + IrCl_6^{2-}$	$\rightarrow Fe(H_2O)_6^{3+} + IrCl_6^{3-}$	$10^{6.5}$	$10^{-6.5}$

Wie den nach 2. Reaktionsordnung ablaufenden Umsetzungsbeispielen zu entnehmen ist, überdecken die Halbwertszeiten der Elektronenübertragungen einen sehr weiten Bereich, der sich auf der Seite sehr schneller Reaktionen bis zu Werten von 10^{-8} s erstreckt (Elektronenübergänge innerhalb eines Moleküls verlaufen ähnlich wie Protonenübergänge innerhalb eines Moleküls (s. oben) noch rascher in ca. 10^{-15} s; vgl. Fig. 125, gestrichelte Linie[88]).

87 Da die Konzentration c_{H_2O} des reinen Wassers 55.3 mol/l und die Geschwindigkeitskonstante k für die H_2O-Dissoziation 5×10^{-7} l/mol · s beträgt, berechnet sich gemäß der allgemeinen Beziehung (13) $\tau_{\text{bimolekular}} = 1/kc_{H_2O}$ eine Halbwertszeit von $1 : [5 \times 10^{-7} \times 55.3] = 10^{4.6}$ s. D. h. in etwa 10 Stunden dissoziiert die Hälfte der Wassermoleküle (also 55.3/2 = 27.6 mol/l) in H_3O^+- und OH^--Ionen. Allerdings kommt es nicht zu diesem Dissoziationsgrad, da gebildete Oxonium- und Hydroxid-Ionen wegen der raschen rückläufigen Neutralisation praktisch augenblicklich wieder verschwinden.

88 Einen durch Licht hervorgerufenen, molekülinternen Redoxvorgang beobachtet man beispielsweise im Falle von Berliner Blau K $[Fe^{III}Fe^{II}(CN)_6]$ (s. dort), dessen polymeres Anion Strukturelemente des Typus $Fe^{II}-C{\equiv}N-Fe^{III}$ aufweist:

$$Fe^{II}-C{\equiv}N-Fe^{III} + h\nu \rightleftarrows Fe^{III}-C{\equiv}N-Fe^{II}.$$

Die Lichtabsorption bedingt die blaue Verbindungsfarbe.

Langsamer als die im Sinne nucleophiler Substitutionsreaktionen am Proton zu klassifizierenden Protonenübertragungen (s. oben) erfolgen im allgemeinen auch **Substitutionen** (Fig. 125), wie folgende, nach 1. Reaktionsordnung ablaufende *nucleophile Substitutionen an Metallkationen* lehren (L = Ligand, z. B. Halogenid, Ammoniak):

	k [l/s]	$1/k = \tau$ [s]
$Cr(H_2O)_6^{3+} + L \rightarrow Cr(H_2O)_5L^{3+} + H_2O$	3×10^{-6}	$10^{5.5}$
$Fe(H_2O)_6^{3+} + L \rightarrow Fe(H_2O)_5L^{3+} + H_2O$	1×10^{2}	$10^{-2.0}$
$Cu(H_2O)_6^{2+} + L \rightarrow Cu(H_2O)_5L^{2+} + H_2O$	2×10^{8}	$10^{-8.3}$

Als Ligand L kann in den vorstehenden Gleichungen natürlich auch das Wasser fungieren. Mithin tauschen in Wasser gelöste Cr(III)-, Fe(III)- bzw. Cu(II)-Ionen (Entsprechendes gilt für andere Metallkationen) Wassermoleküle ihrer Hydrathülle mit den Lösungsmittelmolekülen aus. Wachsende Geschwindigkeit der H_2O-Substitution bedingt dann eine Abnahme der „Lebenserwartung" des betreffenden hydratisierten Ions in Wasser. Viele hydratisierte Metallionen wie z. B. das $Cu(H_2O)_6^{2+}$-Ion existieren in Wasser nicht länger als etwa ein elektronisch angeregtes Molekül (s. weiter oben).

3.2 Der Mechanismus chemischer Reaktionen[89)]

Die aus experimentellen Untersuchungen der Geschwindigkeit chemischer Reaktionen („*kinetische Untersuchungen*") abgeleiteten Geschwindigkeitsgesetze liefern meist wertvolle Informationen über die den betreffenden Reaktionen zugrundeliegenden chemischen Mechanismen[90)]. So läßt sich etwa aus einem experimentell aufgefundenen Geschwindigkeitsgesetz des Typus $v_{\rightarrow} = k \cdot c_A^a \cdot c_B^b \cdot c_C^c \ldots$ (vgl. Formel (4) auf S. 367) häufig folgern, daß sich der aktivierte Komplex, dessen Bildung und Zerfall die Geschwindigkeit der betreffenden Gesamtreaktion bestimmt, aus *a* Molekülen des Reaktionsteilnehmers A, *b* Molekülen des Reaktionsteilnehmers B, *c* Molekülen des Reaktionsteilnehmers C usw. zusammensetzt (vgl. hierzu das weiter unten besprochene Beispiel)[91,92)]. Die Information beschränkt sich in diesem Falle allerdings auf die Stöchiometrie des aktivierten Komplexes und betrifft weder seine Struktur noch den Reaktionsweg, auf dem er in raschen, dem geschwindigkeitsbestimmenden Schritt vor- bzw. nachgelagerten Teilreaktionen entsteht bzw. weiterreagiert. Aufgrund kinetischer Untersuchungen alleine kann somit kein Reaktionsmechanismus „bewiesen" werden; vielmehr läßt sich nur die Zahl der in Betracht gezogenen reaktionsmechanistischen Alternativen einschränken, da natürlich von mehreren denkbaren Mechanismen einer chemischen Reaktion nur solche in Frage kommen, die mit dem experimentell ermittelten Geschwindigkeitsgesetz vereinbar sind. Zur eindeutigen Klärung eines chemischen Reaktionsmechanismus müssen stets weitere experimentelle Methoden herangezogen werden. Zu ihnen gehören neben „*stereochemischen Untersuchungen*" (S. 398) z. B. der Nachweis gebildeter reaktiver Zwischenstufen auf physikalischem Wege durch „*spektroskopische Untersuchungen*" (vgl.

---

[89] **Literatur.** A. A. Frost, R. G. Pearson: „*Kinetik und Mechanismen homogener chemischer Reaktionen*", Verlag Chemie. Weinheim 1964; J. O. Edwards: „*Inorganic Reaction Mechanisms*" Benjamin, New York 1964; F. Basolo, R. G. Pearson: „*Mechanisms of Inorganic Reactions*", Wiley, New York 1967; D. Benson: „*Mechanisms of Inorganic Reactions in Solution*", McGraw-Hill, New York 1969; H. Taube: „*Electron Transfer Reactions of Complex Ions in Solution*", Academic Press, New York 1970; M. L. Tobe: „*Reaktionsmechanismen der Anorganischen Chemie*", Verlag Chemie, Weinheim 1976; D. S. Matteson: „*Organometallic Reaction Mechanisms of the Nontransition Elements*", Academic Press, New York 1974; K. Wieghardt: „*Elektronentransfer bei Übergangsmetallkomplexen*", Chemie in unserer Zeit **13** (1979) 118–125.

[90] Zur Definition des Begriffs Reaktionsmechanismus vgl. S. 366.

[91] Treten in dem zur Diskussion stehenden Geschwindigkeitsgesetz auch Konzentrationen im Nenner auf, d. h. enthält das Gesetz auch negative Exponenten *a*, *b* und/oder *c*, so ist zur Ableitung der Zusammensetzung des aktivierten Komplexes wie folgt zu verfahren: unter Berücksichtigung der im Geschwindigkeitsgesetz auftretenden Exponenten als Faktoren addiert man die Formeln der Reaktionspartner, deren Konzentrationen im Zähler stehen, und subtrahiert hiervon die Formeln der Reaktionspartner, deren Konzentrationen im Nenner stehen.

[92] Werden während des geschwindigkeitsbestimmenden Schritts Moleküle des Reaktionsmediums (z. B. Wasser) gebildet oder verbraucht, so geht deren – praktisch konstant bleibende – Konzentration nicht in das Geschwindigkeitsgesetz ein (vgl. Massenwirkungsgesetz). Dies ist bei der Ableitung der Formel des aktivierten Komplexes zu berücksichtigen.

Molekülspektroskopie) oder auf chemischem Wege durch „*Abfangen der Zwischenstufe*" mit Reaktanden, die sich mit den betreffenden Zwischenstufen vor deren Weiterreaktion rasch zu Produkten umsetzen, aus denen die zwischenzeitliche Existenz der Zwischenstufen hervorgeht.

Beispiel: Aus dem Geschwindigkeitsgesetz $v_{\text{HI-Bildung}} = k \cdot c_{H_2} \cdot c_{I_2}$ der bereits mehrfach erwähnten (S. 181 und 368) Bildung von Iodwasserstoff aus Wasserstoff und Iod in der Gasphase folgt, daß der geschwindigkeitsbestimmende Schritt der HI-Bildung über einen aktivierten Komplex der Stöchiometrie H_2I_2 verläuft. Demnach könnte Iodwasserstoff etwa auf dem Wege (1) aus je einem Wasserstoff- und Iodmolekül entstehen, wobei die Eduktmoleküle unter stetiger Lockerung der Bindungen H—H und I—I bei gleichzeitiger Ausbildung zusätzlicher chemischer Bindungen zwischen H und I in die Produktmoleküle übergingen:

$$\begin{matrix} H-H \\ + \\ I-I \end{matrix} \longrightarrow \begin{matrix} H\cdots H \\ \vdots \quad \vdots \\ I\cdots I \end{matrix} \longrightarrow \begin{matrix} H \quad H \\ | + | \\ I \quad I \end{matrix} \qquad (1)$$

Edukte — aktivierter Komplex — Produkte

Iodwasserstoff könnte sich aber ebensogut nach vorausgegangener Spaltung von Iodmolekülen in Iodatome,

$$I_2 \rightarrow 2\,I, \qquad (2a)$$

aus einem Wasserstoffmolekül und zwei Iodatomen bilden, wobei sich diesmal die Edukte des geschwindigkeitsbestimmenden Reaktionsschritts (2b) unter stetiger Lockerung der Bindung H—H bei gleichzeitiger Ausbildung chemischer Bindungen zwischen H und I in die Produkte verwandeln würden:

$$I + H{-}H + I \rightarrow I\cdots\cdots H\cdots\cdots H\cdots\cdots I \rightarrow I{-}H + H{-}I. \qquad (2b)$$

Edukte — aktivierter Komplex — Produkte

Die beiden, unter mehreren denkbaren mechanistischen Alternativen ausgewählten und mit dem gefundenen Geschwindigkeitsgesetz für die HI-Bildung in Einklang stehenden Reaktionswege (1) und (2)[93] verlaufen über aktivierte Komplexe der geforderten Stöchiometrie, aber unterschiedlicher Struktur.

Tatsächlich verleiteten die kinetischen Ergebnisse (M. Bodenstein, 1894; vgl. S. 185) zunächst zu dem Schluß, daß Iodwasserstoff auf dem Wege (1) durch bimolekulare Stoßreaktion aus Wasserstoff und Iod entstehen würde. Neuere Untersuchungen (J.H. Sullivan, 1967) ergaben jedoch, daß die Iodwasserstoffbildung stark beschleunigt wird (Umsetzung bereits bei 140 °C), wenn man ein H_2/I_2-Gasgemisch mit Licht der Wellenlänge 578 nm bestrahlt, also mit Licht, welches eine photochemische Spaltung (S. 105), der Iodmoleküle bewirkt. Darüber hinaus wurde gefunden, daß die HI-Bildungsgeschwindigkeit in Übereinstimmung mit dem Reaktionsablauf (2b) proportional dem Quadrat der Konzentration der Iodatome[94] ist. Somit erfolgt die Bildung von Iodwasserstoff offensichtlich auf dem Wege (2)[95] und nicht auf dem Wege (1), der sich zudem aus Gründen der Nichterhaltung der Orbitalsymmetrie (S. 399) verbietet. Aufgrund des Gesetzes der mikroskopischen Reversibilität (S. 183) führt dann auch die Iodwasserstoffspaltung nicht direkt, sondern indirekt auf dem Wege über H_2-Moleküle und sich ihrerseits dimerisierende Iodatome zu den Produkten H_2 und I_2. Da die Teilreaktion: 160.8 kJ + $2\,HI \rightarrow H_2 + 2\,I$ ($E_a = 184$ kJ/mol) stark endotherm ist, sind im aktivierten Komplex der HI-Spaltung gemäß dem Prinzip von Hammond (S. 182) das H_2-Molekül sowie die beiden I-Atome bereits weitgehend vorgebildet.

[93] Die HI-Bildung auf dem Wege (1) stellt eine bimolekulare Reaktion dar; mit ihr steht das gefundene bimolekulare Geschwindigkeitsgesetz in Einklang. Zum gleichen Gesetz führt aber auch die HI-Bildung auf dem Wege (2a), (2b), wie bereits an früherer Stelle (S. 368) abgeleitet wurde.

[94] Die Iodatomkonzentration läßt sich in einfacher Weise durch die Intensität des eingestrahlten Lichts „einstellen".

[95] Für die Teilreaktion (2b) existieren ihrerseits wieder zwei mechanistische Alternativen, die mit dem gefundenen Geschwindigkeitsgesetz $v_{\rightarrow} = k \cdot c_{H_2} \cdot c_I^2$ für (2b) vereinbar sind. So bildet sich Iodwasserstoff im einfachsten Fall durch trimolekulare Stoßreaktion aus Wasserstoffmolekülen und zwei Iodatomen. Möglicherweise entsteht HI aber auch durch bimolekulare Folgereaktionen auf dem Wege über ein Wasserstoffmolekül/Iodatom-Addukt, das durch rasche reversible Reaktion gemäß $H_2 + I \rightleftharpoons H_2I$ ($K = c_{H_2I}/c_{H_2} \cdot c_I$) in kleiner Konzentration gebildet wird und langsam nach $H_2I + I \rightarrow 2\,HI$ (geschwindigkeitsbestimmender Schritt) weiterreagiert. Es gilt dann: $v_{\text{HI Bildung}} = k' \cdot c_{H_2I} \cdot c_I$ und nach Einsetzen der Beziehung $c_{H_2I} = K \cdot c_{H_2} \cdot c_I$: $v_{\text{HI-Bildung}} = K \cdot k' \cdot c_{H_2} \cdot c_I^2 = k \cdot c_{H_2} \cdot c_I^2$ mit $k = K \cdot k'$. In analoger Weise würde dann natürlich die Spaltung von Iodwasserstoff in Wasserstoff-Moleküle und Iodatome über die reaktive Zwischenstufe H_2I erfolgen. Bisher ist unbekannt, welche der beiden Möglichkeiten verwirklicht ist, doch haben sich bisher trimolekulare Reaktionen A + B + C → Produkte bei eingehenden Studien immer wieder auf bimolekularer Folgereaktionen des Typs A + B → AB, AB + C → Produkte zurückführen lassen.

Eingehende Studien des Ablaufs chemischer Umsetzungen haben in zahlreichen Fällen zu detaillierten Vorstellungen über den Reaktionsmechanismus geführt, so daß sich heute bereits viele Reaktionen aufgrund ihres Mechanismus klassifizieren lassen. Nachfolgend wollen wir uns nunmehr etwas näher mit Kinetik und Mechanismus einiger wichtiger chemischer Vorgänge beschäftigen, und zwar im Unterkapitel 3.2.1 zunächst mit Reaktionen des Typus $A \rightleftarrows A'$ („*Isomerisierungen*"), an denen einschließlich des Produktes nur zwei Reaktionspartner teilnehmen. Anschließend werden im Unterkapitel 3.2.2 Umsetzungen des Typus $AB \rightleftarrows A + B$ („*Dissoziationen*" bzw. „*Assoziationen*") und im Unterkapitel 3.2.3 Vorgänge des Typus $AB + C \rightleftarrows AC + B$ („*Substitutionen*") behandelt, also Reaktionen mit drei bzw. vier stöchiometrisch wirksamen Reaktionsteilnehmern.

3.2.1 Isomerisierungen

Der mit einer Änderung der Atomfolge bzw. -anordnung verbundene Übergang eines Moleküls A in sein Konstitutions- bzw. Stereoisomeres A′ (S. 322) wird als Verbindungs*isomerisierung* bezeichnet:

$$A \underset{k_{\leftarrow}}{\overset{k_{\rightarrow}}{\rightleftarrows}} A'. \tag{3}$$

Je nach der absoluten bzw. relativen Größe der Geschwindigkeitskonstanten $k_{\rightarrow}$ und $k_{\leftarrow}$ für die „Hin"- und „Rück"-Isomerisierung (3) erfolgt die wechselseitige Umwandlung der Isomeren A und A′ mehr oder minder rasch bzw. mehr oder minder vollständig (vgl. Massenwirkungsgesetz, S. 186). Sind beide Konstanten relativ klein[96], d. h. wickelt sich die Isomerisierung (3) in beiden Richtungen sehr langsam ab wie z. B. im Falle der Isomerenpaare (4a/a′) bzw. (4b/b′),

F–S–S–F (a) S=SF₂ (a′) *trans*-F–N=N–F (b) *cis*-F–N=N–F (b′) (4)

so lassen sich die Isomeren A und A′ unabhängig von der durch $K = k_{\rightarrow}/k_{\leftarrow}$ gegebenen Gleichgewichtslage der Reaktion (3) in Substanz isolieren. Die Moleküle A und A′ sind in diesem Falle isomerisierungsstabil bzw. -metastabil; sie zeigen unter Normalbedingungen keine Tendenz zur Änderung ihrer Konstitution (vgl. 4a/a′) bzw. Konfiguration (vgl. 4b/b′) und werden demgemäß als „*starre Moleküle*" bezeichnet[97]. Eine Einstellung des Isomerisierungsgleichgewichts (3) erfolgt hier erst in Anwesenheit geeigneter Katalysatoren oder gegebenenfalls bei ausreichender Erwärmung. So wandelt sich etwa Difluordisulfan (4a) in Anwesenheit von Spuren HF bereits unterhalb Raumtemperatur rasch in sein thermodynamisch stabiles Konstitutionsisomeres (4a′) (Thiothionylfluorid) und *trans*-Difluordiimin (4b) bei Erwärmung auf höhere Temperaturen in sein stabiles Konfigurationsisomeres (4b′) (*cis*-Difluordiimin) um.

Ist eine der Geschwindigkeitskonstanten der Reaktion (3) relativ groß, die andere relativ klein[96], d. h. erfolgt die wechselseitige Isomerisierung (3) in der einen Richtung sehr rasch, in der anderen sehr langsam, so liegt das Isomerisierungsgleichgewicht vollständig auf einer Seite und stellt sich zudem rasch ein (vgl. Anm.[87]). Unter diesen Bedingungen ($k_{\rightarrow}$ klein, $k_{\leftarrow}$ groß bzw. umgekehrt) läßt sich somit nur eines der beiden Isomeren isolieren, näm-

---

96 Relativ kleines k soll hier bedeuten, daß die mit der Geschwindigkeitskonstanten k gemäß $k = A \cdot e^{-E_a/RT}$ (Arrheniussche Gleichung; s. dort) verknüpfte Aktivierungsenergie E_a bei der Bezugstemperatur T relativ groß ist, verglichen mit der den Isomeren bei T zukommenden kinetischen Energie E_{kin} (mittlere kinetische Energie bei 25 °C ca. 2.5 kJ/mol; vgl. Maxwellsche Geschwindigkeitsverteilung). Für relativ großes k gilt entsprechend: E_a vergleichbar E_{kin}.

97 Die Bezeichnung „starr" bezieht sich dabei nicht auf Schwingungen der Molekülatome um ihre Ruhelagen.

lich das thermodynamisch stabile[98]. So existiert etwa die Phosphor(III)-Säure nur in Form der thermodynamisch stabilen Phosphonsäure (5a′) und nicht in Form der kinetisch sowie thermodynamisch bezüglich (5a′) instabilen Phosphorigen Säure (5a)[99]:

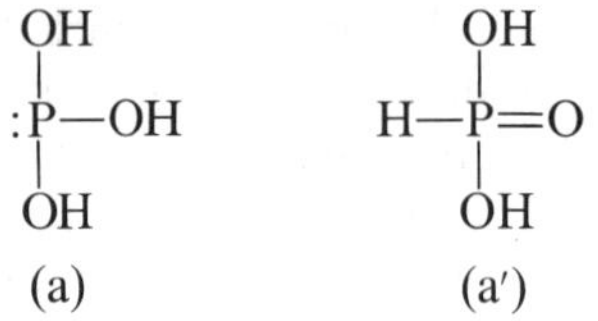

$$\underset{\text{(a)}}{:P(OH)_3} \qquad \underset{\text{(a')}}{H{-}P({=}O)(OH)_2} \tag{5}$$

Da Isomere des zuletzt besprochenen Typus (z. B. (5a′)) selbst keine Isomerisierungstendenz aufweisen, sind sie ebenfalls als starr zu beschreiben.

Sind schließlich beide Geschwindigkeitskonstanten der Reaktion (3) relativ groß[96], d.h. erfolgt die Isomerisierung in beiden Richtungen rasch, so ist jeweils nur ein Gemisch der wechselseitig ineinander übergehenden Isomeren isolierbar. Die Moleküle A und A′ sind in diesem Falle bezüglich ihrer Isomerisierung instabil; sie zeigen zum Unterschied von den starren Molekülen, denen wohl-definierte Strukturen zukommen, flexible Atomanordnungen und werden demzufolge als „*nicht-starre*" bzw. „*flukturierende Moleküle*" bezeichnet. Tatsächlich gehört die Mehrzahl der chemischen Stoffe diesem Molekültypus an. So wandert etwa der stickstoffgebundene Wasserstoff des Triazens (6) rasch zwischen den beiden äußeren Stickstoffatomen des aus drei N-Atomen bestehenden Triazengerüsts $>N{-}N{=}N{-}$ hin und her (R = organischer Rest):

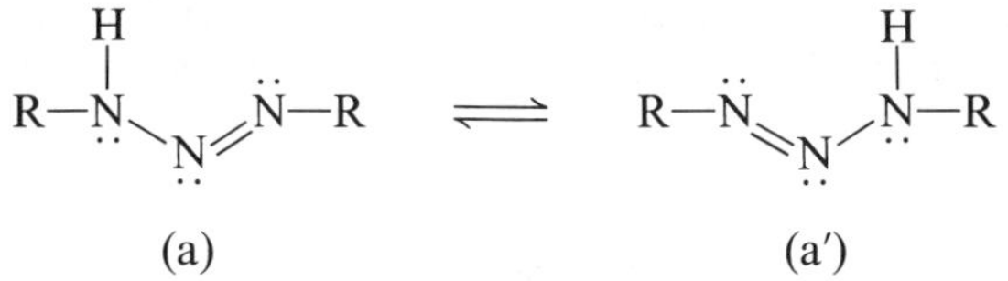

$$\underset{\text{(a)}}{R{-}NH{-}N{=}N{-}R} \rightleftharpoons \underset{\text{(a')}}{R{-}N{=}N{-}NH{-}R} \tag{6}$$

Man bezeichnet Isomere wie (6a) und (6a′), die durch Wanderung von Atomen oder Atomgruppen wechselseitig rasch ineinander übergehen und nebeneinander bestehen auch als „*Tautomere*"[100] und den „*Isomerisierungsvorgang*" als „*Tautomerie*" („*Tautomerisierung*").

Die Tautomerie (6) stellt insofern einen Spezialfall dar, als sich die an der Tautomerisierung beteiligten Tautomeren in keiner Eigenschaft unterscheiden, wogegen sie im Normalfall verschiedenartig sind. Selbst zwischen (6a) und (6a′) bestünde bereits ein Unterschied, wenn eines der beiden äußeren Stickstoffatome ^{15}N-isotopenmarkiert oder mit einem anderen Rest R′ verknüpft wäre. Da chemisch unterschiedlichen Tautomeren naturgemäß auch ein verschiedener Energiegehalt zukommt, liegt das Tautomeriegleichgewicht im zuletzt besprochenen Falle mehr oder minder auf einer Seite. So enthält etwa das „Keton" Aceton CH_3COCH_3 nur weniger als 0.1% seines thermodynamisch instabileren „Enol"-Tautomeren[101]:

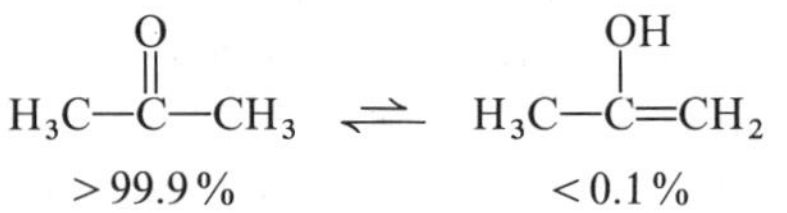

$$\underset{>99.9\%}{H_3C{-}C({=}O){-}CH_3} \rightleftharpoons \underset{<0.1\%}{H_3C{-}C(OH){=}CH_2}$$

[98] Die Gleichgewichtskonstante $K = k_{\rightarrow}/k_{\leftarrow}$ für die Bildung des thermodynamisch stabilen aus dem instabilen Isomeren ist > 1; damit muß auch die Geschwindigkeit seiner Bildung größer sein als jene der Bildung des thermodynamisch instabilen Isomeren.

[99] Sowohl von (5a) als auch (5a′) leiten sich isolierbare Organylderivate $P(OR)_3$ und $RPO(OR)_2$ ab. Die Ester $P(OR)_3$ sind in diesem Falle bezüglich $RPO(OR)_2$ zwar thermodynamisch, jedoch nicht kinetisch instabil.

[100] Von tautos (griech.) = derselbe; meros (griech.) = Teil.

[101] Die Gleichgewichtseinstellung der betrachteten „*Keto-Enol-Tautomerie*" erfolgt – wie zu fordern – so rasch, daß die beiden Tautomeren $CH_3C({=}O)CH_3$ und $CH_3C(OH){=}CH_2$ unter normalen Bedingungen nicht unabhängig voneinander existieren. Andernfalls – bei vergleichsweise langsamer Isomerisierungsgeschwindigkeit (vgl. z. B. (4a, a′) und (4b, b′)) – wäre die Isomerisierung nicht als Tautomerisierung zu bezeichnen. Wegen des Geschwindigkeitsbezugs ist die Abgrenzung der Tautomerie naturgemäß gleitend.

Bei etwas größerem Energieunterschied zwischen den Reaktionspartnern liegt das Tautomeriegleichgewicht praktisch vollständig auf einer Seite. So existiert von den beiden oben erwähnten Isomeren (5a) und (5a′) praktisch nur (5a′) und von den beiden Isomeren: Cyanwasserstoffsäure („*Blausäure*“) HCN und Isocyanwasserstoffsäure CNH praktisch nur die Cyanwasserstoffsäure:

$$\underset{\text{(Nitrilform)}}{\text{H—C}\equiv\text{N:}} \rightleftharpoons \underset{\text{(Isonitrilform)}}{\text{:C}\equiv\text{N—H}}$$

(In letzteren Fällen bestehen die Isomeren also nicht mehr nebeneinander, so daß – streng genommen[101) – auch keine Tautomerie vorliegt; trotzdem spricht man aber üblicherweise von Tautomerie.)

Für den Reaktionstyp der raschen Molekülumlagerung gibt es in der metallorganischen Chemie zahlreiche und bei Bor- und Kohlenwasserstoffen viele Beispiele (insbesondere die durch Ionisation im Massenspektrometer (S. 75) erzeugten Kohlenwasserstoff-Kationen tautomerisieren im allgemeinen extrem rasch mit Halbwertszeiten um 10^{-10} s unter H-Umlagerung). Weitere Beispiele für Fluktuationsvorgänge werden wir mit den inneren Molekülrotationen (S. 663) sowie Pseudorotationen (S. 657 und 758) kennenlernen.

Mechanistisch verlaufen Molekülisomerisierungen sowohl unter molekülinterner Umordnung von Atomen bzw. Atomgruppen („*intramolekulare*“ Isomerisierungen; vgl. S. 663, 657 und 758) als auch unter zwischenmolekularer Umordnung von Atomen bzw. Atomgruppen („*intermolekulare*“ Isomerisierungen). Umlagerungen letzteren Typs erfolgen häufig über Moleküldissoziationen sowie -assoziationen, auf die im nachfolgenden Unterkapitel eingegangen sei.

3.2.2 Dissoziationen und Assoziationen

Man bezeichnet die Spaltung eines Moleküls oder Ions AB in ungeladene oder geladene Untereinheiten A und B als Molekül*dissoziation*[102)], die Umkehrung dieses Vorganges als Molekül*assoziation*[102)]:

$$\text{AB} \underset{\text{Assoziation}}{\overset{\text{Dissoziation}}{\rightleftharpoons}} \text{A} + \text{B}.$$

Dissoziationen und Assoziationen können mit der Trennung und Knüpfung nur einer chemischen Bindung (Dissoziationen und Assoziationen (Rekombinationen) in engerem Sinn) oder mehreren Bindungen (Eliminierungen und Additionen) verbunden sein. Nachfolgend seien zunächst Reaktionen des ersten, dann des zweiten Typs besprochen.

Dissoziationen und Rekombinationen

Wird bei einer Molekülspaltung eine chemische Bindung unter gleichmäßiger Verteilung der Bindungselektronen auf die Molekülspaltstücke gebrochen, so spricht man von einer *homolytischen* Moleküldissoziation. Verbleiben die Bindungselektronen demgegenüber bei einem Molekülbruchstück, so liegt eine *heterolytische* Moleküldissoziation vor. Im ersten Falle führt die Dissoziation zu Radikalen (vgl. z. B. (7)), im zweiten Falle zu Ionen (z. B. (8)) oder Neutralmolekülen (z. B. (9)):

$$151\,\text{kJ} + \text{I:I(g)} \rightleftharpoons \text{I}\cdot + \cdot\text{I} \quad (7)$$

$$1392\,\text{kJ} + \text{H:Cl} \rightleftharpoons \text{H}^+ + \text{:Cl}^- \quad (8)$$

$$113\,\text{kJ} + \text{F}_3\text{B:NR}_3 \rightleftharpoons \text{F}_3\text{B} + \text{:NR}_3 \quad (9)$$

(R = organischer Rest). Die Umkehrung der homolytischen bzw. heterolytischen Dissoziationsvorgänge stellen die Assoziationsreaktionen von Radikalen (Radikalrekombina-

[102] dissociatio (lat.) = Trennung; associatio (lat.) = Vereinigung.

tionen), Ionen (Ionenrekombinationen) und Molekülen (Molekülassoziationen) dar. Die Ionenrekombinationen sowie die Molekülassoziationen sind hierbei als Lewis-Säure-Base-Reaktionen zu klassifizieren.

Im allgemeinen stellen die Molekül-**Dissoziationen** endotherme, also nur unter Energiezufuhr ablaufende Prozesse dar. Führt man die Energie in Form von thermischer Energie zu, indem man die Verbindung auf zunehmend erhöhte Temperatur bringt, so wird sich – falls man von anderen Reaktionsmöglichkeiten einmal absieht – bei ausreichender Erwärmung zunächst jener Dissoziationsvorgang abwickeln, der am wenigsten Energie benötigt. Da eine Dissoziation in geladene Teilchen meist viel energieaufwendiger ist als eine Spaltung in neutrale Produkte (z.B. erfordert die HCl-Homolyse 429, die HCl-Heterolyse (8) 1392 kJ/mol), führt die „*thermische Moleküldissoziation*" bevorzugt zur Bildung von Radikalen bzw. molekularen Produkten unter Spaltung der jeweils schwächsten Bindung (im Falle von $F_3B:NR_3$ z.B. der BN-Bindung, vgl. (9)). Eine – teils geringe, teils erhebliche – Dissoziation in Ionen wird aber häufig nach Lösen eines polaren chemischen Stoffs in polaren Medien (z.B. Wasser, Alkohole, Acetonitril), welche die gebildeten Ionen durch Solvatation zu stabilisieren vermögen, beobachtet (z.B. dissoziiert HCl in Wasser vollständig in H^+- und Cl^--Ionen; vgl. „*elektrolytische Moleküldissoziation*")[103].

In Fig. 126 ist die Temperaturabhängigkeit der thermischen Ioddissoziation (7) graphisch wiedergegeben. Ersichtlicherweise wächst die I_2-Dissoziation, welche u.a. die Voraussetzung für die HI-Bildung aus H_2 und I_2 ist (S. 368 und 378), zunächst langsam, dann rasch und schließlich – in der Nähe 100%iger Dissoziation – wieder langsam. Unterhalb 550 °C (823 K) sind weniger als 1%, bei 1200 °C (1473 K) etwa 50% und oberhalb 2200 °C (2473 K) mehr als 99% der Iodmoleküle dissoziiert (die Werte beziehen sich jeweils auf 1.013 bar Gesamtdruck; bei kleineren Drücken steigt das Dissoziationsausmaß und umgekehrt; vgl. Ostwaldsches Verdünnungsgesetz). Die Kurven der thermischen Dissoziation haben bei allen Stoffen ein ähnliches Aussehen, nur sind sie entsprechend der verschiedenen Werte der Bindungsdissoziationsenergien E_D längs der Abzisse mehr nach links ($E_D < E_D(I_2)$) oder mehr nach rechts ($E_D > E_D(I_2)$) verschoben.

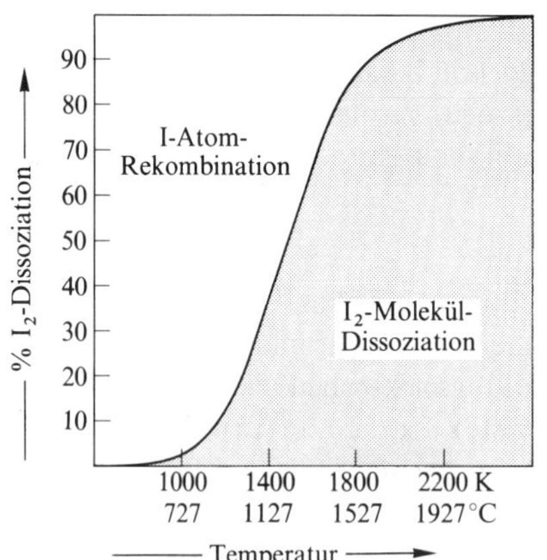

Fig. 126 Thermische Dissoziation des Iods (die Angaben beziehen sich auf einen Gesamtdruck $p_I + p_{I_2} = 1.013$ bar).

Wegen der großen Unterschiede in den Dissoziationsenergien E_D chemischer Bindungen erfolgen Moleküldissoziationen bei sehr unterschiedlichen Temperaturen, wie der folgenden Zusammenstellung (Tab. 48) einiger, zu Radikalen führender Dissoziationsvorgänge zu entnehmen ist:

[103] Die für die Dissoziation gelöster Moleküle benötigte Energie wird in Form chemischer Energie (Hydratationsenergie) zugeführt. Die Dissoziation gasförmiger Moleküle in Kationen und Anionen ist z.B. durch Elektronenstoß möglich („*elektronenstoßinduzierte Moleküldissoziation*"; vgl. Massenspektrometrie).

Tab. 48 Homolytische Moleküldissoziationsvorgänge

Dissoziationsvorgang		E_D (kJ/mol)	T (°C)[a]	Dissoziationsvorgang		E_D (kJ/mol)	T (°C)[a]
flüss. He	⇌ gasf. He	0.08	−268	Br—Br	⇌ 2Br	193	2300
ON—NO	⇌ 2NO	<10	−150	HO—OH	⇌ 2OH	211	c)
ON—NO_2	⇌ ON + NO_2	39.7	25	Cl—Cl	⇌ 2Cl	244	2650
O_2N—NO_2	⇌ $2NO_2$	57.2	100	H_2N—NH_2	⇌ $2NH_2$	251	c)
F—OOF	⇌ F + OOF[b]	ca. 75	c)	H—H	⇌ 2H	436	4700
F_2N—NF_2	⇌ $2NF_2$[b]	83.3	300	O=O	⇌ 2O	498	4700
F—F	⇌ 2F	158	1650	N≡N	⇌ 2N	946	8500

a) Dissoziation jeweils >90% bei 1 bar Gesamtdruck. **b)** $E_{D,FO-OF}$ ca. 430 kJ/mol; $E_{D,F-N_2F_3}$ ca. 290 kJ/mol. **c)** Die Gleichgewichtseinstellung wird durch Radikalfolgereaktionen gestört.

Ersichtlicherweise werden die Dissoziationsenergien zweier miteinander verknüpfter Atome ganz wesentlich durch die weiteren Liganden der betreffenden Atome beeinflußt. So nimmt die NN-Dissoziationsenergie beim Übergang vom Hydrazin H_2N—NH_2 zum dimeren Stickstoffmonoxid ON—NO (Ersatz der 4 einbindigen Wasserstoffatome durch 2 zweibindige Sauerstoffatome) um beinahe 250 kJ/mol auf einen Wert < 10 kJ/mol ab. N_2O_2 ist demzufolge selbst bei tiefen Temperaturen weitgehend in Radikale ·NO dissoziiert. Werden an die Stickstoffatome von N_2O_2 zusätzliche Sauerstoffatome angelagert, so verfestigt sich die NN-Bindung zunehmend: N_2O_3 ist erst ab Raumtemperatur (S. 696), N_2O_4 erst ab 100 °C (S. 697) weitgehend in Radikale aufgespalten. Bemerkenswert ist in diesem Zusammenhang auch, daß mit der Substitution der Wasserstoffatome des Wasserstoffperoxids H_2O_2 bzw. des Hydrazins N_2H_4 durch Fluoratome (→ O_2F_2, N_2F_4) die zentrale Molekülbindung im ersten Falle gestärkt, im zweiten Falle geschwächt wird (vgl. Tab. 48)[104].

Die Übergangsstufen der endothermen Dissoziations- bzw. der rückläufigen exothermen Assoziationsvorgänge gleichen strukturell und energetisch mehr den dissoziierten Produkten (vgl. Postulat von Hammond). Im aktivierten Komplex einer Radikal-, Ionen- oder Molekül-**Rekombination** besitzen also die reagierenden Teilchen weitgehend die Geometrie und den Energieinhalt, der ihnen im freien Zustand zukommt[105]. Die Aktivierungsenthalpien der Assoziationsvorgänge $\Delta H_A^\ddagger$ sind demzufolge im allgemeinen sehr klein und die Aktivierungsenthalpien der Dissoziationsvorgänge $\Delta H_D^\ddagger$ näherungsweise gleich den Dissoziationsenthalpien ΔH_D ($\Delta H_D = \Delta H_D^\ddagger - \Delta H_A^\ddagger \approx \Delta H_D^\ddagger$; vgl. Theorie des Übergangszustandes)[106].

Wegen der verhältnismäßig kleinen Aktivierungsenthalpien verlaufen die Rekombinationen im allgemeinen mit großer Geschwindigkeit. So beträgt etwa die Halbwertszeit für die Rekombination von Methylradikalen ($2CH_3 \rightarrow H_3C$—CH_3) unter Normalbedingungen nur $10^{-10.5}$ s. Entsprechend kleine Halbwertszeiten werden für Ionenrekombinationen in der Gas- und Lösungsphase (vgl. z. B. die extrem rasche Neutralisationsreaktion)[107] sowie für Molekülassoziationen aufgefunden (z. B. Rückreaktion (9): $\tau_{c=1} = 10^{-9.4}$ s).

In der Gasphase wird die Rekombination einatomiger (bzw. nur aus sehr wenig Atomen bestehender) Teilchen allerdings dadurch verzögert, daß diese nur in Anwesenheit eines „kalten" Stoßpartners M (= Molekül des Reaktionsraums bzw. Wand des Reaktionsgefäßes) abläuft, welcher die frei werdende Rekombinationsenergie in Form von Translations-, Rotations- bzw. Schwingungsenergie aufnimmt (vgl. atomaren Wasserstoff)[108]. In diesen Fällen bilden sich die Assoziate somit nicht mehr auf dem üblichen

[104] Zum Unterschied von der relativ starken OO-Bindung ist die OF-Bindung in O_2F_2 vergleichsweise schwach. Dies rührt daher, daß dem 19-Elektronenradikal ·O_2F (Entsprechendes gilt für das isoelektronische Radikal ·NF_2) besondere Stabilität zukommt.

[105] Im Zuge der Bildung von $F_3B : NMe_3$ (Rückreaktion (9)) erfolgt also die Pyramidalisierung des im freien Zustand planaren, im komplexgebundenen Zustand pyramidalen Bortrifluorids auf der Reaktionskoordinate hauptsächlich erst nach Überschreiten der Aktivierungsbarriere.

[106] Die über die Reaktionskinetik zugänglichen Aktivierungsenthalpien werden im Falle stark endothermer Dissoziationen (z. B. ($N_2H_4 \rightarrow 2NH_2$) häufig als Näherungswert für die betreffenden Dissoziationsenthalpien benutzt.

[107] Die Vereinigung gelöster, d. h. solvatisierter Ionen entgegengesetzter Ladung ist – genau genommen – nicht den Assoziations-, sondern den Substitutionsvorgängen (s. dort) zuzurechnen.

[108] Bei der Vereinigung vielatomiger Radikale kann sich die Rekombinationsenergie rasch auf die zahlreichen Bindungen des gebildeten Assoziats in Form von Schwingungsenergie verteilen.

Wege einer raschen bimolekularen, sondern einer langsameren trimolekularen Stoßreaktion: $A + B + M \rightarrow AB + M^*$ (vgl. hierzu Anm.[95]). In analoger Weise muß bei der umgekehrten Bildung einatomiger (bzw. wenig atomiger) Teilchen durch Moleküldissoziation die für die endotherme Dissoziation benötigte Aktivierungsenergie durch Stoß mit einem „heißen" Stoßpartner M* zugeführt werden (bimolekulare, statt monomolekulare Dissoziation).

In vielen Fällen setzen sich chemische Reaktionen aus einer Folge von Dissoziations- und Rekombinationsvorgängen zusammen. So bilden sich etwa beim Erwärmen von gasförmigem Dioxygendifluorid O_2F_2 über $-95\,^\circ C$ nicht nur Fluoratome und Dioxygenfluorid-Radikale in reversibler Reaktion ($F{-}O_2F \rightleftarrows F\cdot + \cdot O_2F$), sondern auch Fluor- und Sauerstoffmoleküle durch irreversible Assoziationsvorgänge: $2F\cdot \rightarrow F_2$; $2\cdot O_2F \rightarrow 2O_2 + F_2$. Dioxygendifluorid zerfällt somit bei tiefen Temperaturen langsam in Fluor und Sauerstoff ($O_2F_2 \rightarrow O_2 + F_2$)[109].

Ein weiteres Beispiel aus dem Bereich der Radikaldissoziationen und -assoziationen mit besonders vielen Folgeschritten bietet die bei erhöhter Temperatur ablaufende Thermolyse von Distickstoffpentaoxid N_2O_5 (10), die auf dem Wege mehrerer Dissoziations- und Assoziationsprozesse (10a–c) schließlich zu Stickstoffdioxid und Sauerstoff führt:

$$\begin{array}{lllll} \times 2\,|\,O_2N{-}O{-}NO_2 & \rightarrow & NO_2 + NO_3 & & \text{(a)} \\ \times 2\,|\,NO_2 + NO_3 & \rightarrow & \{ON\vdots O{-}O\vdots NO_2\} & \rightarrow NO + O_2 + NO_2 & \text{(b)} \\ \quad ON + O_2 + NO & \rightarrow & \{ON{-}O\vdots O{-}NO\} & \rightarrow 2NO_2 & \text{(c)} \\ \hline 2N_2O_5 & \rightarrow & 4NO_2 + O_2. & & \text{(10)} \end{array}$$

Sehr zahlreich sind in der anorganischen Chemie Reaktionen, die sich aus einer Folge von Ionendissoziationen und -assoziationen zusammensetzen. Als Beispiele seien etwa die Ligandenaustauschprozesse genannt (S. 760), die bei einer Reihe von Molekülen AX_n mit elektronegativen Resten X beobachtet werden. Auch vielen heterolytischen Substitutionsreaktionen liegen kombinierte Dissoziations- und Rekombinationsreaktionen zugrunde (vgl. S. 391).

Eliminierungen und Additionen

Müssen zur Abspaltung eines chemischen Teilchens aus einem Molekül zwei Bindungen aufgebrochen werden, so spricht man von „*Eliminierungen*" und im umgekehrten Falle von „*Additionen*". In der anorganischen Chemie beobachtet man sehr häufig **α-** (bzw. **1,1-**) **Eliminierungen** und **-Additionen**, worunter man Molekülreaktionen des Typus (11) versteht:

$$A\!\begin{smallmatrix} \diagup B \\ \diagdown C \end{smallmatrix} \rightleftharpoons A + \begin{matrix} B \\ | \\ C \end{matrix} \qquad (11)$$

Hiernach erfolgt eine α-Eliminierung in der Weise, daß sich zwei an ein gemeinsames Molekülzentrum A gebundene Reste B und C als Molekül BC von diesem Zentrum abtrennen, während sich das betreffende Zentrum A im Falle der rückläufigen α-Addition in das BC-Molekül einschiebt. Als Beispiele für diesen Reaktionstyp seien etwa gasförmige Elementhalogenide $EHal_n$ genannt, die in vielen Fällen bei höheren Temperaturen im Sinne von (11) unter α-Eliminierung von Halogenen Hal_2 zerfallen, während sich die Dissoziationsprodukte $EHal_{n-2}$ und Hal_2 bei niedrigeren Temperaturen umgekehrt unter α-Addition miteinander vereinigen[110], z. B.:

[109] Da die Rekombination der Fluoratome rascher als die Reaktion der $\cdot O_2F$-Radikale untereinander abläuft, enthält teilweise zersetztes O_2F_2 neben F_2 und O_2 immer auch $\cdot O_2F$.

[110] Ähnlich wie in die Hal-Hal-Bindung vermögen sich geeignete Verbindungen R_nE (R = organischer oder anorganischer Rest; E = Element, häufig Metall) auch in andere Bindungen (z. B. H—H, O—O, S—S, S—Hal, C—C, C—Hal, Si—Si, B—B) einzulagern.

$$XeF_2 \rightleftarrows Xe + F_2 \qquad SCl_4 \rightleftarrows SCl_2 + Cl_2 \qquad SO_2Cl_2 \rightleftarrows SO_2 + Cl_2$$
$$ICl_3 \rightleftarrows ICl + Cl_2 \qquad PCl_5 \rightleftarrows PCl_3 + Cl_2 \qquad COCl_2 \rightleftarrows CO + Cl_2.$$

Da α-Eliminierungen (11) praktisch immer mit einer Reduktion, α-Additionen mit einer Oxidation des Reaktionszentrums A verbunden sind, bezeichnet man die betreffenden Vorgänge häufig auch als *„reduktive Eliminierungen"* bzw. *„oxidative Additionen"*.

Chemische Reaktionen können in einer Folge von oxidativen Additionen und reduktiven Eliminierungen bestehen (vgl. die analogen Verhältnisse bei Assoziationen und Rekombinationen, S. 384). So bildet sich etwa Bromtrifluorid BrF_3 aus Brom und Fluor rasch auf dem Wege: $BrBr + F_2 \rightleftarrows BrBrF_2$ (oxidative Addition); $BrBrF_2 \rightleftarrows 2\,BrF$ (reduktive Eliminierung); $BrF + F_2 \rightleftarrows BrF_3$ (oxidative Addition). Ein anderes Beispiel bietet die rasch erfolgende chlorierende Spaltung von Dischwefeldichlorid ($S_2Cl_2 + Cl_2 \rightleftarrows 2\,SCl_2$), die offenbar auf dem Wege einer α-Addition von Cl_2 an S_2Cl_2 mit anschließender α-Eliminierung von SCl_2 aus dem gebildeten instabilen Reaktionszwischenprodukt abläuft: $ClS{-}SCl + Cl_2 \rightleftarrows ClS{-}SCl_3 \rightleftarrows 2\,SCl_2$.

Beteiligen sich an der Eliminierung bzw. Addition von BC nicht wie im Falle (11) nur drei, sondern wie im Falle (12) vier Zentren, die zudem chemisch benachbart sind, so spricht man nicht mehr von α- (bzw. 1,1-) Eliminierungen und -Additionen, sondern von ***β*- (bzw. 1,2-) Eliminierungen** und **-Additionen:**

$$\begin{matrix} A{-}B \\ | \quad \\ D{-}C \end{matrix} \quad \rightleftharpoons \quad \begin{matrix} A \\ \| \\ D \end{matrix} + \begin{matrix} B \\ | \\ C \end{matrix} \qquad (12)$$

So zerfällt etwa Schwefelsäure H_2SO_4 bei höheren Temperaturen (> 300 °C) unter β-Eliminierung von Wasser in Schwefeltrioxid. Umgekehrt vereinigt sich H_2O bei niedrigeren Temperaturen unter β-Addition mit SO_3[111]:

$$\begin{matrix} O{-}H \\ | \quad\; \\ O_2S{-}OH \end{matrix} \quad \rightleftharpoons \quad \begin{matrix} O \\ \| \\ O_2S \end{matrix} + \begin{matrix} H \\ | \\ OH \end{matrix}$$

Für den Reaktionstyp (12) gibt es insbesondere in der organischen Chemie viele Beispiele.

In Weiterführung des Besprochenen kann man die Vereinigung des Phosphans $(PhO)_3P$ (Ph = Phenyl C_6H_5) mit Ozon unterhalb von −15 °C,

$$(PhO)_3P + O_3 \text{ (O=O–O)} \rightarrow (PhO)_3P\langle O_3 \rangle \text{ (Ring)} \qquad (13)$$

als *γ*- (bzw. **1,3-) Addition** von $(PhO)_3P$ an O_3 bezeichnen[112]. Bei Temperaturen oberhalb von −15 °C zerfällt das Ozonaddukt wieder, allerdings nicht in Umkehrung von (13), sondern unter β-Eliminierung von O_2 (in Form von Singulett-Sauerstoff, vgl. Erhaltung der Spinsymmetrie Anm.[135], S. 400):

$$(PhO)_3P\langle O_3 \rangle \text{ (Ring)} \rightarrow (PhO)_3P{=}O + {}^1O{=}O \qquad (14)$$

Reaktionen, die wie (13) bzw. (14) zur Bildung bzw. Spaltung einer Ringverbindung (*„Cyclus"*) führen, nennt man auch *„Cycloadditionen"* bzw. *„Cycloreversionen"* und spricht speziell im Falle von (13) von einer [1 + 3]-Cycloaddition, im Falle von (14) von einer [2 + 2]-Cycloreversion, da der 4-Ring des Phosphanozonids aus 1 und 3 Atomen beider Cycloadditions-Edukte gebildet wird, und in den beiden Cycloreversions-Produkten jeweils 2 Atome des 4-Rings erscheinen.

---

[111] Den β-Eliminierungen und -Additionen entsprechen in gewissem Sinne die *„Kondensationen"* und *„Solvolysen"*: $A-B+C-D \rightleftarrows A-D+B-C$. So vermögen etwa zwei Moleküle Hypochlorige Säure HOCl unter Wasserabspaltung zu einem Molekül Dichloroxid zu kondensieren, während umgekehrt Dichloroxid Cl_2O durch Hydrolyse leicht in Hypochlorige Säure verwandelt wird: $ClO-H+HO-Cl \rightleftarrows ClO-Cl+H-OH$. Ein weiteres Beispiel dieses Reaktionstyps bietet die bereits häufiger erwähnte Dehydrierung von Iodwasserstoff bzw. Hydrierung (Hydrogenolyse) von Iod: $I-H+H-I \rightleftarrows I-I+H-H$.

[112] Man könnte ebensogut von einer α-Addition des Ozons an das Phosphan sprechen.

Eliminierungen und Additionen können nach zwei verschiedenen Mechanismen ablaufen. Entweder verwandeln sich die Edukte unter gleichzeitiger (synchroner, konzertierter) Bindungstrennung bzw. -knüpfung direkt in die Produkte („*Einstufen*"-, „*Synchron*"-, „*konzertierter Mechanismus*") oder die Produkte entstehen aus den Edukten in zwei oder mehreren Stufen über Reaktionszwischenprodukte („*Mehrstufen-*, „*Zwischenstufenmechanismus*"). Nach ersterem Mechanismus erfolgt beispielsweise die α-Addition von Fluor an Br_2 oder I_2 bzw. von Chlor an R_2S oder PCl_3 in der Gasphase bzw. in unpolaren Lösungsmitteln[113] bereits bei Raumtemperatur sehr rasch, während sich etwa die Fluorierung von Xe oder Cl_2 bzw. die Chlorierung von SO_2 oder CO in der Gasphase nach letzterem Mechanismus erst bei erhöhter Temperatur abwickelt (bezüglich einer Erklärung vgl. S. 399f).

Die Einstufenadditionen und -eliminierungen verlaufen, wie im einzelnen noch besprochen wird (vgl. S. 401), nur dann glatt, wenn bestimmte elektronische Voraussetzungen gegeben sind (vgl. Prinzip von der Erhaltung der Orbitalsymmetrie, S. 399). Die Mehrstufeneliminierungen und -additionen können sowohl radikalisch als auch ionisch ablaufen. So wird etwa die bei hohen Temperaturen mögliche α-Addition von Chlor an Schwefeldioxid in der Gasphase von einer Spaltung einzelner Chlormoleküle in Chloratome eingeleitet: $Cl_2 \rightleftarrows 2\,Cl$. Die gebildeten Chloratome addieren sich dann an SO_2 ($SO_2 + Cl \rightleftarrows SO_2Cl$), worauf sich die entstandenen Radikale SO_2Cl mit Chlormolekülen unter Rückbildung von Chloratomen zu SO_2Cl_2 umsetzen ($SO_2Cl + Cl_2 \rightarrow SO_2Cl_2 + Cl$). Die Cl-Atome vereinigen sich ihrerseits wieder mit SO_2 usf. (vgl. Radikalkettenreaktionen). Nach einem ionischen Mechanismus erfolgen z. B. viele α-Additionen an Molekülatomen mit freien Elektronenpaaren (vgl. z. B. Anm.[113]) sowie viele β-Additionen an Doppelbindungsmoleküle (vgl. Lehrbücher der organischen Chemie). –

Der Mechanismus der SO_2-Chlorierung veranschaulicht, daß radikalische Mehrstufeneliminierungen und -additionen (Analoges gilt für ionische Eliminierungen und Additionen) Substitutionsreaktionen beinhalten können (hier etwa $SO_2Cl + Cl_2 \rightarrow SO_2Cl_2 + Cl$: Substitution eines Cl-Atoms in Cl—Cl durch die SO_2Cl-Gruppe). Wir wollen uns nunmehr diesem Typus von Reaktionen näher zuwenden.

3.2.3 Substitutionen

In der Chemie trifft man sehr häufig auf *Substitutionsreaktionen*, worunter man Umsetzungen versteht, die unter Ersatz („*Substitution*") einer ungeladenen oder geladenen Atomgruppe B in Molekülen AB (A = Molekülrest) durch eine andere ungeladene oder geladene Atomgruppe C ablaufen:

AB	+	C	$\rightleftarrows$	AC	+	B
Substrat		eintretende Gruppe (Eingangsgruppe)		Produkt		austretende Gruppe (Abgangsgruppe)

Im Zuge einer Substitutionsreaktion wird somit eine chemische Bindung (zwischen A und B) gespalten und eine andere Bindung (zwischen A und C) neu geknüpft. Erfolgt die Bindungsspaltung hierbei homolytisch, so spricht man von einer *homolytischen* Substitution, erfolgt sie heterolytisch, so spricht man von einer *heterolytischen* Substitution.

Homolytische Substitutionsreaktionen

Bei homolytischen Substitutionsreaktionen („S_H-*Reaktionen*") stellen ein- und austretende Gruppe C und B in der oben wiedergegebenen allgemeinen Substitutionsgleichung Teilchen mit einem ungepaarten Elektron (Radikale) dar. Formal liefert hierbei die Eingangsgruppe („*Homophil*") ein Elektron für die neu zu bildende Bindung AC, während die Abgangsgruppe B („*Homofug*") ein Elektron der zu spaltenden Bindung AB mit sich nimmt:

$$A\!:\!B + \times C \xrightarrow{S_H\text{-Reaktion}} A \dot{\times} C + \cdot B.$$

---

[113] In polaren Medien beobachtet man einen Ionenstufenmechanismus, z. B. $R_2S + Cl_2 \rightarrow R_2SCl^+ + Cl^- \rightleftarrows R_2SCl_2$.

Die sowohl in der Gasphase als auch in der Lösungsphase anzutreffenden homolytischen Substitutionsreaktionen erfolgen, falls es sich um exotherme Reaktionen handelt, unter Normalbedingungen meist rasch (häufig gilt: $E_a < 40$ kJ/mol). Beispiele bieten etwa die Umsetzungen von Wasserstoffatomen mit Halogenen ($X_2 + H \rightarrow XH + X$) oder von Halogenatomen mit Wasserstoff ($H_2 + X \rightarrow HX + H$). Bezüglich der Stereochemie homolytischer Substitutionen vgl. Anm.[132], S. 399.

Da – von wenigen Ausnahmen wie NO, NO_2, ClO_2 abgesehen – Radikale als „elektronenungesättigte" Teilchen unter normalen Verhältnissen nur in dimerer Form existieren, muß die für eine S_H-Reaktion benötigte Eingangsgruppe C im allgemeinen zunächst gebildet werden. Dies geschieht häufig durch thermische oder photochemische Spaltung der Radikaldimeren oder geeigneten, unter Bildung der gewünschten Radikale zerfallenden Verbindungen[114].

Die durch homolytische Substitution gebildeten radikalischen Abgangsgruppen B verschwinden im einfachsten Fall durch Radikaldimerisierung. Häufig setzen sie sich jedoch wieder mit einem Reaktionsteilnehmer unter homolytischer Substitution und Bildung neuer, ihrerseits weiterreagierender Radikale um, so daß sich dann insgesamt eine als „*Radikalkettenreaktion*" bezeichnete Folge homolytischer Substitutionsreaktionen ergibt. Beispiele für Umsetzungen letzteren Typus bieten etwa die zu Halogenwasserstoffen führenden Reaktionen von Wasserstoff und Halogenen (S. 261) sowie die zu Wasser führende Reaktion von Wasserstoff und Sauerstoff (S. 259) auf die nachfolgend näher eingegangen sei.

Radikalkettenreaktionen

Mischt man Chlor und Wasserstoff unter Lichtausschluß im Molverhältnis 1 : 1, so kann man das Gasgemisch bei gewöhnlicher Temperatur und im Dunkeln unverändert aufbewahren, ohne daß eine merkliche Reaktion einsetzt. Im diffusen Tageslicht dagegen entsteht allmählich, im Sonnenlicht oder bei Bestrahlung mit blauem oder kürzerwelligem Licht oder bei lokaler Erhitzung explosionsartig Chlorwasserstoffgas: $H_2 + Cl_2 \rightarrow 2HCl + 184.74$ kJ. Man nennt daher das Chlor-Wasserstoff-Gemisch auch **„Chlorknallgas"**.

Die reaktionsbeschleunigende Wirkung des Lichts oder der Wärme beruht darauf, daß unter Einwirkung dieser Energiezufuhr eine Spaltung einzelner Chlormoleküle in Chloratome (Chlorradikale) erfolgt (vgl. photochemische sowie thermische Dissoziation, S. 373, 381):

$$\textit{Kettenstart:}\quad 243.52\,\text{kJ} + Cl_2 \rightarrow 2\,Cl. \tag{15}$$

Die so durch die „*Kettenstartreaktion*" (15) gebildeten Chloratome reagieren nach der Gleichung (16a) mit Wasserstoffmolekülen unter homolytischer Substitution (S_H-Reaktion, s. oben) und Bildung von Wasserstoffatomen, die sich ihrerseits wieder gemäß (16b) in einer stark exothermen S_H-Reaktion mit Chlormolekülen unter Rückbildung von Chloratomen weiter umsetzen. Die entstandenen Chloratome treten dann von neuem gemäß (16a) in die Reaktion („*Radikalkettenreaktion*"), bis sich die Reaktionsgeschwindigkeit infolge des raschen Temperaturanstiegs zur Explosion[114a] steigert:

$$\textit{Kettenreaktion:}\quad 3.98\,\text{kJ} + Cl + H_2 \xrightarrow{E_a\,=\,30\,\text{kJ}} HCl + H \tag{16a}$$

$$H + Cl_2 \xrightarrow{E_a\,\approx\,20\,\text{kJ}} HCl + Cl + 188.72\,\text{kJ} \tag{16b}$$

$$H_2 + Cl_2 \longrightarrow 2\,HCl + 184.74\,\text{kJ} \tag{16}$$

[114] Zum Beispiel entstehen anorganische und organische Radikale $\times C = R\cdot$ beim Erwärmen bzw. beim Bestrahlen von Azoverbindungen: R—N═N—R → 2R· + N≡N (R z. B. Alkyl, Aryl, Silyl).

[114a] **Verpuffungen, Explosionen, Detonationen** beruhen auf einer rasch erfolgenden Umwandlung *potentieller* in *kinetische* Gasenergie, verbunden mit einer *Ausdehnung* und/oder *Verdichtung* der Gase mit einer Geschwindigkeit im Bereich 0.01–1 m/s (Verpuffung), 1–1000 m/s (Explosion), 1000–10000 m/s (Detonation). In letzteren beiden Fällen treten zudem *Stoßwellen* auf.

Eine einmal eingeleitete Reaktionskette bricht dann ab („*Kettenabbruchreaktion*"), wenn die „*Kettenträger*" der Reaktion (H bzw. Cl) in Anwesenheit eines dritten Stoßpartners (Molekül oder Wand; vgl. S. 383) rekombinieren:

Kettenabbruch: $2Cl \rightarrow Cl_2 + 243.52\,kJ$

oder durch eine Umsetzung mit einem Fremdstoff („*Inhibitor*")[115] beseitigt werden (etwa gemäß $Cl + O_2 \rightarrow ClO_2$). Ein Kettenabbruch bzw. eine Inhibierung tritt bei geeigneten Versuchsbedingungen verhältnismäßig selten ein, so daß dann mehrere Millionen Chlorwasserstoffmoleküle gemäß (16a) und (16b) gebildet werden können („*Kettenlänge*"), bevor die Kette abreißt.[116]

Entsprechend Chlor setzt sich Fluor bereits bei Raumtemperatur explosionsartig sowie Brom und Iod bei erhöhter Temperatur (um 300 °C) allmählich mit Wasserstoff um (vgl. S. 368 sowie „*chemische Laser*", S. 868f). Auch andere Gasphasenhalogenierungen (z. B. Chlorierung von SO_2 zu SO_2Cl_2 (S. 386) oder von CO zu $COCl_2$) sowie ganz allgemein viele weitere chemische Umsetzungen in der Gas- und Lösungsphase erfolgen nach Radikalkettenprozessen. Das wesentliche Merkmal derartiger Prozesse ist in allen Fällen das Auftreten radikalischer Zwischenprodukte (Kettenträger) in kleinen Konzentrationen, welche durch Umsetzen mit den Edukten eine Reaktion auslösen, aus der sie neben den Reaktionsprodukten immer wieder selbst hervorgehen. Als Kettenstarter bildet sich jeweils der energieärmste aller möglichen Kettenträger. So wird etwa die radikalische Halogenwasserstoffbildung durch die weniger endotherme Dissoziation der Halogenmoleküle und nicht durch die stärker endotherme Dissoziation von Wasserstoffmolekülen eingeleitet. Umgekehrt wickelt sich unter den möglichen exothermen Kettenabbruchreaktionen jene Reaktion bevorzugt ab, bei der die energieärmsten und deshalb in besonders hoher Konzentration vorliegenden Kettenträger verschwinden. So wird z. B. die Kette der Bromwasserstoffbildung praktisch ausschließlich durch den Vorgang $2Br \rightarrow Br_2$ und nicht durch die Reaktionen $2H \rightarrow H_2$ oder $H + Br \rightarrow HBr$ abgebrochen, da entsprechend dem Energiegehalt von Brom- und Wasserstoffatomen (vgl. Tab. 36, S. 264) erstere etwa 1 Million mal häufiger im Reaktionsgemisch auftreten.

Gehen chemische Explosionen wie im Falle der Chlorknallgasreaktion darauf zurück, daß die Geschwindigkeit einer Radikalkettenreaktion infolge eines Wärmestaus[117] sehr stark beschleunigt wird, so spricht man von „*thermischen Explosionen*". Man unterscheidet sie von den „*isothermen Explosionen*", die dann beobachtet werden, wenn bei einer Kettenreaktion pro Fortpflanzungsschritt nicht wie im Falle „*unverzweigter Radikalketten*" (z. B. (16)) nur ein, sondern mehrere Kettenträger entstehen, die ihrerseits neue Radikalketten auslösen („*verzweigte Radikalketten*")[114a]. Bei Kettenreaktionen des letzten Typus wächst mithin die Anzahl der Radikalketten lawinenartig an, was auch ohne Wärmeentwicklung, d. h. bei isothermem Reaktionsverlauf zu einer sehr starken Reaktionsbeschleunigung und gegebenenfalls zu einer Explosion führt.

Als Beispiel für eine Reaktion, die sich zur isothermen Explosion steigern kann, bietet sich die bereits erörterte (S. 259) Umsetzung von Wasserstoff und Sauerstoff (**„Knallgas"**) zu Wasser an: $H_2 + \frac{1}{2}O_2 \rightarrow H_2O\,(g) + 241.98\,kJ$. Sie wird durch eine komplexe Kettenstartreaktion ausgelöst, deren Folge die Bildung von Wasserstoffatomen ist:

Kettenstart: $436\,kJ + H_2 \rightarrow 2H.$

Die H-Atome reagieren dann in einer Kettenreaktion mit Sauerstoffmolekülen unter Bildung von Sauerstoffatomen (17a), welche ihrerseits durch Reaktion mit Wasserstoffmolekülen wieder Wasserstoffatome zurückbilden (17b). Neben Sauerstoff- und Wasserstoffatomen entstehen im Zuge der Reaktionen (17a) und (17b) aber noch Hydroxyl-Radikale HO, die sich mit Wasserstoffmolekülen zu Wasser und Wasserstoffatomen umsetzen (17c):

---

[115] inhibitio (lat.) = die Hemmung.

[116] Die Reaktionsketten sind lang, wenn die Geschwindigkeit der Start- und Abbruchreaktion klein, die der Kettenreaktion dagegen groß ist.

[117] Die Wärme staut sich, wenn bei einer Reaktion mehr Wärme pro Zeiteinheit entsteht als durch Wärmeleitung oder -strahlung abgeführt werden kann.

Kettenreaktion: (verzweigte Kette)

$$70\,\text{kJ} + \text{H} + \text{O}_2 \xrightarrow{E_a = 70\,\text{kJ}} \text{HO} + \text{O} \quad (17\text{a})$$

$$8\,\text{kJ} + \text{O} + \text{H}_2 \xrightarrow{E_a = 42\,\text{kJ}} \text{HO} + \text{H} \quad (17\text{b})$$

$$\times 2| \quad \text{OH} + \text{H}_2 \xrightarrow{E_a = 22\,\text{kJ}} \text{H}_2\text{O} + \text{H} + 63\,\text{kJ} \quad (17\text{c})$$

$$3\text{H}_2 + \text{O}_2 \longrightarrow 2\text{H}_2\text{O} + 2\text{H} + 48\,\text{kJ} \quad (17)$$

Die Gleichungen (17a), (17b) und 2 × (17c) ergeben addiert die Gesamtgleichung (17), der zu entnehmen ist, daß pro gebildetes Wassermolekül praktisch keine Energie (24 kJ/mol H_2O), dafür aber ein zusätzlicher Kettenträger (H) entsteht, welcher seinerseits als Starter einer neuen Radikalkette wirkt (Kettenverzweigung). Ein häufiges Durchlaufen der fast thermoneutralen (isothermen) Reaktionsfolge (17) kann somit zu einer beachtlichen Geschwindigkeitssteigerung bis zur isothermen Explosion führen.

Der Kettenabbruch der radikalischen Knallgasreaktion erfolgt im wesentlichen über das stabile, langlebige, d.h. in vergleichsweise hoher Konzentration vorliegende Hydrogenperoxyl-Radikal HO_2, welches durch Addition von Wasserstoffatomen an Sauerstoffmoleküle entsteht (18a) und durch Reaktion mit einem anderen HO_2-Radikal in Wasserstoffperoxid übergeht (18b):

Kettenabbruch:

$$\times 2|\text{H} + \text{O}_2 \xrightarrow{\text{M}^{118)}} \text{HO}_2 + 197\,\text{kJ} \quad (18\text{a})$$

$$\text{HO}_2 + \text{HO}_2 \xrightarrow{\text{M}^{118)}} \text{H}_2\text{O}_2 + \text{O}_2 + 178\,\text{kJ} \quad (18\text{b})$$

$$2\text{H} + \text{O}_2 \longrightarrow \text{H}_2\text{O}_2 + 572\,\text{kJ} \quad (18)$$

Die Gleichungen (18a, zweimal genommen) und (18b) ergeben addiert die Gesamtgleichung (18), wonach der Knallgasreaktion pro gebildetes Wasserstoffperoxidmolekül zwei Wasserstoffatome durch Reaktion mit Sauerstoff entzogen werden[119]. Die hierbei freigesetzte erhebliche Wärmemenge von 572 kJ/mol H_2O_2 trägt ganz wesentlich zu der hohen Temperatur einer Knallgasflamme bei (vgl. Knallgasgebläse). Allerdings bleibt die aktuelle H_2O_2-Konzentration stets klein, weil das gebildete H_2O_2 unter den Bedingungen der Knallgasreaktion laufend wieder zersetzt wird (z.B. gemäß: $H_2O_2 + H \rightarrow H_2O + OH$; $H_2O_2 + H \rightarrow H_2 + HO_2$; $H_2O_2 + OH \rightarrow H_2O + HO_2$; $H_2O_2 + M^* \rightarrow 2HO + M$).

Wasserstoffperoxid stellt hiernach nur ein Zwischenprodukt der zu Wasser führenden Knallgasreaktion dar. Die intermediäre Bildung von H_2O_2 läßt sich aber dadurch sichtbar machen, daß man eine Knallgasflamme auf einen Eisblock richtet und so die Flammengase rasch auf eine Temperatur bringt, bei der H_2O_2 metastabil ist. Das Wasserstoffperoxid scheidet sich dann auf dem Eis ab und kann dort analytisch (z.B. mit Titanylsulfat, s. dort) nachgewiesen werden.

Insbesondere bei höheren Drücken des H_2/O_2-Gasgemischs bildet sich Wasserstoffperoxid auch noch auf dem Wege einer unverzweigten Kettenreaktion:

Kettenreaktion: (unverzweigte Kette)

$$\text{H} + \text{O}_2 \xrightarrow{\text{M}^{118)}} \text{HO}_2 + 197\,\text{kJ} \quad (19\text{a})$$

$$61\,\text{kJ} + \text{HO}_2 + \text{H}_2 \longrightarrow \text{H}_2\text{O}_2 + \text{H} \quad (19\text{b})$$

$$\text{H}_2 + \text{O}_2 \longrightarrow \text{H}_2\text{O}_2 + 136\,\text{kJ} \quad (19)$$

---

[118] Wegen des stark exothermen Charakters sind die Radikalreaktionen (18a) und (18b) an Stoßpartner M (Wand, Molekül) gebunden, welche die frei werdende Reaktionsenthalpie aufnehmen.

[119] Insbesondere bei kleinen H_2/O_2-Drücken erfolgt der Kettenabbruch auch direkt durch Rekombination zweier Wasserstoffatome.

Die Knallgasreaktion verläuft bei Temperaturen unterhalb 400 °C wegen der hohen Aktivierungsenergie der H_2/O_2-Reaktion von über 400 kJ noch unmeßbar langsam und oberhalb 600 °C explosiv[114a)]. Im Bereich 400–600 °C beobachtet man in Abhängigkeit von Temperatur, Druck, Gaszusammensetzung und Art des Reaktionsgefäßes teils eine nichtexplosive, teils eine explosive Vereinigung von Wasserstoff und Sauerstoff. Besonders eingehend wurde der Zusammenhang des Gasdrucks stöchiometrischer Knallgasgemische ($H_2 : O_2 = 2 : 1$) und der Reaktionsgeschwindigkeit studiert: Erhöht man den Gasdruck bei konstanter Temperatur im Bereich von 400–600 °C sukzessive, so beobachtet man zunächst eine stetige, dann eine explosive, hierauf wieder eine stetige und schließlich bei hohen Drücken eine explosive Vereinigung von Wasserstoff und Sauerstoff (vgl. Fig. 126a). Der Übergang vom Gebiet der nichtexplosiven in das Gebiet der explosiven Reaktion erfolgt jeweils bei einem bestimmten von der Temperatur abhängigen Druck des Gasgemisches („*erste*“, „*zweite*“ und „*dritte Explosionsgrenze*“, Fig. 126a).

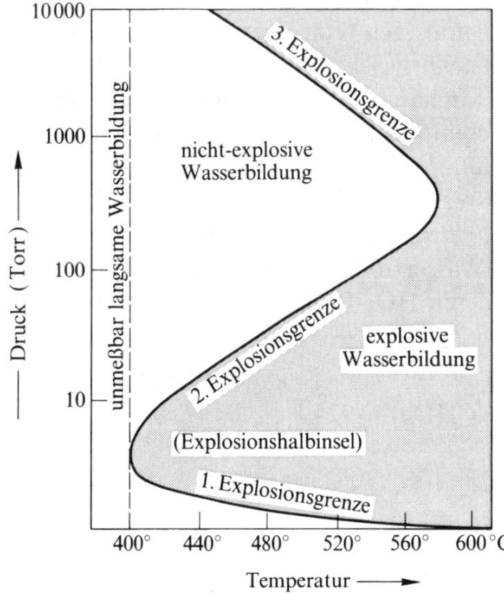

Fig. 126a Explosionsgrenzen eines Gemisches von $2H_2 + O_2$ in Abhängigkeit von Temperatur und Druck (Reaktionsgefäß: mit KCl-ausgekleideter Zylinder aus Pyrex vom Durchmesser 7,4 cm).

Die auch im Falle anderer Kettenreaktionen (z. B. Umsetzung von CO, P_4, PH_3, C_mH_n oder SiH_4 mit O_2) zu beobachtenden Druckgrenzen der isothermen Explosion lassen sich durch Kettenabbruchreaktionen erklären. Im Bereich der explosiven Knallgasreaktion werden insgesamt mehr Kettenträger gebildet, als durch Vorgänge an der Gefäßwand (Wandreaktion) oder im Gasraum (Dreierstöße) wieder verschwinden. Wandreaktionen nehmen bei sinkendem Druck, Dreierstöße bei wachsendem Druck zu, da die Kettenträger bei sinkendem (wachsendem) Druck häufiger die Gefäßwand (ein weiteres Molekül) treffen können. Da der Übergang von der explosiven zur stetigen Knallgasreaktion immer dann eintreten muß, wenn die Zahl der entstehenden und wieder verschwindenden Kettenträger gleich groß wird, erwartet man also sowohl bei kleinen Drücken (erste Explosionsgrenze) als auch bei höheren Drücken (zweite Explosionsgrenze) Grenzen des Explosionsbereichs (vgl. „*Explosionshalbinsel*“, Fig. 126a). Die erste Explosionsgrenze ist deshalb von Art und Größe der Gefäßwand abhängig, die zweite nicht. Anwesende inerte Fremdgase erleichtern im Gebiet kleiner Drücke die Knallgasexplosion, da sie die Diffusion der Kettenträger zur Gefäßwand behindern. Im Gebiet der zweiten Explosionsgrenze erschweren Fremdgase umgekehrt die Explosion, da sie die Wahrscheinlichkeit für Dreierstöße erhöhen.

Die dritte Explosionsgrenze erklärt sich in einfacher Weise dadurch, daß die Geschwindigkeit der Reaktion (19b) mit wachsendem Wasserstoffdruck stark erhöht wird. Mit steigendem H_2-Druck reagieren demzufolge die durch Addition von Wasserstoffatomen an Sauerstoffmoleküle gebildeten HO_2-Radikale zunehmend auf dem Wege (19b) ab, d.h. die Ausbeute der H-Atome liefernden Reaktionsfolge (19b) erhöht sich mit dem Reaktionsdruck auf Kosten der H-Atome verbrauchenden Reaktionsfolge (18a, b). Ab der dritten Explosionsgrenze übersteigt die Menge der nach (19b) gebildeten Kettenträger die Menge der nach (18a, b) verschwindenden Kettenträger, so daß sich die Reaktion zur Explosion steigert.

Heterolytische Substitutionsreaktionen

Bei heterolytischen Substitutionsreaktionen $AB + C \rightleftharpoons AC + B$ unterscheidet man zwischen „*nucleophilen*“ Substitutionen („S_N-*Reaktionen*“) und „*elektrophilen*“ Substitutionen („S_E-*Re-*

aktionen"). In ersterem Falle stellt die eintretende Gruppe C („*Nucleophil*"[120]) formal ein ungebundenes Elektronenpaar für die neu zu bildende Bindung AC zur Verfügung, während die austretende Gruppe B („*Nucleofug*") das Elektronenpaar der zu spaltenden Bindung AB mit sich nimmt:

$$A:B + \overset{\times}{\underset{\times}{}}C \xrightarrow{S_N\text{-Reaktion}} A\overset{\times}{\underset{\times}{}}C + :B. \tag{20}$$

Bei elektrophilen Substitutionen übernimmt umgekehrt die Eingangsgruppe C („*Elektrophil*")[120] als Elektronenpaarakzeptor formal das Elektronenpaar der zu spaltenden Bindung AB, während die Abgangsgruppe B („*Elektrofug*") unter Zurücklassen des Bindungselektronenpaares aus dem Molekül AB tritt:

$$A:B + C \xrightarrow{S_E\text{-Reaktion}} A:C + B.$$

Die Geschwindigkeit der hauptsächlich in der Lösungsphase anzutreffenden heterolytischen Substitutionsreaktionen hängt zum Unterschied von jener der homolytischen Substitutionsprozesse erheblich von den Reaktionspartnern sowie auch vom benutzten Reaktionsmedium ab (E_a liegt im Bereich von 0 bis zu mehreren hundert Kilojoule pro Mol).

Da nucleophile Substitutionsreaktionen in der anorganischen Chemie besonders häufig angetroffen werden, sollen sie etwas eingehender besprochen werden[121].

Nucleophile Substitutionsreaktionen

Als Beispiele dieses Reaktionstyps haben wir bereits Protonenübertragungen (z. B. Neutralisation; vgl. Gl. (21)) sowie Substitutionen an hydratisierten Metallatomen (z. B. Gl. (22)) kennengelernt. Weitere Beispiele für Reaktionen des Typs (20) stellen etwa die in der Technik zur Hydrazingewinnung durchgeführte Umsetzung von Chloramin mit Ammoniak (23) oder die im Laboratorium gebräuchliche Oxidation von Sulfit mit Wasserstoffperoxid (24) dar (die Substitutionszentren sind jeweils fett gedruckt):

$$\mathbf{H}\text{—}OH_2^+ + :OH^- \rightarrow \mathbf{H}\text{—}OH + :OH_2 \tag{21}$$

$$(H_2O)_5\mathbf{Co}\text{—}OH_2^{3+} + :Cl^- \rightarrow (H_2O)_5\mathbf{Co}\text{—}Cl^{2+} + :OH_2 \tag{22}$$

$$H_2\mathbf{N}\text{—}Cl + :NH_3 \rightarrow H_2\mathbf{N}\text{—}NH_3^+ + :Cl^- \tag{23}$$

$$H\mathbf{O}\text{—}OH + :SO_3^{2-} \rightarrow H\mathbf{O}\text{—}SO_3^- + :OH^- \tag{24}$$

Diese vier Beispiele nucleophiler Substitutionsreaktionen an nichtmetallischen und metallischen Zentren (H, Co, N, O) veranschaulichen recht eindrucksvoll, daß selbst so unterschiedliche Prozesse wie Säure-Base-Reaktionen (z. B. (21)), Redoxreaktionen (z. B. (23)), (24)) oder Komplexbildungsreaktionen (z. B. (22)) vielfach auf den Reaktionstyp (20) zurückgehen.

Substitutionsmechanismen. Bei nucleophilen Substitutionsreaktionen (20) unterscheidet man mechanistisch zwischen *dissoziativen* und *assoziativen* Prozessen. Im Falle einer **dissoziativen Substitutionsreaktion** (wie etwa der Umsetzung (22)) dissoziiert das Substrat A—B = R_nE—X (R = nicht an der Substitution direkt beteiligte anorganische oder organische Gruppen) zunächst unter *Erniedrigung der Koordinationszahl* des Substitutionszentrums E *langsam* in

---

[120] Ein Nucleophil ist eine Lewis-Base, die sich mit ihrem freien Elektronenpaar an ein Lewis-saures Verbindungszentrum (Verbindungskern) unter Ausbildung einer Bindung anzulagern sucht (nucleus (lat.) = Kern; philos (griech.) = Freund). Umgekehrt sucht sich das Lewis-saure Elektrophil als Elektronenpaarakzeptor an ein Elektronenpaar des Substrats anzulagern.

[121] Das für nucleophile Substitutionen Besprochene trifft – in etwas modifizierter Form – meist auch für elektrophile Substitutionen zu.

R_nE^+ und X^-. Das Substitutions*zwischenprodukt* R_nE^+ verwandelt sich dann in *rascher* Reaktion entweder unter Addition der Abgangsgruppe $:X^-$ in das Edukt zurück oder unter Anlagerung des Nucleophils $:Nu^-$ in das Produkt $R_nE—Nu$ (X, Nu z. B.: H, F, Cl, Br, I, OR, SR, NR_2, CN):

$$R_nE—X + :Nu^- \underset{\text{rasch}}{\overset{\text{langsam}}{\rightleftharpoons}} R_nE^+ + :X^- + :Nu^- \xrightarrow{\text{rasch}} R_nE—Nu + :X^-. \qquad (25)^{122)}$$

Bei dissoziativen Substitutionsreaktionen erfolgt mithin die *Spaltung der* EX-*Bindung bereits vor der Knüpfung der* ENu-*Bindung*. Da der *geschwindigkeitsbestimmende Schritt* hierbei eine *monomolekulare* (einmolekulare) Reaktion darstellt, bezeichnet man Reaktionen der Art (25) auch als Substitutionen des Typus 1 und spricht von „S_N1-*Reaktionen*"[123–125].

Im Falle **assoziativer Substitutionsreaktionen** wie etwa der Umsetzungen (21), (23) bzw. (24) *addiert* das Substrat $R_nE—X$ unter *Erhöhung der Koordinationszahl* des Substitutionszentrums E das Nucleophil $:Nu^-$ in reversibler Reaktion. Die hierbei gebildete Zwischenstufe R_nEXNu zerfällt dann unter Abspaltung von $:X^-$ in die Produkte:

$$R_nE—X + :Nu^- \underset{\text{rasch}}{\overset{\text{langsam}}{\rightleftharpoons}} \left[\overset{\delta-}{Nu}: \cdots\cdots \overset{R_n}{E} \cdots\cdots \overset{\delta-}{:X}\right]^- \xrightarrow{\text{rasch}} R_nE—Nu^+ + :X^-. \qquad (26)^{122)}$$

Bei assoziativen Substitutionsreaktionen erfolgt die *Spaltung der* EX-*Bindung also während oder nach Knüpfung der* ENu-*Bindung*. Da der *geschwindigkeitsbestimmende Schritt* nunmehr eine *bimolekulare* (zweimolekulare) Reaktion darstellt, bezeichnet man Reaktionen der Art (27) auch als Substitutionen des Typs 2 und spricht von „S_N2-*Reaktionen*"[122–125].

S_N1-Reaktionen sind insbesondere für Substrate R_nEX mit hoch koordinierten Reaktionszentren E typisch, S_N2-Reaktionen für solche mit niedrig koordinierten Zentren. Demgemäß verlaufen nucleophile Substitutionen an zwei- und dreifach koordinierten Zentren ($n = 1, 2$) ausschließlich auf assoziativem, jene an siebenfach und höher koordinierten Zentren ($n = 6, 7, 8$) meist auf dissoziativem Weg, während der X/Nu-Austausch an vier-, fünf- und sechsfach koordinierten Zentren ($n = 3, 4, 5$) sowohl assoziativ wie dissoziativ aktiviert ist.

Substitutionsgeschwindigkeit. Da im Falle eines dissoziativen Substitutionsprozesses nur die EX-Bindungsspaltung, nicht dagegen die Nu-Bindungsknüpfung geschwindigkeitsbestimmend ist (s. oben), hängt die *Geschwindigkeit des* X/Nu-*Austausches* (25) zwar wesentlich von der Natur der *austretenden Gruppe* X sowie des *Substratrestes* R_nE, doch nicht bzw. vergleichsweise nur wenig von der Natur des Nucleophils Nu ab. So verläuft etwa der dissoziativ aktivierte H_2O/Nu-Austausch von in Wasser gelöstem $[Co(NH_3)_5(H_2O)]^{3+}$ unabhängig von der Art des Nucleophils (z. B. Cl^-, Br^-, I^-, H_2O) mit einer Halbwertszeit um 10^6 s ($\sim$ 11 Tage) bei Raumtemperatur. Andererseits ist die Bildung der Übergangsstufe eines

122 Entsprechende Gleichungen, aber mit anderer Verteilung der Ladung erhält man, wenn man von geladenem R_nEX bzw. ungeladenem Nu ausgeht.

123 Die Ziffern 1 und 2 im Falle von S_N1- und S_N2-Reaktionen beziehen sich nicht, wie häufig fälschlicherweise angenommen wird, auf die Reaktionsordnung. Tatsächlich wurden für S_N1-Reaktionen häufig, für S_N2-Reaktionen gelegentlich Geschwindigkeitsgesetze anderer Ordnung aufgefunden[125].

124 Zur Charakterisierung des Elements E, an welchem die Substitution erfolgt, spricht man auch von einer S_N1-E- oder S_N2-E-Reaktion (z. B. S_N1-Si-, S_N1-P-, S_N2-Si-, S_N2-P-Reaktion).

125 **Geschwindigkeitsgesetze** für Reaktion (25) und (26) mit k_a, k_{-a} = Geschwindigkeitskonstanten für die Bildung des Zwischenprodukts (Hin-, Rückreaktion), k_b = Geschwindigkeitskonstante für die Bildung des Produkts aus dem Zwischenprodukt.

S_N1-Reaktionen: $v_\rightarrow = k_a\,[\text{Substrat}]/(1 + k_{-a}\,[X]/k_b\,[Nu])$. Nur dann, wenn [X]/[Nu] klein ist (also zu Beginn der Reaktion bzw. bei Nu-Überschuß) oder wenn k_{-a}/k_b klein ist, kann der zweite Summand des Nenners gegenüber 1 vernachlässigt werden, so daß dann näherungsweise ein Gesetz erster Ordnung resultiert: $v_\rightarrow = k_a\,[\text{Substrat}]$. Ist X = Nu und mithin auch $k_{-a} = k_b$ bzw. $k_{-a}\,[X]/k_b\,[Nu] = 1$ wie bei intermolekularen Ligandenaustauschprozessen des Typs $R_nEX + X' \rightleftarrows R_nEX' + X$ (X' = X; S. 760), so gilt exakt ein Gesetz erster Ordnung: $v_\rightarrow = k\,[\text{Substrat}]$ mit $k = k_a/2$.

S_N2-Reaktionen: $v_\rightarrow = [k_a k_b/(k_{-a} + k_b)]\,[\text{Substrat}][Nu] = k[\text{Substrat}][Nu]$.

assoziativen Substitutionsprozesses nicht nur mit einer teilweisen EX-Bindungsspaltung, sondern auch mit einer mehr oder minder starken ENu-Bindungsknüpfung verbunden (s. oben). Demgemäß haben bei S_N2-Prozessen neben den Abgangsgruppen[126] auch die *Nucleophile* einen ausgeprägten *Einfluß auf die Geschwindigkeit des* X/Nu-*Austauschs*. So erfolgt etwa der assoziativ aktivierte HO^-/Nu^--Austausch von in Wasser gelöstem H_2O_2 (vgl. Reaktion (24)) in der Reihenfolge $Nu^- = I^-$, SO_3^{2-}, CN^-, SCN^-, Br^-, Cl^-, OH^- zunehmend langsamer. Bei anderen Substraten beobachtet man häufig eine *ähnliche* oder gerade *umgekehrte* Reihenfolge der Substitutionsfähigkeit („*Nucleophilie*", „*Nucleophilität*") eintretender Gruppen.

Bezüglich des *Einflusses der Abgangsgruppen sowie Substratreste auf die Geschwindigkeit dissoziativer Substitutionen* muß berücksichtigt werden, daß der *geschwindigkeitsbestimmende Substitutionsschritt* $R_nE—X \rightarrow R_nE^+ + X^-$ in der Regel stark *endotherm* ist. Demzufolge gleicht der aktivierte Komplex des Dissoziationsprozesses mehr den Umsetzungsprodukten (vgl. Prinzip von Hammond), d.h. in der Reaktionsübergangsstufe ist die EX-Bindung bereits weitgehend heterolytisch gespalten. S_N1-Reaktionen verlaufen deshalb umso rascher, je kleiner die EX-Dissoziationsenergie ist. So wird etwa die Geschwindigkeit dann erhöht, wenn die Lewis-Basizität der Abgangsgruppen klein in bezug auf den Lewis-sauren Substratrest ist (vgl. hierzu Lewis-Acidität und -Basizität). Ist demnach das saure Reaktionszentrum eines Substrats wie im Falle von $[Co(NH_3)_5X]^{3+}$ hart, so erfolgt die X-Substitution mit zunehmender Weichheit der austretenden Gruppe (also etwa in der Reihe X = F, Cl, Br, I) zunehmend rascher; ist es dagegen weich – wie etwa im Falle von $[Co(CN)_5X]^{3-}$ – so wird die Substitutionsgeschwindigkeit mit zunehmender Härte der Abgangsgruppe (also etwa in der Reihe X = I, Br, Cl, F) größer. Hierbei ist allerdings zu berücksichtigen, daß das Lösungsmittel aufgrund seines solvatisierenden Einflusses die Acidität und Basizität der Substitutionszwischenprodukte wesentlich mitbestimmt.

Der *Einfluß der Nucleophile auf die Geschwindigkeit assoziativer Substitutionsprozesse* läßt sich dadurch verständlich machen, daß man eine S_N2-Reaktion gedanklich in eine *energieliefernde Addition* der Lewis-Basen: Nu^- an das Lewis-saure Substrat R_nEX und eine *energieverbrauchende Abdissoziation* der Lewis-Basen $:X^-$ von diesem Substrat aufgegliedert. Beide Teilreaktionen erfolgen mehr oder minder gleichzeitig, wobei insgesamt zunächst der Energieverlust und dann (nach Überschreiten des Übergangszustands) der Energiegewinn überwiegt. Eine hohe Basizität des Nucleophils bezüglich des Substitutionszentrums E führt nun relativ früh auf der Reaktionskoordinate zu wesentlichen ENu-Bindungsbeziehungen. Zunehmende Lewis-Basizität der Nucleophile erhöht also die Stabilität der Substitutionsübergangsstufe und erleichtert damit den assoziativen Substitutionsvorgang. Ist hiernach z.B. das saure Substitutions-Zentrum eines Substrats wie im Falle von HOX (X = OH) weich, so erfolgt die X-Substitution mit zunehmender Weichheit der Nucleophile (also etwa in der Reihe Nu = F, Cl, Br, I) zunehmend rascher, ist es dagegen hart, so wird die Substitutionsgeschwindigkeit umgekehrt mit zunehmender Härte der Eingangsgruppen (also etwa in der Reihe Nu = I, Br, Cl, F) größer. Weist also ein Nucleophil wie z.B. $:SCN:^-$ sowohl ein weiches Donoratom (S) als auch ein hartes Donoratom (N) auf, so wird ersteres bevorzugt mit harten, letzteres mit weichen Substraten reagieren (Bildung von $R_nE—SCN$ bzw. $R_nE—NCS$). In analoger Weise werden Substrate, die gleichzeitig harte und weiche Substitutionszentren besitzen, von weichen und harten Nucleophilen an unterschiedlichen Stellen substituiert. Wie im Falle von S_N1-Reaktionen ist allerdings auch bei S_N2-Substitutionen zu berücksichtigen, daß das Reaktionsmedium auf Grund seines solvatisierenden Einflusses die Substitutionsgeschwindigkeit wesentlich mitbestimmt.

Stabilität der Zwischenprodukte. Die *Stabilität des Zwischenprodukts* einer *S_N1-Substitution* ist meist sehr gering, d.h. im Energieprofil einer S_N1-Substitution macht sich die Zwischenstufe R_nE^+ nur durch eine relativ kleine Energiedelle bemerkbar (Fig. 127a, ausgezogene Kurve). Häufig ist die Energiemulde so flach (vgl. gestrichelte Kurve in Fig. 127a) und mithin die *Halbwertszeit* von R_nE^+ so *kurz*, daß sich die Zwischenstufe weder durch chemische noch durch physikalische Methoden nachweisen läßt. Unter diesen Umständen kommt es nur dann zu einem X/Nu-Austausch, wenn sich das Nucleophil zur Zeit der heterolytischen EX-Bindungsspaltung bereits in unmittelbarer Nähe des Substrats aufhält. Demgemäß ist der eigentlichen Substitution (25) hier eine sehr rasche reversible Reaktion vorgeschaltet, die unter Eintritt des Nucleophils in die als *äußere Koordinationssphäre* bezeichnete Solvathülle des Substrats erfolgt und zu einem schwachen, also leicht in seine Bestandteile R_nEX und Nu^- zerfallenden Komplex R_nEX,Nu^- führt („*outer sphere*" Komplex; ist R_nEX ein Kation, Nu ein Anion, so spricht man von einem „*Ionenpaar*"). Von seinem eingenommenen Platz in der äußersten Koordinationssphäre aus kann dann

---

126 Die Natur der Abgangsgruppe wirkt sich auf die Geschwindigkeit eines S_N2-Prozesses im wesentlichen ähnlich wie auf die Geschwindigkeit eines S_N1-Prozesses aus, allerdings weniger eingreifend.

das Nucleophil gemäß (27a) unmittelbar nach Abdissoziation von X^- in die *innere Koordinationssphäre* des Substrats nachrücken:

$$R_nEX + Nu^- \underset{\text{rasch}}{\overset{\text{rasch}}{\rightleftharpoons}} R_nEX,Nu^- \underset{\text{rasch}}{\overset{\text{langsam}}{\rightleftharpoons}} \begin{matrix} [R_nE^+, X^-, Nu^-] \\ \text{(a)} \\ \\ [R_nEXNu] \\ \text{(b)} \end{matrix} \xrightarrow{\text{rasch}} R_nENu + X^- \qquad (27)^{122)}$$

Man bezeichnet den Prozeß (27) insbesondere in der Komplexchemie auch als „dissoziativen Auswechsel"- bzw. „dissoziativen **I**nterchange-Mechanismus" (kurz: **„I_d-Mechanismus"**)[127] und unterscheidet ihn vom „**D**issoziationsmechanismus" (**„D-Mechanismus"**), der dann vorliegt, wenn die Lebensdauer der Zwischenstufe R_nE^+ vergleichsweise groß ist (vgl. ausgezogene Kurve in Fig. 127a), so daß sich die Zwischenstufe physikalisch und chemisch nachweisen läßt[128]. Beispielsweise erfolgt der H_2O/Cl^--Austausch $[Co(NH_3)_5(H_2O)]^{3+} + Cl^- \rightarrow [Co(NH_3)_5Cl]^{2+} + H_2O$ nach einem I_d-Mechanismus, während der entsprechende Austausch gemäß $[Co(CN)_5H_2O]^{2-} + Cl^- \rightarrow [Co(CN)_5Cl]^{3-} + H_2O$ nach einem D-Mechanismus verläuft.

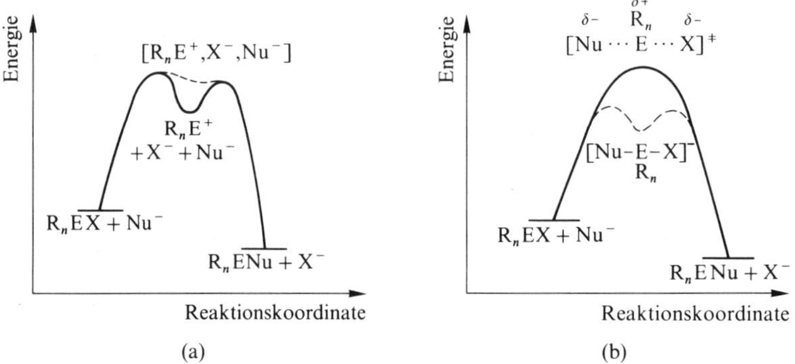

Fig. 127 Energieprofile nucleophiler Substitutionsreaktionen: (a) S_N1-Reaktion; (b) S_N2-Reaktion.

Wie im Falle der S_N1-Substitution ist die *Stabilität des Zwischenprodukts auch im Falle einer S_N2-Substitution* häufig so gering, daß sich die Zwischenstufe im Energieprofil nur durch eine sehr kleine oder durch überhaupt keine Energiedelle bemerkbar macht (vgl. Fig. 127b, ausgezogene Kurve) und dann – aufgrund ihrer kurzen Lebenszeit – weder chemisch noch physikalisch nachgewiesen werden kann. Auch ist dem eigentlichen X/Nu-Austausch wieder vielfach eine sehr rasche reversible Reaktion vorgeschaltet, die unter Eintritt des Nucleophils in die äußere Koordinationssphäre zu einem „outer sphere" Komplex R_nEX,Nu^- führt (vgl. Gl. 27b). Man bezeichnet den Prozess (27b) insbesondere in der Komplexchemie (S. 1279) auch als „assoziativen Auswechsel-" bzw. „assoziativen **I**nterchange-Mechanismus" (kurz: **I_a-Mechanismus**)[127] und unterscheidet ihn vom „**A**ssoziativen Mechanismus" (**A-Mechanismus**), bei dem der X/Nu-Austausch direkt, ohne zwischenzeitliche Bildung eines outer sphere Komplexes auf dem Wege über einen *Übergangszustand* (anstelle Zwischenstufe) erfolgt. Nach einem I_a-Mechanismus verläuft etwa die Reaktion $[Cr(H_2O)_6]^{3+} + Cl^- \rightarrow [Cr(H_2O)_5Cl]^{2+} + H_2O$, nach einem A-Mechanismus die Reaktion (23) bzw. (24).

In den I_d- und I_a-Zwischenstufen (Gl. 27a, b) sind jeweils das Nucleophil Nu und das Nucleofug X gleichzeitig mit dem Zentrum des Substrats verknüpft, wobei – voraussetzungsgemäß – in der I_d-Zwischenstufe (I_a-Zwischenstufe) die EX-Bindungsspaltung wesentlich stärker ausgeprägt ist (wesentlich schwächer ausgeprägt ist) als die ENu-Bindungsbildung. Liegt der Substitutionsverlauf an der Grenze des I_d- und I_a-Bereichs, so ist eine Zuordnung der Substitution zum einen oder anderen Interchange-Mechanismus häufig schwer zu treffen, da man auf beiden Seiten der Grenze eine gewisse, mehr oder weniger große Abhängigkeit der Substitutionsgeschwindigkeit von der Art des Nucleophils beobachtet (keine derartige Abhängigkeit wird bei D-Mechanismus, eine sehr starke Abhängigkeit bei A-Mechanismus gefunden).

---

127 **Geschwindigkeitsgesetze.** I_d-, I_a-Reaktionen: $v_{\rightarrow} = kK\,[\text{Substrat}][\text{Nu}]/(1 + K\,[\text{Nu}])$ mit K = Gleichgewichtskonstante für die Bildung des outer-sphere Komplexes, k = Geschwindigkeitskonstante des Interchange-Prozesses. Ist $k\,[\text{Nu}] \ll 1$ bzw. $\gg 1$, dann gilt näherungsweise: $v_{\rightarrow} = k'\,[\text{Substrat}][\text{Nu}]$ bzw. $v_{\rightarrow} = k\,[\text{Substrat}]$.

128 Zum Beispiel zeigen D-Zwischenstufen eine ausgeprägte, mit wachsender Stabilität der Zwischenstufe zunehmende **Selektionsfähigkeit** für Nucleophile (die Selektionsfähigkeit ist dabei unabhängig von der austretenden Gruppe).

Die Klassifizierung einer Interchange-Reaktion als I_d- oder I_a-Typ erfolgt am besten durch Messung des Aktivierungsvolumens $\Delta V = V$ (Ausgangsprodukt) $- V$ (Übergangs-, Zwischenstufe) (vgl. Lehrbücher der Kinetik), das im Falle von I_d-Prozessen positiv, im Falle von I_a-Prozessen negativ ist.

Nucleophile Substitutionen an tetraedrischen und pseudo-tetraedrischen Zentren

Als Beispiele nucleophiler Substitutionen seien nachfolgend solche an tetraedrisch- und pseudo-tetraedrisch-koordinierten *Nichtmetallen* und *Halbmetallen* herausgegriffen und hinsichtlich der Geschwindigkeit und Stereochemie ihres Ablaufs eingehender besprochen (für Substitutionen an anders koordinierten Zentren vgl. S. 1275). Wie die folgende Zusammenstellung wichtiger Typen von B-, C-, Si-, Ge-, Sn-, N-, P-, O-, S- und Cl-Verbindungen verdeutlicht, sind Nicht- und Halbmetalle in der Mehrzahl ihrer Verbindungen tetraedrisch von vier Bindungselektronenpaaren oder pseudo-tetraedrisch von insgesamt vier gebundenen und ungebundenen Elektronenpaaren umgeben, während die tetraedrische Ligandenanordnung bei den *Metallen* von weit geringerer Bedeutung ist. Dementsprechend spielen nucleophile Substitutionen an tetraedrischen und pseudo-tetraedrischen Zentren insbesondere für die Chemie der Nicht- und Halbmetalle eine große Rolle[129].

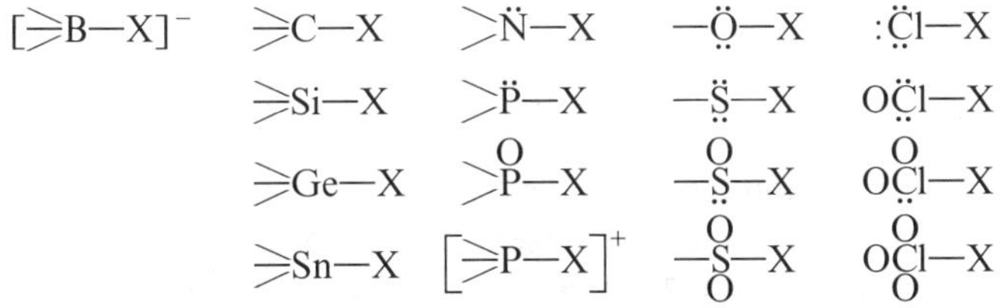

[⋟B—X]⁻	⋟C—X	>N̈—X	—Ö—X (mit 2 freien Elektronenpaaren)	:C̈l—X (mit 3 freien Elektronenpaaren)
	⋟Si—X	>P̈—X	—S̈—X (mit 2 freien Elektronenpaaren)	OC̈l—X (mit 2 freien Elektronenpaaren)
	⋟Ge—X	>P(O)—X	—S̈(O)—X	O₂C̈l—X
	⋟Sn—X	[⋟P—X]⁺	—S(O)₂—X	O₃Cl—X

Geschwindigkeitsverhältnisse. Die Geschwindigkeit des X/Nu-Austauschs in Substraten R_3EX (vgl. obige Zusammenstellung) wird durch die Nucleophile Nu, Substitutionszentren E und Nucleofuge X in starkem Maße beeinflußt (Nu, X z. B. H, Halogen, OR, NR_2, Organyl; X muß elektronegativer als E sein, da anderenfalls das Nucleofug wie etwa X = Cl in HOX seinerseits als Substitutionszentrum wirken kann). Neben den erwähnten „reagierenden" bestimmen die „nicht-reagierenden" Gruppen R (z. B. H, Halogen, OR, NR_2, Organyl, freies Elektronenpaar), das Lösungsmittel sowie – gegebenenfalls – Katalysatoren die Substitutionsgeschwindigkeit.

Einfluß reagierender Gruppen. Nucleophile Substitutionsreaktionen verlaufen an tetraedrischen oder pseudo-tetraedrischen Substitutionszentren E der Substrate R_3EX in der Regel auf *assoziativem Wege* und nur unter besonderen Bedingungen bei Kohlenstoff, weniger häufig bei Bor und selten bei den übrigen Elementen auch auf *dissoziativem Wege* (s. unten). Die Geschwindigkeit nucleophiler Substitutionen an tetraedrischen Kohlenstoffatomen ist vergleichsweise klein und reagiert sehr sensibel auf Änderungen des Nucleophils, Nucleofugs und Lösungsmittels. Dieser Sachverhalt begründet u. a. die Vielfalt organischer Kohlenstoffverbindungen und deren einzigartige Bedeutung für die Biosphäre. Wesentlich rascher als bei Substraten R_3CX erfolgt der X/Nu-Austausch bei Substraten R_3SiX an tetraedrischen Siliciumatomen (hier kann die Geschwindigkeit der – ausschließlich assoziativ-aktivierten – Substitutionen häufig nur noch mit besonderen Techniken bestimmt werden). Dieser Befund steht in Übereinstimmung mit einer Regel, wonach der Ersatz eines Elements in R_3EX durch ein schwereres *Gruppenhomologes* mit einer erheblichen Erhöhung der Geschwindigkeit des assoziativ-aktivierten nucleophilen X/Nu-Austausches verbunden ist. Beim Ersatz von E durch einen *Periodennachbarn* erhöht sich die Geschwindigkeit der X/Nu-Substitution ver-

[129] S_N2-Prozesse an trigonal- oder pseudo-trigonal-planaren Zentren (z. B. >B—X) bzw. S_N1-Prozesse an trigonal- bzw. pseudo-trigonal-bipyramidalen Zentren (z. B. ⋟S̈—X) erfolgen über tetraedrische Zwischenstufen. Sie nehmen gewissermaßen an der Stelle der Zwischenprodukte (oder -stufen) einer S_N1- bzw. S_N2-Substitution an tetraedrischen Zentren ihren Anfang.

gleichbarer Substrate R_3EX darüber hinaus mit abnehmender Bindigkeit von E, also z.B. in Richtung $\geqslant$CX, $>$NX, —OX.

Im Falle von S_N2-Reaktionen substituieren Nucleophile zunehmender Weichheit (z.B. $Nu^- = F^- < Cl^- < Br^- < I^-$) den Rest X in R_3EX in der Regel zunehmend rascher, wobei die Geschwindigkeitserhöhung ihrerseits mit steigender Weichheit des Elements E, d.h. mit abnehmender Oxidationsstufe sowie wachsender Ordnungszahl des Elements innerhalb einer Periode drastisch zunimmt. Ist hierbei E wie Bor in R_3BX^- oder Schwefel RSO_2X vergleichsweise wenig weich, so kann sich – selbst in protischen Lösungsmitteln (s. unten) – die Reihenfolge der Nucleophile umkehren. Nucleofuge X der Substrate R_3EX werden andererseits in der Regel bei abnehmender Basizität (z.B. $OH^- < F^- < Cl^- < Br^- < I^-$) zunehmend rascher substituiert (besonders gute Abgangsgruppen X sind Anionen starker Sauerstoffsäuren wie SO_4^{2-}, NO_3^-).

Beispiele: Das Nucleofug X der Substrate CH_3X (X = Br), HOX (X = OH), PhSX (X = PhSO), PhSOX (X = $PhSO_2$), $PhSO_2X$ (X = $PhSO_2$) wird unter Normalbedingungen durch das Nucleophil Iodid 100mal, 100000mal, 10000mal, 80mal, < 0.5mal so rasch ausgetauscht wie durch das Nucleophil Chlorid (Lösungsmittel: Wasser bzw. Dioxan/Wasser-Gemische). Das Nucleophil Bromid substituiert in den Substraten HOX andererseits das Nucleofug X = OCOMe, OSO_3^-, OH_2^+ ca. 6000mal, 40000mal, 30000000mal schneller als das Nucleofug X = OH.

Einfluß nicht reagierender Gruppen. Mit wachsender Raumerfüllung der nicht reagierenden Gruppen R in R_3EX wird – insbesondere bei kleinen Substitutionszentren E – der X/Nu-Austausch assoziativer, unter Erhöhung der Koordinationszahl von E ablaufender Substitutionen zunehmend erschwert („*sterische Verzögerung*" von S_N2-Reaktionen), der X/Nu-Ersatz dissoziativer, unter Erniedrigung der Koordinationszahl von E erfolgender Substitutionen dagegen erleichtert („*sterische Beschleunigung*" von S_N1-Reaktionen). In gleicher Richtung wirken sperrige Nucleofuge und Nucleophile. Darüber hinaus erfahren assoziative Prozesse durch elektronenanziehende, dissoziative Prozesse durch elektronenliefernde nicht reagierende Gruppen eine *elektronisch* bedingte Beschleunigung. Unter besonderen Bedingungen (raumerfüllende, an ein kleines Substitutionszentrum E gebundene und/oder stark elektronenlieferende Gruppen R) kann die entgegengesetzte Abhängigkeit der Geschwindigkeit einer S_N2- und S_N1-Reaktion von sterischen und elektronischen Einflüssen der nicht reagierenden Gruppen sogar dazu führen, daß eine nucleophile Substitution an tetraedrischen Zentren nicht – wie üblich – auf assoziativem, sondern auf dissoziativem Wege abläuft. Im allgemeinen kommt es allerdings nicht (wie im Falle von Bor- und insbesondere Kohlenstoffverbindungen) zu einem *Wechsel des Substitutionsmechanismus*, sondern nur zu einer *Verzögerung des Reaktionsablaufs*.

Beispiele: Die Geschwindigkeit der assoziativen Substitution von Chlorid verringert sich in der Verbindungsreihe PhS—Cl, PhSO—Cl, $PhSO_2$—Cl drastisch, da in gleicher Richtung jeweils ein „kleines" Elektronenpaar durch ein „großes" Sauerstoffatom ersetzt wird; der Substitutionstyp ändert sich jedoch nicht. Entsprechendes gilt für die Verbindungsreihe CH_3SX, $MeCH_2SX$, Me_2CHSX, Me_3CSX (jeweils Ersatz einer kleineren durch eine raumerfüllende nicht reagierende Gruppe; X z.B. SO_3^-). Andererseits erfolgt die alkalische Hydrolyse von BF_4^- bzw. CH_3Cl nach einem S_N2-Mechanismus, jene von BCl_4^- bzw. Me_3CCl aber nach einem S_N1-Mechanismus, weil in letzteren Verbindungen statt kleinerer Fluor- bzw. Wasserstoffatome größere Chlor- bzw. Methylgruppen an die Substitutionszentren Bor und Kohlenstoff gebunden sind. In analoger Weise verläuft die Hydrolyse von Me_2NSO_2Cl anders als die von $PhSO_2Cl$ nicht auf assoziativem, sondern dissoziativem Wege, da die nicht reagierende Me_2N-Gruppe das ungesättigte Schwefelatom der S_N1-Zwischenstufe $Me_2NSO_2^+$ in hohem Maße mesomeriestabilisiert: $[Me_2N—SO_2 \leftrightarrow Me_2N=SO_2]^+$. Für weitere Beispiele s. unten.

Einfluß des Lösungsmittels. Führt der Ersatz eines Lösungsmittels durch ein anderes zu einer vergleichsweise größeren Stabilisierung der Übergangs- oder Zwischenstufe durch Solvatation (gleichbedeutend ist eine entsprechende Destabilisierung der Edukte), so ist der Solvenswechsel mit einer Verkleinerung der Aktivierungsenergie der Substitution, d.h. mit einer Reaktionsbeschleunigung verbunden. Demzufolge erhöht sich in *Medien wachsender Polarität* die

Geschwindigkeit solcher nucleophiler Substitutionen, bei denen wie im Falle vieler S_N1- und einer Reihe von S_N2-Reaktionen die Bildung der Übergangsstufen unter Ladungszunahme erfolgt. Darüber hinaus beobachtet man beim *Wechsel von protischen zu aprotischen Medien* (z. B. H_2O, ROH, RCO_2H → R_2O, Me_2CO, Me_2NCHO, Me_2SO) meist eine Beschleunigung assoziativer Substitutionen, weil in aprotischen Lösungsmitteln die zusätzliche Stabilisierung der Nucleophile durch Wasserstoffbrücken entfällt. Die Geschwindigkeitszunahme ist insbesondere bei anionischen Nucleophilen beachtlich und wächst bei letzteren zudem mit ihrer Härte, weil protische Medien bevorzugt harte, aprotische Medien weiche Basen solvatisieren. Gegebenenfalls kann der Lösungsmittelwechsel sogar zu einer Umkehr der Nucleophilitätsreihe führen. So erfolgt etwa der X/Nu-Austausch am weichen Schwefelatom der Verbindung PhSX (X = PhSO) in protischen Medien in der Reihenfolge $Nu^- = Cl^- < Br^- < I^-$ und in aprotischen Medien in der Reihenfolge $Nu^- = I^- < Br^- < Cl^-$ rascher. Dissoziative Substitutionen verzögern sich andererseits beim Wechsel vom protischen zum aprotischen Lösungsmittel, da die Abgangsgruppe nicht mehr durch Wasserstoffbrückenbindungen stabilisiert wird.

Katalytische Einflüsse. Ein gutes Nucleophil Nu_K^- das auch als Nucleofug wirkt, kann einen assoziativen Substitutionsprozeß gegebenenfalls katalysieren, weil die Substitutionsfolge: $R_nEX + Nu_K^- \rightarrow R_nENu_K + X^-$; $R_nENu_K + Nu^- \rightarrow R_nENu + Nu_K^-$ insgesamt rascher zu den Produkten führt als der direkte X/Nu-Austausch: $R_nEX + Nu^- \rightarrow R_nENu + X^-$. Das Nucleophil kann hierbei wie bei Nitrosierungen ein schweres Halogenid-Ion (S. 712) oder wie bei vielen Substitutionen an Metallkomplexzentren (S. 1275f) ein Lösungsmittelmolekül („*Kryptosolvolyse*“) sein.

Wichtiger als diese Art der *nucleophilen Katalyse* ist die *elektrophile Katalyse* nucleophiler Substitutionen durch Brönsted- oder Lewis-Säuren (allgemein: Elektrophile). Indem sich letztere an die als Base wirkende Abgangsgruppe X des Substrats R_nEX anlagern, verringert sich die Basizität der austretenden Gruppe, wodurch die Dissoziation der EX-Bindung erleichtert wird.

Beispiele: Der Austausch von Sauerstoff zwischen Wasser und Anionen EO_n^{m-} (z. B. ClO^-, BrO^-, ClO_2^-, ClO_3^-, BrO_3^-, IO_3^-, ClO_4^-, SO_3^{2-}, SO_4^{2-}, SeO_4^{2-}, NO_2^-, NO_3^-, PO_4^{3-}, AsO_3^{3-}, AsO_4^{3-}, CO_3^{2-}, VO_4^{3-}, CrO_4^{2-}, MnO_4^- usw.) von Elementsauerstoffsäuren H_mEO_n wird durch Protonen katalysiert. Im Falle von Bromat BrO_3^- erfolgt er etwa auf dem Wege:

$$[O_2Br{-}O]^- \underset{\text{rasch}}{\overset{\pm 2H^+}{\rightleftharpoons}} \left[O_2Br{-}O\genfrac{}{}{0pt}{}{H}{H}\right]^+ \underset{\text{geschwindigkeits-bestimmend}}{\overset{\pm \overset{*}{O}H_2;\ \pm OH_2}{\rightleftharpoons}} \left[O_2Br{-}\overset{*}{O}\genfrac{}{}{0pt}{}{H}{H}\right]^+ \overset{\pm 2H^+}{\rightleftharpoons} [O_2Br{-}\overset{*}{O}]^- .$$

Ein analoger Mechanismus liegt dem Sauerstoffaustausch anderer Anionen EO_n^{m-} zugrunde (E = Haupt- oder Nebengruppenelement; vgl. auch Redoxprozesse, S. 483). Ist hierbei das Substitutionszentrum E groß und liegt es in niedriger Oxidationsstufe vor, so wirkt bereits 1 Proton katalytisch. Der geschwindigkeitsbestimmende Substitutionsschritt erfolgt in der Regel assoziativ und nur dann dissoziativ, wenn die S_N1-Zwischenstufen wie im Falle von SO_3^{2-} (→ O=S=O), SO_4^{2-} (→ O=SO=O), PO_4^{3-} (→ $O{=}PO{=}O^-$), CO_3^{2-} (→ O=C=O) elektronisch in hohem Maße stabilisiert sind. Die Geschwindigkeit des Sauerstoffaustauschs wächst erwartungsgemäß mit zunehmender Basizität von EO_n^{m-} (Verschiebung des vorgelagerten Protonierungsgleichgewichts nach rechts), also in den Reihen $ClO_4^- < SO_4^{2-} < PO_4^{3-} < SiO_4^{4-}$ bzw. $ClO_4^- < ClO_3^- < ClO_2^- < ClO^-$ bzw. $ClO_3^- < BrO_3^- < IO_3^-$ (vgl. S. 239). Zudem erhöht sich die Geschwindigkeit bei assoziativ-aktiviertem H_2O-Austausch mit abnehmender Koordinationszahl und zunehmender Größe des Substitutionszentrums in EO_n^{m-} (sterische Beschleunigung), also in den Reihen $ClO_4^- < ClO_3^- < ClO_2^- < ClO^-$ bzw. $ClO_3^- < BrO_3^- < IO_3^-$. Der starken Abnahme der Basizität in Richtung $ClO^- \rightarrow ClO_4^-$ bei gleichzeitiger Zunahme der Koordinationszahl von Chlor entspricht infolgedessen ein besonders großes Anwachsen der Halbwertszeit des Sauerstoffaustauschs: sie beträgt im Falle von ClO^- bei Raumtemperatur nur Bruchteile einer Sekunde, im Falle von ClO_4^- aber selbst in 9molarer Lösung bei 100 °C über 100 Jahre.

Stereochemie. Assoziativ-aktivierte nucleophile Substitutionsprozesse (**S_N2-Reaktionen**) erfolgen bei Substraten R_3EX (R = anorganischer oder organischer Rest, freies Elektronenpaar) in der Regel so, daß das Substitutionszentrum E vom Nucleophil Nu auf der dem Nucleofug X abgewandten Seite angegriffen wird. Die eintretende Gruppe schiebt die Abgangsgruppe gewissermaßen „von hinten“ aus dem Molekül. Mit dem X/Nu-Austausch ist zugleich ein Umklappen der nicht reagierenden Gruppen R verbunden („*Regenschirmmechanismus*“; vgl. hierzu auch S. 415):

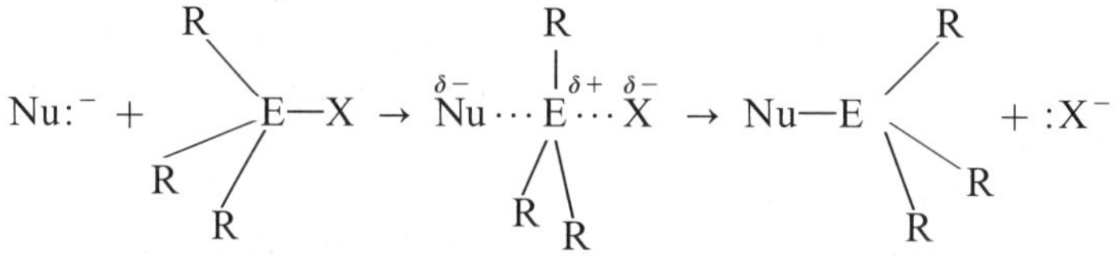

$$\mathrm{Nu:^-} + \mathrm{R_3E{-}X} \rightarrow \overset{\delta-}{\mathrm{Nu}}\cdots\overset{\delta+}{\mathrm{E}}\mathrm{R_3}\cdots\overset{\delta-}{\mathrm{X}} \rightarrow \mathrm{Nu{-}ER_3} + \mathrm{:X^-}$$

In der Substitutionsübergangsstufe (A-Mechanismus, S. 394) oder -zwischenstufe (I_a-Mechanismus, S. 394) ist das Reaktionszentrum trigonal-bipyramidal von 5 Liganden umgeben, wobei ein- und austretende Gruppe axiale, die drei nicht reagierenden Gruppen äquatoriale Plätze einnehmen. In „stereochemischer“ Sicht (S. 403) ist eine S_N2-Reaktion hiernach mit einer **Inversion** des Substratrestes R_3E verbunden, wobei man diese Inversion seit ihrer Entdeckung durch P. Walden im Jahre 1896 auch als „*Waldensche Umkehr*“ bezeichnet.

Nur in *Ausnahmefällen* (s. unten) beobachtet man auch einen Angriff des Nucleophils „von vorne“ auf das Zentrum E der Substrate R_3EX. Die assoziativ-aktivierten nucleophilen Substitutionen erfolgen dann unter Erhalt (**Retention**) der Konfiguration, wobei in der Substitutionsübergangs- oder -zwischenstufe das Reaktionszentrum von 5 Liganden trigonal-bipyramidal bis quadratisch-pyramidal umgeben und – im Sinne des Gesetzes der mikroskopischen Reversibilität (S. 182) – mit ein- und austretender Gruppe vergleichbar verknüpft ist.[130, 131]

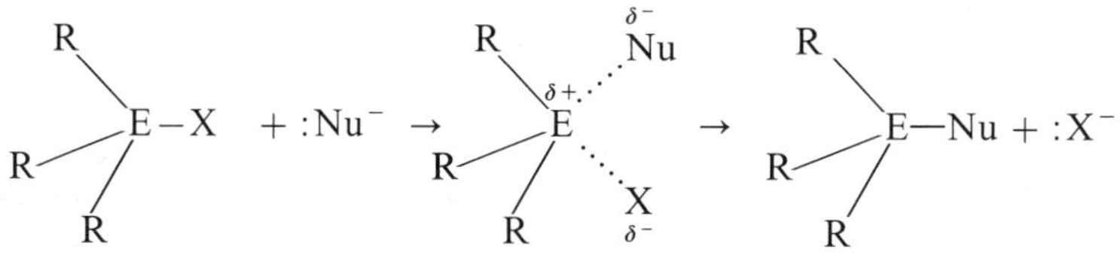

$$\mathrm{R_3E{-}X} + \mathrm{:Nu^-} \rightarrow \mathrm{R_3}\overset{\delta+}{\mathrm{E}}(\cdots\overset{\delta-}{\mathrm{Nu}})(\cdots\overset{\delta-}{\mathrm{X}}) \rightarrow \mathrm{R_3E{-}Nu} + \mathrm{:X^-}$$

Die *Bevorzugung des Inversionsmechanismus* im Falle von Substraten R_3EX ist nicht die Folge einer elektrostatischen Abstoßung von Nucleophil und Nucleofug, sondern quantenmechanisch begründet (tatsächlich werden auch entgegengesetzt geladene ein- und austretende Gruppen unter R_3E-Konfigurationsumkehr ausgetauscht). Im Zuge der – unter synchroner Bindungsbildung und -spaltung erfolgenden, *orbitalsymmetrieerlaubten* (S. 399) – S_N2-Reaktion tritt ein elektronenbesetztes Orbital des Nucleo-

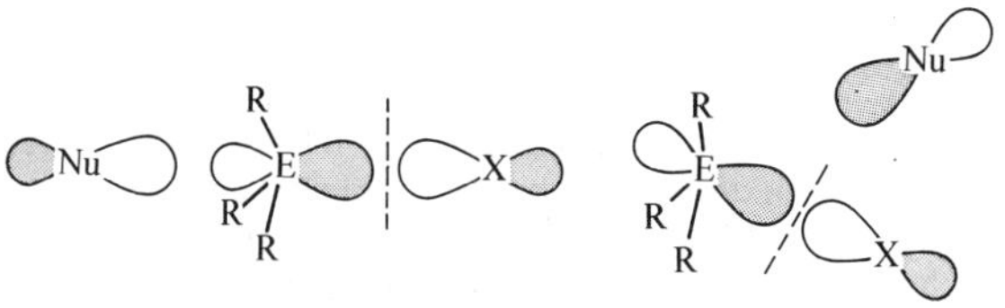

(a) (b)

[130] Sind Nucleophile Nu und Nucleofuge X in einer zunächst gebildeten Zwischenstufe ungleichartig gebunden, so geht dem Austritt von X ein intramolekularer Nu/X-Platzwechsel voraus (vgl. Pseudorotation, S. 758). Die Übergangsstufe dieses Wechsels stellt dann die oben angesprochene Stufe mit gleichartig gebundenen Gruppen dar.

[131] Elektrophile E^+ vermögen Retentionsprozesse gemäß $R_3E{-}X + E^+ + Nu^- \rightleftarrows R_3E{-}X{-}E{-}Nu \rightarrow R_3E{-}Nu{-}E{-}X \rightleftarrows R_3E{-}Nu + E^+ + X^-$ zu katalysieren. Da hierbei der eigentliche Substitutionsschritt eine (assoziative bzw. dissoziative) *interne Umlagerung* darstellt, bezeichnet man solche Prozesse auch als interne nucleophile Substitution und spricht von **„S_Ni-Reaktionen“**.

phils mit dem elektronenleeren antibindenden σ^*-Molekülorbital der EX-Bindung des Substrats R_3EX in steigende Wechselbeziehung (Elektronenfluß Nu^- nach EX). Hierdurch wird die EX-Bindung zunehmend geschwächt und schließlich gebrochen. Da hierbei die reaktionsfördernden Nu^-/EX-Orbitalinterferenzen im Falle eines Rückseitenangriffs (a) stärker als im Falle eines Vorderseitenangriffs (b) zum Tragen kommen (Knotenebene des σ^*-Molekülorbitals in der EX-Region, vgl. S. 347), ist ersterer vor letzterem Angriff bevorzugt.

Die Nu/EX-Bindungsbeziehungen lassen sich im Falle des Vorderseitenangriffs etwa durch Vergrößerung des EX-Abstands oder Verkleinerung des Nucleophils verstärken (z. B. Übergang: $R_3CX \rightarrow R_3SiX$ bzw. $Nu^- = I^- \rightarrow Br^- \rightarrow Cl^- \rightarrow F^-$). Günstig wirkt auch eine Erhöhung der Asymmetrie des σ^*-Molekülorbitals als Folge eines größeren Unterschieds der Elektronegativität oder Periodennummer von E und X (z. B. Übergang: $R_3ECl \rightarrow R_3EF$ bzw. $R_3EF \rightarrow R_3EH$). Demgemäß beobachtet man den Retentionsmechanismus neben dem Inversionsmechanismus bei Kohlenstoffverbindungen R_3CX überhaupt nicht, bei Siliciumverbindungen R_3SiX jedoch in einer Reihe von Fällen.

Dissoziativ-aktivierte nucleophile Substitutionsprozesse (**S_N1-Reaktionen**) erfolgen bei Substraten R_3EX mit tetraedrischen Zentren E auf dem Wege über trigonal-planar gebaute Substitutionszwischenprodukte R_3E^+, welche durch Addition des Nucleophils Nu^- auf der einen oder anderen Seite von R_3E^+ in das Substitutionsprodukt übergehen (D-Mechanismus; S. 394):

$$R_3E{-}X \xrightleftharpoons{\pm :X^-} R_3E^+ \xrightarrow{+ :Nu^-} R_3E{-}Nu \text{ bzw. } Nu{-}ER_3$$

In „stereochemischer Sicht“ (S. 403) ist die S_N1-Reaktion hiernach sowohl mit einer Retention als auch Inversion des Substratrestes R_3E verbunden[132] (vgl. **Racemisierung**, S. 415). Allerdings verlaufen im allgemeinen Retention und Inversion nicht in gleichem Ausmaß (*vollständige Racemisierung*), sondern unterschiedlich ausgeprägt (*partielle Racemisierung*), da die reversible Abdissoziation von X^- auf dem Wege über ein *inneres Ionenpaar* R_3E^+,X^- mit verzerrt-tetraedrischer Anordnung der Gruppe R und X erfolgt. Ist nun das Nucleophil Bestandteil der Solvathülle (I_d-Mechanismus), so kann es sich „von hinten“ an das Zentrum E des Substrats addieren, ehe R_3E^+,X^- vollständig in freie Ionen R_3E^+ und X^- dissoziiert (der Angriff des Nucleophils „von vorne“ ist unter diesen Bedingungen aus elektrostatischen und sterischen Gründen weniger bevorzugt).

3.2.4 Die Erhaltung der Orbitalsymmetrie[133]

Beim Studium der vorstehenden Abschnitte über chemische Reaktionsmechanismen tauchen für den aufmerksamen Leser u. a. folgende beiden Fragen auf: Warum läuft die auf S. 386 erwähnte Gasphasenchlorierung von SO_2 in mehreren Radikalschritten, statt auf dem einstufigen und zudem rascheren Weg der R_2S-Chlorierung ab, obwohl es sich in beiden Fällen um scheinbar analoge Reaktionen – nämlich um die Chlorierung von Schwefel der Koordinationszahl zwei – handelt? Und: Aus welchem Grunde setzen sich Wasserstoff und Iod auf dem Umweg über radikalische Zwischenstufen (S. 378) und nicht direkt in einem Reaktionsschritt zu Iodwasserstoff um?

---

[132] Analoges gilt für radikalische Substitutionen, bei denen Substrate R_3EX auf dem Wege über planare oder invertierende pyramidale Zwischenstufen R_3E in Produkte verwandelt werden.

[133] **Literatur.** R. B. Woodward, R. Hoffmann: „*Die Erhaltung der Orbitalsymmetrie*“, Verlag Chemie, Weinheim 1970; R. G. Pearson: „*Symmetry Rules for Chemical Reactions: Orbital Topology and Elementary Processes*“, Wiley, New York 1976; P. Wieland, H. Kaufmann: „*Die Woodward-Hoffmann-Regeln: Einführung und Handhabung*“, Birkhäuser Verlag, Basel 1972; N. T. Anh (Übersetzer H.-J. Hansen, H. Heimgartner): „*Die Woodward-Hoffmann-Regeln und ihre Anwendung*“, Verlag Chemie, Weinheim 1972; G. B. Gill, M. R. Willis: „*Pericyclic Reactions*“, Chapman and Hall, London 1974; K. Fukui: „*Grenzorbitale – ihre Bedeutung bei chemischen Reaktionen*“, Angew. Chem. **94** (1982) 852–861; Int. Ed. **21** (1982) 801.

Eine Antwort auf die gestellten Fragen gibt das von R.B. Woodward (Nobelpreis 1965) und R. Hoffmann (Nobelpreis 1981) im Jahre 1965 aufgestellte **„Prinzip von der Erhaltung der Orbitalsymmetrie“**, wonach einstufige (mono-, bi- oder trimolekulare) Stoffumwandlungen nur dann ohne allzu große Hemmung erfolgen können, wenn sich während des Reaktionsablaufs die *Orbitalsymmetrie der Reaktanden nicht ändert* („*Woodward-Hoffmann-Regeln*“[134, 135]). Das Prinzip soll anhand der schon mehrfach erwähnten (S. 368 und S. 378) Bildung von Iodwasserstoff aus Wasserstoff und Iod erörtert werden. Es sei hierzu einmal angenommen, daß die HI-Bildung – wie man ursprünglich auch tatsächlich glaubte (S. 378) – über einen aktivierten Komplex (28a) führen würde, in welchem die Bindungen der Edukte H_2 und I_2 gelockert wären und sich bereits Bindungsbeziehungen zwischen Wasserstoff und Iod ausgebildet hätten („*Synchronmechanismus*“ der HI-Bildung):

$$\begin{matrix} H{-}H & & H\cdots H & & H & & H \\ + & \rightarrow & \vdots \qquad \vdots & \rightarrow & | & + & | \\ I{-\!-}I & & I\cdots\cdots I & & I & & I \\ & & \text{(a)} & & & & \end{matrix} \qquad (28)$$

Unter diesen Umständen müßte die Umsetzungsgeschwindigkeit wesentlich von der Stabilität des Komplexes (28a), d.h. von der für seine Bildung erforderlichen Energie bestimmt werden (vgl. Theorie des Übergangszustandes, S. 182).

Wie nun aus theoretischen Überlegungen folgt, läßt sich bei bimolekularen Synchronreaktionen wie (28) die Bildung des aktivierten Komplexes in guter Näherung als Lewis-Säure-Base-Reaktion beschreiben. Hierbei wirkt der eine Eduktpartner mit seinem energiereichsten elektronenbesetzten Molekülorbital („HOMO“)[136] der in Reaktion tretenden Elektronenpaare als Lewis-Base, der andere Eduktpartner mit seinem energieärmsten unbesetzten[137] Molekülorbital („LUMO“)[136] des in Reaktion tretenden Bindungssystems als Lewis-Säure. An der synchronen HI-Bildung (28) sind etwa die Bindungselektronen von Wasserstoff und Iod beteiligt (nicht dagegen die nichtbindenden Elektronenpaare des Iods), so daß in diesem Falle die bindenden σ- bzw. antibindenden σ^*-Molekülorbitale von Wasserstoff und Iod betrachtet werden müssen (übersichtlichkeitshalber sind in der nachfolgenden Darstellung der σ- und σ^*-MOs von H_2 und I_2 jene Gebiete, in denen die Phasen (Vorzeichen) der Orbitale (Wellenfunktionen) negativ sind, durch graue Tönung gekennzeichnet):

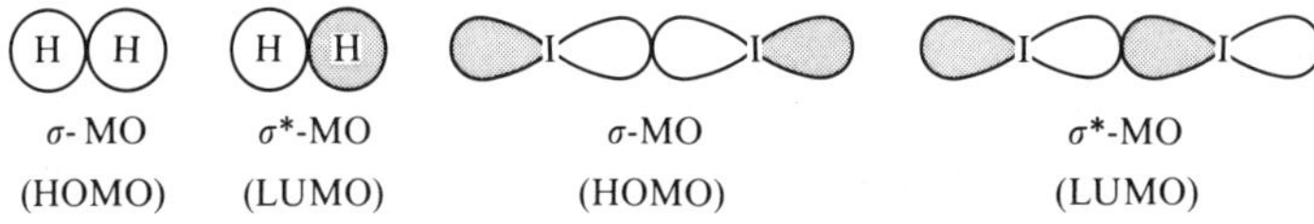

Nur dann, wenn im Zuge der Bildung des aktivierten Komplexes die HOMO/LUMO-Überlappung an Orten der neu zu knüpfenden Bindungen zu bindenden Wechselbeziehungen führt, weist ein bimolekularer Synchronprozeß keine allzu hohe Aktivierungsenergie auf und ist

[134] **Geschichtliches.** Neben Woodward und Hoffmann erkannten eine Reihe anderer Wissenschaftler die Möglichkeit, den Ablauf chemischer Reaktionen über Orbitalbetrachtungen zu deuten. Genannt sei insbesondere K. Fukui (Nobelpreis 1981). Die Anwendung des Prinzips von der Erhaltung der Orbitalsymmetrie auf anorganische Probleme geht insbesondere auf R.G. Pearson zurück.

[135] Dem Prinzip von der Erhaltung der Orbitalsymmetrie ist das **„Prinzip von der Erhaltung der Spinsymmetrie“** an die Seite zu stellen, wonach chemische Stoffumwandlungen nur dann glatt erfolgen, wenn sich während des Reaktionsablaufs der *Gesamtspin der Reaktanden nicht ändert*. Demzufolge führt die thermische Zersetzung des Ozonaddukts $(RO)_3PO_3$ (Singulett-Zustand) außer zu $(RO)_3PO$ (Singulett-Zustand) zu Sauerstoff im (angeregten) Singulett-Zustand (vgl. S. 509).

[136] **„HOMO“** leitet sich von **h**ighest **o**ccupied **m**olecular **o**rbital, **„LUMO“** von **l**owest **u**noccupied **m**olecular **o**rbital ab. HOMO und LUMO werden auch als „*Frontier-Orbitale*“ bezeichnet.

[137] Das betreffende Orbital kann gegebenenfalls bei photochemischen Reaktionen mit einem Elektron besetzt sein.

mithin möglich („*Symmetrie-erlaubt*")[138]. Wie nun aus den MO-Formeln (29a) und (29b) für die Übergangsstufe (28a) der Synchronreaktion (28) hervorgeht, trifft letzteres im Falle der HI-Bildung nicht zu. Weder die Überlappung des bindenden σ-MOs des Wasserstoffs (HOMO) mit dem antibindenden σ^*-MO des Iods (LUMO) noch die Überlappung des antibindenden σ^*-MOs des Wasserstoffs (LUMO) mit dem bindenden σ-MO des Iods (HOMO) führt hier – wie gefordert – gleich zu zwei neuen bindenden Wechselbeziehungen zwischen Wasserstoff und Iod:

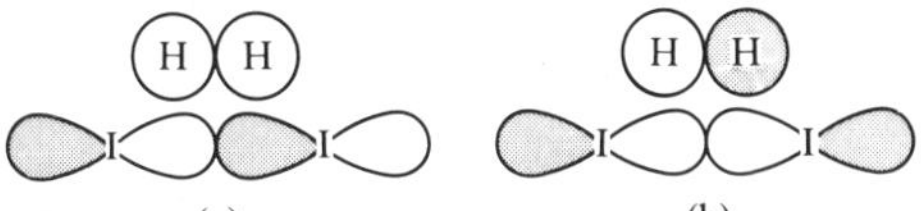

H H H H

I I I I (29)

(a) (b)

Folglich könnte die HI-Bildung durch Synchronreaktion von H_2 und I_2 höchstens im Zuge einer Änderung der Orbitalsymmetrie (Orbitalphase) erfolgen, was eine unrealistisch hohe Aktivierungsenergie erfordern würde. Die synchrone HI-Bildung stellt mithin eine „*Symmetrie-verbotene*" Reaktion dar. Sie kann also nicht einstufig gemäß (28) erfolgen, sondern muß sich im Zuge eines Mehrstufenprozesses abwickeln. Diese Forderung steht in befriedigender Übereinstimmung mit dem Experiment (S. 378), wonach sich H_2 und I_2 in mehreren radikalischen Schritten in HI umwandeln („*Radikal-Stufenprozeß*" der HI-Bildung).

Ähnlich wie bei Iodwasserstoff bleibt die Orbitalsymmetrie auch bei der Hydrierung von F_2, Cl_2, Br_2 und vielen anderen Molekülen (z.B. O_2, N_2, C_2H_4, C_2H_2) nicht erhalten, so daß die Umsetzungen mit Wasserstoff in jedem Falle mehrstufig verlaufen müssen: die betreffenden Hydrierungsprodukte (HF, HCl, HBr, H_2O, NH_3, C_2H_6 usw.) bilden sich auf dem Wege radikalischer Mehrstufenprozesse (vgl. Reaktionen von Wasserstoff mit Halogenen (S. 341) bzw. Sauerstoff (S. 361), die naturgemäß erheblich energieaufwendiger als erlaubte Synchronprozesse sind. Somit wird verständlich, daß Hydrierungen häufig erst bei verhältnismäßig hohen Temperaturen genügend rasch verlaufen (vgl. S. 261).

Ganz allgemein ist der einstufige (synchrone) Ablauf von Vierzentren-Prozessen, bei welchen wie im Falle von (28) eine cyclische Verschiebung von zwei chemischen Bindungen zwischen den vier Reaktionszentren (z.B. H, H, I und I) erfolgt, symmetrieverboten[139]. Derartige Prozesse verlaufen dementsprechend auf mehrstufigen, mehr oder weniger energieaufwendigen Umwegen. So ist etwa die stark exotherme Wasserstoffeliminierung aus Diimin N_2H_2 („Zerfall von Diimin") bzw. die [2 + 2]-Cycloaddition von Ethylen C_2H_4 kinetisch erheblich gehemmt (die an der Reaktion beteiligten, sich verschiebenden Bindungen sind jeweils fett gedruckt):

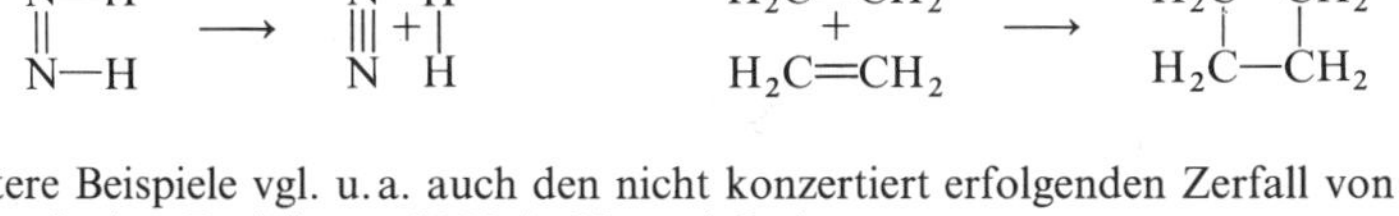

$$\begin{array}{c}N{-}H\\ \|\\ N{-}H\end{array} \longrightarrow \begin{array}{c}N \quad H\\ \||| + |\\ N \quad H\end{array} \qquad \begin{array}{c}H_2C{=}CH_2\\ +\\ H_2C{=}CH_2\end{array} \longrightarrow \begin{array}{c}H_2C{-}CH_2\\ | \quad\; |\\ H_2C{-}CH_2\end{array}$$

(Für weitere Beispiele vgl. u.a. auch den nicht konzertiert erfolgenden Zerfall von O_2F_2 in O_2 und F_2 (S. 357) sowie den Zerfall von 2NO in N_2 und O_2.)

Zum Unterschied von Reaktionen des oben erwähnten Typs sind Sechszentren-Prozesse, bei welchen wie in den nachfolgenden Umsetzungsbeispielen eine cyclische Verschiebung von drei chemischen

[138] Die Tatsache, daß eine Reaktion symmetrieerlaubt ist, schließt allerdings nicht aus, daß sie trotzdem sehr langsam verläuft. Denn auch bei einer insgesamt positiven HOMO/LUMO-Überlappung kann der Übergangszustand einer bimolekularen Synchronreaktion aus entropischen, elektrostatischen, sterischen oder quantenmechanischen Gründen (hohe Aktivierungsentropie, gegenseitige Abstoßung von Elektronen nicht reagierender Liganden des Edukts, wenig wirkungsvolle HOMO/LUMO-Überlappung) nur geringe Stabilität aufweisen.

[139] Diese Regel gilt einerseits nur für den thermisch aktivierten, nicht für den photochemisch aktivierten Reaktionsablauf, andererseits nur für einen Übergangszustand, in welchem die 4 Reaktionszentren in einer Ebene liegen, nicht aber für einen aktivierten Komplex, in welchem die 4 Zentren tetraedrisch verzerrt angeordnet sind (vgl. Singulett-Sauerstoff, S. 509). Letztere Anordnung verbietet sich jedoch im allgemeinen aus Ringspannungsgründen (wenig wirkungsvolle Orbitalüberlappung im aktivierten Komplex) und wird nur in Ausnahmefällen eingenommen (möglicherweise im Falle des Sauerstoffatomaustauschs zwischen zwei O_2-Molekülen, der erheblich rascher erfolgt ($E_a \approx 170$ kJ/mol) als z.B. der mehrstufig und radikalisch verlaufende Wasserstoffatomaustausch zwischen H_2-Molekülen ($E_a \approx 420$ kJ/mol)).

Bindungen (allgemein: drei Elektronenpaaren) zwischen 6 Reaktionszentren erfolgt, symmetrieerlaubt:

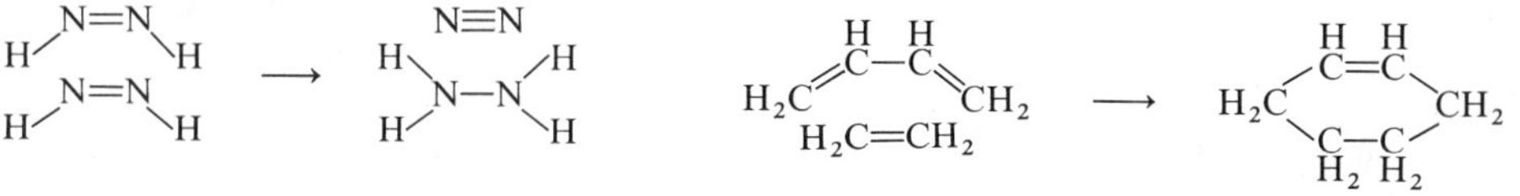

$$\begin{matrix} H{-}N{=}N{-}H \\ H{-}N{=}N{-}H \end{matrix} \longrightarrow \begin{matrix} N{\equiv}N \\ H_2N{-}NH_2 \end{matrix} \qquad H_2C{=}CH{-}CH{=}CH_2 + H_2C{=}CH_2 \longrightarrow \text{Cyclohexen}$$

Dementsprechend überträgt Diimin seinen Wasserstoff sehr leicht auf die Doppelbindung eines anderen Diiminmoleküls („Disproportionierung von Diimin") oder eines anderen ungesättigten Moleküls (z. B. Alkens, vgl. S. 565) bzw. lagern organische Diene wie etwa Butadien C_4H_6 leicht Alkene wie Ethylen an („Diels-Alder-Reaktion")[140].

Die Betrachtung des höchsten besetzten und niedrigsten unbesetzten Molekülorbitals stellt eine besonders einfache (wenn auch nicht in jedem Falle praktikable) Methode zur Unterscheidung zwischen symmetrieerlaubten und -verbotenen Synchronreaktionen dar[141]. Dabei wählt man HOMO und LUMO zweckmäßig in der Weise, daß mit dem fiktiven Übergang von Elektronen des obersten besetzten in das unterste unbesetzte Molekülorbital eine Lockerung jener Eduktbindungen bzw. eine Knüpfung jener Produktbindungen verbunden ist, welche im Zuge der betreffenden Synchronreaktion tatsächlich zu spalten bzw. neu zu bilden sind. Darüber hinaus nähert man die Edukte mit Vorteil in der Weise einander, daß im Übergangszustand die Produkte bereits vorgebildet sind.

So wird etwa im Falle der Chlorierung von Sulfanen R_2S bzw. Schwefeldioxid SO_2:

$$R_2S\colon + Cl{-}Cl \longrightarrow R_2SCl_2 \qquad O_2S\colon + Cl{-}Cl \longrightarrow O_2SCl_2$$

ein freies Schwefelelektronenpaar in die neu zu knüpfenden SCl-Bindungen einbezogen. Demgemäß wählt man hier die Orbitale der betreffenden Elektronenpaare (ein p_z-Orbital im Falle von R_2S, ein sp^2-Orbital im Falle von SO_2) zweckmäßig als HOMO und demgemäß das antibindende σ^*-Molekülorbital von Chlor als LUMO. Nähert man nun die Edukte R_2S und Cl_2 bzw. SO_2 und Cl_2 „produktgeometriegerecht", so resultiert ersichtlicherweise in ersterem Reaktionsfall (30a) eine HOMO/LUMO-Beziehung, in letzterem (30b) aber keine. Mithin ist eine synchrone Chlorierung von R_2S symmetrieerlaubt und die von SO_2 symmetrieverboten.

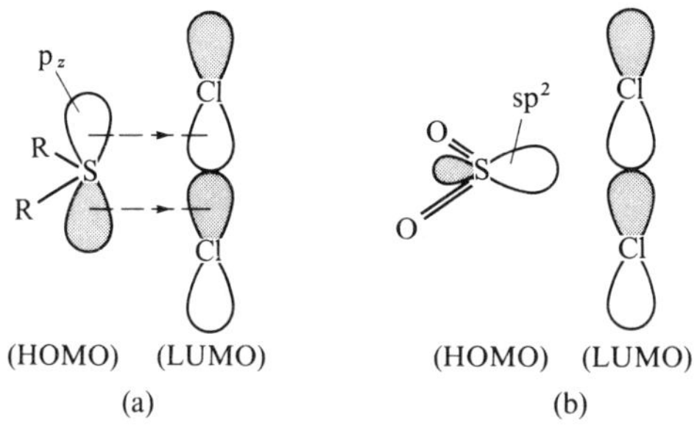

p_z R R S Cl Cl (HOMO) (LUMO) (a) O O S sp^2 Cl Cl (HOMO) (LUMO) (b) (30)

Wie aus den wiedergegebenen Formeln (30a) und (30b) nämlich hervorgeht[142], führt die HOMO/LUMO-Überlappung nur im Falle der R_2S/Cl_2-Umsetzung nicht dagegen im Falle der SO_2/Cl_2-Umsetzung zu bindenden Wechselbeziehungen an den Stellen beider neu zu

[140] Aus gleichem Grunde erfolgt auch die Addition von H_2 an organische Diene viel leichter als an Alkene.

[141] Bezüglich weiterer Unterscheidungsmethoden (Konfigurations-/Korrelationsdiagramme, stufenweise Orbitalanalyse) vgl. Spezialliteratur[133].

[142] Übersichtlichkeitshalber wurde in die Formel (30a) das s-Orbital des zweiten freien Schwefelelektronenpaars nicht eingezeichnet.

knüpfenden SCl-Bindungen[143]. Somit wird nunmehr auch verständlich, daß die Chlorierung von SO_2 – anders als die Chlorierung von R_2S – aus Gründen der Orbitalsymmetrie nicht auf dem Wege eines energetisch günstigen Synchronprozesses, sondern auf dem Wege eines energetisch aufwendigeren Radikalstufenprozesses (vgl. S. 386) abläuft.

Aus dem gleichen Grunde wie die Chlorierung von SO_2 ist etwa auch die synchrone Chlorierung von Kohlenoxid CO oder von Germaniumdichlorid $GeCl_2$ symmetrieverboten. Beide Reaktionen verlaufen demgemäß in der Gasphase nur langsam auf mehrstufigem, radikalischem Wege. Andererseits sind etwa synchrone α-Additionen von Halogenen nicht nur an Sulfane, sondern auch an Halogene, Phosphane PR_3 usw. bzw. umgekehrt α-Eliminierungen von Halogenen aus Interhalogenen $HalHal_n$, Sulfuranen R_2SHal_2, Phosphoranen R_3PHal_2 usw. symmetrieerlaubt. So erfolgen Gasphasenreaktionen wie z. B. die reversible Chlorierung von Phosphortrichlorid zu Phosphorpentachlorid ($PCl_3 + Cl_2 \rightleftarrows PCl_5$) oder die Fluorierung von Brom zu Bromtrifluorid ($BrBr + F_2 \rightleftarrows BrBrF_2 \rightleftarrows BrF + BrF$; $BrF + F_2 \rightarrow BrF_3$)[144] rasch.

Für den glatten Verlauf von α-Additionen und -Eliminierungen (bzw. auch von anderen symmetrieerlaubten Synchronreaktionen) ist es aus energetischen Gründen in der Regel notwendig, daß der HOMO/LUMO-Elektronenfluß von den elektropositiveren zu den elektronegativeren Reaktionszentren hin erfolgt. Häufig beobachtet man aber bereits dann eine Reaktionshemmung, wenn die elektronenliefernden Zentren nur wenig elektropositiver als die elektronenaufnehmenden Zentren sind. So erfolgt etwa die synchrone α-Addition von Fluor an das relativ elektronegative Chlor der Verbindung ClF bzw. das Xenon der Verbindung XeF_2 bereits langsamer als die tatsächlich verwirklichte oberhalb von 200 °C einsetzende mehrstufige α-Addition auf radikalischem Wege.

Das experimentell vielfach (insbesondere in der organischen Chemie) bestätigte Prinzip von der Erhaltung der Orbitalsymmetrie läßt sich auf alle chemischen Einstufenprozesse anwenden[145] und wird uns noch mehrmals begegnen.

4 Stereochemie der Moleküle[146]

Fragen nach der *Zahl möglicher Konfigurations- oder Konformationsisomerer* eines Moleküls (z. B. eines Phosphans oder einer Koordinationsverbindung, S. 747, 1236) lassen sich ebenso wie Fragen nach der *Synthese und Reaktivität von Molekülen bestimmter Konfiguration oder Konformation* durch „stereochemische" Überlegungen lösen. Denn die Stereochemie[147] umfaßt als aktuelles Teilgebiet der Chemie einerseits die Lehre von der *„stereochemischen Isomerie"* (*„Stereoisomerie"*)[147], d.h. die Lehre vom räumlichen Bau der Moleküle gleicher Summenformel und Atomverknüpfung („Konstitution", S. 322) aber ungleicher Atomanord-

[143] Der HOMO/LUMO-Elektronenübergang hat – wie bei einer symmetrieerlaubten Reaktion gefordert – im Falle von (30a) zusätzlich eine Lockerung der ClCl-Bindung zur Folge.

[144] Während die mehrstufige Bildung von BrF aus Br_2 und F_2 auf dem wiedergegebenen Wege über eine symmetrieerlaubte α-Addition von F_2 und Br_2 mit anschließender synchroner α-Eliminierung aus dem Addukt Br_2F_2 möglich ist, gehört die einstufige Vierzentren-Reaktion $Br_2 + F_2 \rightarrow 2\,BrF$ zu den symmetrieverbotenen Prozessen (s. weiter oben).

[145] So lassen sich etwa nicht nur – wie besprochen – bimolekulare, sondern auch monomolekulare Reaktionen erfassen. Z. B. führt etwa eine Orbitalanalyse im Falle von NH_3 und CH_4 zu dem Schluß, daß die intramolekulare Ammoniakinversion symmetrieerlaubt, die intramolekulare Methan-Inversion aber symmetrieverboten ist (vgl. Pseudorotation, S. 551).

[146] **Literatur.** E. L. Eliel: *„Stereochemie der Kohlenstoffverbindungen"*, Verlag Chemie, Weinheim 1966; *„Stereochemistry of Carbon Compounds"*, McGraw-Hill, New York 1962; *„Grundlagen der Stereochemie"*, Birkhäuser Verlag, Basel, Stuttgart 1972; *„Die Entwicklung der Stereochemie seit Le Bel und van't Hoff"*, Chemie in unserer Zeit, 8 (1974) 148–158; H. Brunner, *„Stereochemie quadratisch-pyramidaler Verbindungen"*, Chemie in unserer Zeit, **11** (1977) 157–164; *„Asymmetrische Katalyse mit Rhodium-Phosphan-Komplexen"*, Chemie in unserer Zeit, **14** (1980) 177–183; *„Rechts oder links – das ist hier die Frage"*, Schriftenreihe Fonds der Chem. Industrie, **22** (1984) 11–17; *„Enantioselective Catalysis with Transition Metal Complexes"*, J. Organomet. Chem. **300** (1986) 39–56; E. Ruch: *„Chirale Derivate achiraler Moleküle: Standardklassen und das Problem der Rechts-Links-Klassifizierung"*, Angew. Chem. **89** (1977) 67–75; Int. Ed. **16** (1977) 65; Ch. Reichardt: *„Optische Aktivität und Molekülsymmetrie"*, Chemie in unserer Zeit **4** (1970) 188–193; G. Quinkert, H. Stark: *„Stereoselektive Synthese enantiomerenreiner Naturstoffe – Beispiel Östron"*, Angew. Chem. **95** (1983) 651–669; Int. Ed. **22** (1983) 651.

[147] stereos (griech.) = fest, starr hart; topos (griech.) = Ort, Platz, Stelle; homos (griech.) = derselbe; isos (griech.) = gleich; meros bzw. meris (griech.) = Teil, Teilchen; dia (griech.) = auseinander (diastereomer = räumlich auseinander); enantion (griech.) = Gegenteil; cheir (griech.) = Hand (Chiralitätsisomere verhalten sich zueinander wie rechte und linke Hand); pro (griech.) = vor; dis (lat.) = zwischen; meso von mesos (griech.) = mitten, zwischen.

nung („Konfiguration", „Konformation", S. 323), also unterschiedlicher dreidimensionaler Architektur („*Topographie*")[147], andererseits die Lehre von der „*stereochemischen Dynamik*" („*Stereodynamik*"), d.h. die Lehre vom räumlichen Ablauf der chemischen Reaktionen stereoisomerer Moleküle („*Stereoselektivität*", „*Stereospezifität*").

Geschichtliches. Die Geschichte der Stereochemie setzte nach Auffinden des polarisierten Lichts (E.L. Malus, 1808) vor knapp 200 Jahren mit der Entdeckung seiner *optischen Drehung* beim Durchtritt durch bestimmte Kristalle wie Quarz (D.F.J. Arago, 1811) oder durch Lösungen gewisser Substanzen wie Zucker (J.B. Biot, 1813) ein. Es folgte die erstmalige *Spaltung eines Racemats* in optische Antipoden – nämlich von Traubensäure in (+)- und (−)-Weinsäure (jeweils Natriumammonium-Salz) – durch Kristallauslese (L. Pasteur, 1848). Als Ursache der *optischen Isomerie* vermutete Pasteur um 1860 das Vorliegen „spiegelbildisomerer" Moleküle, eine Idee, die in der *Theorie der Tetraederstruktur des Kohlenstoffatoms* (J.H. van't Hoff, Le Bel, 1884) eine exakte Formulierung fand und zur Begründung der modernen Stereochemie führte. Das Tetraedermodell ermöglichte van't Hoff zugleich die (geometrisch richtige) Deutung der von J. Wislicenus (1873) entdeckten „Ethylenisomerie" als *cis-trans-Isomerie.* Ähnlich wie für die Lehre vom Bau der Moleküle (vgl. hierzu Anm.[151]) spielten geometrische und optische Isomerie in der Folgezeit für die Entwicklung der *Koordinationslehre* durch A. Werner (1866–1919; Nobelpreis 1913) eine entscheidende Rolle (vgl. S. 1205). Das besonders aktuelle Problem einer *enantiomeren Synthese* führte erstmals 1930 unter Zuhilfenahme von zirkular polarisiertem Licht (W. Kuhn, E. Knopf) und später unter Verwendung eines optisch aktiven Katalysators (H. Nozaki und Mitarbeiter, 1966) zu bescheidenen Erfolgen (vgl. hierzu *enantiomere Katalyse*, S. 414).

In den folgenden beiden Unterkapiteln soll nunmehr die „stereochemische Isomerie" und „Dynamik" etwas eingehender besprochen werden.

4.1 Stereochemische Isomerie (Stereoisomerie)[146]

Wie auf S. 322 bereits angedeutet wurde, unterscheidet man bei *stereochemischen Isomeren* (*Stereoisomeren*)[147] zwischen Isomeren, die sich in der geometrischen Stellung von Atomen oder Atomgruppen zueinander unterscheiden („*Diastereoisomere*", „*Diastereomere*", „*geometrische Isomere*") und Isomeren, deren Atome zwar stellungsgleich sind, die sich aber wie Bild- und Spiegelbild zueinander verhalten („*Enantiomere*"[147], „*Spiegelbildisomere*"). Nachfolgend sei zunächst auf die Erscheinung der „Enantiomerie", dann auf die der „Diastereomerie" eingegangen (vgl. hierzu auch die Unterkapitel zur Stereochemie der acyclischen Phosphane sowie der Metallkomplexe, S. 747, 1236).

4.1.1 Enantiomerie

In der belebten und unbelebten Umwelt macht man immer wieder die eindrucksvolle Beobachtung, daß sich zwei gleichartige Objekte wie etwa die menschlichen Hände und Füße, die gewundenen Säulen zu beiden Seiten eines Barockaltars, gut ausgebildete Bergkristalle, Holzschrauben, Spielwürfel auch nach Drehen und Wenden nicht zur Deckung bringen lassen. Die betreffenden Objekte (rechte und linke Hand, rechter und linker Fuß, rechts- und linksgängige Säule, Rechts- und Linksquarz, Schraube mit Rechts- und Linksgewinde, Würfel mit Rechts- oder Linksanordnung der durch Punkte wiedergegebenen Zahlenfolge 1, 2, 3) sind in ihrer Gestalt „gegenteilig" („*enantiomer*")[147]. Sie verhalten sich wie Bild und Spiegelbild zueinander und zeigen die Eigenschaft der „Händigkeit" (**Chiralität**)[147].

Die Erscheinung der **Enantiomerie (Spiegelbildisomerie, Chiralitätsisomerie)** ist nicht auf Objekte der *Makrowelt* beschränkt, sondern findet sich auch in der *Mikrowelt* u.a. solcher Moleküle, welche wie organische „Zucker" $CH_2OH(*CHOH)_nCHO$ (z.B. Glycerinaldehyd $CH_2OH—*CHOH—CHO$, Aldotetrose $CH_2OH—*CHOH—*CHOH—CHO$) oder anorganische „Phosphane" $PH_2(*PH)_nP(PH_2)_2$ (z.B. Isopentaphosphan $PH_2—*PH—P(PH_2)_2$, Isohexaphosphan $PH_2—(*PH—)_2^*P(PH_2)_2$) „asymmetrische", d.h. mit unterschiedlichen Resten substituierte tetraedrische oder pyramidale Atome enthalten („*asymmetrische*" bzw. „*chirale*" Atome; in den Formeln durch Sterne markiert). Als Beispiele sind nachfolgend die beiden spiegelbildisomeren, nicht zur Deckung zu bringenden Formen von „Glycerinaldehyd" und „Isopentaphosphan" in „*Keilprojektion*"[148] wiedergegeben (bezüglich der Stereochemie von Aldotetrose sowie Isohexaphosphan s. u. sowie S. 747):

(+)-Glycerinaldehyd [(R)-, (D)-Form] | (−)-Glycerinaldehyd [(S)-, (L)-Form] | (+)-Isopentaphosphan [(S)-, (L)-Form] | (−)-Isopentaphosphan [(R)-, (D)-Form]

Enantiomere Verbindungsformen wie etwa die spiegelbildisomeren Glycerinaldehyde sind *in allen ihren skalaren physikalischen Eigenschaften* wie Schmelzpunkt, Siedepunkt, Dampfdruck, Dichte, Brechungsindex, Dipolmoment, Energieinhalt, Schwingungs-, Ultraviolett-, Kernresonanz-, Massenspektrum, Röntgen- und Elektronendiffraktion *identisch*. Entsprechendes gilt für die chemische Reaktivität chiralitätsisomerer Moleküle hinsichtlich aller achiraler Stoffe (z. B. haben Enantiomere gleiche Acidität bzw. Basizität in Wasser). Sie *unterscheiden sich aber in nicht-skalaren physikalischen Observablen*, also etwa in ihrem Verhalten gegenüber polarisiertem Licht, dessen Ebene sie in einem Isomerenfalle nach rechts, im anderen Isomerenfalle nach links drehen[149]. Auch zeigen sie unterschiedliche Reaktivität hinsichtlich chiraler Stoffe (vgl. S. 414).

Wegen ihrer „*optischen Aktivität*" bezeichnet man Enantiomere auch als **optische Isomere** („*optische Antipoden*") und charakterisiert die Antipoden durch die Namenspräfixe (+) und (−) bzw. (d) und (l)[150], das Gemisch („*Racemat*") aus gleichen Mengen der Antipoden durch das Präfix (±) oder (d, l). Bezüglich der Präfixe R, S, D, L vgl. S. 407.

Moleküle mit *einem* Chiralitätszentrum

Enantiomerie (*Spiegelbildisomerie, Chiralitätsisomerie, optische Isomerie*) beobachtet man – wie oben erwähnt – bei allen Molekülen des Typs Eabcd, in welchen ein „tetraedrisches" Atom E (**Chiralitätszentrum, Asymmetriezentrum**) von *vier verschiedenen Atomen oder Atomgruppen* a, b, c, d umgeben ist. Eine der vier Gruppen kann hierbei ein freies Elektronenpaar sein, was zu einem „*pyramidalen*" („pseudotetraedrischen") Atom E mit *drei verschiedenen Atomen oder Atomgruppen* führt. Auch lassen sich im Falle tetraedrischer Atome die vier verschiedenen einzähnigen Reste a, b, c, d durch *zwei gleichartige zweizähnige Liganden* ab ersetzen:

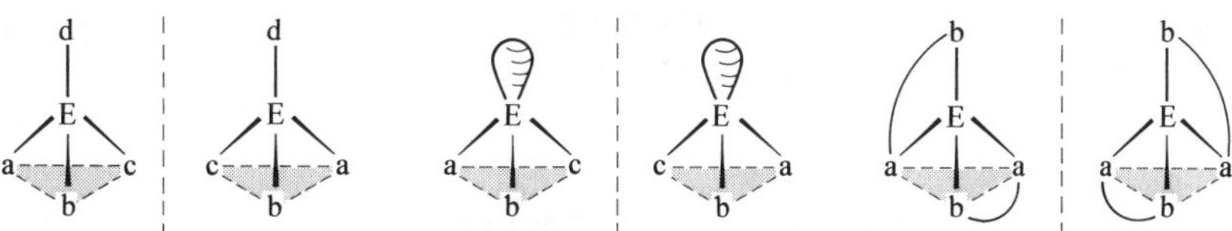

[148] In Formeln mit Keilprojektion deuten Keilstriche, Striche sowie unterbrochene Linien auf Bindungen, die nach vorne gerichtet sind, in der Papierebene liegen sowie nach hinten verlaufen.

[149] **Bestimmung der optischen Drehung.** Die Bestimmung der *spezifischen optischen Drehung* $[\alpha]_\lambda^t$ eines Enantiomeren in Lösung bei bestimmter Temperatur t [°C] (meist 25 °C) mit Licht der Wellenlänge λ [nm] (meist die gelbe D-Linie des Natriums bei 589.3 nm) erfolgt mit Hilfe von **Biots Gesetz**: $\alpha = [\alpha]_\lambda^t \cdot l \cdot d$ (α = gefundener Drehwinkel; l = Wegstrecke des polarisierten Lichts in der Lösung in [dm]; d = Dichte des Enantiomeren im Solvens in [g/ml]. Beispielsweise beträgt $[\alpha]_D^{20}$ für (D)-Glycerinaldehyd +13.8°. Die spezifische optische Drehung $[\alpha]_D^{20}$ kann sehr kleine und sehr große Werte annehmen (z. B. 0.8° für $^\star CHD(CH_3)(C_5H_6)$ und 375° für $[^\star Mn(CO)(NO)(C_5H_5)(PPh_3)]^+$). Da $[\alpha]_\lambda^t$ lösungsmittelabhängig und nicht immer exakt proportional der Konzentration ansteigt, fügt man dem Wert für die spezifische Drehung ggfs. das verwendete Lösungsmittel und die Meßkonzentration c [g/100 ml] bei (z. B. beträgt für (L)-Alanin $^\star CH(NH)_2(CH_3)(COOH)$ $[\alpha]_D^{25} = +2.7°$ (H_2O, c 10.3).

[150] (+), (−) = Drehung der Ebene polarisierten Lichts im Uhrzeigersinn, im Gegenuhrzeigersinn; d, D von dexter (lat.) = rechts; l, L von laevus (lat.) = links; R von rectus (lat.) = rechts; S von sinister (lat.) = links.

Enantiomerie findet sich zudem bei nicht-planaren Komplexen mit *höher als vierfach koordiniertem Zentralatom* (z. B. bei oktaedrisch gebauten Komplexen, S. 1236), jedoch nicht bei allen planaren Komplexen[151].

Das zentrale Atom E der tetraedrischen und pyramidalen Komplexe kann ein Element der „vierten" *Hauptgruppe* sein (E = C, Si, Ge, Sn in Eabcd bzw. :$Eabc^-$), aber ebensogut ein Element der „zweiten" Hauptgruppe (z. B. E = Be in $Eabcd^{2-}$), der „dritten" Hauptgruppe (z. B. E = B in $Eabcd^-$), der „fünften" Hauptgruppe (E = N, P, As, Sb in :Eabc, O=Eabc bzw. $Eabcd^+$), der „sechsten" Hauptgruppe (E = O, S, Se, Te in :$Eabc^+$ bzw. E = S in O=Eab) oder auch ein Element der *Nebengruppe*. Allerdings lassen sich die beiden (energiegleichen) Enantiomeren nur als Isomerengemisch isolieren, falls die Isomerisierungsaktivierungsbarrieren wie im Falle vieler enantiomerer „Carbanionen" $[:Cabc]^-$, „Amine" [:Nabc], „Oxoniumionen" $[:Oabc]^+$ und „Metallkomplexe" [Mabcd] vergleichsweise klein sind (vgl. hierzu Pseudorotation bzw. Inversion, S. 657, 758). Sind andererseits die Isomerisierungsaktivierungsbarrieren genügend hoch wie im Falle der tetraedrisch gebauten Komplexe Eabcd eines Hauptgruppenelements oder der pyramidal gebauten Komplexe :Eabc eines Hauptgruppenelements E ab der 3. Periode, so lassen sich die optischen Antipoden voneinander trennen und in Substanz isolieren. Im Sinne des auf S. 323 Besprochenen bezeichnet man die kinetisch instabileren (labilen) Enantiomeren auch als *Konformationsisomere*, die kinetisch stabileren Enantiomeren als *Konfigurationsisomere*. In ersterem Falle kommt den isomeren Molekülen somit **enantiomere Konformation**, im letzteren Falle **enantiomere Konfiguration** zu.

Symmetriebetrachtungen (vgl. S. 173 sowie Tab. 49 auf S. 408). Enantiomere (**chirale**) Moleküle zeichnen sich ganz allgemein durch das *Fehlen einer Drehspiegelachse* S_n aus. Drehachsen C_n sind demgegenüber mit einer Molekülchiralität vereinbar (s. unten). Das „*Chiralitätszentrum*" (Asymmetriezentrum) chiraler und damit optisch aktiver Moleküle des Typus Eabcd (z. B. CHBrClF) ist etwa dadurch charakterisiert, daß es außer der Identität, d. h. einer einzähligen Drehachse, kein Symmetrieelement besitzt.

Weisen andererseits Moleküle wie CH_2BrCl oder BrClC=O zusätzlich eine Spiegelebene σ, d. h. eine einzählige Drehspiegelachse S_1 auf, so bezeichnet man sie als **prochiral**[147], ihre Zentren als „Prochiralitätszentren". Die durch eine Spiegelung miteinander verknüpften Atome oder Atomgruppen prochiraler Moleküle (z. B. die beiden H-Atome in CH_2BrCl) stehen miteinander in „heterotoper" („*enantiotoper*"[147]) Beziehung und sind nur *scheinbar äquivalent* (vgl. S. 178); es führt nämlich der Ersatz einer der beiden enantiotopen Gruppen durch einen anderen Rest – also etwa das eine oder andere H-Atom in CH_2BrCl durch ein I-Atom – zu Enantiomeren. Entsprechendes gilt im Falle planarer prochiraler Moleküle wie BrClC=O für die Räume oberhalb und unterhalb der Molekülspiegelebene: sie sind enantiotop und nur scheinbar äquivalent. Als Folge hiervon führt etwa die H_2-Addition auf der einen oder anderen Seite des Moleküls BrClC=O zu Enantiomeren:

Prochirale Moleküle zeichnen sich somit dadurch aus, daß sie durch eine einmalige Operation (Substitution, Addition) an Prochiralitätszentren in chirale Moleküle überführt werden können[152].

Weisen Moleküle wie CH_3Cl, CH_2Cl_2, $Cl_2C=O$, HCN mehrere Spiegelebenen und Drehachsen auf, so bezeichnet man sie als **achiral**, ihre Zentren als „*Achiralitätszentren*". Die durch Drehungen miteinander ver-

---

[151] **Geschichtliches.** Nachdem im Anschluß an die erstmalige Trennung der Traubensäure in d- und l-Weinsäure (L. Pasteur, 1848) eine Reihe optisch aktiver Kohlenstoffverbindungen Cabcd aufgefunden worden waren, wurden (i) mit der Trennung quartärer Ammoniumsalze $[Nabcd]^+X^-$ (Le Bel, 1891; W. J. Pope und S. J. Peacky, 1899) sowie siliciumorganischer Verbindungen Siabcd (F. S. Kipping, 1907) erstmals optische *Antipoden ohne asymmetrisches Kohlenstoffatom* gewonnen, (ii) mit den Spiegelbildisomeren vom Typus CHDRR′ (E. L. Eliel sowie – unabhängig – E. R. Alexander 1949) erstmals *optische Isomere mit isotopensubstituierten Zentren* erhalten und (iii) mit der Spaltung der Phosphorverbindung $P(CH_3)(C_3H_7)(C_6H_5)$ (L. Horner, 1969) bzw. der Manganverbindung $[Mn(CO)(NO)(C_5H_5)(PPh_3)]^+PF_6^-$ (H. Brunner, 1969) in Enantiomere erstmals *optische Antipoden mit einem pyramidalen Nichtmetall-Zentrum – bzw. tetraedrischen Metall-Zentrum* isoliert.

[152] Enthält ein tetraedrisch gebautes Molekül $Ea_2b{\star}c$ wie $CH_2(CH_3)({\star}CHClCH_3)$ einen chiralen Substituenten ⋆c, so entfällt die Molekülspiegelebene und die beiden gleichartigen Substituenten a (Wasserstoff im Beispiel) sind nicht mehr enantiotop, sondern *diastereotop*[147]. Sie unterscheiden sich in allen ihren physikalischen und chemischen Eigenschaften und liefern z. B. unterschiedliche Signale im NMR-Spektrum (vgl. einschlägige Literatur); auch führt die Substitution der einen oder der dazu diastereotopen Gruppe zu Diastereomeren in unterschiedlicher Ausbeute (z. B. liefert die Chlorierung von optisch aktivem 2-Chlorbutan $CH_2(CH_3)({\star}CHClCH_3)$ in 30 % Ausbeute (70 % Ausbeute) optisch aktives (inaktives) ${\star}CHCl(CH_3)({\star}CHClCH_3)$; Näheres S. 408).

knüpften äquivalenten Atome oder Atomgruppen achiraler Moleküle (z. B. die H-Atome in CH_3Cl, CH_2Cl_2 bzw. die Cl-Atome in $Cl_2C{=}O$) stehen miteinander in „*homotoper*"[147] Beziehung. Die Substitution eines homotopen Atoms führt – anders als die eines heterotopen Atoms – nicht zu einer Molekülchiralität.

Nomenklatur. Zur bildlichen Wiedergabe chiraler Moleküle mit einem *tetraedrischen* oder *pyramidalen* Asymmetriezentrum benützt man neben der Keilprojektion (s. oben) vielfach die „*Fischer-Projektion*", die wie folgt erhalten wird: man dreht das Enantiomere Eabcd, dessen Chiralitätszentrum man sich in der Papierebene liegend denkt, derart, daß zwei Bindungen (wenn möglich zwischen gleichen Atomen) vertikal nach hinten und zwei Bindungen horizontal nach vorne gerichtet sind. In dieser Lage führen z. B. die Antipoden des Glycerinaldehyds zu den Keilprojektionsformeln, die nachfolgend ganz links und rechts wiedergegeben sind. Die Fischer-Projektionsformeln von Glycerinaldehyd gehen hieraus durch Projektion der Bindung und Gruppen a, b, c, d auf die Papierebene hervor:

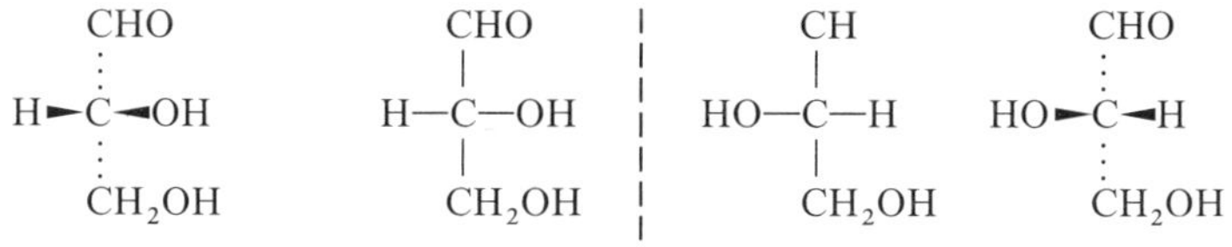

CHO	CHO	CH	CHO
H►C◄OH	H—C—OH	HO—C—H	HO►C◄H
CH_2OH	CH_2OH	CH_2OH	CH_2OH

(R)- oder (D)-(+)-Glycerinaldehyd | (S)- oder (L)-(−)-Glycerinaldehyd

Keil-Projektion — Fischer-Projektion — Keil-Projektion

Hierbei ist die Stellung der vertikal angeordneten Substituenten ohne Bedeutung, da die Fischer-Projektionsformeln um 180° (aber nicht um 90°) in der Papierebene gedreht werden können, ohne daß sich die Konfiguration ändert.

Die namentliche Wiedergabe chiraler Moleküle mit einem *tetraedrischen* oder *pyramidalen* Asymmetriezentrum erfolgt nach der **Sequenzregel** von **C**ahn, **I**ngold und **P**relog (**CIP**-Regel) in der Weise, daß man die Gruppen a, b, c, d der Enantiomeren Eabcd nach abnehmender Priorität ordnet, d. h. nach abnehmender Ordnungszahl (bzw. Masse bei Isotopen) des direkten Bindungspartners von E und – nachrangig – nach abnehmender Ordnungszahl (Masse) der übernächsten, dann überübernächsten Bindungspartner (doppelt oder dreifach gebundene Bindungspartner erhalten doppelte oder dreifache Ordnungszahl (Masse)):

$$I > Br > Cl > SO_3H > SH > PH_2 > OH > NO_2 > NH_2 > COOH > CHO > CH_2OH > C(Alkyl)_3 > C_6H_5 > CH(Alkyl)_2 > CH_2(Alkyl) > CH_3 > D > H > \text{Elektronenpaar}.$$

Das betreffende Chiralitätsisomere Eabcd wird nun so betrachtet, daß die Gruppe von niedrigster Priorität (z. B. H-Atom oder Elektronenpaar) hinter das Asymmetriezentrum zu liegen kommt. Die Aufeinanderfolge der drei dem Betrachter zugewandten Gruppen nach *abnehmender Priorität* im Uhrzeiger- oder Gegenuhrzeigersinn ergibt die Konfiguration R bzw. S[150] am Chiralitätszentrum. Man charakterisiert die Enantiomeren dementsprechend durch die Namenspräfixe (R) und (S) und bezeichnet im Falle der spiegelbildisomeren Glycerinaldehyde $C(OH)(CHO)(CH_2OH)(H)$ (Gruppen geordnet nach abnehmender Priorität) die (+)-Form als (R)-Glycerinaldehyd, die (−)-Form als (S)-Glycerinaldehyd (vgl. obige Projektionsformeln). Früher benannte man die betreffenden Isomeren nach Fischer auch als (D)- und (L)-Glycerinaldehyd, da in der Fischer-Projektion des Moleküls mit obenstehender CHO-Gruppe die OH-Gruppe einmal rechts und einmal links der Kohlenstoffkette angeordnet ist (in entsprechender Weise lassen sich andere Verbindungen nach Fischer einer (D)- und (L)-Form zuordnen)[153].

Die durch (R) und (S) bzw. (D) und (L) charakterisierte Konfiguration eines Enantiomeren hat nichts mit der beobachtbaren optischen Drehung des betreffenden Isomeren zu tun. Die *absolute Konfiguration* eines bestimmten rechtsdrehenden (+)- bzw. (d)- oder linksdrehenden (−)- bzw. (l)-Enantiomeren kann auf dem Wege einer direkten Strukturbestimmung durch anomale Röntgendiffraktometrie oder durch chemische Korrelation der Konfiguration des betreffenden Isomeren mit der Konfiguration eines anderen Enantiomeren, dessen absolute Konfiguration bekannt ist[154], erfolgen (ist letztere unbekannt, so führt

---

[153] Die (+, −)-, (R, S)- oder (D, L)-Enantiomeren-Zuordnung hat unterschiedliche Ursachen (optischer Drehsinn, Sequenzregel, Fischer-Projektion); eine Übereinstimmung von (+) mit (R) oder (D) wie im Falle von rechtsdrehendem Glycerinaldehyd ist deshalb zufällig. Auch beschreiben die Bezeichnungen (R) und (S) Molekülkonfigurationen zwar eindeutig, gleiche Konfigurationen verwandter Moleküle werden aber gelegentlich als Folge der Sequenzregel (z. B. bei Substitution eines leichten Atoms eines Substituenten durch ein schwereres) unterschiedlich bezeichnet.

[154] **Geschichtliches.** Die Frage nach der absoluten Konfiguration einer chiralen Verbindung (des Natriumrubidium-Salzes der (+)-Weinsäure) löste 1951 erstmals J. M. Bijovoet durch die von ihm entdeckte anomale Röntgenstrukturdiffraktion.

die chemische Korrelation zur *relativen Konfiguration* des betrachteten Enantiomeren). Bei Kenntnis des Zusammenhangs von optischem Drehsinn und absoluter Konfiguration wird der optische Drehsinn mit in das Namenspräfix aufgenommen, z. B. (R)-(+)- bzw. (S)-(−)-Glycerinaldehyd.

Moleküle mit *mehreren* Chiralitätszentren

Enthält ein Molekül *n* Chiralitätszentren (Asymmetriezentren), so wächst die Zahl denkbarer stereoisomerer Moleküle auf 2^n. Allerdings stehen dann die einzelnen Isomeren größtenteils nicht in enantiomerer, sondern diastereomerer Beziehung, da für ein bestimmtes Konfigurationsisomeres höchstens ein Enantiomeres existieren kann. Bei *n* Chiralitätszentren gibt es somit maximal $2^n : 2 = 2^{n-1}$ Enantiomerenpaare und immer 2^{n-1} Diastereomere. Beispielsweise finden sich unter den vier möglichen Stereoisomeren des Zuckers „Aldotetrose" CH_2OH—*CHOH—*CHOH—CHO ($n = 2$; $2^n = 4$) zwei Enantiomerenpaare ($2^{n-1} = 2$), nämlich die optisch-aktiven Formen mit (R,R)- und (S,S)-konfigurierten C-Atomen (= *Threose*) sowie die dazu diastereomeren optisch-aktiven Formen mit (R,S)- und (S,R)-konfigurierten C-Atomen (= *Erythrose*):

```
      H   OH  |     HO   H         HO   H  |      H   OH
       \ /    |      \ /            \ /    |       \ /
HOCH2   C     | HOCH2 C       HOCH2  C     | HOCH2  C
  |   /  |    |   |  / |        |  /  |    |   |  /  |
  C    CHO    |   C   CHO       C    CHO   |   C    CHO
 / \          |  / \           / \         |  / \
H   OH        | HO  H         H   OH       | HO   H

(R,R) (L) (+) | (S,S) (D) (−)  (R,S) (L) (+) | (S,R) (D) (−)
         -Threose                      -Erythrose
 (Racemat: (d,l)-Threose)      (Racemat: (d,l)-Erythrose)
```

Dabei sind die *Enantiomerenpaare* immer dadurch charakterisiert, daß sich *alle n chiralen Zentren* der beiden Molekülisomeren *spiegelbildlich* verhalten (vgl. (+)- und (−)-Threose bzw. (+)- und (−)-Erythrose), während bei *Diastereomeren* eines Moleküls mit mehreren asymmetrischen Atomen *ein Teil der chiralen Zentren identisch konfiguriert* ist (vgl. (+)- bzw. (−)-Threose mit (+)- oder (−)-Erythrose[155]).

Symmetriebetrachtungen (vgl. S. 173). Wie weiter oben besprochen wurde, ist das *Fehlen einer Drehspiegelachse eine notwendige und hinreichende Bedingung für Enantiomerie.* Moleküle mit *einer* Spiegelebene ($\equiv S_1$), *einem* Inversionszentrum ($\equiv S_2$) oder *einer* drei-, vier- und höherzähligen Drehspiegelachse S_n sind infolgedessen achiral und bilden keine Enantiomeren, wogegen Moleküle, die außer der einzähligen Achse C_1 *kein* Symmetrieelement aufweisen (*asymmetrische* Moleküle), oder Moleküle mit *einer* zwei-, drei- und höherzähligen Drehachse C_n (*dissymmetrische*[147]) Moleküle) Chiralität und optische Aktivität zeigen (vgl. Tab. 49). Die Ab- oder Anwesenheit von Asymmetriezentren stellt hierbei kein hinreichendes

Tab. 49 Symmetrie, Chiralität und optische Aktivität von Molekülen.

Symmetrie-elemente S_n	C_n	Molekül-Symmetrie	Molekül-Chiralität	optische Aktivität
+	+	symmetrisch	achiral	−
+	−	symmetrisch	achiral[b)]	−
−	+	dissymmetrisch	chiral	+
−	−[a)]	asymmetrisch	chiral	+

a) Außer C_1. – **b)** Im Falle S_1: prochiral.

[155] Die für Diastereomere geforderte unterschiedliche räumliche Anordnung gleicher Gruppen zeigt sich in der für Threose und Erythrose getroffenen gestaffelten Orientierung der Substituenten darin, daß die OH-Gruppen in Threose *gauche*, in Erythrose *trans* angeordnet sind.

Kriterium für Achiralität oder Chiralität dar. So existieren chirale Moleküle ohne asymmetrisches Atom (z. B. Allene des Typs RR′C=C=CR″R‴); auch sind nicht alle Moleküle mit asymmetrischen Atomen chiral. Beispielsweise ist unter den vier möglichen Formen der – für die Entwicklung der Stereochemie (vgl. S. 404) bedeutungsvollen – „Weinsäure“ HOOC—*CHOH—*CHOH—COOH zwar die (R,R)- nicht mit der spiegelbildlichen (S,S)-Weinsäure zur Deckung zu bringen, jedoch die (R,S)- mit der spiegelbildlichen (S,R)-Weinsäure. Erstere beiden Formen ((+)- und (−)-Weinsäure) stellen demzufolge optisch-aktive (chirale) Konfigurationsisomere dar, letztere beiden Formen (*meso*-Weinsäure[147]) besitzen ein Inversionszentrum und sind trotz ihrer beiden asymmetrischen C-Atome optisch-inaktiv (achiral), weil sich die Beträge der entgegengesetzt konfigurierten C-Atome zur optischen Drehung zu Null kompensieren. Vielfach wird aus ähnlichen Gründen (Vorliegen von Drehspiegelachsen) die Zahl 2^n denkbarer Isomerer eines Moleküls mit n Chiralitätszentren nicht erreicht.

```
          H   OH  |       HO   H              HO   H   |       H   OH
           \ /    |         \ /                 \ /    |        \ /
  HOOC      C     |  HOOC    C          HOOC     C     |  HOOC   C
     |    / |     |     |  / |             |   / |   ≡  |     |  / |
     C     COOH   |     C    COOH          C    COOH   |     C    COOH
    / \           |    / \                / \          |    / \
   H   OH         |  HO   H              H   OH        |  HO   H

(R,R)  (L)  (+)   | (S,S)  (D)  (−)     (R,S)  (L)     | (S,R)  (D)
           -Weinsäure                          -meso-Weinsäure
```

Keine optische Drehung weist neben der *meso*-Weinsäure naturgemäß auch ein Gemisch aus gleichen Teilen (+)- und (−)-Weinsäure (= (d,l)-Weinsäure oder Traubensäure) auf[156]. Möglichkeiten der Trennung derartiger 1 : 1-Gemische (**Racemate**) in optische Antipoden werden nachfolgend besprochen.

Racematspaltungen. Bei Synthesen chiraler Moleküle aus achiralen oder prochiralen Vorstufen entstehen immer Gemische (R,S) mit gleichen Anteilen (R) und (S) an Enantiomeren. Eine Möglichkeit zur – vielfach erwünschten – *Spaltung derartiger Racemate* in die optischen Antipoden besteht nun darin, daß man die Komponenten des racemischen Gemischs *chemisch* an eine (wohlfeile) optisch-aktive *Hilfskomponente* (R′) (Entsprechendes gilt für (S′)) knüpft. Die gebildeten Produkte (RR′) und (SR′) lassen sich als Diastereomere (s. o.) aufgrund ihrer unterschiedlichen Eigenschaften (z. B. Löslichkeit) voneinander trennen. Nach chemischer Spaltung der gereinigten Proben (RR′) und (SR′) in (R)/(R′) bzw. (S)/(R′) und Abtrennung der Hilfskomponente (R′) aus den erhaltenen Verbindungsgemischen verbleiben die reinen optisch-aktiven Enantiomeren (R) bzw. (S). Die beschriebene Methode einer chemischen Racemattrennung läßt sich mit dem Verfahren der Trennung eines Gemischs („Racemats“) linker und rechter Handschuhe im „Dunkeln“ vergleichen, bei denen man die Handschuh-„Antipoden“ durch Stülpen über die linke Hand als „chiralem“ Hilfsmittel in „passende“ linke und „nicht passende“ rechte Handschuhe sortiert.

Beispielsweise läßt sich das aus dem Racemat (±)-NpPhMeSiOMe (Np = α-Naphthyl $C_{10}H_7$, Ph = Phenyl C_6H_5, Me = Methyl CH_3) und dem Naturprodukt (−)-Menthol *ROH erhältliche Diastereomerenpaar in pentanunlöslicheres, bei 82–84 °C schmelzendes, linksdrehendes (−)-NpPhMe*SiO*R und pentanlöslicheres, bei 57–59 °C schmelzendes, rechtsdrehendes (+)-NpPhMe*SiO*R trennen. Die Behandlung der isolierten Diastereomeren mit $LiAlH_4$ führt dann unter Erhalt der Si-Konfiguration zu (+)- bzw. (−)-NpPhMe*SiH ($\alpha_D^{25} = \pm 34°$, Smp. 64 °C) und (−)-Menthol, wobei dem Enantiomeren (+)-NpPhMe*SiH nach einer Strukturuntersuchung die absolute Konfiguration (R), dem Enantiomeren (−)-NpPhMe*SiH somit die absolute Konfiguration (S) zukommt (vgl. nachstehende Formeln). Die beiden Methylnaphthylphenylsilan-Enantiomeren lassen sich ihrerseits – in stereospezifisch kontrollierter Weise – in das (S)- und (R)-Methylmethoxynaphthylphenylsilan überführen:

---

[156] (d,l)- und *meso*-Weinsäure unterscheiden sich als Diastereomere in allen ihren physikalischen und chemischen Eigenschaften. Z. B. ist die bei 174 °C schmelzende Traubensäure dichter, wasserlöslicher und saurer als die bei 151 °C schmelzende *meso*-Weinsäure.

H	H	OMe	OMe
Si	Si	Si	Si
Np, Me, Ph	Me, Np, Ph	Np, Me, Ph	Me, Np, Ph
(R)-(+)-	(S)-(−)-	(S)-(+)-	(R)-(−)-

Methylnaphthylphenylsilan | Methylmethoxynaphthylphenylsilan

Man kann racemische Gemische (R,S) auch durch eine mit optisch-aktivem Adsorbens (R′) (z. B. optisch-aktivem Quarz) gefüllte Säule schicken, wobei sich Adsorbate (R,R′) und (S,R′) als *physikalische* „Verbindungen" bilden. Als Diastereomere sind sie verschieden stabil und durchwandern deshalb die Säule unterschiedlich rasch (chromatographische Racematspaltung).

Weitere Trennmethoden für racemische Gemische (R,S) beruhen auf der unterschiedlich raschen Bildung von (R,R′) und (S,R′) aus (R,S) und (R′) (kinetische und biochemische Racematspaltung, vgl. S. 414).

Schließlich läßt sich in wenigen Fällen das auskristallisierte Racemat dann durch Kristallauslese trennen (mechanische Racematspaltung), wenn die intermolekularen Kräfte zwischen Enantiomeren gleicher Konfiguration größer als die zwischen Enantiomeren ungleicher Konfiguration sind, so daß beim Auskristallisieren des gelösten Racemats (R,S) grobe *Gemische* bzw. feine *Konglomerate* aus Kristallen bzw. Kristalliten der reinen Enantiomeren (···RRR···) und (···SSS···) entstehen. Häufig bilden sich allerdings beim Auskristallisieren der Racemate (R,S) – als Folge stärkerer intermolekularer Bindungen zwischen (R) und (S) – molekulare Mischkristalle (*feste Racemate*) (···RSRSRS···) beider Enantiomeren. Die festen Racemate stellen Diastereomere zu den festen Konglomeraten dar und haben aus diesem Grunde andere Eigenschaften (Löslichkeiten, Schmelzpunkte) als letztere.

Nomenklatur. Die bildliche Wiedergabe chiraler Moleküle mit mehreren tetraedrischen oder pyramidalen Asymmetriezentren kann durch perspektivische Projektionsformeln, nämlich *Keil-Formeln* wie im Falle von Glycerinaldehyd (s. o.), *Sägebock-Formeln* wie im Falle von Weinsäure oder Hydrazin (s. o. und S. 665), *Newman-Projektionsformeln* wie im Falle von Hydrazin (S. 664) sowie *Fischer-Projektionsformeln* wie im Falle von Glycerinaldehyd (s. o.) erfolgen. Letztere Formeln werden nach den besprochenen Regeln für Moleküle mit einem Asymmetriezentrum erstellt (s. o.), indem man diese Regeln der Reihe nach auf die einzelnen Chiralitätszentren eines Moleküls anwendet. Demgemäß ergeben sich etwa für die Threose und Erythrose (S. 408) folgende Fischer-Formeln

CHO	CHO	CHO	CHO
H—C—OH	HO—C—H	H—C—OH	OH—C—H
HO—C—H	H—C—OH	H—C—OH	OH—C—H
CH_2OH	CH_2OH	CH_2OH	CH_2OH
(R,R) (L) (+)	(S,S) (D) (+)	(R,S) (L) (+)	(S,R) (D) (−)

-Threose | -Erythrose

Die namentliche Wiedergabe chiraler Moleküle mit mehreren tetraedrischen oder pyramidalen Asymmetriezentren erfolgt nach der (R,S)-Nomenklatur durch Angabe von *Stellung* und *Konfiguration* der einzelnen Molekül-Chiralitätszentren sowie – bei Kenntnis der absoluten Konfiguration – zusätzlich durch Nennung des *optischen Drehsinns* als Namenspräfixe (z. B. (2R,3R)-(+)- und (2S,3S)-(−)-Threose, (2R,3S)-(+)- und (2S,3R)-(−)-Erythrose). Neben der rationellen (R,S)- wird noch die Fischersche (D,L)-Nomenklatur genutzt, wonach Isomere, deren OH- (oder mit OH vergleichbare) Gruppe am untersten Asymmetriezentrum der Fischer-Formel nach rechts bzw. links weist, (D)- bzw. (L)-Konfiguration haben (z. B. (D)-(−)- und (L)-(+)-Threose, (D)-(−)- und (L)-(+)-Erythrose). Darüber hinaus wird durch das Namenspräfix „*threo*" bzw. „*erythro*" angezeigt, daß zwei benachbarte asymmetrische Zentren wie im Falle der Threose oder Erythrose entgegengesetzte bzw. gleiche Konfiguration haben (vgl. hierzu Polyphosphane, S. 747).

4.1.2 Diastereomerie

Bei Vorliegen von „*Diastereomerie*" („*geometrischer Isomerie*") unterscheiden sich isomere Moleküle bei gleichem Verknüpfungsprinzip ihrer Atome in der räumlichen (geometrischen) Anordnung von zwei oder mehr Atomen bzw. Atomgruppen an einem Atomzentrum bzw.

einem Atomgerüst (vgl. S. 323). Diastereomere (geometrische Isomere) weisen also anders als die Enantiomeren (S. 404), welche gleiche geometrische Molekülgestalt (gleiche Atomabstände) und mithin gleiche skalare Eigenschaften besitzen, verschiedene innermolekulare Atomabstände auf. Als Folge hiervon verhalten sie sich auch in allen skalaren Eigenschaften unterschiedlich.

Ähnlich wie im Falle der Enantiomeren existieren im Falle der Diastereomeren Isomere, die hinsichtlich ihrer Isomerisierung unter Normalbedingungen stabil oder labil sind. Nachfolgend seien zunächst erstere (Konfigurationsisomere), dann letztere (Konformationsisomere) besprochen.

Isomere mit diastereomeren Konfigurationen

Ein wichtiger Spezialfall von Diastereomerie ist die ***cis-trans*-Isomerie**. Man beobachtet sie u.a. bei Komplexen Ea_2b_2, bei ungesättigten Molekülen abE=Eab oder bei cyclischen Verbindungen abE⌒Eab, in welchem ein Zentrum aus einem Atom E, einer starren, doppelt gebundenen Atomgruppe E=E oder einem cyclischen Atomgerüst E_n mit *zwei Paaren von Atomen oder Atomgruppen umgeben* ist, wobei die Paare an benachbarten oder entgegengesetzten Ecken eines planaren – oder näherungsweise planaren – Vierecks *cis-* oder *trans-ständig angeordnet* sind (ein Substituentenpaar kann auch ein Paar freier Elektronenpaare sein)[157]:

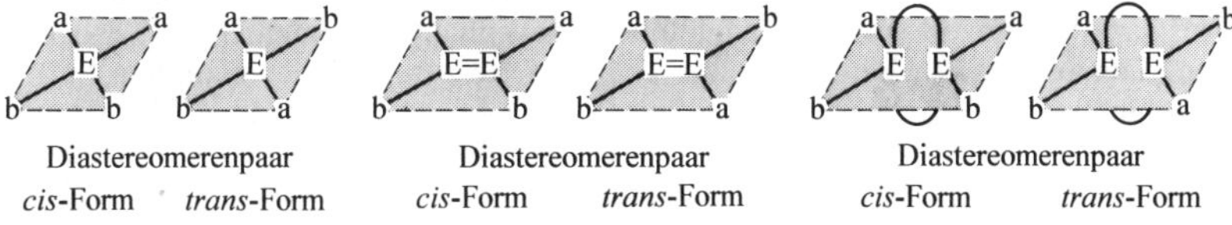

Diastereomerenpaar *cis*-Form *trans*-Form | Diastereomerenpaar *cis*-Form *trans*-Form | Diastereomerenpaar *cis*-Form *trans*-Form

Beispiele für *cis-trans*-isomere Komplexe bilden etwa *cis-* und *trans*-Diammindichlorplatin(II) $[Pt(NH_3)_2Cl_2]$ (S. 1236) oder *cis-* und *trans*-Diammindinitropalladium(II) $[Pd(NH_3)_2(NO_2)_2]$, Beispiele für *cis-trans*-isomere ungesättigte Verbindungen *cis-* und *trans*-1,2-Dichlorethylen ClHC=CHCl, *cis-* und *trans*-1,2-Di-tert-butyl-1,2-dimesityldisilen ${}^tBuMes$ Si=SiMes ${}^tBu$ (S. 903) oder *cis-* und *trans*-Diazen HN̈=N̈H (S. 672), Beispiele für *cis-* und *trans*-isomere cyclische Verbindungen *cis-* und *trans*-1,2-Dichlorcyclobutan CH_2—CHCl—CHCl—CH_2, *cis-* und *trans*-1,3-Dichlorcyclobutan CH_2—CHCl—CH_2—CHCl oder *cis-* und *trans*-1-Ethyl-2,3-diphenylcyclotriphosphan PEt—PPh—PP

Ähnlich wie von Komplexen Ea_2b_2 bzw. $E_2a_2b_2$ existieren auch von planar gebauten Molekülen Ea_2bc bzw. E_2a_2bc geometrische Isomere mit *cis-* und *trans*-ständigen Gruppen a[158], während planar-strukturierte Substanzen des Typs Ea_3b bzw. E_2a_3b naturgemäß keine Diastereomeren bilden und von planaren Verbindungen des Typs Eabcd sogar drei stereoisomere Formen möglich sind, in welchen die Reste b, c und d der Reihe nach gegenüber von a lokalisiert sind (letztere Diastereomere stellen keine Beispiele der *cis-trans-*, sondern Beispiele eines anderen Falls von geometrischer Isomerie dar):

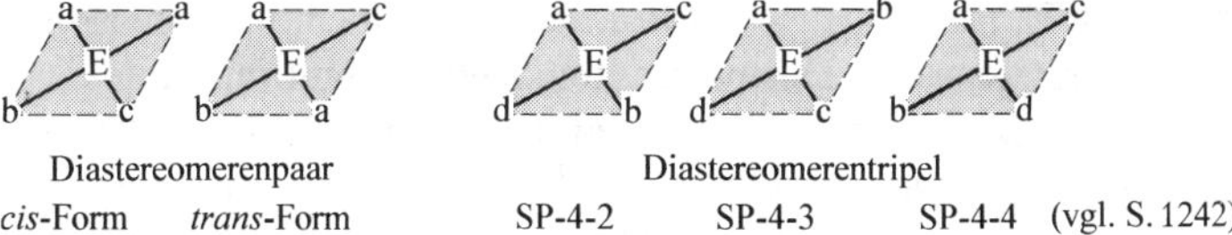

Diastereomerenpaar *cis*-Form *trans*-Form | Diastereomerentripel SP-4-2 SP-4-3 SP-4-4 (vgl. S. 1242)

Auch bei Komplexen mit *höher als 4fach koordinierten* Zentralatomen treten geometrische Isomere (neben Spiegelbildisomeren) auf. Z. B. bilden oktaedrische Komplexe des Typs Ea_2b_4 zwei Diastereomere mit *cis-* und *trans*-ständigen Gruppen a (für Einzelheiten vgl. S. 1237). Die *Zahl der geometrischen Isomeren* hängt hierbei von der Koordinationszahl und der Koordinationsgeometrie des Komplexzentrums sowie von der Anzahl unterschiedlicher (ein- oder mehrzähniger) Liganden ab. Darüber hinaus wächst die

157 Im Falle ungesättigter Verbindungen $E_2a_2b_2$ existiert neben *cis* abE=Eab und hierzu stereoisomerem *trans*-abE=Eab noch konstitutionsisomeres aaE=Ebb (analoges gilt für cyclische Verbindungen).

158 Ungesättigte Verbindungen E_2a_2bc bzw. E_2abcd führen zu 5 bzw. 6 Isomeren (3 Konstitutionsisomere, davon 2 bzw. 3 als Diastereomerenpaar, z. B. abE=Ecd/abE=Edc, acE=Ebd/acE=Edb, adE=Ebc/adE=Ecb.

Zahl möglicher Diastereomerer naturgemäß mit der Zahl *n* der „diastereomeren" Isomeriezentren (bei *cis-trans*-isomeren Zentren auf 2^n)[159].

Eine weitere Ursache der Diastereomerie kann die Anwesenheit *mehrerer Chiralitätszentren* sein (**„Diastereo-Isomerie"** im engeren Sinne). Einzelheiten hierzu wurden bereits auf S. 409 besprochen.

Außer Diastereomeren, die sich wie die Isomeren mit *cis-trans*-Ligandenanordnung oder mehreren Chiralitätszentren bei *gleicher Koordinationsgeometrie* der Isomeren durch die räumliche Verteilung *unterschiedlicher Liganden* unterscheiden, beobachtet man schließlich in seltenen Fällen auch geometrische Isomere mit *unterschiedlicher Koordinationsgeometrie gleicher Liganden* (**Allogon-Isomerie**[160]). So können etwa Komplexe Ea_n mit der Koordinationszahl 4 bzw. 5 des Zentralelements *tetraedrisch* und *quadratisch* bzw. *trigonal-bipyramidal* und *quadratisch-pyramidal* strukturiert sein:

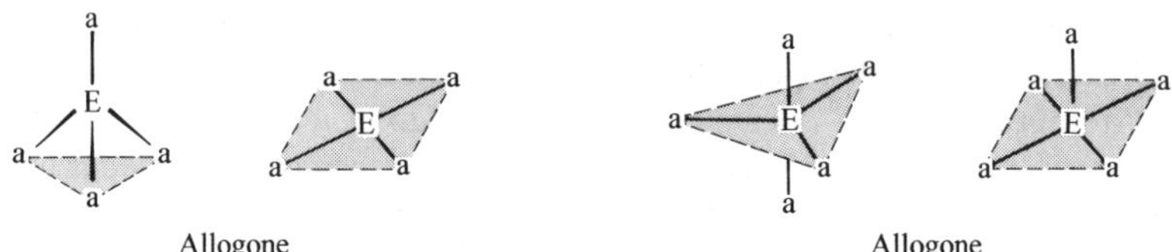

Allogone Ea_4 mit vier gleichen, tetraedrisch oder quadratisch angeordneten Gruppen sind bisher unbekannt. Es existiert aber kristallines Bis(benzyldiphenylphosphan)-dibromonickel(II) $[NiBr_2(PBzPh_2)_2]$ in einer roten, diamagnetischen Form mit *trans*-konfiguriertem quadratisch-planarem Nickel und einer grünen, paramagnetischen Form mit tetraedrischem Nickel. Auch ist $[Co(NCS)_2(PEt_3)_2]$ in fester Phase quadratisch, in der Lösungsphase tetraedrisch konfiguriert. Beispiele für Allogone Ea_5 mit fünf gleichen Gruppen a bietet Pentaphenylantimon $SbPh_5$, das in Form von kristallinem $SbPh_5 \cdot \frac{1}{2} C_6H_{12}$ (C_6H_{12} = Cyclohexan) trigonal-bipyramidal, in solvensfreier Form quadratisch-pyramidal gebaut ist.

Nomenklatur. Die unterschiedliche Stellung der Gruppen in diastereomeren Komplexen, sowie ungesättigten und cyclischen Verbindungen wird – wie erwähnt – durch die Namenspräfixe *cis* und *trans*[160] angezeigt. Bei Rotameren (s. u.) verwendet man die Präfixe *cis*, *trans* und *gauche*[160] sowie *syn* und *anti*[160] bzw. *cisoid* und *transoid*, bei Stereoisomeren ungesättigter Verbindungen häufig *Z* und *E*[160, 161], bei bi- und höhercyclischen Verbindungen mit einander zugekehrten oder voneinander abgekehrten funktionellen Gruppen oder Molekülteilen *endo* und *exo*[160], bei oktaedrischen Komplexen mit drei gleichen Liganden *mer* und *fac* (vgl. S. 1240).

Isomere mit diastereomeren Konformationen

In der Regel sind die Aktivierungsbarrieren für eine *cis-trans*-Isomerisierung von Molekülen $>E{=}E<$ durch Rotation der in einer Molekülebene angeordneten Teile $>E$ um die zentrale EE-*Doppelbindung* so hoch, daß sich die betreffenden *cis-trans*-Isomeren wie etwa ClHC=CClH, RR'Si=SiRR', F$\ddot{N}$=$\ddot{N}$F, R$\ddot{P}$=$\ddot{P}$R unter Normalbedingungen isolieren lassen. Diastereomere Moleküle mit zentraler Doppelbindung stellen somit im Sinne des auf S. 323 Besprochenen *Konfigurationsisomere* dar. Demgegenüber kommen Molekülen $\geqslant E{-}E \leqslant$ mit zentraler EE-*Einfachbindung* wie etwa $ClH_2C{-}CClH_2$, $MeH_2Si{-}SiMeH_2$, $H_2\ddot{N}{-}\ddot{N}H_2$, H$\ddot{O}$—$\ddot{O}$H kleine Aktivierungsbarrieren für den Übergang einer energetisch günstigen gestaffelten Rotationsstellung in die nächste gestaffelte Rotationsstellung zu (in der energiearmen

[159] Das in der Natur gebildete Polyisopren $(-CH_2-CMe{=}CH{-}CH_2-)_n$ weist je nach Herkunft all-*cis*-Konfiguration („*Kautschuk*") oder all-*trans*-Konfiguration („*Guttapercha*") auf. Ersteres Produkt ist ausgesprochen elastisch und findet für Autoreifen Verwendung. Letzteres Produkt ist weich, flexibel, plastisch verformbar.

[160] Allogon von allos (griech.) = anderer und goma (griech.) = Winkel; *cis* (lat.) = diesseits; *trans* (lat.) = jenseits: *sym* (griech.) = zusammen; *anti* (griech.) = gegenüber; *gauche* (franz.) = schief; *Z* von zusammen; *E* von entgegengesetzt; *endo* von endon (griech.) = innen; *exo* (griech.) = außen.

[161] Zur Benennung diastereomerer Moleküle abE=Ecd bestimmt man für jedes Doppelbindungsatom E die Prioritäten der beiden gebundenen Gruppen (a, b bzw. c, d) nach der Sequenzregel (S. 407). Bei *cis*-Stellung (*trans*-Stellung) der Gruppen höherer Priorität liegt *Z*-(*E*-)Konfiguration vor.

gestaffelten Stellung stehen die nach außen gerichteten Bindungen der zentralen Atome E auf „Lücke", in der energiereicheren *ekliptischen* Stellung auf „Deckung"):

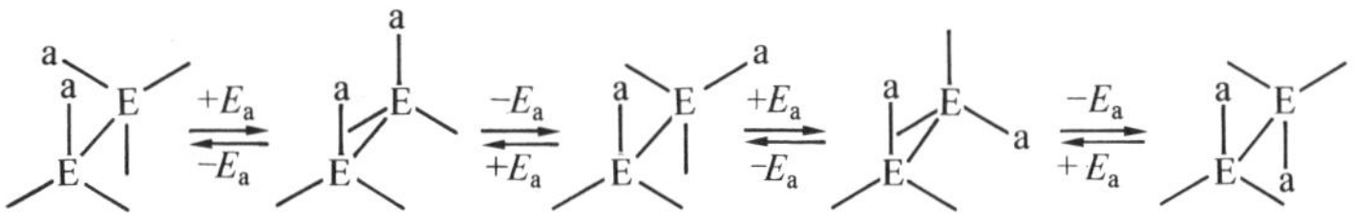

(gestaffelt) *gauche* | (ekliptisch) | (gestaffelt) *gauche* | (ekliptisch) | (gestaffelt) *trans*

Im Falle von Molekülen $ab_2E—Eab_2$ oder abcE—Eabc lassen sich deshalb meist keine Rotationsisomere („*Rotamere*") mit *gauche*- oder *trans*-Stellung der Gruppen a in Substanz isolieren (vgl. erste, dritte und fünfte Formel in obiger Reihe; Rotamere mit ekliptischer Anordnung der Substituenten – vgl. zweite und vierte Formel – veranschaulichen Rotationsübergangszustände). Diastereomere Moleküle mit zentraler Einfachbindung stellen hiernach *Konformationsisomere* dar (Näheres vgl. S. 663).

Vergleichsweise einfach liegen die Verhältnisse diastereomerer Konformationen im Falle cyclischer Moleküle mit einem E_n-Ringgerüst (n = Zahl der Ringglieder), da dann die Konformationen der einzelnen Elementatome E nicht mehr unabhängig voneinander sind. Als Beispiel seien die Konformationen des Cyclohexans C_6H_{12} besprochen (vergleichbare Verhältnisse findet man für Cyclohexasilan Si_6H_{12}, S. 894). Der energieärmste Zustand dieser Ringverbindung mit einer an einen „Sessel" erinnernden Konformation ist durch eine maximale Anzahl gestaffelter Bindungsanordnungen charakterisiert. Der „*Sessel-Form*" kommt hohe Symmetrie zu (Punktgruppe $D_{3d} \equiv S_{6v}$; vgl. S. 175): alle 6 Kohlenstoffatome sind äquivalent; ebenso bilden die 6 axial (in Richtung der Hauptachse) sowie die 6 äquatorial (horizontal zur Hauptachse) angeordneten Wasserstoffatome jeweils einen Atomsatz (in nachfolgendem Formelschema werden die beiden Wasserstoffatomsätze durch die Symbole H und h voneinander unterschieden). Ca. 21 kJ/mol energiereicher als die Sessel-Konformation ist die Twist-Konformation der Cyclohexane (D_2-Symmetrie). Die zur Bildung der „*Twist-Form*" aus der Sessel-Form benötigte Aktivierungsenergie von ca. 40 kJ/mol genügt bei weitem nicht für eine Isolierung der beiden Konformeren unter Normalbedingungen; die Isomeren stehen demgemäß bei Raumtemperatur im Gleichgewicht, das zudem zu 99.9 % auf der Seite der Sessel-Form liegt. Die Twist-Form vermag sich ihrerseits sehr leicht in andere Twist-Formen umzuwandeln (Aktivierungsbarriere: 6 kJ/mol; Konformation der Übergangsstufe: „*Wannen-Form*" mit C_{2v}-Symmetrie). Auch können sich die Twist-Formen in zwei verschiedene Sessel-Formen zurückverwandeln (Aktivierungsenergie ca. 19 kJ/mol), die sich allerdings nur in der axialen bzw. äquatorialen Stellung der beiden Wasserstoffatomsätze H und h unterscheiden.

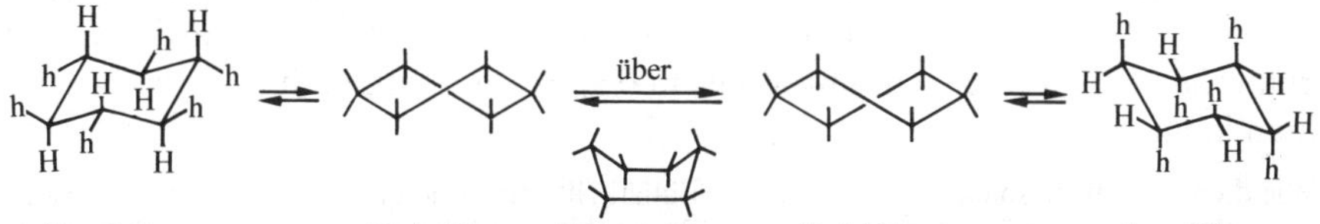

Sessel-Form | Twist-Form | über Wannen-Form | Twist-Form | Sessel-Form

Die beiden möglichen Sessel-Formen des Cyclohexans $C_6h_6H_6$ mit axial angeordneten Atomen h oder H und äquatorial angeordneten Atomen H oder h werden nach Ersatz eines Wasserstoffatoms durch einen Substituenten (z. B. Cl, CH_3) unterscheidbar: es sind nunmehr Sessel-Konformere mit einer axial bzw. äquatorial gebundenen Gruppe denkbar, die sich allerdings – wegen der kleinen Umwandlungsbarriere – wiederum nicht isolieren lassen (im Falle von Methylcyclohexan liegen ca. 90 % $C_6H_{11}(CH_3)_{\text{äquatorial}}$ im Gleichgewicht mit ca. 10 % $C_6H_{11}(CH_3)_{\text{axial}}$).

4.2 Stereochemische Dynamik[146]

Während sich die *Stereoisomerie* (stereochemische Isomerie) mit Fragen des *stereochemischen Baus* und der *physikalischen Eigenschaften* konstitutionsgleicher Moleküle auseinandersetzt (S. 404), befaßt sich die *Stereodynamik* (stereochemische Dynamik) mit den *chemischen Eigenschaften* der betreffenden Konfigurations- bzw. Konformationsisomeren, d. h. (i) mit dem stereochemischen Verlauf der Bildung sowie Umwandlung von Stereoisomeren und (ii) mit der Stereochemie hierbei auftretender Reaktionszwischen- sowie Reaktionsübergangstufen.

Gute Kenntnisse der stereochemischen Dynamik sind unerläßlich für die *Aufklärung von Reaktionsmechanismen* und die *Planung „stereoselektiver“* (*„diastereoselektiver“*, *„enantioselektiver“*) Synthesen, d.h. solcher Reaktionen, bei denen eines von zwei oder mehr möglichen stereoisomeren Produkten vor anderen bevorzugt gebildet wird (entsteht es ausschließlich, so spricht man von *„stereospezifischen“*, d.h. *„diastereospezifischen“*, *„enantiospezifischen“* Reaktionen).

Nachfolgend sei kurz auf „enantioselektive Reaktionen“ sowie auf die „Stereochemie chemischer Reaktionen“ eingegangen.

4.2.1 Enantioselektive Reaktionen

Sowohl in der makroskopischen Umwelt als auch mikroskopischen Molekülwelt der Lebewesen trifft man bei Wachstums- und anderen Prozessen auf die **Erscheinung der Enantioselektivität**. So winden sich etwa wachsende Schneckenhäuser fast ausschließlich im Uhrzeigersinn, wachsende Hopfenpflanzen einheitlich im Gegenuhrzeigersinn. Auch wird von den beiden spiegelbildlichen Formen des Alanins $^{\star}CH(CH_3)(NH_2)(COOH)$ enantiospezifisch nur die rechtsdrehende (D)- bzw. nur die linksdrehende (L)-Form für das Körpereiweiß aus achiralen Vorstufen gebildet. In analoger Weise sind die anderen rund 20 Aminosäuren $^{\star}CHR(NH_2)(COOH)$ im Eiweiß einheitlich (L)-, die pflanzlichen und tierischen Zucker $C_nH_{2n}O_n$ einheitlich (D)-konfiguriert usw. Stereospezifität ist allerdings nicht nur charakteristisch für die *Bildung*, sondern auch für die *Wirkung* von Stoffen in biologischen Systemen (z.B. für deren Geschmack, Geruch, Nährwert, Giftigkeit usw.). So unterscheiden sich etwa die (D)-Formen der Aminosäuren $^{\star}CHR(NH_2)(COOH)$ von den im Eiweiß vorkommenden süßen bis würzigen (L)-Formen durch ihren bitteren Geschmack (Verwendung von (L)-(+)-Glutaminsäure ($R = CH_2CH_2COOH$) als Geschmacksverstärker in Suppenkonzentraten). Auch besitzt von den beiden spiegelbildisomeren Aminosäuren Lysin ($R = CH_2CH_2CH_2CH_2NH_2$) nur die rechtsdrehende (L)-Form Nährwert für Mensch und Tier (bei Zugabe eines racemischen Lysin-Gemischs zum Maisfutter zwecks Nährwerterhöhung wird nur essentielles (L)-Lysin aufgenommen; (D)-Lysin, also die Hälfte des Futterzusatzes, verläßt den Tierkörper – in Ressourcen verschwendender und Umwelt belastender Weise – wieder unverändert). Unterschiedliche Folgen zeigen schließlich die enantiomeren Formen von Contergan (Thaliodomid), bei dessen Einnahme die rechtsdrehende (R)-Form beruhigend wirkt, während die linksdrehende (S)-Form zu Mißbildungen der Nachkömmlinge führen kann.

Wie die wenigen Beispiele lehren, müssen „künstlich“ für biologische Systeme synthetisierte Produkte (z.B. Nahrungs- sowie Futtermittelzusätze, Pharmaka, Schädlings- sowie Unkrautbekämpfungsmittel) in hohem Maße enantiomerenrein (*„optisch rein“*) sein, sofern man von ihnen maximale Wirkung in vorgegebenen Richtungen fordert. Zur **Synthese optischer Antipoden** verfährt man in der Regel so, daß man ein prochirales Zentrum (S.406) geeigneter Edukte durch chemische Operationen in ein chirales Zentrum der gewünschten Produkte überführt. Arbeitet man hierbei *unter achiralen Bedingungen*, so bilden sich als Folge einer nicht-enantioselektiven Synthese Racemate, die dann nach den auf S.409 besprochenen Methoden in optische Antipoden aufgespalten werden müssen. Da das gewünschte „richtige“ Enantiomere nur zu 50% im Racemat enthalten ist, und zudem für dessen Abtrennung chirale Hilfstoffe in meist äquivalenten Mengen benötigt werden (S.409), ist dieses Verfahren aufwendig und gegebenenfalls unwirtschaftlich.

Wandelt man andererseits prochirale Edukte *unter chiralen Bedingungen* in Produkte um (**asymmetrische oder enantioselektive Synthese**), so kann die eingebrachte Links- oder Rechtsinformation zur bevorzugten Bildung eines von zwei Produkten führen[162]. Chiraler Informationsträger ist etwa die chirale chemische

[162] Unter **optischer Ausbeute** (*„optischer Reinheit“*, *„optischer Induktion“*) versteht man den prozentualen Überschuß eines Enantiomeren über den racemischen Anteil hinaus, bezogen auf das – vielfach nur mit kleiner Reaktionsausbeute gebildete – Enantiomerengemisch als Ganzes. Bildet sich also (+)- und (−)-Enantiomeres in 30%iger Gesamtausbeute und beträgt das Enantiomerenverhältnis 80 : 20, so ist die optische Ausbeute des (+)-Enantiomeren 60%.

und physikalische Umgebung, falls man prochirale Edukte in chiralen Solvenzien oder unter dem Einfluß polarisierten Lichts zu chiralen Produkten umsetzt. Der – noch in Dunkel gehüllte – *Ursprung optischer Aktivität in Biosystemen* geht möglicherweise auf eine derartige enantioselektive Photosynthese optisch aktiver Substanzen durch das von der Meeresoberfläche reflektierte und im Erdmagnetfeld zirkularpolarisierte Sonnenlicht zurück.

Als chirale Informationsträger kommen des weiteren chirale Substituenten in den Reaktionspartnern der enantioselektiven Synthese in Betracht (vgl. die in Anm.[152]) besprochene Chlorierung von 2-Chlorbutan sowie Anm.[163])) oder auch chirale Reaktionskatalysatoren. Insbesondere letzteres Verfahren (**asymmetrische oder enantioselektive Katalyse**) arbeitet – falls ein optimal wirkender Katalysator aufgefunden wurde – sehr wirtschaftlich: die chirale Information wird vervielfacht, so daß – anders als bei den besprochenen Verfahren – nur geringe Mengen des (meist teuren) chiralen Informationsträgers benötigt werden.

In der Tat nutzen „natürliche" Biosysteme ausschließlich enantioselektive Katalysen, wobei Biokatalysatoren („*Enzyme*") in der Regel sogar enantiospezifisch arbeiten und die ausschließliche Bildung nur eines Antipoden bewirken. Als Beispiele „künstlich" durchgeführter enantioselektiver Katalysen sei die Hydrierung von Acetylaminoacrylsäure $CH_2{=}C(NHAc)(COOH)$ mit H_2 in Anwesenheit von Rhodium(I)-Komplexen als Hydrierungskatalysatoren genannt. Letztere tragen die chirale Information in geeigneten Phosphanliganden *Pabc und steuern – je nach Phosphantyp – die Hydrierung bevorzugt in Richtung von (R)- oder (S)-N-Acetylalanin $^*CH(CH_3)(NHAc)(COOH)$ (optische Ausbeuten bis zu 98%; vgl. hierzu Hydrierung von BrClC=O, Anm.[152])). In analoger Weise wird die Aminosäure (L)-Dopa $^*CH(CH_2R)(NH_2)(COOH)$ (R = 3,4-Dihydroxyphenyl), ein Pharmakon gegen die Schüttellähmung (Parkinsonsche Krankheit), optisch rein von Monsanto durch Hydrierung entsprechend substituierter Vorstufen in mehreren hundert Jahrestonnen gewonnen.

4.2.2 Stereochemie chemischer Reaktionen

Werden im Falle optisch aktiver Moleküle während einer chemischen Reaktion – d.h. einer Isomerisierung (S. 379), Dissoziation und Assoziation (S. 381) bzw. Substitution (S. 386) – Bindungen am Chiralitätszentrum getrennt und neu geknüpft, so kann dies entweder *stereospezifisch* unter Konfigurationserhalt (**Rentention**) sowie Konfigurationsumkehr (**Inversion**) oder *stereounspezifisch* unter gleichzeitiger Konfigurationsumkehr und -erhaltung (**Racemisierung**) erfolgen. Die optische Aktivität bleibt in ersteren beiden Fällen bestehen und geht in letzterem Falle teilweise bis vollständig verloren. Da der Mechanismus einer Umsetzung den stereochemischen Reaktionsablauf bestimmt, liefern umgekehrt Untersuchungen der Reaktionsstereochemie (z. B. Studien der Beziehung zwischen Substitutionsgeschwindigkeit und Änderungen der optischen Aktivität) wertvolle Einblicke in den Mechanismus der betreffenden Umsetzungen.

Es seien zunächst assoziativ-aktivierte nucleophile Substitutionen (**S_N2-Reaktionen**) an tetraedrischen Zentren E von Substraten R_3EX als Beispiele betrachtet. Sie verlaufen im Sinne der Ausführungen auf S. 398 in der Regel stereospezifisch *unter Inversion* der R_3E-Gruppen. Ist E zugleich ein Chiralitätszentrum, setzt man also Substrate des Typs abcEX wie RR'HEX oder RHDEX ein, dann stellt das Substitutionsprodukt – bei identischer ein- und austretender Gruppe (Nu = X) – ein *Spiegelbildisomeres* (*Enantiomeres, optisches Isomeres*) des Edukts dar. Sind die reagierenden Gruppen Nu und X unterschiedlich, so weisen die nicht reagierenden Gruppen a, b, c im Edukt und Produkt unterschiedliche Konfiguration auf. Die bei Substitutionen des Typs: $Nu^- + abcEX \rightarrow NuEcba + X^-$ anhand von Änderungen des optischen Drehwerts verfolgbare Konfigurationsumkehr (Nu ≠ X) bzw. Racemisierung

[163] Häufig verlaufen katalytisch ausgelöste Aufbaureaktionen des Typs $(n+1)CHR{=}CH_2 + Kat \rightarrow Kat{-}^*CHR{-}CH_2^{\cdot} + nCHR{=}CH_2 \rightarrow Kat{-}^*CHR{-}CH_2({-}^*CHR{-}CH_2{-})_n$ stereoselektiv (stereoreguläre Polymerisation). Die Polymeren enthalten dann – abhängig von den Reaktionsbedingungen – gleichartig (R)- oder (S)-konfigurierte C-Atome („*isotaktische Polymere*") oder alternierend (R)- und (S)-konfigurierte C-Atome („*syndiotaktische Polymere*"). Die stereoirreguläre Polymerisation liefert demgegenüber statt „taktischen" sogenannte „*ataktische*" bzw. „*heterotaktische Polymere*" mit ungeordnet konfigurierten C-Atomen. Taktische Polymere sind häufig gut zu Fasern verspinnbar und weisen höhere Schmelzpunkte, Formbeständigkeiten, Wärmeleitfähigkeiten, Dichten, Unlöslichkeiten, Kristallisationsneigungen auf als die nicht verspinnbaren, meist weichen bis gummiartigen ataktischen Polymeren (vgl. hierzu Kautschuk, Guttapercha, Anm.[159])).

(Nu = X) deutet infolgedessen umgekehrt auf einen Inversionsmechanismus (auf Waldensche Umkehr)[164]. Ist hierbei das Nucleophil Nu radioaktiv, das Nucleofug X = Nu nicht radioaktiv, dann verliert das Substrat seine optische Aktivität doppelt so rasch wie es radioaktiv wird.

Erfolgen andererseits S_N2-Reaktionen stereospezifisch *unter Retention* (vgl. S. 398), dann kommt den Produkten die *gleiche Konfiguration* wie den Edukten zu. Allerdings stellt ein Konfigurationserhalt bei S_N2-Reaktionen kein ausreichendes Kriterium für das Vorliegen eines Rententionsmechanismus dar. Bildet sich nämlich das Substitutionsendprodukt aus einem optisch aktiven Edukt durch zwei hintereinander geschaltete assoziativ-aktivierte nucleophile Substitutionen auf dem Wege über ein Substitutionszwischenprodukt, so bleibt die Substratkonfiguration insgesamt erhalten, falls beide Reaktionsschritte stereospezifisch unter Inversion des Substitutionszentrums ablaufen. Beispiele hierfür bieten etwa Substitutionen mit *Nachbargruppenbetätigung* (vgl. Lehrbücher der organischen Chemie) oder Substitutionen, die durch ein Hilfsnucleophil Y^- *katalysiert* sind: $R_3EX + Y^- + Nu^- \rightarrow R_3EY + X^- + Nu^- \rightarrow R_3ENu + X^- + Y^-$ (S. 397).

Dissoziativ-aktivierte nucleophile Substitutionen (**S_N1-Reaktionen**) erfolgen an tetraedrischen Zentren E von Substraten R_3EX, wie besprochen (S. 399), mehr oder weniger stereounspezifisch unter Retention und Inversion der R_3E-Gruppen, wobei der Inversionsanteil meist größer als der Retentionsanteil ist. Dementsprechend fallen die Substitutionsprodukte meist als Racemate mit überschüssigen Anteilen an Inversionsprodukten an, sofern optisch aktive Edukte abcEX eingesetzt wurden.

Im Grenzfall entstehen durch S_N1-Reaktion stereospezifisch ausschließlich Inversionsprodukte. Bilden sich letztere – wie bei Vorliegen von *Nachbargruppenbetätigung* möglich – über zwei derartige S_N1-Teilreaktionen, so erhält man stereospezifisch ausschließlich Retentionsprodukte. Die Beobachtung einer Racemisierung bei nucleophilen Substitutionen stellt übrigens kein hinreichendes Kriterium für einen S_N1-Mechanismus dar, da racemische Produktgemische auch durch hintereinander geschaltete S_N2-Reaktionen entstehen, falls optisch inaktive (spiegelsymmetrische) Zwischenprodukte durchlaufen werden.

[164] Stereochemische Untersuchungen der Reaktion von (−)-Chlorbernsteinsäure mit Kaliumhydroxid führten P. Walden im Jahre 1896 zur Entdeckung des nach ihm benannten Inversions-Substitutionsmechanismus.

Kapitel XI

Die Gruppe der Edelgase[1)]

Unter der Bezeichnung „**Edelgase**" faßt man die in der 0. bzw. 18. Gruppe (0. bzw. VIII. Hauptgruppe) des Periodensystems enthaltenen 6 gasförmigen chemisch außerordentlich reaktionsträgen[2)] Elemente *Helium* (He), *Neon* (Ne), *Argon* (Ar), *Krypton* (Kr), *Xenon* (Xe) und *Radon* (Rn) zusammen.

Geschichtliches (vgl. Tafel II)[3)]. Der erste Forscher, der Edelgase isolierte, ohne sich dieser Entdeckung bewußt zu sein, war H. Cavendish. Dieser ließ im Jahre 1785 durch ein über Seifenlauge (NaOH) abgesperrtes Gemisch von Luft und Sauerstoff elektrische Funken schlagen. Hierbei bildet sich – wie wir heute wissen – Stickstoffdioxid (NO_2). Da dieses von der Lauge absorbiert wird (S. 698), nahm bei dem geschilderten Versuch das Gasvolumen dauernd ab. Nach Konstantwerden des Volumens und Entfernen des überschüssigen Sauerstoffs mittels eines Absorptionsmittels blieb schließlich als Rückstand eine winzige Gasblase zurück, deren Volumen von Cavendish auf $^1/_{120}$ der angewandten Luftmenge geschätzt wurde. Bedenkt man, daß nach unseren heutigen Kenntnissen die Edelgase rund $^1/_{110}$ der Luft ausmachen, so hat Cavendish bei seinem Versuch bereits recht genau den Edelgasgehalt der Luft ermittelt.

Die eigentliche Entdeckung der Edelgase erfolgte erst ein ganzes Jahrhundert später. Im Jahre 1894 fiel es Lord John William Rayleigh auf, daß der aus Luft isolierte „Stickstoff" eine größere Dichte (1.2567 g/l bei 0 °C und 1.013 bar) besaß als der aus Stickstoffverbindungen gewonnene Stickstoff (1.2505 g/l bei 0 °C und 1.013 bar). In der atmosphärischen Luft mußte demnach neben Stickstoff noch ein inertes Gas enthalten sein, welches schwerer als dieser ist. Dem englischen Physikochemiker William Ramsay (1852–1916) gelang es dann 1894, angeregt durch diese Beobachtung, gemeinsam mit Rayleigh das *Argon* als Bestandteil der Luft zu entdecken, und zwar wiederholte Rayleigh den Cavendishschen Versuch, während Ramsay nach Entfernen des Luftsauerstoffs mittels glühenden Kupfers den Stickstoff durch Erhitzen mit Magnesium in festes Magnesiumnitrid (Mg_3N_2) überführte. Den Namen Argon erhielt das Gas wegen seiner chemischen Reaktionsträgheit[4)].

Im darauffolgenden Jahre 1895 gelang es W. Ramsay – und unabhängig davon P. T. Cleve –, ein schon von William Francis Hillebrand 1890 beim Auflösen uranhaltiger Mineralien in Säuren beobachtetes inertes Gas ebenfalls als ein Edelgas zu identifizieren. Es erhielt den Namen *Helium*, weil seine Spektrallinien (S. 107) mit den Linien eines rund 30 Jahre vorher (1868) von den Astronomen P. J. C. Janssen (1824–1907) und – unabhängig davon – J. N. Lockyer (1836–1920) auf Grund des Sonnenspektrums auf der Sonne entdeckten und deshalb als Helium[5)] bezeichneten Elements übereinstimmten.

---

1 **Literatur.** H. H. Claasen: „*The Noble Gases*", Heath, Lexington 1966; A. H. Cockett, K. C. Smith: „*The Monoatomic Gases: Physical Properties and Production*", Comprehensive Inorg. Chem. **1** (1973) 139–211; GMELIN: „*Noble Gases*", System-Nr. **1**, bisher 2 Bände; ULLMANN (5. Aufl.): „*Noble Gases*", **A 17** (1991) 485–539. Vgl. Anm. 20.

2 Der Name „*Edelgase*" leitet sich in Anlehnung an die chemisch widerstandsfähigen „*Edelmetalle*" von ihrer Reaktionsträgheit ab. Im Französischen ist der Name „*gaz rare*" (seltenes Gas) gebräuchlicher als der Name „*gaz noble*" (edles Gas), im Englischen umgekehrt der Name „*noble gas*" gebräuchlicher als der Name „*rare gas*".

3 **Literatur.** M. W. Travers: „*Life of Sir William Ramsay*", Arnold, London 1956.

4 argos (griech.) = träge.

5 helios (griech.) = Sonne.

Die unermüdliche Suche Ramsays nach einem weiteren, auf Grund des Periodensystems von ihm vorausgesagten Edelgas wäre wohl erfolglos geblieben, wenn nicht um diese Zeit (1895) dem deutschen Ingenieur Carl von Linde die technische Verflüssigung der Luft (S. 13) gelungen wäre. Die flüssige Luft, die William Hampson 1896 auch in England mit einem dem Lindeschen nachgebildeten Apparat herzustellen begann, ermöglichte Ramsay die Verflüssigung und fraktionierende Destillation von aus Luft gewonnenem Rohargon (vgl. Darstellung der Edelgase, weiter unten). Bei dieser Fraktionierung wurden im Jahre 1898 von Ramsay nicht nur das vorausgesagte *Neon*[6)], sondern auch zwei weitere, von ihm zunächst gar nicht gesuchte schwerere Edelgase, *Krypton*[7)] und *Xenon*[8)], aufgefunden.

Später (1900) fanden der deutsche Forscher F. E. Dorn sowie die englischen Forscher Ernest Rutherford (1871–1937) und Frederick Soddy (1877–1956), daß das bei radioaktiven Zerfallsprozessen sich bildende radioaktive Gas *Radon*[9)] (vgl. S. 1726) seinen Eigenschaften nach ebenfalls zur Gruppe der Edelgase gehört.

1 Vorkommen

Die **Luft** weist nach unseren heutigen Kenntnissen folgende Mengen an Edelgasen auf (vgl. Tab. 56 auf S. 518).

	Helium	Neon	Argon	Krypton	Xenon	Radon
Vol.-%	0.0005240	0.001818	0.9340	0.000114	0.0000087	6×10^{-18}
Gew.-%	0.0000724	0.001267	1.2880	0.000330	0.000039	4.6×10^{-17}

Ein größerer Hörsaal von beispielsweise 20 m Länge, 25 m Breite und 10 m Höhe (5000 m^3) enthält danach rund 23 Liter Helium, 80 Liter Neon, 47000 Liter Argon, 5 Liter Krypton, $^1/_2$ Liter Xenon und einige zehnmilliardstel Liter Radon von Atmosphärendruck. Argon ist also keineswegs ein seltenes Element. Im Weltall, das zu rund 9 Atom-% aus Helium besteht, ist Helium nach dem Wasserstoff (rund 90 Atom-%) das häufigste Element[10)].

Helium findet sich außer in der Luft auch als Zerfallsprodukt radioaktiver Prozesse[10)] in zahlreichen Erdgasen. In Europa lohnt sich bisher die Heliumgewinnung aus solchen Gasen nicht, da die heliumreicheren Erdgasquellen zu wenig ergiebig, die ergiebigeren Erdgasquellen zu heliumarm (0.01 bis 0.1 % Helium) sind. Wohl aber finden sich in den Vereinigten Staaten von Amerika ergiebige Gasquellen mit 1 bis 8 % Helium neben stark wechselnden Mengen von Stickstoff (12–80 %), welche die Gewinnung von mehreren hunderttausend Kubikmetern Helium je Jahr ermöglichen. Auch in radioaktiven Mineralien (z. B. in uran- und thoriumhaltigen Sediment- und Eruptivgesteinen) findet sich das Helium als eines der Reaktionsprodukte des radioaktiven α-Zerfalls[10)]. Beim Pulvern, Erhitzen oder Auflösen dieser Mineralien in Säuren entweicht das eingeschlossene („*okludierte*") Gas.

Isotope (vgl. Anh. III). *Natürlich vorkommendes* Helium besteht zu 99.99986 % aus dem Isotop $^{4}_{2}He$ und zu 0.00014 % aus dem Isotop $^{3}_{2}He$. Neon setzt sich aus 3 Isotopen ($^{20}_{10}Ne$, $^{21}_{10}Ne$, $^{22}_{10}Ne$ im Verhältnis 90.48 : 0.27 : 9.25) zusammen, Argon ebenfalls aus 3 Isotopen ($^{36}_{18}Ar$, $^{38}_{18}Ar$, $^{40}_{18}Ar$ im Verhältnis 0.34 : 0.06 : 99.60), Krypton aus 6 Isotopen ($^{78}_{36}Kr$, $^{80}_{36}Kr$, $^{82}_{36}Kr$, $^{83}_{36}Kr$, $^{84}_{36}Kr$, $^{86}_{36}Kr$ im Verhältnis 0.3 : 2.3 : 11.6 : 11.5 : 57.0 : 17.3) und Xenon aus 9 Isotopen ($^{124}_{54}Xe$, $^{126}_{54}Xe$, $^{128}_{54}Xe$, $^{129}_{54}Xe$, $^{130}_{54}Xe$, $^{131}_{54}Xe$,

---

6 neos (griech.) = neu.

7 kryptos (griech.) = verborgen.

8 xenos (griech.) = fremd.

9 radius (lat.) = Strahl.

10 Da das leichte Helium vom Gravitationsfeld der Erde nicht zurückgehalten wird, ging alles ursprünglich vorhandene Helium der Erde verloren. Die geringen, in der Atmosphäre vorzufindenden Mengen an $^{4}_{2}He$ entstammen wie die des Argons $^{40}_{18}Ar$ radioaktiven Zerfallsreaktionen: α-Zerfall von $^{232}_{90}Th$, $^{235,238}_{92}U$ im Falle von He, β-Zerfall von $^{40}_{19}K$ im Falle von Ar (s. dort).

${}^{132}_{54}Xe$, ${}^{134}_{54}Xe$, ${}^{136}_{54}Xe$ im Verhältnis 0.1 : 0.1 : 1.9 : 26.4 : 4.1 : 21.2 : 26.9 : 10.4 : 8.9). Von Radon (Ordnungszahl 86) kennt man bis jetzt 32 Isotope mit Massenzahlen 199–226 (je zwei Kernisomere der Massenzahlen 199, 201, 203, 214; längstlebiges Isotop ${}^{222}_{86}Rn$, α-Strahler; $\tau_{1/2} = 3.825$ d). Unter ihnen kommen ${}^{219}_{86}Rn$, ${}^{220}_{86}Rn$ und ${}^{222}_{86}Rn$ in Spuren auch natürlich vor. Für den *NMR-spektroskopischen Nachweis* eignen sich die Nuklide ${}^{3}_{2}He$, ${}^{21}_{10}Ne$, ${}^{83}_{36}Kr$, ${}^{129,131}_{54}Xe$, für *Indikatorzwecke* ${}^{3}_{2}He$ und ${}^{222}_{86}Rn$ sowie die *künstlich erzeugten* Nuklide ${}^{85}_{36}Kr$ (β^--Strahler; $\tau_{1/2} = 10.76$ a), ${}^{127}_{54}Xe$ (Zerfall unter Elektroneneinfang; $\tau_{1/2} = 36.4$ d) und ${}^{132}_{36}Xe$ (β^--Strahler; $\tau_{1/2} = 5.270$ d). ${}^{132}_{36}Xe$ und ${}^{222}_{86}Rn$ finden darüber hinaus Verwendung in der *Medizin.*

2 Gewinnung

Die technische Gewinnung von **Helium** erfolgt im allgemeinen aus amerikanischen Erdgasen. Hierbei verfährt man in der Weise, daß man aus dem Rohgas zunächst durch Druckwaschung mit Wasser und Kalkmilch das Kohlendioxid entfernt. Das so vorgereinigte Gas wird dann durch stufenweises Komprimieren und Expandieren bis auf $-205\,°C$ heruntergekühlt. Hierbei bleibt das Helium unkondensiert, und man erhält so ein über 99%iges Helium.

Die Erzeugung von Helium im Laboratorium kann durch Erhitzen heliumhaltiger Mineralien wie Cleveit UO_2, Monazit (Ce,Th) (PO_4,SiO_4), Thorianit ThO_2 auf über 1000 °C erfolgen. 1 kg Cleveit (Monazit, Thorianit) liefert dabei 7–8 (1–2, 8–10) Liter Helium. (Bezüglich der Trennung von ${}^{3}_{2}He$ und ${}^{4}_{2}He$ vgl. physikalische Eigenschaften.)

Die Gewinnung von **Neon, Argon, Krypton** und **Xenon** erfolgt ausschließlich aus Luft. Hierzu muß man die übrigen Luftbestandteile, also hauptsächlich Sauerstoff und Stickstoff, entfernen. Das kann auf chemischem oder auf physikalischem Wege erfolgen. Der erste Weg wird bei der Darstellung im Laboratorium, der letztere bei der technischen Darstellung eingeschlagen.

Im Laboratorium erfolgt die Entfernung des Sauerstoffs gewöhnlich durch Überleiten der – von Kohlendioxid und Wasserdampf befreiten – Luft über glühendes Kupfer: $2\,Cu + O_2 \rightarrow 2\,CuO$; den Stickstoff bindet man zweckmäßig durch Erhitzen mit Magnesium oder Calcium: $3\,Mg + N_2 \rightarrow Mg_3N_2$. Will man Sauerstoff und Stickstoff durch das gleiche Reagens beseitigen, so kann man Calciumcarbid (CaC_2) verwenden, das bei hoher Temperatur mit Sauerstoff unter Bildung von Kalk (CaO) und Kohlenstoff (C): $2\,CaC_2 + O_2 \rightarrow 2\,CaO + 4\,C$, mit Stickstoff unter Bildung von „*Kalkstickstoff*", einem Gemisch von Calciumcyanamid ($CaCN_2$) und Kohlenstoff (C) reagiert: $CaC_2 + N_2 \rightarrow CaCN_2 + C$. Das auf einem dieser Wege erhaltene Edelgasgemisch wird als „*Rohargon*" bezeichnet, da es (vgl. Vorkommen) zu 99.8 Vol.-% aus Argon und nur zu 0.2% (d.h. zu $^2/_{1000}$ seines Volumens) aus den übrigen Edelgasen besteht.

Die technische Gewinnung der Edelgase aus der Luft bedient sich der Fraktionierung verflüssigter Luft (S. 15). Entsprechend den (abgerundeten) Siedepunkten der verschiedenen Bestandteile der Luft (genauere Siedepunktswerte s. unten):

He	Ne	N_2	Ar	O_2	Kr	Xe
−269	−246	−196	−186	−183	−153	−108 °C

kann man bei der Rektifikation der flüssigen Luft einen helium- und neonhaltigen Stickstoff, einen argonhaltigen Stickstoff bzw. Sauerstoff und einen krypton- und xenonhaltigen Sauerstoff abtrennen, die als Ausgangsmaterial für die Reingewinnung der einzelnen Edelgase (Kombination von physikalischen und chemischen Trennmethoden) dienen können.

Die dabei neben dem Hauptprodukt (Helium, Neon, Argon) erhältlichen Mengen an Krypton und Xenon (einige hundert m^3 je Jahr) reichen allerdings für die Bedürfnisse der Glühlampenindustrie (S. 421) nicht aus. Zur Gewinnung größerer Mengen Krypton und Xenon bedient man sich daher zweckmäßig eines von Georges Claude beschriebenen Verfahrens, bei dem die beiden Edelgase als Hauptprodukt gewonnen werden. Es beruht darauf, daß man nicht die Gesamtmenge der Luft, sondern nur etwa $^1/_{10}$ davon verflüssigt und mit dieser Flüssigkeit aus den übrigen $^9/_{10}$ der bis nahezu an den Taupunkt abgekühlten Luft die schweren Edelgase und einen kleinen Teil des Sauerstoffs auswäscht. Die so erhaltene Lösung von Krypton und Xenon in flüssiger Luft wird dann wie vorher rektifiziert und gereinigt.

Zur Gewinnung des schwersten Edelgases, des **Radons**, läßt man eine Radiumsalzlösung etwa 4 Wochen lang in einem verschlossenen Gefäß stehen, worauf sich das dabei gebildete gasförmige Radon (vgl. natürliche Radioaktivität) nach Befreiung von dem durch Radiolyse des Wassers gebildeten H_2 und O_2 aus der Lösung auskochen oder im Vakuum abpumpen läßt.

3 Physikalische Eigenschaften

Die Edelgase sind farb-, geschmack- und geruchlose, mit abnehmender Atommasse schwerer zu verflüssigende und zu verfestigende, einatomige Gase, deren wichtigste physikalische Eigenschaften in Tafel III zusammengefaßt sind. Mit Ausnahme des Heliums (hexagonal dichteste Kugelpackung) kristallisieren sie alle mit kubisch dichtester Atompackung. Ihre Elektronenkonfigurationen, die von den im Periodensystem vorangehenden und nachfolgenden Elementen erstrebt werden, entsprechen den folgenden Anordnungen:

$_{2}$He 2 $_{18}$Ar 2, 8, 8 $_{54}$Xe 2, 8, 18, 18, 8
$_{10}$Ne 2, 8 $_{36}$Kr 2, 8, 18, 8 $_{86}$Rn 2, 8, 18, 32, 18, 8

Die Stabilität dieser Edelgasschalen gegenüber Abgabe und Aufnahme von Elektronen geht aus den hohen Ionisierungsenergien und den stark positiven Werten der Elektronenaffinitäten hervor (vgl. Tafel III).

Einige bemerkenswerte Eigenschaften weist das **Helium** auf. So ist der Schmelz- und Siedepunkt des Heliums der niedrigste, den man überhaupt bei einem Gas kennt (die erstmalige Verflüssigung von Helium gelang H. Kammerlingh-Onnes im Jahre 1908). Helium kann darüber hinaus als einzige Substanz bei Atmosphärendruck nicht ausgefroren werden, sondern nur unter einem Druck von 25.5 bar[11]. Kühlt man das beim Verflüssigen von Heliumgas zunächst entstehende sogenannte „*Helium I*", das eine vollkommen normale Flüssigkeit darstellt, unter $-270.97\,°C = 2.18$ K bei 1 atm Druck („λ-Punkt") ab, so geht es in flüssiges „*Helium II*" über, dessen Eigenschaften so ungewöhnlich sind, daß man diese Form als einen vierten Aggregatzustand der Materie, den „*superfluiden*" oder „*supraflüssigen*" Zustand[12] bezeichnet hat[13]. So ist seine Viskosität um 3 Zehnerpotenzen kleiner als die von gasförmigem Wasserstoff und seine Wärmeleitfähigkeit um 3 Zehnerpotenzen größer als die von Kupfer bei Zimmertemperatur. Durch enge Kapillaren (Durchmesser $< 1/100$ mm) strömt es ohne Reibung hindurch, so daß in Sekunden mehr superfluides Helium hindurchfließt als gasförmiges Helium in Wochen. Das Phänomen der Superfluidität tritt anders als beim Isotop $^4_2$He beim Isotop $^3_2$He erst bei extrem tiefen Temperaturen auf[12]. Man benutzt diesen Unterschied dazu, um die beiden Isotope voneinander zu trennen, indem man das ^{3}He/^{4}He-Gemisch bis unter den λ-Punkt von ^{4}He abkühlt. ^{4}He „kriecht" dann aus dem

[11] Dies beruht darauf, daß die Zunahme der Nullpunktsenergie (s. dort) beim Übergang von flüssigem zu festem Helium größer ist als die Energie, die aufgrund der (sehr schwachen) Anziehungskräfte zwischen den Heliumatomen bei deren Einordnung in das Kristallgitter unter Normalbedingungen freigesetzt wird.

[12] **Literatur.** J.A. Allen: „*Superfluid Helium*", Academic Press, New York 1966; J. Wilks: „*Liquid and Solid Helium*", Clarendon Press, Oxford 1967; F. Pobell, W.C. Thomlinson: „*Helium-3 bei extrem tiefen Temperaturen: eine neue superfluide Flüssigkeit*", Physik in unserer Zeit **4** (1973) 172–179; W.E. Keller: „*Helium-3 and Helium-4*", Plenum Press, New York 1969; W. Braunbek: „*Aus dem Bereich der tiefsten Temperaturen*", Chemie in unserer Zeit **10** (1976) 75–83.

[13] Helium ist die einzige Substanz, die keinen Tripelpunkt fest/flüssig/gasförmig besitzt, sondern nur einen Tripelpunkt fl. He I/fl. He II/gasf. He und einen Tripelpunkt fl. He I/fl. He II/festes He.

Dewar-Gefäß heraus[14], während ^{3}He zurückbleibt. Die physikalischen Eigenschaften des leichteren Heliumisotops $^3_2$He weichen merklich von denen des schwereren ab:

	krit. Temp.	Sdp.	Dichte (1–3 K)
^{3}He	3.34 K	3.20 K	0.08 g/cm^3
^{4}He	5.20 K	4.21 K	0.14 g/cm^3

Unter den „**physikalischen Verbindungen**" der Edelgase seien die durch Gitterkräfte zusammengehaltenen „*Gashydrate*" („*Eishydrate*") genannt, deren Beständigkeit mit abnehmender Atommasse des Edelgases sinkt und denen man früher auf Grund analytischer Daten die Formel $E \cdot 6H_2O$ zusprach (E = Ar, Kr, Xe, Rn, dagegen nicht = He, Ne). Nach späteren röntgenographischen Untersuchungen liegen die Verhältnisse aber etwas komplizierter: Beim Ausfrieren von Wasser in Gegenwart der genannten Edelgase bildet sich eine besondere (kubische) Struktur des Eises, bei welcher statt vieler kleiner Hohlräume, wie im normalen (hexagonalen) Eis (s. dort), wenige große, und zwar je Elementarzelle (46 H_2O-Moleküle) 8 Hohlräume (2 vom Durchmesser 5.2 und 6 vom Durchmesser 5.9 Å) vorhanden sind, in denen die Edelgase entsprechend ihren kleinen van-der-Waals-Durchmessern (Ar 3.6, Kr 3.8, Xe 4.2 Å) Platz finden und festgehalten werden können. Bei Besetzung aller 8 Hohlräume ergibt sich so eine Zusammensetzung $8\,E \cdot 46H_2O = E \cdot 5.75H_2O$, die mit den früher erhaltenen analytischen Befunden ($E \cdot 6H_2O$) innerhalb der Fehlergrenzen der dabei verwendeten Methoden übereinstimmt[15,16]. Ein analoges Gashydrat bildet auch „Chlor", während beim größeren „Brom" nur die 6 größeren Hohlräume teilweise besetzt werden (bei vollständiger Besetzung ergibt sich die Zusammensetzung $6E \cdot 46H_2O = E \cdot 7.66H_2O$)[17]. Man bezeichnet die so resultierenden Einschlußverbindungen als „**Clathrate**"[18] („*Käfigverbindungen*")[19].

Auch andere Stoffe als Wasser können mit den Edelgasen solche Clathrate bilden. So werden bei der Kristallisation von Hydrochinon (und anderen geeigneten organischen Verbindungen) in einer Edelgasatmosphäre von hohem Druck die Edelgase in den Kristallücken der organischen Verbindungen eingefangen (1 nahezu kugelförmiger Hohlraum auf 3 Moleküle Hydrochinon mit einem Durchmesser von über 4 Å, entsprechend einem Molverhältnis Hydrochinon : Edelgas = 3 : 1). Im Argon-Clathrat sind beispielsweise die Argonatome so eng zusammengepackt, wie es im gasförmigen Zustande erst bei einem Druck von über 70 bar der Fall wäre. Beim Schmelzen oder Lösen der Edelgasmischkristalle entweichen die Edelgase. In analoger Weise wie die Edelgase lassen sich auch andere Gase (z. B. HCl, HBr, H_2S, SO_2, NO, CH_4, CO, CO_2, HCN) in die Gitter organischer Verbindungen einschließen.

Verwendung. An erster Stelle sei die Nutzung der Edelgase in den **Glühlampen** erwähnt. Da Gase der Verdampfung des Glühdrahts (Wolfram; Smp. 3410 °C) entgegenwirken, und zwar umso mehr, je schwerer und komprimierter sie sind (I. Langmuir, 1913), ermöglichte ein Ersatz des Vakuums der zunächst gebräuchlichen Glühbirnen der Reihe nach durch N_2, Ar, Xe (M_r = 28, 40, 131) eine zur Steigerung der Ausbeute *weißen Lichts* führende Erhöhung der Fadentemperatur von 2100 °C (Vakuum) auf 2400 °C (N_2), 2430 °C (Ar), 2510 °C (Xe) (vgl. hierzu „*Halogenlampen*"). Auch erlaubte die geringere Wärmeleitfähigkeit schwererer Edelgase den Bau kleinerer Lampenkolben. Zur „Flutung" großer Flächen (z. B. Sportplätze) wurden zudem „*Hochdruck-Xenonlampen*" (100 bar) entwickelt, die mit einem Hochspannungslichtbogen arbeiten und sonnenähnliches Licht ausstrahlen (Farbtemperatur um 6000 K). Ein weiteres Anwendungsgebiet für Edelgase stellen die **Entladungsröhren** (insbesondere „*Neonröhren*") für die Lichtreklame dar, deren *farbiges Leuchten* auf die Emission angeregter Edelgasatome zurückgeht (S. 169). Man verwendet sie auch in „*Blaulichtröhren*" (Leuchtursache: angeregte Edelgas- und Hg-Atome) und „*Leuchtstoffröhren*" (Leuchtursache: durch angeregte Edelgasatome angeregte Leuchtstoffe wie Mg- oder

---

14 ^{3}He und ^{4}He können nur in Spezial-Dewargefäßen flüssig gehalten werden, deren Wände mit flüssigem Stickstoff vorgekühlt sind.

15 Die Dissoziationsdrücke von Xe-, Kr- und Ar-Hydrat betragen bei 0 °C 1.16, 14.7 und 96.7 bar.

16 Die Bildungswärme von $Kr \cdot 5.75\,H_2O$ beträgt 58.2, die von $Xe \cdot 5.75\,H_2O$ 69.9 kJ/mol (Bildung aus Gas und Eis).

17 Die mögliche Füllung der Hohlräume mit Gasmolekülen wird selten erreicht.

18 clatratus (lat.) = vergittert.

19 **Literatur:** L. Mandelcorn: „*Clathrate*", Chem. Rev. **59** (1959) 827–839; M. M. Hagen: „*Clathrate Inclusion Compounds*", Reinhold, New York 1962; W. C. Child jr.: „*Molecular Interactions in Clathrates*", Quart. Rev. **18** (1964) 321–346; G. A. Jeffrey, R. K. McMullan: „*The Clathrate Hydrates*", Progr. **8** (1967) 43–108; W. Schlenk jr.: „*Einschlußverbindungen*", Chemie in unserer Zeit **3** (1969) 121–130.

Ca-wolframat, Cd-borat, Zn-berylliumsilicat an der Röhreninnenseite). Schließlich werden Edelgase als **Inertgase** bei „*metallurgischen Hochtemperatur-Prozessen*" genutzt (Hauptanwendung).

Infolge seiner Nichtbrennbarkeit eignet sich **Helium** weit besser als H_2 zur Füllung von *Luftschiffen* und *meteorologischen Ballons*. Da He im verdünnten Zustande die Zustandsgleichung der idealen Gase am besten unter allen Gasen befolgt, findet es weiterhin als Füllgas für *Gasthermometer* Verwendung, bei denen aus dem Druck einer auf konstantem Volumen gehaltenen Gasmenge auf die Temperatur geschlossen wird. Weiterhin wird He heute in der *Tieftemperaturtechnik* verwendet, und zwar insbesondere zur Abkühlung von Elektromagneten unter die „*Sprungtemperatur*", bei welcher der Ohmsche Widerstand sprunghaft verschwindet (vgl. „*Supraleitfähigkeit*", S. 1315). Schließlich nutzt man He als Trägergas in der *Gaschromatographie*, als N_2-Ersatz in der Luft für *Taucher* (Vermeidung der Taucherkrankheit) und in der *Asthma-Therapie* („*Heliumluft*"), als *Schutzgas* beim elektrischen Schweißen sowie als *Kühlmittel* in Hochtemperatur-Reaktoren (s. dort). **Radon** dient in der *Medizin* als α-Quelle (s. dort) bei der Behandlung von Krebs.

4 Chemische Eigenschaften, Edelgasverbindungen[1, 20)]

Geschichtliches. Lange Zeit hindurch glaubte man, daß Edelgase keine Verbindungen zu bilden imstande seien. Diese Anschauung mußte im Jahre 1962 revidiert werden, als es drei Arbeitskreisen – unabhängig voneinander – innerhalb von 3 Monaten gelang, Edelgasverbindungen zu entdecken. Eine erste derartige Verbindung erhielt der amerikanische Chemiker N. Bartlett im Juni 1962 als Folge der Reaktion von Xe mit PtF_6. Er schrieb ihr die Zusammensetzung „$XePtF_6$" zu[21)].

Zur Umsetzung von Xe mit PtF_6 wurde N. Bartlett angeregt durch seine Beobachtung, daß Sauerstoff mit PtF_6 bei Zimmertemperatur unter Bildung eines Dioxygenylsalzes $O_2^+ PtF_6^-$ (orangegelb, isomorph mit $K^+PtF_6^-$) reagiert, daß also $Pt^{VI}F_6$ dem Sauerstoffmolekül O_2 ein Elektron unter Reduktion zu $Pt^{V}F_6^-$ entreißen kann. Da das Ionisierungspotential von Xe (12.129 eV) fast genau so groß ist wie das von O_2 (12.075 eV), sollte auch Xe durch PtF_6 oxidierbar sein, was sich dann in der Bildung einer Edelgasverbindung bestätigte.

Im Juli 1962 gelang dem deutschen Chemiker Rudolf Hoppe die Gewinnung einer ersten binären Edelgasverbindung, des Xenon(II)-fluorids XeF_2, der zwei Monate darauf die Darstellung eines Xenon(IV)-fluorids XeF_4 durch die Amerikaner H.H. Claassen, H. Selig und J.G. Malm folgte. Im Jahre 1963 wurde dann von verschiedenen Arbeitsgruppen über die Entdeckung eines Xenon(VI)-fluorids XeF_6 sowie von D.F. Smith über die Entdeckung des Xenon(VI)-Oxids XeO_3 berichtet. Alle diese Arbeiten bildeten den Anstoß zu einem raschen weiteren Ausbau der Edelgaschemie.

---

20 **Literatur:** N. Bartlett, F.O. Sladky: „*The Chemistry of Krypton, Xenon, and Radon*", Comprehensive Inorg. Chem. **1** (1973) 213–330; A.J. Edwards: „*Halogenium Species and Noble Gases*", Comprehensive Coord. Chem. **3** (1987) 311–322; P. Laszlo, G.J. Schrobilgen: „*Ein Pionier oder mehrere Pioniere? Die Entdeckung der Edelgas-Verbindungen*", Angew. Chemie **100** (1988) 495–506; Int. Ed. **27** (1988) 479; R. Hoppe: „*Die Chemie der Edelgase*", Fortschr. Chem. Forsch. **5** (1965) 213–346; J.G. Malm, H. Selig, J. Jortner, St.A. Rice: „*The Chemistry of Xenon*", Chem. Rev. **65** (1965) 199–236; C.L. Chernick: „*Die Edelgasverbindungen*", Chemie in unserer Zeit **1** (1967) 33–39; J.H. Holloway: „*Noble-Gas Chemistry*", Methuen, London 1968; N. Bartlett: „*The Chemistry of the Noble Gases*", Elsevier, New York 1971; K. Seppelt: „*Recent Developments in the Chemistry of some Electronegative Elements*", Acc. Chem. Res. **12** (1979) 211–216; D. Naumann: „*Fluor und Fluorverbindungen*", Steinkopff Verlag, Darmstadt 1980, S. 32–42; W. Klemm: „*20 Jahre Edelgasverbindungen: zur Prioritätsfrage*", Nachr. Chem. Tech. Lab. **11** (1982) 963; K. Seppelt, D. Lentz: „*Novel Developments in Noble Gas Chemistry*", Progr. Inorg. Chem. **29** (1982) 167–202; L. Stein: „*The Chemistry of Radon*", Radiochim. Acta **32** (1983) 139–152; H. Selig, J.H. Holloway: „*Cationic and Anionic Complexes of the Noble Gases*", Topics Curr. Chem. **124** (1984) 33–90; C.K. Jørgensen, G. Frenking: „*Historical, Spectroscopic and Chemical Comparison of Noble Gases*", Structure and Bonding **73** (1990) 1–15.

21 Es stellte sich dann später heraus, daß das Produkt keine konstante Zusammensetzung besitzt und auch nicht einwertiges Xenon enthält, sondern eine Mischung verschiedener Xenon(II)-Verbindungen wie $[XeF]^+[PtF_6]^-$, $[XeF]^+[Pt_2F_{11}]^-$ und $[Xe_2F_3]^+[PtF_6]^-$ darstellt (vgl. Xenonfluoride). Intermediär bilden sich bei der Umsetzung von Xe mit PtF_6 allerdings Produkte, die das paramagnetische, leuchtend *grüne* **Dixenon-Kation** Xe_2^+ aufweisen. Xe_2^+-haltige Verbindungen entstehen auch bei der Reduktion von XeF^+-Salzen in SbF_5-Lösung z.B. mit SO_2, PbO, As_2O_3 oder bei der Addition von Xe-Gas zu einer $[XeF]^+[Sb_2F_{11}]^-$-Lösung in SbF_5.

Edelgase in Verbindungen. Die Edelgase bilden nur teilweise (Kr, Xe, Rn) und auch hier nur mit den elektronegativeren Elementen (bisher F, Cl, Br, O, N, C) chemische Verbindungen, wobei allein das elektronegativste Element (F) im Falle von Xe und Rn zu thermodynamisch stabilen Verbindungen führt.

Entsprechend der Stellung der Edelgase in der 0. und VIII. Hauptgruppe des Periodensystems vermögen die Elemente in den Oxidationsstufen 0, 2, 4, 6 und 8 aufzutreten (die Stufen 4, 6, 8 sind bisher nur bei Xe verwirklicht). Sie betätigen hierbei – bei Zählung nur der *nächsten* Nachbarn – die Koordinationszahlen *eins* (z. B. $\mathbf{XeF^+}$), *zwei* (z. B. lineares $\mathbf{XeF_2}$), *drei* (z. B. pyramidales $\mathbf{XeO_3}$, T-förmiges $\mathbf{XeOF_2}$), *vier* (z. B. tetraedrisches $\mathbf{XeO_4}$, quadratisch-planares $\mathbf{XeF_4}$, wippenförmiges $\mathbf{XeO_2F_2}$), *fünf* (z. B. trigonal-bipyramidales $\mathbf{XeO_3F_2}$, quadratisch-pyramidales $\mathbf{XeOF_4}$, pentagonal-planares $\mathbf{XeF_5^-}$), *sechs* (z. B. oktaedrisches $\mathbf{XeO_6^{4-}}$, verzerrt-oktaedrisches $\mathbf{XeF_6}$), *sieben* (z. B. überkappt-trigonal-prismatisches $\mathbf{XeF_7^-}$) und *acht* (z. B. quadratisch-antiprismatisches $\mathbf{XeF_8^{2-}}$).

Eingehender untersucht wurden bisher insbesondere die *Edelgasfluoride* sowie *-oxide* und *-fluoridoxide*. Sie werden nachfolgend zusammen mit *Derivaten* EX_n der Xenonfluoride $XeF_{2,4,6}$ besprochen (X = Cl, Br, OR, NR_2, CR_3). Bezüglich der **Xenon-** und **Radon-Kationen** vgl. Anm.[21,24].

4.1 Edelgashalogenide und ihre Derivate

Als **Halogenide** kennt man bisher von Krypton, Xenon und Radon die *Fluoride* $\mathbf{KrF_2}$, $\mathbf{XeF_2}$, $\mathbf{XeF_4}$, $\mathbf{XeF_6}$ und $\mathbf{RnF_2}$[22] sowie von Xenon die *Chloride* $\mathbf{XeCl_2}$[23] und $\mathbf{XeCl_4}$[23] und das *Bromid* $\mathbf{XeBr_2}$[23] (vgl. Tab. 50).

Tab. 50 Edelgasfluoride, -oxide und -fluoridoxide

a)	Fluoride	Oxide	Fluoridoxide	
+2	$\mathbf{XeF_2}$ *Farblose* Kristalle Smp. 129.03 °C; Sblp. 120 °C $\Delta H_f = -164$ kJ $\mathbf{KrF_2}$[b] $\mathbf{RnF_2}$[c]	– –		
+4	$\mathbf{XeF_4}$ *Farblose* Kristalle, stabil Smp. 117.10 °C $\Delta H_f = -284$ kJ	–	$\mathbf{XeOF_2}$ *Gelbe* Kristalle instabil > – 25° ΔH_f positiv	–
+6	$\mathbf{XeF_6}$ *Farblose* Kristalle[d], stabil Smp. 49.48 °C; Sdp. 75.57 °C $\Delta H_f = -361$ kJ	$\mathbf{XeO_3}$ *Farbl.* Kristalle explosiv $\Delta H_f = +402$ kJ	$\mathbf{XeO_2F_2}$ *Farbl.* Kristalle metastabil Smp. 30.8 °C ΔH_f = positiv	$\mathbf{XeOF_4}$ *Farbl.* Flüssigkeit stabil Smp. – 46.2 °C $\Delta H_f = -96$ kJ
+8	–	$\mathbf{XeO_4}$ *Farbloses* Gas[e] explosiv, Smp. – 39.5 °C $\Delta H_f = +643$ kJ	$\mathbf{XeO_3F_2}$ Smp. – 54.1 °C	$\mathbf{XeO_2F_4}$ (massenspektrometrisch nachgewiesen)

a) Oxidationsstufe des Edelgases. **b)** Farblose Kristalle, < 0 °C metastabil; $\Delta H_f = +60$ kJ/mol. **c)** Bisher keine Kenndaten. **d)** Im flüssigen und gasförmigen Zustand *gelbgrün*. **e)** Im Festzustand *gelb*.

22 Möglicherweise existieren auch höhere Radonfluoride. Eingehende Untersuchungen der chemischen Reaktivität des Radons werden jedoch dadurch sehr erschwert, daß alle Radonisotope radioaktiv sind und nur kurze Halbwertszeiten besitzen (längstlebiges Rn-Isotop $^{222}_{86}$Rn: 3.825 Tage).

23 $XeCl_2$, $XeCl_4$ und $XeBr_2$ wurden als sehr instabile Produkte des β-Zerfalls von $^{129}ICl_2^-$, $^{129}ICl_4^-$ und $^{129}IBr_2^-$ Mössbauer-spektroskopisch, $XeCl_2$ darüber hinaus als Komponente eines Tieftemperaturkondensates (gewonnen durch Abschrecken eines Xe/Cl_2-Entladungsgemischs) schwingungsspektroskopisch nachgewiesen.

Die Fluoride des Xenons und Radons stellen exotherme, die übrigen Halogenide endotherme Verbindungen dar. Alle bekannten Edelgasfluoride sind aus den Elementen zugänglich. Allerdings ist eine vorherige Aktivierung des Fluors, das mit den Edelgasen nicht in molekularer, sondern nur in atomarer Form zu reagieren vermag, erforderlich. Diese Aktivierung gelingt verhältnismäßig leicht, da Fluor bereits durch eine relativ geringe Energiezufuhr von 158 kJ/mol in die Atome zerlegt wird, während z. B. Chlor eine wesentlich höhere Dissoziationsenergie von 244 kJ/mol benötigt (vgl. Tab. 36, S. 264). Die Energie kann in Form von thermischer (Erhitzung), photochemischer (UV-Bestrahlung, Mikrowellen), elektrischer (Funkenentladung), chemischer (fluorabgebende Substanzen) oder Strahlungs-Energie (γ- oder Elektronenstrahlung) zugeführt werden.

Der mit der Bildung etwa eines Edelgasdihalogenides EX_2 gemäß

$$E + X_2 \rightarrow EX_2$$

verbundene Umsatz an Gesamtenergie (Bildungsenthalpie) setzt sich formal aus folgenden drei Energieteilbeträgen zusammen: aus der zur Dissoziation von X_2 sowie zur Überführung von E in den Valenzzustand (s. dort) aufzuwendenden Dissoziations- und Promotionsenergie und aus der durch Vereinigung der X-Atome mit den promovierten E-Atomen erhältlichen Assoziationsenergie. Negativere (weniger positive) Werte für die Bildungsenthalpie von EX_2 sind infolgedessen mit abnehmender Dissoziationsenergie von X_2 (also in Richtung $Cl_2 > Br_2 > F_2$), mit abnehmender Promotionsenergie von E (also in Richtung Ar > Kr > Xe > Rn) sowie mit zunehmender E/X-Assoziationsenergie (also in Richtung Br < Cl < F für die wiedergegebenen Edelgase) zu erwarten. Hiernach sollten Edelgashalogenide EX_2 thermodynamisch umso stabiler sein, je höher die Ordnungszahl des Edelgases und je kleiner die Ordnungszahl des Halogens ist. Demgemäß stellt etwa ArF_2 eine thermodynamisch sehr instabile, bisher unbekannte Verbindung, KrF_2 eine schwach endotherme, unterhalb Raumtemperatur zersetzliche und XeF_2 wie RnF_2[24] eine stabile exotherme Verbindung dar. Andererseits nimmt die Stabilität der Xenonhalogenide in Richtung $XeF_2 \gg XeCl_2$(instabil) > $XeBr_2$ (instabil) stark ab.

Auch mit steigender Oxidationsstufe eines Edelgases nimmt die thermodynamische Stabilität eines Edelgashalogenides EX_n (n = gerade) bezüglich der jeweils um zwei Halogenatome ärmeren Verbindung EX_{n-2} ab. So betragen etwa im Falle der exothermen Umsetzungen $Xe + F_2 \rightarrow XeF_2$, $XeF_2 + F_2 \rightarrow XeF_4$, $XeF_4 + F_2 \rightarrow XeF_6$ die Reaktionsenthalpien − 164, − 114 bzw. nur − 83 kJ/mol. Die Bildung des bisher unbekannten Xenonoctafluorids gemäß $XeF_6 + F_2 \rightarrow XeF_8$ soll nach Berechnungen bereits endotherm sein. Analoges gilt für die Bildung des (ebenfalls unbekannten) Kryptontetrafluorids bzw. des (sehr instabilen) Xenontetrachlorids aus den entsprechenden Dihalogeniden. Die Stabilitätsabnahme der Edelgashalogenide in Richtung EX_2, EX_4, EX_6, EX_8 ist wohl die Folge einer starken Zunahme der im Zuge der Verbindungsbildung aus den Elementen aufzuwendenden Promotionsenergie von E sowie einer Abnahme der E/X-Assoziationsenergie mit wachsender Oxidationsstufe der Edelgase[25].

Im folgenden werden die Edelgashalogenide XeF_2, XeF_4, XeF_6 und KrF_2 näher besprochen (bezüglich $XeCl_2$, $XeCl_4$ und $XeBr_2$ vgl. Anm.[23], bezüglich RnF_2 Anm.[22, 24]).

Xenon(II)-fluorid XeF_2 entsteht z. B. in exothermer Reaktion mit hoher Ausbeute beim Durchleiten einer Mischung von Xenon und Fluor (Molverhältnis Xe : F_2 = > 2 : 1; 2 bar Druck) durch ein auf 400 °C erhitztes Nickelrohr:

$$Xe + F_2 \rightarrow XeF_2 + 164\,kJ^{26)}$$

(Ausfrieren des gebildeten XeF_2 bei − 50 °C) sowie beim Stehenlassen eines Xe/F_2-Gemisches im Sonnenlicht oder durch Mikrowellen-Entladung in einer Xe/F_2-Mischung. XeF_2 stellt eine

24 Bereits schwächere Fluorierungsmittel wie ClF_3, BrF_3, BrF_5, $[ClF_2][SbF_6]$, $[BrF_2][SbF_6]$, $[BrF_4][Sb_2F_{11}]$ vermögen Radon in Radonfluorid RnF_2 überzuführen. Radon ist unter den Edelgasen das elektropositivste Element und zeigt in seiner zweiwertigen Stufe bereits einen gewissen *Metallcharakter*. Dies dokumentiert sich darin, daß Radon der Verbindung RnF_2 von einem Kationenaustauscher M^IR (R = Anion des Austauscherharzes, vgl. S. 1138) im Sinne von $Rn^{2+}2F^- + 2M^IR \rightarrow RnR_2 + 2M^+F^-$ zurückgehalten wird (Medium: $C_2Cl_3F_3$) und mit $BrF_2^+BrF_4^-$ in SO_2Cl_2 eluierbar ist.

25 Die XeF-Bindungsenergie beträgt im Falle von XeF_2, XeF_4, XeF_6, XeF_8 133, 133, 128, 85 (geschätzt) kJ/mol, die KrF-Bindungsenergie im Falle von KrF_2 49 kJ/mol. Zum Vergleich: XeO-Bindungsenergie in XeO_4: 49 kJ/mol.

26 Die Bildungswärme bezieht sich auf das unter Normalbedingungen (25 °C) vorliegende feste Xenonfluorid. Da die Sublimationsenergie für XeF_2, XeF_4 bzw. XeF_6 56, 62 bzw. 64 kJ/mol beträgt, ergibt sich für die Bildung der gasförmigen Xenonfluoride eine Bildungsenthalpie von −108, −216 bzw. −291 kJ/mol.

feste, *farblose* u.a. in H_2O, HF (flüssig), BrF_5, Acetonitril lösliche Verbindung von charakteristischem, durchdringendem Geruch dar, die gleich allen Xenonfluoriden in Nickel- oder Monelmetall-Gefäßen bei Ausschluß von Feuchtigkeit unbegrenzt aufbewahrt werden kann und leicht unter Bildung großer, durchsichtiger, prächtig glänzender tetragonaler Kristalle sublimierbar ist (vgl. Tab. 50).

Das mit IF_2^- isoelektronische Molekül XeF_2 ist linear aufgebaut ($D_{\infty h}$-Symmetrie; 22 Valenzelektronen vgl. Tab. 46, 46a auf S. 318, 355)[27], der Atomabstand XeF beträgt im Gas 1.977 Å, im Kristall (Molekülgitter) 2.00 Å; die Kraftkonstante (vgl. Lehrbücher der Spektroskopie) der XeF-Bindung entspricht mit 2.82 N/cm der der CBr-Bindung im Methylbromid CH_3Br (2.8 N/cm)[25].

Redox-Verhalten. Charakteristisch für XeF_2 ist dessen starke Oxidationswirkung:

$$XeF_2(aq) + 2H^+ + 2\ominus \rightarrow Xe + 2HF(aq); \quad \varepsilon_0 = +2.32\,V.$$

So führt XeF_2 in angesäuerter wäßriger Lösung Cl^- in Cl_2, IO_3^- in IO_4^-, BrO_3^- in BrO_4^-, Co^{2+} in Co^{3+}, Ce^{3+} in Ce^{4+}, Ag^+ in Ag^{2+} über (Perbromat wurde auf diese Weise erstmals erhalten). Ammoniak reduziert XeF_2 bei Raumtemperatur ($3XeF_2 + 2NH_3 \rightarrow 3Xe + N_2 + 6HF$), Wasserstoff bei 400 °C ($XeF_2 + H_2 \rightarrow Xe + 2HF$). Letztere Reaktion kann zur Analyse der Verbindung herangezogen werden. Mit der Oxidation einer Verbindung ist vielfach eine Fluorierung verbunden. So entstehen etwa aus Stickoxiden Fluoride: $XeF_2 + 2NO_2 \rightarrow Xe + 2FNO_2$, aus Kohlenwasserstoffen fluorierte C-Verbindungen. Gegenüber Fluor wirkt XeF_2 als Reduktionsmittel (Bildung von XeF_4, XeF_6).

Säure-Base-Verhalten. Eine weitere charakteristische Eigenschaft von XeF_2 ist dessen Wirkung als Fluoridionen-Donator gegenüber Lewis-sauren Metallfluoriden MF_n (z.B. MF_5 mit M = As, Sb, Bi, V, Nb, Ta, Ru, Rh, Os, Ir, Pd, Pt; MF_4 mit M = Zr, Hf, Cr, Mn; MF_3 mit M = Al, Ga, Fe, Co):

$$XeF_2 + MF_n \rightarrow [XeF]^+[MF_{n+1}]^-.$$

Die kristallinen, reaktiven und leicht hydrolysierbaren Komplexe, in welchen XeF^+ stärker oxidierend wirkt als XeF_2 und z.B. H_2O in H_2OF^+ überführt, bilden sich am besten im Lösungsmittel BrF_5. Verwendet man überschüssiges Metallpentafluorid, so erhält man auch $[XeF]^+[M_2F_{11}]^-$, setzt man überschüssiges XeF_2 ein, so bildet sich $[Xe_2F_3]^+[MF_{n+1}]^-$. Weniger ausgeprägt ist demgegenüber die Fluoridionen-*Akzeptor*wirkung von XeF_2 (keine Bildung von XeF_3^-).

Das mit IF isoelektrische $:\ddot{X}e\text{–}\ddot{F}:^+$-Kation besitzt Allelektronenoktettstruktur und ist daher stabil (mit der Abdissoziation des Fluorids steigt die Xe–F-Bindungsenergie von 133 kJ/mol in XeF_2 auf 205 kJ/mol in XeF^+). Allerdings bildet das Kation XeF^+ als starke Lewis-Säure Bindungskontakte zum jeweiligen Anion X^- (lineare Anordnung $X^- \cdots Xe\text{–}F^+$) und addiert z.B. auch Nitrile wie HCN oder CF_3CN (lineare Anordnung $RCN \rightarrow Xe\text{–}F^+$). Das $Xe_2F_3^+$-Kation ist aus zwei linearen XeF_2-Einheiten mit gemeinsamem F aufgebaut (Winkel am Brücken-F: 151°; Abstände $Xe\text{–}F_{exo}$, $Xe\text{–}F_{Brücke}$ = 1.90, 2.14 Å).

Substitutionsverhalten. Die zwischenzeitliche Bildung von XeF^+ spielt möglicherweise auch eine Rolle bei der Substitution von Fluorid in XeF_2 durch Anionen OAc^- sehr starker Säuren HOAc (Acylrest Ac z.B. ClO_3, SO_2F, POF_2, SeF_5, TeF_5):

$$XeF_2 \xrightarrow[-HF]{+HOAc} XeF(OAc) \xrightarrow[-HF]{+HOAc} Xe(OAc)_2.$$

Bis auf $XeF(OTeF_5)$ (Zers. > 100 °C) und $Xe(OTeF_5)_2$ (Zers. > 103 °C) zerfallen die *farblosen* bis *blaßgelben* Verbindungen mit **Xenon-Sauerstoff-Einfachbindungen** (lineare Anordnung FXeO, OXeO) bereits

[27] Xenon kommen in $:\ddot{X}eF_2$, $\ddot{X}eF_4$ bzw. $:XeF_6$ fünf, sechs bzw. sieben σ- + n-Elektronenpaare zu, was eine trigonal-bipyramidale, quadratisch-bipyramidale bzw. pentagonal-bipyramidale Orientierung der Elektronen (vgl. VSEPR-Modell) oder – gleichbedeutend – eine sp^3d-, sp^3d^2- bzw. sp^3d^3-Hybridisierung (vgl. Hybridorbitale) bedingt. Vgl. hierzu auch das Mehrzentren-Bindungsmodell, S. 361.

unterhalb von Raumtemperatur mehr oder weniger rasch. Die u.a. zu AcO-OAc führende Zersetzung verläuft auf radikalischem Wege: $Xe(OAc)_2 \rightarrow Xe + 2OAc \rightarrow Xe + AcOOAc$.

In Wasser löst sich XeF_2 molekular und tritt nur langsam mit diesem sowie mit verdünnten wässerigen Säuren unter Hydrolyse in Reaktion (Halbwertszeit z.B. 7 h bei 0 °C in verdünnter HF). In wässerigen Basen erfolgt – möglicherweise auf dem Wege über $Xe(OH)_2$ bzw. XeO – rasch vollständige Zersetzung unter Bildung von Xe, O_2, F^- und H_2O_2:

$$XeF_2 + 2OH^- \rightarrow Xe + \tfrac{1}{2}O_2 + H_2O + 2F^- \quad \text{bzw.} \quad Xe + H_2O_2 + 2F^- .$$

Die Zersetzungsgeschwindigkeit steigt mit zunehmendem pH-Wert der Lösung.

Durch Umsetzung von XeF_2 mit der Säure $HN(SO_2F)_2$ bei 0 °C in CF_2Cl_2 ließ sich darüber hinaus gemäß $XeF_2 + HN(SO_2F)_2 \rightarrow FXeN(SO_2F)_2 + HF$ mit leuchtend *gelbem* $FXeN(SO_2F)_2$ erstmals eine Verbindung mit **Xenon-Stickstoff-Einfachbindung** synthetisieren (lineare FXeN-Gruppe; vgl. hierzu auch Nitrilkomplexe $RCNXeF^+$, oben).

Schließlich konnte XeF_2 mit dem Lewis-aciden Bororganyl $B(C_6F_5)_3$ bei -30 °C in CH_2Cl_2 gemäß $XeF_2 + B(C_6F_5)_3 \rightarrow [Xe(C_6F_5)]^+[BF_2(C_6F_5)_2]^-$ zum Kation $Xe(C_6F_5)^+$, dem ersten gesicherten Xe-Teilchen mit einer **Xenon-Kohlenstoff-Einfachbindung**, umgesetzt werden. Das Kation läßt sich in Form seines Acetonitril-Addukts u.a. als $[CH_3CN{\rightarrow}Xe\text{-}C_6F_5]^+[BF_2(C_6F_5)_2]^-$ isolieren (lineare NXeC-Gruppierung) und bildet mit $C_6F_5COO^-$ die Neutralverbindung $C_6F_5\text{-}Xe\text{-}OCOC_6F_5$ (lineare CXeO-Gruppierung).

Xenon(IV)-fluorid XeF_4 bildet sich z.B. bei mehrstündigem Erhitzen von Xenon mit überschüssigem Fluor (Molverhältnis $Xe : F_2 = 1 : 5$; 6 bar Druck) auf 400 °C in einem geschlossenen Nickelgefäß mit fast quantitativer Ausbeute:

$$Xe + 2F_2 \rightarrow XeF_4 + 278\,kJ^{26)} .$$

Auch aus XeF_2 kann XeF_4 durch weitere Einwirkung von Fluor gewonnen werden. XeF_4 bildet *farblose*, monokline, durchsichtige, bei Abwesenheit von Feuchtigkeit beständige Kristalle (vgl. Tab. 50, S. 423). XeF_4 ist wie XeF_2 und XeF_6 in wasserfreier Flußsäure löslich, wenn auch wesentlich weniger als diese; die Lösungen leiten wie die XeF_2-Lösungen und im Gegensatz zu den XeF_6-Lösungen nicht den elektrischen Strom.

Sowohl im Kristallverband (Molekülgitter) als auch im Gas ist das mit IF_4^- isoelektronische Molekül XeF_4 quadratisch-eben aufgebaut (D_{4h}-Symmetrie; vgl. Tab. 46 auf S. 318)[27] mit einem XeF-Abstand von 1.94 Å (Gas) bzw. 1.953 Å (Kristall). Die Kraftkonstante der XeF-Bindung beträgt 3.02 N/cm[25].

Redox-Verhalten. XeF_4 wirkt stärker oxidierend und fluorierend als XeF_2. So greift es metallisches Platin unter Bildung von PtF_4 und metallisches Quecksilber unter Bildung von Hg_2F_2 und gleichzeitiger Entwicklung von Xe an und reagiert heftig mit organischen Ethern wie Tetrahydrofuran oder Dioxan. Die Reduktion von XeF_4 durch H_2 gemäß

$$XeF_4 + 2H_2 \rightarrow Xe + 4HF$$

erfolgt ab 70 °C mit merklicher Reaktionsgeschwindigkeit und läuft bei 130 °C in Kürze quantitativ ab (zum analytischen Nachweis von XeF_4). Mit weiterem Xe reagiert XeF_4 bei 400 °C unter Bildung von XeF_2. Gegenüber Fluor wirkt XeF_4 als Reduktionsmittel und geht bei 300 °C in XeF_6 über.

Säure-Base-Verhalten. Unter den drei Xenonfluoriden XeF_2, XeF_4 und XeF_6 ist Xenontetrafluorid der schwächste Fluoridionen-Donator[28]. Demzufolge reagiert XeF_4 nur mit den besonders stark Lewis-sauren Metallfluoriden SbF_5 und BiF_5 unter Bildung der Addukte $[XeF_3]^+[M_2F_{11}]^-$ mit dem T-förmig gebauten XeF_3^+-Kation (vgl. isoelektronisches IF_3 sowie Tab. 46a, S. 355; C_{2v}-Symmetrie). Als Fluoridionen-*Akzeptor* ist XeF_4 stärker als XeF_2 (bisher kein XeF_3^-), aber schwächer als XeF_6 (XeF_7^- und XeF_8^{2-} sehr stabil) und liefert mit

[28] Das hängt damit zusammen, daß Xenon im Kation XeF_3^+ 5 Elektronenpaare (ungünstig) statt wie im Falle von XeF^+ oder XeF_5^+ 4 oder 6 Elektronenpaare (günstig) aufweist.

$NR_4^+F^-$, M^+F^- (M = Na bis Cs) und NOF das Ion XeF_5^- (pentagonal-planarer Bau, D_{5h}-Symmetrie).

Substitutionsverhalten. Kationen XeF_3^+ oder Donoraddukte von XeF_4 sind wohl Zwischenprodukte der nucleophilen Substitution des Xe-gebundenen Fluorids. Allerdings führt bisher nur der Ersatz von F^- gegen $OTeF_5^-$ gemäß

$$XeF_4 + \tfrac{4}{3}B(OTeF_5)_3 \rightarrow \tfrac{4}{3}BF_3 + Xe(OTeF_5)_4$$

zu einem faßbaren Substitutionsprodukt (*gelber*, sublimierbarer Festkörper, Smp. 72 °C).

Die Hydrolyse mit Wasser oder verdünnten Laugen bzw. Säuren erfolgt – wahrscheinlich auf dem Wege über XeO_2 – unter Bildung von Xe und O_2 bzw. unter Disproportionierung von Xe(IV) zu Xe(0) und Xe(VI):

$$XeF_4 + 2H_2O \rightarrow Xe + O_2 + 4HF; \quad 3XeF_4 + 6H_2O \rightarrow Xe + 2XeO_3 + 12HF.$$

Als Zwischenprodukt der Hydrolyse von XeF_4 bei -80 °C läßt sich $XeOF_2$ (S. 430) nachweisen.

Xenon(VI)-fluorid XeF_6 bildet sich aus Xenon und überschüssigem Fluor (Molverhältnis $Xe : F_2 = 1 : 20$) bei 300 °C und 60 bar in Druckgefäßen aus Nickel mit mehr als 90%iger Ausbeute:

$$Xe + 3F_2 \rightarrow XeF_6 + 361\,kJ^{26)}.$$

Bei 700 °C und 200 bar Druck ist die Ausbeute praktisch quantitativ. XeF_6 bildet *farblose*, extrem leicht hydrolysierende, zu einer *gelbgrünen* Flüssigkeit schmelzende Kristalle (vgl. Tab. 50, S. 423). In flüssigem HF ist XeF_6 bemerkenswert gut löslich (oberhalb 30 °C 1 mol XeF_6 in rund 2 mol HF); die *gelben* Lösungen leiten beträchtlich den elektrischen Strom (Bildung von $XeF_5^+ HF_2^-$?).

Das *gasförmige* XeF_6-Molekül (isoster mit IF_6^-) ist überkappt-oktaedrisch aufgebaut (Elektronenpaar = Kappe; C_{3v}-Symmetrie; vgl. Tab. 46, S. 318)[27] und fluktuierend (S. 758)[27]. Der XeF-Abstand beträgt 1.890 Å, die Kraftkonstante 2.8 N/cm[25]. Die festen Kristalle enthalten XeF_5^+-Einheiten (quadratisch-pyramidale Fluoridorientierung), die über F^--Brücken zu tetrameren und hexameren Ringen verknüpft sind. *Gelöst* in nicht-ionisierenden Medien ($F_5S—O—SF_5$) liegt XeF_6 bei tiefen Temperaturen tetramer in Form von $(XeF_6)_4$ vor. Wieder sind hierbei XeF_5^+-Einheiten über F^- verbrückt; end- und brückenständige Fluoratome vertauschen rasch ihre Plätze (vgl. „*nicht starre*" Moleküle).

Redox-Verhalten. Unter den Xenonfluoriden ist die oxidierende und fluorierende Wirkung von XeF_6 am stärksten. So führt XeF_6 etwa metallisches Quecksilber in HgF_2 (zur Analyse von XeF_6) oder AuF_3 in eine Goldverbindung mit der Oxidationsstufe + 5 des Goldes über. Mit Wasserstoff tritt beim Erwärmen quantitative Reduktion zu Xenon ein:

$$XeF_6 + 3H_2 \rightarrow Xe + 6HF.$$

Säure-Base-Verhalten. XeF_6 vermag als Fluorid-Donator (stärker als XeF_2) sowie Fluorid-Akzeptor zu wirken. So bilden sich mit Metallfluoriden MF_n (AsF_5, SbF_5, PtF_4, AuF_5, BF_3 usw.; vgl. XeF_2) gemäß

$$XeF_6 + MF_n \rightarrow [XeF_5]^+[MF_{n+1}]^-$$

im Lösungsmittel BrF_5 kristalline Komplexe mit dem XeF_5^+-Kation. Verwendet man überschüssiges MF_5, so erhält man auch $[XeF_5]^+[M_2F_{11}]^-$, setzt man überschüssiges XeF_6 ein, so bildet sich $[Xe_2F_{11}]^+[MF_6]^-$. Mit Alkalifluoriden MF bildet XeF_6 als Akzeptor Fluoroxenate(VI) des Typus $MXeF_7$ und M_2XeF_8:

$$CsF + XeF_6 \rightarrow CsXeF_7\,(\textit{gelb}) \xrightarrow{>50\,°C} \tfrac{1}{2}XeF_6 + \tfrac{1}{2}Cs_2XeF_8\,(\textit{farblos}),$$

$$RbF + XeF_6 \rightarrow RbXeF_7\,(\textit{farblos}) \xrightarrow{>20\,°C} \tfrac{1}{2}XeF_6 + \tfrac{1}{2}Rb_2XeF_8\,(\textit{farblos}),$$

welch letztere bis 400 °C nicht zersetzt werden und damit die beständigsten aller bisher dargestellten Xenonverbindungen sind. Im Falle von KF und NaF sind – wie nach der Zersetzlichkeit von $RbXeF_7$ zu erwarten – bei Zimmertemperatur nur die Verbindungstypen K_2XeF_8 und Na_2XeF_8 erhältlich. Na_2XeF_8 zersetzt sich bereits bei 120 °C in die Ausgangskomponenten $2NaF + XeF_6$, was zur Reinigung von XeF_6 herangezogen werden kann, da XeF_2 und XeF_4 bei Raumtemperatur nicht mit Alkalifluoriden reagieren. Mit LiF scheint XeF_6 nicht zu reagieren. Aus XeF_6 und NOF bildet sich $(NO^+)_2[XeF_8]^{2-}$.

Das XeF_8^{2-}-Ion bildet ein Archimedisches Antiprisma (D_{4d}-Symmetrie), das XeF_7^--Ion ein überkapptes trigonales Prisma ($\approx C_{2v}$-Symmetrie). Das weiter oben erwähnte, mit IF_5 isostere XeF_5^+-Kation ist quadratisch-pyramidal strukturiert (C_{4v}-Symmetrie). Die $Xe_2F_{11}^+$-Kationen sind gemäß $[F_5Xe—F—XeF_5]^+$ aufgebaut (gewinkelte XeFXe-Gruppe).

Substitutionsverhalten. Beispiele für Substitutionsreaktionen bieten folgende Umsetzungen:

$$XeF_6 + HSO_3F \rightarrow F_5XeOSO_2F + HF,$$
$$XeF_6 + 2B(OTeF_5)_3 \rightarrow Xe(OTeF_5)_6 + 2BF_3.$$

In $:Xe(OTeF_5)_6$ ist das Zentralatom überkappt-oktaedrisch von einem Elektronenpaar (Kappe) und sechs $OTeF_5$-Resten umgeben. Eine ähnliche (aber fluktuierende) Struktur kommt gasförmigem XeF_6 (s. o.) zu.

Die Hydrolyse mit geringen Wassermengen führt zu $XeOF_4$ und XeO_2F_2 (vgl. weiter unten), größere Wassermengen ergeben das zersetzliche Xenon(VI)-oxid XeO_3 bzw. eine davon abgeleitete Säure (s. unten):

$$XeF_6 + nH_2O \xrightarrow[n=1,\,2,\,3]{} XeO_nF_{6-2n} + 2nHF.$$

Auch mit Quarz reagiert XeF_6 rasch unter F/O-Austausch:

$$2XeF_6 + SiO_2 \rightarrow 2XeOF_4 + SiF_4.$$

Krypton(II)-fluorid KrF_2 ist bisher die einzige binäre Verbindung des Kryptons. Sie läßt sich u. a. durch Einwirkung elektrischer Entladungen (Cu-Elektroden, 15 mA, 3000–4000 V) auf ein Gemisch von Kr und F_2 bei − 183 °C und 20 mbar darstellen:

$$60\,kJ + Kr + F_2 \rightarrow KrF_2(g).$$

Alle Versuche, Krypton weiter zu fluorieren, scheiterten bisher. KrF_2 bildet *farblose*, tetragonale Kristalle, die bereits unterhalb von 0 °C (30 mbar) schnell sublimieren, sich bei Raumtemperatur spontan zersetzen, aber bei − 78 °C längere Zeit praktisch unzersetzt aufbewahrt werden können. Das KrF_2-Molekül ist linear aufgebaut (KrF-Abstand 1.889 Å im Gaszustand), die Kraftkonstante der KrF-Bindung ist mit 2.46 N/cm nicht wesentlich kleiner als die von XeF_2 (2.82 N/cm)[25)].

KrF_2 stellt ein sehr starkes Oxidationsmittel dar und führt etwa ClF_3 in ClF_5, I_2 in IF_7, Xe in XeF_6, AgF in AgF_2, Hg in HgF_2 über. Analog XeF_2 wirkt auch KrF_2 als Fluoridionen-Donator und bildet mit starken Fluoridionen-Akzeptoren wie SbF_5, AsF_5, PtF_5, TaF_5 oder NbF_5 Addukte $[KrF]^+[MF_6]^-$, $[KrF]^+[M_2F_{11}]^-$ bzw. $[Kr_2F_3]^+[MF_6]^-$. Am stabilsten sind erwartungsgemäß die SbF_5-Komplexe, die sich erst oberhalb Raumtemperatur zersetzen. Das Kation KrF^+ ist das stärkste bisher bekannte Oxidationsmittel und oxidiert u. a. IF_5 zu IF_6^+, BrF_5 zu BrF_6^+, Au zu AuF_5. Es koordiniert als Lewis-Säure z. B. HCN (Bildung von $[HCN{\rightarrow}Kr–F]^+$ mit linearer NKrF-Gruppierung). Im Gegensatz zu $Xe_2F_3^+$ ist $Kr_2F_3^+$ unsymmetrisch gebaut (Addukt von KrF^+ an KrF_2). Von „Wasser", verdünnter „Lauge" bzw. „Säure" wird KrF_2 augenblicklich und vollständig gemäß $KrF_2 + H_2O \rightarrow Kr + 2HF + \frac{1}{2}O_2$ zersetzt.

4.2 Edelgasoxide und -fluoridoxide

Man kennt bisher von den Edelgasen nur **Oxide** der Formel $\mathbf{XeO_3}$ und $\mathbf{XeO_4}$, sowie hiervon abgeleitete **Oxidfluoride** der Formel $\mathbf{XeO_2F_2}$, $\mathbf{XeOF_4}$, $\mathbf{XeO_3F_2}$ und $\mathbf{XeO_2F_4}$ (vgl. Tab. 50, S. 423). Die niederen Oxide XeO und XeO_2 sowie Kryptonoxide ließen sich noch nicht darstellen. XeO entsteht möglicherweise bei der vorsichtigen Hydrolyse von XeF_2 als unbeständiges, leicht in die Elemente zerfallendes Zwischenprodukt; XeO_2 läßt sich als Fluor-Derivat $\mathbf{XeOF_2}$ isolieren.

Nachfolgend sind Potentialdiagramme einiger Oxidationsstufen des Xenons bei pH = 0 und 14 wiedergegeben (vgl. Anh. VI).

pH = 0

$$\overset{0}{Xe} \overset{2.32}{—} \overset{+2}{XeF_2} \overset{1.92}{—} \overset{+6}{XeO_3} \overset{2.42}{—} \overset{+8}{H_4XeO_6}$$
(Xe — XeO_3: 2.12)

pH = 14

$$\overset{0}{Xe} \overset{1.24}{—} \overset{+6}{HXeO_4} \overset{0.99}{—} \overset{+8}{HXeO_6^{3-}}$$
(Xe — $HXeO_6^{3-}$: + 1.18)

Xenon(VI)-oxid $\mathbf{XeO_3}$ entsteht bei der vorsichtigen Hydrolyse von XeF_6, $XeOF_4$ und XeF_4 (im letzteren Falle naturgemäß unter Disproportionierung der Oxidationsstufe des Xenons):

$$XeF_6 + 3H_2O \rightarrow XeO_3 + 6HF, \quad 3XeF_4 + 6H_2O \rightarrow Xe + 2XeO_3 + 12HF$$

und kann aus den so gewonnenen Lösungen durch vorsichtiges Eindunsten im Exsiccator (z. B. BaO als Trockenmittel) in Form *farbloser*, orthorhombischer, zerfließlicher Kristalle erhalten werden (vgl. Tab. 50, S. 423). Die Löslichkeit von XeO_3 in Wasser ist beträchtlich, wie daraus hervorgeht, daß man bereits bis 11-molare farblose und geruchlose Lösungen herstellen konnte.

Im Kristall liegt ein Molekülgitter mit isolierten XeO_3-Einheiten vor; wie das isostere Iodat-Ion IO_3^- ist auch das XeO_3-Molekül nicht eben, sondern trigonal-pyramidal aufgebaut (C_{3v}-Symmetrie; vgl. Tab. 46/46a, S. 318/355[29]): XeO-Abstand = 1.76 Å; Valenzwinkel OXeO = 103°; Kraftkonstante der XeO-Bindung = 5.66 N/cm (die entsprechenden Daten des IO_3^--Ions lauten: IO-Abstand = 1.82 Å; Winkel OIO = 99°; Kraftkonstante 5.48 N/cm).

Redox-Verhalten. XeO_3 ist zum Unterschied vom entsprechenden Fluorid XeF_6 eine endotherme explosive Verbindung:

$$XeO_3 \text{ (fest)} \rightarrow Xe + \tfrac{3}{2}O_2 + 402\,\text{kJ}\,.$$

Die farblose wässerige Lösung von XeO_3 besitzt stark oxidierende Eigenschaften (vgl. Potentialdiagramm, oben) und oxidiert z. B. Iodid zu elementarem Iod, Bromid zu Brom, Chlorid zu Chlor, Mangan(II) zu Mangan(IV) und Mangan(VII), Pu^{3+} zu Pu^{4+}.

Säure-Base-Verhalten. Die nur schwach sauer reagierenden wässerigen Lösungen besitzen eine sehr geringe elektrische Leitfähigkeit und enthalten offensichtlich unverändertes XeO_3 neben nur wenig H_2XeO_4 (pK_S 10.5)[30]. Bei Zusatz von Lauge erfolgt Bildung von Xenat(VI) $HXeO_4^-$:

$$XeO_3 + OH^- \rightarrow HXeO_4^- \;(K = 1.5 \times 10^3),$$

das sich zu Perxenat(VIII) XeO_6^{4-} und elementarem Xenon zu disproportionieren vermag:

---

29 Xenon kommen in $:XeO_3$ und XeO_4 vier bzw. in $:XeO_2F_2$ und $XeOF_4$ fünf σ- + n-Elektronenpaare zu, was eine tetraedrische bzw. trigonal-bipyramidale Orientierung der Elektronen (vgl. VSEPR-Modell) oder – gleichbedeutend – eine sp^3- bzw. sp^3d-Hybridisierung (vgl. Hybridorbitale) bedingt. Siehe hierzu auch das Mehrzentrenbindungsmodell, S. 361.

30 Daß überhaupt ein Gleichgewicht vorliegt, geht aus der Bildung von $Xe^{18}O_3$ aus – in ^{18}O-angereichertem Wasser gelöstem – $Xe^{16}O_3$ hervor.

$$2HXeO_4^- \xrightarrow[-2H_2O]{+2OH^-} 2XeO_4^{2-} \rightarrow XeO_6^{4-} + Xe + O_2 .$$

Feste Xenate(VI) des Typus XeO_4^{2-} oder XeO_6^{6-} wurden bis jetzt noch nicht eindeutig isoliert. Mit KF, RbF, CsF vereinigt sich XeO_3 zu sehr stabilen Verbindungen $M[XeO_3F]$[31], mit RbCl, CsCl zu Verbindungen $M_2[XeO_3Cl_2] \cdot \frac{1}{4}MCl$[31].

Xenon(VIII)-oxid XeO_4. Aus den aus Xenon(VI)-Lösungen durch Disproportionierung von $HXeO_4^-$ (s. oben) bzw. durch Oxidation von $HXeO_4^-$ mit O_3 erhältlichen *gelben* Perxenat(VIII)-Lösungen (zweckmäßig Ba_2XeO_6) läßt sich mit konz. Schwefelsäure das zugrundeliegende Xenon(VIII)-oxid XeO_4 bei $-5\,°C$ als *farbloses* Gas in Freiheit setzen:

$$XeO_6^{4-} + 4H^+ \rightarrow H_4XeO_6 \xrightarrow{-2H_2O} XeO_4 .$$

Da es sehr explosiv ist (es explodiert gelegentlich schon bei $-40\,°C$ gemäß $XeO_4(g) \rightarrow Xe + 2O_2 + 643\,kJ$), muß es hierbei sofort in eine dicht benachbarte, mit flüssigem Stickstoff gekühlte Falle abdestilliert werden, wo es sich als *blaßgelbe* feste Substanz kondensiert (vgl. auch Tab. 50, S. 423).

Das XeO_4-Molekül ist wie das isostere IO_4^--Ion tetraedisch aufgebaut (T_d-Symmetrie; vgl. Tab. 46 auf S. 318)[29]. Der XeO-Abstand beträgt im Gaszustand 1.736 Å, die Kraftkonstante der XeO-Bindung 5.75 N/cm[25].

Redox-Verhalten. Das Normalpotential $H_4XeO_6 + 2H^+ + 2\ominus \rightarrow XeO_3 + 3H_2O$ beträgt $+2.42$ V (im alkalischen 0.99V, s.o.), entsprechend sehr starker Oxidationskraft (z.B. $ClO_3^- \rightarrow ClO_4^-$; $Cr^{3+} \rightarrow Cr_2O_7^{2-}$; $Mn^{2+} \rightarrow MnO_4^-$; $IO_3^- \rightarrow IO_4^-$; Am(III) $\rightarrow$ Am(VI); $Co^{2+} \rightarrow Co^{3+}$).

Säure-Base-Verhalten. Unter den von XeO_4 abgeleiteten und isolierten, schwerlöslichen Perxenaten(VIII) seien genannt: $Na_4XeO_6 \cdot 8H_2O$, $Na_4XeO_6 \cdot 6H_2O$, $Na_4XeO_6 \cdot 9H_2O$, $Ba_2XeO_6 \cdot 1.5H_2O$. Alle diese (*farblosen*) Verbindungen enthalten im Kristall isolierte oktaedrische Baugruppen XeO_6^{4-} (O_h-Symmetrie; XeO-Abstand 1.84 Å; isosteres IO_6^{5-}: 1.82 Å). In wässeriger Lösung reagieren die Perxenate infolge Hydrolyse alkalisch: $XeO_6^{4-} + H_2O \rightarrow HXeO_6^{3-} + OH^-$. Neben den Ionen $HXeO_6^{3-}$, die selbst bei pH-Werten von 11–13 die Hauptspezies darstellen, existieren im schwach alkalischen bis schwach sauren Gebiet noch die Ionen $H_2XeO_6^{2-}$ und $H_3XeO_6^-$. Die freie (schwache)[32] Perxenonsäure H_4XeO_6 läßt sich nicht isolieren, da sie sich leicht unter Sauerstoffabgabe zur Oxidationsstufe der Xenonsäure zersetzt (bei pH 11.5: 1 % pro Stunde, in saurer Lösung: augenblicklich).

Xenonfluoridoxide. „*Xenondifluoridoxid*“ $XeOF_2$ entsteht bei der vorsichtigen Tieftemperaturhydrolyse ($-80\,°C$) von XeF_4 (s. dort) als *hellgelber*, bis ca. $-25\,°C$ metastabiler Festkörper (Tab. 50, S. 423). Die Verbindung (über O-Brücken polymer) zersetzt sich beim Erwärmen unter Disproportionierung in XeF_2 und XeO_2F_2 und bildet mit CsF das Addukt $Cs[XeOF_3]$. „*Xenondifluoriddioxid*“ XeO_2F_2 und „*Xenontetrafluoridoxid*“ $XeOF_4$ lassen sich durch Reaktion von XeF_6 mit H_2O (s.o.), SiO_2 (s.o.), XeO_3 oder $NaNO_3$ gemäß

$$3XeO_2F_2 \xleftarrow{+2XeO_3} XeF_6 \xrightarrow{+\frac{1}{2}XeO_3} \tfrac{3}{2}XeOF_4 \quad \text{bzw.} \quad XeF_6 + NaNO_3 \rightarrow XeOF_4 + NO_2F + NaF$$

in Form *farbloser*, hydrolysierbarer Kristalle bzw. als *farblose*, leicht hydrolysierende Flüssigkeit (vgl. Tab. 50, S. 423) gewinnen. Mit CsF bildet $XeOF_4$ das Addukt $Cs[XeOF_5]$.

Das mit IF_5 isostere $XeOF_4$-Molekül bildet eine tetragonale Pyramide (C_{4v}-Symmetrie), deren Basis aus den vier F-Atomen besteht, während sich das Xe-Atom wenig oberhalb der Basisfläche und das

[31] $M[XeO_3F]$ bzw. $M_2[XeO_3Cl_2] \cdot 1/4MCl$ enthalten unendliche Ketten —XeO_3—F—XeO_3—F— bzw. —XeO_3Cl—Cl—XeO_3Cl—Cl—, in welchen Xenon quadratisch-pyramidal bzw. verzerrt-oktaedrisch von 3 Sauerstoff- sowie 2 Fluor- bzw. 3 Chloratomen umgeben ist.

[32] H_4XeO_6: $pK_1 \approx 2$, $pK_2 \approx 6$, $pK_3 \approx 10.5$, $pK_4 > 14$.

O-Atom an der Spitze der Pyramide befindet[29]. Der XeF-Abstand beträgt 1.900 Å, der XeO-Abstand 1.703 Å, die Kraftkonstante der XeF-Bindung 3.21 N/cm, die der XeO-Bindung 7.11 N/cm. Aus der Tatsache, daß letztere mehr als doppelt so groß ist wie erstere, muß man schließen, daß die XeO-Bindung in $XeOF_4$ einen ganz erheblichen Doppelbindungscharakter besitzt, zumal der XeO-Abstand sehr klein ist. XeO_2F_2 ist analog SF_4 gebaut (F in axialer, O in äquatorialer Position), $XeOF_5^-$ verzerrt-oktaedrisch strukturiert (C_{2v}-Symmetrie)[29].

Durch Wasserstoff werden XeO_2F_2 bzw. $XeOF_4$ bei 300 °C gemäß

$$XeO_2F_2 + 3H_2 \rightarrow Xe + 2H_2O + 2HF \quad \text{bzw.} \quad XeOF_4 + 3H_2 \rightarrow Xe + H_2O + 4HF$$

quantitativ zu Xe reduziert, was zur Analyse der Proben dienen kann. Mit MF_5 (M = P, As, Sb) bilden XeO_2F_2 und $XeOF_4$ Addukte, die Kationen XeO_2F^+ bzw. $XeOF_3^+$ enthalten. Mit Alkalifluoriden wird $XeOF_4$ in $M^+[XeOF_5]^-$ übergeführt.

„*Xenondifluoridtrioxid*“ XeO_3F_2 und „*Xenontetrafluoriddioxid*“ XeO_2F_4 (Tab. 50, S. 423) entstehen durch Reaktion von XeF_6 mit XeO_4.

Kapitel XII

Die Gruppe der Halogene[1]

Zur Gruppe der **„Halogene"** (17. Gruppe bzw. VII. Hauptgruppe des Periodensystems der Elemente) gehören die Elemente *Fluor* (F), *Chlor* (Cl), *Brom* (Br), *Iod* (I) und *Astat* (At). Das letztere (Ordnungszahl 85) kommt in der Natur nur in verschwindenden Mengen als unbeständiges radioaktives Zerfallsprodukt des Urans, Actino-Urans und Thoriums vor (3×10^{-24} Gew.-%). Die anderen Halogene beteiligen sich am Aufbau der Erdrinde mit 0.06 (F), 0.11 (Cl), 6×10^{-4} (Br) und 5×10^{-5} (I) Gew.-%, entsprechend einem Gewichtsverhältnis von ca. 100 : 200 : 1 : 0.01. Den Namen *Halogene*[2] (= Salzbildner) tragen die Elemente, weil ihre Metallverbindungen den Charakter von Salzen – von der Art des Kochsalzes (NaCl) – haben.

Im folgenden seien zunächst die freien Halogene und dann einige ihrer Verbindungen besprochen: Halogenwasserstoffe, Interhalogene, Halogensauerstoffsäuren, Halogenoxide. Weitere Elementhalogenide werden bei den betreffenden Elementen behandelt. Bezüglich der Pseudohalogene vgl. S. 668, bezüglich eines vergleichenden Überblicks über die Eigenschaften der Halogene vgl. S. 302 sowie Tafeln II und III.

1 Elementare Halogene[1]

1.1 Das Fluor[1,3]

Vorkommen. Das Fluor kommt in der Natur wegen seiner Reaktionsfreudigkeit *nur gebunden* in Form von **Fluoriden** vor, vor allem als *Flußspat* CaF_2 (z. B. in Südafrika, Rußland, Mexico, Spanien, Deutschland bei Wölsendorf in der Oberpfalz), *Kryolith* Na_3AlF_6 („$AlF_3 \cdot 3NaF$") und *Fluorapatit* $Ca_5(PO_4)_3F$ („$3Ca_3(PO_4)_2 \cdot CaF_2$") (vgl. Phosphate). Weiterhin sind erwähnenswert der *Topas* $(Al_2(OH,F)_2[SiO_4]$, der *Chiolith* $Na_5[Al_3F_{14}]$, *Sellait* MgF_2, *Villiaumit* NaF, *Bastnäsit* (Ce,La)(CO_3)F. In vulkanischen Exhalationen kommen *Fluo-*

---

1 **Literatur.** V. Gutmann (Hrsg.): „*Halogen Chemistry*", 3 Bände, Academic Press, New York 1967; T. A. O'Donnell: „*Fluorine*" und A. J. Downs, C. J. Adams: „*Chlorine, Bromine, Iodine, Astatine* in *Comprehensive Inorg. Chem.* **2** (1973) 1009–1106 und 1107–1594; J. H. Canterford und R. Colton: „*Halides of the First Row Transition Metals*", Wiley, London 1969; „*Halides of the Second and Third Row Transition Metals*", Wiley, London 1968; J. A. Downs und C. J. Adams: „*The Chemistry of Chlorine, Bromine, Iodine and Astatine*", Pergamon, Oxford, 1975. Vgl. auch Anm. 3, 9, 27, 29, 36, 44, 52, 61, 68, 89, 100, 101, 104, 105.

2 hals (griech.) = Salz; gennan (griech.) = erzeugen.

3 **Literatur:** G. Bayer, H.-G. Wiedemann: „*Fluorrohstoffe – Vorkommen, Verwendung und Probleme*", Chemie in unserer Zeit **19** (1985) 33–41; J. H. Simons (Hrsg.): „*Fluorine Chemistry*", 5 Bände, Academic Press, New York 1950 bis 1965; H. J. Emeléus: „*The Chemistry of Fluorine and its Compounds*", Academic Press, New York 1969; R. D. W. Kemmit, D. W. A. Sharp: „*Fluorides of the Main Group Elements*", Adv. Fluorine Chem. **4** (1965) 142–252; H. R. Neumarkt: „*The Chemistry and Chemical Technology of Fluorine*", Wiley, New York 1967; A. Haas: „*Fluor, ein Element der extremen Möglichkeiten*", Chemie in unserer Zeit **3** (1969) 17–22; R. J. Lagow, J. L. Margrave: „*Direct Fluorination: A „New" Approach to Fluorine Chemistry*", Progr. Inorg. Chem. **26** (1979) 161–210; D. Naumann: „*Fluor- und Fluorverbindungen*", Spezielle Anorganische Chemie, Band **2**. Steinkopff-Verlag, Darmstadt 1980; W. Kwasnik: „*Fortschritte in der Fluor-Herstellung und elektrochemischen Fluorierung anorganischer Verbindungen*", Fortschr. Chem. Forsch. **8** (1967) 309–320; GMELIN: „*Fluorine*", System-Nr. **5**, bisher 6 Bände, „*Perfluorohalogeno-organo Compounds of Main Group Elements*", bisher 15 Bände; ULLMANN (5. Aufl.): „*Fluorine, Fluorine Compounds, Fluoropolymeres*" **A 11** (1988) 293–429.

roborate und *Fluorosilicate* vor. Bezüglich des Vorkommens von Fluor in der *Hydro-* und *Biosphäre* vgl. Tafel II sowie Physiologisches (unten).

Isotope (vgl. Anh. III). *Natürlich vorkommendes* Fluor besteht zu 100% aus dem Nuklid $^{19}_{9}F$. Es eignet sich wegen seines Kernspins ½, der schmale NMR-Signale zur Folge hat, vorzüglich für *NMR-spektroskopische Untersuchungen* von Fluorverbindungen. Das *künstlich* erzeugte Nuklid $^{18}_{9}F$ (β^+-Strahler; $\tau_{1/2}$ = 109.7 m) wird zur *Verbindungsmarkierung* und in der *Medizin* genutzt.

Geschichtliches (vgl. Tafel II). Der *Name* Fluor leitet sich von fluor (lat.) = Fluß ab, da das meistverbreitete Fluormineral, der „*Flußspat*" CaF_2, schon in frühen Zeiten den Erzen als *Flußmittel* zugesetzt wurde, um sie durch Herabsetzung des Schmelzpunktes leichter flüssig zu machen. Die *Entdeckung* des Fluors (1886) als Produkt der Elektrolyse von KF in flüssigem Fluorwasserstoff (s. unten) verdanken wir dem französischen Chemiker Henri Moissan (Nobelpreis 1906).

Darstellung. Als Ausgangsprodukt zur Darstellung von Fluor dient ausschließlich Fluorwasserstoff HF, der insbesondere durch Umsatz von natürlich vorkommendem Flußspat CaF_2 mit konzentrierter Schwefelsäure erhältlich ist ($CaF_2 + H_2SO_4 \rightarrow CaSO_4 + 2HF$; vgl. S. 455). Zur Gewinnung von Fluor muß dieser Fluorwasserstoff von Wasserstoff befreit, d.h. oxidiert werden. Da nun Fluor seinerseits das stärkste chemische Oxidationsmittel unter den Elementen darstellt (s. weiter unten), ist dessen Oxidation nicht auf chemischem, sondern nur auf elektrochemischem Wege (vgl. S. 230) möglich. Als Elektrolyt der zu Wasserstoff und Fluor führenden HF-Elektrolyse,

$$542.6\,\text{kJ} + 2\text{HF} \rightarrow H_2 + F_2,$$

ist allerdings keine wässerige Fluorwasserstofflösung brauchbar; denn Fluor entzieht selbst dem Wasser sofort den Wasserstoff (vgl. chemische Eigenschaften). Man erhält dementsprechend bei der Elektrolyse wässeriger Lösungen von vornherein kein Fluor, sondern Sauerstoff, da sich die OH^--Ionen des Wassers wesentlich leichter ($2H_2O \rightleftarrows O_2 + 4H^+ + 4\ominus$; ε_0 = 1.23 V) als die elektronegativeren F^--Ionen des Fluorwasserstoffs ($2HF(aq) \rightleftarrows F_2 + 2H^+ + 2\ominus$; ε_0 = 3.05 V) entladen lassen. Deshalb muß man wasserfreien, flüssigen Fluorwasserstoff (Sdp. 19.54 °C) verwenden, in welchem man zur Erhöhung der elektrischen Leitfähigkeit (flüssiger Fluorwasserstoff leitet wegen seiner geringen elektrolytischen Eigendissoziation wie reines Wasser den elektrischen Strom praktisch nicht) wasserfreies Kaliumfluorid auflöst (Molverhältnis KF : HF zwischen 1 : 1 bis 1 : 13). Zum Beispiel lassen sich wasserfreie Schmelzen von Salzen des Typus KF · HF (Smp. 225 °C) oder KF · 2HF (Smp. 72 °C) oder KF · 3HF (Smp. 66 °C) zur elektrolytischen Zersetzung benutzen.

In der Technik arbeitet man heutzutage nach dem „*Mitteltemperatur-Verfahren*" mit einer Elektrolytzusammensetzung von 1 mol KF auf 1.8–2.5 mol HF (mittlere Zusammensetzung: KF · 2HF) und führt die Elektrolyse bei 70–130 °C durch, wobei man den elektrolytisch zersetzten Fluorwasserstoff durch frischen Fluorwasserstoff ersetzt und so die Elektrolysetemperatur und Badzusammensetzung konstant hält. Die HF-Elektrolyse erfolgt in hintereinander geschalteten Monel- bzw. Stahlzellen mit graphitfreien Petrolkoks-Anoden (Fig. 128). Als Kathode dient der Zellenmantel. Kathoden- und Anodenraum sind durch Eisenbleche, die in die Elektrolytflüssigkeit bis zu einer bestimmten Tiefe eintauchen, voneinander getrennt. Man arbeitet mit 4–15 kA, einem Spannungsabfall von 8–12 V je Zelle und Stromdichten von etwa 0.10–0.15 A/cm². Die Stromausbeute beträgt 95%. Das erzeugte Fluor enthält bis zu 10% HF, das sich durch Kühlen auf −100 °C größtenteils ausfrieren läßt. Restliches HF kann durch NaF gebunden werden.

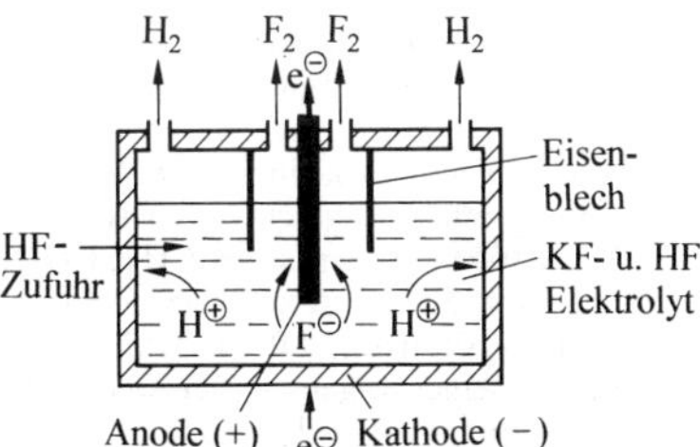

$$\begin{array}{lll} & HF & \rightarrow H^+ + F^- \\ \text{Kathode:} & H^+ + \ominus & \rightarrow \tfrac{1}{2}H_2 \\ \text{Anode:} & F^- & \rightarrow \tfrac{1}{2}F_2 + \ominus \\ \hline & HF & \rightarrow \tfrac{1}{2}H_2 + \tfrac{1}{2}F_2 \end{array}$$

Fig. 128 Schematische Darstellung des Verfahrens zur HF-Elektrolyse.

Physikalische Eigenschaften. Das Fluor ist ein in dünner Schicht (< 1 m) *farbloses*, in dicker Schicht *blaßgelbes* Gas von *durchdringendem* Geruch (s. u.). Bei $-188.13\,°C$ verdichtet sich Fluor zu einer *hellgelben* Flüssigkeit[4] (Dichte 1.5127 g/cm^3 beim Sdp., Litergewicht 1.696 g bei 0 °C), welche bei $-219.62\,°C$ zu einer *farblosen* Festsubstanz erstarrt. Es kristallisiert wie die übrigen Halogene in einem Molekülgitter (F—F-Abstand 1.43 Å im Gas; vgl. S. 312). Bezüglich weiterer physikalischer Daten vgl. Tafel III, bezüglich der Elektronenstruktur S. 350. Fluor wird in Tanklastwagen, die mit flüssigem N_2 gekühlt sind, versandt; es kommt in Stahlflaschen in den Handel (50 l reines F_2 bei 28 bar bzw. 10% F_2/90% N_2 bei 200 bar).

Physiologisches. Fluor ist von sehr hoher Giftigkeit (MAK-Wert 0.2 mg/m^3 bzw. 0.1 ppm) und wirkt, auf die Haut gebracht, verbrennend und ätzend. Es kann noch in sehr kleiner Konzentration von etwa 0.001% am Geruch erkannt werden, der dem eines Gemischs von O_3 und HF ähnelt. Essentiell für den Menschen ist Fluorid F^-, das zu ca. 10 mg pro kg Gewebe im Körper enthalten ist (Fluorid-reich sind die Zähne mit 0.1–0.7 g/kg und die Knochen mit 0.9–2.7 g/kg). Tägliche Aufnahmen von ca. 1 mg F^- pro kg Gewebe wirken der Karies und dem Knochenschwund („*Osteoporose*") entgegen, höhere tägliche Aufnahmen von über 2 mg F^-/kg Gewebe führen zur Gelenkversteifung („*Osteosklerose*"). Oral verabreichte Mengen von 0.1 g F^- und darüber rufen Übelkeit, Erbrechen, Durchfall, Unterleibsschmerzen hervor (Behebung durch Ca^{2+}-Injektionen).

Chemische Eigenschaften[5]**.** Fluor ist das reaktionsfähigste aller Elemente[6] und – abgesehen von wenigen endothermen Fluorverbindungen wie KrF_2, ClF_6^+ – das stärkste Oxidationsmittel überhaupt (saure Lösung: $\varepsilon_0 = 3.05$ V; alkalische Lösung: $\varepsilon_0 = 2.87$ V)[7]. Mit Wasserstoff verbindet es sich – auch im Dunkeln – schon bei gewöhnlicher Temperatur unter Entzündung oder gar heftiger Explosion (bezüglich des Mechanismus dieser Radikalkettenreaktion vgl. S. 387). Schwefel und Phosphor setzen sich bei der Temperatur der flüssigen Luft lebhaft mit Fluor um. Kohlenstoff, der mit Chlor erst bei der hohen Temperatur des elektrischen Lichtbogens reagiert, vereinigt sich in feinverteiltem Zustande bereits bei Zimmertemperatur mit Fluor unter Flammenerscheinung. Ebenso entzünden sich z. B. die Alkali- und Erdalkalimetalle im Fluorstrom bei Raumtemperatur unter Bildung von Fluoriden des Typus M^IF bzw. $M^{II}F_2$ (M = Metall). Auch sonst reagiert Fluor schon in der Kälte – lebhafter noch in der Wärme oder bei sonstiger energetischer Anregung – mit allen anderen Elementen außer Helium, Neon und Argon. Die mit Fluor sich verbindenden Elemente betätigen als Folge der außerordentlich großen Elektronegativität des Fluors alle gemäß ihrer Stellung im Periodensystem möglichen Wertigkeiten bis zu ihren höchsten positiven Oxidationsstufen hinauf (z. B. PF_5, SF_6, IF_7).

Viele Metalle (z. B. Kupfer, Magnesium) und Metall-Legierungen (z. B. Stahl, Monelmetall = Legierung aus Kupfer und Nickel) werden in der Kälte oder bei wenig erhöhter Temperatur von Fluor nur oberflächlich angegriffen, da sie sich mit einer dichten und festhaftenden Schicht von Fluorid bedecken, welche den weiteren Angriff von Fluor verhindert („*Passivierung*"). Darauf beruht die Möglichkeit, diese Metalle zum Bau von Fluor-Entwicklungsapparaten zu verwenden (geeignet z. B. Chromnickelstahl bis 80 °C, Nickel bis 630 °C; Dichtungen aus Kupfer). Bei höherer Temperatur erfolgt aber auch bei ihnen eine durchgreifende Reaktion. Selbst Gold und Platin werden bei Rotglut von Fluor stark angegriffen. Im Laboratorium kann man mit Fluor in trockenen Glasapparaturen arbeiten, sofern das Gas frei von HF ist, das zum Unterschied von F_2 Glas angreift.

---

4 Der Sdp. liegt zwischen dem des Sauerstoffs ($-182.97\,°C$) und Stickstoffs ($-195.82\,°C$).

5 Die Chemie des Fluors ist um 1930/40 namentlich durch die deutschen Chemiker Otto Ruff (1871–1939) und Hans v. Wartenberg (1880–1960) erstmals intensiv ausgebaut worden.

6 Die Ursache der hohen Reaktivität (und zwar sowohl im thermodynamischen als auch kinetischen Sinne) ist u. a. die besonders niedrige Dissoziationsenergie von F_2 (158 kJ/mol) und die meist sehr hohe Affinität des Fluors zu anderen Elementen.

7 Wegen der großen Elektronegativität des Fluors üben F-Atome in Fluorverbindungen eine starke induktive Wirkung aus (Elektronenzug zum F hin), die z. B. dazu führt, daß NF_3 sowie $(CF_3)_3N$ wesentlich schwächere Lewis-Basen sind als NH_3 sowie $(CH_3)_3N$ und daß aus dem analogen Grund CF_3COOH viel stärker sauer ist als CH_3COOH. Die große Elektronegativität des Fluors führt im Verein mit seinem kleinen Atomradius weiterhin dazu, daß die Elemente gegenüber Fluor ihre höchsten Oxidationsstufen und Koordinationszahlen betätigen: z. B. SF_6, PF_6^-, UF_6, CuF_6^{2-}, AuF_6^-; IF_7, ReF_7, XeF_8^{2-}, IF_8^-, TeF_8^{2-}. Auch sonst hebt sich das Fluor in seinen Eigenschaften weit mehr von den übrigen Halogenen ab, als es dem allgemeinen Trend bei den Halogenen entspricht (vgl. S. 302).

Wegen der großen Affinität zu Wasserstoff entreißt das Fluor auch allen Wasserstoffverbindungen lebhaft den Wasserstoff. Die Reaktion ist dabei weit heftiger als beim Chlor. So reagieren beispielsweise Schwefelwasserstoff oder Ammoniak unter Flammenbildung; ebenso wird Wasser lebhaft zersetzt:

$$H_2S + F_2 \rightarrow \tfrac{1}{8}S_8 + 2HF, \quad 2NH_3 + 3F_2 \rightarrow N_2 + 6HF,$$
$$H_2O + F_2 \rightarrow \tfrac{1}{2}O_2 + 2HF,$$

während beim Chlor (s. dort) diese Wasserzersetzung nur unter Mitwirkung des Lichts erfolgt (die Umsetzung von H_2O und F_2 erfolgt unter Zwischenbildung von Hypofluoriger Säure: $H_2O + F_2 \rightarrow HF + HOF \rightarrow 2HF + \frac{1}{2}O_2$). Fluor entreißt auch kohlenstoffgebundenen Wasserstoff unter hoher Wärmeentwicklung. Diese Eigenschaft wird zur Oberflächenfluorierung von Kunststoffen technisch genutzt (s. u.). Bezüglich weiterer chemischer Eigenschaften vgl. Tafel III).

Fluor in Verbindungen. In seinen Verbindungen ist Fluor an *elektropositivere* Elemente *anionisch* in Form von F^-, sonst *kovalent gebunden* und tritt zum Unterschied von Chlor als elektronegativstes Element praktisch nur in der Oxidationsstufe -1 auf (Ausnahmen: F_2^-, F_3^-; vgl. S. 453)[7]. In den ionischen Fluoriden betätigt es die Koordinationszahlen *eins* (z. B. gasförmiges Be**F**$_2$), *zwei* (lineares F in Nb**F**$_3$, gewinkeltes F in festem Be**F**$_2$, festem H**F**), *drei* (trigonal-planares F in Mg**F**$_2$), *vier* (tetraedrisches F in Ca**F**$_2$, Cu**F**) und *sechs* (oktaedrisches F in Na**F**); in den kovalenten Fluoriden ist es immer einzählig. Verbindungen mit kationischem Fluor existieren nicht (vgl. S. 450). Bezüglich eines Vergleichs mit den Gruppenhomologen s. S. 302.

Verwendung. Fluor (Weltjahresproduktion: 10 Kilotonnenmaßstab) dient hauptsächlich zur Herstellung solcher anorganischer und organischer *Fluorverbindungen*, die wie etwa ClF, ClF_3, BrF_3, IF_5, SF_6, höherwertige Metallfluoride (z. B. UF_6) oder perfluorierte Alkane (z. B. C_3F_8) nicht auf andere Weise hergestellt werden können[8]. Bei der Fluorierung chemischer Verbindungen ist es nicht notwendig, das Fluor vorher zu isolieren. Man kann sich hier vielmehr des sehr eleganten Verfahrens der „*Elektrofluorierung*" bedienen, bei dem man die HF-Badspannung so wählt (< 8 V), daß noch keine F_2-Entwicklung erfolgt, und bei dem die zu fluorierenden, in Fluorwasserstoff gelösten Verbindungen an großen Anoden fluoriert werden (z. B. $H_2O \rightarrow F_2O$; $H_2S \rightarrow SF_6$; $NH_4^+ \rightarrow NF_3$, N_2F_2, NH_2F; $CS_2 \rightarrow CF_3SF_5$, SF_6; $HSO_3F \rightarrow SO_2F_2$; $NaClO_4 \rightarrow FClO_3$; $C_nH_{2n+1}X \rightarrow C_nF_{2n+1}X$ ($X = SO_3F$, COF; als Herbizide, Flammschutzmittel, Tenside, Emulgatoren, Feuerlöschmittel, Katalysatoren, Oleophobierungsmittel). Die größte Fluormenge dient der Gewinnung von UF_6 (zur Uranisotopentrennung), die zweitgrößte zur Gewinnung von SF_6 (als Dielektrikum). Wichtig ist ferner die Oberflächenfluorierung von Kunststoffen (zur Verminderung der Durchlässigkeit von Kraftstoffbehältern für Benzin, zur Erhöhung des Haftvermögens für Lacke, Farben, Kleber usw.).

1.2 Das Chlor[1,9]

1.2.1 Vorkommen

Das Chlor ist ein sehr reaktionsfähiges Element. Daher kommt es in der Natur wie Fluor nicht frei, sondern *nur gebunden* in Form von **Chloriden** vor. Die wichtigsten Vorkommen sind: das *Steinsalz* NaCl, der *Sylvin* KCl, der *Carnallit* $KMgCl_3 \cdot 6H_2O$ („$KCl \cdot MgCl_2 \cdot 6H_2O$"), der *Bischofit* $MgCl_2 \cdot 6H_2O$ und der *Kainit* $KMgCl(SO_4) \cdot 3H_2O$ („$KCl \cdot MgSO_4 \cdot 3H_2O$"). In den *Ozeanen* bildet NaCl die Hälfte der gelösten Salze (18.1 g Cl^- je Liter; zum Vergleich: 1.4 mg F^-, 68 mg Br^-, 0.06 mg I^- je Liter; vgl. Taf. II). Gasförmiger *Chlorwasserstoff* HCl kommt in vulkanischen Exhalationen vor. Physiologisch von Wichtigkeit ist weiterhin das Vorhandensein von 0.3–0.4 % Chlorwasserstoff HCl im *Magensaft*, entsprechend einer rund 1/10-molaren Salzsäurelösung (vgl. Physiologisches, unten).

8 Vielfach kann man auch mit *Fluorwasserstoff* (z. B. $PCl_3 + 3HF \rightarrow PF_3 + 3HCl$; $Al_2O_3 + 6HF \rightarrow 2AlF_3 + 3H_2O$; $CCl_4 + 2HF \rightarrow 2HCl + CCl_2F_2$ (Freon); $HCCl_3 + 2HF \rightarrow 3HCl + 1/n(CF_2)_n$ (Teflon)) oder mit *Elementfluoriden* wie AgF, AgF_2, CoF_3, MnF_3, ClF_3, IF_5, AsF_3 *fluoridieren* (z. B. $PCl_3 + AsF_3 \rightarrow PF_3 + AsCl_3$).

9 **Literatur.** GMELIN: „*Chlorine*", System-Nr. **6**, bisher 4 Bände; ULLMANN (5. Aufl.) „*Chlorine*", „*Chlorine Oxides and Chlorine Oxygen Acids*", **A 6** (1986) 399–525; „*Hydrochloric Acid*", **A 13** (1989) 283–296; J. S. Sconce (Hrsg.): „*Chlorine. Its Manufacture, Properties and Uses*", Reinhold, New York 1962.

Isotope. (vgl. Anh. III). *Natürlich vorkommendes* Chlor besteht zu 75.77 % aus dem Isotop $^{35}_{17}Cl$ und zu 24.23 % aus dem Isotop $^{37}_{17}Cl$. Sie eignen sich beide für den *NMR-spektroskopischen* Nachweis in Verbindungen. Das *künstliche* Isotop $^{36}_{17}Cl$ (β^--Strahler; $\tau_{1/2} = 3.1 \times 10^5$ a) wird zum *Markieren* genutzt.

Geschichtliches. (vgl. Tafel II). *Entdeckt* wurde das Chlor 1774 durch den schwedischen Chemiker Carl Wilhelm Scheele (1742–1786) als Produkt der Oxidation von HCl mit Braunstein MnO_2 (s. unten). Scheele bezeichnete das Chlor im Lichte der Phlogistontheorie (s. dort) noch als „*dephlogistierte Salzsäure*"; C. L. Berthollet (1748–1822) sprach nach Überwindung der Phlogistontheorie von „*oxidierter Salzsäure*", da er das Chlor für eine sauerstoffhaltige Substanz hielt; H. Davy erkannte 1810 die Elementnatur des Chlors und gab ihm seinen jetzigen *Namen* gemäß seiner gelbgrünen Farbe[10].

1.2.2 Darstellung

Zur Darstellung des Chlors geht man zweckmäßig von Produkten aus, die in beliebiger Menge zur Verfügung stehen. Ein solcher Ausgangsstoff ist das oben erwähnte, aus Lagerstätten (ca. 70 % der Weltproduktion) oder Meerwasser gewonnene Stein- oder Kochsalz NaCl. Dieses kann entweder direkt oder nach vorheriger Umwandlung zu Chlorwasserstoff ($2NaCl + H_2SO_4 \rightarrow Na_2SO_4 + 2HCl$; vgl. S. 460) in Chlor übergeführt werden. In der Technik wählt man bevorzugt den ersteren, im Laboratorium (falls keine Chlor-Stahlflasche zur Verfügung steht) den letzteren Weg.

Aus Natriumchlorid

Zur technischen Darstellung von Chlor elektrolysiert man seit 1890 wässerige Lösungen von Natriumchlorid („**Chloralkali-Elektrolyse**"), wodurch zur Zeit 97 % des Chlors erzeugt werden (1990 weltweit 33 Millionen Jahrestonnen)[11]. Der Gesamtvorgang der Elektrolyse erfolgt nach der Bruttogleichung

$$446.1\,kJ + 2H\,\boxed{OH + 2Na}\,Cl(aq) \rightarrow H_2 + 2NaOH(aq) + Cl_2\,,$$

da von den in der Lösung enthaltenen Ionen H^+, OH^-, Na^+ und Cl^- die H^+- und Cl^--Ionen (insbesondere bei hoher Chlorid-Konzentration) am leichtesten entladen werden (vgl. elektrolytische Zersetzung, S. 230). Außer Chlor[11a] entstehen dabei also noch Wasserstoff und Natronlauge, was gewisse Probleme für die Verwendung der zwangsläufig miteinander gekoppelten drei Elektrolyseprodukte (Ausgleich zwischen Bedarf und Produktion) aufwirft.

Es muß bei der Chloralkali-Elektrolyse verhindert werden, daß die kathodisch durch Entladung der Wasserstoff-Ionen des Wassers neben Wasserstoff gebildete Lauge (OH^-) mit dem anodisch durch Entladung der Chlor-Ionen des Natriumchlorids gebildeten Chlor (Cl_2) in Berührung kommt, da sonst nach der Gleichung $2OH^- + Cl_2 \rightarrow OCl^- + Cl^- + H_2O$ unter gleichzeitiger Rückbildung von Chlorid Hypochlorit gebildet wird (S. 474) bzw. der Wasserstoff mit dem Chlor ein Chlorknallgas-Gemisch (S. 441) ergibt. Man erreicht dies durch die Trennung von Kathoden- und Anodenraum. Sie erfolgt im Prinzip beim „*Diaphragma*"- bzw. „*Membran-Verfahren*" (Fig. 129a) durch eine ionendurchlässige Schei-

10 Von chloros (griech.) = gelbgrün.

11 Die Chlorproduktion wird (zutreffender als die Schwefelsäureproduktion) als Gradmesser für die Entwicklung der chemischen Industrie eines Landes angesehen. **Geschichtliches.** Die erste technische Chloralkali-Elektrolyseanlage wurde 1890 in Deutschland in Griesheim (Zementdiaphragma-Verfahren) und 1892/1895 in USA (Asbestdiaphragma-Verfahren/Amalgam-Verfahren) gebaut. Ökonomische und ökologische Zwänge führten in der Folgezeit zu wesentlichen Verbesserungen des *Diaphragma-* und *Amalgam-Verfahrens* (96 %ige Stromausbeute bei Verwendung von aktivierten Titan- anstelle von Graphitanoden; Einsatz umweltfreundlicher Asbestdiaphragmen; Reduktion der Hg-Emission um über eine Zehnerpotenz bis auf 20 g pro Tonne Chlor im Jahre 1979) und schließlich zur Entwicklung des *Membran-Verfahrens* (erste technische Nutzung 1975 in Japan). Die Chloralkali-Elektrolyse steht im Energieverbrauch unter den elektrolytischen Verfahren derzeit an erster Stelle.

11a Chlor sollte mit Wasser nach $Cl_2 + H_2O \rightarrow \frac{1}{2}O_2 + 2HCl$ reagieren; die durch Sonnenlicht katalysierbare Reaktion ist jedoch gehemmt (S. 442).

dewand („*Diaphragma*", „*Membran*")[12)], beim heute nicht mehr genutzten „*Glocken-Verfahren*" (vgl. HF-Elektrolyse) durch eine nicht bis zum Boden reichende und so den Stromtransport ermöglichende Trennwand und beim „*Quecksilber-*"(„*Amalgam-*")*Verfahren*" (Fig. 129b) durch eine völlige Abtrennung von Kathoden- und Anodenraum und separate Durchführung von anodischer Chlor- und kathodischer Wasserstoffbildung. Die Reinheitsanforderungen an das eingesetzte NaCl wachsen hierbei für die Prozesse in der Reihenfolge Diaphragma-, Amalgam-, Membran-Verfahren (bezüglich der NaCl-Reinigung vgl. S. 1171).

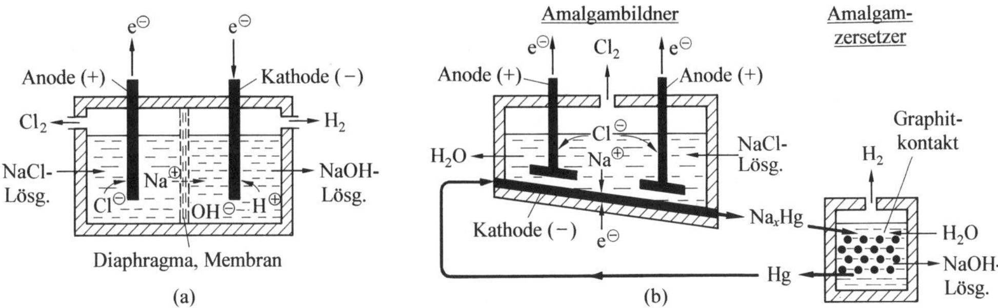

Fig. 129 Schematische Darstellung der Verfahren zur Chloralkali-Elektrolyse: (a) Diaphragma- bzw. Membranverfahren, (b) Amalgamverfahren.

Der Kathodenvorgang des **Diaphragmaverfahrens** besteht in einer Entladung der durch Dissoziation des Wassers gebildeten Wasserstoff-Ionen, der Anodenvorgang in einer Entladung der aus der Dissoziation des Natriumchlorids stammenden Chlorid-Ionen; die nichtentladenen Natrium- und Hydroxid-Ionen bleiben in der Lösung als Natriumhydroxid zurück:

			pH = 0	pH = 14
	$2\,HOH$	$\rightleftarrows 2H^+ + 2OH^-$		
Kathode:	$2H^+ + 2\ominus$	$\rightarrow H_2$	$\varepsilon_0 = \pm 0\,V$	$\varepsilon_0 = -0.828\,V$
	$2\,NaCl$	$\rightleftarrows 2Na^+ + 2Cl^-$		
Anode:	$2Cl^-$	$\rightarrow Cl_2 + 2\ominus$	$\varepsilon_0 = +1.36\,V$	$\varepsilon_0 = +1.36\,V$
	$2Na^+ + 2OH^-$	$\rightleftarrows 2\,NaOH$		
Gesamtvorgang:	$2H_2O + 2NaCl$	$\rightarrow H_2 + 2NaOH + Cl_2$.		

Als Kathoden dienen Stahlelektroden, als Anoden Elektroden aus Elektrographit bzw. aktiviertem Titan (mit Edelmetallen oder Edelmetalloxiden beschichtet), als feinporiges Diaphragma[13)] Asbest (Zellspannung: 3.0–4.15 V; Stromstärke bis 150000 A; Stromdichte 2.2–2.7 kA/m^2).

Da bei zu stark angewachsener Hydroxidionen-Konzentration auch eine anodische Entladung von OH^--Ionen unter Bildung von Sauerstoff und Wasser erfolgt, kann man die Elektrolyse nicht bis zur völligen Zersetzung des Natriumchlorids fortsetzen. Daher beschickt man bei dem (veralteten) diskontinuierlich arbeitenden Diaphragmaverfahren (z. B. dem „*Griesheimer Verfahren*") die Elektrolysezellen immer mit neuer Chloridlösung, sobald eine etwa 5%ige Natronlauge entstanden ist. Das beim Eindampfen dieser verdünnten Zell-Lauge in Vakuumverdampfapparaten fast völlig ausfallende Natriumchlorid kehrt wieder in den Betrieb zurück. Bei den – wesentlich günstigeren – kontinuierlich arbeitenden Verfahren (z. B. dem „*Billiter-, Hooker-* bzw. *Diamond-Verfahren*") wird durch eine entsprechende Regelung des Zuflusses der Chloridlösung an der Anode und des Abflusses der Lauge an der Kathode der Beteiligung der Hydroxid-Ionen am Stromstransport (Wanderung zur Anode) entgegengewirkt, so daß hier stärkere (12–16%ige) Zell-Laugen erzielt werden können. Eine Variante des Diaphragmaverfahrens mit wachsender Bedeutung ist das **Membranverfahren**, bei welchem Kathoden- und Anodenraum (Elektroden wie oben) durch eine hydraulisch undurchlässige, ionenleitende, 0.2 mm dicke

---

12 diaphragma (griech.) = Scheidewand, membran (lat.) = Häutchen.

13 Das Diaphragma, das beständig gegen Elektrolyseedukte und -produkte sein muß, verhindert die mechanische Vermischung von Kathoden- und Anodenflüssigkeit und den Durchtritt der in Form kleiner Blasen verteilten Gase, gestattet aber den Durchgang von Wasser und den Stromtransport, d. h. die Wanderung der zu entladenden Ionen unter dem Einfluß einer angelegten Spannung.

Doppelmembran aus Nafion getrennt ist[14]. Die optimale Stromdichte beträgt 2–3 kA/m^2, die Zellspannung 3.15 V. Das Verfahren erlaubt die Herstellung von – *praktisch chloridfreien* – Zell-Laugen mit bis zu 35% NaOH.

Beim **Amalgamverfahren** werden Anoden- und Kathodenvorgang in getrennten Zellen gesondert durchgeführt[15]. In der einen Zelle („*Amalgambildner*“, Fig. 129b, links) wird durch Verwendung einer Quecksilberkathode (Vertauschung der Potentialhöhe von H und Na infolge hoher Überspannung des Wasserstoffs und Amalgambildung mit Natrium; vgl. S. 232) die Zerlegung der Natriumchloridlösung in Natrium und Chlor ermöglicht. Als Anoden für die Chlorabscheidung dienen hierbei hintereinanderliegende, stempelförmige, 8–12 cm dicke Platten aus Graphit oder aktiviertem Titan, die horizontal liegen und für den Chlorabzug mit zahlreichen kleinen vertikalen Bohrungen versehen sind. Da das an der Anode gebildete „nascierende“ Chlor zusammen mit dem untergeordnet durch anodische Entladung von OH^--Ionen der Lösung erzeugten nascierenden Sauerstoff in geringem Umfang mit dem Graphit unter Bildung von Kohlenstoffchloriden und -oxiden abreagiert („*Abbrand*“), werden die Graphitanoden von Zeit zu Zeit nachgestellt. Elektrolysiert wird bei 80 °C bis zu einem NaCl-Gehalt von ca. 250 g pro Liter; anschließend wird die Sole mit festem NaCl bis auf einen Gehalt von 360 g pro Liter aufkonzentriert. Man arbeitet mit einer Zellspannung von 4–5.5 V[16] und Stromstärken bis über 300000 A (Stromdichte: 8–15 kA/m^2).

Das in der ersten Zelle gebildete flüssige Natriumamalgam (0.2–0.4%) wird in einer zweiten Zelle („*Amalgamzersetzer*“, Fig. 129b, rechts) an Graphitkontakten mit Wasser zu Quecksilber, 20–50%iger Natronlauge und Wasserstoff zersetzt[17, 18] Amalgam und Quecksilber werden umgepumpt. Beim Amalgamverfahren spielen sich somit insgesamt folgende Vorgänge ab:

	$2\,NaCl$	$\rightleftarrows 2\,Na^+ + 2\,Cl^-$		$2\,HOH$	$\rightleftarrows 2\,H^+ + 2\,OH^-$
Kathode:	$2\,Na^+ + 2\ominus$	$\rightarrow 2\,Na$	Kathode:	$2\,H^+ + 2\ominus$	$\rightarrow H_2$
Anode:	$2\,Cl^-$	$\rightarrow Cl_2 + 2\ominus$	Anode:	$2\,Na$	$\rightarrow 2\,Na^+ + 2\ominus$
	$2\,NaCl$	$\rightarrow 2\,Na + Cl_2$		$2\,Na + 2\,H_2O$	$\rightarrow 2\,NaOH + H_2$

$$2\,NaCl + 2\,H_2O \rightarrow Cl_2 + 2\,NaOH + H_2\,.$$

Ein wesentlicher Vorteil des Amalgam-Verfahrens (in Europa zum Teil noch bevorzugt) gegenüber dem Diaphragmaverfahren (in USA und Japan bevorzugt) ist der, daß die Natronlauge getrennt von der Natriumchloridlösung erzeugt wird, so daß eine chloridfreie, reine Lauge und reines Chlor entsteht. Ein gewisser Nachteil besteht andererseits darin, daß mit dem Abfluß der verdünnten NaCl-Lösung aus der Amalgamerzeugungszelle bzw. der NaOH-Lösung aus der Amalgamzersetzungszelle zwangsläufig etwas Quecksilber als solches bzw. in Form von Verbindungen mitgeführt wird. Da Quecksilber sehr giftig ist und mithin ein Umweltrisiko darstellt, muß es auf kostspielige Weise aus den Elektrolytabwässern entfernt werden, bevor diese das jeweilige Werksgelände verlassen (entsprechendes gilt für die Emissionen). Ein weiterer Nachteil des Amalgamverfahrens ist der hohe Energieverbrauch (10–15% höher als beim Diaphragmaverfahren). Die Wirtschaftlichkeit des *Diaphragmaverfahrens* wird jedoch wiederum durch die Bildung sauerstoffhaltigen Chlors sowie verdünnter und zudem NaCl-haltiger Natronlauge gemindert. Auch stellt das Diaphragma wegen seines Asbestgehaltes ein Umweltrisiko dar. Als Vorteile des *Membranverfahrens* sind zu nennen: Bildung einer reinen 35%igen (also recht konzentrierten) Lauge, geringer Energieverbrauch, Vermeidung von Quecksilber und Asbest, niedrige Investitionskosten. Nachteilig sind hier insbesondere die hohen Reinheitsanforderungen an die Sole. Das Membran-Verfahren ist unter ökonomischen und ökologischen Gesichtspunkten für die voraussehbare Zukunft das Verfahren der Wahl. Es verdrängt infolgedessen das Diaphragma- und Amalgam-Verfahren (Anteil am Weltmarkt je 40%) mehr und mehr (Anteil am Weltmarkt 1990: 20%).

[14] Nafion = Polytetrafluorethylen (PTFE) mit COOH-haltigen Perfluoralkyl-Seitenketten (der Anode zugewandte Membranseite 0.15 mm dick) und SO_3H-haltigen Perfluoralkylseitenketten (der Kathode zugewandt, 0.05 mm dick). Nafion gestattet den Durchtritt von Na^+-Ionen. Wasser vermag nicht als solches, sondern nur zusammen mit den Na^+-Ionen (in Form der Hydrathülle) durch Nafion zu wandern.

[15] Die Voraussetzungen für die heutigen Amalgamzellen schufen 1892 H. J. Castner in den USA und K. Kellner in Österreich (Castner-Kellner-Zelle).

[16] Die theoretische Zersetzungsspannung beträgt 1.36 (Cl^-) + 0.83 (H^+) = 2.19 V bei pH = 14.

[17] Die im Zuge der Amalgambildung gespeicherte elektrische Energie wird bei der Amalgamzersetzung in Wärme verwandelt.

[18] Die Versuche, aus dem beim Quecksilberverfahren in großen Mengen anfallenden Natriumamalgam metallisches Natrium darzustellen, waren bisher wirtschaftlich ohne Erfolg. Dagegen läßt sich das Natriumamalgam wie Natrium selbst als wirksames Reduktionsmittel einsetzen.

Aus Chlorwasserstoff (Salzsäure)

Zur Gewinnung von Chlor aus Chlorwasserstoff muß dieser von Wasserstoff befreit, d.h. oxidiert werden. Dies kann auf chemischem oder elektrochemischem Wege erfolgen.

Ein geeignetes **chemisches** Mittel für die HCl-Oxidation ist z. B. der Luftsauerstoff, der bei erhöhter Temperatur den Wasserstoff unter Bildung von Wasser bindet:

$$4\,HCl + O_2 \rightleftarrows 2\,H_2O(g) + 2\,Cl_2 + 114.48\ kJ\,.$$

Das Verfahren hat als *Deacon-Verfahren* (erfunden 1868) früher große technische Bedeutung gehabt; heute wird aber nach diesem Verfahren nur noch vereinzelt und in modifizierter Form (z. B. „*Shell-Deacon-Verfahren*") Chlor erzeugt.

Die Reaktion verläuft unter gewöhnlichen Bedingungen sehr langsam und bedarf zur Beschleunigung eines Katalysators. Als solcher dient bei dem von dem englischen Chemiker Henry Deacon (1822–1876) stammenden Verfahren Kupferchlorid ($CuCl_2$), und zwar wird ein Gemisch von 70% Luft und 30% Chlorwasserstoff (100%iger Sauerstoff-Überschuß über das geforderte Molverhältnis $O_2 : HCl = 1 : 4$ hinaus) bei 430 °C über mit Kupferchloridlösung getränkte Tonkugeln geleitet (vgl. S. 1333). Rund 2/3 des eingeführten Chlorwasserstoffs gehen dabei in Chlor über. Daß die Ausbeute nicht quantitativ ist, ist darauf zurückzuführen, daß die Reaktionsprodukte Wasserdampf und Chlor bei der hohen Reaktionstemperatur ihrerseits das Bestreben haben, sich unter Rückbildung der Ausgangsstoffe Chlorwasserstoff und Sauerstoff umzusetzen (zunehmende Verschiebung des Gleichgewichts auf die linke Seite mit steigender Temperatur). Der Katalysator des Shell-Deacon-Prozesses besteht aus einem Gemisch von Kupfer- und anderen Metallchloriden (z. B. Sc-, Y-, Zr-, U-, Lanthanoid-chloride) auf einem Silicatträger und ermöglicht eine HCl-Oxidation bereits bei 350 °C mit Ausbeuten von 76.5%.

Ein anderes geeignetes Oxidationsmittel zur Bildung von Chlor aus Chlorwasserstoff (Salzsäure) ist der Braunstein (Mangandioxid) MnO_2. So gewinnt man im Laboratorium das Chlor gebräuchlicherweise durch gelindes Erhitzen von konzentrierter Salzsäure (oder einem Gemisch von Kochsalz und mäßig konzentrierter Schwefelsäure mit MnO_2:

$$4\,HCl + MnO_2 \rightarrow 2\,H_2O + MnCl_2 + Cl_2\,.$$

Die Umsetzung verläuft wahrscheinlich in zwei Stufen so, daß durch doppelte Umsetzung primär Mangantetrachlorid ($MnCl_4$) gebildet wird: $4\,HCl + MnO_2 \rightarrow 2\,H_2O + MnCl_4$, welches dann sekundär in Mangandichlorid ($MnCl_2$) und Chlor zerfällt: $MnCl_4 \rightarrow MnCl_2 + Cl_2$. Wie ein Vergleich der Reaktionsgleichungen zeigt, entsteht im letzteren Falle aus einer gegebenen Chlorwasserstoffmenge nur halb so viel Chlor wie beim Deacon-Verfahren, da die Hälfte des Chlors an das Mangan (Mn) gebunden bleibt. Die Umsetzung von Chlorwasserstoff und Braunstein hat als *Weldon-Verfahren* (erfunden 1866) früher eine technische Rolle gespielt und ist jetzt längst überholt (vgl. auch Geschichtliches).

Von weiteren geeigneten Oxidationsmitteln zur Chlorgewinnung aus Salzsäure ($\varepsilon_0 = + 1.3583$ V) im Laboratorium seien hier erwähnt (vgl. die elektrochemische Spannungsreihe): das Kaliumpermanganat $KMnO_4$ (Auftropfen von konzentrierter Salzsäure auf Kaliumpermanganatkristalle: $2\,KMnO_4 + 16\,HCl \rightarrow 2\,MnCl_2 + 2\,KCl + 5\,Cl_2 + 8\,H_2O$ und der Chlorkalk $CaCl_2O$ (Einwirkung von Salzsäure auf gepreßte Chlorkalkwürfel im Kippschen Apparat: $CaCl_2O + 2\,HCl \rightarrow CaCl_2 + H_2O + Cl_2$).

Zur **elektrochemischen** Gewinnung von Chlor aus Chlorwasserstoff geht man in der Technik von konzentrierter Salzsäure aus, die in Zellen an Graphitelektroden elektrolysiert wird, deren Kathoden- und Anodenraum durch ein PVC-Tuchdiaphragma getrennt ist (Zersetzung bei ca. 2 V und Stromstärken von ca. 4000 A/m^2):

$$334.54\ kJ + 2\,H^+(aq) + 2\,Cl^-(aq) \rightarrow H_2 + Cl_2\,.$$

Die zulaufende Säure ist 23%ig, die ablaufende 17–20%ig; sie wird durch HCl-Gas wieder aufkonzentriert. Das Verfahren hat gegenüber der Chloralkali-Elektrolyse (s. oben) den Vorteil, daß dabei nicht zwangsläufig auch Natronlauge entsteht, deren Weiterverwendung nicht immer sichergestellt ist.

1.2.3 Physikalische Eigenschaften

Chlor ist ein *gelbgrünes*[19], *erstickend* riechendes, die Schleimhäute stark angreifendes Gas, welches rund 2 $^1/_2$mal so schwer wie Luft ist (Litergewicht von Chlor 3.21, von Luft 1.29 g bei 0 °C). Durch Druck kann es leicht verflüssigt werden, da seine kritische Temperatur recht hoch liegt (kritische Temperatur: 143.9 °C; kritischer Druck: 77.1 bar; kritische Dichte: 0.67 g/cm^3). Daher gelangt es als flüssiges Chlor (Dichte 1.565 g/cm^3 beim Sdp.) in (grau gestrichenen) Stahlbomben und in Kesselwagen unter einem Druck von 6.7 bar bei 20 °C und von 3.7 bar bei 0 °C in den Handel. Der Siedepunkt des flüssigen Chlors liegt bei − 34.06 °C, der Erstarrungspunkt bei − 101.00 °C. Wie Brom und Iod kristallisiert auch Chlor in einem (orthorhombischen) Molekülgitter (intramolekularer Atomabstand Cl—Cl im Festzustand 1.980 Å, im Gaszustand 1.988 Å; vgl. Iod). Bezüglich weiterer Eigenschaften vgl. Tafel III.

In Wasser ist Chlor relativ gut löslich: 1 Liter Wasser löst bei 25 °C und Atmosphärendruck 0.0921 mol Chlor. Die Lösung (~ $^1/_{10}$ molar) heißt: „*Chlorwasser*" (vgl. hierzu S. 474). Wegen dieser guten Löslichkeit wird das Chlor bei der Darstellung im Laboratorium zweckmäßig nicht über Wasser, sondern über gesättigter Kochsalzlösung aufgefangen, in der es weniger löslich ist. Noch bequemer ist es, das Gas in einem trockenen Glasgefäß zu sammeln, indem man es auf den Boden des Gefäßes leitet; infolge seiner Schwere bleibt es unten liegen und verdrängt von hier aus allmählich die Luft. Beim Abkühlen der gesättigten wässerigen Chlorlösung auf 0 °C scheiden sich *grünlich-gelbe* Kristalle der Zusammensetzung $Cl_2 \cdot 7.25\,H_2O$ (vgl. hierzu Clathrate) ab, die sich an der Atmosphäre bei 9.6 °C zersetzen.

Physiologisches. Chlor reagiert mit tierischem und pflanzlichem Gewebe und zeichnet sich demgemäß durch hohe Giftigkeit aus. Es vernichtet Mikroorganismen (Desinfektionswirkung) und wirkt auf Säugetiere und den Menschen rasch tödlich (MAK = 1.5 mg/m^3 bzw. 0.5 ppm; Verätzungen der Luftwege und Lungenbläschen). 0.0001 Vol.-% Cl_2 lassen sich in der Luft noch mit dem Geruchssinn wahrnehmen. Der Mensch enthält ca. 1.4 g des für ihn essentiellen Elements pro kg Gewebe in anionischer oder gebundener Form. Chlorid Cl^- spielt zur Aufrechterhaltung des Säure-Base-Gleichgewichts, im Wasserhaushalt sowie bei der Nieren- und Magensekretion der Organismen eine wichtige Rolle.

1.2.4 Chemische Eigenschaften

Elementares Chlor. Das Chlor gehört nach dem Fluor zu den chemisch reaktionsfähigsten Elementen und verbindet sich – meist schon bei gewöhnlicher Temperatur, noch heftiger bei erhöhter Temperatur – mit fast allen anderen Elementen unter starker Wärmeentwicklung. Nur gegen die Edelgase sowie gegen Sauerstoff und Stickstoff verhält sich Chlor indifferent; auf dem Wege über andere Verbindungen lassen sich aber auch Chlorverbindungen dieser Elemente gewinnen (vgl. Xenondichlorid, Chloroxide, Stickstofftrichlorid). Im folgenden seien Reaktionen des Chlors mit einigen Metallen, mit dem Nichtmetall Wasserstoff sowie einigen Wasserstoffverbindungen besprochen (bezüglich der Reaktion mit Halogenen vgl. S. 465, mit Sauerstoff vgl. S. 495, mit anderen Elementen vgl. chemische Eigenschaften der betreffenden Elemente; siehe auch Tafel III und Anh. VI).

Unter den **Metallen** reagieren die der I. Hauptgruppe des Periodensystems, die Alkalimetalle, am heftigsten mit Chlor. Erwärmt man z. B. im Chlorstrom ein Stückchen Natrium auf etwa 100 °C, so vereinigen sich die beiden Elemente unter intensiver gelber Lichterschei-

[19] Die gelbgrüne Farbe, die dem Chlor seinen Namen gegeben hat[10], ist auch für den Wortstamm „chloro" in manchen chlorfreien grünen Stoffen verantwortlich, wie das Beispiel Chlorophyll = Blattgrün zeigt: chloros (griech.) = gelbgrün; phyllon (griech.) = Blatt.

nung (Wellenlänge 589.3 nm) lebhaft zu Natriumchlorid; fast ebenso heftig wie die Alkalimetalle reagieren die Elemente der II. Hauptgruppe des Periodensystems, die Erdalkalimetalle:

$$2\,Na + Cl_2 \rightarrow 2\,NaCl + 822.56\,kJ; \quad Ca + Cl_2 \rightarrow CaCl_2 + 796.3\,kJ.$$

Aber auch die Halbmetalle der rechten Hälfte des Periodensystems reagieren noch lebhaft mit Chlor, wenn man sie in feinverteiltem Zustande zur Umsetzung bringt. Schüttet man z. B. feingepulvertes Arsen, Antimon oder Bismut in ein mit Chlor gefülltes Glasgefäß, so „verbrennen" sie unter Feuererscheinung zu entsprechenden Chloriden (z. B.: $Sb + 1\frac{1}{2}Cl_2 \rightarrow SbCl_3 + 382.4\,kJ$). In gleicher Weise kann man auch Eisenwolle oder edle Metalle wie Kupfer unter Flammenerscheinung mit Chlor zur Vereinigung bringen, wenn man sie als sehr feine Pulver oder in Form sehr dünner Blättchen (z. B. „*Blattkupfer*" oder als unechtes – aus 85% Kupfer und 15% Zink bestehendes – Blattgold; s. dort) anwendet:

$$Fe + 1\tfrac{1}{2}Cl_2 \rightarrow FeCl_3 + 399.8\,kJ, \quad Cu + Cl_2 \rightarrow CuCl_2 + 220.2\,kJ.$$

Bei allen diesen Reaktionen spielt ein gewisser Feuchtigkeitsgehalt des Chlors eine Rolle (s. unten). Denn trockenes Chlor ist viel reaktionsträger als feuchtes. So verbindet sich z. B. vollkommen trockenes Chlor nicht mit Kupfer oder Eisen. Daher kann man solches Chlor durch Eisenrohre fortleiten und im flüssigen Zustande (6.7 bar bei 20 °C) in Stahlbomben und eisernen Kesselwagen in den Handel bringen.

Unter den Reaktionen des Chlors mit **Nichtmetallen** (z. B. Phosphor, Schwefel, Halogene, Wasserstoff), die bei Zimmertemperatur im allgemeinen weniger heftig verlaufen, ist besonders die Umsetzung mit Wasserstoff erwähnenswert. Diese bereits mehrfach angesprochene „*Chlorknallgasreaktion*" (S. 105 und 387) folgt bei Bestrahlung mit blauem oder kurzwelligerem Licht oder bei lokaler Erhitzung explosionsartig im Zuge einer durch eine Spaltung von Chlormolekülen in -atome ($243.52\,kJ + Cl_2 \rightarrow 2\,Cl$) gestarteten Radikalkettenreaktion:

$$Cl + H_2 \rightarrow HCl + H$$
$$H + Cl_2 \rightarrow HCl + Cl$$

(vgl. hierzu S. 387). Da die Geschwindigkeit der Reaktion nicht so groß ist wie die der Umsetzung von Wasserstoff und Sauerstoff, ist die Explosion von Chlorknallgas nicht so gewaltig wie die von Sauerstoffknallgas[20].

Das Bestreben des Chlors, sich mit Wasserstoff zu verbinden, ist so groß, daß es auch vielen **Wasserstoffverbindungen** den Wasserstoff unter Chlorwasserstoffbildung entreißt. Taucht man z. B. einen mit Terpentinöl (= α-Pinen, $C_{10}H_{16}$) getränkten Filterpapierstreifen in einen mit Chlorgas gefüllten Glaszylinder, so entzündet sich das Terpentinöl von selbst unter Entweichen dicker Rußwolken (Kohlenstoff); gleiches ist beim Einleiten von Acetylen (C_2H_2) in Chlorgas der Fall:

$$C_{10}H_{16} + 8\,Cl_2 \rightarrow 10\,C + 16\,HCl, \quad C_2H_2 + Cl_2 \rightarrow 2\,C + 2\,HCl.$$

Auch Ammoniak entzündet sich bei seiner Vereinigung mit reinem Chlorgas:

$$2\,NH_3 + 3\,Cl_2 \rightarrow N_2 + 6\,HCl.$$

Leitet man Chlor in eine wässerige Lösung von Schwefelwasserstoff bzw. Iodwasserstoff, so wird Schwefel bzw. Iod in Freiheit gesetzt:

$$H_2S + Cl_2 \rightarrow 2\,HCl + \tfrac{1}{8}S_8, \quad 2\,HI + Cl_2 \rightarrow 2\,HCl + I_2.$$

---

[20] Zur explosionsfreien Vereinigung von Chlor und Wasserstoff vgl. S. 460.

Auch Wasser kann durch Chlor in entsprechender Weise unter Sauerstoffentwicklung zersetzt werden[21]:

$$H_2O(fl) + Cl_2 \rightarrow 2HCl + \tfrac{1}{2}O_2 .$$

Die unter Zwischenbildung von Hypochloriger Säure HOCl (s. unten) ablaufende, kinetisch gehemmte Reaktion erfolgt jedoch nur unter der Einwirkung des Sonnenlichtes mit genügender Geschwindigkeit (vgl. S. 105). Zur Verhinderung dieser zersetzenden Wirkung des Lichtes bewahrt man daher Chlorwasser in braunen Flaschen auf.

Der Sauerstoff der zwischengebildeten Hypochlorigen Säure HClO ist besonders reaktionsfähig. Daher besitzt feuchtes Chlor zum Unterschied von trockenem Chlor (s. oben) stark oxidierende Wirkung, was man zum Bleichen[22] (oxidative Zerstörung von Farbstoffen) und zum Desinfizieren (oxidative Zerstörung von Bakterien) benutzt. Bringt man z. B. eine rote Rose oder eine Tulpe in feuchtes Chlorgas, so verschwindet zuerst das empfindliche Blattgrün und dann der rote Blütenfarbstoff. Auch viele Farbstoffe wie Indigo, Malachitgrün, Eosin, Lackmus werden durch feuchtes Chlor entfärbt, während sie gegenüber trockenem Chlor beständig sind. Man benutzt diese Bleichwirkung des Chlors zum Bleichen von Leinen, Baumwolle, Jute, Papierstoff usw. Allerdings müssen mit Chlor gebleichte Gewebe und Faserstoffe durch „*Antichlor*" ($Na_2S_2O_3$, s. dort) von den noch anhaftenden Chlor-Resten befreit werden, um ihre nachträgliche Zerstörung durch das aggressive Chlor zu verhüten. Daher wurde die Chlorbleiche mehr und mehr durch die Bleiche mit Wasserstoffperoxid (s. dort) verdrängt, welche die Faser weniger angreift und zudem schneller und nachhaltiger wirkt. Die desinfizierende Wirkung des Chlors wird unter anderem zur Sterilisierung von Trinkwasser und zur Desinfektion des Wassers in öffentlichen Schwimmanstalten benutzt. Auch Abwässer werden zur Beseitigung von Geruchs- und Fäulnisstoffen „*gechlort*".

Vielfach führt die Einwirkung von Chlor auf Elementwasserstoffe EH_n nicht zu einem vollständigen Wasserstoffentzug (Bildung von Elementen E_x), sondern nur zu einer mehr oder minder weitgehenden **Substitution** der Wasserstoffatome durch Chlor (Bildung von chlorierten Elementwasserstoffen $EH_{n-m}Cl_m$). So läßt sich etwa Methan durch Reaktion mit Chlor bei 400 °C in Chlormethan CH_3Cl (sowie höher chloriertes Methan) und Ammoniak durch Umsetzen mit einem Chlor/Stickstoff-Gasgemisch in Chloramin (S. 679) umwandeln:

$$CH_4 + Cl_2 \rightarrow CH_3Cl + HCl; \quad NH_3 + Cl_2 \rightarrow NH_2Cl + HCl \; (\xrightarrow{NH_3} NH_4Cl).$$

Das gebildete Chloramin stellt hierbei ein Zwischenprodukt der oben erwähnten, zu Stickstoff und Chlorwasserstoff führenden Chlorierung von Ammoniak unter drastischen Bedingungen (unverdünntes Chlor) dar. In analoger Weise führen die besprochenen Reaktionen von Chlor mit Schwefelwasserstoff, Iodwasserstoff bzw. Wasser über chlorierte Zwischenprodukte (HSCl, ICl, HOCl) zu den Produkten Schwefel, Iod und Sauerstoff neben Chlorwasserstoff.

Der CH_4-Chlorierung (Entsprechendes gilt für die Chlorierung anderer gesättigter Kohlenwasserstoffe) liegt ein mit der H_2-Chlorierung (s. oben) vergleichbarer Radikalkettenmechanismus zugrunde: $CH_4 + Cl \rightarrow CH_3 + HCl$; $CH_3 + Cl_2 \rightarrow CH_3Cl + Cl$. Die Bildung der CCl-Bindung erfolgt hier somit im Zuge einer homolytischen Substitutionsreaktion (S. 386) am Chlor. Demgegenüber bildet sich die NCl-Bindung im Falle der NH_3-Chlorierung (Entsprechendes gilt für die Chlorierung von H_2S, HI, H_2O) auf dem Wege einer (assoziativen) nucleophilen Substitutionsreaktion (S. 391) am Chlor:

$$H_3N\!: + Cl{-}Cl \rightarrow H_3NCl^+ + :Cl^-; \quad H_3NCl^+ + NH_3 \rightarrow H_2NCl + NH_4^+ .$$

[21] Während HCl und O_2 in der Gasphase freiwillig zu H_2O und Cl_2 reagieren (vgl. Deacon-Verfahren, S. 439), setzen sich H_2O und Cl_2 in kondensierter Phase freiwillig zu HCl und O_2 um: $2Cl_2(aq) + 2H_2O \rightleftarrows 4HCl(aq) + O_2 + 50.2\,kJ$. Die Reaktionsumkehr beruht auf der sehr hohen Lösungswärme von HCl in flüssigem H_2O ($HCl(g) \rightarrow HCl(aq) + 74.90\,kJ$). Wie Chlor ($\varepsilon_0 = 1.36\,V$) reagiert auch Fluor ($\varepsilon_0 = 3.05\,V$) mit Wasser (S. 435), während die Oxidationskraft des Broms ($\varepsilon_0 = 1.07\,V$) und Iods ($\varepsilon_0 = 0.54\,V$) zur Entwicklung von Sauerstoff aus Wasser ($\varepsilon_0 = 1.23\,V$) nicht ausreicht. Bei Brom verläuft die betreffende Reaktion nur, wenn O_2 entweichen kann (S. 445), bei Iod auch dann nur im umgekehrten Sinne (S. 464).

[22] Die Bleichwirkung des Chlors erkannte erstmals C. L. Berthollet im Jahre 1785.

Während sich Chlor mit gesättigten Kohlenwasserstoffen unter Substitution des Wasserstoffs umsetzt, reagiert es mit ungesättigten Kohlenwasserstoffen vielfach unter **Addition**, z. B.:

$$CH_2{=}CH_2 + Cl_2 \rightarrow CH_2Cl{-}CH_2Cl^{23)}.$$

In analoger Weise lagert sich Chlor an ungesättigte anorganische Verbindungen an, z. B.:

$$SO_2 + Cl_2 \rightarrow SO_2Cl_2, \quad CO + Cl_2 \rightarrow COCl_2; \quad 2NO + Cl_2 \rightarrow 2NOCl.$$

Die Additionsreaktionen erfolgen je nach Art des Chlorierungspartners sowie der Reaktionsbedingungen auf radikalischem oder ionischem Wege (S. 386).

Chlor in Verbindungen. In seinen Verbindungen mit elektropositiven, wenig Lewis-sauren Bindungspartnern wie den Alkali- bzw. Erdalkalimetallen liegt das Chlor als *anionischer* Bestandteil, sonst im allgemeinen als *kovalent gebundener* Bestandteil vor und betätigt die Oxidationsstufe -1. Nur bezüglich der elektronegativen Elemente Sauerstoff und Fluor (und zum Teil auch Stickstoff) betätigt es auch *positive* Oxidationsstufen, und zwar hauptsächlich $+1$ (z. B. ClO^-, ClF, ClN_3), $+3$ (z. B. ClO_2^-, ClF_3), $+5$ (z. B. ClO_3^-, ClF_5) und $+7$ (z. B. ClO_4^-, ClO_3F), selten $+2$ (z. B. ClO, instabil), $+4$ (z. B. ClO_2), $+6$ (z. B. Cl_2O_6). Gebrochene Oxidationsstufen kommen dem Chlor in den Ionen Cl_3^- ($-{}^1/_3$) bzw. Cl_3^+ ($+{}^1/_3$) zu[24]. Dabei vermag das Chlor nur gegenüber den elektronegativsten, verschwindend Lewis-basischen Partnern wie den von den Supersäuren abgeleiteten Anionen auch als kationischer Verbindungsbestandteil aufzutreten (vgl. S. 450). Koordinationszahlen: *Eins* (z. B. $\mathbf{Cl}_2$, R**Cl**), *zwei* (lineares Cl in $\mathbf{Cl}F_2^-$, gewinkeltes Cl in ClO_2, $Al_2\mathbf{Cl}_6$, $Pd\mathbf{Cl}_2$), *drei* (trigonal-pyramidales Cl in $\mathbf{Cl}O_3^-$, T-förmiges Cl in $\mathbf{Cl}F_3$), *vier* (tetraedrisches Cl in $Sr\mathbf{Cl}_2$, $\mathbf{Cl}O_4^-$, wippenförmiges Cl in $\mathbf{Cl}OF_3$), *fünf* (quadratisch-pyramidales Cl in $\mathbf{Cl}F_5$, trigonal-bipyramidales Cl in $\mathbf{Cl}O_2F_3$), *sechs* (oktaedrisches Cl in Na**Cl**), *acht* (kubisches Cl in Cs**Cl**). Vergleich von Chlor mit Fluor. Die Chemie des Chlors und seiner Verbindungen unterscheidet sich in charakteristischer Weise von der seines leichteren Homologen Fluor. Dies ist wie im Falle der im Periodensystem sich links anschließenden Elementpaare Sauerstoff/Schwefel, Stickstoff/Phosphor, Kohlenstoff/Silicium, Bor/Aluminium, Beryllium/Magnesium und Lithium/Natrium darauf zurückzuführen, daß das leichtere Homologe im Unterschied zum schwereren einen viel kleineren *Atomradius* aufweist und sein *Elektronenoktett* in Verbindungen nicht überschreiten kann. Für Einzelheiten vgl. S. 311.

Verwendung. Chlor (Jahresweltproduktion: zig Megatonnenmaßstab) dient u. a. als Oxidationsmittel (z. B. zur Gewinnung von Brom aus Bromiden), Bleich- sowie Desinfektionsmittel und wird in großen Mengen zur Darstellung anorganischer und organischer Chlorverbindungen benötigt[25]. Als Beispiele hierfür seien genannt: Chlorwasserstoff (Salzsäure), Chlorwasserstoffverbindungen wie etwa $HOCl/H_2O$, NaOCl, CaCl(OCl), $NaClO_2$, $HClO_3/H_2O$, M^IClO_3, $HClO_4/H_2O$, M^IClO_4, $Mg(ClO_4)_2$, ClO_2, Cl_2O (u. a. als Bleich- und Oxidationsmittel), Metall- und Nichtmetallchloride wie ClF, ClF_3, ICl, ICl_3, S_2Cl_2, SCl_2, $SOCl_2$, SO_2Cl_2, PCl_3, PCl_5, $POCl_3$, $AsCl_3$, $SbCl_3$, $SbCl_5$, $BiCl_3$, $COCl_2$, $SiCl_4$, $AlCl_3$, $TiCl_4$, $TiCl_3$, $MoCl_5$, $FeCl_3$, $ZnCl_2$, Hg_2Cl_2, $HgCl_2$ bzw. chlorierte Kohlenwasserstoffe wie etwa Chlormethan, -ethan, -benzole bzw. zu Polyvinylchlorid (PVC) polymerisierbares Vinylchlorid $CH_2{=}CHCl$[26]. Häufig stellen die durch Chlorierung erhältlichen Produkte nur Zwischenverbindungen auf dem Wege zu chlorfreien Endprodukten (z. B. Silicone, Tetraethylblei, Glycol, Glycerin, Methylcellulose) dar.

1.3 Das Brom[1,27]

Vorkommen. Wie Fluor und Chlor kommt auch das Brom wegen seiner Aggressivität in der Natur nicht in freiem, sondern nur in *gebundenem Zustande* in Form von **Bromiden** (z. B. als *Bromargyrit* AgBr) vor, und zwar findet es sich gewöhnlich mit Chlor gemeinsam in analog

23 Unter geeigneten Bedingungen läßt sich aus Dichlorethan Chlorwasserstoff eliminieren ($CH_2Cl{-}CH_2Cl \rightarrow CH_2{=}CHCl + HCl$), so daß die Reaktion von Chlor mit Ethylen letztlich auf eine Substitution eines Wasserstoffatoms in C_2H_4 durch ein Chloratom hinausläuft.

24 Unter besonderen Bedingungen existiert auch das Cl_2^--Anion (S. 453).

25 1990 wurden weltweit ca. 9% Cl_2 für anorganische Produkte, 43% für organische Produkte, 28% für polymere Produkte, 19% für Lösungsmittel, 1% für sonstige Produkte verwendet.

26 Das für die Chlorierung organischer Verbindungen benötigte, durch HCl-Oxidation gewonnene Chlor muß gar nicht isoliert werden, sondern kann mit dem zu chlorierenden Stoff (z. B. Ethylen im Falle der Vinylchloridsynthese) abgefangen werden („Oxichlorierung"): $2HCl + \frac{1}{2}O_2 + C_2H_4 \rightarrow H_2O + C_2H_4Cl_2$ ($\rightarrow HCl + CH_2{=}CHCl$)[23].

27 **Literatur.** Z. E. Jolles (Hrsg.): „*Bromine and its Compounds*", Academic Press, New York 1966; GMELIN: „*Bromine*", System-Nr. 7, bisher 4 Bände; ULLMANN (5. Aufl.): „*Bromine and Bromine Compounds*", **A 4** (1985) 405–429.

zusammengesetzten Verbindungen, wobei es an Menge wesentlich hinter diesem zurücksteht. Wichtig ist weiterhin sein Vorkommen im *Meerwasser* (68 g Br^- je m^3; vgl. Tafel II) sowie in *Solequellen* (insbesondere Arkansas, Michigan) und *Salzseen* (Totes Meer 4–5 kg Br^- je m^3). Bezüglich des Vorkommens von Brom in der *Biosphäre* vgl. Physiologisches, unten.

Isotope (vgl. Anh. III). *Natürlich vorkommendes* Brom besteht zu 50.69% aus dem Isotop $^{79}_{35}Br$ und zu 49.31% aus dem Isotop $^{81}_{35}Br$. Beide Nuklide eignen sich für den *NMR-spektroskopischen Nachweis* in Verbindungen. Zur *Verbindungsmarkierung* dienen die *künstlich erzeugten* Isotope $^{77}_{35}Br$ (β^+-Strahler; $\tau_{1/2} = 57$ h) und $^{82}_{35}Br$ (β^--Strahler; $\tau_{1/2} = 35.5$ h).

Geschichtliches (vgl. Tafel II). *Entdeckt* wurde Brom im Jahre 1826 von dem französischen Chemiker Antoine Jerôme Belard (1802–1876) als Bestandteil des Meerwassers (er setzte es durch Zugabe von Chlorwasser zu den $MgBr_2$-haltigen Mutterlaugen, die nach Auskristallisation von NaCl und Na_2SO_4 aus dem Wasser der Salzmarschen bei Montpellier verblieben, in Freiheit; s. u.). Wegen seines angreifenden Geruchs *nannte* man es Brom[28].

Darstellung. Brom ist weniger reaktionsfähig als Chlor. Daher kann Chlor das Brom aus seinen Verbindungen verdrängen. Läßt man z. B. Chlor (Normalpotential des Vorgangs $Cl_2 + 2\ominus \rightleftarrows 2Cl^-$ gleich 1.3583 V) auf eine schwach saure (pH 3.5), wässerige Lösung von Kaliumbromid (Normalpotential des Vorgangs $2Br^- \rightleftarrows Br_2 + 2\ominus$ gleich 1.065 V) einwirken, so wird unter Übergang von Elektronen vom Bromid-Ion zum Chlor Brom in Freiheit gesetzt:

$$2KBr + Cl_2 \rightarrow 2KCl + Br_2 .$$

Zur technischen Darstellung von Brom nach diesem Verfahren benutzt man als Ausgangsbromid bevorzugt bromhaltigen Carnallit, $KMg(Cl, Br)_3 \cdot 6H_2O$, weil sich das Brom in dieser Form in größerer Menge in den Endlaugen („*Mutterlaugen*") der Kaliumchloridgewinnung (S. 1172) vorfindet ($MgBr_2 + Cl_2 \rightarrow MgCl_2 + Br_2$). Wegen des steigenden Bedarfs an Brom (vgl. Verwendung) werden jedoch heute auch die an Brom ärmeren Endlaugen von Sylvinit- und Hartsalzbetrieben (s. dort) zur Bromgewinnung herangezogen. Selbst das Meerwasser dient (in den USA) zur Herstellung von Brom.

Die Gewinnung von Brom aus den Carnallit-Endlaugen erfolgt durch „*Heißentbromung*". Hierzu leitet man diese bei 80 °C in senkrecht angeordneten, mit Glas-(„Raschig"-)Ringen gefüllten Sandstein-, Granit- oder ausgemauerten Blechtürmen einem Strom von Chlorgas und Wasserdampf entgegen. Der Wasserdampf bläst das gebildete Brom aus der Lauge und verläßt zusammen mit dem Brom sowie einer kleinen Menge von nicht umgesetztem Chlor den Turm im oberen Teil. Das nach Kondensation des $H_2O/Br_2/Cl_2$-Dampfgemischs sich vom leichteren „Sauerwasser" abscheidende schwerere „*Rohbrom*" wird zur Abtrennung von gelöstem Chlor destilliert.

Dient zur Bromerzeugung eine Bromid-ärmere Lauge oder Meerwasser, so bläst man das Brom aus der nicht erwärmten Reaktionslösung mit Luft aus („*Kaltentbromung*"). Das Brom/Luftgemisch wird in Soda-, Natron- oder Kalilauge geleitet, in welcher sich das Brom in Bromid und Bromat umwandelt ($3Br_2 + 6OH^- \rightarrow 5Br^- + BrO_3^- + 3H_2O$; vgl. S. 483). Aus der stark konzentrierten Br^-/BrO_3^--Lösung scheidet sich nach Ansäuern mit Schwefelsäure ($5Br^- + BrO_3^- + 6H^+ \rightarrow 3Br_2 + 3H_2O$; vgl. S. 483) Brom ab.

Im übrigen können zur Darstellung des Broms die gleichen Methoden angewendet werden wie beim Chlor. Beispielsweise läßt sich im Laboratorium Brom leicht durch Einwirkung von Schwefelsäure und Braunstein auf Kaliumbromid gewinnen (vgl. S. 439):

$$4HBr + MnO_2 \rightarrow MnBr_2 + 2H_2O + Br_2 .$$

Das gebildete flüchtige Brom wird dabei mit einem Luftstrom aus der Reaktionsmischung ausgetrieben.

Physikalische Eigenschaften. Brom ist neben Quecksilber das einzige bei gewöhnlicher Temperatur *flüssige* Element. Es siedet bei 58.78 °C, erstarrt bei − 7.25 °C und stellt eine *tiefbraune*,

[28] bromos (griech.) = Gestank.

lebhaft *rotbraune* Dämpfe entwickelnde, schwere, *erstickend* riechende Flüssigkeit (Dichte 3.14 g/cm^3 bei 20 °C) dar. Mit fallender Temperatur hellt sich seine Farbe auf und bei 20 K (−253 °C) ist es *orangefarben*. Der intramolekulare Atomabstand Br—Br beträgt im festen Brom 2.27 Å, im gasförmigen Brom 2.281 Å (vgl. Iod). Bezüglich weiterer physikalischer Eigenschaften vgl. Tafel III.

In Wasser ist Brom besser löslich als Chlor (0.2141 mol in 1 Liter Wasser bei 25 °C). Die Lösung (~ 1/5 molar) heißt „*Bromwasser*". Unterhalb von 6.2 °C bildet Brom mit dem Wasser ein Hydrat der Formel $Br_2 \cdot 8.6\,H_2O$ (vgl. Clathrate). Mit vielen unpolaren Lösungsmitteln wie CS_2 und CCl_4 ist Brom unbegrenzt mischbar.

Physiologisches. Brom führt in flüssiger Form zu schmerzhaften, tiefen Hautwunden, als Gas zu Verätzungen der Luftwege und Lungenbläschen (MAK = 0.7 mg/m^3 bzw. 0.1 ppm). 0.0001 Vol.-% Br_2 lassen sich in der Luft noch mit der Nase wahrnehmen. Bromid Br^- ist anders als Chlorid Cl^- nicht essentiell für den Menschen; es reichert sich aber nach Einnahme (z. B. in Form von KBr) im Körper unter Verdrängung des Chlorids an. Bromid setzt als „Sedativum" die Erregbarkeit des Zentralnervensystems herab ohne einschläfernd zu wirken; es wird zudem zur Bekämpfung der „Epilepsie" eingesetzt.

Chemische Eigenschaften. Die chemischen Eigenschaften des Broms sind denen des Chlors analog, nur reagiert das Brom weniger energisch. Während z. B. das Chlorgas sich im Licht bereits bei gewöhnlicher Temperatur mit Wasserstoff verbindet, ist dies beim Bromdampf erst bei höherer Temperatur der Fall (zum Mechanismus der Reaktion $H_2 + Br_2 \rightarrow 2HBr$ vgl. S. 368 und 388). Dagegen ist sein Verbindungsbestreben im flüssigen, also konzentrierten Zustand noch recht stark. Wirft man z. B. Arsen- oder Antimonpulver oder Stanniolkugeln auf flüssiges Brom, so erfolgt wie beim Chlor Vereinigung unter Feuererscheinung. Unter den Metallen sind gegen feuchtes Brom nur Platin und Tantal beständig, gegen trockenes Brom auch andere Metalle vor allem Blei und Silber, aber nicht z. B. Eisen (vgl. hierzu die Reaktivität von feuchtem und trockenem Chlor).

Ebenso wie Chlor vermag auch Brom verschiedenen Wasserstoffverbindungen den Wasserstoff zu entziehen. So benutzt man z. B. die Reaktion von Brom mit Schwefelwasserstoff zur Bromwasserstoffdarstellung (s. dort):

$$H_2S + Br_2 \rightarrow 2HBr + \tfrac{1}{8}S_8\,.$$

Auch verhält sich Bromwasser (s. oben) wie Chlorwasser und zerfällt im direkten Sonnenlicht unter Bildung von Bromwasserstoff und Sauerstoff:

$$H_2O + Br_2 \rightarrow 2HBr + \tfrac{1}{2}O_2\,.$$

In beiden Fällen verläuft die Bromierung der Wasserstoffverbindungen unter Bildung von Zwischenprodukten (HSBr bzw. HOBr), in welchen ein Wasserstoffatom der Edukte durch Brom ersetzt ist (vgl. die entsprechenden Reaktionen des Chlors S. 441). Bezüglich weiterer chemischer Eigenschaften vgl. Tafel III.

Brom in Verbindungen. In seinen Verbindungen mit *elektropositiven* Partnern hat das Brom im allgemeinen die Oxidationsstufe −1 und liegt als *ionisch* bzw. *kovalent gebundener* Bestandteil vor (z. B. K^+Br^-; HBr). Unter besonderen Bedingungen lassen sich auch die negativen Oxidationsstufen −1/3 (Br_3^-) bzw. −1/2 (Br_2^-) verwirklichen (vgl. S. 405). Bezüglich *elektronegativen* Partnern vermag Brom als *kovalent gebundener* Verbindungsbestandteil hauptsächlich in den Oxidationsstufen +1 (z. B. BrO^-, BrF), +3 (z. B. BrO_2^-, BrF_3), +5 (z. B. BrO_3^-, BrF_5) und +7 (z. B. BrO_4^-, BrO_3F) aufzutreten. Nur die elektronegativsten Partner (Anionen der Supersäuren) stabilisieren Brom in *kationischer Form* (Br_2^+, Br_3^+; vgl. S. 450). – Koordinationszahlen: *Eins* (z. B. $\mathbf{Br}_2$, R**Br**), *zwei* (lineares Br in $\mathbf{Br}_3^-$; gewinkeltes Br in $\mathbf{Br}F_2^+$, $Al_2\mathbf{Br}_6$), *drei* (trigonal-pyramidales Br in $\mathbf{Br}O_3^-$, Mg$\mathbf{Br}_2$; T-förmiges Br in $\mathbf{Br}F_3$), *vier* (tetraedrisches Br in $\mathbf{Br}O_4^-$, $\mathbf{Br}O_3F$; quadratisch-planares Br in $\mathbf{Br}F_4^-$; wippenförmiges Br in $\mathbf{Br}OF_3$), *fünf* (quadratisch-pyramidales Br in $\mathbf{Br}F_5$), *sechs* (oktaedrisches Br in Na**Br**, $\mathbf{Br}F_6^-$), *acht* (kubisches Br in Cs**Br**). Bezüglich eines Vergleichs von Brom mit seinen Gruppenhomologen s. S. 311.

Verwendung. Brom (Weltjahresproduktion 500 Kilotonnenmaßstab) dient wie Chlor u.a. als *Oxidations-*, *Bleich-* und *Desinfektionsmittel*. Es wurde früher in großem Umfang zur Herstellung von $CH_2Br—CH_2Br$ aus Ethylen eingesetzt (Pb-Fänger für das Antiklopfmittel $PbEt_4$). Daneben dient es zur *Darstellung* einer Reihe anorganischer und organischer *Bromverbindungen* wie Bromwasserstoff, Alkalimetallbromide (u.a. für Pharmazeutika), Silberbromid (für photographische Filme), Kaliumbromat (für Titrationen). Organische Bromverbindungen werden u.a. als Wurmvertilgungsmittel (CH_3Br), Herbizide, Fungizide, Insektizide, Flammschutzmittel, Tränengas (z.B. Bromaceton), Inhalationsnarkotika (z.B. $CF_3CHBrCl$) verwendet.

1.4 Das Iod[1,29)]

1.4.1 Vorkommen

Iod – das seltenste Element unter den Halogenen Fluor, Chlor, Brom, Iod – ist in der Natur wie das Brom in Gebirgen, Seen, Mineralwässern, Erdölbohrwässern sowie im Meer weit verbreitet (vgl. Tafel II); es tritt aber jeweils nur in kleiner Konzentration auf, und zwar zum Unterschied von Fluor, Chlor und Brom nicht nur als **Halogenid**, sondern auch als **Halogenat**. Vergleichsweise viel Iod (0.02–1%) enthält der *Chilesalpeter* $NaNO_3$ (s. dort) in Form des beigemengten *Lautarits* $Ca(IO_3)_2$. In nordamerikanischen und japanischen Solwässern ist bis zu 100 ppm Iod in Form des Iodids gelöst. Ferner enthält die durch Verbrennen von *Tang* (Meeresalgen) gewonnene Asche *Iodide*, da die Algen das im Meerwasser vorhandene Iodid in ihrem Organismus in Form organisch gebundenen Iods anreichern. Bemerkenswert ist das Vorkommen *organisch gebundenen* Iods in der *Schilddrüse* (vgl. Physiologisches, unten).

Isotope (vgl. Anh. III). *Natürlich vorkommendes* Iod besteht zu 100% aus dem Isotop $^{127}_{53}I$, das sich zum *NMR-spektroskopischen Nachweis* in Verbindungen eignet. Die *künstlichen* Isotope $^{123}_{51}I$ (Zerfall unter Elektroneneinfang; $\tau_{1/2} = 13.3$ h), $^{125}_{51}I$ (Zerfall unter Elektroneneinfang; $\tau_{1/2} = 60.2$ d) und $^{131}_{51}I$ (β^--Zerfall; $\tau_{1/2} = 8.070$ d) nutzt man zur *Verbindungsmarkierung*, die Isotope $^{125,131}_{51}I$ zudem in der *Medizin*.

Geschichtliches. *Entdeckt* wurde das Iod im Jahre 1811 vom Pariser Salpetersieder Bernard Courtois (1777–1838) in Meeresalgenasche (er setzte es hieraus mit konzentrierter H_2SO_4 in Freiheit). Die elementare Natur des Iods wurde allerdings erst 1813 von Gay-Lussac erkannt, der es im Jahre 1814 nach der violetten Farbe seines Dampfes *benannte*.[30)]

1.4.2 Darstellung

Die Hauptquelle für die technische Gewinnung von Iod bilden die Iodat-haltigen Mutterlaugen des Chilesalpeters, und zwar wird die dem Iodat IO_3^- zugrunde liegende Iodsäure HIO_3 durch Schweflige Säure H_2SO_3 zu Iodwasserstoff reduziert (vgl. hierzu die Spannungsreihe):

$$HIO_3 + 3H_2SO_3 \rightarrow HI + 3H_2SO_4 . \qquad (1)$$

Zur Rückoxidation dieses Iodwasserstoffs zu Iod bedarf es in diesem Falle keines besonderen Oxidationsmittels wie Braunstein oder Chlor, da die in der Lösung vorhandene Iodsäure ($\varepsilon_0 = +1.19$ V) den Iodwasserstoff ($\varepsilon_0 = +0.535$ V) zu Iod zu oxidieren vermag:

$$HIO_3 + 5HI \rightarrow 3H_2O + 3I_2 . \qquad (2)$$

Gibt man daher nur 5/6 der nach Gleichung (1) erforderlichen Menge an Schwefliger Säure zu, so daß gemäß $HIO_3 + \frac{15}{6}H_2SO_3 \rightarrow \frac{1}{6}HIO_3 + \frac{5}{6}HI + \frac{15}{6}H_2SO_4$ auf je 5 mol gebildeten

---

29 **Literatur.** GMELIN: „*Iodine*", System-Nr. **8**, bisher 2 Bände; ULLMANN (5. Aufl.): „*Iodine and Iodine Compounds*", **A 14** (1989) 381–391.

30 ioeides (griech.) = veilchenfarbig.

Iodwasserstoff 1 mol Iodsäure unangegriffen zurückbleibt – wie dies Gleichung (2) verlangt –, so erhält man direkt das gewünschte Iod:

$$2\,HIO_3 + 5\,H_2SO_3 \rightarrow 5\,H_2SO_4 + H_2O + I_2 \,.$$

In der Praxis behandelt man die Laugen der Chilesalpeterverarbeitung, die 6–12 g Iod pro Liter enthalten, nach der Abtrennung des Salpeters $NaNO_3$ in Türmen (vgl. Bromdarstellung) mit gasförmigem Schwefeldioxid SO_2. Das hierbei entstehende Iod scheidet sich als „*Rohiod*" (80%ig) ab. Es wird durch Sublimation gereinigt. Etwa die Hälfte des Weltbedarfs an Iod wird auf diese Weise aus der Chilesalpetermutterlauge gewonnen. Die andere Hälfte des benötigten Iods stellt man aus Iodid-haltigen Erdölbohrwässern und Solen dar, indem man das Iod mittels Chlor in Freiheit setzt und durch Luft aus der Lösung bläst (vgl. Bromdarstellung). Zur *Reinigung* wird das Iod entweder mit SO_2 zu HI reduziert und mit Cl_2 erneut oxidiert oder an einem Anionen-Austauscher als Polyiodid adsorbiert und mit Lauge wieder desorbiert. Die im letzten Jahrhundert praktisch ausschließlich durchgeführte Gewinnung des Iods aus Tangasche hat heute nur noch eine untergeordnete Bedeutung.

Im Laboratorium läßt sich Iod ähnlich wie Brom und Chlor durch Einwirken von Schwefelsäure und Braunstein auf Kaliumiodid gewinnen.

1.4.3 Physikalische Eigenschaften

Allgemeines. Iod ist bei gewöhnlicher Temperatur fest und bildet *grauschwarze metallglänzende*, halbleitende Schuppen der Dichte 4.942 g/cm³. Es schmilzt bei 113.60 °C zu einer braunen, den elektrischen Strom leitenden[31] Flüssigkeit und siedet bei 185.24 °C unter Bildung eines violetten Dampfes. Trotz des verhältnismäßig hohen Siedepunktes ist Iod schon bei Zimmertemperatur merklich flüchtig: bei Temperaturerhöhung nimmt die Verflüchtigung des Iods stark zu, so daß es – falls man nicht zu schnell und zu hoch erhitzt – zu sublimieren pflegt, bevor es schmilzt. Bezüglich weiterer Eigenschaften vgl. Tafel III.

Wie schon aus der Schuppengestalt des festen Iods hervorgeht, bildet Iod ein Schichtengitter. Innerhalb der Schichten (vgl. Fig. 130) liegen die I_2-Moleküle (intramolekularer I—I-Abstand 2.715 Å) alle in einer Ebene, wobei der kürzeste intermolekulare Abstand zwischen zwei I-Atomen benachbarter I_2-Moleküle 3.496 Å beträgt und damit wesentlich kleiner als der doppelte van-der-Waals-Radius (4.30 Å) ist. Man muß daraus auf beachtliche elektronische Wechselwirkungen zwischen den Iodmolekülen schließen, welche die zweidimensionalen Halbleitereigenschaften des festen Iods und seinen Metallglanz bedingen. Wie aus der Fig. 130 darüber hinaus folgt, sind die Iodatome einer I_2-Schicht näherungsweise quadratisch

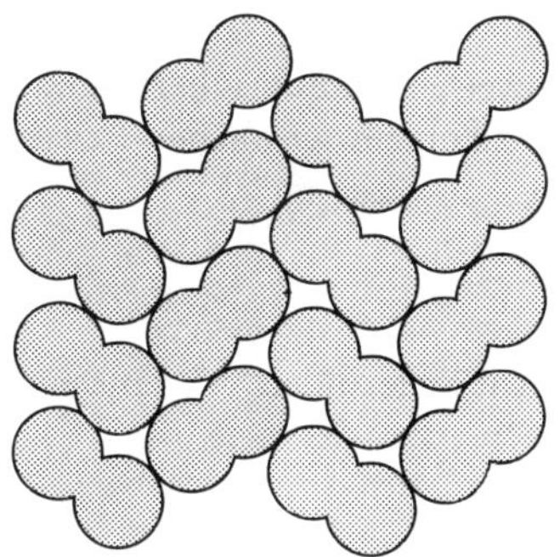

	X_2 (fest) r_{X-X}	$r_{X\cdots X}$	$r'_{X\cdots X}$	(gasf.) r_{X-X} [Å]
F_2	1.49	3.24	2.84	1.435
Cl_2	1.98	3.32	3.74	1.988
Br_2	2.27	3.31	3.99	2.284
I_2	2.72	3.50	4.27	2.666

Fig. 130 Struktur einer Halogenschicht im festen Chlor, Brom, Iod (die Struktur von festem Fluor weicht von der der übrigen Halogene ab). XX-Abstände in festen und gasförmigen Halogenen ($r_{X\cdots X}$, $r'_{X\cdots X}$ = zwischenmolekulare Abstände innerhalb und zwischen den Schichten).

[31] Die hohe Leitfähigkeit geschmolzenen Iods ist u.a. auf eine teilweise Dissoziation gemäß $3\,I_2 \rightarrow I_3^+ + I_3^-$ (vgl. chemische Eigenschaften) zurückzuführen.

gepackt. Der Abstand der I-Atome zwischen den Schichten im orthorombischen Iodkristall (4.27 Å) entspricht etwa dem van-der-Waals-Abstand. Die Schichten sind in der Weise gestapelt, daß jeweils die I-Atome einer Schicht über quadratische Mulden benachbarter Schichten zu Liegen kommen (vgl. S. 149). Entsprechend Iod ist festes Brom und Chlor aufgebaut, doch ist die Verkürzung des kürzesten Abstands zwischen den Halogenmolekülen – bezogen auf den betreffenden van-der-Waals-Abstand – weniger drastisch als im Falle von Iod (vgl. Fig. 130). Bei Drücken > 160000 bar geht das Iod senkrecht zu den Schichtebenen, bei Drükken > 220000 bar auch in Richtung der Schichtebenen in eine metallisch leitende Form über.

In Wasser löst sich Iod nur in sehr geringen Mengen (0.0013 mol in 1 Liter bei 25 °C) und mit schwach *bräunlichgelber* Farbe („*Iodwasser*", ~ 1/1000-molar). Leicht löslich ist es dagegen mit *dunkelbrauner* Farbe in wässerigen Lösungen von Kaliumiodid und von Iodwasserstoff; dabei bilden sich die Anlagerungsverbindungen $KI \cdot I_2 = KI_3$ bzw. $HI \cdot I_2 = HI_3$ (s. chemische Eigenschaften). Auch in zahlreichen organischen Donorlösungsmitteln wie Alkohol (7 %ige Lösung + 3 % KI; desinfizierende „*Iodtinktur*"), Ether, Dioxan, Aceton, flüssigem Trimethylamin, Pyridin und ungesättigten Kohlenwasserstoffen löst es sich wie in Wasser mit *brauner* Farbe, während die Iodlösungen in aromatischen Kohlenwasserstoffen (wie Benzol, Toluol, Mesitylen) eine *rote* Farbe aufweisen. Andere organische Lösungsmittel wie Schwefelkohlenstoff (CS_2), Chloroform ($CHCl_3$) und Tetrachlorkohlenstoff (CCl_4) lösen das Iod zum Unterschied davon mit *violetter* Farbe.

Charakteristisch für Iod ist auch die beim Zusammenbringen mit Stärkelösung auftretende intensive *Blaufärbung*. Durch diese „*Iodstärkereaktion*" lassen sich geringste Iodmengen nachweisen. Die Färbung, die auf der Bildung einer Einschlußverbindung zwischen Iod und Stärke beruht (Aufnahme von Iod in den „Kanälen" des Polysaccharids Amylose; vgl. Anm.[43)]) verschwindet beim Erwärmen und tritt – falls nicht zu lange erwärmt wurde – beim Abkühlen wieder auf.

Physiologisches. Die Einnahme größerer Mengen *freien* Iods (30 g Iodtinktur) kann tödlich wirken (MAK = 1 mg/m^3 bzw. 0.1 ppm; Gegenmittel: Stärkegel, verd. $Na_2S_2O_3$-Lösung). Der Mensch enthält ca. 60–80 mg des für ihn essentiellen Elements *gebunden* insbesondere als Bestandteil der Schilddrüsenhormone „Di"- und „Triiodthyronin" sowie „Thyroxin" $HO—C_6H_2R_2—OC_6H_2I_2—CH_2CH(NH_2)COOH$ ($R_2 = H_2$, HI bzw. I_2). Die optimale Zufuhr von Iodid I^- beträgt täglich 0.15–0.20 mg. *Iodidmangel* bedingt Schilddrüsenunterfunktion („*Hypothyreose*"; Folgen: Kropfbildung, Kinder-Kretinismus), *Iodidüberdosierung* Schilddrüsenüberfunktion („*Hyperthyreose*; Folgen: Iod-Allergie, -Schnupfen, -Basedow).

Charge-Transfer-Komplexe[32)]. Während in den violetten Lösungen das Iod wie im Gaszustand in Form von I_2-Molekülen vorliegt, enthalten die braunen und roten Lösungen Verbindungen des Iods mit den Lösungsmittelmolekülen. Diese Verbindungen kommen dadurch zustande, daß sich das Iod als Lewis-Säure mit dem (Stickstoff-, Sauerstoff-, Schwefel-, Selen-, Tellurhaltigen) Donor-Lösungsmittel :D (Lewis-Base) unter teilweiser Ladungsübertragung („*charge-transfer*") eines freien Donorelektronenpaars zum Iod zu einem schwachen Lewis-Säure-Base-Komplex („*Charge-Transfer-Komplex*", „*CT-Komplex*") vereinigt[33)]:

$$I_2 + :D \rightarrow \overset{\delta-}{I_2} \leftarrow \cdots \overset{\delta+}{:D}$$

(:D z. B. :NMe_3, $\ddot{O}{=}CMe_2$, $\ddot{O}Et_2$). Auch Brom und Chlor (sowie viele andere Akzeptoren) sind zur Bildung derartiger CT-Komplexe befähigt[34)].

32 **Literatur.** L.J. Andrews, R.M. Keefer: „*Molecular Complexes of Halogens*", Adv. Inorg. Radiochem. **3** (1961) 91–131; H.A. Bent: „*Structural Chemistry of Donor-Acceptor Interactions*", Chem. Rev. **68** (1968) 587–648; C.K. Prout, J.D. Wright: „*Betrachtungen zu den Kristallstrukturen von Elektronen-Donor-Acceptor-Komplexen*", Angew. Chem. **80** (1968) 688–697, Int. Ed. **7** (1968) 659; G. Briegleb: „*Elektronen-Donator-Acceptor-Komplexe*", Springer, Berlin 1961.

33 Die CT-Komplexbindung gleicht in mancher Beziehung einer Wasserstoffbindung (s. dort).

34 Im Falle der Halogene kommt es nur dann zu einer CT-Komplexbildung, wenn die Elektronegativität des Donors größer ist als die des Halogens. Anderenfalls beobachtet man eine oxidative Addition des Halogens, z. B. $Me_2Te + Cl_2 \rightarrow Me_2TeCl_2$; $R_2S + Cl_2 \rightarrow R_2SCl_2$ (R z. B. para-Chlorphenyl C_6H_4Cl).

Die gebildeten Charge-Transfer-Komplexe sind zum Teil nur im betreffenden Donorlösungsmittel beständig, zum Teil lassen sie sich bei tiefen Temperaturen isolieren. Zu letzterem Typ gehört etwa der 1 : 1-Komplex von Iod und Trimethylamin $I_2 \leftarrow\cdots NMe_3$, in welchem – laut Röntgenstrukturanalyse – eine lineare I—I ···· N-Gruppierung vorliegt. Der I—I-Abstand beträgt 2.83 Å und ist damit etwas länger als der des elementaren Iods im Festzustand (2.72 Å); der I ····· N-Abstand ist mit 2.27 Å auffallend kürzer als der sich berechnende van-der-Waals-Abstand von 3.65 Å.

Weitere Beispiele für isolierbare CT-Komplexe bieten etwa die kettenförmig gebauten 1 : 1-Verbindungen des Chlors bzw. Broms mit Dioxan, welche lineare O ····· X—X ····· O-Gruppierungen enthalten (X—X-Abstand = 2.02 Å (X = Cl), 2.31 Å (X = Br)):

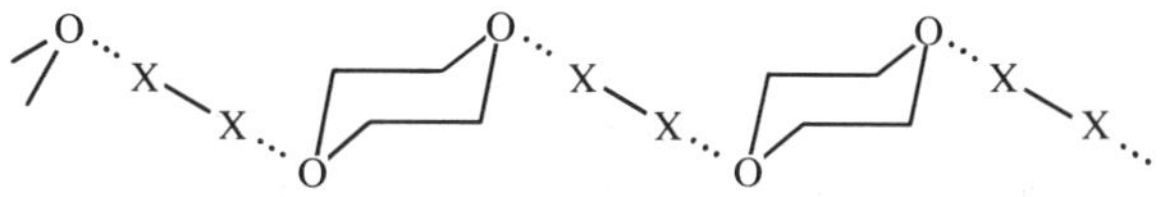

Das Donorelektronenpaar kann auch als π-Elektronenpaar z. B. von einem Benzolmolekül geliefert werden, wie etwa die ebenfalls isolierbaren Addukte $C_6H_6 \cdot X_2$ zeigen, in welchen die Halogenmoleküle $X_2 = Cl_2$, Br_2 auf den Achsen von hintereinander geschichteten Benzolringen liegen (X—X-Abstand = 1.99 Å (X = Cl), 2.28 Å (X = Br)):

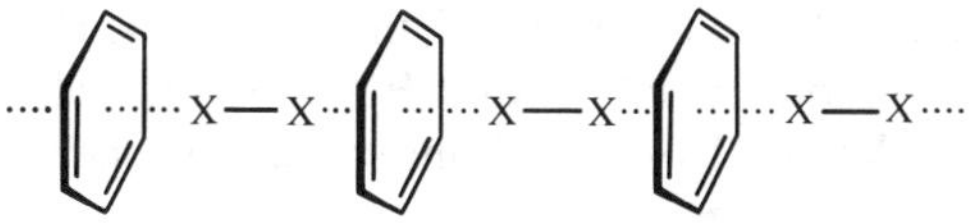

(Die Strukturen der in den Donor-Lösungsmitteln vorliegenden CT-Komplexe unterscheiden sich wohl etwas von den Strukturen der aus diesen Medien bei tiefen Temperaturen isolierten Komplexe.)

Die Bildung der CT-Komplexe ist im allgemeinen nur mit einer relativ geringen Ladungsübertragung vom Donor auf den Akzeptor verbunden. Durch Licht (meist des sichtbaren Bereichs) lassen sich aber die Komplexe in einen angeregten Molekülzustand mit mehr oder minder vollständigem Übergang einer Elektronenladung auf das Akzeptormolekül überführen:

$$\overset{\delta-}{X_2} \leftarrow\cdots \overset{\delta+}{D} \xrightarrow{+h\nu} \overset{\ominus}{X_2} \leftarrow \overset{\oplus}{D}.$$

Charge-Transfer-Komplexe zeichnen sich deshalb ganz allgemein durch *intensive Farben*, d.h. starke Lichtabsorption im Sichtbaren aus (vgl. etwa die oben erwähnten braunen und roten Iodlösungen). Die Bildung eines CT-Komplexes läßt sich infolgedessen am Auftreten einer neuen, für den Komplex charakteristischen, meist sehr breiten Absorptionsbande im sichtbaren bzw. ultravioletten Bereich („*Charge-Transfer-Bande*“, „*CT-Bande*“) erkennen.

Die Komplexbindung der Halogen-CT-Komplexe ist wie die Wasserstoffbindung in Wasserstoffbrükken-Komplexen meist schwach. Die Bindungsenthalpien liegen im Bereich 5–50 kJ/mol. Ganz allgemein nimmt die Lewis-Acidität der Halogene in Bezug auf einen bestimmten Donor in der Reihenfolge $Cl_2 < Br_2 < I_2$ zu. Andererseits steigt die Lewis-Basizität der Donatoren bezüglich eines bestimmten Halogens in der Reihe Benzol < organische Iodide, Alkohole, Ether, Ketone < organische Sulfide < organische Selenide < organische Amine an. Mit zunehmender Stärke der Komplexbindung wächst dabei die Ladungsübertragung vom Donor auf das Halogenmolekül; gleichzeitig nimmt der Halogen-Halogen-Abstand zu, der Halogen-Donor-Abstand ab (vgl. hierzu auch Halogenanionen, S. 453).

Charge-Transfer-Komplexe bilden sich meist auch als erste Zwischenprodukte assoziativer nucleophiler Substitutionen des Typus:

$$\text{Nu:} + X{-}X \rightarrow \text{Nu}{-}X^+ + :X^-$$

(X = Halogen). Ein Beispiel bietet etwa die alkalische Hydrolyse des Iods ($HO^- + I_2 \rightarrow HOI + I^-$; vgl. S. 483), die über den spektroskopisch nachweisbaren CT-Komplex $HO^- \cdots I_2$ als reaktives Substitutionszwischenprodukt führt (die Komplexbildung aus HO^- und I_2 erfolgt 100mal rascher als der Komplexzerfall in HOI und I^-). In analoger Weise verläuft die Ammonolyse des Iods über einen CT-Komplex: $H_3N + I_2 \rightarrow H_3N \cdots I_2 \rightarrow [H_3N{-}I^+ + I^-] \xrightarrow{NH_3} NH_4^+ + H_2N{-}I + I^-$ (vgl. S. 684). Erwähnt sei hier auch die Reaktion des Iods mit Pyridin py $= C_5H_5N$: $2py + 2I_2 \rightarrow 2[py \cdots I_2] \rightarrow I(py)_2^+ + I_3^-$ (s. unten)[35].

1.4.4 Chemische Eigenschaften

Elementares Iod. Das Iod ist in seinen chemischen Eigenschaften dem Chlor und Brom sehr ähnlich, nur reagiert es weit weniger heftig als diese. Direkt und lebhaft verbindet es sich bei erhöhter Temperatur z. B. mit den Elementen Phosphor, Aluminium, Eisen und Quecksilber. Dagegen ist etwa die Tendenz zur Vereinigung mit Wasserstoff so gering, daß der Iodwasserstoff beim Erwärmen leicht bis zu einem bestimmten Gleichgewicht in Iod und Wasserstoff zerfällt (S. 185). Bezüglich weiterer chemischer Eigenschaften vgl. Tafel III.

Iod in Verbindungen. Die Oxidationsstufen des Iods entsprechen denen des Chlors und Broms. Demgemäß betätigt Iod gegenüber elektropositiven Partnern im wesentlichen die Oxidationsstufe -1 (z. B. K^+I^-, HI), gegenüber elektronegativen Partnern hauptsächlich die Oxidationsstufen $+1$ (z. B. IO^-, ICl), $+3$ (z. B. IO_2^-, ICl_3), $+5$ (z. B. IO_3^-, IF_5) und $+7$ (z. B. IO_4^-, IF_7). Koordinationszahlen *Eins* (z. B. $\mathbf{I}_2$, R**I**), *zwei* (lineares I in $\mathbf{I}Cl_2^-$; gewinkeltes I in $\mathbf{I}F_2^+$, $Al_2\mathbf{I}_6$), *drei* (trigonal-pyramidales I in $\mathbf{I}O_3^-$, $Cd\mathbf{I}_2$; T-förmiges I in $\mathbf{I}F_3^-$), *vier* (tetraedrisches I in $\mathbf{I}O_4^-$, Cu**I**; quadratisch-planares I in $\mathbf{I}Cl_4^-$, $\mathbf{I}_2Cl_6$; wippenförmiges I in $\mathbf{I}F_4^+$, $\mathbf{I}O_2F_2^-$), *fünf* (quadratisch-pyramidales I in $\mathbf{I}F_5$), *sechs* (oktaedrisches I in $\mathbf{I}O_6^{5-}$, Na**I**, $\mathbf{I}F_6$; verzerrt-oktaedrisches I in $\mathbf{I}F_6^-$), *sieben* (pentagonal-bipyramidales I in $\mathbf{I}F_7$), *acht* (kubisches I in Cs**I**; antikubisches I in $\mathbf{I}F_8^-$). Bezüglich eines Vergleichs von Iod mit seinen Gruppenhomologen s. S. 311.

Entsprechend seiner vergleichsweise geringen Elektronegativität (2.2) vermag Iod wesentlich leichter als seine Gruppenhomologen Brom und Chlor in kationisch gebundenem Zustande aufzutreten. Nachfolgend sei auf Bildung und Eigenschaften dieser Halogen-Kationen – und im Anschluß hieran auch auf Bildung und Eigenschaften einiger Halogen-Anionen – näher eingegangen. (Bezüglich der Bildung von *Halogen-Atomen* vgl. S. 381.)

Halogen-Kationen[1, 36]. Löst man Iod in Schwefelsäure, die ca. 2 Mole SO_3 pro Mol H_2SO_4 enthält (65 %iges Oleum $H_2SO_4 \cdot 2SO_3 = H_2S_3O_{10}$), so entsteht eine kräftig blaue Lösung. Die Farbe geht, wie R. J. Gillespie 1966 erstmals eindeutig nachwies, auf das *blaue* **Diiod-Kation $\mathbf{I}_2^+$** zurück (Absorptionsmaxima $\lambda_{max} = 410, 490, 640$ nm), das durch Oxidation des Iods mit Schwefeltrioxid gebildet wird:

$$2I_2 + 2SO_3 + H_2SO_4 \xrightarrow{\text{in } H_2SO_4 \cdot 2SO_3} 2I_2^+ + SO_2 + 2HSO_4^- \left(\xrightarrow{+4SO_3} 2HS_3O_{10}^-\right). \quad (1)$$

Auch bei der Oxidation von Iod mit Antimonpentafluorid SbF_5 (entsprechendes gilt u. a. für TaF_5) in flüssigem Schwefeldioxid entsteht I_2^+:

$$2I_2 + SbF_5 \xrightarrow{\text{in flüssigem } SO_2} 2I_2^+ + SbF_3 + 2F^- \left(\xrightarrow{+4SbF_5} 2Sb_2F_{11}^-\right). \quad (2)$$

---

[35] Auch die Addition der Halogene etwa an R_2Y (Y = S, Se, Te) oder R_3P bzw. die β-Addition der Halogene an organische ungesättigte Verbindungen bzw. die Halogenierung von organischen Aromaten erfolgt im allgemeinen über CT-Komplexe der Halogene als Reaktionszwischenstufe, z. B.:

$$C_6H_5\text{–}H \underset{}{\xrightarrow{+X_2}} C_6H_5H \cdots X{-}X \underset{-AlX_4^-}{\xrightarrow{+AlX_3}} [C_6H_5H{-}X^+] \longrightarrow [C_6H_5(H)(X)]^+ \xrightarrow{-H^+} C_6H_5\text{–}X$$

[36] **Literatur.** J. Arotsky, M. C. R. Symons: „*Halogen Cations*", Quart. Rev. **16** (1962) 282–297; R. J. Gillespie, M. J. Morton: „*Halogen and Interhalogen Cations*", Quart. Rev. **26** (1971) 553–570; R. J. Gillespie, J. Passmore: „*Homopolyatomic Cations of the Elements*", Adv. Inorg. Radiochem. **17** (1975) 49–87.

Das gebildete $I_2^+ Sb_2F_{11}^-$ (Smp. 127 °C) bzw. $I_2^+ Ta_2F_{11}^-$ (Smp. 120 °C) läßt sich in diesem Falle nach Abtrennung des in flüssigem SO_2 unlöslichen Antimontrifluorids und Abdampfen des Schwefeldioxids in Form tiefblauer, bei Raumtemperatur stabiler Kristalle isolieren.

Das I_2^+-Ion entsteht darüber hinaus bei der Oxidation von Iod mit Peroxodisulfuryldifluorid $S_2O_6F_2$ in Fluoroschwefelsäure HSO_3F:

$$2I_2 + S_2O_6F_2 \xrightarrow{\text{in } HSO_3F} 2I_2^+ + 2SO_3F^- . \qquad (3)$$

Kühlt man derartige (paramagnetische) Lösungen auf Temperaturen < -60 °C ab, so wechselt die Farbe von blau nach rot bei gleichzeitiger Abnahme des Paramagnetismus. Es bildet sich in reversibler Reaktion gemäß

$$2I_2^+ \rightleftarrows I_4^{2+}$$

hierbei das *rote* **Tetraiod-Dikaton I_4^{2+}** ($\lambda_{max} = 357$ nm), das u.a. in Form von $I_4^{2+}[MF_6^-]_2$ (M = As, Sb; erzeugt durch Einwirkung von I_2 auf AsF_5 bzw. F^- auf $I_2^+Sb_2F_{11}^-$) isoliert werden konnte.

Während I_2^+ (Oxidationsstufe von I: $+1/2$) in Gegenwart der Ionen $HS_3O_{10}^-$ bzw. $Sb_2F_{11}^-$, die als korrespondierende Basen der sehr starken Supersäuren (s. dort) $H_2S_3O_{10}$ bzw. HSb_2F_{11} extrem wenig basisch sind, stabil ist, disproportioniert I_2^+ in Gegenwart des etwas basischeren Ions $SO_3F^- = X^-$ gemäß

$$8I_2^+ + 3X^- \rightleftarrows 5I_3^+ + IX_3 \qquad (4)$$

in das *rotbraune* **Triiod-Kation I_3^+** ($\lambda_{max} = 270$, 340, 470 nm; Oxidationsstufe von I: $+1/3$) und $I(OSO_2F)_3$ (Oxidationsstufe von I: $+3$)[37]. In Anwesenheit noch basischerer Gegenionen X^- wie etwa HSO_4^- liegt das Disproportionierungsgleichgewicht (4) praktisch vollständig auf der rechten Seite. Infolgedessen führt etwa die Oxidation von Iod mit 20%igem Oleum, d.h. mit Schwefelsäure, die pro Mol H_2SO_4 nur 1/4 Mol – also sehr wenig – SO_3 enthält, direkt zum I_3^+-Ion ($3I_2 + 2SO_3 + H_2SO_4 \rightarrow 2I_3^+ + 2HSO_4^- + SO_2$)[38]. Letzteres Kation entsteht auch in reiner Schwefelsäure aus Iod durch Oxidation mit Iodsäure HIO_3[39]:

$$7I_2 + HIO_3 + 5H_2SO_4 \xrightarrow{\text{in } H_2SO_4} 5I_3^+ + 5HSO_4^- + 3H_2O .$$

Die auf diese Weise gewonnenen I_3^+-Lösungen (Absorptionsmaxima: 305, 470 nm) nehmen noch I_2 auf: Bildung des *schwarzgrünen* **Pentaiod-Kations I_5^+**, *schwarzen* **Pentadecaiod-Trikations I_{15}^{3+}** und möglicherweise *schwarzen* **Heptaiod-Kations** I_7^+. Die I_3^+-, I_5^+-, I_{15}^{3+}- und I_7^+-Kationen lassen sich u.a. in Form der Salze $I_3^+AsF_6^-$, $I_3^+SO_3F^-$ (Smp. 101.5 °C), $I_3^+AlCl_4^-$ (Smp. 45 °C), $I_5^+AlCl_4^-$ (Smp. 50 °C), $I_5^+SbF_6^-$ (Smp. 73 °C), $I_{15}^{3+}(SbF_6^-)_3$ und $I_7^+SO_3F^-$ (Smp. 90.5 °C) isolieren.

Es hat nicht an Versuchen gefehlt, Verbindungen zu synthetisieren, die das unsolvatisierte *Monoiod-Kation* I^+ enthalten. Alle bisher untersuchten Verbindungen IX mit positiv einwertigem Iod weisen jedoch selbst dann, wenn X^- ein extrem wenig basisches Anion darstellt (z.B. ClO_4^-), kovalent gebundenes Iod auf; d.h. das Lewis-saure I^+-Ion, das in der Gasphase in Abwesenheit eines Gegenions existiert und wohl bekannt ist, stabilisiert sich in Anwesenheit eines Gegenions X^- (Lewis-Base) in jedem Falle durch Aufnahme dieses Ions und Bildung eines Lewis-Säure-Base-Addukts IX. Zum Unterschied hierzu existieren in der kondensierten Phase solvatisierte Iod-Kationen wie etwa $I(py)_2^+$ in Salzen $I(py)_2^+X^-$

---

37 Die Disproportionierung kann durch Zusatz von Antimonpentafluorid SbF_5, welches das Fluorsulfat-Ion SO_3F^- aus dem Gleichgewicht herausfängt (Bildung des sehr wenig basischen $SbF_5(SO_3F)^-$-Ions, vollständig zurückgedrängt werden.

38 Wegen des nur geringen SO_3-Anteils in H_2SO_4, der durch Reaktion von SO_3 mit I_2 zudem weiter erniedrigt wird, bildet sich als Gegenion des Diiod-Kations das basische Anion HSO_4^- und nicht wie in (1) das weniger basische Anion $HSO_4^- \cdot nSO_3$.

39 In reiner Schwefelsäure („0%iges Oleum" H_2SO_4) löst sich Iod in geringem Umfang molekular mit *rosa* Farbe, ohne oxidiert zu werden.

(py = Pyridin C_5H_5N; $X^- = ClO_4^-$, NO_3^-, RCO_2^-). Letztere Salze bilden sich in Methylenchlorid bei der Einwirkung von Iod auf Silbersalze AgX in Anwesenheit überschüssigen Pyridins[40]:

$$AgX + I_2 + 2\,py \rightarrow I(py)_2^+X^- + AgI\,.$$

Das Bis(pyridin)iod-Kation entsteht auch bei der Reaktion von Iod mit Pyridin: $2I_2 + 2\,py \rightarrow I(py)_2^+I_3^-$ (vgl. S. 450). $I(py)_2^+$ wirkt als Oxidationsmittel.

Analog Iod vermag Brom ein komplexstabilisiertes Atomkation zu bilden (z. B. $Br(py)_2^+NO_3^-$), während Chlor diese Fähigkeit nur in sehr abgeschwächter Form und Fluor überhaupt nicht mehr besitzt.

Instabiler als das I_2^+-Ion ist das *kirschrote* **Dibrom-Kation Br_2^+** ($\lambda_{max} = 510$ nm), das in Lösung selbst in Anwesenheit des extrem schwach basischen Anions $SbF_2(SO_3F)_4^-$ teilweise unter Disproportionierung zerfällt (vgl. (4)). Die Darstellung von $Br_2^+SbF_2(SO_3F)_4^-$ erfolgt durch Einleiten von Brom in die Supersäure $HSO_3F/SbF_5/3SO_3$. Stabil ist Br_2^+ in Form des analog Gl. (2) zugänglichen Salzes $Br_2^+Sb_3F_{16}^-$ (Smp. 85.5 °C). Das noch instabilere „*Dichlor-Kation*" Cl_2^+ konnte bisher weder in gelöster noch in fester Phase isoliert werden (es existiert ähnlich wie das *Difluor-Kation* F_2^+ nur in Abwesenheit eines Gegenions in der Gasphase und läßt sich aus Chlor bzw. Fluor durch Elektronenstoß im Massenspektrometer leicht gewinnen).

Stabiler als das Br_2^+-Ion – aber instabiler als das I_3^+-Ion – ist das *braune* **Tribrom-Kation Br_3^+** ($\lambda_{max} = 300, 375$ nm): Es bildet sich beim Eintropfen von Brom in die Supersäure $HSO_3F/SbF_5/SO_3$ bzw. im Zuge der Reaktion $3Br_2 + 2O_2^+AsF_6^- \rightarrow 2Br_3^+AsF_6^- + 2O_2$ sowie $7Br_2 + BrF_5 + 5AsF_5 \rightarrow 5Br_3^+AsF_6^-$ in Form des Salzes $Br_3^+AsF_6^-$ (Sblp. 50 °C). Isolierbar ist auch $Br_3^+[Au(SO_3F)_4]^-$ (Zers. 105 °C). Das Br_3^+-Ion neigt in Anwesenheit von Gegenionen X^-, die sich wie SO_3F^- nicht von extrem starken Supersäuren ableiten, zur Disproportionierung gemäß

$$Br_3^+ + X^- \rightarrow Br_2 + BrX\,. \qquad (5)$$

Es nimmt zudem weiteres Br_2 unter Bildung des *dunkelbraunen* **Pentabrom-Kations Br_5^+** auf, das in Form von $Br_5^+[Au(SO_3F)_4]^-$ (Smp. 65 °C) und $Br_5^+MF_6^-$ (erzeugt durch Oxidation von Br_2 mit $XeF^+MF_6^-$; M = As, Sb) isoliert werden konnte.

Das *gelbe* **Trichlor-Kation Cl_3^+** disproportioniert sich noch leichter analog (5) und bildet sich infolgedessen selbst beim Einleiten von Cl_2-Gas in die Supersäure $HSO_3F/SbF_5/SO_3$ nicht mehr. Es liegt in dem nach $Cl_2 + ClF + AsF_5 \rightarrow Cl_3^+AsF_6^-$ in HF/SbF_5 bei tiefen Temperaturen zugänglichen Salz $Cl_3^+AsF_6^-$ vor. Das *Trifluor-Kation* F_3^+ ist bisher unbekannt.

Strukturen der Polyhalogen-Kationen. Mit dem Übergang der Halogenmoleküle X_2 in Kationen $\mathbf{X_2^+}$ reduziert sich der XX-Abstand um ca. 0.1 Å[41].

	r_{FF}	r_{ClCl}	r_{BrBr}	r_{II}
X_2	1.43	1.98	2.28	2.66 Å
X_2^+	<1.43	1.89	2.13	2.56 Å
X_2^-	>1.43	>1.98	>2.28	>2.66 Å

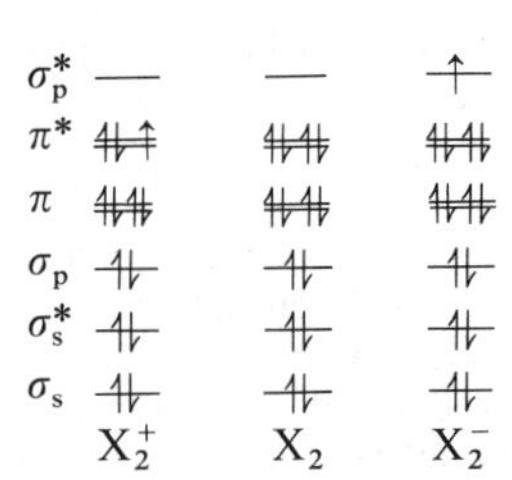

σ_p^*, π^*, π, σ_p, σ_s^*, σ_s — X_2^+, X_2, X_2^-

Fig. 131 Energieniveauschemata von Molekülorbitalen der Dihalogen-Kationen X_2^+, -Moleküle X_2 sowie -Anionen X_2^- (vgl. hierzu auch S. 350).

Diese Abstandsverkürzung entspricht einer auch von der MO-Theorie geforderten Erhöhung der XX-Bindungsordnung; denn der Übergang $X_2 \rightarrow X_2^+ + \ominus$ ist gemäß Fig. 131 mit der Abionisation eines antibindenden π^*-Elektrons verbunden, wodurch die XX-Bindungsordnung von 1 auf 1.5 erhöht wird

[40] Die Salznatur der Verbindungen $[I(py)_2]^+X^-$ geht z. B. aus ihrem guten Leitvermögen in Chloroform oder Aceton hervor. Bei der Elektrolyse wird das Iod in der nach den Faradayschen Gesetzen zu erwartenden Menge an der Kathode abgeschieden. Verbindungen mit nur 1 Molekül Lewis-Base wie I(py)Cl, $I(py)NO_3$ oder $I(py)(CH_3CO_2)$ weisen eine erheblich kleinere Leitfähigkeit in Lösung auf und offenbaren damit einen kovalenten Bau.

[41] Die wiedergegebenen XX-Abstände beziehen sich auf X_2 und Cl_2^+ in der Gasphase sowie auf Br_2^+ und I_2^+ in den Salzen $Br_2^+Sb_3F_{16}^-$ und $I_2^+Sb_2F_{11}^-$.

(vgl. S. 350). Die Ionen X_3^+ sind als 20-Elektronenspezies der Erwartung entsprechend gewinkelt gebaut (a) (C_{2v}-Symmetrie, vgl. Tab. 46a auf S. 355). Diese Struktur folgt auch aus dem VSEPR-Modell. Denn den mittleren Halogenatomen kommen in $:\ddot{X}—\ddot{X}—\ddot{X}:^+$ vier σ- und n-Elektronenpaare zu, was eine tetraedrische Orientierung der Elektronen oder – gleichbedeutend – eine sp^3-Hybridisierung (vgl. Hybridorbitale) bedingt. Im I_3^+-Ion (isoster mit TeI_2) beträgt der Bindungswinkel ca. 102°. Im $\mathbf{I_4^{2+}}$-Ion nehmen die Iodatome die Ecken eines *Rechtecks* ein (b). Offensichtlich sind hier zwei I_2^+-Ionen unter Betätigung ihrer mit einem Elektron besetzten π*-Orbitale (Fig. 131) über eine Zweielektronen-Vierzentrenbindung miteinander verknüpft. In analoger Weise liegt in den $\mathbf{X_5^+}$-Ionen formal eine Verknüpfung zweier X^+-Einheiten über X_3^- vor (c) (in I_{15}^{3+} sind drei I_5^+-Einheiten lose miteinander zu einer I_{15}-Zick-Zack-Kette verknüpft). Die Struktur von I_7^+ ist noch unbekannt.

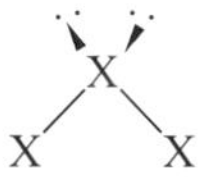

	I
r	2.66 Å
α	97.1°

(a) X_3^+

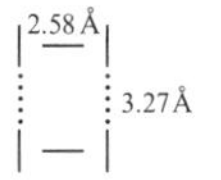

2.58 Å, 3.27 Å

(b) I_4^{2+}

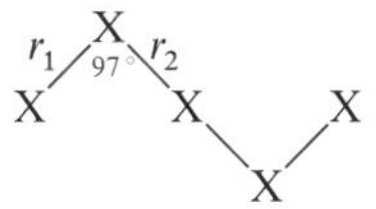

r_1, 97, r_2

(c) X_5^+

	Br	I
r_1	2.28	2.65 Å
r_2	2.51	2.90 Å

Halogen-Anionen. Aufgrund ihrer vergleichsweise hohen Elektronegativität gehen die Halogene lieber in den Anionen- als in den Kationenzustand über. Besonders leicht bilden sich hierbei **Monohalogenide X^-**, welche etwa in den Alkali- oder Erdalkalihalogeniden MX bzw. MX_2 vorliegen[42]. Darüber hinaus existieren eine Reihe von *Polyhalogenid-Anionen*. So geht, wie weiter oben bereits angedeutet wurde (vgl. physikalische Eigenschaften), die erhöhte Löslichkeit von Iod in Iodid-haltigem Wasser auf die Bildung des **Triiodids I_3^-** zurück. Die Tendenz zur Triiodid-Bildung ist recht groß, wie u.a. aus dem in geschmolzenem Iod vorliegenden Dissoziationsgleichgewicht $3I_2 \rightarrow I_3^+ + I_3^-$ hervorgeht. In Salzen mit geeignet großen Kationen sind zudem **Polyiodide** u.a. der Zusammensetzung I_5^-, I_7^-, I_8^{2-}, I_9^- oder gar I_{16}^{4-} stabil[43].

Auch von Brom und Chlor ist ein **Tribromid Br_3^-** bzw. **Trichlorid Cl_3^-** bekannt, doch ist ihre Bildung nach

$$X^- + X_2 \rightarrow X_3^-$$

weniger bevorzugt, wie sich aus dem für Wasser gültigen Gleichgewichtskonstanten ergibt: $K = 725$ (X = I), 18 (X = Br) und 0.01 (X = Cl). Das Cl_3^--Ion entsteht infolgedessen nur noch beim Sättigen einer konzentrierten Cl^--haltigen Lösung mit Chlor. Beständiger als wässerige sind alkoholische X_3^--Lösungen und insbesondere X_3^--haltige Salze mit großen Kationen wie Cs^+, R_4N^+, $[Co(NH_3)_6]^{3+}$ (der I_2-Gleichgewichtsdruck von CsI_3 erreicht demgemäß erst bei 250 °C den Wert eines Bars). Noch unbeständiger als das Trichlorid ist das **Trifluorid F_3^-**. Es bildet sich bei 15 K beim Ausfrieren von Argongas, das F_2 sowie gasförmiges MF (M = Rb, Cs) in kleiner Menge enthält: $F_2 + F^- \rightarrow F_3^-$. Beim Erwärmen der „Tieftemperaturmatrix" auf 40 K zerfällt F_3^- in Umkehrung seiner Bildung.

Die den Dihalogen-Kationen X_2^+ entsprechenden **Dihalogen-Anionen X_2^-** (Cl_2^-; hellgrün; Br_2^-: grün; I_2^-: dunkelgrün) entstehen z.B. bei der Bestrahlung von X^--haltigen Gläsern nach: $2X^- + h\nu \rightarrow X_2^- + \ominus$ in kleinen Konzentrationen. Unter normalen Bedingungen (z.B. in wässerigem Milieu) sind die Ionen X_2^- sehr instabil und zerfallen unter Disproportionierung:

$$2X_2^- \rightarrow X^- + X_3^- .$$

In einer Argonmatrix läßt sich bei 15 K auch F_2^- gemäß $M + F_2 \rightarrow M^+F_2^-$ (M = K, Rb, Cs) erzeugen.

Strukturen der Polyhalogen-Anionen. Der Übergang $X_2 + \ominus \rightarrow \mathbf{X_2^-}$ ist gemäß Fig. 131 mit einer Erniedrigung der XX-Bindungsordnung von 1 auf 0.5 verbunden (Einbau eines Elektrons in das antibindende σ_p^*-Molekülorbital). Somit sind für die X_2^--Anionen zum Unterschied von den X_2^+-Kationen nicht kleinere, sondern größere XX-Abstände als für die X_2-Moleküle zu erwarten.

[42] Mit zunehmender Lewis-Acidität des Verbindungspartners wird X^- zunehmend kovalent an diesen gebunden (vgl. hierzu die weiter oben besprochene Verhaltensweise im Falle der Halogen-Kationen X^+).

[43] Auch die Farbe des Iod-Stärke-Komplexes geht offenbar auf ein Polyiodid (I_5^-) zurück, das in den Amylosekanälen eingelagert ist.

Anders als die gewinkelt gebauten Trihalogen-Kationen X_3^+ (a) weisen die Trihalogen-Anionen $\mathbf{X_3^-}$ als 22-Elektronenspezies einen linearen Bau auf (d) (vgl. Tab. 46a, S. 355). Dies entspricht der Erwartung, da dem mittleren Halogenatom in $\ddot{X}—\ddot{X}—\ddot{X}^-$ fünf σ- und n-Elektronenpaare zukommen, was eine trigonal-bipyramidale Orientierung der Elektronen (gleichbedeutend: sp^3d-Hybridisierung des Zentralatoms) bedingt, wobei die drei freien Elektronenpaare äquatoriale Positionen einnehmen. Aus gleichen Gründen sind die Ionen $\mathbf{I_4^{2-}}$ linear strukturiert (e). Die beiden XX-Bindungen der Ionen X_3^- sind in vielen, aber nicht in allen Fällen gleich lang. So ist zwar I_3^- in Wasser oder in $KI_3 \cdot H_2O$ symmetrisch gebaut ($r_{II} = 2.93$ Å; entsprechend $r_{BrBr} = 2.54$ Å). Andererseits weist I_3^- in festem CsI_3 aber zwei ungleiche I—I-Abstände auf (2.83 und 3.03 Å) und ist demgemäß als Charge-Transfer-Komplex (S. 448) von I^- und I_2 zu beschreiben. In analoger Weise stellen die Anionen I_5^-, I_7^-, I_8^{2-}, I_9^- sowie I_{16}^{4-} lockere Aggregate von I_2-Molekülen an das I^- bzw. I_3^--Ion dar ($\mathbf{I_5^-}$ vgl. (f); $\mathbf{I_7^-} = I_3^- \cdots I_2 \cdots I_2$; $\mathbf{I_8^{2-}}$ vgl. (g); $\mathbf{I_9^-} = I_2 \cdots I_2 \cdots I^-(\cdots I_2)_2$ (Verzweigung an I^-), $\mathbf{I_{16}^{4-}} = I_3^- \cdots I_2 \cdots I_3^- \cdots I_3^- \cdots I_2 \cdots I_3^-$):

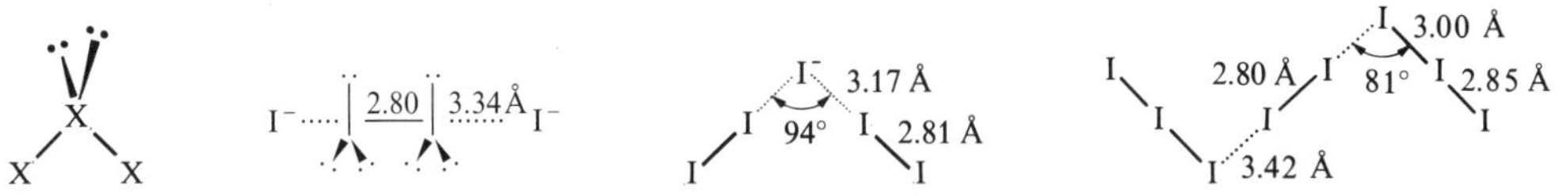

(d) X_3^- (e) $[Cu(NH_3)_4]^{2+}I_4^{2-}$ (f) $Me_4N^+I_5^-$ (g) $2\,Cs^+I_8^{2-}$

Verwendung. Iod (Weltjahresproduktion: 10 Kilotonnenmaßstab) dient u.a. als Desinfektionsmittel (vgl. Iodtinktur), Katalysator (z.B. Umwandlung von amorphem in graues Selen) sowie Schmiermittel (in Verbindung mit aromatischen Kohlenwasserstoffen) und wird zur Darstellung vieler anorganischer und organischer Iodverbindungen benötigt. Als Beispiele seien genannt NaI (Zusatz zu Speisesalz), AgI (u.a. für photographische Filme; Induktion der Regenbildung), NiI_2 und TiI_4 (u.a. für katalytische Prozesse), CdI_2 und PbI_2 (u.a. für Elektromotorbürsten), $NaIO_3$ (u.a. zur Backqualitätserhöhung bestimmter Mehle), CH_2I_2 (u.a. als besonders dichtes Lösungsmittel), Diiodfluorescein und Erythrosin (u.a. als Farbstoffe in der Photographie und der Nahrungsmittelchemie). Erwähnenswert ist darüber hinaus die Verwendung von Iod zur Gewinnung extrem reiner Metalle wie Ti, Zr, Hf nach der Methode von van Arkel und de Boer (S. 1401) sowie der Einsatz des radioaktiven, nicht natürlich vorkommenden Iodisotops ^{131}I in der Radiodiagnostik (z.B. Na ^{131}I für die Darstellung der Schilddrüse (Schilddrüsenzintigraphie) und Radiotherapeutik (z.B. zur Behandlung einer Schilddrüsenüberfunktion bzw. eines Schilddrüsenkarzinoms). Bezüglich der Verwendung von Iod in der Maßanalyse s. S. 594.

1.5 Das Astat[1,44)]

Vorkommen, Geschichtliches, Gewinnung. Die Suche nach einem auf Grund des Periodensystems unterhalb des Iods noch zu vermutenden Elements 85 („*Eka-Iod*") blieb lange Zeit vergeblich. Erst im Jahre 1940 gelang dann den amerikanischen Forschern D.R. Corson, K.R. McKenzie und E. Segrè die *künstliche* Gewinnung des Elements 85 (in Form des Isotops $^{211}_{85}At$) durch Bestrahlung von Bismut, also des um 2 Stellen links im Periodensystem stehenden Elements, mit Cyclotron-beschleunigten α-Teilchen von 30 MeV (vgl. hierzu S. 1746). Drei Jahre später wurde das Element 85, das wegen seiner großen radioaktiven Unbeständigkeit den Namen „*Astat*"[45)] (At) erhielt, von den Österreicherinnen[46)] B. Karlik und T. Bernert auch in der Natur aufgefunden[47)]. Da die natürlichen Nuklide mit den Massenzahlen 215–219 nur in geringsten Spuren (3×10^{-24} Gew.-%) als Zwischenglieder der radioaktiven Zerfallsreihen vorkommen[48)] (vgl. S. 1727; im radioaktiven Gleichgewicht entfällt z.B. auf 70 Billiarden $^{238}_{92}U$-Atome nur 1 Atom $^{218}_{85}At$) und Astat nicht als Uranspaltprodukt auftritt, ist man zur präparativen Gewinnung von Astat auf künstliche Darstellungsmethoden, z.B. die Bestrahlung von Bismut mit Cyclotron-beschleunigten α-Teilchen von 26–29 MeV, angewiesen:

$$^{209}_{83}Bi + ^{4}_{2}He \rightarrow 2\,^{1}_{0}n + ^{211}_{85}At\,.$$

Die bis jetzt bekannten 24 Isotope des Astats, deren Massenzahlen von 196 bis 219 (je zwei Kernisomere der Massenzahlen 198, 200, 202, 212) und deren Halbwertszeiten von 10^{-7} Sekunden bis 8.3 Stunden

44 **Literatur.** A.H.W. Aten jr.: „*The Chemistry of Astatine*", Adv. Inorg. Radiochem. **6** (1964) 207–223. I. Brown: „*Astatine: Its Organonuclear Chemistry and Biomedical Applications*", Adv. Inorg. Chem. **31** (1987) 43–88.

45 astatos (griech.) = unbeständig.

46 Wegen der Entdeckung des Astats in Österreich könnte man das Elementsymbol At zugleich auch als „*Austrium*" deuten.

47 Die 12 Jahre zuvor (1931) beschriebene Auffindung des Elements 85 in natürlichen Erzen durch F. Allison und Mitarbeiter („*Alabamium*" Ab, nach dem USA-Staat Alabama) blieb unbestätigt.

48 Astat ist das seltenste natürlich vorkommende Element. Die Erdkruste enthält nicht mehr als ca. 45 mg At. Es folgen Fr (100 g), Pm (12 kg), Pu (25 kg), Np (1.2 t), Rn (8.5 t), Po (2500 t), Ac (7000 t).

variieren, gehen beim radioaktiven Zerfall unter α-Strahlung in Bismut ($_{83}$Bi) oder unter *K*-Einfang (s. dort) in Polonium ($_{84}$Po) über. Einige von ihnen seien im folgenden angeführt:

$$^{206}_{85}\text{At} \xrightarrow[29.4\,\text{m}]{K} {}^{206}_{84}\text{Po} \qquad ^{209}_{85}\text{At} \xrightarrow[5.4\,\text{h}]{K} {}^{209}_{84}\text{Po} \qquad ^{214}_{85}\text{At} \xrightarrow[790\,\text{ns}]{\alpha} {}^{210}_{83}\text{Bi}$$

$$^{207}_{85}\text{At} \xrightarrow[1.8\,\text{h}]{K} {}^{207}_{84}\text{Po} \qquad ^{210}_{85}\text{At} \xrightarrow[8.3\,\text{h}]{K} {}^{210}_{84}\text{Po} \qquad ^{218}_{85}\text{At} \xrightarrow[2\,\text{s}]{\alpha} {}^{214}_{83}\text{Bi}$$

$$^{208}_{85}\text{At} \xrightarrow[1.63\,\text{h}]{K} {}^{208}_{84}\text{Po} \qquad ^{211}_{85}\text{At} \xrightarrow[7.22\,\text{h}]{K} {}^{211}_{84}\text{Po} \qquad ^{219}_{85}\text{At} \xrightarrow[0.9\,\text{m}]{\alpha} {}^{215}_{83}\text{Bi}$$

Eigenschaften. Wegen der großen Unbeständigkeit – das längstlebige Astat-Isotop ($^{210}_{85}$At) zerfällt mit einer Halbwertszeit von 8.3 Stunden – kann Astat nicht wie die übrigen Halogene in größeren Mengen angesammelt werden, so daß sich unsere Kenntnis seiner Chemie auf „*Tracerexperimente*", d.h. auf Untersuchungen mit Spurenmengen (meist $^{211}_{85}$At) gründet. Immerhin zeigen diese Untersuchungen, daß sich das Astat At_2 so verhält, wie man es von einem höheren Homologen des Iods I_2 erwarten muß. So ist es fest (Smp. ~ 300, Sdp. ~ 335 °C) und sublimierbar (erwartungsgemäß weniger flüchtig als Iod), löst sich etwas in Wasser, kann aus diesen Lösungen wie Iod mittels Benzol, Schwefelkohlenstoff oder Tetrachlorkohlenstoff extrahiert werden und reagiert mit Laugen unter quantitativer Disproportionierung in höhere und niedere Oxidationsstufen, so daß es aus alkalischen Lösungen (zum Unterschied von Iod) mit organischen Lösungsmitteln nicht mehr ausgeschüttelt werden kann. Auch bildet es *neutrale* sowie *anionische* (und sicher auch *kationische*) **Interhalogene** wie AtBr, AtI, $AtBr_2^-$, AtI_2^-, $AtClI^-$, $AtBrI^-$. Durch Reduktion mittels SO_2, Zn/H^+, $Fe(CN)_6^{4-}$, nicht aber mittels Fe^{2+}, wird es zum **Astatid** $\mathbf{At^-}$ reduziert. Das Redoxpotential $At_2 + 2\ominus \rightleftarrows 2At^-$ beträgt + 0.25 V und ist damit erwartungsgemäß weniger positiv als das entsprechende Iodpotential (+ 0.54 V). Der „*Astatwasserstoff*" HAt, von dem *organische Derivate* wie PhAt bekannt sind, ist somit ein stärkeres Reduktionsmittel als der Iodwasserstoff HI und das elementare Astat ein schwächeres Oxidationsmittel als das elementare Iod, wie ja ganz allgemein die Reduktionskraft der Halogenwasserstoffe vom leichteren zum schwereren und die Oxidationskraft der Halogene dementsprechend in umgekehrter Richtung zunimmt. Demgemäß läßt sich das Astatid At^-, das wie I^- mit Silberionen Ag^+ als Silberhalogenid AgAt fällbar ist, bereits mit *schwachen* Oxidationsmitteln wie verdünnter Salpetersäure wieder in elementares Astat zurückverwandeln. Wie Iod kommt auch Astat in höheren Oxidationsstufen vor. So führen *mittelstarke* Oxidationsmittel wie Br_2, $Cr_2O_7^{2-}$ und Fe^{3+} die Astatide At^- in die Stufe der **Hypoastatite** $\mathbf{AtO^-}$ über. Das Potential dieser Oxidationsreaktion, $At^- + HOH \rightleftarrows HAtO + H^+ + 2\ominus$, beträgt + 0.7 V, woraus hervorgeht, daß die „*Hypoastatige Säure*" erwartungsgemäß ein schwächeres Oxidationsmittel ist als die Hypoiodige Säure (entsprechendes Redoxpotential + 0.99 V), wie ja auch sonst die Oxidationskraft der Hypohalogenite vom leichteren zum schwereren Halogen hin abnimmt. *Stärkere* Oxidationsmittel wie HClO, IO_4^-, Ce^{4+} oder $S_2O_8^{2-}$ oxidieren At^- zum **Astatat** $\mathbf{AtO_3^-}$. Hier hat das zugehörige Redoxpotential des Systems $At^- + 3H_2O \rightleftarrows AtO_3^- + 6H^+ + 6\ominus$ mit + 1.3 V einen positiveren Wert als das entsprechende Iodpotential (+ 1.08 V), was besagt, daß die Astatate stärkere Oxidationsmittel sind als die Iodate. Die Oxidationsstufe + 7 des Astats (H_5AtO_6) ist nur wenig beständig. Durch Schweflige Säuren werden die höheren Oxidationsstufen zum Element At_2 oder zum Astatid At^- reduziert.

Als schwerstes Halogen ist das Astat noch elektropositiver als das Iod. So nimmt es nicht wunder, daß es wie dieses als (komplexstabilisiertes) Kation At^+ (z.B. als $At(py)_2^+$) aufzutreten vermag, das mit Schwefelwasserstoff fällbar ist und sich kathodisch abscheiden läßt. Hier dokumentiert sich der verstärkte *metallische* Charakter, der ja auch schon beim Iod im Metallglanz der Kristalle zum Ausdruck kommt.

2 Wasserstoffverbindungen der Halogene[1)]

2.1 Fluorwasserstoff[1,3)]

Darstellung. Der Fluorwasserstoff, der für die Fluorchemie von zentraler Bedeutung ist, wird in der Technik durch Einwirkung einer Säure auf ein Salz des Fluorwasserstoffs gewonnen. Als Fluorid verwendet man insbesondere den in der Natur vorkommenden *Flußspat* CaF_2. Beim Erwärmen dieses Salzes mit konzentrierter Schwefelsäure auf 200–250 °C in 20 m langen und 3 m dicken Stahldrehrohröfen destilliert der Fluorwasserstoff ab:

$$59\,\text{kJ} + CaF_2 + H_2SO_4 \rightarrow CaSO_4 + 2\,HF$$

Das mit Schwefelsäure gewaschene gasförmige Rohprodukt läßt sich durch mehrstufige Kühlung zu flüssigem HF von 99.5%iger Reinheit konzentrieren. Letzterer, in (Tankwagen versandter) Fluorwasserstoff ist in Stahlflaschen im Handel und läßt sich durch Destillation weiter reinigen.

Der reichlich in der Natur vorkommende *Fluorapatit* wird wegen seines geringen Fluorid-Gehalts (2–4%) bisher noch wenig als HF-Rohstoffquelle genutzt (Aufschluß: $Ca_5(PO_4)_3F + 5H_2SO_4 \rightarrow 5CaSO_4 + 3H_3PO_4 + HF$). Zudem geht bis zu 30% des gebildeten Fluorwasserstoffs durch Reaktion mit der Apatitverunreinigung SiO_2 verloren (Bildung von H_2SiF_6, vgl. S. 907).

Die Erzeugung von Fluorwasserstoff aus den Elementen gemäß

$$H_2 + F_2 \rightarrow 2HF + 542.6\,kJ$$

ist ungebräuchlich. Im Laboratorium gewinnt man *wasserfreien* Fluorwasserstoff zweckmäßig durch Erhitzen von sauren Fluoriden des Typus MF · HF, z. B.: KF · HF → KF + HF.

Physikalische Eigenschaften. *Wasserfreier Fluorwasserstoff* ist bei gewöhnlicher Temperatur eine *farblose*, leicht bewegliche, stechend riechende, an der Luft stark rauchende Flüssigkeit, welche bei 19.51 °C siedet und bei − 83.36 °C erstarrt (Dichte bei 0 °C 1.002 g/cm³). Der HF-Bindungsabstand beträgt 0.917 Å, die HF-Dissoziationsenergie 573.98 kJ/mol. Fluorwasserstoffdämpfe sind sehr giftig (MAK = 2 mg/m³ bzw. 2–3 ppm; zum Vergleich: MAK (HCN) = 10 ppm). Auf der Haut führt HF zu schmerzhaften, schlecht heilenden Wunden.

Fester Fluorwasserstoff liegt in polymerer Form $(HF)_x$ vor; und zwar sind einzelne HF-Moleküle über Wasserstoffbrücken zu langen Zickzack-Ketten mit linearen F—H····F-Gruppierungen verknüpft (vgl. Formelbild auf S. 282). *Gasförmiger* Fluorwasserstoff besteht beim Siedepunkt (19.51 °C) teils aus hexameren Molekülen $(HF)_6$ (gewellte Sechsringe; vgl. Formelbild auf S. 282), teils aus monomeren Molekülen HF, wobei mit zunehmender Temperatur der Anteil an HF auf Kosten des $(HF)_6$-Anteils wächst. Oberhalb von 90 °C ist Fluorwasserstoff ausschließlich monomolekular. In *flüssigem* Fluorwasserstoff liegen wahrscheinlich $(HF)_6$- und $(HF)_x$-Moleküle nebeneinander vor. Die Assoziation von Fluorwasserstoff über Wasserstoffbrücken bedingt dessen auffallend hohen Siede- und Schmelzpunkt (vgl. S. 288) sowie die vergleichsweise hohe Dielektrizitätskonstante flüssigen Fluorwasserstoffs von 83.5 bei 0 °C. Letztere ist u. a. die Ursache dafür, daß flüssiger Fluorwasserstoff neben Wasser (Dielektrizitätskonstante: 78.3 bei 25 °C) eines der besten (wasserähnlichen) Lösungsmittel für anorganische und organische salzartige und kovalente Stoffe ist (z. B. für Metall- und Nichtmetallfluoride, Cellulose, Kohlenhydrate, Proteine; s. unten).

In Wasser löst sich der sehr hygroskopische Fluorwasserstoff leicht (bei Zimmertemperatur unbeschränkte Mischbarkeit). Die dabei entstehende Lösung wird *Fluorwasserstoffsäure* oder **Flußsäure** genannt (Azeotrop: 38 Gew.-% HF, 62 Gew.-% H_2O; Sdp. 112 °C, Dichte 1.138 g/cm³; vgl. bei HCl). Aus der Lösung lassen sich die Hydrate $4HF \cdot H_2O$. (Smp. − 100.4 °C), $2HF \cdot H_2O$ (Smp. − 75.5 °C) und $HF \cdot H_2O$ (Smp. − 35.5 °C) isolieren.

Chemische Eigenschaften. Die Flußsäure besitzt, wie ihr Name besagt, den Charakter einer Säure: sie färbt blaues Lackmuspapier rot und löst zahlreiche Metalle unter Wasserstoffentwicklung und Bildung von „*Fluoriden*“ (s. u.). Gold und Platin werden von Flußsäure nicht angegriffen, Blei nur oberflächlich. Die Gleichgewichtskonstante der Dissoziation

$$HF + H_2O \rightleftarrows H_3O^+ + F^-$$

hat in verdünnter wässeriger Lösung den Wert 6.46×10^{-4} mol/l ($pK_S = 3.19$), entsprechend einer (formal) 8%igen Dissoziation in 0.1 molarer Lösung. Flußsäure wirkt hiernach als *schwache Säure*.

Die Acidität der Halogenwasserstoffe nimmt in der Reihe HI > HBr > HCl > HF ab ($pK_S = -9.3$, -8.9, -6.1 bzw. $+3.2$). Die Acidität verringert sich beim Übergang von HCl zu HF besonders drastisch.

Die Ursache hierfür steht in Verbindung mit dem hohen Energieaufwand der Protonenabspaltung aus HF (1508 kJ/mol in der Gasphase; zum Vergleich: HCl: 1358 kJ, HBr: 1314 kJ, HI: 1277 kJ/mol), der durch die Hydratation von H^+ und von F^- in Wasser nicht kompensiert werden kann (Hydratationsenergie: − 458 (F^-), − 384 (Cl^-), − 351 (Br^-), − 307 kJ/mol (I^-)). Tatsächlich ist HF in verdünnter wässeriger Lösung *vollständig dissoziiert*. Im Zuge dieser Dissoziation bilden sich jedoch nicht – wie bei anderen Säuren üblich – Hydronium-Ionen, sondern auf Grund der hohen Affinität von F^- zu H^+ gemäß $H_2O + HF \rightleftarrows H_2O{-}H^{\delta+} \cdots F^{\delta-}$ Ionenpaare $H_3O^+ \cdot F^-$, die „weniger sauer" als $H_3O^+ \cdot 3H_2O$ wirken, deren *Protonenaktivität* (s. dort) somit vergleichsweise klein ist. Beim *Konzentrieren* verdünnter Flußsäure erhöht sich deren Acidität, weil sich gemäß $2H_2O{-}H^{\delta+} \cdots F^{\delta-} \rightleftarrows H_2O + H_3O^+ + F{-}H{-}F^-$ zunehmend stabile HF_2^--Anionen (s. u.; K beträgt für $F^- + HF \rightleftarrows HF_2^-$ gleich 15) sowie vergleichsweise „sauer wirkende" H_3O^+-Kationen bilden.

Die charakteristischste Eigenschaft der Flußsäure ist ihre Fähigkeit, *Glas anzugreifen* (zu „*ätzen*"). Man kann sie daher nicht in Glasgefäßen, sondern nur in Gefäßen aus Blei, Platin, Paraffin, Polyethylen, Perfluorpolyethylen oder Kautschuk aufbewahren und handhaben. Die Reaktion mit Glas beruht auf der Bildung gasförmigen *Siliciumtetrafluorids* (SiF_4) aus Flußsäure und Siliciumdioxid (SiO_2), dem Hauptbestandteil des Glases:

$$SiO_2 + 4HF \rightarrow SiF_4 + 2H_2O\,.$$

Auch der *wasserfreie* flüssige Fluorwasserstoff ist eine Säure, und zwar zum Unterschied vom wässerigen Fluorwasserstoff (Flußsäure) eine *sehr starke Protonsäure* (etwas schwächer als wasserfreie Schwefelsäure, vgl. S. 244). Durch Zusatz von etwas Antimonpentafluorid läßt sich die Säurestärke weiter steigern (vgl. Supersäuren, S. 243). HF vermag selbst die *sehr schwache Base* Fluorwasserstoff in geringem Ausmaße zu protonieren. Das *Ionenprodukt* des in reinem flüssigen Fluorwasserstoff vorliegenden Autoprotolysegleichgewichts

$$3HF \rightleftarrows H_2F^+ + HF_2^-$$

beträgt ca. $10^{-10.7}$ bei 0 °C[49] (zum Vergleich Autoprotolyse von Wasser $2H_2O \rightleftarrows H_3O^+ + OH^-$: Ionenprodukt $= 10^{-14}$).

Salze. Die Fluoride der meisten Metalle lösen sich in Wasser, einige jedoch schwer (z. B. CaF_2, SrF_2, BaF_2, CuF_2, PbF_2)[50]. Manche Fluoride können sich zudem noch mit einem oder mehreren Molekülen Fluorwasserstoff unter Bildung von *Hydrogenfluoriden* verbinden. So kristallisiert z. B. aus einer KF-haltigen Flußsäure KF · HF („*Kalium-hydrogendifluorid*", „*saures Kaliumfluorid*"; Smp. ca. 225 °C) und aus einer KF · HF-Schmelze in Anwesenheit unterschiedlicher Mengen Fluorwasserstoff u. a. KF · 2HF (Smp. 72 °C). KF · 3HF (Smp. 66 °C) bzw. KF · 4HF aus, durch deren thermische Zersetzung man in Laboratorien leicht reinen Fluorwasserstoff gewinnen kann. In analoger Weise bilden sich aus NR_4F ($R = CH_3$) und HF saure Salze des Typs $NR_4F \cdot m\,HF$ (m = 1, 2, 3, 5, 7); auch stellen die HF-Hydrate (s. o.) im Sinne von $H_3O^+[F \cdot m\,HF]^-$ (m = 0, 1, 3) saure Fluoride dar[51]. Den betreffenden Salzen liegen komplexe Anionen $[H_nF_{n+1}]^-$ (n = 1, 2, 3, 4, 5, 7) folgenden Baus zugrunde:

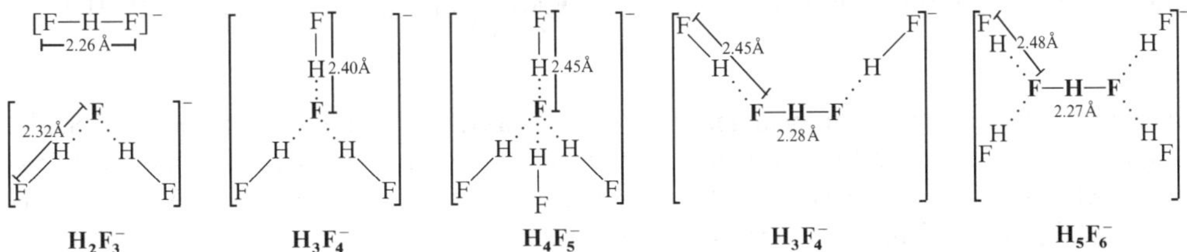

49 Das Ionenprodukt von flüssigem HF folgt aus dessen spezifischer Leitfähigkeit, die bei 0 °C $1.6 \times 10^{-6}\,\Omega^{-1}\,cm^{-1}$ beträgt. Da letztere durch Verunreinigungen (insbesondere H_2O) stark erhöht wird, und selbst extrem gereinigter Fluorwasserstoff wohl noch Verunreinigungsspuren enthält, dürfte der wahre Wert der spezifischen Leitfähigkeit von HF und damit auch das wahre Ionenprodukt kleiner als der wiedergegebene Wert sein.

50 Aus Wasser erhält man die Fluoride teils *wasserfrei* (LiF, NaF, NH_4F, MgF_2, CaF_2, SrF_2, BaF_2, SnF_2, PbF_2, SbF_3, SiF_4(g), GeF_4(g)), teils *wasserhaltig* (KF · $2H_2O$, RbF · $3H_2O$, CsF · $1.5H_2O$, AgF · $4H_2O$, $CuF_2 \cdot 4H_2O$, $ZnF_2 \cdot 4H_2O$, $CdF_2 \cdot 4H_2O$, $HgF_2 \cdot 2H_2O$, $MF_2 \cdot 6H_2O$ mit M = Fe, Co, Ni), $AlF_3 \cdot H_2O$, $GaF_3 \cdot 3H_2O$, $InF_3 \cdot 3H_2O$).

51 Als weitere saure Fluoride seien erwähnt: $M^IF \cdot mHF$ mit M^I = Na, Rb, Cs, NH_4, NO, pyH (py = Pyridin). Ein „*saures Chlorid*" stellt etwa die Verbindung $Me_3NHCl \cdot 4HCl$ dar (Struktur: trigonal-bipyramidales zentrales Chlorid mit vier HCl- und einem Me_3NH-Liganden, die jeweils über eine H-Brücke an das Cl^- geknüpft sind).

Ersichtlicherweise koordinieren in ihnen 1, 2, 3 oder 4 HF-Moleküle ein Fluoridion F^- linear, gewinkelt, trigonal oder tetraedrisch bzw. 2 oder 4 HF-Moleküle ein Hydrogendifluoridion FHF^- *cis*-ständig oder tetragonal (im Anion $[H_7F_8]^-$ sind an das Ion FHF^- drei Gruppen F—H ··· F—H über H-Brücken gebunden). Die F ··· F Abstände der F—H ··· F-Gruppen wachsen mit zunehmendem HF-Gehalt von $[H_nF_{n+1}]^-$ (Grenzwert: 2.50 Å in polymerem HF; zum Vergleich: FF-van der Waals-Abstand ≈ 2.70 Å) Der Winkel am Fluor beträgt etwa 110–120°. Das Ion $[H_3F_4]^-$ existiert in mehreren isomeren Formen: (i) kettenförmig-*cis*-konfiguriert (z. B. in $K_2[H_2F_3][H_3F_4] \triangleq KF \cdot 2.5\,HF$ und in $H_3O[H_3F_4]$), (ii) trigonal-planar (z. B. in $K[H_3F_4]$), (iii) trigonal-pyramidal (z. B. in $NR_4[H_3F_4]$, $NH_4[H_3F_4]$).

Das – als solches nicht existente – „nackte" Fluorid-Ion ist eine *starke Lewis-Base*. Vergleichsweise nahe kommt man ihm in wasserfreiem *Cäsiumfluorid* Cs^+F^- oder – insbesondere – im *Tetramethylammoniumfluorid* $Me_4N^+F^-$, das in Acetonitril mäßig löslich ist und sich nach $Me_4N^+OH^-$ + wässeriges HF → $Me_4N^+F^- \cdot xH_2O$ (Trocknung bei 150 °C im Vakuum) darstellen läßt. Mit letzterem lassen sich Fluorokomplexe XeF_5^-, ClF_6^-, BrF_6^-, IF_6^-, IF_8^-, IOF_6^-, TeF_7^- erzeugen (s. u.).

Halogenokomplexe.[52] Viele Metall- und Nichtmetallfluoride bilden mit Alkalifluoriden *Fluoro-Komplexe*, z. B.

$$BeF_2 + 2F^- \rightarrow BeF_4^{2-};\quad BF_3 + F^- \rightarrow BF_4^-;\quad AlF_3 + F^- \rightarrow AlF_4^-,$$
$$AlF_3 + 3F^- \rightarrow AlF_6^{3-};\quad SiF_4 + 2F^- \rightarrow SiF_6^{2-};\quad PF_5 + F^- \rightarrow PF_6^-.$$

Diese Fluorokomplexe, die mit neutralen Fluoriden gleicher Elektronenzahl isoster sind (BeF_4^{2-} und BF_4^- z. B. mit CF_4; AlF_4^- mit SiF_4; AlF_6^{3-}, SiF_6^{2-} und PF_6^- mit SF_6), leiten sich von starken komplexen Fluorosäuren ab. In entsprechender Weise bilden Chloride, Bromide, Iodide Halogeno-Komplexe, in welchen das Halogenid als *einzähniger* (η^1) Ligand wirkt. Es existieren darüber hinaus Komplexe mit *verbrückenden* (μ) Halogeno-Liganden. Und zwar vermag Halogenid X^- zwei Metall- oder Nichtmetallkationen *gewinkelt* (a) oder *diagonal* (b), drei derartige Kationen *trigonal-pyramidal* (c) oder *trigonal-planar* (d), vier oder sechs Metallionen in Salzen *tetraedrisch oder oktaedrisch* zu koordinieren; auch beobachtet man Verbindungen zweier Metallkationen über zwei, drei oder sogar vier Halogeno-Ionen (e, f, g)[53]:

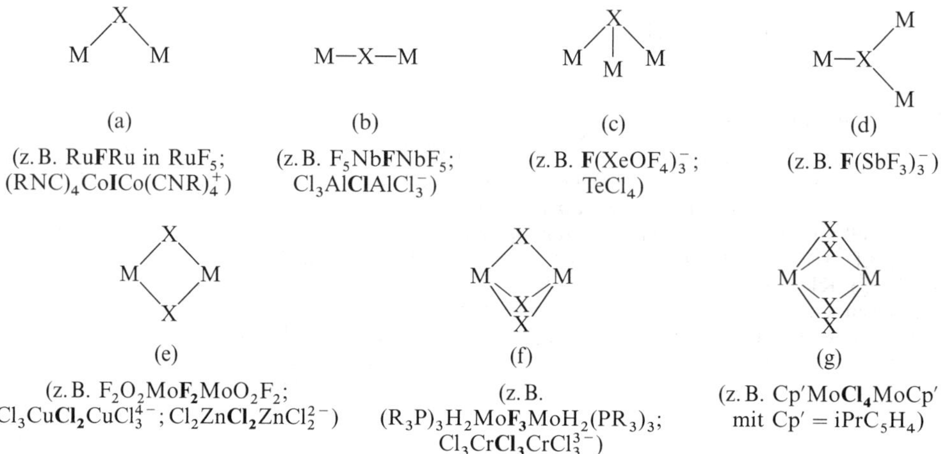

Fluorwasserstoff als Reaktionsmedium. Säure-Base-Reaktionen in HF. Gemäß dem auf S. 235 Besprochenen fungiert im Fluorwasserstoffsystem das H_2F^+-Ion („*Fluoronium-Ion*") als *Säure*, das HF_2^--Ion („*Hydrogendifluorid-Ion*") als *Base*. Fluoride wie BF_3, SiF_4, MF_5 (M = P, As, Sb, Nb, Ta) sind in diesem System Säuren, da sie gemäß nachfolgenden Gleichungen (linke Seite) H_2F^+-Ionen erzeugen; Fluoride wie M^IF (M^I = Li bis Cs, Ag, Tl), $M^{II}F_2$ (M^{II} = Mg bis Ba, Pb, Ag, Hg), SF_4, XeF_6 sind dagegen Basen, da hier gemäß nachfolgenden Gleichungen (rechte Seite) HF_2^--Ionen gebildet werden:

---

[52] **Literatur.** K. J. Edwards: „*Halogens as Ligands*", Comprehensive Coord. Chem. **2** (1987) 675–688.

[53] Die X-Brücken sind in (a)–(d) häufig *symmetrisch*, zum Teil aber auch asymmetrisch. Bei Fluorid werden Einfachbrücken häufig, Doppelbrücken weniger häufig, Tripelbrücken selten, bei Chlorid, Bromid, Iodid Doppelbrücken häufig, Einfach- und Tripelbrücken weniger häufig und Quadrupelbrücken selten ausgebildet.

$$BF_3 \xrightarrow{+HF} HBF_4 \xrightarrow{+HF} H_2F^+ + BF_4^-; \qquad M^{II}F_2 \xrightarrow{+2HF} M^{2+} + 2HF_2^-;$$

$$SiF_4 \xrightarrow{+2HF} H_2SiF_6 \xrightarrow{+2HF} 2H_2F^+ + SiF_6^{2-}; \qquad SF_4 \xrightarrow{+HF} SF_3^+ + HF_2^-;$$

$$MF_5 \xrightarrow{+HF} HMF_6 \xrightarrow{+HF} H_2F^+ + MF_6^-; \qquad XeF_6 \xrightarrow{+HF} XeF_5^+ + HF_2^-.$$

Amphotere Eigenschaften zeigen CrF_3, SbF_3, AlF_3 und BeF_2 in flüssigem HF. Einige Fluoride (z. B. XeF_2, XeF_4, VF_5, UF_6, OsF_6, SF_6, ReF_7) lösen sich in HF molekular ohne Dissoziation (vgl. SO_2, CO_2 in Wasser)[54]. Ein Beispiel für eine Neutralisation in flüssigem HF bietet etwa die Umsetzung: $BrF_2^+HF_2^- + H_2F^+SbF_6^- \rightarrow BrF_2^+SbF_6^- + 3HF$, ein Beispiel für eine Solvolyse die bei $-80\,°C$ erfolgende Reaktion: $K_2SO_4 + 4HF \rightarrow 2K^+ + 2HF_2^- + H_2SO_4$.

Solvolysen in HF lassen sich mit Vorteil zur *Darstellung wasserfreier Fluoride* aus Chloriden, Bromiden, Oxiden, Hydroxiden, Carbonaten, Sulfiten usw. nutzen. In gleicher Weise werden Oxoanionen wie NO_3^-, PO_4^{3-}, SO_4^{2-}, CrO_4^{2-}, MoO_4^{2-}, MnO_4^- fluoridiert (Bildung von $NO_2^+HF_2^-$, H_2PO_3F, HPO_2F_2, $H_3O^+PF_6^-$, HSO_3F, CrO_2F_2, MoO_2F_2, MnO_3F).

Redox-Reaktionen in HF. Ähnlich wie für das Lösungsmittel Wasser läßt sich auch für das Lösungsmittel Fluorwasserstoff eine *Spannungsreihe* für Redox-Reaktionen von Elementen und Elementverbindungen aufstellen, z. B. (ε_0-Werte in Volt; in Klammern jeweils das betreffende Normalpotential in Wasser):

Cd/Cd^{2+}	-0.29	(-0.40)	Cu^+/Cu^{2+}	$+0.52$	$(+0.16)$	Ag/Ag^+	$+0.88$	$(+0.80)$
Pb/Pb^{2+}	-0.26	(-0.13)	Fe^{2+}/Fe^{3+}	$+0.58$	$(+0.77)$	Ag^+/Ag^{2+}	$+2.27$	$(+1.96)$
$\mathbf{H_2/H^+}$	$\mathbf{\pm 0.00}$	$\mathbf{(\pm 0.00)}$	Hg/Hg^{2+}	$+0.80$	$(+0.80)$	F^-/F_2	$+2.71$	$(+3.05)$

Die oberhalb H_2/H^+ stehenden Systeme vermögen sich unter Wasserstoffentwicklung in flüssigem HF ($c_{H^+} = 1$) zu lösen, falls keine Hemmungen vorliegen. Von präparativem Nutzen ist die elektrochemische Freisetzung von Fluor in Anwesenheit anorganischer und organischer Verbindungen. Durch derartige *elektrochemische Fluorierungen* in HF läßt sich etwa NH_4F in NF_3, HNF_2 und H_2NF, Wasser in OF_2, Schwefelwasserstoff in SF_4 und SF_6, Trimethylamin in $N(CF_3)_3$, Schwefelkohlenstoff in CF_3SF_5, $(CF_3)_2SF_4$, Acetonitril in CF_3CN und $C_2F_5NF_2$ überführen (vgl. S. 435).

Verwendung. Fluorwasserstoff wird zur *Herstellung* von Fluor (S. 433), von anorganischen *Fluoriden* wie NaF, BF_3, HBF_4, AlF_3, SnF_4, UF_4, NH_4F und organischen *Fluorverbindungen* wie CCl_2F_2, $CClF_3$, $(CF_2)_n$ (S. 435), zum *Ätzen* und *Polieren* in der Glasindustrie sowie *Beizen* von Edelstählen, als *Katalysator* für Alkylierungen und in der *Halbleiter*-Herstellung genutzt.

2.2 Chlorwasserstoff[1,9]

Darstellung. Zur technischen Darstellung von Chlorwasserstoff dienen in der Hauptsache zwei Verfahren. Das eine geht von Kochsalz, das andere von den Elementen Wasserstoff und Chlor aus. Als Beiprodukt entsteht Chlorwasserstoff weiterhin in größerem Ausmaß bei der technischen Chlorierung von Kohlenwasserstoffen und bei anderen technischen Prozessen.

---

[54] Die Löslichkeit der Fluoride MF_n in fl. HF sinkt mit *steigender Ionenladung* der Metalle (also in der Reihe MF > MF_2 > MF_3; z. B. ist AgF ca. 150mal löslicher als AgF_2; TlF ca. 7000mal löslicher als TlF_3) und *abnehmendem Ionenradius* der Metalle (z. B. CsF ca. 20mal löslicher als LiF; BaF_2 ca. 4000mal löslicher als BeF_2). Abnehmende Löslichkeit wird für Salze in folgender Reihe gefunden: Hg_2F_2 (0.87 g in 100 g HF löslich) > CaF_2 > AgF_2, HgF_2, SbF_3 > CoF_3 > CdF_2 > MnF_3 > TlF_3 > CeF_3 > CrF_2,NiF_2 > MnF_2, ZnF_2 > BeF_2 > BrF_3 > FeF_3 > FeF_2 > AlF_3 (0.002 g pro 100 g HF).

Aus Kochsalz. Läßt man auf Kochsalz bei erhöhter Temperatur konzentrierte Schwefelsäure („*Leblanc-Verfahren*") oder ein Gemisch von Röstgas, Luft und Wasserdampf („*Hargreaves-Verfahren*") einwirken, so erfolgt in 2 Stufen ein Austausch des Natriums im Natriumchlorid durch den Wasserstoff der Schwefelsäure:

$$NaCl + H_2SO_4 \xrightarrow{20\,°C} HCl + NaHSO_4 \quad \text{(Natriumhydrogensulfat)}$$

$$NaCl + NaHSO_4 \xrightarrow{800\,°C} HCl + Na_2SO_4 \quad \text{(Natriumsulfat)}$$

$$2\,NaCl + H_2SO_4 \longrightarrow 2\,HCl + Na_2SO_4\,.$$

Das Chlorid-Schwefelsäure-Verfahren hat heute in der Technik nur noch geringe Bedeutung. Es stellt jedoch die gebräuchlichste Laboratoriumsmethode zur Chlorwasserstoffgewinnung dar (in diesem Falle besser NH_4Cl statt NaCl als Ausgangschlorid).

Aus den Elementen. Besonders reinen Chlorwasserstoff erhält man durch Synthese aus den Elementen Wasserstoff und Chlor, die ihrerseits neben Alkalilauge bei der Chloralkali-Elektrolyse (S. 336) erhalten werden[55]:

$$H_2 + Cl_2 \rightarrow 2\,HCl(g) + 184.74\,kJ\,.$$

In der Technik benutzt man zu dieser Chlorwasserstoffsynthese einen im Prinzip dem Daniellschen Hahn (s. dort) entsprechenden, aus zwei ineinander gesteckten Rohren bestehenden Quarzbrenner. Durch das innere Rohr strömt das Chlor, durch den Mantelraum der Wasserstoff. Das Chlor brennt dann ganz ruhig mit fahler, grünlichgelber Flamme im Wasserstoff, ohne daß es zu einer Chlorknallgas-Explosion (s. dort) kommt. Zum Reaktionsverlauf der HCl-Synthese aus den Elementen, die quantitativ abläuft und zur Erzeugung sehr reinen Chlorwasserstoffs in der Technik zunehmend an Bedeutung gewinnt (vgl. S. 368 und 387).

Aus Kohlenwasserstoffen und anderen Verbindungen. An Stelle von Wasserstoff können auch Wasserstoffverbindungen (z. B. Kohlenwasserstoffe; vgl. S. 442) verwendet werden. So fallen in der Technik große Mengen von Chlorwasserstoff bei der Chlorierung organischer Verbindungen an:

$$RH + Cl_2 \rightarrow RCl + HCl \quad (R = \text{Organylrest})\,.$$

Auch bei der Darstellung von Isocyanaten ($RNH_2 + COCl_2 \rightarrow RNCO + 2\,HCl$) und Fluorkohlenwasserstoffen ($RCl + HF \rightarrow RF + HCl$) fallen beträchtliche Mengen HCl an. Etwa 90% des derzeit gewonnenen Chlorwasserstoffs werden so aus RH, RNH_2 und RCl als „Reaktionsnebenprodukt" erzeugt.

Physikalische Eigenschaften. Chlorwasserstoff ist ein *farbloses* Gas (Dichte 1.187 g/cm^3 bei $-114\,°C$) von stechendem Geruch, das sich leicht zu einer farblosen Flüssigkeit verdichten läßt (kritische Temperatur: 51.3 °C). Flüssiger Chlorwasserstoff siedet bei $-85.05\,°C$ und erstarrt bei $-114.22\,°C$. Der HCl-Bindungsabstand beträgt 1.274 Å, die HCl-Dissoziationsenergie 428.13 kJ/mol. Im festen Zustand bildet HCl wie alle Halogenwasserstoffe H-verbrückte, planare Zickzack-Ketten (vgl. S. 280).

Bemerkenswert ist die außerordentlich große Löslichkeit des Chlorwasserstoffs in Wasser. 1 Liter Wasser löst bei 0 °C unter starker Wärmeentwicklung 507 Liter (über 20 Mole) Chlorwasserstoffgas von Atmosphärendruck (entsprechend einem Molverhältnis $HCl : H_2O$ von

[55] Insgesamt beruht damit diese Art der HCl-Gewinnung auf der Hydrolyse-Reaktion 94.998 kJ + 2 NaCl(aq) + 2 HOH → 2 NaOH(aq) + 2 HCl (aq), also der Umkehrung der Neutralisation von NaOH mit HCl.

rund 1 : 3) und bildet auf diese Weise eine 45.4 %ige Lösung, aus der sich bei starkem Abkühlen ein Hexahydrat $HCl \cdot 6H_2O$ (Smp. $-70\,^\circ C$), Tetrahydrat $HCl \cdot 4H_2O$, Trihydrat $HCl \cdot 3H_2O$ (Smp. $-24.9\,^\circ C$), Dihydrat $HCl \cdot 2H_2O$ (Smp. $-17.6\,^\circ C$) und Monohydrat $HCl \cdot H_2O$ (Smp. $-15.3\,^\circ C$) auskristallisieren läßt. Die wässerige Lösung führt den Namen Chlorwasserstoffsäure oder **Salzsäure**[56]. Sie wird technisch in sehr großem Maßstab hergestellt. Auch in Alkohol und in Ether löst sich HCl sehr gut.

Eine bei 25 °C an Chlorwasserstoff gesättigte wässerige Lösung ist 42.7 %ig, d.h. sie enthält 42.7 Gewichtsteile Chlorwasserstoff in 100 Gewichtsteilen Lösung ($\triangleq$ 825 g HCl pro Liter H_2O), ihre Dichte beträgt 1.21 g/cm^3. Verdünntere Salzsäuren haben kleinere Dichten[57]. Verdünnte Salzsäure (2n HCl) ist ca. 7 %ig.

Die „*konzentrierte Salzsäure*" des Handels hat meist das spezifische Gewicht 1.19, ist also 38 %ig. Sie raucht stark an feuchter Luft und wird daher auch „*rauchende Salzsäure*" genannt. Ebenso raucht auch das Chlorwasserstoffgas stark an feuchter Luft, indem es mit dem Wasserdampf der Luft Nebel von Salzsäuretröpfchen bildet.

Erhitzt man konzentrierte Salzsäure, so gibt sie – während der Siedepunkt steigt – zunächst weit mehr Chlorwasserstoff als Wasserdampf ab, so daß die Lösung an Chlorwasserstoff verarmt. Mit fortschreitender Destillation nimmt der Wasserdampfgehalt des abgegebenen Dampfes zu, bis schließlich bei 108.5 °C der Dampf dieselbe Zusammensetzung erreicht wie die – inzwischen verdünnter gewordene – Lösung (20.22 Gew.-% HCl, 79.78 % H_2O; Dichte bei 25 °C 1.096 g/cm^3). Von hier ab geht dann ohne Änderung der Siedetemperatur dieses Gemisch konstanter Zusammensetzung („*azeotropes*[58] *Gemisch*") über[59]. Zu der gleichen azeotropen Lösung gelangt man, wenn man eine verdünnte Salzsäure der Destillation unterwirft; in diesem Falle enthält der entstehende Dampf zunächst mehr Wasser als die Lösung.

Physiologisches. Im Magensaft von Mensch und Tieren findet sich eine 0.1–0.5 %ige Salzsäure (pH 2.3–0.9) zur Unterstützung der eiweißverdauenden Enzyme. Bei Störungen der Magensäureproduktion kommt es zu „*Sodbrennen*", da HCl gewebeätzend wirkt (MAK = 7 mg/m^3 bzw. 5 ppm). Eingeatmet führen HCl-Dämpfe zu Lungenentzündungen (Verätzung der Lungenbläschen), auf die Haut gebracht bzw. getrunken verursacht Salzsäure die Bildung schmerzhafter Hautblasen bzw. Verätzungen von Rachen, Speiseröhre, Magen (Folge: Heiserkeit, Atemnot, Herzschwäche, Ohnmacht, Tod; Gegenmittel: Milch, Eiweiß, Magnesiumoxid, Magenauspumpung).

Chemische Eigenschaften. Säure-Base-Verhalten. Leitet man HCl in Wasser (analoges gilt für HBr, HI), so erfolgt – anders als im Falle von HF – eine vollständige Dissoziation in Protonen und Halogenid:

$$HCl + H_2O \rightarrow H_3O^+ + Cl^-$$

(pK_S (HCl) ca. -7; zum Vergleich: pK_S (HF) = 3.19). Salzsäure ist hiernach eine *sehr starke Säure* und bildet beständige Salze („*Chloride*"). Unter letzteren sind CuCl, AgCl, Hg_2Cl_2, TlCl und $PbCl_2$ schwer bis mäßig schwer in Wasser löslich. HCl vermag nicht nur Wasser zu protonieren (vgl. die oben erwähnten Hydrate $HCl \cdot mH_2O$ mit m = 1, 2, 3, 4, 6, welche Kationen des Typs H_3O^+, $H_5O_2^+$, $H_7O_3^+$, $H_9O_4^+$ und $H_{13}O_6^+$ enthalten; S. 283), sondern reagiert auch mit vielen anderen Basen unter *Dissoziation* (z.B. Vereinigung mit Ammoniak unter Bildung von Salmiak-Nebeln: $HCl + NH_3 \rightarrow NH_4^+Cl^-$)[60] oder *Addition* (z.B. Verei-

56 Der Name Salzsäure rührt daher, daß sie aus Salz (Kochsalz NaCl) gewonnen wird.

57 Es besteht dabei ein zufälliger Zusammenhang zwischen Prozentgehalt und Dichte derart, daß die beiden ersten Stellen nach dem Komma der Dichte (d) verdoppelt den Prozentgehalt (%) ergeben (% $\triangleq 200\,[d-1]$): Dichte: 1.06, 1.12, 1.16, 1.19 bzw. 1.21 g/cm^3; Gehalt: 12, 24, 32, 38 bzw. 42 %.

58 azeotrop = durch Sieden nicht trennbar: a (griech.) = Negierung, zeo (griech.) = ich siede, trope (griech.) = die Umänderung.

59 Die Zusammensetzung des konstant siedenden Gemischs ist druckabhängig.

60 Die Eigendissoziation von HCl (fl.) nach $3HCl \rightleftarrows H_2Cl^+ + HCl_2^-$ ist sehr gering. Chloroniumsalze H_2Cl^+ sind zum Unterschied von Fluoroniumsalzen H_2F^+ noch nicht isoliert worden, dagegen kennt man Salze des Hydrogendichlorid-Ions HCl_2^- (vgl. Wasserstoffbindung).

nigung mit Cl^- unter Bildung des schwachen Addukts $[Cl\cdots H\cdots Cl]^- = HCl_2^-$; vgl. Anm.[51,60]). Bezüglich der Chloro-Komplexe vgl. S. 458.

Redox-Verhalten. Die *Reduktionswirkung* von HCl ist gering; sie wächst beim Fortschreiten von HF über HCl und HBr zu HI (vgl. Spannungsreihe, S. 473). So benötigt man zur Oxidation von HCl zu Cl_2 starke Oxidationsmittel (S. 439), während HI-Lösungen schon an der Luft Iod ausscheiden (S. 464). Andererseits wirken die Halogenwasserstoffe alle als gute *Oxidationsmittel* und vermögen zahlreiche Metalle in Halogenide überzuführen. Allerdings sind eine Reihe thermodynamisch möglicher Prozesse kinetisch gehemmt wie z. B. die Überführung von Ag in AgCl (analoges gilt für AgBr, AgI; die AgF-Bildung verbietet sich aus thermodynamischen Gründen), von $FeCl_2$ in $FeCl_3$, von Si in $SiCl_4$, von Ti in $TiCl_4$ (in letzteren Fällen erfolgen die Oxidationen jedoch bei höheren Temperaturen).

Halogenwasserstoffe als Reaktionsmedien. Flüssiger Chlor-, Brom- bzw. Iodwasserstoff sind wegen der *kleinen Flüssigkeitsbereiche* (HCl: 29.2 °C; HBr: 20.1 °C; HI: 15.4 °C) und *niedrigen Dielektrizitätskonstanten* (HCl: 9.28 bei −95 °C; HBr: 7.0 bei −85 °C; HI: 3.4 bei −50 °C) als Lösungsmittel und Reaktionsmedium weniger geeignet als flüssiger Fluorwasserstoff (s. oben). Die niedrigen Siedepunkte ermöglichen jedoch die Durchführung von Reaktionen bei tiefen Temperaturen und ein einfaches Abdampfen des Solvens, was gewisse Vorteile für die Präparation von Protonenaddukten sowie von Halogeniden mit sich bringen kann (z. B. im Falle der Präparation von Salzen mit den Ionen PH_4^+, HX_2^-, BX_4^-, $B_2Cl_6^{2-}$, $Al_2Cl_7^-$).

Verwendung. Chlorwasserstoff bzw. Salzsäure werden zur *Reinigung* und zum *Beizen von Metallen*, zur Gewinnung von *Metallchloriden*, für *Neutralisationsreaktionen*, zur *Hydrolyse* von Proteinen und Kohlenhydraten, zur Erzeugung von *Chlordioxid* (S. 492) sowie zur Säurebehandlung von *Ölquellen* genutzt. Auch führt man HCl zum Teil in *Chlor* über (vgl. HCl-Elektrolyse; modifizierter Deacon-Prozeß).

2.3 Bromwasserstoff[1)]

Darstellung. Bromwasserstoff kann nicht wie Chlor- und Fluorwasserstoff durch Einwirkung konzentrierter Schwefelsäure auf ein entsprechendes Halogenid dargestellt werden. Denn der dabei gebildete Bromwasserstoff, der sich wesentlich leichter als Fluor- und Chlorwasserstoff oxidieren läßt, wird von der konzentrierten Schwefelsäure – die als Oxidationsmittel wirken kann – teilweise zu Brom oxidiert:

$$2KBr + H_2SO_4 \rightarrow K_2SO_4 + 2HBr,$$
$$2HBr + H_2SO_4 \rightarrow Br_2 + SO_2 + 2H_2O\,.$$

Man muß daher entweder verdünnte Schwefelsäure nehmen, wobei dann aber nur verdünnte Bromwasserstofflösung, kein gasförmiger Bromwasserstoff erhalten wird, oder man muß sich einer nichtoxidierenden Säure bedienen. So kann man z. B. mit konzentrierter Phosphorsäure (H_3PO_4) aus Natrium- oder Kaliumbromid reinen Bromwasserstoff austreiben:

$$3KBr + H_3PO_4 \rightarrow K_3PO_4 + 3HBr\,.$$

Meist verwendet man allerdings im Laboratorium nicht Phosphorsäure, sondern einfach Wasser als nichtoxidierende Wasserstoffionenquelle („Säure"). Da Wasser jedoch eine sehr schwache Säure ist, muß man dann leichter zersetzliche Bromide als Ausgangsmaterial verwenden. Besonders geeignet ist hier Phosphortribromid (PBr_3). Läßt man zu Phosphortribromid Wasser tropfen, so entsteht nach

$$PBr_3 + 3HOH \rightarrow H_3PO_3 + 3HBr$$

Bromwasserstoff, der sich wegen seiner großen Flüchtigkeit leicht von der schwerflüchtigen Phosphonsäure H_3PO_3 (s. dort) abtrennen läßt.

Da sich Phosphor und Brom lebhaft zu Phosphortribromid umsetzen ($2P + 3Br_2 \rightarrow 2PBr_3$), braucht man bei dieser Darstellungsart kein fertiges Phosphortribromid anzuwenden, sondern kann von den Elementen Phosphor und Brom ausgehen. Man läßt dann Brom zu angefeuchtetem roten Phosphor tropfen und erwärmt das Gemisch vorsichtig.

Will man Bromwasserstoff entsprechend dem Chlorwasserstoff mit befriedigender Ausbeute aus den Elementen erzeugen:

$$H_2 + Br_2(g) \rightleftarrows 2HBr + 103.7\,kJ\,,$$

so darf man nicht bei allzu hohen Temperaturen arbeiten, da sonst das obige Gleichgewicht zum Unterschied vom entsprechenden HF- und HCl-Gleichgewicht merklich nach links verschoben ist. Daher verwendet man zweckmäßig einen Katalysator, der die Vereinigung der Elemente bei einer verhältnismäßig niedrigen Temperatur ermöglicht, und zwar leitet man Wasserstoffgas und Bromdampf bei 150–300 °C durch ein mit Platinasbest oder aktiver Kohle beschicktes Rohr. Es ist dies zugleich die beste technische Darstellungsweise für Bromwasserstoff. Zum Reaktionsverlauf der HBr-Synthese aus den Elementen vgl. S. 368 und 388.

Auch durch Einwirkung von Brom auf Wasserstoffverbindungen kann Bromwasserstoff gewonnen werden. Im Laboratorium benutzt man als Wasserstoffverbindung zu diesem Zwecke gewöhnlich Schwefelwasserstoff (H_2S) oder Tetralin ($C_{10}H_{12}$).

Physikalische Eigenschaften. Bromwasserstoff ist ein *farbloses* Gas, das sich bei Abkühlung zu einer farblosen Flüssigkeit verdichtet. Der Siedepunkt der Flüssigkeit liegt bei − 66.73 °C. Bei noch stärkerer Abkühlung erstarrt die Flüssigkeit zu farblosen Kristallen, welche bei − 86.82 °C schmelzen (Dichte 2.603 g/cm^3 bei − 84 °C). Der HBr-Bindungsabstand beträgt 1.414 Å, die HBr-Dissoziationsenergie 362.50 kJ/mol. Wie Chlorwasserstoff wirkt auch Bromwasserstoff stark reizend auf die Schleimhäute (MAK = 17 g/m^3 bzw. 5 ppm) und bildet an feuchter Luft starke Nebel. In Wasser ist Bromwasserstoff noch stärker löslich als Chlorwasserstoff: 1 Liter Wasser löst bei 0 °C 612 Liter (~ 25 mol) Bromwasserstoffgas (entsprechend einem Molverhältnis HBr : H_2O von rund 1 : 2). Das azeotrope Gemisch von HBr mit Wasser hat bei 1 bar die Zusammensetzung 47.63 Gew.-% HBr + 52.37 Gew.-% H_2O und siedet bei 124.3 °C (Dichte bei 25 °C 1.482 g/cm^3). Bei tiefen Temperaturen werden Hydrate gebildet: $HBr \cdot 6H_2O$ (Smp. − 88 °C), $HBr \cdot 4H_2O$ (Smp. − 56 °C), $HBr \cdot 3H_2O$ (Smp. − 48 °C), $HBr \cdot 2H_2O$ (Smp. − 11.3 °C) und $HBr \cdot H_2O$ (Smp. − 4 °C).

Chemische Eigenschaften. In wässeriger Lösung treten wie beim Fluor- und Chlorwasserstoff die sauren Eigenschaften in den Vordergrund („*Bromwasserstoffsäure*"). Die Bindung zwischen Wasserstoff und Halogen ist im Bromwasserstoff weniger fest als im Chlorwasserstoff. Leitet man daher Chlor in Bromwasserstoff ein, so beobachtet man die Bildung von rotbraunen Bromdämpfen:

$$2HBr + Cl_2 \rightarrow 2HCl + Br_2\,.$$

Bromwasserstoff ist also ein stärkeres Reduktionsmittel als Chlorwasserstoff, Chlor ein stärkeres Oxidationsmittel als Brom.

Die Salze des Bromwasserstoffs („*Bromide*") sind meist in Wasser löslich. Schwer löslich sind vor allem das Silberbromid (AgBr), das Quecksilber(I)-bromid (Hg_2Br_2) und das Bleibromid ($PbBr_2$). Zur Darstellung der Alkalibromide, der für den Chemiker wichtigsten Bromide, vgl. Anm.[90], S. 482. Bezüglich der Bromo-Komplexe, vgl. S. 458.

Verwendung. HBr dient vor allem zur Darstellung von Bromiden wie LiBr (zur Lufttrocknung in Klimaanlagen), NaBr/KBr (zur Herstellung von AgBr für die Photographie), $CaBr_2$/$ZnBr_2$ (mengenmäßig wichtigste Bromide; als „packer fluid" bei der Erdölförderung).

2.4 Iodwasserstoff[1)]

Darstellung. Der Iodwasserstoff ist noch leichter oxidierbar als der Bromwasserstoff. Daher kommt aus den schon beim Bromwasserstoff erörterten Gründen (s. dort) eine Darstellung aus Iodid und konzentrierter Schwefelsäure nicht in Frage. In Analogie zur Bromwasserstoffgewinnung erfolgt die Iodwasserstoffdarstellung durch Einwirkung von Wasser auf Phosphortriiodid oder durch Einleiten von Schwefelwasserstoff in eine wässerige Iod-Aufschlämmung:

$$PI_3 + 3HOH \rightarrow H_3PO_3 + 3HI \quad \text{oder} \quad I_2 + H_2S \rightarrow 2HI + \tfrac{1}{8}S_8\,.$$

Wie im Falle der Bromwasserstoffdarstellung ist es auch im Falle der Iodwasserstoffgewinnung nicht erforderlich, das Phosphorhalogenid als solches zu verwenden. Vielmehr genügt es, von den Elementen Phosphor und Iod auszugehen, indem man entweder ein breiiges Gemenge von rotem Phosphor und Wasser zu mit Wasser befeuchtetem Iod oder eine Lösung von Iod in wässeriger Iodwasserstoffsäure zu rotem Phosphor tropfen läßt.

Zur Darstellung aus den Elementen leitet man in der Technik Wasserstoffgas und Ioddampf über erwärmten (500 °C) Platinschwamm als Katalysator:

$$H_2 + I_2(g) \rightleftarrows 2HI + 9.46\,kJ\,.$$

Es ist dies auch hier wie beim Bromwasserstoff die beste Methode zur Reindarstellung des Halogenwasserstoffs. Zum Reaktionsverlauf der HI-Synthese aus den Elementen vgl. S. 368 und 378. Auch die Umsetzung von Iod mit Hydrazin wird in der Technik zur HI-Bildung genutzt ($N_2H_4 + 2I_2 \rightarrow 4HI + N_2$).

Physikalische Eigenschaften. Iodwasserstoff ist ein *farbloses*, stechend riechendes, an der Luft rauchendes Gas und ist wie HBr giftig. Der Siedepunkt des flüssigen Iodwasserstoffs liegt bei − 35.36 °C, der Schmelzpunkt des festen Iodwasserstoffs bei − 50.80 °C (Dichte 2.85 g/cm³ bei − 47 °C). Der HI-Bindungsabstand beträgt 1.609 Å, die HI-Dissoziationsenergie 294.58 kJ/mol. In Wasser ist Iodwasserstoff außerordentlich gut löslich: 1 Liter Wasser nimmt bei 10 °C 425 Liter (∼ 15 mol) Iodwasserstoffgas von Atmosphärendruck auf (entsprechend einem Molverhältnis HI : H_2O von rund 1 : 4). Das Azeotrop hat bei 1 bar die Zusammensetzung 56.7 Gew.-% HI + 43.3 Gew.-% H_2O und siedet bei 126.7 °C (Dichte bei 25 °C 1.708 g/cm³). Bei tiefen Temperaturen existieren 3 Hydrate: $HI \cdot 4H_2O$ (Smp. − 36.5 °C), $HI \cdot 3H_2O$ (Smp. − 48 °C), $HI \cdot 2H_2O$ (Smp. ∼ − 42 °C).

Chemische Eigenschaften. Als Gas und in wässeriger Lösung („*Iodwasserstoffsäure*") ist der Iodwasserstoff bei Ausschluß von Luftsauerstoff und bei gewöhnlicher Temperatur vollkommen beständig. Bei Einwirkung von Sauerstoff erfolgt dagegen – in Analogie zum wesentlich schwieriger ablaufenden Deacon-Prozeß (HCl-Oxidation) – langsame Oxidation zu Iod:

$$4HI + O_2 \rightarrow 2H_2O + 2I_2\,.$$

Daher färben sich Iodwasserstofflösungen, namentlich konzentrierte, an der Luft bald braun (Bildung von $HI \cdot I_2 = HI_3$ (S. 453)). Licht beschleunigt diese Iodbildung. In analoger Weise wird Iodwasserstoff sowohl als Gas wie in Lösung durch Brom oder Chlor sowie durch viele andere Oxidationsmittel (z. B. konz. Salpetersäure) in Iod übergeführt; z. B.:

$$2HI + Br_2 \rightarrow 2HBr + I_2\,.$$

Er ist mit anderen Worten ein stärkeres Reduktionsmittel als Chlor- und Bromwasserstoff.

Charakteristisch im Vergleich zum Brom- und Chlorwasserstoff ist die beim Erwärmen leicht erfolgende Spaltung des Iodwasserstoffs in Iod und Wasserstoff. Sie hat uns Gelegenheit gegeben, auf S. 179 etwas näher auf den Begriff des chemischen Gleichgewichts einzugehen.

Die wässerige Iodwasserstoffsäure hat ganz den Charakter einer Säure und entwickelt dementsprechend mit vielen Metallen M Wasserstoff unter gleichzeitiger Bildung von Salzen („*Iodiden*"):

$$M + 2HI \rightarrow MI_2 + H_2 .$$

Zur Darstellung der Alkaliiodide, der für den Chemiker wichtigsten Iodide, vgl. Anm.[90], S. 482. Bezüglich der Iodo-Komplexe, vgl. S. 458.

3 Interhalogene[1,61]

Die Verbindungen der Halogene untereinander („**Interhalogene**") haben im einfachsten Fall die Formel **XY**; doch sind auch Verbindungen bekannt, die sich um zwei, vier oder sechs Halogenatome von dieser Formel unterscheiden: $\mathbf{XY_3}$, $\mathbf{XY_5}$ und $\mathbf{XY_7}$.

3.1 Zweiatomige Interhalogene

Darstellung. Bei den Verbindungen der Zusammensetzung XY sind alle denkbaren Kombinationen bekannt wie aus Tab. 51 hervorgeht, in welcher neben den *einfachen Interhalogenen*

Tab. 51 Halogene X_2 und Interhalogene XY[a)]

FF (1886, Moissan) *Farbloses* Gas Smp. − 219.62 °C Sdp. − 188.14 °C			
ClF (1928, Ruff) *Farbloses* Gas Smp. − 155.6 °C Sdp. − 101.1 °C ΔH_f − 56.5 kJ/mol	**ClCl** (1774, Scheele) *Gelbgrünes* Gas Smp. − 101.00 °C Sdp. − 34.06 °C		
BrF (1933, Ruff) *Hellrotes* Gas Smp. ~ − 33 °C Sdp. ~ + 20 °C (Dispr.) ΔH_f − 58.6 kJ/mol	**BrCl** (1930, Lux) *Rotbraunes* Gas Smp. − 66 °C Sdp. ca. 5 °C (Zerfall) ΔH_f + 14.6 kJ/mol	**BrBr** (1826, Balard) *Tiefbraune* Flüssigkeit Smp. − 7.25 °C Sdp. + 58.78 °C	
IF (1960, Schmeisser) *Weißes* Pulver (− 78 °C) Dispr. oberhalb − 14 °C ΔH_f − 95.4 kJ/mol	**α-ICl**[a)] (1814, Davy)[b)] *Rubinrote* Nadeln Smp. + 27.38 °C[c)] Sdp. 94.4 °C (Zerfall) ΔH_f − 23.8 kJ/mol	**IBr** (1826, Balard) *Schwarze* Kristalle Smp. + 41 °C Sdp. + 116 °C (Zerfall) ΔH_f − 10.5 kJ/mol	**II** (1812), Courtois) *Grauschwarze* Schuppen Smp. + 113.60 °C Sdp. + 185.24 °C

a) *Dissoziationsenergien*: F_2: 157.9; ClF: 252.5; BrF: 248.6; IF: ca. 277; Cl_2: 121.7; BrCl: 215.1; ICl: 207.7; Br_2: 193.9; IBr: 175.4; I_2: 152.5 [kJ/mol].
b) Unabhängig entdeckt von Gay-Lussac.
c) ICl kommt noch in einer zweiten, metastabilen Modifikation (β-ICl) in Form von *braunroten*, rhombischen Tafeln vom Smp. 13.9 °C vor.

[61] **Literatur.** W. K. R. Musgrave: „*The Halogen Fluorides; their Preparation and Uses in Organic Chemistry*", Adv. Fluorine Chem. **1** (1960) 1–28; E. H. Wiebenga, E. E. Havinga, K. H. Boswijk: „*Structures of Interhalogen Compounds and Polyhalides*", Adv. Inorg. Radiochem. **3** (1961) 133–169; D. Naumann: „*Fluor und Fluorverbindungen*", Steinkopff-Verlag, Darmstadt 1980, S. 18–32; A. J. Edwards: „*Halogenium Species and Noble Gases*", Comprehensive Coord. Chem. **3** (1987) 311–322.

auch die reinen Halogene mit aufgenommen sind. Ihre Darstellung erfolgt ganz allgemein *aus den Elementen*:

$$X_2 + Y_2 \rightarrow 2XY .$$

So erhält man z. B. das **Chlorfluorid ClF** durch Vereinigung von Chlor und Fluor bei 250 °C in Anwesenheit von Kupferspänen[61a)], **Bromfluorid BrF** durch Sättigen von Brom mit Fluor bei 10 °C, **Iodfluorid IF** aus den Elementen bei − 40 °C, **Bromchlorid BrCl** durch UV-Bestrahlung eines Br_2/Cl_2-Gemisches in Frigen (CF_nCl_{4-n}), **Iodchlorid ICl**[62)] durch Überleiten von Chlor über Iod und **Iodbromid IBr** durch Einwirken von Brom auf Iod. (Zum Reaktionsverlauf der XY-Synthese vgl. S. 402.)

Eigenschaften. Die physikalischen Eigenschaften der zweiatomigen, giftig wirkenden Interhalogene XY, in denen jeweils das schwerere Halogen der elektropositive, das leichtere der elektronegative Partner ist (z. B. $Cl^{\delta+}F^{\delta-}$), liegen vielfach zwischen denen der reinen Halogene. Farbe, Schmelz- und Siedepunkt nehmen bei gegebenem ersten Halogen mit der Atommasse des zweiten, d. h. in der Richtung von oben nach unten und von links nach rechts in Tab. 51 zu. So variiert die Farbe von Fluor bis Iod, den beiden äußersten Gliedern, von *farblos* bis *grauschwarz*, der Schmelzpunkt von − 220 bis + 114 °C und der Siedepunkt von − 188 bis + 185 °C.

Unter den chemischen Eigenschaften der zweiatomigen Interhalogene XY wächst die *Disproportionierungsneigung* mit zunehmender Entfernung der Halogene im Periodensystem, also in Richtung von oben nach unten und von rechts nach links in Tab. 51. So ist z. B. das Chlorfluorid disproportionierungsstabil; Bromfluorid disporportioniert bereits sehr leicht ($3BrF \rightarrow Br_2 + BrF_3$), so daß eine genaue Bestimmung seiner physikalischen Daten nicht möglich ist; Iodfluorid ist schließlich so zersetzlich, daß seine Darstellung nur bei tiefen Temperaturen glückt. Oberhalb − 14 °C zerfällt es gemäß $5IF \rightarrow 2I_2 + IF_5$. Die *Zerfallsneigung* der Interhalogene in die Elemente: $2XY \rightleftarrows X_2 + Y_2$ (Umkehrung der Bildung) wächst andererseits in der Reihe ClF, BrF, IF < ICl < IBr < BrCl (vgl. ΔH_f). Bei Raumtemperatur ist ICl etwas (0.4 %), IBr merklich (ca. 8 %), BrCl stark in die Elemente zersetzt ($2BrCl \rightleftarrows Br_2 + Cl_2$; $K = 0.145$). Die Interhalogene XY wirken als *Halogenierungsmittel*. Technische Anwendung findet insbesonderer ClF als starkes Fluorierungs- und Chlorfluorierungsmittel (z. B. $Se \rightarrow SeF_4$; $W \rightarrow WF_6$; $CO \rightarrow ClCOF$; $SO_2 \rightarrow ClSO_2F$; $SO_3 \rightarrow ClOSO_2F$; $SF_4 \rightarrow ClSF_5$; $NSF_3 \rightarrow Cl_2NSF_5$; $CH_2{=}CH_2 \rightarrow CH_2Cl{-}CH_2F$). Bezüglich der Wirkung der zweiatomigen Interhalogene als *Lewis-Säuren* und *-Basen* (Bildung von X_2Y^+, XY_2^-) und ihrer Verwendung als *Reaktionsmedien* vgl. S. 469).

Mit *Wasser* reagieren die gemischten Halogene XY wie die reinen Halogene X_2 und Y_2 unter Bildung von Halogenwasserstoff und Hypohalogeniger Säure ($XY + HOH \rightleftarrows HY + HOX$), wobei das elektropositive Halogen die Hypohalogenige Säure bildet. Diese Hydrolyse stellt eine (assoziative) nucleophile Substitution von Y^- am Substitutionszentrum X durch H_2O bzw. OH^- dar ($HO^- + X{-}Y \rightarrow HO\cdots X\cdots Y^- \rightarrow HO{-}X + Y^-$; vgl. S. 392). Das Gleichgewicht liegt im Falle der Fluoride im Alkalischen und Sauren auf der rechten Seite, im Falle der Chloride und Bromide im Alkalischen auf der HY/HOX-Seite, im Sauren auf der XY-Seite (gebildetes HOX kann sich weiter in HX und HXO_3 disproportionieren.

Derivate. Außer den Derivaten X—OH der Interhalogene X—Y existieren noch eine Reihe anderer Sauerstoff-Derivate des Typs X—OAc (Ac = Acylrest). Unter ihnen können die **Halogen-fluorosulfate** $X{-}OSO_2F$ ($Ac = SO_2F$) durch Einwirkung von SO_3 auf X—F ($X{-}F + SO_3 \rightarrow X{-}OSO_2F$; X = F, Cl) bzw. durch Reaktion von X_2 mit $S_2O_6F_2$ ($X_2 + FO_2SO{-}OSO_2F \rightarrow 2X{-}OSO_2F$; X = Cl, Br, I) gewonnen werden ($FOSO_2F$: *farbloses* Gas, Smp. − 158.5 °C, Sdp. − 31.3 °C; $ClOSO_2F$: *gelbe* Flüssigkeit, Sdp. 45.1 °C; $BrOSO_2F$; *rotbraune* Flüssigkeit, Sdp. 117.3 °C; bezüglich $(IOSO_2F)_2$, Smp. 45.1 °C,

---

61a F_2/Cl_2-Gemische sind bei Raumtemperatur metastabil. Eine Umsetzung erfolgt erst oberhalb 200 °C. Sie führt bevorzugt zu ClF_3, das mit Chlor bei 300 °C gemäß $ClF_3 + Cl_2 \rightarrow 3ClF$ reagiert.

62 ICl wurde als erstes Interhalogen im Jahre 1814 von Davy gewonnen.

vgl. S. 471). Wasserunlösliches „*Cäsiumfluorsulfat*" $Cs^+FOSO_3^-$ entsteht als relativ stabiles Salz durch Fluorierung von Cs_2SO_4 mit Fluor in Wasser. Unter den **Halogen-nitraten** X—ONO_2 (Ac = NO_2; vgl. auch Salpetersäure) entsteht die Fluorverbindung durch Fluorierung von Salpetersäure ($F_2 + HNO_3 \rightarrow HF + FONO_2$: *farbloses* Gas, Smp. −175 °C Sdp. −45.9 °C), die Chlorverbindung durch Chlorierung von Salpetersäure mit Chlorfluorid ($ClF + HNO_3 \rightarrow HF + ClONO_2$) oder besser durch Umsetzen von N_2O_5 mit Cl_2O bei −20 °C ($N_2O_5 + Cl_2O \rightarrow 2ClONO_2$: *farbloses* Gas, Smp. −107 °C, Sdp. 18 °C). Das Chlornitrat ist wie das Bromnitrat $BrONO_2$ (*gelbe* Flüssigkeit, Smp. −42 °C, Zers. ab 0 °C) bzw. Iodnitrat $IONO_2$ (*gelbe*, oberhalb −5 °C zersetzliche Verbindung) auch gemäß: $X_2 + AgNO_3 \rightarrow AgX + XONO_2$ erhältlich. Unter den **Halogen-perchloraten** X—$OClO_3$ bildet sich die Fluorverbindung durch Fluorierung von Perchlorsäure ($F_2 + HClO_4 \rightarrow HF + FOClO_3$; *farbl.* Gas, Sdp. −15.9 °C), die Chlorverbindung durch Umsetzen von $CsClO_4$ mit $ClOSO_2F$ ($\rightarrow CsSO_3F + ClOClO_3$: *blaßgelbe* Flüssigkeit, Sdp. 44.5 °C; vgl. hierzu Chloroxide), die Bromverbindung durch Reaktion von Br_2 mit $ClOClO_3$ ($Br_2 + 2ClOClO_3 \rightarrow Cl_2 + 2BrOClO_3$; *rote*, oberhalb −20 °C zersetzliche Flüssigkeit) und die Iodverbindung bei −85 °C in Ethanol gemäß $I_2 + AgClO_4 \rightarrow AgI + IOClO_3$ (nicht rein erhältlich). Bezüglich weiterer Derivate von Halogenhalogeniden vgl. Halogen-pseudohalogenide.)

Die Stabilität der Verbindungen XOAc (OAc = SO_3F, NO_3, ClO_4) nimmt jeweils in der Reihe FOAc > ClOAc > BrOAc > IOAc ab. $(IOSO_2F)_2$ disproportioniert gemäß:

$$5IOSO_2F \rightarrow 2I_2^+ + I(OSO_2F)_3 + 2SO_3F^- .$$

Die entsprechende Disproportionierung von $BrOSO_2F$ erfolgt erst in der Supersäure $HSO_3F/SbF_5/3SO_3$ (vgl. Halogenkationen). Da in XOAc Fluor als elektronegativer, Chlor, Brom und Iod als elektropositiver Partner vorliegt, stellen die Verbindungen AcOF formal „*Acyl-hypofluorite*", die Verbindungen ClOAc, BrOAc und IOAc „*Halogen(I)-acylate*" dar. Letztere Verbindungen reagieren deshalb mit Halogenverbindungen EY_n, deren Halogenide Y die Oxidationsstufe −1 aufweist, vielfach unter Abspaltung von Halogenen bzw. Interhalogenen XY nach dem Schema:

$$E\boxed{\overset{\delta-}{-Y} + \overset{\delta+}{X}}-OAc \rightarrow E-OAc + XY$$

und eignen sich infolgedessen zur Darstellung von Verbindungen $E(OAc)_n$, z. B.: $BrCl + ClONO_2 \rightarrow BrONO_2 + Cl_2$; $COCl_2 + 2BrOSO_2F \rightarrow CO(OSO_2F)_2 + 2BrCl$; $AgCl + ClOClO_3 \rightarrow AgClO_4 + Cl_2$; $MCl_n + nClNO_3 \rightarrow M(NO_3)_n + nCl_2$ ($MCl_n = TiCl_4, SnCl_4, BCl_3, AlCl_3$).

3.2 Mehratomige Interhalogene

Darstellung. Bei Einwirkung von überschüssigem Halogen Y_2 auf die einfachen Verbindungen XY (oder auf das Halogen X_2) entstehen *höhere Interhalogene*:

$$XY + Y_2 \rightarrow XY_3 \qquad XY_3 + Y_2 \rightarrow XY_5 \qquad XY_5 + Y_2 \rightarrow XY_7$$

(X = schwereres (elektropositiveres), Y = leichteres (elektronegativeres) Halogen). Die Neigung zu dieser Anlagerung steigt mit zunehmender Masse von X sowie abnehmender Masse von Y (vgl. hierzu das bei den Edelgasen auf S. 424 Besprochene). So bildet Iod drei höhere Fluoride (IF_3, IF_5, IF_7), Brom und Chlor nur zwei höhere Fluoride (BrF_3, BrF_5 und ClF_3, ClF_5), während bei den Chloriden nur vom Iod ein isolierbares höheres Interhalogen (ICl_3) und bei den Bromiden kein isolierbares höheres Interhalogen bekannt ist (vgl. Tab. 52).

Chlortrifluorid ClF_3 erhält man durch Vereinigen von Chlor und Fluor bei 300 °C in Anwesenheit von Kupferspänen[61a)] und **Chlorpentafluorid ClF_5** aus ClF_3 und F_2 im Autoklaven bei 350 °C und 250 bar. Aus den Elementen bildet sich **Bromtrifluorid BrF_3** bei 20 °C, **Brompentafluorid BrF_5** bei etwa 200 °C, **Iodtrifluorid IF_3** bei −40 °C in einem inerten Lösungsmittel, **Iodpentafluorid IF_5**[63)] bei Raumtemperatur und **Iodheptafluorid IF_7** bei 250–270 °C. Zum Reaktionsverlauf der XY_n-Synthese vgl. S. 402.

[63] IF_5 läßt sich auch durch Einwirkung von Iod auf Silberfluorid ($3I_2 + 5AgF \rightarrow IF_5 + 5AgI$) darstellen. Auf diese Weise wurde das Gas als erstes höheres Interhalogen von Gore, der es irrtümlich für Fluor hielt, erzeugt. Als letztes höheres Interhalogen wurde ClF_5 von Smith gewonnen.

Eigenschaften. Einige physikalische Eigenschaften der höheren, stark giftig wirkenden Interhalogene sind in Tab. 52 wiedergegeben, aus der u. a. folgt, daß die *Flüchtigkeit* der höheren Fluoride XF_3, XF_5 und XF_7 bei gegebenem Zentralatom X mit zunehmendem Fluorgehalt steigt (I_2Cl_6 läßt sich nur unter Druck verflüssigen und so als Reaktionsmedium nutzen).

Tab. 52 Interhalogene XY_3, XY_5 und XY_7[a)]

ClF_3 (1930, Ruff) *Farbloses* Gas Smp. − 76.3 °C Sdp. + 11.75 °C ΔH_f − 164.8 kJ/mol	**ClF_5** (1963, Smith) *Farbloses* Gas Smp. − 103 °C Sdp. − 13.1 °C ΔH_f − 255 kJ/mol	**ClF_6^+** (1972, Christie)[b)] Gegenionen z. B.: BF_4^-, PtF_6^-	
BrF_3 (1905, Lebeau) *Farblose* Flüssigkeit Smp. + 8.77 °C Sdp. + 125.75 °C ΔH_f − 301 kJ/mol	**BrF_5** (1931, Ruff) *Farblose* Flüssigkeit Smp. − 60.5 °C Sdp. + 41.3 °C ΔH_f − 458.6 kJ/mol	**BrF_6^+** (1974, Gillespie) Gegenionen z. B.: AsF_6^-, Sb_2F_{11}	
IF_3 (1960, Schmeisser) *Gelbes* Pulver (− 78 °C) Dispr. oberhalb − 28 °C ΔH_f ~ − 486 kJ/mol	**IF_5** (1870, Gore) *Gelbe* Flüssigkeit Smp. + 9.42 °C Sdp. + 104.48 °C ΔH_f − 843 kJ/mol	**IF_7** (1930, Ruff) *Farbloses* Gas Smp. 6.45 °C Sblp. 4.77 °C ΔH_f − 962.5 kJ/mol	**$(ICl_3)_2$** (1814, Davy)[c)] *Gelbe* Nadeln Smp. 101 °C (16 bar) Zerfall > 77 °C ΔH_f − 89.6 kJ/mol

a) *Bindungsenergien*: ClF_3: 174.3; BrF_3: 186.8; IF_3: ~ 276; ClF_5: 154.2; BrF_5: 186.8; IF_5: 268.4; IF_7: 231.6 [kJ/mol].
b) Unabhängig von Roberto entdeckt.
c) Man kennt auch ICl_2F und $IClF_2$.

Strukturen. Die Moleküle des Typus XF_3 besitzen T-*Gestalt* (C_{2v}-Symmetrie; F-Atome an den 3 Ecken, Zentralatom X am Schnittpunkt des T)[64)]; die Moleküle des Typus XF_5 bilden eine *quadratische Pyramide* (C_{4v}-Symmetrie; F-Atome an den 5 Ecken der Pyramide, Zentralatom X in der Mitte unterhalb der Basisfläche)[64)]; den Molekülen des Typus XF_7 kommt die Form einer *pentagonalen Bipyramide* zu (D_{5h}-Symmetrie; F-Atome an den 7 Ecken, Zentralatom X im Zentrum der Bipyramide)[64)]:

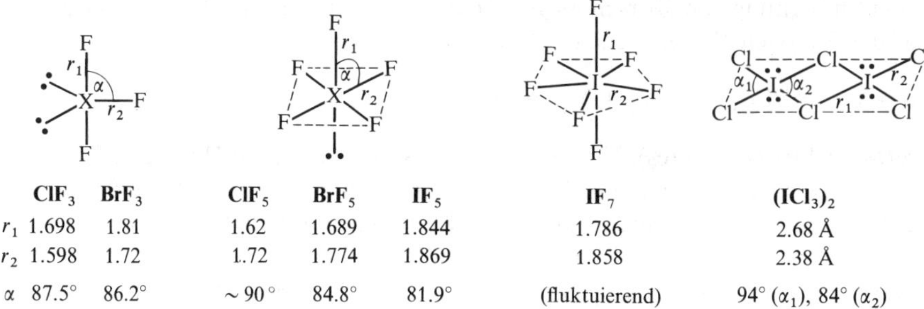

	ClF_3	BrF_3	ClF_5	BrF_5	IF_5	IF_7	$(ICl_3)_2$
r_1	1.698	1.81	1.62	1.689	1.844	1.786	2.68 Å
r_2	1.598	1.72	1.72	1.774	1.869	1.858	2.38 Å
α	87.5°	86.2°	~ 90°	84.8°	81.9°	(fluktuierend)	94° (α_1), 84° (α_2)

ICl_3 existiert zum Unterschied von den monomolekularen übrigen Interhalogenen in dimerer Form und hat eine ebene Molekülstruktur (in gasförmigem ClF_3 und IF_3 existieren bei höheren Drücken Dimere in untergeordnetem Maße; auch erfolgt ein Fluoraustausch in gasförmiger und kondensierter Phase über Dimere als Reaktionszwischenprodukte; vgl. S. 760).

64 Dem Halogen X kommen in $\ddot{X}Y_3$, $:XY_5$ bzw. XY_7 fünf, sechs bzw. sieben σ- und n-Elektronenpaare zu, was eine trigonal-bipyramidale, oktaedrische bzw. pentagonal-bipyramidale Orientierung der Elektronen (vgl. VSEPR-Modell) oder – gleichbedeutend – eine sp^3d-, sp^3d^2- bzw. sp^3d^3-Hybridisierung (vgl. Hybridorbitale) bedingt (vgl. hierzu auch das Mehrzentren-Bindungsmodell, S. 361). In $(ICl_3)_2$ besitzt jedes Iodatom sechs, nach den Ecken eines Oktaeders gerichtete σ- und n-Elektronenpaare. Die beiden, sich besonders stark abstoßenden Elektronenpaare sind erwartungsgemäß diagonal orientiert. Demgemäß sind die Iodatome in I_2Cl_6 quadratisch mit Chloratomen umgeben.

Eine charakteristische chemische Eigenschaft aller Halogenfluoride ist – neben der *Hydrolyseempfindlichkeit* – ihre hohe *Fluorierungs-* und *Oxidationstendenz*. Sie steigt – wenn man von ClF_5 absieht, dessen Reaktionen vielfach kinetisch gehemmt sind – bei gegebenem Zentralatom mit zunehmendem Fluorgehalt und bei gegebener Stöchiometrie mit abnehmender Masse des Zentralatoms: $IF < IF_3 < BrF < IF_5 < BrF_3 < ClF < IF_7 < BrF_5 < ClF_3$. Die Halogenfluoride ClF_3, BrF_3 und IF_5 dienen neben ClF (s. o.) in der Praxis als Fluorierungsmittel und werden in der Technik im Tonnenmaßstab hergestellt.

So reagiert „*Chlortrifluorid*" ClF_3, eine der reaktionsfähigsten chemischen Substanzen, mit vielen anorganischen und organischen Verbindungen wie Wasser, Ammoniak, Asbest, Holz explosionsartig (ClF_3-Gemische mit NH_3 oder N_2H_4 werden als Raketentreibstoffe genutzt). Viele Elemente entzünden sich in Anwesenheit von ClF_3 unter Bildung von Fluoriden. Selbst Xenon, aber auch Chloride und Oxide werden fluoriert (z. B. $AgCl + ClF_3 \rightarrow AgF_2 + \frac{1}{2}Cl_2 + ClF$; $Co_3O_4 + 3ClF_3 \rightarrow 3CoF_3 + 1\frac{1}{2}Cl_2 + 2O_2$). Als ClF_3-Behältermaterial kann Stahl, Nickel, Kupfer, Monel verwendet werden, deren Reaktion mit ClF_3 zu einer zusammenhängenden, das Metall schützenden Fluoridschicht auf der Oberfläche führt. ClF_3 wird (wie auch BrF_3, s. u.) zur Herstellung von UF_6 ($U + 3ClF_3 \rightarrow UF_6 + 3ClF$) und zur Wiederaufbereitung von Kernbrennstoffen eingesetzt (Überführung in Fluoride, unter denen nur UF_6 flüchtig ist und absublimiert werden kann). „*Bromtrifluorid*" BrF_3 ist weniger reaktiv als ClF_3, reagiert aber gleichwohl mit Wasser explosionsartig und wirkt bezüglich vieler Elemente als starkes Fluorierungsmittel. Die quantitativ erfolgenden Umsetzungen mit Oxiden zu Fluoriden bzw. Fluoridoxiden (z. B. $B_2O_3 + 2BrF_3 \rightarrow 2BF_3 + Br_2 + 1\frac{1}{2}O_2$; $3SiO_2 + 4BrF_3 \rightarrow 3SiF_4 + 2Br_2 + 3O_2$; $3ClO_2 + BrF_3 \rightarrow 3ClO_2F + \frac{1}{2}Br_2$; $3N_2O_5 + BrF_3 \rightarrow Br(NO_3)_3 + 3NO_2F$) können zur analytischen Gehaltsbestimmung von Sauerstoff genutzt werden. „*Iodpentafluorid*" IF_5 läßt sich wegen seiner geminderten Reaktivität bereits in Glasapparaturen handhaben. Trotzdem reagiert es noch mit einer Reihe von Elementen (z. B. Alkalimetalle, B, P, As, Sb, Mo, W) unter Entflammung. Oxide werden allerdings meist nur in Fluoridoxide verwandelt (z. B. $CrO_3 \rightarrow CrO_2F_2$; $V_2O_5 \rightarrow VOF_3$).

Mit Ausnahme von IF_7 lassen sich alle Halogenfluoride umgekehrt auch *fluorieren* (vgl. Darstellung; IF_3 ist instabil gegen Disproportionierung: $5IF_3 \rightarrow I_2 + 3IF_5$). Im Falle der Verbindungen ClF_5 und BrF_5, die eine extrem kleine *Reduktionstendenz* aufweisen, benötigt man allerdings besonders starke Oxidationsmittel wie PtF_6 bzw. KrF_2, eingesetzt in Form von $KrF^+AsF_6^-$:

$$2ClF_5 + 2PtF_6 \rightarrow ClF_6^+PtF_6^- + ClF_4^+PtF_6^-;$$
$$BrF_5 + KrF^+AsF_6^- \rightarrow BrF_6^+AsF_6^- + Kr.$$

Die Ionen ClF_6^+ und BrF_6^+ stellen bisher die einzigen bekannten Fluorverbindungen des Chlors und Broms in der Oxidationsstufe + 7 dar. Beide Ionen XF_6^+ lassen sich nicht gemäß $XF_6^+ + F^- \rightarrow XF_7$ in Chlor- bzw. Bromheptafluorid verwandeln, sondern zerfallen hierbei in Chlor- bzw. Brompentafluorid und Fluor: $XF_6^+ + F^- \rightarrow XF_5 + F_2$. Mithin ist die Oxidationskraft von XF_6^+ so groß, daß sich sogar Fluorid chemisch oxidieren läßt.

Wasser führt die mehratomigen (zur Verhütung von Explosionen mit Inertgasen verdünnten) Halogenfluoride auf dem Wege über Halogenfluoridoxide in Halogensauerstoffsäuren über ($XY_3 + 2H_2O \rightarrow HXO_2 + 3HY$; $XF_5 + 3H_2O \rightarrow XO_2F + 4HF + H_2O \rightarrow HXO_3 + 5HF$; $IF_7 + 6H_2O \rightarrow IOF_5 + 2HF + 5H_2O \rightarrow HIO_2F_4 + 3HF + 4H_2O \rightarrow H_5IO_6 + 7HF$). Das Chlorid ICl_3 reagiert mit Wasser nach: $2ICl_3 + 3H_2O \rightarrow 5HCl + ICl + HIO_3$. Bezüglich der Wirkung der mehratomigen Interhalogene als *Lewis-Säuren* und *-Basen* und ihrer Verwendung als *Reaktionsmedien* s. nachfolgend.

Interhalogenkationen, -anionen. Interhalogene als Reaktionsmedien. *Flüssiges Bromtrifluorid* (Flüssigkeitsbereich 8.8 bis 125.8 °C) dissoziiert in geringem Umfang nach[65]:

$$2BrF_3 \rightleftarrows BrF_2^+ + BrF_4^-.$$

[65] Die spezifische Leitfähigkeit von flüssigem BrF_3 bei 25 °C beträgt $8 \times 10^{-3}\,\Omega^{-1}\,cm^{-1}$ (zum Vergleich: BrF_5 (fl.) $9 \times 10^{-8}\,\Omega^{-1}\,cm^{-1}$; IF_5 (fl) $5.4 \times 10^{-8}\,\Omega^{-1}\,cm^{-1}$).

In diesem Lösungsmittel wirken somit Stoffe, die zur Erhöhung der Konzentration von BrF_2^+ (isoster mit SeF_2) führen, als „*Solvo-Säuren*", und Stoffe, welche die Konzentration von BrF_4^- (isoster mit XeF_4) steigern, als „*Solvo-Basen*" (vgl. S. 236), z. B.:

$$
\begin{array}{llll}
BrF_3 + AuF_3 \rightarrow BrF_2^+ + AuF_4^-; & KF + BrF_3 \rightarrow K^+ + BrF_4^-; \\
2\,BrF_3 + SnF_4 \rightarrow 2\,BrF_2^+ + SnF_6^{2-}; & BaF_2 + 2\,BrF_3 \rightarrow Ba^{2+} + 2\,BrF_4^-; \\
BrF_3 + PF_5 \rightarrow BrF_2^+ + PF_6^-; & AgF + BrF_3 \rightarrow Ag^+ + BrF_4^-.
\end{array}
$$

In analoger Weise wie in Wasser sind auch in flüssigem BrF_3 *Neutralisationstitrationen* im Sinne von

$$
\begin{array}{ccccccc}
BrF_2^+SbF_6^- & + & Ag^+BrF_4^- & \rightarrow & AgSbF_6 & + & 2\,BrF_3 \\
\text{Solvo-Säure} & & \text{Solvo-Base} & & \text{Solvo-Salz} & & \text{Solvens}
\end{array}
$$

möglich, wobei das Endprodukt konduktometrisch (Minimum der Leitfähigkeit) scharf zu bestimmen ist. Auch lassen sich in BrF_3 *Redoxreaktionen* wie in Wasser durchführen; sie erfolgen gegebenenfalls unter Beteiligung der Ionen BrF_2^+ und BrF_4^- (zum Vergleich Wassersystem: $2\,H^+ + 2\ominus \rightleftarrows H_2$; $2\,OH^- \rightarrow \frac{1}{2}\,O_2 + H_2O + 2\ominus$):

$$2\,BrF_2^+ + 2\ominus \rightleftarrows BrF_3 + BrF; \qquad 2\,BrF_4^- \rightleftarrows BrF_3 + BrF_5 + 2\ominus.$$

So lassen sich Metalle (und zwar selbst sehr edle) und Metallhalogenide unter Oxidation in flüssigem BrF_3 auflösen, z. B. $Ag \rightarrow AgF \rightarrow Ag^+BrF_4^-$; $Au \rightarrow AuF_3 \rightarrow BrF_2^+AuF_4^-$; $Ru \rightarrow RuF_5 \rightarrow BrF_2^+RuF_6^-$; $PdCl_2 \rightarrow PdF_3 \rightarrow BrF_2^+PdF_4^-$.

Entsprechend BrF_3, aber in geringerem Umfang, sind auch die anderen Interhalogene in flüssigem Zustand gemäß $2\,XY_n \rightarrow XY_{n-1}^+ + XY_{n+1}^-$ dissoziiert[65] und bilden in Gegenwart geeigneter Gegenanionen (z. B. BF_4^-, AuF_4^-, MF_6^- mit M = P, As, Sb, Bi, Nb, Ta, Pt), $Sb_2F_{11}^-$, SnF_6^{2-}, SO_3X^-, $AlCl_4^-$, $SbCl_6^-$, $TaCl_6^-$) oder Gegenkationen (z. B. K^+, Rb^+, Cs^+, NR_4^+, PR_4^+, AsR_4^+, PCl_4^+) salzartige Verbindungen mit folgenden **Interhalogen-Kationen** bzw. **-Anionen**[66, 67]:

$$
\begin{array}{lllllllllllllll}
ClF_2^+ & BrF_2^+ & IF_2^+ & & ICl_2^+ & IBr_2^+ & ClF_4^+ & BrF_4^+ & IF_4^+ & & & & ClF_6^+ & BrF_6^+ & IF_6^+ & \\
ClF_2^- & BrF_2^- & IF_2^- & BrCl_2^- & ICl_2^- & IBr_2^- & ClF_4^- & BrF_4^- & IF_4^- & BrCl_4^- & ICl_4^- & IBr_4^- & & BrF_6^- & IF_6^- & IF_8^-
\end{array}
$$

Ihre Darstellung erfolgt aus den Interhalogenen und geeigneten *Halogenidionen-Akzeptoren* bzw. *Halogenidionen-Donatoren* mit großen Gegenionen. Bezüglich der Gewinnung von ClF_6^+ und BrF_6^+ s. oben.

Strukturen. Wie bei den Interhalogenverbindungen XY_n ist auch bei den zugehörigen Kationen $[XY_{n-1}]^+$ und Anionen $[XY_{n+1}]^-$ das größere (elektropositivere) Halogen (X) das Zentralatom[68]. Da in allen Verbindungen *gerade* Elektronenzahlen erstrebt werden, ist bei den *neutralen* Molekülen die Zahl der an X (ungerade Elektronenzahl) angelagerten Halogenatome Y *ungerade*, bei den *positiv* oder *negativ* geladenen Ionen die Zahl der an X^+ bzw. X^- (gerade Elektronenzahlen) angelagerten Halogenatome Y *gerade*. Die Kationen des Typs $\mathbf{XY_2^+}$ (isoelektronisch mit den Dihalogeniden der Chalkogene) sind *gewinkelt* (C_{2v}-Symmetrie), die Anionen $\mathbf{XY_2^-}$ (isoelektronisch mit den Edelgasdihalogeniden) *linear*, wobei die beiden XY-Abstände je nach Gegenkation teils gleich, teils unterschiedlich lang sind ($D_{\infty h}$- bzw. $C_{\infty v}$-Symmetrie; Tab. 46a, S. 355)[64]. Die Kationen $\mathbf{XY_4^+}$ (isoelektronisch mit den Tetrahalogeniden der Chalkogene) sind *wippenförmig* (C_{2v}-Symmetrie), die Anionen $\mathbf{XY_4^-}$ (isoelektronisch mit Xenonhexafluorid) *quadratisch-planar* (D_{4h}-Symmetrie). Den Kationen $\mathbf{XY_6^+}$ (isoelektronisch mit Chalkogenhexafluoriden) kommt die Struktur eines *Oktaeders* (O_h-Symmetrie), den Anionen $\mathbf{XY_6^-}$ (isoelektronisch mit Xenonhexafluorid) die Struktur eines *regulären* (BrF_6^-) bzw. verzerrten Oktaeders (IF_6^-) zu (vgl. Tab. 46 auf S. 318; da das s-Valenzelektronenpaar von Br weniger als das von I abgeschirmt, also fester gebunden ist (S. 321) bleibt es in BrF_6^- anders als in IF_6^- stereochemisch unwirksam: $2\,IF_6^-$ sind in $NMe_4^+\,IF_6^-$ über lose F-Brücken verknüpft). Einer Reihe iodhaltiger Ionen $XY_4^{+/-} = I(Cl_2I_2)^+, I(Br_2I_2)^+, I(Cl_3I)^-$,

---

66 Man kennt darüber hinaus folgende Interhalogen-Ionen: $\mathbf{XY_2^{+/-}}$: *Cl* $(ClF)^+$, *Br* $(BrF)^+$, *I* $(BrCl)^+$, *I* $(IF)^+$, *I* $(ICl)^+$, *I* $(IBr)^+$ und *Cl* $(ClF)^-$, *Br* $(BrCl)^-$, *I* $(BrF)^-$, *I* $(BrCl)^-$, *I* $(ICl)^-$, *I* $(IBr)^-$; $\mathbf{X(Y_2)_2^{+/-}}$: *I* $(ICl)_2^+$, *I* $(IBr)_2^+$ und *Cl* $(ICl_2)^-$, *Cl* $(I_2)_2^-$, *Br* $(IBr)_2^-$, *Br* $(I_2)_2^-$, *Br* $(ICl)_2^-$, *Br* $(ICl)(IBr)^-$; $\mathbf{XY_4^-}$: *I* (Cl_3F), *I* $(Cl_3Br)^-$.

67 Vgl. hierzu auch **Halogen-Ionen** wie $X_2^{+/-}$, $X_3^{+/-}$, $X_5^{+/-}$ (S. 450, 453).

68 So besitzt etwa auch das Kation Cl_2F^+[66] die Struktur $[Cl{-}Cl{-}F]^+$ und nicht $[Cl{-}F{-}Cl]^+$ und das Anion Br_2Cl^-[66] die Struktur $[Br{-}Br{-}Cl]^-$ und nicht $[Br{-}Cl{-}Br]^-$.

$I(Br_3I)^-$ kommen keine wippenförmigen bzw. quadratisch-planaren, sondern im Sinne der Formeln $\mathbf{X(Y_2)_2^{+/-}}$ *kettenförmige* Strukturen Y—Y—X—Y—$Y^{+/-}$ zu mit Z-förmiger Konformation im Falle der Kationen (vgl. Br_5^+, I_5^+: S. 450) oder V-förmiger Konformation im Falle der Anionen (vgl. I_5^-, S. 453; analoges gilt wohl für die in Anm.[66] unter $X(Y_2)_2^-$ aufgeführten Anionen). $\mathbf{IF_8^-}$ ist *antikubisch* (D_{4d}-Symmetrie) gebaut.

Eigenschaften. Bei *thermischen Zersetzungen* der Interhalogen-Anionen zu Halogenid und Interhalogenen hinterbleiben erwartungsgemäß die elektronegativeren Halogene als Halogenid (z. B. $ICl_2^- \rightarrow Cl^- + ICl$; $ICl_4^- \rightarrow Cl^- + ICl_3$; $IBrCl^- \rightarrow Cl^- + IBr$). Hierbei wächst die Stabilität der Anionen mit der Größe des Gegenkations und der Größe des Zentralatoms sowie der Symmetrie des Polyhalogenids (z. B. $Br_2Cl^- < BrCl_2^- < Br_3^- < I_2Br^- < ICl_2^- < IBr_2^- < I_3^-$). Unsymmetrische Interhalogenkationen gehen leicht in symmetrische über (z. B. $2Cl_2F^+ \rightarrow ClF_2^+ + Cl_3^+$ in HF/SbF_5 bei $-78\,°C$). Insbesondere die Kationen wirken wie die Interhalogene selbst als starke *Oxidationsmittel* (z. B. $O_2 + BrF_6^+ \rightarrow O_2^+ + BrF_5 + \frac{1}{2} F_2$; $Xe + BrF_6^+ \rightarrow XeF^+ + BrF_5$). In den *flüssigen Interhalogenen* als Reaktionsmedien (studiert wurden insbesondere die stabilen Systeme ICl, ClF_3, BrF_3, ICl_3 (unter Druck), ClF_5, BrF_5, IF_5, IF_7) wirken Bor(III)-, Aluminium(III)-, Arsen(V)-, Antimon(V)- und Platin(V)-halogenide sowie auch SO_3 allgemein als *Solvo-Säuren* (z. B. $2ICl + AlCl_3 \rightarrow I_2Cl^+AlCl_4^-$; $ClF_3 + BF_3 \rightarrow ClF_2^+BF_4^-$; $ICl_3 + SbCl_5 \rightarrow ICl_2^+SbCl_6^-$; $ClF_5 + MF_5 \rightarrow ClF_4^+MF_6^-$; $BrF_5 + SO_3 \rightarrow BrF_4^+SO_3F^-$, $IF_7 + MF_5 \rightarrow IF_6^+MF_6^-$), Alkalimetallhalogenide, PCl_5 und NOF als *Solvo-Basen* (z. B. $PCl_5 + ICl \rightarrow PCl_4^+ICl_2^-$; $MF + ClF_3 \rightarrow M^+ClF_4^-$; $CsF + BrF_5 \rightarrow Cs^+BrF_6^-$; $NOF + IF_5 \rightarrow NO^+IF_6^-$). Als *Neutralisationstitrationen* seien erwähnt: $Rb^+ICl_2^- + I_2Cl^+SbCl_6^- \rightarrow Rb^+SbCl_6^- + 3ICl$; $Cs^+BrF_6^- + BrF_4^+SbF_6^- \rightarrow Cs^+SbF_6^- + 2BrF_5$; $IF_4^+SbF_6^- + NO^+IF_6^- \rightarrow NO^+SbF_6^- + 2IF_5$.

Derivate. Ähnlich wie von den Interhalogenen XY kennt man auch von den Interhalogenen XY_3 Derivate. Sie haben die Formel $X(OAc)_3$. Unter ihnen können die **Halogen(III)-fluorosulfate** $X(OSO_2F)_3$ ($Ac = SO_2F$, X = Br, I) durch Reaktion von X_2 mit überschüssigem $S_2O_6F_2$ gewonnen werden: $X_2 + 3S_2O_6F_2 \rightarrow 2X(OSO_2F)_3$ ($Br(OSO_2F)_3$: *gelber* Festkörper, Smp. 59 °C; $I(OSO_2F)_3$: gelber Festkörper, Smp. 33.7 °C). Äquimolare Mengen I_2 und $S_2O_6F_2$ setzen sich gemäß $I_2 + S_2O_6F_2 \rightarrow (ISO_3F)_2$ um (*schwarzer* Festkörper, Smp. 51.1 °C; Struktur IX_3 mit X = Iod in äquatorialer sowie $2X = 2SO_3F$ in axialer Stellung[64]). **Halogen(III)-nitrate** $X(ONO_2)_3$ ($Ac = NO_2$; X = Br, I) bilden sich aus X_2 und überschüssigem $AgNO_3$ ($2X_2 + 3AgNO_3 \rightarrow 3AgX + X(ONO_2)_3$) sowie durch Reaktion von BrF_3 mit N_2O_5 ($BrF_3 + 3N_2O_5 \rightarrow 3NO_2F + Br(ONO_2)_3$ (*hellgelbe* Substanz Smp. 48 °C (Zers.)) bzw. von ICl_3 mit $ClONO_2$ ($ICl_3 + 3ClONO_2 \rightarrow 3Cl_2 + I(ONO_2)_3$ (*gelbes* Pulver, Zerfall > 0 °C). Unter den **Halogen(III)-perchloraten** $X(OClO_3)_3$ kennt man die Iodverbindung $I(OClO_3)_3$, die durch Zugabe von $AgClO_4$ zu I_2 in Ether bei $-85\,°C$ erhalten werden kann: $2I_2 + 3AgClO_4 \rightarrow 3AgI + I(OClO_3)_3$ (*farbloser* Festkörper; Zers. > $-45\,°C$). **Halogen(V)-acylate** $X(OAc)_5$: Bekannt ist bisher $I(OTeF_5)_5$ (möglicherweise entsteht $I(OSO_2F)_5$ neben anderen Produkten bei der Thermolyse von $I(OSO_2F)_3$). Ein „*Iod(VII)-acylat*" $I(OAc)_7$ ist unbekannt.

4 Sauerstoffsäuren der Halogene[1]

4.1 Grundlagen

Systematik. Man kennt vom Fluor nur eine Sauerstoffsäure der Zusammensetzung **HFO** und vom Chlor, Brom sowie Iod jeweils vier Sauerstoffsäuren der allgemeinen Zusammensetzung $\mathbf{HXO_n}$ (n = 1, 2, 3, 4; vgl. Tab. 53). Ihre Stärke nimmt mit wachsendem n und in der Richtung $HIO_n < HBrO_n < HClO_n$ zu (die stärkste Halogen-Sauerstoffsäure ist mithin $HClO_4$, die schwächste HIO). Außer der in Tab. 53 aufgeführten Iod(VII)-Säure HIO_4 (*Periodsäure*) existieren zusätzlich zwei Säuren der Zusammensetzung $\mathbf{H_5IO_6}$ (*Orthoperiodsäure*) sowie $\mathbf{H_7I_3O_{14}}$ (*Triperiodsäure*). Vgl. auch Anm.[69].

Struktur. In den Salzen der Halogen-Sauerstoffsäuren ist das Halogenition XO_2^- gewinkelt (C_{2v}-Symmetrie; $\measuredangle$ OClO ≈ $\measuredangle$ OBrO ≈ 110°), das Halogenat-Ion XO_3^- trigonal-pyramidal (C_{3v}-Symmetrie; $\measuredangle$ OClO ≈ $\measuredangle$ OBrO ≈ 106°; $\measuredangle$ OIO ≈ 98°) und das Perhalogenat-Ion

---

69 Als Reaktionszwischenprodukte bilden sich auch *Peroxohalogen-Sauerstoffsäuren*, die sich von den in Tab. 53 wiedergegebenen Säuren dadurch ableiten, daß ein Sauerstoff-Ligand O (*Oxo*-Gruppe) durch einen Disauerstoffliganden O_2 (*Peroxo*-Gruppe) ersetzt ist (z. B. HOOCl: Peroxohypochlorige Säure; vgl. S. 510).

XO_4^- tetraedrisch (T_d-Symmetrie; ∢ = 109.5°) aufgebaut[70]. Die XO-Abstände verkürzen sich etwas mit zunehmendem n, möglicherweise als Folge der steigenden Ladung des Zentralatoms (zunehmende elektrostatische Anziehung von X^{n+} und O^{2-} und/oder einer wachsenden Tendenz zur Ausbildung von XO-Doppelbindungen durch $d_\pi p_\pi$-Rückbindung: $[O_mX{-}O: \leftrightarrow O_mX{=}O]^\ominus$ (vgl. S. 158; ClO-Abstand in ClO^-: ~1.69, ClO_2^-: 1.56, ClO_3^-: 1.48 und ClO_4^-: 1.44 Å; ber. für ClO-Einfachbindung: 1.65 Å; BrO-Abstand in BrO^-: 1.81; BrO_2^-: 1.72; BrO_3^-: 1.65; BrO_4^-: 1.61 Å; ber. für BrO-Einfachbindung: 1.80 Å).

Tab. 53 Sauerstoffsäuren der Halogene (X = Cl, Br, I)

Oxidationsstufe	Säuren HXO_n Formel	Name	Metallsalze MXO_n Formel	Name
+1	**HXO**	**Hypohalogenige Säure** Halogen(I)-säure	**MXO**	**Hypohalogenite** Halogenate(I)
+3	**HXO_2**	**Halogenige Säure** Halogen(III)-säure	**MXO_2**	**Halogenite** Halogenate(III)
+5	**HXO_3**	**Halogensäure** Halogen(V)-säure	**MXO_3**	**Halogenate** Halogenate(V)
+7	**HXO_4**	**Perhalogensäure** Halogen(VII)-säure	**MXO_4**	**Perhalogenate** Halogenate(VII)

In allen Säuren HXO_n ist das Proton an den Sauerstoff gebunden. Formeln wie HOX, HOXO, $HOXO_2$ und $HOXO_3$ geben somit die Molekülkonstitution besser als die in Tab. 53 verwendeten Formeln wieder. Die HOX-Gruppierungen in HXO_n sind gewinkelt (∢ HOX in den Hypohalogenigen Säuren 97.2° (HOF), 103° (HOCl), 110° (HOBr)). Anders als in den Periodaten, die tetraedrisch gebautes IO_4^- enthalten, ist das Iod in den Säuren HIO_4, H_5IO_6 und $H_7I_3O_{14}$ (analoges gilt für die Salze von H_5IO_6 und $H_7I_3O_{14}$) jeweils oktaedrisch von Sauerstoffatomen umgeben (vgl. S. 487)[70].

Darstellung. Unter den Halogen-Sauerstoffsäuren sind nur die Hypofluorige Säure HFO (bei tiefen Temperaturen) sowie die Perchlorsäure $HClO_4$, die Iodsäure HIO_3 und die Periodsäuren HIO_4, H_5IO_6 sowie $H_7I_3O_{14}$ (jeweils unter Normalbedingungen) in Substanz isolierbar[71].

Zur Darstellung der Säuren HXO_n bzw. der Säureanionen XO_n^- geht man von den Halogenen X_2 aus, die sich in alkalischer Lösung nach

$$X_2 + 2OH^- \rightleftarrows X^- + XO^- + H_2O \quad \text{und} \quad 3XO^- \rightleftarrows 2X^- + XO_3^-$$

in Halogenid sowie Hypohalogenit XO^- bzw. Halogenat XO_3^- disproportionieren. Die Reduktion bzw. Oxidation des Halogenats liefert dann Halogenit XO_2^- bzw. Perhalogenat XO_4^-. Technische Produkte sind insbesondere die Säuren HOCl und $HClO_4$ als wässerige Lösungen sowie Hypochlorite, Chlorite, Chlorate, Perchlorate, Bromate und Periodate als feste Salze.

Thermodynamische Aspekte zur XO_n^--Darstellung: Nachfolgend sind die **Potentialdiagramme** einiger Oxidationsstufen des Fluors, Chlors, Broms, Iods und Astats bei pH = 0 und 14 wiedergegeben (vgl. Anh. VI), denen zu entnehmen ist, daß die Oxidationskraft der Halogen-Sauerstoffsäuren bzw.

[70] Dem Halogen X kommen in $:\ddot{X}O^-$, $\ddot{X}O_2^-$, $:XO_3^-$ und XO_4^- jeweils vier σ- und n-Elektronenpaare zu, was eine tetraedrische Orientierung der Elektronenpaare (vgl. VSEPR-Modell) oder – gleichbedeutend – eine sp^3-Hybridisierung (vgl. Hybridorbitale) bedingt. In H_5IO_6 bzw. davon abgeleiteten Salzen besitzt das Iodatom sechs, nach den Ecken eines Oktaeders gerichtete Elektronenpaare. Vgl. hierzu auch Mehrzentren-Bindungsmodell (S. 361).

[71] Die übrigen Halogen-Sauerstoffsäuren HXO_n (X = Cl, Br, I) sind nur in wässerigem Milieu beständig. HClO, HBrO, HIO_3, $HClO_4$, $HBrO_4$, HIO_4 existieren auch in der Gasphase.

ihrer Anionen – erwartungsgemäß (S. 221) – in saurer Lösung, die Reduktionskraft in alkalischer Lösung größer ist (stärkstes Oxidationsmittel: BrO_4^- gefolgt von H_5IO_6 bzw. $H_3IO_6^{2-}$, stärkstes Reduktionsmittel HIO bzw. IO^-):

pH = 0

$$HOF \xrightarrow{?} F_2 \xrightarrow{3.05} F^-$$

$$\overset{+7}{ClO_4^-} \xrightarrow{1.20} \overset{+5}{ClO_3^-} \xrightarrow{1.43} \overset{+1}{HOCl} \xrightarrow{1.63} \overset{\pm 0}{Cl_2} \xrightarrow{1.36} \overset{-1}{Cl^-}$$

$$BrO_4^- \xrightarrow{1.85} BrO_3^- \xrightarrow{1.45} HOBr \xrightarrow{1.60} Br_2 \xrightarrow{1.07} Br^-$$

$$H_5IO_6 \xrightarrow{1.60} IO_3^- \xrightarrow{1.13} HOI \xrightarrow{1.44} I_2 \xrightarrow{0.54} I^-$$

$$AtO_4^- \cdot aq \xrightarrow{>1.85} AtO_3^- \xrightarrow{1.4} HOAt \xrightarrow{0.7} At_2 \xrightarrow{0.25} At^-$$

pH = 14

$$FO^- \xrightarrow{?} F_2 \xrightarrow{2.87} F^-$$

$$\overset{+7}{ClO_4^-} \xrightarrow{0.37} \overset{+5}{ClO_3^-} \xrightarrow{0.49} \overset{+1}{ClO^-} \xrightarrow{0.42} \overset{\pm 0}{Cl_2} \xrightarrow{1.36} \overset{-1}{Cl^-}$$

$$BrO_4^- \xrightarrow{1.03} BrO_3^- \xrightarrow{0.49} BrO^- \xrightarrow{0.46} Br_2 \xrightarrow{1.07} Br^-$$

$$H_3IO_6^{2-} \xrightarrow{0.65} IO_3^- \xrightarrow{0.15} IO^- \xrightarrow{0.42} I_2 \xrightarrow{0.54} I^-$$

$$AtO_4^- \cdot aq \xrightarrow{>1.03} AtO_3^- \xrightarrow{0.5} AtO^- \xrightarrow{0.0} At_2 \xrightarrow{0.25} At^-$$

Wie aus den Diagrammen zudem folgt, lassen sich Chlor, Brom, Iod und Astat nur in alkalischem, nicht dagegen in saurem Milieu in Halogen(–I) und Halogen(+I) disproportionieren (vgl. S. 224)[72)]. Entsprechendes gilt, abgesehen von der Hypochlorigen Säure, auch für die Disproportionierung von Halogen(+I) in Halogen(–I) und Halogen(+V) (für den Übergang HOX/X^- berechnen sich aus den oben wiedergegebenen Werten mit Hilfe der Regeln auf S. 224 die Potentiale: pH = 0: 1.49 (Cl), 1.34 (Br), 0.99 (I), 0.8 V (At); pH = 14: 0.89 (Cl), 0.77 (Br), 0.48 (I), 0.1 V (At)).

Kinetische Aspekte zur XO_n^--Darstellung: Die Disproportionierungsgeschwindigkeit von Hypohalogenit in Halogenid und Halogenat nimmt in Richtung ClO^-, BrO^-, IO^- zu. Bei und unterhalb Raumtemperatur erfolgt die Disproportionierung von ClO^- zu Cl^- und ClO_3^- nur sehr langsam, so daß bei der Reaktion von Cl_2 mit Laugen in der Kälte recht reine Lösungen von ClO^- und Cl^- entstehen. In heißen Laugen (~ 75 °C) ist die Disproportionierungsgeschwindigkeit von ClO^- demgegenüber groß. Lösungen von BrO^- sind nur unterhalb 0 °C, Lösungen von IO^- nur bei tiefen Temperaturen stabil (bei Zugabe von Iod in Lauge entsteht IO^- mithin nur als Zwischenprodukt der zu I^- und IO_3^- führenden Disproportionierung). Der Übergang $3XO^- \rightarrow 2X^- + XO_3^-$ erfolgt hierbei jeweils in zwei Teilschritten: $XO^- + XO^- \rightarrow X^- + XO_2^-$, $XO^- + XO_2^- \rightarrow X^- + XO_3^-$ (zum Mechanismus vgl. S. 475). Da beide Teilreaktionen vergleichbar rasch ablaufen, bildet sich XO_2^- nur intermediär und zwar ClO_2^- in geringer (maximal 1%iger), BrO_2^- in mäßiger Konzentration[72a)]. (Bezüglich der Disproportionierung der Halogene in Halogenid und Hypohalogenit vgl. S. 449.)

Im folgenden seien der Reihe nach die Sauerstoffsäuren des Fluors, Chlors, Broms und Iods behandelt.

4.2 Sauerstoffsäure des Fluors

Hypofluorige Säure HOF („*Hydroxylfluorid*"). Leitet man Fluorgas bei niedrigem Druck über Eis bei – 40 °C, so enthält das gasförmige Produkt außer HF, O_2 und H_2O auch HOF, das nach Ausfrieren von H_2O bei – 50 °C und von HF bei – 78 °C in einer auf – 183 °C gekühlten Falle in mg-Mengen als *weißer* Körper kondensiert werden kann, der bei – 117 °C zu einer *blaßgelben*, bei ca. 10–20 °C siedenden Flüssigkeit schmilzt. Gasförmiges HOF ($\Delta H_f = -98.2$ kJ/mol) zerfällt in Teflongefäßen bei 100 mbar und 25 °C mit einer Halbwertszeit von ca. 30 Minuten in Fluorwasserstoff und Sauerstoff:

$$2HOF \rightarrow 2HF + O_2 .$$

Die gleichen Zersetzungsprodukte beobachtet man auch in schwach *alkalischer wässeriger* HOF-Lösung. In *neutraler* oder *schwach saurer* wässeriger Lösung reagiert HOF demgegenüber rasch unter Bildung von Fluorwasserstoff und Wasserstoffperoxid:

$$HOF + H_2O \rightarrow HF + H_2O_2 .$$

---

72 Bei pH = 7 haben die Gleichgewichtskonstanten der Reaktionen $X_2 + H_2O \rightleftarrows H^+ + X^- + HOX$ bei 25 °C die sehr kleinen Werte 4.2×10^{-4} (Cl), 7.2×10^{-9} (Br), 2.0×10^{-13} (I). Für pH = 14 gelten demgegenüber die großen Werte 7.5×10^{15} (Cl), 2×10^8 (Br) und 3×10^1 (I).

72a Durch rechtzeitiges Stoppen der BrO^--Disproportionierung mit NH_3, welches unverbrauchtes BrO^- rasch zersetzt, lassen sich BrO_2^--haltige Lösungen gewinnen. Da IO_2^- seinerseits rasch disproportioniert, bleibt die IO_2^--Intermediärkonzentration im Falle der IO^--Disproportionierung sehr klein.

Offensichtlich bilden sich die Produkte hierbei im Zuge einer nucleophilen Substitution von Fluorid am Sauerstoffatom der gemäß $HO^{\delta+}—F^{\delta-}$ polarisierten Hypofluorigen Säure durch Wasser[73]. Fluor führt HOF in OF_2 und HF über ($HOF + F_2 \rightarrow OF_2 + HF$). Mit wässeriger *Iodid*lösung setzt sich HOF zu I_3^-, OH^- und F^- um ($HOF + 3I^- \rightarrow I_3^- + OH^- + F^-$), mit wässeriger *Sulfat*lösung zu Peroxosulfat ($HOF + SO_4^{2-} \rightarrow SO_5^{2-} + HF$).

Die Abstände O—F und O—H im gewinkelten Molekül HOF entsprechen mit 1.442 bzw. 0.964 Å Einfachbindungen, der Winkel HOF beträgt 97.2°. Der erstaunlich kleine Bindungswinkel am Sauerstoff (∢ HOH: 104.7°, ∢ FOF: 103.2°) geht wohl auf elektrostatische Anziehung des positiv-polarisierten H- und negativ-polarisierten F-Atoms zurück.

Von HOF abgeleitete **Salze** M^+OF^- sind bisher unbekannt. Es lassen sich jedoch kovalente **Hypofluorite** AcOF (Ac = Acylrest wie O_3Cl, O_3S^-, F_5S, O_2N) synthetisieren (vgl. S. 466). Darüber hinaus konnten durch die Reaktion $XeF^+MF_6^- + H_2O \rightarrow H_2OF^+MF_6^- + Xe$ (M = As, Sb) in wasserfreiem Fluorwasserstoff *blaßrote* Salze erhalten werden, welche *protonierte Hypofluorige Säure* H_2OF^+ (isoelektronisch mit H_2NF) enthalten und bei Raumtemperatur kurze Zeit, bei − 40 °C unbegrenzt haltbar sind.

4.3 Sauerstoffsäuren des Chlors[1,9]

4.3.1 Hypochlorige Säure HClO

Darstellung. Leitet man Chlor in Wasser ein, so bildet sich bis zu einem (weitgehend links liegenden) Gleichgewicht[72] in einer hydrolytischen Disproportionierungsreaktion Salzsäure und „*Hypochlorige Säure*" („*Unterchlorige Säure*"):

$$Cl_2 + HOH \rightleftarrows HCl + HOCl\,. \qquad (1)$$

Will man das Gleichgewicht (1) nach rechts verschieben, so fällt man zweckmäßig die im Gleichgewicht befindliche Salzsäure mit Quecksilberoxid (HgO) als braunes unlösliches Quecksilberoxidchlorid $Hg_3O_2Cl_2 = HgCl_2 \cdot 2HgO$ (s. dort) aus: $3HgO + 2HCl \rightarrow HgCl_2 \cdot 2HgO + H_2O$. Insgesamt ergibt sich damit die Gleichung

$$2Cl_2 + 3HgO + H_2O \rightarrow HgCl_2 \cdot 2HgO + 2HOCl\,,$$

gemäß der man Chlor in eine (gut gerührte) Aufschlämmung von Quecksilberoxid in Wasser einleitet. Auf diese Weise kann man (chloridhaltige) ziemlich konzentrierte (20–25%ige) Lösungen der Hypochlorigen Säure HOCl gewinnen, die allerdings schon bei 0 °C bald unter Abgabe von Sauerstoff und Bildung von Salzsäure zerfallen (vgl. unten). Durch HOCl-Extraktion mit geeigneten Lösungsmitteln (z. B. Ketone, Ester, Nitrile) oder durch Elektrodialyse der HOCl-Lösungen läßt sich HOCl von Chlorid befreien. Chloridfreie HOCl-Lösungen erhält man in der Technik auch durch Einleiten von Cl_2O in Wasser ($Cl_2O + H_2O \rightarrow 2HOCl$; s. u.).

Benutzt man starke Basen zur Verschiebung des Gleichgewichtes (1), leitet man also Chlor z. B. in Natronlauge oder Kalkmilch ein, so wird nicht nur die starke Salzsäure, sondern auch die schwache Hypochlorige Säure neutralisiert (s. u.)[72]:

$$Cl_2 + 2NaOH \rightarrow NaCl + NaOCl + H_2O\,, \qquad (2)$$

$$Cl_2 + Ca(OH)_2 \rightarrow CaCl(OCl) + H_2O\,. \qquad (3)$$

---

73 Der unterschiedliche Reaktionsverlauf in alkalischer Lösung könnte auf das Hypofluorit-Ion OF^- zurückgehen, welches sich gemäß $HOF + OH^- \rightarrow OF^- + H_2O$ bildet und möglicherweise ebenfalls gegenüber HOF als Nucleophil wirkt: $FO^- + HO—F \rightarrow FO—OH + F^-$ ($HOOF \rightarrow HF + O_2$). Vgl. hierzu die Reaktion mit Sulfat, oben. Die Gasphasenzersetzung von HOF erfolgt wohl radikalisch.

Eigenschaften. Die Hypochlorige Säure ist nur in Form wässeriger Lösungen, nicht aber in wasserfreiem, kondensiertem Zustande bekannt. Versucht man die Lösung zu entwässern, so geht die Säure in ihr Anhydrid, das Oxid Cl_2O über:

$$2\,HOCl \rightleftarrows Cl_2O + H_2O, \quad K(0\,°C) = 3.55 \times 10^{-3}\ l/mol. \tag{4}$$

Umgekehrt entsteht beim Einleiten von Dichloroxid-Gas in Wasser wieder Hypochlorige Säure[74]. Die Reaktion ist also umkehrbar. Auch in der Lösung befinden sich dabei merkliche Mengen Dichloroxid mit Hypochloriger Säure im Gleichgewicht, so daß man z.B. durch Ausschütteln mit Tetrachlorkohlenstoff oder durch Durchleiten eines Luftstroms bzw. Destillation unter vermindertem Druck Dichloroxid aus den konzentrierten Lösungen abtrennen kann.

Die verdünnten wässerigen Lösungen der Hypochlorigen Säure sind *farblos*, die konzentrierten – wegen gebildeten Dichloroxids – *gelb*. Sie besitzen einen eigentümlichen, von dem des Chlors deutlich verschiedenen Geruch und zersetzen sich – langsam im Dunkeln, schneller im diffusen Tageslicht, sehr rasch im Sonnenlicht bzw. in Anwesenheit von Katalysatoren wie Cobalt-, Nickel- oder Kupferoxid – hauptsächlich nach der Gleichung

$$2\,HClO(aq) \rightarrow 2\,HCl(aq) + O_2 + 92.5\ kJ$$

unter Bildung von Salzsäure und Sauerstoff[75]. Darüber hinaus zerfällt die Hypochlorige Säure – untergeordnet im sauren, ausschließlich im alkalischen Milieu – zu Salzsäure und Chlorsäure (bzw. Chlorid und Chlorat; vgl. Darstellung von $HClO_3$ (S. 478)):

$$3\,HClO \rightarrow 2\,HCl + HClO_3\,.$$

Mechanistisch wird der Zerfall von wässeriger Hypochloriger Säure in HCl und O_2 durch die homolytische Dissoziation $HOCl \rightarrow HO\cdot + \cdot Cl$ ausgelöst. Die gebildeten Radikale setzen sich dann mit HOCl in homolytischen Substitutionsreaktionen weiter zu den Reaktionsprodukten um.

Redox-Verhalten. Die Hypochlorige Säure gehört zu den starken Oxidationsmitteln (ε_0 für $HClO/Cl^- = +1.49$ V). So bleicht sie z.B. augenblicklich Lackmuspapier oder Indigolösung (oxidative Zerstörung des Lackmus- und Indigo-Farbstoffs), macht aus Iodwasserstoff Iod frei ($2I^- \rightarrow I_2 + 2\ominus$), bildet mit Salzsäure Chlor ($2Cl^- \rightarrow Cl_2 + 2\ominus$), mit Ammoniak Stickstoff ($2NH_3 \rightarrow N_2 + 6H^+ + 6\ominus$) und mit Wasserstoffperoxid Sauerstoff ($H_2O_2 \rightarrow O_2 + 2H^+ + 2\ominus$).

Die Oxidationswirkung der Hypochlorigen Säure beruht auf ihrer großen Neigung zur Sauerstoffabgabe (schematisch: $HClO \rightarrow HCl + O$). In diesem Sinne oxidiert sie Sulfit zu Sulfat (schematisch: $O + SO_3^{2-} \rightarrow SO_4^{2-}$), Nitrit zu Nitrat ($O + NO_2^- \rightarrow NO_3^-$), Hypohalogenit bzw. Halogenit zu Halogenat ($O + XO^- \rightarrow XO_2^-$; $O + XO_2^- \rightarrow XO_3^-$), Arsenit zu Arsenat ($O + AsO_3^{3-} \rightarrow AsO_4^{3-}$) und führt Metallsulfide (wie Bleisulfid) in Sulfate ($4O + MS \rightarrow MSO_4$), Bromide in Bromate ($3O + Br^- \rightarrow BrO_3^-$) und Cyanide in Cyanate ($O + CN^- \rightarrow OCN^-$) über.

Den Oxidationsreaktionen der Hypochlorigen Säure liegen allerdings nicht ausschließlich Sauerstoffübertragungen zugrunde; in vielen Fällen wirkt HOCl auch als Donator positiven Chlors (schematisch: $ClOH \rightarrow Cl^+ + OH^-$) und führt etwa Chlorid in Chlor (schematisch: $Cl^+ + Cl^- \rightarrow Cl_2$; Umkehrung von (1)), Hypochlorit in Dichloroxid ($Cl^+ + ClO^- \rightarrow ClOCl$; Bildung des HClO-Anhydrids), Wasserstoffperoxid in Peroxohypochlorige Säure ($Cl^+ + HOO^- \rightarrow HOOCl$; vgl. S. 510). Ammoniak in Chloramin ($Cl^+ + NH_3 \rightarrow NH_2Cl + H^+$; vgl. S. 679) und Cyanid in Chlorcyan ($Cl^+ + CN^- \rightarrow ClCN$) über.

---

[74] Ebenso wird in der Dampfphase aus $Cl_2O(g)$ und $H_2O(g)$ in reversibler Reaktion gasförmiges HOCl („*Chlorhydroxid*") im Gleichgewicht mit Cl_2O gebildet. Struktur: ClO- und OH-Abstand 1.693 bzw. 0.97 Å; $\measuredangle$ ClOH = 103°.

[75] Da die gebildete Salzsäure ihrerseits mit überschüssiger Hypochloriger Säure reversibel gemäß (1) reagiert, enthalten sich zersetzende wässerige HClO-Lösungen immer auch Chlor (vgl. Anm.[76]).

Mechanistisch wickeln sich die Oxidationsreaktionen in der Regel *nicht* über eine Sauerstoffübertragung von wässeriger *Hypochloriger Säure* auf das Reduktionsmittel $Nu:^-$ im Zuge *assoziativer nucleophiler Substitutionsreaktionen* am Sauerstoff von OCl^- oder HOCl ab (a), sondern über eine Chlorübertragung von wässeriger Hypochloriger Säure auf den Reaktionspartner $Nu:^-$ im Zuge *assoziativer nucleophiler Substitutionsreaktionen* am Chlor von HOCl bzw. dessen protonierter Form H_2OCl^+ (b) (Folgereaktion gegebenenfalls: Nu—Cl + H_2O → Nu—OH + HCl):

$$Nu:^- + \overset{H}{O}—Cl \xrightarrow{(a)} Nu—\overset{H}{O} + :Cl^- \quad \text{bzw.} \quad Nu:^- + Cl—OH \xrightarrow{(b)} Nu—Cl + OH^-,$$

Nu^- z. B.: Cl^-, Br^-, I^-, CN^-, ClO^-, ClO_2^-, IO_3^-, SO_3^{2-}, NO_2^-, H_2O_2, NH_3 (Sulfit wird von Hypochlorit einerseits auf dem Wege $SO_3^{2-} + 2H^+ \rightleftarrows SO_2 + H_2O$; $SO_2 + OCl^- \rightarrow SO_3 + Cl^-$; $SO_3 + H_2O \rightarrow SO_4^{2-} + 2H^+$ (s. oben), andererseits aber auch im Zuge von $SO_3^{2-} + ClOH \rightarrow ClSO_3^- + OH^-$; $ClSO_3^- + H_2O \rightarrow SO_4^{2-} + HCl + H^+$ zu Sulfat oxidiert).

Säure-Base-Verhalten. Die Hypochlorige Säure ist eine sehr schwache Säure ($HOCl \rightleftarrows H^+ + OCl^-$); ihre Dissoziationskonstante K_S beträgt bei 25 °C 2.90×10^{-8} (HOBr: $K_S = 2.06 \times 10^{-8}$, HOI: $K_S = 2.3 \times 10^{-11}$). Dementsprechend hydrolysieren ihre Salze, die *Hypochlorite* ClO^-, leicht unter Bildung von freier Hypochloriger Säure:

$$OCl^- + HOH \rightleftarrows HOCl + OH^-,$$

so daß auch die Hypochlorite in wässeriger Lösung (dagegen nicht in alkalischer Lösung) starke Oxidationsmittel sind (s. oben).

Wesentlich stärker als in wässeriger oder alkalischer Lösung ist die Oxidationskraft der Hypochlorite in saurer Lösung, d. h. in Form der freien Säure (Redoxpotential Cl^-/ClO^- in alkalischer Lösung + 0.885, Redoxpotential $Cl^-/HOCl$ in saurer Lösung + 1.495 V; s. oben). Als freisetzende Säure kann auch Kohlensäure dienen, da diese wesentlich stärker ist als die Hypochlorige Säure. Taucht man z. B. einen Lackmus-Papierstreifen in wässerige Natriumhypochloritlösung, so erfolgt erst beim Anhauchen des Papiers (CO_2-Einwirkung) und nur an den angehauchten Stellen eine Bleichung[76].

Salze. Unter den festen Alkali- und Erdalkalimetall-hypochloriten sind LiOCl, $Ca(OCl)_2$, $Sr(OCl)_2$, $Ba(OCl)_2$ stabil, NaOCl leidlich stabil, KOCl und $Mg(OCl)_2$ instabil (gewinnbar sind KOCl-Lösungen und festes Mg(OH)OCl). Technisch wird LiOCl untergeordnet, NaOCl und $Ca(OCl)_2$ in größerem Maße erzeugt.

Natriumhypochlorit. Natriumhypochlorit-Lösungen („*Eau de Labarrague*", seit 1820) werden technisch praktisch ausschließlich durch (exotherme) Umsetzung von Chlor mit 15–20 %iger Natronlauge unter Kühlung (vgl. S. 474) nach (2) gewonnen und zum Bleichen sowie Entfärben von Zellstoff und Textilien, zur Desinfektion von Schwimmbädern und zur Herstellung von Hydrazin (S. 659) verwendet (keine Bedeutung mehr haben heute KOCl-Lösungen („*Eau de Javelle*", seit 1792). Da bei der *Chloralkali-Elektrolyse* (s. dort) Chlor und Alkalilauge gerade in dem für die Hypochloritbildung erforderlichen Molverhältnis Cl_2 : NaOH = 1 : 2 entstehen (446.3 kJ + 2NaCl (aq) + 2HOH → Cl_2 + 2NaOH(aq) + H_2), kann man die Hypochlorit-Gewinnung mit der Chloralkali-Elektrolyse verbinden, indem man das anodisch entwickelte Chlor gleich auf die kathodisch gebildete Natronlauge einwirken läßt[77]. Beim Abkühlen der Lösung auf − 10 °C werden farblose Kristalle abgeschieden, denen die Formel $NaOCl \cdot 6H_2O$ zukommt. Wegen seiner Instabilität wird es nicht gehandelt, ist aber in Form eines Na_3PO_4-Addukts („*chloriertes Trinatriumphosphat*" $4Na_3PO_4 \cdot NaOCl \cdot 44H_2O$) Bestandteil von Haushalts- und Industriereinigungsmitteln.

Chlorkalk. Verwendet man zur Umsetzung mit Chlor statt der einsäurigen Base NaOH die zweisäurige Base $Ca(OH)_2$, indem man Chlor mit pulverigem gelöschten Kalk umsetzt, so entsteht statt des Gemisches von Natriumchlorid und Natriumhypochlorit (2) ein gemischtes Calciumsalz der Salz- und Hypo-

---

76 Die früher schon beschriebene bleichende und desinfizierende Wirkung von feuchtem Chlor (S. 442) ist ebenfalls auf die oxidierende Wirkung intermediär nach (1) gebildeter Hypochloriger Säure zurückzuführen. Ebenso beruht der fortschreitende Zerfall von Chlorwasser in Salzsäure und Sauerstoff am Licht (S. 475) auf dem Zerfall der im Gleichgewicht befindlichen Hypochlorigen Säure, indem sich das so gestörte Gleichgewicht immer wieder neu einstellt.

77 Der Gesamtvorgang wird in diesem Falle durch die Gleichung: 346 kJ + NaCl(aq) + H_2O → NaOCl(aq) + H_2 wiedergegeben. In der Technik elektrolysiert man Sole oder Meerwasser in kleinen diaphragmalosen Zellen an Titanelektroden.

chlorigen Säure (Calcium-hypochlorit-chlorid) nach (3). Es bildet den wesentlichen Bestandteil des technischen *Chlorkalks*, der seit 1799 außer zum Bleichen u. a. zur Desinfektion von Abwässern und Schwimmbädern, zur Beseitigung des üblen Geruchs von Fäkalien oder faulenden Kadavern und zur Vernichtung chemischer Kampfstoffe wie Lost dient. Die Wirksamkeit von Chlorkalk (technischer Chlorkalk enthält von der Darstellung her mehr oder minder große Mengen von Kalk) kann durch Einwirkung von Salzsäure (Chlorentwicklung) oder Kaliumiodidlösung (Iodausscheidung) bestimmt werden[78, 79]:

$$CaCl(OCl) + 2\,HCl \rightarrow CaCl_2 + H_2O + Cl_2\,;$$
$$CaCl(OCl) + 2\,HI \rightarrow CaCl_2 + H_2O + I_2\,.$$

Chlorkalk war mehr als hundert Jahre lang die einzige Form, in der man Chlor transportieren und handhaben konnte. Erst durch die Einführung von Flüssigchlor (ab 1912) ist seine Bedeutung zurückgegangen.

Calciumhypochlorit („*Perchloron*", „*hochprozentiger Chlorkalk*") wird technisch durch Chlorierung einer $Ca(OH)_2$-Suspension in der Weise erzeugt, daß nur $CaCl_2$, nicht aber $Ca(OCl)_2$ in Lösung geht: $2\,Ca(OH)_2 + 2\,Cl_2 \rightarrow Ca(OCl)_2 \cdot 2\,H_2O + CaCl_2$. Es hat gegenüber dem Chlorkalk den Vorteil eines größeren Gehaltes (theoretisch 99%; praktisch 70–80%) an wirksamem Chlor[78] (reines CaCl(OCl): 56% wirksames Chlor).

4.3.2 Chlorige Säure $HClO_2$

Darstellung. Die durch Umsetzung einer $Ba(ClO_2)_2$-Suspension mit Schwefelsäure gewinnbare „*Chlorige Säure*" $HClO_2$ ($K_S = 1.07 \times 10^{-2}$) zersetzt sich in saurer Lösung sehr schnell hauptsächlich gemäß

$$5\,HClO_2 \rightarrow 4\,ClO_2 + HCl + 2\,H_2O \qquad (5)$$

und ist daher als Säure bedeutungslos (zum Zersetzungsmechanismus vgl. S. 493).

Beständiger sind in alkalischer Lösung ihre **Salze**, die „*Chlorite*"[80], die man neben Chloraten gewinnt, wenn man Chlordioxid ClO_2 (s. dort) in Alkalilauge einleitet (Disproportionierung von ClO_2):

$$2\,ClO_2 + 2\,NaOH \rightarrow NaClO_2 + NaClO_3 + H_2O\,.$$

Frei von Chloraten erhält man die Chlorite in der Technik bei gleichzeitiger Zugabe von Wasserstoffperoxid H_2O_2 (S. 440) als Reduktionsmittel:

$$2\,ClO_2 + 2\,NaOH + H_2O_2 \rightarrow 2\,NaClO_2 + O_2 + 2\,H_2O\,.$$

Eigenschaften. Die Lösungen der Chlorite (zur ClO_2^--Struktur vgl. S. 471) wirken stark oxidierend. Dampft man Natriumchloritlösungen ein, so erhält man ein festes weißes, 90–95% $NaClO_2$ enthaltendes Salz[81]. Dieses kommt – zur Erhöhung der Handhabungssicherheit mit einem Wassergehalt von 10–15%. bzw. in Gemisch mit NaCl bzw. $NaNO_3$ – für Bleichzwecke in den Handel, da das beim Versetzen von Natriumchloritlösungen mit Säuren gemäß (5) freiwerdende Chlordioxid (vgl. ClO_2-Darstellung) Textilien faserschonend bleicht. Mit oxidierbaren Stoffen wie organischen Substanzen, Kohle-, Schwefel- oder Metallpulvern bildet festes Natriumchlorit wie Chlorat explosible Gemische. Besonders charakteristisch für die Chlorige Säure sind das *gelbe* Silbersalz $AgClO_2$ und das *gelbe* Bleisalz $Pb(ClO_2)_2$, die beide sehr schwer löslich sind und sich beim Erwärmen oder durch Schlag unter Explosion zersetzen, während das feste reine Natriumchlorit beim Erhitzen (auf über 200 °C) unter Umständen eine stürmische, aber keine explosive Zersetzung hauptsächlich gemäß $3\,NaClO_2 \rightarrow 2\,NaClO_3 + NaCl$ erleidet.

[78] Die Gewichtsmenge des mit Salzsäure entwickelten Chlors, ausgedrückt in Gewichtsprozenten des Chlorkalks, heißt „*wirksames Chlor*" und bedingt den Handelswert des Produkts. Der technische Chlorkalk hat die ungefähre Zusammensetzung $3\,CaOCl_2 \cdot Ca(OH)_2 \cdot 5\,H_2O$ (berechnetes wirksames Chlor: 39%) und enthält gewöhnlich 36% wirksames Chlor.

[79] Das ausgeschiedene Iod läßt sich mit Thiosulfat titrieren (s. dort).

[80] In alkalischer Lösung ist ClO_2^- bei 25 °C in Abwesenheit von Licht bis zu 1 Jahr beständig.

[81] $NaClO_2$ kristallisiert oberhalb 38 °C als wasserfreies Salz, unterhalb dieser Temperatur als Trihydrat aus.

4.3.3 Chlorsäure $HClO_3$

Darstellung. Zur Darstellung der *Chlorsäure* geht man gewöhnlich von ihren Salzen, den „*Chloraten*", aus. Diese entstehen leicht bei der Einwirkung von Hypochloriger Säure auf Hypochlorit:

$$2HClO + ClO^- \rightarrow 2HCl + ClO_3^-, \quad (6)$$

indem hierbei die (im Vergleich zum ClO^--Ion oxidationskräftigere) Hypochlorige Säure HClO ihr eigenes Salz ClO^- zur Stufe des Chlorats oxidiert und dabei selbst in Salzsäure übergeht (Disproportionierung; zum Mechanismus s. S. 473). Man braucht zu diesem Zwecke Hypochloritlösungen nur wenig anzusäuern ($ClO^- + HCl \rightarrow HClO + Cl^-$), da bei der Reaktion (6) immer wieder Salzsäure nachgebildet wird, welche neue Hypochlorige Säure in Freiheit setzt. Beim Erwärmen einer ClO^--Lösung (Erhöhung der Reaktionsgeschwindigkeit, Verstärkung der Hydrolyse) erfolgt auch ohne Ansäuern eine Disproportionierung gemäß (6). So gewinnt man z. B. Natriumchlorat im Laboratorium durch Einleiten von Chlor in heiße Natronlauge, in welcher sich Cl_2 zu Cl^- und zu seinerseits gemäß (6) disproportionierendes ClO^- umsetzt, so daß sich insgesamt folgende Summenreaktion ergibt:

$$3Cl_2 + 6OH^- \rightarrow ClO_3^- + 5Cl^- + 3H_2O\,.$$

In der Technik stellt man Chlorat praktisch ausschließlich durch Elektrolyse einer heißen Kochsalzlösung (ohne Trennung von Kathoden- und Anodenraum, S. 437) bei einer Zellspannung von 3.0–3.5 V dar:

$$354\,kJ + NaCl(aq) + 3H_2O \rightarrow NaClO_3(aq) + 3H_2\,.$$

Im einzelnen spielen sich hierbei folgende Vorgänge ab: Das an der Anode (aus Pt oder aktiviertem Ti) freigesetzte Chlor ($2Cl^- \rightarrow Cl_2 + 2\ominus$) reagiert mit dem an der Stahlkathode neben Wasserstoff gebildeten Hydroxid-Ion ($2H_2O + 2\ominus \rightarrow H_2 + 2OH^-$; für Einzelheiten vgl. Chloralkali-Elektrolyse, S. 437) zu Hypochlorit ab ($Cl_2 + 2OH^- \rightarrow Cl^- + ClO^- \rightarrow H_2O$). Dieses verwandelt sich anschließend auf chemischem Wege gemäß (6) (ClO-Disproportionierung) und zudem auf elektrochemischem Wege nach

$$6ClO^- + 3H_2O \rightarrow 2ClO_3^- + 4Cl^- + 6H^+ + 1\tfrac{1}{2}O_2 + 6\ominus$$

(anodische ClO^--Oxidation) in Chlorat. Zur Unterdrückung der Chlorat-Bildung auf letzterem, stromverbrauchendem[82] und deshalb unerwünschtem Wege beschleunigt man die ClO^--Disproportionierung durch Arbeiten in der Wärme (ca. 60–75 °C) in schwach saurem Milieu (pH 6–7; man gibt laufend etwas Säure zum Elektrolyten) und verhindert durch geeignete Maßnahmen die rasche Diffusion von ClO^- zur Anode. Es bilden sich Lösungen mit 280–700 g $NaClO_3$ und 80–180 g NaCl je Liter Sole, aus denen $NaClO_3$ nach Einengen in der Kälte ausfällt. Die Herstellung von $KClO_3$ erfolgt durch doppelte Umsetzung von $NaClO_3$ mit KCl ($NaClO_3 + KCl \rightarrow KClO_3 + NaCl$).

Für die Gewinnung der freien Chlorsäure ist die Umsetzung von Bariumchlorat mit Schwefelsäure zweckmäßig, da das dabei neben Chlorsäure entstehende Bariumsulfat ($BaSO_4$) schwerlöslich ist und daher leicht durch Abfiltrieren abgetrennt werden kann:

$$Ba(ClO_3)_2 + H_2SO_4 \rightarrow 2HClO_3 + BaSO_4\,.$$

Die farblose Lösung kann im Vakuum über konzentrierter Schwefelsäure als wasserentziehendem Mittel bis zu einem Gehalt von 40% Chlorsäure eingedunstet werden, ohne daß sich die Säure zersetzt. Konzentriert man darüber hinaus, so tritt unter Bildung von Sauerstoff, Chlor, Chlordioxid und Perchlorsäure Zersetzung ein ($8HClO_3 \rightarrow 4HClO_4 + 2H_2O + 3O_2 + 2Cl_2$; $3HClO_3 \rightarrow HClO_4 + H_2O + 2ClO_2$).

---

[82] Stromverluste können auch durch kathodische Reduktion von ClO^- ($ClO^- + 2H^+ + 2\ominus \rightarrow Cl^- + H_2O$) entstehen. Letztere wird durch Zugabe geringer Mengen Chromat zur Lösung gehemmt.

Eigenschaften. Redox-Reaktionen. Konzentrierte Chlorsäure ist ein sehr kräftiges Oxidationsmittel (ε_0 für $ClO_3/Cl^- = +1.450$ bei pH = 0, S. 473). Tränkt man z. B. Filterpapier mit einer 40 %igen wässerigen Chlorsäurelösung und läßt es an der Luft liegen, so entzündet es sich bald von selbst; ein in die konzentrierte $HClO_3$-Lösung eingetauchter Holzspan entflammt. Weißer Phosphor verbrennt mit heller Lichterscheinung (Bildung von Phosphorsäure); ebenso greift $HClO_3$ Schwefel an (Bildung von Schwefelsäure). Chlorid, Bromid und Iodid X^- werden zu Halogenen oxidiert:

$$ClO_3^- + 5X^- + 6H^+ \rightarrow XCl + 2X_2 + 3H_2O \text{ (Folge: } 2BrCl \rightarrow Br_2 + Cl_2).$$

(Bei Br^- und I^--Überschuß bildet sich Chlorid: $XCl + X^- \rightarrow X_2 + Cl^-$, bei $HClO_3$-Überschuß Iodat $I_2 + 2ClO_3^- \rightarrow 2IO_3^- + Cl_2$.) Besonders stark oxidierend wirkt eine Mischung von konzentrierter Chlorsäure und rauchender Salzsäure („*Euchlorin*"); man benutzt sie z. B. zum Zerstören organischer Stoffe bei der Prüfung auf anorganische Bestandteile. Mit abnehmender Konzentration sowie zunehmendem pH-Wert einer $HClO_3$-Lösung erniedrigt sich die Oxidationskraft der Chlorsäure (ε_0 für $ClO_3^-/Cl^- = +0.692$ V bei pH = 14). Mit wachsendem pH-Wert sinkt darüber hinaus die Geschwindigkeit der Oxidationen mit $HClO_3$: das Oxidationsvermögen ist in neutraler Lösung klein, in alkalischer Lösung verschwindend. Im allgemeinen erfolgt die Reduktion von $HClO_3$ bis zu Chlorid Cl^-. Insbesondere in konzentrierter Lösung wird $HClO_3$ darüber hinaus zu Chlor und Chlordioxid ClO_2 reduziert (S. 492; bezüglich des Mechanismus der Oxidationsreaktionen vgl. S. 483, 493).

Säure-Base-Reaktionen. In stärkerer Verdünnung ist die Chlorsäure verhältnismäßig beständig. Als starke, einbasige Säure ($HClO_3 \rightleftarrows H^+ + ClO_3^-$; $pK_S = -2.7$) ist sie praktisch vollkommen dissoziiert.

Salze. Die besonders wichtigen Alkalichlorate (zur Struktur des mit SO_3^{2-} isosteren ClO_3^--Ions vgl. S. 471) sind *farblos*, in Wasser löslich und in festem Zustande bei gewöhnlicher Temperatur haltbar. Ihre verdünnten wässerigen Lösungen wirken weit weniger stark oxidierend als die der Hypochlorite. Feste Gemische von Chlorat und oxidierbaren Substanzen (z. B. Phosphor, Schwefel, organische Verbindungen) explodieren demgegenüber schon beim Verreiben im Mörser; daher muß man beim Arbeiten mit Chloraten stets größte Vorsicht walten lassen. Mischungen von Chloraten mit Magnesium verpuffen beim Entzünden als „*Blitzlicht*" (vgl. S. 1116). Beim Erhitzen für sich zersetzen sie sich oberhalb des Schmelzpunktes unter Disproportionierung (s. u.) bzw. in Anwesenheit von Katalysatoren wie MnO_2 unter Sauerstoffabspaltung ($2KClO_3 \rightarrow 2KCl + 3O_2$). Besonders thermolabil ist NH_4ClO_3 (Zers. 50 °C).

Kaliumchlorat (Smp. 368 °C, Zers. 400 °C) wird in großen Mengen für Oxidationszwecke, zur Herstellung der Zündmasse von Zündhölzern (s. dort), sowie in der Feuerwerkerei und Sprengstoffindustrie gebraucht. Auch findet es in der Medizin als Antiseptikum in Form von Gurgel- und Mundwässern Verwendung, wobei man allerdings beachten muß, daß es in größeren Mengen (> 1 g) wie alle Chlorate giftig ist.

Natriumchlorat (Smp. 248 °C, Zers. 265 °C) wird als Oxidationsmittel, als Ausgangsmaterial für die Gewinnung von anderen Chloraten, von Perchloraten sowie von Chlordioxid (s. dort), zur Oxidation von U(IV) bei der Urangewinnung, als Entlaubungsmittel für Baumwollsträucher und zur Unkrautbekämpfung verwendet. Wegen seiner hygroskopischen Eigenschaften ist es für pyrotechnische Zwecke weniger geeignet als $KClO_3$.

4.3.4 Perchlorsäure $HClO_4$[83]

Darstellung. Erhitzt man Chlorate, z. B. Kaliumchlorat, auf höhere Temperatur so disproportionieren sie unter Bildung von Chlorid und „*Perchlorat*“:

$$4KClO_3 \rightarrow KCl + 3KClO_4,$$

indem je ein Chlorat-Ion unter Übergang in Chlorid-Ion ($ClO_3^- \rightarrow Cl^- + 3O$) drei andere Chlorat-Ionen zu Perchlorat-Ionen oxidiert ($3ClO_3^- + 3O \rightarrow 3ClO_4^-$)[84]. Bei noch stärkerem Erhitzen zerfällt das gebildete Perchlorat weiter in Chlorid und Sauerstoff ($ClO_4^- \rightarrow Cl^- + 2O_2$).

Technisch werden Perchlorate (insbesondere $NaClO_4$) durch anodische Oxidation von Chloraten bei pH 6.5–10 hergestellt:

$$ClO_3^- + H_2O \rightleftarrows ClO_4^- + 2H^+ + 2\ominus \qquad (\varepsilon_0 = +1.19\text{ V})$$

(Anode: Pt oder PbO_2 auf Graphit; Kathode: Fe; Stromdichte: 3000 A/m^2; Zellspannung: 6.5 V (Pt), 4.75 (PbO_2)). Die zugrunde liegende Perchlorsäure läßt sich technisch durch anodische Oxidation von Chlor in Perchlorsäure als Elektrolyt bei 0 °C in relativ reiner Form gewinnen[85]:

$$Cl_2 + 8H_2O \rightarrow 2ClO_4^- + 16H^+ + 14\ominus \qquad (\varepsilon_0 = +1.39\text{ V})$$

(Anode: Pt; Kathode: Ag; Diaphragma; Stromdichte: 2500 A/m^2; Zellspannung: 4.4 V). $HClO_4$ entsteht auch beim Behandeln von $NaClO_4$ mit konzentrierter Salzsäure:

$$NaClO_4 + HCl \rightarrow NaCl + HClO_4$$

und kann nach Abfiltrieren von ausgefallenem NaCl im Vakuum zusammen mit ca. 30 % Wasser abdestilliert werden (s. u.). Die *wasserfreie Säure* ist durch Vakuumdestillation in Gegenwart rauchender Schwefelsäure erhältlich. In den Handel kommt 60–62 %ige bzw. 70–72 %ige Perchlorsäure (Molverhältnis $H_2O : HClO_4 = 3.5$ bzw. 2.5).

Physikalische Eigenschaften. Die reine Perchlorsäure ist eine *farblose*, bewegliche, an der Luft rauchende, bei −112 °C erstarrende und bei 130 °C siedende Flüssigkeit (Dichte 1.761 g/cm^3 bei 25 °C)[86]. Die konzentrierten wässerigen Lösungen der Perchlorsäure sind von öliger Konsistenz, ähnlich der konzentrierten Schwefelsäure. Eine 72 %ige Perchlorsäure-Lösung siedet als azeotropes Gemisch unter Atmosphärendruck ohne Änderung der Zusammensetzung bei einem konstanten Siedepunkt von 203 °C. Unter den Hydraten ist das kristallisierte Monohydrat $HClO_4 \cdot H_2O$ erwähnenswert, das bei 49.90 °C schmilzt und die Konstitution eines Oxoniumperchlorats $(H_3O)ClO_4$ besitzt[87]. Zwei weitere Hydrate sind: $HClO_4 \cdot 2H_2O = (H_5O_2)ClO_4$ (Smp. −20.65 °C, Sdp. = +203 °C) und $HClO_4 \cdot 3H_2O = (H_7O_3)ClO_4$ (Smp. −40.2 °C).

Chemische Eigenschaften. Beim Erwärmen färbt sich reine $HClO_4$ unter Zersetzung braunrot und zerfällt schließlich unter Explosion (Produkte: HCl, Cl_2, Cl_2O, ClO_2, O_2). Schon bei

---

83 **Literatur.** G. S. Pearson: „*Perchloric Acid*“, Adv. Inorg. Radiochem. **8** (1966) 177–224; J. C. Schumacher (Hrsg.): „*Perchlorates*“, Reinhold, New York 1960.

84 Die Reaktion $4ClO_3^- \rightleftarrows Cl^- + 3ClO_4^-$ hat in Lösung eine Gleichgewichtskonstante $K = 10^{29}$, findet aber – selbst bei 100 °C – nur sehr langsam statt.

85 Mit dem steigenden Bedarf an Ammoniumperchlorat als Raketentreibstoff hat in letzter Zeit die freie Perchlorsäure technisches Interesse gewonnen.

86 In der Säure $HClO_4 = (HO)ClO_3$ unterscheidet sich der HO—Cl-Abstand (1.635 Å, Einfachbindung) von den drei übrigen Cl—O-Abständen (1.408 Å, Doppelbindung); ∢ (HO)ClO = 105.8°, ∢ OClO = 112.8°.

87 Unterhalb −30 °C sind die H_3O^+-Ionen mit den ClO_4^--Ionen über Wasserstoffbrücken verknüpft, oberhalb −30 °C rotieren sie frei auf ihren Gitterplätzen.

gewöhnlicher Temperatur geht die Zersetzung langsam vor sich, wobei bisweilen ohne erkennbaren äußeren Anlaß Explosion eintreten kann. Infolge der starken Oxidationswirkung werden brennbare Substanzen wie Holz, Holzkohle, Papier, organische Verbindungen explosionsartig unter heftiger Detonation oxidiert. Reduktionsmittel wie HI oder $SOCl_2$ reagieren unter Entzündung, Metalle wie Ag oder Au werden aufgelöst. Auf der Haut erzeugt Perchlorsäure schmerzhafte und schwer heilende Wunden. Die reine flüssige Säure dissoziiert in geringem Maße nach:

$$3HClO_4 \rightleftharpoons Cl_2O_7 + H_3O^+ + ClO_4^- .$$

Die Gleichgewichtskonstante dieser Reaktion beträgt bei 25 °C 0.68×10^{-6}.

In verdünntem Zustande ist die Perchlorsäure wesentlich beständiger und trotz ihres hohen Oxidationspotentials ClO_4^-/Cl^- ($\varepsilon_0 = +1.38$ V) kinetisch von weit geringerem Oxidationsvermögen[88] als die Chlorsäure (Oxidationspotential $ClO_3^-/Cl^- = +1.45$ V). So kann z. B. die verdünnte wässerige Lösung mit Salzsäure schwach erwärmt werden, ohne daß Chlor entwickelt wird; Schweflige Säure wird nicht zu Schwefelsäure oxidiert, Indigo auch in stark saurer Lösung nicht entfärbt. Auch HI, HNO_2, Cr^{2+}, Eu^{2+} reagieren nicht. Oxidiert werden aber z. B. Sn^{2+}, Ti^{3+}, V^{2+}, $S_2O_4^{2-}$; die Perchlorsäure geht hierbei in Chlorwasserstoff über. Alkalimetalle reduzieren andererseits die Protonen der Säure zu Wasserstoff.

Salze. Die Perchlorsäure gehört zu den stärksten Säuren, die es gibt ($K_S = 10^{10}$). Ihre Salze, die „*Perchlorate*", sind die beständigsten Sauerstoffsalze des Chlors und praktisch von allen Metallen bekannt. Die meisten von ihnen sind in Wasser sehr leicht löslich (z. B. 5570 g $AgClO_4$ in 1 Liter Wasser; ähnlich löslich ist $AgClO_4$ in Toluol). Ziemlich schwerlöslich sind in kaltem Wasser Kalium-, Rubidium- und Cäsiumperchlorat. Die $KClO_4$-Bildung wird daher vielfach zur „*quantitativen Bestimmung von Kalium*" benutzt. In kleinen Mengen kommt es in der *Caliche*, dem Ausgangsprodukt für den Chilesalpeter (s. dort) vor. Da es ein starkes Pflanzengift ist, muß es bei Verwendung des Salpeters für Düngezwecke vorher entfernt werden. Es läßt sich leicht durch doppelte Umsetzung aus $NaClO_4$ und KCl gewinnen. Die Verbindung wird für Feuerwerkskörper sowie im Gemisch mit Mg für Leuchtsignalraketen genutzt. **Natriumperchlorat** dient als Edukt für die $HClO_4$-Gewinnung und zur Spengstoffbereitung, **Magnesiumperchlorat** als Elektrolyt in Trockenzellen. **Ammoniumperchlorat** (Gewinnung hauptsächlich nach: $NH_3 + HClO_4 \rightarrow NH_4ClO_4$) ist ein wesentlicher Bestandteil fester Raketentreibstoffe (häufig: 75 % NH_4ClO_4 und 25 % hochmolekulare organische Substanzen oder Aluminiumpulver). In **Komplexen** wirkt das *tetraedrische* ClO_4^--Ion als *einzähniger* (η^1), *zweizähnig-chelatbildender* (η^2) und *verbrückender* (μ) Ligand[89].

4.4 Sauerstoffsäuren des Broms[1,27]

Hypobromige Säure HBrO, die schwächer als die Hypochlorige Säure ist (Dissoziationskonstante 2.06×10^{-8}), und ihre Metallsalze, die „*Hypobromite*" (MBrO), entstehen in Analogie zu den entsprechenden Verbindungen des Chlors (S. 474) durch Schütteln von Bromwasser mit Quecksilberoxid:

$$2Br_2 + 3HgO + H_2O \rightarrow HgBr_2 \cdot 2HgO + 2HOBr$$

bzw. durch Umsetzen von Brom mit Alkalilauge bei 0 °C:

$$Br_2 + 2NaOH \rightarrow NaBr + NaOBr + H_2O .$$

Die Hypobromitlösungen sind wie die Hypochloritlösungen ausgeprägte Bleich- und Oxidationsmittel (Normalpotential $HBrO/Br^-$ in saurer Lösung $= +1.34$ V; mit HClO bzw. ClO^- vergleichbare Oxidationsmechanismen, S. 476). Die Hypobromite (z. B. $NaOBr \cdot xH_2O$

---

[88] Für das geringe Oxidationsvermögen der Perchlorsäure sind demnach nicht thermodynamische, sondern kinetische (sterische) Gründe maßgebend.

[89] **Literatur.** B. J. Hathaway: „*Oxyanions*", Comprehensive Coord. Chem. **2** (1987) 413–434; N. M. N. Gowda, S. B. Naikar, G. K. N. Reddy: „*Perchlorate Ion Complexes*", Adv. Inorg. Radiochem. **28** (1984) 255–299.

durch Kristallisation aus NaBr/NaOBr-Lösungen) sind *gelb*, haben einen eigentümlichen aromatischen Geruch und disproportionieren in wässeriger Lösung quantitativ unter Bildung von Bromid und Bromat:

$$3\,BrO^- \rightarrow 2\,Br^- + BrO_3^-\,,$$

weshalb man Hypobromitlösungen bei 0 °C darstellen und aufbewahren muß[90].

Bromige Säure $HBrO_2$ entsteht in Form ihrer Salze („*Bromite*") als Zwischenprodukt der zu Bromat führenden Oxidation von Hypobromiten (bzw. Brom) mittels Hypochlorit oder Hypobromit in alkalischem Medium (vgl. S. 473 und Anm.[72a]):

$$BrO^- + ClO^- \rightarrow BrO_2^- + Cl^- \quad \text{oder} \quad 2\,BrO^- \rightarrow BrO_2^- + Br^-\,.$$

Die letztgenannte Methode läuft auf eine Disproportionierung von Hypobromit hinaus, bei der neben Bromit und Bromid auch Bromat auftritt. Umgekehrt kann z. B. Lithiumbromit auch durch Komproportionierung von Lithiumbromat und -bromid bei 190–225 °C auf trockenem Wege erzeugt werden:

$$2\,BrO_3^- + Br^- \rightarrow 3\,BrO_2^-\,.$$

Die Bromite besitzen sowohl im festen wie im gelösten Zustande eine *gelbe* Farbe. Zum Unterschied von den Chloriten sind sie nur in alkalischer Lösung beständig, während sie sich in saurer Lösung unter Bromausscheidung zersetzen. Permanganat wird durch Bromit zu Manganat(VI) reduziert:

$$2\,MnO_4^- + BrO_2^- + 2\,OH^- \rightarrow 2\,MnO_4^{2-} + BrO_3^- + H_2O\,,$$

was sich zur bequemen Gewinnung von Manganat(VI)-Lösungen heranziehen läßt. Mit Schwermetall-Ionen wie Pb^{2+}, Hg^{2+} und Ag^+ bilden Alkalibromite schwerlösliche, *gelbe* bis *orangefarbene* Niederschläge. Von den Alkali- und Erdalkalibromiten (in kristallisierter Form wurden z. B. isoliert: $NaBrO_2 \cdot 3\,H_2O$ und $Ba(BrO_2) \cdot H_2O$) hat das „*Natriumbromit*" als Entschlichtungsmittel für den oxidativen Stärkeabbau bei der Textilveredlung Eingang in die Technik gefunden.

Bromsäure $HBrO_3$. Darstellung. Die „*Bromsäure*", eine starke Säure ($pK_S \sim 0$), läßt sich analog der Chlorsäure (S. 478) durch Umsetzung von Bariumbromat mit verdünnter Schwefelsäure gewinnen und kann bis zu einem Gehalt von ca. 50 % $HBrO_3$ angereichert werden. Konzentriert man darüber hinaus, so tritt Zersetzung ein nach

$$4\,HBrO_3 \rightarrow 2\,Br_2 + 5\,O_2 + 2\,H_2O\,.$$

Die „*Bromate*" BrO_3^- entstehen ebenfalls entsprechend den Chloraten durch Disproportionierung von Brom in heißen Laugen (50–80 °C) bzw. durch Oxidation heißer alkalischer Bromidlösungen mit Chlor oder Hypochlorit:

$$3\,Br_2 + 6\,OH^- \rightarrow BrO_3^- + 5\,Br^- + 3\,H_2O\,,$$
$$Br^- + 3\,Cl_2 + 6\,OH^- \rightarrow BrO_3^- + 6\,Cl^- + 3\,H_2O\,.$$

Die Alkalibromate (zur Struktur von BrO_3^- vgl. S. 471), die in der Technik als weniger lösliche Fraktionen von den gleichzeitig gebildeten löslicheren Bromiden bzw. Chloriden abgetrennt werden, sind *farblos*, wasserlöslich und zerfallen thermisch sowohl gemäß $2\,BrO_3^- \rightarrow 2\,Br^- + 3\,O_2$ wie nach $2\,BrO_3^- \rightarrow O^{2-} + Br_2 + 2.5\,O_2$. Sie werden zur Metallbehandlung und in Haarfestigern verwendet.

Eigenschaften. Die Bromsäure ist ein kräftiges Oxidationsmittel und führt z. B. Halogenid in Halogen (s. u.), Wasserstoffperoxid in Sauerstoff, Schwefel in Schwefelsäure, Phosphor in Phosphorsäure über. Auch die wässerigen BrO_3^--Lösungen wirken – insbesondere nach Ansäuern – stark oxidierend (vgl. Potentialdiagramm S. 471) und werden für Redox-Titrationen („**Bromatometrie**") verwendet, z. B.: $NO_2^- \rightarrow NO_3^-$, $AsO_3^{3-} \rightarrow AsO_4^{3-}$, Sb(III)

[90] Durch Erhitzen des beim Eindampfen der disproportionierten Lösung hinterbleibenden Bromid-Bromat-Gemisches mit Holzkohlepulver (Reduktion des Bromat-Anteils zu Bromid) werden technisch Alkalibromide gewonnen: $2\,BrO_3^- + 3\,C \rightarrow 2\,Br^- + 3\,CO_2$. In analoger Weise lassen sich Alkaliiodide darstellen.

→ Sb(V), Sn(II) → Sn(IV), N_2H_4 → N_2, Cr(III) → Cr(VI). Die quantitativ erfolgende Komproportionierung von Bromat und Bromid zu Brom in saurer Lösung:

$$BrO_3^- + 5Br^- + 6H^+ \rightleftarrows 3Br_2 + 3H_2O\,, \qquad (1)$$

wird u. a. zur Herstellung von Bromlösungen für Redox-Titrationen („**Bromometrie**") genutzt. Die Komproportionierung stellt die Umkehrung der weiter oben erwähnten, zur Bromatgewinnung genutzten Disproportionierung von Brom in Bromat und Bromid dar, welche in alkalischer Lösung (Entzug von Protonen) erfolgt[91].

Der Mechanismus der Umsetzung (1) besteht aus einer Folge mehrerer assoziativ aktivierter, durch Protonen katalysierter Substitutionsprozesse (S_N2-Reaktionen, s. dort). Und zwar setzen sich zunächst Bromat und Bromid wie folgt zu Bromit und Brom um:

$$O_2Br{-}O^- \underset{\text{rasch}}{\overset{\pm 2H^+}{\rightleftarrows}} O_2Br{-}\overset{+}{O}H_2 \underset{\text{geschwindigkeitsbestimmend}}{\overset{\pm :Br^-;\ \mp :OH_2}{\rightleftarrows}} O_2Br{-}Br \underset{\text{rasch}}{\overset{\pm Br:^-}{\rightleftarrows}} O_2Br:^- + Br{-}Br\,. \qquad (2)$$

(a) (b) (c)

Anschließend reagiert das gebildete BrO_2^- mit Br^- analog (2) zu Hypobromit BrO^- und Br_2 und das gebildete BrO^- seinerseits auf dem Wege: $Br:^- + Br{-}OH \rightarrow Br{-}Br + :OH^-$ (vgl. S. 476) zu Brom. Den geschwindigkeitsbestimmenden Schritt der gesamten Reaktionsfolge, die im Falle der „Hin"-Reaktion (1) von links nach rechts, im Falle der „Rück"-Reaktion (1) von rechts nach links durchlaufen wird, stellt der assoziativ aktivierte H_2O/Br^--Austausch (2b) am zentralen Bromatom von BrO_3^- dar; die nachfolgende nucleophile Substitution (2c) am äußeren Bromatom von O_2BrBr sowie die sich anschließenden Redoxprozesse von Bromit und Hypobromit verlaufen vergleichsweise rasch. Ersichtlicherweise führt eine Zunahme der Protonenkonzentration (Abnahme des pH-Werts) der Lösung zu einer Verschiebung des dem geschwindigkeitsbestimmenden Schritt vorgelagerten, sich rasch einstellenden Protonierungsgleichgewichts (2a) nach rechts, was insgesamt eine Erhöhung der Reaktionsgeschwindigkeit zur Folge hat.

Ähnlich wie von Bromid wird Bromat im sauren Milieu von Chlorid bzw. Iodid reduziert. $BrO_3^- + 5X^- + 6H^+ \rightarrow XBr + 2X_2 + 3H_2O$ (Folge: $2ClBr \rightarrow Cl_2 + Br_2$; bei I^--Überschuß bildet sich Bromid: $IBr + I^- \rightarrow I_2 + Br^-$, bei $HBrO_3$-Überschuß Iodat: $I_2 + 2BrO_3^- \rightarrow 2IO_3 + Br_2$). Die Reaktionsgeschwindigkeit wächst hierbei in Richtung $Cl^- < Br^- < I^-$. Demgemäß wirkt Brom in $HBrO_3$ als weiches Substitutionszentrum (vgl. S. 393). Entsprechend (2) setzen sich darüber hinaus Chlorat ClO_3^- und Iodat IO_3^- mit Halogeniden um (bezüglich der Bildung von ClO_2 im Falle der Reduktion von ClO_3^- mit Cl^- in stark saurer Lösung vgl. S. 493). Die bevorzugte Verwendung von Bromat für Redox-Titrationen beruht dabei auf dessen vergleichsweise hoher Oxidationskraft (z. B. höher als von IO_3^-) und Oxidationsgeschwindigkeit (z. B. höher als von ClO_3^-). Ganz allgemein laufen Reaktionen von Hypohalogeniten, Halogeniten, Halogenaten und Perhalogenaten XO_{n+1}^- ($n = 0-3$) mit Reduktionsmitteln $Nu:^-$ vielfach – wie im Falle von (2) – im Zuge nucleophiler Substitutionsreaktionen am Zentralatom X von HXO_{n+1} bzw. $H_2XO_{n+1}^+$ ab, z. B.: $Nu:^- + O_nX{-}OH_2^+ \rightarrow O_nX{-}Nu + :OH_2$, gefolgt von $Nu:^- + Nu{-}XO_n \rightarrow Nu_2 + :XO_n^-$ bzw. $H_2O: + Nu{-}XO_n \rightarrow H_2O{-}Nu^+ + :XO_n^-$ (in Ausnahmefällen erfolgen die Oxidationsreaktionen auch im Zuge nucleophiler Substitutionsreaktionen am Sauerstoff von XO_{n+1}^-; vgl. S. 476).

Perbromsäure $HBrO_4$ läßt sich in Form ihrer Salze („*Perbromate*") nicht analog der Perchlorate (s. dort) durch thermische BrO_3^--Disproportionierung, sondern nur durch Oxidation von Bromaten mittels sehr starker Oxidationsmittel wie XeF_2 in mäßiger Ausbeute gewinnen[92]:

$$BrO_3^- + F_2 + H_2O \rightarrow BrO_4^- + 2HF\,.$$

Auch anodisch läßt sich diese Oxidation durchführen (ε_0 für BrO_3^-/BrO_4^- in saurer Lösung $= +1.853$ V), während z. B. Ozon, Natriumperxenat oder Natriumperoxodisulfat trotz genü-

[91] Der durch pH-Änderung hervorgerufene wechselseitige Übergang von Brom in Bromat und Bromid kann zur Reinigung von Brom genutzt werden (vgl. Darstellung von Br_2).

[92] Aus den Lösungen kann man durch Zugabe von RbF das Rubidiumsalz $RbBrO_4$ auskristallisieren.

gend hoher Oxidationspotentiale selbst bei 100 °C, auch in Anwesenheit von Silberkatalysator, dazu – aus kinetischen Gründen – nicht in der Lage sind.

Zur Oxidation mit Fluor leitet man das Halogen so lange in eine alkalische BrO_3^--Lösung, bis diese neutral reagiert (neben der BrO_4^--Bildung erfolgt F^--Bildung: $F_2 + 2OH^- \rightarrow 2F^- + \frac{1}{2}O_2 + H_2O$). Anschließend fällt man überschüssiges BrO_3^- als $AgBrO_3$, gebildetes F^- als CaF_2 aus und schickt die verbleibende Reaktionslösung durch eine Kationenaustauschersäule. Die austretenden verdünnten Lösungen der „*Perbromsäure*" $HBrO_4$ können bis zu 6 molaren Lösungen (55 %) ohne Zersetzung konzentriert werden und sind selbst bei 100 °C unbegrenzt haltbar[93]. In verdünnter Lösung ist Perbromsäure trotz ihres hohen Oxidationspotentials (s. o.)[94] ein träges Oxidationsmittel, das Cl^- nicht, Br^- und I^- nur langsam zu elementarem Halogen oxidiert. Dagegen oxidiert die 3-molare Säure z. B. leicht rostfreien Stahl, und die 12-molare Lösung explodiert schon bei Berührung mit Salpetersäure. $KBrO_4$ (stabil bis 275 °C)[95] geht beim Erhitzen auf über 280 °C unter Sauerstoffabspaltung nicht analog $KClO_4$ in KBr, sondern in $KBrO_3$ über.

4.5 Sauerstoffsäuren des Iods[1]

Hypoiodige Säure HIO. Schüttelt man eine wässerige Iodlösung mit Quecksilberoxid (vgl. S. 474), so erhält man vorübergehend die freie „*Hypoiodige Säure*" HIO ($2I_2 + 3HgO + H_2O \rightarrow HgI_2 \cdot 2HgO + 2HIO$), welche die schwächste der drei Hypohalogenigen Säuren darstellt (Dissoziationskonstante 2.3×10^{-11}). Sie ist sehr unbeständig und zersetzt sich rasch unter Disproportionierung in Iod und Iodsäure:

$$5HIO \rightarrow HIO_3 + 2I_2 + 2H_2O$$

(Reaktionsweg: $3HIO \rightarrow 2HI + HIO_3$; $HIO_3 + 5HI \rightarrow 3H_2O + 3I_2$). Etwas beständiger sind die „*Hypoiodite*" in wässeriger Lösung, die analog den Hypochloriten und -bromiten durch Einwirkung von Iod auf Alkalilaugen gewonnen werden können und die sowohl als Oxidations- als auch Reduktionsmittel wirken (vgl. Potentialdiagramm, S. 473). In kurzer Zeit gehen infolgedessen auch sie unter Disproportionierung in Iodid und Iodat über. Feste Metallhypoiodite sind bisher unbekannt.

Iodige Säure HIO_2. Über die Iodige Säure und ihre Salze, die „*Iodite*", ist bisher wenig bekannt. IO_2^- stellt ein reaktives Zwischenprodukt der Disproportionierung von IO^- in Natronlauge dar (vgl. S. 473).

Iodsäure HIO_3. Darstellung. Die „*Iodsäure*" kann durch elektrochemische oder chemische Oxidation von Iod mit konzentrierter Salpetersäure, Wasserstoffperoxid, Ozon oder Chlor in wässeriger Lösung gewonnen werden, z. B.:

$$I_2 + 6H_2O + 5Cl_2 \rightleftarrows 2HIO_3 + 10HCl\,.$$

Die im letzteren Falle gleichzeitig gebildete Salzsäure muß durch Silberoxid aus dem Gleichgewicht entfernt werden ($2HCl + Ag_2O \rightarrow 2AgCl + H_2O$), da Iodsäure die Salzsäure in Umkehrung obiger Bildungsgleichung oxidiert (s. u.). Aus den Salzen kann die Säure durch Erwärmen mit Schwefelsäure in Freiheit gesetzt werden:

$$NaIO_3 + H_2SO_4 \rightleftarrows HIO_3 + NaHSO_4\,.$$

93 Stärker konzentrierte Lösungen werden zunehmend instabil.

94 Perbromate sind thermodynamisch stärkere Oxidationsmittel als Perchlorate ($\varepsilon_0 = 1.39$ V) und Periodate ($\varepsilon_0 = 1.21$ V). Eine analoge Anomalie findet sich in der links benachbarten VI. Gruppe: Selenate (ε_0 für $SeO_4^{2-}/H_2SeO_3 = 1.15$ V) sind stärkere Oxidationsmittel als Sulfate ($\varepsilon_0 = 0.16$ V) und Tellurate ($\varepsilon_0 = 0.93$ V). Zur Problematik vgl. S. 313.

95 Selbst NH_4BrO_4 ist bis 170 °C stabil.

Die Salze der Iodsäure, die „*Iodate*", lassen sich ihrerseits durch Einwirkung von Iod auf heiße Alkalilaugen oder durch Oxidation von Iod mit Chloraten gewinnen:

$$3I_2 + 6OH^- \rightarrow IO_3^- + 5I^- + 3H_2O; \qquad I_2 + 2ClO_3^- \rightarrow 2IO_3^- + Cl_2 .$$

Auch durch Hochdruckoxidation von Iod bei 600 °C mit Sauerstoff unter 100 bar sind sie nach $2I^- + 3O_2 \rightarrow 2IO_3^-$ zugänglich.

Eigenschaften. Die Iodsäure, die als einzige unter den Halogensäuren HXO_3 wasserfrei isoliert werden kann, kristallisiert in *farblosen*, durchsichtigen Kristallen von saurem, herbem Geschmack (Struktur: H-verbrückte $(HO)IO_2$-Pyramide; $\measuredangle$ (HO)IO = 97°, $\measuredangle$ OIO = 101.4°, Abstand HO—I 1.89 Å). Sie zersetzt sich thermisch bei 100 °C in HI_3O_8, bei 200 °C in I_2O_5 ($3HIO_3 \rightarrow HIO_3 \cdot I_2O_5 + H_2O \rightarrow 1.5I_2O_5 + 1.5H_2O$) und wirkt als mittelstarke *Säure* ($pK_S = 0.804$). Darüber hinaus ist sie ein kräftiges Oxidationsmittel (ε_0 für IO_3^-/I_2 1.19 V bei pH = 0) und verwandelt etwa Halogenid X^- in Halogene (X = Cl, Br, I):

$$IO_3^- + 5X^- + 6H^+ \rightarrow IX + 2X_2 + 3H_2O ,$$

Wasserstoffperoxid in Sauerstoff (vgl. „*Bray-Liebhafsky-Reaktion*", S. 369), Arsenit in Arsenat ($IO_3^- + 3AsO_3^{3-} \rightarrow I^- + 3AsO_4^{3-}$), Sulfit in Sulfat SO_4^{2-} ($IO_3^- + 3SO_4^{2-}$ bzw. $2IO_3^- + 5SO_3^{2-} + 2H^+ \rightarrow I_2 + 5SO_4^{2-} + H_2O$).

Die von H. H. Landolt im Jahre 1886 entdeckte und zur Iod-Gewinnung genutzte (S. 446) Umsetzung von Iodat mit der 2.5fachen Menge Sulfit in saurer Lösung zu Iod und Sulfat („**Landolt-Reaktion**") stellt eine „*gekoppelte Reaktion*" dar:

$$IO_3^- + 3SO_3^{2-} \rightarrow I^- + 3SO_4^{2-} , \tag{1}$$
$$IO_3^- + 5I^- + 6H^+ \rightarrow 3I_2 + 3H_2O , \tag{2}$$
$$3I_2 + 2SO_3^{2-} + H_2O \rightarrow 6I^- + 6H^+ + 3SO_4^{2-} . \tag{3}$$

Hierbei entsteht das Iod auf den Wegen (1) und (2) langsamer, als es auf dem Wege (3) verschwindet. Erst wenn nach einer bestimmten Zeit die zugegebene Menge Sulfit verbraucht ist und die Reaktionen (1) und (3) nicht mehr ablaufen können, liefert der Vorgang (2) sichtbare Mengen Iod. Führt man infolgedessen die Umsetzung in Anwesenheit von etwas Stärke durch, so färbt sich diese nach längerem (errechenbarem) Warten plötzlich blau. Man zählt die Landolt-Reaktion aus diesem Grunde zu den „*Zeitreaktionen*". Die Umsetzungen (1), (2) und (3) sind ihrerseits aus jeweils mehreren Teilreaktionen zusammengesetzt (vgl. hierzu S. 438). So verläuft etwa die Umsetzung (3), die eine Teilreaktion der Folge (1) darstellt, auf dem Wege: $HO_3S^- + I—I \rightarrow HO_3S—I + I^-$; $HSO_3I + H_2O \rightarrow H_2SO_4 + HI$. Geschwindigkeitsbestimmend ist jeweils nur die erste Teilreaktion von (1), (2) und (3). Ähnlich wie SO_3^{2-} reagieren die Reduktionsmittel Sn^{2+} und $S_2O_3^{2-}$ vollständig bzw. AsO_3^{3-} und $Fe(CN)_6^{4-}$ teilweise mit Iodat, bis die I^-/IO_3^--Komproportionierung zu I_2 einsetzt. Andererseits erfolgt die Reduktion von IO_3^- mit Hydroxylamin NH_2OH, Hydrazin N_2H_4 oder Hydrochinon HO—C_6H_4—OH langsamer als die I^-/IO_3^--Komproportionierung, weshalb sich in diesen Fällen Iod von Reaktionsbeginn an abscheidet.

Salze. Die Alkalisalze der Iodsäure haben im allgemeinen die Formel MIO_3 und enthalten das pyramidal gebaute „*Iodat*" IO_3^- (vgl. S. 471). Man kennt aber auch saure Salze der Zusammensetzung $MIO_3 \cdot HIO_3$ und $MIO_3 \cdot 2HIO_3$, bei denen die HIO_3-Moleküle über Wasserstoffbrücken an die IO_3^--Anionen gebunden sind. Die Iodate sind viel beständiger als die Chlorate und Bromate (KIO_3 zerfällt erst oberhalb 500 °C in KI und O_2), stellen aber immer noch ausgesprochene Oxidationsmittel dar (ε_0 für IO_3^-/I_2 in alkalischer Lösung = + 0.20 V). So detonieren sie im Gemisch mit brennbaren Substanzen durch Schlag. Die Iodate der vierwertigen Metalle Ce, Zr, Hf, Th können aus 6-molarer HNO_3 ausgefällt werden, was zur Abtrennung dieser Metalle von anderen Metallen dienen kann.

Periodsäure HIO_4. Darstellung. Oxidiert man Iodate (bzw. auch Iodide oder Iod) mit Chlor oder Hypochlorit in Natronlauge bei 100 °C, so entstehen „*Periodate*" (bezüglich der in Lösung tatsächlich vorliegenden Iod(VII)-Ionen s. unten):

$$IO_3^- + ClO^- \rightarrow IO_4^- + Cl^- .$$

Aus der Lösung erhält man beim Abkühlen das Orthoperiodat $Na_3H_2IO_6$, das beim Umkristallisieren aus verdünnter Salpetersäure in das Periodat $NaIO_4$ übergeht. Analog den Perchloraten können Orthoperiodate darüber hinaus durch thermische Disproportionierung von Iodaten gewonnen werden, z. B.:

$$5\,Ba(IO_3)_2 \rightarrow Ba_5(IO_6)_2 + 4\,I_2 + 9\,O_2\,.$$

In der Technik stellt man Periodate durch elektrochemische Oxidation von Iodat an PbO_2-Anoden oder durch chemische Oxidation von IO_3^- mit Chlor dar.

Die „*Orthoperiodsäure*" H_5IO_6 läßt sich durch Umsetzen des Bariumsalzes $Ba_3[H_2IO_6]_2$ mit konzentrierter Salpetersäure bzw. durch anodische Oxidation von Iodsäure HIO_3 gewinnen:

$$HIO_3 + 3\,H_2O \rightleftarrows H_5IO_6 + 2\,H^+ + 2\ominus \qquad (\varepsilon_0 = 1.60\,V)\,.$$

Eigenschaften. Die aus wässeriger Lösung kristallisierende Säure bildet *farblose*, prismatische, an der Luft zerfließende Kristalle vom Smp. 128.5 °C. In der **Orthoperiodsäure H_5IO_6** = $(HO)_5IO$ ist das Iod oktaedrisch von 6 Sauerstoffatomen umgeben, von denen fünf protoniert sind[96]. Der Abstand I—OH beträgt 1.89 Å der Abstand I=O 1.78 Å[97].

Beim Erhitzen im Vakuum (70 °C, 10^{-1} bis 10^{-2} Torr) geht die Orthoperiodsäure unter Wasserabspaltung in die **Triperiodsäure $H_7I_3O_{14}$** über (*farblose*, pulverige, hygroskopische Substanz), die sich ihrerseits bei 100 °C im Vakuum unter weiterer H_2O-Abgabe in die **Periodsäure HIO_4** (richtiger: Polyperiodsäure $(HIO_4)_x$) umwandelt (feinkristalline, *schwach gelbliche*, hygroskopische Substanz, die bei Erwärmung auf 150 °C im Vakuum unter H_2O- und O_2-Abspaltung über I_2O_6 in I_2O_5 übergeht (vgl. Iodoxide)). Beide Säuren bilden sich auch bei der Entwässerung von Orthoperiodsäure mit konzentrierter Schwefelsäure, und zwar $H_7I_3O_{14}$ beim Behandeln von H_5IO_6 mit 97 %iger H_2SO_4 bei Raumtemperatur, HIO_4 beim Behandeln von H_5IO_6 mit 100 %iger H_2SO_4 bei 50 °C (die Iod(VII)-Säuren sind unter den angegebenen Bedingungen praktisch unlöslich in H_2SO_4). Beim Lösen in Wasser verwandeln sich die Säuren HIO_4 und $H_7I_3O_{14}$ unter H_2O-Aufnahme in die Säure H_5IO_6 – der einzigen in Wasser existenzfähigen Iod(VII)-Säure – zurück.

Ähnlich wie in H_5IO_6 kommt dem Iod auch in den Säuren $H_7I_3O_{14}$ sowie HIO_4 die Koordinationszahl 6 zu (oktaedrische Umgebung mit Sauerstoffatomen). Nach spektroskopischen Untersuchungen liegen hierbei in der Triperiodsäure Dreierketten, in der Periodsäure Polyketten von IO_6-Oktaedern mit gemeinsamer Kante vor. Die bei höherer Temperatur im Vakuum bzw. in konzentrierter Schwefelsäure ablaufende Kondensation von Orthoperiodsäure bzw. die rückläufige Hydrolyse von Period- und Triperiodsäure wickelt sich hiernach wie folgt unter Abspaltung (Aufnahme) von jeweils zwei Wassermolekülen pro Kondensationsschritt (Hydrolyseschritt) ab (Diperiodsäure[98] $H_6I_2O_{10}$ konnte bisher nicht isoliert werden):

---

[96] Die Orthoperiodsäure stellt ein Dihydrat der Periodsäure dar: $HIO_4 \cdot 2\,H_2O = H_5IO_6$, wobei die beiden Wassermoleküle an das Iod gebunden sind. Bei den analogen Dihydraten der Perchlor- bzw. Perbromsäure sind die Wassermoleküle mit den Protonen verknüpft: $HClO_4 \cdot 2\,H_2O = H_5O_2^+ ClO_4^-$, $HBrO_4 \cdot 2\,H_2O = H_5O_2^+ BrO_4^-$.

[97] Die Kraftkonstante der I—OH-Bindung (der I=O-Bindung) entspricht mit 3.0 N/cm (5.4 N/cm) dem für eine Einfachbindung (für eine Doppelbindung) erwarteten Wert.

[98] Die Diperiodsäure $H_6I_2O_{10} = (H_3IO_5)_2$ wurde früher auch als „*Mesoperiodsäure*" (Salze: „*Mesoperiodate*") bezeichnet, da die Säuresummenformel H_3IO_5 eine Mittelstellung zwischen der Summenformel der Orthoperiodsäure H_5IO_6 und der – auch als „*Metaperiodsäure*" (Salze: „*Metaperiodate*") bezeichneten – Periodsäure HIO_4 einnimmt.

$\rightleftarrows$ ($\mp 2H_2O$) $\quad$ $\rightleftarrows$ ($\pm H_5IO_6$ / $\mp 2H_2O$)

Orhtoperiodsäure H_5IO_6 $\quad$ **Diperiodsäure $H_6I_2O_{10}$** (bisher nur in Salzen nachgewiesen) $\quad$ **Triperiodsäure $H_7I_3O_{14}$**

$\rightleftarrows$ ($\pm mH_5IO_6$ / $\mp 2mH_2O$)

(Poly-)Periodsäure $(HIO_4)_n$

Die Orthoperiodsäure H_5IO_6 wirkt – insbesondere in saurer Lösung – sehr stark oxidierend (vgl. Potentialdiagramm auf S. 473) und vermag etwa Mangan(II) in Permanganat, Sulfit in Sulfat oder organische 1,2-Diole unter CC-Spaltung in Ketone überzuführen (z. B. $HO{-}CMe_2{-}CMe_2{-}OH + H_4IO_6^- \rightarrow 2Me_2C{=}O + IO_3^- + 3H_2O$). H_5IO_6 ist eine schwache mehrbasige Säure ($pK_1 = 3.29$, $pK_2 = 8.31$, $pK_3 = 11.60$)[99], die in saurer bis neutraler Lösung praktisch undissoziiert vorliegt. In sehr saurer Lösung (z. B. 10M-$HClO_4$) geht sie nach $H_5IO_6 + H^+ \rightleftarrows H_6IO_6^+$ ($K = 0.16$) in das „*Orthoperiodonium-Ion*" $H_6IO_6^+ = I(OH)_6^+$ (isoster mit $Te(OH)_6$, $Sb(OH)_6^-$ und $Sn(OH)_6^{2-}$; isolierbar als $[I(OH)_6^+]_2SO_4$) über. Außer *Protonierungs-* und *Deprotonierungs*gleichgewichten sind in wässeriger H_5IO_6-Lösung auch noch folgende zu Periodat IO_4^- bzw. Dihydrogendiperiodat $H_2I_2O_{10}^{4-}$ führende *Dehydratisierungs*gleichgewichte zu berücksichtigen:

$$H_4IO_6^- \rightleftarrows IO_4^- + 2H_2O \qquad (K = 29);$$
$$2H_3IO_6^{2-} \rightleftarrows H_2I_2O_{10}^{4-} + 2H_2O \qquad (K = 820).$$

In einer alkalischen H_5IO_6-Lösung liegen somit hauptsächlich die Ionen $H_4IO_6^-$, $H_3IO_6^{2-}$, $H_2IO_6^{3-}$, IO_4^- und $H_2I_2O_{10}^{4-}$ vor.

Salze. Aus wässerigen Metallionen-haltigen H_5IO_6-Lösungen lassen sich in Abhängigkeit vom Metallion, vom pH-Wert, von den Konzentrationsverhältnissen und von der Temperatur unterschiedlich zusammengesetzte *Salze* der Iod(VII)-Säure auskristallisieren. So bildet sich etwa bei Zugabe von Cs^+-Ionen zu einer alkalischen H_5IO_6-Lösung ein *Salz der Periodsäure* HIO_4, nämlich Cäsium-periodat $CsIO_4$, das wie $CsClO_4$ und $CsBrO_4$ in Wasser schwerlöslich ist (Verschiebung der in Lösung vorliegenden Gleichgewichte in Richtung IO_4^-). In entsprechender Weise lassen sich unter geeigneten Bedingungen *Salze der Orthoperiodsäure* H_5IO_6 mit den Anionen $H_4IO_6^-$, $H_3IO_6^{2-}$, $H_2IO_6^{3-}$ und IO_6^{5-} (z. B. Alkali- und Erdalkalimetallsalze, Ag_5IO_6)[100] sowie *Salze der Triperiodsäure* $H_7I_3O_{14}$ mit den Anionen $H_4I_3O_{14}^{3-}$ und $H_2I_3O_{14}^{5-}$ gewinnen. Auch von der bisher unbekannten *Mesoperiodsäure* H_3IO_5 und den *Diperiodsäuren* $H_6I_2O_{10}$ und $H_4I_2O_9$ existieren *Salze* mit den Anionen IO_5^{3-} $H_3I_2O_{10}^{3-}$, $H_2I_2O_{10}^{4-}$, $HI_2O_{10}^{5-}$, $I_2O_{10}^{6-}$ und $I_2O_9^{4-}$.

In den Periodaten liegen (anders als in $(HIO_4)_n$) meist IO_4^--Ionen mit der Koordinationszahl 4 des Iods (T_d-Symmetrie; tetraedrische Umgebung mit Sauerstoffatomen), in den Mesoperiodaten IO_5^{3-}-Ionen mit der Koordinationszahl 5 des Iods (C_{4v}-Symmetrie; *quadrat*isch-*pyramidale* Umgebung mit Sauerstoffatomen)[98], in allen anderen Salzen Iodat(VII)-Ionen mit der Koordinationszahl 6 des Iods vor (O_h-Symmetrie; oktaedrische Umgebung mit Sauerstoffatomen). Laut Röntgenstrukturanalyse sind

---

[99] Die – in Wasser als solche nicht existenzfähige – monomere Periodsäure HIO_4 wäre zum Unterschied von den Orthoperiodsäuren eine sehr starke, in Wasser vollständig dissoziierte Säure.

[100] **Literatur.** B. J. Hathaway: „*Oxyanions*" in Comprehensive Coord. Chem. **2** (1987) 413–434.

in den von den hypothetischen Säuren $H_6I_2O_{10}$ bzw. $H_4I_2O_9$ abgeleiteten Diperiodaten jeweils zwei IO_6-Oktaeder über eine gemeinsame Kante bzw. Fläche verknüpft. Diperiodate des letzteren Typs entstehen aus Diperiodaten $M_4H_2I_2O_{10}$ durch intramolekulare H_2O-Abspaltung (z. B. $K_4H_2I_2O_{10} \cdot 8H_2O \rightarrow K_4I_2O_9 + 9H_2O$ bei 110 °C). Interessanterweise wurden bisher keine Salze aufgefunden, die sich von einer hypothetischen Diperiodsäure $H_8I_2O_{11}$ mit eckenverknüpften IO_6-Oktaedern ableiten würden.

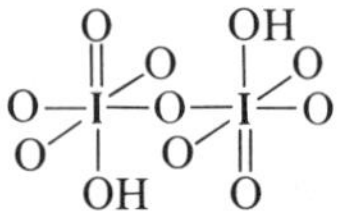

$H_2I_2O_{11}^{6-}$ 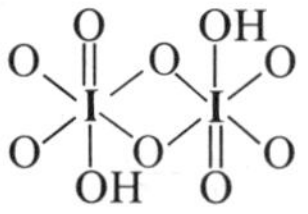 $H_2I_2O_{10}^{4-}$ 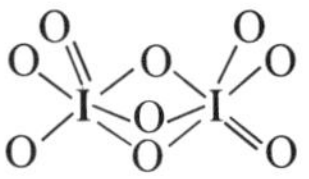 $I_2O_9^{4-}$

Komplexe[100]. Beim Vereinigen wässeriger Lösungen von Alkalimetall-orthoperiodat mit wässerigen Lösungen von Übergangsmetallionen M^{n+} bilden sich vielfach Orthoperiodat-Komplexe, die – selbst bei relativ hoher Oxidationsstufe des Metalls – erstaunlich stabil sind. Als Beispiele seien genannt: $[\mathbf{M(IO_6)_2}]^{6-}$ (M = Pd(IV), Pt(IV), Ce(IV)), $[\mathbf{M(IO_6)_2}]^{7-}$ (M = Co(III), Fe(III), Cu(III), Ag(III), Au(III)), $[\mathbf{MIO_6)_3}]^{11-}$ (M = Mn(IV)). Die *oktaedrischen* IO_6^{5-}-Ionen wirken in den Komplexen als *zweizähnige Chelatliganden.*

5 Oxide und Fluoridoxide der Halogene[1)]

5.1 Grundlagen

Systematik. Von den vier Sauerstoffsäuren HXO_n ($n = 1, 2, 3, 4$) des *Chlors*, *Broms* bzw. *Iods* leiten sich als Anhydride formal **Halogenoxide** der Formeln $\mathbf{X_2O}$, $\mathbf{X_2O_3}$, $\mathbf{X_2O_5}$ und $\mathbf{X_2O_7}$ ab ($2HXO_n \rightleftarrows X_2O_{2n-1} + H_2O$). Darüber hinaus sind als gemischte Anhydride die Oxide $\mathbf{X_2O_2}$ (Anhydride der Hypohalogenigen und Halogenigen Säuren), $\mathbf{X_2O_4}$ (Anhydride der Halogenigen und Halogensäuren bzw. der Hypohalogenigen und Perhalogensäuren) und $\mathbf{X_2O_6}$ (Anhydride der Halogen- und Perhalogensäuren) denkbar. Die Tab. 54 gibt die bisher von Chlor, Brom und Iod bekannten Oxide wieder. Analoge Summenformeln wie den Sauerstoffverbindungen des Chlors, Broms und Iods kommen auch den Sauerstoffverbindungen des *Fluors* zu (Tab. 54), in welchen das Halogen zum Unterschied von den zuerst genannten Verbindungen nicht der elektropositive, sondern der elektronegative Partner ist. Demgemäß bezeichnet man die Fluor-Sauerstoffverbindungen auch nicht als Fluoroxide, sondern – richtig – als Sauerstoff-fluoride.

Struktur. Die Verbindungen X_2O stellen Derivate des Wassers H_2O dar (Ersatz beider H- durch X-Atome) und weisen dementsprechend einen gewinkelten Bau auf (b). In analoger Weise leiten sich O_2F_2 und ein Cl_2O_2-Isomeres vom Wasserstoffperoxid H_2O_2 (c), O_4F_2 vom Dihydrogentetraoxid H_2O_4 ab (S. 531; ein Difluorderivat des Dihydrogentrioxids H_2O_3 fehlt bislang). Die weiteren in Tabelle 54 aufgeführten Halogenoxide leiten sich von den Dihalogen- und Dihalogenoxid-Molekülen (a, b) durch Anlagerung von bis zu 6 Sauerstoffatomen $\ddot{\underset{..}{O}}$: an die freien Elektronenpaare der Halogenatome ab (O-Addukte von XOOX sind bisher unbekannt).

(a)  :Ẍ̤—Ẍ̤: (b) 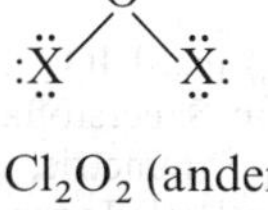 :Ẍ̤–Ö–Ẍ̤: (c) 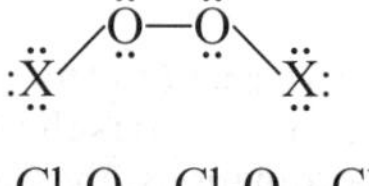 :Ẍ̤–Ö–Ö–Ẍ̤:

So kommen etwa den Chloroxiden Cl_2O_2 (andere Isomere), Cl_2O_3, Cl_2O_4, Cl_2O_6 und Cl_2O_7 folgende Konstitutionen zu: $Cl—ClO_2$, $Cl—O—ClO$, $OCl—ClO_2$(?), $Cl—O—ClO_3$, $O_2Cl—O—ClO_3$ (Gasphase), $O_3Cl—O—ClO_3$. Das Oxid Cl_2O_6 unterliegt in kondensierter Phase der *Bindungsheterolyse* (Bildung von $ClO_2^+ClO_4^-$), das Oxid Cl_2O_4 der Struktur $OCl—O—ClO_2$ (vgl. S. 494) selbst bei sehr tiefen Temperaturen der *Bindungshomolyse* (Bildung von $2ClO_2$). Auch den Oxiden I_2O_4 und I_2O_6 kommen nicht die (hypothetischen) Struk-

Tab. 54 Isolierte (Fettdruck) und nachgewiesene Halogenoxide (in Klammern jeweilige Zersetzungstemperatur; DE = Dissoziationsenergie)

	Sauerstofffluoride		**Chloroxide**		**Bromoxide**		**Iodoxide**	
X_2O	$\mathbf{OF_2}$ (200 °C) *Farbloses* Gas Smp. − 223.8 °C Sdp. − 145.3 °C ΔH_f − 23.8 kJ/mol		$\mathbf{Cl_2O}$ (60 °C) *Gelbbraunes* Gas Smp. − 120.6 °C Sdp. 2.0 °C ΔH_f + 80.4 kJ/mol		$\mathbf{Br_2O}$ (− 40 °C) *Braune* Flüssigkeit Smp. − 17.5 °C ΔH_f ca. 110 kJ/mol		–	
X_2O_2	$\mathbf{O_2F_2}$ (− 95 °C) *Orangerot*[a)] Smp. − 163.5 °C Sdp. ca. − 57 °C ΔH_f + 19.8 kJ	OF S. 491 DE_{OF} = 201.9 kJ ΔH_f = + 126 kJ	Cl_2O_2 S. 495 (Iso- mere) ΔH_f + 130 kJ	ClO[b)] S. 495 DE_{ClO} = 270 kJ ΔH_f = + 101.8 kJ	–	BrO[b)] – DE_{BrO} = 235 kJ ΔH_f = + 125.8 kJ	–	IO[b)] – DE_{IO} = 180 kJ ΔH_f = + 175.1 kJ
X_2O_3	–		$\mathbf{Cl_2O_3}$ (− 45 °C) *Dunkelbraun*[a)] ΔH_f ca. + 190 kJ		$\mathbf{Br_2O_3}$ (− 40 °C) *Orangefarben*[a)]		–	
X_2O_4	$\mathbf{O_4F_2}$ (− 185 °C) *Rotbraun*[a)] Smp. − 191 °C	O_2F S. 491 (Dimeri- sierung < − 175 °C)	$\mathbf{Cl_2O_4}$ (0 °C) *Gelbe* Flüssigkeit Smp. − 117 °C Sdp. 45 °C ΔH_f + 180 kJ	$\mathbf{ClO_2}$ (45 °C) *Gelbrotes* Gas − 59 °C + 11 °C + 102.6 kJ	$\mathbf{Br_2O_4}$?	BrO_2[b)]	$\mathbf{I_2O_4}$ (85 °C) *Gelbe* Subst. Smp. 130 °C $\mathbf{I_2O_{4.5}}$	IO_2[b)]
X_2O_5	–		–		$\mathbf{Br_2O_5}$ (− 20 °C) *Farbl.* Substanz		$\mathbf{I_2O_5}$ (300 °C) *Farbl.* Subst. Smp. ~ 300 °C ΔH_f − 158.2 kJ	
X_2O_6	–		$\mathbf{Cl_2O_6}$ *Rote* Flüssigkeit Smp. + 3.0 °C	ClO_3[b)] ΔH_f + 145 kJ	–	BrO_3[b)]	$\mathbf{I_2O_6}$ (150 °C) *Gelbe* Subst.	IO_3[b)]
X_2O_7	–		$\mathbf{Cl_2O_7}$ *Farbl.* Flüssigkeit[c)]	ClO_4 S. 497	–		–	

a) In kondensierter Phase. – **b)** Die Monoxide XO, Dioxide XO_2 und Trioxide XO_3 (X = Cl, Br, I) entstehen als kurzlebige Zwischenprodukte u.a. durch Blitzlichtphotolyse oder γ- Radiolyse wässeriger XO^--, XO_2^-- und XO_3^--Lösungen (XO-Abstände für ClO/BrO/IO = 1.569/1.721/1.867 Å; OXO-Winkel für $ClO_2/BrO_2/IO_2$ = 117.7/112/114°, für ClO_3 = 114°). Die Oxide **XO** bilden sich auch durch Photolyse oder Mikrowellenentladung von X_2/O_2-Gasgemischen (Zerfall nach: $2XO \rightarrow X + XOO \rightarrow 2X + O_2$), die Oxide $\mathbf{XO_2}$ (X = Br, I) auch durch Komproportionierung von HXO_2 und HXO_3, das Oxid $\mathbf{ClO_3}$ auch durch Vakuum-Blitz-Pyrolyse von Cl_2O_4. – **c)** Smp./Sdp. − 91.5/+ 81.5 °C; ΔH_f = + 272 kJ/mol.

turen OI—O—IO_2 und O_2I—O—IO_3 zu, sondern eher die Formeln $(IO^+IO_3^-)_n$ und $(IO_2^+IO_4^-)_n$. I_2O_5 besitzt demgegenüber „normalen" kovalenten Bau: O_2I—O—IO_2. Die Strukturen der Bromoxide sind: Br—O—Br, Br—O—BrO_2, O_2Br—O—BrO_2.

Darstellung. Die Sauerstoffverbindungen des Fluors, Chlors und Broms sind hochreaktiv und neigen zum (teils explosiven) Zerfall in die Elemente. Wegen des endothermen Charakters der meisten Verbindungen (Tab. 54) kann deren Darstellung *aus den Elementen* nur unter Energiezufuhr erfolgen (elektrische Entladung von Halogen/Sauerstoff-Gemischen oder Umsetzung von Halogen mit Ozon als „chemisch aktiviertem" Sauerstoff). Eine Bildung von Halogen-Sauerstoff-Verbindungen ist darüber hinaus *aus den Halogensauerstoffsäuren* möglich, indem man diese durch Wasserentzug in ihre (normalen bzw. gemischten) Anhydride überführt. Schließlich lassen sich auch durch *Umwandlung von Halogenoxiden* neue Halogen-Sauerstoff-Verbindungen gewinnen. *Technisch* werden insbesondere Cl_2O, ClO_2 und I_2O_5 erzeugt.

Im folgenden seien der Reihe nach zunächst Darstellung und Eigenschaften von Sauerstoffverbindungen des Fluors, Chlors, Broms und Iods, anschließend Fluoridoxide von Chlor, Brom und Iod behandelt. Letztere leiten sich von den Halogen-Sauerstoffsäuren durch Ersatz der OH-Gruppe sowie gegebenenfalls von Sauerstoffatomen durch Fluoratome ab.

5.2 Sauerstoffverbindungen des Fluors[1,101)]

Vom Fluor sind bis jetzt mit Sicherheit drei *diamagnetische* Sauerstoffverbindungen (OF_2, O_2F_2 und – weniger gut untersucht – O_4F_2) sowie zwei *paramagnetische* Sauerstoffverbindungen (OF und O_2F) bekannt. Die Existenz weiterer, in der Literatur noch beschriebener Verbindungen O_nF_2 mit $n = 3$, 5 und 6 ist noch unsicher.

Sauerstoffdifluorid OF_2. Leitet man Fluor in Wasser oder eine 0.5-molare *Natrium-* oder *Kaliumhydroxidlösung*, so erhält man mit maximal 80%iger Ausbeute das (formale) *Anhydrid* OF_2 der Hypofluorigen Säure (S. 473)[102)]:

$$2F_2 + 2OH^- \rightarrow 2F^- + OF_2 + H_2O\,.$$

Das Sauerstoffdifluorid OF_2 ($\Delta H_f = -23.8$ kJ/mol) ist ein *farbloses*, sehr giftiges, die Atmungsorgane heftig angreifendes Gas, welches sich bei $-145.3\,°C$ zu einer intensiv *gelben* Flüssigkeit (Smp. $-223.8\,°C$; Dichte bei $-183\,°C = 1.719$ g/cm^3) verdichtet. In Wasser ist OF_2 etwas löslich (6.8 cm^3 in 100 cm^3 Wasser bei 0 °C). Die Lösung zeigt keine sauren, wohl aber *stark oxidierende* Eigenschaften (z.B. Oxidation aller Halogenwasserstoffe nach $OF_2 + 4HX\,(aq) \rightarrow 2X_2 + H_2O + 2HF$). Bei Einwirkung des Gases auf Alkalilaugen entstehen keine „*Hypofluorite*" ($OF_2 + 2OH^- \rightarrow 2OF^- + H_2O$), sondern deren Zerfallsprodukte Fluorid und Sauerstoff: $OF_2 + 2OH^- \rightarrow 2F^- + O_2 + H_2O$. Im Vergleich zum Fluor F_2 ist Sauerstoffdifluorid OF_2 *weniger reaktionsfähig*; beim Erwärmen reagiert es aber mit zahlreichen Nichtmetallen (selbst mit Xenon) und Metallen unter Fluorid- und Oxidbildung. Ein Gemisch von Wasserdampf und Sauerstoffdifluorid explodiert bei Zündung: $OF_2 + H_2O\,(g) \rightarrow O_2 + 2HF + 275.9$ kJ; zwischen H_2S und OF_2 erfolgt schon bei Raumtemperatur Reaktion. Zum Unterschied vom Dichloroxid ist Sauerstoffdifluorid für sich *nicht explosiv*, sondern zerfällt erst beim Erwärmen auf 200–250 °C oder Belichten nach einem Radikalmechanismus in Fluor und Sauerstoff: $F_2O \rightarrow F_2 + \frac{1}{2}O_2 + 23.8$ kJ.

---

101 **Literatur.** A.G. Streng: „*The Oxygen-Fluorides*", Chem. Rev. **63** (1963) 607–624; J.J. Turner: „*Oxygen-Fluorides*", Endeavour **27** (1968), 42–47; R.A. DeMarco und J.M. Shreeve: „*Fluorinated Peroxides*", Adv. Inorg. Radiochem. **16** (1974) 109–176; D. Naumann: „*Fluor und Fluorverbindungen*", Steinkopff, Darmstadt (1980), S. 42–50.

102 Das gebildete Sauerstoffdifluorid reagiert mit der Lauge gemäß $OF_2 + 2OH^- \rightarrow 2F^- + O_2 + H_2O$ weiter und muß deshalb von dieser rasch abgetrennt werden.

Das Molekül OF_2 ist wie das Wassermolekül H_2O gewinkelt (vgl. Tab. 46a, S. 355); der Bindungswinkel FOF beträgt 103.7°, der FO-Abstand 1.405 Å (ber. für FO-Einfachbindung: 1.41 Å). Die OF-Dissoziationsenergie beträgt 178.5 kJ/mol für die erste und 201.9 kJ/mol für die zweite OF-Bindung von OF_2.

Durch UV-Photolyse von OF_2 in einer N_2-Matrix bei 4 K kann man das **Sauerstofffluorid-Radikal OF** erzeugen ($OF_2 \rightarrow OF + F$), das sich beim Erwärmen zu O_2F_2 dimerisiert. Der OF-Abstand in OF (1.32 Å) spricht wie beim isosteren O_2^--Ion (S. 508) für einen Zwischenzustand zwischen einfacher (ca. 1.40 Å) und doppelter Bindung (ber. 1.20 Å).

Disauerstoffdifluorid O_2F_2. Unterwirft man ein äquimolekulares Gemisch von *Fluor* und *Sauerstoff* in einem mit flüssiger Luft gekühlten Gefäß bei 10–20 mbar der Einwirkung einer *elektrischen* Hochspannungs-*Glimmentladung*, so scheidet sich an den gekühlten Wänden eine Verbindung der Formel O_2F_2 als *orangegelber* fester Beschlag ab:

$$19.8\,\text{kJ} + F_2 + O_2 \rightleftarrows O_2F_2.$$

Die Substanz, die in $CClF_3$ mit gelber Farbe löslich ist, schmilzt bei −163.5 °C zu einer *orangeroten* Flüssigkeit (Dichte bei −157 °C = 1.736 g/cm³) vom (extrapolierten) Siedepunkt −57 °C (Zers. ab −95 °C in die Elemente). Das gasförmige, schwach braune Disauerstoffdifluorid zerfällt bei −160 °C langsam (4 % pro Tag), oberhalb −100 °C rasch in Umkehrung der obigen Bildungsgleichung in die Elemente zum Zerfallsmechanismus vgl. S. 384).

O_2F_2 ist ein sehr starkes *Fluorierungs-* und *Oxidationsmittel.* So explodieren Gemische mit Alkoholen oder Kohlenwasserstoffen schon bei sehr tiefen Temperaturen. Mit elementarem Schwefel tritt selbst bei −180 °C Explosion ein. Cl_2 wird in ClF und ClF_3 übergeführt, H_2S in SF_6. Mit Fluoridionen-Akzeptoren wie BF_3 oder PF_5 (AsF_5, SbF_5) reagiert O_2F_2 unter Bildung von „*Dioxygenylsalzen*" ($O_2F_2 + BF_3 \rightarrow O_2BF_4 + \frac{1}{2}F_2$; $O_2F_2 + PF_5 \rightarrow O_2PF_6 + \frac{1}{2}F_2$)[103]. Die Salze enthalten das NO-isostere Dioxygenyl-Ion O_2^+ (S. 507).

Die Molekülstruktur des O_2F_2 entspricht der des Wasserstoffperoxids (S. 533): die beiden Molekülhälften F—O in F—O—O—F sind um 87.5° gegeneinander verdreht, der FOO-Winkel beträgt 109.5° (Tetraederwinkel), der OO-Abstand ist mit 1.217 Å wesentlich kleiner als im H_2O_2 (1.475 Å) und entspricht dem im molekularen Sauerstoff (1.207 Å), was auf einen Doppelbindungsanteil im Sinne der Mesomerieformel

$$[\text{F—}\overset{\oplus}{\text{O}}\text{=O}\ \overset{\ominus}{\text{F}} \leftrightarrow \text{F—O—O—F} \leftrightarrow \overset{\ominus}{\text{F}}\ \text{O=}\overset{\oplus}{\text{O}}\text{—F}]$$

hindeutet (O—O-Einfachbindung ca. 1.45, O=O-Doppelbindung ca. 1.20 Å), womit auch der große FO-Abstand von 1.575 Å im Vergleich zu 1.405 Å in F_2O übereinstimmt (F—O-Einfachbindung ca. 1.40 Å). Die OO-Dissoziationsenergie beträgt 432.6 kJ/mol, die OF-Dissoziationsenergie 75 kJ/mol.

Tetrasauerstoffdifluorid O_4F_2 und Disauerstoffmonofluorid O_2F. Das durch Einwirkung einer elektrischen Entladung auf ein O_2/F_2-Gemisch (Molverhältnis 2 : 1) bei −200 °C und 10 mbar Druck gewinnbare Radikal O_2F dimerisiert sich bei tiefen Temperaturen (unterhalb −175 °C in zunehmenden Maße) zu O_4F_2 (*dunkelrotbrauner* Festkörper, Smp. −191 °C, Zersetzung oberhalb −185 °C):

$$2O_2F \rightleftarrows O_4F_2.$$

Tetrasauerstoffdifluorid, das sich aus zwei über eine schwache OO-Bindung verknüpften O_2F-Molekülhälften aufbaut (FOO ··· OOF), ist ein stärkeres *Fluorierungs-* und *Oxidationsmittel* als O_2F_2. Wie O_2F_2 reagiert auch O_4F_2 – das mit dem O_2F-Radikal im Gleichgewicht steht – mit Fluoridakzeptoren wie BF_3 leicht zu Salzen mit dem Dioxygenyl-Ion:

$$O_2F + BF_3 \rightarrow O_2^+BF_4^-.$$

[103] Das bei diesen Reaktionen primär gemäß $O_2F_2 + BF_3 \rightarrow O_2F^+BF_4^-$ zu erwartende, O_3-isostere O_2F^+-Kation zerfällt also analog O_3 ($O_3 \rightarrow O_2 + O$) gemäß $O_2F^+ \rightarrow O_2^+ + F$.

Das Disauerstoff-fluorid-Radikal O_2F (isoster mit Ozonid O_3^-) ist gewinkelt gebaut und weist – analog O_2F_2 (s. oben) – eine starke, kurze OO-Bindung (Abstand: 1.217 Å, Dissoziationsenergie 463 kJ/mol) und eine schwache, lange OF-Bindung (Abstand: 1.575 Å, Dissoziationsenergie: 77 kJ/mol) auf.

5.3 Oxide des Chlors[1,9,104]

Chlor bildet Oxide der Zusammensetzung $\mathbf{XO}_n$ ($n = 1-4$) und $\mathbf{X_2O}_n$ ($n = 1-7$), wobei allerdings Cl_2O_5 noch unbekannt ist und ClO, ClO_3, ClO_4 sowie Cl_2O_2 bisher nur in der Gasphase oder Matrix nachgewiesen wurden (vgl. Tab. 54). Neben Cl_2O ist insbesondere das Oxid ClO_2 von größerer Bedeutung.

5.3.1 Dichloroxid Cl_2O

Darstellung. Leitet man Chlor nicht in eine Aufschlämmung von Quecksilberoxid in *Wasser* ($2Cl_2 + 3HgO + H_2O \rightarrow HgCl_2 \cdot 2HgO + 2HOCl$, S. 474), sondern über festes, feuchtes, frischbereitetes Quecksilberoxid bei 0 °C, oder behandelt man das Quecksilberoxid mit einer CCl_4-Lösung von Chlor, so erhält man statt der Hypochlorigen Säure HOCl ihr Anhydrid Cl_2O:

$$2Cl_2 + 3HgO \rightarrow HgCl_2 \cdot 2HgO + Cl_2O\,.$$

Auch durch Reaktion von Cl_2 mit feuchtem Na_2CO_3 oder durch Ausschütteln des in wässeriger Lösung mit HOCl im Gleichgewicht stehenden Cl_2O ($2HOCl \rightleftarrows Cl_2O + H_2O$) mit CCl_4 läßt sich Cl_2O in Technik und Laboratorium gewinnen.

Eigenschaften. Cl_2O ist ein *gelbbraunes*, unangenehm riechendes Gas, welches sich bei 2.0 °C (Sdp.) zu einer *rotbraunen* Flüssigkeit (Smp. − 120.6 °C) kondensiert und in Wasser gut löslich ist. Beim Verdünnen einer gesättigten wässerigen Lösung (143.6 g Cl_2O pro 100 g Wasser) bildet sich in zunehmendem Ausmaß Hypochlorige Säure ($Cl_2O + H_2O \rightleftarrows 2HOCl$; vgl. S. 474). Mit Laugen ergibt das Oxid Hypochlorite. Als endotherme Verbindung (Tab. 54) zerfällt es beim Erhitzen oder beim Zusammenbringen mit brennbaren Substanzen (Schwefel, Phosphor, Ammoniak, organische Verbindungen) *explosionsartig* in seine Elemente. Nur bei Abwesenheit jeder Spur oxidierbarer Substanz läßt es sich unzersetzt destillieren. Das Chlor ist im Dichloroxid der positivere, der Sauerstoff der negativere Partner, weshalb Cl_2O mit Metallchloriden wie $SnCl_4$ (negativ polarisiertes Chlor) gemäß $SnCl_4 + Cl_2O \rightarrow SnOCl_2 + 2Cl_2$ reagiert.

Das Cl_2O-Molekül ist wie das H_2O-Molekül gewinkelt (Winkel ClOCl = 110.8°; ClO-Abstand = 1.70 Å, ber. für Cl—O-Einfachbindung 1.65 Å). Die OCl-Dissoziationsenergie beträgt 144 kJ/mol für die erste und 270 kJ/mol für die zweite OCl-Bindung von Cl_2O ($\Delta H_f = +80.4$ kJ/mol).

Man **verwendet** Cl_2O zur Produktion von *Hypochloriten* (insbesondere $Ca(OCl)_2$, als *Bleichmittel* für Textilien und Holzmelasse sowie zur Herstellung chlorierter *organischer Lösungsmittel* sowie von *Chlorisocyanaten.*

5.3.2 Chlordioxid ClO_2

Darstellung. Chlordioxid ClO_2, das in seiner Oxidationsstufe zwischen der Chlorigen Säure und Chlorsäure steht, läßt sich durch partielle *Reduktion der Chlorsäure* gewinnen. Als Reduktionsmittel kann die *Chlorsäure* selbst dienen, die hierbei gemäß der Disproportionierungsgleichung (1) in Perchlorsäure übergeht:

---

[104] **Literatur.** J.J. Renard, H.I. Bolker: „*The Chemistry of Chlorine Monoxide (Dichlorine Monoxide)*", Chem. Rev. **76** (1976) 487–508; G. Gordon, R.G. Kieffer, D.H. Rosenblatt: „*The Chemistry of Chlorine Dioxide*", Progr. Inorg. Chem. **15** (1972) 201–286.

$$2\,HClO_3 \rightleftarrows HClO_2 + HClO_4 \tag{1}$$
$$HClO_2 + HClO_3 \rightleftarrows H_2O + 2\,ClO_2 \tag{2}$$
$$3\,HClO_3 \rightleftarrows 2\,ClO_2 + HClO_4 + H_2O\,. \tag{3}$$

Erforderlich ist dabei, daß das bei der Anhydridbildung (2) entstehende Wasser aus dem Gleichgewicht entfernt wird. Man verfährt daher bei der Darstellung so, daß man konzentrierte Schwefelsäure bei 0 °C auf Kaliumchlorat einwirken läßt; die dabei in Freiheit gesetzte Chlorsäure ($KClO_3 + H_2SO_4 \rightarrow HClO_3 + KHSO_4$) disproportioniert sich dann gemäß (1), und die konzentrierte Schwefelsäure bindet das Wasser (2). In der besprochenen Weise dient die Umsetzung (3) u.a. zum *qualitativ-analytischen Nachweis* von Chlorat, dessen Vorliegen indirekt aus der Bildung von ClO_2 bei der Behandlung der Analysensubstanz mit konzentrierter H_2SO_4 folgt (ClO_2 gibt sich seinerseits akustisch zu erkennen, indem es unter den Darstellungsbedingungen nach seiner Bildung explodiert).

Im Laboratorium verwendet man zur Überführung von Chlorsäure in ClO_2 allerdings zweckmäßiger feuchte *Oxalsäure* $H_2C_2O_4 = HO_2C{-}CO_2H$ bei 90 °C als Reduktionsmittel:

$$HClO_3 + H_2C_2O_4 \rightleftarrows HClO_2 + H_2O + 2\,CO_2 \tag{4}$$
$$HClO_2 + HClO_3 \rightleftarrows H_2O + 2\,ClO_2 \tag{5}$$
$$2\,HClO_3 + H_2C_2O_4 \rightleftarrows 2\,ClO_2 + 2\,CO_2 + 2\,H_2O\,. \tag{6}$$

Dann tritt als Oxidationsprodukt der Oxalsäure Kohlendioxid auf (4), welches das – in reinem Zustande explosive – gasförmige Chlordioxid verdünnt, so daß es gefahrloser zu handhaben ist. In der Praxis verfährt man dabei so, daß man auf ein Gemisch von Kaliumchlorat und Oxalsäure Schwefelsäure einwirken läßt. Sehr reines ClO_2 entsteht darüber hinaus durch Reduktion von *Silberperchlorat mit Chlor* bei 90 °C: $2\,AgClO_4 + Cl_2 \rightarrow 2\,ClO_2 + O_2 + 2\,AgCl$ bzw. durch Oxidation von *Natriumchlorit mit Chlor*: $2\,NaClO_2 + Cl_2 \rightarrow 2\,ClO_2 + 2\,NaCl$.

Technisch benutzt man zur Darstellung von Chlordioxid aus Natriumchlorat *Schwefeldioxid* (Reaktionsmedium: 3–5 molare H_2SO_4) bzw. konzentrierte *Salzsäure* als Reduktionsmittel für *Chlorsäure*:

$$2\,HClO_3 + SO_2 \rightarrow 2\,ClO_2 + H_2SO_4 \tag{7}$$
$$2\,HClO_3 + 2\,HCl \rightarrow 2\,ClO_2 + Cl_2 + 2\,H_2O\,. \tag{8}$$

Das Chlordioxid wird entweder an Ort und Stelle verwendet oder in einem Gemisch von Natronlauge und Wasserstoffperoxid absorbiert ($2\,ClO_2 + 2\,NaOH + H_2O_2 \rightarrow 2\,NaClO_2 + 2\,H_2O + O_2$) und die Lösung auf Walzentrocknern zu festem Natriumchlorit (S. 477) eingedampft, das beim Ansäuern ($NaClO_2 + H_2SO_4 \rightarrow HClO_2 + NaHSO_4$) oder bei Einwirkung von Chlor ClO_2 freigibt:

$$5\,HClO_2 \rightarrow 4\,ClO_2 + HCl + 2\,H_2O \tag{9}$$
$$2\,NaClO_2 + Cl_2 \rightarrow 2\,NaCl + 2\,ClO_2\,. \tag{10}$$

Die Reduktion von Chlorsäure in *stark saurer* Lösung nach (7) bzw. (8) erfolgt offensichtlich auf dem Wege über eine nucleophile Substitution von H_2O in protonierter Chlorsäure $H_2OClO_2^+$ durch Chlorid, wobei sich das gebildete instabile Substitutionsprodukt „*Dichlordioxid*" $ClClO_2$ anschließend zu Chlor und Chlordioxid zersetzt:

$$HO{-}ClO_2 + H^+ \rightleftarrows H_2\overset{+}{O}{-}ClO_2$$
$$Cl^- + H_2\overset{+}{O}{-}ClO_2 \rightleftarrows Cl{-}ClO_2 + H_2O$$
$$Cl{-}ClO_2 \rightarrow \tfrac{1}{2}Cl_2 + ClO_2$$
$$HOClO_2 + H^+ + Cl^- \rightarrow \tfrac{1}{2}Cl_2 + ClO_2 + H_2O\,.$$

(Daß $ClClO_2$ durch Cl^- nicht in Cl_2 und ClO_2^- übergeführt wird – vgl. die $BrBrO_2/Br^-$-Reaktion auf S. 483 – rührt von der sehr kleinen Nucleophilität von Chlorid unter den Reaktionsbedingungen, wodurch die Substitution: $Cl^- + Cl—ClO_2 \rightarrow Cl—Cl + ClO_2^-$ langsamer als der Zerfall $2Cl—ClO_2 \rightarrow Cl—Cl + 2ClO_2$ abläuft.) Im Falle des Prozesses (7) wird entstandenes Chlor durch SO_2 zu Chlorid reduziert (Cl^- wirkt hier somit nur als Katalysator).

Auch bei der Erzeugung von ClO_2 nach (9) stellt das Oxid $ClClO_2$ ein Reaktionszwischenprodukt dar: $HClO_2 + HClO_2 \xrightarrow{H^+} HClO + HClO_3$ (geschwindigkeitsbestimmend); $HClO + HClO_2 \rightarrow ClClO_2 + H_2O$. Analoges gilt für die Bildung von ClO_2 nach (10): $Cl_2 + ClO_2^- \rightarrow ClClO_2 + Cl^-$. In beiden Fällen zersetzt sich entstandenes $ClClO_2$ anschließend wieder gemäß: $2ClClO_2 \rightarrow Cl_2 + 2ClO_2$, wobei das Chlor weiterreagiert, z. B.: $Cl_2 + HClO_2 \rightarrow HCl + ClClO_2$.

Physikalische Eigenschaften. Chlordioxid ist ein *gelbrotes*, giftiges Gas (MAK = 0.3 mg/m³ bzw. 0.1 ppm) von scharfem, durchdringendem Geruch, das sich durch Abkühlung leicht zu einer *rotbraunen* Flüssigkeit (Sdp. 11 °C) und durch noch stärkere Abkühlung zu *orangeroten* Kristallen (Smp. – 59 °C) verdichten läßt (vgl. Tab. 54). Es ist in Wasser gut löslich (besser als Chlor; 20 Raumteile in 1 Raumteil Wasser bei 4 °C ≙ 8 g ClO_2 pro Liter H_2O). Aus der wässerigen, im Dunkeln beständigen und an Licht zersetzlichen (→ $HClO_3$, HCl) *dunkelgrünen* Lösung lassen sich „*Clathrate*" $ClO_2 \cdot 8(\pm 2)H_2O$ gewinnen.

Struktur. Das Radikal ClO_2 ist wie das Cl_2O-, ClO_2^-- bzw. ClO_2^+-Teilchen *gewinkelt* (C_{2v}-Symmetrie) und stellt eines der wenigen Moleküle mit *ungerader Elektronenzahl* ohne Dimerisationsneigung dar (vgl. NO, NO_2). Der Bindungsabstand verringert sich in der Reihe Cl_2O (isoelektronisch mit Cl_2F^+), ClO_2^- (≙ ClF_2^+), ClO_2 (≙ SO_2^-) und ClO_2^+ (≙ SO_2) und entspricht bei Cl_2O einer einfachen bei ClO_2^+ einer doppelten und bei ClO_2^- sowie ClO_2 einem Zwischenzustand zwischen einfacher und doppelter Bindung (ber. für ClO-Einfach- und -Doppelbindung 1.65 und 1.45 Å):

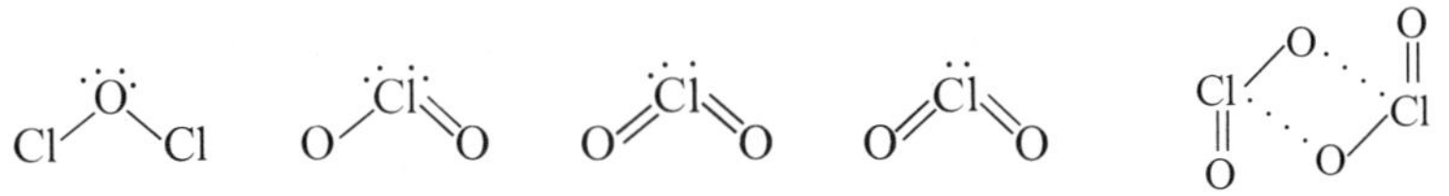

	Cl_2O	ClO_2^-	ClO_2	ClO_2^+	$(ClO_2)_2$
ClO-Abstand	1.693 Å	1.57 Å	1.475 Å	1.408 Å	1.464/1.475/2.74 Å
Bindungswinkel	111.2°	110.5°	117.4°	118.9°	116.0° 101.5° (∢$OClO_2$)

Der *Bindungswinkel* ist entsprechend der verschieden großen Zahl abstoßender freier Elektronen am Zentralatom (vgl. VSEPR-Modell) in Cl_2O und ClO_2^- (4 freie Elektronen) erwartungsgemäß kleiner als in ClO_2 und ClO_2^+ (3 bzw. 2 freie Elektronen). Der gewinkelte Bau der Teilchen Cl_2O, ClO_2^-, ClO_2, ClO_2^+ mit 20, 20, 19 bzw. 18 Valenzelektronen ergibt sich auch über eine MO-Betrachtung (vgl. Tab. 46a, S. 355). Aus letzterer folgt zudem die beobachtete ClO-Abstandsverkürzung und OClO-Winkelvergrößerung (Abionisation von Elektronen aus antibindenden MOs, Annäherung an 16-Elektronenmoleküle AB_2 mit linearem Bau). Die ClO-*Dissoziationsenergie* beträgt 273 kJ/mol für die erste und 270 kJ/mol für die zweite ClO-Bindung von ClO_2 ($\Delta H_f = 102.6$ kJ/mol). Beim Übergang in den festen Zustand *dimerisiert* sich ClO_2 unter Verlust seines Paramagnetismus zu diamagnetischem $(ClO_2)_2$ (lose Verbrükkung über zwei O-Brücken. C_{2h}-Symmetrie; vgl. Formelbild). Ein analoges Dimerisierungsgleichgewicht wurde für die 19e-Systeme NF_2 und S_3^- aufgefunden; während das 19e-Teilchen SO_2^- praktisch nur dimer, die Teilchen O_3^- und P_3^{4-} nur monomer sind.

Chemische Eigenschaften. Thermisches und photochemisches Verhalten. Chlordioxid ist entsprechend seinem endothermen Charakter *äußerst explosiv* und zerfällt schon bei gelindem Erwärmen auf über 45 °C, durch Schlag, am Licht oder bei Berührung mit oxidierbaren Stoffen unter „Knall" in Chlor und Sauerstoff (flüssiges ClO_2 explodiert bei – 40 °C):

$$ClO_2 \rightarrow \tfrac{1}{2}Cl_2 + O_2 + 102.6\,\text{kJ}.$$

Der *thermische* und *photochemische* Zerfall von ClO_2 wird durch die Dissoziation: $273\,\text{kJ} + ClO_2 \rightarrow ClO + O$ unter Zwischenbildung von Chlormonooxid ClO ausgelöst. Andere Zerfallszwischenprodukte sind ClOO, Cl_2O_3, Cl_2O_4 und Cl_2O_6. Letztere Produkte lassen sich unter geeigneten Bedingungen auch in Substanz fassen (s. u.).

Redox-Verhalten. Die meisten Metalle werden von ClO_2 zu einer Mischung von Oxiden und Chloriden oxidiert. Ebenso wirken die wässerigen Lösungen stark oxidierend (ε_0 für ClO_2/ClO_2^- = + 1.19 V, für ClO_2/Cl^- = + 1.50 V). Eine *Reduktion* zu Chloriten beobachtet man etwa mit den Metallen Mg, Zn, Cd, Ni (→ $M(ClO_2)_2$) sowie Al (→ $Al(ClO_2)_3$), eine Reduktion zur Hypochloritstufe mit NO_2 (→ $ClONO_2$). Die *Oxidation* von ClO_2 ist u.a. mit Fluor F_2 (→ $FClO_2$), Ozon O_3 (→ $(ClO_3)_2$) und rauchender Schwefelsäure $H_2SO_4 \cdot nSO_3$ (→ $[ClO_2^+]_2S_3O_{10}^{2-}$) möglich.

Säure-Base-Verhalten. In *Wasser* tritt allmählich (am Licht rascher) in Umkehrung der Bildungsgleichung (5) Umsetzung zu Chloriger Säure und Chlorsäure ein: $2ClO_2 + H_2O \rightarrow HClO_2 + HClO_3$; die Chlorige Säure zersetzt sich dabei schnell weiter, so daß letzten Endes Salzsäure und Chlorsäure als Disproportionierungsprodukte auftreten: $6ClO_2 + 3H_2O \rightarrow HCl + 5HClO_3$. In *alkalischen Lösungen*, die ClO_2 stürmisch zersetzen, bleibt die Stufe der Chlorigen Säure erhalten:

$$2ClO_2 + 2OH^- \rightarrow ClO_2^- + ClO_3^- + H_2O\,,$$

da die Chlorite beständiger sind als die ihnen zugrunde liegende Säure. Auch die Einwirkung von *Hydrogenperoxid* O_2H^- (statt OH^-) führt zur Disproportionierung von ClO_2: $2ClO_2 + 2O_2H^- \rightarrow ClO_2^- + ClO_4^- + H_2O_2$. Gebildetes Peroxochlorat ClO_4^- = $O_2Cl—O—O^-$ ist jedoch instabil und zerfällt unter O_2-Abgabe in Chlorit ClO_2^-. Insgesamt wird demnach ClO_2 durch alkalisches Wasserstoffperoxid in Chlorit verwandelt (vgl. S. 425). *Ammoniak* (eingesetzt in Form von $NaNH_2$) verwandelt ClO_2 in Tetrachlorkohlenstoff u. a. in ein Amid $ClO_2(NH_2)$ der Chlorsäure (isolierbar als Natriumsalz).

Verwendung. Chlordioxid dient (gegebenenfalls in Form des stabilen Pyridinaddukts $ClO_2 \cdot py$) in wässeriger Lösung zu *Bleich-*, *Desinfektions-* und *Chlorierungszwecken*. Anders als bei der Chlorbleiche bzw. der Wasserchlorierung verursacht die ClO_2-Holzmelassenbleichung bzw. ClO_2-Trinkwasserdesinfektion keine Chlorlignin- bzw. Chlorkohlenwasserstoff-Bildung.

5.3.3 Weitere Chloroxide

Dichlormonoxid Cl_2O. Bezüglich des isolierbaren Chloroxids **ClOCl** vergleiche das Unterkapitel 5.3.1. Ein Konstitutionsisomeres hiervon, das Chloroxid **ClClO**, bildet sich möglicherweise intermediär als Folge der Einwirkung von Chlorid auf Chlorit im sauren Milieu ($Cl^- + ClO_2^- + 2H^+ \rightarrow ClClO + H_2O$; $Cl^- + ClClO \rightarrow ClCl + ClO^-$; vgl. S. 483).

Chlormonoxid ClO. Das Radikal Chlormonoxid (ΔH_f = 101.8 kJ/mol; r_{ClO} = 1.569 Å; $E_{Diss.}$ ca. 270 kJ/mol) bildet sich als Reaktionszwischenprodukt u.a. durch *Photolyse* oder *Mikrowellenentladung* von Cl_2/O_2-Gemischen, beim *thermischen* oder *photochemischen Zerfall* von ClO_2 (s.o.) oder Cl_2O und durch Reaktion von *Chloratomen* mit Cl_2O oder O_3. In der Atmosphäre entsteht ClO durch den Prozess

$$Cl + O_3 \rightarrow ClO + O_2$$

in großer Menge, wobei die benötigten Cl-Atome und O_3-Moleküle ihrerseits in der Luft durch photochemische Reaktionen von Chlorfluorkohlenwasserstoffen (aus Spraydosen, Kühlschränken, Lösungsmitteln) mit Sauerstoff erzeugt werden (vgl. S. 519f). Die ClO-Bildung ist in der Atmosphäre unerwünscht, da das Radikal den lebensschützenden Ozonschild der Erde abzubauen vermag (vgl. S. 525).

Dichlordioxid Cl_2O_2. Erzeugtes ClO verschwindet durch *Dimerisierung* zu **Dichlordioxid** (ΔH_f ca. 130 kJ/mol, d.h. pro ClO 65 kJ/mol):

$$2ClO \rightarrow Cl_2O_2 + 73\,kJ\,,$$

welches u.a. die Struktur eines „*Dichlorperoxids*“ besitzt (Formelbild (a); r_{ClO} = 1.70 Å; r_{OO} = 1.43 Å; ∢ ClOO = 110°, ∢ ClOOCl = 81°)

(a) Cl–O—O–Cl (b) Cl–O—Cl–O (c) Cl→Cl(O)(O)

Es zerfällt *thermisch* nach $ClOOCl + M \rightarrow Cl_2 + O_2 + 130$ kJ (M = Stoßpartner) und *photochemisch* nach 80 kJ + $ClOOCl \rightarrow Cl + OOCl$; 33 kJ + $OOCl \rightarrow O_2 + Cl$; die in der Atmosphäre auf diese Weise gebildeten Chloratome katalysieren den O_3-Zerfall; vgl. Ozonloch, S. 525). Vergleichbaren Energiegehalt wie ClOOCl hat das isomere „*Chlorylchlorid*" Cl—ClO_2 (Formelbild (c); ΔH_f ca. 135 kJ/mol; $r_{ClCl} = 2.22$ Å, $r_{ClO} = 1.44$ Å, ∢ ClClO/OClO = 103.5/116.0°), höheren Energiegehalt das „*Chlorhypochlorit*" Cl—OClO (Formelbild (b); ΔH_f ca. 170 kJ/mol). Letzteres Oxid bildet sich möglicherweise ebenfalls durch ClO-Dimerisierung und wandelt sich dann in das Isomer $ClClO_2$ um, welches seinerseits auch aus der Reaktion von Chlorid und Chlorat in saurem Medium hervorgeht ($Cl^- + ClO_3^- + 2H^+ \rightarrow ClClO_2 + H_2O$; $Cl^- + ClClO_2 \rightarrow ClCl + ClO_2^-$ bzw. $2ClClO_2 \rightarrow Cl_2 + 2ClO_2$; vgl. S. 493) bzw. durch Reaktion von $FClO_2$ mit Elementchloriden wie BCl_3, $AlCl_3$ oder von Chloratomen mit ClO_2 gebildet wird. Es zerfällt in der Gasphase *thermisch* nach 2. Reaktionsordnung (!) zu Cl_2 und ClO_2 ($2Cl_2O_2 \rightarrow Cl_2 + 2ClO_2$; $\tau_{1/2}$ ca. 1 Min. bei 25 °C, 4 mbar; $ClClO_2$ ist also in der Stratosphäre metastabil und isomerisiert sich in der Tieftemperaturmatrix *photochemisch* in ClOClO und ClOOCl.

Dichlortrioxid Cl_2O_3 entsteht bei der Tieftemperaturphotolyse von ClO_2 neben Cl_2O_6, Cl_2 und O_2 (siehe Cl_2O_4) auf dem Wege über ClO: $ClO + ClO_2 \rightleftarrows Cl_2O_3 + 46$ kJ. Die bei −78 °C metastabile Verbindung zerfällt bei −45 °C (Smp.) langsam, bei 0 °C explosionsartig in die Elemente. Dem Oxid kommt möglicherweise die Struktur OCl—ClO_2 zu, wonach Cl_2O_3 kein Chlor(III)-, sondern ein Chlor(II,IV)-oxid ist (denkbare isomere Formen: Cl—O—ClO_2, OCl—O—ClO).

Chlordioxid ClO_2. Bezüglich des bei Raumtemperatur isolierbaren (*metastabilen*) Chlordioxids **OClO** vergleiche das Unterkapitel 5.3.2. Ein Konstitutionsisomeres hiervon, das bei Raumtemperatur nicht isolierbare (*instabile*) Radikal **ClOO** (analog OOF gebaut; $\Delta H_f = +88$ kJ/mol; ClO-Dissoziationsenergie +33 kJ/mol) bildet sich u.a. durch Photolyse von OClO in einer Tieftemperaturmatrix sowie als kurzlebiges Zwischenprodukt des Zerfalls von Chlormonoxid ClO (s.o.).

Dichlortetraoxid Cl_2O_4 bildet sich bei niedrigen Temperaturen durch photochemische Dimerisierung von ClO_2 in rostfreien Stahlgefäßen sowie durch Chlorierung von Perchlorat mit Chlor-fluorsulfonat:

$$2ClO_2 \xrightarrow{h\nu} Cl_2O_4, \quad CsClO_4 + ClOSO_2F \xrightarrow{(-45\,°C)} CsSO_3F + Cl_2O_4\,.$$

Das Oxid, das gemäß der Formulierung Cl—$OClO_3$ ein *Chlorperchlorat* (Chlor(I, VII)-oxid) darstellt, zersetzt sich bei Raumtemperatur gemäß: $2Cl_2O_4 \rightarrow Cl_2 + O_2 + Cl_2O_6$ in Chlor, Sauerstoff und Dichlorhexaoxid (möglicher Reaktionsweg: $ClOClO_3 \rightarrow ClO + ClO_3$; $2ClO \rightarrow Cl_2 + O_2$; $2ClO_3 \rightarrow Cl_2O_6$).

Dichlorpentaoxid Cl_2O_5 ist bisher unbekannt.

Chlortrioxid ClO_3 (pyramidal) entsteht u.a. (Tab. 54) gemäß $ClOClO_3 \rightarrow ClO + ClO_3$ bei der Vakuum-Blitzpyrolyse bei 400 °C, 10^{-3} mbar und läßt sich durch Abschrecken mit Inertgasen (Verdünnung 1 : 400) in einer Tieftemperaturmatrix isolieren. Es spaltet bei Bestrahlung ($\lambda > 420$ nm) nach $ClO_3 \rightarrow ClO_2 + O$ Sauerstoffatome ab, die in der Ne-Matrix gemäß $ClO_2 + O \rightarrow OClOO \rightarrow ClO + O_2$, in der O_2-Matrix gemäß $O_2 + O \rightarrow O_3$ verschwinden.

Dichlorhexaoxid Cl_2O_6. Darstellung. Cl_2O_6 wird zweckmäßig durch Oxidation von *Chlordioxid* mit *Ozon* (äquimolare Mengen; 2 mbar) bei Raumtemperatur dargestellt:

$$2ClO_2 + 2O_3 \rightarrow (2ClO_3 + 2O_2) \rightarrow Cl_2O_6 + 2O_2$$

Eigenschaften. Dichlorhexaoxid stellt eine *schwarzrote*, ölige, stark oxidierend wirkende, diamagnetische, in CCl_4 lösliche Flüssigkeit dar, die bei 3.0 °C zu *tiefroten* Kristallen erstarrt und bei 203 °C (extrapoliert) unter Bildung eines *rotbraunen* Dampfes siedet. *Gasförmiges* Cl_2O_6 hat die im Formelbild (d) wiedergegebene Struktur (wahrscheinlich C_s-Symmetrie):

(d) O_2Cl—O—ClO_3 (e) $[O$—Cl—$O]^+$ ClO_4^-

Es ist bei Raumtemperatur in trockener Glasapparatur kurzlebig ($\tau_{1/2}$ bei 1 mbar ca. 8 min) und zerfällt *thermisch* in Cl_2O_4, ClO_2 und O_2, *photochemisch* ausschließlich in ClO_2 und O_2:

$$Cl_2O_6 \rightarrow Cl_2O_4 + O_2, \quad Cl_2O_6 \rightarrow 2ClO_2 + O_2$$

(mögliche Zerfallswege: O_2Cl—O—ClO_3 → Cl—O—$ClO_3 + O_2$; O_2Cl—O—$ClO_3 \rightarrow ClO_2 + ClO_4 \rightarrow 2ClO_2 + O_2$; keine Dissoziation in $2ClO_3$!). Längerlebig als Cl_2O_6-Gas ist *festes* und *flüssiges* Dichlorhexaoxid, das unterhalb 0 °C gefahrlos gelagert werden kann, falls organische Stoffe (z.B. Schliffett), die Cl_2O_6 unter Explosion angreifen, ferngehalten werden. In fester Phase kommt Cl_2O_6 die in Formelbild (e) wiedergegebene Struktur mit isolierten ClO_2^+ und ClO_4^--Ionen zu (ClO_2^+ ist auch mit Gegenionen wie BF_4^-, GeF_5^-, $S_3O_{10}^{2-}$ isolierbar; Struktur siehe S. 494. *Ozon* O_3 führt Cl_2O_6 bei Raumtemperatur langsam in Cl_2O_7 über: $Cl_2O_6 + O_3 \rightarrow Cl_2O_7 + O_2$. Mit *Wasser* reagiert es als gemischtes Anhydrid:

$$Cl_2O_6 + H_2O \rightleftarrows HClO_3 + HClO_4,$$

mit *Alkalilaugen* unter Bildung von Chlorat und Perchlorat, mit *Fluorwasserstoff* teilweise gemäß: $Cl_2O_6 + HF \rightleftarrows FClO_2 + HClO_4$. Es kann zur Darstellung von Perchloraten eingesetzt werden, z. B.: $CrO_2Cl_2 + 2Cl_2O_6 \rightarrow CrO_2(ClO_4)_2 + Cl_2 + 2ClO_2$. *Stickstoffmonoxid* setzt aus Cl_2O_6 Chlordioxid in Freiheit: $NO + Cl_2O_6 \rightarrow ClO_2 + NO^+ClO_4^-$.

Dichlorheptaoxid Cl_2O_7. Darstellung. Cl_2O_7 entsteht als Anhydrid der Perchlorsäure ($2HClO_4 \rightleftarrows Cl_2O_7 + H_2O$) bei der vorsichtigen *Entwässerung von Perchlorsäure* mit *Phosphorpentaoxid* ($P_2O_5 + H_2O \rightarrow 2HPO_3$) bei $-10\,°C$:

$$2HClO_4 + P_2O_5 \rightarrow Cl_2O_7 + 2HPO_3$$

und kann – sofern gewisse Vorsichtsmaßregeln wegen der explosiven Natur des Oxids ($\Delta H_f = +272$ kJ/mol) beachtet werden – im Vakuum direkt von der polymeren Metaphosphorsäure abdestilliert werden.

Eigenschaften. Dichlorheptaoxid ist eine *farblose*, flüchtige, ölige Flüssigkeit vom Siedepunkt 81.5 °C und Erstarrungspunkt − 91.5 °C. Bei Berührung mit einer Flamme oder durch Schlag *explodiert* es heftig. Unter gewöhnlichen Bedingungen ist Cl_2O_7 aber beständiger (und damit weniger stark oxidierend) als die übrigen Chloroxide; so greift es z. B. Schwefel, Phosphor oder Papier in der Kälte nicht an. Mit *Wasser* bildet es Perchlorsäure, mit Alkalilaugen Perchlorate. Seine Struktur entspricht der Formel $O_3Cl—O—ClO_3$ (C_2-Symmetrie; äußerer ClO-Abstand = 1.405 Å ≙ Doppelbindung, innerer ClO-Abstand = 1.709 Å ≙ Einfachbindung; ClOCl-Winkel = 118.6°). Danach ist es isoelektronisch mit dem Disulfat-Ion $S_2O_7^{2-}$. Der *thermische Zerfall* wird durch eine monomolekulare Dissoziation in Chlortrioxid und das Radikal:

Chlortetraoxid ClO_4 ausgelöst: $135\,kJ + Cl_2O_7 \rightarrow ClO_3 + ClO_4$. Letzteres, nur als Reaktionszwischenprodukt existierende (auch bei der Thermolyse von Cl_2O_6 gebildete) Teilchen, ist als Peroxoderivat von ClO_3 aufzufassen $ClO_2(O_2)$.

5.4 Oxide des Broms[1)]

Brom bildet die Oxide $\mathbf{Br_2O_n}$ ($n = 1, 3, 5$; vgl. Tab. 54). BrO_2 läßt sich – anders als ClO_2 (S. 492) – nicht in Substanz isolieren, sondern nur als reaktive Zwischenstufe nachweisen (vgl. Tab. 54).

Dibromoxid Br_2O. Darstellung. Das Oxid Br_2O entsteht analog Cl_2O (S. 492) bei der Einwirkung von Brom auf Quecksilberoxid:

$$2Br_2 + 3HgO \rightarrow HgBr_2 \cdot 2HgO + Br_2O\,.$$

Verfährt man hierbei so, daß man Bromdampf über erwärmtes Quecksilberoxid leitet, so erhält man ein zur Hauptsache aus Brom und nur zu wenigen Prozenten des Bromgehalts aus Dibromoxid bestehendes Gasgemisch. Der Gehalt des Reaktionsprodukts an Dibromoxid läßt sich auf über 40 % des Bromgehalts steigern, wenn man die Umsetzung von Brom und Quecksilberoxid in *Tetrachlorkohlenstoff* vornimmt. Am besten wird Br_2O durch elektrische Durchladung eines 1 : 5 Gemischs aus Br_2/O_2, Auskondensieren der gebildeten Produkte bei − 196 °C und Abpumpen der leichter flüchtigen Produkte bei − 60 °C im Vakuum gewonnen. Eigenschaften. Dibromoxid ist nur bei tiefen Temperaturen beständig. Es stellt bei diesen Temperaturen einen *dunkelbraunen*, festen, im Hochvakuum sublimierbaren Stoff von stechendem, chlorkalkähnlichem Geruch dar (gewinkeltes Molekül; C_{2v}-Symmetrie; BrO-Abstand 1.85 Å, BrOBr-Winkel 112°). Beim Erwärmen auf über − 40 °C beginnt es zu zerfallen. Beim Schmelzpunkt (− 17.5 °C) ist die Zersetzung schon recht lebhaft. Sie führt zu Brom und Sauerstoff ($Br_2O \rightarrow Br_2 + \frac{1}{2}O_2 +$ ca. 110 kJ), so daß die zunächst schwarzbraune Flüssigkeit bald die rotbraune Farbe des flüssigen Broms annimmt. In reinem Tetrachlorkohlenstoff löst sich Dibromoxid mit *moosgrüner* Farbe. Beim Schütteln dieser Lösung mit Natronlauge entsteht Hypobromit (das sich leicht zu Br^- und BrO_3^- disproportioniert):

$$Br_2O + 2NaOH \rightarrow 2NaOBr + H_2O\,.$$

Br_2O ist also das Anhydrid der Hypobromigen Säure. Aus Iodiden setzt Br_2O Iod in Freiheit, welches von Br_2O seinerseits zu I_2O_5 oxidiert wird.

Dibromtrioxid Br_2O_3 und -pentaoxid Br_2O_5. Darstellung. Durch Ozonisierung einer Lösung von *Brom* in $CFCl_3$ bei − 78 °C erhält man einen *zitronengelben* Feststoff, der sich durch Methylenchlorid in

CH_2Cl_2-lösliches Br_2O_3 (*orangefarbene* Lösung) und CH_2Cl_2-unlösliches *farbloses* Br_2O_5 trennen läßt (entsteht bei langer Ozonisierung ausschließlich). Eigenschaften. Aus der CH_2Cl_2-Lösung kristallisiert $\mathbf{Br_2O_3}$ bei $-90\,°C$ in *orangefarbenen* Nadeln aus, die sich ab $-40\,°C$ (auf dem Wege über Br_2O?) in Br_2 und O_2 zersetzen. Br_2O_3 kommt die Struktur eines Brombromats $BrOBrO_2$ zu (gewinkelte BrOBr-Gruppe: 111.2°; Br-$OBrO_2$-Abstand 1.85 Å; pyramidale BrO_3-Gruppe mit Br an der Pyramidenspitze: BrO-Abstände 2×1.61, 1×1.85 Å; OBrO-Winkel rund 105°); die Moleküle treten in fester Phase als Dimer $O_2BrOBr \cdots BrOBrO_2$ mit langer BrBr-Bindung von 2.995 Å auf. Das Oxid disproportioniert sich in Laugen (auf dem Wege über BrO^- und BrO_3^-) zu Br^- und BrO_3^- und reagiert mit Fluor u.a. zu $FBrO_2$. Das CH_2Cl_2-unlösliche Oxid $\mathbf{Br_2O_5}$ läßt sich aus Propionitril in *farblosen* Kristallen auskristallisieren, die bei ca. $-20\,°C$ unter Zersetzung schmelzen. Es hat als Anhydrid der Bromsäure $HBrO_3$ die Struktur $O_2Br—O—BrO_2$, die sich von der des Oxids I_2O_5 (vgl. (a), unten) dadurch unterscheidet, daß die terminalen O-Atome nicht auf Lücke, sondern auf Deckung stehen (gewinkelte BrOBr-Gruppe: 121.2°; pyramidale BrO_3-Gruppe mit Br an der Pyramidenspitze: BrO-Abstände 2×1.61, 1×1.89 Å; OBrO- Winkel 94/103/109°).

5.5 Oxide des Iods[1)]

Iod bildet Oxide der Zusammensetzung $\mathbf{IO}_n$ ($n = 1-3$; vgl. Tab. 54) und $\mathbf{X_2O}_n$ ($n = 4-6$) sowie das Oxid $\mathbf{I_4O_9}$ ($= I_2O_{4.5}$). Von größerer Bedeutung ist nur Diiodpentaoxid I_2O_5.

Diiodpentaoxid $\mathbf{I_2O_5}$. Zum Unterschied von der Chlorsäure und Bromsäure läßt sich *Iodsäure* durch *Erwärmen* auf 200 °C auf dem Wege über „HI_3O_8" in ihr *Anhydrid* überführen, welches seinerseits mit *Wasser* auf dem Wege über „HI_3O_8" Iodsäure zurückbildet (handelsübliches „I_2O_5" besteht meist aus HI_3O_8, einem *Kokondensat* $HIO_3 \cdot I_2O_5$ aus HIO_3 und I_2O_5):

$$3\,HIO_3 \underset{+H_2O}{\overset{200\,°C,\ -H_2O}{\rightleftharpoons}} HIO_3 \cdot I_2O_5 \underset{+\frac{1}{2}H_2O}{\overset{200\,°C,\ -\frac{1}{2}H_2O}{\rightleftharpoons}} 1\tfrac{1}{2}\,I_2O_5\,.$$

Das so entstehende „*Diiodpentaoxid*" I_2O_5 stellt ein *weißes* kristallines Pulver dar, das als exotherme Verbindung erst beim Schmelzpunkt in die Elemente *zerfällt*, aus denen es umgekehrt in einer Glimmentladung gewonnen werden kann:

$$158.2\,\text{kJ} + I_2O_5 \underset{\text{Glimmentladung}}{\overset{\approx 300\,°C}{\rightleftharpoons}} I_2 + 2\tfrac{1}{2}O_2\,.$$

Von *Schwefeltrioxid* wird I_2O_5 in Iodyl-sulfat übergeführt ($I_2O_5 + SO_3 \rightarrow (IO_2)_2SO_4$; bezüglich IO_2^+ s.u.), von *Iod* in konz. H_2SO_4 in Iodosyl-sulfat (formal: $3\,I_2O_5 + 2\,I_2 + 5\,SO_3 \rightarrow 5\,(IO)_2SO_4$; bezüglich IO^+ s.u.). I_2O_5 setzt sich darüber hinaus mit *Kohlenmonoxid* CO bei 170 °C quantitativ zu CO_2 und I_2 um:

$$I_2O_5 + 5\,CO \rightarrow I_2 + 5\,CO_2,$$

was zur *iodometrischen Bestimmung von CO* (Titration des Iods) herangezogen wird.

Diiodpentaoxid I_2O_5 hat die Struktur $O_2I—O—IO_2$ (Formelbild a). Der IOI-Winkel beträgt 139.2°, der I—O-Abstand in der Sauerstoffbrücke 1.94 Å (einfache Bindung), der I—O-Abstand der exoständigen Sauerstoffe 1.80 Å (Zwischenzustand zwischen einfacher und doppelter Bindung). Die IO_3-Gruppen sind pyramidal gebaut (Iod an der Pyramidenspitze) und gegeneinander verdreht (C_2-Symmetrie). Im Kri-

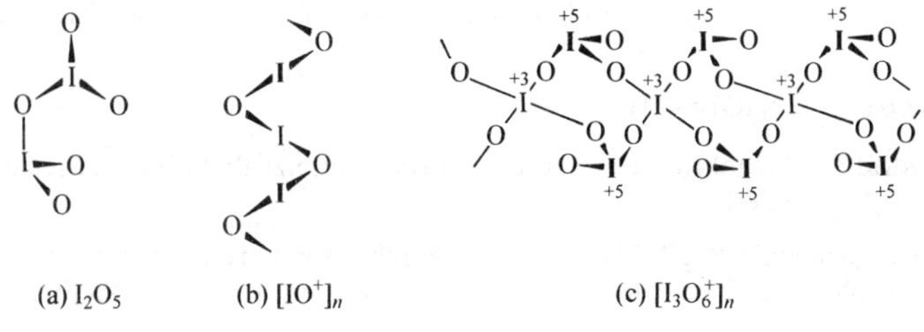

(a) I_2O_5 (b) $[IO^+]_n$ (c) $[I_3O_6^+]_n$

stallgitter sind die I_2O_5-Moleküle durch koordinative I····· O-Wechselwirkungen zu einem dreidimensionalen Netzwerk so verbrückt, daß jedes I-Atom verzerrt pseudo-oktaedrisch von einem freien Elektronenpaar und 5 O-Atomen umgeben ist.

Diiodtetraoxid I_2O_4. Das Oxid I_2O_4 entsteht z. B. bei mehrtägiger Einwirkung von heißer konzentrierter Schwefelsäure auf Iodsäure ($3HIO_3 \rightarrow I_2O_4 + HIO_4 + H_2O$) als *gelbes*, körniges Pulver und ist in kaltem Wasser nur wenig löslich. Beim *Erhitzen* disproportioniert es oberhalb 85 °C in Diiodpentaoxid und Iod: $5I_2O_4 \rightarrow 4I_2O_5 + I_2$ (umgekehrt bildet es sich aus I_2O_5 und I_2 in konz. H_2SO_4 auf dem Wege über $(IO)_2SO_4$). In heißem *Wasser* löst es sich unter Bildung von Iodsäure und Iod, in Alkalilauge unter Bildung von Iodat und Iodid.

Strukturell stellt das Diiodtetraoxid I_2O_4 wohl ein *Iodosyl-iodat* $IO^+IO_3^-$ dar (genauer: $(IO^+)_n nIO_3^-$), in welchem das Iodosyl-Kation IO^+ wie im strukturell gesicherten $(IO)_2SO_4$ (Gewinnung s. o.) die im Formelbild (b) wiedergegebenen unendlichen $(IO)_2$-Spiralketten —O—I—O—I—O—I— bildet (IO-Abstand 1.97 Å, OIO-Winkel 95.2°, IOI-Winkel 127.1°). Hiernach ist I_2O_4 kein Iod(IV)-, sondern ein *Iod(III, V)-oxid* (vgl. Cl_2O_4).

Tetraiodnonaoxid I_4O_9 kann durch Einwirkung von Ozon auf Iod in CCl_4 bei −78 °C in quantitativer Ausbeute als *hellgelber*, hygroskopischer Festkörper gewonnen werden und zerfällt beim Erhitzen auf über 75 °C gemäß $2I_4O_9 \rightarrow 3I_2O_5 + I_2 + 1.5O_2$. Die Verbindung ist ebenfalls als *Iod(III, V)-oxid* aufzufassen und reagiert mit Alkalilauge unter Bildung von I^- und IO_3^-: $3I_4O_9 + 12OH^- \rightarrow I^- + 11IO_3^- + 6H_2O$. *Strukturell* stellt I_4O_9 möglicherweise ein Iodat $I_3O_6^+ IO_3^-$ (genauer $(I_3O_6^+)_n nIO_3^-$) dar, in welchem das Isopolykation $I_3O_6^+$ wie im strukturell gesicherten $I_3O_6^+ SO_4H^-$ die im Formelbild (c) wiedergegebene *polymere* Struktur aufzeigt und mithin im Sinne der Formulierung $I^{III}(I^VO_3)_2^+$ aus doppelt so vielen pyramidalen I^VO_3- wie quadratisch-planaren $I^{III}O_4$-Einheiten aufgebaut ist (I_4O_9 wäre hiernach $I(IO_3)_2^+ IO_3^-$ oder $I(IO_3)_3$). Die Gewinnung von $I_3O_6^+ SO_4H^-$ erfolgt durch kurzes Erhitzen von H_5IO_6 in wasserfreier H_3PO_4 auf 330 °C und Zugabe von reiner Schwefelsäure zum erhaltenen Reaktionsgemisch.

Diiodhexaoxid I_2O_6. Im Unterschied zu Perchlorsäure läßt sich Periodsäure nicht in ein Anhydrid (Diiodheptaoxid I_2O_7), sondern nur in Diiodhexaoxid I_2O_6 verwandeln. Letzteres wird als *blaßgelber* Festkörper bei der Entwässerung eines Gemischs von Iodsäure HIO_3 und Orthoperiodsäure H_5IO_6 mittels 95 %iger Schwefelsäure, in die man während des Darstellungsprozesses zur Bindung des entstehenden Wassers etwas SO_3 einleitet, erhalten:

$$HIO_3 + H_5IO_6 \rightarrow I_2O_6 + 3H_2O\,.$$

Auch bei der thermischen Zersetzung von Periodsäure HIO_4 bei 117 °C im Vakuum entsteht I_2O_6:

$$2HIO_4 \rightarrow I_2O_6 + H_2O + \tfrac{1}{2}O_2\,.$$

Diiodhexaoxid ist unter Ausschluß von Feuchtigkeit unbegrenzt haltbar und bis über 100 °C stabil. Bei 150 °C zerfällt es gemäß: $I_2O_6 \rightarrow I_2O_5 + \tfrac{1}{2}O_2$. In Wasser löst es sich unter Wärmeentwicklung und Bildung von HIO_3 und H_5IO_6 (Umkehrung der Bildung).

Strukturell stellt das Diiodhexaoxid I_2O_6 wohl ein *Iodyl-periodat* $IO_2^+ IO_4^-$ dar (genauer: $(IO_2^+)_n nIO_4^-$; das Iodyl-Kation bildet möglicherweise gewinkelte, Ketten: $—O—\overset{+}{I}O—O—\overset{+}{I}O—O—\overset{+}{I}O—$; die IO_3-Gruppen sind pyramidal gebaut. Somit ist I_2O_6 kein Iod(VI) sondern ein *Iod(V, VII)-oxid.*

5.6 Fluoridoxide des Chlors, Broms und Iods[105)]

Von den Halogensäuren $HXO_3 = XO_2(OH)$ bzw. Perhalogensäuren $HXO_4 = XO_3(OH)$ (X = Cl, Br, I) leiten sich durch Austausch der OH-Gruppe gegen F Fluorderivate des Typs $\mathbf{XO_2F}$ sowie $\mathbf{XO_3F}$ ab. Eine weitere Substitution von zweiwertigen O-Atomen gegen zwei einwertige F-Atome führt ausgehend von XO_2F zu Fluoridoxiden des Typs $\mathbf{XOF_3}$, ausgehend von XO_3F zu Fluoridoxiden des Typs $\mathbf{XO_2F_3}$ sowie $\mathbf{XOF_5}$ (bei weiterem Ersatz von O gegen F erhält man die bereits auf S. 467 behandelten Halogenfluoride XF_5 und XF_7). Die bisher bekannten Fluoridoxide der Halogene sind in Tab. 55 zusammengestellt.

---

105 **Literatur.** D. Naumann: „*Fluor und Fluorverbindungen*", Steinkopff, Darmstadt (1980), S. 27–30.

Tab. 55 Fluoridoxide der Halogene

X	Von HXO_3 abgeleitete Fluoridoxide		Von HXO_4 abgeleitete Fluoridoxide		
	XO_2F	XOF_3	XO_3F	XO_2F_3	XOF_5
Cl	ClO_2F *Farbloses* Gas Smp. −115 °C Sdp. −6 °C Zers. > 250 °C	$ClOF_3$ *Farblose* Fl. Smp. −42 °C Sdp. +27 °C Zers. > 300 °C	ClO_3F[a)] *Farbloses* Gas Smp. −146.49 °C Sdp. −46.67 °C Zers. > 300 °C ΔH_f 23.9 kJ	ClO_2F_3 *Farbloses* Gas Smp. −81.2 °C Sdp. −21.6 °C	–[b)]
Br	BrO_2F *Farblose* Fl. Smp. −9 °C Zers. > 55 °C	$BrOF_3$ *Farblose* Fl. Smp. −5 bis Zers. ca. 20 °C	BrO_3F *Farbloses* Gas Smp. −110 °C Zers. ca. 20 °C	–	–
I	$(IO_2F)_n$ *Farblose* Krist. Smp. > 200 °C Zers. > 200 °C	IOF_3 *Farblose* Nadeln Zers. > 110 °C	IO_3F *Farblose* Krist. Zers. > 100 °C	$(IO_2F_3)_2$ *Gelbe* Subst. Smp. 41 °C	IOF_5[c)] *Farblose* Fl. Smp. 4.5 °C

a) Es existiert auch ein Isomeres Chlorylhypofluorit $ClO_2(OF)$ (vgl. $ClO_3(OF)$, S. 467). Da es keine ClF-Bindung aufweist, stellt es kein Fluoridoxid eines Halogens dar. **b)** Für $ClOF_5$, das durch Photolyse eines ClF_5/OF_2-Gemischs entstehen soll, fehlen bisher eindeutige Existenzbeweise. **c)** Es existieren auch *blaßgelbe*, flüssige Hypofluorite *cis*- und *trans*-$IOF_4(OF)$ (s.u. bei IOF_5; 2:1-Isomerengemisch: Smp. −33, Sdp. 28 °C; Zerfall bei 120 °C in IOF_5 und $\frac{1}{2}O_2$).

Die von den Halogenigen Säuren $HXO_2 = XO(OH)$ durch OH/F-Austausch abgeleiteten Fluorderivate XOF sind sehr instabil und präperativ bisher nicht isoliert worden. **Chlorosylfluorid ClOF** (C_s-Symmetrie) stellt ein reaktives Zwischenprodukt der ClF_3-Hydrolyse dar (Zerfallshalbwertszeit ca. 25 s bei 25 °C). Ganz allgemein stabilisieren Sauerstoff und Fluor als gemeinsame Bindungspartner eines Elements höhere Oxidationsstufen dieses Elements (im Falle von Cl, Br, I: + 5, + 7).

Unter den in Tab. 55 wiedergegebenen Verbindungen sind die „*Halogen-fluoridoxide*" XO_2F pyramidal (C_s-Symmetrie)[106)], die „*Halogen-trifluoridoxide*" XOF_3 wippenförmig (C_s), die „*Halogen-fluoridtrioxide*" XO_3F tetraedrisch (C_{3v}), die „*Halogen-trifluoriddioxide*" XO_2F_3 trigonal-bipyramidal[106)] (C_{2v}; O in äquatorialen Positionen) und die „*Halogen-pentafluoridoxide*" XOF_5 oktaedrisch (C_{4v}) gebaut[107)]. Die Fluoridoxide XO_2F, XOF_3 und XO_2F_3 neigen zur Abgabe eines Fluorids an Fluorid-Akzeptoren wie BF_3, SnF_4, AsF_5, SbF_5 (Bildung der SO_2-isoelektronischen, gewinkelten XO_2^+-Ionen[108)], der SOF_2-isoelektronischen, pyramidalen XOF_2^+-Ionen bzw. der SO_2F_2-isoelektronischen, tetraedrischen $XO_2F_2^+$-Ionen). Die Fluoridoxide XO_2F, XO_3F und XO_2F_3 vermögen andererseits Fluorid von Fluorid-Donatoren wie KF oder BaF_2 aufzunehmen (Bildung des SF_4-isoelektronischen, wippenförmigen $XO_2F_2^-$-Ions bzw. des $XeOF_4$-isoelektronischen, quadratisch-pyramidalen XOF_4^--Ions) bzw. des SF_6-isoelektronischen, oktaedrischen $XO_2F_4^-$-Ions):

---

106 Dem Halogen X kommen in $:XO_2F$ und XO_3F vier, in $:XOF_3$ und XO_2F_3 fünf und in XOF_5 sechs σ- und n-Elektronenpare zu, was eine tetraedrische, trigonal-bipyramidale bzw. oktaedrische Orientierung der Elektronenpaare (vgl. VSEPR-Modell) oder – gleichbedeutend – eine sp^3-, sp^3d- bzw. sp^3d^2-Hybridisierung (vgl. Hybridorbitale) bedingt. In den Verbindungen mit trigonal-bipyramidaler Elektronenorientierung nehmen die Sauerstoffatome erwartungsgemäß äquatoriale Plätze ein. Die XO-Bindungsordnungen sind in den Halogenfluoridoxiden jeweils > 1 (vgl. hierzu auch das Mehrzentrenbindungsmodell, S. 361).

107 IO_2F ist polymer, IO_2F_3 dimer (über O-Brücken).

108 Das Iodyl-Ion IO_2^+ ist zum Unterschied vom monomeren Chloryl-Ion ClO_2^+ und Bromyl-Ion BrO_2^+ polymer (vgl. dazu I_2O_6). Von den Fluoridoxiden XOF leiten sich Chlorosyl-, Bromosyl- und Iodosyl-Kationen XO^+ ab (im Falle von IO^+ polymer, vgl. dazu I_2O_4).

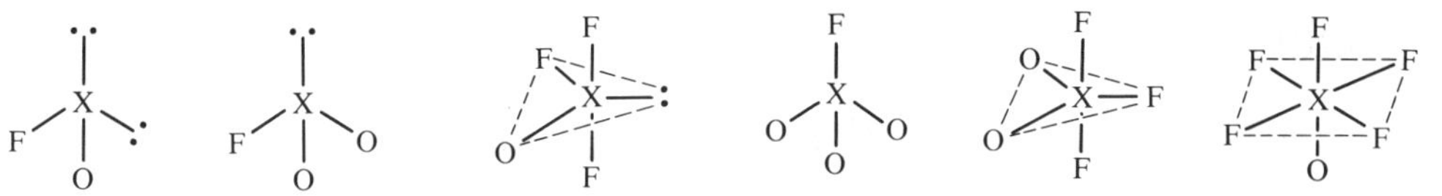

XOF | **XO_2F** | **XOF_3** | **XO_3F** | **XO_2F_3** | **XOF_5**

Chlorylfluorid ClO_2F (isoster mit PF_3 und SOF_2) kann als Derivat der Chlorsäure aus Kaliumchlorat mit ClF_3 (O/F-Austausch) sowie besonders einfach durch Fluorierung von ClO_2 mittels AgF_2 (oder BrF_3) als *farbloses*, hydrolyseempfindliches Gas gewonnen werden:

$$6\,KClO_3 + 4\,ClF_3 \rightarrow 6\,ClO_2F + 6\,KF + 2\,Cl_2 + 3\,O_2 \quad \text{bzw.} \quad ClO_2 + AgF_2 \rightarrow ClO_2F + AgF.$$

Es ist in flüssiger Phase zum Teil gemäß $2\,ClO_2F \rightarrow ClO_2^+ + ClO_2F_2^-$ dissoziiert. **Bromylfluorid BrO_2F**, ein Derivat der Bromsäure, entsteht aus Kaliumbromat mit BrF_5 bei $-50\,°C$ (BrF_5 als Lösungsmittel, Spuren von HF als Katalysator) als *farblose*, oberhalb $55\,°C$ in BrF_3, Br_2 und O_2 zerfallende Flüssigkeit:

$$KBrO_3 + BrF_5 \rightarrow BrO_2F + K[BrOF_4] \; (\xrightarrow{KBrO_3} 2\,K[BrO_2F_2]).$$

Iodylfluorid IO_2F läßt sich durch Auflösen des Anhydrids der Iodsäure, I_2O_5, in wasserfreier Flußsäure als polymerer Feststoff gewinnen:

$$I_2O_5 + HF \rightarrow IO_2F + HIO_3.$$

Chlorosyltrifluorid $ClOF_3$ (isoelektronisch mit SF_4) kann durch Fluorierung von Cl_2O bzw. $ClONO_2$ bei $-78\,°C$ als *farblose*, bei Raumtemperatur flüssige, mit Glas und Quarz reagierende und stark oxidierend wirkende Substanz gewonnen werden. **Bromosyltrifluorid $BrOF_3$** entsteht bei der Reaktion von wasserfreier HF mit $K[BrOF_4]$[109] bei $-78\,°C$ ($K[BrOF_4] + HF \rightarrow BrOF_3 + K[HF_2]$), **Iodosyltrifluorid IOF_3** bei der Umsetzung von I_2O_5 mit IF_5.

Perchlorylfluorid ClO_3F (isoelektronisch mit ClO_4^-) bildet sich u.a. durch Fluorierung von $KClO_3$ mit elementarem F_2 bei $-20\,°C$ in SbF_5 bzw. durch Fluoridierung von $KClO_4$ mit HSO_3F:

$$KClO_3 + F_2 \rightarrow KF + ClO_3F \quad \text{bzw.} \quad KClO_4 + HSO_3F \rightarrow ClO_3F + KHSO_4$$

als *farbloses*, stark oxidierend wirkendes, hydrolysebeständiges, giftiges, bis über $400\,°C$ beständiges Gas und wird wie SF_6 als Isolator in Hochspannungsanlagen eingesetzt. Mit Ammoniak reagiert ClO_3F unter Bildung eines „*Perchlorylamids*" $ClO_3(NH_2)$:

$$ClO_3F + NH_3 \rightarrow ClO_3(NH_2) + HF,$$

dessen Wasserstoffatome acid sind und sich durch Metallionen ersetzen lassen, z.B.: $K[ClO_3(NH)]$ und $K_2[ClO_3N]$ (*farblose*, bis $300\,°C$ stabile, auf Stoß explodierende Substanz). Die so entstehenden Salze leiten sich von den Perchloraten ClO_4^- durch Austausch eines zweiwertigen O-Atoms gegen eine isoelektronische NH-Gruppe bzw. ein isoelektronisches N^--Anion ab. Das bei $-80\,°C$ und in der Gasphase haltbare, hydrolyseempfindliche **Perbromylfluorid BrO_3F** wird bei der Reaktion von $KBrO_4$ und SbF_5 in Gegenwart von HF, das beständigere **Periodylfluorid IO_3F** bei der Fluorierung von KIO_4 in flüssigem HF erhalten:

$$KBrO_4 + SbF_5 \rightarrow BrO_3F + K[SbOF_4] \quad \text{bzw.} \quad KIO_4 + F_2 \rightarrow IO_3F + KF + \tfrac{1}{2}O_2.$$

Letzteres zerfällt bei $100\,°C$ in IO_2F und O_2.

Chloryltrifluorid ClO_2F_3 ist auf dem Wege $[ClO_2F_2]PtF_6 + NOF \rightarrow ClO_2F_3 + [NO]PtF_6$[110] zugänglich. **Iodyltrifluorid $(IO_2F_3)_2$** entsteht bei der Behandlung von $Ba_3H_4(IO_6)_2$ in SO_3-haltiger Fluorsulfonsäure als sublimierbarer Festkörper (oberhalb $100\,°C$ monomer). IF_7 setzt sich mit Wasser bzw. mit SiO_2 ($100\,°C$) zu *farblosem*, flüssigem, relativ hydrolysebeständigem **Iodosylpentafluorid IOF_5** um, das mit F^- in Acetonitril den Fluorokomplex IOF_6^- (pentagonal-bipyramidal mit axialem Sauerstoff; C_{5v}-Symmetrie) bildet. Das gemäß $IO_4^- + 4\,HF \rightleftarrows IO_2F_4 + 2\,H_2O$ gewinnbare oktaedrische **Tetrafluorodioxidoiod(VII)-Ion $IO_2F_4^-$** leitet sich von IOF_5 durch Ersatz eines zu Sauerstoff *cis*- oder *trans-ständigen* Fluorids durch Oxid ab: *cis*-$IO_2F_4^-$ (Symmetrie C_{2v}), *trans*-$IO_2F_4^-$ (D_{4h}). Mit HF lassen sich die zugrundeliegenden Säuren *cis*- und *trans*-$HOIOF_4$ in Freiheit setzen. NF_4^+ führt die Ionen in *cis*- und *trans*-$FOIOF_4$ (Tab. 55, Anm. c), $ClOSO_2F$ in *cis*- und *trans*-$ClOIOF_4$ über.

---

[109] $K[BrOF_4]$ ist nach $KBrO_3 + K[BrF_6] \rightarrow K[BrO_2F_2] + K[BrOF_4]$ zugänglich ($K[BrOF_4]$ läßt sich mit Acetonitril von $K[BrO_2F_2]$ weglösen).

[110] $[ClO_2F_2]PtF_6$ bildet sich auf dem Wege: $2\,ClO_2F + 2\,PtF_6 \rightarrow [ClO_2]PtF_6 + [ClO_2F_2]PtF_6$.

Kapitel XIII

Die Gruppe der Chalkogene

Zur Gruppe der **„Chalkogene"** (16. Gruppe bzw. VI. Hauptgruppe des Periodensystems der Elemente) gehören die Elemente *Sauerstoff* (O), *Schwefel* (S), *Selen* (Se), *Tellur* (Te) und *Polonium* (Po). Den Namen *Chalkogene*[1] (= Erzbildner) tragen diese Grundstoffe, weil sie – namentlich mit den beiden ersten Gliedern (in Form der *Oxide* und *Sulfide*) – maßgeblich am Aufbau der natürlichen Erze beteiligt sind. Das Polonium ist ein kurzlebiges radioaktives Zerfallsprodukt des Urans und kommt in der Erdhülle nur in sehr geringen Mengen (Beteiligung am Aufbau der Erdrinde mit 2×10^{-14} Gew.-%) vor (O: 48.9, S: 3.0×10^{-2}, Se: 5×10^{-6}, Te: 1×10^{-6} Gew.-%, entsprechend einem Gewichtsverhältnis O : S : Se : Te von ca. 50000000 : 30000 : 5 : 1). Bezüglich eines vergleichenden Überblicks der Eigenschaften der Chalkogene vgl. S. 302 und Tafeln II sowie III.

1 Der Sauerstoff[2]

Der elementare Sauerstoff existiert in zwei unterschiedlichen Formen als *„Disauerstoff"* O_2 (Trivialname: *„Sauerstoff"*) und als *„Trisauerstoff"* (Trivialname: *„Ozon"*). Nachfolgend seien zunächst diese beiden *„allotropen Modifikationen"* des Sauerstoffs besprochen und im Anschluß hieran die *Erdatmosphäre*, deren Bestandteile Sauerstoff und Ozon für die unbelebte und belebte Natur bedeutungsvoll sind. Abschließende Kapitel befassen sich mit den Wasserstoffverbindungen des Sauerstoffs (*„Wasser"* H_2O, *„Wasserstoffperoxid"* H_2O_2). Über Verbindungen des Sauerstoffs mit anderen Elementen wird bei letzteren berichtet.

1.1 Sauerstoff[2]

1.1.1 Vorkommen

In **elementarem** Zustande kommt der Sauerstoff in der Natur als Bestandteil der *Luft* vor, welche getrocknet 20.95 Volumenprozente oder 23.16 Gewichtsprozente Sauerstoff enthält (S. 518). In **gebundenem** Zustande finden wir ihn in Form von **Oxiden** und **Oxosalzen** (Carbonaten, Silicaten usw.), so etwa im *Wasser*, welches gereinigt zu 88.81, als Meerwasser zu etwa 86 Gew.-% aus Sauerstoff besteht. Weiterhin bildet er einen wichtigen Bestandteil der **Biosphäre**, wie etwa den *Zuckern*, *Fetten*, *Eiweißstoffen* der Organismen. Insgesamt ist er in Form von anorganischen Verbindungen, organischen Verbindungen und molekularem Sauerstoff zu 48.9 % am Aufbau von Erdrinde, Meer, Biosphäre und Luft beteiligt. Der Sauerstoff ist somit das *weitestverbreitete Element* und kommt in seiner Gewichtsmenge der Gewichtsmenge sämtlicher übrigen Elemente – zusammengenommen – gleich.

---

1 chalkos (griech.) = Erz; gennan (griech.) = erzeugen.

2 **Literatur.** E. A. V. Ebsworth, J. A. Connor, J. J. Turner: *„Oxygen"* in Comprehensive Inorg. Chem. **2** (1973) 685–794; M. Ardon: *„Oxygen", Elementary Forms and Hydrogen Peroxide"*, Benjamin, New York 1965; GMELIN: *„Oxygen"*, System-Nr. **3**, bisher 8 Bände; ULLMANN (5. Aufl.): *„Oxygen"*, **A18** (1991) 329–347. Vgl. auch Anm. 9, 11, 16, 20, 30, 33, 34.

Isotope (vgl. Anhang III). Der *natürlich vorkommende* Sauerstoff besteht aus den Isotopen $^{16}_{8}O$ (99.762%), $^{17}_{8}O$ (0.038%) und $^{18}_{8}O$ (0.200%). $^{18}_{8}O$ dient bei reaktionsmechanistischen Untersuchungen zum *Markieren* von Sauerstoffverbindungen, $^{17}_{8}O$ in Sauerstoffverbindungen für NMR-*spektroskopische* Untersuchungen. Unter den *künstlichen* Isotopen hat $^{15}_{8}O$ mit 2.03 m die längste Halbwertszeit.

Geschichtliches (vgl. Tafel II). Daß Luft aus mehreren Bestandteilen zusammengesetzt ist, von denen einer (Sauerstoff) die Verbrennung unterhält, erkannte erstmals Leonardo da Vinci im 15. Jahrhundert. „Entdeckt" wurde der Sauerstoff 1772 von Carl Scheele als *„Feuerluft"* bzw. *„Vitriolluft"* und – unabhängig davon – 1774 von Joseph Priestley als *„dephlogistierte Luft"* (S. 50). (Scheele gewann Sauerstoff durch Erhitzen von Stoffen wie KNO_3, Ag_2CO_3, HgO bzw. durch Zugabe von Braunstein MnO_2 zu Vitriolöl H_2SO_4, Priestley durch Erhitzen des zuvor aus Luft und Quecksilber gewonnenen Oxids HgO.) Antoine Lavoisier erkannte die Elementnatur des neuen Gases, das er zunächst als *„Lebensluft"* (S. 12), später (1777) als *„Oxygen"* (= Säurebildner; Elementsymbol O)[3] bezeichnete, und führte die Phlogiston-Theorie ad absurdum. Die Isotopie des Sauerstoffs wurde 1929 von W.F. Giauque und H.L. Johnston als Ergebnis einer sorgfältigen Analyse der atmosphärischen O_2-Banden im Elektronenspektrum (vgl. S. 509f) entdeckt.

1.1.2 Gewinnung

Zur technischen Darstellung von Sauerstoff dient die **Luft**. Die Abtrennung des in der Luft neben Sauerstoff enthaltenen Stickstoffs kann hierbei auf physikalischem oder chemischem Wege erfolgen. Die physikalische Zerlegung der Luft durch Fraktionierung flüssiger Luft (*„Linde-Verfahren"*) wurde bereits auf S. 12 eingehend besprochen. Sie wird heute praktisch ausschließlich zur Gewinnung von Sauerstoff genutzt. Zur chemischen Zerlegung von Luft erhitzt man diese z.B. mit Bariumoxid (BaO) auf etwa 500 °C. Hierbei nimmt BaO Sauerstoff unter Bildung von Bariumperoxid (BaO_2) auf (vgl. S. 538):

$$2\,BaO + O_2 \underset{700\,°C}{\overset{500\,°C}{\rightleftharpoons}} 2\,BaO_2\,.$$

Bei Temperaturerhöhung auf 700 °C (oder bei Druckverminderung) gibt das so gebildete Bariumperoxid in Umkehrung dieser Reaktion unter Rückbildung von Bariumoxid den gebundenen Sauerstoff wieder ab. Dieses Verfahren der Sauerstoffgewinnung aus Luft (*„Brinsches Bariumperoxid-Verfahren"*) war früher die einzige technische Methode der Sauerstoffgewinnung und machte den Sauerstoff ab 1886 als erstes technisches Gas verfügbar.

Auch die Natur bedient sich der dem Brinschen Verfahren zugrundeliegenden Methode der Sauerstoffgewinnung über eine Sauerstoffverbindung, die sich aus einem geeigneten chemischen Stoff in Anwesenheit von Luft bildet und den gebundenen Sauerstoff leicht wieder abzugeben imstande ist. Einen derartigen Stoff stellt in der belebten Natur etwa der dunkelrote Blutfarbstoff (*„Hämoglobin"* Hb) – ein Komplex des zweiwertigen Eisens Fe^{2+} – dar, der im Zuge der **Atmung** gemäß

$$Hb(Fe^{II}) + O_2 \underset{\text{niedrigerer } O_2\text{-Druck}}{\overset{\text{höherer } O_2\text{-Druck}}{\rightleftharpoons}} Hb(Fe \cdot O_2)$$

den Sauerstoff der Luft unter Normalbedingungen (Atmosphärendruck) in den menschlichen bzw. tierischen Lungen bindet (Bildung von hellrotem Oxyhämoglobin) und bei niedrigerem Druck in den Gewebszellen wieder abgibt (vgl. S. 1530, 1623; zur Geschwindigkeit der Sauerstoffaufnahme und -abgabe vgl. Fig. 126 auf S. 373).

Statt durch Luftzerlegung läßt sich der Sauerstoff auch durch Zerlegung des **Wassers** in seine Bestandteile gewinnen. Er fällt hierbei in der Technik als Nebenprodukt der – in Ländern mit billigem Strom betriebenen – elektrochemischen Darstellung des Wasserstoffs aus Wasser an (vgl. S. 251). Die H_2O-Elektrolyse ist insbesondere auch für die Gewinnung von $^{18}O_2$

---

[3] oxys (griech.) = scharf, sauer; geinomai (griech.) = ich stelle her. Lavoisier glaubte, Sauerstoff sei ein essentieller Bestandteil aller Säuren.

aus $H_2{}^{18}O$-angereichertem Wasser bedeutungsvoll (durch fraktionierende H_2O-Destillation läßt sich $H_2{}^{18}O$ bis zu einem Gehalt von 97 Mol-% anreichern).

Analog dem Wasser können auch **andere Sauerstoffverbindungen** durch Zufuhr von Energie unter Bildung von Sauerstoff gespalten werden. So geben z. B. die Oxide der Edelmetalle schon bei verhältnismäßig schwachem Erwärmen ihren Sauerstoff ab, z. B. Ag_2O und Au_2O_3 oberhalb 160 °C. Ein weiteres Beispiel für diese Spaltung von Metalloxiden – die auch zur Entdeckung des Sauerstoffs führte (S. 12) – stellt die bereits besprochene (S. 17) Zersetzung des Quecksilberoxids ($2HgO \rightarrow 2Hg + O_2$) dar. Statt der teuren Edelmetalloxide lassen sich darüber hinaus eine Reihe wohlfeilerer Sauerstoffverbindungen der Nichtmetalle wie Kaliumchlorat $KClO_3$ (s. dort), Bariumperoxid BaO_2 (s. oben) oder Chlorkalk $CaOCl_2$ (s. dort) unter O_2-Entwicklung thermisch zersetzen. Die zweckmäßigste Laboratoriumsmethode zur raschen Gewinnung von sehr reinem Sauerstoff ist (neben der Elektrolyse von Wassser) die katalytische Zersetzung von Perhydrol H_2O_2 (vgl. S. 534), soweit nicht der in Stahlflaschen erhältliche Sauerstoff genügt.

In den Handel kommt der Sauerstoff in (blau gestrichenen) Stahlflaschen („*Bomben*") mit Rechtsgewinde unter einem Druck von 200 bar. Der Transport kann auch als Flüssigkeit in kälteisolierten Kesselwagen (bis 20 m^3) erfolgen und die Flüssigkeit von dort in Standtanks (bis 100 m^3) übergepumpt werden.

1.1.3 Physikalische Eigenschaften

Sauerstoff ist bei gewöhnlicher Temperatur und unter normalem Luftdruck ein *farb-, geruch-* und *geschmackloses* Gas (in sehr dicker Schicht *bläulich*). Durch starke Abkühlung läßt er sich zu einer *hellblauen* Flüssigkeit[4] verdichten, welche bei – 182.97 °C (90.18 K) siedet und bei – 218.75 °C (54.40 K) zu *hellblauen*, kubischen Kristallen (γ-O_2) erstarrt (unterhalb – 249.26 °C und – 229.35 °C existieren noch eine monokline (α-O_2) und eine rhomboedrische (β-O_2) Modifikation des festen Sauerstoffs). Die Dichte des gasförmigen Sauerstoffs (0 °C, 1 atm, 45° geographischer Breite) beträgt 0.001429, die des flüssigen Sauerstoffs (beim Siedepunkt) 1.140 und die des festen Sauerstoffs (bei – 252 °C) 1.426 g/cm^3. Fester Sauerstoff ist also rund 1000 mal schwerer als gasförmiger. In 100 Volumina Wasser lösen sich bei 0 °C 4.91, bei 20 °C 3.05, bei 25 °C 2.75 und bei 100 °C 1.70 Raumteile Sauerstoffgas (vgl. S. 639). Der Sauerstoff O_2 ist im gasförmigen, flüssigen und festen Zustand *paramagnetisch* und weist eine für eine Doppelbindung sprechende hohe OO-Dissoziationsenergie von 498.34 kJ/mol (Einfachbindung: ca. 200 kJ/mol)[5] bzw. kurze OO-Bindungslänge von 1.20741 Å auf (Einfachbindung: 1.48 Å). Bezüglich weiterer physikalischer Daten vgl. Tafel III, bezüglich der Farbe, Anregung und Dissoziation von Sauerstoff S. 511.

Physiologisches. Sauerstoff ist – abgesehen von einigen Bakterienarten („*Anaerobier*") – für alle Organismen lebensnotwendig. Der Mensch veratmet täglich 900 g O_2 (0.3 Tonnen pro Jahr). Atem-Gasgemische mit O_2-Partialdrücken < 0.08 bar führen bei ihm zur Bewußtlosigkeit und schließlich zur Erstickung. O_2-Partialdrücke > 0.6 bar wirken für ihn toxisch (Bildung von schädlichem Hyperoxid O_2^-, das nicht rasch genug abgebaut werden kann[6]).

1.1.4 Chemische Eigenschaften

Elementarer Sauerstoff

Wie auf S. 49 bereits angedeutet wurde, verbindet sich gasförmiger Sauerstoff O_2, der einen thermisch sehr stabilen, erst bei relativ hohen Temperaturen in O-Atome zerfallenden Stoff darstellt (vgl. S. 383)[5], mit allen Elementen außer He, Ne, Ar und Kr zu (isolierbaren) Sauer-

[4] In der Flüssigkeit wurden neben den O_2-Molekülen auch instabile $(O_2)_2 = O_4$-Aggregate (Dissoziationsenergie 0.54 kJ/mol) nachgewiesen.

[5] Die Dissoziation des Sauerstoffs beträgt bei 2100 K noch weniger als 1 %, bei 3900 K etwa 50 %, bei 4700 K mehr als 90 % und bei 5750 K mehr als 99 % (Gesamtdruck der Reaktionsteilnehmer jeweils 1 bar). Der vergleichsweise leicht erfolgende thermische Sauerstoffaustausch $OO + \mathring{O}\mathring{O} \rightarrow 2O\mathring{O}$ (E_a ca. 170 kJ/mol), wickelt sich offenbar nicht in Stufen über O-Atome, sondern konzertriert ab (vgl. Anm.[139] in Kap. X, S. 401).

[6] O_2^- findet sich in allen O_2-verbrauchenden Organismen und wird in diesen durch das Enzym Hyperoxid-Dismutase zersetzt.

stoffverbindungen. Vielfach verlaufen diese **Redox-Reaktionen** sogar unter erheblicher Energieabgabe (häufig: Wärmeentwicklung und Feuererscheinung). Als Beispiele derartiger „Verbrennungsvorgänge" haben wir bereits die Umsetzungen von Sauerstoff mit den Nichtmetallen bzw. Metallen Wasserstoff (*Knallgasreaktion*, vgl. S. 259 und 388), Kohlenstoff, Schwefel, Phosphor, Eisen und Magnesium kennengelernt (vgl. S. 49). Das Bestreben zu Wasserstoff ist dabei so groß, daß sich auch viele Elementwasserstoffe mit Sauerstoff zu Wasser unter gleichzeitiger Bildung von Elementen bzw. Elementoxiden umsetzen (S. 294). So verbrennen etwa Kohlenwasserstoffe bzw. Kohlenwasserstoffgemische (z. B. Benzin) bei Sauerstoffzufuhr zu Wasser und Kohlendioxid, Ammoniak zu Wasser und Stickstoff (vgl. Ammoniakverbrennung, S. 714) oder Chlorwasserstoff zu Wasser und Chlor (vgl. Deacon-Verfahren, 393). Noch stärker oxidierend als gasförmiger wirkt flüssiger Sauerstoff (vgl. S. 15, 49).

Wichtige sauerstoffverbrauchende Prozesse sind in der Umwelt neben der – u. a. zur Wärmeerzeugung sowie zum Antrieb von Motoren in Technik und Haushalt genutzten – Verbrennung von Kohle bzw. Kohlenwasserstoffen (Erdöl, Erdgas) vor allem die – zur Aufrechterhaltung der Körpertemperatur und der Lebensvorgänge von Organismen in der Natur genutzte – Verbrennung von Nahrungsmitteln (z. B. Kohlenhydrate $C_m(H_2O)_n$ wie Zucker, Stärke, Zellulose). Auch die Verwesung bzw. Vermoderung stellt einen wichtigen, sauerstoffverbrauchenden Prozeß dar. Es müßte demnach infolge dieser Verbrennungsvorgänge eine dauernde Abnahme des Sauerstoff- und Zunahme des Kohlendioxid- und Wassergehaltes der Atmosphäre zu beobachten sein, wenn nicht ein entgegenwirkender sauerstoffliefernder Prozeß stattfände, der in Umkehrung der Verbrennungsvorgänge unter Aufnahme von Energie Kohlendioxid und Wasser wieder in Kohlenhydrate (bzw. andere Kohlenstoffverbindungen) und Sauerstoff verwandelt. Dieser regulierend wirkende Vorgang ist die **„Assimilation"** der Pflanzen, bei welcher unter der Einwirkung des vom Blattgrün (Chlorophyll) absorbierten Sonnenlichtes das in der Luft oder im Wasser enthaltene Kohlendioxid u. a. in die Kohlenhydrate Zucker und Stärke verwandelt wird, die sich als Reservestoffe in den Pflanzen ablagern (vgl. S. 1122):

$$\text{Kohlenhydrate} + \text{Sauerstoff} \underset{\text{Assimilation (Pflanzen)}}{\overset{\text{Dissimilation (Tiere)}}{\rightleftharpoons}} \text{Kohlendioxid} + \text{Wasser} + \text{Energie}\,.$$

Die Pflanzen dienen dann wieder Menschen und Tieren zur Nahrung, werden erneut mittels des durch den Blutfarbstoff (Hämoglobin) herangeführten Sauerstoffs „veratmet" („*Dissimilation*"), und so beginnt der **Kreislauf des Sauerstoffs** von neuem. Dieser ist in seinen Teilen so ausgeglichen, daß – soweit unsere Meßgenauigkeit und Erfahrung bisher reichen – der Sauerstoffgehalt der Atmosphäre konstant bleibt. Je höher beispielsweise infolge der Verbrennungsprozesse der Kohlendioxid- und Wasserdampfgehalt der Luft ansteigt, um so größer wird auch unter sonst gleichen Bedingungen die Assimilationstätigkeit der Pflanzen. Hinzu kommt, daß die jährlich in der geschilderten Weise im Kreislauf befindliche Sauerstoffmenge (10^{11} t) verhältnismäßig gering ist im Vergleich zu der in der Atmosphäre vorhandenen (10^{15} t). Allerdings nimmt Sauerstoff nicht nur an dem erwähnten Cyclus, sondern zusätzlich an einem „Ozon-Kreislauf" teil (S. 519), wodurch die jährlich umgesetzte O_2-Menge größer ist. Tatsächlich wird jedes Sauerstoffmolekül etwa alle 2000 Jahre durch ein anderes ersetzt.

Reaktionen mit gasförmigem Sauerstoff wie die vorstehend beschriebenen Verbrennungsvorgänge verlaufen im allgemeinen erst bei erhöhter Temperatur mit ausreichender Geschwindigkeit und müssen infolgedessen durch „Zündung" in Gang gebracht (Anzünden von Holz, Kohle, Benzin, Schwefel usw.) oder durch „Katalysatoren" beschleunigt werden (vgl. die durch Platin katalysierte Knallgasreaktion, S. 259). Bei normaler Temperatur verhält sich der Sauerstoff (genauer: „*Triplett-Sauerstoff*", S. 350) jedoch gegen viele oxidable Stoffe ausgesprochen reaktionsträge. So behält etwa das sehr starke Reduktionsmittel Natrium in wasserfreier Luft bei Raumtemperatur tagelang seinen metallischen Glanz. Das Alkalimetall kann sogar in trockenem Sauerstoff geschmolzen werden (Smp. 97.82 °C), ohne sich zu entzünden.

Die beachtliche Reaktionsträgheit des normalen Sauerstoffs bei nicht allzu hohen Temperaturen ist für die Existenz der „brennbaren" Lebewesen in der Erdatmosphäre von großer Bedeutung (vgl. hierzu den reaktionsfähigen, für Lebewesen äußerst giftigen, angeregten Sauerstoff („*Singulett-Sauerstoff*", S. 350 und 509) oder das ebenfalls giftige Ozon (S. 514)).

Tatsächlich setzt sich allerdings auch gasförmiger Sauerstoff in vielen Fällen bereits unter Normalbedingungen langsam mit oxidablen Stoffen um. Man nennt diese Erscheinung „*stille Verbrennung*" („*Autoxidation*"). Hierzu gehören z. B. das Rosten und Anlaufen von Metallen, das Vermodern von Holz und sonstige Verwesungserscheinungen, der stille Abbrand von Kohlehalden. Setzt man die zu oxidierenden Stoffe in feinverteilter, oberflächenreicher Form bzw. den Sauerstoff in konzentriertem (flüssigem) Zustande ein, so wird die Geschwindigkeit von stillen Verbrennungen vielfach so erhöht, daß die nunmehr vermehrte zeitliche Wärmeabgabe zu einer Temperatursteigerung des Reaktionsgemischs führt, die ihrerseits wieder eine Reaktionsbeschleunigung bedingt usw. So kann es schließlich zur Explosion kommen (z. B. „*Mehlstaubexplosion*", „*Kohlenstaubexplosion*", Explosion beim Vereinigen von flüssigem Sauerstoff mit vielen organischen Stoffen wie etwa Kohlenwasserstoffen).

Zum Unterschied von Umsetzungen des gasförmigen Sauerstoffs verlaufen viele Oxidationsreaktionen von in Wasser (bzw. anderen polaren Medien) gelöstem Sauerstoff mehr oder minder ungehemmt. So oxidiert sich in luftgesättigtem Wasser Iodid zu Iod, Bromid zu Brom, Sulfid zu Schwefel, Eisen(II) zu Eisen(III), Chrom(II) zu Chrom(III). Der Sauerstoff wird hierbei zu Wasser reduziert (vgl. S. 259):

$$O_2 + 4H^+ + 4\ominus \rightleftarrows 2H_2O.$$

Die Reduktion erfolgt dabei in vielen Fällen stufenweise in Einelektronenschritten, wobei im Sinne der nachfolgend wiedergegebenen Potentialdiagramme als erstes Reaktionszwischenprodukt das Hyperoxid-Ion O_2^- (s. unten) bzw. dessen Protonenaddukt gebildet wird ($O_2 + \ominus \rightleftarrows O_2^-$ bzw. $O_2 + H^+ + \ominus \rightarrow HO_2$; $pK_S(HO_2)$ ca. 2). Das stark oxidierend wirkende O_2^--Ion, das auch bei vielen biologischen O_2-Oxidationsreaktionen entsteht[6], wird dann weiter zum ein- bzw. zweifach protonierten Peroxid-Ion O_2^{2-} reduziert ($O_2^- + H^+ + \ominus \rightleftarrows HO_2^-$ bzw. $HO_2 + H^+ + \ominus \rightleftarrows H_2O_2$; $pK_S(H_2O_2) = 11.65$), welches – gegebenenfalls auf dem Wege über das Hydroxyl-Radikal OH – schließlich in Wasser übergeht (vgl. Anhang VI):

pH = 0

$$\overset{\pm 0}{O_2} \stackrel{-0.125}{\text{———}} \overset{-\frac{1}{2}}{HO_2} \stackrel{1.515}{\text{———}} \overset{-1}{H_2O_2} \stackrel{0.68}{\text{———}} \overset{-\frac{3}{2}}{HO/H_2O} \stackrel{2.85}{\text{———}} \overset{-2}{2H_2O}$$

(O_2 – $2H_2O$: 1.229; O_2 – H_2O_2: 0.695; H_2O_2 – $2H_2O$: 1.763)

pH = 14

$$\overset{\pm 0}{O_2} \stackrel{-0.33}{\text{———}} \overset{-\frac{1}{2}}{O_2^-} \stackrel{0.20}{\text{———}} \overset{-1}{HO_2^-} \stackrel{-0.29}{\text{———}} \overset{-\frac{3}{2}}{HO/HO^-} \stackrel{2.02}{\text{———}} \overset{-2}{2HO^-}$$

(O_2 – $2HO^-$: 0.401; O_2 – HO_2^-: 0.065; HO_2^- – $2HO^-$: 0.867)

Verhältnismäßig reaktionsfähig ist der Sauerstoff auch gegenüber einer Reihe von Verbindungen L_nM niederwertiger Übergangsmetalle M, mit welchen er, falls L ein geeigneter Ligand ist, **Säure-Base-Reaktionen** eingeht. Einen Stoff dieses Typs haben wir bereits bei der Darstellung des Sauerstoffs (S. 503) im Blutfarbstoff (Hämoglobin), einem Eisen-Komplex, kennengelernt, der Sauerstoff sehr rasch zu binden (und umgekehrt auch wieder abzugeben) vermag. In analoger Weise nehmen andere Verbindungen L_nM Sauerstoff gemäß

$$L_nM + O_2 \rightleftarrows L_nM \cdot O_2$$

mehr oder minder reversibel unter Bildung von **Sauerstoffkomplexen** $L_nM \cdot O_2$ auf[7], die entsprechend (a) oder (b) endständig („*end-on*") oder entsprechend (c) seitlich („*side-on*",

„*edge-on*“) gebundenen Sauerstoff enthalten (in ersteren beiden Fällen liegen gewinkelte MOO-Gruppierungen vor, in letzterem Fall ein dreigliedriger MO_2-Ring) (Näheres vgl. S. 1623)[7].

$L_nM{-}O{\cdots}O$ (z. B. Hämoglobin · O_2) (a)

$L_nM{-}O{\cdots}O{-}ML_n$ (z. B. $(H_3N)_5Co{-}O{\cdots}O{-}Co(NH_3)_5^{5+}$) (b)

$L_nM(O_2)$ (z. B. $(R_3P)_4Ir \cdot O_2^+$) (c)

Sauerstoff in Verbindungen

Der Sauerstoff ist in fast allen Verbindungen der *elektronegative* Partner und betätigt hauptsächlich die **Oxidationsstufe** -2 (z. B. Na_2O, H_2O), seltener die Oxidationsstufe -1 (z. B. Na_2O_2, H_2O_2) oder $-\frac{1}{2}$ (z. B. NaO_2) und in Ausnahmefällen andere negative Oxidationsstufen wie etwa $-\frac{2}{3}$ (z. B. H_2O_3) oder $-\frac{1}{3}$ (z. B. KO_3). Nur gegenüber Fluor als elektronegativstem Element bzw. gegenüber äußerst stark oxidierend wirkenden Elementverbindungen (z. B. PtF_6) vermag Sauerstoff auch als *elektropositiver* Partner aufzutreten und die Oxidationsstufen ± 0 (z. B. HOF; vgl. S. 473), $+\frac{1}{2}$ (z. B. $O_2^+PtF_6^-$), $+1$ (z. B. O_2F_2) und $+2$ (z. B. OF_2) zu betätigen. In seinen Verbindungen mit Nicht- und Halbmetallen sowie mit Metallen in sehr hoher Oxidationsstufe liegt der Sauerstoff als *kovalent einfach* bzw. *mehrfach gebundener* Partner vor, wobei er die **Koordinationszahlen** *eins*, *zwei* und *drei* aufweist (z. B. H—**O**—H, Cl—**O**—Cl, $H{-}\overset{+}{\mathbf{O}}{<}^{H}_{H}$, **O**=C=**O**, **O**=S=**O**, Cl_3P=**O**, O_3Os=**O**, C≡**O**). In *elektrovalenten* Verbindungen betätigt er darüber hinaus die Koordinationszahlen *vier* (z. B. quadratisch-planares O in Nb**O**, tetraedrisches O in Be**O**, Zn**O**, Cu**O**, Zr**O**$_2$, Ce**O**$_2$), *sechs* (oktaedrisches O in Mg**O**, Ca**O**) und *acht* (kubisches O in Li_2**O**, Na_2**O**).

Bindungen. Die ROR-Bindungswinkel in Verbindungen des Typs R_2O bzw. R_3O^+ (R = anorganischer bzw. organischer Rest) liegen im Bereich 100–115°, falls der Sauerstoff reine Einfachbindungen betätigt (z. B. ∢ HOH in H_2O 104.5°, in H_3O^+ ca. 113°; ∢ COC in $(CH_3)_2O$ 111°). Enthalten die RO-Bindungen Doppelbindungsanteile, so beobachtet man ROR-Winkel > 115° (z. B. ∢ SiOSi in $(H_3Si)_2O$ 144.1°, in $(R_3Si)_2O$ mit R = $C(CH_3)_3$ 180°; ∢ HgOHg in $(ClHg)_3O^+$ 120°, d. h. planares Hg_3O-Gerüst). Die Tendenz des Sauerstoffs zur Ausbildung von *π-Bindungen* ist sehr groß, die zur Bildung von *Elementketten* klein (s. S. 531).

Sauerstoff-Kationen. Wie bereits angedeutet (S. 422) läßt sich Sauerstoff durch Platinhexafluorid zum *farblosen* **Dioxygen-Monokation O_2^+** (**Dioxygenyl**) oxidieren:

$$O_2 + PtF_6 \rightarrow O_2^+PtF_6^- .$$

O_2^+-Salze entstehen darüber hinaus bei der Reaktion von O_2F_2 bzw. O_2F mit Lewis-sauren Elementfluoriden (vgl. S. 491). Eine besonders bequeme Darstellungsmethode ist schließlich die photochemische bzw. thermische Fluorierung von Sauerstoff in Anwesenheit eines Lewis-sauren Fluorids, z. B.:

$$O_2 + \tfrac{1}{2}F_2 + BF_3 \xrightarrow{h\nu} O_2^+BF_4^-; \quad O_2 + \tfrac{1}{2}F_2 + AsF_5 \xrightarrow{h\nu} O_2^+AsF_6^-; \quad O_2 + \tfrac{1}{2}F_2 + PtF_5 \xrightarrow{280\,^\circ C} O_2^+PtF_6^- .$$

---

[7] Die reversible Sauerstoffaufnahme $L_nM + O_2 \rightleftarrows L_nM \cdot O_2$ kann als Säure-Base-Reaktion (Bildung von Komplexen des Sauerstoffs O_2 aus der Lewis-Säure L_nM und der Lewis-Base O_2) oder als Redox-Reaktion gedeutet werden (Bildung von Komplexen des Hyperoxids O_2^- bzw. Peroxids O_2^{2-} aus dem Reduktionsmittel L_nM und dem Oxidationsmittel O_2). Letztere Beschreibungsweise ist vorzuziehen, da der OO-Abstand in den O_2-Komplexen meist deutlich größer als im O_2-Molekül (Fig. 134) ist und weil sich die O_2-Komplexe vielfach sowohl aus L_nM und O_2 als auch aus L_nM^+ und O_2^- bzw. L_nM^{2+} und O_2^{2-} synthetisieren lassen.

Die auf den beschriebenen Wegen erhaltenen, stark oxidierend wirkenden Dioxygenyl-Salze O_2MF_4 (M z.B. B), O_2MF_5 (M z.B. Ge), O_2MF_6 (M z.B. P, As, Sb, Bi, V, Rh, Pt) oder $(O_2)_2MF_6$ (M z.B. Sn) sind thermisch mehr oder minder instabil (z.B. O_2PF_6: Zers. ab −80 °C, O_2BF_4; Zers. ab 0 °C, O_2AsF_6: Zers. ab 130 °C, O_2SbF_6: Zers. ab 280 °C)[8]. Zur elektronischen Struktur des O_2^+-Ions s. weiter unten. Versuche zur Überführung von Ozon in das **Trioxygen-Monokation** O_3^+ („*Trioxygenyl*") z.B. gemäß $O_3 + PtF_6 \rightarrow O_3^+ PtF_6^-$ führten bisher zu keinem Erfolg.

Sauerstoff-Anionen[9]. Die Sauerstoffverbindungen der Metalle (s. dort) enthalten normalerweise das *farblose*, in Wasser instabile **Oxid** O^{2-}. Das *gelbe* **Hyperoxid** O_2^- (früher auch: „*Superoxid*") liegt in den *gelben* bis *orangefarbenen*, ionisch aufgebauten Alkali- und Erdalkalimetallsalzen NaO_2, KO_2, RbO_2, CsO_2, $Mg(O_2)_2$, $Ca(O_2)_2$, $Sr(O_2)_2$, $Ba(O_2)_2$ vor (Darstellung u.a. aus den Elementen; vgl. S. 537, 1175). Beim Lösen der Hyperoxide in Wasser zersetzen sich diese unter Abgabe von Sauerstoff: $2O_2^- + 2H_2O \rightarrow O_2 + H_2O_2 + 2OH^-$[10]. In analoger Weise zerfallen die Hyperoxide beim Erhitzen unter Sauerstoffentwicklung. Es entstehen hierbei Salze $M^I_2O_2$ und $M^{II}O_2$, (man kennt auch Li_2O_2; vgl. S. 537, 1175), die das *farblose* **Peroxid** O_2^{2-} enthalten.

Mit dem Übergang des Sauerstoffmoleküls in das Hyperoxid- sowie Peroxid-Ion vergrößert sich der OO-Abtand jeweils um über 0.1 Å (vgl. Fig. 132a). Diese Abstandsvergrößerung entspricht einer von der MO-Theorie geforderten Erniedrigung der OO-*Bindungsordnung*; denn der Übergang $O_2 \rightarrow O_2^- \rightarrow O_2^{2-}$ ist gemäß Fig. 132a jeweils mit der Aufnahme eines zusätzlichen Elektrons in das antibindende π^*-Molekülorbital verbunden, wodurch die OO-Bindungsordnung von 2 beim Sauerstoff über 1.5 beim Hyperoxid bis 1 beim Peroxid vermindert wird (vgl. S. 350). Umgekehrt erhöht sich beim Übergang vom Sauerstoff O_2 zum Disauerstoff-Kation O_2^+ die Bindungsordnung um 0.5 auf 2.5, da der Übergang mit der Abionisation eines antibindenden π^*-Elektrons verknüpft ist. Demgemäß ist der OO-Abstand im Disauerstoff-Ion O_2^+ (zur Bildung s. weiter oben) kleiner als im Sauerstoffmolekül (vgl. Fig. 132a). Analog den in der Reihe O_2^+, O_2, O_2^-, O_2^{2-} wachsenden *Bindungslängen* fallen in gleicher Richtung die

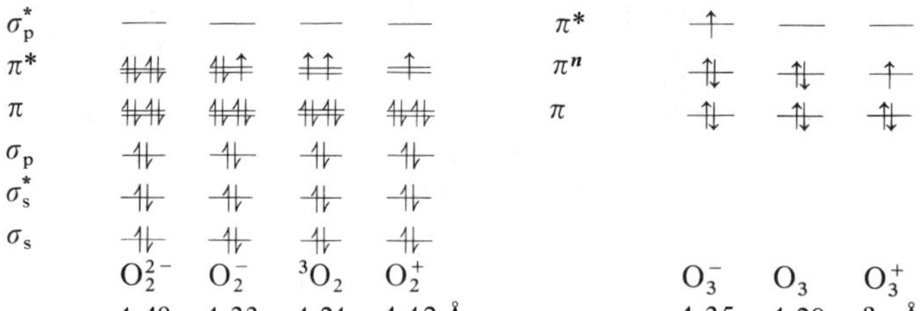

σ_p^*	—	—	—	—
π^*	↑↓↑↓	↑↓↑	↑↑	↑
π	↑↓↑↓	↑↓↑↓	↑↓↑↓	↑↓↑↓
σ_p	↑↓	↑↓	↑↓	↑↓
σ_s^*	↑↓	↑↓	↑↓	↑↓
σ_s	↑↓	↑↓	↑↓	↑↓
	O_2^{2-}	O_2^-	$^3O_2$	O_2^+
r_{OO}	1.49	1.33	1.21	1.12 Å
∡OOO	–	–	–	–
BO	1.0	1.5	2.0	2.5

(a)

π^*	↑	—	—
π^n	↑↓	↑↓	↑
π	↑↓	↑↓	↑↓
	O_3^-	O_3	O_3^+
r_{OO}	1.35	1.28	? Å
∡OOO	113.5	116.8	?
BO	1.25	1.50	1.50

(b)

Fig. 132 Energieniveauschemata **(a)** der Molekülorbitale von Peroxid O_2^{2-}, Hyperoxid O_2^-, Triplett-Sauerstoff $^3O_2$ und Dioxygenyl O_2^+; **(b)** der π-Molekülorbitale von Ozonid O_3^-, Ozon O_3 und Trioxygenyl O_3^+ (vgl. hierzu S. 350 und 364; BO = Bindungsordnung).

Kraftkonstanten (16.0, 11.4, 6.2, 2.8 N/cm), *Schwingungsfrequenzen* (1860, 1555, 1145, 770 / cm) und *Dissoziationsenergien* (628, 499, 398, 126 kJ/mol). Aus Fig. 132a folgt darüber hinaus, daß bis auf O_2^{2-} alle genannten Teilchen *paramagnetisch* sind.

---

8 Der Zerfall von O_2MF_n erfolgt auf dem Wege: $O_2MF_n \rightarrow O_2F + MF_{n-1}$; $O_2F \rightarrow O_2 + 1/2F_2$.

9 **Literatur.** N.-G. Vannerberg: „*Peroxides, Hyperoxides and Ozonides of Groups Ia, IIa and IIb*", Progr. Inorg. Chem. **4** (1962) 125–197; I. I. Vol'nov: „*Peroxides, Superoxides and Ozonides of Alkali and Alkaline Earth Metals*", Plenum Press, New York 1966; D. T. Sawyer, J. S. Valentine: „*How Super Is Superoxide?*", Acc. Chem. Res. **14** (1981) 393–400; E. Lee-Ruff: „*The Organic Chemistry of Superoxide*", Chem. Soc. Rev. **6** (1977) 195–214.

10 In Wasser ist das Hyperoxid-Ion somit instabil und disproportioniert sich rasch nach: $2O_2^- \rightarrow O_2 + O_2^{2-}$ ($\xrightarrow{2H^+}$ H_2O_2). Eine gewisse Lebensdauer kommt dem Hyperoxid-Ion demgegenüber im stark alkalischen Milieu bzw. in aprotischen Lösungsmitteln, eine hohe Lebensdauer in Salzen zu (vgl. MO_2; M = Na bis Cs).

Neben den Anionen O^{2-}, O_2^- und O_2^{2-} existiert von Sauerstoff auch noch *rotes* **Ozonid** $\mathbf{O_3^-}$, das den intensiv roten Salzen MO_3 (M = Na, K, Rb, Cs, NMe_4) zugrunde liegt (Darstellung u.a. aus MO_2 und O_3; vgl. S. 1175). Die Ozonide werden von *Wasser* äußerst heftig unter Sauerstoffentwicklung zersetzt ($2O_3^- + H_2O \rightarrow 2\,{}^1\!/_2 O_2 + 2OH^-$) und gehen beim gelinden *Erwärmen* in Hyperoxide MO_2 über ($2O_3^- \rightarrow 2O_2^- + O_2$; vgl. Anm.[10]).

Das mit ClO_2 isostere, paramagnetische Ozonid-Ion ist *gewinkelt* gebaut (C_{2v}-Symmetrie; vgl. S. 494a). Der OOO-Winkel beträgt 113.5° (KO_3) (zum Vergleich: OOO-Winkel in O_3 = 116.8°). Der OO-*Abstand* (Bindungsordnung: 1.25) ist mit 1.346 Å (KO_3) größer als der OO-Abstand in Ozon (1.278 Å; Bindungsordnung = 1.5). Ein gewinkelter Bau der Teilchen O_3^-, O_3 und O_3^+ (bisher keine Verbindungsbeispiele) mit 19, 18 und 17 Elektronen ergibt sich auch über eine MO-Betrachtung (vgl. Tab. 46a, S. 355; der Übersichtlichkeit halber ist in Fig. 132b nur ein Ausschnitt des Molekülorbital-Energieniveau-Schemas (vgl. S. 365) wiedergegeben). Aus Fig. 134b folgt zudem die OO-Bindungsverkürzung und OOO-Winkelvergrößerung beim Übergang von O_3^- zu O_3 (Abionisation eines π^*-Elektrons; Annäherung an 16-Elektronenmoleküle AB_2 mit linearem Bau).

Verwendung von Sauerstoff

Sauerstoff (Weltjahresproduktion: 100 Megatonnenmaßstab) dient in der Technik hauptsächlich zur Erzeugung hoher Temperaturen durch Verbrennungsprozesse. Dabei hat die Verwendung von reinem Sauerstoff – anstatt der kostenlosen Luft – u.a. den Vorteil der besseren Wärmenutzung (der Stickstoffballast muß nicht miterhitzt werden) sowie des Erreichens höherer Temperaturen. Der größte Sauerstoffverbraucher ist gegenwärtig die Stahlindustrie (vgl. Eisen- und Stahlgewinnung, S. 1506). Darüberhinaus wird Sauerstoff z.B. bei der Kohlevergasung (S. 253), zur Erzeugung von Wasserstoff durch partielle Oxidation von Schwerölen (S. 254), zur Erzeugung von Acetylen aus Kohlenwasserstoffen, zur Produktion von *Titandioxid* nach dem Chlorid-Prozeß benötigt. Vgl. auch die Nutzung von Sauerstoff in der Schweiß- und Schneidetechnik (S. 260). Erwähnenswert ist schließlich die Verwendung von reinem Sauerstoff in der Raketentechnik als Oxidationsmittel für Antriebsstoffe (z.B. H_2), in der Elektrotechnik zur Erzeugung elektrischer Energie in Brennstoff-Zellen sowie in der Medizin und Biologie zur Verstärkung und Anregung von Lebens- und Wachstumsprozessen.

1.1.5 Angeregter und atomarer Sauerstoff

Durch Zufuhr von Lichtenergie läßt sich *molekularer Sauerstoff* in einen rotations-, schwingungs- sowie elektronisch *angeregten Zustand* überführen oder gegebenenfalls in *Sauerstoffatome* aufspalten. Nachfolgend sei zunächst auf den *Singulett-Sauerstoff*, eine vergleichsweise langlebige Form des angeregten Sauerstoffs, dann auf die durch Lichtabsorption und -streuung bedingte *blaue Farbe* von O_2 und schließlich auf den – u.a. photolytisch aus O_2 erzeugbaren – *atomaren Sauerstoff* eingegangen.

Singulett-Sauerstoff[11]

Während der atmosphärische Sauerstoff unter *normalen* Bedingungen *reaktionsträge* ist und die chemischen Stoffe der lebenden und nichtlebenden Umwelt nur sehr langsam oxidiert (s. oben), wandelt er sich im *Sonnenlicht* bei Anwesenheit geeigneter *Farbstoffmoleküle* in eine *aggressive Form* um, die etwa Farben bleicht, Kunststoffe vergilbt und Lacküberzüge zum Abblättern bringt. Das eigentliche Agens bei diesen Vorgängen ist der „*Singulett-Sauerstoff*" $^1O_2$ (früher auch: „Orthosauerstoff"), der sich vom normalerweise vorliegenden „*Triplett-Sauerstoff*" $^3O_2$ (früher auch: „Parasauerstoff") dadurch unterscheidet, daß die beiden anti-

[11] **Literatur.** P. Lechtken: „*Singulett-Sauerstoff*", Chemie in unserer Zeit **8** (1974) 11–16; D.R. Kearns: „*Physical and Chemical Properties of Singlet Molecular Oxygen*", Chem. Rev. **71** (1971) 395–427; A.A. Gorman, M.A.J. Rodgers: „*Singlet Molecular Oxygen*", Chem. Soc. Rev. **10** (1981) 205–232; W. Adam: „*Die Singulettsauerstoff-Story*", Chemie in unserer Zeit **15** (1981) 190–196; B. Rånby, J.F. Rabek (Hrsg.): „*Singlet Oxygen: Reactions with Organic Compounds and Polymers*", Wiley, Chichester 1978; H.H. Wasserman, R. Murray (Hrsg.), „*Singlet Oxygen*", Acad. Press, New York 1979; A.A. Frimer: „*The Reaction of Singlet Oxygen with Olefines: The Question of Mechanism*", Chem. Rev. **79** (1979) 359–387.

bindenden π^*-Elektronen nicht wie im Falle von $^3O_2$ den gleichen, sondern einen entgegengesetzten Spin aufweisen (vgl. Fig. 132a und Anm.[50] auf S. 350). Dabei existiert der Singulett-Sauerstoff seinerseits in zwei energetisch unterschiedlichen Formen. Im *energieärmeren* Zustand besetzen die beiden entgegengesetzt gerichteten π^*-Elektronen als *Paar* ein π^*-Molekülorbital (das zweite π^*-Molekülorbital ist elektronenleer), im *energiereicheren* Zustand dagegen einzeln *jedes* der beiden π^*-Molekülorbitale. Erstere $^1O_2$-Form ist um 94.72 kJ/mol, letztere um 157.85 kJ/mol energiereicher als die $^3O_2$-Form:

$$\pi^* \;\; \underline{\uparrow} \;\; \underline{\uparrow} \;\; \xrightarrow[(8000\,\mathrm{cm}^{-1})]{+\,95\,\mathrm{kJ/mol}} \;\; \underline{\downarrow\uparrow} \;\; \underline{\quad} \;\; \xrightarrow[(5000\,\mathrm{cm}^{-1})]{+\,63\,\mathrm{kJ/mol}} \;\; \underline{\uparrow} \;\; \underline{\downarrow}$$

Triplett-Sauerstoff ($^3\Sigma_g^-$-Zustand[12], $r_{OO} = 1.207$ Å) — *Singulett-Sauerstoff* ($^1\Delta_g$-Zustand[12], $r_{OO} = 1.216$ Å) — *Singulett-Sauerstoff* ($^1\Sigma_g^+$-Zustand[12], $r_{OO} = 1.228$ Å)

(im vorstehenden Reaktionsschema sind nur die Elektronenanordnungen in den π^*-Molekülorbitalen veranschaulicht; bezüglich der Anordnungen in den übrigen O_2-Orbitalen vgl. Fig. 132a). Der energiereichere Singulett-Sauerstoff ($^1\Sigma_g^+$-O_2)[12] ist sehr kurzlebig ($< 10^{-9}$ s) und verwandelt sich unter Energieabgabe hauptsächlich in den vergleichsweise langlebigen und infolgedessen chemisch wirksamen energieärmeren Singulett-Sauerstoff ($^1\Delta_s$-O_2; $\tau_{1/2}$ ca. 10^{-4} s)[12].

Erzeugung. Singulett-Sauerstoff kann auf *photochemischem* oder *chemischem* Wege gewonnen werden. Wegen der äußerst geringen Lichtabsorption von Triplett-Sauerstoff im geforderten Wellenzahlenbereich entsteht er allerdings durch direkte Bestrahlung mit Sonnenlicht nur in verschwindendem Ausmaße (s.u.). Die Absorption von Tageslicht läßt sich jedoch durch geeignete ($^1O_2$-stabile) organische Farbstoffe wie Methylenblau, Acridinorange, Eosin, Fluorescein oder Rose Bengale „*sensibilisieren*" (vgl. S. 1351).

Hierbei erfolgt die Lichtübertragung in der Weise, daß der Farbstoff-Sensibilisator S durch das eingestrahlte Licht zunächst in einen angeregten Singulett-Zustand $^1S^*$ übergeführt wird. Das angeregte Singulett-Molekül $^1S^*$ verwandelt sich dann rasch unter Spinumkehr eines Elektrons („*Interkombination*", vgl. S. 374) in ein angeregtes Triplett-Molekül $^3S^*$, welches seinerseits mit Triplett-Sauerstoff nach

$$^3S^*(\uparrow\uparrow) + {}^3O_2(\downarrow\downarrow) \rightarrow {}^1S(\uparrow\downarrow) + {}^1O_2(\uparrow\downarrow)$$

unter Bildung von Singulett-Sauerstoff weiterreagiert. Wesentlich für den raschen Ablauf letzterer Reaktion ist dabei, daß die Umsetzung – wie gefordert (S. 400) – ohne Elektronenspinumkehr erfolgt (es wird nur jeweils ein Elektron des Sensibilisators und ein Elektron des Sauerstoffs vertauscht).

Auf *chemischem* Wege entsteht Singulett-Sauerstoff häufig bei der thermischen O_2-Eliminierung aus Molekülen MO_2, die Sauerstoff in Form von Peroxogruppen (O—O-Gruppen) vorgebildet enthalten[13]:

$$MO_2 \rightarrow M + {}^1O_2\,.$$

So erhält man $^1O_2$ bei der Umsetzung von Hypochlorit mit Wasserstoffperoxid, die über die zersetzliche, unter O_2-Abspaltung zerfallende Peroxohypochlorige Säure HOOCl führt:

$$\mathrm{H{-}O{-}O{-}H} \xrightarrow[-\,\mathrm{HO}^-]{+\,\mathrm{ClO}^-} \mathrm{H{-}O{-}O{-}Cl} \xrightarrow[-\,\mathrm{HCl}]{\text{rasch}} {}^1\mathrm{O{=}O}\,.$$

---

[12] Die **Charakterisierung des Elektronenzustandes** zweiatomiger Moleküle erfolgt nach ähnlichen Regeln wie jene der Atome (vgl. S. 99). Statt der großen lateinischen Buchstaben S, P, D ... für die Bahndrehimpulsquantenzahlen werden große griechische Buchstaben Σ, Π, Δ ... als Symbole verwendet. Bezüglich der am Symbol oben links angebrachten Spinmultiplizität vgl. S. 100. Die am Symbol rechts oben und unten stehenden Zeichen betreffen die Symmetrie der Gesamtwellenfunktion, welche den betrachteten Elektronenzustand des Moleküls beschreibt, und zwar hinsichtlich einer vertikalen Spiegelebene (+, −) bzw. des Inversionszentrums (g, u).

[13] Stellt MO_2 ein Molekül im Singulettzustand dar, und entsteht M bei der Thermolyse ebenfalls im Singulett-Zustand, so fordert das Prinzip von der *Erhaltung des Spins bei chemischen Reaktionen* (S. 400) die Bildung von Singulett-Sauerstoff.

In analoger Weise läßt sich Singulett-Sauerstoff z. B. als Produkt der Thermolyse des Triphenylphosphit/Ozon-Addukts $(PhO)_3P \cdot O_3$ (vgl. S. 385) oder der Thermolyse von Kaliumtetraperoxochromat(V) ($K_3Cr(O_2)_4 \rightarrow K_3CrO_4 + 2\,^1O_2$) nachweisen.

Eigenschaften. Singulett-Sauerstoff $^1O_2$, der zum Unterschied vom paramagnetischen Triplett-Sauerstoff $^3O_2$ diamagnetisch ist, stellt nur ein kurzlebiges Teilchen dar, welches in Abwesenheit geeigneter Reaktionspartner rasch (in durchschnittlich 10^{-4} s) in Triplett-Sauerstoff übergeht, wobei die gleichzeitig freigesetzte Energie u. a. in Form von Licht in Erscheinung tritt. Demzufolge ist etwa die Umsetzung von Hypochlorit mit Wasserstoffperoxid von einer Emission begleitet, die man mit dunkel adaptiertem Auge als roten Schimmer wahrnehmen kann.

Es sind zwei Emissionen bei $\lambda = 633.4$ und 759.6 nm zu beobachten. Die Emission kleinerer Wellenlänge geht auf den Übergang eines Paars von $^1O_2$-Molekülen (jeweils $^1\Delta_g$-Zustand, s. oben) in zwei $^3O_2$-Moleküle zurück:

$$^1O_2\,(\uparrow\downarrow) + {}^1O_2\,(\uparrow\downarrow) \rightarrow {}^3O_2\,(\uparrow\uparrow) + {}^3O_2\,(\downarrow\downarrow) + 190\ \text{kJ}$$

Der rasche Ablauf dieser Desaktivierungsreaktion beruht wieder darauf (vgl. photochemische $^1O_2$-Erzeugung, oben), daß die Umsetzung ohne Elektronenspinumkehr erfolgt (S. 400). Die zusätzlich beobachtete Emission bei 759.6 nm geht auf den Übergang eines $^1O_2$-Moleküls aus dem $^1\Sigma_g^+$-Zustand (s. oben) in den O_2-Grundzustand zurück (Freisetzung von 158 kJ pro Mol $^1O_2$). Das beim Übergang eines $^1O_2$-Moleküls aus dem $^1\Delta_g$- in den O_2-Grundzustand emittierte Licht liegt im nicht sichtbaren ultraroten Bereich (Freisetzung von 95 kJ pro Mol $^1O_2 \triangleq$ Emission bei 1263 nm).

Singulett-Sauerstoff stellt ein sehr wirkungsvolles Oxidationsmittel dar und addiert sich zum Unterschied vom Triplett-Sauerstoff z. B. an viele organische Doppelbindungssysteme unter [2 + 2]- oder [2 + 4]-Cycloaddition (a, b) sowie unter *En-Reaktion* (c) (vgl. S. 401 und Lehrbücher der organischen Chemie):

$$>C{=}C< \;+\; {}^1O{=}O \xrightarrow{(a)} -\overset{|}{C}-\overset{|}{C}- \text{ (Vierring mit } O-O)$$

$$>C{=}C-C{=}C< \;+\; {}^1O{=}O \xrightarrow{(b)} >C-C{=}C-C< \text{ (Sechsring mit } O-O)$$

$$>C{=}C-C<\!\!H \;+\; O{=}O \xrightarrow{(c)} >C-C{=}C<,\ O-O-H$$

Photochemisch erzeugter Singulett-Sauerstoff wird in der chemischen Industrie (z. B. Riechstoffindustrie) im Tonnenmaßstab zur selektiven Oxidation genutzt. Auch in der lebenden Natur spielt er als Oxidationsmittel eine Rolle. So produziert etwa das Blattgrün (Chlorophyll) der Pflanzen im Sonnenlicht nicht nur Triplett-Sauerstoff durch Assimilation (vgl. S. 505), sondern es sensibilisiert auch den lichtinduzierten Übergang des erzeugten Sauerstoffs vom Triplett- in den Singulettzustand. Da Singulett-Sauerstoff das Blattgrün und andere Zellbestandteile oxidativ zerstört, stellt er ein Gift für die Pflanzen dar und muß mittels eines besonderen, von der Pflanze bereitgestellten Schutzstoffes (β-Carotin) laufend desaktiviert werden. Als Folge der im Herbst nachlassenden β-Carotinsynthese der Laubbäume und der nunmehr möglichen oxidativen Zerstörung des Blattgrüns durch den Singulett-Sauerstoff werden uns dann alljährlich die herrlichen Herbstfarben der Blätter beschert.

Farbe des Sauerstoffs

Flüssiger und fester Sauerstoff erscheinen *blau* (s. oben). O_2 entzieht hiernach dem weißen Licht *rote* bis *grüne* Farbanteile. Die noch verbleibenden Lichtanteile „sieht" man dann als charakteristische (blaue) Komplementärfarbe (vgl. S. 167). Die Ursache der farbbedingten Absorptionen ist offenbar nicht eine elektronische Anregung des Triplett-Sauerstoffs vom Grundzustand ($^3\Sigma_g^-$) aus in einen der oben besprochenen Singulett-Zustände ($^1\Delta_g$, $^1\Sigma_g^+$)[12], denn die betreffenen Übergänge ($\pi^* \rightarrow \pi^*$-Übergänge) sind mit einer *Umkehr des Elektronenspins* verbunden und deshalb *streng verboten* (vgl. Spinerhaltungssatz; S. 400). Dies bedingt eine äußerst geringe Wahrscheinlichkeit für die Vorgänge $O_2(^3\Sigma_g^-) + h\nu \rightarrow O_2(^1\Delta_g, {}^1\Sigma_g^+)$, d. h. sehr kleine molare Extinktionen der zugehörigen Absorptionslinien. Auch liegen die als „*atmo-*

sphärische O_2-Banden" (langwellige „*Fraunhofer Linien*") im Elektronenspektrum registrierbaren Übergänge bei 1263 nm ($^1\Delta_g$)[14] und 759.6 nm ($^1\Sigma_g$)[14], also im unsichtbaren infraroten bzw. an der Grenze zum sichtbaren Bereich.

Energiereicher als $\pi^* \rightarrow \pi^*$-Übergänge sind Vorgänge, bei welchen ein π-Elektron des molekularen Sauerstoffs in ein π^*-Molekülorbital übergeht (*$\pi \rightarrow \pi^*$-Übergänge*):

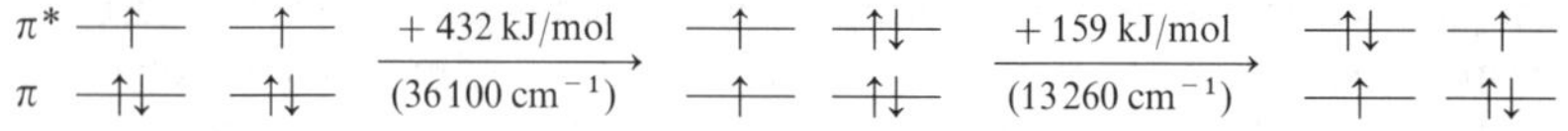

π^*	↑ ↑	$\xrightarrow{+432\ \text{kJ/mol}}$	↑ ↑↓	$\xrightarrow{+159\ \text{kJ/mol}}$	↑↓ ↑
π	↑↓ ↑↓	(36100 cm^{-1})	↑ ↑↓	(13260 cm^{-1})	↑ ↑↓
	Triplett-Sauerstoff ($^3\Sigma_g^-$-Zustand, $r_{OO} = 1.207$ Å)		*angeregter Triplett-O_2* ($^3\Sigma_u^+$-Zustand, $r_{OO} = 1.42$ Å)[14a]		*angeregter Triplett-O_2* ($^3\Sigma_u^-$-Zustand, $r_{OO} = 1.60$ Å)

(im vorstehenden Schema sind nur die Elektronenanordnungen in den π- und π^*-MOs veranschaulicht; bezüglich der Anordnungen in den übrigen O_2-Orbitalen vgl. Fig. 132a)[12]. Allerdings liegen die im Elektronenspektrum registrierbaren Übergänge vom Triplett-Sauerstoff-Grundzustand ($^3\Sigma_g^-$) in den angeregten Triplett-Zustand $^3\Sigma_u^+$ („*Herzberg O_2-Banden*; verbotene Übergänge) bzw. $^3\Sigma_u^-$ („*Schumann-Runge O_2-Banden*"; erlaubte Übergänge) mit 277 bzw. 203 nm[14b] im unsichtbaren ultravioletten Bereich und sind folglich ebenfalls nicht die Ursache für die blaue Farbe von flüssigem oder festem Sauerstoff. Tatsächlich geht letztere auf erlaubte Elektronenübergänge zurück, bei denen zwei *kollidierende O_2-Moleküle* simultan vom Triplett-Grundzustand ($^3\Sigma_u^-$) wie folgt in angeregte Singulett-Zustände übergehen:

$$2O_2(^3\Sigma_g^+) + h\nu \xrightarrow[(15840\ \text{cm}^{-1})]{+190\ \text{kJ/mol}} 2O_2(^1\Delta_g); \quad 2O_2(^3\Sigma_g^+) + h\nu \xrightarrow[(21110\ \text{cm}^{-1})]{+253\ \text{kJ/mol}} O_2(^1\Delta_g) + O_2(^1\Sigma_g^+).$$

Durch ersteren Vorgang werden weißem Licht *rote, gelbe* und *grüne* Anteile entzogen (ca. 630, 580, 540, 500 nm; es erfolgt zugleich eine Aufnahme von null, ein, zwei oder drei Schwingungsquanten[14a]), was zur charakteristischen *blauen* Farbe von flüssigem und festem Sauerstoff führt. Die Banden des zweiten Vorgangs (ca. 470, 450 nm usw.) sind von kleiner Intensität und deshalb von geringer Bedeutung für die O_2-Farbe.

Gasförmiger Sauerstoff absorbiert praktisch kein sichtbares Licht (im sichtbaren Bereich liegen nur die extrem intensitätsschwachen Lichtabsorptionen, die einen Übergang zu schwingungsangeregtem O_2 ($^1\Sigma_g^+$) führen (s. o.); die Bildung von $O_2(^1\Delta_g)$-Paaren ist wegen der Seltenheit eines Dreierstoßes von zwei O_2-Molekülen mit einem Photon in der Gasphase unwahrscheinlich). Die blaue Farbe der O_2-haltigen Atmosphäre kann hiernach also nicht auf der Bildung elektronisch angeregter Sauerstoffmoleküle beruhen. Der „*blaue Himmel*" geht vielmehr darauf zurück, daß Licht beim Durchstrahlen von Stoffen an den Elektronenhüllen der Stoffteilchen teilweise *seitlich gestreut* wird („**Tyndall-Effekt**" im Falle von kolloiden Lösungen, „**Rayleigh-Streuung**" im Falle von Gasen, echten Lösungen, reinen Flüssigkeiten), wobei das gestreute Licht die Wellenlänge des einfallenden Lichts besitzt. Die Intensität der „*unverschobenen Streustrahlung*"[15] in Gasen wächst sehr stark mit abnehmender Wellenlänge des Lichts (rot < gelb < grün < blau). Dementsprechend leuchten die Teile des Himmels, von denen wir nur gestreutes Licht sehen, *blau* (das Licht der Abendsonne, dem wegen des langen Weges durch die Atmosphäre alle Blauanteile durch Streuung entzogen sind, erscheint in der Komplementärfarbe *rot*). Die Streuintensität wächst zudem mit der Polarisierbarkeit der Gasmoleküle.

---

14 Die wiedergegebenen Wellenlängen beziehen sich auf Übergänge zwischen nicht-schwingungsangegeregten Zuständen. Tatsächlich beobachtet man zusätzlich Übergänge zu schwingungsangeregtem Sauerstoff.

14a Neben dem Triplett-Zustand $^3\Sigma_u^+$ existiert noch ein etwas energieärmerer Triplett-Zustand ($^3\Delta_u$) sowie ein etwas energiereicherer Singulett-Zustand ($^1\Sigma_u^-$). Die Herzberg-Übergänge $O_2(^3\Sigma_g^- + h\nu \rightarrow O_2(^3\Delta_u, {}^3\Sigma_u^+, {}^1\Sigma_u^-)$ sind ebenso wie die weiter oben diskutierten Fraunhofer-Übergänge verboten und führen demgemäß im Elektronenspektrum nur zu intensitätsschwachen Banden.

15 Bei Durchstrahlung von Stoffen mit monochromatischem Licht erscheinen, wie der Physiker C.V. Raman 1928 entdeckte, neben der „unverschobenen Streustrahlung" noch *zusätzliche Spektralbanden* („*verschobene Streustrahlung*", „**Raman-Streuung**"), die bevorzugt zu kleineren Frequenzen (größeren Wellenlängen) hin verschoben sind und unabhängig von der Frequenz der Lichtquelle die *gleichen Frequenzabstände* von der Erregerlinie besitzen („*Raman-Spektrum*"). Der „*Raman-Effekt*", der 1923 vom deutschen Physiker A. Smekal vorausgesagt wurde, beruht darauf, daß die Photonen $h\nu_{einf.}$ des einfallenden Lichts beim Zusammenstoß mit Molekülen nicht nur „reflektiert" werden (Rayleigh-Linie), sondern unter Schwingungsanregung auch einen Teil ihrer Energie an Moleküle abgeben können, so daß das gestreute Photon $h\nu_{gestr.}$ (Raman-Linie) eine kleinere Energie besitzt als das einfallende: $h\nu_{einf.} - h\nu_{gestr.} = h(\nu_{einf.} - \nu_{gestr.}) = h\nu_{absorb.}$. Die Raman-Frequenzen $\nu_{absorb.}$ der absorbierten Energiemengen $h\nu_{absorb.}$ entsprechen den zur Anregung von Molekülschwingungen dienenden Energiequanten bei Bestrahlung mit infrarotem Licht. Da manche Linien, die im IR-Spektrum nicht auftreten („*optisch inaktive*" Linien), im Raman-Spektrum vorkommen („*ramanaktiv*", „*ramanerlaubt*") und umgekehrt manche „*ramaninaktive*" („*ramanverbotene*") Linien im IR-Spektrum zu finden („*optisch aktiv*") sind, ergänzen sich IR- und Raman-Spektrum in vollkommener Weise. So ist etwa die Valenzschwingung des molekularen Sauerstoffs bei 1555 cm^{-1} optisch inaktiv aber ramanerlaubt und läßt sich über das Raman-Streuspektrum bestimmen.

Atomarer Sauerstoff

Die energieärmeren Formen des Sauerstoffatoms (zwei fehlende Elektronen in der p-Außenschale) sind wie die des Kohlenstoffatoms (zwei Elektronen in der p-Außenschale) der ^{3}P-Grundzustand sowie die angeregten ^{1}D- und ^{1}S-Zustände (vgl. hierzu S. 99). Das Atom O(^{1}D) ist um 189.8 kJ, das Atom O(^{1}S) um 404.1 kJ energiereicher als O(^{3}P):

$$O(^3P) \xrightarrow[(15870\,cm^{-1})]{+190\,kJ/mol} O(^1D) \xrightarrow[(17910\,cm^{-1})]{+214\,kJ/mol} O(^1S)$$

Erzeugung. Gemäß Fig. 133, welche Potentialkurven von O_2 in verschiedenen Zuständen ($^3\Sigma_g^-$, $^1\Delta_g$, $^1\Sigma_g^+$, $^3\Sigma_u^+$ und $^3\Sigma_u^-$; s. oben, Anm.[14b] sowie S. 341) wiedergibt, läßt sich Sauerstoff im Grundzustand ($^3\Sigma_g^-$) durch Zufuhr bestimmter Energiequanten in höhere Schwingungszustände, charakterisiert durch waagrechte Striche, überführen (z. B. werden 18.6 kJ/mol für die 1. Schwingungsanregung benötigt). Schließlich, nach Zufuhr von insgesamt 498 kJ/mol und Erreichung eines entsprechend hohen Schwingungszustandes, dissoziert O_2 in zwei Sauerstoffatome O im Grundzustand (^{3}P). Die Anregung kann z. B. durch Einwirkung von Wärme[5], Mikrowellen oder elektrischen Entladungen erfolgen. Lichtenergie kann nur wirksam werden, falls diese vom O_2-Molekül aufgenommen wird. Tatsächlich ist aber die optische Schwingungsanregung verboten. Entsprechendes gilt für die optische Elektronen- und zugleich Schwingungsanregung der – ebenfalls in O(^{3}P) zerfallenden – Zustände $^1\Delta_g$, $^1\Sigma_g^+$ und $^3\Sigma_u^+$ (vgl. Fig. 133). Erlaubt ist demgegenüber die optische Anregung des – zugleich in O(^{3}P) und O(^{1}D) zerfallenden – Zustandes $^3\Sigma_u^-$ (vgl. Fig. 133), so daß sich also atomarer aus molekularem Sauerstoff außer durch *Einwirkung von Mikrowellen* und *elektrischen Entladungen* auch durch Bestrahlung mit *kurzwelligem Ultraviolett* ($\lambda < 242$ nm) erzeugen läßt. Die Quantenausbeute der lichtinduzierten O_2-Spaltung ist sogar vergleichsweise hoch, da bei vertikaler Anregung (Franck-Condon-Prinzip, vgl. S. 372) von O_2 im Grundzustand gemäß Fig. 133 hochschwingungsangeregter Sauerstoff O_2 ($^3\Sigma_u^-$) entstehen muß (vgl. dünne senkrechte Linie). In analoger Weise wie aus *molekularem Sauerstoff* O_2 entstehen Sauerstoffatome auch photolytisch aus *Ozon* O_3, *Distickstoffoxid* N_2O, *Stickstoffdioxid* NO_2, *Kohlendioxid* CO_2 und einigen anderen sauerstoffhaltigen Stoffen (vgl. hierzu S. 524).

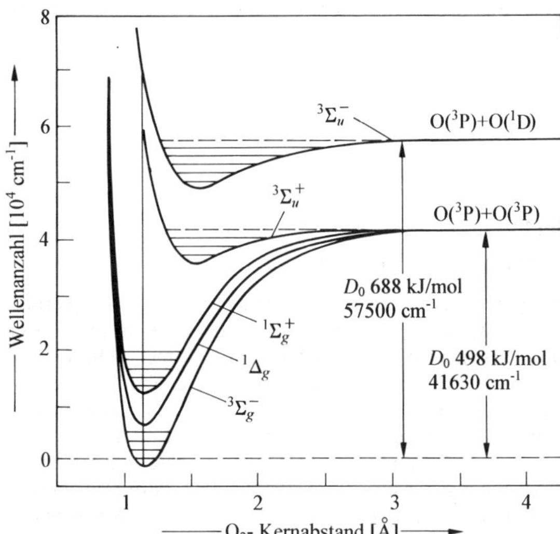

Fig. 133 Potentialkurven der Zustände $^3\Sigma_g^-$, $^1\Delta_g$, $^1\Sigma_g^+$, $^3\Sigma_u^+$ und $^3\Sigma_u^-$ des molekularen Sauerstoffs (nicht berücksichtigt $^3\Delta_u$, $^1\Sigma_u^-$)[14a]. Ersichtlicherweise wächst der durchschnittliche (und zugleich wahrscheinlichste) Kernabstand mit steigender Energie des Elektronenzustandes von O_2.

Eigenschaften. Atomarer Sauerstoff wirkt als äußerst starkes *Oxidationsmittel* (ε_0 für $O + 2H^+ + 2e^- \rightleftarrows 2H_2O$ gleich +2.422 V bei pH = 0 und +1.59 V bei pH = 14) sowie als äußerst starke *Lewis-Säure* (Elektronensextett!) und reagiert mit Wasserstoffverbindungen leicht unter *H-Abstraktion* (z. B. H_2, CH_4, $H_2O + O \rightarrow H, CH_3, OH + OH$), mit Lewis-Basen unter *Addition* (z. B. O_2, CO, Cl^-, $S^{2-} + O \rightarrow O_3$, CO_2, ClO_3^-, SO_4^{2-}). Die Konzentration der erzeugten O-Atome läßt sich durch „Titration" mit NO_2, das mit O unter *Leuchten* reagiert, bestimmen ($NO_2 + O \rightarrow NO + O_2$; $NO + O \rightarrow NO_2^* \rightarrow NO_2 + h\nu$). Atomarer Sauerstoff bildet sich in der sonnenbestrahlten Atmosphäre aus O_2 und O_3 in großem Ausmaß und ist für die Chemie in der Atmosphäre von hoher Bedeutung (vgl. hierzu S. 524).

1.2 Ozon[2, 15)]

Sauerstoff existiert außer in der normalen Form von O_2-Molekülen in einer energie- und sauerstoffatomreicheren isolierbaren Form als *Ozon* O_3. (Bezüglich eines *Trithioozons* S_3 vgl. S. 543.)

1.2.1 Darstellung

Ozon wird ganz allgemein durch Einwirkung von Sauerstoffatomen auf Sauerstoffmoleküle dargestellt:

$$O + O_2 \rightarrow O_3 + 106.5\,\text{kJ}\,.$$

Die verschiedenen Bildungsweisen unterscheiden sich dabei in der Art und Weise der Erzeugung von Sauerstoffatomen.

Aus Sauerstoff

Am gebräuchlichsten ist die Bildung von Sauerstoffatomen aus molekularem **Sauerstoff** O_2. Die in diesem Falle zur Aufspaltung der Sauerstoffmoleküle erforderliche Energie beträgt 249.3 kJ pro Mol O-Atome, so daß sich für das Ozon in summa eine aufzuwendende Bildungswärme von 142.8 kJ/mol ergibt:

$$249.3\,\text{kJ} + \tfrac{1}{2}O_2 \rightleftarrows O \qquad (1)$$

$$O + O_2 \rightleftarrows O_3 + 106.5\,\text{kJ} \qquad (2)$$

$$142.8\,\text{kJ} + 1\tfrac{1}{2}O_2 \rightleftarrows O_3\,. \qquad (3)$$

Die Spaltung der Sauerstoffmoleküle nach (1) kann z. B. durch Zufuhr thermischer, elektrischer, photochemischer oder chemischer Energie erzwungen werden.

Die thermische Methode führt nur zu sehr geringen Ozonausbeuten, da erhöhte Temperatur gleichzeitig den endothermen Zerfall des Ozons nach Gleichung (2) begünstigt. Demgemäß bilden sich beim Erhitzen von Sauerstoff auf hohe Temperaturen praktisch nur Sauerstoffatome[5)]. Die Gleichgewichtskonzentration an Ozon nimmt zwar mit steigender Temperatur etwas zu, um oberhalb 3500 K wieder abzunehmen, ist aber selbst bei 3500 K noch verschwindend klein ($\ll 1\,\%$). Es ist daher zweckmäßiger, die Sauerstoffatome bei niedriger Temperatur durch Zufuhr elektrischer oder optischer oder chemischer Energie nach Gleichung (1) zu erzeugen und nach (2) weiterreagieren zu lassen, da sich bei niedrigen Temperaturen das – an und für sich ganz auf der Seite des Sauerstoffs liegende – Zerfallsgleichgewicht (3) bei Abwesenheit von Katalysatoren nur äußerst langsam einstellt, so daß das einmal gebildete Ozon als metastabile Verbindung erhalten bleibt, sofern man es rasch aus der Reaktionszone entfernt, in welcher es nach

$$O + O_3 \rightarrow 2O_2 + 392.1\,\text{kJ} \qquad (4)$$

laufend wieder abgebaut wird.

Die Zufuhr von elektrischer Energie erfolgt besonders bequem im **„Siemens'schen Ozonisator“** (Fig. 134). Dieser besteht im Prinzip aus zwei ineinander gestellten (koaxialen), metallbeschichteten Glasrohren, deren Außen- bzw. Innenwand mit Wasser gekühlt und mit den Enden eines Induktoriums – bei Großanlagen mit den Hochspannungsklemmen eines Transformators – leitend verbunden ist. In dem engen Ringraum zwischen den Glasrohren treten bei Anlegen einer niederfrequenten Spannung (50–500 Hz; 10–20 kV) „*stille*“ oder „*dunkle*“ elektrische Entladungen auf, durch welche ein trockener Sauerstoff- oder Luftstrom (1–2 bar) geleitet wird. Das den Ozonisator verlassende Gasgemisch besteht, wenn von reinem

---

[16] **Literatur.** ULLMANN (5. Aufl.): „*Ozone*“, **A 18** (1991) 349–357.

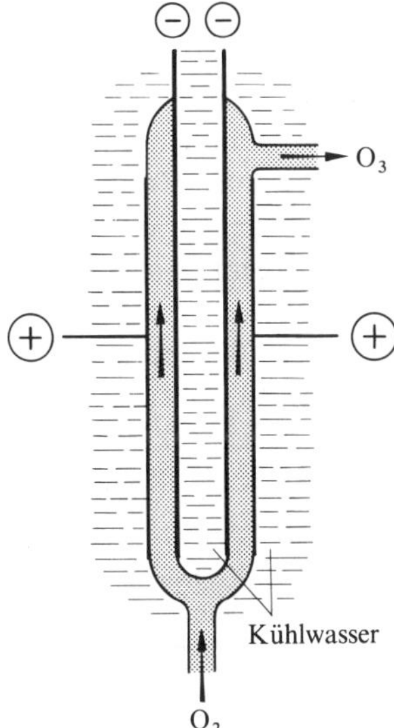

Fig. 134 Siemens'scher Ozonisator.

Sauerstoff ausgegangen wird, im besten Falle zu 15% aus Ozon, das durch fraktionierende Verflüssigung aus dem O_2/O_3-Gemisch abgetrennt werden kann.

Bessere Ausbeuten erhält man, wenn man die schädliche Folgereaktion (4) dadurch unterdrückt, daß man das durch Plasmalyse von O_2 in einer Hochfrequenz- oder Mikrowellenentladung gewonnene Gas einen mit flüssigem Stickstoff gekühlten Kühlfinger umströmen läßt, an dessen Oberfläche das in hoher Ausbeute gemäß (3) gebildete O_3 sofort eingefroren und so dem weiteren Angriff der O-Atome (4) entzogen wird.

Bei Zufuhr von Lichtenergie ist die Spaltung des Sauerstoffmoleküls ($498.67\,kJ + O_2 \rightarrow 2O$) gemäß dem früher (S. 105) über photochemische Reaktionen Gesagten nur mit kurzwelligem Ultraviolett der Wellenlänge < 242 nm (Energiewert des Lichtäquivalents: > 499 kJ) möglich. So bildet sich Ozon z. B. bei Bestrahlung von Sauerstoff mit Licht der Wellenlänge 209.0 nm (Zinkfunken), welches von Sauerstoff absorbiert wird. In analoger Weise erklärt sich der kleine Ozongehalt (10^{-6}–10^{-5} Vol.-%) in der Luft und die zunehmende Ozonkonzentration in den höheren, der intensiven ultravioletten Strahlung des Sonnenlichtes ausgesetzten Schichten der Atmosphäre (Maximalkonzentration in 20–25 km Höhe, vgl. S. 520) sowie der in der Umgebung einer brennenden künstlichen „*Höhensonne*" (s. dort) oder in der Nähe eines radioaktiven Präparats stets wahrnehmbare Ozongeruch.

Auch chemische Energie kann zur Erzeugung der für die Ozonbildung erforderlichen Sauerstoffatome dienen ($A + O_2 \rightarrow AO + O$). So entsteht z. B. Ozon bei der langsamen Oxidation von feuchtem, weißem Phosphor an der Luft.

Aus Sauerstoffverbindungen

Außer dem molekularen Sauerstoff können auch andere sauerstoffhaltige Stoffe zur Gewinnung der für die Ozonbildung nach (2) notwendigen Sauerstoffatome benutzt werden, z. B. das **Wasser**. Elektrolysiert man etwa wässerige Lösungen ($2OH^- \rightarrow H_2O + O + 2\ominus$) oder läßt man Fluor auf Wasser einwirken ($F_2 + H_2O \rightarrow 2HF + O$), so bildet sich auch atomarer Sauerstoff. Daher ist der so entwickelte Sauerstoff – bei Abwesenheit oxidierbarer Substanzen – stets ozonhaltig. Gleiches gilt von dem bei der Zersetzung leicht zerfallender höherer Sauerstoffverbindungen (z. B. Wasserstoffperoxid H_2O_2, Permangansäure $HMnO_4$ usw.) entstehenden Sauerstoff.

1.2.2 Physikalische Eigenschaften

Reines Ozon – das aus Ozon-Sauerstoff-Gemischen durch Verflüssigung mit flüssiger Luft und anschließende fraktionierende Destillation gewonnen werden kann – ist im Gaszustande deutlich *blau*[16a], im flüssigen Zustande (Sdp. $-110.51\,°C$; $d = 1.46\ g/cm^3$) *violettblau* und im festen Zustande (Smp. $-192.5\,°C$; $d = 1.73\ g/cm^3$) *schwarzviolett*. In Wasser löst es sich besser als O_2: bei 0 °C 0.494 Volumina in 1 Raumteil Wasser; mit flüssigem Sauerstoff ist flüssiges Ozon nicht in jedem Verhältnis mischbar. Charakteristisch ist der Geruch des Ozons, der noch bei einer Konzentration von 1 Teil Ozon in 50000000 Teilen Luft (0.02 ppm = 0.02 parts per million) wahrnehmbar ist[17]. Das O_3-Molekül (Dipolmoment 0.54 D) ist zum Unterschied vom paramagnetischen O_2-Molekül *diamagnetisch* und besitzt wie isoelektronisches ClO_2^+ (S. 494) eine *gewinkelte, symmetrische* Gestalt (C_{2v}-Symmetrie; $\measuredangle$ OOO = 116.8°, OO-Abstand = 1.278 Å; vgl. Tab. 46a, S. 355 sowie Fig. 134, S. 508).

Physiologisches. Ozon stellt ein schweres Gift für Lebewesen dar. Es vernichtet niedere Organismen wie Viren, Bakterien, Pilze und greift das Blattgrün der Pflanzen an. Auch verursacht es Schädigungen der Atemwege und führt beim Menschen zu Schwindel, Nasenbluten, Brustschmerzen, Bronchitis, Lungenödemen (MAK = $0.2\ mg/cm^3 \mathrel{\hat{=}} 0.1$ ppm).

1.2.3 Chemische Eigenschaften

Als stark endotherme und daher thermodynamisch instabile (kinetisch metastabile) Verbindung hat Ozon große Neigung, unter Bildung von Sauerstoff zu zerfallen:

$$2O_3 \rightleftarrows 3O_2 + 285.6\ kJ\,.$$

So kommt es, daß flüssiges Ozon selbst bei $-120\,°C$ sehr explosiv ist. In verdünntem Zustande erfolgt der Zerfall bei gewöhnlicher Temperatur nur allmählich. Beschleunigt wird die Zersetzung durch Katalysatoren wie Mangandioxid, Bleidioxid, Aktivkohle. Ebenso wird die Zerfallsgeschwindigkeit durch Bestrahlen mit längerwelligem Ultraviolett (s. oben) und durch Erwärmen erhöht[18]. So zersetzt sich selbst verdünntes Ozon – auch bei Abwesenheit von Katalysatoren – schon bei 100 °C recht schnell. Die Zersetzungsgeschwindigkeit in Lösung nimmt mit zunehmender Alkalität schnell ab (Halbwertszeit bei 25 °C in 1n-NaOH 2 Minuten, in 5n-NaOH 40 Minuten, in 20n-NaOH 83 Stunden).

Die charakteristischste Eigenschaft des Ozons ist sein starkes Oxidationsvermögen: $O_3 \rightarrow O_2 + O$. Es wirkt dabei nur mit einem der drei O-Atome oxidierend und ist damit gewissermaßen ein Träger von atomarem O[19]. So verwandelt es z.B. bereits bei Zimmertemperatur schwarzes Bleisulfid in weißes Bleisulfat ($PbS + 4O \rightarrow PbSO_4$), weißes Blei(II)-hydroxid in braunes Bleidioxid ($PbO + O \rightarrow PbO_2$), farbloses Mangan(II)-Salz in Braunstein ($MnO + O \rightarrow MnO_2$), blankes Silber in schwarzes „Silberperoxid" ($2Ag + 2O \rightarrow Ag_2O_2$), braunes Stickstoffdioxid in farbloses Distickstoffpentaoxid ($2NO_2 + O \rightarrow N_2O_5$), Phosphor, Schwefel und Arsen in Phosphorpentaoxid ($2P + 5O \rightarrow P_2O_5$) bzw. Schwefeltrioxid ($S + 3O \rightarrow SO_3$) bzw. Arsenpentaoxid ($2As + 5O \rightarrow As_2O_5$). Quecksilber, das Glas nicht benetzt, verliert in ozonhaltigem Sauerstoff infolge Oxidation der Oberfläche seine Beweglichkeit und haftet dann am Glas als Spiegel. Beim Einleiten in eine neutrale Kalium-

---

[16a] Die Farbe des Ozons bedingt den *blauen Abendhimmel*, die Rayleighstreuung u.a. an Sauerstoff den *blauen Tageshimmel*.

[17] **Geschichtliches.** Das Auftreten dieses Geruchs beim Arbeiten mit einer Elektrisiermaschine beobachtete zum ersten Male M. van Marum im Jahre 1785. Ch. F. Schönbein, der dem Ozon seinen Namen (ozein (griech.) = riechen) gab, konstatierte 1840 seine Bildung bei der Elektrolyse von verdünnter Schwefelsäure.

[18] Der unter Volumenzunahme erfolgende kontrollierte Zerfall von O_3 zu O_2 kann zur volumetrischen Bestimmung von O_3 in O_2/O_3-Gemischen dienen.

[19] Wenn allerdings eine Oxidation auch mit molekularem O_2 erfolgt, reagiert O_3 naturgemäß mit allen drei O-Atomen (z.B. $3SnCl_2 + 6HCl + O_3 \rightarrow 3SnCl_4 + 3H_2O$).

iodidlösung wird – unter gleichzeitigem Auftreten einer (bei anderen Oxidationsmitteln wie Cl_2 nicht eintretenden) alkalischen Reaktion – Iod ausgeschieden:

$$2I^- + O + H_2O \rightarrow I_2 + 2OH^-,$$

was zur Bestimmung von Ozon dienen kann (Titration des Iods mit Thiosulfat nach Ansäuern der Lösung). Auch Bromide und Chloride werden von Ozon zu elementarem Halogen oxidiert. Bezüglich der zu Ozoniden MO_3 (M = Alkalimetall) führenden Reaktion von O_3 mit Alkalimetallhydroxiden vgl. S. 508 und 1175.

Die im Vergleich zum Sauerstoff wesentlich größere Oxidationskraft des Ozons, die schon fast die Oxidationskraft des atomaren Sauerstoffs erreicht, kommt in den Normalpotentialen von O, O_2 und O_3 in wässeriger Lösung zum Ausdruck:

	saure Lösung	alkalische Lösung
$O + 2H^+ + 2\ominus \rightleftarrows H_2O$	$\varepsilon_0 = +2.422$ V	$+1.594$ V
$O_2 + 4H^+ + 4\ominus \rightleftarrows 2H_2O$	$\varepsilon_0 = +1.229$ V	$+0.401$ V
$O_3 + 2H^+ + 2\ominus \rightleftarrows H_2O + O_2$	$\varepsilon_0 = +2.075$ V	$+1.246$ V

In saurer Lösung wird hiernach das Ozon O_3 in der Oxidationskraft nur noch von wenigen Stoffen wie F_2O (+2.15 V), H_4XeO_6 (+2.18 V), O (+2.42 V), OH (+2.85 V) und F_2 (+3.05 V) übertroffen.

Auch organische Stoffe werden von Ozon kräftig oxidiert. Man darf daher z. B. Ozon nicht durch Gummischläuche leiten, da diese in wenigen Augenblicken zerfressen werden. Ebenso werden organische Farbstoffe (z. B. Indigo und Lackmus) gebleicht. Ein mit Terpentinöl getränkter Wattebausch entflammt beim Einbringen in ozonreichen Sauerstoff heftig von selbst. Bei vorsichtiger Behandlung ungesättigter organischer Stoffe mit Ozon erhält man häufig Oxidationsprodukte, bei denen das Ozon an der Stelle eingelagert ist, an der sich vorher die Doppelbindung befand, was man zur Konstitutionsermittlung (Ermittlung der Stellung von Doppelbindungen) heranziehen kann:

$$R_2C{=}CR'_2 + O_3 \rightarrow R_2C\begin{smallmatrix}\diagup O \diagdown \\ \diagdown O{-}O \diagup\end{smallmatrix}CR'_2 \; (\xrightarrow{+H_2O} R_2C{=}O + O{=}CR'_2 + H_2O_2).$$

Verwendung. Ozon wird technisch z. B. zur *Luftverbesserung* und *-desinfektion* (Theater, Schulen, Hospitäler, Kühlräume, Schlachthäuser, Brauereien), zur *Sterilisation von Lebensmitteln* (O_3-Bildung durch Bestrahlung) und zur *Entkeimung von Trinkwasser* und *Schwimmbadwasser* verwendet. Die Wasserentkeimung durch Ozon ist allerdings nach Einführung des viel einfacheren und billigeren Verfahrens der Sterilisation durch Chlor stark zurückgegangen.

1.3 Die Atmosphäre[20)]

Im Unterschied zu den gasförmigen Hüllen der Sonnenplaneten Venus, Mars, Jupiter, Saturn, Uranus und Neptun (Merkur und Pluto haben keine Gashüllen) enthält die **Atmosphäre der Erde** nennenswerte Mengen an Sauerstoff. Letzterer ist nicht nur für den charakteristischen *blauen Himmel* der Erde mitverantwortlich (vgl. S. 512), sondern er spielt auch bei *geo-* und *biochemischen Kreisläufen*, bei *Verbrennungsprozessen* und als *Filter* der tödlich wirkenden harten *Sonnenstrahlung* eine wichtige Rolle für die unbelebte und belebte Natur unseres „blauen Planeten". Im folgenden wollen wir uns etwas eingehender mit der Erdatmosphäre beschäftigen und zunächst auf die *Zusammensetzung der Atmosphäre*, dann auf den *Kreislauf*

[20] **Literatur.** D. Kley: „*Physikalisch-chemische Probleme der Ozonsphäre*", Chemie in unserer Zeit, 8 (1974) 54–62; M. J. McEwan, L. F. Phillips: „*Chemistry of the Atmosphere*", Wiley, New York 1975; J. Heicklen: „*Atmospheric Chemistry*", Academic Press, New York 1976; J. W. Chamberlin: „*Theory of Planetary Atmospheres*", Academic Press, New York 1978; H. D. Holland: „*The Chemistry of the Atmosphere and Oceans*", Wiley, New York 1978; C. E. Junge: „*Die Entwicklung der Erdatmosphäre*", Naturwissenschaften 68 (1981) 236–244; B. Mason, C. B. Moore (Übersetzer G. Hintermaier-Erhard): „*Grundzüge der Geochemie*", Enke, Stuttgart 1985; R. Jaenicke (Hrsg.): „*Atmosphärische Spurenstoffe*", Verlag Chemie, Weinheim 1987; P. Fabian: „*Atmosphäre und Umwelt*", Springer, Berlin 1989. F. Zabel: „*Das antarktische Ozonloch – anthropogene Ursachen*", Chemie in unserer Zeit **21** (1987) 141–150; R. Zellner: „*Ozonabbau in der Stratosphäre*", Chemie in unserer Zeit **27** (1993) 230–236.

des Ozons und schließlich auf die – für die Natur zum Teil recht folgenschwere – *Chemie in der Atmosphäre* eingehen (man vgl. hierzu auch die Kreisläufe des Sauerstoffs, Schwefels, Stickstoffs, Kohlenstoffs, Wassers und Kohlendioxids).

1.3.1 Zusammensetzung der Atmosphäre[20)]

Die trockene Erdatmosphäre besteht seit einigen hundertmillionen Jahren aus den *Hauptgasen* „Stickstoff“ (78.09 Vol.-%), „Sauerstoff“ (20.95%), „Argon“ (0.93%) und „Kohlendioxid“ (0.03%), die – zusammen genommen – praktisch 100 Vol.-% wasserfreier Luft ausmachen. Ferner enthält die von Produkten menschlicher Aktivitäten („*anthropogenen*“ Stoffen) unbelastete Luft gemäß Tab. 56 eine Reihe weiterer anorganischer und organischer „*Spurengase*“

Tab. 56 Zusammensetzung der Erdatmosphäre[a)]

Bestandteile Art	Hauptquellen[b)]	Volumen-Prozente[c)]	Gesamt-Masse [t]	Bestandteile Art	Hauptquellen[b)]	Volumen-Prozente[c)]	Gesamt-Masse [t]
N_2	Vulkanismus	78.085	3.866×10^{15}	Xe	Vulkanismus	8.7×10^{-6}	2.02×10^{9}
O_2	Photosynthese	20.948	1.185×10^{15}	NH_3	Mikroben	$\sim 2 \times 10^{-6}$	$\sim 3 \times 10^{7}$
Ar	β-Zerfall von $^{40}_{19}K$	0.934	6.59×10^{13}	NO, NO_2	Mikr., Autos	$\sim 1 \times 10^{-7}$	$\sim 8 \times 10^{6}$
H_2O	Meer	variabel	$\sim 1.17 \times 10^{13}$	SO_2	Verbrennung	$\sim 2 \times 10^{-8}$	$\sim 2 \times 10^{6}$
CO_2	Verbr., Atmg., Meer	$\sim 3 \times 10^{-2}$	$\sim 2.45 \times 10^{12}$	H_2S	Sumphmikr., Meer	$\sim 2 \times 10^{-8}$	$\sim 1 \times 10^{6}$
Ne	Vulkanismus	1.818×10^{-3}	6.48×10^{10}	CH_3Cl	Meeresalgen	$\sim 3 \times 10^{-9}$	$\sim 5 \times 10^{6}$
He	α-Zerfall von U, Th	5.24×10^{-4}	3.71×10^{9}	COS	Photolyse?	$\sim 3 \times 10^{-9}$	$\sim 5 \times 10^{6}$
CH_4	Sumpfmikroben	$\sim 2 \times 10^{-4}$	$\sim 4.3 \times 10^{9}$	CS_2	Meer	$< 10^{-9}$	$< 10^{6}$
Kr	Vulkanismus	1.14×10^{-4}	1.69×10^{10}	FCKW	menschl. Aktiv.[a)]		$> 10^{6}$
H_2	Sumpfmikr., Verbr.	$\sim 5 \times 10^{-5}$	$\sim 1.9 \times 10^{8}$	CCl_4	Mikr., Industrie	Spuren	
O_3	Bestrahlg. von O_2	variabel	$\sim 3.3 \times 10^{9}$	CH_3Br	Meeresalgen	Spuren	
N_2O	Mikroben, Verbr.	$\sim 3 \times 10^{-5}$	$\sim 2.3 \times 10^{9}$	CH_3I	Meeresalgen	Spuren	
CO	CH_4-Oxidat., Autos	$\sim 2 \times 10^{-5}$	$\sim 5.9 \times 10^{8}$	**Atmosphäre**		**100**	$\mathbf{5.136 \times 10^{15}}$

a) Nicht aufgeführt sind – mit Ausnahme der u.a. aus Kühlmaschinen und Spraydosen stammenden Chlorfluorkohlenwasserstoffe („FCKW“ wie CCl_3F, CCl_2F_2) – **anthropogene Verunreinigungen** der Luft, insbesondere Chlor, Benzol, Phenole, Kresole, einfache Aldehyde und Ketone, Mercaptane, Amine, Ruß, Zement- und Asbeststäube, Stäube metallhaltiger Verbindungen wie Metalloxidrauch, Zigarettenrauch, Flugasche. – **b)** Verbr. = Verbrennung fossiler Stoffe; Mikr. = Mikroben; Atmg. = Atmung. – **c)** Erdoberfläche; bezogen auf trockene Luft. –

(„Quellgase“) in sehr kleinen Anteilen (im wesentlichen: He, Ne, Kr, Xe, H_2, O_3, H_2S, SO_2, NH_3, N_2O, NO, NO_2, CH_4, CCl_4, CH_3Cl, CH_3Br, CH_3I, CO, COS, CS_2). Unter ihnen weist insbesondere „Ozon“ O_3 einen mit dem Standort, der Jahreszeit und der Höhe stark wechselnden Anteil auf (s. unten). Entsprechendes gilt für das in der Luft enthaltene „Wasser“ H_2O, das in der unteren Atmosphäre bis maximal 4 Vol.-% enthalten ist.

Evolution der Erdatmosphäre. Im Zuge der Bildung des Sonnensystems (Sonne, Planeten, Planetoide bzw. Asteroide, Monde) vor *4.6 Milliarden Jahren* (vgl. S. 1765) ballten sich gashaltige feste Teilchen („*Planetesimalen*“) des „Urnebels“ u.a. zur Erde zusammen, wobei sie sich als Folge der adiabatischen Materieverdichtung sowie ablaufender radioaktiver Prozesse (u.a. Zerfall von ^{40}K, ^{26}Al) auf einige tausend Grad unter Schmelzen erwärmte und einen Teil leichter sowie – in Verbindungsform – leichtflüchtiger Elemente („*Uratmosphäre*“, „*Primordialatmosphäre*“) durch „*Abdampfen*“ in den Weltraum verlor. Hierdurch verminderte sich der Anteil an „Wasserstoff“, „Edelgasen“, „Kohlenstoff“ und „Stickstoff“ der Urmaterie um das 10^3- bis 10^{14}-fache. Daß sich der „Sauerstoff“ nicht abreicherte und das „Argon“ heute in der Atmosphäre häufiger als die übrigen Edelgase vertreten ist, beruht darauf, daß Sauerstoff mit vielen Elementen (z.B. Si, Al, Fe) schwerflüchtige Verbindungen bilden konnte und daß $^{40}_{18}Ar$ durch β^+-Zerfall von $^{40}_{19}K$ nachgeliefert wurde. Während der langsamen, auf das Nachlassen der radioaktiven Prozesse sowie auf die starke Wärmeabstrahlung zurückzuführenden und vor etwa *4 Milliarden Jahren* abgeschlossenen *Abkühlung* der Erde erfolgte zudem ein *Entmischen* und *Ausgasen* der Erdmaterie, wobei sich der Erdkern, der Erdmantel, die Erdkruste, das Erdmeer sowie die sauerstofffreie erste Atmosphäre bildete. Letztere bestand wohl zunächst hauptsächlich aus dem *reduzierend* wirkenden Gas „Methan“ CH_4 („*Methanatmosphäre*“) mit Beimengungen von H_2, H_2O, NH_3. Im Laufe der Zeit verwandelte sie sich durch geänderten Vulkanismus sowie durch Blitz- und Strahlentätigkeit ($CH_4 + 2NH_3 + 2H_2O + h\nu \rightarrow CO_2 + N_2$ + abdiffundierendes H_2) in „Kohlendioxid“ CO_2 und „Stickstoff“ N_2. Da CO_2 im Meer gelöst und dort zudem in Form von Calcium- und Magnesiumcarbonat-Sedimenten abgelagert wurde, bestand – vor ca. *3.5 Milliarden Jahren* – die *weder reduzierend, noch oxidierend* wirkende zweite Atmosphäre vornehmlich aus „Stickstoff“ N_2 („*Stickstoffatmosphäre*“) mit Beimengungen von H_2, H_2O, CO_2, CO[21].

Der in unserer *oxidierend* wirkenden dritten Atmosphäre vorliegende „Sauerstoff“ O_2 („*Sauerstoffatmosphäre*“) ist ein Nebenprodukt der *Photosynthese*, die vor etwa *3 Milliarden Jahren* von primitiven, im Meer lebenden Einzellern entwickelt und zur Umwandlung von Kohlendioxid und Wasser in Kohlenhydrate und Sauerstoff genutzt wurde (vgl. S. 505)[22]. Die gebildeten Kohlenhydrate dienten den Einzellern als Energiequelle für ihre Lebensvorgänge, Sauerstoff wurde an die Atmosphäre abgegeben. Der *Anstieg des Sauerstoffgehalts* der Atmosphäre vollzog sich allerdings zunächst – bis vor etwa *2 Milliarden Jahren* – äußerst langsam, da der durch Photosynthese freigesetzte Sauerstoff für die Oxidation reduzierter Bestandteile der Erdkruste verbraucht wurde (u. a. $Fe^{2+} \rightarrow Fe^{3+}$; $S^{2-} \rightarrow SO_4^{2-}$, $Mn^{2+} \rightarrow MnO_2$), dann zunehmend rascher bis auf den heute beobachteten Wert von 21 %, der vor ca. 350 Millionen Jahren erreicht war. Die Bildung einer sauerstoffhaltigen und deshalb stark UV-absorbierenden Atmosphäre ermöglichte vor 1 *Milliarde Jahren* zudem eine explosionsartige biologische Evolution nach einer langen Zeit ohne nennenswerte biologische Fortschritte („*Blaualgenzeit*“)[22]: nämlich die Besiedlung des Landes und die Entwicklung sauerstoffverbrauchenden Lebens wie das der noch einfach gebauten Eukaryonten und – später – der hochorganisierten Pflanzen, Tiere und – seit 1 Million Jahren – des Menschen. Es entstand unsere varietätenreiche *Flora* und *Fauna* der Länder und Meere.

Wäre die gesamte photosynthetisch produzierte Biomasse durch „*Atmung*“ lebender und „*Verwesung*“ toter Organismen wieder „verbrannt“, so ergäbe sich insgesamt kein Gewinn an molekularem Sauerstoff. Tatsächlich wurde aber im Laufe der Zeit eine große Menge der Biomasse unter Luftabschluß „konserviert“ (Bildung von Kohle, Erdöl, Erdgas). Ihr entspricht eine freigesetzte Sauerstoffmenge, die 20mal so hoch ist wie die Menge an Atmosphärensauerstoff. Somit sind 95 % des photosynthetisch erzeugten Sauerstoffs für Oxidationsprozesse in der Erdkruste verbraucht worden, während 5 % hiervon zur Bildung der dritten Erdatmosphäre beigetragen und *Kreisläufe* wie die des Sauerstoffs (S. 505), Schwefels (S. 549), Stickstoffs (S. 641), Kohlenstoffs (S. 527) ausgelöst haben.

1.3.2 Der Kreislauf des Ozons[20]

Sauerstoff ist nicht nur in seiner *diatomaren* Form (vgl. S. 505), sondern auch in seiner *triatomaren* Modifikation („Ozon“) in einen natürlichen Kreislauf eingebunden, der in einem *wechselseitigen*, über *photochemische, chemische* und *katalytische* Teilreaktionen ablaufenden Übergang von atmosphärischem Di- in Trisauerstoff besteht:

$$3O_2 \rightleftarrows 2O_3$$

Wie im einzelnen zunächst erläutert sei, erfolgt hierbei die Bildung und der Zerfall von Ozon in einer Höhe oberhalb 10 km (*mittlere* und *obere* Atmosphäre) nach anderen Mechanismen als unterhalb 10 km (*untere* Atmosphäre).

---

[21] Hinsichtlich der **Atmosphären anderer Sonnenplaneten**, für die einige kosmische Daten in Anh. I zusammengestellt sind, ist folgendes bekannt: Wegen der *kleinen* Masse hat **Merkur** bzw. **Pluto** seine Atmosphäre *vollständig*, **Mars** (venusanaloge Luft; 0.007 bar; 225 K) *größtenteils* verloren. Aus der Atmosphäre der *mittelgroßen* Planeten **Venus** und **Erde** konnten die leichteren Gase H_2 und He entweichen (die Venus hat zudem den größten Teil des Wassers u. a. nach $H_2O + h\nu \rightarrow$ gesteinsbildendes O_2 + abdiffundierendes H_2 verloren), während die Gashüllen der *großen* Planeten **Jupiter, Saturn, Uranus** und **Neptun** wie deren Inneres hauptsächlich aus H_2 und He bestehen (Beimengungen insbesondere CH_4, NH_3; hoher Druck; niedrige Temperatur). Die *Atmosphäre der Venus* (90 bar; 740 K) enthält neben Gasen in kleinen Mengen (insbesondere Ar, H_2O) hauptsächlich CO_2 (96 %) und N_2 (3.5 %; die N_2-Masse entspricht insgesamt etwa der der Erdatmosphäre). Da die Venus wegen ihrer höheren Oberflächentemperatur keine Hydrosphäre ausbilden konnte, erfolgte auch keine, durch ein Meer vermittelbare CO_2-Ablagerung in Form von Carbonaten, sondern der Aufbau einer CO_2-Atmosphäre mit hohem Druck und hoher Temperatur (Treibhauseffekt). Der Merkur ist von außen gesehen *rot* (Grund: Oberflächeneisenoxid), die Venus *blendend weiß* (reflektierende Wolkendecke), die Erde – an wolkenfreien Stellen – *blau* (Lichtstreuung der Luft, Lichtabsorption der Meere), der Jupiter, Saturn, Uranus bzw. Neptun *grünstichig* (Lichtabsorption von Methan und Ammoniak).

[22] Wegen der von der „sauerstofffreien“ Atmosphäre nicht zurückgehaltenen harten UV-Strahlung konnte sich Leben nur im „Schutze“ des Meeres entwickeln, in welchem sich zudem die für die Evolution des Lebens wesentlichen Grundstoffe – gebildet durch Blitztätigkeit aus atmosphärischem CH_4, NH_3 und H_2O – anreicherten („*Ursuppe*“). Den oben erwähnten photosynthetisierenden, zu den „*Autotrophen*“ zu zählenden **Einzellern** (insbesondere *Blaualgen*) gingen die – seit ca. 3.5 Milliarden Jahren existierenden – „*Heterotrophen*“ voraus.

Bildung und Zerfall von Ozon in der mittleren und oberen Atmosphäre

Das unter *Wärmeabgabe* aus „*Sauerstoffatomen*“ O – erzeugt durch Photolyse von O_2 mit *kurzwelligem* Ultraviolett (< 242 nm ≙ 499 kJ/mol; vgl. S. 515) – und „Sauerstoffmolekülen“ O_2 gebildete „Ozon“ O_3 der Erdatmosphäre absorbiert seinerseits *längerwelliges* Ultraviolett unter Zerfall des Ozons in Sauerstoffmoleküle und – ihrerseits unter *Wärmeabgabe* mit Ozon reagierenden – Sauerstoffatomen („*Chapman-Mechanismus*“; vgl. nachfolgende Reaktionsschemata sowie Gleichungen (1)–(3) auf S. 514). Hierbei führt die Photolyse von O_3 mit Strahlen der Wellenlänge > 310 nm zu O-Atomen im Grundzustand ^3P, mit Strahlen der Wellenlänge < 310 nm zu O-Atomen im angeregten Zustand ^1D (310 nm ≙ 392 kJ/mol; bezüglich der Termsymbole ^3P und ^1D vgl. S. 100).

$$O_2 \xrightarrow[(\lambda < 242\,\text{nm})]{\text{Photonenaufnahme}} 2\,O(^3P/^1D) \qquad O_3 \xrightarrow[(\lambda \gtrless 310\,\text{nm})]{\text{Photonenaufnahme}} O_2 + O(^3P/^1D)$$

$$\times 2|\ O + O_2 \xrightarrow[(\text{Stoßpartner})]{\text{Wärmeabgabe}} O_3 \qquad O + O_3 \xrightarrow[(\text{Stoßpartner})]{\text{Wärmeabgabe}} 2\,O_2$$

$$3\,O_2 \xrightarrow{\textbf{Ozonbildung}} 2\,O_3 \qquad 2\,O_3 \xrightarrow{\textbf{Ozonzerfall}} 3\,O_2$$

Die aus O_3 hervorgehenden *energiereichen* Atome $O(^1D)$ sind für die *Chemie der Atmosphäre* von größter Bedeutung, da sie nicht nur mit Ozon, sondern auch mit anderen atmosphärischen Quellgasen reagieren und diese dadurch abbauen (s. weiter unten). Allerdings werden sie durch Stoßreaktion rasch *desaktiviert*. Die auf direktem Wege oder über $O(^1D)$ aus Ozon gebildeten *energieärmeren* Atome $O(^3P)$ setzen sich ebenfalls nicht ausschließlich mit Ozon unter Sauerstoffbildung, sondern zusätzlich mit Sauerstoff unter Ozonbildung um (siehe Reaktionsgleichungen).

Auf dem Wege der Bildung und des Zerfalls von Ozon im Zuge einer Wechselwirkung des Sonnenlichts mit Luftsauerstoff wird *energiereiche Sonnenstrahlung in Wärme umgewandelt* Hierbei ist der **Licht/Wärme-Umsatz**, dessen Geschwindigkeit naturgemäß mit der Konzentration von Sauerstoff sowie geeigneten Photonen wächst, in einer Höhe von ca. 50 km über der Erde besonders hoch. Von dort aus sinkt er gemäß Fig. 135 sowohl mit zunehmender Höhe (Verringerung der Sauerstoffkonzentration infolge der Luftdruckabnahme) als auch mit abnehmender Höhe (Verringerung der Konzentration geeigneter Photonen infolge ihrer Absorption). Dem *Umsatzmaximum* entspricht ein – durch die „*Stratopause*“ markiertes – *Temperaturmaximum* der Atmosphäre von 20–30 °C in ca. 50 km Höhe (Fig. 135). Unterhalb der Stratopause nimmt die Temperatur im Bereich 50 bis 15 km Höhe („*Stratosphäre*“)[23)] auf ca. – 60 °C ab, um nach diesem – durch die „*Tropopause*“ markierten – *Temperaturminimum* im Bereich 15 bis 0 km Höhe („*Troposphäre*“)[23)] als Folge der von der Erde ausgehenden Wärmestrahlung wieder bis auf durchschnittlich 20–30 °C anzusteigen. Oberhalb der Stratopause verringert sich die Temperatur in 50 bis 90 km Höhe („*Mesosphäre*“)[23)] ebenfalls, um dann nach einem Temperaturminimum von etwa – 80 °C („Mesopause“) im Bereich > 90 km Höhe („*Thermosphäre*“)[23)] wieder bis auf über 1500 °C in 700 km Höhe anzusteigen (Fig. 135).

---

[23] Man bezeichnet die Trophosphäre, die am Äquator, in mittleren Breiten bzw. der Polarregion ca. 18, 15 bzw. 8 km hoch reicht, auch als *untere*, die Strato- und *Mesosphäre* als *mittlere* und die Thermosphäre als *obere* Atmosphäre bzw. die ionenarme Tropo-, Strato- und Mesosphäre als „*Neutrosphäre*“ und die ionenreiche Thermosphäre als „*Ionosphäre*“ bzw. die durch Luftzirkulation gekennzeichnete „Gasdurchmischungszone“ unterhalb 60 km Höhe als „*Homosphäre*“, die durch gravitative Auftrennung der Molekülmassen markierte „Gasentmischungszone“ darüber als „*Heterosphäre*“. Auch hat sich für das Gebiet oberhalb 100 km Höhe, in welchem das Erdmagnetfeld die Vorgänge mitbestimmt, der Name „*Magnetosphäre*“ eingebürgert, für das Gebiet oberhalb 700 km Höhe, aus dem Moleküle mit großer Geschwindigkeit in den interstellaren Raum entweichen können, als „*Exosphäre*“ (in der Exosphäre herrschen vergleichsweise hohe Temperaturen, s. oben).

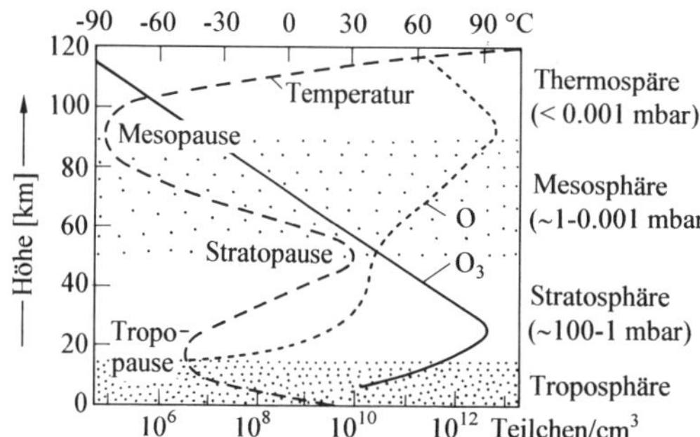

Fig. 135 Ozon-, Sauerstoffatom- und Temperaturprofil der Erdatmosphäre am Äquator während des Tags[23)].

Das *Maximum der Ozonkonzentration* (d. h. die Stelle des größten Geschwindigkeitsverhältnisses von O_3-Bildung zum O_3-Zerfall) befindet sich gemäß Fig. 135 in der mittleren Stratosphäre in 20 bis 25 km Höhe (die genaue Lage hängt von der geographischen Breite und von der Jahreszeit ab). Das *Maximum der Sauerstoffatomkonzentration* (d. h. die Stelle des größten Geschwindigkeitsverhältnisses von Bildung und Weiterreaktion der O-Atome) liegt andererseits bei der Mesopause in 90 km Höhe (Fig. 135). Unterhalb der Stratopause in ca. 50 km Höhe ist die Konzentration an O_3 größer, darüber kleiner als die an Sauerstoffatomen.

Ohne UV-Bestrahlung, also in der Nacht, entstehen in der Atmosphäre weder O_3 noch O. Während aber bereits gebildetes Ozon erhalten bleibt, verschwinden die Sauerstoffatome durch rasche Folgereaktionen (s. oben und unten). *Unter UV-Bestrahlung*, also am Tag, stellt sich eine **Gleichgewichtskonzentration** an Trisauerstoff O_3 und Monosauerstoff O in Disauerstoff O_2 ein (vgl. Fig. 135), wobei die zur Gleichgewichtseinstellung benötigte Zeit („*Relaxationszeit*") mit zunehmender Höhe abnimmt und in der Troposphäre bis zu einem Jahr, in der Stratosphäre Monate bis Stunden, in der Mesosphäre nur Sekunden bis Bruchteile von Sekunden beträgt. *Oberhalb ca. 35 km Höhe* (ab mittlerer Stratosphäre) liegen bei Bestrahlung folglich *Gleichgewichtsbedingungen* vor, wobei die O_3-Gleichgewichtskonzentration beim Gang vom Äquator zum Pol hin sinkt, da sich in gleicher Richtung die Dichte der Sonnenstrahlen erniedrigt. *Unterhalb* 35 *km Höhe* herrscht andererseits photochemisches *Ungleichgewicht*, das sich in Richtung Erde verstärkt. Die O_3-Verteilung wird in diesem Bereich mehr und mehr durch Prozesse der Luftzirkulation bestimmt, die ein Anwachsen der O_3-Konzentration in Richtung hoher Breitengrade bedingt. Würde man alle Ozonmoleküle der Luft an der Erdoberfläche auf 1 Atmosphäre verdichten, so hätte die resultierende Ozonschicht am Äquator eine Dicke von ca. 2.5 mm (250 „*Dobson Units*", „D. U.") und in hohen nördlichen Breiten je nach Jahreszeit eine Dicke von 4.5 bis 5.5 mm (450–550 D. U.). Auf der Südhalbkugel durchläuft die O_3-Dicke ein Maximum in 55° südlicher Breite.

Durch die Bildung und den Zerfall des Ozons sowie durch einige weitere atmosphärische Prozesse wird die harte *Ultraviolettstrahlung* im Wellenlängenbereich < 175 nm bis zur Mesopause sowie die Strahlung im Bereich 175–290 nm bis zur Tropopause vollständig und die Strahlung im Bereich 290–340 nm bis zur Erdoberfläche teilweise absorbiert, während der überwiegende Anteil der weichen UV-Strahlung (340–400 nm) und des *gesamten sichtbaren Lichts* (400–800 nm) ungehindert durch die Erdatmosphäre wandern. Die *Infrarotstrahlung* (*Wärmestrahlung*, Bereich > 800 nm) wird andererseits größtenteils durch den Wasserdampf, das Kohlendioxid und einige andere natürliche und anthropogene Quellgase absorbiert (vgl. hierzu „*Treibhauseffekt*", S. 527).

Bildung und Zerfall von Ozon in der unteren Atmosphäre

Da kurzwelliges, zur Dissoziation von O_2 führendes Ultraviolett (< 242 nm) nicht bis in die untere Atmosphäre vordringt, ist dort keine O_3-Bildung wie in der mittleren Atmosphäre möglich. Der O_3-Zerfall kann demgegenüber nach den gleichen Prozessen wie in den höheren Regionen erfolgen, da Strahlen der Wellenlängen um 310 nm auch in der Troposphäre ausreichend zur Verfügung stehen. Der Ursprung des troposphärischen Ozons, das 5–10 % des atmosphärischen Ozons ausmacht, stellt einerseits die Stratosphäre dar, aus der es durch *Luftzirkulation* heruntergebracht wird. Demzufolge sinkt die Ozonkonzentration in Richtung

Erdoberfläche; auch ist sie in Bereichen effektiver Mischungsprozesse zwischen Strato- und Troposphäre vergleichsweise hoch (z. B. während des Sommers in mittleren nördlichen Breiten). Andererseits entsteht das Ozon in der unteren Atmosphäre auch durch *photochemische Prozesse* aus molekularem Sauerstoff und „Stickstoffdioxid" NO_2 (untere Troposphäre) bzw. „Stickstofftrioxid" NO_3 (obere Tropo-, untere Stratosphäre), falls das Quellgas „Stickstoffmonoxid" NO, aus welchem NO_2 und NO_3 in der Atmosphäre gebildet werden (s. u.), in ausreichender Menge zur Verfügung steht (Näheres S. 525):

$$NO_2 \xrightarrow[(\lambda < 420\,nm)]{\text{Photonenaufnahme}} NO + O \qquad NO_3 \xrightarrow[(\lambda < 670\,nm)]{\text{Photonenaufnahme}} NO_2 + O$$

$$O + O_2 \xrightarrow[\text{(Stoßpartner)}]{\text{Wärmeabgabe}} O_3 \qquad O + O_2 \xrightarrow[\text{(Stoßpartner)}]{\text{Wärmeabgabe}} O_3$$

$$O_2 + NO_2 \xrightarrow{\textbf{Ozonbildung}} O_3 + NO \qquad O_2 + NO_3 \xrightarrow{\textbf{Ozonbildung}} O_3 + NO_2$$

Auch Kohlenwasserstoffe bewirken in der unteren Troposphäre eine Erhöhung der Ozonkonzentration (vgl. Anm.[29a)]).

Katalytischer Abbau von Ozon in der Atmosphäre

Eine Reihe von *Radikalen* (im wesentlichen · H, · OH, · O_2H, · NO, · Cl, · Br), die – mit Ausnahme des langlebigen Stickstoffmonoxids – wegen ihrer kurzen Lebenszeit in der Atmosphäre durch photochemische und chemische Prozesse aus natürlichen und anthropogenen Quellgasen (im wesentlichen H_2, H_2O, CH_4, N_2O, CH_3Cl, CH_3Br, CFK, CO; vgl. Tab. 56) laufend nachproduziert werden müssen, *katalysieren* die Ozonzersetzung. Sie wirken damit auf die O_3-Konzentration ein. Insgesamt wickeln sich unter normalen Bedingungen etwa 30 % des gesamten O_3-Abbaus in der Luft über solche *Katalysator-gesteuerten* und ca. 70 % über die auf S. 520 erwähnten *Licht-induzierten* Reaktionen ab. Ohne katalytischen O_3-Abbau müßte die Atmosphäre ca. 30 % mehr Ozon enthalten.

Die betreffenden Radikale R vermögen Ozon auf den drei nachfolgend skizzierten Wegen (a), (b) und (c) in Sauerstoff zu verwandeln:

	$O_3 \xrightarrow{\text{Licht}} O_2 + O$	$O_3 \xrightarrow{\text{Licht}} O_2 + O \mid \times 2$
$O_3 + O_3 \xrightarrow[\text{(R)}]{\text{Katalysator}} 3O_2$	$O + O_3 \xrightarrow[\text{(R)}]{\text{Katalysator}} 2O_2$	$O + O \xrightarrow[\text{(R)}]{\text{Katalysator}} O_2$
$2O_3 \xrightarrow[\text{(a)}]{} 3O_2$	$2O_3 \xrightarrow[\text{(b)}]{} 3O_2$	$2O_3 \xrightarrow[\text{(c)}]{} 3O_2$

Die Reaktionsfolge (a) trägt insbesondere in der unteren Luftschicht zum Ozon-Abbau bei ($c_{Ozon} > c_O$), die Reaktionsfolge (b) bzw. (c) in der mittleren und höheren Atmosphäre ($c_O \geqslant c_{Ozon}$; vgl. Fig. 135).

Die Bildung der Radikale geht letztendlich auf eine Bestrahlung der Erdatmosphäre zurück. Und zwar bilden sich durch Einwirkung von *Sonnenstrahlen* auf O_3 ($\lambda < 1200$ nm), O_2 ($\lambda < 242$ nm; > 20 km Höhe), NO_2 ($\lambda < 420$ nm) bzw. N_2O ($\lambda < 240$ nm; > 20 km Höhe) *angeregte Sauerstoffatome* O (^1D) neben O(^3P) (S. 520) und durch Photolyse von Halogenkohlenwasserstoffen (CH_3Cl, CH_3Br, CFK) in der Stratosphäre Chlor- und Bromatome. Die Atome O(^1D) reagieren dann mit Wasserstoffmolekülen, Wasser, Methan, Distickstoffoxid, CH_3Hal, CFK weiter zu *Wasserstoffatomen* H sowie *Hydroxylradikalen* OH, die ihrerseits auf Sauerstoff, Ozon, Kohlenmonoxid oder Halogenkohlenwasserstoffe unter Radikalbildung einwirken (H und OH entstehen oberhalb 40 km zudem durch Photolyse von Wassermolekülen: $H_2O + h\nu$ ($\lambda < 185$ nm) $\rightarrow$ H + OH):

$O_2 + h\nu \longrightarrow$ u.a. $\mathbf{O}(^1D)$	$H_2 + O(^1D) \longrightarrow \mathbf{H} + \mathbf{OH}$	$O_2 + H \xrightarrow[(M)]{} \mathbf{O_2H}$
$O_3 + h\nu \longrightarrow$ u.a. $\mathbf{O}(^1d)$	$H_2O + O(^1D) \longrightarrow \mathbf{OH} + \mathbf{OH}$	$O_3 + OH \xrightarrow[-O_2]{} \mathbf{O_2H}$
$N_2O + h\nu \longrightarrow$ u.a. $\mathbf{O}(^1D)$	$N_2O + O(^1D) \longrightarrow \mathbf{NO} + \mathbf{NO}$	$CO + OH \xrightarrow[-CO_2]{} \mathbf{H}$
CFK $+ h\nu \longrightarrow$ u.a. **Cl**	CFK $+ O(^1D) \longrightarrow$ u.a. **Cl**	$CH_3Cl + OH \xrightarrow[\text{u.a.}]{} \mathbf{Cl}$

Darüber hinaus entstehen durch Einwirkung der *kosmischen Höhenstrahlung* (S. 1748) oder der solaren *Protonen-* und *Elektronenstrahlung* auf H_2O, N_2 und O_2 in der Strato- und Mesosphäre H-, OH- und NO-Radikale. Die Reaktionen erfolgen bevorzugt in der Polregion, in welcher der Einfall polarer Teilchen weniger durch den Erdmagnetismus behindert ist (die Hauptquelle für NO in der Troposphäre stellt die Blitztätigkeit, der Mikrobenstoffwechsel sowie die Verbrennung von Kohle und Erdöl dar; s. u.).

Für die Wirkung der Radikale als Katalysatoren des atmosphärischen O_3-Abbaus ist ein Durchlaufen folgender Reaktionsteilschritte, bei welchen die Radikale R immer wieder zurückgebildet werden, verantwortlich:

R = OH, NO[24]	**R = H, OH, NO, Cl**	**R = O_2H**
$O_3 + R \longrightarrow O_2 + OR$	$O_3 + R \longrightarrow O_2 + OR$	$O + O_2H \longrightarrow O_2 + OH$
$OR + O_3 \longrightarrow R + 2O_2$	$OR + O \longrightarrow R + O_2$	$OH + O \xrightarrow[O_2 + H)]{(\text{über}} O_2H$
$O_3 + O_3 \xrightarrow[(\text{vgl. a})]{} 3O_2$	$O_3 + O \xrightarrow[(\text{vgl. b})]{} 2O_2$	$O + O \xrightarrow[(\text{vgl. c})]{} O_2$

Der relative Beitrag der katalytischen O_3-Abbaureaktionen zum Gesamtabbau des Ozons nimmt mit wachsender Höhe der Atmosphäre ab. Die NO-Katalyse dominiert in der unteren und mittleren Stratosphäre (Maximum in ca. 25 km Höhe; unterhalb 20 km wirkt NO zunehmend O_3-bildend, s. o.), die O_nH-Katalyse ($n = 0, 1, 2$) in der Troposphäre und der oberen Stratosphäre sowie der Mesosphäre (Minimum in ca. 35 km Höhe). Der Beitrag der Cl-Katalyse zum katalytischen O_3-Abbau ist in der mittleren Stratosphäre besonders hoch, aber insgesamt noch geringer als der der anderen Radikale zusammengenommen.

Der Abbau der Radikale erfolgt in der Luft sowohl durch Reaktion der Radikale untereinander als auch durch Reaktion der Radikale mit Quellgasen. Wichtige Zwischenstufen des Abbaus sind die (längerlebigen) Radikale O_2H und NO_2, die u.a. wie folgt entstehen und weiter in „*Reservoirgase*" umgewandelt werden (M = Stoßpartner):

$$H + O_2 \xrightarrow{(M)} \boxed{O_2H}; \quad OH + O_3 \xrightarrow{-O_2} \boxed{O_2H}$$
$$\boxed{O_2H} \xrightarrow{OH} H_2O + O_2; \quad \boxed{O_2H} \xrightarrow{O_2H} H_2O_2 + O_2; \quad \boxed{O_2H} \xrightarrow{Cl} HCl + O_2; \quad \boxed{O_2H} \xrightarrow{ClO} HOCl + O_2$$

$$NO + O_3 \xrightarrow{-O_2} \boxed{NO_2}; \quad NO + O_2H \xrightarrow{-OH} \boxed{NO_2}$$
$$\boxed{NO_2} \xrightarrow{OH} HNO_3; \quad \boxed{NO_2} \xrightarrow{O_3} NO_3 + O_2; \quad \boxed{NO_2} \xrightarrow{NO_3} N_2O_5; \quad \boxed{NO_2} \xrightarrow{ClO} ClNO_3$$

OH- und Cl-Radikale verschwinden zudem durch Reaktion mit wasserstoffhaltigen Quellgasen wie CH_4 oder H_2S (Bildung von H_2O, HCl, Oxidationsprodukten wie CO, H_2SO_4; vgl. S. 527). Die erzeugten Reservoirgase werden zum Teil mit dem Regen aus der Atmosphäre gewaschen (z. B.: H_2O_2, HNO_3, HCl, H_2SO_4; s. u.), zum Teil durch Bestrahlung in Radikale zurückverwandelt (z. B. $HNO_3 + h\nu \rightarrow NO_2 + OH$; $N_2O_5 + h\nu \rightarrow NO_2 + NO_3$; $NO_3 + h\nu \rightarrow NO + O_2$; $ClNO_3 + h\nu \rightarrow NO_2 + ClO$). Infolgedessen sind am Tage die Konzentrationen der Reservoirgase niedrig und die der Radikale hoch, während für die Nacht des Umgekehrte gilt.

---

[24] Aus O_3 und R = NO gebildetes NO_2 wandelt sich mit weiterem Ozon nicht direkt, sondern über das – photolytisch spaltbare – Radikal NO_3 in NO und O_2 um: $NO_2 + O_3 \rightarrow NO_3 + O_2$; $NO_3 + h\nu \rightarrow NO + O_2$. Parallel zu diesem in der unteren Stratosphäre erfolgenden O_3-Abbau durch NO_3 findet auch ein O_3-Aufbau statt (s. o.): $NO_3 + h\nu \rightarrow NO_2 + O$; $O + O_2 \rightarrow O_3$.

1.3.3 Chemie der Atmosphäre und ihre Umweltfolgen[20)]

Allgemeines

Durch Verdunstung, Vulkanismus, Mikrobentätigkeit und Aktivitäten von Lebewesen (insbesondere der Menschen) gelangen aus den Ozeanen, Böden, Fabriken, Haushalten, Großfeuerungs- und Müllverbrennungsanlagen, Autos, Flugzeugen usw. laufend große Mengen natürlicher und anthropogener, meist reduzierend wirkender „*Quellgase*“ in die Atmosphäre (vgl. Tab. 56). Diese verweilen dort – entsprechend ihrer „*Lebensdauer*“[25)] – Stunden bis Jahrhunderte, wobei sie einerseits durch den Wind lokal bis global *verteilt* werden (die „lokale“, „regionale“, „hemisphärische“ bzw. „interhemisphärische“ Durchmischungszeit beträgt Stunden, Tage, Monate bzw. Jahre) und sich andererseits infolge der Sonnenbestrahlung in Anwesenheit von Sauerstoff und Wasser *chemisch umwandeln* (meist *oxidieren*; s.u.). Schließlich werden sie – unverändert oder chemisch verändert – mit dem Regen als sogenannte „*Senkengase*“ ausgewaschen (u.a. CO_2, HNO_3, H_2SO_4, HCl). Somit spielt das *Wetter*[26)] und die *Chemie* in der Atmosphäre eine entscheidende Rolle für das dynamische Gleichgewicht zwischen Quell- und Senkengasen, d.h. für die stoffliche Zusammensetzung unseres atmosphärischen „Lebensraumes“.

Aufgrund der wirksamen „*Stoffkreisläufe*“ können sich somit die Quellgase in der Atmosphäre nicht dauerhaft anreichern. Zwar bedingen die beachtlichen Emissionen einiger Gase anthropogenen Ursprungs – wie etwa die von NO, NO_2, CO, CO_2, SO_2, CH_4, CFK – in jüngerer Zeit eine Konzentrationssteigerung der betreffenden Stoffe in der Atmosphäre, doch würden sich die erhöhten Quellgasmengen bei Ausschalten der Verursachung nach und nach wieder auf das normale Maß reduzieren („*Atmosphärenreinigung*“). Da die betreffenden Quellgase teils direkt, teils nach chemischer Umwandlung für Organismen mehr oder weniger lebensschädlich sind, indem sie u.a. *Ozon ab- oder aufbauen*, chemischen (SO_2-haltigen) und photochemischen (O_3-haltigen) *Smog*[27)] *bilden* bzw. zu *saurem Regen führen*, sollte eine weitere Erhöhung dieser „*Schadstoffe*“ in der Atmosphäre tunlichst vermieden werden (vgl. hierzu u.a. Erdölentschwefelung (S. 540), Rauchgasentschwefelung (S. 568), Autoabgasreinigung mit geregeltem Dreiwege-Katalysator (S. 695), Rauchgasentstickung (S. 695).

Chemie in der Atmosphäre

Sauerstoff. Die Absorption des kurzwelligen Sonnenlichts durch die obere und mittlere Atmosphäre im Zuge der auf S. 520 besprochenen wechselseitigen Umwandlung $3O_2 \rightleftarrows 2O_3$ von **Disauerstoff** O_2 (Lebensdauer τ ca. 2000 Jahre) in **Trisauerstoff** O_3 (τ ca. 1 Monat) ist wegen der *Krebs*-erregenden und *Mutations*-auslösenden Wirkung energiereicher Strahlung für das Leben auf der Erde von hoher Bedeutung. Eine drastische Abnahme der O_3-Gleichgewichtskonzentration in diesem Bereich aufgrund stark erhöhter Konzentrationen an Radikalen, welche den O_3-Abbau katalysieren (S. 522), wäre mit erheblichen Gefahren für die Lebewesen verbunden; u.a. wäre die stabile Erbfolge in Frage gestellt. Besonders drastisch wirkt sich zur Zeit die gestiegene Konzentration von Chlorfluorkohlenwasserstoffen und damit

---

25 Unter „*Lebensdauer*“ eines Stoffs versteht man die Zeit τ, nach der die ursprüngliche Stoffkonzentration auf 1/e-tel abgesunken ist (vgl. S. 370). Sie ist für die einzelnen Radikale und auch für die einzelnen Quellgase sehr unterschiedlich und beträgt in der Atmosphäre z.B. für N_2 mehrere zigmillionen Jahre, für OH ca. 1 Sekunde.

26 Das **Wetter** ist eng mit dem Wasserkreislauf (Verdunstung, Wolkenbildung, Niederschlag) und der Luftzirkulation verbunden. Der Sättigungsdampfdruck des *Wassers*, d.h. der für die Nebel- und Wolkenbildung maßgebende H_2O-Partialdruck nimmt mit der Temperatur, also mit der Höhe ab und erreicht beim Temperaturminimum der Tropopause (−60 °C) einen sehr kleinen Wert. Infolgedessen spielt sich das Wetter fast ausschließlich in der Troposphäre ab (insbesondere über den Polregionen bilden sich auch stratosphärische Eiswolken). Die *Luftzirkulation* erfolgt in der Troposphäre unter normalen Temperaturbedingungen (Temperaturabnahme mit der Höhe) sowohl *horizontal* wie *vertikal*. Nimmt andererseits die Temperatur – wie im Falle von Inversionswetterlagen oder in der Stratosphäre – mit der Höhe zu, so findet im wesentlichen nur noch ein *Horizontalaustausch* der Luftmassen statt.

27 Aus smoke (engl.) = Rauch und fog (engl.) = Nebel zusammengesetztes Wort. Der Begriff Smog wurde um die Jahrhundertwende für den in London infolge intensiver Kohleverbrennung *im Winter* gebildeten gelben, SO_2- und rußhaltigen Nebel geprägt („*London-Smog*“). Er entsteht gerne in Ballungsgebieten bei Inversionswetterlagen. Von ihm unterschieden wird der in Los Angeles und anderen Städten als Folge intensiven Autoverkehrs *im Sommer* durch Bestrahlung der Abgase gebildete O_3-haltige Smog („*Los Angeles-Smog*“).

von Chloratomen in der Südpol-Region über dem antarktischen Kontinent aus, wo das Ozon seit einigen Jahren während des Oktobers (australischer Frühling) in 10 bis 25 km Höhe praktisch vollständig durch chlorkatalysierten Abbau verschwindet (**Ozonloch**)[28]. Der entsprechende Ozonabbau in der Nordpol-Region über der Antarktis ist weniger ausgeprägt.

In der unteren Atmosphäre würde sich eine Ozonabnahme nicht nur aus den besprochenen Gründen, sondern auch deshalb schädlich auf Organismen auswirken, da O_3 in diesem Bereich gemäß

$$O_3 \xrightarrow{h\nu} O_2 + O(^1D/^3P), \qquad O(^1D) + H_2O \longrightarrow 2OH$$

als Lieferant für **Hydroxyl-Radikale** OH (τ ca. 1 Sekunde) wirkt, welche als solche oder nach ihrer Umwandlung in **Perhydroxyl-Radikale** O_2H (τ ca. 1 Minute):

$$OH + H_2 \longrightarrow H_2O + H, \qquad H + O_2 \underset{(M)}{\longrightarrow} O_2H$$

(M = Stoßpartner) die *Reinigungsmechanismen* in der Troposphäre auslösen. Da in der unteren Atmosphäre ausschließlich langwelliges, für eine O_2-Spaltung ungeeignetes Ultraviolett einfällt, verbietet sich hier die in höheren Bereichen zusätzlich ablaufende Reaktionsfolge $O_2 + h\nu \rightarrow 2O$; $O + H_2O \rightarrow 2OH$ als OH-Quelle, so daß in einer *ozonlosen* Troposphäre alle chemischen Reaktionen zum *Stillstand* kämen ($^3O_2$ ist reaktionsträge und reagiert mit den Quellgasen praktisch nicht). Andererseits wirkt das Ozon als *Gift* für das *Blattgrün* der Pflanzen und die *Atemwege* der Tiere und Menschen (S. 516), weshalb eine dratische Zunahme des O_3-Pegels am „Grunde" der Troposphäre als Folge einer erhöhten NO_2- oder Kohlenwasserstoff-Konzentration für Lebewesen gefährlich werden kann[29a)]. Über eine weitere, lebensvernichtende Form des Sauerstoffs, **Singulett-Sauerstoff** $^1O_2$ (τ ca. 10^{-4} Sekunden), wurde bereits auf S. 509 berichtet („*Triplett-Sauerstoff*" $^3O_2$ ist demgegenüber lebenserhaltend).

Wasserstoff. Etwa gleich ergiebige *Quellen* für H_2 sind die unvollständige Verbrennung fossiler Stoffe in Motoren und Öfen, die unvollständige Oxidation von Methan und anderen Kohlenwasserstoffen in der Atmosphäre sowie die Tätigkeit von Mikroorganismen in Böden und Ozeanen. Eine *Senke* für H_2 (τ ca. 2 Jahre) stellt die Reaktion von H_2 mit OH-Radikalen in der Troposphäre bzw. O-Atomen in der Stratosphäre dar:

$$H_2 + OH \rightarrow H + H_2O; \qquad H_2 + O(^1D) \rightarrow H + OH$$

Darüber hinaus verbrauchen eine Reihe von Mikroben Wasserstoff für Reduktionszwecke (Hauptsenke).

Stickstoffoxide. Distickstoffoxid N_2O, ein durch Bodenbakterien aus NH_4^+ (Nitrifikation) bzw. NO_3^- (Denitrifikation) und zudem durch Verbrennung fossiler Stoffe gebildetes, global verteiltes Quellgas (τ ca. 100 Jahre), verhält sich in der Troposphäre chemisch inert und entwickelt erst in der an geeigneten Photonen sowie O-Atomen reicheren Stratosphäre chemische Aktivitäten:

$$N_2O \xrightarrow[(\lambda < 240\,nm)]{h\nu} N_2 + O; \qquad N_2O + O(^1D) \rightarrow N_2 + O_2; \qquad N_2O + O(^1D) \rightarrow 2NO.$$

Letztere Reaktion stellt eine wichtige Quelle für **Stickstoffmonoxid** NO in der Stratosphäre dar, das sich zudem aus Luft in Düsen von Überschallflugzeugen sowie bei der Einwirkung solarer Protonen bildet.

---

[28] Der erhöhte Ozonabbau über dem Südpol geht nach bisherigen Erkenntnissen auf stratosphärische, bis 25 km hoch reichende Eiswolken eines Zyklons aus H_2O bzw. $HNO_3 \cdot 3H_2O$ (Kondensation unter den vorliegenden Verhältnissen bei 185 bzw. ca. 200 K) zurück, der während der sonnenarmen, kalten Monate – abgeschlossen vom Rest der Atmosphäre – über der Antarktis liegt. An den Oberflächen der Eispartikel vermögen Cl-Atome den O_3-Abbau möglicherweise wie folgt zu katalysieren: $2Cl + 2O_3 \rightarrow (ClO)_2 + 2O_2$; $(ClO)_2 + h\nu \rightarrow 2Cl + O_2$ (der normale Katalysezyklus $Cl + O_3 \rightarrow ClO + O_2$; $ClO + O \rightarrow Cl + O_2$ in Abwesenheit von Eis erfolgt erst in über 30 km Höhe, da ClO in niedrigeren Höhen durch Reaktion mit NO_2 in das dort photostabile Reservoirgas $ClONO_2$ übergeht). Mit zunehmender Sonneneinstrahlung verschwindet der Zyklon ab November, wodurch ozonreiche Luft von niederen Breiten in die Südpol-Region einströmen kann (Rückbildung der normalen Ozonsphäre). Über dem Nordpol liegt im Winter kein Zyklon ähnlichen Ausmaßes, so daß dort die Ozonreduktion weniger einschneidend ist.

[29] **a)** Die O_3-Bildung erfolgt auf dem Wege: $NO_2 + h\nu \rightarrow NO + O$; $O_2 + O \rightarrow O_3$ (S. 522). Auch die Reaktionsfolge $NO_2 \rightarrow HNO_3 \rightarrow NO_3 \rightarrow O_3$ fördert die O_3-Bildung, da im Zuge des Übergangs $NO_2 + OH \rightarrow HNO_3$ Radikale OH verschwinden, die den Ozonabbau katalysieren (S. 523; die Wirkung von NO als Katalysator für den O_3-Abbau ist in der Troposphäre noch gering und macht sich erst in der Stratosphäre stärker bemerkbar). Ähnlich wie NO_2 wirken Kohlenwasserstoffe als OH-Fänger (z. B. $CH_4 + OH \rightarrow CH_3 + H_2O$) O_3-fördernd.
b) Die Enzymgifte PAN wie $CH_3—CO—O—O—NO_2$ entstehen durch Einwirkung von OH (aus Ozon, s. o.), O_2 und NO_2 auf Aldehyde (z. B. $CH_3CHO + OH \rightarrow CH_3CO + H_2O$; $CH_3CO + O_2 \rightarrow CH_3CO—O—O$; $CH_3CO—O—O + NO_2 \rightarrow CH_3CO—O—O—NO_2$). Die Aldehyde gelangen zum Teil mit den Autoabgasen in die Atmosphäre und werden zudem aus den Kohlenwasserstoffen der Abgase in der Atmosphäre gebildet.

Wegen seiner langen stratosphärischen Lebensdauer ($\tau = 2$ bis 3 Jahre) verteilt sich NO in diesem Bereich global. *Troposphärisches* NO entsteht demgegenüber durch Mikrobentätigkeit aus N_2, NH_4^+, NO_2^-, NO_3^-, bei Gewittern in der Luft sowie als Begleiterscheinung der Verbrennung in Automotoren (Hauptquelle) und Feuerungsanlagen. Es verteilt sich in der unteren Atmosphäre nur lokal (τ ca. 1 Tag) und verschwindet insbesondere durch Oxidation zu **Stickstoffdioxid** NO_2 mit Ozon oder dem Perhydroxyl-Radikal (s. u.; $^3O_2$ oxidiert NO in der vorliegenden kleinen Konzentration extrem langsam; vgl. S. 693). NO_2 (τ = einige Tage) verwandelt sich durch Aufnahme eines OH-Radikals weiter in **Salpetersäure** HNO_3 (τ = einige Tage), die einerseits mit dem Regen ausgewaschen wird und andererseits mit OH zu kurzlebigem **Stickstofftrioxid** NO_3 abreagieren kann:

$$\mathbf{NO} \xrightarrow[-O_2]{+O_3} \mathbf{NO_2};\qquad \mathbf{NO} \xrightarrow[-OH]{+O_2H} \mathbf{NO_2}$$

$$\mathbf{NO_2} \xrightarrow[(M)]{+OH} \mathbf{HNO_3} \xrightarrow[-H_2O]{+OH} \mathbf{NO_3}.$$

$$\mathbf{NO_2} \xrightarrow[-NO]{+O_2} O_3 \xleftarrow[-NO_2]{+O_2} \mathbf{NO_3}$$

Die erwähnten Stickstoffoxide stellen Komponenten des **photochemischen Smogs** („Los Angeles Smog")[27] dar, der während windarmer Schönwetterperioden in Ballungsgebieten mit hoher Fahrzeugdichte, d. h. hohem NO-Ausstoß, entsteht. NO_2 bewirkt dann eine Bildung von Ozon[29a] und **P**eroxy**a**cyl**n**itraten „PAN"[29b]), die typische *Atemgifte* des Smogs darstellen.

Schwefeloxide. Schwefeldioxid SO_2 gelangt in die Troposphäre durch Verbrennung fossiler Stoffe in Großfeuerungsanlagen (Hauptquelle), Haushalten und Automotoren. Auch entsteht es in der Atmosphäre durch Oxidation schwefelhaltiger Verbindungen (z. B. H_2S, CS_2) bio- oder geologischen Ursprungs. SO_2 verteilt sich aufgrund seiner Lebensdauer von einigen zig Tagen regional im Umkreis bis zu mehreren tausend Kilometern und stellt eine wichtige Komponente des **chemischen Smogs**[27]) dar. Der SO_2-Verlustmechanismus besteht in der Oxidation von gasförmigem sowie wassergelöstem SO_2 mit OH, O_3, H_2O_2 zu **Schwefelsäure** H_2SO_4, die zusammen mit der Säure HNO_3 (s. o.) und anderen Säuren in geringeren Konzentrationen (u. a. HCl, CO_2, H_2O_2) aus der Atmosphäre gewaschen wird (saurer Regen). Die laufende Erhöhung des SO_2- und NO-Ausstoßes hat in jüngerer Zeit zu einem beachtlichen Anstieg der Säureeinträge in die Gewässer und Böden geführt (Erniedrigung des pH-Werts des Regens von normalerweise 5.0 bis 5.6 auf 4.0 bis 4.5 in vielen Erdregionen). Typische Folgen sind die verstärkte Erosion von Gebäudefassaden, der Rückgang von Seeplankton, die Schädigung von Amphibien- und Fischpopulationen, das Auswaschen einiger für das Pflanzenwachstum lebenswichtiger Ionen (u. a. K^+, Mg^{2+}, Ca^{2+}) aus den Böden, das Freisetzen einiger Schwermetallionen (u. a. Cu^{2+}, Zn^{2+}, Cd^{2+}, Pb^{2+}, Mn^{2+}). Letztere vergiften dann Böden, das Grundwasser, Flüsse, Seen und damit die Flora und Fauna. Die Säuren sind darüber hinaus – neben Produkten des photochemischen Smogs (O_3, Aldehyde, PAN) – Mitverursacher des weltweit seit einigen Jahren zu beobachtenden **Waldsterbens** (Einwirkung des sauren Nebels auf die Blattorgane; Einwirkung der im Boden freigesetzten Schwermetallionen auf das Feinwurzelwerk).

Kohlenstoffoxide. Ca. 1/3 des giftigen **Kohlenmonoxids** CO (S. 863) bildet sich in der Atmosphäre durch OH-initiierte Oxidation von CH_4 (s. u.) und anderen Kohlenwasserstoffen, ca. 2/3 entstehen als Folge der unvollständigen Verbrennung fossiler Stoffe insbesondere auf der – fahrzeugreichen – Nordhalbkugel der Erde. Seine Lebensdauer von ca. 2 Monaten bedingt eine hemisphärische Verteilung. Mit wachsender Höhe nimmt die CO-Konzentration bis ca. 20 km ab, dann – als Folge der in größeren Höhen rasch erfolgenden Oxidation von CH_4 und der Photolyse von CO_2 – wieder zu. Kohlenmonoxid verschwindet insbesondere durch Reaktion mit dem Hydroxyl-Radikal OH, das durch Folgereaktionen des gleichzeitig gebildeten Wasserstoff-Atoms wieder zurückgebildet wird (vgl. S. 523):

$$\begin{array}{l} CO + \mathbf{OH} \longrightarrow CO_2 + H \quad \left(\xrightarrow[(M)]{O_2} O_2H\right) \\ O_2H + \mathbf{NO} \longrightarrow \mathbf{OH} + NO_2 \quad \left(\xrightarrow[h\nu]{O_2} O_3 + \mathbf{NO}\right) \\ \hline CO + 2O_2 \longrightarrow CO_2 + O_3 \end{array} \qquad \begin{array}{l} CO + \mathbf{OH} \longrightarrow CO_2 + H \quad \left(\xrightarrow[(M)]{O_2} O_2H\right) \\ O_2H + O_3 \longrightarrow \mathbf{OH} + 2O_2 \\ \hline CO + O_3 \longrightarrow CO_2 + O_2 \end{array}$$

Bei vergleichsweise *hohen* (z. B. durch starken Verkehr verursachten) *NO-Konzentrationen* wird gemäß der ersten Reaktionsfolge pro reagierendes CO-Molekül ein Molekül *Ozon gebildet*, wobei Stickstoffmonoxid NO und das Hydroxyl-Radikal OH (erzeugt nach $O_3 + H_2O + h\nu \rightarrow O_2 + 2OH$; s. o.) als Katalysator wirken. Bei vergleichsweise *niedrigen NO-Konzentrationen* wird andererseits gemäß der zweiten Reaktionsfolge pro reagierendes CO-Molekül ein Molekül *Ozon verbraucht*.

Die Oxidation von CO stellt nur eine bescheidene Quelle für atmosphärisches **Kohlendioxid** CO_2 dar, dessen Menge sich seit der Industrialisierung (um 1750) laufend global erhöht und derzeit ca. 10^{12} Tonnen beträgt. Zwar werden der Atmosphäre durch Ausgasen des Meers (das 60mal soviel CO_2 enthält wie die Luft), durch Atmung der Tiere und durch Vulkanismus etwa die gleichen Mengen an CO_2 zugeführt, wie ihr durch Auflösen im Meer (ca. 10^{11} Tonnen pro Jahr), Assimilation der grünen Pflanzen (ca. 10^{11} Tonnen pro Jahr) und Verwitterung von Urgestein (ca. 10^8 Tonnen pro Jahr) wieder entzogen werden (**„Kreislauf des Kohlendioxids“**, τ ca. 30 Jahre). Die Verbrennung von Kohle, Erdöl und Erdgas liefert jedoch zusätzlich CO_2; auch vermindert die Rodung tropischer Regenwälder den Anteil der durch Photosynthese verbrauchten CO_2-Menge.

Der CO_2-Konzentrationsanstieg ist aus folgenden Gründen für den *Wärmehaushalt der Erdatmosphäre* bedeutsam: Kohlendioxid sowie einige andere farblose, für sichtbares Licht durchlässige Atmosphärengase (insbesondere Kohlenwasserstoffe, Halogenkohlenwasserstoffe, Distickstoffoxid, Wasser) vermögen das von der Erde durch Umwandlung einfallenden sichtbaren und ultravioletten Lichts (340–800 nm) an der Oberfläche ausgehende *infrarote Licht* (> 800 nm) *zu absorbieren* und in *Wärme umzuwandeln* (**„Treibhauseffekt“**). Ohne diesen Effekt wäre die Erde kalt und unbewohnbar. Der steigende Gehalt an CO_2 ist dementsprechend mitverantwortlich für die beobachtete Verstärkung des Treibhauseffekts (zunehmende Erwärmung der Erdoberfläche).

Kohlenwasserstoffe. Methan und einige andere Kohlenwasserstoffe bilden sich bei der unvollständigen Verbrennung fossiler Stoffe sowie der anaeroben Vergärung organischer Materie durch Mikroben („*Sumpfgas*“) und gelangen auch durch Verdunstung von Benzin (aus Tanks, während des Umfüllens), in die Atmosphäre. CH_4 verteilt sich global (τ ca. 7 Jahre). Der letztendlich zu CO führende Methanabbau wird im wesentlichen durch OH-Radikale in der Troposphäre (vgl. hierzu Anm.[29a)]) und durch O-Atome in der Stratosphäre initiiert:

$$CH_4 + OH \rightarrow CH_3 + H_2O, \qquad CH_4 + O(^1D) \rightarrow CH_3 + OH$$

Oxidationszwischenprodukte sind u.a. Aldehyde und (bei NO_2-Anwesenheit) Peroxyacylnitrate, die giftige Bestandteile des photochemischen Smogs darstellen (s.o.).

Halogenkohlenwasserstoffe. Unter den atmosphärischen Halogenkohlenwasserstoffen sind „*Chlor*“-„*Brom*“- und „*Iodmethan*“ CH_3Hal (Hal = Cl, Br, I) sowie „*Tetrachlormethan*“ CCl_4 auch natürlichen Ursprungs, „*Chlormethane*“ wie CH_3CCl_3 oder *Chlorfluorkohlenwasserstoffe* (**„FCKW“**; **„CFKW“**) wie CCl_3F, CCl_2F_2, $CHClF_2$ ausschließlich anthropogenen Ursprungs. Wegen ihrer langen Lebensdauer (bis über 100 Jahre) verteilen sich die – für Spraydosen, Kühlaggregate, Feuerlöscher, Lösungsmittel, Trockenreiniger, Schäume usw. genutzten und von dort in die Atmosphäre abgelassenen – Chlorfluorkohlenwasserstoffe (jährlicher Ausstoß ca. 2×10^6 Tonnen) global. Die wasserstofffreien Verbindungen sind in der Troposphäre stabil und werden erst in der Stratosphäre abgebaut (Cl-Atombildung durch UV-Bestrahlung oder O-Atomeinwirkung), die wasserstoffhaltigen Verbindungen setzen sich zudem mit OH-Radikalen um (u.a. Bildung von H_2O und Cl) und können demzufolge auch in der Troposphäre abgebaut werden. Die gebildeten **Chloratome** katalysieren den Ozonzerfall (S. 522) und tragen wesentlich zur Verminderung der Ozonsphäre bei (vgl. „*Ozonloch*“). Darüber hinaus verstärken die Halogenkohlenwasserstoffe den „*Treibhauseffekt*“ (s.o.) deutlich, indem sie infrarotes Licht in einem Wellenlängenbereich (um 10000 nm) absorbieren, in dem die übrige Atmosphäre transparent ist. Somit stellen diese Verbindungen in doppelter Sicht ein schwerwiegendes Umweltproblem dar. Wegen ihrer hohen Lebenserwartung wäre die Atmosphäre allerdings auch nach weltweitem Emissionsstop noch mehrere hundert Jahre mit diesen Verbindungen belastet.

1.4 Wasser und die Hydrosphäre[2, 30)]

1.4.1 Vorkommen

Das Wasser bedeckt in Form der *Ozeane* 71 % der Erdoberfläche. Der Rest ist von *Wasserläufen* durchzogen und enthält *Seen* sowie *Grundwasser*. Auch am Aufbau der *Pflanzen- und Tierwelt* ist das Wasser in bedeutendem Maße beteiligt. So besteht z. B. der menschliche Körper

---

[30] **Literatur.** B. Mason, C.B. Moore (Übersetzer G. Hintermaier-Erhard): „*Grundzüge der Geochemie*“, Enke, Stuttgart 1985; P. Krindel, I. Eliezer: „*Water Structure Models*“, Coord. Chem. Rev. **6** (1971) 217–246; D. Eisenberg und W. Kauzmann: „*Structure and Properties of Water*“, Clarendon, Oxford 1969; R.A. Horne: „*The Structure of Water and Aqueous Solutions*“, Survey Progr. Chem. **4** (1968) 1–43; M.C.R. Symons: „*Water Structure and Reactivity*“, Acc. Chem. Res. **14** (1981) 179–187. T. Mann: „*Die Entwicklung der Abwassertechnik und Wasserreinhaltung*“, Chemie in unserer Zeit **25** (1991) 87–95; GMELIN: „*Water Desalting*“, System-Nr. **3**, bisher 2 Bände; ULLMANN (5. Aufl.): „*Water*“, **A28** (1995). Vgl. Anm. 33.

zu über 50% aus Wasser, manche Gemüse und Früchte, z. B. Blumenkohl, Radieschen, Spargel, Kürbis, enthalten mehr als 90%, einige wirbellose Meerestiere über 95% Wasser. Die *Atmosphäre* kann bis zu 4 Vol.-% Wasser in Dampfform aufnehmen und gibt es bei Druck- und Temperaturänderungen in flüssiger („*Nebel*", „*Wolken*", „Regen"[30a]) oder fester Form („*Reif*", „*Schnee*", „*Hagel*") wieder ab. Schließlich enthalten auch zahlreiche *Mineralien* chemisch gebundenes Wasser (z. B. als „*Kristallwasser*").

Die *Gewichtsverteilung* der als **Hydrosphäre** bezeichneten (nicht-zusammenhängenden) Wasserhülle der Erde auf die unterschiedlichen Wasservorkommen beträgt (Gesamtmasse der Hydrosphäre ca. 1.7×10^{18} Tonnen; 10^9 t $H_2O \approx 1\ km^3$):

Ozeane	14100×10^{14} t	Grundwasser	84×10^{14} t	Eis	290×10^{14} t
Salzseen } Binnenmeere }	1×10^{14} t	Seen	1.3×10^{14} t	Luft	0.12×10^{14} t
		Flüsse	0.013×10^{14} t	Gesteine	2600×10^{14} t

Abzüglich des chemisch in Gesteinen gebundenen Wassers besteht die Hydrosphäre zu ca. 97 Gew.-% aus *Salzwasser* (Ozeane: 97.4%; Rest: 0.007%) und zu ca. 3 Gew.-% aus *Süßwasser* (Grundwasser: 0.6%; Seen: 0.009%, Flüsse: 0.0001%; Polareis und Gletscher: 2.0%; Wasserdampf: 0.0008%). Durch Verdunstung werden der Atmosphäre ca. 3.5×10^{14} Tonnen Wasser pro Jahr zugeführt; 90% hiervon kehren als Niederschlag ins Meer zurück, 10% schlagen sich auf dem Land nieder oder werden von Pflanzen aufgenommen (**Kreislauf des Wassers**).

1.4.2 Reinigung

Wegen der weiten Verbreitung erübrigt sich eine chemische Darstellung des Wassers. Die Gewinnung *reinen Wassers* läuft stets auf die Reinigung *natürlicher Wässer* hinaus.

Unter den **natürlichen Süßwässern** ist das „*Regenwasser*" relativ *rein*, da es einen natürlichen Destillationsprozess durchgemacht hat (analoges gilt für Wasser aus „*Eis*"). Es enthält jedoch *Staubteilchen* und *Senkengase* aus der Luft (u.a. N_2, O_2, CO_2, H_2SO_4, HNO_3, HCl; vgl. S. 524). „*Grund*"-, „*Quell*", „*Fluß*"- und „*Seewasser*") pH meist 6–8) enthalten 0.01 bis 0.2% gelöste Stoffe, und zwar insbesondere Ca^{2+}, Mg^{2+}, Na^+, HCO_3^- (meist Hauptanteil), SO_4^{2-}, Cl^-. Sind weniger Calcium- und Magnesiumverbindungen vorhanden, so nennt man das Wasser *weich*, anderenfalls *hart* (S. 1138). Quellwässer (*juvenile* Wässer), die größere Mengen Mineralien (über 1 g pro kg Wasser) enthalten, nennt man *Mineralwässer*. Ihnen kommt häufig eine besondere Heilwirkung zu. Je nach den gelösten Stoffen unterscheidet man *Solwässer* (mit Kochsalz), *Bitterwässer* (mit Magnesiumsalzen), *Schwefelwässer* (mit Schwefelwasserstoff), *Säuerlinge* (mit Kohlensäure), *Eisenwässer* (mit Eisensalzen) usw. In entsprechender Weise charakterisiert man Flußwässer (analoges gilt für Seewässer) nach seinen Hauptmineralbestandteilen und spricht etwa von Flüssen des *Calciumcarbonat-Typs* (z. B. Amazonas, Missisippi), des *Calciumsulfat-Typs* (z. B. Colorado), *Natriumchlorid-Typs* (z. B. Jordan). Allerdings sind heute viele Flüsse durch Stoffe menschlicher Aktivitäten mehr oder weniger verschmutzt.

Unter den **natürlichen Salzwässern** enthält das „*Meerwasser*" (pH meist 8.1–8.3) neben *Gasen* durchschnittlich 3.0 Gew.-% Alkalihalogenid und insgesamt ca. 3.5 Gew.-% *Salze* (Gesamtgehalt: ca. 5×10^{16} Tonnen). Darunter finden sich – wenn auch teilweise nur in äußerst geringen Mengen – Verbindungen von etwa 80 verschiedenen Elementen (vgl. hierzu Tafel II). Hauptbestandteile sind O_2, N_2, CO_2, Ar, Li^+, Na^+, K^+, Rb^+, Mg^{2+}, Ca^{2+}, Sr^{2+}, F^-, Cl^-, Br^-, SO_4^{2-}, NO_3^-, H_3BO_3, H_4SiO_4[31)].

Trinkwasser. Aus Wasser, das getrunken werden soll, entfernt man nicht alle gelösten Stoffe, da völlig reines Wasser fade schmeckt. Die erwünschten (bzw. maximal zugelassenen) Konzentrationen betragen für Mg^{2+} 30 mg/l (150 mg/l), für Ca^{2+} 75 mg/l (200 mg/l), für Cl^- 20 mg/l (60 mg/l), für SO_4^{2-} 200 mg/l (400 mg/l), für NO_3^- 25 mg/l (50 mg/l) und für die Salze insgesamt 500 mg/l (1500 mg/l). Am besten geeignet als Trinkwasser ist im allgemeinen „*Quellwasser*", dessen erfrischender Geschmack von etwas gelöster Kohlensäure und Luft herrührt.

[30a] **Literatur.** K. Valentin: „*Der Regen*", Piper, München, Band 1 (1981) 66–68.

[31] Man gibt die Menge gelöster Gase in Milliliter Gas (1 Atm.) pro Liter Wasser, die Menge gelöster Ionen („*Chlorinität*", „*Salinität*") in Gramm Ionen pro Kilogramm Wasser (‰) an. 1 l (kg) Meerwasser enthält 0–9 ml O_2, 8.4–14.5 ml N_2, 34–56 ml CO_2, 0.2–0.4 ml Ar, 0–22 ml H_2S, 10.56 g Na^+, 0.38 g K^+, 1.27 g Mg^{2+}, 0.40 g Ca^{2+}, 18.98 g Cl^-, 0.07 g Br^-, 2.65 g SO_4^{2-}, 0.14 g HCO_3^-, 0.03 g H_3BO_3.

In Ermangelung dessen nimmt man „*Grund*"-, „*Fluß*"- oder „*Seewasser*". Insbesondere in letzteren beiden Fällen ist eine sorgfältige *Reinigung* notwendig.

Die Wasserreinigung kann folgende Schritte umfassen: (i) *Ausflockung kolloidal verteilter Stoffe* (organische Verbindungen, Tonminerale) durch deren Adsorption an „$M(OH)_3$-Flocken" (M = Al, Fe), die sich nach Zugabe von $M_2(SO_4)_3$ bzw. $FeCl(SO_4)$ zum Wasser bei pH 6.5–7.5 (M = Al) bzw. 8.5 (M = Fe) bilden. Das so vorbehandelte Wasser wird filtriert. (ii) *Oxidation unerwünschter Stoffe* wie pathogener Keime, Fe^{2+}- sowie Mn^{2+}-Ionen, Ammoniak mit „Chlor" („*Durchbruchschlorung*"), „Ozon" („*Ozonisierung*") oder „*Chlordioxid*" (vgl. S. 495). In ersterem Falle werden unerwünschterweise auch gelöste organische Stoffe wie Phenol, Kohlenwasserstoffe chloriert. Gebildetes Fe(III)- und Mn(IV)oxid-Hydrat wird abfiltriert. (iii) *Entfernung gelöster organischer Stoffe* durch Behandlung des Wassers mit „Aktivkohle" in gekörnter oder pulverisierter Form. Die Operation führt zugleich zur Zersetzung der Oxidationsmittel Cl_2 oder O_3, zur Oxidation von Ammoniak sowie zur Ausflockung der Eisen- und Manganoxid-Hydrate. Um eine Re-infektion des Wassers zu verhindern, erfolgt anschließend eine „*Sicherheitschlorung*" mit 0.1–0.2 mg Cl_2 pro Liter Wasser.

Wachsende Bedeutung erlangt in trockenen Gebieten wie der Arabischen Halbinsel zudem die Nutzbarmachung von „*Meerwasser*" als Trinkwasser. Hierzu wird dieses durch „*Destillation*" („vielstufige Entspannungs-Verdampfung", s. u.) bzw. durch „*umgekehrte Osmose*" entsalzt (bezüglich Osmose vgl. S. 39). In letzterem Falle drückt man das Meerwasser bei 40–70 bar durch semipermeable, nur Wasser durchlassende Membranen u. a. aus Acetylcellulose oder Polyamid.

Brauchwasser. In Haushalten, Laboratorien und technischen Betrieben benötigt man – etwa für Waschmaschinen, analytische Operationen, Dampfkessel – vielfach HCO_3^--freies („*teilenthärtetes*") oder ionenarmes bzw. sehr reines Wasser. Die *Entfernung* des im Süßwasser als $Ca(HCO_3)_2$ gelösten *Hydrogencarbonats* HCO_3^-, das die Bildung von Kesselstein $CaCO_3$ verursacht (S. 1137), kann nach „Schwefelsäure"-Zusatz durch „*Austreiben*" von gasförmigem Kohlendioxid CO_2 oder nach „Calciumhydroxid"-Zusatz durch „*Ausfällen*" von festem Calciumcarbonat $CaCO_3$ erfolgen (gebildetes $CaSO_4$ ist vergleichsweise löslich):

$$CaSO_4 + 2CO_2 + 2H_2O \xleftarrow{H_2SO_4} Ca(HCO_3)_2 \xrightarrow{Ca(OH)_2} 2CaCO_3 + 2H_2O.$$

Ionenarmes Wasser mit Restgehalten von höchstens 0.02 mg Salz pro Liter H_2O erhält man aus Süßwasser andererseits durch chemische Bindung der Kationen und Anionen in „anorganischen" bzw. „*organischen Ionenaustauschern*" (vgl. S. 1138). Hieraus läßt sich *reines* Wasser (Verunreinigungen $< 0.000002\%$) durch „*umgekehrte Osmose*" gewinnen (s. o.). Das u. a. für Hochleistungsdampfkessel oder in der Elektronikindustrie benötigte Wasser *sehr hoher Reinheit* erhält man auch direkt aus natürlichem Süß- bzw. Salzwasser, indem man es der mehrmaligen „*Destillation*" („vielstufige Entspannungs-Verdampfung") unterwirft, wobei die gasförmigen Stoffe entweichen und die festen Stoffe im Destilliergefäß zurückbleiben. Soll das Wasser *vollkommen rein* gewonnen werden, so ist eine mehrmalige Destillation in Apparaturen aus Edelmetallen erforderlich, wobei jeweils nur die mittleren, reinsten Fraktionen in einer Edelmetall-Vorlage gesondert aufgefangen werden.

Ein ausgezeichnetes Merkmal für die Reinheit des Wassers liefert die Messung des *elektrischen Leitvermögens*, das mit zunehmender Reinheit abnimmt. *Vollkommen reines Wasser* besitzt bei 18 °C eine spezifische Leitfähigkeit von nur 4×10^{-8} reziproken Ohm („*Siemens*") pro cm. Demgegenüber beträgt z. B. das spezifische Leitvermögen des *Kupfers* bei der gleichen Temperatur 6×10^5 reziproke Ohm/cm. 1 Kubikmillimeter reinstes Wasser besitzt also bei Raumtemperatur den gleichen elektrischen Widerstand wie ein Kupferdraht von 1 mm² Querschnitt und $(6 \times 10^5) : (4 \times 10^{-8}) = 1.5 \times 10^{13}$ mm = 15 Millionen Kilometer Länge. Diese Drahtlänge entspricht der 40fachen Entfernung zwischen Erde und Mond! Die geringsten Spuren von Salzen oder die Aufnahme von Kohlendioxid aus der Luft steigern das Leitvermögen des Wassers erheblich. So besitzt z. B. das für Leitfähigkeitsmessungen Verwendung findende besonders reine „*Leitfähigkeitswasser*" schon eine spezifische Leitfähigkeit von 1×10^{-6} reziproken Ohm/cm, entsprechend dem 25fachen Wert von völlig reinem Wasser.

1.4.3 Physikalische Eigenschaften

Reines Wasser ist bei *gewöhnlicher Temperatur* eine *geruch-* und *geschmacklose*, *durchsichtige*, in dünner Schicht *farblose*, in dicker Schicht *bläulich* schimmernde, den elektrischen Strom nichtleitende (s. o.) *Flüssigkeit*, welche definitionsgemäß bei 0 °C zu Eis erstarrt und bei 100 °C unter Bildung von *Wasserdampf* siedet (vgl. hierzu das Zustandsdiagramm auf S. 37). Die Schmelzenthalpie beträgt 6.0131 kJ/mol bei 0 °C, die Verdampfungsenthalpie 40.67 kJ/mol (vgl. hierzu auch Tab. 37 auf S. 266). Die Abgabe und Aufnahme der Erstarrungs- bzw. Schmelzwärme durch die im Winter unter Wärmeentwicklung gefrierenden und im Frühling unter Wärmeverbrauch wieder auftauenden Wassermassen trägt wesentlich zum Temperaturausgleich unserer Erdoberfläche bei.

Das Wasser diente früher häufig zur Definition von Maßeinheiten. So wurde z. B. die *Masse* eines Kubikzentimeters Wasser von 4 °C als 1 Gramm (g) – tausendfacher Wert: 1 Kilogramm (kg) –, bezeichnet. Die Wärmemenge, die erforderlich ist, um 1 g Wasser von 14.5 auf 15.5 °C zu erwärmen, diente unter dem Namen „Kalorie" ($cal_{15\,°C}$) – tausendfacher Wert: „Kilokalorie" ($kcal_{15\,°C}$) – als *Wärmeeinheit* (1 cal = 4.18680 J). Auch die Definition der *Celsiustemperatur* (°C) gründet sich auf das Wasser.

Beim Übergang vom *flüssigen* in den *festen* Zustand *dehnt* sich das Wasser zum Unterschied von den meisten anderen Flüssigkeiten unter Abnahme der Dichte *aus*. Und zwar beträgt die Dichte des Eises bei 0 °C 0.9168, die des flüssigen Wassers bei 0 °C 0.9999 g/cm^3, so daß 1 Raumteil flüssiges Wasser beim Erstarren 0.9999 : 0.9168 = 1.0906 Raumteile Eis ergibt. Diese *Ausdehnung des Wassers* um $\frac{1}{11}$ des Volumens (9 %) beim Gefrieren ist *geologisch* insofern von Bedeutung, als im *Winter* das in die Risse und Spalten von Gesteinen eingedrungene Wasser beim Erstarren die Felsmassen sprengt und so durch Schaffung neuer Oberflächen die *Verwitterung* fördert und eine Neubildung des für die Vegetation erforderlichen Erdbodens ermöglicht.

Mit *steigender Temperatur* nimmt die Dichte des flüssigen Wassers – ebenfalls zum Unterschied von fast allen anderen Flüssigkeiten – zunächst bis 4 °C (exakt: 3.98 °C) zu, um erst dann wie bei den meisten sonstigen Flüssigkeiten abzunehmen (0 °C: 0.9999, 4 °C: 1.0000, 10 °C: 0.9997, 15 °C: 0.9991, 20 °C: 0.9982, 25 °C: 0.9971, 100 °C: 0.9584 g/cm^3). Alles Wasser von höherer und tieferer Temperatur als 4 °C ist somit leichter als Wasser von 4 °C. Auch diese Tatsache ist in der *Natur* von Bedeutung. So kühlt sich das Wasser von Seen bei Frostperioden zunächst nur bis 4 °C ab, da das 4 °C kalte, schwerere Wasser nach unten sinkt und dafür das leichtere, wärmere Wasser an die Oberfläche kommt und dort auf 4 °C abgekühlt wird. Bei Abkühlung unter 4 °C bleibt das kältere Wasser auf der Oberfläche und erstarrt dort zu spezifisch leichtem und daher ebenfalls an der Oberfläche bleibendem Eis (Eisberge tauchen im Meerwasser nur zu etwa 9/10 ein). Dementsprechend kann die Kälte nur langsam in größere Tiefen vordringen, so daß tiefere Gewässer nie bis zum Grunde gefrieren, was für das Fortbestehen der Lebewesen im Wasser naturgemäß von Bedeutung ist.

Strukturverhältnisse. Festes Wasser. Die Ausdehnung des Wassers beim Gefrieren ist darauf zurückzuführen, daß die über H-Brücken miteinander verknüpften H_2O-Moleküle im Eis eine *weitmaschige*, von zahlreichen *Hohlräumen* durchsetzte Kristallstruktur bilden. Und zwar kommt dem gewöhnlichen Eis hexagonale β-Tridymit-Struktur zu (vgl. S. 912; Si-Atome des SiO_2 durch O-Atome, O-Atome durch H-Atome ersetzt; r_{OO} = 2.76 Å; ∡ OOO = 109.5°). Neben dieser Struktur existiert bei *Normaldruck* noch eine kubische Form unterhalb − 120 °C mit β-Cristobalit-Struktur. Darüber hinaus kennt man 6 *Hochdruck*-Modifikationen mit anderen H-Brücken-Verknüpfungen. Ähnlich wie im Eis sind die Wassermoleküle in den festen *Clathrat-Hydraten* miteinander verbunden (vgl. S. 421).

Im flüssigem Wasser ist die Eisstruktur teilweise zerstört; die vorliegenden $(H_2O)_n$-Moleküle sind dichter gepackt (beim Schmelzen von Eis brechen etwa 15 % der bestehenden H-Brücken auf). Die Struktur des flüssigen Wassers ist in Einzelheiten noch ungeklärt. Eines der diskutierten Strukturmodelle geht davon aus, daß auch in flüssigem Wasser bei 0 °C neben „freien H_2O-Molekülen" sowie relativ dicht gepackten, bis zu 10 Molekülen bestehenden „H_2O-Aggregaten" noch kleine, aus bis zu 100 Molekülen aufgebaute „H_2O-Eiskristalle" vorkommen, deren zunehmende Spaltung die dichtere H_2O-Aggregate beim Erwärmen das Anwachsen der Dichte des Wassers bis 4 °C bedingt. Von 4 °C ab wird die *Volumen-*

zunahme infolge Erhöhung der Molekülbewegungen *überkompensiert*, so daß die Dichte wieder abnimmt. Die für flüssiges Wasser strukturbestimmenden Wasserstoffbrücken bedingen auch die hohen *Ionenbeweglichkeiten* von H_3O^+ und OH^- (vgl. S. 376), den hohen *Schmelz-* und *Siedepunkt* bzw. die hohe *Schmelz-* und *Verdampfungswärme* von H_2O, die hohe *Oberflächenspannung* und *Viskosität*.

Das gasförmige Wasser ist *gewinkelt* gebaut (C_{2v}-Symmetrie; vgl. Tab. 46a, S. 355; $\measuredangle$ HOH = 104.5°; r_{OH} = 0.957 Å) und besitzt ein *Dipolmoment* von 1.84 D.

Das „gebundene Wasser" ist als *Koordinationswasser* über Sauerstoff an Kationen und andere Lewis-Säuren oder über Wasserstoff an Anionen und andere Lewis-Basen geknüpft (Bildung von Hydraten wie $Mg(H_2O)_6^{2+}$, $BF_3(OH_2)$ oder von Addukten mit Wasserstoffbrücken; vgl. S. 159, 280). Als *Gitterwasser* füllt es Hohlräume von Salzen, Polysäuren, Heteropolysäuren usw., als *„zeolithisches Wasser"* Hohlräume von Gerüstsilikaten (Zeolithen; vgl. S. 939). Die hohe Solvatationstendenz bedingt die guten Lösungseigenschaften von Wasser (vgl. z. B. S. 65).

1.4.4 Chemische Eigenschaften

Wasser stellt eine *thermisch sehr beständige* Verbindung dar (vgl. S. 250), die mit starken *Reduktionsmitteln* unter Wasserstoffbildung, mit extrem starken *Oxidationsmitteln* unter Sauerstoffbildung reagiert (vgl. S. 228) und im flüssigen Zustand in geringem Ausmaß der *Autoprotolyse* unterliegt (S. 235)[32]. Über weitere *chemische Umsetzungen* des Wassers sowie über dessen „Salze" („Elementhydroxide, -oxide"[33]) sowie dessen „Komplexe"[33] (Hydrate, Hydroxo- und Oxokomplexe) wird im Rahmen der Besprechung der einzelnen Elemente und Verbindungen berichtet.

1.5 Wasserstoffperoxid und andere Hydrogenoxide[2, 34]

Außer dem vorstehend besprochenen **Wasser** („*Dihydrogenoxid*") H_2O (a), (ΔH_f = 286.02 kJ/mol) gibt es noch eine zweite unter Normalbedingungen isolierbare, weniger stark exotherme (ΔH_f = 187.9 kJ/mol) Wasserstoffverbindung des Sauerstoffs, die um ein Sauerstoffatom pro Molekül reicher ist: das **Wasserstoffperoxid** („*Dihydrogendioxid*") H_2O_2 (b). Noch sauerstoffreichere Wasserstoffverbindungen **Dihydrogentri- und -tetraoxid** H_2O_3 (c) und H_2O_4 (d) wurden mit Hilfe der Matrixtechnik[35] isoliert und schwingungsspektroskopisch nachgewiesen:

(a) **HOH** (b) **HO—OH** (c) **HO—O—OH** (d) **HO—O—O—OH**

Sie entstehen in geringem Umfang bei der Zersetzung des gasförmigen Wassers bzw. Wasserstoffperoxids bei kleinen Drücken ($\ll$ 0.1 mbar) durch eine elektrische Entladung[36]. Das Trioxid H_2O_3 läßt

---

[32] Zur **quantitativen Bestimmung** kleiner H_2O-Mengen in organischen Lösungsmitteln, Komplexen, Mischphasen usw. titriert man mit einem Gemisch aus I_2 in Methanol und SO_2 in Pyridin („*Karl-Fischer-Lösung*") bis zum Auftreten der braunen Farbe von Iod ($H_2O + SO_2 + I_2 + MeOH + 3C_5H_5N \rightarrow 3C_5H_5NH^+ + 2I^- + MeSO_4^-$).

[33] **Literatur.** J. Burgess: „*Water, Hydroxide and Oxide*" in Comprehensive Coord. Chem. **2** (1987) 295–314; M. H. Chisholm: „*Alkoxides and Aryloxides*"; A. R. Siedle: „*Diketones and Related Ligands*"; B. J. Hathaway: „*Oxyanions*"; C. Oldham, „*Carboxylates, Squarates and Related Species*"; J. D. Pedrosa de Jesus: „*Hydroxy-Acids*"; P. L. Goggin: „*Sulfoxides, Amides, Amine Oxides and Related Ligands*"; R. C. Mehrota: „*Hydroxamates, Cupferron and Related Ligands*"; jeweils Comprehensive Coord. Chem. **2** (1987) 335–364; 365–412; 413–434; 435–459; 461–468; 487–503; 505–514.

[34] **Literatur.** S. B. Brown, P. Iones, A. Suggett: „*Recent Developments in the Redox Chemistry of Peroxides*", Progr. Inorg. Chem. **13** (1970) 159–204; C. Walling: „*Fenton's Reagent Revised*", Acc. Chem. Research **8** (1975) 125–131; ULLMANN (5. Aufl.): „*Hydrogen Peroxide*", **A 13** (1989) 443–466; „*Peroxo Compounds*", **A 19** (1991) 177–233.

[35] Unter der – zur Isolierung instabiler Verbindungen dienenden – „**Matrix-Technik**" (matrix (lat.) = Mutterboden) versteht man die Einbettung des zu untersuchenden Stoffs in großer Verdünnung in eine feste Matrix aus einem inerten Material bei tiefen Temperaturen (z. B. in festes Argon oder in festen Stickstoff bei der Temperatur des flüssigen Heliums (Sdp. −268.9 °C). Auf diese Weise werden Wechselwirkungen der zu untersuchenden Spezies (z. B. Dimerisierungen) verhindert. **Literatur.** H. Schnöckel, S. Schunck: „*Matrixisolation: Erzeugung und Nachweisreaktionen reaktiver Moleküle*", Chemie in unserer Zeit **21** (1987) 73–81.

[36] Die Bildung erfolgt wohl auf dem Wege der Rekombination von intermediär erzeugten HO- und HO_2-Radikalen: $HO + HO_2 \rightarrow H_2O_3$, $2HO_2 \rightarrow H_2O_4$.

sich zudem bequem durch Einwirkung von *Ozon* auf 2-Ethylanthrahydrochinon (vgl. Formel (a) auf S. 533) bei $-78\,°C$ in rund 40%iger Ausbeute synthetisieren. Es zersetzt sich ab etwa $-40\,°C$ nach $H_2O_3 \rightarrow H_2O + O_2$ in Wasser und Sauerstoff[37].

Weitere – sehr instabile – Wasserstoffverbindungen des Sauerstoffs sind das **Hydroxyl** („*Hydrogenoxid*") HO (e) und das **Perhydroxyl** („*Hydrogendioxid*") HO_2 (f), die u.a. bei der Knallgasreaktion (S. 388), der H_2O-Zersetzung, einigen Redoxreaktionen von Wasserstoffperoxid (s.u.) und der Chemie in der Atmosphäre (S. 525) als Zwischenprodukte eine Rolle spielen. Beide Radikale ließen sich mit der Matrix-Technik isolieren und IR-, ESR- sowie UV-spektroskopisch charakterisieren. Von Perhydroxyl existieren isolierbare Salze MO_2 (S. 508). Salze des Typs MO_3 (S. 509) leiten sich von **Hydrogenozonid** („*Hydrogentrioxid*") HO_3 (g) ab.

(e) **HO** (f) **HO⋯O** (g) **HO⋯O⋯O**

1.5.1 Darstellung von H_2O_2

Alle Darstellungsmethoden von Wasserstoffperoxid (Oxidationsstufe von O: -1) laufen letzten Endes auf die Dehydrierung von Wasser (Oxidationsstufe von O: -2) bzw. die Hydrierung von Sauerstoff (Oxidationsstufe von O: ± 0) hinaus:

$$2H_2O \rightarrow H_2O_2 + H_2, \qquad H_2 + O_2 \rightarrow H_2O_2 .$$

Früher kombiniertre man die Dehydrierung von Wasser mit der Hydrierung von Sauerstoff (**Komproportionierung von Wasser und Sauerstoff**: $2H_2O + O_2 \rightarrow 2H_2O_2$) und setzte Alkali- bzw. Erdalkalisalze des Wassers – nämlich Natrium- bzw. Bariumoxid durch Erhitzen an der Luft zu Peroxiden um (vgl. S. 537): $2Na_2O + O_2 \rightarrow 2Na_2O_2$ bzw. $2BaO + O_2 \rightarrow 2BaO_2$. Die so gewonnenen Peroxide sind in wässeriger Lösung bis zu einem bestimmten Gleichgewicht gemäß $Na_2O_2 + 2H_2O \rightarrow 2NaOH + H_2O_2$ bzw. $BaO_2 + 2H_2O \rightarrow Ba(OH)_2 + H_2O_2$ hydrolytisch gespalten. Durch Abfangen der dabei gebildeten Lauge mittels einer geeigneten Säure (Eintragen von Bariumperoxid[38] in gekühlte 20%ige Schwefelsäure oder konzentrierte Phosphorsäure-Lösung oder Hexafluorokieselsäure-Lösung kann das Gleichgewicht vollkommen zugunsten der Wasserstoffperoxidbildung verschoben und das Barium als schwerlösliches Salz ausgefällt werden (z.B. $BaO_2 + H_2SO_4 \rightarrow BaSO_4 + H_2O_2$)[39]. Das beschriebene Verfahren spielt zur Gewinnung von H_2O_2 in der Technik heute keine Rolle mehr.

Die **Dehydrierung von Wasser** erfolgt in der Technik nicht auf direktem Weg; statt Wasser benutzt man als Ausgangsverbindung zur Wasserstoffperoxid-Gewinnung dessen Monosulfonsäure-Derivat[40] $HO_3S—OH$ (= Schwefelsäure H_2SO_4), welches durch anodische Oxidation unter gleichzeitiger kathodischer Wasserstoffentwicklung in das Disulfonsäure-Derivat des Wasserstoffperoxids $HO_3S—O—O—SO_3H$ (= Peroxodischwefelsäure $H_2S_2O_8$) übergeführt wird (Einzelheiten vgl. S. 597). Die Hydrolyse der Peroxodischwefelsäure führt dann auf dem Wege über das Monosulfonsäure-Derivat des Wasserstoffperoxids $HO_3S—O—O—H$ (= Peroxoschwefelsäure H_2SO_5) zu Wasserstoffperoxid und Schwefelsäure (Einzelheiten vgl. S. 598), die somit zurückgewonnen wird:

$$\begin{array}{rcl} 2H_2SO_4 & \xrightarrow{\text{Elektrolyse}} & H_2S_2O_8 + H_2 \\ H_2S_2O_8 + 2H_2O & \xrightarrow{\text{Hydrolyse}} & H_2O_2 + 2H_2SO_4 \\ \hline 2H_2O & \longrightarrow & H_2O_2 + H_2 . \end{array}$$

Das Darstellungsverfahren diente früher (vor 1945) praktisch ausschließlich zur H_2O_2-Gewinnung und wird zur Zeit nur noch in geringem Umfange genützt.

---

[37] Perfluoralkylderivate von H_2O_3 (z.B. $F_3C—O—O—O—CF_3$) sind bei Raumtemperatur metastabil.

[38] Das Peroxid muß in die Säure eingetragen werden, nicht umgekehrt, um eine lokale alkalische Reaktion zu vermeiden, da Alkali den Wasserstoffperoxid-Zerfall katalysiert (s. unten).

[39] Aus Bariumperoxid und Säure hat L.J. Thenard 1818 zum ersten Male Wasserstoffperoxid erhalten.

[40] Sulfonsäure-Rest = $—SO_2—OH$.

Die Gewinnung von H_2O_2 erfolgt heute im wesentlichen durch **Hydrierung von Sauerstoff**. Allerdings hat die direkte Umsetzung von H_2 und O_2 zu H_2O_2 keine Bedeutung, da hierbei nur kleine Ausbeuten von H_2O_2 zu erzielen sind (vgl. Knallgasreaktion S. 388). Statt dessen hydriert man Sauerstoff der Luft bei 30–80 °C und Drücken bis zu 5 bar im Falle des „*Anthrachinon-Verfahrens*" (BASF) mit Anthrahydrochinon (a) in der organischen Phase. Das hierbei neben H_2O_2 gebildete Anthrachinon (b) wird wieder katalytisch (Pd) mit Wasserstoff bei 40 °C und Drücken bis zu 5 bar zu Anthrahydrochinon (a) zurückhydriert, so daß letzten Endes die Reaktion $H_2 + O_2 \rightarrow H_2O_2$ resultiert (R in nachstehenden Formeln meist Ethyl C_2H_5):

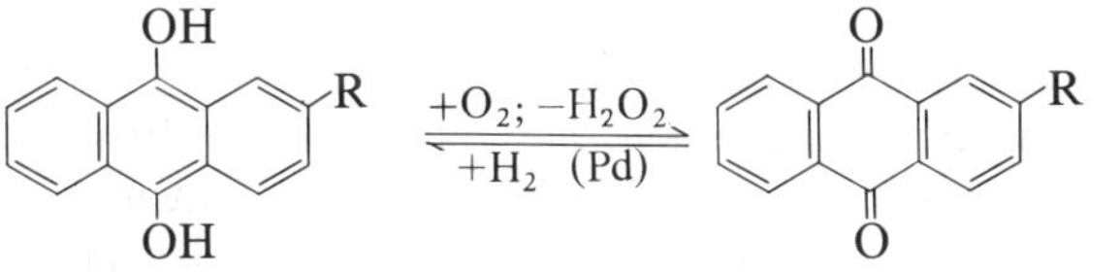

OH / OH, R (a) $\underset{+H_2\ (Pd)}{\overset{+O_2;\ -H_2O_2}{\rightleftarrows}}$ O / O, R (b)

Auf demselben Prinzip beruht die Gewinnung von H_2O_2 durch Hydrierung von Sauerstoff mit Isopropanol in der Gas- bzw. Lösungsphase („*Isopropanol-Verfahren*", Shell; nur in Rußland): $(CH_3)_2\mathbf{CH{-}OH} + O_2 \rightarrow (CH_3)_2C{=}O + \mathbf{H_2O_2}$ (eine Rückführung des Acetons $(CH_3)_2C{=}O$ in Isopropanol durch katalytische Hydrierung ist möglich, wird aber in der Praxis nicht durchgeführt).

Man erhält (gegebenenfalls nach Extraktion von H_2O_2 aus der organischen Phase mit Wasser) verdünnte wässerige H_2O_2-Lösungen, die durch fraktionierende Destillation leicht in verhältnismäßig konzentrierte H_2O_2-Lösungen verwandelt werden können. Zu Anfang geht bei dieser Vakuumdestillation fast nur Wasser über, so daß sich der Rückstand an Wasserstoffperoxid anreichert; zum Schluß destilliert reines Wasserstoffperoxid ab. In den Handel kommt es – meist stabilisiert mit Diphosphaten, organischen Komplexbildnern oder Zinnverbindungen – als 3-, 35-, 50 oder 70 %ige Lösung, die 35 %ige unter dem Namen „*Perhydrol*". Aus den hochprozentigen Mischungen kann reines H_2O_2 durch fraktionierende Kristallisation erhalten werden.

1.5.2 Physikalische Eigenschaften von H_2O_2

In reinem, wasserfreiem Zustande bildet Wasserstoffperoxid eine praktisch *farblose*, in sehr dicker Schicht jedoch *blaue*, sirupöse (starke Vernetzung durch H-Brücken) Flüssigkeit (Sdp. 150.2 °C; Dichte bei 20 °C 1.448 g/cm^3), welche bei Abkühlung zu nadelförmigen, *farblosen* Kristallen vom Smp. − 0.43 °C erstarrt und in vielen physikalischen Eigenschaften dem Wasser ähnelt. Unter vermindertem Druck kann es unzersetzt destilliert werden (Sdp. bei 28 mbar: 69.7 °C).

Das H_2O_2-Molekül ist gewinkelt und nicht eben (C_2-Symmetrie):

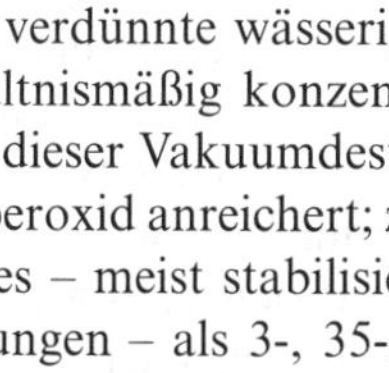

H, O, O, H, α, β

α = Bindungswinkel
β = Diederwinkel

Der OO-Abstand beträgt im Gaszustand 1.475 Å, der OOH-Winkel α 94.8°. Die beiden O—H-Hälften des Moleküls (OH-Abstand 0.95 Å) sind um den Winkel β 111.5° gegeneinander verdreht (vgl. hierzu innere Rotation, S. 663). Auch beim F_2O_2-Molekül (S.491) beobachtet man diese Verdrehung, nur ist sie dort etwas kleiner (87.5°); auch ist dort der OO-Abstand mit 1.217 Å wesentlich kleiner als hier, was auf einen Doppelbindungsanteil im F_2O_2 zum Unterschied vom Grundkörper H_2O_2 schließen läßt.

Physiologisches. H_2O_2 wirkt als Dampf stark ätzend auf die Haut (insbesondere Schleimhäute der Atemwege und Augen; MAK-Wert = 1.4 mg/m^3 $\triangleq$ 1 ppm, so daß heute von Munddesinfektionen mit 3%iger H_2O_2-Lösung Abstand genommen wird. Eingenommen, führt H_2O_2 zu inneren Blutungen.

1.5.3 Chemische Eigenschaften von H_2O_2

Zerfall. Wasserstoffperoxid zeigt ein starkes Bestreben, unter großer Wärmeentwicklung in Wasser und Sauerstoff zu zerfallen:

$$2H_2O_2 \rightarrow 2H_2O + O_2 + 196.2\,\text{kJ}\,.$$

Bei Zimmertemperatur ist die Zerfallsgeschwindigkeit allerdings unmeßbar klein, so daß Wasserstoffperoxid sowohl in reinem wie in gelöstem Zustande praktisch beständig (metastabil) ist, und sich erst beim Erwärmen auf höhere Temperaturen – unter Umständen explosionsartig – zersetzt. Die große Zerfallshemmung von H_2O_2 beruht hierbei darauf, daß der erste Schritt der H_2O_2-Thermolyse in einer energieaufwendigen Molekülspaltung in zwei HO-Radikale besteht (211 kJ + HOOH $\rightarrow$ 2HO). Letztere setzen sich dann unter Auslösen einer Radikalkettenreaktion weiter mit H_2O_2 um ($HO + H_2O_2 \rightarrow H_2O + HO_2$; $HO_2 + H_2O_2 \rightarrow H_2O + O_2 + HO$; vgl. hierzu Knallgasreaktion S. 388).

Durch Katalysatoren (z.B. fein verteiltes Silber, Gold, Platin, Braunstein, Staubteilchen, Stoffe mit rauhen Oberflächen als heterogene Katalysatoren und Nichtmetallionen wie I^-, IO_3^-, OH^- bzw. Metallionen wie Fe^{3+}, Cu^{2+} als homogene Katalysatoren) läßt sich die Zersetzungsgeschwindigkeit des Wasserstoffperoxids stark erhöhen, so daß gegebenenfalls bereits bei Raumtemperatur stürmische Sauerstoffentwicklung und bei hochkonzentrierten Lösungen wegen der starken – durch die H_2O_2-Thermolyse bedingten – Temperatursteigerung sogar explosionsartiger Zerfall eintritt[41]. Man nutzt diesen katalytischen Zerfall von H_2O_2 zur Darstellung von Sauerstoff im Laboratorium[42] sowie zur raschen Beseitigung von Wasserstoffperoxid[43]. Auch die Natur bedient sich eines Katalysators (z.B. des Fe^{3+}-haltigen Enzyms Catalase) zum raschen Abbau des im lebenden Organismus durch eine Reihe von Prozessen erzeugten Wasserstoffperoxids (vgl. Lehrbücher der Biochemie). Die Wirkung der Zersetzungskatalystoren kann mehr oder minder weitgehend durch Phosphorsäure, Natriumdiphosphat, Natriumstannat und verschiedene organische Säuren – vor allem Barbitursäure und Harnsäure – aufgehoben werden. Daher stabilisiert man Wasserstoffperoxidlösungen durch Zusatz geringer Mengen derartiger Anti-Katalysa-

---

41 Bezüglich des Mechanismus der homogenen katalytischen Zersetzung von H_2O_2 mit den Nichtmetall-Ionen IO_3^- bzw. OH^- vgl. S. 369 bzw. Anm.[43]. Die bisherigen Untersuchungsergebnisse zum Ablauf des katalytischen H_2O_2-Zerfalls in Anwesenheit von Fe^{3+}-Metallionen (Analoges gilt für die Cu^{2+}-Katalyse) sind sowohl mit der Reaktionsfolge:

$$Fe^{3+} \underset{-\text{HOOH}}{\overset{+\text{HOOH}}{\rightleftharpoons}} Fe^{III}OOH^{2+} + H^+ \underset{+\text{HOH}}{\overset{-\text{HOH}}{\rightleftharpoons}} Fe^{V}O^{3+} \xrightarrow[-O_2,\ -\text{HOH}]{+\text{HOOH}} Fe^{3+}$$

(Kremer-Stein-Mechanismus), als auch mit folgender Redoxkettenreaktion vereinbar:

$$\text{Start:}\ Fe^{3+} \underset{-\text{HOOH}}{\overset{+\text{HOOH}}{\rightleftharpoons}} FeOOH^{2+} + H^+ \underset{+\text{HOO}\cdot}{\overset{-\text{HOO}\cdot}{\rightleftharpoons}} Fe^{2+} + H^+$$

$$\text{Kette:}\ Fe^{2+} \xrightarrow[-HO^-]{+\text{HOOH}} Fe^{3+} + HO\cdot \xrightarrow[-\text{HOH}]{+\text{HOOH}} Fe^{3+} + HOO\cdot \xrightarrow[-O_2,\ -H^+]{} Fe^{2+}$$

(Haber-Weiss-Mechanismus). Die katalytische Wirksamkeit der Eisenionen beruht mithin auf einem wechselseitigen Redoxübergang Fe(III) $\rightleftarrows$ Fe(V) (erste Reaktionsmöglichkeit) bzw. Fe(III) $\rightleftarrows$ Fe(II) (zweite Reaktionsmöglichkeit).

42 So kann man im Laboratorium leicht Sauerstoff darstellen, indem man 30%iges H_2O_2 katalytisch an einem platinierten Nickelblech zersetzt, das man nach Bedarf in die Flüssigkeit senkt. Auch die Zugabe von Braunstein zu 10–15%igem Wasserstoffperoxid ist eine Laboratoriumsmethode zur raschen Gewinnung von Sauerstoff.

43 Überschüssiges H_2O_2 zerstört man am einfachsten durch Erhitzen mit Alkalilauge. Der Zerfall erfolgt offenbar auf dem Wege einer nucleophilen Substitution von HO^- in H_2O_2 durch HO_2^- (gebildet nach: $H_2O_2 + HO^- \rightarrow HO_2^- + H_2O$): $HO_2^- + HO{-}OH \rightarrow HO_2{-}OH + OH^-$; $HO_2{-}OH \rightarrow O_2 + H_2O$ (vgl. S. 535).

toren („*Inhibitoren*"). Will man reine Wasserstoffperoxidlösungen zusatzfrei aufbewahren, so muß man paraffinierte Glasgefäße oder Flaschen aus Polyethylen oder reinem Aluminium (> 99.6% Al) verwenden, um eine Abgabe von Alkali zu verhindern.

Redox-Verhalten. Die charakteristische Eigenschaft des Wasserstoffperoxids ist seine oxidierende Wirkung: $H_2O_2 \rightarrow H_2O + O$ bzw. $H_2O_2 + 2H^+ + 2\ominus \rightleftarrows 2H_2O$ (ε_0 in sauer Lösung + 1.763, in alkalischer + 0.867 V). So oxidiert es – ähnlich wie Ozon – z.B. Bleisulfid zu Bleisulfat ($PbS + 4O \rightarrow PbSO_4$), Eisen(II)-Salze zu Eisen(III)-Salzen ($Fe^{2+} \rightarrow Fe^{3+} + \ominus$), Schweflige, Salpetrige und Arsenige Säure zu Schwefelsäure ($H_2SO_3 + O \rightarrow H_2SO_4$) bzw. Salpetersäure ($HNO_2 + O \rightarrow HNO_3$) bzw. Arsensäure ($H_3AsO_3 + O \rightarrow H_3AsO_4$), Chrom(III)-oxid zu Chromat ($Cr_2O_3 + 3O \rightarrow 2CrO_3$), Mangan(II)-oxid zu Braunstein ($MnO + O \rightarrow MnO_2$), Iodwasserstoff zu Iod ($2I^- \rightarrow I_2 + 2\ominus$), Schwefelwasserstoff zu Schwefel ($S^{2-} \rightarrow \frac{1}{8}S_8 + 2\ominus$). Da das Wasserstoffperoxid bei seiner Oxidationswirkung nur in Wasser übergeht, also keine störenden Nebenprodukte liefert, ist es im chemischen Laboratorium als sauberes Oxidationsmittel beliebt.

Weniger ausgeprägt ist die reduzierende Wirkung des Wasserstoffperoxids: $H_2O_2 \rightarrow 2H + O_2$ bzw. $H_2O_2 \rightarrow 2H^+ + O_2 + 2\ominus$ (ε_0 in saurer Lösung + 0.682, in alkalischer − 0.076 V). Sie tritt nur gegenüber ausgesprochenen Oxidationsmitteln auf. So wird z.B. die violette Permangansäure $HMnO_4$ in saurer Lösung zu farblosem Mangan(II)-Salz reduziert[44] ($MnO_4^- + 8H^+ + 5\ominus \rightarrow Mn^{2+} + 4H_2O$), Chlorkalk[45] zu Calciumchlorid ($CaCl(OCl) + 2H \rightarrow CaCl_2 + H_2O$), Silberoxid zu Silber ($Ag_2O + 2H \rightarrow 2Ag + H_2O$), Quecksilberoxid zu Quecksilber ($HgO + 2H \rightarrow Hg + H_2O$), Bleidioxid zu Blei(II)-Salz ($PbO_2 + 2H \rightarrow PbO + H_2O$), Chlor zu Salzsäure ($Cl_2 + 2H \rightarrow 2HCl$), Ozon zu Sauerstoff ($O_3 + 2H \rightarrow O_2 + H_2O$).

Mechanistisch verlaufen die Oxidationen und Reduktionen mit H_2O_2 im Zuge von Zweielektronen- wie auch Einelektronen-Redoxreaktionen:

Zweielektronen-Redoxreaktionen erfolgen in der Weise, daß sich H_2O_2 mit seinen Redoxpartnern zunächst unter Bildung von Peroxo-Derivaten umsetzt. So entstehen bei der Einwirkung von H_2O_2 auf Elementsauerstoffsäuren AcOH (Ac = Acylrest wie Cl, ClO_2, SO_3H, NO_2H, PO_3H_2) unter nucleophiler Substitution der OH- durch die OOH-Gruppe Peroxosäuren:

$$\text{Ac—OH} + \text{H—OOH} \rightarrow \text{Ac—OOH} + \text{H—OH}.$$

Es lassen sich auch Wassermoleküle in hydratisierten Metall-Kationen bzw. Oxo-Gruppen in sauerstoffhaltigen Metallverbindungen durch Peroxogruppen substituieren (z.B. $Fe(H_2O)_6^{3+} + H_2O_2 \rightleftarrows Fe(H_2O)_5(H_2O_2)^{3+} + H_2O$ (vgl. Anm.[41]); $TiO^{2+} + H_2O_2 \rightarrow TiO_2^{2+} + H_2O$ (s. unten)). Derartige H_2O_2-Substitutionsprodukte können unter Normalbedingungen sogar isoliert werden, falls der betreffende Reaktionspartner von H_2O_2 keine ausgesprochene Redoxneigung besitzt. So bildet sich etwa bei der Einwirkung von H_2O_2 auf Schwefelsäure bzw. Phosphorsäure Peroxoschwefelsäure ($H_2SO_4 + H_2O_2 \rightarrow H_2SO_5 + H_2O$; S. 597) bzw. Peroxophosphorsäure ($H_3PO_4 + H_2O_2 \rightarrow H_3PO_5 + H_2O$; S. 789). Die Umwandlung von farblosen Titanyl-Ionen TiO^{2+} in organgefarbene Peroxotitanyl-Ionen in schwefelsaurer Lösung ($TiO(SO_4) + H_2O_2 \rightarrow TiO_2(SO_4) + H_2O$; S. 1406) sowie von gelbem Chromat CrO_4^{2-} in die blaue Peroxochromverbindung $CrO_5 \cdot H_2O$ ($CrO_4^{2-} + 2H^+ + 2H_2O_2 \rightarrow CrO(O_2)_2 \cdot H_2O + 2H_2O$; S. 1446) ist sogar ein empfindlicher Nachweis für Wasserstoffperoxid.

Besitzt der Reaktionspartner von H_2O_2 andererseits ausgeprägte Redoxneigung, so schließt sich der besprochenen Substitutionsreaktion der eigentliche Redoxprozeß an. Weist hierbei das mit der Peroxo-Gruppe verbundene Zentrum des Substitutionsprodukts stark oxidierende Eigenschaften auf, so zerfällt die gebildete Peroxo-Verbindung unter Sauerstoffabgabe[46], also im Falle der Peroxosäuren gemäß:

$$\text{AcOOH} \rightarrow \text{AcH} + O_2.$$

---

[44] Aus der hierbei entwickelten Sauerstoff- oder verbrauchten Permanganat-Menge kann man den H_2O_2-Gehalt einer wässerigen Lösung bestimmen.

[45] Die Einwirkung von schwach angesäuerter, verdünnter H_2O_2-Lösung auf gepreßte CaCl(OCl)-Stücke im Kippschen Apparat ist eine Laboratoriumsmethode zur Gewinnung von Sauerstoff.

[46] Nach bisherigen Untersuchungsergebnissen stammt der freigesetzte Sauerstoff ausschließlich aus dem Wasserstoffperoxid.

Als Beispiel hierfür wurde auf S. 510 bereits die Umsetzung von Hypochloriger Säure ClOH mit Wasserstoffperoxid besprochen, die über Peroxohypochlorige Säure ClOOH zu HCl und Singulett-O_2 führt. Weitere Beispiele sind die unter O_2-Bildung erfolgenden Reaktionen von H_2O_2 mit der stark oxidierend wirkenden Hypobromigen Säure BrOH, Chlorsäure $HClO_3$[46a], Orthoperiodsäure H_5IO_6, Selensäure H_2SeO_4 und Salpetersäure HNO_3.

Weist das mit der Peroxo-Gruppe verbundene Zentrum des Substitutionsprodukts andererseits reduzierende Eigenschaften auf, so zerfällt die gebildete Peroxoverbindung in vielen Fällen unter Spaltung der OO-Bindung. Beispiele hierfür sind etwa die zu Schwefelsäure bzw. Sulfat führenden Umsetzungen von H_2O_2 mit Schwefeldioxid SO_2 in saurer bzw. alkalischer Lösung (in letzterem Falle liegt SO_2 in Form von Sulfit SO_3^{2-} vor, S. 577):

$$:SO_2 \xrightleftharpoons{\pm H_2O_2} \text{HO}-\overset{\overset{\displaystyle O}{\|}}{S}\cdots O{-}OH \rightarrow \text{HO}-\underset{\underset{\displaystyle O}{\|}}{\overset{\overset{\displaystyle O}{\|}}{S}}-\text{OH}$$

$$:SO_3^{2-} \xrightleftharpoons{\pm HOOH} [O_3S\cdots\overset{H}{O}\cdots OH]^{2-} \xrightarrow[-:OH^-]{} O_3S{-}OH^-$$

Hierbei verläuft letztere Reaktion nicht wie erstere Reaktion über ein Peroxogruppen-haltiges Zwischenprodukt, sondern nur über eine Peroxogruppen-haltige Übergangsstufe (vgl. hierzu S. 394)[47]; die Oxidation von Sulfit erfolgt somit im Zuge einer nucleophilen Substitution von OH^- in H_2O_2 durch SO_3^{2-} (vgl. S. 392). In analoger Weise wickelt sich auch die Reaktion von H_2O_2 mit vielen anderen, nucleophil wirkenden Reduktionsmitteln wie Chlorid, Bromid, Iodid, Sulfid, Rhodanid, Thiosulfat, Amine, Nitrit[47a], Cyanid ab. Letztere reagieren in Richtung zunehmender Weichheit des zu oxidierenden Zentrums rascher (z. B. NO_2^-, $Cl^- < Br^- < R_3N$, $SCN^- < CN^- < S_2O_3^{2-} < SO_3^{2-} < I^-$; vgl. S. 395). Säuren katalysieren die betreffenden Redoxreaktionen ($HO{-}OH + H^+ \rightleftarrows HO{-}OH_2^+$; $X^- + HO{-}OH_2^+ \rightarrow X{-}OH + OH_2$; die Substitution von H_2O in $H_3O_2^+$ erfolgt im Mittel 100mal rascher als die Substitution von OH^- in H_2O_2).

Einelektronen-Redoxreaktionen. Bei den bisher besprochenen Redoxreaktionen des Wasserstoffperoxids änderte sich die Oxidationsstufe der Eduktpartner jeweils gleich um zwei Einheiten (z. B. $\overset{+1}{H}ClO \rightarrow H\overset{-1}{Cl}$; $\overset{+4}{S}O_3^{2-} \rightarrow \overset{+6}{S}O_4^{2-}$). Es sind jedoch auch Redoxprozesse bekannt, die mit einem Oxidationsstufenwechsel von nur einer Einheit verbunden sind. So erfolgt etwa mit Fe^{2+}-Ionen eine stufenweise Reduktion von Wasserstoffperoxid zur Oxidationsstufe des Wassers $H_2O_2 \xrightarrow{+\ominus} HO^- + HO\cdot \xrightarrow{+\ominus} 2HO^-$ (k = Geschwindigkeitskonstante, τ = Halbwertszeit):

$$Fe^{2+} + H_2O_2 \rightarrow Fe^{3+} + HO^- + HO \quad k = 76 \quad l\,mol^{-1}\,s^{-1} \quad \tau_{c=1} = 1.3 \times 10^{-2}\,s,$$
$$Fe^{2+} + HO \rightarrow Fe^{3+} + HO^- \quad k = 3 \times 10^8\,l\,mol^{-1}\,s^{-1} \quad \tau_{c=1} = 3.3 \times 10^{-9}\,s.$$

In Anwesenheit überschüssigen Wasserstoffperoxids setzen sich die intermediär gebildeten HO-Radikale zusätzlich mit diesem zu HO_2-Radikalen um ($HO + H_2O_2 \rightarrow H_2O + HO_2$), welche ihrerseits von den entstandenen Fe^{3+}-Ionen zu O_2 oxidiert werden (vgl. Anm.[41]). OH und Fe^{3+} bewirken mithin eine stufenweise Oxidation von Wasserstoffperoxid zu Sauerstoff: $H_2O_2 \xrightarrow{-\ominus} H^+ + \cdot O_2H \xrightarrow{-\ominus} 2H^+ + O_2$.

Führt man die Fe^{2+}/H_2O_2-Umsetzungen in Anwesenheit gesättigter organischer Verbindungen HR durch, so reagieren die HO-Radikale auch mit diesen unter H-Abstraktion ($HO\cdot + HR \rightarrow HOH + \cdot R$). Darüber hinaus vermögen sich die HO-Radikale an Mehrfachbindungen ungesättigter organischer Verbindungen zu addieren. Man verwendet deshalb Gemische von Eisen(II)-Salzen und Wasserstoffperoxid („*Fenton's Reagenz*") in der organischen Chemie zu Oxidationszwecken, wobei man zweckmäßig Wasserstoffperoxid langsam zu einer Fe^{2+}-haltigen Lösung der betreffenden organischen Verbindung tropft, um die Konzentration des – ebenfalls mit HO-Radikalen reagierenden – Wasserstoffperoxids klein zu halten.

46a Reduktion zur Chlorigen Säure. Die Umsetzung von Chlordioxid mit alkalischer Wasserstoffperoxid-Lösung ($NaOH + H_2O_2 \rightleftarrows H_2O + NaOOH$) dient zur technischen Gewinnung von Natriumchlorit: $2ClO_2 + NaOOH \rightarrow NaClO_2 + O_2ClOOH$ ($\xrightarrow[-H_2O]{+NaOH}$ $O_2ClOONa \rightarrow O_2 + NaClO_2$); Disproportionierung von ClO_2, vgl. S. 495.

47 Nach Untersuchungen mit ^{18}O-markiertem H_2O_2 werden im Falle der Oxidation von SO_2 in saurer Lösung jeweils beide Sauerstoffatome eines H_2O_2-Moleküls auf den Schwefel eines SO_2-Moleküls übertragen. Zum Unterschied hierzu findet man als Folge der Oxidation von Sulfit mit H_2O_2 jeweils nur ein von H_2O_2 stammendes Sauerstoffatom im gebildeten Sulfat.

47a Im Sauren verläuft die Oxidation von ONOH mit H_2O_2 über ONOOH (S. 711).

Säure-Base-Verhalten. Als Säure ($H_2O_2 + H_2O \rightleftarrows H_3O^+ + HO_2^-$) ist Wasserstoffperoxid etwas stärker als Wasser. Die Dissoziationskonstante beträgt bei 20 °C 2.4×10^{-12} (Wasser $K = 1.8 \times 10^{-16}$), entsprechend einer Wasserstoffionen-Konzentration von rund 10^{-6} in 1-molarer Lösung. Wasserstoffperoxid ist also eine sehr schwache Säure, deren Salze („*Peroxide*") dementsprechend in Wasser stark hydrolysiert sind. Als Base ($H_2O_2 + H_2O \rightleftarrows H_3O_2^+ + OH^-$) ist Wasserstoffperoxid wesentlich schwächer als Wasser. Es lassen sich jedoch Protonenaddukte wie $H_3O_2^+SbF_6^-$ mit starken Säuren (z. B. $HSbF_6$) als farblose Feststoffe isolieren.

Verwendung. Wasserstoffperoxid findet u. a. als *Bleichmittel* zum Bleichen von Haaren („*Blondfärben*"), Stroh, Federn, Schwämmen, Elfenbein, Stärke, Leim, Leder, Pelzwerk, Wolle, Baumwolle, Seide, Kunstfaserstoffen, Fetten, Papier, Ölen usw. Verwendung, und zwar entweder als solches in wässeriger Lösung oder – z. B. im „*Persil*" und allen neueren Wasch- und Bleichmitteln – gebunden als „*Perborat*" $NaBO_3 \cdot 4H_2O$ (S. 1040). Außerdem wird es wegen seiner *desinfizierenden Wirkung* in Form einer 3 %igen Lösung oder an organische Stoffe gebunden für medizinische und kosmetische Zwecke gebraucht; so ist z. B. das „*Ortizon*" eine feste Additionsverbindung von Wasserstoffperoxid und Harnstoff. Als *Sauerstoffüberträger* nutzt man H_2O_2 zur Gewinnung von Epoxiden und Peroxoverbindungen sowie zur Reinigung von Haushalts- und Industrieabwässern.

1.5.4 Salze von H_2O_2

Wichtige Salze des Wasserstoffperoxids sind das *Natriumperoxid* Na_2O_2 und das *Bariumperoxid* BaO_2.

Natriumperoxid. Darstellung. Natriumperoxid wird technisch durch Verbrennen von Natrium an der Luft dargestellt:

$$2Na + O_2 \rightleftarrows Na_2O_2 + 504.9\,kJ\,.$$

Und zwar führt man zwecks Vermeidung einer zu großen lokalen Wärmeentwicklung (Wiederzerfall des gebildeten Peroxids) das Natrium bei 300–700 °C in Aluminiumgefäßen einem trockenen, kohlendioxidfreien Luftstrom entgegen, so daß nach Einsetzen des Prozesses das noch frische Natrium zuerst in sauerstoffarmer, verbrauchter Luft zu Na_2O verbrennt und sich erst später mit sauerstoffreicher Luft bei ca. 350 °C vollends zu Na_2O_2 umsetzt („*Gegenstromprinzip*"). Auch Drehtrommeln werden zur technischen Darstellung verwendet, wobei das Natrium bei 150–200 °C zuerst in Na_2O und dann bei 350 °C weiter zu Na_2O_2 oxidiert wird. Einwirkung von O_2 bei 150 bar und 450 °C führt Na_2O_2 (diamagnetisch) in Natriumhyperoxid NaO_2 (paramagnetisch) über (vgl. hierzu S. 1175).

Eigenschaften. Natriumperoxid ist ein *farbloses*[48], fast unzersetzt schmelzbares (Smp. 675 °C), sehr hygroskopisches, thermisch bis 500 °C stabiles Pulver von stark oxidierenden Eigenschaften. So reagiert es z. B. explosionsartig mit oxidierbaren Stoffen wie Schwefel, Kohlenstoff oder Aluminiumpulver und ist beim Zusammenbringen mit organischen Substanzen (z. B. Sägemehl, Eisessig) sehr feuergefährlich. Löst man Natriumperoxid unter intensiver Kühlung in Wasser, so erhält man eine Lösung, die infolge hydrolytischer Spaltung wie ein Gemisch aus Natronlauge und Wasserstoffperoxid wirkt (s. oben):

$$Na_2O_2 + 2H_2O \rightleftarrows H_2O_2 + 2NaOH\,.$$

Ohne Kühlung löst sich das Natriumperoxid unter lebhafter Sauerstoffentwicklung, da infolge der durch die starke Lösungswärme (exotherme Bildung des Hydrats $Na_2O_2 \cdot 8H_2O$) bedingten Temperatursteigerung das Wasserstoffperoxid unter der katalytischen Wirkung des hydrolytisch gebildeten Alkalihydroxids rasch in Wasser und Sauerstoff zerfällt:

$$Na_2O_2 + H_2O \rightarrow 2NaOH + \tfrac{1}{2}O_2\,.$$

Verwendung. Wegen seiner starken oxidierenden und damit auch bleichenden Wirkung findet Natriumperoxid in ausgedehntem Maße Verwendung zur *Papier-* und *Textilbleiche.* Die in der wässerigen Lösung vorhandene Natronlauge wird dabei durch Schwefelsäure ($OH^- + H^+ \rightarrow H_2O$) oder durch Magnesiumsulfat ($2OH^- + Mg^{2+} \rightarrow Mg(OH)_2$) unschädlich gemacht. Zeitweilig war Natriumperoxid ein Bestandteil von Waschmitteln; seit 1939 dürfen aber natriumperoxidhaltige Waschmittel wegen ihrer Feuergefährlichkeit bei uns nicht mehr hergestellt werden. Wichtig ist das Natriumperoxid noch als Ausgangsmaterial für die Herstellung anderer Peroxoverbindungen. Auf die Freisetzung von O_2 gemäß $Na_2O_2 + CO_2 \rightarrow Na_2CO_3 + \tfrac{1}{2}O_2$ gründet sich die Anwendung von Na_2O_2 in Atemgeräten (für Taucher, Feuerwehrleute, in Unterseebooten; in Raumkapseln wird das leichtere Lithiumperoxid Li_2O_2 eingesetzt).

[48] Wegen einer kleinen Verunreinigung an *gelbem* NaO_2 ist Na_2O_2 meist *blaßgelb* gefärbt.

Bariumperoxid. Bariumperoxid wird technisch durch Erhitzen von lockerem, porösem Bariumoxid im Luftstrom bei 500–600 °C und 2 bar Druck gewonnen:

$$2\,BaO + O_2 \rightleftarrows 2\,BaO_2 + 143\text{ kJ}.$$

Da die Bildungsreaktion mit Wärmeabgabe und Volumenverminderung verbunden ist, verschiebt sich das Gleichgewicht mit steigender Temperatur und fallendem Druck nach links. Man kann daher den Sauerstoff der Luft bei niedriger Temperatur und erhöhtem Druck binden und bei höherer Temperatur und erniedrigtem Druck wieder entbinden (bei 795 °C erreicht der O_2-Druck von BaO_2 den Wert einer Atmosphäre). Hiervon hat man früher einmal (ab 1886) zur technischen Darstellung von Sauerstoff aus Luft Gebrauch gemacht, bevor dieses „*Brin-Verfahren*" durch die Wasserelektrolyse und dann durch die Luftverflüssigung und -zerlegung (ab 1895) ersetzt wurde. Bariumperoxid wird u.a. als Sauerstoffträger zur Entzündung von Zündsätzen – z. B. Thermitgemischen (s. dort) – verwendet.

2 Der Schwefel[49]

Nachfolgend sei zunächst der elementare Schwefel, der in mehreren unterschiedlichen Formen S_n existiert (bisher isoliert mit $n = 6, 7, 8, 9, 10, 11, 12, 13, 15, 18, 20, \infty$), besprochen. Im Anschluß hieran wird über Wasserstoff-, Halogen-, Sauerstoff- und Stickstoffverbindungen sowie Sauerstoffsäuren des Schwefels berichtet.

2.1 Elementarer Schwefel[49]

2.1.1 Vorkommen

Schwefel kommt wie der homologe Sauerstoff in der Natur sowohl in *freiem* wie *gebundenem* Zustande vor, ist aber rund 1000mal seltener als dieser. Mächtige Lager des **Elements** finden sich vor allem in Italien (Sizilien), Nordamerika (Louisiana und Texas), Mittelamerika (Mexiko), Südamerika (Peru, Chile), Japan (Hokkaido) und Polen. *Anorganisch gebundener* Schwefel findet sich vorwiegend in Form von *Sulfiden* und *Sulfaten*. Die **Sulfide** bezeichnet man je nach ihrem Aussehen als „*Kiese*", „*Glanze*" und „*Blenden*"; die meistverbreiteten unter ihnen sind der *Eisenkies* (*Schwefelkies, Pyrit*) FeS_2, der *Kupferkies* (*Chalkopyrit*) $CuFeS_2$, der *Arsenkies* (*Giftkies, Arsenopyrit*) FeAsS, der *Bleiglanz* PbS, der *Kupferglanz* Cu_2S, der *Molybdänglanz* MoS_2, die *Zinkblende* ZnS, der *Zinnober* HgS, der *Realgar* As_4S_4 das *Auripigment* As_2S_3. Die wichtigsten **Sulfate** der Natur sind Calciumsulfat (*Gips* $CaSO_4 \cdot 2H_2O$ und *Anhydrit* $CaSO_4$), Magnesiumsulfat (*Bittersalz* $MgSO_4 \cdot 7H_2O$ und *Kieserit* $MgSO_4 \cdot H_2O$), Bariumsulfat (*Schwerspat* $BaSO_4$), Strontiumsulfat (*Cölestin* $SrSO_4$) und Natriumsulfat (*Glaubersalz* $Na_2SO_4 \cdot 10H_2O$).

Als Bestandteil der *Eiweißstoffe* findet sich der Schwefel in der **Biosphäre** (Pflanzen- und Tierreich) auch *organisch gebunden* (vgl. Physiologisches, unten). Der bei der Verwesung von Tierleichen oder beim Faulen von Eiern auftretende üble Geruch rührt beispielsweise hauptsächlich von *Schwefelverbindungen* (Schwefelwasserstoff H_2S, Mercaptanen RSH) her, die sich bei der Eiweißfäulnis bilden. *Steinkohlen* – die ja pflanzlichen Ursprungs sind – weisen bis zu 8 % Schwefel, teils in organischer Bindung, teils in Form von Schwefelkies auf. *Erdöl* enthält ebenfalls organisch gebundenen Schwefel, *Erdgas* Schwefelwasserstoff (vgl. auch S. 540).

---

[49] **Literatur.** M. Schmidt, W. Siebert: „*Sulfur*", *Comprehensive Inorg. Chem.* **2** (1973) 759–933; B. Meyer (Hrsg.): „*Elemental Sulfur, Chemistry and Physics*", Wiley, New York 1965; G. Nickless (Hrsg.): „*Inorganic Sulfur Chemistry*", Elsevier, New York 1968; A. Senning (Hrsg.): „*Sulfur in Organic and Inorganic Chemistry*", 4 Bände, Dekker, New York 1971–1982; Ch. C. Price, Sh. Oae: „*Sulfur Bonding*", Ronald Press, New York 1962; O. Foss: „*Structures of Compounds Containing Chains of Sulfur Atoms*", Adv. Inorg. Radiochem. **2** (1960) 237–278; A. J. Parker, N. Kharasch: „*The Scission of the Sulfur-Sulfur Bond*", Chem. Reviews **59** (1959) 583–628; R. Steudel: „*Eigenschaften von Schwefel-Schwefel-Bindungen*", Angew. Chem. **87** (1975) 683–692; Int. Ed. **14** (1975) 655; G. W. Kutney, K. Turnbull: „*Compounds Containing the S = S Bond*", Chem. Rev. **82** (1982) 331–357; GMELIN: „*Sulfur*", System-Nr. **9**, bisher 10 Bände; ULLMANN (5. Aufl.): „*Sulfur*", **A25** (1994). Vgl. auch Anm. 50, 74, 80, 82, 83, 91, 96, 120, 137, 142.

Isotope (vgl. Anh. III). Der *natürlich vorkommende* Schwefel besteht aus den *vier* Isotopen $^{32}_{16}S$ (95.02%), $^{33}_{16}S$ (0.75%), $^{34}_{16}S$ (4.21%) und $^{36}_{16}S$ (0.02%). $^{33}_{16}S$ kann in Schwefelverbindungen für *NMR-spektroskopische* Untersuchungen genutzt werden. Das *künstlich* erhältliche radioaktive Nuklid $^{35}_{16}S$ (β-Strahler, $\tau_{1/2} = 87.9$ Tage) dient bei mechanistischen Untersuchungen zum *Markieren* von Schwefelverbindungen[49a].

Geschichtliches (vgl. Tafel II). Schwefel war wegen seines *elementaren* Vorkommens bereits in prähistorischen Zeiten bekannt. Er ist neben Kohlenstoff das einzige bereits in der Antike genutzte Nichtmetall (Verwendung als Räuchermittel, bei religiösen Zeremonien, Baumwollbleichern, Zündholzmachern, Apothekern, zur Schwarzpulverherstellung).

2.1.2 Gewinnung

Die technische Gewinnung von Schwefel (S_8) erfolgt teils aus elementarem Vorkommen, teils durch Oxidation von Schwefelwasserstoff oder durch Reduktion von Schwefeldioxid:

$$H_2S \xrightarrow{\text{Oxidation}} S \xleftarrow{\text{Reduktion}} SO_2\,.$$

Etwa 40% der Weltproduktion an Schwefel (über 40 Millionen Tonnen pro Jahr) basiert auf Lagerstätten von Elementarschwefel (geschätzter Weltvorrat über 600 Millionen Tonnen), der Rest insbesondere auf H_2S-haltigen Stoffen (Erdöl, Erdgas; geschätzter Weltvorrat an H_2S-Schwefel etwa 1 Milliarde Tonnen) sowie untergeordnet auf Pyrit FeS_2, der durch Erhitzen auf 1200 °C unter Luftabschluß gemäß $83\,kJ + FeS_2 \rightarrow \frac{1}{8}S_8$ in Schwefel und Eisen(II)-sulfid aufspaltet („Outokumpu-Verfahren"; geschätzter Weltvorrat an FeS_2-Schwefel 1.5 Milliarden Tonnen). Etwa 90% der gesamten Schwefelproduktion (aus S, H_2S, SO_2) wird zur Schwefelsäure verarbeitet.

Bezüglich der Darstellung anderer allotroper Modifikationen des Schwefels (S_6, S_7, S_9, S_{10}, S_{11}, S_{12}, S_{13}, S_{15}, S_{18}, S_{20}, S_∞) im Laboratorium vgl. S. 544.

Aus natürlichen Vorkommen. In Louisiana und Texas, wo der Schwefel mit einer Mächtigkeit von 60 bis 100 m in Tiefen von 400 bis 800 m unter einer Gesteinsschicht vorkommt, wird der Schwefel nach einem von dem deutsch-amerikanischen Chemiker H. Frasch (1851–1914) im Jahre 1900 entwickelten Verfahren durch Ausschmelzen „unter Tage" mit überhitztem Wasser gewonnen. Diesem Verfahren, das in neuerer Zeit auch in Mexiko (Salzdome im Golf von Mexiko) angewandt wird, ist die außerordentliche Steigerung der amerikanischen Schwefelerzeugung zu verdanken.

Das **„Frasch-Verfahren"** beruht darauf, daß in das Schwefellager in Bohrabständen von etwa 100 m ein etwa 25 cm weites Eisenrohr eingetrieben wird, welches innen koaxial zwei weitere Rohre von 15 bzw. $7\frac{1}{2}$ cm lichter Weite trägt. Durch das äußere Rohr wird überhitztes Wasser von 155 °C unter einem Druck von 25 bar eingepreßt, welches unten (Fig. 136) den umgebenden Schwefel (Smp. 119 °C) schmilzt (je t

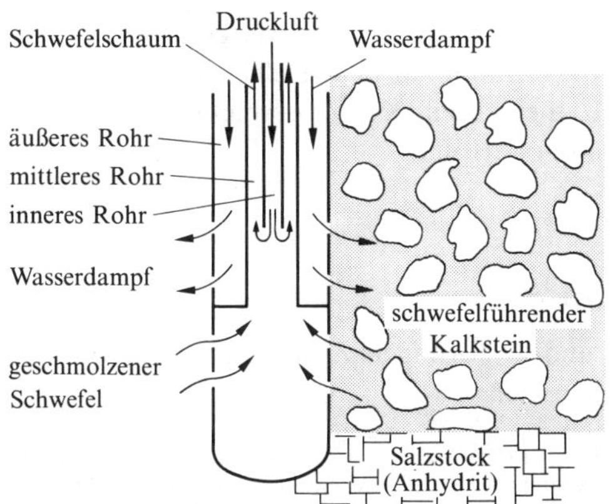

Fig. 136 Fußkörper der Schwefelpumpe von H. Frasch.

[49a] $^{35}_{16}S$ kann in der Photographie zur Konturierung unterbelichteter Bilder dienen, indem man auf letztere nach Behandlung mit einer alkalischen $^{35}_{16}S$-Thioharnstoff-Lösung einen unterbelichteten Film legt.

Schwefel werden 10–15 t überhitztes Wasser benötigt). Durch das innere Rohr tritt heiße Preßluft von 40 bar ein, durch welche der geschmolzene Schwefel im mittleren Rohr hochgepreßt wird. Der oben flüssig auslaufende Schwefel erstarrt in Bretterverschlägen zu riesigen Schwefelklötzen von mehr als 1000 t oder wird flüssig weiterbefördert. Die Reinigung des so gewonnenen Rohschwefels (98–99.9 %ig) erfolgt durch Destillation. In Sizilien, das bis 1914 der Hauptproduzent von Schwefel war, findet sich der Schwefel in Form eines von gediegenem Schwefel durchsetzten Gesteins wenig unterhalb der Erdoberfläche. Aus diesem Schwefelgestein wurde der Schwefel durch Ausschmelzen gewonnen. Die hierfür erforderliche Wärme erzeugte man in etwas primitiver Weise durch Verbrennen eines Teils des Schwefels ($\frac{1}{8}S_8 + O_2 \rightarrow SO_2 + 297\,kJ$) in Meilern oder Ringöfen.

Aus Schwefelwasserstoff. Große Bedeutung besitzt in neuerer Zeit die Darstellung von Schwefel aus Schwefelwasserstoff, der in den bei der Gewinnung oder Aufbereitung fossiler Brennstoffe (Kohle, Erdöl) anfallenden Gasen (Heizgas, Koksofengas, Wassergas, Synthesegas usw.) oder in Erdgasen enthalten ist bzw. bei der Entschwefelung von Erdöl (s.u.) anfällt. Die Umwandlung dieses Schwefelwasserstoffs in Schwefel erfolgt ganz allgemein durch Verbrennen mit Sauerstoff in Gegenwart von Katalysatoren in zwei Stufen:

$$H_2S + \tfrac{3}{2}O_2 \rightarrow SO_2 + H_2O \quad + 518.37\,kJ \qquad (1)$$

$$SO_2 + 2H_2S \rightarrow \tfrac{3}{8}S_8 + 2H_2O \quad + 145.66\,kJ \qquad (2)$$

$$3H_2S + \tfrac{3}{2}O_2 \rightarrow \tfrac{3}{8}S_8 + 3H_2O \quad + 664.03\,kJ \qquad (3)$$

da bei direkter Oxidation zu Schwefel gemäß (3) die gesamte Verbrennungsenthalpie im Kontakt frei wird, wo sie nur schwierig zu beherrschen ist (bei zu hoher Temperatur entsteht SO_2 statt S). Die Zerlegung des Vorgangs in die beiden Stufen (1) und (2), von denen nur die zweite – schwächer exotherme – eines Katalysators bedarf, beseitigt diese Schwierigkeit. Der gebildete Schwefel ist sehr rein (durchschnittlich 99,5 %ig).

Bei diesem als „**Claus-Verfahren**“ bezeichneten Prozeß wird das H_2S-haltige Gas im Gemisch mit der gemäß (3) benötigten Menge Sauerstoff zunächst in einer *Brennkammer* zur Reaktion gebracht (60–70 % Umsatz zu Schwefel; Rest H_2S und SO_2) und anschließend in einem ersten *Reaktor* bei 300 °C an einem Co/Mo-Katalysator (fein verteilt auf Al_2O_3) sowie in einem zweiten Reaktor bei 170 °C an einem oberflächenreichen Al_2O_3-Katalysator praktisch vollständig in Schwefel verwandelt. Das im „*Claus-Ofen*“ eingesetzte H_2S-haltige „*Sauergas*“ trennt man aus dem Heiz-, Koksofen-, Wasser-, Synthese-, Erdgas durch chemische oder physikalische Absorption ab (vgl. S. 556) und regeneriert es anschließend aus den Absorptionsflüssigkeiten oder -stoffen. Die Abtrennung des organisch gebundenen Erdöl-Schwefels in Form von H_2S (**Erdöl-Entschwefelung**), die zur Gewinnung umweltfreundlicher, bei ihrer Verbrennung nur wenig SO_2 emittierender Brennstoffe durchgeführt wird, erfolgt durch Hydrierung an Co-haltigen MoS_2- oder WS_2-Katalysatoren (fein verteilt auf Al_2O_3) bei ca. 400 °C und erhöhtem Druck („*Hydrodesulfurierung*“). Zugleich wird im Erdöl gebundener Stickstoff als NH_3 („*Hydrodenitrifizierung*“) und gebundener Sauerstoff als H_2O („*Hydrodeoxygenierung*“) herausgespalten.

Aus Schwefeldioxid. Auch das in manchen technischen Gasen, z. B. Konvertergasen (S. 1322) und Röstgasen (S. 582), enthaltene Schwefeldioxid kann zur Schwefelgewinnung nutzbar gemacht werden, indem man das Schwefeldioxid in einen mit Koks beschickten heißen Generator einbläst, wobei Reduktion zu Schwefeldampf erfolgt:

$$SO_2 + C \rightleftarrows CO_2 + S.$$

2.1.3 Physikalische Eigenschaften[49, 50)]

Schwefel kommt in mehreren festen, flüssigen und gasförmigen Zustandsformen vor, von denen im folgenden nur die wichtigsten angeführt seien:

[50] **Literatur.** B. Meyer: „*Solid Allotropes of Sulfur*“, Chem. Rev. **64** (1964) 429–451; F. Tuinstra: „*Structural Aspects of the Allotropy of Sulfur and the other Divalent Elements*“, Waltman, Delft 1967; M. Schmidt: „*Elementarer Schwefel – ein aktuelles Problem in Theorie und Praxis*“, Angew. Chem. **85** (1973) 474–484, Int. Ed. **12** (1973) 445; M. Schmidt: „*Schwefel – was ist das eigentlich?*“, Chemie in unserer Zeit **7** (1973) 11–17; R. Steudel, H.-J. Mäusle: „*Flüssiger Schwefel – ein Rohstoff komplizierter Zusammensetzung*“, Chemie in unserer Zeit **14** (1980) 73–81; R. Steudel: „*Homocyclic Sulfur molecules*“, Topics Curr. Chem. **102** (1982) 149–176.

$$[S_\alpha \underset{\text{Ump.}}{\overset{95.6\,^\circ C}{\rightleftarrows}} S_\beta] \underset{\text{Smp.}}{\overset{119.6\,^\circ C}{\rightleftarrows}} [S_\lambda \rightleftarrows S_\pi \rightleftarrows S_\mu] \underset{\text{Sdp.}}{\overset{444.6\,^\circ C}{\rightleftarrows}} [S_8 \rightleftharpoons S_7 \rightleftharpoons S_6 \rightleftharpoons S_5 \rightleftharpoons S_4 \rightleftharpoons S_3 \rightleftharpoons S_2 \rightleftharpoons S]$$

rhombisch hellgelb	monoklin hellgelb	leicht flüssig gelb	zähflüssig dunkelrotbraun	(445–2200 °C) dunkelrotbraun
fester Schwefel	⇄	temperaturabhängiges Gleichgew. **flüssiger Schwefel** (unterkühlt: plastischer Schwefel)	⇄	temperaturabhängiges Gleichgew. **gasförmiger Schwefel**

Die Erscheinung, daß ein *Stoff* je nach den *Zustandsbedingungen* (Temperatur, Druck) in *verschiedenen festen Zustandsformen* („Modifikationen") existiert, findet sich nicht nur beim Schwefel (vgl. S_α, S_β), sondern auch bei vielen anderen Stoffen, z.B. beim Phosphor, Kohlenstoff, Zinn, Eisen, Ammoniumnitrit, Quecksilbersulfid. Man nennt sie **„Polymorphie"**[51] und spricht von *„polymorphen Modifikationen"*. Die – bereits beim Sauerstoff (s. dort) beobachtete – Erscheinung, daß *Elemente* zudem in *verschiedenen Molekülgrößen* auftreten (vgl. S_8, S_7, S_6 usw.), bezeichnet man als **„Allotropie"**[52] und spricht von *„allotropen Modifikationen"*.

Man unterscheidet zwischen *„enantiotropen"*[53] (= wechselseitig umwandelbaren) und *„monotropen"*[53] (= einseitig umwandelbaren) Modifikationen. Ein Beispiel für *„Enantiotropie"* bietet der Übergang $S_\alpha \rightleftarrows S_\beta$, ein Beispiel für *„Monotropie"* der Übergang $P_4 \rightarrow P_n$ in der *festen Phase*.

Nachfolgend sollen zunächst die drei *Aggregatzustände*, dann die verschiedenen *allotropen Modifikationen* des Schwefels besprochen werden.

Aggregatzustände des Schwefels[50]

Fester Schwefel vgl. Taf. III)[49, 50]. Die bei gewöhnlicher Temperatur thermodynamisch allein beständige feste Modifikation des Schwefels ist der sogenannte *„rhombische Schwefel"* oder **„α-Schwefel"** **α-S₈** (Smp. 112.8 °C bei raschem Erhitzen; $d = 2.06\ g/cm^3$). Die spröden Kristalle sind unlöslich in Wasser, schwer löslich in Alkohol sowie Ether, wenig löslich in Tetrachlorkohlenstoff, Aceton sowie Benzol, leicht löslich in Kohlenstoffdisulfid, Iodoform[54] und besitzen die charakteristische *„schwefelgelbe"* Farbe, die sich beim Erwärmen etwas vertieft, beim Abkühlen aufhellt (bei – 200 °C ist Schwefel *farblos*). Bei 95.6 °C wandelt sich der α-Schwefel unter geringem Wärmeverbrauch (3.2 kJ/mol S_8) und Volumenvergrößerung langsam in eine zweite, *fast farblose*, etwas weniger dichte feste Modifikation, den sogenannten *„monoklinen Schwefel"* oder **„β-Schwefel"** **β-S₈** (Smp. 119.6 °C bei raschem Erhitzen; $d = 2.00\ g/cm^3$) um, der ebenfalls in Kohlenstoffdisulfid leicht löslich ist und dessen Dampfdruck bei 100 °C bereits so groß ist, daß er im Hochvakuum sublimiert werden kann. Oberhalb der Umwandlungstemperatur („*Umwandlungspunkt*") ist nur der monokline, unterhalb nur der rhombische Schwefel beständig); die Umwandlungsgeschwindigkeit ist allerdings unter normalen Bedingungen so klein, daß beispielsweise Nadeln des bei höherer Temperatur gewonnenen monoklinen Schwefels bei Zimmertemperatur erst im Laufe einiger Tage unter Bildung kleiner rhombischer Kriställchen zerfallen. Die Lösungen des α- und β-Schwefels in Kohlenstoffdisulfid sind identisch und zeigen die gleiche, einer Molekülgröße S_8 entsprechende Gefrierpunktserniedrigung. Auch die Kristalle des α- und β-Schwefels (sowie des „γ-Schwefels"[55]) sind aus solchen S_8-Molekülen – nur in verschiedener Anordnung –

---

51 polys (griech.) = viel; morphe (griech.) = Gestalt; Polymorphie = Vielgestaltigkeit.

52 allos (griech.) = ein anderes; trope (griech.) = Umwandlung; Allotropie = Umwandlung in etwas anderes.

53 enantios (griech.) = entgegengesetzt; monos (griech.) = allein.

54 Aus Iodoform-Lösung kristallisieren Nadeln eines charge-transfer-Komplexes (S. 448) $CHI_3 \cdot 3S_8$ aus, bei dem jedes I-Atom mit einem S-Atom eines S_8-Ringes verbunden ist. Weitere CT-Komplexe: $SbI_3 \cdot 3S_8$, $SnI_4 \cdot 2S_8$.

55 Perlmuttfarbener, dichterer, hinsichtlich β-S_8 energiereicherer monokliner **γ-Schwefel** γ-S_8 (Smp. 108.6 °C bei raschem Erhitzen; $d = 2.08\ g/cm^3$) wird u.a. durch langsames Abkühlen einer heißen Schwefelschmelze oder konzentrierten Lösung von Schwefel in EtOH sowie CS_2 und durch Zersetzung von EtOCSSCu mit Pyridin erhalten. Er geht oberhalb (unterhalb) 95.6 °C in β-Schwefel (α-Schwefel) über.

aufgebaut. Die S_8-Moleküle haben dabei die Gestalt eines gewellten Achtrings („*Kronenform*") mit einem SS-Abstand von 2.05 Å (ber. für Einfachbindung 2.08 Å), einem SSS-Winkel von 108° und einem SSSS-Torsions-Winkel von 99° (Fig. 141). Die SS-Bindungen im S_8-Ring haben danach praktisch keinen Mehrfachbindungscharakter.

Flüssiger Schwefel[50]. Bei 119.6 °C schmilzt der monokline β-Schwefel zu einer dünnen, durchsichtigen, *hellgelben* Flüssigkeit, dem sogenannten **„λ-Schwefel"**. Kühlt man diese Flüssigkeit unmittelbar nach dem Schmelzen ab, so erstarrt sie wieder bei 119.6 °C und löst sich nach dem Erstarren vollständig in Kohlenstoffdisulfid auf. Aus der CS_2-Lösung kristallisiert α-Schwefel aus. Somit sind in der Lösung und damit auch in der Schmelze unveränderte S_8-Ringe enthalten ($S_\lambda = S_8$). Läßt man jedoch die Schmelze einige Stunden oberhalb des Schmelzpunktes stehen, so tritt mit ihr eine Veränderung ein, indem bis zu einem Gleichgewicht andere, in der S_8-Schmelze gelöste Schwefelmoleküle entstehen, nämlich niedermolekulare Schwefelringe S_n **(„π-Schwefel")** mit von 8 verschiedener Ringgröße (n = 5–30[56], insbesondere 6, 7, 9, 12; vgl. Fig. 137a) sowie hochmolekulare, teilweise zu Ringen geschlossene Schwefelketten S_x **(„μ-Schwefel"**; $x = 10^3$–10^6). Kühlt man eine Schmelze, die längere Zeit (12 Stunden) bei 120 °C getempert wurde, ab, so erstarrt sie bei niedrigerer Temperatur (und zwar konstant bei 114.5 °C[57]), weil der gebildete π- und μ-Schwefel wie ein Fremdstoff den Erstarrungspunkt des λ-Schwefels herabsetzt (der Schmelzpunkterniedrigung von ca. 5 °C entspricht ein Fremdmolekülgehalt von etwa 5 Mol-%). Schreckt man die betreffende Schmelze durch Eingießen in kaltes Wasser ab und versucht sie in Schwefelkohlenstoff zu lösen, so bleibt der aus dem λ-Schwefel entstandene Anteil an hochmolekularem μ-Schwefel als gelbes, in CS_2 unlösliches Pulver zurück.

Bei weiterer Steigerung der Temperatur verschiebt sich das Gleichgewicht $S_\lambda \rightleftarrows S_\pi \rightleftarrows S_\mu$ nach der Seite der hochmolekularen S_μ-Modifikation hin (Fig. 137a). Gleichzeitig wird die oberhalb des Schmelzpunktes *strohgelbe*, leicht *bewegliche* Flüssigkeit zunehmend *dunkelrotbraun* und *zähflüssig*. Die Viskosität steigt bei 159 °C infolge einer starken Verschiebung des Gleichgewichts in Richtung μ-Schwefel rasch an (um etwa das Tausendfache)[58], erreicht bei 243 °C ein Maximum und nimmt bei hohen Temperaturen wieder ziemlich rasch ab. Die Viskositätserhöhung oberhalb von 159 °C ist hierbei in erster Linie auf eine drastische Zunahme des S_μ-Gehaltes, die Viskositätserniedrigung im Bereich oberhalb von 243 °C auf eine

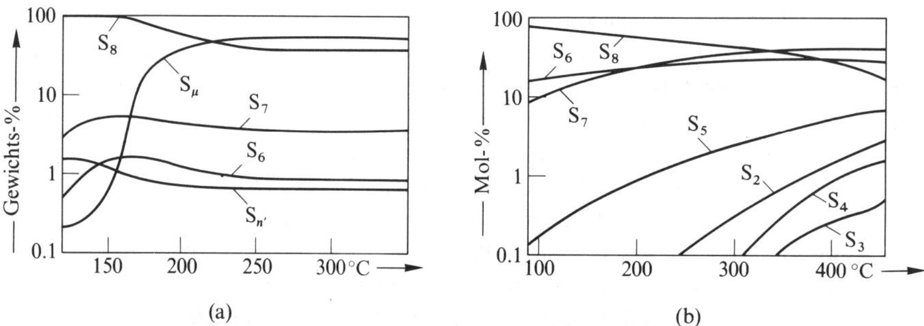

Fig. 137 Molekulare Zusammensetzung (logarithmischer Maßstab!) von (a) flüssigem Schwefel ($S_{n'} = S_\pi$ ohne S_6, S_7), (b) von gesättigtem Schwefeldampf über flüssigem Schwefel in Abhängigkeit von der Temperatur.

---

56 In Spuren auch $n > 30$.

57 Die Schmelztemperatur von 119.6 °C wurde früher als *„idealer Schmelzpunkt"*, die Erstarrungstemperatur von 114.5 °C als *„natürlicher Schmelzpunkt"* des monoklinen Schwefel bezeichnet.

58 Bei der Gewinnung von Schwefel nach dem Frasch-Verfahren (s. dort) durch Ausschmelzen arbeitet man zur Verhütung von Verstopfungen infolgedessen bei Temperaturen unterhalb 159 °C (nämlich bei 155–157 °C).

Abnahme der mittleren Kettenlänge des μ-Schwefels zurückzuführen. Bei 400 °C ist die dunkelrotbraune Schmelze, die neben S_λ-, S_π- und S_μ-Schwefel zusätzlich in äußerst geringer Konzentration auch kettenförmige Schwefelmoleküle S_n ($n < 5$) enthält, welche u. a. die Farbe der Schmelze mitbestimmen, wieder vollkommen *dünnflüssig*, und bei 444.6 °C siedet schließlich die Flüssigkeit.

Bei langsamem Abkühlen treten alle genannten Zustände des Schwefels in umgekehrter Reihenfolge auf. Kühlt man etwa flüssigen Schwefel in einem großen Tiegel ab, bis sich eine Kruste über der Schmelze gebildet hat, durchstößt die Kruste und gießt den restlichen flüssigen Schwefel aus, so findet man die Wände des Tiegels mit langen, glashellen, fast farblosen Nadeln des monoklinen β-Schwefels bedeckt. Diese werden nach Ablauf mehrerer Stunden matt und zerbrechlich, da sie unterhalb des Umwandlungspunktes zu rhombischem Schwefel zerfallen[59)]. Schreckt man dagegen die Schmelze von einer Temperatur oberhalb des Viskositätsmaximums ab, indem man sie in dünnem Strahl in kaltes Wasser gießt, so erhält man die Flüssigkeit als unterkühlte Schmelze. Die gebildete, in Pyridin lösliche, metastabile Masse ist braungelb, plastisch und zäh-elastisch und wird daher „*plastischer Schwefel*" genannt. Die Bestandteile des plastischen Schwefels (hauptsächlich λ- und μ-Schwefel, Spuren π-Schwefel)[61)] lassen sich mit Hilfe von Schwefelkohlenstoff in CS_2-unlöslichen gelben μ- und CS_2-löslichen λ- und π-Schwefel trennen (s. unten). Die beim Ziehen des plastischen Schwefels entstehenden Fäden haben für kurze Zeit eine erhebliche Zugfestigkeit. Plastischer Schwefel erhärtet infolge Auskristallisierens des als „Weichmacher" dienenden λ-Schwefels mit der Zeit zu einem festen Gemisch von λ- und μ-Schwefel. Letzterer findet ausgedehnte Anwendung bei der Vulkanisation des Kautschuks (Bildung von S-Ketten zwischen den Kohlenstoffketten des Kautschuks).

Gasförmiger Schwefel. Der Dampf über flüssigem Schwefel, der bei 444.6 °C (dem Siedepunkt des Schwefels) 1.013 bar erreicht, besteht zu mindestens 90 % aus S_8, S_7 sowie S_6 und nur untergeordnet aus den kleinen Molekülen S_5, S_4, S_3 und S_2 (vgl. Fig. 137). Letztere zeichnen sich durch charakteristische Farben aus:

S_5 *orangerot* S_4 *rot* S_3 *blau* S_2 *violett*

Mit steigender Temperatur bilden sich S_{2-5} aus $S_{>5}$ in temperatur- und druckabhängigen Gleichgewichten in zunehmendem Maße. Bei 700 °C und 1 mbar. besteht der Schwefeldampf überwiegend aus S_2-Molekülen. Oberhalb 1800 °C beginnen auch die S_2-Moleküle in S-Atome zu dissoziieren, die dann oberhalb von 2200 °C bei Drücken $< 10^{-5}$ mbar dominieren.

Zustandsdiagramm des Schwefels. Wie aus dem in Fig. 138 – vereinfacht – wiedergegebenen Zustandsdiagramm des Schwefels hervorgeht, ist die *Druck-Temperatur-Ebene* dieses Diagramms durch mehrere Kurvenzüge in vier (verschieden gerasterte) *Felder* eingeteilt, deren jedes dem Existenzbereich *einer* der vier wichtigsten *Zustandsformen* des Schwefels (rhombischer, monokliner, flüssiger, gasförmiger Schwefel) entspricht. Längs der *Kurven*, in denen je *zwei* Felder aneinander grenzen, sind je *zwei Zustandsformen* des Schwefels, in den Punkten 1, 2, 3 und 4 („*Tripelpunkte*"), in denen je *drei* Felder aneinander stoßen, je *drei Zustandsformen* des Schwefels miteinander im Gleichgewicht (Punkt 1: 95.6 °C bei 0.0038 mbar; Punkt 2: 119.6 °C bei 0.018 mbar; Punkt 3: 112.8 °C bei 0.013 mbar; Punkt 4: 154 °C bei ca. 1400 bar)[62)].

59 Die Erscheinung, daß ein in mehreren Modifikationen verschiedenen Energiegehalts existierender Stoff beim Abkühlen nicht gleich in den energieärmsten Zustand, sondern zunächst in eine Zustandsform mittleren Energiegehalts übergeht ist ein Spezialfall der „**Ostwaldschen Stufenregel**": *Ein in mehreren Energiezuständen vorkommendes chemisches System geht beim Entzug von Energie nicht direkt, sondern stufenweise in den energieärmsten Zustand über*[60)].

60 Die Stufenregel wird besser durch die „**Ostwald-Volmer-Regel**" ersetzt, wonach *zuerst die weniger dichte Modifikation entsteht*. Da die *instabilere* meist auch die *weniger dichte* ist, besagen beide Regeln meist dasselbe. In Fällen aber, in denen die *instabilere* Form die *dichtere* ist (z. B. Diamant im Vergleich zu Graphit), trifft nur die Fassung von Ostwald-Volmer zu.

61 Der π-Schwefel verwandelt sich relativ rasch in S_8- und S_μ-Schwefel. Die Umwandlung $S_\mu \rightarrow S_8$ erfolgt demgegenüber bei Raumtemperatur noch extrem langsam (Halbwertszeit der Umwandlung bei 76 °C 50 Std., bei 92 °C 1 Stde.).

62 Innerhalb der *Felder* in Fig. 138 kann man Druck und Temperatur variieren, ohne den Existenzbereich der betreffenden Schwefelform zu überschreiten (*zwei Wahlfreiheiten*). Längs der *Kurven* läßt sich nur Druck bzw. Temperatur festlegen, dann ist die Temperatur bzw. der Druck durch die Kurve zwangsläufig gegeben (*eine Wahlfreiheit*). Für

Da die Kurven, welche benachbarte fest/feste oder fest/flüssige Stoffphasen trennen *sehr steil* im Druck-Temperatur-Diagramm ansteigen (Ump. 0.04 °C je Bar, Smp. 0.025 °C je Bar), liegen die Tripelpunkte 1 und 2 sehr nahe dem Umwandlungspunkt 5 bzw. Schmelzpunkt 6 des Schwefels bei 1 atm = 1.013 bar. Die Dampfdruckkurve des flüssigen Schwefels erreicht bei 444.6 °C einen Wert von 1 atm und endet bei 1040 °C (kritische Temperatur) und 118 bar (kritischer Druck).

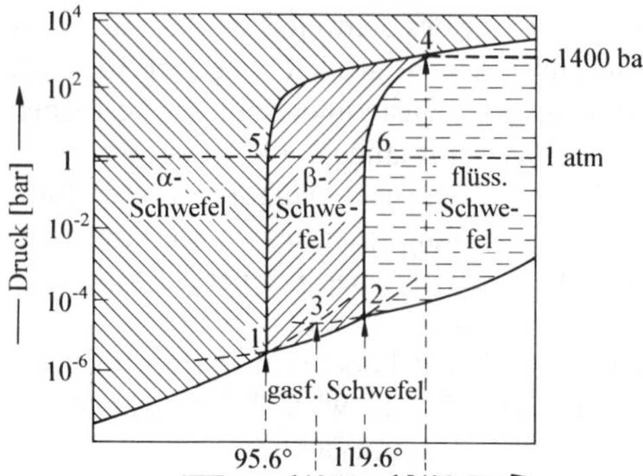

Fig. 138 Zustandsdiagramm (vereinfacht) des Schwefels.

Allotrope Modifikationen des Schwefels

Darstellung. Außer ***catena*-Polyschwefel S_μ** und ***cyclo*-Octaschwefel S_8** lassen sich aus *abgeschreckten Schwefelschmelzen* auch ***cyclo*-Heptaschwefel S_7**, ***cyclo*-Dodecaschwefel S_{12}**, ***cyclo*-Octadecaschwefel α-S_{18}** sowie ***cyclo*-Icosaschwefel S_{20}** isolieren.

Hierzu gießt man eine Schwefelschmelze in dünnem Strahl in flüssigen Stickstoff und löst das erhaltene gelbe Schwefelpulver sofort bei 25 °C in Kohlenstoffdisulfid, trennt unlöslichen μ-Schwefel ab und kühlt dann die Lösung mit Trockeneis (− 78 °C), wodurch der größte Teil des λ-Schwefels zusammen mit S_{12} auskristallisiert (S_{12} läßt sich von S_8 durch Flotation des Niederschlags in CS_2 abtrennen). Aus der CS_2-Lösung des π-Schwefels kann nach Zugabe von Glaspulver und Pentan eine plastische, orangefarbene Substanz abgeschieden werden. Hieraus erhält man durch Extraktion mit Toluol S_7 und anschließend nach Auflösen in CS_2 und Stehenlassen der Lösung bei 20 °C S_{18} und S_{20} als Niederschlag. Insgesamt können aus 400 g Schwefel auf diese Weise ca. 3 g S_7, 0.8 g S_{12}, 0.08 g α- S_{18} und 0.04 g S_{20} rein isoliert werden.[63)]

Gemische von Schwefelhomocyclen entstehen auch bei einer Reihe von chemischen Reaktionen, die wie etwa die Zersetzung von Natriumthiosulfat $Na_2S_2O_3$ in salzsaurer Lösung (vgl. S. 550) oder die Umsetzung von Dichloridsulfan S_2Cl_2 (gelöst in CS_2) mit einer wässerigen KI-Lösung (vgl. S. 566) unter Schwefelbildung erfolgen:

$$Na_2S_2O_3 \xrightarrow[-2\,NaCl]{+2\,HCl} (H_2S_2O_3) \xrightarrow[-\text{„}H_2SO_3\text{“}]{} \tfrac{1}{n}S_n; \quad S_2Cl_2 \xrightarrow[-2\,KCl]{+2\,KI} (S_2I_2) \xrightarrow[-I_2]{} \tfrac{2}{n}S_n.$$

Durch Extraktion mit Chloroform $CHCl_3$ bzw. Toluol läßt sich aus den nach letzteren beiden Methoden dargestellten Schwefelgemischen leicht ***cyclo*-Hexaschwefel S_6** („*Atenscher*“ bzw. „*Engelscher Schwefel*“) gewinnen.

---

das Gleichgewicht zwischen 3 Formen des Schwefels (*Punkte* 1, 2, 3, 4) ist schließlich sowohl Druck wie Temperatur vorgegeben (*keine Wahlfreiheit*). Der amerikanische Physiker Josiah Willard Gibbs (1839–1903) hat 1878 die vorgenannten, auch beim Wasser (S. 37) bereits beobachteten Beziehungen für heterogene Gleichgewichtssysteme verallgemeinert und quantitativ zu einer als **„Gibbssches Phasengesetz“** bekannten Gleichung zusammengefaßt:

Zahl der Phasen + Zahl der Freiheitsgrade = Zahl der Bestandteile + 2

(„*Phasen*“ = Zustandsformen; „*Freiheitsgrade*“ = Wahlfreiheiten für Druck und Temperatur; „*Bestandteile*“ = phasenbildende Molekülsorten des Schwefels (im Falle des Schwefels = 1)).

63 Aus einer S_{12}-Lösung in CS_2 kristallisiert $S_{12} \cdot CS_2$ (gelb; im Kristall liegt S_{12} in der normalen Konformation neben CS_2 vor).

Es existieren auch Synthesemethoden, die *gezielt zu bestimmten* allotropen Schwefelmodifikationen führen. So lassen sich etwa durch Kondensation von Polysulfanen H_2S_x mit Dichlorpolysulfanen S_yCl_2 im Molverhältnis 1 : 1 in trockener, verdünnter etherischer Lösung gemäß

$$H_2S_x + S_yCl_2 \rightarrow S_{x+y} + 2\,HCl$$

die bereits erwähnten Schwefelringe mit $n = x + y = 6, 8, 12, 18, 20$ darstellen[64]. Anstelle von H_2S_5 kann mit Vorteil auch Cp_2TiS_5 ($Cp = C_5H_5$) als Lieferant einer S_5-Kette dienen:

$$Cp_2TiCl_2 + S_{5+y} \xleftarrow{+S_yCl_2} \mathbf{Cp_2TiS_5} \xrightarrow{+SO_2Cl_2} Cp_2TiCl_2 + \tfrac{1}{2}S_{10} + SO_2 .$$

Letztere Methoden ermöglichten die Gewinnung und erstmalige Isolierung von ***cyclo*-Nona-, -Deca-, -Undeca-, -Trideca- und -Pentadecaschwefel S_9, S_{10}, S_{11}, S_{13}, S_{15}**. Bezüglich der Bildung von ***cyclo*-Pentaschwefel S_5** und ***catena*-Tetra- und -Trischwefel S_4, S_3** in Schwefelschmelzen und -Dämpfen s. oben.

Dischwefel S_2 stellt eine Komponente des Schwefeldampfes bei höheren Temperaturen dar. Beim Abschrecken dieses Dampfes auf die Temperatur des flüssigen Stickstoffs erhält man *blauen* bis *schwarzen*, sich oberhalb $-80\,°C$ zersetzenden Schwefel, der wohl u.a. auch S_2 enthält. S_2 läßt sich durch Abschrecken des Dampfes auf 20 K in Anwesenheit von inerten Gasen in den metastabilen Zustand überführen (*Matrixisolierung* von S_2). Dischwefel entsteht darüber hinaus in schwefelreichen Flammen (s.u.), bei der elektrischen Durchladung sowie Photolyse von Schwefelverbindungen wie H_2S, S_2Cl_2, S_2Br_2, COS, CS_2 und thermolytisch nach RSe—SS—SeR → RSeSeR + S_2 (RR = —$CH_2CMe_2CH_2$—) bei 100 °C in Chlorbenzol als *kurzlebige Reaktionszwischenstufe*. In letzterem Falle bildet sich *Singulett-Schwefel* $^1S_2$ (s.u.) der sich wie Singulett-Sauerstoff $^1O_2$ durch Cycloadditionsreaktionen nachweisen läßt (S. 509).

Atomarer Schwefel entsteht im *Triplett-Grundzustand* (^3P) durch Hg-photosensibilisierte Bestrahlung (253.7 nm) von COS und durch Photolyse (< 210 nm) von CS_2 oder Ethylensulfid, im *angeregten Singulett-Zustand* ($^3P + 110.52\,kJ \rightarrow {}^1D$) durch Photolyse (210–230 nm) von COS oder PSF_3. Singulett-Schwefel reagiert mit Paraffinen und anderen Elementwasserstoffen unter *Einschiebung* in EH-Bindungen, mit Olefinen unter *Addition*.

Eigenschaften. In Tab. 57 (s. S. 546) sind physikalische und strukturelle Daten der orangefarbenen bis hellgelben, mehr oder minder thermolyse- und lichtempfindlichen, allotropen Schwefelmodifikationen S_n ($n = 6, 7, 8, 9, 10, 11, 12, 13, 15, 18, 20, \infty$) zusammengestellt. Bezüglich weiterer Eigenschaften von S_8 vgl. Tafel III.

Strukturen. Analog $\mathbf{S_8}$ (gewellter Achtring, „*Kronenform*") hat $\mathbf{S_6}$ die Gestalt eines gewellten Rings („*Sesselform*", vgl. Fig. 139). Die kompakte Anordnung der S-Atome (sehr kleines Loch in der Ringmitte) hat dabei zur Folge, daß kristallines S_6 die *dichteste* aller bisher isolierten Schwefelmodifikationen ist. $\mathbf{S_7}$ („*Sesselform*") läßt sich strukturell aus S_8 herleiten, indem man ein S_8-Schwefelatom entfernt und die ungesättigten Schwefelenden miteinander verbindet. Letztere *Bindung* (links in der S_7-Struktur der Fig. 139) ist ungewöhnlich *lang* (2.18 Å; s. unten). Die sich an diese Bindung des S_7-Moleküls anschließenden Bindungen sind alternierend kurz (ca. 2.00 Å), lang (ca. 2.10 Å) und wieder kurz (ca. 2.04 Å). Im Falle des gewellt-ringförmigen Moleküls $\mathbf{S_{12}}$ sind 6 der 12 Schwefelatome an den Ecken eines planaren, gleichseitigen Sechsecks angeordnet und jeweils über ein Schwefelatom (abwechselnd oberhalb und unterhalb der Sechsringebene liegend) miteinander verknüpft (Fig. 139). Im $\mathbf{S_{10}}$ liegen ebenfalls 6 Schwefelatome in einer Ebene. Zwei gegenüberliegende Paare benachbarter Schwefelatome sind dabei direkt miteinander verknüpft, während die restlichen Paare über jeweils ein Schwefelatom (abwechselnd ober- und unterhalb der Sechsringebene liegend) miteinander verbunden sind (Fig. 139). $\mathbf{S_{11}}$ leitet sich vom

[64] Aus einer CS_2-Lösung, die sowohl S_6 wie S_{10} enthält, kristallisiert $S_6 \cdot S_{10}$ (orangegelb, Smp. 92 °C; im Kristall liegen hierbei normal konformierte S_6- und S_{10}-Ringe nebeneinander).

Tab. 57 Eigenschaften isolierter und einiger nicht isolierter allotroper Schwefelmodifikationen.

S_n [a)]	Farbe	Kristallsystem (S_n-Symmetrie)		Smp. [°C] [b)] (Stabilität) [c)]	Dichte [g/cm³]	r [d)] [Å]		∢ SSS [d)] [Grad]		> SSSS [d, e)] [Grad]	
S_2	*violett*	nicht isoliert	($D_{\infty h}$)	(instabil)	–	1.887		–		–	
S_3	*blau*	nicht isoliert	(C_{2v})	(instabil)	–	–		–		–	
S_4	*rot*	nicht isoliert	(C_{2v}?)	(instabil)	–	–		–		–	
S_5	*(orangerot)*	nicht isoliert	(C_s?)	(instabil)	–	–		–		–	
S_6	*orangegelb*	rhomboedrisch	(D_{3d})	ca. 100 (d)	2.21	2.068	(2.07)	102.6	(103)	73.8	(74)
δ-S_7	*intensiv gelb*	orthorhombisch	(C_s)	39 (h)	2.18	1.995–2.182	(2.07)	101.5–107.5	(105)	0.3–108.9	(76)
α-S_8	*hellgelb*	orthorhombisch	(D_{4d})	120 (∞)	2.06	2.046–2.052	(2.05)	107.3–109.0	(108)	98.5	(99)
S_9	*intensiv gelb*	?	(C_2?)	65 (d)	–	(2.03–2.09)	(2.06)	–		(70–130)	(100)
S_{10}	*gelb*	monoklin	(D_2)	> 80 (d)	2.10	2.033–2.078	(2.06)	103.3–110.2	(106)	75.4–123.7	(96)
S_{11}	*gelb*	orthorhombisch	(C_2)	74 (d)	2.08	2.032–2.110	(2.06)	103.8–108.4	(106)	69.0–140	(97)
S_{12}	*gelb*	orthorhombisch	(D_{3d})	148 (∞)	2.04	2.048–2.057	(2.05)	105.4–107.4	(107)	86.0–89.4	(88)
S_{13}	*gelb*	hexagonal	(C_2)	114 (d)	2.09	1.995–2.113	(2.05)	102.8–111.1	(106)	29.5–116.3	(85)
S_{15}	*zitronengelb*	?	(?)	(h)	–	(2.03–2.10)	(2.07)	–		(30–140)	(85)
α-S_{18}	*intensiv gelb*	orthorhombisch	(C_{2h})	126 (∞)	2.09	2.044–2.067	(2.06)	103.8–108.3	(106)	79.5–89.0	(84)
β-S_{18}	*gelb*	monoklin	(C_i)	(∞)	–	2.053–2.103	(2.08)	104.2–109.3	(106)	66.5–87.8	(80)
S_{20}	*hellgelb*	orthorhombisch	(D_4)	121 (∞)	2.02	2.023–2.104	(2.04)	104.6–107.7	(106)	66.3–89.9	(84)
S_μ	*gelb*	monoklin	–		2.01	2.066	(2.07)	106.0	(106)	85.3	(85)

a) Es existieren von den *allotropen* Schwefelmodifikationen S_7, S_8, S_9 und S_{18} *polymorphe* Modifikationen: α-, β-, γ-, δ-S_7; α-, β-, γ-S_8; α-, β-S_9; α-, β-S_{18}. Die polymorphen Modifikationen von S_7, S_8 und S_9 enthalten gleich-konformierte, die Modifikationen von S_{18} jeweils ungleich-konformierte Schwefelringe. **b)** Unter Zersetzung. Die unter 115 °C schmelzenden Modifikationen S_6, S_7, S_9, S_{10}, S_{11} zersetzen sich unter Bildung einer S_μ-haltigen viskosen Schmelze und werden bei 115 °C in die normale dünnflüssige Schwefelschmelze übergeführt, die höher schmelzenden Modifikationen gehen direkt in die normale dünnflüssige Schmelze über (Zusammensetzung entsprechend Smp.; z. B. 95 % S_8, 5 % S_n bei 120 °C). **c)** Zeitdauer, während der die Modifikation bei 20 °C unzersetzt haltbar ist (h = Stunden; d = Tage; ∞ = sehr lange). Stabilitätsreihenfolge: $S_8 > S_{12,18,20} > S_{6,9,10,11,13,15} > S_7$. CS_2 wirkt stabilisierend auf S_n (z. B. ist S_6 in CS_2 bei 20 °C recht stabil). **d)** In Klammern abgerundete Mittelwerte. **e)** Diederwinkel z. B. in S_7 0.3°, 84°, 108°, 75° und in S_{10} 77°, 123°.

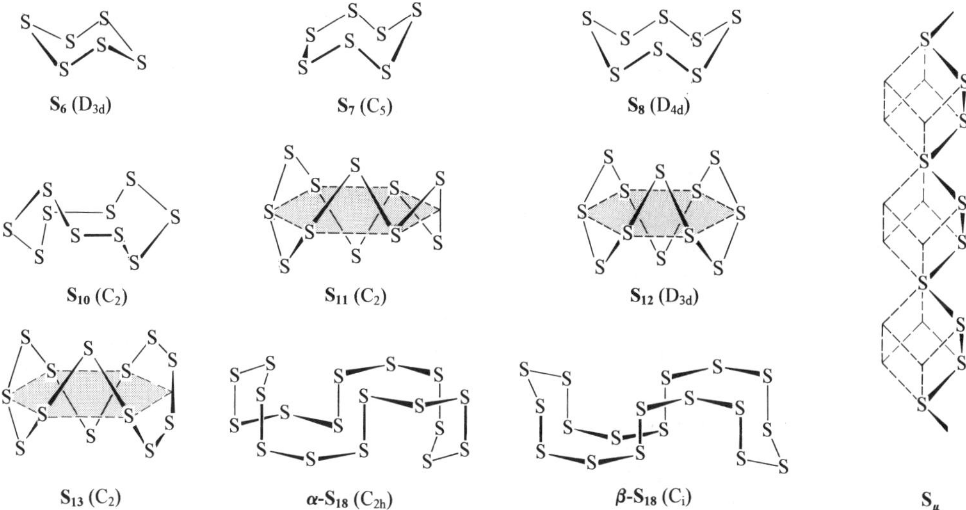

Fig. 139 Strukturen einiger Schwefelmoleküle (in Klammern jeweilige Symmetrie).

S_{12}-Molekül durch Ersatz einer S_3-Gruppe (rechte äußere Gruppe in Fig. 139), $\mathbf{S_{13}}$ durch Ersatz eines S-Atoms (rechtes äußeres Atom in Fig. 139 durch eine S_2-Gruppe ab. Unter den Schwefelringen existiert nur $\mathbf{S_{18}}$ in zwei *unterschiedlichen Konformationen* (Fig. 139). Das symmetrischere α-S_{18} (C_{2h}-Symmetrie) besteht formal aus zwei miteinander verknüpften, von S_{12} abgeleiteten S_9-Fragmenten (Herausnahme des rechten äußeren und der beiden vorausgehenden S-Atome aus S_{12} in Fig. 139). Weniger symmetrisches β-S_{18} (C_i) unterscheidet sich von α-S_{18} u.a. dadurch, daß die äußere S_3-Gruppe der linken und rechten Molekülseite in Fig. 139 nicht endo/endo-, sondern exo/exo-konformiert ist. $\mathbf{S_{20}}$ bildet einen großen gewellten Ring, wobei die wenig kompakte Anordnung der S-Atome (größeres Loch in der Ringmitte) dazu führt, daß kristallines S_{20} die am *wenigsten dichte* aller bisher isolierten Schwefelmodifikationen ist. Im Unterschied zu den besprochenen S-Molekülen besitzt $\mathbf{S_\infty} = S_\mu$ keinen ring-, sondern einen *kettenförmigen* Bau. Und zwar enthalten die beim Ziehen des plastischen S-Schwefels entstehenden Fäden (S. 543) schraubenförmig angeordnete Ketten von Schwefelatomen (Fig. 139), wobei genau 10 S-Atome auf drei Cyclen der Helix[65] entfallen (die Helix läßt sich näherungsweise aus eckenverknüpften Würfeln in der in Fig. 139, rechte Seite, zum Ausdruck gebrachten Weise ableiten). Es liegen enantiomere rechts- und linksgängige, unterschiedlich angeordnete Schwefelspiralen parallel nebeneinander (man kennt drei verschiedene S_μ-Phasen). Die bei S_μ zu beobachtende Erscheinung der *Chiralität* beobachtet man auch bei den Schwefelringen S_{10}, S_{11}, S_{13} und S_{20}, denen – anders als den übrigen S_n-Ringen – keine Drehspiegelachsen zukommen (S. 406; in den Kristallen liegen wiederum jeweils beide Enantiomere zu gleichen Teilen vor). Das nur in der Gasphase und Lösung existierende Molekül $\mathbf{S_5}$ ist wohl wie S_8, S_7 und S_6 *ringförmig* gebaut. $\mathbf{S_4}$ und $\mathbf{S_3}$ kommen demgegenüber *kettenförmige* Strukturen zu (gewinkelte S=S—S=S-Kette wie in S_2O_2; gewinkelte S=S=S-Kette wie in O_3, SO_2, S_2O; vgl. S. 569). Das Molekül $\mathbf{S_2}$ ist im Grundzustand ($^3\Sigma_g^-$-Zustand) wie molekularer Sauerstoff (vgl. S. 509) als einzige der Schwefelmodifikationen *paramagnetisch* (diradikalischer „*Triplett-Dischwefel*"; SS-Dissoziationsenergie 425.01 kJ/mol; gefunden für SS-Einfachbindung: ca. 150 kJ/mol; SS-Abstand 1.887 Å). S_2 existiert wie O_2 zudem in einem diamagnetischen, angeregten $^1\Delta_g$-Zustand („*Singulett-Dischwefel*")[66]. Der auf S_2 zurückgehende Triplett-Triplett-Übergang ($^3\Sigma_g^- \rightarrow {}^3\Sigma_u^+$)[66] wird beim Verbrennen von Schwefelverbindungen in einer reduzierten Flamme als Emissionsbande beobachtet und zur quantitativen Gehaltsbestimmung von gebundenem Schwefel genutzt.

Bindungswinkel und Ringspannung[49]: Wie auf S. 360 besprochen wurde, verwendet der mit zwei einfach gebundenen Resten R verknüpfte Schwefel in „*Monosulfanen*" RSR p-Atomorbitale für die chemischen Bindungen (vgl. Fig. 140a; ∢ HSH in H_2S = 92.3°[67] vgl. auch S. 352, 557). „*Disulfane*" RSSR bevor-

[65] helix (griech.) = Spirale.

[66] Singulett-Dischwefel ($^1\Delta_g$; Erzeugung s. S. 545) ist um 60 kJ/mol ≙ 5000 cm^{-1} energiereicher als Triplett-Dischwefel ($^3\Sigma_g^-$). Weite S_2-Zustände (vgl. analoge O_2-Zustände, S. 513): $^1\Sigma_g^+$ (+ 108 kJ/mol ≙ 9000 cm^{-1}), $^3\Sigma_u^+$ (+ 269 kJ/mol ≙ 22500 cm^{-1}; möglicherweise Ursache für die violette Farbe von S_2), $^3\Sigma_u^-$ (+ 379 kJ/mol ≙ 31689 cm^{-1}).

zugen die in Fig. 140b veranschaulichte Konformation mit einem Diederwinkel von etwa 90° (sogenannte „*gauche*"-Konformation, vgl. S. 664), in welcher die Abstoßung der in p-Atomorbitalen untergebrachten freien Elektronenpaare der benachbarten Schwefelatome weit geringer ist als etwa in der in Fig. 140c wiedergegebenen „*cis*"-Konformation (Diederwinkel 0°; analoges gilt für die „*trans*"-Konformation mit einem Diederwinkel von 180°; in letzterem Falle weisen die SR-Bindungen in entgegengesetzte Richtungen). Im Falle von HSSH beträgt der Diederwinkel etwa 90.6° (∢ SSH = 91.3°), im Falle von H_3CSSCH_3 84° (∢ SSC = 103°[67]). In „*Trisulfanen*" RSSSR sind die Konformationen Fig. 140d („*cis*"-*Anordnung*) sowie 140e („*trans*"-*Anordnung*; es existiert ein Spiegelbildisomeres) energetisch begünstigt. Die Abstoßung der in p-Atomorbitalen lokalisierten freien Elektronenpaare der äußeren Schwefelatome der S_3-Kette führt hierbei zu einer Aufweitung des SSS-Winkels sowie zu einer Verdrillung des SSSR-Diederwinkels zu kleineren bzw. größeren Werten. Stellt R eine *Schwefelkette* dar, so ergibt sich ein optimaler **SSS-Winkel** von ca. 106° und ein optimaler **SSSS-Diederwinkel** um ca. 85° bzw. ca. 100°. In derartigen Schwefelketten bzw. -ringen kann die Anordnung der Schwefelatome entweder entsprechend Fig. 140d all-*cis* (z. B. S_6, S_7, S_8) oder entsprechend Fig. 140e all-*trans* (z. B. S_μ) oder entsprechend Fig. 140d–e teils *cis*, teils *trans* sein (z. B. S_{10}, S_{11}, S_{12}, S_{13}, S_{18}, S_{20}). Dabei wächst in *Schwefelringen* mit zunehmender Abweichung des SSS-Bindungs- sowie des SSSS-Diederwinkels vom optimalen Wert (s. oben) deren **Spannung**. Gemäß Tab. 55 stellen somit S_6, S_7, S_{10}, S_{11} und S_{13} gespannte Schwefelringe dar[68]. Eine weit höhere Ringspannung als für S_6 ist für das S_5-Molekül zu erwarten, das – wohl aus diesem Grunde – trotz vieler Versuche bisher nicht in Substanz isoliert werden konnte. Auch liegt S_6 in der *Sesselkonformation* und S_{10} in der in Fig. 139 wiedergegebenen Anordnung vor, da S_6 in der *Bootkonformation* (C_{2v}-Symmetrie) und S_{10} in der symmetrischen Kronenkonformation (D_{5d}) gespanntere Ringformen darstellen (weniger optimale SSSS-Torsionswinkel). Die (ausschließliche) *Verkleinerung* eines optimalen SSSS-Diederwinkels auf 0° durch Drehen um die mittlere SS-Bindung (vgl. Fig. 140b und c; R = Schwefelkette) erfordert nur ca. 20 kJ/mol. Noch kleiner ist der Betrag für die *Vergrößerung* des optimalen Torsionswinkels auf 180°. Demgemäß ist etwa S_7 kein starres, sondern ein flexibles Molekül. Wesentlich weniger flexibel sind S_6 und S_8, weil bei S_6 die „*Torsions-Pseudorotation*" mit einer zusätzlich energieverbrauchenden Änderung der SSS-Bindungswinkel in Richtung weniger optimaler Werte verbunden ist (die Barriere für den Übergang von sesselkonformiertem S_6 in 16 kJ/mol energiereicheres bootkonformiertes S_6 beträgt 90 kJ/mol) und bei S_8 zwei Diederwinkel nahezu gleichzeitig den Wert von 0° durchlaufen.

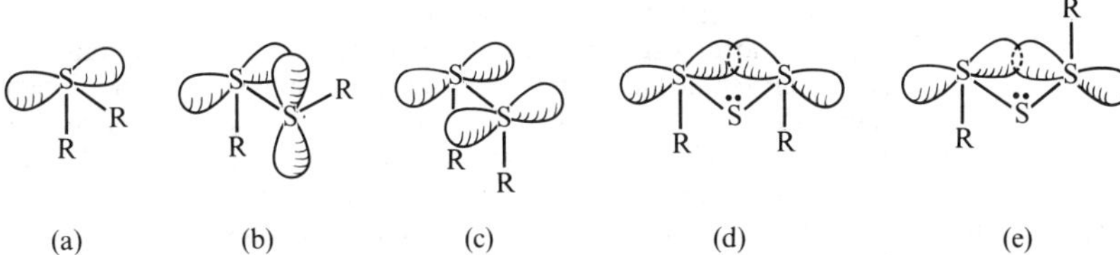

Fig. 140 Veranschaulichung der Konformation von Verbindungen R_2S_n mit Schwefelketten. (Übersichtlichkeitshalber wurde das weitere, in einem s-Atomorbital jedes Schwefelatoms lokalisierte freie Elektronenpaar nicht berücksichtigt.)

Bindungsabstand und Dissoziationsenergie. Im Zuge der Verkleinerung oder Vergrößerung des optimalen SSSS-Diederwinkels wächst der **SS-Bindungsabstand** z. B. im Falle der linken äußeren Bindung von S_7 in Fig. 139 auf 2.18 Å. Zugleich verkleinern sich die benachbarten SS-Bindungen von S_7 bis unter 2.00 Å, während sich die übernächsten SS-Bindungen wiederum verlängern usf. Ganz allgemein beobachtet man in gespannten Schwefelringen *alternierende* Bindungslängen und – als Folge hiervon – alternierende Bindungsdissoziationsenergien. Die **Dissoziationsenergie** von SS-Einfachbindungen in RS—SR beträgt etwa 270 kJ/mol (z. B. HS—SH: 272 kJ/mol). Unter allen homonuklearen Einfachbindungen ist die S—S-Bindung nach der H—H- und C—C-Bindung somit die *drittstärkste*. Für S_n-Ringe liegt die SS-Dissoziationsenergie beachtlich unterhalb dieses Werts von 270 kJ/mol, nämlich bei ca. 150 kJ/mol, da die ungesättigten radikalischen Endschwefelatome eines gespaltenen S-Rings durch die freien Elektronenpaare des benachbarten Schwefelatoms mesomer stabilisiert werden[62]. Aus dem gleichen Grunde beträgt etwa die Dissoziationsenergie von $CH_3SS\text{-}SCH_3$ nur 151 kJ/mol.

---

[67] Der Winkel wird durch sperrige Gruppen aufgeweitet (z. B. ∢ HSH 92° in H_2S, ∢ CSC in $(CH_3)_2S$ 99°). Auch induktive Effekte bewirken Winkelveränderungen (vgl. Tab. 45 auf S. 317).

[68] Aufgrund der unterschiedlichen optimalen Bindungs- und Diederwinkel ist beim Kohlenstoff der 6-Ring stabiler als der 8-Ring, beim Schwefel umgekehrt der 8-Ring stabiler als der 6-Ring.

Die Enthalpie ΔH_f für die Bildung der gasförmigen Moleküle S_n(g) aus festem rhombischen α-Schwefel S_8(f) oder gasförmigem Schwefel S_8(g) haben folgende Werte:

S_n	S_8	S_7	S_6	S_5	S_4	S_3	S_2	S
$\Delta H_f(S_8(f) \rightarrow S_n(g))$	106	114	103	124	137	133	128.5	278.99 kJ/mol S_n
$(S_8(g) \rightarrow S_n(g))$	0	21	24	58	84	93	102	265 kJ/mol S_n

Ersichtlicherweise ist mithin die Reaktion $4S_2(g) \rightarrow S_8(g)$ ($\Delta H = -408$ kJ) stark exotherm, während die analoge (hypothetische) Reaktion $4O_2 \rightarrow O_8$ (ΔH ca. + 888 kJ) eine stark endotherme Umsetzung darstellt. Bei der Überführung einer Doppelbindung X=X in zwei Einfachbindungen —X—X— ist mit anderen Worten im Falle des Sauerstoffs (X = O) Energie aufzuwenden, während im Falle des Schwefels (X = S) dabei Energie gewonnen wird. Die Formeln der unter Normalbedingungen stabilen Modifikationen des Sauerstoffs und Schwefels lauten deshalb O_2 und S_8. Bezüglich des Mechanismus der gegenseitigen Umwandlung der Schwefelmodifikationen vgl. S. 551.

Physiologisches

Der Mensch enthält ca. 2.5 g des *essentiellen* Elements Schwefel pro kg Gewebe in gebundener Form (z. B. in Aminosäuren wie Cystein, Methionin sowie in Coenzymen, Enzymen und Vitaminen wie Thiamin, Biotin, Ferredoxin und anderen Eisenproteiden; schwefelreich sind insbesondere die Haare und Nägel). Schwefel wirkt nicht als solcher, sondern nur nach Umwandlung in H_2S oder SO_2 in Berührung mit lebenden Substanzen *giftig* und kann aus letzterem Grunde zur *Bekämpfung* von Rebenmehltau, Spinnmilben, Pilzkrankheiten, Krätze usw. (jeweils Überführung in H_2S) eingesetzt werden (bezüglich der schädigenden Wirkung von Schwefel in oxidierter Form vgl. den „*sauren Regen*", S. 526).

2.1.4 Chemische Eigenschaften

S_8-Schwefel, der thermisch weniger stabil ist als Sauerstoff (S. 504, 513), verbindet sich schon bei mäßig erhöhter Temperatur mit fast allen *Metallen* und *Nichtmetallen* (ausgenommen Gold, Platin, Iridium, Stickstoff, Tellur, Iod und Edelgase). Vielfach verlaufen diese **Redox-Reaktionen** des Schwefels, bei denen er meist reduziert, seltener oxidiert wird, unter großer Wärmeabgabe. So entzündet er sich z. B. beim Erhitzen an der Luft und verbrennt mit blauer Flamme zu Schwefeldioxid ($\frac{1}{8}S_8 + O_2 \rightarrow SO_2 + 297.03$ kJ). Ebenso vereinigt er sich mit Wasserstoff ($\frac{1}{8}S_8 + H_2 \rightarrow H_2S + 20.6$ kJ) bei erhöhter, mit den Halogenen Fluor, Chlor und Brom (zB. $\frac{2}{8}S_8 + Cl_2 \rightarrow S_2Cl_2 + 59.4$ kJ) bei Raumtemperatur. Beim Erhitzen mit Eisenfeile erfolgt Reaktion mit heftiger Wärmeentwicklung ($Fe + \frac{1}{8}S_8 \rightarrow$ α-FeS + 95.12 kJ). Kupfer verbrennt im Schwefeldampf unter Lichterscheinung ($Cu + \frac{1}{8}S_8 \rightarrow CuS + 53.2$ kJ). Beim Verreiben von Quecksilber mit Schwefelblumen in einem Mörser entsteht schwarzes Quecksilbersulfid ($Hg + \frac{1}{8}S_8 \rightarrow HgS + 54.01$ kJ). Auch von *oxidierenden Säuren* wie Salpetersäure (Oxidation zu Schwefelsäure H_2SO_4), von wässerigen *Alkalien* (Disproportionierung zu Polysulfiden S_n^{2-} und Thiosulfat $S_2O_3^{2-}$ (S. 608) sowie *flüssigem Ammoniak* (Disproportionierung zu Polysulfiden S_n^{2-} und dem Anion des Schwefelimids S_7NH (S. 608) wird Schwefel angegriffen. Gegen *Wasser* und nicht oxidierende Säuren wie Salzsäure ist er demgegenüber *inert*.

Redox-Prozesse sind auch für den **Kreislauf des Schwefels** wesentlich, der in einer wechselseitigen Überführung von reduziertem in oxidierten Schwefel besteht: $S(-II) \rightleftarrows S(+VI)$. So wird der in Biomasse gebundene Schwefel durch Verwesung in H_2S, durch Verbrennung in SO_2 übergeführt. Die Oxidation beider Gase führt in der Atmosphäre zu Schwefelsäure (S. 526), die mit dem sauren Regen in Böden und Meere gelangt (teils reversible Ablagerung als $CaSO_4$). Pflanzen und Mikroben reduzieren den Sulfat-Schwefel zu Schwefelwasserstoff (teils reversible Ablagerung als FeS_2) und verwenden ihn zum Aufbau ihrer Biomasse usf. Die enzymatische Reduktion von SO_4^{2-} mit H_2 (aus der Umgebung) wird von „*Schwefelbakterien*" ebenso wie die enzymatische Oxidation von H_2S mit O_2 zudem zur Energieversorgung genutzt. Wichtiges Reaktionszwischenprodukt ist Thiosulfat $S_2O_3^{2-}$, das teils enzymatisch zu SO_4^{2-} oxidiert oder zu H_2S reduziert, teils durch Disproportionierung in H_2S/SO_4^{2-} (Hauptreaktion) übergeführt wird. Hierbei erfolgt eine Isotopenfraktionierung in der Weise, daß gebildetes und sedimentiertes SO_4^{2-} reicher, gebildetes und sedimentiertes S^{2-} ärmer an $^{34}_{16}S$ ist. Auf die von einigen Schwefelbakterien in Sauerstoffabwesenheit ausgelöste H_2S-Oxidation zu elementarem Schwefel gehen wohl die gewaltigen Schwefelablagerungen (z. B. in Texas) zurück.

Besonders charakteristisch für Schwefel ist auch seine Eigenschaft, mit vielen *Verbindungen* R_nE: (R = anorganischer oder organischer Rest) gemäß

$$R_nE\colon + \tfrac{1}{8}S_8 \rightarrow R_nES$$

unter **Sulfurierung**[69] zu reagieren. So lassen sich etwa Sulfit in Thiosulfat ($:SO_3^{2-} + \frac{1}{8}S_8 \rightarrow SSO_3^{2-}$), Sulfid in Polysulfid ($S^{2-} + \frac{n}{8}S_8 \rightarrow S_{n+1}^{2-}$), Phosphane, Arsane bzw. Stibane R_nE: (E = P, As, Sb) in Phosphan-, Arsan- bzw. Stibansulfide R_nES, Arsenit in Thioarsenat ($:AsO_3^{3-} + \frac{1}{8}S_8 \rightarrow SAsO_3^{3-}$), Cyanid in Thiocyanat ($:CN^- + \frac{1}{8}S_8 \rightarrow SCN^-$) überführen (vgl. hierzu auch Umwandlung von S-Modifikationen, unten).

Mechanistisch stellen derartige Sulfurierungsreaktionen meist assoziative *nucleophile Substitutionsreaktionen* (S_N2-Reaktionen) des zu sulfurierenden Partners am S_8-Schwefel dar. Als Beispiel sei etwa die Umsetzung des Schwefels mit Sulfit zu Thiosulfat ($S_8 + 8\,SO_3^{2-} \rightarrow 8\,S_2O_3^{2-}$) herausgegriffen. Hier führt der nucleophile Angriff von Sulfit auf S_8 unter Ringöffnung zunächst zu einem Octasulfansulfonat $S_8SO_3^{2-}$, aus welchem anschließend durch nucleophilen Sulfitangriff am β-Atom der Schwefelkette Thiosulfat verdrängt wird:

$$\begin{array}{ccc} \begin{array}{l} S-S-S\leftarrow \\ |\qquad\;\; | \\ S\qquad\; S \\ |\qquad\;\; | \\ S-S-S \end{array} & \xrightarrow{:SO_3^{2-}} \begin{array}{l} S-S\colon^-\; S-SO_3^- \\ |\qquad\;\; | \\ S\qquad\; S\leftarrow \\ |\qquad\;\; | \\ S-S-S \end{array} & \xrightarrow{:SO_3^{2-}} \begin{array}{l} S-S\colon^-\; S-SO_3^{2-} \\ | \\ S\qquad\; S-SO_3^- \\ |\qquad\;\; | \\ S-S-S \end{array} \end{array} \qquad (1)$$

In analoger Weise wird dann das gebildete Heptasulfansulfonat $S_7SO_3^{2-}$ durch nucleophilen Sulfitangriff am β-Schwefelatom in Hexasulfansulfonat $S_6SO_3^{2-}$ und dieses weiter über Penta-, Tetra-, Tri- und Disulfansulfonat schließlich in Monosulfansulfonat (= Thiosulfat) übergeführt. Insgesamt erfolgt also ein schrittweiser **Schwefelkettenabbau** nach:

$$\begin{array}{ccccccc} S_8 & & S_7 & & S_6 & & \\ \updownarrow \pm SO_3^{2-} & & \updownarrow \pm SO_3^{2-} & & \updownarrow \pm SO_3^{2-} & & \\ S_8SO_3^{2-} & \underset{+S_2O_3^{2-};\; -SO_3^{2-}}{\overset{+SO_3^{2-};\; -S_2O_3^{2-}}{\rightleftarrows}} & S_7SO_3^{2-} & \underset{+S_2O_3^{2-};\; -SO_3^{2-}}{\overset{+SO_3^{2-};\; -S_2O_3^{2-}}{\rightleftarrows}} & S_6SO_3^{2-} & \underset{+5S_2O_3^{2-};\; -5SO_3^{2-}}{\overset{+5SO_3^{2-};\; -5S_2O_3^{2-}}{\rightleftarrows\rightleftarrows\rightleftarrows\rightleftarrows\rightleftarrows}} & SSO_3^{2-}. \end{array} \qquad (2)$$

Da die Ringöffnung der nach $S_8 + 8\,SO_3^{2-} \rightleftarrows 8\,S_2O_3^{2-}$ verlaufenden Umsetzung (2) von Schwefel mit Sulfit der geschwindigkeitsbestimmende Schritt ist, stellen die – auf anderen Wegen (S. 595) zugänglichen – Polysulfansulfonate $S_nSO_3^{2-}$ nur rasch weiterreagierende, nicht isolierbare Zwischenprodukte dar.

In analoger Weise wie durch $:SO_3^{2-}$ wird S_8 auch durch andere Nucleophile wie $:S^{2-}$, $:PR_3$, $:AsR_3$, $:AsO_3^{3-}$, SbR_3, $:CN^-$ abgebaut, wobei wieder jeweils die Ringöffnung der geschwindigkeitsbestimmende Reaktionsschritt ist. Entsprechend dem S_8-Schwefel reagieren aber auch andere Schwefelhomocyclen S_n (n z.B. 6, 7, 9–12) mit den erwähnten Nucleophilen :Nu gemäß $S_n + n{:}Nu \rightleftarrows n\,SNu$ unter Spaltung der SS-Bindungen. Wegen der erhöhten Spannung der betreffenden Schwefelringe erfolgt hier die Ringöffnung – und damit die gesamte Sulfurierungsreaktion – sogar rascher als im Falle von S_8[70].

Thiosulfat bildet sich aus S_8 und SO_3^{2-} in einer *Gleichgewichtsreaktion.* Das Gleichgewicht liegt in *alkalischer* Lösung praktisch vollständig auf der *Thiosulfatseite* (S. 593). In *saurer* Lösung läßt es sich jedoch auf die Seite des elementaren *Schwefels* verschieben, weil das gleichzeitig entstehende Sulfit-Ion unter diesen Bedingungen (pH < 7) instabil ist (S. 594) und gemäß $SO_3^{2-} + 2H^+ \rightarrow SO_2 + H_2O$ in Form von Schwefeldioxid laufend aus dem Gleichgewicht gezogen wird. Beim Ansäuern wässeriger Thiosulfat-Lösungen erfolgt mithin in Umkehrung von (2) ein **Schwefelkettenaufbau**, indem Thiosulfat-Ionen unter Übergang in Sulfit-Ionen Schwefelatome auf andere Thiosulfat-Ionen übertragen, deren Schwefelkette hierdurch schrittweise verlängert wird. Hat sich auf diese Weise schließlich Hexasulfansulfonat $HS_6SO_3^-$ gebildet[71], so entsteht unter Abspaltung von HSO_3^- *cyclo*-Hexaschwefel S_6 (vgl. Gleichg. (2))[72]. In

---

69 Unter „*Sulfurierung*" versteht man *allgemein* die Einführung von Schwefel in ein Molekül in irgendeiner Form. Im *speziellen* Falle des Übergangs $R_nE{-}H \rightarrow R_nE{-}SH$ spricht man auch von „*Sulfidierung*", im Falle des Übergangs $R_nE{-}H \rightarrow R_nE{-}SO_3H$ von „*Sulfonierung*".

70 Für die Umsetzung von S_6, S_7, S_8 und S_{12} mit $Ph_2(o\text{-}Tol)P$ in CS_2 bei Raumtemperatur wurde ein Geschwindigkeitsverhältnis von 10700 : 178 : 1 : 187 gefunden.

71 In saurer Lösung liegen die Polysulfansulfonate $S_nSO_3^{2-}$ in monoprotonierter Form vor.

72 Die Abspaltung von S_5 aus $HS_5SO_3^-$ unterbleibt aus Ringspannungsgründen. Bei $HS_8SO_3^-$ verläuft die S_8-Abspaltung so rasch, daß die konkurrierende Sulfurierung zu $HS_9SO_3^-$ unterbleibt. Neben den besprochenen zu S_6, S_7 und S_8 führenden Reaktionen laufen in untergeordnetem Maße noch Umsetzungen des Typs $HS_nSO_3^- + HS_{n'}SO_3^- \rightarrow H_2S_x + {}^-O_3S\text{-}S_y\text{-}SO_3^-$ ($n + n' = x + y$) ab (Näheres vgl. S. 596).

analoger Weise können die Ionen $HS_7SO_3^-$ bzw. $HS_8SO_3^-$, die sich durch weitere „Schwefelung" von $HS_6SO_3^-$ mit $S_2O_3^{2-}$ bilden, in HSO_3^- und *cyclo*-Hepta- bzw. -Octaschwefel S_7 bzw. S_8 zerfallen (2), so daß insgesamt ein Gemisch von S_6, S_7 und S_8 entsteht (Molverhältnis ca. 6 : 2 : 1)[72]. Vgl. hierzu auch Bildung und Zerfall von Polysulfiden, S. 560.

Einen Sonderfall der Sulfurierung und Desulfurierung stellt die **gegenseitige Umwandlung von Schwefelmodifikationen** dar. Die *Schwefelring-Verkleinerung* oder *-Vergrößerung* ist ein wichtiger Vorgang in Schwefelschmelzen und erwärmten Schwefellösungen ($m \lesseqgtr n$)[73]:

$$m\,S_n \rightleftarrows n\,S_m$$

Analog verändern sich viele Verbindungen RS_nR (R = anorganischer oder organischer Rest) bei erhöhter Temperatur unter *Schwefelketten-Verkürzung* oder *-Verlängerung*[73]. Die Umwandlungen könnten über *monomolekulare Ringspaltungen* bzw. *-isomerisierungen* mit sich anschließenden intra- oder intermolekularen Radikalsubstitutionen bzw. intermolekularen Übertragungen von S-Atomen oder S=S-Molekülen ablaufen (bezüglich der Bildung von S_2 aus RSeSSSeR vgl. allotrope S-Modifikationen, oben):

$$\begin{matrix} \vdots\cdots S-S \\ \vdots\quad\;\; | \\ \vdots\cdots S-S \end{matrix} \;\underset{\text{Rekombination}}{\overset{\text{Dissoziation}}{\rightleftarrows}}\; \begin{matrix} \vdots\cdots S-S\cdot \\ \vdots \\ \vdots\cdots S-S\cdot \end{matrix} \qquad \cdot S_n^{\cdot} + S_n \rightleftarrows \cdot S_{2n}^{\cdot} \rightleftarrows S_m + \cdot S_{2n-m}^{\cdot}$$

$$\begin{matrix} \vdots\cdots S-S \\ \vdots\quad\;\; | \\ \vdots\cdots S-S \end{matrix} \;\underset{\text{Isomerisierung}}{\overset{\text{Isomerisierung}}{\rightleftarrows}}\; \begin{matrix} \vdots\cdots S\diagdown \\ \vdots\qquad\; S{=}S \\ \vdots\cdots S\diagup \end{matrix} \qquad S_m{=}S + S_n \rightleftarrows S_m + S{=}S_n \quad \text{bzw.} \quad S_{m-1} + S{=}S_{n+1}$$

Beide Vorgänge erfolgen als stark endotherme Reaktionen (E_a des ersten Reaktionsschritts um 150 kJ/mol) wohl erst bei vergleichsweise hohen Temperaturen (tatsächlich konnte in flüssigem Schwefel bei 170 °C noch kein Schwefelradikal nachgewiesen werden). Die bei 150 °C und darunter erfolgenden Umlagerungen[73] wickeln sich möglicherweise auf dem Wege einer *α-Addition* unter *Ringdimerisierung* mit sich anschließender *α-Eliminierung* des intermediär gebildeten „hypervalenten" Spirosystems unter Bildung zweier kleinerer oder eines größeren Schwefelrings ab:

$$\left[\begin{matrix}S\diagdown \\ \quad S \\ S\diagup\end{matrix}\right. + \left.\begin{matrix}S \\ | \\ S\end{matrix}\right] \;\underset{\alpha\text{-Elimin.}}{\overset{\alpha\text{-Addition}}{\rightleftarrows}}\; \left[\begin{matrix}S\diagdown\;\;\diagup S \\ S \\ S\diagup\;\;\diagdown S\end{matrix}\right] \;\underset{\alpha\text{-Addition}}{\overset{\alpha\text{-Elimin.}}{\rightleftarrows}}\; \left[\begin{matrix}S \\ | \\ S\end{matrix}\right. + \left.\begin{matrix}\diagup S \\ S \\ \diagdown S\end{matrix}\right] \quad \text{bzw.} \quad \left[\begin{matrix} S\diagup S \diagdown \\ S \\ S\diagup\;\;\diagdown S\end{matrix}\right]$$

Mit letzterem Mechanismus ließe sich der Befund, daß man statt des gespannten Moleküls S_5 immer S_{10} erhält, zwanglos erklären. Entsprechendes gilt für den leicht erfolgenden Übergang von S_7 in S_6 und S_8, von RSSSR und R'SSSR' in R'SSSR oder von RSSSR in RSSR und RSSSSR (vgl. Anm. [73]). Darüber hinaus könnten auch in Spuren als Verunreinigung anwesende Nucleophile die Ringveränderungen katalysieren, z. B.:

$$Nu^- + S_7 + S_7 \rightleftarrows Nu\text{-}S_7^- + S_7 \rightleftarrows Nu\text{-}S_{14}^- \rightleftarrows Nu\text{-}S_6^- + S_8 \rightleftarrows Nu^- + S_6 + S_8\,.$$

Ein Beispiel für eine **Säure-Base-Reaktion** des elementaren Schwefels stellt die Umsetzung von S_8 mit $AgAsF_6$ zum Komplex $[Ag(S_8)_2^+]AsF_6^-$ dar, in welchem S_8 hinsichtlich Ag^+ als zweizähniger Ligand fungiert (Fig. 141 a). In analoger Weise bilden wohl *Schwefelringe* mit mehr als 8 S-Atomen derartige **Schwefelkomplexe**. Als Beispiel eines Komplexes mit einem Schwefelring, der weniger als 8 S-Atome enthält, ist in Fig. 141 b das Addukt von S_7 mit Br^+ wiedergegeben (vgl. S. 567). In seiner sauerstoffanalogen diatomaren Form bildet Schwefel mit L_nM entsprechend Fig. 141 f Komplexe mit doppelt *„end-on"* oder entsprechend Fig. 141 g, h mit einfach oder doppelt *„side-on"* verknüpften S_2-Gruppen (Verbindungen mit einfach end-on komplexierten Dischwefel (Fig. 141 e)) sind noch unbekannt. Da der SS-Abstand im Falle der S_2-Komplexe mit 2.0–2.1 Å im Einfachbindungsbereich liegt ($r_{S-S} \approx 2.08$; $r_{S=S} = 1.89$ Å), beschreibt man letztere Verbindungen vorteilhafter als Addukte aus L_nM^{2+}

---

[73] Erhitzt man S_8 oder S_7 oder S_6 in CS_2 auf 150 °C, so bildet sich ein Gemisch, das im wesentlichen nur die Modifikationen S_8, S_7 und S_6 im Gleichgewicht enthält (Halbwertszeit für die Gleichgewichtseinstellung ca. 64 min für S_8, 31 min für S_7). Bei 150 °C setzen sich andererseits die Trisulfane RSSSR und R'SSSR' (R = Ethyl, R' = Propyl) rasch zu einem Gemisch von RSSSR, R'SSSR' und R'SSSR um; langsam erfolgt zusätzlich die Bildung von Di- und Tetrasulfiden: $2R_2S_3 \rightleftarrows R_2S_2 + R_2S_4$.

und S_2^{2-}. Dementsprechend lassen sie sich in einfacher Weise aus Komplexfragmenten und Disulfid synthetisieren. In analoger Weise entstehen Komplexe L_nMS_m (vgl. z. B. Fig. 141 c, d) durch Komplexierung von Polysulfiden S_m^{2-} ($m = 3-7, 9$) und die zahlreichen Komplexe MS_n^{m-} mit „Schwefelatomen" aus $M^{(2n-m)+}$ und nS^{2-} (vgl. Anm.[74]) und bei Übergangsmetallen).

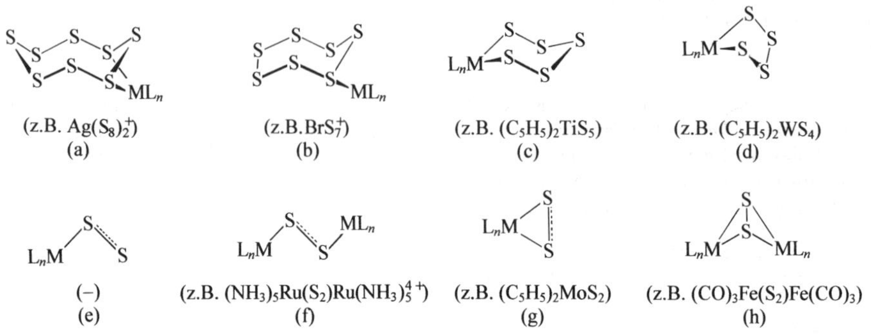

(z.B. $Ag(S_8)_2^+$) (a) | (z.B. BrS_7^+) (b) | (z.B. $(C_5H_5)_2TiS_5$) (c) | (z.B. $(C_5H_5)_2WS_4$) (d)

(–) (e) | (z.B. $(NH_3)_5Ru(S_2)Ru(NH_3)_5^{4+}$) (f) | (z.B. $(C_5H_5)_2MoS_2$) (g) | (z.B. $(CO)_3Fe(S_2)Fe(CO)_3$) (h)

Fig. 141 Schwefelkomplexe[74].

2.1.5 Schwefel in Verbindungen

In seinen Verbindungen mit elektropositiven Partnern hat Schwefel im allgemeinen die **Oxidationsstufe** -2 und liegt als ionischer bzw. kovalent gebundener Bestandteil vor (z. B. $Ba^{2+}S^{2-}$, H_2S). Es lassen sich jedoch auch andere negative Oxidationsstufen $-2/n$ verwirklichen (z. B. Na_2S_n, H_2S_n; $n > 1$). Bezüglich elektronegativen Partnern (F, Cl, Br, O, N, C) vermag Schwefel als kovalent gebundener Verbindungsbestandteil in den Oxidationsstufen 0 bis $+1$ (z. B. S_nF_2, S_nCl_2, S_nO; $n > 1$), $+2$ (SF_2, SCl_2, $S_2O_3^{2-}$), $+3$ (z. B. $S_2O_4^{2-}$), $+4$ (z. B. SF_4, SO_2), $+5$ (z. B. S_2F_{10}, $S_2O_6^{2-}$) und $+6$ (z. B. SF_6, SO_3) aufzutreten. Nur Partner besonders geringer Lewis-Basizität (Anionen der Supersäuren) stabilisieren Schwefel in kationischer Form (s. weiter unten). **Koordinationszahlen:** *Eins* (z. B. $\mathbf{C}S_2$), *zwei* (z. B. gewinkeltes S in H_2S; lineares S in $M_2\mathbf{S}$ mit $M = Cr(CO)_2(C_5H_5)$), *drei* (z. B. pyramidales S in $\mathbf{S}OCl_2$, $\mathbf{S}O_3^{2-}$; planares S in $\mathbf{S}O_3$), *vier* (z. B. tetraedrisches S in SO_2Cl_2, $\mathbf{S}O_4^{2-}$; wippenförmiges S in $\mathbf{S}F_4$), *fünf* (z. B. quadratisch-pyramidales S in $\mathbf{S}F_5^-$; $\mathbf{S}OF_4$), *sechs* (z. B. oktaedrisches S in $\mathbf{S}F_6$, Pb$\mathbf{S}$; trigonal-prismatisches S in Fe$\mathbf{S}$), *sieben* (z. B. einfach-überkappt-trigonal-prismatisches S in Ti_2S), *acht* (z. B. kubisches S in $Na_2\mathbf{S}$).

Vergleich von Schwefel mit Sauerstoff. Die Chemie des Schwefels und seiner Verbindungen unterscheidet sich in charakteristischer Weise von der seines leichteren Homologen Sauerstoff. Es seien nur vier Punkte herausgegriffen (Näheres S. 311). Das schwerere Homologe weist eine geringere Tendenz zur Ausbildung von $p_\pi p_\pi$ Bindungen auf. So entspricht der Molekülformel O_2 des Sauerstoffs etwa eine Molekülformel S_8 des Schwefels, und Kohlendisulfid S=C=S ist zum Unterschied von Kohlendioxid O=C=O bezüglich Polymerisation thermodynamisch (dagegen nicht kinetisch) instabil. Beim Schwefel besteht – anders als beim Sauerstoff – die Möglichkeit einer Schalenerweiterung durch Heranziehung

[74] **Literatur.** A. Müller, E. Diemann: „*Sulfides*" sowie „*Metallothio Anions*" in Comprehensive Coord. Chem. **2** (1987) 515–550 sowie 559–577; „*Polysulfide Complexes of Metals*", Adv. Inorg. Radiochem. **31** (1987) 89–122; A. Müller: „*Coordination Chemistry of Mo- and W-S Compounds and some Aspects of Hydrodesulfurization Catalysis*", Polyhedron **5** (1986) 323–340; A. Müller, E. Diemann, R. Jostes, H. Bögge: „*Thioanionen der Übergangsmetalle: Eigenschaften und Bedeutung für Komplexchemie und Bioanorganische Chemie*", Angew. Chem. **93** (1981) 957–977, Int. Ed. **20** (1981) 934; M. Draganjac, T. B. Rauchfuss: „*Übergangsmetallpolysulfide, Koordinationsverbindungen mit rein anorganischen Chelatliganden*", Angew. Chem. **97** (1985) 253–264, Int. Ed. **24** (1985) 742; J. Wachter: „*Synthese, Struktur und Reaktivität schwefelreicher Cyclopentadienyl Übergangsmetallkomplexe*", Angew. Chem. **101** (1989) 1645–1658, Int. Ed. **28** (1989) 1613.

von d-Orbitalen (vgl. hierzu allerdings das beim Silicium Gesagte, S. 882f) und damit zur Ausbildung von zusätzlichen Bindungen (z.B. Ozon $\ddot{O}=\ddot{O}-\ddot{O}$: im Vergleich zu Schwefeldioxid $\ddot{O}=\ddot{S}=\ddot{O}$) und zu größeren Koordinationszahlen (z. B. Sauerstoffdifluorid OF_2 gegenüber Schwefelhexafluorid SF_6). Der Schwefel weist zum Unterschied vom Sauerstoff eine ausgesprochene Tendenz zur Bildung von Elementketten auf.

So bildet Sauerstoff in der Regel nur Verbindungen mit Element-Zweierketten (H—O—O—H und Derivate) und in Ausnahmefällen instabile Verbindungen mit Dreier- und Viererketten (zB. H—O—O—O—H, F—O—O—O—O—F). Demgegenüber tritt die ausgesprochene Fähigkeit des Schwefels zur Kettenbildung außer in seinen allotropen Elementmodifikationen S_n (s. oben) bei einer Reihe von Verbindungen in Erscheinung wie z. B. den Polysulfanen R_2S_n (R = H, organischer Rest; S. 560), den Polysulfiden S_n^{2-} (s. unten), den Halogen- und Cyanopolysulfanen S_nX_2 (X = F, Cl, Br, I, CN; S. 565), den Aminopolysulfanen $S_n(NR_2)_2$ (S. 566), den niederen Schwefeloxiden S_nO und S_nO_2 (S. 573), den Polysulfanmono- und -disulfonsäuren bzw. -disulfonaten HS_nSO_3M und $S_n(SO_3M)_2$ (M = H, Alkalimetall; S. 595) sowie den Polysulfan-diphosphonsäuren $S_n(PO_3H)_2$ (S. 566). Die Schwefel-Schwefel-Bindungen sind dabei außergewöhnlich flexibel: die SS-Kernabstände variieren zwischen 1.8 und 3.0 Å (z. B. SS-Abstand in SSF_2 1.860 Å, $S_2O_3^{2-}$ 1.95 Å, H_2S_2 2.055 Å, $S_2O_6^{2-}$ 2.15 Å, $S_2O_4^{2-}$ 2.39 Å, S_8^{2+} (s. unten) 2.823 Å), der SSS-Valenzwinkel zwischen 90 und 180° (z. B. S_4^{2+} (s. unten) 90°, S_8 108°, Thiothiophthen (vgl. Lehrbücher der organischen Chemie) 180 °C), der SSSS Diederwinkel zwischen 0 und 180° (vgl. Schwefelmodifikationen) und die SS-Bindungsenergie zwischen < 50 und 430 kJ/mol (= Dissoziationsenergie von S_2).

Schwefel-Kationen[49, 75]. Vereinigt man Schwefel mit SO_3-haltiger Schwefelsäure (Oleum), so erhält man in Abhängigkeit von den Reaktionsbedingungen (Molverhältnis $SO_3 : H_2SO_4$, Umsetzungsdauer) rote, gelbe bzw. blaue Lösungen. Die Farbe geht nach Untersuchungen von R.J. Gillespie[75] auf das *rote* **Nonadecaschwefel-Dikation S_{19}^{2+}**, das *blaue* **Octaschwefel-Dikation S_8^{2+}** sowie das *blaßgelbe* **Tetraschwefel-Dikation S_4^{2+}** zurück[76]. Allerdings sind diese durch Oxidation von Schwefel mit *Schwefeltrioxid* ($2SO_3 + 2\ominus \rightarrow SO_2 + SO_4^{2-}$) gebildeten[77, 78] Schwefel-Kationen S_n^{2+} (n = 19, 8, 4) in Oleum nicht stabil und werden langsam zu SO_2 weiteroxidiert.

Auch bei der Oxidation von Schwefel mit *Peroxodisulfuryldifluorid* $S_2O_6F_2$ ($S_2O_6F_2 + 2\ominus \rightarrow 2SO_3F^-$) in Fluoroschwefelsäure HSO_3F bzw. in flüssigem Schwefeldioxid SO_2 entstehen die Schwefel-Kationen S_{19}^{2+}, S_8^{2+}, bzw. S_4^{2+}:

$$\tfrac{19}{8}S_8 \xrightarrow{+S_2O_6F_2} \underset{\textit{rot}}{S_{19}^{2+}[SO_3F^-]_2}; \quad S_8 \xrightarrow{+S_2O_6F_2} \underset{\textit{blau}^{76)}}{S_8^{2+}[SO_3F^-]_2}; \quad \tfrac{1}{2}S_8 \xrightarrow{+S_2O_6F_2} \underset{\textit{blaßgelb}}{S_4^{2+}[SO_3F^-]_2}.$$

Die Kationen zersetzen sich in der Lösung langsam (wohl als Folge einer Reaktion mit SO_3F^-; vgl. $I_2^+ SO_3F^-$, S. 451) u.a. unter Schwefelausscheidung.

Schließlich läßt sich Schwefel durch *Arsenpentafluorid* AsF_5 bzw. *Antimonpentafluorid* SbF_5 in flüssigem Fluorwasserstoff bzw. Schwefeldioxid zu den Kationen S_{19}^{2+} bzw. S_8^{2+} und durch Antimonpentafluorid bei 140 °C zum Kation S_4^{2+} oxidieren ($3AsF_5 + 2\ominus \rightarrow AsF_3 + 2AsF_6^-$; $5SbF_5 + 2\ominus \rightarrow SbF_3 + 2Sb_2F_{11}^-$). Die Salze $S_{19}(AsF_6)_2$, $S_{19}(SbF_6)_2$, $S_8(Sb_2F_{11})_2$ und $S_4(SbF_6)_2$ können nach Abtrennung von HF bzw. SO_2 in Form *roter*, *tiefblauer* bzw. *blaßgelber*, bei Raumtemperatur stabiler Kristalle isoliert werden.

---

75 **Literatur.** R.J. Gillespie, J. Passmore: „*Homopolyatomic Cations of the Elements*", Adv. Inorg. Radiochem. **17** (1975) 48–87; R.J. Gillespie: „*Ring, Cage and Cluster Compounds of the Main Group Elements*", Chem. Soc. Rev. **8** (1979) 315–352.

76 In 5%igem Oleum entsteht hauptsächlich S_{19}^{2+}, in 10–15%igem Oleum S_{19}^{2+} und S_8^{2+}, in 45–65%igem Oleum S_8^{2+} und S_4^{2+}. Darüber hinaus entstehen in geringem Umfang drei Radikal-Kationen, von denen bisher das **Pentaschwefel-Monokation S_5^+** (*blau*, planarer Bau) charakterisiert wurde. S_5^+ findet sich in allen S_8^{2+}-Salzen und ist möglicherweise für deren blaue Farbe verantwortlich.

77 Vergleiche hierzu die Umsetzung von Iod mit Oleum, S. 450. In SO_3-freier Schwefelsäure löst sich Schwefel beim Erwärmen in molekularer Form.

78 Das *blaue*, durch Reaktion von Schwefel und SO_3 erhältliche und früher als Schwefeloxid S_2O_3 angesehene Produkt ist offenbar ein Gemisch von S_8^{2+} $2HS_3O_{10}^-$ und S_4^{2+} $S_4O_{13}^{2-}$.

Im S_{19}^{2+}-Kation sind zwei gewellte S_7-Ringe teils in Sessel-, teils in Bootkonformation (vgl. Fig. 141) über eine gewinkelte S_5-Schwefelkette miteinander verbunden: $S_7—S—S—S—S—S—S_7^{2+}$. Die beiden dreibindigen Schwefelatome (Verknüpfungsstellen von Schwefelring und -kette) tragen die positiven Ladungen. Das S_8^{2+}-Kation ist analog S_8 ringförmig gebaut. Allerdings ändert sich die Ringkonformation im Zuge der Oxidation von S_8 zu S_8^{2+} dadurch, daß ein Schwefelatom von der *exo-* in die *endo*-Stellung umklappt:

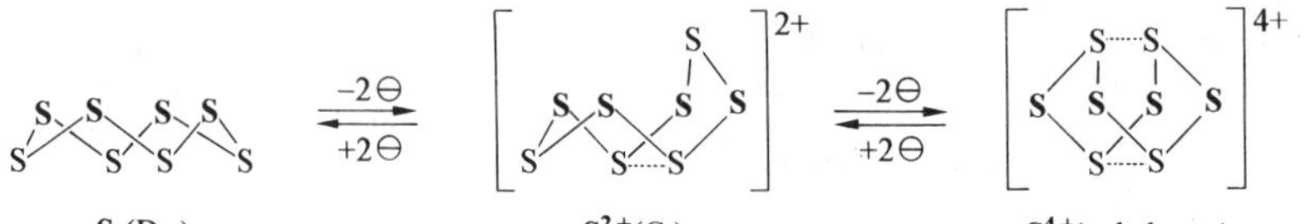

$$S_8(D_{4d}) \underset{+2\ominus}{\overset{-2\ominus}{\rightleftarrows}} S_8^{2+}(C_s) \underset{+2\ominus}{\overset{-2\ominus}{\rightleftarrows}} S_8^{4+}(\text{unbekannt})$$

Der S_8^{2+}-Ring weist einen vergleichsweise kurzen transannularen Schwefel/Schwefel-Abstand von 2.832 Å auf, der für eine schwache SS-Wechselwirkung spricht (SS-Einfachbindungsabstand 2.08 Å; SS-van-der-Waals-Abstand ca. 3.7 Å). Das Dikation S_8^{2+} nimmt strukturell eine Mittelstellung zwischen der Struktur des neutralen Schwefels S_8 und der Struktur des mit dem Tetrakation S_8^{4+} isovalenzelektronischen Schwefelnitrids S_4N_4 ein, das sich von der S_8-Kronenform durch *exo/endo*-Umwandlung zweier gegenüberliegender S-Atome ableitet (Ersatz der fettgedruckten S-Atome durch N-Atome). Tatsächlich existiert S_8^{4+} nur „depolymerisiert" in Form des S_4^{2+}-Kations, das quadratisch-planar gebaut ist (D_{4h}-Symmetrie; quasiaromatischer 6π-Vierring; das mit S_4^{2+} isovalenzelektronische S_2N_2 neigt umgekehrt zur Dimerisation zu S_4N_4). S_4^{2+} stellt das dem O_2^+ beim Schwefel entsprechende Kation dar.

Schwefel-Anionen[49, 80]. Analog Sauerstoff bildet auch Schwefel ein *farbloses Anion* $\mathbf{S^{2-}}$ (**Monosulfid(2−)** oder kurz **Sulfid**). Es liegt in den aus den Elementen in flüssigem Ammoniak leicht erhältlichen Alkalimetallsulfiden M_2S bzw. schwereren Erdalkalimetallsulfiden MS vor[81] (vgl. S. 558). Darüber hinaus existieren eine Reihe *hell-* bis *dunkelgelber Dianionen* $\mathbf{S_n^{2-}}$ (**Polysulfide(2−)** mit n = 2, 3, 4, 5, 6 usw.), die sich von Sulfid durch Anlagerung weiterer Schwefelatome an freie Sulfidelektronenpaare ableiten:

$[:\ddot{S}:]^{2-}$ *Sulfid*(2-) $[:\ddot{S}—\ddot{S}:]^{2-}$ *Disulfid*(2-) $[:\ddot{S}—\ddot{S}—\ddot{S}:]^{2-}$ *Trisulfid*(2-) $[:\ddot{S}—\ddot{S}—\ddot{S}—\ddot{S}:]^{2-}$ *Tetrasulfid*(2-) $[:\ddot{S}—\ddot{S}—\ddot{S}—\ddot{S}—\ddot{S}:]^{2-}$ *Pentasulfid*(2-)

Die Polysulfide (z. B. Na_2S_2, BaS_3, Na_2S_4, Cs_2S_5, Cs_2S_6, $(PPh_4)_2S_7$) bilden ab S_3^{2-} gewinkelte Ketten, die näherungsweise Molekülausschnitte aus den ungeladenen ring- und kettenförmigen Schwefelmodifikationen darstellen:

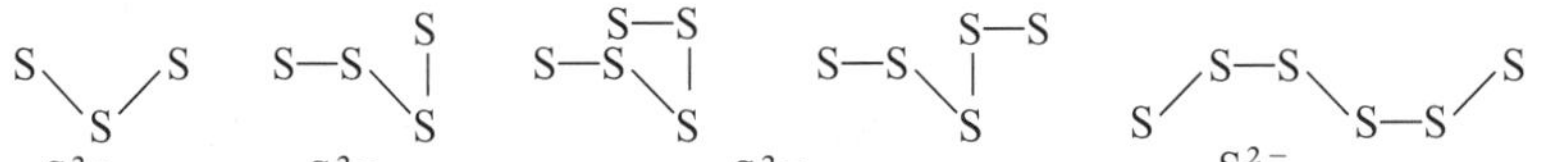

S_3^{2-} S_4^{2-} S_5^{2-} S_6^{2-}

Die SS-Abstände entsprechen Einfachbindungen (Bereich 2.01–2.15 Å) die SSS-Winkel betragen wie in den ungeladenen Schwefelmodifikationen 105–115°, die Diederwinkel ca. 76° in BaS_4, 110° (Mittelwert) in Cs_2S_6).

Die Polysulfide entstehen beim Zusammenschmelzen von Alkalimetallen bzw. Alkalimetallsulfiden mit Schwefel unter Luftausschluß bei erhöhter Temperatur oder beim Vereinigen von Schwefel mit heißen wässerigen S^{2-}-haltigen Lösungen (zum Mechanismus der Polysulfidbildung aus Sulfid und Schwefel vgl. S. 560). Die exotherme Bildung von Na_2S_n aus Natrium und Schwefel wird in der **Natrium-Schwefel-Zelle** zur *Erzeugung von Strom* genutzt[82]. Sie besteht gemäß Fig. 142 aus einem mit *flüssigem Natrium* (Smp. 98 °C) gefüllten, als Leiter für Na^+-Ionen dienenden, unten abgeschlossenen β-Al_2O_3-*Keramikrohr* (ca. 30 cm lang, 3 cm dick; Wandstärke 1.5 mm), das in *flüssigen Schwefel* (Smp. 115 °C) taucht, welcher

---

79 Mit der Elektronenabgabe wächst offensichtlich die Tendenz des Schwefels zur Ausbildung kleiner Ringe (vgl. S_5^+ Anm.[76]), S_8^{2+} (zwei kantenverknüpfte Fünfringe), S_4^{2+}.

80 **Literatur.** R. Rahman, S. Safe, A. Taylor: „*The Stereochemistry of Polysulphides*", Quart. Rev. **24** (1970) 208–237.

81 Andere Metallsulfide weisen mehr oder minder starke kovalente Bindungen zwischen den Metall- und Sulfid-Ionen auf; ihr Bau ist also nicht mehr rein ionisch.

82 **Literatur.** W. Fischer, W. Haar: „*Die Natrium-Schwefel-Batterie*", Physik in unserer Zeit **9** (1978) 184–191. Vgl. auch: J.-P. Gabano (Hrsg.): „*Lithium Batteries*", Acad. Press, London 1983.

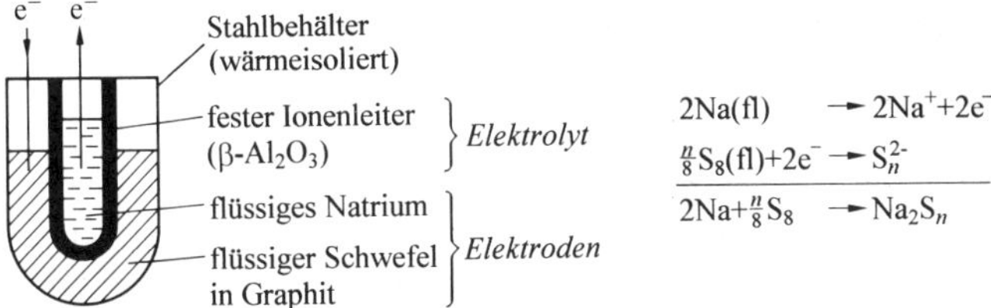

Fig. 142 Natrium-Schwefel-Zelle (schematisch).

zur Erhöhung der Leitfähigkeit in porösem Graphit eingebettet ist. 50–100 derartige durch einen *luftdichten Edelstahlbehälter* abgeschlossene Zellen sind in einem *wärmeisolierten Gehäuse* zu einer **Natrium-Schwefel-Batterie** zusammengefaßt. Während der Batterieentladung gibt Na im Sinne der in Fig. 142 wiedergegebenen Redoxgleichungen Elektronen über den externen Stromkreis an den Schwefel ab; die auf der Seite des flüssigen Natrium-Elektrolyten gebildeten Na^+-Ionen wandern zugleich durch den festen β-Al_2O_3-Elektrolyten zu den auf der Seite des flüssigen Schwefel-Elektrolyten entstandenen S_n^{2-}-Ionen. Die Zellspannung beträgt 2.08 V bei 350 °C (die hohe Betriebstemperatur gewährleistet einen raschen Durchtritt von Na^+ durch β-Al_2O_3 und den flüssigen Zustand von Na_2S_n). Zur Batterieaufladung polt man die Elektroden um, wodurch S_n^{2-}-Ionen entladen werden. Aus Leitfähigkeitsgründen überführt man allerdings das Polysulfid nicht vollständig in Schwefel, sondern nur bis zur Stufe Na_2S_n mit *n* durchschnittlich gleich 10. Auch entlädt man nur bis zur Stufe Na_2S_n mit *n* durchschnittlich gleich 5, da der Smp. für Na_2S_n mit abnehmendem *n* ansteigt. Die Natrium-Schwefel-Batterie spendet 5mal mehr Energie pro Gewichtseinheit als ein Bleiakkumulator (s. dort).

Vereinigt man Alkalimetallpolysulfide mit polaren Medien wie Aceton, Dimethylformamid, Dimethylsulfoxid oder mit Alkalimetallhalogenid-Schmelzen, so entstehen farbige Lösungen. Die Farbe geht auf die Anwesenheit von **Polysulfiden(1 −) S_n^-** zurück, nämlich auf das *gelbgrüne Disulfid(1 −)* S_2^- (entspricht O_2^- beim Sauerstoff), das *blaue Trisulfid(1 −)* S_3^- (entspricht dem Ozonid O_3^- beim Sauerstoff) sowie das *rote Tetrasulfid(1 −)* S_4^- (Stabilität $S_3^- > S_2^- > S_4^-$). Die Monoanionen entstehen in Gleichgewichtsreaktionen durch Spaltung von Dianionen:

$$S_4^{2-} \rightleftarrows 2S_2^- \qquad S_6^{2-} \rightleftarrows 2S_3^- \qquad S_8^{2-} \rightleftarrows 2S_4^-$$

gelbgrün *blau* *rot*

sowie durch gegenseitige Umwandlung der Schwefel-Monoanionen (z. B. $4S_2^- \rightleftarrows 2S_3^- + S_2^{2-}$; $S_4^- \rightleftarrows S_3^- + \frac{1}{8}S_8$). Die Schwefel-Monoanionen sind für die Farbe einiger schwefelhaltiger Mineralien verantwortlich. So verdankt etwa „*Ultramarin-Blau*" („*Lapis lazuli*", s. dort) seine blaue Farbe den in Hohlräumen des Festkörpers eingelagerten S_3^--Ionen.

Mit dem Übergang des Schwefelmoleküls S_2 in das Mono- und Dianion S_2^- und S_2^{2-} vergrößert sich der Abstand von 1.892 über 2.00 bis 2.13 Å (vgl. hierzu das bei O_2^+, O_2, O_2^- und O_2^{2-} auf S. 508 Besprochene; statt eines S_2^+-Salzes konnten bisher nur S_4^{2+}-Salze isoliert werden). Der Übergang $S_3 \rightarrow S_3^- \rightarrow S_3^{2-}$ ist mit einer SS-Abstandsverlängerung von ca. 1.9 auf 2.08 Å verbunden.

Verwendung des Schwefels. Elementarer Schwefel (Weltjahresproduktion um 50 Megatonnen) wird hauptsächlich (85–90 %) zur Herstellung von *Schwefelsäure* und deren Folgeprodukte (s. dort), darüber hinaus zur Erzeugung anorganischer und organischer *Schwefelverbindungen* (z. B. SO_2 und Folgeprodukte (s. dort), CS_2, P_2S_5, Malerfarben wie As_2S_3, Ultramarin, Insektizide, Pharmazeutika), zur *Vulkanisation von Kautschuk*, in der *Zündholzindustrie*, zur Herstellung von *Schwarzpulver, Feuerwerkskörpern*, zur *Bekämpfung von Schädlingen* u. a. m. verwendet. Auch kann er im *Straßenbau* genutzt werden (bis zu 50 %iger Asphaltersatz).

2.2 Wasserstoffverbindungen des Schwefels[49,83)]

2.2.1 Schwefelwasserstoff (Sulfan) H_2S

Vorkommen. Schwefelwasserstoff kommt in größeren Mengen im Erdöl und insbesondere im Erdgas vor. Auch entströmt er in vulkanischen Gegenden vielfach der Erde. Weiter stellt er den wichtigsten Bestandteil der „*Schwefelquellen*" (z. B. in Aachen und Bad Wiessee) dar. Schließlich bildet er sich bei der Fäulnis schwefelhaltiger organischer Stoffe (Eiweiß); so rührt z. B. der üble Geruch fauler Eier größtenteils vom Schwefelwasserstoff her.

Darstellung. Wie das Wasser kann auch der Schwefelwasserstoff aus den Elementen synthetisiert werden (S. 284)

$$H_2 + \tfrac{1}{8}S_8 \rightarrow H_2S + 20.6\,\text{kJ}\,. \qquad (1)$$

Man verfährt in der Technik dabei am besten so, daß man ein Gemisch von Schwefeldampf und Wasserstoff durch ein auf 600 °C erhitztes Glasrohr bei Gegenwart von Katalysatoren (z. B. MoS_2, Co/Mo-Oxid auf Al_2O_3) leitet. Die Energieentwicklung ist wesentlich kleiner als bei der homologen Wasserbildung (vgl. Knallgasreaktion).

Bequemer erhält man den Schwefelwasserstoff im Laboratorium dadurch, daß man ihn aus seinen Salzen (*Sulfiden*) im Kippschen Apparat mit Salzsäure in Freiheit setzt:

$$FeS + 2HCl \rightarrow FeCl_2 + H_2S\,.$$

Als Sulfid dient gewöhnlich Eisensulfid, das technisch durch Zusammenschmelzen von Eisen und Schwefel gewonnen wird. Da es meist noch etwas metallisches Eisen enthält, ist dem so bereiteten Gas etwas Wasserstoff beigemengt, was aber bei den meisten Verwendungen nicht stört. Zur Darstellung reinen Schwefelwasserstoffs verwendet man zweckmäßig Calcium-, Barium- oder Aluminiumsulfid.

Technisch fällt H_2S in riesigen Mengen bei der *Erdölentschwefelung* (S. 540) sowie bei der Förderung gewisser „saurer" Erdgase an; darüber hinaus kann Schwefelwasserstoff aus Heizgas, Kokereigas und anderen, aus Kohle hergestellten Gasen (Wassergas, Synthesegas) gewonnen werden, welche mehrere Zehntel Volumenprozente Schwefelwasserstoff enthalten. Die Abtrennung erfolgt zweckmäßig durch Lösungen schwacher Basen B, welche den Schwefelwasserstoff in der Kälte absorbieren und ihn beim Erhitzen (Umkehrung der Absorptionsreaktion) unter Regenerierung des Absorptionsmittels B wieder abgeben:

$$B + H_2S \underset{\text{Abgabe}}{\overset{\text{Absorption}}{\rightleftharpoons}} BH^+ + HS^-\,.$$

So arbeitet z. B. das „*Girbotol-Verfahren*" mit Alkanolaminen und das „*Alkazid-Verfahren*" mit Lösungen aminosaurer Salze. Der so gewonnene Schwefelwasserstoff dient hauptsächlich zur Synthese von *elementarem Schwefel* (Claus-Prozeß, s. dort), darüber hinaus zur Erzeugung von *anorganischen Sulfiden* (s. u.) und *organischen Schwefelverbindungen* (z. B. Thiophene, Thiole).

Physikalische Eigenschaften. Schwefelwasserstoff ist ein *farbloses*, „nach faulen Eiern" riechendes, stark giftiges Gas[84)], das sich leicht zu einer *farblosen* Flüssigkeit kondensieren läßt,

---

83 **Literatur.** A. V. Tobolsky (Hrsg.): „*The Chemistry of the Sulfides*", Interscience, New York 1968; T. K. Wiewiorowski: „*Das System Schwefel/Schwefelwasserstoff/Polyschwefelwasserstoff*", Endeavour **29** (1970) 9–11; ULLMANN (5. Aufl.): „*Hydrogen sulfide*", **A 13** (1989) 467–485; „*Sulfides, Polysulfides, and Sulfanes*", **A25** (1994).

84 **Physiologisches.** Der Geruch ist noch in einer Verdünnung von 1 : 100000 wahrzunehmen: Die Geruchsempfindlichkeit sinkt mit der Zeit. Die Giftigkeit von H_2S (MAK = 15 mg/m^3 ≙ 10 ppm) entspricht der von HCN. Einatmen kleinerer Mengen Schwefelwasserstoffs führt zu Schwindel, Atemnot, nervösen Erregungszuständen, Lähmung des Atemzentrums im Gehirn (H_2S bildet wie HCN ein Addukt mit dem Blutfarbstoff; Gegenmaßnahmen: künstliche Beatmung, Analeptica). Längeres Einatmen von Luft, die um 0.035% H_2S enthält, wirkt bereits lebensgefährlich, Luft mit H_2S im Prozentbereich führt in Sekunden zum Tod.

welche bei $-60.33\,°C$ siedet und bei $-85.60\,°C$ erstarrt ($d = 1.12\ g/cm^3$ beim Smp., $0.993\ g/cm^3$ beim Sdp.; kritische Daten: $T = 100.4\,°C$, $p = 85.09$ bar; $d = 0.349\ g/cm^3$). 1 Liter Wasser löst bei 0 °C 4.65 und bei 20 °C 2.61 Liter H_2S; die bei Raumtemperatur und normalem Druck entstehende Lösung (~ 0.1 m) heißt „*Schwefelwasserstoffwasser*". Flüssiger Schwefelwasserstoff H_2S ist wie flüssiges Wasser H_2O ein Lösungsmittel für zahlreiche Stoffe. Im gasförmigen H_2S (gewinkelt, C_{2v}-Symmetrie) beträgt der SH-Abstand 1.336 Å, der HSH-Winkel 92.3° (vgl. S. 547).

Chemische Eigenschaften. Thermolyse. Bei hoher Temperatur zerfällt Schwefelwasserstoff in Umkehrung seiner Bildung aus den Elementen (1) wieder weitgehend (bei 1000 °C zu etwa $\frac{1}{4}$, bei 1500 °C zu etwa $\frac{2}{3}$, bei 1700 °C zu etwa $\frac{3}{4}$) in Schwefel und Wasserstoff.

Redox-Verhalten. An der Luft entzündet, verbrennt er je nach der Luftzufuhr mit blauer Flamme zu Wasser und Schwefeldioxid oder zu Wasser und Schwefel:

$$H_2S + 1\tfrac{1}{2}O_2 \rightarrow H_2O + SO_2 \qquad H_2S + \tfrac{1}{2}O_2 \rightarrow H_2O + \tfrac{1}{8}S_8\,.$$

Die wässerige Lösung zersetzt sich an der Luft und am Licht schon bei gewöhnlicher Temperatur allmählich in dieser Weise unter Schwefelabscheidung. Will man sich daher Schwefelwasserstoff unzersetzt erhalten, so muß man es in völlig gefüllten und gut verschlossenen Flaschen im Dunkeln aufbewahren.

Schwefelwasserstoff ist sowohl im gasförmigen wie im gelösten Zustande ein mittelstarkes Reduktionsmittel (ε_0 + 0.144 in saurer, -0.476 V in basischer Lösung):

$$H_2S \rightarrow \tfrac{1}{8}S_8 + 2H \qquad \text{bzw.} \qquad S^{2-} \rightarrow \tfrac{1}{8}S_8 + 2\ominus\,.$$

So reagiert er außer mit Sauerstoff (s. u.) auch lebhaft mit Fluor, Chlor und Brom, weniger energisch mit Iod (Bildung von Halogenwasserstoff), setzt sich leicht mit Kaliumpermanganatlösung, besonders energisch mit rauchender Salpetersäure und mit Bleidioxid um und reduziert verschiedene Schwefel-Sauerstoff-Verbindungen, z. B. Schwefeldioxid (bei Gegenwart von Wasser; vgl. S. 540) oder konzentrierte Schwefelsäure (s. dort), so daß man Schwefelwasserstoff nicht mit konzentrierter Schwefelsäure trocknen kann.

Säure-Base-Verhalten. Der Schwefelwasserstoff hat in wässeriger Lösung den Charakter einer sehr schwachen zweibasigen Säure:

$$H_2S \rightleftarrows H^+ + HS^- \rightleftarrows 2H^+ + S^{2-}\,.$$

Die erste Dissoziationskonstante $K_1 = c_{H^+} \cdot c_{HS^-}/c_{H_2S}$ hat den Wert 1.02×10^{-7}, die zweite $K_2 = c_{H^+} \cdot c_{S^{2-}}/c_{HS^-}$ den Wert 1.3×10^{-13} (25 °C). Die Gesamtdissoziation wird demnach durch die Konstante $K = c_{H^+}^2 \cdot c_{S^{2-}}/c_{H_2S} = K_1 \cdot K_2 = 1.3 \times 10^{-20}$ wiedergegeben. Aus den Konstanten geht hervor, daß der Schwefelwasserstoff in 0.1 molarer Lösung zu etwa $\frac{1}{10}$% in $H^+ + HS^-$ dissoziiert ist, während der Dissoziationsgrad der Spaltung nach $H_2S \rightleftarrows 2H^+ + S^{2-}$ wegen des pH-Wertes 4 einer 0.1 molaren H_2S-Lösung (s. oben) in der Größenordnung von nur 10^{-10}% liegt (entsprechend einer Konzentration von rund 10^{-13} mol $S^{2-} \approx 10^{11}$ S^{2-}-Ionen je Liter).

Die *Brönsted-Basizität* von H_2S ist überaus klein; nur in stark saurer, nicht-wässeriger Lösung bilden sich Salze mit dem Ion H_3S^+ (pyramidaler Bau, C_{3v}-Symmetrie; z. B. $H_2S + HF/SbF_5 \rightarrow H_3S^+SbF_6^-$). Stärker ausgeprägt ist die *Lewis-Basizität*; doch kennt man von Schwefelwasserstoff wegen seiner leicht erfolgenden *Oxidation* zu Schwefel und Deprotonierung zu SH^- bzw. S^{2-} – anders als vom homologen Wasser – nur wenige **Komplexe**[85]. Beispiele sind $[AlBr_3(SH_2)]$, $[W(CO)_5(SH_2)]$, $Ru(NH_3)_5(SH_2)]^{2+}$.

[85] **Literatur.** A. Müller, E. Diemann; „*Thioethers*"; J. A. Cras, J. Willemse: „*Dithiocarbamates and Related Ligands*", U. T. Mueller-Westerhoff, B. Vance: „*Dithiolenes and Related Species*"; S. E. Livingstone: „*Other Sulfur-Containing Ligands*"; jeweils in Comprehensive Coord. Chem. **2** (1987) 551–558; 579–593; 595–631; 633–659; J. R. Dilworth, J. Hu: „*Complexes of Sterically Hindered Thiolete Ligands*", Adv. Inorg. Chem. **40** (1993) 411–459; I. Dance, K. Fisher: „*Metal-Chalcogenide Cluster Chemistry*", Progr. Inorg. Chem. **41** (1994) 637–803. Vgl. hierzu auch Anm. 74.

Letzterer Komplex (*blaßgelb*) wandelt sich in Abwesenheit von Reduktionsmitteln unter H_2-Entzug in *orangefarbenes* $[Ru(NH_3)_5(SH)]^{2+}$ um (weitere Beispiele für SH^--Komplexe: $[Cr(OH_2)_5(SH)]^{2+}$, *trans*-$[Pt(PR_3)_2(SH)_2]$; zur Bildung von S^{2-}-Komplexen aus M^{n+} und H_2S (s. unten bei Anwendung von H_2S in der Analyse).

Salze. Als zweibasige Säure bildet der Schwefelwasserstoff zwei Reihen von Salzen: *Hydrogensulfide* (*saure Sulfide*) der Formel M^IHS und *Sulfide* (*normale Sulfide*) der Zusammensetzung M^I_2S. Die Hydrogensulfide sind in Wasser alle sehr leicht löslich. Von den normalen Sulfiden lösen sich die Alkalisulfide gleichfalls leicht in Wasser; dabei erleiden sie als Salze einer schwachen Säure (s. oben) starke (in 1-molarer Lösung 24%ige) Hydrolyse gemäß

$$S^{2-} + HOH \rightleftarrows HS^- + OH^- . \qquad (2)$$

Der gleichen hydrolytischen Spaltung unterliegen die Erdalkalisulfide, Aluminiumsulfid (Al_2S_3) und Chromsulfid (Cr_2S_3). Die meisten anderen Metallsulfide sind in Wasser so wenig löslich (vgl. weiter unten), daß die hydrolytische Zersetzung ausbleibt, weil infolge der geringen Sulfidionen-Konzentration das Hydrolysegleichgewicht (2) ganz nach links verschoben ist.

Nachfolgend sei nun auf die Darstellung von Natrium-, Kalium- und Ammoniumsulfiden näher eingegangen. Andere Metallsulfide (praktisch alle Metalle bilden Sulfide) werden bei den einzelnen Metallen behandelt.

Das wasserfreie **Natriumsulfid Na_2S** (Antifluorit-Struktur; Smp. 1180 °C) wird technisch durch *Reduktion* von *Natriumsulfat* mit *Kohle* bei 700–1000 °C dargestellt:

$$Na_2SO_4 + 4C \rightarrow Na_2S + 4CO \quad \text{bzw.} \quad Na_2SO_4 + 2C \rightarrow Na_2S + 2CO_2 .$$

(Analog wird BaS aus $BaSO_4$ als Ausgangsstoff für die Darstellung von Ba-Verbindungen erzeugt.) Untergeordnet stellt man Na_2S auch durch *Reduktion* von *Natriumpolysulfiden* mit *Natriumamalgam* (z. B. $Na_2S_4 + 6\,NaHg_x \rightarrow 4\,Na_2S + 6x\,Hg$) oder durch *Neutralisation* von *Schwefelwasserstoff* dar, indem man Natronlauge mit H_2S sättigt und das so gewonnene **Natriumhydrogensulfid NaHS** mit einer äquivalenten Menge Natronlauge vermischt:

$$H_2S + NaOH \rightarrow NaHS + H_2O, \qquad NaHS + NaOH \rightleftarrows Na_2S + H_2O .$$

Na_2S ist in Wasser mit stark *alkalischer Reaktion* (2) löslich und kristallisiert aus der Lösung unterhalb von 48 °C in Form hygroskopischer, quadratischer Prismen der Zusammensetzung $Na_2S \cdot 9\,H_2O$ aus[86]. Na_2S und NaHS finden Verwendung als *Enthaarungsmittel* in der Lederindustrie, beim *Färben* in der Textilindustrie und zur *Erzflotation*, Erzeugung von *Schwefelverbindungen* sowie *Fällung von Schwermetallionen* in der chemischen Industrie.

Das **Kaliumsulfid K_2S** kann ähnlich wie Na_2S durch Sättigen von Kalilauge mit Schwefelwasserstoff und Vermischen der so gewonnenen Kaliumhydrogensulfidlösung mit einer äquivalenten Menge Kalilauge gewonnen werden. Es ist in Wasser leicht löslich und kristallisiert aus der Lösung mit 5 mol Kristallwasser[86]. An der Luft geht es wie das Natriumsulfid leicht in *Thiosulfat* über:

$$2K_2S + 2O_2 + H_2O \rightarrow K_2S_2O_3 + 2KOH .$$

Das „Kaliumsulfid" des Handels wird durch Zusammenschmelzen von Pottasche und Schwefel gewonnen. Es enthält Kaliumpolysulfide, Kaliumthiosulfat und Kaliumsulfat und heißt wegen seiner leberbraunen Farbe auch „*Schwefelleber*".

Beim Sättigen einer verdünnten wässerigen *Ammoniak*lösung mit *Schwefelwasserstoff* entsteht **Ammoniumhydrogensulfid NH_4HS**:

$$NH_3 + H_2S \rightarrow NH_4^+ + SH^- .$$

---

86 Die Hydrate von Na_2S und K_2S ($Na_2S \cdot 5H_2O$, $Na_2S \cdot 9H_2O$; $K_2S \cdot 5H_2O$) können nur unter teilweiser Zersetzung entwässert werden. Im Laboratorium erhält man wasserfreies Na_2S und K_2S am besten durch Vereinigung von Schwefel mit der äquivalenten Menge Alkalimetall (gelöst in fl. NH_3). Die Ausbeute ist dabei quantitativ, da das Metallsulfid M_2S aus dem fl. NH_3 ausfällt.

Da Ammoniak eine sehr schwache Base ist, liegt in einer H_2S-Lösung auch nach Zugabe einer zur $(NH_4)_2S$-Bildung ausreichenden NH_3-Menge ($NH_3 : H_2S = 2:1$) nur eine geringe Gleichgewichtskonzentration an Sulfid-Ionen S^{2-} vor. Die im Laboratorium für analytische Zwecke (s. unten) viel benutzte, aus 2 mol Ammoniak und 1 mol Schwefelwasserstoff gewonnene „Ammoniumsulfid"-Lösung („*farbloses Schwefelammon*") enthält also ganz überwiegend ein äquimolekulares Gemisch von NH_4HS und NH_3. Beim Stehen an der Luft färbt sich die farblose Lösung infolge Bildung von Ammoniumpolysulfiden bald *gelb* („*gelbes Schwefelammon*"):

$$S^{2-} + \tfrac{1}{2}O_2 + 2H^+ \rightarrow \tfrac{1}{8}S_8 + H_2O; \quad S^{2-} + \tfrac{n}{8}S_8 \rightarrow S_{n+1}^{2-}.$$

Rascher erhält man diese Lösung durch unmittelbares Auflösen von Schwefel in farblosem Schwefelammon. Festes **Ammoniumsulfid $(NH_4)_2S$** läßt sich durch Vermischen von 2 mol Ammoniak und 1 mol Schwefelwasserstoff bei $-18\,°C$ unter Ausschluß von Wasser als weiße Kristallmasse erhalten: $2NH_3 + H_2S \rightarrow (NH_4)_2S$. Es zerfällt bereits bei Zimmertemperatur in Ammoniak und Ammoniumhydrogensulfid, welches seinerseits leicht in Ammoniak und Schwefelwasserstoff dissoziiert (Dissoziationsdruck bei 20 °C 360 mbar):

$$(NH_4)_2S \xrightarrow{-NH_3} NH_4HS \xrightarrow{-NH_3} H_2S\,.$$

Anwendung des Schwefelwasserstoffs in der Analyse. Man benutzt die Schwerlöslichkeit der Metallsulfide in der analytischen Chemie dazu, um Metalle aus wässeriger Lösung gruppenweise zu fällen. Denn je nach der Größe des Löslichkeitsproduktes (s. dort) eines Sulfids fällt letzteres bereits in saurer Lösung („*Schwefelwasserstoffgruppe*") oder erst in basischer (ammoniakalischer) Lösung („*Schwefelammongruppe*") aus.

Aus der Dissoziationskonstante $K = \frac{c_{H^+}^2 \times c_{S^{2-}}}{c_{H_2S}} \approx 10^{-20}$ des Schwefelwasserstoffs (s. oben) geht hervor, daß die S^{2-}-Konzentration einer gesättigten Schwefelwasserstofflösung ($c_{H_2S} \sim 0.1$) in Gegenwart einer 1-molaren starken Säure ($c_{H^+} = 1$) rund 10^{-21} (entsprechend 1 S^{2-}-Ion je cm^3) beträgt. Daher lassen sich aus einer sauren Lösung vom pH-Wert 0 nur solche Metallsulfide quantitativ ausfällen, deren Löslichlichkeitsprodukt so klein ist, daß es trotz dieser minimalen S^{2-}-Konzentration noch erheblich überschritten wird. Das ist der Fall bei Arsensulfid As_2S_3 (*gelb*), Antimonsulfid Sb_2S_3 (*orangerot*), Zinnsulfid SnS (*braun*), Quecksilbersulfid HgS (*schwarz*), Bleisulfid PbS (*schwarz*), Bismutsulfid Bi_2S_3 (*braunschwarz*), Kupfersulfid CuS (*schwarz*) und Cadmiumsulfid CdS (*gelb*) („*Schwefelwasserstoffgruppe*"). So besitzt z.B. das Bleisulfid das Löslichkeitsprodukt $c_{Pb^{2+}} \times c_{S^{2-}} \approx 10^{-28}$; es fällt daher beim Einleiten von Schwefelwasserstoff in eine saure Lösung aus, sobald die Konzentration der Blei-Ionen den Wert $c_{Pb^{2+}} = 10^{-28} : 10^{-21} = 10^{-7}$ – d.h. $^1/_{10\,000\,000}$ mol Blei-Ionen je Liter – überschreitet.

Sind die Löslichkeitsprodukte relativ groß, so fallen die betreffenden Sulfide erst in basischer (ammoniakalischer) Lösung quantitativ aus, in welcher die S^{2-}-Konzentration größer ist. Das ist z.B. der Fall bei Nickelsulfid NiS (*schwarz*), Cobaltsulfid CoS (*schwarz*), Eisensulfid FeS (*schwarz*), Mangansulfid MnS (*fleischfarben*) und Zinksulfid ZnS (*weiß*) („*Schwefelammongruppe*"). So weist z.B. das Eisensulfid FeS das Löslichkeitsprodukt $c_{Fe^{2+}} \times c_{S^{2-}} \approx 10^{-19}$ auf. Es könnte daher in saurer Lösung erst bei einer – experimentell nicht erreichbaren – Eisenionen-Konzentration von $c_{Fe^{2+}} = 10^{-19} : 10^{-21} = 10^2$, also von 100 mol Eisen-Ionen je Liter, ausfallen. Setzt man aber die Wasserstoffionen-Konzentration durch Zugabe von Ammoniak ($H^+ + NH_3 \rightarrow NH_4^+$) herab, benutzt man also Ammoniumsulfid statt Schwefelwasserstoff als Fällungsmittel, so erfolgt z.B. bei einer Wasserstoffionen-Konzentration von 10^{-8} (schwach alkalische Lösung) die Ausfällung des Eisensulfids schon bei einer Eisenionen-Konzentration von $10^{-19} : 10^{-5} = 10^{-14}$, weil dann $c_{S^{2-}} = 10^{-21} : (10^{-8})^2 = 10^{-5}$ ist.

Die Löslichkeitsprodukte der Erdalkali- und Alkalimetallsulfide sind so groß, daß sie selbst in ammoniakalischer Lösung nicht mehr erreicht werden. Hier muß man andere Fällungsmittel zur Ausfällung verwenden („*Erdalkaligruppe*"; „*Alkaligruppe*").

2.2.2 Polyschwefelwasserstoffe (Polysulfane)[49] H_2S_n

Darstellung. Säuert man Lösungen von Alkalimetallpolysulfiden an, so erhält man nicht die zugrunde liegenden Polyschwefelwasserstoffe H_2S_n („*Polysulfane*"), sondern nur deren Zerfallsprodukte Schwefelwasserstoff und Schwefel (s. auch unten):

$$Na_2S_n + 2HCl \rightarrow 2NaCl + H_2S + \tfrac{n-1}{8} S_8 .$$

Läßt man aber umgekehrt die Lösung des Polysulfids unter Kühlung zu überschüssiger konzentrierter Salzsäure fließen oder zersetzt man die festen Polysulfide mit wasserfreier Ameisensäure, vermeidet man also örtliche alkalische Reaktion (infolge Hydrolyse von Na_2S_n), so scheidet sich ein gelbes „*Rohöl*" (H_2S_4, H_2S_5, H_2S_6, H_2S_7, H_2S_8) ab, das durch Hochvakuumdestillation unter milden Bedingungen (bzw. durch selektive Extraktion) teilweise in seine Bestandteile zerlegt werden kann, während bei Crackdestillation (Zersetzungsdestillation) die schwefelärmeren Glieder H_2S_2 und H_2S_3 entstehen. Einen weiteren Zugang zu Polysulfanen bietet die Umsetzung von Dichlorpolysulfanen mit der doppeltstöchiometrischen Menge Mono- bzw. Polysulfanen ($n + 2m = 6$ bis 18):

$$S_nCl_2 + 2H_2S_m \rightarrow 2HCl + H_2S_{n+2m}$$

Physikalische Eigenschaften. In reinem Zustande wurden so bis jetzt u.a. gewonnen: der *Dischwefelwasserstoff* H_2S_2[87], eine fast farblose, bewegliche, Augen und Schleimhäute stark reizende, bei 70.7 °C siedende und bei − 89.6 °C erstarrende Flüssigkeit von der Dichte 1.376 g/cm³ ($\Delta H_f = -18.1$ kJ/mol), der *Trischwefelwasserstoff* H_2S_3, eine hellgelbe, bei tiefer Temperatur farblose, kampferähnlich riechende, bei − 53 °C schmelzende und sich vor Erreichen des Siedepunktes (~ 90 °C) zersetzende Flüssigkeit der Dichte 1.491 g/cm³ ($\Delta H_f = -14.9$ kJ/mol), der *Tetraschwefelwasserstoff* H_2S_4, eine kräftig hellgelbe, stechend riechende, glasig erstarrende (Smp. ~ − 85 °C), in Benzol unbeschränkt lösliche Flüssgkeit von der Konsistenz des Olivenöls und der Dichte 1.588 g/cm³ ($\Delta H_f = -12.5$ kJ/mol), der *Pentaschwefelwasserstoff* H_2S_5, ein gelbes, sich schon bei 40 °C zersetzendes Öl der Dichte 1.660 g/cm³ ($\Delta H_f = -10.4$ kJ/mol) und der *Hexaschwefelwasserstoff* H_2S_6, ein kräftig gelbes, viskoses, etwas stechend riechendes und wie H_2S_5 glasig erstarrendes Öl der Dichte 1.699 g/cm³ ($\Delta H_f = -8.33$ kJ/mol). Alle Polysulfane lösen sich leicht in CS_2. Bezüglich der Strukturen von H_2S_n vgl. auch S. 547.

Chemische Eigenschaften. Alle Polysulfane sind bezüglich eines Zerfalls in Monosulfan und Schwefel thermodynamisch instabil (vgl. ΔH_f-Werte, oben)[88]:

$$H_2S_n \rightleftarrows H_2S + \frac{n-1}{8} S_8 . \qquad (3)$$

(Bei den zugehörigen Anionen ist umgekehrt die Bildung der Polysulfide aus Sulfid und Schwefel thermodynamisch begünstigt[89], so daß das Gleichgewicht (3) demnach in alkalischer Lösung (Vorliegen von HS_n^-, HS^- bzw. S_n^{2-}, S^{2-}) links, in saurer Lösung rechts liegt. Der Zerfall (3) ist jedoch gehemmt; infolgedessen lassen sich die Polysulfane als metastabile Verbindungen isolieren. Basen wirken als Zersetzungskatalysatoren, weshalb alle Polysulfane durch Alkalilaugen heftig zersetzt werden. Die Empfindlichkeit der Verbindungen gegenüber Alkali ist dabei so groß, daß sie nur in Polyethylenflaschen oder in Glasgefäßen gewonnen und aufbewahrt werden können, deren Innenwände zuvor durch Behandlung mit Säure auch von Spuren Alkalihydroxid befreit worden sind.

Mechanistisch erfolgt die Bildung von Polysulfiden und der Zerfall von Polysulfanen in wässerigem Milieu analog dem auf S. 550 diskutierten Schwefelkettenauf- und -abbau im Zuge nucleophiler Substitutionen des Typs: $HS^- + S_8 \rightleftarrows HS_9^-$; $HS_9^- + S_8 \rightleftarrows HS_{17}^-$; $HS_9^- + HS_9^-$ (H_2S_9) $\rightleftarrows HS_n^- + HS_m^-$ (H_2S_m) ($n + m = 18$); $HS_n^- + S_8 \rightleftarrows HS_{8+n}^-$ usw. (analog den Monoanionen wirken die zugehörigen Dianionen). Auf dem Wege von links nach rechts bilden sich die Polysulfide, während auf dem umgekehrten Wege Polysulfane – nach Überführung katalytischer Mengen in Hydrogenpolysulfide – zerfallen (nach vollständiger Deprotonierung werden die Polysulfane thermodynamisch stabil, s. oben).

---

[87] Die Molekülgestalt von H_2S_2 entspricht der von H_2O_2 (C_2-Symmetrie). Der SS-Abstand beträgt 2.055 Å, der SH-Abstand 1.327 Å; die beiden HS-Hälften sind um 90.6° gegeneinander verdreht, der SSH-Winkel beträgt 91.3°.

[88] Dementsprechend gehen die niederen Glieder beim Behandeln mit festem Schwefel nicht in schwefelreichere Verbindungen über. Wegen des nur schwach exothermen Charakters läßt sich (3) durch Energiezufuhr umkehren und infolgedessen H_2S beim Auflösen in flüssigem Schwefel zu Polysulfanen „aufschwefeln".

[89] ΔH_f für S_n^{2-} in wässeriger Lösung: + 33.1 (S^{2-}), + 30.1 (S_2^{2-}), + 26.0 (S_3^{2-}), + 23.0 (S_4^{2-}), + 21.4 kJ/mol (S_5^{2-}).

Auch Basen wie *Sulfit* SO_3^{2-} oder *Cyanid* CN^- zersetzen Polysulfane: $(n-1)SO_3^{2-} + H_2S_n \rightarrow (n-1) S_2O_3^{2-} + H_2S$; $(n-1)CN^- + H_2S_n \rightarrow (n-1)SCN^- + H_2S$. Erstere Reaktion läßt sich zur quantitativen Bestimmung von H_2S_n nutzen (gravimetrische Bestimmung von gefälltem CdS, iodometrische Bestimmung von Thiosulfat). Mechanistisch erfolgt der *Kettenabbau* durch nucleophilen Angriff von SO_3^{2-} bzw. CN^- am Polysulfan im Sinne des auf S. 550 Besprochenen. Bezüglich Reaktionen von Sulfanen mit Chlorsulfanen S_nCl_2 siehe bei letzteren.

Salze, Komplexe. Zur *Bildung* von Alkali- und Erdalkalimetallpolysulfiden[90] sowie zur *Struktur* der Polysulfid-Ionen S_n^{2-} in derartigen Salzen vgl. S. 484, zur *Hydrolyse* der Polysulfide s. oben. Die *Reduktionswirkung* der Polysulfide S_n^{2-} ist etwas kleiner als die des Sulfid-Ions S^{2-} in Wasser (ε_0 für S^{2-} -0.48, für S_2^{2-} -0.43, für S_3^{2-} -0.39, für S_4^{2-} -0.36, für S_5^{2-} -0.34 V; vgl. Natrium-Schwefel-Batterie, S. 554).

Polysulfid-Anionen S_n^{2-} können als *Chelatbildner* auftreten. Erwähnt sei hier etwa der schon seit 1903 bekannte Komplex $(NH_4)_2\,PtS_{15}$, dessen Anion PtS_{15}^{2-} – wie 64 Jahre später festgelegt werden konnte – gemäß $Pt^{IV}(S_5)_3^{2-}$ aus drei PtS_5-Sechsringen (Sesselkonformation) mit gemeinsamem, oktaedrisch insgesamt von sechs S-Atomen umgebenem Pt-Atom aufgebaut ist und der durch Cyanid bei 60 °C zu $Pt^{II}(S_5)_2^{2-}$ reduziert werden kann. In entsprechender Weise enthalten die Komplexe Cp_2MoS_2 ($Cp = C_5H_5$), $[Mo_2(S_2)_6]^{2-}$ *dreigliederige* MS_2-Ringe, Cp'_2TiS_3 ($Cp' = C_5Me_5$) einen nicht ebenen *viergliederigen* MS_3-Ring, Cp_2MS_4 (M = Mo, W), $[M(S_4)_2]^{2-}$ (M = Ni, Pd, Zn, Hg), $[Sn(S_4)_3]^{2-}$ nicht ebene *fünfgliederige* MS_4-Ringe, Cp_2MS_5 (M = Ti, V) $[Rh(S_5)_3]^{3-}$ sesselkonformierte *sechsgliederige* MS_5-Ringe, $[M(S_6)_2]^{2-}$ (M = Zn, Cd, Hg) *siebengliederige* MS_6-Ringe, $(Me_3P)_2MS_7$ (M = Ru, Os) *achtgliederige* MS_7-Ringe und $[MS_9]^-$ (M = Ag, Au) *zehngliederige* MS_9-Ringe (Chelatbildner: S_n^{2-} mit $n = 2-7, 9$; vgl. Fig. 141 auf S. 552).

2.3 Halogenverbindungen des Schwefels[49,91]

Wie aus Tab. 58 hervorgeht, bildet Schwefel **Halogenide** der Formeln $\mathbf{SX_n}$ (n = 2, 4, 6). Außerdem kennt man noch Verbindungen $\mathbf{S_2X_n}$ (n = 2, 4, 10) mit einer *Dischwefelgruppe* sowie Verbindungen $\mathbf{S_nX_2}$ ($n > 2$) und $\mathbf{S_3F_m}$ (m = 4, 6) mit *längeren Schwefelketten*. Die Darstellung der Schwefelhalogenide (Strukturen s. unten) erfolgt durch *Halogenierung* von S_8 ($\rightarrow S_2X_2$ bis SX_6), *Dehalogenierung* von S_2Cl_2 ($\rightarrow S_nCl_2$) sowie *Halogenidierung* von S_nCl_2 ($\rightarrow S_nX_2$), S_8 ($\rightarrow S_nF_2$) bzw. SCl_4 ($\rightarrow S_nF_4$). Von *technischer* Bedeutung sind S_2Cl_2, SCl_2, SF_4 und SF_6. Stabilität. Die Affinität des Schwefels zu den Halogenen sowie die Bildungstendenz höherer Oxidationsstufen nimmt mit steigender Masse des Halogens ab. Demgemäß sind selbst „hohe" Fluoride exotherme und „niedrige" Iodide endotherme Verbindungen (Tab. 58); auch sinkt der maximale Halogengehalt der bei Raumtemperatur isolierbaren Halogenide in Richtung der Iodide: SF_6, SCl_2, S_2Br_2, SI_0 (bei tiefen Temperaturen sind zusätzlich SCl_4, SBr_2, S_2I_2, aber nicht SCl_6, SBr_4, SI_2 isolierbar). Die Halogenide S_2X_2 haben hinsichtlich benachbarter Oxidationsstufen eine etwas erhöhte Stabilität (Tab. 58), weshalb sich die Halogenide S_nX_2 in S_8 sowie S_2X_2, die Halogenide SX_2 in S_2X_2 und X_2 (bzw. SF_4) umwandeln.

Schwefel bildet darüber hinaus **Halogenidoxide** der Formel $\mathbf{SOX_2}$ („*Thionylhalogenide*", isoliert mit X = F, Cl, Br) sowie $\mathbf{SO_2X_2}$ („*Sulfurylhalogenide*", isoliert mit X = F, Cl, Br). Sie werden als Derivate der Schwefligen und Schwefelsäure $SO(OH)_2$ und $SO_2(OH)_2$ (Ersatz von OH durch X) bei diesen Säuren (S. 580 und 588) zusammen mit anderen Sauerstoff/Halogen-Verbindungen des Schwefels (z. B. SOF_4) besprochen. Bezüglich der Verbindungen $\mathbf{SO_3X_2}$ (Konstitution X—O—SO_2X', isoliert mit X' = F und X = F, Cl, Br, I) vgl. S. 466.

2.3.1 Schwefelfluoride

Dischwefeldifluorid $\mathbf{S_2F_2}$ (Tab. 58) kommt in zwei verschiedenen, isomeren, gasförmigen For-

90 Z. B. Na_2S_2 (Smp. 484 °C), K_2S_3 (292 °C), BaS_3 (554 °C), Na_2S_4 (294 °C), K_2S_4 (ca. 145 °C), Na_2S_5 (255 °C), K_2S_5 (211 °C), K_2S_6 (196 °C).

91 **Literatur.** J. W. George: „*Halides and Oxyhalides of the Elements of Groups Vb and VIb*", Progr. Inorg. Chem. **2** (1960) 33–107; F. Seel: „*Lower Sulfur Fluorides*", Adv. Inorg. Radiochem. **16** (1974) 297–333; D. Naumann: „*Fluor und Fluorverbindungen*", Steinkopff, Darmstadt 1980, S. 50–60; W. C. Smith: „*Chemie des Schwefeltetrafluorids*", Angew. Chemie **74** (1962) 742–751; ULLMANN (5. Aufl.): „*Sulfur Halides*", **A25** (1994); K. Seppelt: „*Fluorstabilisierte Schwefel-Kohlenstoff-Mehrfachbindung*", Angew. Chem. **103** (1991) 399–413; Int. Ed. **30** (1991) 361.

Tab. 58 Schwefelhalogenide

a)	Verbindungstypus		Fluoride		Chloride	Bromide	Iodide
⩽ +1	–	S_nX_2 ($n > 2$) **Polyschwefel-dihalogenide** (Dihalogen-polysulfane)	S_nF_2 *Hellgelbe* Öle (bisher nur S_3F_2/S_4F_2-Gemische)		S_nCl_2 *Gelbe* bis *orangerote* Öle (isoliert bis $n = 8$)	S_nBr_2 *Tiefrote* Öle (isoliert bis $n = 8$)	S_nI_2 Nur in Lösung; zersetzlich ΔH pos.
+1	–	S_2X_2 **Dischwefel-dihalogenide** (Dihalogen-disulfane)	FSSF $\xrightarrow[\text{(Kat.)}]{>-50\,°C}$ *Farbl.* Gas Smp. −133 °C Sdp. + 15 °C ΔH_f ≈ −370 kJ	SSF_2 *Farbl.* Gas −164.6 °C − 10.6 °C −385 kJ	ClSSCl[b)] *Gelbe* Fl. Smp. −76.5 °C Sdp. +137.1 °C ΔH_f = −58.2 kJ	BrSSBr[b)] *Tiefrote* Fl. Smp. −46 °C Sdp. +57 °C (0.22 Torr)	ISSI *Dunkelbraune* Substanz Zers. > −31 °C
+2	SX_2 **Schwefel-dihalogenide** (Dihalogen-sulfane)	S_2X_4 **Dischwefel-tetrahalogenide**	SF_2[c)] $\underset{}{\overset{\times 2}{\rightleftarrows}}$ *Farbl.* Gas sehr zersetzlich ΔH_f = −298 kJ	$FSSF_3$[d)] *Farblose* Fl. Smp. −98 °C Sdp. +39 °C −663 kJ	SCl_2 *Rote* Fl. Smp. −122 °C Sdp. +59.6 °C ΔH_f = −49.4 kJ	SBr_2[c)] Instabil (intermediär aus $SCl_2 + 2HBr$) ΔH um 0	–
+3	–	S_2X_6 **Dischwefel-hexahalogenide**		– [f)]	–	–	–
+4	SX_4 **Schwefel-tetrahalogenide** (Tetrahalogen-sulfurane)	S_2X_8 **Dischwefel-octahalogenide**	SF_4 *Farbloses* Gas Smp. −121.0 °C Sdp. −40.4 °C ΔH_f ca. −762 kJ	– [g)]	SCl_4 [h)] *Farblose* Subst. Zers. > −30 °C	SBr_3^+ Gegenionen: AsF_6^-, SbF_6^-	–
+5	–	S_2X_{10} **Dischwefel-decahalogenide**		F_5SSF_5 *Farblose* Fl. Smp. −52.7 °C Sdp. 26.7 °C	–	–	–
+6	SX_6 **Schwefel-hexahalogenide** (Hexahalogen-persulfurane)	–	SF_6 *Farbloses* Gas Smp. −50.8 °C (u. Druck) Sblp. −63.8 °C ΔH_f = −1220 kJ		SF_5Cl *Farbloses* Gas Smp. −64 °C Sdp. −19.1 °C ΔH_f = −1049 kJ	SF_5Br *Farbloses* Gas Smp. −79 °C Sdp. +3.1 °C	–

a) Oxidationsstufen. **b)** Es existieren auch **ClSSF** (*farblose* Flüssigkeit; Smp. −96 °C, Sdp. 96 °C) und **ClSSBr**. **c)** Es existieren auch **Thiohypofluorige Säure HSF** (fest bei −60 °C, instabil bei Raumtemperaturen; erzeugbar bei −60 °C gemäß: $H_2S + XeF^+ + SbF_6^- \rightarrow H_2SF^+SbF_6^- + Xe \rightarrow HSF + HF + SbF_5 + Xe$) und **Thiohypobromige Säure HSBr** (erzeugbar in $HCCl_3$ gemäß: $Br_2 + H_2S \rightarrow HBr + HSBr$; isoliert als Salz $NH_4^+SBr^-$). **d)** Es existieren auch ein **Trischwefelhexafluorid S_3F_6** (s. dort) und ein **Trischwefeltetrafluorid S_3F_4** = $FSSSF_3$ (Smp. −62 °C; Sdp. 94 °C, extrap.). **e)** Es existiert **$ClSSF_3$**. **f)** In Form von $FSSF_5$ oder F_3SSF_3 denkbar. **g)** In Form von F_3SSF_5 denkbar. **h)** Es existieren auch **SCl_3F**, **SCl_2F_2** und **$SClF_3$**.

men vor: als ein dem Thionylfluorid OSF_2 entsprechendes, thermodynamisch beständiges **Thiothionylfluorid SSF_2** (a) (C_S-Symmetrie) und als ein dem Disauerstoffdifluorid FOOF entsprechendes, thermodynamisch in bezug auf SSF_2 (b) (C_2-Symmetrie) unbeständiges **Difluordisulfan FSSF**:

(a) (b)

Der SS-Abstand (vgl. Tab. 59) spricht in beiden Fällen für das Vorliegen einer Doppelbindung (z. B. SS-Abstand in S_2: 1.887 Å, ber. für die SS-Einfachbindung: 2.08 Å). Die hohe SS-Bindungsverstärkung in FSSF läßt sich u. a. durch Wechselbeziehungen im Sinne von [$F^-\ddot{S}{=}\ddot{S}F^+ \leftrightarrow F\ddot{S}{-}\ddot{S}F \leftrightarrow F\ddot{S}{=}\ddot{S}^+F^-$] erklären. Der SF-Abstand (Tab. 59) entspricht in beiden Fällen einer Einfachbindung (ber. für Einfachbindung: 1.68 Å).

Tab. 59 Strukturparameter von Di- und Monoschwefeldihalogeniden

S_2X_2	r_{SS}[Å]	r_{SX}[Å]	∢ SSX	∢ XSSX	SX_2	r_{SX}[Å]	∢ XSX
S_2F_2(g)[a]	1.888	1.635	108.3°	87.9°	SF_2 (g)	1.59	98.2°
S_2Cl_2(g)	1.931	2.057	108.2°	84.8°	SCl_2(f)	2.00	103°
S_2Br_2(g)	1.98	2.24	105°	83.5°			

a) FSSF. Für SSF_2 wurde gefunden: $r_{SS} = 1.860$ Å, $r_{SF} = 1.598$ Å, ∢ SSF = 107.5°, ∢ FSF = 92.5°.

„*Thiothionylfluorid*" SSF_2 entsteht durch Umsetzung von verdünnt gasförmigem S_2Cl_2 mit KF bei 140–145 °C bzw. HgF_2 bei 20 °C und reagiert entsprechend seiner Konstitution mit HF gemäß $SSF_2 + 2HF \rightarrow H_2S + SF_4$, bei der Oxidation mit NO_2 gemäß $SSF_2 + 3O \rightarrow SO_2 + OSF_2$. „*Difluordisulfan*" FSSF läßt sich durch Eintragen von AgF in geschmolzenen Schwefel bei 125 °C, sofortiges Abschrecken des entstehenden Gasgemisches in flüssiger Luft und Fraktionierung im Hochvakuum oder durch Überleiten von verdünnt gasförmigem S_2Cl_2 über AgF bei Raumtemperatur gewinnen. Es reagiert zum Unterschied von SSF_2 mit NO_2 unter Bildung von Nitrosyl-fluorosulfat $NO^+SO_3F^-$. Beide Verbindungen werden von Natronlauge zu F^- und $S_2O_3^{2-}$ zersetzt (mit Wasser Bildung von S_8, HF, $H_2S_nO_6$).

Im gefrorenen Zustande ist FSSF in Glasgefäßen tagelang haltbar; bei −60 bis −50 °C bildet sich in Anwesenheit von NaF gemäß $FSSF + F^- \rightleftarrows FSSF_2^- \rightleftarrows F^- + SSF_2$ ein Isomerengemisch ungefähr gleich großer Mengen von FSSF und SSF_2, welches sich oberhalb −50 °C unter reversibler Einstellung eines temperaturabhängigen Gleichgewichts zunehmend in SSF_2 verwandelt (oberhalb 0 °C nur SSF_2). In Ni-, Au- und Pt-Gefäßen ist reines, HF-freies FSSF auch bei Raumtemperatur lange Zeit beständig; bei Anwesenheit von SSF_2 erfolgt jedoch beschleunigte Umwandlung in das thermodynamisch stabilere SSF_2, ebenso bei Erwärmung. SSF_2 ist seinerseits bezüglich SF_4 thermodynamisch instabil; die Disproportionierung $2SSF_2 \rightarrow \frac{3}{8}S_8 + SF_4$ erfolgt jedoch aus kinetischen Gründen selbst bei 250 °C nicht, in Anwesenheit von Katalysatoren wie BF_3 jedoch rasch.

Im Falle des erwähnten Gemischs $FSSF/SSF_2$ könnte es sich um **Tetraschwefeltetrafluorid $FSSSSF_3$** handeln, gebildet durch β-Addition von FSSF an SSF_2. Für die Möglichkeit einer derartigen Addition spricht die Verbindung **Trischwefeltetrafluorid $FSSSF_3$**, die sich durch Cokondensation von SF_2 und SSF_2 bei tiefen Temperaturen bildet (bei höheren Temperaturen Zerfall nach 1. Reaktionsordnung gemäß: $3S_3F_4 \rightarrow SF_4 + 4SSF_2$; $\tau_{1/2} = 4.5$ h bei Raumtemperatur).

Durch die Einwirkung von gasförmigem Schwefel auf AgF lassen sich höhere Homologe von FSSF – nämlich **Difluortrisulfan S_3F_2** und **Difluortetrasulfan S_4F_2** – im Gemisch als hellgelbes, schwerflüchtiges Öl gewinnen, das sich thermisch leicht zersetzt (→ Schwefel, SSF_2, FSSF).

Schwefeldifluorid SF_2 (Tab. 58, 59) existiert entsprechend seiner Formel als *Monomeres* („*Monoschwefeldifluorid*"), darüber hinaus als *Dimeres* $(SF_2)_2 = S_2F_4$ („Dischwefeltetrafluorid") und *Trimeres* $(SF_2)_3 = S_3F_6$ („Trischwefelhexafluorid"). „*Schwefeldifluorid*" SF_2 („*Difluorsulfan*") entsteht durch Halogenaustausch beim Überleiten von SCl_2-Dampf bei Drücken < 25 mbar über KF (170 °C), HgF_2 (150 °C) bzw. AgF (Raumtemperatur) neben anderen Schwefelhalogeniden (S_2F_2, SF_4, S_2ClF, S_2ClF_3), von denen es abgetrennt werden muß. Eine weitere gute Darstellungsmöglichkeit besteht in der Fluorierung von COS mit F_2. Gasförmiges SF_2 (gewinkelt, C_{2v}-Symmetrie; vgl. Tab. 58, 59)[92] ist nur in verdünntem Zustand und nur in Abwesenheit von Zersetzungskatalysatoren (z. B. HF, BF_3, PF_5, Metallfluoride) kurzzeitig beständig (Zerfallshalbwertszeit in Edelstahlgefäßen bei einem Druck von 13 mbar etwa 4 Stdn.). Die summarisch nach Gleichung (4) erfolgende Zersetzung verläuft dabei über das Di- und Trimere von SF_2 auf folgendem Wege:

$$2SF_2 \rightleftarrows S_2F_4 + 67\,\text{kJ} \quad (1)$$

$$S_2F_4 + SF_2 \rightleftarrows S_3F_6 \quad (2)$$

$$S_3F_6 \rightarrow SSF_2 + SF_4 \quad (3)$$

$$3SF_2 \rightarrow SSF_2 + SF_4 + 253\,\text{kJ} \quad (4)$$

[92] Dem Schwefel kommen in $\ddot{S}X_2$, $:SF_4$ bzw. SF_6 vier, fünf bzw. sechs σ- und *n*-Elektronenpaare zu, was eine tetraedrische, trigonal-bipyramidale bzw. oktaedrische Orientierung der Elektronenpaare (vgl. VSEPR-Modell sowie das Mehrzentren-Bindungsmodell (S. 361) bedingt.

„*Dischwefeltetrafluorid*" S_2F_4 bildet sich in einer temperatur- und druckabhängigen Gleichgewichtsreaktion (1) durch SF_2-Dimerisierung (ber. Gleichgewichtszusammensetzung bei 25 °C und einem Gesamtdruck von 13 mbar: 35 Mol-% SF_2, 65 Mol-% S_2F_4). Die Gleichgewichtseinstellung wird allerdings durch die vergleichbar rasch erfolgenden, zu den SF_2-Zersetzungsprodukten SSF_2 und SF_4 führenden Umsetzungen (2) und (3) gestört. Das sich von SF_4 (s. unten) strukturell durch Austausch eines äquatorialen Fluoratoms durch eine SF-Gruppe ableitende $S_2F_4 = F_3S{-}SF$ (C_1-Symmetrie; Tab. 58) entsteht außer nach (1) auch bei der schonenden Fluorierung von Schwefel mit F_2 neben SSF_2, SF_4 und SF_6 und verbleibt nach Abdestillieren letzterer Schwefeltrifluoride bei − 78 °C in reiner Form als farblose Flüssigkeit. S_2F_4 zersetzt sich auf dem Wege über das Spaltprodukt SF_2 nach $3S_2F_4 \rightarrow 2SSF_2 + 2SF_4$.

Die Dimerisierung von Schwefeldifluorid (1) stellt eine α-Additionsreaktion von SF_2 an SF_2, die Spaltung von S_2F_4 in zwei Moleküle SF_2 eine α-Eliminierung dar, wobei beide Reaktionen als Orbitalsymmetrie-erlaubte Vorgänge (S. 399) konzertiert (synchron) verlaufen können:

$$SF_2 \underset{(1)}{\overset{\pm :SF_2}{\rightleftharpoons}} F_3S{-}SF \underset{(2)}{\overset{\pm :SF_2}{\rightleftharpoons}} F_3S{-}S{-}SF_3 \xrightarrow{(3)} SF_4 + SSF_2$$

In analoger Weise wie SF_2 vermag sich auch ClSF (Zwischenprodukt der Fluoridierung von SCl_2) an SF_2 unter α-Addition zu lagern (→ $ClSSF_3$).

„*Trischwefelhexafluorid*" S_3F_6 (mögliche Konstitution $F_3S{-}S{-}SF_3$) bildet sich im Zuge der Zersetzung von SF_2 (4) nur als Reaktionszwischenstufe, da die bei tiefen Temperaturen durch Cokondensation von SF_2 und S_2F_4 auf dem Wege (2) im Zuge einer α-Addition erhältlichen Verbindung leicht auf dem Wege (3) unter β-Eliminierung zerfällt. Letztere Reaktion ist nicht reversibel, d.h. eine β-Addition von SF_4 an SSF_2 erfolgt – anders als die β-Addition von SF_2 an SSF_2 (s. oben) – nicht.

Schwefeltetrafluorid SF_4 (Tab. 58) ein farbloses, erstickend riechendes, sehr toxisches Gas, wird im Laboratorium zweckmäßig durch Umsetzung von Schwefeldichlorid mit Chlor und Natriumfluorid in Acetonitril bei 70–80 °C ($SCl_2 + Cl_2 + 4NaF \rightarrow SF_4 + 4NaCl$; in Cl_2-Abwesenheit: $3SCl_2 + 4NaF \rightarrow S_2Cl_2 + SF_4 + 4NaCl$) und in der Technik durch Fluorierung von Schwefel oder geeigneten niederwertigen Schwefelverbindungen (z.B. S_nCl_2) gewonnen. Eigenschaften. Die in Stahlflaschen erhältliche Verbindung ist sehr hydrolyseempfindlich ($SF_4 + 2H_2O \rightarrow SO_2 + 4HF$). Sie wirkt als schwache Lewissäure und bildet z.B. 1 : 1-Addukte mit organischen Basen wie Triethylamin oder Pyridin und mit Alkalifluoriden MF (Bildung von Komplexen $M[SF_5]$ mit dem SF_5^--Ion (isoster mit ClF_5)). Darüber hinaus wirkt SF_4 als F^--Donor gegenüber starken Lewissäuren wie PF_5, AsF_5, SbF_5, BF_3 (Bildung von $[SF_3]^+[EF_{n+1}]^-$ mit dem SF_3^+-Ion (isoster mit PF_3)). Schließlich läßt sich SF_4 zu S(VI)-Derivaten oxidieren (z.B. $+F_2 \rightarrow SF_6$; $+ClF \rightarrow SF_5Cl$; $+O_2$ in Anwesenheit von $NO_2 \rightarrow OSF_4$).

Die 4 Fluoratome des „wippenförmigen" Tetrafluorids SF_4 besetzen zwei axiale und zwei äquatoriale Plätze des pseudo-trigonal-bipyramidalen Schwefels (C_{2v}-Symmetrie; vgl. Tab. 46 auf S. 318)[92]. Die SF-Abstände betragen im *gasförmigen* SF_6 1.643 (axial) bzw. 1.542 Å (äquatorial), die FSF-Winkel 173.1° (axial) bzw. 101.6° (äquatorial). In *flüssigem* Schwefeltetrafluorid liegen über Fluorbrücken assoziierte SF_4-Moleküle vor. Bei gewöhnlichen Temperaturen unterliegen die Fluoratome des SF_4 schnellen intramolekularen Austauschprozessen (vgl. Pseudorotation, S. 758).

SF_4 hat in neuerer Zeit als Fluoridierungsmittel Verwendung erlangt, z.B. zur Fluoridierung der Ketogruppe: $>C{=}O + SF_4 \rightarrow\ >CF_2 + O{=}SF_2$, oder zur Fluoridierung anorganischer Oxide, Sulfide oder Carbonyle (z.B. $I_2O_5 + 5SF_4 \rightarrow 2IF_5 + 5SOF_2$).

Schwefelhexafluorid SF_6 (Tab. 58) das wie die isoelektronischen Ionen PF_6^- und AlF_6^{3-} oktaedrisch gebaut ist (O_h-Symmetrie; SF-Abstand = 1.561 Å), bildet sich unter starker Wärmeentwicklung durch unmittelbare Vereinigung der Elemente: $\frac{1}{8}S_8 + 3F_2 \rightarrow SF_6 + 1220$ kJ. Zur Abtrennung von gleichzeitig gebildeten anderen Schwefelfluoriden wird das Reaktionsgas im Zuge der technischen Darstellung zunächst auf 400 °C erhitzt ($S_2F_{10} \rightarrow SF_4 + SF_6$) und dann mit Laugen gewaschen ($SF_4 + 6OH^- \rightarrow SO_3^{2-} + 4F^- + 3H_2O$). Es erfolgt schließlich eine Druckdestillation. Eigenschaften. SF_6 ist ein farbloses und geruchloses, nicht entzündbares ungiftiges und wasserunlösliches Gas hoher Dichte (5.1 mal dichter als Luft), das auffallenderweise chemisch fast so *indifferent* wie Stickstoff ist. So kann es z. B. mit Wasserstoff erhitzt werden, ohne daß Fluorwasserstoff entsteht. Schmelzende Alkalihydroxide, heißer Chlorwasserstoff, überhitzter Wasserdampf von 500 °C und selbst Sauerstoff in einer elektrischen Entladung zersetzen es nicht. Natrium kann in SF_6-Gas geschmolzen werden, ohne daß seine Oberfläche infolge NaF-Bildung blind wird; erst beim Siedepunkt (881.3 °C) wird es von SF_6 angegriffen[93]. Angegriffen wird SF_6 jedoch von Natrium in flüssigem Ammoniak (→ Na_2S, NaF) sowie von Schwefelwasserstoff (→ S_8 + HF). Verwendung. SF_6 wird auf Grund seines inerten Verhaltens und seiner hervorragenden Isolatoreigenschaften als Dielektrikum in Hochspannungsanlagen, elektrischen Geräten, Transformatoren usw., als Schutzgas über Metallschmelzen, als Löschmittel, zur Wärmedämmung und Geräuschdämpfung genutzt.

„*Schwefelhexachlorid*" SCl_6 und „*-hexabromid*" SBr_6 gibt es nicht, wohl aber **Schwefelchloridpentafluorid SF_5Cl** (Tab. 58) und **Schwefelbromidpentafluorid SF_5Br** (Tab. 58). Die Halogenide (C_{4v}-Symmetrie) entstehen bei der Umsetzung äquimolekularer Mengen SF_4 und ClF bei 375 °C im Druckgefäß bzw. BrF bei 100 °C. Beide Reaktionen werden durch CsF katalysiert (Umsetzung bereits bei Raumtemperatur bzw. 90 °C). Als Zwischenstufe tritt dabei wohl die Verbindung $CsSF_5$ auf ($CsF + SF_4 \rightarrow CsSF_5$), die mit ClF (man verwendet auch Cl_2) bzw. BrF gemäß $CsSF_5 + XF \rightarrow SF_5X + CsF$ weiterreagiert. Die Verbindungen SF_5X (X = Cl, Br) sind wesentlich reaktiver als SF_6 und werden von Alkalien (SF_5Br bereits durch Wasser) schnell *hydrolysiert*: $SF_5X + 8OH^- \rightarrow SO_4^{2-} + 5F^- + X^- + 4H_2O$[94]. Beim *Erwärmen* auf 400 °C (X = Cl) bzw. auf 150 °C (X = Br) oder beim Bestrahlen mit UV-Licht zerfallen diese Schwefelhalogenide über SF_5-Radikale gemäß $2SF_5X \rightarrow SF_4 + SF_6 + X_2$. Mit *Sauerstoff* reagieren sie bei Bestrahlung zu $F_5S—O—SF_5$ (Smp. − 118 °C, Sdp. + 31 °C) und $F_5S—O—O—SF_5$ (Smp. − 95.4 °C, Sdp. + 49.4 °C). Letztere Verbindung vermag mit SF_4 unter Bildung von $F_5S—O—SF_4—O—SF_5$ zu reagieren. (Ein weiteres *Sauerstoffderivat von* SF_6, $F_5S—OF$ (Smp. − 86.0 °C, Sdp. − 35.1 °C) entsteht durch Fluorierung von $F_4S{=}O$ bzw. $F_2S{=}O$.) Man kennt auch F_5SOH; F_5SOOH und F_5SNR_2 (anders als SF_6 läßt sich Me_2NSF_5 mit AsF_5 in fl. SO_2 in ein Kation überführen: $Me_2NSF_4^+$ AsF_6^-; es enthält trigonal-bipyramidalen Schwefel mit Me_2N in äquatorialer Stellung).

Dischwefeldecafluorid S_2F_{10} (Tab. 58). Als Nebenprodukt bei der Einwirkung von Fluor auf Schwefel entsteht ein Fluorid S_2F_{10}, dessen Darstellung am besten durch die photochemische Reaktion von SF_5Cl (s. oben) mit H_2 gemäß

$$2SF_5Cl + H_2 \rightarrow S_2F_{10} + 2HCl$$

erfolgt. S_2F_{10}, ein sehr giftiges Gas (MAK-Wert = 0.25 mg/m³ ≙ 0.025 ppm), ist im Sinne von $F_5S—SF_5$ aus zwei quadratisch-pyramidalen SF_5-Gruppen mit Schwefel in der Basisfläche aufgebaut; die über eine lange S—S-Bindung (2.21 Å; ber. für Einfachbindung 2.08 Å) miteinander verknüpften Pyramiden sind gegeneinander um 45° verdreht (D_{4d}-Symmetrie). S_2F_{10} (hydrolysestabil) ist reaktionsfähiger als SF_6. Entsprechend der langen SS-Bindung zerfällt es leicht in zwei SF_5-Radikale und reagiert deshalb mit Cl_2, Br_2 bzw. N_2F_4 zu SF_5Cl, SF_5Br bzw. $SF_5—NF_2$. Bei 150 °C zerfällt es in $SF_4 + SF_6$.

2.3.2 Schwefelchloride, -bromide, -iodide

Polyschwefeldihalogenide S_nX_2 („*Dihalogenpolysulfane*"; Tab. 58) leiten sich von den Polysulfanen H_2S_n (s. dort) durch Austausch der Wasserstoffatome gegen Halogenatome ab und besitzen die Struktur gewinkelter Ketten (höchstwahrscheinlich spiralig gewunden wie in μ-Schwefel; vgl. hierzu S. 545 und 547). Man erhält die **Polyschwefeldichloride S_nCl_2**, wenn man S_2Cl_2 bei hoher Temperatur (400 bis 900 °C) mit H_2 im Abschreckrohr behandelt. Dichlorpolysulfane *bestimmter Kettenlänge* lassen sich durch Kondensation von Polysulfanen mit Dichlorpolysulfanen im Molverhältnis **1** : > **2** gemäß dem Schema

$$ClS_y\!:\!Cl + H\!:\!S_x\!:\!H + Cl\!:\!S_yCl \rightarrow S_{x+2y}Cl_2 + 2HCl$$

gewinnen ($x = 1–4$; $y = 1, 2$; $x + 2y = n = 3 - 8$)[91].

[93] Die geringe Reaktivität von SF_6 ist auf *kinetische* (koordinative Sättigung, sterische Hinderung) und nicht auf *thermodynamische* Faktoren zurückzuführen. So sollte z.B. die Reaktion mit Wasser gemäß $SF_6 + 3H_2O(g) \rightarrow SO_3(f) + 6HF\ (fl)$ + ca. 400 kJ stark exotherm sein.

[94] Die erhöhte Reaktivität im Vergleich zu SF_6 beruht darauf, daß die SX-Bindung schwächer ist als die SF-Bindung und daß das X-Atom infolge seiner Fähigkeit zur Betätigung von d-Orbitalen für einen Angriff nucleophiler Teilchen zur Verfügung steht. So erfolgt etwa die Hydrolyse von SF_5Cl auf dem Wege: $SF_5Cl + OH^- \rightarrow SF_5^- + ClOH \rightarrow SF_4 + F^- + ClOH$; $SF_4 + 6OH^- \rightarrow SO_3^{2-} + 4F^- + 3H_2O$; $SO_3^{2-} + ClOH \rightarrow SO_4^{2-} + HCl$.

Die Dichlorpolysulfane S_nCl_2 (einzeln isoliert bis $n = 8$)[95a] stellen gelbe bis orangerote, stark lichtbrechende, ölige Flüssigkeiten von beißendem, aufdringlichem Geruch dar, welche zum Zerfall in Schwefel und S_2Cl_2 neigen und von Wasser zu HCl, Schwefel und einem Gemisch verschiedener Schwefelsauerstoffsäuren hydrolysiert werden. Durch Kondensation von S_nCl_2 mit Polysulfanen im Molverhältnis **1 : 1** lassen sich in sehr verdünnter etherischer Lösung gezielt allotrope Schwefelmodifikationen darstellen (S. 545). Die Kondensation mit Polysulfanen im Molverhältnis > **2 : 1** führt zu höheren Polysulfanen. Als weitere Kondensationsreaktionen seien etwa genannt: die zu *Bis(amino)polysulfanen* $S_n(NR_2)_2$ führende Umsetzung von S_nCl_2 mit R_2NH, die zum *Schwefelimid* S_7NH führende Umsetzung von S_7Cl_2 mit NH_3 (vgl. Schwefelnitride), die zu *Nonathionsäure* ($H_2S_9O_6 = HO_3S—S_7 - SO_3H$ führende Umsetzung von $HS—SO_3H$ mit S_5Cl_2 (vgl. Schwefelsauerstoffsäuren) sowie die zu *Polysulfandiphosphonsäuren* $H_2O_3P—S_n—PO_3H_2$ führende Umsetzung von Monothiophosphorsäure H_3PO_3S mit S_nCl_2 ($n = 5-10$). Erwähnt sei schließlich auch die Umsetzung von Polyschwefeldichloriden mit Quecksilberdithiocyanat $Hg(SCN)_2$ in $HCCl_3$ bzw. CS_2, die zu farblos bis grüngelben *Polyschwefeldicyaniden* $S_n(CN)_2$ führt: $S_nCl_2 + Hg(SCN)_2 \rightarrow S_{n+2}(CN)_2 + HgCl_2$.

Bei der Behandlung definierter Polyschwefeldichloride mit HBr bei Raumtemperatur entstehen die **Polyschwefeldibromide S_nBr_2** (isoliert bis $n = 8$) als zersetzliche (→ Schwefel + S_2Br_2), dunkel- bis himbeerrote, ölige Flüssigkeiten, bei der Umsetzung von S_nCl_2 mit KI die sehr instabilen (→ Schwefel + I_2), bisher nur in Lösung erhaltenen **Polyschwefeldiiodide S_nI_2** (Tab. 58).

Schwefelhalogenide S_2X_2 und SX_2 (Tab. 58, 59). **Dischwefeldichlorid S_2Cl_2** („*Dichlordisulfan*", „*Chlorschwefel*"; *gauche*-Struktur analog FSSF mit C_2-Symmetrie[95b]) entsteht als orangegelbe, an feuchter Luft rauchende, toxische Flüssigkeit von widerlichem, stechendem und zu Tränen reizendem Geruch, wenn man trockenes Chlor in geschmolzenen Schwefel bei ca. 240 °C leitet; (MAK-Wert von $S_2Cl_2 = 6\ mg/m^3 \mathrel{\hat{=}} 1$ ppm). Durch weitere Einwirkung von Chlor wird S_2Cl_2 bei Raumtemperatur langsam (in Tagen), in Anwesenheit von katalytischen Mengen $FeCl_3$ oder I_2 rasch in **Schwefeldichlorid SCl_2** („*Dichlorsulfan*"; gewinkelte Struktur analog SF_2 mit C_{2v}-Symmetrie)[92], eine rote, ebenfalls an Luft rauchende, toxische und nach Chlor riechende Flüssigkeit verwandelt (insbesondere S_2Cl_2 wird in der Technik in großen Mengen gewonnen):

$$\tfrac{1}{4}S_8 + Cl_2 \rightarrow S_2Cl_2 + 58.2\ kJ; \qquad S_2Cl_2 + Cl_2 \rightleftarrows 2SCl_2 + 40.6\ kJ.$$

Unter normalen Bedingungen enthält SCl_2 immer etwas Chlor, das sich zusammen mit S_2Cl_2 im Gleichgewicht mit SCl_2 befindet. Durch Entfernung von Cl_2 (z.B. durch Abziehen bei vermindertem Druck) läßt sich das Gleichgewicht auf die linke Seite verschieben und somit SCl_2 in S_2Cl_2 überführen. Spuren von PCl_5 hemmen die Gleichgewichtseinstellung, so daß SCl_2 in Anwesenheit von 0.1 % PCl_5 bei Atmosphärendruck destillierbar wird.

Die reversible Chlorierung von S_2Cl_2 erfolgt wahrscheinlich auf dem Wege einer α-Addition von Cl_2 an S_2Cl_2 mit sich anschließender α-Eliminierung von SCl_2 aus dem gebildeten Zwischenprodukt: $ClS—SCl + Cl_2 \rightleftarrows Cl_3S—SCl \rightleftarrows 2SCl_2$ (vgl. S. 402). In analoger Weise entsteht wohl S_2Cl_2 aus Schwefel und Chlor durch eine Folge von α-Additionen und α-Eliminierungen des Typus $—S—S—S—S— + Cl_2 \rightleftarrows —S—SCl_2—S—S \rightleftarrows —S—SCl + ClS—S—$ (Schwefel-Schwefel-Bindungen werden von Chlor bereits bei Raumtemperatur angegriffen; demgemäß läßt sich S_2Cl_2 durch Reaktion von Chlor mit Schwefel, gelöst in S_2Cl_2, bereits bei Raumtemperatur gewinnen). Während flüssiges SCl_2 Spuren von S_2Cl_2 und Cl_2 aufweist ($2SCl_2 \rightarrow S_2Cl_2 + Cl_2$), enthält flüssiges S_2Cl_2 ca. 1 % SCl_2 und S_3Cl_2 ($2S_2Cl_2 \rightleftarrows SCl_2 + S_3Cl_2$), gebildet nach: $ClSSCl + ClSSCl \rightleftarrows ClSSCl_2SSCl \rightleftarrows ClSCl + ClSSSCl$.

Die Chloride SCl_2 und S_2Cl_2 werden von Natronlauge unter Bildung von Chlorid und Thiosulfat zersetzt: $2SCl_2 + 6OH^- \rightarrow 4Cl^- + S_2O_3^{2-} + 3H_2O$; $2S_2Cl_2 + 6OH^- \rightarrow 4Cl^- + S_2O_3^{2-} + \tfrac{3}{8}S_8 + 3H_2O$ (mit Wasser Bildung von S_8, HCl, $H_2S_nO_6$; vgl. S. 591). Sulfane reagieren mit SCl_2 bzw. S_2Cl_2 zu Polyschwefeldichloriden (s. dort), Fluorid zu SF_2, S_2F_2 bzw. SF_4 (s. dort), Bromide zu S_2Br_2 (s. unten), NH_3 zu Schwefelnitriden (S. 600). Die Oxidation von SCl_2 führt zu $SOCl_2$ bzw. SO_2Cl_2 (S. 580, 585), die Fluorierung zu SF_4 bzw. SF_6.

95a Bildungsenthalpien ΔH_f: S_3Cl_2 − 51.9; S_4Cl_2 − 42.7; S_5Cl_2 − 36.8; S_6Cl_2 − 29.3; S_7Cl_2 − 22.2; S_8Cl_2 − 14.7 kJ/mol; Dichten: S_3Cl_2: 1.744; S_4Cl_2: 1.777; S_5Cl_2: 1.802; S_6Cl_2: 1.822 S_7Cl_2: 1.84; S_8Cl_2: 1.85 g/cm³.

95b Zum Unterschied von den zwei S_2F_2-Formen kommt unter Normalbedingungen nur eine S_2Cl_2-Form (ClSSCl) vor. Bei der Blitzlichtphotolyse von ClSSCl in einer Tieftemperaturmatrix bildet sich jedoch isomeres $SSCl_2$ (ΔH_f ca. 10 kJ/mol).

Dischwefeldichlorid vermag große Mengen Schwefel zu lösen, wobei in geringem Ausmaß Polyschwefeldichloride S_nCl_2 entstehen, und findet daher beim Vulkanisieren des Kautschuks Verwendung. Darüber hinaus wird S_2Cl_2 wie auch SCl_2 zur Herstellung von anorganischen Schwefelverbindungen (z. B. $SOCl_2$, SF_4) sowie für Sulfidierungs- und Chlorierungsreaktionen genutzt. Schwefeldichlorid addiert sich leicht an organischen Doppelbindungen und bildet etwa mit $CH_2{=}CH_2$ das früher als Kampfstoff genutzte Senfgas $S(CH_2CH_2Cl)_2$.

Analog S_2Cl_2 bildet sich **Dischwefeldibromid S_2Br_2** (Tab. 58, 59) aus Brom und Schwefel als granatrote, ölige, Glas nicht benetzende Flüssigkeit. Auch bei der Umsetzung von S_2Cl_2 sowie SCl_2 mit HBr entsteht S_2Br_2. Letztere Reaktion verläuft über **Schwefeldibromid SBr_2** (Tab. 58) als instabiles Zwischenprodukt, das sich gemäß $2SBr_2 \rightleftarrows S_2Br_2 + Br_2$ rasch in Brom und Dischwefeldibromid zersetzt. **Dischwefeldiiodid S_2I_2** (Tab. 58) läßt sich durch Umsetzung von S_2Cl_2 mit HI in CCl_4 bei Raumtemperatur oder besser durch Umsetzen von HI mit S_2Cl_2 in Freon bei $-78\,°C$ als oberhalb $-30\,°C$ langsam in Schwefel (insbesondere S_6, S_7, S_8; vgl. S. 544) und Iod zerfallender Festkörper gewinnen. Ein **Schwefeldiiodid SI_2** existiert nicht; beständig sind jedoch Derivate RSI mit sperrigen Gruppen R wie Ph_3C.

Während sich Iodid mit Schwefel nicht umsetzt, bilden beide Partner in SbF_5-, SbF_5/AsF_3- bzw. AsF_5/SO_2-Lösungen die Verbindungen $[S_7I]^+[SbF_6^-]$, $[S_{14}I_3]^{3+}[SbF_6^-]_3 \cdot 2AsF_3$ bzw. $[S_2I_4]^{2+}[AsF_6^-]_2$, welche die **Schwefel-Iod-Kationen S_7I^+** (c) (es existiert auch S_7Br^+, vgl. S. 552), **$S_{14}I_3^{3+}$** (d) bzw. **$S_2I_4^{2+}$** (e) enthalten. Letzteres Ion (SbF_6^--Salz; C_{2v}-Symmetrie) stellt formal ein Addukt von Triplett-S_2 ($r_{ss} = 1.887$ Å) mit zwei Radikalkationen I_2^+ ($r_{II} = 2.56$ Å) dar, wobei offensichtlich unter Betätigung der mit je einem Elektron besetzten π-Orbitale von I_2^+ sowie von S_2 (π_x^* und π_y^*) Zweielektronen-Vierzentrenbindungen geknüpft werden (vgl. I_4^{2+}, S. 551).

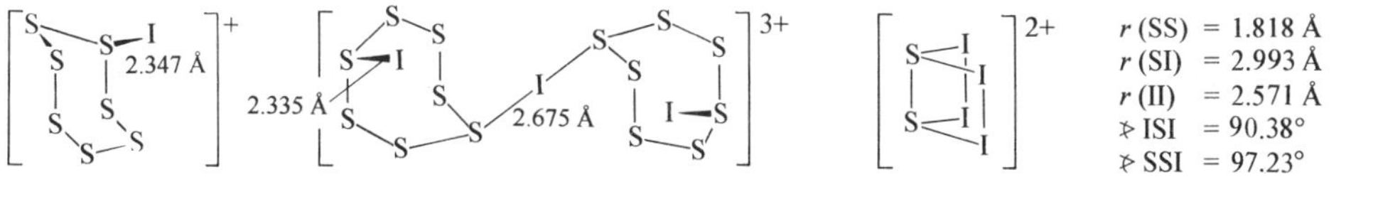

(c) (d) (e)

Schwefeltetrahalogenide (Tab. 58). Das sich beim Einwirken von flüssigem Chlor auf Schwefeldichlorid bei $-78\,°C$ nach $SCl_2 + Cl_2 \rightleftarrows SCl_4$ bildende **Schwefeltetrachlorid SCl_4** ist nur bei tiefen Temperaturen beständig und zerfällt beim Erwärmen wieder in Schwefeldichlorid und Chlor. Die Verbindung liegt im Festzustand wohl in ionogener Form als $SCl_3^+Cl^-$ vor (pyramidales SCl_3^+-Ion, isoster mit PCl_3). Die hydrolyseempfindliche Verbindung ($SCl_4 + 2H_2O \rightarrow SO_2 + 4HCl$) bildet mit Lewissäuren MX_n Salze mit dem pyramidalen SCl_3^+-Ion (z. B. $SCl_4 + AlCl_3 \rightarrow [SCl_3]^+[AlCl_4]^-$). Ein **Schwefeltetrabromid SBr_4** existiert nicht. Zugänglich sind aber Salze mit dem pyramidalen SBr_3^+-Ion, die etwa bei der Einwirkung von Brom auf Schwefel in MF_5/SO_2-Lösung (M = As, Sb) entstehen: $\frac{1}{4}S_8 + 3Br_2 + 3MF_5 \rightarrow 2SBr_3^+ 2MF_6^- + MF_3$ (in analoger Weise bilden sich Salze $SCl_3^+\ MF_6^-$, während im Falle der I_2/S_8-Reaktion nur die Kationen (c), (d) und (e) erhalten werden; die Reaktion $2SI_3^+ \rightarrow S_2I_4^{2+} + I_2$ ist also exotherm). Darüber hinaus existiert ein aus S_8, Br_2 und AsF_5 in flüssigem SO_2 gewinnbares Kation $S_3Br_3^+$, das im Sinne von $SBr_2(S_2Br)^+$ ein Derivat von SBr_3^+ darstellt (Ersatz eines Br-Atoms durch die SSBr-Gruppe).

2.4 Oxide des Schwefels[49, 96)]

Schwefel bildet *niedermolekulare* **Oxide** der Zusammensetzung **SO_m** ($m = 1, 2, 3, 4$), **S_nO** ($n = 2, 5–10$) und **S_nO_2** ($n = 2, 7$) sowie *hochmolekulare* Oxide der Formel **$(S_nO)_x$** und **$(SO_{3-4})_x$**, wie aus Tab. 60 hervorgeht, in der die Oxide nach steigender Oxidationsstufe des Schwefels angeordnet sind[96)]. Unter ihnen sind *Schwefeldioxid* SO_2 sowie *Schwefeltrioxid* SO_3 seit langem bekannt und technisch außerordentlich wichtig. *Schwefelmonoxid* SO, *Schwefeltetraoxid* SO_4, *Dischwefelmonoxid* S_2O und *Dischwefeldioxid* S_2O_2 stellen nur instabile Reaktionszwischenprodukte dar. Die Schwefeloxide mit Schwefel in den Oxidationsstufen < 4 bezeichnet man auch als „*niedere Schwefeloxide*".

Monomeres **Schwefeltetraoxid SO_4** unbekannter Konstitution bildet sich bei der Reaktion von SO_3 mit atomarem Sauerstoff (z. B. photolytisch aus O_3) bei 15–78 K in inerter Matrix (Konstitution wahrscheinlich $SO_2(O_2)$ mit pyramidalem S). Die in allen Farben schimmernden, oberhalb 15 °C in SO_3 und

96 **Literatur.** P. W. Schenk, R. Steudel: „*Oxides of Sulphur*" in G. Nickless (Hrsg.): „*Inorganic Sulphur Chemistry*", Elsevier, Amsterdam 1968; R. Steudel: „*Homocyclic Sulfur Oxides*", Comments Inorg. Chem. **1** (1982) 313–327; „*The Lower Oxides of Sulphur and Related Organic Sulfoxides*", Phosphorus and Sulphur **23** (1985) 33–64; Ullmann (5. Aufl.): „*Sulfur dioxide*"; „*Sulfuric Acid and Sulfur trioxide*", **A25** (1994).

Tab. 60 Schwefeloxide[97)]

Oxidations-stufe	Monoschwefeloxide SO_m Formel	Name	Di- und Polyschwefeloxide S_nO_m Formel	Name
< +1	–	–	S_nO [a)] S_nO_2 [a)]	**Polyschwefelmonoxide** **Polyschwefeldioxide**
+1	–	–	S_2O	**Dischwefelmonoxid** Dischwefel(I)-oxid
+2	SO	**Schwefelmonoxid** Schwefel(II)-oxid	S_2O_2	**Dischwefeldioxid** Dischwefel(II)-oxid
+4	SO_2	**Schwefeldioxid** Schwefel(IV)-oxid	–	–
+6	SO_3	**Schwefeltrioxid** Schwefel(VI)-oxid	S_3O_9	**Trischwefelnonaoxid** Trimeres Schwefel(VI)-oxid $(SO_3)_3$
+6[b)]	SO_4	**Schwefeltetraoxid** Peroxoschwefel(VI)-oxid	$(SO_{3-4})_n$	**Polyschwefelperoxide** Peroxopolyschwefel(VI)-oxide

a) Man kennt bisher: S_5O, S_6O, S_7O, S_8O, S_9O, $S_{10}O$, S_7O_2 sowie $(S_nO)_x$ (*n* und *x* variabel). **b)** Die Verbindungen enthalten Peroxogruppen —O—O— mit der Oxidationsstufe −1 (statt wie sonst −2) des Sauerstoffs.

O_2 zerfallenden, O—O-Gruppen-haltigen **Polymerengemische $(SO_{3-4})_x$** entstehen als Produkte der Einwirkung einer stillen elektrischen Entladung auf SO_2/O_2- bzw. SO_3/O_2-Gemische. Ihre Hydrolyse führt zu H_2SO_4, H_2SO_5, H_2O_2 und O_2. Das früher als **S_2O_3** angesprochene, z. B. aus S_8 und SO_3 zugängliche „Schwefeloxid" ist tatsächlich ein Gemisch aus „Schwefel"-Sulfaten (u. a. $S_8^{2+}2HS_3O_{10}^-$, $S_4^{2+}S_4O_{13}^{2-}$; vgl. S. 553). **S_2O_4** existiert nicht. Auch **S_2O_5** ist bis jetzt unbekannt; ein Oxid dieses Typs läßt sich aber bei den höheren Homologen des Schwefels, dem Selen (s. dort) und Tellur (s. dort), gewinnen. Bezüglich der **Schwefelhalogenidoxide** vgl. S. 580, 588.

2.4.1 Schwefeldioxid SO_2

Darstellung. Technisch wird Schwefeldioxid in großen Mengen durch *Verbrennen von Schwefel* (bzw. Schwefelwasserstoff) sowie durch *Erhitzen schwefelhaltiger Erze* wie z. B. Pyrit FeS_2 im Luft- oder Sauerstoffstrom dargestellt:

$$\tfrac{1}{8}S_8 + O_2 \rightarrow SO_2 + 297.03\,\text{kJ}, \quad 2FeS_2 + 5\tfrac{1}{2}O_2 \rightarrow Fe_2O_3 + 4SO_2 + 1655\,\text{kJ}.$$

Die Wärmeentwicklung ist bei dem letztgenannten „*Röstprozeß*" (s. dort) so groß, daß einmal brennende Sulfide von selbst weiterbrennen. Auch durch *Reduktion von Schwefeltrioxid* mit *Schwefel* in An- oder Abwesenheit von konzentrierter Schwefelsäure bildet sich SO_2: $2SO_3 + \tfrac{1}{8}S_8 \rightarrow 3SO_2$.

Bei der Verbrennung von Kohle und Heizöl, die stets geringe Mengen (bis einige Prozente) Schwefel in Form von Verbindungen enthalten, entsteht giftiges SO_2, das auf diese Weise – unerwünschterweise (S. 526) – in großen Mengen in die Luft gelangt, wobei in Städten Konzentrationen von 0.1 ppm erreicht werden können. Die *Entfernung* von SO_2 aus Verbrennungsgasen der Feuerungsanlagen (**„Rauchgas-Entschwefelung"**) kann (i) durch SO_2-*Absorption* in Wasser, Ammoniak, organischen Aminen, Lösungen von Alkali- und Erdalkalihydroxiden sowie von Salzen schwacher Säuren (z. B. $CaCO_3$, Na_2CO_3, Na_2SO_3, Na-citrat), (ii) durch SO_2-*Umwandlung* in Schwefelsäure an Aktivkohle, (iii) durch SO_2-*Druckkondensation* (5 bar) bei der Temperatur des flüssigen Ammoniaks erfolgen. In der Regel leitet man dem nach oben strömenden Rauchgas eine Suspension fein gemahlenen *Kalkes* entgegen und oxidiert das gebildete Calciumsulfit ($CaCO_3 + SO_2 \rightarrow CaSO_3 + CO_2$) an gleicher oder anderer Stelle mit Luft bei pH-Werten von 4.8–5.3 zu Gips ($CaSO_3 + \tfrac{1}{2}O_2 \rightarrow CaSO_4$), der – suspendiert in Wasser – abfließt und nach seiner Aufbereitung in der Bauindustrie verwendet wird. Bezüglich weiterer Einzelheiten zur Rauchgas-Reinigung vgl. S. 694.

Im Laboratorium gewinnt man Schwefeldioxid als Anhydrid der Schwefligen Säure H_2SO_3 am bequemsten durch Entwässern der letzteren:

$$H_2SO_3 \rightarrow H_2O + SO_2,$$

indem man in käufliche, 40- bis 50%ige konzentrierte Natriumhydrogensulfitlösung ($NaHSO_3$) konzentrierte Schwefelsäure ($NaHSO_3 + H_2SO_4 \rightarrow H_2SO_3 + NaHSO_4$) als wasserentziehendes Mittel eintropfen läßt.

Statt von Schwefliger Säure kann man auch von Schwefelsäure ausgehen, indem man konzentrierte Schwefelsäure durch Erhitzen mit Kupfer zur Schwefligen Säure reduziert:

$$H_2SO_4 + Cu \rightarrow CuO + SO_2 + H_2O\,.$$

Physikalische Eigenschaften. Schwefeldioxid ist ein *farbloses, stechend riechendes*, giftiges, nicht brennbares und die Verbrennung nicht unterhaltendes, korrodierendes Gas. Es läßt sich leicht zu einer farblosen Flüssigkeit verdichten, die bei $-10.02\,°C$ siedet und bei $-75.48\,°C$ zu weißen Kristallen erstarrt ($d = 1.46\ g/cm^3$ beim Smp.; kritische Temperatur: 157.2 °C, kritischer Druck: 78.7 bar). Die Verdampfungsenthalpie ist sehr hoch und beträgt beim Siedepunkt 25.0 kJ/mol = 389 kJ/kg SO_2; daher tritt beim Verdunsten von flüssigem Schwefeldioxid eine bedeutende Temperaturerniedrigung ein, wovon man früher in Kältemaschinen Gebrauch gemacht hat.

In *Wasser* ist Schwefeldioxid leicht löslich: 1 Volumen Wasser löst bei 0 °C rund 80, bei 20 °C rund 40 Volumina SO_2. Es bildet bei 0 °C ein Clathrat $SO_2 \cdot 5.75\,H_2O$, das sich bei 7 °C zersetzt. *Flüssiges Schwefeldioxid* ist ein ausgezeichnetes *Lösungsmittel* für viele anorganische und organische Stoffe und kann daher für solche Umsetzungen angewandt werden, die im wässerigen System wegen Hydrolysezersetzung nicht durchführbar sind. Viele anorganische Salze leiten in SO_2-Lösung den elektrischen Strom ähnlich gut wie in Wasser, sind also wie in diesem elektrolytisch dissoziiert.

Struktur. Das SO_2-Molekül (isoelektronisch mit ClO_2^-) ist wie das O_3-, S_2O- und S_3-Molekül *gewinkelt* (a) (C_{2v}-Symmetrie). Dieser Bau ergibt sich auch aus dem Elektronenabstoßungs-Modell (VSEPR-Modell; s. dort). Der OSO-Winkel entspricht mit 119.5° dem eines sp^2-hybridisierten Schwefelatoms (zum Vergleich: O_3 116.8°, S_2O 118.0°), der SO-Bindungsabstand mit 1.432 Å dem einer *SO-Doppelbindung* (ber. für Einfachbindung 1.70 Å, für Doppelbindung 1.50 Å). Dem kurzen SO-Abstand in SO_2 entsprechend, ist die *SO-Dissoziationsenergie* mit 288 kJ/mol vergleichsweise hoch (zweite Dissoziationsenergie: 524 kJ/mol). Als mögliche Erklärung für die kurze SO-Bindung kann die Betätigung von d-Orbitalen des Schwefels an der SO-Bindung diskutiert werden (Ausbildung von $d_\pi p_\pi$-Bindungen). Der gewinkelte Bau von SO_2 (18 Valenzelektronen) sowie die kurzen SO-Bindungen folgen allerdings auch aus einer MO-Betrachtung ohne Einbeziehung von d-Orbitalen (vgl. S. 353). Die für die *Reaktivität* des SO_2-Moleküls maßgebenden *Grenzorbitale*, das oberste elektronenbesetzte und unterste elektronenleere Molekülorbital (HOMO und LUMO; s. dort), sind das $\sigma_{\pi*}$-MO (b) und π^*-MO (c) (vgl. S. 355).

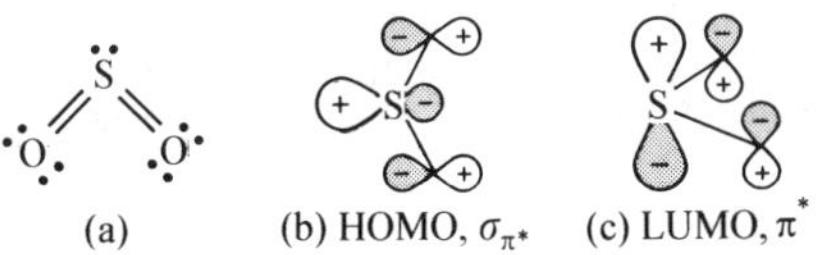

(a) (b) HOMO, $\sigma_{\pi*}$ (c) LUMO, π^*

Physiologisches. SO_2 wirkt stark toxisch (MAK-Wert 5 mg/m³ ≙ 2 ppm) und führt selbst in kleinen Konzentrationen (0.04 Vol.-% in Luft, 0.3 Vol.-% in Wasser) zu Vergiftungserscheinungen wie Atemorganentzündung, Atemnot, Hornhauttrübung, Magenverätzung. Größere Mengen wirken tödlich (vgl. desinfizierende Wirkung). Noch anfälliger bezüglich SO_2 sind die Pflanzen (vgl. auch saueren Regen, S. 526).

Chemische Eigenschaften. Das Schwefeldioxid ist durch seine reduzierende Wirkung ausgezeichnet, die auf seinem Bestreben beruht, sich zur Oxidationsstufe der Schwefelsäure zu oxidieren. Zwar ist die zu SO_3 führende Reaktion mit Sauerstoff gehemmt und erfolgt nur in Anwesenheit von Katalysatoren (S. 581) oder mit atomarem Sauerstoff. Leitet man jedoch einen Schwefeldioxidstrom über feinverteiltes, braunes Bleidioxid PbO_2, so verwandelt sich dieses unter Aufglühen in weißes Bleisulfat $PbSO_4$:

$$SO_2 + \tfrac{1}{2}O_2 \rightleftarrows SO_3 + 99.0\,\text{kJ}; \quad PbO_2 + SO_2 \rightarrow PbSO_4\,.$$

Mit F_2 und Cl_2 reagiert SO_2 zu den entsprechenden Sulfurylhalogeniden SO_2X_2 (S. 588). Viele organische Farbstoffe werden reduktiv entfärbt, worauf die Bleichwirkung des Schwefeldioxids beruht. Auch der wässerigen Lösung des Schwefeldioxids kommt diese reduzierende Wirkung zu.

Die oxidierende Wirkung des Schwefeldioxids zeigt sich nur beim Erhitzen mit besonders kräftigen Reduktionsmitteln (Magnesium, Aluminium, Kalium, Natrium, Calcium)[97], da die Sauerstoffatome des SO_2-Moleküls, wie die hohe Bildungsenthalpie (1) zeigt, sehr fest gebunden sind. Dementsprechend unterhält auch Schwefeldioxid die Verbrennung nicht. Man kann daher z. B. Brände im Innern von Schornsteinen dadurch löschen, daß man unten Schwefel abbrennt; der Schwefel bindet dann allen Sauerstoff, so daß der Ruß nicht weiterbrennen kann. Zur Reaktion von SO_2 mit H_2S vgl. S. 591.

Säure-Base-Wirkung. Die wässerige Lösung von SO_2 reagiert sauer und verhält sich auch sonst wie eine *Brönstedsäure-Lösung* (Näheres S. 577). Demgegenüber wirkt Schwefeldioxid *nicht als Brönstedbase*, wogegen es sowohl *Lewis-saure* wie *-basische Eigenschaften* besitzt.

In den mit L_nM (L = geeigneter Ligand, M = Metall) gebildeten **Schwefeldioxid-Komplexen**[98] ist SO_2 mit harten Metallzentren über *Sauerstoff* (d), mit weichen über *Schwefel* gebunden, wobei der Schwefel *einfach* (e, f), *verbrückend* (g) oder – zusammen mit Sauerstoff – *side on* (h) gebunden vorliegt ($L = Ph_3P$; $Cp = C_5H_5$)[99]:

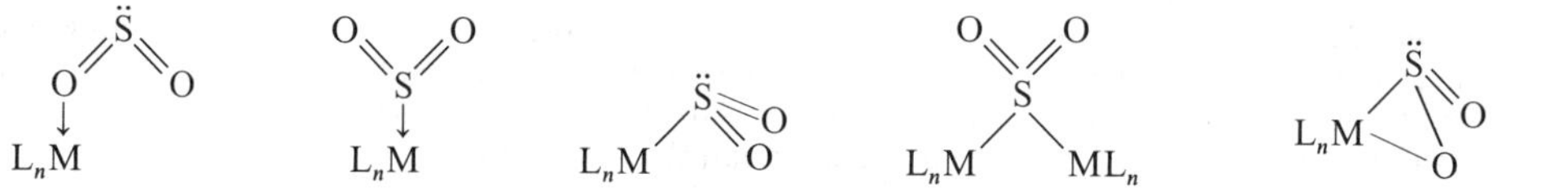

(z. B. $SO_2 \cdot SbF_5$) (d)	(z. B. L_3NiSO_2) (e)	(z. B. L_3PtSO_2) (f)	(z. B. $[Cp(CO)_2Fe]_2SO_2$) (g)	(z. B. $L_2(NO)RhSO_2$) (h)

In den Komplexen L_nMSO_2 mit einer koordinativen MS-Bindung kann der Schwefel sowohl *planar* (e) wie *pyramidal* (f) konformiert sein. In ersterem Falle wirkt Schwefeldioxid formal als Lewis-Base (Betätigung des HOMO, vgl. (b)), in letzterem Falle als Lewis-Säure (Betätigung des LUMO, vgl. (c)). Die SO_2-Komplexe mit *pyramidalem Schwefel* (f) lassen sich häufig mit molekularem Sauerstoff zu Sulfatokomplexen $L_nM(SO_4^{2-})$ oxidieren (freies Schwefelelektronenpaar!). Auch neigen sie zur reversiblen SO_2-Abgabe. Sie entstehen auch mit Nichtmetall-Basen D wie Fluorid, Hydroxid, Sulfit, organischen Aminen (Bildung von $D \rightarrow SO_2$). Die stärkere SO_2-Koordination in Komplexen mit *planarem Schwefel* (e) beruht auf einer Rückkoordination freier Metallelektronen in das elektronenleere π^*-Orbital von SO_2 (vgl. c). Komplexe des Typs (e) stellen somit im Sinne von $L_nM{=}SO_2$ formal Derivate des Schwefeltrioxids dar (Komplexe mit *verbrücktem Schwefel* (g) sind als Derivate von Cl_2SO_2 aufzufassen). In analoger Weise erfolgt eine Stabilisierung von Komplexen des Typs (f) dadurch, daß SO_2 zusätzlich über Sauerstoff an L_nM gebunden ist (*side-on-Komplexe* (h)). Ein Beispiel eines isolierbaren SO_2-Komplexes mit *koordiniertem Sauerstoff* (d) ist $SO_2 \cdot SbF_5$ (Smp. 66 °C). In der Regel führt die Komplexierung gemäß (d) zu solvolytischen Folgereaktionen, z. B. $NbCl_5$, WCl_6, $UCl_5 + nSO_2 \rightarrow NbOCl_3$, $WOCl_4$, $UO_2Cl_2 + nSOCl_2$.

---

97 In Anwesenheit von Dimethylsulfoxid Me_2SO vermag SO_2 die Metalle der ersten Übergangsreihe oxidativ aufzulösen (Bildung von Disulfaten von $Ti(OSMe_2)_4^{4+}$, $V(OSMe_2)_6^{3+}$, $M(OSMe_2)_6^{2+}$ mit M = Mn, Fe, Co, Ni, Cu, Zn).

98 **Literatur.** W. A. Schenk: „*Schwefeloxide als Liganden in Koordinationsverbindungen*", Angew. Chem. **99** (1987) 101–112, Int. Ed. **26** (1987) 98; S. E. Livingstone: „*Sulfur containing Ligands*", Comprehensive Coord. Chem. **2** (1987) 634–659; K. K. Pandey: „*Coordination Chemistry of Thionitrosyl (NS), Thiazate (NSO^-), Disulfidothionitrate (S_3N^-), Sulfur Monoxide (SO), and Disulfur Monoxide (S_2O) Ligands*", Progr. Inorg. Chem. **40** (1992) 445–502.

99 Weitere Beispiele für **SO_2-Komplexe**: **(e)** η^1-Schwefel (planar): $[MnCp(CO)_2(SO_2)]$, $[RuCl(NH_3)_4(SO_2)]^+$, $[CoL_2(NO)(SO_2)]$; **(f)** η^1-Schwefel (pyramidal): $[RhCl(CO)L_2(SO_2)]$, $[IrCl(CO)L_2(SO_2)]$; **(g)** η^1-Schwefel (verbrückend): $[(IrH(CO)_2L)_2SO_2]$, $[(IrL_2(CO)L_2)_2SO_2]$; beide M-Atome können auch wie in $[Fe_2(CO)_8(SO_2)]$, $[Fe_2Cp_2(CO)_3(SO_2)]$, $[Pd_2Cl_2(dppm)_2(SO_2)]$, $[Pt_3L_3(SO_2)_3]$ durch eine Metallbindung verknüpft sein; **(h)** η^2-Schwefel-Sauerstoff (side-on): $[Mo(CO)_3(phen)_3(SO_2)]$, $[RuCl(NO)L(SO_2)]$. In den Komplexen (f) und (h) kann Sauerstoff seinerseits ein weiteres Fragment L_nM binden.

Nachweis. Der Nachweis kleiner Mengen SO_2 in der Atmosphäre erfolgt u.a. durch Absorption der Luft in H_2O_2 ($SO_2 + H_2O_2 \rightarrow H_2SO_4$; Titration von H_2SO_4), durch Umsatz der Luft mt Na_2HgCl_4 ($2SO_2 + HgCl_4^{2-} + 2H_2O \rightarrow Hg(SO_3)_2^{2-} + 4HCl$; Kolorimetrie von $Hg(SO_3)_2^{2-}$), durch Einbringung der Luft in eine reduzierende Flamme ($2SO_2 + 4H_2 \rightarrow S_2 + 4H_2O$; Messung der Lichtemission von angeregtem S_2), durch Analyse der SO_2-Fluoreszenz bei 241 nm.

Derivate. Ersetzt man in Schwefeldioxid ein *Sauerstoffatom* O durch die gleichfalls zweiwertige *Imidgruppe* NH, so gelangt man zum „*Thionylimid*" O=S=NH, das man bei der Umsetzung von *Thionylchlorid* $SOCl_2$ mit 3 mol *Ammoniak* in der Gasphase erhält: $OSCl_2 + 3NH_3 \rightarrow OSNH + 2NH_4Cl$. Thionylimid O=S=NH (das auch in einer *isomeren Form* als „*Thiazylhydroxid*" HO—S≡N vorkommt) stellt bei Zimmertemperatur ein farbloses, bei Drücken unterhalb 20 mbar beständiges Gas dar, das zu einer farblosen, bei −85 °C gefrierenden, sich nach kurzer Zeit zu festem dunkelbraunem „*Polythionylimid*" [—NH—SO—NH—SO—NH—SO—] polymerisierenden Flüssigkeit verdichtet werden kann. (Bezüglich tetramerem $(OSNH)_4$ vgl. S. 602). Man kennt auch organische und anorganische Derivate des Thionylimids wie O=S=NR, O=S=NCl, O=S=NK. Ein **Schwefeldiimid HN=S=NH** ist nur in Form von Derivaten RN=S=NR (R z.B. organischer Rest, Silylgruppe, Kalium) bekannt.

Verwendung. Schwefeldioxid, das verflüssigt in Stahlflaschen oder Kesselwagen in den Handel kommt, dient u.a. zum Raffinieren von Erdöl. Die fäulnis- und gärungsverhindernde Wirkung von SO_2 benutzt man zum *Desinfizieren* von Wein- und Bierfässern („*Ausschwefeln*"), Früchten und Säften („*Schwefeln*") und zur Vertilgung von Ungeziefer („*Ausräuchern*") usw., die reduzierende Wirkung zum *Bleichen* von Stroh, Seide, Wolle und anderen Stoffen, welche die Chlorbleiche nicht vertragen. Hauptverwendung findet SO_2 zur *Schwefelsäuredarstellung* (s. dort). Darüber hinaus wird es zur Erzeugung schwefelhaltiger *Chemikalien* (Sulfite, Thiosulfate, Dithionite, Hydroxyalkansulfinate, Alkansulfinate) sowie zur Sulfochlorierung und Sulfoxidation von Kohlenwasserstoffen genutzt; auch findet es als Kühl- und nichtwässeriges Lösungsmittel Verwendung.

2.4.2 Schwefeltrioxid SO_3

Darstellung. Schwefeltrioxid kann nicht durch direktes Verbrennen von Schwefel an der Luft oder in Sauerstoffatmosphäre gewonnen werden ($\frac{1}{8}S_8 + 1\frac{1}{2}O_2 \rightarrow SO_3(g) + 396.0$ kJ), da die bei der Verbrennung des Schwefels zu Schwefeldioxid freiwerdende bedeutende Wärmemenge (1) die Bildung des bei höheren Temperaturen endotherm in Schwefeldioxid und Sauerstoff zerfallenden Schwefeltrioxids verhindert:

$$\tfrac{1}{8}S_8 + O_2 \rightarrow SO_2 + 297.0\,\text{kJ}, \qquad (1)$$

$$SO_2 + \tfrac{1}{2}O_2 \rightleftarrows SO_3(g) + 99.0\,\text{kJ}. \qquad (2)$$

Die Vereinigung von Schwefeldioxid und Sauerstoff nach (2) gelingt nur bei nicht allzu-hohen Temperaturen (400–600 °C). Wegen der in diesem Temperaturgebiet zu geringen Umsetzungsgeschwindigkeit müssen zur Reaktionsbeschleunigung Katalysatoren (z.B. Vanadiumoxide, Stickstoffoxide, Eisenoxide, Platinschwamm) angewandt werden. Das Verfahren wird technisch mit V_2O_5-Katalysatoren in großem Maßstabe bei der Schwefelsäurefabrikation durchgeführt (S. 581). Aus der hierbei zunächst gebildeten rauchenden Schwefelsäure („Oleum") wird SO_3 durch Destillation in Umlauf- oder Fallfilmverdampfern[100] aus Edelstahl und Verflüssigung der Dämpfe gewonnen.

Im Laboratorium gewinnt man Schwefeltrioxid als Anhydrid der Schwefelsäure durch Entwässern von Schwefelsäure (Erwärmen von konzentrierter Schwefelsäure mit Phosphorpentaoxid als wasserentziehendem Mittel $H_2SO_4 \rightarrow H_2O + SO_3$), durch Destillation von rauchender Schwefelsäure oder durch Erhitzen von Hydrogensulfaten (z.B. Natriumhydrogensulfat $NaHSO_4$), Disulfaten (z.B. Natriumdisulfat $Na_2S_2O_7$) oder Sulfaten (z.B. Eisen(III)-sulfat $Fe_2(SO_4)_3$):

$$2MHSO_4 \xrightarrow{-H_2O} M_2S_2O_7 \rightarrow SO_3 + M_2SO_4 \rightarrow 2SO_3 + M_2O.$$

[100] Bei der „*Fallfilmverdampfung*" („*Dünnschichtverdampfung*") verteilt man die zu verdampfende Flüssigkeit durch „Abrieseln" in einer dünnen Schicht (0.1 mm) auf beheizten Flächen bei Unterdruck.

Physikalische Eigenschaften. Schwefeltrioxid kommt in drei Modifikationen, einer „*eisartigen*" und zwei „*asbestartigen*" Formen, vor. Kühlt man Schwefeltrioxiddampf auf $-80\,°C$ oder noch tiefer ab, so kondensiert er sich zu einer eisartig durchscheinenden, bei 16.86 °C schmelzenden und bei 44.45 °C siedenden Masse (γ-SO_3; $d = 1.903\ g/cm^3$ bei 25 °C), welche im festen Zustande hauptsächlich aus $(SO_3)_3$-Molekülen, im flüssigen Zustande aus $(SO_3)_3$- und SO_3-Molekülen und im Dampfzustande hauptsächlich aus SO_3-Molekülen besteht ($126\ kJ + (SO_3)_3 \rightleftarrows 3\,SO_3$). Bewahrt man das Schwefeltrioxid längere Zeit unterhalb Raumtemperatur auf, so wandelt es sich – verursacht durch geringste Wasserspuren – in die beständigeren asbestartigen Formen (β-SO_3, α-SO_3) um, weiße seidenglänzende, verfilzte Nadeln der Molekulargröße $(SO_3)_n$ und $(SO_3)_p$ ($p > n > 3$), die bei der Destillation wieder in die niedriger schmelzende eisartige γ-Modifikation übergehen. Das feste Schwefeltrioxid des Handels ist ein Gemisch von α- und β-SO_3. Es schmilzt bei 32–40 °C (β-SO_3; Smp. 32.5 °C, α-SO_3: Smp. 62.2 °C; in beiden Fällen unter Depolymerisation zu $(SO_3)_3$ und SO_3). Dem flüssigen Schwefeltrioxid des Handels (γ-SO_3) sind zum Schutz vor Polymerisation Stabilisatoren (z. B. Borsäure, Thionylchlorid) zugefügt. Die Bildungsenthalpien betragen -396 (gasf. SO_3), -437.9 (flüssiges SO_3), -447.4 (γ-SO_3), -449.6 (β-SO_3), -462.4 kJ/mol (α-SO_3).

Struktur. Das monomere Gasmolekül SO_3 bildet ein gleichseitiges Dreieck (D_{3h}-Symmetrie; vgl. Tab. 46a, S. 355; OSO-Winkel 120°). Der kurze SO-Abstand von 1.43 Å (ber. für Einfachbindung 1.70, für Doppelbindung 1.50 Å) spricht auch hier wie im Falle des SO_2-Moleküls (s. dort) für die Ausbildung von S=O-Doppelbindungen (a). Im trimeren $(SO_3)_3$-Molekül liegt ein gewellter Sechsring der Formel (b), im polymeren β-SO_3 eine gewinkelte Kette des Typus (c) vor, beide mit (verzerrt-) tetraedrischer Anordnung der 4 Sauerstoffatome um das Schwefelatom (in α-SO_3 liegen anders als in β-SO_3 auch Quervernetzungen vor):

(a) (b) (c) (3)

Der SO-Abstand innerhalb des Rings von $(SO_3)_3$ (b) beträgt 1.626 Å, der SO-Abstand außerhalb des Rings 1.430 Å. Für die Kette $(SO_3)_x$ (c) gilt Analoges für den SO-Abstand innerhalb und außerhalb der Kette. Die Ketten (c) sind durch H und OH abgesättigt. Somit sind α- und β-SO_3 eigentlich keine wahren Modifikationen von Schwefeltrioxid, sondern Polyschwefelsäuren der allgemeinen Formel $H(OSO_2)_xOH$.

Chemische Eigenschaften. Säure-Base-Verhalten. Festes Schwefeltrioxid vereinigt sich unter starker Wärmeentwicklung und heftigem Zischen mit Wasser zu Schwefelsäure (vgl. S. 583):

$$\beta\text{-}SO_3 + H_2O \rightarrow H_2SO_4(\text{fl}) + 73.69\ \text{kJ}.$$

An feuchter Luft raucht es stark, da es ziemlich flüchtig ist und daher mit der Feuchtigkeit der Luft Schwefelsäure bildet, die sich sofort zu kleinen Tröpfchen kondensiert.

Als starke Lewis-Säure bildet SO_3 auch mit anderen Lewis-Basen als Wasser, z. B. mit Bariumoxid, Ammoniak, Pyridin, Tetrahydrofuran, Kaliumfluorid, Natriumsulfat, Chlorwasserstoff, Schwefelwasserstoff Addukte des Typus $Ba[SO_4]$, $SO_3 \cdot NH_3$, $SO_3 \cdot py$, $SO_3 \cdot THF$, $K[SO_3F]$, $Na_2[S_2O_7]$ (S. 586), HSO_3Cl (S. 588), $H_2S_2O_3$ (S. 593):

$SO_3 \cdot O^{2-} = SO_4^{2-}$ $SO_3 \cdot NH_3$ $SO_4^{2-} \cdot 2SO_3 = S_3O_{10}^{2-}$

Als starke Ansolvosäure vermag SO_3 darüber hinaus aus Salzen von Protonsäuren die zugrundeliegende Ansolvosäure in Freiheit zu setzen (zum Beispiel $K_2SeO_4 \rightarrow SeO_3$, $KClO_4 \rightarrow Cl_2O_7$, $K_2CO_3 \rightarrow CO_2$).

Redox-Verhalten. SO_3 ist ein starkes Oxidationsmittel und führt z.B. S_8 in SO_2, SCl_2 in $SOCl_2$ und SO_2Cl_2, PCl_3 in $POCl_3$, P_4 in P_4O_{10}, HI in I_2, H_2S in S_8 über (vgl. auch Kationen der Halogene und Chalkogene). Die Reduktion mit Metalloxiden (insbesondere Fe_3O_4) wird in der Technik zur Entfernung von SO_3 aus Rauchgasen genutzt (vgl. S. 573).

Derivate. Ersetzt man in Schwefeltrioxid ein Sauerstoffatom O durch die gleichfalls zweiwertige Imidgruppe NH, so gelangt man zum **Sulfurylimid (Sulfimid) $O_2S{=}NH$**, das bei der Einwirkung von trockenem Ammoniak auf Sulfurylchlorid bzw. Schwefeltrioxid ($O_2SCl_2 + 3NH_3 \rightarrow O_2SNH + 2NH_4Cl$; $SO_3 + NH_3 \rightarrow SO_2NH + H_2O$) neben **Sulfurylamid (Sulfamid) $O_2S(NH_2)_2$** in trimerer (d) sowie tetramerer (e) Form entsteht (vgl. trimeres SO_3 sowie S. 589). Die am Stickstoff gebundenen Wasserstoffatome zeigen sauren Charakter (z.B. $pK_{1/2/3}$ für $(O_2SNH)_3 = 1.7/2.1/4.4$). So bildet das (trimere bzw. tetramere) Sulfurylimid Salze wie $(SO_2NNa)_n$ und $(SO_2NAg)_n$ ($n = 3, 4$; aus $(SO_2NAg)_3$ läßt sich über $(SO_2NSiMe_3)_3$ reines, farbloses $(SO_2NH)_3$ gewinnen). Bei Gegenwart von Schwefelsäure polymerisiert sich das cyclische Sulfurylimid zu kettenförmiger *Sulfurylimidsulfonsäure* $HO_3S{-}(SO_2NH)_x{-}OH$. Schwefeldiimidoxid $OS(NH)_2$ und Schwefeltriimid $S(NH)_3$ sind nur in Form von Derivaten wie (f) bekannt.

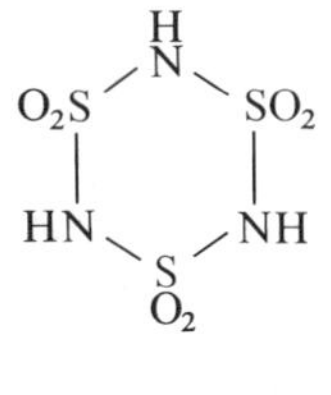

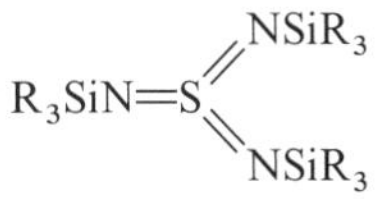

Verwendung. SO_3 dient zur Herstellung von *Schwefelsäure* und anderen *Schwefelverbindungen* (Chlorsulfonsäure, Thionylchlorid, Aminosulfonsäure, Dimethylsulfat usw.) und zur *Sulfonierung* organischer Substanzen (insbesondere in der Waschmittelindustrie).

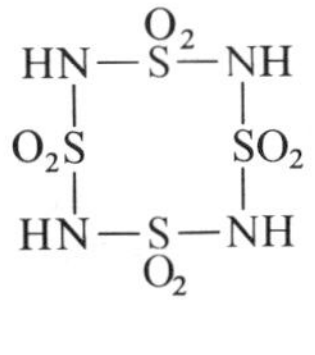

2.4.3 Niedere Schwefeloxide[96)]

Polyschwefelmonoxide S_nO und -dioxide S_nO_2. Bei der Einwirkung von Trifluorperoxoessigsäure CF_3CO_3H auf Schwefel S_n ($n = 6-10$) in Kohlendisulfid bzw. Methylenchlorid bei niedrigen Temperaturen (-10 bis $-40\,°C$) entstehen gemäß

$$S_n + CF_3CO(OOH) \rightarrow S_nO + CF_3CO(OH)$$

kristalline *Polyschwefelmonoxide* S_nO in kleinen Ausbeuten[101)] (orangefarbenes α-S_6O: Smp. 39 °C (Zers.); dunkelorangefarbenes β-S_6O: Smp. 34 °C (Zers.); orangefarbenes S_7O: Smp. 55 °C (Zers.); orangegelbes S_8O[102)]: Smp. 78 °C (Zers.); dunkelgelbes S_9O: Zers. 33–34 °C; orangefarbenes $S_{10}O$: Zers. 51 °C). S_7O läßt sich durch weitere Einwirkung von CF_3CO_3H in *Heptaschwefeldioxid* S_7O_2 umwandeln (dunkelorangefarbene Kristalle: Zers. 60–62 °C). Bei der Umsetzung von S_8 mit viel CF_3CO_3H bildet sich S_7O_2 (wohl auf dem Wege: $S_8 \rightarrow S_8O \rightarrow S_8O_2 \rightarrow S_8O_3 \rightarrow S_7O + SO_2 \rightarrow S_7O_2 + SO_2$).

Die erwähnten Schwefeloxide S_nO und S_nO_2 leiten sich strukturell von den entsprechenden Schwefelringen S_n durch Hinzufügen eines oder zweier exocyclischer Sauerstoffatome ab und haben im Falle von S_6O, S_7O, S_8O und S_7O_2 die nachfolgend veranschaulichten Strukturen:

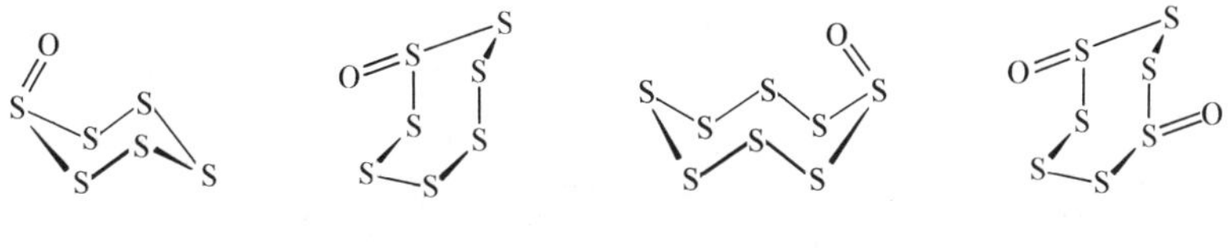

[101] S_5O entsteht in Form einer gelben, bei $-50\,°C$ haltbaren Lösung beim Einleiten eines S_2O/SO_2-Gasgemischs (gebildet durch Verbrennung von Schwefel in Sauerstoff bei 12–15 mbar) in $HCCl_3$ bei $-60\,°C$.

[102] S_8O entsteht auch bei der Umsetzung von H_2S_7 (oder von „*Rohöl*") mit Thionylchlorid $SOCl_2$ bei $-40\,°C$ in $CS_2/(CH_3)_2O$.

Die bei tiefen Temperaturen haltbaren, lichtempfindlichen Oxide S_nO zersetzen sich bei Raumtemperatur langsam (im Falle von S_5O rasch) auf dem Wege über S_mO ($m > n$) und SO_2 letztendlich unter Bildung von polymerem sowie cyclischem Schwefel[103] und SO_2. Durch Iodwasserstoff werden die Schwefeloxide zu Schwefel reduziert (z. B. $S_8O + 2HI \rightarrow S_8 + I_2 + H_2O$), was sich zur quantitativen Bestimmung der Verbindungen nutzen läßt. Mit $SbCl_5$ liefern S_8O und S_6O in CS_2 bei $-50\,°C$ die Addukte $S_8O \cdot SbCl_5$ und $S_{12}O_2 \cdot 2SbCl_5 \cdot 3CS_2$ (beide Addukte orangefarben mit $SbCl_5$-Koordination am Sauerstoff; bei Raumtemperatur zerfällt $S_8O \cdot SbCl_5$ rasch in S_8, $SbCl_3$ und $SOCl_2$).

Dischwefelmonoxid S_2O. 96–100% reines, gasförmiges S_2O wird (neben 4–0% SO_2) beim Überleiten von Thionylchloriddampf (Druck: 0.1–0.5 mbar) über trockenes gepulvertes Silbersulfid bei 160 °C erhalten:

$$Ag_2S + SOCl_2 \rightarrow 2AgCl + S_2O.$$

Bei der partiellen Verbrennung von Schwefel in reinem, strömendem O_2 (5–15 mbar) entsteht S_2O neben SO_2 in maximal 32%iger, bei der Umsetzung von Schwefel mit CuO bei 250–400 °C im Vakuum in maximal 40%iger Ausbeute.

Wie O_3 (S. 516), SO_2 (S. 569) und S_3 (S. 547) ist auch das S_2O-Molekül gewinkelt:

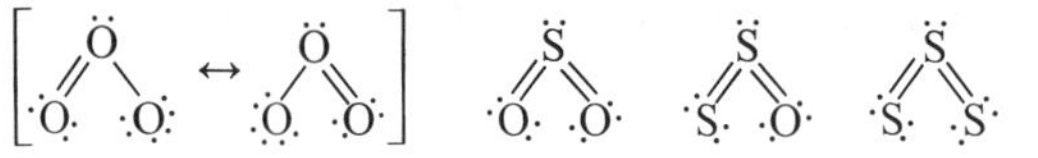

$$\left[\overset{..}{O}(=O)(-O) \leftrightarrow \overset{..}{O}(-O)(=O)\right] \quad \overset{..}{S}(=O)(-O) \quad \overset{..}{S}(=S)(-O) \quad \overset{..}{S}(=S)(-S)$$

Der SS-Abstand in S_2O entspricht einer Doppelbindung (gef. 1.884, ber. 1.88 Å), ebenso der SO-Abstand (gef. 1.465, ber. 1.50 Å). Der SSO-Winkel beträgt 118.0°.

Das farblose Dischwefeloxid S_2O ist nur in der Gasphase bei Drücken < 1 mbar einige Tage haltbar und polymerisiert bei höheren Drücken bzw. beim Abschrecken an kalten Flächen bzw. beim Einleiten in ein Lösungsmittel bzw. bei höheren Temperaturen rasch unter Herausspalten von SO_2 zu gelben bis orangefarbenen **Polyschwefeloxiden $(S_nO)_x$** (n = 2 bis sehr groß):

$$\cdots S{=}S(=O) + S{=}S(=O) + S(=O){=}S + S(=O){=}S + S(=O){=}S \cdots \rightarrow \cdots S{-}S(=O){-}S{-}S{-}S{-}S(=O){-}S{-}S(=O){-}S \cdots + SO_2,$$

die ihrerseits oberhalb 150 °C weiter in SO_2 und Schwefel zerfallen. Mit Wasser reagiert S_2O unter Bildung von Schwefel, Schwefelwasserstoff und SO_2. Mit Laugen entsteht Sulfit, Sulfid und Thiosulfat. Mit Halogenen wird nach $S_2O + 2Cl_2 \rightarrow SOCl_2 + SCl_2$ Thionylchlorid und Schwefeldichlorid gebildet.[104]

Schwefelmonoxid und Dischwefeldioxid SO und S_2O_2 entstehen neben S_2O, wenn man strömendes Schwefeldioxid bei niedrigen Drücken (0.1–0.2 mbar) der Mikrowellenentladung aussetzt (Molverhältnis der gebildeten Oxide SO : S_2O_2 : S_2O ca. 5 : 1 : 1). Darüber hinaus bildet sich gasförmiges SO neben anderen Schwefeloxiden durch Verbrennen von Schwefel in reinem Sauerstoff bei vermindertem Druck ($\frac{1}{8}S_8 + \frac{1}{2}O_2 \rightarrow SO + 64$ kJ), gelöstes SO bei der Thermolyse einiger cyclischer organischer Sulfoxide[105].

Das Molekül SO ist wie O_2 und S_2 paramagnetisch (Triplett-Grundzustand) und weist eine für eine Doppelbindung sprechende Dissoziationsenergie E_D und Bindungslänge auf (zur elektronischen Struktur vgl. S. 350). Das Molekül S_2O_2 bildet eine gewinkelte planare Kette OSSO (C_{2v}-Symmetrie); die Abstände sprechen für das Vorliegen von SO-Doppelbindungen sowie SS-Bindungen mit partiellem Doppelbindungscharakter (entsprechend ist wohl S_4 strukturiert; vgl. S. 547):

---

[103] Die Oxidation von S_6 mit überschüssigem CF_3CO_3H, verbunden mit der anschließenden Thermolyse des entstandenen Oxids S_6O_x (x wahrscheinlich 2), läßt sich zur präparativen Darstellung von S_{10} nutzen.

[104] Von den instabilen Schwefeloxiden sind **Komplexe**[98] bekannt. Schwefelmonoxid kann hierbei mit *einer, zwei* oder *drei* Einheiten L_nM verknüpft sein: Bildung von $L_nM{=}S{=}O$ (formal SO_2-Derivat mit gewinkeltem Schwefel, z. B. in $(R_3P)_2ClM{=}S{=}O$ mit M = Rh, Ir), von $(L_nM)_2S{=}O$ (formal Cl_2SO-Derivat mit pyramidalem Schwefel wie in $[Ph_2PCH_2PPh_2)(CO)Rh]_2SO$ oder auch SO_3-Derivat mit planarem Schwefel wie in $[Cp(CO)_2Mn]_2SO$), von $(L_nM)_3SO$ (formal Cl_2SO_2-Derivat mit tetraedrischem Schwefel, z. B. in $Fe_3(CO)_9S(SO)$). Beispiele für Komplexe des Dischwefelmonoxids und -dioxids sind die durch Oxidation von $(dppe)_2IrS_2$ (side-on gebundes S_2) mit Periodat erhältlichen sauerstoffreicheren Produkte $(dppe)_2IrS_2O$ und $(dppe)_2IrS_2O_2$ (es bleiben jeweils die beiden S-Atome mit Ir verknüpft; dppe = $Ph_2PCH_2CH_2PPh_2$).

[105] Das auf letztgenanntem Wege in Lösung synthetisierte reaktive (s. unten) SO läßt sich durch geeignete Stoffe abfangen, z. B.

$$\begin{matrix}H_2C\\|\\H_2C\end{matrix}\!\!>\!S{=}O + PhN{=}N{=}N \xrightarrow[-\,C_2H_4]{>80\,°C} SO + PhN{=}N{=}N \xrightarrow[-\,N_2]{} PhN{=}S{=}O.$$

O_2	SO	S_2	S_2O_2 (O=S–S=O)
$r_{OO} = 1.207$	$r_{SO} = 1.481$	$r_{SS} = 1.887$ Å	$r_{SO} = 1.458; r_{SS} = 2.025$ Å
$E_D = 499$	$E_D = 524$	$E_D = 429$ kJ/mol	$\measuredangle$ OSS = 112.7°

Das farblose Oxid SO ist in der Gasphase bei Drücken von 0.1 mbar nur weniger als eine Sekunde haltbar und disproportioniert nach $2SO \rightarrow SO_2 + S$ (wahrscheinlicher Reaktionsweg: $2SO \rightarrow S_2O_2$; $S_2O_2 + SO \rightarrow S_2O + SO_2$; $2S_2O \rightarrow SO_2 + S_3$ (→ Schwefel)[104]. Für gasförmiges S_2O_2 beträgt die Lebensdauer bei einem Druck von 0.1 mbar einige Sekunden[104].

2.5 Sauerstoffsäuren des Schwefels[49, 106]

2.5.1 Grundlagen

Systematik. Schwefel bildet drei Sauerstoffsäuren der allgemeinen Formel $\mathbf{H_2SO_n}$ (n = 3, 4 und 5), sechs Sauerstoffsäuren der Zusammensetzung $\mathbf{H_2S_2O_n}$ (n = 3, 4, 5, 6, 7 und 8) und mehrere Säuren der Stöchiometrie $\mathbf{H_2S_nO_3}$, $\mathbf{H_2S_nO_6}$ sowie $\mathbf{H_2S_nO_{3n+1}}$ mit drei und mehr Schwefelatomen pro Molekül[107]. Ihre Namen und die Namen ihrer Salze gehen aus Tab. 61 hervor, in der die einzelnen Schwefelsäuren nach steigender Oxidationsstufe des Schwefels geordnet sind. Mit Ausnahme der einbasigen Peroxoschwefelsäure sind sie alle zweibasig. Ihre Stärke wächst innerhalb der Mono- bzw. Dischwefelsäuren mit zunehmendem n; bei gleicher Oxidationsstufe von S wirken Dischwefelsäuren saurer als Monoschwefelsäuren[108].

Tab. 61 Sauerstoffsäuren des Schwefels.

Oxid.-stufe	Säuren des Typus H_2SO_n			Säuren des Typus $H_2S_2O_n$		
	Formel	Name	Salze	Formel	Name	Salze
+2	$\mathbf{H_2SO_2}$[107]	**Sulfoxylsäure**[a] Schwefel(II)-säure	**Sulfoxylate**[a] Sulfate(II)	$\mathbf{H_2S_2O_3}$[b]	**Thioschwefelsäure** Dischwefel(II)-säure	**Thiosulfate** Disulfate(II)
+3				$\mathbf{H_2S_2O_4}$	**Dithionige Säure** Dischwefel(III)-säure	**Dithionite** Disulfate(III)
+4	$\mathbf{H_2SO_3}$	**Schweflige Säure** Schwefel(IV)-säure	**Sulfite** Sulfate(IV)	$\mathbf{H_2S_2O_5}$	**Dischweflige Säure** Dischwefel(IV)-säure	**Disulfite** Disulfate(IV)
+5				$\mathbf{H_2S_2O_6}$[b]	**Dithionsäure** Dischwefel(V)-säure	**Dithionate** Disulfate(V)
+6	$\mathbf{H_2SO_4}$	**Schwefelsäure** Schwefel(VI)-säure	**Sulfate** Sulfate(VI)	$\mathbf{H_2S_2O_7}$[c]	**Dischwefelsäure** Dischwefel(VI)-säure	**Disulfate** Disulfate(VI)
+6[d]	$\mathbf{H_2SO_5}$	**Peroxoschwefel-(VI)-säure**	**Peroxo-sulfate(VI)**	$\mathbf{H_2S_2O_8}$	**Peroxodischwefel(VI)-säure**	**Peroxodisul-fate(VI)**

a) H_2SO_2 könnte auch als *Hyposchweflige Säure* (Salze: *Hyposulfite*) bezeichnet werden. **b)** Man kennt darüber hinaus schwefelreiche Säuren (**Polysulfanmonosulfonsäuren und -disulfonsäuren**) der Zusammensetzung $H_2S_nO_3$ und $H_2S_nO_6$ (vgl. S. 595). **c)** Man kennt darüber hinaus höhere Schwefelsäuren (**Polyschwefelsäuren**) wie *Trischwefelsäure* $H_2S_3O_{10}$, *Tetraschwefelsäure* $H_2S_4O_{13}$. **d)** Die Verbindungen enthalten Peroxogruppen —O—O— mit der Oxidationsstufe −1 (statt sonst −2) des Sauerstoffs.

---

106 **Literatur.** ULLMANN (5. Aufl.): „*Sulfamic acid and derivatives*", „*Sulfinic acids*", „*Sulfites, Thiosulfates, Dithionites*", „*Sulfones and Sulfoxides*", „*Sulfonic acids*", „*Sulfuric acid and Sulfur trioxide*", **A25** (1994). Vgl. Anm. 108, 120.

107 Die Säuren H_2SO_n und $H_2S_2O_n$ (n = 1, 2) treten nur als (hypothetische) Zwischenprodukte auf. Man kennt jedoch organische Derivate.

108 **Literatur.** B.J. Hathaway: „*Oxyanions*", Comprehensive Coord. Chem. **2** (1987) 413–434.

Als zweibasige Säuren bilden Schwefelsäuren $H_2S_mO_n$ Salze des Typs $M^IHS_mO_n$ und $M^I_2S_mO_n$ (bei Ausschluß von Wasser ist auch das zweite Wasserstoffatom von H_2SO_5 z. B. bei der Einwirkung von Na oder NaH durch Metall ersetzbar). Die den Salzen zugrundeliegenden Sulfat-Anionen $S_mO_n^{2-}$ vermögen ihrerseits als Liganden in Komplexen zu fungieren (vgl. S. 586, 594)[109].

Struktur. Die Konstitution der Säuren H_2SO_n ($n = 2-5$) und $H_2S_2O_n$ ($n = 3-8$) bzw. ihrer Salze kann durch die folgenden Komplexformeln wiedergegeben werden:

$$\left[\begin{matrix} \\ O\ S\ O \\ \\ \end{matrix}\right]^{2-} \quad \left[\begin{matrix} O \\ O\ S\ O \\ \\ \end{matrix}\right]^{2-} \quad \left[\begin{matrix} O \\ O\ S\ O \\ O \end{matrix}\right]^{2-} \quad \left[\begin{matrix} O \\ O\ S\ O_2 \\ O \end{matrix}\right]^{2-}$$

Sulfoxylat — Sulfit — Sulfat — Peroxosulfat

$$\left[\begin{matrix} O \\ S\ S\ O \\ O \end{matrix}\right]^{2-} \quad \left[\begin{matrix} O\ O \\ S\ S \\ O\ O \end{matrix}\right]^{2-} \quad \left[\begin{matrix} O\ O \\ O\ S\ S \\ O\ O \end{matrix}\right]^{2-} \quad \left[\begin{matrix} O\ O \\ O\ S\ S\ O \\ O\ O \end{matrix}\right]^{2-} \quad \left[\begin{matrix} O \quad O \\ O\ S\ O\ S\ O \\ O \quad O \end{matrix}\right]^{2-} \quad \left[\begin{matrix} O \quad O \\ O\ S\ O_2\ S\ O \\ O \quad O \end{matrix}\right]^{2-}$$

Thiosulfat — Dithionit — Disulfit — Dithionat — Disulfat — Peroxodisulfat

Ersichtlicherweise enthalten unter den Dischwefelsäuren $H_2S_2O_n$ bis auf die beiden höchsten Glieder ($n = 7, 8$) alle S—S-Bindungen. (Bezüglich der Struktur der Schwefelsäuren mit gewinkeltem, pyramidalem bzw. tetraedrischem Schwefelatom vgl. bei den betreffenden Säuren.)

Mehr als vier Sauerstoffatome vermag das Schwefelatom nicht in direkter Bindung aufzunehmen, da es als Ion S^{2-} nur vier freie Elektronenpaare besitzt. Beim Übergang vom Sulfat SO_4^{2-} zum Peroxosulfat SO_5^{2-} wird daher der Sauerstoff nicht an den Schwefel, sondern an den Sauerstoff des Sulfat-Ions angelagert: $[O_3S—O—O]^{2-}$. Die so entstehende O—O-Gruppierung wird „*Peroxo-Gruppe*" genannt. Man muß demnach zwischen O—O-freien Per-Verbindungen (z. B. Perchlorat ClO_4^-) und O—O-haltigen Peroxo-Verbindungen (z. B. Peroxosulfat SO_5^{2-}) unterscheiden.

Von einzelnen der oben wiedergegebenen Schwefelsäuren leiten sich weitere Säuren dadurch ab, daß ein Sauerstoffatom des Moleküls durch ein Schwefelatom ersetzt ist. Auf diese Weise kommt man z. B. vom Sulfat SO_4^{2-} zum Thiosulfat $S_2O_3^{2-}$ (s. oben) und vom Disulfat $S_2O_7^{2-}$ zum Trithionat $[O_3SSSO_3]^{2-}$. Die beiden letzteren Säuren $H_2S_2O_3$ und $H_2S_3O_6$ vermögen noch weiteren Schwefel an- bzw. einzulagern, wobei die *Polysulfan-monosulfonsäuren* $H_2S_nO_3$ (S. 595) sowie die *Polysulfan-disulfonsäuren* (*Polythionsäuren*) (S. 595) entstehen.

Darstellung. Nur fünf der genannten Sauerstoffsäuren, nämlich Schwefelsäure, Dischwefelsäure, Peroxoschwefelsäure, Peroxodischwefelsäure und Thioschwefelsäure sowie die Polythionsäuren sind in freiem Zustande isolierbar; die übrigen kennt man nur in wässeriger Lösung oder in Form von Salzen. Besonders wichtig sind die *Schweflige Säure* sowie die *Schwefelsäure*, die aus ihren Anhydriden SO_2 sowie SO_3 dargestellt werden:

$$SO_2 + H_2O \rightleftarrows H_2SO_3; \qquad SO_3 + H_2O \rightleftarrows H_2SO_4.$$

Von diesen Säuren ausgehend, ist die nächstniedere Oxidationsstufe (*Thionige Säure* sowie *Thionsäure*) durch Reduktion, die nächsthöhere Oxidationsstufe (*Thionsäure* sowie *Peroxodischwefelsäure* bzw. hieraus durch Hydrolyse die *Peroxomonoschwefelsäure*) durch Oxidation und die Disäuren gleicher Oxidationsstufe (*Dischweflige Säure* sowie *Dischwefelsäure*) durch Kondensation (Wasserentzug) gewinnbar:

Reduktion:	Kondensation:	Oxidation:
$2SO_2 + 2\ominus \rightarrow S_2O_4^{2-}$	$2HSO_3^- \rightarrow S_2O_5^{2-} + H_2O$	$2SO_3^{2-} \rightarrow S_2O_6^{2-} + 2\ominus$
$2SO_3 + 2\ominus \rightarrow S_2O_6^{2-}$	$2HSO_4^- \rightarrow S_2O_7^{2-} + H_2O$	$2SO_4^{2-} \rightarrow S_2O_8^{2-} + 2\ominus$

[109] Di-, Tri- oder Tetrathio-sulfate, in welchen das zentrale Schwefelatom von 2 Schwefel- und 2 Sauerstoff- bzw. von 3 Schwefel- und 1 Sauerstoff- bzw. von 4 Schwefelatomen umgeben ist, sind zum Unterschied von $S_2O_3^{2-}$ (Schwefel ist von 1 Schwefel- und 3 Sauerstoffatomen umgeben) nicht bekannt. Das Salz Na_2S_5 ist also kein Tetrathiosulfat SS_4^{2-}, sondern ein Polysulfid $^-S—S—S—S—S^-$.

Die *Sulfoxylsäure* H_2SO_2 läßt sich nicht analog den Monoschwefelsäuren H_2SO_3 und H_2SO_4 aus dem Oxid gleicher Oxidationsstufe (SO) und Wasser darstellen[110]. Entsprechend stellt S_2O nicht das Anhydrid der *Thioschwefligen Säure* $H_2S_2O_2$ dar[110] (zur Darstellung von $H_2S_2O_2$ vgl. S. 591).

Nachfolgend sind **Potentialdiagramme** einiger Oxidationsstufen des Schwefels für pH = 0 und 14 wiedergegeben (vgl. Anh. VI), denen zu entnehmen ist, daß die Oxidationskraft der Schwefelsauerstoffsäuren bzw. ihrer Anionen – wie erwartet – in saurer Lösung, die Reduktionskraft in alkalischer Lösung größer ist (stärkstes Oxidationsmittel: Peroxodisulfat, gefolgt von Dithionit; stärkstes Reduktionsmittel: Dithionit gefolgt von Sulfit):

pH = 0

$$S_2O_8^{2-} \overset{2.01}{—} SO_4^{2-} \overset{-0.25}{—} S_2O_6^{2-} \overset{0.57}{—} SO_2(aq) \overset{-0.07}{—} HS_2O_4^- \overset{0.87}{—} HS_2O_3^- \overset{0.60}{—} S_8 \overset{0.14}{—} H_2S$$

SO_4^{2-} — $SO_2(aq)$: 0.16; $SO_2(aq)$ — $HS_2O_3^-$: 0.40; $SO_2(aq)$ — S_8: 0.50; SO_4^{2-} — S_8: 0.39

pH = 14

$$S_2O_8^{2-} \overset{1.0}{—} SO_4^{2-} — S_2O_6^{2-} — SO_3^{2-} \overset{-1.12}{—} S_2O_4^{2-} \overset{-0.04}{—} S_2O_3^{2-} \overset{-0.74}{—} S_8 \overset{-0.48}{—} HS^-$$

SO_4^{2-} — SO_3^{2-}: −0.94; SO_3^{2-} — $S_2O_3^{2-}$: −0.58; SO_3^{2-} — S_8: −0.66; SO_4^{2-} — S_8: −0.75

Wie aus dem Diagramm zudem folgt, läßt sich Schwefel ähnlich wie die Halogene (S. 437) nur in alkalischer, nicht dagegen in saurer Lösung in Schwefel(−II) und Schwefel(+II) bzw. Schwefel(+IV) bzw. Schwefel(+VI) disproportionieren (S. 224)[111]. Die Disproportionierung von Thiosulfat $S_2O_3^{2-}$ (Oxidationsstufe +II) in die Oxidationsstufen +IV und 0 erfolgt umgekehrt nur in saurem, nicht dagegen in alkalischem Medium (in letzterem Falle Komproportionierung von S_8 und SO_3^{2-}; vgl. S. 550). Dithionit, Sulfit und wohl auch Dithionat vermögen sowohl in saurer als auch in alkalischer Lösung zu disproportionieren, während Sulfat unter jeder Bedingung disproportionierungsstabil ist.

2.5.2 Schweflige Säure H_2SO_3 und Dischweflige Säure $H_2S_2O_5$

Löst man Schwefeldioxid in Wasser auf, so erhält man eine ausgesprochen sauer reagierende, den elektrischen Strom leitende Lösung:

$$SO_2 + H_2O \rightleftarrows H_2SO_3.$$

Die sauren Eigenschaften sind dabei auf gebildete Schweflige Säure H_2SO_3 zurückzuführen. Allerdings liegt das Gleichgewicht im Gegensatz zum analogen SO_3/H_2O-Gleichgewicht (s. u.) ganz auf der linken Seite, so daß fast alles gelöste Schwefeldioxid als unverändertes SO_2 bzw. hydratisiertes SO_2 vorliegt ($SO_2 \cdot H_2O \rightleftarrows H_2SO_3$; $K \ll 10^{-9}$) und nur geringe Mengen in Form der (infolge der Verdünnung weitgehend dissoziierten) Säure H_2SO_3 vorhanden sind. Beim Erwärmen (Einengen) der Lösung entweicht das im Gleichgewicht befindliche Schwefeldioxid, worauf sich das gestörte Gleichgewicht immer wieder neu einstellt. Beim Abkühlen kristallisiert das Gashydrat (s. dort) „$SO_2 \cdot 5\frac{3}{4}H_2O$" aus. Daher gelingt es nicht, aus der wässerigen Lösung die wasserfreie Säure H_2SO_3 zu isolieren.

Saure Eigenschaften. Als zweibasige Säure dissoziiert die Schweflige Säure in 2 Stufen: $H_2SO_3 \rightleftarrows H^+ + HSO_3^- \rightleftarrows 2H^+ + SO_3^{2-}$. Die Dissoziationskonstanten betragen bei 18 °C:

---

[110] Die schon besprochenen Oxide SO, SO_2, SO_3 und SO_4 entsprechen in ihrer Oxidationsstufe den Säuren H_2SO_2 (bzw. $H_2S_2O_3$), H_2SO_3 (bzw. $H_2S_2O_5$), H_2SO_4 (bzw. $H_2S_2O_7$) und H_2SO_5. Echte Säureanhydride sind aber nur SO_2 und SO_3.

[111] Tatsächlich entsteht beim Kochen von Schwefel in Alkalilauge Thiosulfat und Polysulfid: $2S_8 + 4OH^- \rightarrow S_2O_3^{2-} + H_2O + 2S_7H^-$ (→ Polysulfidgemisch).

$$K_1 = \frac{c_{H^+} \times c_{HSO_3^{2-}}}{c_{„H_2SO_3“}} = 1.54 \times 10^{-2} \qquad K_2 = \frac{c_{H^+} \times c_{SO_3^{2-}}}{c_{HSO_3^{2-}}} = 1.02 \times 10^{-7}.$$

Als undissoziierter Anteil ($c_{„H_2SO_3“}$) wird dabei die Gesamtkonzentration an Schwefeldioxid (Anhydrid) und undissoziierter Schwefliger Säure ($c_{SO_2} + c_{H_2SO_3}$) verstanden; die eigentliche Schweflige Säure H_2SO_3 ist also wesentlich stärker, als aus dem Zahlenwert für K_1 hervorgeht (vgl. die analogen Verhältnisse bei der Kohlensäure H_2CO_3).

Die **Salze** der Schwefligen Säure besitzen die Zusammensetzung $M_2^ISO_3$ (*Sulfite; sekundäre Sulfite*) bzw. M^IHSO_3 (*Hydrogensulfite; Bisulfite; saure Sulfite; primäre Sulfite*). Man gewinnt sie durch Einleiten von Schwefeldioxid in wässerige Lösungen oder Suspensionen von Hydroxiden (z.B. $2KOH + SO_2 \rightarrow K_2SO_3 + H_2O$) oder Carbonaten (z.B. $Na_2CO_3 + SO_2 \rightarrow Na_2SO_3 + CO_2$). Die Hydrogensulfite sind in Wasser alle leicht, die Sulfite mit Ausnahme der Alkalisulfite (einschließlich des Ammoniumsulfits) schwer löslich. Beim Erhitzen disproportionieren die trockenen Sulfite zu Sulfiden und Sulfaten: $4SO_3^{2-} \rightarrow S^{2-} + 3SO_4^{2-}$.

Bei der Isolierung aus wässeriger Lösung gehen die Hydrogensulfite meist in *Disulfite* (*Pyrosulfite*) über: $2HSO_3^- \rightarrow H_2O + S_2O_5^{2-}$, die sich auch gemäß $SO_3^{2-} + SO_2 \rightarrow S_2O_5^{2-}$ darstellen lassen (Anlagerung der Lewis-Säure SO_2 an die Lewis-Base SO_3^{2-}). Hydrogensulfite sind nur mit großen Kationen wie Rb^+, Cs^+, NR_4^+ isolierbar. Wegen der zwischen ihnen bestehenden Gleichgewichte verhalten sich die Sulfite, Hydrogensulfite und Disulfite in wässeriger Lösung sehr ähnlich. Die Dischweflige Säure existiert ebensowenig wie die Schweflige Säure in wasserfreiem Zustand.

Strukturen. Die *Sulfit-Ionen* SO_3^{2-} besitzen eine *pyramidale* Gestalt (C_{3v}-Symmetrie; Schwefel an der Spitze der trigonalen Pyramide; SO-Abstand 1.53 Å, entsprechend einem Zwischenzustand zwischen einfacher (1.70 Å) und doppelter (1.50 Å) Bindung. OSO-Winkel 107.4°). Isoelektronisch mit dem SO_3^{2-}-Ion sind die Ionen ClO_3^- (S. 579) und PO_3^{3-} (S. 769). Bezüglich der Struktur der *Hydrogensulfit-Ionen* HSO_3^- s. unten. Die *Disulfit-Ionen* $S_2O_5^{2-}$ enthalten gemäß $[O_2S—SO_3]^{2-}$ eine (anomal lange) SS-Bindung (2.205 Å; ber. 2.08 Å für Einfachbindung) und zwei Arten von SO-Bindungen von mehr oder minder großem Doppelbindungscharakter (zur Konformation von $S_2O_5^{2-}$ mit C_s-Symmetrie vgl. Fig. 144 auf S. 602). Entsprechend der schwachen SS-Bindung spaltet sich z.B. $Na_2S_2O_5$ bereits bei 400 °C in Na_2SO_3 und SO_2. Technische Verwendung finden wässerige Lösungen von **Natrium-** und **Calciumhydrogensulfit** $NaHSO_3$ und $Ca(HSO_3)_2$ (aus SO_2 und NaOH, Na_2CO_3, $CaCO_3$ in Wasser) bei der *Zellstoffgewinnung* aus Holz („*Sulfitcellulose*“), da sie aus dem Holz die inkrustierenden Ligninstoffe herauslösen, so daß Cellulose zurückbleibt. **Natriumsulfit** und **-disulfit** Na_2SO_3 bzw. $Na_2S_2O_5$ dienen als *Reduktionsmittel*, zur Herstellung von Natriumthiosulfat, als Oxidationsschutz für *Entwicklerlösungen* in der Fototechnik, als *Antichlor* in der Papier-, Textil- und Lederindustrie, zur *Konservierung* von Lebensmitteln, zur *Abwasser-* und *Kanalwasservorbehandlung*. Festes, wasserfreies Na_2SO_3 entsteht als Suspension durch Begasung einer NaOH-haltigen, 60–80 °C heißen, gesättigten $NaHSO_3$-Lösung mit SO_2 (unterhalb 33.4 °C kristalliert $Na_2SO_3 \cdot 7H_2O$ aus), festes $Na_2S_2O_5$ durch weitere Begasung der Na_2SO_3-Suspension mit SO_2.

Reduzierende Eigenschaften. Die wichtigste Eigenschaft der Schwefligen Säure und ihrer Salze ist ihre *reduzierende Wirkung*. Sie beruht auf dem Bestreben der Schwefligen Säure, in die höhere Oxidationsstufe der *Schwefelsäure* überzugehen; schematisch:

$$SO_2 + O \rightarrow SO_3 \quad \text{bzw.} \quad SO_3^{2-} \rightarrow SO_3 + 2\ominus$$

und ist in alkalischer Lösung ($SO_3^{2-} + 2OH^- \rightleftarrows SO_4^{2-} + H_2O + 2\ominus$; $\varepsilon_0 = -0.936$ V) stärker als in saurer ($SO_2 + 2H_2O \rightleftarrows SO_4^{2-} + 4H^+ + 2\ominus$; $\varepsilon_0 = +0.158$ V). So wandeln sich z.B. die Sulfite und die Schweflige Säure in wässeriger Lösung schon beim Stehen an der Luft langsam in Sulfate bzw. Schwefelsäure um. Wässerige Lösungen von Halogenen werden von Schwefliger Säure zu Halogenwasserstoffen reduziert ($Hal_2 + 2\ominus \rightarrow 2Hal^-$), so daß man z.B. H_2SO_3 mit Iod iodometrisch bestimmen kann; aus Quecksilber(II)-chlorid-Lösungen fällt beim Einleiten von SO_2 zuerst weißes unlösliches Quecksilber(I)-chlorid ($Hg^{2+} + \ominus \rightarrow \frac{1}{2}Hg_2^{2+}$), dann metalllisches Quecksilber ($\frac{1}{2}Hg_2^{2+} + \ominus \rightarrow Hg$) aus; Gold(III)-

chlorid wird in Gold ($Au^{3+} + 3\ominus \rightarrow Au$), Eisen(III) in Eisen(II) übergeführt ($Fe^{3+} + \ominus \rightarrow Fe^{2+}$), Kaliumpermanganat wird zu Mangan(II)-Salz ($MnO_4^- + 8H^+ + 5\ominus \rightarrow Mn^{2+} + 4H_2O$), Dichromat zu Chrom(III)-Salz ($Cr_2O_7^{2-} + 14H^+ + 6\ominus \rightarrow 2Cr^{3+} + 7H_2O$), Iodat zu Iodid reduziert ($IO_3^- + 6H^+ + 6\ominus \rightarrow I^- + 3H_2O$) usw. Die Oxidation der Schwefligen Säure läßt sich bei Verwendung geeigneter Oxidationsmittel (z. B. Mn(IV), Fe(III)) bei der Stufe der *Dithionsäure* $H_2S_2O_6$ unterbrechen ($2SO_2 + 2H_2O \rightarrow S_2O_6^{2-} + 4H^+ + 2\ominus$; $\varepsilon_0 = 0.57$ V).

Mechanistisch erfolgen die Reduktionsreaktionen der Schwefligen Säure vielfach in der Weise, daß sich *Schwefeldioxid* SO_2 an den zu reduzierenden Stoff (Lewis-Base) als Lewis-Säure anlagert, um diesen dann unter Elektronenzufuhr in eine niedrigere Oxidationsstufe überzuführen. So läuft etwa die Reduktion von Chlorat ClO_3^- zu Chlorit ClO_2^- auf folgendem Wege ab:

$$O_2Cl{-}\ddot{\underset{..}{O}}{:}^- + \ddot{S}O_2 \rightarrow [O_2\ddot{C}l{-}\ddot{\underset{..}{O}}{-}\ddot{S}O_2]^- \rightarrow O_2\ddot{C}l^- + \ddot{\underset{..}{O}}{=}SO_2\,.$$

In analoger Weise wird anschließend gebildetes Chlorit über Hypochlorit zu Chlorid reduziert bzw. werden andere Elementsauerstoffsäure-Anionen in niedrigere Oxidationsstufen übergeführt. Darüber hinaus verlaufen Reduktionsreaktionen der Schwefligen Säure in vielen Fällen auch so, daß *Sulfit* SO_3^{2-} bzw. *Hydrogensulfit* SO_3H^- als Lewis-Base den zu reduzierenden Stoff (Lewis-Säure), z. B. Chlor, nucleophil angreift, um ihn – wie auf S. 449 besprochen – unter Elektronenzufuhr in eine niedrigere Oxidationsstufe überzuführen:

$$HO_3S{:}^- + Cl{-}Cl \rightarrow HO_3S{-}Cl + {:}Cl^- \left(\xrightarrow{H_2O} H_2SO_4 + HCl + Cl^-\right).$$

Bezüglich des Mechanismus der Umsetzung von Schwefliger Säure mit H_2O_2 vgl. S. 536.

Oxidierende Eigenschaften. Umgekehrt kann Schweflige Säure gegenüber starken Reduktionsmitteln auch als *Oxidationsmittel* wirken, indem sie z. B. in *Schwefel* ($SO_2 + 4H^+ + 4\ominus \rightarrow \frac{1}{8}S_8 + 2H_2O$; $\varepsilon_0 = +0.500$ V), in *Schwefelwasserstoff* ($SO_2 + 6H^+ + 6\ominus \rightarrow H_2S + 2H_2O$; $\varepsilon_0 = +0.38$ V), in *Thioschwefelsäure* ($2SO_2 + 2H^+ + 4\ominus \rightarrow S_2O_3^{2-} + H_2O$; $\varepsilon_0 = +0.40$ V) oder in *Dithionige Säure* ($2SO_2 + H^+ + 2\ominus \rightarrow HS_2O_4^-$; $\varepsilon_0 = -0.07$ V) übergeht (vgl. Potentialdiagramm, S. 577). So wird sie etwa durch naszierenden Wasserstoff (Zink und Salzsäure) und durch Zinn(II)-chlorid zu Schwefelwasserstoff, durch Eisen(II) zu Schwefel, durch Formiat oder Schwefel zu Thioschwefelsäure, durch Zink und durch Natrium zu Dithioniger Säure und durch Schwefelwasserstoff u. a. zu Polythionsäuren (Näheres vgl. S. 595) reduziert.

Derivate. Die – in freier, undissoziierter Form nicht existierende – Säure H_2SO_3 läßt sich durch zwei *tautomere Formen* beschreiben, in welchen die Wasserstoffatome entweder nur an Sauerstoff (a) oder an Sauerstoff und Schwefel (b) gebunden sind. Erstere Form (a) wird als *Schweflige Säure* im engeren Sinn, letztere Form (b) als *Sulfonsäure* bezeichnet. In analoger Weise kann das Wasserstoffatom des Hydrogensulfits HSO_3^- mit dem Sauerstoff (c) oder dem Schwefel (d) verknüpft sein:

$$HO{-}\overset{\overset{O}{\|}}{\underset{..}{S}}{-}OH \rightleftharpoons HO{-}\overset{\overset{O}{\|}}{\underset{\underset{H}{|}}{S}}{=}O \qquad {}^-O{-}\overset{\overset{O}{\|}}{\underset{..}{S}}{-}OH \rightleftharpoons {}^-O{-}\overset{\overset{O}{\|}}{\underset{\underset{H}{|}}{S}}{=}O$$

Schweflige Säure	Sulfonsäure	Hydrogensulfit	Sulfonat
(a)	(b)	(c)	(d)

Tatsächlich liegt in wässerigen HSO_3^--Lösungen ein Gleichgewicht der Tautomeren (c) und (d) vor, während etwa den Anionen in festen $RbHSO_3$ bzw. $CsHSO_3$ ausschließlich die Konstitution (d) zukommt.

Ersetzt man die *Wasserstoffatome* der Schwefligen Säure durch wenig „wanderfreudige" organische Reste R, so lassen sich beide möglichen Formen von H_2SO_3 bzw. HSO_3^- getrennt als Isomere erhalten. Die von $OS(OH)_2$ abgeleiteten organischen Derivate $OS(OR)_2$ heißen *Schwefligsäure-ester* die vor $O_2SH(OH)$ abgeleiteten Verbindungen $O_2SR(OH)$ bzw. $O_2SR(OR)$ *Sulfonsäuren* bzw. *Sulfonsäure-ester* (vgl. Lehrbücher der organischen Chemie).

Ersetzt man in der Schwefligen Säure *Hydroxylgruppen* durch einwertige negative Reste X, so kommt man zu Derivaten, die man als *Sulfinsäuren* bzw. *Thionylverbindungen* bezeichnet:

$OS\begin{smallmatrix}OH\\OH\end{smallmatrix}$	$OS\begin{smallmatrix}OH\\X\end{smallmatrix}$	$OS\begin{smallmatrix}X\\X\end{smallmatrix}$
Schweflige Säure	Sulfinsäuren	Thionylverbindungen

Im folgenden sollen einige Verbindungen betrachtet werden, in denen X = Halogen ist (*Thionylhalogenide*; Halogensulfinsäuren sind unbekannt). Für Derivate mit anderen X vgl. S. 571, 603.

Thionylhalogenide SOX_2 (Tab. 62) lassen sich z. B. durch *Halogenidierung* von SO_2 (etwa gemäß: $SO_2 + PCl_5 \rightarrow SOCl_2 + POCl_3$) oder durch *Halogenaustausch* in $SOCl_2$ gewinnen (etwa gemäß: $3SOCl_2 + 2SbF_3 \rightarrow 3SOF_2 + 2SbCl_3$ oder $SOCl_2 + 2HBr \rightarrow SOBr_2 + 2HCl$). Die technische Darstellung von *Thionylchlorid* $SOCl_2$ erfolgt durch Gasphasenreaktion von SO_2 bzw. SO_3 mit Chlor in Anwesenheit von SCl_2 oder S_2Cl_2 ($S_2Cl_2 + Cl_2 \rightarrow 2SCl_2$) am Aktivkohlekontakt:

$$SO_2 + SCl_2 + Cl_2 \rightarrow 2SOCl_2, \quad SO_3 + 2SCl_2 + Cl_2 \rightarrow 3SOCl_2$$

(Reinigung durch Destillation bei niedrigen Temperaturen; oberhalb 76 °C zerfällt $SOCl_2$ nach: $4SOCl_2 \rightarrow 2SO_2 + S_2Cl_2 + 3Cl_2$).

Eigenschaften. Die Thionylhalogenide stellen sowohl schwache Lewis-*Basen* (freie Elektronenpaare am Sauerstoff) wie schwache Lewis-*Säuren* dar (unbesetzte Orbitale am Schwefel). Durch Wasser werden sie in SO_2 und HX gespalten $SOX_2 + H_2O \rightarrow SO_2 + 2HX$, weshalb man Thionylchlorid in der anorganischen Chemie zur Darstellung wasserfreier Metallhalogenide aus hydratisierten Halogeniden und in der organischen Chemie zur Wasserabspaltung bei Synthesen verwenden kann. Außerdem dient $SOCl_2$ in der organischen Chemie zur Einführung der *Thionylgruppe* SO in Kohlenstoffverbindungen (Bildung von Sulfoxiden R_2SO).

Verwendung findet $SOCl_2$ bei der Synthese von Zwischenprodukten vieler *organischer Stoffe* (Pflanzenschutzmittel, Schädlingsbekämpfungsmittel, Pharmazeutika, Farbstoffe), zur *Entwässerung* von Metallhalogeniden, zur *Chloridierung* von Metalloxiden und in *galvanischen Elementen.*

Strukturen. *Thionylfluorid* SOF_2, *Thionylchlorid* $SOCl_2$ und *Thionylbromid* $SOBr_2$ sind pyramidal gebaut (Schwefel an der Pyramidenspitze, Sauerstoff und zwei Halogene an der Pyramidenbasis). Die Struktur des bisher wenig charakterisierten und nicht in Reinsubstanz isolierten *Thionyliodids* SOI_2 (dunkelbrauner Feststoff, Zers. > − 30 °C) ist unbekannt. Atomabstände und Bindungswinkel sind zusammen mit einigen Eigenschaften der Thionylhalogenide SOX_2 (isoelektronisch mit PX_3) in Tab. 62 wiedergegeben. Es existieren auch gemischte Thionylhalogenide SOClF (Smp. − 139.5 °C, Sdp. 12.2 °C), SOBrF (Smp. − 86 °C, Sdp. 41 °C) sowie SOBrCl (bisher nur in Lösung).

Tab. 62 Einige Eigenschaften und Strukturparameter der Thionylhalogenide

SOX_2		**Smp. [°C]**	**Sdp. [°C]**	r_{SO} [Å]	r_{SX} [Å]	**∢ OSX**	**∢ XSX**
SOF_2	*farbloses* Gas	−129.5	−43.8	1.420	1.583	106.2°	92.8°
$SOCl_2$	*farblose* Flüssigkeit	− 99.5	+75.7	1.444	2.076	107.3°	96.2°
$SOBr_2$	*rotgelbe* Flüssigkeit	− 49.5	+138	1.45	2.27	108°	96°

2.5.3 Schwefelsäure H_2SO_4 und Dischwefelsäure $H_2S_2O_7$

Darstellung

Zur technischen Darstellung der Schwefelsäure[112] dient heute praktisch ausschließlich das **„Kontaktverfahren"**, während das früher führende **„Bleikammerverfahren"** nur noch vereinzelt angewandt wird[113]. Beide Verfahren gehen vom Schwefeldioxid aus, das durch Verbrennen von Schwefel (1), Metallsulfiden, Schwefelwasserstoff sowie Thermolyse von Sulfaten oder Schwefelsäure erhalten wird (s. unten), und oxidieren dieses bei Gegenwart von Katalysatoren mit Luft zu Schwefeltrioxid, dem Anhydrid der Schwefelsäure:

$$\tfrac{1}{8}S_8(f) + O_2 \rightarrow SO_2 \quad + 297.03\,kJ, \qquad (1)$$

$$SO_2 + \tfrac{1}{2}O_2 \rightleftarrows SO_3\,(g) \quad + \ \ 98.98\,kJ. \qquad (2)$$

Beim Kontaktverfahren (heterogene Katalyse) dienen dabei feste Vanadiumverbindungen, beim Bleikammerverfahren (homogene Katalyse) gasförmige Stickstoffoxide als Sauerstoffüberträger. Gebildetes Schwefeltrioxid wird dann in *Schwefelsäure* H_2SO_4 verwandelt:

$$SO_3\,(g) + H_2O \rightarrow H_2SO_4 + 176.6\,kJ, \qquad (3)$$

die sich mit SO_3 ihrerseits in *Dischwefelsäure* $H_2S_2O_7$ ($H_2SO_4 + SO_3 \rightarrow H_2S_2O_7$) oder ein Gemisch überführen läßt, das neben Dischwefelsäure noch höherkondensierte Schwefelsäuren (*Trischwefelsäure* $H_2S_3O_{10}$, *Tetraschwefelsäure* $H_2S_4O_{13}$ usw.) enthält. Der größte Teil der im Zuge der H_2SO_4-Bildung aus S_8 erzeugten Wärme (pro Tonne H_2SO_4 5.4×10^6 kJ) wird zur Erzeugung von Hochdruckdampf genutzt (wichtiger kostenmindernder Faktor).

Kontaktverfahren[113]. Bei der Vereinigung von Schwefeldioxid und Sauerstoff zu Schwefeltrioxid – vgl. (2) – wird Wärme frei. Daher verschiebt sich das Gleichgewicht mit steigender Temperatur zugunsten der linken Seite, d.h. Schwefeltrioxid zerfällt beim Erhitzen in Schwefeldioxid und Sauerstoff. So sind z.B. bei 400 °C 2%, bei 600 °C 24% des Schwefeltrioxids zersetzt (vgl. Fig. 143a). Will man daher Schwefeldioxid möglichst quantitativ zu Schwefeltrioxid oxidieren, so muß man bei möglichst tiefer Temperatur arbeiten. Zweckmäßig wäre nach Lage des Gleichgewichts eine Reaktionstemperatur von < 400 °C. Hier ist aber die Reaktionsgeschwindigkeit zu gering. Selbst bei 400 bis 600 °C verläuft die Reaktion noch viel zu langsam. Glücklicherweise gibt es aber feste Katalysatoren („*Kontakte*"), die in diesem Temperaturbereich die obige Reaktion (2) beschleunigen. So erfolgt z.B. die Umsetzung bei Gegenwart von Platin schon bei 400 °C, bei Gegenwart von Eisenoxid bei 600 °C mit ausreichender Geschwindigkeit. Heute benutzt man als Katalysator nur *Vanadiumpentaoxid* V_2O_5, vermischt mit *Kaliumpyrosulfat* $K_2S_2O_7$ als Aktivator auf porösem SiO_2

---

[112] Die Weltjahresproduktion an H_2SO_4 beträgt derzeit fast 150 Millionen Tonnen. Sie stellt nach dem Chlor einen Indikator für den Leistungsstand der chemischen Industrie eines Landes dar.

[113] **Geschichtliches.** Bereits im Jahre 1450 beschrieb Basilius Valentinus die Erzeugung von H_2SO_4 durch Verbrennen von Schwefel mit Salpeter. Die Darstellung der Schwefelsäure („*Vitriolöl*"[114]) erfolgte dann ab dem 16. Jahrhundert zunächst durch kostspielige *thermische Zersetzung* von wasserhaltigen Sulfaten („*Vitrolen*"[114]; großtechnisch ab 1793 in USA aus $FeSO_4 \cdot 7H_2O$ für die Sodaherstellung), dann – billiger – durch *Verbrennen von Schwefel mit Salpeter* erst in Glasgefäßen, später (ab 1746) in Bleikammern (eingeführt durch J. Roebuch, England) zunächst ohne, schließlich unter Luftzufuhr (N. Clement und C.B. Désormes, 1793; Verfahrensbesserung in der Folgezeit durch Einsatz von Gay-Lussac- und Glovertürmen zur Wiedergewinnung und Austreibung der nitrosen Gase). Die heute – noch billiger arbeitende – Oxidation von SO_2 mit Luft zunächst am Pt-Kontakt (P. Phillips, 1831), dann am V_2O_5-Kontakt erlangte erst durch die grundlegenden Arbeiten von C. Winkler (1873) und später von R. Knietsch praktische Bedeutung. Es hat heute das Bleikammerverfahren verdrängt und H_2SO_4 zur billigsten, in großer Menge beziehbaren Säure gemacht.

[114] Von vitrum (lat.) = Glas. Vitriole (z.B. grünes $FeSO_4 \cdot 7H_2O$) haben entfernte Ähnlichkeit mit Glas. Von ihnen leiten sich mittelalterliche Bezeichnungen wie *Vitriol* für H_2SO_4 (aus Vitriolen) oder *Vitriolluft* für O_2 (aus MnO_2 und H_2SO_4) ab.

(Kieselgur, Diatomeenerde) als Träger. Die ab ca. 420 °C wirksame (und oberhalb 620 °C sich inaktivierende) Katalysatormasse liegt unter den Reaktionsbedingungen als Vanadiumsulfat-haltige Schmelze vor, wobei die Wertigkeitsänderung V(V) $\rightleftarrows$ V(IV) entscheidend für die Sauerstoff-übertragende, formal durch die Gleichungen (4) und (5) zum Ausdruck kommende Wirkung ist:

$$V_2O_5 + SO_2 \rightarrow V_2O_4 + SO_3 \quad (4)$$

$$V_2O_4 + \tfrac{1}{2}O_2 \rightarrow V_2O_5 \quad (5)$$

$$SO_2 + \tfrac{1}{2}O_2 \rightarrow SO_3. \quad (6)$$

Die Geschwindigkeiten der Teilreaktionen (4) und (5) sind dabei in summa größer als die Geschwindigkeit der direkt verlaufenden Reaktion (6).

Im einzelnen kann man bei der *technischen Durchführung* des Kontaktverfahrens vier Stufen unterscheiden: 1. Darstellung eines Gemischs von Schwefeldioxid und Luft; 2. Reinigung des Gasgemischs; 3. Umsetzung des Gasgemischs am Kontakt; 4. Vereinigung des gebildeten Schwefeltrioxids mit Wasser zu Schwefelsäure.

1. Das SO_2/Luft-Gemisch wird (i) in der Hauptsache durch „*Verbrennung von Schwefel*" erzeugt: $\frac{1}{8}S_8 + O_2 \rightarrow SO_2$. Hierzu setzt man flüssigen, auf 140–150 °C erhitzten und in Druckzerstäubern, Zweistoffbrennern oder Rotationszerstäubern fein verteilten „Schwefel" in Brennkammern mit trockener Luft um (flüssiger Schwefel hat bei 150° C ein Viskositätsminimum). Daneben sind in Gebrauch: (ii) „*Abrösten von Sulfiden*", d.h. Erhitzen von Sulfiden wie „Pyrit" FeS_2, „Kupferkies" $CuFeS_2$, „Bleiglanz" PbS oder „Zinkblende" ZnS unter Luftzutritt auf 700–900 °C in Etagen-Drehrohr- oder Wirbelschichtöfen[115], z.B. $2FeS_2 + 5\frac{1}{2}O_2 \rightarrow Fe_2O_3 + 4SO_2$ (vgl. S. 568). – (iii) „*Verbrennung von Schwefelwasserstoff*" insbesondere aus dem Kokereiprozeß: $H_2S + 1\frac{1}{2}O_2 \rightarrow H_2O + SO_2$ (vgl. S. 557). – (iv) „*Spalten von Sulfaten*" wie „Gips" $CaSO_4 \cdot 2H_2O$ aus der H_3PO_4-Gewinnung der Rauchgasentschwefelung (S. 568) oder wie „Eisenvitriol" $FeSO_4 \cdot 7H_2O$ aus der TiO_2-Herstellung (s. jeweils dort): $CaSO_4 \rightarrow CaO + SO_2 + \frac{1}{2}O_2$ bzw. $2FeSO_4 \rightarrow Fe_2O_3 + 2SO_2 + \frac{1}{2}O_2$. Hierzu wird $CaSO_4 \cdot 2H_2O$ nach Überführen in Anhydrit $CaSO_4$ in Anwesenheit von Koks und tonigen Zuschlägen auf 700–1200 °C (Müller-Kühne-Verfahren, S. 1141), $FeSO_4 \cdot 7H_2O$ nach Überführen in $FeSO_4 \cdot H_2O$ in 200 °C heißen Wirbelschichttrocknern[115] bei hohen Temperaturen in Etagen-, Drehrohr- oder Wirbelschichtöfen[115] zersetzt. – (v) „*Spalten von Abfallschwefelsäure*" aus Prozessen der Metall-, Petro- und organischen Chemie: $H_2SO_4 \rightarrow SO_2 + \frac{1}{2}O_2 + H_2O$. Hierzu wird die durch organische Stoffe verunreinigte Schwefelsäure nach ihrer Konzentrierung (mindestens 60 Massen-% H_2SO_4) in reduzierender Rauchatmosphäre im Drehrohr. ofen (Bildung von Koks) oder in oxidierender Sauerstoffatmosphäre im gemauerten Ofen (Bildung von CO_2) bei ca. 1000 °C zersetzt. Zur energieaufwendigen, kostspieligen Konzentrierung von Abfallschwefelsäuren durch Venturi-Aufstärker, Tauchbrenner, Umlaufverdampfer, Plinke-Destillationskolonnen, Drum-Konzentratoren, Bayer-Bertrams-Fallfilmverdampfer und ihre Rückführung (nach Reinigung oder Spaltung) in die jeweiligen Produktionsprozesse zwingen in steigendem Maße *ökologische Überlegungen.*

2. Eine Reinigung des SO_2/Luft-Gemischs ist im Falle der durch Schwefelverbrennung erhaltenen Gase nicht notwendig. In den übrigen Fällen können die Röstgase nicht direkt über den Kontakt geleitet werden, da sie *Verunreinigungen* enthalten, welche teils *mechanisch* („*Flugstaub*", der die Kontaktmasse bedeckt), teils *chemisch* („*Kontaktgifte*" wie Arsenverbindungen, welche den Kontakt vergiften) die Wirksamkeit des Katalysators herabsetzen oder lähmen. Sie müssen daher vor der Umsetzung noch einer sorgfältigen Reinigung unterzogen werden. Zur Befreiung von Flugstaub bedient man sich meist der *elektrischen Gasreinigung* (**„Elektrofiltration"**), indem man das im Zyklon[116] von grobem Staub befreite

115 In **Wirbelschichtverfahren**, die heute vielfach bevorzugt werden, wird ein auf durchlöcherten, horizontal angeordneten Böden („*Wirbelbett*", „*Schwebebett*", „*Fließbett*") liegendes feinkörniges Stückgut durch einen von unten kommenden Gasstrom in der Schwebe gehalten. Derartige „*Wirbelschichten*" können wie Flüssigkeiten durch Öffnungen und Rohre strömen, auf Unterlagen fließen oder – bei höheren Teilchengeschwindigkeiten – als Flugstaub aus Behältern austreten. Letzterer Flugstaub kann über einen nachgeschalteten „*Zyklon*"[116] wieder in den Reaktor zurückgeführt werden („*zirkulierende Wirbelschicht*"). Die große Oberfläche des „*Wirbelgutes*" gewährleistet einen innigen Kontakt reagierender gasförmiger mit festen Phasen (z.B. Abrösten von FeS_2), ermöglicht die Umsetzung von Gasen an feinkörnigen Katalysatoren (z.B. katalytische SO_2-Verbrennung) und erleichtert das Trocknen von feinkörnigem Material (z.B. Entwässern von $FeSO_4 \cdot 7H_2O$ vor seiner Spaltung in Fe_2O_3 und SO_2).

116 **Zyklone** werden zur Entstaubung eingesetzt und bilden eine wichtige Komponente der zirkulierenden Wirbelschichtanlagen[115]. Zur Staubabscheidung läßt man den Flugstaubstrom tangential in ein zylindrisches Gefäß mit konisch zulaufendem Boden strömen, wobei die Flugteilchen durch die Zentrifugalkraft in der induzierten Wirbelströmung an die Zylinderwand geschleudert werden und dort durch die Schwerkraft zu Boden sinken, wo sie ausgetragen

Gas durch ein starkes elektrisches Feld (50000 bis 80000 Volt) leitet, wobei sich die Staubteilchen durch Aufnahme der von der negativen Kathode („*Sprühelektrode*") ausgesandten Elektronen negativ aufladen und an der positiv geladenen Anode („*Niederschlagselektrode*") niederschlagen, die zum Abschütteln des Staubes mechanisch geklopft wird. Das *Arsen* wird bei dieser Entstaubung nur dann vollständig entfernt, wenn die Röstgase – die die elektrische Entstaubungsanlage mit 300–400 °C verlassen – auf 60–80 °C gekühlt und einer nochmaligen Gasreinigung unterworfen werden.

3. Umsetzung des SO_2/Luft-Gemisches zu SO_3. Das gereinigte Schwefeldioxid-Luft-Gasgemisch tritt nun in den *Kontaktkessel* ein, wo sich unter Wärmeentwicklung die *Umsetzung von Schwefeldioxid und Sauerstoff zu Schwefeltrioxid* – vgl. (2) – abspielt. Zur Verschiebung des Gleichgewichts (2) arbeitet man hierbei mit einem zwei- bis dreifachen *Überschuß* an Luftsauerstoff (1 bis 1.5 statt 0.5 mol O_2 je mol SO_2, d.h. Luft : SO_2 = 5 : 1 bis 8 : 1) und – da die Umsetzung unter Volumenminderung abläuft – gegebenenfalls bei erhöhtem Druck (5 bar im Falle des Ugine-Kuhlmann-Verfahrens). Besonders wichtig ist aber die Aufrechterhaltung einer sowohl hinsichtlich der Schwefeltrioxid-Ausbeute als auch hinsichtlich der Reaktionsgeschwindigkeit *günstigen Temperatur*. Es muß also bei der Umsetzung freiwerdende Wärme dauernd abgeführt werden, da sonst die *Temperatur* des Kontaktes *steigt* und die *Schwefeltrioxid-Ausbeute* damit *sinkt* (vgl. Fig. 143a). Als Reaktoren benutzt man „*Hordenkontaktöfen*" (Fig. 143b), in denen die Katalysatormasse auf Rosten („*Horden*") schichtweise übereinander angeordnet ist. Bei neueren Anlagen haben die Öfen meist vier Kontaktschichten und drei dazwischen geschaltete Kühlzonen, in denen die Reaktionsgase teils durch Wärmeaustauscher, teils durch Zumischung kalter Luft gekühlt werden. Mit derartigen Anlagen sind Ausbeuten um 98 % erzielbar. Vorteilhafterweise werden die Reaktionsgase nach dem Durchgang durch die ersten drei Horden erst nach dem Auswaschen des gebildeten SO_3 mit konz. H_2SO_4 (s. unten) durch die vierte Katalysatorschicht gegeben („*Doppelkontaktverfahren*"). Diese Variante gewährleistet einen SO_2-Umsatz von mehr als 99.5 % und trägt damit zugleich zur Reinhaltung der Luft bei.

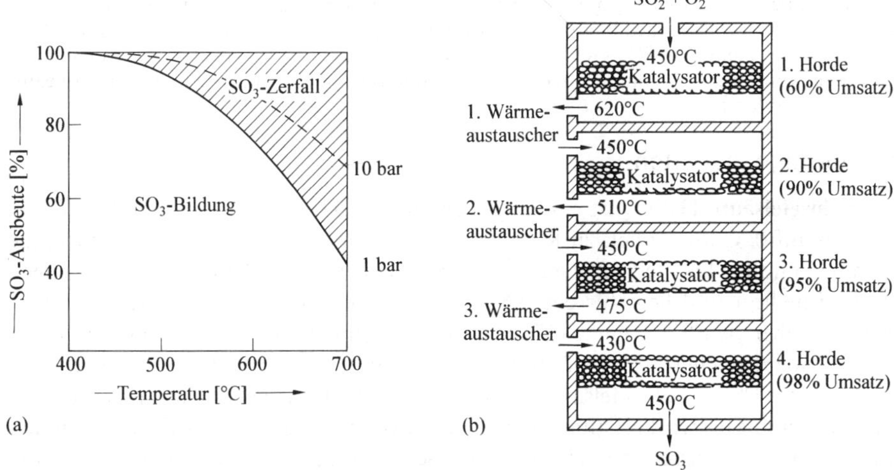

Fig. 143 **(a)** Temperaturabhängigkeit der SO_3-Ausbeute (Startgemisch: 10 Vol.-% SO_2, 10-Vol.-% O_2, 80 Vol.-% N_2). **(b)** Kontaktkessel (13 m Höhe, 10 m Durchmesser, 80 t Katalysator) zur Gewinnung von SO_3 aus SO_2.

Besonders effektvoll wird neuerdings SO_2 und O_2 in einem „*Wirbelschichtreaktor*"[115] an einer Katalysator-Wirbelschicht umgesetzt (Abführung der Wärme mit Rohrkühlern im Reaktor).

4. Umsatz des SO_3-Gases mit Wasser. Die *Vereinigung des katalytisch gebildeten Schwefeltrioxids mit Wasser zu Schwefelsäure* ($SO_3 + H_2O \rightarrow H_2SO_4$) kann nicht einfach so erfolgen, daß man das den Kontaktkessel verlassende Gasgemisch *durch Wasser leitet*, weil hierbei ein großer Teil des Schwefeltrioxids entweicht, ohne sich mit dem Wasser umzusetzen. Dagegen nimmt *konzentrierte* (98 %ige) *Schwefelsäure* das Schwefeltrioxid vollständig und momentan unter Bildung von *Dischwefelsäure* (*Pyroschwefelsäure*) $H_2S_2O_7$ auf (s. oben). Man verfährt daher so, daß man das Schwefeltrioxid in Füllkörperkolonnen durch

werden können. Der kreisende, von der Hauptstaubmenge befreite Gaswirbel kann den Zylinder durch ein bis zum Boden reichendes Austrittsrohr verlassen.

98%ige *Schwefelsäure* absorbiert (7) und durch Zufließenlassen von *Wasser* (Hydrolyse der gebildeten Dischwefelsäure und höheren Polyschwefelsäuren) die Schwefelsäurekonzentration *konstant hält* (8):

$$SO_3 + H_2SO_4 \rightarrow H_2S_2O_7 \quad (7)$$
$$H_2S_2O_7 + H_2O \rightarrow H_2SO_4 + H_2SO_4 \quad (8)$$
$$\overline{SO_3 + H_2O \rightarrow H_2SO_4.} \quad (3)$$

Insgesamt ergibt sich damit die gewünschte Schwefelsäurebildung (3)[117a].

In den Handel gelangt die **„Kontaktsäure"** als *„konzentrierte Schwefelsäure"* (98%ige Schwefelsäure) oder als *„rauchende Schwefelsäure"* (*„Oleum"*; *„Vitriolöl"*)[114)], d.h. eine Schwefelsäure mit einem Überschuß an Schwefeltrioxid[117b)] (7). Aus der rauchenden Schwefelsäure erhält man durch Destillation reines SO_3.

Bleikammerverfahren[113)]. Statt durch *Vanadiumoxide* bei 500 °C (*Kontaktverfahren*) kann die Oxidation des Schwefeldioxids mit Luft zu Schwefeltrioxid auch durch *Stickstoffoxide* bei 80 °C (*Bleikammerverfahren*) katalysiert werden. Die sauerstoffübertragende Wirkung der Stickstoffoxide kann dabei *schematisch* durch folgende Gleichungen zum Ausdruck gebracht werden[118)]:

$$N_2O_3 + SO_2 \rightarrow 2NO + SO_3 \quad (9)$$
$$2NO + \tfrac{1}{2}O_2 \rightarrow N_2O_3 \quad (10)$$
$$\overline{SO_2 + \tfrac{1}{2}O_2 \rightarrow SO_3.} \quad (2)$$

Da bei der Reaktion (9) ein Teil der Stickstoffoxide bis zu N_2O und N_2 reduziert wird, welche unter den Bedingungen des technischen Prozesses keinen Sauerstoff analog (10) mehr aufzunehmen vermögen, kommt man bei dem Prozeß nicht wie bei einem rein katalytischen Verfahren mit einer gegebenen Menge des Sauerstoffüberträgers aus, sondern muß die während des Betriebes auftretenden Verluste an Stickstoffoxiden ersetzen. Als *Nachteil* des Bleikammerverfahrens, das heute nur noch für die Verarbeitung von Röstgasen mit sehr niedrigem SO_2-Gehalt (0.8–1.5 Vol.-%) genutzt wird, erweist sich insbesondere die erzielbare Säurekonzentration von maximal nur 78%, so daß H_2SO_4 nachträglich unter Energieaufwand konzentriert werden muß.

Physikalische Eigenschaften

Wasserfreie **Schwefelsäure H_2SO_4** ist eine ölig-dicke (durch H-Brücken vernetzte), *farblose*, beim Abkühlen auf 0 °C allmählich zu Kristallen vom Schmelzpunkt 10.371 °C erstarrende Flüssigkeit mit der hohen Dichte 1.8269 g/cm³. Der Schmelzpunkt wird durch geringe Mengen Wasser stark erniedrigt und liegt für eine 98%ige Schwefelsäure beispielsweise bei 3.0 °C. Beim Erwärmen über den Siedepunkt (279.6 °C) hinaus gibt die reine Schwefelsäure einen etwas Schwefeltrioxid-reicheren Dampf ab, bis schließlich bei einem konstanten Siedepunkt von 338 °C eine 98.33%ige Schwefelsäure übergeht. Eine Säure gleicher Zusammensetzung und gleichen Siedepunktes wird erhalten, wenn man verdünnte Säure destilliert, da in diesem Falle zuerst fast nur Wasser übergeht. 100%ige Schwefelsäure läßt sich daher nicht durch Destillieren verdünnter Schwefelsäure, sondern nur durch Auflösen der berechneten Menge Schwefeltrioxid in konzentrierter Schwefelsäure gewinnen. Erhitzt man den Dampf von Schwefelsäure über den azeotropen Siedepunkt von 338 °C hinaus, so erfolgt Spaltung in

---

117a Die Endgase des Kontaktverfahrens werden zur Erniedrigung des SO_2-Gehalts mit Ammoniak ($\rightarrow NH_4SO_4H$) bzw. Na_2SO_3-Lösungen ($\rightarrow NaHSO_3$) gewaschen („Wellmann-Lord-Verfahren"); auch eine oxidative Adsorption von SO_2 an Aktivkohle („Sulfacid-Verfahren") bzw. eine SO_2-Oxidation mit H_2O_2 oder H_2SO_5 („Peracidox-Verfahren") ist möglich. Die Endgase des Doppelkontakt-Verfahrens müssen nicht gereinigt werden.

117b SO_3-Gehalt z.B. von 20 oder 65% über die Formel H_2SO_4 hinaus (Gemische mit einem SO_3-Gehalt von 20 oder 65% über die Formel H_2SO_4 hinaus besitzen ein Schmelzpunktsminimum). Oleum mit bis zu 35% „freiem" SO_3 entsteht durch Absorption der Kontaktgase in konz. Schwefelsäure; die höherkonzentrierten Säuren erhält man durch Auflösen von SO_3 in „35er"-Oleum.

118 Daß der Verlauf der Schwefelsäurebildung aus Stickoxiden und Schwefeldioxid in Wirklichkeit viel komplizierter ist, geht schon daraus hervor, daß sich als Zwischenprodukte u.a. die Verbindungen $(N_2O_2)HSO_4$ (*„blaue Säure"*, *„violette Säure"*) und $(NO)HSO_4$ (*„Bleikammerkristalle"*) bilden, deren Hydrolyse Schwefelsäure ergibt (vgl. S. 712). In der Tat wirkt hinsichtlich SO_2 nicht das Molekül NO_2, sondern das Kation NO^+ in 60%iger Schwefelsäure als Oxidationsmittel (Bildung von NO^+: $NO + NO_2 + 2H^+ \rightarrow 2NO^+ + H_2O$), schematisch: $2NO^+ + SO_3^{2-} \rightarrow NO^+ + ON{-}SO_3^- \rightarrow 2NO + SO_3$.

Wasserdampf und Schwefeltrioxid: 176.6 kJ + H_2SO_4 (fl) $\rightleftarrows$ SO_3 (g) + H_2O (g) („*Abrauchen*" von Schwefelsäure). Bei 450 °C ist die Dissoziation praktisch vollständig. Bei tiefen Temperaturen hat umgekehrt das Schwefeltrioxid ein außerordentliches Bestreben, sich mit Wasser unter Bildung von Schwefelsäure zu vereinigen (s. unten). Wegen seiner hohen Dielektrizitätskonstante (100 bei 25 °C) löst wasserfreie Schwefelsäure viele Elektrolyte.

Die wasserfreie **Dischwefelsäure $H_2S_2O_7$**, die aus rauchender Schwefelsäure bestimmten SO_3-Gehalts (18–62 %) beim Abkühlen auskristallisiert, bildet eine durchsichtige, kristalline Masse vom Schmelzpunkt 36 °C. „*Tetraschwefelsäure*" $H_2S_4O_{13}$ schmilzt bei 4 °C.

Strukturen. Die mittlere Bindungslänge der SO-Bindung im tetraedrisch gebauten *Sulfat-Ion* SO_4^{2-} liegt in Übereinstimmung mit der Elektronenformel (a)

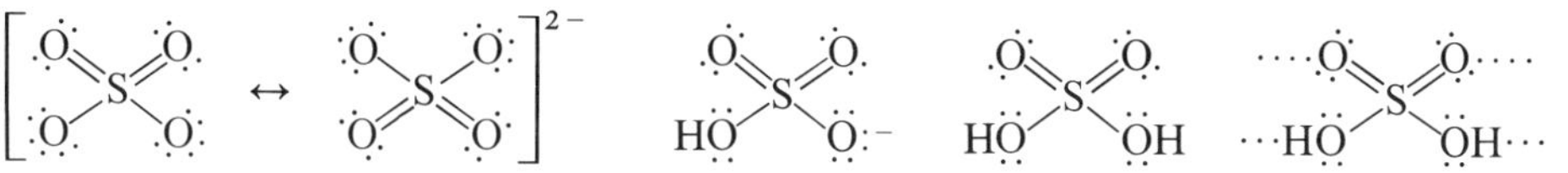

$$\left[\begin{array}{c}\text{:O:}\ \ \text{O:}\\ \text{S}\\ \text{:O:}\ \ \text{:O:}\end{array}\right] \leftrightarrow \left[\begin{array}{c}\text{:O:}\ \ \text{:O:}\\ \text{S}\\ \text{O:}\ \ \text{O:}\end{array}\right]^{2-} \qquad \begin{array}{c}\text{O}\ \ \text{O}\\ \text{S}\\ \text{HO}\ \ \text{O:}^-\end{array} \qquad \begin{array}{c}\text{O}\ \ \text{O}\\ \text{S}\\ \text{HO}\ \ \text{OH}\end{array} \qquad \begin{array}{c}\cdots\text{O}\ \ \text{O}\cdots\\ \text{S}\\ \cdots\text{HO}\ \ \text{OH}\cdots\end{array}$$

(a) (b) (c) (d)

mit einem Wert von 1.51 Å zwischen dem einer einfachen (ber. 1.70 Å) und einer doppelten Bindung (ber. 1.50 Å). Analoges gilt für die im Periodensystem links und rechts benachbarten isoelektronischen Ionen SiO_4^{4-}, PO_4^{3-} und ClO_4^-. Das *Hydrogensulfat-Ion* HSO_4^- (b) weist die Abstände S—OH = 1.56 Å und S—O = 1.47 Å, die *Schwefelsäure* H_2SO_4 (c) die Abstände S—OH = 1.535 und S—O = 1.426 Å auf (auf die Angabe mesomerer Grenzformeln wurde verzichtet). Im kristallisierten Zustand besitzt die Schwefelsäure eine gewellte Schichtenstruktur, bei welcher jeder SO_4-Tetraeder gemäß (d) über H-Brükken mit 4 anderen SO_4-Tetraedern verknüpft ist (jedes H_2SO_4-Molekül bildet 2H-Brücken zu zwei anderen und empfängt 2H-Brücken von zwei anderen H_2SO_4-Molekülen). In dem durch thermische Dehydratisierung von Hydrogensulfaten zugänglichen *Disulfat-Ion* $S_2O_7^{2-}$ ($2\,HSO_4^- \rightarrow S_2O_7^{2-} + H_2O$) sind im Sinne von $^-O_3S—O—SO_3^-$ zwei SO_4-Tetraeder über ein gemeinsames Sauerstoffatom verknüpft (SO-Abstände: 1.645 Å (Brücke) und 1.44 Å; SOS-Winkel: um 124°). In den *Polysulfat-Ionen* $S_nO_{3n+1}^{2-}$ (n = 3–5) liegen O—S—O ···· S—O-Zick-Zack-Ketten mit alternierend kürzeren und längeren SO-Bindungen vor (jeder Schwefel ist noch mit zwei O-Atomen doppelt verknüpft).

Physiologisches. Schwefelsäure und rauchende Schwefelsäure zerstören organisches Gewebe (MAK-Wert 1 mg/m³) und verursachen auf der Haut schmerzende, schwer heilende Wunden, im Magen Verätzungen (Gegenmaßnahme: Einnahme von Milch, Fett, MgO/H_2O-Brei).

Chemische Eigenschaften

Saure Eigenschaften. Die Schwefelsäure ist eine *starke, zweibasige Säure*. Ihre elektrolytische Dissoziation erfolgt deutlich in zwei Stufen:

$$H_2SO_4 \rightleftarrows H^+ + HSO_4^- \rightleftarrows 2H^+ + SO_4^{2-}.$$

Das erste Wasserstoff-Ion ist in Lösungen mittlerer Konzentration, z. B. einer 1-molaren Lösung, zu praktisch 100 % abgespalten. Die Dissoziation in *zweiter* Stufe beträgt demgegenüber in einer solchen Lösung nur 1.3 %, wie aus dem Zahlenwert der zweiten Dissoziationskonstante $K_2 = c_{H^+} \times c_{SO_4^{2-}}/c_{HSO_4^-} = 1.3 \times 10^{-2}$ für c_{H^+} und $c_{HSO_4^-}$ gleich 1 hervorgeht. Die *Protonenaktivität* a_{H^+} der Schwefelsäure steigt mit der Säurekonzentration an, so daß reine Schwefelsäure ein *hochacides Medium* ist, in welchem die meisten darin aufgelösten Stoffe (z. B. Elementwasserstoffe wie HF, H_2S, PH_3, Elementsauerstoffsäuren wie H_5IO_6, HNO_3, H_3PO_4, aber auch Carbonyle, Nitrile usw.) als *Basen*, d. h. *Protonen-aufnehmend* wirken (z. B. $H_3PO_4 + H_2SO_4 \rightleftarrows P(OH)_4^+ + HSO_4^-$; $Me_2CO + H_2SO_4 \rightleftarrows Me_2COH^+ + HSO_4^-$; vgl. hierzu S. 243).

Die hohe Protonenabgabetendenz der Schwefelsäure bedingt auch ihre außerordentlich große **Affinität zum Wasser**. Mischt man Schwefelsäure mit Wasser, so bilden sich unter bedeutender *Wärmeentwicklung* (95.33 kJ pro Mol H_2SO_4 bei Vermischen mit sehr viel Wasser bei 20 °C) folgende *Hydrate der Schwefelsäure*: $H_2SO_4 \cdot H_2O = [H_3O]^+[HSO_4]^-$ (Smp. 8.59 °C), $H_2SO_4 \cdot 2H_2O = [H_3O]_2^+[SO_4]^{2-}$ (Smp. −39.47 °C), $H_2SO_4 \cdot 3H_2O = [H_3O]^+[H_5O_2]^+[SO_4]^{2-}$ (Smp. −36.39 °C), $H_2SO_4 \cdot 4H_2O =$

$[H_5O_2]_2^+[SO_4]^{2-}$ (Smp. −28.27 °C), $H_2SO_4 \cdot 6H_2O = [H_7O_3]_2^+[SO_4]^{2-}$ (Smp. −54 °C), $H_2SO_4 \cdot 8H_2O = [H_9O_4]_2^+[SO_4]^{2-}$ (Smp. −62 °C) (vgl. hierzu S. 283). Das Vermischen muß wegen der beträchtlichen Wärmeentwicklung stets mit *Vorsicht* in der Weise geschehen, daß man die *Säure* in dünnem Strahl und unter Umrühren *in das Wasser einträgt*; gießt man umgekehrt das Wasser in die Schwefelsäure, so kann die intensive Wärmeentwicklung zum Herausspritzen der aggressiven Flüssigkeit und zum Springen des Glasgefäßes führen.

Man nutzt die starke **wasserentziehende Wirkung** der konzentrierten Schwefelsäure im Laboratorium z. B. zum *Trocknen* von chemischen Substanzen in *Exsiccatoren* oder *Waschflaschen* sowie zur *Entfernung von Wasser* aus chemischen Gleichgewichten. Beispielsweise geht Salpetersäure HNO_3 beim Eintragen in konzentrierte Schwefelsäure unter Wasserabspaltung quantitativ in das Nitryl-Kation über: $HNO_3 + 2H_2SO_4 \rightarrow NO_2^+ + H_3O^+ + 2HSO_4^-$. Das Bestreben von reiner H_2SO_4 zum Wasserentzug ist so groß, daß sich die Säure in geringem Ausmaße sogar selbst entwässert:

$$2H_2SO_4 \rightleftarrows H_3O^+ + HS_2O_7^- \qquad K = 5.1 \times 10^{-5}. \tag{11}$$

Auf viele *organische Stoffe* (Zucker, Papier, Leinwand, Kleiderstoffe) wirkt konzentrierte Schwefelsäure *verkohlend* und *zerfressend* ein, indem sie die Elemente des Wassers daraus abspaltet ($C_mH_{2n}O_n \rightarrow mC + nH_2O$) und zugleich oxidativ (s. unten) zerstörend wirkt. Daher sieht rohe konzentrierte Schwefelsäure wegen hineingeratener Teilchen des Verpackungsmaterials gewöhnlich mehr oder weniger braun aus. Eine konzentrierte Zuckerlösung bläht sich bei Zugabe von konzentrierter Schwefelsäure unter Bildung voluminöser Kohle auf. Filtrierpapier läßt sich in einem Gemisch von 30 %igem H_2O_2 und Oleum „auflösen".

Als zweibasige Säure bildet die Schwefelsäure zwei Reihen von **Salzen**: *Hydrogensulfate* (*Bisulfate; saure Sulfate; primäre Sulfate*) M^IHSO_4 und *Sulfate* (*normale Sulfate; neutrale Sulfate; sekundäre Sulfate*) $M_2^ISO_4$. Sulfate sind die beständigsten Sauerstoff-Schwefel-Salze und stellen die wichtigsten mineralischen Verbindungen vieler Metalle dar. Ihre Darstellung kann durch Säure-Base-Reaktionen (Neutralisation von Metalloxiden und -hydroxiden mit H_2SO_4, Verdrängung flüchtiger Säuren in Salzen mit H_2SO_4), Redox-Reaktionen (Auflösen von Metallen in H_2SO_4, Oxidation von Metallsulfiden und -sulfiten) und doppelte Umsetzungen (Umwandlung löslicher in unlösliche Metallsulfate) erfolgen. Die *normalen Sulfate* sind in Wasser meist leicht löslich. Praktisch *unlöslich* sind *Barium-*, *Strontium-* und *Bleisulfat*; *Calciumsulfat* ist *etwas löslich*. Die Alkali- und Erdalkalisulfate sind thermisch sehr beständig. Die Sulfate dreiwertiger Metalle zerfallen leichter; so kann man durch Erhitzen von Eisen(III)-sulfat $Fe_2(SO_4)_3$ oder Aluminiumsulfat $Al_2(SO_4)_3$ Schwefeltrioxid darstellen, z. B.: $Fe_2(SO_4)_3 \rightarrow Fe_2O_3 + 3SO_3$ (vgl. S. 571).

Hydrogensulfate kennt man vor allem von den *Alkalimetallen*. Sie sind in Wasser sehr leicht löslich und gehen beim Erhitzen auf 150–200 °C unter H_2O-Abspaltung zunächst in *Disulfate* (*Pyrosulfate*) und bei höherem Erhitzen unter SO_3-Abspaltung dann in *normale Sulfate* über:

$$2NaHSO_4 \xrightarrow{-H_2O} Na_2S_2O_7 \xrightarrow{-SO_3} Na_2SO_4.$$

Die Salze der Dischwefelsäure (*Disulfate* $S_2O_7^{2-}$) entstehen – in Umkehrung ihrer thermischen Zersetzung – durch Einwirkung von SO_3 auf Sulfate, wobei auch *Tri-* und *Tetrasulfate* ($S_3O_{10}^{2-}$, $S_4O_{13}^{2-}$) gebildet werden können:

$$SO_4^{2-} \xrightleftharpoons{+SO_3} S_2O_7^{2-} \xrightleftharpoons{+SO_3} S_3O_{10}^{2-} \xrightleftharpoons{+SO_3} S_4O_{13}^{2-}.$$

In Wasser werden alle Polysulfate und Polyschwefelsäuren (deren Acidität mit steigender Kettenlänge wächst) rasch zu SO_4^{2-} bzw. H_2SO_4 *hydrolysiert*. Auch beim *Erhitzen* gehen die Polysulfate und Polyschwefelsäuren in SO_4^{2-} bzw. H_2SO_4 über.

Basische Eigenschaften. Die Schwefelsäure ist eine *extrem schwache Base*[119]. Dementsprechend wirken nur die extrem starken *Supersäuren* (S. 243) wie $H_2S_2O_7$, HSO_3F, $H[B(HSO_4)_4]$, $H_2[Sn(HSO_4)_6]$ und

[119] Basischer als Schwefelsäure ist naturgemäß das Hydrogensulfat- und insbesondere das Sulfat-Ion. Von letzterem sind demgemäß **Komplexe**[108] bekannt, in welchen das tetraedrische SO_4^{2-}-Ion wie das ClO_4^--Ion als *einzähniger* (η^1), *zweizähnig-chelatbildender* (η^2) und *verbrückender* (μ) Ligand wirkt, z. B. $[Co(NH_3)_5(\eta^1\text{-}SO_4)]^+$, $[Co\,en_2(\eta^2\text{-}SO_4)]^+$, $[(en_2Co)_2(\mu\text{-}NH_2)(\mu\text{-}SO_4)]$ mit en = $H_2N—CH_2CH_2—NH_2$.

$H_2[Pb(HSO_4)_6]$ in reiner H_2SO_4 als *Säuren*, also *Protonen-abgebend* (z. B. $H_2SO_4 + H_2S_2O_7 \rightleftarrows H_3SO_4^+ + HS_2O_7^-$; $K = 1.4 \times 10^{-2}$). Auch 100%ige Schwefelsäure ist wegen ihrer hohen Acidität (s. oben) etwas nach

$$2\,H_2SO_4 \rightleftarrows H_3SO_4^+ + HSO_4^- \qquad K = 2.7 \times 10^{-4} \qquad (12)$$

dissoziiert; sie leitet deshalb den elektrischen Strom und weist eine hohe Protonenbeweglichkeit auf. „Reine" Schwefelsäure besteht also nicht ausschließlich aus H_2SO_4, sondern sie enthält noch zusätzlich – vgl. (11), (12) – Kationen, Anionen und Neutralmoleküle in kleiner Konzentration (insgesamt ca. 0.1 mol-%; insbesondere $H_3SO_4^+$, H_3O^+, HSO_4^-, $HS_2O_7^-$, $H_2S_2O_7$ im Molverhältnis von ca. 3:2:4:1:1). Gemäß der Autoprotolyse (12) wirken in **Schwefelsäure als Reaktionsmedium** Stoffe die $H_3SO_4^+$-Ionen („*Sulfatacidium-Ionen*") bilden, als *Säuren*, Stoffe die HSO_4^--Ionen („*Hydrogensulfat-Ionen*") erzeugen, als *Basen*.

Oxidierende Eigenschaften. Als Säure entwickelt die Schwefelsäure bei der Einwirkung auf alle in der *Spannungsreihe oberhalb des Wasserstoffs* stehenden Metalle *Wasserstoff* ($M \rightarrow M^{2+} + 2\ominus$; $2\ominus + 2H^+ \rightarrow H_2$):

$$M^{II} + H_2SO_4 \rightarrow M^{II}SO_4 + H_2.$$

Hiervon macht man im Laboratorium zur Darstellung von Wasserstoff Gebrauch. Die Schwefelsäure muß dabei verdünnt sein, da *konzentrierte* Schwefelsäure wegen ihres *Oxidationsvermögens* (s. unten) von dem naszierenden Wasserstoff teilweise zu Schwefelwasserstoff reduziert wird ($H_2SO_4 + 8H \rightarrow H_2S + 4H_2O$), so daß der entwickelte Wasserstoff Schwefelwasserstoff enthält. Auch darf das Metall nicht wie im Falle des Bleis ein unlösliches Sulfat bilden, welches als schützende Deckschicht den weiteren Angriff der Säure verhindert (vgl. S. 228).

Die in der Spannungsreihe *unterhalb des Wasserstoffs* stehenden, weniger stark reduzierend wirkenden *Metalle* (z. B. Kupfer, Quecksilber, Silber) lösen sich nicht in verdünnter, wohl aber beim Erhitzen in konzentrierter Schwefelsäure, da diese stärkere Oxidationswirkung besitzt als erstere und das Bestreben hat, in Schweflige Säure überzugehen. Die Auflösung der erwähnten Metalle erfolgt infolgedessen nicht unter *Wasserstoff*-, sondern unter *Schwefeldioxid*-Entwicklung, dem Reduktionsprodukt der Schwefelsäure ($M \rightarrow M^{2+} + 2\ominus$; $H_2SO_4 + 2H^+ + 2\ominus \rightarrow SO_2 + 2H_2O$):

$$M^{II} + 2\,H_2SO_4 \rightarrow M^{II}SO_4 + SO_2 + 2\,H_2O.$$

Platin und Gold, die nur sehr geringe reduzierende Wirkung aufweisen, werden selbst von konzentrierter Schwefelsäure nicht angegriffen. Andererseits werden *Nichtmetalle* wie Kohlenstoff oder Schwefel von heißer konzentrierter Schwefelsäure unter Schwefeldioxid-Entwicklung oxidativ gelöst. HI und H_2S werden in I_2 bzw. S_8 übergeführt.

In verdünnter wässeriger Lösung ist die auf dem Übergang in Schweflige Säure beruhende Oxidationswirkung nicht sehr stark (Oxidationspotential ε_0 des Vorgangs $SO_4^{2-} + 4H^+ + 2\ominus \rightleftarrows SO_2 + 2H_2O$: + 0.158 V, vgl. S. 577) und zudem gehemmt. Mit zunehmender *Konzentrierung* der Schwefelsäure wächst aber das Oxidationsvermögen (Verschiebung des Potentials nach positiveren Werten infolge Abnahme der Wasserkonzentration) sowie auch die Oxidationsgeschwindigkeit.

Reduzierende Eigenschaften. Die Schwefelsäure ist ein sehr schwaches Reduktionsmittel. Ihre Oxidation führt gemäß $2SO_4^{2-} \rightleftarrows S_2O_8^{2-} + 2\ominus$ ($\varepsilon_0 = 2.01$ V) unter Übergang eines Oxo-Sauerstoffs (Oxidationsstufe –2) in einen Peroxo-Sauerstoff (Oxidationsstufe –1) zur Peroxodischwefelsäure (Näheres S. 597).

Verwendung. In der chemischen Industrie findet die Schwefelsäure mannigfaltigste Verwendung. Die Hauptmenge wird zur Darstellung von *Kunstdünger* – Superphosphat (S. 775), Ammoniumsulfat (S. 655) – verbraucht. Weiter dient sie zur Darstellung der meisten anderen *Mineralsäuren* (z. B. Salzsäure, Phosphorsäure, Chromsäure) sowie in der anorganischen Chemie u. a. zur *Gewinnung von Sulfaten* (z. B. Aluminiumsulfat), zur *Herstellung von Titandioxid*, zur *Uran-* und *Kupferaufbereitung*, in der organischen Industrie zur Einführung von „*Sulfonsäuregruppen*" SO_3H an Stelle von Wasserstoff („*Sulfonierung*") und im Gemisch mit Salpetersäure als „*Nitriersäure*“ (vgl. S. 721) zum Ersatz von Wasserstoffatomen durch Nitrogruppen NO_2 („*Nitrierung*“) in Cellulose, Glycerin, Benzol u.a. (Darstellung von Schießbaumwolle, Celluloid, Nitroglycerin, Pikrinsäure, Nitrotoluol, Nitrofarbstoffen usw.). Auch als *Akkumulatorensäure* werden beträchtliche Mengen Schwefelsäure verbraucht. Im chemischen Laboratorium schließlich ist sie eines der besonders häufig gebrauchten Reagentien.

Halogenderivate[120]

Ersetzt man in der Schwefelsäure eine oder beide Hydroxylgruppen durch einwertige negative Reste X, so kommt man zu Derivaten, die man als *Sulfonsäuren* bzw. *Sulfurylverbindungen* bezeichnet:

$$O_2S\begin{matrix}\diagup OH\\ \diagdown OH\end{matrix} \qquad O_2S\begin{matrix}\diagup X\\ \diagdown OH\end{matrix} \qquad O_2S\begin{matrix}\diagup X\\ \diagdown X\end{matrix}$$

Schwefelsäure — Sulfonsäuren — Sulfurylverbindungen

Es lassen sich zudem ein oder beide Sauerstoffatome in der *Fluorsulfonsäure* FSO_2OH sowie im *Sulfurylfluorid* SO_2F_2 gegen Fluoratome substituieren ($\rightarrow F_5SOH$, OSF_4 oder SF_6). Auch ist ein Ersatz von OH-Gruppen bzw. O-Atomen gegen Fluor in höheren Schwefelsäuren möglich, so in *Dischwefelsäure* $H_2S_2O_7$ ($\rightarrow FSO_2{-}O{-}SO_2F$, $FSO_2{-}O{-}SF_5$, $F_5S{-}O{-}SF_5$), in *Trischwefelsäure* $H_2S_3O_{10}$ ($\rightarrow F_5S{-}OSF_4{-}O{-}SF_5$) und *Peroxodischwefelsäure* $H_2S_2O_8$ ($\rightarrow F_5S{-}O{-}O{-}SF_5$). Schließlich lassen sich die H-Atome in der *Fluorsulfonsäure* FSO_2OH und *Pentafluorschwefelsäure* F_5SOH gegen F austauschen ($\rightarrow FSO_2OF$, F_5SOF).

Im folgenden wollen wir einige Verbindungen betrachten, in denen X = Halogen ist. Für Derivate mit anderem X vgl. S. 173.

Chloroschwefelsäure (*Chlorsulfonsäure*), **Cl—SO$_2$—OH**, wird technisch durch unmittelbare Vereinigung von trockenem Chlorwasserstoff und flüssigem Schwefeltrioxid hergestellt. Eine andere, technisch nicht durchgeführte Darstellungsmethode ist die Einwirkung von Phosphorpentachlorid auf konzentrierte Schwefelsäure:

$$SO_3 + HCl \rightarrow HSO_3Cl, \qquad H_2SO_4 + PCl_5 \rightarrow HSO_3Cl + POCl_3 + HCl.$$

Die Verbindung stellt eine farblose, an feuchter Luft stark rauchende Flüssigkeit (Dichte 1.776 g/cm^3) von stechendem Geruch dar, welche bei 152 °C siedet und bei −80 °C erstarrt. Mit Wasser reagiert sie heftig unter Bildung von Salzsäure und Schwefelsäure:

$$HO{-}SO_2{\div}Cl + H{\div}OH \rightarrow HO{-}SO_2{-}OH + HCl.$$

Verwendung. Chlorsulfonsäure ist ein sehr starkes Sulfonierungsmittel und gestattet in der organischen Chemie die Einführung der Sulfonsäuregruppe $-SO_3H$ ($RH + ClSO_3H \rightarrow RSO_3H + HCl$) auch in solchen Fällen, in denen rauchende Schwefelsäure versagt. Darüber hinaus dient sie in der organischen Chemie als wasserentziehendes Kondensationsmittel. Die Salze der Chlorsulfonsäure („*Chlorosulfate*“)[120] sind nicht so stabil wie die der Fluorsulfonsäure.

Fluoroschwefelsäure (*Fluorsulfonsäure*)[120], **F—SO$_2$—OH**, kann analog der Chlorsulfonsäure aus SO_3 und HF gewonnen werden (in der Technik führt man die Reaktion in Fluorsulfonsäure durch). Sie stellt eine farblose Flüssigkeit ($d = 1.726$ g/cm^3, Bildungsenthalpie $\Delta H_f = 793.0$ kJ/mol) vom Smp. −88.98 °C und Sdp. +162.7 °C dar, die als Fluoridierungsmittel dienen kann und ein hochacides Lösungsmittel darstellt. Als eine der stärksten Säuren bildet sie sehr viele stabile Salze („*Fluorosulfate*“)[120], die sich durch Einwirkung von SO_3 auf Fluoride gewinnen lassen: $CsF + SO_3 \rightarrow Cs(SO_3F)$, $CaF_2 + 2SO_3 \rightarrow Ca(SO_3F)_2$ und die in ihren Löslichkeiten den isoelektronischen Perchloraten und Fluoroboraten (s. dort)

[120] **Literatur.** A. W. Jache: „*Fluorosulfuric Acid, its Salts and Derivatives*“, Adv. Inorg. Radiochem. **16** (1974) 177–200; E. Buncel: „*Chlorosulfates*“, Chem. Rev. **70** (1970) 323–337; Ullmann (5. Aufl.): „*Fluorosulfuric Acid*“, **A11** (1988) 431–434; „*Chlorosulfuric Acid*“ **A7** (1986) 17–21.

ähneln. Mit Wasser reagiert HSO_3F heftig zu $H_3O^+SO_3F^-$, das dann wie die Fluorosulfate langsamer Hydrolyse unterliegt. Im Gemisch mit SbF_5 wird es als besonders starkes Protonierungsmittel verwendet (vgl. Supersäuren, S. 243), mit dem man sogar Methan CH_4 protonieren kann.

Verwendung findet Fluorsulfonsäure als Fluoridierungsmittel, Sulfonierungsmittel, Katalysator für Alkylierungen und Polymerisationen sowie zum Polieren von Bleikristallglas.

Ersetzt man in FSO_2OH den Wasserstoff durch Halogen, so kommt man zu Sauerstoff/Halogen-Verbindungen des Schwefels der Summenformel SO_3X_2 (**Halogenfluorosulfate**, FSO_2OX; isoliert mit X = F, Cl, Br, I; vgl. S. 466). Ersetzt man andererseits in FSO_2OH die beiden doppelt gebundenen Sauerstoffatome durch vier einfach gebundene Fluoratome, so gelangt man zu **Pentafluoro-orthoschwefelsäure**, $F_5S—OH$. Diese Säure läßt sich bei $-78\,°C$ nach $F_4S{=}O + FCl \rightarrow F_5S—OCl$ ($+ HCl \rightarrow F_5S—OH + Cl_2$) aus Schwefeltetrafluoridoxid (s. unten) gewinnen. Sie zersetzt sich oberhalb $-65\,°C$ in $F_4S{=}O$ und HF. Stabiler sind die durch Ersatz des Wasserstoffs durch andere Reste erhältlichen Derivate wie z. B. $F_5S—OF$, $F_5S—O—OF$, $F_5S—O—SF_5$ oder $F_5S—O—O—SF_5$ sowie F_5SOSO_2F (vgl. hierzu S. 565).

Bromoschwefelsäure (*Bromsulfonsäure*), $Br—SO_2—OH$, gewinnbar aus SO_3 und HBr in flüssigem SO_2 bei $-35\,°C$, ist nur wenig beständig und zersetzt sich schon beim Smp. ($+8\,°C$) in Br_2, SO_2 und H_2SO_4. Eine „*Iodoschwefelsäure*" (*Iodsulfonsäure*), $I—SO_2—OH$, ist nicht bekannt.

Sulfurylchlorid, $Cl—SO_2—Cl$, wird in der Technik durch direkte Vereinigung von Chlor und Schwefeldioxid am gekühlten Aktivkohle-Katalysator oder durch Umsetzung von Dischwefeldichlorid und Chlor sowie Sauerstoff an Aktivkohle gewonnen (zum Mechanismus vgl. S. 386):

$$SO_2 + Cl_2 \rightarrow SO_2Cl_2; \qquad S_2Cl_2 + Cl_2 + 2O_2 \rightarrow 2SO_2Cl_2.$$

Auch durch Erhitzen von Chloroschwefelsäure („*Dismutierung*"[121] zur reinen OH- und Cl-Verbindung) kann es erhalten werden:

$$2HO—SO_2—Cl \rightarrow HO—SO_2—OH + Cl—SO_2—Cl.$$

Es ist eine farblose, erstickend riechende, an feuchter Luft stark rauchende Flüssigkeit ($d = 1.66\,g/cm^3$, Bildungsenthalpie $\Delta H_f = 394\,kJ/mol$), welche bei 69.3 °C siedet, bei $-54.1\,°C$ erstarrt, ein gutes Lösungsmittel darstellt und oberhalb 300 °C in SO_2 und Cl_2 zerfällt. Mit wenig Wasser liefert Sulfurylchlorid Chloroschwefelsäure, mit viel Wasser Schwefelsäure:

$$Cl—SO_2—Cl \xrightarrow[-HCl]{+HOH} HO—SO_2—Cl \xrightarrow[-HCl]{+HOH} HO—SO_2—OH.$$

(mit Ammoniak reagiert es in analoger Weise zu Sulfamid $SO_2(NH_2)_2$ (S. 573)). Man verwendet es daher in der organischen Chemie als wasserentziehendes Mittel bei Synthesen, vielfach auch als sulfonierendes, chlorsulfonierendes und chlorierendes Mittel.

In Sulfurylchlorid ist der Schwefel (verzerrt) tetraedrisch von zwei Sauerstoff- und zwei Chloratomen umgeben (C_{2v}-Symmetrie)[122]. Der SO-Abstand beträgt 1.43 Å (ber. für Doppelbindung 1.50 Å), der SCl-Abstand 1.99 Å (ber. für Einfachbindung 2.03 Å), der OSCl-Winkel 107.6°, der ClSCl-Winkel 111° und der OSO-Winkel 123°.

Sulfurylfluorid, $F—SO_2—F$, das analog dem Sulfurylchlorid durch unmittelbare Vereinigung von Schwefeldioxid und Fluor oder durch Erhitzen von Fluoroschwefelsäure bzw. deren Salzen (z. B. gemäß $Ba(SO_3F)_2 \rightarrow BaSO_4 + SO_2F_2$) erhalten werden kann, ist ein farb-

---

[121] dismutare (lat.) = vertauschen (hier: Vertauschen von OH- und Cl-Liganden). Bei der Dismutierung bleiben zum Unterschied von der Disproportionierung (S. 224) die Oxidationsstufen der davon betroffenen Elemente unverändert.

[122] Dem Schwefel kommen in SO_2X_2 bzw. SOF_4 vier bzw. fünf σ- und n-Elektronenpaare zu, was eine tetraedrische bzw. trigonal-bipyramidale Orientierung der Elektronenpaare (vgl. VSEPR-Modell) bedingt.

und geruchloses Gas (Sdp. −55.2 °C; Smp. −135.7 °C), das im Gegensatz zum Sulfurylchlorid ähnlich reaktionsträge wie Schwefelhexafluorid (s. dort) ist. Es kann mit Wasser im geschlossenen Rohr auf 150 °C erhitzt werden, ohne sich zu zersetzen. Durch Laugen wird es nur sehr langsam angegriffen. Natrium läßt sich in ihm schmelzen, ohne seinen Metallglanz zu verlieren.

Sulfurylfluorid ist wie *Sulfurylchlorid* (s. oben) tetraedrisch gebaut[122]: $r_{SO} = 1.405$ Å, $r_{SF} = 1.530$ Å, ∢ OSF = 92.8°, ∢ OSO = 124°, ∢ FSF = 97°. *Sulfurylbromid*, SO_2Br_2, und *-iodid*, SO_2I_2, existieren nicht. Man kennt jedoch die *gemischten* Sulfurylhalogenide SO_2ClF (Smp. −125 °C, Sdp. 7 °C) und SO_2BrF (Smp. −86 °C, Sdp. 41 °C).

Ersetzt man in SO_2F_2 ein Sauerstoffatom durch zwei Fluoratome, so gelangt man zum **Schwefeltetrafluoridoxid SOF_4** (farbloses Gas; Smp. −99.6 °C; Sdp. −48.5 °C). Es bildet sich durch Fluorierung von Thionylfluorid SOF_2 oberhalb 80 °C und läßt sich in Gegenwart von CsF weiter zu *Schwefelpentafluoridhypofluorit* $SF_5(OF)$ fluorieren ($F_2S{=}O + 2F_2 \rightarrow F_4S{=}O + F_2 \rightarrow F_5S{-}OF$) bzw. zu *Schwefeltrifluoridhypofluorit* SF_3OF isomerisieren. Es wirkt gegenüber Lewis-sauren Fluoriden wie AsF_5 oder SbF_5 als Fluorid-Donator ($SOF_4 + AsF_5 \rightarrow SOF_3^+ AsF_6^-$; Bildung des verzerrt tetraedrisch gebauten Kations SOF_3^+ (isoster mit SF_4)). SOF_4 hat eine trigonal-bipyramidale Gestalt (C_{2v}-Symmetrie; äquatorial gebundenes O (vgl. S. 320)[122], $r_{SO} = 1.413$ Å, r_{SF} (axial) = 1.583 Å; r_{SF} (äquatorial) = 1.550 Å; ∢ FSF (axial) = 178.4°; ∢ FSF (äquatorial) = 110°).

Der Sauerstoff im „*Tetrafluorsulfuranoxid*“ $F_4S{=}O$ (Sulfuran = SH_4) läßt sich wie der in Phosphanoxiden $R_3P{=}O$ durch eine Iminogruppe NR (S. 573) sowie eine Methylengruppe CH_2 ersetzen. Im thermostabilen **Tetrafluorsulfuranmethylen $F_4S{=}CH_2$** (gewinnbar nach: $F_5SCH_2Br + RLi \rightarrow F_4SCH_2 + RBr + LiF$) ist die – in ihrer Rotation behinderte – Methylengruppe planar strukturiert (sp^2-hybridisiert; ∢ HCH 120.9°), wobei die Wasserstoffe in Richtung der axialen F-Atome des verzerrt-trigonal-bipyramidalen Schwefels weisen (C_{2v}-Symmetrie; ∢ $F_{ax}SF_{ax} = 170.4°$, ∢ $F_{äq}SF_{äq} = 96.4°$, SC-Abstand 1.55 Å; ($d_\pi p_\pi$-) Überlappung eines d-Orbitals des Schwefels mit einem p-Orbital des Kohlenstoffs).

Sonstige Halogenderivate. Wie von der Schwefelsäure H_2SO_4 leiten sich auch von der Dischwefelsäure $H_2S_2O_7$, der Trischwefelsäure $H_3S_3O_{10}$ und der Peroxodischwefelsäure $H_2S_2O_8$ Halogenderivate („*Disulfurylhalogenide*“ bzw. „*Trisulfurylhalogenide*“ bzw. „*Peroxodisulfurylhalogenide*“) ab:

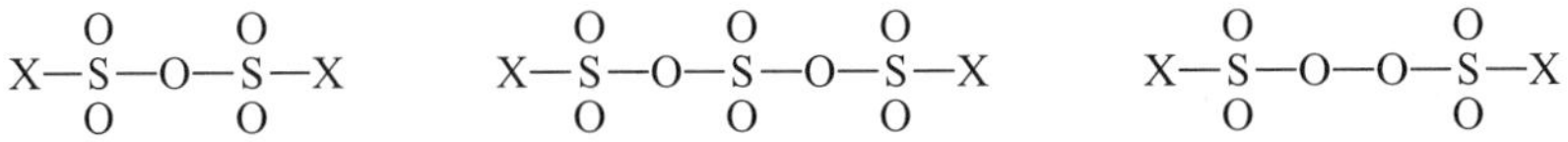

```
  O     O           O     O     O           O         O
X—S—O—S—X       X—S—O—S—O—S—X       X—S—O—O—S—X
  O     O           O     O     O           O         O
```

Disulfurylhalogenide — Trisulfurylhalogenide — Peroxodisulfurylhalogenide

Erwähnt seien hier das *Disulfuryldifluorid* $O(SO_2F)_2$ (farblose Flüssigkeit, Sdp. 51 °C), das *Peroxodisulfuryldifluorid* $O_2(SO_2F)_2$ (farblose Flüssigkeit, Smp. −55.4 °C, Sdp. +67.1 °C) sowie das *Disulfuryldichlorid* $O(SO_2Cl)_2$ (farblose Flüssigkeit, Sdp. +153 °C). Die Verbindung $O_2(SO_2F)_2 = (SO_3F)_2$, die ein wichtiges Oxidationsmittel darstellt und bei der Umsetzung von F_2 mit SO_3 neben SO_3F_2 gebildet wird, eignet sich z. B. zur Gewinnung von Verbindungen mit *positivem* Halogen bzw. Chalkogen (vgl. S. 451, 553, 618, 629).

2.5.4 Niedere Schwefelsäuren H_2SO, H_2SO_2, H_2S_2O, $H_2S_2O_2$

Die *Schwefel(0)-*, *Schwefel(II)-*, *Dischwefel(0)-* und *Dischwefel(I)-säuren* H_2SO, H_2SO_2, H_2S_2O, $H_2S_2O_2$ sind weder in Substanz noch in wässeriger Lösung isolierbar. Man nimmt an, daß H_2SO_2 und $H_2S_2O_2$ bei der Hydrolyse von Säurederivaten wie S_nCl_2, $S_n(CN)_2$, $S_n(OR)_2$, $S_n(NR_2)_2$ ($n = 1, 2$) als *kurzlebige Zwischenprodukte* entstehen.

Die hypothetische **Schwefel(0)-säure H_2SO** könnte die Konstitution einer *Sulfensäure* (a) oder die eines *Sulfanoxids* (*Sulfoxids*) (b) haben. Von beiden Tautomeren sind organische Derivate (RSOH, R_2SO) bekannt. Für die **Schwefel(II)-säure H_2SO_2** sind drei tautomere Formen, *Hyposchweflige Säure* (*Sulfoxylsäure*) (c), *Sulfinsäure* (d) sowie *Sulfandioxid* (*Sulfon*) (e) denkbar:

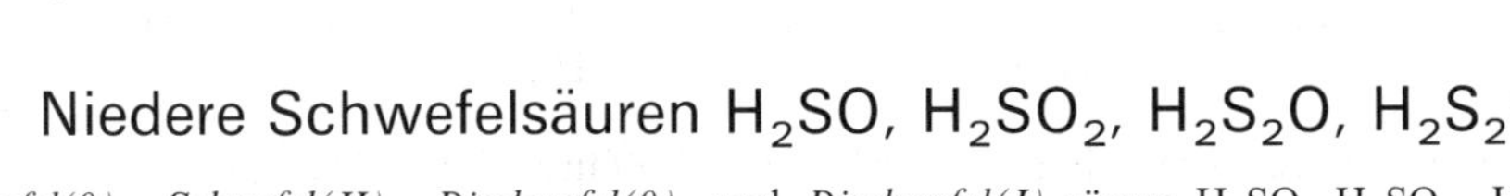

```
           H                               H          H
           |                               |          |
H—S̤—OH   H—S̤=O   HO—S̤—OH   HO—S̤=O   O=S=O
                                                      |
                                                      H
```

Sulfensäure (a) — Sulfanoxid (b) — Hyposchweflige Säure (c) — Sulfinsäure (d) — Sulfandioxid (e)

Abkömmlinge von (c) sind die durch Alkoholyse von SX_2 (X = Cl, NR_2) gemäß $SX_2 + 2HOR \rightarrow S(OR)_2 + 2HX$ gewinnbaren *Ester* $S(OR)_2$, bei deren Hydrolyse intermediär nach $S(OR)_2 + 2HOH \rightarrow$

$S(OH)_2 + 2HOR$ die freie Säure entsteht. Die Säure $S(OH)_2$ (exakter: wässerige $S(OR)_2$-Lösung) besitzt wie die mit ihr vergleichbare Hypochlorige Säure Cl(OH) *oxidierende* Eigenschaften und führt Iodwasserstoff in Iod, Schwefelwasserstoff in Schwefel, Stickstoffwasserstoffsäure in Stickstoff und Eisen(II) in Eisen(III) über. Charakteristisch ist die Umsetzung mit Sulfit zu Trithionat $S_3O_6^{2-}$ bzw. mit Thiosulfat zu Pentathionat $S_5O_6^{2-}$:

$$S(OH)_2 + 2SO_3^{2-} \rightarrow S(SO_3)_2^{2-} + 2OH^-; \quad S(OH)_2 + 2S_2O_3^{2-} \rightarrow S(S_2O_3)_2^{2-} + 2OH^-.$$

In *alkalischer* Lösung geht die Sulfoxylsäure, die auch durch kathodische Reduktion von wässerigem SO_2 entstehen soll ($SO_2 \rightarrow SO_2^- \rightarrow SO_2^{2-}$ bzw. auch $S_2O_4^{2-}$), u.a. in Thiosulfat $S_2O_3^{2-}$ über[123]:

$$2S(OH)_2 + 2OH^- \rightarrow S_2O_3^{2-} + 3H_2O.$$

Form (d) der Schwefel(II)-säure liegt den organischen „*Sulfinsäuren*" RS(O)OH zugrunde. Ein Beispiel ist der „*Rongalit*" $HOCH_2—S(O)ONa$ (Natrium-hydroxymethansulfinat), der bei der Spaltung von Natriumdithionit $Na_2S_2O_4$ mit Formaldehyd $CH_2{=}O$ entsteht (vgl. S. 592). Von der Schwefel(II)-säure-Form (e) leiten sich die organischen „*Sulfone*" R_2SO ab.

Die hypothetische **Dischwefel(0)-säure H_2S_2O** hätte – falls sie gewonnen werden könnte – die Konstitution (f) mit SO-Doppelbindung (die tautomere Form H(HO)S=S mit SS-Doppelbindung wäre energetisch viel ungünstiger). Es leiten sich von ihr viele organische Derivate R—SO—SR (gewinnbar durch Oxidation von RS—SR mit H_2O_2) ab. Man kennt darüber hinaus Salze $NHR_3^+[R—SO—S]^-$ („*Thiosulfinate*". Schwefelderivate der Thiosulfinsäure stellen etwa die niedrigen Schwefeloxide S_nO dar (S. 573).

In Analogie zum Dischwefeldifluorid S_2F_2, das als Difluordisulfan FSSF und als isomeres Thio-thionylfluorid SSF_2 existiert (vgl. S. 562), könnte auch die **Dischwefel(I)-säure $H_2S_2O_2$** in zwei Formen als *Dihydroxydisulfan* HOSSOH (*Hypodithionige Säure*) (g) sowie als *Thiothionylhydroxid* $SS(OH)_2$ bzw. dessen Protonentautomeres (*Thioschweflige Säure*) (h) auftreten.

H | HS̤—S=O	HO—S̤—S̤—OH	O ‖ HS̤—S—OH
Thiosulfinsäure (f)	Hypodithionige Säure (g)	Thioschweflige Säure (h)

Die Form (h) bildet sich möglicherweise in verschwindender Gleichgewichtskonzentration nach: $H_2S + SO_2 \rightleftarrows H_2S_2O_2$ als erstes Zwischenprodukt der letztlich zu einem Gemisch von Polythionsäuren $H_2S_nO_6$ („*Wackenrodersche Flüssigkeit*", S. 595) führenden Umsetzung von Schwefelwasserstoff und Schwefeldioxid in Wasser. Sie liegt auch in *Komplexen* wie $(Ph_3P)(X)CpRu(SMe—SO_2)$ ($X = PPh_3$ oder CO) vor, die sich durch SO_2-Addition an $(Ph_3P)(X)CpRuSMe$ bilden und eine sehr lange SS-Bindung (ca. 2.48 Å) aufweisen.

Von der Säureform (g) leiten sich organische Derivate RO—S—S—OR ab, die durch Alkoholyse von S_2X_2 ($X = Cl, NR_2$) gemäß $S_2X_2 + 2HOR \rightarrow S_2(OR)_2 + 2HX$ gewonnen werden und bei deren Hydrolyse intermediär nach $S_2(OR)_2 + 2H_2O \rightarrow S_2(OH)_2 + 2HOR$ die Verbindung (g) entstehen soll. Die Säure $S_2(OH)_2$ (exakter: wässerige $S_2(OR)_2$-Lösung) wirkt als mildes *Oxidationsmittel* und führt wie $S(OH)_2$ (s. oben) Iodwasserstoff in Iod, Schwefelwasserstoff in Schwefel und Eisen(II) in Eisen(III) über. Mit Sulfit bzw. Thiosulfat reagiert sie unter Bildung von Tetrathionat $S_4O_6^{2-}$ bzw. Hexathionat $S_6O_6^{2-}$:

$$S_2(OH)_2 + 2SO_3^{2-} \rightarrow S_2(SO_3)_2^{2-} + 2OH^-; \quad S_2(OH)_2 + 2S_2O_3^{2-} \rightarrow S_2(S_2O_3)_2^{2-} + 2OH^-.$$

In *saurer* Lösung zerfällt sie – wohl auf dem Wege über das Isomere (h) (s. oben) – in Schwefelwasserstoff und Schwefeldioxid: $S_2(OH)_2 \rightleftarrows H_2S + SO_2$. Beide Produkte lassen sich in Gegenwart von Silber-Ionen in Form von $Ag_2SO_3 \cdot Ag_2S$ aus der wässerigen Lösung fällen und reagieren in Abwesenheit von Ag^+ zu einem Gemisch von Polythionsäuren (s. oben). Die *alkalische* Hydrolyse von $S_2(OR)_2$ führt zu Sulfit und Sulfid sowie darüber hinaus zu Schwefel und Thiosulfat[124].

---

123 Möglicherweise besitzt das Schwefeldihydroxid $S(OH)_2$ wie dessen Fluoroderivat SF_2 (s. dort) die Tendenz zur Dimerisierung unter α-Addition eines $S(OH)_2$-Moleküls an den Schwefel eines anderen Moleküls: $2S(OH)_2 \rightarrow (HO)_3S—S(OH)$. Aus dem Dimerisierungsprodukt $S_2(OH)_4$ könnten sich unter Wasserabspaltung die Thioschwefelsäure (bzw. deren Salze) bilden: $S_2(OH)_4 \rightarrow H_2S_2O_3 + H_2O$.

124 Möglicherweise reagiert das gebildete Sulfid mit noch unzersetztem (g) zu Schwefel ($S_2(OH)_2 + S^{2-} \rightarrow \frac{3}{8}S_8 + 2OH^-$), welcher sich in alkalischer Lösung mit Sulfit zu Thiosulfat umsetzt (S. 593).

2.5.5 Dithionige Säure $H_2S_2O_4$ und Dithionsäure $H_2S_2O_6$

Die *Dithionige Säure* $H_2S_2O_4$ (*Dischwefel(III)-säure*) steht in ihrer Oxidationsstufe um eine Einheit unterhalb, die *Dithionsäure* (*Dischwefel(V)-säure*) $H_2S_2O_6$ um eine Einheit oberhalb der Schwefligen Säure H_2SO_3 (*Schwefel(IV)-säure*). Dementsprechend gewinnt man erstere durch Reduktion, letztere durch Oxidation der Schwefligen Säure; schematisch:

$$2\overset{+4}{S}O_2 + 2\ominus \xrightarrow{\text{Reduktion}} \overset{+3}{S}_2O_4^{2-}; \qquad 2\overset{+4}{S}O_3^{2-} \xrightarrow{\text{Oxidation}} \overset{+5}{S}_2O_6^{2-} + 2\ominus.$$

Als Reduktionsmittel dienen zweckmäßig Zink ($Zn \rightarrow Zn^{2+} + 2\ominus$; s. unten), Natrium ($Na \rightarrow Na^+ + \ominus$; s. unten), Formiat ($HCO_2^- \rightarrow H^+ + CO_2 + 2\ominus$; s. unten) oder der elektrische Strom (kathodische Reduktion einer Hydrogensulfitlösung), als Oxidationsmittel vierwertiges Mangan ($Mn^{4+} + 2\ominus \rightarrow Mn^{2+}$; Einwirkung von Schwefeldioxid auf in Wasser aufgeschlämmtes Mangandioxid-Hydrat), dreiwertiges Eisen ($Fe^{3+} + \ominus \rightarrow Fe^{2+}$; Einwirkung von Schwefeldioxid auf Eisen(III)-oxid-Hydrat) oder der elektrische Strom (anodische Oxidation einer Sulfitlösung).

Die **Dithionige Säure $H_2S_2O_4$** (*Dischwefel(III)-säure*) und ihre Salze (*Dithionite*; Struktur: Fig. 144) sind durch ihr starkes Reduktionsvermögen charakterisiert, da sie in Umkehrung der obigen schematischen Bildungsgleichung wieder in die Schweflige Säure überzugehen suchen:

$$S_2O_4^{2-} \rightarrow 2SO_2 + 2\ominus.$$

So fällen Dithionite z. B. aus Quecksilber(II)-chlorid-, Silbernitrat- und Kupfersulfatlösungen unter Übergang in Sulfite die Metalle aus ($M^{2+} + 2\ominus \rightarrow M$); Iodlösung wird entfärbt ($I_2 + 2\ominus \rightarrow 2I^-$). Das Reduktionspotential hat in alkalischer Lösung ($S_2O_4^{2-} + 4OH^- \rightleftarrows 2SO_3^{2-} + 2H_2O + 2\ominus$) den Wert $\varepsilon_0 = -1.12$ V, in saurer (schwächer reduzierender) Lösung ($HS_2O_4^- + 2H_2O \rightleftarrows 2H_2SO_3 + H^+ + 2\ominus$) den Wert -0.07 V (vgl. S. 577).

Verwendung. **Natriumdithionit** $Na_2S_2O_4 \cdot 2H_2O$ wird wegen seiner reduzierenden Wirkung als *Färbe-* und *Druckereihilfsmittel* in der Industrie, als *Bleichmittel* in der Textil- und Papierindustrie, als *Absorptionsmittel für Sauerstoff* in der analytischen Chemie sowie zur Herstellung von **Rongalit** = **Natriumhydroxymethansulfinat** ($Na_2S_2O_4 + 2CH_2{=}O + H_2O \rightarrow$ **NaO_2SCH_2OH** $+ NaO_3S{-}CH_2OH$; für den Direkt- und Ätzdruck) genutzt. Man *gewinnt* es in der Technik insbesondere durch Reduktion von SO_2 mit einer wässerigen Aufschlämmung von *Zinkstaub* bei 40 °C ($2SO_2 + Zn \rightarrow ZnS_2O_4$; Umwandlung in $Na_2S_2O_4$) bzw. einer methanolischen Lösung von Natriumformiat oder wässerigen Lösung von Natriumboranat im alkalischen Milieu:

$$\begin{aligned} 2SO_2 + HCOONa + NaOH &\rightarrow Na_2S_2O_4 + CO_2 + H_2O;\\ 8SO_2 + NaBH_4 + 8NaOH &\rightarrow 4Na_2S_2O_4 + NaBO_2 + 6H_2O. \end{aligned}$$

Geringe Bedeutung hat die Reaktion von $NaHSO_3$ mit Natrium (eingesetzt als Amalgam) in Wasser.

Struktur und Eigenschaften. Die $S_2O_4^{2-}$-Ionen enthalten gemäß $[O_2S{-}SO_2]^{2-}$ eine S—S-Bindung, die mit einem Kernabstand von 2.389 Å *wesentlich länger* als eine Einfachbindung (ber. 2.08 Å) ist. Sie stellt nach der SS-Bindung im oben erwähnten Komplex $(Ph_3P)(CO)CpRu(SMe{-}SO_2)$ ($r_{ss} = 2.48$ Å) die längste, bisher bekannt gewordene „tragende" SS-Bindung dar, wobei unter einer tragenden Bindung eine chemische Bindung verstanden sein soll, bei deren Spaltung zwei Molekülbruchstücke entstehen. Der große SS-Bindungsabstand erklärt die leichte Spaltbarkeit der SS-Bindung[125] und die hohe Reaktivität der Dithionite. In wässeriger Lösung stellt sich sogar ein Gleichgewicht: $S_2O_4^{2-} \rightarrow 2SO_2^-$ ($K = 0.63 \times 10^{-9}$) ein. Das Radikalion SO_2^- (isoster mit ClO_2 und PO_2^{2-}) ist für viele Reduktionsreaktionen des Dithionits ($SO_2^- \rightarrow SO_2 + \ominus$) verantwortlich. Die SO-Abstände (1.500 Å) entsprechen im $S_2O_4^{2-}$ Doppelbindungen (ber. 1.50 Å). Interessanterweise stehen im Dithionit-Ion die an verschiedenen Schwefelatomen gebundenen Sauerstoffatome auf Deckung (Fig. 144).

[125] Vergleiche z. B. die Rongalitbildung oben aus $S_2O_4^{2-}$ und $CH_2{=}O$.

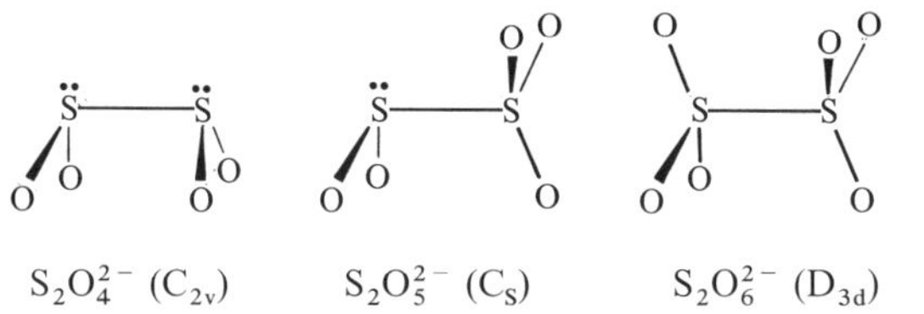

$S_2O_4^{2-}$ (C_{2v}) $S_2O_5^{2-}$ (C_s) $S_2O_6^{2-}$ (D_{3d})

Fig. 144 Konformation von Dithionit, Disulfit und Dithionat (in Klammern Symmetrie).

Die Dithionige Säure $H_2S_2O_4$ ($pK_1 = 0.35$; $pK_2 = 2.45$) ist nicht isolierbar, da sich Dithionite beim Ansäuern gemäß

$$2S_2O_4^{2-} + H_2O \rightarrow 2HSO_3^- + S_2O_3^{2-}$$

zersetzen. Selbst wässerige $S_2O_4^{2-}$-Lösungen zerfallen langsam in der beschriebenen Weise[126].

Die **Dithionsäure $H_2S_2O_6$** (*Dischwefel(V)-säure*), eine starke Säure, und ihre Salze (*Dithionate*; Struktur Fig. 144) zeigen keine große Neigung, in Umkehrung der Darstellungsgleichung (s. oben) unter Bildung von Schwefliger Säure oder Sulfiten oxidierend zu wirken. Dagegen disproportionieren sie leicht in Schwefel- und Schweflige Säure; schematisch:

$$S_2O_6^{2-} + H_2O \rightleftharpoons H_2SO_4 + SO_3^{2-}.$$

Konzentriert man z. B. eine wässerige Lösung von Dithionsäure, so zerfällt sie leicht nach $H_2S_2O_6 \rightarrow H_2SO_4 + SO_2$[127]. In entsprechender Weise zerfallen die Salze beim Erhitzen, z. B.: $K_2S_2O_6 \rightarrow K_2SO_4 + SO_2$ bei 258 °C.

Wie die Dithionite $S_2O_4^{2-}$ enthalten auch die Dithionate $S_2O_6^{2-}$ gemäß $[O_3S{-}SO_3]^{2-}$ eine verhältnismäßig lange (2.155 Å) S—S-Einfachbindung (tetraedrische Anordnung der vier Liganden um jedes S-Atom, gestaffelte Anordnung, vgl. Fig. 144). Der kurze SO-Abstand von 1.45 Å dokumentiert dabei den Doppelbindungscharakter der SO-Bindung (ber. für Doppelbindung 1.50 Å).

2.5.6 Thioschwefelsäure $H_2S_2O_3$

Darstellung, Eigenschaften. Man erhält die Salze der Thioschwefelsäure, die **Thiosulfate $S_2O_3^{2-}$**, durch Kochen von Sulfitlösungen mit feingepulvertem Schwefel (zum Mechanismus vgl. S. 550) oder durch Oxidation von Disulfiden mit Luftsauerstoff:

$$SO_3^{2-} + \tfrac{1}{8}S_8 \rightarrow S_2O_3^{2-}, \quad S_2^{2-} + 1\tfrac{1}{2}O_2 \rightarrow S_2O_3^{2-}.$$

In der Technik stellt man etwa **Natriumthiosulfat** $Na_2S_2O_3 \cdot 5H_2O$ durch Reaktion von Schwefel mit einer wässerigen Na_2SO_3-Suspension oder $NaHSO_3$-Lösung in Rührgefäßen bei 50–100 °C dar, wobei das Salz nach Abtrennung überschüssigen Schwefels in farblos-durchsichtigen, bei 48.5 °C im Kristallwasser schmelzenden monoklinen Prismen auskristallisiert. In analoger Weise entsteht **Ammoniumthiosulfat** $(NH_4)_2S_2O_3$ durch Umsetzung von Schwefel mit $(NH_4)_2SO_3$ in wässerigem Ammoniak bei 80–110 °C (bei 20 °C kristallisiert das wasserfreie Salz aus).

Die den Salzen zugrunde liegende starke **Thioschwefelsäure $H_2S_2O_3$** ($pK_1 = 0.6$; $pK_2 = 1.74$) ist nur bei tiefen Temperaturen gemäß $HO_3SCl + H_2S \rightarrow HO_3SSH + HCl$ als farblose ölige Flüssigkeit oder in Ether bei -78 °C gemäß $Na_2S_2O_3 + 2HCl \rightarrow H_2S_2O_3 + 2NaCl$ (kleine Mengen H_2O als Katalysator) sowie gemäß $SO_3 + H_2S \rightleftharpoons H_2S_2O_3$[128] als Dietherat

[126] Der Zerfall erfolgt in komplexer Weise wohl gemäß: $S_2O_4^{2-} + 2H^+ \rightarrow H_2S_2O_4 \rightarrow H_2SO_2 + SO_2$: $2H_2SO_2 \rightarrow S_2O_3^{2-} + 2H^+ + H_2O$; $SO_2 + H_2O \rightarrow SO_3H^- + H^+$.

[127] Die Disproportionierung von $S_2O_6^{2-}$ (Aktivierungsenergie ca. 125 kJ/mol) wird durch Protonen beschleunigt und erfolgt analog der $S_2O_4^{2-}$-Disproportionierung (vgl. Anm.[126]). Die – verglichen mit $S_2O_4^{2-}$ – höhere Stabilität von $S_2O_6^{2-}$ in saurer Lösung ($H_2S_2O_6$ läßt sich bis zu 3.7 mol/l konzentrieren) beruht auf der – verglichen mit $H_2S_2O_4$ – höheren Acidität der Säure (geringe Bildungstendenz von $HS_2O_6^-$ bzw. $H_2S_2O_6$ aus $S_2O_6^{2-}$ und Protonen).

[128] Die Reaktion entspricht ganz der homologen Reaktion $SO_3 + H_2O \rightarrow H_2SO_4$. Ohne Lösungsmittel bilden SO_3 und H_2S bei tiefen Temperaturen ein farbloses, kristallines Lewis-Addukt $SO_3 \cdot H_2S$, das ein Isomeres der Thioschwefelsäure darstellt und sich leicht in seine Komponenten SO_3 und H_2S zersetzt.

$H_2S_2O_3 \cdot 2Et_2O$ erhältlich und zerfällt in wasserfreiem Medium in Umkehrung der letztangeführten Bildungsgleichung schon unterhalb 0 °C in Schwefelwasserstoff und Schwefeltrioxid, die ihrerseits bei Gegenwart von Wasser zu Schwefliger Säure und Schwefel weiterreagieren ($H_2S + SO_3 \rightleftarrows H_2S_2O_3 \rightleftarrows H_2SO_3 + \frac{1}{8}S_8$). Säuert man daher wäßrige Thiosulfatlösungen an, so bleibt die Lösung nur ganz kurze Zeit klar und scheidet alsbald Schwefel in kolloider Form aus (vgl. S. 550, 595).

Monoprotoniertes Thiosulfat, das **Hydrogenthiosulfat $HS_2O_3^-$**, läßt sich in Form des Ammoniumsalzes durch Protonierung von $(NH_4)_2S_2O_3$ mit konz. Schwefelsäure in Methanol bei −80 °C gewinnen: $(NH_4)_2S_2O_3 + H_2SO_4 \rightarrow (NH_4)HS_2O_3 + (NH_4)HSO_4$. Das als farbloses Pulver anfallende Salz zersetzt sich ab ca. −20 °C unter Gelbfärbung (Schwefelbildung). Lösungen von Hydrogenthiosulfat in Wasser, die durch starkes Ansäuern von $S_2O_3^{2-}$-Lösungen erzeugt werden können, sind bei 0 °C mehrere Stunden haltbar. Demgegenüber zersetzen sich schwach angesäuerte $S_2O_3^{2-}$-Lösungen, in denen $HS_2O_3^{2-}$ neben $S_2O_3^{2-}$ vorliegt, rasch unter Schwefelbildung. Somit wirkt im Zuge des Schwefelkettenaufbaus erwartungsgemäß das Ion $HS_2O_3^{2-}$ hinsichtlich $HS_2O_3^{2-}$ weniger nucleophil als das Ion $S_2O_3^{2-}$ (erster Reaktionsschritt: $HS{-}SO_3^- + SSO_3^{2-} \rightleftarrows HS{-}SSO_3^- + SO_3^{2-}$; vgl. S. 595).

Verwendung. *Natriumthiosulfat* $Na_2S_2O_3 \cdot 5H_2O$, das wichtigste Thiosulfat (s. o.), findet mannigfache Verwendung. In der Photographie (s. dort) dient es als komplexbildendes **„Fixiersalz“** zum Herauslösen des beim Belichten und Entwickeln unverändert gebliebenen Silberhalogenids aus photographischen Papieren und Filmen ($AgX + S_2O_3^{2-} \rightarrow [Ag(S_2O_3)]^- + X^-$; $AgX + 2S_2O_3^{2-} \rightarrow [Ag(S_2O_3)_2]^{3-} + X^-$)[129]. In der *Textilbleicherei* und *Papierfabrikation* benutzt man es als reduzierendes **„Antichlor“** zur Entfernung des Chlors aus chlorgebleichten Geweben, da es Chlor in Chlorid überführt ($Cl_2 + 2\ominus \rightarrow 2Cl^-$), wobei es selbst in Sulfat übergeht ($S_2O_3^{2-} + 5H_2O \rightarrow 2SO_4^{2-} + 10H^+ + 8\ominus$; $\varepsilon_0 = +0.29$ V). Mit dem weniger stark oxidierenden Iod ($I_2 + 2\ominus \rightarrow 2I^-$) setzt sich das Thiosulfat (mittlere Oxidationsstufe +2) nur bis zur Oxidationsstufe +2.5 der Tetrathionsäure $H_2S_4O_6$ um ($2S_2O_3^{2-} \rightarrow S_4O_6^{2-} + 2\ominus$; $\varepsilon_0 = +0.08$ V). Da hierbei die braune – bzw. bei Gegenwart von Stärke blaue (S. 448) – Iodlösung entfärbt wird

$$\underset{farblos}{2SSO_3^{2-}} + \underset{braun}{I_2} \rightarrow \underset{farblos}{^-O_3S{-}S{-}S{-}SO_3^-} + \underset{farblos}{2I^-},$$

kann man leicht den Punkt („*Äquivalenzpunkt*“) erkennen, an dem gerade die zur Iodmenge äquivalente Menge Thiosulfat zugesetzt ist. Man benutzt daher die Reaktion zur quantitativen Bestimmung von Oxidationsmitteln (**„Iodometrie“**), indem man durch Einwirkung dieser Oxidationsmittel auf eine Kaliumiodid-Lösung eine dem Oxidationswert der Oxidationsmittel äquivalente Iodmenge in Freiheit setzt ($2I^- \rightarrow I_2 + 2\ominus$) und diese mit einer eingestellten Natriumthiosulfatlösung titriert (vgl. Titrationen). Auch Reduktionsmittel können iodometrisch bestimmt werden, indem man diese auf einen bekannten Überschuß einer eingestellten Kaliumtriiodid-Lösung einwirken läßt ($KI_3 \rightleftarrows KI + I_2$; $I_2 + 2\ominus \rightleftarrows 2I^-$) und das hierbei nicht umgesetzte Iod mit Thiosulfat bis zur Entfärbung „*zurücktitriert*“ oder indem man die Reduktionsmittel direkt mit der eingestellten Kaliumtriiodid-Lösung bis zur bleibenden Iodfärbung titriert.

---

[129] In **Komplexen**[108] wirkt $S_2O_3^{2-}$ wie SO_4^{2-} u.a. als *einzähniger* (η^1-S) sowie *zweizähnig-chelatbildender* (η^2-S, O) Ligand, z.B.- $[Pd\,en(\eta^1\text{-}S_2O_3)_2]^{2-}$, $[Ni(SC(NH_2)_2)_4(\eta^2\text{-}S_2O_3)]$. Darüber hinaus kann der Thioschwefel wie in $[Cu(S_2O_3)_2]_x$ auch *Brücken* (μ) ausbilden.

In der Reaktion mit Iod kommt die hohe Nucleophilie des Thiosulfats (bzw. Hydrogenthiosulfats) zum Ausdruck: $^-O_3SS:^- + I—I \rightarrow {}^-O_3SS—I + I^-$; $^-O_3SS—I + {}^-:SSO_3^- \rightarrow {}^-O_3SS—SSO_3^- + I^-$. Ähnlich wie Iod reagiert $S_2O_3^{2-}$ mit vielen anderen nucleophil angreifbaren Molekülen (z. B. H_2O_2, S. 536).

Strukturen. Wie im Sulfat-Ion SO_4^{2-} sind auch im *Thiosulfat-Ion* $S_2O_3^{2-}$ die vier Liganden um das zentrale Schwefelatom tetraedrisch angeordnet (C_{3v}-Symmetrie). Der SO-Abstand beträgt 1.468 Å, der SS-Abstand 2.013 Å. Dies spricht für einen starken Doppelbindungscharakter der SO- und einen schwächeren der SS-Bindung (ber. für S=O 1.50, für S—O 1.70 Å; für S=S 1.88, für S—S 2.08 Å). Die SSO- und OSO-Winkel entsprechen ungefähr Tetraederwinkeln. Im *Hydrogenthiosulfat-Ion* $HS_2O_3^-$ ist der Wasserstoff am Schwefel gebunden: $HS—SO_3^-$ (C_S-Symmetrie; SO/SS-Abstände nach Berechnungen 1.435/2.155 Å), in Thioschwefelsäure – nach Berechnungen – ein Wasserstoff am Schwefel, ein Wasserstoff am Sauerstoff (C_1-Symmetrie; SO/SS-Abstände 1.412/2.057 Å). Die $HS_2O_3^-$- und $H_2S_2O_3$-Formen, in denen H ausschließlich am Sauerstoff gebunden ist, sind um 20 bzw. 41 kJ/mol energiereicher.

2.5.7 Polysulfanmonosulfonsäuren $H_2S_nO_3$ und Polysulfandisulfonsäuren (Polythionsäuren) $H_2S_nO_6$

Unter dem Namen *Polysulfanmonosulfonsäuren* und *Polysulfandisulfonsäuren* (*Polythionsäuren*) faßt man Schwefelsauerstoffsäuren zusammen, in welchen ein oder beide Wasserstoffe in Sulfanen H_2S_m durch den Sulfonsäurerest SO_3H ersetzt sind:

$HO_3S—S \cdots\cdots S—SH$	$HO_3S—S \cdots\cdots S—SO_3H$
Polysulfanmonosulfonsäuren	*Polysulfandisulfonsäuren* (*Polythionsäuren*)
$H_2S_nO_3$ ($n = 2–7$)	$H_2S_nO_6$ ($n = 3–14$).

Die einfachste Polysulfanmono- bzw. -disulfonsäure ist die *Thioschwefelsäure* $HO_3S—SH$ und die *Trithionsäure* $HO_3S—S—SO_3H$ (die Schweflige Säure HO_3SH und die Dithionsäure $HO_3S—SO_3H$ gehören nicht zu den Sulfansulfonsäuren, da sie sich nicht von einem Sulfan ableiten). Die höheren Glieder beider Reihen (*Di-, Tri-, Tetrasulfanmonosulfonsäure* usw.; *Tetra-, Penta-, Hexathionsäure* usw.) leiten sich ihrerseits von der Thioschwefelsäure und der Trithionsäure durch Einlagerung weiterer Schwefelatome ab (Verlängerung der Schwefelkette).

Die **Polysulfanmonosulfonsäuren $H_2S_nO_3$** bilden sich analog der Thioschwefelsäure $HO_3S—SH$ bei *tiefen Temperaturen* gemäß $HO_3SCl + H_2S_m \rightarrow HO_3S—S_mH + HCl$ oder in Ether bei $-78\,°C$ gemäß $SO_3 + H_2S_m \rightarrow HO_3S—S_mH$ als bei Raumtemperatur instabile Verbindungen. Wasser und insbesondere wässeriges Alkali zersetzen die Säuren rasch zu Thiosulfat, Schwefeldioxid (Sulfit) und Schwefel[130]. Sulfit führt die Säuren unter Abbau der Schwefelketten in Thiosulfat über (S. 550):

$$S_nO_3^{2-} + (n-2)SO_3^{2-} \rightarrow (n-1)S_2O_3^{2-}.$$

In entsprechender Weise erfolgt der Schwefelkettenabbau mit anderen Nucleophilen (z. B.: $S_nO_3^{2-} + (n-2)CN^- \rightarrow S_2O_3^{2-} + (n-2)SCN^-$; vgl. S. 597).

Die **Polythionsäuren $H_2S_nO_6$** sind nur bei tiefen Temperaturen beständig, wobei die Zersetzlichkeit mit wachsender Kettenlänge zunimmt. Sie entstehen in Substanz (farblose, ölige Flüssigkeiten) oder in wasserfreien Lösungsmitteln (z. B. Ether) durch *Einlagerung* (1) von Schwefeltrioxid in die S—H-Bindungen von Polysulfanen H_2S_m bzw. von Polysulfan-monosulfonsäuren $HO_3S—S_mH$ (s. oben) oder durch *Kondensation* (2, 3) von Polysulfan-monosulfonsäuren $HO_3S—S_mH$ mit Chlorsulfonsäure $ClSO_3H$ bzw. mit Chlorsulfanen S_yCl_2 oder durch *Oxidation* (4) von Polysulfan-monosulfonsäuren $HO_3S—S_mH$ mit Iod I_2 gemäß:

$$H—S_m—H \xrightarrow{+SO_3} HO_3S—S_m—H \xrightarrow{+SO_3} HO_3S—S_m—SO_3H \quad (1)$$

$$HO_3S—S_m—H + Cl—SO_3H \xrightarrow[-HCl]{} HO_3S—S_m—SO_3H \quad (2)$$

$$HO_3S—S_m—H + Cl—S_y—Cl + H—S_m—SO_3H \xrightarrow[-2HCl]{} HO_3S—S_m—S_y—S_m—SO_3H \quad (3)$$

$$HO_3S—S_m—H + I—I + H—S_m—SO_3H \xrightarrow[-2HI]{} HO_3S—S_m—S_m—SO_3H \quad (4)$$

130 Mechanistisch erfolgt der Zerfall wohl analog dem auf S. 550 diskutierten Schwefelkettenaufbau im Zuge nucleophiler Substitutionen des Typs: $^-O_3SS_m^- + {}^-S_mSO_3^- \rightleftarrows {}^-O_3SS_{2m-1}^- + {}^-O_3SS^-$; $^-O_3SS_{2m-1}^- \rightleftarrows {}^-O_3SS_{2m-9}^- + S_8$.

Eine wässerige Lösung eines Gemischs von Polythionsäuren $H_2S_nO_6$ ($n = 3-6$) neben anderen Schwefelsauerstoffsäuren entsteht, wenn man in eine wässerige Schwefeldioxidlösung *langsam* Schwefelwasserstoff einleitet (**„Wackenrodersche Flüssigkeit"**)[131]. Die sehr komplexe, mechanistisch ungeklärte Bildungsreaktion verläuft möglicherweise über Thioschweflige Säure $H_2S_2O_2$, die sich aus H_2S und SO_2 bildet: $H_2S + SO_2 \rightleftarrows HSSO_2H$ (vgl. S. 591). $H_2S_2O_2$ könnte dann unter Disproportionierung in Thioschwefelsäure übergehen, die ihrerseits u.a. zu Sulfanen und Polythionsäuren disproportioniert. Daß letzterer Reaktion Realität zukommt, läßt sich leicht zeigen: läßt man eine angesäuerte Thiosulfatlösung längere Zeit stehen, wobei man durch Arbeiten im geschlossenen System ein Entweichen von Schwefeldioxid verhütet, welches im Zuge der Reaktionsfolge

$$HSSO_3^- \underset{\mp SO_3^{2-}}{\overset{\pm S_2O_3^{2-}}{\rightleftarrows}} HSSSO_3^- \underset{\mp SO_3^{2-}}{\overset{\pm S_2O_3^{2-}}{\rightleftarrows}} HSSSSO_3^- \underset{\mp 5SO_3^{2-}}{\overset{\pm 5S_2O_3^{2-}}{\rightleftarrows \rightleftarrows \rightleftarrows \rightleftarrows \rightleftarrows}} HS_8SO_3^- \underset{\mp SO_3^{2-}}{\overset{\pm H^+}{\rightleftarrows}} S_8 \qquad (1)$$

nach $SO_3^{2-} + 2H^+ \rightleftarrows SO_2 + H_2O$ entsteht (vgl. S. 550), so beobachtet man die Bildung von Polythionsäuren durch Kondensation der im Gleichgewicht mit Thiosulfat und Schwefel stehenden Polysulfanmonosulfonate $HS_nSO_3^-$:

$$^-O_3S{-}S_x{:}H + HS_y{\div}S_z{-}SO_3^- \rightarrow {}^-O_3S{-}S_x{-}S_z{-}SO_3^- + H_2S_y. \qquad (2)$$

Polythionate. Darstellung. Die *Salze* der Polythionsäuren sind ganz allgemein durch Umsetzung von Schwefel-Verbindungen des Typs SX_2 oder S_2X_2 (X = Cl, OR, NR_2) mit Sulfit SO_3^{2-} oder Thiosulfat $S_2O_3^{2-}$ gewinnbar:

$$O_3SS_m^{2-} + X{-}S_y{-}X + S_mSO_3^{2-} \xrightarrow[-2X^-]{\text{nucleophile Subst.}} {}^-O_3SS_m{-}S_y{-}S_mSO_3^-$$

($m = 0, 1$; $y = 1, 2$; $2m + y = 1, 2, 3, 4$). *Trithionat* $S_3O_6^{2-}$ entsteht auch bei der Oxidation von $Na_2S_2O_3$ mit Wasserstoffperoxid: $2Na_2S_2O_3 + 4H_2O_2 \rightarrow Na_2S_3O_6 + Na_2SO_4 + 4H_2O$. Bezüglich der Bildung von *Tetrathionat* $S_4O_6^{2-}$ aus Thiosulfat und Iod vgl. S. 594. Das Kaliumsalz des *Pentathionats* $S_5O_6^{2-}$ erhält man aus der Wackenroderschen Flüssigkeit nach Zusatz von Kaliumacetat, das des *Hexathionats* $S_6O_6^{2-}$ über die Reaktion von KNO_2 mit $K_2S_2O_3$ in Salzsäure. Unter den – in reiner Form isolierbaren – Salzen zeichnen sich die Alkalimetall-polythionate durch Beständigkeit aus.

Strukturen. In den Polythionaten $S_nO_6^{2-} = [O_3S{-}S_{n-2}{-}SO_3]^{2-}$ liegen Schwefel-Zickzackketten (vgl. S. 547) mit einem mittleren SS-Abstand von 2.04 Å (Einfachbindungen wie im Falle des elementaren Schwefels) vor, die an den beiden Enden je eine SO_3-Gruppe mit einem mittleren SS-Abstand von 2.12 Å tragen (SO-Abstände = 1.43 Å, entsprechend Doppelbindungen). Die SSS-Bindungswinkel betragen im Mittel 104°, die SSSS-Diederwinkel in $S_4O_6^{2-}$ ca. 90°, in $S_5O_6^{2-}$ ca. 108° und in $S_6O_6^{2-}$ ca. 90 und 108°. Es sind auch Polythionate dargestellt worden, in denen ein Teil des Sulfanschwefels durch Se oder Te ersetzt ist, z.B. $[O_3S{-}S{-}Se{-}S{-}SO_3]^{2-}$ und $[O_3S{-}S{-}Te{-}S{-}SO_3]^{2-}$.

Sulfurierende Wirkung. Die Polythionate $S_nO_6^{2-}$ wirken ähnlich wie andere Verbindungen mit Schwefelketten (S_8, H_2S_n, S_nX_2; vergleiche S. 550, 560, 566) als *Sulfurierungsmittel* (schematisch: $S_nO_6^{2-} \rightarrow SO_2 + SO_4^{2-} + (n-2)S$) und führen etwa Sulfit in Thiosulfat (schematisch: $S + SO_3^{2-} \rightarrow S_2O_3^{2-}$), Sulfid in Polysulfid ($xS + HS^- \rightarrow HS_{x+1}^-$), Arsenit in Thioarsenat ($S + AsO_3^{3-} \rightarrow SAsO_3^{3-}$) oder Cyanid in Thiocyanat über ($S + CN^- \rightarrow SCN^-$).

Der *Mechanismus* dieser Schwefelübertragungen sei anhand der Umsetzung der Polythionate mit Sulfit in Wasser näher erläutert. Sie führt zunächst unter *assoziativer nucleophiler Substitution* von Thiosulfat $S_2O_3^{2-}$ durch die SO_3^{2-}-Gruppe zu einem um 1 Schwefelatom ärmeren Polythionat, also beispielsweise ausgehend von Pentathionat $S_5O_6^{2-}$ zu Tetrathionat $S_4O_6^{2-}$:

$$O_3S{:}^{2-} + {}^-O_3SS\overset{\downarrow}{S}{-}SSO_3^- \rightleftarrows {}^-O_3SSS{-}SO_3^- + {:}SSO_3^{2-} \qquad (3)$$

(nucleophiler Angriff von SO_3^{2-} an der mit einem Pfeil bezeichneten Stelle; vergleiche hierzu die Reaktion von SO_3^{2-} mit S_8, S. 550). In einer Folgereaktion, die analog (3) abläuft, wird anschließend das gebildete Tetrathionat durch Sulfit in Trithionat $S_3O_6^{2-}$ und Thiosulfat überführt ($O_3S^{2-} + {}^-O_3SS{-}SSO_3^- \rightleftarrows {}^-O_3SS{-}SO_3^- + SSO_3^{2-}$). Insgesamt wandelt sich somit $S_5O_6^{2-}$ in Anwesenheit von Sulfit auf dem beschriebenen zweistufigen Weg in Trithionat und Thiosulfat um. Entsprechend werden Polythionate ganz allgemein von Sulfit zu Trithionat und Thiosulfat *abgebaut*: $S_nO_6^{2-} + (n-3)SO_3^{2-} \rightleftarrows S_3O_6^{2-} + (n-3)S_2O_3^{2-}$. Man nutzt diesen *Schwefelkettenabbau* („*Sulfitabbau*") zum analytischen Nachweis von Polythionaten.

---

[131] Bei raschem Einleiten von H_2S bildet sich darüber hinaus ein goldgelber Niederschlag („*Wackenroder Schwefel*"), der ein Polysulfanoxid $H{-}(S_nO)_x{-}SH$ darstellt ($n > 2$)[123].

Das *Gleichgewicht* der Umsetzung von Sulfit mit Polythionaten $S_nO_6^{2-}$ zu nächstniederen Polythionaten $S_{n-1}O_6^{2-}$ und Thiosulfat (z. B. (3)) liegt auf der Thiosulfatseite. Es läßt sich jedoch durch Entfernen von Sulfit (z. B. mit Formaldehyd: $HSO_3^- + O{=}CH_2 \rightarrow HO{-}CH_2{-}SO_3^-$) auf die entgegengesetzte Seite verschieben, was einem *Schwefelkettenaufbau* entspricht (vgl. z. B. Rückreaktion (3)).

Die Sulfurierung anderer chemischer Stoffe mit Polythionaten erfolgt ebenfalls nach dem Prinzip (3). So führt etwa die Einwirkung von *Cyanid* auf das Polythionat $S_5O_6^{2-}$ in Wasser gemäß $CN^- + {}^-O_3SSS{-}SSO_3^- \rightarrow {}^-O_3SSSCN + SSO_3^{2-}$ zu Cyandisulfan-sulfonat, welches seinerseits durch Cyanid in Cyansulfan-sulfonat ${}^-O_3SSCN$ und Thiocyanat umgewandelt wird: $CN^- + {}^-O_3SS{-}SCN \rightarrow {}^-O_3SSCN + SCN^-$. Das Ion ${}^-O_3SSCN$ hydrolysiert schließlich nach ${}^-O_3S{-}SCN + OH^- \rightarrow {}^-O_3SOH + SCN^-$ zu Sulfat und Thiocyanat, so daß der „*Cyanidabbau*" von $S_5O_6^{2-}$ also insgesamt nach der Summengleichung $S_5O_6^{2-} + 2CN^- + 2OH^- \rightarrow 2SCN^- + S_2O_3^{2-} + SO_4^{2-} + H_2O$ abläuft.

Hydrolyse. Das beim Sulfitabbau gebildete Trithionat $S_3O_6^{2-}$ setzt sich schließlich mit Wasser weiter zu Sulfat und Thiosulfat um:

$$ {}^-O_3S{-}SSO_3^- + H_2O \rightarrow {}^-O_3S{-}OH + HSSO_3^-. \qquad (4)$$

Allerdings erfolgt diese Hydrolyse von Trithionat viel langsamer als dessen Bildung durch Sulfitabbau der Polythionate[132].

Ganz allgemein hydrolysieren Verbindungen des Typs ${}^-O_3S{-}X$ (X z. B. F, Cl, Br, CN, SCN, $S_2O_3^-$, S^-) gemäß: ${}^-O_3S{-}X + H_2O \rightarrow {}^-O_3S{-}OH + HX$ (vgl. Gl. (4)). Die Reaktionsgeschwindigkeit hängt dabei wesentlich von der Art der Abgangsgruppe X^- ab und ist beispielsweise im Falle von $X^- = Cl^-$ sehr groß, im Falle von $X^- = S^{2-}$ sehr klein. Demgemäß reagiert Chloroschwefelsäure (s. dort) heftig mit Wasser, während eine wässerige Thiosulfatlösung unter normalen Bedingungen hydrolysestabil ist und erst beim Erhitzen auf 270 °C im abgeschlossenen Bombenrohr nach $S_2O_3^{2-} + H_2O \rightarrow H_2S + SO_4^{2-}$ hydrolysiert.

Thermolyse. In *wässeriger Lösung* zersetzen sich die Polythionate allmählich, wobei die Zersetzungsgeschwindigkeit für die einzelnen Polythionate in unterschiedlicher Weise vom pH-Wert abhängt[133]. Hierbei zerfällt *Trithionat* hauptsächlich in Thiosulfat und Sulfat ($S_3O_6^{2-} + 2OH^- \rightarrow S_2O_3^{2-} + SO_4^{2-} + H_2O$), *Tetrathionat* in Trithionat und Pentathionat ($2S_4O_6^{2-} \rightarrow S_3O_6^{2-} + S_5O_6^{2-}$) und *Pentathionat* sowie höhere Polythionate unter Schwefelbildung in das nächstniedere Polythionat ($S_nO_6^{2-} \rightarrow S_{n-1}O_6^{2-} + \frac{1}{8}S_8$). Auf dem Wege

$$S_nO_6^{2-} \xrightarrow[-S]{} S_{n-1}O_6^{2-} \xrightarrow[-S]{} S_{n-2}O_6^{2-} \xrightarrow[-xS]{} S_3O_6^{2-} \xrightarrow[+2OH^-;\ -H_2O]{} S_2O_3^{2-} + SO_4^{2-}$$

verwandeln sich Polythionate infolgedessen letztlich in Schwefel, Thiosulfat und Sulfat[134].

Der *Zerfall der Polythionate* wird offensichtlich durch *Sulfit*, das sich zunächst in Spuren bilden muß, ausgelöst[135]. Und zwar führt SO_3^{2-} das betreffende Polythionat in das nächstniedere Polythionat über: $S_nO_6^{2-} + SO_3^{2-} \rightleftarrows S_{n-1}O_6^{2-} + S_2O_3^{2-}$ (vgl. z. B. (3)), wobei das gebildete Thiosulfat unter Rückbildung des *Katalysators* SO_3^{2-} Schwefel ausscheidet: ($S_2O_3^{2-} \rightarrow \frac{1}{8}S_8 + SO_3^{2-}$ (vgl. (1)). Insgesamt läuft also folgende Reaktion ab: $S_nO_6^{2-} \rightarrow S_{n-1}O_6^{2-} + \frac{1}{8}S_8$. Im Falle der Tetrathionatzersetzung setzt sich das im ersten Reaktionsschritt gebildete Thiosulfat ($S_4O_6^{2-} + SO_3^{2-} \rightleftarrows S_3O_6^{2-} + S_2O_3^{2-}$) zudem mit $S_4O_6^{2-}$ unter Schwefelkettenaufbau um: $S_4O_6^{2-} + S_2O_3^{2-} \rightleftarrows S_5O_6^{2-} + SO_3^{2-}$ (Umkehrung von (3)). Damit ergibt sich für den $S_4O_6^{2-}$-Zerfall folgende Summengleichung $2S_4O_6^{2-} \rightleftarrows S_3O_6^{2-} + S_5O_6^{2-}$. Bezüglich des Zerfalls von $S_3O_6^{2-}$ vgl. Gl. (4) und das Kleingedruckte, oben.

2.5.8 Peroxomonoschwefelsäure H_2SO_5 und Peroxodischwefelsäure $H_2S_2O_8$

In analoger Weise, wie man durch Oxidation von Sulfiten zu *Dithionaten* gelangt (S. 592), kommt man durch Oxidation von Sulfaten (oder Hydrogensulfaten) zu *Peroxodisulfaten*:

$$2SO_4^{2-} \rightleftarrows S_2O_8^{2-} + 2\ominus.$$

132 Zerfallshalbwertszeit der nach pseudo-erster Ordnung verlaufenden $S_3O_6^{2-}$-Hydrolyse bei 50 °C: ca. 1 Std. bei pH = 14, ca. 60 Stdn. bei pH = 12–2, ca. 1 Std. bei pH = −0.5, sehr klein bei pH < −0.5.

133 Zum Beispiel wurden folgende Halbwertszeiten (in Stunden) der nach erster Ordnung ablaufenden Zerfallsreaktionen bei 50 °C gefunden (in Klammern jeweils der pH-Wert): $S_4O_6^{2-}$ und $S_5O_6^{2-}$: 1 (12), 60 (9–5), 5000 (2–0); $S_6O_6^{2-}$: < 0.3 (> 8), 0.6 (7), 10 (4), 60 (2), 500 (0). Vgl. auch Anm.[132].

134 Da die Polythionsäuren ihrerseits aus Thiosulfat und Schwefel entstehen können (vgl. Gleichungen (1) und (2)), disproportioniert $S_2O_3^{2-}$ auf dem diskutierten Wege – gemäß der thermodynamischen Forderung, vgl. S. 577 – letztendlich in Sulfid und Sulfat.

135 Die Thermolyse von $S_nO_6^{2-}$ verläuft autokatalytisch und erfolgt meist erst nach einer gewissen *Induktionsperiode*.

Die Oxidation ist aber weit schwieriger als dort, da die Peroxodisulfate ein sehr großes Bestreben haben, unter Rückbildung von Sulfat – also in Umkehrung der Bildungsgleichung – oxidierend zu wirken (vgl. Potentialdiagramme S. 577). Man kann daher zur Oxidation nur die stärksten Oxidationsmittel, nämlich Fluor ($F_2 + 2\ominus \rightarrow 2F^-$) oder eine Anode entsprechend positiven Potentials verwenden.

Technisch erfolgt die Darstellung der **Peroxodischwefelsäure $H_2S_2O_8$** („*Marshallsche Säure*") und ihrer Salze (*Peroxodisulfate*) so, daß man wässerige Schwefelsäure (ca. 560 g pro Liter) oder eine Lösung von $(NH_4)_2SO_4$ (ca. 210 g pro Liter), Na_2SO_4 bzw. K_2SO_4 in Schwefelsäure (ca. 260 g pro Liter) mit hoher Stromdichte unter Verwendung von Platinanoden (hohe Überspannung des Sauerstoffs) elektrolysiert (Wasserstoffentwicklung an der Kathode). Besonders leicht sind dabei Kalium- und Ammonium-peroxodisulfat zu gewinnen, da sie wegen ihrer Schwerlöslichkeit leicht auskristallisieren (das Natriumsalz wird aus dem Ammoniumsalz und NaOH gewonnen).

Hohe Konzentration und hohe Stromdichte ($\sim 1\ A/dm^2$) sind deshalb erforderlich, weil bei verdünnten Lösungen und kleinen Stromdichten infolge der geringen Konzentration entladener Sulfat-Ionen letztere nicht miteinander ($2SO_4^- \rightarrow S_2O_8^{2-}$), sondern mit dem Wasser unter Bildung von Sauerstoff ($2SO_4^- + H_2O \rightarrow 2HSO_4^- + \frac{1}{2}O_2$) reagieren. Auf diesem letzteren Vorgang beruht ja die verstärkte anodische Sauerstoffentwicklung bei der Elektrolyse schwefelsauren statt neutralen Wassers.

Peroxodischwefelsäure und Peroxodisulfate sind starke Oxidationsmittel. Das Oxidationspotential hat in basischer Lösung ($S_2O_8^{2-} + 2\ominus \rightleftarrows 2SO_4^{2-}$) den Wert $\varepsilon_0 = +1.0$ V, in saurer Lösung ($S_2O_8^{2-} + 2H^+ + 2\ominus \rightleftarrows 2HSO_4^-$) den Wert $\varepsilon_0 = +2.01$ V. So werden z. B. Eisen(II)-salze zu Eisen(III)-salzen ($Fe^{2+} \rightarrow Fe^{3+} + \ominus$), Mangan(II)-salze zu Braunstein ($Mn^{2+} + 2H_2O \rightarrow MnO_2 + 4H^+ + 2\ominus$) bzw. – bei Gegenwart von Silber-Ionen als Katalysator – zu Permanganat ($Mn^{2+} + 4H_2O \rightarrow MnO_4^- + 8H^+ + 5\ominus$), Chrom(III)-salze – bei Gegenwart von Silber-Ionen – zu Dichromat ($2Cr^{3+} + 7H_2O \rightarrow Cr_2O_7^{2-} + 14H^+ + 6\ominus$), Silbersalze zu „Silberperoxid" ($2Ag^+ + 2H_2O \rightarrow Ag_2O_2 + 4H^+ + 2\ominus$) oxidiert. Fast alle Peroxodisulfate[136] sind in Wasser löslich; die Lösungen sind verhältnismäßig beständig. Dagegen unterliegt die freie Peroxodischwefelsäure in wässeriger Lösung rascher Hydrolyse:

$$HO_3S—OO—SO_3H + H_2O \overset{\rightarrow}{\rightleftarrows} HO_3S—OOH + HO—SO_3H$$

Verwendet werden die Peroxodisulfate als Starter radikalischer Polymerisationen, für Ätzungen gedruckter Schaltungen, für Bleichprozesse.

Die bei der Hydrolyse von $H_2S_2O_8$ neben Schwefelsäure entstehende **Peroxomonoschwefelsäure** (*Peroxoschwefelsäure*) **H_2SO_5** („*Carosche Säure*") läßt sich in langsamer Reaktion weiter zu Schwefelsäure und Wasserstoffperoxid (s. dort) hydrolysieren:

$$HO_3S—OOH + H_2O \rightleftarrows HO_3S—OH + HOOH$$

Die Reaktion ist umkehrbar, so daß man durch Einwirkung von 100%igem Wasserstoffperoxid auf kalte, konzentrierte Schwefelsäure Peroxoschwefelsäure erhalten kann. Nimmt man statt Schwefelsäure das Chlorid der Schwefelsäure (Chloroschwefelsäure), so kann man bei Einwirkung von H_2O_2 die Peroxoschwefelsäure H_2SO_5 in reiner Form als schön kristallisierte, farblose, bei 45 °C schmelzende, hygroskopische Substanz erhalten; bei weiterer Einwirkung von Chloroschwefelsäure entsteht Peroxodischwefelsäure $H_2S_2O_8$ in Form farbloser, hygroskopischer, bei 65 °C unter schwacher Zersetzung schmelzender Kristalle:

$$HO_3S—Cl + HOOH \rightarrow HO_3S—OOH + HCl;$$
$$HO_3S—OOH + Cl—SO_3H \rightarrow HO_3S—OO—SO_3H + HCl.$$

Zum Unterschied von der auf Kaliumiodidlösung nur langsam ansprechenden Peroxodischwefelsäure scheidet die Peroxomonoschwefelsäure, die weniger stabil als erstere ist, aus Kaliumiodidlösungen augenblicklich Iod aus. Salze $M^I_2SO_5$ der Peroxomonoschwefelsäure („*Peroxosulfate*") sind nicht bekannt, dagegen Salze M^IHSO_5 („*Hydrogenperoxosulfate*"; z. B. $KHSO_5 \cdot H_2O$ mit dem Anion $SO_3(OOH)^-$).

---

136 In den Peroxodisulfaten $S_2O_8^{2-} = [O_3S—O—O—SO_3]^{2-}$ liegen zwei durch eine O—O-Brücke miteinander verbundene SO_4-Tetraeder vor (OO-Abstand 1.31 Å, SO-Abstand 1.50 Å).

2.6 Stickstoffverbindungen des Schwefels

Die Chemie der Schwefelstickstoffverbindungen ist durch eine unerwartete Vielfalt faszinierender Verbindungen gekennzeichnet. Einige dieser Substanzen werden nachfolgend besprochen, und zwar zunächst die *Schwefelnitride* (einschließlich der Schwefelimide), dann die *Schwefelnitrid-Kationen* sowie *-Anionen* und schließlich die *Schwefelnitrid-halogenide* und *-oxide*. Bezüglich einer Reihe von Schwefelstickstoffverbindungen, die sich von den Stickstoffwasserstoffen durch Austausch eines oder mehrerer Wasserstoffatome gegen den *einwertigen Sulfonsäurerest* SO_3H bzw. die *zweiwertige Sulfurylgruppe* SO_2 oder *Thionylgruppe* SO ableiten, vgl. S. 722.

2.6.1 Schwefelnitride[49,137)]

Schwefel bildet gemäß Tab. 63 **Nitride** der Zusammensetzung $\mathbf{S_nN_n}$ ($n = 1, 2, 3, 4, x$), $\mathbf{S_nN_2}$ (n bisher $= 1, 2, 4, 11, 15, 16, 17, 19$) sowie $\mathbf{S_{n+4}N_{2n+4}}$ ($n = 0, 1, 2?$). Unter ihnen existieren SN, S_3N_3 und SN_2 nur in der Gasphase bei niedrigen Drücken (SN neigt im Gegensatz zu NO zur Polymerisation; SN_2 ist bei Normalbedingungen – anders als N_2O – hinsichtlich des Zerfalls in die Elemente labil). Bezüglich der Strukturen der Schwefelnitride, unter denen das Tetraschwefeltetranitrid S_4N_4 besonders wichtig ist, vgl. Fig. 145 und bei den Einzelverbindungen.

Tab. 63 Schwefelnitride[a)]

Nitride $\mathbf{S_nN_n}$		Nitride $\mathbf{S_mN_n}$	
Formel	Name	Formel	Name
SN[b)]	**Monoschwefel-mononitrid** Monostickstoff-monosulfid	SN_2[b)]	**Monoschwefel-dinitrid** Distickstoff-monosulfid
S_2N_2	**Dischwefel-dinitrid** Distickstoff-disulfid	S_4N_2	**Tetraschwefel-dinitrid** Distickstoff-tetrasulfid
S_4N_4	**Tetraschwefel-tetranitrid** Tetrastickstoff-tetrasulfid	S_5N_6	**Pentaschwefel-hexanitrid** Hexastickstoff-pentasulfid
S_xN_x	**Polyschwefel-polynitrid** Polystickstoff-polysulfid	S_nN_2 $n = 11, 15, 16, 17, 19$	**Oligoschwefel-dinitride** Distickstoff-polysulfide

a) Ein nach $Me_3SiN{=}S{=}NSiMe_3 + 2F{-}S{\equiv}N \rightarrow S_3N_4 + 2Me_3SiF$ in Pentan gewinnbares, hellgelbes, explosives Schwefelnitrid wurde noch nicht näher charakterisiert (mögliche Formel: $\mathbf{S_6N_8}$). Instabiles $\mathbf{S_3N_3}$ entsteht bei der Thermolyse von S_4N_4 bei 200 °C neben S_2N_2 und anderen Produkten. Denkbares $\mathbf{S_3N_2}$ wurde bisher nur als Monokation isoliert. **b)** Unter Normalbedingungen instabil.

137 **Literatur.** H. G. Heal: „*The Nitrides, Nitride Halides, Imides and Amides of Sulfur*“ in G. Nickless (Hrsg.): „Inorganic Sulfur Chemistry“, Elsevier, Amsterdam 1968, S. 459–508; H. G. Heal: „*The Sulfur Nitrides*“, Adv. Inorg. Radiochem. **15** (1972) 375–412; M. Schmidt, W. Siebert: „*Compounds Containing Sulphur and Nitrogen*“, Comprehensive Inorg. Chem. **2** (1973) 898–916; H. W. Roesky: „*Cyclic Sulfur-Nitrogen Compounds*“, Adv. Inorg. Radiochem. **22** (1979) 239–301; H. W. Roesky: „*Strukturen und Bindungsverhältnisse in cyclischen Schwefel-Stickstoff-Verbindungen*“, Angew. Chem. **91** (1979) 112–118; Int. Ed. **18** (1979) 91; M. M. Labes, P. Love, L. F. Nichols: „*Polysulfur Nitride – A Metallic Superconducting Polymer*“, Chem. Rev. **79** (1979) 1–15; R. Gleiter: „*Struktur- und Bindungsverhältnisse in cyclischen Schwefel-Stickstoff-Verbindungen – Molekülorbitalbetrachtungen*“, Angew. Chem. **93** (1981) 442–450; Int. Ed. **20** (1981) 444; T. Chivers: „*Sulphur-Nitrogen Herterocycles*“ in I. Haiduc, D. B. Sowerby (Hrsg.): „The Chemistry of Inorganic Homo- und Heterocycles“, Academic Press, London 1987, S. 793–870; T. Chivers: „*Synthetic Methods and Structur-Reactivity Relationships in Electron Rich Sulfur-Nitrogen Rings and Cages*“, Chem. Rev. **85** (1985) 341–365; J. L. Morris, Ch. W. Rees: „*Organic Poly(sulfur-nitrogen) Chemistry*“, Chem. Soc. Rev. **15** (1986) 1–15.Vgl. Anm. 138.

Schwefel-Stickstoff-Verbindungen S_mN_n werden – in Übereinstimmung mit ihrem chemischen Verhalten – üblicherweise als *Schwefelnitride* bezeichnet. Das Lehrbuch schließt sich diesem Brauche an. Gemäß den auf S. 154 besprochenen Nomenklaturregeln sind sie jedoch als *Stickstoffsulfide* zu benennen und durch Formeln N_nS_m zu beschreiben.

Tetraschwefeltetranitrid („Schwefelstickstoff") S_4N_4

Darstellung. S_4N_4 entsteht bei der Umsetzung von *Schwefel* mit *flüssigem Ammoniak* in Gegenwart von $AgNO_3$ (vgl. die zu NO führende Umsetzung von NH_3 mit O_2; S. 714):

$$16NH_3 + 5S_8 \rightleftarrows 4S_4N_4 + 24H_2S$$

Die zugesetzten Ionen Ag^+ dienen hierbei zur Verschiebung des auf der linken Seite liegenden Gleichgewichts nach rechts durch Abfangen des gebildeten H_2S als Ag_2S (Näheres S. 608). Besser gewinnt man S_4N_4 jedoch durch Umsetzung von *Dischwefeldichlorid* mit *Ammoniak* bei 20–50 °C in Cl_2-gesättigtem CCl_4 oder CH_2Cl_2 oder mit *Ammoniumchlorid* bei 150–160 °C ohne Lösungsmittel:

$$2S_2Cl_2 + 4Cl_2 + 4NH_3 \rightarrow S_4N_4 + 12HCl; \quad (1)$$
$$6S_2Cl_2 + 4NH_4Cl \rightarrow S_4N_4 + 16HCl + S_8. \quad (2)$$

Beide Umsetzungen verlaufen in mehreren Stufen. So bildet sich im Zuge der Reaktion (1) zunächst monomeres Thiazylchlorid Cl—S≡N (formal: $S_2Cl_2 + 3Cl_2 \rightarrow 2SCl_4$; $SCl_4 + NH_3 \rightarrow ClSN + 3HCl$), das unter den Reaktionsbedingungen weiter in S_4N_4 übergeführt wird (Zwischenprodukte u. a. $S_3N_2Cl_2$, S_4N_3Cl; s. dort). Im Zuge der Reaktion 2 entsteht $S_3N_2Cl_2$, das zweckmäßigerweise durch Absublimation isoliert, dann zu $S_3N_3Cl_3$ chloriert und schließlich mit Ph_3Sb in Acetonitril zu S_4N_4 umgewandelt wird ($4S_2Cl_2 + 2NH_4Cl \rightarrow S_3N_2Cl_2 + 8HCl + \frac{5}{8}S_8$; $3S_3N_2Cl_2 + 3Cl_2 \rightarrow 2S_3N_3Cl_3 + 3SCl_2$; $4S_3N_3Cl_3 + 6Ph_3Sb \rightarrow 3S_4N_4 + 6Ph_3SbCl_2$).

Physikalische Eigenschaften. Schwefelstickstoff ($\Delta H_f = 460$ kJ/mol; SN-Bindungsenergie = 301 kJ/mol) bildet *orangegelbe* Kristalle vom Smp. 178.2 °C, die unterhalb 130 °C bei 0.1 mbar sublimieren. Bei −190 °C ist S_4N_4 farblos, bei 100 °C orangerot und bei noch höheren Temperaturen rot. In Wasser löst sich S_4N_4 nicht, in Alkalien nur unter Zersetzung (s. u.) und in Säuren unter Protonierung (s. u.)

Struktur. Das *ringförmig* gebaute Molekül S_4N_4 hat die in Fig. 145 wiedergegebene Struktur (D_{4d}-Symmetrie), die von der des S_8-Moleküls (Kronenform) erheblich abweicht. Und zwar sind die S- und N-Atome von S_4N_4 so angeordnet, daß die vier elektropositiven *Schwefelatome* die Ecken eines *Tetraeders* bilden, während die vier elektronegativen *Stickstoffatome* die Ecken eines *Quadrats* besetzen, welches das Tetraeder halbiert. Alle SN-Abstände sind gleich groß und betragen für *gasförmiges* S_4N_4 1.623 Å, womit sie *zwischen* einer *einfachen* (ber. 1.74 Å) und einer *doppelten SN-Bindung* (ber. 1.54 Å) liegen (Winkel NSN/SNS/SSN = 105.3°/114.2°/88.4°). Eine Besonderheit der S_4N_4-Struktur ist der geringe Abstand der in Fig. 145 durch punktierte Linien miteinander verbundenen Schwefelatome, der mit 2.666 Å zwischen dem einer SS-Einfachbindung (2.08 Å in S_8) und dem einer van-der-Waals-Bindung liegt (ber. 3.6 Å; zum Vergleich SS-Abstand im Dithionit $S_2O_4^{2-}$: 2.39 Å). Man muß daher annehmen, daß *zwischen* diesen *Schwefelatomen* eine *schwache Bindung* besteht. Der Bindungszustand in S_4N_4 (verkürzte SN-Bindungen, schwache SS-Bindung) läßt sich somit durch folgende Mesomerieformel veranschaulichen:

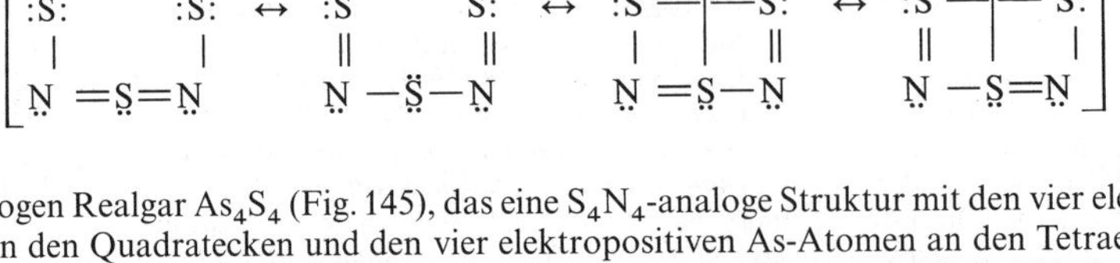

```
⎡ N̈ =S̈= N̈        N̈ —S̤̈—N̈        N̈ —S̈=N̈         N̈ =S̈—N̈ ⎤
  |      |        ‖      ‖        ‖  |   |        |   |  ‖
 :S:    :S:  ↔   :S      S:  ↔   :S ——|—S:   ↔   :S —|—— S:
  |      |        ‖      ‖        |  |   ‖        ‖   |  |
⎣ N̤ =S̤=N̤        N̤ —S̈—N̤         N̤ =S̤—N̤          N̤ —S̤=N̤ ⎦
```

Im homologen Realgar As_4S_4 (Fig. 145), das eine S_4N_4-analoge Struktur mit den vier elektronegativen S-Atomen an den Quadratecken und den vier elektropositiven As-Atomen an den Tetraederecken besitzt, sind die As-Atome im Sinne der ausgezogenen Bindungen durch normale Einfachbindungen miteinander verknüpft.

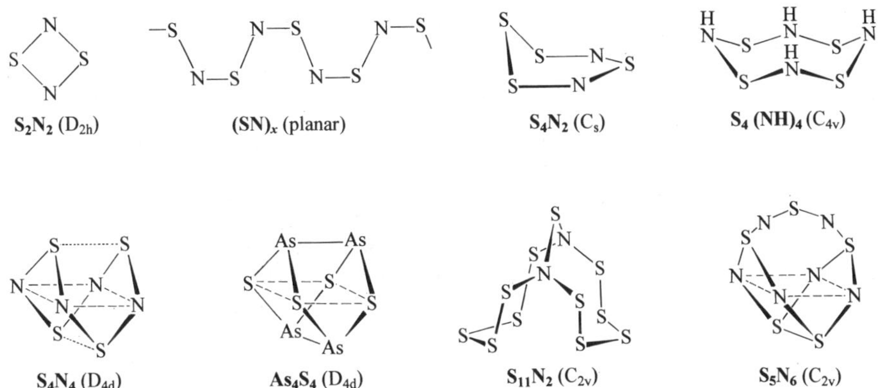

Fig. 145 Strukturen einiger Schwefelnitride sowie von As_4S_4 und $S_4(NH)_4$ (in Klammern Molekülsymmetrien).

Chemische Eigenschaften. Die Reaktionen des Tetraschwefeltetranitrids verlaufen zum Teil unter *Erhalt*, zum Teil unter *Veränderung* oder *Aufspaltung des achtgliederigen Ringsystems.*

Thermolyse. Die Bildungsenthalpie des Schwefelnitrids S_4N_4 ($\Delta H_f = +460$ kJ/mol) ist noch positiver als die des Stickoxids NO ($\Delta H_f = +90.3$ kJ/mol, d.h. für 4NO: + 361.2 kJ/mol). Daher zerfällt das metastabile *feste* Schwefelnitrid beim Erhitzen auf 130 °C oder durch Stoß *explosionsartig* in seine Elemente

$$S_4N_4 \rightarrow {}^1\!/_2 S_8 + 2N_2 + 460\,\text{kJ}.$$

Gasförmiges S_4N_4 geht bei 200 °C hauptsächlich in S_2N_2 über. Weitere Pyrolyseprodukte sind bei 200 °C S_3N_3 (nicht isolierbar) sowie S_4N_2 (s.u.), oberhalb 300 °C S_2, N_2 und SN (s.u.).

Reaktionen mit Basen. Im S_4N_4-Molekül stellt der *Stickstoff* (Oxidationsstufe: −3) den *elektronegativeren*, der *Schwefel* (Oxidationsstufe: +3) den *elektropositiveren* Bestandteil dar. Entsprechend dieser Polarität wird Schwefelstickstoff als Lewis-Säure („Elektronenpaarlükken" am Schwefel) bei der Hydrolyse in stark alkalischem Milieu (im Neutralen ist S_4N_4 metastabil) unter Bildung von Ammoniak, Thiosulfat und Sulfit gespalten:

$$\overset{+3}{S}_4N_4 + 6OH^- + 3H_2O \rightarrow 4NH_3 + \overset{+2}{S}_2O_3^{2-} + 2\overset{+4}{S}O_3^{2-}$$

Möglicherweise bildet sich als Vorstufe von Thiosulfat die Schwefel(II)-säure $S(OH)_2$ oder ein Derivat von ihr. Hierfür spricht die Bildung von Trithionat $S_3O_6^{2-}$ neben NH_3 und SO_3^{2-} bei der Hydrolyse von S_4N_4 in schwach alkalischem Milieu ($HO{-}S{-}OH + 2SO_3^{2-} \rightarrow {}^-O_3S{-}S{-}SO_3^- + 2OH^-$). Basen spalten den S_4N_4-Ring gegebenenfalls nicht vollständig in S- und N-haltige Bruchstücke. So wird S_4N_4 etwa von RMgBr (R = Aryl) untergeordnet in RS—N=S=N—SR übergeführt; auch reagiert $Me_3Si{-}NMe_2$ quantitativ gemäß: $2Me_3Si{-}NMe_2 + S_4N_4 \rightarrow 2Me_3Si{-}N{=}S{=}N{-}S{-}NMe_2$.

Reaktionen mit Säuren. Mit der Säure HBF_4 bildet S_4N_4 das Salz $S_4N_4H^+BF_4^-$ (Protonierung eines N-Atoms des Schwefelnitrids). In analoger Weise gibt S_4N_4 als Lewis-Base mit Lewis-Säuren wie BF_3, $AlCl_3$, AsF_5, $SbCl_5$, SO_3, $TaCl_5$, $FeCl_3$ rote bis braunrote, brennbare aber nicht explosive *1 : 1-Addukte*, in welchen die Lewis-Säure an das freie „Elektronenpaar" eines Stickstoffatoms angelagert ist. Im Zuge dieser *Komplexbildung* wandelt sich das S_4N_4-Gerüst in das des As_4S_4 um (Fig. 145) N anstelle von As, aber keine NN-Bindungen). Im *2 : 1-Addukt* $(S_4N_4)_2SnCl_4$ sowie *1 : 2-Addukt* $S_4N_4 \cdot 2CuCl$ behält das Schwefelnitrid seine Konformation bei (in letzterem Falle wirkt S_4N_4 als verbrückender Ligand zwischen —Cu—Cl—Cu—Cl—-Zick-Zack-Ketten). Das *1 : 4-Addukt* $S_4N_4 \cdot 4AlCl_3$ stellt ein Addukt $S_2N_2 \cdot 2AlCl_3$ dar. Überschüssiges $AlCl_3$ depolymerisiert somit S_4N_4 zu S_2N_2 (s.o.).

In anderen Fällen reagieren Metallsalze wie $Pb(NO_3)_2$ in flüssigem Ammoniak oder $CoCl_2$, $NiCl_2$, $PdCl_2$, $PtCl_2$ in Methanol mit S_4N_4 unter *Ringspaltung* und Bildung von **Metallkomplexen**[137,138] $[M(S_2N_2)]_2$ (planar; im Falle M = CpCo: monomer), $[M(S_2N_2H)_2]$ (planar; *cis*-Konfiguration der H-Atome), $[M(S_3N)_2]$ (planar), $[M(S_2N_2H)(S_3N)]$ (planar) und $[Pd_2(S_3N_2)(S_3N)_2]$ (mehrcyclisch), welche die Ionen $S_2N_2^{2-}$, $S_2N_2H^-$, S_3N^- bzw. $S_3N_2^{2-}$ als *zweizähnige Schwefelnitrid-Chelatliganden* enthalten (vgl. Fig. 146 und S. 607, 1211). In analoger Weise führt die Einwirkung von VCl_4, $MoCl_5$, WCl_6 auf S_4N_4 in Anwesenheit von Chlorid zu $S_2N_3^{3-}$-Komplexen vom Typ $[Cl_nM(S_2N_3)]^-$ (planarer, sechsgliederiger, mesomeriestabilisierter MS_2N_3-Ring mit einheitlichen SN-Abständen von ca. 1.58 Å); auch setzt sich $Cp_2Ti(CO)_2$ mit S_4N_4 zu Komplexen mit den Liganden $S_3N_2^{2-}$ sowie $S_3N_4^{2-}$ um (Fig. 146; der S_3N_2-Ligand im erwähnten mehrcyclischen Pd- und im Ti-Komplex haben gemäß Fig. 146 unterschiedliche Konstitution). Ein Beispiel für einen Komplex, in welchem ein Schwefelnitrid-Ligand nicht zwei-, sondern *dreizähnig* wirkt, ist $ClPt(S_4N_3)$ (gewinnbar aus S_4N_4 und *cis*-$(PhCN)_2PtCl_2$; Fig. 146). Bezüglich der Thionitrosyl-Komplexe $L_nM(NS)$ siehe S. 603.

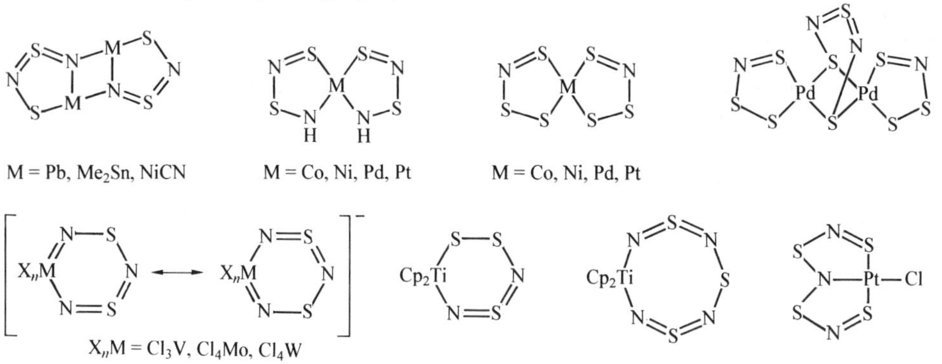

M = Pb, Me_2Sn, NiCN   M = Co, Ni, Pd, Pt   M = Co, Ni, Pd, Pt

X_nM = Cl_3V, Cl_4Mo, Cl_4W

Fig. 146 Strukturen einiger Metallkomplexe mit Schwefelnitrid-Chelatliganden (Cp = C_5H_5; es existieren auch Komplexe mit den Ionen $S_2N_3^- = N{\equiv}S{-}N{-}S{\equiv}N^-$, $N{=}S{=}N{-}Y^{2-}$ bzw. $HN{=}S{=}N{-}Y^-$ mit Y = Se, Te).

Reaktionen mit Reduktionsmitteln. Durch *elektrochemische Reduktion* erhält man aus S_4N_4 das *Radikalanion* $S_4N_4^-$, welches sich oberhalb $-20\,°C$ in das Anion $S_3N_3^-$ umwandelt und sich unterhalb $-20\,°C$ weiter zu $S_4N_4^{2-}$ und darüber hinaus zu SN_2^{2-} und S^{2-} reduzieren läßt (s. u.). Bei der *Hydrierung* mit *nascierendem Wasserstoff* (z. B. $SnCl_2$ in siedendem Ethanol/Benzol: $SnCl_2 + 2ROH \rightarrow SnCl_2(OR)_2 + 2H_{nasc.}$) oder *der Reduktion mit Dithionit* geht Schwefelnitrid in eine Wasserstoffverbindung über, welche die in Fig. 145 wiedergegebene Struktur eines N-hydrierten Schwefelstickstoffs besitzt: $S_4N_4 + 4H_{nasc.} \rightarrow S_4N_4H_4$. Die *Reduktion mit Iodwasserstoff* führt darüber hinaus unter Ringspaltung zu Ammoniak und Schwefelwasserstoff ($S_4N_4 + 20HI \rightarrow 4NH_3 + 4H_2S + 10I_2$), die mit *Schwefelwasserstoff* zu Ammoniak und Schwefel (Umkehrung der Bildung, s. o.).

Die *Struktur* des ***cyclo*-Tetraschwefeltetraimids $S_4(NH)_4$** (Smp. 145 °C) leitet sich vom gewellten S_8-Ring durch Austausch jedes zweiten S-Atoms gegen eine NH-Gruppe ab, wobei sowohl die NH-Gruppen wie die S-Atome an den Ecken eines Quadrats lokalisiert sind. Damit unterscheidet sich der $S_4(NH)_4$ vom S_4N_4-Ring (Fig. 145), bei dem nur die N-, aber nicht die S-Atome ein Quadrat bilden. Alle SN-Abstände sind im $S_4(NH)_4$-Molekül gleich groß und betragen 1.67 Å, was einer Einfachbindung entspricht (ber 1.74 Å für Einfach-, 1.54 Å für Doppelbindung). Die vier H-Atome sind alle nach einer Seite hin orientiert. Sowohl der NSN-Winkel (110°) als auch der SNS-Winkel (129°) ist größer als der SSS-Winkel in S_8 (108°), womit also der $S_4(NH)_4$-Ring insgesamt ebener als der S_8-Ring ist.

---

[138] **Literatur.** T. Chivers, F. Edelmann: „*Transition-Metall Complexes of Inorganic Sulphur-Nitrogen Ligands*", Polyhedron **5** (1986) 1661–1699; P. F. Kelly, J. D. Woollins: „*The Preparation and Structure of Complexes Containing Simple Sulphur-Nitrogen Ligands*", Polyhedron **5** (1986) 607–632; H. W. Roesky, K. K. Pandey: „*Transition-Metal Thionitrosyl and Related Complexes*", Adv. Inorg. Radiochem. **26** (1983) 337–356; B. F. G. Johnson, B. L. Haymore, J. R. Dilworth: „*Thionitrosyl Complexes*", Comprehensive Coord. Chem. **2** (1987) 118–122; K. K. Pandey: „*Coordination Chemistry of Thionitrosyl (NS), Thiazate (NSO^-), Disulfidothionitrate (S_3N^-), Sulfur Monoxide (SO), and Disulfur Monoxide (S_2O) Ligands*", Progr. Inorg. Chem. **40** (1992) 445–502.

Bei der alkalischen *Hydrolyse* geht $S_4(NH)_4$ in Anwesenheit von SO_2 in NH_3 und $S_3O_6^{2-}$ (Hauptprodukt) über. *Chlor* dehydriert $S_4(NH)_4$ zu S_4N_4, *Sauerstoff* oxidiert das Imid (möglicherweise zum *Thionylimid* $(SONH)_4$; vgl. hierzu S. 571 und $(SO_2NH)_4$ auf S. 573). Als schwache Säure bildet $S_4(NH)_4$ *Salze* wie $S_4(NNa)_4$, $S_4(NAg)_4$, als Base *Komplexe* wie $[Ag(S_4N_4H_4)_2]^+$ (Sandwich-Struktur, alle acht S-Atome an Ag^+ geknüpft).

Außer dem Tetraschwefeltetraimid $S_4(NH)_4$ sind auch S_8-Ringe mit geringerer Substitution von S-Atomen durch NH-Gruppen bekannt. Derartige **Schwefelimide** erhält man bei der Reaktion von NH_3 mit SCl_2 oder S_2Cl_2 in heißem Dimethylformamid (man gießt das zunächst gebildete, S_4N^--haltige Reaktionsgemisch in kalte Salzsäure) bzw. nach anderen Methoden. Hierbei bilden sich in keinem Falle Isomere mit benachbarten NH-Gruppen, sondern nur blaßgelbes *Heptaschwefelimid* $S_7(NH)$ (Smp. 113.5 °C), drei isomere farblose *Hexaschwefeldiimide* $S_6(NH)_2$ (Smp. 130 °C (1,3), 133 °C (1,4), 155 °C (1,5)), zwei isomere farblose *Pentaschwefeltriimide* $S_5(NH)_3$ (Smp. 128 °C (1, 3, 5), 133 °C (1, 3, 6)) und ein *Tetraschwefeltetraimid* (s. oben). Die Konformation aller Schwefelimide gleicht der von S_8 (Kronenform), wobei die N-Atome trigonal-planar mit zwei S-Atomen und einem H-Atom umgeben sind. Das eingehender untersuchte **Heptaschwefelimid $S_7(NH)$** läßt sich besonders bequem aus S_8 und NaN_3 in $(Me_2N)_3PO$ als Lösungsmittel gewinnen: $7/8S_8 + NaN_3 \rightarrow N_2 + S_7(NNa)$ (Protolyse zu S_7NH). Es zersetzt sich thermisch wie $S_6(NH)_2$ in S_4N_4, läßt sich zu $S_7(NH)(O)$ oxidieren und zu S_4N^- (blau) elektrochemisch reduzieren ($S_7NH + 2\ominus \rightarrow S_4N^- + S_3^- + \frac{1}{2}H_2$). Es wirkt wie die anderen Schwefelimide als schwache Säure. Demgemäß bilden sich mit NaR oder $Hg(ac)_2$ die Salze S_7NNa und $S_7N{-}Hg{-}NS_7$, mit BX_3 (X = Cl, Br), CH_3COCl und Me_3SiNMe_2 die Verbindungen S_7NBX_2, S_7NCOCH_3 und S_7NSiMe_3, mit S_mCl_2 Oligoschwefeldinitride $S_7N{-}S_m{-}NS_7$ (s. dort), mit $SOCl_2$ die Verbindung $S_7N{-}SO{-}NS_7$.

Man kennt auch Schwefelimide, die sich von S_6 durch NH-Ersatz einiger Schwefelatome ableiten (s. unten).

Reaktionen mit Oxidationsmitteln. Die *elektrochemische Oxidation* führt S_4N_4 unter Ringerhalt über $S_4N_4^+$ in $S_4N_4^{2+}$, unter Ringvergrößerung in $S_5N_5^+$ und unter Ringverkleinerung in $S_3N_2^+$ über (s. u.). Diese und andere Schwefelnitrid-Kationen bilden sich auch bei der Einwirkung von *Lewis-Säuren mit Oxidationswirkung* (z. B. AsF_5, SbF_5, $SbCl_5$, S_8^{2+}, Te_6^{4+}, SN^+) auf S_4N_4. Von *Fluor* F_2 bzw. *Fluorierungsmitteln* (z. B. AgF_2, HgF_2) wird S_4N_4 in $S_nN_nF_n$ (n = 1, 3, 4), von *Chlor* in $S_3N_3Cl_3$ und von *Brom* sowie Iod in $(SNBr_{<1})_x$, S_4N_3Br bzw. $(SNI_{<1})_x$ übergeführt.

Weitere Schwefelnitride

Schwefelmononitrid SN ($\Delta H_f = +281$ kJ/mol) bildet sich z. B. bei der elektrischen Entladung eines Schwefel-Stickstoff-Gasgemischs oder im Zuge der thermischen Zersetzung von gasförmigem S_4N_4 (s. o.) als reaktives, rasch in Schwefel, Stickstoff und höhere Schwefelnitride zerfallendes Teilchen. Der SN-Abstand beträgt 1.497 Å (ber. für Einfachbindung: 1.74 Å, für Doppelbindung: 1.54 Å), die SN-Dissoziationsenergie 463 kJ/mol.

SN ist wie NO ein Molekül mit „ungerader" Elektronenzahl („*odd-Molekül*"):

$$[:\dot{S}{=}\ddot{N} \leftrightarrow \ddot{S}{=}\dot{N}],$$

welches durch *Abgabe* bzw. *Aufnahme* eines Elektrons in ein Teilchen mit „gerader" Elektronenzahl übergeführt wird (Bildung von $:S{\equiv}N:^+$, $\ddot{S}{=}\ddot{N}^-$ (noch unbekannt); vgl. hierzu weiter unten). NS vermag analog NO als Ligand in **Komplexen**[138] aufzutreten und läßt sich in komplexgebundener Form „isolieren". Zur Gewinnung von „*Thionitrosyl-Komplexen*" setzt man vielfach das dem Nitrosyl-Kation NO^+ entsprechende Thionitrosyl-Kation („*Thiazyl-Kation*") NS^+ in Form von Salzen wie $NS^+PF_6^-$ (s. u.) oder von potentiellen NS^+-Quellen wie $N_3S_3Cl_3$ (s. u.) mit geeigneten Metallkomplexen um (man kann auch Thiazylfluorid-Komplexe $L_nM(NSF)$ *defluorieren* oder Nitrid-Komplexe $L_nM(N)$ *sulfurieren*). In den strukturell geklärten NS-Komplexen (z. B. $[CpCr(CO)_2(NS)]$, $[RuCl_4(H_2O)(NS)]^-$, $[OsCl_3(PPh_3)_2(NS)]$) liegen lineare $M{-}N{\equiv}S$-Gruppierungen mit kurzen NS-Abständen um 1.55 Å (Bindungsordnung 2.0 bis 2.5) vor.

Dischwefeldinitrid S_2N_2 entsteht beim Überleiten von gasförmigem Tetraschwefeltetranitrid S_4N_4 über erhitzte Silberwolle bei 300 °C im Vakuum (Ag bindet den durch S_4N_4-Zersetzung nebenbei entstehenden und mit S_2N_2 zu S_4N_2 reagierenden Schwefel; statt S_4N_4 kann auch weniger explosives S_4N_3Cl verwendet werden):

$$\tfrac{1}{2}S_4N_4 \xrightarrow[< 1\,\text{mbar}]{300\,^\circ\text{C}} \left[:N{<}^{\ddot{S}}_{\ddot{S}}{>}N: \;\leftrightarrow\; :N{<}^{\ddot{S}}_{\ddot{S}}{>}N: \right]$$

Das durch die wiedergegebene Mesomerieformel beschreibbare *ringförmig-planare* 6π-Elektronenmolekül[139] S_2N_2 mit D_{2h}-Symmetrie (isovalenzelektronisch mit S_4^{2+}; SN-Abstände 1.61 Å, Winkel NSN/SNS = 85°/95°) bildet *farblose*, wasserunlösliche, etherlösliche, leicht sublimierbare Kristalle (Dampfdruck: 0.01 mbar bei Raumtemperatur), die mit Lewis-Säuren wie BCl_3, $AlCl_3$ oder $SbCl_5$ Lewis-Säure-Base-Addukte bilden (z.B. $S_2N_2 \cdot BCl_3$, $S_2N_2 \cdot 2AlCl_3$, $S_2N_2 \cdot SbCl_5$, $S_2N_2 \cdot 2SbCl_5$; die Bindung zur Säure erfolgt über Stickstoff). S_2N_2 ist nur bei tiefen Temperaturen längere Zeit haltbar und zersetzt sich bei 30 °C (gegebenfalls explosionsartig) in die Elemente (ΔH_f ca. 230 kJ/mol). Spuren von Wasser, Alkali oder Kaliumcyanid katalysieren die Dimerisierung von S_2N_2 zu S_4N_4. In Abwesenheit derartiger Katalysatoren polymerisiert S_2N_2 bei Raumtemperatur langsam zu.

Polyschwefelpolynitrid $(SN)_x$, einer *bronzefarbenen*, diamagnetischen, bei 130 °C schmelzenden und bei 240 °C explosionsartig zerfallenden Kettenverbindung:

$$xS_2N_2 \rightarrow \left[-\ddot{S}{-}\ddot{N}{=}\ddot{S}{-}\ddot{N}{-}\ddot{S}{-} \;\leftrightarrow\; {=}\ddot{S}{-}\ddot{N}{-}\ddot{S}{-}\ddot{N}{=}\ddot{S}{=} \right]$$

(vgl. Fig. 145; SN-Abstände im nahezu planarem $(SN)_x$ im Mittel 1.6 Å, Winkel NSN/SNS = 106.2°/120°). Die – auch als *Polythiazyl* bezeichnete – Verbindung weist entlang der Ketten metallische Leitfähigkeit auf und verwandelt sich unterhalb 0.33 K in einen Supraleiter. Die Leitfähigkeit von $(SN)_x$ läßt sich durch teilweise Bromierung (→ schwarzblaues $(SNBr_{0.4})_x$) noch erhöhen.

Monoschwefeldinitrid SN_2 entsteht als kurzlebige, in Stickstoff und Schwefel zerfallende Reaktionszwischenstufe beim Erwärmen von Phenylthiatriazol auf 100 °C (Matrixisolierung bei 20 K):

$$\text{Ph—C}{<}^{N=N}_{S—N}\!\!{>} \xrightarrow[-\text{Ph—C}\equiv\text{N}]{100\,^\circ\text{C}} [N{\equiv}N{-}S \leftrightarrow N{=}N{=}S] \rightarrow N_2 + \tfrac{1}{8}S_8$$

Die Bildung eines Isomeren des wiedergegebenen *Distickstoffsulfids* N=N=S (vgl. N_2O), nämlich des *Schwefeldinitrids* N≡S≡N, als kurzlebiges Zwischenprodukt von Schwefelnitridreaktionen ist häufig postuliert (s.o.), aber bisher nicht definitiv nachgewiesen worden.

Tetraschwefeldinitrid S_4N_2 hat gemäß Fig. 145 eine ganz andere Struktur als das Sauerstoffhomologe N_2O_4 und besitzt auch nicht analog jenem die Neigung zum Zerfall in Moleküle S_2N. Es bildet einen nicht planaren, sechsgliederigen Ring, wobei die Atomfolge S—N=S=N—S in einer Ebene liegt und durch ein oberhalb dieser Ebene liegendes Schwefelatom verbrückt ist. Die Abstände SS/SN/NSN betragen 2.055/1.661/1.561 Å, die Winkel SSS/ SSN/SNS/NSN 103.2/103.9/127.3/121.1°.

Die Verbindung bildet tiefdunkelrote Kristalle, die bei 25 °C schmelzen. Sie entsteht bei der Einwirkung von Schwefel auf S_4N_4 in siedendem Toluol sowie aus S_4N_4 ohne Schwefel in siedendem Xylol:

$$\tfrac{1}{2}\begin{matrix} N—S—N \\ \| \quad\;\; \| \\ S \quad\;\; S \\ \| \quad\;\; \| \\ N—S—N \end{matrix} \xrightarrow{+\frac{1}{4}S_8} S{<}^{N—S}_{N—S}{>}S$$

[139] Aromatische Ringsysteme weisen $(4n + 2)\pi$-Elektronen (n = 0, 1, 2, 3 ...) also 2, 6, 10, 14π-Elektronen auf.

Darüber hinaus bildet sie sich aus S_4N_3Cl (s. u.) mit ZnS (aktiviert mit Zn oder Ag_2Se) bei 180 °C, durch thermische Zersetzung von $Hg(NS_7)_2$ bei Raumtemperatur bzw. durch Einwirkung von wässerigem Ammoniak auf S_2Cl_2. Das Nitrid S_4N_2 wandelt sich bereits bei −10 °C langsam (in Wochen) in Polyschwefelpolynitrid $(SN)_x$ (s. oben) und Schwefel um und explodiert wie S_4N_4 oberhalb 100 °C. Die *Hydrierung* führt zu **Tetraschwefeldiimid** $S_4(NH)_2$, das sich von *cyclo*-Hexaschwefel S_6 durch NH-Ersatz zweier durch ein S-Atom voneinander getrennter Schwefelatome ableitet, die *elektrochemische Reduktion* gemäß $3S_4N_2 + 14\ominus \rightarrow 2S_3N_3^- + 6S^{2-}$ (Reaktionszwischenprodukt wohl $S_4N_2^-$) zum Anion $S_3N_3^-$.

Pentaschwefelhexanitrid S_5N_6 bildet sich bei der Einwirkung von Bis(trimethylsilyl)schwefeldiimid $Me_3SiN{=}S{=}NSiMe_3$ auf $S_4N_4Cl_2$ (s. dort) in guter Ausbeute:

$$S_4N_4Cl_2 + Me_3SiN{=}S{=}NSiMe_3 \longrightarrow S_5N_6 + 2\,Me_3SiCl$$

Auch bei der Behandlung von Tetrabutylammonium-tetraschwefelpentanitrid $Bu_4N^+S_4N_5^-$ mit Brom in Methylenchlorid bildet es sich in 75%iger Ausbeute. Das explosive Nitrid ist in *orangefarbenen* Kristallen (Sblp. 45 °C/10^{-2} mbar) erhältlich, die unter Schutzgas bei Raumtemperatur stabil sind, sich jedoch an Luft augenblicklich schwarz färben und ab 130 °C thermisch zerfallen. Mit $Pd_2Cl_6^{2-}$ bildet S_5N_6 u. a. den Komplex $PdCl_2(S_2N_3)^-$ mit dem Liganden $S_2N_3^-$ (planarer PdS_2N_3-Ring).

Die Struktur von S_5N_6 leitet sich von der des Tetraschwefeltetranitrids S_4N_4 durch Einbau einer Schwefeldiimidgruppe —N=S=N— in eine SS-Bindung ab (Fig. 145). Es resultiert ein korbartiger Molekülbau mit S_4N_4 als eigentlichem Korb und NSN als zugehörigem Henkel. Die SN-Abstände betragen innerhalb des S_4N_4-Molekülteils durchschnittlich 1.61 Å, innerhalb des NSN-Molekülteils 1.526 Å und an der Verknüpfungsstelle zwischen S_4N_4 und NSN 1.706 Å. Der SS-Abstand im S_4N_4-Molekülteil ist mit 2.425 Å kürzer als jener im S_4N_4-Molekül selbst (2.58 Å). Der Einbau von Schwefeldiimidgruppen in beide SS-Bindungen von S_4N_4 würde zu einem Schwefelnitrid der Formel **S_6N_8** führen (vgl. Tab. 63).

Oligoschwefeldinitride S_nN_2 (n = 11, 15, 16, 17, 19): Durch Umsetzung von Heptaschwefelimid $S_7(NH)$ (s. oben) mit S_mCl_2 (m = 1, 2, 3, 5) entstehen nach

$$2S_7(NH) + S_mCl_2 \rightarrow S_nN_2 + 2HCl$$

gelbe Oligoschwefeldinitride S_nN_2, nämlich **Pentadecaschwefeldinitrid $S_{15}N_2$** (Smp. 137 °C), **Hexadecaschwefeldinitrid $S_{16}N_2$** (Smp. 122 °C), **Heptadecaschwefeldinitrid $S_{17}N_2$** (Smp. 97 °C) und **Nonadecaschwefeldinitrid $S_{19}N_2$**, bei denen gemäß der Struktur $S_7N—S_m—NS_7$ zwei S_7N-Reste über ein, zwei, drei bzw. fünf Schwefelatome miteinander verknüpft sind. Erwähnenswert ist weiter das aus 1,3-$S_6(NH)_2$ und S_5Cl_2 entstehende *bernsteinfarbene* **Undecaschwefeldinitrid $S_{11}N_2$** (Smp. 150 °C; bezüglich der Struktur des Nitrids mit „planaren" N-Atomen vgl. Fig. 145):

$$1{,}3\text{-}S_6(NH)_2 + S_5Cl_2 \rightarrow S_{11}N_2 + 2HCl$$

2.6.2 Schwefelnitrid-Ionen[137)]

Schwefelnitrid-Kationen

Man kennt Schwefelstickstoff-**Monokationen** der Zusammensetzung $\mathbf{S_nN_n^+}$ (n = 1, 3, 4, 5), $\mathbf{S_{n+1}N_n^+}$ (n = 1, 2, 3) und $\mathbf{S_{n-1}N_n^+}$ (n = 5) sowie Schwefelstickstoff-**Dikationen** der Stöchiometrie $\mathbf{S_3N_2^{2+}}$, $\mathbf{S_4N_4^{2+}}$ und $\mathbf{S_6N_4^{2+}}$ (vgl. hierzu Anm.[140)] und Fig. 147). Das SN^+-Kation

[140] Der *kleinsten*, abwechselnd aus Schwefel und Stickstoff aufgebauten, *neutralen Ringverbindung* $(SN)_m$ mit gerader

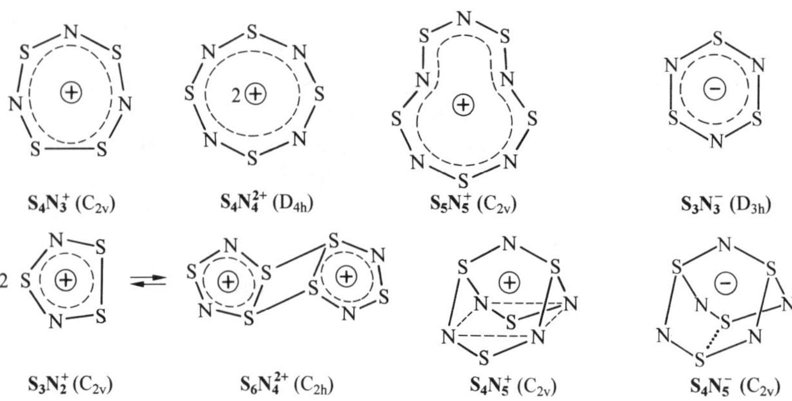

Fig. 147 Strukturen einiger Schwefelnitrid-Kationen und -Anionen (in Klammern Molekülsymmetrie).

(„*Thionitrosyl-*" bzw. „*Thiazyl-Kation*" :S≡N:$^+$; SN-Abstand 1.495 Å) entspricht dem Nitrosyl-Kation NO^+ (S. 710), das lineare S_2N^+-Kation („*Dithionitryl-Kation*" S=N=S$^+$; $D_{\infty h}$-Symmetrie, SN-Abstand 1.464 Å) dem Nitryl-Kation NO_2^+ (S. 719). Die verbleibenden Ionen stellen – mit Ausnahme von $S_4N_4^+$, $S_4N_5^+$ und $S_6N_4^{2+}$ – planar gebaute Monocyclen dar (vgl. Fig. 147; die Struktur des Ions $S_3N_3^+$ ist noch unbekannt[141)]). Die SN-Abstände betragen in den Monocyclen im Mittel 1.56 Å (ber. für die Einfachbindung 1.74 Å, für die Doppelbindung 1.54 Å). Die SNS-Winkel (ca. 120–150°) sind stets größer als die NSN-Winkel (ca. 110–120°). Das Radikalkation $S_4N_4^+$ bildet einen gewellten Monocyclus (D_{4d}-Symmetrie; S an den Ecken eines Quadrats, N abwechselnd ober- und unterhalb), das Kation $S_4N_5^+$ einen nichtebenen Bicyclus (Fig. 147; keine SS-Bindung). Im Dikation $S_6N_4^{2+}$, einem nicht ebenen Tricyclus (Fig. 147), sind zwei $S_3N_2^+$-Fünfringe über zwei lange S—S-Bindungen (um 3.0 Å; ber. für Einfachbindung 2.08 Å, van-der-Waals-Abstand 3.7 Å) miteinander verknüpft. Die Ionen $S_3N_2^{2+}$ (6π Elektronen), $S_3N_3^+$ (6π Elektronen), $S_4N_3^+$ (10π-Elektronen), $S_4N_4^{2+}$ (10π-Elektronen) und $S_5N_5^+$ (14π-Elektronen) stellen Pseudoaromaten dar[138)].

Salze mit dem **Thionitrosyl-Kation SN$^+$** („*Thiazyl-Salze*", „*Thiazenium-Salze*" SN^+X^-; X^- z. B. AsF_6^-, SbF_6^-, $AlCl_4^-$, $CF_3SO_3^-$) entstehen bei der Einwirkung von Thiazylfluorid NSF (s. u.) bzw. von Thiazylchlorid NSCl (aus $N_3S_3Cl_3$, s. u.) auf starke Lewis-Säuren wie AsF_5, SbF_5 bzw. $AlCl_3$ oder von $N_3S_3Cl_3$ auf Silbersalze wie $AgAsF_6$ sowie CF_3SO_3Ag, Salze mit dem **Dithionitryl-Kation S_2N^+** („*Dithiazenium-Salze*" $S_2N^+X^-$) bei der Reaktion von Schwefel mit S_4N_4/AsF_5 in flüssigem SO_2 oder mit SN^+X^- in Methylenchlorid:

$$NSF + AsF_5 \rightarrow SN^+[AsF_6]^-;$$
$$\tfrac{1}{2}S_8 + S_4N_4 + 6\,AsF_5 \rightarrow 4\,S_2N^+[AsF_6]^- + 2\,AsF_3.$$

SN^+ reagiert u. a. mit S_4N_4 unter *Einschiebung* (Bildung von $S_5N_5^+$) und mit geeigneten Metallverbindungen L_nM unter *Komplexbildung* (L_nM—N≡S$^+$), S_2N^+ mit Ethylen unter *Cycloaddition* (Bildung von $S_2N(C_2H_4)_2^+$ mit Norbornan-Struktur; vgl. S. 750)).

Elektronenzahl liegt der Atomverband —N=S=N—S— zugrunde 2 × 5 + 2 × 6 = 22 Valenzelektronen). In ihm stehen den 3 + 3 = 6 Valenzen der beiden Stickstoffatome – wie gefordert – die gleiche Anzahl von 4 + 2 = 6 Valenzen der vier- und zweibindigen Schwefelatome gegenüber. Für *m* der aus einer oder mehreren NSNS-Gruppen zusammengesetzten Verbindungen $(SN)_m$ ergeben sich damit die *geradzahligen* Werte 2, 4, 6 usw. (*m* = 6 bisher unbekannt). Von $(SN)_m$ leiten sich durch Einschiebung einer oder zweier kationischer Gruppen SN^+ bzw. einer anionischen Gruppe SN^- die *Monokationen* $(SN)_{m+1}^+ = (SN)_n^+$ mit *ungeradzahligem n* (bisher 1, 3, 5), die *Dikationen* $(SN)_{m+2}^{2+} = (SN)_n^{2+}$ mit *geradzahligem n* (bisher 4) bzw. die *Monoanionen* $(SN)_{m+1}^- = (SN)_n^-$ mit *ungeradzahligem n* (bisher 3) ab. Weitere Schwefelstickstoff-Verbindungen ergeben sich aus den erwähnten Verbindungen formal durch Einlagerung oder Entzug von Schwefel.

141 Das *Trithiatriazenium-Kation* $S_3N_3^+$ (wohl planar) entsteht bei der Umsetzung von S_3N_3Cl z. B. mit $SbCl_5$: $S_3N_3Cl + SbCl_5 \rightarrow S_3N_3^+[SbCl_6^-]$.

Das cyclische **Trithiadiazenium-Radikalkation $S_3N_2^+$** („*Thiodithiazyl-Kation*") bildet sich beim Auflösen von S_4N_4 in konzentrierter Schwefelsäure oder in Antimonpentafluorid als ESR-spektroskopisch nachweisbares Reaktionszwischenprodukt. Seine Darstellung erfolgt zweckmäßig durch Oxidation von S_4N_4 mit $[Te_6^{4+}][AsF_6^-]_4$ in flüssigem Schwefeldioxid. Das hierbei gebildete Salz $S_3N_2^+[AsF_6^-]$ läßt sich nach Abdampfen von SO_2 in Form *dunkelrotbrauner*, in Methylenchlorid löslicher Kristalle isolieren (möglicher Bildungsweg für $S_3N_2^+$: $S_4N_4 \rightarrow S_4N_4^+ \rightarrow S_3N_2^+ +$ „SN_2" ($\rightarrow {}^1/_8 S_8 + N_2$)). Das Kation $S_3N_2^+$, das unter den bekannten Schwefelnitrid-Kationen neben $S_4N_4^+$ ein stabiles Teilchen mit ungerader Elektronenzahl darstellt, liegt in Lösung als diskretes Ion vor. Im Festzustand sind in der Regel zwei $S_3N_2^+$-Einheiten über lange Schwefel-Schwefel-Bindungen miteinander zum **Hexathiatetrazenium-Dikation $S_6N_4^{2+}$** verknüpft (Fig. 147). Letzteres Ion bildet sich z. B. durch Oxidation von S_4N_4 mit $S_8^{2+}[AsF_6^-]_2$ und liegt auch im Salz $S_6N_4^{2+}[S_2O_6Cl^-]_2$ vor, das durch Behandlung des Chlorids S_3N_2Cl mit Chlorsulfonsäure gewonnen werden kann:

$$2S_3N_2Cl + 4HSO_3Cl \rightarrow S_6N_4^{2+}[S_2O_6Cl^-]_2 + 4HCl.$$

Weitere bekanntgewordene $S_6N_4^+$-Salze enthalten die Anionen $SO_3CF_3^-$, AsF_6^-, $FeCl_4^-$, $S_3N_3O_4^-$, $S_2O_2F^-$, SO_2F^-. Das cyclische **Trithiadiazenium-Dikation $S_3N_2^{2+}$** („*Thiodithiazyl-Dikation*") entsteht andererseits in reversibler Reaktion durch [2 + 3]-Cycloaddition des Thionitrosyl- und Dithionitryl-Kations: $SN^+ + S_2N^+ \rightleftarrows S_3N_2^{2+}$ in flüssigem SO_2 und läßt sich als *gelbes* $S_3N_2^{2+}[AsF_6^-]_2$ isolieren (langsames Abdampfen von SO_2 bei 0–5 °C). Beim Auflösen des Salzes in fl. SO_2 dissoziiert $S_3N_2^{2+}$ (planar analog $C_5H_5^-$; 6π-Elektronensystem) wieder in SN^+ und S_2N^+.

Das Chlorid $S_4N_3^+Cl^-$ mit dem cyclischen **Tetrathiatriazenium-Kation $S_4N_3^+$** („*Thiotrithiazyl-Kation*") entsteht in ausgezeichneter Ausbeute, wenn man S_2Cl_2 auf S_4N_4 in CCl_4-Lösung bei Siedetemperatur einwirken läßt. Auch die Reaktion von $S_3N_2Cl_2$ auf S_2Cl_2 führt zu $S_4N_3^+Cl^-$. Das Chlorid der Verbindung läßt sich gegen Br^-, I^-, Br_3^-, I_3^-, SCN^-, NO_3^- usw. austauschen. Auch die Base $S_4N_3(OH)$ ist bekannt. Thermisch zersetzt sich $S_4N_3^+X^-$ ($X^- = Cl^-, Br^-$) gemäß $2S_4N_3X \rightarrow S_4N_4 + 2NSX + {}^1/_4 S_8$. Das Tetrachloroferrat(III) des cyclischen **Tetrathiatetrazenium-Monokations $S_4N_4^+$** („*Tetrathiazyl-Monokation*") gewinnt man durch Reaktion von $(NSCl)_3$ mit $FeCl_3$ in CH_2Cl_2, das Hexachloroantimonat des cyclischen **Tetrathiatetrazenium-Dikations $S_4N_4^{2+}$** („*Tetrathiazyl-Dikation*") durch Reaktion von $(NSCl)_3$ bzw. von S_4N_4 mit $SbCl_5$ (z. B. $S_4N_4 + 3SbCl_5 \rightarrow S_4N_4^{2+} + 2SbCl_6^- + SbCl_3$; entsprechend reagiert AsF_5, SbF_5) oder gemäß $S_4N_4 + FO_2SOOSO_2F \rightarrow S_4N_4^{2+} + 2SO_3F^-$. Salze des cyclischen **Pentathiapentazenium-Kations $S_5N_5^+$** („*Pentathiazyl-Kation*") bilden sich durch Umsetzung von S_4N_4 mit SN^+-haltigen Salzen ($S_4N_4 + SN^+ \rightarrow S_5N_5^+$). Darüber hinaus entsteht das Chlorid $S_5N_5^+Cl^-$ bei der Umsetzung von S_4N_4 mit $(NSCl)_3$ ($S_4N_4 + \frac{1}{3}(NSCl)_3 + AlCl_3 \rightarrow S_5N_5^+AlCl_4^-$) sowie durch thermische Zersetzung von $N_4S_4Cl_2$. Das Chlorid läßt sich gegen Bromid und Iodid austauschen. Das *orangegelbe* Chlorid des bicyclischen **Tetrathiapentazenium-Kations $S_4N_5^+$** (Smp. 108 °C, Zers.) entsteht bei der Einwirkung von $Me_3SiN{=}S{=}NSiMe_3$ auf $(NSCl)_3$ in CCl_4 bei Raumtemperatur in guter Ausbeute. Es läßt sich in das Fluorid, Hexachloroantimonat sowie Hexafluoroarsenat umwandeln. Bezüglich der Darstellung des Kations **$S_3N_3^+$** vgl. Anm.[141].

Schwefelnitrid-Anionen

Außer den erwähnten Schwefelstickstoff-Kationen kennt man auch Schwefelstickstoff-**Monoanionen S_nN^-** (n = 2 (?), 3, 4, 7), **$S_nN_n^-$** (n = 3, 4), **$S_4N_5^-$** (vgl. hierzu Anm.[140]) sowie die **Dianionen SN_2^{2-}, $S_4N_4^{2-}$**. Darüber hinaus existieren Deprotonierungsprodukte von $S_6(NH)_2$, $S_5(NH)_3$, $S_4(NH)_4$, $S_4(NH)_2$, $S_3(NH)_3$. Für *komplexgebundene* Schwefelnitrid-Anionen vgl. S. 602.

Von den Ionen $S_nN^- = NS_n^-$ ist das dem Nitroxyl NO^- entsprechende Anion **NS^-** („*Thionitroxyl*" $\ddot{N}{=}\ddot{S}^-$) unbekannt. Das bisher nicht isolierte Anion **NS_2^-** („*Dithionitrit*" $\underset{..}{\ddot{S}}{=}\ddot{N}{-}\underset{..}{\ddot{S}}{:}^-$) entspricht hinsichtlich seiner Zusammensetzung dem Nitrit NO_2^-, das isolierbare Anion **NS_3^-** dem Nitrat NO_3^-; letzteres weist aber nicht dessen Struktur, sondern die des isomeren instabilen Peroxonitrits $NO(O_2)^-$ auf und ist somit als „*Trithioperoxonitrit*" $NS(S_2)^-$ zu klassifizieren. In analoger Weise stellt das Anion **SN_4^-** kein Thio-Derivat des Peroxonitrats $NO_2(O_2)^-$ dar, sondern leitet sich von $NS_3^- = NS(S_2)^-$ durch Angliederung eines Schwefelatoms an den Schwefel der NS-Gruppe ab: $NS_4^- = N(S_2)_2^-$. Das Anion **NS_7^-** stellt das Deprotonierungsprodukt des Heptaschwefelimids S_7NH (s. o.) dar. Folglich weist NS_7^- (isovalenzelektronisch mit S_8) – anders als die *acyclisch* gebauten Anionen NS_2^-, NS_3^- und NS_4^- (isovalenzelektronisch mit S_3, S_4, S_5) – eine *cyclische* Struktur auf (cyclischer Bau sollte auch den bisher unbekannten Anionen NS_5^- und NS_6^- zukommen). Das Anion $\mathbf{SN_2^{2-}}$ leitet sich vom gewinkelten Schwefeldiimid HN=S=NH ab (s. dort). Bezüglich der Strukturen der Anionen $\mathbf{S_3N_3^-}$ und $\mathbf{S_4N_5^-}$ vgl. Fig. 147. Die Strukturen der bisher nicht isolierten Anionen $S_4N_4^-$ und $S_4N_4^{2-}$ sind unbekannt.

Sowohl das *tieforangefarbene, luftstabile* **Trischwefelnitrid-Monoanion** $\mathbf{S_3N^-}$ (U-förmig; wahrscheinlich C_s-Symmetrie) als auch das *dunkelblaue, luftstabile* **Tetraschwefelnitrid-Monoanion** $\mathbf{S_4N^-}$ (S-förmig, C_S-Symmetrie; SS/SN-Abstände 1.94/1.52 Å und 1.88/1.67 Å; SSN/SNS-Winkel 110/124°; ber. für SS/SN-Einfach- und Doppelbindung: 2.08/1.88 und 1.74/1.54 Å) bilden sich neben $S_3N_3^-$ (s. u.) beim Zerfall des *gelben*, durch Deprotonierung von S_7NH bei −78 °C zugänglichen **Heptaschwefelnitrid-Monoanions** $\mathbf{S_7N^-}$ (C_S-Symmetrie, Kronenform) in einer Gleichgewichtsreaktion (s. u.):

$$\left[\text{S}\diagdown\text{N=S}\diagup\!\!\diagup\text{S} \leftrightarrow \text{S}\diagdown\!\!\diagdown\text{N–S}\diagup\text{S}\right]^{\ominus} \underset{\mp\frac{4}{8}S_8}{\rightleftharpoons} \text{S}_7\text{N}^{\ominus} \underset{\mp\frac{3}{8}S_8}{\rightleftharpoons} \left[\text{S=S}\diagdown\!\!\diagdown\text{N–S}\diagup\text{S} \leftrightarrow \text{S–S}\diagdown\text{N=S}\diagup\!\!\diagup\text{S}\right]^{\ominus}$$

$$\mathbf{NS_3^-} \qquad\qquad \mathbf{NS_7^-} \qquad\qquad \mathbf{NS_4^-}$$

Isolierbare Salze des S_4N^--Anions stellt man besser durch Einwirkung von *Aziden* $R_4N^+N_3^-$(R_4N^+ z. B. $Ph_3P{=}N{=}PPh_3^+$) auf S_4N_4 in *siedendem Acetonitril* dar. Hierbei entsteht intermediär $S_4N_5^-$, das in der Wärme 2 mol Stickstoff eliminiert (s. u.). Die *Desulfurierung* von S_4N^- mit Ph_3P liefert gemäß $R_4N^+S_4N^- + Ph_3P \rightarrow R_4N^+S_3N^- + Ph_3PS$ Salze des S_3N^--Ions (offensichtlich ist eine weitere Desulfurierung zum *gelben* **Dischwefelnitrid-Monoanion** $\mathbf{S_2N^-}$ möglich), die in Lösung bereits bei tiefen Temperaturen, im Festzustand ab ca. 80 °C u. a. in Salze des S_4N^--Ions übergehen. Mit geeigneten Metallsalzen bildet S_3N^- die weiter oben erwähnten Komplexe $M(S_3N)_2$ mit M = Co, Ni, Pd, Pt sowie Kupfer-, Silber- und Goldkomplexe wie $[Cu(S_3N)_2]^-$ (vgl. S. 602).

Bei der Einwirkung der *Azide* $R_4N^+N_3^-$ bzw. $Cs^+N_3^-$ (große Kationen) auf S_4N_4 in Ethanol oder Acetonitril entsteht bei *Raumtemperatur* auf dem Wege über $S_4N_5^-$ (s. u.) das *gelbe, luftempfindliche* **Trischwefeltrinitrid-Monoanion** $\mathbf{S_3N_3^-}$. Es bildet sich auch als Produkt der elektrochemischen Reduktion von S_4N_4 bei Raumtemperatur auf dem Wege über $S_4N_4^-$ (nicht isoliert) und als Folgeprodukt der Deprotonierung von $S_4(NH)_4$ mit Kaliumhydrid. $S_3N_3^-$ (10 π-Elektronen) ist als Pseudoaromat[138] planar gebaut (D_{3h}-Symmetrie; SN-Abstände ca. 1.60 Å, Winkel NSN 117°, Winkel SNS 123°; vgl. Fig. 147). Unter den chemischen Reaktionen von $S_3N_3^-$ seien genannt: *Thermolyse* unter Bildung von S_4N^- ($4S_3N_3^- \rightarrow 3S_4N^- + 4\frac{1}{2}N_2$; Primärreaktion möglicherweise: $S_3N_3^- \rightarrow S_2N^- +$ „SN_2"); elektrochemische *Reduktion* zum instabilen, bisher nicht isolierten Anion $S_3N_3^{3-}$ ($\rightarrow S_2N^- + SN_2^{2-}$); *Oxidation* mit Luftsauerstoff zu $S_3N_3O^-$, $S_3N_3O_2^-$ sowie $S_4N_5O^-$, mit Halogenen oder Strom zu S_4N_4. Das *gelbe, explosive* **Tetraschwefelpentanitrid-Monoanion** $\mathbf{S_4N_5^-}$ entsteht bei der Einwirkung von *Aziden* $Li^+N_3^-$, $Na^+N_3^-$ (kleine Kationen) auf S_4N_4 ($4S_4N_4 + 3NaN_3 \rightarrow 3NaS_4N_5 + {}^1/_2S_8 + 5N_2$). Es weist eine $S_4N_5^+$-analoge Struktur auf (zum Unterschied vom Kation liegt aber eine schwache SS-Bindung vor; Fig. 147) und es zersetzt sich *thermisch* in siedendem Acetonitril auf dem Wege über $S_3N_3^-$ in S_4N^- ($S_4N_5^- \rightarrow S_3N_3^- +$ „SN_2" $\rightarrow S_4N^- + 2N_2$). Die elektrochemische *Reduktion* führt – wohl über $S_4N_5^{3-}$ – zu SN_2^{2-} und $S_3N_3^-$, die *Oxidation* mit Chlor in CH_2Cl_2 zu S_4N_5Cl, die mit Brom oder Strom zu S_5N_6, die Reaktion mit *Thionylchlorid* zu S_3N_2O und $S_3N_2O_2$. Das oben erwähnte, aus $S_3N_3^-$ und Sauerstoff erhältliche Anion $S_4N_5O^-$ leitet sich von $S_4N_5^-$ durch Ersatz eines mit den N-Atomen verknüpften S-Atoms durch eine SO-Gruppe ab.

Das in Kohlenwasserstoffen, Ethern und Ammoniak unlösliche, bei 180 °C thermostabile *blaßgelbe* Kaliumsalz des **Schwefeldinitrid-Dianions** $\mathbf{SN_2^{2-}}$ (C_{2v}-Symmetrie; gewinkelte Struktur $N{=}S{=}N^{2-}$) läßt sich in über 90%iger Ausbeute durch Reaktion von Bis(trimethylsilyl)-schwefeldiimid mit Kalium-*tert*-butylat in Monoglyme gewinnen: $Me_3SiN{=}S{=}NSiMe_3 + 2^tBuOK \rightarrow KN{=}S{=}NK + 2^tBuOSiMe_3$ (in analoger Weise entsteht das *Thionylimid*-Anion $N{=}S{=}O^-$ aus $Me_3SiN{=}S{=}O$ und ^tBuOK). Das Anion SN_2^{2-} stellt darüber hinaus das Endprodukt der über $S_4N_4^-$ (nicht isoliert) und $S_4N_4^{2-}$ (nicht isoliert) verlaufenden vollständigen elektrochemischen Reduktion von S_4N_4 bei Temperaturen unterhalb −20 °C dar. K_2SN_2 reagiert mit Me_3ECl (E = Si, Ge, Sn) zu Schwefeldiimiden $Me_3EN{=}S{=}NEMe_3$, mit R_2AsCl, $RAsCl_2$ und $AsBr_3$ zu den Schwefeldiimiden $R_2AsNSNAsR_2$, $RAs(NSN)_2AsR$ und $As_4(NSN)_5$.

Schwefelnitrid-Anionen bilden sich neben Hydrogenpolysulfiden S_nH^- auch durch **Reaktion von Schwefel mit flüssigem Ammoniak** im Zuge folgender Gleichgewichtsreaktionen (in 1 kg NH_3 lösen sich 650 g S_8 auf chemischem Wege; vgl. hierzu Schwefelkohlenstoff, in welchem sich Schwefel „physikalisch" löst; S. 653):

$$S_8 + 2NH_3 \underset{}{\overset{\mp NH_4^+SH^-}{\rightleftharpoons}} NH_4^+S_7N^- \overset{\mp \frac{3}{8}S_8}{\rightleftharpoons} NH_4^+S_4N^- \overset{\mp \frac{1}{8}S_8}{\rightleftharpoons} NH_4^+S_3N^- \quad (1)$$

$$NH_4^+S_4N^- + 5NH_3 + \tfrac{1}{4}S_8 \rightleftarrows NH_4^+S_3N_3^- + 3NH_4^+SH^- \quad (2)$$

$$NH_4^+SH^- + \tfrac{m}{8}S_8 \rightleftarrows NH_4^+S_{m+1}H^- \quad (3)$$

Zunächst bildet der Schwefel eine elektrisch leitende, stark farbige Lösung der Ionen S_7N^- (enthält ca. 36% des zugesetzten Schwefels), S_4N^- (ca. 4%), S_3N^- (ca. 6%), $S_3N_3^-$ (< 1%) und S_nH^- (ca. 54%). Kondensiert man von solchen Lösungen Ammoniak ab, so bildet sich elementarer Schwefel unter Umkehrung der Reaktionen (1) und (3) wieder zurück. Fällt man andererseits gebildetes Hydrogensulfid SH^- durch Zusatz von $AgNO_3$ als Ag_2S aus, so verschiebt der hierdurch nach (3) (Rückreaktion) freigesetzte Schwefel die Gleichgewichte (1) und (2) in Richtung des Ions $S_3N_3^-$, das letztendlich praktisch ausschließlich in der Lösung vorliegt ($\frac{7}{8}S_8 + 12NH_3 + 8Ag^+ \rightarrow 9NH_4^+ + S_3N_3^- + 4Ag_2S$). Arbeitet man hierbei in offenen Gefäßen an der Luft, so verwandelt der Luftsauerstoff das gebildete Ion $S_3N_3^-$ oxidativ auf dem Wege über S_3N_3 zugleich in S_4N_4.

2.6.3 Schwefelnitridhalogenide und -oxide[49,137,142]

Schwefel-Stickstoff-Halogen-Verbindungen

Von den Schwefelnitriden (s.o.) leiten sich Verbindungen mit **schwefelgebundenem Halogen** folgender Summenformeln ab: $\mathbf{NSX_3}$, $\mathbf{(NSX)_n}$ (n = 1, 3, 4), $\mathbf{N_4S_4X_2}$, $\mathbf{N_2S_3X_2}$ und (möglicherweise) $\mathbf{N_3S_3X}$. Hierbei nimmt die Affinität des Schwefels zu den Halogenen wie im Falle von SX_n (vgl. S. 561) mit wachsender Masse des Halogens ab, so daß man zwar viele *Fluoride* und *Chloride*, aber nur ein *Bromid* ($N_2S_3Br_2$) und *kein Iodid* kennt.

Von den Schwefelnitridhalogeniden NSX_3 und NSX leiten sich **halogenreichere Verbindungen** ab, u.a. $\mathbf{XNSF_4}$ (X = Cl), $\mathbf{X_2NSF_5}$ (X = F, Cl), $\mathbf{XNSF_2}$ (X = F, Cl, Br). Darüber hinaus sind einige **Verbindungen mit ionisch gebundenem Halogen** bekannt: $\mathbf{S_4N_3^+X^-}$ (X = Cl, Br, I, Br_3, I_3), $\mathbf{S_5N_5^+X^-}$ (X = Cl, Br, I), $\mathbf{S_4N_5^+X^-}$ (X = F, Cl). Sie wurden bereits im Zusammenhang mit den Schwefelnitrid-Kationen (s. dort) behandelt.

Thiazylhalogenide $\mathbf{NSX_3}$ und NSX. Darstellung. Bei der *Fluorierung* von S_4N_4 mit HgF_2 oder AgF_2 in siedendem CCl_4 erhält man u.a. **Thiazyltrifluorid $\mathbf{NSF_3}$** (stechend riechendes Gas vom Smp. −72.6°C und Sdp. −27.1°C; ΔH_f ca. −400 kJ/mol) und **Thiazylfluorid NSF** (stechend riechendes Gas vom Smp. −89°C und Sdp. +0.4°C; ΔH_f ca. +130 kJ/mol):

$$\tfrac{1}{4}S_4N_4 \xrightarrow[-\frac{1}{2}Hg_2F_2]{+HgF_2} NSF \xrightarrow[-Hg_2F_2]{+2HgF_2} NSF_3.$$

Das Trifluorid entsteht auch durch Fluorierung von NSF mit F_2 oder AgF_2, das Monofluorid durch Fluorierung von S_4N_4 mit IF_5, SF_4, SeF_6, CoF_3 usw., durch *Ammonolyse* von SF_4 ($SF_4 + 4NH_3 \rightarrow NSF + 3NH_4F$), durch *Sulfurierung* von NF_3 ($NF_3 + \frac{3}{8}S_8 \rightarrow NSF + SSF_2$) und durch *Thermolyse* von $Hg(NSF_2)_2$ ($\rightarrow HgF_2 + 2NSF$). **Thiazylchlorid NSCl** (*gelbgrünes* Gas) bildet sich in reversibler Reaktion gemäß $(NSCl)_3 \rightleftarrows 3NSCl$ mit steigender Temperatur in wachsendem Ausmaß sowohl in der Gas- wie Lösungsphase (bei 50°C liegt das Gleichgewicht weitgehend auf der rechten Seite). *Thiazylbromid* NSBr und *-iodid* NSI sind unbekannt[143].

Strukturen. Das mit SO_2F_2 isoelektronische NSF_3-Molekül (a) ist *tetraedrisch* (C_{3v}-Symmetrie; Winkel FSF = 94.3°), das mit SO_2 isoelektronische NSF-Molekül wie das NSCl-Molekül (b) *gewinkelt* gebaut (C_s-Symmetrie; Winkel NSF = 116.5°).

---

[142] **Literatur.** O. Glemser, R. Mews: „*Sulfur-Nitrogen-Fluorine Compounds*", Adv. Inorg. Radiochem. **14** (1972) 333–390; R. Mews: „*Nitrogen-Sulfur-Fluorine Ions*", Adv. Inorg. Radiochem. **19** (1976) 185–237; O. Glemser, R. Mews: „*Die Chemie des Thiazylfluorids (NSF) und Thiazyltrifluorids (NSF₃): Ein Vierteljahrhundert Schwefel-Stickstoff-Fluor-Chemie*", Angew. Chem. **92** (1980) 904–921, Int. Ed. **19** (1980) 883.

[143] *Thiazylhydroxid* NSOH und *-amid* $NSNH_2$ treten als reaktive Reaktionszwischenprodukte auf. Der Stickstoff in $F_3S{\equiv}N$ läßt sich durch eine dreifach gebundene Kohlenstoffgruppe $\equiv CY$ (Y = CF_3, SF_5) ersetzen: $\mathbf{F_3S{\equiv}C{-}CF_3}$, $\mathbf{F_3S{\equiv}C{-}SF_5}$ (gewinkelte SCC-, lineare SCS-Gruppe).

$:N{\equiv}SF_3$ (a) $\quad :N{=}\ddot{S}{-}X$ (b) $\quad [\ddot{N}{=}\ddot{S}F_2]^-$ (c)

Die NS-Abstände in NSF_3 und NSF entsprechen mit 1.416 Å und 1.446 Å einer *Dreifachbindung* (ber. für S=N 1.54 Å, für S≡N 1.44 Å), die SF-Abstände mit 1.522 Å und 1.646 Å *Einfachbindungen* (ber. für S—F 1.68 Å, für S=F 1.48 Å). Entsprechend der SN-Bindungsordnungen = 3 sind die SN-Bindungsdissoziationsenergien hoch: ca. 400 (NSF_3) bzw. 300 kJ/mol (NSF). Die *Thiazylhalogenide* NSF_3, NSF und NSCl (Schwefel jeweils elektropositivstes Atom) unterscheiden sich strukturell somit wesentlich von den elementhomologen *Nitrosylhalogeniden* NOF_3, NOF und NOCl (s. dort), bei denen das Halogen an Stickstoff gebunden ist, der als elektropositivstes Atom erwartungsgemäß das Zentralatom bildet.

Reaktivität. NSF_3, NSF und NSCl leiten sich von den Schwefelhalogeniden SF_6, SF_4 und SCl_4 durch Austausch je dreier Halogenatome gegen ein Stickstoffatom ab. Dementsprechend zeigt **Thiazyltrifluorid** NSF_3 etwas von der chemischen Stabilität des Schwefelhexafluorids. So wird es von *Natrium* bis 200 °C nicht angegriffen und von *Wasser* nur langsam hydrolysiert ($NSF_3 + 5OH^- \rightarrow NH_3 + SO_4^{2-} + 3F^- + H_2O$; Reaktionszwischenstufen: $HN{=}SOF_2$, $H_2N{-}SO_2F$, $H_2N{-}SO_2OH$). Rascher reagiert es mit *Fluorwasserstoff* ($NSF_3 + 2HF \rightarrow H_2NSF_5$). *Chlorfluorid* addiert sich an die NS-Dreifachbindung bereits bei −78 °C unter Bildung der Schwefelnitridhalogenide $\mathbf{(ClNSF_4)_2}$ und $\mathbf{Cl_2NSF_5}$:

$$N{\equiv}SF_3 \xrightarrow{+ClF} ClN{=}SF_4 \xrightarrow{+ClF} Cl_2N{-}SF_5$$

($\mathbf{F_2NSF_5}$ kann z.B. gemäß $S_2F_{10} + N_2F_4 \rightarrow 2F_2N{-}SF_5$ bei 150 °C, $\mathbf{(F_5SN)_2SF_2}$ gemäß $2F_5SN{=}SF_2 \rightarrow F_5SN{=}SF_2{=}NSF_5 + SF_2$ gewonnen werden).

Viel reaktiver als NSF_3 ist **Thiazylfluorid** NSF. Es greift Glasgefäße bereits bei Raumtemperatur langsam unter Bildung von SOF_2, SO_2, SiF_4, S_4N_4 sowie N_2 an und wird daher mit Vorteil in Teflongefäßen aufbewahrt. *Fluoridakzeptoren* wie SbF_5 führen es in das Kation NS^+, *Fluoriddonatoren* wie Cs^+F^- in das pyramidal gebaute, mit Fluorsulfinat SO_2F^- isoelektronische Anion NSF_2^- (c) über (vgl. hierzu SO_2-Komplexe, S. 570). Die Gruppierung NSF_2 liegt auch der *Quecksilberverbindung* $Hg(NSF_2)_2$ (HgNS gewinkelt; NHgN linear) sowie den *Schwefelnitrid*-Halogeniden $\mathbf{XNSF_2}$ zugrunde (X = F, Cl, Br, I; XNS gewinkelt; gewinnbar nach $2Cs^+NSF_2^-$ bzw. $Hg(NSF_2)_2 + 2X_2 \rightarrow 2XN{=}SF_2 + 2CsX$ bzw. HgX_2; überführbar in $\mathbf{(XN)_2S}$ nach: $XNSF_2 + XN(SiR_3)_2 \rightarrow XN{=}S{=}NX + 2R_3SiF$). Mit $LiNR(SiMe_3)$ setzt sich NSF zu Verbindungen der homologen Reihe $RN{=}S{=}N(S{-}N{=}S{=}N)_nR$ um ($n = 0$ für R = $SiMe_3$; $n = 1$ für R = ${}^tBu$). Gegen *Polymerisation* ist Thiazylfluorid instabil und trimerisiert sich in flüssiger Phase zu $(NSF)_3$, während es in der Gasphase bei Drücken oberhalb 1 bar bei Raumtemperatur sehr langsam in das Tetramere $(NSF)_4$ übergeht, welches sich seinerseits bei 300 °C in das Trimere umwandeln kann (bei niedrigen Drücken entsteht aus gasförmigem NSF u.a. $S_3N_2F_2$, s. unten).

Das oberhalb 120 °C in S_2Cl_2 und N_2 zerfallende **Thiazylchlorid** NSCl polymerisiert ausschließlich zum Trimeren $(NSCl)_3$. Es ist hinsichtlich der Trimerisation *kinetisch instabiler* als NSF und – anders als NSF – bei Raumtemperatur nicht metastabil (nicht isolierbar). Es bildet sich jedoch bereits bei gelindem Erwärmen, d.h. bei geringer Energiezufuhr aus $(NSCl)_3$ in einer Gleichgewichtsreaktion (s.o.).

Andererseits sind die Tetrameren $(NSX)_4$ *thermodynamisch instabiler* als die Trimeren $(NSX)_3$. Somit erfolgt die Tetramerisierung von NSX kinetisch, die Trimerisierung thermodynamisch kontrolliert. Da die Depolymerisation von $(NSCl)_n$ offensichtlich kinetisch wie thermodynamisch leichter als die von $(NSF)_n$ erfolgt, lagert sich das durch NSCl-Polymerisation gebildete $(NSCl)_4$ – anders als $(NSF)_4$ – rasch in $(NSCl)_3$ um und läßt sich demgemäß bei Raumtemperatur nicht isolieren (s. unten).

Thiazylhalogenide $(NSX)_3$, $(NSX)_4$ und $N_4S_4X_2$. Darstellung. Mit *Fluor* und *Chlor* (X_2) vereinigt sich das Schwefelnitrid S_4N_4 unter halogenierender Spaltung der SS-Bindungen auf dem Wege über **Tetrathiazyldihalogenide** (*Tetraschwefeltetranitriddihalogenide*) $N_4S_4X_2$ (d) in die **Tetrathiazyltetrahalogenide** (*Tetraschwefeltetranitridtetrahalogenide*) $N_4S_4X_4$, wobei sich die Chlorverbindung rasch gemäß $3(NSCl)_4 \rightarrow 4(NSCl)_3$ ($\tau_{1/2} = 1$ h in CS_2 bei 25 °C) in ein **Trithiazylhalogenid** (*Trischwefeltrinitridtrihalogenid*) $N_3S_3X_3$ verwandelt, so daß also das Fluorid **$(NSF)_4$** (*farblose* Kristalle vom Smp. 153 °C, Zers.) und das Chlorid **$(NSCl)_3$** (*gelbe* Kristalle vom Smp. 162.5 °C) isoliert werden.

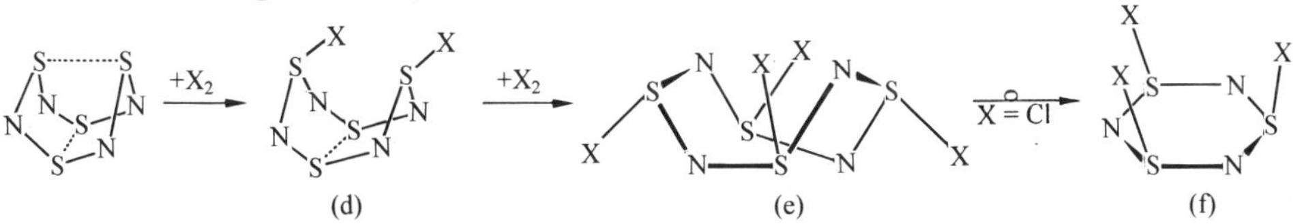

+X₂ → (d) +X₂ → (e) —X = Cl→ (f)

Da das Fluorid **$(NSF)_3$** (*farblose* Kristalle vom Smp. 74.2 °C und Sdp. 92.5 °C) erst bei hohen Temperaturen aus $(NSF)_4$ gewonnen werden kann, erzeugt man es mit Vorteil durch Reaktion von $(NSCl)_3$ mit AgF_2 in CCl_4 bei Raumtemperatur: $2(NSCl)_3 + 3AgF_2 \rightarrow 2(NSF)_3 + 3AgCl + 1.5Cl_2$.

Die Thiazylhalogenide $(NSF)_3$, $(NSF)_4$ und $(NSCl)_3$ entstehen auch bei der Polymerisation von NSF und NSCl (s. oben), $(NSCl)_3$ zudem bei der Chlorierung von $S_3N_2Cl^+Cl^-$ mit Cl_2 oder SO_2Cl_2 ($3S_3N_2Cl_2 + 3Cl_2 \rightarrow 2S_3N_3Cl_3 + 3SCl_2$). Zur Gewinnung von $N_4S_4X_2$ halogeniert man S_4N_4 unter sehr milden Bedingungen (mit N_2 verdünntes F_2 in $CFCl_3$; Cl_2 bei -60 °C in CS_2). *Bromide* und *Iodide* des Typs $N_4S_4X_2$, $(NSX)_4$ und $(NSX)_3$ existieren nicht. *Gasförmiges* Brom führt festes S_4N_4 bei Raumtemperatur in polymeres, den elektrischen Strom leitendes $(NSBr_n)_x$ über ($n = 1.5$ bis 0.25; es liegt wohl oxidiertes Polythiazyl mit Br^-- und Br_3^--Gegenionen vor), während *flüssiges* Brom bei 70 °C $S_4N_3^+Br_3^-$ liefert. In analoger Weise erhält man elektrisch leitendes $(NSI_n)_x$ durch Behandlung von S_4N_4 mit Iod.

Strukturen. Die *trimeren Schwefelnitridmonohalogenide* $(NSF)_3$ und $(NSCl)_3$ sind in ihrer Struktur den trimeren Phosphornitriddihalogeniden $(NPX_2)_3$ (S. 790) vergleichbar. Demgemäß weist $(NSX)_3$ einheitliche, verkürzte SN-Bindungsabstände (ca. 1.60 Å) im nur *leicht gewellten Ring* (f, Sesselkonformation) auf, entsprechend einem Zwischenzustand zwischen einfacher (1.74 Å) und doppelter SN-Bindung (1.54 Å). Dagegen enthält das *tetramere Schwefelnitridmonofluorid* $(NSF)_4$ im Unterschied zu der entsprechenden Phosphorverbindung $(NPF_2)_4$ (einheitlicher PN-Abstand) fixierte Doppel- und Einfachbindungen (1.544 und 1.655 Å) im *stark gewellten Ring* (e, Bootkonformation, Winkel SNS/NSN/FSN/FSN = 123.3/111.7/106.2/91.6°). Die drei Fluor- bzw. Chloratome im $(NSX)_3$-Ring haben *axiale* Stellung und liegen alle auf einer Seite der Ringebene (f). Von den vier Fluoratomen des $(NSF)_4$-Rings sind zwei *äquatorial*, zwei *axial* angeordnet. Da die F-Atome von $(NSF)_4$ am Schwefel sitzen, ist es kein unmittelbares Derivat von $(SNH)_4$, bei dem die H-Atome an Stickstoff gebunden sind. In den *teilweise halogenierten Tetraschwefeltetranitriden* $N_4S_4F_2$ und $N_4S_4Cl_2$ nehmen die Halogenatome eine *endo*- und *exo*-Stellung im *bicyclischen Ring*, der analog S_4N_4 konformiert ist, ein (d). Der SS-Abstand der halogenierten Schwefelatome ist hier mit ca. 4.00 Å größer als der SS-van-der-Waals-Abstand, der SS-Abstand der beiden anderen Schwefelatome mit 2.48 Å (Chlorverbindung) kleiner als in S_4N_4 (2.58 Å).

Reaktivität. Eine charakteristische Reaktion der Thiazylhalogenide $(NSX)_n$ stellt die – weiter oben bereits besprochene – *Depolymerisation* dar (Bildung von NSX). *Halogenidakzeptoren* wie AsF_5, SbF_5, $AlCl_3$, führen $(NSX)_n$ in die Kationen $N_4S_4F_3^+$, $N_3S_3F_2^+$ und $N_3S_3Cl_2^+$ über, wobei $N_4S_4F_3^+$ unter NSF-Abgabe rasch in $N_3S_3F_2^+$ übergeht und $N_3S_3X_2^+$ mit überschüssigem Akzeptor letztendlich zu Salzen des Thiazyl-Kations SN^+ abreagiert (vgl. S. 606). Demgemäß wirken Gemische von $(NSCl)_3$ und $AlCl_3$ als Quellen für das SN^+-Kation, mit welchem z. B. das Nitrid S_4N_4 in das Kation $S_5N_5^+$ umgewandelt werden kann (s. dort) oder das Schwefelchlorid SCl_2 in das *Dischwefelnitriddichlorid*-Kation $NS_2Cl_2^+$ (g) (C_{2v}-Symmetrie, Winkel ClSN/SNS = 111/149°; Abstände ClS/SN = 1.99/1.54 Å):

$$\tfrac{1}{3}(NSCl)_3 \xrightarrow{+AlCl_3} [N{\equiv}S]^+AlCl_4^- \xrightarrow{+Cl-S-Cl} \left[\,Cl{-}S{=}N{-}S{-}Cl \leftrightarrow Cl{-}S{-}N{=}S{-}Cl\,\right]^+ AlCl_4^-$$

(g)

Das Halogen in $S_4N_4X_2$ und $(NSX)_n$ läßt sich *nucleophil substituieren*. So wird etwa $S_4N_4Cl_2$ mit NaF in $S_4N_4F_2$, mit Me_3SiNR_2 in $S_4N_4(NR_2)_2$ und mit $Me_3SiN{=}S{=}NSiMe_3$ in S_5N_6 (s. dort) übergeführt. $SiCl_4$ verwandelt das Fluorid $(SNF)_4$ auf dem Wege über $(SNCl)_4$ in $(SNCl)_3$, AgF_2 das Chlorid $(NSCl)_3$ in $(NSF)_3$. Mit wässerigem Alkali erfolgt *Hydrolyse* der Thiazylhalogenide, mit Schwefeltrioxid *Oxidation* von $(NSCl)_3$ bei 150 °C und einem Druck von 20 bar:

$$\tfrac{1}{n}(NSF)_n + 2OH^- + H_2O \rightarrow NH_4F + SO_3^{2-}; \quad (NSCl)_3 + 3SO_3 \rightarrow (NSClO)_3 + 3SO_2.$$

Farbloses, festes **Trithiazyltrichloridtrioxid $(NSClO)_3$** („*Sulfanursäurechlorid*") bildet sich in einer bei 145 °C schmelzenden *cis*-Form und einer bei 46 °C schmelzenden *trans*-Form auch aus Thionylchlorid und NaN_3 in Acetonitril bei −35 °C ($3SOCl_2 + 3NaN_3 \rightarrow (NSClO)_3 + 3NaCl + 3N_2$) sowie aus Amidosulfonsäure und PCl_5 bei 150 °C ($3H_2NSO_3H + 6PCl_5 \rightarrow (NSClO)_3 + 9HCl + 6POCl_3$) und läßt sich mit KF in CCl_4 in *farbloses*, flüssiges **Trithiazyltrifluoridtrioxid $(NSFO)_3$** („*Sulfanursäurefluorid*"), das in einer bei 17.4 °C schmelzenden *cis*-Form und einer bei −12.5 °C schmelzenden *trans*-Form existiert, umwandeln[144]. Den Sulfanursäurehalogeniden liegt ein sechsgliedriger SN-Ring (Sesselkonformation) mit einheitlichen SN-Abständen (ca. 1.57 Å) zugrunde, in welchem entweder alle Halogenatome axial oder ein Halogenatom äquatorial, zwei Halogenatome axial gebunden sind (vgl. Fig. 148). Durch wässeriges Alkali läßt sich $(NSClO)_3$ *hydrolysieren* (Bildung des seinerseits hydrolysierbaren Anions $(NSO_2)_3^{3-}$).

Thiazylhalogenide $N_2S_3X_2$ und N_3S_3X. Als wichtiges Zwischenprodukt der Darstellung von S_4N_4, $S_4N_3^+Cl^-$ und $(NSCl)_3$ entsteht das **Thiadithiazyldichlorid $S_3N_2Cl_2$** aus NH_4Cl bzw. $CO(NH_2)_2$ in siedendem S_2Cl_2:

$$4S_2Cl_2 + 2NH_4Cl \rightarrow S_3N_2Cl_2 + 8HCl + \tfrac{5}{8}S_8.$$

Es ist im Sinne von $S_3N_2Cl^+Cl^-$ salzartig gebaut. Das Kation $S_3N_2Cl^+$ (h) leitet sich vom Radikalkation $S_3N_2^+$ (Fig. 145) dadurch ab, daß ein Schwefelatom der SS-Gruppe mit einem Cl-Atom verknüpft ist. Der S_3N_2-Ring (6π-Pseudoaromat) ist leicht gewellt mit alternierend langen und kurzen SN-Abständen (1.58/1.62/1.54/1.62 Å; SS-Abstand 2.14 Å; Winkel ClSS/ClSN = 100°/107°)[144a]. Das elektrovalentgebundene Chlor der Verbindung läßt sich gegen andere Anionen wie $SbCl_6^-$, SO_3F^-, SO_3Cl^-, das kovalent gebundene Chlor zusammen mit Cl^- durch Sauerstoff und Iminogruppen ersetzen (Bildung von S_3N_2Y mit Y = O, NR; s. unten). Die Thermolyse führt bei 90 °C unter Ringerhalt zu S_3N_2Cl (Struktur möglicherweise $S_6N_4^{2+}2Cl^-$, vgl. Fig. 147), die Reaktion mit PhMgBr unter Ringspaltung zu PhS—N=S=N—SPh. Man kennt auch ein **Bromid $S_3N_2Br_2$** (Struktur wohl analog $S_3N_2Cl_2$) und ein **Fluorid $S_3N_2F_2$** (gewinnbar aus NSF, s. dort; Struktur wahrscheinlich FS—N=S=N—SF).

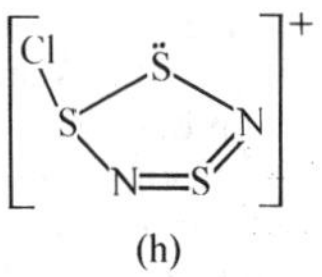

(h) 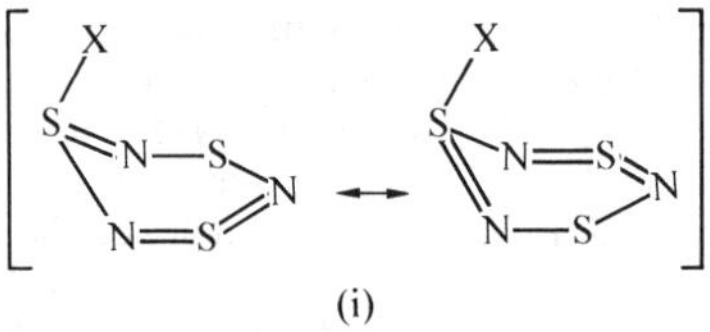 (i)

Die Existenz von **Trithiazylmonohalogeniden S_3N_3X** ist noch unsicher. Es sind jedoch Derivate mit $X = O^-$ (s. u.) bzw. $Ph_3E{=}N$ (gewinnbar aus S_4N_4 und Ph_3P bzw. Ph_3As) bekannt, denen die im Formelbild (i) wiedergegebene Struktur zukommt.

Schwefel-Stickstoff-Sauerstoff-Verbindungen

Schwefel bildet **Schwefelnitridoxide** der Zusammensetzung **$S_3N_2O_n$** (*n* = 1, 2, 5), **$S_4N_4O_n$** (*n* = 2, 4), **$S_7N_6O_8$** und **$S_{15}N_2O$**. Ihnen kommen die in Fig. 148 wiedergegebenen *Ketten*- bzw. *Ringstrukturen* mit jeweils *schwefelgebundenem Sauerstoff* zu; bezüglich $S_{15}N_2O = (S_7N)_2SO$ vgl. S. 603). Darüber hinaus kennt man Schwefelnitridoxid-**Anionen** u. a. der Stöchiometrie NSO^- (vgl. S. 608), $S_3N_3O_n^-$ (*n* = 1, 2, 4; vgl. $S_3N_3^-$) und $S_4N_5O^-$ (vgl. $S_4N_5^-$) sowie **Schwefelnitridhalogenidoxide** wie die weiter oben bereits behandelten Sulfonsäurehalogenide $(SNXO)_3$ (Strukturen: Fig. 148).

---

[144] Durch Behandlung von $(NSClO)_3$ mit SbF_3 lassen sich auch gemischte Sulfanursäurehalogenide $N_3S_3Cl_2FO_3$ und $N_3S_3ClF_2O_3$ (jeweils 3 Isomere) gewinnen.

[144a] Man kennt auch Kationen $S_3N_2Cl^+$, in denen Schwefel teilweise durch Selen und/oder Tellur ersetzt ist: $SeS_2N_2Cl^+$, $Se_2SN_2Cl^+$, $TeS_2N_2Cl^+$, $Te_2SN_2Cl^+$, $TeSeSN_2Cl^+$.

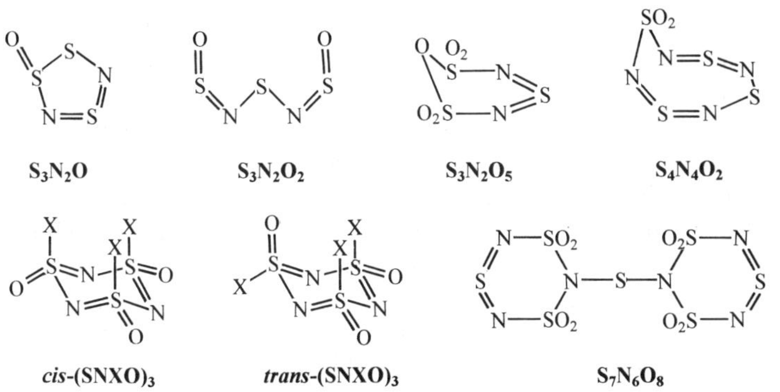

S_3N_2O $S_3N_2O_2$ $S_3N_2O_5$ $S_4N_4O_2$

cis-$(SNXO)_3$ *trans*-$(SNXO)_3$ $S_7N_6O_8$

Fig. 148 Strukturen einiger Schwefelnitridoxide und -halogenidoxide.

Thiodithiazyloxid (*Trischwefeldinitridoxid*) $\mathbf{S_3N_2O}$ (*rote* Flüssigkeit, Sdp. 50 °C bei 0.01 bar) bildet sich aus $S_3N_2Cl_2$ (s. o.) durch Chlorid/Oxid-Austausch mit Ameisensäure ($S_3N_2Cl_2 + HCOOH \rightarrow S_3N_2O + 2HCl + CO$), **Thiodithiazyldioxid** (*Trischwefeldinitriddioxid*) $\mathbf{S_3N_2O_2}$ (*gelber* Festkörper) durch Spaltung des S_4N_4-Rings mit Thionylchlorid ($S_4N_4 + 2SOCl_2 \rightarrow S_3N_2O_2 + 2Cl_2 + S_2N_2 + \frac{1}{8}S_8$). Sowohl ringförmig gebautes S_3N_2O (Fig. 148) wie kettenförmig gebautes $S_3N_2O_2$ (Fig. 148; Abstände OS/SN/NS = 1.37/1.58/1.69 Å; Winkel OSN/SNS/NSN = 115/120/95°) unterscheiden sich hinsichtlich der Strukturen auffallend von den elementhomologen Stickstoffoxiden N_2O_4 (s. dort) und N_2O_5 (s. dort) sowie Schwefelnitriden S_4N_2 (s. dort) und S_5N_2 (bisher unbekannt). Das unter Bildung von SO_2 und S_4N_4 hydrolysierende $S_3N_2O_2$ läßt sich mit Schwefeltrioxid glatt zu **Thiodithiazylpentaoxid** (*Trischwefeldinitridpentaoxid*) $\mathbf{S_3N_2O_5}$ oxidieren ($S_3N_2O_2 + 3SO_3 \rightarrow S_3N_2O_5 + 3SO_2$). Das *farblose*, auch direkt aus S_4N_4 und SO_3 erhältliche cyclische Pentaoxid (Fig. 148) stellt formal ein substituiertes Diamid der Dischwefelsäure dar (Abstände S=N 1.57 Å). Isoelektronisch mit $S_3N_2O_5$ ist das aus $S_4N_4O_2$ und SO_3 in flüssigem SO_2 zugängliche Anion $S_3N_3O_4^-$ (Struktur analog $S_3N_2O_5$ mit N^- anstelle des Ringsauerstoffs), von dem sich das Schwefelnitridoxid $\mathbf{S_7N_6O_8}$ (Fig. 148) ableitet. **Tetrathiazyldioxid** (*Tetraschwefeltetranitriddioxid*) $\mathbf{S_4N_4O_2}$ (*orangegelbe* Nadeln vom Smp. 168 °C, Zers.) entsteht durch Behandeln von $S_3N_2Cl_2$ mit Sulfurylamid $SO(NH_2)_2$ in siedendem CCl_4. Es stellt wie $\mathbf{S_4N_4O_4}$ formal ein Oxidationsprodukt von S_4N_4 (Ersatz eines oder zweier gegenüberliegender S-Atome in S_4N_4 durch SO_2-Gruppen) dar. Der Übergang $S_4N_4 \rightarrow S_4N_4O_2$ ist gemäß Fig. 148 mit einem Aufspalten des S_4N_4-Rings verbunden; charakteristisches Strukturmerkmal von $S_4N_4O_2$ ist eine planare Einheit =S=N—S—N=S= ohne SS-Kontakt (die nächst gebundenen N-Atome liegen 0.41 Å, die SO_2-Gruppen 1.52 Å über dieser Einheit).

3 Das Selen[145)]

3.1 Elementares Selen[145)]

Vorkommen

Selen ist um 4 Größenordnungen seltener als Schwefel und findet sich spurenweise – meist zusammen mit Tellur (S. 628) – in Form von **Seleniden** als häufiger *Begleiter* von Kupfer-,

---

145 **Literatur.** D. M. Chizhikov, V. P. Shchastlivy: „*Selenium and Selenides*", Collet's, London 1968; W. Ch. Cooper (Hrsg.): „*The Physics of Selenium and Tellurium*", Pergamon Oxford 1969; K. W. Bagnall: „*Selenium, Tellurium, and Polonium*" *Comprehensive Inorg. Chem.* **2** (1973) 935–1008; F. J. Berry: „*Sulfur, Selenium, Tellurium and Polonium*", Comprehensive Coord. Chem. **3** (1987) 299–309; R. A. Zingaro, W. Ch. Cooper: „*Selenium*", Van Nostrand, New York 1974; R. Steudel, E.-M. Strauss: „*Homocyclic Selenium Molecules and Related Cations*", Adv. Inorg. Radiochem. **28** (1984) 135–166; „*Selenium Homocycles and Sulphur-Selenium Heterocycles*" in I. Haiduc, D. B. Sowerby (Hrsg.): „*The Chemistry of Inorganic Homo- and Heterocycles*", Acad. Press, London 1987, S. 769–792; T. Klapötke, J. Passmore: „*Sulfur and Selenium Compounds: From Nonexistance to Significance*", Acc. Chem. Res. **22** (1989) 234–240; GMELIN: „*Selenium*", System-Nr. **10**, bisher 9 Bände; ULLMANN (5. Aufl.): „*Selenium and Selenium Compounds*" **A 23** (1993) 525–536; M. A. Ansari, J. A. Ibers: „*Soluble Selenides and Tellurides*", Coord. Chem. Rev. **100** (1990) 223–266; J. W. Kolis: „*Coordination Chemistry of Polychalcogen Anions and Transition Metal Carbonyls*", Coord. Chem. Rev. **105** (1990) 195–219; F. J. Berry: „*Selenium and Tellurium Ligands*", Comprehensive Coord. Chem. **2** (1987) 661–674; C. L. Roof, J. W. Kolis: „*New Developments in the Coordination Chemistry of Inorganic Selenide and Telluride Ligands*", Chem. Rev. **93** (1993) 1037–1080. Vgl. Anm. 150).

Blei-, Zink-, Silber- und Gold*erzen*, (z. B. in natürlichen Sulfiden wie Eisenkies (Pyrit) FeS_2, Kupferkies $CuFeS_2$, Zinkblende ZnS). Darüber hinaus ist es wesentlicher Bestandteil einiger seltener Mineralien. Beim Abrösten sulfidischer Erze reichert es sich im „*Flugstaub*" an (SeO_2 ist zum Unterschied von SO_2 fest). Beim – heute veralteten – Bleikammerverfahren der Schwefelsäurefabrikation fand es sich als elementares Selen im „*Bleikammerschlamm*", da das SeO_2 zum Unterschied von SO_2 nicht von den Stickstoffoxiden zu SeO_3 oxidiert, sondern umgekehrt vom SO_2 der Röstgase zu elementarem Selen reduziert wird. Schließlich sammelt es sich bei der elektrolytischen Kupferraffination (s. dort) im „*Anodenschlamm*" an.

Isotope (vgl. Anh. III). *Natürlich vorkommendes* Selen besteht aus den *sechs Isotopen* $^{74}_{34}Se$ (0.89%), $^{76}_{34}Se$ (9.36%), $^{77}_{34}Se$ (7.63%, für *NMR-Untersuchungen*), $^{78}_{34}Se$ (23.78%), $^{80}_{34}Se$ (49.61%), $^{82}_{34}Se$ (8.73%, β^--Strahler, $\tau_{1/2} = 1.0 \times 10^{19}$ Jahre). Das *künstlich* gewonnene Isotop $^{75}_{34}Se$ (K-Einfang, $\tau_{1/2} = 120$ Tage) dient für *Tracerexperimente* und in der *Medizin*.

Geschichtliches (vgl. Tafel II). Selen wurde 1818 von J. J. Berzelius im Bleikammerschlamm einer Schwefelsäurefabrik entdeckt und gemäß dem 35 Jahre zuvor (1782) von F. J. Müller von Reichenstein in goldhaltigen Erzen aufgefundenen, chemisch sehr ähnlichen homologen Tellur (von tellus (lat.) = Erde) nach dem Mond (von selene (griech.) = Mond) benannt.

Darstellung

Als Ausgangsmaterial für die technische Selengewinnung dienen insbesondere die von restlichem Kupfer befreiten *Anodenschlämme* der Kupfer-Raffinationselektrolysen (S. 1323). Das in diesen in Form von wasserunlöslichem Cu_2Se, Ag_2Se und Au_2Se enthaltene Selen wird bei hohen Temperaturen (500 °C) durch *Salpeter* $NaNO_3$ bzw. *Luftsauerstoff* O_2 in Anwesenheit von Soda Na_2CO_3 zu wasserlöslichem Natriumselenit *oxidiert*; z. B.:

$$Ag_2Se + O_2 + Na_2CO_3 \rightarrow Na_2SeO_3 + 2Ag + CO_2.$$

Das neben Selen im Anodenschlamm ebenfalls anwesende *Tellur* geht hierbei analog in Natriumtellurit Na_2TeO_3 über. Man trennt zunächst das Tellur ab, indem man die alkalisch reagierende Produktlösung mit Schwefelsäure *neutralisiert*, wodurch unlösliches *Tellurdioxid* TeO_2 ausfällt. Anschließend wird die Selenige Säure durch Einleiten von *Schwefeldioxid* in die Lösung zu Selen reduziert:

$$H_2SeO_3 + 2SO_2 + H_2O \rightarrow Se + 2H_2SO_4.$$

Das Selen fällt dabei in der Kälte als amorpher roter, in der Hitze als schwarzer Niederschlag aus. Es wird durch Destillation im Vakuum gereinigt.

Abweichend vom beschriebenen Verfahren kann das Selen des Anodenschlamms auch durch Rösten bei 700 °C in Form von Selendioxid SeO_2 verflüchtigt werden. Letzteres wird in Wasser gelöst und – wie beschrieben – mit SO_2 zu Selen reduziert. In analoger Weise verfährt man mit den SeO_2-haltigen *Flugstäuben*, die sich beim Rösten selenhaltiger Sulfiderze absetzen. Die Reinigung des Selens von Spuren S, Te, P, As, Sb kann durch Hydrierung mit H_2 bei 650 °C und Zersetzung von gebildetem H_2Se bei 1000 °C erfolgen (ebenfalls gebildetes H_2S wird nicht zersetzt, Hydride von Te, P, As, Sb bilden sich nicht).

Physikalische Eigenschaften

Wie Schwefel kommt auch das Selen in mehreren polymorphen und allotropen Modifikationen vor, nämlich einigen kristallinen und amorphen *roten* Formen, je einer amorphen und glasigen *schwarzen* sowie einer kristallinen *grauen* Art (in nachfolgendem Schema eingerahmt). Ihre *thermodynamische Stabilität* nimmt in der Reihenfolge nicht kristallines $Se_{rot, schwarz} \rightarrow$ kristallines $Se_{rot} \rightarrow$ kristallines Se_{grau} zu. Wegen der kleinen *Umwandlungsgeschwindigkeiten* sind die instabilen Modifikationen neben dem – im gesamten Temperaturbereich bis 220.5 °C (Smp. von Se_{grau}) unter Atmosphärendruck – allein *stabilen grauen Selen* bei Normalbedingungen *metastabil*:

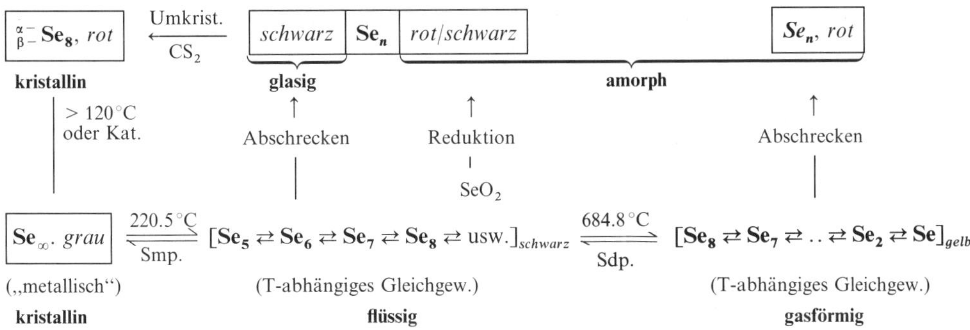

Aggregatzustände des Selens. Festes Selen. Aus den CS_2-Lösungen des amorphen roten, durch Reaktion von H_2SeO_3 mit SO_2 (s. o.) oder des glasigen schwarzen, durch Abschrecken von Se-Schmelzen (s. u.) gebildeten Selens *kristallisieren* beim Eindunsten metastabiles, CS_2-lösliches *monoklines* α- *und* β-*Selen* (**„rotes Selen"**) nebeneinander aus (bei sehr langsamem Eindunsten bilden sich ausschließlich α-Selenkristalle). Sie enthalten ebenso wie das rote monokline γ-Selen[146] als Bauelement gewellte Se_8-Ringe (*Kronenform*; vgl. S_8) und *leiten* den elektrischen Strom *nicht* („nichtmetallisches" Selen). Die thermodynamische Stabilität der – nicht ineinander umwandelbaren – roten Kristallformen wächst in der Reihe $Se_\gamma \rightarrow Se_\beta \rightarrow Se_\alpha$. Durch Druckeinwirkung oder beim Erhitzen auf über 120 °C wandeln sich die monoklinen Modifikationen mehr oder weniger rasch in *Kristalle* des thermodynamisch stabilen, CS_2-unlöslichen *hexagonalen Selens* (**„graues Selen"**) um:

$$Se_{rot} \rightarrow Se_{grau} + 3\,kJ \quad (E_a \text{ ca. } 115\,kJ/mol \text{ Se-Atome}).$$

Es enthält Selen in langen, spiralig um parallele Achsen des Kristallgitters angeordnete Se_∞-Ketten (die chiralen Se-Spiralen haben innerhalb eines Kristalls alle den gleichen Drehsinn und weisen 3 Se-Atome pro Windung der Helix auf; vgl. S_μ und bei Polonium). Se_∞ *leitet* den Strom als „Halbleiter" mäßig („metallisches" Selen; vgl. S. 1312). Die Geschwindigkeit des Modifikationswechsels $Se_{rot} \rightarrow Se_{grau}$ läßt sich durch Katalysatoren (z. B. geringe Mengen Alkalimetall, Amin) drastisch steigern. Auch der Beschuß der monoklinen Modifikationen mit Elektronen oder α-Teilchen (Heliumkerne) führt zur Bildung der hexagonalen Selenform.

Von den *nicht kristallinen Selenarten* (alle CS_2-löslich) bildet sich *schwarzes* **„glasiges Selen"** durch rasches Abkühlen einer Selenschmelze (Eingießen in Wasser; bei langsamem Abkühlen entsteht graues Selen). Es stellt die handelsübliche Selenform dar und läßt sich zu einem roten Pulver zerreiben. Glasiges Selen zeigt bei schwach erhöhten Temperaturen (ab etwa 50 °C) *Kautschukelastizität*, wird bei noch höheren Temperaturen *plastisch* und wandelt sich um 180 °C rasch in graues Selen um (in Anwesenheit von Katalysatoren erfolgt die Bildung von hexagonalem Selen schon bei Raumtemperatur). Der Aufbau des glasigen Präparats („eingefrorene Schmelze") ähnelt weitgehend den abgeschreckten Schwefelschmelzen (s. dort). **„Rotamorphes Selen"** erhält man einerseits beim *Abschrecken von Selendampf* (langsame Kondensation bei Temperaturen wenig unterhalb des Schmelzpunkts von Se führt zu grauem Selen), andererseits durch Reduktion von SeO_2 mit SO_2 in der Kälte (s. Darstellung). Ersteres Selen wandelt sich unterhalb 30 °C in Kristalle des roten, oberhalb 30 °C in solche des grauen Selens um, letzteres geht beim Erwärmen in **„Schwarzamorphes Selen"** (gewinnbar auch durch SeO_2-Reduktion in der Hitze, s. o.) und dann in graues Selen über.

Flüssiges Selen. Bei raschem Erwärmen schmilzt rotes, kristallisiertes Selen bei ca. 155 °C, bevor es sich in das bei diesen Temperaturen noch feste und seinerseits bei 220.5 °C schmelzende graue Selen umwandelt. Die Schmelzwärme des roten Selens beträgt 3.24, die des grauen Selens 6.20 kJ/mol Se-Atome. Die in dicker Schicht schwarze und in sehr dünner Schicht rotbraune Schmelze enthält Selen in Form von Ringen und langen Ketten unterschiedlicher Gliederzahl. Bei weiterer Erwärmung wird sie – anders als eine Schwefelschmelze (s. dort) – stetig dünnflüssiger (Verkleinerung der Ring- und Kettengliederzahl). Langsames Abkühlen führt zu grauem, rasches Abkühlen zu glasigem Selen (s. o.).

146 γ-Selen kristallisiert aus Lösungen des Tetraselans $R_2N{-}Se{-}Se{-}Se{-}Se{-}NR_2$ (R_2N = Piperidyl mit R_2 = $-CH_2CH_2CH_2CH_2-$) in CS_2: $Se_4(NR_2)_2 + 2CS_2 \rightarrow \frac{3}{8}Se_8 + (R_2NCS_2)_2Se$.

Gasförmiges Selen. Der Dampf über flüssigem Selen enthält bei nicht allzu hohen Temperaturen Se_n-Moleküle mit $n = 2-10$. Bei 175 °C besteht er im wesentlichen aus Se_5 (ca. 30 %), Se_6 (ca. 57 %), Se_7 (ca. 11 %) und Se_8 (ca. 2 %), beim Siedepunkt (684.8 °C) zusätzlich aus Se_3 und Se_2 (Abnahme des Gehalts an Se_6, Se_7 und Se_8). Oberhalb 700 °C wird Selendampf zunehmend *diatomar*, oberhalb 2000 °C zunehmend *monoatomar*. Die Verdampfungswärme des flüssigen Selens beträgt unter Normalbedingungen 90 kJ/mol Se-Atome. Langsame Kondensation des Dampfes führt zu grauem, rasche Kondensation zu rotamorphem Selen (s. o.).

Allotrope Modifikation des Selens. Darstellung. Außer ***cyclo*-Octaselen Se_8** („rotes Selen") läßt sich aus Se-Lösungen, die durch Extraktion hochgereinigten rotamorphen bzw. glasigen Selens mit CS_2 gewonnen wurden, in ersterem Falle auch ***cyclo*-Hexaselen Se_6**, in letzterem Falle ***cyclo*-Heptaselen Se_7** auskristallisieren und durch Kristallauslese von Se_8 abtrennen. Darüber hinaus entsteht Se_6 neben Se_8 durch Reaktion von Diselendichlorid Se_2Cl_2 in CS_2 mit einer wässerigen KI-Lösung (vgl. S_6-Gewinnung) und Se_7 durch Reaktion von Cp_2TiSe_5 mit Se_2Cl_2 (vgl. S_7-Gewinnung); aus letzterer Lösung läßt sich Se_7 in dunkelroten Kristallen gewinnen. Bezüglich der Darstellung von ***catena*-Polyselen Se_∞** („graues Selen") s. oben.

Eigenschaften. In Tab. 64 sind physikalische und strukturelle Daten der allotropen Selenmodifikationen **Se_2** (paramagnetisch wie S_2 bzw. O_2; Dissoziationsenergien von $Se_2 = 332.6$, von $S_2 = 425$, von $O_2 = 498$ kJ/mol, entsprechend Doppelbindungen), **Se_6** (Sesselform), **Se_7** (Sesselform), **Se_8** (Kronenform) und **Se_∞** (Spiralform) zusammengestellt (vgl. Bau der allotropen Schwefel-Modifikationen, Fig. 141, S. 547; bezüglich weiterer Eigenschaften vgl. Tafel III, Buchdeckel).

Tab. 64 Eigenschaften einiger allotroper Selenmodifikationen.

Se_n	Farbe	Kristallsystem (Se_n-Symmetrie)		Smp. [°C][a)] (Stabilität)[b)]	Dichte [g/cm³]	r[c)] [Å]	∢ SeSeSe[c)] [Grad]	∢ SeSeSeSe[c)] [Grad]
Se_2	–	nicht isoliert	($D_{\infty h}$)	(instabil)	–	2.152[d)]	–	–
Se_6	dunkelrot	rhomboedrisch	(D_{3d})	ca. 120 (d)	4.71	2.356	101.1	76.2
Se_7	dunkelrot	orthorhombisch	(C_s)	(d)	4.6			
α-Se_8[e)]	dunkelrot	monoklin	(D_{4d})	ca. 155 (∞)	4.400	2.336	105.7	101.3
Se_∞	grauschwarz	hexagonal		220.5 (∞)	4.802	2.374	103.1	100.7

a) Unter Zersetzung. Bei Se_6 und Se_8 unter raschem Aufheizen bestimmt. **b)** Zeitdauer, während der die Modifikation bei 20 °C unzersetzt haltbar ist (d = Tage, ∞ = sehr lange). **c)** Mittelwerte. **d)** Ber. für SeSe-Einfach-, Doppelbindung: 2.34/2.14 Å. **e)** β-Se_8 ($d = 4.352$ g/cm³) und γ-Se_8 ($d = 4.33$ g/cm³) weisen praktisch die gleichen intramolekularen Abstände und Winkel wie α-Se_8 auf.

Die Enthalpien ΔH_f für die *Bildung der gasförmigen Moleküle* Se_n aus festem, hexagonalem, grauem Selen Se_∞ haben folgende Werte: Se_8: 21.2, Se_7: 21.9, Se_6: 23.1, Se_5: 29.7, Se_2: 69.3 kJ/mol Se-Atome. Hiernach kommt Se_8 unter den metastabilen Se-Modifikationen die kleinste Bildungsenthalpie zu (vgl. Schwefel). Im Lösungsmittel CS_2 liegen Se_8, Se_7 und Se_6 bei Raumtemperatur miteinander im *Gleichgewicht* vor (Hauptkomponente: Se_8), was auf ähnliche freie Bildungsenthalpien der drei allotropen Se-Modifikationen deutet. Die Gleichgewichtseinstellung erfolgt hierbei vergleichsweise rasch (Stundenbereich; bezüglich eines Umwandlungsmechanismus vgl. beim Schwefel, S. 551).

Anwendungen. Ein gut ausgebildeter grauer Selenkristall leitet als Halbmetall den elektrischen Strom nur sehr schlecht. Kristalle, die in ihrem Innern gestört sind, insbesondere solche, die noch Spuren von *Halogenid* enthalten, leiten den Strom wesentlich besser. Solches Selen verwendet man zur Herstellung von „*Selen-Gleichrichtern*" und „*Selen-Photoelementen*". Andererseits nutzt man die drastische Leitfähigkeitserhöhung von grauem, glasigem und amorphem Selen beim Bestrahlen mit Licht (im Dunkeln leiten glasiges und amorphes Selen den Strom nicht, graues Selen nur mäßig) in „*Xerox-Kopierern*".

Selen-Gleichrichter bestehen aus einer vernickelten Eisenplatte, auf der eine dünne Schicht halogenhaltigen Selens (0.05 bis 0.1 mm Dicke) aufgebracht ist. Auf diese Selenschicht wird dann als Gegen- oder Deckelektrode eine Schicht aus einer cadmiumhaltigen Legierung aufgetragen. Die Grenzfläche Selen-Cadmium („*Sperrschicht*") hat die Eigenschaft, einen hohen zusätzlichen Widerstand zu besitzen, wenn die cadmiumhaltige Elektrode *Anode* ist. Der Stromdurchgang ist dann gesperrt. Bei *umgekehrter* Polung (Cadmiumelektrode = *Kathode*) verschwindet der zusätzliche Widerstand fast völlig, so daß der Gleichrichter unter diesen Bedingungen den Stromdurchgang gestattet. Jede Gleichrichterscheibe kann in der

Sperr-Richtung Spannungen bis zu 35 V aushalten. In einen *Wechselstromkreis* geschaltet, erlaubt der Gleichrichter den Stromdurchgang nur in *einer* Richtung, macht also aus Wechselstrom pulsierenden *Gleichstrom*.

Selen-Photozellen. Dampft man auf die Selen-Eisen-Schicht einen *sehr dünnen* Cadmiumbelag auf, so daß derselbe *lichtdurchlässig* ist, so beobachtet man, daß sich bei *Bestrahlung* (photoelektrische Lockerung der Elektronen im Kristallgitter des Selens) die *Cadmium*elektrode *positiv* und die *Eisen*elektrode *negativ* auflädt. Eine solche Anordnung wirkt wie ein stromlieferndes galvanisches Element und wird *Selen-Photoelement* genannt. Sie läßt sich zur Konstruktion von Geräten wie photographischen Belichtungsmessern benutzen, die unabhängig von äußeren Stromquellen betätigt werden sollen.

Xerox-Kopierer. Das auf C. F. Carlson (1942) zurückgehende, heute weltweit genutzte Verfahren der „*Xerographie*"[147] („*Elektrophotographie*", „*elektrostatisches Kopieren*") bedient sich folgender Arbeitsschritte: (i) *Elektrostatische Aufladung* (positiv) eines dünnen, auf einem geerdeten Aluminiumträger im Vakuum aufgedampften Films aus amorphem Selen („*Photorezeptor*", ca. 50 µm) durch eine Koronarentladung (Elektrodenspannung 5000–10000 V). (ii) Herstellung eines spiegelverkehrten *latenten elektrostatischen Abbilds* der zu kopierenden Vorlage durch deren Projektion auf den Selenfilm mit weißem oder grünem Licht (an den beleuchteten Stellen verschwindet die positive Ladung durch Elektronenzufluß, an den nicht beleuchteten Stellen (Schrift u. ä.) wegen des hohen Se-Dunkelwiderstands nicht). (iii) *Entwicklung* (*Sichtbarmachung*) *des latenten Bildes* durch Aufbringen eines elektrostatisch aufgeladenen Pulvergemischs aus schwarzen Rußpartikeln (10 µm) oder anderen – auch farbigen – „*Tonern*" auf dem Trägermaterial (z. B. Eisenfeile, Glasperlen). (iv) *Umkopieren* des seitenverkehrten Rußabbildes auf dem amorphen Selen durch „Absaugen" mit einem elektrostatisch aufgeladenen, zuvor über die Selenschicht geschobenen Papiers. (v) *Druckfixierung* durch „*Einschmelzen*" des Rußabbildes auf dem Kopierpapier (Infrarotbeleuchtung). Nach mechanischer oder elektrostatischer Entfernung verbliebenen Toners auf der Se-Schicht und Löschen des latenten Bildes durch gleichmäßige Bestrahlung des Selens ist der Photorezeptor für den nächsten Arbeitscyclus bereit. Statt amorphen Selens verwendet man in der Elektrophotographie auch Zinkoxid in Verbindung mit spektralen Sensibilisatoren als photoleitende Schicht.

Physiologisches. Selen und seine Verbindungen wirken stark *toxisch* (MAK-Wert 0.1 mg/m^3 ber. auf Se; zum Vergleich HCN: 10 mg/m^3) und führen beim Menschen bei längerer Einwirkung von mehr als 1 µg Se pro g Nahrung zu *Se-Vergiftungserscheinungen* (Entzündungen der Atmungs- und Verdauungsorgane sowie Schleim- und Außenhäute als Folge der Verdrängung von Schwefel in Proteinen durch Selen; Se-Ausscheidung als SeO_4^{2-} im Harn, als $SeMe_2$ im Schweiß (fauliger Geruch)). Andererseits treten beim Menschen Se-*Mangelerscheinungen* auf (Herzmuskelschwäche oder Keshan-Krankheit, Rheumatismus, grauer Star, Minderung der Cd- und Hg-Entgiftung sowie Carzinogen-Schutzfunktionen), falls er weniger als 0.2 µg Se pro g Nahrung aufnimmt (der Mensch enthält 0.2 mg Se pro kg Gewebe, hauptsächlich gespeichert in Glutathion-Peroxidase, Leber, Milz, Niere, Herz, Netzhautstäbchen). Auch Tiere zeigen typische Se-Vergiftungserscheinungen (Wachstumshemmung, Haar-, Federausfall, Horn-, Huferweichung) und Mangelerscheinungen (Anfälligkeit gegen spezifische Krankheiten; man setzt dem Mischfutter und Weidendüngemittel Na-selenit oder -selenat zu).

Chemische Eigenschaften

Selen ist in seinen chemischen Eigenschaften dem Schwefel und Tellur sehr ähnlich. So verbindet es sich wie diese in Redox-Reaktionen mit den elektronegativen Elementen (Verbrennung mit blauer Flamme) und elektropositiven Metallen (z. B. Bildung von Alkalimetallseleniden). Allerdings wird es *schwerer zur sechswertigen Stufe* als der Schwefel und das Tellur oxidiert (z. B. geht es beim Erwärmen mit konzentrierter HNO_3 in Selenige Säure über, während Schwefel dabei Schwefelsäure ergibt; siehe hierzu Potentialdiagramme, S. 623). Selen bildet wie Schwefel Komplexe[145] mit dem als Lewis-Säure/Base wirkenden Se_2-Teilchen (z. B. $[Os(CO)_2(PPh_3)_2(\text{side-on-}Se_2)]$, $[\{Fe(CO)_3\}_2(\mu\text{-side-on-}Se_2)]$ oder anderen Se-Modifikationen (z. B. Cp_2TiSe_5 sowie ISe_6^+ mit sechsgliederigem $TiSe_5$- sowie Se_6-Ring).

Selen in Verbindungen. Selen tritt wie Schwefel und Tellur gegenüber elektropositiven Partnern im wesentlichen in der Oxidationsstufe -2 (z. B. H_2Se, Na_2Se), gegenüber elektronegativen Partnern hauptsächlich in der Oxidationsstufe $+4$ (z. B. SeF_4, H_2SeO_3) bzw. $+6$ auf (z. B. SeF_6, SeO_3). Die sechswertige Stufe des Selens bildet sich hierbei weniger leicht als jene von Schwefel oder Tellur (z. B. ΔH_f für SF_6/SeF_6/TeF_6 = $-1220/-1030/-1319$, für $SO_3/SeO_3/TeO_3$ = $-396/-180/-348$ kJ/mol; vgl. hierzu S. 312). Man kennt auch negativ einwertige, positiv ein- und zweiwertige sowie gebrochenwertige Selen-

[147] xerox (griech) = trocken; graphein (griech.) = schreiben.

verbindungen (z. B. Se_2^{2-}, Se_2Cl_2, $SeBr_2$, Se_{11}^{2-}, Se_8^{2+}). Koordinationszahlen: *Eins* (O=C=**Se**, N=C=**Se**$^-$, Mo**Se**$_4^{2-}$), *zwei* (gewinkeltes Se in **Se**$_8$, H_2**Se**), *drei* (trigonal-planares Se in **Se**O_3, pyramidales Se in **Se**OCl_2), *vier* (tetraedrisches Se in **Se**O_2Cl_2, **Se**O_4^{2-}; wippenförmiges Se in R_2**Se**X_2), *fünf* (quadratisch-pyramidales Se in **Se**$OCl_2 \cdot 2\,py$), *sechs* (oktaedrisches Se in **Se**F_6, **Se**Br_6^{2-}; trigonal-prismatisches Se in V**Se**, Cr**Se**, Mn**Se** mit NiAs-Struktur). Bindungen (vgl. hierzu Überblick S. 302). Die Tendenz des Selens zur Ausbildung von *Doppelbindungen* ist etwas weniger ausgeprägt als beim Schwefel (CSe_2 ist im Unterschied zu CS_2 labil; SeO_2 polymerisiert zum Unterschied von SO_2), ebenso die Bildung von *Element-Element-Einfachbindungen* (H_2Se_2 ist im Unterschied zu H_2S_2 instabil; $Se_2O_5^{2-}$ hat zum Unterschied von $S_2O_5^{2-}$ die Konstitution $O_2E{-}O{-}EO_2^{2-}$ anstatt $O_2E{-}EO_3^{2-}$). Vergrößert ist demgegenüber die Tendenz des Selens zur Bildung von *Clustern*, die einige „hypervalente" Se-Atome enthalten (vgl. Selenide).

Selen-Kationen[145] sind ähnlich wie Schwefel-Kationen in Anwesenheit von Anionen sehr geringer Lewis-Basizität beständig. Man kennt ein *grünbraunes* **Decaselen-Dikation Se_{10}^{2+}**, ein *grünes* **Octaselen-Dikation Se_8^{2+}** sowie ein *gelbes* **Tetraselen-Dikation Se_4^{2+}**. Die Ionen entstehen beispielsweise durch Oxidation von rotem Selen mit Arsen- oder Antimonpentafluorid in flüssigem Schwefeldioxid:

$$\tfrac{10}{8}Se_8 \xrightarrow[-AsF_3]{+3AsF_5} Se_{10}^{2+}[AsF_6^-]_2; \qquad Se_8 \xrightarrow[-SbF_3]{+5SbF_5} Se_8^{2+}[Sb_2F_{11}^-]_2; \qquad \tfrac{1}{2}Se_8 \xrightarrow[-AsF_3]{+3AsF_5} Se_4^{2+}[AsF_6^-]_2.$$

grünbraun *grün* *gelb*

Die gebildeten Salze mit den hydrolyseempfindlichen Se-Kationen (Se_n^{2+} + Wasser → Se_m + SeO_2) können nach Abtrennung von SO_2 in Form grünbrauner, grüner bzw. gelber Kristalle isoliert werden. Auch andere Oxidationsmittel wie Peroxodisulfuryldifluorid $S_2O_6F_2$ in Fluoroschwefelsäure oder Schwefeltrioxid SO_3 in Schwefelsäure bzw. in freiem Zustand oder Selentetrachlorid $SeCl_4$ führen Selen in den kationischen Zustand über[148]. Die Tendenz des Selens zur Kationbildung ist dabei größer als die des elektronegativeren Schwefels, die Acidität der Selen-Kationen kleiner als die der Schwefel-Kationen. Demzufolge bilden sich bereits in konzentrierter Schwefelsäure bei 50–60 °C stabile Se_8^{2+}-Lösungen:

$$Se_8 + 3H_2SO_4 \rightarrow Se_8^{2+} + 2HSO_4^- + SO_2 + 2H_2O.$$

(Schwefel wird von H_2SO_4 nicht oxidiert; auch sind Schwefel-Kationen in H_2SO_4 und selbst in der stärkeren Säure HSO_3F nicht stabil). Man nutzt die Reaktion von Selen mit konzentrierter Schwefelsäure zum qualitativen Nachweis von Se (Bildung einer grünen Lösung).

Das Kation Se_8^{2+} (C_s-Symmetrie; gewellter Se_8-Ring mit schwacher transannularer Bindung von 2.84 Å; vgl. Formelbild) und das Kation Se_4^{2+} (D_{4h}-Symmetrie, planar-quadratisch, SeSe-Abstand 2.283 Å; ber. für Einfach-/Doppelbindung 2.34/2.14 Å; 6π-Quasiaromat) sind analog den Kationen S_8^{2+} und S_4^{2+} strukturiert (s. dort). Das Kation Se_{10}^{2+} hat eine Käfigstruktur (C_2-Symmetrie; vgl. Formelbild). Sein Bau läßt sich einerseits ausgehend von einem S_6-Ring in Bootkonformation mit einem Se_4-Henkel, andererseits ausgehend von einem Se_8-Ring in Se_8^{2+}-Konformation mit einer Se_2-Brücke beschreiben[149]. Das Kation Se_{19}^{2+} (vgl. S_{19}^{2+}) ist bisher unbekannt. Bei der Umsetzung von Selen mit dem milden Oxidationsmittel $NO^+SbCl_6^-$ bildet sich – möglicherweise auf dem Wege über Se_{19}^{2+} – das Kation Se_9Cl^+ (Se_7-Ring mit SeSeCl-Seitenkette).

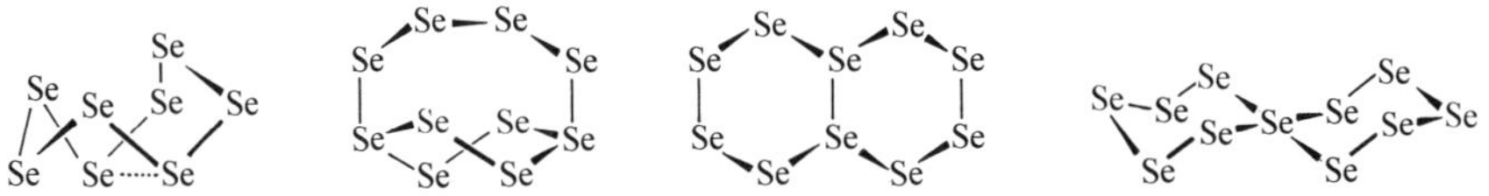

Se_8^{2+} (C_s) Se_{10}^{2+} (C_2) Se_{10}^{2-} (D_2) Se_{11}^{2-} (C_{2h})

Selen-Anionen[145]. *Rotes* **Monoselenid Se^{2-}** liegt in M_2^ISe (M^I = Li, Na, K; „Li_2O-Struktur") und $M^{II}Se$ vor (M^{II} = Mg, Ca, Sr, Ba; „NaCl-Struktur"; M^{II} = Be, Zn, Cd, Hg; „ZnS-Struktur"). Die Tendenz des Selens zur Bildung von **Polyseleniden Se_n^{2-}** (*n* bisher 2–11; z. B. Na_2Se_2, K_2Se_3, $Ba(en)_2Se_4$, Rb_2Se_5, $(NBu_4)_2Se_6$) ist geringer als die der Polysulfidbildung (Se^{2-} setzt sich nicht in Wasser, aber in Ammoniak oder Dimethylformamid mit Se_8 zu Se_n^{2-} um). Strukturell stellen die Anionen Se_2^{2-} bis Se_7^{2-} Ausschnitte aus der Se-Helix des grauen Selens dar. Selenide mit längeren Selenketten stabilisieren sich – entsprechend der deutlichen, beim zweibindigen Schwefel noch nicht gegebenen Tendenz des Selens zur Erhöhung der Koordinationszahl des Elements:

$$-\ddot{\underset{..}{Se}}\!:^- + \ddot{\underset{..}{Se}}\!< \;\rightarrow\; -\ddot{Se} \rightarrow \ddot{\underset{..}{Se}}\!<^- \quad \text{bzw.} \quad 2-\ddot{\underset{..}{Se}}\!:^- + \ddot{\underset{..}{Se}}\!< \;\rightarrow\; (-\ddot{Se}\rightarrow)_2\,\ddot{\underset{..}{Se}}\!<^{2-}$$

148 Auch durch Disproportionierung von Se_2Cl_2 in einer $AlCl_3$-haltigen SO_2-Lösung entstehen Selen-Kationen: $5Se_2Cl_2 + 4AlCl_3 \rightarrow Se_8^{2+}[AlCl_4^-]_2 + 2SeCl_3^+\,AlCl_4^-$.

149 Es existiert auch ein $Te_2Se_8^{2+}$, in welchem die beiden dreibindigen, positiv geladenen Selenatome von Se_{10}^{2+} durch Telluratome ersetzt sind.

unter Einrollen und Ausbildung von cyclischen Seleniden. Dem Anion Se_9^{2-} des Selenides [Sr(15-Krone-5)$_2$]Se_9 liegt demgemäß ein Se_6-Ring mit einer Se_3-Seitenkette zugrunde:

```
    Se—Se⊖                          Se—Se
   /                               /     \ ⊖
Se        Se—Se—Se—Se⊖  →   Se          Se —Se—Se—Se⊖   Se₉²⁻
   \      /                        \     /
    Se—Se                           Se—Se
```

Die Anionen Se_{10}^{2-} und Se_{11}^{2-} der Selenide $[Ph_3PNPPh_3]_2Se_{10}$ und $[Ph_4P]_2Se_{11}$ weisen andererseits die im Formelbild (oben) veranschaulichten Strukturen mit zwei sesselkonformierten, über ein gemeinsames Atompaar bzw. Atom kondensierten Se_6-Ringen auf. Schließlich kommt dem Anion Se_8^{2-} des Selenids Cs_2Se_8 die doppelte Molekülformel Se_{16}^{4-} zu; es leitet sich vom bicyclischen Se_{11}^{2-} durch Ersatz eines Se_5^{2-}-Ringteils gegen zwei Se_5^{2-}-Ketten ab: $[(\eta^2\text{-}Se_5)Se(\eta^1\text{-}Se_5)_2]^{4-}$ (man könnte Se_{16}^{4-} auch als Addukt einer Se_5^{2-}-Kette an monocyclisches, analog Se_9^{2-} strukturiertes Se_{11}^{2-} beschreiben). Die *Darstellung* der Selenide kann bei erhöhter Temperatur aus den Elementen durch Zusammenschmelzen oder durch Reaktion in flüssigem Ammoniak und anderen Medien unter Druck erfolgen. $(Ph_3PNPPh_3)_2Se_{10}$ entsteht durch Erhitzen von Se_5^{2-} in einer $[Ph_3P{=}N{=}PPh_3]$ Cl-haltigen DMF-Lösung, $(Ph_4P)_2Se_{11}$ durch Oxidation von Se_5^{2-} mit Iod in einer Ph_4PCl-haltigen DMF-Lösung (DMF = Dimethylformamid HCON-Me_2), Cs_4Se_{16} durch Reduktion von Se_8 mit MeOH in einer Cs_2CO_3-haltigen Methanol-Lösung. Die Anionen Se_2^{2-} bis Se_6^{2-} lassen sich auch durch Einwirkung von Natrium auf Selen in flüssigem Ammoniak gewinnen. Es entstehen hierbei *rote* (Se_2^{2-}, Se_3^{2-}), *grüne* (Se_4^{2-}) und *rotgrüne* (Se_5^{2-}, Se_6^{2-})-Lösungen.

Verwendung des Selens. Selen (Jahresweltproduktion: Kilotonnenmaßstab) dient zur Herstellung von *Gleichrichtern*, *Photoelementen* und *Photorezeptoren*, (s. oben), in der Metallindustrie als *Legierungsbestandteil* ($\approx$ 0.25 %) von Automatenstählen und Kupferlegierungen (um sie maschinell besser bearbeitbar zu machen), in der chemischen Industrie als licht- und hitzebeständiger *roter Pigmentfarbstoff* und in der Glas- und Keramikindustrie als *Entfärbungsmittel* (bis 150 g Se/t Glas) und *Färbungsmittel* (zartrosa Töne: 1–2 kg/t Glas; rubinrote Töne: Cd(S,Se)-Zusatz). Selenhaltige pharmazeutische Präparate werden gegen Hauterkrankungen eingesetzt. Wichtige Chemikalien: Fe/Se, Cd(S,Se), SeO_2, Na_2SeO_3, Na_2SeO_4, $SeOCl_2$, $(Et_2NCS_2)_4Se$ (für Kautschukherstellung).

3.2 Verbindungen des Selens[145, 150)]

Wasserstoffverbindungen des Selens

Monoselan H_2Se („*Selenwasserstoff*"). Darstellung. Selenwasserstoff kann wie Schwefelwasserstoff direkt *aus den Elementen* (Überleiten von Wasserstoff über Selen oberhalb von 400 °C) oder durch Zersetzen von *Seleniden* (z. B. Eisen-, Aluminium- oder Magnesiumselenid) mit *Salzsäure* gewonnen werden (vgl. S. 284, 286):

$$73\,\text{kJ} + \text{Se (f)} + H_2 \rightleftarrows H_2Se \qquad \text{bzw.} \qquad Se^{2-} + 2H^+ \rightleftarrows H_2Se.$$

Er stellt ein farbloses, „nach faulem Rettich" riechendes Gas dar, das sich leicht verflüssigen und verfestigen läßt (Sdp. −41.3 °C; Smp. −65.73 °C; d = 2.12 g/cm³ beim Sdp., 2.45 g/cm³ beim Smp.), noch giftiger als Schwefelwasserstoff ist und die Schleimhäute der Nase und der Augen aufs heftigste angreift („*Selenschnupfen*"). Der SeH-Abstand beträgt 1.46 Å, HSeH-Winkel 91°.

Als *endotherme* Verbindung ist Selenwasserstoff *unbeständiger* als Schwefelwasserstoff. Wegen der *geringen Zerfallsgeschwindigkeit* macht sich der Zerfall in die Elemente aber bei Zimmertemperatur nur langsam bemerkbar, so daß die Verbindung bei gewöhnlicher Temperatur im Dunkeln (im Licht erfolgt Zersetzung) *metastabil* ist. Mit steigender Temperatur verschiebt sich das *Bildungsgleichgewicht* wie bei allen endothermen Reaktionen zugunsten der endotherm entstehenden Reaktionsseite, hier also des *Selenwasserstoffs*. Da sich dieses günstiger liegende Gleichgewicht bei der höheren Temperatur aber mit größerer Geschwindigkeit einstellt, zerfällt der bei Zimmertemperatur metastabile Selenwasserstoff beim Erhitzen leichter (vgl. S. 290).

---

150 **Literatur.** Halogenverbindungen: J. W. George: „*Halides and Oxyhalides of the Elements of Groups Vb and VIb*", Progr. Inorg. Chem. **2** (1960) 33–107; B. Krebs, F.-P. Ahlers: „*Developments in Chalcogen-Halide Chemistry*", Adv. Inorg. Chem. **35** (1990) 235–317. Sauerstoffverbindungen: R. Paetzold: „*Neuere Untersuchungen an Selen-Sauerstoff-Verbindungen*", Fortschr. Chem. Forsch. **5** (1966) 590–630; B. Cohen, R. D. Peacock: „*Fluorine Compounds of Selenium and Tellurium*", Adv. Fluorine Chem. **6** (1970) 343–385; A. Engelbrecht, F. Sladky: „*Selenium and Tellurium Fluorides*", Adv. Inorg. Radiochem. **24** (1981) 185–223. Schwefelverbindungen: R. Steudel, R. Laitinen: „Cyclic Selenium Sulfides", Topics Curr. Chem. **102** (1982) 177–197. Organische Verbindungen: P. D. Magnus: „*Organic Selen and Tellur Compounds*" in Comprehensive Org. Chem. **3** (1979) 491–538; vgl. Anm. 31, S. 855.

Eigenschaften. Selenwasserstoff ist eine bedeutend *stärkere Säure* als Schwefelwasserstoff; seine Dissoziationskonstante beträgt für die erste Dissoziationsstufe ($H_2Se \rightleftarrows H^+ + HSe^-$) 1.88×10^{-4} und liegt damit in der Größenordnung der Dissoziationskonstante der Salpetrigen Säure ($K = 4.5 \times 10^{-4}$) und der Fluorwasserstoffsäure ($K = 7.2 \times 10^{-4}$); die Dissoziationskonstante der 2. Stufe liegt in der Größenordnung von 10^{-11}. Als *zweibasige* Säure bildet er „*Hydrogenselenide*" (saure Selenide) der Formel M^IHSe und normale „*Selenide*" (neutrale Selenide) der Formel M^I_2Se. Die Metallselenide sind wie die entsprechenden Sulfide mehr oder minder stark farbig, in Wasser – teils auch in Säuren – unlöslich und durch Einwirkung von Selenwasserstoff auf Metallsalzlösungen darstellbar. Als *Base* ist H_2Se *schwächer* als H_2S; die Wasserstoffverbindung läßt sich aber dennoch in flüssigem HF in Anwesenheit von SbF_5 (aber nicht AsF_5) bei $-78\,°C$ protonieren. Gebildetes farbloses $H_3Se^+SbF_6^-$ (pyramidales H_3Se^+-Ion; C_{3v}-Symmetrie) zersetzt sich ab $-60\,°C$ in H_2, Se, HF und SbF_5. Entsprechend seiner geringeren Beständigkeit ist Selenwasserstoff ein *stärkeres Reduktionsmittel* als Schwefelwasserstoff. Aus wässerigen H_2Se-Lösungen fällt unter der Einwirkung des Luftsauerstoffs bald *rotes Selen* aus. Wegen dieser oxidativen Empfindlichkeit muß die Darstellung von H_2Se unter O_2-Ausschluß erfolgen.

Diselan H_2Se_2 entsteht möglicherweise bei der Reduktion von Seleniger Säure mit nascierendem Wasserstoff (Aluminium in Salzsäure).

Halogenverbindungen des Selens[145,150)]

Von Selen sind **Halogenide** der Formeln $\mathbf{Se_2X_2}$, $\mathbf{SeX_2}$, $\mathbf{SeX_4}$ und $\mathbf{SeX_6}$ bekannt (vgl. Tab. 65). Ihre Strukturen entsprechen dem Bau analog zusammengesetzter Schwefelhalogenide (s. dort sowie unten). Die Darstellung der Halogenide erfolgt durch *Halogenierung* von Selen ($\rightarrow Se_2X_2$, SeX_2, SeX_4, SeX_6), *Dehalogenierung* von SeX_4 ($\rightarrow Se_2X_2$, SeX_2) sowie *Halogenidierung* von SeO_2 ($\rightarrow SeX_4$). Stabilität. Die Affinität des Selens zu den Halogenen sowie die Bildungstendenz höherer Oxidationsstufen nimmt – wie im Falle des Schwefels (s. dort) – mit steigender Masse des Halogens ab (höchste isolierbare Oxidationsstufen SeF_6, $SeCl_4$, $SeBr_4$, SeI_0). Die Bildungstendenz der Selentetrahalogenide SeX_4 ist hierbei größer als die der Schwefeltetrahalogenide SX_4 (entsprechendes gilt für die „Monohalogenide" $Se_2X_2 \triangleq SeX$ und wohl auch Dihalogenide SeX_2; vgl. ΔH_f-Werte, Tab. 58 auf S. 562 sowie Tab. 65). Dementsprechend lassen sich von Selen – anders als von Schwefel – auch ein unter Normalbedingungen thermodynamisch *stabiles Tetrachlorid* und *-bromid* gewinnen. Alle ungeladenen *Seleniodide* sind endotherme Verbindungen, die sich wegen ihrer hohen kinetischen Zersetzlichkeit – anders als die zwar endothermeren, aber weniger labilen Schwefeliodide – bisher selbst bei tiefen Temperaturen nicht isolieren ließen (die Labilität instabiler Chalkogenhalogenide erhöht sich mit wachsender Masse des Chalkogens und Halogens)[151)]. Es existieren jedoch kationische und anionische Iodide (Tab. 65). Die Bildungstendenz der *Selenhexahalogenide* ist kleiner als die von Schwefel- oder Tellurhexahalogeniden (ΔH_f von $SF_6/SeF_6/TeF_6 = -1220/-1030/-1319$ kJ/mol; kein SeF_5Br im Unterschied zu SF_5Br, TeF_5Br). Dies steht in Übereinstimmung mit der Beobachtung, daß sich die höchsten Oxidationsstufen von Elementen der 4. Periode weniger leicht als solche von Elementen der 3. und 5. Periode bilden (bezüglich der Gründe vgl. S. 312).

Selen bildet wie Schwefel **Halogenidoxide** der Formeln $\mathbf{SeOX_2}$ („*Seleninylhalogenide*") sowie $\mathbf{SeO_2X_2}$ („*Selenonylhalogenide*"). Sie werden zusammen mit anderen Sauerstoff/Halogen-Verbindungen des Selens (z. B. $SeOF_4$) als Derivate der Selenigen und Selensäure bei diesen Säuren besprochen.

Hexahalogenide $\mathbf{SeX_6}$. Selenhexafluorid $\mathbf{SeF_6}$ (vgl. Tab. 65; darstellbar aus den Elementen, O_h-Symmetrie, oktaedrischer Bau, SeF-Abstand 1.688 Å) ist reaktiver als SF_6, setzt sich aber wie das Schwefelhexafluorid unter Normalbedingungen nicht mit Wasser um. **Selenchloridpentafluorid $\mathbf{SeF_5Cl}$** (Tab. 65) wird durch Chlorierung von $CsSeF_5$ (aus CsF und SeF_4, s. u.) mit $ClOSO_2F$ erhalten. Ein Se_2F_{10} existiert nicht.

Tetrahalogenide. Selentetrafluorid $\mathbf{SeF_4}$, -tetrachlorid $\mathbf{SeCl_4}$ und **-tetrabromid $\mathbf{SeBr_4}$** (Tab. 65) sind *aus den Elementen* sowie durch *Halogenidierung* von SeO_2 mit SF_4, BrF_3 bzw. HX gewinnbar. Ein SeI_4 ist nicht erhältlich, aber SeI_3^+, SeI_6^{2-} (man kennt EX_3^+ von E = S, Se, Te und X = F, Cl, Br, I mit Ausnahme von SI_3^+). Der Bau von $:SeF_4$ entspricht dem von $:SF_4$ (wippenförmig, C_{2v}-Symmetrie). Die nicht-starren (fluktuierenden) Moleküle assoziieren mit steigender Konzentration zunehmend über schwache intermolekulare Fluorobrücken, wobei im kristallinen Zustand die Koordination von Selen zu einem verzerrten Oktaeder ergänzt wird. Der Bau von $:SeCl_4$ und $:SeBr_4$ entspricht andererseits der tetrameren Struktur von $:TeX_4$ (S. 632; Verknüpfung von SeX_3^+-Einheiten über X^--Brücken zu einer Kubanstruktur $[SeX_3^+X^-]_4 = Se_4X_{16}$).

---

[151] Das normalerweise auf der rechten Seite liegende Gleichgewicht RSe—I + I—SeR $\rightleftarrows$ RSe—SeR + I_2 wird durch sperrige Substituenten R wie Supermesityl 1,3,5-$C_6H_2{}^tBu_3$ nach links verschoben.

Tab. 65 Selenhalogenide (Z = Zersetzung).

a)	Verbindungstyp	Fluoride	Chloride	Bromide	Iodide
+1	**Se_2X_2** **Diselen-dihalogenide**	**Se_2F_2** Instabil (in Matrix bei tiefen Temp.)	**Se_2Cl_2** *Braungelbe* Fl. Smp. −85°, Sdp. 127°, Zers. ΔH_f −84 kJ	**Se_2Br_2** *Dunkelrote* Fl. Smp. 5° [b)], Sdp. 225°, Zers.	**Se_2I_2** [c)] Instabil (Intermediat der Reaktion $Se_2Cl_2 + 2I^-$)
+2	**SeX_2** **Selen-dihalogenide**	**SeF_2** Instabil (in Matrix bei tiefen Temp.)	**$SeCl_2$** Nur in Gasphase oder Lösung ΔH_f (g) −30 kJ	**$SeBr_2$** Nur in Gasphase oder Lösung	– [c)]
+4	**SeX_4** **Selen-tetrahalogenide**	**SeF_4** *Farblose* Fl. Smp. −9.5° Sdp. 101.6° ΔH_f −849.9 kJ	**$SeCl_4$** [d)] *Farblose* Krist. Smp. 306° [e)] Sblp. 196°, Zers. ΔH_f −184.4 kJ	**$SeBr_4$** [f)] *Orangef.* Krist. Smp. 123° [f)]	**SeI_3^+, SeI_6^{2+}** Gegenionen z.B. AsF_6^-, pyH^+
+6	**SeX_6** **Selen-hexahalogenide**	**SeF_6** *Farbloses* Gas Smp. −46.6°, Sblp. −34.8°, ΔH_f −1030 kJ	**SeF_5Cl** *Farbloses* Gas Smp. −19° Sdp. 4.5°	–	–

a) Oxidationsstufe. **b)** α-Form; metastabile β-Form: Smp. −46 °C. **c)** Es existieren Kationen $Se_2I_4^{2+}$, $Se_6I_2^{2+}$ und Se_6I^+ mit den Oxidationsstufen +3, $+\frac{2}{3}$ und $+\frac{1}{3}$ des Selens. In CS_2-Lösung sollen Seleniodide wie SeI_2, Se_2I_2, Se_3I_2 existieren. **d)** α-Form; β-Form: Farblose, unterhalb 180 °C metastabile Kristalle. **e)** Geschlossenes System. **f)** α-Form; β-Form: Orangerote, unterhalb 50 °C metastabile Kristalle.

Reaktivität. Die Selentetrahalogenide treten ähnlich wie die Tellurtetrahalogenide als *Donatoren* mit Lewis-Säuren wie AsF_5, SbF_5, $SbCl_5$, AlX_3 und als *Akzeptoren* mit Lewis-Basen wie Halogenid X^- zusammen. In ersteren Fällen bilden sich Komplexe mit dem Kation **:SeX_3^+** (X = F, Cl, Br, I; isoelektronisch mit AsX_3; C_{3v}-Symmetrie, pyramidaler Bau; $SeI_3^+MF_6^-$ gewinnt man – da SeI_4 unbekannt – aus Se, I_2, MF_5 in flüssigem SO_2), in letzteren Fällen **SeX_6^{2-}** (X = Cl, Br, I, F: O_h-Symmetrie, regulär oktaedrischer Bau; X = F: C_{3v}-Symmetrie, verzerrt-oktaedrisch), **SeX_5^-** (SeF_5^- : isoelektronisch mit BrF_5, XeF_5^+; quadratisch-pyramidaler Bau; $(SeX_5^-)_2 = Se_2X_{10}^{2-}$: kantenverknüpfte SeX_6-Oktaeder mit X = Cl, Br; $(SeCl_5^-)_n$: *cis*-eckenverknüpfte $SeCl_6$-Oktaeder) **$Se_3X_{13}^-$** (X = Cl, Br; vgl. bei Te) und **$Se_2Cl_9^{2-}$** (flächenverknüpfte $SeCl_6$-Oktaeder; bei allen Chloro-, Bromo- und Iodokomplexen – nicht jedoch Fluorokomplexen – bleibt das freie Elektronenpaar stereochemisch unwirksam):

SeF_5^- (C_{4v}) **$Se_2Cl_{10}^{2-}$** (D_{2h}) **$(SeCl_5^-)_n$** **$Se_2Cl_9^{2-}$** (C_{3v})

Lösungen von SeF_4, $SeCl_4$, $SeBr_4$ bzw. SeO_2 in Flußsäure, konzentrierter Chlor-, Brom- bzw. Iodwasserstoffsäure enthalten die Ionen SeF_5^-, $SeCl_6^{2-}$, $SeBr_6^{2-}$, SeI_6^{2-} (Isolierung durch Fällung mit geeigneten Kationen wie protoniertes Pyridin). Flüssiges SeF_4 *dissoziiert* in geringem Ausmaß nach $2\,SeF_4 \rightleftarrows SeF_3^+ + SeF_5^-$, Schmelzen von $SeCl_4$ und $SeBr_4$ (unter X_2-Druck) verhalten sich hinsichtlich der Dissoziation wie TeX_4-Schmelzen (s. dort). SeF_4 (sehr hydrolyseempfindlich) wirkt wie SF_4 als gutes *Fluorierungsmittel* u.a. für P, As, Sb, Bi, Si sowie als *Fluoridierungsmittel* für Ketone, Aldehyde, Alkohol, Amide Carbonsäuren usw. und greift auch Glas langsam an. $SeCl_4$ reagiert als *Chloridierungsmittel* mit SeO_2 oder TeO_2 zu $SeOCl_2$ oder $TeCl_4$. Die Umsetzung von $SeCl_4$ oder $SeBr_4$ führt mit Wasser über $SeOX_2$ zu H_2SeO_3, mit Ammoniak zu rotem Tetraselentetranitrid Se_4N_4 (s. dort).

Stabilität. Zum Unterschied von unzersetzt verdampfbarem, bis zu hohen Temperaturen zerfallstabilem SeF_4 existieren die Tetrahalogenide $SeCl_4$ und $SeBr_4$ nur in kondensierter Phase. Ihre Überführung in die Gasphase ist mit einem vollständigen, reversiblen Zerfall in die Dihalogenide und Halogene verbunden:

$$SeX_4 \rightleftarrows SeX_2 + X_2 .$$

Entsprechend der Abnahme der Stabilität in Richtung $SeCl_4 > SeBr_4$ läßt sich $SeBr_4$ trotz seiner höheren Masse leichter – unter Zersetzung in SeX_2/X_2 – als $SeCl_4$ verdampfen. Man kann die reversible Überführung in die Gasphase zur Reinigung von $SeCl_4$ und $SeBr_4$ nutzen, indem man ein einseitig mit SeX_4 gefülltes, evakuiertes und abgeschlossenes Glasrohr auf der SeX_4-Seite auf 150 °C (X = Cl) bzw. 80 °C (X = Br) erhitzt, wodurch SeX_2/X_2-Gas entsteht, das sich am kühleren Rohrende wieder in festes SeX_4 umwandelt. Der Zerfall von $SeBr_4$ in $SeBr_2$ und Br_2 tritt – im Unterschied zu $SeCl_4$ – auch beim Lösen in Benzol, Tetrachlorkohlenstoff, Schwefelkohlenstoff, Chloroform usw. ein.

Niedrigwertige Selenhalogenide. Selendifluorid SeF_2 und **Diselendifluorid Se_2F_2** (Tab. 65; Strukturen s. unten) entstehen zusammen mit SeF_4 bei der Umsetzung von Selen mit hochverdünntem Fluor. Die Fluoride lassen sich gemeinsam in einer Matrix bei tiefen Temperaturen isolieren. Unter Normalbedingungen disproportionieren SeF_2 und SeF_2 in Selen und SeF_4 (vgl. hierzu SF_2, S_2F_2). Bei der Photolyse der Matrix wandelt sich FSeSeF teilweise in $SeSeF_2$ um.

Selendichlorid $SeCl_2$ und **-dibromid $SeBr_2$** (Tab. 65) existieren nicht in kondensierter Phase, sondern nur in der Gas- bzw. Lösungsphase. Sie bilden sich quantitativ nach $SeX_4 \rightleftarrows SeX_2 + X_2$ bzw. $SeX_4 + Se \rightleftarrows 2SeX_2$ bzw. $Se_2X_2 \rightleftarrows Se + SeX_2$ beim Verdampfen von SeX_4 (in Ab- oder Anwesenheit von Se) bzw. Se_2X_2. Auch Lösungen von SeO_2/Se in konzentrierter Salzsäure bzw. von $SeBr_4$ in organischen Solvenzien (s. oben) enthalten $SeCl_2$ bzw. $SeBr_2$. Das bei erhöhter Temperatur gewonnene SeX_2-Gas *disproportioniert* bei der Kondensation – selbst wenn diese sehr rasch erfolgt – in Selentetrahalogenid und Diselendihalogenid, während das SeX_2-Gas bei weiterer Erwärmung in gasförmiges Selen (um 900 °C im wesentlichen Se_2) und Halogen *zerfällt*:

$$3SeX_2\,(g) \xrightleftharpoons{\text{Abkühlung}} 2SeX_4 + Se_2X_2; \qquad SeX_2\,(g) \xrightleftharpoons{\text{Erwärmung}} \frac{1}{n}Se_n + X_2$$

(Der Zerfall erfolgt für $SeCl_2$ ab ca. 400 °C, für $SeBr_2$ bereits bei niedrigeren Temperaturen.) Das in organischen Medien gelöste $SeBr_2$ steht mit Se_2Br_2 im Gleichgewicht: $2SeBr_2 \rightleftarrows Se_2Br_2 + Br_2$ (in Anwesenheit von Br_2 wird in Lösung der $SeBr_2$-Zerfall zurückgedrängt; vgl. SCl_2).

Die Selendihalogenide weisen wie andere Chalkogendihalogenide EX_2 (E = O, S, Se, Te) einen gewinkelten Bau auf (C_{2v}-Symmetrie), wobei sich der Bindungswinkel mit abnehmendem Radius des Chalkogens und zunehmendem Radius des Halogens vergrößert (vgl. S. 317; SeF/SeCl/SeBr-Abstand 1.71/2.157/2.32 Å, FSeF/ClSeCl/BrSeBr-Winkel ca. 95.8/99.6/100°).

Im Unterschied zu den Halogenderivaten des Selenwasserstoffs H_2Se existieren isolierbare *Pseudohalogenderivate* wie $Se(CN)_2$, $Se(SCN)_2$, $SeCN^-$ (Salz von HSeCN), $Se(SeCN)_2$, $Se(NSO)_2$. Auch lassen sich $SeCl_2$ und $SeBr_2$ in kondensierter Phase durch *Addition von Halogenid* disproportionierungsstabil und in Form von $\mathbf{SeCl_4^{2-}}$ (gewinnbar als hellrotes $SeCl_2$-Addukt, s. u.) und orangefarbenem $\mathbf{SeBr_4^{2-}}$ (fällt als $(PPh_4)_2SeBr_4$ aus PPh_4Br-haltigen $SeBr_2/Br_2$-Lösungen aus) isolierbar machen. Die SeX_4^{2-}-Ionen (2 freie Elektronenpaare) sind wie isovalenzelektronisches ICl_4^- oder XeF_4 quadratisch planar gebaut und addieren leicht ein SeX_2-Molekül unter Bildung von $\mathbf{Se_2X_6^{2-}}$ (isovalenzelektronisch mit I_2Cl_6; kantenverknüpfte SeX_4-Quadrate). Man kennt darüber hinaus die Bromoselenate $SeBr_4^{2-} \cdot 2SeBr_2 = Se_3Br_8^{2-}$ und $SeBr_6^{2-} \cdot SeBr_2 = Se_2Br_8^{2-}$ [152]:

$SeBr_4^{2-}$ (D_{4h}) $\quad$ $Se_2Br_6^{2-}$ (D_{2h}) $\quad$ $Se_3Br_8^{2-}$ (C_{3h}) $\quad$ $Se_2Br_8^{2-}$ (C_s)

Diselendichlorid Se_2Cl_2 und **-dibromid Se_2Br_2** (Tab. 65) werden aus den Elementen oder durch Reaktion von Selen und SeX_4 bei 120 °C synthetisiert. Sie stellen penetrant riechende, hydrolyseempfindliche dunkelgelbe bis -rote, schwere Flüssigkeiten dar, deren Dichten 2.774 (Se_2Cl_2) und 3.604 g/cm³ (Se_2Br_2) bei 25 °C betragen und die bei erhöhter Temperatur beträchtliche Mengen elementares Selen lösen, wobei in geringem Ausmaß Polyselendihalogenide Se_nX_2 entstehen (flüssiges Se_2Cl_2 enthält ca. 5% *Triselen-*

152 Weitere isolierte Bromoselenate: $SeBr_4^{2-} \cdot 4SeBr_2 = Se_5Br_{12}^{2-}$; $SeBr_6^{2-} \cdot 2SeBr_2 = Se_3Br_{10}^{2-}$; $Se_4Br_{14}^{2-}$ (zwei parallel übereinander liegende $Se_2Br_6^{2-}$-Einheiten, verknüpft über Br(I) zwischen den Se-Atomen; lineare Se(II)Br(I)Se(II)-Gruppen).

dichlorid und Spuren *Tetraselendichlorid* neben Selendichlorid: $2Se_2Cl_2 \rightleftarrows SeCl_2 + Se_3Cl_2$; $3Se_2Cl_2 \rightleftarrows 2SeCl_2 + Se_4Cl_2$; vgl. S_2Cl_2 auf S. 566). Die Diselendihalogenide verdampfen unter Disproportionierung nach:

$$Se_2X_2 \rightleftarrows \frac{1}{n}Se_n + SeX_2$$

(Se_2X_2 existiert wie SeX_4 (X = Cl, Br) nicht in der Dampfphase.)

Die Diselendihalogenide Se_2X_2 (ClSe/SeSe-Abstände = 2.23/2.21 Å; ClSeSe/ClSeSeCl-Winkel = 104.3/87.4°; BrSe/SeSe-Abstände = 2.357/2.258 Å; BrSeSe/BrSeSeBr-Winkel = 107.2/85.0°) haben wie H_2O_2, O_2F_2, H_2S_2, S_2F_2, S_2Cl_2 und S_2Br_2 und im Unterschied zu Te_2I_2 (s. dort) eine Struktur mit gewinkelter nicht planarer (gauche-konformierter) XEEX-Kette. Der EE-Abstand ist dabei in E_2X_2 kürzer als in E_2H_2 oder E_∞: mit zunehmender Periodennummer von E und X entspricht er aber zunehmend einer Einfachbindung. Der Bindungswinkel EEX in E_2X_2 vergrößert sich, der Torsionswinkel XEEX verkleinert sich mit abnehmendem Radius von E und zunehmendem Radius von X (vgl. entsprechenden Gang bei EX_2). Die zwischenmolekularen Beziehungen nehmen beim Übergang von S_2X_2 nach Se_2X_2 (X = Cl, Br) stark zu (bzgl. Te_2I_2 s. unten); als Folge hiervon bilden Se_2X_2 auffallend dichte Flüssigkeiten; auch liegen im festen Zustand bereits lockere Moleküldimere vor:

X–Se–Se–X + X–Se–Se–X ⇄ (X–Se–Se–X)$_2$

(Für Se_2Cl_2 beträgt die Dimerisierungsenthalpie ca. 17 kJ/mol.) Die Halogenide Se_2X_2 wirken weder als Halogeniddonoren, noch als -akzeptoren. Es existieren aber die Kationen $\mathbf{Se_9Cl^+}$ (vgl. S. 618), $\mathbf{Se_2Br_5^+}$ (aus Se_4^{2+} und Br_2 in SO_2; Struktur: $Br_2SeBrSeBr_2$ mit pyramidalem Se und linearem Br, C_{2h}-Symmetrie) und $\mathbf{Se_3Br_3^+}$ (aus Se, Br_2, AsF_5 in SO_2; Struktur: Ersatz eines Br-Atoms in $SeBr_3$ durch eine SeSeBr-Gruppe).

Iodverbindungen. Selen bildet keine niedrigwertigen neutralen Iodide. Es existieren aber folgende **Selen-Iod-Kationen**: $\mathbf{SeI_3^+}$ (vgl. SeX_4, oben), $\mathbf{Se_2I_4^{2+}}$ (gewinnbar als $Sb_2F_{11}^-$-Salz aus Selen und $I_2^+Sb_2F_{11}^-$ in flüssigem SO_2; isovalenzelektronisch mit P_2I_4, $S_2O_4^{2-}$; dachförmige Struktur wie $S_2O_4^{2-}$ mit langer SeSe-Bindung von 2.841 Å und nur sehr schwachen Iod-Wechselwirkungen; vgl. $S_2I_4^{2+}$), $\mathbf{Se_6I_2^{2+}}$ und $\mathbf{(Se_6I^+)_n}$ (beide gewinnbar als rubinrote AsF_6^--Salze aus Selen, Iod, AsF_5 in flüssigem SO_2; sesselkonformierte Se_6-Ringe mit Iod-Substituenten in 1- und 4-Position, welche zusätzlich schwache Bindungen zu zwei weiteren Se-Atomen des Se_6-Rings ausbilden, so daß – entfernt – eine Se_6I_2-Kubanstruktur resultiert):

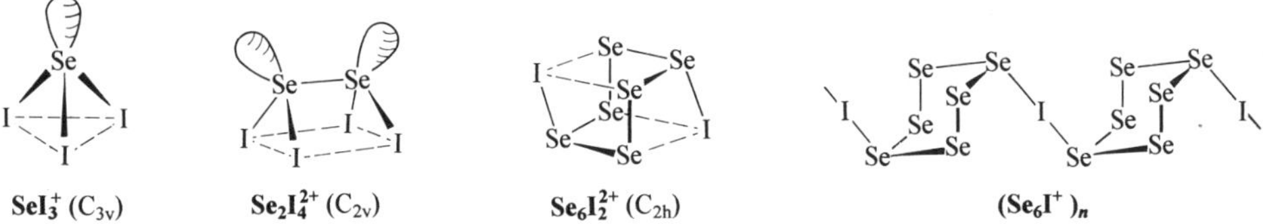

$\mathbf{SeI_3^+}$ (C_{3v}) $\mathbf{Se_2I_4^{2+}}$ (C_{2v}) $\mathbf{Se_6I_2^{2+}}$ (C_{2h}) $\mathbf{(Se_6I^+)_n}$

In SO_2-Lösung entsteht darüber hinaus das $\mathbf{Se_4I_4^{2+}}$-Kation nach $Se_4^{2+} + 2I_2 \rightarrow Se_4I_4^{2+}$, welches sich strukturell von $Se_2I_4^{2+}$ durch Einlagerung von zwei Se-Atomen zwischen die SeSe-Bindung ableitet und im Gleichgewicht mit SeI_3^+ und $Se_6I_2^{2+}$ liegt: $2Se_4I_4^{2+} \rightleftarrows 2SeI_3^+ + Se_6I_2^{2+}$.

Sauerstoffverbindungen des Selens

Selen bildet wie *Schwefel, Tellur* und *Polonium* ein **Dioxid** $\mathbf{EO_2}$ und ein **Trioxid** $\mathbf{EO_3}$, welche *Anhydride* der **Sauerstoffsäuren** $\mathbf{H_2EO_3}$ und $\mathbf{H_2EO_4}$ („*Chalkogenige Säuren*" und „*Chalkogensäuren*"; zum Teil hydratisiert) darstellen, in die sie durch *Hydratisierung* übergehen bzw. aus denen sie durch *Dehydratisierung* entstehen (die **Monoxide EO** lassen sich im Falle E = S, Se, Te als reaktive Zwischenprodukte in Flammen nachweisen, im Falle E = Po isolieren). Von den Sauerstoffsäuren leiten sich **Halogenderivate** wie $\mathbf{EOX_2}$, $\mathbf{EO_2X_2}$, $\mathbf{EOF_4}$ ab (teilweiser Ersatz von OH bzw. O der Säuren durch Halogenatome X).

Wie aus den nachfolgend wiedergegebenen **Potentialdiagrammen** wichtiger Oxidationsstufen der Chalkogene (einschließlich Sauerstoff) bei pH = 0 und 14 hervorgeht (vgl. Anh. VI), ist die *Oxidationskraft* der Chalkogen-Sauerstoffsäuren bzw. ihrer Anionen ähnlich wie die der Halogen-Sauerstoffsäuren und ihrer Anionen in *saurer Lösung größer* (stärkstes Oxidationsmittel – abgesehen von O_3 – $PoO_3 \cdot aq$, gefolgt von H_2SeO_4, H_6TeO_6, H_2SO_4), die *Reduktionskraft* in *alkalischer Lösung* (stärkstes Reduktionsmittel SO_3^{2-}, gefolgt von SeO_4^{2-}, $H_4TeO_6^{2-}$, $PoO_4^{2-} \cdot aq$). Das Diagramm lehrt darüber hinaus, daß eine *Disproportionierung* der Oxidationsstufe 0 bzw. +4 ausschließlich bei S_8 im Alkalischen sowie bei SO_2 und SO_3^{2-} im Sauren und Alkalischen möglich ist. In den übrigen Fällen erfolgt umgekehrt *Komproportionierung*.

pH = 0		O_3	2.075	O_2	1.229	H_2O
+6		+4		±0		−2
SO_4^{2-}	0.158	SO_2	0.500	S_8	0.144	H_2S
SeO_4^{2-}	1.15	H_2SeO_3	0.74	Se	−0.40	H_2Se
H_6TeO_6	0.93	TeO_2	0.57	Te	−0.69	H_2Te
$PoO_3 \cdot aq$	1.524	PoO_2	0.724	Po	< −1.0	H_2Po

pH = 14		O_3	1.246	O_2	0.0401	HO^-
+6		+4		±0		−2
SO_4^{2-}	−0.936	SO_3^{2-}	−0.659	S_8	−0.476	HS^-
SeO_4^{2-}	0.03	SeO_3^{2-}	−0.366	Se	−0.92	Se^{2-}
$H_4TeO_6^{2-}$	0.07	TeO_3^{2-}	−0.42	Te	−1.143	Te^{2-}
$PoO_4^{2-} \cdot aq$	1.474	PoO_3^{2-}	0.748	Po	< −1.4	Po^{2-}

Selen(IV)-Verbindungen. Selendioxid SeO_2 entsteht durch *Verbrennen von Selen* an der Luft bzw. im O_2-Strom (rein blaue Flamme: $Se + O_2 \rightarrow SeO_2 + 225.5\,kJ$) oder bei der Oxidation von Selen mit konz. Salpetersäure bei 300 °C und bildet *weiße*, glänzende, in Wasser, Benzol und Eisessig lösliche Nadeln, welche bei 315 °C sublimieren und bei 340 °C in einem geschlossenen Rohr zu einer gelben Flüssigkeit schmelzen. Im Gegensatz zum *monomeren*, gasförmigen Schwefeldioxid (a) bildet es nichtplanare, gewinkelte, *hochpolymere Ketten* (b), da beim Selen wegen des im Vergleich zum Schwefel größeren Atomradius die Doppel-Bindungen instabiler werden. Der SeO-Abstand in $(SeO_2)_x$ entspricht mit 1.78 Å (innerhalb der Kette) bzw. 1.73 Å (außerhalb der Kette) in Übereinstimmung mit Formel (b) einem Zwischenzustand zwischen einfacher (ber. 1.83 Å) und doppelter Bindung (ber. 1.63 Å). Die Dampfdichte von SeO_2 ergibt bei hohen Temperaturen die *monomere Formel* SeO_2. Die SeO-Abstände in diesem monomeren Molekül entsprechen mit 1.61 Å in Übereinstimmung mit (c) und zum Unterschied von (b) Doppelbindungen; beim Verdampfen erfolgt also eine beträchtliche Zunahme der π-Komponente.

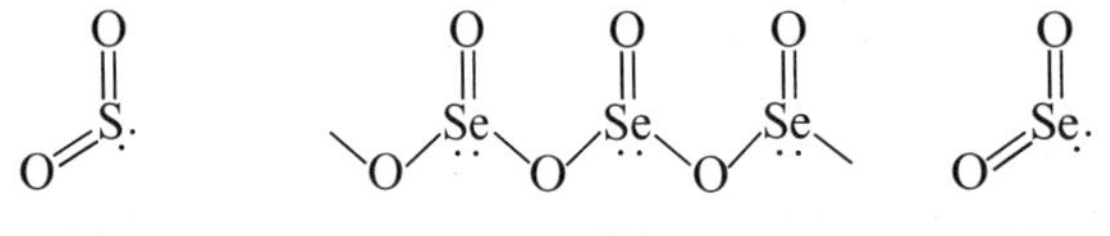

(a) (b) (c)

Bei niedrigen Temperaturen enthält SeO_2-Gas (Analoges gilt für SeO_2-Schmelzen) auch dimere und oligomere Moleküle. In $SeOCl_2$ gelöst, liegt SeO_2 in *trimerer Form* vor.

In Wasser löst sich SeO_2 leicht unter Bildung von **Seleniger Säure H_2SeO_3**, die viel *beständiger* als die Schweflige Säure H_2SO_3 ist und durch Eindunsten der Lösung im Vakuum in Form zerfließender, farbloser, an trockener Luft unter Wasserabspaltung verwitternder Prismen gewonnen werden kann (in analoger Weise bildet sich aus SeO_2 und Wasserstoffperoxid „*Peroxoselenige Säure*" H_2SeO_4 = HOSeO(OOH) (stabil bis −10 °C). Wässerige Lösungen der Säure bilden sich auch bei der Oxidation von gepulvertem Selen mit verdünnter Salpetersäure:

$$3\,Se + 4\,HNO_3 + H_2O \rightarrow 3\,H_2SeO_3 + 4\,NO.$$

H_2SeO_3 (über H verbrückte pyramidale $SeO(OH)_2$-Gruppen) ist eine *schwächere Säure* als Schweflige Säure. Als *zweibasige* Säure ($pK_1 = 2.62$ und $pK_2 = 8.32$) bildet sie „*Hydrogenselenite*" (saure Selenite) M^IHSeO_3 (dimerer Bau: $(HO)OSeO_2SeO(OH)^{2-}$) und normale „*Selenite*" (neutrale Selenite) $M_2^ISeO_3$ (pyramidaler Bau des SeO_3^{2-}-Ions mit C_{3v}-Symmetrie; SeO-Abstand 1.74 Å). Die Hydrogenselenite sind leicht in „*Diselenite*" überzuführen und befinden sich mit diesen im Gleichgewicht: $2\,HSeO_3^- \rightleftarrows Se_2O_5^{2-} + H_2O$. Im Gegensatz zu den homologen Disulfiten $S_2O_5^{2-} = [O_2S{-}SO_3]_2^{2-}$ (s. dort) enthalten die Diselenite $Se_2O_5^{2-}$ keine Element-Element-, sondern eine EOE-Bindung: $[O_2Se{-}O{-}SeO_2]^{2-}$ (C_{2v}-Symmetrie; gewinkelte SeOSe-Gruppen).

Die *reduzierende Wirkung* der Selenigen Säure ist weit *geringer* als die der Schwefligen Säure, was schon daraus hervorgeht, daß sie von Schwefliger Säure zu elementarem Selen reduziert wird; umgekehrt besitzt die Selenige Säure – namentlich in saurer Lösung – recht gute *oxidierende Wirkung* (vgl. Potentialdiagramm, oben). So scheidet Selenige Säure aus Iodwasserstofflösungen Iod aus ($2\,I^- \rightarrow I_2 + 2\ominus$) und oxidiert Schwefelwasserstoff zu Schwefel ($S^{2-} \rightarrow S + 2\ominus$), Schweflige Säure zu Schwefelsäure ($SO_3^{2-} + H_2O \rightarrow SO_4^{2-} + 2\,H^+ + 2\ominus$) und Hydrazin zu Stickstoff ($N_2H_4 \rightarrow N_2 + 4\,H^+ + 4\ominus$), wobei es selbst in rotes Selen übergeht. Von dieser oxidierenden Wirkung des Selenits und Selendioxids macht man namentlich in der organischen Chemie Gebrauch (vgl. Organoselenverb.). Darüber hinaus *verwendet* man SeO_2 als Additiv für Schmierstoffe, Aktivator für Leuchtstoffmassen und zur Herstellung von Spezialgläsern sowie Selenverbindungen.

Unter den **Halogenderivaten** der Selenigen Säure, **$SeOF_2$** (*farblose* Flüssigkeit, Smp. 15 °C, Sdp. 125 °C, $d = 2.80$ g/cm^3; über O und F verbrückte pyramidale $SeOF_2$-Einheiten), **$SeOCl_2$** (*farblose* Flüssigkeit, Smp. 10.9 °C, Sdp. 177.2 °C, $d = 2.445$ g/cm^3, C_s-Symmetrie, pyramidaler Bau) und **$SeOBr_2$** (*orangefarbener* Feststoff, Smp. 41.6 °C, Sdp. 220 °C, Zers.; $d = 3.38$ g/cm^3; C_s-Symmetrie, pyramidaler Bau), ist das „*Seleninylchlorid*" $SeOCl_2$ ($\Delta H_f = -183.0$ kJ/mol) bemerkenswert. Es ist aus $SeCl_4$ und SeO_2 bei 200 °C in CCl_4 im abgeschlossenen Rohr gewinnbar ($SeCl_4 + SeO_2 \rightleftarrows 2SeOCl_2$), zerfällt ab 600 °C zunehmend nach: $2SeOCl_2(g) \rightarrow SeO_2(g) + SeCl_2(g) + Cl_2$ und zeigt in flüssiger Phase aufgrund seiner geringfügigen Dissoziation gemäß $2SeOCl_2 \rightleftarrows SeOCl^+ + SeOCl_3^-$ elektrische Leitfähigkeit (2.5×10^{-5} Ω^{-1} cm^{-1} bei 25 °C). Mit Chlorid entsteht der Halogenokomplex $SeOCl_3^-$, der in dimerer Form als $Cl_2OSe(\mu\text{-}Cl)_2SeOCl_2^{2-}$ anfällt. $SeOCl_2$ setzt sich fast mit allen Elementen und Elementverbindungen um und wirkt – wie viele andere Chloridoxide (z. B. $COCl_2$, MeCOCl, PhCOCl, NOCl, $POCl_3$, $PhPOCl_2$, $SOCl_2$, SO_2Cl_2) – als gutes Lösungsmittel.

Selen(VI)-Verbindungen. Die Oxidation der Selenigen zu **Selensäure H_2SeO_4** in saurer Lösung ($H_2SeO_3 + H_2O \rightleftarrows SeO_4^{2-} + 4H^+ + 2\ominus$; $\varepsilon_0 = +1.15$ V) gelingt nur mit *starken Oxidationsmitteln* wie Chlor, Chlorsäure, Kaliumpermanganat, Ozon, Wasserstoffperoxid oder auf *elektrolytischem Wege* durch anodische Oxidation. Sie ist ein fester, farbloser, kristallisierter, bei 62 °C schmelzender, hygroskopischer Stoff ($d = 2.961$ g/cm^3; über H verbrückte, tetraedrische $SeO_2(OH)_2$-Gruppen). Die 95 %ige Lösung ist eine der konzentrierten Schwefelsäure äußerlich gleichende, ölige Flüssigkeit, die bereitwillig SeO_3 unter Bildung von „*Diselensäure*" („*Pyroselensäure*") $H_2Se_2O_7$ (Smp. 19 °C) und „*Triselensäure*" $H_2Se_3O_{10}$ (Smp. 25 °C) aufnimmt und mit H_2O_2 – zumindest teilweise – „*Peroxoselensäure*" $H_2SeO_5 = HOSeO_2(OOH)$ bildet (eine Peroxodiselensäure $H_2Se_2O_8 = HOSeO_2—OO—SeO_2OH$ ist unbekannt). Ihre *Oxidationswirkung* übertrifft die der Schwefelsäure bedeutend (vgl. Potentialdiagramm, oben). So entwickelt z. B. ein Gemisch von konzentrierter Salzsäure und konzentrierter Selensäure reaktionsfähiges Chlor:

$$H_2SeO_4 + 2HCl \rightleftarrows H_2SeO_3 + H_2O + 2Cl,$$

so daß man damit – ähnlich wie mit Königswasser (s. dort) – Gold und Platin auflösen kann. Wie Schwefelsäure vereinigt sich auch Selensäure begierig mit Wasser (Bildung von Hydraten wie $H_2SeO_4 \cdot H_2O$ (Smp. 26 °C), $H_2SeO_4 \cdot 4H_2O$ (Smp. 52 °C)), daher wirkt sie wie erstere verkohlend auf organische Substanzen ein. Die wässerige Lösung stellt eine *starke Säure* dar (etwa ebenso stark wie Schwefelsäure; $pK_2 = 1.74$). Als zweibasige Säure bildet H_2SeO_4 „*Hydrogenselenate*" $HSeO_4^-$ und „*Selenate*" SeO_4^{2-}, die hinsichtlich Löslichkeit und Kristallstruktur den (isomorphen) Sulfaten entsprechen. Auch die Selenate sind wie die zugrundeliegende Selensäure stärkere Oxidationsmittel als die entsprechenden Schwefelverbindungen und spalten beim Erhitzen ziemlich leicht Sauerstoff ab.

Entwässert man wasserfreie Selensäure mit Phosphorpentaoxid bei 150–160 °C, so entsteht das **Selentrioxid SeO_3**. Es läßt sich auch durch Einwirkung von *Sauerstoff auf Selen* in einer *Hochfrequenz-Glimmentladung* ($Se + 3O \rightarrow SeO_3$) oder durch Einwirkung von fl. *Schwefeltrioxid* auf *Kaliumselenat* ($SO_3 + K_2SeO_4 \rightarrow K_2SO_4 + SeO_3$) gewinnen und stellt eine kristalline, sehr hygroskopische, farblose, stark oxidierend wirkende Substanz (Smp. 118 °C, Sblp. 100 °C/40 mbar; $\Delta H_f = 179.5$ kJ/mol) dar, die oberhalb von 185 °C in Selendioxid und Sauerstoff zu zerfallen beginnt ($SeO_3 \rightarrow SeO_2 + \frac{1}{2}O_2 + 46$ kJ) mit SeO_2 bei 120 °C ein Oxid Se_2O_5 bildet und in ihren Eigenschaften dem Schwefeltrioxid näher steht als dem Tellurtrioxid. Gleich SO_3 bildet es 1 : 1-Addukte mit Lewis-Basen wie Pyridin, Dioxan oder Ether. Im kristallinen Zustand ist SeO_3 *tetramer* (achtgliedrige Ringe Se_4O_{12}; SO_3: sechsgliedrige Ringe S_3O_9). In der Gasphase stehen diese tetrameren Moleküle mit *monomerem* SeO_3 im Gleichgewicht. Neben der tetrameren, kubischen SeO_3-Form existiert wie beim SO_3 noch eine *hochmolekulare*, nadelige, asbestartige Form, die aus ersterer durch Erhitzen gewinnbar ist.

Unter den **Halogenderivaten** ist das dem Sulfurylfluorid SO_2F_2 entsprechende „*Selenonylfluorid*" („*Selendifluoriddioxid*") **SeO_2F_2** (*farbloses* Gas; Smp. −99.5 °C, Sdp. −8.4 °C; C_{2v}-Symmetrie; tetraedrischer Bau) durch Fluoridierung von SeO_3 mit SeF_4 oder durch Umsetzung von $BaSeO_4$ mit HSO_3F bei 50 °C gewinnbar. Das SOF_4-Homologe, „*Selentetrafluoridoxid*" **$SeOF_4$**, entsteht in monomerer Form bei der Vakuumpyrolyse von $NaOSeF_5$ als bei −196 °C *farbloser* Festkörper. Es dimerisiert oberhalb −100 °C zu $(SeOF_4)_2$ (*farblose* Flüssigkeit; Smp. −12 °C, Sdp. 65 °C; über eine gemeinsame Sauerstoffkante verbrückte F_4SeO_2-Oktaeder; Abstände $SeF_{ax}/SeF_{äq}/SeO = 1.70/1.67/1.78$ Å; Winkel SeOSe = 97.5°). Den Halogenschwefelsäuren HSO_3X entsprechen die „*Halogenselensäuren*" **$HSeO_3X$** ($HSeO_3F$: *klare*, viskose, stark oxidierende Flüssigkeit; $HSeO_3Cl$: farblose, bis −10 °C beständige Kristalle), der Pentafluororthoschwefelsäure $HOSF_5$ die „*Pentafluoroorthoselensäure*" **$HOSeF_5$** (Smp. 38 °C, Sdp. 47 °C; vgl. hierzu $HOTeF_5$ auf S. 634), den Schwefelverbindungen F_5SOF, F_5SOSF_5 und F_5SOOSF_5 die Selenverbindungen **F_5SeOF** (*farbloses* Gas; Smp. −54 °C, Sdp. −29 °C), **$F_5SeOSeF_5$** (*farblose* Flüssigkeit; Smp. −82.1 °C, Sdp. 55.2 °C; SeOSe-Winkel = 142.4° wie in F_5SOSF_5 und $F_5TeOTeF_5$) und **$F_5SeOOSeF_5$** (*farblose* Flüssigkeit; Smp. −62.8 °C, Sdp. 76.3 °C).

Schwefelverbindungen des Selens[145,150)]

Gemische von Selensulfiden. Leitet man in wässerige *Selenige Säure* H_2SeO_3 bei 20 °C *Schwefelwasserstoff* H_2S, so bildet sich nach

$$SeO_2 + 2H_2S \rightarrow SeS_2 + 2H_2O$$

ein *orangegelber*, H_2O-unlöslicher und CS_2-löslicher Niederschlag der ungefähren Zusammensetzung **SeS_2 („Selendisulfid")**, der aus einem Gemisch achtgliederiger Schwefelringe besteht, in welchem mehr oder weniger S- durch Se-Atome ersetzt sind. Man *verwendet* das Produkt, das 100mal weniger toxisch als reines Selen ist, zur *Schuppenentfernung* in Haarwaschmitteln, als *Reduktionsmittel* in der Feuerwerkstechnik, als *Inhibitor* in der Polymerchemie, als *Färbemittel* in der Glasindustrie und zur Herstellung von *photoelektrischen* Zellen.

Gemische cyclisch gebauter Selensulfide unterschiedlicher Ringgröße und unterschiedlicher Anzahl von S- und Se-Atomen in den einzelnen Ringen bilden sich auch in schwach endothermer Reaktion beim Schmelzen von Mischungen aus Schwefel und Selen (in flüssigem Zustand ist Schwefel mit Selen in jedem Verhältnis mischbar):[153)]

$$1.3\,\text{kJ} + \text{—S—S—} + \text{—Se—Se—} \rightleftarrows 2\,\text{—Se—S—} \qquad (1)$$

Die durch Abkühlen der Schmelzen erhältlichen Selensulfide enthalten hauptsächlich achtgliederige Ringe (es sind 28 verschiedene Se_nS_{8-n}-Molekülarten denkbar). Ihre Farbe ist bei geringem Selengehalt *gelb* (α-S_8-Struktur bis 18 Gew.-% Se), bei mittleren Selengehalten *orangegelb* (γ-S_8-Struktur bei 20–49 Gew.-% Se; α-Se_8-Struktur bei 50–68 Gew.-% Se) und bei hohem Se-Selengehalt *rubinrot*. Mit steigendem Se-Gehalt sinkt der Schmelzpunkt der Gemische zunächst von 119.5 °C (S_8) bis 105 °C (40 mol% Se) ab, um dann wieder anzusteigen. Die Polymerisationstemperatur für den Übergang cyclische in polymere kettenförmige Selensulfide (bei reinem Schwefel 159 °C) erniedrigt sich in gleicher Richtung und beträgt bei 75 mol-% Se 94 °C.

Reine Selensulfide. Ähnlich wie im Falle von Schwefel und Selen (s. dort) lassen sich durch Reaktion von Sulfanen H_2S_x (Selan H_2Se) bzw. des Pentasulfids Cp_2TiS_5 (Pentaselenids Cp_2TiSe_5) mit Diselenchlorid Se_2Cl_2 (Schwefelchloriden S_nCl_2) gezielt Schwefelsulfide bestimmter Zusammensetzung gewinnen (u. a. *sechsgliederige Ringe*: SeS_5; 1,4-Se_2S_4; 1,2-Se_4S_2; Se_5S; *siebengliederige Ringe*: 1,2-Se_2S_5; 1,2,5-Se_3S_4; 1,2-Se_5S_2; Se_6S; *achtgliederige Ringe*: SeS_7; 1,2,3-Se_3S_5; 1,2,5,6-Se_4S_4; 1,2-Se_6S_2; Se_7S; *zwölfgliederige Ringe*: 1,2-/1,7-Se_2S_{10}). Die Strukturen der isolierten Selensulfide entsprechen dem Bau von S_n- bzw. Se_n-Ringen gleicher Gliederzahl (Sessel-, Sessel-, Kronen- und „dreistöckige" Form im Falle der sechs-, sieben-, acht- und zwölfgliederigen Ringe, vgl. S. 547). Im Falle der weniger symmetrischen siebengliederigen Ringe (entsprechendes gilt auch für zwölfgliederige Ringe) existieren Konformationsisomere, die sich rasch ineinander umwandeln, z. B. 1,2-Se_5S_2:

Se Se S Se Se Se ⇌ Se S Se S Se Se ⇌ Se S S Se Se Se ⇌ S Se Se Se Se S

Aus CS_2 kristallisieren hierbei Gemische, welche die erste und dritte Form in wechselnden Anteilen enthalten. Die einzelnen Selensulfide sind in kristalliner Form mehr oder weniger metastabil. Beim sukzessiven Erwärmen wandeln sie sich spätestens beim Schmelzpunkt in Selensulfidgemische um und polymerisieren in unterschiedlichem Ausmaß. In CS_2-Lösung erfolgt der Übergang in andere Selensulfide bereits bei Raumtemperatur mehr oder weniger rasch. Z. B. geht unter den siebengliederigen Ringen 1,2-Se_2S_5 bei 25 °C mit einer Halbwertszeit von ca. 1 h in den sechsgliederigen Ring SeS_5 sowie den achtgliederigen Ring 1,2,3-Se_3S_5 über (Übertragung eines Se-Atoms möglicherweise über einen hypervalenten Zwischenzustand, vgl. S. 551). Etwas rascher zersetzt sich Se_5S_2 in Se_4S_2 und Se_6S_2. Der sechsgliederige Ring Se_5S verwandelt sich andererseits in die Sulfide Se_7S, Se_6S und Se_5S_3 und – nach längeren Reaktionszeiten – auch in Se_8 und Se_6S_2. Entsprechend der Gl. (1) tendieren Selensulfide dazu, sich in schwefel- und selenreiche Verbindungen umzulagern. Schwefel-Sauerstoff-Ringe mit *endo*-ständigem Sauerstoff verwandeln sich andererseits unter Energieabgabe gemäß Gl. (2) in solche mit *exo*-ständigem Sauerstoff:

$$\text{—S—O—} \rightarrow \;>\!S{=}O + \text{Energie}. \qquad (2)$$

---

[153] Ganz allgemein lassen sich in Verbindungen, die S-Ketten enthalten, S-Atome durch Se-Atome ersetzen. So leiten sich von Thiosulfat $S_2O_3^{2-}$ Selenosulfat $SeSO_3^{2-}$ und Thioselenat $SSeO_3^{2-}$, von den Polythionaten $S_nO_6^{2-}$ Selenopolythionate $Se_xS_yO_6^{2-}$ ($x = 1, 2$; $y = 2, 4$) ab. Es existiert auch ein Telluropolythionat $TeS_4O_6^{2-}$. Vgl. auch Interchalkogen-Kationen, unten.

Interchalkogene

Die Selensulfide zählen wie die Chalkogenoxide, Tellur- und Poloniumsulfide sowie -selenide und die Poloniumtelluride zu den „*Interchalkogenen*“, deren wichtigste Vertreter – zusammen mit den reinen Chalkogenen – nachfolgend aufgeführt sind (thermodynamisch stabilste Kombination jeweils durch fetten Index gekennzeichnet; vgl. hierzu auch die *Interchalkogen-Kationen*, S. 629):

Molekül	$O_{\mathbf{2},3}$					
	$SO_{2,\mathbf{3}}$	$S_{6,7,\mathbf{8},\infty}$				
	$SeO_{\mathbf{2},3}$	Se_xS_y	$Se_{6,7,8,\infty}$			
	$TeO_{2,\mathbf{3}}$	Te_xS_y	Te_xSe_y	Te_∞		
Salz	$PoO_{1,\mathbf{2},3}$	PoS_1	Po_xSe_y	Po_xTe_y	Po_∞	*Metall*

Da die Elektronegativitäten der Chalkogene weder extrem groß noch klein sind, der *Unterschied* der Elektronegativitäten des leichtesten Elements Sauerstoff (EN = 3.50) und schwersten Elements Polonium (EN = 1.76) aber erheblich ist, finden sich unter den Interchalkogenen sowohl kovalente „*Atomverbindungen*“ (Bedingung für ihre Bildung: vergleichbare, große Elementelektronegativitäten) und elektrovalente „*Salze*“ (Bedingung für ihre Bildung: kleine und große Elementelektronegativitäten) als auch „*Metalle*“ (Bedingung für ihre Bildung: vergleichbare, kleine Elementelektronegativitäten) und Halbmetalle[154]. So gelangt man innerhalb der *ersten Spalte* obiger Zusammenstellung von der reinen Kovalenz (molekulares O_2, O_3) über polare Atom- bzw. polarisierte Ionenbindung (molekulares SO_2, SO_3; kettenpolymeres SeO_2, schichtpolymeres TeO_2) zur Elektrovalenz (raumpolymeres PoO_2 mit der CaF_2-Salzstruktur) und innerhalb der *letzten Reihe* von der Ionenbindung (PoO_2, Po^{2+} ist in Wasser stabil und läßt sich mit H_2S in Form von unlöslichem PoS fällen) über die „Halbmetallbindung“ (Po_xSe_y, Po_xTe_y) zur Metallbindung (Po_∞). Auch gehen entlang der Diagonalen die nichtleitenden, nichtmetallischen Elemente $O_{2,3}/S_{6,7,8}/Se_{6,7,8}$ über halbleitende, halbmetallische Formen Se_∞/Te_∞ in stromleitendes Polonium Po_∞ über.

Weitere Selenverbindungen

Stickstoffverbindungen. Die Umsetzung von $SeCl_4$, $SeBr_4$ oder SeO_3 mit Ammoniak (in letzterem Falle unter Druck bei 70 °C) oder die Thermolyse von Ammoniumamidoselenat $NH_4^+SeO_3NH_2^-$ bei 100 °C führt zu *rotem*, in allen Medien unlöslichem **Tetraselentetranitrid Se_4N_4** (ΔH_f, gasf., ca. 770 kJ/mol). Es ist wie Tetraschwefeltetranitrid S_4N_4 explosiv und wie dieses gebaut (D_{2d}-Molekülstruktur). Anders als S_4N_4 läßt es sich nicht polymerisieren, sondern zerfällt beim Erwärmen in Selen und Stickstoff; auch wird es von Hydrazin nicht analog S_4N_4 in $Se_4N_4H_4$, sondern in Selen und NH_3 übergeführt. Als weiteres Nitrid entsteht **Tetraselendinitrid Se_4N_2** bei der Umsetzung von Se_2Cl_2 mit Trimethylsilylazid in CH_2Cl_2 ($2Se_2Cl_2 + 4Me_3SiN_3 \rightarrow Se_4N_2 + 5N_2 + 4Me_3SiCl$) als *schwarzes* Pulver, das wie Tetraschwefeldinitrid S_4N_2 strukturiert ist (C_s-Symmetrie; nicht-ebener sechsgliederiger Ring mit einer N=Se=N-Gruppierung). Offensichtlich bildet also Selen Nitride ähnlicher Zusammensetzung wie Schwefel. Auch existieren Verbindungen, die neben Selen und Stickstoff die Elemente Schwefel und/oder Chlor enthalten[154a]. Schließlich kennt man Selenstickstoff-Verbindungen, die sich von der Selensäure $O_2Se(OH)_2$ durch Ersatz der OH- gegen Amino- oder Iminogruppen ableiten. Z. B. entsteht das Ammoniumsalz der „*Amidoselensäure*“ $O_2Se(OH)(NH_2)$ bei der Einwirkung von NH_3 auf $SeO_3 \cdot py$ bei −70 °C, die „*Diamidoselensäure*“ $O_2Se(NH_2)_2$ bei der Ammonolyse von Dimethylselenit bei tiefen Temperaturen. Letztere Verbindung lagert sich oberhalb −60 °C in das Ammoniumsalz der trimeren „*Imidoselensäure*“ O_2SeNH um: $3SeO_2(NH_2)_2 \rightarrow 3NH_4^+ [SeO_2N^-]_3$.

---

[154] Die Elektronegativität der „Halogene“ ist vergleichsweise hoch, so daß sich unter den *Interhalogenen* keine Salze und Metalle vorfinden (IF und I_2 weisen molekularen Bau auf), die Elektronegativität der Elemente der Stickstoffgruppe („Pentele“) ist andererseits vergleichsweise gering, so daß die „*Interpentele*“ nicht zu Salzen zusammentreten (Bismutnitrid hat keine Salzstruktur).

[154a] Z. B.: **$SeSN_2$** (Smp. 250 °C; gewinnbar als *orangegelbes* $TiCl_4$-Addukt: $Se(NSO)_2 + TiCl_4 \rightarrow SeSN_2 \cdot TiCl_4 + SO_2$; von S_2N_2 abgeleitet); **$Se_2SN_2^{2+}$** (*farbloses* AsF_6^--Salz; aus $Se(NSO)_2/AsF_5$; abgeleitet von $S_3N_2^{2+}$); **$(SeS_2N_2)_2^{2+}$** und **$(Se_2SN_2)_2^{2+}$** (aus $Se[N(SiMe_3)_2]_2/SCl_2$ bzw. $Se(NSO)_2/AsF_5$; abgeleitet von $(S_3N_2)_2^{2+}$); **$SeS_3N_5^+$** (aus $SeSN_2 \cdot TiCl_4/AsF_5$; abgeleitet von $S_4N_5^+$); **Se_2NCl_3** (*grün-metallisch* glänzend; aus $SeCl_4/N(SiMe_3)_3$; planarer Bau mit SeNSeCl-Ring, wobei jedes Se ein exo-Cl trägt; bildet mit $GaCl_3$ das Kation $Se_2NCl_2^+$ = Cl—Se$\overset{..}{-}$N$\overset{..}{-}$Se—Cl^+); **$Se_2NCl_4^+$** = Cl_2Se$\overset{..}{-}$N$\overset{..}{-}$$SeCl_2^+$ (mit pyramidalem Se und gewinkeltem N; entsteht aus $SeCl_3^+$ und $N(SiMe_3)_3$; es stellt formal das Cl^+-Addukt an Se_2NCl_3 dar); **$SeS_2N_2Cl^+$** bzw. **$Se_2SN_2Cl^+$** (aus $SeSe_2N_2)_2^{2+}$ oder $(Se_2SN_2)_2^{2+}$ und Cl_2; abgeleitet von $S_3N_2Cl^+$; die Cl^--Salze $SeS_2N_2Cl_2$ und $Se_2SN_2Cl_2$ weisen starke Kation-Anion-Beziehungen auf).

Kohlenstoffverbindungen. Unter den Verbindungen, die nur aus Selen und Kohlenstoff bestehen (gleiche Elementelektronegativitäten) ist **Kohlenstoffdiselenid** („*Selenkohlenstoff*", „*Diselencarbid*") zu nennen, das sich bei 500 °C durch Überleiten von CH_2Cl_2 über eine Selenschmelze oder aus H_2Se und CCl_4 bei hohen Temperaturen als kräftig gelbe, unangenehm riechende, in CS_2, CCl_4, Toluol lösliche Flüssigkeit bildet (Smp. 40–45 °C, Sdp. 125–126 °C) und bei Raumtemperatur langsam polymerisiert. CSe_2 ist wie CO_2 oder CS_2 linear gebaut: Se=C=Se (man kennt auch S=C=Se). Das aus CSe_2 in einer Hochfrequenzentladung entstehende **Kohlenstoffmonoselenid** (Struktur analog C≡O) polymerisiert bereits bei −160 °C; es läßt sich mit geeigneten Reaktanden abfangen und in Komplexen, an Metalle gebunden, stabilisieren (vgl. S. 1655).

Organische Verbindungen. Von Selen existieren darüber hinaus viele **organische Derivate R_2Se** (gewinkelt), **R_2Se_2** (gauche-konformiert) und **$R_2Se_{>2}$** der Wasserstoffverbindungen H_2Se_n (gewinnbar aus RBr und Na_2Se, Na_2Se_2; vom Menschen wird Selen u. a. als Me_2Se ausgeschieden). R_2Se läßt sich leicht zu R_2SeO *oxidieren*, zu R_2SeX_2 *halogenieren* bzw. mit *Alkyliodiden* RI zu R_3SeI umsetzen, R_2Se_2 leicht zu RSeH *reduzieren* bzw. zu RSeX und $RSeX_3$ *halogenieren*. Die Verbindungen $:SeR_nX_{4-n}$ ($n = 1, 2, 3$) sind pseudo-trigonal-bipyramidal gebaut, wobei das freie Elektronenpaar sowie die Organylgruppen (R z. B. Me) äquatoriale Plätze einnehmen (die 4 Substituenten umgeben das Se-Atom wippenförmig). Sie neigen zur Dissoziation nach: $R_nSeX_{4-n} \rightleftharpoons R_nSeX^+_{3-n}X^-$. Organoselenverbindungen haben als Reaktionszwischenprodukte in der organischen Synthese Bedeutung, z. B. bei der Dehydrierung von Aldehyden oder Ketonen zu α-ungesättigten Carbonylverbindungen („*syn-Eliminierung*" von RSeOH) oder der Oxidation von Alkenen zu Alkoholen („*Selendioxid-Oxidation*"), z. B.:

$$CH_3{-}CH_2{-}\underset{\|}{\overset{}{C}}R(=O) \xrightarrow[-HBr]{+PhSeBr} CH_3{-}CH(SePh){-}C(=O)R \xrightarrow{\text{Oxidation}} CH_3{-}CH(OSePh){-}C(=O)R \xrightarrow[-HOSePh]{} CH_2{=}CH{-}C(=O)R$$

$$R{-}CH{=}CH{-}CH_3 + O{=}Se{=}O \xrightarrow[\text{Reaktion}]{\text{En-}} R{-}CH(OSe{-}OH){-}CH{=}CH_2 \xrightarrow[\text{lagerung}]{\text{Um-}} R{-}CH{=}CH{-}CH_2{-}OSe{-}OH \xrightarrow[-\text{„}Se(OH)_2\text{“}]{\text{Hydrolyse}} R{-}CH{=}CH{-}CH_2{-}OH$$

Beispiele für isolierbare Verbindungen mit SeC-Doppelbindung stellen – abgesehen von Se=C=Se (s. o.) – die *Selenoketone* $R_2C{=}Se$ dar, in welchen R entweder stark elektronegativ oder sehr sperrig ist (R = F, $(CH_3)_3C$).

4 Das Tellur[145,150,155]

4.1 Elementares Tellur

Vorkommen. In der Natur kommen **Telluride** nicht so oft als Beimengungen von Sulfiden vor wie Selenide. Daher ist das Tellur, dessen Häufigkeit etwa der des Golds oder Platins entspricht, im ganzen genommen weniger (rund 5 mal weniger) verbreitet als das Selen (s. dort). Dagegen findet es sich in einzelnen Erzen (z. B. *Tellurobismutit* Bi_2Te_3, *Tetradymit* Bi_2Te_3S) stärker angereichert als Selen. Auch kommt es in **elementarem** Zustand vor.

Isotope (vgl. Anhang III). *Natürliches* Tellur setzt sich aus *acht Isotopen* zusammen: $^{120}_{52}Te$ (0.096 %), $^{122}_{52}Te$ (2.603 %), $^{123}_{52}Te$ (0.908 %; α-Strahlen; $\tau_{1/2} = 1.24 \times 10^{13}$ a; für *NMR-Untersuchungen*), $^{124}_{52}Te$ (4.816 %), $^{125}_{52}Te$ (7.139 %; für *NMR-Untersuchungen*), $^{126}_{52}Te$ (18.95 %), $^{128}_{52}Te$ (31.69 %; β-Strahler, $\tau_{1/2} = 1.5 \times 10^{14}$ a), $^{130}_{52}Te$ (33.80 %; β-Strahler; $\tau_{1/2} = 1.0 \times 10^{21}$ a). Wichtige *künstliche Isotope* sind: $^{125m}_{52}Te$ ($\tau_{1/2} = 58$ d; für *Mößbauer Spektroskopie, Tracer-Experimente*), $^{127}_{52}Te$ (β^--Strahler; $\tau_{1/2} = 9.4$ h; für *Tracer-Experimente*). Geschichtliches. *Entdeckt* wurde Tellur 1782 von F. J. Müller von Reichenstein in goldhaltigen Erzen aus Siebenbürgen. Den *Namen* bekam es 1798 von M. H. Klaproth[156].

---

155 **Literatur.** W. Ch. Cooper (Hrsg.): „*Tellurium*", Van Nostrand, New York 1971; GMELIN: „Tellurium", System-Nr. **11**, bisher 6 Bände; ULLMANN (5. Aufl.): „*Tellurium and Tellurium Compounds*" **A26** (1994). Tellurkationen, -anionen: P. Böttcher: „*Tellurreiche Telluride*", Angew. Chem. **100** (1988) 781–794, Int. Ed. **27** (1988) 759. Halogenverbindungen: R. Kniep, A. Rabenau: „*Subhalides of Tellurium*", Topics Curr. Chem. **111** (1983) 145–192. Sauerstoffverbindungen: W. A. Dutton, W. Ch. Cooper: „*The Oxides and Oxyacids of Tellurium*", Chem. Rev. **66** (1966) 657–675; M. A. Ansari, J. M. McConnachie, J. A. Ibers: „*Tellurometalates*", Acc. Chem. Res. **26** (1993) 574–578. Organische Verbindungen: L. Engman: „*Synthetic Applications of Organotellurium Chemistry*", Acc. Chem. Res. **18** (1985) 274–279; HOUBEN-WEYL: „*Organotellurium Compounds*", **E11** (1990); vgl. auch Anm. 31, S. 855.

156 tellur (lat.) = Erde.

Darstellung. Tellur wird fast ausschließlich aus dem bei der elektrolytischen Kupferraffination (s. dort) anfallenden Anodenschlamm gewonnen, in dem es als Cu_2Te, Ag_2Te und Au_2Te enthalten ist. Man erhält es nach der Oxidation des Schlamms mit Salpeter bzw. Sauerstoff in Anwesenheit von Soda bei höheren Temperaturen (→ Na_2TeO_3) und Neutralisation des in Wasser gelösten Oxidationsprodukts mit Schwefelsäure in Form von unlöslichem TeO_2 (vgl. Se-Darstellung). Tellurdioxid wird nach Lösen in Lauge *elektrolytisch* bzw. nach Lösen in starken Säuren (H_2SO_4, HCl) *chemisch* durch SO_2 zu Tellur reduziert. Man kann TeO_2 auch durch Kohlenstoff in Boraxschmelzen in Te überführen.

Physikalische Eigenschaften (vgl. Tafel III). Fällt man Tellur aus wässerigen Lösungen von Telluriger Säure durch Reduktion mit Schwefliger Säure aus, so erhält man es in Form eines *braunen* Pulvers **(amorphes Tellur)**. Nach dem Schmelzen ist es *silberweiß* und *metallglänzend* **(kritallines Tellur)**. Tellur ist nur von geringer Härte, läßt sich leicht pulvern und ist unlöslich in allen Medien, mit denen es nicht reagiert. Den elektrischen Strom leitet das Halbmetall (S. 1312) nur wenig. Die Leitfähigkeit wächst etwas bei Belichtung, aber weit weniger als beim Selen. Der Schmelzpunkt liegt bei 449.5 °C, der Siedepunkt bei 1390 °C ($d = 6.25\ g/cm^3$). Der *goldgelbe* Dampf (diamagnetisch) hat eine der Formel Te_2 entsprechende Dampfdichte. Oberhalb von 2000 °C erfolgt beträchtlicher Zerfall in die Atome. Die Struktur des hexagonalen („*metallischen*“) Tellurs ist die gleiche wie die des hexagonalen Selens. Die Kristalle enthalten gewinkelte, spiralig um parallele Achsen des Gitters angeordnete Ketten mit kovalent zweibindigem Tellur (TeTe-Abstand 2.835 Å, Bindungswinkel TeTeTe 103.2°; vgl. hierzu auch bei Polonium). Dem *gelben* Schwefel und *roten* Selen entsprechende Formen des Tellurs konnten bisher noch nicht isoliert werden. Die in der Schmelze zu vermutenden Ringmoleküle brechen thermisch so leicht und häufig auf, daß beim Abkühlen gleich die langen Ketten des hexagonalen Tellurs entstehen. Physiologisches. Tellur ist weniger toxisch als Selen (MAK-Wert = $0.1\ g/m^3$, bezogen auf Te), da Te-Verbindungen im Körper leicht zu elementarem Te reduziert werden, und Tellur die Darmwand nicht passieren kann. Größere Mengen Te rufen Magen-Darm-Störungen hervor (Ausscheidung als Me_2Te; Knoblauchgeruch).

Chemische Eigenschaften. Tellur vereinigt sich wie Schwefel und Selen mit den meisten Elementen direkt (Verbrennung mit blauer Flamme).

Tellur in Verbindungen. Tellur betätigt hauptsächlich die Oxidationsstufen −2 (z. B. H_2Te, Na_2Te), +2 (z. B. $TeCl_2$, $TeBr_2$), +4 (z. B. TeF_4, TeO_2) und +6 (z. B. TeF_6, TeO_3). Man kennt aber auch die Oxidationsstufen +1 (z. B. TeI), +3 (z. B. $Te[N(SiMe_3)_2]_2^+$) und gebrochene Oxidationsstufen (z. B. $+\frac{1}{4}$, $+\frac{1}{2}$, $+\frac{2}{3}$ in Te_8^{2+}, Te_4^{2+}, Te_6^{4+}). Hierbei können die Koordinationszahlen *eins* (O=C=**Te**), *zwei* (gewinkeltes Te in $\mathbf{Te}_\infty$, $H_2\mathbf{Te}$), *drei* (planares Te in $\mathbf{Te}O_3$, pyramidales Te in $\mathbf{Te}O_3^{2-}$), *vier* (wippenförmiges Te in $Me_2\mathbf{Te}Cl_2$, quadratisch-planares Te in $\mathbf{Te}Br_2 \cdot 2$ Thioharnstoff), *fünf* (pentagonal-planares Te in $(EtOCS_2)_3\mathbf{Te}^-$), *sechs* (oktaedrisches Te in $\mathbf{Te}(OH)_6$, $\mathbf{Te}Br_6^{2-}$; trigonal-prismatisches Te in Sc**Te**, V**Te**, Mn**Te**), *acht* (antikubisches Te in $\mathbf{Te}F_8^{2-}$) vorliegen. Bindungen. Die Tendenz des Tellurs zur Ausbildung von *Doppelbindungen* ist weniger ausgeprägt als bei Selen (Te=C=Te und F_2C=Te sind im Unterschied zu Se=C=Se und F_2C=Se selbst bei tiefen Temperaturen labil; TeO_2 polymerisiert weitgehender als SeO_3 (s. dort)). Immerhin existieren einige stabile Übergangsmetallkomplexe des Typs L_nM=Te (z. B. $(Me_3P)_4W(=Te)_2$). Ausgeprägter als bei Selen ist demgegenüber die Fähigkeit des Tellurs zur Bildung von *Clustern*, die einige hypervalente Te-Atome enthalten (vgl. Telluride, Telluriodide). Bezüglich der Telluro-Komplexe vgl. Anm.[145].

Tellur-Kationen. Das *rote* **Tetratellur-Dikation $\mathbf{Te_4^{2+}}$** (D_{4h}-Symmetrie, quadratisch-planar, Te—Te-Abstände 2.688 Å; ber. für Einfach-/Doppelbindung: 2.74/2.54 Å) und das *orangegelbe* **Hexatellur-Tetrakation $\mathbf{Te_6^{4+}}$** (D_{3h}-Symmetrie, trigonal-prismatisch, s. Formelbild) entstehen bei der Oxidation von Tellur mit $S_2O_6F_2$ in HSO_3F-Lösung oder mit AsF_5 bzw. SbF_5 in flüssigem SO_2. Das anders als S_8^{2+} und Se_8^{2+} konformierte **Octatellur-Dikation $\mathbf{Te_8^{2+}}$** (C_2-Symmetrie; zwei nicht ebene Te_5-Ringe über gemeinsame Kante kondensiert; vgl. Formelschema) bildet sich durch Reaktion von Tellur mit WCl_6 bei 150 °C (bei 170 °C bildet sich $Te_4^{2+}[WCl_6^-]_2$, das oberhalb 280 °C in Te und WCl_6 zerfällt):

$$8\,Te \xrightarrow{+2WCl_6} \underset{\textit{blauschwarz}}{Te_8^{2+}[WCl_6^-]_2}; \quad 4\,Te \xrightarrow[-AsF_3]{+3AsF_5} \underset{\textit{rot}}{Te_4^{2+}[AsF_6^-]_2}; \quad 6\,Te \xrightarrow[-2AsF_3]{+6AsF_5} \underset{\textit{orangegelb}}{Te_6^{4+}[AsF_6]_4}.$$

Der aus Te, $WOBr_4$ und WBr_5 bei 230–210 °C gewinnbaren Substanz $[Te_7^{2+}]_n[WOBr_4^-]_n[Br^-]_n$ liegt das polymere **Heptatellur-Dikation $\mathbf{Te_7^{2+}}$** zugrunde, welches aus annähernd planaren, bicyclischen Te_7-Einheiten besteht, die zu einem gefalteten Band verknüpft sind (vgl. Formelbild). Die Bildung von roten Te_4^{2+}-Lösungen bei der Behandlung von Tellur mit konzentrierter Schwefelsäure dient zum qualitativen Te-Nachweis.

Gemische von Tellur mit Schwefel bzw. Selen lassen sich mit AsF_5 bzw. SbF_5 in SO_2 zu **Interchalkogen-Kationen** der Zusammensetzung $\mathbf{Te_nSe_{4-n}^{2+}}$ ($n = 0$ bis 4), $\mathbf{Te_nY_{6-n}^{2+}}$ (Y = S, Se; $n = 2.0$ bis ca. 3.5), $\mathbf{Te_2Se_6^{2+}}$ und $\mathbf{Te_2Se_8^{2+}}$ oxidieren. Erstere Dikationen (Te_3Se^{2+}, *cis*- und *trans*-$Te_2Se_2^{2+}$, $TeSe_3^{2+}$; isoliert: *trans*-

$Te_2Se_2^{2+}$ und Te_3Se^{2+}) stellen analog Te_4^{2+} und Se_4^{2+} quadratisch-planare 6π-Quasiaromaten dar. Die Dikationen $Te_2S_4^{2+}$ und $Te_2Se_4^{2+}$ sind analog Te_6^{4+} strukturiert; das zusätzliche Elektronenpaar führt jedoch zu einer verzerrt-trigonal-prismatischen Struktur mit einer fehlenden und einer schwächeren Bindung (punktiert im Formelbild). Es resultiert ein sechsgliedriger bootkonformierter Te_2Y_4-Ring mit einer transannularen chemischen Bindung zwischen den (kationischen) Te-Atomen. Die apicalen, mit einem Stern versehenen Y-Atome können teilweise durch Tellur substituiert werden, wobei Te in $Te_2S_4^{2+}$ lieber die Y-Position im dreigliederigen Ring, Te in $Te_2Se_4^{2+}$ die andere Y-Position einnimmt. Im Dikation $Te_2Se_6^{2+}$ liegt eine verzerrt-kubische Atomanordnung mit drei schwächeren Bindungen (punktiert im Formelschema) vor. Das Dikation $Te_2Se_8^{2+}$ ist analog Se_{10}^{2+} gebaut (vgl. S. 618; Ersatz der dreibindigen Se- durch Te-Atome).

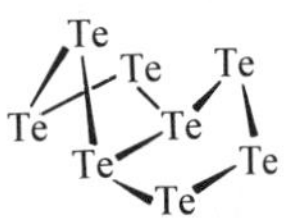

Te_8^{2+} (C_2) 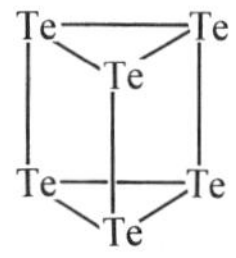 Te_6^{4+} (D_{3h}) 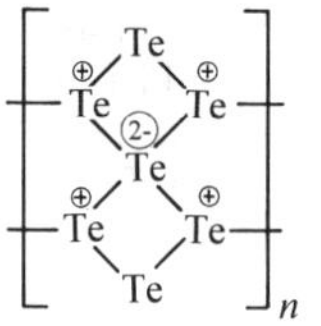 Te_7^{2+} 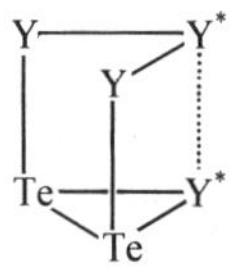 $Te_2S_4^{2+}$, $Te_2Se_4^{2+}$ (C_s) 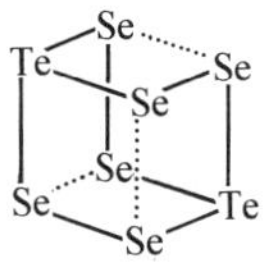 $Te_2Se_6^{2+}$ (C_{3v})

Tellur Anionen. Monotellurid Te^{2-} liegt den Telluriden M_2^ITe und $M^{II}Te$ zugrunde (M = Alkali-, Erdalkalimetall, Zn, Cd, Hg; für Strukturen vgl. Selenide). Mit weiterem Tellur ergibt es metallisch glänzende, *schwarze* bis *graue* (in NH_3-Lösung violette bis dunkelrote) **Polytelluride Te_n^{2-}** ($n = 2-5$; z. B. Na_2Te_2, $CsTe_3$, $(Ph_4P)_2Te_4$, Cs_2Te_5; u. a. gewinnbar aus den Elementen in flüssigem Ammoniak bei ca. 230 °C und 1 kbar). Te_3^{2-} und Te_4^{2-} sind gewinkelt strukturiert (Winkel TeTeTe 104° bzw. 111°; Winkel TeTeTeTe 100°; vgl. S_n^{2-}-Strukturen); Te_5^{2-} bildet in Rb_2Te_5 und Cs_2Te_5 Bänder aus spitzenverknüpften, sesselkonformierten Te_6-Ringen mit quadratisch-planaren und gewinkelten Te-Atomen bzw. – anders gesehen – Bänder aus oxidativ miteinander verknüpften planar-quadratischen $TeTe_4^{6-}$-Baugruppen (vgl. Formelbild; Abstände $Te_{quadr.}Te/TeTe = 3.05/2.78$ Å). Das ebenfalls denkbare quadratisch-planare, formal aus einer Addition von $2\,Te^{2-}$ an Te_3^{2-} hervorgehende Te_5^{6-}-Ion (vgl. Selenide) findet sich in Ga_2Te_5, K_2SnTe_5 sowie Rb_2SnTe_5. Ein dem Se_{11}^{2-} analoges Te_{11}^{2-}-Ion ist noch unbekannt. Man kennt jedoch TeS_{10}^{2-} und $TeSe_{10}^{2-}$ (vgl. Struktur von Se_{11}^{2-} mit Te anstelle des vierbindigen Selens).

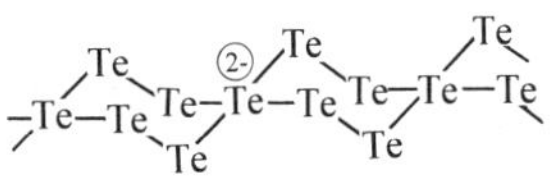

Te_5^{2-} in Rb_2Te_5 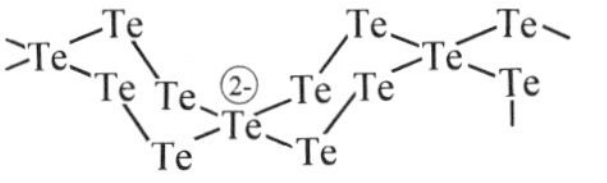 Te_5^{2-} in Cs_2Te_5 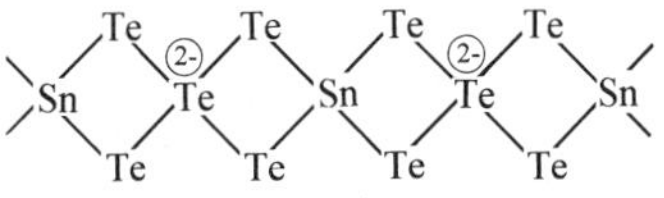 $SnTe_5^{2-}$ in Rb_2SnTe_5

Verwendung von Tellur. Tellur (Weltjahresproduktion: einige hundert Tonnen) dient u. a. als *Legierungsbestandteil* (< 1 % Te) von Automatenstählen und Kupferlegierungen (um sie maschinell besser bearbeitbar zu machen) sowie von Bleilegierungen und des Zinns (um deren mechanische Eigenschaften und Korrosionsbeständigkeit zu verbessern). *Ferrotellur* (50–80 % Te) wird als Stabilisator in der Eisengießerei verwendet. Wichtige Te-Chemikalien: Fe/Te, TeO_2, Na_2TeO_4, $(Et_2NSC_2)_4Te$ (s. Selen).

4.2 Tellurverbindungen[145,150,155)]

Wasserstoffverbindungen des Tellurs

Tellurwasserstoff TeH_2 ist als stark endotherme Verbindung (99.6 kJ + H_2 + Te $\rightleftarrows$ TeH_2) nur bei hohen Temperaturen (650 °C) *aus den Elementen* darstellbar. Bei Raumtemperatur entsteht er, wenn man nicht gewöhnlichen, sondern atomaren Wasserstoff (kathodische Reduktion von Tellur) verwendet. Im übrigen kann man ihn analog dem Schwefel- und Selenwasserstoff durch Zersetzung von *Telluriden mit Säuren* (z. B. $Al_2Te_3 + 6\,HCl \rightarrow 3\,H_2Te + 2\,AlCl_3$) als farbloses, unangenehm riechendes, leicht zu verdichtendes (Sdp. −2,3 °C; Smp. −51 °C; $d = 2.650$ g/cm³ beim Sdp.), zersetzliches, sehr giftiges Gas erhalten (HTe-Abstand 1.69 Å, HTeH-Winkel 90°). Die wässerige Lösung reagiert *sauer*; die Stärke der Tellurwasserstoffsäure ($K = 2.3 \times 10^{-3}$) entspricht etwa der der Phosphorsäure ($K_1 = 8.1 \times 10^{-3}$). TeH_2 ist noch *weniger basisch* als SeH_2 und zerfällt auch in fl. HF/SbF_5 bei tiefer Temperatur in Te und H_2. An der Luft zersetzt sich die wässerige Lösung fast augenblicklich unter Tellurabscheidung ($H_2Te + \frac{1}{2}O_2 \rightarrow H_2O + Te$).

Halogenverbindungen des Tellurs[155)]

Die **Halogenide** des Tellurs haben die Formeln Te_nX_2 (n = 2, 3, 4), TeX_2, TeX_4 und TeX_6 (vgl. Tab. 66). Die Strukturen der Tellurhalogenide entsprechen zum Teil (TeX_2, TeX_4, TeX_6) denen analog zusam-

Tab. 66 Tellurhalogenide

a)	Verbindungstyp	Fluoride	Chloride	Bromide	Iodide
$+\frac{1}{2}$	$Te_4X_2 \triangleq Te_2X$	–	**Te_2Cl** *Dunkelglänz.* Krist. metastabil	**Te_2Br** *Dunkelglänz.* Krist. Smp. 225°, Zers.	**Te_2I** *Dunkelglänz.* Krist. $Te_n \cdot \frac{n}{4} I_2$ (s. Text)
$+\frac{2}{3}$	Te_3X_2	–	**Te_3Cl_2** *Schwarze* Krist. Smp. 239°, Zers.	–	–
+1	$Te_2X_2 \triangleq TeX$	–	–	–	**α-TeI ← β-TeI** *Dunkle* Kristalle stabil metast. Smp. 185° –
+2	TeX_2	–	**$TeCl_2$** Nur in Gasphase ΔH_f (g) −69 kJ	**$TeBr_2$** Nur in Gasphase ΔH_f (g) +15 kJ	**TeI_2** Nur in Gasphase ΔH_f (g) +82 kJ
+4	TeX_4	**TeF_4** *Farblose* Krist. Smp. 130°, Sdp. 374° ΔH_f −1036 kJ	**$TeCl_4$**[b)] *Blaßgelbe* Krist. Smp. 223°, Sdp. 394°[c)] ΔH_f −315 kJ[d)]	**$TeBr_4$**[b)] *Gelbe* Krist. Smp. 388°, Sdp. 414°[c)] ΔH_f −188 kJ[d)]	**TeI_4** (α–ε)[b)] *Schwarze* Krist. Smp. 280°, Sdp. 283°[c)] ΔH_f −69 kJ[d)]
+6	TeX_6	**TeF_6** *Farbloses* Gas Smp. −37.6°, ΔH_f −1319 kJ	**TeF_5Cl** *Farbloses* Gas Smp. −28°, Sdp. 13.5°	**TeF_5Br** Noch nicht rein isoliert	–

a) Oxidationsstufe. **b)** Gemischte Tetrahalogenide: $TeBr_2Cl_2$ (*gelbe* Festsubstanz; Smp. 292 °C, Sdp. 415 °C); $TeBr_2I_2$ (*granatrote* Kristalle; Smp. 325 °C, Sdp. 420 °C, Zers.). **c)** Smp. und Sdp. in geschlossenem System. **d)** Für Te(f) + Cl_2(g)/Br_2(fl)/I_2(f) → TeX_4(g) ergibt sich ΔH_f zu −208/−59/+62 kJ/mol.

mengesetzter Schwefel- und Selenhalogenide, zum Teil (Te_nX_2, TeF_4) beobachtet man aber auch auffallende strukturelle Unterschiede. Die Darstellung der Verbindungen ist durch *Halogenierung* von Tellur (→ Te_nX_2, TeX_4, TeX_6), *Dehalogenierung* von TeX_4 (→ TeX_2, Te_nX_2) sowie *Halogenidierung* von TeO_2 (→ TeX_4) möglich. Stabilität. Die Bildungstendenz der Tellurhalogenide ist größer als die entsprechender Schwefel- und Selenhalogenide (vgl. ΔH_f-Werte in Tab. 58, 65, 66 auf S. 562, 621, oben), so daß beim Tellur – anders als beim Schwefel und Selen – sogar thermodynamisch stabile Iodide existieren. Die in Richtung Selen < Tellur wachsende Fähigkeit des Chalkogens zur Bildung höherer Oxidationsstufen dokumentiert sich u. a. darin, daß Tellur sogar ein Tetraiodid bildet und daß die Tendenz der Tetrahalogenide TeX_4 (X = Cl, Br) zur Spaltung in Dihalogenide und Halogene geringer ist als jene entsprechender Selentetrahalogenide SeX_4 (die Neigung von TeX_4 zur Halogenabgabe wächst in der Reihe $TeF_4 < TeCl_4 < TeBr_4 < TeI_4$; daß TeF_4 trotzdem thermolabiler ist als $TeCl_4$ beruht auf der bei $TeCl_4$ nicht gegebenen Möglichkeit zur Disproportionierung nach $3TeF_4 \rightarrow Te + 2TeF_6$).

Tellur bildet **Halogenidoxide** der Formeln **TeO_2** sowie **TeO_2X_2**, die zusammen mit anderen Sauerstoff/Halogen-Verbindungen des Tellurs (z. B. $(TeOF_4)_2$, $OTeF_5$-Abkömmlinge, $Te_6O_{11}X_2$) als Derivate der Tellurigen und Tellursäure bei diesen Säuren abgehandelt werden.

Hexahalogenide TeX_6. Das *aus den Elementen* sowie durch *Fluorierung von Tellurdioxid* TeO_2 mit BrF_3 synthetisierbare **Tellurhexafluorid TeF_6** (vgl. Tab. 66; oktaedrischer Bau, TeF-Abstand 1.815 Å) ist reaktiver als SeF_6 und wird anders als die Selenverbindung von Wasser hydrolysiert (Bildung von $Te(OH)_6$ auf dem Wege über $TeF_n(OH)_{6-n}$) sowie von Alkoholen ROH oder Silylaminen R_2NSiMe_3 in Verbindungen des Typs $TeF_n(OR)_{6-n}$ bzw. $TeF_n(NR_2)_{6-n}$ übergeführt. Mit MF (M = Me_4N, Rb, Cs) bildet TeF_6 Fluorokomplexe TeF_7^- (isoelektronisch mit IF_7; pentagonal-bipyramidal; D_{5h}-Symmetrie) bzw. TeF_8^{2-} (isoelektronisch mit IF_8^-; cubisch-antiprismatisch; D_{4d}-Symmetrie). Als Derivate von TeF_6 seien die gemischten Halogenide **Tellurchloridpentafluorid TeF_5Cl** und **Tellurbromidpentafluorid TeF_5Br** (gewinnbar aus $TeCl_4$ und $TeBr_4$ mit F_2 bzw. aus TeF_4 und ClF oder BrF; vgl. Tab. 66) genannt. Ein Te_2F_{10} existiert bislang nicht (die Verbindung $F_5TeOTeF_5$ wurde lange Zeit fälschlicherweise für Te_2F_{10} gehalten).

Tetrahalogenide TeX_4 (vgl. Tab. 66) sind wie TeF_6 *aus den Elementen* sowie durch *Halogenidierung* von TeO_2 mit SF_4, SeF_4, MF bzw. HX gewinnbar. Reines TeF_4 entsteht darüber hinaus durch *thermische Zersetzung* der – aus TeO_2 und MF in wässeriger Flußsäure zugänglichen – Fluorokomplexe $MTeF_5$ (M = Na, K) zwischen 450–900 °C. **Tellurtetrafluorid TeF_4** ist als Fluorierungs- und Fluoridierungsmittel ähnlich wirksam wie SeF_4 und greift bei erhöhter Temperatur Metalle wie Cu, Hg, Au und Ni unter Bildung von Metallfluoriden und -telluriden sowie auch Glas unter Bildung von SiF_4 an. Es läßt sich unzersetzt verdampfen, disproportioniert aber ab ca. 190 °C langsam nach $3TeF_4 \rightarrow Te + 2TeF_6$. Auch **Tellurtetrachlorid $TeCl_4$** verdampft unzersetzt, wogegen die Verdampfung des **Tellurtetrabromids** und **-iodids $TeBr_4$** und **TeI_4** mit einem teilweisen Zerfall von gasförmigem Tetrahalogenid gemäß $TeX_4(g) \rightleftarrows TeX_2(g) + X_2$ verbunden ist. Bei höheren Temperaturen (ab ca. 500 °C) zersetzt sich auch $TeCl_4$ unter Cl_2-Abgabe zu $TeCl_2$ (vollständiger Zerfall von $TeCl_4$, $TeBr_4$, TeI_4 ab ca. 1000, 500, 400 °C)[157].

Im gasförmigen Zustand entspricht der Bau von TeX_4 dem von SF_4 (s. dort). Die Überführung von gasförmigem, monomerem TeX_4 in den kondensierten Zustand ist mit einer Polymerisation der Tetrahalogenide verbunden. In diesem Sinne bildet festes TeF_4 (isoelektronisch mit SbF_4^-) im Unterschied zum homologen, monomeren SF_4 im kristallinen Zustand Kettenmoleküle $—F—TeF_3—F—TeF_3—$ (SeF_4 nimmt strukturell eine Stellung zwischen SF_4 und TeF_4 ein). Andererseits entspricht die Struktur von festem $TeCl_4$ und $TeBr_4$ näherungsweise der Formulierung $TeX_3^+X^-$, wobei die TeX_3^+-Einheiten durch Halogenidbrücken zu einer Kubanstruktur der Molekülgröße $[TeX_3^+X^-]_4 = Te_4X_{16}$ verknüpft sind (TeX_3- und X-Einheiten abwechselnd in den Würfelecken, wobei sich die freien Elektronenpaare von TeX_3 in Richtung Würfelmittelpunkt erstrecken; jedes Te-Atom ist verzerrt oktaedrisch von 3 näheren exo-ständigen und 3 entfernteren brückenständigen X-Atomen umgeben (vgl. Formelbild). In analoger Weise ist auch $SeCl_4$ und $SeBr_4$ sowie ε-TeI_4, eine metastabile TeI_4-Modifikation, aufgebaut. δ-TeI_4, die thermodynamisch stabilste TeI_4-Modifikation, leitet sich wie α-, β-, γ-TeI_4 strukturell von ε-TeI_4 dadurch ab, daß eine TeI_3-Ecke des Würfels verschoben ist (vgl. Formelbild). Im Kristall sind die einzelnen Te_4X_{16}-Moleküle so gelagert, daß die Halogenatome näherungsweise eine dichteste Packung bilden, in welcher $\frac{1}{4}$ der oktaedrischen Lücken mit Tellur besetzt sind.

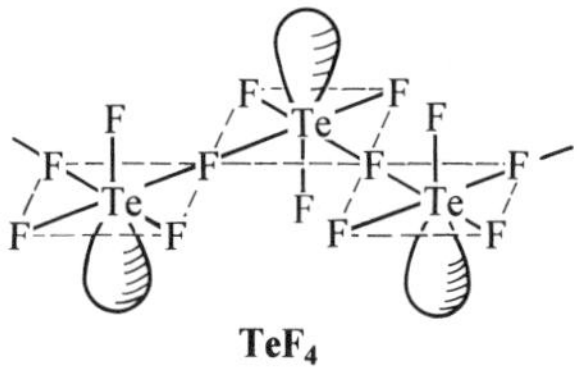

TeF_4 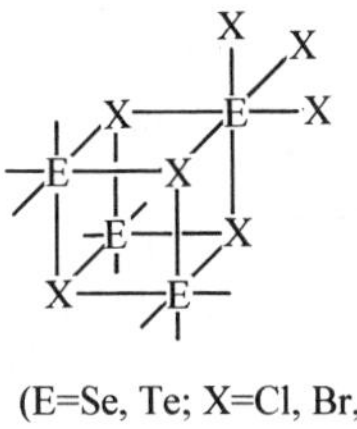 **$(EX_4)_4$** (E=Se, Te; X=Cl, Br, I) 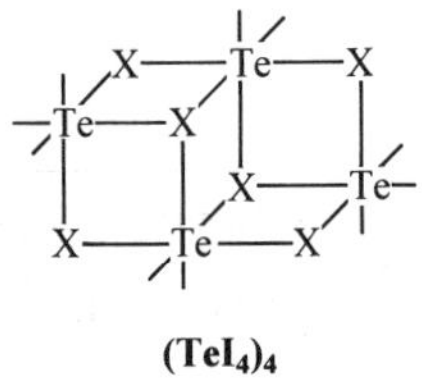 **$(TeI_4)_4$**

In geschmolzenem Zustand leiten die Tetrahalogenide TeX_4 (analoges gilt für SeX_4) den elektrischen Strom ($TeBr_4$ und TeI_4 lassen sich nur in geschlossenen Gefäßen unzersetzt schmelzen). Ionisationsvorgänge des Typs $2TeF_4 \rightleftarrows TeF_3^+ + TeF_5^-$ und $Te_4X_{16} \rightleftarrows TeX_3^+ + Te_3X_{13}^- \rightleftarrows 2TeX_3^+ + Te_2X_{10}^{2-} \rightleftarrows 2TeX_3^+ + TeX_6^{2-} + TeX_4$ sind Ursache der elektrischen Leitfähigkeit. In gelöstem Zustand liegt TeX_4 (wie SeX_4) andererseits in Form von $(TeX_4)_n$-Molekülen vor ($n = 4$ oder – bei niedriger TeX_4-Konzentration – < 4), falls das Solvens wie Benzol oder Toluol unpolar ist (keine elektrische Leitfähigkeit der Lösungen), oder es bilden sich Addukte des Typs $[D_2TeX_3^+]X^-$, falls das Solvens D wie Acetonitril, Aceton oder Ethanol Donorqualitäten hat (elektrische Leitfähigkeit der Lösungen). Die formulierten Ionen lassen sich durch Einwirkung von *Halogenid-Akzeptoren* (z. B. SbF_5, AlX_3, GaX_3) oder *Halogenid-Donatoren* (M^+X^-, HX, $Ph_3C^+X^-$, $Ph_4As^+X^-$) auf die ungelösten oder gelösten Tetrahalogenide TeX_4 oder TeO_2 (analoges gilt für SeX_4, SeO_2 oder SX_4) in Form von Salzen isolieren, z. B. $[TeF_3^+][Sb_2F_{11}^-]$, $[TeCl_3^+][AlCl_4^-]$, $M^+[TeF_5^-]$, $2M^+[TeCl_6^{2-}]$, $[Ph_3C^+][Te_3Cl_{13}^-]$, $[AsPh_4^+][Te_2Cl_{10}^{2-}]$ (TeX_3^+, isoelektronisch mit SbX_3, SnX_3^-: pyramidaler Bau mit Te an der Pyramidenspitze; TeF_5^-, isoelektronisch mit SbF_5^{2-}, BrF_5, XeF_5^+: quadratisch-pyramidale Anordnung der F-Atome, Te unterhalb der Pyramidenbasis, $r_{ax} = 1.85$ Å, $r_{äq} = 1.96$ Å; $\measuredangle F_{ax}TeF_{äq} = 79°$; TeX_6^{2-} mit X = Cl, Br, I: regulär oktaedrischer Bau; $Te_3X_{13}^-$ und $Te_2X_{10}^{2-}$ mit X = Cl, Br: Struktur entsprechend Te_4X_{16} ohne TeX_3^+-Ecke bzw. ohne gegenüberliegende TeX_3^+-Ecken).

Die Chalkogentetrahalogenide EX_4 (E = S, Se, Te; X = F, Cl, Br, I) wirken somit sowohl als Lewis-Basen (Bildung von EX_3^+) wie auch als Lewis-Säuren (Bildung u. a. von EX_5^-, EX_6^{2-}). Die Lewis-Acidität wächst – wie im Falle anderer Elementhalogenide – mit der Periodennummer des Elements, also in der

[157] Im Zuge der Verdampfung von festem TeI_4 (Bildung von $TeI_4(g)$, $TeI_2(g)$, $I_2(g)$) erfolgt zusätzlich ein Verbindungszerfall nach $TeI_4(f) \rightarrow Te(f) + 2I_2(g)$; mit steigender Temperatur wächst die I_2-Konzentration im Gasraum und als Folge hiervon verschiebt sich das Gleichgewicht $Te(f) + I_2(g) \rightleftarrows TeI_2(g)$ zunehmend auf die rechte Seite, so daß letztendlich nur noch gasförmiges TeI_2 und I_2 vorliegen.

Reihe $SX_4 < SeX_4 < TeX_4$. Demgemäß existiert SF_5^- nur in Anwesenheit großer Kationen wie Cs^+ oder Me_4N^+, während von SeF_5^- und TeF_5^- auch Salze mit kleinen Kationen wie Na^+ isolierbar sind, wobei allerdings die Pentafluoroselenate zum Unterschied von den stabileren -telluraten bereits bei Raumtemperatur zur Dissoziation neigen (auch die Assoziationsneigung nimmt in Richtung $SF_4 < SeF_4 < TeF_4$ zu, s. oben). Da für Elementhalogenide $:EX_n$ die *„stereochemische Wirksamkeit“* des freien Elektronenpaars mit steigender Periodennummer von E einer Elementgruppe und in der Reihe $:EF_n \gg :ECl_n > :EBr_n > :EI_n$ sinkt (S. 321), lassen sich von $:SeX_4$ und $:TeX_4$ Hexafluoro-Komplexe EF_6^{2-} weniger leicht als Hexachloro-, -bromo- und -iodo-Komplexe EX_6^{2-} (X = Cl, Br, I) isolieren; letztere sind zudem regulär-oktaedrisch gebaut. Die Abnahme der stereochemischen Wirksamkeit des freien Elektronenpaars in den Halogeniden $(EX_4)_4$ (X = Cl, Br, I) des Selens und Tellurs in Richtung $SeX_4 > TeX_4$ und $ECl_4 > EBr_4 > EI_4$ kommt auch darin zum Ausdruck, daß für EX_4 in gleicher Richtung die Bindungsabstände der terminalen und brückenständigen Halogenatome (vgl. Formelbild) einander ähnlicher werden (Verhältnis der mittleren Abstände von EX (brückenständig) zu EX (terminal) = 1.29 ($SeCl_4$), 1.27 ($TeCl_4$), 1.26 ($SeBr_4$), 1.17 (ε-TeI_4)).

Dihalogenide TeX_2 (vgl. Tab. 66). Während Tellurdifluorid TeF_2 bisher nicht dargestellt werden konnte, sind **Tellurdichlorid, -bromid** und **-iodid $TeCl_2$, $TeBr_2$** und **TeI_2** bekannt (gewinkelter Bau; TeF/TeCl/TeBr-Abstand 1.876 (ber.)/2.329/2.51 Å; FTeF/ClTeCl/BrTeBr-Winkel 93.3 (ber.)/97.0/98°; vgl. S. 317). Die Verbindungen existieren aber wie $SeCl_2$ und $SeBr_2$ nicht in kondensierter, sondern nur in der Gasphase und bilden sich quantitativ nach $TeX_4 \rightleftarrows TeX_2 + X_2$ bzw. $TeX_4 + Te \rightleftarrows 2\,TeX_2$ bei erhöhter Temperatur (vgl. Tetrahalogenide). Auch durch rasches Abkühlen konnten die Dihalogenide bisher nicht unzersetzt – d. h. ohne Disproportionierung in Tellur oder Subhalogenide und Tetrahalogenide – in den metastabilen Zustand überführt werden.

Im Unterschied zu den Halogenderivaten des Tellurwasserstoffs existieren isolierbare Pseudohalogenderivate von H_2Te wie $Te(CN)_2$, $TeCN^-$ (Salz von HTeCN), $Te(NSO)_2$. Auch läßt sich TeX_2 (X = Cl, Br, I) durch Adduktbildung mit Donoren D (z. B. $(H_2N)_2CS$, X^-) unter Bildung von D_2TeX_2, $D_2Te_2X_4$ oder $D_4Te_2X_2^{2+}$ disproportionierungsstabil und dadurch isolierbar machen. Halogenotellurate(II) TeX_4^{2-} (quadratisch-planarer Bau analog SeX_4^{2-}) entstehen etwa durch Reduktion von Halogenotelluraten(IV) mit Tellur oder Oxidation von Tellur mit Halogen in Anwesenheit von R^+X^- (R^+ = großvolumiges Kation wie Et_4N^+ oder Ph_4As^+) nach $TeX_6^{2-} + Te + 2X^- \rightarrow 2\,TeX_4^{2-}$ bzw. $Te + X_2 + 2X^- \rightarrow TeX_4^{2-}$ im Solvens Acetonitril als *hellgelbe* (X = Cl), *hellbraune* (X = Br) bzw. *braune* (X = I) Salze. Es existiert zudem $Te_4I_{14}^{2-}$ (vgl. Anm.[152)]).

Subhalogenide Te_4X_2, Te_3Cl_2, Te_2I_2 (vgl. Tab. 66) bilden sich in kristallisierter Form sowohl aus der Schmelze durch *Abkühlen* von flüssigen Te/TeX_4-Gemischen geeigneter Stöchiometrie als auch im Festzustand durch *Tempern* von festen Te/TeX_4-Gemischen geeigneter Zusammensetzung oder aus Lösungen durch hydrothermales *Auskristallisieren* aus heißen, Te/TeX_4-haltigen, konzentrierten Iodwasserstofflösungen. Den bei Erwärmung in Te und TeX_4 disproportionierenden Subhalogeniden liegen „modifizierte“ Tellurstrukturen mit Tellurringen, -ketten, -bändern bzw. -schichten zugrunde (vgl. Formelbild), die zum Teil Halogenatome tragen. Das Tellurgerüst der **Ditellurmonohalogenide Te_2X** besteht aus Te_6-Ringen in Bootform, die miteinander über gemeinsame, gegenüberliegende Kanten zu langen Bändern kondensiert sind; die nicht am Kondensationsmechanismus beteiligten Te-Atome (zwei pro Ring) sind in der im Formelbild veranschaulichten Weise über Halogene verbrückt. Damit wechseln sich in Te_2X pyramidale Te-Atome (ψ-tetraedrisch; 3 Te-Nachbarn) mit quadratisch-planaren Te-Atomen (ψ-oktaedrisch; 3 Te + 2 X-Nachbarn) ab. Die Struktur des **Tellurmonoiodids TeI** (β-Modifikation) folgt aus Te_2I dadurch, daß man die Te-Bänder in Te_2I in der Mitte trennt und die gebildeten freien Te-Valenzen durch I-Atome absättigt (vgl. Formelbild). Hiernach enthält β-TeI planare Zick-Zack-konformierte Te-Ketten, in welchen sich wieder pyramidale mit quadratisch-planaren Te-Atomen abwechseln. In der thermodynamisch stabileren α-Modifikation liegen im Sinne der unten wiedergegebenen Formel viergliedrige, über Iod verbrückte Te-Ringe vor mit gewinkelten, pyramidalen und quadratisch-planaren Te-Atomen (die Te_4I_4-Moleküle sind über Iodbrücken zu einem Raumverbund miteinander verknüpft). **Tritellurdichlorid Te_3Cl_2** enthält – anders als β-TeI und ähnlich wie elementares Tellur – spiralig um eine Achse angeordnete Te-Ketten, wobei jedes dritte Te-Atom außer mit 2 Te- zusätzlich mit 2 Cl-Atomen abgesättigt ist (ψ-trigonal-bipyramidal; verzerrt-tetraedrische Anordnung der Te-Nachbarn wie in SF_4). Man könnte Te_3Cl_2 auch als Cl—Te—Te—Te—Cl-*Polymerisat* beschreiben, gebildet durch α-Addition von Te_3Cl_2-Monomeren. In analoger Weise ist Te_2X sowie β-TeI als Polymerisat von X—Te—Te—Te—Te—X- bzw. I—Te—Te—I-Monomeren aufzufassen.

Ähnlich wie von TeI existieren auch von Te_2I zwei strukturverschiedene Verbindungen gleicher Zusammensetzung. Anders als die bereits diskutierte enthält die zweite Substanz überraschenderweise kein chemisch an Tellur gebundenes Iod. Sie ist im Sinne der Formulierung **$Te_n \cdot \frac{n}{4}I_2$** ein **Intercalat** (Einlagerungsverbindung) von Iod in Tellur; und zwar liegen abwechselnd Einfachschichten von Iod und Doppelschichten von Tellur übereinander, wobei erstere den Schichten in elementarem Iod (s. dort) und letztere einer eigenständigen, bisher nicht bekannten Tellurmodifikation entsprechen. In ihr sind Te_8-Quader zweidimensional-unendlich über Flächen miteinander kondensiert. Da die I_2-Schichten einen I_2-Unterschuß aufweisen können, liegt eine nicht-stöchiometrische Verbindung vor.

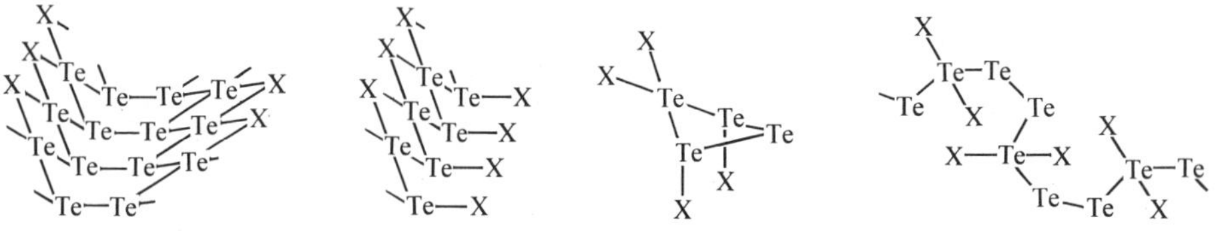

Te_2X β-TeI α-TeI Te_3Cl_2

Sauerstoffverbindungen des Tellurs

Tellur(IV)-Verbindungen. An der Luft verbrennt Tellur mit grünumsäumter blauer Flamme zu **Tellurdioxid TeO_2**: $Te + O_2 \rightarrow TeO_2 + 322.8$ kJ. Es wird aber gewöhnlich durch Oxidation von Tellur mit konzentrierter Salpetersäure bei 400 °C dargestellt. TeO_2 kommt in einer *farblosen* tetragonalen α-Form („*Paratellurit*"; dreidimensionale Raumstruktur mit wippenförmigen, über gemeinsame O-Atome verbrückten TeO_4-Einheiten) sowie einer *gelben* orthorhombischen, auch als Mineral anzutreffendes β-Form vor („*Tellurit*"; zweidimensionale Schichtstruktur mit wippenförmigen, über gemeinsame O-Atome verbrückten TeO_4-Einheiten). Die *Koordinationszahl* des Tellurs in TeO_2 ist mit 4 höher als die von Selen in SeO_2 (eindimensionale Kettenstruktur; KZ = 3) oder Schwefel in SO_2 („nulldimensionale" Inselstruktur; KZ = 2), aber niedriger als die von Polonium in PoO_2 (dreidimensionales Fluoritgitter; KZ = 8). Festes TeO_2 schmilzt bei 732.6 °C zu einer *roten* Flüssigkeit, löst sich ähnlich wie SeO_2 in $SeOCl_2$ und bildet mit Wasser in *sehr kleiner Gleichgewichtskonzentration* **Tellurige Säure H_2TeO_3** (Struktur noch unbekannt), die besser durch *Hydrolyse von Tellurtetrachlorid* oder durch *Ansäuern von Telluritlösungen* als unlöslicher, farbloser, unter H_2O-Abgabe leicht in TeO_2 übergehender Feststoff entsteht. H_2TeO_3 ist *schwach amphoter* (Löslichkeitsminimum bei pH = 4) und reagiert dementsprechend sowohl mit *Basen* (Bildung von „*Hydrogentelluriten*" und „*Telluriten*": $H_2TeO_3 \rightleftarrows HTeO_3^- + H^+ \rightleftarrows TeO_3^{2-} + 2H^+$; $pK_1 = 2.48$; $pK_2 = 7.70$) und mit starken *Säuren* (Bildung von „*Tellur(IV)-Salzen*" $TeO(OH)^+X^-$ mit X^- z. B. NO_3^-, ClO_4^-: $H_2TeO_3 \rightleftarrows TeO(OH)^+ + OH^-$; $pK = 2.7$). Neben Telluriten TeO_3^{2-} gibt es auch Polytellurite, z. B. $K_2Te_2O_5$, $K_2Te_4O_9$, $K_2Te_6O_{13}$. Unter den **Halogenderivaten** bildet $Te_6O_{11}Cl_2 = TeOCl_2 \cdot 5TeO_2$ weiße sublimierbare Kristalle (es existiert auch $Te_6O_{11}Br_2$). $TeOCl_2$ und $TeOI_2$ sind bisher nur in der Gasphase nachgewiesen worden; festes $TeOBr_2$ ist noch schlecht charakterisiert.

Tellur(VI)-Verbindungen. Durch starke Oxidationsmittel (z. B. Chlorsäure, Natriumperoxid, Kaliumpermanganat, Chromtrioxid) werden Tellur und Tellurige Säure zur Stufe der Tellursäure oxidiert. Beim Einengen der Lösungen kristallisiert **Orthotellursäure H_6TeO_6** = $Te(OH)_6$ in Form farbloser, bei 136 °C in geschlossenem Rohr schmelzende Kristalle aus. Tellursäure ist also nicht analog $H_2SO_4 \cdot 2H_2O$ oder $H_2SeO_4 \cdot 2H_2O$ das Dihydrat einer Tellursäure H_2TeO_4, sondern eine Hexahydroxoverbindung, die mit $In(OH)_6^{3-}$, $Sn(OH)_6^{2-}$, $Sb(OH)_6^-$ und $I(OH)_6^+$ isoelektronisch ist. Eine einfache *Tellursäure* H_2TeO_4 ist unbekannt; es existieren aber H_2TeO_4-Polymere und Salze wie z. B. Na_2TeO_4, die aber auch TeO_6-Einheiten enthalten. Die Orthotellursäure wirkt wesentlich stärker *oxidierend* als Schwefelsäure (vgl. Potentialdiagramm, S. 623). Sie ist eine *sehr schwache, sechsbasige* Säure ($pK_1 = 7.70$, $pK_2 = 10.95$) und bildet dementsprechend neben sauren Salzen $M^I_nH_{6-n}TeO_6$ (z. B. NaH_5TeO_6, $Na_2H_4TeO_6$ und $Na_4H_2TeO_6$)[158] auch solche der Zusammensetzung $M^I_6TeO_6$ (z. B. Ag_6TeO_6 und Hg_3TeO_6 sowie das aus $2Na_2O$ und Na_2TeO_4 gewinnbare Na_6TeO_6). Das TeO_6^{6-}-Ion ist oktaedrisch aufgebaut. In der Hitze spaltet H_6TeO_6 Wasser ab und geht über *Polymetatellursäure* $(H_2TeO_4)_n$ (weißes, hygroskopisches Pulver) schließlich bei 300–360 °C in ihr Anhydrid, das *gelbe*, wasserunlösliche **Tellurtrioxid TeO_3** ($\Delta H_f = 348.3$ kJ/mol)[159] über, das sich oberhalb 400 °C unter O_2-Abspaltung zunächst zu *Ditellurpentaoxid* Te_2O_5 und dann zu *Tellurdioxid* TeO_2 zersetzt. **Halogenderivate.** Von der Orthotellursäure leitet sich die **Pentafluoro-orthotellursäure $HOTeF_5$** ab (*farbloser* Festkörper, Smp. 39.1 °C, Sdp. 59.7 °C), die bei der Reaktion von BaH_4TeO_6 mit HSO_3F gebildet wird. Von der *starken Säure* mit dem besonders *elektronegativen $OTeF_5$-Rest* sind wie von $HOSeF_5$ (S. 625) zahlreiche Derivate bekannt (z. B. $F_nTe(OTeF_5)_{6-n}$ mit $n = 0, 1, 2, 3$; $FOTeF_5$; $(TeF_5)_2O_n$ mit $n = 1, 2$; $Xe(OTeF_5)_n$ mit $n = 2, 4, 6$). Die Thermolyse von $B(OTeF_5)_3$ führt bei 600 °C zu dimerem „*Tellurtetrafluoridoxid*" $(TeOF_4)_2$ (*farblose* Kri-

[158] Auch *Di-*, *Poly-* und *Peroxotellurate* wie $K_2Te_2O_7 \cdot 4H_2O$, $K_2Te_4O_{13} \cdot 4H_2O$ und $K_2H_4TeO_7$ (Salz einer Säure $Te(OH)_5(OOH)$) sind bekannt.

[159] Außer der gelben, durch Dehydratisierung von $Te(OH)_6$ erhältlichen TeO_3-Form (α-TeO_3; FeF_3-Struktur) existiert noch eine graue, weniger reaktive, durch Tempern von α-TeO_3 bei 350 °C in Gegenwart von O_2 und H_2SO_4 gewinnbare TeO_3-Modifikation (*β*-TeO_3, rhomboedrisch).

stalle, Smp. 28 °C, Sdp. 77.5 °C; Struktur analog $(SeOF_4)_2$), das mit Fluorid zum komplexen Anion $TeOF_6^{2-}$ (pentagonal-bipyramidal mit axialem O-Atom; C_{5v}-Symmetrie) abreagiert.

Weitere Tellurverbindungen

Bezüglich der **Tellursulfide** und **-selenide** vgl. *Interchalkogene* auf S. 626. Ein *zitronengelbes*, explosives **Tellurnitrid** der ungefähren Zusammensetzung Te_4N_4 bildet sich aus $TeCl_4$ oder $TeBr_4$ und Ammoniak bei −70 °C[160], das „**Tellurcarbid**" O=C=Te beim Überleiten von CO über Tellur bei erhöhter Temperatur (man kennt auch ein S=C=Te; CTe_2 ist instabil). Unter den **Organotellur-Verbindungen**[150], die zum Teil die gleiche Zusammensetzung wie die Organoselen-Verbindungen aufweisen (R_2Te, R_2Te_2, R_2Te_3 und Folgeprodukte), aber reaktionsfähiger als diese sind, sind „*Tetramethyltellur*" Me_4Te (wippenförmiger Bau) und „*Hexamethyltellur*" Me_6Te (*farblose*, flüchtige, bis 140 °C thermostabile Festsubstanz; gewinnbar durch Fluorierung von Me_4Te mit XeF_2 und Methylierung von gebildetem Me_4TeF_2 mit $ZnMe_2$; wohl oktaedrischer Bau) bemerkenswert. Ein Beispiel für eine isolierbare Verbindung mit TeC-Doppelbindung stellen – abgesehen von Y=C=Te mit Y = O, S – das Tellurosäureamid $Ph(Me_2N)C{=}Te$ und das *tiefviolette* Tellurcarbonyldifluorid $F_2C{=}Te$ (bei −196° dimerisierungsmetastabil) dar. Monoorganyltellane RTeH sind anders als Monoorganylselane RSeH nur im Falle sperriger Reste R wie $(Me_3Si)_3Si$, $(Me_3C)_3Si$ oder 2,4,6-$C_6H_2^tBu_3$ isolierbar.

5 Das Polonium[145,161]

Vorkommen, Geschichtliches, Gewinnung. Polonium kommt als kurzlebiges *radioaktives Zerfallsprodukt* der Uranreihe (s. dort) in der *Uranpechblende* vor. Hieraus isolierte es im Jahre 1898 Marie Curie (geb. Sklodowska) im Rahmen ihrer Doktorarbeit, wobei sie den Fortgang der Abtrennung mit Hilfe des neu entdeckten Phänomens der Radioaktivität verfolgte (Nobelpreise 1903 und 1911). Sie nannte es zu Ehren ihres Heimatlandes Polen Polonium. 1000 Tonnen Uranpechblende enthalten etwa 0.03 g Po, so daß Polonium noch rund 10000 mal seltener als Radium ist. Bei der Aufarbeitung der Pechblende reichert sich Po mit Bi an, von dem es durch *fraktionierende Fällung der Sulfide* (PoS ist schwerer löslich als Bi_2S_3) getrennt werden kann. Heutzutage wird Po durch Bestrahlung von $^{209}_{83}Bi$ mit Neutronen, Protonen oder Deuteronen im Kernreaktor (s. dort) in Gramm-Mengen gewonnen:

$$^{209}_{83}\mathrm{Bi}(p,2n)\,^{208}_{84}\mathbf{Po} \xrightarrow[2.90\,a]{\alpha} {}^{204}_{82}\mathrm{Pb};\quad ^{209}_{83}\mathrm{Bi}(p,n)\,^{209}_{84}\mathbf{Po} \xrightarrow[102\,a]{\alpha} {}^{205}_{82}\mathrm{Pb};\quad ^{209}_{83}\mathrm{Bi}(n,\gamma)\,^{210}_{84}\mathbf{Po} \xrightarrow[138.38\,d]{\alpha} {}^{206}_{82}\mathrm{Pb}.$$

Aus dem bestrahlten, schwer flüchtigen Bismut (Sdp. 1580 °C) läßt es sich durch Destillation abtrennen.

Man kennt bis jetzt 27 Isotope des Poloniums mit Massenzahlen von 192 bis 218 (je zwei Kernisomere der Massenzahlen 193, 195, 197, 199, 201, 203, 207, 211, drei Kernisomere der Massenzahl 212). Das längstlebige Isotop der Massenzahl 209 ist schwerer darstellbar als das für Versuche meist verwendete Isotop der Massenzahl 210.

Physikalische Eigenschaften (vgl. Tafel III). Silbrig metallisch-glänzendes Polonium (Smp. 254 °C, Sdp. 962 °C; $d = 9.20$ g/cm^3; farbloser, Po_2-haltiger Dampf) kristallisiert bei Raumtemperatur kubisch (α-Po, stabil bis 100 °C), bei höherer Temperatur rhomboedrisch (β-Po). Die kubische Form bildet ein einfaches Würfelgitter, bei dem nur die Würfelecken mit Atomen besetzt sind, eine Struktur, die sonst außerordentlich selten auftritt (bisher nur noch bei Hochdruckformen von Phosphor (s. dort) und Antimon (s. dort) bekannt). Sie leitet sich von der des Selens und Tellurs dadurch ab, daß die Abstände der Atome in den Ketten und zu den Nachbaratomen der je vier benachbarten Ketten gleich groß sind (3.359 Å) und daß der Bindungswinkel 90° beträgt (bei Selen 2.374 und 3.426 Å, Bindungswinkel 103°; bei Tellur 2.835 und 3.495 Å, Bindungswinkel 103°). Dementsprechend ist im Gitter des metallischen Poloniums jedes Po-Atom regulär-oktaedrisch von 6 anderen umgeben, während bei den metallischen Formen von Selen und Tellur verzerrt-oktaedrische Koordination vorliegt (S. 547).

Chemische Eigenschaften. In seinen chemischen Eigenschaften ähnelt Polonium sehr seinem leichteren Homologen, dem *Tellur*, sowie seinem linken Periodennachbarn, dem *Bismut*. In Säuren wie HCl, HNO_3,

---

160 Es existieren auch Verbindungen, die neben Tellur und Stickstoff die Elemente Schwefel, Selen, Chlor enthalten: $\mathbf{TeS_2N_2Cl^+}$, $\mathbf{Te_2SN_2Cl^+}$ bzw. $\mathbf{TeSeSN_2Cl^+}$ (abgeleitet von $S_3N_2Cl^+$; die Cl^--Salze weisen starke Kation-Anion-Beziehungen auf: $TeS_2N_2Cl_2$, $Te_2SN_2Cl_2$, $TeSeSN_2Cl_2$); $\mathbf{Te_2SN_2Cl_6}$ (Struktur: $Cl_2TeCl_2TeCl_2$ mit TeClTeCl-Ring und N=S=N-Brücke zwischen den Te-Atomen).

161 **Literatur.** K.W. Bagnall: „*The Chemistry of Polonium*", Quart Rev. **11** (1957) 30–48, Adv. Inorg. Radiochem. **4** (1962) 197–229; F. Weigel: „*Die Chemie des Poloniums*", Angew. Chem. **71** (1959) 298–299; M.B. Mikeev: „*Polonium*", Chemiker Zeitg. **102** (1978) 277–286; K.W. Bagnall: „*The Chemistry of Polonium*" Radiochim. Acta **32** (1983) 153–161; GMELIN: „*Polonium*", System. Nr. **12**, bisher 2 Bände.

H_2SO_4 löst sich Po unter Bildung des *rosaroten* **Po^{2+}-Kations**: $Po + 2H^+ \rightarrow Po^{2+} + H_2$, was auf einen – verglichen mit den leichteren Homologen – erhöhten Metallcharakter weist (Sauerstoff, Schwefel, Selen reagieren nicht mit Salzsäuren, Tellur nur in Anwesenheit von Sauerstoff). Aus Po^{2+}-Lösungen kann mit H_2S schwarzes *Poloniumsulfid* PoS ausgefällt werden (Löslichkeitsprodukt ca. 5×10^{-29}). Wässerige Po^{2+}-Lösungen verwandeln sich langsam in *gelbe* Po(IV)-haltige Lösungen, da Po^{2+} von den radiochemisch im Zuge des α-Zerfalls von Po aus Wasser gebildeten Produkten oxidiert wird. **Po^{2-}-Anionen** liegen in Salzen M^I_2Po und M^{II}_2Po vor (M = Alkali-, Erdalkalimetall, Zn, Cd, Hg). In seinen **Verbindungen** bevorzugt Polonium höhere *Koordinationszahlen* als Tellur: *vier* (tetraedrisches Po in Cd**Po**), *sechs* (oktaedrisches Po in $\mathbf{Po}_\infty$, $\mathbf{PoI_6^{2-}}$, Ca**Po**; trigonal-prismatisches Po in Mg**Po**), *acht* (kubisches Po in Na_2**Po**, **PoO_2**).

Wasserstoffverbindung. Analog dem Tellur bildet Polonium ein flüchtiges, äußerst zersetzliches, bei Raumtemperatur flüssiges Hydrid **PoH_2** (Smp. $-36.1\,°C$, Sdp. $+35.3\,°C$), von dem sich zahlreiche *Polonide* ableiten (s.o.).

Halogenverbindungen. Polonium bildet **Dihalogenide PoX_2** (PoF_2; *rubinrotes*, bei 355 °C schmelzendes und 130 °C sublimierendes $PoCl_2$; *purpurfarbenes*, bei 270 °C unter Zers. schmelzendes $PoBr_2$; *dunkles* PoI_2), **Tetrahalogenide PoX_4** (farbloses PoF_4; *hellgelbes*, beim Smp. von 300 °C (Zers.) *strohgelbes*, beim Sdp. von 390 °C *scharlachrotes* und oberhalb 500 °C *blaugrünes* $PoCl_4$; *rotes*, bei 330 °C unter Zers. schmelzendes $PoBr_4$; *schwarzes* PoI_4) und **Hexahalogenide PoX_6** (*weißes*, flüchtiges PoF_6). Sie entstehen durch *Halogenierung* von Po ($PoCl_2$, $PoBr_2$, PoX_4, PoF_6), *Dehalogenierung* von PoX_4 mit SO_2 ($\rightarrow PoCl_2$), H_2S ($\rightarrow PoBr_2$), Wärme ($\rightarrow PoI_2$) oder *Halogenidierung* von PoO_2 mit HX (PoX_4), PCl_5, $SOCl_2$ ($PoCl_4$). Bei hohen Temperaturen (ab 200 °C) zersetzen sich die Tetrahalogenide $PoCl_4$, $PoBr_4$, PoI_4 ähnlich wie SeX_4 und TeX_4 in Dihalogenide und Halogene. Die Tetrahalogenide bilden analog den entsprechenden Halogeniden der leichteren Homologen Halogeno-Komplexe des Typus PoX_5^- und PoX_6^{2-}.

Sauerstoffverbindungen. Po bildet mit Sauerstoff die Oxidationsstufe +2, +4 und +6 (vgl. Potentialdiagramm S. 623): **Poloniumoxid PoO** (*schwarzer* Feststoff; Folgeprodukt der Radiolyse von $PoSO_3$) bildet sich in hydratisierter *dunkelbrauner* Form **$Po(OH)_2$** bei Zugabe von NaOH zu frisch bereiteten Po^{2+}-Lösungen. **Poloniumdioxid PoO_2** (*gelbe*, kubische Normaltemperaturform, *rote*, tetragonale Hochtemperatur-Modifikation) entsteht bei der direkten *Vereinigung der Elemente* bei 250 °C sowie durch *thermischen Zerfall* von Po(IV)-hydroxid, -sulfat, -selenat oder -nitrat als bei 885 °C im O_2-Strom sublimierbarer und bei 500 °C unter vermindertem Druck in die Elemente zerfallender Feststoff mit *Fluoritstruktur* (Normalform). Hydratisiertes Poloniumdioxid $PoO_2 \cdot aq$ (**„Polonige Säure H_2PoO_3**) fällt beim Versetzen einer Po(IV)-Lösung mit verdünnter Natronlauge als *blaßgelber*, voluminöser Niederschlag aus. Es reagiert als *amphoterer Stoff* sowohl mit *Basen* ($H_2PoO_3 + 2OH^- \rightleftarrows PoO_3^{2-} + 2H_2O$; $K = 8.2 \times 10^{-5}$; z.B. Bildung von K_2PoO_3) als auch *Säuren* ($H_2PoO_3 + 4H^+ \rightleftarrows Po^{4+} + 3H_2O$; z.B. Bildung von $Po(SO_4)_2$, $Po(NO_3)_4$). **Poloniumtrioxid PoO_3** ist bisher nur in Spuren nachgewiesen worden.

Kapitel XIV

Die Stickstoffgruppe

Zur Stickstoffgruppe („**Pentele**"; 15. Gruppe bzw. V. Hauptgruppe des Periodensystems) gehören die Elemente *Stickstoff* (N), *Phosphor* (P), *Arsen* (As), *Antimon* (Sb) und *Bismut* (Bi). Sie beteiligen sich am Aufbau der Erdrinde (einschließlich Wasser- und Lufthülle) mit 0.017 (N), 0.1 (P), 1.7×10^{-4} (As), 2×10^{-5} (Sb) und 2×10^{-5} Gew.-% (Bi) entsprechend einem Gewichtsverhältnis von 1000 : 5000 : 10 : 1 : 1. Bezüglich eines vergleichenden Überblicks über die Eigenschaften der Pentele vgl. S. 302 sowie die Tafeln II und III.

1 Der Stickstoff[1)]

Nachfolgend wird zunächst der elementare Stickstoff, der unter normalen Bedingungen nur als Distickstoff N_2 existiert, besprochen. Im Anschluß hieran sollen Wasserstoff-, Halogen- und Sauerstoffverbindungen sowie Sauerstoffsäuren und Schwefelverbindungen des Stickstoffs behandelt werden.

1.1 Elementarer Stickstoff

1.1.1 Vorkommen

In **elementarem** Zustand kommt der Stickstoff als wesentlicher Bestandteil der *Luft* (78.09 Vol.-% bzw. 75.51 Gew.-% N_2) vor, die mehr als 99 % des insgesamt auf der Erde vorkommenden Stickstoffs enthält. Im **gebundenen** Zustand findet er sich hauptsächlich in Form von **Nitraten** (S. 718), z. B. Natriumnitrat $NaNO_3$ (*Chilesalpeter*; z. B. in Chile), Kaliumnitrat KNO_3 (*Salpeter*, z. B. in Indien). Weiterhin bildet er einen wichtigen Bestandteil der **Biosphäre** wie etwa den *Eiweißstoffen* des tierischen und pflanzlichen Organismus. Von den ca. 10^{15} t Stickstoff der Erdhülle entfallen $10^{14}-10^{15}$ t auf die *Atmosphäre* und *Erdkruste*, ca. 10^{13} t auf die *Hydrosphäre* und 10^{10} t auf die *Biosphäre*.

Isotope (vgl. Anhang III). Der *natürlich vorkommende* Stickstoff besteht aus den Isotopen $^{14}_{7}N$ (99.634 %) und $^{15}_{7}N$ (0.366 %). Beide Isotope dienen für *NMR-Studien*, $^{15}_{7}N$ zum *Markieren* von Stickstoffverbindungen. Es existieren keine längerlebigen *künstlichen* Isotope ($\tau_{\frac{1}{2}}$ von $^{13}_{7}N = 9.97$ m).

Geschichtliches (vgl. Tafel II). Der Stickstoff wurde 1772 von dem deutsch-schwedischen Apotheker Carl Scheele („*verdorbene* Luft") und – unabhängig davon – von dem englischen Privatgelehrten Henry Cavendish, von dem englischen Naturwissenschaftler Joseph Priestley sowie von dem schottischen Botaniker Daniel Rutherford entdeckt und als Bestandteil der Luft erkannt (vgl. S. 503); Rutherford wies auf die Elementnatur des Stickstoffs). A. L. Lavoisier gab ihm den *Namen* „*Azote*", von azotikus (griech.) = das Leben nicht unterhaltend[2)]. Der deutsche Name „*Stickstoff*" bezieht sich auf die gleiche Eigenschaft.

---

[1] **Literatur.** W. L. Jolly: „*The Chemistry of Nitrogen*" Benjamin, New York 1964; Ch. B. Colburn (Hrsg.): „*Developments in Inorganic Nitrogen Chemistry*", Elsevier, Amsterdam, Band 1 (1966), Band 2 (1973); K. Jones: „*Nitrogen*", *Comprehensive Inorg. Chem.* 2 (1973) 147–388; GMELIN: „*Nitrogen*", System-Nr. **4**, bisher 4 Bände; „*Ammonium*", Syst. Nr. **23** bisher 2 Bände. ULLMANN (5. Aufl.): „*Nitrogen*" **A 17** (1991) 457–469. Vgl. Anm. 7, 9, 10, 13, 77, 85, 97, 132.

[2] In Bezeichnungen wie „*Azane*", „*Azide*", „*Azoverbindungen*", „*Azotierung*", „*Borazol*", „*Hydrazin*" usw. findet sich dieser Wortstamm auch in der deutschen chemischen Nomenklatur.

Der Name „*Nitrogen*“ (= Salpeterbildner), von dem sich das Elementsymbol N ableitet, wurde von dem französischen Chemiker J. A. C. Chaptal im Jahre 1790 eingeführt.

1.1.2 Darstellung

Zur technischen Darstellung von Stickstoff dient ausschließlich **Luft**[3]. Die Abtrennung des in der Luft neben Stickstoff enthaltenen Sauerstoffs kann dabei auf physikalischem oder auf chemischem Wege erfolgen. Die physikalische Zerlegung der Luft (Fraktionierung flüssiger Luft; „*Linde-Verfahren*“) haben wir bereits bei der Besprechung der technischen Sauerstoffgewinnung behandelt (S. 12 und 503). Die chemische Methode der Stickstoffgewinnung aus Luft, die heute keine technische Bedeutung mehr hat, bedient sich der Kohle als sauerstoffbindenden Mittels.

Verbrennt man Kohle mit überschüssiger Luft ($= 4\,N_2 + O_2$), so erhält man ein Gemisch von Stickstoff und Kohlendioxid:

$$4\,N_2 + O_2 + C \rightarrow 4\,N_2 + CO_2,$$

aus dem sich das Kohlendioxid durch Behandlung mit Kaliumcarbonatlösung ($K_2CO_3 + CO_2 + H_2O \rightleftarrows 2\,KHCO_3$) oder mit Wasser unter Druck leicht auswaschen läßt. Bei begrenztem Luftzutritt (Kohlenstoffüberschuß) verbrennt die Kohle nur zu Kohlenmonoxid:

$$4\,N_2 + O_2 + 2\,C \rightarrow 4\,N_2 + 2\,CO\,.$$

Das so gebildete Gemisch von Stickstoff und Kohlenmonoxid heißt „*Generatorgas*“ (vgl. NH_3-Gewinnung).

Im Laboratorium verwendet man als sauerstoffbindendes Mittel nicht Kohle, sondern Kupfer:

$$4\,N_2 + O_2 + 2\,Cu \rightarrow 4\,N_2 + 2\,CuO\,,$$

indem man Luft über glühendes Kupfer leitet.

Da die Luft außer Stickstoff und Sauerstoff noch rund 1 % Edelgase enthält, erhält man aus ihr keinen reinen Stickstoff, sondern edelgashaltigen „*Luftstickstoff*“. Wegen der chemischen Reaktionsträgheit der Edelgase stört dieser Gehalt aber normalerweise nicht. „*Reinen Stickstoff*“ gewinnt man zweckmäßig aus Stickstoffverbindungen. Eine hierfür sehr geeignete Verbindung ist das **Ammoniak**, dessen Überführung in Stickstoff ganz allgemein durch Einwirkung eines Oxidationsmittels erfolgt: $2\,NH_3 + 3\,O \rightarrow N_2 + 3\,H_2O$. So bildet sich z. B. Stickstoff beim Eintropfen von konzentrierter Ammoniaklösung in einen wässerigen Chlorkalkbrei ($CaCl(OCl) \rightarrow CaCl_2 + O$). Noch häufiger wird im Laboratorium Salpetrige Säure HNO_2 als Oxidationsmittel benutzt, weil hierbei auch der Stickstoff der Säure mitgewonnen wird:

$$NH_3 + HNO_2 \rightarrow N_2 + 2\,H_2O\,.$$

Man erhitzt zu diesem Zwecke eine konzentrierte wässerige Ammoniumnitritlösung ($NH_4NO_2 \rightleftarrows NH_3 + HNO_2$) oder die Lösung eines Gemisches von Ammoniumchlorid und Natriumnitrit ($NH_4Cl + NaNO_2 \rightleftarrows NH_4NO_2 + NaCl$) auf etwa 70 °C. „*Spektralreiner Stickstoff*“ ist bequem durch thermische Zersetzung von **Aziden** (insbesondere NaN_3) gewinnbar (S. 667).

N_2 wird als Gas in Röhren oder als Flüssigkeit in Kältebehältern versandt. In den Handel kommt Stickstoff in (grün gestrichenen) Stahlflaschen („*Bomben*“) unter einem Druck von 200 bar. Er enthält im allgemeinen noch Sauerstoffspuren (< 20 ppm), die sich durch Leiten des Stickstoffs über auf Kieselgur niedergeschlagenes Kupfer bei 160–180 °C entfernen lassen ($2\,Cu + O_2 \rightarrow 2\,CuO$). Gereinigter Stickstoff enthält < 2 ppm O_2, sauerstofffreier und ultrareiner Stickstoff < 10 ppm Ar.

---

[3] Aus Luft (S. 517) werden die „*Industriegase*“ N_2, O_2, Ne, Ar, Kr und Xe gewonnen.

1.1.3 Physikalische Eigenschaften

Stickstoff ist ein *farb-, geschmack-* und *geruchloses Gas*. Die Masse eines Liters reinen Stickstoffs beträgt bei 0 °C und 760 Torr Druck (45° geographischer Breite) 1.25046 g, ist also geringer als die der Luft (1.2928 g/l), welche ja noch den schwereren Sauerstoff (1.42895 g/l) enthält. 1 l „*Luftstickstoff*", also edelgashaltiger Stickstoff, wiegt 1.2567 g. Wie Sauerstoff und Wasserstoff läßt sich auch Stickstoff nur schwer kondensieren (kritische Temperatur: − 146.95 °C, kritischer Druck: 33.98 bar, kritische Dichte: 0.3110 g/cm³). Der Siedepunkt des farblosen flüssigen Stickstoffs liegt bei − 195.82 °C (77.33 K), der Schmelzpunkt des farblosen festen Stickstoffs bei − 209.99 °C (63.16 K) (hexagonal-dichteste Kugelpackung von N_2-Molekülen (β-N_2); unterhalb − 237.54 °C existiert noch eine kubisch-dichteste Packung (α-N_2)); die Dichte des flüssigen Stickstoffs beim Siedepunkt beträgt 0.8076, die des festen Stickstoffs bei − 253 °C 1.0265 g/cm³. Der NN-Abstand in N_2 beträgt 1.0976 Å, die NN-Dissoziationsenergie 945.33 kJ/mol. Beide Werte entsprechen einer NN-Dreifachbindung.

In Wasser ist Stickstoff nur etwa halb so gut löslich wie Sauerstoff von gleichem Druck. 1 l Wasser von 0 °C löst – unabhängig vom Gasdruck (vgl. S. 189, 504) – 23.2 cm³ Stickstoff bzw. 49.1 cm³ Sauerstoff. Die aus Wasser ausgetriebene Luft ist somit sauerstoffreicher (O_2:N_2 = 1 : 2) als die atmosphärische (O_2:N_2 = 1 : 4) und enthält, bezogen auf den Stickstoff, zweimal mehr Sauerstoff als die letztere. Dieser größere prozentuale Sauerstoffgehalt ist von Wichtigkeit für die Atmung der Fische im Wasser.

Physiologisches. Auf höhere Pflanzen, Tiere und den Menschen übt Stickstoff keine wahrnehmbare Wirkung aus (die erstickende Wirkung ist auf Sauerstoffmangel zurückzuführen). Stickstoff ist für den Menschen ein essentielles Element (Bestandteil der Proteine, Nucleinsäuren, vieler Coenzyme) und trägt zu ca. 3 % (2.1 kg) des Gewichts eines Menschen bei. Vgl. hierzu auch Kreislauf des Stickstoffs, S. 641.

1.1.4 Chemische Eigenschaften

Redox-Reaktionen. Stickstoff ist weder brennbar, noch unterhält er die Verbrennung. Taucht man einen brennenden Holzspan in Stickstoff ein, so erlischt er sofort. Lebewesen ersticken im Stickstoffgas, woher das Gas seinen Namen hat (s. Geschichtliches).

Überhaupt ist Stickstoff bei gewöhnlicher Temperatur ein sehr reaktionsträges („*inertes*") Gas. Dies kommt daher, daß die beiden Atome des Stickstoffmoleküls durch eine Dreifachbindung besonders fest aneinander gekettet sind, so daß der Stickstoff selbst die beständigste Stickstoff-„Verbindung" ist. Zur Dissoziation des Moleküls in die wesentlich reaktionsfähigeren Atome bedarf es einer großen Energiemenge:

$$945.33\,\text{kJ} + N_2 \rightarrow 2\,N \quad (K_p = 10^{-160}).$$

Die Umsetzungen des Stickstoffs stellen infolgedessen meist endotherme Prozesse dar, und die exothermen Reaktionen verlaufen häufig mehr oder minder gehemmt.

Die Reaktivität des Stickstoffs wird z. B. durch Temperaturerhöhung bedeutend gesteigert, so daß er bei hohen Temperaturen mit zahlreichen Metallen und Nichtmetallen Verbindungen eingeht (Stickstoff bildet mit allen Elementen außer den Edelgasen binäre Verbindungen, wobei vielfach mehrere Stöchiometrien realisierbar sind). Unter den Metallen vereinigen sich das Alkalimetall Lithium und alle Erdalkalimetalle relativ leicht und vollständig mit Stickstoff (Lithium sogar bei Raumtemperatur):

$$3\,Mg + N_2 \rightarrow Mg_3N_2 + 461.55\,\text{kJ} \qquad 6\,Li + N_2 \rightarrow 2\,Li_3N + 395\,\text{kJ}$$

Aber auch viele andere Metalle wie Aluminium, Titan, Vanadium, Chrom verbinden sich bei Glühhitze direkt mit dem Stickstoff zu „*Nitriden*" (s. unten; wichtig ist in diesem Zusammenhang die zu „*Nitrierstählen*" führende Oberflächenhärtung von Eisen mit Stickstoff).

Unter den Reaktionen des Stickstoffs mit Nichtmetallen seien besonders die Umsetzungen mit Wasserstoff und mit Sauerstoff hervorgehoben. Erstere führt zur exothermen Bildung von Ammoniak:

$$N_2 + 3H_2 \rightleftarrows 2NH_3 + 92.28\,kJ \quad (K_p = 10^{5.78})$$

und wird in größtem Maßstab technisch durchgeführt (S. 645). Letztere geht unter endothermer Bildung von Stickstoffoxid vor sich:

$$180.6\,kJ + N_2 + O_2 \rightleftarrows 2NO \quad (K_p = 10^{-30.32})$$

und hat eine Zeit lang erhebliche Bedeutung für die Gewinnung von Salpetersäure gehabt (S. 696), welche insgesamt aus Stickstoff, Sauerstoff und Wasser in exothermer Reaktion entsteht[4]: $N_2 + 2.5\,O_2 + H_2O \rightarrow 2HNO_3 + 30.3\,kJ$. Zur Reaktion von Stickstoff mit Calciumcarbid, die zu Kalkstickstoff führt, vgl. S. 1136.

Säure-Base-Reaktionen. Verhältnismäßig reaktionsfähig ist Stickstoff außer gegen Lithium (s. oben) auch gegenüber einigen Komplexen L_nM der Übergangsmetalle M, die molekularen Stickstoff unter Bildung von **Stickstoffkomplexen** $L_nM \cdot N_2$ aufnehmen[5]:

$$L_nM + N_2 \rightleftarrows L_nM \cdot N_2 .$$

So reagiert etwa die Ruthenium(II)-Verbindung $[Ru(NH_3)_5(H_2O)]^{2+}$ bei Raumtemperatur unter Bildung des Komplexes $[\{(NH_3)_5Ru\}_2N_2]^{4+}$, der seinerseits Stickstoff unter Bildung von $[(NH_3)_5RuN_2]^{2+}$ aufnimmt:

$$2(NH_3)_5RuOH_2)^{2+} \underset{-2H_2O}{\overset{+N_2(1\,bar)}{\rightleftarrows}} (NH_3)_5Ru{-}N{\equiv}N{-}Ru(NH_3)_5^{4+} \overset{+N_2(Druck)}{\rightleftarrows} 2(NH_3)_5Ru{-}N{\equiv}N^{2+}$$

Die Komplexe enthalten normalerweise entsprechend (a) oder (b) endständig („*end-on*"), gelegentlich entsprechend (c) seitlich („*side-on*", „*edge-on*") gebundenen Stickstoff (Näheres S. 1667)[6]:

$L_nM{-}N{\equiv}N$	$L_nM{-}N{\equiv}N{-}ML_n$	$L_nM \cdots \cdot (N{\equiv}N)$
(z.B. L_3CoN_2)	(z.B. $\{(NH_3)_5Ru\}_2N_2^{4+}$)	(z.B. $[\{C_5Me_5\}_2Sm]_2N_2$)
(a)	(b)	(c)

Die Bildung von Stickstoffkomplexen stellt wohl auch einen wesentlichen Reaktionsteilschritt der **„Stickstoffassimilation" („Stickstoffixierung")** der lebenden Natur dar, worunter man die in einigen Bakterienarten und Mikroorganismen am Enzymkomplex „*Nitrogenase*" erfolgende Umwandlung von Luftstickstoff u. a. in Eiweißstickstoff, d. h. die Reduktion von molekularen Stickstoff zu Ammoniak versteht: $N_2 + 6H^+ + 6\ominus \rightarrow 2NH_3$. Nitrogenase besteht im einzelnen aus *Molybdoferredoxin* (Molekülmasse 220000–250000; enthält zwei – wohl für die Komplexierung von N_2 verantwortliche – Fe/Mo-Cofaktoren und zwei Fe/S^{2-}-Cluster) sowie *Azoferredoxin* (Molekülmasse 55000–60000; enthält einen – für die Reduktion verantwortlichen – Fe_4S_4-Cluster). Durch die Tätigkeit der Mikroorganismen, die in den Wurzelknöllchen von Schmetterlingsblütlern (z. B. Lupinen, Erbsen, Bohnen, Klee) und anderen Pflanzenarten (z. B. Erlen, Ölweiden) sowie auch im Erdboden (z. B. „*Azobacter*") frei leben, werden in einem normalen Ackerboden jährlich rund 50 kg Luftstickstoff pro Hektar assimiliert. Durch Anbau von Leguminosen (Hülsenfrüchten) läßt sich diese Menge in klimatisch günstig gelegenen leichten Böden bis auf 200 kg/ha steigern.

Im allgemeinen vermögen die Lebewesen aber den Luftstickstoff nicht zu assimilieren. Die Pflanzen entnehmen den Stickstoff, der für sie als wichtiger Bestandteil des Eiweißes lebensnotwendig ist, dem

---

4 Die hohe Beständigkeit von N_2, welche die exotherme Bildung von – in Ozeanen gelöster – HNO_3 unter Verbrauch des gesamten Luftsauerstoffs verhindert, ist somit von grundlegender Bedeutung für das Leben auf der Erde.

5 **Literatur.** Vgl. Anm.[7] sowie Anm.[68] auf S. 1667.

6 In den ersten Fällen liegen lineare MNN-Gruppierungen vor mit NN-Abständen im Bereich 1.1–1.3 Å.

Boden, in welchem er in Form von *Nitraten* (S. 718) und *Ammoniumsalzen* (S. 654) enthalten ist. *Tiere* und *Menschen* nehmen ihn andererseits in Form des pflanzlichen Eiweißes direkt oder indirekt (über tierisches Eiweiß) auf. Beim Abbau von Eiweiß im Tierkörper wird der größte Teil des Stickstoffs als *Harnstoff* $CO(NH_2)_2$ mit dem Harn ausgeschieden; bei der Verwesung von Tier und Pflanze bleibt er in Form von Nitraten, Ammoniumsalzen und anderen Stickstoffverbindungen zurück. So steht er den Pflanzen wieder zur Verfügung.

Der *biologische* **Kreislauf des Stickstoffs** besteht, chemisch gesehen, in der wechselseitigen Umwandlung von *Ammoniumstickstoff* in *Verbindungsstickstoff* der Organismen (z. B. Eiweißstoffe) unter *Oxidationsstufenerhalt* bzw. von Ammoniumstickstoff in *Nitratstickstoff* unter *Oxidationsstufenwechsel.* Die als Nitrifikation bezeichnete *Oxidation* von NH_4^+ durch nitrifizierende Bakterien („*Nitrifikanten*") zur *Energiegewinnung* erfolgt in Schritten von zwei Einheiten auf dem Wege über die Stufe des Hydroxylamins NH_2OH und der Hyposalpetrigen Säure $H_2N_2O_2$ zum Nitrit (z. B. durch „*Nitrosomas*") oder bis zum Nitrat (z. B. durch „*Nitrobacter*"), summarisch: $NH_4^+ + 3H_2O \rightarrow NO_3^- + 10H^+ + 8\ominus$. Als Nebenprodukte entstehen bis zu 10 % N_2O und N_2. Die Tätigkeit der Nitrifikanten ist für den normalen Nitratgehalt der Böden, aber z. B. auch für die Bildung von *Mauersalpeter* ($Ca(NO_3)_2$ in Ställen verantwortlich. Die als Denitrifikation bezeichnete *Reduktion* von NO_3^- durch anaerobe Bakterien (z. B. „*Flavobacterium*") zur Atmung („*Nitrat-Atmung*") führt zu Nitrit NO_2^- und dann in Schritten von einer Einheit auf dem Wege über die NO-Stufe zu N_2O und N_2, summarisch: $NO_3^- + 6H^+ + 5\ominus \rightarrow \frac{1}{2}N_2 + 3H_2O$. Stickstoff wird anschließend durch Stickstoffixierung (s. o.) weiter zu NH_4^+ reduziert[7].

Der *Stickstoffverlust des Bodens* durch Denitrifikation und Nitrifikation (Bildung von N_2O, N_2) sowie durch Auswaschen von Nitrat (insbesondere in regenreichen Gebieten) kann in der Regel über den *Stickstoffgewinn* durch die Stickstoffixierung ausgeglichen werden. Bei intensiver Landwirtschaft werden jedoch dem Boden mehr Stickstoffverbindungen entzogen, als in verwertbarer Form wieder zurückkehren. Der deutsche Chemiker Justus von Liebig (1803–1873) wies daher darauf hin, daß es notwendig ist, den Pflanzen den erforderlichen Stickstoffbedarf in Form geeigneter Stickstoffverbindungen („*Stickstoffdünger*") zuzuführen (Näheres S. 656).

Der *Stickstoffgehalt der Atmosphäre* wird andererseits durch natürliche und industrielle Prozesse insgesamt nicht verändert, weil der Luft etwa ebensoviel Stickstoff durch Denitrifikation, Nitrifikation sowie Verbrennung wieder zugeführt wird, wie ihr durch Stickstoffassimilation („*biologische*" N_2-Fixierung), Düngemittel („*industrielle*" N_2-Fixierung) und Blitztätigkeit („*atmosphärische*" N_2-Fixierung) entzogen wird. Die der Atmosphäre jährlich entnommene und zugeführte Stickstoffmenge beträgt mit 10^8–10^9 Tonnen ein Zehnmillionstel des Luftstickstoffs (10^{15}–10^{16} t). Jedes Stickstoffmolekül der Atmosphäre wird etwa alle 20 Millionen Jahre durch ein anderes ersetzt.

1.1.5 Stickstoff in Verbindungen

Der Stickstoff kommt in seinen Verbindungen in lückenloser Folge in den **Oxidationsstufen** −3 bis +5 vor, wobei naturgemäß die negativen Wertigkeiten in Verbindungen mit elektropositiven Elementen (z. B. Wasserstoff) und die positiven Wertigkeiten in Verbindungen mit elektronegativen Elementen (z. B. Sauerstoff) auftreten:

$$\overset{-3}{N}H_3 \quad \overset{-2}{N}_2H_4 \quad \overset{-1}{N}_2H_2 \quad \overset{\pm 0}{N}_2 \quad \overset{+1}{N}_2O \quad \overset{+2}{N}O \quad \overset{+3}{N}_2O_3 \quad \overset{+4}{N}O_2 \quad \overset{+5}{N}_2O_5$$

Koordinationszahlen. In Verbindungen mit *nicht allzu elektropositiven* Bindungspartnern tritt Stickstoff mit der Koordinationzahl *eins* (z. B. **N**≡N, HC≡**N**, F_3S≡**N**), *zwei* (z. B. gewinkelt in H—**N**=**N**—H, Cl—**N**=O; linear in R_3Si—**N**=SiR_2), *drei* (z. B. pyramidal in $\mathbf{N}H_3$, $\mathbf{N}Cl_3$; planar in $\mathbf{N}(SiH_3)_3$ und *vier* (tetraedrisch, z. B. $\mathbf{N}H_4^+$, $\mathbf{N}F_4^+$, $\mathbf{N}OF_3$) auf. Bei *elektropositiven* Partnern betätigt er auch die Koordinationszahlen *fünf* (z. B. quadratisch-pyramidal in $[Fe_5(CO)_{14}H(\mu_5\text{-}\mathbf{N})]$, *sechs* (z. B. oktaedrisch in M**N** mit M = Sc, Ti, V, Cr, Th, U usw. trigonal-prismatisch in $[Co_6(CO)_{15}(\mu_6\text{-}\mathbf{N})]^-$) und *acht* (z. B. kubisch in BeLi**N**, $AlLi_3\mathbf{N}$; hexagonal-bipyramidal in $Li_3\mathbf{N}$).

---

[7] **Literatur.** F.-C. Czygan: „*Der Stickstoff-Kreislauf in der Natur*", Biologie in unserer Zeit **1** (1971) 101–110; H. Rüdiger: „*Die biologische Fixierung von Stickstoff*", Chemie in unserer Zeit **6** (1972) 59–64; J. Chatt, L. M. da Pina, R. L. Richards: „*New Trends in the Chemistry of Nitrogen Fixation*", Acad. Press, London 1980; vgl. auch Chem. Rev. **78** (1978) 589–652; Educ. Chem. **16** (1979) 66–69; J. R. Postgate: „*The Fundamentals of Nitrogen Fixation*", Cambridge University Press, 1982; A. Müller, W. E. Newton (Hrsg.): „*Nitrogen Fixation – The Chemical-Biochemical-Genetic Interface*", Plenum Press, New York 1983; J. R. Gallon, A. E. Chaplin: „*An Introduction to Nitrogen Fixation*", Cassell Education Limited, London 1987; J. Erfkamp, A. Müller: „*Die Stickstoff-Fixierung – Aktuelle chemische und biologische Aspekte*", Chemie in unserer Zeit, **24** (1990) 267–278; Ullmann (5. Aufl.): „*Nitrogen Fixation*", **A 17** (1991) 471–484; R. R. Eady: „*The Mo-, V-, and Fe-Based Nitrogenase Systems of Azobacter*", Adv. Inorg. Chem. **36** (1991) 77–102; M. N. Hughes: „*The Nitrogen Cycle*", Comprehensive Coord. Chem. **6** (1987) 717–728.

Bindungen. An nicht allzu elektropositive Bindungspartner ist der Stickstoff *kovalent* einfach bzw. mehrfach gebunden, wobei er nur in Ausnahmefällen *ein-* und *zweibindig* ist (z. B. instabiles N—H, bei höheren Temperaturen stabiles F—N—F), meist jedoch *dreibindig* (NH_3, HO—N=O, HC≡N) und maximal *vierbindig* (NH_4^+, NCl_4^+, $O{=}N{=}O^+$, R—N≡C). Die RNR-Bindungen in Verbindungen des Typs NR_3 (R = anorganischer oder organischer Rest) liegen im Bereich 100–110°, falls der Stickstoff reine Einfachbindungen eingeht (z. B. ∢ HNH in NH_3 106.-8°, ∢ FNF in NF_3 102.1°, ∢ CNC in NMe_3 108.7°). Sind die NR-Bindungen vergleichsweise polar, so beobachtet man RNR-Winkel nahe 120° (z. B. ∢ SiNSi in $N(SiH_3)_3$ 119.6°). In Verbindungen R—N=Y liegen die RNY-Winkel im Bereich 110° (z. B. HN=NH) bis 180° (z. B. $R_3Si{-}N{=}SiR_2$).

Als Element der ersten Achterperiode vermag Stickstoff wie sein linker und sein rechter Nachbar, der Kohlenstoff und der Sauerstoff, und im Gegensatz zu seinen höheren Homologen, Phosphor, Arsen, Antimon und Bismut, sehr leicht $p_\pi p_\pi$-Bindungen einzugehen. Insgesamt ergeben sich merkliche Unterschiede zwischen seiner und der Chemie der schwereren Homologen (Näheres vgl. S. 311). Die Tendenz zur Ausbildung von *Elementketten* ist im Falle des Stickstoffs größer als für den rechten Periodennachbarn Sauerstoff, aber kleiner als für alle übrigen Periodennachbarn (Schwefel, Phosphor, Silicium, Kohlenstoff). Es konnten bei geeigneter Substitution bis zu achtgliederige N-Ketten aufgebaut werden (z. B. PhN=N—NPh—N=N—NPh—N=NPh).

Stickstoff-Ionen. Im Gegensatz zum Sauerstoff, der durch starke Oxidationsmittel wie PtF_6 zum Kation O_2^+ oxidiert werden kann (S. 507), läßt sich Stickstoff chemisch nicht in das **Distickstoff-Kation** N_2^+ überführen[8]. Der Grund ist in der ungewöhnlich hohen Ionisierungsenergie von Distickstoff zu suchen (14.54 eV; zum Vergleich Disauerstoff: 13.614 eV). Auch Stickstoff-Kationen anderer Molekülgrößen sind bisher in kondensierter Phase unbekannt. Demgegenüber existieren **Stickstoff-Anionen** u. a. des Typs N^{3-} (*Nitrid-Ionen*) bzw. N_3^- (*Azid-Ionen*, vgl. S. 667). *Farbloses*, in Wasser instabiles N^{3-} ist nur in Anwesenheit eines Gegenions sehr geringer Lewis-Basizität stabil. Aber selbst in Alkalimetallnitriden M_3^IN (nur Li_3N: Smp. 584 °C, Zers.) und Erdalkalimetallnitriden $M_2^{II}N_3$ (M = Be bis Ba; Be_3N_2: Smp. 2200 °C; Mg_3N_2: Zers. 271 °C) weist die elektrovalente Metall-Stickstoff-Bindung bereits erhebliche Kovalenzanteile auf.

Nitride. Die erwähnten Alkali- und Erdalkalimetallnitride stellen nur *eine der drei Körperklassen von Nitriden*[9], die **salzartigen Nitride**, dar. Daneben gibt es noch reine **kovalente Nitride** wie $(BN)_x$, S_4N_4, $(CN)_2$, S_2N_2, As_4N_4, P_3N_5, Si_3N_4 (vgl. Elemente der III.–VII. Hauptgruppe) und **metallartigen Nitride** der allgemeinen Zusammensetzung MN, M_2N und M_4N wie VN, CrN, W_2N, bei denen die Stickstoffatome – ähnlich den Wasserstoffatomen in metallartigen Wasserstoffverbindungen (S. 276) – Hohlräume der Metallstruktur besetzen und die in Aussehen, Härte, elektrischer Leitfähigkeit metallischen Charakter besitzen und als Hartstoffe Verwendung finden. Analoges gilt für Boride (S. 1059) und Carbide (S. 851). Die Darstellung der – mehr oder weniger hydrolysestabilen – Nitride erfolgt durch Reaktion der *Elemente* mit *Stickstoff* oder *Ammoniak* bei geeigneten Temperaturen (die Elemente werden gegebenenfalls intermediär durch Reduktion der Elementhalogenide oder -oxide erzeugt; die Umsetzung mit NH_3 führt über Amide, die zum Teil zunächst aus Elementhalogeniden und Alkalimetallamiden synthetisiert und dann thermisch in die Nitride überführt werden).

Atomarer Stickstoff[10]. Bei Einwirkung *elektrischer Glimmentladungen* auf Stickstoff unter vermindertem Druck (1–0.1 mbar) erfolgt eine merkliche Aufspaltung der Stickstoffmoleküle unter Bildung von Stickstoffatomen, wie 1913 zuerst John William Strutt (1842–1919) beobachtet hat. Dieser *atomare Stickstoff* ist chemisch *sehr aktiv*. So bildet er mit zahlreichen Metallen (z. B. Quecksilber, Zink, Cadmium, Natrium, Magnesium) schon bei *gewöhnlicher Temperatur* Nitride (z. B. $3\,Mg + 2\,N \rightarrow Mg_3N_2 + 1407.6$ kJ), ebenso mit Nichtmetallen wie Phosphor und Schwefel.

Die Rekombination der Atome führt in Anwesenheit eines Stoßpartners (Wand bzw. N_2 bei Drücken < 4 bzw. > 4 mbar) zu N_2-Molekülen in angeregtem sowie nicht angeregtem Zustand und ist mit einem charakteristischen *gelben Nachleuchten* verbunden, das bei geeigneten Versuchsbedingungen noch 6 Stunden nach Ausschalten der elektrischen Entladung anhalten kann:

$$N(^4S) + N(^4S) \xrightarrow{\text{Stoßpartner}} N_2^* \rightarrow N_2 + h\nu\ (\textit{gelb})$$

[8] Auf anderem Wege, z. B. durch Elektronenbeschuß von gasförmigem Stickstoff im Massenspektrometer, bildet sich jedoch N_2^+ neben anderen Stickstoff-Kationen (N^+, N_3^+, N_4^+).

[9] **Literatur.** F. L. Riley (Hrsg.): „*Nitrogen Ceramics*", Noordhoff-Leyden 1977; Ullmann (5. Aufl.): „*Nitrides*" **A 17** (1991) 341–361; W. Schnick: „*Festkörperchemie mit Nichtmetallnitriden*", Angew. Chem. **105** (1993) 846–858; Int. Ed. **32** (1993) 806.

[10] **Literatur.** K. R. Jennings, J. W. Linnet: „*Active Nitrogen*", Quart. Rev. **12** (1958) 116–132; G. G. Manella: „*Active Nitrogen*", Chem. Rev. **63** (1963) 1–20; A. N. Wright, C. A. Winkler: „*Active Nitrogen*", Academic Press, New York 1968; C. R. Brown, C. A. Winkler: „*Das chemische Verhalten von aktivem Stickstoff*", Angew. Chem. **82** (1970) 187–202, Int. Ed. **9** (1970) 181.

(Bezüglich der in Klammern stehenden Termsymbole vgl. S. 99). Die gebildeten angeregten Moleküle N_2^*, die unter Emittierung des ersten positiven Bandenspektrums von N_2 in den Grundzustand übergehen, vermögen als hochreaktive Teilchen Fremdmoleküle unter Bindungsspaltung anzugreifen, z. B. $N_2^* + CO_2 \rightarrow N_2 + CO + O(^3P)$; $N_2^* + H_2O \rightarrow N_2 + OH + H(^2S)$.

Die Konzentration von N-Atomen im N_2-Gas läßt sich durch NO-Radikale, die nach $N(^4S) + NO \rightarrow N_2 + O(^3P)$ sehr rasch mit den N-Atomen abreagieren, bestimmen (Verschwinden des gelben Nachleuchtens). Bei *NO-Unterschuß* setzen sich die gebildeten O- mit den N-Atomen zu NO unter Emittierung von *blauem* Licht um: $N(^4S) + O(^3P) \rightarrow NO^* \rightarrow NO + h\nu$ (*blau*); bei *NO-Überschuß* reagieren die O-Atome mit den NO-Radikalen zu NO_2-Radikalen unter Emittierung von *grüngelbem* Licht: $NO + O(^3P) \rightarrow NO_2^* \rightarrow NO_2 + h\nu$ (*grüngelb*).

Verwendung. Stickstoff (Weltjahresproduktion: 100 Megatonnenmaßstab) findet Verwendung als *inertes Schutzgas* (Spülen von Behältern und Rohrleitungen, Schutzatmosphäre für leicht oxidierbare Substanzen wie Phosphor oder Metallschmelzen (z. B. Stahlherstellung) und beim Löten, Schweißen, Glühen, Sintern, Härten, Verpacken), weiterhin zur Herstellung von *Chemikalien* wie Ammoniak, Stickstoffoxiden, Salpetersäure, Cyaniden, Amiden, Nitriden. *Flüssiger Stickstoff* dient als *Kühlmittel*, insbesondere zum Schnellgefrieren von Lebensmitteln, aber z. B. auch in der Medizin zum raschen örtlich begrenzten Gefrieren von Gewebsteilen etwa bei Augen- und Gehirnoperationen, darüber hinaus zur *Gefriervermahlung* weicher Materialien, *Schrumpfpassung* bei Montagen, *Konservierung* biologischen Materials (Blut, Samen).

1.2 Wasserstoffverbindungen des Stickstoffs[1, 13)]

1.2.1 Grundlagen

Systematik. Stickstoff und Wasserstoff bilden miteinander gemäß Tab. 67 neun acyclische (kettenförmige) Verbindungen: *Ammoniak* (*Azan*) NH_3, *Hydrazin* (*Diazan*) N_2H_4, *Triazan* N_3H_5 und *Tetrazan* N_4H_6 als Vertreter der gesättigten **„Azane"** $\mathbf{N_nH_{n+2}}$, *Nitren* (*Azen*) NH, *Diimin* (*Diazen*) N_2H_2, *Triazen* N_3H_3 und *Tetrazen* N_4H_4 als Vertreter der einfach ungesättigten **„Azene"** $\mathbf{N_nH_n}$ sowie *Stickstoffwasserstoffsäure* (*Triazadien*) N_3H als Vertreter der doppelt ungesättigten **„Azadiene"** $\mathbf{N_nH_{n-2}}$[11)]. Unter ihnen sind die fünf Verbindungen NH_3, N_2H_4, N_2H_2, N_3H und N_4H_4 in Substanz zugänglich (in Tab. 67 fett gedruckt), während die verbleibenden vier Stickstoffwasserstoffe N_3H_5, N_4H_6, NH, N_3H_3 zwar nicht in Substanz isoliert werden konnten, aber als reaktive Zwischenprodukte chemischer Umsetzungen eine Rolle spielen. Außer den genannten Hydriden kennt man als Salze der Säure HN_3 mit den Basen NH_3 und N_2H_4 die – ebenfalls nur aus Stickstoff und Wasserstoff bestehenden – salzartigen Verbindungen *Ammoniumazid* $NH_4N_3 = N_4H_4$ und *Hydraziniumazid* $N_2H_5N_3 = N_5H_5$.

Tab. 67 Bisher isolierte (Fettdruck) und nachgewiesene acyclische Stickstoffwasserstoffe

$\mathbf{N_nH_m}$	**Mono-** ($n = 1$)	**Di-** ($n = 2$)	**Tri-** ($n = 3$)	**Tetra-** ($n = 4$)	**Summenformel**
-azan	$\mathbf{NH_3}$	$\mathbf{N_2H_4}$	N_3H_5	N_4H_6	N_nH_{n+2}
-azen	NH	$\mathbf{N_2H_2}$	N_3H_3	$\mathbf{N_4H_4}$	N_nH_n
-azadien	–	–	$\mathbf{N_3H}$	(N_4H_2)[12)]	N_nH_{n-2}

Cyclische (ringförmige) Stickstoffwasserstoffe (gesättigt: N_nH_n, einfach ungesättigt: N_nH_{n-2}, doppelt ungesättigt: N_nH_{n-4}) sind bis jetzt noch nicht bekannt, während beim homologen Phosphor cyclische gesättigte Phosphorwasserstoffe P_nH_m existieren (S. 738). Von einem „*Pentazol*" (*cyclo-Pentazadien*) N_5H kennt man als bisher einzigem cyclischen Stickstoffwasserstoff organische Derivate N_5R; *cyclo-Triazen*

---

11 Zur Nomenklatur von Wasserstoffverbindungen vgl. S. 270, zum Wortstamm „*az*" Anm.[2)].

12 Für bisher unbekanntes N_4H_2 lassen sich neben zwei Kettenformeln (H—N=N—N=N—H, H_2N—N=N=N) mehrere Ringformeln diskutieren (z. B. *cyclo*-Tetrazen, Amino-*cyclo*-triazen, *Bicyclo*-tetrazan).

bildet sich, komplexgebunden an Ag^+, bei der Reaktion von Ammoniak mit einem Ag^+-haltigen Zeolith. Bezüglich weiterer Derivate und Komplexe von Stickstoffwasserstoffen vgl. Anm.[13].

Struktur. Den gesättigten, acyclischen Azanen N_nH_{n+2} liegt, wie den folgenden Konstitutionsformeln der ersten vier Glieder zu entnehmen ist, ein Gerüst aus n dreibindigen Stickstoffatomen zugrunde, die durch $n - 1$ Einfachbindungen miteinander verknüpft sind:

$H_2\ddot{N}—H$ ($n = 1$) $H_2\ddot{N}—\ddot{N}H_2$ ($n = 2$) $H_2\ddot{N}—\ddot{N}H—\ddot{N}H_2$ ($n = 3$) $H_2\ddot{N}—\ddot{N}H—\ddot{N}H—\ddot{N}H_2$ ($n = 4$)

Die wasserstoffärmeren, einfach ungesättigten, acyclischen Azene N_nH_n enthalten ebenfalls ein Gerüst von n Stickstoffatomen, die hier – sieht man vom Anfangsglied NH ab[14] – durch $n - 1$ σ-Bindungen und 1 π-Bindung miteinander verbunden sind:

$H—\ddot{N}=\ddot{N}—H$ ($n = 2$) $H—\ddot{N}=\ddot{N}—\ddot{N}H_2$ ($n = 3$) $H_2\ddot{N}—\ddot{N}=\ddot{N}—\ddot{N}H_2$ ($n = 4$)

Von den noch wasserstoffärmeren, doppelt ungesättigten, acyclischen Azadienen N_nH_{n-2}, denen jeweils ein Gerüst von n Stickstoffatomen zugrunde liegt, die durch $n - 1$ σ-Bindungen und 2 π-Bindungen zusammengehalten werden, ist bisher nur eine Verbindung, die Stickstoffwasserstoffsäure N_3H, mit Sicherheit bekannt[15]:

$H—\ddot{N}=N=\ddot{N}$ ($n = 3$)

Wie bei den Wasserstoffverbindungen des linken Nachbarn vom Stickstoff im Periodensystem, dem Kohlenstoff, sind auch bei den Stickstoffwasserstoffen viele Isomeriemöglichkeiten vorhanden. Die Isomerie kann sich dabei auf eine unterschiedliche Verkettung der Stickstoffatome mit den Wasserstoffatomen oder auch der Stickstoffatome untereinander beziehen (*Konstitutionsisomerie*; s. dort), wie am Beispiel der drei N_4H_4-Isomeren (a), (b) sowie (c) gezeigt sei (die dem Tetrazen vorangestellte Zahl bezieht sich auf die Lage der Doppelbindung):

$H_2\ddot{N}—\ddot{N}=\ddot{N}—\ddot{N}H_2$ 2-Tetrazen (a)

$H—\ddot{N}=\ddot{N}—\ddot{N}(H)—\ddot{N}H_2$ 1-Tetrazen (b)

$[NH_4]^+[\ddot{N}=N=\ddot{N}]^-$ Ammoniumazid (c)

---

[13] **Literatur.** P.A.S. Smith: „*The Chemistry of Open-Chain Organic Nitrogen Compounds*" 2 Bände, Benjamin, New York 1965, 1966; N. Wiberg: „*Silyl, Germyl, and Stannyl Derivatives of Azenes N_nH_n*", Adv. Organometal. Chem. **23** (1984) 131–191, **24** (1985) 179–248; D.S. Moore, S.D. Robinson: „*Catenated Nitrogen Ligands: Part I/Part II: Transition Metal Derivatives of Triazenes, Tetrazenes, Tetrazadienes, and Pentazadienes/Triazoles, Tetrazoles, Pentazoles, and Hexazines*", Adv. Inorg. Chem. **30** (1986) 1–68/**32** (1988) 171–239; J. Beck, J. Strähle: „*Das Pentazadienid-Ion als Ligand in Metallkomplexen*", Angew. Chem. **100** (1988) 927–932; Int. Ed. **27** (1988) 661. Vgl. auch Anm. 17, 25, 38, 52, 60, 64.

[14] Das Anfangsglied der Azene, das Nitren NH, das ähnlich wie N_2H_2 extrem instabil ist, nimmt insofern eine Sonderstellung ein, als sein ungesättigter Charakter nicht auf eine Doppelbindung, sondern darauf zurückgeht, daß der Stickstoff in ihm nur ein Elektronensextett statt eines Elektronenoktetts aufweist.

[15] Man kennt organische acyclische Azadiene, die sich beispielsweise vom *Pentazadien* HN=N—NH—N=NH oder vom *Octazadien* HN=N—NH—N=N—NH—N=NH ableiten.[13]

Die Isomerie kann aber auch in einer unterschiedlichen geometrischen Anordnung der Atome bestehen, wie die N_4H_4-Isomeren (d) und (e) (*Konfigurationsisomerie*, s. dort) und die N_2H_4-Isomeren (f) und (g) (*Konformationsisomerie*, s. dort) lehren:

trans-2-Tetrazen (d) *cis*-2-Tetrazen (e) *gauche*-Hydrazin (f) *trans*-Hydrazin (g)

Bezüglich des letzteren – nicht bei N_2H_4, aber bei N_2F_4 beobachteten – Isomeriefalles vgl. S. 663.

Stabilität. Im Gegensatz zu den meisten Kohlenwasserstoffen C_nH_m sind die Stickstoffwasserstoffe N_nH_m, wenn man von Ammoniak NH_3 absieht, thermodynamisch in Bezug auf die Elemente instabil. Allerdings ist der Zerfall in N_2 und H_2 bei den bisher bekannten Stickstoffhydriden kinetisch gehemmt. Insbesondere die höheren Stickstoffwasserstoffe zersetzen sich statt dessen leicht gemäß

$$\begin{array}{c}>N-N< \\ H \quad :NH_2\end{array} \longrightarrow \begin{array}{c}-N{=}N- \\ + \\ H-NH_2\end{array}$$

unter Eliminierung von Ammoniak. In diesem Sinne geht Triazan N_3H_5 in Diimin N_2H_2, Tetrazan N_4H_6 in Triazen N_3H_3, Triazen N_3H_3 in Stickstoff N_2 und Tetrazen N_4H_4 in Stickstoffwasserstoffsäure N_3H über (bei N_3H ist eine intramolekulare NH_3-Abspaltung stöchiometrisch unmöglich, bei N_2H_4 ist sie energetisch ungünstig, weil hierbei energiereiches Nitren NH entsteht). Die kinetisch und thermodynamisch[16] begünstigte NH_3-Eliminierung bedingt die Instabilität vieler höherer (insbesondere der wasserstoffreicheren) Stickstoffwasserstoffe und ist mit ein Grund dafür, daß von Stickstoff – anders als von Kohlenstoff[16] – bisher nur vergleichsweise wenige Wasserstoffverbindungen aufgefunden wurden.

Nachfolgend soll zunächst das *Ammoniak* NH_3 als wichtigster Stickstoffwasserstoff, dann – die ebenfalls technisch gewonnenen Verbindungen – *Hydrazin* N_2H_4 sowie *Stickstoffwasserstoffsäure* N_3H und schließlich das *Triazan* N_3H_5, *Tetrazan* N_4H_6, *Triazen* N_3H_3, *Nitren* NH, Diimin N_2H_2 und *Tetrazen* N_4H_4 behandelt werden.

1.2.2 Ammoniak NH_3[1,13,17]

Darstellung

Das wichtigste Verfahren zur technischen Darstellung von Ammoniak ist die in den Jahren 1903–1909 von dem deutschen Physikochemiker Fritz Haber (1868–1934; Nobelpreis Chemie 1918) im Laboratoriumsmaßstab ausgearbeitete und 1913 von dem deutschen Chemiker und Industriellen Carl Bosch (1874–1940; Nobelpreis Chemie 1931) erstmals in die Technik übertragene Synthese aus den Elementen **(„Haber-Bosch-Verfahren")**[18]:

$$3H_2 + N_2 \rightleftarrows 2NH_3 + 92.28\,\text{kJ}\,. \qquad (1)$$

---

[16] Die NH_3-Eliminierung ist mit einem Übergang einer σ- in eine π-NN-Bindung verbunden. Da die NN-Einfachbindungsenergie ca. 159 kJ/mol, der π-Bindungsenergieanteil einer NN-Doppelbindung (466 kJ/mol) ca. 466–159 = 307 kJ/mol beträgt (vgl. Tab. 19 auf S. 141), ist die Eliminierung mit einem Energiegewinn verbunden (159–307 = – 148 kJ/mol). Für die analoge CH_4-Eliminierung aus Kohlenwasserstoffen errechnet sich mit den Werten der Tab. 19 demgegenüber ein Energieverlust von 75 kJ/mol.

[17] **Literatur.** A. Mittasch: „*Geschichte der Ammoniak-Synthese*", Verlag Chemie Weinheim 1954; ULLMANN (5. Aufl.): „*Ammonia*", „*Ammonium Compounds*" **A 2** (1985) 143–265; G. Ertl: „*Zum Mechanismus der Ammoniak-Synthese*", Nachr. Chem. Tech. Lab. **31** (1983) 178–182; R. Juza: „*Amide der Alkali- und Erdalkalimetalle*", Angew. Chem. **76** (1964) 290–300; Int. Ed. **3** (1964) 471; M. F. Lappert, P. P. Power, A. R. Sanger, R. C. Srivastava: „*Metal and Metalloid Amides*", Ellis Horwood, Chichester 1980.

[18] **Geschichtliches.** Ammoniak und Ammoniumsalze (insbesondere Salmiak[19]) waren den Ägyptern und Arabern bereits im Altertum bekannt. Kunckel erwähnte 1716 erstmals die NH_3-Bildung bei Gärungsvorgängen, Hales stellte 1727 erstmals freies NH_3 durch Erhitzen von Salmiak mit Kalk dar, Scheele ermittelte 1774 erstmals die Zusammensetzung

Neben der Ammoniaksynthese aus den Elementen, nach der heute fast 100% der Welterzeugung an Ammoniak hergestellt werden, spielt die Gewinnung von **Ammoniak aus dem Gaswasser** der Gasanstalten und Kokereien nur eine untergeordnete Rolle. Man gewinnt es aus dieser farblosen Flüssigkeit durch Kochen und Behandlung mit Kalkmilch, wobei das gelöste Ammoniak entweicht und die hauptsächlich enthaltenen Ammoniumsalze NH_4HS und NH_4HCO_3 ihr NH_3 abgeben (s. unten), welches in Schwefelsäure geleitet und so als Ammoniumsulfat gebunden wird. Die Freisetzung von **Ammoniak aus Verbindungen** hat Bedeutung zur Gewinnung von $^{15}NH_3$ (Basebehandlung von $^{15}NH_4^+$, Reduktion von $^{15}NO_3^-$ oder $^{15}NO_2^-$, Hydrolyse von $Ca_3{}^{15}N_2$) und ND_3 (Hydrolyse von Mg_3N_2 mit D_2O). Bezüglich der Darstellung von Ammoniak im Laboratorium vgl. auch S. 651.

Da es sich bei der **Synthese aus den Elementen** um eine exotherme ($\Delta H_f(NH_3) = 46.14$ kJ/mol) und mit Volumenverminderung verlaufende Umsetzung handelt, verschiebt sich das Gleichgewicht dieser Reaktion mit fallender Temperatur und steigendem Druck nach rechts, wie auch der Fig. 149a zu entnehmen ist, welche die Ammoniakausbeute (Vol.-% NH_3 in einem Gemisch von $3H_2 + N_2$) in Abhängigkeit von der Temperatur bei verschiedenen Drücken wiedergibt. Eine praktisch quantitative Ammoniakausbeute würde man bei Zimmertemperatur zu erwarten haben. Bei dieser niedrigen Temperatur ist aber die Geschwindigkeit der Umsetzung unmeßbar klein (Aktivierungsenergie: 230 kJ/mol), und Katalysatoren wirken auf die Reaktion der Ammoniakbildung erst ab 400 °C genügend beschleunigend ein. Daher ist man gezwungen, bei einer Temperatur von mindestens 400 °C, zweckmäßig 500 °C zu arbeiten; bei 500 °C beträgt jedoch die Ausbeute an Ammoniak bei Atmosphärendruck (vgl. Fig. 149a, Kurve „1 bar") nur noch 0.13 Vol.-%. Um die Ausbeute technisch tragbar zu gestalten, ist es daher erforderlich, einen hohen Druck, z. B. 200 bar, anzuwenden, wodurch sich die Ausbeute (vgl. Fig. 149a, Kurve „200 bar") auf 17.6 Vol.-% steigert. Im folgenden sei die technische Durchführung der Ammoniaksynthese näher besprochen (vgl. hierzu auch Fig. 149b, c).

Gewinnung der Ausgangsstoffe. Als Ausgangsstoffe zur Gewinnung von Stickstoff und Wasserstoff können z. B. Luft ($4N_2 + O_2$) und Wasser (H_2O) dienen. In beiden Fällen muß das gewünschte Gas von Sauerstoff befreit werden, welcher das eine Mal physikalisch beigemengt, das andere Mal chemisch gebunden ist. Die Entfernung des Sauerstoffs kann z. B. in beiden Fällen durch das billigste Reduktionsmittel der Technik, den Kohlenstoff in Form von Koks, erfolgen; und zwar setzt sich der Koks bei hoher Temperatur mit Luft bzw. Wasserdampf unter Bildung von *Generatorgas* ($= 2N_2 + CO$; vgl. S. 863) bzw. *Wassergas* ($= H_2 + CO$; vgl. S. 255) um.

Der für die Ammoniaksynthese erforderliche Stickstoff wird allerdings heute statt aus Generatorgas praktisch ausschließlich durch Tieftemperaturzerlegung der Luft (S. 13), der Wasserstoff außer aus Wassergas auch aus Kokereigas ($= H_2 + CH_4$; vgl. S. 255) sowie insbesondere dem durch Reaktion von Kohlenwasserstoffen (Erdgas, Erdöl) mit Wasser bei hohen Temperaturen gemäß

$$C_nH_{2m} + nH_2O \rightleftarrows (n+m)H_2 + nCO$$

erhältlichen *Spaltgas* ($> H_2 + CO$; vgl. S. 255) gewonnen.

Das beim Steam-Reforming-Prozeß aus Erdgas oder Rohbenzin („Naphtha") in einem mit Ni-Katalysator gefüllten Spaltrohrofen („Primärreformer") bei 700–830 °C/40 bar mit H_2O gebildete Spaltgas enthält noch ca. 8 Vol.-% nicht umgesetztes Methan im Gleichgewicht mit $H_2 + CO$. Es wird durch einen

von NH_3. Die Geschichte der direkten Synthese von NH_3 aus N_2 und H_2 ist ein Musterbeispiel für die wissenschaftliche Erfassung einer Aufgabe, ihre prinzipielle Lösung mit theoretischen Ansätzen und Laboratoriumsmethoden und ihre Verwirklichung durch Schaffung einer neuen Technik. Für die chemische Wirtschaft bedeutet die Synthese den ersten großen Einbruch in das Rohstoffmonopol Natur. Die erste in Oppau (bei Ludwigshafen a. Rh.) errichtete großtechnische, mit einem Os-Katalysator arbeitende Syntheseanlage war auf eine Jahresproduktion von 11000 t NH_3 ausgerichtet. Inzwischen setzt man billigere Fe-Katalysatoren ein[20)], auch produzieren die Anlagen trotz kleinerer Ausmaße, geringerem Energieverbrauch und stark vermindertem Personalbedarf beachtlich mehr Ammoniak. In der Welt werden heute schätzungsweise über 120 Millionen Jahrestonnen Stickstoff zu synthetischem Ammoniak gebunden.

mit Ni-Katalysator gefüllten Schachtofen („Sekundärreformer“) bei 1000–1100 °C geleitet, wodurch sich der CH_4-Gehalt bis auf 0.5 Vol-% erniedrigt. Die Temperaturerhöhung erzielt man durch Verbrennen eines Teils des Spaltgases mit zugemischter Luft. Die Luftmenge wird in geschickter Weise so gewählt, daß das entströmende Spaltgas die für die spätere NH_3-Synthese notwendige N_2-Menge enthält. Entsprechend stimmt man die Luftmenge bei der – ohne Katalysator ablaufenden – partiellen Oxidation von schwerem Erdöl bei 1200–1500 °C/30–40 bar ab. Da Schwefel ein starkes Gift für den Ni-Katalysator darstellt, müssen bei ersterem Verfahren die Edukte entschwefelt werden (vgl. S. 540), bei letzterem nicht (der Schwefel liegt hier in Form von H_2S vor).

Das im Spaltgas beider Prozesse (sowie auch im Wassergas) enthaltene CO wird anschließend durch Kohlenoxid-Konvertierung gemäß

$$CO + H_2O \rightleftarrows CO_2 + H_2$$

unter zusätzlicher Bildung von Wasserstoff zu CO_2 oxidiert (vgl. S. 253). Als Kontaktmasse setzt man für die *Hochtemperaturkonvertierung* (300–400 °C; CO-Verringerung auf 3 Vol.-%) Eisenoxid/Chromoxid-Gemische (schwefelempfindlich) bzw. Cobaltoxid/Molybdänoxid-Gemische (schwefelfest), für die *Tieftemperaturkonvertierung* (200–250 °C; CO-Verringerung auf 0.3 %) Kupferoxid/Zinkoxid-Gemische (schwefelempfindlich) ein. Die schwefelfreien Spaltgase des Steam-Reforming Prozesses werden dabei zunächst bei hohen (Fe/Cr-Oxide als Kat.), dann bei tiefen Temperaturen, die schwefelhaltigen Gase der partiellen Oxidation bei hohen Temperaturen (Co/Mo-Oxide als Kat.) aufgearbeitet.

Die Reinigung der Konvertierungsgase von CO_2 und – gegebenenfalls – H_2S erfolgt in der auf S. 255 geschilderten Weise durch Absorption mit Methanol (unter Druck) oder Basen (organische Amine, K_2CO_3) sowie – anschließend – durch Auswaschen mit flüssigem Stickstoff oder auch Hydrierung zu Methan ($CO + 3H_2 \rightleftarrows CH_4 + H_2O$). Wasserspuren werden an Zeolithen adsorbiert. Das letztlich vorliegende Gas („*Synthesegas*“) enthält ca. 74.2 % H_2, 24.7 % N_2, 0.8 % CH_4, 0.3 % Ar, 1 ppm CO.

Synthese des Ammoniaks. Die Synthese des Ammoniaks aus dem Synthesegas ($= N_2 + 3H_2$) wird bei 500 °C und 200 bar in hohen, meterdicken Stahlrohren („*Ammoniak-Kontaktöfen*“) durchgeführt. Diese enthalten entweder ein System aus Wärmeaustauschrohren, welche von mehreren Tonnen Kontaktmasse (Katalysatormasse)[20)] umgeben sind („*Röhrenreaktoren*“, Fig. 149 b), oder – neuerdings – mehrere übereinanderliegende, durch Wärmeaustauscher voneinander getrennte Schichten von Kontaktmasse[20)], wobei jede Schicht nahezu den gesamten Rohrquerschnitt ausfüllt („*Vollraumreaktoren*“, *Abschnittsreaktoren*“, Fig. 149 c). In den Wärmeaustauschrohren bzw. Wärmeaustauschern nimmt das eintretende Gas die Reaktionsenthalpie des austretenden, bereits umgesetzten Gases auf und gelangt dann vorgewärmt in den Kontaktraum, wo sich unter Wärmeentwicklung die Ammoniakbildung (1) vollzieht. Eine Zusatzheizung ist dementsprechend während des Betriebes nicht erforderlich. Die Berührungszeit zwischen Kontaktmase und Gas beträgt nur $^1/_2$ Minute. Daher wird nicht die volle Gleichgewichtsausbeute ($\sim$ 18 %), sondern nur eine Ausbeute von etwa 11 % Ammoniak erreicht[21)]. Man entzieht dem aus dem Ofen kommenden Gas das Ammoniak durch Kühlung (Verflüssigung des Ammoniaks) bzw. durch Absorption mit Wasser („*Ammoniakwä-*

---

[19] Das Ammoniumsalz NH_4Cl (im Altertum mit Steinsalz NaCl verwechselt, das in der Nähe eines Tempels des Jupiters Ammon vorkam) wurde im Altertum „*Sal ammoniacum*“ (Salze des Ammon) genannt, woraus dann die Worte Salmiak für das Salz NH_4Cl und *Ammoniak* (1782, T.O. Bergmann) für die zugrunde liegende Base NH_3 abgeleitet wurden.

[20] **Katalysator.** In der ursprünglichen Haberschen Versuchsanlage (1908) wurde Osmium als Katalysator verwendet, das aber bereits 1910 durch einen von A. Mittasch entwickelten billigeren „promotierten“ Eisenkatalysator ersetzt wurde, der bis heute in unveränderter Form in Gebrauch ist. Er wird durch Zusammenschmelzen von Fe_3O_4 oder Fe_2O_3 mit geringen Mengen Al_2O_3, K_2O, MgO und CaO (= „*Promotoren*“ von promovere (lat.) = befördern) bei 1500 °C hergestellt und nach dem Erstarren auf geeignete Körnung gebrochen. Der eigentliche Katalysator, das α-Eisen, wird hieraus durch Reduktion mit Wasserstoff bei 370–420 °C und 70–300 bar gewonnen. Al_2O_3 verhindert hierbei als „struktureller“ Promotor das Zusammensintern der kleinen Eisenpartikel. K_2O, das etwa 20–50 % der gebildeten Fe-Oberfläche bedeckt, wirkt demgegenüber als „elektronischer“ Promotor (Erhöhung der spezifischen α-Fe-Aktivität auf rund das Doppelte). Die Rolle des CaO/MgO-Zusatzes besteht wohl in der Stabilisierung der Makrostruktur des Katalysators. Der gewonnene Katalysator kann bis ca. 530 °C ohne Schädigung erhitzt werden.

[21] Es ist viel wirtschaftlicher, die Gase rasch über den Katalysator strömen zu lassen, da der hierdurch bedingte Verlust an Ausbeute durch die viel größeren umgesetzten Gasmengen überkompensiert wird.

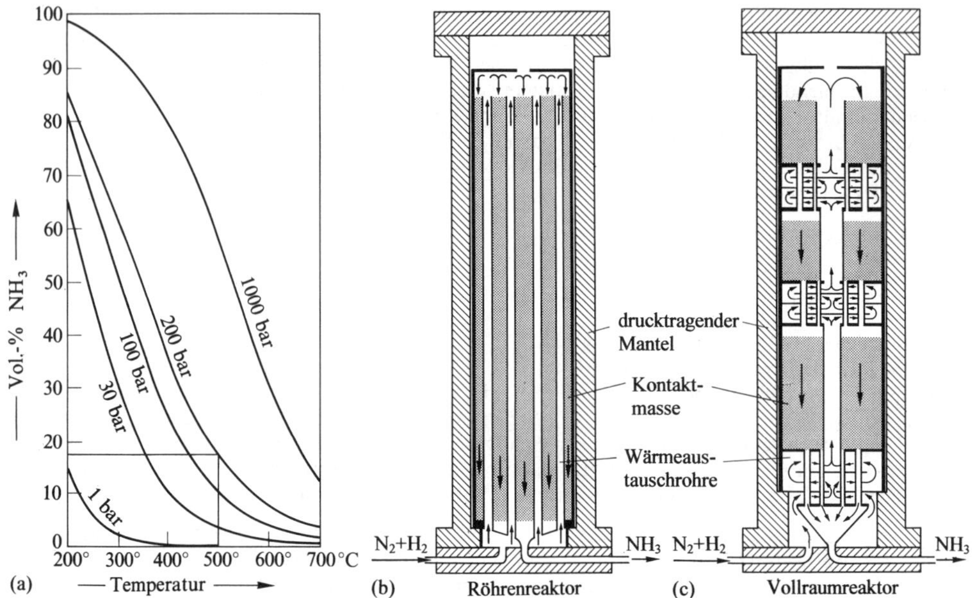

Fig. 149 Synthese von Ammoniak aus den Elementen: (a) Abhängigkeit der NH_3-Ausbeute von Druck und Temperatur; (b) und (c) Kontaktöfen (schematisch) für die NH_3-Synthese.

scher"). Das Restgas wird nach Ersatz der umgesetzten Wasserstoff-Stickstoff-Menge durch „Frischgas" im Kreislauf wieder dem Ammoniak-Kontaktofen zugeführt.

Große Schwierigkeiten bereitete bei der Einführung des Ammoniaksyntheseverfahrens in die Technik die Frage des Ofenmaterials, da ja der Ofen bei dem hohen Druck von 200 bar und der hohen Temperatur von 500 °C gegenüber dem leicht diffundierenden und leicht brennbaren Wasserstoff dicht und widerstandsfähig sein muß. Die kleinen Stahlrohre der ersten Versuche platzten nach wenigen Stunden Betriebsdauer, da der Wasserstoff den – die Härte des Stahls bedingenden (S. 1512) – Kohlenstoff unter den Reaktionsbedingungen der Ammoniaksynthese in gasförmiges Methan verwandelte ($C + 2H_2 \rightarrow CH_4$). Die Schwierigkeit wurde von Carl Bosch dadurch behoben, daß er in das Stahlrohr ein Futterohr aus kohlenstoffarmem, weichem Eisen einzog. Dieses legte sich im Betrieb der äußeren Wand so dicht an, daß ein Reißen nicht zu befürchten war. Um dem hindurchdiffundierenden Wasserstoff die Möglichkeit zu geben, nach außen zu entweichen, wurde der äußere Stahlmantel mit dünnen Bohrungen („*Bosch-Löcher*") versehen. Mit der Entwicklung von unter Druck hinreichend wasserstoffbeständigen ferritischen Chrom-Molybdän- oder austenitischen Chrom-Nickel-Stählen konnte auf die Doppelmantelkonstruktion verzichtet werden. Aus Kostengründen verwendet man dünnwandige Rohre dieser Stahllegierungen (Wandstärke ca. 30 mm, Durchmesser ca. 2 m, Länge ca. 30 m), um die man Bänder billigeren Stahls schraubenförmig in vielen Lagen aufwickelt.

Andere Verfahren der Ammoniaksynthese unterscheiden sich vom „*Haber-Bosch-Verfahren*" in der Herstellung der Ausgangselemente und in der Wahl von Temperatur und Druck. So arbeitet z. B. das „*Casale-Verfahren*" (Italien) bei 600–800 bar und 500 °C, das „*Fauser-Verfahren*" (Italien) bei 200–300 bar und 500 °C, das „*Claude-Verfahren*" (Frankreich) bei 900–1000 bar und 500–600 °C, das „*Mont-Cenis-Verfahren*" (Deutschland) bei 100 bar und 400–450 °C und das „*Kellogg-Verfahren*" (USA) bei 160–240 bar und 500 °C.

Lagerung. Einen Großteil des gebildeten Ammoniaks wandelt man mit Säuren in feste Ammoniumsalze (Düngesalze) oder nach Oxidation zu NO in Salpetersäure und Nitrate um (vgl. S. 714). Der Rest wird als wasserfreier Ammoniak in gekühlten Tanks mit Kapazitäten über 35000 t gelagert, auf Tanklastwagen oder -kähnen befördert oder durch Pipelines (z. Teil mehrere 1000 km lang) gepumpt. In den Handel kommt NH_3 flüssig in (grau gestrichenen) Stahlbomben (10 °C: 6.4 bar; 20 °C: 8.9 bar Druck) und wassergelöst in Form von 25–35 %igem „*konzentriertem Ammoniak*".

Mechanismus der Ammoniak-Synthese[17)]. Den geschwindigkeitsbestimmenden Schritt der eisenkatalysierten[20)] NH_3-Synthese aus N_2 und H_2 stellt die exotherme dissoziative Adsorption (2) von molekularem

Stickstoff auf der Eisenoberfläche [Fe] unter Bildung eines Oberflächen-Nitrids [FeN] = $N_{ads.}$ dar (Aktivierungsenergie 60–85 kJ/mol). Diese Spezies addiert dann in raschen Folgereaktionen Wasserstoffatome $H_{ads.}$, die durch dissoziative Adsorption molekularen Wasserstoffs auf der Fe-Oberfläche gebildet wurden (3) und sehr beweglich auf dieser Oberfläche sind. Durch die H-Addition entsteht auf dem Wege über ein Oberflächen-Imid und -Amid letztlich ein Oberflächen-Ammoniakat, das leicht unter NH_3-Abgabe (NH_3-Desorption) zerfällt (4):

$$\tfrac{1}{2}N_2 \overset{[Fe]}{\rightleftarrows} N_{ads.} \quad (2)$$

$$\times 3|\ \tfrac{1}{2}H_2 \overset{[Fe]}{\rightleftarrows} H_{ads.} \quad (3)$$

$$N_{ads.} \xrightleftharpoons{+H_{ads.}} (NH)_{ads.} \xrightleftharpoons{+H_{ads.}} (NH_2)_{ads.} \xrightleftharpoons{+H_{ads.}} (NH_3)_{ads.} \rightleftarrows NH_3 \quad (4)$$

$$\tfrac{1}{2}N_2 + \tfrac{3}{2}H_2 \overset{[Fe]}{\rightleftarrows} NH_3$$

Die dissoziative Adsorption von N_2 (2) verläuft auf dem Wege über einen Komplex des N_2-Moleküls mit der Fe-Oberfläche: $[Fe] + N_2 \rightarrow [FeN_2]$ (vgl. hierzu Stickstoffkomplexe, S. 640 und S. 1667). Kalium auf der Fe-Oberfläche[20)] verfestigt durch Elektronenabgabe an das Eisen die Komplexbildung (Verstärkung der Metall-π-Rückbindung: [:Fe←N≡N: ↔ Fe⇄N=N̈]). Damit verbunden ist eine Erniedrigung der Aktivierungsenergie für die N_2-Dissoziation und infolgedessen insgesamt eine Beschleunigung der dissoziativen Stickstoffadsorption.

Physikalische Eigenschaften

Ammoniak ist ein *farbloses, diamagnetisches Gas* von charakteristischem, *stechendem*, zu Tränen reizendem *Geruch* (s. u.). Es ist entsprechend seiner relativen Molekülmasse ($M_r = 17$) wesentlich leichter als Luft ($M_r \approx 29$) und läßt sich, da seine kritische Temperatur sehr hoch – bei 132.4 °C – liegt (kritischer Druck 113 bar, kritische Dichte 0.236 g/cm^3), leicht zu einer farblosen, leichtbeweglichen, stark lichtbrechenden Flüssigkeit verdichten, welche bei − 33.43 °C siedet und bei − 77.76 °C zu farblosen, durchscheinenden Kristallen erstarrt. Die hohe Verdampfungsenthalpie des flüssigen Ammoniaks (1370 kJ/kg bzw. 23.35 kJ/mol beim Siedepunkt), die durch die Depolymerisation des im flüssigen Zustand über H-Brücken polymerisierten Ammoniaks bei der Verdampfung bedingt wird[22)] ist von Bedeutung für seine Verwendung in der Kälteindustrie[23)] (z. B. zur Erzeugung von künstlichem Eis). In Wasser ist Ammoniak außerordentlich leicht löslich; 1 Liter Wasser löst bei 0 °C 1176 Liter, bei 20 °C 702 Liter Ammoniak, entsprechend einer 35 %igen Lösung. Die wäßrige Lösung („*Salmiakgeist*") reagiert schwach basisch (s. unten).

Die große Gewalt, mit der Ammoniak von Wasser unter beträchtlicher Wärmeentwicklung (~ 37.1 kJ/mol) absorbiert wird, läßt sich dadurch demonstrieren, daß man in einen mit gasförmigem Ammoniak gefüllten großen Glaskolben (korkenverschlossener Kolbenhals nach unten) von unten her ein Glasrohr einführt, das mit dem anderen Ende in ein Wasser-Reservoir (Wasser mit Lackmus rot angefärbt) eintaucht. Infolge der Absorption des Ammoniaks im Wasser sinkt der Druck im Kolben, so daß das Wasser aus der oberen – verengten – Öffnung des Glasrohres austritt; die so vergrößerte Wasseroberfläche führt zu einer raschen Steigerung der Absorptionsgeschwindigkeit, bis schließlich das Wasser wie eine Fontäne in den Glaskolben einschießt, wobei die rote Farbe des Wassers infolge der Basewirkung der Ammoniaklösung in eine blaue Farbe umschlägt.

Physiologisches. Ca. 20 ppm NH_3 werden bereits wahrgenommen, ca. 100 ppm NH_3 reizen Augen und Luftwege. Eingenommen, bewirkt NH_3 Magenbluten und Kollaps (Gegenmittel: Essig-, Wein-, Zitronensäure). 1.5–2.5 g NH_3 pro m^3 Luft wirken innerhalb 1 Stunde tödlich, ebenso 3–5 ml Salmiakgeist (MAK-Wert = 35 mg/m^3).

---

[22] Beim Schmelzen brechen ca. 27 %, beim Erwärmen vom Smp. bis zum Sdp. ca. 7 % und beim Sieden ca. 67 % der H-Brücken auf.

[23] Heute bevorzugt man als Kühlmittel für Kühlschränke und Kühlanlagen Halogenkohlenwasserstoffe. Dabei ist man bestrebt, bisher eingesetzte Stoffe wie CF_3Cl („*Freon 13*", Smp. − 181.6 °C, Sdp. − 81.2 °C), CF_2Cl_2 („*Freon* 12", Smp. − 155 °C, Sdp. − 30 °C) und $CFCl_3$ („*Freon 11*", Smp. − 110.7 °C, Sdp. + 23.77 °C) wegen ihrer Umweltproblematik (vgl. Ozonloch sowie S. 527) durch chlorfreie Fluorkohlenwasserstoffe wie $CH_2F{-}CF_3$ oder $CF_3{-}CHF{-}CF_3$ zu ersetzen.

Struktur. Ammoniak ist pyramidal gebaut (N an der Pyramidenspitze; C_{3v}-Symmetrie). Der NH-Abstand beträgt 1.014 Å, der HNH-Bindungswinkel 106.8°. Bezüglich der Inversion des Ammoniakmoleküls vgl. S. 657.

Chemische Eigenschaften

Stabilität. Ammoniak ist bei gewöhnlicher Temperatur *beständig*, zerfällt aber beim *Erwärmen* in Gegenwart von *Katalysatoren* in Umkehrung der Synthesegleichung (1) bis zum Gleichgewichtszustand in seine *Elemente*:

$$92.28\,\text{kJ} + 2\,NH_3 \rightleftarrows N_2 + 3\,H_2\,.$$

Ebenso zersetzt sich Ammoniak beim *Belichten* mit ultraviolettem Licht oder in elektrischen Entladungen. Die NH-Dissoziationsenergie beträgt 435 kJ/mol.

Reduktionswirkung. An der Luft läßt sich Ammoniak zwar entzünden, brennt aber nicht weiter. In Gegenwart von *Katalysatoren* kann die *Verbrennung* von Ammoniak-Luft- und Ammoniak-Sauerstoff-Gemischen schon bei verhältnismäßig niedrigen Temperaturen (300 bis 500 °C) erreicht werden; sie führt zu Stickoxiden, wovon man bei der technischen *Salpetersäuregewinnung* nach dem Ostwald-Verfahren (S. 714) Gebrauch macht:

$$4\,NH_3 + 5\,O_2 \rightarrow 4\,NO + 6\,H_2O(g) + 906.11\,\text{kJ}\,.$$

Kocht man z. B. in einem Becherglas konz. NH_3-Lösung, leitet durch ein Rohr Sauerstoff ein und hängt in den Dampf ein vorher ausgeglühtes Platinnetz, so glüht das Netz infolge der katalysierten exothermen Verbrennungsreaktion hell auf, während sich gleichzeitig braune nitrose Gase bilden ($2\,NO + O_2 \rightarrow 2\,NO_2$).

Ohne Katalysator, also bei wesentlich höherer Temperatur, verbrennt Ammoniak in reinem Sauerstoff mit fahlgelber Flamme hauptsächlich zu Stickstoff und Wasser, den thermodynamisch beständigsten Verbrennungsprodukten:

$$4\,NH_3 + 3\,O_2 \rightarrow 2\,N_2 + 6\,H_2O(g) + 1267.3\,\text{kJ}.$$

Bei hohem Druck sind solche Ammoniak-Sauerstoff-Gemische explosibel.

Auch durch andere (starke) Oxidationsmittel – z. B. Wasserstoffperoxid, Hypochlorige Säure (S. 679), Salpetrige Säure, Chromsäure, Kaliumpermanganat, Chlor – wird Ammoniak *leicht* zu Stickstoff *oxidiert* ($2\,NH_4^+ \rightleftarrows N_2 + 8\,H^+ + 6\,\ominus$; Potential ε_0 in saurer Lösung gleich + 0.27 V vgl. Potentialdiagramm, S. 702). Leitet man z. B. *Chlor* in Ammoniakgas oder eine konzentrierte Ammoniaklösung ein, so entzündet sich das Ammoniak unter Bildung von Stickstoff und Chlorwasserstoff (Näheres zum Reaktionsablauf vgl. S. 447, 679):

$$2\,NH_3 + 3\,Cl_2 \rightarrow N_2 + 6\,HCl + 461.93\,\text{kJ}\,.$$

Der Chlorwasserstoff reagiert dabei unter Bildung von Salmiakrauch ($NH_3 + HCl \rightarrow NH_4Cl$) weiter. Ähnlich lebhaft reagiert *Brom* (S. 684), lebhafter *Fluor*, weniger lebhaft *Iod* (S. 684). *Phosphor* wird langsam in PH_3, *Schwefel* in H_2S und S_4N_4, *Kohlenstoff* bei Rotglut in HCN übergeführt.

Oxidations- und Säurewirkung. Die Wasserstoffatome des Ammoniaks können durch *Metallatome* ersetzt werden, worin eine (sehr schwache) *Oxidations-* bzw. *Säurewirkung* des Ammoniaks zum Ausdruck kommt: $NH_3 + \ominus \rightarrow NH_2^- + \frac{1}{2}H_2$; $NH_3 \rightarrow NH_2^- + H^+$. Man kommt so zu den **Amiden $\mathbf{M^INH_2}$**, **Imiden $\mathbf{M^I_2NH}$** und **Nitriden $\mathbf{M^I_3N}$**[17)].

Unter den *Amiden* seien die der Alkali- und Erdalkalimetalle erwähnt, die sich durch Einwirkung von Ammoniak auf die erhitzten Metalle unter Oxidation letzterer gewinnen lassen:

$$2\,Na + 2\,NH_3 \rightarrow 2\,NaNH_2 + H_2\,.$$

Trägt man Alkali- oder Erdalkalimetalle in *flüssiges Ammoniak* ein, so lösen sie sich darin *ohne Wasserstoffentwicklung* mit *blauer* Farbe (S. 1186). Die blauen Lösungen sind längere Zeit stabil und stellen kräftige Reduktionsmittel dar. Mit der Zeit zersetzen sie sich – bei Anwesenheit von Katalysatoren wie $FeCl_2$ rasch – gemäß der oben angegebenen Gleichung zu Metallamid und Wasserstoff. Beim Auflösen der Metalle im flüssigen Ammoniak spielt sich u.a. eine Reaktion im Sinne von

$$Na \xrightarrow{\text{fl. } NH_3} Na(NH_3)_n^+ + e(NH_3)_m^-$$

ab, wobei die **solvatisierten Elektronen**[24] $e(NH_3)_m^-$ die blaue Farbe und die große elektrische Leitfähigkeit der Lösung bedingen.

Beim Erhitzen gehen die Amide in *Imide*, bei noch stärkerem Erhitzen in *Nitride* über, z.B. (M^{II} = Erdalkalimetall):

$$M^{II}(NH_2)_2 \rightarrow M^{II}NH + NH_3, \qquad 3M^{II}NH \rightarrow M_3^{II}N_2 + NH_3 .$$

Beispielsweise verbrennt Magnesium im Ammoniakgas unter Bildung von Magnesiumnitrid Mg_3N_2. (Bezüglich Nitride vgl. auch S. 642.)

Die Amide, Imide und Nitride der Alkali- und Erdalkalimetalle enthalten die Ionen NH_2^- (isoelektronisch mit H_2O), NH^{2-} (isoelektronisch mit OH^-) und N^{3-} (isoelektronisch mit O^{2-}) und werden von Wasser augenblicklich zu NH_3 und Metallhydroxid zersetzt. Die Amide und Imide reagieren mit zahlreichen Elementhalogeniden unter Bildung von Element-Stickstoff-Verbindungen.

Basewirkung. Die charakteristische Eigenschaft des Ammoniaks NH_3 (wie auch aller Amine NR_3) ist dessen Wirkung als Brönsted-Base. Löst man Ammoniak in Wasser auf, so zeigt die Lösung schwach basische Eigenschaften, die auf die Fähigkeit des Ammoniaks zurückgehen, in reversibler Weise Protonen unter Bildung von „*Ammonium-Ionen*" NH_4^+ aufzunehmen:

$$NH_3 + HOH \rightleftarrows NH_4^+ + OH^- .$$

Das Gleichgewicht der Reaktion liegt ganz auf der *linken Seite*; daher kann man im Laboratorium umgekehrt durch Einwirkung von Basen (OH^-) auf Ammoniumverbindungen (NH_4^+) Ammoniak erzeugen. Die Gleichgewichtskonstante der Reaktion („*Basekonstante*" des Ammoniaks) hat bei 25 °C den Wert

$$K_B = \frac{c_{NH_4^+} \times c_{OH^-}}{c_{NH_3}} = 1.78 \times 10^{-5} \; (pK_B = 4.75) .$$

Danach ist also eine 0.1-molare wässerige Ammoniaklösung bei Zimmertemperatur zu weniger als 1% in Ionen dissoziiert, während eine gleichkonzentrierte Kaliumhydroxidlösung praktisch vollständig ionisiert ist.

Aus wässerigen NH_3-Lösungen lassen sich zwei Hydrate der Zusammensetzung $NH_3 \cdot H_2O$ (Smp. – 79.00 °C) und $2NH_3 \cdot H_2O$ (Smp. – 78.83 °C) auskristallisieren. Sie stellen aber nicht etwa die Verbindungen $(NH_4)OH$ (Ammoniumhydroxid) und $(NH_4)_2O$ (Ammoniumoxid) dar, sondern sind echte Hydrate, bei denen das Wasser über O—H···N- und O···H—N-Wasserstoffbrücken mit dem Ammoniak zu einer dreidimensionalen Struktur verknüpft ist. Undissoziiertes $(NH_4)OH$ gibt es nicht; es stellt eine starke Base dar und kommt nur in völlig dissoziiertem Zustande ($NH_4^+ + OH^-$) vor. Das in wässerigen Lösungen fast ausschließlich vorhandene undissoziierte Ammoniak liegt als Ammoniak-Hydrat ($NH_3 \cdot nH_2O$) vor.

Stärker ausgeprägt ist das basische Verhalten des Ammoniaks gegenüber *stärkeren Säuren* als Wasser. So reagiert z.B. Ammoniakgas heftig mit Chlorwasserstoffgas unter Bildung

[24] **Literatur.** M. Anbar: „*The Reactions of Hydrated Electrons with Inorganic Compounds*", Quart. Rev. **22** (1968) 578–598; U. Schindewolf: „*Solvatisierte Elektronen*", Chemie in unserer Zeit **4** (1970) 37–43; P.P. Edwards: „*The Electronic Properties of Metal Solutions in Liquid Ammonia and Related Systems*", Adv. Inorg. Radiochem. **25** (1982) 135–185; M.C.R. Symons: „*Solutions of Metals; Solvated Electrons*", Chem. Soc. Rev. **5** (1976) 337–358.

weißer Nebel (feuchte Luft) oder Rauchwolken (trockene Luft) von *Ammoniumchlorid* NH_4Cl:

$$NH_3 + HCl \rightarrow NH_4^+ + Cl^- .$$

Die gleiche Reaktion spielt sich in wässeriger Lösung ab. Ebenso bildet Ammoniak mit Salpetersäure leicht *Ammoniumnitrat* NH_4NO_3 und mit Schwefelsäure Ammoniumsulfat $(NH_4)_2SO_4$. Das Gleichgewicht liegt in allen diesen Fällen ganz auf der Seite der Ammoniumverbindungen und wird beim Erwärmen nach links verschoben, so daß die Ammoniumsalze um 300 °C unter zwischenzeitlicher Dissoziation sublimieren. Einige Ammoniumsalze mit oxidierenden Anionen, wie NH_4NO_2, NH_4NO_3 oder $(NH_4)_2Cr_2O_7$ zersetzen sich dabei unter Oxidation des Ammoniumstickstoffs zu N_2O oder N_2.

Das NH_4^+-Kation, das wie das isoelektronische Methan-Molekül CH_4 und Boranat-Anion BH_4^- tetraedrischen Bau besitzt, ist eine *schwache Kation-Säure* ($NH_4^+ + H_2O \rightleftarrows NH_3 + H_3O^+$; pK_S-Wert bei 25 °C = 14.00–4.75 = 9.25), so daß die Ammoniumsalze schwach s a u e r reagieren (pH-Wert einer 1-molaren Lösung = 9.25/2 = 4.63).

Als Lewis Base bildet *Ammoniak* NH_3 und seine organischen *Derivate* NH_2R, NHR_2 sowie NR_3 auch mit anderen Lewis-Säuren als dem Wasserstoffkation H^+ Addukte, z. B. mit dem *Sauerstoffatom* O („*Aminoxide*“ R_3NO), dem *Organylkation* R^+ („*Alkylammonium*“-Salze NH_3R^+, NR_4^+) oder dem *Bortrifluorid* BF_3 („*Aminate*“ F_3BNH_3, F_3BNR_3). Die Ionen NR_4^+ der durch Vereinigung organischer Derivate NR_3 des Ammoniaks mit Organylhalogeniden RX erhältlichen Ammoniumsalze $NR_4^+X^-$ werden in der Chemie eingesetzt, wenn man große einwertige Kationen benötigt. Besonders wichtige und zahlreiche Lewis-Säure-Base-Addukte stellen die **Ammoniak-Komplexe**[25] mit *Metallionen* M^{n+} dar („*Ammoniakate*“, „*Amminkomplexe*“ $M(NH_3)_m^{n+}$), deren Studium die Grundlage der Theorie der Koordinationsverbindungen von Alfred Werner bildete (vgl. S. 1205). In analoger Weise wie sich Ammoniak NH_3 (ein freies Elektronenpaar) und seine Derivate NR_3 mit Metallionen bzw. – allgemeiner – Lewis-sauren Fragmenten L_nM (L = geeigneter Ligand) zu Amminkomplexen (Fig. 150a) vereinigen können, vermögen die durch Deprotonierung von Ammoniak bzw. von dessen Derivaten erhältlichen, stärker Lewis-basischen Anionen $\ddot{N}H_2^-$ (Amid; zwei freie Elektronenpaare), $:\ddot{N}H^{2-}$ (Imid; drei freie Elektronenpaare) sowie $:\ddot{N}:^{3-}$ (Nitrid; vier freie Elektronenpaare) Amidokomplexe (Fig. 150b, c), Imidokomplexe (Fig. 150d, e, f) sowie Nitridokomplexe (Fig. 150g, h, i, k) zu bilden.[25] In ihnen wirken alle freien Elektronenpaare oder alle bis auf ein Elektronenpaar bezüglich einem (a, b, d, g) oder mehreren Metallzentren (c, e, f, h, i, k) koordinierend.

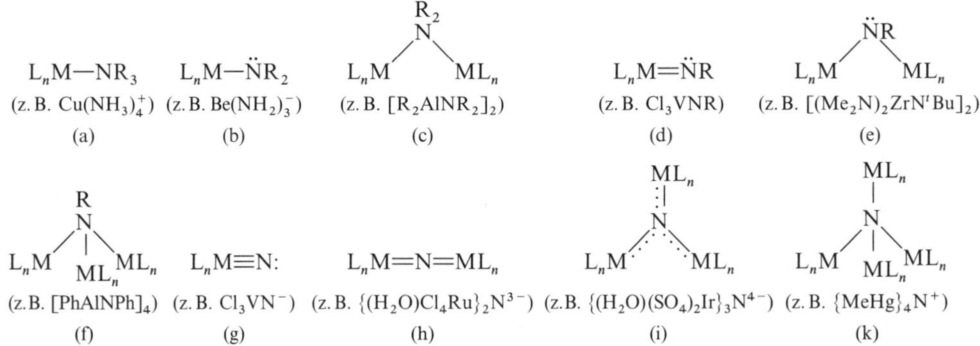

Fig. 150 Ammin-, Amido-, Imido- und Nitridokomplexe (R = H, anorganischer oder organischer Rest).

[25] **Literatur.** D. A. House: „*Ammonia and Amines*“ sowie M. H. Chisholm, I. P. Rothwell: „*Amido and Imido Metal Complexes*“, Comprehensive Coord. Chem. **2** (1987) 23–72 sowie 161–188; K. Dehnicke, J. Strähle: „*Nitrido-Komplexe von Übergangsmetallen*“, Angew. Chem. **104** (1992) 978–1000; Int. Ed. **31** (1992) 955; „*Die Übergangsmetall-Stickstoff-Mehrfachbindung*“, Angew. Chem. **93** (1981) 451–464; Int. Ed. **20** (1981) 413, „*N-Halogenoimido Complexes of Transition Metals*“, Chem. Rev. **93** (1993) 913–926; W. A. Nugent, B. L. Haymore: „*Transition Metal Complexes Containing Organoimino (NR) and Related Ligands*“, Coord. Chem. Rev. **31** (1980) 123–175; D. E. Wigley: „*Organoimido Complexes of Transition Metals*“, Progr. Inorg. Chem. **42** (1994) 239–482.

Das freie Elektronenpaar am Stickstoff der Komplexe (b, d, e) kann mehr oder weniger stark in die Metall-Stickstoff-Bindungen mit einbezogen sein, was *Verkürzungen* der MN-Bindungen sowie *Aufweitungen* der Winkel am Stickstoff zur Folge hat (z. B. Übergang von „Nitrenkomplexen“ $L_nM{=}\ddot{N}{-}R$ mit gewinkeltem Stickstoff wie in $(Me_3SiS)_3VN^tBu$ zu „Imidokomplexen“ $L_nM{\equiv}N{-}R$ mit linearem Stickstoff wie in $(Me_2N)_3TaN^tBu$; Näheres S. 1208).

Flüssiges Ammoniak als Reaktionsmedium (vgl. Literatur in Anm. 64, S. 235). Löslichkeiten in fl. NH_3. Flüssiges Ammoniak, das in seinem physikalischen Verhalten weitgehend dem – ebenfalls hoch assoziierten – flüssigen Wasser ähnelt, ist ein *gutes Lösungsmittel* für viele Stoffe, z. B. Salze. Entsprechend der kleineren Dielektrizitätskonstante (NH_3: 16.90, H_2O: 78.30 bei 25 °C) löst NH_3 im allgemeinen organische Verbindungen besser, Salze schlechter als H_2O. Gut löslich sind in der Regel Ammoniumsalze, Nitrate, Nitrite, Cyanide, Thiocyanate; auch nimmt die Löslichkeit in Richtung Fluoride, Chloride, Bromide, Iodide zu (z. B. lösen sich 390 g NH_4NO_3, 244 g $LiNO_3$, 98 g $NaNO_3$, 10 g KNO_3, 0.4 g NaF, 3 g NaCl, 138 g NaBr, 192 g NaI und 206 g NaSCN in 100 g NH_3 bei 25 °C). Die Löslichkeit von Salzen mit höhervalenten Ionen ist in der Regel gering. Zu unlöslichen Niederschlägen führende *doppelte Umsetzungen* verlaufen wegen unterschiedlicher Lösungsverhältnisse in Ammoniak und Wasser bisweilen in entgegengesetzter Richtung. So bildet sich in NH_3 nach $Ba(NO_3)_2 + 2AgBr \rightarrow BaBr_2 + 2AgNO_3$ unlösliches $BaBr_2$, während die Reaktion in H_2O umgekehrt unter Bildung von unlöslichem AgBr abläuft. Der Grund ist unter anderem der, daß die weichere Lewis-Base NH_3 bevorzugt die weichere Lewis-Säure Ag^+, die härtere Lewis-Base H_2O bevorzugt die härtere Lewis-Säure Ba^{2+} komplexiert (Bildung von $Ag(NH_3)_2^+$, $Ba(H_2O)_n^{2+}$).

Säure-Base-Reaktionen in fl. NH_3. Im Ammoniaksystem wirkt nach dem auf S. 235 Besprochenen das *Ammonium-Ion* NH_4^+ als *Säure*, das „*Amid-Ion*“ als *Base*. Stoffe HX wie HCl, H_2SO_4, HNO_3, H_3PO_4, CH_3COOH sind in diesem System *Säuren*, da sie NH_4^+ erzeugen, Stoffe MR wie $LiCH_3$ oder $NaSiH_3$ *Basen*, da sie NH_2^- bilden:

$$NH_3 + HX \rightarrow NH_4^+ + X^-; \qquad NH_3 + MR \rightarrow M^+ + NH_2^- + RH$$

Neutralisationen wie etwa $NH_4NO_3 + KNH_2 \rightarrow KNO_3 + 2NH_3$ lassen sich wie in Wasser mit Farbindikatoren bzw. konduktometrisch oder potentiometrisch verfolgen. Ammoniak weist im Vergleich zu Wasser eine *größere Neigung zur Aufnahme* und eine *geringere Neigung zur Abgabe von Protonen* auf. Demgemäß dissoziieren Säuren (z. B. Essigsäure) mit pK_S-Werten von ≈ 5, die sich in Wasser wie schwache Säuren verhalten, in flüssigem Ammoniak als *starke Säuren* praktisch vollständig: $NH_3 + HAc \rightarrow NH_4^+ + Ac^-$. Auch liegen die *Ammonolyse*-Gleichgewichte $HSO_4^- + NH_3 \rightleftarrows SO_4^{2-} + NH_4^+$ und $Ac^- + NH_3 \rightleftarrows HAc + NH_2^-$ in ersterem Falle ganz auf der *rechten*, in letzterem Falle ganz auf der *linken Seite*. Schließlich lassen sich in flüssigem Ammoniak selbst Ionen wie $C{\equiv}C^{2-}$, Ph_3Ge^-, R_2P^-, die in Wasser als sehr starke Basen vollständig hydrolysieren, handhaben und mit geeigneten Partnern zur Reaktion bringen. Der *Verdrängung* schwächerer durch stärkere Säuren in Wasser entspricht ein analoger Vorgang in Ammoniak, z. B. $Mg_2Si + 4NH_4^+ \rightarrow 2Mg^{2+} + SiH_4 + 4NH_3$, der *Ausfällung* schwer löslicher Hydroxide und Oxide durch Basen in Wasser einer Ausfällung von Amiden, Imiden und Nitriden aus flüssigem Ammoniak, z. B. $Ag^+ + NH_2^- \rightarrow AgNH_2$, $3Hg^{2+} + 6NH_2^- \rightarrow Hg_3N_2 + 4NH_3$, der Bildung von Hydroxokomplexen in Wasser eine Bildung von *Amidokomplexen* in flüssigem Ammoniak, z. B. $Zn(NH_2)_2 + 2NH_2^- \rightarrow [Zn(NH_2)_4]^{2-}$. Ammoniakunlösliches $Zn(NH_2)_2$ zeigt hierbei in NH_3 – wie wasserunlösliches $Zn(OH)_2$ in H_2O – *Amphoterie* und löst sich sowohl in saurer wie auch basischer Lösung (Bildung von $Zn(NH_3)_4^{2+}$ bzw. $Zn(NH_2)_4^{2-}$).

Redox-Reaktionen in fl. NH_3. Ähnlich wie für das Lösungsmittel Wasser (S. 218) oder das Lösungsmittel Fluorwasserstoff (S. 459) läßt sich auch für das Lösungsmittel Ammoniak eine *Spannungsreihe* für Redox-Reaktionen von Elementen und Elementverbindungen aufstellen, z. B. (ε_0-Werte in Volt für $c_{NH_3} = 1$ bei 25 °C; in Klammern betreffende Normalpotentiale in H_2O für $c_{H_2O} = 1$):

Li/Li^+	$-2.34/-2.70$	(-3.04)	Pb/Pb^{2+}	$+0.28/-1.4$	(-0.13)	I^-/I_2	$+1.26/+1.26$	$(+0.54)$
Na/Na^+	$-1.89/-2.02$	(-2.71)	Cu/Cu^+	$+0.36/-1.4$	$(+0.52)$	H_2O/O_2	$+1.28/-0.06$	$(+1.23)$
Zn/Zn^{2+}	$-0.54/-1.8$	(-0.76)	Cu^+/Cu^{2+}	$+0.44/0.0$	$(+0.16)$	Cl^-/ClO_3^-	$+1.47/+1.47$	$(+1.45)$
Cd/Cd^{2+}	$-0.2\ /-1.4$	(-0.40)	Hg/Hg^{2+}	$+0.67/-1.1$	$(+0.85)$	Br^-/Br_2	$+1.73/+1.73$	$(+1.07)$
$\mathbf{H_2/H^+}$	$\mathbf{\pm 0.00/-1.59}$	$\mathbf{(\pm 0.00)}$	Ag/Ag^+	$+0.76/-1.0$	$(+0.80)$	Cl^-/Cl_2	$+1.91/+1.91$	$(+1.36)$
NH_3/N_2	$+0.04/-1.55$	$(+0.28)$	N_2/NO_3^-	$+1.17/-0.14$	$(+1.25)$	F^-/F_2	$+3.50/+3.50$	$(+3.05)$

Ersichtlicherweise stimmen die für die Lösungsmittel Ammoniak und Wasser aufgefundenen Spannungsreihen (jeweils saure Lösung) im Groben überein; aufgrund unterschiedlicher Stärke der Ionensolvatation mit Ammoniakmolekülen (weichere Lewis-Base) und Wassermolekülen (weniger weiche Lewis-Base) ändern sich die Normalpotentiale in beiden Reihen aber unterschiedlich stark, was gelegentlich zu Umstellungen der Redoxsysteme führt (z. B. Cu/Cu^+ und Cu^+/Cu^{2+}; Hg/Hg^{2+} und Ag/Ag^+; Cl^-/ClO_3^-

und Br^-/Br_2). Die *oberhalb* H_2/H^+ stehenden Systeme reagieren im Medium NH_3 bzw. H_2O – falls keine Hemmungen auftreten – unter *Wasserstoffentwicklung* und *Redoxsystemoxidation*, die *unterhalb* NH_3/N_2 (in NH_3) bzw. H_2O/O_2 (in H_2O) angeordneten Systeme müssen sich – ungehemmt – unter *Stickstoff-* bzw. *Sauerstoffentwicklung* und *Redoxsystemreduktion* umsetzen. Die im *dazwischenliegenden Bereich* NH_3: 0.00 bis +0.04 V; H_2O: 0.00 bis +1.23 V) liegenden Systeme sind hinsichtlich des Reaktionsmediums redoxstabil. Da hier für Ammoniak nur ein Bereich von 0.04 V zur Verfügung steht, sollte – anders als in Wasser mit einem Bereich von 1.23 V – die Durchführung von Redoxreaktionen praktisch unmöglich sein. Tatsächlich sind aber die Redoxreaktionen mit dem Lösungsmittel Ammoniak in der Regel stark gehemmt, so daß in Ammoniak sogar äußerst starke Reduktionsmittel (z. B. Alkalimetalle) und Oxidationsmittel (z. B. Nitrate, Permanganate) gehandhabt und dargestellt werden können (z. B. Synthese der stark reduzierenden Species $[M^0(CN)_4]^{4-}$ (M = Ni, Pd, Pt) und $[Co_2^0(CN)_8]^{8-}$ sowie der stark oxidierenden Species O_2^- sowie O_3^-).

Verwendung. Fast 90% des Ammoniaks (Weltjahresproduktion: 100 Megatonnenmaßstab) dienen der *Düngemittelfabrikation* (Ammoniumsalze oder Salze der Salpetersäure, die ihrerseits aus NH_3 gewonnen werden). Außer für Ammoniumsalze und Salpetersäure (Hauptfolgeprodukte) ist Ammoniak Ausgangsprodukt für die Synthese einer Reihe anderer Stickstoffverbindungen wie z. B. Hydrazin (S. 659), Harnstoff $CO(NH_2)_2$ (s. u.), Hydroxylamin (S. 702), Amidoschwefelsäure NH_2SO_3H (S. 722), Natriumcyanid NaCN (S. 1339), Sprengstoffe, Fasern/Kunststoffe).

Ammoniumsalze[17)]

Die *Ammoniumsalze* $NH_4^+X^-$ (X^- = Halogenid, Sulfat, Nitrat, Phosphat, Carbonat usw.) ähneln in ihren *Löslichkeiten* und – soweit nicht Wasserstoffbrücken wie in NH_4F wirksam sind (s. u.) – auch in ihren Strukturen den entsprechenden *Kalium-* und *Rubidiumsalzen* M^+X^-, da die drei Ionen K^+, NH_4^+ und Rb^+ vergleichbare Hydratationsenthalpien (322, 304, 301 kJ/mol) und Radien (1.52, 1.64, 1.66 Å) besitzen.

Den Ammoniumsalzen $NH_4^+X^-$ an die Seite zu stellen sind darüber hinaus die – niedriger schmelzenden – *Oxoniumsalze* $H_3O^+X^-$. So vermögen etwa die tetraedrisch gebauten Ammoniumionen NH_4^+ analog der Anlagerung von bis zu 3 Molekülen H_2O an die 3 H-Atome der trigonal pyramidalen Oxonium-Ionen H_3O^+ (vgl. S. 283) bis zu 4 Moleküle NH_3 an ihre 4 H-Atome anzulagern, wie die Existenz des – aus flüssigem Ammoniak gewinnbaren – Ammoniakats $NH_4I \cdot 4NH_3 = [N_5H_{16}]I$ (Smp. −5.1 °C) zeigt. Allerdings sind die H_3O^+-Ionen wesentlich *stärkere Säuren* als die NH_4^+-Ionen und nur bei den *stärksten Säuren* HX (HCl, HBr, HI, $HClO_4$, H_2SO_4, $HSbCl_6$ usw.) zu erwarten. Mit abnehmender Säurestärke nähert sich die *Oxoniumstruktur* $H_2O\cdots X$ mehr und mehr einer *Hydratstruktur* $H_2O\cdots H—X$. Ihr Analogon findet diese Erscheinung bei den Ammoniumsalzen im entsprechenden Übergang von der *Ammoniumsalzstruktur* $H_3N—H\cdots X$ zur *Ammoniakatstruktur* $H_3N\cdots H—X$, der sich jedoch – entsprechend der *höheren Basizität* von NH_3, verglichen mit H_2O – erst im Gebiet der *schwächeren Säure* vollzieht.

Der Sachverhalt, daß Ammonium-Ionen NH_4^+ mit den Alkalimetall-Ionen M^+ sowie mit den Oxonium-Ionen H_3O^+ vergleichbar sind, ist ein *Spezialfall* einer als **„Grimmscher Hydridverschiebungssatz“** (H. G. Grimm, 1925) bekannten Regel, wonach *Atome durch Aufnahme von a (= 1, 2, 3 oder 4) Wasserstoffatomen die Eigenschaften der im Periodensystem um a Ordnungszahlen höheren Atome annehmen*[26)]. So bestehen z. B. bei den Elementen Kohlenstoff bis Natrium folgende Zusammenhänge:

C	**N**	**O**	**F**	**Ne**	**Na**
	CH	NH	OH	FH	NeH
		CH_2	NH_2	OH_2	FH_2
			CH_3	NH_3	OH_3
				CH_4	NH_4

Entsprechend dieser Zusammenstellung treten beispielsweise die *„hydridisosteren“* (= isoelektronischen + isoprotonischen) Atomgruppen FH_2, OH_3 und NH_4 wie das *Natrium* in Form *positiver Ionen* auf, wie etwa die Verbindungsreihe $Na[ClO_4]$, $H_2F[ClO_4]$, $H_3O[ClO_4]$ und $NH_4[ClO_4]$ zeigt (NeH^+

[26] Der Hydridverschiebungssatz ist seinerseits ein Spezialfall des auf S. 1246 abgehandelten *„Isolobal-Prinzips“*.

existiert nur in der Gasphase in Abwesenheit eines Gegenions). Dem Edelgas *Neon* entsprechen die in sich *abgesättigten Moleküle* HF, H_2O, NH_3 und CH_4. Die Gruppen OH, NH_2 und CH_3 treten wie das *Fluoratom* als – heteropolar oder homöopolar gebundene – einwertige Liganden auf, wie z. B. die Verbindungsreihen Na[F], Na[OH], Na[NH_2], Na[CH_3] bzw. CH_3F, CH_3OH, CH_3NH_2, CH_3CH_3 beweisen. Dem *Sauerstoff* O=O entspricht das *Diimin* HN=NH und das *Ethylen* CH_2=CH_2, dem *Stickstoff* N≡N das Acetylen CH≡CH.

Es hat natürlich nicht an Versuchen gefehlt, das mit den Alkalimetallen M hydridisostere **Ammonium NH_4** in *freier Form* zu isolieren. Alle diese Versuche sind bis jetzt mißlungen. Dagegen konnte das Ammoniumradikal NH_4 als „*Ammoniumamalgam*" bei der Einwirkung von Ammoniumsalzen auf Alkalimetall-Amalgame (Quecksilber-Legierungen) und bei der Elektrolyse von Ammoniumsalzen in flüssigem Ammoniak unter Verwendung von Quecksilberkathoden isoliert werden:

$$NH_4^+ + \text{Na-Amalgam} \xrightarrow[-\,Na^+]{} \mathbf{NH_4\text{-}Amalgam} \xleftarrow[\text{Hg-Kathode}]{} NH_4^+ + \ominus$$

Dieses Ammoniumamalgam stellt eine weiche, schwammartige, voluminöse, schon bei Zimmertemperatur in Quecksilber, Ammoniak und Wasserstoff zerfallende ($NH_4 \rightarrow NH_3 + \frac{1}{2}H_2$) Masse dar.

Nachfolgend sei zunächst auf einige technisch gewonnene Ammoniumsalze (Weltjahresproduktion: 100 Megatonnenmaßstab), anschließend auf stickstoffhaltige Düngemittel eingegangen.

Ammoniumchlorid NH_4Cl („*Salmiak*")[19] **und andere Halogenide.** Zur technischen Darstellung von – stark korrodierend wirkendem – NH_4Cl werden in korrosionsgeschützte (verbleite, gummierte, mit Steinzeug, Glas oder Polyvinylchlorid überzogene) Reaktionsgefäße *Ammoniakwasser* und Salzsäure eingeleitet. Aus den Reaktionslösungen gewinnt man das gemäß

$$NH_3 + HCl \rightarrow NH_4Cl$$

gebildete Ammoniumchlorid in feinen, für Trockenbatterien geeigneten Kristallen durch schnelles, in groben Kristallen durch langsames Abkühlen. NH_4Cl fällt darüber hinaus als Nebenprodukt der Ammoniaksoda-Fabrikation (*Solvay-Prozess*, vgl. S. 1181) an. Eigenschaften. NH_4Cl stellt ein *farbloses*, bitter-salzig schmeckendes, in Wasser leicht lösliches Salz dar (100 g H_2O nehmen 37.2 g NH_4Cl auf), welches aus wässerigen Lösungen in Form federfahnenartig angeordneter Oktaeder, aus dem Dampfzustande als faserige Masse kristallisiert. Salmiak *sublimiert* leicht und *dissoziiert* dabei – analog anderen Ammoniumsalzen – in Umkehrung seiner Bildung (s. o.) in NH_3 und HCl ($\Delta H_{\text{Diss.}} = +176.1$ kJ/mol). Bei 350 °C ist die Spaltung vollkommen. NH_4Cl besitzt bei Raumtemperatur CsCl-Struktur; oberhalb von $+184.3$ °C wandelt sich diese α-Form in eine β-Form mit NaCl-Struktur um.

In analoger Weise gehen die α-Formen von **Ammoniumbromid NH_4Br** und **Ammoniumiodid NH_4I** (mit CsCl-Struktur) bei 137.8 bzw. -17.6 °C in β-Formen mit NaCl-Struktur über. **Ammoniumfluorid NH_4F** kristallisiert zum Unterschied von den Alkalifluoriden und den übrigen Ammoniumhalogeniden mit ZnS-Struktur, in der jedes N-Atom über H-Brücken von 4 F- und jedes F-Atom über H-Brücken von 4 N-Atomen tetraedrisch umgeben ist. Die Struktur ist damit der von Eis analog (vgl. S. 530; die O-Atome des Eises sind alternierend durch N und F ersetzt, welche zusammen die gleiche Elektronenzahl aufweisen wie 2 O-Atome), weshalb auch NH_4F und H_2O kristalline Lösungen miteinander bilden (NF-Abstand in N—H···F 2.66, OO-Abstand in O—H···O 2.76 Å). Eine bei 30 °C stattfindende Umwandlung von NH_4Cl beruht nicht auf einer Kristallstrukturänderung, sondern darauf, daß unterhalb dieser Temperatur die freie Rotation des NH_4^+-Ions im Kristall „einfriert"[27]. Verwendung. NH_4Cl wird zum Löten, Verzinken, Verzinnen, in Trockenbatterien und in der Textilindustrie, aber praktisch nicht als Düngemittel genutzt.

Ammoniumsulfat $(NH_4)_2SO_4$. Die technische Darstellung von $(NH_4)_2SO_4$ erfolgt durch Vereinigung von *Ammoniakgas* (aus NH_3-Synthese- oder Kokserzeugungsanlagen) mit halbkonzentrierter *Schwefelsäure* (aus H_2SO_4-Synthese- oder Nitrierungs-Anlagen):

$$2\,NH_3 + H_2SO_4 \rightarrow (NH_4)_2SO_4$$

Man konzentriert die wässerige Lösung (bei Verwendung von über 70 %iger H_2SO_4 reicht die Neutralisationswärme für die Wasserverdampfung aus) und läßt die zunächst erhaltenen kleinen $(NH_4)_2SO_4$-Kristalle durch längeres Verweilen in „Sättigern" zu landwirtschaftlich erwünschten groben Kristallen heranwachsen. Darüber hinaus fällt $(NH_4)_2SO_4$ bei einer Reihe von technischen Prozessen zwangsweise

[27] Auch in anderen Salzen rotieren bei entsprechenden Temperaturen Komplex-Ionen um ihren Schwerpunkt. Z. B. befinden sich im $NaNO_3$-Kristall bei 275 °C alle NO_3^--Ionen in voller Rotation.

an, insbesondere in der *Metallurgie* (Aufarbeitung des bei der Oxidation sulfidischer Erze anfallenden Schwefeldioxids) und bei der *Rauchgasentschwefelung* (Auswaschen von SO_2 aus Kohleverbrennungsgasen mit NH_3 als Ammoniumsulfit; Oxidation des Sulfits mit Luftsauerstoff). Eigenschaften. Ammoniumsulfat kristallisiert in *farblosen*, großen rhombischen Prismen und löst sich sehr leicht in Wasser (76.3 g in 100 g H_2O bei 20 °C). Beim Erhitzen auf über 235 °C geht es unter Abspaltung von Ammoniak in *Ammoniumhydrogensulfat* NH_4HSO_4 und darüber hinaus unter Wasserabspaltung in *Ammoniumdisulfat* $(NH_4)_2S_2O_7$ (Zers. ab 470 °C) über. Verwendung. $(NH_4)_2SO_4$ dient hauptsächlich als Düngemittel (s. u.).

Ammoniumnitrat NH_4NO_3. Die technische Darstellung von NH_4NO_3 erfolgt analog der $(NH_4)_2SO_4$-Erzeugung durch Neutralisation von (chloridfreier) *Salpetersäure* mit *Ammoniakgas* in Umlaufreaktoren (Cl^- katalysiert die NH_4NO_3-Zersetzung). Bei Verwendung von über 50%iger HNO_3 reicht die abgegebene Reaktionswärme (Erwärmung bis 180 °C) für die Wasserverdampfung aus. Die den Reaktor verlassende NH_4NO_3-Schmelze, die bis zu 5% H_2O enthält, wird tropfenförmig verteilt („*geprillt*") und in dieser Form verfestigt. Die Erzeugung von NH_4NO_3 erfolgt auch durch Reaktion des aus Apatit und HNO_3 gewonnenen Calciumnitrats mit NH_3 und CO_2 (vgl. S. 775). Eigenschaften. NH_4NO_3 stellt ein *farbloses*, an feuchter Luft zerfließendes, in Wasser unter starker Abkühlung (26 kJ/mol) lösliches, kristallines Salz dar, welches bei 169.5 °C schmilzt und ab 170 °C exotherm in Wasser und Distickstoffoxid bzw. bei höheren Temperaturen oder in Anwesenheit von Chlorid in Wasser, Stickstoff und Sauerstoff zerfällt (s. o.). Bei Bränden größerer NH_4NO_3-Mengen haben sich in chemischen Fabriken schon mehrmals Explosionsunglücke ereignet. Mischungen von NH_4NO_3 mit Trinitrotoluol oder anderen Explosivstoffen werden zur Herstellung von Bomben verwendet[28]. Man kennt bei gewöhnlichem Druck fünf Modifikationen des Ammoniumnitrats, deren Umwandlungspunkte bei − 18, + 32.3, + 84.2 und + 125.2 °C liegen. Verwendung. NH_4NO_3 dient hauptsächlich als Düngemittel.

Ammoniumcarbonat $(NH_4)_2CO_3$ und -hydrogencarbonat $(NH_4)HCO_3$. Die technische Darstellung von $(NH_4)_2CO_3$ bzw. $(NH_4)HCO_3$ erfolgt durch Einleiten von *Kohlendioxid* in *Ammoniakwasser* bei 35–40 °C:

$$2NH_3 + CO_2 + H_2O \rightleftarrows (NH_4)_2CO_3 \text{ bzw. } NH_3 + CO_2 + H_2O \rightleftarrows (NH_4)HCO_3$$

Die gebildeten Ammoniumsalze werden nach Auskristallisation abzentrifugiert. Eigenschaften. Beim Liegen an der Luft geht das nach NH_3 riechende, ätzend schmeckende, *farblose*, kristalline Ammoniumcarbonat unter NH_3-Abspaltung in fast geruchloses, farbloses, kristallines Ammoniumhydrogencarbonat über; bei etwa 60 °C zerfällt dieses unter weiterer NH_3-Abspaltung in Kohlendioxid und Wasser: $(NH_4)_2CO_3 \rightarrow (NH_4)HCO_3 + NH_3 \rightarrow CO_2 + H_2O + 2NH_3$. Verwendung. $(NH_4)_2CO_3$ wird in der Textilindustrie, $(NH_4)HCO_3$ im „Hirschhornsalz"[29] z. B. als Backpulver verwendet, wobei man im letzteren Falle die Zersetzung des „Treibmittels" $(NH_4)HCO_3$ in CO_2 nutzt.

Stickstoffhaltige Düngemittel (bezüglich phosphor- und kalihaltigen Düngemitteln vgl. S. 774, 1173). Der Stickstoff ist ein unentbehrlicher Nährstoff zum Aufbau des pflanzlichen Eiweißes (S. 641). Man führt ihn dem Boden in Form von *Ammoniakderivaten* (Ammoniumsalze, Harnstoff, früher auch Kalkstickstoff) und *Nitraten* zu, und zwar als Einzeldünger (größerer Anteil) sowie als Mischdünger. Wichtige Einzeldünger sind *Ammoniumsulfat* $(NH_4)_2SO_4$ und *Ammoniumnitrat* NH_4NO_3 (zur Gewinnung siehe oben), die an den Stickstoffdüngemitteln mit einem Anteil von < 10% bzw. 20–30% beteiligt sind und Bestandteile u. a. folgender Mischdünger bilden: „*Leunasalpeter*" ($(NH_4)_2SO_4 + NH_4NO_3$), „*Leunaphos*" ($(NH_4)_2SO_4 + (NH_4)_2HPO_4$), „*Nitrophoska*" ($(NH_4)_2SO_4 + (NH_4)_2HPO_4 + KNO_3$). Wegen seines hohen Stickstoffgehaltes ist Ammoniumnitrat ein sehr vorteilhafter Stickstoffdünger. Infolge seiner Explosionsgefährlichkeit (s. o.) und Zerfließlichkeit kann man diesen aber nicht in reinem Zustande, sondern nur im Gemisch mit Zuschlägen lagern und verwenden, welche seine explosiven Eigenschaften beseitigen und den Dünger streufähig machen. Solche Stoffe sind: Ammoniumsulfat, Calciumcarbonat, Calciumsulfat, Calciumnitrat, Phosphate usw. Gemische von Ammoniumnitrat und Calciumcarbonat kommen als „*Kalkammonsalpeter*" in den Handel. *Ammoniumcarbonat* $(NH_4)_2CO_3$ (s. dort) kann wegen seiner hohen Flüchtigkeit nicht als Düngemittel genutzt werden. Statt seiner verwendet man den **Harnstoff** $CO(NH_2)_2$ (*Kohlensäurediamid, Carbamid*), der im Boden langsam unter Bildung des Düngemittel Ammoniumcarbonat hydrolysiert ($CO(NH_2)_2 + 2H_2O \rightarrow (NH_4)_2CO_3$) und dessen Anteil an den stickstoffhaltigen Düngemitteln 60–70% beträgt. Allgemeines. Harnstoff ist eine *farblose*, geruchlose, kristalline, in Wasser, Methanol und Ethanol gut, in Chloroform und Ether dagegen schlecht lösliche Substanz ($d = 1.335$ g/cm^3), welche bei 132.7 °C unter Bildung von Biuret $NH(CONH_2)_2$ schmilzt ($2H_2N{-}CO{-}NH_2 \rightarrow NH_3 + H_2N{-}CO{-}NH{-}CO{-}NH_2$). Er wurde 1729 von H. Boerhave im

[28] Andere beim Erwärmen exotherm unter Redoxreaktion zerfallende Ammoniumsalze sind z. B. NH_4NO_2 (S. 652, 709) und $(NH_4)_2Cr_2O_7$ (S. 1445).

[29] Das im Handel erhältliche, früher aus Horn, Hufen, Klauen, Leder usw. gewonnene „*Hirschhornsalz*" ist ein Gemisch von 1 Teil $(NH_4)_2CO_3$ und 2 Teilen $(NH_4)HCO_3$ mit kleinen Mengen Ammoniumcarbamat (vgl. Harnstoff).

menschlichen Harn *entdeckt* (Wiederentdeckung 1773 durch G.-F. Rouelle) und 1828 erstmals durch Friedrich Wöhler aus Ammoniumcyanat *synthetisiert*[30]: $NH_4^+OCN^- \rightarrow H_2N—CO—NH_2$. Darstellung. Man stellt Harnstoff im *Laboratorium* durch Einwirkung von Ammoniak auf Phosgen $COCl_2$, Chlorameisensäureestern ClCOOR oder Kohlensäurediestern $CO(OR)_2$ dar, z.B.: $COCl_2 + 4NH_3 \rightarrow CO(NH_2)_2 + 2NH_4Cl$. In der *Technik* gewinnt man ihn ausschließlich aus *flüssigem Ammoniak* (Überschuß) und *Kohlendioxid* bei 200 °C und 250 bar im Reaktor (die Umsetzung von wässerigem Ammoniak und Kohlendioxid führt zu Ammoniumhydrogencarbonat $(NH_4)HCO_3$ und Ammoniumcarbonat $(NH_4)_2CO_3$; vgl. S. 656). Hierbei bildet sich in rascher exothermer Reaktion ($\Delta H = -117$ kJ/mol) Ammoniumcarbamat $NH_4^+OCO(NH_2)^-$, dann in weniger rascher endothermer Reaktion Harnstoff ($\Delta H = +15.5$ kJ/mol; Verschiebung des Gleichgewichts nach rechts durch Anwendung höherer Temperaturen; Rückdrängung der Hydrolyse des Carbamats zu Ammoniumcarbonat durch Anwendung eines NH_3-Überschusses):

$$O{=}C(O^-NH_4^+)_2 \underset{+2NH_3}{\overset{+H_2O}{\rightleftharpoons}} \boxed{O{=}C{=}O} \underset{}{\overset{\pm 2NH_3}{\rightleftharpoons}} O{=}C(O^-NH_4^+)(NH_2) \overset{\mp H_2O}{\rightleftharpoons} O{=}C(NH_2)_2$$

Nach Austritt der gebildeten Schmelze aus dem Reaktor unter Entspannung wird das Produkt zur Zersetzung des unumgesetzten Carbamats (ca. 30 %) in flüchtiges NH_3 und CO_2 erhitzt. Verwendung. Den erhaltenen Harnstoff verwendet man nach Auskristallisieren und Granulieren bzw. nach Schmelzen und Prillen (s. oben) mit Schwefel umhüllt oder als Depot-Dünger an Formaldehyd kondensiert zu *Düngezwecken* (zudem Einsatz in Form fester Mischdünger wie „*Hakaphos*" ($CO(NH_2)_2 + KNO_3 + (NH_4)_2HPO_4$), „*Calcurea*" ($CO(NH_2)_2 + Ca(NO_3)_2$) bzw. als „*Flüssigdünger* (z.B. $CO(NH_2)_2 + NH_4NO_3$). Darüber hinaus nutzt man Harnstoff zur Synthese von *Harnstoff-Formaldehyd-Harzen, Klebern, kosmetischen Präparaten, Melamin, Hydrazin* u.v.a.

Inversion von Ammoniak und anderen Molekülen[31]

Ammoniak NH_3 und seine Derivate NR_3 (R = anorganischer oder organischer Rest) sind meistens pyramidal[32] aufgebaut und leiten sich formal vom CH_4- bzw. CR_4-Tetraeder dadurch ab, daß ein Wasserstoffatom bzw. ein Rest R durch eines freies Elektronenpaar und das C-Atom durch Stickstoff ersetzt sind. Wie die organischen Verbindungen CR_4 mit einem „*asymmetrischen*", d.h. mit 4 verschiedenen Resten R verbundenen Kohlenstoffatom sollten sich dementsprechend auch Stickstoffverbindungen NR_3 mit einem asymmetrischen, d.h. mit 3 verschiedenen Resten R verknüpften Stickstoffatom (4. Rest: freies Elektronenpaar) in Spiegelbildisomere (Enantiomere, Antipoden; s. dort) auftrennen lassen. Daß dies nur ausnahmsweise gelungen ist, wird dadurch bedingt, daß das N-Atom im Ammoniak NH_3 und fast allen Derivaten NR_3 rasch durch die von den drei Wasserstoffatomen bzw. Resten R gebildete Pyramiden-Basisflächen hin- und herschwingt, z.B.:

(a) $\rightleftharpoons$ *planare Übergangsstufe* $\rightleftharpoons$ (a')

[30] Früher glaubte man, daß die organische Materie nur innerhalb der Lebewesen durch eine geheimnisvolle *Lebenskraft* („*vis vitalis*") erzeugt werden könne. An letzterer begann man zu zweifeln, als es Wöhler gelang, Harnstoff – ein Produkt des biochemischen Stoffwechsels – aus anorganischem Material (NH_4OCN) zu gewinnen. Harnstoff entsteht bei Mensch und Tieren als Endprodukt des Eiweißstoffwechsels bei der Ammoniakentgiftung vorwiegend in der Leber und stellt die wichtigste Stickstoffverbindung des Säugetierharns dar; und zwar werden 80–90 % des mit der Nahrung aufgenommenen Eiweißes in Form von Harnstoff (beim Menschen 20–30 g pro Tag) ausgeschieden.

[31] **Literatur.** J.M. Lehn: „*Nitrogen Inversion*", Fortschr. Chem. Forsch. **15** (1970) 311–377; A. Rauk, L.C. Allen, K. Mislow: „*Pyramidale Inversion*", Angew. Chem. **82** (1970) 453–468; Int. Ed. **9** (1970) 400; P. Gillespie, P. Hoffmann, H. Klusacek, D. Marquarding, S. Pfohl, F. Ramirez, E.A. Tsolis, I. Ugi: „*Bewegliche Molekülgerüste – Pseudorotation und Turnstile Rotation pentakoordinierter Phosphorverbindungen und verwandte Vorgänge*", Angew. Chem. **83** (1971) 691–721; Int. Ed. **10** (1971) 687.

[32] Es gibt einige koplanare Stickstoffverbindungen NR_3, wie das dem Trimethylamin $N(CH_3)_3$ entsprechende Trisilylamin $N(SiH_3)_3$ (vgl. hierzu S. 882).

(Wegen des Schwerpunktsatzes bewegen sich im Falle von NH_3 allerdings hauptsächlich die H-Atome; vgl. Umklappen eines Schirms.) Die Moleküle NH_3 bzw. NR_3 stellen somit keine starren, sondern fluktuierende Teilchen dar, was u.a. zur Folge hat, daß NR_3-Spiegelbildisomere wechselseitig rasch ineinander übergehen, so daß sich jeweils nur Gemische der betreffenden Enantiomeren („*Racemate*") isolieren lassen.

Man bezeichnet Vorgänge wie (a) $\rightleftharpoons$ (a'), bei welchen Eduktmoleküle (z.B. a) durch Aneinandervorbeischwingen von Atomen oder Atomgruppen in Produktmoleküle (z.B. a') übergehen, als „*Pseudorotationen*", weil hierbei die Endstoffe aus den Ausgangsstoffen durch Moleküldrehung hervorgegangen zu sein „scheinen", obwohl keine „wahre" Rotation erfolgte[33]. Speziell im Falle pyramidaler Moleküle wie Ammoniak spricht man auch von „*pyramidaler Inversion*" oder kurz von Inversion.

Fig. 151 gibt das Energieprofil der NH_3-Inversion wieder. Der Doppelminimum-Potentialkurve ist zu entnehmen, daß beim wechselseitigen Übergang der energetisch bevorzugten pyramidalen Konformationen (a) und (a') des Ammoniaks (Energieminima bei HNH-Winkeln von 106.8°) eine Inversionsbarriere von nur 24.5 kJ/mol überwunden werden muß. Demgemäß ist die Lebensdauer von Ammoniak in einer der beiden invertomeren Formen relativ klein (vgl. Fig. 124 auf S. 371)[34].

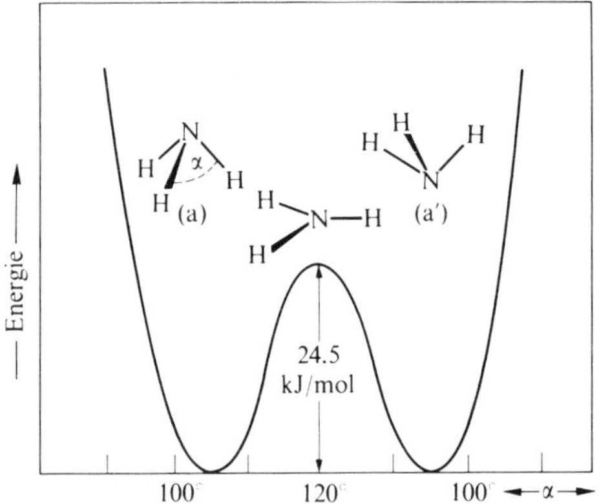

Fig. 151 Energieprofil der NH_3-Inversion.

Für Derivate des Ammoniaks sind die Barrieren teils kleiner, teils größer, z.B. (in Klammern jeweils Inversionsbarrieren in kJ/mol): NH_2R mit R = NH_2 (2.8), CN (5.6), NO_2 (11.4), CH_3 (20.1), Cl (> 42); NHR_2 mit R = CH_3 (28.1); NR_3 mit R = CH_3 (31.4). Verschwindend kleine bzw. keine Inversionsbarrieren weisen NR_3-Moleküle auf, wenn das freie Elektronenpaar des Stickstoffs wie etwa im Falle von $H_2N—CN$ in eine π-Bindungsbeziehung mit den Resten R treten kann. Sehr hohe Barrieren werden andererseits dann beobachtet, wenn letzteres nicht der Fall ist und die Reste R zudem sehr elektronegativ sind (z.B. beträgt die Inversionsbarriere des Stickstofftrifluorids NF_3 etwa 250 kJ/mol). Erhöhte Inversionsbarrieren weisen auch solche NR_3-Moleküle auf, bei denen die Reste R zusammen mit N Bestandteile eines kleineren Rings und damit starren Bindungssystems sind; hier sind dementsprechend Enantiomere isolierbar.

---

[33] Der Begriff Pseudorotation wird auch dann verwendet, wenn innere Molekülschwingungsvorgänge zu unterscheidbaren Molekülkonformationen führen (z.B. Spiegelbildisomerisierung asymmetrischer Amine NR_3).

[34] Mit der Inversionsbarriere von $\Delta G^{+} \approx \Delta H^{+} = 24.5$ kJ/mol folgt aus der Eyring-Beziehung (s. dort) eine Frequenz von $3.4 \times 10^8\,s^{-1}$ für den NH_3-Umklappvorgang. Tatsächlich beobachtet man zusätzlich eine höhere Inversionsfrequenz von $2.387013 \times 10^{10}\,s^{-1}$, da Inversionsbarrieren (Entsprechendes gilt allgemein für Aktivierungsbarrieren) nicht unbedingt auf „klassischem Wege" überschritten werden müssen, sondern auch auf „nichtklassischem, quantenmechanischem Wege" durchschritten (durchtunnelt) werden können („*Tunnel-Effekt*"), wenn die Energiebarrieren klein und die bewegten Atome leicht sind[35]. Aufgrund der nicht-klassischen Schwingungsfrequenz ν kommt einem NH_3-Invertomeren die kurze Lebensdauer von $1/\nu \approx 4.2 \times 10^{-11}$ s zu, aus der sich eine nicht-klassische Inversionsbarriere von 12.6 kJ/mol berechnet.

[35] Die nichtklassische Inversion des NH_3-Moleküls führt zu einer Absorptionslinie im Mikrowellenbereich bei $\lambda = 1.25$ cm, wovon man für die Steuerung der Schwingungsfrequenz bei Uhren Gebrauch gemacht hat („*Ammoniak-Uhr*").

In analoger Weise wie Ammoniak und seine Derivate invertieren auch andere *pyramidal* gebaute Moleküle ER_3 rasch, falls E ein Element der ersten Achterperiode darstellt (z. B. CR_3^-, R_3O^+). Entstammt E demgegenüber einer höheren Periode, so ist die Inversion im allgemeinen stark gehindert (ER_3 z. B. PR_3, EO_3^{n-}). Beispielsweise erhöht sich die Inversionsbarriere beim Übergang vom Ammoniak NH_3 (24.5 kJ/mol) zum Phosphan PH_3 (155 kJ/mol) um ca. 130 kJ/mol. Die zu den Aminen NR_3 homologen Phosphane PR_3 mit drei verschiedenen Resten R können demzufolge in optische Antipoden getrennt werden. Ebenso existieren z. B. von den Sulfoniumverbindungen R_3S^+ (im Gegensatz zu den Oxoniumverbindungen R_3O^+) oder den Sulfoxiden R_2SO (jeweils unterschiedliche Reste R) isolierbare Spiegelbildisomere[36].

Unter den *gewinkelten* Verbindungen ER_2 weisen Wasser und seine Derivate R_2O höhere Pseudorotationsbarrieren auf als Ammoniak und seine Derivate NR_3. So beträgt die Aktivierungsenergie der „*planaren Inversion*" des Wassers 111 kJ/mol:

$$\mathrm{H_2\ddot{O}} \rightleftharpoons \mathrm{H{-}\ddot{O}{-}H} \rightleftharpoons \mathrm{H_2\ddot{O}}$$

lineare Übergangsstufe

Noch größere Barrieren kommen ER_2-Molekülen mit Elementen E zu, die nicht aus der ersten, sondern einer höheren Hauptperiode stammen (z. B. H_2S: 151 kJ/mol)[36,37].

Die Pseudorotationsbarrieren *tetraedrisch* gebauter Moleküle ER_4 (z. B. CH_4, CR_4, NR_4^+, BR_4^-, EO_4^{n-}) sind im allgemeinen sehr hoch, so daß die betreffenden Verbindungen als „pseudorotations-starr" zu beschreiben sind.

So soll die Halbwertszeit der Pseudorotation des Methans CH_4

$$\mathrm{CH_4} \rightleftharpoons \mathrm{CH_4\ (planar)} \rightleftharpoons \mathrm{CH_4}$$

planare Übergangsstufe

nach Berechnungen ca. 9 Milliarden Jahre, d. h. rund $10^{17.5}$ s betragen (planares CH_4 ist über 800 kJ/mol energiereicher als tetraedrisches). Wäre mithin Methan gleichzeitig mit dem Universum vor etwa $10^{17.6}$ s (Fig. 126 auf S. 373) entstanden, so hätten sich nur etwas über die Hälfte aller damals gebildeten Methanmoleküle durch Pseudorotation verändert. Wie sich darüber hinaus aus dem Wert $\tau_{1/2} = 10^{17.5}$ s für die CH_4-Pseudorotation berechnen läßt, „pseudorotieren" in 1 mol CH_4 pro Stunde jeweils nur rund 2×10^{-18} mol CH_4. Das sind allerdings bei der großen Zahl von 6×10^{23} Molekülen je Mol Methan immer noch etwa 1 Million Methanmoleküle.

Bezüglich der Pseudorotation von *trigonal-bipyramidal* gebauten Molekülen ER_5 (z. B. PF_5) und weiteren Molekülen vgl. S. 758.

1.2.3 Hydrazin N_2H_4[1,13,38]

Darstellung

Die Darstellung von Hydrazin („*Diazan*")[39], einem Aminoderivat des Ammoniaks, erfolgt am bequemsten durch *Oxidation von Ammoniak*; formal: $NH_3 + NH_3 + O \rightarrow NH_2{-}NH_2$

36 Bei gleichem Rest R nimmt die Inversionsbarriere für R_3E in Richtung $R_3C^- < R_3N < R_3O^+ < R_3Si^- < R_3P < R_3As < R_3S^+$ zu. Häufig findet man näherungsweise, daß die Pseudorotationsbarrieren für R_3E: bzw. $R_2\ddot{E}$ umso höher sind, je kleiner die RER-Winkel sind (NH_3: 106.8°; PH_3: 93.5°; H_2O: 104.5°; H_2S: 92.3°).

37 Planare Inversionen werden auch bei gewinkelten Molekülen ER_2 mit doppelt gebundenen Resten R beobachtet, z. B. (in Klammern Inversionsbarrieren in kJ/mol): $CH_2{=}\ddot{N}{-}CH_3$ (ca. 110), F—N=N—F (134), O=S=O (73).

38 **Literatur.** ULLMANN (5. Aufl.): „*Hydrazine*", **A 13** (1989) 177–191.

39 **Geschichtliches.** Hydrazin wurde erstmals von T. Curtius 1887 als Produkt der alkalischen Zersetzung von Diazoessigester erzeugt und als Sulfat isoliert. Hieraus gewann er Hyrazin-Hydrat $N_2H_4 \cdot H_2O$, das Lobry de Bruyn 1894 von Wasser befreite.

$+ H_2O$. Als Oxidationsmittel benutzt man dabei etwa *Hypochlorit* ClO^- in Ab- bzw. Anwesenheit von Aceton („*Raschig-Verfahren*" bzw. „*Bayer-Verfahren*") oder *Wasserstoffperoxid* H_2O_2 („*Pechiney-Ogine-Kuhlmann-Verfahren*").

Raschig-Verfahren. Als Zwischenprodukt der in alkalischer Lösung (pH = 8–12) durchgeführten Oxidation von *Ammoniak* mit *Natriumhypochlorit* (Konzentration ca. 1 mol/l) tritt *Chloramin* NH_2Cl auf, das sich mit Ammoniak unter Bildung von *Hydrazin* umsetzt:

$$(ClO^- \underset{\mp OH^-}{\overset{\pm H_2O}{\rightleftarrows}}) \; Cl\,\vdots\,OH + H\,\vdots\,NH_2 \xrightleftharpoons{\text{rasch}} H_2O + ClNH_2 \quad (1)$$

$$H_2N\,\vdots\,H \; + Cl\,\vdots\,NH_2 \xrightarrow{\text{langsam}} H_2N{-}NH_2 + HCl \; (\underset{-H_2O}{\overset{+OH^-}{\longrightarrow}} Cl^-) \quad (2)$$

$$ClO^- + 2NH_3 \longrightarrow N_2H_4 + H_2O + Cl^- \quad (3)$$

Beide Teilreaktionen stellen *assoziative nucleophile Substitutionsprozesse* (S_N2-Prozesse) dar, und zwar erfolgt (1) unter nucleophiler Substitution der an Chlor gebundenen Hydroxid- durch eine Aminogruppe ($H_3N\!: + Cl{-}OH \rightarrow H_3N{-}Cl^+ + :OH^- \rightarrow H_2N{-}Cl + HOH$; vgl. S. 679), (2) unter nucleophiler Substitution des am Stickstoff gebundenen Chlors durch eine Aminogruppe ($H_3N\!: + NH_2{-}Cl \rightarrow H_3N{-}NH_2^+ + :Cl^-$; vgl. S. 680[40]). Dabei entsteht Chloramin zwischenzeitlich in hoher Konzentration, weil die NH_2Cl-Bildung (1) wesentlich rascher als die NH_2Cl-Umwandlung (2) abläuft (in einmolarer Lösung betragen die Reaktionshalbwertzeiten bei Raumtemperatur und pH = 8 etwa eine zehnmillionstel Sekunde im Falle von (1) und zweieinhalb Stunden im Falle von (2).

Das nach (2) langsam entstehende Hydrazin vermag sich seinerseits mit Chloramin nach

$$N_2H_4 + 2NH_2Cl \rightarrow N_2 + 2NH_4Cl \quad (4)$$

umzusetzen (vgl. S. 680) und stellt infolgedessen (wie NH_2Cl) nur ein Zwischenprodukt der letztlich zu Stickstoff führenden Oxidation von Ammoniak mit Hypochlorit dar: $3ClO^- + 2NH_3 \rightarrow N_2 + 3H_2O + 3Cl^-$. Die Hydrazinzersetzung (4) läuft – in unerwünschter Weise – sogar ca. 18mal rascher als die Hydrazinbildung (2) ab, so daß N_2H_4 zwischenzeitlich nur in kleiner Konzentration gebildet wird. Zur *Ausbeutesteigerung* von Hydrazin beschleunigt man deshalb den Reaktionsablauf (2) durch Verwendung eines hohen *Ammoniaküberschusses*. Auch führt man die N_2H_4-Bildung zweckmäßig bei *höherer Temperatur* durch, da die Teilreaktion (2) mit steigender Temperatur stärker beschleunigt wird als die Teilreaktion (4). Schließlich setzt man, da der Zerfall von Hydrazin in Stickstoff durch *Schwermetallionen* (z. B. Cu^{2+}) *katalysiert* wird, dem Reaktionsgemisch Leim (Gelatine) oder auch *Komplexbildner* zu, welche die in den Reagenzien stets vorhandenen Schwermetallspuren *binden*.

Die technische Synthese von Hydrazin erfolgt aus den erwähnten Gründen in der Weise, daß man wässeriges, durch Vermischen von Cl_2 und NaOH im Molverhältnis 1 : 2 unter Kühlung gemäß $Cl_2 + 2OH^- \rightarrow ClO^- + Cl^- + H_2O$ gewonnenes Hypochlorit in Anwesenheit von Komplexbildnern zunächst bei 0 °C mit der stöchiometrischen Menge Ammoniak (15 %ig) gemäß (1) zu Chloramin umsetzt. Anschließend preßt man in die NH_2Cl-Lösung viel Ammoniak ein, wobei sich diese wegen der stark exothermen Auflösung des Ammoniaks in Wasser rasch bis auf ca. 130 °C erwärmt. Bei dieser Temperatur ist die Hydrazinbildung (2) in wenigen Sekunden abgeschlossen. Die Ausbeute der insgesamt nach $Cl_2 + 2NaOH + 2NH_3 \rightarrow N_2H_4 + 2NaCl + 2H_2O$ verlaufenden Umsetzung beträgt in günstigen Fällen 70 %. Die Abtrennung des Hydrazins von der Reaktionslösung erfolgt nach der Abkondensation von überschüssigem Ammoniak (Zurückführung in den Raschig-Prozeß) durch Abdestillation von anfallendem festen Natriumchlorid, wobei 64 %iges Hydrazin („*Hydrazin-Hydrat*" $N_2H_4 \cdot H_2O$) erhalten wird, welches in den Handel kommt (wasserfreies Hydrazin ist nicht handelsüblich).

[40] Die Umsetzung (2) läßt sich auch als elektrophile Substitution eines Wasserstoffs von Ammoniak durch die Aminogruppe beschreiben, und man spricht aus diesem Grunde auch von einer „*elektrophilen Aminierung*". Als elektrophiles Aminierungsmittel wirkt neben Chloramin NH_2Cl z. B. auch Hydroxylamin-O-sulfonsäure $NH_2{-}O{-}SO_3H$.

Bayer-Verfahren. Eine andere, technisch vielfach genutzte Möglichkeit, Ammoniak zu Hydrazin zu oxidieren, besteht in der Einwirkung von NaOCl (Konzentration ca. 1.5 mol/l) bei 35 °C in Gegenwart von *Aceton* Me_2CO. Dabei entsteht gemäß

$$2NH_3 + ClO^- + 2Me_2C{=}O \rightarrow Me_2C{=}N{-}N{=}CMe_2 + 3H_2O + Cl^-$$

ein „*Ketazin*" (Kondensationsprodukt von Keton und Hydrazin), das sich unter Druck (8–12 bar) bei 180 °C mit Wasser unter Rückbildung des Ketons zu Hydrazin hydrolysieren läßt:

$$N_2(CMe_2)_2 + 2H_2O \rightarrow N_2H_4 + 2Me_2CO\,,$$

so daß der *Gesamtvorgang* wie im Falle der Raschig-Synthese durch die einfache Gleichung $2NH_3 + Cl_2 \rightarrow N_2H_4 + 2HCl$ wiederzugeben ist.

Pechiney-Ugine-Kuhlmann-Prozeß. Ein weiteres technisches Verfahren verwendet statt Hypochlorit *Wasserstoffperoxid* als Oxidationsmittel für Ammoniak in Gegenwart von Methylethylketon $R_2C{=}O$ als *Ketazinbildner* und Acetamid/Natriumdihydrogenphosphat als *Aktivatoren:* $2NH_3 + H_2O_2 + 2R_2CO \rightarrow R_2C{=}N{-}N{=}CR_2 + 4H_2O$. Das Ketazin wird wie beim Bayer-Verfahren weiter verarbeitet. Der Vorteil dieses Prozesses gegenüber dem Raschig- und Bayer-Verfahren besteht im geringen Energieverbrauch und dem Fehlen eines Zwangsanfalls von Kochsalz.

Die Abscheidung des Hydrazins aus der Reaktionslösung erfolgt im *Laboratorium* zweckmäßig als *Sulfat* $N_2H_4 \cdot H_2SO_4$, weil dieses verhältnismäßig *schwerlöslich* ist, sehr gut kristallisiert und eine weit größere Beständigkeit besitzt als das freie Hydrazin (s. unten). Zur Entfernung der Schwefelsäure und Darstellung des *freien* Hydrazins muß dieses Sulfat mit konzentrierter Kalilauge erwärmt werden, wobei zunächst *Hydrazin-Hydrat* $N_2H_4 \cdot H_2O$ abdestilliert. Die *Entwässerung* des Hydrats gelingt durch Erhitzen über festem Natriumhydroxid, wobei ca. 98 %iges Hydrazin abdestilliert, das sich durch Behandlung mit wasserfreiem, gepulvertem Bariumoxid völlig entwässern läßt.

Eigenschaften

Physikalische Eigenschaften. Reines Hydrazin stellt bei Zimmertemperatur eine *farblose*, ölige, bei Luftabschluß beständige, an der Luft ziemlich rauchende, toxisch wirkende Flüssigkeit ($d = 1.00$ g/cm^3 bei 25 °C) von eigentümlichem, schwach an Ammoniak erinnernden Geruch dar, deren Flüchtigkeit etwa der des Wassers entspricht. Der Siedepunkt liegt bei 113.5 °C, der Schmelzpunkt bei 2.0 °C. Hydrazin-Hydrat $N_2H_4 \cdot H_2O$ (Sdp. 118.5 °C; Smp. − 51.7 °C; $d = 1.0305$ g/cm^3 bei 21 °C) stellt eine schwerbewegliche, an der Luft rauchende, fischartig riechende und alkalisch reagierende Flüssigkeit dar.

Strukturell gleicht Hydrazin $H_2N{-}NH_2$ dem Wasserstoffperoxid HO—OH. Analog dort sind die beiden NH_2-Hälften um rund einen rechten Winkel gegeneinander verdreht (*gauche*-Form; C_2-Symmetrie). Der NN-Abstand beträgt 1.45 Å, der NH-Abstand 1.02 Å, was in beiden Fällen einer Einfachbindung entspricht; die Bindungswinkel HNN und HNH kommen Tetraederwinkeln nahe. (Bezüglich der inneren Rotation des Hydrazins vgl. S. 663). In flüssigem Hydrazin bilden die N_2H_4-Moleküle untereinander Wasserstoffbrücken aus, wie schon der hohe Wert der Troutonkonstante von 105.6 J mol^{-1} K^{-1} zeigt.

Chemische Eigenschaften. Thermisches Verhalten. Hydrazin läßt sich trotz seines endothermen Charakters ($\Delta H_f(g) = +95.46$, $\Delta H_f(fl) = +55.66$, $\Delta H_f(aq) = +34.33$ kJ/mol), der auf die geringe Bindungsenergie der NN-Bindung (vgl. Tab. 19 auf S. 141) zurückzuführen ist, zunächst ohne Zersetzungserscheinungen erwärmen; erst bei hohen Temperaturen tritt – gegebenenfalls explosionsartig – Zerfall unter Disproportionierung zu Stickstoff und Ammoniak ein:

$$3\overset{-2}{N_2}H_4 \rightarrow 4\overset{-3}{N}H_3 + \overset{\pm 0}{N_2} + 336.5\,\text{kJ}\,.$$

An erhitzten Platin- oder Wolframdrähten entsteht infolge teilweisen katalytischen Zerfalls des Ammoniaks auch Wasserstoff. Hydrazinhydrat, das wesentlich beständiger ist als freies Hydrazin ($\Delta H_f(fl) = -242.9$ kJ/mol), kann demgegenüber in paraffinierten, verschlossenen Flaschen jahrelang unzersetzt aufbewahrt werden, und eine wässerige Hydrazinlösung läßt sich dementsprechend gefahrlos handhaben.

Säure-Base-Verhalten. Als Base bildet Hydrazin wie das Ammoniak Salze. Man nennt diese in Analogie zu den Ammoniumsalzen *Hydraziniumsalze*. Da Hydrazin $H_2\ddot{N}{-}\ddot{N}H_2$ im Gegensatz zum Ammoniak $:NH_3$ zwei freie Elektronenpaare aufweist, an welche sich Protonen anlagern können, bildet es zwei Reihen von Salzen, nämlich solche mit 1 und solche mit 2 Äquivalenten Säure:

$$NH_2{-}NH_2 + HX \rightarrow [NH_3{-}NH_2]X,$$
$$NH_2{-}NH_2 + 2HX \rightarrow [NH_3{-}NH_3]X_2$$

(das Hydrazinium(1+)-Ion $[NH_3{-}NH_2]^+$ ist mit dem Methylamin $CH_3{-}NH_2$, das Hydrazinium(2+)-*Ion* $[NH_3{-}NH_3]^{2+}$ mit dem Ethan $CH_3{-}CH_3$ isoelektronisch).

Von den obigen Hydraziniumsalzen sind nur die ersteren in wässeriger Lösung stabil, während die letzteren, die wegen des kleinen Wertes der zweiten Basekonstante K_2 (s. unten) nur von sehr starken Säuren gebildet werden, hydrolytisch zu den Monosalzen zersetzt werden:

$$N_2H_6^{2+} + H_2O \rightarrow N_2H_5^+ + H_3O^+ .$$

Besonders charakteristisch ist das oben schon erwähnte „*Hydrazinium-sulfat*" $N_2H_4 \cdot H_2SO_4 = [N_2H_6]SO_4$, das in kaltem Wasser schwer, in heißem Wasser leicht löslich ist und daher leicht umkristallisiert werden kann. Es bildet *farblose*, dicke, glänzende Tafeln. Da Hydrazin eine schwächere Base als Ammoniak ist ($K_1 = 8.5 \times 10^{-7}$, $K_2 = 8.4 \times 10^{-16}$; NH_3: 1.78×10^{-5}), sind die Hydrazinium(1+)-Salze *stärker hydrolytisch gespalten* als die Ammoniumsalze.

Als *Lewis-Base* kann sich Hydrazin wie Ammoniak auch mit anderen Lewis-Säuren als H^+ vereinigen, z.B. mit Metallionen. Dabei beteiligt sich normalerweise nur 1 N-Atom an der **Hydrazinkomplexbildung**[40a]. Wie von Ammoniak existieren auch Metallkomplexe von teilweise oder vollständig deprotoniertem Hydrazin, z.B. $(R_3P)_3Hal_2Mo{=}N{-}NH_2$, $(R_3P)_4HalMo{=}N{-}NH_2$ (vgl. auch S. 1472).

Als Säure fungiert Hydrazin nur gegenüber sehr starken Basen wie Natriumhydrid oder Natriumamid:

$$H_2N{-}NH_2 + NaX \rightarrow Na[H_2N{-}NH] + HX \qquad (X = H, NH_2).$$

Das äußerst sauerstoffempfindliche „*Natrium-hydrazid*" NaN_2H_3 wird in wässeriger Lösung praktisch vollständig gemäß

$$N_2H_3^- + H_2O \rightarrow N_2H_4 + OH^-$$

hydrolytisch gespalten.

Redox-Verhalten. Sowohl das wasserfreie Hydrazin als auch seine wässerige Lösung wirken stark reduzierend. So wird z.B. das Hydrazin schon an der Luft allmählich zu Stickstoff und Wasser oxidiert[41] und verbrennt in Sauerstoff mit beträchtlicher Wärmeentwicklung:

$$N_2H_4 + O_2 \rightarrow N_2 + 2H_2O + 622.70\,kJ,$$

was die Verwendung von Hydrazin oder seiner organischen Derivate als Raketentreibstoff (Verbrennung mit H_2O_2 oder N_2O_4) ermöglicht. Ebenso heftig reagiert Hydrazin mit den Halogenen unter Bildung von Stickstoff und Halogenwasserstoff ($N_2H_4 + 2X_2 \rightarrow N_2 + 4HX$).

[40a] **Literatur.** B.F.G. Johnson, B.L. Haymore, J.R. Dilworth: „*Diazenido Complexes*", „*Hydrazido(2-) and Hydrazido(1−) Complexes*", Comprehensive Coord. Chem. **2** (1987) 130–151.

[41] Als Zwischenprodukt kann unter geeigneten Bedingungen H_2O_2 gefaßt werden ($N_2H_4 + 2O_2 \rightarrow N_2 + 2H_2O_2$), das mit weiterem N_2H_4 gemäß $N_2H_4 + 2H_2O_2 \rightarrow N_2 + 4H_2O$ zu den Endprodukten N_2 und H_2O reagiert. Darüber hinaus läßt sich Diimin N_2H_2 unter besonderen Bedingungen als N_2H_4-Oxidationszwischenprodukt nachweisen: $2N_2H_4 + O_2 \rightarrow 2N_2H_2 + 2H_2O$.

In wässeriger Lösung läßt sich Hydrazin durch Oxidationsmittel gemäß

	pH = 0	pH = 14
$N_2H_4 \rightleftarrows N_2 + 4H^+ + 4\ominus$	$\varepsilon_0 = -0.23$ V	$\varepsilon_0 = -1.16$ V
$2N_2H_4 \rightleftarrows N_2 + 2NH_3 + 2H^+ + 2\ominus$	$\varepsilon_0 = -1.74$ V	$\varepsilon_0 = -2.42$ V
$2N_2H_4 \rightleftarrows NH_4N_3 + 4H^+ + 4\ominus$	$\varepsilon_0 = +0.11$ V	$\varepsilon_0 = -0.92$ V

in Stickstoff, in Stickstoff + Ammoniak oder in Ammoniumazid überführen (vgl. Potentialdiagramme, S. 702). Dabei hängt der Anteil der drei Reaktionen am Gesamt-Reduktionsumsatz vom verwendeten Oxidationsmittel, von anwesenden Katalysatoren, vom pH-Wert der Lösung sowie von der Temperatur ab. So oxidieren beispielsweise die Halogene X_2, viele Metallkationen (z. B. Hg^{2+}, Ag^+)[42], viele Anionen von Sauerstoffsäuren (z. B. VO_4^{3-}, CrO_4^{2-}, MoO_4^{2-}) sowie einige Metallkomplexionen (z. B. $Tl(H_2O)_6^{3+}$, $Fe(CN)_6^{3-}$) in schwach saurem bis alkalischem Milieu Hydrazin gemäß der ersten Reaktionsgleichung zum Teil ausschließlich, zum Teil nahezu ausschließlich zu Stickstoff, während eine Reihe von hydratisierten, als Oxidationsmittel wirkenden Metallionen (z. B. Cu^{2+}, Ce^{4+}, Mn^{3+}, Fe^{3+}, Co^{3+}) Hydrazin gemäß der zweiten Reaktionsgleichung bevorzugt in Stickstoff und Ammoniak überführen. Die Bildung von Ammoniumazid erfolgt im allgemeinen nicht durch letztere und nur zum Teil durch erstere Oxidationsmittel (NH_4N_3-Bildung z. B. durch H_2O_2, HNO_2, $S_2O_8^{2-}$, ClO_3^-, BrO_3^-; keine NH_4N_3-Bildung z. B. durch Cl_2, Br_2, I_2, IO_3^-). Dabei ist ein stark saures Milieu Voraussetzung, eine höhere Reaktionstemperatur (~ 80 °C) reaktionsfördernd.

Die Oxidation zu Stickstoff erfolgt mechanistisch in der Weise, daß Hydrazin N_2H_4 entweder direkt („*Zweielektronenoxidation*": $N_2H_4 \rightarrow N_2H_2 + 2H^+ + 2\ominus$) oder in zwei Stufen unter intermediärer Bildung von Hydrazylradikalen N_2H_3 („*Einelektronenoxidation*": $N_2H_4 \rightarrow N_2H_3 + H^+ + \ominus$; $N_2H_3 \rightarrow N_2H_2 + H^+ + \ominus$) in Diimin N_2H_2 überführt wird (vgl. hierzu Oxidation von H_2O_2, S. 535). Als thermolabiler Stickstoffwasserstoff disproportioniert Diimin in Stickstoff und Hydrazin ($2N_2H_2 \rightarrow N_2 + N_2H_4$; s. S. 673), das seinerseits oxidiert wird. Im Zuge der Oxidation zu Stickstoff + Ammoniak bilden sich zunächst Hydrazylradikale ($N_2H_4 \rightarrow N_2H_3 + H^+ + \ominus$), die sich hier jedoch zu Tetrazan dimerisieren ($2N_2H_3 \rightarrow N_4H_6$), das als thermolabiler Stickstoffwasserstoff zu Stickstoff und Ammoniak disproportioniert ($N_4H_6 \rightarrow N_2 + 2NH_3$) (S. 670). Die Oxidation zu Ammoniumazid erfolgt offenbar u. a. auf dem Wege über Diimin ($N_2H_4 \rightarrow N_2H_2 + 2H^+ + 2\ominus$), welches in stark saurem Milieu zu Ammoniumazid dimerisiert ($2N_2H_2 \rightarrow NH_4N_3$) (S. 674).

Verbindungen, die als Zweielektronenoxidationsmittel wirken (z. B. Halogene: $X_2 + 2\ominus \rightarrow 2X^-$ oder Thallium(III): $Tl^{3+} + 2\ominus \rightarrow Tl^+$) sowie einige stabile Durchdringungskomplexe, die als Einelektronenoxidationsmittel wirken (z. B. $Fe(CN)_6^{3-} + \ominus \rightarrow Fe(CN)_6^{4-}$) oxidieren Hydrazin zu Stickstoff[43]. Die meisten Einelektronenoxidationsmittel (z. B. $Fe^{3+} + \ominus \rightarrow Fe^{2+}$; $Ce^{4+} + \ominus \rightarrow Ce^{3+}$) führen aber Hydrazin bevorzugt in Stickstoff + Ammoniak über. Zur Umwandlung von Hydrazin in Ammoniumazid eignen sich Zweielektronenoxidationsmittel in stark saurem Milieu.

Verwendung. Hydrazin (Weltjahresproduktion: 100 Kilotonnenmaßstab) wird hauptsächlich zur Gewinnung von *Hydrazinderivaten* genutzt, die u. a. als Treibmittel (Blähmittel) für die Herstellung geschäumter Kunststoffmassen (z. B. Azodicarbamid, Benzolsulfonsäurehydrazid), als Polymerisations-Radikalstarter, als Herbizide und Pharmaka (z. B. Antituberkulotikum Neoteben) eingesetzt werden. Ein geringer Zusatz von Hydrazin zum Speisewasser von Dampferzeugern verhindert deren Korrosion (Reduktion von Fe_2O_3 zu hartem Fe_3O_4). Wasserfreies Hydrazin und dessen Methylderivate dienen als *Raketentreibstoffe* (Oxidationsmittel z. B. N_2O_4, O_2, H_2O_2, HNO_3, F_2).

Innere Rotation des Hydrazins und anderer Moleküle[44]

Im Hydrazinmolekül $H_2\ddot{N}—\ddot{N}H_2$, das sich strukturell vom Ethan $H_3C—CH_3$ durch Ersatz der Kohlenstoff- durch Stickstoffatome und zweier Wasserstoffatome durch freie Elektronenpaare ableitet, vermögen sich die NH_2-Gruppen um die NN-Einfachbindung zu drehen

[42] Durch Reduktion von Silbersalzen mit N_2H_4 läßt sich Silber in Form schöner Silberspiegel auf Glas niederschlagen.

[43] Die Elektronenübertragungen erfolgen im allgemeinen (aber nicht immer) auf dem Wege über Substitutions- und Eliminierungsprozesse, z. B. $H_2N—NH_2 + Cl—Cl \rightarrow H_2N—NH_2—Cl^+ + Cl^-$; $H_2N—NH_2Cl^+Cl^- + N_2H_4 \rightarrow H_2N—NHCl + N_2H_5Cl$; $H_2N—NHCl \rightarrow HN{=}NH + HCl$ (vgl. hierzu auch NH_2Cl als Oxidationsmittel (S. 680) bzw. ClO^- als Oxidationsmittel (S. 475)).

[44] **Literatur.** D. G. Lister, J. N. Macdonald, N. L. Owen: „*Internal Rotation and Inversion*", Acad Press, London 1978.

(„*innere Rotation*“ des Hydrazins)[45]. N_2H_4 stellt also kein starres Teilchen mit wohldefinierter Anordnung seiner Atome, sondern ein nicht-starres Molekül dar[46]. Allerdings ist die innere Rotation des Hydrazins gehindert, da zwei energetisch bevorzugte Rotationsstellungen existieren, deren gegenseitige Überführung durch innere Molekülrotation der NH_2-Gruppen nur unter Überschreiten einer kleinen Energiebarriere möglich ist. Dies geht besonders übersichtlich aus der Fig. 152 hervor, welche den Energieinhalt des Hydrazins in Abhängigkeit vom Verdrillungswinkel („*Diederwinkel*“)[47] α der NH_2-Gruppen zusammen mit „*Newmanschen Projektionsformeln*“ des Hydrazins für einige charakteristische Diederwinkel ($\alpha = 0$, 90, 180, 270 und 360°) wiedergibt.

Newmansche Projektionsformeln werden im allgemeinen zur Veranschaulichung des räumlichen Baus von Verbindungen des Typus $A_mB—CD_n$ (also z. B. $H_2N—NH_2$) benutzt. Man erhält die Newman-Projektion eines Moleküls $A_mB—CD_n$, indem man diese in Richtung der BC-Bindung betrachtet und seine Atome und Bindungen auf eine Papierebene projiziert, wobei man das vordere der beiden hintereinanderliegenden chemischen Zentren B und C durch einen Punkt, das hintere (verdeckte) durch einen Kreis symbolisiert. Die weiter unten wiedergegebenen „*perspektivischen*“ („Sägebock“-) N_2H_4-Formeln (a) und (a′) gehen somit in die Projektionsformeln (**a**) und (**a′**) der Fig. 152 über.

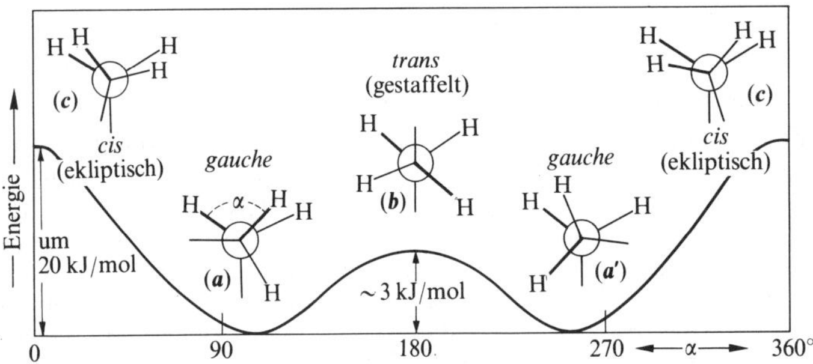

Fig. 152 Energieprofil der inneren N_2H_4-Rotation (nicht maßstabsgerecht; in den Newmanschen Projektionsformeln sind die freien Elektronenpaare des Hydrazins durch Striche symbolisiert).

Dem Energieprofil der inneren N_2H_4-Rotation (Fig. 152) ist zu entnehmen, daß die Rotation der NH_2-Gruppen um die NN-Bindung über Molekülkonformationen führt, in welchen die Wasserstoffatome (gesehen in Richtung der NN-Bindung) mal auf Deckung („*ekliptisch*“), mal auf Lücke („*gestaffelt*“, „staggered“) stehen, wobei die ekliptische *cis*[48]-Konformation (**c**) des Hydrazins viel und die gestaffelte *trans*[48]-Konformation (**b**) etwas energiereicher ist als die *gauche*[48]-Konformation (**a**) bzw. (**a′**). Offensichtlich sind hiernach die Elektronen- und Wasserstoffkernabstoßungskräfte in *cis*- sowie *trans*-Hydrazin höher als in *gauche*-Hydrazin.

Dies ist im Falle von *cis*-Hydrazin aufgrund der ekliptischen Stellung der Wasserstoffatome und freien Elektronenpaare leicht verständlich. Daß jedoch auch *trans*-Hydrazin instabiler ist als *gauche*-Hydrazin,

[45] Während man unter den „äußeren“ Molekülrotationen (oder kurz Molekülrotationen) die Drehbewegungen gesamter Moleküle um ihre 3 verschiedenen Trägheitsachsen versteht (S. 44), beziehen sich die „inneren“ Molekülrotationen auf die gegensinnigen Drehungen von chemisch miteinander verknüpften Molekülteilen um ihre gemeinsame Bindung.

[46] Für das Hydrazinmolekül stellt die Rotation der NH_2-Gruppen um die NN-Bindung nicht die einzige Bewegungsmöglichkeit dar. Seine Konformation kann sich auch durch Pseudorotation (Inversion) ändern (vgl. S. 657).

[47] Bei einer gewinkelten Atomkette $_A{\diagup}^B{\diagdown}_C{\diagup}^D$ (z. B. H—N—N—H im Falle von N_2H_4) wird der Winkel zwischen den zwei (di), durch die Atome ABC sowie BCD gebildeten Flächen (eder) als „Diederwinkel“ oder „Torsionswinkel“ bezeichnet.

[48] Bei einer gewinkelten Atomkette ABCD spricht man von einer „*cis*“(„*syn*“-) bzw. einer „*trans*“-(„*anti*“) bzw. einer „*gauche*“-(„*skew*“-) Anordnung der Atome oder Atomgruppen A und D wenn der Diederwinkel[47] bei 0 oder 360° bzw. bei 180° bzw. dazwischen liegt (cis (lat.) = diesseits; syn (griech.) = zusammen; trans (lat.) = jenseits; anti (griech.) = gegenüber; gauche (franz.) und skew (engl.) = schief, krumm; die Bezeichnung syn und anti beschränkt sich im allgemeinen auf Rotamere).

läßt sich anschaulich mit der etwas erhöhten Abstoßung der in sp^3-Hybridorbitalen lokalisierten freien Elektronenpaare erklären; denn diese halten sich nicht nur auf der in Fig. 152 durch Striche angedeuteten Seite, sondern in gewissem Ausmaß auch auf der entgegengesetzten Seite der Stickstoffatome auf (vgl. S. 356). Somit stehen die freien Elektronenpaare in *trans*-Hydrazin anders als in *gauche*-Hydrazin teilweise auf Deckung. (Zur Veranschaulichung verlängere man die Striche, welche die freien Elektronenpaare in den Formen (**a**) und (**b**) der Fig. 152 symbolisieren, über die Stickstoffatome hinaus[49]).

Da das Energieprofil der inneren N_2H_4-Rotation zwei gleich tiefe Energieminima bei Diederwinkeln von ca. 100° und 260° aufweist, besteht Hydrazin im thermodynamischen Gleichgewicht aus einem äquimolekularen Gemisch von *gauche*-konformierten, zueinander spiegelbildlichen Rotameren (a) und (a′):

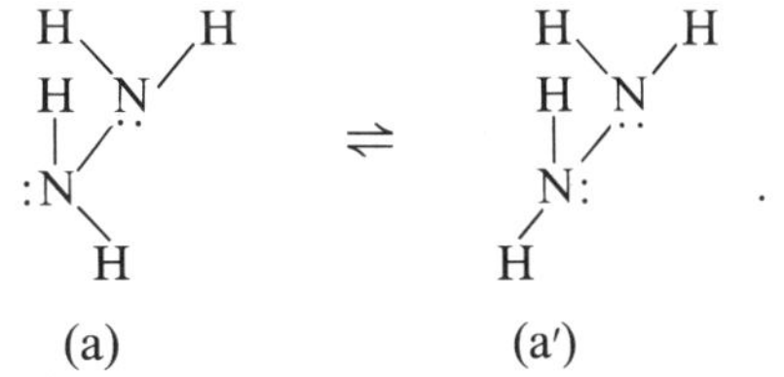

```
 H   H           H   H
  \ /             \ /
H  N           H   N
|  /··     ⇌   |  /··
:N             N:
  \           /
   H         H
 (a)          (a′)           .
```

Die wechselseitige Umwandlung beider Isomeren erfordert dabei eine Aktivierungsenergie von nur ca. 3 kJ/mol. Demgemäß ist die Lebensdauer von (a) und (a′) bei Raumtemperatur und darunter extrem klein (vgl. Fig. 124 auf S. 371): die N_2H_4-Moleküle „schwingen" mit hoher Frequenz zwischen den Zuständen (a) und (a′) hin und her. Daß trotzdem zu jedem Zeitpunkt die überwiegende Mehrzahl der Hydrazinmoleküle in der *gauche*-Konformation vorliegt, beruht darauf, daß die Dauer des eigentlichen Isomerisierungsvorganges wesentlich kleiner ist als die im Pikosekundenbereich liegende mittlere Lebensdauer der N_2H_4-Konformeren. Demnach besteht der erwähnte Schwingungsvorgang in einem wechselseitigen (unregelmäßigen) Umklappen der Konformationen (a) und (a′) mit einer mittleren Frequenz von ca. $10^{12}\ s^{-1}$ bei Raumtemperatur (vgl. hierzu Inversion des Ammoniaks, S. 657).

In analoger Weise wie bei Hydrazin beobachtet man auch bei vielen anderen Molekülen *gehinderte innere Rotationen* von Einfachbindungen und damit die Erscheinung der Konformationsisomerie (Rotationsisomerie, Konstellationsisomerie; vgl. S. 323). Die Rotationsbarrieren liegen dabei normalerweise im Energiebereich bis ca. 20 kJ/mol.

So weist etwa das Energieprofil der inneren Rotation der CH_3-Gruppen um die CC-Bindung des Ethans $H_3C—CH_3$ 3 gleich tiefe Energieminima bei gestaffelter Konformation sowie 3 gleich hohe Energiemaxima von jeweils 12.25 kJ/mol bei ekliptischer Konformation auf. Entsprechendes gilt z. B. für $H_3C—SiH_3$ (6.97), $H_3C—GeH_3$ (5.18), $H_3C—SnH_3$ (2.72), $H_3C—NH_2$ (8.27), $H_3C—PH_2$ (8.20), $H_3C—AsH_2$ (6.19), $H_3C—OH$ (4.48), $H_3C—SH$ (5.31), $H_3C—SeH$ (4.23) (in Klammern jeweils Rotationsbarrieren in kJ/mol). Das Energieprofil der inneren Rotation der OH-Gruppen um die zentrale Bindung des Wasserstoffperoxids HO—OH gleicht dem der inneren N_2H_4-Rotation (Fig. 152). Es weist demzufolge 2 gleich tiefe Energieminima (*gauche*-Form, Diederwinkel = 111.5° bzw. 248.5°) sowie 2 unterschiedliche Energiemaxima von 4.6 kJ/mol (*trans*-Form) und 29.4 kJ/mol (*cis*-Form) auf. Die Barrieren im Falle von Disulfan HS—SH (Grundzustand: *gauche*-Form, Diederwinkel 90.6° bzw. 269.4°) betragen 28.4 und 30.1 kJ/mol. Besonders kleine Rotationsbarrieren weisen z. B. Methylbordifluorid $CH_3—BF_2$ mit 0.056 kJ/mol und Nitromethan $CH_3—NO_2$ mit 0.025 kJ/mol auf.

Die Energiebarrieren der inneren Rotation von Molekülen $A_mB—CD_n$ können sehr hohe Werte annehmen (einige hundert Kilojoule), wenn die Drehung um die BC-Einfachbindung durch sperrige Liganden A und D räumlich („*sterisch*") behindert wird. Es lassen sich dann die durch Minima im Energieprofil ausgezeichneten Rotameren isolieren[50] (die Rota-

---

49 Tatsächlich sind die Verhältnisse verwickelter, wie aus dem Energieprofil der inneren Rotation des Tetrafluorhydrazins N_2F_4 folgt, welches Minima sowohl für die *gauche*- als auch für die *trans*-Konformation aufweist. N_2F_4 besteht deshalb aus einem Gemisch von spiegelbildisomeren gauche-Konformeren sowie der *trans*-Konformeren (ca. 1 : 1), wobei die *trans*-Form sogar um ca. 2 kJ stabiler ist als die *gauche*-Form. Entsprechendes gilt etwa auch für die Diphosphortetrahalogenide P_2X_4, während Diphosphan P_2H_4 wie N_2H_4 bevorzugt *gauche*-konformiert vorliegt.

meren sind in diesen Fällen nicht mehr den Konformations-, sondern den Konfigurationsisomeren zuzurechnen; vgl. S. 323). Entsprechendes gilt fast immer für Moleküle $A_mB{=}CD_n$, da bei ihnen eine Rotation um die BC-Doppelbindung nur unter energieaufwendiger, zeitweiliger Spaltung der π-Bindung möglich ist. Mit abnehmendem Bindungsgrad wird die innere Rotation um chemische Bindungen mit Mehrfachbindungscharakter erleichtert, die Isolierung von Konfigurationsisomeren also erschwert[51].

1.2.4 Stickstoffwasserstoffsäure NH_3[31,13,52]

Darstellung

In der Stickstoffwasserstoffsäure („*Triazadien*", „*Hydrogenazid*") HN_3 sind 3 Stickstoffatome miteinander verknüpft. Zur Darstellung der Säure geht man daher zweckmäßig von Verbindungen aus, in denen bereits 2 Stickstoffatome miteinander verbunden sind. Als solche kommen in Frage: Distickstoffoxid N_2O und Hydrazin N_2H_4. In beiden Fällen muß noch ein drittes Stickstoffatom eingeführt werden.

Im Falle des Distickstoffoxids geschieht dies in der Technik so, daß man das trockene N_2O bei 190 °C auf Natriumamid einwirken läßt:

$$N_2\boxed{O + H_2}NNa \rightleftarrows NaN_3 + H_2O.$$

Man erhält dabei das Natriumsalz der Stickstoffwasserstoffsäure (*Natriumazid*). Die Reaktion verläuft im Sinne der obigen Reaktionsgleichung glatt von links nach rechts, da das Wasser aus dem Reaktionsgemisch durch Umsetzung mit noch unverändertem Natriumamid ($NaNH_2 + HOH \rightarrow NaOH + NH_3$) sofort entfernt wird. Da Natriumamid und Natriumnitrat unter Bildung von N_2O reagieren ($NaNO_3 + NaNH_2 \rightarrow N_2O + 2NaOH$), ist Natriumazid auch aus Natriumnitrat und -amid in flüssigem Ammoniak bei 100 °C unter Druck in hoher Ausbeute gewinnbar:

$$NaNO_3 + 3NaNH_2 \rightarrow NaN_3 + 3NaOH + NH_3.$$

Aus dem Natriumsalz läßt sich die freie Stickstoffwasserstoffsäure durch Destillation mit verdünnter Schwefelsäure und anschließendem Entwässern des Destillats mit Calciumchlorid als rund 90%ige Säure gewinnen.

Die Umwandlung von Hydrazin (als Hydrat) in Stickstoffwasserstoffsäure gelingt durch Einwirkung von Salpetriger Säure (bzw. Salpetrigsäureester) in Ether bei 0 °C in Gegenwart von Natriummethylat (zur Salzbildung)[53]:

$$HN\boxed{O_2 + H_4}N_2 \rightarrow HN_3 + 2H_2O.$$

Eigenschaften

Physikalische Eigenschaften. Die wasserfreie Stickstoffwasserstoffsäure ist eine *farblose*, leichtbewegliche, bei 35.7 °C siedende und bei − 80 °C erstarrende, stark endotherme (Bildungs-

---

50 Damit Isomere unter Normalbedingungen isolierbar sind, müssen die Energiebarrieren mindestens 100 kJ/mol betragen.

51 Zum Beispiel sind die Rotationsbarrieren in Aminoboranen [$R_2B{-}\dot{N}R_2 \leftrightarrow R_2B{=}NR_2$] häufig < 100 kJ/mol[50] (z. B. $H_2B{=}NH_2$ ca. 100 kJ/mol; zum Vergleich: $H_3B{-}NH_3$; ca. 12 kJ/mol; $H_2C{=}CH_2$: > 200 kJ/mol).

52 **Literatur.** ULLMANN (5. Aufl.): „*Hydrazoic Acid*", **A 13** (1989) 193–197; P. Gray: „*Chemistry of the Inorganic Azides*", Quart. Rev. **17** (1963) 441–473; Z. Dori, R. F. Ziolo: „*The Chemistry of Coordinated Azides*", Chem. Rev. **73** (1973) 247–254; G. Bertrand; J.-P. Majoral, A. Baceiredo: „*Photochemical and Thermal Rearrangement of Heavier Main Group Element Azides*", Acc. Chem. Res. **19** (1986) 17–23; H. Bock, R. Dammel: „*Die Pyrolyse von Aziden in der Gasphase*", Angew. Chem. **99** (1987) 518–540; Int. Ed. **26** (1987) 504.

53 **Geschichtliches.** Wässerige HN_3-Lösungen wurden erstmals von T. Curtius im Jahre 1890 durch Oxidation von wässerigem Hydrazin mit Salpetriger Säure gewonnen.

enthalpie ΔH_f(fl) = + 264 kJ/mol) Flüssigkeit (d = 1.126 g/cm^3 bei 0 °C) von durchdringendem, unerträglichem Geruch. Gasförmiges HN_3 wirkt sehr giftig (MAK-Wert 0.1 mg/m^3 ≙ 0.27 ppm).

Struktur. Die HN_3-Elektronenformel läßt sich nur im Sinne der Mesomerie (a) festlegen (vgl. S. 134 sowie 364). Diesem Bindungszustand entsprechend sind die beiden NN-Bindungsabstände im HN_3-Molekül verschieden groß (1.13 Å für die N—N- und 1.24 Å für die N—NH-Bindung; C_s-Symmetrie), während das zugehörige lineare und symmetrisch gebaute Azid-Ion N_3^- (s. unten) gemäß der Mesomerie (b) dazwischen liegende gleiche NN-Abstände (1.18 Å) aufweist (der berechnete Wert für eine N≡N-Dreifachbindung ist 1.10 Å, für eine N=N-Doppelbindung 1.20 Å und für eine N—N-Einfachbindung 1.40 Å). Auch bildet der Wasserstoff (NH-Abstand = 1.01 Å, entsprechend einer Einfachbindung) mit der linearen N_3-Kette einen Winkel von 114°, der zwischen dem Bindungswinkel liegt, der für sp^3- bzw. sp^2-hybridisierte Atome erwartet wird (109.5° bzw. 120°).

(a) [:N≡N$^{\oplus}$—N̈$^{\ominus}$—H ⟷ N̈$^{\ominus}$=N$^{\oplus}$=N̈—H]   (b) [:N≡N$^{\oplus}$—N̈:$^{2\ominus}$ ⟷ N̈$^{\ominus}$=N$^{\oplus}$=N̈$^{\ominus}$ ⟷ :N̈$^{2\ominus}$—N$^{\oplus}$≡N:]

Chemische Eigenschaften. Säure-Base-Verhalten. Die Stickstoffwasserstoffsäure HN_3 ist im Gegensatz zum schwach basischen Ammoniak NH_3 eine *schwache Säure* von der Stärke etwa der Essigsäure. Ihre Dissoziationskonstante beträgt bei Zimmertemperatur 1.2×10^{-5} (pK_S = 4.92); eine 0.1-molare Lösung ist demnach zu etwa 1 % dissoziiert.

Die **Salze** der Stickstoffwasserstoffsäure, die *Azide*, ähneln in ihren äußeren Eigenschaften bisweilen denen der Salzsäure. So fällt z. B. aus schwach saurer Lösung bei Zugabe von Silbernitrat ein käsiger Niederschlag von Silberazid AgN_3 aus, der dem Silberchlorid AgCl täuschend ähnlich sieht; das Quecksilber(I)-Salz $Hg_2(N_3)_2$, Blei(II)-Salz $Pb(N_3)_2$, Kupfer(I)-Salz CuN_3 und Thallium(I)-Salz TlN_3 sind wie die analogen Chloride Hg_2Cl_2, CuCl und TlCl in Wasser unlöslich bzw. schwerlöslich. Wie das Chlorid-Ion Cl^- kann auch das Azid-Ion N_3^- in Metallkomplexen als Ligand fungieren, z. B.: $[Cu(NH_3)_2(N_3)_2]$, $K_2[Cu(N_3)_4]$ (vgl. die analoge Komplexbildung von $CuCl_2$, S. 1334). Man zählt daher das Azid-Ion zu den „*Pseudohalogenid-Ionen*" (s. unten), obwohl es nicht wie andere Pseudohalogenide (s. unten) ein zugehöriges Pseudohalogen $(N_3)_2 = N_6$ bildet[54]. Das Ammoniumazid $NH_4N_3 = N_4H_4$ und das Hydrazinium-azid $N_2H_5N_3 = N_5H_5$ sind wegen ihrer Zusammensetzung als reine Stickstoff-Wasserstoff-Verbindungen erwähnenswert. Feuchtigkeitsempfindliche Azide wie $Be(N_3)_2$, $Mg(N_3)_2$, $B(N_3)_3$, $Al(N_3)_3$, $Ga(N_3)_3$, $Si(N_3)_4$, $LiB(N_3)_4$ lassen sich in Ether durch Umsetzung der entsprechenden Wasserstoff- oder Alkylverbindungen mit Stickstoffwasserstoffsäure ($MH_n + nHN_3 \rightarrow M(N_3)_n + nH_2$; $MR_n + nHN_3 \rightarrow M(N_3)_n + nRH$) oder der entsprechenden Chloride mit Natriumazid ($MCl_n + nNaN_3 \rightarrow M(N_3)_n + nNaCl$) gewinnen (vgl. auch Reaktionen mit Halogenaziden, S. 685).

Lewis-saures Verhalten zeigt die Säure HN_3 z. B. hinsichtlich Phosphanen: R_3P: + N=N=NH → {R_3P=N—N=NH} → R_3P=NH + N≡N. Als *Base* ist die Stickstoffwasserstoffsäure *überaus schwach* und bildet nur mit stärksten Säuren (explosive) Salze, zum Beispiel HN̈=N=N̈ + $HSbCl_6$ ⇄ $[H_2N{=}N{=}\ddot{N}]^+SbCl_6^-$ (HN/H_2N=N/N=N-Abstände = 1.008/1.305/1.088 Å; C_{2v}-Molekülsymmetrie).

Thermisches Verhalten. Eine der hervorstechendsten Eigenschaften der Stickstoffwasserstoffsäure ist der – durch Erhitzen oder durch Schlag leicht auszulösende – *explosionsartige Zerfall in Stickstoff und Wasserstoff*, bei dem große Wärmemengen frei werden[55].

---

[54] Die Versuche, durch Elektrolyse von wasserfreier Stickstoffwasserstoffsäure HN_3 (Zusatz von KN_3 zur Erhöhung der Leitfähigkeit) analog der Halogendarstellung aus Halogenwasserstoffen das Pseudohalogen $(N_3)_2 = N_6$ zu erhalten, schlugen fehl, da N_6 wegen der überaus großen Bildungsenergie des molekularen Stickstoffs N_2 gemäß $N_6 \rightarrow 3N_2$ zerfällt, so daß man bei der Elektrolyse von HN_3 nur H_2 und N_2 erhält.

[55] Wässerige HN_3-Lösungen bis zu einem Gehalt von 20 % HN_3 sind demgegenüber gefahrlos zu handhaben. Bei Anwesenheit von fein verteiltem Pt zersetzen sie sich gemäß $HN_3 + H_2O \rightarrow NH_2(OH) + N_2$.

$$2\,HN_3(fl) \rightarrow 3\,N_2 + H_2 + 528.4\,kJ\,.$$

Auch die wie HN_3 mehr *kovalent* aufgebauten *Schwermetallsalze*, z.B. Blei-, Cadmium-, Quecksilber- und Silberazid, detonieren bei stärkerem Erhitzen, besonders aber auf Schlag sehr heftig. Dagegen geben die *salzartig* aufgebauten, bis auf CsN_3 (Smp. 310 °C) nicht unzersetzt schmelzbaren *Alkali-* und *Erdalkalimetallazide* erst bei Erhitzen in kontrollierbarer Reaktion Stickstoff ab[56], z.B.:

$$2\,NaN_3 \xrightarrow{300^\circ} 2\,Na + 3\,N_2; \quad 3\,Ba(N_3)_2 \xrightarrow{200^\circ} Ba_3N_4 + 7\,N_2 \xrightarrow{250^\circ} Ba_3N_2 + 8\,N_2\,.$$

Man kann die Zersetzungsreaktion zur *Reindarstellung von Alkalimetallen* und von *spektralreinem Stickstoff* im Laboratorium benutzen. Leitet man HN_3 bei niedrigen Drücken durch ein erhitztes Rohr, so erfolgt Zersetzung nach $HN_3 \rightarrow N_2 + NH$ (vgl. Nitren).

Redox-Verhalten. (Vgl. Potentialdiagramme, S. 702). Stickstoffwasserstoffsäure ist ein starkes *Oxidationsmittel* (ε_0 für $HN_3 + 3\,H^+ + 2\ominus \rightleftarrows N_2 + NH_4^+$ gleich $+1.96$ V). Daher löst sie wie die Salpetersäure eine Reihe von Metallen (z.B. Zink, Eisen, Mangan, Kupfer) *ohne Wasserstoffentwicklung* auf:

$$M^{II} + 3\,HN_3 + H^+ \rightarrow M(N_3)_2 + N_2 + NH_4^+\,.$$

Gegenüber Oxidationsmitteln wirkt Stickstoffwassersäure als starkes *Reduktionsmittel* (ε_0 für $2\,HN_3 \rightarrow 2\,H^+ + 3\,N_2 + 2\ominus$ gleich -3.09 V). So oxidieren z.B. Iod (in Gegenwart von etwas Thiosulfat als Katalysator) und Cer(IV)-Salze die Säure quantitativ zu Stickstoff, was man zur Analyse der Verbindung benutzen kann. Salpetrige Säure führt sie in Stickstoff und Distickstoffoxid über (vgl. S. 711, 712):

$$N_3H + HNO_2 \rightarrow N_2O + N_2 + H_2O\,.$$

Verwendung. Unter den Aziden nutzt man insbesondere $Pb(N_3)_2$ (gewinnbar aus $Pb(NO_3)_2$ und NaN_3) in der Sprengtechnik zur Einleitung der Detonation („*Initialzündung*“) von Schieß- und Sprengstoffen.

Pseudoelemente, Paraelemente[57]

Atomgruppen (z.B. N_3; s. oben), deren Eigenschaften den Eigenschaften einer Gruppe von Elementen im Periodensystem (z.B. den Halogenen) ähneln, bezeichnet man als **„Pseudoelemente“**[58]. Sie sind dadurch gekennzeichnet, daß sie im *anionischen Zustand die gleiche Ladung* wie die betreffenden Elementanionen aufweisen (z.B. N_3^-, F^-), wobei die Ladung *weitgehend symmetrisch verteilt* sein muß (kleine Dipolmomente der Atomgruppen, z.B. null im Falle von N_3^-).

Zu den **„Pseudohalogenen“** Y zählt man etwa die Gruppen CN, N_3, OCN, CNO, SCN, SeCN (L. Birkenbach, K. Kellermann; 1925). Ihre Ähnlichkeit mit den Halogenen X drückt sich in verschiedener Weise aus: 1. Analog den Halogenwasserstoffsäuren HX existieren *Pseudohalogenwasserstoffsäuren* HY wie HCN („Blausäure“), HNCO („Isocyansäure“), HCNO („Knallsäure“), HNCS („Isothiocyansäure“), HN_3 („Stickstoffwasserstoffsäure), von denen sich Metallsalze MY_n mit den Anionen $Y^- = CN^-$ („Cyanid“), NCO^- („Cyanat“), CNO^- („Fulminat“), NCS^- („Thiocyanat“), N_3^- („Azid“) und kovalente Nichtmetallverbindungen wie $Si(NCO)_4$, $P(CN)_3$ ableiten. 2. Wie die Halogenide X^- bilden auch die Pseudohalogenide Y^- *schwer lösliche Salze*: AgY, Hg_2Y_2, PbY_2. 3. Die Metallsalze MY_n bilden analog den Metallhalogeniden MX_n mit anderen Metallpseudohalogeniden *Pseudohalogeno-Komplexe*, z.B. des

---

56 Dies gilt nicht für die weniger ionogen aufgebauten Azid-Anfangsglieder der beiden Metallgruppen. So explodiert z.B. Lithiumazid LiN_3 bei 250 °C mit lautem Knall unter Li_3N-Bildung.

57 **Literatur.** M.F. Lappert, H. Pyszora: „*Pseudohalides of Group IIIB and Group IVB Elements*“, Adv. Inorg. Radiochem. **9** (1966) 133–184; J.S. Thayer, R. West. „*Organometallic Pseudohalides*“, Adv. Organomet. Chem. **5** (1967) 169–224; A.M. Golub, H. Köhler, V.V. Skopenko: „*Chemistry of Pseudohalides*“, Elsevier, Amsterdam 1986; H. Köhler: „Pseudochalcogenophosphate“, Pure Appl. Chem. **52** (1980) 879–890; A. Haas: „*The Element Displacement Principle: A New Guide in p-Block Element Chemistry*“, Adv. Inorg. Radiochem. **28** (1984) 167–202; „*Das Elementverschiebungsprinzip und seine Bedeutung für die Chemie der p-Block-Elemente*“, Kontakte (Darmstadt) **3** (1988) 3–11; W. Beck: „*Complex Metal Fulminates*“, Organomet. Chem., Reviews A, **7** (1971) 159–190.

58 pseudos (griech.) = Lüge; para (griech.) = nach, neben, bei. Pseudo und para drückt in der nichtsystematischen chemischen Nomenklatur eine scheinbare Beziehung eines Stoffs zu einem andern aus.

Typus $[M^{II}Y_4]^{2-}$ (M = Mn, Co, Ni, Pt), $[M^{IV}Y_6]^{2-}$ (M = Sn, Pb), $[M^{III}Y_6]^{3-}$ (M = Fe, Co) oder $[M^{II}Y_6]^{4-}$ (M = Fe). 4. Die Pseudohalogenid-Ionen Y^- lassen sich analog den Halogenid-Ionen X^- durch geeignete Oxidationsmittel zu flüchtigen Stoffen (*Pseudohalogenen*) Y—Y wie N≡C—C≡N (Sdp. − 21.17 °C, Smp. − 27.9 °C), N≡C—S—S—C≡N (Smp. − 2.5 °C), N≡C—Se—Se—C≡N (gelbes Pulver) entladen: $2Y^- \rightarrow Y_2 + 2\ominus$, wobei entsprechend den Interhalogenen X—X′ auch *Interpseudohalogene* Y—Y′ wie $NC(N_3)$, NC(NCS), NC(NCSe), Cl(CN), ClN_3) möglich sind. 5. Den Polyhalogeniden X_3^- entsprechen *Polypseudohalogenide* Y_3^-, Y_2X^- und YX_2^- wie $(SCN)_3^-$, $(NC)_2I^-$ und $(NC)I_2^-$, den Interhalogenen XX'_3 *Interpseudohalogene* YX_3 und XY_3 wie $(NCS)Cl_3$, $(NCS)Br_3$ bzw. $I(NCO)_3$ $I(NCS)_3$. 6. Die Pseudohalogene Y_2 reagieren mit Alkalilaugen häufig wie die Halogene X_2 unter *Disproportionierung* (z.B.: $(CN)_2 + 2OH^- \rightarrow CN^- + OCN^- + H_2O$), zeigen vielfach analoge *Additionsreaktionen* (z.B. $(SCN)_2 + CH_2{=}CH_2 \rightarrow SCN{-}C_2H_4{-}NCS$) und setzen aus Halogenid-Ionen von weniger positivem Normalpotential das *Halogen in Freiheit* (z.B. $(SCN)_2 + 2I^- \rightarrow 2SCN^- + I_2$).

Zu den **„Pseudochalkogenen"** zählt man andererseits die Gruppen CC, NCN, CNN, CCO (H. Köhler; 1970). Ihre Ähnlichkeit mit den Chalkogenen zeigt sich u.a. in der Bildung von *Wasserstoffverbindungen* wie H_2C_2 („Acetylen"), H_2NCN „Cyanamid"), H_2CNN („Diazomethan"), H_2CCO („Keten"), *Salzen* wie $M^I_2C_2$, M^I_2NCN, M^I_2CNN, M^I_2CCO, ungeladenen *Pseudochalkogenen* (z.B. NCN=NCN), *kovalenten Verbindungen* (z.B. R_2NCN, $Me_2S{=}NCN$), *Pseudochalkogeno-Anionen* (z.B. $NO_2(NCN)^-$, $CS_2(NCN)^{2-}$, $PO_{4-n}(NCN)_n^{3-}$; vgl. hierzu NO_3^-, CS_3^{2-}, PO_4^{3-}).

Das Pseudoelement-Konzept schließt deutlich an den schon lange bekannten **„Cyanidverschiebungssatz"** (H.W. Madelung, F. Kern; 1922) an, wonach *Atome durch Aufnahme von a (= 1, 2, 3) Cyanogruppen die Eigenschaften der im Periodensystem um a Ordnungszahlen höheren Atomen annehmen*[59]):

C	**N**	**O**	**F**		**C**	**N**	**O**	**F**
	CCN	NCN	OCN			CF	NF	OF
		$C(CN)_2$	$N(CN)_2$				CF_2	NF_2
			$C(CN)_3$					CF_3

Entsprechend der Zusammenstellung (linke Seite) verhalten sich somit die Atomgruppen OCN, $N(CN)_2$, $C(CN)_3$ wie Fluor und NCN, $C(CN)_2$ wie Sauerstoff. Unter Berücksichtigung des auf S. 133 behandelten *Isosterie-Konzepts* (I. Langmuir; 1919) sind dann auch die mit OCN isoelektronischen Teilchen CNO sowie N_3 mit Fluor und die mit NCN isoelektronischen Teilchen CCN sowie CCO mit Sauerstoff vergleichbar.

Die Konzepte der Pseudoelemente, der Hydridverschiebung (S. 654) und Cyanidverschiebung lassen sich nach einem Vorschlag von A. Haas (1982) verallgemeinern: *Atome nehmen durch Aufnahme von a bindenden Elektronen der Bindungspartner (Atome, Atomgruppen) die Eigenschaften der im Periodensystem um a Ordnungszahlen höheren Atome einer Elementgruppe an*[59]). Hiernach werden gemäß obiger Zusammenstellung (rechte Seite) *Sauerstoff, Stickstoff* bzw. *Kohlenstoff* nach Verknüpfung mit *einem, zwei* bzw. *drei Fluoratomen* (Beisteuerung jeweils eines Elektrons zur Element-Fluor-Bindung), *halogenähnlich, Stickstoff* bzw. *Kohlenstoff* nach Verknüpfung mit *einem* bzw. *zwei Fluoratomen chalkogenähnlich*, während etwa *Kohlenstoff* nach Verknüpfung mit *einem Stickstoffatom* (Beisteuerung von drei Elektronen zur Kohlenstoff-Stickstoff-Bindung) wiederum *halogenanaloge* Eigenschaften aufweisen sollte. Man spricht auch von **„Paraelementen"**[58]) und bezeichnet demgemäß die Gruppen OF, NF_2, CF_3, CN als *Parahalogen*, die Gruppen NF, CF_2 als *Parachalkogen*. Tatsächlich sind die Eigenschaftsanalogien der Elemente mit den Paraelementen in der Regel weniger ausgeprägt als mit den Pseudoelementen; sie treten insbesondere bei vergleichbaren Elektronegativitäten der Elemente mit den Paraelementen deutlich hervor.

1.2.5 Triazan N_3H_5, Tetrazan N_4H_6 und Triazen N_3H_3[1,13])

Von den höheren Homologen N_nH_{n+2} des Hydrazins N_2H_4, die offensichtlich alle bezüglich der Spaltungsreaktion

$$—NH—NH—NH_2 \rightarrow —N{=}NH + NH_3$$

sowohl thermodynamisch wie kinetisch instabil und daher schwer zugänglich sind, konnten bisher nur Triazan ($n = 3$) und Tetrazan ($n = 4$) nachgewiesen werden. Beide Verbindungen lassen sich formal durch Oxidation nach dem Schema

$$—NH_2 + H_2N— \xrightarrow[-H_2O]{+O} —NH—NH—$$

aus Hydrazin und Ammoniak bzw. aus 2 Molekülen Hydrazin synthetisieren.

---

59 Das Pseudohalogen-Konzept ist wie der Hydrid-, Cyanid- und Elementverschiebungssatz ein Spezialfall des auf S. 1246 abgehandelten *„Isolobal-Prinzips"*.

Zur Darstellung des **Triazans** N_3H_5 setzt man in Analogie zur Raschigschen Hydrazinsynthese Hydrazin mit Chloramin (= Ammoniak + Hypochlorit) in Ether um:

$$N_2H_4 + NH_2Cl \rightarrow N_3H_5 \cdot HCl.$$

Das gebildete „*Triazanium*"-chlorid $N_3H_5 \cdot HCl = [N_3H_6]Cl$ zersetzt sich aber augenblicklich, wobei wahrscheinlich zunächst Ammoniumchlorid NH_4Cl und – seinerseits weiter zerfallendes – Diimin N_2H_2 (vgl. S. 671) entstehen. Etwas stabiler ist Triazanium-sulfat $N_3H_5 \cdot H_2SO_4 = [N_3H_7]SO_4$, das aus Hydrazin und Hydroxylamin-O-sulfonsäure NH_2OSO_3H (S. 723) analog vorstehender Summengleichung (OSO_3H anstelle von Cl) in Wasser gewonnen werden kann. Aus dem Salz konnte die zugrundeliegende Base Triazan noch nicht unzersetzt in Freiheit gesetzt werden. Man findet nur dessen Thermolyseprodukte Diimin (s. unten) und Ammoniak: $H_2N{-}NH{-}NH_2 \rightarrow HN{=}NH + NH_3$.

Das **Tetrazan** N_4H_6 entsteht auf dem Wege über „*Hydrazyl*"-Radikale N_2H_3 ($\rightarrow (N_2H_3)_2$) durch Oxidation von Hydrazin, z. B. mit Fe^{3+} oder – besonders glatt – mit OH-Radikalen in wässerigem Milieu:

$$N_2H_4 + Fe^{3+} \rightarrow N_2H_3 + Fe^{2+} + H^+, \qquad N_2H_4 + OH \rightarrow N_2H_3 + H_2O.$$

Die Stickstoffwasserstoffverbindung N_4H_6, die bisher noch nicht isoliert werden konnte, zerfällt bei Raumtemperatur mit einer Halbwertszeit von $^1/_{1000}$ s (alkalisches Milieu) bis $^1/_{10}$ s (stark alkalisches Milieu) gemäß

$$H_2N{-}NH{-}NH{-}NH_2 \rightarrow H_2N{-}N{=}NH + NH_3$$

in Triazen und Ammoniak. Da Triazen seinerseits in Ammoniak und Stickstoff übergeht (s. unten), zersetzt sich Tetrazan mithin insgesamt nach $N_4H_6 \rightarrow 2NH_3 + N_2$.

Das bisher nur wenig untersuchte **Triazen** N_3H_3 entsteht als Zwischenprodukt der thermischen Tetrazanzersetzung bei tiefen Temperaturen ($N_4H_6 \rightarrow NH_3 + N_3H_3$, s. oben). Die noch nicht in Reinsubstanz isolierte Stickstoffverbindung disproportioniert gemäß

$$N_3H_3 \rightarrow NH_3 + N_2$$

in Ammoniak und Stickstoff. Die Zerfallshalbwertszeit beträgt bei Raumtemperatur in Wasser als Thermolysemedium etwa $^1/_{100}$ s (saures Milieu) bis 100 s (schwach alkalisches Milieu).

1.2.6 Nitren NH[1,13,60]

Die Darstellung von instabilem „*Nitren*" („*Azen*") NH erfolgt am einfachsten durch thermische, photolytische oder entladungs-elektrische Zersetzung von Stickstoffwasserstoffsäure[61,62]:

$$38\,kJ + HN{=}N{=}N \rightarrow NH + N{\equiv}N.$$

Die für den Ablauf der schwach endothermen Reaktion tatsächlich benötigte, den Wert von 38 kJ weit übersteigende Energie dient zur Überwindung der beachtlichen Reaktions-Aktivierungsenergie, die darauf zurückzuführen ist, daß zunächst angeregtes, energiereicheres, nur gepaarte Elektronen enthaltendes „*Singulett*"-Nitren gebildet wird, welches anschließend unter Abgabe von Energie E rasch in nicht angeregtes, energieärmeres, zwei ungepaarte Elektronen enthaltendes „*Triplett*"-Nitren (Grundzustand) übergeht:

$$\underset{\text{Singulett-Nitren}}{H{:}\ddot{\underset{..}{N}}} \rightleftarrows \underset{\text{Triplett-Nitren}}{H{:}\ddot{N}\cdot} + \text{Energie}$$

Die Triplett-Struktur des Nitrens im Grundzustand folgt zwangslos aus dem für das zweiatomige Teilchen HF auf S. 350 (Fig. 111 b) abgeleiteten Energienieauschema der Molekülorbitale. Da HN zwei Valenzelektronen weniger als HF besitzt, sind die obersten mit Elektronen besetzten Orbitale von HF – nämlich energieentartete π-Molekülorbitale – nicht wie in HF vollständig mit 4, sondern nur zur Hälfte mit 2 Elektronen besetzt, wobei die beiden Elektronen gemäß der Hundschen Regel jedes π-Orbital einzeln mit gleichem Spin besetzen.

---

[60] **Literatur.** W. Lwowski: „*Nitrenes*", Wiley, New York 1970; L. Hoesch: „*Nitrene – Bausteine einer organischen Stickstoffchemie*", Chemie in unserer Zeit **10** (1976) 54–61.

[61] Auch bei der energetischen Zersetzung von Ammoniak NH_3, Hydrazin N_2H_4 oder Cyansäure HNCO bzw. bei der Schockpyrolyse eines N_2/H_2-Gemisches läßt sich Nitren als reaktive Zwischenstufe nachweisen.

[62] Da NH in der Gasphase mit N_3H in vielfältiger Weise reagiert (z. B. gemäß $NH + N_3H \rightarrow N_2H_2 + N_2$ bzw. $\rightarrow 2N_2 + H_2$), enthält das Reaktionsgas neben viel N_3H und wenig NH immer Wasserstoff, Stickstoff und eine Reihe von Stickstoffwasserstoffen.

Triplett-Nitren ist zwar gegen Zerfall in atomaren Wasserstoff und Stickstoff stabil, aber gegen Zerfall in molekularen Wasserstoff und Stickstoff außerordentlich instabil ($NH \rightarrow \frac{1}{2}N_2 + \frac{1}{2}H_2 + 331$ kJ gegenüber 360 kJ + $NH \rightarrow N + H$). Nitren läßt sich deshalb nur bei tiefsten Temperaturen (< 40 K) in einer Matrix z. B. von festem Argon längere Zeit unzersetzt halten[63]. Bei Raumtemperatur zerfällt NH in der Gasphase bereits in einigen millionstel Sekunden, z. B. unter Bildung von Stickstoff und Wasserstoff ($2NH + N_2 + H_2 + 662$ kJ) und dimerisiert zu Diimin ($2NH \rightarrow N_2H_2 + 528$ kJ). Unter den weiteren Reaktionen des bisher chemisch noch wenig untersuchten Nitrens seien hervorgehoben: die zu Salpetriger Säure bzw. zu Ethylenimin führende Umsetzung von festem NH mit Sauerstoff ($O_2 + NH \rightarrow HNO_2$) bzw. mit Ethylen ($C_2H_4 + NH \rightarrow C_2H_4(NH)$) bei tiefen Temperaturen sowie die zu – seinerseits weiterreagierendem – Ethylnitren führende Umsetzung von gasförmigem NH mit Ethylen bei Raumtemperatur ($C_2H_4 + NH \rightarrow C_2H_5N$). Vgl. auch Anm.[62].

1.2.7 Diimin N_2H_2[1,13,64]

Darstellung. Die Muttersubstanz der organischen Azoverbindungen RN=NR, das bei Raumtemperatur instabile „*Diimin*" HN=NH („*Diazen*", „*Azowasserstoff*") läßt sich durch Dehydrierung von Hydrazin bzw. durch Umwandlung von Azoverbindungen bzw. durch Hydrierung von Stickstoff gewinnen – schematisch:

$$N_2H_4 \xrightarrow[-2H]{\text{Dehydrierung}} N_2H_2; \qquad N_2R_2 \xrightarrow[+2H^+;\ -2R^+]{\text{Umwandlung}} N_2H_2; \qquad N_2 \xrightarrow[+2H]{\text{Hydrierung}} N_2H_2 .$$

Die Dehydrierung von Hydrazin kann z. B. durch Einwirkung von Energie (Wärme, Licht, elektrische Entladung) erfolgen. Besonders bewährt hat sich die Zersetzung von gasförmigem Hydrazin in einer Mikrowellenentladung bei vermindertem Druck:

$$H_2N{-}NH_2 \xrightarrow[-2H]{\text{ca. 5 mbar; 2.45 GHz}} HN{=}NH . \qquad (1)$$

Diimin entsteht hierbei neben Ammoniak (Hauptprodukt), Stickstoff sowie einigen anderen Stickstoffwasserstoffen in Spuren (z. B. N_3H_3, N_3H_2) und kann zusammen mit Ammoniak bei tiefen Temperaturen ausgefroren werden. Die beim raschen Aufwärmen derartiger Tieftemperaturkondensate bis oberhalb ihres Schmelzpunktes (ca. – 80 °C) erhältlichen, kräftig *gelben* Lösungen von Diimin in flüssigem Ammoniak zersetzen sich rasch.

Auch auf chemischem Wege läßt sich Hydrazin zu Diimin dehydrieren. So entsteht es etwa in wässeriger oder alkoholischer Lösung als Reaktionszwischenprodukt bei der Oxidation von Hydrazin mit Oxidationsmitteln wie O_2 oder H_2O_2 in Anwesenheit von Cu^{2+} als Katalysator. Als Reaktionsendprodukt kann es in präparativem Maßstab durch thermische Zersetzung des Hydrazinderivats N_2H_2XM (X = Tosylrest p-$CH_3C_6H_4SO_2$, M = Alkalimetall) gewonnen werden:

$$H_2N{-}N(X)(M) \xrightarrow[-MX]{100-120\,^\circ C} HN{=}NH . \qquad (2)$$

Da die Verbindung N_2H_2XM ihrerseits aus Hydrazin auf dem Wege $N_2H_4 + XCl \rightarrow N_2H_3X + HCl$; $N_2H_3X + MNR_2 \rightarrow N_2H_2XM + HNR_2$ ($R = N(SiMe_3)_2$) dargestellt wird, beruht

[63] Zur Darstellung von Nitren photolysiert man in festen Edelgasen oder festem Stickstoff eingebettete Stickstoffwasserstoffsäure bei 15 K. Man erhält dann matrix-stabilisiertes NH.

[64] **Literatur.** Ch. E. Miller: „*Hydrogenation with Diimide*", J. Chem. Educ. **42** (1965) 254–259; S. Hünig, H. R. Müller, W. Thier: „*Zur Chemie des Diimins*", Angew. Chem. **77** (1965) 368–377; Int. Ed. **4** (1965) 271; A. Furst, R. C. Berlo, S. Hooton: „*Hydrazine as a Reducing Agent for Organic Compounds (Catalytic Hydrazine Reductions)*", Chem. Rev. **65** (1965) 51–68.

die Bildung von Diimin nach letzterem Verfahren letztlich auf der Oxidation von Hydrazin mit Tosylchlorid XCl. Zur Isolierung wird das nach (2) im Hochvakuum erzeugte gasförmige Diimin an Glasflächen, die auf die Temperatur des flüssigen Stickstoffs (– 196 °C) gekühlt sind, niedergeschlagen.

Zur intermediären Bildung von N_2H_2 in Lösung kann man auch nicht-metalliertes Tosylhydrazin N_2H_3X (M = H in (2); X = Tosyl) in Anwesenheit von Basen (z. B. Triethylamin NEt_3) erhitzen. Darüber hinaus zerfallen auch andere Hydrazinderivate N_2H_3X mit negativen Resten X wie Cl, OH, NH_2 nach (2) unter N_2H_2-Bildung. Letztere Hydrazinderivate entstehen ihrerseits als Zwischenprodukte bei der elektrophilen Aminierung[40)] von NH_2X (z. B. Chloramin NH_2Cl, Hydroxylamin NH_2OH, Hydrazin NH_2NH_2) mit Ammoniakderivaten NH_2Y wie Chloramin NH_2Cl (Y = Cl) oder Hydroxylamin-O-sulfonsäure NH_2OSO_3H (Y = SO_3H): $NH_2Y + NH_2X \rightarrow NH_2{-}NHX + HY$ (vgl. S. 670, 680, 724).

Eine bequeme Methode zur Erzeugung von Diimin in Lösung durch Umwandlung von Azoverbindungen stellt die Protolyse von Azodicarbonat $^-OOC{-}N{=}N{-}COO^-$ in Wasser bzw. Alkohol bei 0–25 °C bzw. in Dichlormethan bei – 78 °C dar:

$$^-OOC{-}N{=}N{-}COO^- \xrightarrow[-2CO_2]{+2H^+} HN{=}NH\,. \tag{3}$$

Die Hydrierung von Stickstoff zu Diimin kann durch Umsetzen von N_2 mit speziellen Reduktionssystemen (z. B. $V(OH)_2/Mg(OH)_2/KOH$ bzw. MoO_4^{2-}/Cystein/ATP/$NaBH_4$ bzw. $Na_2S_2O_4$/Phosphatpuffer) erfolgen. Letztere Methode hat jedoch nur geringe Bedeutung für die Gewinnung von Diimin.

Physikalische Eigenschaften. Reines festes, unterhalb – 180 °C metastabiles Diimin ist *leuchtend gelb*. Die nicht unzersetzt sublimierbare, sehr lichtempfindliche endotherme Verbindung (ΔH_f(g) = ca. + 140 kJ/mol) liegt bei tiefer Temperatur in der *trans*-Form vor (C_{2h}-Symmetrie), die thermodynamisch vor der *cis*-Form (C_{2v}-Symmetrie etwas (nur wenige kJ/mol) und vor der *iso*-Form (C_{2v}-Symmetrie; ΔH_f(g) = ca. + 188 kJ/mol) um ca. 48 kJ/mol bevorzugt ist:

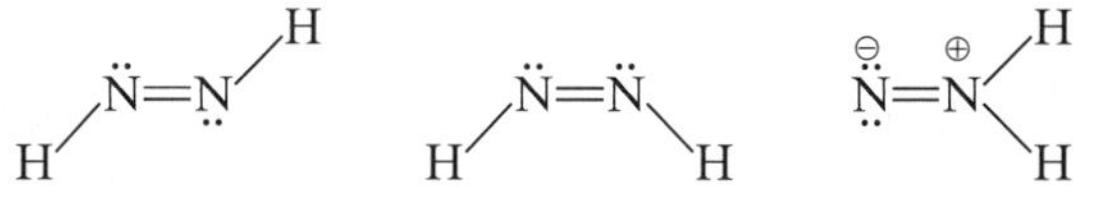

H–N̈=N̈–H	H–N̈=N̈–H	$\overset{\ominus}{\ddot{N}}{=}\overset{\oplus}{N}H_2$
trans-Diimin	*cis*-Diimin	*iso*-Diimin

Bei Raumtemperatur setzt sich möglicherweise *cis*-Diimin mit *trans*-Diimin ins Gleichgewicht (s. unten). Das bisher nur durch Thermolyse von Cäsiumtosylhydrazid im Hochvakuum nach (2) erhältliche gasförmige *iso*-Diimin („*Amino-nitren*" $[\ddot{N}{-}\ddot{N}H_2 \rightleftarrows \ddot{N}{=}NH_2]$[65)] ist wesentlich instabiler als *trans*-Diimin und läßt sich selbst an stark gekühlten Glasflächen nur unter teilweiser Zersetzung als *farbloser*, unterhalb – 240 °C metastabiler Festkörper niederschlagen.

Wegen seiner hohen Zersetzlichkeit konnte von *trans*-Diimin, dessen Konfiguration schwingungsspektroskopisch ermittelt wurde, bisher keine experimentelle Strukturbestimmung durchgeführt werden. Nach Berechnungen beträgt der Abstand der NN-Doppelbindung ca. 1.21 Å, der der NH-Einfachbindung ca. 1.01 Å. Der NNH-Bindungswinkel des ebenen Moleküls soll ca. 109° betragen (*cis*-N_2H_2: ca. 114°; *iso*-N_2H_2: ca. 123°). Aus massenspektroskopischen Untersuchungen folgt die NN-Dissoziationsenergie zu 511 kJ/mol, die NH-Dissoziationsenergie zu 339 kJ/mol, was für das Vorliegen einer NN-Doppel- sowie einer NH-Einfachbindung spricht[66)].

Elektronische Struktur und Farbe von Azoverbindungen. In *trans*-Diimin (Analoges gilt auch für *cis*-Diimin) sind die beiden Stickstoffatome sp^2-hybridisiert. Von den insgesamt sechs sp^2-Hybridorbitalen sind hierbei zwei mit den freien n-Elektronenpaaren der Stickstoffatome besetzt, zwei überlappen mit den 1s-Orbitalen der Wasserstoffatome und zwei bilden die N—N-σ-Bindung (vgl. Fig. 153a).

---

[65] Das katalytisch (z. B. Glaswand, Chlorwasserstoff) leicht in *trans*-Diimin übergehende, hochverdünnte *iso*-Diimin entsteht möglicherweise auch auf dem Wege (1), wird aber durch das gleichzeitig gebildete Ammoniak rasch in *trans*-Diimin umgewandelt.

[66] Zum Vergleich N_2H_4: $DE_{NN} \approx 251$, $DE_{NH} \approx 289$ kJ/mol; N_2H_3: $DE_{NN} \approx 327$, $DE_{NH} \approx 184$ kJ/mol; N_2H: $DE_{NN} \approx 540$, $DE_{NH} \approx -38$ kJ/mol; N_2: $DE_{NN} = 946$ kJ/mol.

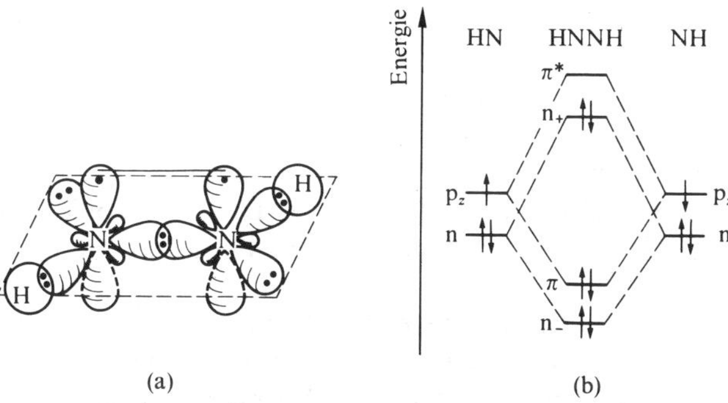

Fig. 153 Bindungsverhältnisse in *trans*-Diimin: (a) Veranschaulichung des σ- und π-Bindungssystems. (b) Energieniveauschema der inneren Molekülorbitale (nicht maßstabsgerecht).

Das bindende π-Molekülorbital für das π-Elektronenpaar ergibt sich dann (neben einem antibindenden unbesetzten π*-Molekülorbital) durch Interferenz der nicht in die sp^2-Hybridisierung einbezogenen p_z-Orbitale der Stickstoffatome (vgl. Fig. 153a). Aus der trigonal-planaren Orientierung der sp^2-Hybridorbitale und der hierzu senkrechten Orientierung der für die π-Bindung verantwortlichen p-Orbitale folgt dann ähnlich wie im Falle von Ethylen (S. 362) die ebene Molekülgestalt. Die hierdurch bedingte, ungünstige „ekliptische" Anordnung der nichtbindenden n-Elektronenpaare (vgl. hierzu Hydrazin, Fig. 152) führt zu einer starken, mit einer energetischen Aufspaltung von ca. 5.3 eV verbundenen quantenmechanischen Wechselwirkung der mit den nichtbindenden Elektronenpaaren besetzten sp^2-Hybridorbitale von N_2H_2 (vgl. hierzu das Kleingedruckte auf S. 351)[67]. In Fig. 153b ist diese Aufspaltung der n-Energieniveaus in das n_-- und n_+-Energieniveau (zusammen mit der Aufspaltung der p_z-Energieniveaus in das π- und π*-Energieniveau) schematisch wiedergegeben. Als Folge der starken Interferenzen der beiden n-Zustände kommt das n_+-Orbital, welches das höchste besetzte Molekülorbital darstellt, dem untersten unbesetzten Orbital (π*-Orbital) energetisch sehr nahe (Fig. 153b). Infolgedessen liegt der $n_+ \rightarrow \pi^*$-Elektronenübergang im sichtbaren Bereich (λ_{max} = 386 nm, entsprechend 25900 cm^{-1} bzw. 3.2 eV). N_2H_2 erscheint *gelb*.

Aus dem gleichen Grunde wie der Azowasserstoff N_2H_2 sind auch andere Azoverbindungen N_2R_2, für deren elektronische Struktur im Prinzip das bei N_2H_2 Besprochene gilt, *farbig*. Allerdings wird die Energie des $n_+ \rightarrow \pi^*$-Übergangs durch die an die Azogruppe gebundenen anorganischen bzw. organischen Reste R stark beeinflußt. In grober Näherung beobachtet man eine Verschiebung des $n_+ \rightarrow \pi^*$-Übergangs zu größeren Wellenlängen mit abnehmender Ligandenelektronegativität. Das Distickstoffdifluorid N_2F_2 (S. 687), die Hyposalpetrige Säure $N_2(OH)_2$ (S. 705) und ihre Ester $N_2(OR)_2$ sowie das Tetrazen $N_2(NH_2)_2$ (S. 675) und seine Abkömmlinge $N_2(NR_2)_2$ sind noch farblos. Gelbe Farbe haben die organischen Azoalkane $N_2(CR_3)_2$ sowie das Kalium-azodisulfonat $N_2(SO_3K)_2$ (s. dort). Azobenzol $N_2(C_6H_5)_2$ ist *rot*, Azodiphosphonsäureester $N_2(PO_3R_2)$ sind *violett*, Bis(silyl)- bzw. Bis(germyl)diimin $N_2(SiR_3)_2$ bzw. $N_2(GeR_3)_2$ sind *blau*.

Chemische Eigenschaften. Thermolyse und Photolyse. Festes *trans*-Diimin zersetzt sich ab etwa −180 °C hauptsächlich (zu ca. 92%) unter Disproportionierung in Stickstoff und Hydrazin:

$$2N_2H_2 \xrightarrow{\text{Disproportionierung}} N_2 + N_2H_4 + 172\,\text{kJ}^{68)}. \tag{4}$$

Darüber hinaus beobachtet man untergeordnet (ca. 1%) Zerfall in Stickstoff und Wasserstoff:

$$N_2H_2 \xrightarrow{\text{Zerfall}} N_2 + H_2 + 140\,\text{kJ}^{68)}. \tag{5}$$

Schließlich führt die Thermolyse von Diimin in ca. 3%iger Ausbeute zu Ammoniumazid ($2N_2H_2 \rightarrow NH_3 + HN_3 + 32$ kJ[68]: „Dimerisierung" von Diimin) und in ca. 4%iger Ausbeu-

[67] Für Hydrazin, in welchem die nichtbindenden Elektronenpaare auf Lücke stehen (vgl. Fig. 152), beträgt der entsprechende energetische Abstand nur 0.85 eV.

[68] Die Enthalpieangaben beziehen sich auf gasförmige Reaktionsteilnehmer.

te zu Stickstoff und Ammoniak ($3N_2H_2 \rightarrow 2N_2 + 2NH_3 + 412$ kJ[68]): „Spaltung“ von Diimin). Die Disproportionierung (4) stellt auch für gelöstes sowie gasförmiges Diimin bei Temperaturen unterhalb 120 °C den praktisch ausschließlich beobachteten Thermolyseweg dar. Oberhalb 120 °C zersetzt sich gasförmiges Diimin zunehmend unter Zerfall (5) (z. B. 23 % bei 180 °C). Zum Unterschied von festem ist gasförmiges Diimin bei Drücken unterhalb 10^{-3} Torr auch bei Raumtemperatur längere Zeit haltbar, da die N_2H_2-Disproportionierung (4) durch eine bimolekulare Reaktion erfolgt, welche bei niedrigen Reaktionsdrücken noch wenig wahrscheinlich ist (vgl. S. 371)[69].

Festes *trans*-Diimin ist extrem lichtempfindlich; insbesondere Licht im Bereich des Absorptionsmaximums (350–400 nm) ist sehr wirksam und führt N_2H_2 in ein – seinerseits thermolabiles, farbloses – Photolysat über. Gasförmiges Diimin, welches photolysestabiler ist, zerfällt bei Lichteinwirkung ausschließlich gemäß (5). Entsprechendes gilt für *trans*-N_2H_2 in einer Tieftemperaturmatrix (13 K), das beim Bestrahlen – offenbar auf dem Wege über *cis*-N_2H_2 – in N_2 und H_2 zerfällt.

Säure-Base-Verhalten. Erzeugt man N_2H_2 in sehr basischer Lösung aus Tosylhydrazin N_2H_3X (X = Tosyl; vgl. Gl. (2)), so erhält man auf folgendem Wege als Reaktionsendprodukt ausschließlich Stickstoff und Wasserstoff, also Produkte des Zerfalls (5), der somit basenkatalysiert ist:

$$\text{H—}\ddot{\text{N}}\text{=}\ddot{\text{N}}\text{—H} \underset{+H_2O,\ -OH^-}{\overset{+OH^-,\ -H_2O}{\rightleftharpoons}} \text{H—}\ddot{\text{N}}\text{=}\overset{\ominus}{\underset{..}{\ddot{\text{N}}}} \xrightarrow[-OH^-]{+H_2O} H_2 + N_2 .$$

Diimin vermag hiernach als Säure zu wirken.

Setzt man N_2H_2 andererseits in sehr saurer Lösung gemäß (3) in Freiheit, so steigt die Ausbeute von Ammoniak und Stickstoffwasserstoffsäure, also Produkte der N_2H_2-Dimerisierung (s. oben), die folglich säurekatalysiert ist. Der einleitende Schritt dieser Dimerisierung besteht wohl in einer Basereaktion von N_2H_2[70]:

$$\text{H—}\ddot{\text{N}}\text{=}\ddot{\text{N}}\text{—H} \underset{-H^+}{\overset{+H^+}{\rightleftharpoons}} \text{H}_2\overset{\oplus}{\text{N}}\text{=}\ddot{\text{N}}\text{—H} \xrightarrow{+N_2H_2} N_4H_5^+ \longrightarrow NH_4^+ + HN_3 .$$

Das als Zwischenprodukt in der Reaktionsfolge formulierte Tetrazenium-Kation ($N_4H_5^+$ = $H_3\overset{\oplus}{N}$—N=N—NH_2 (vgl. S. 677) entsteht als Endprodukt, falls die Reaktion bei tiefer Temperatur (– 78 °C) durchgeführt wird. Da sich das Zersetzungsprodukt des Kations $N_4H_5^+$, die Stickstoffwasserstoffsäure, mit Diimin nach $HN_3 + N_2H_2 \rightarrow NH_3 + 2N_2$ umsetzt (s. unten), bilden sich bei der säurekatalysierten N_2H_2-Zersetzung neben Ammoniumazid darüber hinaus Ammoniak und Stickstoff (Produkte der N_2H_2-Spaltung (s. oben)).

Als Lewis-Base kann sich *trans*-Diimin unter Betätigung der freien N-Elektronenpaare mit Metallatomen geeigneter Komplexfragmente L_nM zu **Diimin-Komplexen** $L_nM \leftarrow$HN=NH beziehungsweise $L_nM \leftarrow$HN=NH$\rightarrow ML_n$ vereinigen, z. B.: $[(Ph_3P)_2(COBrOs(N_2H_2)]$, $[\{LFe\}_2(N_2H_2)]$ mit L = fünfzähniger Ligand $HN(CH_2CH_2SC_6H_4SH)_2$.

Redox-Verhalten. Die charakteristischste Eigenschaft von Diimin ist dessen Wirkung als Reduktionsmittel (Hydrierungsmittel). So überträgt festes Diimin seinen Wasserstoff bereits bei – 180 °C auf sich selbst (vgl. (4)) und bei der Temperatur des flüssigen Stickstoffs (– 196 °C) auf molekularen Sauerstoff (Bildung von H_2O_2) sowie auf Tetrachlormethan (Bildung von $HCCl_3$ sowie H_2CCl_2 und HCl). Schwefelsäure wird von gasförmigem Diimin bei – 100 °C zu SO_2, Phosphorpentaoxid zu P_4 reduziert. Mit Siliciumdioxid reagiert N_2H_2 demgegenüber nicht, so daß verdünnt-gasförmiges Diimin bedenkenlos durch Glasröhren geleitet werden kann.

---

69 Offensichtlich wirkt Ammoniak kinetisch stabilisierend auf N_2H_2, so daß in flüssigem NH_3 gelöstes N_2H_2 langsamer als erwartet thermolysiert.

70 Die Protonenaffinität (s. dort) von gasförmigem Diimin (7.3 eV) ist geringer als jene von gasförmigem Hydrazin (9.15 eV) und größer als jene von Stickstoff (5.4 eV).

In der präparativen Chemie sind *Hydrierungen von Mehrfachbindungen* (z.B. $>C{=}C<$, $-C{\equiv}C-$, $-N{=}N-$, $>C{=}N-$) mit intermediär in Lösung erzeugtem Diimin von großer Bedeutung, da sie gemäß

$$\begin{matrix} N{=}N \\ H \quad + \quad H \\ R \qquad\quad R \\ C{=}C \\ R \qquad\quad R \end{matrix} \rightarrow \begin{matrix} N{\cdots}N \\ H \qquad H \\ R{-}C{\cdots}C{-}R \\ R \qquad\quad R \end{matrix} \rightarrow \begin{matrix} N{\equiv}N \\ H \quad + \quad H \\ R{-}C{-}C{-}R \\ R \qquad\quad R \end{matrix} \qquad (6)$$

Hydrierungsübergangsstufe

unter synchroner Übertragung von zwei *cis*-ständig angeordneten Wasserstoffatomen auf das Mehrfachbindungssystem erfolgen („*unkatalysierte stereospezifische Olefin-cis-Hydrierung*")[71]. Selbst sehr schwache Einfachbindungen werden demgegenüber von Diimin in Lösung im allgemeinen nicht angegriffen.

Thermische Hydrierungen des Typus (6) verlaufen unter Erhalt der Orbitalsymmetrie (S. 399) und sind deshalb erlaubt. Allerdings erfordert die stereospezifische *cis*-Hydrierung das Vorliegen von *cis*-Diimin, das sich aus intermediär gebildetem *trans*-Diimin erst durch vorangehende Umlagerung bilden muß, falls es nicht gleich primär im Zuge der N_2H_2-Freisetzung entsteht[72]. Wegen der relativ kleinen Aktivierungsenergie für die Olefinhydrierung (6) beeinflussen selbst geringfügige elektronische oder sterische Änderungen im Olefinbereich die Hydrierungsgeschwindigkeit beachtlich, so daß Hydrierungen mit Diimin in hohem Maße substratspezifisch sind. Da nach (6) die Bildung der (mehr den Produkten gleichenden) Hydrierungsübergangsstufe mit einer sterisch ungünstigen Annäherung der Olefinsubstituenten verbunden ist, wirkt sich eine Zunahme der Größe dieser Substituenten stark reaktionshemmend aus.

Im Gegensatz zu den thermischen erfolgen die *photochemischen Hydrierungen* von Mehrfachbindungssystemen auf radikalischem Wege: Start: $N_2H_2 + h\nu$ ($\lambda = 310$ bis 405 nm) $\rightarrow N_2H + H$; Kette: $H + C_2H_4 \rightarrow C_2H_5$; $C_2H_5 + N_2H_2 \rightarrow C_2H_6 + N_2H$; $N_2H \rightarrow N_2 + H$. In entsprechender Weise läuft die photochemische Eigenzersetzung von gasförmigem N_2H_2 im Zuge eines Radikalkettenprozesses ab: $H + N_2H_2 \rightarrow H_2 + N_2H$; $N_2H \rightarrow N_2 + H$. Möglicherweise erfolgt der photochemische N_2H_2-Zerfall aber teilweise auch durch intramolekulare, synchrone H_2-Eliminierung (letzterer Prozeß ist nur ausgehend vom photochemisch, nicht dagegen vom thermisch angeregten N_2H_2 orbitalsymmetrieerlaubt).

1.2.8 Tetrazen N_4H_4[1,13]

Darstellung. Freies „*Tetrazen*" N_4H_4 läßt sich durch Verdrängung des Stickstoffwasserstoffs aus Tetrazeniumsalzen $N_4H_5^+X^-$ mit Basen wie Ammoniak gewinnen. Die Tetrazeniumsalze erhält man hierbei durch säurekatalytisierte Dimerisierung von Diimin in kleinen Ausbeuten: $2N_2H_2 + H^+ \rightarrow N_4H_5^+$ (s. weiter oben). Zur Darstellung von Tetrazen in präparativer Menge protolysiert man aber vorteilhafter das Trimethylsilylderivat $N_4(SiMe_3)_4$[73] (Austausch von $SiMe_3$ gegen H) mittels Trifluoressigsäure $F_3C{-}COOH$ in Methylenchlorid bei $-78\,°C$:

$$(Me_3Si)_2N{-}N{=}N{-}N(SiMe_3)_2 \xrightarrow[-4F_3C-COOSiMe_3]{+4F_3C-COOH} H_2N{-}N{=}N{-}NH_2 .$$

---

[71] Die Hydrierung von Mehrfachbindungen mit N_2H_2 erfolgt immer in Konkurrenz zur Eigenhydrierung. Die Hydrierungsausbeuten werden demgemäß durch Reaktionsbedingungen, die zu einer gesteigerten N_2H_2-Bildung führen, gemindert.

[72] Tatsächlich beobachtet man eine sehr unterschiedliche Wirksamkeit des aus unterschiedlichen Quellen erzeugten Diimins. So lassen sich Olefine bei 35 °C mit N_2H_2 aus Sulfonsäurehydraziden $N_2H_3SO_2R$ schlecht hydrieren, falls R = o-Nitrobenzol, aber gut, falls R = Triisopropylbenzol. Die Hydrierungsausbeuten mit gemäß (2) erzeugtem N_2H_2 nehmen mit sinkenden Temperaturen (120–50 °C) drastisch bis auf 0% zugunsten der N_2H_2-Disproportionierung ab. Gemäß (3) erzeugtes N_2H_2 vermag demgegenüber selbst bei $-78\,°C$ Alkene zu hydrieren.

[73] $N_4(SiMe_3)_4$ entsteht aus Hydrazin auf dem Wege: $2H_2N{-}NH_2 \xrightarrow{\text{Silylierung}} 2(Me_3Si)_2N{-}NH(SiMe_3) \xrightarrow{\text{Oxidation}} 2Me_3Si{-}N{=}N{-}SiMe_3 \xrightarrow{(SiF_4)} (Me_3Si)_2N{-}N{=}N{-}N(SiMe_3)_2$.

Hierbei fällt N_4H_4 als farblose Festsubstanz aus dem Reaktionsmedium aus und kann durch Umsublimieren bei $-20\,°C$ gereinigt werden.

Physikalische Eigenschaften. Reines Tetrazen kristallisiert monoklin in *farblosen* Nadeln, die sich bei ca. 0 °C – gelegentlich explosionsartig – zersetzen (s. unten). Der Stickstoffwasserstoff, der unterhalb von $-30\,°C$ praktisch unbegrenzt haltbar ist, löst sich sehr gut in Methanol, schlechter in Methylenchlorid, Tetrahydrofuran oder Trimethylamin, sehr schlecht in Ether oder Pentan. Seine Dichte (1.40 g/cm³) ist vergleichsweise hoch (z. B. N_2H_4: 1.00 g/cm³ bei 25 °C); sie entspricht etwa der des mit Tetrazen isomeren Ammoniumazids $NH_4^+N_3^-$ (1.325 g/cm³).

Das nach obiger Methode gewonnene Tetrazen besitzt – laut Röntgenstrukturanalyse des kristallinen Stoffs – die Konstitution $H_2N{-}N{=}N{-}NH_2$ und ist *trans*-konfiguriert (C_i-Symmetrie) (vgl. Fig. 154a und bezüglich möglicher N_4H_4-Isomere S. 644). Der N—N-Abstand beträgt 1.429 Å, der N=N-Abstand 1.205 Å, was in ersterem Falle einer Einfachbindung, in letzterem Falle einer Doppelbindung entspricht (ber. für N—N-Einfachbindung 1.40 Å, N=N-Doppelbindung 1.20 Å und N≡N-Dreifachbindung 1.10 Å). Das N_4-Atomgerüst ist planar, der NNN-Winkel mit 108.6° relativ klein (bei reiner sp^2-Hybridisierung sollte er 120° betragen[74]). Die beiden äußeren N-Atome der Tetrazenkette sind nicht planar koordiniert[75]. Sie bilden zusammen mit den beiden H-Atomen sowie einem mittelständigen N-Atom eine trigonale Pyramide (Aminostickstoffe an der Spitze); der HNH-Winkel beträgt 109.8°. Die beiden NH_2-Gruppen sind um 180° gegeneinander verdreht, wobei die Halbierenden der HNH-Winkel nahezu orthogonal zur N_4-Molekülebene stehen (diese Konformation führt zu einem Minimum der Abstoßung der Elektronenpaare der Amino- und Azostickstoffatome, vgl. Newman-Projektion, Fig. 154b). Die Tetrazenmoleküle sind im Kristallgitter über asymmetrische Wasserstoffbrücken (s. dort) zu einem dreidimensionalen Netzwerk miteinander verknüpft.

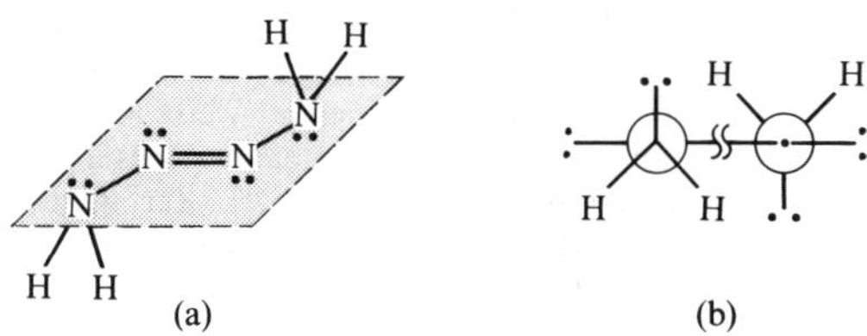

Fig. 154 Struktur von *trans*-2-Tetrazen. (a) Perspektivische Ansicht, (b) Newman-Projektion.

Chemische Eigenschaften. Thermisches Verhalten. Festes *trans*-2-Tetrazen zersetzt sich bei ca. 0 °C schlagartig in gasförmigen Stickstoff sowie eine flüssige, aus N_2H_4 und NH_4N_3 bestehende Phase, aus der nach kurzer Zeit Ammoniumazid-Kristalle wachsen. Etwas beständiger ist gasförmiges Tetrazen bei niedrigen Drücken (aus der Gasphase scheidet sich langsam Hydraziniumazid $N_2H_5N_3$ ab). Gelöstes Tetrazen zerfällt langsam bereits ab $-20\,°C$. Die Zersetzung läuft insgesamt nach folgenden Summengleichungen unter Disproportionierung in die Oxidationsstufen N_2 und N_2H_4 (a) bzw. NH_3 und N_3H (b) ab:

$$N_2 + N_2H_4 \xleftarrow{\text{(a)}} H_2N{-}N{=}N{-}NH_2 \xrightarrow{\text{(b)}} NH_4^+N_3^-$$

Reines, festes Tetrazen thermolysiert hierbei zu 70 % nach (a) und zu 30 % nach (b) (Methanollösung: 40 % (a) und 60 % (b); Methylenchloridlösung: 7 % (a), 93 % (b)). Der Zerfall (a) ist basen-, der Zerfall (b) säurekatalysiert (Näheres s. unten).

---

[74] Zum Vergleich: ∢SiNN in $Me_3Si{-}N{=}N{-}SiMe_3$: 120°; ∢CNN in Ph—N=N—Ph: 113.6°; ∢FNN in F—N=N—F: 105.5°.

[75] Im Tetrazenderivat $N_4(SiMe_3)_4$ (s. oben) sind die äußeren wie die inneren Stickstoffatome planar koordiniert.

Instabiler als *trans*- ist *cis*-2-Tetrazen, das als bisher nicht isoliertes Zwischenprodukt der Protolyse eines (cyclischen) Silylderivats bei $-78\,°C$ in Methylenchlorid mit Trifluoressigsäure entsteht und welches gemäß

$$\text{H-}\ddot{\text{N}}(\text{H})\text{-}\ddot{\text{N}}{=}\ddot{\text{N}}\text{-}\ddot{\text{N}}(\text{H})\text{-H} \longrightarrow NH_4^+N_3^-$$

bereits bei $-78\,°C$ sehr rasch und ausschließlich in Ammoniumazid übergeht (zur N_4H_4-Isomerie vgl. S. 644).

Säure-Base-Verhalten. *Trans*-2-Tetrazen ist schwächer basisch als Hydrazin (welches seinerseits schwächer basisch als Ammoniak ist, S. 662). Es bildet mit starken Säuren HX wie etwa Schwefelsäure bei tiefen Temperaturen Salze $N_4H_5^+X^-$[76], die oberhalb ca. $-20\,°C$ in Ammoniumsalze und Stickstoffwasserstoffsäure zerfallen:

$$N_4H_5^+X^- \rightarrow NH_4^+X^- + HN_3$$

und aus welchen sich Tetrazen durch Einwirkung der Base Ammoniak wieder in Freiheit setzen läßt ($N_4H_5^+ + NH_3 \rightarrow N_4H_4 + NH_4^+$).

Gegenüber den stark basischen Lithiumorganylen LiR wirkt Tetrazen als Säure ($>$N—H + LiR $\rightarrow$ $>$N—Li + HR) und setzt sich mit diesen in inerten Lösungsmitteln auf dem Wege über LiN_4H_3, $Li_2N_4H_2$, Li_3N_4H zu einem unlöslichen, leicht zersetzlichen Nitrid (Li_4N_4?) um, welches bei Behandlung mit Trimethylchlorsilan Me_3SiCl in das oben erwähnte Silylderivat $N_4(SiMe_3)_4$ übergeht.

Der auslösende Schritt des basenkatalysierten Zerfalls von *trans*-2-Tetrazen besteht wahrscheinlich ebenfalls in einer Deprotonierung von N_4H_4, wobei sich das gebildete Tetrazenid-Ion $N_4H_3^-$ dann gemäß

$$N_4H_4 \underset{\mp H_2O}{\overset{\pm OH^-}{\rightleftarrows}} H_2\ddot{N}\text{—}\ddot{N}{=}\ddot{N}\text{—}\ddot{N}^{\ominus}\text{H} \xrightarrow{-N_2} H_2\ddot{N}\text{—}\ddot{N}^{\ominus}\text{H} \underset{-OH^-}{\xrightarrow{+H_2O}} N_2H_4$$

unter H-Umlagerung, N_2-Abspaltung und $N_2H_3^-$-Reprotonierung weiter zersetzt. In analoger Weise dürfte der säurekatalysierte N_4H_4-Zerfall durch eine Protonierung eingeleitet werden, wobei das entstandene Tetrazenium-Ion $N_4H_5^+$ dann gemäß

$$N_4H_4 \overset{+H^+}{\rightleftarrows} \text{H—}\overset{\oplus}{N}H_2\text{—}\ddot{N}{=}\ddot{N}\text{—}\ddot{N}H_2 \rightarrow \text{H—}\ddot{N}H_2 + \ddot{N}{=}N{=}\overset{\oplus}{N}H_2 \xrightarrow{-H^+} NH_4^+N_3^-$$

in Ammoniak und protonierte Stickstoffwasserstoffsäure aufspaltet.

Redox-Verhalten. *Trans*-2-Tetrazen wirkt stark reduzierend und wird mithin leicht zu Stickstoff oxidiert ($N_4H_4 \rightarrow 2N_2 + 4H^+ + 4\ominus$). Als Oxidationsmittel wirkt z. B. elementares Halogen.

---

76 Im Gegensatz zum Hydrazin (s. dort) läßt sich *trans*-2-Tetrazen nicht aus Methanol mit H_2SO_4 als Tetrazeniumsulfat ausfällen. Man gewinnt letzteres aus einer Methanollösung, die äquimolare Mengen N_4H_4 und H_2SO_4 enthält, durch Abdestillieren von CH_3OH bei tiefen Temperaturen.

1.3 Halogenverbindungen des Stickstoffs[1,77)]

Der Stickstoff bildet **Halogenide** der Zusammensetzung $\mathbf{NX_3}$, $\mathbf{N_2X_4}$, $\mathbf{N_2X_2}$ und $\mathbf{N_3X}$ (Tab. 68). Sie leiten sich vom Ammoniak, vom Hydrazin, vom Diimin und von der Stickstoffwasserstoffsäure durch *vollständigen* Ersatz der Wasserstoffatome durch Halogenatome ab. Im Falle

Tab. 68 Stickstoffhalogenide[a)]

Verbindungs-typus	Fluoride	Chloride	Bromide	Iodide
NH_2X **Halogen-amine**	$\mathbf{NH_2F}$ (1988, Minkwitz) *Farbloses* Gas Smp. ca. − 100 °C, Zers.	$\mathbf{NH_2Cl}$ (1923)[b)] *Farbl.* Gas/20 mbar) Smp. ca. − 70 °C[c)] Zers. > − 110 °C	$\mathbf{NH_2Br}$ *Rotviolette* Subst. sehr zersetzlich	$\mathbf{NH_2I}$ (1962, Jander) *Schwarze* Subst. Zers. > − 90 °C
NHX_2 **Dihalogen-amine**	$\mathbf{NHF_2}$ (1931, Ruff) *Farbloses* Gas Smp. − 116.4 °C Sdp. − 23.6 °C $\Delta H_f = -67$ kJ	$\mathbf{NHCl_2}$ (1929, Chapin) *Gelbes* Gas (nicht unzersetzt kondensierbar)	$\mathbf{NHBr_2}$ (1958, Jander) *Orange*farb. Subst. (mit NH_2Br verunreinigt)	$\mathbf{NHI_2}$**(?)** (1962, Jander) *Schwarze* Subst. Zers. > − 60 °C
NX_3 **Stickstoff-trihalogenide**	$\mathbf{NF_3}$[a)] (1928, Ruff) *Farbloses* Gas Smp. − 206.8 °C Sdp. − 129.0 °C $\Delta H_f = -125$ kJ	$\mathbf{NCl_3}$[a)] (1811, Dulong) *Gelbes* Öl Smp. − 40 °C Sdp. + 71 °C $\Delta H_f = +229$ kJ	$\mathbf{NBr_3}$[a)] (1975, Jander) *Tiefrote* Krist. > − 100 °C Explosion	$\mathbf{NI_3}$ (1990, Klapötke)[d)] *Tiefrote* Subst. Zers. > − 78 °C ΔH_f(g) ca. + 290 kJ
N_2X_4 **Distickstoff-tetrahalogenide**	$\mathbf{N_2F_4}$ (1957, Colburn) *Farbloses* Gas Smp. − 164.5 °C Sdp. − 73 °C $\Delta H_f = -7.1$ kJ	$\mathbf{N_2Cl_4}$ (Reaktionszwischen-produkt)	–	–
N_2X_2 **Distickstoff-dihalogenide**	***trans/cis*-$\mathbf{N_2F_2}$** (1942, Haller) *Farbl.* Gas Smp. − 172/− 195 °C Sdp. − 111.4/− 105.7 °C ΔH_f 82.1/+69.5 kJ	$\mathbf{N_2Cl_2}$ (Reaktionszwischen-produkt)	–	–
N_3X **Halogen-azide**	$\mathbf{N_3F}$ (1942, Haller) *Grüngelbes* Gas Smp. − 154 °C Sdp. − 82 °C	$\mathbf{N_3Cl}$ (1908, Raschig) *Farbloses* Gas Smp. ca. − 100 °C Sdp. ca. − 15 °C $\Delta H_f = +390$ kJ	$\mathbf{N_3Br}$ (1925, Spencer) *Orangerote* Flüssigk. Smp. − 45 °C explosiv $\Delta H_f = +385$ kJ	$\mathbf{N_3I}$ (1900, Hantzsch) *Farblose* Subst. Sblp. ~ 20 °C explosiv

a) Es existieren auch gemischte Halogenide wie NF_2Cl (*farbloses* Gas vom Smp. ~ − 190 °C und Sdp. − 67 °C), NF_2Br (*farbloses* Gas vom Sdp. − 36 °C), $NFCl_2$ (*farbloses* Gas vom Sdp. − 3 °C), NBr_2I (*rotbraune* Festsubstanz, Zers. − 20 °C). **b)** Marckwand, Wille. **c)** $\Delta H_f = 390$ kJ. Der Smp. bezieht sich auf mit NH_3 und NH_4Cl verunreinigtes, 97%iges NH_2Cl. **d)** Länger bekannt ist das Ammoniakat $\mathbf{NI_3 \cdot NH_3}$ (1813, Courtois; *schwarze* Krist., explosiv).

---

77 **Literatur.** J.W. George: „*Halides and Oxyhalides of the Elements of Group Vb and VIb*", Progr. Inorg. Chem. **2** (1960) 33–107; Ch.J. Hoffmann, R.G. Neville: „*Nitrogen Fluorides and their Organic Derivatives*", Chem. Rev. **62** (1962) 1–18; C.B. Colburn: „*Fluorides of Nitrogen*", Endeavour **24** (1965) 138–142, „*Nitrogen Fluorides and their Inorganic Derivatives*", Adv. Fluorine Chem. **3** (1963) 92–116; J.K. Ruff: „*Derivatives of the Nitrogen Fluorides*", Chem. Rev. **67** (1967) 665–680; R. Schmutzler: „*Stickstoff-oxidfluoride*", Angew. Chem. **80** (1968) 466–481; Int. Ed. **7** (1968) 440; J. Jander: „*Recent Chemistry and Structure Investigation of Nitrogen Triiodide, Tribromide and Trichloride, and Related Compounds*", Adv. Inorg. Radiochem. **19** (1976) 1–63; D. Naumann: „*Fluor and Fluorverbindungen*", Steinkopff, Darmstadt (1980) 60–64; K. Dehnicke: „*Reaktionen der Halogenazide*", Angew. Chemie **79** (1967) 253–259; Int. Ed. **6** (1967) 240; K. Dehnicke: „*Die Chemie des Iodazids*", Angew. Chem. **91** (1979), 527–534; Int. Ed. **18** (1979) 507; „*The Chemistry of the Halogen Azides*", Adv. Inorg. Radiochem. **26** (1983) 169–200; H. Emeléus, J.M. Shreeve, R.D. Verma: „*The Nitrogen Fluorides and some Related Compounds*", Adv. Inorg. Chem. **32** (1988) 2–53.

von Ammoniak existieren darüber hinaus *teilhalogenierte* Derivate die **Halogenidhydride** $\mathbf{NH_2X}$ und $\mathbf{NHX_2}$ (Tab. 68). Halogenide NX_5 mit Stickstoff der Oxidationsstufe +5 (vgl. Phosphorpentahalogenide, Salpetersäure) sind in Form von Ionen $\mathbf{NX_4^+}$ mit X = F, Cl bekannt (Gegenionen AsF_6^-, SbF_6^-).

Nachfolgend werden zunächst die Stickstoff*chloride*, *-bromide* und *-iodide*, dann die Stickstoff*fluoride* behandelt. Die **Halogenidoxide** des Stickstoffs vom Typus **NOX** („*Nitrosylhalogenide*", isoliert mit X = F, Cl, Br; Konstitution: O=N—X) sowie $\mathbf{NO_2X}$ („*Nitrylhalogenide*", isoliert mit X = F, (Cl); Konstitution: O_2N—X) werden als Derivate der Salpetrigen bzw. Salpetersäure NO(OH) und $NO_2(OH)$ (Ersatz von OH durch X) bei diesen Säuren besprochen (S. 710 und 720), die Verbindungen $\mathbf{NOX_3}$ („*Nitrosyltrihalogenide*", isoliert mit X = F, (Cl); Konstitution $O \leftarrow NX_3$) auf S. 687 und 684. Bezüglich der Verbindungen $\mathbf{NO_3X}$ („*Halogennitrate*", isoliert mit X = F, Cl, Br, I), in welchen das Halogen nicht an N, sondern an O gebunden vorliegt (Konstitution: O_2N—O—X) vgl. S. 467.

1.3.1 Stickstoffchloride, -bromide und -iodide[1,77)]

Chloramin $\mathbf{NH_2Cl}$ (vgl. Tab. 68). Darstellung. Man erhält NH_2Cl in *verdünnter wässeriger Lösung* bequem durch Chlorierung von Ammoniak mit *Hypochlorit* (Molverhältnis $ClO^-:NH_3 = 1:1$):

$$NH_3 + ClO^- \rightleftarrows NH_2Cl + HO^- . \quad (1)$$

Die Umsetzung wird in mittelalkalischem Milieu (pH = 8.5–11) durchgeführt, da in schwach alkalischer bis saurer Lösung (pH < 8.5) neben NH_2Cl auch höher chlorierte Produkte ($NHCl_2$, NCl_3; s. dort) entstehen, während in stark alkalischer Lösung (pH > 11) kein vollständiger Umsatz gemäß (1) zu erzielen ist (s. unten). Die erhaltenen NH_2Cl-Lösungen lassen sich durch Vakuumdestillation *konzentrieren*. Leitet man hierbei den NH_2Cl-haltigen Dampf zur Entwässerung durch Türme, die mit wasserfreiem Kaliumcarbonat K_2CO_3 gefüllt sind, so können bis zu 23-molare NH_2Cl-Lösungen gewonnen werden. Durch „Ausethern" läßt sich das in H_2O gelöste NH_2Cl in die etherische Phase überführen.

Als eigentliches *chlorierendes Agens* der Umsetzung (1) wirkt die *Hypochlorige Säure* ClOH, die zunächst durch Protonierung von Hypochlorit gebildet werden muß ($ClO^- + H^+ \rightleftarrows ClOH$; $K_s = 2.88 \times 10^{-8}$) und anschließend mit Ammoniak unter *nucleophilem Austausch* der Hydroxy- gegen die Aminogruppe weiter reagiert: $H_3N\colon + Cl{-}OH \rightarrow H_3N{-}Cl^+ + \colon OH^- \rightarrow H_2N{-}Cl + HOH$[78)] (vgl. S. 476). Die Reaktionsgeschwindigkeit ist bei pH ca. 8 besonders hoch ($\tau_{c=1}$ ca. 10^{-7} s). Sie sinkt sowohl in Richtung höherer pH-Werte wegen der Abnahme der Gleichgewichtskonzentration an freier Hypochloriger Säure als auch in Richtung kleinerer pH-Werte wegen der Abnahme der mit NH_4^+ im Gleichgewicht stehenden NH_3-Menge ($NH_3 + H^+ \rightleftarrows NH_4^+$).

Zur Darstellung von gasförmigem NH_2Cl setzt man gasförmiges Ammoniak mit stickstoffverdünntem Chlorgas im Molverhältnis 20 : 1 bis 6 : 1 um,

$$2NH_3 + Cl_2 \rightleftarrows NH_2Cl + NH_4Cl, \quad (2)$$

und leitet das Reaktionsgas in gekühlte organische Lösungsmittel (−20 °C), aus denen beim Aufwärmen überschüssiges Ammoniak, das sich neben NH_4Cl in kleiner Menge gelöst hat, abdampft. *Fast reines* (97 %iges) NH_2Cl wird durch fraktionierende Tieftemperatur-Kondensation des nach (2) gebildeten Reaktionsgases erhalten. *Reines* NH_2Cl bildet sich beim Durchleiten von reinem NH_2F durch eine Schicht aus gekörntem $CaCl_2$ ($NH_2F + Cl^- \rightarrow NH_2Cl + F^-$).

Eigenschaften. Chloramin NH_2Cl (pyramidaler Bau; C_s-Symmetrie; Abstände NH/NCl = 1.019/1.748 Å; Winkel HNH/HNCl = 106.4/103.5°) ist in Wasser und Ether gut, in $CHCl_3$ und CCl_4 mäßig *löslich*. Die Zersetzung der bei ca. −70 °C schmelzenden und bei Raum-

---

78 Die Übertragung eines stickstoffgebundenen Protons auf die Abgangsgruppe OH^- erfolgt über das Reaktionsmedium Wasser im Zuge der Substitutionsreaktion.

temperatur wohl flüssigen, *gelben* Verbindung erfolgt ab $-110\,°C$ langsam und oberhalb $-40\,°C$ heftig bis explosionsartig. Thermisch stabiler ist *gasförmiges* NH_2Cl bei nicht allzu hohen Drücken (< 20 mbar bei Raumtemperatur) sowie *gelöstes* NH_2Cl in nicht allzu hoher Konzentration. In *wässeriger Lösung* zerfällt Chloramin im wesentlichen nach (3):

$$3\,NH_2Cl \rightarrow N_2 + NH_4Cl + 2\,HCl. \qquad (3)$$

Allerdings zersetzt sich eine 0.1-molare wässerige NH_2Cl-Lösung bei 25 °C in mehreren Wochen nur zu einigen Prozenten nach (3). Analog (3) zerfällt NH_2Cl nicht nur in neutraler, sondern auch in mäßig *alkalischer Lösung* (bis pH ca. 11). Andererseits liegt bei pH-Werten oberhalb 11, also in stark alkalischer Lösung, das sich rasch einstellende Gleichgewicht (1) zunehmend auf der Hypochloritseite, wobei die Gleichgewichtspartner langsam gemäß: $3\,NH_2Cl + 3\,OH^- \rightarrow NH_3 + N_2 + 3\,Cl^- + 3\,H_2O$ abreagieren (Näheres s. u.). In *saurer Lösung* disproportioniert Chloramin bei pH-Werten um 4 rasch nach (4a), wobei das gebildete Dichloramin seinerseits bei pH-Werten um 3 nach (4b) disproportioniert, so daß die NH_2Cl-Zersetzungsprodukte in saurem Medium Trichloramin enthalten:

$$2\,NH_2Cl + H^+ \overset{(a)}{\rightleftarrows} NHCl_2 + NH_4^+; \qquad 3\,NHCl_2 + H^+ \overset{(b)}{\rightleftarrows} 2\,NCl_3 + NH_4^+. \qquad (4)$$

Die Einstellung des Gleichgewichts (4) wird aber dadurch gestört, daß Di- und Trichloramin irreversibel gemäß: $NH_2Cl + NCl_3 + 2\,H_2O \rightarrow N_2 + 3\,HCl + 2\,HOCl$ abreagieren (Näheres bei $NHCl_2$ und NCl_3).

Als Amid der Hypochlorigen Säure HO—Cl stellt H_2N—Cl eine *sehr schwache Säure und Base* dar (pK_S ca. 14; pK_B ca. 15). NH_2Cl wirkt infolgedessen in Wasser neutral. Darüber hinaus ist NH_2Cl durch seine *oxidierenden Eigenschaften* charakterisiert: $NH_2Cl + 2H^+ + 2\ominus \rightleftarrows NH_4^+ + Cl^-$ ($\varepsilon_0 = 1.48/0.81$ V in saurer/basischer Lösung). Unter den weiteren chemischen Eigenschaften sind (radikalische, nucleophile, elektrophile) *Substitutionen des Chlors*, (elektrophile) *Substitutionen des Wasserstoffs* sowie *oxidative Additionen* (z. B. $Ph_2C{=}C{=}O + NH_2Cl \rightarrow Ph_2CCl{-}CONH_2$) zu nennen. Nachfolgend sei auf die Substitutionsreaktionen etwas näher eingegangen.

NH_2Cl vermag wie HOCl (S. 476) hinsichtlich eines *elektronegativen Partners* (*Nucleophils*) Nu^- als Donator positiven Chlors Cl^+ zu wirken. Derartige Chlorierungen verlaufen nach (5) im Zuge *assoziativer nucleophiler Substitutionsreaktion* (S_N2-Reaktionen) am Chlor der Verbindung NH_2Cl oder dessen protonierter Form NH_3Cl^+:

$$Nu:^- + Cl{-}NH_3^+ \rightarrow Nu{-}Cl + :NH_3 \qquad (5)$$

So chloriert NH_2Cl etwa das *Hydroxid-Ion* OH^- in stark *alkalischer Lösung rasch* zu Hypochlorit: $NH_2Cl + OH^- \rightleftarrows NH_3 + OCl^-$ ($K = 1.6 \times 10^{-3}$ bei 25 °C; Umkehrung von (1)). Eine weitere Chlorierungsreaktion stellt die *Eigenchlorierung* von NH_2Cl zu Dichloramin dar, durch welche die Chloraminzersetzung (3) in *saurem Medium* eingeleitet wird: $2\,NH_2Cl \rightleftarrows NHCl_2 + NH_3$. Das sich rasch einstellende Gleichgewicht dieser Umsetzung liegt wie das der vergleichbaren Anhydridbildung der Hypochlorigen Säure ($2\,HOCl \rightleftarrows Cl_2O + H_2O$, S. 475) ganz auf der linken Seite[79]. Es läßt sich aber durch Abfangen des Ammoniaks mit *Säuren* (Bildung des Ammonium-Ions) auf die rechte Seite verschieben (vgl. (4)). Des weiteren läßt sich das *Hydrazin* $H_2N{-}NH_2$ durch NH_2Cl in *saurer Lösung* chlorieren. Das hierbei entstehende Chlorhydrazin ($NH_2Cl + N_2H_4 \rightleftarrows NH_3 + N_2H_3Cl$) zersetzt sich jedoch sofort unter HCl-Eliminierung zu Diimin ($N_2H_3Cl \rightarrow N_2H_2 + HCl$), welches in Stickstoff und Hydrazin disproportioniert ($2\,N_2H_2 \rightarrow N_2 + N_2H_4$; S. 673). Insgesamt verläuft somit die Umsetzung von Chloramin mit Hydrazin nach: $N_2H_4 + 2\,NH_2Cl \rightarrow N_2 + 2\,NH_4Cl$ (vgl. hierzu Raschigsche N_2H_4-Synthese, S. 660).

Nucleophile Reaktionspartner (Nu^-) setzen sich mit NH_2Cl anstatt nach (5) häufig auch nach (6) unter *assoziativer nucleophiler Substitution* von Chlorid am Stickstoffatom um:

$$Nu:^- + NH_2{-}Cl \rightarrow Nu{-}NH_2 + :Cl^- \qquad (6)$$

Bei diesen Aminierungen mit NH_2Cl findet formal eine Übertragung einer positiven Aminogruppe NH_2^+ von NH_2Cl auf den Reaktionspartner Nu^- statt. Man bezeichnet diese Umsetzungen infolgedessen auch als „*elektrophile Aminierungen*" und Amino-Donatoren wie NH_2Cl oder auch NH_2OSO_3H (vgl. S. 723) als elektrophile Aminierungsmittel (vgl. hierzu Hydroxylierungen mit HOCl, S. 476). Im Sinne von (6)

---

[79] Im Falle von Bromamin NH_2Br liegt das entsprechende Gleichgewicht $2\,NH_2Br \rightleftarrows NHBr_2 + NH_3$ weiter auf der rechten Seite. Noch mehr nach rechts ist es offenbar im Falle von NH_2I verschoben (s. unten). NH_2F setzt sich nicht zu NHF_2 und NH_3 um.

führt NH_2Cl etwa *Ammoniak* NH_3 in Hydraziniumchlorid über: $H_3N + NH_2Cl \rightarrow H_3N—NH_2^+Cl^-$ (vgl. Raschigsche N_2H_4-Synthese, S. 660). In analoger Weise wird *Chloramin* NH_2Cl durch Chloramin elektrophil aminiert und dadurch der NH_2Cl-Zerfall (3) in *neutralem* bis *alkalischem Medium* ausgelöst: $2NH_2Cl \rightarrow N_2H_3Cl + HCl$. Chlorhydrazin $H_2N—NHCl$ bildet sich in gepufferter alkalischer Lösung[80] nach 2. Reaktionsordnung und geht wie oben erwähnt, unter HCl-Eliminierung augenblicklich in Diimin über ($N_2H_3Cl \rightarrow N_2H_2 + HCl$), welches in Stickstoff und – seinerseits mit NH_2Cl reagierendes (s. u.) – Hydrazin disproportioniert (S. 573). Letztendlich zersetzt sich NH_2Cl hierbei nach der Summengleichung (3).

Hydrazin läßt sich ebenfalls mit Chloramin elektrophil aminieren, allerdings nur in *alkalischer Lösung*: $H_2N—NH_2 + NH_2Cl \rightarrow H_2N—NH—NH_2^+Cl^-$ (in saurer Lösung erfolgt – wesentlich rascher – Chlorierung von N_2H_4, s.o.). Das gebildete Triazaniumchlorid $N_3H_6^+Cl^-$ zersetzt sich jedoch sofort unter NH_4Cl-Abspaltung zu Diimin ($N_3H_6Cl \rightarrow NH_4Cl + N_2H_2$[81]), welches in Stickstoff und Hydrazin disproportionert ($2N_2H_2 \rightarrow N_2 + N_2H_4$). Insgesamt verläuft somit die Umsetzung mit Hydrazin wie in saurer Lösung nach $N_2H_4 + 2NH_2Cl \rightarrow N_2 + 2NH_4Cl$. Da sich Hydrazin seinerseits aus Ammoniak und Chloramin bildet (s. o.), setzt sich NH_2Cl mit NH_3 letztendlich nach folgender Summengleichung um[82]: $3NH_2Cl + 2NH_3 \rightarrow N_2 + 3NH_4Cl$.

Die elektrophile Aminierung des *Hydroxid-Ions* zu Hydroxylamin: $HO^- + NH_2Cl \rightarrow HONH_2 + Cl^-$ erfolgt nur bei hoher OH^--Konzentration, d. h. nur in *stark alkalischer Lösung* (in welcher NH_2Cl bereits teilweise in Umkehrung von (1) in Hypochlorit und Ammoniak gespalten ist) genügend rasch[83]. Gebildetes *Hydroxylamin* NH_2OH läßt sich allerdings nicht isolieren, da es von NH_2Cl rasch zu Hydroxylhydrazin $H_2N—NHOH$ elektrophil aminiert wird[83]. N_2H_3OH zerfällt unter H_2O-Eliminierung in Diimin N_2H_2, das sich in Stickstoff und – seinerseits mit NH_2Cl reagierendes (s. o.) – Hydrazin umwandelt (Gesamtreaktion: $3NH_2Cl + 3OH^- \rightarrow NH_3 + N_2 + 3H_2O + 3Cl^-$). Analog der elektrophilen Aminierung von NH_3, NH_2Cl, N_2H_4, OH^-, NH_2OH erfolgt eine Aminierung von *Sulfanen* R_2S zu $[R_2S—NH_2]^+Cl^-$, von *Phosphanen* R_3P zu $[R_3P—NH_2]^+Cl^-$, von *Arsanen* R_3As zu $[R_3As—NH_2]^+Cl^-$ und von *Cyanid* zu $NC—NH_2$.

Während nucleophile Reaktionspartner gemäß (5) bzw. (6) eine Spaltung der $H_2N—Cl$-Bindung bewirken (formal: elektrophile und nucleophile Substitution von stickstoffgebundenem Chlor) setzen sich *elektropositive Reaktionspartner* (Elektrophile) E^+ mit NH_2Cl gegebenenfalls unter Substitution eines stickstoffgebundenen Protons um, was einer Chloramidierung von E^+, d. h. einer Übertragung von $NHCl^-$ auf E^+ gemäß (7) entspricht:

$$E^+ + :NH_2Cl \rightarrow E—NHCl + H^+ \qquad (7)$$

Beispiele hierfür sind etwa die Chloramidierung des positiven Chlors der Hypochlorigen Säure

$$NH_2Cl + HOCl \rightleftarrows NHCl_2 + H_2O \qquad (8)$$

bzw. des Chloramins ($NH_2Cl + NH_2Cl \rightleftarrows NHCl_2 + NH_3$). In analoger Weise stellen Verbindungen wie MeHNCl, $(Me_3Si)_2NCl$, RHC=NCl, Cl_3V=NCl Substitutionsprodukte des Wasserstoffs von H_2NCl dar.

Verwendung. NH_2Cl dient u. a. als Ersatz von Cl_2 oder ClO^- zur *Desinfektion* von Wasser (es ist weniger aggressiv als Cl_2 und stabiler gegen Licht als ClO^-).

Dichloramin $NHCl_2$ (vgl. Tab. 68). Darstellung. $NHCl_2$ entsteht als Zwischenprodukt der zu NCl_3 führenden *Chlorierung* von NH_3 mit *Chlor* in saurer Lösung (vgl. NCl_3, unten), wird aber mit Vorteil durch Chlorierung von Ammonium-Ionen mit *Hypochloriger Säure* (Molverhältnis NH_4^+ : HOCl = 1 : 2) in verdünnter wässeriger Lösung bei pH-Werten um 4 auf dem Wege über NH_2Cl gewonnen (vgl. (1) und (8); die Chlorierung von NH_2Cl erfolgt langsamer als die von NH_3):

$$NH_4^+ + 2HOCl \rightleftarrows NHCl_2 + H_3O^+ + H_2O \qquad (9)$$

Es läßt sich durch organische Lösungsmittel aus der wässerigen Phase extrahieren. In organischen Medien kann es auch in höheren Konzentrationen durch *Komproportionierung* aus NH_2Cl und NCl_3 erzeugt

---

80 Ungepufferte, sich zersetzende NH_2Cl-Lösungen werden wegen des beim Zerfall gebildeten HCl rasch sehr sauer.

81 Setzt man asymmetrische Diorganylderivate des Hydrazins mit NH_2Cl um, so erhält man nach $H_2N—NR_2 + NH_2Cl \rightarrow [H_2N—NR_2—NH_2]Cl$ Diorganylderivate des Triazaniumchlorids, die bei Raumtemperatur stabil sind und sich isolieren lassen.

82 Berücksichtigt man zudem die NH_2Cl-Bildungsweise: $NH_3 + Cl_2 \rightarrow NH_2Cl + HCl$, so folgt für den Gesamtumsatz der Reaktion von Ammoniak mit Chlor die auf S. 50 bereits wiedergegebene Bruttogleichung: $2NH_3 + 3Cl_2 \rightarrow N_2 + 6HCl$.

83 Der Stickstoff in Chloramin stellt ein weiches Lewis-saures Substitutionszentrum dar. Zunehmend harte Nucleophile substituieren infolgedessen Chlorid abnehmend rasch. Es wurde folgende Reihe eintretender Gruppen abnehmender Nucleophilität aufgefunden: $RS^- > R_3P > S_2O_3^{2-} > I^- > H_2NO^- > N_2H_4 > NH_2OH > NH_3 > OH^-$.

werden: $NH_2Cl + NCl_3 \rightleftarrows 2NHCl_2$. Darüber hinaus bildet sich $NHCl_2$ – wie erwähnt (s. o.) – durch *Disproportionierung* aus NH_2Cl in verdünnter wässeriger Lösung bei pH 3.5–4 (Zutropfen von verdünnter Perchlorsäure zu einer $NHCl_2$-Lösung):

$$2NH_2Cl + H^+ \rightleftarrows NHCl_2 + NH_4^+ \qquad (K \text{ ca. } 10^9) \tag{4a}$$

Die nach (9) und (4a) gebildeten Lösungen enthalten Ammonium-Ionen sowie geringe Mengen NH_2Cl und NCl_3. Zur Erzeugung von *ammoniumfreiem, reinem Dichloramin* gibt man eine verdünnte wässerige NH_2Cl-Lösung (0.05-molar) auf einen *Ionenaustauscher* in der protonierten Form und eluiert $NHCl_2$ mit Wasser (auf der Säure erfolgt die Disproportionierung (4a) sowie ein Austausch von H^+ gegen die Ionen NH_4^+ und NH_3Cl^+).

Eigenschaften. Das in *wässeriger Lösung gelbe* und praktisch nicht gemäß $HNCl_2 \rightleftarrows H^+ + NCl_2^-$ dissoziierte (pK_S ca. 7) bzw. gemäß $HNCl_2 + H^+ \rightarrow H_2NCl_2^+$ protonierte Dichloramin ist viel instabiler als Chloramin und kann deshalb nicht in Substanz isoliert werden. Die NH_4^+-haltigen $NHCl_2$-Lösungen sind bei pH 3.5–4 noch vergleichsweise haltbar (ca. 10 % Zersetzung pro Tag), die NH_4^+-freien Lösungen sehr instabil (100 % Zersetzung in wenigen Stunden). Die *zerfallshemmende Wirkung* der Ammonium-Ionen beruht darauf, daß Hypochlorige Säure, welche durch $NHCl_2$-Hydrolyse langsam in kleiner Gleichgewichtskonzentration entsteht und auf $NHCl_2$ zerfallsfördernd wirkt (s. u.), durch NH_4^+ gemäß (1) abgefangen wird ($NH_3 + HOCl \rightarrow NH_2Cl + H_2O$). Der Zerfall von NH_4^+-freiem $NHCl_2$ erfolgt bei pH-Werten um 4 (*schwach saure Lösung*) hauptsächlich nach (10a) (in *stärker saurer Lösung* disproportioniert $NHCl_2$ nach (4b)), bei pH-Werten um 12 (*alkalische Lösung*) überwiegend nach (10b) (zugleich bilden sich Stickstoff-Sauerstoff-Verbindungen). Im Zwischenbereich beobachtet man einen $NHCl_2$-Zerfall sowohl nach (10a) wie (10b) (in *neutraler Lösung* verlaufen beide Reaktionen im Verhältnis ca. 1 : 10):

$$\begin{aligned} &3NHCl_2 \xrightarrow{(a)} NCl_3 + N_2 + 3HCl \\ &2NHCl_2 + 4OH^- \xrightarrow{(b)} N_2 + 3Cl^- + ClO^- + 3H_2O \end{aligned} \tag{10}$$

Ähnlich wie NH_2Cl wirkt auch $NHCl_2$ (bzw. $NH_2Cl_2^+$) als Chlorierungsmittel und überträgt z. B. positives Chlor in Umkehrung der $NHCl_2$-Gewinnung (s. o.) auf *Ammoniak* („Ammonolyse" $NHCl_2 + NH_3 \rightarrow 2NH_2Cl$) und auf *Wasser*. Das Gleichgewicht der „*Hydrolyse*" ($NHCl_2 + H_2O \rightarrow NH_2Cl + HOCl$) liegt allerdings auf der $NHCl_2$-Seite. Die geringen, durch $NHCl_2$-Hydrolyse gebildeten HOCl-Mengen chlorieren jedoch $NHCl_2$ zu NCl_3:

$$NHCl_2 + HOCl \rightleftarrows NCl_3 + H_2O \tag{11}$$

Durch diesen HOCl-Entzug der um viele Zehnerpotenzen rascher abläuft als die Hydrolyse und Ammonolyse, schreitet die Hydrolyse weiter voran. Die Reaktion (11), in deren Verlauf $NHCl_2$ als Dichloramidierungsmittel wirkt (Ersatz von OH^- in HOCl durch NCl_2^-), löst in Verbindung mit der $NHCl_2$-Hydrolyse den Zerfall von $NHCl_2$ nach (10) aus, da überschüssiges $NHCl_2$ mit nach (11) gebildetem *Trichloramin* rasch nach (12) zu den Produkten der $NHCl_2$-Zerfallreaktion abreagiert (für Einzelheiten s. weiter unten bei NCl_3):

$$NHCl_2 + NCl_3 + 2H_2O \rightarrow N_2 + 3HCl + 2HOCl \tag{12}$$

Wegen der zusätzlichen Bildung von HOCl im Zuge von (12) erhöht sich die Geschwindigkeit des $NHCl_2$-Zerfalls autokatalytisch. Die Geschwindigkeit von (12) wächst mit steigendem pH-Wert so rasch an, daß der NCl_3-Zerfall (12) in *neutraler* bis *alkalischer Lösung* bereits rascher als die NCl_3-Bildung (11) erfolgt, weshalb in solchen Lösungen die NCl_3-Ausbeute klein bis verschwindend klein ist (vgl. 10b). In *saurer Lösung* ist andererseits die NCl_3-Bildung (11) rascher als der NCl_3-Zerfall, so daß nunmehr NCl_3 in guter Ausbeute entsteht (vgl. 10a):

Ein Beispiel für eine Reaktion, in welcher $NHCl_2$ als *elektrophiles* Aminierungsmittel wirkt, stellt die Umsetzung von *Hydroxid-Ionen* mit wässerigem $NHCl_2$ dar (Ersatz von Cl^- durch OH^-; Übertragung von $NHCl^+$ auf OH^-), die – möglicherweise auf dem Wege über NCl_2^- ($NHCl_2 + OH^- \rightarrow NCl_2^- + H_2O$) – zu sauerstoffhaltigen Stickstoffverbindungen führt (z. B. Hyponitrit $N_2O_2^{2-}$?).

Stickstofftrichlorid NCl_3 („*Trichloramin*"; vgl. Tab. 68). Darstellung. NCl_3 läßt sich durch Einwirken von *Chlorgas* auf Ammoniumchlorid in Wasser bei pH 3–4 auf dem Wege über NH_2Cl und $NHCl_2$ gewinnen:

$$NH_3 + 3Cl_2 \rightleftarrows NCl_3 + 3HCl \tag{13}$$

Das benötigte Chlor wird in der *Technik* durch Elektrolyse der NH_4Cl-Lösung erzeugt ($2Cl^- \rightarrow Cl_2 + 2\ominus$). Da das Gleichgewicht (13) durch gebildetes HCl zunehmend nach links verschoben wird (s. u.), arbeitet man in Anwesenheit von Puffersystemen und extrahiert erhaltenes NCl_3 mit organischen Medien wie CCl_4. Darüber hinaus entsteht NCl_3 durch Chlorierung von Ammonium-Ionen mit *Hypochloriger Säure* (Molverhältnis $NH_4^+:HOCl = 1:3$) in wässeriger Lösung bei pH 3–4 auf dem Wege über NH_2Cl und $NHCl_2$ (vgl. (1), (8) und (11); die Chlorierungsgeschwindigkeit nimmt in Richtung NH_3, NH_2Cl, $NHCl_2$ ab):

$$NH_4^+ + 3HOCl \rightarrow NCl_3 + H_3O^+ + 2H_2O \tag{14}$$

Allerdings läßt sich hierbei keine quantitative NCl_3-Ausbeute erzielen, da intermediär gebildetes $NHCl_2$ nicht ausschließlich von HOCl in NCl_3 übergeführt, sondern darüber hinaus von bereits erzeugtem NCl_3 gemäß (12) angegriffen wird (HOCl chloriert $NHCl_2$ langsamer als Cl_2). Da die Geschwindigkeit letzterer Reaktion mit wachsendem pH-Wert stark ansteigt, erniedrigt sich die NCl_3-Ausbeute in gleicher Richtung drastisch, so daß NH_3 in *alkalischem Milieu* von überschüssigem Hypochlorit bzw. Chlor ($Cl_2 + 2OH^- \rightarrow ClO^- + Cl^- + H_2O$) vollständig zu Stickstoff oxidiert wird ($2NH_3 + 3ClO^- \rightarrow N_2 + 3H_2O + 3Cl^-$). Andererseits kann die Umsetzung (14) nicht bei sehr kleinen pH-Werten durchgeführt werden, da NCl_3 in *stark saurem Milieu* zerfällt (s.u.).

Eigenschaften. Stickstofftrichlorid (pyramidaler Bau; C_{3v}-Symmetrie; $r_{NCl} = 1.76$ Å; $\measuredangle$ ClNCl = 107°) stellt ein *dunkelgelbes*, stark riechendes, in Wasser nur mäßig und in CCl_4, CS_2, C_6H_6 gut lösliches Öl dar (Smp. −40 °C; Sdp. +71 °C; $d = 1.65$ g/cm³ bei 20 °C). NCl_3 ist eine stark endotherme Verbindung (ΔH_f ca. 230 kJ/mol). Beim *Erwärmen* auf über 90 °C, bei *Erschütterungen* oder bei *Berührung* mit vielen organischen Substanzen (z.B. Terpentinöl, Kautschuk) *explodiert* sie unter Bildung von Stickstoff und Chlor (radikalischer Zerfallsmechanismus). *Konzentrierte Salzsäure* setzt sich mit NCl_3 in Umkehrung der Bildung (13) zu Ammoniumchlorid und Chlor um ($NCl_3 + 3HCl \rightarrow NH_3 + 3Cl_2$; $NH_3 + HCl \rightarrow NH_4Cl$; in analoger Weise bewirken andere starke Säuren HX eine Umwandlung von NCl_3 u.a. in NH_4X und Cl_2). Mit *Wasser* bzw. *Ammoniak* erfolgt Reaktion nach (15) bzw. (16):

$$2NCl_3 + 3H_2O \rightarrow N_2 + 3HOCl + 3HCl \ (\xrightarrow{+3OH^-,\ -3H_2O} 3Cl^-) \tag{15}$$

$$2NCl_3 + 3NH_3 \rightarrow N_2 + 3NH_2Cl + 3HCl \ (\xrightarrow{+3NH_3} 3NH_4Cl) \tag{16}$$

Hiernach läßt sich die NCl_3-Gewinnung (14) nicht umkehren (es bleibt nur die Hälfte des positiven Chlors erhalten).

Im Zuge der Rückreaktion (13) sowie der Reaktionen (15) und (16) wirkt NCl_3 als Chlorierungsmittel (Übertragung positiven Chlors). So bildet sich im Falle der langsam erfolgenden *Hydrolyse* (17) unter Chlorierung von *Wasser* zunächst Hypochlorige Säure neben Dichloramin:

$$NCl_3 + H_2O \rightleftarrows NHCl_2 + HOCl \tag{17}$$

Das Gleichgewicht liegt allerdings ganz auf der linken Seite. Es wird aber durch die exotherme und sehr rasche Folgereaktion (12) nach rechts verschoben (die Addition von (17) und (12) ergibt die Summengleichung (15)). Der einleitende Schritt der Reaktion (12) stellt im Sinne von $Cl_2N^- + NCl_3 \rightarrow Cl_2N{-}NCl_2 + Cl^-$ eine nucleophile Substitution am NCl_3-Stickstoffatom durch das aus $NHCl_2$ hervorgehende Nucleophil NCl_2^- dar. NCl_3 wirkt hier als elektrophiles Aminierungsmittel (Übertragung von NCl_2^+), $NHCl_2$ als nucleophiles Amidierungsmittel (Übertragung von NCl_2^-). Die Reaktion (12) verläuft 10^{10}mal (!) rascher als die Raschigsche Hydrazinsynthese unter vergleichbaren Bedingungen (langsamer als $NHCl_2$ reagiert NH_2Cl mit NCl_3). Gebildetes *Distickstofftetrachlorid* $\mathbf{N_2Cl_4}$ (*Tetrachlorhydrazin* $Cl_2N{-}NCl_2$) zersetzt sich in saurer, neutraler bzw. alkalischer Lösung augenblicklich über *Distickstoffdichlorid* $\mathbf{N_2Cl_2}$ (*Dichlordiimin* ClN=NCl) in Stickstoff ($N_2Cl_4 + OH^- \rightarrow Cl^- + N_2Cl_2 + ClOH$; $N_2Cl_2 + OH^- \rightarrow Cl^- + N_2 + ClOH$; gegebenenfalls: $Cl^- + H^+ + ClOH \rightleftarrows Cl_2 + H_2O$)[84].

Die Basizität von NCl_3 ist klein. Tatsächlich führt die Einwirkung starker Säuren HX auf NCl_3 – wohl auf dem Wege über $HNCl_3^+$ – u.a. zur Bildung von NH_4X und Cl_2, aber nicht zu isolierbaren Protonaddukten. Es gelingt jedoch, die Lewis-Säure Cl^+ an NCl_3 unter Bildung des *farblosen* **Tetra-**

[84] Die thermodynamisch stabilen Endprodukte der Chlorierung von Ammoniak mit Chlor oder Hypochloriger Säure stellen Stickstoff und Chlorwasserstoff dar (Entsprechendes gilt für die Bromierung und Iodierung von NH_3). In wässeriger Lösung geht der nichtradikalischen N_2-Bildung eine NN-Bindungsknüpfung im Zuge einer nucleophilen Substitution von Chlorid eines Chloramins durch ein anderes Chloramin voraus. Wichtig ist insbesondere die *sehr rasche Reaktion* $NHCl_2 + NCl_3 \rightarrow N_2Cl_4 + HCl$, über die sich der Zerfall der Chloramine hauptsächlich abwickelt (die Bildung von $NHCl_2$ und NCl_3 erfolgt durch NH_2Cl- bzw. $NHCl_2$-Disproportionierung sowie durch NCl_3-Hydrolyse; s.o.). Eine gewisse Bedeutung für den NH_2Cl-Zerfall hat darüber hinaus die Reaktion $NH_2Cl + NH_2Cl \rightarrow N_2H_3Cl + HCl$ (s. Chloramin).

chlorammonium-Ions NCl_4^+ (T_d-Symmetrie) zu addieren: $2NCl_3 + Cl_2 + 3AsF_5 \rightarrow 2NCl_4^+AsF_6^- + AsF_3$ (Reaktionsmedium: flüssiges SO_2). Auch läßt sich ein Sauerstoffatom mit NCl_3 verknüpfen, wobei das zu erwartende **Stickstofftrichloridoxid $NOCl_3$** („*Nitrosyltrichlorid*") bisher nur in Form des *blaßgelben* Kations $NOCl_2^+$ (planar; isoelektronisch mit Phosgen $COCl_2$; Abstände NO/NCl/NCl im Salz $NOCl_2^+SbCl_6^-$ = 1.30/1.61/1.72 Å) erhalten werden konnte:

$$NCl_3 + SOCl_2 + SbCl_5 \rightarrow NOCl_2^+SbCl_6^- + SCl_2 \text{ (Reaktionsmedium: } CCl_4).$$

Bromderivate des Ammoniaks[77] (Tab. 68). *Wässerige Lösungen* von **Bromamin, NH_2Br**, bilden sich durch Bromierung von NH_3 (Überschuß) mit Hypobromit ($NH_3 + BrO^- \rightleftarrows NH_2Br + OH^-$), *etherische Lösungen* beim Einleiten von Ammoniakgas in bromhaltigen, gekühlten Ether ($2NH_3 + Br_2 \rightarrow NH_2Br + NH_4Br$). Beim Eingießen der von unlöslichem NH_4Br befreiten etherischen Reaktionslösungen in auf − 120 °C gekühltes Pentan fällt reines NH_2Br als *schwarzviolette*, pentanunlösliche Substanz aus. Das *schwach basisch* wirkende NH_2Br (K_B ca. 2×10^{-8}) setzt sich in wässeriger und etherischer Lösung in *Abwesenheit von überschüssigem Ammoniak* bis zu einem Gleichgewicht gemäß

$$2NH_2Br \rightleftarrows NH_3 + NHBr_2$$

zu **Dibromamin $NHBr_2$** um (vollständige Gleichgewichtsverschiebung durch Abfangen des Ammoniaks mit Säure oder Calciumchlorid). In *Anwesenheit von Ammoniak* zersetzt sich Bromamin wie Chloramin (s. oben) mehr oder weniger rasch summarisch nach

$$3NH_2Br + 2NH_3 \rightarrow N_2 + 3NH_4Br$$

($\tau_{1/2}$ = 580 Min. bei − 70 °C, 124 Min. bei 0 °C, 6.9 Min. bei + 24 °C). Die Reaktion verläuft offenbar über Hydrazin ($2NH_3 + NH_2Br \rightarrow NH_2{-}NH_2 + NH_4Br$), welches aber seinerseits rasch mit NH_2Br weiterreagiert, so daß seine Konzentration stets klein bleibt (im Falle der entsprechenden NH_2Cl/NH_3-Reaktion läßt sich intermediär gebildetes N_2H_4 unter geeigneten Bedingungen abfangen; s. N_2H_4-Synthese). **Stickstofftribromid NBr_3** bildet sich bei der Einwirkung von Brom auf Ammoniaklösungen vom pH-Wert < 6 und läßt sich in *reiner* Form durch Reaktion des Trimethylsilylderivats $(Me_3Si)_2NBr$ mit Bromchlorid in Pentan bei − 87 °C als *tiefrote*, selbst bei − 100 °C explosive, stark endotherme, pentanunlösliche Substanz gemäß

$$(Me_3Si)_2NBr + 2BrCl \rightarrow NBr_3 + 2Me_3SiCl$$

erzeugen. Die in Ether und Dichlormethan lösliche Substanz (pyramidaler Molekülbau; C_{3v}-Symmetrie) setzt sich mit Ammoniak zu Monobromamin ($NBr_3 + 2NH_3 \rightarrow 3NH_2Br$), mit Iod in Dichlormethan zu „*Stickstoffdibromidiodid*" NBr_2I (*rotbraun*, stabil bis − 20 °C) um.

Iodderivate des Ammoniaks[77] (Tab. 68). Gibt man zu flüssigem Ammoniak unterhalb des Siedepunktes (− 33.43 °C) viel Iod, so bildet sich auf dem Wege über einen Charge-Transfer-Komplex $H_3N \cdot I_2$, Monoiodamin NH_2I und Diiodamin NHI_2 schließlich **Stickstofftriiodid-Triammoniakat $NI_3 \cdot 3NH_3$** als ein in flüssigem Ammoniak bei tiefen Temperaturen schlecht löslicher *grüner* Festkörper (unterhalb − 73 °C entsteht *rotes* $NI_3 \cdot 5NH_3$):

$$2I_2 \underset{}{\overset{\pm 2NH_3}{\rightleftarrows}} 2H_3N \cdots I_2 \underset{\mp 2NH_4I}{\overset{\pm 2NH_3}{\rightleftarrows}} 2NH_2I \overset{\mp NH_3}{\rightleftarrows} NHI_2 \overset{\pm NH_2I}{\rightleftarrows} NI_3 \cdot NH_3 \overset{\pm 2NH_3}{\rightleftarrows} NI_3 \cdot 3NH_3 \qquad (18)$$

Dieser verwandelt sich oberhalb − 33 °C unter Ammoniakabgabe in **Stickstofftriiodid-Monoammoniakat $NI_3 \cdot NH_3$**, eine – je nach dem Zerteilungsgrad – *rotbraune* bis *schwarze* Substanz. $NI_3 \cdot NH_3$ läßt sich auch durch Einleiten von Ammoniak in eine wässerige Kaliumtriiodidlösung als wasserunlösliches Produkt gewinnen und ist in Ammoniakatmosphäre bei Raumtemperatur im Dunkeln unbegrenzt haltbar, explodiert jedoch in trockenem Zustand bereits bei der geringsten Berührung, bei gelindem Erwärmen oder bei Bestrahlung unter Bildung von Stickstoff, Ammoniumiodid und Iod (etwa nach: $8NI_3 \cdot NH_3 \rightarrow 5N_2 + 6NH_4I + 9I_2$). Das Gleichgewicht (18) ist *reversibel* und liegt auf der Seite des Ammoniak/Iod-Komplexes. Löst man demgemäß $NI_3 \cdot NH_3$ in Diethylether in Anwesenheit von Ammoniumiodid, so bildet sich gemäß $NI_3 \cdot NH_3 + 3NH_4I \rightleftarrows 3NH_3 \cdot I_2 + 2NH_3$ der in Ether lösliche, *braune* Charge-Transfer-Komplex $NH_3 \cdot I_2$. Beim Versuch, $NI_3 \cdot NH_3$ im Vakuum von Ammoniak zu befreien, zerfällt das Iodid nach $2NI_3 \cdot NH_3 \rightarrow 2NH_3 + N_2 + 3I_2$ unter Stickstoff- und Iodbildung. *Solvatfreies reines* **Stickstofftriiodid NI_3** läßt sich durch Einwirkung von *Iod* und *Fluor* ($I_2 + F_2 \rightarrow 2IF$) auf *Bornitrid* in $CFCl_3$ bei − 10 °C) nach

$$BN + 3IF \rightarrow NI_3 + BF_3$$

in kleiner Ausbeute als *tiefroter* Festkörper gewinnen, der durch Sublimation bei − 20 °C unter teilweiser Zersetzung gereinigt werden kann und bei 0 °C rasch bis explosionsartig zerfällt (in Lösung benötigt der Zerfall bei − 60 °C Stunden). NI_3 (ΔH_f ca. + 290 kJ/mol in der Gasphase) ist somit thermostabiler als

NBr_3, aber instabiler als NCl_3. Mit flüssigem *Ammoniak* ergibt NI_3 das Ammoniakat $NI_3 \cdot 3NH_3$, mit *Methyliodid* bei $-30\,°C$ Tetramethylammoniumiodid: $NI_3 + 4MeI \rightarrow NMe_4^+I^- + 3I_2$.

Stickstofftriiodid ist wie die übrigen Trihalogenide pyramidal gebaut (C_{3v}-Symmetrie). In $NI_3 \cdot NH_3$ sind die NI_3-Moleküle dagegen über Iod zu unendlichen Ketten verbrückt: —NI_2—I—NI_2—I—NI_2—I—. Jedes Stickstoffatom ist näherungsweise tetraedrisch von Iod umgeben (Abstand des Stickstoffs zu einem Brückeniodatom 2.30 Å, zu einem terminalen Iodatom ca. 2.14 Å), jedes Brückeniodatom linear von Stickstoff. Ammoniak bildet mit jeweils einem der beiden terminalen Iodatome jedes Stickstoffatoms einen Charge-Transfer-Komplex N—I·····NH_3 (I·····NH_3-Abstand: 2.53 Å).

Kühlt man eine gesättigte Lösung von $NI_3 \cdot 3NH_3$ in flüssigem Ammoniak in Abwesenheit von NH_4I von $-34\,°C$ auf unter $-75\,°C$ ab, so fällt das gemäß (18) im Gleichgewicht mit Stickstofftriiodid stehende NH_2I in Form eines roten Ammoniakaddukts aus. Es läßt sich im Vakuum bei $-90\,°C$ von NH_3 befreien und in das *schwarze* **Monoiodamin NH_2I** überführen, welches seinerseits bei $-60\,°C$ im Vakuum weiteres Ammoniak unter Bildung des sehr instabilen **Diiodamins NHI_2** abgibt ($2NH_2I \rightleftarrows NHI_2 + NH_3$, vgl. Anm.[73]). Kühlt man die oben erwähnte, mit $NI_3 \cdot 3NH_3$ gesättigte flüssige Ammoniak-Lösung nicht ab, so zersetzt sich das NI_3 wohl über das im Gleichgewicht befindliche Iodamin ($3NH_2I + 2NH_3 \rightarrow N_2 + 3NH_4I$; vgl. hierzu die Reaktion von NH_2Cl und NH_2Br mit NH_3) summarisch nach: $NI_3 + 4NH_3 \rightarrow N_2 + 3NH_4I$.

Chlor-, Brom- und Iodazid XN_3[77] (vgl. Tab. 68) entstehen bei der Einwirkung von Halogenen oder Hypohalogenigen Säuren auf Metallazide:

$$NaN_3 + NaOCl \xrightleftharpoons{\pm H_2O} ClN_3 + 2NaOH, \qquad NaN_3 + Cl_2 \xrightarrow{(H_2O)} ClN_3 + NaCl,$$

$$NaN_3 + Br_2 \longrightarrow BrN_3 + NaBr, \qquad AgN_3 + I_2 \longrightarrow IN_3 + AgI.$$

Man erhält hierbei „*Chlorazid*“ ClN_3 (ClN/NN/NN-Abstände = 1.745/1.252/1.13 Å; ClNN-Winkel = 109°) als *farbloses*, nach Hypochloriger Säure riechendes, explosives Gas, „*Bromazid*“ BrN_3 (BrN/NN/NN-Abstände = 1.899/1.231/1.129 Å; BrNN-Winkel 109.7°) bei vermindertem Druck als explosives Gas, dessen Kondensation zu einer *orangeroten* (rein wohl *farblosen*) Flüssigkeit meist mit einer Explosion verbunden ist und „*Iodazid*“ als *blaßgelben* (rein wohl *farblosen*), sehr explosiven Festkörper (polymer über I-Brücken).

Die Halogenazide XN_3 (X = Cl, Br, I) setzen sich mit vielen Elementhalogeniden EX_n unter *Halogenabspaltung* (EX_n z. B. BX_3, AlI_3, $SnCl_4$, $SbCl_5$, $TiCl_4$, $NbCl_5$, $TaCl_5$, $CrCl_3$, WCl_6, $ReCl_5$, UCl_6) oder *oxidativer Addition* (EX_n z. B. $SnCl_2$, PCl_3, $SbBr_3$) zu *Elementhalogenidaziden* um:

$$X_{n-1}E\text{—}\overset{\delta-}{X} + \overset{\delta+}{X}\text{—}N_3 \xrightarrow[\text{abspaltung}]{\text{Halogen-}} X_{n-1}E\text{—}N_3 + X_2 \quad \text{oder} \quad X_nE + X\text{—}N_3 \xrightarrow[\text{Addition}]{\text{oxidative}} X_{n+1}E\text{—}N_3.$$

Die auf diesen Wegen bequem darstellbaren anorganischen Azide EX_mN_3 ($m = n \mp 1$) sind teils *monomer* (z. B. WCl_5N_3, $ReCl_4N_3$, UCl_5N_3), teils *dimer* oder *trimer* (z. B. $(SbCl_4N_3)_2$, $(NbCl_4N_3)_2$, $(BCl_2N_3)_3$) und teils *polymer* gebaut (z. B. $(AlI_2N_3)_x$, $(SnCl_3N_3)_x$, $(TiCl_3N_3)_x$).

1.3.2 Stickstoff-fluoride[1,77]

Monofluoramin NH_2F (Tab. 68) läßt sich durch „Verdampfen“ des Addukts $NH_2F \cdot 2HF = NH_3F^+HF_2^-$ im ziehenden („dynamischen“) Hochvakuum gewinnen und nach Durchleiten des Reaktionsgases durch aktiviertes, gepulvertes KF (Absorption von HF nach $KF + HF \rightarrow K^+HF_2^-$; vgl. S. 457) bei der Temperatur des flüssigen Stickstoffs ($-196\,°C$) ausfrieren. Das Addukt $NH_3F^+HF_2^-$ ist seinerseits durch Einwirkung von Fluorwasserstoff auf Fluorcarbaminsäureester, der durch Fluorierung von Carbaminsäureester zugänglich ist, gewinnbar:

$$RO\text{—}CO\text{—}NH_2 \xrightarrow[-HF]{F_2/N_2} RO\text{—}CO\text{—}NHF \xrightarrow[\text{u.a.}]{(HF)} NH_3F^+HF_2^- \xrightarrow[+2KF,\ -2KHF_2]{\Delta} NH_2F.$$

Das extrem thermolabile Fluoramin (pyramidaler Bau; C_s-Symmetrie; vgl. weiter unten stehende Zusammenstellung) fällt als *farblose* Festsubstanz aus, die bei ca. $-100\,°C$ unter vollständiger *Zersetzung* nach

$$3NH_2F \rightarrow NH_4F + 2HF + N_2$$

schmilzt (bezüglich des Zerfallsweges vgl. die analoge Zersetzung von NH_2Cl, S. 680)[79]. Ähnlich wie NH_2Cl ist NH_2F ein starkes *Aminierungsmittel*. Z. B. entsteht beim Durchleiten von NH_2F durch gekörntes $CaCl_2$ Chloramin ($NH_2F + Cl^- \rightarrow NH_2Cl + F^-$). Als schwache *Base* bildet NH_2F mit starken Säuren HX Salze $NH_3F^+X^-$ mit dem **Fluorammonium-Ion NH_3F^+** (X^- z. B. HF_2^-, SO_4H^-, SO_3F^-,

SO_3Cl^-, ClO_4^-; darf keine nucleophilen Eigenschaften besitzen, da sonst Fluorid in NH_2F durch X^- substituiert wird).

Difluoramin NHF_2 (Tab. 68) entsteht neben anderen Stickstofffluoriden (NH_2F, NF_3, N_2F_4, N_2F_2) bei der Elektrolyse von geschmolzenem $NH_4^+HF_2^-$. Das bei Raumtemperatur haltbare, explosive Difluoramin erzeugt man aber mit Vorteil durch Spaltung von *Tetrafluorhydrazin* mit Thiophenol bei 50 °C ($N_2F_4 + 2C_6H_5SH \rightarrow 2NHF_2 + C_6H_5SSC_6H_5$; 40 %ige Ausbeute) oder durch Hydrolyse von *N,N-Difluorharnstoff* (100 %ige Ausbeute). Letzterer ist seinerseits durch Fluorierung wässeriger Harnstofflösungen zugänglich (70 %ige Ausbeute):

$$H_2N—CO—NH_2 \xrightarrow[-2HF]{+F_2/N_2} H_2N—CO—NF_2 \xrightarrow[+H_3O^+]{(\text{konz. } H_2SO_4)} NHF_2 + NH_4^+ + CO_2$$

Struktur. Difluoramin (C_s-Symmetrie) ist wie Ammoniak, Mono- und Trifluoramin pyramidal gebaut mit Stickstoff an der Pyramidenspitze. Wie aus folgender Zusammenstellung hervorgeht:

	NH_3	NH_2F	NHF_2	NF_3
Abstand NH/NF [Å]	1.014/–	1.023/1.433	1.026/1.400	–/1.371
∢HNH/FNF/HNF [°]	107.3/–/–	103.3/–/101.1	–/102.9/99.8	–/–/102.4

verringert sich der NF-Abstand – wohl als Folge zunehmender positiver Ladungsanteile am Stickstoff – d.h. wachsender elektrostatischer Anziehung von N und F – in Richtung NH_2F, NHF_2, NF_3. Auch sind die HNF-Winkel kleiner als die HNH- und FNF-Winkel in NH_3, NH_2F, NHF_2, NF_3, was auf die positiven bzw. negativen Ladungsanteile am Wasserstoff bzw. Fluor zurückgeht (elektrostatische Anziehung H/F bzw. Abstoßung H/H und F/F; vgl. die analogen Verhältnisse bei H_2O, HOF, OF_2).

Eigenschaften. *Farbloses* NHF_2 zersetzt sich *thermisch* (in Anwesenheit von KF als HF-Fänger) gemäß:

$$2NHF_2 \xrightarrow{(KF)} 2HF + N_2F_2$$

in Difluordiimin (s.u.). Hierbei wirkt NHF_2 als Aminierungsmittel hinsichtlich NHF_2 (*nucleophile Substitution* von N-gebundenem Fluorid durch NF_2^- unter Hilfestellung von Fluorid als H-Akzeptor: $F_2N^- + NHF_2 \rightarrow F_2N—NHF + F^-$; $F_2N—NHF \rightarrow FN{=}NF + HF$). Eine elektrophile Aminierung (nucleophile Substitution) liegt wohl auch der Reduktion von NHF_2 mit *Iodwasserstoff* zu NH_3 zugrunde ($NHF_2 + 2I^- \rightarrow NHI_2 + 2F^-$; $NHI_2 + 2HI \rightarrow NH_3 + 2I_2$). Die überaus schwache Base NHF_2 vermag mit Lewis-Säuren Addukte zu bilden, z.B. $Cl_3B \leftarrow NHF_2$ (der bei −80 °C gewinnbare Komplex zerfällt bei höheren Temperaturen u.a. in $NClF_2$). Difluoramin stellt eine Säure dar:

$$HNF_2 \rightleftarrows H^+ + NF_2^-$$

und reagiert mit Basen wie OH^- unter Bildung des **Difluoramid-Ions NF_2^-**, das in Abwesenheit von Reaktanden in N_2F_2 übergeht ($2NF_2^- \rightarrow$ *cis-, trans*-$N_2F_2 + 2F^-$), sich in Anwesenheit von Fe^{3+} zu N_2F_4 *oxidiert* ($NF_2^- + Fe^{3+} \rightarrow NF_2 + Fe^{2+}$; $2NF_2 \rightleftarrows N_2F_4$) und von ClO^- bzw. Br_2 zu „*Stickstoffchloriddifluorid*" $NClF_2$ bzw. „*Stickstoffbromidifluorid*" $NBrF_2$ halogeniert wird.

Stickstofftrifluorid NF_3 (Tab. 68). Darstellung. NF_3 erhält man durch Umsetzung von überschüssigem, N_2-verdünntem Fluor mit Ammoniak bei Gegenwart von Katalysatoren wie Cu ($NH_3 + 3F_2 \rightarrow NF_3 + 3HF$), durch elektrolytische Zersetzung von geschmolzenem, wasserfreiem Ammoniumhydrogenfluorid bei 125 °C ($F^- \rightarrow F + \ominus$; $NH_3 + 6F \rightarrow NF_3 + 3HF$) oder in der Technik durch Elektrofluorierung von NH_4F oder Harnstoff $CO(NH_2)_2$ in wasserfreiem Fluorwasserstoff ($CO(NH_2)_2 + 6F_2 \rightarrow COF_2 + 2NF_3 + 4HF$). Eigenschaften. NF_3 (NF-Abstand 1.37 Å, ber. für einfache Bindung 1.34 Å; Bindungswinkel FNF 102.1°; pyramidale Gestalt; C_{3v}-Symmetrie) ist ein *farbloses*, in Wasser und Kalilauge praktisch unlösliches Gas, welches sich durch starke Abkühlung zu einer klaren, leicht beweglichen Flüssigkeit verdichten läßt (Smp. 206.8 °C, Sdp. −73 °C). Stickstofftrifluorid ($\Delta H_f = -125$ kJ/mol), das im Gegensatz zum Ammoniak kaum basische Eigenschaften besitzt, ist bis etwa 250–300 °C recht reaktionsträge. Erst bei mehr oder minder starkem Erhitzen reagiert es mit *Metallen* (z.B. Li, Na, K, Cu Ag, Mg, Ca, Ba, Zn, Cd, Hg, Sn, Pb) und *Nichtmetallen* (z.B. H_2, B, Si, As, Sb) unter Fluoridbildung (vgl. bei N_2F_4). Die Reaktion mit *Wasserstoff* erfolgt bei Zündung durch einen Funken mit scharfem Knall und rötlich-violettem Leuchten. Ebenso setzt beim Entzünden eines Stickstofftrifluorid-*Wasserdampf*-Gemischs unter bläulicher Flammenerscheinung eine langsame Reaktion ein, die zur Bildung von Fluorwasserstoff und Salpetriger Säure (bzw. Stickstoffoxid + Stickstoffdioxid) führt:

$$2NF_3 + 3H_2 \rightarrow N_2 + 6HF; \quad NF_3 + 2H_2O \rightarrow HNO_2 + 3HF.$$

Verhältnismäßig leicht (schon bei 70 °C) reagiert NF_3 mit *Aluminiumchlorid*:

$$2\,NF_3 + 2\,AlCl_3 \rightarrow N_2 + 3\,Cl_2 + 2\,AlF_3\,.$$

Einwirkung von F_2 und AsF_5 auf NF_3 in einer Glimmentladung bei − 78 °C führt gemäß

$$NF_3 + F_2 + AsF_5 \rightarrow [NF_4]^+[AsF_6]^-$$

zu einem *weißen*, kristallinen, sehr hygroskopischen und leicht hydrolysierbaren Festkörper $[NF_4]^+[AsF_6]^-$, der tetraedrisch gebautes **Tetrafluorammonium-Ion NF_4^+** (T_d-Symmetrie) enthält, bei 25 °C stabil und nichtflüchtig ist und sich erst bei etwa 270 °C zersetzt. Einwirkung von O_2 auf NF_3 in der elektrischen Entladung ergibt **Stickstofftrifluoridoxid NOF_3** („*Nitrosyltrifluorid*"), ein *farbloses*, stabiles, giftiges, hydrolysebeständiges und oxidierend wirkendes Gas (Smp. − 160 °C, Sdp. − 87.6 °C; tetraedrischer Bau; C_{3v}-Symmetrie), das sich auch durch Fluorierung von NOF (z. B. mittels IrF_6) gewinnen läßt, fluorierend wirkt und mit starken F^--Akzeptoren (wie BF_3, AsF_5, SbF_5) Komplexe des Typus $[NF_2O]^+[AsF_6]^-$ bildet (NF_2O^+ isoelektronisch mit Fluorphosgen CF_2O).

Distickstofftetrafluorid N_2F_4 (Tab. 68). Darstellung. Leitet man NF_3 bei 375 °C über Metalle (z. B. Kupfer) oder unterwirft man ein Gemisch von NF_3 und Hg-Dampf einer elektrischen Entladung, so entsteht durch Fluorentzug gemäß

$$2\,NF_3 + 2\,M \rightarrow N_2F_4 + 2\,MF$$

(M = Äquivalent des Metalls) mit 60–70 %iger Ausbeute gasförmiges „*Tetrafluorhydrazin*" („*Tetrafluordiazan*") N_2F_4. Eigenschaften. Seine Molekularstruktur (NN-Abstand 1.48 Å, NF-Abstand 1.39 Å, entsprechend Einfachbindungen) ist *hydrazinähnlich* (vergleichbare Anteile an *gauche* und *trans*-Form (C_2- und C_{2h}-Symmetrie), letztere um etwa 2 kJ/mol stabiler; die beiden NF_2-Hälften werden durch eine Energiebarriere von 12.5 kJ/mol an einer internen Rotation behindert). Es wirkt gegenüber vielen Stoffen wie Schwefel oder Lithium als kräftiges *Fluorierungsmittel* ($N_2F_4 + 10\,Li \rightarrow 4\,LiF + 2\,Li_3N$; $N_2F_4 + S_8 \rightarrow$ u. a. SF_4, SF_5NF_2) und dissoziiert in der Gasphase beim Erwärmen[84a)] leicht in *dunkelblaue* **Difluoramin-Radikale NF_2**:

$$93.4\,kJ + N_2F_4 \rightleftarrows 2\,NF_2 \quad (K = 0.03 \text{ bei } 150\,°C),$$

was seine im Vergleich zu NF_3 hohe Reaktivität und seine besondere Reaktionsweise erklärt. So reagiert es mit Chlor im Licht unter Bildung eines „*Difluorchloramins*" NF_2Cl, mit Stickoxid bei 300 °C und schnellem Abschrecken in flüssigem Stickstoff unter Bildung eines *purpurfarbenen*, leicht wieder dissoziierenden „*Nitrosodifluoramins*" NF_2NO, mit S_2F_{10} unter Bildung eines farblosen Gases (Sdp. − 17.6 °C) der Zusammensetzung NF_2SF_5:

$$(NF_2)_2 + Cl_2 \rightarrow 2\,NF_2Cl; \quad (NF_2)_2 + 2\,NO \rightarrow 2\,NF_2NO; \quad (NF_2)_2 + (SF_5)_2 \rightarrow 2\,NF_2SF_5\,.$$

An Olefine vermag es sich zu addieren:

$$>C{=}C< + N_2F_4 \rightarrow\; >C(NF_2){-}C(NF_2)<$$

Das Radikal NF_2, das u. a. mit den Radikalen O_3^- O_2F und ClO_2 isoelektronisch ist und wie diese eine ungerade Valenzelektronenzahl (19 Elektronen) aufweist, ist überraschend stabil (ebenso „stabil" wie die Radikale NO und NO_2) und besitzt gleich diesen und wie OF_2 (1 Elektron mehr) und wie NOF (1 Elektron weniger) eine gewinkelte Gestalt (vgl. hierzu S. 355):

O=N–F	F–N–F	[O–O–O]⁻	O–O–F	F–O–F
110°	103°	114°		103°

Arsen- und Antimonpentafluorid greift N_2F_4 unter Bildung eines stabilen Salzes an, das das **Trifluordiiminium-Ion $N_2F_3^+$** enthält:

$$N_2F_4 + 2\,SbF_5 \rightarrow N_2F_3^+Sb_2F_{11}^-\,.$$

Distickstoffdifluorid N_2F_2 (Tab. 68). Fluorazid geht beim Erwärmen auf 70–90 °C unter N_2-Abspaltung, Difluoramin beim Behandeln mit KF unter HF-Abspaltung (KHF_2-Bildung) gemäß

[84a] Bei 300 °C liegt vollständige Dissoziation vor; aber auch bei Raumtemperatur und niederen Drücken ist die Spaltung bereits nennenswert (beim Abschrecken erwärmten N_2F_4-Gases erhält man einen *dunkelblauen* Festkörper). Dementsprechend ist die Chemie von N_2F_4 im wesentlichen eine Chemie des Radikals NF_2.

$$2N_3F \rightarrow 2N_2 + N_2F_2 \quad \text{und} \quad HNF_2 + KF \xrightarrow{-80\,°C} HNF_2 \cdot KF \xrightarrow{20\,°C} \tfrac{1}{2}N_2F_2 + KHF_2$$

in gasförmiges, gegen O_2 und H_2O beständiges „*Difluordiimin*" („*Difluordiazen*") N_2F_2, ein Fluorderivat des *Diimins* HN=NH („*Diazen*") (s. dort) über. Es besteht aus einer *trans*- und einer *cis*-Form, die miteinander in einem nach der Seite der *cis*-Form hin verschobenen Gleichgewicht stehen, das sich mit steigender Temperatur rascher einstellt (die Isomerisierung wird durch rostfreien Stahl katalysiert):

$$\underset{trans}{\mathrm{F{-}\ddot{N}{=}\ddot{N}{-}F}} \rightleftarrows \underset{cis}{\mathrm{F{-}\ddot{N}{=}\ddot{N}{-}F}} + 12.6\,\mathrm{kJ}.$$

Bei 25 °C liegt ein Gemisch von etwa 10% *trans*- und 90% *cis*-N_2F_2 vor, bei 300 °C zerfällt N_2F_2 in die Elemente. Da sich das Gleichgewicht *cis* ⇄ *trans* erst bei höheren Temperaturen oder in Gegenwart von Katalysatoren rasch einstellt, lassen sich die beiden Formen durch geeignete Methoden (Hochvakuumdestillation, Gaschromatographie) getrennt isolieren. Der NN-Abstand entspricht mit 1.224 Å (*trans*) bzw. 1.209 Å (*cis*) einer Doppelbildung (ber. 1.20 Å), der NF-Abstand mit 1.398 Å (*trans*) bzw. 1.409 Å (*cis*) einer Einfachbindung (ber. 1.34 Å); der Bindungswinkel FNN beträgt 106° (*trans*) bzw. 114° (*cis*). *Cis*-N_2F_2 ist reaktionsfreudiger als *trans*-N_2F_2. So greift ersteres im Gegensatz zu letzterem langsam Glas an und reagiert mit AsF_5 unter Bildung des **Fluordiazonium-Ions N_2F^+** (als AsF_6^--Salz), das oberhalb 75 °C im Hochvakuum unter nur geringer Zersetzung sublimierbar ist und aus dem mit NaF wieder *cis*-N_2F_2 in Freiheit gesetzt werden kann. Dem Kation N_2F^+, das isoelektronisch mit CO_2, N_2O und NO_2^+ ist, kommt die lineare Struktur $:\ddot{F}{-}N{\equiv}N: \leftrightarrow \ddot{F}{=}N{=}\ddot{N}$ zu (NN/NF-Abstände 109.9/1.217 Å). Reines *trans*-N_2F_2 kann mit 45%iger Ausbeute durch Umsetzung von N_2F_4 oder einem N_2F_2-Isomerengemisch mit $AlCl_3$ (vgl. die Reaktion von NF_3 mit $AlCl_3$, oben) erhalten werden:

$$3N_2F_4 + 2AlCl_3 \rightarrow 3\,cis\text{-}/trans\text{-}N_2F_2 + 3Cl_2 + 2AlF_3,$$

$$3\,cis\text{-}N_2F_2 + 2AlCl_3 \rightarrow 3N_2 + 3Cl_2 + 2AlF_3; \quad 3\,trans\text{-}N_2F_2 + 2AlCl_3 \rightarrow \text{keine Reaktion.}$$

Die dem N_2F_2 entsprechende *teilchlorierte* Verbindung N_2FCl ist im Gegensatz zum N_2F_2 hochexplosiv. Sie entsteht, wenn man ein Gemisch von FN_3(→ FN + N_2) und ClN_3(→ ClN + N_2) auf 120 °C erwärmt: FN + NCl → FN=NCl.

Fluorazid FN_3 (Tab. 68) bildet sich bei der Fluorierung von heliumverdünnter, gasförmiger Stickstoffwasserstoffsäure als *gelbes*, bereits bei Raumtemperatur langsam in N_2F_2 und N_2 zerfallendes Gas ($2FN_3 \rightarrow FN{=}NF + 2N_2$), das bei ca. − 30 °C flüssig und bei − 139 °C fest wird.

1.4 Oxide des Stickstoffs[1,85]

Stickstoff bildet **Oxide** der Formeln **NO_n** (n = 1, 2, 3) und **N_2O_n** (n = 1, 2, 3, 4, 5, 6), wie aus Tab. 69 hervorgeht, in der die Verbindungen nach steigender Oxidationsstufe des Stickstoffs angeordnet sind. Drei weitere, nur aus N und O bestehende (instabile) Verbindungen sind das Nitrosylazid ONN_3 = **N_4O** (S. 711), das Nitrylazid O_2NN_3 = **N_4O_2** (S. 720) und das Dinitrosylperoxid ONOONO = **N_2O_4** (S. 698). (Bezüglich der Stickstoff**oxidhalogenide** vgl. S. 467, 710, 720.)

Von den Sauerstoffverbindungen ist das Oxid N_2O_4 bei *Raumtemperatur* bei einem Druck von 1 bar praktisch nicht, bei niedrigem Drücken jedoch großenteils nach $N_2O_4 \rightleftarrows 2NO_2$ dissoziiert; beim N_2O_2 verschiebt sich das entsprechende Dissoziationsgleichgewicht $N_2O_2 \rightleftarrows 2NO$ erst bei *sehr tiefen Temperaturen* nach links, so daß das Oxid bei Zimmertemperatur fast ausschließlich in Form des einfachen Moleküls NO auftritt. Die Verbindung N_2O_6 und ihr Dissoziationsprodukt NO_3 entstehen nur als reaktive Zwischenprodukte. N_2O, NO und NO_2 sind seit der zweiten Hälfte des 18. Jahrhunderts bekannt und zählen zu den ersten Gasen, die einzeln isoliert und identifiziert wurden. Die (pauschal) als **„Nitrose Gase" NO_x** bezeichneten Stickstoffoxide tragen wesentlich zur allgemeinen Luftverunreinigung bei (Näheres S. 525).

---

[85] **Literatur.** J. Laane, J. R. Ohlsen: „*Characterization of Nitrogen Oxides by Vibrational Spectroscopy*", Progr. Inorg. Chem. **27** (1980) 465–513; ULLMANN (5. Aufl.): „*Nitrogen Oxides*", **A17** (1991) 293–339. Vgl. auch Anm. 94, 96, 97.

Tab. 69 Stickstoffoxide

Oxidationsstufe des Stickstoffs	Oxide NO_n Name	Formel		Oxide N_2O_n Formel	Name
+1				N_2O	**Distickstoffmonoxid** Distickstoff(I)-oxid
+2	**Stickstoffmonoxid** Stickstoff(II)-oxid	NO	⇄	N_2O_2	**Distickstoffdioxid** Distickstoff(II)-oxid
+3				N_2O_3	**Distickstofftrioxid** Distickstoff(III)-oxid
+4	**Stickstoffdioxid** Stickstoff(IV)-oxid	NO_2	⇄	N_2O_4	**Distickstofftetraoxid** Distickstoff(IV)-oxid
+5				N_2O_5	**Distickstoffpentaoxid** Distickstoff(V)-oxid
+5[a)]	**Stickstofftrioxid** Stickstoff(V)-oxid	NO_3	⇄	N_2O_6	**Distickstoffhexaoxid** Peroxodistickstoff(V)-oxid

a) Zur Struktur von NO_3 und N_2O_6 vgl. S. 699.

Alle Stickstoffoxide mit Ausnahme von N_2O_4 (fl) sowie N_2O_5 (f) sind endotherme, alle Oxide ohne Ausnahme *endergone* Verbindungen (ΔG_f = positiv) und sollten daher bei Raumtemperatur aus *thermodynamischen* Gründen in die Elemente zerfallen. Die Zersetzung erfolgt aber aus *kinetischen* Gründen erst beim Erwärmen.

1.4.1 Distickstoffmonoxid N_2O[1,85)]

Darstellung. *Distickstoffoxid* (früher: „*Stickoxydul*") N_2O kommt in Spuren in der Atmosphäre vor und entsteht in der Natur als Nebenprodukt der Denitrifikation und Nitrifikation (S. 641). In der Technik wird es durch Erhitzen von Ammoniumnitrat ($NH_4NO_3 \rightleftarrows NH_3 + HNO_3$) oder einer Mischung von Ammoniumsulfat und Natriumnitrat ($NH_4^+ + NO_3^- \rightarrow NH_4NO_3$) auf 200 °C dargestellt.

$$NH_3 + HNO_3 \rightarrow N_2O + 2H_2O\,.$$

Man muß dabei Sorge tragen, daß die Temperatur nicht zu hoch steigt, da oberhalb 300 °C unter bestimmten Bedingungen ein explosionsartiger Zerfall des Ammoniumnitrats eintreten kann ($NH_4NO_3 \rightarrow N_2O + 2H_2O + 124.1$ kJ).

Im Laboratorium läßt es sich auch durch Umsetzung von Amidoschwefelsäure (siehe dort) mit konzentrierter Salpetersäure ($H_2NSO_3H + HNO_3 \rightarrow N_2O + H_2SO_4 + H_2O$), durch Zersetzung der Hyposalpetrigen Säure ($H_2N_2O_2 \rightarrow H_2O + N_2O$) sowie durch Reduktion von Salpetriger Säure mit Hydroxylamin oder Stickstoffwasserstoffsäure gewinnen ($HNO_2 + NH_2OH \rightarrow N_2O + 2H_2O$; $HNO_2 + HN_3 \rightarrow N_2O + N_2 + H_2O$).

Physikalische Eigenschaften. Distickstoffoxid ist ein *farbloses*, diamagnetisches Gas von schwachem, süßlichem Geruch und läßt sich leicht zu einer Flüssigkeit verdichten, welche bei −88.48 °C siedet und bei −90.86 °C zu weißen Kristallen erstarrt (ΔH_f = +82.10, ΔG_f = +104.2 kJ/mol). Da es schwach betäubende Wirkung zeigt, kommt es in verflüssigtem Zustande in Stahlflaschen für Narkosezwecke in den Handel. In geringen Mengen eingeatmet, ruft es einen rauschartigen Zustand und eine krampfhafte Lachlust hervor („Lachgas"). In kaltem Wasser ist es ziemlich löslich: 1 Raumteil Wasser absorbiert, ohne jede chemische Reaktion, bei 0 °C 1.3052, bei 25 °C 0.5962 Raumteile N_2O; daher muß man es bei der Darstellung über heißem Wasser oder über einer konzentrierten Kochsalzlösung auffangen. Aus der (neutralen) wässerigen Lösung läßt sich bei tiefen Temperaturen ein kristallines „Hydrat" $N_2O \cdot 5\frac{3}{4}H_2O$ ausscheiden (vgl. S. 421). N_2O löst sich unter Druck darüber hinaus gut in Fetten und wird deshalb als Treib- und Lockerungsmittel für Schlagsahne und Speiseeis verwendet.

Die *Konstituton* des linear gebauten Distickstoffoxids (isoster mit CO_2) ist NNO. Sein *Valenzzustand* läßt sich durch folgende Mesomerieformel:

$$\left[:\overset{\oplus}{N}\equiv\overset{\ominus}{N}-\ddot{\underset{..}{O}}: \leftrightarrow \overset{\ominus}{\ddot{N}}=\overset{\oplus}{N}=\ddot{\underset{..}{O}}\right]$$

zum Ausdruck bringen. Der NN-Abstand beträgt 1.126 Å, entsprechend einem Zwischenzustand zwischen doppelter (1.20 Å) und dreifacher Bindung (1.10 Å); der NO-Abstand hat den Wert 1.186 Å, entsprechend einem Zwischenzustand zwischen einfacher (1.36 Å) und doppelter Bindung (1.16 Å). Die Verhältnisse liegen hier ganz analog wie im Falle der Stickstoffwasserstoffsäure [N≡N—NH ↔ N=N=NH], deren Formel sich von der des Distickstoffoxids N_2O durch Austausch des Sauerstoffatoms O gegen eine Iminogruppe NH ableitet.

Chemische Eigenschaften. Distickstoff unterhält die Atmung nicht, so daß es bei Narkosen nur bei gleichzeitiger Sauerstoffzufuhr eingeatmet werden darf. Die Verbrennung *leicht entzündlicher* Körper wird dagegen vom Distickstoffoxid („*Ozon der Stickstoffchemie*") lebhaft unterhalten. So verbrennen z. B. Phosphor, Schwefel, Kohle oder ein glimmender Holzspan darin wie in Sauerstoff[86]; Gemische mit Wasserstoff explodieren beim Entzünden wie Knallgas, nur – wegen der N_2-Beimengung – etwas schwächer: $N_2O + H_2 \rightarrow N_2 + H_2O + 368.1$ kJ. Die Verbrennung mit N_2O ist im allgemeinen schwieriger einzuleiten, als die mit Sauerstoff, weil Distickstoffoxid bei niedrigen Temperaturen recht beständig – allerdings nur *metastabil* ($N_2O \rightleftarrows N_2 + \frac{1}{2}O_2 + 82.10$ kJ) – ist und erst bei verhältnismäßig hohen Temperaturen (600 °C) in die Elemente zu zerfallen beginnt. Besonders heftigt explodieren entzündete Gemische von Distickstoffoxid und Ammoniak: $3N_2O + 2NH_3 \rightarrow 4N_2 + 3H_2O + 1012.1$ kJ. Mit Sauerstoff, Ozon, Halogenen und Alkalimetallen reagiert N_2O bei Raumtemperatur nicht. Bezüglich der Beteiligung von N_2O am Kreislauf des Stickstoffs sowie Ozons vgl. S. 641 und 522, bezüglich der Redoxpotentiale S. 702.

N_2O wirkt nicht als Brönsted-Base, vermag aber als *Lewis-Base* in **Distickstoffoxid-Komplexen** aufzutreten (z. B. $[Ru(NH_3)_5(H_2O)]^{2+} + N_2O \rightarrow [Ru(NH_3)_5(N_2O)]^{2+} + H_2O$). Hinsichtlich starker Basen wirkt N_2O darüber hinaus als *Lewis-Säure*, wie etwa die Umsetzung mit Amid lehrt (S. 666): $NH_2^- + N{=}N{=}O \rightarrow [H_2N{-}N{=}N{-}O]^- \rightarrow N{=}N{=}N^- + H_2O$.

1.4.2 Stickstoffmonoxid NO. Distickstoffdioxid N_2O_2[1,85]

Darstellung. Das *Stickstoffoxid* („*Stickoxid*") NO ist eine stark endotherme Verbindung:

$$180.62\,\text{kJ} + N_2 + O_2 \rightleftarrows 2NO \tag{1}$$

und läßt sich daher nur bei *Energiezufuhr* (hoher Temperatur, elektrischer Lichtbogen) – und auch da nur mit schlechter Ausbeute – **aus den Elementen** erzeugen.

Fig. 155 gibt die Ausbeute an Stickoxid in Vol.-% beim Erhitzen von Luft ($4N_2 + O_2$) auf verschiedene Temperaturen wieder. Wie daraus hervorgeht, befinden sich bei 1800 °C rund 0.5, bei 1900 °C 1 Vol.-% Stickoxid mit Luft im Gleichgewicht (bei 1200/700/200 °C betragen die Gleichgewichtskonzentrationen rund $0.1/0.04/10^{-7}$ Vol.-% NO). Bei höheren Temperaturen durchläuft die NO-Ausbeute wegen des dort erfolgenden Zerfalls in N_2-Moleküle und O-Atome ein Maximum (ohne diesen Zerfall würde die NO-Gleichgewichtskonzentration – entsprechend der unterbrochenen Linie – exponentiell weiter ansteigen und bei 2200 bzw. 2700 °C rund 2 bzw. 5 Vol.-% NO betragen). Die reversible Bildung von NO erfolgt

---

[86] Die analytische Unterscheidung von N_2O und O_2 kann durch Zugabe von NO erfolgen, da O_2 mit letzterem braune Dämpfe von NO_2 liefert, während N_2O mit NO nicht reagiert.

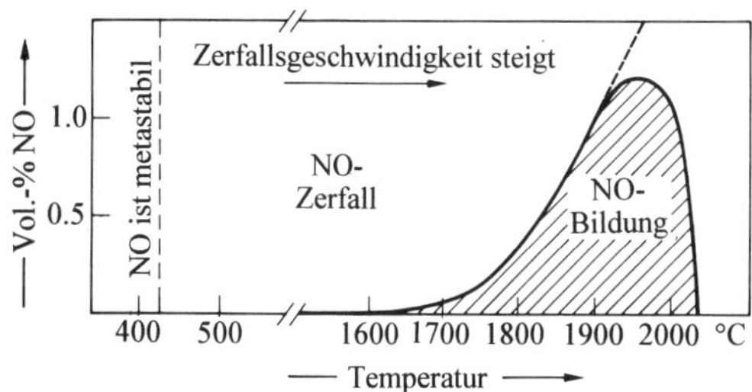

Fig. 155 Temperaturabhängigkeit der Stickoxid-Ausbeute bei der Synthese aus Luft (die ausgezogene Kurve entspricht den Gleichgewichtskonzentrationen von NO bei verschiedenen Temperaturen. Außerhalb der Kurve erfolgt NO-Zerfall, innerhalb der Kurve NO-Bildung bis zur Erreichung der für die betreffende Temperatur gültigen Gleichgewichtskonzentration an NO).

hierbei im wesentlichen auf folgendem Wege über Sauerstoff- und Stickstoffatome, wobei die N-Atombildung geschwindigkeitsbestimmend ist (M = Stoßpartner):

Kettenstart:	$O_2 \underset{}{\overset{(M)}{\rightleftharpoons}} 2O$	*Radikal-*	$O + N_2 \rightleftarrows NO + N$
Kettenabbruch:	$O + N \overset{(M)}{\rightleftharpoons} NO$	*kette*:	$N + O_2 \rightleftarrows NO + O$

Die Vereinigung von Stickstoff und Sauerstoff zu Stickoxid in einem elektrischen Flammenbogen (**„Luftverbrennung“**) war früher ein *großtechnisches Verfahren* zur Darstellung von *Salpetersäure*, da man Stickoxid durch Einwirkung von Sauerstoff und Wasser leicht in Salpetersäure überführen kann: $2NO + H_2O + 1\frac{1}{2}O_2 \rightarrow 2HNO_3$ (vgl. S. 715). Die hierfür benutzten Verfahren (*„Birkeland-Eyde-Verfahren*, *„Schönherr-Verfahren“*, *„Pauling-Verfahren“*) unterschieden sich voneinander nur durch die Art und Weise, in der eine möglichst kurze, aber innige Berührung der Gase mit dem Flammenbogen und eine schnelle Abkühlung der Reaktionsgase erreicht wurden. Da nämlich bei den hohen Temperaturen eines Flammenbogens die Gleichgewichtseinstellung der NO-Bildung und -Zersetzung außerordentlich groß ist, stellt sich beim Abkühlen des Reaktionsgemisches jeweils in kleiner Zeit das der niedrigeren Temperatur entsprechende ungünstigere Gleichgewicht ein. Nur durch *„Abschrecken“*, d.h. Abkühlen mit größerer als der Zerfallsgeschwindigkeit, läßt sich der Zerfall weitgehend vermeiden, da man dann rasch in Temperaturgebiete gelangt, in denen die Gleichgewichtseinstellung langsam vor sich geht (unterhalb 450 °C zerfällt NO als metastabiler Stoff praktisch nicht mehr). Unter günstigsten Reaktionsbedingungen läßt sich so die Konzentration von rund 3 Vol.-% NO erhalten. Wegen des erheblichen Verbrauchs an elektrischer Energie blieb das Luftverbrennungsverfahren in der Hauptsache auf Länder mit billigen Wasserkräften (Norwegen, Schweiz) beschränkt. Inzwischen ist es auch dort durch das billigere Verfahren der Ammoniakverbrennung (s. unten) verdrängt worden.

Große Mengen NO werden derzeit gemäß (1) im Verbrennungsraum der Automotoren erzeugt. Das mit den Autoabgasen (Analoges gilt für die Rauchgase von Feuerungsanlagen) in die Luft gelangende Stickoxid stellt ein ernstes Problem dar, da es die Chemie der Atmosphäre ungünstig beeinflußt (vgl. hierzu Smog-Bildung sowie Autoabgas- und Rauchgasreinigung; S. 526, 694f.). Gewisse Mengen NO entstehen in der Luft darüber hinaus durch Blitztätigkeit gemäß (1).

Die großtechnische Erzeugung von Stickoxid durch katalytische **Ammoniakverbrennung**:

$$4NH_3 + 5O_2 \rightarrow 4NO + 6H_2O + 906.11\ \text{kJ}$$

dient der Salpetersäuregewinnung und wird daher erst bei der Salpetersäure (S. 714) ausführlicher besprochen.

Im Laboratorium gewinnt man Stickoxid durch **Reduktion von Salpetersäure**:

$$NO_3^- + 4H^+ + 3\ominus \rightleftarrows NO + 2H_2O\,.$$

Nach der Spannungsreihe kann diese Reduktion unter den Normalbedingungen von allen Stoffen bewirkt werden, deren Potential n e g a t i v e r als + 0.96 V und zur – Vermeidung von Wasserstoffentwicklung – p o s i t i v e r als 0 V ist. Solche Stoffe sind z. B. Kupfer ($Cu \rightarrow Cu^{2+} + 2\ominus$; $\varepsilon_0 = +0.340$ V), Quecksilber ($2Hg \rightarrow Hg_2^{2+} + 2\ominus$; $\varepsilon_0 = +0.789$ V) und Eisen(II)-Salze ($Fe^{2+} \rightarrow Fe^{3+} + \ominus$; $\varepsilon_0 = +0.771$ V).

Die Umsetzung verdünnter Salpetersäure mit Kupfer ($3Cu + 2NO_3^- + 8H^+ \rightarrow 2NO + 3Cu^{2+} + 4H_2O$) ist eine gebräuchliche Stickoxid-Darstellungsmethode des Laboratoriums. Die Reaktion mit Quecksilber (Schütteln von Quecksilber mit Salpetersäure und konzentrierter Schwefelsäure: $6Hg + 2NO_3^- + 8H^+ \rightarrow 2NO + 3Hg_2^{2+} + 4H_2O$) dient zur Gehaltsbestimmung von Salpetersäurelösungen (Messung des entwickelten Stickoxidvolumens). Die Umsetzung mit Eisen(II)-Salzen (vorsichtige Unterschichtung der wässerigen Lösung einer auf Nitrat zu prüfenden Substanz und Eisen(II)-sulfat in einem Reagenzglas mit konzentrierter Schwefelsäure: $3Fe^{2+} + NO_3^- + 4H^+ \rightarrow NO + 3Fe^{3+} + 2H_2O$) wird zum qualitativen Nachweis von Salpetersäure benutzt, da das in der Grenzfläche zwischen wässeriger Lösung (oben) und konz. Schwefelsäure (unten) gebildete Stickoxid mit noch unverändertem Eisen(II)-sulfat eine tief dunkelbraune Anlagerungsverbindung („*brauner Ring*") bildet: $[Fe(H_2O)_6]^{2+} + NO \rightarrow [Fe(H_2O)_5NO]^{2+} + H_2O$.

Besonders reines Stickstoffmonoxid erhält man durch Reduktion schwefelsaurer Lösungen von Nitriten ($HNO_2 + H^+ + \ominus \rightarrow NO + H_2O$; $\varepsilon_0 = +1.996$ V) mit Iodid ($\varepsilon_0 = +0.5355$ V) oder Eisen(II)-Salz ($\varepsilon_0 = 0.771$ V): $2HNO_2 + 2I^- + 2H^+ \rightarrow 2NO + I_2 + 2H_2O$; $HNO_2 + Fe^{2+} + H^+ \rightarrow NO + Fe^{3+} + H_2O$. Zur Bildung von NO beim Ansäuern von Nitriten vgl. S. 709.

Physikalische Eigenschaften. Stickoxid ist ein *farbloses, paramagnetisches*, giftiges Gas ($\Delta H_f = +90.31$, $\Delta G_f = +86.6$ kJ/mol) und zu einer *blauen* Flüssigkeit verdichtbar, welche bei $-151.77\,°C$ siedet und bei $-163.65\,°C$ erstarrt. In Wasser löst es sich nur wenig (0.07 Raumteile NO in 1 Raumteil Wasser bei 0 °C).

Struktur. NO ist eines der wenigen Hauptgruppen-Oxide mit ungerader Elektronenzahl („*odd-Molekül*"; von engl. odd = ungerade); andere Beispiele hierfür sind ClO_2 und NO_2. Sein Elektronenzustand kann nach der VB-Theorie durch die Formel (b) wiedergegeben werden, da der gefundene NO-Abstand von 1.14 Å einem Zwischenzustand zwischen doppelter (ber. 1.16 Å) und dreifacher Bindung (ber. 1.06 Å) entspricht:

$$[:N{\equiv}O:]^+ \quad [\dot{N}{=}\ddot{O} \leftrightarrow N{=}\dot{O}] \quad [\ddot{N}{=}\ddot{O}]^- \quad O{=}N{-}N{=}O \quad O{=}N{-}O{=}N$$

(a) (b) (c) (d) (e)

Die Bindungsverhältnisse des NO-Radikals (11 Valenzelektronen) lassen sich nach der MO-Theorie, ausgehend vom MO-Schema des N_2-Moleküls (10 Valenzelektronen; S. 350), durch Hinzufügen eines zusätzlichen Elektrons beschreiben. Da dieses ein antibindendes π-MO besetzen muß, erniedrigt sich die Bindungsordnung von 3 des Stickstoffs auf 2.5. Auch läßt sich naturgemäß das zusätzliche Elektron aus seinem antibindenden Zustand leicht abionisieren ($IE_{NO} = 9.25$ eV; $IE_{N_2} = 14.0$ eV).

Das NO-Molekül kann entweder durch Abgabe oder durch Aufnahme eines Elektrons in ein „geradzahliges" Teilchen übergehen. Das im ersteren Fall entstehende, mit dem Kohlenoxid CO und Stickstoff N_2 isoelektronische „*Nitrosyl-Kation*" NO^+ (vgl. S. 710) enthält in Übereinstimmung mit Elektronenformel (a) eine Dreifachbindung (gef. 1.06, ber. 106. Å); dem im zweiten Fall gebildeten, mit dem molekularen Sauerstoff O_2 isoelektronische „*Nitroxyl-Anion*" NO^- kommt die Elektronenformel (c) mit Doppelbindung zu (vgl. S. 593).

Das Dimerisierungsgleichgewicht $2NO \rightleftarrows N_2O_2 + 10.5$ kJ liegt trotz des Radikalcharakters von NO bei Raumtemperatur ganz auf der linken Seite (vgl. hierzu das andersartige Verhalten von NS, S. 599). Erst im flüssigen und namentlich im festen Zustand (*diamagnetisch*) ist das Stickoxid NO weitgehend zu N_2O_2 dimerisiert, wie z.B. aus der hohen Trouton-Konstante[87] (= 113.6 J/mol) der Flüssigkeit und aus den Schwingungsspektren hervorgeht. Die dimeren Moleküle O=N—N=O stellen dabei ein Gemisch von *cis* und *trans-Konformeren* dar, von denen die erstere (d) die stabilere ist (NN-Abstand: 2.18 Å, NO-Abstand: 1.12 Å, $\measuredangle$ NNO = 101°). Das zu (d) *Konstitutionsisomere* (e) bildet sich als *roter* Stoff bei der Kondensation von NO in Gegenwart von Säuren wie HCl, SO_2, BX_3, SiF_4, $SnCl_4$, $TiCl_4$. Das ebenfalls denkbare Konstitutionsisomere N=O—O=N existiert nicht.

[87] Die „**Trouton-Konstante**", unter der man den Quotienten aus molarer Verdampfungsenthalpie beim Siedepunkt (J/mol) und absolutem Siedepunkt, d.h. die molare „*Verdampfungsenthalpie*" beim Siedepunkt versteht (vgl. Lehrbücher der physikalischen Chemie), ist ein Maß für den Assoziationsgrad einer Flüssigkeit, verglichen mit der Gasphase. Bei „normalen" Flüssigkeiten, die in keiner Phase merklich assoziiert sind, hat sie den Wert ~ 88, während höhere Werte Assoziation im flüssigen Zustand anzeigen (bei Stoffen mit mittleren Siedetemperaturen). So beträgt etwa die Troutonkonstante beim nichtassoziierten HCl und H_2S 85.8 bzw. 87.9, beim flüssigkeits-assoziierten NH_3, H_2O und HF 97.5 bzw. 109.0 bzw. 103.4 $J mol^{-1} K^{-1}$.

Physiologisches. Stickoxid, das *keinerlei* physiologische *Reizwirkung* aufweist, vermag zweiwertiges Eisen des Hämoglobins zu dreiwertigen zu oxidieren, das Sauerstoff nicht mehr binden und transportieren kann, und ist infolgedessen potentiell *toxisch*. Das leicht durch Zellmembranen diffundierende, in physiologischen Medien nur kurzzeitig existierende Oxid ($\tau_{1/2}$ = einige Sekunden) ist andererseits ein außerordentlich wichtiger und weit verbreiteter *Botenstoff in biologischen Systemen* (Bildung im Zuge der enzymatischen Oxidation von L-Arginin zu Citrullin mit Sauerstoff).

Chemische Eigenschaften. Redoxverhalten. Charakteristisch für Stickoxid, welches oberhalb ca. 450 °C in Stickstoff und Sauerstoff zerfällt[88], ist sein großes Bestreben, sich mit *Sauerstoff* zu braunem Stickstoffdioxid NO_2 zu verbinden:

$$2NO + O_2 \rightleftarrows 2NO_2 + 114.2\,\text{kJ}\,. \qquad (2)$$

Sobald daher das farblose Stickoxid mit Luft in Berührung kommt, bildet es braune Dämpfe von NO_2. Da es sich um eine exotherme Reaktion handelt, verschiebt sich das Gleichgewicht mit steigender Temperatur nach links. So kommt es, daß Stickoxid oberhalb von 650 °C nicht mehr mit Sauerstoff in Reaktion tritt (S. 697).

Die Oxidation (2) erfolgt, wie M. Bodenstein bereits im Jahre 1918 erkannte, nach einem Geschwindigkeitsgesetz dritter Ordnung ($v_{\rightarrow} = k \cdot c_{NO}^2 \cdot c_{O_2}$). Tatsächlich handelt es sich jedoch um keine trimolekulare Reaktion, wie schon daraus folgt, daß die Geschwindigkeit des NO/O_2-Umsatzes entgegen der Regel mit steigender Temperatur abnimmt. Der Vorgang (2) läuft statt dessen auf dem Wege zweier Folgereaktionen ab, von denen die erste ein sich rasch einstellendes, zu NO_3 führendes, weitgehend auf der linken Seite liegendes Gleichgewicht darstellt: $ON + O_2 \rightleftarrows O{=}N{-}O{-}O\cdot$ ($K = c_{NO_3}/c_{NO} \cdot c_{O_2}$ und hieraus: $c_{NO_3} = K \cdot c_{NO} \cdot c_{O_2}$). Das intermediär in kleiner Konzentration gebildete Stickstofftrioxid reagiert dann weiter mit NO gemäß $O{=}N{-}O{-}O\cdot + NO \rightarrow (O{=}N{-}O{\div}O{-}N{=}O$; vgl. S. 586) $\rightarrow 2NO_2$ ($v_{\rightarrow} = k' \cdot c_{NO_3} \cdot c_{NO} = k'K \cdot c_{NO}^2 \cdot c_{O_2}$)[89]. Da sich das NO_3-Bildungsgleichgewicht mit steigender Temperatur auf die NO/O_2-Seite verschiebt, die NO_3-Konzentration mithin sinkt, verringert sich in gleicher Richtung die Gesamtreaktionsgeschwindigkeit.

Mit *Fluor*, *Chlor* und *Brom* (aber nicht mit Iod) reagiert Stickoxid unter Bildung von Nitrosylhalogeniden (s. dort; im Falle des Fluors entsteht auch NOF_3 (S. 577)), z. B.:

$$2NO + Cl_2 \rightarrow 2NOCl + 77.12\,\text{kJ}\,.$$

In gleicher Weise wirkt es dehalogenierend (z. B. $ClNO_2 + NO \rightarrow NO_2 + ClNO$; $XeF_2 + 2NO \rightarrow Xe + 2NOF$). Bezüglich der Reaktion mit O- und N-Atomen vgl. S. 513, 643.

Durch starke Oxidationsmittel, deren Potential in der Spannungsreihe positiver als + 0.96 V ist – z. B. durch Chromsäure (ε_0 = 1.38 V), Permangansäure (ε_0 = + 1.51 V), Hypochlorige Säure (ε_0 = + 1.494 V) – wird Stickoxid in Umkehrung der Bildungsgleichung (s. oben) zu Salpetersäure oxidiert:

$$NO + 2H_2O \rightleftarrows NO_3^- + 4H^+ + 3\ominus\,.$$

Die Reaktion mit Permanganat, die quantitativ verläuft, kann zur analytischen Bestimmung von NO herangezogen werden.

Von starken Reduktionsmitteln wird NO in Stickstoff oder sogar Ammoniak übergeführt. So verbrennen z. B. Kohle, Phosphor, Magnesium lebhaft in Stickoxid; ein Gemisch gleicher Raumteile Stickoxid und Wasserstoff verpufft beim Entzünden und eine gasförmige Mischung von Stickoxid und Kohlendisulfid brennt bei Berührung mit einer Flamme mit

---

88 Im flüssigen und komprimierten Zustand oder in Zeolithen unterliegt Stickoxid langsamer, exothermer Disproportionierung nach $4NO \rightarrow N_2O_3 + N_2O$, bei hohen Drücken zersetzt es sich bei 50 °C nach $3NO \rightarrow NO_2 + N_2O$.

89 Früher wurde auch folgende, das gefundene Geschwindigkeitsgesetz ebenfalls erfüllende Reaktionsfolge diskutiert: $2NO \rightleftarrows N_2O_2$; $N_2O_2 + O_2 \rightarrow N_2O_4 \rightleftarrows 2NO_2$. Nach den Regeln der Erhaltung der Orbitalsymmetrie kann jedoch N_2O_2 nur mit Singulett-Sauerstoff in erlaubter Weise in N_2O_4 übergehen. Demgemäß ist die diskutierte Reaktionsfolge aus energetischen Gründen unwahrscheinlich (die einstufige Umsetzung $N_2O_2 + O_2 \rightarrow 2NO_2$ verbietet sich sowohl mit Triplett- als auch mit Singulett-Sauerstoff).

blendend bläulich-weißer Flamme ab. Die Verbrennung schwächerer Reduktionsmittel (z. B. Schwefel) wird von Stickoxid nicht unterhalten. Durch Schwefeldioxid wird NO zu N_2O, durch Cr^{2+} zu NH_3OH und durch $LiAlH_4$ zu $(HNO)_2$ reduziert. Große Bedeutung für die *Rauchgasreinigung* (siehe unten) hat die Reduktion von NO mit Ammoniak zu molekularem Stickstoff.

Säure-Base-Verhalten. Hinsichtlich der Oxidationsstufe des Stickstoffs steht NO (+ 2) zwischen dem Salpetrigsäure-Anhydrid N_2O_3 (+ 3) und dem Hyposalpetrigsäure-Anhydrid N_2O (+ 1). Demgemäß reagiert NO mit konzentrierten Alkalilaugen bzw. mit Alkalioxiden bei 100 °C unter Bildung von *Nitrit* und *Distickstoffoxid* (Hyponitrit zerfällt bei hohen Temperaturen, s. dort):

$$4NO + 2Na_2O \rightarrow 2NaNO_2 + Na_2N_2O_2 \ (\rightarrow N_2O + Na_2O).$$

Mit Wasser reagiert NO – anders als NO_2 (s. unten) – nicht.

An Metallsalze (z. B. Fe(II)-sulfat, Cu(II)-chlorid) lagert sich NO leicht unter Bildung – meist farbiger – lockerer *Additionsverbindungen* an (z. B. Bildung von $[Fe(H_2O)_5NO]^{2+}$; s. o.), die sich durch Erwärmen wieder in Stickstoffmonoxid und Metallsalz zerlegen lassen. In anderen Fällen bilden sich mit Fragmenten ML_n (L = geeigneter Ligand) auch sehr stabile **Nitrosyl-Komplexe**[90], in welchen NO über *Stickstoff* mit *einem* Metallzentrum (f, g) oder auch verbrückend mit *zwei* oder gar *drei* Metallzentren (h, i) verknüpft sein kann (Cp = π-gebundenes C_5H_5):

$L_nM{-}N{\equiv}O$	$L_nM{-}\ddot{N}{=}O$ (gewinkelt)	$L_nM{-}N(O){-}ML_n$	$L_nM{-}N(O)(ML_n){-}ML_n$
(z. B. $[Fe(CN)_5NO]^{2-}$)	(z. B. $[Co(NH_3)_5NO]^{2+}$)	(z. B. $\{CpCo\}_2NO$)	(z. B. $\{Cp(NO)Mn\}_3NO$)
(f)	(g)	(h)	(i)

In den Komplexen L_nMNO liegt der Stickstoff teils *linear* (f), teils *gewinkelt* (g) vor. In ersteren Fällen wirkt NO dann als *Dreielektronen-*, in letzteren als *Einelektronendonor* (Näheres vgl. S. 1661).

Reinigung von Verbrennungsgasen[91]. Durch *Verbrennung* fossiler Stoffe (Kohle, Erdöl, Erdgas) und von Müll zur Erzeugung von Energie und Heizwärme werden in *Feuerungsanlagen* und *Motoren* weltweit *Abgase* in großen Mengen erzeugt. Diese enthalten neben Stickstoff, Wasser und Kohlendioxid als *Hauptbestandteile* eine Reihe *umweltschädlicher Nebenbestandteile* (vgl. hierzu S. 525), nämlich Schwefeloxide SO_x (SO_2, untergeordnet SO_3) sowie Nitrose Gase NO_x (NO, untergeordnet NO_2) bei Verbrennung S- und N-haltiger Brennstoffe (in Motoren entsteht NO_x wegen der hohen Verbrennungstemperaturen allein aus den Komponenten N_2 und O_2 der Verbrennungsluft; vgl. S. 691), darüber hinaus Kohlenstoffmonoxid sowie Kohlenwasserstoffe bei unvollständiger Verbrennung und schließlich Stäube (u. a. Oxide von Si, Al, Fe, Ca, Mg, Na, Ti, P, As, Se). Die *Verringerung letzterer Stoffe* in den Abgasen durch Vorreinigung der Brennstoffe, Einhaltung optimaler Verbrennungsbedingungen und Nachreinigung der Verbrennungsabgase zählt derzeit zu den wichtigen chemischen Aufgaben. Die im einzelnen ergriffenen Maßnahmen sind für Abgase aus Feuerungsanlagen („*Rauchgase*") andere als für solche aus Motoren (z. B. „*Autoabgase*").

Rauchgasreinigung. „Primärmaßnahmen" zur *Verringerung der Bildung unerwünschter Verbrennungsstoffe* umfassen im Falle von Feuerungsanlagen Verbrennungsbedingungen, welche eine vollständige Überführung des Brennstoffkohlenstoffs in Kohlenstoffdioxid gewährleisten und zu einer Erniedrigung des SO_x- und NO_x-Ausstoßes führen (es bewährten sich niedrige Verbrennungstemperaturen und kurze Verweilzeiten der Gase in Wirbelschichtöfen; vgl. S. 582). „Sekundärmaßnahmen" zur *Verringerung gebildeter unerwünschter Verbrennungsstoffe* betreffen neben den an anderer Stelle bereits besprochenen Verfahren zur Entfernung von SO_x durch Kalk (**„Rauchgas-Entschwefelung"**; S. 568) bzw. Fe_3O_4 (S. 573) sowie zur Staub-Abtrennung durch Elektrofiltration („Rauchgas-Entstaubung"; vgl. S. 582) vor allem die Befreiung

[90] **Literatur.** B. F. G. Johnson, B. L. Haymore, J. R. Dilworth: „*Nitrosyl Complexes*", Comprehensive Coord. Chem. **2** (1987) 100–118.

[91] **Literatur.** E. Koberstein: „*Katalysatoren zur Reinigung von Autoabgasen*", Chemie in unserer Zeit, **18** (1984) 37–45; J. Zelkowski: „*Kohleverbrennung, Brennstoff, Physik und Theorie, Technik*", **Bd. 8** der Fachbuchreihe „Kraftwerkstechnik", VGB-Kraftwerkstechnik GmbH, Essen 1986; J. Kolar: „*Stickstoffoxide und Luftreinhaltung – Grundlagen, Emissionen, Transmission, Immissionen, Wirkungen*", Springer-Verlag, Heidelberg 1990.

des Rauchgases von den Nitrosen Gasen NO_x (**„Rauchgas-Entstickung“**)[92]. Sie erfolgt mit Vorteil durch *selektive katalytische Reduktion* (engl. „selective catalytic reduction“) von NO_x mit Ammoniak an wabenförmigen WO_3- und V_2O_5-haltigen TiO_2-Katalysatoren („*DeNO$_x$*-Katalysatoren“) bei 200–450 °C („*SCR-Verfahren*“):

$$2NH_3 + 2NO + \tfrac{1}{2}O_2 \rightarrow 2N_2 + 3H_2O.$$

Um hierbei einen hohen NO_x-Reduktionsgrad bei gleichzeitig geringer SO_2-Oxidation und niedrigem NH_3-Verlust („Schlupf“) zu erzielen, müssen optimale Strömungsgeschwindigkeiten, NH_3-, NO-, O_2-Stoffmengenverhältnisse sowie Reaktionstemperaturen eingehalten und Katalysatoren mit großen Oberflächen eingesetzt werden (das Katalysatorsystem besteht aus glasfaserverstärkten TiO_2-Quadern, die von vielen Längskanälen durchsetzt sind; vgl. Dreiweg-Autokatalysator, unten).

Autoabgasreinigung. Da die für Otto-Automotoren verwendeten Kraftstoffe weitestgehend von Schwefel und Stickstoff befreit sind (vgl. S. 540), enthalten die Autoabgase als Hauptschadstoffkomponenten nur CO und C_nH_m als Folge unvollständiger Kraftstoffverbrennung sowie NO_x als unumgängliche Verbrennungsbegleiterscheinung bei höheren Temperaturen (S. 691). Ihre Beseitigung erfolgt durch *edelmetallkatalysierte Oxidation* des Kohlenstoffmonoxids und der Kohlenwasserstoffe (z. B. Methan CH_4) ab ca. 400 °C zu Kohlenstoffdioxid mit anwesendem Stickoxid (Reduktion zu N_2) sowie Sauerstoff:

$$2CO + 2NO \rightarrow N_2 + 2CO_2 \quad \text{bzw.} \quad 2CO + O_2 \rightarrow 2CO_2$$
$$CH_4 + 4NO \rightarrow 2N_2 + CO_2 + 2H_2O \quad \text{bzw.} \quad CH_4 + 2O_2 \rightarrow CO_2 + 2H_2O$$

Das Trägermaterial des ca. 20 cm langen, 15 cm dicken, zylinderförmigen von über 10000 Längskanälen durchsetzten *multifunktionellen Autoabgas-Katalysators* (**„geregelter Dreiweg-Katalysator“**; vgl. Fig. 156) besteht in der Regel aus *Cordierit* (Magnesiumaluminiumsilikat mit sehr geringer Wärmeausdehnung). Die Oberfläche der einzelnen Kanäle (Querschnitt $< 1\ mm^2$; Wandstärke ca. 0.2 mm) ist mit einer γ-Al_2O_3-Zwischenhaftschicht sowie der Edelmetallschicht belegt (1–2 g Rh-haltiges Pt mit einer wirksamen Gesamtoberfläche von ca. 20000 m^2 pro Liter Katalysator). Die Aktivität des Katalysators wird durch *thermische Überbelastung*, die zu Oberflächenverlusten an Edelmetallen führt, gemindert. Analoges bewirken Metallabrieb und *Katalysatorengifte* wie SO_2, Ba-, Zn-, Pb-, P-Verbindungen (Verwendung bleifreien Benzins!).

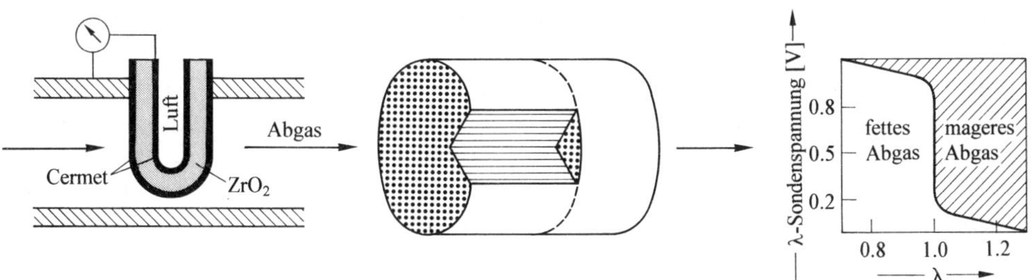

Fig. 156 λ-Sonde, Dreiweg-Katalysator und λ-Sondenspannung in Abhängigkeit von λ.

Soll das aus dem Motor über den (heißen) Dreiweg-Katalysator strömende Abgas frei von CO, C_nH_m und NO_x sein, so muß das Verhältnis des tatsächlich in den Verbrennungsraum gelangenden Sauerstoffs zu dem für eine vollständige Verbrennung gemäß: $C_nH_m + (n + m/4)O_2 \rightarrow nCO_2 + m/2\,H_2O$ benötigten Sauerstoff („*Lambda-Wert*“) gleich eins sein: $\lambda = 1$[93]. Eine Regulation des optimalen Verhältnisses von Luftsauerstoff- und Kraftstoffmengen unter allen Betriebszuständen des Automotors bewirkt in gere-

[92] Im Zuge der – bei nicht allzu hohen Temperaturen – betriebenen Kohleverbrennung bildet sich NO_x in Mengen von 500–2000 mg pro Kubikmeter Rauchgas im wesentlichen aus dem *gebundenen Stickstoff* des Brennstoffs (Bildung ab ca. 800 °C) und nur untergeordnet aus dem *freien Stickstoff* der Verbrennungsluft (Bildung ab ca. 1300 °C). Erstere Bildungsweise liefert mehr NO als nach der Gleichgewichtslage der NO-Bildung (S. 691) zu erwarten wäre, da der (thermodynamisch kontrollierte) NO-Zerfall unter den Verbrennungsbedingungen langsamer abläuft als die (kinetisch kontrollierte) NO-Bildung. Wegen der mit steigenden Temperaturen wachsenden Geschwindigkeit des NO-Zerfalls durchläuft der NO-Ausstoß mit steigender Temperatur ein Maximum.

[93] Da CO und C_nH_m rascher von O_2 als von NO katalytisch oxidiert werden, verbleibt bei *Sauerstoffüberschuß* ($\lambda > 1$; *C_nH_m-mageres Abgas*) NO, während die O_2- und NO-Menge bei *Sauerstoffunterschuß* ($\lambda < 1$; *C_nH_m-fettes Abgas*) für eine vollständige Oxidation von CO und C_nH_m nicht ausreichen, so daß CO und C_nH_m verbleiben. Nur innerhalb eines sehr engen Bereichs („*λ-Fenster*“) des Luft/Brennstoff-Verhältnisses arbeitet der Autoabgaskatalysator optimal.

gelten Dreiweg-Katalysatoren eine dem Katalysator vorgeschaltete „λ-**Sonde**", deren wesentlicher Teil gemäß Fig. 156 ein unten abgeschlossenes ZrO_2-Keramikrohr darstellt (ca. 15 mm lang, 7 mm dick; Wandstärke: 1 mm). Das Zirkoniumdioxid, das durch Zusatz von ca. 3 Mol-% Y_2O_3 in seiner tetragonalen Modifikation (verzerrte Fluoritstruktur) stabilisiert wird und mit einer porösen Platin/Keramik-Schicht („*Cermet*"-Schicht) wie der Keramikkörper des Autoabgaskatalysators belegt ist, wirkt oberhalb 300 °C als guter Leiter für O^{2-}-Ionen. Setzt man die innere Seite des „*Keramikrohrs*" dem O_2-Luftpartialdruck $p(O_2)_{Luft}$, die äußere Seite dem O_2-Abgaspartialdruck $p(O_2)_{Abgas}$ aus, so tritt zwischen den beidseitig aufgebrachten Elektroden ein Potential auf, das gemäß der Nernstschen Gleichung (S. 224) vom Quotienten $p(O_2)_{Luft}/p(O_2)_{Abgas}$ abhängt und beim Übergang von $\lambda = 0.97$ (fettes Abgas[93)]) zu $\lambda = 1.03$ (mageres Abgas[93)]) durch einen Potentialsprung von ca. 0.8 V charakterisiert ist (Fig. 156; da die Cermet-Schicht eine Redox-Komproportionierung des Abgases wie im Autokatalysator bewirkt, entspricht die O_2-Konzentration auf der Abgasseite der O_2-Konzentration des Abgases nach Durchgang durch den Katalysator). Die λ-Sonde steuert über das Potential (Arbeitspunkt: Wendepunkt der in Fig. 156 wiedergegebenen Kurve) das Luft/Brennstoff-Verhältnis.

1.4.3 Distickstofftrioxid N_2O_3[1,85,94)]

Darstellung. Läßt man Kupfer (oder ein anderes Reduktionsmittel, z. B. Arsentrioxid) nicht auf *verdünnte*, sondern auf *konzentrierte* Salpetersäure einwirken, so entsteht an Stelle von *Stickoxid* NO (s. oben) *Stickstoffdioxid* NO_2 (s. unten), da NO von konzentrierter Salpetersäure zu NO_2 oxidiert wird. Bei Verwendung von *mittelkonzentrierter* Säure entstehen NO und NO_2 nebeneinander und vereinigen sich beim Abkühlen zu *Distickstofftrioxid* („*Stickstoffsesquioxid*"[95)], „*Salpetrigsäure-Anhydrid*") N_2O_3:

$$NO + NO_2(g) \rightleftarrows N_2O_3(g) + 39.7\,kJ, \quad NO + NO_2(fl) \rightleftarrows N_2O_3(fl) + 30.2\,kJ. \quad (3)$$

Entsprechend letzterer Gleichung kann N_2O_3 durch Sättigen von flüssigem NO_2 ($= N_2O_4$, s. unten) mit gasförmigem NO oder durch Zugabe der berechneten Menge O_2 zu NO ($2NO + \frac{1}{2}O_2 \rightarrow NO + NO_2 \rightarrow N_2O_3$) gewonnen werden.

Versuche mit isotopenmarkiertem Stickstoff ($^{14}NO + {}^{15}NO_2$) haben in Bestätigung des Gleichgewichts (3) gezeigt, daß ein rascher Stickstoff-Austausch zwischen NO und NO_2 stattfindet.

Physikalische Eigenschaften. Distickstofftrioxid (diamagnetisch, $\Delta H_f = +83.78$ kJ/mol) ist nur bei sehr niedrigen Temperaturen als *tiefblaue* Flüssigkeit beständig, welche bei −100.7 °C zu *blaßblauen* Kristallen erstarrt (Smp. −103 °C) und bei −40 bis +3 °C unter Bildung eines NO- und N_2O_3-haltigen Dampfes siedet, der mit steigender Temperatur zunehmende Mengen NO_2 aufweist (in der N_2O_3-Flüssigkeit reichert sich beim Siedevorgang zunächst NO_2 und – mit diesem im Gleichgewicht stehendes – N_2O_4 an). Der N_2O_3-Dampf enthält bei 25 °C und Atmosphärendruck nur noch 10 % undissoziiertes N_2O_3 ($K_{Diss.}(25\,°C) = 1.91$ atm). Auch in organischen Lösungsmitteln löst sich N_2O_3 mit blauer Farbe.

Struktur. Als Anhydrid der Salpetrigen Säure ONOH sollte N_2O_3 die (gewinkelte) Struktur (a) besitzen:

O=N–O–N=O (a) [O=N–NO₂ ↔ O=N–NO₂] (b) [:O≡N:]$^+$ [O–N–O]$^-$ (c)

und damit *farblos* wie Salpetrige Säure und ihre Ester ONOR sein. Die *blaue* Farbe im flüssigen Zustand spricht gegen diese Auffassung und für die tatsächlich vorliegende (planare) Struktur (b), da die nicht an Sauerstoff gebundene NO-Gruppe auch sonst vielfach farbgebend wirkt (Abstände NN/N=O/NO_2 = 1.864/1.142/ca. 1.21 Å (Gasphase) und 1.892/1.120/1.21 Å (Kristall); ber. für N—N 1.40 Å; Winkel ONN/NNO_2/ONO = 105.1/119.6 und 111.8/128.6 Å im Kristall). Die Form (a) entsteht jedoch aus (b) bei Bestrahlung mit Licht der Wellenlänge um 720 nm (Rückumwandlung bei Bestrahlen von (a) mit Licht der Wellenlänge um 380 nm). Im festen Zustand (Aufhellung) liegt bei tiefen Temperaturen vielleicht die ionogene-Struktur (c) („*Nitrosylnitrit*") neben (b) vor (vgl. N_2O_5, unten).

---

94 **Literatur.** I. R. Beattie: „*Dinitrogen Trioxide*", Progr. Inorg. Chem. **5** (1963) 1–26.

95 sesqui (lat.) = anderthalb.

Chemische Eigenschaften. Die leichte Verschiebbarkeit des Gleichgewichts (3) bedingt, daß ein Gemisch gleicher Raumteile NO und NO_2 in chemischer Hinsicht wie die Verbindung N_2O_3, das Anhydrid der Salpetrigen Säure ($N_2O_3 + H_2O \rightleftarrows 2HNO_2$), wirkt. So wird z.B. ein solches Gemisch ebenso wie N_2O_3 von Lösungen starker Basen glatt unter Bildung von *Nitriten* (Salzen der Salpetrigen Säure) absorbiert:

$$NO + NO_2 + 2NaOH \rightarrow 2NaNO_2 + H_2O,$$

indem das nitritbildende Anhydrid N_2O_3 nach Maßgabe des Verbrauchs immer wieder gemäß (3) nachgebildet wird. Ebenso entsteht beim Einleiten des Gemischs in Wasser Salpetrige Säure ($NO + NO_2 + H_2O \rightarrow 2HNO_2$), die aber schnell zu HNO_3 und NO zerfällt (S. 708). Bezüglich der Reaktion in konzentrierten starken Säuren ($\rightarrow NO^+$) vgl. S. 710.

1.4.4 Stickstoffdioxid NO_2. Distickstofftetraoxid N_2O_4[1,85,96)]

Darstellung. Großtechnisch wird *Stickstoffdioxid* NO_2, das wie N_2O und NO spurenweise in der Atmosphäre vorkommt, aus NO und O_2 als Zwischenprodukt der Salpetersäuredarstellung (S. 715) erzeugt. Im Laboratorium gewinnt man es entweder auf gleichem Wege über NO ($2NO + O_2 \rightarrow 2NO_2$) durch Reduktion von konz. Salpetersäure mit Kupfer (s. oben): $Cu + 2NO_3^- + 4H^+ \rightarrow Cu^{2+} + 2NO_2 + 2H_2O$ oder – besonders bequem – durch Erhitzen von Schwermetallsalzen der Salpetersäure, besonders Bleinitrat, auf 250–600 °C im O_2-Strom: $Pb(NO_3)_2 \rightarrow PbO + 2NO_2 + \frac{1}{2}O_2$.

Physikalische Eigenschaften. Stickstoffdioxid ist ein *braunrotes*, charakteristisch riechendes, äußerst korrosives und stark giftiges Gas (MAK-Wert 5 mg/m^3 ≙ 9 ppm), das sich leicht verflüssigen läßt. Die Flüssigkeit ist kurz unterhalb des Siedepunktes (21.15 °C) rotbraun, wird beim Abkühlen immer heller bis blaßgelb und erstarrt bei − 11.20 °C zu *farblosen* Kristallen. Erwärmt man umgekehrt das Gas von Zimmertemperatur ausgehend, so nimmt die Intensität der braunroten Farbe zu. Die Farbänderung rührt daher, daß sich das braune, *paramagnetische Stickstoffdioxid* NO_2 ($\Delta H_f = +33.20$, $\Delta G_f = 52.30$ kJ/mol) im Gleichgewicht mit farblosem, *diamagnetischem Distickstofftetraoxid* N_2O_4 ($\Delta H_f(g) = +9.17$, $\Delta G_f(g) = 97.83$, $\Delta H_f(fl) = -19.51$, $\Delta G_f(fl) = 18.69$ kJ/mol) befindet:

$$2NO_2 \rightleftarrows N_2O_4(g) + 57.23\,kJ \qquad 2NO_2 \rightleftarrows N_2O_4(fl) + 85.91 \qquad (4)$$

und daß sich das Gleichgewicht (4) entsprechend der negativen Reaktionsenthalpie mit steigender Temperatur nach links, mit fallender Temperatur nach rechts verschiebt; und zwar sind beim Sdp. (21.15 °C) ca. 20 %, bei 50 °C 40 %, bei 100 °C 90 % und bei 140 °C fast 100 % des *gasförmigen* N_2O_4 in NO_2 gespalten (Gesamtdruck des NO_2/N_2O_4-Gases jeweils 1 bar). Ab 150 °C beginnt auch das Stickstoffdioxid zu zerfallen: $114.2\,kJ + 2NO_2 \rightleftarrows 2NO + O_2$; bei 650 °C ist der Zerfall vollständig. Flüssiges N_2O_4 liegt beim Sdp. (21.15 °C) noch zu 99.9 %, festes N_2O_4 beim Smp. (− 11.20 °C) zu 99.99 % undissoziiert vor.

Struktur. Wie NO (S. 692) gehört auch NO_2 zu den seltenen Hauptgruppen-Oxiden mit ungerader Elektronenzahl. Gleich jenem kann es durch Abgabe und durch Aufnahme eines Elektrons in ein „geradzahliges" Molekül, das mit dem Kohlendioxid CO_2 isoelektronische „*Nitryl-Kation*" („*Nitronium-Ion*") NO_2^+ bzw. das mit dem Ozon O_3 isoelektronische „*Nitrit-Anion*" NO_2^- übergehen. Interessant ist die Abstufung der Bindungswinkel ONO in diesen Molekülen, die dadurch bedingt wird, daß die freien Elektronen am Stickstoffatom stärker abstoßend auf die NO-Bindungen wirken als die gebundenen Elektronen, so daß bei NO_2^+ (keine abstoßenden freien Elektronen) ein Bindungswinkel von 180° (lineare

[96] **Literatur.** P. Gray, A. D. Yoffe: „*The Reactivity and Structure of Nitrogen Dioxide*", Chem. Rev. **55** (1955) 1069–1154; C.C. Addison: „*Dinitrogen Tetroxide, Nitric Acid, and their Mixtures as Media for Inorganic Reactions*", Chem. Rev. **80** (1980) 21–39.

Anordnung der Atome), bei NO_2 (ein abstoßendes freies Elektron) ein solcher von 134° und bei NO_2^- (zwei abstoßende freie Elektronen) ein solcher von 115° auftritt:

$$[\ddot{O}{=}N{=}\ddot{O}]^+ \qquad [\cdot O{=}\dot{N}{-}O: \leftrightarrow :O{-}\dot{N}{=}O\cdot] \qquad [\cdot O{=}\ddot{N}{-}O: \leftrightarrow :O{-}\ddot{N}{=}O\cdot]^-$$

Der lineare Bau von NO_2^+ (16 Valenzelektronen) bzw. gewinkelte Bau von NO_2 und NO_2^- (17 bzw. 18 Valenzelektronen; C_{2v}-Symmetrie) folgt auch aus einer MO-Betrachtung (vgl. S. 355). Der Bindungsgrad der NO-Bindung nimmt entsprechend den Elektronenformeln in gleicher Richtung ab und entspricht beim NO_2^+ mit einem NO-Abstand von 1.154 Å einer Doppelbindung (ber. 1.16 Å), beim NO_2 und NO_2^- mit einer Bindungslänge von 1.197 bzw. 1.236 Å einem abnehmenden Doppelbindungscharakter (einfache NO-Bindung ber. 1.36 Å).

Für das NO_2-Dimere, das Distickstofftetraoxid N_2O_4, lassen sich wie im Falle von N_2O_3 (s. oben) zwei kovalente Strukturen (a, b) und eine polare Form (c) diskutieren

$$\underset{(a)}{O{=}N{-}O{-}NO_2} \qquad \underset{(b)}{O_2N{-}NO_2} \qquad \underset{(c)}{[:N{\equiv}O:]^+\,[O{=}N{-}O_2]^-}$$

von denen die Molekülart (b) (planar, D_{2h}-Symmetrie) vorherrscht (NN-Abstand in gasförmigem N_2O_4 1.78 Å, ber. für Einfachbindung 1.40 Å; alle NO-Abstände 1.19 Å; $\measuredangle$ ONN = 112.3°, $\measuredangle$ ONO = 135.4°). In Medien mit hoher Dielektrizitätskonstante (z. B. konz. H_2SO_4, Nitromethan) reagiert N_2O_4 häufig so, als sei das Oxid gemäß (c) („*Nitrosylnitrat*") dissoziiert. Reines N_2O_4 neigt nicht zur heterolytischen Dissoziation; demgemäß ist die elektrische Leitfähigkeit von flüssigem N_2O_4 klein ($1.3 \times 10^{-13}\,\Omega^{-1}\,cm^{-1}$ bei 0 °C). Ein mit dem Distickstofftetraoxid $O_2N{-}NO_2$ *isomeres, gelbes „Dinitrosylperoxid"* ONO—ONO erhält man durch Einleiten von NO in flüssigen Sauerstoff.

Chemische Eigenschaften. Redox-Verhalten (vgl. Potentialdiagramm, S. 702). Wegen der leichten Sauerstoffabgabe ($2NO_2 \rightarrow 2NO + O_2$) ist Stickstoffdioxid ein kräftiges Oxidationsmittel, das die Verbrennung (z. B. von Kalium, Phosphor, Kohle, Schwefel, Wasserstoff) viel lebhafter als die vorher besprochenen Stickstoffoxide N_2O und NO unterhält und das mit organischen Verbindungen explosionsartig reagieren kann (auslösender Schritt: RH + ONO → R · + HONO). Seine Oxidationskraft entspricht etwa der des Broms ($NO_2 + 2H^+ + 2\ominus \rightleftarrows NO + H_2O$; $\varepsilon_0 = +1.03$ V). Umgekehrt kann NO_2 gegenüber starken Oxidationsmitteln (z. B. O_3, H_2O_2) auch als Reduktionsmittel wirken ($NO_2 + H_2O \rightarrow NO_3^- + 2H^+ + \ominus$; $\varepsilon_0 = +0.803$ V). Zur Umsetzung von NO_2 mit Halogenen vgl. S. 720, zur Chemie von NO_2 in der Atmosphäre S. 526.

Ein flüssiges Gemisch von N_2H_4, *asym*-$N_2H_2Me_2$ und N_2O_4 („*Aerozin*-50") diente bei den Ab- und Aufstiegsmotoren der Mondlandefähre als Raketentreibstoff im amerikanischen „*Apollo*"-Programm der Raumschiffahrt: bei der Vermischung des Hydrazins mit N_2O_4 tritt in sehr stark exothermer Reaktion Selbstentzündung und Verbrennung mit roter Flamme ein: $2N_2H_4(fl) + N_2O_4(fl) \rightarrow 3N_2 + 4H_2O(fl) + 1226$ kJ.

Säure-Base-Verhalten. N_2O_4 steht in seiner Zusammensetzung zwischen dem Salpetrigsäure-Anhydrid N_2O_3 und dem Salpetersäure-Anhydrid N_2O_5 (s. unten) und kann als gemischtes Anhydrid der Salpetrigen und Salpetersäure aufgefaßt werden. Dementsprechend reagiert N_2O_4 (bzw. NO_2 nach seiner Dimerisierung) mit Alkalilaugen unter Bildung von Nitrit und Nitrat:

$$N_2O_4 + 2NaOH \rightarrow NaNO_2 + NaNO_3 + H_2O.$$

Auch mit Wasser bildet es Salpetrige Säure und Salpetersäure: $N_2O_4 + H_2O \rightarrow HNO_2 + HNO_3$ (bezüglich der Umwandlung von N_2O_4 in Salpetersäure HNO_3 vgl. S. 715).

N_2O_4 als Reaktionsmedium. Flüssiges N_2O_4 wirkt gemäß $N_2O_4 \rightarrow NO^+ + NO_3^-$ (formal) als *Donator für Nitrosyl-Kationen und Nitrat-Anionen*, wobei die NO^+-Kationen als *Oxidationsmittel* ($NO^+ + \ominus$

$\rightarrow$ NO) Metalle auflösen (M $\rightarrow M^{n+} + n\ominus$) bzw. als *Lewis-Säuren* Addukte mit Lewis-Basen wie Halogenid oder Oxid bilden ($NO^+ + X^- \rightarrow NOX$), während sich die verbleibenden NO_3^--Anionen als *Lewis-Basen* betätigen und sich etwa an anwesende Metallkationen addieren ($M^{n+} + n\,NO_3^- \rightarrow M(NO_3)_n$), z.B.: $M + 2N_2O_4 \rightarrow M(NO_3)_2 + 2NO$ (M = Sn, Zn, Cu); $ZnCl_2 + 2N_2O_4 \rightarrow 2NOCl + Zn(NO_3)_2$; $CaO + 2N_2O_4 \rightarrow (NO)_2O$ $(= N_2O_3) + Ca(NO_3)_2$. Derartige Reaktionen lassen sich zur Darstellung *wasserfreier Nitrate* insbesondere dadurch nutzen, daß man Metallbromide oder -iodide in N_2O_4 löst, da hierbei gebildetes NOBr bzw. NOI in NO und Br_2 bzw. I_2 zerfällt (z.B. $TiI_4 + 4N_2O_4 \rightarrow Ti(NO_3)_4 + 4NO + 2I_2$). Auch lassen sich *Nitratokomplexe* gewinnen (z.B. $Zn(NO_3)_2 + 2N_2O_4 \rightarrow (NO)_2[Zn(NO_3)_4]$, $Sc(NO_3)_3 + 2N_2O_4 \rightarrow (NO)_2[Sc(NO_3)_5]$). Offensichtlich kann N_2O_4 zudem als *Donator für Nitryl- und Nitritionen* wirken: $N_2O_4 \rightarrow NO_2^+ + NO_2^-$ (zum Beispiel $BF_3 + N_2O_4 \rightarrow (NO_2)\,[BF_3ONO]$).

1.4.5 Höhere Stickstoffoxide[1,85)]

Distickstoffpentaoxid („*Stickstoffpentaoxid*", „*Salpetersäure-Anhydrid*") N_2O_5 läßt sich als Anhydrid der Salpetersäure ($2HNO_3 \rightleftarrows H_2O + N_2O_5$) durch Behandeln von Salpetersäure mit Phosphorpentaoxid als wasserentziehendes Mittel ($P_2O_5 + H_2O \rightarrow 2HPO_3$) gewinnen und bildet *farblose*, an der Luft zerfließende Kristalle, welche unter Druck bei 41 °C schmelzen, bei 32.4 °C sublimieren und mit Wasser heftig in Salpetersäure HNO_3, mit Wasserstoffperoxid in Peroxosalpetersäure $HNO_4 = O_2NOOH$ übergehen. Die Verbindung ist unbeständig und zerfällt bei raschem Erhitzen, oft auch bei Zimmertemperatur ohne erkennbaren äußeren Anlaß, explosionsartig gemäß $N_2O_5 \rightarrow 2NO_2 + \frac{1}{2}O_2$. Wie zu erwarten, besitzt sie stark oxidierende Eigenschaften, z.B. $N_2O_5 + I_2 \rightarrow I_2O_5 + N_2$.

Struktur. Für das Distickstoffpentaoxid N_2O_5 ist zum Unterschied von N_2O_3 (s. oben) und N_2O_4 nur eine kovalente (gewinkelte) Struktur (a) möglich:

$$O{=}N(O){-}O{-}N(O){=}O \qquad\qquad [O{=}N{=}O]^+\,[O{=}NO_2]^-$$

(a) (b)

Diese Molekülart (NO-Abstand in den NO_2-Gruppen 1.19, im mittleren Teil 1.50 Å; ∢ NON = 114°, ∢ ONO = 133°) liegt auch im Gaszustand und in den CCl_4-Lösungen vor ($\Delta H_f(g) = 11.3$, $\Delta G_f(g) = 115.1$ kJ/mol). Im festen Zustand ($\Delta H_f(f) = -43.1$, $\Delta G_f(f) = +113.8$ kJ/mol) stellt N_2O_5 ein „*Nitrylnitrat*" (b) dar (lineares NO_2^+-Kation mit einer NO-Bindungslänge von 1.154 Å (Doppelbindung) und planarsymmetrisches NO_3^- Anion mit einem NO-Abstand von 1.243 Å (Zwischenzustand zwischen einfacher und doppelter Bindung)). Starke wasserfreie Säuren setzen das NO_2^+-Kation aus N_2O_5 in Freiheit, z.B. $N_2O_5 + HSO_3F \rightarrow (NO_2)[SO_3F] + HNO_3$, $N_2O_5 + 2SO_3 \rightarrow (NO_2)_2[S_2O_7]$. Schreckt man gasförmiges N_2O_5 auf die Temperatur der flüssigen Luft ab, so bleibt die kovalente Form O_2NONO_2 auch im festen Zustand für einige Stunden erhalten; beim Erwärmen auf etwa −70 °C wandelt sie sich aber rasch in die ionogene Form $NO_2^+NO_3^-$ um. Mit BF_3 ergibt N_2O_5 ein 1:1-Addukt $N_2O_5 \cdot BF_3 = NO_2^+\,(F_3B \cdot ONO_2)^-$, das ein gutes Nitrierungsmittel ist; mit starken Säuren HY bildet es Nitrylsalze $[NO_2]Y$, mit Halogenen X_2 (X = F, Cl) Nitrylhalogenide NO_2X (s. dort).

Stickstofftrioxid NO_3 entsteht aus NO_2 und überschüssigem O_2 bei niederem Druck in einer Glimmentladung und ist nur bei sehr tiefen Temperaturen beständig. Auch bei der Umsetzung von NO_2 oder N_2O_5 mit Ozon bzw. der thermischen Zersetzung von N_2O_5 ($\rightarrow NO_2 + NO_3$) tritt es als Zwischenprodukt auf, wie spektroskopisch und reaktionskinetisch nachgewiesen werden konnte (vgl. Rolle von NO_3 für die Chemie der Atmosphäre, S. 526). Sein rascher Zerfall erfolgt in Umkehrung der Bildungsgleichung nach $2NO_3 \rightarrow 2NO_2 + O_2$ (möglicherweise über $\mathbf{N_2O_6}$). Mit NO_2 bildet NO_3 Distickstoffpentaoxid N_2O_5, so wie NO und NO_2 Distickstofftrioxid N_2O_3 ergeben. Die Struktur wird wohl durch die Formel (a) (D_{3h}-Symmetrie) zum Ausdruck gebracht,

$$\left[O{=}N(O^{\cdot})(O) \longleftrightarrow {}^{\cdot}O{-}N({=}O)(O) \longleftrightarrow O{-}N({=}O)(O^{\cdot})\right] \qquad\qquad O{=}N{-}O{-}O^{\cdot}$$

(a) (b)

die für die dimere Form N_2O_6 die Struktur $O_2N—O—O—NO_2$ ergibt. Eine isomere Form (b) entsteht als Zwischenprodukt der Umsetzung von Stickstoffmonoxid mit Sauerstoff zu Stickstoffdioxid (S. 698). Bezüglich der Rolle von NO_3 für die Chemie der Atmosphäre vgl. S. 526.

1.5 Sauerstoffsäuren des Stickstoffs[1, 97)]

1.5.1 Grundlagen

Systematik. Man kennt Monostickstoff-Sauerstoffsäuren der allgemeinen Formel $\mathbf{HNO_n}$ (n = 1, 2, 3, 4) und $\mathbf{H_3NO_n}$ (n = 1, 4) sowie Distickstoffsäuren $\mathbf{H_2N_2O_n}$ (n = 2, 3)[98)]. Ihre Namen sowie die Namen ihrer Salze gehen aus Tab. 70 hervor, in der die einzelnen Säuren

Tab. 70 Sauerstoffsäuren des Stickstoffs

Oxida-tionsstufe	Mono- und Distickstoff-Sauerstoffsäuren				Salze
	HNO_n	H_3NO_n	$H_2N_2O_n$	Name	
−1	–	$\mathbf{H_3NO}$	–	**Hydroxylamin**	**Hydroxylamide**
+1	**HNO**	–	$\mathbf{H_2N_2O_2}$	**Hyposalpetrige Säure**[a, b)] Stickstoff(I)-säure	**Hyponitrite**[a, c)] Nitrate(I)
+2	–	–	$\mathbf{H_2N_2O_3}$ (nur Salze)	**Oxohyposalpetrige Säure** Distickstoff(II)-säure	**Oxohyponitrite**[d)] Dinitrate(II)
+3	$\mathbf{HNO_2}$	–	–	**Salpetrige Säure** Stickstoff(III)-säure	**Nitrite** Nitrate(III)
+5	$\mathbf{HNO_3}$	H_3NO_4 (nur Salze)	–	**Salpetersäure**[e)] Stickstoff(V)-säure	**Nitrate**[e)] Nitrate(V)
+5[f)]	$\mathbf{HNO_4}$	–	–	**Peroxosalpetersäure** Peroxostickstoff(V)-säure	**Peroxonitrate** Peroxonitrate(V)

a) Der Name Hyposalpetrige Säure wird üblicherweise für die Säure $H_2N_2O_2$ verwendet, statt – richtiger – für die Säure HNO, die man u.a. als **Nitrosowasserstoff** bezeichnet (besser wäre der Name Hyposalpetrige Säure für HNO und Bishyposalpetrige Säure für $H_2N_2O_2$). **b)** Es existiert neben $H_2N_2O_2$ = HON=NOH das isomere **Nitramid** $H_2N_2O_2$ = $H_2N—NO_2$ (Amid der Salpetersäure, vgl. 720). **c)** Man kennt *cis-* und *trans-*Hyponitrite. **d)** Man kennt auch Salze der Formel $Na_4N_2O_4$, die sich von der hypothetischen Säure $H_4N_2O_4$, einer Orthoform der Oxohyposalpetrigen Säure, ableiten. **e)** Es existiert neben der Salpetersäure HNO_3 = HO—NO_2 eine formelgleiche **Peroxosalpetrige Säure** HNO_3 = HOO—NO; Salze: Peroxonitrite, vgl. S. 711). **f)** HNO_4 enthält eine Peroxogruppe —O—O— mit der Oxidationsstufe −1 (statt wie sonst −2) für Sauerstoff.

nach steigender Oxidationsstufe des Stickstoffs geordnet sind. Ihre Stärke wächst innerhalb der Reihen mit zunehmendem n. Unter den erwähnten Verbindungen sind das einbasige, sehr schwach sauer wirkende *Hydroxylamin* H_3NO, die mittelstarke *Salpetrige Säure* HNO_2 und die sehr starke *Salpetersäure* HNO_3 seit langem bekannt und technisch von Bedeutung. Die Säuren der Zusammensetzung H_3NO_4 (wasserreiche „*Orthoform*" der Salpetersäure HNO_3, vgl. S. 719) und $H_2N_2O_3$ existieren nur in Form von Salzen (z.B. Na_3NO_4, $Na_2N_2O_3$), die

[97] **Literatur.** ULLMANN (5. Aufl.): „*Nitrates and Nitrites*"; „*Nitric Acid, Nitrous Acid, and Nitrogen Oxides*", **A 17** (1991) 265–291; 293–339. Vgl. auch Anm. 96, 99, 100, 101, 104, 108, 119, 132.

[98] Eine Tristickstoff-Sauerstoffsäure, das Hydroxyltriazen HO—N=N—NH_2, entsteht als UV-spektroskopisch nachweisbares Zwischenprodukt der letztlich zu Wasser und Stickstoffwasserstoffsäure führenden Umsetzung von Salpetriger Säure mit Hydrazin in saurer Lösung: HO—N=O + $H_2N—NH_2$ → HO—N=N—NH_2 + H_2O → N≡N—NH + $2H_2O$ (in schwach saurer Lösung entstehen auch N_2O und NH_3 als Zersetzungsprodukte des Hydroxyltriazens: HO—N=N—NH_2 → O=N=N + NH_3; vgl. Zersetzung von $H_2N—N=N—NH_2$, S. 676).

Säuren HNO (S. 705) und HNO_4 (S. 720) sind unter Normalbedingungen instabil und nur bei tiefen Temperaturen metastabil.

Der Nitrosowasserstoff zersetzt sich auf dem Wege über sein Dimeres gemäß: $2HNO \rightleftarrows (HNO)_2 \rightarrow N_2O + H_2O$. Das Dimerisierungsgleichgewicht liegt hierbei vollständig auf der rechten Seite, also der Seite der Hyposalpetrigen Säure $(HNO)_2 = H_2N_2O_2$. Eine entsprechende Neigung zur Dimerisierung fehlt der in der Reihe der Monostickstoff-Sauerstoffsäuren (Tab. 70) auf HNO folgenden Säure HNO_2: das Dimerisierungsgleichgewicht $2HNO_2 \rightleftarrows (HNO_2)_2$ liegt hier vollständig auf der linken Seite, also der Seite der Salpetrigen Säure (eine Bis-salpetrige Säure ist unbekannt; vgl. Anm.[103], S. 706). Demgegenüber vermögen sich offensichtlich HNO und HNO_2 reversibel gemäß $HNO + HNO_2 \rightleftarrows H_2N_2O_3$ zu vereinigen; das wiedergegebene Gleichgewicht läßt sich durch geeignete Reaktionsbedingungen wahlweise nach rechts oder links verschieben (S. 706).

Strukturen. Die Stickstoffsauerstoffsäuren leiten sich von den Stickstoffwasserstoffen (s. dort) durch Austausch der H-Atome gegen OH-Gruppen ab. So gelangt man etwa vom Ammoniak NH_3 zum Hydroxylamin NH_2OH (a), zur „Orthoform" $NH(OH)_2$ (b) des Nitrosowasserstoffs HNO (f) bzw. zur „Orthoform" $N(OH)_3$ (c) der Salpetrigen Säure HNO_2 (g), vom Ammonium NH_4^+ zur protonierten Form der Orthosalpetersäure $NO(OH)_3$ (d) oder vom Diimin zur Hyposalpetrigen Säure $N_2(OH)_2$ (e):

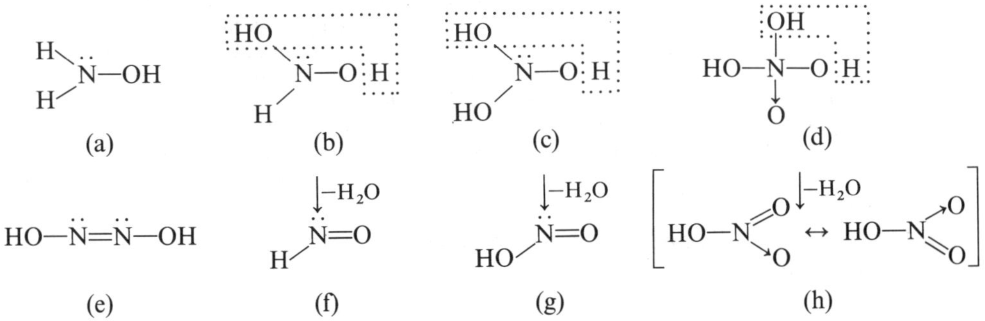

$H_2\ddot{N}{-}OH$ (a) | $(HO)(H)\ddot{N}{-}O{-}H$ (b) | $(HO)_2\ddot{N}{-}O{-}H$ (c) | $HO{-}N(OH)(\rightarrow O){-}O{-}H$ (d)

$HO{-}\ddot{N}{=}\ddot{N}{-}OH$ (e) | $\downarrow -H_2O$: $H{-}\ddot{N}{=}O$ (f) | $\downarrow -H_2O$: $HO{-}\ddot{N}{=}O$ (g) | $\downarrow -H_2O$: $[HO{-}N(=O)(\rightarrow O) \leftrightarrow HO{-}N(\rightarrow O)(=O)]$ (h)

Allerdings neigt die Gruppierung $-N(OH)_2$ dazu, unter H_2O-Abspaltung in die *Nitrosogruppe* $-N{=}O$ überzugehen (vgl. hierzu die NH_3-Abspaltung aus Stickstoffwasserstoffen $-N(NH_2)_2$, S. 645). Demgemäß liegen der Nitrosowasserstoff, die Salpetrige Säure bzw. die Salpetersäure nicht in der Orthoform (b), (c) bzw. (d), sondern in der wasserärmeren Metaform (f), (g) bzw. (h) vor. Analoges gilt für die von Hydrazin ableitbare „Orthoform" $(HO)_2N{-}N(OH)_2$ der Säure $[(HO)_2\ddot{N}{-}\ddot{N}{=}\ddot{O} \leftrightarrow (HO)_2N{=}\ddot{N} \rightarrow \ddot{O}{:}]$[98a].

Wegen Einzelheiten zur Struktur der Säuren NH_2OH (pyramidal), HNO (gewinkelt), HONO (gewinkelt), $HONO_2$ (planar), HONNOH (planar) und $(HO)_2NNO$ (planar) siehe bei diesen.

Darstellung. Die Oxide N_2O, NO, N_2O_3, NO_2 und N_2O_5 (vgl. Tab. 69 auf S. 689) entsprechen in ihren Oxidationsstufen den Säuren $H_2N_2O_2$, $H_2N_2O_3$, HNO_2, HNO_2/HNO_3 und HNO_3. Jedoch kann man nur N_2O_3 ($\rightarrow HNO_2$), NO_2 ($\rightarrow HNO_2 + HNO_3$) und N_2O_5 ($\rightarrow HNO_3$) als wahre Säureanhydride bezeichnen; die übrigen Oxide N_2O und NO ergeben mit Wasser nicht die ihrer Oxidationsstufe entsprechenden Säuren. Sie werden demgemäß aus Salpetriger bzw. Salpetersäure, die technisch beide aus ihren Anhydriden gewonnen werden, durch Reduktion dargestellt. (Näheres hierzu vgl. bei den einzelnen Säuren.)

Nachfolgend sind **Potentialdiagramme** (s. dort) einiger Oxidationsstufen des Stickstoffs für pH = 0 und 14 wiedergegeben. Erwartungsgemäß ist die Oxidationskraft der Verbindungen in saurer Lösung, die Reduktionskraft in alkalischer Lösung größer (stärkstes Oxidationsmittel: $H_2N_2O_2$ gefolgt von HNO_3; stärkstes Reduktionsmittel: NH_2OH gefolgt von $N_2O_2^{2-}$):

[98a] Wegen der Tendenz zur Wassereliminierung sind auch die Hydroxylhydrazine $N_2H_3(OH)$, $N_2H_2(OH)_2$ und $N_2H(OH)_3$ bzw. das Hydroxyldiimin $N_2H(OH)$ nicht stabil und zerfallen in N_2H_2, N_2 und $N_2(OH)_2$ bzw. in N_2.

pH = 0

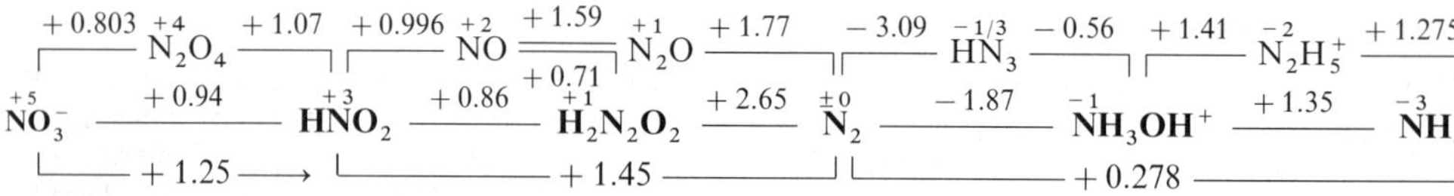

$$\overset{+5}{NO_3^-} \xrightarrow{+0.94} \overset{+3}{\mathbf{HNO_2}} \xrightarrow{+0.86} \overset{+1}{\mathbf{H_2N_2O_2}} \xrightarrow{+2.65} \overset{\pm 0}{\mathbf{N_2}} \xrightarrow{-1.87} \overset{-1}{\mathbf{NH_3OH^+}} \xrightarrow{+1.35} \overset{-3}{\mathbf{NH_4^+}}$$

Upper row: NO_3^- $\xrightarrow{+0.803}$ $\overset{+4}{N_2O_4}$ $\xrightarrow{+1.07}$ HNO_2; HNO_2 $\xrightarrow{+0.996}$ $\overset{+2}{NO}$ $\xrightarrow{+1.59}$ $\overset{+1}{N_2O}$ (back: +0.71); N_2O $\xrightarrow{+1.77}$ N_2; N_2 $\xrightarrow{-3.09}$ $\overset{-1/3}{HN_3}$ $\xrightarrow{-0.56}$ NH_3OH^+; NH_3OH^+ $\xrightarrow{+1.41}$ $\overset{-2}{N_2H_5^+}$ $\xrightarrow{+1.275}$ NH_4^+

Lower row: $NO_3^- \to HNO_2$: + 1.25; $HNO_2 \to N_2$: + 1.45; $N_2 \to NH_4^+$: + 0.278

pH = 14

$$NO_3^- \xrightarrow{+0.01} \mathbf{NO_2^-} \xrightarrow{-0.14} \mathbf{N_2O_2^{2-}} \xrightarrow{+1.52} \mathbf{N_2} \xrightarrow{-3.04} \mathbf{NH_2OH} \xrightarrow{+0.42} \mathbf{NH_3}$$

Upper row: NO_3^- $\xrightarrow{-0.86}$ N_2O_4 $\xrightarrow{+0.867}$ NO_2^-; NO_2^- $\xrightarrow{-0.46}$ NO $\xrightarrow{+0.76}$ N_2O (back: +0.18); N_2O $\xrightarrow{+0.94}$ N_2; N_2 — N_3^- — NH_2OH; NH_2OH $\xrightarrow{+0.73}$ N_2H_4 $\xrightarrow{+0.10}$ NH_3

Lower row: $NO_3^- \to NO_2^-$: + 0.25; $NO_2^- \to N_2$: + 0.41; $N_2 \to NH_3$: − 0.74

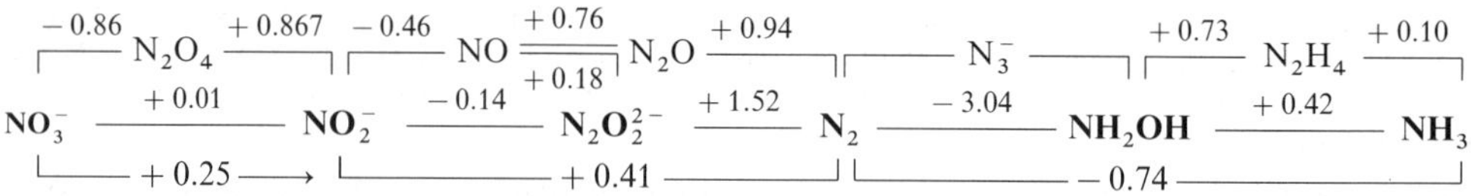

Wie aus den Diagrammen weiterhin folgt, vermag Stickstoff weder in saurer noch in alkalischer Lösung gemäß

$$N_2 + 2H_2O \rightleftarrows NH_4^+ NO_2^-$$

in die Oxidationsstufen − 3 und + 3 zu disproportionieren. Die Gleichgewichtskonstante dieses Vorgangs, die sich aus dem Potential des Oxidations- und Reduktionsschritts mit Hilfe der auf S. 227 abgeleiteten Beziehung berechnen läßt, beträgt ca. 10^{-59}. Hiernach erfordert selbst die Bildung einer nur 0.000001-molaren, also analytisch gerade noch nachweisbaren NH_4NO_2-Lösung einen Stickstoffdruck von etwa 10^{51} bar. Eine Fixierung des Luftstickstoffs (z. B. für Düngezwecke) kann also auf dem besprochenen Wege nicht erfolgen. Auch Disproportionierungen des Stickstoffs in andere Oxidationsstufen (z. B. in + 1/− 1, + 1/− 3, + 3/− 1) sind – zum Unterschied von Komproportionierungen höherer und tieferer Oxidationsstufen in Stickstoff – unmöglich (vgl. Potentialdiagramme). Anders als Stickstoff kann unabhängig vom pH-Wert der wässerigen Lösung Hydroxylamin in Stickstoff und Ammoniak bzw. Hyposalpetrige Säure in Salpetrige Säure und Stickstoff bzw. Salpetrige Säure in Salpetersäure und Stickstoff disproportionieren.

Nachfolgend werden die einzelnen Stickstoff-Sauerstoffsäuren nach steigender Oxidationsstufe des Stickstoffs abgehandelt.

1.5.2 Hydroxylamin NH_2OH[1,97,99]

Darstellung. Die Darstellung des *Hydroxylamins* NH_2OH, des Hydroxylderivats des Ammoniaks, erfolgt durch *Reduktion* höherer Oxidationsstufen des Stickstoffs (NO, NO_2^-, NO_3^-) durch Wasserstoff, Schweflige Säure oder den elektrischen Strom.

Reduktion von Stickstoffmonoxid. NO wird technisch in Hydroxylamin übergeführt, indem man ein Gemisch von *Stickstoffmonoxid* und *Wasserstoff* in eine schwefelsaure Lösung einleitet, in der als Katalysator Platin auf Aktivkohle (*BASF-Verfahren*) oder Palladium (*Iventa-Verfahren*) suspendiert ist:

$$2NO + 3H_2 \rightarrow 2NH_2OH.$$

Die Ausbeute beträgt ca. 90 %. Es fällt nebenbei Ammoniumsulfat an.

Reduktion von Nitrit. Zur Reduktion der *Salpetrigen Säure* eignet sich insbesondere die *Schweflige Säure*:

$$HNO_2 + 2H_2SO_3 + H_2O \rightarrow NH_2OH + 2H_2SO_4.$$

In der Technik verfährt man hierbei so, daß man Lösungen von *Ammoniumnitrit* in Schwefelsäure bei 0–5 °C mit *Schwefeldioxid* zum *Diammonium-hydroxylamin-bis(sulfonat)* $N(SO_3NH_4)_2OH$ umsetzt (vgl. S. 723), das bei 100 °C durch Wasser langsam in Hydroxylamin und Hydrogensulfat gespalten wird. Die Ausbeute beträgt ca. 90 %. Der Zwangsanfall von Ammoniumsulfat ist bei diesem „*Raschig-Verfahren*" größer als beim BASF- und Iventa-Verfahren (s. o.). Im Laboratorium gibt man Disulfit zu wässerigen Lösungen von *Salpetriger Säure*, wobei das zunächst gebildete Hydroxylamin-bis(sulfonat) rasch zum Hydroxylamin-mono(sulfonat) hydrolysiert, das durch Kochen mit Salzsäure in Hydroxylammoniumchlorid $NH_2OH \cdot HCl$ verwandelt wird.

[99] **Literatur.** F. Seel: „*Chemie der Raschigschen Hydroxylamin-Synthese und ihrer Folgereaktion*", Fortschr. Chem. Forsch. **4** (1963) 301–332.

Reduktion von Nitrat. Man kann *Salpetersäure* mit Hilfe des *elektrischen Stromes* zu Hydroxylamin reduzieren:

$$HNO_3 + 6H^+ + 6\ominus \rightarrow NH_2OH + 2H_2O.$$

Als Elektrolyten benutzt man hierbei in der Technik z.B. eine Lösung von Salpetersäure in 50%iger Schwefelsäure. Darüber hinaus läßt sich wässeriges *Ammoniumnitrat* in Gegenwart von Phosphorsäure mit *Wasserstoff* an einem suspendierten Edelmetallkatalysator auf Aktivkohle unter Druck reduzieren: $NH_4^+ NO_3^- + 3H_2 \rightarrow NH_3 + NH_2OH + 2H_2O$. Die erhaltene Lösung wird nach Abtrennung des Katalysators direkt zur Herstellung organischer Oxime (s.u.) genutzt. Die NH_2OH-Ausbeute beträgt ca. 60%.

Abtrennung des Hydroxylamins. In allen Fällen erhält man nicht das *freie Hydroxylamin*, sondern Salze des Typus $NH_2OH \cdot HX$ ($HX = H_3PO_4, H_2SO_4$). Die *freie Base* NH_2OH gewinnt man aus diesen Salzen durch Zugabe einer die Säure bindenden *starken Base*. Nach Lobry de Bruyn (der im Jahre 1891 erstmals das freie Hydroxylamin darstellte) verwendet man als Base zweckmäßig *Natriummethylat* NaOMe ($Me = CH_3$) in methanolischer Lösung: $NH_2OH \cdot HX + NaOMe \rightarrow NH_2OH + NaX + MeOH$. Es scheidet sich dann das Natriumsalz der Säure HX aus, welches abfiltriert wird, worauf man das gleichzeitig gebildete leichtflüchtige Methanol CH_3OH unter vermindertem Druck abdestilliert. NH_2OH-Lösungen lassen sich darüber hinaus durch Lösen der Salze $NH_2OH \cdot HX$ in flüssigem Ammoniak (Abfiltration von unlöslichem NH_4X) oder dadurch gewinnen, daß man die wässerigen Salzlösungen durch Ionenaustauscher schickt. Das hinterbleibende freie Hydroxylamin kann anschließend durch Vakuumdestillation rein erhalten werden. Da die Gewinnung der freien Base wegen der *Explosionsneigung* des Hydroxylamins (s.u.) nicht gefahrlos ist, stellt man gewöhnlich aber nur die Salze her.

Physikalische Eigenschaften. Reines Hydroxylamin kristallisiert in langen, dünnen, geruchlosen, durchsichtigen, *farblosen* Nadeln ($\Delta H_f = -114$ kJ/mol), die bei 33°C schmelzen. Der Siedepunkt des flüssigen Hydroxylamins beträgt bei 22 mbar 56.5°C (extrapoliert: 142°C bei 1.013 bar), die Dichte 1.204 g/cm³ bei 33°C.

Man kann dem Hydroxylamin zwei tautomere *Konstitutionsformeln* zuweisen:

$$\underset{(a)}{H_2\ddot{N}{-}\ddot{\underset{..}{O}}H} \;\xleftarrow{\;\rightarrow\;}\; \underset{(b)}{H_3N{-}\ddot{\underset{..}{O}}\!:} ,$$

wonach das Hydroxylamin sowohl als Hydroxylderivat des Ammoniaks (a) wie als Oxid des Ammoniaks (b) aufgefaßt werden kann. Das Tautomeriegleichgewicht liegt jedoch vollständig auf der linken Seite. Von beiden Formen leiten sich aber Derivate ab, z.B. $N(SO_3H)_2(OSO_3H)$ (S. 723) und NF_3O (S. 687). Der NO-Abstand beträgt in gasförmigem NH_2OH 1.46 Å, in kristallinem NH_2OH 1.47 Å. Weitere Bindungsparameter für NH_2OH in der Gasphase: OH-Abstand 0.96 Å, NH-Abstand 1.01 Å, ∢ HON 103°, ∢ HNO 105°, ∢ HNH 107°. Bezüglich der inneren Rotation von NH_2OH vgl. S. 663.

Chemische Eigenschaften. Thermisches Verhalten. Hydroxylamin neigt zur *Disproportionierung* in *Ammoniak* sowie *Stickstoff* bzw. *Distickstoffoxid*:

$$3\overset{-1}{N}H_2OH \rightarrow \overset{-3}{N}H_3 + \overset{\pm 0}{N_2} + 3H_2O; \qquad 4\overset{-1}{N}H_2OH \rightarrow 2\overset{-3}{N}H_3 + \overset{+1}{N_2}O + 3H_2O$$

und ist nur in vollkommen reinem Zustande *unter Abwesenheit von Luft* einige Zeit (Wochen) in Substanz oder in wässeriger Lösung haltbar. Die Geschwindigkeit des wohl über *Nitrosowasserstoff* HNO (S. 705) führenden Zerfalls (formal: $2NH_2OH \rightarrow NH_3 + HNO + H_2O$; $2HNO \rightarrow N_2O + H_2O$; $NH_2OH + HNO \rightarrow N_2 + 2H_2O$) erhöht sich mit wachsendem pH-Wert der Lösung. Unter gewöhnlichen Bedingungen (*Anwesenheit von Luftsauerstoff*) zersetzt sich reines bzw. wässeriges NH_2OH leicht, namentlich im *alkalischen Milieu* und bei geringer *Erwärmung*. Der Zerfall führt hierbei außer zu NH_3, N_2 und N_2O zu Produkten der Autoxidation von NH_2OH (s.u.). Oberhalb von 100°C erfolgt die Zersetzung des reinen Hydroxylamins *explosionsartig*: $3NH_2OH \rightarrow NH_3 + N_2 + 3H_2O + 561.4$ kJ.

Säure-Baseverhalten. Als Hydroxylderivat des Ammoniaks weist NH_2OH *schwachen Basencharakter* auf ($pK_B = 8.2$) und bildet mit Säuren **Salze**, die man in Analogie zu den Ammoniumsalzen „*Hydroxylammoniumsalze*" nennt:

$$NH_2OH + HCl \rightarrow [NH_3OH]Cl; \qquad 2NH_2OH + H_2SO_4 \rightarrow [NH_3OH]_2SO_4$$

und aus denen es mit NaOMe wieder in Freiheit gesetzt werden kann (s. o.). Die Hydroxylammoniumsalze sind im Unterschied zu freiem NH_2OH ziemlich beständig. Bei trockenem Erhitzen zersetzen sich allerdings auch sie unter Disproportionierung in Ammoniak (als Ammoniumsalze) und Stickstoff. Da NH_2OH *weniger basisch* als NH_3 ist, reagieren die Hydroxylammoniumsalze in wässeriger Lösung *stärker sauer* ($pK_S = 5.8$) als die Ammoniumsalze ($pK_S = 9.25$).

Wie Ammoniak kann Hydroxylamin auch als basischer Ligand mit Metallionen **Hydroxylamin-Komplexe**[100] bilden, wobei die *Koordination* über den *Stickstoff* erfolgt: $[Ni(NH_2OH)_6]^{2+}$. Man kennt darüber hinaus Komplexe der isomeren Form H_3NO (b) des Hydroxylamins H_2NOH (a), in welchen *Sauerstoff* mit den Metallionen koordiniert, sowie Komplexe des deprotonierten Hydroxylamins H_2NO^-, in welchen *Stickstoff und Sauerstoff* mit den Metallionen verknüpft sind: $[UO_2(ONH_3)_2(ONH_2)_2] \cdot 2H_2O$.

Der *Säurecharakter* von NH_2OH ist nur *sehr schwach* ausgeprägt ($pK_S = 13.7$; NH_2OH ist also etwas saurer als H_2O, dessen Aminderivat es darstellt). Immerhin gelingt es, durch Einwirkung von Natriummetall ein *Salz* $NaONH_2$ zu gewinnen. Ebenso kennt man z. B. ein Calciumsalz $Ca(ONH_2)_2$ und ein Zinksalz $Zn(ONH_2)_2$. Die „*Hydroxylamide*" sind sehr unbeständig und explosiv.

Redox-Verhalten. Hydroxylamin zeigt große Neigung, in eine höhere Oxidationsstufe überzugehen, und wirkt daher als starkes *Reduktionsmittel* (z. B. $2NH_3OH^+ \rightarrow N_2 + 2H_2O + 4H^+ + 2\ominus$; $\varepsilon_0 = -1.87$ V; vgl. Potentialdiagramm auf S. 702). Als Oxidationsprodukte von NH_2OH entstehen hierbei N_2 sowie N_2O und – falls überschüssiges Oxidationsmittel vorhanden ist – auch NO, NO_2^-, NO_2 sowie NO_3^-. Gegenüber Reduktionsmitteln wirkt Hydroxylamin andererseits auch als *Oxidationsmittel* ($NH_3OH^+ + 2H^+ + 2\ominus \rightarrow NH_4^+ + H_2O$; $\varepsilon_0 = +1.35$ V; vgl. Potentialdiagramm auf S. 702).

So führt etwa die *Autoxidation* von NH_2OH in alkalischer Lösung und Anwesenheit von Übergangsmetallionen in katalytischen Mengen auf dem Wege über Nitroxyl NO^- und Peroxonitrit $NO(O_2)^-$ zu Nitrit: $NH_2O^- + O_2 \rightarrow H_2O_2 + NO^-$; $NO^- + O_2 \rightarrow ONOO^-$; $ONOO^- + NH_2O^-$ (in Anwesenheit von Cu^{2+}) $\rightarrow NO_2^- + NO^- + H_2O$ usw. *Einelektronenoxidationsmittel* wie Ce^{4+}, Mn^{3+}, Fe^{3+}, Co^{3+}, Cu^{2+}, Ag^+, Ag^{2+} bewirken eine intermediäre Bildung des Radikals $\cdot NHOH$ ($NH_2OH \rightarrow NHOH + H^+ + \ominus$), das zum Teil weiter in – seinerseits zu N_2O abreagierenden – Nitrosowasserstoff HNO überführt wird ($NHOH \rightarrow HNO + H^+ + \ominus$; $2HNO \rightarrow N_2O + H_2O$; z. B. mit Ce^{4+}, Mn^{3+}, Cu^{2+}), zum Teil in Stickstoff zerfällt ($2NHOH \rightarrow HONHNHOH \rightarrow N_2 + 2H_2O$; z. B. mit Co^{3+}, $Fe(CN)_6^{4-}$; vgl. hierzu die über N_2H_3-Radikale führende Oxidation von N_2H_4, S. 663). *Zweielektronenoxidationsmittel* wie CrO_4^{2-}, MnO_4^-, ClO^- führen NH_2OH auf dem Wege über HNO in N_2O über. Erwähnt sei noch die Oxidation durch *Salpetrige Säure*, die beim *Ammoniak* zu Stickstoff, beim *Hydroxylamin* zu Distickstoffoxid führt, und der N_2O-Bildung aus *Ammoniak* und *Salpetersäure* analog ist:

$$NH_3 \xrightarrow[-2H_2O]{+HNO_2} N_2; \qquad NH_2OH \xrightarrow[-2H_2O]{+HNO_2} N_2O; \qquad NH_3 \xrightarrow[-2H_2O]{+HNO_3} N_2O\,.$$

Sn(II)-, V(II)- und Cr(II)-Salze reduzieren andererseits NH_2OH zu NH_3. Reduktionszwischenprodukt ist hierbei das Aminradikal $\cdot NH_2$ ($NH_2OH + \ominus \rightarrow NH_2 + OH^-$; $NH_2 + H^+ + \ominus \rightarrow NH_3$; vgl. hierzu die über OH-Radikale führende Reduktion von H_2O_2, S. 536).

Verwendung. Mit Aldehyden RHC=O und Ketonen R_2C=O bildet Hydroxylamin „*Oxime*": Aldoxime RHC=NOH und Ketoxime R_2C=NOH. Solche Oxime spielen als Zwischenstufen bei der technischen Herstellung von Polyamid-Kunststoffen eine Rolle. Zu über 97 % wird NH_2OH (Weltjahresproduktion: Megatonnenmaßstab) hierbei zur Gewinnung von *Cyclohexanonoxim* $C_6H_{10}NOH$ genutzt, das auf dem Wege über Caprolactam in Polyamid 6 („*Perlon*") verwandelt und als solches zu Textilien verarbeitet wird. Andere Oxime dienen in geringem Umfang als *Pharmaka* sowie *Pflanzenschutzmittel*; auch werden sie in *Lacken* zur Verhinderung der Hautbildung verwendet. Darüber hinaus nutzt man NH_2OH als *Antioxidans* in photographischen Entwicklern, zur *Stabilisierung* von Polymerisationsmonomeren, zur *Reduktion* von Cu^{2+} beim Färben von Acrylfasern.

---

[100] **Literatur.** K. Wieghardt: „*Mechanistic Studies Involving Hydroxylamine*", Adv. Inorg. Bioinorg. Mechanisms **3** (1984) 213–274; R. C. Mehrotra: „*Oximes, Guanidines and Related Species*", Comprehensive Coord. Chem. **2** (1987) 269–291.

1.5.3 Hyposalpetrige Säure $H_2N_2O_2$. Nitrosowasserstoff HNO[1,97,101]

Die Hyposalpetrige Säure (zum Namen vgl. Tab. 70, Anm. a) existiert in einer *trans*- und einer *cis*-Form:

$$\text{HO}-\ddot{\text{N}}=\ddot{\text{N}}-\text{OH} \qquad\qquad \text{HO}-\ddot{\text{N}}=\ddot{\text{N}}-\text{OH}$$

trans-Hyposalpetrige Säure *cis*-Hyposalpetrige Säure

Von letzterer sind bisher nur Salze bekannt. Darüber hinaus tritt die Hyposalpetrige Säure mit halber Molekülmasse in Form des Nitrosowasserstoffs H—N=O als instabiles Reaktionszwischenprodukt auf. (Bezüglich Nitramid $H_2N—NO_2$, einem Isomeren der Hyposalpetrigen Säure, vgl. S. 720, bezüglich ihres Monoamids $HO—N=N—NH_2$ Anm. [98], bezüglich ihres Diamids $H_2N—N=N—NH_2$ S. 675).

Die ***trans*-Hyposalpetrige Säure**, *trans*-$H_2N_2O_2$, erhält man durch Oxidation von Hydroxylamin mit Kupfer-, Silber- oder Quecksilberoxid (schematisch: HON:H_2 + 2O + H_2:NOH → HON=NOH + $2H_2O$), durch Reduktion von Salpetriger Säure mit Natriumamalgam (schematisch: HON:O + 4H + O:NOH → HON=NOH + $2H_2O$) bzw. durch Komproportionierung von Hydroxylamin und Salpetriger Säure (HON:H_2 + O:NOH → HON=NOH + H_2O). Am bequemsten ist die $H_2N_2O_2$-Gewinnung durch Reduktion von HNO_2. Zu diesem Zweck schüttelt man eine wässerige Nitritlösung bei 0 °C mit flüssigem Natriumamalgam:

$$2NaNO_2 + 4Na_{Amalgam} + 2H_2O \rightarrow Na_2N_2O_2 + 4NaOH,$$

neutralisiert die Lösung nach Beendigung der Reaktion und fällt aus der Lösung mit Silbernitrat $AgNO_3$ das schwer lösliche gelbe Silberhyponitrit $Ag_2N_2O_2$. Aus letzterem kann man mit HCl-Gas in Ether die zugrunde liegende Säure *trans*-$H_2N_2O_2$ in Freiheit setzen.

Die freie *trans*-Hyposalpetrige Säure bildet *weiße*, in trockenem Zustande äußerst explosive Kristallstäbchen, die sich in Wasser sehr leicht lösen. Die wässerige Lösung reagiert schwach sauer ($pK_1 = 7.21$; $pK_2 = 11.54$) und zerfällt langsam schon in der Kälte, schneller beim Erwärmen auf dem Wege über $HO—N=N—O^-$ (→ HO^- + N=N=O) unter Bildung von Wasser und Distickstoffoxid (Halbwertszeit bei 25 °C und pH 1–3 ca. 16 Tage):

$$H_2N_2O_2 \rightarrow H_2O + N_2O.$$

Die Reaktion ist nicht umkehrbar, so daß N_2O nicht als Anhydrid der Hyposalpetrigen Säure angesprochen werden kann. Von Iod wird *trans*-$H_2N_2O_2$ zu Salpetriger Säure und Salpetersäure oxidiert, von Salpetriger Säure zu Stickstoff *reduziert* (vgl. Potentialdiagramm, S. 702):

$$H_2N_2O_2 + 3I_2 + 3H_2O \rightarrow HNO_3 + HNO_2 + 6HI,$$
$$H_2N_2O_2 + HNO_2 \rightarrow N_2 + HNO_3 + H_2O.$$

Flüssiges N_2O_4 vermag *trans*-Hyponitrit stufenweise zu oxidieren: $N_2O_2^{2-}$ → α- bzw. β-$N_2O_3^{2-}$ (Oxohyponitrit bzw. Peroxohyponitrit, s. u.) → $N_2O_4^{2-}$ → $N_2O_5^{2-}$ → $N_2O_6^{2-}$.

Als zweibasige Säure bildet *trans*-$H_2N_2O_2$ zwei Reihen von Salzen: sehr zersetzliche „*saure Hyponitrite*" $M^IHN_2O_2$ und beständigere „*neutrale Hyponitrite*" $M^I_2N_2O_2$ ($Na_2N_2O_2$ thermolysiert ab 260 °C; $N_2O_2^{2-}$ besitzt C_{2h}-Symmetrie). Beide reagieren in wässeriger Lösung

[101] **Literatur.** M. N. Hughes: „*Hyponitrites*", Quart. Rev. **22** (1968) 1–13.

infolge weitgehender Hydrolyse alkalisch, wirken reduzierend und sind gegen Reduktion bemerkenswert stabil (vgl. Gewinnung von $Na_2N_2O_2$ aus $NaNO_2$ und Natriumamalgam).

Das Dinatriumsalz der *cis*-**Hyposalpetrigen Säure**, *cis*-$H_2N_2O_2$, läßt sich durch Einleiten von Stickstoffoxid NO in eine Lösung von Natrium in flüssigem Ammoniak bei $-50\,°C$ neben geringen Mengen des Dinatriumsalzes von *trans*-Hyposalpetriger Säure gewinnen. Die *cis*-Verbindung ist thermisch instabiler und chemisch reaktionsfähiger als die *trans*-Verbindung und geht im Zuge der in Wasser erfolgenden Hydrolyse in diese über (gleichzeitig N_2O-Entwicklung).

Das von der Säure abgeleitete *cis-Hyponitrit* $N_2O_2^{2-}$ wirkt als zweizähniger Ligand in **Hyponitrit-Komplexen** sowohl *chelatbildend* (z. B. in gelbem $[(Ph_3P)_2Pt(N_2O_2)]$ mit fünfgliedrigem PtN_2O_2-Ring) wie *verbrückend* (zum Beispiel in rotem $[\{(NH_3)_5Co\}_2N_2O_2]^{4+}$ mit CoNNOCo-Zick-Zack-Kette (vgl. S. 1663); man kennt auch isomeres schwarzes $[(NH_3)_5Co(NO)]^{2+}$ mit linearer CoNO-Gruppe). Ein SO_3-Addukt $O{=}N(NO){-}SO_3^{2-}$ des *cis*-Hyponitrits $N_2O_2^{2-}$ entsteht beim Einleiten von NO in alkalische SO_3^{2-}- Lösungen.

Eine Verbindung der Zusammensetzung HNO (möglicherweise **Nitrosowasserstoff**) scheidet sich als hellgelber Belag an den Wänden eines mit flüssigem Stickstoff ($-196\,°C$) gekühlten Reaktionsgefäßes ab, wenn man in diesem atomaren Wasserstoff auf Stickstoffoxid NO einwirken läßt[102]. Bei Entfernung der Kühlung beginnt sich diese Substanz bei $-95\,°C$ zu zersetzen, wobei in der Hauptachse Hyposalpetrige Säure $H_2N_2O_2$ (80%), daneben Distickstoffoxid (20%) entsteht.

HNO wird darüber hinaus als reaktives, sich zu Hyposalpetriger Säure dimerisierendes[103] Zwischenprodukt bei verschiedenen Oxidationen von NH_2OH bzw. Reduktionen von HNO_2 postuliert. Eine gute HNO-Quelle stellt das Angeli-Salz $Na_2N_2O_3$ dar (s. unten), welches sich auf dem Wege

$$N_2O_3^{2-} + H^+ \rightarrow HNO + NO_2^-$$

zersetzt (vgl. S. 701).

HNO ist eine schwache Säure von der Stärke etwa der Stickstoffwasserstoffsäure. Ihr pK_s-Wert beträgt 4.7. Die konjugierte Base von HNO, das **Nitroxyl-Anion NO^-** („*Nitrat(I)*“), die sich wie HNO leicht dimerisiert ($2NO^- \rightarrow N_2O_2^{2-}$), oxidiert sich in Anwesenheit von Sauerstoff rasch zu Peroxonitrit: $ON^- + O_2 \rightarrow ONOO^-$, das sich seinerseits in saurer Lösung zu Nitrat isomerisiert. Die Bildung des *violetten* Komplexes $Ni(CN)_3NO^{2-}$ gemäß $Ni(CN)_4^{2-} + NO^- \rightarrow Ni(CN)_3(NO)^{2-} + CN^-$ dient als Nachweis für intermediär gebildetes HNO. Ein **HNO-Komplex** $[(Ph_3P)_2(CO)Cl_2Os(HNO)]$ (HNO über N gebunden) entsteht bei der Einwirkung von HCl auf $[(Ph_3P)_2(CO)Cl_2OsNO]$.

1.5.4 Oxohyposalpetrige Säure $H_2N_2O_3$[1,97]

Das Natriumsalz der Oxohyposalpetrigen Säure („Angeli-Salz“ $Na_2N_2O_3$) bildet sich bei der Nitrierung von Hydroxylamin NH_2OH mit Alkylnitrat RNO_3 in Natriummethylat-haltigem Methanol bei 0 °C:

$$O_2N{-}OR + H_2N{-}OH \xrightarrow[-HOR]{} (O_2N{-}NH{-}OH) \xrightarrow[-2CH_3OH]{2CH_3O^-} ({}^-O)_2\overset{+}{N}{=}N{-}O^-$$

Das **Trioxodinitrat(II)-Ion $N_2O_3^{2-}$** („*Oxohyponitrit*“) ist planar gebaut (NO-Abstand 1.32 Å, NN-Abstand 1.264 Å, Bindungswinkel an der O_2NN-Gruppe um 120°, N=N—O-Bindungswinkel 113°). Es ist in stark alkalischer Lösung einigermaßen stabil, bildet mit Erdalkalimetall-, Blei- bzw. Cadmium-Dikationen unlösliche Niederschläge und wird von Sauerstoff leicht oxidiert.

---

102 Organische Nitrosoverbindungen R—N=O sind *blau* bis *grün*. Eine entsprechende Farbe sollte mithin auch die Muttersubstanz der Nitrosoverbindungen aufweisen. Möglicherweise handelt es sich also im Falle des hellgelben Belags bereits um ein HNO-Dimeres (vgl. Anm.[103]).

103 Organische Nitrosoverbindungen dimerisieren gemäß:

$$R{-}N{=}O + O{=}N{-}R \rightleftarrows R(O^-)\overset{+}{N}{=}\overset{+}{N}(O^-)R .$$

Ganz allgemein neigen Nitrosoverbindungen RNO mit elektropositivem R (z. B. H, Organyl, Silyl) zur Dimerisierung, während Verbindungen mit elektronegativem R (z. B. Aminogruppe, Hydroxylgruppe, Fluor) nicht dimerisieren.

Im Gegensatz zum Dianion $N_2O_3^{2-}$ ist das in mittel alkalischer bis saurer Lösung neben $N_2O_3^{2-}$ im Protonierungsgleichgewicht vorliegende, sehr sauerstoffempfindliche Monoanion $HN_2O_3^-$ instabil und zersetzt sich auf dem Wege über Nitrosowasserstoff HNO letztlich in Distickstoffoxid und Nitrit:

$$\begin{array}{lll} \times 2|\, HN_2O_3^- & \rightleftarrows & HNO + NO_2^- \text{ (s. oben)} \\ 2\,HNO & \rightarrow & N_2O + H_2O \text{ (s. oben)} \\ \hline 2\,HN_2O_3^- & \rightarrow & N_2O + 2\,NO_2^- + H_2O\,. \end{array}$$

Zur wässerigen Lösung zugesetztes Nitrit stabilisiert hierbei das $HN_2O_3^-$-Ion (Verschiebung des $HN_2O_3^-$-Zersetzungsgleichgewichts nach links). Das Proton ist in $HN_2O_3^-$ am Stickstoff gebunden: $O_2N{-}NH{-}O^-$.

Die freie Oxohyposalpetrige Säure $H_2N_2O_3$, eine mittelstarke Säure ($pK_1 = 2.4$, $pK_2 = 9.4$) bzw. eine stärker angesäuerte $N_2O_3^{2-}$-Lösung ist ebenfalls unbeständig und zersetzt sich unter dem katalytischen Einfluß von Nitrit, das sich zunächst in Spuren durch $HN_2O_3^-$-Zerfall (s. oben) bildet, gemäß:

$$H_2N_2O_3 \xrightarrow{(NO_2^-)} 2\,NO + H_2O\,.$$

Die Reaktion läßt sich nicht umkehren, so daß NO nicht als Anhydrid der Oxohyposalpetrigen Säure angesprochen werden kann.

Konstitutionsisomer zu Trioxodinitrat $O_2N{-}NO^{2-}$ ist „*Peroxohyponitrit*“ $ON{=}NOO^{2-}$, das durch Oxidation von Hyponitrit mit flüssigem N_2O_4 entsteht. Von einer (formalen) Orthoform $H_4N_2O_4 = (HO)_2N{-}N(OH)_2$ der Oxohyposalpetrigen Säure $H_2N_2O_3$ leitet sich das Salz $Na_4N_2O_4$ mit dem „*Tetraoxodinitrat-Ion*“ $N_2O_4^{4-}$ ab, das bei der Einwirkung von Natrium auf Alkalinitrite in flüssigem Ammoniak als explosiver gelber Niederschlag entsteht ($2\,NaNO_2 + 2\,Na \rightarrow Na_4N_2O_4$) und in Abwesenheit von Luft und Feuchtigkeit bei Raumtemperatur haltbar ist.

1.5.5 Salpetrige Säure HNO_2[1,97,104]

Darstellung, Struktur

Salpetrige Säure ist nur in verdünnten, kalten, wässerigen Lösungen und in Form ihrer Salze, der *Nitrite*, beständig. Diese Nitrite lassen sich entweder durch Einleiten eines äquimolekularen Gemischs von NO und NO_2 in Lauge oder durch Erhitzen von Nitraten – zweckmäßig bei Gegenwart eines schwachen Reduktionsmittels wie Blei oder Eisen – darstellen:

$$N_2O_3 + 2\,NaOH \rightarrow 2\,NaNO_2 + H_2O$$
$$NaNO_3 + Pb \rightarrow NaNO_2 + PbO$$

Zur technischen Gewinnung von Natriumnitrit leitet man „Nitrose Gase“ in Natronlauge oder wässerige Soda und kristallisiert gebildetes $NaNO_2$ um.

Fügt man zu einer sehr verdünnten, kalten Nitritlösung (zweckmäßig Bariumsalze) die äquivalente Menge Säure (zweckmäßig Schwefelsäure) hinzu, so resultiert (nach Abtrennung des ausgefallenen Bariumsulfats) eine verdünnte Lösung freier Salpetriger Säure:

$$Ba(NO_2)_2 + H_2SO_4 \rightarrow 2\,HNO_2 + BaSO_4\,.$$

Die Säure läßt sich auch in der Gasphase als wasserfreies HNO_2-Molekül erhalten ($NO + NO_2 + H_2O(g) \rightleftarrows 2\,HNO_2(g)$; $K = 7.9\ bar^{-1}$) nicht aber im flüssigen Zustande.

Struktur. Die Konstitution der Nitrite ist eindeutig. Es handelt sich bei dem Nitrit-Ion NO_2^- um ein mit dem Ozon O_3 und Nitrosylfluorid NOF isoelektronisches, gewinkeltes Ion (18 Valenzelektronen, vgl. S. 355) mit einem Bindungswinkel von 115.4° und einem zwischen einer einfachen (1.36 Å) und einer doppelten Bindung (1.16 Å) liegenden NO-Abstand von 1.236 Å (a). Demgegenüber könnte die freie Salpetrige Säure theoretisch in zwei tautomeren Formen (b) und (c) (C_{2v}- bzw. C_s-Symmetrie) vorliegen, da das Proton H^+ sowohl am Stickstoff als auch am Sauerstoff sitzen kann (letztere Form ist im Gaszustande (s. u.) jedoch die allein nachgewiesene):

[104] **Literatur.** T.A. Turney, G.A. Wright: „*Nitrous Acid and Nitrosation*“, Chem. Rev. **59** (1959) 497–513.

$$\left[\ddot{O}{=}\ddot{N}{-}\ddot{O}: \leftrightarrow :\ddot{O}{-}\ddot{N}{=}\ddot{O}\right]^- \quad \text{(a)} \qquad \ddot{O}{=}N(H){-}\ddot{O}: \rightleftarrows \ddot{O}{=}\ddot{N}{-}\ddot{O}{-}H \quad \text{(b)}\ \text{(c)}$$

Dennoch leiten sich von der Salpetrigen Säure – ähnlich wie bei der Schwefligen Säure (s. dort) – zwei Reihen isomerer organischer Derivate ab: „*Nitroverbindungen*" R—NO_2 und „*Salpetrigsäureester*" RO—NO[105]. Analoge Isomerien finden sich bei Komplexen mit NO_2^- als Ligand, da die Bindung an das Zentralmetall einmal über N („*Nitro*-Komplexe") und einmal über O („*Nitrito*-Komplexe") erfolgen kann. Die ersteren Komplexe (einer der bekanntesten ist das Kalium-hexanitrocobaltat(III) $K_3[Co(NO_2)_6]$) sind wesentlich beständiger[106].

Von den beiden planaren Formen des gasförmigen HONO-Moleküls, der *trans*- und der *cis*-Form:

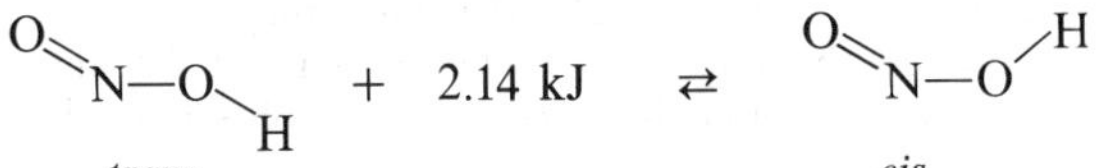

$$\underset{trans}{O{=}N{-}O{-}H} + 2.14\ \text{kJ} \rightleftarrows \underset{cis}{O{=}N{-}O{-}H}$$

ist die erstere die stabilere (*trans*-Form: Bildungsenthalpie $\Delta H_f = -80.18$, *cis*-Form: $\Delta H_f = -78.04$ kJ/mol; Rotationsbarriere 45.2 kJ/mol). Die NO-Abstände in der *trans*-Form haben die Werte 1.177 Å (O=N) und 1.433 Å (N—OH); die Bindungslänge O—H beträgt 0.954 Å, der Winkel ONO 110.7°, der Winkel HON 102.1°.

Eigenschaften

Thermisches Verhalten. Beim Erwärmen – langsam auch schon bei Zimmertemperatur – und beim Konzentrieren zersetzt sich wässerige Salpetrige Säure unter Disproportionierung in Salpetersäure und Stickoxid.

$$\begin{array}{lll} \times 2|\,2HNO_2 & \rightleftharpoons H_2O + N_2O_3 & (1)\\ \times 2|\,N_2O_3 & \rightleftharpoons NO + NO_2 & (2)\\ \quad 2NO_2 & \rightleftharpoons N_2O_4 & (3)\\ \quad N_2O_4 + H_2O & \rightleftharpoons HNO_3 + HNO_2 & (4)\\ \hline 3\overset{+3}{H}NO_2 & \rightarrow \overset{+5}{HN}O_3 + 2\overset{+2}{N}O + H_2O\,. & \end{array}$$

Die Konstante des sich rasch einstellenden Gleichgewichts (1) (Bildung des Anhydrids der Salpetrigen Säure) beträgt bei 25 °C ca. 0.2. Hiernach stehen z. B. 0.1 mol/l HNO_2 mit etwa 0.002 mol/l N_2O_3 bzw. 0.8 mol/l HNO_2 mit 0.1 mol/l N_2O_3 im Gleichgewicht. Das Dissoziationsgleichgewicht (2) sowie das Assoziationsgleichgewicht (3) stellen sich analog (1) ebenfalls rasch ein (bezüglich des Dissoziations- und Assoziationsausmaßes vgl. S. 696 und 697). Der langsamste Schritt der Reaktionsfolge (1–4) ist die Hydrolyse (4) des gemischten Säureanhydrids N_2O_4. Bezüglich der Mechanismen der Reaktionen (1) und (4) vgl. S. 712.

Redox-Verhalten (vgl. Potentialdiagramm, S. 702). Die Salpetrige Säure wirkt – wie ihre leicht erfolgende Disproportionierung in eine höhere und tiefere Oxidationsstufe lehrt (s. oben) – sowohl als Reduktions- wie als Oxidationsmittel.

Als Reduktionsmittel ($HNO_2 + H_2O \rightleftarrows NO_3^- + 3H^+ + 2\ominus$; $\varepsilon_0 = +0.94$ V) tritt sie gegenüber starken Oxidationsmitteln wie Permanganat ($MnO_4^- + 8H^+ + 5\ominus \rightleftarrows Mn^{2+} + 4H_2O$), Bromat ($BrO_3^- + 6H^+ + 6\ominus \rightleftarrows Br^- + 3H_2O$), Sauerstoff ($O_2 + 4H^+ + 4\ominus \rightleftarrows 2H_2O$), Wasserstoffperoxid ($H_2O_2 + 2H^+ + 2\ominus \rightleftarrows 2H_2O$; Reaktionszwischenstufe HOONO, S. 711) oder Bleidioxid ($PbO_2 + 4H^+ + 2\ominus \rightleftarrows Pb^{2+} + 2H_2O$) auf. Man benutzt die Reaktion mit Permanganat, um den Gehalt verdünnter Lösungen von Salpetriger Säure maßanalytisch zu bestimmen.

---

105 In den Nitroverbindungen RNO_2 findet man erwartungsgemäß nur einen NO-Abstand (in CH_3NO_2 z. B. 1.22 Å), in den Salpetrigsäureestern RONO dagegen zwei NO-Bindungslängen (in $CH_3O{-}N{=}O$ z. B. 1.37 und 1.22 Å).

106 In **Nitro- bzw. Nitrito-Komplexen**[107] wirkt NO_2^- als *einzähniger* (η^1-N bzw. η^1-O) sowie *zweizähnig-chelatbildender* Ligand (η^2-OO), z. B.: $[(NH_3)_5Co(\eta^1\text{-}NO_2)]^{2+}$, $[(NH_3)_5Co(\eta^1\text{-}ONO)]^{2+}$, $[(bipy)_2Cu(\eta^2\text{-}O_2N)]^+$. Darüber hinaus fungiert NO_2^- auch *brückenbildend* (μ-O, μ-ON).

107 **Literatur.** B. J. Hathaway: „*Oxyanions*", Comprehensive Coord. Chem. **2** (1987) 413–434.

Als Oxidationsmittel ($HNO_2 + H^+ + \ominus \rightarrow NO + H_2O$; $\varepsilon_0 = +0.996$ V) oxidiert Salpetrige Säure beispielsweise Iodide ($2I^- \rightleftarrows I_2 + 2\ominus$), Eisen(II)-Salze ($Fe^{2+} \rightleftarrows Fe^{3+} + \ominus$) und Oxalate ($C_2O_4^{2-} \rightarrow 2CO_2 + 2\ominus$). Andere Reduktionsmittel führen die Salpetrige Säure über die Oxidationsstufe des NO hinaus in $H_2N_2O_2$ (N_2O), N_2, N_3H, NH_2OH oder NH_3 über (vgl. Potentialdiagramm auf S. 702). So wird sie etwa von Zinn(II)-Salzen zu Distickstoffoxid ($2Sn^{2+} + 2HNO_2 + 4H^+ \rightarrow 2Sn^{4+} + N_2O + 3H_2O$), von Natriumamalgam zu Hyposalpetriger Säure (s. dort) reduziert. Mit Hydroxylamin reagiert sie zu Hyposalpetriger Säure (vgl. S. 705) mit Hydrazin zu Stickstoffwasserstoffsäure (Reaktionszwischenprodukt: Hydroxytriazen $H_2N—N{=}N—OH$, vgl. Anm.[98]), mit Stickstoffwasserstoffsäure zu Stickstoff und Distickstoffoxid (Reaktionszwischenprodukt: Nitrosylazid $ON—N_3$, vgl. S. 711), mit Ammoniak zu Stickstoff (Reduktionszwischenprodukt möglicherweise: Nitrosoamin $ON—NH_2$):

$$NH_2OH + HNO_2 \rightarrow H_2N_2O_2 + H_2O \qquad N_2H_4 + HNO_2 \rightarrow N_3H + 2H_2O$$
$$N_3H + HNO_2 \rightarrow N_2 + N_2O + H_2O \qquad NH_3 + HNO_2 \rightarrow N_2 + 2H_2O\,.$$

Letztere Reaktion benutzt man zur Stickstoffdarstellung, indem man Ammoniumnitrit ($NH_4NO_2 \rightleftarrows NH_3 + HNO_2$) erhitzt: $NH_4NO_2 \rightarrow N_2 + 2H_2O + 315$ kJ. Als Beispiel einer zu Hydroxylamin führenden Reduktion haben wir auf S. 702 die Umsetzung von HNO_2 mit Schwefliger Säure kennengelernt, als Beispiel einer zu Ammoniak führenden Reduktion sei die Umsetzung von HNO_2 mit Schwefelwasserstoff genannt.

Mechanistisch stellt der erste Schritt der Redoxreaktionen der Salpetrigen Säure vielfach eine Nitrosierung des Redoxpartners dar (Wirkung von HNO_2 als Elektrophil; Näheres vgl. S. 712). Es sind aber auch Elektronenübertragungsreaktionen bekannt: $NO_2^- \rightleftarrows NO_2 + \ominus$ (Oxidationsmittel z. B. Mn^{3+}, Co^{3+}) bzw. $\ominus + NO_2^- \rightleftarrows NO_2^{2-}$; $H^+ + NO_2^{2-} \rightarrow NO + HO^-$ (Reduktionsmittel z. B. Natriumamalgam). Schließlich vermag HNO_2 als Nucleophil einen Schwefelkettenabbau zu initiieren: $S_8 + 8NO_2^- \rightarrow S_8NO_2^- + 7NO_2^- \rightarrow \rightarrow \rightarrow 8SNO_2^-$. Das (wohl *grüne*) *Thionitrat-Ion* NO_2S^- konnte bisher nicht als Salz isoliert werden (man kennt aber den *tert*-Butylester der Thiosalpetersäure $HSNO_2$), da $S_xNO_2^-$ unter Redoxdisproportionierung u.a. in N_2O, $S_2O_3^{2-}$, S_3^- und NOS_2^- übergeht (formal: $2NO_2^- + 2S \rightarrow N_2O + S_2O_3^{2-}$ bzw. $NOS_2^- + NO_3^-$). Das *rote Dithioperoxonitrat-Ion* $NOS_2^- = O{=}N—S—S^-$ bildet sich auch durch Reaktion von NO_2^- und S_8 in Dimethylformamid oder -sulfoxid und läßt sich in Form von $[Ph_3PNPPh_3]^+ NOS_2^-$ isolieren (vgl. hierzu NS_3^-, S. 608).

Säure-Base-Verhalten. Als Säure zählt die Salpetrige Säure zu den mittelstarken bis schwachen Säuren ($HNO_2 \rightleftarrows H^+ + NO_2^-$; $pK_S = 3.29$ bei 25 °C). Die wässerigen Lösungen ihrer Salze enthalten daher infolge Hydrolyse freie Salpetrige Säure und sind infolgedessen wenig haltbar (vgl. oben).

Unter den **Salzen** lassen sich die Alkalimetallnitrite unzersetzt schmelzen ($NaNO_2$: Smp. 284 °C; KNO_2: Smp. 441 °C), während andere Salze in der Regel vor Erreichen des Schmelzpunktes zerfallen (z. B. $Ba(NO_2)_2 > 220$ °C; $AgNO_2 > 140$ °C; $Hg(NO_2)_2 > 75$ °C). NH_4NO_2 zerfällt gegebenenfalls explosionsartig. Bis auf das in kaltem Wasser nur mäßig lösliche gelbe $AgNO_2$ sind die Nitrite alle leicht wasserlöslich. *Natriumnitrit* $NaNO_2$, das nur schwach giftig ist (Toleranzdosis ca. 100 mg/kg Körpergewicht und Tag, d. h. 4–8 g beim Menschen pro Tag) dient zur Konservierung von Fleisch und wird zur Synthese von Hydroxylamin (s. dort) sowie für Diazotierungen aromatischer Amine benötigt (s. Nitrosierungen, unten). Beim Erhitzen äquimolarer Gemische von Alkalimetallnitriten MNO_2 mit Alkalimetalloxid M_2O als Basen erhält man gemäß $MNO_2 + M_2O \rightarrow M_3NO_3$ *gelbes* Na_3NO_3, *rotes* K_3NO_3 bzw. *rotbraunes* Rb_3NO_3. Diese – früher als Orthonitrite bezeichneten – Salze enthalten nicht das Orthonitrit-Ion NO_3^{3-}, sondern stellen Mischkristalle der Salze MNO_2 und M_2O dar (anti-Perowskistruktur $(NO_2)ONa_3$).

Als Base ist Salpetrige Säure extrem schwach ($HNO_2 \underset{}{\overset{\pm H^+}{\rightleftarrows}} H_2NO_2^+ \overset{\pm H^+}{\rightleftarrows} H_3O^+ + NO^+$; $pK_S(H_2NO_2^+) = -7$). Nur mit sehr starken, konzentrierten Säuren (z. B. 9-molare Schwefelsäure) reagiert sie unter Bildung des *Nitrosyl*-Kations NO^+ (vgl. S. 710) in kleiner Gleichgewichtskonzentration. NO^+ vermag sich als sehr starke Lewis-Säure mit der schwachen Lewis-Base HNO_2 weiter zu Distickstofftrioxid umzusetzen ($NO^+ + HNO_2 \rightarrow N_2O_3 + H^+$). Übergießt man hiernach Nitrite mit konz. Schwefelsäure, so entweichen braune Dämpfe von NO_2 und NO ($2NaNO_2 + 2H_2SO_4 \rightarrow 2NaHSO_4 + H_2O + N_2O_3$;

$N_2O_3 \rightarrow NO + NO_2$). Hierdurch unterscheiden sich Nitrite von Nitraten, welche mit konzentrierter Schwefelsäure nicht unter Bildung braunen Stickstoffdioxids reagieren. (Bezüglich $H_2NO_2^+$ und NO^+ s. auch weiter unten.)

Nitrosylverbindungen, Nitrosierungen[1,108]

Salpetrige Säure ONOH stellt ein Beispiel aus der Reihe der *Nitrosyl-* (*Nitroso-*)[109] Verbindungen ONX dar (X z. B. H, F, Cl, Br, OH, OOH, NH_2, NO_2, CH_3, C_6H_5). Sie leiten sich von den Azoverbindungen XN=NX (S. 672) durch Ersatz einer NX-Gruppe (z. B. NH-Gruppe) durch O ab und sind wie diese *farblos*, falls der Rest X über ein sehr elektronegatives Atom an N gebunden ist (z. B. ONF, ONOH) sonst *farbig* (z. B. *gelborangefarbenes* ONCl, *rotes* $ONNH_2$, *blaues* $ONNO_2$, *grünes* ONC_6H_5). Gehört X zu den elektropositiveren Gruppen (H, organischer Rest), so neigt ONX zur Dimerisierung (vgl. Anm.[103]). Die N—X-Bindung der Nitrosylverbindungen weist, falls X vergleichsweise elektronegativ ist, eine unerwartet hohe Polarität im Sinne von $N^{\delta+}—X^{\delta-}$ auf. Kommt der Gruppe X zudem eine sehr geringe Basizität zu, d. h. ist die zu X korrespondierende Säure HX sehr stark, so sind die Nitrosylverbindungen sogar mehr oder weniger salzartig gebaut (z. B. $NO^+ClO_4^-$, $NO^+HSO_4^-$, $(NO^+)_2S_2O_7^{2-}$, $NO^+AsF_6^-$, $(NO^+)_2SnCl_6^{2-}$, $NO^+BF_4^-$, $(NO^+)_2PtCl_6^{2-}$)[110].

Das in den Nitrosylsalzen enthaltene **Nitrosyl-Kation NO^+** (Oxidationsstufe + 3 des Stickstoffs), welches mit den Teilchen CO, N_2, CN^- und C_2^{2-} isoelektronisch ist, enthält gemäß der Elektronenformel (a)

(a) $[:N{\equiv}O:]^+$ (b) X—N̈=Ö: (gewinkelt)

eine dreifache Bindung zwischen N und O (Bindungslänge 1.06 Å; ber. für eine Dreifachbindung 1.06 Å). In den kovalenten Nitrosylverbindungen ist N gemäß (b) doppelt an O und einfach an X geknüpft. Ist X eine elektronegative Gruppe, so werden häufig Bindungslängen gefunden, die kleiner als eine NO-Doppel- bzw. größer als eine N—X-Einfachbindung sind (vgl. Tab. 71), was auf folgende Mesomerie deutet $[X—N{=}O \leftrightarrow X^- N{\equiv}O^+]$. Im übrigen sind die Moleküle X—N=O gewinkelt gebaut (vgl. etwa ONOH (oben) bzw. Nitrosylhalogenide (Tab. 71)).

Nachfolgend werden zunächst Darstellung und Eigenschaften einiger Nitrosylverbindungen und im Anschluß daran Nitrosierungen besprochen.

Nitrosylhalogenide. Nitrosylchlorid NOCl ist das gemischte Anhydrid der Salpetrigen und Salzsäure (Säurechlorid der Salpetrigen Säure): $ONOH + HCl \rightleftarrows ONCl + H_2O$ und wird durch Wasser leicht rückwärts zu Salpetriger und Salzsäure zersetzt. Dementsprechend muß man die Darstellung bei Ausschluß von Wasser (Einleiten von Chlorwasserstoffgas in flüssiges N_2O_3 bei Gegenwart von Phosphorpentaoxid als wasserbindendem Mittel) vornehmen:

$$N_2O_3 + 2HCl \rightarrow 2NOCl + H_2O.$$

Einfacher läßt sich NOCl (Analoges gilt für **Nitrosylfluorid NOF** und **Nitrosylbromid NOBr**) durch Vereinigung von NO mit Cl_2 bei 40–50 °C oder durch Erwärmen von Nitrosylhydrogensulfat (s. unten) mit Natriumchlorid gewinnen:

$$2NO + Cl_2 \rightarrow 2NOCl + 77.12\,kJ; \quad NOHSO_4 + NaCl \rightarrow NOCl + NaHSO_4.$$

---

[108] **Literatur.** C. Woolf: „*Oxyfluorides of Nitrogen*", Adv. Fluorine Chem. **5** (1965) 1–30; J.H. Ridd: „*Nitrosation, Diazotisation, and Deamination*", Quart. Rev. **15** (1961) 418–441; C.J. Collins: „*Reactions of Primary Amines with Nitrous Acid*", Acc. Chem. Res. **4** (1971) 315–322; D.L.H. Williams: „*S-Nitrosation and the Reactions of S-Nitroso Compounds*", Chem. Soc. Rev. **14** (1985) 171–196; J.O. Edwards, R.C. Plumb: „*The Chemistry of Peroxonitrites*", Progr. Inorg. Chem. **41** (1994) 599–635. Vgl. Anm. 104.

[109] Verbindungen ONX mit elektronegativem X bezeichnet man häufig als Nitrosyl-Verbindungen (z. B. Nitrosylfluorid ONF, Dinitrosylperoxid $(ON)_2O_2$), mit elektropositivem X als Nitroso-Verbindungen (z. B. Nitrosowasserstoff ONH, Nitrosomethan $ONCH_3$, Nitrosoamin $ONNH_2$). Das Nitrosylhydroxid ONOH nennt man Salpetrige Säure.

[110] Der Salzcharakter der ionogenen Nitrosylverbindungen geht u. a. aus elektrolytischen, konduktometrischen und kryoskopischen Messungen hervor. Die Nitrosyl-Salze NO^+X^- haben zudem die gleiche Struktur wie die entsprechenden Ammonium-Salze $NH_4^+X^-$.

Im Falle der Fluorierung von NO entsteht neben NOF darüberhinaus **Nitrosyltrifluorid NOF_3**.

Nitrosylchlorid ist ein *organgegelbes* Gas, das sich leicht zu einer *gelbroten* Flüssigkeit verdichten läßt, die ihrerseits zu *blutroten* Kristallen erstarrt (bezüglich Smp., Sdp., Bildungsenthalpien und Strukturparametern – auch von NOF, NOBr und NOF_3 – vgl. Tab. 71). Oberhalb von 100 °C beginnt NOCl in Umkehrung der obigen Bildungsgleichung in Stickoxid und Chlor zu zerfallen. Die Zerfallsneigung nimmt in Richtung NOF → NOCl → NOBr zu; bezüglich des Iodids vgl. S. 712. Mit Halogenid-Akzeptoren bilden NOCl, NOF und NOBr Nitrosylsalze: $NOCl + SbCl_5 \rightarrow NO[SbCl_6]$; $NOF + BF_3 \rightarrow NO[BF_4]$; $NOF + ClF \rightarrow NO[ClF_2]$; $NOF + ClF_3 \rightarrow NO[ClF_4]$.

Nitrosylazid NON_3 bildet sich bei der Umsetzung von Nitrosylchlorid mit Natriumazid ohne Lösungsmittel unterhalb −55 °C: $O{=}N{-}Cl + N{=}N{=}N^- \rightarrow O{=}N{-}N{=}N{=}N + Cl^-$. Die *blaßgelbe*, gewinkelt gebaute Verbindung (C_s-Symmetrie) zerfällt ab −50 °C gemäß: $O{=}N{-}N{=}N{=}N \rightarrow O{=}N{=}N + N{\equiv}N$. Bei der Umsetzung von Salpetriger mit Stickstoffwasserstoffsäure entsteht NON_3 unter Normalbedingungen als Reaktionszwischenprodukt.

Tab. 71 Einige Eigenschaften und Strukturparameter der Nitrosylhalogenide sowie des Nitrosyltrifluorids

NOX		Smp. (°C)	Sdp. (°C)	ΔH_f (kJ/mol)	r_{NO} [a] (Å)	r_{NX} [b] (Å)	∢ XNO
NOF	*Farbloses* Gas	−132.5	−59.9	−66.6	1.13	1.52	110°
NOCl	*Orangegelbes* Gas	− 59.6	− 6.4	+51.75	1.14	1.98	113°
NOBr	*Rotes* Gas	− 55.5	~ 0	+82.23	1.15	2.14	117°
NOF_3	*Farbloses* Gas	−160	−87.6		1.15	1.48	[c]

a) Ber. für NO-Doppelbindung: 1.16 Å. **b)** Ber. für NX-Einfachbindung: 1.34 (X = F), 1.69 (X = Cl), 1.84 Å (X = Br). **c)** Tetraedrischer Bau.

Peroxosalpetrige Säure NO(OOH) bildet sich bei der Einwirkung von Wasserstoffperoxid auf Nitritlösungen nach dem Ansäuern als *orangegelbe* Verbindung:

$$ON(OH) + H_2O_2 \rightarrow ON(OOH) + H_2O\,.$$

Die Säure $ON(OOH) = HNO_3$, die eine isomere Form der Salpetersäure $O_2N(OH) = HNO_3$ darstellt, ist ein starkes Oxidationsmittel und isomerisiert rasch zu Salpetersäure (vgl. Isomerisierung von $O_2S(OOH)$ zu $O_3S(OH)$ S. 536). Ihre Salze sind in alkalischer Lösung stabil.

Nitrosylhydrogensulfat $NO(SO_4H)$ kann aus Salpetriger und Schwefelsäure ($ON\,\vdots\,OH + H\,\vdots\,OSO_3H \rightarrow ON^+OSO_3H^- + H_2O$) oder Schwefliger und Salpetersäure gewonnen werden ($ONO\,\vdots\,OH + H\,\vdots\,SO_3H \rightarrow ON^+OSO_3H^- + H_2O$). Die Reaktion muß unter Ausschluß von Wasser durchgeführt werden, da das Nitrosylhydrogensulfat durch Wasser augenblicklich in Schwefelsäure und Salpetrige Säure zerlegt wird:

$$HSO_4\,\vdots\,NO + HO\,\vdots\,H \rightarrow H_2SO_4 + HNO_2\,. \tag{5}$$

Daher leitet man zur Darstellung entweder Salpetrigsäure-Anhydrid in konzentrierte Schwefelsäure ($N_2O_3 + H_2SO_4 \rightarrow NO^+HSO_4^- + HNO_2$) oder Schwefligsäure-Anhydrid in konzentrierte Salpetersäure ($HNO_3 + SO_2 \rightarrow NO^+HSO_4^-$). Als gemischtes Anhydrid der Salpetrigen und Salpetersäure ($2NO_2 + H_2O \rightleftarrows HNO_2 + HNO_3$) gibt auch Stickstoffdioxid NO_2 sowohl mit Schwefel- wie mit Schwefliger Säure Nitrosylhydrogensulfat, wobei im ersteren Fall außerdem Salpetersäure, im letzteren Fall Salpetrige Säure auftritt:

$$2NO_2 + H_2O + SO_3 \rightarrow NO^+HSO_4^- + HNO_3 \tag{6}$$

$$2NO_2 + H_2O + SO_2 \rightarrow NO^+HSO_4^- + HNO_2\,. \tag{7}$$

Die Reaktion (7) spielt sich bei Wassermangel in den Bleikammern der Schwefelsäurefabriken ab, wobei sich das Nitrosylhydrogensulfat in Form blättriger, *weißer*, bei 73 °C schmelzender, rhombischer Kristalle („*Bleikammerkristalle*") abscheidet; bei genügender Wassermenge bleibt die Verbindung nicht erhalten, da sie sich gemäß (5) zersetzt, so daß Schwefelsäure entsteht (S. 584). Die Reaktion (6) geht bei der Schwefelsäurefabrikation im Gay-Lussac-Turm vor sich; das gebildete Nitrosylhydrogensulfat wird dabei von überschüssiger konzentrierter Schwefelsäure zu „*Nitroser Säure*" („*Nitrose*") gelöst. Im Glover-Turm wird das gelöste Nitrosylhydrogensulfat durch Schweflige Säure in Schwefelsäure und Stickoxid umgewandelt:

$$2\overset{+3}{N}O^+H\overset{+6}{S}O_4^- + 2H_2O + \overset{+4}{S}O_2 \rightarrow 2\overset{+2}{N}O + 3H_2\overset{+6}{S}O_4.$$

Mit NO vereinigt sich das Nitrosylhydrogensulfat $NO^+HSO_4^-$ zum *Stickoxid-nitrosylhydrogensulfat* $N_2O_2^+HSO_4^-$, welches das bei Normaltemperatur *violettstichig-blaue* $N_2O_2^+$-Kation enthält und als „*Blaue*" oder „*Violette Säure*" ebenfalls beim Bleikammerprozeß auftreten kann.

Als weitere Nitrosylverbindungen seien erwähnt: der *Nitrosowasserstoff* HNO (vgl. S. 705), die *Salpetrige Säure* NO(OH) (S. 707), das *Dinitrosylperoxid* ONOONO (S. 698), das *Distickstofftrioxid* $ONNO_2$ sowie organische Derivate des sehr instabilen *Nitrosoamins* $NO(NH_2)$, die – wie etwa $NO(NMe_2)$ – stark krebserregend (*cancerogen*) wirken.

Nitrosierungen. Unter einer „*Nitrosierung*" versteht man die Übertragung der Nitrosogruppe einer Nitrosylverbindung ONX von X auf einen Reaktionspartner Y:

$$O{=}N{-}X + Y^- \text{ (bzw. HY)} \rightleftarrows O{=}N{-}Y + X^- \text{ (bzw. HX)}. \quad (8)$$

Beispiele hierfür sind etwa die Umsetzungen von Distickstofftrioxid N_2O_3 mit Wasser, Chlorwasserstoff oder Schwefelsäure (Nitrosierung von H_2O, HCl, H_2SO_4 mit $ONNO_2$; vgl. S. 710 und 711), die Anhydridbildung der Salpetrigen Säure HNO_2 (Nitrosierung von HNO_2 mit ONOH vgl. S. 708 und weiter unten), die Hydrolyse von Nitrosylhalogeniden NOX (Nitrosierung von H_2O mit ONHal, vgl. 714) oder die Umsetzung von Nitrosyl-Salzen mit Halogeniden bzw. Pseudohalogeniden wie Chlorid oder Azid (Nitrosierung von Cl^-, N_3^- mit NO^+X^- vgl. S. 711).

Die gebildeten Nitrosylverbindungen stellen in vielen Fällen nur Reaktionszwischenprodukte dar, die sich unter Molekülspaltung oder -isomerisierung weiter umsetzen. So ist etwa Nitrosyliodid ONI instabil und zersetzt sich rasch nach $2ONI \rightarrow 2NO + I_2$. Nitrosiert man hiernach Iodid mit Salpetriger Säure, so entstehen letztlich auf dem Wege über ONI Stickoxid und I_2: HNO_2 wird durch I^- zu NO reduziert (S. 709). Weitere, bezüglich einer *Molekülspaltung* instabile Nitrosylverbindungen sind z. B. das Distickstofftrioxid $ONNO_2$ (Zerfall in NO und NO_2), das Dinitrosyloxalat ONOOC—COONO (Zerfall in 2 NO und 2 CO_2) oder das Nitrosylazid ONN_3 (Zerfall in ON_2 und N_2). Die Nitrosierung von Nitrit NO_2^-, Oxalat $C_2O_4^{2-}$ bzw. Azid N_3^- etwa mit HNO_2 führt somit letztlich zu NO und NO_2, NO und CO_2 bzw. N_2O und N_2: Salpetrige Säure wird von NO_2^- in die Oxidationsstufen + II und + IV übergeführt (vgl. S. 708), von $C_2O_4^{2-}$ zu NO und von N_3^- zu N_2O reduziert (vgl. S. 709).

Ein Beispiel einer bezüglich *Molekülisomerisierung* instabilen Nitrosylverbindung ist die Peroxosalpetrige Säure ON—OOH, die sich leicht gemäß ON—OOH → O_2N—OH in Salpetersäure umwandelt. Setzt man also Wasserstoffperoxid mit Salpetriger Säure um, so bildet sich letztlich Salpetersäure: HNO_2 wird von H_2O_2 zu HNO_3 oxidiert. Auch die durch Nitrosierung von Aminen des Typs R—NH_2 (R = organischer oder anorganischer Rest wie z. B. C_6H_5, CH_3, NH_2, OH, H) z. B. mit HNO_2 erhältlichen Nitrosoamine R—NH—NO isomerisieren leicht nach: R—NH—N=O → R—N=N—OH, wobei die gebildeten Azoverbindungen R—N=N—OH teils isolierbar sind (z. B. C_6H_5—N=N—OH, HO—N=N—OH, vgl. S. 705) und sich teils weiter zersetzen (z. B. H_3C—N=N—OH → u. a. H_3C—OH + N≡N; H_2N—N=N—OH → HN=N=N + H_2O (vgl. S. 700); H—N=N—OH → H—OH + N≡N. Schließlich isomerisieren aromatische Nitrosoamine des Typs Ar—NR—NO (Ar = aromatischer Rest wie C_6H_5, R = organischer Rest wie CH_3), die durch Nitrosierung von Ar—NHR mit HNO_2 leicht zugänglich sind, unter Wanderung der Nitrosogruppe an den aromatischen Ring („*Fischer-Hepp-Umlagerung*"), z. B. H—C_6H_4—NR—NO → ON—C_6H_4—NHR.

Mechanistisch stellen Nitrosierungen des Typs (8) nucleophile, im allgemeinen assoziativ verlaufende Substitutionsprozesse (S_N2-Reaktionen) am Stickstoff als elektrophilem Reaktionszentrum dar: $Y{:}^- + ON{-}X \rightarrow [Y\cdots NO\cdots X] \rightarrow Y{-}NO + {:}X^-$)[111]. Die Ge-

[111] Unter besonderen Bedingungen (z. B. HNO_2 in 60%iger H_2SO_4) erfolgen auch dissoziative nucleophile Substitutionsprozesse (S_N1-Reaktionen): $ON{-}X \rightleftarrows ON^+ + {:}X^-$; $ON^+ + {:}Y^- \rightarrow ON{-}Y$.

schwindigkeit der insgesamt sehr rasch erfolgenden Nitrosierungen wächst mit abnehmender Basizität der austretenden Gruppe X. Besonders wirksame Nitrosierungsmittel sind etwa die protonierte Salpetrige Säure $ON—OH_2^+$ sowie Nitrosylhalogenide ON—X (X = Cl, Br, I), für die Reaktionshalbwertszeiten $\tau_{c=1}$ von ca. 10^{-9} s gefunden werden. Etwas langsamer – aber immer noch vergleichsweise rasch – nitrosieren Distickstofftrioxid $ON—NO_2$ und protonierte Nitrosoamine $ON—NHR_2^+$ ($\tau_{c=1}$ um 10^{-7} s). Schlechtere Nitrosierungsmittel sind die Salpetrige Säure ON—OH, Salpetrigsäureester ON—OR sowie Nitrosoamine $ON—NR_2$. Die Geschwindigkeit der Nitrosierungen wird darüber hinaus durch die eintretende Gruppe beeinflußt, und zwar steigt deren Nucleophilität bezüglich ONX in Richtung $NO_3^- < H_2O < NH_3 < Cl^- < Br^- < I^-$, SCN^-, NO_2^-, also näherungsweise mit zunehmender Weichheit des Nucleophils[112].

Salpetrige Säure als Nitrosierungsmittel. Hydroxylverbindungen HY = HOR (z. B. H_2O, H_2O_2, CH_3OH) bzw. Amine HY = HNR_2 (z. B. NH_3, N_2H_4, NH_2OH, N_3H, CH_3NH_2, $C_6H_5NH_2$) lassen sich in vielen Fällen mit Salpetriger Säure gemäß $ROH + HNO_2 \rightleftarrows RONO + H_2O$ bzw. $R_2NH + HNO_2 \rightleftarrows R_2NNO + H_2O$ nitrosieren. Als NO-übertragendes Agens wirkt hierbei allerdings nicht die Salpetrige Säure selbst, sondern die wesentlich rascher nitrosierende protonierte Form $ONOH_2^+$ („*Nitritacidium-Ion*")[113]:

$$(ONOH \xrightleftharpoons{\pm H^+}) \; ONOH_2^+ + HY \rightleftarrows H_2O + ONYH^+ (\xrightleftharpoons{\mp H^+} ONY). \tag{9}$$

Da sich letztere mit abnehmendem pH-Wert der HNO_2-Lösung in steigendem – wenn auch insgesamt kleinem (vgl. S. 709) – Ausmaße aus HNO_2 bildet, erhöht sich die Nitrosierungsgeschwindigkeit bei Zusatz starker Mineralsäuren wie $HClO_4$ oder H_2SO_4 zu Salpetriger Säure, wobei eine meßbar rasche Nitrosierung von HY (= HOR, HNR_2) mit dem Nitritacidium-Ion $ONOH_2^+$ erst in stark saurer Lösung (ab pH = 1 bis 0) erfolgt.[114].

Tatsächlich läßt sich jedoch HY auch in weniger saurer HNO_2-Lösung nitrosieren. Als nitrosierendes Agens wirkt dann allerdings Distickstofftrioxid $ONNO_2$, das sich durch Nitrosierung des mit HNO_2 im Gleichgewicht stehenden Nitrit-Ions ($HNO_2 \rightleftarrows H^+ + NO_2^-$) mit $ONOH_2^+$ zunächst bildet:

$$2HNO_2 \rightleftarrows ONOH_2^+ + NO_2^- \rightleftarrows ONNO_2 + H_2O \tag{10}$$

$$ONNO_2 + HY \rightleftarrows ONY + HNO_2 \tag{11}$$

$$HNO_2 + HY \rightleftarrows ONY + H_2O. \tag{12}$$

Insgesamt erfolgt in schwach saurer Lösung die indirekte Nitrosierung von HY auf dem Wege (10), (11) rascher als die direkte NO-Übertragung gemäß (9), da NO_2^- sowohl eine hervorragende eintretende als auch gute austretende Gruppe darstellt[115]. Demgemäß sind etwa am Austausch eines Sauerstoffs von HNO_2 mit dem Sauerstoff des Lösungsmittels Wasser in schwächer saurer Lösung jeweils zwei Moleküle HNO_2 beteiligt ($ONOH + ONOH \xrightleftharpoons{-H_2O} N_2O_3 \xrightleftharpoons{+H_2O^*} ONO^*H + ONOH$), in stark saurer Lösung aber nur ein Molekül HNO_2 ($ONOH_2^+ + H_2O^* \rightleftarrows ONO^*H_2^+ + H_2O$).

Daß Nitrosierungen mit HNO_2 nicht auch in stärker saurer Lösung über N_2O_3 verlaufen, rührt daher, daß die Konzentration an freiem Nitrit mit zunehmender Acidität der Lösung sinkt. Infolgedessen wächst das Verhältnis der Konzentration von HY zur Konzentration von NO_2^- mit steigender Acidität der Lösung, und das Nitritacidium-Ion (dessen Konzentration sich in gleicher Richtung erhöht) reagiert zunehmend rascher mit HY[116].

112 Die Nucleophile bedingen umso größere Geschwindigkeitsunterschiede je weniger wirksam das Nitrosierungsmittel ist. Z. B. betragen die relativen X^-/Y^--Austauschgeschwindigkeiten im Falle von ONX mit X = $NHMePh^+$ 1 ($Y^- = Cl^-$), 54 (Br^-), 15000 (I^-) und im Falle von ONX mit X = OH_2^+ 1 ($Y^- = Cl^-$), 1.2 (Br^-), 1.4 (I^-).

113 In stark saurer HNO_2-Lösung (z. B. HNO_2 in 60%iger $HClO_4$ bzw. H_2SO_4) stellt NO^+ das nitrosierende Agens dar: $ONOH_2^+ + H^+ \rightleftarrows ON^+ + H_3O^+$ (vgl. S. 710 und Anm.[111]).

114 Mit abnehmendem pH-Wert erniedrigt sich die Menge an freien Aminen: $R_2NH + H^+ \rightleftarrows R_2NH_2^+$. Die hierauf zurückgehende Abnahme der Geschwindigkeit des Ablaufs (9) wird durch die auf die erhöhte $ONOH_2^+$-Bildung zurückzuführende Zunahme der Geschwindigkeit von (9) überkompensiert.

115 Als Nucleophil ist NO_2^- wirksamer als HOR bzw. HNR_2 (s. oben), als Nucleofug weniger wirksam als H_2O. Trotzdem erfolgt unter den gegebenen Bedingungen die Substitution (11) rascher als die Substitution (9), da die Konzentration von $ONNO_2$ in nicht allzu saurer Lösung wesentlich höher ist als die Konzentration von $ONOH_2^+$.

116 Im Falle der Amine HNR_2 hängt der Übergang des Nitrosierungsmechanismus (10), (11) zum Mechanismus (9) vom pH-Wert ab: weniger basische Amine reagieren auch noch bei vergleichsweise hohem pH-Wert (2 oder gar 3) gemäß (9), da sie unter diesen Bedingungen noch unprotoniert vorliegen. Die Konzentration des für die Reaktion (9) als Nucleophil benötigten freien Amins[114] ist deshalb hoch und die Geschwindigkeit des Ablaufs (9) groß. Die weniger nucleophilen Hydroxylverbindungen HOR setzen sich erst bei kleinem pH-Wert gemäß (9) mit HNO_2 um.

Wie aus der Summengleichung (12) folgt, wirkt Nitrit auf dem Wege (10), (11) formal als Nitrosierungskatalysator. Demgemäß erhöht sich die Geschwindigkeit der Nitrosierung mit HNO_2 bei Zusatz von NO_2^- zur Reaktionslösung. Wie NO_2^- fungieren auch Chlorid, Bromid und Iodid als Katalysatoren bezüglich der Nitrosierung von HY mit HNO_2. Die katalytische Wirksamkeit wächst dabei in Richtung $Cl^- < Br^- < I^- < NO_2^-$. Demgemäß erfolgt die Nitrosierung von Aminen mit stark verdünnter HNO_2[117] in 0.1-molarer Salzsäure rascher über Nitrosylchlorid als auf dem in 0.1-molarer $HClO_4$ beobachteten Reaktionsweg (10), (11): $ONOH + HCl \rightleftarrows ONOH_2^+ + Cl^- \rightleftarrows ONCl + H_2O$; $ONCl + HY \rightarrow ONY + HCl$[118].

1.5.6 Salpetersäure HNO_3[1,97,119]

Darstellung

Die technische Darstellung der Salpetersäure[120], die zusammen mit ihren Salzen die wichtigste Stickstoff-Sauerstoff-Säure ist und neben Salz- und Schwefelsäure zu den wichtigsten Säuren der chemischen Industrie zählt, kann nach drei Verfahren erfolgen: 1. durch katalytische Ammoniakverbrennung zu Stickoxid NO, das anschließend in HNO_3 umgewandelt wird (seit 1908): $NH_3 + 2O_2 \rightarrow$ 60%ige $HNO_3 + H_2O + 369$ kJ, 2. durch Luftverbrennung zu NO (S. 690), das wiederum in HNO_3 verwandelt wird (seit 1905): $N_2 + 2.5\,O_2 + H_2O \rightarrow HNO_3 + 30.3$ kJ, 3. durch Umsetzung von Chilesalpeter mit Schwefelsäure (ältestes Verfahren): $NaNO_3 + H_2SO_4 \rightarrow NaHSO_4 + HNO_3$. Von diesen Verfahren wird heute großtechnisch nur noch das erste durchgeführt. Es sei daher hier allein besprochen. Im Laboratorium dient die Umsetzung von KNO_3 mit konz. H_2SO_4 (anschließende Hochvakuumdestillation) zur Gewinnung reiner Salpetersäure.

Katalytische Ammoniakverbrennung. Zur Darstellung von Salpetersäure nach dem Verfahren der katalytischen Ammoniakverbrennung (**„Ostwald-Verfahren"**) wird Ammoniak mit überschüssiger Luft bei 820–950 °C katalytisch in sehr rascher Reaktion ($\tau_{1/2}$ ca. 10^{-11} s) zu Stickoxid verbrannt:

$$4NH_3 + 5O_2 \rightarrow 4NO + 6H_2O(g) + 906.11\text{ kJ}.$$

Zur Erzielung einer guten Ausbeute an Stickoxid (bis 98%) ist es hierbei erforderlich, das Ammoniak-Luft-Gemisch nur sehr kurze Zeit (~ $^1/_{1000}$ Sekunde) mit dem Katalysator in Berührung zu lassen, da sonst das – bei 700 °C ja nicht stabile, sondern nur metastabile (Fig. 155, S. 691) – Stickoxid katalytisch in Stickstoff und Sauerstoff zerfällt ($2NO \rightarrow N_2 + O_2 + 180.62$ kJ).

Eine solche kurze Berührungszeit wird besonders einfach durch Anwendung eines *Netzkatalysators* ermöglicht. Fig. 157 gibt ein auf diesem Prinzip beruhendes „*Ammoniak-Verbrennungselement*" für kleinere Leistungen wieder. Bei diesem ist zwischen zwei konischen Aluminiumteilen ein feinmaschiges Platin- oder Platin-Rhodiumnetz (3–10% Rh; 1024 Maschen je cm^2; Drahtstärke 0.06 bzw. 0.076 mm) eingespannt, durch welches das Ammoniak-Luft-Gemisch von oben nach unten mit großer Geschwindigkeit geleitet wird und das nach dem Einleiten der Verbrennung infolge der hohen Verbrennungsenthalpie (s. oben) von selbst in Glut gehalten wird. Größere Anlagen arbeiten mit bis zu 50 übereinander angeordneten bis zu 4 m breiten Drahtnetzen je Verbrennungselement. Da das Platin langsam verdampft (der Verlust beträgt weltweit mehrere Tonnen pro Jahr) müssen die Netze von Zeit zu Zeit ersetzt werden.

---

117 0.001-molare HNO_2. Mit steigender HNO_2-Konzentration wächst die Bildungsgeschwindigkeit von N_2O_3 sehr rasch an (mit dem Quadrat der HNO_2-Konzentration: $v_\rightarrow = k \cdot c^2_{HNO_2}$), so daß die Nitrosierung über N_2O_3 verläuft.

118 Im Falle der Iodid-katalysierten Nitrosierung mit HNO_2 läuft die Substitution: $ONI + HY \rightleftarrows ONY + HI$ rascher als der Zerfall des intermediär aus HNO_2 und I^- gebildeten Nitrosyliodids in Stickoxid und Iod ab.

119 **Literatur.** S.A. Stern, J.T. Mullhaupt, W.B. Kay: „*The Physicochemical Properties of Pure Nitric Acid*", Chem. Rev. **60** (1960) 185–207; B.O. Field, C.J. Hardy: „*Inorganic Nitrates and Nitrato-Compounds*", Quart. Rev. **18** (1964) 361–388; C.C. Addison, N. Logan: „*Anhydrous Metal Nitrates*", Adv. Inorg: Radiochem. **6** (1964), 71–142. Vgl. auch Anm. 96 und 107.

120 **Geschichtliches.** HNO_3 war als ätzendes Lösungsmittel für Metalle schon den Alchimisten im 13. Jahrhundert bekannt. Die vom Salpeter sich ableitende Salpetersäure hat ihren Namen wie ersterer von sal petrae (lat.) = Felsensalz.

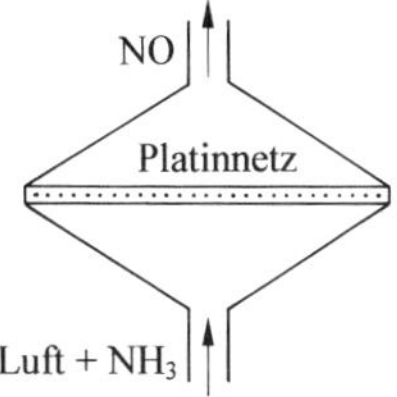

Fig. 157 Ammoniak-Verbrennungselement zur Stickoxid-Gewinnung mit Platinnetz-Katalysator.

Oxidation von NO zu HNO_3. Das durch katalytische Ammoniakverbrennung (bzw. früher durch Luftverbrennung, S. 690) erzeugte Stickoxid vereinigt sich während der Abkühlung in Wärmeaustauschern auf 20–30 °C mit noch vorhandenem sowie zugeführtem Sauerstoff zu Stickstoffdioxid NO_2, welches seinerseits bei noch tieferen Temperaturen zu Distickstofftetraoxid N_2O_4 dimerisiert (Gl. 13, 14):

$$NO + \tfrac{1}{2}O_2 \rightleftarrows NO_2 + 57.11\,kJ \quad \text{(vgl. S. 693, 697)} \qquad (13)$$
$$2NO_2 \rightleftarrows N_2O_4 + 57.23\,kJ \quad \text{(vgl. S. 697)} \qquad (14)$$

Das N_2O_4/O_2-Gasgemisch wird dann in – mit Raschigringen gefüllten – Chromnickelstahl-Rieseltürmen unter Druck (1–15 bar) durch Zufuhr von Wasser in Salpetrige und Salpetersäure überführt (Gl. 15), wobei sich erstere aber leicht in Salpetersäure und Stickoxid zersetzt (Gl. 16), so daß letzten Endes unter Mitwirkung von Sauerstoff nur Salpetersäure entsteht:

$$\times 3\,|\,N_2O_4 + H_2O \rightarrow HNO_2 + HNO_3 \quad \text{(vgl. S. 698)} \qquad (15)$$
$$3HNO_2 \rightarrow HNO_3 + 2NO + H_2O \quad \text{(vgl. S. 708)} \qquad (16)$$
$$2NO + O_2 \rightarrow N_2O_4 \quad \text{(vgl. S. 697)} \qquad (13, 14)$$
$$\overline{2N_2O_4 + 2H_2O + O_2 \rightarrow 4HNO_3}$$

Für die praktische Durchführung der teils an der Grenzfläche Gas/Flüssigkeit (Reaktion (15) und (16)), teils in der Gasphase (Reaktion (13, 14)) verlaufenden oxidativen Umsetzung von N_2O_4 mit Wasser zu HNO_3 ist zu beachten, daß alle Reaktionen exotherm sind, und daß die Oxidations- und Absorptionsreaktionen mit einer Volumenverminderung verbunden sind. Zur Erreichung hoher Ausbeuten und Konzentrationen an Salpetersäure muß infolgedessen bei niedrigen Temperaturen (20–35 °C[121]) sowie unter Druck (3–10 bar) gearbeitet werden. Ein gewisses Umweltproblem stellen die im Abgas neben Stickstoff (97 %), Edelgasen (1 %) und Sauerstoff (2 %) verbleibenden „Nitrosen Gase" (bis 2000 ppm; NO, NO_2, N_2O) dar. Durch Arbeiten bei höheren Drücken und niedrigeren Temperaturen sowie mit optimalen Stoffaustauschböden läßt sich ihr Gehalt unter 200 ppm verringern. Die „Nitrosen Gase" lassen sich auch durch Waschen mit Natronlauge, durch katalytische Reduktion mit Wasserstoff, Methan, Kohlenmonoxid oder Ammoniak sowie durch Adsorption der Gase an Molekularsieben entfernen.

Auf dem beschriebenen Wege erhält man – nach Verdrängung von gelösten Stickstoffoxiden mit Luft – eine 50 bis 68 %ige Salpetersäure, die für die meisten Zwecke (Düngemittelherstellung) ohne weiteres verwendbar ist. Hochkonzentrierte 98–99 %ige Salpetersäure („*Hoko-Säure*") für Nitrierungen in der organischen Chemie entsteht, wenn man Stickoxid in Anwesenheit von reinem Sauerstoff unter Druck (ca. 50 bar) in eine wässerige Salpetersäurelösung preßt.

Physikalische Eigenschaften

Erhitzt man eine wässerige Salpetersäure-Lösung[122], so konzentriert sie sich, da der entweichende Dampf prozentual mehr Wasser als die Lösung enthält. Mit steigender Temperatur

---

[121] Wegen der vergleichsweise kleinen Geschwindigkeiten der Reaktion (15) und (16) kann die Temperatur allerdings nicht unter Raumtemperatur abgesenkt werden.

[122] Aus der Lösung lassen sich zwei Hydrate auskristallisieren: $HNO_3 \cdot H_2O = [H_3O]^+[NO_3]^-$ (Smp. −37.63 °C) und $HNO_3 \cdot 3H_2O$ (Smp. −18.47 °C). Man kennt auch nichtkristallines $HNO_3 \cdot 0.5\,H_2O$ und $HNO_3 \cdot 1.5\,H_2O$.

nimmt der relative Gehalt des Dampfes an Salpetersäure zu, bis schließlich bei 121.8 °C Dampf und Lösung die gleiche Konzentration von 69.2 % HNO_3 aufweisen, so daß von hier ab der Salpetersäuregehalt der Lösung konstant bleibt (azeotropes Gemisch). Man nennt diese Säure **„konzentrierte Salpetersäure"** (Dichte 1.410 g/cm^3). Durch Vakuumdestillation unter Lichtausschluß in ungefetteten Glasapparaturen in Gegenwart von konzentrierter Schwefelsäure, Phosphorpentaoxid oder Magnesiumsulfat als wasserbindendem Mittel läßt sich die konzentrierte Säure in **wasserfreie Salpetersäure** überführen (s. o.).

Die reine, wasserfreie Salpetersäure ist eine *farblose* Flüssigkeit der Dichte 1.504 g/cm^3 bei 25 °C, die bei − 41.60 °C zu *weißen* Kristallen erstarrt und bei 82.6 °C siedet. Beim Sieden – im Licht auch schon bei Zimmertemperatur – erfolgt teilweise Zersetzung unter Bildung von Stickstoffdioxid (s. u.)., so daß man wasserfreie Salpetersäure unterhalb 0 °C aufbewahren muß. Das Stickstoffdioxid bleibt in der Salpetersäure gelöst und färbt sie *gelb*, bei größerer Konzentration *rot*. Man nennt die so entstehende, an der Luft rotbraune Dämpfe ausstoßende Lösung **„rote rauchende Salpetersäure"** (vgl. die rauchende Schwefelsäure, S. 584).

Struktur. Das der Salpetersäure zugrunde liegende Nitrat-Ion NO_3^- (a) ist symmetrisch trigonal-planar gebaut:

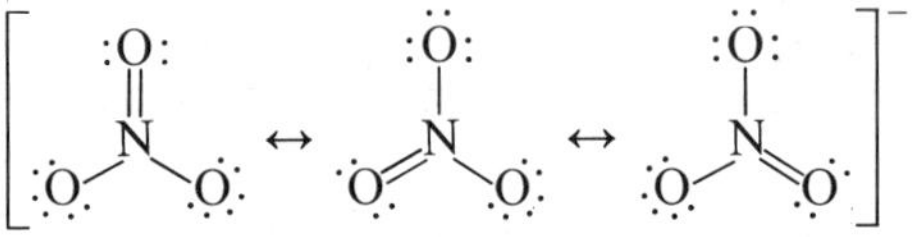

(a) 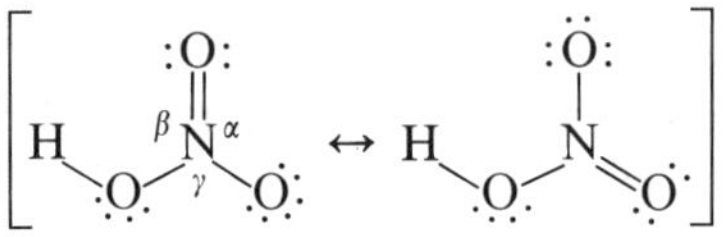 (b)

(Bindungswinkel ONO = 120°; NO-Abstand 1.218 Å, entsprechend einem zwischen einer einfachen (1.36 Å) und einer doppelten Bindung (1.16 Å) liegenden Wert. Durch die Einführung eines Wasserstoff-Ions unter Bildung von Salpetersäure HNO_3 (b) wird diese Symmetrie dahingehend gestört, daß die drei ONO-Winkel α, β und γ nunmehr nicht mehr gleich, sondern verschieden sind (130, 116 und 114° statt 120°) und daß sich auch die NO-Bindungslängen voneinander unterscheiden (N—OH = 1.405 Å, also erwartungsgemäß größer als in NO_3^-; N—O = 1.206 Å, also erwartungsgemäß kleiner – da stärkerer Doppelbindungscharakter – als in NO_3^-). Der Bindungswinkel NOH beträgt 102°, die Bindungslänge OH 0.96 Å (ber. 0.96 Å). Die Rotation der OH-Gruppe um die ON-Bindung ist gehindert. Alle diese HNO_3-Daten beziehen sich auf das (planare) Gasmolekül (C_s-Symmetrie).

Physiologisches. Salpetersäure und die darin gelösten Nitrosen Gase wirken stark ätzend und verursachen schlecht heilende Wunden sowie dauerhafte Haut-Gelbfärbungen (Reaktion mit Proteinen). Eingeatmet führen sie zu Bronchialkatarrh und Lungenentzündung (MAK-Wert 5 mg/m^3 bzw. 2 ppm).

Chemische Eigenschaften

Hochkonzentrierte Salpetersäure zersetzt sich **thermisch** im *abgeschlossenen System* in Umkehrung ihrer Bildung gemäß

$$2HNO_3 \rightleftarrows 2NO_2 + H_2O + \tfrac{1}{2}O_2$$

bis zu einem Gleichgewichtszustand in Stickstoffdioxid und Sauerstoff (s. o.). Kann der Sauerstoff entweichen, so vermag auf gleiche Weise auch *konzentrierte* (wasserhaltige) HNO_3 in gewissem Ausmaße zu zerfallen.

Im abgeschlossenen Gefäß enthält das sich bildende Gleichgewichtsgemisch bei 30/40/50 °C 98/94/89 Gew.-% HNO_3. Die Einstellung des Gleichgewichts erfolgt bei Raumtemperatur sehr langsam (in einigen Jahren; Aktivierungsenergie 134 kJ/mol). Die nach 2. Reaktionsordnung erfolgende Thermolyse verläuft auf dem Wege über das Oxid N_2O_5 ($2HNO_3 \rightleftarrows N_2O_5 + H_2O$), das in NO_2 und O_2 zerfällt (vgl. hierzu S. 384). Der Zerfallsweg wasserhaltiger Salpetersäure entspricht andererseits dem Rückweg der HNO_3-Bildung aus NO_2 und O_2 in Wasser (S. 715).

Chemisch ist die Salpetersäure charakterisiert durch ihre oxidierenden und ihre sauren sowie basischen Eigenschaften. Die oxidierenden sowie basischen Eigenschaften treten vor allem in der konzentrierten, die sauren in der verdünnten Säure hervor.

Oxidationswirkung. Wie schon auf S. 222 erwähnt, kann die Salpetersäure in wässeriger Lösung unter Normalbedingungen gegenüber allen Stoffen als Oxidationsmittel gemäß

$$NO_3^- + 4H^+ + 3\ominus \rightleftarrows NO + 2H_2O$$

wirken, deren Oxidationspotential kleiner als $+0.96$ V ist (vgl. Potentialdiagramm, S. 702). So kommt es, daß z. B. Kupfer ($\varepsilon_0 = +0.337$ V), Silber ($\varepsilon_0 = +0.799$ V) und Quecksilber ($\varepsilon_0 = +0.788$ V) von Salpetersäure unter Stickoxidentwicklung gelöst werden, während z. B. Gold ($\varepsilon_0 = +1.498$ V) und Platin ($\varepsilon_0 = 1.2$ V) – ebenso wie etwa Rh und Ir – nicht angegriffen werden. Unter dem Namen „*Scheidewasser*" benutzt man daher 50%ige Salpetersäure zur Trennung von Gold und Silber.

Besonders stark ist die Oxidationskraft der konzentrierten Salpetersäure. Taucht man etwa einen brennenden Holzspan in siedende rauchende Salpetersäure, so verbrennt er in der Flüssigkeit lebhaft unter heller Feuererscheinung. Schwefel wird von konzentrierter Salpetersäure zu Schwefelsäure, Phosphor zur Phosphorsäure, Zucker zu Kohlendioxid und Wasser, Zinn zu Zinnoxid (Metazinnsäure) oxidiert, wobei als Reduktionsprodukt der Salpetersäure rotbraune Stickstoffdioxid-Dämpfe entweichen. Noch intensiver oxidierend wirkt ein Gemisch von konzentrierter Salpetersäure und konzentrierter Salzsäure (1 : 3 Raumteile), da es aktives Chlor und Nitrosylchlorid entwickelt:

$$HNO_3 + 3HCl \rightarrow NOCl + 2Cl + 2H_2O.$$

Es löst fast alle Metalle, auch den „König der Metalle" – das Gold – auf und heißt daher „*Königswasser*" („*aqua regia*").

Eigentümlicherweise werden eine Reihe unedler Metalle (wie Aluminium, Chrom, Eisen) von konzentrierter Salpetersäure nicht angegriffen. Man erklärt dieses Phänomen („*Passivierung*", s. dort) durch die Bildung einer äußerst dünnen, aber dichten, fest haftenden Oxidhaut, die das darunterliegende Metall vor weiterem Angriff der oxidierenden Säure schützt. Die Erscheinung der Passivierung ist deshalb von technischer Bedeutung, weil sie es ermöglicht, mit konzentrierter Salpetersäure in Gefäßen aus Eisen oder Aluminium zu arbeiten.

Säure-Base-Wirkung. Als *Säure* gehört Salpetersäure zu den *starken* Säuren ($pK_S = -1.44$), als *Base* ist sie extrem *schwach*:

$$HNO_3 \rightleftarrows H^+ + NO_3^-; \quad HNO_3 + 2H^+ \rightleftarrows H_2NO_3^+ + H^+ \rightleftarrows H_3O^+ + NO_2^+$$

Das Kation $H_2NO_3^+$ („*Nitratacidium-Ion*") findet sich in wasserfreier Salpetersäure, die in geringem Ausmaße nach $2HNO_3 \rightleftarrows H_2NO_3^+ + NO_3^-$ dissoziiert ist. Es wird ganz allgemein gebildet, wenn Salpetersäure mit konzentrierten starken Säuren zusammengebracht wird[123] ($HNO_3 + H_2SO_4 \rightleftarrows H_2NO_3^+ + HSO_4^-$; $HNO_3 + HClO_4 \rightleftarrows H_2NO_3^+ + ClO_4^-$). Je acider dabei die zugegebene Säure ist, desto weiter liegt das Gleichgewicht auf der rechten Seite; so ist z. B. das Nitratacidium-perchlorat $H_2NO_3^+ClO_4^-$ als solches isolierbar.

Das mit der Kohlensäure H_2CO_3 isoelektronische Nitratacidium-Ion $H_2NO_3^+$ zerfällt wie jene (S. 882) unter Bildung des Anhydrids ($H_2NO_3^+ \rightleftarrows H_2O + NO_2^+$). Die so verursachte Verschiebung des Dissoziationsgleichgewichts $2HNO_3 \rightleftarrows H_2NO_3^+ + NO_3^-$ nach rechts (entsprechend einer Gesamtreaktion $2HNO_3 \rightleftarrows NO_2^+ + NO_3^- + H_2O$) bedingt zusammen mit der dadurch möglichen zusätzlichen Ionenbildung gemäß $H_2O + HNO_3 \rightleftarrows H_3O^+ + NO_3^-$ die verhältnismäßig hohe elektrische Eigenleitfähig-

---

[123] In wässeriger Lösung ist das $H_2NO_3^+$-Ion nicht beständig, da es analog allen stark aciden Säuren mit negativem pK_S-Wert gemäß $H_2NO_3^+ + 2H_2O \rightarrow 2H_3O^+ + NO_3^-$ in die Säure H_3O^+ übergeht.

keit der wasserfreien Salpetersäure (Bruttogleichung: $3\,HNO_3 \rightleftarrows H_3O^+ + NO_2^+ + 2\,NO_3^-$)[124]. Die Bildung des *Nitryl-Kations* („*Nitronium-Ion*") NO_2^+ (vgl. S. 719) in einer Mischung von konz. Salpeter- und Schwefelsäure (Bruttogleichung: $HNO_3 + 2\,H_2SO_4 \rightleftarrows H_3O^+ + NO_2^+ + 2\,HSO_4^-$) ist weiterhin der Grund für die besonders starke nitrierende Wirkung dieses Säuregemisches („*Nitriersäure*") in der organischen Chemie (vgl. S. 721). Die zu NO_2^+ und NO_3^- führenden Gleichgewichtsprozesse bedingen zudem einen raschen gegenseitigen *Austausch der Stickstoffatome* zwischen den Molekülen in wasserfreier Salpetersäure.

Gemäß der erwähnten Autoprotolyse wirken in **Salpetersäure als Reaktionsmedium** Stoffe, die $H_2NO_3^+$- bzw. NO_2^+-Ionen bilden, als *Säuren* und Stoffe, die NO_3^--Ionen bilden, als *Basen*. *Salze*, welche weder NO_2^+ noch NO_3^- liefern, sind in der Regel unlöslich. N_2O_4 dissoziiert in HNO_3 vollständig in NO^+ und NO_3^-, N_2O_5 in NO_2^+ und NO_3^-.

Verwendung. Der größte Teil der Salpetersäure (Weltjahresproduktion: Zig Megatonnenmaßstab) wird zur Herstellung von Nitraten für *Düngezwecke* benutzt (s. S. 656). NH_4NO_3 dient auch als *Sprengmittel* z. B. im Bergbau sowie als *Oxidationsmittel* in der Glas- und Emailindustrie, KNO_3 als Bestandteil des *Schwarzpulvers* (vgl. S. 719), flüssige Alkali- und Erdalkalimetallnitrate zudem als *Heizmedien*. Salpetersäure als solche wird darüber hinaus zum *Aufschluß* von Rohphosphat (s. dort) sowie ausgedienter Brennstäbe von Kernreaktoren (s. dort), zur *Nitrierung* von Aromaten, Cellulose und anderen Stoffen sowie zum *Beizen* von Edelstahl genutzt.

Salze[119]

Die Salze der Salpetersäure, die **Nitrate**[125], lassen sich durch Umsetzung von *Salpetersäure* mit den entsprechenden *Carbonaten* oder *Hydroxiden* und nach anderen Methoden darstellen ($2\,HNO_3 + Na_2CO_3 \rightarrow 2\,NaNO_3 + H_2O + CO_2$; $HNO_3 + KOH \rightarrow KNO_3 + H_2O$; $TiCl_4 + 4\,N_2O_4 \rightarrow Ti(NO_3)_4 + 4\,NO + 2\,Cl_2$). Einige Nitrate wie $NaNO_3$, KNO_3, NH_4NO_3 werden technisch hergestellt (vgl. hierzu auch stickstoff- und kalihaltige Düngemittel, S. 656 und 1173). Neben einfachen Nitraten M^INO_3 kennt man darüber hinaus „*Hydrogendinitrate*" $M^I[H(NO_3)_2]$ (M^I = große Kationen wie K, Rb, Cs, NH_4, $AsPh_4$) und „*Dihydrogentrinirate*" $M^I[H_2(NO_3)_3]$ (M^I z. B. NH_4).

Im $H(NO_3)_2^-$-Anion sind zwei Nitrationen über eine symmetrische O—H—O-Wasserstoffbrücke (OO-Abstand 2.45 Å), im $H_2(NO_3)_3^-$-Anion zwei HNO_3-Moleküle über eine asymmetrische O—H···O-Wasserstoffbrücke (OO-Abstand 2.60 Å) mit einem Nitration verknüpft. Die Struktur von NO_3^- in ionischen Nitraten (Alkali-, Erdalkalinitrate) wurde bereits im Zusammenhang mit der HNO_3-Struktur besprochen (s. o.). Die wasserfreien Nitrate vieler Metalle enthalten allerdings meist keine *ionisch*, sondern *koordinativ* gebundene Nitratgruppen[126].

Die Nitrate sind alle in Wasser *leicht löslich*. Beim *Erhitzen* zersetzen sie sich unter Sauerstoffabspaltung. Die *Alkali-* und *Erdalkalimetallnitrate* gehen dabei in *Nitrite*, die *Schwermetallnitrate* unter gleichzeitiger Stickstoffdioxidbildung in *Oxide* über z. B.:

$$KNO_3 \rightarrow KNO_2 + \tfrac{1}{2}O_2 \quad \text{bzw.} \quad Cu(NO_3)_2 \rightarrow CuO + 2\,NO_2 + \tfrac{1}{2}O_2\,.$$

Einen Ausnahmefall stellt Ammoniumnitrat NH_4NO_3 dar, das bei 200–260 °C gemäß $NH_4NO_3 \rightarrow N_2O + 2\,H_2O + 124.1$ kJ und oberhalb 300 °C gemäß $NH_4NO_3 \rightarrow N_2 + \tfrac{1}{2}O_2 + 2\,H_2O + 206.2$ kJ zerfällt. Die Nitrate haben vergleichsweise niedrige Schmelzpunkte und lassen sich deshalb vielfach ohne Zersetzung verflüssigen (Smp./Zersetzungsp. ($p(O_2)$ = 1 atm) von Alkalimetallnitraten MNO_3; M = Li: 255/474; Na: 307/525; K: 333/533; Rb:

---

[124] Bei Wasserzugabe zu reiner HNO_3 erniedrigt sich die Leitfähigkeit zunächst (Zurückdrängen der Autoprotolyse), um dann wieder anzusteigen (wachsende H_3O^+-Konzentration).

[125] nitrium (lat.) = Salpeter

[126] In **Nitrat-Komplexen**[119] wirkt NO_3^- meist als *zweizähnig chelatbildender* (η^2) Ligand und ist über zwei seiner Sauerstoffatome mit einem Metallzentrum verknüpft, wobei die beiden MO-Abstände teils gleich lang (*symmetrisch*: z. B. in $Cu(NO_3)_2$, $Co(NO_3)_3$, $Ti(NO_3)_4$, $Sn(NO_3)_4$, $[Ce(NO_3)_5]^{2-}$, $[Ce(NO_3)_6]^{2-}$, $[Th(NO_3)_6]^{2-}$), teils unterschiedlich lang sind (*asymmetrisch*: z. B. in $[Co(NO_3)_4)]^{2-}$, $[Cu(H_2O)_2(NO_3)_2]$). Seltener tritt NO_3^- als *einzähniger* (η^1) Ligand auf (z. B. in $[Au(NO_3)_4]^-$). Darüber hinaus kennt man Komplexe mit NO_3^- als *verbrückendem* (μ) Liganden, wobei als Brücke sowohl ein einzelnes Sauerstoffatom (μ, η^1) oder die ONO-Gruppierung (μ, η^2) fungieren kann.

310/548; Cs: 414/584 °C). Wegen der leichten Sauerstoffabgabe sind die festen Nitrate bei erhöhter Temperatur ausgezeichnete *Oxidationsmittel* (vgl. Schwarzpulver, unten). In *wässeriger Lösung* wirken sie nur gegenüber *starken Reduktionsmitteln* (z. B. naszierendem Wasserstoff) oxidierend. Dabei können sie bis zu *Ammoniak* reduziert werden, wovon man in der analytischen Chemie sowohl zum *qualitativen Nachweis* als auch zur *quantitativen Bestimmung* von Nitraten Gebrauch macht (Kochen der alkalischen Lösung mit Zn, Al oder „*Devardascher Legierung*" = Cu/Al/Zn). Zum qualitativen Nachweis der Salpetersäure mittels des „*braunen Rings*" vgl. S. 692.

Erhitzt man *Natriumnitrat* $NaNO_3$ längere Zeit mit *Natriumoxid* auf 340 °C, so geht es in **Orthonitrat** über (entsprechendes gilt für Kaliumnitrat):

$$NaNO_3 + Na_2O \rightarrow Na_3NO_4 .$$

Somit wirkt das Nitration hinsichtlich O^{2-} als *Lewis-Säure*. Die dem farblosen Orthonitrat (tetraedrisches NO_4^{3-}-Ion mit N in der Tetraedermitte; NO-Abstand 1.39 Å) zugrunde liegende *Orthosalpetersäure* H_3NO_4 ist unbekannt. Durch Wasser wird das Orthonitrat hydrolytisch zu normalem (Meta-)Nitrat zersetzt: $Na_3NO_4 + 2H_2O \rightarrow 2NaOH + NaH_2NO_4$ ($\rightarrow NaNO_3 + H_2O$).

Kaliumnitrat ist ein wichtiger Bestandteil des **Schwarzpulvers**, eines schiefergrauen bis blauschwarzen, gekörnten Gemischs aus etwa 75 Gew.-% *Kalisalpeter* KNO_3, 15 Gew.-% *Holzkohle* (aus Erle, Linde, Buche, Pappel, Faulbaum) und 10 Gew.-% reinem *Schwefel*[127]. Schwarzpulver *entzündet* sich bei 270 °C und *explodiert* unter Volumenzunahme auf das 3000fache bei 2400 °C (Reaktionswärme − 2900 kJ/kg). Hierbei entstehen aus einem kg ca. 2300 Liter Gas (ca. 710 l N_2, 1130 l CO_2, 280 l CO, 60 l CH_4, 40 l H_2S, 80 l H_2 bei 25 °C) und 0.6 kg Rauch (ca. 290 g K_2CO_3, 110 g K_2SO_4, 125 g $K_2S_2O_3$ 30 g K_2S_2, 30 g KSCN, 15 g $(NH_4)_2CO_3$). Im Zuge der – gezündeten – Schwarzpulverreaktion setzt sich geschmolzenes, von Holzkohle aufgesogenes KNO_3 mit der Kohle u. a. zu *Kohlenstoffmonoxid* sowie *Stickstoffmonoxid* um (der billigere Natronsalpeter $NaNO_3$ ist wegen seiner *Hygroskopizität* hierzu weniger geeignet) und das hierbei gebildete Nitrit mit Schwefel u. a. zu *Distickstoffoxid* (vgl. S. 709). Die Gase CO, NO und N_2O entstehen – als Folge der vorgegebenen Stoffanteile von Kalisalpeter, Kohle und Schwefel – im *explosiven Volumenverhältnis* 31 : 21 : 7 und lösen unter Ablauf der Reaktionen $N_2O + CO \rightarrow N_2 + CO_2$ sowie $NO + CO \rightarrow \frac{1}{2}N_2 + CO_2$ die eigentliche Explosion aus. Nebenbei gebildetes Kaliumcyanid KCN, das wegen seiner hohen Giftigkeit die verheerenden Folgen der mit Schwarzpulver geführten Kriege im Mittelalter noch weiter gesteigert hätte, wird durch Schwefel in weniger schädliches Kaliumthiocyanat KSCN verwandelt.

Nitrylverbindungen, Nitrierungen

Salpetersäure O_2NOH stellt ein Beispiel aus der Reihe der *Nitryl-* (*Nitro-*)[128]Verbindungen O_2NX dar (X z. B. F, Cl, OH, OOH, NH_2, NO_2, NO_3, CH_3, C_6H_5). Die N—X-Bindung der Nitrylverbindungen ist mehr oder minder polar. Kommt hierbei der Gruppe X eine sehr geringe Basizität zu, d. h. ist die zu X^- korrespondierende Säure HX sehr stark, so sind die Nitrylverbindungen mehr oder weniger salzartig gebaut (z. B. $NO_2^+ClO_4^-$, $NO_2^+SO_3F^-$, $NO_2^+S_2O_7H^-$, $NO_2^+BF_4^-$, $(NO_2^+)_2SiF_6^{2-}$, $NO_2^+SbCl_6^-$).

Das in den Nitrylsalzen enthaltene **Nitryl-Kation NO_2^+** (Oxidationsstufe + 5 des Stickstoffs), welches mit den Teilchen CO_2, N_2O, OCN^-, CN_2^{2-} und N_3^- isoelektronisch ist, ist wie diese linear gebaut und enthält gemäß der Elektronenformel (a):

---

[127] **Geschichtliches, Verwendung.** Schwarzpulver („*älteres Schießpulver*") war den Chinesen bereits vor dem Jahre 1000 bekannt (zunächst nur friedliche Nutzung) und wurde um 1300 nach Europa gebracht (zunächst nur kriegerische Nutzung). Man ersetzt es seit etwa 1865 durch wirkungsvollere, rückstandsarme, rauchschwache Pulver auf Nitrocellulose-Basis („*neuere Schießpulver*"). Wegen seiner mehr schiebenden, weniger zertümmernden Wirkung und seiner ausgezeichneten Anzündleistung wird es in besonderen Fällen heute noch verwendet, z. B. mit Korndurchmessern von 8 mm als Sprengpulver für Steinbrüche, von 2 mm als Böllerpulver (Artilleriemunition), von 0.2–0.7 mm als Zündschnurpulver und in der Feuerwerkerei, von 0.15–0.43 mm als feines Jagdpulver.

[128] Verbindungen O_2NX mit elektronegativerem X bezeichnet man häufig als Nitrylverbindungen (z. B. Nitrylfluorid O_2NF, Nitrylchlorid O_2NCl), mit elektropositivem X als Nitroverbindungen (z. B. Nitromethan O_2NCH_3, Nitrobenzol $O_2NC_6H_5$, Nitroamid (Nitramid) O_2NNH_2). Das Nitrylhydroxid nennt man Salpetersäure.

(a) $[O{=}N{=}O]^+$ (b) $\left[\begin{array}{c} :\ddot{O}{=} \\ :\ddot{O}{-} \end{array} N{-}X \leftrightarrow \begin{array}{c} :\ddot{O}{-} \\ :\ddot{O}{=} \end{array} N{-}X \right]$

doppelte Bindungen zwischen N und O (Bindungslänge 1.154 Å; ber. für Doppelbindung: 1.16 Å). Die kovalenten Nitrylverbindungen lassen sich durch die Mesomerieformel (b) beschreiben und sind planar gebaut (vgl. etwa O_2NOH (oben) bzw. Nitrylhalogenide (unten)).

Nachfolgend werden zunächst Darstellung und Eigenschaften einiger Nitrylverbindungen und im Anschluß hieran Nitrierungen besprochen.

Nitrylhalogenide. Nitrylfluorid NO_2F sowie **Nitrylchlorid NO_2Cl** (NO_2Br und NO_2I sind nicht bekannt)[129] stellen die gemischten Anhydride der Fluor- bzw. Chlorwasserstoffsäure mit der Salpetersäure dar:

$$O_2NOH + HX \rightleftarrows O_2NX + H_2O\,. \qquad (17)$$

Die *farblosen*, wenig beständigen, reaktionsfähigen Gase (NO_2F: Smp. $-166.0\,°C$, Sdp. $-72.5\,°C$, $\Delta H_f = -80$ kJ/mol; NO_2Cl: Smp. $-145.\,°C$, Sdp. $-15.9\,°C$, $\Delta H_f = +12.6$ kJ/mol) werden leicht in Umkehrung der Bildungsgleichung (17) zu HNO_3 und HX hydrolysiert. Bei ihrer Darstellung muß infolgedessen Wasser ausgeschlossen werden. Dies kann z. B. dadurch geschehen, daß man entweder das nach (17) entstehende Wasser bindet, z. B. $HNO_3 + HCl + H_2SO_4 \rightarrow NO_2Cl + H_3O^+SO_4H^-$ bzw. $HNO_3 + HSO_3Cl \rightarrow NO_2Cl + H_2SO_4$ oder die Salpetersäure in Form ihres Anhydrids N_2O_5 einsetzt, z. B.:

$$N_2O_5 + NaF \rightarrow NO_2F + NaNO_3\,.$$

Darüber hinaus sind die Nitrylhalogenide auch durch Halogenierung von NO_2 bzw. $NaNO_2$ zugänglich[129], z. B.:

$$2NO_2 + F_2 \rightarrow 2NO_2F, \qquad NaNO_2 + F_2 \rightarrow NO_2F + NaF$$

Die mit NO_3^- und CO_3^{2-} isoelektronischen Nitrylhalogenide sind wie diese planar gebaut (C_{2v}-Symmetrie). Die NO-Bindungen haben Doppelbindungscharakter (vgl. Mesomerieformel (b), oben). NO_2F: NF-Bindung 1.35 Å, NO-Bindung 1.23 Å, ∢ ONO 125°; NO_2Cl: NCl-Bindung 1.840Å, NO-Bindung 1.202 Å, ∢ ONO 130.6° (ber. für die N—O-Einfachbindung 1.36 Å, für N=O-Doppelbindung 1.16 Å).

Nitrylazid NO_2N_3 entsteht bei der Umsetzung von Nitrylsalzen (z. B. $NO_2^+BF_4^-$, s. unten) mit Natriumazid bei tiefen Temperaturen in organischen Lösungsmitteln $O_2N^+N{=}N{=}N^- \rightarrow O_2N{-}N{=}N{=}N$. Die nicht in Substanz isolierbare Verbindung zerfällt ab $-10\,°C$ gemäß:

$$O_2N{-}N{=}N{=}N \rightarrow O{=}N{=}N + N{=}N{=}O\,.$$

Peroxosalpetersäure $NO_2(OOH) = HNO_4$ ist durch Einwirkung von wasserfreiem H_2O_2 auf N_2O_5 bei $-80\,°C$ erhältlich:

$$NO_2^+NO_3^- + HOOH \rightarrow NO_2(OOH) + HNO_3\,.$$

Sie ist sehr instabil und zerfällt bereits bei $-30\,°C$ explosionsartig. In weniger konzentrierten Lösungen ist sie bei 20 °C einige Zeit haltbar; bei Verdünnung erfolgt zunehmende Hydrolyse zu $H_2O_2 + HNO_3$. Oberhalb pH = 5 zerfällt sie in wässeriger Lösung nach: $NO_4^- \rightarrow NO_2^- + O_2$.

Nitramid $NO_2NH_2 = H_2N_2O_2$, ein Strukturisomeres der Hyposalpetrigen Säure HON=NOH $= H_2N_2O_2$ (S. 705), entsteht als Hydrolyseprodukt von Dikalium-nitrocarbamat[130]:

$$K_2[O_2N{-}NCO_2] + H_2SO_4 \rightarrow O_2N{-}NH_2 + CO_2 + K_2SO_4\,.$$

---

129 Nitrylbromid NO_2Br soll im Gleichgewicht mit gasförmigem NO_2 und Br_2 existieren.

130 Das Carbamat bildet sich auf dem Wege: $H_2NCO_2Et + EtONO_2 \rightarrow O_2N{-}NHCO_2Et + EtOH$; $O_2N{-}NHCO_2Et + 2KOH \rightarrow K_2[O_2N{-}NCO_2] + EtOH + H_2O$.

Nitramid kristallisiert wie die Hyposalpetrige Säure in *farblosen* Kristallen, die aber viel beständiger als die der Hyposalpetrigen Säure sind und bei 72–75 °C unter teilweiser Zersetzung schmelzen. Die wässerige Lösung reagiert schwach sauer ($pK_S = 6.6$) und zerfällt wie die der Hyposalpetrigen Säure langsam – unter dem katalytischen Einfluß von Basen OR^- zunehmender Stärke (z. B. $CH_3CO_2^-$, $H_2PO_4^-$, OH^-) zunehmend rasch – auf folgendem Wege in Distickstoffoxid und Wasser:

$$O_2N{-}NH_2 + OR^- \underset{}{\overset{\text{langsam}}{\rightleftarrows}} O_2N{-}NH^- + HOR$$

$$O_2N{-}NH^- \xrightarrow{\text{rasch}} N_2O + OH^-$$

$$OH^- + HOR \xrightarrow{\text{sehr rasch}} H_2O + OR^-$$

$$O_2N{-}NH_2 \xrightarrow{(OR^-)} N_2O + H_2O.$$

Der geschwindigkeitsbestimmende Schritt stellt hierbei die Deprotonierung von Nitramid dar:

$$RO:^- + H{-}NHNO_2 \rightleftarrows [RO\cdots\cdots H{-}NHNO_2]^- \rightleftarrows RO{-}H + :NHNO_2^-$$

Nitrylsalze. Die (*farblosen*) Nitrylsalze der starken Säuren $HClO_4$, HSO_3F, $H_2S_2O_7$ bzw. HBF_4 lassen sich durch Einwirkung dieser Säuren bzw. der entsprechenden Säureanhydride auf reine Salpetersäure bzw. deren Anhydrid gewinnen, z. B.

$$NO_2(OH) + 2HClO_4 \rightarrow NO_2^+ClO_4^- + H_3O^+ClO_4^-; \qquad NO_2(OH) + 2SO_3 \rightarrow NO_2^+S_2O_7H^-;$$
$$NO_2^+NO_3^- + HSO_3F \rightarrow NO_2^+SO_3F^- + HNO_3; \qquad NO_2^+NO_3^- + HBF_4 \rightarrow NO_2^+BF_4^- + HNO_3.$$

Auch durch Umsetzung von Nitrylhalogeniden mit starken Lewissäuren z. B. gemäß:

$$NO_2F + BF_3 \rightarrow NO_2^+BF_4^-, \qquad NO_2Cl + SbCl_5 \rightarrow NO_2^+SbCl_6^-$$

entstehen Nitrylsalze.

Nitrierungen. Unter einer „*Nitrierung*" versteht man die Übertragung der Nitrogruppe einer Nitroverbindung O_2NX von X auf einen Reaktionspartner Y, z. B. gemäß:

$$O_2N{-}X + Y^- \text{ (bzw. HY)} \rightleftarrows O_2N{-}Y + X^- \text{ (bzw. HX)}.$$

Beispiele hierfür sind etwa die Umsetzungen von Distickstoffpentaoxid N_2O_5 mit Wasser oder Wasserstoffperoxid (Nitrierung von H_2O bzw. H_2O_2 mit $O_2N^+NO_3^-$ s. S. 699 und oben), die Anhydridbildung von Salpetersäure (Nitrierung von HNO_3 mit O_2NOH vgl. S. 699), die Hydrolyse von Nitrylhalogeniden NO_2X (Nitrierung von Wasser mit NO_2F bzw. NO_2Cl, s. oben) oder die Umsetzung von Nitrylsalzen mit Halogeniden bzw. Pseudohalogeniden wie Fluorid oder Azid (Nitrierung von F^- bzw. N_3^- mit $NO_2^+X^-$ s. oben).

Salpetersäure als Nitrierungsmittel. Insbesondere organische Aromaten lassen sich leicht mit Salpetersäure gemäß

$$O_2N{-}OH + H{-}C\lessgtr \rightarrow O_2N{-}C\lessgtr + H_2O$$

nitrieren. Die Nitrierungsgeschwindigkeit wächst mit zunehmender Konzentration der Salpetersäure in Wasser, Essigsäure, Nitromethan oder Schwefelsäure und ist in 90 %iger Schwefelsäure besonders groß. Als NO_2-übertragendes Agens wirkt hierbei nicht die Salpetersäure selbst, sondern die wesentlich rascher nitrierende, protonierte Form ($O_2NOH + H^+ \rightleftarrows O_2NOH_2^+$), in welcher Wasser auf dem Wege einer dissoziativen nucleophilen Substitution (S_N1-Reaktion) durch den Reaktionspartner ersetzt wird, z. B.

$$O_2NOH_2^+ \overset{\mp H_2O}{\rightleftarrows} O_2N^+ \xrightarrow{+H-C_6H_5} (O_2N)(H)C_6H_5^+ \xrightarrow{-H^+} O_2N{-}C_6H_5$$

Es kann sowohl die Wasserabspaltung aus dem Nitratacidium-Ion $O_2NOH_2^+$ als auch die Anlagerung der Nucleophile an das Nitryl-Kation NO_2^+ reaktionsgeschwindigkeitsbestimmend sein[131].

[131] Die Addition von Y^- an lineares NO_2^+ unter Bildung von NO_2Y (gewinkelte NO_2-Gruppierung) erfolgt vergleichsweise langsam. Noch langsamer vereinigen sich Nucleophile mit dem NO_2^+-isoelektronischen Distickstoffoxid (z. B. $N_2O + NH_2^- \rightarrow N_2NH + OH^-$). Azid, das ebenfalls mit NO_2^+ isoelektronisch ist, reagiert nicht mehr mit Nucleophilen.

1.6 Schwefelverbindungen des Stickstoffs[1)]

Von den Schwefelstickstoff-Verbindungen wurden die *Schwefelnitride* (einschließlich Schwefelimide, Schwefelnitrid-Kationen und -Anionen) sowie *Schwefelnitrid-halogenide* und *-oxide* bereits auf S. 599f. behandelt. Nachfolgend sei noch auf **Sulfonsäurederivate der Stickstoffwasserstoffe** NH_3, NH_2OH, N_2H_4, N_2H_2 und N_3H eingegangen.

Sulfonsäuren des Ammoniaks. Läßt man eine konzentrierte Natriumhydrogensulfitlösung unter Eiskühlung auf Natriumnitrit einwirken, so erfolgt nach (1 a) die Bildung eines in Wasser leicht löslichen Natriumsalzes der **Nitrido-tris(schwefelsäure)** („*Nitrilo-trisulfonsäure*") $N(SO_3H)_3$. Durch Zusatz einer kalt gesättigten Kaliumchlorid-Lösung kann diese Verbindung als schwerlösliches Kaliumsalz $N(SO_3K)_3$ auskristallisiert werden. In saurer Lösung unterliegt die Nitrido-tris(schwefelsäure) der Hydrolyse. Diese führt aber nicht in Umkehrung der Bildungsreaktion (1 a) zur Stufe der Salpetrigen und Schwefligen Säure zurück, sondern ergibt als Endprodukte Ammoniak (als Ammoniumsalz) und Schwefelsäure (als Hydrogensulfat) gemäß (1 b, c, d). Als Zwischenprodukte treten dabei „*Imido-bis(schwefelsäure)*" („*Imino-disulfonsäure*") und „*Amidoschwefelsäure*" („*Aminosulfonsäure*") auf:

$$\begin{array}{ccccccccc}
\diagup OH + HSO_3H & & \diagup SO_3H + HOH & & \diagup H + H_2SO_4 & & \diagup H + H_2SO_4 & & \diagup H + H_2SO_4 \\
N{-}OH + HSO_3H & \underset{(a)}{\rightarrow} & N{-}SO_3H + HOH & \underset{(b)}{\rightleftharpoons} & N{-}SO_3H + HOH & \underset{(c)}{\rightleftharpoons} & N{-}H + H_2SO_4 & \underset{(d)}{\rightleftharpoons} & N{-}H + H_2SO_4 \\
\diagdown OH + HSO_3H & & \diagdown SO_3H + HOH & & \diagdown SO_3H + HOH & & \diagdown SO_3H + HOH & & \diagdown H + H_2SO_4 \\
\text{„Salpetrige Säure"} & & \text{Nitrido-tris(schwefelsäure)} & & \text{Imido-bis(schwefelsäure)} & & \text{Amido-schwefelsäure} & & \text{Ammoniak}
\end{array} \qquad (1)$$

Die hydrolytische Abspaltung der ersten Sulfonsäuregruppe erfolgt schon beim Stehenlassen der sauren Lösung; die weitere Hydrolyse schreitet erst beim Kochen mit genügender Geschwindigkeit fort.

In Umkehrung der Hydrolysereaktion (1) können die Sulfonsäuren des Ammoniaks auch aus Ammoniak und Schwefelsäure gewonnen werden. Allerdings muß man dann unter weitgehendem Ausschluß von Wasser arbeiten. Leitet man z.B. Schwefeltrioxid in konzentrierte wässerige Ammoniaklösungen ein, so entsteht über die Stufe der Amidoschwefelsäure hinweg in sehr guter Ausbeute das Triammonium-salz (s. unten) der Imido-bis(schwefelsäure). In der Technik stellt man demgemäß **Amidoschwefelsäure**[132)] aus *Harnstoff* und *konzentrierter Schwefelsäure* beziehungsweise Oleum dar: $CO(NH_2)_2 + 2H_2SO_4 \rightarrow CO_2 + NH_2(SO_3H) + NH_4^+HSO_4^-$. Darüber hinaus kann die Amidoschwefelsäure gewonnen werden, wenn man von Hydroxylamin ausgeht, welches bereits die beiden Wasserstoffatome am Stickstoff trägt und bei der Umsetzung mit Schwefliger Säure (Sättigen einer konzentrierten Lösung von salzsaurem Hydroxylamin mit Schwefeldioxid) in einer der Reaktion (1 a) analogen Reaktion in Amidoschwefelsäure übergeht: $NH_2OH + HSO_3H \rightarrow NH_2(SO_3H) + H_2O$.

Die *farblose*, bei 205 °C schmelzende, vorzüglich kristallisierende Amidoschwefelsäure $H_2N{-}SO_3H$ ist thermisch bis 210 °C stabil und hydrolysiert erst bei höheren Temperaturen. In festem Zustand liegt sie als *Zwitterion* $^+H_3N{-}SO_3^-$ vor (gestaffelte Konformation; C_{3v}-Symmetrie; Abstände HN/NS/SO = 1.02/1.76/1.44 Å; Winkel HNS/NSO = 111/103 °C). Sie wirkt als *starke Säure* (pK_S ca. 1) und bildet *Salze* mit dem *Amidosulfat-Ion* (*Sulfamat-Ion*) $H_2N{-}SO_3^-$, die ihrerseits mit einer Reihe von Metalloxiden gut kristallisierende Verbindungen mit Metall-Stickstoff-Bindungen bilden: $HgN(SO_3Na)$, $AgNH(SO_3K)$, $Au_2(NSO_3K)_3$. Man verwendet sie in *Metallreinigern, Kesselsteinentfernern, Waschmitteln* sowie als Standard in der *Acidimetrie*. Sie dient auch zur *Stabilisierung chlorhaltigen Wassers*, da sie in reversibler Gleichgewichtsreaktion Chlor binden und wieder freisetzen kann ($H_2N{-}SO_3^- + Cl_2 \rightleftarrows HNCl{-}SO_3^- + HCl$). Ihre Salze werden als *Flammschutzmittel, Unkrautvertilger* sowie bei der *Galvanisierung* genutzt.

Die **Imido-bis(schwefelsäure)** $NH(SO_3H)_2$ ist nur in Lösung, nicht aber in freiem Zustand bekannt. Sie ist dadurch ausgezeichnet, daß sich nicht nur die Wasserstoffatome der Sulfonsäuregruppen $-SO_3H$ durch Metalle ersetzen lassen, sondern daß auch das am Stickstoff gebundene Wasserstoffatom sauren Charakter besitzt. So entsteht z.B. bei Zugabe von gelbem Quecksilberoxid zum farblosen Kaliumsalz $NH(SO_3K)_2$ das sehr schwer lösliche, weiße Quecksilber(II)-salz $Hg[N(SO_3K)_2]_2$. Auch ein Kaliumsalz $K[N(SO_3K)_2]$ und ein Ammoniumsalz $NH_4[N(SO_3NH_4)_2]$ sind bekannt. Noch stärker sauer als $HN(SO_3H)_2$ ist die Imido-bis(fluoroschwefelsäure) $HN(SO_2F)_2$ (pK_S-Wert 1.28; Smp. − 79.9 °C, Sdp. 60 °C; gewinnbar aus Harnstoff und Fluorsulfonsäure).

---

[132] **Literatur.** G.A. Benson, W.J. Spillane: „*Sulfamic Acid and its N-Substituted Derivatives*", Chem. Rev. **80** (1980) 151–186.

Die Amidoschwefelsäure $HO—SO_2—NH_2$ leitet sich von der Schwefelsäure $HO—SO_2—OH$ durch Ersatz einer Hydroxylgruppe OH durch die einwertige Amidogruppe NH_2 ab. Die Substitution beider OH durch NH_2-Gruppen führt zum **Sulfuryldiamid** („*Sulfamid*") $H_2N—SO_2—NH_2$, das bei der Einwirkung von Ammoniak auf Sulfurylchlorid bzw. auf Schwefeltrioxid ($4NH_3 + O_2SCl_2 \rightarrow O_2S(NH_2)_2 + 2NH_4Cl$; $SO_3 + 2NH_3 \rightarrow SO_2(NH_2)_2 + H_2O$) neben **Sulfurylimid** („*Sulfimid*") O_2SNH (vgl. S. 573) als *farblose*, bei 92.1 °C schmelzende Festsubstanz entsteht. Auch hier zeigen die am Stickstoff gebundenen Wasserstoffatome sauren Charakter. So bildet Sulfuryldiamid Salze wie $O_2S(NHK)_2$ und $O_2S(NHAg)_2$. Kocht man Sulfuryldiamid kurz in Natronlauge, so kondensiert es zu „*Imido-bis(sulfuryl-amid)*" $H_2N—SO_2—NH—SO_2—NH_2$ (*farblose* Nadeln, Smp. 168–169 °C). Beim Erhitzen auf 180–210 °C kondensiert es zu trimerem „*Sulfurylimid*": $3SO_2(NH_2)_2 \rightarrow (SO_2NH)_3 + 3NH_3$.

Sulfonsäuren des Hydroxylamins. Wendet man bei der Einwirkung von Natriumhydrogensulfit auf Natriumnitrit (1a) nicht 3 mol sondern nur 2 mol Sulfit je mol Nitrit an, so entsteht – in analoger Weise wie dort – das Natriumsalz der **Hydroxylamin-disulfonsäure**, das durch Umsetzung mit Kaliumchlorid als schwerlösliches Kaliumsalz ausgefällt werden kann. Auch hier führt die Hydrolyse in saurer Lösung nicht zur Stufe der Salpetrigen und Schwefligen Säure zurück, sondern ergibt letztlich Hydroxylamin (als Sulfat) und Schwefelsäure; als Zwischenstufe tritt dabei – vgl. (2) – **Hydroxylamin-monosulfonsäure** („*Hydroxylamido-N-schwefelsäure*") auf, die als Kaliumsalz $HO\text{-}NH(SO_3K)$ (Abstände ON/NS = 1.48/1.69 Å; Winkel ONS 108.5°) auskristallisiert werden kann:

$$N(OH)_3 \xrightarrow[-2H_2O]{+2HSO_3H} N(SO_3H)_2OH \underset{\mp H_2SO_4}{\overset{\pm H_2O}{\rightleftharpoons}} NH(SO_3H)OH \underset{\mp H_2SO_4}{\overset{\pm H_2O}{\rightleftharpoons}} NH_2OH. \quad (2)$$

Die Reaktionsfolge (2) dient zur Darstellung von Hydroxylamin (s. dort). Umgekehrt läßt sich Hydroxylamin beispielsweise mit Schwefeltrioxid über die Stufe der Mono- und Disulfonsäure hinaus bis zur **Hydroxylamin-trisulfonsäure** sulfurieren: $NH_2OH + 3SO_3 \rightarrow NO(SO_3H)_3$.

Die Hydroxylamin-monosulfonsäure und die Hydroxylamin-disulfonsäure kommen in je zwei isomeren Formen vor, da im Hydroxylamin-Molekül einmal der an Stickstoff gebundene Wasserstoff und einmal der an Sauerstoff gebundene Wasserstoff durch die Sulfonsäuregruppen $—SO_3H$ ersetzt werden kann:

$N(SO_3H)(H)(OH)$	$N(H)(H)(O—SO_3H)$	$N(SO_3H)(SO_3H)(OH)$	$N(SO_3H)(H)(O—SO_3H)$	$N(SO_3H)(SO_3H)(O—SO_3H)$
Hydroxylamin N-sulfonsäure	*Hydroxylamin-O-sulfonsäure*	*Hydroxylamin-N,N-disulfonsäure*	*Hydroxylamin-N,O-disulfonsäure*	*Hydroxylamin-trisulfonsäure*

Auf den Darstellungswegen (2) entstehen die N-Sulfonsäuren, während die Einführung einer Sulfonsäuregruppe am Sauerstoff unter Bildung von *farbloser* **Hydroxylamin-O-sulfonsäure** („*Hydroxylamido-O-schwefelsäure*") z. B. mit Chlorsulfonsäure (Chloroschwefelsäure) gelingt:

$$H_2NO\vdots H + Cl\vdots SO_3H \rightarrow H_2NOSO_3H + HCl.$$

Die Hydroxylamin-*O*-sulfonsäure liegt im kristallisierten Zustand als Zwitterion $^+H_3NOSO_3^-$ vor. Sie wirkt als Säure:

$$\underset{pH<3}{^+H_3NOSO_3^-} \underset{\mp H_2O}{\overset{\pm OH^-}{\rightleftharpoons}} \underset{pH\ 3\text{–}13}{H_2NOSO_3^-} \underset{\mp H_2O}{\overset{\pm OH^-}{\rightleftharpoons}} \underset{pH>13}{HNOSO_3^{2-}}.$$

In stark saurer Lösung hydrolysiert sie langsam gemäß: $H_3NOSO_3 + H_2O \rightarrow NH_3OH^+ + HSO_4^-$ („Spaltung der OS-Bindung"). In alkalischer Lösung zersetzt sie sich nach der Summengleichung:

$$2NH_2OSO_3^- \xrightarrow[-2H_2O,\ -2SO_4^{2-}]{+2OH^-} \frac{2+x}{4+x} N_2 + \frac{2-x}{4+x} N_2H_4 + \frac{2x}{4+x} NH_3 \quad (3)$$

($x = 0$ bis 2[133]; es entstehen auch NH_2OH, NO bzw. H_2 in Spuren).

[133] Mit abnehmender OH^--Konzentration geht x gegen 2: $2NH_2OSO_3^- + 2OH^- \rightarrow \frac{2}{3}N_2 + \frac{2}{3}NH_3 + 2H_2O + 2SO_4^{2-}$.

Die mechanistisch sehr verwickelte Reaktion (3) wird durch eine nucleophile Substitution von Sulfat durch das Hydroxid-Ion („Spaltung der NO-Bindung"; Aminierung von OH^-, vgl. S. 680) eingeleitet: $HO^- + H_2N{-}OSO_3^- \rightarrow H_2N{-}OH + SO_4^{2-}$ (geschwindigkeitsbestimmender Schritt; $\tau_{c=1}^{26.6°} = 1.54$ h)[134]. Anschließend aminiert $H_2NOSO_3^-$ die konjugierte Base des gebildeten Hydroxylamins rasch[134] zu – seinerseits sehr rasch über Diimin in Hydrazin und Stickstoff zerfallendem (S. 673) – Hydroxylhydrazin: $NH_2O^- + H_2NOSO_3^- \rightarrow H_2N{-}NHOH + SO_4^{2-}$ ($\tau_{c=1}^{26.6°} = 6.2$ s); $H_2N{-}NHOH \rightarrow HN{=}NH + H_2O$; $2HN{=}NH \rightarrow H_2N{-}NH_2 + N{\equiv}N$. Auf analogem Wege wird N_2H_4 von $H_2NOSO_3^-$ angegriffen[134]: $N_2H_4 + H_2NOSO_3^- \rightarrow N_3H_6^+ + SO_4^{2-}$ ($\tau_{c=1}^{26.6°} = 100$ s); $N_3H_6^+ \rightarrow N_2H_2 + NH_4^+$; $2N_2H_2 \rightarrow N_2H_4 + N_2$[135].

Die **Hydroxylamin-N,N-disulfonsäure** ist wie die Iminodisulfonsäure (s. oben) nur in Lösung, nicht aber in freiem Zustand bekannt. Sie bildet aber eine Reihe stabiler Salze. Oxidiert man das Kaliumsalz mit Kaliumpermanganat, so entsteht eine schön *violette* Lösung, die das Kaliumsalz der „*Nitroso-disulfonsäure*" enthält.

$$2HO{-}N(SO_3K)_2 \xrightarrow[-H_2O]{+O} 2ON(SO_3K)_2,$$

einer Verbindung mit vierbindigem Stickstoff. Im festen Zustande ist das Salz *orangegelb* und hat die doppelte Molekulargröße („*Fremysches Salz*"). Die Nitroso-disulfonsäure zeigt also die gleiche Neigung zur Dimerisierung wie das Stickstoffdioxid, das sich ja ebenfalls vom vierbindigen Stickstoff ableitet:

$$\underset{braun}{2NO_2} \rightleftarrows \underset{farblos}{[NO_2]_2}; \qquad \underset{violett}{2NO(SO_3K)_2} \rightleftarrows \underset{gelb}{[NO(SO_3K)_2]_2}.$$

Hier wie dort hellt sich die Farbe bei der Dimerisierung auf. Verdünnung (Expandieren des N_2O_4-Dampfes, Auflösen von $[NO(SO_3K)_2]_2$ in Wasser) verschiebt in beiden Fällen entsprechend dem Massenwirkungsgesetz das Gleichgewicht nach links.

Sulfonsäure des Hydrazins, des Diimins und der Stickstoffwasserstoffsäure. In analoger Weise wie beim Ammoniak kann auch beim Hydrazin durch Einwirkung von Schwefeltrioxid ein Wasserstoffatom durch den $-SO_3H$-Rest ersetzt werden:

$$H_2N{-}NH_2 \xrightarrow{+SO_3} H_2N{-}NH(SO_3H).$$

Es entsteht so ein Hydrazinium-Salz $N_2H_5^+\ H_3N_2SO_3^-$ der „*Hydrazin-monosulfonsäure*" („*Hydrazidoschwefelsäure*") $N_2H_3SO_3H$ (Struktur: $^+H_3N{-}NH{-}SO_3^-$; $pK_S = 3.85$). Auch Salze der „*Hydrazin-disulfonsäure*" $N_2H_2(SO_3H)_2$ (symmetrisches und unsymmetrisches Derivat) sowie der *Hydrazin-trisulfonsäure* $N_2H(SO_3H)_3$ und „*Hydrazin-tetrasulfonsäure*" $N_2(SO_3H)_4$ sind bekannt. Die Säure $N_2H_2(SO_3H)_2$ läßt sich zur Disulfonsäure des Diimins („*Azo-disulfonsäure*", „*Diimin-disulfonsäure*") $N_2(SO_3H)_2$ oxidieren. So liefert das Pyridinsalz der Hydrazin-disulfonsäure bei der Behandlung mit verdünnter, stark alkalischer Natriumhypochloritlösung und Zugabe von Kaliumchlorid das *gelbe* „*Kalium-azo-disulfonat*" $N_2(SO_3K)_2$:

$$HO_3S{-}NH{-}NH{-}SO_3H \xrightarrow[-2H]{} HO_3S{-}N{=}N{-}SO_3H,$$

welches beim Erwärmen auf 80 °C sowie beim Verreiben heftig explodiert.

Ebenso wie man das Hydrazin durch Oxidation mit Salpetriger Säure in Stickstoffwasserstoffsäure umwandeln kann (S. 666), kann man auch die Salze der Hydrazin-sulfonsäure $N_2H_3(SO_3H)$ in die – explosiven – Salze der „*Azidoschwefelsäure*" $N_3(SO_3H)$ überführen:

$$N_2H_3(SO_3H) + HNO_2 \rightarrow N_3(SO_3H) + 2H_2O.$$

---

134 $H_2NOSO_3^-$ stellt wie H_2NCl ein sehr wirksames elektrophiles Aminierungsmittel dar: $Nu^- + H_2N{-}OSO_3^- \rightarrow Nu{-}NH_2 + SO_4^{2-}$. Folgende Reihe wachsender Nucleophilität der eintretenden Gruppen wurde gefunden: $OH^- < NH_3 < NH_2OH < N_2H_4 < NH_2O^- < I^- < R_3P < RS^-$ (vgl. hierzu S. 681).

135 Bei hoher OH^--Konzentration ist die einleitende $OH^-/H_2N\text{-}OSO_3^-$-Umsetzung vergleichbar rasch wie die $N_2H_4/H_2N\text{-}OSO_3^-$-Umsetzung; gebildetes N_2H_4 wird dann nicht vollständig verbraucht (vgl. Anm.[133]) sowie Raschigsche Hydrazinsynthese, S. 660).

2 Der Phosphor[136]

Nachfolgend wird zunächst der elementare, in mehreren allotropen Modifikationen existierende Phosphor behandelt. Es schließt sich die Besprechung der Wasserstoff-, Halogen- und Sauerstoffverbindungen, der Sauerstoffsäuren sowie der Schwefel- und Stickstoffverbindungen des Phosphors an.

2.1 Elementarer Phosphor

2.1.1 Vorkommen

Phosphor kommt in der Natur wegen seiner großen Affinität zum Sauerstoff zum Unterschied vom homologen Stickstoff *nicht in freiem Zustande*, sondern *nur* in Form von **Derivaten der Phosphorsäure** H_3PO_4 in der *Litho-* und *Biosphäre* vor und steht mit einem Vorkommen von 0.1 Gew.-% an 13. Stelle der Elementhäufigkeit.

Lithosphäre. Besonders ausgedehnte Phosphat-Lagerstätten finden sich in Afrika (Marokko, Westsahara, Algerien, Tunesien, Ägypten, Togo, Senegal, Uganda), in USA (Florida, Tennessee, Nord-Carolina, Utah, Idaho, Montana), im Nahen Osten (Israel, Jordanien), in Südamerika (Peru, Chile, Brasilien), in Rußland und in China. Die wichtigsten natürlichen Mineralphosphate sind *„Calciumphosphate"*, nämlich der *Apatit*[137] $Ca_5(PO_4)_3(OH,F,Cl)$ (= „$3Ca_3(PO_4)_2 \cdot Ca(OH,F,Cl)_2$") und – als sedimentäres Verwitterungsprodukt von magmatischen Apatitgesteinen sowie organischen Massen tierischen Ursprungs – der *Phosphorit* $Ca_3(PO_4)_2$ (= dichte knollige oder kugelige Aggregate mit hohen Anteilen an Hydroxyl- und Carbonat-apatiten $Ca_5(PO_4)_3$ (OH, $\frac{1}{2}CO_3$)). Nur vereinzelt finden sich *„Eisen-"* und *„Aluminiumphosphate"*: *Vivianit* (*Blaueisenerz*) $Fe_3(PO_4)_2 \cdot 8H_2O$ und *Wavellit* $Al_3(PO_4)_2(OH,F)_3 \cdot 5H_2O$ (= „$2AlPO_4 \cdot Al(OH,F)_3 \cdot 5H_2O$") sowie *„Seltenerdphosphate"*: z.B. *Monazit* (Ce,Th) (PO_4, SiO_4). Wichtig ist der Phosphatgehalt mancher *„Eisenerze"*, vor allem der lothringischen Eisenerze („*Minette*") und der nordschwedischen – *Magnetit* Fe_3O_4 enthaltenden – Eisenerze; er fällt bei der Eisenerzeugung als *Thomasmehl* (s. dort) an.

Biosphäre. Weiterhin bilden in der **Biosphäre** *„Phosporsäureester"* neben *„Phosphaten"* einen wesentlichen Bestandteil des lebenden Organismus, wo sie eine bedeutsame Rolle im biochemischen Geschehen spielen. Blut, Eidotter, Milch, Muskelfasern, Nerven- und Hirnsubstanz sind besonders phosphorreich. Die Zähne und vor allem die Knochen der Wirbeltiere enthalten Phosphor als *Hydroxylapaptit* $Ca_5(PO_4)_3(OH)$ (= „$3Ca_3(PO_4)_2 \cdot Ca(OH)_2$"). Reich an Phosphor sind auch die menschlichen und tierischen Exkremente.

Ein großer Teil der heutigen *Phosphatlager* – z.B. in Nordafrika und an der Westküste von Peru und Chile – geht auf Ablagerungen von tierischen Ausscheidungen und Anhäufungen von Tierleichen in früheren Epochen zurück. Noch heute beobachtet man auf Inseln des Stillen Ozeans und der Südsee die Entstehung solcher gewaltiger Kotablagerungen in Form der „*Guano*"-Bildung, indem dort die Seevögel ein Calciumphosphat-haltiges Gemisch als „*Guano*" („*Sombrerit*") abscheiden, welches schon lange

[136] **Literatur.** J.R. Van Wazer: „*Phosphorus and its Compounds*", Interscience, New York, Band **1** (1958) **2** (1961); M. Grayson, E.J. Griffith (Hrsg.): „*Topics in Phosphorus Chemistry*", Wiley, New York, Bände **1**–**11** (1964–1983); S.B. Hartley, W.S. Holmes, J.K. Jaques, M.F. Mole, J.C. McCoubrey: „*Thermochemical Properties of Phosphorus Compounds*", Quart. Rev. **17** (1963) 204–223; A.D.F. Toy: „*Phosphorus*", Comprehensive Inorg. Chem. Band **2** (1973) 389–545; J. Emsley, D. Hall: „*The Chemistry of Phosphorus*", Harper and Row Publishers, London 1976; D.E.C. Corbridge: „*Phosphorus. An Outline of its Chemistry, Biochemistry and Technology*", Elsevier, Amsterdam 1980; H. Goldwhite: „*Introduction to Phosphorus Chemistry*", Cambridge University Press, Cambridge 1981; GMELIN: „*Phosphorus*", System-Nr. **16**, bisher 4 Bände; ULLMANN (5. Aufl.): „*Phosphorus*", „*Phosphorus Compounds*", **A 18** (1991) 505–572; R.A. Shaw: „*Aspects of Structure and Bonding in Inorganic Phosphorus Compounds*", Pure Appl. Chem. **44** (1975) 317–341; M. Regitz, O.J. Scherer: „*Multiple Bonds and Low Coordination in Phosphorus Chemistry*", Georg Thieme Verlag, Stuttgart 1990. Vgl. auch Anm. 138, 152, 153, 159, 172, 181, 182, 207, 210.

[137] Der Name Apatit rührt her von apate (griech.) = Täuschung, weil das Mineral früher oft mit den Edelsteinen Beryll (s. dort) und Turmalin (s. dort) verwechselt wurde.

als *Stickstoff-* und *Phosphatdünger* geschätzt ist und bei der Verwitterung und Verwesung (Zersetzung der organischen Stoffe zu Kohlendioxid und Ammoniak) in *Phosphorit* übergeht.

Isotope (vgl. Anhang III). *Natürlich vorkommender* Phosphor besteht zu 100% aus dem Isotop $^{31}_{15}P$; es wird in Phosphorverbindungen für *NMR-spektroskopische Studien* genutzt. Das *künstlich erhältliche* radioaktive Nuklid $^{32}_{15}P$ (β-Strahler, $\tau_{1/2} = 14.3$ Tage) dient zur *Markierung* von Phosphorverbindungen sowie in der *Medizin*.

Geschichtliches. *Entdeckt* wurde der Phosphor durch den Alchimisten Hennig Brand, der 1669 auf der Suche nach einem „Stein der Weisen" zur Umwandlung von Silber in Gold u.a. „goldgelben" Harn zur Trockne eindampfte und den Rückstand unter Luftabschluß glühte. Dabei erhielt er ein im *Dunkeln leuchtendes Produkt*, weil das im Harn enthaltene Phosphorsalz $NaNH_4HPO_4$ beim Glühen von dem durch Verkohlung organischer Substanzen entstandendem Kohlenstoff zu weißem Phosphor P_4 reduziert wurde[138]. Lange Zeit hindurch war die beschriebene Methode der einzige Darstellungsweg für Phosphor, bis E. Aubertin und L. Boblique im Jahre 1867 die Phosphorerzeugung durch Erhitzen von Phosphatgestein mit Sand und Koks im Ofen (später von J.B. Readman durch einen elektrischen Ofen ersetzt) fanden. Das Leuchten des weißen Phosphors hat dem Element auch seinen *Namen* gegeben[139].

2.1.2 Darstellung

Weißer Phosphor. Der weiße Phosphor P_4 wird aus Apatiten $Ca_5(PO_4)_3(OH,F,Cl)$ mit erhöhtem Fluoridgehalt („*Fluorapatite*": > 30 Gew.-% P_2O_5, 2,3–4,8 Gew.-% F, geringe Mengen Al, Mg, Lanthanoide, U, Carbonat u.a.) technisch durch Umsetzung mit Koks (Hüttenkoks) und Kies (Quarzit) in einem elektrischen Lichtbogenofen bei 1400–1500 °C hergestellt. Hierbei wird der CaO-Anteil des Calciumphosphats $Ca_3(PO_4)_2$ (= „$3CaO \cdot P_2O_5$") durch den Quarzsand SiO_2 zu Calciumsilicat $CaSiO_3$ (= „$CaO \cdot SiO_2$") verschlackt, während der P_2O_5-Anteil durch den Kohlenstoff C zu P_2 reduziert wird, welches beim Abkühlen zu P_4 dimerisiert ($2P_2 \rightarrow P_4$)[140]:

$$1542\,\text{kJ} + Ca_3(PO_4)_2 + 3SiO_2 + 5C \rightarrow 3CaSiO_3 + 5CO + P_2\,. \tag{1}$$

Auf 1 Tonne (1000 kg) Phosphaterz entfallen in der Praxis 350 kg SiO_2, 160 kg C und 6 kg Elektrodenmasse. Je Tonne P fallen als Nebenprodukte an: 7.7 Tonnen $CaSiO_3$-Schlacke, 150 kg Fe_2P-Schlacke (s. unten) sowie 2500 m^3 Ofengas (85% CO; Rest: 40 g Staub + 400 g Phosphordampf pro m^3), dem mit Cotrell-Elektrofiltern (vgl. S. 582) oberhalb 280 °C der Staub mechanisch entzogen wird, worauf man in Sprühtürmen (Einspritzen von Wasser) den Phosphor niederschlägt, der sich zu 90% als flüssiger gelber Phosphor P_4 (Smp. 44.2 °C) am Boden unter 10% „*Phosphorschlamm*" (Phosphor-Wasser-Feststoff-Emulsion) ansammelt, während das CO (genutzt für Heizzwecke) entweicht.

Die „*Ofenwanne*" des zur Phosphordarstellung verwendeten elektrischen Niederschacht-ofens (8 m Durchmesser, 6–10 m Höhe) besteht gemäß Fig. 158 aus einem Stahlmantel, der im unteren Teil mit Formsteinen aus Hartbrandkohle als Elektrodenmasse, im oberen Teil mit Schamottesteinen ausgemauert ist. Die Ofendecke besteht aus armiertem Spezialbeton und einem darüber liegenden Deckel aus antimagnetischem Stahl, der den gasdichten Abschluß bildet. Die Ofenbeschickung („*Möller*") wird über Beschickungsrohre eingeführt. Zwischen den drei symmetrisch angeordneten Kohleelektroden[141] (1,5 m Durchmesser, je 20–25 t Gewicht) und dem Ofenboden springt ein Lichtbogen über[142], der die Energie

[138] **Literatur.** F. Krafft: „*Phosphor – von der Lichtmaterie zum chemischen Element*", Angew. Chem. **81** (1969) 634–645; Int. Ed. **8** (1969) 660.

[139] phosphorus (griech.) = Lichtträger.

[140] Die benötigte Energie entspricht theoretisch 24886 kJ pro kg Phosphor. In der Praxis benötigt man etwa das Doppelte (46000 kJ pro kg Phosphor). Die Phosphorgewinnung aus Calciumphosphat ist also sehr energie-intensiv. Für den Reaktionsablauf werden 2 Wege diskutiert: (i) *Verdrängung* der leichter flüchtigen Säure P_2O_5 durch die schwerer flüchtige, geschmolzene Säure SiO_2: $Ca_3(PO_4)_2 + 3SiO_2 \rightarrow 3CaSiO_3 + P_2O_5$; *Reduktion* von P_2O_5 mit Kohlenstoff: $P_2O_5 + 5C \rightarrow P_2 + 5CO$. (ii) *Reduktion* des Phosphats durch zunächst gebildetes Kohlenmonoxid: $Ca_3(PO_4)_2 + 5CO \rightarrow 3CaO + 5CO_2 + P_2$; *Bildung von Schlacke*: $CaO + SiO_2 \rightarrow CaSiO_3$; *Reduktion* von Kohlendioxid mit Kohlenstoff: $CO_2 + C \rightleftarrows 2CO$ (vgl. S. 864 und Fe-Darstellung).

[141] Statt vorgebrannter Kohleelektroden können auch „*Söderberg-Elektroden*" verwendet werden, bestehend aus einem zylindrischen Stahlblechmantel von bis zu 1,5 m Durchmesser, in den von oben eine angewärmte Mischung aus graphitiertem Anthrazit (oder Kohlestaub), Teer und Pech eingestampft wird, wobei man die Elektrodenmasse in dem Maße, in dem sie unten abbrennt (Abbrand einige cm/Stunde) nachschiebt und oben neu einstampft.

[142] Ein moderner Phosphatofen wird mit Stromstärken von 50000–60000 A bei 200–600 V Wechselstrom und einer Stromdichte von 5–6 A/cm^2 betrieben (Leistung bis 70 Megawatt).

für den Vorgang (1) liefert. In regelmäßigen Abständen wird die sich im Schmelzofen unten ansammelnde $CaSiO_3$-Schlacke ($d = 2.5$ g/cm^3), die im Gegensatz zu der Hochofenschlacke (s. dort) nur schwierig Verwendung findet, abgestochen. Das mit den Rohstoffen als Verunreinigung eingebrachte Eisen bildet vanadiumhaltigen Ferrophosphor ($d = 6.5$ g/cm^3), der am tiefsten Punkt des Bodens getrennt abgezogen wird und auf Vanadiumoxid bzw. -chlorid hin aufgearbeitet wird.

Der durch Destillation gereingte Phosphor kommt, in Stangenform gegossen, als „*weißer Phosphor*" in den Handel.

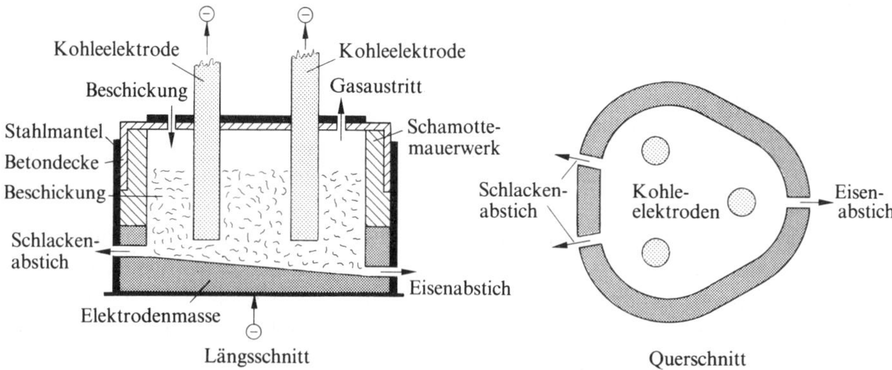

Fig. 158 Darstellung von weißem Phosphor im elektrischen Ofen (schematisch).

Das Verfahren zur Herstellung von Phosphor gehört zu den sogenannten **„elektrothermischen Verfahren"**, bei denen mit Hilfe von elektrischer Widerstands- oder Lichtbogenheizung bzw. einer Kombination von beiden z. B. feste Nichtmetall- oder Metalloxide die sich durch besonders hohe Stabilität auszeichnen, mittels Koks in stark endothermer Reaktion reduziert werden. Dabei können die zugehörigen Elemente in freiem Zustande oder in Form von Carbiden anfallen. Beispiele:

Nichtmetalloxide
$$939.9\,\text{kJ} + P_2O_5 + 5\,C \rightarrow \tfrac{1}{2}P_4 + 5\,CO \quad (\text{S. }726)$$
$$625.1\,\text{kJ} + SiO_2 + 3\,C \rightarrow SiC + 2\,CO \quad (\text{S. }918)$$

Metalloxide
$$491.5\,\text{kJ} + MgO + C \rightarrow Mg + CO$$
$$465.2\,\text{kJ} + CaO + 3\,C \rightarrow CaC_2 + CO \quad (\text{S. }1135)$$

Roter Phosphor. Der rote Phosphor P_n entsteht aus dem weißen durch Erhitzen auf 200–400 °C. Da bei dieser Umwandlung eine erhebliche Wärmemenge frei wird (17.7 kJ pro Mol P ≙ 569 kJ/kg), erhitzt man bei der technischen Darstellung, die in geschlossenen eisernen Kesseln erfolgt, ganz langsam (im Laufe von 20–30 Stunden) auf 200 °C. Erst nach dem Nachlassen der Wärmeentwicklung wird die Temperatur auf 300–400 °C gesteigert. Geringe Mengen Iod beschleunigen den Vorgang außerordentlich (s. unten). Der entstehende violettrote, spröde Phosphorkuchen wird nach dem Erkalten in einer Naßmühle gemahlen, durch mehrstündiges Kochen mit Natronlauge von weißem Phosphor befreit, gewaschen, getrocknet und in Blechdosen verpackt.

Bezüglich der Darstellung von **schwarzem** und **violettem Phosphor** vgl. nachstehendes Unterkapitel.

2.1.3 Physikalische Eigenschaften

Phosphor kommt in mehreren definierten *kristallinen* Modifikationen als *weißer, violetter* und *schwarzer* Phosphor vor, wozu noch eine *rote, amorphe* Form kommt. Ihre thermodynamische Stabilität bei Zimmertemperatur nimmt in der Reihenfolge $P_{weiss} \rightarrow P_{rot} \rightarrow$

$P_{violett} \rightarrow P_{schwarz}$ zu. Doch ist die Umwandlungsgeschwindigkeit unter normalen Bedingungen so klein, daß weißer, roter und violetter Phosphor bei Zimmertemperatur und Atmosphärendruck neben dem hier thermodynamisch allein stabilen schwarzen Phosphor als metastabile Modifikationen existenzfähig sind. Mit steigender Temperatur ändern sich die Stabilitäten; so ist oberhalb 550 °C der violette, oberhalb von 620 °C der weiße Phosphor die stabilste Molekülart:

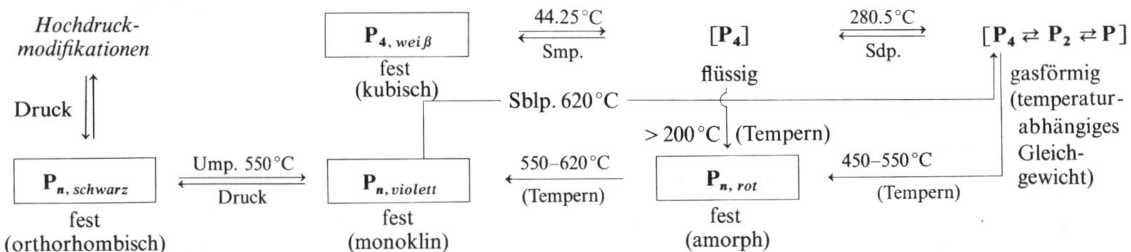

Weißer Phosphor (vgl. Tafel III). Ausgangsmaterial für die Darstellung aller Phosphormodifikationen ist der *weiße Phosphor* (kubisch). Er bildet in der Kälte eine spröde, glasklare Substanz von muscheligem Bruch, bei Zimmertemperatur eine wachsweiche, farblose, im Falle der käuflichen Phoshorstangen meist milchig-durchscheinende, den elektrischen Strom nicht leitende Masse ($d = 1.8232$ g/cm^3), welche bei 44.25 °C zu einer farblosen, stark lichtbrechenden Flüssigkeit schmilzt und bei schnellem Erhitzen bei 280.5 °C unter Bildung eines farblosen Dampfes siedet. In Wasser ist er nur spurenweise[143], in Kohlenstoffdisulfid oder Tetrahydrofuran leicht löslich. Festkörper, Schmelze, Lösung und Dampf enthalten P_4-Moleküle, die oberhalb von 800 °C mehr und mehr in **P_2-Moleküle** zerfallen. Bei 800 °C und Atmosphärendruck beträgt der Dissoziationsgrad 1 %, bei 1200 °C mehr als 50 %. Oberhalb von 2000 °C zerfallen die P_2-Moleküle (PP-Abstand 1.8931 Å; ber. für Dreifachbindung P≡P 1.90 Å)[144] in P-Atome.

Die vier Phosphoratome des P_4-Moleküls bilden gemäß Fig. 159 ein Tetraeder. Jedes Phosphoratom ist durch drei einfache Bindungen (PP-Abstand gef. 2.21 Å, ber. 2.20 Å) mit drei anderen Phosphoratomen verknüpft. Auf diese Weise weicht der Phosphor im Einklang mit der Doppelbindungsregel unter Normalbedingungen einer Mehrfachbindung aus, wie sie beim leichteren Homologen der ersten Achterperiode, dem zweiatomigen Stickstoff N≡N, auftritt.

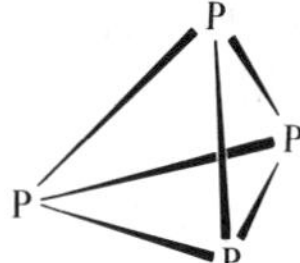

Fig. 159 Struktur des weißen Phosphors P_4.

Da drei Phosphoratome jeweils ein gleichseitiges Dreieck (Tetraederfläche) bilden, beträgt der Valenzwinkel 60°. Dieser Bindungswinkel ist anomal klein und hat daher einen Spannungszustand im P_4-Molekül zur Folge (Spannungsenergie von ca. 96 kJ/mol P_4). Daher ist der weiße Phosphor reaktionsfreudig. Steigert man die Temperatur genügend hoch, so ordnen sich die Atome neu, derart, daß der PPP-Bindungswinkel normal (um 100°) wird (Bildung von violettem bzw. schwarzem Phosphor; s. unten). Bei 200 °C beginnt diese Umwandlungs-

143 Wegen seiner geringen Löslichkeit in Wasser (0.00033 Gew.-%) und seiner Oxidationsempfindlichkeit bewahrt man weißen Phosphor unter Wasser auf. Trotz seines geringen Phosphorgehalts ist das über Phosphor stehende Wasser giftig.

144 $54.4\,kJ + P_4(f) \rightleftharpoons P_4(g)$; $139.8\,kJ + \frac{1}{2}P_4(f) \rightleftharpoons P_2(g)$; $314.6\,kJ + \frac{1}{4}P_4(f) \rightleftharpoons P(g)$; $489.5\,kJ + P_2(g) \rightleftharpoons 2P$. Ersichtlicherweise ist die P≡P-Dissoziationsenergie weit kleiner als beim elementhomologen N≡N (945.33 kJ/mol).

reaktion ganz langsam. Bei 250 °C wird sie schon so schnell, daß die Hauptmenge im Laufe eines Tages reagiert.

Schwarzer Phosphor. Der *schwarze Phosphor* ist dichter ($d = 2.69\ g/cm^3$) als der weiße ($d = 1.82\ g/cm^3$) und der violette ($d = 2.36\ g/cm^3$). Hoher Druck begünstigt daher seine Entstehung. So wurde er erstmals dadurch hergestellt, daß weißer Phosphor bei 200 °C einem Druck von 12000 bar ausgesetzt wurde[145]. Erhitzt man weißen Phosphor in Gegenwart von feinverteiltem metallischem Quecksilber als Katalysator einige Tage lang auf 380 °C und gibt noch Impfkristalle von schwarzem Phosphor hinzu, so entsteht der schwarze Phosphor auch ohne Anwendung hoher Drücke.

Die schwarze, den elektrischen Strom als Halbleiter leitende[146] und damit mehr metallische Modifikation des Phosphors ist bis 550 °C haltbar. Darüber hinaus wandelt sich schwarzer in violetten Phosphor um (s. unten).

Der schwarze Phosphor (orthorhombisch) ist aus parallel übereinander liegenden stark gewellten Schichten (Doppelschichten) aufgebaut (Fig. 160a). In der oberen und unteren Hälfte einer solchen Doppelschicht liegen parallel zueinander Zickzackketten aus Phosphoratomen. Die dritte noch freie Valenz eines jeden Atoms dieser Ketten verknüpft die Ketten der oberen und unteren Schichthälfte miteinander. So entstehen gemäß Fig. 160b gewellte Bänder (schraffiert) von kondensierten P_6-Ringen in *Sesselform*. Der Abstand zweier direkt miteinander verbundener P-Atome beträgt innerhalb der Zickzackkette einer Doppelschichthälfte 2.224 Å, zwischen den beiden Zickzackketten einer Doppelschicht 2.244 Å, der kleinste PP-

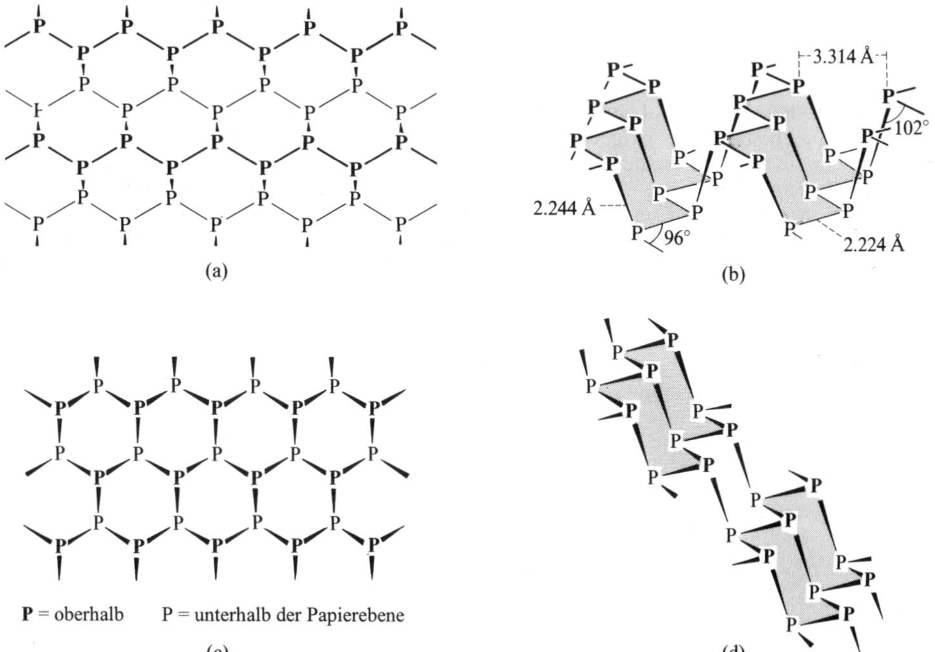

Fig. 160 Struktur (Doppelschicht) des schwarzen Phosphors (a, b) und orthorhombischen Hochdruckphosphors (c, d), jeweils von oben (a, b) und von der Seite (b, d) gesehen.

---

[145] Bei Anwendung sehr hoher Drücke (100000 bar) genügt zur quantitativen Umwandlung von weißem in schwarzen Phosphor schon ein kurzer Stoßdruck.

[146] Die Leitfähigkeit steigt – wie bei Halbleitern zu erwarten – mit der Temperatur. Die Bandlücke (vgl. S. 1311) ist jedoch relativ klein.

Abstand zwischen zwei Doppelschichten 3.59 Å. PPP-Winkel innerhalb einer Kette: 96.34°, PPP-Winkel zwischen oberer und unterer Kette einer Doppelschicht: 102.09°. Entsprechend dem Schichtenaufbau ist der schwarze Phosphor schuppig wie Graphit (s. dort) und gut spaltbar.

Bei 80000 bar geht der orthorhombische schwarze Phosphor reversibel in eine rhomboedrische und bei 110000 bar in eine kubische metallische **Hochdruckmodifikation** über. Letztere besitzt eine kubisch einfache Struktur, in der alle Valenzwinkel 90° betragen und in dem jedes P-Atom oktaedrisch von sechs anderen P-Atomen in einem Abstand von 2.377 Å umgeben ist (Polonium-Struktur; vgl. S. 635). Erstere Hochdruckmodifikaton hat die gleiche Struktur wie das *graue Arsen* (S. 795) und leitet sich von der in Fig. 160 wiedergegebenen Form des schwarzen Phosphors dadurch ab, daß die durch Schraffur hervorgehobenen gewellten Bänder aus kondensierten P_6-Ringen (*Sesselform*) nicht parallel nebeneinander („*endo*"-Verknüpfung; Fig. 160b), sondern schräg untereinander angeordnet sind („*exo*"-Verknüpfung; Fig. 160d). In der durch einen Pfeil in Fig. 160 markierten Richtung gesehen, hat die P-Anordnung das in Fig. 160c wiedergegebene, wabennetzförmige Aussehen (P-Atome abwechselnd in einer oberen und unteren Schicht: Näheres S. 635).

Violetter Phosphor. Der *violette Phosphor* („*Hittorfscher Phosphor*") entsteht bei ein- bis zweiwöchigem Erhitzen von weißem Phosphor auf über 550 °C in Form klar roter, durchscheinender, an den Rändern violettstichiger, tafelförmiger, wie Glimmer spaltbarer Kriställchen (Dichte 2.36 g/cm^3), die wie schwarzer und zum Unterschied von weißem Phosphor in Kohlenstoffdisulfid unlöslich sind. Die gleichen Kristalle gewann erstmals der deutsche Physiker Johann Wilhelm Hittorf (1824–1914), als er Phosphor aus einer Bleischmelze umkristallisierte.

Der violette Phosphor stellt die im Temperaturbereich von 550 bis 620 °C thermodynamisch stabile Modifikation dar. Bei 620 °C sublimiert er unter Bildung von gasförmigem P_4 bzw. schmilzt er bei einem Druck von ca. 49 bar unter Bildung von flüssigem P_4. Die Temperatur von 620 °C stellt somit die „Depolymerisationstemperatur" des polymeren Phosphors dar.

Dem violetten Phosphor (monoklin) liegt ein kompliziert gebautes Schichtengitter zugrunde. Die einzelnen Schichten bestehen aus parallel zueinander angeordneten fünfeckigen Röhren aus Phosphoratomen (vgl. Fig. 161), die an bestimmten Stellen (in Fig. 161 b rechts oben) mit einer kreuzweise darüberliegenden Schicht parallel angeordneter Röhren zu Doppelschichten vernetzt sind. Hierbei ist jeweils nur jede übernächste Röhre der unteren Hälfte der Doppelschicht mit jeder übernächsten Röhre der oberen Hälfte der Doppelschicht verbunden. Eine Doppelschicht besteht somit aus zwei ineinander gestellten, chemisch nicht miteinander verknüpften Systemen. Die Doppelschichten ihrerseits liegen auf Lücke übereinander und werden nur durch van-der-Waalsche Kräfte zusammengehalten.

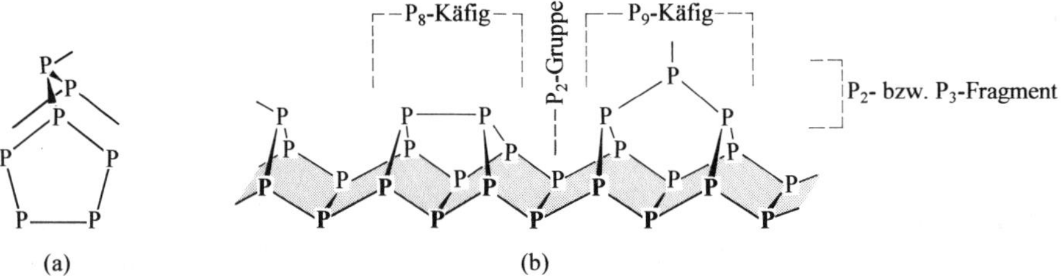

Fig. 161 Struktur einer Röhre des violetten Phosphors: (a) von vorne in Richtung der Röhrenachse, (b) von der Seite gesehen.

Die einzelnen Röhren des violetten Phosphors bestehen aus α-P_4S_4-analogen P_8-Käfigen, sowie aus β-P_4S_5-analogen P_9-Käfigen (vgl. S. 787), die – in abwechselnder Reihenfolge – jeweils über eine P_2-Gruppe miteinander verbunden sind (Fig. 161 b). Der mittlere PP-Abstand beträgt 2.2 Å, der mittlere PPP-Bindungswinkel 101°. Die Röhrenstruktur läßt sich darüber hinaus wie folgt beschreiben: Den Röhren des violetten Phosphors liegen gewellte Bänder (schraffiert) aus kondensierten P_6-Ringen (*Bootform*) zugrunde, die sich nicht wie im Falle des schwarzen Phosphors oder orthorhombischen Hochdruckphosphors (s. o.) durch „zwischenmolekulare" Verknüpfung absättigen, sondern „innermolekular" durch Verknüpfung mit P_2- und P_3-Fragmenten. Insgesamt resultiert hierbei ein Röhrenaufbau aus miteinander kondensierten P_6- und P_5-Ringen (vgl. Fig. 161 b). Im Unterschied hierzu besteht der schwarze Phosphor und orthorhombische Hochdruckphosphor nur aus anellierten P_6-Ringen, der rhomboedrische Hochdruckphosphor aus anellierten P_4-Ringen und der weiße Phosphor aus anellierten P_3-Ringen.

Roter Phosphor. Bei der Umwandlung des weißen in den violetten Phosphor entstehen durch Polymerisation von P_4 zunächst rote schleimige Produkte, die im Laufe der Reaktion fester und fester werden. Auch in ihnen ist jedes Phosphoratom mit drei anderen verbunden, aber derart, daß sich ein unregelmäßiges, räumliches Netzwerk bildet. Da nur in einem geordneten Kristallgitter die Bindungswinkel und Bindungslängen die optimalen Werte besitzen, folgt, daß in dem amorphen Netzwerk örtliche Spannungen herrschen müssen. Es gibt viele Atome, deren Valenzen nicht in der „richtigen" Weise durch Nachbaratome abgesättigt sind, da sie von anderen benachbarten Atomen des unregelmäßigen Netzwerkes daran gehindert werden, die optimalen Lagen einzunehmen. So ist frisch gebildeter, noch hellrot gefärbter Phosphor instabil und äußerst reaktionsfähig.

Bei längerem Erhitzen auf höhere Temperaturen tritt eine gewisse Ordnung ein, wobei sich die rote Farbe vertieft. Aber erst bei etwa 450 °C werden die durch drei kovalente Bindungen fest fixierten Atome so weit beweglich, daß sie sich zu einem weitgehend (wenn auch nicht vollständig) geordneten Atomverband ausrichten können. Man bezeichnet das so erhaltene (käufliche) Produkt als *roten Phosphor* (Dichte ca. 2.2 g/cm^3). Es sublimiert je nach seiner Vorgeschichte bis zu 30 °C tiefer als der intakt-kristalline violette Phosphor (Sblp. 620 °C), der aus ersterem durch langes Erhitzen auf über 550 °C entsteht (s. oben). Die Störung der geordneten Kristallstruktur wirkt sich also auf den Schmelzpunkt in gleicher Weise wie die Beimengung einer Fremdsubstanz aus.

Die Umwandlung des weißen in roten Phosphor wird durch Halogene beschleunigt. Besonders wirksam ist hierbei das Iod, weniger das Brom, während die Wirkung des Chlors nur sehr gering ausgeprägt ist. Man kann das Halogen auch in Form von Phosphorverbindungen, z. B. als P_2I_4 oder PBr_3 zugeben. Das Halogen wird unter Bildung eines **Mischpolymerisats** in das amorphe Netzwerk des entstehenden roten Phosphors eingebaut, indem einzelne Valenzen des Phosphors nicht durch andere Phosphoratome, sondern durch Halogen abgesättigt werden. Kocht man weißen Phosphor z. B. in PBr_3, so entsteht ein hellrotes Produkt („*Schenckscher Phosphor*"), der je nach den Darstellungsbedingungen 10–30 Atom-% Brom enthält. Dieses Brom läßt sich durch Kochen mit Natronlauge gegen Hydroxidgruppen austauschen. Dagegen läßt sich mit Kohlenstoffdisulfid kein PBr_3 extrahieren.

Wird weißer Phosphor unter Wasser aufbewahrt, so verwandelt er sich unter dem Einfluß des Lichtes oberflächlich langsam in weiße, gelbe, orangefarbene und rote Produkte. Sie enthalten bis 12 % Wasser. Auch hier handelt es sich um ein Mischpolymerisat, und zwar mit den Elementen des Wassers.

Physiologisches. Weißer Phosphor ist *sehr giftig* (MAK-Wert 0.1 mg/m^3) und führt nach oraler Aufnahme bzw. Resorption durch die Haut zu Kollaps, Atemlähmung, Koma, Erbrechen, Durchfall, Nierenschäden, Lebernekrom. 0.1 g P_4 können, in den Magen gebracht, zum Tod führen (Gegenmaßnahmen: Einnahme wässeriger Lösungen von Kupfersulfat, das Phosphor als Kupferphosphid bindet und zugleich als Brechmittel wirkt). Chronische Vergiftungen führen zu Knochendegeneration. Auf der Haut verursacht P_4 schwere Verbrennungen mit tiefen, schlecht heilenden Wunden. Roter Phosphor ist, verglichen mit weißem Phosphor, *ungiftig*.

Der Mensch enthält ca. 10 g des *essentiellen Elements* in Form von Phosphaten (Knochen, Zähne) und Phosphorsäureestern (Nucleotide, ATP; vgl. Lehrbücher der Biochemie). Er benötigt ca. 1–1.2 g Phosphor pro Tag. Viele Süßwasserorganismen reichern Phosphat aus der Wasserumgebung stark an, z. B. Algen bis auf das 1000fache, Fische bis auf das 13000fache, Planktonkrebse bis auf das 40000fache.

2.1.4 Chemische Eigenschaften[136)]

Redox-Reaktionen. Weißer Phosphor ist chemisch äußerst reaktionsfähig. In feinverteiltem Zustand (wie man ihn etwa erhält, wenn man eine Lösung von weißem Phosphor in Kohlenstoffdisulfid auf einem Filtrierpapier-Bogen verdunsten läßt) entzündet er sich an der Luft von selbst schon bei Zimmertemperatur, in kompakter Form wenig oberhalb von 50 °C, wobei er mit gelblich-weißer, hell-leuchtender Flamme und intensiver Wärmeentwicklung zu Phosphorpentaoxid $P_2O_5 = \frac{1}{2}P_4O_{10}$ verbrennt:

$$P_4 + 5O_2 \rightarrow P_4O_{10} + 2986\,\text{kJ}\,.$$

Wegen dieser leichten Entzündbarkeit darf man den weißen Phosphor nur unter Wasser schneiden, zumal brennender Phosphor auf der Haut tiefgehende, gefährliche Brandwunden erzeugt. Die Affinität von Phosphor zu Sauerstoff ist so groß, daß geschmolzener weißer

Phosphor sogar unter Wasser brennt, wenn man durch ein Rohr Sauerstoffgas hinzuleitet. An feuchter Luft oxidiert sich weißer Phosphor vorwiegend zu Säuren der Oxidationsstufe P_2O_3 (Phosphonsäure H_3PO_3), P_2O_4 (Hypodiphosphorsäure $H_4P_2O_6$) und P_2O_5 (Phosphorsäure H_3PO_4). Auch das bläuliche Leuchten des weißen Phosphors im Dunkeln (**„Chemolumineszenz“**)[147], das ihm seinen Namen gegeben hat[139], beruht auf einer Oxidation, indem die vom Phosphor spurenweise abgegebenen Dämpfe durch den Luftsauerstoff zunächst zu Phosphortrioxid P_2O_3 und dann unter Abgabe von Licht – statt wie gewöhnlich von Wärme – zu Phosphorpentaoxid P_2O_5 oxidiert werden. Das Leuchten wird durch manche Stoffe – z. B. Schwefelwasserstoff, Schwefeldioxid, Chlor, Ammoniak – geschwächt oder unterdrückt; auch in reinem Sauerstoff von Atmosphärendruck bleibt das Leuchten aus, während es bei Druckverminderung ($p_{O_2} < 600$ mbar bei 15 °C) wieder auftritt[148].

Wegen seiner großen Affinität zum Sauerstoff wirkt der weiße Phosphor als kräftiges Reduktionsmittel: Schwefelsäure wird durch Erwärmen mit Phosphor zu Schwefeldioxid, Salpetersäure zu Stickstoffoxiden reduziert; aus Salzlösungen leicht reduzierbarer (edler) Metalle (z. B. Gold, Silber, Kupfer, Blei) werden in der Wärme die Metalle als solche oder als Phosphide (z. B. Cu_3P) ausgeschieden. Auch mit Halogenen und mit Schwefel reagiert weißer Phosphor lebhaft, ebenso mit vielen Metallen (z. B. Fe, Co, Ni, Cu, Pt; mit Ausnahme der Edelgase bildet Phosphor mit allen Elementen binäre Verbindungen). In warmer Natron- oder Kalilauge disproportioniert er – analog dem Chlor (S. 474) – unter Bildung von Phosphorwasserstoff und Phosphinat; darüber hinaus oxidiert er sich – analog dem Silicium (S. 880) – unter Bildung von Phosphonat (Reduktion des Wassers zu Wasserstoff):

$$\overset{0}{P}_4 + 3OH^- + 3H_2O \rightarrow \overset{-3}{P}H_3 + 3H_2\overset{+1}{P}O_2^- \quad \text{bzw.} \quad \overset{0}{P}_4 + 8OH^- + 4H_2O \rightarrow 4H\overset{+3}{P}O_3^{2-} + 6H_2.$$

Aufgrund der vergleichsweise hohen Tendenz von Phosphor zum Übergang in die Stufe des Phosphats ($\frac{1}{4}P_4 + 4H_2O \rightarrow H_3PO_4 + 5H^+ + 5\ominus$; $\varepsilon_0 = -0.412$ V; vgl. Potentialdiagramm, S. 767), d. h. der vergleichsweise kleinen Oxidationswirkung von Phosphat, sind für den **Kreislauf des Phosphors** in der Natur – anders als für die Kreisläufe der Periodennachbarn C, N, O, S (s. dort) – keine Redoxprozesse maßgebend (Näheres S. 783).

Der bei hohen Temperaturen hergestellte violette Phosphor ist viel weniger reaktionsfähig als der weiße Phosphor. So entzündet er sich z. B. erst oberhalb von 400 °C, ist nicht giftig, leuchtet nicht an der Luft, schlägt keine Metalle aus Metallsalzlösungen nieder, reagiert mit Halogenen und Schwefel erst bei höherer Temperatur als der weiße Phosphor und verhält sich bei 20 °C weitgehend indifferent gegenüber Alkalilauge. Der schwarze Phosphor ist in seinem chemischen Verhalten dem violetten sehr nahe verwandt. Die Geschwindigkeit der Reaktion mit Oxidationsmitteln ist ungefähr die gleiche. Merkwürdigerweise oxidiert er sich an feuchter Luft etwas schneller und überzieht sich dabei mit einer farblosen, viskosen, aus Säuren des Phosphors bestehenden Flüssigkeitshaut. Der Zutritt des Sauerstoffs ist dadurch gehemmt, so daß sich schwarzer Phosphor nur schwierig entzünden läßt.

Der weniger stabile (strukturgestörte) rote Phosphor steht in seiner Reaktionsfähigkeit zwischen dem weißen und dem violetten Phosphor. So explodiert er im Gemisch mit starken Oxidationsmitteln (z. B. Kaliumchlorat) bereits beim Verreiben, was schon oft zu schweren Verletzungen geführt hat. Noch weniger

---

[147] lumen (lat.) = Licht. Von der Chemolumineszenz ist zu unterscheiden die „*Thermolumineszenz*“ – von thermos (griech.) = heiß –, die allen Stoffen bei hoher Temperatur zukommt, die „*Elektrolumineszenz*“ (das Leuchten elektrischer Gasentladungen), die „*Tribolumineszenz*“ (das Leuchten unter Druckeinwirkung) und die „*Biolu-minszenz*“ (das Leuchten von Organismen wie Leuchtkäfern, Glühwürmchen, Leuchtbakterien). Bei den durch Bestrahlung angeregten Lumineszenzerscheinungen („*Photolumineszenz*“) unterscheidet man zwischen „*Phosphoreszenz*“ (länger anhaltend) und „*Fluoreszenz*“ (rasch abklingend). Vgl. S. 374.

[148] Wegen der hohen Giftigkeit von P_4 ist der **Nachweis von weißem Phosphor** in der gerichtlichen Chemie von Bedeutung. Er erfolgt nach der **„Probe von Mitscherlich“** zweckmäßig so, daß man den Mageninhalt in einem mit einem Liebig-Kühler versehenen Kolben mit Wasser erhitzt. Eventuell vorhandener weißer Phosphor verflüchtigt sich dann mit dem Wasserdampf und kommt im Kühlerrohr an der Stelle, an der sich der Wasserdampf kondensiert, mit der am anderen Ende des Kühlerrohres eindringenden Luft in Berührung. Im Dunkeln beobachtet man daher an dieser Stelle einen leuchtenden Ring.

stabil ist der – z. B. durch Kochen von weißem Phosphor in Phosphortribromid hergestellte – hellrote Phosphor. Er entzündet sich schon bei etwa 300 °C, oxidiert sich merklich schon bei Zimmertemperatur an feuchter Luft, leuchtet in ozonhaltiger Luft, wird in Alkalilauge gelöst und schlägt aus Kupfersulfatlösung Kupfer (neben Kupferphosphid) nieder.

Säure-Base-Reaktionen. Bezüglich bestimmter Lewis-saurer Metallfragmente L_nM (L = geeigneter Ligand) weist *Tetraphosphor* P_4 Lewis-basische Eigenschaften auf und addiert sich an diese gemäß Fig. 162a, b, c sowohl „*end-on*" (terminal, η^1) als auch ein- oder zweimal „*side-on*" (kantenverbrückend, η^2) unter Bildung von **Phosphor-Komplexen**[149]. In seiner N_2-analogen Form bildet *Diphosphor* P_2 Komplexe mit *doppelt side-on* verknüpften L_nM-Fragmenten (Fig. 162d; die beiden L_nM-Gruppen können wie in $\{(CO)_3Co\}_2P_2$ durch eine Metallbindung verknüpft sein). Darüber hinaus sind „*Sandwich-Komplexe*" mit planarem *Tri-, Tetra-, Penta-* und *Hexaphosphor* P_3, P_4, P_5, P_6 bekannt, in welchen ein oder zwei L_nM-Fragmente in der in Fig. 162e–h wiedergegebenen Weise den Phosphorring koordinieren (analog P_6 vermag auch P_3 und P_5 zwei L_nM-Gruppen zu binden, z. B. $\{LNi\}_2P_3$ mit L = $MeC(CH_2PEt_2)_3$ und $\{LCr\}_2P_5$ mit L z. B. C_5H_5). Schließlich sind „*Käfigkomplexe*" mit *Hexa-* und *Octaphosphor* P_6 und P_8 bekannt (Fig. 162i–l); zu dieser Gruppe können auch die Tetraphosphorkomplexe Fig. 162b–d gezählt werden). Die PP-Bindungslängen liegen mit 2.05–2.30 Å im Bereich der Einfachbindungen (zum Vergleich: PP-Bindungen in P_4: 2.21 Å; in P_2: 1.98 Å)[150]. Die Bindungsverhältnisse der P_n-Liganden weisen bemerkenswerte Parallelen zu den Strukturen der P_n-Gerüste in Phosphiden M_mP_n und Phosphanen P_nR_m ($n > m$) auf. Die Verbindungen lassen sich demgemäß auch als Komplexe aus Metallfragmenten L_nM und Phosphidanionen P_n^{m-} beschreiben: (b) P_4^{2-}; (c) P_4^{4-}; (d) P_2^{4-}; (e) P_3^{3-}; (f) P_4^{2-}; (g) P_5^-; (h, i) P_6^{4-}; (k) P_6^{6-}; (l) P_8^{4-}. Demgemäß kann man etwa P_5-Sandwichverbindungen aus Komplexfragmenten und dem Phosphid P_5^- synthetisieren (vgl. S. 748). Mit Phosphid(3–) P^{3-} lassen sich etwa ähnlich wie mit Nitrid N^{3-} (vgl. Fig. 152 auf S. 652) Komplexe mit *terminaler* Phosphorkoordination (η^1; z. B. $(RO)_3W{\equiv}P$) und mit zwei-, drei-, vier- sowie mehr als vierfacher Koordination gewinnen ($\mu_1, \mu_2, \mu_3, \mu_4, \mu_{>4}$; z. B. $\{Cp^*(CO)_2Mn\}_2P$ mit linearem P, $\{(CO)_5Cr\}_2\{(CO)_5Mn\}P$ mit planarem P, $\{Cp(CO)_3Mo\}_3P$ mit pyramidalem P, $\{(CO)_8Fe_2\}\{(CO)_6ClFe_2\}P$ mit tetraedrischem P, $\{(CO)_3Os\}_6P$ mit trigonal-prismatischem P).

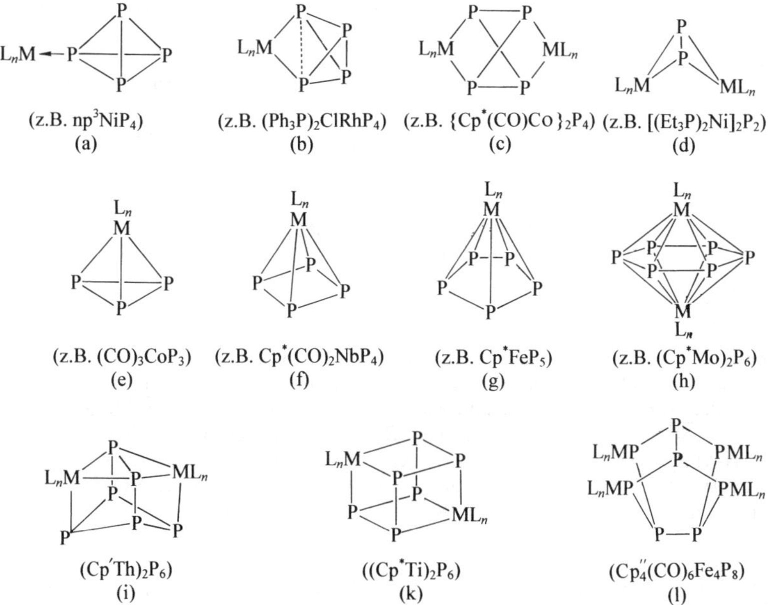

Fig. 162 Phosphorkomplexe ($np^3 = N(CH_2CH_2PPh_2)_3$; $Cp^* = C_5Me_5$; $Cp' = C_5H_3{}^tBu_2$; $Cp'' = C_5H_4Me$)[150].

---

149 **Literatur.** O. J. Scherer: „*Komplexe mit substituentenfreien acyclischen und cyclischen Phosphor-, Arsen-, Antimon- und Bismutliganden*", Angew. Chem. **102** (1990) 1137–1155; Int. Ed. **29** (1990) 1104. Vgl. auch Anm. 162.

150 Die überbrückte PP-Kante der in Fig. 162b wiedergegebenen Komplexe weist für $(Ph_3P)_2ClRhP_4$ einen kurzen PP-Abstand von 2.46 Å auf, der für eine schwache PP-Bindungsbeziehung spricht. In Cp^*CoP_4 beträgt er demgegenüber 2.61 Å (keine PP-Bindungsbeziehung).

2.1.5 Phosphor in Verbindungen

Wie der Stickstoff, vermag auch Phosphor lückenlos alle **Oxidationsstufen** von −3 bis +5 einzunehmen, wie folgende Verbindungsreihe zeigt:

$$\overset{-3}{PH_3}\quad \overset{-2}{P_2H_4}\quad \overset{-1}{(PH)_n}\quad \overset{\pm 0}{P_4}\quad \overset{+1}{H_3PO_2}\quad \overset{+2}{H_4P_2O_4}\quad \overset{+3}{H_3PO_3}\quad \overset{+4}{H_4P_2O_6}\quad \overset{+5}{H_3PO_4}.$$

Hierbei kann er folgende **Koordinationszahlen** betätigen: *Eins* (z. B. **P**≡**P**, HC≡**P**), *zwei* (gewinkelt in H—**P**=CH_2, $[NC—\mathbf{P}—CN]^-$), *drei* (pyramidal in $\mathbf{P}H_3$, $\mathbf{P}_4$; planar in Ph**P**$\{Mn(CO)_2Cp\}_2$, *vier* (tetraedrisch in $\mathbf{P}H_4^+$, $\mathbf{P}OCl_3$, $\mathbf{P}O_4^{3-}$), *fünf* (trigonal-bipyramidal in $\mathbf{P}F_5$, $\mathbf{P}Ph_5$; quadratisch-pyramidal in $[Co_4(CO)_{10}(\mu_4\text{-}\mathbf{P}Ph)_2]$), *sechs* (oktaedrisch in $\mathbf{P}F_6^-$, U**P**; trigonal-prismatisch in $Rh_4\mathbf{P}_3$), *sieben* (zweifach-überkappt-trigonal-prismatisch in $Ta_2\mathbf{P}$), *acht* (kubisch in $Ir_2\mathbf{P}$), *neun* (dreifach-überkappt-trigonal-prismatisch in $Ti_3\mathbf{P}$, $Fe_2\mathbf{P}$; überkappt-quadratisch-antiprismatisch in $[Rh_9(CO)_{21}\mathbf{P}]^{2-}$).

Vergleich von Phosphor mit Stickstoff (siehe Überblick, S. 311). Die gleichwohl vorhandenen großen chemischen Unterschiede zwischen Stickstoff und Phosphor kommen zum einen dadurch zustande, daß der Phosphor eine weit *geringere Tendenz* zur Ausbildung von $p_\pi p_\pi$-Bindungen aufweist als der Stickstoff (vgl. die analogen Verhältnisse im Falle der Elementhomologen Sauerstoff und Schwefel (S. 552) bzw. Kohlenstoff und Silicium (S. 882)). So kommt es, daß Stickstoffverbindungen mit $p_\pi p_\pi$-Bindungen wie N_2, $(NH)_2$ oder N_2O_3 ihr Analogon in der Phosphorchemie fast ausschließlich in Form mehrfachbindungsfreier oligo- oder polymerer Moleküle finden: P_4 bzw. P_n (S. 728), $(PH)_n$ (S. 739), $(P_2O_3)_2$ (S. 760). Nur bei erhöhter *sterischer Abschirmung* (im Falle von RP=CR'_2 genügen sperrige Gruppen R') bzw. bei *mesomerer Stabilisierung* der $p_\pi p_\pi$-Bindungen sind „ungesättigte" Phosphorverbindungen mit $p_\pi p_\pi$-gebundenem Phosphor auch unter Normalbedingungen in kondensierter Phase mehr oder weniger *polymerisationsstabil*[151)]. Als Beispiele seien genannt: die Phospha-alkene (a) (R z. B. C_6H_5, Cl; R' z. B. C_6H_5, Me_3Si), die Phospha-alkine (b) (R z. B. Me_3C, Me_3Si), das Imino-phosphan (Phospha(III)-azen; vgl. S. 793) (c), das Phospha-diazonium-Ion (d) sowie Diphospha-ethen (e) (Ar jeweils Supermesityl 2,4,6-$^tBu_3C_6H_2$), das Phospha-benzol (f) (vgl. hierzu S. 811), das Pentaphospha-cyclopentadienid-Ion (g) (vgl. S. 748), das Diimino-phosphoran (h) sowie Trimethylen-phosphoran (i) (in letzteren beiden Verbindungen betätigt Phosphor formal sowohl $p_\pi p_\pi$- als auch $d_\pi p_\pi$-Bindungen)[152)]:

R—P=C(R')(R') (a) R—C≡P (b) $(Me_3Si)_2N$—P=N$(SiMe_3)$ (c) $[Ar—N≡P]^+$ (d) Ar—P=P—Ar (e)

Phospha-benzol C_5H_5P (f) Ring P_5^- (g) $(Me_3Si)_2N$—P(=N$(SiMe_3)$)(=N$(SiMe_3)$) (h) $[(Me_3Si)_2C$=P(=C$(SiMe_3)_2$)(=C$(SiMe_3)_2$)$]^-$ (i)

Zum anderen besteht beim Phosphor im Gegensatz zum Stickstoff die Möglichkeit einer Schalenerweiterung durch Heranziehung von d-Orbitalen und damit zur Ausbildung von $d_\pi p_\pi$-Bindungen und zu größeren Koordinationszahlen (KZ > 4) (vgl. hierzu die Elementhomologen Sauerstoff/Schwefel (S. 552) bzw. Kohlenstoff/Silicium (S. 882) und das bei Si Gesagte). Diese Gegebenheit drückt sich etwa darin aus, daß die PO- bzw. PM-Bindungen in Phosphanoxiden X_3P=O (S. 744, 776) bzw. Phosphanmetallkomplexen X_3P=ML_n (S. 1640) (M = Metall, L = Ligand) wesentlich stärker als die NO- bzw. NM-Bindungen in entsprechenden Stickstoffverbindungen $X_3N \rightarrow O$ bzw. $X_3N \rightarrow ML_n$ sind. Auch bleiben

---

151 Auch bei sehr niedrigen Drücken und hohen Temperaturen lassen sich $p_\pi p_\pi$-ungesättigte Phosphorverbindungen wie P≡P (S. 728), P≡N (S. 790), H—C≡P („*Phospha-ethin*", das Phosphor-Analogon zur Blausäure H—C≡N; CP-Abstand 1.54 Å, ber. für Dreifachbindung 1.57 Å; S. 745) erzeugen.

152 **Literatur.** R. Appel, F. Knoll, I. Ruppert: „*Phospha-alkene und Phospha-alkine, Genese und Charakteristika ihrer $(p\text{-}p)_\pi$-Mehrfachbindung*", Angew. Chem. **93** (1981) 771–784; Int. Ed. **20** (1981) 731; R. Appel, F. Knoll: „*Double Bonds between Phosphorus and Carbon*", Adv. Inorg. Chem. **33** (1989) 259–361; M. Regitz, P. Binger: „*Phosphaalkine – Synthesen, Reaktionen, Koordinationsverhalten*", Angew. Chem. **100** (1988) 1541–1565; Int. Ed. **27** (1988) 1484; M. Regitz: „*Phosphaalkynes: New Building Blocks in Synthetic Chemistry*", Chem. Rev. **90** (1990) 191–213; E. Niecke: „*Iminophosphane – unkonventionelle Hauptgruppenelement-Verbindungen*", Angew. Chem. **103** (1991) 251–270; Int. Ed. **30** (1991) 217; F. Mathey: „*Expanding the Analogy between Phosphorus-Carbon and Carbon-Carbon Double Bonds*", Acc. Chem. Res. **25** (1992) 90–96; L. Weber: „*The Chemistry of Diphosphenes and their Heavy Congeners: Synthesis, Structure, and Reactivity*", Chem. Rev. **92** (1992) 1835–1906.

die PO-Bindungslängen beim Übergang von O=PCl zu O=PCl=O (monomer) näherungsweise konstant (ca. 1.43 Å), während sie beim Übergang von O=NCl zu [O=NCl→O ↔ O←NCl=O] zunehmen (von 1.14 nach 1.19 Å). Schließlich existieren kovalente Phosphorverbindungen wie PF_5 oder PF_6^- (S. 757) mit den Koordinationszahlen 5 und 6 des Zentralelements, während die maximale Koordinationszahl von N in kovalenten Stickstoffverbindungen 4 beträgt. Tatsächlich lassen sich aber die Bindungsverkürzungen (-verstärkungen) und die Erhöhung der Koordinationszahl von P über 4 auf andere Weise erklären (vgl. hierzu Silicium S. 887).

Phosphor besitzt wie die Periodennachbarn Schwefel und Silicium und zum Unterschied vom leichteren Gruppenhomologen Stickstoff eine ausgesprochene Tendenz zur *Bildung von* Elementketten, -ringen und -netzwerken, wie u. a. aus den allotropen Phosphormodifikationen P_n, den Phosphanen P_nH_m (S. 738), den Organylphosphanen (siehe P_nH_m), den Polyphosphiden P_n^{m-} (s. unten) bzw. einer Reihe niederer Sauerstoffsäuren des Phosphors (S. 763) hervorgeht. Polyphosphorverbindungen galten bis in die 70er Jahre hinein noch als Laboratoriumskuriositäten. Tatsächlich ist jedoch Phosphor nach Kohlenstoff (Schrägbeziehung) das Element mit der am stärksten ausgeprägten Fähigkeit zur Bildung homonuklearer Element-Element-Bindungen.

Phosphor-Ionen, Phosphide[153]. Ähnlich wie von Stickstoff sind auch von Phosphor bisher *keine Verbindungen mit kationischem Phosphor* P_n^{m+} bekannt[154]. Demgegenüber existieren viele, als Zintl-Phasen (S. 890) aufzufassende **salzartige Phosphide** M_mP_n (M z. B. Alkalimetall, Erdalkalimetall, Lanthanoid), in welchen *anionischer Phosphor* vorliegt. Sie lassen sich aus den betreffenden *Metallen* bzw. *einfachen Metallphosphiden* und (weißem bzw. rotem) *Phosphor* unter Luftabschluß bei höheren Temperaturen in Ab- oder Anwesenheit von Solvenzien wie Tetrahydrofuran, Monoglyme, Dimethylformamid gewinnen und enthalten – extrem formuliert (vgl. S. 891) – *Phosphor-Anionen* P_n^{m-}, welche u. a. folgende Zusammensetzung aufweisen: P^{3-}, P_2^{4-}, P_3^{5-}, P_4^{6-}, P_5^{7-}, P_5^-, P_6^{4-}, P_7^{3-}, P_{11}^{3-}, P_{16}^{2-}, P_{19}^{3-}, P_{21}^{3-}, P_{26}^{4-}, $[P^-]_x$, $[P_5^-]_x$, $[P_6^{4-}]_x$, $[P_7^-]_x$, $[P_{15}^-]_x$.

Beispielsweise kennt man – abgesehen von $M_2^IP_{16}$, $M_3^IP_{21}$ und $M_4^IP_{26}$ (M^I = Li, Na; isoliert in Form von THF-Addukten) sowie $M_3^IP_{19}$ (nicht rein isolierbar) – *Alkaliphosphide* folgender Stöchiometrien:

Li_3P	LiP	–	Li_3P_7	–	LiP_5	LiP_7	–	–	LiP_{15}
Na_3P	NaP	–	Na_3P_7	Na_3P_{11}	–	NaP_7	–	–	NaP_{15}
K_3P	KP	K_4P_6	K_3P_7	K_3P_{11}	–	–	$KP_{10.3}$	–	KP_{15}
–	–	Rb_4P_6	Rb_3P_7	Rb_3P_{11}	–	RbP_7	$RbP_{10.3}$	RbP_{11}	RbP_{15}
–	–	Cs_4P_6	Cs_3P_7	Cs_3P_{11}	–	CsP_7	–	CsP_{11}	CsP_{15}

Die in prächtigen Kristallen (Nadeln, Tafeln, Prismen) erhältlichen Phosphide sind *schwarz* (z. B. M_3^IP, M^IP, $M_4^IP_6$), *gelb* (z. B. $M_3^IP_7$), *orangefarben* ($M_3^IP_{11}$, $M_3^IP_{21}$) oder *rot* bis *dunkel*- oder *braunrot* (z. B. LiP_5, M^IP_7, $M_2^IP_{16}$, $M^IP_{10.3}$, M^IP_{11}, M^IP_{15}). Die Verbindungen mit *niedermolekularen* Anionen (z. B. M_3^IP, $M_4^IP_6$, $M_3^IP_7$, $M_3^IP_{11}$) hydrolysieren leicht unter Bildung von Phosphorwasserstoffen (s. dort), die Verbindungen mit *hochmolekularen* Anionen sind – mit Ausnahme der hydrolyseempfindlichen Phosphide M^IP-hydrolysestabil.

Die Metallphosphide enthalten *isolierte* Phosphor-Ionen P^{3-} oder anionisch geladene *Ketten, Ringe* bzw. *Käfige* aus Phosphoratomen. So haben etwa die Phosphid-Ionen P_2^{4-}, P_3^{5-}, P_4^{6-}, P_5^{7-} ... $[P^-]_x$ (allgemeine Formel: $P_n^{(n+2)-}$) einen *ketten*förmigen Bau. Sie leiten sich formal vom dreifach geladenen Monophosphid $:\ddot{P}:^{3-}$ durch Anlagerung einfach geladener Phosphor-Anionen $:\ddot{P}^{1-}$ (isoelektronisch mit S) an freie Phosphidelektronenpaare ab:

$[:\ddot{P}:]^{3-}$	$[:\ddot{P}-\ddot{P}:]^{4-}$	$[:\ddot{P}-\ddot{P}-\ddot{P}:]^{5-}$	$[:\ddot{P}-\ddot{P}-\ddot{P}-\ddot{P}:]^{6-}$
Monophosphid(3 –)	Diphosphid(4 –)	Triphosphid(5 –)	Tetraphosphid(6 –)

Monophosphid P^{3-} liegt etwa in Alkali- und Erdalkaliphosphiden Li_3P, Na_3P, K_3P, Mg_3P_2, Ca_3P_2, Sr_3P_2, Ba_3P_2, Diphosphid P_2^{4-} in CaP und SrP, Tri- und Pentaphosphid P_3^{5-} und P_5^{7-} in LaP_2, Tetraphosphid P_4^{6-} in CeP_2 und Polyphosphid $[P^-]_x$ in LiP, NaP und KP vor. Die betreffenden Phosphid-Ionen P_n^{m-} sind mit Sulfid-Ionen S_m^{2-} gleicher Atomzahl isoelektronisch und wie diese gebaut (gewinkelte Ketten,

---

153 **Literatur.** H. G. v. Schnering: „*Homonucleare Bindungen bei Hauptgruppenelementen*", Angew. Chem. **93** (1981) 44–63; Int. Ed. **20** (1981) 33; H. G. v. Schnering, W. Hönle: „*Bridging Chasms with Polyphosphides*", Chem. Rev. **88** (1988) 243–273.

154 Bei der Reaktion von P_4 mit $S_2O_6F_2$ in Fluorsulfonsäure bzw. Oleum entsteht offenbar nicht durch Oxidation von P_4 mit $S_2O_6F_2$ kationischer Phosphor P_4^{2+} bzw. P_8^{2+}, wie zunächst angenommen wurde, sondern durch Reduktion von $S_2O_6F_2$ mit P_4 kationischer Schwefel.

vgl. S. 554). Zum Beispiel bildet das in LiP, NaP bzw. KP vorliegende Polyphosphid analog Polysulfid eine *schraubenförmige* Atomkette („helicaler" Bau).

Planare, gleichseitige P_6^{4-}-Sechs*ringe* enthalten die Phosphide K_4P_6, Rb_4P_6 und Cs_4P_6. Der relative kurze PP-Abstand von 2.15 Å spricht hier für einen teilweisen Mehrfachbindungscharakter der PP-Ringbindungen (ber. für Einfachbindung: 2.2 Å, für Doppelbindung: 2.0 Å), die gleichlangen PP-Bindungen für eine gleichmäßige Verteilung der negativen Ladung über die 6 Ringatome. Auch in Bariumphosphid $Ba_2P_6 \triangleq BaP_3$ liegen P_6^{4-}-Sechsringe vor, die aber zum Unterschied von ersteren eine *gewellte* (Sessel-) Konformation aufweisen (Lokalisierung der 4 negativen Ringladungen in 2-, 3-, 5- und 6-Stellung des Ringes) und die in 1- und 4-Stellung zu eindimensional-unendlichen Verbänden verknüpft sind (Fig. 163c). In den homologen Phosphiden SrP_3 bzw. CaP_3 sind demgegenüber gewellte Phosphorsechsringe mit Phosphorketten bzw. Phosphorketten mit Phosphorketten zu zweidimensional-unendlichen Schichten verbunden (vgl. Fig. 163b bzw. 163a)[155]:

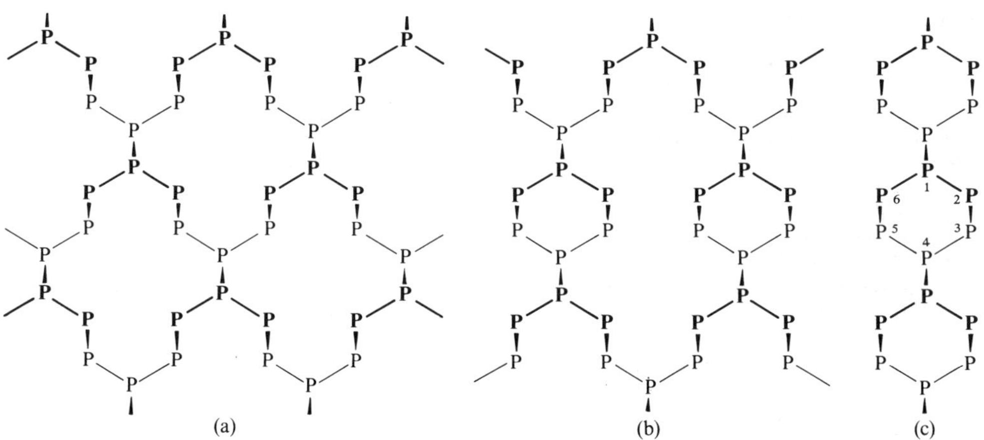

Fig. 163 Struktur des Phosphid-Ions $[P_6^{4-}]$ in CaP_3 (a), SrP_3 (b) und BaP_3 (c) (**P** = oberhalb, P = unterhalb der Papierebene; alle zweibindigen P-Atome tragen eine negative Ladung).

Isolierte P_7^{3-}-*Käfige* liegen in den Alkalimetallphosphiden $M_3^IP_7$ (M^I = Li bis Cs) sowie Erdalkaliphosphiden Sr_3P_{14} und Ba_3P_{14} vor. Die Struktur von P_7^{3-} (vgl. Fig. 164a) leitet sich vom isoelektronischen Tetraphosphortrisulfid P_4S_3 (S. 787) durch Ersatz zweibindiger Schwefelatome durch gleichfalls zweibindige, einfach negativ geladene Anionen P^- ab (zur Valenztautomerie von P_7^{3-} vgl. S. 749).

Weitere Phosphide, die anionische Phosphorkäfige enthalten, sind Na_3P_{11} und Cs_3P_{11} (jeweils ein P_{11}^{3-}-Käfig; Fig. 164b) bzw. Li_2P_{16} und Na_2P_{16} (zwei über eine P_2-Gruppe verknüpfte P_7-Käfige; Fig. 164c), $M_3^IP_{21}$ und $M_4^IP_{26}$ (M^I = Li, Na, K; zwei über eine oder zwei P_7-Gruppen verknüpfte P_7-

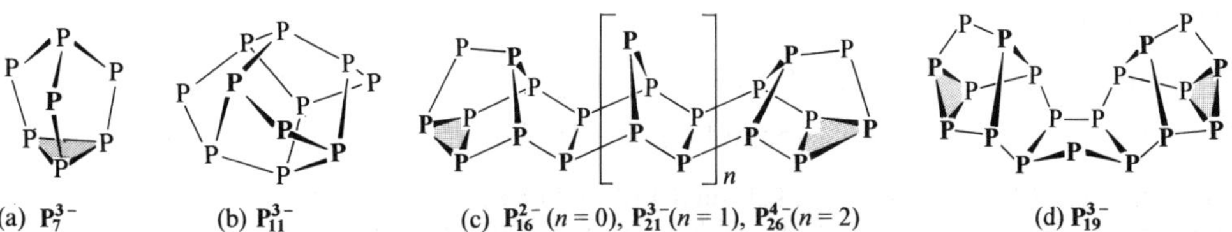

Fig. 164 Struktur der Phosphid-Käfige P_7^{3-}, P_{11}^{3-}, P_{16}^{2-}, P_{19}^{3-}, P_{21}^{3-}, P_{26}^{4-} (alle zweibindigen P-Atome tragen jeweils eine negative Ladung).

[155] Die Phosphid-Ionen der Verbindung $M^{II}P_3$ (M^{II} = Ca, Sr, Ba; vgl. Fig. 163) leiten sich vom schwarzen Phosphor (Fig. 160a, S. 729) durch Herausnahme eines Viertels der Phosphoratome ab. Gewellte Phosphor-Sechsringe liegen auch in LiP_5 vor. Diese sind zu eindimensional unendlichen Bändern kondensiert (die Phosphoratome 2 und 3 sowie 4 und 5 gehören jeweils zwei P_6-Ringen gemeinsam an). Die Phosphorbänder sind ihrerseits über Phosphoratome zu einem Raumnetzverband verknüpft. Bezüglich LiP_5 und NaP_5 in Lösung mit monomeren P_5^--Ionen (P_5-Ringe; gleichlange PP-Bindungen mit Mehrfachbindungscharakter) vgl. Formel (g) auf S. 734 sowie S. 748.

Käfige; Fig. 164c) bzw. $M^I_3P_{19}$ (M^I = Li, Na, K; zwei über eine P_5-Gruppe verknüpfte P_7-Käfige; Fig. 164d)[156].

In RbP_7 und CsP_7 sind P_7-Käfige zu eindimensional unendlichen Ketten der Zusammensetzung $[P_7^-]_x$ verknüpft (Fig. 165a). Eine etwas verwickeltere, zu einer helicalen Kettenstruktur führende Verknüpfungsart von P_7-Käfigen, in welchen eine P—P-Bindung des P_3-Rings aufgebrochen ist, liegt den Phosphor-Anionen in den Verbindungen LiP_7 und NaP_7 zugrunde. Ein KP_7 existiert unter den Metallphosphiden der Stöchiometrie M^IP_7 nicht.

Die Metallphosphide der Zusammensetzung M^IP_{15} (M^I = Li bis Cs) enthalten fünfeckige Phosphidröhren der Formel $[P_{15}^-]_x$, welche an die Röhren des violetten Phosphors (Fig. 161, S. 730) erinnern. In ihnen sind abwechselnd P_7-Einheiten und P_8-Käfige miteinander verbunden (vgl. Fig. 165b)[157]. $[P_{15}^-]_x$-Röhren liegen – neben $[P_7^-]_x$-Röhren des in Fig. 165a wiedergegebenen Typs – auch in Rubidium- und Cäsiumphosphid $\frac{1}{2}M^I_2[P_7^-, P_{15}^-] = M^IP_{11}$ vor[158].

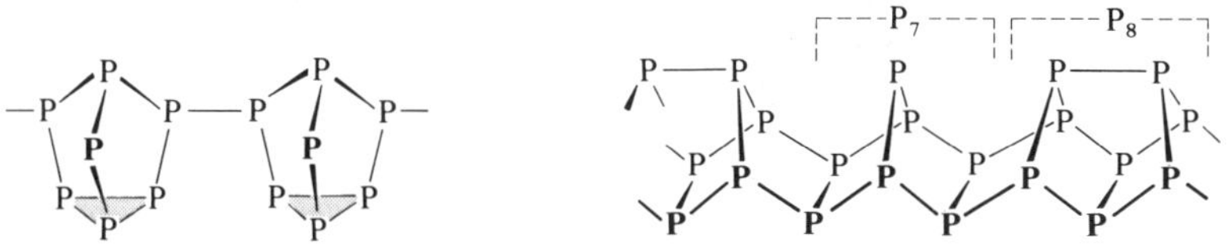

(a) $[P_7^-]_x$ (b) $[P_{15}^-]_x$

Fig. 165 Struktur der Polyphosphid-Ionen $[P_7^-]_x$ und $[P_{15}^-]_x$ (alle zweibindigen P-Atome tragen jeweils eine negative Ladung).

Neben den erwähnten *salzartigen* Phosphiden der stark elektropositiven Metalle gibt es wie im Falle der homologen Nitride (S. 642) auch hochmolekulare **kovalente Phosphide** wie BP (S. 1053), $B_{12}P_n$ (n = 2, 1.8; S. 990), SiP_2 und **metallartige Phosphide** wie Fe_3P, Fe_2P, Ni_2P („*metallreiche Phosphide*" $M_{>1}P$ mit P der Koordinationszahl 6 bis 9: wasserunlöslich, elektrisch leitend, hoch schmelzend, thermostabil, hart), CrP, MnP, MoP („*Metallmonophosphide*" MP mit trigonal-prismatisch und oktaedrisch koordiniertem P), MP_2, MP_3, MP_4, MP_7 usw. („*metallarme Phosphide*" $M_{<1}P$ mit P_2-*Inseln* in FeP_2, RuP_2, OsP_2, PtP_2, P_4-*Ringen* (planar) in CoP_3, NiP_3, RhP_3, PdP_3, IrP_3, P_n-*Ketten* in PdP_2, NiP_2, CdP_2, BaP_3, P_n-*Doppelketten* in $ZnPbP_{14}$, $CdPbP_{14}$, $HgPbP_{14}$ und P_n-*Schichten* in CuP_2, AgP_2, CdP_4; elektrisch halbleitend, niedrig schmelzend, geringere thermische Stabilität und Härte).

Verwendung von Phosphor. Mehr als 90 % des erzeugten elementaren Phosphors (Weltjahresproduktion: Megatonnenmaßstab) werden zu Phosphorpentaoxid P_2O_5 verbrannt, das seinerseits zur Herstellung von Phosphorsäure H_3PO_4 bzw. Pentanatriumtriphosphat $Na_5P_3O_{10}$ (für Waschmittel) sowie Natrium-, Kalium-, Ammonium- und Calciumphosphaten für Düngemittel verwendet wird. Darüber hinaus wird Phosphor in bescheidenerem Umfange zur Produktion von Phosphorchloriden (PCl_3, PCl_5, $POCl_3$), Phosphorsulfiden (P_4S_{10}) sowie phosphororganischen Verbindungen und phosphorhaltigen Legierungen eingesetzt.

Schließlich findet der elementare Phosphor auch in der *Zündholzfabrikation* Verwendung. Die ersten Phosphorzündhölzer wurden 1845 in den Handel gebracht. Sie enthielten im Kopf noch *weißen* Phosphor im Gemisch mit sauerstoffabgebenden Mitteln (z. B. Salpeter, Mennige) und brennbaren Bindemitteln (wie Leim, Dextrin, Gummi arabicum) und waren an jeder Reibfläche zündbar. Wegen ihrer Giftigkeit und allzu leichten Entzündbarkeit wurden sie 1903 wieder verboten. An ihre Stelle traten die schon seit dem Jahre 1848 durch Rudolph Christian Boettger (1806–1881) bekannten *Sicherheitszündhölzer*. Diese bedienen sich des ungiftigen und weniger leicht entzündlichen *roten* Phosphors. Und zwar befindet sich der Phosphor nicht im Streichholzkopf, sondern – im Gemisch mit Glaspulver – in der an den beiden Seiten der Zündholzschachtel angebrachten Reibfläche. Der Kopf des Zündholzes besteht aus Antimonsulfid oder Schwefel (als brennbarer Substanz), Kaliumchlorat (als sauerstoffabgebendem Mittel) und Bindemitteln. Beim Anstreichen des Zündholzes an der Reibefläche wird etwas Phosphor losgerieben, der dann bei der erhöhten Temperatur mit dem Chlorat Feuer fängt und so den brennbaren Zündholzkopf zur Entzündung bringt. Zur besseren Übertragung der Flamme werden die Hölzer mit etwas Paraffin und zum Schutze gegen Weiterglühen nach dem Erlöschen mit Ammoniumphosphat oder Natriumsilicat getränkt.

---

156 $(Ph_4P)_2P_{16}$ entsteht bei der Umsetzung von Na_3P_7 mit Ph_4PCl in Tetrahydrofuran in Form mäßig hydrolyseempfindlicher *roter* Kristallstäbchen. $M^I_3P_{21}$, $M^I_4P_{26}$ und $M^I_3P_{19}$ bilden sich u. a. aus P_4 und Alkalimetallen in Tetrahydrofuran als Tetrahydrofuranate.

157 Phosphide mit *isolierten* P_8^{4-}-Käfigen (isoelektronisch mit Tetraphosphortetrasulfid P_4S_4) bzw. mit P_7^{5-}-Einheiten sind bisher unbekannt. Die P_7-Einheiten in $[P_{15}^-]_x$ leiten sich von dem in Fig. 162a wiedergegebenen P_7-Käfig durch Spaltung einer PP-Bindung des P_3-Rings ab.

158 Die Verbindung $KP_{10.3}$ und $RbP_{10.3}$ enthalten kompliziert gebaute Phosphid-Ionen.

2.2 Wasserstoffverbindung des Phosphors[136,159]

2.2.1 Grundlagen

Systematik. Phosphor bildet eine große Anzahl von Wasserstoffverbindungen der allgemeinen Zusammensetzung $\mathbf{P_nH_{n+m}}$ (n = ganzzahlig, $m = 2, 0, -2, -4, -6 \ldots$), wie der Tab. 72 entnommen werden kann, in welcher die bisher bekannten Phosphorwasserstoffe (Phosphorhydride) mit *dreibindigem* Phosphor zusammengestellt sind. Ihre grundlegende Erforschung verdanken wir in besonderem Maße der deutschen Chemikerin Marianne Baudler (Alfred-Stock-Gedächtnispreis 1986).

Man nennt die Phosphorwasserstoffe P_nH_{n+m} allgemein **Phosphane** (früher „*Phosphine*") und kennzeichnet sie in Analogie zu den Borwasserstoffen (Borane, s. dort) durch die Angabe der Zahl der Phosphoratome (dem Namen Phosphan vorangestelltes griechisches Zahlwort) und der Wasserstoffatome (dem Namen Phosphan in Klammern beigefügte arabische Zahl), z. B. Triphosphan(5) für P_3H_5, Heptaphosphan(3) für P_7H_3, Heptaphosphan(5) für P_7H_5.

Die Phosphane entstehen u. a. bei der *Hydrolyse von Metallphosphiden* sowie der *thermischen und photochemischen Zersetzung von Diphosphan* P_2H_4 und höheren Phosphanen als *sauerstoffempfindliche*, thermisch – mit Ausnahme von PH_3 – *disproportionierungslabile* Verbindungen, deren *Flüchtigkeit* und *Selbstentzündlichkeit* mit steigendem Phosphorgehalt abnimmt, während ihre Ähnlichkeit mit Phosphor in gleicher Richtung wächst. Von den vielen in Tab. 72 aufgeführten Phosphanen P_nH_{n+m} konnten bisher nur die Verbindungen PH_3, P_2H_4, P_3H_5, P_5H_5, P_7H_3 (Isomerengemisch) und $(PH)_x$ in Substanz isoliert werden. Die übrigen wiedergegebenen Phosphane wurden nur (weitgehend aufgetrennt oder angereichert) in Phosphangemischen isoliert und massenspektrometrisch sowie (zum Teil) NMR-spektroskopisch charakterisiert[160]. Zweifellos sind viele Phosphane experimentell noch nicht erschlossen.

Eine den Pentahalogeniden PX_5 entsprechende Wasserstoffverbindung $\mathbf{PH_5}$ (**„Phosphoran"**) mit *fünfbindigem* Phosphor existiert nicht. Versucht man, sie durch Hydridolyse von PCl_5 mittels $LiAlH_4$ zu gewinnen, so erhält man statt ihrer die Zerfallsprodukte $PH_3 + H_2$. Dagegen kennt man eine Reihe von Verbindungen, in denen die Wasserstoffatome des Phosphorans teilweise oder vollständig durch andere Gruppen ersetzt sind, z. B. H_3PF_2, H_2PF_3 und HPF_4 (S. 757), $H_2PO(OH)$, $HPO(OH)_2$ und $PO(OH)_3$ (S. 763), PX_5 (X z. B. F, Cl, OPh, Ph). H_4PF sowie H_3PO sind unbekannt.

Ähnlich wie Phosphoran mit fünfbindigem Phosphor (2 PH-Bindungen mehr als in stabilem Phosphan PH_3 mit dreibindigem Phosphor) ist auch **Phosphaniden** („*Phosphiniden*") **PH** mit *einbindigem* Phosphor (2 PH-Bindungen weniger als in PH_3) nicht isolierbar. Es läßt sich jedoch in der Gasphase als instabiles Zwischenprodukt nachweisen (vgl. Tab. 72).

Struktur. Die Phosphane P_nH_{n+m} ($m = 2, 0, -2, -4 \ldots$) enthalten in der Regel *pyramidalen Phosphor mit drei σ-Bindungen* (**„gesättigte Phosphorwasserstoffe"**, **„Phosphane"** im engeren Sinn). Den Phosphanen der Zusammensetzung P_nH_{n+2} liegt ein *Bau mit Phosphorketten* (*catena*-Phosphane) zugrunde, z. B.:

---

159 **Literatur.** M Baudler: „*Ketten- und ringförmige Phosphorverbindungen – Analogie zwischen Phosphor- und Kohlenstoffchemie*", Angew. Chem. **94** (1982) 520–539; Int. Ed. **21** (1982) 492; „*Polyphosphorverbindungen – neue Ergebnisse und Perspektiven*", Angew. Chem. **99** (1987) 429–451; Int. Ed. **26** (1987) 419; E. Fluck: „*The Chemistry of Phosphine*", Fortschr. Chem. Forsch. **35** (1973), 1–64; G. Fritz: „*Synthesis and Reactions of Phosphorus-Rich Silylphosphanes*", Adv. Inorg. Chem. **31** (1987) 171–214; M. Baudler, K. Glinka: „*Cyclophosphanes and Related Heterocycles*" in I. Haiduc, D. B. Sowerby: „The Chemistry of Inorganic Homo- and Heterocycles", Acad. Press, London 1987, S. 423–466; M. Baudler, K. Glinka: „*Monocyclic and Polycyclic Phosphanes*", Chem. Rev. **93** (1993) 1623–1667; „*Open-Chain Polyphosphorus Hydrides (Phosphanes)*" Chem. Rev. **94** (1994) 1273–1297. Vgl. Anm. 162, 162a.

160 Die *Löslichkeit* der Phosphane nimmt mit wachsendem P- und sinkendem H-Gehalt in allen denkbaren Lösungsmitteln rasch ab. In gleicher Richtung erniedrigt sich die *Flüchtigkeit* sowie die *Kristallisationsneigung* drastisch. Viele Phosphane sind infolgedessen bislang keinen NMR-spektroskopischen Strukturaufklärungen in der Lösungsphase (günstige Solvenzien z. B. Benzol-, 1-Methylnaphthalin) oder gar röntgenstrukturanalytischen Untersuchungen in der festen Phase zugänglich.

Tab. 72 Bisher isolierte und nachgewiesene Phosphane

Summen-formel	**Phosphane** (**isoliert**, nachgewiesen)	P_nH_{n+m} bekannt *n*	*m*
P_nH_{n+2}	**PH_3** **P_2H_4** **P_3H_5** P_4H_6 P_5H_7 P_6H_8 P_7H_9 P_8H_{10} P_9H_{11}	1–9	2
P_nH_n	PH[a)] P_3H_3 P_4H_4 **P_5H_5** P_6H_6 P_7H_7 P_8H_8 P_9H_9 $P_{10}H_{10}$	3–10	0
P_nP_{n-2}	P_4H_2 P_5H_3 P_6H_4 P_7H_5 P_8H_6 P_9H_7 $P_{10}H_8$ $P_{11}H_9$ $P_{12}H_{10}$	4–12	−2
P_nH_{n-4}	P_5H P_6H_2 **P_7H_3**[b)] P_8H_4 P_9H_5 $P_{10}H_6$ $P_{11}H_7$ $P_{12}H_8$ $P_{13}H_9$	5–13	−4
P_nH_{n-6}	P_7H P_8H_2 P_9H_3 $P_{10}H_4$ $P_{11}H_5$ $P_{12}H_6$ $P_{13}H_7$ $P_{14}H_8$ $P_{15}H_9$	7–15	−6
P_nH_{n-8}	$P_{10}H_2$ $P_{11}H_3$ $P_{12}H_4$ $P_{13}H_5$ $P_{14}H_6$ $P_{15}H_7$ $P_{16}H_8$ $P_{17}H_9$	10–17	−8
P_nH_{n-10}	$P_{12}H_2$ $P_{13}H_3$ $P_{14}H_4$ $P_{15}H_5$ $P_{16}H_6$ $P_{17}H_7$ $P_{18}H_8$ $P_{19}H_9$ $P_{20}H_{10}$	12–20	−10
P_nH_{n-12}	$P_{13}H$ $P_{14}H_2$ $P_{15}H_3$ $P_{16}H_4$ $P_{17}H_5$ $P_{18}H_6$ $P_{19}H_7$ $P_{20}H_8$	13–20	−12
P_nH_{n-14}	$P_{15}H$ $P_{16}H_2$ $P_{17}H_3$ $P_{18}H_4$ $P_{19}H_5$ $P_{20}H_6$ $P_{21}H_7$	15–21	−14
P_nH_{n-16}	$P_{17}H$ $P_{19}H_3$ $P_{20}H_4$ $P_{21}H_5$ $P_{22}H_6$	17, 19–22	−16
P_nH_{n-18}	$P_{19}H$ $P_{20}H_2$ $P_{21}H_3$ $P_{22}H_4$	19–22	−18

a) Monophosphan(1) („*Phosphan*") $:\dot{P}H$ ($r_{PH} = 1.43$ Å; Triplett-Grundzustand, vgl. NH, S. 670) – gewinnbar aus Wasserstoff und Phosphor bei hohen Temperaturen oder durch Schockwellenzersetzung von PH_3/Ar-Gemischen – existiert nur in der Gasphase als kurzlebiges Teilchen. **Polyphosphan(1)** („*Phosphor(I)-Wasserstoff*") PH_x (*gelb*, nicht flüchtig) – gewinnbar durch Hydrolyse von Lithiumphosphid LiP bzw. durch Hydridolyse von $Cl_3P{=}O$ ($Cl_3PO + 3H^- \rightarrow 3Cl^- + H_3PO \rightarrow 3Cl^- + H_2O + \frac{1}{x}(PH)_x$) – ist unter Normalbedingungen metastabil. **b)** Isomerengemisch.

P_2H_4 Diphosphan(4) | P_3H_5 Triphosphan(5) | P_4H_6 *n*-Tetraphosphan(6) | $(PH)_x$ Polyphosphan

Die verbleibenden Phosphane enthalten isolierte bzw. miteinander kondensierte *Phosphor-Ringe*, und zwar sind die Phosphane P_nH_n wie etwa P_5H_5 *monocyclisch* (*cyclo*-Phosphane), die Phosphane P_nH_{n-2} wie etwa P_7H_5 *bicyclisch* (*bicyclo*-Phosphane) und die Phosphane P_nH_{n-4} wie P_7H_3 *käfigartig tricyclisch* gebaut:

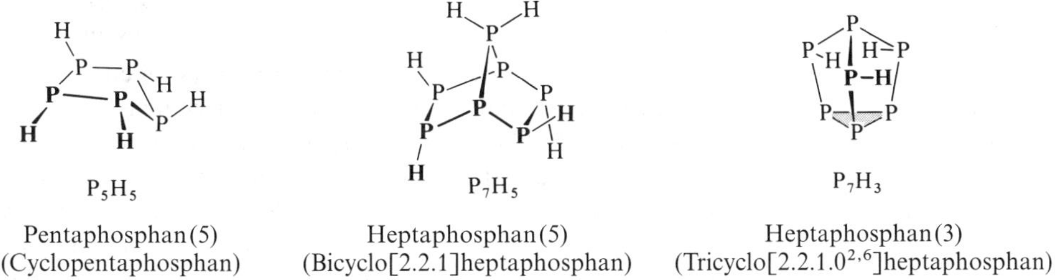

P_5H_5 Pentaphosphan(5) (Cyclopentaphosphan) | P_7H_5 Heptaphosphan(5) (Bicyclo[2.2.1]heptaphosphan) | P_7H_3 Heptaphosphan(3) (Tricyclo[2.2.1.0^{2,6}]heptaphosphan)

Auch den Phosphanen P_nH_{n+m} ($m = -6, -8, -10 \ldots$) liegen – *isolierte* oder *miteinander verknüpfte* – *Phosphor-Käfige* zugrunde, die sich aus Phosphanringen mit gemeinsamen („*kondensierten*", „*anellierten*") Phosphoratomen aufbauen (im Falle von P_7H_5 z. B. zwei miteinander über drei P-Atome kondensierte P_5-Ringe). Die Verknüpfung der Phosphankäfige kann ihrerseits über P—P-Bindungen oder gemeinsame P-Atome erfolgen (*conjuncto*-Phosphane). Bezüglich weiterer Einzelheiten vgl. S. 749.

Wie im Falle der Stickstoffwasserstoffe ist auch bei den höheren Phosphorwasserstoffen eine Reihe von *Isomeriemöglichkeiten* gegeben. So bildet etwa das acyclische Tetraphosphan(6)

P_4H_6 zwei Konstitutionsisomere, nämlich *unverzweigtes* n-P_4H_6 und *verzweigtes* i-P_4H_6, wobei für unverzweigtes Tetraphosphan H_2P—*PH—*PH—PH_2 – ähnlich wie für die stereochemisch vergleichbare Weinsäure HOOC—*CHOH—*CHOH—COOH – seinerseits drei Konfigurationsisomere möglich sind, nämlich *meso*-n-P_4H_6 mit entgegengesetzt konfigurierten Chiralitätszentren und die hierzu *diastereomeren Enantiomeren* (D)- und (L)-n-P_4H_6 mit gleichkonfigurierten Chiralitätszentren (vgl. S. 408).

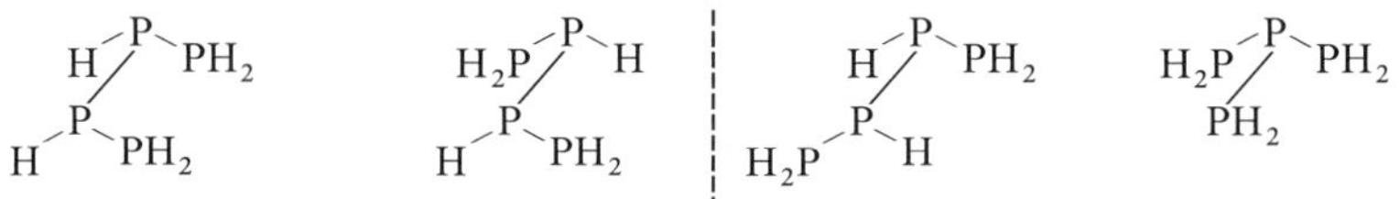

meso- bzw. (R,S)- n-P_4H_6 | (D)- bzw. (R,R)- | (L)- bzw. (S,S)- n-P_4H_6 | i-P_4H_6

In entsprechender Weise wie die acyclischen Phosphane bilden auch die *cyclischen Phosphane* Konstitutions- und Konfigurationsisomere. So könnte etwa Hexaphosphan(6) P_6H_6 als Cyclohexaphosphan oder als *konstitutionsisomeres* Phosphino-cyclopentaphosphan existieren. Tatsächlich ließ sich bisher nur das Cyclopentaphosphan P_5H_4—PH_2 nachweisen, während vom Cyclohexaphosphan lediglich Derivate P_6R_6 mit R = Ph, Cl, Br erhalten wurden. Ähnlich wie von Hexaphosphan(6) sind etwa für Octaphosphan(4) P_8H_4 zwei Konstitutionsisomere denkbar und in diesem Falle auch nachweisbar:

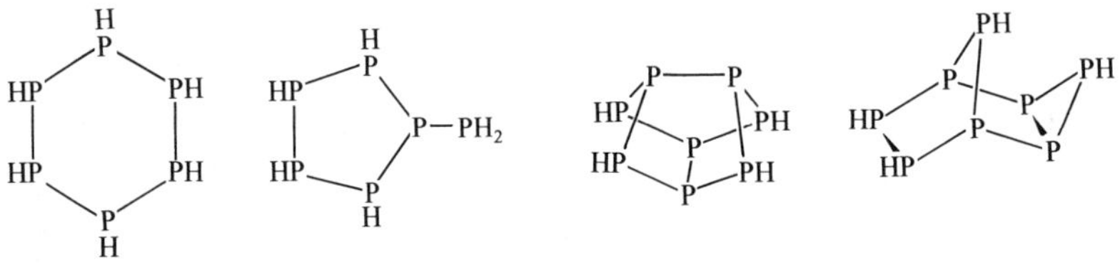

P_6H_6
Hexaphosphane (6)

P_8H_4
Octaphosphane (4)

Andererseits wurde im Falle des Heptaphosphans(3) P_7H_3 neben dem oben wiedergegebenen Isomeren mit symmetrischer Anordnung der Wasserstoffatome zusätzlich ein Konfigurationsisomeres mit unsymmetrischer Wasserstoffanordnung (zwei PH-Bindungen gleich-, eine PH-Bindung entgegengesetzt gerichtet) nachgewiesen. Von den möglichen Konfigurationsisomeren der cyclischen und polycyclischen Phosphane (bzw. Phosphanderivate) ist jeweils dasjenige mit *maximaler anti-Anordnung der freien Elektronenpaare* sowie Wasserstoffatome bzw. PH_2-Gruppen am stabilsten (vgl. die obigen Strukturformeln für Cyclopentaphosphan(5) und Bicycloheptaphosphan(5)). Es bildet sich im allgemeinen bevorzugt.

Zur Veranschaulichung der konfigurationsisomeren Phosphane n-P_4H_6 (s. oben) wurde die energetisch weniger bevorzugte ekliptische Konformation gewählt. Tatsächlich bevorzugen acyclische Phosphane ähnlich wie Azane (S. 664) eine *gestaffelte* Konformation mit *gauche*-Stellung benachbarter freier Elektronenpaare und – nachrangig – *trans*-Stellung benachbarter PH_2-Gruppen. In diesem Sinne haben etwa *meso*-, (D)- und (L)-n-P_4H_6 die nachfolgend veranschaulichten Konformationen, während für i-P_5H_7 ein energieärmeres und ein energiereicheres Konformeres mit einem bzw. keinem Paar *trans*-orientierter PH_2-Gruppen existieren (in den nachfolgenden Newmann-Projektionsformeln mit Sicht entlang der PP-Bindung (vgl. S. 664) sind die freien Elektronenpaare durch Striche symbolisiert):

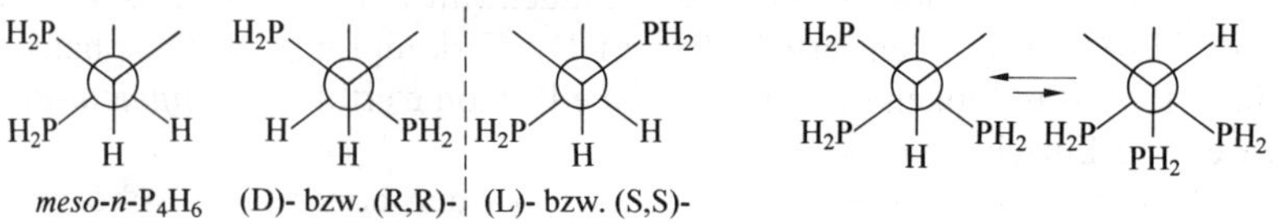

meso-n-P_4H_6 | (D)- bzw. (R,R)- | (L)- bzw. (S,S)- n-P_4H_6 | i-P_5H_7

Phosphorwasserstoffe, deren dreibindige Phosphoratome außer durch σ- auch durch π-Bindungen miteinander verknüpft sind (**„ungesättigte Phosphane“, „Phosphene“**), stellen – anders als die ungesättigten Stickstoffwasserstoffe (Azene) – die seltene Ausnahme dar. Als Beispiel seien der – bisher nur in Form von Derivaten bekannte – Phosphorwasserstoff P_2H_2 („Diphosphen“) sowie der – in deprotonierter Form (S. 748) z. B. durch Reaktion von P_4 mit $LiPH_2$ in Tetrahydrofuran gewinnbare – acide Phosphorwasserstoff P_5H und der bisher unbekannte Phosphorwasserstoff P_3H angeführt:

H—P=P—H

P_2H_2
Diphosphan(2)
(Diphosphaethylen)

P_5H
Pentaphosphan(1)
(Pentaphosphacyclopentadien)

P_3H
Triphosphan(1)
(Triphosphairen)

Stabilität. Thermodynamische Aspekte: (i) Abgesehen von den Grundkörpern EH_3 (vgl. S. 275) sind die Phosphor- wie die Stickstoffwasserstoffe endotherme Verbindungen. Ähnlich wie bei den Polyazanen ist aber auch bei den Polyphosphanen der *Zerfall* in die Elemente vielfach gehemmt. Thermodynamisch etwas vorteilhafter als der Zerfall ist die *Disproportionierung* der Elementwasserstoffe E_nH_{n+m} in EH_3 und E_x. Letzterer Prozeß wird bei einigen Stickstoffhydriden beobachtet (S. 645) und ist für die Zersetzung der Phosphorhydride von großer Bedeutung. Allerdings erfolgt die *Eliminierung* von PH_3 aus den Phosphanen in der Regel anders als die NH_3-Eliminierung aus Azanen nicht intramolekular unter Ausbildung von π-Bindungen, sondern intermolekular unter Ausbildung von σ-Bindungen:

$$\text{—N(H)—N(NH}_2\text{)—} \longrightarrow \text{—N=N—} + \text{H—NH}_2 \qquad \text{—P(H)} + \text{P(PH}_2\text{)—} \longrightarrow \text{—P—P—} + \text{H—PH}_2$$

Diphosphan geht z. B. durch derartige Kondensationsprozesse auf dem Wege über phosphorreichere und wasserstoffärmere acyclische und cyclische Phosphane (S. 745 und 748 f.) letztendlich in die thermodynamisch stabilsten Produkte des Systems, Monophosphan PH_3 und Phosphor P_x, über. (ii) Die thermodynamische *Stabilität der Cyclophosphane* P_nH_n nimmt in der Reihe Cyclopentaphosphan ($n = 5$) > Cyclotriphosphan ($n = 3$), Cyclohexaphosphan ($n = 6$) ≫ Cyclotetraphosphan ($n = 4$), übrige Cyclophosphane ab (vgl. hierzu den für $n = 8$ besonders stabilen Schwefelring S_n bzw. den für $n = 6$ besonders stabilen Cycloalkanring $(CH_2)_n$). Demgemäß bevorzugen monocyclische Phosphane P_nH_n von $n = 6$ an statt eines Baus mit n-gliedrigem Ring einen konstitutionsisomeren Bau mit seitenkettensubstituiertem Phosphanring (vgl. z. B. die konstitutionsisomeren Hexaphosphane(6) auf S. 740). Aus gleichem Grunde werden polycyclische Phosphane jeweils aus der maximal möglichen Anzahl von Cyclopentaphosphanringen gebildet. Darüber hinaus enthalten die käfigartigen polycyclischen Phosphane gegebenenfalls Cyclotri- und/oder Cyclohexa-, nicht jedoch Cyclotetra- und Cycloheptaphosphanringe.

Kinetische Aspekte. (i) Die *thermische Zersetzung* von P_2H_4 und anderen Phosphorhydriden führt stets zu *Gemischen*, die unterschiedliche, von der Art der Edukte und der Reaktionsbedingungen abhängige Mengen an Phosphanen verschiedener Formel, Konstitution sowie Konfiguration enthalten. Maßgebend für die Bildung eines Phosphans in kleinerer oder größerer Ausbeute sind in der Regel neben thermodynamischen vor allem kinetische Gründe. Und zwar ist naturgemäß die aufgefundene Menge eines Phosphans bestimmter Konstitution und Konfiguration im Phosphangemisch umso größer, je rascher es aus den Edukten hervorgeht und je langsamer es durch Weiterreaktion mit sich selbst und anderen im Gemisch vorhandenen Phosphanen verbraucht wird. So sinkt der Anteil an cyclischen Phosphanen P_nH_{n+2} in P_2H_4-Thermolysaten ab $n > 5$ u. a. deswegen drastisch, weil die Geschwindigkeit der Cyclopentaphosphanbildung größer ist als die der Phosphorkettenverlängerung. Infolgedessen überwiegen in solchen Thermolysaten von $n = 5$ an zunächst monocyclische Phosphane P_nH_n und von $n = 7$ an polycylische Phosphane P_nH_{n+m} ($m = -2, -4, -6, \ldots$ vgl. hierzu auch S. 745f.). (ii) Der (NMR-spektroskopisch mögliche) Nachweis von *meso*- und (D,L)-*n*-P_4H_6 (s. oben) veranschaulicht eindrucksvoll die vergleichsweise hohe kinetische *Inversionsstabilität* des dreibindigen pyramidalen Phosphors (vgl. hierzu S. 657 und 754), was eine Isolierung optisch-aktiver Enantiomerer von bestimmten Phosphan-Diastereomeren ermöglichen sollte, falls diese ausreichend disproportionierungsstabil wären. Allerdings nimmt die Inversionsbarriere der Phosphoratome in acyclischen Phosphanen mit der Anzahl von PP-Bindungen im Molekül ab.

Nachfolgend wird zunächst auf das *Monophoshan* eingegangen. Es schließt sich die Besprechung der *acyclischen*, der *monocyclischen* sowie der *polycyclischen* Phosphane an.

2.2.2 Monophosphan PH_3[159)]

Darstellung. Ähnlich wie sich Chlor oder Schwefel mit Lauge unter *Disproportionierung* zur Stufe des Chlorwasserstoffs und der Hypochlorigen Säure bzw. der Stufe eines Polyschwefelwasserstoffs und der Thioschwefelsäure umsetzen ($Cl_2 + H_2O \rightarrow HCl + HClO$; $2S_8 + 3H_2O \rightarrow 2H_2S_7 + H_2S_2O_3$), disproportioniert der Phosphor in Natron- oder Kalilauge in die Stufe des Monophosphans und der Phosphinsäure, die ihrerseits bei höheren Temperaturen auf dem Wege über Phosphonsäure weiter in Monophosphan und Phosphorsäure disproportionieren kann:

$$2\overset{0}{P}_4 + 12H_2O \rightarrow 2\overset{-3}{P}H_3 + 6H_3\overset{+1}{P}O_2 \rightarrow 4\overset{-3}{P}H_3 + 4H_3\overset{+3}{P}O_3 \rightarrow 5\overset{-3}{P}H_3 + 3H_3\overset{+5}{P}O_4$$

Zur technischen Darstellung von PH_3 behandelt man *weißen Phosphor* entweder bei etwas erhöhter Temperatur mit der berechneten Menge *Natronlauge* in höher siedenden Alkoholen ($P_4 + 3NaOH + 3H_2O \rightarrow 3NaH_2PO_2 + PH_3$) oder oberhalb 250 °C im Autoklaven in Phosphorsäure mit der berechneten Menge *Wasser* ($2P_4 + 12H_2O \rightarrow 5PH_3 + 3H_3PO_4$).

Im übrigen stehen für die Gewinnung des Phosphans PH_3 die schon beim homologen Ammoniak NH_3 (S. 646) besprochenen Methoden zur Verfügung, nämlich die Darstellung *aus den Elementen* (Erhitzen von Phosphor und Wasserstoff unter hohem Druck auf 300 °C oder Einwirkung von nascierendem Wasserstoff auf Phosphor bzw. Phosphorverbindungen), die *Protolyse von Phosphiden* (z. B. Ca_3P_2, ZnP_2, AlP) mit Wasser und die *Hydridolyse von Phosphorhalogeniden* (z. B. PCl_3) mit Lithiumalanat in Ether:

$$P_4 + 6H_2 \rightarrow 4PH_3;\quad Ca_3P_2 \xrightarrow[-3Ca(OH)_2]{+6H_2O} 2PH_3;\quad 4PCl_3 \xrightarrow[-3LiAlCl_4]{+3LiAlH_4} 4PH_3.$$

Das nach den besprochenen Methoden gewonnene PH_3 ist meist durch Diphosphan P_2H_4 verunreinigt; es läßt sich durch fraktionierende Destillation und Kondensation leicht von PH_3 abtrennen.

In reinster Form (ohne P_2H_4 und höhere Phosphane) erhält man PH_3 im Laboratorium durch Verdrängung aus *Phosphoniumiodid* mit *Kalilauge*, wobei PH_4I seinerseits durch Reaktion von weißem Phosphor mit Iod in Wasser erhalten wird:

$$\tfrac{1}{4}P_4 + I_2 \xrightarrow[-HI,\ -H_3PO_4]{+4H_2O} PH_4^+I^- \xrightarrow[-I^-,\ -H_2O]{+OH^-} PH_3.$$

Physikalische Eigenschaften. Monophosphan ist ein *farbloses*, giftiges, knoblauchartig („nach Carbid"[161)]) riechendes Gas, das verflüssigt bei −87.74 °C siedet, bei −133.78 °C erstarrt und im flüssigen Zustand zum Unterschied von NH_3 nicht assoziiert ist. In Wasser ist PH_3 bei Normaldruck nur wenig löslich (ca. 0.01 mol pro Liter H_2O); die Lösung reagiert neutral. Besser löst sich PH_3 in flüssigem Ammoniak NH_3, Schwefelkohlenstoff CS_2 oder Trichloressigsäure Cl_3CCO_2H.

Struktur. Das PH_3-Molekül ist wie NH_3 *trigonal-pyramidal* mit Phosphor an der Spitze und einem HPH-Winkel von 93.6° gebaut ($r_{PH} = 1.419$ Å, C_{3v}-Symmetrie). Der HPH-Winkel ist damit wesentlich kleiner als der HNH-Winkel in Ammoniak (106.8°). Bezüglich einer Erklärung hierfür vgl. S. 137 und 361. Die

[161] Daß sein Geruch demjenigen gleicht, den man beim Eintragen von Calciumcarbid CaC_2 in Wasser beobachtet, rührt daher, daß CaC_2 stets Spuren Ca_3P_2 enthält, so daß dem entstehenden – geruchslosen – Acetylen C_2H_2 Monophosphan PH_3 beigemengt ist.

Energiebarriere für die PH_3-*Inversion* ist mit ca. 155 kJ/mol wesentlich höher als die Inversionsbarriere für NH_3 (24.5 kJ/mol, S. 658).

Physiologisches. Eingeatmetes PH_3 (MAK-Wert 0.15 mg/m^3 bzw. 0.1 ppm) bewirkt Blutdruckabfall, Erbrechen, Krämpfe, Lungenödeme, Koma. Es ist ab Konzentrationen von 2 ppm wahrnehmbar.

Chemische Eigenschaften. Monophosphan *zersetzt* sich wie Ammoniak bei erhöhter Temperatur in Umkehrung seiner Bildung aus den Elementen in Wasserstoff und Phosphor, eine Reaktion die etwa zum Dotieren von Halbleiter-Silicium mit Phosphor oder zur Abscheidung von Phosphorfilmen auf Oberflächen genutzt werden kann. Die Blitzlichtphotolyse bzw. Schockwellenzersetzung von PH_3 unter vermindertem Druck führt u.a. zu den kurzlebigen Radikalen PH_2 und PH. Chemisch unterscheidet sich PH_3 von NH_3 vor allem durch sein *stärkeres Reduktionsvermögen* und seinen *schwächeren basischen Charakter*.

Redoxverhalten. Die verglichen mit NH_3 stärker reduzierenden Eigenschaften von PH_3 beziehen sich sowohl auf die *Reduktionskraft* für den Vorgang $PH_3 \rightarrow \frac{1}{4}P_4 + 3H^+ + 3\ominus$ ($\varepsilon_0 = -0.063$ im sauren, -0.89 V im alkalischen Milieu; zum Vergleich: $NH_3 \rightarrow \frac{1}{2}N_2 + 3H^+ + 3\ominus$; $\varepsilon_o = +0.278/-0{,}74$ V) als auch auf die *Reduktionsgeschwindigkeit*. Aus letzterem Grunde entzündet sich reines Monophosphan im Gegensatz zum Ammoniak an der Luft bereits bei 150 °C unter Verbrennung zu Phosphorsäure:

$$PH_3 + 2O_2 \rightarrow H_3PO_4 + 1270\,\text{kJ}.$$

Auch liefert es beim Erhitzen mit Schwefel leicht Schwefelwasserstoff sowie ein Gemisch von Phosphorsulfiden (S. 786).

PH_3 reduziert Ag^+- und Cu^{2+}-Ionen in wässerigen Lösungen von $AgNO_3$ oder $CuSO_4$ zu Metall (im Gemisch mit Metallphosphid), wogegen NH_3 mit beiden Ionen Komplexe ($Ag(NH_3)_2^+$, $Cu(NH_3)_4^{2+}$) bildet. Führt man in einen mit PH_3 gefüllten Glaszylinder einen vorher in rauchende Salpetersäure eingetauchten Glasstab ein, so verbrennt PH_3 mit Flammenerscheinung, während NH_3 mit Salpetersäure nur unter Salzbildung (NH_4NO_3) reagiert.

Monophosphan kann andererseits als schwaches *Oxidationsmittel* wirken und setzt sich etwa mit Natrium in flüssigem Ammoniak unter Bildung von Natriumdihydrogenphosphid und Wasserstoff um ($PH_3 + Na \rightarrow NaPH_2 + \frac{1}{2}H_2$).

Säure-Base-Verhalten. Die verglichen mit NH_3 *schwächer basischen* Eigenschaften von PH_3 (pK_B-Werte der Base-Dissoziation $EH_3 + HOH \rightleftarrows EH_4^+ + OH^-$ gleich 4.75 (E = N) bzw. ca. 27 (E = P)) erkennt man daran, daß der Gleichgewichtszustand der *Salzbildung* mit Halogenwasserstoffen:

$$EH_3 + HX \rightleftarrows EH_4^+X^-,$$

der bei Ammoniak ganz auf der rechten Seite der Reaktionsgleichung liegt, beim Monophosphan weitgehend nach links verschoben ist und daß die **Phosphoniumsalze** PH_4Cl (Sblp. −28 °C), PH_4Br (Sblp. 30 °C) und PH_4I (Sblp. 80 °C) in wässeriger Lösung hydrolytisch zu Phosphan und Halogenwasserstoffsäuren zersetzt werden ($PH_4^+ + H_2O \rightleftarrows PH_3 + H_3O^+$). Die Beständigkeit der Salze in festem Zustand nimmt vom Chlorid zum Iodid hin zu. Beim Sublimieren erfolgt – ähnlich wie im Falle der Ammoniumsalze – in Umkehrung der obigen Bildungsgleichung völlige Dissoziation in die Komponenten EH_3 und HX. Das PH_4^+-Ion ist wie das NH_4^+-Ion tetraedrisch gebaut ($r_{PH} = 1.414$ Å).

Monophosphan ist wie Ammoniak eine *extrem schwache Säure* (pK_S-Wert für $PH_3 \rightleftarrows PH_2^- + H^+$ ca. 29); beide Verbindungen dissoziieren demgemäß in Wasser nicht unter H_3O^+-Bildung. In flüssigem Ammoniak löst sich PH_3, das etwas saurer als NH_3 ist, demgegenüber unter teilweiser Dissoziation: $PH_3 + NH_3 \rightleftarrows PH_2^- + NH_4^+$. Die Wasserstoffatome lassen sich auch durch Reaktion von PH_3 mit starken Basen ($NaNH_2$, LiBu) durch Alkalimetalle ersetzen (z.B. $PH_3 + LiBu \rightarrow LiPH_2 + BuH$). Im Falle völliger Substitution gelangt man so zu **Phosphiden** wie Na_3P oder Ca_3P_2 (vgl. S. 735).

Monophosphan PH_3 stellt nach oben Gesagtem eine sehr schwache Brönsted-Base dar, kann aber in **Komplexen** eine *beachtliche Lewis-Basizität* entwickeln (S. 1640). Beispielsweise bildet es mit BF_3 das Addukt $H_3P \rightarrow BF_3$. Starke Komplexbildungstendenz weisen nicht nur $:PH_3$ und seine Derivate $:PR_3$ auf (Bildung von Phosphan-Komplexen, s. u.)[162], sondern auch die durch Deprotonierung aus PH_nR_{3-n} erhältlichen Ionen PR_2^-, PR^{2-} und P^{3-} (Bildung von Phosphanido-, Phosphanideno- und Phosphido-Komplexen)[162].

Verwendung. Monophosphan dient zur Herstellung von lichtemittierenden Dioden, zur Dotierung von Silicium (S. 1314) und zur Synthese organischer Wirkstoffe (Feuerschutzimprägnierung, Insektizide usw.)

Derivate. Wie von Ammoniak NH_3 leiten sich auch vom Monophosphan PH_3 sowohl *anorganische* Derivate PX_3 (X z. B. Halogen, OR, NR_2) als auch *organische* Derivate $PH_{3-n}R_n$ ab. Unter den **phosphororganischen Verbindungen**[136, 159, 162a] werden die organischen Phosphane in Analogie zu den organischen Aminen je nach der Zahl der substituierten Wasserstoffatome als „*primäre*" ($n = 1$), „*sekundäre*" ($n = 2$) und „*tertiäre*" ($n = 3$) Phosphane unterschieden. Ihre Darstellung erfolgt u. a. aus *Phosphortrichlorid* PCl_3 durch Reaktion mit RCl/Na bzw. RMgBr ($PCl_3 + 3RMgBr \rightarrow PR_3 + 3MgBrCl$), *aus Monophosphan* PH_3 durch Addition an Olefine ($PH_3 + 3CH_2{=}CHR' \rightarrow P(CH_2{-}CH_2R')_3$) sowie *aus Phosphanoxiden* R_3PO durch Reduktion (z. B. $R_3PO + Si_2Cl_6 \rightarrow R_3P + Si_2OCl_6$). Die Reaktion von PCl_3 mit RMgBr führt über die – auf diese Weise zugänglichen – Halogenide $RPCl_2$ und R_2PCl zu PR_3. Die farblosen organischen Derivate des Phosphors sind wie PH_3 trigonal-pyramidal gebaut (z. B. „*Trimethylphosphan*" Me_3P: *farblose* Flüssigkeit, Sdp. 37–39 °C, PC-Abstand 1.843 Å, CPC-Winkel 98.9°; „*Triphenylphosphan*" Ph_3P: *farblose* Festsubstanz, Smp. 79–81 °C; „*Methylphosphan*" $MePPh_2$: *farbloses* Gas, Sdp. −14 °C; „*Dimethylphosphan*" Me_2PH: *farblose* Flüssigkeit, Sdp. 20 °C). Sie lassen sich z. B. mit H_2O_2 zu Phosphanoxiden $R_3P{=}O$ oxidieren (bei 38 °C siedendes Trimethylphosphan PMe_3 ist selbstentzündlich, bei 80 °C schmelzendes Triphenylphosphan PPh_3 luftstabil). Ihre *Brönsted-Basizität* ist von der des Grundkörpers PH_3 (pK_B ca. 27) stark verschieden, z. B. $MePH_2$ (14), Me_2PH (10.1), Me_3P (5.3.). Organische Phosphane zeigen darüber hinaus mehr oder weniger große *Lewis-Basizität* und bilden als gute Komplexliganden in der Regel sehr leicht Phosphan-Komplexe $M(PR_3)_n$ (s. u.).

Wie der Grundkörper bilden organische Phosphane quartäre Phosphonium-Verbindungen $PR_4^+X^-$ ($PR_3 + RX \rightarrow PR_4^+X^-$; R z. B. Me, Bu, Ph), die als wertvolle *Fällungsreagenzien* für große Anionen dienen (Entsprechendes gilt für Arsonium- und Stibonium-Verbindungen $AsR_4^+X^-$ bzw. $SbR_4^+X^-$). *Technisch* wichtig ist auch *Tetrakis(hydroxymethyl)-phosphoniumchlorid* $P(CH_2OH)_4Cl$ ($PH_3 + 4CH_2{=}O + HCl \rightarrow P(CH_2OH)_4Cl$) als Bestandteil von Mitteln zur feuerfesten Imprägnierung von Baumwolltextilien. Von Bedeutung sind darüber hinaus Tetraorganylphosphonium-halogenide $R_3PCH_2R'^+X^-$ (R insbesondere Ph) und daraus durch HX-Entzug mit starken Basen wie LiBu oder $NaNH_2$ hervorgehende Alkylidenphosphorane („*Phosphor-Ylide*") $[R_3P{=}CHR' \leftrightarrow R_3P^+{-}CHR'^-]$ (der PC-Abstand beträgt in $Ph_3P{=}CH_2$ 1.66 Å; ber. PC-Einfach-/Doppelbindung: 1.87/1.67 Å). Letztere spielen bei den 1953 von G. Wittig (Nobelpreis 1979) aufgefundenen „Wittig-Reaktionen" zur Synthese von Olefinen aus Aldehyden oder Ketonen $R_2C{=}O$ z. B. gemäß $R_2C{=}O + Ph_3P{=}CHR' \rightarrow Ph_3P{=}O + R_2C{=}CHR'$ eine Rolle. Bemerkenswert ist in diesem Zusammenhang das gelbe Alkylidenphosphoran $Ph_3P{=}C{=}PPh_3$ mit nichtlinearer Diphosphaallen-Gruppierung $\geqslant P{=}C{=}P \leqslant$. Weisen die Phosphonium-Verbindungen $PR_4^+X^-$ keine Gruppierungen $\geqslant P{-}CHR'_2$ mit α-ständigem Wasserstoff auf, so können sie mit Lithiumorganischen Verbindungen LiR zu organischen Phosphoranen PR_5 abreagieren, wie etwa zu „*Pentaphenylphosphoran*" PPh_5 (gewinnbar aus $Ph_4P^+I^-$ und LiPh; *farblose* Kristalle vom Smp. 125 °C; trigonal-bipyramidaler Bau mit $PC_{axial} = 1.99$ Å, $PC_{äquatorial} = 1.85$ Å) oder zu $PPhR_2(OR)_2$ mit $R_2 = {-}Me_2CCHMeCMe_2{-}$ und $(OR)_2 = {-}OCH_2CH_2O{-}$ (quadratisch-pyramidaler Bau mit axial angeordneter Ph-Gruppe).

---

[162] **Literatur.** C. A. McAuliffe, W. Levason: „*Phosphine, Arsine and Stibine Complexes of the Transition Elements*", Elsevier, Amsterdam 1979; O. Stelzer: „*Transition Metal Complexes with Phosphorus Ligands*", Topics Phosphorus Chem. **9** (1977) 1–229; R. Mason, D. W. Meek: „*Die Vielseitigkeit tertiärer Phosphane in der Koordinations- und Organometallchemie*", Angew. Chem. **90** (1978) 195–206, Int. Ed. **17** (1978) 183; C. A. McAuliffe: „*Phosphorus, Arsenic, Antimony and Bismuth Ligands*", Comprehensive Coord. Chem. **2** (1987) 989–1066; G. Huttner, K. Knoll: „*RP-verbrückte Carbonylmetallcluster: Synthese, Eigenschaften und Reaktionen*, Angew. Chem. **99** (1987) 765–783; Int. Ed. **26** (1987) 743; F. Mathey: „*Die Entwicklung einer carbenartigen Chemie von Phosphiniden-Übergangsmetallkomplexen*", Angew. Chem. **99** (1987) 285–296; Int. Ed. **26** (1987) 275; G. Huttner, K. Evertz: „*Phosphinidene Complexes and their Higher Homologues*", Acc. Chem. Res. **19** (1986) 406–413; H. Schmidbaur: „*Phosphor-Ylide in der Koordinationssphäre von Übergangsmetallen. Eine Bestandsaufnahme*", Angew. Chem. **95** (1983) 980–1000; Int. Ed. **22** (1983) 907.

[162a] **Literatur.** A. J. Kirby, S. G. Warren: „*The Organic Chemistry of Phosphorus*", Elsevier, Amsterdam 1967; Houben-Weyl: „*Organische Phosphorverbindungen*", Bd. **12** (1963/64), **E 1**, **E 2** (1982); H. Schmidbaur: „*Inorganic Chemistry with Ylides*", Acc. Chem. Res. **8** (1975) 62–70; A. Cotton, B. Hong: „*Polydentate Phosphines: Their Syntheses, Structural Aspects, and Selected Applications*", Progr. Inorg. Chem. **40** (1992) 179–289.

Außer Phosphanen PR_3 (Grundkörper PH_3), Phosphonium-Ionen PR_4^+ (Grundkörper PH_4^+), Alkylidenphosphoranen $R_3P{=}CR_2$ (Grundkörper $H_3P{=}CH_2$ unbekannt) und Phosphoranen PR_5 (Grundkörper PH_5 unbekannt), in welchen Phosphor die Koordinationszahlen *drei*, *vier* und *fünf* aufweist, kennt man auch phosphororganische Verbindungen mit Phosphor der Koordinationszahlen *eins* bzw. *zwei* (Phosphaalkine bzw. -alkene). Das Phosphaalkin $HC{\equiv}P$ bildet sich als *farbloses*, nur unter $-124\,°C$ bei niedrigen Drücken (< 40 mbar) haltbares Gas durch Einwirkung eines rotierenden Kohlelichtbogens niedriger Intensität auf PH_3 bei ca. 5 mbar. Es ist sehr reaktionsfreudig und polymerisiert bei $-78\,°C$ rasch zu einem schwarzen Feststoff, entflammt an der Luft und addiert HCl unter Bildung von $CH_3{-}PCl_2$. Kinetisch stabiler als $HC{\equiv}P$ ist das Phosphaalkin $^tBuC{\equiv}P$ (vgl. S. 734) von dem u.a. Komplexe wie $[(Ph_3P)_2Pt(\eta^2\text{-}^tBuCP)]$ bekannt sind. Für Beispiele von Phosphaalkenen $RP{=}CR'_2$ vgl. S. 734.

Phosphan-Komplexe[162]. Phosphane führen in der Reihe $P(OPh)_3 < PF_3 < PH_3 < PPh_3/PMe_3 < P(OMe)_3 < P^tBu_3$ zu zunehmend stärkeren *σ-Komplexbindungen* und in der Reihe $^tBu_3P < PPh_3/PMe_3 < P(OMe)_3 < PH_3 < P(OPh)_3 < PF_3$ zu zunehmend stärkeren *π-Komplexrückbindungen* zwischen M und P, wobei ihre Sperrigkeit in Richtung $PH_3 < PF_3 < P(OMe)_3 < PMe_3 < P(OPh)_3 < PPh_3 < P^tBu_3$ wächst. Über ihre elektronischen und sterischen Effekte vermögen die Phosphane PR_3 (R = anorganischer oder organischer Rest, der gegebenenfalls weitere PR_2-Gruppen enthält) den Ablauf von Reaktionen am Metallzentrum von $M(PR_3)_n$ zu steuern. Diese Eigenschaft der Phosphane wird in der Technik und im Laboratorium vielfach genutzt. Vgl. hierzu auf S. 415, 1211.

2.2.3 Acyclische Phosphane

Die *kettenförmigen Phosphane* P_nH_{n+2} (bekannt mit $n = 1-9$; vgl. Tab. 62) zeigen eine mit wachsendem n zunehmend ausgeprägte Tendenz zur Disproportionierung (vgl. S. 741). Infolgedessen konnten bisher nur die Homologen bis $n = 3$ (PH_3, P_2H_4, P_3H_5) rein isoliert werden, während die höheren Homologen wegen ihrer Hyperreaktivität nur – mehr oder weniger angereichert – in Phosphangemischen nachgewiesen ($n = 4-9$) bzw. nicht aufgefunden wurden ($n > 9$). Bezüglich der nach vollständiger Deprotonierung acyclischer Phosphane verbleibenden Metallphosphide sowie ihrer Komplexe vgl. S. 735 und 746.

Diphosphan P_2H_4 läßt sich durch Hydrolyse von *Calciumphosphid* gewinnen:

$$2\,CaP + 4\,H_2O \rightarrow 2\,Ca(OH)_2 + P_2H_4.$$

Es entsteht darüber hinaus gewöhnlich als Nebenprodukt der Monophosphandarstellung (S. 742). Insbesondere bei der Zersetzung von Phosphiden (z.B. Ca_3P_2), die außer P^{3-}-Ionen in unterschiedlichem Maße auch P_2^{4-}-Ionen enthalten (z.B. in Form von CaP) bilden sich auch geringe Mengen Diphosphan, das sich aber wegen seines höheren Schmelz- und Siedepunktes (-99 bzw. $+63.5\,°C$, extrap.) leicht durch Kühlung als *farblose* Flüssigkeit vom gasförmigen Monophosphan abtrennen läßt.

P_2H_4 stellt ein Derivat des Monophosphans PH_3 dar, in welchem ein Wasserstoffatom durch die PH_2-Gruppe ersetzt ist ($r_{PP} = 2.219$, $r_{PH} = 1.451$ Å, ∢ HPH 93.3°, ∢ HPP 95.2°). Das Molekül ist *gauche*-konformiert (C_2- Symmetrie; S. 664). Die PP-Bindungsenergie beträgt 183 kJ/mol.

Diphosphan ist *thermo-* und *photolabil*. Bereits oberhalb $-30\,°C$ *disproportioniert* P_2H_4 in merklichem Maße in Monophosphan und farblose bis gelbe, flüssige bis feste höhere Phosphane P_nH_{n+m} ($m = 2, 0, -2, -4, \ldots$) bis herab zu elementarem Phosphor (s.u.):

$$\left(n - \frac{m}{2}\right) P_2H_4 \rightarrow P_nH_{n+m} + (n-m)\,PH_3.$$

Diphosphan ist zum Unterschied von Monophosphan *selbstentzündlich* und bedingt die Selbstentzündlichkeit des rohen, P_2H_4-haltigen Monophosphans. Gelegentlich zu beobachtende Explosionen von rohem Monophosphan gehen auf die Anwesenheit von – im Zuge der PH_3-Synthesen ebenfalls gebildetem – Wasserstoff zurück, der bei Sauerstoffzutritt ein – durch das spontan entflammbare Diphosphan gezündetes – Knallgasgemisch liefert.

Diphosphan weist wie Monophosphan *keine basischen und sauren Eigenschaften* in Wasser auf. In *flüssigem Fluorwasserstoff* als starker Säure läßt sich P_2H_4 *protonieren*: $P_2H_4 + 2HF \rightarrow P_2H_5^+HF_2^-$. Das Diphosphonium-Ion $H_2P—PH_3^+$ zersetzt sich jedoch unter Mitwirkung von HF langsam gemäß $P_2H_5^+HF_2^- + 2HF \rightarrow PH_4^+HF_2^- + PH_3F_2$. In analoger Weise bewirken HCl, HBr und HI eine Spaltung der PP-Bindung des Diphosphans. Mit starken Basen wie *Lithiumbutyl* LiBu oder *Lithium-dihydrogenphosphid* $LiPH_2$ läßt sich P_2H_4 in inerten Lösungsmitteln (Tetrahydrofuran C_4H_8O, Dimethoxyethan $MeOCH_2CH_2OMe$) *deprotonieren*: $P_2H_4 + LiBu \rightarrow LiP_2H_3 + BuH$. Allerdings ist das gebildete Lithiumtrihydrogendiphosphid selbst bei tiefen Temperaturen (−78°C) in Gegenwart von Diphosphan instabil und reagiert rasch mit weiterem P_2H_4 unter Phosphor-Kettenaufbau nach

$$LiP_2H_3 \xrightarrow[-PH_3]{+P_2H_4} LiP_3H_4 \xrightarrow[-PH_3]{+P_2H_4} LiP_4H_5 \xrightarrow[-PH_3]{+P_2H_4} LiP_5H_6 \xrightarrow[-PH_3]{+P_2H_4} \text{usw.}$$

zunächst zu höheren *acyclischen* und anschließend zu *cyclischen Hydrogenphosphiden* weiter (vgl. hierzu Schwefelkettenaufbau und -abbau; S. 550). Die Reaktion kommt zu einem gewissen (vorläufigen) Stillstand, wenn Phosphorhydrid-Anionen mit vergleichsweise kleiner Nucleophilie bezüglich P_2H_4 entstanden sind. Erste nachweisbare Produkte der Umsetzung von BuLi und P_2H_4 sind u.a. LiP_7H_8 (Formel (a)) und – daraus hervorgehend – LiP_7H_4 (b) sowie LiP_8H_5 (c). Bei weiterer Zugabe von LiBu zur Reaktionslösung über das Molverhältnis LiBu : P_2H_4 = 1 : 8 hinaus, verwandeln sich LiP_7H_4 und LiP_8H_5 bei *tiefer Temperatur* (−78°C) unter Phosphor-Kettenabbau zunächst in LiP_5H_4 (d), dann in $LiPH_2$, LiP_2H_3 sowie LiP_3H_4 und bei *höherer Temperatur* unter Phosphor-Kettenumwandlung in Li_3P_7 (S. 749) sowie $Li_2P_{14}H_2$ (e):

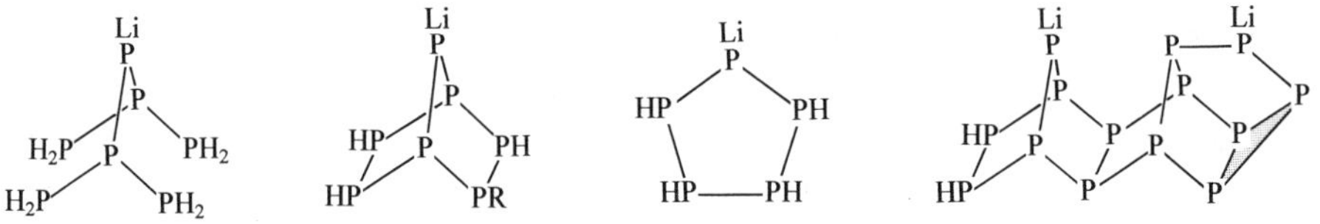

(a) LiP_7H_8 (b) LiP_7H_4 (R=H) (c) LiP_8H_5 (R=PH_2) (d) LiP_5H_4 (e) $Li_2P_{14}H_2$

Triphosphan(5) P_3H_5. Im Zuge der 25stündigen Thermolyse von reinem P_2H_4 bei 35°C bildet sich ein klares, gelbes, flüssiges, fast cyclophosphanfreies Verbindungsgemisch, das neben PH_3 und unumgesetztem P_2H_4 größere Mengen (ca. 20% des Gesamtphosphans) P_3H_5 und kleinere bis sehr geringe Mengen P_nH_{n+2} mit $n > 3$ enthält. P_3H_5 läßt sich hieraus durch fraktionierende Kondensation bei −40°C von PH_3, P_2H_4 (bei −40°C nicht kondensierbar) sowie P_4H_6, P_5H_7 ... (Kondensationsrückstand) abtrennen und als *farblose* Flüssigkeit in 96%iger Reinheit gewinnen. Es zersetzt sich bei Raumtemperatur im diffusen Tageslicht rasch unter Gelbfärbung und Bildung höherer Phosphane, ist jedoch bei −80°C unter Luft- und Lichtausschluß tagelang beständig. Bezüglich der Bildung von Lithium-tetrahydrogentriphosphid LiP_3H_4 (Konstitution: $H_2P—PLi—PH_2$) in Lösung aus P_2H_4 und LiBu vgl. bei Diphosphan. P_3H_5 stellt ein Derivat des Monophosphans dar, in welchem zwei Wasserstoffatome durch PH_2-Gruppen ersetzt sind: $PH(PH_2)_2$ (vgl. S. 739). Der PPP-Winkel beträgt 104.5°.

Höhere acyclische Phosphane P_nH_{n+2} (n = 4–9). Darstellung. In den flüchtigen *Hydrolyseprodukten von Calciumphosphiden* $Ca_3P_2 \cdot xCaP$ und in den *Thermolyseprodukten* von P_2H_4 finden sich viele höhere Phosphane. Die thermische Zersetzung von P_2H_4 führt hierbei zunächst zu den acyclischen Phosphanen P_nH_{n+2}:

$$P_2H_4 \xrightarrow[-PH_3]{+P_2H_4} P_3H_5 \xrightarrow[-PH_3]{+P_2H_4} P_4H_6 \xrightarrow[-PH_3]{+P_2H_4} P_5H_7 \xrightarrow[-PH_3]{+P_2H_4} P_6H_8 \xrightarrow[-PH_3]{+P_2H_4} \text{usw.}$$

Der gelbe, feststofffreie Kondensationsrückstand der P_3H_5-Gewinnung (s. oben) enthält etwa neben P_3H_5 (ca. 55% des Phosphors im Rückstand) und geringen Mengen Cyclopentaphosphan P_5H_5 (< 5P-%; s. u.) **Tetraphosphan(6) P_4H_6** (ca. 35P-%) sowie untergeordnet **Pentaphosphan(7) P_5H_7** (ca. 5P-%), **Hexaphosphan(8) P_6H_8** (< 5P-%) sowie P_nH_{n+2} mit n = 7, 8, 9 (Spuren). Eine weitere Anreicherung der acyclischen Phosphane P_nH_{n+2} ($n > 3$) durch Abkondensation flüchtigerer Phosphane ist wegen der Zersetzlichkeit der betreffenden Verbindungen nicht möglich[163].

[163] Ein besonders hoher Gehalt an P_4H_6 (ca. 50 P-%) läßt sich durch Thermolyse von reinem P_3H_5 bei 10°C im ziehenden (dynamischen) Hochvakuum erreichen: $2P_3H_5 \rightarrow P_4H_6 + P_2H_4$ (P_2H_4 wird laufend abgepumpt). Tetraphosphan(6) ist unter diesen Bedingungen bei Raumtemperatur kurze Zeit haltbar, während Pentaphosphan(7) selbst in größerer Verdünnung (< 10 P-%) schon bei −70°C langsam unter Bildung von Cyclophosphanen zerfällt.

Strukturen. Im Unterschied zu Triphosphan(5) können die höheren acyclischen Phosphane P_nH_{n+2} ($n > 3$) in mehreren konstitutions- und stereoisomeren Formen existieren, wobei die Zahl denkbarer isomerer Phosphorwasserstoffe P_nH_{n+2} mit der P-Atomzahl rasch wächst (4, 6, 19 für $n = 4, 5, 6$). Die 4 möglichen Isomeren des Tetraphosphans(6) (3 stereoisomere n- und 1 hierzu konstitutionsisomeres i-P_4H_6) wurden bereits auf S. 740 abgehandelt. Von den beiden Konstitutionsisomeren des *Pentaphosphans*(7) P_5H_7 hat das *i-Pentaphosphan* H_2P—*PH—P$(PH_2)_2$ ein Asymmetrie-Zentrum und bildet somit zwei Enantiomere (R- und S-i-P_5H_7; vgl. S. 740).

Das *n-Pentaphosphan* H_2P—*PH—$^{(*)}$PH—*PH—PH_2 weist andererseits zwei asymmetrische Zentren (zweites und viertes P-Atom) und ein „*pseudoasymmetrisches*" Zentrum (drittes P-Atom) auf. Letzteres ist, falls die beiden Reste *PH—PH_2 am dritten P-Atom gleich konfiguriert sind, achiral, falls sie ungleich konfiguriert sind, chiral (r- bzw. s-konfiguriert[164]; vgl. S. 407). Demgemäß existieren von n-P_5H_7, wie nachfolgende Fischer-Projektionsformeln zum Ausdruck bringen, drei Diastereomere, nämlich ein Enantiomerenpaar (R,R-n-P_5H_7 + S,S-n-P_5H_7; drittes P-Atom ist achiral) und zwei *meso*-Formen (RrS-n-P_5H_7 ≡ SsR-n-P_5H_7 und RsS-n-P_5H_7 ≡ SrR-n-P_5H_7; vgl. gestrichelte Molekül-Spiegelebene in nachfolgenden Formeln). Entsprechend der ungleichen bzw. gleichen Konfiguration benachbarter Phosphoratome bezeichnet man die betreffenden drei Diastereomeren auch als erythro,threo-, erythro,erythro- und threo,threo-n-Pentaphosphan. Insgesamt sind also für Pentaphosphan(7) 6 Isomere (4 isomere n- und 2 isomere i-Pentaphosphane) denkbar; man erwartet neben den 2 Konstitutionsisomeren also 3 Diastereomere und 2 Enantiomerenpaare.

PH_2	PH_2	PH_2	PH_2
H—P(:) (R)	(:)P—H (S)	H—P(:) (R)	H—P(:) (R)
H—P(:)	(:)P—H	-- (:)P—H --(r)--	--H—P(:)--(s)--
(:)P—H (R)	H—P(:) (S)	H—P(:) (S)	H—P(:) (S)
PH_2	PH_2	PH_2	PH_2
(D)- bzw. (R,R)-	(L)- bzw. (S,S)-	*meso*-1- bzw. (RrS)-	*meso*-2- bzw. (RsS)-
erythro, threo-n-P_5H_7		*threo, threo-n-*P_5H_7	*erythro, erythro-n-*P_5H_7

Von den vier Konstitutionsisomeren des Hexaphosphans(8) P_6H_8 hat das *n-Hexaphosphan* H_2P—*PH—*PH—*PH—*PH—PH_2 vier Asymmetriezentren und kann – wie sich ableiten läßt (vgl. S. 408) – 6 Diastereomere, nämlich vier Enantiomerenpaare und zwei *meso*-Formen, also insgesamt 10 Stereoisomere bilden, während man von H_2P—P(PH_2)—*PH—*PH—PH_2 4 Stereoisomere (zwei diastereomere Enantiomerenpaare), von H_2P—*PH—$^{(*)}$P(PH_2)—*PH—PH_2 4 Stereoisomere (vgl. n-Pentaphosphan(7)) und von H_2P—P(PH_2)—P(PH_2)—PH_2 keine Stereoisomeren erwartet (Isomerenzahl insgesamt: $10 + 4 + 4 + 1 = 19$).

Tatsächlich entstehen im Zuge der P_2H_4- oder P_3H_5-Thermolyse immer Isomerengemische einzelner Phosphane P_nH_{n+2}, wobei jedoch mit wachsender Zahl von n die Menge weniger verzweigter zugunsten stärker verzweigter Isomerer abnimmt und schließlich verschwindet. So konnten etwa von P_6H_8 bisher nur Isomere mit verzweigter P_6-Kette und von P_7H_9 nur eines der beiden Isomeren mit maximal verzweigter P_7-Kette, nämlich $(H_2P)_2P$—P(PH_2)—PH—PH_2, aufgefunden werden. Offensichtlich werden hiernach P_nH_{n+2}-Isomere, die mindestens sechs P-Atome in geradliniger Kette enthalten (z. B. n-P_6H_8 oder i-P_7H_9 = $(H_2P)_2P$—PH—PH—PH—PH_2) rasch unter PH_3-Eliminierung in Cyclopentaphosphane umgewandelt. Der in P_2H_4-Thermolysaten aufgefundene vergleichsweise hohe Anteil verzweigter acyclischer Penta- und Tetraphosphane spricht aber zudem für eine kinetische Bevorzugung der Bildung verzweigter Phosphane[165].

---

[164] Man bezeichnet die Konfiguration pseudoasymmetrischer Zentren mit r und s anstelle von R und S für asymmetrische Zentren.

[165] Die Überführung von H_2P—PH—PH_2 in n-P_4H_6 ist durch Substitution eines von 4 H-Atomen der PH_2-Gruppen, die Überführung in i-P_4H_6 durch Substitution nur eines H-Atoms, nämlich des der PH-Gruppe, möglich. Bei gleicher Substitutionsgeschwindigkeit sollten hiernach n- und i-P_4H_6 im Molverhältnis 4 : 1 entstehen (gefundenes Verhältnis 2 : 1). Die PH_3-Bildung: >P⋮H + H_2P⋮PH_2 → >P—PH_2 + PH_3 erfolgt hiernach mit H aus mittel ständigen P-Atomen rascher als mit H aus endständigen P-Atomen (z. B. rascher: $(H_2P)_2P$—H + H_2P—PH_2 → $(H_2P)_2P$—PH_2 + PH_3; langsamer: H_2P—PH—PH—H + H_2P—PH_2 → H_2P—PH—PH—PH_2 + PH_3). Das Isomerenverhältnis wird allerdings auch durch den PH_2-Lieferanten beeinflußt: z. B. ist der Anteil an i-P_4H_6 in P_3H_5-Thermolysaten ($2P_3H_5 \rightarrow P_4H_6 + P_2H_4$) stets kleiner als in P_2H_4-Thermolysaten ($P_3H_5 + P_2H_4 \rightarrow P_4H_6 + PH_3$).

Derivate. Von den acyclischen Phosphanen sind sowohl einige *anorganische Derivate* (z. B. P_2Hal_4, i-P_4F_6 (S. 756); $PH(PHNH_2)_2$) sowie *organische Derivate* (z. B. $R_2P—PH—PR_2$ RHP—PR—PHR, RHP—P-R—PR—PHR, $P(PH^tBu)_3$, $(^tBu_2P)_2P—P(P^tBu_2)_2$) bekannt. Die partiell organosubstituierten acyclischen Phosphane sind thermostabiler als die Grundkörper, insbesondere wenn die Phosphorkette raumerfüllende Substituenten wie die *tert*-Butylgruppe ($^tBu = CMe_3$) trägt. Strukturen der Organylphosphane lieferen wertvolle Einsichten in Konstitution, Konfiguration und Konformation der betreffenden nicht isolierbaren Grundkörper. Allerdings wird die Konfiguration und Konformation existierender Isomerer mit wachsender Sperrigkeit der Organylsubstituenten in zunehmendem Maße durch sterische Einflüsse bestimmt (Konfigurationslabilität chiraler P-Atome[166]; Bevorzugung der *trans*-Konformation sperriger benachbarter Gruppen anstelle der *gauche*-Konformation benachbarter freier Elektronenpaare (S. 752)).

2.2.4 Monocyclische Phosphane

Mit Ausnahme von P_5H_5 konnten bisher *gesättigte ringförmige Phosphane* P_nH_n (bekannt mit $n = 3–10$) nur in Phosphangemischen nachgewiesen werden. Darüber hinaus kennt man das Phosphid P_5^- als Deprotonierungsprodukt des *ungesättigten ringförmigen Phosphans* P_5H. Bezüglich der nach vollständiger Deprotonierung cyclischer Phosphane verbleibenden Anionen vgl. Alkali- und Erdalkalimetallphosphide (S. 735) sowie Phosphorkomplexe (S. 733).

Cyclopentaphosphan P_5H_5 (Struktur S. 739) wird durch thermische Zersetzung von Phosphangemischen mit einem hohen Gehalt an P_3H_5 und P_4H_6 bei $-20\,°C$ im ziehenden Hochvakuum als Hauptprodukt neben kleinen Anteilen von Phosphanyl-cyclopentaphosphan $P_5H_4—PH_2$ (Summenformel P_6H_6, vgl. S. 740) erhalten: $P_3H_5 + P_4H_6 \rightarrow P_5H_5 + 2PH_3$; $2P_4H_6 \rightarrow P_5H_5 + P_2H_4 + PH_3$. Durch Extraktion mit aromatischen Kohlenwasserstoffen und anschließender Entfernung ebenfalls gelöster flüchtiger Hydride im Vakuum kann P_5H_5 in Form einer praktisch reinen verdünnten, relativ beständigen Lösung erhalten werden. Eine P_5H_5-Lösung läßt sich zudem in undurchsichtiger, die hohe Stabilität des P_5-Ringes demonstrierender Reaktion durch Methanolyse des Tetrasilylcyclotetraphosphans $P_4(SiMe_3)_4$ gewinnen. Bezüglich der Bildung von Lithium-tetrahydrogencyclopentaphosphid aus P_2H_4 und LiBu vgl. S. 746; es ist – gelöst bei tiefen Temperaturen – in reiner Form erhältlich und disproportioniert oberhalb von $-30\,°C$ gemäß $2LiP_5H_4 \rightarrow Li_2HP_7 + P_2H_4 + PH_3$ unter Bildung von Li_2HP_7 (s. u.).

Pentaphosphacyclopentadien P_5H (Struktur S. 741) läßt sich nur in Form verdünnter Lösungen seines Deprotonierungsprodukts als **Pentaphosphacyclopentadienid P_5^-** (Struktur S. 734; D_{5h}-Symmetrie) isolieren. Salze M^IP_5 bilden sich etwa – neben weiteren Phosphiden wie $M_2^IHP_7$, $M_2^IH_2P_{14}$, $M_2^IP_{16}$, $M_3^IP_{19}$, $M_3^IP_{21}$, $M_4^IP_{26}$ bei der Einwirkung von *Natrium* in siedendem Diglyme (= $MeOCH_2CH_2OCH_2CH_2OMe$) bzw. von *Lithiumdihydrogenphosphid* $LiPH_2$ in siedendem Tetrahydrofuran auf *weißen Phosphor* oder – vorteilhafter – durch Einwirkung von *Kaliumdihydrogenphosphid* KPH_2 in siedendem Dimethylformamid (DMF, Me_2NCHO) auf *roten Phosphor* (Molverhältnis P_{rot}: KPH_2 ca. 2 : 1). In letzterem Falle entstehen praktisch nur die Polyphosphide KP_5 und K_2HP_7 im Molverhältnis 2.5 : 1, von denen K_2PH_7 bei Anwendung geringer Solvensmengen größtenteils ausfällt, so daß weitgehend reine Lösungen von KP_5 in DMF erhalten werden. Die hohe Bildungstendenz von P_5^- beruht offensichtlich auf einer merklichen Mesomeriestabilisierung des P_5-Systems (6π-Elektronensystem). Die *roten*, extrem oxidationsempfindlichen, verdünnten KP_5/DMF-Lösungen (c ca. 5×10^{-2} mol/l) sind bei Raumtemperatur über Wochen beständig, zersetzen sich aber beim Konzentrieren oder bei Zugabe unpolarer Lösungsmittel unter Bildung P-reicherer Phosphide (vorzugsweise K_2P_{16}, K_3P_{21}). Ähnlich wie das „hydridisostere" Cyclopentadienid $C_5H_5^-$ vermag auch Pentaphosphacyclopentadienid P_5^- als η^5-Ligand in Übergangsmetallkomplexen zu wirken (z. B. Bildung von $[M(CO)_3(\eta^5\text{-}P_5)]^-$ mit M = Cr, Mo, W und von $[Mn(CO)_3(\eta^5\text{-}P_5)]$; zur Struktur vgl. Fig. 162 auf S. 733). In der Existenz von P_5^- und η^5-P_5-Komplexen dokumentieren sich somit enge verwandtschaftliche Beziehungen („Schrägbeziehung") zwischen der Phosphor- und Kohlenstoffchemie.

Derivate. *Organische Derivate* der Cyclophosphane P_nH_n mit $n = 3, 4, 5, 6$ bilden sich durch Enthalogenierung von $RPCl_2$ mit Li, Na, Mg, LiH. Unter ihnen sind die *Cyclopentaphosphane* P_5R_5 relativ am stabilsten. Organocyclophosphane anderer Ringgröße wandeln sich infolgedessen in diese um, wobei die freiwerdende Energie und die Umwandlungsgeschwindigkeit mit der Raumerfüllung von R (H < Me < Et < i-Pr < t-Bu) sinkt. Besonders umwandlungsfreudig sind aus diesem Grunde P_3H_3, P_4H_4 und

166 Z. B. wandelt sich das im Zuge seiner Synthese als symmetrisches Diastereomeres gebildete i-Tetraphosphan $P(PH^tBu)_3$ (gleich konfigurierte chirale-PH^tBu-Gruppen) bereits bei $-78\,°C$ langsam in ein 1 : 3 Gleichgewichtsgemisch von symmetrischen and asymmetrischen Diastereomeren um (zwei —PH^tBu-Gruppen gleichkonfiguriert, eine —PH^tBu-Gruppe spiegelbildlich konfiguriert).

P_6H_6, die daher bisher nicht isoliert werden konnten. Sperrige Substituenten führen andererseits zu einer Destabilisierung der P_5-Ringe und Stabilisierung kleinerer Ringe. Von Interesse ist in diesem Zusammenhang das Cyclohexaphosphan $(P^tBu)_6$, das durch Nickel im Komplex $Ni(P^tBu)_6$ stabilisiert wird und dieses hexagonal-planar umgibt.

2.2.5 Polycyclische Phosphane

Aus der Gruppe *käfigartiger Phosphane* P_nH_{n+m} ($m = -2, -4, -6 \ldots$, vgl. Tab. 62 auf S. 739) ließ sich bisher P_7H_3 isolieren, andere polycyclische Phosphane nur in Gemischen nachweisen. Bezüglich der nach vollständiger Deprotonierung der polycyclischen Phosphane verbleibenden Anionen vgl. Alkali- und Erdalkalimetallphosphide (S. 735) sowie Phosphorkomplexe (S. 733).

Heptaphosphan(3) P_7H_3 (Struktur S. 739). Zur Darstellung von P_7H_3 verfährt man so, daß das gemäß (Solvens = $MeOCH_2CH_2OMe$)

$$7P_4 + 12Na \longrightarrow 4Na_3P_7 \qquad 9P_2H_4 + 3LiPH_2 \xrightarrow[\text{(Solvens)}]{-20\,^\circ C} Li_3P_7 + 14PH_3$$

$$3P_4 + 6LiPH_2 \xrightarrow[\text{(Solvens)}]{T} 2Li_3P_7 + 4PH_3 \qquad 9P_2H_4 + 3LiBu \xrightarrow[\text{(Solvens)}]{-20\,^\circ C} Li_3P_7 + 11PH_3 + 3BuH$$

gewinnbare Phosphid $M^I_3P_7$ mit Me_3SiCl gemäß $M^I_3P_7 + 3Me_3SiCl \rightarrow P_7(SiMe_3)_3 + 3M^ICl$ in das Trimethylsilyl-Derivat überführt und letzteres schonend mit Methanol behandelt wird: $P_7(SiMe_3)_3 + 3MeOH \rightarrow P_7H_3 + 3Me_3SiOMe$. Der – auch im Zuge der P_2H_4-Thermolyse (S. 745) erhältliche – Phosphorwasserstoff P_7H_3 (2 Konfigurationsisomere; vgl. S. 740 und unten) fällt als hellgelber, in allen organischen Lösungsmitteln unlöslicher, bei ca. 60 °C sublimierbarer, sich ab ca. 300 °C zersetzender, einigermaßen luftstabiler und bei längerem Einwirken von Wasser in verschiedene Phosphorsäuren übergehender Festkörper an.

Durch starke Basen wie LiBu oder $LiPH_2$ läßt sich P_7H_3 teilweise oder vollständig deprotonieren: $P_7H_3 + n\,LiPH_2 \rightarrow Li_nP_7H_{3-n} + n\,PH_3$ (LiP_7H_2 und Li_2P_7H: *hellorangefarben*; gewinnbar auch aus $P_7H_3 + Li_3P_7$ bzw. Li_3P_7 + Säure bzw. P_2H_4 + BuLi). Dilithiumhydrogenheptaphosphid Li_2P_7H und Lithiumdihydrogenheptaphosphid LiP_7H_2 zersetzen sich bei Raumtemperatur u. a. unter Bildung der Phosphide Li_2P_{16}, Li_3P_{21} und Li_4P_{26} (Struktur vgl. Fig. 164 auf S. 736).

Wie aus ^{31}P-NMR-spektroskopischen Untersuchungen des **Heptaphosphid-Trianions** Li_3P_7 in Lösung folgt, ordnen sich bei Raumtemperatur die P—P-Bindungen des P_7^{3-}-Ions unter gleichzeitiger Wanderung der negativen Ladung und damit die den P_7^{3-}-Käfig bildenden, miteinander kondensierten Phosphorringe (ein Dreiring, drei Fünfringe) rasch um, z. B.:

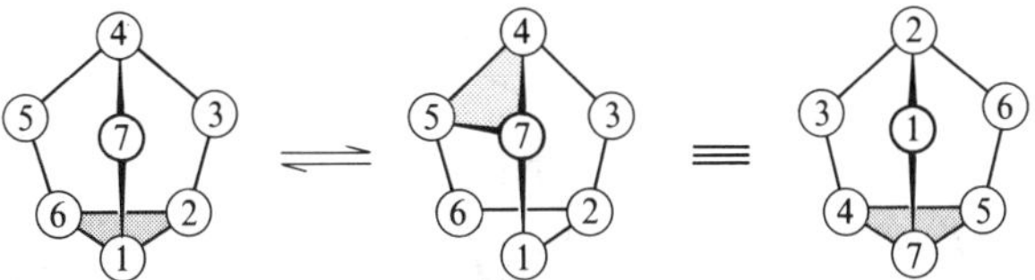

Insgesamt existieren 1680 Tautomere des nicht-starren (fluktuierenden) P_7^{3-}-Ions, die sich in keiner Eigenschaft außer in der Numerierung der P-Atome unterscheiden. Die Aktivierungsenthalpie ΔH^{+} des allgemein als **„Valenztautomerie"** bezeichneten Umordnungsprozesses beträgt ca. 60 kJ/mol (vgl. hierzu auch die Cope-Umlagerung und die Valenztautomerie des Bullvalens $C_{10}H_{10}$, Lehrbücher der Organischen Chemie). Valenztautomerie beobachtet man auch im Falle von P_7H^{2-} (2 Tautomere), nicht jedoch im Falle von $P_7H_2^-$ und P_7H_3.

Andere polycyclische Phosphane P_nH_{n+m}. Die cyclischen Phosphane lassen sich wie die acyclischen Phosphane durch *Thermolyse von Diphosphan oder Gemischen niedriger Phosphane* gewinnen (S. 738). Diese auf Wasserstoff/Phosphanylgruppen-Austausch zwischen Phosphanen beruhende Disproportionierung liefert bei geeigneter Reaktionsführung und Produkteaufarbeitung Gemische polycyclischer Phosphane, in welchen bestimmte Phosphane angereichert vorliegen. Als weitere Methode zur Erzeugung von polycyclischen Phosphanen bietet sich die *Protolyse von Phosphiden oder geeigneten Phosphanderivaten* an. Die Darstellung von Phosphiden wie $P_n^{(n+2)-}$, P_5^-, P_6^{4-}, P_7^{3-}, P_{16}^{2-}, P_{19}^{3-}, P_{21}^{3-}, P_{26}^{4-} kann hierbei aus Alkali- oder Erdalkalimetallen und weißem oder rotem Phosphor bei höheren Temperaturen ohne Lösungsmittel (S. 735) oder aber durch Einwirkung von $LiPH_2$ oder Natrium auf weißen Phosphor in inerten Lösungsmitteln bei oder wenig oberhalb Raumtemperatur erfolgen (vgl. P_5^--Darstellung, oben). Hydrogenphosphide wie $P_5H_4^-$, $P_7H_8^-$, $P_7H_4^-$, $P_7H_2^-$, P_7H^{2-}, $P_8H_5^-$, $P_{14}H_2^{2-}$ entstehen andererseits durch Phosphorkettenaufbau von Hydrogenphosphiden mit Diphosphan in inerten Lösungsmitteln bei Raumtemperatur und darunter (vergleiche S. 746; zum Beispiel $LiPH_2 + 5P_2H_4 \rightarrow LiP_5H_4 + 6PH_3$; $2LiP_5H_4 + 9P_2H_4 \rightarrow Li_2P_{14}H_2 + 14PH_3$; $2Li_3P_7 + 39P_2H_4 \rightarrow 3Li_2P_{14}H_2 + 50PH_3$). Mit der Protolyse der erhaltenen Phosphide ist allerdings häufig eine Zersetzung der thermo- und basenlabilen Phosphane verbunden.

Strukturen. Die Klärung des Baus cyclischer und polycyclischer Phosphane auf direktem Wege ist aus den in Anm.[160)] erwähnten Gründen sehr erschwert oder bisher noch nicht möglich. Strukturuntersuchungen an Metallphosphiden $M^I_{n+m}P_n$ (S. 735) sowie an Organophosphanen P_nR_{n+m} (S. 752) mit polycyclischen P_n-Gerüsten ($m = -2, -4, -6, \ldots$) eröffnen jedoch die Möglichkeit zu experimentell fundierten Strukturaussagen auch für polycyclische Phosphorwasserstoffe P_nH_{n+m}. Nach bisherigen Erkenntnissen besteht für die Mehrzahl letzterer Phosphane eine enge Verwandtschaft ihrer P_n-Gerüste. Dem Bau dieser Gerüste liegen in den überwiegenden Fällen folgende Prinzipien zugrunde:

(i) Das dominierende Strukturelement in den polycyclischen Phosphanen ist der – energetisch vor anderen Ringen bevorzugte – P_5-Ring. Aufgrund besonderer *Spannungsverhältnisse* können auch P_3-Ringe (30 kJ/mol mehr Spannungsenergie als P_5-Ringe) und P_6-Ringe (gespannter als P_3-Ringe) auftreten[167)]. P_4-Ringe (erheblich höhere Ringspannung) und Ringe mit mehr als 6P-Atomen spielen bei Phosphanen keine Rolle.

(ii) Die bevorzugte Verknüpfung zweier P_5-Ringe in den Phosphanen besteht in der Anellierung über 3 oder 2P-Atome. Aus zwei Cyclopentaphosphan-Molekülen folgen hiernach die Phosphane P_7H_5 mit *Norbornan*-Gerüst (a) sowie P_8H_6 mit *Pentalan*-Gerüst (e) (gemeinsame P-Atome sind fett ausgeführt). Durch Knüpfung einer intramolekularen PP-Bindung ergeben sich aus diesen Phosphanen darüber hinaus die Phosphane P_7H_3 mit P_4S_3-Gerüst (b) (Anion P_7^{3-}: S. 749) sowie P_8H_4 mit *Bisnoradamantan*-Gerüst (f) (neu geknüpfte PP-Bindungen sind fett ausgeführt). Letztere Verbindung enthält ein käfigartiges P_8-Gerüst, das nur aus – miteinander über zwei und drei P-Atome kondensierten – P_5-Ringen besteht (Analoges gilt für $P_{11}H_3$, vgl. Formel l). Ein entsprechendes käfigartiges Phosphan $P_{10}H_6$ (h) mit einem Gerüst anellierter P_6-Ringe ist unbekannt. Zwar kann in P_8H_4 (f) eine PH-Gruppe in eine der beiden fett ausgeführten, etwas gespannten[167)] Einfachbindungen unter Bildung des Phosphans P_9H_5 mit *Noradamantan*-Gerüst (g) eingeschoben werden. Das Einschieben von PH-Gruppen in beide (fett ausgeführte) PP-Bindungen von P_8H_4 unter Bildung von $P_{10}H_6$ mit *Adamantan*-Gerüst (h) gelingt jedoch nicht ($P_{10}H_6$ besitzt die Struktur (n))

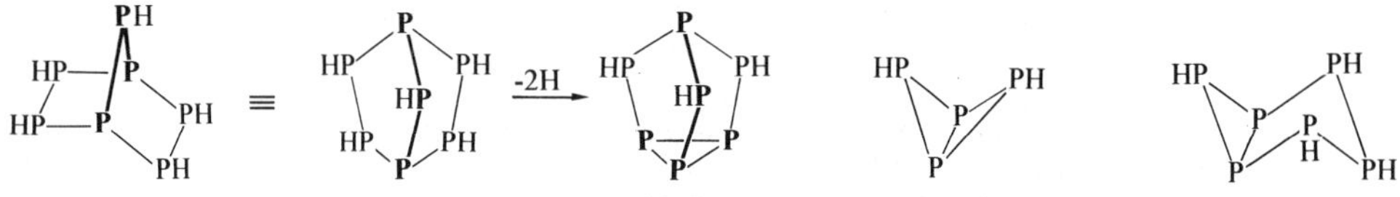

(a) P_7H_5 (b) P_7H_3 (c) P_4H_2 (d) P_6H_4

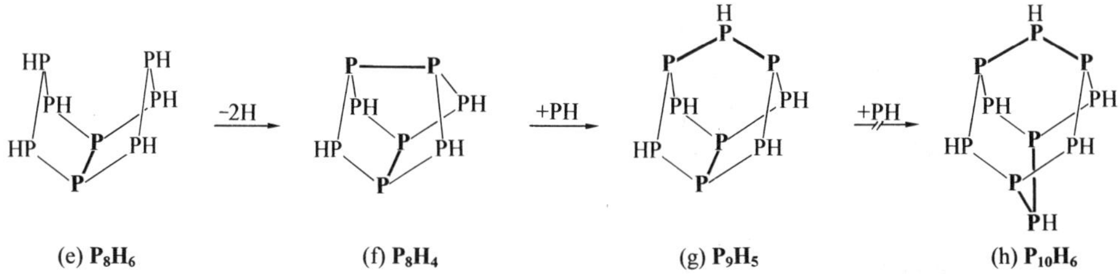

(e) P_8H_6 (f) P_8H_4 (g) P_9H_5 (h) $P_{10}H_6$

Zum Unterschied von den Phosphanen P_7H_5 (a), P_8H_6 (e) und P_8H_4 (f), die jeweils nur anellierte P_5-Ringe enthalten, wird das P_n-Käfiggerüst der Phosphane P_7H_3 (b) und P_9H_5 (g) aus miteinander anellierten P_n-Ringen unterschiedlicher Gliederzahl *n* gebildet. Die vorliegende *weniger bevorzugte Ver-*

---

167 Durch Mehrfach-Anellierung von P_5-Ringen kann sich eine erhebliche **Spannungsenergie** aufbauen, die gegebenenfalls durch zusätzlichen Einbau von P_3- und/oder P_6-Ringen in das Gerüst kondensierter P_5-Ringe oder durch Umorganisation des P_5-Ringgerüstes in ein Gerüst kondensierter P_3- oder P_6-Ringe gemindert wird. Beispielsweise liegen dem polymeren Phosphor in seiner thermodynamisch stabilsten Form (schwarzer Phosphor) anellierte P_6-Ringe zugrunde, während die P_5-Ringe enthaltende Form (violetter Phosphor) instabiler ist. Auch baut sich die niedermolekulare (thermodynamisch instabilste) Form des Phosphors (weißer Phosphor) nicht aus anellierten P_5-, sondern P_3-Ringen auf (vgl. S. 728). Schließlich läßt sich der P_6-Ring des Cyclohexaphosphans, das normalerweise nur als energieärmeres Phosphanylcyclopentaphosphan $P_5H_4—PH_2$ existiert, durch Überbrückung mit einer PH-Gruppe stabilisieren, vgl. P_7H_5 (a).

knüpfung von P_3- und P_6-Ringen untereinander und mit P_5-Ringen wird hier durch käfigbedingte Ringspannungen begünstigt[167]. Beispiele für einfache Phosphane mit einem Gerüst aus zwei anellierten P_3-Ringen bzw. einem P_3- und einem P_5-Ring sind P_4H_2 (c) und P_6H_4 (d). Phosphane mit einem Gerüst aus zwei anellierten P_6-Ringen sowie einem P_6- und einem P_3- bzw. P_5-Ring existieren offensichtlich nicht.

(iii) Die begünstigte Erweiterung offener und geschlossener P_n-Käfiggerüste der oben vorgestellten polycyclischen Phosphane besteht in einer Angliederung von P_2-Einheiten an P_3-Gerüsteinheiten unter Bildung von P_5-Ringen. Hierdurch folgen etwa aus den Phosphorwasserstoffen P_6H_4 (d), P_7H_5 (a), P_7H_3 (b), P_8H_6 (e), P_8H_4 (f), P_9H_5 (g) die Phosphane P_8H_4 (i), P_9H_5 (k), P_9H_3 (m), $P_{10}H_6$ (n), $P_{10}H_4$ (o), $P_{12}H_4$ (p), $P_{11}H_5$ (r) und $P_{13}H_5$ (s) (die neu hinzugekommenen P_2-Gruppen sind in den Formeln jeweils fett ausgeführt). Ersichtlicherweise kann das Phosphan P_8H_4 die Konstitution (f) und (i), das Phosphan P_9H_5 die Konstitution (g) und (k) einnehmen[168].

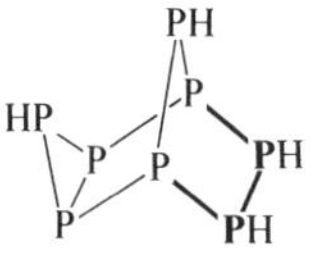

(i) $\mathbf{P_8H_4}$ 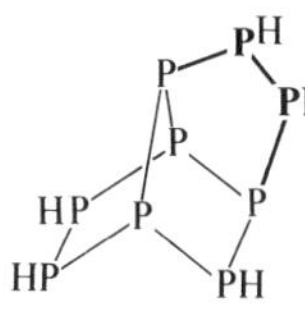 (k) $\mathbf{P_9H_5}$ 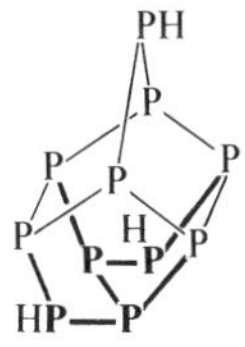 (l) $\mathbf{P_{11}H_3}$ 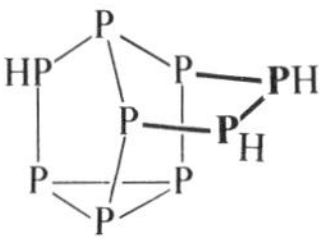 (m) $\mathbf{P_9H_3}$ 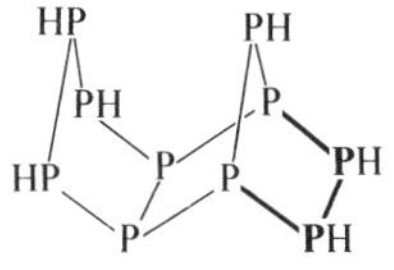 (n) $\mathbf{P_{10}H_6}$

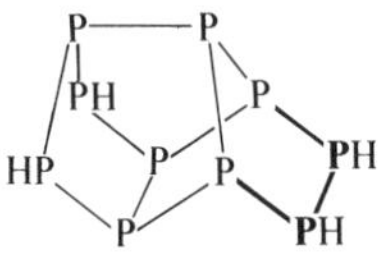

(o) $\mathbf{P_{10}H_4}$ 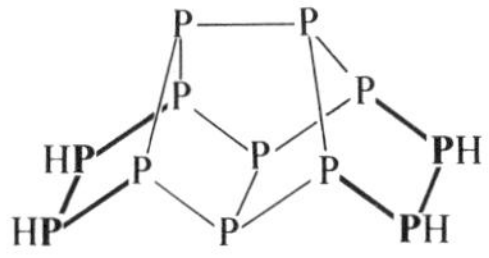 (p) $\mathbf{P_{12}H_4}$ 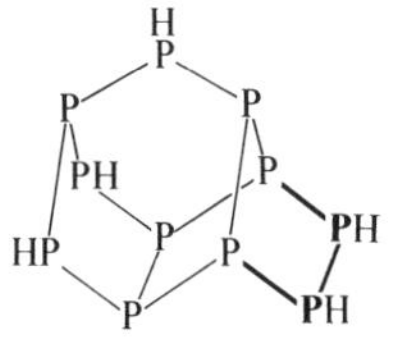 (r) $\mathbf{P_{11}H_5}$ 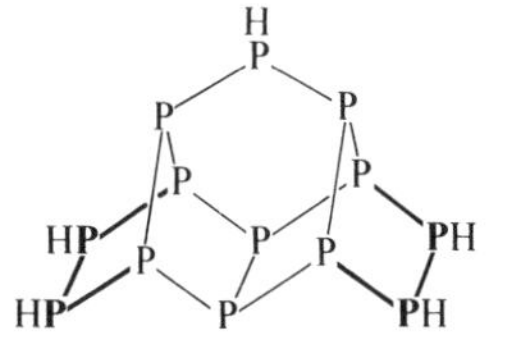 (s) $\mathbf{P_{13}H_5}$

Das Phosphan $P_{11}H_3$ (l) (Anion P_{11}^{3-}: S. 736) läßt sich aus dem Phosphan P_7H_5 (a) durch Angliederung von zwei P_2-Einheiten und Knüpfung einer PP-Bindung zwischen den neu hinzugekommenen P_2-Gruppen herleiten. In diesem Zusammenhang sei darauf hingewiesen, daß das Phosphan P_9H_3 (m) mit dem besonders günstigen *Deltacyclan*-Gerüst nicht nur aus P_7H_3 (b) durch Angliedern einer P_2-Gruppe folgt, sondern auch aus P_9H_5 (k) mit *Brexan*-Gerüst durch Knüpfen einer PP-Bindung zwischen den beiden in Formel (k) rechts stehenden PH-Phosphoratomen.

(iv) Phosphane P_nH_{n+m} enthalten bei steigender Zahl der Phosphoratome in zunehmendem Maße conjuncto-Phosphangerüste, d.h. sie bauen sich aus polycyclischen Phosphanen des oben besprochenen Typs auf, die durch Einfachbindung oder über gemeinsame P-Atome miteinander verknüpft sind. So folgt etwa aus 2 Molekülen P_7H_5 (a) bei Verknüpfung über drei PP-Einfachbindungen das Phosphan $P_{14}H_4$ (t) (die neuen PP-Bindungen sind fett ausgeführt), während die Phosphane $P_{16}H_2$ (u) bzw. $P_{21}H_3$ (v) bzw. $P_{18}H_4$ (w) bzw. $P_{18}H_6$ (x) aus einer Verknüpfung zweier Moleküle P_9H_3 (m) untereinander bzw. zweier Moleküle P_9H_3 (m) mit einem Molekül P_7H_5 (a) bzw. eines Moleküls $P_{11}H_5$ (r) mit einem Molekül P_9H_3 (m) bzw. eines Moleküls $P_{11}H_5$ (r) mit einem Molekül P_9H_5 (k) über eine gemeinsame P_2-Gruppe (fett ausgeführt) resultieren.[169]

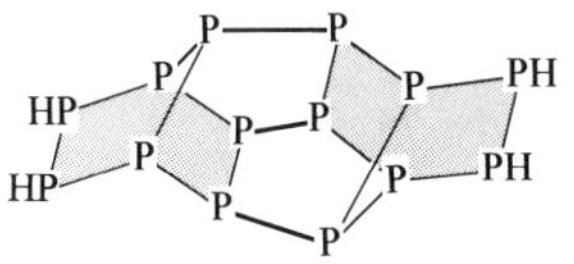

(t) $P_{14}H_4$ 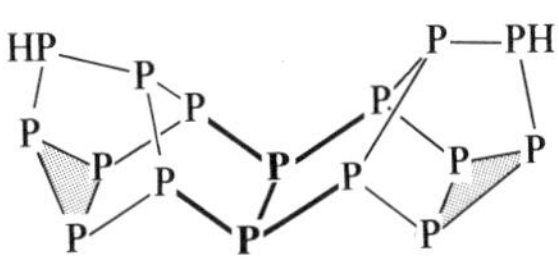 (u) $P_{16}H_2$ 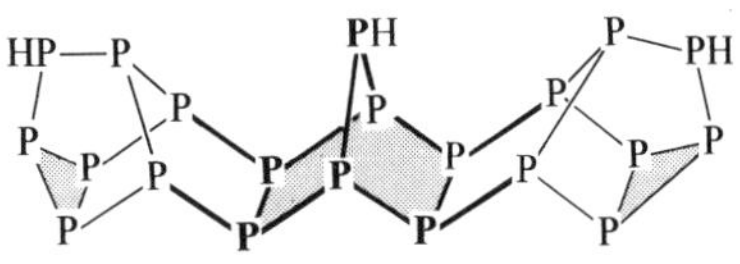 (v) $P_{21}H_3$

[168] Konstitutionsisomere cyclischer Phosphane treten bei vergleichbarem Energiegehalt der Phosphangerüste auf; in vorliegendem Falle ist (f) und (g) nur wenig energiereicher als (i) und (k). Durch Einbau in größere Phosphangerüste (s. unten, conjuncto-Phosphane) werden die Strukturen (f) und (g) offensichtlich stabilisiert.

[169] Man vergleiche die *conjuncto*-Phosphangerüste des violetten Phosphors (S. 730) sowie der Phosphide P_{16}^{2-}, P_{21}^{3-}, P_{26}^{4-}, P_{19}^{3-}, $[P_7^-]_x$, $[P_{15}^-]_x$, $Li_2P_{14}H_2$ (S. 736, 737, 746).

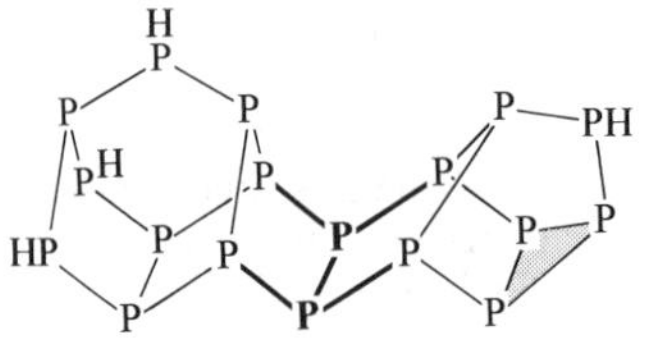

(w) $P_{18}H_4$ 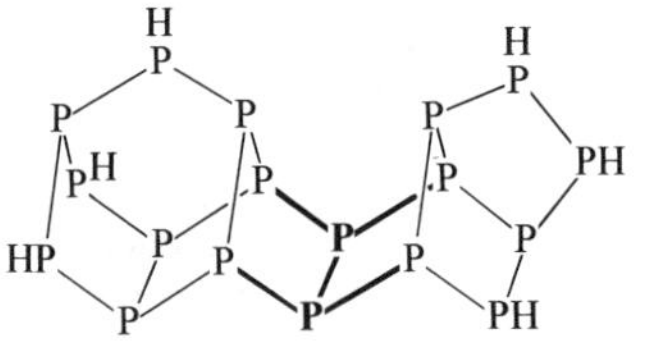 (x) $P_{18}H_6$

Derivate. Von fast allen in Tab. 62 (S. 739) aufgeführten polycyclischen Phosphanen sind **organische Derivate** isoliert oder in Produktgemischen nachgewiesen worden. Sie bilden sich gezielt durch *Alkylierung* sowie *Phosphanylierung von Phosphiden* mit RX oder RPX-RXR[170] und ungezielt (in Form von Gemischen unterschiedlicher Organylphosphane) durch *Thermolyse organischer Phosphane* P_nR_{n+m} sowie *Enthalogenierung organischer Halogenphosphane* $RPCl_2$ bzw. $RPCl_2/PCl_3$ bzw. $(PR)_n/PCl_3$ bzw. $RPCl_2/P_4$ (R z. B. Me, Et, ${}^iPr$, ${}^tBu$, Ph, C_2F_5, ${}^iC_3F_7$, $SiMe_3$) mit Mg, Li, Na, LiH. Die polycyclischen Organylphosphane P_nR_{n+m} ($m = -2, -4$ ...) weisen in den einzelnen Verbindungsklassen (n, m = konstant) bei Variationen von R im Bereich *wenig sperriger* Alkylgruppen (Me, Et, ${}^iPr$) gleiche Phosphorgerüste auf. Infolgedessen kann ein Strukturwechsel auch bei Ersatz von R durch Wasserstoff ausgeschlossen werden. *Sperrigere* Substituenten führen andererseits zu einer Destabilisierung der P_5- und Stabilisierung der P_4-Ringstrukturen. Als Folge hiervon weisen polycyclische Phosphane P_nR_{n+m} mit R = ${}^tBu$ vielfach andere Gerüststrukturen als entsprechende Phosphane mit R = H, Me, Et, ${}^iPr$ auf. So besitzen die nachfolgend wiedergegebenen Phosphane $P_6{}^tBu_4$, $P_7{}^tBu_5$, $P_8{}^tBu_6$, $P_9{}^tBu_7$ und $P_{10}{}^tBu_6$ (2 Konstitutionsisomere) nicht den normalen Bau mit den Gerüsten (d), (a), (e), (?) und (n), sondern *konstitutionsisomere* Gerüste, während sich die Strukturen anderer Phosphane wie P_9H_3 bei Substitution mit ${}^tBu$-Gruppen nicht ändern[171] (es existiert auch von $P_6{}^tBu_4$ ein Konstitutionsisomeres mit P_6H_4-Gerüst).

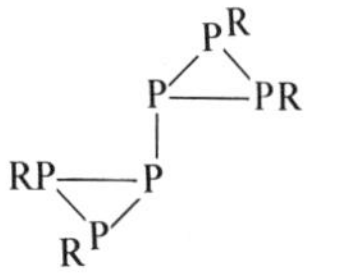

$P_6{}^tBu_4$ 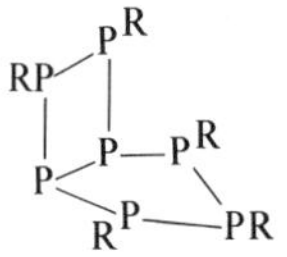 $P_7{}^tBu_5$ 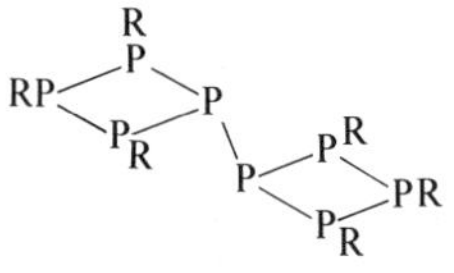 $P_8{}^tBu_6$ 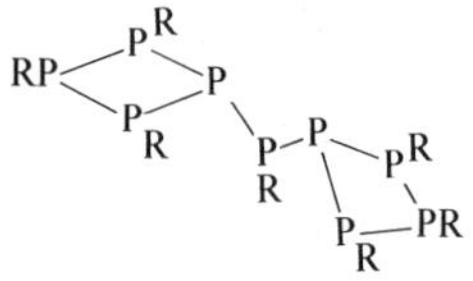 $P_9{}^tBu_7$

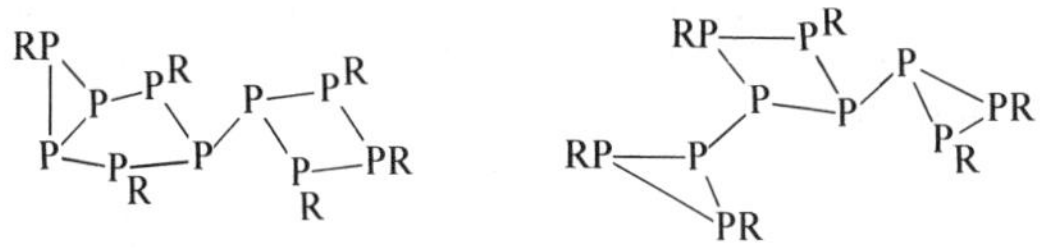

$P_{10}{}^tBu_6$ 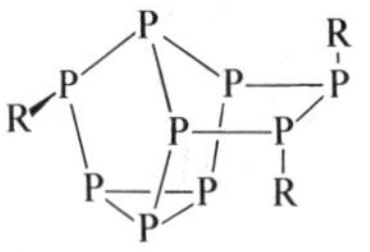 $P_9{}^tBu_3$

Die Phosphoratome der polycyclischen Organophosphane lassen sich wie die P-Atome anderer Verbindungen mit dreibindigem Phosphor oxidativ angreifen: $\geqslant P\!: + \frac{1}{2}O_2 \rightarrow \geqslant P{=}O$; $\geqslant P\!: + \frac{1}{8}S_8 \rightarrow \geqslant P{=}S$. Beispielsweise werden $P_6{}^tBu_4$ (P_6H_4 (d)-Gerüst) sowie $P_7{}^tBu_5$ durch trockene Luft bzw. $P_8{}^tBu_6$ von Wasserstoffperoxid bzw. $P_3{}^tBu_3$ von Schwefel in $P_6{}^tBu_4O$, $P_7{}^tBu_5O$, $P_8{}^tBu_6O_6$ bzw. $P_3{}^tBu_3S$ verwandelt. Die Labilität gegenüber Luftsauerstoff nimmt mit steigendem Phosphorgehalt der Verbindungen und zunehmender Raumerfüllung der Organylgruppen ab.

---

[170] Von Interesse ist in diesem Zusammenhang die Spaltung einer PP-Bindung in P_4 durch Lithiumsupermesityl LiR (R = $C_6H_2{}^tBu_3$): $P_4 + LiR \rightarrow LiP_4R$. Das nach Alkylierung gemäß $LiP_4R + RBr \rightarrow P_4R_2 + LiBr$ gebildete Phosphan P_4R_2 leitet sich von P_4H_2 (c) ab.

[171] $P_9{}^tBu_3$ läßt sich in zwei *konfigurationsisomeren* Formen isolieren, die sich in der räumlichen Stellung der auf der linken Seite stehenden R-Gruppe unterscheiden. Ihre gegenseitige Umwandlung erfolgt – wegen der Substituentensperrigkeit – vergleichsweise rasch unter Bildung eines Gemisches des wiedergegebenen (R nach vorne weisend) und des dazu isomeren Phosphans (R nach hinten weisend) im Molverhältnis 4 : 1 (Inversionsbarriere ca. 80 kJ/mol; zum Vergleich PH_3: 150 kJ/mol; der Konfigurationswechsel beider P-Atome der P_2-Gruppe würde ca. 130 kJ/mol benötigen, da es bei der Inversion zu sterischen Wechselwirkungen zwischen den ${}^tBu$-Gruppen kommt).

2.3 Halogenverbindungen des Phosphors[136,172]

Grundlagen

Systematik. Phosphor bildet **Halogenide** des Typus $\mathbf{PX_3}$, $\mathbf{P_2X_4}$ und $\mathbf{PX_5}$; darüber hinaus sind die Halogenide $\mathbf{P_4F_6}$, $\mathbf{P_6Cl_6}$ und $\mathbf{P_6Br_6}$ bekannt (vgl. Tab. 73). Sie leiten sich von den *acyclischen Phosphanen* P_nH_{n+2} ($n = 1$, 2 sowie für X = F auch $n = 4$), von den *cyclischen Phosphanen* P_nH_n ($n = 6$) bzw. vom *Phosphoran* PH_5 durch Ersatz aller Wasserstoff- durch Halogenatome ab.

Daneben existieren gemäß Tab. 73 auch *gemischte* Tri- und Pentahalogenide $\mathbf{PX_mX'_n}$ ($m + n = 3$ und 5), *Polyhalogenide* $\mathbf{PX_{<5}}$, *teilhalogenierte* Wasserstoffverbindungen $\mathbf{H_mPX_n}$ sowie *Pseudohalogenide* $\mathbf{PX_3}$ (X u.a. CN, NCO, NCS). Darüber hinaus bildet Phosphor **Halogenidoxide** des Typus $\mathbf{POX_3}$ („*Phos-*

Tab. 73 Phosphorhalogenide[a–e] und -pseudohalogenide[f]

Verbindungstypus	Fluoride	Chloride	Bromide	Iodide
$\mathbf{PX_3}$[a, f] **Phosphor-** **trihalogenide** (Trihalogen- phosphane)	$\mathbf{PF_3}$[e] *Farbloses* Gas Smp. −151.5 °C Sdp. −101.2 °C $\Delta H_f = -946.3$ kJ	$\mathbf{PCl_3}$ *Farblose* Flüssigk. Smp. −93.6 °C Sdp. 76.1 °C $\Delta H_f = -319.9$ kJ	$\mathbf{PBr_3}$ *Farblose* Flüssigk. Smp. −41.5 °C Sdp. 173.2 °C $\Delta H_f = -198.9$ kJ	$\mathbf{PI_3}$ *Rote* Kristalle Smp. 61.2 °C Sdp. > 200°/Zers. $\Delta H_f = -45.6$ kJ
$\mathbf{P_2X_4}$ **Diphosphor-** **tetrahalogenide** (Tetrahalogen- diphosphane)	$\mathbf{P_2F_4}$[b] *Farbloses* Gas Smp. −86.5 °C Sdp. − 6.2 °C	$\mathbf{P_2Cl_4}$ *Farblose* Flüssigk. Smp. −28 °C Sdp. ~180 °C	$\mathbf{P_2Br_4}$ (Als Zwischen- produkt nach- gewiesen)	$\mathbf{P_2I_4}$ *Hellrote* Krist. Smp. 125.5 °C $\Delta H_f = -82.73$ kJ
$\mathbf{PX_5}$[c, d] **Phosphor-** **pentahalogenide** (Pentahalogen- phosphorane)	$\mathbf{PF_5}$[e] *Farbloses* Gas Smp. −93.7 °C Sdp. −84.5 °C $\Delta H_f = -1596.8$ kJ	$\mathbf{PCl_5}$ *Farblose* Kristalle Smp. 167 °C[g] Sblp. 150 °C $\Delta H_f = -444$ kJ	$\mathbf{PBr_5}$ *Rotgelbe* Kristalle Zers. 84 °C $\Delta H_f - 46$ kJ	„$\mathbf{PI_5}$“ *Schwarzbraune* Krist. Zers. 41 °C

a) Gemischte Phosphortrihalogenide $\mathbf{PX_nX'_{3-n}}$ (gewinnbar durch Reaktion von PX_3 und PX'_3; nur im Falle X = F isolierbar): PF_2Cl (Smp. −164.8°, Sdp. −47.3 °C); $PFCl_2$ (Smp. −144.0°, Sdp. 13.85 °C); PF_2Br (Smp. −133.8°, Sdp. −16.1 °C); $PFBr_2$ (Smp. −115.0 °C, Sdp. 78.4 °C); PF_2I (Smp. −93.8°, Sdp. 26.7 °C). **b) Tetraphosphorhexafluorid** $\mathbf{P_4F_6}$ = $P(PF_2)_3$: *Farblose* Flüssigkeit, Smp. −68 °C. **c) Gemischte Phosphorpentahalogenide** $\mathbf{PX_nX'_{5-n}}$ (gewinnbar durch Reaktion von $PX_nX'_{3-n}$ mit X'_2 bzw. von PF_5 mit BX'_3): PF_4Cl (Smp. −132°, Sdp. −43.4 °C); PF_3Cl_2 (Smp. −124°, Sdp. 2.5 °C); PF_2Cl_3 (Smp. −61°, Sdp. 50.4 °C); $PFCl_4$ (Smp. −30.5°, Sdp. 105.9 °C); PF_3Br_2 (Zers. 135 °C), $PFBr_4$ (Zers. 87 °C). **d) Phosphorpolyhalogenide** $\mathbf{PX_{>5}}$: u.a. $PBr_7 = PBr_4^+Br_3^-$; $PBr_9 = PBr_4^+Br_5^-$; $PCl_6I = PCl_4^+ICl_2^-$; $PBrCl_5I = PCl_4^+BrICl^-$; $PBr_6I = PBr_4^+IBr_2^-$; $PBr_5ClI = PBr_4^+BrICl^-$; $PBr_4Cl_3 = PBr_4^+Cl_3^-$. **e) Teilhalogenierte Phosphorhydride:** $\mathbf{HPF_2}$ (Smp. −124.0°, Sdp. −64 °C; Gewinnung z.B.: $PF_2I + HI + Hg \rightarrow HPF_2 + HgI_2$); $\mathbf{H_2P_2F_2}$ (*farbloses* Gas; Gewinnung: $PF_2I + PH_3 \rightarrow F_2P{-}PH_2 + HI$); $\mathbf{HPF_4}$ (Smp. ≈ −89°, Sdp. −39 °C; Gewinnung: $H_3PO_3 + 4HF \rightarrow HPF_4 + 3H_2O$; $PF_5 + Me_3SiH \rightarrow HPF_4 + Me_3SiF$); $\mathbf{H_2PF_3}$ (Smp. ≈ −51°, Sdp. 3.8 °C; Gewinnung: $H_3PO_2 + 3HF \rightarrow H_2PF_3 + 2H_2O$; $PF_5 + 2Me_3SnH \rightarrow H_2PF_3 + 2Me_3SnF$); $\mathbf{H_3PF_2}$ (Gewinnung im Gemisch mit $PH_4^+F^- \cdot nHF$ aus P_2H_4 und fl. HF; 100 % Zersetzung in 2 Wochen bei −78 °C). *Teiliodierte* Phosphane H_nPI_{3-n} ($n = 1$, 2) wurden im Gleichgewichtsgemisch mit PH_3 und PI_3 nachgewiesen. **f) Phosphorpseudohalogenide** $\mathbf{PX_3}$**:** $P(CN)_3$ (Smp. 203 °C); $P(NCO)_3$ (Smp. −2°, Sdp. 169.3 °C); $P(NCS)_3$ (Smp. −4°, Sdp. ≈ 120 °C bei 1.3 mbar); $PF(NCO)_2$ (Smp. −55°, Sdp. 98.7 °C); $PF_2(NCO)$ (Smp. −108°, Sdp. 12.3 °C); $PCl(NCO)_2$ (Smp. −50°, Sdp. 134.6 °C); $PCl_2(NCO)$ (Smp. −99°, Sdp. 104.5 °C); $PF_2(NCS)$ (Smp. −95°, Sdp. 90.3 °C); $PCl_2(NCS)$ (Smp. −76°, Sdp. 148 °C). **g)** 930 mbar.

---

[172] **Literatur.** D.S. Payne: „*Halides of the Phosphorus Group Elements* (*P, As, Sb, Bi*)“, Quart. Rev. **15** (1961) 173–189; J.W. George: „*Halides and Oxyhalides of the Elements of Group Vb and VIb*“, Progr. Inorg. Chem. **2** (1960) 33–107; L. Kolditz: „*Halides of Phosphorus, Arsenic, Antimony, and Bismuth*“, Adv. Inorg. Radiochem. **7** (1965) 1–26; M. Webster: „*Addition Compounds of Group V Pentahalides*“, Chem. Rev. **66** (1966) 87–118; R.R. Holmes: „*Ionic and Molecular Halides of the Phosphorus Family*“, J. Chem. Educ. **40** (1963) 125–130; J.F. Nixon: „*Recent Progress in the Chemistry of Fluorophosphines*“, Adv. Inorg. Radiochem. **13** (1970) 363–469; R. Schmutzler: „*Fluorides of Phosphorus*“, Adv. Fluorine Chem. **5** (1965) 31–285; A.V. Kirsanow, C.K. Gorbatenko, N.G. Feschtschenko: „*Chemistry of Phosphorus Iodides*“, Pure Appl. Chem. **44** (1975) 125–139; G.A. Fisher, N.C. Norman: „*The Structures of the Group 15 Element(III) Halides and Halogenoanions*“, Adv. Inorg. Chem. **41** (1994) 233–271. Vgl. Anm. 175.

phorylhalogenide"), $[POX]_x$ und $[PO_2X]_x$, die in ihrer Zusammensetzung den Nitrosyl- sowie Nitrylhalogeniden NOX_3, NOX und NO_2X entsprechen. Sie werden als Derivate der Phosphorsäure $PO(OH)_3$, der Metaphosphonsäure $[PO(OH)]_x$ und der Metaphosphorsäure $[PO_2(OH)]_x$ bei diesen Säuren zusammen mit anderen Sauerstoff-Halogen-Verbindungen des Phosphors besprochen. Bezüglich der „*Thiophosphonylhalogenide*" PSX_3 vgl. S. 777.

Strukturen. Die Trihalogenide PX_3, deren Beständigkeit wie die der Pentahalogenide mit steigender Masse des Halogens abnimmt, sind *trigonal-bipyramidal* (P an der Pyramidenspitze, C_{3v}-Symmetrie), die Pentahalogenide PX_5 *trigonal-bipyramidal* (P im Zentrum, D_{3h}-Symmetrie) gebaut, während den „*niederen Phosphorhalogeniden*" P_2X_4 („Dihalogenide") und P_6X_6 („Monohalogenide") eine Struktur mit PP-Einfachbindungen zukommt. Die PX-Abstände (X = Cl, Br, I) entsprechen P—X-Einfachbindungen (ber. 2.09, 2.24, 2.43 Å). Die kleinen PF-Abstände lassen auf einen Doppelbindungscharakter schließen (ber. für P—F 1.74, für P=F 1.54 Å). Bezüglich PX_3 vgl. auch bei SbX_3.

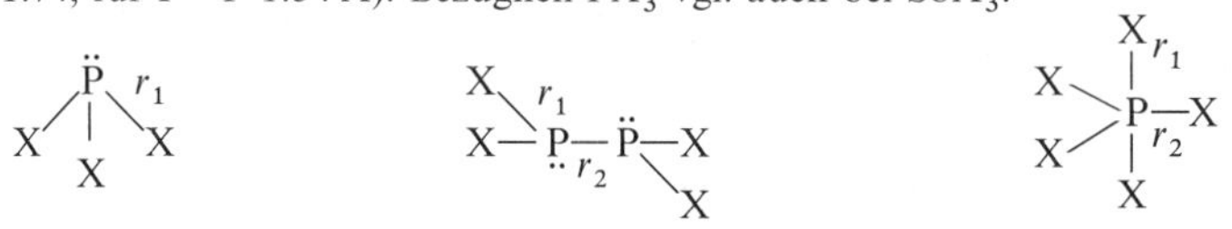

	PF_3	PCl_3	PBr_3	PI_3	P_2F_4	P_2I_4	PF_5	PCl_5	PCl_2F_3
r_1 [Å]	1.546	2.039	2.22	2.43	1.587	2.48	1.577	2.124	1.591
r_2 [Å]	–	–	–	–	2.281	2.21	1.534	2.020	1.539/2.001
∢ XPX	97.4°	100.1°	101.0°	102°	99.1°	102°	90°/120°	90°/120°	89.3°/122.2°

Die aus *trigonal-bipyramidal* gebauten **Phosphoranderivaten PR_5** (R = anorganischer bzw. organischer Rest) durch geringe RPR-Winkelverkleinerungen und -vergrößerungen hervorgehende *quadratisch-pyramidale Struktur* (D_{3h}- und C_{4v}-Symmetrie; vgl. hierzu nachfolgende Formeln (b) und (a) sowie auch Pseudorotation von PR_5, S. 758) ist meist um etwa 20–30 kJ/mol *energiereicher*. Verbindungen PR_5 sind deshalb in der Regel trigonal-bipyramidal gebaut, wobei die *axiale* PR-Bindung immer *länger* ist als die *äquatoriale*. Sind jedoch vier Reste R in der Weise miteinander verbunden, daß Phosphor das Zentrum zweier kleiner Ringe, d.h. das Zentrum eines „*Spirocyclus*" wird, so kann die Konformation (a) aus Ringspannungsgründen die energetisch bevorzugte werden (z.B. ist $MeP(OCH_2CH_2O)_2$ quadratisch-pyramidal strukturiert). Bilden andererseits drei Reste zusammen mit Phosphor einen kleineren *Bicyclus*, so beobachtet man gelegentlich auch die Konformation (c), die aus (b) durch RPR-Winkelveränderungen hervorgeht, die dem Übergang (b) → (a) gerade entgegengesetzt sind:

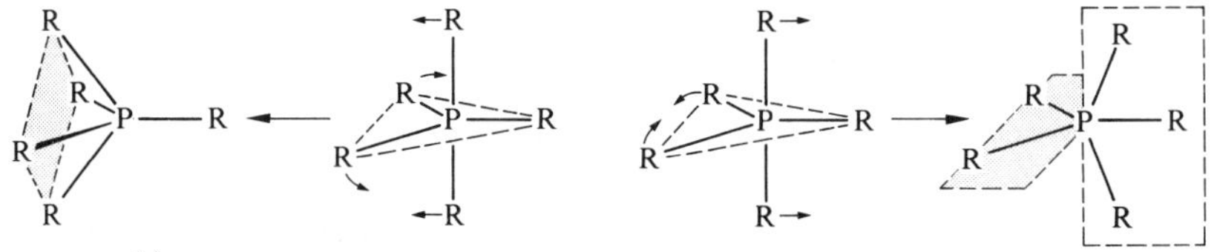

(a) (b) (c)

Die Bevorzugung einer Gruppe R in *trigonal-bipyramidalen Phosphoranderivaten* PR'_nR_{5-n} für einen axialen (apicalen) Platz, die sogenannte „*Apicophilie*"[173]) wächst in der Reihenfolge (Me = CH_3; Ph = C_6H_5):

$$Ph < Me < NMe_2 < OMe < SMe < Cl < OPh < CF_3 < H < F.$$

Sperrigere Gruppen und/oder *elektropositivere* Gruppen und/oder Gruppen, die als *π-Donator* wirken, bevorzugen äquatoriale Plätze[174]). Entsprechendes gilt allgemein für trigonal-bipyramidal gebaute Moleküle ER'_nR_{5-n} (R' kann auch ein freies Elektronenpaar sein).

Der wiedergegebenen Apicophilie-Reihe ist zu entnehmen, daß etwa die Wasserstoffatome in HPF_4 und H_2PF_3 oder die Chloratome in $PClF_4$, PCl_2F_3 und PCl_3F_2 oder die Methylgruppen in $MePF_4$ und Me_2PF_3 oder die Aminogruppen in $(R_2N)PF_4$ und $(R_2N)_2PF_3$ äquatorial gebunden sind. Eine besonders hohe Apicophilie besitzt Fluor, eine besonders niedrige haben Organylgruppen. Infolgedessen ist z.B. $MePF_4$ mit apicaler Methylgruppe um etwa 160 kJ/mol energiereicher als $MePF_4$ mit äquatorialem Methyl.

---

[173] apex (lat.) = Spitze

[174] Ist der Phosphoranphosphor Teil eines vier- oder fünfgliederigen Rings, so betätigt der Phosphor – unabhängig von der Apicophilie seiner fünf Bindungsnachbarn – eine axiale und eine äquatoriale Ringbindung.

Nachfolgend werden zunächst die Halogenide PX_3 und P_2X_4 mit *dreibindigem* Phosphor, dann die Halogenide PX_5 mit *fünfbindigem* Phosphor und im Anschluß hieran *Pseudorotation* und *andere Ligandenaustauschprozesse* bei Phosphorpentahalogeniden und anderen Elementhalogeniden besprochen. *Technische Bedeutung* haben insbesondere PCl_3, PCl_5 und $POCl_3$ erlangt.

Phosphor(III)-halogenide

Phosphortrifluorid PF_3 wird am besten durch Fluorierung von PCl_3 mittels ZnF_2 oder AsF_3 gewonnen. Es stellt ein *farbloses*, in kleiner Konzentration *geruchloses* Gas dar (vgl. Tab. 73 und zur Struktur S. 636) und ist wie CO *giftig*, da es gleich diesem mit Hämoglobin einen Komplex bildet, der die Sauerstoffatmung unterbindet (S. 503). Von Wasser wird es nur langsam, von Alkalien dagegen rasch unter Bildung von Phosphonsäure bzw. Phosphonaten hydrolysiert. Im Gegensatz zum AsF_3 wirkt es nur als *sehr schwache Lewis-Säure*, bildet aber mit wasserfreiem $NMe_4^+F^-$ (siehe S. 458) in Acetonitril das NMe_4^+-Salz des *farblosen* Fluorokomplexes PF_4^- (pseudo-trigonal-bipyramidal; Abstände $PF_{ax}/PF_{äq} = 1.74/1.60$ Å; $\measuredangle F_{ax}PF_{ax}/F_{äq}PF_{äq} = 168.3/99.9°$; in Lösung fluktuierend; Zers. 150 °C in NMe_3, MeF, PF_3). Andererseits ist es eine *sehr starke Lewis-Base*, die mit vielen Lewis-Säuren stabile **Komplexe**[172, 175] bildet (z. B. $F_3P \rightarrow BH_3$) und z. B. in Metallcarbonylen das CO zu vertreten vermag, wobei es wie dieses auch als Elektronenakzeptor (Rückkoordinierung von Elektronen seitens des komplexbildenden Metalls) fungieren kann (S. 1671). Bezüglich der HF-Additionsprodukte HPF_4 und HPF_5^- von PF_3 und PF_4^- vgl. S. 757.

Phosphortrichlorid PCl_3. Die technische Darstellung von PCl_3 erfolgt durch direkte Umsetzung von trockenem *Chlorgas* mit gasförmigem *weißem Phosphor* in einem Brenner:

$$\tfrac{1}{4}P_4 + 1\tfrac{1}{2}Cl_2 \rightarrow PCl_3 + 320\ \text{kJ}.$$

Der Phosphor entzündet sich dabei von selbst und verbrennt mit fahler Flamme, während in die gekühlte Vorlage ein Gemisch von Phosphortrichlorid PCl_3 und etwas Phosphorpentachlorid PCl_5 destilliert. Um letzteres zu entfernen, fügt man zum Destillat etwas weißen Phosphor hinzu und destilliert erneut ($6PCl_5 + P_4 \rightarrow 10PCl_3$). Die technische Gewinnung von PCl_3 erfolgt auch durch Einleiten von Chlor in eine P_4-haltige PCl_3-Lösung. Hierbei wird P_4 kontinuierlich zugegeben, gebildetes PCl_3 kontinuierlich abdestilliert.

Eigenschaften. Phosphortrichlorid ist eine *farblose, stechend riechende*, bei 75 °C siedende und bei −93.6 °C erstarrende Flüssigkeit ($d = 1.57$ g/cm³; MAK-Wert 3 mg/m³ bzw. 0.5 ppm). Zur Struktur vgl. S. 636. Von Wasser wird PCl_3 sehr leicht unter Bildung von Phosphonsäure (vgl. S. 754) und Salzsäure zersetzt und raucht daher an feuchter Luft stark[176]:

$$PCl_3 + 3HOH \rightarrow P(OH)_3 + 3HCl.$$

Ähnlich wie durch OH^- läßt sich das Chlorid von PCl_3 auch leicht durch andere Gruppen Y^- austauschen: $PCl_3 + 3Y^-$ (bzw. 3HY) $\rightarrow PY_3 + 3Cl^-$ (bzw. 3HCl). So wird PCl_3 etwa durch Fluorid F^- in PF_3, durch Alkohole ROH in $P(OR)_3$, durch Thioalkohole RSH in $P(SR)_3$, durch Ammoniak in $P(NH_2)_3$, durch Amine R_2NH in $P(NR_2)_3$, durch Cyanid in $P(CN)_3$ bzw. durch Metallorganyle MR in PR_3 überführt. Die Umsetzung mit Carbonsäuren wird zur Synthese von Carbonsäurechloriden RCOCl genutzt: $PCl_3 + 3RCOOH \rightarrow H_3PO_3 + 3RCOCl$.

---

175 **Literatur.** T. Kruck: „*Trifluorphosphin-Komplexe von Übergangsmetallen*", Angew. Chem. **79** (1967) 27–43; Int. Ed. **6** (1967) 53; R. J. Clark, M. A. Busch: „*Stereochemical Studies of Metal Phosphorus Trifluoride Complexes*", Acc. Chem. Res. **6** (1973) 246–252.

176 Entsprechend dem Hydrolyseverlauf enthält PCl_3 elektropositiven Phosphor. Der Stickstoff des leichteren, thermisch weit instabileren Homologen NCl_3 ist demgegenüber – gemäß dem hier beobachteten Hydrolyseverlauf – der elektronegative Partner.

Phosphortrichlorid hat ausgeprägte *reduzierende* Eigenschaften. So wird es durch viele Oxidationsmittel (z.B. Chlorat, Schwefeltrioxid, Chromtrioxid) in Phosphorylchlorid $POCl_3$ (S. 776) übergeführt. Selbst molekularer Sauerstoff wirkt langsam oxidierend: $2PCl_3 + O_2 \rightarrow 2POCl_3$. Mit Schwefel reagiert es unter Bildung von Thiophosphorylchlorid $PSCl_3$ (S. 777), mit Chlor unter Bildung von Phosphorpentachlorid PCl_5 (s. unten). Schwächer ausgeprägt ist die *oxidierende* Wirkung von PCl_3. Beispielsweise wird es von Arsen oder Antimon zu Phosphor reduziert.

Phosphortrichlorid stellt eine *Lewis-Base* dar und weist infolgedessen ganz allgemein eine starke Tendenz zur Bildung von **Trichlorphosphan-Komplexen** wie $Cl_3P \rightarrow BBr_3$, $Cl_3P \rightarrow PtCl_4$ oder $Ni(PCl_3)_4$ auf (vgl. S. 1169). Es kann aber auch als *Lewis-Säure* fungieren, wie die Komplexverbindungen PCl_4^- oder $Me_3N \rightarrow PCl_3$ zeigen.

Das *farblose* Ion $:PCl_4^-$ ist in Form des Salzes $Et_4N^+PCl_4^-$ aus Methylenchlorid, das $Et_4N^+Cl^-$ und PCl_3 in gleichen Anteilen enthält, kristallisierbar. Es hat *pseudotrigonal-bipyramidale* Struktur (äquatoriales freies Elektronenpaar) mit zwei unterschiedlich langen axialen PCl-Bindungen (1.40/1.04 Å), aber gleichlangen äquatorialen PCl-Bindungen (2.04 Å; $\measuredangle\, Cl_{ax}PCl_{ax}/Cl_{äq}PCl_{äq} = 171.4/95.7°$; die Winkel $Cl_{ax}PCl_{äq}$ betragen für das weiter/näher entfernte axiale Cl-Atom ca. 90/98°). Weniger unsymmetrisch gebaut sind die *farblosen* Ionen $:PBr_4^-$ und insbesondere $:PBr_2(CN)_2^-$ (PBr_{ax} = 1.18/1.14 Å bzw. 1.12/1.12 Å), symmetrisch gebaut das Ion PF_4^-. Die diskutierten Strukturen muten wie Momentaufnahmen einer nucleophilen Substitution am dreibindigen Phosphan an: $R_2PX + Nu^- \rightarrow R_2PNu + X^-$. Das Nucleophil nähert sich hiernach dem Phosphor etwa in Richtung auf die PX-Bindung, wobei sich jene verlängert und ihren Winkel zu den beiden PR-Bindungen verkleinert (der RPR-Winkel ändert sich im Zuge der Substitution praktisch nicht). Im Übergangszustand sind die sich lösende und die sich bildende Bindung um 12–15% länger als im Ausgangs- bzw. Endzustand der Substitution. Wie sich berechnen läßt, treten unsymmetrische lineare Gruppen X—E···X ⇄ X···E—X mit doppeltem Stabilitätsminimum – wie sie in PX_4^-, aber auch in Verbindungen mit H-Brücken oder in Trihalogeniden X_3^- (s. dort) auftreten – immer bei weniger stabilen Addukten aus Lewis-Basen X^- und Lewis-Säuren EX_n auf (große mittlere Länge von r_{X-E} und $r_{E \cdots X}$).

Verwendung. PCl_3 (Weltjahresproduktion: Megatonnenmaßstab) ist Ausgangsprodukt für Phosphonsäure, Di- und Trialkylphosphite, Hydroxyethandiphosphonsäure, PCl_5, $POCl_3$, $PSCl_3$ und viele andere Phosphorverbindungen (Öladditive, Weichmacher, Flammschutzmittel, Insektizide).

Phosphortribromid PBr_3 bildet sich bei der Umsetzung von weißem Phosphor mit flüssigem Brom, **Phosphortriiodid PI_3** wird am besten aus Iod und weißem Phosphor in trockenem, reinem Kohlenstoffdisulfid gewonnen (vgl. Tab. 73).

Phosphor(II)- und Phosphor(I)-halogenide

Diphosphortetrafluorid P_2F_4 (Tab. 73) entsteht bei der Umsetzung von *Phosphordifluoridiodid* PF_2I mit *Quecksilber* ($2PF_2I + 2Hg \rightarrow P_2F_4 + Hg_2I_2$) als stabiles *farbloses* Gas. P_2F_4 *dissoziiert* im Gegensatz zum Elementhomologen N_2F_4 (S. 687), das leicht in NF_2-Radikale zerfällt, erst bei vergleichsweise hohen Temperaturen und niedrigen Drücken gemäß: $F_2P—PF_2 \rightleftarrows 2PF_2$. Mit Wasser erfolgt nach $2F_2P—PF_2 + H_2O \rightarrow 2PHF_2 + F_2P—O—PF_2$ rasch Hydrolyse, mit Iodwasserstoff bilden sich F_2PH und IPF_2. Bei 900 °C geht es in PF_3 und ein *gelbes* Zersetzungsprodukt neben **Tetraphosphorhexafluorid** („*Hexafluortetraphosphan*") **P_4F_6** = $P(PF_2)_3$ über. **Diphosphortetrachlorid P_2Cl_4** (Tab. 73) bildet sich als zersetzlicher Feststoff ($P_2Cl_4 \rightarrow PCl_3 + \frac{1}{x}(PCl)_x$) bei der Cokondensation von PCl_3 mit Cu-Dampf oder bei der elektrischen Durchladung eines Gemischs von Phosphortrichlorid und Wasserstoff. **Diphosphortetrabromid P_2Br_4** (Tab. 73) konnte bisher nur in Lösung als zersetzliches Produkt der Umsetzung von PBr_3 mit Magnesium oder weißem Phosphor bzw. von $(Et_2N)_4P_2$ mit Bromwasserstoff nachgewiesen werden. **Diphosphortetraiodid P_2I_4** (Tab. 73) ist stabiler als P_2Cl_4 und P_2Br_4. Man erhält es in exothermer Reaktion bei der Iodierung von P_4 oder PH_3 bei Raumtemp. ($8PH_3 + 5I_2 \rightarrow P_2I_4 + 6PH_4I$) oder von rotem Phosphor bei 180 °C in Form oxidations- und hydrolyseempfindlicher *roter* Kristalle (Tab. 73; Struktur S. 754). Die Verbindung reagiert mit Schwefel unter Addition von einem bzw. zwei Schwefelatomen an die freien Elektronenpaare der Phosphoratomes (P_2I_4S: *ziegelrote* Verbindung vom Smp. 105–110 °C, $P_2I_4S_2$: *orangerote* Verbindung vom Smp. 90–95 °C). **Hexaphosphorhexachlorid P_6Cl_6** entsteht durch Reduktion von PCl_3 mit LiH bei −40 °C, **Hexaphosphorhexabromid P_6Br_6** durch Reduktion von PBr_3 mit hochreaktivem Mg bei −60 °C neben anderen Produkten (PH_3 in ersterem Falle, P_4, P_2Br_4 in letzterem Falle; Medium: Tetrahydrofuran). Die erhaltenen verdünnten THF-Lösungen (0.01-molar) sind *hellgelb* und bei Raumtemperatur einige Stunden haltbar. Die P_6X_6-Moleküle enthalten sechsgliederige, sesselkonformierte Phosphorringe. P_6Cl_6 reagiert mit LiPh glatt zu P_6Ph_6, das sich in P_5Ph_5

umlagert. Die Hydrolyse führt nach $P_6X_6 + 12H_2O \rightarrow 2PH_3 + 4H_3PO_4 + 6HX$ vollständig zu Monophosphan und Phosphorsäure.

Phosphor(V)-halogenide

Phosphorpentafluorid PF_5 kann u.a. durch Fluorierung von PCl_5 mittels AsF_3 als *farbloses*, hydrolyseempfindliches Gas (vgl. Tab. 73) gewonnen werden und stellt eine *starke Lewis-Säure* dar, die mit Aminen, Phosphanen, Ethern und anderen Lewis-Basen Addukte (z.B. $F_5P{\leftarrow}NMe_3$, $F_5P{\leftarrow}PMe_3$) bildet und mit Metallfluoriden und anderen Fluoriddonatoren (z.B. $SF_4 \rightarrow SF_3^+ + F^-$, $NO_2F \rightarrow NO_2^+ + F^-$) zu oktaedrisch gebauten Fluorokomplexen PF_6^- (isoelektronisch mit SF_6, SiF_6^{2-}, AlF_6^{3-})[177] zusammentritt. Die den Hexafluorophosphaten MPF_6 zugrunde liegende Säure kann hierbei ebensowenig wie die Säure H_2SiF_6 (S. 907) in wasserfreiem Zustand isoliert werden, da sie wie diese unter HF-Abspaltung zerfällt. Wässerige HPF_6-Lösungen enthalten die Ionen H_3O^+ und PF_6^-. Ähnlich wie F^- addieren sich die Ionen SH^- und S^{2-} an PF_5 (Bildung von F_5PSH^-, das zu $F_4PS_2PF_4^{2-}$ mit viergliederigem P_2S_2-Ring kondensiert, sowie von $F_5PSPF_5^{2-}$). Gegenüber sehr starken Lewis-Säuren vermag PF_5 auch als Fluoriddonator, d.h. als *Lewis-Base* aufzutreten, z.B. $PF_5 + 3SbF_5 \rightarrow PF_4^+ Sb_3F_{16}^-$.

PF_5 stellt ein trigonal-bipyramidal gebautes (S. 754)[175], nicht-starres (pseudorotierendes, vgl. S. 758) Molekül dar. In den **Fluorphosphoranen HPF_4, H_2PF_3** und **H_3PF_2** (Tab. 73) sind äquatoriale Fluoratome durch H-Atome ersetzt. Die Verbindungen vermögen wie PF_5 als Lewis-Säuren und -Basen zu wirken (z.B. $HPF_4 + F^- \rightarrow HPF_5^-$; $H_2PF_3 + F^- \rightarrow$ *trans*-$H_2PF_4^-$; $H_3PF_2 + F^- \rightarrow$ statt $H_3PF_3^-$ u.a. PF_6^-, PH_3; $HPF_4 + 2SbF_5 \rightarrow HPF_3^+ Sb_2F_{11}^-$; $H_2PF_3 + SbF_5 \rightarrow H_2PF_2^+ SbF_6^-$; $H_3PF_2 + SbF_5 \rightarrow H_3PF^+ SbF_6^-$). In Anwesenheit von Basen wie Me_3N zersetzen sich die Phosphorane unter HF-Abspaltung ($HPF_4 + NMe_3 \rightarrow Me_3NH^+ + F^- + PF_3$; $H_2PF_3 + NMe_3 \rightarrow Me_3NH^+ + F^- + HPF_2$), wobei sich gebildetes Fluorid an überschüssiges Phosphoran addiert.

Phosphorpentachlorid PCl_5. Die technische Darstellung von PCl_5 erfolgt in mit Blei ausgekleideten Türmen, in welchen man PCl_3 (von oben) und Cl_2 (von unten) einander entgegenführt:

$$PCl_3 + Cl_2 \rightleftarrows PCl_5 + 124\,kJ$$

PCl_5 sammelt sich am Boden an und wird dort (mit einer Schnecke) ausgetragen.

Physikalische Eigenschaften. PCl_5 stellt im reinen Zustand eine *weiße*, gewöhnlich aber wegen teilweiser Spaltung in PCl_3 und Cl_2 *grünlich weiße* Masse dar (MAK-Wert 1 mg/m³). Beim Erhitzen unter Normaldruck sublimiert Phosphorpentachlorid bei 159 °C, ohne zu schmelzen. Der Schmelzpunkt kann nur im geschlossenen Rohr unter dem eigenen Druck der Dissoziationsprodukte PCl_3 und Cl_2 bestimmt werden und liegt dann bei 160.5 °C. Als endotherme Reaktion nimmt die Spaltung in Phosphortrichlorid und Chlor mit steigender Temperatur zu. Bei 180 °C sind rund 40 %, bei 250 °C rund 80 % des Phosphorpentachlorids dissoziiert, und bei 300 °C besteht der Dampf fast völlig aus den Dissoziationsprodukten. Dementsprechend nimmt der bei niedriger Temperatur nahezu farblose Dampf mit steigender Temperatur immer mehr die Farbe des Chlors an. In einer Atmosphäre von Chlorgas oder Phosphortrichlorid-Dampf verdampft Phosphorpentachlorid gemäß dem Massenwirkungsgesetz (Verschiebung des Bildungsgleichgewichts nach rechts) nahezu unzersetzt.

Strukturen. Phosphorpentachlorid zeigt die Erscheinung der **Bindungsisomerie**. So ist PCl_5 im *gasförmigen* Zustand *trigonal-bipyramidal* gebaut (S. 754, bezüglich der Pseudorotation von PCl_5 vgl. S. 758)[177]. Im *festen*, kristallisierten Zustand liegt PCl_5 in ionischer Form als $[PCl_4]^+[PCl_6]^-$ vor, wobei das PCl_4^+-Ion (isoelektronisch mit $SiCl_4$) *tetraedrisch*, das PCl_6^--Ion (isoelektronisch mit noch unbekanntem SCl_6) *oktaedrisch* gebaut ist[177]. Der PCl-Abstand beträgt im PCl_4^+-Ion 1.97, im PCl_6^--Ion 2.04 Å (zum Vergleich PCl_3: 2.04 und PCl_5: 2.12/2.02 Å; S. 754). Scheidet man PCl_5-Gas rasch an einem mit flüssigem Stickstoff

---

[177] Dem Phosphor kommen in PX_4^+, PX_5 bzw. PX_6^- vier, fünf bzw. sechs σ-Elektronenpaare zu, was eine tetraedrische, trigonal-bipyramidale bzw. oktaedrische Orientierung der Elektronenpaare (vgl. VSEPR-Modell) bedingt.

gekühlten Glasfinger ab, so besteht der erhaltene Festkörper aus PCl_5-Molekülen, die sich bei Erwärmen auf Raumtemperatur in $[PCl_4]^+[PCl_6]^-$ umlagern.

In *unpolaren* Lösungsmitteln *löst* sich PCl_5 teils *monomer* (z. B. in Benzol C_6H_6, Kohlenstoffdisulfid CS_2), teils *dimer* (z. B. in Kohlenstofftetrachlorid CCl_4). Im dimeren Molekül $(PCl_5)_2$, das auch in der Gasphase untergeordnet vorliegt, sind die Phosphoratome über zwei Chlorbrücken miteinander verknüpft (jedes P ist oktaedrisch von 6 Cl umgeben; die beiden Cl-Oktaeder haben eine gemeinsame Kante). In *polaren* Lösungsmitteln wie Acetonitril MeCN oder Nitrobenzol $PhNO_2$ löst sich PCl_5 *ionisch* als $[PCl_4]^+[PCl_6]^-$ bzw. – bei sehr kleiner Konzentration – auch als $[PCl_4]^+Cl^-$.

Chemische Eigenschaften. Wegen der leichten Abspaltbarkeit von Chlor wird Phosphorpentachlorid vielfach als *Chlorierungsmittel* benutzt. An der Luft zieht Phosphorpentachlorid Wasser an und geht in Phosphorylchlorid bzw. Phosphorsäure sowie Chlorwasserstoff über und *raucht* daher an feuchter Luft:

$$PCl_5 \xrightarrow[-2HCl]{+H_2O} POCl_3 \xrightarrow[-3HCl]{+3H_2O} PO(OH)_3.$$

Ähnlich wie mit Wasser reagiert PCl_5 mit vielen anderen Stoffen unter *Substitution* des Chlors. So wird es etwa durch Fluorid F^- in PF_6^-, durch Ammoniak NH_3 in $P(NH_2)_4^+Cl^-$ und andere Phosphor-Stickstoff-Chlor-Verbindungen (S. 789), durch Anilin $PhNH_2$ in $Cl_3P{=}NPh$, durch Hydrazin N_2H_4 in $Cl_3P{=}N{-}N{=}PCl_3$, durch Phosphorpentaoxid bzw. -sulfid P_2O_5 bzw. P_2S_5 in $POCl_3$ bzw. $PSCl_3$ überführt. Die Umsetzung mit *Säuren* gemäß: $AcOH + PCl_5 \rightarrow AcCl + POCl_3 + HCl$ wird zur Synthese von Säurechloriden genutzt (Ac z. B. RCO, R_2PO, RPO(OH)).

Wie PF_5 stellt auch PCl_5 eine *Lewis-Säure* dar und bildet z. B. mit Chloriddonatoren *Chlorokomplexe* PCl_6^-. Außerdem wirkt PCl_5 als *Lewis-Base* und verbindet sich mit vielen lewissauren Chloridakzeptoren zu *Phosphonium-Salzen* gemäß: $PCl_5 + MCl_n \rightarrow [PCl_4]^+[MCl_{n+1}]^-$ (MCl_n z. B. BCl_3, $AlCl_3$, $TiCl_4$, $SnCl_4$, PCl_5 (vgl. festes PCl_5), $SbCl_5$, $NbCl_5$).

Verwendung. PCl_5 (Weltjahresproduktion: Zig Kilotonnenmaßstab) dient vor allem als Chlorierungsmittel in der organischen Chemie.

Phosphorpentabromid PBr_5 entsteht durch Bromierung von PBr_3 mit überschüssigem Brom in Form *rotgelber*, hydrolyseempfindlicher Kristalle (Tab. 73), die sich aus Ionen $[PBr_4]^+Br^-$ aufbauen[177]. Die Verbindung zersetzt sich bereits oberhalb von 35 °C in PBr_3 und Br_2. Zum Unterschied von PF_5 und PCl_5 bildet sie mit Metallbromiden *keine Bromokomplexe* PBr_6^-, sondern wird von Br^- reduziert: $PBr_5 + Br^- \rightarrow PBr_3 + Br_3^-$.

Phosphorpentaiodid PI_5 soll bei der Einwirkung von Iodid (in Form von HI, M^IIl) auf PCl_5 in Lösung entstehen. Seine Struktur ist bisher unbekannt. Möglicherweise liegt ein Charge-Transfer-Komplex (S. 448) von PI_3 und I_2 mit einer Gruppierung $P \cdots I \cdots I$ wie im Falle von Ph_3PI_2 vor und damit eine Zwischenstufe auf dem Wege $\geqslant P: + I{-}I \rightleftarrows \geqslant P{-}I^+ I^-$ zur Phosphoniumiodid-Struktur, die im Falle von ${}^tBu_3PI + I^-$ verifiziert ist (bei der durch wachsende Lewis-Basizität des Donors möglichen stärkeren Annäherung an das I_2-Molekül verlängert sich der Iod-Iod-Abstand von 2.715 Å (I_2) über 2.829 Å (Me_3NI_2), 3.005 Å (Ph_3AsI_2), 3.161 Å (Ph_3PI_2) auf 3.326 Å (${}^tBu_3PI + I^-$)). Das *blaßgelbe* **Tetraiodphosphonium-Ion PI_4^+** entsteht als zersetzliches Hexafluoroarsenat gemäß: $2I_2 + AsF_6^- + PI_3 \rightarrow PI_4^+AsF_6^- + I_3^-$; $PI_4^+AsF_6^- \rightarrow PF_3 + AsF_3 + 2I_2$ (instabiler ist $PI_4^+SbF_6^-$).

Gemischte Phosphor(V)-halogenide.[178]. Bei einer Reihe gemischter Pentahalogenide $PX_{5-n}X'_n$ lassen sich die bei PCl_5 im gasförmigen und kristallinen Zustand beobachteten **Bindungsisomeren** bei Zimmertemperatur getrennt isolieren. So erhält man z. B. PCl_4F, PCl_3F_2, PCl_2F_3, $PClF_4$, PBr_4F, PBr_2F_3 bei der Darstellung in Form von Gasen oder Flüssigkeiten (Tab. 73), deren Moleküle trigonal-bipyramidal gebaut sind (Fluorid in axialer Position). Bei mehrtägigem Stehen in kondensierter Phase verwandeln sie sich in ionisch aufgebaute isomere Festsubstanzen z. B.: $PCl_4^+F^-$ (Smp. 177 °C), $PBr_4^+F^-$ (Smp. 87 °C), $PCl_4^+PF_6^-$ (Sblp. 135 °C), $PBr_4^+PF_6^-$ (Sblp. 135 °C). Die Vorgänge sind in der Wärme reversibel. PBr_4Cl hat den Bau $PBr_4^+Cl^-$.

Pseudorotation und andere Ligandenaustauschprozesse[179]

Intramolekulare Vorgänge. Trigonal-bipyramidal gebaute Moleküle EX_5 (z. B. PF_5, PCl_5, AsF_5) stellen im allgemeinen nicht-starre (fluktuierende) Moleküle dar, in welchen sich die

[178] Bezüglich gemischter Trihalogenide vgl. Tab. 73.

Gruppen X in der nachfolgend dargestellten Weise umordnen. An der Bewegung nehmen zwei axiale (apicale) und zwei äquatoriale Reste teil (im Schema durch ① und ⑤ sowie ② und ③ symbolisiert). Eine äquatoriale Gruppe, der sogenannte „*Fix*-“ oder „*Angelpunkt*“ (im Schema z. B. der Rest ④) ist jeweils an der Bewegung nicht beteiligt:

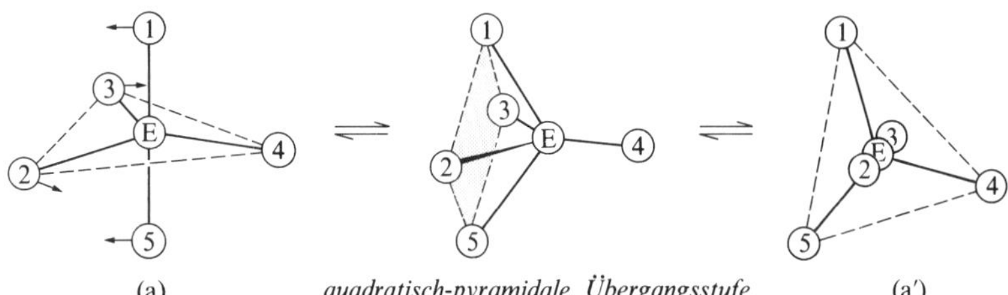

(a) *quadratisch-pyramidale Übergangsstufe* (a')

Wie dem Schema im einzelnen zu entnehmen ist, bewegen sich die beiden axialen Reste ① und ⑤ in einer durch diese Reste sowie den Fixpunkt gegebenen Ebene aufeinander zu (Verkleinerung des Winkels ① – E – ⑤ von 180 auf 120°), während sich gleichzeitig die beiden äquatorialen Gruppen ② und ③ in der Äquatorebene voneinander wegbewegen (Vergrößerung des Winkels ② – E – ③ von 120 auf 180°). Im Übergangszustand ist das Molekül quadratisch-pyramidal ∢ ① – E – ⑤ = ∢ ② – E – ③).

Man bezeichnet den Umlagerungsvorgang, bei dem die ER_5-Eduktmoleküle scheinbar durch Drehung um 90° (im Schema um die ②E③-Winkelhalbierende) in die ER_5-Produktmoleküle übergehen, als „*Berry-Pseudorotation*“ (vgl. S. 657)[180]. Durch fortwährende Wiederholung dieser Pseudorotation wandern dann – bei stets unterschiedlichem Fixpunkt – alle äquatorialen Reste der Reihe nach in axiale Positionen, dann wieder zurück in äquatoriale usw. In rasch „pseudorotierenden“ trigonal-bipyramidalen Molekülen ER_5 wie z. B. PF_5 (Pseudorotationsfrequenz ca. $10^5\,s^{-1}$ bei Raumtemp.; Barriere < 20 kJ/mol), PCl_5 (Pseudorotationsfrequenz ca. $10^2\,s^{-1}$ bei Raumtemp.), $SbMe_5$, $Fe(CO)_5$, $Fe(PF_3)_5$ usw. verhalten sich demnach die Gruppen R im zeitlichen Mittel so, als wären sie gleichartig mit E verknüpft.

Im Gegensatz zu den trigonal-bipyramidal gebauten Molekülen ER_5 neigen *oktaedrisch* gebaute Moleküle ER_6 (z. B. SF_6, PF_6^-, SiF_6^{2-}, $Te(OH)_6$, XeO_6^{4-}) ähnlich wie die *tetraedrisch* gebauten Verbindungen (S. 659) im allgemeinen nicht zu Pseudorotationen. Ausnahmen bilden einige Komplexverbindungen wie $M(PR_3)_4H_2$, (M = Fe, Mn). Kleinere Pseudorotationsbarrieren weisen demgegenüber Moleküle $ER_{>6}$ auf. So unterliegt das *pentagonal-bipyramidale* IF_7 einer raschen Pseudorotation. Auch im Falle von Molekülen $:ER_n$ und $\ddot{E}R_n$, in denen das Zentralelement E sowohl gebundene Atome oder Atomgruppen R als auch freie Elektronenpaare aufweist (*pseudo-tetraedrische, -trigonal-bipyramidale, -oktaedrische, -pentagonal-bipyramidale* Moleküle z. B. $:NH_3$, $\ddot{O}H_2$, $:SF_4$, $:IF_5$, $:XeF_6$) beobachtet man vielfach Ligandenumordnungsprozesse durch Pseudorotation (vgl. hierzu auch S. 657).

Wird in PF_5 ein Fluor gegen eine Gruppe R ausgetauscht, welche wie der CH_3- oder $N(CH_3)_2$-Rest einen äquatorialen Platz bevorzugt (s. unten), so nimmt die betreffende Gruppe (zumindest bei Temperaturen < ~50 °C) nicht an der Pseudorotation teil. Es findet dann nur ein paarweiser wechselseitiger Austausch von axial und äquatorial gebundenen Fluoratomen mit R als Fixpunkt statt. Substituiert man zwei Fluoratome durch derartige Reste R, so nimmt die Frequenz der Pseudorotation unter Normalbedingungen ab, da die Rotation in jedem Falle zu einer energetisch ungünstigeren Molekülkonformation mit axial gebundenem Rest R führt. Nur dann, wenn wie im Falle von Cl_2PF_3 die Konformationen mit axial

[179] **Literatur.** R. Luckenbach: „*Dynamic Stereochemistry of Pentacoordinated Phosphorus and Related Elements*“, Thieme, Stuttgart 1973; R. R. Homes: „*Structures of Cyclic Pentacoordinated Molecules of Main Group Elements*“, Acc. Chem. Res. **12** (1979) 257–265.

[180] Außer durch „*Pseudorotation*“ kann die Umordnung der Reste R in ER_5 unter besonderen Umständen (z. B. wenn drei Reste R zusammen mit E Bestandteile kleiner mehrcyclischer Ringe sind) auch durch „*Turnstile Rotation*“ in der Weise erfolgen, daß sich die aus einem äquatorialen und einem axialen Rest bestehende Ligandengruppe gegen die aus den verbleibenden Resten zusammengesetzte Gruppe dreht, wobei das Zentralelement E den Drehpunkt bildet.

oder äquatorial gebundenen Resten vergleichbaren Energieinhalt haben, beobachtet man auch im Falle von R_2PF_3 rasche Pseudorotation, wobei dann allerdings dem stabileren Konformeren eine höhere Lebensdauer zukommt. Analoges wie für die PF_5-Derivate trifft allgemein für Derivate $R'ER_4$ und R'_2ER_3 von trigonal-bipyramidal gebauten Molekülen ER_5 zu.

Intermolekulare Vorgänge. Führt der intramolekulare Gruppenaustausch durch Pseudorotation eines trigonal-bipyramidal bzw. auch pseudo-trigonal-bipyramidal gebauten Moleküls ER'_nR_{5-n} (R' = Atomgruppe bzw. Elektronenpaar) zu einer energetisch ungünstigen Molekülkonformation (s. oben), so erfolgt sie erst bei entsprechend hohen Temperaturen. Da Ligandenaustauschprozesse häufig ohne allzu hohe Hemmung rascher auch intermolekular ablaufen können, beobachtet man in den angesprochenen Fällen vielfach statt einer intramolekularen Pseudorotation Umlagerungen auf letztgenannte Weise. So erfolgt etwa der Fluoraustausch in T-förmig gebautem Chlortrifluorid ClF_3 (pseudotrigonal-bipyramidales Zentrum, zwei freie Elektronenpaare) anders als in PF_5 nicht intra-, sondern intermolekular, und zwar auf assoziativem Wege:

$$ClF_3 + ClF_3 \rightleftarrows F_2Cl(\mu\text{-}F)_2ClF_2 \rightleftarrows ClF_3 + ClF_3$$

Ebenfalls intermolekular, aber auf dissoziativem Wege wird Fluor etwa in pseudotrigonal-bipyramidal gebautem Diorganylselendifluorid R_2SeF_2 (pseudotrigonal-bipyramidales Zentrum, ein freies Elektronenpaar) ausgetauscht:

$$R_2Se{:}F'F \rightleftarrows R_2\overset{+}{Se}{\cdot}F' + {:}F^- \rightleftarrows R_2Se{:}FF'$$

Erwartungsgemäß wächst hierbei die Fluorid-Austauschgeschwindigkeit mit steigender Sperrigkeit der selengebundenen Organylreste R ($Me < CH_2Me < CHMe_2 < CMe_3$; vgl. hierzu sterische Beschleunigung von S_N1-Prozessen).

2.4 Oxide des Phosphors[136, 181)]

Phosphor bildet fünf monomolekulare **Oxide** der Zusammensetzung $\mathbf{P_4O_n}$ (n = 6, 7, 8, 9, 10) sowie hochmolekulare Oxide der Formel $\mathbf{(P_2O_5)_x}$. Tetraphosphorhexaoxid P_4O_6, sowie Tetraphosphordecaoxid P_4O_{10}, die man aus historischen Gründen als *Phosphortrioxid* P_2O_3 bzw. *Phosphorpentaoxid* P_2O_5 bezeichnet, sind die Anhydride der Phosphonsäure ($P_2O_3 + 3H_2O \rightarrow 2H_3PO_3$) bzw. der Phosphorsäure ($P_2O_5 + 3H_2O \rightarrow 2H_3PO_4$). Die durch Thermolyse von Phosphortrioxid erhältliche und als „*Phosphortetraoxid*" bezeichnete Mischung von P_4O_7, P_4O_8 und P_4O_9 (mittlere Molekülmasse $P_4O_8 \mathrel{\hat{=}} P_2O_4$) kann als gemischtes Anhydrid der Phosphonsäure und Phosphorsäure angesehen werden ($P_2O_4 + 3H_2O \rightarrow H_3PO_3 + H_3PO_4$). Von den Phosphoroxiden besitzt lediglich Phosphorpentaoxid technische Bedeutung.

Außer den erwähnten Oxiden mit Phosphor der Oxidationsstufen +3 bis +5 kennt man noch **niedere Phosphoroxide** mit Phosphor der Oxidationsstufen unter +3. Unter ihnen entsteht P_4O (2 Formen, die sich von P_4 dadurch ableiten, daß ein O-Atom entweder an ein freies Elektronenpaar eines P-Atoms angelagert oder in eine PP-Bindung eingelagert ist) und P_2O (isovalenzelektronisch mit N_2O) sowie PO (isovalenzelektronisch mit NO) neben PO_2 (isovalenzelektronisch mit NO_2) durch Photolyse von P_4/O_3-Gemischen in einer Tieftemperaturmatrix. Von PO (r = 1.48 Å), dem wahrscheinlich häufigsten phosphorhaltigen Molekül in interstellaren Wolken, kennt man bisher – anders als von NO – nur wenige Metallkomplexe („*Phosphorylkomplexe*").

Diphosphortrioxid $\mathbf{P_2O_3}$ („*Phosphortrioxid*"). Verbrennt man Phosphor bei beschränktem Luftzutritt und niedriger Temperatur, so entsteht unter starker Wärmeentwicklung neben rotem „Phosphorsuboxid" Phosphortrioxid P_2O_3:

$$\tfrac{1}{2}P_4 + 1\tfrac{1}{2}O_2 \rightarrow P_2O_3 + 820.6\,\text{kJ}.$$

181 **Literatur.** D. Heinze: „*Chemistry of Phosphorus(III) Oxide*", Pure Appl. Chem. **44** (1975) 141–172.

Von gleichzeitig gebildetem Phosphorpentaoxid kann es wegen seiner größeren Flüchtigkeit leicht abgetrennt werden. P_2O_3 entsteht darüber hinaus bei der Oxidation von P_4 mit N_2O unter vermindertem Druck.

Phosphortrioxid bildet eine *weiße*, wachsartige, kristalline, sehr *giftige*, in Ether, Kohlendisulfid, Chloroform und Benzol lösliche Masse ($d = 2.134 \text{ g/cm}^3$), die bei 23.8 °C schmilzt und (in Stickstoffatmosphäre) bei 175.3 °C siedet. Seine relative Molekülmasse entspricht im geschmolzenen, gelösten und dampfförmigen Zustande der Formel P_4O_6 („*Tetraphosphorhexaoxid*"). Diese Formel leitet sich von der des vieratomigen Phosphormoleküls P_4 in der Weise ab, daß jede der sechs P—P-Bindungen des P_4-Tetraeders durch eine P—O—P-Bindung ersetzt ist.

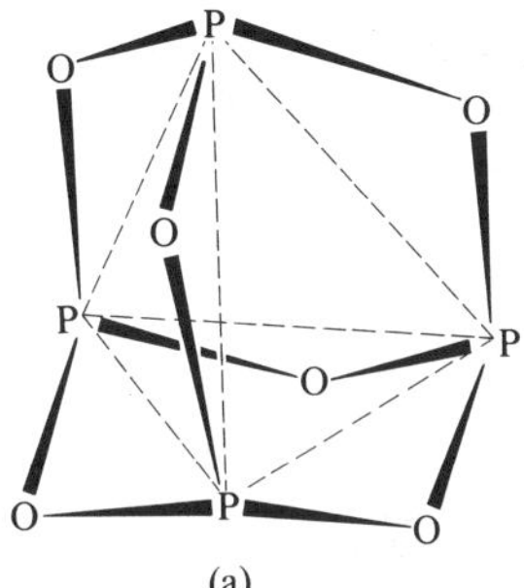

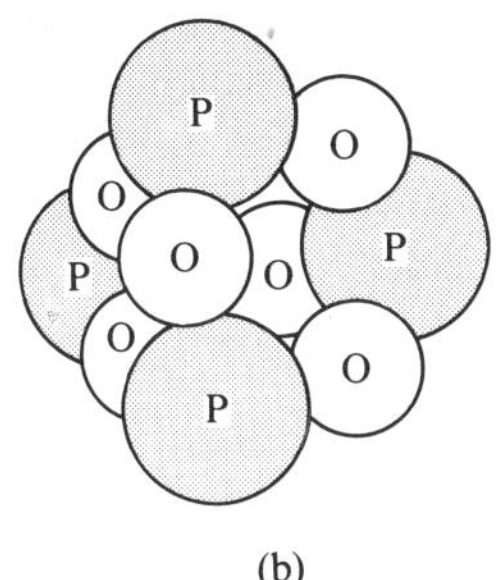

Fig. 166 Struktur von $P_4O_6 = (P_2O_3)_2$: (a) räumliche Lage, (b) Raumerfüllung der P- und O-Atome.

Die so zustandekommende Struktur mit dreiwertigen Phosphor- und zweiwertigen Sauerstoffatomen (Fig. 166a) ist gemäß Fig. 166b von hoher Symmetrie (T_d-Symmetrie; tetraedrische Anordnung der Phosphor-, oktaedrische der Sauerstoffatome, symmetrische räumliche Verknüpfung von vier P_3O_3-Sechsringen) und findet sich auch bei anderen Verbindungen, z. B. dem Arsenik As_4O_6 (S. 802), dem Adamantan $(CH)_4(CH_2)_6$, dem Urotropin $N_4(CH_2)_6$. Die dem „Phosphortrioxid" $(P_2O_3)_2$ entsprechende Sauerstoffverbindung des Stickstoffs, N_2O_3 (S. 696), ist zum Unterschied von der dimeren Phosphorverbindung monomer, da hier die Ausbildung von $p_\pi p_\pi$-Doppelbindungen bevorzugt ist, was bei der dimeren Formel P_4O_6 vermieden wird.

In P_4O_6 haben die POP-Bindungen Doppelbindungscharakter (PO-Abstand 1.638/1.635 Å in gasf./festem P_4O_6; ber. für P—O 1.76, für P=O 1.56 Å), der POP-Winkel beträgt 126.4°, der OPO-Winkel 99.8°.

Bei mehrtägigem Erhitzen auf über 210 °C in einem evakuierten Rohr disproportioniert Phosphortrioxid in roten Phosphor und „Phosphortetraoxid" (s. unten):

$$4\overset{+3}{P_2}O_3 \rightarrow 2\overset{0}{P} + 3\overset{+4}{P_2}O_4.$$

Bei 70 °C entzündet es sich an der Luft und verbrennt zu Phosphorpentaoxid: $P_2O_3 + O_2 \rightarrow P_2O_5 + 672.4 \text{ kJ}$. Diese Vereinigung mit Sauerstoff erfolgt bei Gegenwart kleiner Mengen von P_4 langsam auch schon bei gewöhnlicher Temperatur; dabei beobachtet man eine Leuchterscheinung (vgl. S. 737). Mit kaltem Wasser setzt sich Phosphortrioxid langsam unter Bildung von Phosphonsäure um: $P_2O_3 + 3H_2O \rightarrow 2H_3PO_3$, welche nicht wieder zu P_2O_3 entwässert werden kann. Einwirkung von heißem Wasser führt in heftiger und wenig übersichtlicher Reaktion zur Bildung von rotem Phosphor, Phosphorwasserstoffen, Phosphonsäure und Phosphorsäure. Mit HCl reagiert P_2O_3 unter Bildung von Phosphonsäure und Phosphortrichlorid: $P_2O_3 + 3HCl \rightarrow P(OH)_3 + PCl_3$, mit Cl_2 und Br_2 zu Phosphorylhalogeniden, mit I_2 im geschlossenen Rohr zu P_2I_4.

Diphosphorpentaoxid P_2O_5 („*Phosphorpentaoxid*"). Darstellung. Verbrennt man Phosphor bei genügender Luft- oder Sauerstoffzufuhr, so entsteht unter außerordentlicher Wärmeentwicklung Phosphorpentaoxid als weißer Rauch:

$$\tfrac{1}{2}P_4 + 2\tfrac{1}{2}O_2 \rightarrow P_2O_5 + 1493.0 \text{ kJ}.$$

Technisch erfolgt die Darstellung durch Verbrennung von weißem Phosphor mit sorgfältig getrockneter Luft in wassergekühlten Brennkammern. Von gleichzeitig gebildeten niederen Phosphoroxiden läßt sich P_2O_5 durch Sublimation im Sauerstoffstrom bei Rotglut befreien. Etwa 85% des aus Apatiten gewonnenen weißen Phosphors werden auf diese Weise in P_2O_5 übergeführt, das seinerseits zum allergrößten Teil mit Wasser in Phosphorsäure verwandelt wird.

Physikalische Eigenschaften. Phosphorpentaoxid P_2O_5 bildet bei Raumtemperatur ein *weißes*, schneeartiges, *geruchloses* Pulver (MAK-Wert 1 mg/m³), das nach vorheriger Bestrahlung mit grünem Lichtschein leuchtet. Durch Erhitzen kann es verflüchtigt (Sblp. 358.9 °C) und bei langsamer Abkühlung des Dampfes an kälteren Stellen in Form stark lichtbrechender, hexagonaler Kristalle (d = 2.30 g/cm³) wieder verdichtet werden, die unter Druck (5 bar) bei 422 °C unter Bildung einer farblosen Flüssigkeit von nur geringer Viskosität schmelzen. Diese P_2O_5-Modifikation ist aus $(P_2O_5)_2 = P_4O_{10}$-Molekülen aufgebaut, wobei sich das P_4O_{10}-Molekül („*Tetraphosphordecaoxid*"; T_d-Symmetrie) gemäß Fig. 167a bzw. b vom P_4O_6-Molekül (Fig. 166) dadurch ableitet, daß jedes P-Atom des letzteren mittels seines freien Elektronenpaares ein („*terminales*") O-Atom angelagert hat:

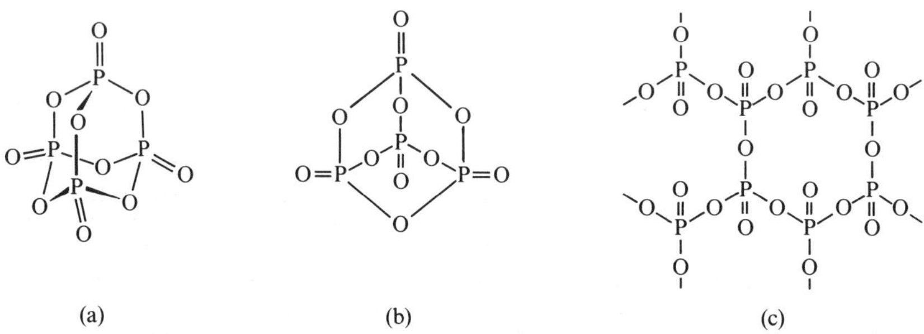

Fig. 167 Struktur von $P_4O_{10} = (P_2O_5)_2$ (a) sowie Valenzstrichformeln von $(P_2O_5)_2$ (b) und $(P_2O_5)_x$ (c).

Jedes P-Atom ist im P_4O_{10}-Molekül tetraedrisch von 4 O-Atomen umgeben; 3 davon teilt es mit den 3 anderen P-Atomen, das vierte wird von ihm allein gebunden. Der PO-Abstand beträgt bei den 6 Brücken-Sauerstoffatomen 1.60 und bei den 4 anderen O-Atomen 1.40 Å und zeigt im ersteren Fall einfache, im letzteren doppelte Bindungen an. Der P—O—P-Winkel beträgt 124°, der O═P—O-Winkel 116.5° und der O—P—O-Winkel 101.5°.

Säure-Base-Verhalten. Die charakteristischste Eigenschaft des Phosphorpentaoxids ist sein außerordentliches Bestreben, sich mit Wasser begierig zu Metaphosphorsäure (hauptsächlich Tetrametaphosphorsäure $(HPO_3)_4 = H_4P_4O_{12}$) und weiter auf dem Wege über Polyphosphorsäuren zu Orthophosphorsäure H_3PO_4 zu vereinigen; schematisch:

$$P_4O_{10} \xrightarrow{+2H_2O} H_4P_4O_{12} \xrightarrow{+2H_2O} 2H_4P_2O_7 \xrightarrow{+2H_2O} 4H_3PO_4,$$

weshalb es in Berührung mit Luft sofort feucht wird und bald zu einem sirupösen Gemisch von Polyphosphorsäuren zerfließt (Näheres vgl. S. 782). Es ähnelt in diesem Bestreben zur Bindung von Wasser dem benachbarten Schwefeltrioxid SO_3.

P_2O_5 ist eines der wirksamsten wasserentziehenden Mittel, das man kennt (Wasserdampfdruck über P_2O_5 bei 20 °C $< 10^{-6}$ mbar), und wird deshalb in Exsiccatoren und Trockenrohren zum Entfernen auch der geringsten Spuren von Wasserdampf benutzt. Auch zur Wasserabspaltung aus chemischen Verbindungen (z. B. zur Darstellung von Säure-Anhydriden aus Säuren: $2HNO_3 \rightarrow N_2O_5 + H_2O$ (S. 699); $H_2SO_4 \rightarrow SO_3 + H_2O$ (S. 571); $2HClO_4 \rightarrow Cl_2O_7 + H_2O$ (S. 497) oder zur Gewinnung von Nitrilen aus Säureamiden:

R—CO(NH_2) → R—C≡N + H_2O) wird es vielfach verwendet. Besonders bemerkenswert ist in diesem Zusammenhang die Bildung des „*Kohlensuboxids*“ C_3O_2 bei der Entwässerung von Malonsäure $CH_2(COOH)_2$ mittels P_2O_5 (S. 859).

Spaltet man die P—O—P-Bindung von P_4O_{10} mit Ether R_2O statt mit Wasser H_2O, so erhält man Ester der – im Falle der P_4O_{10}/H_2O-Umsetzung nur untergeordnet gebildeten – Iso-tetrametaphosphorsäure $H_4P_4O_{12}$ (vgl. S. 782): $P_4O_{10} + 2R_2O \rightarrow R_4P_4O_{12}$. Alkohole ROH führen gemäß der Gesamtgleichung $P_4O_{10} + 6ROH \rightarrow 2H_2RPO_4 + 2HR_2PO_n$ letztlich zu Mono- und Diestern der Monophosphorsäure. Ein der Solvolyse von P_4O_{10} mit Wasser und seinen Organylderivaten entsprechendes Reaktionsschema wird auch für die P_4O_{10}-Solvolyse mit Ammoniak NH_3 und seinen Organylderivaten aufgefunden. Vgl. hierzu auch die solvolytische Spaltung des Sulfids P_4S_{10} (S. 788).

Redox-Verhalten. Im Gegensatz zu N_2O_5 ist P_2O_5 wegen der hohen Affinität von P und O kein Oxidationsmittel; dementsprechend wird es z. B. von Kohlenstoff erst bei sehr hoher Temperatur zu elementarem Phosphor reduziert (vgl. Phosphordarstellung). Mit Metalloxiden wie Na_2O oder BaO reagiert es beim Erwärmen heftig unter Phosphatbildung. Metallfluoride wie CaF_2 verwandeln es bei hohen Temperaturen in Phosphorpentafluorid PF_5, Metallchloride wie NaCl in Phosphorylchlorid ($P_4O_{10} + 6NaCl \rightarrow 2POCl_3 + 2Na_3PO_4$).

Thermisches Verhalten. Erhitzt man hexagonal kristallisiertes $(P_2O_5)_2$ („*H-Form*“) in einem abgeschlossenen System 24 Stunden lang auf 450 °C, so verwandelt sich das anfangs flüssige Pentaoxid über *glasiges* $(P_2O_5)_x$ (Smp. 565 °C) und orthorhombisch kristallisiertes $(P_2O_5)_x$ („*O-Form*“, Smp. 562 °C, Sdp. 605 °C, $d = 2.72$ g/cm³) letztlich in eine weitere unter den Reaktionsbedingungen stabile orthorhombische Modifikation $(P_2O_5)_x$ („*O'-Form*“, Smp. 580 °C, Sdp. 605 °C, $d = 2.89$ g/cm³). Die polymeren Formen reagieren mit Wasser erwartungsgemäß viel langsamer als das dimere $(P_2O_5)_2$ (zunehmende Hydrolysebeständigkeit: $H < O < O'$).

Die *O'*-Form $(P_2O_5)_x$ baut sich aus wabennetzartigen Schichten auf, die aus Ringen von jeweils 6 PO_4 Tetraedern gebildet werden (Fig. 167c). Jedes P-Atom ist wie in $(P_2O_5)_2$ tetraedrisch von 4 Sauerstoffatomen umgeben, von denen eines ihm allein zugeordnet ist, während die 3 übrigen als Brückenatome zu anderen Phosphoratomen fungieren. Da die P_2O_5-Einheit mit der $Si_2O_5^{2-}$-Einheit der blattförmigen Silicate isoelektronisch ist, ähnelt die O'-Struktur verständlicherweise der Struktur von letzteren (vgl. S. 921). Die O-Form $(P_2O_5)_x$ bildet dreidimensional unendlich verknüpfte Ringe aus jeweils 10 PO_4-Tetraedern.

Verwendung. Außer zur Phosphor- und Polyphosphorsäureerzeugung (s. dort) wird P_2O_5 (Weltjahresproduktion: Megatonnenmaßstab) zur Herstellung von Phosphorsäureestern, als Trocknungs- und Dehydratisierungsmittel genutzt.

„Diphosphortetraoxid P_2O_4“ entsteht bei der thermischen Zersetzung von P_2O_3 (s. oben) bzw. durch gesteuerte Oxidation von P_2O_3 mit Sauerstoff in CCl_4-Lösung bzw. durch vorsichtige Reduktion von P_2O_5 mit rotem Phosphor bei 450–525 °C im Bombenrohr. Man erhält auf diese Weise eine *farblose* rhomboedrische, P_4O_8 und P_4O_9 in wechselnden Mengen enthaltende *α-Form* $P_4O_{8.1-9.0}$ bzw. eine *farblose*, monokline, P_4O_7 und P_4O_8 in wechselnden Mengen enthaltende *β-Form* $P_4O_{7.7-8.0}$. Die gemäß $P_4O_{6+n} + 6H_2O \rightarrow (4-m)H_3PO_3 + mH_3PO_4$ ($m = 1, 2, 3$) zu Phosphon- und Phosphorsäure hydrolysierenden Oxide leiten sich vom P_4O_6-Molekül (Fig. 166) dadurch ab, daß ein, zwei oder drei Phosphoratome mittels der freien Elektronenpaare ein („*terminales*“) O-Atom angelagert haben (für $m = 4$ vgl. Fig. 167). Reines *Tetraphosphorheptaoxid* P_4O_7 läßt sich durch Oxidation von P_4O_6 in einem Schenkel eines abgeschlossenen Zweischenkelgefäßes unter „sauerstoffgepufferter“ Atmosphäre gewinnen, wobei man letztere durch Erhitzen von Ag_2O im anderen Schenkel auf 190–210 °C erzeugt. In entsprechender Weise lassen sich wohl P_4O_8 und P_4O_9 rein erzeugen.

2.5 Sauerstoffsäuren des Phosphors[136, 182]

2.5.1 Grundlagen

Systematik. Phosphor bildet Sauerstoffsäuren der allgemeinen Zusammensetzung $\mathbf{H_3PO_n}$ („*Orthosäuren*“, n = 2, 3, 4, 5 und 6), $\mathbf{HPO_{n-1}}$ (wasserärmere „*Metasäuren*“, n = 3 und 4)

[182] **Literatur.** A. D. F. Toy, *Comprehensive Inorg. Chem.* Band **2** (1973) 468–529. Vgl. Anm. 187, 188, 194, 205.

Tab. 74 Sauerstoffsäuren des Phosphors

Ox.-stufe[183]	Säuren des Typus H_3PO_n Formel	Name	Salze	Säuren des Typus $H_4P_2O_n$ Formel	Name	Salze
+„1"	H_3PO_2	**Phosphinsäure**[a)] Phosphor(I)-säure	**Phosphinate**[a)] Phosphate(I)			
+„2"				$H_4P_2O_4$	**Hypodiphosphonsäure**[a)] Diphosphor(II)-säure	**Hypodiphosphonate**[a)] Diphosphate(II)
+„3"	H_3PO_3[b)]	**Phosphonsäure**[a)] Phosphor(III)-säure	**Phosphonate**[a)] Phosphate(III)	$H_4P_2O_5$[c)]	**Diphosphonsäure**[a)] Diphosphor(III)-säure	**Diphosphonate**[a)] Diphosphate(III)
+„4"				$H_4P_2O_6$[cd)]	**Hypodiphosphorsäure** Diphosphor(IV)-säure	**Hypodiphosphate** Diphosphate(IV)
+5	H_3PO_4[b)]	**Phosphorsäure** Phosphor(V)-säure	**Phosphate** Phosphate(V)	$H_4P_2O_7$[d)]	**Diphosphorsäure** Diphosphor(V)-säure	**Diphosphate** Diphosphate(V)
+5[e)]				$H_4P_2O_8$	**Peroxodiphosphorsäure** Peroxodiphosphor(V)-säure	**Peroxodiphosphate** Peroxodiphosphate-(V)
+5[e)]	H_3PO_5[f)]	**Peroxophosphorsäure** Peroxophosphor(V)-säure	**Peroxophosphate** Peroxophosphate-(V)			

a) Früher hießen $H_3PO_2 = H_2PO(OH)$ *Hypophosphorige Säure* (Salze: Hypophosphite), $H_3PO_3 = HPO(OH)_2$ *Phosphorige Säure* (Salze: Phosphite), $H_4P_2O_4 = (HO)(O)HP—PH(O)(OH)$[c)] *Hypodiphosphorige Säure* (Salze: Hypodiphosphite) und $H_4P_2O_5 = (HO)(O)HP—O—PH(O)(OH)$[c)] *Diphosphorige Säure* (Salze: Diphosphite). Vorstehende Namen sollten nur noch für Derivate der Säuren in ihren tautomeren Formen $HP(OH)_2$, $P(OH)_3$, $(HO)_2P—P(OH)_2$ und $(HO)_2P—O—P(OH)_2$ verwendet werden. **b)** Man kennt auch die von den Orthosäuren H_3PO_3 und H_3PO_4 abgeleiteten (polymeren) Metasäuren $(HPO_2)_x$ und $(HPO_3)_x$. **c)** Neben symmetrisch gebauter $H_4P_2O_5$[a)] mit P—O—P- bzw. $H_4P_2O_6$[a)] mit P—P-Gruppierung kennt man unsymmetrisch gebaute isomere Säuren $H_4P_2O_5 = (HO)(O)HP—PO(OH)_2$ **(Diphosphor(II,IV)-säure)** mit P—P- bzw. $H_4P_2O_6 = (HO)(O)HP—O—PO(OH)_2$ **(Diphosphor(III,V)-säure)** mit P—O—P-Gruppierung. **d)** Man kennt darüber hinaus noch höhere Phosphorsäuren $H_{n+2}P_nO_{3n+1}$ sowie zugehörige höhere „Hypophosphorsäuren" $H_{n+2}P_nO_{2n+2}$. **e)** Die Verbindungen enthalten Peroxogruppen —O—O— mit der Oxidationsstufe −1 (statt sonst −2) des Sauerstoffs. **f)** Man kennt auch eine **Diperoxophosphorsäure** H_3PO_6 (Salze: *Diperoxophosphate*).

und $\mathbf{H_4P_2O_n}$ („*Disäuren*", $n = 4$, 5, 6, 7 und 8) sowie zahlreiche *Polyphosphorsäuren* u.a. der Stöchiometrie $\mathbf{H_{n+2}P_nO_{3n+1}}$ mit drei und mehr Phosphoratomen je Molekül. Die Bezeichnungen der niedermolekularen Säuren und die ihrer Salze gehen aus Tab. 74 hervor, in welcher die Verbindungen nach steigender Oxidationsstufe des Phosphors[183] angeordnet sind. Bezüglich der Basigkeit der Säuren s. weiter unten, bezüglich ihrer Stärke Anm.[183].

Struktur. Der Aufbau der *Monophosphorsäuren* H_3PO_n läßt sich am einfachsten wie bei den Sauerstoffsäuren des Chlors (S. 156) vom einfachen Ion des Zentralatoms – dem Phosphid-Ion P^{3-} (a) – aus ableiten, woraus durch Anlagerung von 1, 2, 3 und 4 Sauerstoffatomen an die vier freien Elektronenpaare die Anionen (b), (c), (d) und (e) entstehen:

[183] In den Phosphorsäuren und Phosphat-Ionen, die P—H-Gruppen enthalten (z. B. H_3PO_2, H_3PO_3; vgl. S. 765), ist der phosphorgebundene Wasserstoff einerseits aufgrund der Elektronegativität von P (2.06) und H (2.20; vgl. S. 152), andererseits aufgrund der Ergebnisse quantenmechanischer Berechnungen sowie spektroskopischer Untersuchungen (Messungen der nichtlinearen optischen Koeffizienten an Einkristallen von LiH_2PO_3) und chemischer Einsichten (in heißem Alkali entwickeln H_3PO_2 und H_3PO_3 Wasserstoff, vgl. S. 768) negativ polarisiert. Demgemäß kommt ihm tatsächlich die Oxidationsstufe −1 zu, womit sich etwa die Oxidationsstufen von H_3PO_2 und H_3PO_3 zu jeweils +5 ergeben, was mit dem Befund in Einklang steht, daß die Säurestärken von H_3PO_n vergleichbar sind ($n = 2$; $pK_S = 1.23$, $n = 3$; $pK_S = 2.00$; $n = 4$: $pK_S = 2.16$). Per definitionem kommt jedoch dem an Nichtmetalle gebundenen Wasserstoff – zum Teil entgegen den wahren Bindungsverhältnissen – immer die Oxidationsstufe +1 zu.

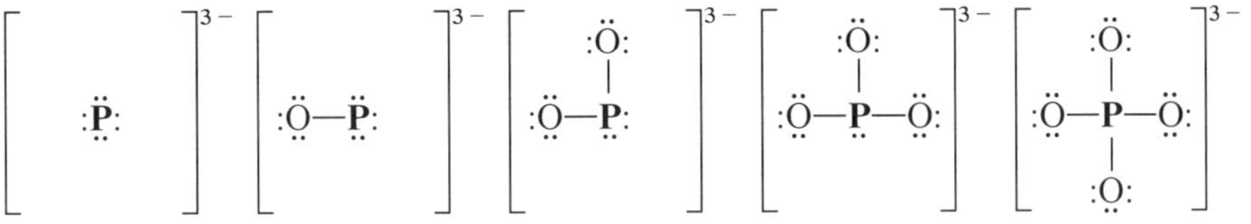

$$\left[\ :\ddot{\underset{\cdot\cdot}{P}}:\ \right]^{3-}\quad \left[\ :\ddot{\underset{\cdot\cdot}{O}}-\ddot{\underset{\cdot\cdot}{P}}:\ \right]^{3-}\quad \left[\ \begin{matrix} :\ddot{O}: \\ | \\ :\ddot{\underset{\cdot\cdot}{O}}-\underset{\cdot\cdot}{P}: \end{matrix}\ \right]^{3-}\quad \left[\ \begin{matrix} :\ddot{O}: \\ | \\ :\ddot{\underset{\cdot\cdot}{O}}-\underset{\cdot\cdot}{P}-\ddot{\underset{\cdot\cdot}{O}}: \end{matrix}\ \right]^{3-}\quad \left[\ \begin{matrix} :\ddot{O}: \\ | \\ :\ddot{\underset{\cdot\cdot}{O}}-P-\ddot{\underset{\cdot\cdot}{O}}: \\ | \\ :\underset{\cdot\cdot}{O}: \end{matrix}\ \right]^{3-} \qquad (1)$$

(a) (b) (c) (d) (e)

Von diesen Anionen sind diejenigen mit freien Elektronenpaaren am Phosphor (a–d) in wässeriger Lösung unbeständig, weil der Phosphor in diesen Verbindungen ein großes Bestreben zeigt, Wasserstoff-Ionen des Wassers an die freien Elektronenpaare anzulagern. Löst man also z.B. $[PO_2]^{3-}$ oder $[PO_3]^{3-}$ in Wasser auf, so vollzieht sich sofort die Umsetzung:

$$[PO_2]^{3-} + 2H_2O \rightarrow [H_2PO_2]^- + 2OH^- \quad \text{bzw.} \quad [PO_3]^{3-} + H_2O \rightarrow [HPO_3]^{2-} + OH^-.$$

Das Gleichgewicht dieser Reaktion liegt dabei ganz auf der rechten Seite. Es gelingt daher nicht, in Umkehrung der Reaktion etwa durch Einwirkung von Lauge auf das Phosphonat-Ion $[HPO_3]^{2-}$ das P-gebundene letzte (dritte) Wasserstoffatom der zugrunde liegenden Phosphonsäure H_3PO_3 zu neutralisieren[184]. Die Phosphonsäure H_3PO_3 ist mit anderen Worten trotz ihrer drei Wasserstoffatome zum Unterschied von der dreibasigen *Phosphorsäure* H_3PO_4 in wässeriger Lösung nur eine zweibasige Säure. Ebenso fungiert die Phosphinsäure H_3PO_2 trotz ihrer drei Wasserstoffatome in wässeriger Lösung nur als einbasige Säure, da auch hier die direkt an P gebundenen H-Atome nicht acid sind. Analoges gilt vom *Phosphid-Ion* P^{3-}. Bringt man z.B. Calciumphosphid mit Wasser zusammen, so lagern sich an drei – in stark saurer Lösung sogar in alle vier – Elektronenpaare des Phosphors Wasserstoff-Ionen an, so daß Phosphorwasserstoff PH_3 bzw. das Phosphonium-Ion $[PH_4]^+$ entsteht. Somit geht die obige Anionenreihe (1) in die folgende Reihe (2) mit tetraedrisch koordiniertem Phosphor über (PO-Doppelbindungen sind nicht berücksichtigt):

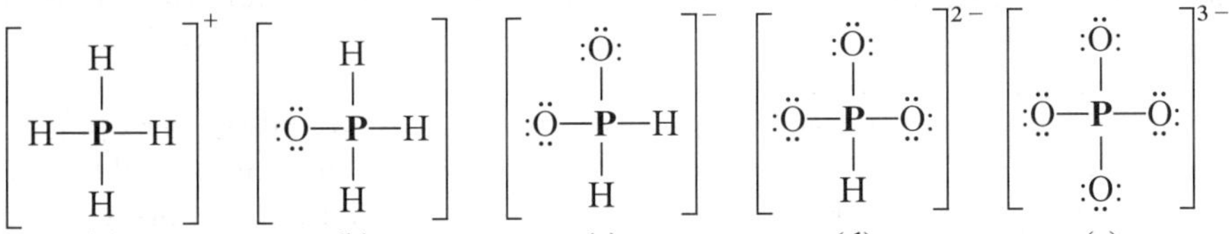

$$\left[\begin{matrix} H \\ | \\ H-P-H \\ | \\ H \end{matrix}\right]^{+}\quad \left[\begin{matrix} H \\ | \\ :\ddot{\underset{\cdot\cdot}{O}}-P-H \\ | \\ H \end{matrix}\right]\quad \left[\begin{matrix} :\ddot{O}: \\ | \\ :\ddot{\underset{\cdot\cdot}{O}}-P-H \\ | \\ H \end{matrix}\right]^{-}\quad \left[\begin{matrix} :\ddot{O}: \\ | \\ :\ddot{\underset{\cdot\cdot}{O}}-P-\ddot{\underset{\cdot\cdot}{O}}: \\ | \\ H \end{matrix}\right]^{2-}\quad \left[\begin{matrix} :\ddot{O}: \\ | \\ :\ddot{\underset{\cdot\cdot}{O}}-P-\ddot{\underset{\cdot\cdot}{O}}: \\ | \\ :\underset{\cdot\cdot}{O}: \end{matrix}\right]^{3-} \qquad (2)$$

(a)	(b)	(c)	(d)	(e)
Phosphonium-Ion	Phosphanoxid[185]	Phosphinat	Phosphonat	Phosphat
(T_d-Symmetrie)	(C_{3v}-Symmetrie)	(C_{2v}-Symmetrie)	(C_{3v}-Symmetrie)	(T_d-Symmetrie)

Man erkennt daraus, daß eine lückenlose Reihe vom $[PH_4]^+$ bis zum $[PO_4]^{3-}$ besteht und daß die Ladung des Ions bei jedem Schritt – entsprechend dem jeweiligen Ersatz eines positiv geladenen Wasserstoff-Ions H^+ durch ein neutrales Sauerstoffatom O – um je eine negative Einheit zunimmt. Den Anionen (c), (d) und (e) entsprechen die Säuren $H[H_2PO_2]$, $H_2[HPO_3]$ und $H_3[PO_4]$, bzw. – da die aciden H-Atome nicht ionogen, sondern an Sauerstoff gebunden sind und da eine P—O-Bindung im Vergleich mit einer P—OH-Bindung einen starken Doppelbindungscharakter besitzt – als Konstitutionsformeln geschrieben (unter Hinzunahme von (b)):

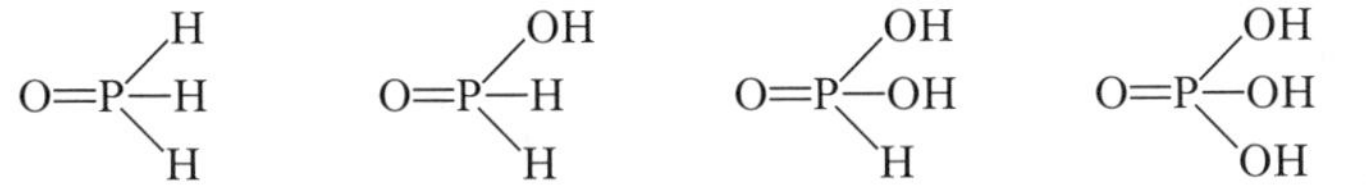

$$O{=}P\begin{matrix} \diagup H \\ -H \\ \diagdown H \end{matrix}\qquad O{=}P\begin{matrix} \diagup OH \\ -H \\ \diagdown H \end{matrix}\qquad O{=}P\begin{matrix} \diagup OH \\ -OH \\ \diagdown H \end{matrix}\qquad O{=}P\begin{matrix} \diagup OH \\ -OH \\ \diagdown OH \end{matrix}$$

Phosphanoxid[185] Phosphinsäure Phosphonsäure Phosphorsäure

---

[184] Bei Ausschluß von Wasser (z.B. bei Einwirkung von Natrium) ist natürlich auch das dritte Wasserstoffatom von H_3PO_3 durch Metall ersetzbar. Analoges gilt für den Ersatz der wenig aciden H-Atome anderer Wasserstoffverbindungen (z.B. von NH_3; vgl. S. 650).

[185] Nur in Form von *Alkylderivaten* wie OPR_3, $OPHR_2$ und OPH_2R bekannt.

Nur die an O, nicht die an P gebundenen H-Atome sind dabei in wässeriger Lösung acid[184].

Die *Peroxophosphorsäure* H_3PO_5 enthält ein, die *Diperoxophosphorsäure* H_3PO_6 zwei Sauerstoffatome mehr als die Phosphorsäure H_3PO_4. Da der Phosphor im Phosphat-Ion kein freies Elektronenpaar mehr aufweist, kann die Bindung des fünften bzw. sechsten Sauerstoffatoms nur durch eines oder zwei der vier Sauerstoffatome des Phosphat-Ions erfolgen:

```
        :Ö:     ]3-          :Ö:          ]3-        :Ö—Ö:  ]3-
         |                    |                       |
     Ö= P —Ö:            Ö= P —Ö—Ö:               Ö= P —Ö:
         |                    |                       |
        :O:                  :O:                     :O—Ö:
     Phosphat             Peroxophosphat          Diperoxophosphat
```

Auch in den *Diphosphorsäuren* (Tab. 74) bleibt – wie allgemein in allen Phosphorsäuren – die Koordinationszahl 4 des Phosphors gewahrt (tetraedrisch koordinierter Phosphor):

```
[ O O  ]2-      [  O   O  ]2-     [ O O  ]4-      [  O   O  ]4-
[H P P H]       [H P O P H]       [O P P O]       [O P O P O]
[ O O  ]        [  O   O  ]       [ O O  ]        [  O   O  ]
Hypodiphosphonat   Diphosphonat     Hypodiphosphat    Diphosphat
Diphosphat(II)     Diphosphat(III)  Diphosphat(IV)    Diphosphat(V)

[ O O  ]3-        [  O   O  ]3-       [  O     O  ]4-
[H P P O]         [H P O P O]         [O P O O P O]
[ O O  ]          [  O   O  ]         [  O     O  ]
Diphosphat(II,IV)  Diphosphat(III,V)   Peroxo-diphosphat(V)
```

Entsprechend den wiedergegebenen Komplexformeln der Säureanionen ist die Hypodiphosphonsäure $H_4P_2O_4$ zweibasig, die Diphosphonsäure $H_4P_2O_5$ zweibasig und die isomere Diphosphor(II,IV)-säure dreibasig, die Hypodiphosphorsäure $H_4P_2O_6$ vierbasig und die isomere Diphosphor(III,V)-säure dreibasig, die Diphosphorsäure $H_4P_2O_7$ sowie die Peroxodiphosphorsäure $H_4P_2O_8$ vierbasig.

Die Diphosphorsäure $H_4P_2O_7$ stellt das erste Kondensationsprodukt der Orthophosphorsäure H_3PO_4 dar: $2H_3PO_4 \rightarrow H_4P_2O_7 + H_2O$. *Höhere* Kondensationsprodukte sind die *kettenförmigen Polyphosphorsäuren* $H_{n+2}P_nO_{3n+1}$ wie Tri- und Tetraphosphorsäure (Anionen: $O_3P—O—PO_2—O—PO_3^{5-}$, $O_3P—O—PO_2—O—PO_2—O—PO_3^{6-}$) bzw. *ringförmigen Metaphosphorsäuren* $(HPO_3)_n$ wie Tri- und Tetrametaphosphorsäure (siehe Formeln). Sowohl die Poly- als auch Metaphosphorsäuren enthalten wie die Diphosphorsäure als charakteristische Strukturelemente P—O—P-Gruppierungen. Neben diesen Säuren gibt es auch sauerstoffärmere Hypopoly- und Hypometaphosphorsäuren $H_{n+2}P_nO_{2n+2}$ und $(HPO_2)_n$, die wie die Hypodiphosphonsäure als charakteristische Strukturmerkmale P—P-Gruppierungen aufweisen, z. B. Hypotriphosphorsäure (Anion: $O_3P—PO_2—PO_3^{5-}$) bzw. Cyclohexametaphosphorige Säure (vgl. Formel)[186]:

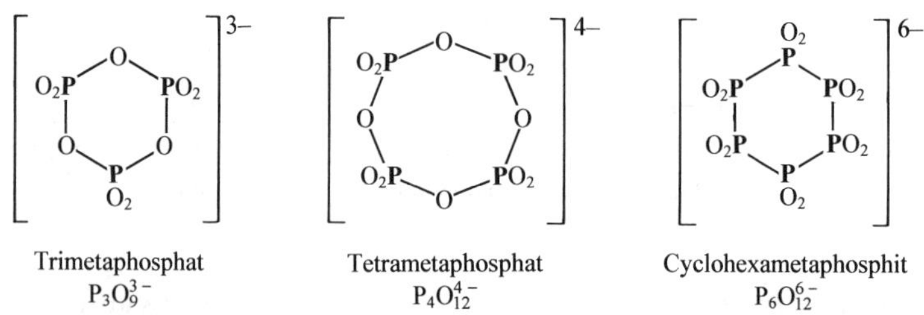

Trimetaphosphat $P_3O_9^{3-}$ Tetrametaphosphat $P_4O_{12}^{4-}$ Cyclohexametaphosphit $P_6O_{12}^{6-}$

[186] Man kennt auch Säuren, die sowohl POP- als auch PP-Gruppierungen enthalten, zum Beispiel: $[O_3P—PO_2—O—PO_2—PO_3]^{6-}$ ($P_4O_{11}^{6-}$); $[O_2HP—O—PO_2—PO_3]^{4-}$ ($HP_3O_8^{4-}$).

Die Zusammensetzung der „Metasäuren" $(HPO_2)_n$ und $(HPO_3)_n$ entspricht formal der vom phosphorhomologen Stickstoff abgeleiteten Salpetrigen Säure HNO_2 und Salpetersäure HNO_3 (deren Orthoformen H_3NO_3 und H_3NO_4 im Gegensatz zu H_3PO_3 und H_3PO_4 unbeständig sind). Diese Übereinstimmung ist aber nur äußerlich; denn die Struktur der polymeren Metasäuren des Phosphors und ihrer Salze ist von der der entsprechenden monomeren Stickstoffsäuren und ihrer Salze ganz verschieden und entspricht cyclischen Formeln (s. oben). Die *monomeren* Metasäuren HPO_2 = HOPO und HPO_3 = $HOPO_2$ sowie ihre Derivate XPO und XPO_2 sind nur unter extremen Bedingungen erhältlich (vgl. S. 770, 776)[187]. Auch kann bei Substitutionsreaktionen monomeres PO_3^- als reaktive Zwischenstufe auftreten (vgl. S. 397).

Darstellung. Unter den Sauerstoffsäuren des Phosphors, die fast alle auch im freien Zustand bekannt sind, sind die *Phosphonsäure* und insbesondere die *Phosphorsäure* sehr wichtig. Beide Säuren können über ihre Anhydride dargestellt werden ($P_2O_3 + 3H_2O \rightarrow 2H_3PO_3$; $P_2O_5 + 3H_2O \rightarrow 2H_3PO_4$). Durch Kondensation unter geeigneten Bedingungen (s. nachfolgende Unterkapitel) läßt sich H_3PO_3 in *Diphosphonsäure* $H_4P_2O_5$ bzw. H_3PO_4 in *Diphosphorsäure* $H_4P_2O_7$ (oder Poly- bzw. Metaphosphorsäuren) überführen, durch Oxidation geht H_3PO_4 in *Peroxodiphosphorsäure* $H_4P_2O_8$ (hieraus durch Hydrolyse *Peroxophosphorsäure* H_4PO_5) über. *Phosphinsäure* H_3PO_2 entsteht durch Disproportionierung von weißem Phosphor ($P_4 + 6H_2O \rightarrow PH_3 + 3H_3PO_2$), *Hypodiphosphorsäure* $H_4P_2O_6$ durch Oxidation von rotem Phosphor ($\frac{2}{n}P_n + 2O_2 + 2H_2O \rightarrow H_4P_2O_6$), *Hypodiphosphonsäure* $H_4P_2O_4$ durch Hydrolyse von Diphosphortetraiodid. Technisch wichtig sind H_3PO_4, H_3PO_3 und H_3PO_2.

Nachfolgend sind **Potentialdiagramme** (vgl. Anh. VI) einiger Oxidationsstufen des Phosphors für pH = 0 bzw. 14 wiedergegeben, denen zu entnehmen ist, daß die Oxidationskraft der Phosphorsauerstoffsäuren bzw. ihrer Anionen – wie im Falle anderer Elementsauerstoffsäuren – in saurer Lösung stärker ist, während die Reduktionskraft in alkalischer Lösung größer ist (stärkstes Oxidationsmittel unter den aufgeführten Verbindungen: Hypodiphosphorsäure, gefolgt von Phosphor und Phosphorsäure; stärkstes Reduktionsmittel: Hypodiphosphat gefolgt von Phosphor und Phosphinat):

pH = 0

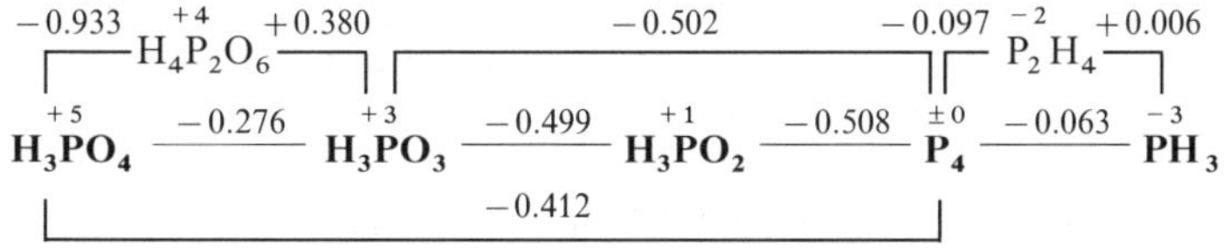

H_3PO_4 (+5) $\xrightarrow{-0.933}$ $H_4P_2O_6$ (+4) $\xrightarrow{+0.380}$ H_3PO_3; H_3PO_3 $\xrightarrow{-0.502}$ P_4; P_4 $\xrightarrow{-0.097}$ P_2H_4 (−2) $\xrightarrow{+0.006}$ PH_3

$$\overset{+5}{\mathbf{H_3PO_4}} \xrightarrow{-0.276} \overset{+3}{\mathbf{H_3PO_3}} \xrightarrow{-0.499} \overset{+1}{\mathbf{H_3PO_2}} \xrightarrow{-0.508} \overset{\pm 0}{\mathbf{P_4}} \xrightarrow{-0.063} \overset{-3}{\mathbf{PH_3}}$$

H_3PO_4 $\xrightarrow{-0.412}$ P_4

pH = 14

PO_4^{3-} $\xrightarrow{-2.18}$ $H_2P_2O_6^{2-}$ $\xrightarrow{-0.061}$ HPO_3^{2-}; HPO_3^{2-} $\xrightarrow{-1.73}$ P_4; P_4 $\xrightarrow{-0.9}$ P_2H_4 $\xrightarrow{-0.8}$ PH_3

$$\mathbf{PO_4^{3-}} \xrightarrow{-1.12} \mathbf{HPO_3^{2-}} \xrightarrow{-1.57} \mathbf{H_2PO_2^-} \xrightarrow{-2.05} \mathbf{P_4} \xrightarrow{-0.89} \mathbf{PH_3}$$

PO_4^{3-} $\xrightarrow{-1.49}$ P_4

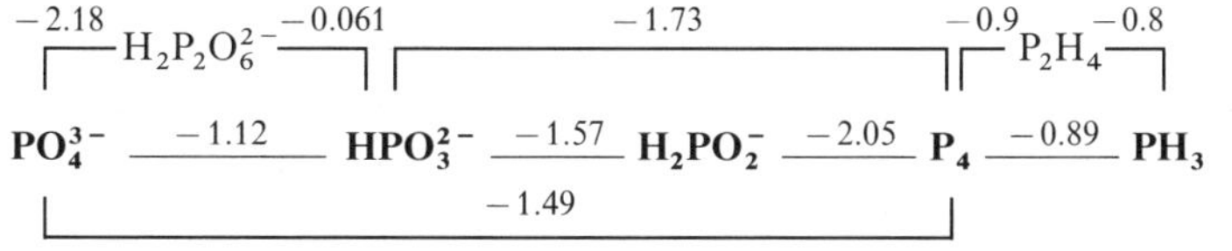

Wie aus dem Diagramm zudem folgt, kann Phosphor sowohl in saurer als auch alkalischer Lösung in die Stufen Phosphor(−III) einerseits und Phosphor(+I) bzw. Phosphor(+III) bzw. Phosphor(+V) andererseits disproportionieren.

2.5.2 Phosphinsäure H_3PO_2

Darstellung. Beim Erwärmen mit Wasser disproportioniert weißer Phosphor u.a. (vgl. S. 732) zu einer tieferen (Phosphorwasserstoff) und einer höheren Oxidationsstufe (Phosphinsäure; früherer Name: Hypophosphorige Säure):

$$\overset{0}{P_4} + 6H_2O \rightleftarrows \overset{-3}{P}H_3 + 3H_3\overset{+1}{P}O_2.$$

[187] **Literatur.** M. Binnewies, H. Schnöckel: „*The Homologues of Nitrosyl and Thionitrosyl Halides. Triatomic 18e Molecules Containing N, P, As or Sb in the Central Position in Comparison to Related Isoelectronic Compounds*", Chem. Rev. **90** (1990) 321–330.

Entfernt man die entstehende Phosphinsäure durch Salzbildung aus dem Gleichgewicht, d.h. kocht man weißen Phosphor nicht mit Wasser, sondern mit Natronlauge NaOH oder Kalkmilch $Ca(OH)_2$, so verschiebt sich das Gleichgewicht nach rechts, so daß die entsprechenden Salze – NaH_2PO_2 bzw. $Ca(H_2PO_2)_2$ – isolierbar sind. Das im Zuge der Umsetzung zusätzlich neben H_2 gebildete Phosphonat kann als unlösliches Salz $CaHPO_3$ abgetrennt werden. Durch Umsetzung des Calciumsalzes mit Schwefelsäure gewinnt man in der Technik dann die freie Säure:

$$Ca(H_2PO_2)_2 + H_2SO_4 \rightarrow CaSO_4 + 2H_3PO_2.$$

Beim Eindampfen der wässerigen Lösung kristallisiert sie in Form *farbloser* Blättchen (Smp. 26.5 °C) aus. Ihre Isolierung erfolgt darüber hinaus durch Extraktion der wässerigen Lösung mit Diethylether. Auch durch Oxidation von PH_3 mit I_2 in Wasser kann die freie Säure (neben H_3PO_3 als Hauptprodukt) gewonnen werden:

$$PH_3 + 2I_2 + 2H_2O \rightarrow H_3PO_2 + 4HI.$$

Eigenschaften. Phosphinsäure ist eine mittelstarke einbasige Säure ($pK_S = 1.23$) und bildet *Phosphinate* MH_2PO_2, die alle in Wasser leicht löslich sind. Sie wirkt wesentlich stärker reduzierend als Phosphonsäure, in welche sie übergeht: $H_3PO_2 + H_2O \rightleftarrows H_3PO_3 + 2H^+ + 2\ominus$ (vgl. Potentialdiagramm, oben). So reduziert sie sich z.B. beim Erwärmen auf 130–140 °C selbst zu Phosphorwasserstoff:

$$H_3PO_2 + 2H_3PO_2 \rightarrow H_3P + 2H_3PO_3;$$

die dabei entstehende Phosphonsäure disproportioniert bei stärkerem Erhitzen weiter in Phosphorwasserstoff und Phosphorsäure. Gold, Silber, Quecksilber, Nickel, Cobalt usw. werden sowohl durch die freie Säure als auch durch deren Salze aus den Lösungen ihrer Salze gefällt. Von der Phosphonsäure unterscheidet sie sich durch ihr Verhalten gegen Kupfersulfatlösung, indem sie Kupfersulfat nicht nur zu metallischem Kupfer, sondern zu „*Kupferhydrid*“ CuH (s. dort) reduziert.

In stark alkalischer Lösung reduziert Phosphinsäure – und zwar mit steigendem pH-Wert zunehmend rasch – auch die Protonen des Wassers zu Wasserstoff:

$$H_2PO_2^- + OH^- \rightarrow HPO_3^{2-} + H_2.$$

Mechanistisch erfolgt diese Redox-Reaktion auf dem Wege einer nucleophilen Substitution von Hydrid H^- durch Hydroxid OH^- ($HO{:}^- + O_2HP{-}H^- \rightarrow (HO)O_2HP^- + {:}H^-$), wobei H^- im Zuge seiner Bildung mit Wasser unter H_2-Entwicklung reagiert ($H^- + H_2O \rightarrow H_2 + OH^-$).

Im tetraedrisch gebauten $H_2PO_2^-$-Ion (P in der Mitte des Tetraeders) beträgt der PO-Abstand 1.51 Å (ber. für P—O 1.76 Å, für P=O 1.56 Å), der PH-Abstand ca. 1.5 Å, der Winkel OPO 120° (NH_4^+-Salz) bzw. 109° (Mg^{2+}-Salz), der Winkel HPH 92°.

Verwendung. Die Salze von H_3PO_2 (Weltjahresproduktion: Kilotonnenmaßstab) – und zwar insbesondere das Na-Salz – dienen zur *stromlosen Abscheidung* von phosphorhaltigen *Nickelschichten* aus $NiCl_2$- oder $NiSO_4$- und NaH_2PO_2-haltigen Lösungen auf *Metallen* (Bedingungen: pH 4–6; 90 °C) und *Kunststoffen* sowie anderen nichtleitenden Materialien (Bedingungen: pH 7–10; 25–50 °C).

Derivate. Die Säure H_3PO_2 läßt sich durch zwei tautomere Formen beschreiben, in welchen entweder ein Wasserstoff an Phosphor und zwei Wasserstoffe an Sauerstoff oder zwei Wasserstoffe an Phosphor und ein Wasserstoff an Sauerstoff gebunden vorliegen:

$$\underset{\ddot{}}{H{-}P(OH){-}OH} \rightleftarrows H{-}P(=O)(H){-}OH$$

Hypophosphorige Säure (*Phosphonige Säure*) — *Phosphinsäure*

Das Tautomeriegleichgewicht liegt vollständig auf der Phosphinsäure-Seite; man kennt jedoch von beiden Formen Organylderivate, nämlich *Hypophosphorigsäure-ester* („*Phosphonigsäure-ester*") $RP(OR)_2$ und *Phosphinsäure-ester* $R_2PO(OR)$.

2.5.3 Phosphonsäure H_3PO_3

Die Phosphonsäure (früherer Name: Phosphorige Säure) wird bequem durch Umsetzen von Phosphortrichlorid bzw. Phosphortrioxid mit Wasser dargestellt:

$$PCl_3 + 3H_2O \rightarrow H_3PO_3 + 3HCl \quad \text{bzw.} \quad P_2O_3 + 3H_2O \rightarrow 2H_3PO_3.$$

In der Technik versprüht man hierbei PCl_3 bei 190 °C in Wasserdampf, wobei die Reaktionswärme zur Abdestillation von gebildetem Chlorwasserstoff und überschüssigem Wasser genutzt wird.

Eigenschaften. Die reine Phosphonsäure H_3PO_3 bildet *farblose*, in Wasser sehr leicht lösliche Kristalle (d = 1.65 g/cm^3) vom Schmelzpunkt 73.8 °C. Als zweibasige Säure dissoziiert sie in zwei Stufen (pK_1 = 2.00, pK_2 = 6.59) und bildet zwei Reihen von Salzen: *primäre Phosphonate* $M^IH[HPO_3]$ (*Hydrogenphosphonate*) und *sekundäre Phosphonate* $M^I_2[HPO_3]$ (*Phosphonate*). Von diesen sind die Alkaliphosphonate in Wasser leicht, die anderen schwer löslich. Die primären Phosphonate gehen beim Erwärmen unter vermindertem Druck in Diphosphonate über: $2H_2PO_3^- \rightarrow HO_2P{-}O{-}PO_2H^{2-} + H_2O$.

Charakteristisch für die Phosphonsäure ist ihr starkes Reduktionsvermögen, da sie das Bestreben hat, in die höhere Oxidationsstufe der Phosphorsäure überzugehen: $H_3PO_3 + H_2O \rightleftarrows H_3PO_4 + 2H^+ + 2\ominus$ (vgl. Potentialdiagramm, oben). So reduziert sie sich z. B. beim Erhitzen im trockenen Zustande unter gleichzeitigem Übergang in Phosphorsäure selbst zu Phosphorwasserstoff:

$$H_3PO_3 + 3H_3PO_3 \rightarrow H_3P + 3H_3PO_4,$$

führt Halogene in Halogenwasserstoffe, Schwefelsäure in Schweflige Säure über und fällt aus Lösungen von Salzen edlerer Metalle (z. B. Silber) die Metalle aus. An der Luft oxidieren sich Phosphonate nicht, Phosphonsäure nur langsam zur Stufe der Phosphorsäure.

Durch starke Reduktionsmittel (z. B. naszierenden Wasserstoff) wird Phosphonsäure, deren oxidierende Eigenschaften nur schwach sind ($H_3PO_3 + 6H^+ + 6\ominus \rightleftarrows H_3P + 3H_2O$; $\varepsilon_0 = -0.284$ V) in Monophosphan überführt (vgl. hierzu auch die obige Eigenreduktion zu Phosphorwasserstoff). Verglichen mit der homologen Salpetrigen Säure ist die Phosphonsäure ein stärkeres Reduktions- und schwächeres Oxidationsmittel (vgl. Potentialdiagramm, oben).

Im „*Phosphonat-Ion*" HPO_3^{2-} sind die H- und O-Atome tetraedrisch um das P-Atom gruppiert. In der kristallisierten, durch H-Brücken vernetzten Phosphonsäure $O{=}PH(OH)_2$ ist eine PO-Bindung 1.48 Å, die beiden anderen PO-Bindungen sind 1.54 Å lang (ber. für P—O 1.76 Å, für P=O 1.56 Å).

Verwendung. Phosphonsäure dient zur Herstellung von basischem Bleiphosphonat (PVC-Stabilisator), von Aminomethylenphosphonsäure, von Hydroxyethandiphosphonsäure sowie als Reduktionsmittel.

Derivate. Die Säure H_3PO_3 läßt sich wie die Säure H_3PO_2 durch zwei tautomere Formen beschreiben, in welchen die Wasserstoffatome entweder nur an Sauerstoff oder an Sauerstoff und Phosphor gebunden sind:

```
       OH                          O
       |                           ||
   HO—P—OH     ⇄      HO—P—OH
       ··                          |
                                   H
```

Phosphorige Säure *Phosphonsäure*

Tatsächlich liegt das Tautomeriegleichgewicht ganz auf der rechten, d. h. der Phosphonsäure-Seite. Man kennt jedoch von beiden Formen Organylderivate, nämlich *Phosphorigsäure-ester* $P(OR)_3$ und *Phosphon-*

säure-ester $RPO(OR)_2$, von denen die ersteren in die letzteren überzugehen vermögen. $P(OPh)_3$ wird als Stabilisator (Antioxidans) Kunststoffen, Gummi und Schmierölen zugesetzt. $P(OMe)_3$ und $P(OEt)_3$ sind Edukte für Insektizide und tierärztliche Produkte, $RPO(OH)_2$-Derivate finden praktische Verwendung in Reinigungsmitteln und Kühltürmen zur Unterbindung der Kalkabscheidung.

Während im Falle der Stickstoff(III)-säure nur die wasserärmere Metaform HNO_2, nicht jedoch die wasserreiche Orthoform H_3NO_3 existiert, liegt das analoge Gleichgewicht im Falle der Phosphor(III)-säure unter normalen Bedingungen ganz auf der Seite der Orthoform H_3PO_3:

$$HNO_2 + H_2O \xleftarrow{\rightarrow} H_3NO_3; \qquad HPO_2 + H_2O \xrightarrow[\leftarrow]{} H_3PO_3$$

Die *monomere* **Metaphosphorige Säure** HO—P=O existiert nur bei sehr hohen Temperaturen und niedrigen Drücken und entsteht etwa durch Hydrolyse von PCl_3 bei 1000 °C. Ebenso lassen sich Derivate X—P=O bzw. X—P=S der Metaphosphorigen Säure mit X z. B. F, Cl, Br bei hohen Temperaturen und niedrigen Drücken gewinnen und in der Matrix bei tiefen Temperaturen isolieren[187]. Interessanterweise kommen den betreffenden „*Phosphorylhalogeniden*" sogar negativere Bindungsenthalpien zu als den entsprechenden „*Nitrosylhalogeniden*" (ΔH_f(NOF/POF) = −65.7/−404.4 kJ/mol; ΔH_f(NOCl/POCl) = +51.7/−215.1 kJ/mol; ΔH_f(NOBr/POBr) = +82.1/+10.8 kJ/mol); zum Unterschied von letzteren weisen sie aber eine ausgesprochene Tendenz zur *Oligomerisierung* auf (vgl. Hexametaphosphit, S. 785). Die Moleküle X—P=O (X = OH, F, Cl, Br) sind ähnlich wie die isovalenzelektronischen Moleküle SiF_2 und SO_2 gewinkelt gebaut (z. B. Winkel an Si/P/S in SiF_2/POF/SO_2 = 100/ca. 110/119°; PO/PF-Abstände in POF ca. 1.46/1.58 Å).

2.5.4 Phosphorsäure H_3PO_4[136, 188]

Darstellung

Zur technischen Darstellung von Phosphorsäure, die eine der am längsten bekannten und wichtigsten Phosphorverbindungen ist, dienen als Ausgangsmaterial insbesondere Apatite $Ca_5(PO_4)_3$(F,OH,Cl) (vgl. Vorkommen von Phosphor; Weltjahresproduktion: 100 Megatonnenmaßstab). Ihre Überführung in Phosphorsäure erfolgt durch „nassen Aufschluß" mit Schwefelsäure („*Aufschluß-Phosphorsäure*") und durch „trockenen Aufschluß" mit Koks und Quarz im elektrischen Ofen auf dem Wege über weißen Phosphor (vgl. Darstellung von Phosphor), welcher in H_3PO_4 („*thermische Phosphorsäure*") überführt wird.

Aufschlußphosphorsäure. Der Calciumphosphat-Anteil des gemahlenen Apatits reagiert mit Schwefelsäure gemäß

$$Ca_3(PO_4)_2 + 3\,H_2SO_4 \rightarrow 3\,CaSO_4 + 2\,H_3PO_4,$$

wobei man das entstehende, je nach dem Verfahren in unterschiedlicher Form als Gips $CaSO_4 \cdot 2\,H_2O$ („*Dihydratprozeß*", Aufschluß bei 80 °C) oder als $CaSO_4 \cdot \frac{1}{2}H_2O$ („*Hemihydratprozeß*", Aufschluß bei ca. 95 °C) anfallende Calciumsulfat[189] abfiltriert und die zurückbleibende nicht sehr reine 30–50 %ige Phosphorsäurelösung auf über 70 % konzentriert.

Im Zuge des „nassen Aufschlusses" verflüchtigt sich der *Fluorid-Anteil* in Gegenwart von Kieselsäure als SiF_4, der *Carbonat-Anteil* als CO_2. Weitere Apatitkomponenten (z. B. *Eisen, Aluminium, Uran, Kieselsäure*) gehen entweder in Lösung oder werden zusammen mit $CaSO_4$ während des Aufkonzentrierens ausgefällt (vorhandenes F^- wird in Gegenwart von SiO_2 und Na^+ als Na_2SiF_6 mitgefällt). Die auf diese Weise erhältliche, noch unreine Phosphorsäure-Lösung (Verunreinigungen u. a.: Kupfer, Eisen, Aluminium, Magnesium, Arsenit, Sulfat, Fluorid, organische und wasserunlösliche Anteile) läßt sich durch *Fällung* der störenden Ionen (z. B. Cu^{2+} als CuS, AsO_3^{3-} als As_2S_3, SO_4^{2-} als $BaSO_4$) oder *Extraktion* von H_3PO_4 mit Lösungsmitteln wie Methanol, Butanol, Tri-n-butylphosphat weiter reinigen, so daß sie günstigenfalls sogar Lebensmittelqualität erreicht.

---

188 **Literatur.** ULLMANN (5. Aufl.): „Phosphoric Acid and Phosphates", **A 18** (1991) 465–503; S. Mann: „*Biomineralisation: Ein neuer Zweig der Bioanorganischen Chemie*", Chemie in unserer Zeit **20** (1986) 69–76; K. Dehnicke, A.-F. Shihada: „*Structural and Bonding Aspects in Phosphorus Chemistry – Inorganic Derivatives of Oxohalogeno Phosphoric Acids*" Struct. Bond. **28** (1976) 51–82; D. Gleisberg: „*Phosphate und Umwelt*" Chemie in unserer Zeit **82** (1988) 201–207.

189 Je Tonne Phosphor als H_3PO_4 entstehen etwa 5 Tonnen Calciumsulfat, dessen Beseitigung bisweilen ein ernstes Problem ist.

Thermische Phosphorsäure. Der aus Apatiten gewonnene weiße Phosphor (vgl. S. 726) wird mit Luftüberschuß zu Phosphorpentaoxid verbrannt: $P_4 + 5O_2 \rightarrow 2P_2O_5$. Die Verbrennungsgase, die das Pentaoxid in Form von Rauch enthalten, werden dann in 75–85%iger Phosphorsäure absorbiert:

$$P_2O_5 + 3H_2O \rightarrow 2H_3PO_4,$$

wobei die dadurch bedingte Konzentration der Säure durch kontinuierliche Wasserzugabe ausgeglichen wird (vgl. Absorption von SO_3 in H_2SO_4, S. 584). Man gewinnt so 85%ige, *recht reine* Lösungen, aus denen man das als H_3AsO_3 enthaltene Arsen mit H_2S als As_2S_3 ausfällen kann. Mehr als 90% des insgesamt erzeugten Phosphors werden in dieser Weise zu thermischer Phosphorsäure weiterverarbeitet.

Beim Eindampfen wässeriger Lösungen beginnt sich die Phosphorsäure H_3PO_4 zu Diphosphorsäure $H_4P_2O_7$ und höheren Phosphorsäuren (S. 779) zu kondensieren, sobald die Zusammensetzung $H_3PO_4 \cdot H_2O$ erreicht ist. *Reine* Phosphorsäure kristallisiert aus konzentrierter wässeriger Phosphorsäure nach Zugabe der berechneten Menge P_2O_5 aus.

Physikalische Eigenschaften

Phosphorsäure bildet bei gewöhnlicher Temperatur *farblose, wasserklare, harte, geruchlose,* in Wasser äußerst leicht lösliche Kristalle, die bei 42.35°C schmelzen und die Dichte 1.8683 g/cm^3 bei 25°C besitzen. Geschmolzene Phosphorsäure unterliegt einer langsamen *Autodehydratisierung* ($2H_3PO_4 \rightleftarrows H_4P_2O_7 + H_2O$), wobei der Smp. bis auf 34.6°C bei einem Gleichgewichtsanteil von 6.5% Diphosphorsäure absinkt (aus der Schmelze kristallisiert unter Umkehrung des Gleichgewichts nur reine Phosphorsäure aus). In den Handel kommt H_3PO_4 gewöhnlich als sirupöse 85%ige Lösung (Dichte 1.6870 g/cm^3, Smp. 21.1°C, Sdp. 158°C), da sich stärker konzentrierte Lösungen infolge ihrer Viskosität nicht mehr abhebern lassen. Für diese Viskosität der konzentrierten Phosphorsäure sind wie bei der wasserfreien Phosphorsäure intermolekulare Wasserstoffbrücken zwischen den Sauerstoffatomen der H_3PO_4-Moleküle verantwortlich. Aus der sirupösen Phosphorsäure kristallisiert das Halbhydrat $H_3PO_4 \cdot 0.5H_2O$ (Dichte 1.7548 g/cm^3; Smp. 29.30°C) aus.

Das den Salzen der Phosphorsäure H_3PO_4 zugrunde liegende PO_4^{3-}-Ion ist wie die isoelektronischen Ionen SiO_4^{4-}, SO_4^{2-} und ClO_4^- tetraedrisch aufgebaut. Die in den vier Fällen gefundenen EO-Abstände von 1.63 (E = Si), 1.55 (E = P), 1.51 (E = S) und 1.46 Å (E = Cl) sprechen für Doppelbindungsanteile (ber. für E—O-Einfachbindung: 1.83, 1.76, 1.70 bzw. 1.65 Å, für E=O-Doppelbindung: 1.63, 1.56, 1.50 bzw. 1.45 Å). Wasserfreie Phosphorsäure $O{=}P(OH)_3$: Wasserstoffverbrückte Schichtstruktur; P=O-Abstand 1.52, P—OH-Abstand 1.57, O—H-Abstand 1.0, HO ··· H-Abstand 2.53 Å, (HO)P(OH)-Winkel 111°.

Chemische Eigenschaften

Säurewirkung. Phosphorsäure H_3PO_4 ist eine dreibasige mittelstarke Säure und bildet dementsprechend drei Reihen von Salzen: *primäre Phosphate* (*Dihydrogenphosphate*) $M^IH_2PO_4$, *sekundäre Phosphate* (*Hydrogenphosphate*) $M_2^IHPO_4$ und *tertiäre Phosphate* (*Phosphate*) $M_3^IPO_4$. Die Dissoziation der Säure erfolgt in drei Stufen:

$$H_3PO_4 \xrightleftharpoons{\mp H^+} H_2PO_4^- \xrightleftharpoons{\mp H^+} HPO_4^{2-} \xrightleftharpoons{\mp H^+} PO_4^{3-}$$

($pK_1 = 2.161$; $pK_2 = 7.207$; $pK_3 = 12.325$). Aus den pK_S-Werten ergibt sich für den Zusammenhang zwischen pH-Wert und Phosphationengehalt einer Phosphorsäure- oder Phosphatlösung das untenstehende, der Einfachheit halber auf pK_S-Werte 2, 7 und 12 bezogene Bild (Fig. 168; vgl. auch Fig. 67 auf S. 205). Man ersieht aus dem Diagramm, daß beispielsweise in einer Phosphorsäurelösung bei einem pH-Wert −0.5 nur undissoziierte Phosphorsäure H_3PO_4 vorhanden ist, während bei einem pH-Wert 2 die Hälfte der Phosphorsäuremoleküle als H_3PO_4 und die andere Hälfte als $H_2PO_4^-$ vorliegt. Mit zunehmendem pH-Wert der Lösung

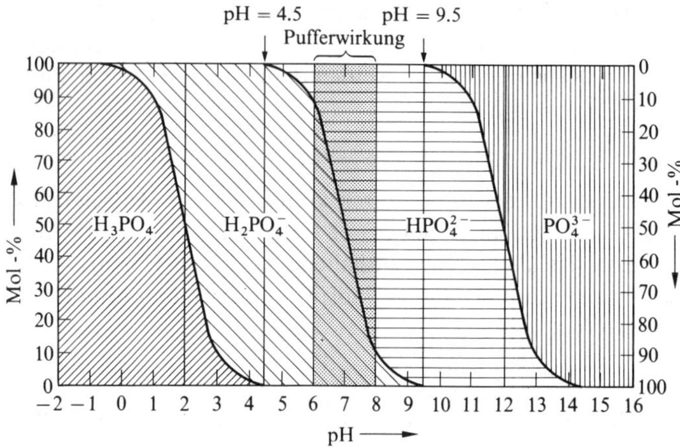

Fig. 168 Abhängigkeit der Ionenkonzentration vom pH-Wert in einer Phosphorsäure-(Phosphat)-Lösung.

(also bei Zusatz von Lauge) nimmt das Molverhältnis $H_3PO_4 : H_2PO_4^-$ infolge Verschiebung des Gleichgewichts nach $H_2PO_4^-$ ab, bis bei einem pH-Wert 4.5 (angezeigt durch den Indikator Methylrot) praktisch nur $H_2PO_4^-$-Ionen vorliegen. Weiterer Zusatz von Lauge führt zur Bildung von HPO_4^{2-}-Ionen (pH 6: 90% $H_2PO_4^-$ + 10% HPO_4^{2-}; pH 8: 10% $H_2PO_4^-$ + 90% HPO_4^{2-}) und schließlich – nachdem bei einem pH-Wert 9.5 (angezeigt durch den Indikator Phenolphthalein) praktisch das gesamte Phosphat in Form von HPO_4^{2-}-Ionen vorliegt, zur Bildung von PO_4^{3-}-Ionen (pH 12: 50% HPO_4^{2-} + 50% PO_4^{3-}; pH 14.5: 100% PO_4^{3-}). Wie weiterhin aus dem Diagramm ersichtlich ist, reagieren wässerige Lösungen von Phosphorsäure mittelstark sauer, von *primären* Phosphaten schwach sauer (pH 4.5), von *sekundären* schwach basisch (pH 9.5) und von *tertiären* stark basisch. Letztere sind nach dem Diagramm nur bei einem pH-Wert 14.5, also in stark alkalischer Lösung ohne Hydrolyse auflösbar. In Wasser (pH 7) erfolgt weitgehende Hydrolyse: $PO_4^{3-} + HOH \rightarrow HPO_4^{2-} + OH^-$, wobei die Lösung alkalisch wird. Ein geeignetes Puffergemisch (vgl. S. 194) ist nach Fig. 168 ein Gemisch von primärem und sekundärem Phosphat, welches im pH-Gebiet 6–8 (90% $H_2PO_4^-$ + 10% HPO_4^{2-} bis 10% $H_2PO_4^-$ + 90% HPO_4^{2-}) gut puffert.

Basewirkung. Auch im geschmolzenen Zustande leitet die wasserfreie Phosphorsäure gut den elektrischen Strom, was auf die Bildung von „*Phosphatacidium-Ionen*" $P(OH)_4^+$ gemäß der „*Autoprotolyse*"

$$2H_3PO_4 \rightleftarrows H_4PO_4^+ + H_2PO_4^-$$

zurückzuführen ist (vgl. die Eigendissoziation der wasserfreien Salpetersäure unter Bildung von Nitratacidium-Ionen $H_2NO_3^+$, S. 717, und der wasserfreien Schwefelsäure unter Bildung von Sulfatacidium-Ionen $H_3SO_4^+$, S. 587). Das Phosphatacidium-Ion bildet sich auch beim Mischen von Phosphorsäure mit starken Säuren und kann z. B. in Form des Phosphatacidiumperchlorats $[P(OH)_4]^+ClO_4^-$ isoliert werden, das in Nitromethanlösung den elektrischen Strom gut leitet.

Wegen der in der Schmelze zusätzlich erfolgenden langsamen „*Autodehydratisierung*" $2H_3PO_4 \rightleftarrows H_4P_2O_7 + H_2O$ (s.o.), die ihrerseits Folgereaktionen wie $H_4P_2O_7 + H_2O \rightleftarrows H_3O^+ + H_3P_2O_7^-$; $H_3P_2O_7^- + H_3PO_4 \rightleftarrows H_2P_2O_7^{2-} + H_4PO_4^+$ auslöst, ist geschmolzene Phosphorsäure ionenreich und enthält im Gleichgewicht je Kilogramm (ca. 10 mol) H_3PO_4 ca. 0.28 mol H_3O^+, 0.28 mol $H_2P_2O_7^{2-}$, 0.26 mol $H_2PO_4^-$ und 0.54 mol $H_4PO_4^+$ (die Ionenkonzentration ist fast 30mal höher als in reiner H_2SO_4).

Redox-Wirkung. Zum Unterschied von der homologen Salpetersäure ist die Phosphorsäure in wässeriger Lösung praktisch kein Oxidationsmittel ($H_3PO_4 + 2H^+ + 2\ominus \rightleftarrows H_3PO_3 + H_2O$; $\varepsilon_0 = -0.276$ V; vgl. Potentialdiagramm, S. 767), da die Affinität des Phosphors zu Sauerstoff wesentlich größer als die des Stickstoffs ist und dementsprechend umgekehrt die Phosphonsäure ein gutes Reduktionsmittel darstellt (S. 769). Dagegen greift wasserfreie Phosphorsäure in der Hitze (oberhalb 400 °C) selbst edle Metalle wie Au und Pt an.

Verwendung. Phosphorsäure (Weltjahresproduktion: Zig Megatonnenmaßstab) dient hauptsächlich als Ausgangsprodukt für *Mono-, Di-, Oligo-* und *Polyphosphate*, welche insbesondere als Düngemittel (S. 774), aber auch als Wasch-, Lebens-, Futter-, Zahnpasta-, Reiniger-, Wasserbehandlungs-, Flammenschutzmittel usw. (s. u.) Verwendung finden. Phosphorsäure als solche wird zur *Metallbehandlung* eingesetzt (Korrosionsschutz der Metallteile von Werkzeugen, Autos, Kühlschränken, Waschmaschinen durch Eintauchen der Teile in 90 °C heiße, Mn-, Fe-, Zn-ionenhaltige H_3PO_4-Lösungen; die gebildeten Zinkphosphat-Überzüge sind ca. 0.6 µm dick). Darüber hinaus nutzt man H_3PO_4 zum Polieren von Aluminiumteilen und zur Stabilisierung tonhaltiger Böden. Vielen Getränken (Limonaden, Colas, Malzbieren) verleiht H_3PO_4 herbsauren Geschmack.

Salze[188)]

Allgemeines. Löslichkeiten. Die *primären Phosphate* (*Dihydrogenphosphate*) $M^IH_2PO_4$ lösen sich alle in Wasser, während von den *sekundären Phosphaten* (*Hydrogenphosphaten*) $M^I_2HPO_4$ bzw. *tertiären Phosphaten* (*Phosphaten*) $M^I_3PO_4$ nur die Alkalisalze in Wasser, die übrigen (M^I = Metalläquivalent) lediglich in Mineralsäuren löslich sind (mit Ausnahme der auch in Säuren unlöslichen Phosphate der vierwertigen Metalle Ti, Zr, Hf, Sn, Ce, Th, U). Die *natürlich* vorkommenden Phosphate sind durchweg tertiäre Phosphate.

Die *unlöslichen Phosphate* entstehen aus den löslichen durch doppelte Umsetzung. *Analytisch wichtig* sind: der auf Zusatz von Silbernitrat zu Phosphorsäure entstehende *gelbe* Niederschlag von „*Silberphosphat*" ($2HPO_4^{2-} + 3Ag^+ \rightleftarrows Ag_3PO_4 + H_2PO_4^-$), der bei Zugabe von Magnesiumsalzen, Ammoniak und Ammoniumsalz („*Magnesiamixtur*") ausfallende *weiße*, kristalline Niederschlag von „*Ammonium-magnesium-phosphat*" ($HPO_4^{2-} + Mg^{2+} + NH_3 \rightleftarrows MgNH_4PO_4$) und der in salpetersaurer Lösung auf Zusatz von Ammoniummolybdat $(NH_4)_2MoO_4$ gebildete *gelbe* Niederschlag von „*Triammonium-dodecamolybdophosphat*" $(NH_4)_3[P(Mo_3O_{10})_4]$ (vgl. S. 1467). Für den *Kreislauf des Phosphats* (s. u.) ist andererseits die Bildung von unlöslichem Calciumphosphat $Ca_3(PO_4)_2$ („*Phosphorit*"; Löslichkeitsprodukt 10^{-29}) aus PO_4^{3-}- und Ca^{2+}-Ionen bei pH-Werten um 7 von Bedeutung, das sich langsam in den weniger löslichen „*Hydroxylapatit*" $Ca_5(PO_4)_3(OH)$ umwandelt und schließlich – in Anwesenheit von Fluorid – in noch unlöslicheren „*Fluorapatit*" $Ca_5(PO_4)_3F$ übergeht.[190)]

Thermisches Verhalten. Beim Glühen gehen die *sekundären* Phosphate HPO_4^{2-} unter Abspaltung eines Mols Wasser je 2 Mole Phosphat in *Diphosphate* (*Pyrophosphate*) $P_2O_7^{4-}$ und die *primären* Phosphate $H_2PO_4^-$ unter analoger Wasserabspaltung über die Stufe von *Oligophosphaten* $H_2P_nO_{3n+1}^{n-}$ (z. B. Diphosphate $H_2P_2O_7^{2-}$, Triphosphate $H_2P_3O_{10}^{3-}$, Tetraphosphate $H_2P_4O_{13}^{4-}$) in *acyclische Polyphosphate* bzw. *cyclische Polyphosphate* (*Metaphosphate*) $P_nO_{3n}^{n-}$ (z. B. Trimetaphosphate $P_3O_9^{3-}$, Tetrametaphosphate $P_4O_{12}^{4-}$) über (vgl. S. 779):

$$2HPO_4^{2-} \rightarrow P_2O_7^{2-} + H_2O; \quad nH_2PO_4^- \rightarrow H_2P_nO_{3n+1}^{n-} + (n-1)H_2O \rightarrow P_nO_{3n}^{n-} + nH_2O$$

Analog verhalten sich die Ammoniumderivate $(NH_4)PO_4^{2-}$ und $(NH_4)_2PO_4^-$ solcher Phosphate (Abspaltung von Wasser und zusätzlich Ammoniak).

Einzelverbindungen. Von technischer Bedeutung sind neben Di-, Oligo- und Polyphosphaten (s. weiter unten) Natrium-, Kalium-, Ammonium- und Calciumphosphate (Weltjahresproduktion: Zig Megatonnenmaßstab). Die **Natriumphosphate** (mit oder ohne Hydratwasser) gewinnt man durch Zufügen thermischer oder nachgereinigter Aufschluß-Phosphorsäure zu einer Sodalösung oder zu Natronlauge:

---

190 Mit vielen Übergangsmetallen bildet die Phosphorsäure gleich ihren Salzen und Estern **Phosphat-Komplexe**, was man technisch zur Extraktion von Metallionen aus wässerigen Lösungen ausnutzt.

$$2H_3PO_4 + Na_2CO_3 \xrightarrow{pH\ 4.5} 2NaH_2PO_4 + CO_2 + H_2O;$$

$$H_3PO_4 + 2NaOH \xrightarrow{pH\ 9.5} Na_2HPO_4 + 2H_2O;$$

$$H_3PO_4 + Na_2CO_3 \xrightarrow{pH\ 9.5} Na_2HPO_4 + CO_2 + H_2O;$$

$$H_3PO_4 + 3NaOH \xrightarrow{pH\ 14.5} Na_3PO_4 + 3H_2O.$$

Das Salz Na_3PO_4 ist aufgrund seiner basischen Wirkung Bestandteil von *Metallreinigern, Farbbeizen, Fettlösern*, das Salz Na_2HPO_4 dient wegen seiner puffernden Wirkung als Emulgator sowie Stabilisator in *Lebens-* und *Futtermitteln* (Käse, Milchpulver, Fleisch, Stärke, Puddingpulver, Mehlspeisenprodukte), das Salz NaH_2PO_4 wird aufgrund seiner sauren Wirkung zur *Phosphatierung* von Stahloberflächen, zur pH-Regulierung von *Kesselwasser* und als Bestandteil in *Farbgrundierungen* sowie *Brause-Abführtabletten* genutzt. Das besonders häufig verwendete „*Dinatriumhydrogenphosphat-Dodecahydrat*" $Na_2HPO_4 \cdot 12H_2O$ (meist geringfügiger NaOH-Einschluß) bildet *farblose* Säulen oder Tafeln, welche an der Luft unter Bildung eines Dihydrats $Na_2HPO_4 \cdot 2H_2O$ verwittern und bei 40 °C schmelzen. Das bei dessen Umsetzung mit Ammoniumchlorid gemäß $Na_2HPO_4 + NH_4Cl \rightarrow Na(NH_4)HPO_4 + NaCl$ entstehende und auch mit dem Urin in Grammengen pro Tag ausgeschiedene „*Natrium-ammonium-hydrogenphosphat*" („*Phosphorsalz*") $Na(NH_4)HPO_4$ kristallisiert aus wässeriger Lösung in Form *farbloser*, monokliner Kristalle als Tetrahydrat aus. Es geht beim Erhitzen in Natriumphosphat $[NaPO_3]_x$ über (s.o.) und dient in der qualitativen Analyse zur Herstellung charakteristisch gefärbter „*Phosphorsalzperlen*" zwecks qualitativer Erkennung von Metalloxiden, z.B. $x Na(NH_4)HPO_4 + y CoO \rightarrow x NaPO_3 \cdot y CoO$ (blau) $+ x NH_3 + x H_2O$ (vgl. „*Boraxperlen*", S. 1040).

Die kostspieligeren **Kaliumphosphate** gewinnt man analog den Natriumphosphaten und nutzt sie u.a. zur *Absorption* von H_2S (K_3PO_4) und als *Korrosionshemmer* im Autokühlwasser (K_2HPO_4). Die **Ammoniumphosphate** (mit oder ohne Hydratwasser) $(NH_4)H_2PO_4$ und $(NH_4)_2HPO_4$ (aus NH_3 und H_3PO_4; letzteres Phosphat hat bei Raumtemperatur bereits einen merklichen NH_3-Partialdruck) dienen außer zu Düngezwecken (s.u.) zur *Tierernährung* sowie zum *Flammenschutz* (Zusatz zu Feuerlöschmitteln, Papieren, Textilien, Anstrichen usw.; ihre Wirkung beruht wohl auf der Bildung von schlecht brennbarem Ammoniak NH_3 sowie von Phosphorsäure H_3PO_4, welche die Entwicklung flüchtiger brennbarer Stoffe aus Cellulose hemmt). Unter den **Calciumphosphaten** ist „*Calciumhydrogenphosphat*" $CaHPO_4$ (aus CaO und H_3PO_4) besonders wichtig; es wird außer zu Düngezwecken (s.u.) z.B. als Bestandteil im *Tierfutter*, als *Putzmittel* in fluoridfreien Zahnpasten und in Scheuermitteln sowie als *Säuerungsmittel* in Backpulver und dergleichen verwandt. „*Calciumdihydrogenphosphat*" $Ca(H_2PO_4)_2$ (aus CaO und H_3PO_4) sowie entfluorierter Apatit $Ca_5(OH)(PO_4)_3$ (gewinnbar durch Erhitzen von Apatit auf 1500 °C in Gegenwart von SiO_2 und H_2O) dienen zur Verbesserung der *Streufähigkeit* von Tafelsalz, Kristallzucker, Backpulver, Düngemitteln usw.

Phosphorhaltige Düngemittel. Die grüne Pflanze braucht zum Wachstum und Gedeihen außer *Licht, Luft, Wärme* und *Wasser* (S. 505) eine Reihe von *Nährsalzen*, in denen vor allem die Nichtmetalle *Stickstoff, Phosphor, Schwefel* und die Metalle *Kalium, Calcium, Magnesium* sowie *Eisen* enthalten sein müssen. Von diesen Stoffen müssen nach der Ernte im allgemeinen nur Stickstoff (S. 656), Kalium (S. 1173) und Phosphor – gelegentlich auch Calcium (S. 1137) – in Form von *Düngemitteln* (Ammonium-, Kalium-, Calciumsalze, Nitrate, Phosphate) dem Boden wieder zugeführt werden[191]), die übrigen Grundlagen sind stets in jedem Boden reichlich vorhanden. So kommt es, daß *Phosphate* als Düngemittel (Weltjahresproduktion: Zig Megatonnenmaßstab) eine wichtige Rolle spielen. Und zwar verwendet man zur Düngung *Calcium-, Ammonium-* oder *Nitrophosphate*:

Calciumphosphate. Das in der Natur in Form des Carbonat-Apatits $Ca_3(PO_4)_2 \cdot CaCO_3$ und Fluor-Apatits $3Ca_3(PO_4)_2 \cdot Ca(OH,F,Cl)_2$ vorkommende *tertiäre* Calciumphosphat $Ca_3(PO_4)_2$ ist in Wasser praktisch unlöslich und wird von Pflanzen nicht ohne weiteres aufgenommen. Es muß daher erst in das wasserlösliche *primäre* Calciumphosphat umgewandelt

[191] Man verwendet hierzu: Chilesalpeter seit 1830, Superphosphat seit 1850, Kali seit 1860, Thomasmehl seit 1878, Kokerei-Ammoniumsulfat seit 1890, Kalkstickstoff seit 1903, Norgesalpeter seit 1905, Ammoniumsalze aus synthetischem Ammoniak seit 1913.

werden. Dies geschieht auf *nassem Wege* durch *Aufschließen* des Rohphosphats mit einer durch Vorversuche ermittelten Menge[192] an *halbkonzentrierter Schwefelsäure*:

$$Ca_3(PO_4)_2 + 2H_2SO_4 \rightarrow Ca(H_2PO_4)_2 + 2CaSO_4.$$

Das dabei entstehende Gemisch von *primärem Calciumphosphat* und *Gips* ($CaSO_4 \cdot 2H_2O$) heißt **„Superphosphat"** und enthält – umgerechnet – typischerweise 16–22 Gew.-% wasserlösliches P_2O_5. Zur Erzielung eines höheren Phosphatgehalts schließt man das Calciumphosphat vorteilhaft statt mit Schwefelsäure mit *Phosphorsäure* auf:

$$Ca_3(PO_4)_2 + 4H_3PO_4 \rightarrow 3Ca(H_2PO_4)_2.$$

Man erhält so **„Doppelsuperphosphat"** mit ca. 35 Gew.-% P_2O_5 und **„Tripelsuperphosphat"** mit über 46 Gew.-% P_2O_5. Der Gipsgehalt des einfachen Superphosphats fällt hier weg.

In der Technik versetzt man zur Erzeugung von Superphosphat gemahlenen Apatit (> 30 % P_2O_5) in Mischaggregaten mit 70 %iger H_2SO_4, wobei in rascher Reaktion unter SiF_4- und CO_2-Abgabe eine flüssige Aufschlußmischung aus H_3PO_4 und $CaSO_4$ entsteht. Anschließend läßt man den erstarrten und zerkleinerten Aufschluß mehrere Wochen „reifen", wobei – zunächst nach $\frac{2}{3}Ca_3(PO_4)_2 + 2H_2SO_4 \rightarrow \frac{4}{3}H_3PO_4 + 2CaSO_4$ – gebildete Phosphorsäure langsam mit verbleibendem Apatit abreagiert: $\frac{1}{3}Ca_3(PO_4)_2 + \frac{4}{3}H_3PO_4 \rightarrow Ca(H_2PO_4)_2$. Letzterer Prozeß entspricht der Doppel- und Tripelsuperphosphatdarstellung, wobei in der Technik gemahlener Apatit mit 52–54 %iger ungereinigter Aufschlußphosphorsäure versetzt wird.

Auch auf *trockenem Wege* kann der Aufschluß von Phosphaten erfolgen, indem man ein Gemisch von *Phosphat* mit *Soda, Kalk* und natürlichen *Alkalisilicaten* bei 1100–1200 °C im Drehrohrofen sintert. Das so entstehende *Glühphosphat*, in dem die Phosphorsäure im wesentlichen in Form von Mischkristallen $3CaNaPO_4 \cdot Ca_2SiO_4$ vorliegt, kommt – zu Pulver vermahlen – z. B. als **„Rhenaniaphosphat"** (seit 1916) in den Handel. Es enthält kein wasserlösliches Phosphat, wird aber durch organische Säuren, wie sie von den aufsaugenden Wurzelhaaren der Pflanzen ausgeschieden werden, zersetzt, so daß es als Düngemittel Verwendung finden kann. Gleiches gilt von dem bei der Eisenerzeugung als Nebenprodukt anfallenden **„Thomasmehl"** (S. 1511). In der Praxis bewertet man solche *wasserunlöslichen Phosphordünger* nach dem Grad der Löslichkeit in 2 %iger *Zitronensäurelösung*.

Infolge ihres Gehaltes an *wasserlöslichem Phosphat* eignen sich die *Superphosphate* vor allem für schnellwachsende Pflanzen, die ein starkes Bedürfnis für leicht aufnehmbare Phosphorsäure haben. *Thomasmehl* und *Rhenaniaphosphat* werden von den Pflanzen naturgemäß langsamer aufgenommen und vom Regen weniger leicht ausgewaschen. Daher streut man z. B. Thomasmehl bereits im Herbst und Winter aus, während man Superphosphate erst im Frühjahr auf die Felder gibt.

Ammoniumphosphate. Unter den drei möglichen Ammoniumphosphaten spielt für Düngezwecke das *Diammoniumphosphat* $(NH_4)_2HPO_4$ als *Festdünger* die Hauptrolle; das *Monosalz* $NH_4H_2PO_4$ ist zu stickstoffarm, und das *Triammoniumphosphat* geht an der Luft von selbst in das Diammoniumsalz über: $(NH_4)_3PO_4 \rightarrow (NH_4)_2HPO_4 + NH_3$, da die dritte Säurestufe der Phosphorsäure sehr schwach ist (S. 772). Die Herstellung des Diammoniumphosphats erfolgt in der Technik durch Einleiten von Ammoniak in Phosphorsäurelösung: $H_3PO_4 + 2NH_3 \rightarrow (NH_4)_2HPO_4$. Es bildet den Bestandteil einiger wichtiger Mischdünger: „*Leunaphos*" ($(NH_4)_2HPO_4 + (NH_4)_2SO_4$), „*Nitrophoska*" ($(NH_4)_2HPO_4 + (NH_4)_2SO_4 + KNO_3$), „*Hakaphos*" ($(NH_4)_2HPO_4 + CO(NH_2)_2 + KNO_3$). Darüber hinaus verwendet man wässerige Lösungen von „*Ammoniumpolyphosphat*" $(NH_4PO_3)_x$ als *Flüssigdünger* (Gewinnung aus Polyphosphorsäuregemischen mit gasförmigem NH_3 bei 230–240 °C bzw. aus Phosphorsäure mit Ammoniak bei 300 °C).

Nitrophosphate. Ähnlich wie die Ammoniumphosphate enthalten auch die Nitrophosphate neben Phosphor (als Phosphat) Stickstoff (als Ammonium bzw. Nitrat) für Düngezwecke. Zur Herstellung wird in der Technik Apatit mit 60 %iger *Salpetersäure* bei 45–80 °C aufgeschlossen (vgl. den zu Superphosphaten führenden Apatit-Aufschluß mit H_2SO_4 bzw. H_3PO_4): $Ca_3(PO_4)_2 + 6HNO_3 \rightarrow 3Ca(NO_3)_2 + 2H_3PO_4$. Das gebildete Gemisch wird in der Regel nicht direkt, sondern nach Behandlung mit Ammoniak und Kohlendioxid ($\rightarrow NH_4NO_3/CaCO_3/CaHPO_4$; „*Carbonitric-Verfahren*") oder mit Ammoniumsulfat ($\rightarrow NH_4NO_3/CaSO_4/CaHPO_4$; „*Sulfonitric-Verfahren*") zur Düngung verwendet.

---

[192] Pro Tonne Erz sind etwa 0.6 Tonnen Schwefelsäure (berechnet auf 100 %ige H_2SO_4) erforderlich. Bei *unzureichender* Schwefelsäuremenge entstünde sekundäres Phosphat: $Ca_3(PO_4)_2 + H_2SO_4 \rightarrow 2CaHPO_4 + CaSO_4$, bei Säure*überschuß* Phosphorsäure: $Ca_3(PO_4)_2 + 3H_2SO_4 \rightarrow 2H_3PO_4 + 3CaSO_4$.

Derivate

Ersatz der H-Atome. Die *Wasserstoffatome* der Phosphorsäure lassen sich durch organische Reste ersetzen, wobei je nach der Anzahl substituierter H-Atome *primäre*, *sekundäre* bzw. *tertiäre* **Phosphorsäure-ester** $PO(OH)_2(OR)$, $PO(OH)(OR)_2$ bzw. $PO(OR)_3$ entstehen.

Die technisch aus P_2O_5 und ROH (→ primäre + sekundäre Ester) bzw. $POCl_3$ und ROH (→ tertiäre Ester) in großer Menge gewonnenen, unter Bildung von Phosphorsäuren hydrolysierbaren Ester (Weltjahresproduktion: 100 Kilotonnenmaßstab) werden vielseitig genutzt: z. B. Triphenyl- und Trikresylphosphat als *flammenhemmende Weichmacher* in Kunststoffen, Tributylphosphat als *Entschäumer* in der Papierindustrie, als *Hydraulik-Flüssigkeit* sowie als *Extraktionsmittel* für Lanthanoid- und Actinoidionen (z. B. Purex-Prozeß), Gemische von Mono- und Dibutylphosphat in Reinigungsmitteln. Zur großen biologischen Bedeutung von Phosphorsäureestern (z. B. Adenosinphosphate, Nucleotide) vgl. Lehrbücher der Biochemie und S. 784.

Auch von einer wasserreichen Form der Phosphorsäure, $H_5PO_5 = P(OH)_5$, die als solche nicht existenzfähig ist, leiten sich beständige Ester $P(OR)_5$ ab.

Ersatz der OH-Gruppen. Ersetzt man in der Phosphorsäure eine, zwei oder alle drei Hydroxylgruppen durch einwertige Reste X, so kommt man zu Derivaten, die man – falls X elektronegativer ist als Phosphor – als *Halogeno-, Thio-, Aminophosphorsäuren* usw. bzw. als *Phosphorylverbindungen*, anderenfalls als *Phosphonsäuren, Phosphinsäuren* bzw. *Phosphanoxide* bezeichnen kann:

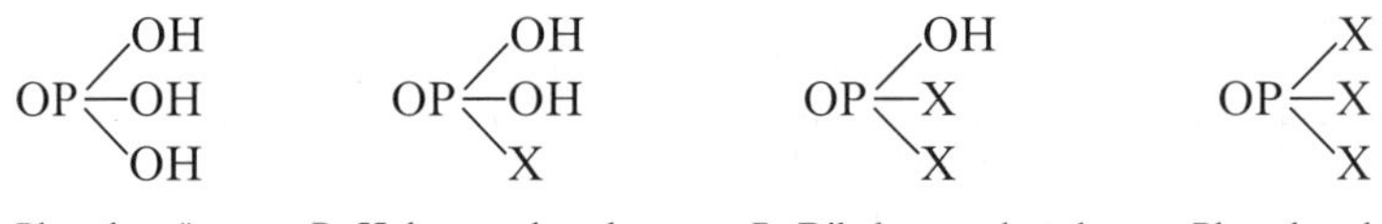

Phosphorsäure | z. B. Halogenophosphors. Phosphonsäuren | z. B. Dihalogenophosphors. Phosphinsäuren | Phosphorylverb. Phosphanoxide

Ist X = H, so gelangt man zur bereits besprochenen Phosphonsäure H_3PO_3 (S. 769) bzw. zur Phosphinsäure H_3PO_2 (S. 767). Phosphorylhydrid (Phosphanoxid) H_3PO (S. 765) ist bisher nicht bekannt. Im folgenden werden nun einige Verbindungen betrachtet, in denen X ein Halogen, eine Mercaptogruppe SH oder eine Aminogruppe NH_2 ist.

Die *monomere* **Metaphosphorsäure** $HPO_3 = HO—PO_2$ und ihre Derivate $X—PO_2$ (X z. B. Halogen) existieren nur bei hohen Temperaturen und niedrigen Drücken und lassen sich unter Matrixbedingungen bei tiefen Temperaturen isolieren[187]. Sie *polymerisieren* unter normalen Bedingungen. Das Metaphosphat-Ion PO_3^- bildet sich zudem als Substitutionszwischenprodukt bei einigen Reaktionen der Phosphorsäure wie z. B. ihrem Sauerstoffaustausch mit Sauerstoff von Wasser: $H_2PO_4^- \rightleftarrows PO_3^- + H_2O$; $PO_3^- + H_2O^* \rightleftarrows H_2PO_3O^{*-}$.

Phosphorylhalogenide. Phosphorylchlorid $POCl_3$ kann durch Versetzen von *Phosphorpentachlorid* mit der berechneten Menge *Wasser* gewonnen werden:

$$PCl_5 + H_2O \rightarrow POCl_3 + 2HCl.$$

Zur Darstellung ist es aber, um weitere Zersetzung zu Phosphorsäure zu vermeiden, zweckmäßiger, Verbindungen einwirken zu lassen, die verhältnismäßig schwer Wasser abgeben: z. B. Oxalsäure ($H_2C_2O_4 \rightarrow H_2O + CO + CO_2$) oder Borsäure ($2H_3BO_3 \rightarrow 3H_2O + B_2O_3$). Auch bei der *Oxidation* von *Phosphortrichlorid* mit Kaliumchlorat (oder anderen Oxidationsmitteln):

$$3PCl_3 + KClO_3 \rightarrow 3POCl_3 + KCl$$

oder bei der Umsetzung von *Phosphorpentachlorid* mit *Phosphorpentaoxid* oder *Schwefeldioxid*:

$$3PCl_5 + P_2O_5 \rightarrow 5POCl_3 \quad \text{oder} \quad PCl_5 + SO_2 \rightarrow POCl_3 + SOCl_2$$

entsteht Phosphorylchlorid. Die *technische Darstellung* von $POCl_3$ erfolgt durch Oxidation von PCl_3 mit Sauerstoff bei 20–50 °C:

$$PCl_3 + \tfrac{1}{2}O_2 \rightarrow POCl_3 + 277.6\,kJ$$

oder durch Oxichlorierung von weißem Phosphor ($\tfrac{1}{4}P_4 + \tfrac{1}{2}O_2 + 1\tfrac{1}{2}Cl_2 \rightarrow POCl_3 +$ 597.5 kJ).

Phosphorylchlorid ist eine *farblose*, stark lichtbrechende, an feuchter Luft *rauchende* Flüssigkeit ($d = 1.72\ g/cm^3$; MAK-Wert 1 mg/m³ oder 0.2 ppm), die bei 105.1 °C siedet und bei 1.25 °C erstarrt (vgl. Tab. 75), also etwa so flüchtig ist wie Wasser. Es vermag als *Lewis-Base* zu fungieren und bildet z. B. mit $AlCl_3$ einen stabilen Komplex $Cl_3POAlCl_3$, der mit Hexachlordisiloxan $Cl_3SiOSiCl_3$ isoster ist. Seine Chloratome lassen sich *nucleophil* leicht durch andere Gruppen *ersetzen*, z. B. durch Iod (→ POI_3), Alkoxygruppen (→ $POCl_{3-n}(OR)_n$), Aminogruppen (→ $POCl_{3-n}(NR_2)_n$), organische Gruppen (→ $POCl_{3-n}R_n$). $POCl_3$ (Weltjahresproduktion: 100 Kilotonnenmaßstab) wird vor allem zur Herstellung von Derivaten POX_3 (X = OR, NHR, R) *genutzt*, welche als Öladditive, Insektizide, Weichmacher, Benetzungsmittel, Flammschutzmittel dienen.

Farbloses **Phosphorylbromid $POBr_3$** läßt sich am einfachsten durch gelindes Erwärmen einer festen Mischung von *Phosphorpentabromid* und *Phosphorpentaoxid* gewinnen: $3PBr_5 + P_2O_5 \rightarrow 5POBr_3$ (vgl. Tab. 75), *violettes* **Phosphoryliodid POI_3** durch Reaktion von *Phosphorylchlorid* mit *Kaliumiodid* in Benzol (Tab. 75). **Phosphorylfluorid POF_3** entsteht u. a. bei der Fluoridierung von Phosphorylchlorid mit ZnF_2, PbF_2 bzw. AgF als giftiges, hydrolyseempfindliches, Glas angreifendes Gas (vgl. Tab. 75).

Wie Phosphorsäure H_3PO_4 bilden in gleicher Weise höhere Phosphorsäuren Halogenderivate. So leiten sich $P_2O_3F_4$ („*Pyrophosphorylfluorid*", farblose Flüssigkeit, Smp. 0.1 °C, Sdp. 72.0 °C, gewinnbar aus $POF_3 + O_2$ in einer elektrischen Entladung) sowie $P_2O_3Cl_4$ („*Pyrophoshorylchlorid*", ölige Flüssigkeit, Smp. −16.5 °C, Sdp. 215 °C; aus $PCl_5 + P_2O_5$) von der *Diphosphorsäure* $(HO)_2OP—O—PO(OH)_2$ ab und $(PO_2F)_4$ (Nebenprodukt der $P_2O_3F_4$-Gewinnung) sowie $(PO_2Cl)_x$ (aus $PCl_3 + N_2O$) von der *Cyclotetraphosphorsäure* $(—PO(OH)—O—)_4$ und der *Polyphosphorsäure* —PO(OH)—O—PO(OH)—O— ab (jeweils Ersatz aller OH-Gruppen durch Halogenatome)[193].

Thiophosphorylhalogenide. „*Thiophosphorylchlorid*" $PSCl_3$, das Schwefelanalogon des Phosphorylchlorids $POCl_3$ ist entsprechend letzterem aus *Phosphorpentachlorid* und *Schwefelwasserstoff* erhältlich: $PCl_5 + H_2S \rightarrow PSCl_3 + 2HCl$. *Technisch* gewinnt man es aus *Phosphortrichlorid* und *Schwefel* bei 180 °C im Autoklaven: $PCl_3 + \tfrac{1}{8}S_8 \rightarrow PSCl_3$. Es stellt eine *farblose*, bei −35 °C erstarrende und bei 125 °C siedende Flüssigkeit dar, welche durch Wasser in Phosphorsäure, Salzsäure und Schwefelwasserstoff zerlegt wird: $PSCl_3 + 4H_2O \rightarrow PO(OH)_3 + H_2S + 3HCl$. Die Verbindung *dient* als Vorprodukt für Insektizide. Bezüglich „*Thiophosphorylfluorid*", -„*bromid*" und -„*iodid*" vgl. Tab. 75. Als Halogenderivate hö-

Tab. 75 Phosphoryl- und Thiophosphorylhalogenide[a, b] sowie -pseudohalogenide[c]

POX_3		Smp. [°C]	Sdp. [°C]	r_{PO} [Å]	r_{PX} [Å]	∢ XPX
POF_3	*Farbloses* Gas	−39.1/1.05 bar	−39.7	1.436	1.524	101°
$POCl_3$	*Farblose* Flüssigkeit	1.25	105.1	1.449	2.002	106°
$POBr_3$	*Farblose* Kristalle	55	191.7	1.44	2.06	108°
POI_3	*Violette* Kristalle	53	–	–	–	–

a) Gemischte Phosphorylhalogenide $POX_{3-n}X'_n$: POF_2Cl (Smp. −96.4 °C, Sdp. 3.1 °C), $POFCl_2$ (Smp. −80.1 °C, Sdp. 52.9 °C), POF_2Br (Smp. −84.8 °C, Sdp. 31.6 °C), $POFBr_2$ (Smp. −117.2 °C, Sdp. +110.1 °C), $POCl_2Br$ (Smp. 12 °C, Sdp. 137.6 °C), $POClBr_2$ (Smp. 31 °C, Sdp. 165 °C), POFClBr (Sdp. 79 °C). **b) Thiophosphorylhalogenide PSX_3 und $PSX_{3-n}X'_n$:** PSF_3 (Smp. −148.8 °C, Sdp. −52.5 °C), $PSCl_3$ (Smp. 40.8° (α), −36.2° (β), Sdp. 125 °C), $PSBr_3$ (Smp. 37.8°, Sdp. 212 °C), PSI_3 (Smp. 48 °C), PSF_2Cl (Smp. −155.2°, Sdp. 6.3 °C), $PSFCl_2$ (Smp. −96.0°, Sdp. 64.7 °C), PSF_2Br (Smp. −136.9°, Sdp. 35.5 °C), $PSFBr_2$ (Smp. −75.2°, Sdp. 125.3 °C). **c) Phosphoryl- und Thiophosphorylpseudohalogenide:** $PO(NCO)_3$ (Smp. 5.0°, Sdp. 193.1 °C), $PO(NCS)_3$ (Smp. 8.8°, Sdp. 215 °C), $PS(NCS)_3$ (Sdp. 123 °C bei 0.4 mbar), PO(NCO)FCl (Sdp. 103 °C), $PS(NCS)F_2$ (Sdp. 90 °C).

[193] Man kennt auch $(POCl)_x$ (gewinnbar durch Einwirkung geringer Mengen H_2O auf PCl_3 als paraffinähnliche feste Masse), sowie $F_2P—O—PF_2$.

herer Thiophosphorsäuren seien genannt: $P_2S_4F_4$ (Sdp. 60 °C bei 13 mbar; gewinnbar durch Fluoridierung von P_4S_{10}; Struktur: $F_2(S)PSSP(S)F_2$), $P_2S_6Br_2$ (Smp. 118 °C; gewinnbar durch Bromierung von P_4S_7 in CS_2; Struktur: $Br(S)P(S_2)_2P(S)Br$ mit zentralem bootkonformiertem sechsgliederigem P_2S_4-Ring), $P_2S_5Br_4$ (Smp. 90 °C; gewinnbar durch Bromierung von P_4S_7 in CS_2). Man kennt auch $P_4S_3I_2$ (vgl. S. 788) und $P_2S_2I_4$ (Smp. 94 °C; aus P_2I_4 und S_8 in CS_2; Struktur: $I_2(S)P—P(S)I_2$).

Halogenophosphorsäuren. „*Monofluorophosphorsäure*" H_2PO_3F (Fluorphosphonsäure) und „*Difluorophosphorsäure*" HPO_2F_2 (Difluorphosphinsäure) entstehen als Zwischenprodukte der vorsichtigen *Hydrolyse* von *Phosphorylfluorid*":

$$O{=}PF_3 \underset{\mp HF}{\overset{\pm H_2O}{\rightleftarrows}} O{=}PF_2(OH) \underset{\mp HF}{\overset{\pm H_2O}{\rightleftarrows}} O{=}PF(OH)_2 \underset{\mp HF}{\overset{\pm H_2O}{\rightleftarrows}} O{=}P(OH)_3$$

sowie durch Reaktion von *Fluorwasserstoff* mit *Phosphorpentaoxid.* Die *einbasige, starke Säure* HPO_2F_2 stellt eine *farblose*, bei 100 °C zerfallende, in Wasser nur langsam hydrolysierende Flüssigkeit dar (Smp. −93.8 bis −93.1 °C, Sdp. 116.5 °C). H_2PO_3F ist eine *mittelstarke zweibasige*, in Wasser ebenfalls langsam hydrolysierende Säure. In wasserfreiem Zustand ist sie wie konzentrierte Schwefelsäure *farblos* und *ölig.*

Das *Fluorophosphat-* und das *Difluorophosphat-Ion* PO_3F^{2-} und $PO_2F_2^-$ lassen sich auch als Derivate des Phosphonat- bzw. Phosphinat-Ions HPO_3^- und $H_2PO_2^{2-}$ auffassen – ähnlich wie PF_4^+ und POF_3 Derivate des Phosphonium-Ions PH_4^+ bzw. Phosphanoxids H_3PO darstellen (jeweils Ersatz der Wasserstoffatome durch Fluoratome):

$[PF_4]^+$	$[POF_3]$	$[PO_2F_2]^-$	$[PO_3F]^{2-}$	$[PO_4]^{3-}$
Tetrafluor-phosphonium-Ion	Phosphoryl-fluorid	Difluoro-phosphat	Fluoro-phosphat	Phosphat

Das PO_3F^{2-}-Ion entspricht in Aufbau und Ladung hierbei dem Sulfat-Ion SO_4^{2-}, das $PO_2F_2^-$-Ion dem Perchlorat-Ion ClO_4^-; dementsprechend ähneln sich die Reaktionen der genannten Ionen.

Die „*Dichlorophosphorsäure*" HPO_2Cl_2 (Dichlorphosphinsäure) läßt sich durch vorsichtige Hydrolyse von Phosphorylchlorid bei −60 °C als bei Raumtemperatur *farblose*, hydrolyseempfindliche Flüssigkeit gewinnen (Smp. −18 °C).

Thiophosphorsäuren. Unter den „*Thiophosphaten*" $PO_{4-n}S_n^{3-}$, die sich von den Phosphaten PO_4^{3-} durch Austausch einzelner oder aller O-Atome gegen S-Atome ableiten, seien erwähnt die Natriumsalze $Na_3[PO_3S] \cdot 12H_2O$ (*farblose* Blättchen vom Smp. 60 °C) und $Na_3[PO_2S_2] \cdot 11H_2O$ (*farblose* Prismen vom Smp. 45.5 °C). Gewisse Ester der Monothiophosphorsäure H_3PO_3S dienen unter dem Namen „*E 605*" als Kontaktinsektizide. Sie stellen nicht nur für Insekten, sondern auch für den Menschen ein tödliches Gift dar, weshalb bei ihrem Gebrauch Vorsicht am Platze ist. Ester der Dithiophosphorsäure (Zn-Salze) werden als Schmieröladditive und Flotationsmittel eingesetzt. Die durch Umsetzung von Na_3PS_4 mit HCl bei tiefen Temperaturen gewinnbare freie „*Tetrathiophosphorsäure*" H_3PS_4 zerfällt schon oberhalb von −20 °C unter Thioanhydrid-Bildung gemäß $2H_3PS_4 \rightleftarrows 3H_2S + P_2S_5$, während bei der Sauerstoffverbindung das entsprechende Gleichgewicht $2H_3PO_4 \rightleftarrows 3H_2O + P_2O_5$ ganz auf der *linken* Seite liegt (S. 762). Bezüglich weiterer Thiophosphate vgl. S. 786.

Amido-, Imido- und Nitridophosphorsäuren. Die Chlorverbindungen $OP(OR)_2Cl$, $OP(OR)Cl_2$ und $OPCl_3$ (R = Kohlenwasserstoffrest) ergeben bei der Umsetzung mit Ammoniak und nach anschließender Verseifung die zweibasige „*Monoamido*"-, einbasige „*Diamido*"- und nichtacide „*Triamidophosphorsäure*": $OP(OH)_2(NH)_2$, $OP(OH)(NH_2)_2$ bzw. $OP(NH_2)_3$, *farblose*, in Wasser leicht lösliche, kristalline Verbindungen, die hydrolytisch unter Abspaltung von NH_3 angegriffen werden. Das nach $POCl_3 + 6Me_2NH \rightarrow (Me_2N)_3PO + 3Me_2NH_2Cl$ gewinnbare „*Hexamethylphosphorsäuretriamid*" $(Me_2N)_3PO$ („HMPT") wird vielseitig als nichtwässeriges Medium, als Ligand für Metallkomplexe sowie als Lösungsmittel für Alkalimetalle (vgl. blaue Na-Lösungen in fl. NH_3) verwendet. Auch ein *Thioderivat* $SP(NH_2)_3$, gewinnbar aus $SPCl_3$ und NH_3, und ein *Imidoderivat* $HNP(NH_2)_3$ (gewinnbar als Lithiumsalz) sind bekannt. Das formal aus $HNP(NH_2)_3$ durch Abspaltung zweier NH_3-Moleküle folgende *Nitridoderivat* HNPN („Phospham") entsteht bei 500–600 °C als polymerer Stoff durch *Ammonolyse* u.a.

von PCl_5, P_{rot} und P_3N_5 ($PCl_5 + 2NH_3 \rightarrow HPN_2 + 5HCl$; $P_{rot} + 2NH_3 \rightarrow HPN_2 + 2\frac{1}{2}H_2$; $P_3N_5 + NH_3 \rightarrow 3HPN_2$). Das in letzterem Falle anfallende, kristalline Phospham mit idealisierter Zusammensetzung enthält wie dessen Lithiumsalz $LiPN_2$ (vgl. S. 789) das polymere Strukturelement PN_2^-, das näherungsweise wie isovalenz-elektronisches SiO_2 (Cristoballitform) strukturiert ist. Die H-Atome sind kovalent an die Hälfte der N-Atome gebunden.

2.5.5 Kondensierte Phosphorsäuren[136, 194]

Beim Erhitzen wandelt sich *Mono*phosphorsäure H_3PO_4 (analoges gilt für das Erhitzen primärer Phosphate $H_2PO_4^-$) unter intermolekularer Wasserabspaltung („*Kondensation*")[195] in **Diphosphorsäure** $H_4P_2O_7$ um (vollständige Gleichgewichtsverschiebung nach rechts bei 200 °C):

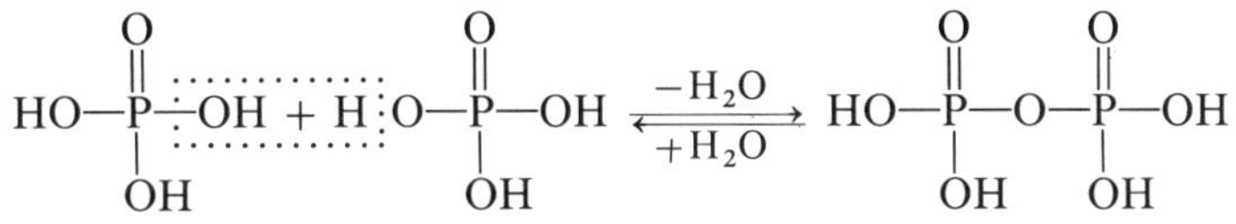

$$\underset{\text{Monophosphorsäure}}{\text{HO—P(=O)(OH)—OH}} + \underset{\text{Monophosphorsäure}}{\text{H—O—P(=O)(OH)—OH}} \underset{+H_2O}{\overset{-H_2O}{\rightleftharpoons}} \underset{\text{Diphosphorsäure}}{\text{HO—P(=O)(OH)—O—P(=O)(OH)—OH}}$$

die ihrerseits oberhalb von 300 °C unter weiterem Wasseraustritt auf dem Wege über kettenförmige **Oligophosphorsäuren** $H_{n+2}P_nO_{3n+1}$ (Tri-, Tetra-, Pentaphosphorsäure usw.; $n = 3$, 4, 5 usw.) in ebenfalls kettenförmige **Polyphosphorsäuren** $H_{n+2}P_nO_{3n+1}$ (n = sehr groß, s. unten) übergeht:

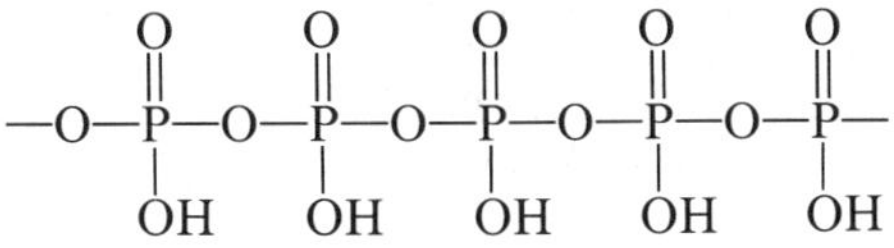

$$\text{—O—P(=O)(OH)—O—P(=O)(OH)—O—P(=O)(OH)—O—P(=O)(OH)—O—P(=O)(OH)—}$$

Polyphosphorsäure

Ab der *Tri*phosphorsäure ist neben einer inter- auch eine intramolekulare Kondensation unter Bildung ringförmiger **Metaphosphorsäuren** $H_nP_nO_{3n} = (HPO_3)_n$ (Tri-, Tetrametaphosphorsäure usw.; $n = 3, 4$ usw.), andererseits neben einer kettenverlängernden auch eine kettenverzweigende Kondensation unter Bildung verzweigter niedermolekularer **Isophosphorsäuren** (z. B. *iso*-Tetraphosphorsäure $H_6P_4O_{13}$) oder hochmolekularer **Ultraphosphorsäuren** (s. u.) möglich:

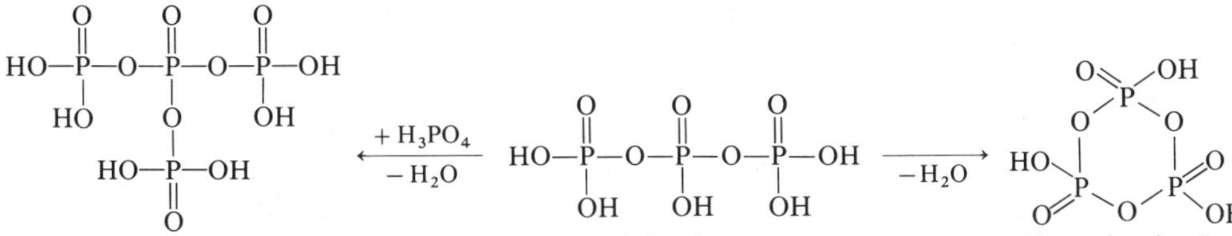

$$\underset{\text{Iso-tetraphosphorsäure}}{\text{HO—P(=O)(OH)—O—P(=O)(O—P(=O)(OH)—OH)—O—P(=O)(OH)—OH}} \underset{-H_2O}{\overset{+H_3PO_4}{\longleftarrow}} \underset{\text{Triphosphorsäure}}{\text{HO—P(=O)(OH)—O—P(=O)(OH)—O—P(=O)(OH)—OH}} \xrightarrow{-H_2O} \underset{\text{Trimetaphosphorsäure}}{\text{cyclo-}[\text{P(=O)(OH)—O}]_3}$$

Formales Endprodukt der Kondensation ist polymeres Phosphorpentaoxid (vgl. S. 762)[196]:

---

194 **Literatur.** E. Thilo: „*Condensed Phosphates and Arsenates*", Adv. Inorg. Radiochem. **4** (1962) 1–75; „*Zur Strukturchemie der kondensierten anorganischen Phosphate*", Angew. Chem. **77** (1965) 1056–1066; Int. Ed. **4** (1965) 1061; E.J. Griffith: „*The Chemical and Physical Properties of Condensed Phosphates*", Pure Appl. Chem. **44** (1975) 173–200; S.Y. Kalliney: „*Cyclophosphates*", Topics in Phosphorus Chem. **7** (1972) 255–309; A.E.R. Westman: „*Phosphate Ceramics*", Topics in Phosphorus Chem. **9** (1977) 231–405; I.S. Kulaev: „*The Biochemistry of Inorganic Polyphosphates*", Wiley, Chichester 1980; A. Durif: „*Phosphorus-Oxygen Heterocycles*" in I. Haiduc, D.B. Sowerby: „The Chemistry of Inorganic Homo- and Heterocycles", Acad. Press, London 1987, S. 659–679.

195 Unter Kondensation – von condensatio (lat.) = Verdichtung – versteht man einerseits die Verflüssigung von Gasen, andererseits die Zusammenlagerung von Molekülen zu größeren Gebilden unter Austritt von H_2O (Schema: P—OH + HO—P → P—O—P + H_2O) oder anderen kleinen Molekülen wie HCl (Schema: P—OH + Cl—P → P—O—P + HCl).

196 Der (endotherme) Kondensationsprozeß entspricht ganz der – leichter erfolgenden – Kondensation von Monokieselsäure H_4SiO_4 (linker Periodennachbar) über Dikieselsäure $H_6Si_2O_7$, Polykieselsäuren zu Siliciumdioxid $(SiO_2)_x$

	Mono-phosphate	*Di-phosphate*	*Oligo-/Poly-phosphate*	*Meta-phosphate*	*Ultra-phosphate*	*Phosphor-pentaoxid*
O/P-Verhältnis	4	3.5	⟷	3	⟷	2.5

Wie den oben wiedergegebenen Formeln zu entnehmen ist, enthalten kondensierte Phosphorsäuren bzw. Phosphate an den Enden einbindige H_2PO_4- bzw. PO_4^{2-}-Einheiten und in der Mitte zweibindige HPO_4- bzw. PO_4^--Ketteneinheiten oder dreibindige PO_4-Verzweigungseinheiten:

$$\left[\begin{array}{c} :\ddot{O}: \\ | \\ -\ddot{O}-P-\ddot{O}: \\ \| \\ :O: \end{array}\right]^- \qquad \left[\begin{array}{c} :\ddot{O}: \\ | \\ -\ddot{O}-P-\ddot{O}- \\ \| \\ :O: \end{array}\right]^- \qquad \left[\begin{array}{c} | \\ :O: \\ | \\ -\ddot{O}-P-\ddot{O}- \\ \| \\ :O: \end{array}\right]^-$$

einbindige Endeinheit zweibindige Mitteleinheit dreibindige Verzweigungseinheit

Diese lassen sich nicht nur chemisch (die Verzweigungseinheit wird z. B. besonders schnell hydrolysiert), sondern auch durch ihre ^{31}P-NMR-Spektren unterscheiden.

In den Polyphosphorsäuren $H_{n+2}P_nO_{3n+1}$ ($n > 1$) tragen alle P-Atome je eine stark acide OH-Gruppe, die beiden endständigen P-Atome zusätzlich noch je eine schwach acide OH-Gruppe (z. B. $H_5P_3O_{10}$: 3 stark und 2 schwach acide H-Atome; $H_6P_4O_{13}$: 4 stark und 2 schwach acide H-Atome). Man kann so durch potentiometrische Titration die Kettenlänge von Polyphosphorsäuren ermitteln. In den Polymetaphosphorsäuren $H_nP_nO_{3n}$ sind alle H-Atome stark acid.

In allen Phosphorsäuren und Phosphaten teilen die aufbauenden PO_4-Tetraeder miteinander nur Ecken, nie Kanten oder gar Flächen. Die POP-Winkel besitzen Werte zwischen 120 und 180°.

Oligophosphorsäuren

Diphosphorsäure $H_4P_2O_7$ läßt sich durch Umsetzung von Phosphorpentaoxid mit Wasser (Molverhältnis 1 : 2) (Näheres s. unten) oder aus ihrem Natriumsalz $Na_4P_2O_7$ durch H-Ionen-Austauscher (S. 1138) darstellen:

$$P_2O_5 + 2H_2O \rightarrow H_4P_2O_7 \quad \text{bzw.} \quad Na_4P_2O_7 + 4H^+ \rightarrow H_4P_2O_7 + 4Na^+.$$

Sie bildet eine *farblose*, glasige, in kristallisiertem Zustand bei 71.5 °C schmelzende Masse, die sich in Wasser leicht löst und in dieser Lösung unter Wasseraufnahme überaus langsam – schneller beim Kochen, besonders in Gegenwart von Salpetersäure – in Orthophosphorsäure übergeht (die Schmelze enthält eine Mischung von Oligophosphorsäuren sowie deren Autoprotolyseprodukten, nämlich 35 % Mono-, 43 % Di-, 15 % Tri-, 5 % Tetra-, 2 % Penta-, 1 % Hexa-, 0.3 % Hepta-, 0.1 % Octaphosphorsäure usw. (jeweils Molprozente). Wie alle Polyphosphorsäuren ist sie eine stärkere (vierbasige) Säure als die Monophosphorsäure ($pK_1 = 1.52$, $pK_2 = 2.36$, $pK_3 = 6.60$, $pK_4 = 9.25$) und bildet vier Reihen von **Salzen** des Typus $M^IH_3P_2O_7$ („*Trihydrogendiphosphate*"), $M_2^IH_2P_2O_7$ („*Dihydrogendiphosphate*"), $M_3^IHP_2O_7$ („*Hydrogendiphosphate*") und $M_4^IP_2O_7$ („*Diphosphate*"). Die sauren Salze sind meist in Wasser – unter schwach saurer Reaktion – löslich; von den neutralen Salzen lösen sich nur die Alkalisalze, und zwar mit schwach basischer Reaktion.

Das Anion $P_2O_7^{4-} = [O_3P{-}O{-}PO_3]^{4-}$ von Diphosphaten enthält eine *gewinkelte* P—O—P-Brücke; der Valenzwinkel ist mit 130–160° erheblich größer als ein Tetraederwinkel (z. B. $Na_4P_2O_7 \cdot 10H_2O$: ∢ POP 130°; PO endständig 1.52, PO mittelständig 1.61 Å; P—O ber. 1.76, P=O ber. 1.56 Å). Die beiden PO_3-Gruppen sind zueinander teils gestaffelt (kleine Kationen), teils ekliptisch (große Kationen) angeordnet.

(S. 923) oder der – schwerer erfolgenden – Entwässerung von Monoschwefelsäure H_2SO_4 (rechter Periodennachbar) über Dischwefelsäure $H_2S_2O_7$ und Polyschwefelsäuren zu Schwefeltrioxid $(SO_3)_x$ (S. 586). Die Hydrolysebeständigkeit der Endprodukte nimmt dabei vom Silicium über den Phosphor zum Schwefel hin ab.

Die Diphosphorsäure unterscheidet sich von der Monophosphorsäure dadurch, daß die Lösungen ihrer Salze mit Silbernitratlösung nicht einen gelben, sondern einen rein weißen Niederschlag ($Ag_4P_2O_7$) ergeben, von der Metaphosphorsäure (weißes Silbersalz) dadurch, daß sie Eiweiß nicht zum Gerinnen bringt und mit Bariumchloridlösung kein schwerlösliches Bariumsalz bildet.

Verwendung findet *Dinatriumdihydrogendiphosphat* $Na_2H_2P_2O_7 \cdot 10H_2O$ (Smp. 79 °C) als Backpulver, *Tetranatriumdiphosphat* $Na_4P_2O_7$ (Smp. 98.5 °C) bzw. *Tetrakaliumdiphosphat* $K_4P_2O_7$ in Reinigungsmitteln. Sie werden in der Technik durch Erhitzen von NaH_2PO_4 auf 245 °C, von Na_2HPO_4 auf 300–500 °C bzw. von K_2HPO_4 auf 350–400 °C in Drehrohröfen oder Sprühtürmen hergestellt.

Tri-, Tetraphosphorsäure. Phosphorsäure $H_3PO_4 = P_2O_5 \cdot 3H_2O$ (formale Zusammensetzung 72.4% P_2O_5, 27.6% H_2O) verwandelt sich beim Erhitzen unter Wasserabgabe bzw. beim Eintragen von Phosphorpentaoxid in ein Gemisch kettenförmiger Oligophosphorsäuren, deren Zusammensetzung durch den jeweiligen prozentualen Anteil an P_2O_5 festgelegt ist. Ein Gemisch aus 13.8% Mono-, 38.2% Di-, 23.0% Tri-, 13.0% Tetra-, 6.9% Penta-, 3.4% Hexa- sowie 1.7 Mol-% Hepta-, Octa- und Nonaphosphorsäure enthält beispielsweise 80.5% P_2O_5[197]. Die Bildung von kettenverzweigten Ultraphosphorsäuren ist aus thermodynamischen Gründen weniger bevorzugt (dreibindige Verzweigungs-Einheiten sind energiereicher als zweibindige Mittel-Einheiten).

Die einzelnen kettenförmigen Oligophosphorsäuren, die sich unter Normalbedingungen rasch in das ihrem P_2O_5-Gehalt entsprechende Gemisch verschiedener Phosphorsäuren umwandeln, gewinnt man zweckmäßig protolytisch aus ihren Salzen bei 0 °C und darunter durch H-Ionen Austausch (S. 1138). Die betreffenden Salze stellt man ihrerseits durch Entwässern einer Mischung von primären und sekundären Monophosphaten in verschiedenen Molverhältnissen und bei verschiedenen Temperaturen dar:

$$\underset{\text{Mittel-Einheit}}{(n-2)\,NaH_2PO_4} + \underset{\text{End-Einheit}}{2\,Na_2HPO_4} \rightarrow \underset{\text{Oligophosphat}}{Na_{n+2}P_nO_{3n+1}} + (n-1)\,H_2O.$$

Als Beispiel seien etwa die fünfbasige „*Triphosphorsäure*" $H_5P_3O_{10}$ (pK_1 bis pK_5 = 1.0; 2.2; 2.3; 3.7; 8.5) und die sechsbasige „*Tetraphosphorsäure*" $H_6P_4O_{13}$ (Smp. 34 °C; pK_3–pK_6 = 1.36; 2.23; 7.38; 9.11) sowie ihre Salze, die Triphosphate $P_3O_{10}^{5-}$ und Tetraphosphate $P_4O_{13}^{6-}$, angeführt. Bei der Hydrolyse von $P_3O_{10}^{5-}$ entstehen je ein Mol Mono- und Diphosphat. Die Hydrolyse von $P_4O_{13}^{6-}$ führt zu zwei Molen Diphosphat.

Verwendung. Niedermolekulare Polyphosphate werden als Wasserenthärter in Wasch- und Reinigungsmitteln verwandt, da die Anionen mit Metallionen wie Ca^{2+} und Mg^{2+} lösliche Komplexe bilden und so z. B. die Ausfällung der Härtebildner des Wassers auf der Faser verhindern. Anfangs wurde dafür bevorzugt $Na_4P_2O_7$ eingesetzt; heute verwendet man wegen des höheren Kalkbindungsvermögens fast nur noch **Pentanatrium-triphosphat $Na_5P_3O_{10}$** (Smp. 526 °C): $Na_4P_2O_7$ bindet 4.7 g, $Na_5P_3O_{10}$ 11.5 g Ca je Mol Oligophosphat. In der Technik stellt man das Triphosphat (Weltjahresproduktion: Megatonnenmaßstab), dessen Einsatz aus ökologischen Gründen zurückgeht (S. 940), durch Erhitzen von 2 mol Na_2HPO_4 mit 1 mol NaH_2PO_4 (gewonnen durch Zugabe von 3 mol NaOH zu 2 mol H_3PO_4) auf 300–550 °C in Sprühtürmen oder Drehrohröfen dar: $2Na_2HPO_4 + NaH_2PO_4 \rightarrow Na_5P_3O_{10} + 2H_2O$. *Höhermolekulare Natriumphosphate* $Na_nH_2P_nO_{3n+1}$ (*n* bis ca. 25; gewinnbar aus Na_2HPO_4 und $\frac{n}{2}NaH_2PO_4$ bei 600–800 °C) werden als Stabilisatoren dem Schmelzkäse, der Kondensmilch, den Brühwürsten während der Herstellung zugesetzt und für Pigment-Suspensionen sowie bei der Ledergerbung genutzt.

Metaphosphorsäuren. Die Phosphate $M_nP_nO_{3n} = (MPO_3)_n$ entstehen beim Erhitzen primärer Monophosphate auf dem Wege über Oligophosphate $M_nH_2P_nO_{3n+1}$ durch Ringschluß und H_2O-Austritt (n = 3–8):

$$n\,NaH_2PO_4 \xrightarrow{-(n-1)\,H_2O} Na_nH_2P_nO_{3n+1} \xrightarrow{-H_2O} Na_nP_nO_{3n}.$$

[197] Bei höheren prozentualen Anteilen an P_2O_5 steigt die Kettenlänge der Phosphorsäuren $H_{n+2}P_nO_{3n+1}$ stark an. Darüber hinaus enthalten dann die Gemische auch Metaphosphorsäuren und wahrscheinlich in geringem Ausmaße Ultraphosphorsäuren.

Die wässerigen Lösungen dieser Salze reagieren neutral, da die zugrunde liegenden cyclischen Phosphorsäuren („*Metaphosphorsäuren*") $(HPO_3)_n$ verhältnismäßig starke Säuren sind. Am bekanntesten sind die Cyclotri- und -tetrametaphosphate, $M_3P_3O_9$[198] bzw. $M_4P_4O_{12}$. Die den letzteren zugrunde liegende cyclische Tetraphosphorsäure („*Tetrametaphosphorsäure*") $H_4P_4O_{12}$ kann z.B. durch vorsichtige hydrolytische Aufspaltung des kondensierten P_4O_{10}-Ringsystems (S. 762) (langsame Zugabe von P_4O_{10} zu Eiswasser) mit 75%iger Ausbeute erhalten werden: $P_4O_{10} + 2H_2O \rightarrow H_4P_4O_{12}$. Man kennt dabei sowohl eine Sessel- wie eine Wannenform des P_4O_{12}-Ringgerüsts (b), in dem alle PO-Abstände praktisch gleich groß sind:

+2H₂O (Spaltung **2, 3**) ← P_4O_{10} → +2H₂O (Spaltung **1, 2**)

Iso-tetrametaphosphorsäure (a)

Tetrametaphosphorsäure (b)

Weiterhin entsteht bei der P_4O_{10}-Hydrolyse auch eine isomere verzweigt-cyclische Phosphorsäure $H_4P_4O_{12}$ („*Iso-tetrametaphosphorsäure*"). Sie leitet sich vom $H_3P_3O_9$-Trimetaphosphorsäure-Ring[199] durch Austausch einer OH-Gruppe gegen einen Phosphorsäure-Rest H_2PO_4 ab. Gemäß Formel (a) enthält sie außer zwei zweibindigen Mittel-Einheiten und einer einbindigen End-Einheit noch eine dreibindige Verzweigungs-Einheit. Bei der Hydrolyse des Esters $R_4P_4O_{12}$ entstehen dementsprechend 1 mol Phosphorsäurediester $PO(OR)_2(OH)$ (End-Einheit), 2 mol Phosphorsäuremonoester $PO(OR)(OH)_2$ (Mittel-Einheit) und 1 mol Phosphorsäure $PO(OH)_3$ (Verzweigungs-Einheit). Die Hydrolyse des Tetrametaphosphat-Rings $(PO_3^-)_4$ in alkalischer Lösung erfolgt langsamer als die des Trimetaphosphat-Rings $(PO_3^-)_3$.

Durch Einwirkung von Wasser wird sowohl die Tetrametaphosphorsäure als auch die Iso-tetrametaphosphorsäure $H_4P_4O_{12}$ in *Tetraphosphorsäure* $H_6P_4O_{13}$, dann unter hydrolytischem Abbau in Diphosphorsäure $H_4P_2O_7$ und letztlich in Monophosphorsäure H_3PO_4 übergeführt. Iso-tetrametaphosphorsäure geht darüber hinaus über *Iso-tetraphosphorsäure* $H_6P_4O_{13}$ (s. oben) bzw. *Trimetaphosphorsäure* $H_3P_3O_9 = (HPO_3)_3$ in Triphosphorsäure $H_5P_3O_{10}$, Diphosphorsäure $H_4P_2O_7$ und schließlich Monophosphorsäure H_3PO_4 über.

Polyphosphorsäuren

Polyphosphate. Unter den höheren bis hochmolekularen unverzweigten Polyphosphaten $M_n^IH_2P_nO_{3n+1}$ ($n > 50$, meist 500–10000)[200] sind zu nennen: das „*Grahamsche Salz*", das „*Maddrellsche Salz*" und das „*Kurrolsche Salz*". Sie haben alle die gleiche Formel $Na_nH_2P_nO_{3n+1}$. Neben Polyphosphaten mit *einwertigen* Gegenionen (z.B. Alkalimetalle, NH_4^+, Ag^+) kennt man auch solche mit *zwei-* oder *dreiwertigen* Gegenionen (z.B. Erdalkalimetalle, Pb^{2+}, Cd^{2+}, Al^{3+}, Fe^{3+}).

Das **Grahamsche Salz** entsteht beim Erhitzen von NaH_2PO_4 auf über 600 °C und anschließendem Abschrecken der Schmelze in Form einer klar durchsichtigen, hygroskopischen, *glasigen* Masse. Sie besteht aus einem Gemisch linearer Polyphosphate neben wenig (~10%) Metaphosphat $Na_nP_nO_{3n}$ ($n = 3$–8). Als „*Calgon*" dient es – z.B. in Waschmitteln – zur Wasserenthärtung durch Ionenaustausch (S. 1138), da die Anionen $H_2P_nO_{3n+1}^{n-}$ Kationen mit höherer Ladung als Na^+ (z.B. Ca^{2+}-Ionen) fester als Na^+ binden. Bei 580 °C geht es in Kurrolsches Salz über. Das **Maddrellsche Salz** erhält man durch Erhitzen von NaH_2PO_4 (oder von $Na_2H_2P_2O_7$) auf 250 °C oder durch Tempern (längeres Erhitzen) von

198 Das $P_3O_9^{3-}$-Ion ist isoelektronisch mit dem trimeren Schwefeltrioxid $(SO_3)_3 = S_3O_9$ (S. 572) und dem Trimetasilicat-Ion $(SiO_3^{2-})_3 = Si_3O_9^{6-}$ (S. 921).

199 Der isoelektronische $(SO_3)_3$-Ring ist wieder sesselförmig, $(PO_3^-)_3$-Ring gewellt.

200 In den Polyphosphaten besitzen zwei endständige H-Atome nur sehr geringen aciden Charakter und sind deshalb nicht durch Metallatome ersetzt. Ihre Zusammensetzung kommt der Formel der Metaphosphate sehr nahe $(M_nP_nO_{3n} \cdot H_2O)$, weshalb man sie früher auch als Metaphosphate betrachtete.

Kurrolschem Salz bei 380 °C als *kristallines* lineares Polyphosphat. Oberhalb 300 °C geht die Niedertemperaturform in die Hochtemperaturform und oberhalb 400 °C die letztere in Trimetaphosphat $Na_3P_3O_9$ über. Das **Kurrolsche Salz** entsteht beim Erhitzen von NaH_2PO_4 auf über 600 °C und anschließendem langsamen Abkühlen der Schmelze in Form *kristalliner* Plättchen (A-Form; d = 2.85 g/cm³). Beim Zerreiben oder beim Liegen an feuchter Luft wird es in feine, asbestartige Fasern (B-Form; d = 2.56 g/cm³) aufgespalten. Die Plättchen gehen beim Erhitzen auf etwa 380 °C in Maddrellsches Salz (d = 2.67 g/cm³), die Fasern in Natriumtrimetaphosphat $Na_3P_3O_9$ (d = 2.52 g/cm³) über. Wie die beiden anderen kondensierten Polyphosphate besitzt auch das Kurrolsche Salz Kationen-Austauschvermögen.

Wenn man Mischungen von NaH_2PO_4 und NaH_2AsO_4 schmilzt und die Schmelze abkühlt, resultieren **Mischkondensate** von „*Phosphat*" und „*Arsenat*" („*Arsenatophosphate*") mit einer statistischen Verteilung von PO_4- und AsO_4-Tetraedern. In ihnen sind die AsO_4-Tetraeder der Angriffspunkt der Hydrolyse, so daß die Arsenatophosphate in wässeriger Lösung schnell zu Monoarsenaten und Polyphosphaten zerbrechen. Auch cyclische Meta-arsenatphosphate sind bekannt. Erhitzt man NaH_2AsO_4 für sich allein, so entstehen Langketten-polyarsenate, deren Struktur der des Graham-, Maddrell- und Kurrol-Salzes ähnelt. Man kennt auch Mischkondensate von „*Phosphat*" mit „*Sulfat*" SO_4^{2-}, „*Silicat*" SiO_4^{4-}, „*Vanadat*" VO_4^{3-} und „*Chromat*" CrO_4^{2-}.

Hochmolekulare verzweigte Polyphosphate (**Ultraphosphate**) liegen etwa den Salzen CaP_4O_{11} (vgl. hierzu Bandsilicate $Si_4O_{11}^{6-}$, S. 921) und NdP_5O_{14} oder den Phosphatgläsern zugrunde.

Strukturen. Die *unverzweigten Polyphosphate* enthalten Ketten —O—PO_2—O—PO_2—O—PO_2—, in welchen PO_4-Tetraeder über gemeinsame O-Atome miteinander verknüpft sind. Die Ketten können sich wie folgt unterscheiden (vgl. Silicate, S. 932): (i) Zahl der PO_4-Tetraeder pro Identitätsperiode (z.B. zwei, drei, vier im Falle des Kalium-, Natrium-, Calciumpolyphosphats; vgl. Fig. 169d, a–c, e)[201]. – (ii) Konformation der Kette (z.B. Kurrolsche Salze A und B; vgl. Fig. 169b, c). – (iii) Kettenlänge (z.B. n ca. 10000 im Falle von α- und β-Form, 200–600 im Falle von γ- und δ-Form des Calciumpolyphosphats).

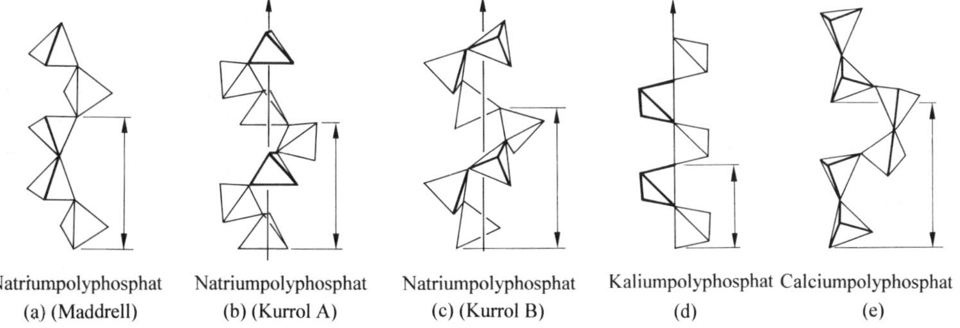

Fig. 169 Strukturen von Polyphosphaten (P in Mitte der wiedergegebenen Tetraeder; Pfeillänge = Identitätsperiode).

Phosphate in der Natur[188]

Der Kreislauf des Phosphors unterscheidet sich von den Kreisläufen anderer lebensnotwendiger Nichtmetalle wie Sauerstoff (S. 505), Schwefel (S. 549), Stickstoff (S. 641), Kohlenstoff (S. 527) dadurch, daß er *keine Redoxreaktionen* beinhaltet und sich nur auf der Stufe des **Phosphats** vollzieht. Auch bilden sich keine flüchtigen Elementverbindungen, so daß die *Atmosphäre* am Phosphatcyclus in der *unbelebten* und *belebten* Natur *nicht beteiligt* ist. Der anorganische Phosphatkreislauf, der sich in *Jahrmillionen* vollzieht, besteht im Herauslösen von Phosphaten aus Vulkan- und Sedimentgestein („*Verwitterung*"), im Transport wassergelösten Phosphats zum Meer, im Ausfällen der Phosphate als Phosphorit, Hydroxyl- und Fluorapatit („*Sedimentierung*") und schließlich in der Bildung neuer Landmassen aus dem Meer. Der biologische

201 Im Falle der Tieftemperaturmodifikation des Madrellschen Salzes sind die Ketten um eine 3zählige Schraubenachse (Periodenlänge 7.3 Å), im Falle der Modifikation B des Kurrolschen Salzes um eine 4zählige Schraubenachse (Periodenlänge 6.1 Å) spiralig angeordnet. Auch der β-Wollastonit $CaSiO_3$ (S. 931), der dem Madrellschen Salz „$NaPO_3$" weitgehend ähnlich ist, ist aus Spiralen mit 3 SiO_4-Tetraedern pro Windung aufgebaut.

Phosphatkreislauf vollzieht sich auf dem *Lande* innerhalb von *Jahren* und setzt mit der Aufnahme von vorhandenem oder dem Boden zugesetztem $H_2PO_4^-$ durch Pflanzen oder Mikroorganismen ein. Von dort gelangt er über die Nahrung in Menschen, Tiere, Vögel, Insekten und durch Verwesung der Lebewesen wieder zurück in den Boden. In analoger Weise wandert das in *Wasser* gelöste Phosphat in *Wochen bis Tagen* über das Phytoplankton (z. B. Algen), die Pflanzenfresser (Zooplankton) und Fleischfresser (z. B. Fische) wieder – nach Verwesung der betreffenden Organismen – zurück in Flüsse, Seen und Meere[202].

Phosphat in der Biosphäre. Phosphat ist für lebende Organismen in Form von „*Hydroxylapatit*" für den Aufbau der **Knochen** und **Zähne** wichtig; auch spielt er in Form von „*Phosphorsäureestern*" eine herausragende Rolle bei Prozessen der **Gen-** und **Proteinsynthese**, der **Energieübertragung** (s. u.), des **Stoffwechsels**, der **Stickstoffixierung** (S. 1532) und der **Photosynthese** (S. 1122).

Besonders wichtig als *biologischer Energiespeicher* für letztere Prozesse ist das **Adenosintriphosphat (ATP)**, ein Adenosinester des *Hydrogentriphosphats* $HP_3O_{10}^{4-}$ (zur Struktur vgl. Fig. 311 auf S. 1560). Die bei seiner durch Enzyme und Mg^{2+} katalysierten Hydrolyse zu Adenosindi- und -monophosphat freigesetzten Energiemengen (pH 7.4, 10^{-4} mol/l, Mg^{2+}):

$$\underset{\textbf{AMP}}{\left[\begin{array}{c}\mathrm{O}\\ \mathrm{AdOPO}\\ \mathrm{O}\end{array}\right]^{2-}} \xleftarrow[+H_2O;\ -H_2P_2O_7^{2-}]{\Delta G_r\ -43.5\,\mathrm{kJ}} \underset{\textbf{ATP}}{\left[\begin{array}{c}\mathrm{O\ \ O\ \ O}\\ \mathrm{AdOPOPOPO}\\ \mathrm{O\ \ O\ \ O}\end{array}\right]^{4-}} \xrightarrow[+H_2O;\ -H_2PO_4^-]{\Delta G_r\ -40.9\,\mathrm{kJ}} \underset{\textbf{ADP}}{\left[\begin{array}{c}\mathrm{O\ \ O}\\ \mathrm{AdOPOPO}\\ \mathrm{O\ \ O}\end{array}\right]^{3-}}$$

ermöglichen den Ablauf zahlreicher biologischer Vorgänge (vgl. Lehrbücher der Biochemie).

Einen *Monophosphatdiester* enthält **Desoxyribonucleinsäure (DNA)**, die den *genetischen Informationsspeicher* der Organismen darstellt (Phosphat verknüpft in ihr die aus Adenin, Cytosin, Thymin bzw. Guanin und Desoxyribose zusammengesetzten „*Nucleoside*" (vgl. Adenosin, S. 1560) zu Strängen, wobei jeweils zwei Stränge über H-Brücken verknüpft sind und eine „Doppelhelix" bilden (vgl. Lehrbücher der Biochemie). Nur jeweils einen Strang bilden die ähnlich strukturierten **Ribonucleinsäuren RNA** (Ribose anstelle von Desoxyribose; vgl. S. 1560), welche Syntheseprodukte der DNA darstellen und selbst als *Proteinerzeuger* wirken.

Weitere phosphathaltige Wirkstoffe sind „*Phosphocreatin*" (= Phosphorsäureamid; zur *ATP-Regenierung*), „*Uridinitriphosphat*" (= Triphosphatmonoester; zur *Glykosesynthese*), „*Nicotinamid-adenindinucleotid*" (= Diphosphatdiester; zum *Citronensäureabbau* zu Bernsteinsäure), „*Nicotinamid-adenindinucleotid-2-phosphat*" (= Diphosphatdiester und Phosphatmonoester; zur *Photosynthese* in Gegenwart von Chlorophyll).

2.5.6 Niedere Phosphorsäuren

Als *niedere Phosphorsäuren* bezeichnet man Säuren mit Phosphor in der Oxidationsstufe < 5. Unter ihnen wurden die *Mono*phosphorsäuren H_3PO_3 (Phosphonsäure) und H_3PO_2 (Phosphinsäure) bereits behandelt (S. 769 und 767). Nachfolgend wird auf niedere *Di-* und *Hexa*phosphorsäuren eingegangen[203].

Hypodiphosphonsäure $H_4P_2O_4$ („*Diphosphor(II,II)-säure*"; früherer Name Hypodiphosphorige Säure) bildet sich bei der Hydrolyse von *Diphosphortetraiodid* P_2I_4 in Kohlenstoffdisulfid bei 0 °C. Sie ist in wässeriger Lösung bei pH = 7 in Abwesenheit von Sauerstoff beständig und bildet ein schwer lösliches Bariumsalz $BaH_2P_2O_4$. Bei pH < 7 disproportioniert sie in Phosphor und Phosphon- bzw. Phosphorsäure. Durch Sauerstoff wird sie zu Diphosphor(II,IV)-säure (s. unten) sowie Hypodiphosphorsäure $H_4P_2O_6$ (s. unten) oxidiert:

$$\underset{\textit{Hypodiphosphonsäure}}{\mathrm{H{-}P(=O)(OH){-}P(=O)(OH){-}H}} \xrightarrow{+\frac{1}{2}O_2} \underset{\textit{Diphosphor(II,IV)-säure}}{\mathrm{H{-}P(=O)(OH){-}P(=O)(OH){-}OH}} \xrightarrow{+\frac{1}{2}O_2} \underset{\textit{Hypodiphosphorsäure}}{\mathrm{HO{-}P(=O)(OH){-}P(=O)(OH){-}OH}}$$

[202] Das Meer enthält pro Tonne ca. 90 mg $H_2PO_4^-$, HPO_4^{2-} und PO_4^{3-} im Molverhältnis von ca. 7 : 1 : 0.1. Wegen der raschen Aufnahme des Phosphats durch das Phytoplankton nimmt die Phosphatkonzentration in Richtung Wasseroberfläche ab. „Überdüngte" Gewässer (großer Zufluß von Phosphaten aus Dünge- und Waschmitteln) führen zu übermäßigem Wachstum u. a. von sauerstoffverbrauchenden Algen mit der Folge, daß z. B. die sauerstoffatmenden Fische absterben (Gegenmaßnahme: Zugabe von Al^{3+} zur Fällung des Phosphats).

[203] Salze der Cyclohexametaphosphor(III)-säure $H_6P_6O_{12}$ = $(HPO_2)_6$ bilden sich bei der Oxidation einer Suspension von *rotem* Phosphor in Alkalilauge mit Brom. Zur Struktur des $P_6O_{12}^{6-}$-Ions vgl. S. 766.

Diphosphonsäure $H_4P_2O_5$ („*Diphosphor(III,III)-säure*“; früherer Name: Diphosphorige Säure). *Salze* der Diphosphonsäure erhält man durch Erhitzen von Phosphonaten $H_2PO_3^-$ auf 150 °C im Vakuum: $2H_2PO_3^- \rightarrow H_2P_2O_5^{2-} + H_2O$. Die *freie Säure* (Smp. 38 °C, Zers. 130 °C) läßt sich aus dem Bariumsalz mittels Schwefelsäure gewinnen. Auch bei der Reaktion von Phosphonsäure mit Phosphortrichlorid entsteht sie, sofern man den gebildeten Chlorwasserstoff zur Verschiebung des Gleichgewichts bindet[204]:

$$5H_3PO_3 + PCl_3 \rightleftarrows 3H{-}\underset{\underset{\displaystyle OH}{|}}{\overset{\overset{\displaystyle O}{\|}}{P}}{-}O{-}\underset{\underset{\displaystyle OH}{|}}{\overset{\overset{\displaystyle O}{\|}}{P}}{-}H + 3HCl.$$

Diphosphonsäure

Verwendet man statt PCl_3 Phosphortribromid oder -iodid, so bildet sich nicht die Diphosphor(III,III)-säure (P—O—P-Gerüst), sondern eine isomere **Diphosphor(II,IV)-säure** (P—P-Gerüst; Strukturformel s. oben). Die Diphosphonsäure *hydrolysiert* in neutraler wässeriger Lösung langsam unter Bildung von Phosphonsäure $H_4P_2O_5 + H_2O \rightarrow 2H_3PO_3$ ($\tau_{1/2}$ ca. 1000 h). Rasche Hydrolyse erfolgt in alkoholischer bzw. saurer Lösung (z. B. pH = 3, $\tau_{1/2} = 8$ h).

Hypodiphosphorsäure $H_4P_2O_6$ („*Diphosphor(IV,IV)-säure*“) entsteht bei der *Oxidation* von fein verteiltem *roten Phosphor* mit einer wässerigen *Natriumchlorit*-Lösung bei 15–18 °C:

$$\tfrac{2}{n}P_n + 2NaClO_2 + 2H_2O \rightarrow H_4P_2O_6 + 2NaCl.$$

Beim Neutralisieren der erhaltenen Lösung mit Soda Na_2CO_3 kristallisiert das ziemlich schwerlösliche „*Natriumsalz*“ $Na_2H_2P_2O_6 \cdot 6H_2O$ in monoklinen Tafeln (bei pH 10: Dekahydrat) aus. Das Salz kann auch durch Oxidation von rotem Phosphor mit Wasserstoffperoxid in stark alkalischer Lösung mit guter Ausbeute gewonnen werden. Etwas schwerer löslich ist das „*Bariumsalz*“ $BaH_2P_2O_6$, unlöslich das „*Bleisalz*“ $Pb_2P_2O_6$ und „*Thoriumsalz*“ ThP_2O_6. Aus dem Ba-Salz läßt sich mittels verdünnter Schwefelsäure (Ausfällung von schwerlöslichem Bariumsulfat) eine wässerige Lösung der *freien Säure* herstellen:

$$BaH_2P_2O_6 + H_2SO_4 \rightarrow BaSO_4 + H_4P_2O_6,$$

ebenso aus dem Na-Salz durch Ionenaustauscher.

Beim Eindampfen der Lösung kristallisiert die vierbasige ($pK_{1/2/3/4} = 2.19/2.81/7.27/10.03$), stärker als H_3PO_3 reduzierend wirkende Säure wasserhaltig in Form zerfließlicher Kristalle der Zusammensetzung $H_4P_2O_6 \cdot 2H_2O = [H_3O]_2H_2P_2O_6$ (Smp. 62 °C) aus. Trocknen des Hydrats im Vakuum über Phosphorpentaoxid führt zur wasserfreien Verbindung $H_4P_2O_6$ (Smp. 73 °C), die auch durch Reaktion des Pb-Salzes mit H_2S erhältlich ist ($Pb_2P_2O_6 + 2H_2S \rightarrow 2PbS + H_4P_2O_6$). Die Diphosphor(IV,IV)-säure $(HO)_2OP{-}PO(OH)_2$ ist nicht beständig, sondern wandelt sich allmählich in die mit ihr isomere **Diphosphor(III,V)-säure** $(HO)HPO{-}O{-}PO(OH)_2$ um und disproportioniert zugleich in Diphosphor- und Diphosphonsäure ($\tau_{1/2} = 180$ Tage bei pH 0 und Raumtemp.):

$$2HO{-}\underset{\underset{\displaystyle OH}{|}}{\overset{\overset{\displaystyle O}{\|}}{P}}{-}\underset{\underset{\displaystyle OH}{|}}{\overset{\overset{\displaystyle O}{\|}}{P}}{-}OH \xrightarrow[(H_2O)]{} H{-}\underset{\underset{\displaystyle OH}{|}}{\overset{\overset{\displaystyle O}{\|}}{P}}{-}O{-}\underset{\underset{\displaystyle OH}{|}}{\overset{\overset{\displaystyle O}{\|}}{P}}{-}OH \quad \text{bzw.} \quad HO{-}\underset{\underset{\displaystyle OH}{|}}{\overset{\overset{\displaystyle O}{\|}}{P}}{-}O{-}\underset{\underset{\displaystyle OH}{|}}{\overset{\overset{\displaystyle O}{\|}}{P}}{-}OH + H{-}\underset{\underset{\displaystyle OH}{|}}{\overset{\overset{\displaystyle O}{\|}}{P}}{-}O{-}\underset{\underset{\displaystyle OH}{|}}{\overset{\overset{\displaystyle O}{\|}}{P}}{-}H$$

Hypodiphosphorsäure *Diphosphor(III,V)-säure* *Diphosphorsäure* *Diphosphonsäure*

Die isomere Diphosphor(III,V)-säure entsteht auch gemäß $PCl_3 + 2H_2O + H_3PO_4 \rightarrow H_4P_2O_6 + 3HCl$ in Wasser bei 50 °C, das zugehörige Trinatriumsalz gemäß $Na_2HPO_4 \cdot 12H_2O + NaH_2PO_3 \cdot 2.5H_2O \rightarrow Na_3HP_2O_6 + 15.5H_2O$ bei 150 °C.

Cyclohexametaphosphorige Säure $(HPO_2)_6$ („*Cyclohexametaphosphor(III)-säure*“ $H_6P_6O_{12}$) existiert in Form von „*Alkalimetallcyclohexametaphosphaten(III) (6P-P)*“ $M_6P_6O_{12}$ (M = Na, K, Rb, Cs). Die – u. a. durch Oxidation von rotem Phosphor mit Hypochloriten MOCl in stark alkalischer Lösung gewinnbaren – Salze enthalten das Anion $P_6O_{12}^{6-}$, mit P_6-Ring in Sesselkonformation (D_{3d}-Symmetrie; vgl. S. 766).

[204] Denkbarer Reaktionsweg: $2H_3PO_3 + PCl_3 \rightarrow 3Cl{-}HPO(OH)$; $(HO)OPH{-}OH + Cl{-}HPO(OH) \rightarrow (HO)OPH{-}O{-}HPO(OH) + HCl$.

2.5.7 Peroxophosphorsäuren[205]

Die Salze der vierbasigen **Peroxo-diphosphorsäure $H_4P_2O_8$** ($pK_1 = -0.3$; $pK_2 = 0.5$; $pK_3 = 5.18$; $pK_4 = 7.67$) lassen sich analog den Peroxo-disulfaten $M_2S_2O_8$ (S. 597) durch anodische Oxidation von Phosphaten gewinnen

$$2PO_4^{3-} \rightarrow P_2O_8^{4-} + 2\ominus.$$

Ebenso entsteht die dreibasige **Peroxo-monophosphorsäure H_3PO_5** ($pK_1 = 1.1$; $pK_2 = 5.5$; $pK_3 = 12.8$) analog der Peroxo-monoschwefelsäure H_2SO_5 (S. 598) durch Hydrolyse der Peroxo-diphosphorsäure oder durch Umsetzung von P_2O_5 mit Wasserstoffperoxid[206]:

$$H_4P_2O_8 + H_2O \rightleftarrows H_3PO_5 + H_3PO_4 \quad \text{sowie} \quad P_2O_5 + 2H_2O_2 + H_2O \rightarrow 2H_3PO_5.$$

Beide Säuren sind unbeständig und gehen leicht unter Sauerstoffabspaltung in Phosphorsäure über; demgemäß wirken sie als Oxidationsmittel. Auch „*Peroxo-phosphonsäure*" OPH(OH)(OOH), ein Isomeres der Phosphorsäure $H_3PO_4 = OP(OH)_3$, ist bekannt (vgl. Peroxo-salpetrige Säure HNO_3, S. 711).

2.6 Schwefel- und Selenverbindungen des Phosphors[136, 207]

Phosphor bildet *monomolekulare* **Sulfide** der Zusammensetzung **P_4S_n** ($n = 2–10$; P_4S_8 bisher nur NMR-spektroskopisch, P_4S_6 bisher nur als Reaktionszwischenprodukt nachgewiesen)[208] sowie *hochmolekulare*, noch wenig untersuchte Sulfide der Stöchiometrie (**PS_n**) (n im Bereich 0.25 bis 8). Darüber hinaus existieren **Thiophosphate PS_4^{3-}, $P_2S_6^{4-}$, $(PS_n)_2^{2-}$** ($n = 3, 4, 5$) und **$(PS_2)_n^{n-}$** ($n = 4, 5, 6$), die sich von instabilen *Thiophosphorsäuren* ableiten (bezüglich H_3PS_4 sowie PSX_3 vgl. Tab. 75 und S. 778). Den **Seleniden** des Phosphors kommen die Formeln **P_4Se_n** ($n = 3–5$) und **P_2Se_5** zu[208].

Strukturen. Der Bau der „*Sulfide*" P_4S_n (es existieren von P_4S_4 drei, von P_4S_5 zwei *isomere* Formen) leitet sich vom P_4-Tetraeder ab, in welchem eine oder mehrere P—P-Gruppen durch P—S—P-Gruppen ersetzt sind und gegebenenfalls eine oder mehrere P-Atome mittels des freien Elektronenpaars zusätzlich ein („*exoständiges*") S-Atom angelagert haben (vgl. Fig. 170 sowie P_4O_6, P_4O_{10}, S_4N_4, As_4N_4).

Die „*Selenide*" P_4Se_n (es existieren von P_4Se_4 zwei Modifikationen; Stabilitätsbereiche: α-Form < 300 °C, β-Form > 300 °C) sind analog den Sulfiden gleicher Zusammensetzung gebaut (Fig. 170). Hierbei treten aber häufiger Strukturen *ohne exoständige* Se-Atome auf, entsprechend der Abnahme der Tendenz zur Bildung von P=Y-Bindungen in Richtung Y = O, S, Se, Te. So weist auch das Selenid P_2Se_5 nicht den Bau des Phosphoroxids oder -sulfids gleicher Zusammensetzung auf, sondern leitet sich strukturell vom Heptaphosphan(5) P_7H_5 (S. 739) durch Ersatz aller PH-Gruppen durch hydridisostere Se-Atome ab (Fig. 170; Anellierung zweier fünfgliederiger P_2Se_3-Ringe über eine gemeinsame SePSe-Gruppe.

Den „*Thiophosphaten*" PS_4^{3-} und $P_2S_6^{4-}$ kommen die gleichen Strukturen wie dem Phosphat PO_4^{3-} und Hypodisphosphat $P_2O_6^{4-} = O_3P—PO_3^{4-}$ zu (s. dort), während das Metathiophosphat-Ion $(PS_2^-)_2$ im Unterschied zu den Metaphosphaten $(PO_2^-)_n$, die bevorzugt mit sechs- bzw. achtgliederigen $P_3O_3^-$- und P_4O_4-Ringen existieren ($n = 3, 4$; s. dort), viergliederige P_2S_2-Ringe aufweisen ($n = 2$; vgl. Strukturen von SiO_2 und SiS_2). Die Thiophosphate $(PS_3^-)_2$ und $(PS_4^-)_2$ leiten sich von $(PS_2^-)_2$ durch Einschieben weiterer S-Atome in die PSP-Gruppen ab. $(PS_2)_6^{6-}$ besitzt andererseits die gleiche Struktur wie Cyclo-

---

[205] **Literatur.** I. I. Creaser, J. O. Edwards: „*Peroxophosphates*", Topics Phosphorus Chem. **7** (1972) 379–435.

[206] Es ist auch eine Diperoxomonophosphorsäure H_3PO_6 erhältlich: $P_2O_5 + 3H_2O_2 \rightarrow H_3PO_5 + H_3PO_6$.

[207] **Literatur.** D. B. Sowerby: „*Phosphorus-Sulphur and Phosphorus-Selenium Rings aud Cages*" in I. Haiduc, D. B. Sowerby: „The Chemistry of Inorganic Homo- and Heterocycles", Acad. Press, London 1987, S. 681–700.

[208] Man kennt auch **Oxidsulfide** des Phosphors $P_4O_nS_{10-n}$ ($n = 1–9$), z. B.: $P_4O_6S_4$ (gewinnbar aus $P_4O_{10} + P_4S_{10}$; Smp. 110 °C, Sdp. 295 °C; P_4O_6-Grundgerüst, exoständige, P-gebundene S-Atome), $P_4O_4S_6$ (gewinnbar aus $POCl_3 + (Me_3Si)_2S$; Smp. 290–295 °C; P_4S_6-Gerüst analog P_4O_6, exoständige, P-gebundene O-Atome). Weitere Oxidsulfide leiten sich von anderen Phosphorsulfiden oder -oxiden durch Ersatz einiger S- durch O-Atome oder O- durch S-Atome ab, z. B. $P_4O_4S_3$ (gewinnbar aus P_4S_3 + Luft), P_4OS_3 (bisher nur matrixisoliert; zwei Formen mit exoständigem O an P_4S_3, eine Form mit POP-Brücke in P_4S_3), P_4O_6S (P_4O_6-Struktur, exoständiger Schwefel). Darüber hinaus kennt man **Sulfidselenide** $P_4S_nSe_{3-n}$ ($n = 1, 2$) sowie **Sulfidtelluride** $P_4S_nTe_{3-n}$ ($n = 1, 2$) des Phosphors, die durch Zusammenschmelzen der Elemente entstehen. Ein binäres *Phosphortellurid* ist dagegen noch unbekannt. Die gleichen Strukturen wie P_4S_3 haben die *Antimonchalkogenide* Sb_4Y_3 mit Y = S, Se, Te.

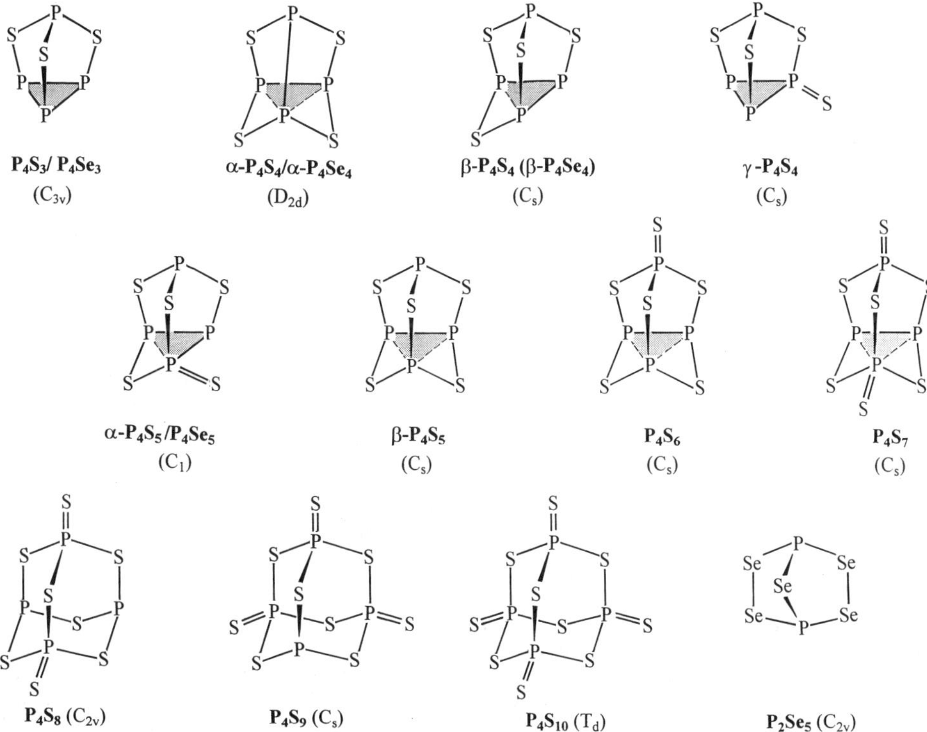

Fig. 170 Räumliche Strukturformeln von Phosphorsulfiden und -seleniden (Ersatz von S durch Se). In Klammern Molekülsymmetrie.

hexametaphosphit $(PO_2)_6^{6-}$ (Ersatz von O durch S; vgl. S. 766). Statt des P_6-Rings in $(PS_2)_6^{6-}$ enthalten $(PS_2)_5^{5-}$ und $(PS_2)_4^{4-}$ einen fünf- bzw. viergliederigen Phosphorring:[209]

$n = 1 \quad 2 \quad 3$

$P_2S_6^{2-}$ $P_2S_8^{2-}$ $P_2S_{10}^{2-}$ $\qquad$ $P_4S_8^{4-}$ $\qquad$ $P_5S_{10}^{5-}$ $\qquad$ $P_6S_{12}^{6-}$

Darstellung. Die Chalkogenide entstehen (zum Teil im Gemisch) beim Zusammenschmelzen von *Phosphor* und *Schwefel* bzw. *Selen* unter starker Wärmeentwicklung (z. B. ΔH_f von P_4S_3: -154, von P_4S_7: -275 kJ/mol). Aus den Phosphor/Schwefel- bzw. Phosphor/Selen-Schmelzen lassen sich insbesondere P_4S_3, P_4S_7, P_4S_{10} bzw. P_4Se_3, P_2Se_5 durch Extraktion mit CS_2 isolieren. Die Darstellung der übrigen Sulfide und Selenide erfolgt gezielt aus diesen Verbindungen. *Technische* Bedeutung hat insbesondere P_4S_{10}.

Tetraphosphortrisulfid P_4S_3 kristallisiert aus Kohlenstoffdisulfid, in welchem es leicht löslich ist, in Form schwach *gelber*, bei 174 °C schmelzender und bei 408 °C unzersetzt destillierbarer Prismen ($d = 2.03$ g/cm³). Bei 40–60 °C zeigt es an Luft ein dem Leuchten des farblosen Phosphors ähnliches Leuchten; bei 100 °C entzündet es sich. Da es weniger gefährlich als weißer Phosphor ist, wurde es eine Zeit lang zur Herstellung von Zündhölzern benutzt, welche an jeder Reibfläche zünden. In Kohlenstoffdisulfidlösung

---

209 Man kennt auch **Selenophosphate** $PSe_4^{3-}/P_2Se_6^{4-}/P_3Se_8^{5-}$ (analog entsprechender Phosphate und Thiophosphate gebaut), $P_2Se_8^{2-}$ (analog cyclischem $P_2S_8^{2-}$ gebaut), $P_3Se_8^{3-}$ (cyclisch: —Se_2P—Se—PSe_2—Se—PSe_2^{3-}). Sie entstehen durch Einwirkung von Na_2Se_x auf P_4.

läßt es sich durch Einwirkung von Iod in β-$P_4S_3I_2$ (Smp. 112 °C) überführen, das bei Raumtemperatur langsam zu α-$P_4S_3I_2$ (Smp. 124 °C) isomerisiert:

$$\beta\text{-}P_4S_4 \xleftarrow[-2\,Me_3SnI]{+(Me_3Sn)_2S} \underset{\beta\text{-}P_4S_3I_2}{\ } \xrightarrow{RT} \underset{\alpha\text{-}P_4S_3I_2}{\ } \xrightarrow[-2\,Me_3SnI]{+(Me_3Sn)_2S} \alpha\text{-}P_4S_4.$$

In analoger Weise läßt sich P_4Se_3 mit Iod in β- und α-$P_4Se_3I_2$ verwandeln. Durch Reaktion mit AgX, HgX_2 oder BiX_3 (X = Cl, Br) werden die Iodide $P_4Y_3I_2$ (Y = S, Se) ihrerseits in die entsprechenden Chloride $P_4Y_3Cl_2$ und Bromide $P_4Y_3Br_2$ überführt.

Tetraphosphortetrasulfid P_4S_4 entsteht gemäß obigem Formelschema durch Einwirkung von $(Me_3Sn)_2S$ auf α- bzw. β-$P_4S_3I_2$ in einer α-Form bzw. einer β-Form (*blaßgelb*, Smp. 230 °C). γ-P_4S_4 bildet sich bei langsamem Abkühlen eines auf 400 °C erhitzten Gemischs von P_4S_3 und P_4S_5 im Molverhältnis 1 : 1. P_4S_4 läßt sich in CS_2-Lösung mit Schwefel zu **Tetraphosphorpentasulfid P_4S_5** sulfurieren (α-Form bei höherer, β-Form bei niederer Temperatur), das sich beim Erhitzen in P_4S_3 und **Tetraphosphorheptasulfid P_4S_7** (Smp. 308 °C, Sdp. 523 °C; d = 2.19 g/cm^3) disproportioniert. P_4S_7 ist in Kohlendisulfid sehr schwer löslich und wird im Gegensatz zu P_4S_3, das sich an feuchter Luft nicht verändert, von Wasser langsam unter Bildung von Schwefelwasserstoff zersetzt. Triphenylphosphan vermag es zu *entschwefeln*; hierbei bildet sich auf dem Wege über **Tetraphosphorhexasulfid P_4S_6** das Pentasulfid (s. oben): $P_4S_7 + Ph_3P \rightarrow P_4S_6 + Ph_3PS$; $P_4S_6 + Ph_3P \rightarrow P_4S_5 + Ph_3PS$.

Tetraphosphordecasulfid P_4S_{10} („*Phosphorpentasulfid*" P_2S_5) wird technisch aus flüssigem weißen, gegebenenfalls nachgereinigtem *Phosphor* und flüssigem *Schwefel* bei 300 °C gewonnen und durch Erhitzen im Vakuum auf 100 °C (Abdestillation von S_8 und $P_4O_6S_4$) gereinigt (Weltjahresproduktion: 100 Megatonnenmaßstab). Eigenschaften. P_4S_{10} ist in CS_2, in welchem es die der wiedergegebenen Formel entsprechende Molekülmasse besitzt, ziemlich löslich. Es schmilzt bei 288 °C (d = 2.09 g/cm^3 bei 25 °C) und siedet bei 514 °C unter Bildung eines gelben, aus Molekülen der Masse P_2S_5 bestehenden Dampfes (MAK-Wert 1 mg/m^3). An der Luft verbrennt das Decasulfid mit bläulich weißer Flamme. Eine Lösung von P_4S_{10} in Kresol (Methylphenol) dient unter dem Namen „*Phosphokresol*" als Flotationsmittel bei der Bleierzaufbereitung (s. dort). Mit P_{rot}, P_4S_7, PCl_3 oder Ph_3P kann es zum **Tetraphosphornonasulfid P_4S_9** entschwefelt werden, welches sich mit Ph_3P auf dem Wege über „*Tetraphosphoroctasulfid*" P_4S_8 zum Heptasulfid (s. oben) weiter entschwefeln läßt. Beim Erwärmen mit *Wasser* wird das Decasulfid in Phosphorsäure und Schwefelwasserstoff überführt. Mit „*Alkoholen*" reagiert es gemäß $P_4S_{10} + 8\,ROH \rightarrow 4\,PS(OR)_2(SH) + 2\,H_2S$ und somit anders als P_4O_{10} (Bildung der Mono- und Diester, S. 763) unter alleiniger Bildung von Diestern, da die primär mitentstehenden Monoester $PS(OR)(SH)_2$ reaktionsfähiger als ihre Sauerstoffhomologen $PO(OR)(OH)_2$ sind und gemäß $PS(OR)(SH)_2 + ROH \rightarrow PS(OR)_2(SH) + H_2S$ weiterreagieren. Die Reaktion ist deshalb wichtig, weil Dialkyl- und Diaryl-dithiophosphorsäuren die Grundlage für viele Hochdruckschmiermittel, Öladditive und Flotationsmittel bilden. Mit *Ammoniak* setzt sich P_4S_{10} bei erhöhter Temperatur gemäß $3\,P_4S_{10} + 20\,NH_3 \rightarrow 4\,P_3N_5 + 30\,H_2S$ unter Bildung eines Phosphornitrids P_3N_5 (s. unten) um. Als Zwischenstufen dieser Reaktion lassen sich durch Einwirkung von *flüssigem* NH_3 auf P_4S_{10} Ammoniumsalze der Tetrathiophosphorsäure $PS(SH)_3$ sowie ihrer Amide $PS(SH)_2(NH_2)$, $PS(SH)(NH_2)_2$ und $PS(NH_2)_3$ isolieren. Verwendung. P_4S_{10} wird zur Herstellung von Insektiziden genutzt und dient als Flotationshilfsmittel und Schmierölzusatz.

2.7 Stickstoffverbindungen des Phosphors[136,210)]

Phosphor bildet Stickstoffverbindungen, in welchen der Phosphan- oder der Phosphoran-Phosphor mit Aminogruppen *einfach* („*Phosph(III)*-" bzw. „*Phosph(V)-azane*"; „*Aminophosphane*" bzw. „Amino*phosphorane*"), mit Iminogruppen *doppelt* („*Phosph(III)*-" bzw. „*Phosph(V)-azene*"; „*Iminophosphane*" bzw. „Imino*phosphorane*") sowie mit einem Stickstoffatom *dreifach* verknüpft ist („*Phosph(III)*-" bzw. „*Phosph(V)-azine*"; „*Nitridophosphan*" bzw. „Nitrido*phosphorane*"). Sie weisen folgende charakteristische Strukturmerkmale auf:

>P—N<	>P—N< (mit zusätzlichen Bindungen)	—P=N—	>P=N—	P≡N	>P≡N
Aminophosphane	*Aminophosphorane*	*Iminophosphane*	*Iminophosphorane*	*Nitridophosphan*	*Nitridophosphorane*
Phosphazane		**Phosphazene**		**Phosphazine**	

Nachfolgend werden zunächst nur aus Phosphor und Stickstoff zusammengesetzte *Phosphornitride* P_mN_n behandelt, dann die *Phosphazene* sowie die *Phosphazane*. Die *Phosphazine* finden im Zusammenhang mit den Phosphornitriden und den cyclischen Phosphazenen kurze Erwähnung. *Technisch* wichtig sind insbesondere die *oligomeren* und *polymeren Phosphazene* (s. u.)

Phosphornitride

Phosphor bildet **Nitride** der Zusammensetzung PN und P_3N_5. **Phosphor(V)-nitrid P_3N_5** entsteht bei der *Ammonolyse* von *Phosphorpentachlorid* oder *trimerem Phosphornitriddichlorid* (s. unten) mit NH_4Cl bei erhöhten Temperaturen (> 500 °C) im abgeschlossenen Rohr nach

$$3PCl_5 + 5NH_4Cl \rightarrow P_3N_5 + 20HCl \quad \text{bzw.} \quad (NPCl_2)_3 + 2NH_4Cl \rightarrow P_3N_5 + 8HCl.$$

Die Struktur des *farblosen*, feinkristallinen Stoffs konnte bisher noch nicht vollständig aufgeklärt werden (dreidimensionales Raumnetz mit tetraedrischen PN_4- sowie cyclischen vier- und sechsgliedrigen $(PN)_2$- und $(PN)_3$-Baugruppen; Koordinationszahl aller P-Atome = 4, der N-Atome = 2 und 3). Das Nitrid ist in Wasser, verdünnter Säure sowie verdünnter Lauge unlöslich. Hydrolyse tritt jedoch in flüssigem, unter Druck stehendem Wasser bei 250 °C ein:

$$P_3N_5 + 12H_2O \rightarrow 3H_3PO_4 + 5NH_3.$$

Durch Umsetzung von P_3N_5 (N/P-Verhältnis = 1.67) und Li_3N bei hohen Temperaturen (600–700 °C) entstehen – je nach Molverhältnis der Elemente – Li_7PN_4 (N/P-Verhältnis = 4), $Li_{12}P_3N_9$ (N/P-Verhältnis = 3), $Li_{10}P_4N_{10}$ (N/P-Verhältnis = 2.5) oder $LiPN_2$ (N/P-Verhältnis = 2). Die salzartig aufgebauten, als Li^+-Ionenleiter wirkenden Verbindungen enthalten die Ionen PN_4^{7-}, $P_3N_9^{12-}$, $P_4N_{10}^{10-}$ bzw. $[PN_2^-]_x$, welche wie die isovalenzelektronischen Teilchen PO_4^{3-}, $P_3O_9^{3-}$ (vgl. α-Wollastonit, S. 931), P_4O_{10} bzw. SiO_2 (Cristoballitform) aufgebaut sind (bezüglich $LiPN_2$ vgl. auch Phospham HPN_2; S. 779). Man kennt auch Verbindungen des Typus $M_7^{II}[P_{12}N_{24}]Cl_2$ („*Nitridosodalithe*; M^{II} z. B. Co, Ni, Zn), deren

---

[210] **Literatur.** N. L. Paddock: „*Phosphonitrilic Derivatives and Related Compounds*", Quart Rev. **18** (1964) 168–210; R. A. Shaw, B. W. Fitzsimmons, B. C. Smith: „*The Phosphazenes (Phosphonitrilic Compounds)*", Chem. Rev. **62** (1962) 247–281; M. Becke-Goehring: „*Zur Chemie des Phosphorpentachlorids*", Fortschr. Chem. Forsch. **10** (1968) 207–237; H. R. Allcock: „*Recent Advances in Phosphazene (Phosphonitrilic) Chemistry*", Chem. Rev. **72** (1972) 315–356; „*Phosphorus Nitrogen Compounds*", Acad. Press, New York (1972): S. S. Krishnamurthy, A. C. San: „*Cyclophosphazenes*", Adv. Inorg. Radiochem. **21** (1978) 41–112; R. Keat: „*Phosphorus(III)-Nitrogen Ring Compounds*", Topics Curr. Chem. **102** (1982) 89–116; A. Schmidpeter, K. Karaghiosoff: „*Azaphospholes*" in H. W. Roesky: „Rings, Clusters and Polymers of Main Group and Transition Elements", Elsevier, Amsterdam 1989, S. 308–343; R. Keat: „*Phosphorus(III)-Nitrogen Heterocycles and Heterocyclophosph(III)azanes*" bzw. C. W. Allen: „*Cyclophosphazenes and Heterocyclophosphazenes*" bzw. A. Schmidpeter: „*Cyclophosph(V)azanes with Five- and Six-Coordinate Phosphorus*", jeweils in I. Haiduc, D. B. Sowerby: „The Chemistry of Inorganic Homo- and Heterocycles", Acad. Press, London, S. 467–500/501–616/617–658; E. Niecke: „*Iminophosphane – unkonventionelle Hauptgruppenelement- Verbindungen*", Angew. Chem. **103** (1991) 251–270; Int. Ed. **30** (1991) 217; A. H. Cowley, R. A. Kemp: „*Synthesis and Reaction Chemistry of Stable Two-Coordinate Phosphores Cations (Phosphenium Ions)*", *Chem. Rev.* **85** (1985) 367–382.

(Cl^--haltige) Baueinheit $P_{12}N_{24}^{12-}$ wie die isovalenzelektronische Baueinheit $Al_6Si_6O_{24}^{6-}$ des Zeoliths $Na_8[Al_6Si_6O_{24}]Cl_2$ („*Sodalith*"; vgl. S. 940) aufgebaut ist.

Oberhalb 800 °C zersetzt sich P_3N_5 unter Stickstoffentwicklung gemäß $P_3N_5 \rightarrow 3PN + N_2$ in gasförmiges *monomeres* **Phosphor(III)-nitrid PN** („*Phospha(III)-azin*", „*Nitridophosphan*" P≡N; Bindungsabstand 1.491 Å; ber. für Dreifachbindung 1.50 Å; isovalenzelektronisch mit SiO), welches zwar hinsichtlich seines Zerfalls in P_2 und N_2 metastabil ist ($PN \rightarrow \frac{1}{2}P_2 + \frac{1}{2}N_2 +$ 98 kJ), aber bei niedrigen Temperaturen in *farbloses*, auch aus Phosphortrichlorid und Ammoniak bei höheren Temperaturen erhältliches, *polymeres* „*Phosphor(III)-nitrid*" der angenäherten Formel **$(PN)_x$** (unbekannter Struktur) übergeht.

Man kennt darüber hinaus hochschmelzende, *gelbe* bis *braune* Nitride mit Stöchiometrien zwischen PN und P_3N_5. Auch existieren noch weitere – ebenfalls nur aus Phosphor und Stickstoff zusammengesetzte – **Phosphorazide** der Stöchiometrie **PN_9** $= P(N_3)_3$ („*Phosphortriazid*"), **PN_{15}** $= P(N_3)_5$ („*Phosphorpenta-azid*") und **P_3N_{21}** $= [PN(N_3)_2]_3$ (trimeres „*Phosphornitriddiazid*"). Sie lassen sich durch Reaktion der Chloride PCl_3, PCl_5 bzw. $(PNCl_2)_3$ mit Natriumazid als explosive Verbindungen gewinnen.

Phosphazene

Phosph(V)-azene. Unter den Stickstoffverbindungen des Phosphors sind Verbindungen mit der Gruppierung ⩾P=N— („*Phosph(V)-azene*"; **„Phosphazene"** im engeren Sinne) von großer Bedeutung. Sie stellen N-Analoga der Phosphorsäuren und ihrer Derivate ⩾P=O sowie der Alkylidenphosphorane ⩾P=C< dar (vgl. S. 776, 744).

Aus der Gruppe der **monomeren Phosphazene** $R_3P{=}NR$ (R, R′ = anorganischer oder organischer Rest) kennt man sehr viele Beispiele. Sie lassen sich u. a. durch Reaktion von *Phosphanen* PR_3 mit *Aziden* $R'N_3$ ($PR_3 + R'N_3 \rightarrow R_3PNR' + N_2$; „*Staudinger Reaktion*") oder von *Phosphoranen* R_3PHal_2 mit Aminen $R'NH_2$ ($R_3PHal_2 + 2RNH_2 \rightarrow R_3PNR' + 2HHal$) gewinnen und zeichnen sich durch einen kurzen PN-Abstand um 1.6 Å aus (ber. für P—N/P=N: 1.80/1.60 Å; PNR′-Winkel meist um 120°). Man kennt auch Phosphor(V)-azene des Typus $R_3P{=}N{=}PR_3^+$ bzw. R′N=PR=NR′, in welchen ein N-Atom mit zwei doppelt gebundenen R_3P-Gruppen bzw. ein P-Atom mit zwei doppelt gebundenen NR′-Gruppen verknüpft ist. Das der Verbindung $[Ph_3P{=}N{=}NPh_3]^+Cl^-$ zugrunde liegende raumerfüllende Kation („*Bis(triphenyl)phosphaniminium-*" bzw. „*Bis(triphenyl)phosphoranylidenammonium-Kation*") mit nicht linearer Gruppierung P=N=P ist sehr stabil und wird zur Stabilisierung zersetzlicher Anionen wie etwa NS_n^- (n = 3, 4; S. 608) genutzt. Verwandt mit $(Ph_3P)_2N^+$ sind die Teilchen $Ph_3P{=}C{=}PPh_3$ (S. 744), $[Ph_3P{-}O{-}PPh_3]^{2+}$ und $[Ph_3P{-}P{-}PPh_3]^+$. Letzteres Kation bildet sich nach $3PPh_3 + PCl_3 + 2AlCl_3 \rightarrow (Ph_3P)_2P^+AlCl_4^- + Ph_3PCl^+AlCl_4^-$.

Unter den **oligomeren Phosphazenen** $(-X_2P{=}N-)_n$ sind die **Phosphornitrid-dichloride** $(NPCl_2)_n$ hervorzuheben, deren Darstellung durch Erhitzen von Phosphorpentachlorid mit Ammoniumchlorid im Autoklaven auf 120 °C oder in *sym*-Tetrachlorethanlösung (Sdp. 146.3 °C), Chlorbenzol (Sdp. 132 °C) bzw. 1,2-Dichlorbenzol (Sdp. 179 °C) auf 120–150 °C erfolgt[211]:

$$PCl_5 + NH_4Cl \rightarrow \tfrac{1}{n}(NPCl_2)_n + 4HCl.$$

Reaktionshauptprodukte stellen hierbei das cyclische *trimere Phosphornitrid-dichlorid* („*Hexachlor-cyclotriphosphazen*") $(NPCl_2)_3$ (*farblose* Kristalle, Smp. 112.8 °C, Sdp. 256.5 °C) und das cyclische *tetramere Phosphornitrid-dichlorid* („*Octachlorcyclotetraphosphazen*") $(NPCl_2)_4$ (*farblose* Kristalle, Smp. 122.8 °C, Sdp. 328.5 °C) dar:

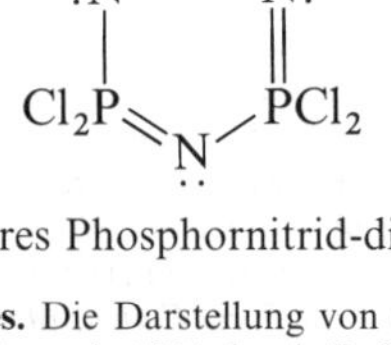

trimeres Phosphornitrid-dichlorid

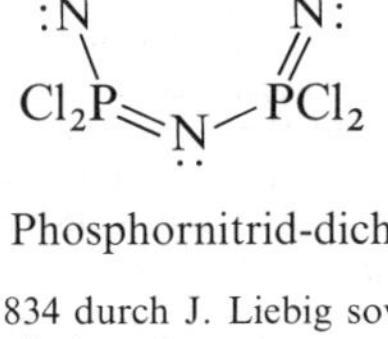

tetrameres Phosphornitrid-dichlorid

[211] **Geschichtliches.** Die Darstellung von $(NPCl_2)_n$ erfolgte erstmals 1834 durch J. Liebig sowie F. Wöhler aus PCl_5 und NH_3 und wurde 1924 durch R. Schenk und G. Römer methodisch verbessert.

Untergeordnet entstehen darüber hinaus Verbindungen *größerer Ringgliederzahl* wie $(NPCl_2)_5$ (Smp. 41.3 °C, Sdp. 224 °C bei 13 mbar), $(NPCl_2)_6$ (Smp. 92.3 °C, Sdp. 262 °C bei 13 mbar), $(NPCl_2)_7$ (Smp. 10 °C, Sdp. 293 °C bei 13 mbar), $(NPCl_2)_8$ (Smp. 58 °C) sowie kettenförmiges $(NPCl_2)_n$ (s. unten). Die einzelnen Verbindungen $(NPCl_2)_n$, deren Schmelzpunkte bei wachsendem n abwechselnd steigen (n = gerade) und fallen, sind durch Vakuumdestillation voneinander trennbar (trimeres Phosphornitriddichlorid $(NPCl_2)_3$ wird *technisch* hergestellt).[211a] Bezüglich der Verbindungen mit *kleinerer Ringgliederzahl* (n = 2, 1) s.u.).

Strukturen. Der *sechsgliederige Ring* der Verbindung $(NPCl_2)_3$ (6 „π-Elektronen") ist nahezu *eben* gebaut (*Sesselkonformation* mit angenäherter D_{3h}-Symmetrie und PNP/NPN-Winkeln von 121.4/118.4°; entsprechend sind Derivate $(NPX_2)_3$ exakt (z. B. $(NPF_2)_3$) oder nahezu eben strukturiert. Der $(PN)_3$-Ring besitzt delokalisierte Doppelbindungen (gleiche PN-Abstände von 1.58 Å; ber. für P—N/P=N = 1.80/1.60 Å). Allerdings erstreckt sich die Delokalisierung nicht wie im Falle des Benzols über das ganze Molekül, sondern beschränkt sich im wesentlichen auf die drei PNP-Bereiche: [P=N—P ↔ P—N=P]. Die PCl-Abstände betragen 1.97 Å, die ClPCl-Winkel 102°.

Dem *achtgliederigen Ring* der Verbindung $(NPCl_2)_4$ liegt wie dem des Cyclooctatetraens und zum Unterschied vom planar gebauten Fluorderivat $(NPF_2)_4$ (D_{4h}-Symmetrie) eine *Sesselform* zugrunde (C_{2h}-Symmetrie; gleiche PN-Abstände von 1.57 Å; PNP/NPN-Winkel = 120.5/133.6°). Man kennt für $(NPCl_2)_4$ darüber hinaus eine metastabile *Boot*form mit S_4-Symmetrie, bei Derivaten $(NPX_2)_4$ zudem eine *Sattel-* und *Kronenform* mit D_{2d}- bzw. C_{4v}-Symmetrie.

Höhergliederige Ringe der Verbindungen $(NPX_2)_n$ ($n > 4$) sind ebenfalls *nicht eben* strukturiert, während Verbindungen $(NPX_2)_2$ einen *planaren* PNPN-Ring aufweisen. Letztere **dimeren Phosphazene** entstehen durch Dimerisierung von **Phosph(V)-azinen NPX_2** („*Nitridophosphorane*"), die sich im Zuge der *Photolyse* $X_2P—N_3 + h\nu \rightarrow X_2P{\equiv}N + N_2$ als reaktive, durch MeOH, Me_2NH, Me_2SiCl, PhNCS abfangbare Reaktionszwischenprodukte bilden.

Der Reaktionsverlauf der zur Bildung von Phosphornitrid-dichloriden führenden Ammonolyse von Phosphorpentachlorid ist weitgehend aufgeklärt. Bei Einwirkung von Ammoniak im *Überschuß* bei *niedrigen Temperaturen* entsteht unter Substitution von Cl durch NH_2 letztlich Tetraaminophosphoniumchlorid $P(NH_2)_4Cl$:

$$PCl_5 \xrightarrow[-NH_4Cl]{+2NH_3} [PCl_3(NH_2)]Cl \xrightarrow[-NH_4Cl]{+2NH_3} [PCl_2(NH_2)_2]Cl \xrightarrow[-NH_4Cl]{+2NH_3} [PCl(NH_2)_3]Cl \xrightarrow[-NH_4Cl]{+2NH_3} [P(NH_2)_4]Cl.$$

Da alle Substitutionsreaktionen sehr rasch ablaufen, läßt sich nur das Endglied der Reihe isolieren[212].

Bei Einwirkung von Ammoniak im *Unterschuß* bei *hohen Temperaturen* entsteht durch Kondensation des zunächst gebildeten Amino-trichloro-phosphonium-chlorids $[PCl_3(NH_2)]Cl$ (s. oben) mit Phosphorpentachlorid die Verbindung $[Cl_3P{=}N—PCl_3]Cl$, die ihrerseits weiter mit $[PCl_3(NH_2)]Cl$ unter Kondensation reagiert:

$$PCl_5 \xrightarrow[-2HCl]{+[PCl_3(NH_2)]Cl} [Cl_3P{=}N—PCl_3]Cl^{213)} \xrightarrow[-2HCl]{+[PCl_3(NH_2)]Cl} [Cl_3P{=}N—PCl_2{=}N—PCl_3]Cl^{213)}.$$

Analog bilden sich durch Kondensation noch längere Ketten $[Cl_3P{=}N—(PCl_3{=}N)_{n-3}— PCl_3]Cl$, welche mit Ammoniak unter Ringschluß in Phosphornitrid-dichloride übergehen, z.B.:

$$[Cl_3P{=}N—PCl_2{=}N—PCl_3]Cl + NH_3 \rightarrow [Cl_2\overline{P{=}N—PCl_2{=}N—PCl_2{=}N}] + 3HCl.$$

Läßt man Ammoniak und Phosphorpentachlorid im Molverhältnis von etwa 2 : 1 bei höheren Temperaturen miteinander reagieren, so erhält man gemäß $2NH_3 + PCl_5 \rightarrow \frac{1}{n}(NPNH)_n + 5HCl$ eine Verbindung der idealisierten Zusammensetzung $(NPNH)_n$ („*Phospham*"; vgl. S. 779).

Eigenschaften. Die beiden phosphorgebundenen Chloratome der Phosphornitrid-dichloride $(NPCl_2)_n$ können gegen zahlreiche andere einwertige Reste X *ausgetauscht* werden (z.B. X = F, Br, OH, OR, SH, SCN, NH_2, NR_2, N_3, CH_3, C_6H_5). Angeführt seien hier etwa die

---

[211a] Phosphornitrid-dibromide $(NPBr_2)_n$ (n = 3, 4, 5) entstehen gemäß: $PBr_3 + NaN_3 \rightarrow \frac{1}{n}(NPBr_2)_n + NaBr + N_2$ aus Phosphortribromid und Azid.

[212] Es bilden sich u.a. auch $[(H_2N)_3P{=}N{=}P(NH_2)_3]Cl$ und $[NP(NH_2)_2]_3$. Die Methylderivate der Kationen $P(NH_2)_4^+$ und $[(H_2N)_3P]_2N^+$, nämlich $P(NMe_2)_4^+$ und $[(Me_2N)_3P]_2N^+$, zeichnen sich durch besonders geringe Basizität aus. Die Fluoride sind in organischen Medien löslich und dienen als Salze mit extrem reaktivem „nacktem" Fluorid für synthetische Zwecke.

[213] Isoliert mit PCl_6^--Ion: $[Cl_3P{=}N—PCl_3]PCl_6 = P_3NCl_{12}$ (*farblose* Kristalle vom Smp. 315 °C, Zers); $[Cl_3P{=}N—PCl_2{=}N—PCl_3]PCl_6 = P_4N_2Cl_{14}$ (Smp. 228 °C).

*Fluor*verbindungen $(NPF_2)_n$ (bis mindestens $n = 17$ bekannt, z. B. $(NPF_2)_3$: Smp. 28 °C, $(NPF_2)_4$: Smp. 30.4 °C) oder die beim Versetzen von $(NPCl_2)_3$ mit Wasser u. a. erhältliche „*Trimetaphosphimsäure*" (Metanitridophosphor(V)-säure), die mit der „*Trimetaimidophosphorsäure*" in einem tautomeren Gleichgewicht steht:

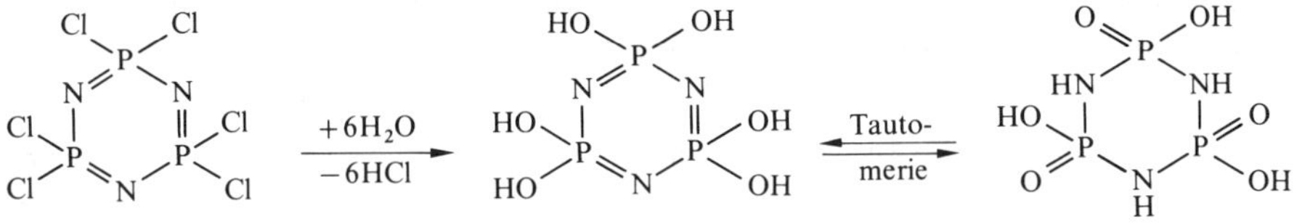

$$(NPCl_2)_3 \xrightarrow[-6HCl]{+6H_2O} [NP(OH)_2]_3 \underset{\text{merie}}{\overset{\text{Tauto-}}{\rightleftharpoons}} [HNPO(OH)]_3$$

trimeres Phosphornitrid-dichlorid — Trimetaphosphimsäure — Trimetaimidophosphorsäure

Auch *gemischt*-substituierte Phosphornitrid-Verbindungen sind bekannt, z. B. $P_3N_3BrCl_5$ (Smp. 123 °C), $P_3N_3Br_2Cl_4$ (Smp. 134 °C), $P_3N_3Br_4Cl_2$ (Smp. 167 °C). Sie kommen vielfach in mehreren isomeren Formen vor. So existieren beispielsweise von $P_3N_3Br_3Cl_3$ drei Isomere, nämlich zwei geometrische *Isomere* der Konstitution $[NPBrCl]_3$ (*cis*-Form mit 3 Br auf einer und 3 Cl auf der anderen Seite der Ringebene und *trans*-Form mit 2 Br + 1 Cl auf der einen und 1 Br + 2 Cl auf der anderen Seite) und ein Isomeres der Konstitution $[NPBr_2—NPBrCl—NPCl_2]$. In den Oligomeren läßt sich darüber hinaus der Stickstoff teilweise durch Phosphor ersetzen, wie aus der Existenz der Verbindung $P_6N_2Ph_8$ hervorgeht. Sie leitet sich vom tetrameren Diphenylphosphazen $(NPPh_2)_4$ durch Ersatz zweier gegenüberliegender N- durch P-Atome ab.

Die oligomeren Phosphazene sind vergleichsweise *redoxstabil*. Das N-Atom der Verbindungen wirkt *basisch* gegenüber starken *Brönsted-Säuren* wie $HClO_4$, HF: $(NPX_2)_n + HX \rightarrow HN_nP_nX_{2n}^+X^-$ (pK_B für $n = 3$ und $X = NEt_2$: 8.2; X = Et: 6.4; X = Ph: 1.5; X = OEt: −0.2) sowie gegenüber vielen *Lewis-Säuren* (Bildung von **Cyclophosphazen-Komplexen** wie $[PtCl_2(\eta^2 - N_4P_4Me_8)]$, $[CuCl(\eta^4 - N_6P_6X_{12}]^+$ mit $X = NMe_2$).

Bei mehrstündigem Erhitzen des niedermolekularen *cyclischen* Phosphornitrid-dichlorids auf 150–300 °C bilden sich *kettenförmige* **polymere Phosphazene** $(NPCl_2)_n$ mit sehr großem n (n bis 15000 und darüber), in denen wie im Falle des Schwefels (S. 547), des Selens (S. 615) oder der Polyphosphate (S. 783) die kettenbildenden Atome *spiralig* angeordnet sind[214]:

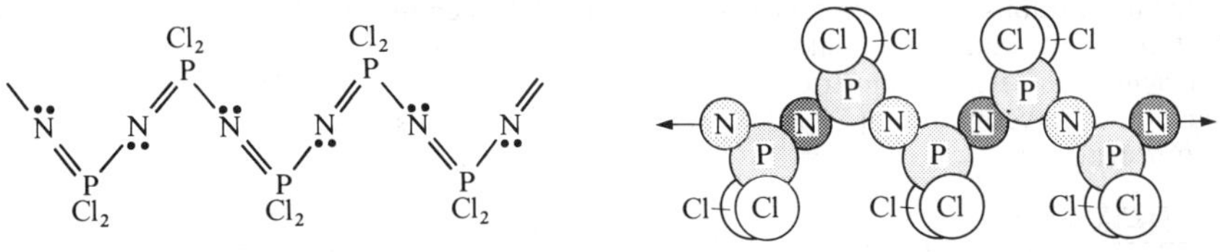

Die *kautschukartigen Eigenschaften* dieses hochpolymeren Phosphornitrid-dichlorids („*anorganischer Kautschuk*") sind wie beim normalen Kautschuk oder beim plastischen Schwefel (S. 543) auf die Kräfte zurückzuführen, die bei der durch Dehnung des Stoffs bewirkten Parallelrichtung der Ketten wirksam werden. Ersetzt man im polymeren Phosphornitriddichlorid das Chlor durch andere Reste (z. B. OR, NR_2, R) oder durch *kettenverbindende* Gruppen (z. B. —NR—, —O—), so resultieren hydrolysebeständige Materialien, die gummielastisch (zum Teil bis −90 °C) bis glashart sind und zu Fasern, Geweben, Folien, Schläuchen und Röhren (z. B. für Erdöl) verarbeitet werden und zum wasserabstoßenden bzw. flammenhemmenden Imprägnieren anderer Stoffe dienen (Polymere des Typs $(NPR_2)_x$ mit R = Organylrest sind isoster mit den Siliconen $(OSiR_2)_x$, vgl. S. 950). Polymere Phosphornitride NPX_2 mit Substituenten X wie OCH_2CF_3 greifen organische Gewebe nicht an; aus ihnen lassen sich infolgedessen künstliche Herzklappen und andere Organersatzteile herstellen. Phosphazene wie $[NP(NHCH_2COOEt)_2]_n$ zersetzen sich im Organismus unter Bildung einigermaßen ver-

[214] In kleineren Ausbeuten kann auch das Nitridchlorid $N_7P_6Cl_9$ (Smp. 237.5 °C) entstehen, das sich vom hexameren Phosphornitrid-dichlorid $(NPCl_2)_6$ dadurch ableitet, daß ein Cl-Substituent jedes übernächsten P-Atoms fehlt; die freien P-Valenzen sind mit einem N-Atom verknüpft (Bildung einer zentralen NP_3-Gruppe).

träglicher Stoffe (Aminosäuren, Phosphate, Ammoniak) und werden deshalb zu chirurgischem Nähmaterial verarbeitet.

Phosph(III)-azene. Für die Darstellung der *reaktiven* Phospha(III)-azene RP=NR (gebräuchlicher Name **„Iminophosphane"**; R, R′ = anorganische und organische Reste bzw. Teile eines Ringsystems) haben vor allem thermische Eliminierungen gemäß:

$$\begin{matrix} R\ddot{P}-\ddot{N}R' \\ | \quad\ | \\ X \quad M \end{matrix} \xrightarrow{-MX} \begin{matrix} & & R' \\ & \ddot{P}=\underset{\cdot\cdot}{N} & \\ R & & \end{matrix}$$

(MX = LiHal, HHal, Me_3SiHal) präparative Bedeutung. Die ungesättigten Verbindungen weisen ein planares zentrales Atomgerüst auf und sind in der Regel *trans*-, in Ausnahmefällen fast *linear* oder *cis*-konfiguriert. Die PN-Bindungslängen hängen von den Substituenten R und R′ ab und liegen im Bereich 1.5–1.6 Å (ber. für P—N/P=N/P≡N 1.80/1.60/1.50 Å; RPN/PNR′-Winkel normalerweise 100–115/115–150°)[215]. Die Iminophosphane lassen sich, falls die Substituenten sperrig sind, unter normalen Bedingungen *isolieren* (z. B. R = ^tBu, R′ = 2,4,6-$^tBu_3C_6H_2$); anderenfalls stabilisieren sie sich durch *Dimerisierung*, und zwar unter [2 + 1]-Cycloaddition (R z. B. Organylgruppen) oder [2 + 2]-Cycloaddition (R z. B. Aminogruppe):

$$\begin{matrix} RP=NR' \\ / \backslash \\ RP—NR' \end{matrix} \xleftarrow[\text{Cycloadd.}]{[2+1]} \mathbf{RP=NR'} \xrightarrow[\text{Cycloadd.}]{[2+2]\text{-}} \begin{matrix} RP—NR' \\ | \quad | \\ R'N—PR \end{matrix}$$

Unter *Addition* bilden die Iminophosphane mit Säuren HX Aminophosphane RXP—NHR′, mit *Halogenen* X_2 Iminophosphorane RX_2P=NR′, mit *Chalkogenen* Y_n Iminophosphanchalkogenide Y=PR=NR′, mit Aziden RN_3 (N_2-Eliminierung) Diiminophosphorane RN=PR=NR′, mit Verbindungen, die Mehrfachbindungen enthalten, Cycloaddukte. Darüber hinaus lassen sich elektronegativere Reste R wie Halogene oder Aminogruppen nucleophil *substituieren*, das Chlor in ClP=NAr (Ar = 2,4,6-$^tBu_3C_6H_2$) mit $AlCl_3$ *abionisieren* (Bildung eines Phosphaaryldiazonium-Ions ArN≡P^+, PN-Abstand 1.475 Å, ∢ CNP = 177.0°). Das P-Atom der Iminophosphane wirkt schwach *Lewis-acid* (z. B. RP=NR′ + H^- → RHP=NR'^- → Folgereaktion), das N-Atom *Lewis-basisch* (z. B. RP=NR′ + $AlCl_3$ → RP=NR′$AlCl_3$ → Folgereaktion). **Iminophosphan-Komplexe** enthalten Komplexpartner ML_n (L = Ligand) teils „end-on" (η^1) über Phosphor oder Stickstoff, teils „side-on" (η^2) über das π-System gebunden.

Phosphazane

Phosph(III)-azane. Typische *Phosph(III)-azane* (gebräuchlicher Name: **Aminophosphane**) sind etwa R_2NPX_2, $(R_2N)_2PX$ und $(R_2N)_3P$ (X = Halogen). Sie lassen sich u. a. durch Einwirkung von R_2NH auf PX_3 gewinnen und weisen verkürzte PN-Bindungslängen auf (z. B. 1.628 Å im „*Monoaminophosphan*" Me_2NPX_2; ber. für P—N/P=N: 1.80/1.60 Å), wobei die Rotation der R_2N-Gruppen um die PN-Bindungen gehemmt ist (z. B. Rotationsbarriere in Me_2NPCl_2: 35 kJ/mol; in $(Me_2N)PhPCl$: 50 kJ/mol). Die „*Diaminophosphane*" $(R_2N)_2PX$ können in CH_2Cl_2 oder flüssigem SO_2 mit Halogenidakzeptoren in „*Diaminophosphenium-Kationen*" $(R_2N)_2P^+$ verwandelt werden (z. B. $(^iPr_2N)_2PCl + AlCl_3$ → $(^iPr_2N)_2P^+\ AlCl_4^-$; planares C_2N—P—NC_2-Gerüst mit gewinkeltem Phosphoratom (114.8°) und kurzen PN-Abständen (1.613 Å); vgl. hierzu auch $(Ph_3P)_2P^+$, oben). Das „*Triaminophosphan*" $(Me_2N)_3P$ stellt eine wichtige Ausgangsverbindung der Phosphorchemie dar und reagiert etwa mit *Halogenen, Sauerstoff, Schwefel* zu $(Me_2N)_3PHal^+Hal^-$, $(Me_2N)_3PO$, $(Me_2N)_3PS$, mit *Chloramin, Iodmethan* zu $(Me_2N)_3PNH_2^+Cl^-$, $(Me_2N)_3PMe^+I^-$, mit *Phenylazid* zu $(Me_2N)_3P$=NPh, mit *Phosphortrichlorid* zu $(Me_2N)_2PCl$, Me_2NPCl_2, mit *Diboran* zu $(Me_2N)_3PBH_3$ und mit *Cadmiumiodid* zu $\{(Me_2N)_3P\}_2CdI_2$.

Setzt man PX_3 nicht mit R_2NH, sondern mit RNH_2 um, so bilden sich cyclische *Aminophosphane* $(RNPX)_2$ mit viergliederigem PNPN-Ring oder $P_4(NR)_6$ (R z. B. Me) mit mehrcyclischem P_4N_6-Ring wie in P_4O_6 (NR anstelle von O; vgl. S. 761). Setzt man $(^tBuNPCl)_2$ mit Magnesium in siedendem Tetrahydrofuran um, so entsteht polycyclisches $P_4(N^tBu)_4$, das sich von α-P_4S_4 durch Ersatz der S-Atome durch N^tBu-Gruppen ableitet. Von Interesse ist ferner das durch Ammonolyse von $[P(NH_2)_3SMe]^+I^-$ (gewinnbar aus $(NH_2)_3PS$ und MeI) erhältliche „*Tetraaminophosphonium-iodid*" $[P(NH_2)_4]^+I^-$ mit tetraedrischem Phosphor (vgl. auch $[P(NH_2)_4]^+Cl^-$, S. 791).

Phosph(V)-azane. Als Beispiel eines Phosph(V)-azans (**„Aminophosphoran"**) sei $(Cl_3P—NMe_2)_2$ mit viergliederigem PNPN-Ring aufgeführt.

215 Z. B. betragen die PN-Abstände für HP=NH/ArP=N^tBu/Me_2NP=NAr/ClP=NAr 1.55/1.556/1.539/1.495 Å, die RPN-Winkel 100/100.6/115.9/112.4° und die PNR′-Winkel 118/122.7/140.7/154.8° (Ar = 2,4,6-$^tBu_3C_6H_2$; Werte für HPNH berechnet); *cis*-HPNH ist nur ca. 6.3 kJ/mol energiereicher als *trans*-HPNH, wobei die Inversions-/Rotationsbarriere 62.9/184.4 kJ/mol beträgt.

3 Das Arsen[216)]

3.1 Elementares Arsen

Vorkommen. Als Nichtmetalle kommen Stickstoff und Phosphor in der Lithosphäre nur anionisch (in Form von Nitraten und Phosphaten) vor. Der vom Stickstoff zum Bismut hin zunehmende metallische Charakter äußert sich beim Arsen bereits darin, daß es nicht nur wie ein Nichtmetall anionisch (in Form von Metallarseniden), sondern wie ein Metall auch kationisch polarisiert (in Form von Arsensulfiden und -oxiden) auftritt. Das gleiche gilt für das höhere Elementhomologe, das Antimon (S. 811), während das Bismut, das nur noch metallische Eigenschaften besitzt, in der Natur ausschließlich kationisch (in Form von Sulfiden und Oxiden) vorkommt (S. 822).

Unter den **Metallarseniden** ist das verbreitetste der *Arsenkies* (*Giftkies*, *Arsenopyrit*, *Mißpickel*) Fe[AsS] (= „$FeAs_2 \cdot FeS_2$"), ein gemischtes Arsenid-Sulfid (Pyrit-Struktur; vgl. S. 797, 1527). Ganz entsprechend zusammengesetzt sind *Glanzcobalt* Co[AsS] und *Arsennickelkies* (*Gersdorffit*) Ni[AsS]. Es gibt aber auch schwefelfreie Arsenide, z.B. *Arsenikalkies* (*Löllingit*) Fe[As_2], *Weißnickelkies* (*Chloanthit*) Ni[As_{2-3}], *Rotnickelkies* (*Nickelin*) Ni[As]; *Rammelsbergit* Ni[As_2], *Speiscobalt* (*Smaltin*, *Skutterudit*) Co[As_{2-3}]. In der Natur vorkommende **Arsenchalkogenide** sind die „*Sulfide*" (S. 807) *Realgar* (*Rauschrot*) As_4S_4 und *Auripigment* (*Rauschgelb*) As_2S_3, ferner *Arsensilberblende* (*Proustit*) Ag_3AsS_3 (= $3Ag_2S \cdot As_2S_3$"), *Enargit* Cu_3AsS_4 (= „$3Cu_2S \cdot As_2S_5$") und *Tennantit* (*lichtes Fahlerz*) $(Cu, Fe, Zn)_3AsS_{3-4}$ (selten). Als Verwitterungsprodukt von Arsenerzen findet sich schließlich noch das „*Oxid*" As_2O_3 als *Arsenolith* und als *Claudetit* (S. 675). Gelegentlich kommt das Arsen in der Natur auch *gediegen* als **Element** vor, z.B. als *Scherbencobalt* (*Fliegenstein*) und vergesellschaftet mit Antimon als *Allemontit*.

Isotope (vgl. Anhang III). *Natürlich vorkommendes* Arsen besteht zu 100% aus dem Isotop $^{75}_{33}As$ (für *NMR-Untersuchungen*). Unter den *künstlich gewonnenen* Isotopen werden $^{73}_{33}As$ (K-Einfang; $\tau_{1/2}$ = 80.3 Tage), $^{74}_{33}As$ (β^--, β^+-Strahler; $\tau_{1/2}$ = 17.9 Tage) und $^{76}_{33}As$ (β^--Strahler; $\tau_{1/2}$ = 26.5 Stunden) für Tracer-Experiments genutzt.

Geschichtliches (vgl. Tafel II). Der *Name* des schon im Altertum z.B. in Form des in der Heilkunde verwendeten *gelben Auripigments* As_2S_3 bekannten Elements Arsen leitet sich vom persischen Namen *az-zarnikh* (zar = Gold) bzw. vom griechischen Namen *arsenikon* für das Mineral As_2S_3 ab. Die Isolierung *elementaren* Arsens (ca. 1250) wird bisweilen Albertus Magnus (1193–1280) zugeschrieben.

Darstellung. Die technische Darstellung des Arsens erfolgt durch Erhitzen von Arsenkies oder Arsenikalkies auf 650–700 °C unter Luftabschluß in liegenden Tonröhren, wobei Arsen absublimiert und in kalten Vorlagen verdichtet wird:

$$FeAsS \rightarrow FeS + As \qquad FeAs_2 \rightarrow FeAs + As.$$

Die Befreiung des so erhaltenen Arsens von As_2O_3- sowie As_2S_3-Verunreinigungen erfolgt durch Sublimation. Eine weitere wichtige Quelle für Arsen stellt As_2O_3 dar (Nebenprodukt der Arsengewinnung aus FeAsS sowie der Blei- und Kupfergewinnung; Röstprodukt von As_2S_3), das mit Aktivkohle bei 700–800 °C zu elementarem Arsen reduziert wird: $2As_2O_3 + 3C \rightarrow 4As + 3CO_2$.

Zur Gewinnung hochreinen Arsens für die Halbleitertechnik (vgl. S. 1312) wird es aus Lösungen in flüssigem Blei sublimiert (Pb hält den Schwefel in Form von PbS zurück) bzw. aus geschmolzenem Arsen bei hohen Temperaturen auskristallisiert bzw. in Arsan AsH_3 umgewandelt, welches nach dessen Reinigung bei 600 °C in Arsen und Wasserstoff zersetzt wird.

---

216 **Literatur.** J.D. Smith: „*Arsenic, Antimony and Bismuth*", Comprehensive Inorg. Chem. **2** (1973) 547–683; C.A. McAuliffe: „*Arsenic, Antimony and Bismuth*", Comprehensive Coord. Chem. **3** (1987) 237–298. GMELIN: „*Arsenic*", Syst.-Nr. **17**, bisher 1 Band; ULLMANN (5. Aufl.): „*Arsenic and Arsenic Compounds*", **A3** (1985) 113–141; D.B. Sowerby: „*Arsenic-Nitrogen, -Oxygen, -Sulphur and -Selenium Heterocycles*" in I. Haiduc, D.B. Sowerby: „The Chemistry of Inorganic Homo- and Heterocycles", **2** (1987) 713–728. Vgl. Anm. 220, 221, 230.

Physikalische Eigenschaften (vgl. Tafel III). Arsen tritt wie der Phosphor in mehreren monotropen Modifikationen auf:

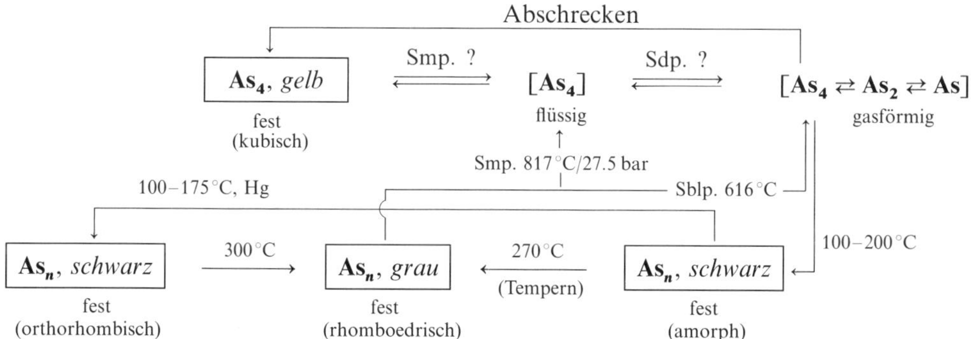

Die beständigste Form ist die hexagonal-rhomboedrisch kristallisierte (**„graues“** oder **„metallisches Arsen“**). Die Kristalle sind stahlgrau, metallisch glänzend und leiten den elektrischen Strom. Auffallend ist ihre große Sprödheit; sie lassen sich in einer Reibschale leicht pulverisieren. Diese Eigenschaft besitzen auch die entsprechenden Formen des homologen Antimons und Bismuts, weshalb man sie häufig als „*Sprödmetalle*“ bezeichnet.

Die Struktur des grauen Arsens (Fig. 171) zeigt eine gewisse Verwandtschaft zu der des schwarzen Phosphors (Fig. 160a, b, S. 729) und ist identisch mit der des rhomboedrischen Hochdruck-Phosphors (S. 729). Sie besteht aus parallel übereinander liegenden Arsenatom-Doppelschichten, die durch gewellte Sechsringe gebildet werden. Die Übereinanderlagerung der Doppelschichten ist außerordentlich dicht, so daß die drei nächstbenachbarten As-Atome einer darüber (bzw. darunter) liegenden Doppelschicht von einem gegebenen As-Atom nicht sehr wesentlich weiter entfernt sind als die drei nächstbenachbarten As-Atome innerhalb der gleichen Doppelschicht (3.136 bzw. 2.504 Å; vgl. Fig. 171). Es müssen also zwischen den Doppelschichten noch Kräfte wirksam sein, die zugleich für die hohe Lichtreflexion und das elektrische Leitvermögen verantwortlich zu machen sind. In dieser verzerrt-oktaedrischen Anordnung von 6 As-Atomen um ein As-Atom dokumentiert sich bereits der beim schwarzen Phosphor begonnene und beim Antimon und Bismut fortgesetzte Übergang zu einer einfach kubischen Metallstruktur (vgl. den kubischen Hochdruck-Phosphor, S. 730), in welcher jedes Metallatom oktaedrisch in gleichem Abstand von sechs weiteren Metallatomen umgeben ist ($\measuredangle$ MMM = 90°)[217]. Für diesen Übergang spricht auch der verhältnismäßig große As—As-Abstand von 2.504 Å innerhalb der Schichten (die Bindungslänge der kovalenten As—As-Einfachbindung beträgt 2.44 Å). Der Winkel AsAsAs beträgt 97°.

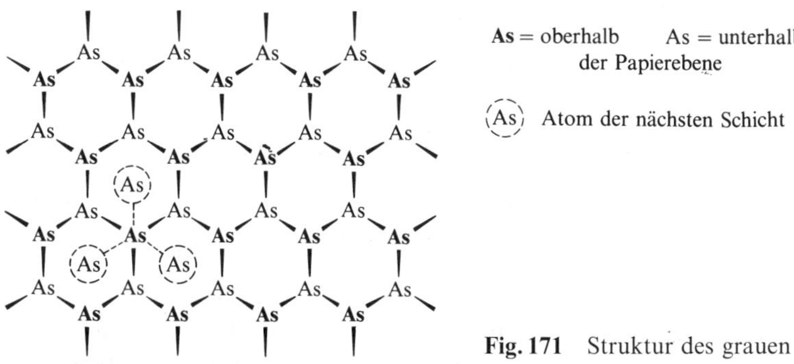

Fig. 171 Struktur des grauen Arsens As_n.

[217] Das Verhältnis $r_2 : r_1$ des kürzesten Element-Element-Abstandes zwischen den Schichten (r_2) und innerhalb der Schichten (r_1) beträgt beim rhomboedrischen Hochdruck-Phosphor (S. 730) 1.53, beim grauen Arsen 1.25, beim grauen Antimon 1.154, beim grauen Bismut 1.149 (alle aufgeführten Modifikationen haben die Struktur des grauen Arsens, Fig. 171; bei einfach-kubischer Struktur gilt: $r_2 : r_1 = 1.000$).

Das graue Arsen (Dichte 5.72 g/cm^3) ist eine hochpolymere Substanz und kann daher nur unter Veränderung seiner Struktur schmelzen oder verdampfen. Beim Erhitzen unter Luftabschluß im geschlossenen Rohr schmilzt es bei 817 °C (bei 27.5 bar). Unter gewöhnlichem Druck sublimiert es, ohne zu schmelzen, bei 616 °C. Der entstehende Dampf ist durchsichtig zitronengelb und besteht bis gegen 800 °C aus As_4-Molekülen, oberhalb von 1700 °C aus As_2-Molekülen.

Schreckt man Arsendampf ab, z. B. durch Kühlung mit flüssiger Luft, so erhält man das **„gelbe Arsen"** als metastabile, nichtmetallische, den elektrischen Strom nicht leitende Modifikation, welche sich in Kohlenstoffdisulfid leicht auflöst und aus dieser Lösung beim Abkühlen in durchsichtigen, stark lichtbrechenden, wachsweichen, kubischen Kriställchen auskristallisiert ($d = 1.97$ g/cm^3). Das Molekül As_4 des gelben Arsens ist wie das Molekül P_4 des weißen Phosphors tetraederförmig (vgl. Fig. 159, S. 728) gebaut (AsAsAs-Abstand 2.435 Å)[218]. Da das Arsenatom größer als das Phosphoratom ist, sind die unter starker Spannung stehenden As—As-Bindungen noch schwächer als die P—P-Bindungen, so daß das gelbe Arsen weniger beständig als der weiße Phosphor ist und schon bei Zimmertemperatur langsam in graues Arsen übergeht. Die Umwandlungsreaktion ist stark lichtempfindlich. Läßt man z. B. im Dunkeln eine Lösung des gelben Arsens in Kohlenstoffdisulfid auf weißem Filterpapier verdunsten, so zeigt dieses am Licht nur für wenige Augenblicke eine gelbe Farbe, um sich dann sehr schnell braun und schließlich grau zu färben. Die Umwandlung unter dem Einfluß von Licht geht selbst bei −180 °C noch schnell vor sich.

Kondensiert man Arsendampf auf Flächen, die 100–200 °C warm sind, so erhält man schwarzglänzende amorphe Formen (**„amorphes schwarzes Arsen"**), die glasartig hart und spröde sind ($d = 4.7$–5.1 g/cm^3) und dem roten Phosphor (S. 731) entsprechen. Sie leiten den elektrischen Strom nicht. Oberhalb von 270 °C wandelt sich das amorphe Arsen monotrop in das graue Arsen um. Erhitzt man das glasartige, amorphe schwarze Arsen zusammen mit metallischem Quecksilber auf 100–175 °C, so entsteht eine metastabile „orthorhombische" Arsenmodifikation (**„orthorhombisches schwarzes Arsen"**), die dem gleichen Gittertyp angehört wie der schwarze Phosphor (S. 729) und mit diesem leicht Mischkristalle bildet.

Wie der Phosphor bildet auch das Arsen „Mischpolymerisate". So ist z. B. in dem bei der Reduktion von Arsenverbindungen in wässeriger Lösung entstehenden „*braunen Arsen*" ein Teil der Valenzen des Arsens durch OH-Gruppen abgesättigt.

Physiologisches. Das *essentielle Element* Arsen findet sich in allen organischen Geweben (z. B. menschliches Blut: ca. 0.008 Gew.-%) und wird bevorzugt in Haut und Haaren, gebunden an SH-Gruppen des Keratins, abgelagert (es ist dort in Leichen bei As-Vergiftungen noch nach Jahrzehnten nachweisbar). *Biologisch* wirkt es wohl als Inhibitor für freie SH-Gruppen bestimmter Enzymsysteme und bewirkt eine Steigerung der Hämolysevorgänge, Vermehrung der Blutzellenbildung, Hemmung von Oxidationsreaktionen, Senkung des Grundumsatzes und Erhöhung des Kohlehydratstoffwechsels („*Arsenikesser*"). Das Element Arsen und schwerlösliche As-Verbindungen (z. B. Sulfide) sind nahezu ungiftig, leicht resorbierbare As(III)-Verbindungen wie AsH_3, As_2O_3 *hoch toxisch* und *krebserregend* (TRK-Wert 0.1 mg/m^3); As(V)-Verbindungen wirken nach Reduktion zu As(III)-Verbindungen giftig. Akute *Arsen-Intoxikationen* haben blutige Brechdurchfälle, Graufärbung der Haut, Kollaps und Atemlähmung, *Arsen-Inhalationen* Schleimhautreizung („*Arsenschnupfen*"), Lungenödeme, Leber und Nierenschädigung, *chronische Arsen-Vergiftungen* Hautkribbeln, Kopfschmerzen, polyneuritische Erscheinungen und Tumorbildung zur Folge.

Chemische Eigenschaften. Redox-Reaktionen. Beim Erhitzen an der *Luft* verbrennt Arsen mit bläulicher Flamme und unter Verbreitung eines eigentümlichen, knoblauchartigen Geruchs zu einem weißen Rauch von *Arsentrioxid* As_2O_3 (s. dort). In gleicher Weise verbindet es sich mit vielen anderen Elementen. Mit *Fluor* bzw. *Chlor* vereinigt es sich schon ohne vorherige Erwärmung unter Feuererscheinung (Bildung von AsF_5, $AsCl_3$). Durch stark oxidierende Säuren (konzentrierte Salpetersäure, Königswasser) wird Arsen zu *Arsensäure*

---

[218] In gasförmigen Gemischen von P_4- und As_4-Dampf wurden bei Temperaturen bis 1000 °C auch die gemischten Tetraedermoleküle AsP_3, As_2P_2 und As_3P nachgewiesen.

($As + 4H_2O \rightleftarrows H_3AsO_4 + 5H^+ + 5\ominus$; $\varepsilon_0 = +0.373$ V), durch weniger stark oxidierende Säuren (verdünnte Salpetersäure, konzentrierte Schwefelsäure) zu *Arseniger Säure* ($As + 3H_2O \rightleftarrows H_3AsO_3 + 3H^+ + 3\ominus$; $\varepsilon_0 = +0.2476$ V) oxidiert. In Alkalihydroxid-Schmelzen bildet sich Arsenit ($As + 3MOH \rightarrow M_3AsO_3 + 1.5H_2$).

Säure-Base-Reaktionen. Ähnlich wie Phosphor entwickelt auch Arsen in der *diatomaren Form* As_2 hinsichtlich bestimmter Lewis-saurer Komplexfragmente ML_n (L = geeigneter Ligand) Lewis-basische Eigenschaften und bildet **Arsen-Komplexe**[149] mit *zwei-* und *dreifach side-on* verknüpftem ML_n (z.B. $\{(Ph_3P)_2Pd\}_2As_2$, $\{(CO)_5W\}_3As_2$; $\{(CO)_3Co\}_2As_2$; vgl. Fig. 162d auf S. 733). Auch kennt man *Sandwich-* und *Tripeldecker-Komplexe* mit As_n-Liganden ($n = 3-6$; z.B. $(CO)_3CoAs_3$, $(triphos\,Co)_2As_3$, $(\pi\text{-}C_5Me_5)(CO)_2NbAs_4$, $(\pi\text{-}C_5Me_5)FeAs_5$, $\{(\pi\text{-}C_5H_5)Mo\}_2As_5$, $\{(\pi\text{-}C_5Me_5)Mo\}_2As_6$ (vgl. Fig. 162e, g, h auf S. 733). Schließlich seien Komplexe mit As_6 in der Dewar-Benzolform (z.B. $\{(\pi\text{-}C_5Me_5)Co\}_2As_6$), As_7 in der Norbornadienform (z.B. $[(CO)_3CrAs_7]^{3-}$) sowie As_8 in der Cyclooctatetraenform (z.B. $\{\pi\text{-}C_5H_3^tBu_2Nb\}_2As_8$) erwähnt. Die AsAs-Bindungslängen liegen mit 2.28–2.60 Å im Bereich der Einfachbindungen (zum Vergleich: AsAs in As_4: 2.44 Å; in As_2: 2.10 Å). Die Verbindungen lassen sich auch als Komplexe der Anionen As_2^{2-}, As_3^{3-}, As_5^-, As_6^{4-}, As_7^-, As_8^{8-} beschreiben (vgl. hierzu S. 733).

Arsen in Verbindungen (vgl. hierzu Überblick, S. 309). Gegenüber *elektropositiven* Partnern betätigt Arsen hauptsächlich die Oxidationsstufe −3 (z.B. Na_3As), gegenüber *elektronegativen* Partnern die Oxidationsstufen +3 (z.B. AsF_3, H_3AsO_3) und +5 (z.B. AsF_5, H_3AsO_4). Die fünfwertige Stufe des Arsens bildet sich hierbei weniger leicht als jene von Phosphor oder Antimon (z.B. ΔH_f für $PCl_5/AsCl_5/SbCl_5$ = −444/instabil/−440 kJ/mol; vgl. S. 313). Man kennt aber auch Verbindungen mit Arsen in Oxidationsstufen zwischen −3 und +3 (z.B. As_2H_4, As_2I_4) und in der Oxidationsstufe +4 (z.B. As_2O_4). Die am häufigsten anzutreffenden Koordinationszahlen sind *drei* (z.B. pyramidales As in $\mathbf{As}H_3$, $\mathbf{As}Cl_3$; trigonal-planares As in $Ph\mathbf{As}\{Cr(CO)_5\}_2$), *vier* (z.B. wippenförmiges As in $\mathbf{As}F_4^-$; tetraedrisches As in $\mathbf{As}_4^+$), *fünf* (z.B. trigonal-bipyramidales As in $\mathbf{As}F_5$; quadratisch-pyramidales As in $\mathbf{As}_2Br_8^{2-}$) und *sechs* (oktaedrisches As in $\mathbf{As}F_6^-$, $\mathbf{As}_2Br_9^{3-}$). Seltener beobachtet man die Koordinationszahlen *eins* ($Si\mathbf{As}_4^{8-}$, $Ge\mathbf{As}_4^{8-}$), *zwei* (gewinkeltes As in $\mathbf{As}_7^{3-}$, $\mathbf{As}_{11}^{3-}$, Arsabenzol $C_5H_5\mathbf{As}$), *sieben* und höher (z.B. zweifach-überkappt-quadratisch-antiprismatisches As in $[Rh_{10}\mathbf{As}(CO)_{22}]^{3-}$). Bindungen. Die Tendenz des Arsens zur Ausbildung von *Doppelbindungen* ist geringer als beim Phosphor (Arsabenzol C_5H_5As ist polymerisations-labiler als Phosphabenzol C_5H_5P; H_3AsO_3 bzw. As_2S_5 weisen anders als H_3PO_3 bzw. P_2S_5 keine E=O— bzw. E=S-Gruppierungen auf). Analoges gilt für die Bildung von *Element-Element-Einfachbindungen* (As_2H_4 ist thermolabiler als P_2H_4).

Arsen-Ionen, Arsenide. Wie von Phosphor und Stickstoff sind auch von Arsen bisher *keine* Verbindungen mit *kationischem* Arsen bekannt. Es existieren jedoch – aus den Elementen zugängliche – **salzartige Arsenide** M_mAs_n (M insbesondere Alkalimetall, Erdalkalimetall), die Arsen in *anionisch* polarisierter Form enthalten (vgl. Zintl-Phasen S. 890). Ähnlich wie im Falle der Phosphide (S. 735) kennt man Arsenide mit isolierten Anionen As^{3-} (z.B. in Li_3As, Na_3As, K_3As, Rb_3As, Mg_3As_2, Zn_3As_2), *kettenförmigen* Anionen $As_n^{(n+2)-}$ (z.B. As_2^{4-} in CaAs, SrAs; As_4^{6-} in Sr_3As_4; $As_4^{6-} + As_8^{10-}$ in Ca_2As_3; $[As^-]_x$ in LiAs, $BaAs_2$), *ringförmigen* Anionen As_6^{4-} (in K_4As_6, Rb_4As_6, Cs_4As_6; Struktur analog P_6^{4-}, S. 736), *käfigförmigen* Anionen As_7^{3-} und As_{11}^{3-} (in Ba_3As_{14} und Na_3As_{11}; Struktur analog P_7^{3-} und P_{11}^{3-}, Fig. 164, S. 736)[219] sowie *netzförmigen* Anionen As_3^{2-} (in $SrAs_3$, Struktur analog P_3^{2-}, Fig. 163a, S. 736).

Neben den salzartigen Arseniden kennt man wie bei den Nitriden (S. 642) und Phosphiden (S. 737) auch **kovalente Arsenide** wie etwa GeAs (Smp. 737 °C) und $GeAs_2$ (Smp. 732 °C) sowie **metallartige Arsenide** wie MAs_3 (M = Co, Rh, Ir) mit nahezu planaren As_4-Ringen, MAs_2 (M = Ni, Pd, Pt, Fe, Ru, Os) mit As_2-Inseln (zum Teil Pyrit-Struktur), MAs mit Nickelarsenid-Struktur (M = Ti, Mn, Co, Ni) bzw. Natriumchlorid-Struktur (M = Sn, Sc, Y, Lanthanoide, Actinoide; SnAs ist ein Suprahalbleiter unterhalb 3.5 K).

Verwendung von Arsen. Arsen (Weltjahresproduktion: Zig Kilotonnenmaßstab) dient als *Legierungsbestandteil* (z.B. in Pb-Legierungen für Flintenschrot, Letternmetall, Bleiakkumulatoren; in CuSn-Legierungen für Spiegel) und zur Herstellung von GaAs- bzw. InAs-Halbleitern (für Leucht- und Tunneldioden, Laserfenster, IR-Strahler, Halleffekt-Geräten). Arsenverbindungen (insbesondere As_2O_3) dienen als Unkraut-, Schädlingsbekämpfungs- sowie Holzkonservierungsmittel (siehe bei As_2O_3, H_3AsO_4). Arsenpräparate in der Medizin haben heute nur noch untergeordnete Bedeutung (vgl. organische As-Verb.).

---

219 Durch Zusammenschmelzen von Rubidium, Phosphor und Arsen lassen sich Gemische von $RB_3[P_{7-n}As_n]$ gewinnen. Sie enthalten Ionen $P_{7-n}As_n^{3-}$, die wie P_7^{3-} und As_7^{3-} strukturiert und fluktuierend sind (vgl. S. 749; Umlagerungsbarriere ca. 65 kJ/mol; die Energieunterschiede zwischen Konstitutionsisomeren betragen < 7 kJ/mol).

3.2 Wasserstoffverbindungen des Arsens[216)]

Darstellung. *Arsenwasserstoff* (**Monoarsan**) AsH_3 entsteht bei der Einwirkung von naszierendem Wasserstoff (z. B. aus Zink und Schwefelsäure) auf lösliche Arsenverbindungen, z. B.:

$$As(OH)_3 + 6H \rightarrow AsH_3 + 3H_2O. \quad (1)$$

Von dieser Bildungsweise, die der Entstehung von NH_3 beim Nachweis von Nitraten mittels Zink in alkalischer Lösung entspricht (s. dort), macht man bei der „*Marshschen Probe*" auf Arsen (s. unten) Gebrauch. Darüber hinaus entsteht AsH_3 bei der Einwirkung von hydridischem Wasserstoff ($LiAlH_4$, $NaBH_4$) auf Arsenverbindungen (z. B. $AsCl_3 + 3H^- \rightarrow AsH_3 + 3Cl^-$). Zur Darstellung größerer Mengen Arsenwasserstoff geht man – in Analogie zur Darstellung von Ammoniak aus Nitriden (S. 646) oder von Phosphorwasserstoff aus Phosphiden (S. 742) – zweckmäßig von einem Arsenid (s. oben), z. B. Zinkarsenid Zn_3As_2, aus und setzt aus dieser Verbindung durch Einwirkung von verdünnter Schwefelsäure die zugrunde liegende „Säure" AsH_3 in Freiheit:

$$Zn_3As_2 + 3H_2SO_4 \rightarrow 3ZnSO_4 + 2AsH_3.$$

Als Nebenprodukt entsteht dabei das bei Raumtemp. rasch in AsH_3 und $AsH_{<1}$ (rot, fest, hochmolekular) zerfallende **Diarsan** $As_2H_4 = AsH_2{-}AsH_2$ (Sdp. extrap. 100 °C, AsAs-Bindungsenergie = 167 kJ/mol), das auch durch thermische oder elektrische Zersetzung von AsH_3 oder durch Reduktion von H_3AsO_3 mit BH_4^- gewonnen werden kann. Beständiger als der Grundkörper As_2H_4 sind eine Reihe von Derivaten wie das Iodid As_2I_4 (S. 801) oder die Methylverbindung As_2Me_4 (S. 810). Bei der sauren Hydrolyse einer Mg/P/As-Legierung entsteht spurenweise **Triarsan** $As_3H_5 = AsH_2{-}AsH{-}AsH_2$. Offensichtlich bildet Arsen außer diesen acyclischen Arsanen As_nH_{n+2} auch *cyclische* und *polycyclische Arsane* As_nH_{n+m} ($m = 0, -2, -4, -6 \ldots$), die strukturell den Phosphanen P_nH_{n+m} entsprechen (S. 739), aber wegen ihrer Instabilität nicht faßbar sind. Es existieren jedoch organische und siliciumorganische Derivate (vgl. S. 810). Ein den Arsen(V)-halogeniden AsX_5 entsprechender Arsen(V)-wasserstoff AsH_5 („*Arsoran*") existiert nicht. Dagegen kennt man organische Derivate (S. 810).

Physikalische Eigenschaften. Arsenwasserstoff ist ein *farbloses*, außerordentlich *giftiges*, unangenehm knoblauchartig *riechendes* Gas, welches bei −62.48 °C flüssig und bei −116.93 °C fest wird ($d = 1.640$ g/cm³ bei −64 °C). AsH_3 ist pyramidal gebaut (As an der Pyramidenspitze). Der AsH-Abstand beträgt 1.519 Å, der HAsH-Winkel 91.83°.

Chemische Eigenschaften. Thermisches Verhalten. Beim Erhitzen zerfällt der (metastabile) Arsenwasserstoff in seine Bestandteile:

$$AsH_3 \rightleftarrows \tfrac{1}{n}As_n + 1\tfrac{1}{2}H_2 + 66.49\ \text{kJ}. \quad (2)$$

Leitet man daher Arsenwasserstoff durch ein an einer Stelle auf Rotglut erhitztes Glasrohr oder hält man in die Flamme von brennendem Arsenwasserstoff ein gekühltes Porzellanschälchen, so scheidet sich hinter der erhitzten Stelle des Glasrohres bzw. auf der Unterseite des Porzellanschälchens Arsen als metallisch glänzender schwarzer Arsenspiegel ab.

Man benutzt diese Reaktion zum analytischen Nachweis von Arsen (**„Marshsche Probe"**) bei Arsenvergiftungsfällen. Zu diesem Zweck erzeugt man (vgl. Fig. 172) in einer Woulfeschen Flasche oder einem sonstigen Gasentwicklungsgefäß durch Einwirkung von Schwefelsäure auf Zink Wasserstoff und leitet das Gas zur Trocknung durch ein mit Calciumchlorid gefülltes U-Rohr und dann durch ein schwer schmelzbares Glasrohr. Nach Verdrängung der Luft (Probe auf Knallgas) zündet man den Wasserstoff an der ausgezogenen Spitze des Glasrohres an und hält ein glasiertes, kaltes Porzellanschälchen darüber. Sind die verwendeten Reagentien arsenfrei, so darf sich am Porzellanschälchen kein dunkler Fleck von Arsen abscheiden („*Blindprobe*"). Dann wird durch das Trichterrohr die auf Arsen zu prüfende Lösung eingegossen. Ist Arsen vorhanden, so bildet sich gemäß (1) Arsenwasserstoff, der an der Gasaustrittsstelle in der heißen – nunmehr eine fahlblaue Färbung annehmenden – Wasserstoffflamme zerfällt (2), so daß sich an dem Porzellanschälchen ein dunkler glänzender Arsenspiegel abscheidet. Statt dessen kann man auch (Fig. 172) das Rohr mit einer Verengung versehen und hier auf Rotglut erhitzen. Dann

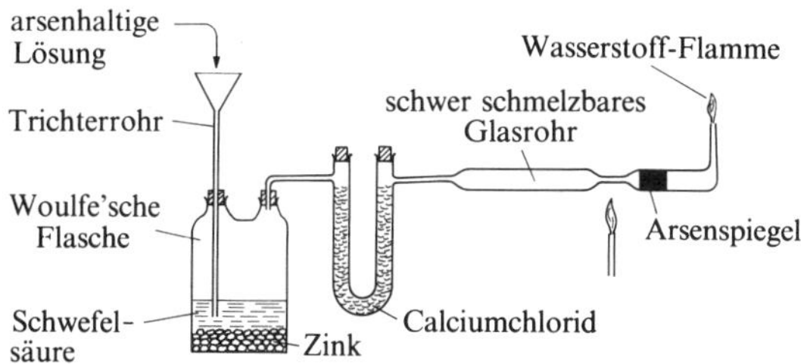

Fig. 172 Marshsche Arsenprobe.

setzt sich das durch Zerfall gebildete Arsen hinter der Glasverengung als Arsenspiegel ab. Arbeitet man unter stets gleichen Reaktionsbedingungen, so kann man aus der Größe und Dicke des Spiegels angenähert auf die Menge des vorhandenen Arsens schließen. Außer Arsen bildet auch Antimon bei der geschilderten Arbeitsweise einen Metallspiegel. Das Antimon löst sich aber zum Unterschied vom Arsen nicht in Hypochloritlösung, wodurch es vom Arsen unterschieden werden kann.

Redox-Verhalten. Bei Anwesenheit von genügend Luft verbrennt Arsenwasserstoff mit fahlblauer Flamme zu Wasser und Arsentrioxid; bei mangelnder Luftzufuhr oder beim Abkühlen der Flamme verbrennt nur der Wasserstoff, so daß es zur Abscheidung von Arsen kommt (vgl. das analoge Verhalten des Schwefelwasserstoffs, S. 557):

$$2AsH_3 + 3O_2 \rightarrow As_2O_3 + 3H_2O \quad \text{bzw.} \quad 2AsH_3 + 1\tfrac{1}{2}O_2 \rightarrow \tfrac{2}{n}As_n + 3H_2O.$$

Arsenwasserstoff AsH_3 wirkt in wässeriger Lösung stark reduzierend ($AsH_3 + 3HOH \rightleftarrows As(OH)_3 + 6H^+ + 6\ominus$; $\varepsilon_0 = -0.180$ V). So fällt er z.B. aus Silbernitratlösung metallisches Silber aus:

$$\overset{-3}{As}H_3 + 3HOH + 6\overset{+1}{Ag^+} \rightarrow \overset{+3}{As}(OH)_3 + 6H^+ + 6\overset{\pm 0}{Ag}.$$

Mit festem Silbernitrat dagegen reagiert er unter Bildung von Silberarsenid ($AsH_3 + 3Ag^+ \rightarrow Ag_3As + 3H^+$), das mit überschüssigem Silbernitrat die gelbe Doppelverbindung $Ag_3As \cdot 3AgNO_3$ bildet.

$$AsH_3 + 6AgNO_3 \rightarrow Ag_3As \cdot 3AgNO_3 + 3HNO_3.$$

Bei Wasserzusatz wird diese unter Bildung von Arseniger Säure und Abscheidung von metallischem Silber zerlegt („*Gutzeitsche Arsenprobe*“):

$$Ag_3As \cdot 3AgNO_3 + 3H_2O \rightarrow As(OH)_3 + 3HNO_3 + 6Ag.$$

Säure-Base-Verhalten. Im Gegensatz zu NH_3 und PH_3 besitzt Monoarsan praktisch keine *Brönsted-Basizität. Arsoniumsalze* $AsH_4^+X^-$ (X = Br, I) bilden sich allenfalls beim Zusammenkondensieren von AsH_3 und HBr bzw. HI bei −160 °C. Die *Brönsted-Acidität* von AsH_3 ist andererseits größer als die von NH_3 und PH_3. Monoarsan wird demgemäß von starken Basen wie NH_2^- oder CH_3^- deprotoniert. In Wasser findet jedoch noch keine Dissoziation gemäß $AsH_3 + H_2O \rightleftarrows AsH_2^- + H_3O^+$ statt.

Ähnlich wie PH_3 und seine Derivate (s. dort) bilden auch AsH_3, AsH_2^-, AsH^{2-}, As^{3-} sowie entsprechende – auf S. 809 näher behandelte – organische Derivate AsR_{3-n}^{n-} **Komplexe**[149, 162] mit ML_n (M = Metall; L = geeigneter Ligand).

3.3 Halogenverbindungen des Arsens[216,220]

Wie Phosphor bildet auch Arsen mit Halogenen **Halogenide** des Typus $\mathbf{AsX_3}$, $\mathbf{AsX_5}$ und $\mathbf{As_2X_4}$ (Tab. 75a), deren Molekülstruktur der der analogen Phosphorhalogenide entspricht (vgl. S. 754, bezüglich der Bindungswinkel in AsX_3 vgl. S. 317). Darüber hinaus kennt man folgende **Halogenidoxide** des Arsens: $(AsOX)_x$ (X = F, Cl), $(AsOX_3)_x$ (X = F, Cl), $(AsO_2Cl)_x$, $(As_2O_3Cl_4)_x$ (vgl. $AsCl_3$, unten).

Tab. 75a Binäre Arsenhalogenide

Verbindungstyp	Fluoride	Chloride	Bromide	Iodide
AsX_3 [a)] **Arsen-trihalogenide**	**AsF_3** *Farblose* Flüssigk. Smp. −5.95 °C Sdp. 57.13 °C $\Delta H_f = -959.5$ kJ	**$AsCl_3$** *Farblose* Flüssigk. Smp. −16.2 °C Sdp. 130.2 °C $\Delta H_f = -305.0$ kJ	**$AsBr_3$** *Farblose* Kristalle Smp. 31.2 °C Sdp. 221 °C $\Delta H_f = -197.0$ kJ	**AsI_3** *Rote* Kristalle Smp. 140.4 °C Sdp. ~400 °C $\Delta H_f = -58.2$ kJ
AsX_5, As_2X_4 [b)] **Arsen-pentahalogenide, Diarsen-tetrahalogenide**	**AsF_5** *Farbloses* Gas Smp. −79.8 °C Sdp. −52.8 °C $\Delta H_f = -1238$ kJ	**$AsCl_5$** *Farblose* Substanz Zers. > −50 °C	–	**As_2I_4** [c)] *Dunkelrote* Krist. Smp. 130 °C

a) Mischungen von AsX_3 und AsX'_3 reagieren nur untergeordnet zu – nicht isolierbaren – **gemischten Trihalogeniden** $AsX_{3-n}X'_n$. **b)** Man kennt auch **gemischte Pentahalogenide** $AsCl_{5-n}F_n$ (n = 1–4; s.u.). **c)** Man kennt auch polymeres $\mathbf{(AsI)_x}$.

Strukturen. Die *Trihalogenide* sind sowohl in der Gas- wie in der kondensierten Phase trigonal-bipyramidal gebaut (As an der Pyramidenspitze; C_{3v}-Symmetrie), die *Pentahalogenide* trigonal-bipyramidal (As in der Pyramidenmitte; D_{3h}-Symmetrie). Bezüglich weiterer Einzelheiten vgl. bei Antimonhalogeniden.

Arsentrifluorid AsF_3 läßt sich durch Fluorierung von As_2O_3 mittels HF oder HSO_3F als *farblose* Flüssigkeit (Tab. 75a) gewinnen. Es besitzt wesentlich *schwächere Lewis-Basizität* als PF_3, ist dagegen eine *gute Lewis-Säure* und reagiert sowohl mit Donorfluoriden (wie KF) als auch mit Akzeptorfluoriden (wie SbF_5) unter Bildung von Fluorokomplexen des Typus $K^+[AsF_4]^-$ bzw. $AsF_2^+[SbF_6]^-$, so daß sich bei Zugabe von KF oder SbF_5 zu flüssigem AsF_3 die elektrische Leitfähigkeit wesentlich erhöht. Auch das flüssige AsF_3 selbst besitzt wegen Autoionisation gemäß $2AsF_3 \rightleftarrows AsF_2^+ + AsF_4^-$ elektrisches Leitvermögen (AsF_2^+ isovalenzelektronisch mit GeF_2, AsF_4^- mit SeF_4). AsF_3 wird zur Gewinnung hochsiedender Fluoride gemäß $R_mECl_n + \frac{n}{3}AsF_3 \rightarrow R_mEF_n + \frac{n}{3}AsCl_3$ genutzt (Abdestillation von gebildetem $AsCl_3$ (Sdp. 130 °C).

Arsentrichlorid $AsCl_3$, eine farblose, an der Luft rauchende Flüssigkeit (Tab. 75a), kann *aus den Elementen* gewonnen werden, indem man Arsen in Chlorgas verbrennt: $As + 1\frac{1}{2}Cl_2 \rightarrow AsCl_3$. Einfacher erfolgt die Darstellung durch Überleiten von *trockenem Chlorwasserstoff* über erhitztes (180–200 °C) *Arsentrioxid*:

$$As_2O_3 + 6HCl \rightarrow 2AsCl_3 + 3H_2O.$$

In *wässeriger Lösung* führt die Reaktion nur zu einem *Gleichgewicht*, da *Arsentrichlorid* von *Wasser* umgekehrt wieder zu *Arseniger Säure* und *Salzsäure* hydrolysiert wird. Verwendet man allerdings einen genügenden *Überschuß an konzentrierter* Salzsäure, so kann man das im Gleichgewicht befindliche Arsentrichlorid (zusammen mit Salzsäuredämpfen) durch Abdestillieren aus dem Gleichgewicht entfernen, so daß schließlich alle Arsenige Säure in Arsentrichlorid übergeht. Man benutzt diese Methode zur analytischen Abtrennung des Arsens von Antimon und Zinn. Entsprechend AsF_3 bildet $AsCl_3$ Tetrachloroarsenite $AsCl_4^-$ (Struktur analog AsF_4^-).

---

[220] **Literatur.** L. Kolditz: „*Halides of Arsenic and Antimony*" in Gutmann: „Halogen Chemistry", **2** (1967) 115–168; R. Bohra, H.W. Roesky: „*Compounds of Pentacoordinated Arsenic(V)*", Adv. Inorg. Chem. **28** (1984) 203–254; Vgl. auch Anm. 172.

Arsentrichlorid dient als *nichtwässeriges Lösungsmittel* (Flüssigkeitsbereich: −16 bis +130 °C) für Chloridübertragungen (die Eigendissoziation: $2AsCl_3 \rightleftarrows AsCl_2^+ + AsCl_4^-$ ist vernachlässigbar klein). Es ist zudem Ausgangsprodukt für viele arsenhaltige Stoffe, da sich das Chlor leicht durch andere Gruppen wie OR, NR_2 ersetzen läßt (Bildung von Estern $AsCl_{3-n}(OR)_n$, Amiden $As(NR_2)_3$). Bezüglich seiner Wirkung als Komplexligand für Metallionen vgl. S. 1640.

As_2O_3 und $AsCl_3$ kommutieren sich gemäß $As_2O_3 + AsCl_3 \rightarrow 3AsOCl$ unter Bildung eines **Arsenchloridoxids AsOCl**, das erwartungsgemäß im Gegensatz zum homologen monomeren Nitrosylchlorid NOCl (S. 710) polymer ist: $[-As(Cl)-O-]_x$. Fluorierung eines Gemischs von $AsCl_3$ und As_2O_3 ergibt das dem Phosphorylfluorid POF_3 (S. 777) entsprechende **Arsentrifluoridoxid $AsOF_3$** (polymer, Sdp. +25.6 °C). **Arsentrichloridoxid $AsOCl_3$** (analog $POCl_3$ gebaut, monomer) entsteht aus $AsCl_3$ und O_3 in inerten Lösungsmitteln als oberhalb 25 °C nach $3AsOCl_3 \rightarrow AsCl_3 + Cl_2 + As_2O_3Cl_4$ zerfallende Substanz. Cl_2O wirkt auf $AsCl_3$ gemäß $AsCl_3 + 2Cl_2O \rightarrow AsO_2Cl + 3Cl_2$ unter Bildung von **Arsenchloriddioxid AsO_2Cl** ein, das zum Unterschied vom homologen monomeren Nitrylchlorid NO_2Cl (S. 720) oligomer ist und sich ab 130 °C zersetzt.

Arsentribromid $AsBr_3$ und **Arsentriiodid AsI_3** (Tab. 75a) entstehen wie $AsCl_3$ aus den Elementen und bilden Tetrahalogenokomplexe $AsBr_4^-$ und AsI_4^- (Struktur analog $AsCl_4^-$). In den Anionen $As_2Br_8^{2-}$ (Struktur analog $Bi_2Cl_8^{2-}$; S. 816), $As_2Br_9^{3-}$ (Struktur analog $Bi_2I_9^{3-}$; S. 825), $As_3Br_{12}^{3-}$ (drei über gemeinsame Flächen kondensierte $AsBr_6$-Oktaeder) und $As_8I_{28}^{4-}$ (acht über gemeinsame Kanten zu einer komplexen Struktur wie in kristallinem AsI_3 kondensierte AsI_6-Oktaeder) ist As oktaedrisch von Halogen umgeben.

Diarsentetraiodid As_2I_4 (Tab. 75a), ein Iodderivat des Diarsans As_2H_4 (S. 798), ist aus den Elementen bei 230 °C im geschlossenen Rohr erhältlich und läßt sich aus Kohlenstoffdisulfid in *dunkelroten* Prismen auskristallisieren. Es ist nicht sehr beständig und disproportioniert beim Stehen gemäß $As_2I_4 \rightarrow AsI_3 + AsI$ in Arsen(III)-iodid und polymeres, *gelbes „Arsen(I)-iodid“* $(AsI)_x$. Bei 400 °C verläuft die Disproportionierung gemäß: $3As_2I_4 \rightarrow 4AsI_3 + 2As$. Durch Luft und Wasser wird As_2I_4 leicht zersetzt.

Arsenpentafluorid AsF_5 ist u.a. aus den Elementen als *farbloses* Gas (Tab. 75a) gewinnbar. Es ist eine starke Lewis-Säure und bildet mit Donorfluoriden Hexafluoro-arsenate wie $M^+[AsF_6]^-$, $SF_3^+[AsF_6]^-$ oder $AsCl_4^+[AsF_6]^-$ (AsF_6^- isoelektronisch mit SeF_6 und GeF_6^{2-}). Die trigonale Bipyramide des AsF_5 (AsF-Abstand axial 1.711, äquatorial 1.656 Å; ber. für As—F 1.85, für As=F 1.65 Å) geht dabei durch Aufnahme eines Fluorid-Ions in den Oktaeder des AsF_6^- über. Demgegenüber bildet AsF_5 mit Akzeptorfluoriden keine Tetrahalogenokomplexe AsF_4^+, wie solche etwa beim $AsCl_5$ bekannt sind (s. unten).

Arsenpentachlorid $AsCl_5$ (Tab. 75a) entsteht durch photochemische Chlorierung von $AsCl_3$ bei −105 °C als oberhalb −50 °C in $AsCl_3$ und Cl_2 zerfallende Substanz:

$$AsCl_3 + Cl_2 \underset{> -50\,°C}{\overset{-105\,°C,\ h\nu}{\rightleftarrows}} AsCl_5.$$

$AsCl_5$ ist somit viel instabiler als das leichtere Homologe PCl_5 sowie das schwerere Homologe $SbCl_5$ (vgl. S. 313). Stabiler sind Doppelverbindungen wie $PCl_5 \cdot AsCl_5 = [PCl_4]^+[AsCl_6]^-$, $AsCl_5 \cdot SbCl_5 = [AsCl_4]^+[SbCl_6]^-$, $Et_4NCl \cdot AsCl_5 = [Et_4N]^+[AsCl_6]^-$, $AsCl_5 \cdot AlCl_3 = [AsCl_4]^+[AlCl_4]^-$. Beim Zusammenbringen von $[AsCl_4]^+$ und $[AsCl_6]^-$ erhält man bei Raumtemperatur $AsCl_3$ und Cl_2: $[AsCl_4]^+[AsCl_6]^- \rightarrow 2AsCl_5 \rightarrow 2AsCl_3 + 2Cl_2$.

Arsenpentabromid $AsBr_5$ und **-iodid AsI_5** existieren nur in Form der tetraedrisch gebauten Ionen $AsBr_4^+$ (gewinnbar aus $AsBr_3/Br_2$ und AsF_5) sowie AsI_4^+ (gewinnbar aus AsI_3/ICl und $AlCl_3$). Die erhältlichen Salze sind bei tiefen Temperaturen haltbar und zersetzen sich oberhalb −78 °C irreversibel (in letzterem Falle gegebenenfalls explosionsartig) nach: $AsBr_4^+AsF_6^- \rightarrow 2Br_2 + 2AsF_3$; $3AsI_4^+AlCl_4^- \rightarrow 3I_2 + 2AsI_3 + AsCl_3 + 3AlCl_3$.

Arsen(V)-chloridfluoride $AsCl_{5-n}F_n$ (Tab. 75a). Chlorierung von AsF_3 mit Chlor ergibt trigonal-bipyramidal gebautes, sublimierbares **$AsCl_2F_3$** (C_{2v}-Symmetrie; äquatorial gebundene Cl-Atome), das in polaren Lösungsmitteln und gegebenenfalls beim längeren Stehen in die ionogene Form **$AsCl_4^+AsF_6^-$** (Smp. 130 °C) mit tetraedrisch gebautem Kation und oktaedrisch gebautem Anion übergeht (vgl. gemischte P(V)-halogenide). Beim Sublimieren des Salzes bildet sich zunächst trigonal-bipyramidales **$AsCl_4F$** und AsF_5 ($AsCl_4F$ ist nach Abtrennung von AsF_5 mit KF als $KAsF_6$ bei tiefen Temperaturen isolierbar; C_{3v}-Symmetrie; axiales F), dann bildet sich – bei längeren Sublimationswegstrecken – wieder das molekulare Halogenid $AsCl_2F_3$ durch F/Cl-Austausch zurück ($AsCl_4^+AsF_6^- \rightleftarrows AsCl_4F + AsF_5 \rightleftarrows 2AsCl_2F_3$). Zugleich führt der F/Cl-Austausch zu trigonal-bipyramidalem **$AsClF_4$** (C_{2v}-Symmetrie; äquatoriales Cl; isolierbar bei tiefen Temperaturen). **$AsCl_3F_2$** (D_{3h}-Symmetrie; trigonal-bipyramidal; axiale F-Atome; isolierbar bei tiefen Temperaturen) entsteht beim Überleiten von $AsCl_2F_3$-Gas über $CaCl_2$. $AsCl_4F$ zersetzt sich in fester Phase oberhalb −100 °C, $AsCl_3F_2$ bzw. $AsClF_4$ in flüssiger Phase oberhalb −90 bzw. −75 °C u.a. unter Bildung von $AsCl_4^+AsF_6^-$ (z.B. $6AsCl_4F \rightarrow AsCl_4^+AsF_6^- + 4AsCl_3/Cl_2$).

3.4 Sauerstoffverbindungen des Arsens[216,221]

Arsen bildet zwei **Sauerstoffsäuren**: die *Arsenige Säure* oder *Arsen(III)-säure* H_3AsO_3 (Salze: *Arsenite* oder *Arsenate(III)*) und die *Arsensäure* oder *Arsen(V)-säure* H_3AsO_4 (Salze: Arsenate oder Arsenate(V)). Außerdem kennt man drei **Arsenoxide**: das Anhydrid der Arsenigen Säure (*Diarsentrioxid*) As_2O_3, das Anhydrid der Arsensäure (*Diarsenpentaoxid*) As_2O_5 und das gemischte Anhydrid der Arsenigen und Arsensäure (*Diarsentetraoxid*) As_2O_4. Von den Sauerstoffsäuren leiten sich darüber hinaus **Halogenderivate** wie AsOX, $AsOX_3$, AsO_2X ab (Ersatz von OH durch Halogenatome), die bereits weiter oben behandelt wurden (vgl. $AsCl_3$).

Die Arsen(III)-säure H_3AsO_3 läßt sich wie die unbekannte Arsen(I)-säure H_3AsO_2 (vgl. H_3PO_2; S. 767) und die ebenfalls unbekannte Arsen(-I)-säure H_3AsO (vgl. H_3PO, H_3NO; S. 765, 703) durch zwei *tautomere Formen* beschreiben, in welchen Arsen entweder mit einem doppelt gebundenen O-Atom oder mit keinem derartigen Atom verknüpft vorliegt (für die Arsen(V)-säure H_3AsO_4 existiert demgegenüber nur die Form $AsO(OH)_3$ mit doppelt gebundenem O-Atom):

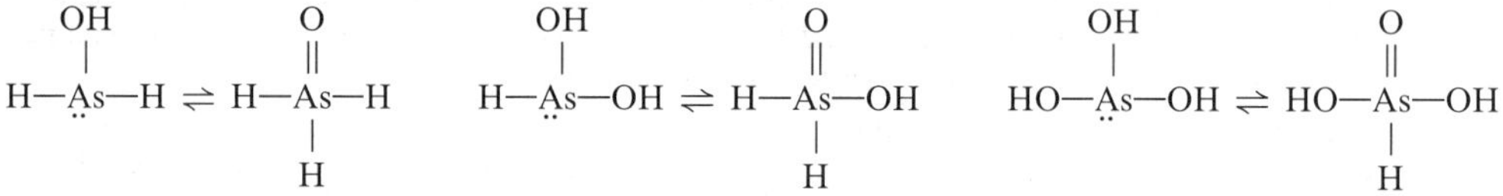

$$\underset{\text{Arsinige Säure}}{H\!-\!\ddot{A}s(OH)\!-\!H} \rightleftharpoons \underset{\text{Arsanoxid}}{H\!-\!As(=O)(H)\!-\!H} \qquad \underset{\text{Arsonige Säure}}{H\!-\!\ddot{A}s(OH)\!-\!OH} \rightleftharpoons \underset{\text{Arsinsäure}}{H\!-\!As(=O)(H)\!-\!OH} \qquad \underset{\text{Arsenige Säure}}{HO\!-\!\ddot{A}s(OH)\!-\!OH} \rightleftharpoons \underset{\text{Arsonsäure}}{HO\!-\!As(=O)(H)\!-\!OH}$$

Das Tautomeriegleichgewicht liegt im Falle der Arsen(III)-säure H_3AsO_3 ganz auf der Seite der Arsenigen Säure, da die Tendenz des Arsens zur Ausbildung von As=O-Gruppen nur gering ist; ganz entsprechend sollten die Arsen(I bzw. -I)-säuren in den Formen $HAs(OH)_2$ bzw. H_2AsOH existieren (da Phosphor ausgesprochen zur Bildung von P=O-Gruppen tendiert, kommen den Phosphor(III, I bzw. -I)-säuren die Formen $HPO(OH)_2$, $H_2PO(OH)$ und H_3PO zu). Von allen wiedergegebenen Formen kennt man organische Derivate („*Ester*"); vgl. S. 804, 810.

Nachfolgend sind **Potentialdiagramme** der Oxidationsstufen +5, +3, ±0 und −3 des Arsens in saurer und alkalischer Lösung zusammen mit Diagrammen entsprechender Oxidationsstufen der übrigen Stickstoffgruppenelemente wiedergegeben. Wie aus ihnen hervorgeht ist die *Oxidationskraft* der Pentelsauerstoffsäuren (Pentel = N, P, As, Sb, Bi) ähnlich wie die der Chalkogen- und Halogensauerstoffsäuren (vgl. S. 577, 473) in *saurer Lösung größer* (stärkstes Oxidationsmittel Bi_2O_5, gefolgt von HNO_2), die *Reduktionskraft* in *alkalischer Lösung* (stärkstes Reduktionsmittel P_4, gefolgt von HPO_3^{2-}). Eine *Disproportionierung* nullwertiger Pentele ist nur im Falle von P_4, eine Disproportionierung dreiwertiger Pentele nur im Falle von HNO_2 bzw. NO_2^- möglich. In den übrigen Fällen erfolgt umgekehrt Komproportionierung.

pH = 0

+5		+3		±0		−3
NO_3^-	+0.94	HNO_2	+1.45	N_2	+0.28	NH_4^+
H_3PO_4	−0.276	H_3PO_3	−0.502	P_4	−0.063	PH_3
H_3AsO_4	+0.560	H_3AsO_3	+0.240	As_n	−0.225	AsH_3
Sb_2O_5	+0.699	SbO_{aq}^+	+0.150	Sb_n	−0.510	SbH_3
Bi_2O_5	+2	Bi_{aq}^{3+}	+0.317	Bi_n	−0.97	BiH_3

pH = 14

+5		+3		±0		−3
NO_3^-	+0.01	NO_2^-	+0.41	N_2	−0.74	NH_3
PO_4^{3-}	−1.12	HPO_3^{2-}	−1.73	P_4	−0.89	PH_3
AsO_4^{3-}	−0.67	$H_2AsO_3^-$	−0.68	As_n	−1.37	AsH_3
$Sb(OH)_6^-$	−0.465	$Sb(OH)_4^-$	−0.639	Sb_n	−1.338	SbH_3
$Bi(OH)_6^-$	(< +2)	$Bi(OH)_4^-$	−0.452	Bi_n	(< −1)	BiH_3

Die **Aciditäten** der Sauerstoffsäuren nimmt innerhalb der Penteligen Säuren und der Pentelsäuren mit steigender Ordnungszahl des Pentals ab, wobei Pentelsäuren stärker sind als entsprechende Pentelige Säuren. Für die **Basizität** gilt das Umgekehrte (vgl. hierzu S. 239 und Anm. [183], S. 764).

Diarsentrioxid As_2O_3 („*Arsentrioxid*", „*Arsenik*") kommt in der Natur als kubischer *Arsenolith* („*Arsenikblüte*") und als monokliner *Claudetit* (2 Formen) vor. Es entsteht bei der *Verbrennung* von *Arsen* an der Luft oder durch *Oxidation* mit verdünnter *Salpetersäure* sowie durch *Hydrolyse* von *Arsentrichlorid*:

$$2As + 1\tfrac{1}{2}O_2 \rightarrow As_2O_3 + 657.4\,kJ \quad \text{bzw.} \quad 2AsCl_3 + 3H_2O \rightarrow As_2O_3 + 6HCl.$$

[221] **Literatur.** K. A. Becker, K. Plieth, I. N. Stranski: „*The Polymorphic Modification of Arsenic Trioxids*", Progr. Inorg. Chem. **4** (1962) 1–72.

Die technische Darstellung erfolgt durch *Abrösten arsenhaltiger Erze*:

$$2\,FeAsS + 5\,O_2 \rightarrow Fe_2O_3 + 2\,SO_2 + As_2O_3$$

Hierbei verflüchtigt es sich („*Hüttenrauch*") und wird in lange, gemauerte Kanäle („*Giftfänge*") geleitet, in denen sich die zunächst noch unreine Substanz zu einem weißen Pulver verdichtet. Die Reinigung durch Sublimation liefert je nach der Temperatur, bei der die Kondensation erfolgt, ein lockeres weißes Pulver („*Giftmehl*") oder ein farbloses, glasiges Produkt („*Arsenikglas*").

In den Handel gelangt Arsentrioxid gewöhnlich in der letztgenannten, durchsichtigen, *amorphen* Form ($d = 3.70\,g/cm^3$). Bewahrt man diese längere Zeit auf, so wird sie allmählich porzellanartig undurchsichtig, weil sie sich in ein Agglomerat regulär-oktaedrischer Kriställchen verwandelt. Besser erhält man diese *kubische* Form des Arsentrioxids, wenn man die amorphe Form in Wasser oder Salzsäure löst und wieder auskristallisieren läßt. Bei dieser Kristallisation beobachtet man im Dunkeln ein deutliches Leuchten: „*Tribolumineszenz*"[222].

Physikalische Eigenschaften. Arsentrioxid ist im festen, flüssigen und dampfförmigen Zustand *farb-* und *geruchlos*. Seine Löslichkeit in Wasser ist mäßig (0.1 mol/l). Es stellt ein starkes *Gift* dar (vgl. hierzu S. 796 und Anm.[223]). Beim Erhitzen auf 180 °C in Anwesenheit von Spuren Wasser geht die bei 278 °C im metastabilen Zustande schmelzende *kubische* Modifikation („Arsenolith"; $\Delta H_f = -656.9$ kJ/mol; $d = 3.890\,g/cm^3$) in eine andere, um 2.1 kJ/mol energiereichere, bei 313 °C schmelzende *monokline Modifikation* („Claudetit"; $\Delta H_f = -654.8$ kJ/mol; $d = 4.230\,g/cm^3$) über, die ihrerseits bei 465 °C siedet:

$$\underset{kubisch}{(As_2O_3)_2} \xrightleftharpoons{180\,°C} \underset{monoklin}{(As_2O_3)_x} \xrightleftharpoons{313\,°C} \underset{flüssig}{(As_2O_3)_2} \xrightleftharpoons{465\,°C} \underset{gasförmig}{(As_2O_3)_2} \xrightleftharpoons{>800\,°C} \underset{gasförmig}{As_2O_3}$$

Die monokline Form entsteht direkt, wenn man die Kristallisation des Arsentrioxids nicht bei gewöhnlicher Temperatur, sondern oberhalb von 180 °C vornimmt. Erhitzt man z. B. Arsentrioxid in einem geschlossenen Glasrohr am unteren Ende auf 400 °C, so befindet sich nach dem Erkalten im unteren, vorher erhitzten Teil glasiges, im mittleren monoklines, im oberen kubisches Arsentrioxid. Der Siedepunkt liegt bei 465 °C. Im offenen Gefäß sublimiert Arsentrioxid ohne zu schmelzen, weil dann der Dampf so schnell entweicht, daß sein Partialdruck die Schmelzpunktsdampfdrücke (28 mbar bei 278 °C, 67 mbar bei 313 °C) nicht erreicht.

Strukturen. Bis 800 °C entspricht die *Dampf*dichte von As_2O_3 der Molekülformel As_4O_6 (P_4O_6-Struktur; vgl. S. 761). Oberhalb dieser Temperatur findet zunehmende Dissoziation statt, und bei 1800 °C besitzen die Moleküle die Formel As_2O_3 (Struktur O=As—O—As=O, vgl. S. 696). Auch die *Kristalle* der kubischen Form sind aus As_4O_6-Einheiten (AsO-Abstand 1.78 Å; ber. für As—O 1.87, für As=O 1.67 Å)

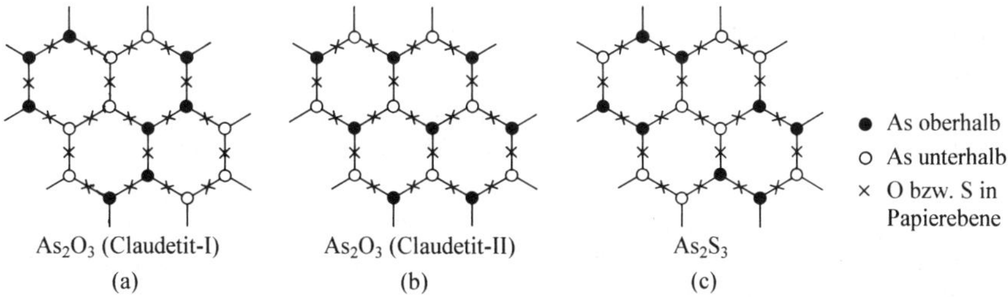

Fig. 173 Strukturen von monoklinen As_2O_3 (2 Formen) sowie As_2S_3.

[222] Die Erscheinung der Triboluminiszenz beobachtet man häufig, wenn sich Kriställchen aneinander reiben und dabei zerbrechen: tribo (griech.) = ich reibe.

[223] Schon weniger als 0.1 g As_2O_3 können vom Magen aus tödlich wirken, falls es nicht durch Erbrechen oder durch Reaktion mit frisch gefälltem Eisenhydroxid oder Magnesiumoxid unschädlich gemacht wird (bzgl. des As-Nachweises vgl. S. 798). Durch regelmäßige kleinere Dosen kann der menschliche Organismus an das Gift gewöhnt werden; in diesem Falle werden bis zu 0.5 g auf einmal vertragen („*Arsenikesser*").

aufgebaut, während die monokline Form hochmolekular ist und aus Schichten besteht, die sich aus pyramidalen, über gemeinsame O-Atome verbrückten AsO_3-Einheiten aufbauen, wobei die As-Atome der miteinander kondensierten AsO_3-Pyramiden sowohl ober- wie auch unterhalb der Schichten lokalisiert sein können. Monoklines As_2O_3 besitzt in einer Form (Claudetit-I) die Struktur (Fig. 173a) in einer anderen Form (Claudetit-II) die Struktur (Fig. 173b), während die Struktur (Fig. 173c) bisher nur für As_2S_3 aufgefunden wurde.

Chemische Eigenschaften. Arsentrioxid ist leicht (leichter als die homologen Oxide P_2O_3 und Sb_2O_3; vgl. Potentialdiagramm, oben) zum Element *reduzierbar*. Erhitzt man es z. B. in einem Glühröhrchen mit Kohle oder mit Kaliumcyanid, so scheidet sich das durch Reduktion entstehende Arsen:

$$2As_2O_3 + 3C \rightarrow 4As + 3CO_2 \qquad As_2O_3 + 3KCN \rightarrow 2As + 3KOCN$$

im kälteren Teil des Glasröhrchens als schwarzer *Arsenspiegel* ab („*Arsenprobe nach Berzelius*"). Ein Gemisch von As_2O_3 und Mg verbrennt bei Entzündung äußerst heftig mit heißer, intensiv weißer Flamme:

$$As_2O_3 + 3Mg \rightarrow 2As + 3MgO + 1149.3\,kJ.$$

Andererseits läßt sich Arsentrioxid auch zur fünfwertigen Stufe *oxidieren*, z. B. mit konzentrierter Salpetersäure (s. unten). Schwefel vermag As_2O_3 nicht zu oxidieren.

In *Wasser* ist Arsentrioxid mäßig löslich (0.104 mol/l bei 25 °C). Die Lösung hat süßlich metallischen Geschmack und rötet blaues Lackmuspapier eben noch deutlich, enthält also eine *schwache Säure* („*Arsenige Säure*"):

$$As_2O_3 + 3H_2O \rightarrow 2H_3AsO_3.$$

In gleicher Weise reagieren *Alkohole* mit As_2O_3 zu *Estern der Arsenigen Säure*: $As_2O_3 + 6ROH \rightarrow 2As(OR)_3$. In *basischer* Lösung steigt die Löslichkeit von As_2O_3 wegen der Bildung von „*Arseniten*" (s. unten; in entsprechender Weise entstehen in alkalischer alkoholischer Lösung Arsenitester, z. B.: $As_2O_3 + 2ROH + 4NaOH \rightarrow 2Na_2AsO_2(OR) + 3H_2O$). In *saurer* Lösung nimmt andererseits die Löslichkeit von As_2O_3 mit sinkendem pH-Wert ab und erreicht in 3-molarer HCl-Lösung (pH ca. -0.5) ein Minimum (0.075 mol/l bei 25 °C). In stärker salzsaurer Lösung nimmt sie wegen der Bildung von Chlorarseniten wieder zu ($As(OH)_3 + 3HCl \rightarrow AsCl_3 + 3H_2O$; $AsCl_3 + HCl \rightleftarrows H^+ + AsCl_4^-$; vgl. Gewinnung von $AsCl_3$, S. 800). Ähnlich wie durch Chlorid läßt sich das Oxid-Ion in As_2O_3 auch durch Sulfid ersetzen:

$$As_2O_3 + 3H_2S \rightarrow As_2S_3 + 3H_2O$$

Mit der Anhydrosäure SO_3 reagiert As_2O_3 als Anhydrobase unter Bildung von „*Arsen(III)-sulfat*" $As_2(SO_4)_3$.

Verwendung. Arsenik findet vielseitige Verwendung zum Vertilgen von Mäusen, Ratten, Fliegen, zum Konservieren von Häuten, Fellen, Vogelbälgen und in der Glasfabrikation als Läuterungs- und Entfärbungsmittel.

Arsenige Säure H_3AsO_3 ist in *freiem Zustand nicht bekannt*. Dampft man die wässerige Lösung von As_2O_3 (s. o.) ein, so scheidet sich nicht die Säure, sondern ihr *Anhydrid* As_2O_3 in Form kubischer Kristalle der Molekulargröße As_4O_6 (s. o.) ab.

Säure-Base-Verhalten. Arsenige Säure besitzt etwa die Stärke der Borsäure: $pK_S = 9.23$ für $H_3AsO_3 \rightleftarrows H_2AsO_3^- + H^+$. Ihr kommt im Gegensatz zur homologen Phosphonsäure $HPO(OH)_2$ die Konstitution $As(OH)_3$ zu (s. oben). Demgemäß wirkt sie als dreibasige Säure, so daß sich von ihr *primäre, sekundäre* und *tertiäre* **Arsenite** $As(OH)_2O^-$, $As(OH)O_2^{2-}$ und AsO_3^{3-} (pyramidaler Bau) ableiten. Die – durch Säuren leicht zersetzbaren – Alkali- und Erdalkaliarsenite leiten sich meist von der Form $As(OH)_2O^-$ (z. B. KH_2AsO_3, $Ba(H_2AsO_3)_2$), die Schwermetallarsenite von der Form AsO_3^{3-} (z. B. Ag_3AsO_3, $Pb_3(AsO_3)_2$) ab. Alkalimetallarsenite sind gut, Erdalkalimetallarsenite weniger gut, Schwermetallarsenite praktisch nicht löslich. Kondensierte Säureanionen ($As_2O_5^{4-}$, $As_3O_7^{3-}$ usw.) bilden sich in alkalischen Medien nicht. Kondensation erfolgt jedoch beim Erhitzen primärer und sekundärer Arsenite, z.B.: $nM^IH_2AsO_3 \rightarrow (M^IAsO_2)_n + nH_2O$ (M^I = Alkalimetall). In den „*Metaarseniten*" M^IAsO_2 bestehen die durch die Kationen zusammengehaltenen Anionenketten aus AsO_3-Pyramiden mit gemeinsamen O-Atomen: —O—As(O^-)—O—As(O^-)—O—As(O^-)—.

Wie die oben erwähnte Bildung von Chloroarseniten aus As_2O_3 in stark salzsaurer Lösung andeutet, verhält sich Arsenige Säure in wässeriger Lösung *amphoter*. Ihre Basedissoziation ist allerdings viel geringer als ihre Säuredissoziation: pK_B ca. 14 für $As(OH)_3 \rightleftarrows As(OH)_2^+ + OH^-$ (Bildung von Spezies wie $As(OH)(HSO_4)_2$ oder $As(OH)(HSO_4)^+$ in konzentrierter H_2SO_4 und von Spezies wie $As(HSO_4)_3$ oder $As(HSO_4)_2^+$ in Oleum).

Redox-Verhalten. Die Arsenige Säure wirkt wie Arsentrioxid *oxidierend* und *reduzierend*, wobei sie in *Arsen* bzw. *Arsensäure* übergeht (vgl. Potentialdiagramm, oben):

$$H_3AsO_3 + 3H^+ + 3\ominus \rightleftarrows As + 3H_2O \qquad (\varepsilon_0 = +0.240\ V)$$
$$H_3AsO_3 + H_2O \rightleftarrows H_3AsO_4 + 2H^+ + 2\ominus \qquad (\varepsilon_0 = +0.560\ V).$$

Die Oxidationswirkung ist dabei stärker, die Reduktionswirkung schwächer als die der homologen Phosphorsäure ($\varepsilon_0 = -0.502$ bzw. -0.276 V). So wird z.B. Arsenige Säure aus salzsauren Lösungen durch Zinn(II)-chlorid ($Sn^{2+} \rightarrow Sn^{4+} + 2\ominus$; $\varepsilon_0 = +0.154$ V) als braunes Arsen ausgefällt („*Bettendorfsche Arsenprobe*"). Gleiches erfolgt durch Kupfer in HCl-Lösung ($Cu + Cl^- \rightarrow CuCl + \ominus$; $\varepsilon_0 = +0.137$ V). Naszierender Wasserstoff ($H \rightarrow H^+ + \ominus$; $\varepsilon_0 = -2.1065$ V) reduziert noch weiter bis zu Arsenwasserstoff ($H_3AsO_3 + 6H^+ + 6\ominus \rightarrow AsH_3 + 3H_2O$; $\varepsilon_0 = -0.180$ V) („*Marshsche Arsenprobe*", S. 798; in analoger Weise wird H_3AsO_3 durch $NaBH_4$ in AsH_3 übergeführt). Umgekehrt führen *Oxidationsmittel* wie Iod ($I_2 + 2\ominus \rightarrow 2I^-$; $\varepsilon_0 = +0.5355$ V), Salpetersäure ($NO_3^- + 4H^+ + 3\ominus \rightarrow NO + 2H_2O$; $\varepsilon_0 = +0.959$ V) oder noch stärkere Oxidantien wie $Cr_2O_7^{2-}$ (1.38 V), H_2O_2 (1.763 V) oder Ozon (2.075 V) die Arsenige Säure in Arsensäure über. Die Reaktion zwischen Iod und Arseniger Säure wird zur *iodometrischen Bestimmung* des Arsengehalts von Arseniklösungen benutzt:

$$H_3AsO_3 + H_2O + I_2 \rightleftarrows H_3AsO_4 + 2H^+ + 2I^-. \qquad (1)$$

Da es sich um eine Gleichgewichtsreaktion handelt (ähnliche Potentiale der beiden Redoxpaare), muß die entstehende Säure dabei durch Hydrogencarbonat ($H^+ + HCO_3^- \rightarrow H_2O + CO_2$) aus dem Gleichgewicht entfernt werden[224)] (zum Mechanismus vgl. S. 483, bei der stärker reduzierenden homologen Phosphonsäure H_3PO_3 ist die Reaktion auch ohne Hydrogencarbonat-Zusatz schon quantitativ). Die Einwirkung von Salpetersäure auf Arsenige Säure benutzt man zu Darstellung von N_2O_3 (S. 696).

Verwendung. Lösungen von Natriumarsenit (Analoges gilt für $Ca_3(AsO_3)_2$, $Na_2AsO_2(OMe)$ bzw. $Me_2AsO(OH)$) dienen zur Vernichtung von Unkraut und Pflanzenschädlingen sowie zur Dämmung des Wachstums von Wasserpflanzen. Die giftige Farbe „*Schweinfurter Grün*" $Cu_2AsO_3(Ac)$ ist eine Verbindung aus Kupferarsenit $Cu_3(AsO_3)_2$ und Kupferacetat $CuAc_2$. Auch sekundäres Kupferarsenit $CuHAsO_3$ („*Scheeles Grün*") war früher als Farbe in Gebrauch.

Diarsenpentaoxid As_2O_5 („*Arsenpentaoxid*"). Darstellung. As_2O_5 kann *nicht* wie das Phosphorpentaoxid P_2O_5 durch *Verbrennung des Elements* an der Luft erhalten werden ($2As + 2\frac{1}{2}O_2 \rightarrow As_2O_5 + 925.49$ kJ), da die Oxidation hier nur bis zum Trioxid As_2O_3 führt. Dies wird dadurch bedingt, daß das exotherme Gleichgewicht $As_2O_3 + O_2 \rightleftarrows As_2O_5 + 268.08$ kJ bei der mit der As_2O_3-Bildung verknüpften hohen Verbrennungstemperatur ($\Delta H_f = -657.41$ kJ/mol) bereits ganz auf der linken Seite liegt. Bei niedrigeren Temperaturen (z.B. 200 °C) ist die Oxidation zu As_2O_5 selbst bei hohen Drücken (3000 bar) gehemmt[225)] (vgl. hierzu SO_2-Oxidation, S. 571). Arsenpentaoxid läßt sich jedoch durch Entwässern von *Arsensäure* (Erhitzen auf 300 °C bzw. Behandeln mit P_2O_5 bei 10^{-2} mbar und 50 °C) *gewinnen*:

$$2H_3AsO_4 \rightleftarrows As_2O_5 + 3H_2O. \qquad (2)$$

Eigenschaften. As_2O_5 fällt gemäß (2) als weiße, feinpulverige, an feuchter Luft unter Bildung von H_3AsO_4 (Umkehrung von (2)) zerfließliche Masse an, die durch längeres Tempern bei 600 °C unter Sauerstoffdruck (1600 bar) in kleine nadelige Kriställchen übergeführt werden kann.

224 Natronlauge läßt sich hierfür nicht verwenden, da NaOH mit I_2 reagiert (S. 473).

225 Eine Druckoxidation von As_2O_3 zu polymerem $\mathbf{As_2O_4}$ (= $As^{III}As^{V}O_4$ mit trigonal-bipyramidalem As^{III} und tetraedrischem As^V) ist möglich. Es hydrolysiert zu H_3AsO_3 und H_3AsO_4.

Arsenpentaoxid ist zum Unterschied von monomolekularem Stickstoffpentaoxid N_2O_5 sowie von dimolekularem Phosphorpentaoxid $(P_2O_5)_2$ *hochmolekular*. Während Stickstoff in N_2O_5 trigonal-planar von 3 und Phosphor in P_4O_{10} tetraedrisch von 4 O-Atomen umgeben ist, befindet sich Arsen in $(As_2O_5)_x$ zur Hälfte im Zentrum von Sauerstoff*oktaedern* (im Mischoxid $PAsO_5$ durch P ersetzt) zur Hälfte im Zentrum von Sauerstoff*tetraedern* (im Mischoxid $AsSbO_5$ durch Sb ersetzt). Und zwar sind AsO_6-Oktaeder in cis-Stellung über Ecken zu Oktaederketten verknüpft. Jeder Oktaederstrang ist von vier weiteren, parallel verlaufenden Strängen in der Weise umgeben, daß zwischen den Strängen Sauerstofftetraeder resultieren, deren Zentren von Arsenatomen besetzt sind.

Beim Erhitzen auf 300 °C *zerfällt* Arsenpentaoxid in *Arsentrioxid* und *Sauerstoff*:

$$268.1\,kJ + As_2O_5 \rightarrow As_2O_3 + O_2$$

und wirkt dementsprechend zum Unterschied von viel beständigerem Phosphorpentaoxid als Oxidationsmittel (z. B. Oxidation von HCl zu Cl_2). Unter Sauerstoffdruck läßt es sich jedoch bis in die Nähe seines Smp. (740 °C) unzersetzt erwärmen. Wie As_2O_3 wird auch As_2O_5 durch *Erhitzen* mit *Kohle* leicht zu *Arsen* reduziert.

Arsensäure H_3AsO_4. Darstellung. Die von Arsenpentaoxid abgeleitete Arsensäure H_3AsO_4 erhält man durch Oxidation von *Arsen* oder *Arsentrioxid* mit *konzentrierter Salpetersäure*:

$$3\,As_2O_3 + 4\,HNO_3 + 7\,H_2O \rightarrow 6\,H_3AsO_4 + 4\,NO$$

Sie scheidet sich bei starkem Einengen der wässerigen Lösung in Form kleiner, zerfließlicher Kristalle der Zusammensetzung $H_3AsO_4 \cdot \frac{1}{2}H_2O$ (Smp. 36.14 °C) ab. Bei niedriger Temperatur (−30 °C) ist noch ein höheres Hydrat $H_3AsO_4 \cdot 2\,H_2O$ erhältlich. Beim Erhitzen auf 100 °C geht sie in $As_2O_5 \cdot \frac{5}{3}H_2O$, beim Erhitzen auf 300 °C in As_2O_5 über.

Säure-Base-Verhalten. Die Arsensäure ist eine *dreibasige, mittelstarke Säure*:

$$H_3AsO_4 \rightleftarrows H^+ + H_2AsO_4^- \rightleftarrows 2\,H^+ + HAsO_4^{2-} \rightleftarrows 3\,H^+ + AsO_4^{3-}$$

und etwa so stark wie Phosphorsäure ($pK_1 = 2.19$, $pK_2 = 6.94$, $pK_3 = 11.50$). Dementsprechend leiten sich von ihr *primäre* (MH_2AsO_4), *sekundäre* (M_2HAsO_4) und *tertiäre* (M_3AsO_4) Salze (**Arsenate**) ab. Der AsO-Abstand im tetraedrisch gebauten AsO_4^{3-}-Ion beträgt 1.74 Å und spricht damit wie im Falle des homologen PO_4^{3-}-Ions (S. 771) für einen gewissen Doppelbindungscharakter (As—O-Einfachbindung: 1.87, As=O-Doppelbindung: 1.67 Å). In ihren Löslichkeitsverhältnissen entsprechen die Arsenate im allgemeinen den Phosphaten. So fällt z. B. bei Zusatz von Ammoniumchlorid, Ammoniak und Magnesiumsalz zu einer Arsenatlösung das mit dem Ammonium-magnesium-phosphat (S. 773) isomorphe weiße, kristalline „*Ammonium-magnesium-arsenat*" NH_4MgAsO_4 aus ($HAsO_4^{2-} + NH_4^+ + Mg^{2+} \rightarrow NH_4MgAsO_4 + H^+$), das analog ersterem beim Glühen in Magnesiumdiarsenat übergeht ($2\,NH_4MgAsO_4 \rightarrow Mg_2As_2O_7 + 2\,NH_3 + H_2O$) und sich damit ausgezeichnet zur gewichtsanalytischen Bestimmung der Arsensäure eignet. Mit Ammoniummolybdat entsteht in stark salpetersaurer Lösung ein gelber, feinkristalliner Niederschlag der Zusammensetzung $(NH_4)_3[As(Mo_3O_{10})_4]$ (vgl. S. 1467). Das Silbersalz Ag_3AsO_4 ist zum Unterschied vom gelben Ag_3PO_4 rotbraun. *Dehydratisierung* der primären Arsenate MH_2AsO_4 führt wie im Falle der homologen primären Phosphate MH_2PO_4 (vgl. S. 773) zu kondensierten Poly- und Metaarsenaten (Strukturen analog Poly- und Metaphosphaten, S. 782), die viel weniger hydrolysestabil als die kondensierten Phosphate sind.

Redox-Verhalten. Die Arsensäure unterscheidet sich von der Phosphorsäure charakteristisch durch ihr *Oxidationsvermögen* (vgl. Potentialdiagramm, oben). So führt sie z. B. Schweflige Säure in Schwefelsäure über und macht in Umkehrung von (1) aus angesäuerter Kaliumiodidlösung Iod frei.

Verwendung. H_3AsO_4 wird als Mittel zur Holzkonservierung sowie Baumwollkapselentblätterung eingesetzt.

3.5 Schwefelverbindungen des Arsens

Arsen bildet mit Schwefel fünf **Sulfide** der Zusammensetzung $\mathbf{As_4S_n}$ (n = 3, 4, 5, 6, 10)[226]. Von diesen Sulfiden kommen in der Natur die Verbindung As_4S_3 als *Dimorphit*, die Verbindung As_4S_4 als *Realgar* (*Rauschrot, rote Arsenblende, Rubinschwefel, Sandarach*) und die Verbindung As_2S_3 als *Auripigment* (*Rauschgelb, gelbe Arsenblende, Orpigment*) vor.

Tetraarsentrisulfid $\mathbf{As_4S_3}$ wird natürlich in Form von „*α- und β-Dimorphit*" (Umwandlungspunkt 130 °C) aufgefunden und bildet sich künstlich beim Zusammenschmelzen von Arsen und Schwefel im richtigen Mengenverhältnis. Die Struktur entspricht der von P_4S_3 (C_{3v}-Symmetrie; vgl. S. 787). Mit Schwefel reagiert As_4S_3 in CS_2 zu As_4S_4 und As_4S_5 (s. unten).

Tetraarsentetrasulfid $\mathbf{As_4S_4}$ („*Realgar*"). Darstellung. As_4S_4 kann durch Zusammenschmelzen von Arsen und Schwefel im entsprechenden Mengenverhältnis gewonnen werden. Technisch stellt man ihn durch Sublimieren eines Gemenges von Arsenkies FeAsS (FeAsS → FeS + As) und Schwefelkies FeS_2 (FeS_2 → FeS + S) her: $4As + \frac{1}{2}S_8 \rightarrow As_4S_4 + 269.2$ kJ. Er bildet eine *rote*, glasige Masse („*Rotglas*") und gibt beim Verreiben ein *orangefarbenes* Pulver. Beim Erhitzen geht das rote α-As_4S_4 in *schwarzes* β-As_4S_4 über (Ump. 267 °C), das bei 318 °C schmilzt und bei 565 °C unzersetzt siedet. Der Dampf besteht im wesentlichen aus As_4S_4-Molekülen; bei höheren Temperaturen enthält er zusätzlich As_4S_3 (s. o.), As_4 und As_2 neben Schwefel. Die Molekülstruktur des Realgars As_4S_4 entspricht der des Schwefelstickstoffs N_4S_4, nur bilden in diesem Falle die vier S-Atome wie in α-P_4S_4 (S. 787) das Quadrat und die vier As-Atome das Tetraeder. Der AsS-Abstand beträgt 2.237, der AsAs-Abstand 2.569 Å, was für kovalente Einfachbindungen zwischen As und S und zwischen As und As spricht (As—S-Einfachbindung: 2.25 Å, As—As-Einfachbindung: 2.42 Å). Die Struktur (a) läßt sich auch im Sinne der Formel (b) von einem As_4-Tetraeder ableiten, bei dem in vier der sechs As—As-Bindungen Schwefel eingelagert ist.

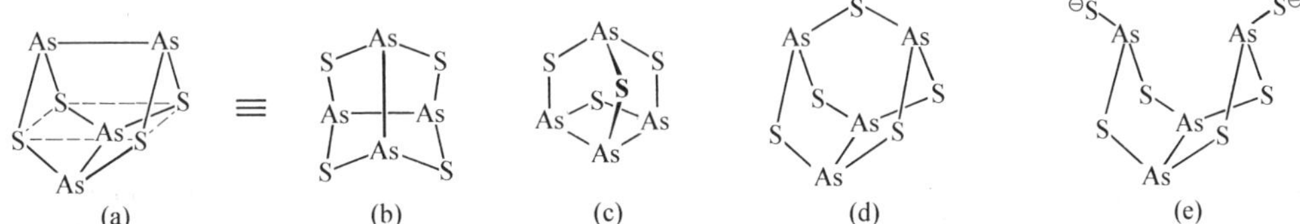

Außer α- und β-As_4S_4 (D_{2d}-Symmetrie) kennt man noch γ-As_4S_4 mit β-P_4S_4 Struktur (c) (C_s-Symmetrie; gewinnbar durch Abschrecken einer As_4S_4-Schmelze; Umkristallisation aus CS_2).

Eigenschaften. Mischungen mit *Salpeter* setzen sich beim Erhitzen unter starker *Wärmeentwicklung* und blendend weißer *Lichterscheinung zu Arsenik* und *Schwefeldioxid* um ($As_4S_4 + 14O \rightarrow 2As_2O_3 + 4SO_2$). Bei der Behandlung von As_4S_4 mit Piperidin entsteht das Piperidiniumsalz des Ions $As_4S_6^{2-}$ (e), das sich von As_4S_4 (a) durch Ersatz einer AsAs-Gruppe durch zwei AsS^--Reste ableitet (analog gebaut ist $As_4Se_6^{2-}$). Es geht beim Ansäuern mit Salzsäure in As_4S_5 (d) über: $As_4S_6^{2-} + 2H^+ \rightarrow As_4S_5 + H_2S$. Von MF_5 (M = As, Sb) wird As_4S_4 in flüssigem Schwefeldioxid zu $As_3S_4^+$ oxidiert (isoliert in Form von gelbem $[As_3S_4]^+[SbF_6]^-$). Die Struktur des Kations entspricht der des isoelektronischen (analog P_4S_3 gebauten) Moleküls As_4S_3 (Ersatz eines As-Atoms des As_3-Dreirings durch S^+). Analog gebaut ist $As_3Se_4^+$. Verwendung. Rotglas wird hauptsächlich in der Gerberei zur Enthaarung von Fellen (weißes Handschuhleder), in kleineren Mengen in der Malerei und bei Feuerwerksätzen (Weißfeuer) verwendet.

Tetraarsenpentasulfid $\mathbf{As_4S_5}$ bildet sich durch *Sulfurierung* von As_4S_3 mit Schwefel, sowie bei der Behandlung von As_4S_4 zunächst mit Piperidin, dann mit Salzsäure (s. oben) und besitzt die Struktur des β-P_4S_5 (d) (C_{2v}-Symmetrie; vgl. S. 787).

Diarsentrisulfid $\mathbf{As_2S_3}$ („*Auripigment*"; häufig kurz „*Arsentrisulfid*" genannt) läßt sich durch Zusammenschmelzen von Arsen und Schwefel in dem der Formel entsprechenden Mengenverhältnis darstellen: $2As + 3S \rightarrow As_2S_3 + 169$ kJ. Auch entsteht es beim Einleiten von Schwefelwasserstoff in eine saure[227] Lösung von Arseniger Säure: $2As(OH)_3 + 3H_2S \rightarrow As_2S_3 + 6H_2O$. Das in der Technik durch Sublimieren von Arsenik und Schwefel erhaltene „*Operment*" („*Gelbglas*") enthält nur geringe Mengen

---

226 Man kennt darüber hinaus die **Selenide** $\mathbf{As_2Se_3}$ (Smp. 380 °C, Halbleiter; Schichtstruktur analog As_2S_3), *dunkelrotes* $\mathbf{As_4Se_3}$ (α- und β-Form; P_4S_3-Struktur; C_{3v}-Symmetrie), $\mathbf{As_4Se_4}$ (α-P_4S_4-Struktur) und das **Tellurid** $\mathbf{As_2Te_3}$ (Smp. 360 °C, Halbleiter). Sie lassen sich aus den Elementen bei 500 °C (anschließendes Tempern bei 200–300 °C) gewinnen.

227 Beim Einleiten von H_2S in eine nicht angesäuerte $As(OH)_3$-Lösung fällt As_2S_3 nicht aus, sondern bildet eine intensiv gelbe, kolloide Lösung (S. 926).

Trisulfid und besteht im wesentlichen aus unverändertem Trioxid; daher ist es zum Unterschied vom reinen Trisulfid (s. unten) giftig.

Arsentrisulfid As_2S_3 stellt eine *zitronengelbe* Verbindung dar, die bei 170 °C in eine *rote* Modifikation übergeht, bei 327 °C zu einer roten Flüssigkeit schmilzt und bei Ausschluß von Luft bei 710 °C unzersetzt siedet. Es sublimiert wie As_2O_3 (s. dort) bereits weit unterhalb des Schmelzpunktes. Der Dampf besteht aus As_4S_6-Molekülen, die die gleiche Gestalt wie die As_4O_6-Moleküle (S. 803) besitzen (AsS-Abstand 2.25 Å; ber. für Einfachbindung 2.25 Å). Kristallisiertes As_2S_3 bildet wie das monokline As_2O_3 ein Schichtengitter (vgl. Fig. 173c). Unter dem Namen „*Königsgelb*" (reines Arsentrisulfid) und „*Operment*" (verballhornt aus Auripigment) wird es als Malerfarbe verwendet. Das in der Natur vorkommende Auripigment weist eine schöne goldglänzende Farbe auf. An der Luft brennt As_4S_6 unter Bildung von As_4O_6 ($As_4S_6 + 9O_2 \rightarrow As_4O_6 + 6SO_2$).

Da Arsentrisulfid in Wasser und Säuren unlöslich ist, wird es von der Magensäure nicht gelöst, so daß es vom menschlichen Organismus nicht in nennenswerten Mengen aufgenommen wird und daher auch nicht giftig wirkt. Leichtlöslich ist es in Alkalisulfid und Ammoniumsulfidlösungen unter Bildung von *Thioarseniten* (s. unten).

Diarsenpentasulfid As_2S_5 (häufig kurz „*Arsenpentasulfid*" genannt). Leitet man bei Zimmertemperatur in eine stark salzsaure Lösung von Arsensäure in raschem Strome[228] Schwefelwasserstoff ein, so fällt alles Arsen als hellgelbes Pulver der Zusammensetzung As_2S_5 aus: $2H_3AsO_4 + 5H_2S \rightarrow As_2S_5 + 8H_2O$. Das bei 100 °C in As_2S_3 und Schwefel zerfallende As_2S_5 ist in Wasser und Säuren unlöslich. In Alkalisulfidlösungen ist es analog dem Arsentrisulfid leicht unter Bildung von *Thioarsenaten* löslich (s. nachfolgend).

Thioarsenite und Thioarsenate. Arsentrioxid und Arsenpentaoxid setzen sich als Säureanhydride leicht mit Alkalien unter Bildung löslicher Arsenite und Arsenate um:

$$As_2O_3 + 6OH^- \rightarrow 2AsO_3^{3-} + 3H_2O; \qquad As_2O_5 + 6OH^- \rightarrow 2AsO_4^{3-} + 3H_2O.$$

Noch stärker ausgeprägt ist dieser „saure Charakter" bei den entsprechenden Sulfiden. So lösen sich diese z.B. in Sulfidlösungen ganz entsprechend unter Bildung von *Thioarseniten* und *Thioarsenaten* auf:

$$As_2S_3 + 6SH^- \rightarrow 2AsS_3^{3-} + 3H_2S; \qquad As_2S_5 + 6SH^- \rightarrow 2AsS_4^{3-} + 3H_2S.$$

Der AsS-Abstand im tetraedrischen Thioarsenat-Ion AsS_4^{3-} beträgt 2.22 Å und entspricht damit einer Einfachbindung. Das AsS_3^{3-}-Ion bildet wie das AsO_3^{3-}-Ion eine trigonale Pyramide (As an der Spitze).

Vom Thioarsenit leiten sich *Polythioarsenite* $[AsS_2^-]_x$ ab (Struktur: —S—AsS—S—AsS—S—AsS—; auch geschlossen zum 6gliederigen Ring), vom Thioarsenat *Metathioarsenate* $[AsS_3^-]_n$ mit sechs- und achtgliederigen As_nS_n-Ringen (n = 3, 4; Sessel- bzw. Kronenform)[229].

Bei Anwendung von *Alkalien* an Stelle von Sulfidlösungen entstehen aus As_2O_3 *Oxothioarsenite* $AsOS_2^{3-}$ bzw. AsO_2S^{3-}, aus As_2O_5 *Oxothioarsenate* $AsOS_3^{3-}$, $AsO_2S_2^{3-}$ bzw. AsO_3S^{3-}.

Behandelt man Arsentrisulfid mit schwefelhaltigen Sulfidlösungen (z.B. „*gelbem Schwefelammon*", d.h. Polysulfidlösungen), so bilden sich infolge Anlagerung von Schwefel nicht Thioarsenite, sondern Thioarsenate:

$$As_2S_3 + 6SH^- + 2S \rightarrow 2AsS_4^{3-} + 3H_2S.$$

Die aus den Thioarseniten und Thioarsenaten bei der Umsetzung mit HCl in Ether entstehenden freien Säuren H_3AsS_3 und H_3AsS_4 sind nicht sehr beständig, sondern zerfallen schon bei tiefen Temperaturen unter Schwefelwasserstoffabspaltung und Bildung der „Anhydrosulfide" As_2S_3 und As_2S_5:

$$2H_3AsS_3 \rightleftarrows 3H_2S + As_2S_3; \qquad 2H_3AsS_4 \rightleftarrows 3H_2S + As_2S_5.$$

Der Vorgang entspricht der – weniger leicht erfolgenden – Abspaltung von Wasser aus den Sauerstoffsäuren unter Bildung der Anhydride As_2O_3 und As_2O_5:

$$2H_3AsO_3 \rightleftarrows 3H_2O + As_2O_3; \qquad 2H_3AsO_4 \rightleftarrows 3H_2O + As_2O_5.$$

---

228 Das rasche Einleiten von H_2S ist erforderlich, damit die primär gemäß $H_3AsO_4 + H_2S \rightarrow H_3AsO_3S + H_2O$ entstehende Thioarsensäure H_3AsO_3S weiter zu H_3AsS_4 ($2H_3AsS_4 \rightarrow 3H_2S + As_2S_5$) sulfuriert wird, bevor sie gemäß $H_3AsO_3S \rightarrow H_3AsO_3 + S$ zerfällt und damit zur Bildung von $As_2S_3 + 2S$ an Stelle von As_2S_5 Veranlassung gibt: $H_3AsO_3 + 3H_2S \rightarrow 3H_2O + H_3AsS_3$ ($2H_3AsS_3 \rightarrow 3H_2S + As_2S_3$).

229 Achtgliederige As- und S-haltige Ringe finden sich im Ion $As_8S_{13}^{2-} = S_4As_4—S_5—As_4S_4^{2-}$ sowie im Ion $SAsS_7^-$ (As ist mit einem exoständigen S-Atom verknüpft), sechsgliederige As- und S-haltige Ringe im Ion $As_3S_3^{3-}$ (als Alkalimetallsalze) und $As_2S_6^{2-} = SAs(S_2)_2AsS$ (die As-Atome sind mit exoständigen S-Atomen verknüpft; man kennt auch ein analog gebautes Selenid $SeAs(Se_2)_2AsSe$).

3.6 Organische Verbindungen des Arsens[216,230]

Arsen bildet wie Phosphor (S. 744, 752) eine große Anzahl organischer Verbindungen. In ihnen ist ein *Kohlenwasserstoffrest einfach, doppelt* oder *dreifach* mit Arsen in der *drei-* oder *fünfwertigen* Stufe verknüpft[231]:

>As—C≤	>As—C≤ (mit zwei weiteren Bindungen am As)	—As=C<	≥As=C<	As≡C—
Organylarsane	*Organylarsorane*	*Alkylidenarsane*	*Alkylidenarsorane*	*Alkylidinarsane*

Darüber hinaus existieren eine Reihe von Arsenverbindungen mit „gesättigten" As—As-Einheiten (in Form von Arsenketten, -ringen, -käfigen) bzw. „ungesättigten" As=As-Gruppen.

Arsane. In Analogie zu NH_3 und PH_3 (vgl. S. 744) leiten sich vom Arsenwasserstoff AsH_3 organische Arsane R_nAsH_{3-n} (trigonal-pyramidaler Bau) ab, die als *primäre* ($n = 1$), *sekundäre* ($n = 2$) und *tertiäre* ($n = 3$) Verbindungen unterschieden werden. Ihre Gewinnung erfolgt u. a. durch Organylierung von $AsCl_3$ oder As_2O_3 bzw. durch Reduktion von R_2AsCl, $RAsCl_2$, $R_2AsO(OH)$ oder $RAsO(OH)_2$, z. B.:

$$AsCl_3 \xrightarrow[-3\,MgBrCl]{+3\,RMgBr} AsR_3; \quad 4\,R_2AsCl \xrightarrow[-LiAlCl_4]{+LiAlH_4} 4\,R_2AsH; \quad RAsO(OH)_2 \xrightarrow[-3\,ZnCl_2/3\,H_2O]{+3\,Zn/6\,HCl} RAsH_2.$$

Die Verbindungen sind oxidationsempfindlich, hydrolysestabil und mehr oder weniger giftig. Als Beispiele seien genannt „*Trimethylarsan*" $AsMe_3$ (widerlich riechende, sehr giftige[232], selbstentzündliche, *farblose* Flüssigkeit vom Sdp. 52 °C); „*Triphenylarsan*" $AsPh_3$ (luftstabile, *farblose* Kristalle vom Smp. 60 °C); „*Tricyclopentadienylarsan*" $AsCp_3$ mit drei flukturierenden monohapto-(η^1-)gebundenen Resten $Cp = C_5H_5$; „*Di-*" und „*Monomethylarsan*" Me_2AsH und $MeAsH_2$ (Sdp. 37 bzw. 2 °C). Die organischen Arsane stellen – ähnlich wie die organischen Phosphane, Stibane und Bismutane (s. dort) – gute Komplexliganden dar und bilden stabile Arsan-Komplexe (R_2AsH und $RAsH_2$ in deprotonierter Form), die in der Technik vielfach verwendet werden (z. B. Olefinhydrierung, -hydroformylierung, -carbonylierung; Isoprenoligomerisierung). Entsprechend der Abnahme der Basizität in Richtung $PR_3 > AsR_3 > SbR_3 > BiR_3$ sinkt die Komplexbildungstendenz in gleicher Richtung. Besonders stabile Komplexe erhält man mit mehrzähligen Liganden wie „*o-Phenylen-bis(dimethylarsan)*" $Me_2As—C_6H_4—AsMe_2$.

Die organischen Halogenarsane R_2AsX und $RAsX_2$ (pyramidaler Bau) gewinnt man u. a. durch Organylierung von AsX_3 (s. oben), aus As und RX, aus R_nAsPh_{3-n} und HI oder aus $R_2AsO(OH)$ bzw. $RAsO(OH)_2$ und HCl/SO_2 (I^- als Katalysator), z. B. (vgl. auch Anm.[232]):

$$2\,As \xrightarrow{+3\,RBr} R_2AsBr + RAsBr_2; \quad RAsPh_2 \xrightarrow[-2\,PhH]{+2\,HI} RAsI_2; \quad R_2AsO(OH) \xrightarrow[-H_2SO_4]{SO_2/HCl} R_2AsCl.$$

---

230 **Literatur.** HOUBEN-WEYL: „*Metallorganische Verbindungen: As, Sb, Bi*", Bd. **13/8** (1978); I. Haiduc, D. B. Sowerby: „*Cycloarsanes*" in „The Chemistry of Inorganic Homo- and Heterocycles", Academic Press 1987, S. 701–711; B. J. Aylett: „*Organometallic Compounds. Group IV and V*", Chapman and Hall, London (1979); H. Schmidbaur: „*Pentaalkyls and Hexaorganyl Derivatives of the Main Group V Elements*", Adv. Organoment. Chem. **14** (1976) 205–243; D. Hellwinkel: „*Penta- and Hexaorganyl Derivates of the Main Group V Elements*", Topics Curr. Chem. **109** (1983) 1–63; A. J. Ashe III: „*The Group V Heterobenzenes Arsabenzene, Stibabenzene and Bismabenzene*", Topics Curr. Chem. **105** (1982) 125–155; A. H. Cowley: „*Stable Compounds with Double Bonding between Heavier Main-Group Elements*", Accounts Chem. Res. **17** (1984) 386–392; A. H. Cowley, N. C. Norman: „*The Synthesis, Properties, and Reactivities of Stable Compounds Featuring Double Bonding Between Heavier Group 14 and 15 Elements*", Progr. Inorg. Chem. **34** (1986) 1–63; O. J. Scherer: „*Niederkoordinierte Phosphor-, Arsen-, Antimon- und Bismut-Mehrfachbindungssysteme als Komplexliganden*", Angew. Chem. **97** (1985) 905–924; Int. Ed. **24** (1985) 924; L. W. Wardell: „*Arsenic, Antimony and Bismuth*", Comprehensive Organomet. Chem. **2** (1982) 681–707; C. A. McAuliffe, W. Levason: „*Phosphine, Arsine and Stibine Complexes of the Transition Elements*", Elsevier, Amsterdam 1979. Vgl. Anm. 31, S. 855.

231 **Geschichtliches.** Durch Erhitzen von Arsenik mit Kaliumacetat erhielt der französische Chemiker und Apotheker Louis Claude Cadet de Gassicourt (1731–1799) 1760 gemäß $As_2O_3 + 4\,CH_3CO_2K \rightarrow (CH_3)_2As—O—As(CH_3)_2 + 2\,K_2CO_3 + 2\,CO_2$ mit dem äußerst unangenehm riechenden, selbstentzündlichen flüssigen Bis(dimethylarsanyl)oxid $(Me_2As)_2O$ („*Kakodyloxid*"; Smp. −25 °C, Sdp. 120 °C; Dimethylarsanyl Me_2As = „*Kakodyl*" von kakados (griech.) = stinkend) erstmals eine arsenorganische Verbindung (zugleich *erste metallorganische Verbindung*). Die Reaktion, bei der auch andere Organoarsen-Verbindungen entstehen („*Cadetsche Flüssigkeit*"), dient heute zum analytischen Nachweis von Arsen und Essigsäure (**„Kakodyloxid-Probe"**).

232 Vergiftungserscheinungen in Räumen, deren Tapeten in früheren Zeiten Schweinfurter Grün $Cu_2(AsO_3)(CH_3CO_2)$ enthielten, wurden durch $AsMe_3$ verursacht, das als Stoffwechselprodukt tätiger Schimmelpilze (Penicillium brevicaule) entsteht.

Die Hydrolyse der *giftigen* Stoffe[233] führt zu organischen Derivaten R_2AsOH und $RAs(OH)_2$ der Arsinigen und Arsonigen Säure H_2AsOH und $HAs(OH)_2$ (vgl. S. 802) bzw. zu deren Kondensationsprodukten $(R_2As)_2O$[231] und $(RAsO)_n$.

Höhere Arsane. Bei der Einwirkung von Lithium oder Dimethylarsan auf Dimethylhalogenarsan erhält man gemäß: $2Me_2AsX + 2Li \rightarrow As_2Me_4 + 2LiX$ bzw. $Me_2AsH + Me_2AsX \rightarrow As_2Me_4 + HX$ „*Tetramethyldiarsan*" $Me_2As—AsMe_2$ („*Dikakodyl*", *trans*- und *gauche*-konformiert) als unerträglich widerlich riechende, giftige, luftentzündliche, *farblose* Flüssigkeit (Smp. $-5\,°C$, Sdp. $78\,°C$). Die bereits lange bekannte Verbindung stellt einen wichtigen Bestandteil der Cadetschen Flüssigkeit dar (vgl. Anm.[231]). In analoger Weise entstehen andere Diarsane wie As_2Ph_4 (Smp. $127\,°C$) oder $As_2(CF_3)_4$ (Sdp. $106\,°C$), während die Umsetzungen von $RAsX_2$ oder AsX_3 mit Alkalimetallen bzw. $RAsH_2$ zu höheren Arsanen mit mehrgliederigen *Arsen-Ringen* $(AsR)_n$ ($n = 3, 4, 5, 6, 7 \ldots$)[234], mehrcyclischen *Arsen-Käfigen* As_nR_{n+m} ($m = -2, -4, -6 \ldots$; vgl. höhere Phosphane) und polymeren *Arsen-Ketten* führen, z. B.:

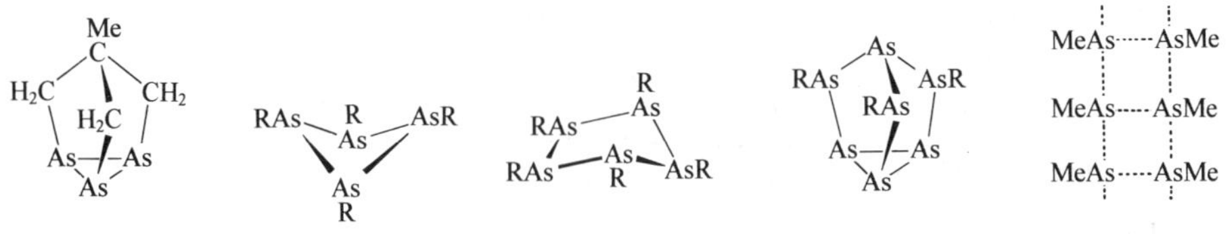

$As_3(CH_2)_3CMe$ **$(AsCF_3)_4$** **$(AsMe)_5$** **As_7R_3** **$(AsMe)_\infty$**

Ähnlich wie Monoarsane sind die höheren organischen Arsane gute Komplexliganden und bilden *Komplexe* wie $(CO)_3M(\eta^3$-*cyclo*-$As_5Me_5)$ (M = Cr, Mo, W; *rote* Kristalle), $\{(CO)_3Fe\}_2(\eta^2$-*catena*-$As_4Me_4)$.

Arsorane. Organische Arsorane AsR_5 (trigonal-bipyramidaler Bau) bilden sich durch Reaktion von Lithiumorganylen mit Halogenarsoranen (s. u.) gemäß:

$$R_3AsX_2 + 2LiR \rightarrow R_4AsX + LiR + LiX \rightarrow AsR_5 + 2LiX$$

„*Pentamethylarsoran*" $AsMe_5$ (Gewinnung bei $-60\,°C$) fällt hierbei als *farblose*, bei $-6\,°C$ schmelzende und oberhalb $100\,°C$ u. a. in $AsMe_3$ und C_2H_6 zerfallende Flüssigkeit an[252], die luftstabil ist und mit Wasser langsam zu Me_4AsOH und CH_4 hydrolysiert. „*Pentaphenylarsoran*" $AsPh_5$ (*farblos*, Smp. $150\,°C$) setzt sich mit BPh_3 gemäß $AsPh_5 + BPh_3 \rightarrow AsPh_4^+BPh_4^-$ unter Ph^--Abspaltung und mit LiPh gemäß $AsPh_5 + LiPh \rightarrow Li^+AsPh_6^-$ unter Ph^--Anlagerung um. Arsorane R_nAsH_{5-n} mit AsH-Gruppen sind unbekannt (Zerfall unter H_2- bzw. RH-Eliminierung). Demgegenüber existieren organische Halogenarsorane R_nAsX_{5-n}. Sie entstehen bei der Einwirkung von Halogenen oder Organylhalogeniden auf organische Halogenarsane z. B.:

$$Ph_2AsCl + Cl_2 \rightarrow Ph_2AsCl_3, \qquad MeAsCl_2 + MeCl \rightarrow Me_2AsCl_3, \qquad AsR_3 + RX \rightarrow AsR_4^+X^-$$

und zerfallen bei erhöhter Temperatur in Umkehrung ihrer Bildung[252]. Sie sind teils kovalent gebaut (trigonal-bipyramidales As; Halogene axial), teils ionisch im Sinne von $R_nAsX_{4-n}^+X^-$ (tetraedrisches As). Die *quartären Arsoniumhalogenide* $R_4As^+X^-$ (hydrolysierbar zu Hydroxiden $R_4As^+OH^-$) dienen wie die entsprechenden Phosphonium-Salze (S. 744) als wertvolle Fällungsreagenzien für große Anionen (z. B. R = Ph) sowie als Edukte für die zu Wittig-Reaktionen befähigten *Alkylidenarsorane* („*Arsen-Ylide*") $R_3As{=}CHR$ (z. B. $Ph_3AsMe^+Br^- + LiNH_2 \rightarrow Ph_3As{=}CH_2$ (Smp. $74\,°C$) + LiBr + HMe; vgl. Phosphor-Ylide, S. 744). Die *Hydrolyse* von R_3AsX_2, R_2AsX_3 und $RAsX_4$ führt zu organischen Derivaten R_3AsO, $R_2AsO(OH)$ und $RAsO(OH)_2$ des Arsanoxids H_3AsO, der Arsinsäure $H_2AsO(OH)$ und Arsonsäure $HAsO(OH)_2$ (vgl. S. 802)[235]. Substituierte Arylarsonsäuren werden in begrenztem Umfang zur Behandlung der Spätstadien der Schlafkrankheit[236], zudem als Herbizide, Fungizide, Bakterizide und schließlich gegen die Amöbenruhr eingesetzt. Auch findet *Phenylarsonsäure* $PhAsO(OH)_2$ als *Fällungsreagens* für vierwertige Metallionen wie Sn(IV), Zr(IV), Th(IV) Verwendung.

Ungesättigte Arsen(III)-Verbindungen sind hinsichtlich einer Oligomerisierung nur dann (meta-)stabil, wenn die von As ausgehenden $p_\pi p_\pi$-Bindungen wie im Falle des Diarsens („*Diarsaethens*") (a) (AsAs-

---

233 $(CHCl{=}CH)AsCl_2$ diente im 1. Weltkrieg als Kampfstoff („*Lewisit*").

234 Die Reaktion von $ArAsO(OH)_2$ (Ar = 3-Nitro-4-hydroxyphenyl) mit Natriumdithionit führt zu einem Gemisch von $(AsAr)_n$ ($n = 5, 6, 7$), das früher als *Salvarsan* gegen den Erreger der Syphilis eingesetzt wurde (P. Ehrlich, 1909).

235 Organische Derivate der Arsonsäure bilden sich auch durch Einwirkung von Alkylhalogeniden RX („Meyer-Reaktion") oder Aryldiazoniumchloriden $ArN_2^+Cl^-$ („Bart-Reaktion") auf As_2O_3 in alkalischer Lösung, d. h. auf Arsenit: $O_3As{:}^{3-} + R—Br \rightarrow O_3As—R^{2-} + {:}Br^-$.

236 Das „*p-Amino-phenylarsonat*" $p\text{-}H_2NC_6H_4AsO(OH)(ONa)$ („*Atoxyl*") wurde früher zur Bekämpfung der Trypanosomen, den Erregern der afrikanischen Schlafkrankheit, eingesetzt (H. W. Thomas 1905).

Abstand = 2.24 Å; ber. für AsAs-Einfach- und Doppelbindung 2.42/2.22 Å), des „*Alkylidenarsans*" („*Arsaethens*", AsC-Abstand ca. 1.83 Å, Einfachbildung 1.96 Å) (b) oder des *blaßgelben*, bei 116 °C schmelzenden „*Alkylidinarsans*" (c) sterisch abgeschirmt[236a] oder wie im Falle des *farblosen* „*Arsabenzols*" (d) in ein aromatisches π-System einbezogen sind (es existiert auch ein „*Arsanaphthalin*" und „*Arsaanthracen*"):

R—Äs=Äs—R (R = $(Me_3Si)_3C$) (a)

R—Äs=CPh_2 (R = 2,4,6-$Me_3C_6H_2$; $^iPr_3Si$) (b)

R—C≡As (R = 2,4,6-$^tBu_3C_6H_2$) (c)

C_5H_5As (Arsabenzol) (d)

Die Gewinnung der ungesättigten Systeme erfolgt, ausgehend von gesättigten Systemen, durch Eliminierung u.a. von HX, MX, Me_3SiX (X = Halogen, Sauerstoffrest), z.B. RCO—$As(SiMe_3)_2$ → (c) + $(Me_3Si)_2O$; C_5H_6AsCl → (d) + HCl. Auf ähnlichem Wege wie das Arsabenzol (d) lassen sich auch „*Phospha*"-, „*Stiba*"- und „*Bismabenzol*" (P, Sb, Bi anstelle von As) synthetisieren, so daß man einschließlich „*Pyridin*" C_5H_5N alle Heterobenzole mit Elementen der Stickstoffgruppe kennt. Die oxidationsempfindlichen sechsgliederigen „*Pentelabenzole*" C_5H_5E sind mit steigender Ordnungszahl des Pentels E (N/P/As/Sb/Bi) zunehmend verzerrt (CEC-Winkel = 117/101/97/93/90°; EC-Abstände 1.37/1.73/1.85/2.05/2.17 Å; CC-Abstände ca. 1.40 Å); auch steigt ihre Thermolabilität (C_5H_5As ist bei Raumtemperatur noch metastabil, C_5H_5Sb und insbesondere C_5H_5Bi polymerisieren rasch). Die ungesättigten Arsen(III)-Verbindungen wirken als Komplexliganden (z.B. Bildung von $\{(CO)_3Co\}_2$(side-on-MeC≡As); $(\pi\text{-}C_5H_5)(CO)Rh$(side-on-PhAs=$CH_2$)).

4 Das Antimon[216,237]

4.1 Elementares Antimon

Vorkommen. Antimon findet sich in der Natur in analogen Formen wie das Arsen (S. 794). Das verbreitetste Erz unter den **Antimonchalkogeniden** ist der *Grauspießglanz* (*Antimonglanz, Antimonit, Stibnit*) Sb_2S_3. Andere „*Sulfide*" sind der *Tetraedrit* (*dunkles Fahlerz, Antimonfahlerz*) $(Cu,Zn,Fe,Ag,Hg)_3$ (Sb, As, Bi) S_{3-4}, die *Antimonsilberblende* (*Pyrostilpnit, Feuerblende*) Ag_3SbS_3 (= „$3\,Ag_2S \cdot Sb_2S_3$"), der *Bournonit* $CuPbSbS_3$ (= „$Cu_2S \cdot 2\,PbS \cdot Sb_2S_3$"), der *Wolfsbergit* (*Kupferantimonglanz, Chalkostibit*) $CuSbS_2$ (= „$Cu_2S \cdot Sb_2S_3$"), der *Zinckenit* (*Bleiantimonglanz*) $PbSb_2S_4$ (= „$PbS \cdot Sb_2S_3$"), der *Jamesonit* $Pb_2Sb_2S_5$ (= „$2\,PbS \cdot Sb_2S_3$"), der *Boulangerit* $Pb_5Sb_4S_{11}$ (= „$5\,PbS \cdot 2\,Sb_2S_3$"), der *Stephanit* (*Melanglanz, Sprödglaserz*) Ag_5SbS_4 (= „$5\,Ag_2S \cdot Sb_2S_3$"), der *Polybasit* (*Mildglanzerz*) $Ag_{16}Sb_2S_{11}$ (= $8\,Ag_2S \cdot Sb_2S_3$) und der *Silberantimonglanz* $AgSbS_2$ (= „$Ag_2S \cdot Sb_2S_3$"). Als Zersetzungsprodukt des Grauspießglanzes tritt das „*Oxid*" Sb_2O_3 als *Weißspießglanz* (*Valentinit, Antimonblüte*) und als *Senarmontit* auf. In Form des „*Sulfid-oxids*" Sb_2S_2O (= „$2\,Sb_2S_3 \cdot Sb_2O_3$") kommt dieses Oxid auch als *Rotspießglanz* (*Kermesit, Pyrostibit, Antimonblende*) in der Natur vor. Unter den **Metallantimoniden** seien erwähnt: der *Breithauptit* NiSb (isomorph mit NiAs), der *Ullmannit* NiSbS (isomorph mit Pyrit FeS_2) und der *Dykrasit* (*Antimonsilber*) Ag_3Sb.

Gelegentlich findet sich Antimon auch *gediegen* als **Element**, meist in isomorpher Mischung mit Arsen (*Allemontit*).

Isotope (vgl. Anhang III). *Natürlich vorkommendes* Antimon besteht zu 57.3 % aus dem Isotop $^{121}_{51}Sb$ und zu 42.7 % aus dem Isotop $^{123}_{51}Sb$ (für *NMR-Studien*). Als wichtige *künstlich gewonnene* Isotope seien $^{122}_{51}Sb$ (β^--, β^+-Strahler; $\tau_{1/2}$ = 2.80 Tage), $^{124}_{51}Sb$ (β^--Strahler; $\tau_{1/2}$ = 60.4 Tage) und $^{125}_{51}Sb$ (β^--Strahler; $\tau_{1/2}$ = 2.71 Jahre) genannt; sie werden für *Verbindungsmarkierungen* genutzt.

Geschichtliches (vgl. Tafel II). Der *Name* des schon im Altertum (z.B. in Form des kosmetisch genutzten Grauspießglanzes Sb_2S_3) bekannten Elements Antimon und das Symbol Sb leiten sich vom lateinischen Namen *Antimonium* und *Stibonium* für das Mineral Sb_2S_3 ab. Die Isolierung von *elementarem* Antimon schreibt man dem Benediktinermönch Basilius Valentinus (1492) zu.

[236a] Das aus $(Me_3SiO)^tBuC$=$AsSiMe_3$ in Anwesenheit von $LiP(SiMe_3)_2$ gebildete Alkylidinarsan ^tBu—C≡As ist labil gegen Tetramerisierung zu $(^tBuCAs)_4$ (C und As abwechselnd in den Ecken eines Würfels).

[237] **Literatur.** GMELIN: „*Antimony*", Syst.-Nr. **18**, bisher 6 Bände; ULLMANN (5. Aufl.): „*Antimony and Antimony Compounds*", **A3** (1985) 55–76. Vgl. auch Anm. 239, 242.

Darstellung. Metallisches Antimon wird technisch nach mehreren Verfahren aus Sb_2S_3 gewonnen. Sulfiderze mit 40–60% Sb-Gehalt verschmilzt man mit *Eisen* in Tiegeln oder Flammöfen bei 550–600 °C („*Niederschlagsarbeit*"), wobei sich der Schwefel mit dem Eisen verbindet:

$$Sb_2S_3 + 3\,Fe \rightarrow 2\,Sb + 3\,FeS$$

Sulfide mit geringerem Sb-Gehalt werden *geröstet*, wobei Sb_2S_3 unter Abdestillation von leicht flüchtigem As_2O_3 in das beständige, nichtflüchtige *Tetraoxid* Sb_2O_4 übergeht, das dann in Flammöfen durch Glühen mit *Koks* oder *Holzkohle* in Gegenwart von Alkalicarbonat oder -sulfat als *Flußmittel* zu Metall reduziert wird („*Röstreduktionsarbeit*"):

$$Sb_2S_3 + 5\,O_2 \rightarrow Sb_2O_4 + 3\,SO_2; \quad Sb_2O_4 + 4\,C \rightarrow 2\,Sb + 4\,CO.$$

Erfolgt das Abrösten bei *begrenzter Luftzufuhr*, so entsteht statt des Tetraoxids das in der Hitze flüchtige *Trioxid* Sb_2O_3, das in Kondensationseinrichtungen niedergeschlagen wird.

Das so erhaltene *Rohantimon* enthält meist noch Schwefel, Arsen, Kupfer, Blei und Eisen. Um diese Beimengungen zu entfernen, schmilzt man es mit Soda und Natriumnitrat, wobei die Verunreinigungen oxidiert werden und sich in der Schlacke ansammeln.

Grauspießglanzerze, welche größere Mengen an mineralischen Beiprodukten („*Gangart*") enthalten, werden vor der Verarbeitung auf Antimon so weit erhitzt, daß das verhältnismäßig leicht schmelzende Antimonsulfid (Smp. 547 °C) auf schräger Unterlage ausfließt („*Seigerarbeit*"). Das so „*ausgeseigerte*" Antimonsulfid (92–98% Sb_2S_3) wird seit altersher „*antimonium crudum*"[238] genannt.

Physikalische Eigenschaften (vgl. Tafel III). Antimon kommt wie Phosphor und Arsen in mehreren Modifikationen vor:

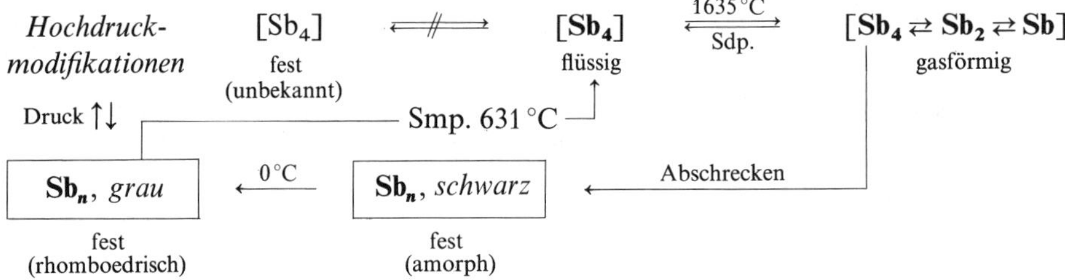

Das gewöhnliche, hexagonal-rhomboedrische Antimon („**graues**" oder „**metallisches Antimon**") ist eine silberweiße, stark glänzende, blättrig-grobkristalline, spröde und in einer Reibschale leicht zu pulverisierende Substanz ($d = 6.69$ g/cm^3). Es leitet den elektrischen Strom gut (Halbmetall, S. 1312), schmilzt unter Volumenverminderung (vgl. S. 823) bei 630.5 °C und siedet bei 1635 °C. Die Kristallstruktur ist völlig analog der des grauen (rhomboedrischen) Arsens (Fig. 171, S. 795) und enthält daher auch die aus gewellten Sechsringen gebildeten Doppelschichten (SbSb-Abstand innerhalb der Doppelschicht: 2.908 Å; kleinster SbSb-Abstand zwischen zwei Doppelschichten: 3.355 Å, SbSbSb-Winkel 95.5°). Antimondampf besteht beim Siedepunkt aus Sb_4- und Sb_2-Molekülen.

Bei 85000 bar bildet sich eine **Hochdruck-Modifikation** mit primitiv *kubischer Struktur*, bei der jedes Sb-Atom regulär-oktaedrisch von sechs anderen im Abstand von je 2.96 Å umgeben ist (vgl. S. 730). Bei weiterer Erhöhung des Drucks auf 100000 bar wandelt sich diese Struktur in eine *hexagonal-dichteste Atompackung* um.

Eine dem roten Phosphor und schwarzen Arsen entsprechende Phase („**schwarzes Antimon**") entsteht durch Aufdampfen von Antimon auf gekühlte Flächen. Da die Antimonatome recht groß sind, ist die Bindung zwischen ihnen so schwach, daß das amorphe Netzwerk

[238] crudus (lat.) = roh.

schon bei 0 °C beginnt, sich in das Kristallgitter des grauen Antimons mit seinen geordnet übereinanderliegenden und dicht gepackten Doppelschichten umzuwandeln. Die amorphe Antimonphase leitet ebenso wie die amorphe glasige Arsenphase den elektrischen Strom nicht.

Eine dem weißen Phosphor und gelben Arsen entsprechende, aus Sb_4-Molekülen bestehende feste Modifikation gibt es nicht. Das in der Gasphase (und wohl auch in der flüssigen Phase) existierende Sb_4-Molekül ist so instabil, daß selbst beim Abschrecken mit flüssiger Luft gleich eine Umwandlung in die polymere amorphe Phase erfolgt.

Das sogenannte „explosive Antimon" entsteht bei der Elektrolyse von Antimontrichlorid, -tribromid oder -triiodid in salzsaurer Lösung bei tiefen Temperaturen. Es ist glasartig amorph und geht beim Ritzen, Pulvern oder schnellen Erhitzen auf 200 °C unter Aufglühen und Versprühen explosionsartig in das energieärmere, kristallisierte gewöhnliche Antimon über. Das explosive Antimon baut sich aus Doppelschichten auf, die auch für das kristallisierte graue Antimon charakteristisch sind. Der Abstand zwischen Atomen zweier benachbarter Doppelschichten ist von 3.36 Å im rhomboedrischen Antimon um 0.36 Å auf 3.72 Å aufgeweitet. Außerdem ist die Art der Übereinanderlagerung der Doppelschichten nicht ganz die gleiche wie in der kristallinen Phase. Im Gegensatz zum Kristall besitzen die Doppelschichten nur eine begrenzte Ausdehnung. Am Rande sind die Valenzen durch Fremdatome, insbesondere Halogen (je nach den Darstellungsbedingungen z. B. 7–20 Atom-% Chlor) abgesättigt. Bei der Umwandlung zur kristallinen Phase verdampft die Hauptmenge des Halogens als Antimontrihalogenid.

Physiologisches. Die Antimonverbindungen wirken – ins Blut gespritzt – ähnlich *giftig* wie entsprechende Arsenverbindungen (s. dort; MAK-Wert 0.5 mg/m^3). Da sie aber schlechter resorbiert werden, sind akute Sb-Vergiftungen seltener als As-Vergiftungen. Zudem rufen sie einen starken Brechreiz hervor, wodurch sie nach Einnahme rasch wieder ausgeschieden werden.

Chemische Eigenschaften. Bei gewöhnlicher Temperatur verändert sich kristallines Antimon an der Luft nicht. Beim Erhitzen über den Schmelzpunkt verbrennt es mit bläulich-weißer Flamme zu Antimontrioxid Sb_2O_3 und höheren Oxiden. Mit Chlor vereinigt es sich in feingepulvertem Zustande unter Feuererscheinung zum Pentachlorid $SbCl_5$; ebenso reagiert es energisch mit den anderen Halogenen sowie mit Schwefel. In nichtoxidierenden Säuren wie Salzsäure oder verdünnter Schwefelsäure ist Antimon entsprechend seiner Stellung in der Spannungsreihe nicht löslich. In Salpetersäure löst es sich – je nach der Säurekonzentration – unter Bildung von Antimoniger Säure ($2Sb + 3H_2O \rightleftarrows Sb_2O_3 + 6H^+ + 6\ominus$; $\varepsilon_0 = +0.152$ V) oder Antimonsäure ($2Sb + 5H_2O \rightleftarrows Sb_2O_5 + 10H^+ + 10\ominus$; $\varepsilon_0 = +0.360$ V). Wie Phosphor und Arsen wirkt auch Antimon als Ligand und bildet **Antimon-Komplexe** wie $\{(CO)_5W\}_3Sb_2$ (side-on-Verknüpfung dreier $W(CO)_5$-Einheiten).

Antimon in Verbindungen (vgl. Überblick, S. 309). Oxidationsstufen. In seinen Verbindungen ist Antimon fast ausschließlich *positiv drei-* und *fünfwertig* (z. B. SbF_3, $Sb(OH)_3$, SbF_5, $HSb(OH)_6$). Das *fünfwertige Antimon* zeigt geringeres Bestreben als fünfwertiges Arsen oder Bismut, in dreiwertiges überzugehen. *Negativ dreiwertig* ist Antimon z. B. in Metallantimoniden wie Na_3Sb. Die wichtigsten Koordinationszahlen sind *drei* (trigonal-bipyramidales Sb z. B. in $\mathbf{Sb}H_3$), *vier* (tetraedrisches Sb in $\mathbf{Sb}Ph_4^+$; wippenförmiges Sb in $Ph_2\mathbf{Sb}Br_2^-$), *fünf* (quadratisch-pyramidales Sb in $\mathbf{Sb}F_5^{2-}$, $\mathbf{Sb}Ph_5$; trigonal-bipyramidales Sb in $\mathbf{Sb}F_5$) und *sechs* (oktaedrisches Sb in $\mathbf{Sb}Br_6^{3-}$, $\mathbf{Sb}F_6^-$). Man kennt jedoch auch die Koordinationszahlen *eins* und *zwei* (z. B. **Sb≡Sb**, Stibabenzol $C_5H_5\mathbf{Sb}$) sowie *größer sechs*. Bindungen. Die Tendenz des Antimons zur Ausbildung von *Doppelbindungen* ist noch geringer als beim Arsen (bezüglich ungesättigter Sb-Verbindungen vgl. S. 821).

Antimon-Ionen, Antimonide. Der im Vergleich zu P und As verstärkte metallische Charakter des Antimons dokumentiert sich darin, daß es Verbindungen des Typs $Sb_n^{n+}[X^-]_n$ ($X = AsF_6$, SO_3F) bildet mit kationischem Antimon Sb_n^{n+} (*n* noch unbekannt). Darüber hinaus existieren viele **salzartige Antimonide** M_mSb_n (M insbesondere Alkalimetall, Erdalkalimetall) mit negativ-polarisiertem Antimon. Sie enthalten wie die Phosphide (S. 735) bzw. Arsenide (S. 797) teils *isolierte* Anionen Sb^{3-} (z. B. in Li_3Sb, Na_3Sb, K_3Sb, Rb_3Sb, Mg_3Sb_2), teils *kettenförmige* Anionen $Sb_n^{(n+2)-}$ (z. B. Sb_6^{8-} in Sr_2Sb_3, $[Sb^-]_x$ in NaSb, KSb, RbSb, CsSb, $CaSb_2$, $SrSb_2$), *ringförmige* Anionen Sb_4^{2-} (planar, isoelektronisch mit Te_4^{2+}, S. 629; z. B. in $[K(crypt)]_2Sb_4$), *käfigförmige* Anionen Sb_7^{3-} (z. B. in $[Na(crypt)]_3Sb_7$; vgl. S. 736), sowie *netzförmige* Anionen Sb_3^{2-} (in $BaSb_3$, Struktur analog P_3^{2-}, Fig. 163, S. 736). Vgl. Zintl-Phasen, S. 890.

Darüber hinaus kennt man von Antimon wie von den leichteren Homologen **metallartige Antimonide** wie z. B. MSb_3 (M = Co, Rh, Ir) mit Sb_4-Ringen, MSb_2 (M = Ni, Pd, Pt, Au, Cr, Fe, Ru, Os) mit

Sb_2-Inseln, MSb (M = Ti, V, Cr, Mn, Fe, Co, Ni, Ir, Pd, Pt mit Nickelarsenid-Struktur; M = Sc, Y, Lanthanoid, Actinoid mit Natriumchlorid-Struktur).

Verwendung von Antimon. Antimon (Weltjahresproduktion: Zig Kilotonnenmaßstab) wird hauptsächlich für *Legierungen* verwendet, da es die Eigenschaft besitzt, weiche Metalle wie Zinn oder Blei bedeutend zu *härten*. Einige wichtige Blei-Antimon-Legierungen (Hartblei, Letternmetall, Lagermetalle, Platten für Pb-Akkus) und Zinn-Antimon-Legierungen (Britanniametall, Lagermetalle) werden beim Blei (S. 976) und Zinn (S. 963) behandelt. Sb wird darüber hinaus wie As zur Herstellung von Halbleitern verwendet (AlSb, GaSb, InSb für IR- und Halleffekt-Geräte sowie Dioden).

4.2 Wasserstoffverbindungen des Antimons[237)]

Darstellung. Der *Antimonwasserstoff* SbH_3 (**Monostiban**) bildet sich analog dem Arsenwasserstoff AsH_3 (S. 798) bei der Einwirkung von naszierendem Wasserstoff auf lösliche Antimonverbindungen. Größere Mengen stellt man durch Eintragen eines Antimonids (z. B. einer durch Erhitzen von 2 Gewichtsteilen Magnesium mit 1 Gewichtsteil Antimon erhältlichen Legierung) in kalte verdünnte Salzsäure dar:

$$Sb(OH)_3 + 6H \rightarrow SbH_3 + 3H_2O;$$

$$Mg_3Sb_2 + 6HCl \rightarrow 3MgCl_2 + 2SbH_3.$$

In beiden Fällen besteht das entstehende Gas zur Hauptsache aus Wasserstoff, von dem der beigemengte Antimonwasserstoff durch Kondensation mittels flüssigem Stickstoff abgetrennt werden kann. Die beste Methode zur Gewinnung von SbH_3 stellt die Hydrierung von $SbCl_3$ mit $NaBH_4$ in salzsaurer Lösung dar:

$$SbCl_3 + 3NaBH_4 \rightarrow 3NaCl + SbH_3 + 3BH_3.$$

Das **Distiban** SbH_2—SbH_2 (Bindungsenergie 128 kJ/mol) konnte analog AsH_2—AsH_2 in kleinen Mengen gewonnen werden und ist auch in Form eines dem Dikakodyl $AsMe_2$—$AsMe_2$ (S. 810) entsprechenden Methylderivats $SbMe_2$—$SbMe_2$ bekannt. Antimon(V)-wasserstoff SbH_5 („*Stiboran*“) ist ebensowenig bekannt wie PH_5 oder AsH_5, doch existieren organische Derivate davon (vgl. S. 821).

Physikalische Eigenschaften. Antimonwasserstoff ist wie Arsenwasserstoff ein *farbloses*, *übelriechendes*, *giftiges* Gas (MAK-Wert 0.5 mg/m³; vgl. Antimon) das sich bei $-17.0\,°C$ zu einer Flüssigkeit verdichtet, welche bei $-88.5\,°C$ erstarrt ($d = 2.204$ g/cm³ bei $-18\,°C$). SbH_3 ist pyramidal gebaut (Sb an der Pyramidenspitze). Der SbH-Abstand beträgt 1.707 Å, der HSbH-Winkel 91.3°.

Chemische Eigenschaften. Antimonwasserstoff ist eine stark endotherme Verbindung ($145.2\,kJ + Sb + 1\tfrac{1}{2}H_2 \rightarrow SbH_3$). Daher zersetzt er sich explosionsartig in die Elemente, wenn er an einer Stelle entzündet wird. Auch bei gewöhnlicher Temperatur macht sich dieser Zerfall schon bemerkbar, und zwar ist die Zersetzungsgeschwindigkeit in reinen Glasgefäßen zunächst äußerst gering, um dann entsprechend der Menge des abgeschiedenen Antimons zuzunehmen („*Autokatalyse*“ vgl. S. 291).

Im übrigen entsprechen die chemischen Eigenschaften des Antimonwasserstoffs weitgehend denen des Arsenwasserstoffs. Beim Durchleiten von Antimonwasserstoff durch das erhitzte Glasrohr des Marshschen Apparates (S. 798) entsteht ein Antimonspiegel; an einer in die fahlgrün brennende Flamme des Antimonwasserstoff-Wasserstoff-Gemisches gehaltenen kalten Porzellanschale scheidet sich ein Antimonfleck ab. Dieser Antimonfleck unterscheidet sich von dem in gleicher Weise entstehenden Arsenfleck durch dunklere Farbe, Unlöslichkeit in Natriumhypochloritlösung und geringere Flüchtigkeit beim Erhitzen im Wasserstoffstrom. Mit Silbernitrat bildet Antimonwasserstoff eine braungelbe Doppelverbindung $Ag_3Sb \cdot 3AgNO_3$, die beim Befeuchten mit Wasser unter Abscheidung von schwarzem Silberantimonid Ag_3Sb zerlegt wird (vgl. S. 799).

Stiban weist keine Brönsted-Basizität auf, so daß *Stibonium-Salze* $SbH_4^+X^-$ unbekannt sind. Als Brönsted-Säure läßt sich SbH_3 andererseits durch starke Basen (NH_2^-, CH_3^-) unter Bildung von *Antimoniden* SbH_2^-, SbH^{2-} und Sb^{3-} deprotonieren (bezüglich der Metallantimonide vgl. S. 813). Organische Derivate wirken als Lewis-Basen und bilden mit ML_n (M = Metall, L = geeigneter Ligand) **Komplexe** (vgl. S. 1640).

4.3 Halogenverbindungen des Antimons[237,239]

Antimon bildet mit Halogenen **Halogenide** des Typus $\mathbf{SbX_3}$ und $\mathbf{SbX_5}$ (Tab. 76), deren Molekülstruktur in der Gasphase der der formelgleichen Halogenide des Phosphors und Arsens entspricht (vgl. S. 754 und 800; bezüglich der XSbX-Winkel s. S. 317, bezüglich der Struktur der Halogenide in *kondensierter Phase* s. u.). Ein P_2I_4- bzw. As_2I_4-homologes Sb_2I_4 existiert nur bei hohen Temperaturen in flüssigem SbI_3 (Tab. 76, Anm. d). Darüber hinaus sind polymere **Halogenidoxide** der Stöchiometrie SbOX (X = F, Cl)[240], $Sb_4O_5X_2$ (X = Cl, Br)[240], $SbOF_3$ und SbO_2Cl bekannt.

Tab. 76 Binäre Antimonhalogenide

Verbindungstyp	Fluoride	Chloride	Bromide	Iodide
$\mathbf{SbX_3}$[a)] **Antimon-trihalogenide**	$\mathbf{SbF_3}$ *Farblose* Krist. Smp. 292 °C Sdp. 376 °C $\Delta H_f = -899.4$ kJ	$\mathbf{SbCl_3}$ *Farblose* Krist. Smp. 73.17 °C Sdp. 219 °C $\Delta H_f = -382.0$ kJ	$\mathbf{SbBr_3}$ *Farblose* Krist. Smp. 96.6 °C Sdp. 288 °C $\Delta H_f = -259.4$ kJ	$\mathbf{SbI_3}$[a)] *Rubinrote* Tafeln Smp. 171 °C Sdp. 400 °C $\Delta H_f = -100.4$ kJ
$\mathbf{SbX_5}$[b)], $\mathbf{Sb_2X_4}$ **Antimon-pentahalogenide** **Diantimon-tetrahalogenide**	$\mathbf{SbF_5}$ *Farbloses* Öl Smp. 8.3 °C Sdp. 141 °C	$\mathbf{SbCl_5}$ *Farblose* Flüssigk. Smp. 4 °C Sdp. 140 °C, Zers. $\Delta H_f = -440$ kJ	[c)]	$\mathbf{Sb_2I_4}$[d)] (Nicht isolierbar)[a]

a) Man kennt auch **gemischte Trihalogenide**: $SbBrI_2$ (Smp. 88 °C; gewinnbar durch EtI-Eliminierung aus $EtSbBr_2I_2$. **b)** Man kennt auch **gemischte Pentahalogenide**: $SbFCl_4$ (Smp. 83 °C), $SbCl_{3.25}F_{1.75}$ (Smp. 50 °C), SbF_2Cl_3 (Smp. 68 °C), $SbCl_2F_3$ (Smp. 81–82 °C), $SbCl_{1.33}F_{3.67}$. **c)** $SbBr_5$ liegt der Verbindung $(NH_4)_4(Sb^{III}Br_6)(Sb^VBr_6) = 2(NH_4)_2SbBr_6$ zugrunde. **d)** Bildung in geschmolzenem SbI_3 gemäß: $4SbI_3 + 2Sb \rightleftarrows 3Sb_2I_4$ bei 230 °C (in der Kälte Verschiebung des Gleichgewichts nach links).

Strukturen. Alle **Antimontrihalogenide** liegen in der *Gasphase* – ähnlich wie die Trihalogenide EX_3 der übrigen Elemente der Stickstoff-Gruppe (NBr_3 und NI_3 sind nicht verdampfbar) – als *molekulare*, pyramidale Spezies vor (E an der Pyramidenspitze; XEX-Winkel wächst mit abnehmender Masse von E und zunehmender Masse von X; vgl. S. 317). Auch in der *festen Phase* sind diskrete pyramidal-strukturierte SbX_3-Moleküle erkennbar. Entsprechendes gilt für die festen Halogenide NX_3, PX_3, AsX_3 und BiX_3 mit Ausnahme von BiF_3 und BiI_3. β-*Bismuttrifluorid* besitzt wie TlF_3, YF_3 und die Lanthanoidtrifluoride eine verzerrte *Urantrichlorid-Struktur* (vgl. S. 1816), in welcher Bi^{3+}-Kationen jeweils dreifach überkappt-trigonal-prismatisch von neun F^--Ionen umgeben sind. Eine „Fluorkappe" ist hierbei (möglicherweise als Folge der stereochemischen Wirksamkeit des freien Elektronenpaars) von Bismut etwas weiter entfernt als die verbleibenden acht Fluoratome (Koordinationszahl von Bi: 8 + 1). Analoge Strukturen weisen auch die Trichloride und Tribromide des Antimons und Bismuts (sowie – näherungsweise – des Arsens und Phosphors) im Festzustand auf; nur sind die Elementatome an drei der neun nächsten Nachbarn stärker, an fünf schwächer gebunden, während das neunte Halogenatom praktisch keine Bindungsbeziehung zum betreffenden Elementatom ausbildet (Koordinationszahl von E: 3 + 5). Das Verhältnis der mittleren EX-Abstände der fünf schwach und der drei stark gebundenen Halogenatome wächst mit abnehmendem Gewicht des Elementatoms und zunehmendem Gewicht des Halogenatoms (Übergang zum Molekülgitter mit diskreten EX_3-Molekülen). Im festen *Bismuttriiodid* ist das Bismutatom regulär oktaedrisch von sechs Iod-Atomen umgeben (vgl. Fig. 176 auf S. 825; Koordinationszahl von Bi: 6; keine

---

239 **Literatur.** J. F. Sawyer, R. J. Gillespie: „*The Stereochemistry of Sb(III) Halides and Some Related Compounds*", Progr. Inorg. Chem. **34** (1985) 65–113. Vgl. Anm. 242.

240 In SbOCl bzw. $Sb_4O_5Cl_2$ wechseln Schichten der Zusammensetzung $Sb_6O_6Cl_4^{2+}$ bzw. $Sb_4O_5^{2+}$ mit Chlorid-Schichten ab.

„BiI_3“	„BiF_3“-Struktur		„BiI_3“
AsF_3 SbF_3	$AsCl_3$ $SbCl_3$	$AsBr_3$ $SbBr_3$	AsI_3 SbI_3
BiF_3	$BiCl_3$	$BiBr_3$	**BiI_3**

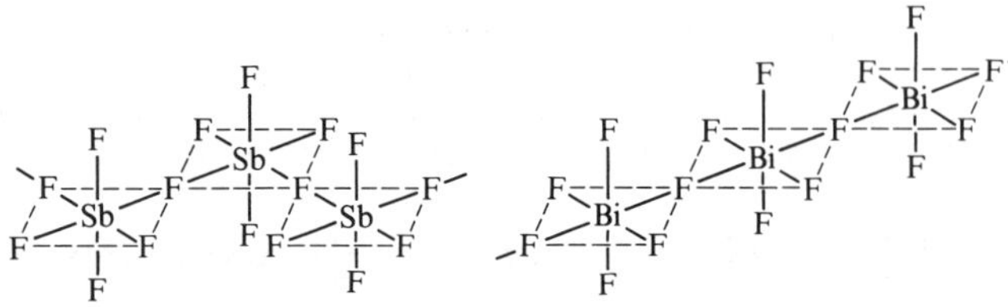

$(SbF_5)_x$ $(BiF_5)_x$

Fig. 174 Strukturen fester Arsen-, Antimon- und Bismuttrihalogenide (bezüglich BiF_3- und BiI_3-Struktur vgl. S. 824 und 825; AsF_3 ist bei Raumtemperatur flüssig) sowie des Antimon- und Bismutpenta-fluorids.

stereochemische Wirksamkeit des freien Elektronenpaars) und zentriert $^2/_3$ der oktaedrischen Lücken jeder übernächsten Schicht einer hexagonal-dichtesten I^--Packung. Bei den homologen, analog BiI_3 strukturierten Iodiden SbI_3, AsI_3, PI_3 besetzen die Elementatome die oktaedrischen Lücken in der Weise asymmetrisch, daß sie jeweils dreien der sechs Iodatome näher benachbart sind (Koordinationszahl von E: 3 + 3). Das Verhältnis der mittleren EX-Abstände der drei stärker und drei schwächer gebundenen Iod-Atome wächst hierbei mit abnehmendem Gewicht des Elementatoms (Übergang zum Molekülgitter mit diskreten EI_3-Molekülen). Dies läßt sich mit der Abnahme des Elementradius und/oder der Zunahme der stereochemischen Wirksamkeit des freien Elektronenpaars erklären. Bezüglich der Strukturzusammenhänge vgl. Fig. 174.

Die **Antimonpentahalogenide** (SbF_5, $SbCl_5$) haben in der *Gasphase* – ähnlich wie PF_5, PCl_5, AsF_5 und BiF_5 (PBr_5 und $AsCl_5$ sind nicht verdampfbar) – eine trigonal-bipyramidale Struktur (E in Mitte der Bipyramide). In der *flüssigen Phase* bildet *Antimonpentafluorid* Kettenpolymere $(SbF_5)_n$ (*n* meist 5–10), in denen jedes Sb-Atom oktaedrisch von 6 F-Atomen umgeben ist und je 2 *cis*-F-Atome eines mittleren Oktaeders mit den beiden links und rechts angrenzenden Oktaedern geteilt werden (vgl. Fig. 174). Selbst im Dampfzustand ist SbF_5 bei nicht allzu hohen Temperaturen oligomer (152 °C: $(SbF_5)_3$; 252 °C: $(SbF_5)_2$). In analoger Weise ist flüssiges *Bismutpentafluorid* gebaut, nur mit einer *trans*-Verknüpfung der BiF_6-Oktaeder (Fig. 174), *Antimonpentachlorid* besteht andererseits in flüssigem Zustand aus diskreten $SbCl_5$-Molekülen (Analoges gilt für flüssiges PF_5, PCl_5, AsF_5). In der *festen Phase* sind SbF_5 tetramer (Schließung der in Fig. 174 wiedergegebenen SbF_5-Kette zum Ring), BiF_5 polymer (Fig. 174), $SbCl_5$ möglicherweise dimer, PF_5, AsF_5 monomer. PCl_5 bildet andererseits ein Ionengitter $PCl_4^+PCl_6^-$ (vgl. S. 757).

Antimontrifluorid SbF_3 läßt sich durch Einwirkung von HF auf Sb_2O_3 in Form *farbloser* Kristalle gewinnen (vgl. Tab. 76) und findet als mäßig aktives *Fluoridierungsmittel* Verwendung. Es stellt eine starke *Lewis-Säure* dar (PF_3 und AsF_3 sind weit weniger stark) und bildet mit Donorfluoriden wie Alkalimetallfluoriden MF *Fluorokomplexe* des Typus SbF_4^- (isoelektronisch mit IF_4^+ und TeF_4) und SbF_5^{2-} (isoelektronisch mit IF_5 und TeF_5^-), aber nicht des Typus SbF_6^{3-} ($SbCl_6^{3-}$ und $SbBr_6^{3-}$ existieren demgegenüber, s. unten). Die Pentafluorokomplexe M_2SbF_5 enthalten *isolierte* $:SbF_5^{2-}$-Ionen (φ-oktaedrischer Bau; 1 Oktaederecke mit einem freien Elektronenpaar besetzt; Sb unterhalb der Basisfläche; vgl. Fig. 175). Das Ion SbF_4^- ist im Gegensatz zum homologen monomeren AsF_4^--Ion *oligomer*, da die Neigung zur Ausbildung höherer Koordinationszahlen mit wachsender Größe des Zentralatoms, also von Arsen zum Bismut hin, zunimmt. So enthält $KSbF_4$ (analoges gilt für das Rb-, Cs- NH_4- und Tl(I)-Salz) tetramere, zum *Ring* geschlossene $(SbF_4^-)_4$-Einheiten, in welchen *eckenverknüpfte*, φ-oktaedrische $:SbF_5$-Baugruppen vorliegen (Fig. 175). Entsprechend sind in $NaSbF_4$ *Dimere* $(SbF_4^-)_2$ aus *kantenverknüpften*, φ-oktaedrischen $:SbF_5$-Gruppen vorhanden (vgl. $Bi_2Cl_8^{2-}$-Struktur; Fig. 175).

Die Tendenz zur Bildung solcher höher koordinierten Verbindungen dokumentiert sich auch im vergleichsweise hohen Schmelzpunkt der Verbindung SbF_3 (Tab. 76) sowie in der Bildung von Anionen wie

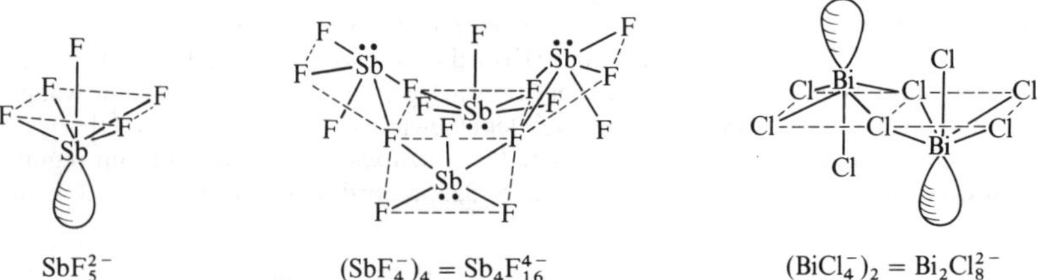

Fig. 175 Strukturen von SbF_5^{2-} (z. B. in K_2SbF_5), $Sb_4F_{16}^{4-}$ (z. B. in $KSbF_4$) und $Bi_2Cl_8^{2-}$ (in „BiCl“, vgl. S. 824).

$SbF_4^- \cdot SbF_3 = Sb_2F_7^-$ (zwei φ-trigonale Bipyramiden mit gemeinsamer Spitze und mit je einem freien Elektronenpaar in äquatorialer Stellung der beiden Bipyramiden) und $SbF_4^- \cdot 3SbF_3 = Sb_4F_{13}^-$ (ähnlicher ringförmiger Bau mit F-Brücken wie im $Sb_4F_{16}^{4-}$-Ion; Fig. 175) bzw. in der Bildung von Doppelsalzen wie $(NH_4)_2[SbF_3(SO_4)]$, das unter dem Namen „*Antimonsalz*" als Beize in der Färberei verwendet wird.

Demgegenüber ist die *Lewis-Basizität* von SbF_3, verglichen mit der von PF_3, nur schwach ausgeprägt. Die merkliche elektrische Leitfähigkeit von geschmolzenem SbF_3 spricht für eine Eigendissoziation nach $2SbF_3 \rightleftarrows SbF_2^+ + SbF_4^-$. Die SbF_2^+-Ionen werden hierbei durch SbF_3 stabilisiert: $SbF_2^+ \cdot nSbF_3$. *Kationen* des Typus $SbF_2^+ \cdot SbF_3 = Sb_2F_5^+$ (Struktur: $F_2Sb—F—SbF_2$; pyramidale Sb-Atome und symmetrische SbFSb-Brücke; SbFSb-Winkel ca. 150°) und $2SbF_2^+ \cdot SbF_3 = Sb_3F_7^{2+}$ (Struktur: $F_2Sb—F—SbF—F—SbF_2$; pyramidale Sb-Atome und asymmetrische SbFSb-Brücken; SbFSb-Winkel nahe 180°) treten u.a. in folgenden SbF_3/SbF_5-Addukten auf (Gegenionen u.a. SbF_6^-, $Sb_2F_{11}^-$): $3SbF_3 \cdot 4SbF_5 = Sb_7F_{29}$ (F/Sb-Verhältnis = 4.1), $SbF_3 \cdot SbF_5 = Sb_2F_8$ (4.0), $6SbF_3 \cdot 5SbF_5 = Sb_{11}F_{43}$ (3.9), $5SbF_3 \cdot 3SbF_5 = Sb_8F_{30}$ (3.8), $2SbF_3 \cdot SbF_5 = Sb_3F_{11}$ (3.7), $3SbF_3 \cdot SbF_5 = Sb_4F_{14}$ (3.5).

Wie AsF_3 wird SbF_3 für Fluoridierungen genutzt, wobei bevorzugt niedrig schmelzende Fluoride gewonnen werden (z.B. $C_2Cl_6 \rightarrow C_2Cl_4F_2$; $SiCl_4 \rightarrow SiCl_{4-n}F_n$; $CF_3PCl_2 \rightarrow CF_3PF_2$; Abdestillation des Fluorids).

Antimontrichlorid $SbCl_3$ (Tab. 76) wird erhalten, wenn man feingepulverten *Grauspießglanz* in heißer, konzentrierter *Salzsäure* auflöst:

$$Sb_2S_3 + 6HCl \rightarrow 2SbCl_3 + 3H_2S.$$

Es stellt eine *farblose*, durchscheinende, kristallin-blättrige, weiche Masse dar („*Antimonbutter*"; Tab. 76; $d = 3.14$ g/cm³). In wenig Wasser löst es sich zum Unterschied von PCl_3 und $AsCl_3$ klar auf. Bei weiterer Zugabe von Wasser scheiden sich infolge Hydrolyse kompliziert-strukturierte Chloridoxide ab, z.B. SbOCl („*Antimonchloridoxid*"; $SbCl_3 + H_2O \rightleftarrows SbOCl + 2HCl$) und $Sb_4O_5Cl_2$ = „$2SbOCl \cdot Sb_2O_3$"[240]. Beim *Kochen* mit *Wasser* geht alles Antimonchlorid in *Antimontrioxid* Sb_2O_3 über (*Algarotpulver*; $2SbCl_3 + 3H_2O \rightleftarrows Sb_2O_3 + 6HCl$). Das Algarotpulver wurde früher als Heilmittel verwandt. Beständiger gegen Wasser sind die komplexen, aus Antimontrichlorid und Alkalichloriden entstehenden *Chloroantimonate (III)* („*Chloro-antimonite*") der Zusammensetzung $M^I[SbCl_4]$, $M^I_2[SbCl_5]$ und $M^I_3[SbCl_6]$, die beim Auflösen von MCl in geschmolzenem $SbCl_3$ entstehen und die elektrische Leitfähigkeit der Schmelze erhöhen ($SbCl_5^{2-}$ ist analog SbF_5^{2-}, $SbCl_6^{3-}$ oktaedrisch, $SbCl_4^-$ analog BiI_4^- (S. 825) polymer gebaut). Auch mit anderen Lewis-Basen, z.B. mit Dipyridyl, 15-Krone-5 = $(—CH_2CH_2O—)_5$ oder Arenen gibt $SbCl_3$ Addukte, z.B. die Verbindung $SbCl_3 \cdot$ dipy, die in Nitrobenzol gemäß $SbCl_3 \cdot$ dipy $\rightleftarrows SbCl_2(dipy)^+ + Cl^-$ dissoziiert ist, das Addukt $SbCl_3$[15-Krone-5], das mit $SbCl_5$ in SbCl[15-Krone-5]$^{2+}2SbCl_6^-$ (pentagonal-pyramidales Sb) übergeführt werden kann und den Arenkomplex $SbCl_3(C_6Et_6)$ (vgl. S. 1104). Bei der Umsetzung von $SbCl_3$ mit Cl_2O entsteht in Analogie zur entsprechenden Reaktion von $AsCl_3$ (S. 801) ein *blaßgelbes*, polymeres, sich bei 300 °C zersetzendes „*Antimonchloriddioxid*" SbO_2Cl.

Antimontrichlorid dient wie $AsCl_3$ als *nichtwässeriges Lösungsmittel* (Flüssigkeitsbereich: 73–223 °C) für Chlorid-Übertragungen (die Eigendissoziation gemäß $2SbCl_3 \rightleftarrows SbCl_2^+ + SbCl_4^-$ ist vernachlässigbar klein). Es ist Ausgangsprodukt für viele antimonhaltige Stoffe, da sich das Verbindungschlor leicht durch andere Gruppen wie OR, NR_2 substituieren läßt (Bildung von $SbCl_{3-n}(OR)_n$, $Sb(NR_2)_3$).

Antimontribromid $SbBr_3$ und **Antimontriiodid SbI_3** (Tab. 76) bilden sich *aus den Elementen* und darüber hinaus durch Reaktion von $SbCl_3$ mit BBr_3 bzw. BI_3. Insbesondere von SbI_3 sind viele Iodokomplexe bekannt, wie etwa $Sb_2I_9^{3-}$, $Sb_3I_{11}^{2-}$, $Sb_5I_{18}^{3-}$, $Sb_6I_{22}^{4-}$, $Sb_8I_{28}^{4-}$, $[SbI_4^-]_\infty$, $[Sb_2I_7^-]_\infty$, $[Sb_3I_{10}^-]_\infty$.

Antimonpentafluorid SbF_5 ist durch Fluoridierung von $SbCl_5$ (s. unten) mittels HF als farblose, ölige Flüssigkeit gewinnbar. Wie schon die Viskosität und die hohe Troutonkonstante (25.1) zeigen, ist es zum Unterschied vom homologen monomeren PF_5 und AsF_5 weitgehend zu Ketten $(SbF_5)_n$ polymerisiert (s. oben sowie AlF_5^{2-}, S. 1054). SbF_5 ist eine der *stärksten Lewis-Säuren* (vgl. Supersäuren, S. 243) und bildet als sehr starker F^--Akzeptor Komplexe des Typus $MF \cdot SbF_5 = M^+SbF_6^-$ oder $Me_3C^+SbF_6^-$ (SbF_6^- isoelektronisch mit SnF_6^{2-}, TeF_6 und IF_6^+), die beständiger als die entsprechenden Arsenkomplexe AsF_6^- sind und mit SbF_5 Komplexe des kettenförmigen Typus $SbF_6^- \cdot SbF_5 = [F_5Sb \cdot F \cdot SbF_5]^-$ und $SbF_6^- \cdot 2SbF_5 = [F_5Sb \cdot F \cdot SbF_4 \cdot F \cdot SbF_5]^-$ zu bilden vermögen. Die *starke* Lewis-Acidität von SbF_5 dokumentiert sich weiterhin in der Bildung zahlreicher Addukte wie $SbF_5 \cdot SO_2$ (farblose Kristalle vom Smp. 57 °C), $SbF_5 \cdot NO_2$ (farblose, oberhalb 150 °C wieder in die Komponenten zerfallende Verbindung), die *geringe* Lewis-Basizität von SbF_6^-, $Sb_2F_{11}^-$ bzw. $Sb_3F_{16}^-$ in Salzen mit Nichtmetallkationen (z.B. $O_2^+SbF_6^-$, $S_4^{2+}(Sb_3F_{11}^-)_2$).

Antimon(V)-chloridfluoride $SbCl_nF_{5-n}$ (vgl. Tab. 76). Setzt man SbF_5 eine kleine Menge $SbCl_5$ zu, so nimmt die Viskosität des Pentafluorids als Folge der mit dem F/Cl-Austausch verbundenen Spaltung von SbFSb-Brücken ab. Auch steigt die elektrische Leitfähigkeit als Folge der Bildung ionischer Spezies. Solche Mischungen sind wirksamere Fluoridierung- und Fluorierungsmittel als SbF_5 (z.B. $SOCl_2 \rightarrow$

SOF_2; $POCl_3 \rightarrow POCl_2F$; $C_4Cl_6 \rightarrow C_4Cl_2F_6$; letztere Verbindung läßt sich mit Permanganat in *Trifluoressigsäure* CF_3COOH überführen). **$SbCl_4F$** (gewinnbar aus $SbCl_5$ und AsF_3) und **$SbCl_3F_2$** (gewinnbar aus $SbCl_5$ und HF) bilden wie $SbCl_{3.25}F_{1.75} \triangleq \frac{1}{4}Sb_4Cl_{13}F_7$ Tetramere analog SbF_5 (Fig. 174; Ersatz terminaler F-Atome durch Cl-Atome), wogegen **$SbCl_2F_3$** (aus $SbCl_5$ + HF) und $SbCl_{1.33}F_{3.67} = \frac{1}{3}Sb_3Cl_4F_{11}$ (aus $SbCl_4F + SbF_5$) im Sinne von $SbCl_4^+Sb_2Cl_2F_9^-$ und $SbCl_4^+Sb_2F_{11}^-$ ionisch gebaut sind (Anionenstruktur: $ClF_4SbFSbF_4Cl$ bzw. $F_5SbFSbF_5$ mit schwach gewinkelter SbFSb-Gruppe).

Antimonpentachlorid $SbCl_5$ (Tab. 76) entsteht bei der Behandlung von *Antimontrichlorid* mit *Chlor*:

$$SbCl_3 + Cl_2 \rightleftarrows SbCl_5 + 5.82\,kJ.$$

Es stellt eine in reinem Zustande *farblose*, rauchende Flüssigkeit dar (Tab. 76; $d = 2.35\,g/cm^3$), welche bei 140 °C unter beginnender Zersetzung in Trichlorid und Chlor siedet. Man verwendet es daher in der organischen Chemie als kräftiges Chlorierungsmittel, wobei es durch Zuleiten von Chlor immer wieder regeneriert werden kann. Mit kleinen Mengen Wasser bildet $SbCl_5$ Hydrate wie $SbCl_5 \cdot H_2O$ und $SbCl_5 \cdot 4H_2O$; von überschüssigem Wasser wird es zu Antimonsäure und Salzsäure hydrolysiert. Mit zahlreichen Metallchloriden vereinigt es sich zu *Hexachloro-antimonaten* des Typus $MCl \cdot SbCl_5 = M^I[SbCl_6]$, mit PCl_5 zu einem Addukt $PCl_5 \cdot SbCl_5 = [PCl_4]^+[SbCl_6]^-$.

4.4 Sauerstoffverbindungen des Antimons[237)]

Antimon bildet zwei **Sauerstoffsäuren**: Die *Antimonige Säure* (*Antimon(III)-säure, Antimon(III)-hydroxid*) $H_3SbO_3 = Sb(OH)_3$ (nur in Form von *Antimoniten*, s. unten) und die *Antimonsäure* (*Antimon(V)-säure*) H_3SbO_4 (nur in wasserreicherer Form als $H_3SbO_4 \cdot 2H_2O = H[Sb(OH)_6]$). Außerdem kennt man drei **Antimonoxide:** das Anhydrid der Antimonigen Säure (*Diantimontrioxid*) Sb_2O_3, das Anhydrid der Antimonsäure (*Diantimonpentaoxid*) Sb_2O_5 und das gemischte Anhydrid der Antimonigen und Antimonsäure (*Diantimontetraoxid*) Sb_2O_4.

Diantimontrioxid Sb_2O_3 („*Antimontrioxid*") kommt in der Natur sowohl als kubischer *Senarmontit* wie als orthorhombischer *Valentinit* (*Antimonblüte, Weißspießglanz*) vor. Die Darstellung kann durch *Verbrennen von Antimon* an der Luft ($2Sb + 1\frac{1}{2}O_2 \rightarrow Sb_2O_3 + 721.0\,kJ$) sowie durch *Hydrolyse von Antimontrichlorid* in siedender Sodalösung ($2SbCl_3 + 3HOH \rightleftarrows Sb_2O_3 + 6HCl$; $6HCl + 3Na_2CO_3 \rightarrow 6NaCl + 3CO_2 + 3H_2O$) erfolgen.

Physikalische Eigenschaften. Antimontrioxid stellt ein *weißes*, beim Erhitzen *gelb* und beim Erkalten wieder weiß werdendes, in Wasser nahezu unlösliches Pulver (es lösen sich nur 10^{-5} mol/l) vom Schmelzpunkt 655 °C und Siedepunkt 1425 °C dar. Wie Arsentrioxid existiert es in zwei enantiotropen Modifikationen, einer kubischen ($\Delta H_f = -720.3\,kJ/mol$) und einer nur 12.0 kJ/mol energiereicheren orthorhombischen Form ($\Delta H_f = -708.5\,kJ/mol$), deren Umwandlungspunkt bei 606 °C liegt:

$$\underset{kubisch}{(Sb_2O_3)_2} \xrightleftharpoons{606\,°C} \underset{orthorhombisch}{(Sb_2O_3)_x} \xrightleftharpoons{655\,°C} \underset{flüssig}{(Sb_2O_3)_2} \xrightleftharpoons{1425\,°C} \underset{gasförmig}{(Sb_2O_3)_2}$$

Strukturen. Antimontrioxid-Dampf besteht nach Dampfdichtebestimmungen bei 1560 °C überwiegend aus Sb_4O_6-Molekülen, die analog P_4O_6 und As_4O_6 (s. dort) strukturiert sind (SbO-Abstand 2.00 Å, ber. für Einfachbindung 2.07 Å). Aus ebensolchen Molekülen ist die kubische Senarmontit-Form $(Sb_2O_3)_2$ ($d = 5.20\,g/cm^3$) aufgebaut, während die orthorhombische Valentinit-Form $(Sb_2O_3)_x$ ($d = 5.79\,g/cm^3$) wie die monokline Arsentrioxid-Form hochmolekular ist, aber – anders als blattförmiges $(As_2O_3)_x$ (in zwei Richtungen miteinander kondensierte 12gliederige As_6O_6-Ringe, S. 803) – Bandmoleküle nachfolgenden Typs bildet (in einer Richtung miteinander kondensierte achtgliederige Sb_4O_4-Ringe):

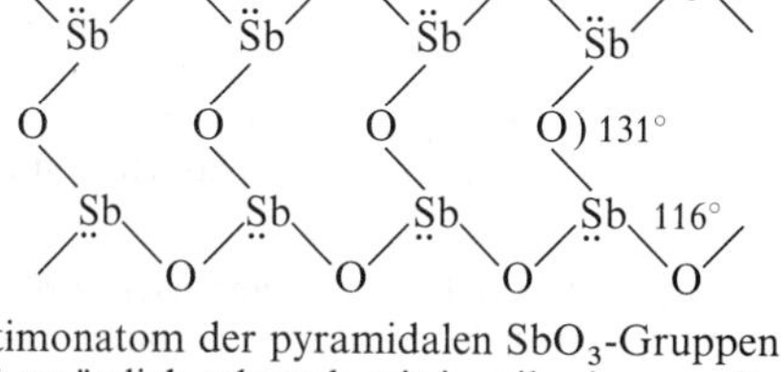

```
 \    /O\    /O\    /O\    /O\
  Sb̈     Sb̈     Sb̈     Sb̈
  /      /      /      /
 O      O      O      O) 131°
  \      \      \      \
  Sb      Sb      Sb      Sb  116°
 / ·· \  / ·· \  / ·· \  / ·· \ /
      O      O      O      O
```

Jedes Antimonatom der pyramidalen SbO_3-Gruppen (SbO-Abstand 2.01 Å; OSbO-Winkel 80, 92, 98°) ist hierbei zusätzlich schwach mit jeweils einem weiteren O-Atom aus dem gleichen und einem benachbarten Sb_2O_3-Band verknüpft (SbO-Abstände 2.62, 2.52 Å; Koordinationszahl von Sb: 3 + 2).

Chemische Eigenschaften. Beim Glühen an der Luft (700–1000 °C) nimmt Antimontrioxid weiteren Sauerstoff unter *Oxidation* zu Antimontetraoxid Sb_2O_4 auf (s. u.). Andererseits läßt es sich leicht zum Metall *reduzieren*, z. B. durch Erhitzen mit Wasserstoff, Kohle, Kohlenoxid oder Kaliumcyanid. In *Weinsäure* ist Sb_2O_3 unter *Komplexsalzbildung* löslich; mit dem Kaliumsalz der Weinsäure HOOC—CHOH—CHOH—COOH (S. 408) bildet es etwa „*Brechweinstein*" (Kalium-antimon-tartrat): $K[C_4H_5O_6] + \frac{1}{2}Sb_2O_3 \rightarrow K[C_4H_2O_6Sb(OH_2)] \cdot \frac{1}{2}H_2O$.

Als *amphoteres* Oxid bildet Sb_2O_3 sowohl mit starken Basen als auch mit starken Säuren salzartige Verbindungen. Sie leiten sich von einer (hypothetischen) wasserreicheren Form der **Antimonigen Säure** $H_3SbO_3 \cdot H_2O =$ **HSb(OH)₄** („*Tetrahydroxoantimon(III)-säure*") bzw. vom (hypothetischen) **Antimontrihydroxid Sb(OH)₃** ab. Der *saure Charakter* des Antimontrioxids zeigt sich etwa in der Löslichkeit in *Alkalilaugen*, worin **Antimonite** $M^ISb(OH)_4$ gebildet werden ($Sb_2O_3 + 2MOH + 3H_2O \rightarrow 2MSb(OH)_4$), die ihrerseits zu „*Metaantimoniten*" M^ISbO_2 entwässert werden können (vgl. Metaarsenite, S. 805). Der *basische Charakter* ist nur schwach ausgeprägt. So löst sich Antimontrioxid nicht in verdünnter, wohl aber in konzentrierter *starker Säure* HX (X = Äquivalent eines Säurerestes) unter Bildung von **Antimonoxid-Salzen** (früher „*Antimonyl-Salze*") SbOX bzw. **Antimon-Salzen** SbX_3 ($Sb_2O_3 + 2HX \rightarrow 2SbOX + H_2O$; $SbOX + 2HX \rightarrow SbX_3 + H_2O$) wie z. B.: $(SbO)_2SO_4$, $Sb_2(SO_4)_3$, $SbONO_3$, $Sb(NO_3)_3$, $SbCl_3$, $SbCl_4^-$.

Die Existenz von Antimoniten und Antimonoxid-Salzen zeigt, daß die Antimonige Säure (Antimontrihydroxid) wie das zugrunde liegende Anhydrid Sb_2O_3 als *Säure* und *Base* zu wirken imstande ist ($pK_S = 11$; $pK_B < 14$); schematisch:

$$H^+ + Sb(OH)_4^- \underset{+H_2O}{\overset{-H_2O}{\rightleftharpoons}} \mathbf{Sb(OH)_3} \underset{+H_2O}{\overset{-H_2O}{\rightleftharpoons}} SbO^+ + OH^-$$

Ob sie tatsächlich in *wässeriger Lösung* existiert, ist fraglich (vgl. hierzu $Bi(OH)_3$, S. 826). Versucht man sie durch Ansäuern von Antimonit-Lösung oder durch hydrolytische Zersetzung von Antimonoxid-Salzlösungen herzustellen ($Sb(OH)_4^- + H^+ \rightarrow Sb(OH)_3 + H_2O$; $SbO^+ + H_2O + OH^- \rightarrow Sb(OH)_3$), so erhält man voluminöse, weiße, gelartige Niederschläge („*Antimon(III)-oxid-Hydrate*") $Sb_2O_3 \cdot xH_2O$, die wechselnde Mengen Wasser enthalten und allmählich, selbst unter Wasser, in das kristalline Oxid Sb_2O_3 übergehen. Hierbei treten als Stufen zwischen der Antimonigen Säure $Sb_2O_3 \cdot 3H_2O = 2H_3SbO_3$ und dem Antimontrioxid $(Sb_2O_3)_n$ auch Polyantimonige Säuren $(Sb_2O_3)_n \cdot H_2O = H_2Sb_{2n}O_{3n+1}$ auf, wie die Isolierung von Natriumpolyantimoniten des Typus $Na_2Sb_4O_7$ ($n = 2$) oder $Na_2Sb_6O_{10}$ ($n = 3$) aus solchen Lösungen zeigt.

Diantimonpentaoxid Sb₂O₅ („*Antimonpentaoxid*") kann durch Dehydratisierung seines farblosen Hydrats $Sb_2O_5 \cdot xH_2O$ gewonnen werden, das ausfällt, wenn man etwa *Antimonpentachlorid* mit *Wasser* hydrolytisch zersetzt ($2SbCl_5 + (5+x)H_2O \rightarrow Sb_2O_5 \cdot xH_2O + 10HCl$) oder *Antimon* mit konzentrierter *Salpetersäure* oxidiert ($2Sb + 5O + xH_2O \rightarrow Sb_2O_5 \cdot xH_2O$). Die bei 600–700 °C durchgeführte Entwässerung muß hierbei zur Unterdrückung des bei hohen Temperaturen einsetzenden Zerfalls des Pentaoxids ($Sb_2O_5 \rightarrow Sb_2O_4 + \frac{1}{2}O_2$) bei hohem Sauerstoffdruck (2000 bar) durchgeführt werden. Auch aus Sb_2O_3 bzw. Sb_2O_4 ist Sb_2O_5 unter den angegebenen Bedingungen (600 °C, 2000 bar O_2) zugänglich. Man erhält hierbei Sb_2O_5 zunächst in Form eines *gelben* mikrokristallinen Pulvers und nach wochenlangem Tempern unter Sauerstoffdruck in Form kleiner Kriställchen ($d = 6.7$ g/cm³).

Während Phosphor in P_2O_5 nur tetraedrisch und Arsen in As_2O_5 zur Hälfte tetraedrisch, zur Hälfte oktaedrisch von Sauerstoff umgeben sind (S. 762 und 806), ist Antimon im (polymeren) Sb_2O_5 durchgehend oktaedrisch von Sauerstoff koordiniert.

In Wasser ist Antimonpentaoxid ($\Delta H_f = -972.6$ kJ/mol) sehr schwer löslich. Die Lösung rötet blaues Lackmuspapier und enthält wohl eine wasserreichere Form der **Antimonsäure** $H_3SbO_4 \cdot 2H_2O =$ **HSb(OH)₆** („*Hexahydroxoantimon(V)-säure*"). Diese ist eine *einbasige* Säure von der Stärke etwa der Essigsäure ($pK_S = 2.55$) und bildet *Salze* („*Hexahydroxo-antimonate(V)*") des Typus $M^I[Sb(OH)_6]$. Das lösliche Kaliumsalz $K[Sb(OH)_6]$ dient in der analytischen Chemie als Reagens auf Natrium-Ionen, da Natrium-hexahydroxo-antimonat $Na[Sb(OH)_6]$ schwer löslich ist. Die durch Zusammenschmelzen von Antimonpentaoxid und Metalloxid erhältlichen **Antimonate** leiten sich großenteils von der wasserärmeren, formelmäßig der Phosphorsäure H_3PO_4 entsprechenden Orthoform H_3SbO_4 bzw. einer noch wasserärmeren Pyroform $H_4Sb_2O_7$ bzw. Metaform $HSbO_3$ ab, die alle in freiem Zustand nicht bekannt sind. Erwähnt sei hier etwa das durch Zusammenschmelzen von Brechweinstein, Bleinitrat und Kochsalz entstehende basische Bleiantimonat(V), das unter dem Namen „*Neapelgelb*" als Farbe, namentlich in der Keramik, dient.

Die Antimonsäure $HSb(OH)_6$ ist ein Glied in der Reihe der Säuren $H_{12-n}EO_6$ (n = Wertigkeit des Elements E) von Zinn bis Xenon in der 5. Periode des Periodensystems: H_8SnO_6 ($= H_2[Sn(OH)_6]$) (S. 970); H_7SbO_6 ($= H[Sb(OH)_6]$) (s. oben); H_6TeO_6 ($= Te(OH)_6$) (S. 634); H_5IO_6 ($= IO(OH)_5$) (S. 486); H_4XeO_6 ($= XeO_2(OH)_4$ (S. 430). Sie unterscheiden sich wegen ihres andersartigen Baus in ihren Eigenschaften wesentlich von den leichteren Homologen, der Germanium-, Arsen-, Selen- und Perbromsäure.

Auch die von den wasserärmeren Formen der Antimonsäure, wie H_3SbO_4, $H_4Sb_2O_7$, $H_5Sb_3O_{10}$ und $H_nSb_nO_{3n}$, abgeleiteten Antimonate sind ganz anders gebaut als die entsprechenden Phosphate, da Sb in diesen Oxosalzen zum Unterschied von P nicht die Koordinationszahl 4, sondern die Koordinationszahl 6 anstrebt, so daß z.B. bei den Polyantimonaten keine kettenförmige Aneinanderreihung von SbO_4-Einheiten, sondern eine Raumnetzverknüpfung von SbO_6-Baugruppen vorliegt.

Diantimontetraoxid Sb_2O_4 („*Antimontetraoxid*"). Sb_2O_5 geht beim *Erhitzen* auf über 800 °C ohne zu schmelzen in Sb_2O_4 über, das auch aus Sb_2O_3 bei 500 °C an der *Luft* entsteht:

$$\tfrac{1}{2}O_2 + Sb_2O_3 \rightarrow Sb_2O_4 + 187\,kJ; \qquad 64\,kJ + Sb_2O_5 \rightarrow Sb_2O_4 + \tfrac{1}{2}O_2.$$

Antimontetraoxid (in der Natur als orthorhombischen *Cervantit*) fällt als *weißes*, in der Hitze *gelb* und beim Erkalten wieder weiß werdendes, in Wasser unlösliches Pulver an, das sich durch Glühen mit Kohle ($Sb_2O_4 + 4C \rightarrow 2Sb + 4CO$) oder Kaliumcyanid ($Sb_2O_4 + 4KCN \rightarrow 2Sb + 4KOCN$) zu metallischem Antimon reduzieren läßt. Sb_2O_4 ($d = 6.59\,g/cm^3$) ist ein Doppeloxid aus Sb_2O_3 und Sb_2O_5 und bildet eine mit dem Antimon(III)-niobat(V) $SbNbO_4$ bzw. -tantalat(V) $SbTaO_4$ isotype Struktur $Sb^{III}Sb^{V}O_4$, die sich aus *Schichten* von miteinander eckenverknüpften $Sb^{V}O_6$-Oktaedern aufbaut, wobei die Schichten ihrerseits über Sb(III)-Atome zusammengehalten werden. Die Sb(III)-Atome bilden hierbei mit vier O-Atomen (je zwei aus einer oberen und einer unteren Sb(V)-haltigen Sauerstoffschicht) eine stark verzerrte quadratische Pyramide SbO_4 (Sb an der Pyramidenspitze).

4.5 Schwefelverbindungen des Antimons[237)]

Antimon bildet mit Schwefel die **Sulfide Sb_2S_3** und **Sb_2S_5**[241)]. Man erhält sie als orangerote Verbindungen beim Zusammenschmelzen von Antimon und Schwefel ($2Sb + 3S \rightarrow Sb_2S_3$; $2Sb + 5S \rightarrow Sb_2S_5$) oder beim Einleiten von Schwefelwasserstoff in angesäuerte Lösungen von Verbindungen des drei- bzw. fünfwertigen Antimons ($2Sb^{3+} + 3S^{2-} \rightarrow Sb_2S_3$; $2Sb^{5+} + 5S^{2-} \rightarrow Sb_2S_5 \rightarrow Sb_2S_3 + 2S$). Wie die entsprechenden Arsensulfide lösen sie sich in Alkali- oder Ammoniumsulfid-Lösungen unter Bildung von „**Thio-antimoniten**" ($Sb_2S_3 + 3S^{2-} \rightarrow 2SbS_3^{3-}$) bzw. „**Thio-antimonaten**" ($Sb_2S_5 + 3S^{2-} \rightarrow 2SbS_4^{3-}$), aus denen durch Umsetzung mit HCl in Ether die zugrunde liegenden, nicht sehr beständigen Säuren gewonnen werden können.

Diantimontrisulfid Sb_2S_3 (ΔH_f der *orangeroten* Form $= -147$ kJ/mol) schmilzt bei 547 °C und wandelt sich beim Erhitzen unter Luftabschluß in die beständigere *grauschwarze* Modifikation (Grauspießglanz) um: Sb_2S_3 (orangerot) $\rightarrow$ Sb_2S_3 (grauschwarz) + 28 kJ. Die Grauspießglanz-Form Sb_2S_3 bildet in Übereinstimmung mit ihrer spießförmigen Kristallstruktur Bandmoleküle, deren Atomanordnung sich von der des Weißspießglanzes Sb_2O_3 (S. 818) unterscheidet, und zwar sind jeweils zwei Bänder des Typs (a) über die exocyclischen S-Atome und die benachbarten Sb-Atome im Sinne von (b) so verknüpft, daß die betreffenden Sb-Atome quadratisch-pyramidal von Schwefel umgeben sind. Die verbleibenden Sb-Atome bilden mit drei S-Atomen eine trigonale Pyramide.

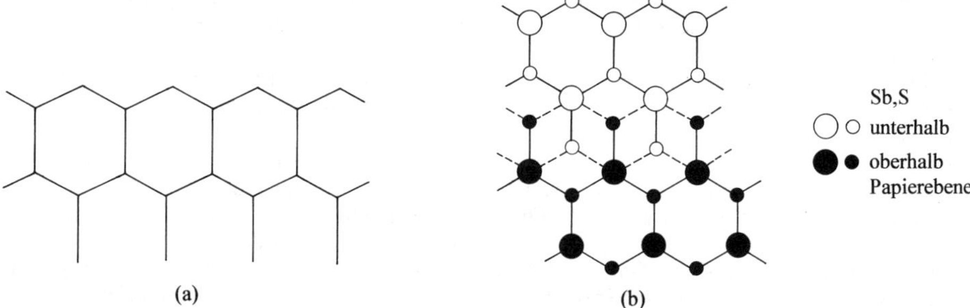

Zum Unterschied von weniger basischem As_2S_3 ist Sb_2S_3 in starken Säuren löslich (vgl. S. 808). Man verwendet Sb_2S_3 für die Produktion von Streichhölzern (s. dort), Munition, Explosivstoffen, Pyrotechnika, rubinrotem Glas, als Farbstoff für Kunststoffe sowie als Flammenschutzmittel.

Diantimonpentasulfid Sb_2S_5 diente früher als „*Goldschwefel*" zum Vulkanisieren von Kautschuk und verlieh den so vulkanisierten Gummiwaren die charakteristische rote Farbe. Heute vulkanisiert man mit anderen Stoffen und erzeugt die orangerote Farbe durch Fe_2O_3 oder organische Farbstoffe. Die technische

---

241 Man kennt auch das **Selenid Sb_2Se_3** (Smp. 612 °C) und das **Tellurid Sb_2Te_3** (Smp. 620 °C), die als *Halbleiter* von Interesse sind.

Darstellung von Goldschwefel erfolgt durch Zersetzung von Natrium-thioantimonat („*Schlippesches Salz*") mit Säuren:

$$2\,SbS_4^{3-} + 6\,H^+ \rightarrow Sb_2S_5 + 3\,H_2S.$$

Das Schlippesche Salz wird dabei durch Kochen von Grauspießglanz-Pulver mit Schwefel und Natronlauge gewonnen; hierbei setzen sich Schwefel und Natronlauge teilweise zu Natriumsulfid um, welches dann mit dem Antimontrisulfid bei gleichzeitiger Einwirkung von Schwefel Thioantimonat bildet: $Sb_2S_3 + 3\,S^{2-} + 2\,S \rightarrow 2\,SbS_4^{3-}$. Aus der Lösung kristallisiert beim Erkalten das Schlippesche Salz als *hellgelbe* Verbindung der Formel $Na_3SbS_4 \cdot 9\,H_2O$ aus. Bezüglich der Verwendung von Sb_2S_5 bei der Zündholzfabrikation vgl. S. 737.

4.6 Organische Verbindungen des Antimons[230,237,242]

Organische Stibane R_nSbH_{3-n} (trigonal-pyramidaler Bau) lassen sich auf analogen Wegen wie die Arsane R_nAsH_{3-n} (S. 809) gewinnen (z. B. *farbloses*, pyrophores, bei −62 °C schmelzendes und bei 80 °C siedendes „*Trimethylstiban*" $SbMe_3$; *farbloses*, bei 55 °C schmelzendes „*Triphenylstiban*" $SbPh_3$; „*Tricyclopentadienylstiban* $SbCp_3$ mit drei – rascher als in $AsCp_3$ fluktuierenden – monohapto-(η^1-)gebundenen Resten Cp = C_5H_5). Sie zeichnen sich durch gesteigerte Reaktivität aus und stellen wie die Arsane *Komplexliganden* dar. Auch die zu Oxiden $(R_2Sb)_2O$ bzw. $(RSbO)_n$ hydrolysierbaren **organischen Halogenstibane** R_2SbX bzw. $RSbX_2$ (meist trigonal-pyramidaler Bau; Ph_2SbF bildet ein Kettenpolymeres —Ph_2Sb—F—Ph_2Sb—F— mit trigonal-bipyramidalem Sb und axialen F-Atomen; SbFSb-Winkel 140°) gewinnt man analog den organischen Halogenarsanen (s. dort). Unter den **höheren organischen Stibanen** seien genannt: „*Tetraphenyldistiban*" Ph_2Sb—$SbPh_2$ (Smp. 122 °C), „*Tetramethyldistiban*" Me_2Sb—$SbMe_2$ (EE-Abstand 2.86 Å; pyrophore, thermochrome, bei 17 °C schmelzende Verbindung, die unterhalb −18 °C, in der Schmelze sowie in der Lösung *blaßgelb* und in fester Phase bei 17 °C *rot* ist) und „*Tetra-tert-butyl-cyclotetrastiban*" $(Sb^tBu)_4$ (*gelbe*, bei 140 °C unter Zersetzung schmelzende Festsubstanz). Die Umsetzung von R_nSbX_{3-n} mit Halogenen oder Organylhalogeniden sowie von R_3SbX_2 und R_4SbX mit LiR führt zu mehr oder weniger hydrolyseempfindlichen **organischen Stiboranen** R_nSbX_{5-n}, die teils *trigonal-bipyramidal* (a) oder *quadratisch-pyramidal* (b), teils *dimer* (c), *polymer* (d) oder *ionisch* (z. B. $Ph_4Sb^+Cl^-$ mit tetraedrischem Ph_4Sb^+) gebaut sind:

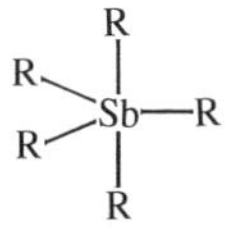

(z. B. R = p-Tol) (a) 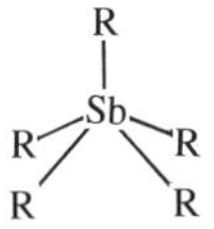 | (z. B. R = Ph) (b) 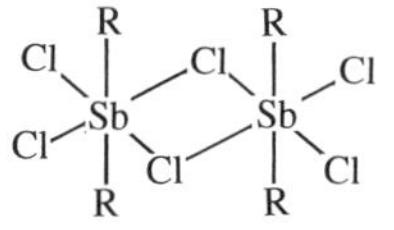 | (z. B. R = Me, Ph) (c) 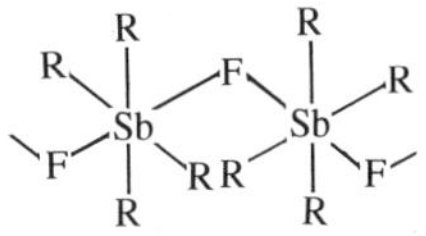 | (z. B. R = Me) (d)

Der Energieunterschied zwischen trigonal-bipyramidaler Struktur (z. B. $SbPh_5 \cdot \frac{1}{2}C_6H_{12}$) und quadratisch-pyramidalem Bau (z. B. $SbPh_5$) ist gering, wie schon daraus folgt, daß Pentaarylstiborane beide Konformationen annehmen können (vgl. $BiPh_5$). Auch gehen die dimeren Stiborane wie $(Me_2SbCl_3)_2$ leicht (z. B. in Lösung) in monomere Stiborane über (äquatorial gebundene Me-Gruppen in Me_2SbCl_3). „*Pentamethylstiboran*" $SbMe_5$ (Smp. −19 °C, Sdp. 127 °C, trigonal-bipyramidal, D_{3h}-Molekülsymmetrie, $SbC_{ax}/SbC_{äq}$-Abstände = 2.264/2.140 Å) ist überraschend thermostabil, aber oxidations- und hydrolyseempfindlich. Es liefert mit LiMe ähnlich wie $SbPh_5$ mit LiPh Salze des Typs $Li^+SbR_6^-$ (oktaedrisches SbR_6^-). Die Hydrolyse von R_2SbX_3 bzw. $RSbX_4$ führt zu polymeren *Stibinsäuren* $[R_2SbO(OH)]_n$ bzw. *Stibonsäuren* $[RSbO(OH)_2]_n$. Als Beispiel für eine **ungesättigte Antimonverbindung** sei das *Stibabenzol* C_5H_5Sb genannt (S. 811). *Distibene* RSb=SbR (R z. B. $(Me_3Si)_2CH$) konnten bisher nur komplexgebunden erhalten werden.

[242] **Literatur.** Gmelin: „*Organoantimony Compounds*", System-Nr. **51**, bisher 5 Bände; A. J. Ashe III: „*Thermochromic Distibines and Dibismuthines*", Acta Inorg. Chem. **30** (1990) 77–97; R. Okawara, Y. Matsumura: „*Recent Advances in Organoantimony Chemistry*", Adv. Organomet. Chem. **14** (1976) 187–204.

5 Das Bismut[216,243)]

5.1 Elementares Bismut

Vorkommen. Bismut kommt in der Natur nicht in größeren Mengen vor. Es wird hauptsächlich in Südamerika (Mexiko, Peru, Bolivien) und Spanien gefunden, und zwar sowohl *gediegen* als **Element** wie auch *kationisch* in **Chalkogeniden**, so im „*Sulfid*" Bi_2S_3 (*Bismutglanz, Bismutin*), „*Selenid*" Bi_2Se_3 (*Selenbismutglanz*) und „*Oxid*" Bi_2O_3 (*Bismutocker, Bismit*) vor. Wie Arsen und Antimon kommt es weiterhin gelegentlich in Form von „*Doppelsulfiden*" vor, z.B. als *Galenobismutit* $PbBi_2S_4$ (= „$PbS \cdot Bi_2S_3$"), *Lillianit* $Pb_3Bi_2S_6$ (= „$3PbS \cdot Bi_2S_3$"), *Silberbismutglanz* (*Argentobismutit, Schapbachit*) $AgBiS_2$ (= „$Ag_2S \cdot Bi_2S_3$"), *Kupferbismutglanz* (*Emplektit*) $CuBiS_2$ (= „$Cu_2S \cdot Bi_2S_3$") und *Kupferbismutblende* (*Wittichenit*) $Cu_6Bi_2S_6$ (= „$3Cu_2S \cdot Bi_2S_3$"). Bekannt ist auch noch ein gemischtes „*Tellurid-Sulfid*" in Form von *Tellurbismut* (*Tetradymit*) Bi_2Te_2S (= „$2Bi_2Te_3 \cdot Bi_2S_3$") und ein **Silicat** in Form von *Eulytin* $Bi_4(SiO_4)_3$. Ein *anionisches* Vorkommen in Form von Bismutiden analog den Arseniden und Antimoniden beobachtet man beim Bismut nicht.

Isotope (vgl. Anhang III). *Natürlich vorkommendes* Bismut besteht zu 100% aus dem Isotop $^{209}_{83}Bi$ (für *NMR-Untersuchungen*). Es stellt das schwerste der *stabilen* Elementnuklide dar. Die *künstlich dargestellten* Isotope $^{206}_{83}Bi$ (K-Einfang; $\tau_{1/2} = 6.3$ Tage) und $^{210}_{83}Bi$ (β^--, α-Strahler; $\tau_{1/2} = 5.01$ Tage) werden für *Tracerexperimente* genutzt.

Geschichtliches (vgl. Tafel III). Der frühere *Name* „*Wismut*" (bis 1979) tauchte schon 1472 auf und bezog sich möglicherweise auf den ersten Ort der *Mutung* (Ausbeutung) „in den Wiesen" am Schneeberg (Erzgebirge). Agricola (1490–1555) beschreibt die *Elementgewinnung* und latinisiert den Namen zu „*bismutum*", wovon sich die heutige Bezeichnung „*Bismut*" und das Symbol Bi ableitet.

Darstellung. Zur technischen Darstellung des Bismuts kann man von den oxidischen oder von den sulfidischen Erzen ausgehen. Die oxidischen Erze werden in Tiegeln oder Flammöfen mit Kohle zu Bismut reduziert (Reduktionsarbeit):

$$2Bi_2O_3 + 3C \rightarrow 3CO_2 + 4Bi.$$

Die sulfidischen Erze werden wie beim Antimon (S. 812) nach dem Niederschlagsverfahren ($Bi_2S_3 + 3Fe \rightarrow 2Bi + 3FeS$) oder dem Röstreduktionsverfahren ($Bi_2S_3 + 4\frac{1}{2}O_2 \rightarrow Bi_2O_3 + 3SO_2$; $2Bi_2O_3 + 3C \rightarrow 4Bi + 3CO_2$) verarbeitet. Das so erhaltene Rohbismut wird von Beimengungen wie Arsen, Antimon, Blei, Eisen, Schwefel durch oxidierendes Schmelzen befreit; Kupfer läßt sich durch Schmelzen mit Natriumsulfid (Überführung in Kupfersulfid), Silber bzw. Gold durch Extraktion des geschmolzenen Bismuts mit Zinn beseitigen (vgl. S. 1340).

Physikalische Eigenschaften (vgl. Tafel III). Festes Bismut. Bismut ist ein *rötlich-silberweiß glänzendes*, sprödes, grobkristallines, ungiftiges, nicht essentielles Halbmetall ($d = 9.80$ g/cm^3; elektrische Leitfähigkeit $= 9.36 \times 10^3\ \Omega^{-1}\ cm^{-1}$) vom Schmelzpunkt 271.3 °C und Siedepunkt 1580 °C. Seine rhomboedrische Struktur entspricht der des grauen Arsens (Fig. 171, S. 795) und Antimons, und zwar ist im **„grauen"** bzw. **„metallischen Bismut"** die Packung der Doppelschichten noch dichter als beim Arsen und Antimon. Der kürzeste BiBi-Abstand zwischen zwei Doppelschichten ist mit 3.529 Å nur um 15% größer als der Abstand zweier direkt benachbarter Bismutatome innerhalb einer Doppelschicht (3.071 Å; BiBiBi-Winkel 95.5°), so daß man schon nahezu von einer Metallstruktur statt von einer Schichtstruktur

[243] **Literatur.** GMELIN: „*Bismuth*", System-Nr. **19**, bisher 2 Bände; ULLMANN (5. Aufl.): „*Bismuth, Bismuth Alloys, and Bismuth Compounds*", **A4** (1985) 171–189; J. D. Corbett: „*Polyatomic Zintl Anions of the Post-Transition Elements*", Chem. Rev. **85** (1985) 383–397; „*Homopolyatomic Ions of the Post-Transition Elements – Synthesis, Structure and Bonding*", Progr. Inorg. Chem. **21** (1976) 140–149; R. Gillespie, J. Passmore: „*Homopolyatomic Cations of the Elements*", Adv. Inorg. Radiochem. **17** (1975) 49–87. Vgl. Anm. 251.

sprechen kann (vgl. die analoge Angleichung der Atomabstände im Fadengitter der Chalkogene beim Übergang vom nichtmetallischen Schwefel zum metallischen Polonium hin; S. 653).

Bei 9000 bar geht graues Bismut in eine **Hochdruck-Modifikation** mit kubisch-raumzentrierter Anordnung der Bi-Atome (BiBi-Abstände 3.291 Å) über.

Wie der Antimondampf besteht auch dampfförmiges Bismut beim Siedepunkt (1580 °C) aus Bi_4- und Bi_2-Molekülen. Das Bi_4-Molekül läßt sich aber durch Abschrecken mit flüssigem Stickstoff nicht in den metastabilen Zustand überführen, so daß von Bismut ähnlich wie von Antimon und zum Unterschied von Phosphor und Arsen keine nichtmetallische E_4-Phase existiert (E = P, As, Sb, Bi).

Das geschmolzene Bismut zeigt wie das Wasser die auffallende Eigenschaft, sich beim Erstarren auszudehnen, so daß mit geschmolzenem Bismut gefüllte Glaskugeln dabei zersprengt werden. Analog verhalten sich z. B. die Halbmetalle Antimon (S. 812), Germanium (S. 955), Silicium (S. 878) und Gallium (S. 1092).

Chemische Eigenschaften. Bismut ist bei gewöhnlicher Temperatur an der Luft beständig. Bei Rotglut verbrennt es mit bläulicher Flamme zu gelbem Bismuttrioxid Bi_2O_3. Mit den Halogenen sowie mit Schwefel, Selen und Tellur verbindet es sich in der Hitze direkt; dagegen vereinigt es sich nicht unmittelbar mit Stickstoff und Phosphor. In Wasser und in nichtoxidierenden Säuren (Salzsäure, verd. Schwefelsäure) ist Bismut entsprechend seiner Stellung in der Spannungsreihe ($Bi + H_2O \rightleftarrows BiO^+ + 2H^+ + 3\ominus$; $\varepsilon_0 = +0.320$ V) nicht löslich. In oxidierenden Säuren (Salpetersäure, heiße konzentrierte Schwefelsäure) löst es sich unter Bildung von Bismutsalzen BiX_3 (X = Säureäquivalent). Als Beispiel eines „*Bismut-Komplexes*" sei $[(CO)_5W]_3Bi_2$ (side-on-Verknüpfung dreier $W(CO)_5$-Fragmente) genannt.

Bismut in Verbindungen (vgl. Überblick, S. 309). Oxidationsstufen. Die Verbindungen des Bismuts leiten sich vorwiegend vom *positiv dreiwertigen* Bismut ab (z. B. BiF_3, Bi_2O_3). Jedoch kann Bismut auch *negativ dreiwertig* (z. B. Na_3Bi), *positiv einwertig* (z. B. BiBr) und *positiv fünfwertig* (z. B. BiF_5, $KBiO_3$) auftreten, wobei fünfwertiges Bi instabiler ist als fünfwertiges Sb (bezüglich einer Erklärung vgl. S. 313). Die wichtigsten Koordinationszahlen sind *drei* (trigonal-bipyramidales Bi z. B. in $\mathbf{Bi}H_3$), *vier* (tetraedrisches Bi in $\mathbf{Bi}Ph_4^+$, $\mathbf{Bi}[Co(CO)_4]_4^-$; wippenförmiges Bi in $Ph_2\mathbf{Bi}Br_2^-$), *fünf* (quadratisch-pyramidales Bi in $\mathbf{Bi}_2Cl_8^{2-}$, $\mathbf{Bi}Ph_5$; trigonal-bipyramidales Bi in $\mathbf{Bi}F_5$) und *sechs* (oktaedrisches Bi in $\mathbf{Bi}Br_6^{3-}$, $\mathbf{Bi}F_6^-$). Man kennt jedoch auch die Koordinationszahlen *eins* und *zwei* (z. B. **Bi≡Bi**, Bismabenzol $C_5H_5\mathbf{Bi}$) sowie *sieben, acht* und *neun*.

Bismut-Ionen, Bismutide. Der im Vergleich zu Sb nochmals verstärkte metallische Charakter des Bismuts zeigt sich in der verstärkten Tendenz zur Bildung kationischen Bismuts. So deutet die dreidimensionale „Salzstruktur" von BiF_3 auf das Vorliegen von Bi^{3+}-Ionen (die übrigen Bismuthalogenide weisen wie alle Antimonhalogenide Schichtstruktur auf; vgl. S. 824). Eine Reihe niederwertiger *Bismut-Kationen*, nämlich Bi^+, Bi_5^{3+}, Bi_8^{2+}, Bi_9^{5+}, entsteht durch Reduktion von Bismuttrichlorid mit Bismut bei höheren Temperaturen (220–250 °C) in Anwesenheit von $AlCl_3$ bzw. $HfCl_4$ als Chloridionen-Akzeptoren, z. B. $BiCl_3 + 4Bi + 3AlCl_3 \rightarrow [Bi_5^{3+}][AlCl_4^-]_3$. Das *rotbraune* **Pentabismut-Trikation** $\mathbf{Bi_5^{3+}}$ bildet höchstwahrscheinlich eine trigonale Bipyramide. Das *schwarze* **Octabismut-Dikation** $\mathbf{Bi_8^{2+}}$ (isoliert als $AlCl_4^-$-Salz) ist nach der Röntgenstrukturanalyse quadratisch-antiprismatisch gebaut. Im ebenfalls käfigartigen, *schwarzen* **Nonabismut-Pentakation** $\mathbf{Bi_9^{5+}}$ (isoliert im Gemisch mit Bi^+-Ionen als $HfCl_6^{2-}$-Salz) sind die Bismutatome an den sechs Ecken sowie über den drei Rechteckflächen eines trigonalen Prismas lokalisiert (vgl. S. 825).

Neben Verbindungen mit kationischem Bismut existieren einige *Metallbismutide* M_mBi_n (M insbesondere Alkali- und Erdalkalimetall) mit anionischem bzw. negativ polarisiertem Bismut in Form von *isolierten* Bi^{3-}-Ionen (z. B. in M_3^IBi mit M^I = Alkalimetall; Mg_3Bi_2), von *kettenförmigen* Bi_2^{4-}- und *ringförmigen* Bi_4^{4-}-Ionen (neben Bi^{3-} in $Ca_{11}Bi_{10}$ und $Sr_{11}Bi_{10}$) bzw. von *planaren ringförmigen* Bi_4^{2-}-Ionen (isoelektronisch mit Te_4^{2+} und Sb_4^{2-}; in $[K(crypt)^+]_2Bi_4^{2-}$; vgl. S. 629, 813). Wegen des verstärkten metallischen Charakters von Bismut sind selbst die Alkali- und Erdalkalibismutide deutlich metallartig (z. B. sind LiBi bzw. NaBi Supraleiter unterhalb 2.47 bzw. 2.22 K). Letzteres gilt natürlich in besonderem Maße für andere Bismutide wie $PtBi_2$, MnBi, NiBi, IrBi, PtBi.

Verwendung von Bismut. Metallisches Bismut (Weltjahresproduktion: Kilotonnenmaßstab) wird zur Herstellung *leichtschmelzender Legierungen* sowie gelegentlich als Zusatz zu Britanniametall (s. dort) und zu Lagermetallen (s. dort), gebundenes Bismut in pharmazeutischen Präparaten verwendet. Von den leichtschmelzenden Legierungen seien hier erwähnt: das „*Rosesche Metall*" (2 Gewichtsteile Bi, 1 Teil Pb, 1 Teil Sn) vom Schmelzpunkt 94 °C, das „*Woodsche Metall*" (4 Teile Bi, 2 Teile Pb, 1 Teil Sn, 1 Teil

Cd) vom Schmelzpunkt 70 °C und die „*Lipowitz-Legierung*" (15 Teile Bi, 8 Teile Pb, 4 Teile Sn, 3 Teile Cd) vom Schmelzpunkt 60 °C („*Eutektikum*", S. 1295). Alle diese Legierungen schmelzen schon in *heißem Wasser* und können z. B. für elektrische Sicherungen und Sicherheitsverschlüsse verwandt werden. Zur Anfertigung von Abgüssen (Münzen, Klischieren von Holzschnitten usw.) verwendet man zweckmäßig die bei 130 °C schmelzende Legierung aus 1 Teil Bi, 1 Teil Pb und 1 Teil Sn, die infolge ihrer Ausdehnung beim Erstarren auch die feinsten Konturen der Vorlage scharf wiedergibt.

5.2 Verbindungen des Bismuts

Bismutwasserstoff BiH_3 („*Bismutan*") wird in Spuren neben viel Wasserstoff erhalten, wenn man Magnesiumbismutid (s. oben) mit Salzsäure zersetzt:

$$Mg_3Bi_2 + 6\,HCl \rightarrow 3\,MgCl_2 + 2\,BiH_3.$$

Seine Bildung läßt sich dadurch nachweisen, daß das entweichende Gas, durch ein erhitztes Glasrohr geleitet, wie Arsen- und Antimonwasserstoff einen Metallspiegel ergibt: $BiH_3 \rightarrow Bi + 1\frac{1}{2}H_2 + 278\,kJ$ (vgl. S. 798). Der Bismutspiegel unterscheidet sich vom Arsenspiegel durch seine Unlöslichkeit in Natriumhypochloritlösung, vom Antimonspiegel durch seine Unlöslichkeit in Ammoniumpolysulfidlösung.

Die beste Methode zur Darstellung von BiH_3 (Sdp. extrapol. 16.8 °C) ist die Disproportionierung des durch Hydrierung von Methylbismutdichlorid $MeBiCl_2$ (Smp. 242 °C) mit Lithiumalanat $LiAlH_4$ gewinnbaren Methylbismutans $MeBiH_2$ (Sdp. extrapoliert 72 °C) bei −45 °C:

$$3\,MeBiH_2 \rightarrow Me_3Bi + 2\,BiH_3.$$

Ein „*Dibismutan*" Bi_2H_4 existiert ebenso wie ein Bismut(V)-Wasserstoff BiH_5 („*Bismoran*") nicht. Man kennt jedoch organische Derivate (S. 827).

Bismuthalogenide. Bismuttrihalogenide BiX_3 entstehen *aus den Elementen* (X = F, Cl, Br) bzw. beim Auflösen von *Bismuttrioxid* in *Halogenwasserstoffsäuren* (X = Cl, Br, I) als wasserunlösliche (BiF_3, BiI_3) bzw. an feuchter Luft zerfließende ($BiCl_3$, $BiBr_3$) Produkte (vgl. Tab. 77):

$$2\,Bi + 3\,X_2 \rightarrow 2\,BiX_3 \quad \text{bzw.} \quad Bi_2O_3 + 6\,HX \rightleftarrows 2\,BiX_3 + 3\,H_2O.$$

Im zweiten Falle muß man konzentrierte Säure verwenden, da die Bismuttrihalogenide in umkehrbarer Weise von Wasser unter Bildung von **Bismuthalogenidoxiden BiOX** (Tab. 77; früher als „*Bismutylhalogenide*" bezeichnet) gespalten werden: $BiX_3 + H_2O \rightleftarrows BiOX + 2\,HX$, und zwar $BiCl_3$ und $BiBr_3$ leicht, BiF_3 und BiI_3 wegen der geringen Löslichkeit erst beim Kochen. Die Bismuttrihalogenide $BiCl_3$, $BiBr_3$, BiI_3 lassen sich mittels Bismut zu **Bismutsubhalogeniden „BiX"** *reduzieren* (bezüglich der exakten Stöchiometrie s. Tab. 77 und unten). Nur BiF_3 kann durch *Fluor* (bei 500 °C) weiter zu **Bismutpentafluorid BiF_5** (Tab. 77) *oxidiert* werden. BiF_5 stellt ein extrem starkes Fluorierungsmittel dar und bildet mit Alkalimetallfluoriden *Hexafluorobismutate* $M[BiF_6]$. In analoger Weise reagieren die Trihalogenide mit Alkalimetallhalogeniden MX zu *Halogenobismutiten* $M[BiX_4]$, $M_2[BiX_5]$ und $M_3[BiX_6]$. Bezüglich der Bildung von Arenkomplexen der Trihalogenide (z. B. tetrameres $(C_6Me_6)BiCl_3$) vgl. S. 1104.

Strukturen. BiF_5 ist wie SbF_5 im festen Zustand polymer (S. 816), BiX_3 in *gasförmigem* Zustande pyramidal gebaut (Bi an der Pyramidenspitze: ∢ ClBiCl = 100°; ∢ BrBiBr = 100°). In *kondensierter* Phase besitzt BiF_3 eine *dreidimensionale Ionenstruktur*. Entsprechendes gilt für $MBiF_4$ (M z. B. NH_4). In beiden Fällen beträgt die Koordinationszahl der Bi^{3+}-Ionen *neun* (die F^--Ionen bilden um jedes Bi^{3+}-Ion ein verzerrtes, dreifach überkapptes trigonales Prisma; Näheres S. 815).

Das blättchenförmig kristallisierende BiI_3 weist zum Unterschied von BiF_3 eine *Schichtenstruktur* auf, die daraus resultiert, daß Bismutatome in einer hexagonal-dichtesten Packung von Iodatomen *nur* zwischen jeder *übernächsten* Schicht oktaedrische Lücken (und zwar 2/3 der vorhandenen) besetzen. Fig. 176

Tab. 77 Bismuthalogenide und -halogendioxide

Verbindungstyp	Fluoride	Chloride	Bromide	Iodide
BiX **Bismut-subhalogenide**	–	**$BiCl_{1.167}$** *Schwarze metall. glänzende* Krist.	**$BiBr_{1.167}$, BiBr** *Schwarze metall. glänzende* Krist.	**BiI**[a)] *Schwarze metall. glänzende* Krist.
BiX_3 **Bismut-trihalogenide**	**BiF_3** *Farblose* Krist. Smp. 727 °C, Sdp. 900 °C $\Delta H_f - 900$ kJ	**$BiCl_3$** *Farblose* Krist. Smp. 233.5 °C, Sdp. 441 °C $\Delta H_f = -379.1$ kJ	**$BiBr_3$** *Gelbe* Krist. Smp. 219 °C Sdp. 462 °C $\Delta H_f = -276.1$ kJ	**BiI_3** *Schwarzbraune* Subst. Smp. 408.6 °C Sdp. 542 °C $H_f = -150$ kJ
BiX_5 **Bismut-pentahalogenide**	**BiF_5** *Farblose* Krist. Smp. 151.4 °C, Sdp. 230 °C	–	–	–
BiOX[b)] **Bismut-halogenidoxide**	**BiOF**[c)] *Farblose* Krist.	**BiOCl** *Farblose* Krist. Zers. 575 °C $\Delta H_f = -367$ kJ	**BiOBr** *Farblose* Krist. Zers. 560 °C $\Delta H_f = -297$ kJ	**BiOI** *Ziegelrotes* Pulv. Zers. 300 °C

a) Man kennt auch $BiI_{0.275} = \mathbf{Bi_{14}I_4}$ und $BiI_{0.222} = \mathbf{B_{18}I_4}$. **b)** Man kennt auch **Sulfidhalogenide** BiSCl, BiSBr, BiSI. **c)** Man kennt auch andere Fluoridoxide, z. B. $\mathbf{Bi_2OF_4}$.

(„**Bismuttriiodid-Struktur**") gibt einen Ausschnitt aus einer derartigen BiI_3-Schicht wieder, die sich ersichtlicherweise aus untereinander kantenverknüpften, *regulären* BiI_6-Oktaedern (Bi in der Oktaedermitte, BiI-Abstand = 3.1 Å) aufbaut. Offensichtlich ist somit das freie Elektronenpaar in $:BiI_3$ *stereochemisch unwirksam* (näheres S. 321).

Auch in einer Reihe von Halogenobismutiten bleibt das freie Elektronenpaar stereochemisch unwirksam, z. B. in BiX_6^{3-} (X = Cl, Br; regulär oktaedrischer Bau), $Bi_2I_9^{3-}$ (flächenverknüpfte BiI_6-Oktaeder), $BiBr_5^{2-}$ (Ketten aus *cis*-eckenverknüpften BiX_6-Oktaedern) und BiX_4^- (X = Br, I: Ketten aus kantenverknüpften BiX_6-Oktaedern, vgl. Fig. 176)[244]. Stereochemisch wirksam ist das freie Elektronenpaar demgegenüber in $:BiCl_5^{2-}$ (Struktur analog $:SbF_5^{2-}$, Fig. 175, S. 816) sowie in $(:BiCl_4^-)_2$ (Fig. 175, S. 816). Die beiden letzteren Ionen liegen zusammen mit Bi_9^{5+}-Ionen in „Bismutmonochlorid" $BiCl_{1.167}$ (Bi_6Cl_7) vor: Bi_9^{5+} $[BiCl_5^{2-}]_2[Bi_2Cl_8^{2-}]_{0.5}$. Analog ist $BiBr_{1.167}$ (Bi_6Br_7) gebaut. In den diamagnetischen, hochmolekularen Monohalogeniden $(BiX)_x$ (X = Br, I; Molverhältnis Bi : X exakt 1) sind gemäß Fig. 176 Bi-Atome zu eindimensional-unendlichen Zick-Zack-Ketten verknüpft. Jedes Kettenatom ist zusätzlich mit einem exoständigen Bi-Atom verbunden. Erstere Bi-Atome (formale Oxidationsstufe 0) sind pyra-

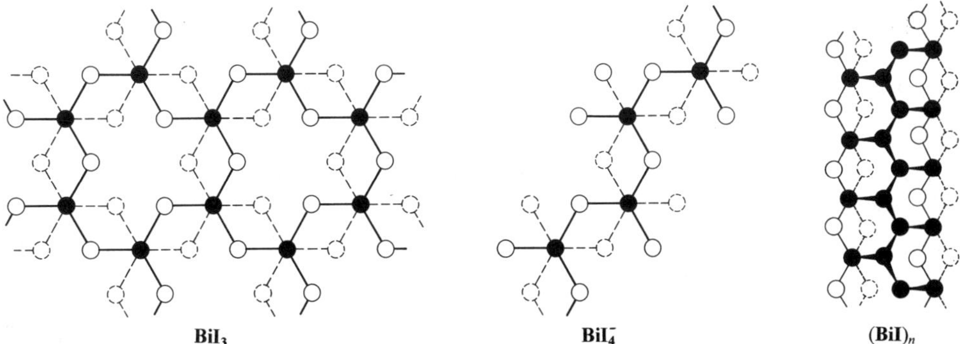

Fig. 176 Strukturen von BiI_3, BiI_4^-, BiI (● = Bi in, ○ = I oberhalb, ◌ = I unterhalb der Zeichenebene.

[244] Analog BiX_6^{3-}, $Bi_2I_9^{3-}$ und BiX_4^- sind SbX_6^{3-} (X = Cl, Br), $Sb_2Br_9^{3-}$ bzw. SbX_4^- (X = Cl, Br, I) gebaut. Als weitere Halogenobismutate seien genannt: $Bi_4Cl_{16}^{4-}$, $Bi_4Cl_{18}^{6-}$, $Bi_3I_{12}^{3-}$, $Bi_6I_{22}^{4-}$.

midal von jeweils drei Bi-Atomen umgeben, die verbleibenden Bi-Atome (formale Oxidationsstufe +2) weisen quadratisch-pyramidalen Bau auf und haben jeweils einen Bi- und vier Halogennachbarn (das freie Elektronenpaar ist im Falle aller Bi-Atome stereochemisch wirksam). Hochmolekularer Bau liegt auch $Bi_{14}I_4$ und $Bi_{18}I_4$ zugrunde (Bi-Sechseckwabennetze mit 7 bzw. 9 nebeneinander liegenden Bi-Ketten; zweibindige Bi-Randatome mit jeweils 2 Iodatomen abgesättigt).

Bismutoxide; Bismuthydroxide. Versetzt man eine Bismut-Salzlösung mit Alkalihydroxidlösung, so fällt *Bismut(III)-oxid-Hydrat* $Bi_2O_3 \cdot xH_2O$ als weißer, flockiger Niederschlag aus. Beim Erhitzen entsteht hieraus das wasserfreie, in der Kälte *gelbe*, in der Hitze *rotbraune*, monokline **Bismut(III)-oxid Bi_2O_3** (α-Bi_2O_3; $\Delta H_f = -574.26$ kJ/mol), das auch durch Verbrennen von Bismut an der Luft und durch Erhitzen von Bismutnitrat oder -carbonat gewonnen werden kann. Es geht bei 729 °C reversibel in kubisches Bismuttrioxid (δ-Bi_2O_3) über, das bei 824 °C schmilzt und bei 1890 °C siedet:

$$\underset{\textit{monoklin}}{\alpha\text{-}Bi_2O_3} \underset{}{\overset{729\,°C}{\rightleftharpoons}} \underset{\textit{kubisch}}{\delta\text{-}Bi_2O_3} \overset{824\,°C}{\rightleftharpoons} \underset{\textit{flüssig}}{Bi_2O_3} \overset{1890\,°C}{\rightleftharpoons} \underset{\textit{gasförmig}}{Bi_2O_3}.$$

Alle festen Formen des Trioxids weisen einen hochmolekularen Bau auf (bei den übrigen Gruppenhomologen sind auch Formen mit $(E_2O_3)_2$-Molekülen bekannt; s. dort). α-Bi_2O_3 besitzt eine *Schichtstruktur* (quadratisch-pyramidale: BiO_5-Einheiten mit verzerrt-pseudooktaedrischem Bi), δ-Bi_2O_3 eine *Raumstruktur* (Fluorit-Struktur mit statistisch verteilten O-Atomlücken: $Bi_2O_3\square$; wegen seiner Fehlstellen ist δ-Bi_2O_3 bei höheren Temperaturen ein Leiter für O^{2-}-Ionen)[245].

Bismuttrioxid (unlöslich in Wasser) ist zum Unterschied von den sauren Trioxiden des Stickstoffs und Phosphors sowie amphoteren Trioxiden des Arsens und Antimons ein ausgesprochen basisches Oxid. Es löst sich daher nur in Säuren und praktisch nicht in Laugen. Jedoch kann man es durch Zusammenschmelzen mit basischen Oxiden wie Li_2O oder PbO in „*Bismutite*" und „*Polybismutite*" wie „$Li_2O \cdot Bi_2O_3$" (= $LiBiO_2$) oder „$2PbO \cdot Bi_2O_3$", „$2PbO \cdot 3Bi_2O_3$" und „$PbO \cdot 4Bi_2O_3$" überführen.

Bismut(III)-Salze mit dem $[Bi(H_2O)_6]^{3+}$-Kation lassen sich durch Auflösen von Bismuttrioxid (oder Bismut) in Säuren gewinnen. Löst man z. B. Bi_2O_3 oder Bi in Salpetersäure auf, so scheiden sich aus der eingedampften Lösung große, durchscheinende, farblose Kristalle der Zusammensetzung $Bi(NO_3)_3 \cdot 6H_2O$ aus, die mit Metallnitraten Doppelsalze des Typus $M_3[Bi(NO_3)_6] \cdot 24H_2O$, mit Thioharnstoff Dikationen $Bi(NO_3)\,[SC(NH_2)]_5^{2+}$ zu bilden vermögen. Aus der Lösung von Bismuttrioxid (oder Bismut) in heißer konzentrierter Schwefelsäure kristallisieren feine weiße Nadeln von $Bi_2(SO_4)_3 \cdot xH_2O$ aus. Durch Wasser werden diese Salze zu basischen Salzen wie $BiO(NO_3) \cdot H_2O$ (s. unten) hydrolysiert. Ein solches basisches Nitrat dient unter dem Namen „*Magisterium bismuti*" („*Bismutum subnitricum*") seit langem als gelindes Darmdesinfiziens sowie in der Wund- und Hautbehandlung. Mit $EDTA^{4-}$ bildet Bi(III) einen Komplex $Bi(EDTA)^-$, der zur komplexometrischen Bestimmung von Bismut herangezogen werden kann.

Wässerige Bismut-Salzlösungen (bevorzugt Lösungen des Salzes $Bi(ClO_4)_3 \cdot 6H_2O$[246]) enthalten – in Abhängigkeit von der Wasserstoffionen- und der Salzkonzentration – unterschiedliche Mengen verschiedener einkerniger („*mononuklearer*") bzw. mehrkerniger („*polynuklearer*") hydratisierter bismuthaltiger Spezies u.a. des Typus Bi^{3+}, $Bi(OH)^{2+}$, $Bi(OH)_2^+$, $Bi(OH)_3$, $Bi(OH)_4^-$, $\mathbf{Bi_6O_4(OH)_4^{6+}}$, $Bi_9O_n(OH)_m^{6+/7+/\mathbf{5+}}$ (fett: wichtigste Spezies). Hierbei existieren die mononuklearen Teilchen in nennenswertem Ausmaße nur in sehr verdünnten Lösungen. Sie stehen wie folgt miteinander im Gleichgewicht:

$$\underset{\textbf{pH:}\ <3}{[Bi(OH_2)_6]^{3+}} \underset{+H^+}{\overset{-H^+}{\rightleftharpoons}} \underset{0\text{–}4}{[Bi(OH_2)_5OH]^{2+}} \underset{+H^+}{\overset{-H^+}{\rightleftharpoons}} \underset{1\text{–}5}{[Bi(OH_2)_4(OH)_2]^+} \underset{+H^+}{\overset{-H^+}{\rightleftharpoons}} \underset{5\text{–}14}{[Bi(OH_2)_3(OH)_3]} \underset{+H^+}{\overset{-H^+}{\rightleftharpoons}} \underset{>11}{[Bi(OH_2)_2(OH)_4]^-}$$

(die pH-Angaben beziehen sich auf 10^{-5}-molare Lösungen)[247]. In konzentrierteren Lösungen (0.1-molar) liegt hydratisiertes Bi^{3+} in stark saurem (pH < 0), $Bi(OH)_4^-$ in stark alkalischem Medium (pH > 14) vor, während im Zwischenbereich (pH = 0–14) im wesentlichen nur polynukleare Teilchen beständig sind (pH = 0–3: fast ausschließlich $Bi_6O_4(OH)_4^{6+} \cdot aq$; pH = 3–13: fast ausschließlich $Bi_9O_n(OH)_m^{5+}$; vgl. Aluminiumsalzlösungen S. 1079 sowie Anm.[247]). Im Kation $Bi_6O_4(OH)_4^{6+} \cdot aq$[248],

245 Durch rasches Abkühlen der Schmelze bilden sich als metastabile Phasen β-Bi_2O_3 (Smp. 650 °C; CaF_2-Struktur mit geordneten O-Atomlücken) und γ-Bi_2O_3 (Smp. 639 °C; komplizierte Struktur). In sauerstoffreicheren Formen Bi_2O_{3+x} sind einige Leerstellen von δ-Bi_2O_3 durch O-Atome besetzt (partielle Oxidation einiger Bi(III)- zu Bi(V)-Ionen).

246 Perchlorat ClO_4^- neigt zum Unterschied von anderen Anionen wie etwa Nitrat NO_3^- nicht zur Komplexbildung mit Bi^{3+}.

247 **Literatur.** K.-H. Tytko: „*Isopolyoxokationen – Metallkationen in wäßriger Lösung*", Chemie in unserer Zeit **13** (1979) 184–194.

welches früher als „*Bismutyl-Ion*" BiO^+ bezeichnet wurde ($Bi_6O_4(OH)_4^{6+} \triangleq 6\,BiO^+ + 2\,H_2O$) und in vielen basischen Bismutsalzen wie $BiO(NO_3) \cdot H_2O$ (s. oben) vorliegt, sind die sechs Bismutatome oktaedrisch angeordnet und durch OH^- sowie O^{2-}-Ionen, die abwechselnd oberhalb jeder der acht Oktaederflächen lokalisiert vorliegen, miteinander verbunden. Aus den Bi(III)-haltigen Lösungen fällt Bi_2O_3 (nicht $Bi(OH)_3$) trotz seiner Unlöslichkeit relativ langsam aus, da die Bi_2O_3-Bildung stark gehemmt ist[249].

In stark alkalischer Lösung kann Bi_2O_3 (in Spuren gelöst als $Bi(OH)_4^-$, s. oben) durch starke Oxidationsmittel (Chlor, Kaliumpermanganat, Kaliumperoxodisulfat) zu **„Bismutaten"** (wahrscheinlich *Hexahydroxobismutaten* $Bi(OH)_6^-$) oxidiert werden. Man erhält Bismutate der Formel $M_2O \cdot Bi_2O_5$ (z. B. *gelbes* $NaBiO_3$, *violettrotes* $KBiO_3$), $3\,M_2O \cdot Bi_2O_5$ (z. B. *braunes* Na_3BiO_4), $5\,M_2O \cdot Bi_2O_5$ (z. B. Li_5BiO_5) und $7\,M_2O \cdot Bi_2O_5$ (z. B. Li_7BiO_6), die sich von (hypothetischen) *Bismutsäuren* $HBiO_3$, H_3BiO_4 H_5BiO_5 und H_7BiO_6 ableiten, auch durch Zusammenschmelzen von Alkalioxiden (bzw. -peroxiden) mit Bi_2O_3 an der Luft:

$$Bi_2O_3 + Na_2O + O_2 \rightarrow 2\,NaBiO_3 \quad \text{bzw.} \quad Bi_2O_3 + 3\,Na_2O + O_2 \rightarrow 2\,Na_3BiO_4.$$

Sie lösen sich in 0.5-molarer Perchlorsäure (wahrscheinlich Bildung von **Bismut(V)-säure** $H[Bi(OH)_6]$, vgl. $H[Sb(OH)_6]$ und stellen dann sehr kräftige Oxidationsmittel dar ($Bi(OH)_6^- + 4H^+ + 2\ominus \rightarrow \frac{1}{6}Bi_6O_4(OH)_4^{6+} + 4\frac{2}{3}H_2O$; $\varepsilon_0 = +2.07$ V). Das der Bismutsäure zugrundeliegende **Bismutpentaoxid Bi_2O_5** läßt sich – in unreinem Zustande – durch Einwirkung extrem starker Oxidationsmittel auf Bi_2O_3 in Form eines *rotbraunen* Pulvers gewinnen, das bei 100 °C leicht O_2 abgibt.

Dibismuttrisulfid Bi_2S_3, das in der Natur als stahlgrauer bis zinnweißer, kristalliner, dem Grauspießglanz Sb_2S_3 im Aussehen sehr ähnlicher *Bismutglanz* (*Bismutin*) vorkommt, kann durch Erhitzen von Bismut mit Schwefel ($2\,Bi + 3\,S \rightarrow Bi_2S_3 + 143$ kJ) oder durch Einleiten von Schwefelwasserstoff in die saure Lösung eines Bismutsalzes ($2\,Bi^{3+} + 3\,S^{2-} \rightarrow Bi_2S_3$) als *dunkelbrauner amorpher* Niederschlag erhalten werden[250]. Zum Unterschied von Arsen- und Antimontrisulfid löst es sich nicht in Alkalilaugen oder Alkalisulfidlösungen, zeigt also keine sauren Eigenschaften mehr. Bei längerem Stehen (schneller beim Kochen mit Alkalimetallsulfidlösung) geht das gefällte Bi_2S_3 allmählich in die *graue kristalline* Form (Smp. 850 °C) über. Ein Polysulfidbismutat $Bi_2S_{34}^{4-}$ entsteht als $AsPh_4^+$-Salz durch Reaktion von Polysulfiden mit $BiCl_3$ in Acetonitril in Form *braunroter* Kristalle (Struktur: zwei über eine S_6^{2-}-Kette miteinander verknüpfte quadratisch-pyramidale Bi^{3+}-Ionen, an die noch zwei S_7^{2-}-Liganden zweizähnig koordiniert sind: $(S_7)_2BiS_6Bi(S_7)_2^{4-}$).

Organische Bismutverbindungen[251] lassen sich auf ähnlichen Wegen wie die organischen Antimon- und Arsenverbindungen (s. dort) *gewinnen*. Sie sind *instabiler* als entsprechende Antimonorganyle (z. B. $MeSbH_2/MeBiH_2$: Zers. 30/−45 °C; $SbMe_5/BiMe_5$ bzw. $SbPh_5/BiPh_5$: bei Raumtemperatur metastabil/instabil; R_2SbCl_3/R_2BiCl_3: bekannt/unbekannt; $RSbCl_4/RBiCl_4$: bekannt/unbekannt)[252]. Dabei ist die Stabilität der Phenylderivate etwas größer als die der Methylderivate und die der **Bismutane** R_nBiX_{3-n} größer als die der **Dibismutane** Bi_2R_4 bzw. **Bismorane** R_nBiX_{5-n}. Entsprechend der Zunahme der EC-*Bindungspolarität* der Organyle ER_n in Richtung E = P, As, Sb, Bi sind die Bismutorganyle unter den Pentelorganylen am reaktionsfähigsten (u.a. am oxidations- und hydrolyseempfindlichsten), entsprechend der Abnahme der *Lewis-Basizität* in Richtung $PR_3 > AsR_3 > SbR_3 > BiR_3$ sind *Bismutan-Komplexe* selten (z. B. $Ph_3BiCr(CO)_5$). Als Beispiele für organische Bismutverbindungen, die alle mehr oder

---

248 Das Kation $Bi_6O_4(OH)_4^{6+} \cdot aq$ bildet sich auf dem Wege über $[Bi(OH)_2]_{aq}^+$, $[Bi_2(OH)_4]_{aq}^{2+}$ und $[Bi_3(OH)_5]_{aq}^{4+}$.

249 So sollte Bi_2O_3 bereits aus einer 10^{-5}-molaren Lösung bei pH-Werten > 7 und aus einer 10^{-1}-molaren Lösung bei pH-Werten > 0 ausfallen.

250 Man kennt auch das **Selenid Bi_2Se_3** (Smp. 710 °C; in der Natur als *Selenbismutglanz*) und das **Tellurid Bi_2Te_3** (Smp. 586 °C), die wegen ihrer Halbleitereigenschaften von Interesse sind.

251 **Literatur.** L. D. Freedman, G. O. Doak: „*Preparations, Reactions, and Physical Properties of Organobismuth Compounds*", Chem. Rev. **82** (1982) 15–57; GMELIN: „*Organobismuth Compounds*", System-Nr. **47**, bisher 1 Band; K. Seppelt, „*Structure, Color, and Chemistry of Pentaaryl Bismuth Compounds*", Adv. Organomet. Chem. **34** (1992) 207–217.

252 **Stabilität von Pentelorganylen.** In der dreiwertigen Pentelstufe erniedrigt sich die EC-*Bindungsenergie* mit zunehmender Ordnungszahl des Pentels E (Analoges gilt für die EH- und EE-Bindungsenergie). Sie beträgt für EMe_3 314 (N), 267 (P), 229 (As), 214 (Sb), 141 kJ/mol (Bi) und für EPh_3 280 (As), 267 (Sb), 200 kJ/mol (Bi). Obwohl die EPh-Bindungen im Mittel stärker sind als die EMe-Bindungen, werden sie durch Säuren in der Regel rascher als letztere gemäß $\geqslant$E—R + HX → $\geqslant$E—X + H—R gespalten (kinetischer Effekt). In der fünfwertigen Pentelstufe ändert sich die *Stabilität* von ER_5 wie folgt: NR_5 (unbekannt) $\ll PR_5 > AsR_5 < SbR_5 > BiR_5$ (bezüglich einer Erklärung vgl. S. 313; z. B. $AsMe_5/SbMe_5/BiMe_5$: Zersetzung um 100 °C/Zersetzung über 100 °C/Zersetzung unterhalb Raumtemperatur). Für Verbindungen R_nEX_{5-n} (X = H, Halogen) erhöht sich die Stabilität mit der Zahl der Organylgruppen (z. B. R_4BiCl und R_3BiCl_2 gewinnbar, R_2BiCl_3 und $RBiCl_4$ nicht gewinnbar) und mit abnehmender Ordnungszahl des Halogens.

weniger toxisch sind, seien genannt: „*Trimethylbismutan*" $BiMe_3$ (trigonal-pyramidaler Bau; *farblose*, pyrophore Flüssigkeit, Sdp. 110 °C); „*Triphenylbismutan*" $BiPh_3$ (trigonal-pyramidaler Bau; *farblose* Kristalle; Smp. 78 °C); „*Tetraphenyldibismutan*" $Ph_2Bi—BiPh_2$ (*trans*-Konformation; BiBi-Abstand 3.00 Å; *orangefarbene*, ab 100 °C zersetzliche Kristalle); „*Tricyclopentadienylbismutan*" $BiCp_3$ (mit drei – rascher als in $AsCp_3$ – fluktuierenden, monohapto- (η^1-) gebundenen Resten Cp = C_5H_5); „*Pentamethylbismoran*" $BiMe_5$ (*violette* thermolabile Substanz; trigonal-bipyramidal mit Abständen $BiC_{ax}/BiC_{äq}$ = 2.30/2.27 Å; bildet Kationen $BiMe_4^+$ und Anionen $BiMe_6^-$); „*Pentaphenylbismoran*" $BiPh_5$ (bei Raumtemperatur zersetzliche, hydrolyse- und oxidationsempfindliche Kristalle, die mit HCl, Cl_2 oder BPh_3 unter Bildung von $BiPh_4^+Cl^-$ bzw. $BiPh_4^+BPh_4^-$ abreagieren). $BiPh_5$ ist wie $SbPh_5$ und zum Unterschied von $AsPh_5$ und PPh_5 (jeweils trigonal-bipyramidal; axiale Bindungen länger als äquatoriale) quadratisch-pyramidal gebaut (axiale Bindung kürzer als die vier anderen Bindungen). Wie im Falle von $SbPh_5$ ist aber der Energieunterschied zwischen trigonal-bipyramidaler und quadratisch-pyramidaler Struktur klein. Demgemäß kann die Substitution von Phenyl- durch andere aromatische Substituenten zu einer Konformationsänderung führen (z. B. ist $Bi(o\text{-}C_6H_4F)_2(p\text{-}C_6H_4Me)_3$ trigonal-bipyramidal gebaut). Auch liegt in Lösung eine Mischung von quadratisch-pyramidal- und trigonal-bipyramidal-gebautem $BiPh_5$ vor. Erwähnenswerterweise ist $BiPh_5$ zum Unterschied vom farblosen $SbPh_5$, $AsPh_5$ und PPh_5 *violett* bei quadratisch-pyramidalem Bau bzw. *orangefarben* bei trigonal-bipyramidalem Bau[253].

[253] **Farbe von Bismoranen.** Nach quantenmechanischen Berechnungen halten sich die Elektronen im *obersten elektronenbesetzten Molekülorbital* (HOMO) von quadratisch-pyramidal- bzw. trigonal-bipyramidal-gebautem – hypothetischem – BiH_5 (C_{4v}- bzw. D_{3h}-Symmetrie) bevorzugt am Wasserstoff (Liganden-MO), im *untersten elektronenleeren Molekülorbital* (LUMO) bevorzugt am Bismut auf (Bismut-MO mit vorwiegend 6s und 6p Charakter). Die langwelligste Elektronenanregung von BiH_5 entspricht somit gemäß $BiH_5 + h\nu \rightarrow BiH_4^-H^+$ einer Ladungsübertragung (charge-transfer) auf Bismut. Der HOMO/LUMO-Energieabstand liegt für beide BiH_5-Konformationen außerhalb des sichtbaren Bereichs im Ultravioletten (in Richtung BiH_5, SbH_5 sowie in Richtung BiH_5, BiF_5 vergrößert sich der HOMO/LUMO-Abstand). *Relativistische Effekte* (vgl. S. 338) führen zu einer LUMO-Absenkung und damit insgesamt zu einer HOMO/LUMO-Energieannäherung, was *Farbe* für BiH_5 und organische Bismorane zur Folge hat. Der HOMO/LUMO-Energieabstand ist für quadratisch-pyramidale Bismorane kleiner, das Ausmaß der relativistischen HOMO/LUMO-Energieannäherung größer als für trigonal-bipyramidale, so daß Bismorane mit C_{4v}-Symmetrie tiefer farbig sind als solche mit D_{3h}-Symmetrie. Wachsende elektronenschiebende Effekte der Bismoran-*Substituenten* (Ph < Me) führt naturgemäß ebenfalls zur HOMO/LUMO-Energieannäherung und damit zur Farbvertiefung (trigonal-bipyramidal gebautes $BiPh_5/BiMe_5$: *orangefarben/violett*).

Kapitel XV

Die Kohlenstoffgruppe

Zur Kohlenstoffgruppe (**„Tetrele“**; 14. Gruppe bzw. IV. Hauptgruppe des Periodensystems) gehören die Elemente *Kohlenstoff* (C), *Silicium* (Si), *Germanium* (Ge), *Zinn* (Sn) und *Blei* (Pb). In keiner Gruppe des Periodensystems ist die Verschiedenheit der Glieder einer chemischen Familie so ausgeprägt wie in dieser IV. Hauptgruppe. So hat das *Anfangsglied*, der *Kohlenstoff*, in seinen physikalischen und chemischen Eigenschaften kaum noch Ähnlichkeit mit dem *Endglied*, dem *Blei*. Dies hängt mit der starken *Zunahme des metallischen Charakters* vom Nichtmetall C zum Metall Pb zusammen, da die diagonale Trennungslinie zwischen Nichtmetallen und Metallen der Hauptgruppenelemente – die im Periodensystem von links oben nach rechts unten verläuft (S. 303) – die Kohlenstoffgruppe in der Mitte durchschneidet. Je weiter man sich von der IV. Hauptgruppe nach links oder nach rechts entfernt, um so geringer werden dementsprechend die Unterschiede in den Eigenschaften der zu einer Gruppe gehörigen Elemente, wie etwa die einander so ähnlichen Alkalimetalle Li, Na, K, Rb, Cs, Fr in der I. und die einander so ähnlichen Halogene F, Cl, Br, I, At in der VII. Hauptgruppe des Periodensystems zeigen.

Am Aufbau der uns zugänglichen Erdhülle (Erdrinde, Wasser- und Lufthülle) beteiligen sich die Elemente der Kohlenstoffgruppe mit 0.02 (C), 26.3 (Si), 1.4×10^{-4} (Ge), 2×10^{-4} (Sn) und 12×10^{-4} Gew.-% (Pb); ihre Häufigkeiten verhalten sich also rund wie 100 : 130000 : 1 : 1 : 6. Auch hier macht man demnach wie in den anderen Hauptgruppen (mit Ausnahme der Sauerstoffgruppe) die Beobachtung, daß die Elemente der *zweiten* Achterperiode *häufiger* sind als die der *ersten*, während bei den Elementen der *nachfolgenden* Perioden die Häufigkeit stark *abnimmt*.

1 Der Kohlenstoff[1]

Der Kohlenstoff besitzt vergleichbare Affinitäten zu *elektropositiven* und *elektronegativen* Elementen. Diese Fähigkeiten, die bei den Nachbarelementen viel *einseitiger* ausgebildet sind (Li, Be, B hauptsächlich Affinität zu elektronegativen, N, O, F hauptsächlich Affinität zu elektropositiven Elementen), sind bei ihm zu harmonischer Vollendung vereint und prädestinieren damit dieses Element zum *Träger des organischen Lebens* mit seinen vielseitigen Wandlungen der Oxidationsstufen und Verbindungsformen. Hinzu kommt die Allgegenwart des gasförmigen *Kohlendioxids*, die den Pflanzen (und damit auch der Tierwelt) die Möglichkeit für den Aufbau von Kohlenstoffverbindungen im Ablauf der „*Assimilation*“ gibt, zum Unterschied vom nichtflüchtigen *Siliciumdioxid*, das infolge seines polymeren Charakters (S. 913) nicht für eine analoge Assimilation zur Verfügung steht und daher als *Träger des anorganischen* „*Lebens*“ zur „*Petrifizierung*“ (Gesteinsbildung) führt. Zum näheren Vergleich des Kohlenstoffs mit seinem nächsthöheren Homologen, dem Silicium, vgl. S. 882.

---

[1] **Literatur.** Allgemein. A. K. Holliday, G. Hughes, S. M. Walker: „*Carbon*“ in Comprehensive Inorg. Chem. **1** (1973) 1173–1321; Ullmann (5. Aufl.): „*Carbon*“, **A5** (1986) 95–163; Gmelin: „*Carbon*“, Syst.-Nr. **14**, bisher 13 Bände;

1.1 Elementarer Kohlenstoff[1)]

1.1.1 Vorkommen

Kohlenstoff findet sich in der Natur sowohl **elementar** in Form des *Diamanten* (Hauptfundstätten: Kongogebiet, Goldküste, Süd- und Westafrika, Brasilien, Sibirien) und des *Graphits* (Hauptfundstätten: Sri Lanka, Madagaskar, Korea, Zimbabwe, Norwegen, Ostsibirien; geringere Mengen bei Passau in Deutschland) als auch **gebunden**. In letzterem Zustande kommt er teils im Mineralreich („*Lithosphäre*") in Form von Carbonaten, teils im Pflanzen- und Tierreich („*Biosphäre*"), in der Luft („*Atmosphäre*") und im Wasser („*Hydrosphäre*") in Form von Carbonaten, Kohlendioxid sowie organischen Verbindungen vor.

Im **Mineralreich** treffen wir den Kohlenstoff in der Hauptsache in Form von **Carbonaten**, den Salzen der Kohlensäure H_2CO_3 an. Wichtige derartige Carbonate sind: Calciumcarbonat $CaCO_3$ („*Kalkstein*", „*Marmor*", „*Kreide*"), welches ganze Gebirge bildet, Calcium-magnesium-carbonat $CaCO_3 \cdot MgCO_3$ („*Dolomit*"), Magnesiumcarbonat $MgCO_3$ („*Magnesit*"), Eisencarbonat $FeCO_3$ („*Eisenspat*"), Mangancarbonat $MnCO_3$ („*Manganspat*") und Zinkcarbonat $ZnCO_3$ („*Zinkspat*"). Der Gesamtgehalt der Lithosphäre an Kohlenstoff beträgt 2.9×10^{16} t.

Im **Pflanzen-** und **Tierreich** bildet der Kohlenstoff einen grundwesentlichen Bestandteil aller Organismen. Daher nennt man die Kohlenstoffverbindungen auch „*organische Verbindungen*". Da die Zahl der bis jetzt bekannten, definierten – natürlichen und künstlichen – organischen Verbindungen (viele Millionen) im Verhältnis zur Zahl der Verbindungen aller übrigen Elemente (einige 100000) sehr groß ist, pflegt man die Kohlenstoffchemie als „*Organische Chemie*" von der „*Anorganischen Chemie*" abzutrennen und gesondert zu behandeln, obwohl anorganische und organische Molekülchemie bezüglich Darstellung, Aufbau und Eigenschaften der Einzelverbindungen nicht wesensverschieden sind (vgl. Anm.[30)], S. 637). Als Produkte der Umwandlung urweltlicher pflanzlicher und tierischer Organismen finden sich in der Natur die *Kohlen*, die *Erdöle* und die *Erdgase*[2)]. Von den insgesamt

---

Perfluorohalogenoorgano Compounds of Main Group Elements", System-Nr. **5**, bisher 15 Bände; P.L. Walker: „*Chemistry and Physics of Carbon*", Bd. **1** (1966) – **23** (1991), Dekker, New York; W. Büchner, R. Schliebs, G. Winter, K.H. Büchel; „*Industrielle Anorganische Chemie*", Verlag Chemie, 1986, S. 488–528; G. Urry: „*Elementary Equilibrium Chemistry of Carbon*", Wiley, New York 1989. Diamant. S. Tolansky: „*The History and Use of Diamond*", Methuen, London 1962; R. Berman (Hrsg.): „*Physical Properties of Diamond*", Pergamon Press, Oxford 1965; H.T. Hall: „*The Synthesis of Diamond*", J. Chem. Educ. **38** (1961) 484–489; R. Sappok: „*Diamantsynthese*", Chemie in unserer Zeit **4** (1970) 145–151. Graphit und graphitischer Kohlenstoff. L.C.F. Blackman (Hrsg.): „*Modern Aspects of Graphite Technology*", Elsevier, Amsterdam 1968; M. Smišek, S. Černý: „*Active Carbon, Manufacture, Properties, and Application*", Elsevier, Amsterdam 1970. R.C. Bansal, J.-B. Bonnet, F. Stoeckli: „*Active Carbon*", Dekker, New York 1988. Fullerene. H. Kroto: „*C_{60}, Fullerenes, Giant Fullerenes and Soot*", Pure Appl. Chem. **62** (1990) 407–415; H.W. Kroto, A.W. Allaf, S.P. Balm: „*C_{60}: Buckminsterfullerene*", Chem. Rev. **91** (1991) 1213–1235; R.F. Curl, R.E. Smalley: „*Fullerene*", Spektr. der Wiss., Dez. (1991) 88–98; F. Diedrich, R.L. Whetten: „*C_{60}: From Soot to Superconductors*", Angew. Chem. **103** (1991) 695–697; Int. Ed. **30** (1991) 678; H.W. Kroto: „*C_{60}: Buckminsterfulleren, die Himmelsphäre, die zur Erde fiel*", Angew. Chem. **104** (1992) 113–133; Int. Ed. **31** (1992) 111; F. Diedrich, Y. Rubin: „*Strategien zum Aufbau molekularer und polymerer Kohlenstoffallotrope*", Angew. Chem. **104** (1992) 1123–1146; Int. Ed. **31** (1992) 1101; F.M. McLafferty (Hrsg.): „*Fullerene*" (mehrere Reviews), Acc. Chem. Res. **25** (1992) 97–175; J.R. Bowser: „*Organometallic Derivatives of Fullerenes*", Adv. Organomet. Chem. **36** (1994) 57–94. – Vgl. auch Anm. 22, 25, 36, 44, 47.

2 **Kohle** ist ein aus C, O, H, N und S bestehendes kompliziertes Gemisch kohlenstoffreicher Verbindungen (*Braunkohle*: 65–75% C, *Steinkohle*: 75–90% C, *Anthrazit*: > 90% C), das durch Erhitzen unter Luftabschluß zu gasförmigen („*Kokereigas*"), flüssigen („*Teer*") und festen Produkten („Koks") „verkokt" werden kann (vgl. S. 254). Die Weltvorräte an Kohle werden auf über 10 Billionen Tonnen geschätzt. Hauptvorkommen: GUS, USA. **Erdöl** besteht aus einer Vielzahl höherer, gerad- und verzweigtkettiger Kohlenwasserstoffe C_xH_y und wird durch Rohöldestillation in Fraktionen zerlegt: „*Leichtbenzin*" (30–100 °C), „*Schwerbenzin*" (100–200 °C), „*Leichtöl*" (200–250 °C), „*Diesel*", „*Heizöl*" (250–350 °C). Die Weltvorräte an Erdöl werden auf über 90 Milliarden Tonnen geschätzt, die bei Annahme einer laufenden Wachstumsrate des Verbrauchs von 5%/Jahr rund 20 Jahre lang ausreichen. Hauptvorkommen: Naher und Mittlerer Osten (Saudiarabien, Kuwait, Iran, Libyen, Irak), GUS (Ostsibirien), USA (Alaska), Mexiko, Nordsee. **Erdgas** besteht aus den niedrigen Homologen der gesättigten Kohlenwasserstoffe (CH_4, C_2H_6, C_3H_8, C_4H_{10}, C_5H_{12}, wobei das „*Methan*" CH_4 meist mit 80% überwiegt), neben unterschiedlichen Mengen an H_2S, CO_2, N_2,

in der Biosphäre vorhandenen 2.7×10^{11} t Kohlenstoff entfallen mehr als 99% auf die Pflanzenwelt („*Flora*“) und weniger als 1% auf die Tierwelt („*Fauna*“).

Der Gehalt der **Luft** an Kohlendioxid beträgt zwar durchschnittlich nur 0.03 Volumenprozente. Wegen der großen räumlichen Ausdehnung der Atmosphäre übersteigt aber der in dieser Form vorhandene Kohlenstoff (6.7×10^{11} t) den im Tier- und Pflanzenreich enthaltenen (s. oben) um mehr als 100%. In noch stärkerem Maße gilt dies vom **Meerwasser**, das durchschnittlich 0.005 Gew.-% Kohlendioxid enthält, entsprechend einer Gesamtmenge von 2.7×10^{13} t Kohlenstoff, d.h. dem Hundertfachen des im Tier- und Pflanzenreich gespeicherten Kohlenstoffvorrats.

Die zusammengenommen in der Biosphäre, Atmosphäre und Hydrosphäre vorhandene Kohlenstoffmenge macht weniger als $^1/_{1000}$ des Kohlenstoffgehalts der Lithosphäre aus. Der anorganisch gebundene Kohlenstoff (Lithosphäre + Atmosphäre + Hydrosphäre) verhält sich mengenmäßig zum organisch gebundenen (Biosphäre) wie 100000 : 1.

Isotope (vgl. Anh. III). *Natürlich vorkommender* Kohlenstoff hat die Isotopenzusammensetzung $^{12}_{6}C$ (98.90%) und $^{13}_{6}C$ (1.10%), neben Spuren von $^{14}_{6}C$ (β^--Strahler, $\tau_{1/2}$ = 5730 Jahre). Letzteres Isotop läßt sich *künstlich* aus $^{14}_{7}N$ herstellen (S. 1756). Es ist spurenweise in Form von CO_2 in der Atmosphäre enthalten und bildet die Grundlage für die Erforschung organischer Reaktionsmechanismen mittels ^{14}C-*Markierung* und für die *Radiokohlenstoff-Datierungsmethode* (S. 1759). Das Isotop $^{13}_{6}C$ eignet sich zum *NMR-spektroskopischen Nachweis.*

Geschichtliches. Kohlenstoff war schon zu prähistorischen Zeiten als Holzkohle oder Ruß *bekannt.* Die *Element-* und *Kohlenstoffnatur* des Graphits (vom griech. graphein = schreiben) erkannte 1779 C.W. Scheele, die des Diamanten (vom griech. diaphanes = transparent und adamas = unbezwingbar) 1796 S. Tennant. Ab 1985 wurden mit den Fullerenen weitere Kohlenstoffmodifikationen aufgefunden (vgl. Anm.[14)]). Den (französischen) *Namen „carbone“* für Kohlenstoff (vom lat. carbo für Holzkohle) prägte 1789 A. L. Lavoisier. Die *Verbindungen* des Kohlenstoffs waren von großer Bedeutung für die *Entwicklung der Bindungstheorien*, z.B. Benzolstruktur (F. Kekulé, 1858), Tetraedermodell (J.N. van't Hoff und J.A. Le Bel, 1890), Nickeltetracarbonyl (L. Mond, 1890), Ferrocen- und Dibenzolstruktur (G. Wilkinson, E.O. Fischer, ab 1952).

1.1.2 Gewinnung, physikalische Eigenschaften, Strukturen

Kohlenstoff kommt in *mehreren* monotropen Modifikationen vor. So kennt man zwei *hochmolekulare, kristallisierte* Formen $\mathbf{C}_x$: *farblosen* **Diamant** der Dichte 3.514 g/cm³ und *grauen, metallisch glänzenden* **Graphit** der Dichte 2.26 g/cm³. Darüber hinaus existieren eine Reihe *niedermolekularer, farbiger* Modifikationen $\mathbf{C}_n$ (*n* u.a. 60, 70, 76, 78, 84, 90, 94) mit kleinerer Dichte als der von Graphit, die man als **Fullerene** bezeichnet.

Vom Graphit abgeleiteter *mikrokristalliner Kohlenstoff* liegt im Retortengraphit, Pyrokohlenstoff und Koks vor. Im Ruß, in der Holzkohle und in der Tierkohle sind neben mikrokristallinen auch *amorphe Bereiche* vorhanden, die viele Beimengungen enthalten (insbesondere Sauerstoff und Wasserstoff), so daß man hier auch von einem „*Mischpolymerisat*“ mit Kohlenstoff als Hauptkomponente sprechen kann.

Die Gewinnung von Kohlenstoff erfolgt teils aus *natürlichen Vorkommen* (→ Diamant, Graphit) und durch *thermische Zersetzung* von Kohle, Erdöl, Erdgas sowie *partielle Verbrennung* von Kohlenstoffen (→ Graphit), teils durch *Graphitumwandlung* unter Druck und Temperatur (→ Diamant) sowie *Graphitverdampfung* im elektrischen Lichtbogen oder Hochfrequenzofen (→ Fullerene). Bezüglich Einzelheiten der Gewinnung, struktureller sowie physikalischer Eigenschaften vgl. nachfolgende Unterkapitel.

---

bisweilen auch He. Die Weltvorräte werden auf mehr als 50 Billionen m³ (70 Milliarden Tonnen) geschätzt, die bei Annahme einer laufenden Wachstumsrate des Verbrauchs von 5%/Jahr rund 20 Jahre ausreichen. Hauptvorkommen GUS (Westsibirien, Südural, Ukraine), USA (Alaska), Canada.

Der Graphit[1)]

Struktur und Bindungsverhältnisse. Graphit setzt sich aus übereinandergelagerten ebenen Kohlenstoff*schichten* zusammen, die ihrerseits aus miteinander kondensierten C_6-Ringen (Kantenlänge 1.4210 Å) bestehen. Die ausgezogenen Linien in Fig. 177a geben – von oben gesehen – das „Wabennetz" einer solchen Kohlenstoffebene wieder. Die über bzw. unter dieser Ebene gelegene nächste Sechseckebene (gestricheltes Wabennetz in Fig. 177a) ist so angeordnet, daß über und unter der Mitte eines jeden Sechsecks sowie über und unter jedem zweiten Kohlenstoffatom der Ausgangsebene ein Kohlenstoffatom der oben und unten benachbarten Ebene zu liegen kommt. Dasselbe wiederholt sich bei den folgenden Ebenen, so daß in summa eine „*Schichtenstruktur*" entsteht (Schichtabstand 3.354 Å) welche – von der Seite gesehen – das in Fig. 177c wiedergegebene Aussehen hat.

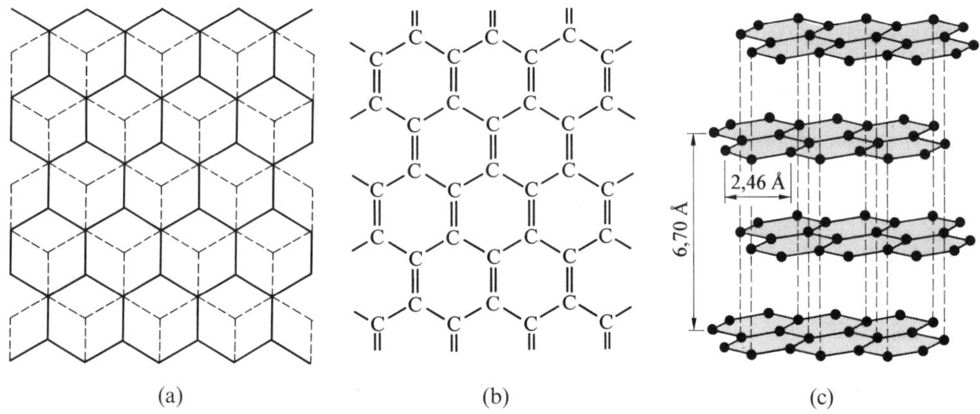

Fig. 177 Graphit: (**a**) Sechseckanordnung der Kohlenstoffatome innerhalb einer Ebene des Graphit- und Schichtengitters (ausgezogene Linien: Ausgangsebene; gestrichelte Linien: darunter- bzw. darüberbefindliche Ebene). (**b**) Valenzstrichformel (eine von mehreren möglichen Grenzstrukturen). (**c**) Kristallstruktur (hexagonaler oder α-Graphit).

Jedes Kohlenstoffatom ist im Graphit sp^2-hybridisiert und bildet mit drei seiner vier Außenelektronen drei lokalisierte σ-Bindungen zu seinen drei Atomnachbarn aus. Die „vierten" Valenzelektronen der Kohlenstoffatome sind in delokalisierten π-Molekülorbitalen untergebracht, die aus einer Kombination der an der Hybridisierung nicht beteiligten, zu den sp^2-Hybridorbitalen senkrecht orientierten p-Atomorbitalen der Kohlenstoffatome resultieren (vgl. hierzu die Bindungsverhältnisse des Ethylens sowie Ozons, S. 362 und 364). Somit sind die Kohlenstoffatome des Graphits wie in Fig. 177b schematisch veranschaulicht, sowohl durch σ-als auch π-Bindungen miteinander verknüpft. Die Valenzstrichformel in Fig. 177b stellt dabei nur eine von vielen denkbaren Grenzstrukturen dar. Erst aus der durch Kombination aller Grenzstrukturen resultierenden Mesomerieformel folgen die Bindungsverhältnisse des Graphits – also etwa die Gleichartigkeit aller CC-Bindungen (Bindungsordnung jeweils $1\frac{1}{3}$) – in der richtigen Weise (CC-Abstand: 1.421 Å; ber. für Einfachbildung: 1.54, für Doppelbindung: 1.34 Å).

Die in Fig. 177 wiedergebene Graphitform, bei der jede dritte Schicht in ihrer Lage der ersten entspricht (Schichtenfolge A, B; A, B; ...) ist die stabile und gibt die Struktur der gewöhnlich vorkommenden Form des Graphits wieder („*hexagonaler*- oder *α-Graphit*). Daneben existiert noch eine andere Form (*rhomboedrischer* oder *β-Graphit*), bei der erst jede vierte Schicht in ihrer Lage der ersten gleicht (Schichtenfolge A, B, C; A, B, C; ...) und die häufig in fein gemahlenem (scherbeanspruchtem) Graphit anwesend ist. Solche Bereiche der rhomboedrischen Struktur können neben statistischen Stapelfehlern durch mechanische Deformation von hexagonalen Kristallen entstehen und durch Hitzebehandlung wieder verschwinden. Eine Graphitform, bei der alle übereinanderliegenden Kohlenstoffschichten lagegleich sind (Schichtenfolge A; A; ...) ist nicht bekannt (vgl. hierzu aber die Struktur des isoelektronischen Bornitrids BN, S. 1043).

Eigenschaften (vgl. Tafel III). Natürlicher Graphit bildet eine graue, undurchsichtige, schuppige leicht spaltbare Masse (Dichte 2.26 g/cm^3), die sich fettig anfühlt, schwachen Metallglanz aufweist und stark abfärbt. Er ist ein geruch- und geschmackloser Stoff, der unter 127 bar bei 3750 °C schmilzt und bei 3370 °C unter Bildung eines C_n-Dampfes (n hauptsächlich 3, aber auch 2, 4 ..., untergeordnet 1; Atombildungsenergie: 717 kJ/mol) sublimiert.

Die delokalisierten π-Elektronen bedingen eine metallische Leitfähigkeit des (stark diamagnetischen) Graphits *parallel* zu den Kohlenstoffschichten („zweidimensionales Elektronengas"). Die spezifische elektrische Leitfähigkeit des Graphits beträgt hierbei $2.6 \times 10^4\ \Omega^{-1}\text{cm}^{-1}$. Sie nimmt – wie bei Metalleitern üblich – mit steigender Temperatur ab (negativer Temperaturkoeffizient). Senkrecht zu den Schichten ist die Leitfähigkeit um den Faktor 10^4 kleiner. Sie nimmt hier in einer für Halbleiter typischen Weise mit steigender Temperatur zu (positiver Temperaturkoeffizient). Letzterer Effekt ist allerdings nur schwach ausgeprägt. Der metallische Charakter des Graphits zeigt sich außer in der elektrischen Leitfähigkeit auch in seiner guten Wärmeleitfähigkeit, seiner starken Lichtabsorption sowie seinem metallischen Glanz. Zwischen den Schichten sind nur schwache van der Waalsche Kräfte wirksam, was sich in dem relativ großen Abstand der Schichten und in der leichten Spalt- und Verschiebbarkeit längs der hexagonalen Ebene bemerkbar macht.

Verwendung. Wegen seiner Beständigkeit gegenüber Hitze und Temperaturwechsel sowie wegen seiner guten Wärmeleitfähigkeit dient Naturgraphit zur Herstellung feuerfester Produkte (z. B. Tiegel zum Schmelzen von Metallen). Wegen seiner chemischen Widerstandsfähigkeit verwendet man ihn für Schutzanstriche (z. B. für Hochöfen, Kessel). Die Eigenschaft, elektrisch zu leiten, benutzt man bei der Herstellung von Bürsten und in der Galvanoplastik, die Eigenschaft, anzufärben, bei der Herstellung von Bleistiften[3)] (Variierung der Bleistifthärte durch Tonzusatz). Schließlich wird Graphit wegen der leichten Spalt- und Verschiebbarkeit der ihn aufbauenden Kohlenstoffschichten (in reiner Form oder mit Fetten vermischt) als Schmiermittel verwendet. Auf der Fähigkeit, schnelle Neutronen abzubremsen, beruht seine Verwendung als Moderator und Reflektor in Kernreaktoren.

Gewinnung. Die Aufbereitung von natürlichem Graphit (Weltjahresproduktion: fast Megatonnenbereich) aus gemahlenem, graphithaltigem Gestein mit 25 bis über 50 Gew.-% Kohlenstoff erfolgt durch Flotation (Öle als Medien) sowie Behandlung des C-haltigen Flotationsanteils mit einer Sodaschmelze. Künstlicher Graphit sowie graphitischer Kohlenstoff (Weltjahresproduktion insgesamt: 10-Gigatonnenbereich) wird hauptsächlich durch thermische Zersetzung von Kohle, Erdöl und Erdgas bei 600–3000 °C u. a. in Form von „*Kunst*"-, „*Retorten*"-, „*Pyro*"-, „*Faserkohlenstoff*" bzw. „*-graphit*" und von „*Ruß*" oder „*Aktivkohle*" gewonnen. Die einzelnen, durch unterschiedliche Ausgangsstoffe (mehr oder minder verunreinigte, nieder- oder hochmolekulare Kohlenwasserstoffe) und Herstellungsbedingungen (Pyrolysetemperatur, -druck) erzeugten, in ihren äußeren Erscheinungsformen recht verschiedenartigen Kohlenstoffsorten unterscheiden sich voneinander in der Größe, der gegenseitigen Anordnung sowie der Schichtstruktur der Graphitkristalle. Während in den gut kristallisierten Graphiten (z. B. Kunstgraphit) die Kohlenstoffsechseckschichten die in Fig. 177 gezeigte gegenseitige Ordnung besitzen, sind in schlecht kristallisierten Kohlenstoffen (z. B. Ruß) die Schichten zwar parallel gestapelt, aber im übrigen regellos gegeneinander verschoben und verdreht („*turbostratische Ordnung*"). Dabei steigt der Schichtabstand von 3.35 Å auf 3.44 Å und mehr. Sehr häufig sind die Abmessungen dieser Stapel auch sehr klein. Solche – früher fälschlich als amorph bezeichneten Kohlenstoffe –

---

3 Der Name „*Bleistift*" rührt daher, daß man früher einmal mit einem aus Blei (+ Zinn) gegossenen Stift schrieb, der ebenso wie Graphit die Eigenschaft besitzt, grau abzufärben. Die Verwendung des Graphits zum Schreiben hat ihm seinen Namen gegeben: graphein (griech.) = schreiben.

werden vor allem bei der thermischen Zersetzung organischer Substanzen bei relativ niedrigen Temperaturen (ab 400 °C) erhalten. Mit steigender Zersetzungstemperatur wachsen die Schichtpakete in der Breite und in der Höhe. Gleichzeitig nähern sie sich in ihrer dreidimensionalen Ordnung der Graphitstruktur an, wobei auch die elektrische Leitfähigkeit ansteigt. Bei sehr hohen Zersetzungstemperaturen (ab 2500 °C) erhält man größere Kohlenstoffkristalle, die sich in ihrer Struktur nur wenig von der des natürlichen Graphits unterscheiden. Die Dichte der verschiedenen Kohlenstoffsorten variiert zwischen 1.85 (Ruß) und 2.26 g/cm^3 (Graphit) (Diamant: 3.51 g/cm^3), die Verbrennungsenthalpie zwischen 34.03 (Ruß) und 32.79 kJ/g (Graphit) (Diamant: 32.95 kJ/g), die Farbe zwischen schwarz (Ruß) und grau (Graphit) (Diamant: farblos).

Wegen der verschiedenen Eigenschaften der einzelnen Kohlenstoffsorten werden nachfolgend die verschiedenen Formen, ihre Gewinnung und Verwendung gesondert besprochen.

Kunstgraphit (**Elektrographit**) entsteht durch Pyrolyse von Kohlenstoffverbindungen bei sehr hoher Temperatur. In der Praxis werden weniger gut kristallisierte Kohlenstoffe (insbesondere Petrolkokse, s. unten) bei Temperaturen von 2600–3000 °C im elektrischen Ofen „*graphitiert*“. Zu diesem Zweck wird etwa Petrolkoks zunächst auf 1300–1400 °C erhitzt, wobei flüchtige Bestandteile entweichen, dann – nach Mahlung – mit Bindemitteln wie Pech (= Bestandteil des Teers[2)]) zu einer in der Wärme plastischen Masse angeteigt, mittels Strangpressen geformt und bei 800–1300 °C vorgebrannt, wobei das Bindemittel verkokt und die einzelnen Kokskörnchen verbindet. Die hierbei gebildeten **„Kunstkohlenstoffe“** lassen sich bereits vielseitig verwenden (z. B. als Elektroden für Bogenlampen oder als Innenauskleidung für Hochöfen). Zur eigentlichen Graphitierung wird im Falle des „*Acheson-Verfahrens*“ als wichtigstem Graphitierungsverfahren ein bis zu 20 m langes Bett aus den erhaltenen Kunstkohlenstoff-Formkörpern in pulverisierten Koks eingebettet und mit Sand abgedeckt[4)]. Durch diese Koks-Packung wird zur Erwärmung auf die gewünschte hohe Temperatur elektrischer Strom geleitet. Beim „*Castner-Verfahren*“ wird die Wärme ausschließlich in den – zwischen Elektroden eingespannten – Kohlenstoff-Formkörpern selbst durch Widerstandsheizung erzeugt.

Verwendung. Kunstgraphit dient wegen seiner elektrischen Leitfähigkeit und chemischen Widerstandsfähigkeit in großem Umfange als Material für Elektroden u.a. in Elektrostahlöfen (Fe-Gewinnung), Carbidöfen (CaC_2-, SiC-Gewinnung), Reduktionsöfen (z. B. Zn-, P-Gewinnung), wässerigen Elektrolyseanlagen (z. B. Erzeugung von H_2, Cl_2, NaOH, H_2O_2) und Schmelzflußelektrolyseanlagen (z. B. Erzeugung von Alkali- und Erdalkalimetallen, Aluminium, Landthanoiden, Fluor). Auch zur elektrischen Widerstandsheizung (z. B. Tamman-Ofen) sowie zur Herstellung von Apparateteilen in der Elektrotechnik (Lichtbogenkohle, Röhrenanoden, Mikrophongrieß, Stromabnehmerkohlen und Bürsten) wird er genutzt. Der kleine Wärmeausdehnungskoeffizient, die Nichtbenetzbarkeit durch Metalle sowie die Korrosionsbeständigkeit macht ihn für Gießformen (z. B. zum Guß von Mg, Al, Fe, Cu), als Auskleidungsmaterial für Öfen, zur Metallherstellung (s. oben) sowie im chemischen Apparatebau (Wärmeaustauscher, Pumpen, Ventile) besonders geeignet. Schließlich verwendet man ihn wie Naturgraphit (s. oben) für Moderatoren und Reflektoren im Kernreaktor.

Graphit-Folien entstehen durch Verpressen von „*Blähgraphit*“, der durch thermische Zersetzung von Graphithydrogensulfatnitrat, gewonnen durch Oxidation von Flocken- oder Pyrographit mit Schwefelsäure und Salpetersäure, erzeugt wird. Zur Herstellung von **Graphit-Membranen** trocknet man ein Gel (S. 930) von Graphitoxid auf einer polierten Oberfläche, reduziert mit Wasserstoff bei 500 °C und graphitiert die Membran oberhalb 2500 °C. Verwendung finden die Folien und Membranen in Maschinen- und Apparatebau, in der Metallurgie, Elektrotechnik, Meerwasserentsalzung.

---

[4] Früher hat man dem Koks/Pech-Gemisch als Graphitierungskatalysator kleine Mengen Silicium in Form von Quarzsand zugesetzt. Die katalytische Wirkung des Siliciums beruht wahrscheinlich auf der intermediären Bildung von Siliciumcarbid SiC, das bei der hohen Graphitierungstemperatur bereits einen merklichen Siliciumgleichgewichtsdampf-druck aufweist. Da der weniger geordnete Kohlenstoff ein höheres thermodynamisches Potential hat als Graphit, wird er über SiC letztlich in Graphit umgewandelt: $C_{feinkristallin} + Si \rightarrow SiC$; $SiC \rightarrow Si + C_{Graphit}$.

Koks (ca. 98%iger Kohlenstoff; Weltjahresproduktion: 100 Megatonnenmaßstab) entsteht als Rückstand beim starken Erhitzen („Verkokung") von Steinkohlen in feuerfesten Retorten. Man unterscheidet „*Gaskoks*" und „*Hüttenkoks*". Gaskoks wird bei der Heizgasherstellung, also beim Erhitzen „gasreicher" Kohlen („*Gaskohlen*") gewonnen (vgl. S. 254) und ist meist locker, so daß man ihn in der Regel nur zu Feuerungszwecken verwendet. Hüttenkoks entsteht beim Erhitzen „gasarmer" Kohlen („*Kokskohlen*") und ist verhältnismäßig dicht und fest, so daß er in Hochöfen (S. 1506) zu gebrauchen ist. Durch Verkokung der Rückstände der Erdöldestillation[5] entsteht der „*Petrolkoks*", der zum Unterschied von vielen anderen Koksarten sehr gut graphitiert und deshalb hauptsächlich zur Herstellung von Kunstgraphit (s. oben) dient.

Bei der Heizgasfabrikation und Koksgewinnung scheidet sich der „*Retortenkoks*" („*Retortengraphit*") in dichten, festen Massen ab, indem die beim Erhitzen der Steinkohle entweichenden kohlenstoffhaltigen Gase an den sehr heißen (1500 °C) Retortenwänden teilweise unter Kohlenstoffbildung zerfallen (vgl. hierzu auch Rußbildung). Retortengraphit ist zum Unterschied vom gewöhnlichen Graphit sehr hart, da in ihm die submikroskopischen Kriställchen (ca. 40 Å Durchmesser) dicht und regellos miteinander verwachsen sind, so daß keine regelmäßig orientierten größeren Kohlenstoffebenen wie beim Graphit vorliegen, längs derer ja allein eine leichte Spaltung und Parallelverschiebung möglich ist.

Verwendung. Wie Graphit, leitet auch der Retortengraphit gut den elektrischen Strom, weshalb er zur Herstellung von Kohlestiften für Bogenlampen und von Elektroden benutzt wird.

Kohlenstoff-Fasermaterial (vgl. hierzu S. 935). Durch kontrollierte Pyrolyse organischer Fasern (z. B. Fasern aus Polyacrylnitril oder Mesophasen-Pech) lassen sich „*Kohlenstoff-Fasern*" herstellen (Weltjahresproduktion: Kilotonnenmaßstab). Stehen hierbei die Fasern während der Thermolyse unter Zugspannung, so richten sich die Sechseckschichten des gebildeten Kohlenstoffs parallel zur Faserachse aus. Bei hoher Temperatur (2500–3000 °C) entstehen „*Graphitfasern*", in denen die dreidimensionale Graphitstruktur bei Verwendung von Polyacrylfasern allerdings noch nicht gut ausgebildet ist. Da die Verknüpfung der C-Atome in Faserrichtung über die festen CC-Bindungen innerhalb der Schichten erfolgt, weisen die erwähnten Fasern eine sehr hohe Zugfestigkeit und einen hohen Elastizitätsmodul auf. Bezogen auf ihre Masse sind sie fester als Stahldrähte. Pyrolysiert man anstelle von Kunststoffasern ungeschäumte bzw. geschäumte organische Polymere, so erhält man in ersterem Falle sehr harten und spröden, nur mit Diamantwerkzeugen bearbeitbaren **Glaskohlenstoff**, in letzterem Falle mechanisch leichter bearbeitbaren **Schaumkohlenstoff**.

Verwendung. Das Kohlenstoff-Fasermaterial wird mit Kunststoffen bzw. Kunstkohlenstoff zu Verbundwerkstoffen verarbeitet, die u. a. beim Bau von Flugzeugen, Skiern und Tennisschlägern Verwendung finden. Ihre Anwendung im Automobilbau ist geplant. Glas- und Schaumkohlenstoff findet Verwendung in der Metallurgie, Halbleiterindustrie, Medizin, Luft- und Raumfahrt, Gießereitechnik usw.

Pyrokohlenstoff (früher: *Glanzkohlenstoff*) wird durch Zersetzung von Kohlenwasserstoffen bei Temperaturen oberhalb 700 °C an glatten Oberflächen (z. B. glasiertem Porzellan) bei niedrigem Gasdruck (z. B. 10 mbar) gewonnen („Chemical **V**apor **D**eposition, **CVD**; s. unten).

---

[5] Feste Stoffe sind befähigt viele Gase oder gelöste Stoffe an ihrer Valenz-ungesättigten Oberfläche anzureichern. Man nennt diese Verdichtung an der Oberfläche **„Adsorption"** (adsorbere (lat.) = an sich ziehen), den zu adsorbierenden Stoff **„Adsorptiv"**, den adsorbierenden Stoff **„Adsorbens"** und den adsorbierten Stoff **„Adsorbat"**. Die Adsorption beschränkt sich auf die Bildung einer *einmolekularen Oberflächenschicht* (unterhalb ihrer krit. Temp. können Gase aber auch höhermolekulare Adsorptionsschichten bilden). Daher nähert sich bei gegebener Temperatur die je Flächeneinheit des Adsorbens adsorbierte Stoffmenge a mit steigendem Druck einem bestimmten *Sättigungswert* a_{max}, nämlich dem der maximalen Oberflächenbesetzung: $a/a_{max} = kc/(1 + kc)$ (**„Langmuirsche Adsorptionsisotherme"**; c = Konzentration bzw. Partialdruck des Adsorbens; k = temperaturabhängige Konstante). Für *kleine* Konzentrationen c ($kc \ll 1$) geht die Gleichung über in $a/a_{max} = k \cdot c$ („*Henrysches Gesetz*"), so daß die adsorbierte Stoffmenge einfach proportional der Konzentration des Stoffes ist; für *große* Konzentrationen c ($kc \gg 1$) wird $a/a_{max} = k$, d. h. konstant. Nach einer Faustregel werden Gase um so leichter adsorbiert, je leichter sie zu verflüssigen sind, also je höher ihr Siedepunkt liegt. Die Auswertung der N_2-Adsorptionsisothermen bei 77 K wird zur Bestimmung spezifischer Oberflächen genutzt (**B**runauer-**E**mmett-**T**eller-(**BET**-)Methode).

Seine Feinstruktur ist der der analog – aber bei höheren Drücken erzeugten – Ruße (s. unten) ähnlich. Alle Kohlenstoffschichten sind mehr oder weniger parallel zur Abscheidungsfläche ausgerichtet. Erfolgt die C-Abscheidung bei ca. 2000 °C und graphitiert man bei ca. 3000 °C nach, so erhält man **„Pyrographit"**.

Verwendung. Pyrokohlenstoff dient zur Imprägnierung des (porösen) Elektrographits („Veredelung der Graphit-Formkörper"). Wegen ihrer hohen Biokompatibilität finden Pyrokohlenstoffkörper darüber hinaus in der Medizin als Herzklappen sowie -ventile, als Knochenplatten und als Prothesen Verwendung. Mit Pyrokohlenstoff beschichtete Keramikröhrchen werden als hochohmige Widerstände verwendet. Wegen der hervorragenden parallelen Ausrichtung der Kohlenstoffschichten und der damit verbundenen extremen Anisotropie der Leitfähigkeit für den elektrischen Strom und für die Wärme, verwendet man Pyrographit für Raketenmotoren und für den Hitzeschild von Raumfahrzeugen, aber auch als Brems- und Kupplungsscheiben für Flugzeuge. Durch Scherbeanspruchung bei mehr als 3000 °C läßt sich die Orientierung der Schichten nochmals verbessern. Der hierdurch gebildete *„hochorientierte Pyrographit"* (HOPG), in dem die Normalen der einzelnen Kohlenstoffschichten nicht mehr als 1° voneinander abweichen, wird für Röntgenmonochromatoren verwendet.

Ruß (*„carbon black"*; Weltjahresproduktion: Gigatonnenmaßstab) entsteht aus Kohlenwasserstoffen entweder durch unvollständige Verbrennung (*„Verbrennungsruß"*) oder thermische Zersetzung (*„Spaltruß"*; *„thermal black"*). Unter den **Verbrennungsrußen** (Flamm-, Gas- und Furnace-Ruße) entfällt der größte Produktionsanteil auf den *„Furnace-Ruß"* (*„furnace black"*; C-Gehalt um 95 %), der durch Verbrennung von Erdöl bei ungenügendem Luftzutritt und Abschrecken der kohlenstoffhaltigen Verbrennungsgase (z. B. durch Einspritzen von Wasser) gewonnen wird. Der *„deutsche Gasruß"* entsteht durch Abkühlen des in einer leuchtenden Anthracenölflamme gebildeten Kohlenstoffs an gekühlten Eisenflächen (vgl. hierzu auch Bunsenbrenner, S. 855). Die Ausgangsprodukte der **Spaltruß**-Gewinnung sind Methan, Erdgas und Acetylen. In letzterem Falle erhält man den sogenannten *„Acetylenruß"* der zu 98–100 % aus Kohlenstoff besteht.

Die Ruße lassen im Elektronenmikroskop lockere Aggregate von sehr kleinen kugelähnlichen Teilchen erkennen (mittlerer Kugeldurchmesser 50–1000 Å). Diese Teilchen entstehen dadurch, daß sich bei der hohen Verbrennungstemperatur (kurzzeitig ca. 2000 °C) entstandene polycyclische aromatische Kohlenwasserstoffe an Kondensationskeimen mit ihren breiten Flächen anlagern, um dann – mehr oder weniger unregelmäßig – zusammenzukondensieren. (Arbeitet man bei erniedrigtem Druck, so nimmt die Zahl der Kondensationskeime ab und infolgedessen der Teilchendurchmesser zu; vgl. Pyrokohlenstoff, oben, bei dem die Wand als Kondensationskeim wirkt.) Die röntgenographisch erfaßbaren, kohärent streuenden (kristallisierten) Bereiche haben sehr kleine Abmessungen von etwa 30 Å in Schicht- und 20 Å senkrecht zur Schichtrichtung. Wegen ihres hohen Zerteilungsgrades entwickeln die Ruße eine große massenbezogene äußere Oberfläche (ca. 80–100 m^2/g; bei nachträglicher Aktivierung bis zu 1000 m^2/g).

Verwendung. Ruß dient im großen Umfang als verstärkender Gummifüllstoff für stark beanspruchte technische Gummiartikel (Autoreifen, Förderbänder usw.). Ferner findet er Anwendung als Schwarzpigmet für Lacke, Druckfarben, Tusche usw. Etwa 95 % der Rußproduktion werden von der Autoreifenindustrie verbraucht.

Aktivkohlenstoffe[6] stellen mikrokristalline, porenreiche Kohlenstoffsorten dar, die eine außerordentlich große innere Oberfläche entwickeln und deshalb ähnlich wie andere oberflächenreiche Stoffe (z. B. Kieselgur, S. 926) als wertvolle *„Adsorptionsmittel"* für chemische Stoffe dienen[5]. Sie lassen sich durch verhältnismäßig gelindes Erhitzen von organischen Stoffen wie Holz, Kokosschalen, Torf, Steinkohle (früher auch Knochen, Blut, Zucker usw.) darstellen. Die für die Verwendung als Adsorptionsmittel erforderliche große Oberflächenentwicklung (Porenstruktur) des Kohlenstoffs erreicht man dabei z. B. dadurch, daß man vor dem Erhitzen Fremdstoffe wie Zinkchlorid hinzusetzt, die das Zusammensintern der Kohle verhindern und nachträglich leicht herausgelöst oder verflüchtigt werden können, oder da-

[6] Meist falsch als Aktivkohlen bezeichnet. Richtig ist nur der Name *„Aktivkohlenstoff"*, da „Aktivkohlen" ja tatsächlich aus fast reinem Kohlenstoff bestehen und nichts mit Kohle (vgl. Anm. 2) zu tun haben.

durch, daß man die Oberfläche des Kohlenstoffs nachträglich durch Überleiten von Wasserdampf ($C + H_2O \rightarrow CO + H_2$), Luft ($C + \frac{1}{2}O_2 \rightarrow CO$) oder kohlendioxidhaltigen Gasen ($C + CO_2 \rightarrow 2CO$) bei 700–900 °C „anoxidiert" und hierbei Poren hineinbrennt („*Aktivierung*"). Gute Aktivkohlenstoffe haben scheinbare Oberflächen von mehr als 1000 m^2/g (erzielbare Porenradien von < 10 bis > 50 Å) und können bis zu 50 % ihrer Masse an organischen Substanzen aufnehmen.

Verwendung. Aktivkohlenstoffe (im Handel mit Korngrößen von < 0.1 mm bis > 5 mm je nach Anwendungszweck) werden u. a. zur Entfuselung von Spiritus, zur Entfernung von Farbstoffen und Verunreinigungen aus Lösungen (z. B. zur Entfärbung von Rohrzuckerlösungen, Geschmacksverbesserungen von Flüssigkeiten, zur Rückgewinnung verunreinigter Lösungsmittel in der Industrie), zur Reinigung von Gasen, in zunehmendem Maße auch zur Luftzerlegung (S. 503) sowie in der Medizin zur Entgiftung und Entgasung des Darmkanals verwendet. Darüber hinaus benutzt man Holzkohle auch für metallurgische Zwecke (z. B. Raffination von Kupfer) und als Bestandteil des „*Schwarzpulvers*" („*Schießpulver*"). Als Schießpulverbestandteil verwendet man die bei relativ niedriger Temperatur hergestellte Holzkohle aus dem Holz des Faulbaumes (frangula alnus).

Auf der Fähigkeit viele giftige Gase bevorzugt aus der Luft zu adsorbieren, beruht die Verwendung der Aktivkohlenstoffe in „*Gasmasken*". Der Gasmaskeneinsatz enthält hinter einem zum Zurückhalten feinzerstäubter Nebelteilchen dienenden Cellulosefilter u. a. eine Schicht von Aktivkohlenstoffen zur Adsorption giftiger Gase aus der Luft. Kohlenmonoxid wird von den Gasmaskenfiltern nur dann zurückgehalten, wenn sie besondere Oxidationsmittel (z. B. Silbermanganat $AgMnO_4$ oder ein Oxid-Peroxid-Gemisch von Mangan, Silber, Cobalt und Kupfer) enthalten, welche das Kohlenoxid zu adsorbierbarem Kohlendioxid oxidieren. Aktivkohlenstoffe dienen auch zur Rauchgasentschwefelung (S. 568) und darüber hinaus zur Entfernung von NO_x aus Rauchgas (S. 695).

Der Diamant[1)]

Struktur und Bindungsverhältnisse. Die Struktur des Diamanten unterscheidet sich von der des Graphits dadurch, daß die beim Graphit freibeweglichen vierten Elektronen der Kohlenstoffatome einer Ebene mit den vierten Elektronen der beiden benachbarten Ebenen – abwechselnd nach oben und unten – zu Elektronenpaar-Bindungen zusammentreten, wobei die π-Bindungen des Graphits verschwinden. Dies führt zu der aus Fig. 178a ersichtlichen „Wellung" (Sesselform der Sechsringe), Parallelverschiebung und engeren Packung der ursprünglichen Graphitebenen; denn nur auf diese Weise findet jedes Kohlenstoffatom einer Ebene in der darüber- bzw. darunterliegenden Ebene einen Bindungspartner, während im Graphit (Fig. 177) jedes zweite Kohlenstoffatom einer gegebenen Ebene über und unter einer Sechseckmitte der benachbarten Ebene liegt. Da jedes Kohlenstoffatom jetzt vier homöopolare Valenzen betätigt (sp^3-Hybridisierung), ist jedes Kohlenstoff-

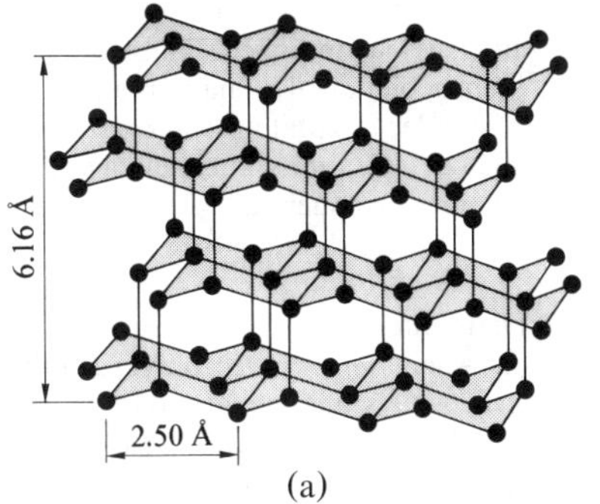

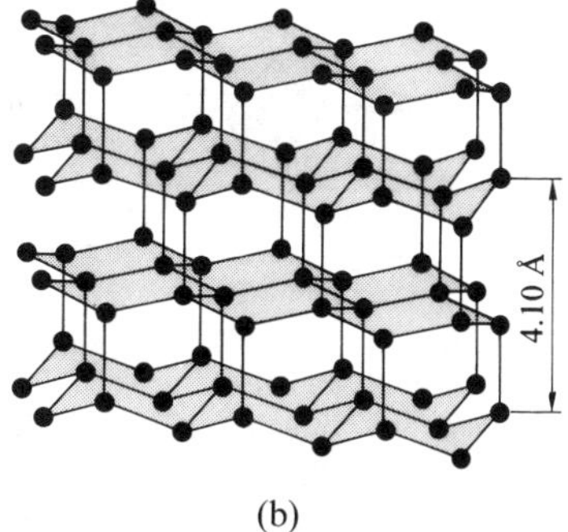

Fig. 178 Kristallstruktur des Diamanten: (**a**) Kubischer Diamant. (**b**) Hexagonaler Diamant. Die Schraffierung von Ebenen im Diamantengitter erfolgte nur zwecks leichteren Vergleichs mit dem Graphitgitter der Fig. 177. In Wirklichkeit ist die Diamantstruktur zum Unterschied von der Graphitstruktur naturgemäß keine Schichtenstruktur, sondern eine dreidimensionale, durch σ-Bindungen zusammengehaltene Netzstruktur, in der alle Kohlenstoff-Abstände gleich groß sind.

atom tetraedrisch – im Abstand von je 1.5445 Å, entsprechend einer CC-Einfachbindung – von vier anderen Kohlenstoffatomen umgeben, wie aus Fig. 178a hervorgeht, während es im Graphitgitter im Abstand von 1.4210 Å triangular von drei anderen C-Atomen umgeben ist. Der Abstand der in Fig. 178a schraffierten Ebenen voneinander beträgt im Diamanten nur noch 2.05 Å (an Stelle von 3.35 Å im Graphit).

Wie im Falle des Graphits kennt man auch beim Diamanten neben der normalen Form („*kubischer Diamant*“, Schichtenfolge A, B, C; A, B, C; ...; vgl. Fig. 178a) noch eine zweite Form („*hexagonaler Diamant*“, Schichtenfolge A, B; A, B; ...; Fig. 178b), die sich von der normalen Diamantform unterscheidet wie das Wurtzitgitter vom Zinkblendegitter (vgl. hierzu S. 1374). Man hat die hexagonale Diamantform („*Lonsdaleit*“) in winzigen Kriställchen in Meteoriten und bei Schockwelleneinwirkung auf Graphit gefunden.

Eigenschaften (vgl. Tafel III). In Form des reinen Diamanten bildet der Kohlenstoff äußerst harte, jedoch ziemlich spröde, farblose, glänzende, wasserklare, geruch- und geschmacklose, sehr stark lichtbrechende und -dispergierende Kristalle der (vergleichsweise hohen) Dichte 3.514 g/cm^3, die nach Umwandlung in Graphit unter 127 bar bei 3750 °C (Punkt 1 der Fig. 179) oder ohne Umwandlung z. B. unter 130 kbar bei 3800 °C (Punkt 2 der Fig. 179) schmelzen[7]. Diamant besitzt die höchste Wärmeleitfähigkeit aller bekannten Substanzen (fünfmal höher als die von Kupfer) und einen der niedrigsten Ausdehnungskoeffizienten. Das Fehlen der π-Bindungen macht den Diamanten zum Nichtleiter und bedingt seine Festigkeit und außerordentliche Härte nach allen drei Richtungen des Raumes hin.

Erhitzt man Diamanten unter Luftabschluß auf über 1500 °C, so gehen sie unter geringer Wärmeentwicklung in Graphit über (der bei Zimmertemperatur metastabile Diamant ist unter diesen Bedingungen – vgl. Fig. 179 – instabil):

$$C_{\text{Diamant}} \rightleftarrows C_{\text{Graphit}} + 1.899\,\text{kJ}.$$

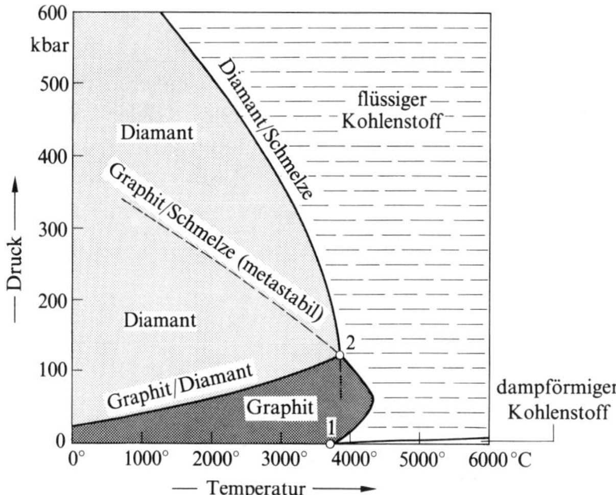

Fig. 179 Zustandsdiagramm des Kohlenstoffs. (Bei nicht zu hohen Temperaturen (geringe Umwandlungsgeschwindigkeit) kann im Existenzgebiet des Diamanten auch metastabiler Graphit und im Existenzgebiet des Graphits auch metastabiler Diamant existieren.)

Verwendung. Bei Anwesenheit geringer Beimengungen können die Diamanten statt *farblos* auch *gelb* (N auf C-Plätzen), *blau* (B auf C-Plätzen), *violett* oder *grün* aussehen. Auch *tiefschwarze* polykristalline Diamanten („*Carbonados*“) kommen vor. Wegen des lebhaften Farbenspiels und hohen Glanzes sind die geschliffenen reinen Diamanten („*Brillanten*“) als besonders kostbare Edelsteine geschätzt. Die meisten gefundenen Diamanten (~ 95 %) eignen sich aber nicht zur Verarbeitung auf Schmuckstücke, sondern dienen technischen Zwecken: zum Schleifen besonders harten Materials (insbesondere des Diamanten selbst), in Form von Bohrerspitzen zum Bohren besonders harter Gesteine, in Form von Trennscheiben zum Schneiden von Glas, als Achsenlager für Präzisionsapparate, als Ösen zum Ziehen feinster Drähte harter Metalle.

---

[7] Der Tripelpunkt Graphit/Diamant/Schmelze liegt (vgl. Fig. 179 Punkt 2) unter einem Druck von 130 kbar bei 3800 °C.

Gewinnung. Natürliche Diamanten (Weltjahresproduktion: 10 Tonnenmaßstab)[8] gewinnt man aus diamanthaltigem zerkleinerten Gestein („Kimberlit") durch Auswaschen und Leiten der Diamantfraktion über eingefettete Bänder, an denen die Diamanten haften bleiben.

Die Verwandlung von Graphit in künstliche Diamanten ist seit 1955 bekannt. Wie aus den Kristallstrukturen von Diamant und Graphit hervorgeht (Fig. 177 und 178) hat der Diamant eine höhere Dichte als der Graphit. Zur Umwandlung in Diamant muß daher der Graphit (bei sehr hohen Temperaturen) einem außerordentlich hohen Druck[9] ausgesetzt werden. In Übereinstimmung mit dem Zustandsdiagramm des Kohlenstoffs (Fig. 179) konnte man Graphit z. B. bei 3000 °C und 130000 bar in Diamant umwandeln (auf ähnliche Weise dürfte der natürlich vorkommende Diamant entstanden sein). Praktisch arbeitet man jedoch in Anwesenheit von Katalysatoren (Fe, Co, Ni, Mn, Cr, Legierungen und Carbiden dieser Metalle)[10] bei 1500–1800 °C und 53000–100000 bar. Heute werden auf diese Weise schon jährlich über 100 Millionen Karat[8], also über 20 Tonnen künstliche Diamanten (Durchmesser bis zu 1 mm[11]) für industrielle Zwecke (hauptsächlich Herstellung von Schleifscheiben für die Bearbeitung sehr harter Werkstoffe) erzeugt.

Diamant kann man in Form dünner Schichten durch chemische Abscheidung aus der Gasphase (**C**hemical **V**apor **D**eposition; **CVD**) auch bei Normaldruck und darunter herstellen. Hierzu werden kohlenstoffhaltige Gase, z. B. Methan, in Gegenwart von Wasserstoff bei 2000 °C oder in Plasmaentladungen zersetzt und die Zersetzungsprodukte auf geeignete Flächen kondensiert. Je nach den Reaktionsbedingungen scheidet sich kristalliner Diamant oder ein amorpher, aber sehr harter Film von wasserstoffhaltigem „diamantartigem Kohlenstoff" ab („*diamond-like carbon*")[12].

Bei extrem hohen Drücken (> 650000 bar) und Temperaturen von etwa 1000 °C soll der Diamantkohlenstoff (ähnlich verhalten sich unter diesen Bedingungen auch Phosphor, Schwefel, Selen, Iod und viele andere Nichtmetalle) in eine metallische Modifikation übergehen.

Die Fullerene[1]

Strukturen. Ersetzt man in einer Graphitschicht (a) einige C_6- durch C_5-Ringe, so erzwingen letztere eine *Krümmung* der zuvor ebenen Schicht (vgl. (b), (c), (d)):

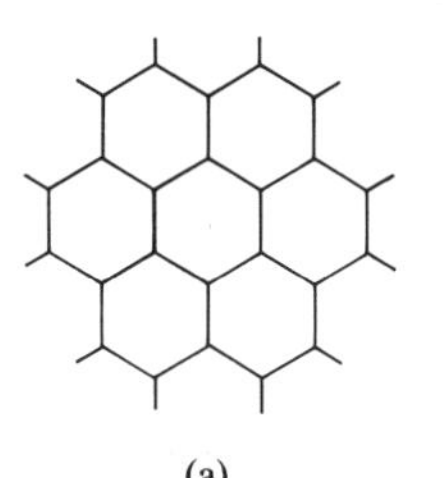
(a)

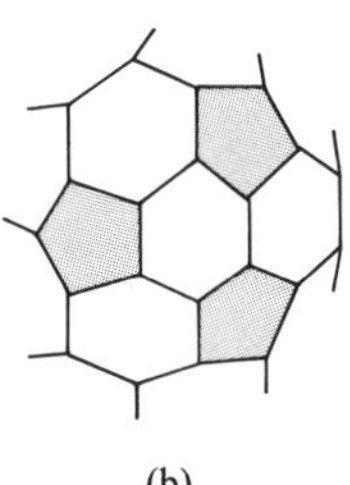
(b)

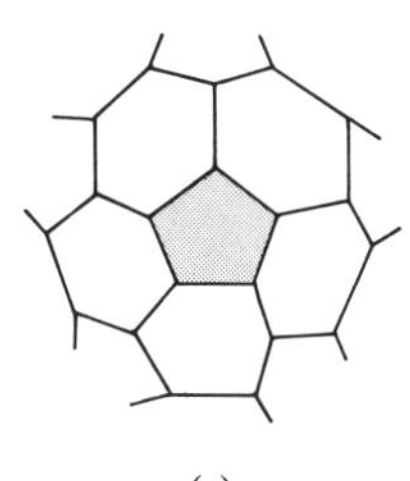
(c)

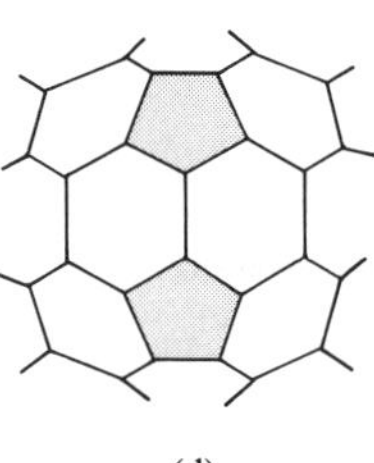
(d)

Verknüpft man ausschließlich C_5-Ringe über gemeinsame Kanten, so gelangt man bei (richtiger) Kombination von zwölf derartigen Einheiten zu einem *kugelähnlichen* Molekül C_{20},

---

8 Das Gewicht von Diamanten wird in **„Karat"** angegeben: 1 Karat = 0.2 g (ursprünglich das Gewicht eines getrockneten Johannisbrotkerns). Der größte je aufgefundene Diamant ist der „*Cullinan*" mit 3106 Karat = 621.2 g.

9 **Literatur.** H. T. Hall: „*High-Pressure Inorganic Chemistry*", Progr. Inorg. Chem. **7** (1966) 1–38; K.-J. Range: „*Festkörperchemie bei hohen Drücken*", Chemie in unserer Zeit **10** (1976) 180–188.

10 Die „Katalysatorwirkung" der Metalle beruht darauf, daß sich der Graphit mit einem dünnen Film von geschmolzenem Metall überzieht, in welchem der – im obengenannten Zustandsbereich thermodynamisch instabile – Graphit leichter löslich ist als der stabile Diamant, so daß sich Graphit bis zur Sättigung auflöst und Diamant aus der für ihn übersättigten Lösung ausfällt.

11 Auch Größen bis über 5 mm sind schon erhältlich. Selbst Diamanten von Schmuckqualität in der Größe von 1 Karat (3–4 mm Durchmesser) wurden vereinzelt gewonnen, doch verbieten die hohen Kosten bisher eine kommerzielle Auswertung.

12 Die CVD-Synthese beruht auf den Reaktionen $CH_4 \leftrightarrows C_{Graphit} + 2\,H_2$ (rasche Gleichgewichtseinstellung) und $CH_4 \leftrightarrows C_{Diamant} + 2\,H_2$ (langsame Gleichgewichtseinstellung). Gebildete Graphitkeime werden wieder rasch hydriert, Diamantkeime – zunächst recht selten erzeugt – werden andererseits durch Hydrierung langsamer verkleinert als durch Aufwachsvorgänge vergrößert.

in welchem die Kohlenstoffatome an den *zwanzig Ecken* eines *dreißigkantigen* und *zwölfflächigen Pentagondodekaeders* (e) mit der Molekülsymmetrie I_h lokalisiert sind[13)]. Bei „Hinzukondensieren" von C_6-Ringen bleibt der käfigartige Bau des C_{20}-Moleküls erhalten; es ändert sich jedoch die Größe, Form, Spannung und – gegebenenfalls – Symmetrie der Käfigoberfläche, die dann Baumotive u.a. des Typs (b), (c) und/oder (d) aufweist.

Die Kohlenstoffmodifikation C_{20} ist noch unbekannt (man kennt jedoch den Kohlenwasserstoff $C_{20}H_{20}$, in welchem die Ecken eines Pentagondodekaeders mit CH-Gruppen besetzt sind). Das kleinste bisher isolierte, nur aus Kohlenstoff zusammengesetzte Kugelmolekül stellt C_{60} dar. In dieser dritten Kohlenstoffmodifikation besetzen die einzelnen Atome die *sechzig Ecken* des im Formelbild (f) wiedergegebenen Polyeders aus miteinander kondensierten C_5- und C_6-Ringen (Molekül in Richtung einer fünfzähligen Drehachse gesehen). Ihm kommt als „eckenabgestumpftes Pentagondodekaeder" ebenfalls I_h-Symmetrie zu[13)]. Man bezeichnet C_{60} zu Ehren des amerikanischen Ingenieurs und Architekten Richard Buckminster Fuller (1895–1983), der geodätische Kuppeln nach dem Bauprinzip (f) konstruierte, als **Buckminsterfulleren**[14)] oder **I_h-Fulleren-60**[15a)]. Im Kristall liegen die sphärischen C_{60}-Moleküle hexagonal-dicht (metastabil) oder kubisch-dicht gepackt (stabil) nebeneinander (vgl. hierzu Fig. 56 auf S. 148). Während somit Graphit in einer Schichtstruktur und Diamant in einer Raumstruktur kristallisiert (s. dort), bildet die dritte Kohlenstoffmodifikation eine *„Molekülstruktur"*.

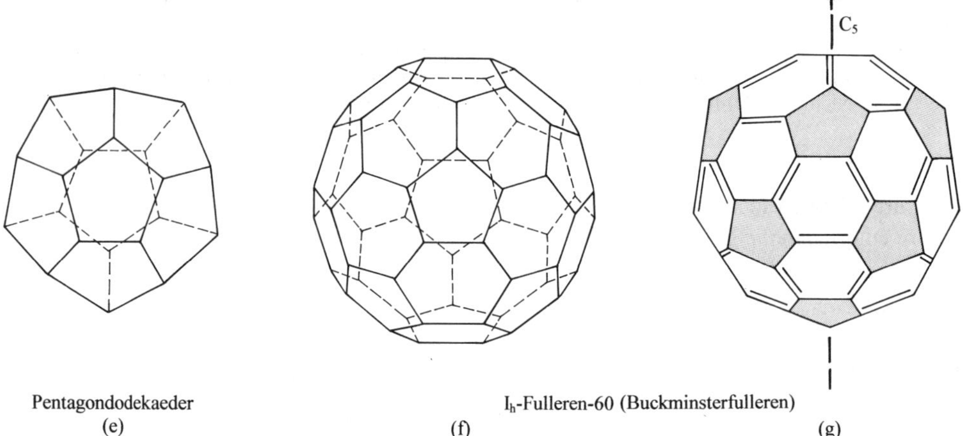

Pentagondodekaeder (e) (f) I_h-Fulleren-60 (Buckminsterfulleren) (g)

In Buckminsterfulleren (f) liegen Baueinheiten des Typs (b) und (c) bzw. (d) so miteinander verknüpft vor, daß alle C_5-Ringe des Pentagondodekaeders (e) durch C_6-Ringe voneinander getrennt sind. Der

---

13 Das „Pentagondodekaeder" (I_h-Symmetrie) zählt wie das „Ikosaeder" (I_h-Symmetrie; vgl. die B_{12}-Einheit, S. 988), der „Würfel" (O_h-Symmetrie), das „Oktaeder" (O_h-Symmetrie) und das „Tetraeder" (T_d-Symmetrie) zu den fünf *„platonischen Körpern"* (vgl. Anm. 51 auf S. 161). Es weist wie das Ikosaeder und der Polyeder (f) als *Symmetrieelemente* (S. 173) sechs S_{10}-Drehspiegelachsen (schließen sechs C_5-Drehachsen mit ein), zehn S_6-Drehspiegelachsen (schließen zehn C_3-Drehachsen mit ein), fünfzehn C_2-Drehachsen sowie fünfzehn Spiegelebenen, die jeweils zwei C_5- und zwei C_2-Drehachsen enthalten, auf.

14 Geschichtliches. Eine Möglichkeit für die Existenz eines „hohlen Moleküls" aus „zusammengerollten Graphitschichten" sah 1966 erstmals D.E.H. Jones. Kurze Zeit darauf (1970) sagten E.K. Osawa und Z. Yoshida eine besondere (aromatische) Stabilität des gemäß (f) strukturierten Moleküls C_{60} voraus (das eckenabgestumpfte Dodekaeder wird als archimedischer halbregulärer Körper bereits von Leonardo da Vinci erwähnt). Die Bildung von C_{60} in kleinen, nicht isolierbaren Mengen (Laserbestrahlung von Graphit im He-Strom) wiesen 1985 erstmals H.W. Kroto, J.R. Heath, S.C. O'Brien, R.F. Curl und R.E. Smalley in USA nach, die Gewinnung wägbarer C_{60}-Mengen (Graphitverdampfung im elektrischen Lichtbogen) erfolgte 1990 erstmals durch W. Krätschmer und F. Fostiropolous in Deutschland, die mit L.D. Lamb und D.R. Huffman (USA) zusammenarbeiteten. Es folgte 1991 die Isolierung von C_{70}, C_{76}, C_{78} und C_{84}.

15 **a)** Die *Bezeichnung* niedermolekularer, vom Pentagondodekaeder durch Hinzufügen von C_6-Ringen abgeleiteter Kohlenstofformen kann durch den Namen *Fulleren* erfolgen, dem man die Molekülsymmetrie voran-, die C-Atomzahl nachstellt. **b)** Fullerene C_n weisen allgemein n Ecken, 12 C_5-Ringe, $\frac{n}{2}-10$ C_6-Ringe (insgesamt $12+\frac{n}{2}-10=\frac{n}{2}+2$ Ringe) und $3\frac{n}{2}$ Kanten auf. Ersichtlicherweise existieren nur geradzahlige Fullerene ($\frac{n}{2}-10$ muß offensichtlich eine ganze Zahl sein).

resultierende Kohlenstoffcluster ist unter den bisher aufgefundenen hochsymmetrischen, ungeladenen Clustermolekülen der „rundeste“. Dies zeigt sich etwa darin, daß sich die C_{60}-Teilchen im Kristallverband bei Raumtemperatur wie Kreisel ca. 100 Millionen mal in der Stunde drehen[16]. Die Struktur des aus miteinander kondensierten *zwölf* C_5- und *zwanzig* C_6-Ringen aufgebauten C_{60}-Clusters erinnert hierbei an das Oberflächenmuster eines *Fußballs* (vgl. (g); Molekül in Richtung einer dreizähligen Drehachse gesehen). Die einzelnen *Ringe* des *sechzigeckigen* und *achtzigkantigen* „*32 Flächners*“ sind *planar*, die *Kohlenstoffatome* alle *äquivalent*. Demgegenüber treten *zwei Bindungsarten* auf: längere, durch einfache Striche in (g) gekennzeichnete Bindungen innerhalb der C_5-Ringe (ca. 1.45 Å) und kürzere, durch doppelte Striche hervorgehobene Bindungen zwischen den C_5-Ringen (ca. 1.39 Å). Der Radius einer C_{60}-Kugel beträgt 3.51 Å (Durchmesser 7.02 Å), die Entfernung zwischen Kugelmittelpunkten in C_{60}-Kristallen 10.02 Å, der kleinste CC-Abstand zwischen C_{60}-Einheiten ca. 3.2 Å (zum Vergleich: Abstand der Schichten im Graphit: 3.35 Å).

Außer C_{60} wurden bis Ende des Jahres 1991 noch *weitere Fullerene*, d.h. Kohlenstoffclustermodifikation, deren Cluster ausschließlich aus miteinander kondensierten C_5- und C_6-Ringen aufgebaut sind[15b], isoliert: C_{70}, C_{76}, C_{78}, C_{84}. Das *Rugbyball*-ähnliche **D_{5h}-Fulleren-70** (12 C_5-, 25 C_6-Ringe)[15] leitet sich von I_h-Fulleren-60 (f) durch Hinzufügen zusätzlicher fünf C_6-Ringe entlang eines Clusterumfangs ab. Hierdurch verformt sich der C_{60}-Fußball länglich und nimmt D_{5h}-Symmetrie an (Formel (h); Molekül in Richtung einer zweizähligen Drehachse gesehen; die fünfzählige Drehachse verläuft in der Papierebene von unten nach oben durch die Mitten gegenüberliegender Baueinheiten des Typs (c). Das *Ellipsoid*-ähnliche **D_2-Fulleren-76** (12 C_5-, 28 C_6-Ringe)[15] stellt entsprechend seiner Molekülsymmetrie D_2 eine *chirale* (!) *Kohlenstoffform* dar (vgl. S. 404), welche in enantiomere Modifikationen aufspaltbar sein sollte (Formel (i); Molekül in Richtung einer zweizähligen Drehachse gesehen; eine zweite C_2-Drehachse verläuft hierzu senkrecht in der Papierebene von unten nach oben durch die Mitte gegenüberliegender Baueinheiten des Typs (d)). Von C_{78} existieren *Konstitutionsisomere Kohlenstofformen:* **C_{2v}-Fulleren-78** und **D_3-Fulleren-78** (jeweils 12 C_5-, 29 C_6-Ringe)[15]. Moleküle der ersteren Form sind *Feuerwehrhelm*-ähnlich und besitzen gemäß Formel (k) eine aus einer Baueinheit (d) gebildete *stark gekrümmte* und eine aus einer Baueinheit (a) bestehende *fast ebene* Seite (die zweizählige Drehachse verläuft in der Papierebene von unten nach oben durch die Mitten gegenüberliegender Baueinheiten des Typs (d) und (a)). Moleküle der isomeren Modifikation sind entsprechend ihrer Symmetrie D_3 *chiral* und bilden demgemäß Enantiomere (Formel (l); die dreizählige Drehachse verläuft in der Papierebene von unten nach oben durch die Mitten gegenüberliegender Baueinheiten des Typs (b)). Entsprechend D_3-Fulleren-78 ist **D_2-Fulleren-84** (12 C_5-, 32 C_6-Ringe)[15] *chiral*.

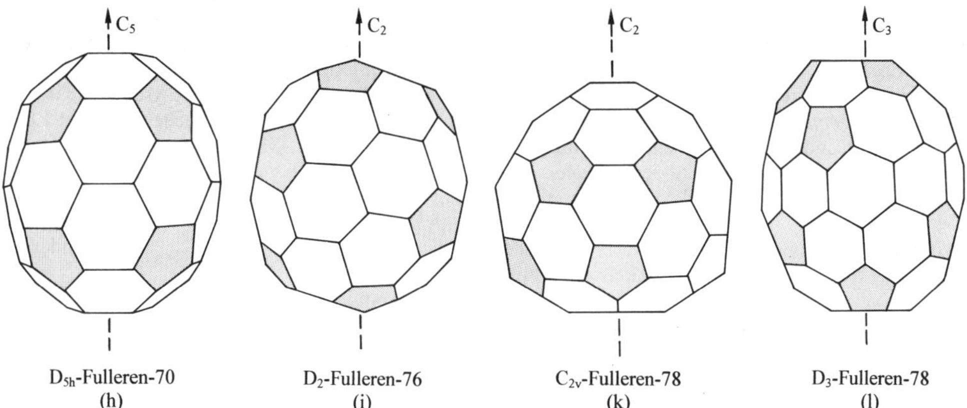

D_{5h}-Fulleren-70 (h) D_2-Fulleren-76 (i) C_{2v}-Fulleren-78 (k) D_3-Fulleren-78 (l)

Bindungsverhältnisse. Beim Ersatz von C_6-Ringen in Graphitschichten durch C_5-Ringe ändert sich im Prinzip nichts am Bindungszustand der Kohlenstoffatome: Von jedem (sp^2-hybridisierten) C-Atom gehen nach wie vor *drei lokalisierte* σ-Bindungen in der Kohlenstoffatomebene aus, und *alle* Kohlenstoffatome sind zusätzlich durch *delokalisierte* π-Bindungen miteinander verknüpft, wobei die p_π-Orbitale senkrecht zur Kohlenstoffatomebene ausgerichtet sind (zu den σ-Bindungen steuert jedes C-Atom drei Valenzelektronen, zu den π-Bindungen eines bei). Allerdings unterscheidet sich das π-System der Fullerene dadurch wesentlich von

[16] Die Rotation läßt sich bei ca. 250 K einfrieren. Die C_{60}-Moleküle ordnen sich dann in der Weise an, daß die Mitte einer Baueinheit des Typs (d) eines Moleküls neben die Mitte einer Baueinheit des Typs (b) oder (c) eines benachbarten Moleküls zu liegen kommt.

dem des Graphits oder der „aromatischen" Kohlenwasserstoffe (z. B. Benzol, S. 853), daß sich ersteres nicht zwei- sondern *dreidimensional* im Raume ausdehnt („*dreidimensionale Aromatizität*"). Die *π-Bindungen* der Fullerene sind *weniger delokalisiert* als die des Graphits, die σ-Bindungen „gespannter", so daß Fullerene hinsichtlich Graphit thermodynamisch instabil sind (s. u.). Auch bedingt die für einzelne Fullerene *unterschiedliche Spannung* im σ-Bindungsbereich und *unterschiedliche Elektronendelokalisation* im π-Bindungsbereich, daß Fullerene bestimmter Molekülgröße und -struktur thermodynamisch auffallend stabiler als andere sind (stabil sind z. B. C_{60}, C_{70}, C_{76}, C_{78} mit den Strukturen (g) –(l)). Dies sei nachfolgend näher ausgeführt:

σ-Bindungsbereich. Da die Verknüpfung zweier „aromatischer" C_5-Ringe über eine gemeinsame Kante zu beachtlichen Spannungen im σ-Bindungsbereich führt, ist die thermodynamische Stabilität der aus C_5- und C_6-Ringen aufgebauten Fullerene dann vergleichsweise *hoch*, wenn *keine* zwei C_5-Ringe aneinander grenzen („*Fünfeckregel*")[17]. Somit muß I_h-Fulleren-20 (g), das ausschließlich aus miteinander kondensierten C_5-Ringen besteht, thermodynamisch hinsichtlich Graphit relativ instabil sein. Das kleinste Fulleren, in welchem keine zwei C_5-Ringe aneinander grenzen, stellt Buckminsterfulleren C_{60} (f) dar. Da es zudem ein π-System hoher Delokalisation aufweist (s. u.), kommt ihm unter allen Fullerenen eine herausragende Stabilität zu.

Für C_{60}, C_{70} und C_{76} erfüllt nur eine der vielen denkbaren Molekülkonstitutionen (vgl. Formeln (g), (h), (i)) die Fünfeckregel, für kohlenstoffreichere Fullerene wächst aber die Zahl „erlaubter" Konstitutionen drastisch mit der Zahl der Kohlenstoffatome im Molekül. So sind etwa für C_{78} fünf, die Fünfeckregel erfüllende Strukturisomere denkbar. Tatsächlich werden aber nur zwei C_{78}-Formen mit C_{2v}- und D_3-Symmetrie aufgefunden (vgl. Formeln (k) und (l)), was damit zusammenhängt, daß sich vier der fünf möglichen Isomeren leicht ineinander umwandeln können (kleine Umlagerungsbarrieren). Man isoliert infolgedessen nur die spannungsärmste, thermodynamisch stabilste Form dieser vier Isomeren (C_{2v}-Fulleren-78) sowie zusätzlich das etwas gespanntere, energiereichere, weniger leicht in die anderen Formen umwandelbare Isomere (D_3-Fulleren-78).

π-Bindungsbereich. Die *π-Elektronendelokalisation* läßt sich wie im Falle des Graphits mittels einer Mesomerieformel, die aus einer Kombination denkbarer Grenzstrukturen unterschiedlichen Gewichts resultiert (S. 134), veranschaulichen. Eine „gewichtige" Grenzstruktur des Buckminsterfullerens stellt etwa die Valenzstrichformel (g) dar. Sie bringt die aus Berechnungen folgende *größere* π-Elektronendichte der (kürzeren) Bindungen *zwischen* und *kleinere* π-Elektronendichte der (längeren) Bindungen *in* den C_5-Ringen zum Ausdruck. Besser als in dieser Weise durch die Valenzbond-Methode läßt sich die π-Bindungsdelokalisation der Fullerene, d. h. der auf „dreidimensionaler Aromatizität" beruhende Anteil der Fullerenstabilität, durch die Molekülorbital-Methode beschreiben. Und zwar kommt den C_n-Molekülen immer dann hoher *aromatischer Charakter* zu, wenn alle bindenden π-Molekülorbitale mit jeweils zwei Elektronen besetzt sind („*abgeschlossene Elektronenschalen*"), die bindenden π-MOs energiearm sind („*starke π-Elektronendelokalisation*") und der Energieunterschied zwischen dem obersten elektronenbesetzten Orbital (HOMO) und untersten elektronenleeren Orbital (LUMO) deutlich ist. Derartige Fullerene stellen etwa die Modifikation C_{60}, C_{70}, C_{76}, C_{78}, C_{84} mit den „magischen" Zahlen 60, 70, 76, 78, 84 dar, aber auch kohlenstoffärmere und -reichere Formen wie C_{20}, C_{24}, C_{28}, C_{32}, C_{50}, C_{90}, C_{94} ... (die Fullerene $C_{<60}$ sind wegen der Nichterfüllbarkeit der Fünfeckregel weniger stabil)[18].

Beispielsweise führt die Kombination der sechzig p_π-Atomorbitale von Buckminsterfulleren zu sechzig Molekülorbitalen, von denen dreißig bindenden Charakter haben und mit den sechzig π-Molekülelektronen vollständig besetzt sind, während die verbleibenden dreißig antibindenden π*-Orbitale elektronenleer bleiben (Fig. 180). Der Energieabstand zwischen fünffach-entartetem HOMO und dreifach-entartetem LUMO beträgt ca. 2 eV (Fig. 180)[19].

---

[17] Noch größere Spannungen im σ-Bindungsbereich bewirkt ein Ersatz von C_6-Ringen des Graphits durch andere als C_5-Ringe. Kohlenstoffcluster mit C_4-, C_7-Ringen usw. sind deshalb instabil; ihre Bildung ist nicht zu erwarten.

[18] Aromatischen Charakter weisen u. a. nach der „*leapfrog Regel*" (leapfrog (engl.) = Bocksprung) alle Fullerene auf, deren C-Atomzahl dreimal so groß ist wie die C-Atomzahl eines denkbaren (gegebenenfalls auch nicht aromatischen) Fullerens C_{20}, C_{24}, C_{26}, C_{28} ... (C_{22}, das nur einen C_6-Ring enthalten würde, existiert nicht)[15b]. Als Folge hiervon haben Fullerene mit $(6k + 60)$ π-Elektronen (k = ganze Zahl, ausgenommen 1) aromatischen Charakter (also: z. B. C_{60}, C_{72}, C_{78}, C_{84}, C_{90}, C_{96} ... C_{240} ... C_{540} ... C_{960} ... mit $k = 0, 2, 3, 4, 5, 6, \ldots 30, \ldots 80, \ldots 150, \ldots$; vgl. hierzu die $(4n + 2)$-Regel ebener Aromaten, S. 853). Aromatischen Charakter haben darüber hinaus Fullerene mit $(30k + 70)$ π-Elektronen bei D_5-, D_{5h}- oder D_{5d}-Symmetrie bzw. mit $(36k + 84)$ π-Elektronen bei D_6-, D_{6h}- oder D_{6d}-Symmetrie.

[19] Im Kristallverband tritt eine schwache Wechselwirkung zwischen den π-Elektronen benachbarter C_{60}-Moleküle ein, die der zwischen dem π-System benachbarten Graphitschichten gleicht (s. dort). Dies führt, wie auf S. 1310 noch zu besprechen sein wird, zur Ausbildung eines π-Valenzbandes (hervorgegangen aus den HOMO-Zuständen) und π-Leitungsbandes (hervorgegangen aus den LUMO-Zuständen) mit einer Bandlücke von nur 1.5 eV (Bandbreiten ca. 0.5 eV). Als Folge hiervon wirkt C_{60} – ähnlich wie Graphit senkrecht zu den Schichten – richtungsunabhängig als Halbleiter.

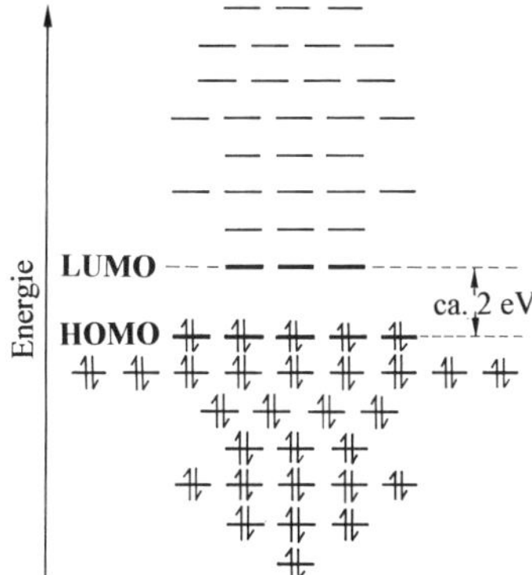

Fig. 180 MO-Energieniveau-Schema (nicht maßstabsgerecht) elektronenbesetzter bindender π- und elektronenleerer antibindender π^*-Molekülorbitale von C_{60}-Molekülen.

Eigenschaften. Die luft- und wasserstabilen Fullerene bilden je nach Typ und Kristallausmaß *gelbbraune* bis *schwarzbraune, graphitweiche* Kristalle, die erst bei hohen Temperaturen sublimieren (C_{60}/C_{70} ab ca. 300/350 °C im Hochvak. ab 600/650 °C bei Normaldruck; Smp. von $C_{60} > 360$ °C), *weniger dicht* als Graphit sind (z. B. $d = 1.65$ g/cm³ für C_{60}) und sich in Wasser *nicht*, in organischen Medien wie Cyclohexan, Benzol, Toluol, Tetrachlormethan, Schwefelkohlenstoff bzw. in Amin-haltigem Wasser *mäßig lösen* (in Grammengen pro Liter; z. B. 5 g C_{60} pro Liter Benzol)[20)]. In sehr *dünnen Schichten* (Filmen) erscheinen sie gelb bis gelbgrün. *Verdünnte Lösungen* von C_{60} sind als Folge von $\pi \rightarrow \pi^*$-Elektronenübergängen (S. 170) *purpur-* bis *violettrot*, von C_{70} *tieforangerot*, von C_{76} *hellgelbgrün*, von C_{2v}-C_{78} *kastanienbraun*, von D_3-C_{78} *goldgelb* und von C_{84} *olivgrün*. Die *Elektronenaffinität* von C_{60} liegt mit ca. − 2.7 eV zwischen der von Schwefelatomen (− 2.07 eV) und Iodatomen (− 3.063 eV). Das Elektron wird hierbei in einen LUMO-Zustand eingebaut (vgl. Fig. 180; insgesamt kann C_{60} bis zu 6 Elektronen in den LUMO-Zustand aufnehmen, S. 849). Die *Ionisierungsenergie* von C_{60} beträgt ca. 7.6 eV (zum Vergleich: C-/Si-/Ge-/Sn-Atome: 11.26/8.15/7.90/7.34 eV).

Erhitzt man Fullerene unter *Luftabschluß* auf über 1500 °C, so verwandeln sich diese unter Wärmeabgabe in *Graphit*, z. B.:

$$\tfrac{1}{60}\,C_{60}\ (f) \rightarrow C_{Graphit} + 38.78\ kJ\,; \quad \tfrac{1}{70}\,C_{70}\ (f) \rightarrow C_{Graphit} + 36.50\ kJ\,.$$

Anders als Graphit stellen die Fullerene nur *Halbleiter*, aber keine metallischen Leiter dar[19)]. Zwar besitzen sie ebenfalls delokalisierte π-Elektronen; das π-System erstreckt sich aber wegen der verhältnismäßig kleinen Molekülausdehnung nicht wie bei den unbegrenzten Graphitschichten über weite, sondern nur kleine Raumbereiche.

Die *Bildungsenthalpien* ΔH_f von C_{60} bzw. C_{70} betragen 2552 bzw. 2828 kJ/mol, d. h. pro Mol Kohlenstoffatome 42.54 bzw. 40.40 kJ. Die anderen „magischen" Fullerene sind nach Berechnungen ebenfalls etwas stabiler als C_{60} (z. B. C_{2v}-C_{78} um ca. 6, D_3-C_{78} um ca. 15 kJ/mol).

Gewinnung. Will man Graphit in Fullerene umwandeln, so muß man diesen durch starkes Erwärmen zunächst unter Bildung kleiner Kohlenstoffcluster (C_2, C_3, C_4 usw.) *verdampfen*. Beim anschließenden Abkühlen des Clusterdampfes bilden sich dann Fullerene als Zwischenstufen, deren weitere Umwandlung in Graphit durch *thermisches Abschrecken* verhindert wird (Überführung in den *metastabilen Zustand*).

In der Praxis erfolgt die Verdampfung von Graphit durch *Widerstandsheizung*. Hierzu schickt man durch zwei separierte oder in Kontakt stehende Graphitstäbe in einem abgeschlossenen, mit Helium oder Argon von 100–200 mbar Druck gefüllten Gefäß elektrischen Strom (in ersterem Falle Ausbildung eines elektrischen Lichtbogens). Gebildete Fullerene setzen sich dann zusammen mit Graphit an den

---

[20] Fullerene sind wohl – ähnlich wie Graphit und Diamant – nicht sehr giftig (ob sie cancerogen sind, wird derzeit überprüft). Eine gewisse Gefahr stellt Singulett-Sauerstoff (S. 509) dar, der sich an Fullerenoberflächen in Anwesenheit von Licht und Triplett-Sauerstoff bildet.

Gefäßwänden als *Ruß* ab[21]. Aus letzterem lassen sich die Fullerene mit siedendem Benzol, Toluol, Cyclohexan, Tetrachlorkohlenstoff oder anderen organischen Medien als braunrote Lösung *extrahieren* oder im Hochvakuum bei 400 °C und darüber *absublimieren*. Die Aufspaltung des Fullerengemischs in einzelne Kohlenstoffmodifikationen erfolgt mit Vorteil durch *Chromatographie* (Vortrennung in Al_2O_3-Pulver- oder Graphit-haltigen Säulen; Feinreinigung in Säulen mit Polystyrolgel oder durch HPLC; vgl. S. 11). Unter günstigsten Bedingungen erhält man auf diese Weise C_{60}, C_{70} und höhere Fullerene in 14%iger Gesamtausbeute, bezogen auf gebildeten Ruß; der Hauptanteil besteht dabei aus den – auch im Handel erhältlichen – Formen C_{60} und C_{70}, die im Molverhältnis ca. 5 : 1 entstehen. Im Extrakt eines mit siedendem 1,2,4-Trichlorbenzol (Sdp. 214 °C) behandelten Rußes wurden auch höhere Fullerene mit bis zu 200 Kohlenstoffatomen nachgewiesen.

Die auch in rußenden Flammen (insbesondere Benzolflammen) anzutreffenden Fullerene bilden sich auf dem Wege über C_n-Schichtfragmente, die aus kleineren linearen C_n-Bruchstücken (C=C, C=C=C, C=C=C=C usw.) durch „*Cycloadditionsprozesse*" entstehen und durch „*Abrollprozesse*" in die „hohlen" Kohlenstoffmodifikationen übergehen. Bei den *Schichtfragmenten* handelt es sich hierbei weniger um Graphitbruchstücke (miteinander kondensierte C_6-Ringe), als vielmehr um *Fullerenausschnitte* (miteinander kondensierte C_6- und C_5-Ringe), da sich erstere – wie leicht gezeigt werden kann – unter Verminderung der Zahl valenzmäßig ungesättigter C-Atome am Schichtrand in letztere umlagern können, was insgesamt die Systemstabilität erhöht. Nach massenspektrometrischen Untersuchungen enthält Kohlenstoffdampf (erzeugt durch Laserbestrahlung) C_n-Cluster mit n bis über 600. Hierbei ist n im Bereich bis ca. 24 (lineare und schichtförmige C_n-Fragmente) sowohl gerad- wie ungeradzahlig, im Bereich ab ca. 36 (Fullerene) nur noch geradzahlig[15b] (Cluster mit ca. 25 bis 35 C-Atomen bilden sich nur in verschwindend kleinen Mengen).

1.1.3 Chemische Eigenschaften

Allgemeines

Redox-Reaktionen. Kohlenstoff ist ein reaktionsträges Element, das erst bei verhältnismäßig hohen Temperaturen oder bei sonstiger Energiezufuhr mit anderen Elementen in Reaktion tritt und von nichtoxidierenden Säuren und Basen nicht angegriffen wird. Hierbei ist Diamant noch reaktionsträger als Graphit oder die Fullerene.

So vereinigt sich z. B. der Wasserstoff mit Kohlenstoff nur dann zum Acetylen C_2H_2, wenn man zwischen Kohleelektroden in einer Wasserstoffatmosphäre einen Lichtbogen brennen läßt:

$$226.9\,\text{kJ} + 2\,C + H_2 \rightarrow C_2H_2$$

(die Bindungsenthalpie ΔH_f von Kohlenwasserstoffen C_nH_m ist teils negativ wie bei Methan CH_4, teils positiv wie bei Acetylen C_2H_2).

Von den Halogenen reagiert das reaktionsfähige Fluor bereits bei gewöhnlicher Temperatur. So kommt Ruß im Fluorgas ins Glühen und verbrennt bei Gegenwart überschüssigen Fluors zu Kohlenstofftetrafluorid CF_4:

$$C + 2\,F_2 \rightarrow CF_4 + 925.3\,\text{kJ}.$$

Dagegen vereinigt sich Kohlenstoff mit Chlor nur unter ähnlichen Versuchsbedingungen wie bei der oben erwähnten Acetylensynthese unter Bildung von Hexachlorethan C_2Cl_6 und Hexachlorbenzol C_6Cl_6. Das dem Kohlenstofftetrafluorid entsprechende Kohlenstofftetrachlorid CCl_4 muß auf anderem Wege (z. B. Chlorieren von Kohlenstoffdisulfid: $CS_2 + 2\,Cl_2 \rightarrow CCl_4 + 2\,S$) gewonnen werden.

---

[21] Offensichtlich entstehen auf ähnlichem Wege auch **„Heterofullerene"**, z. B. aus BN-haltigem Graphit die Verbindungen $C_{59}B$ und $C_{58}B_2$, die als Lewis-Säuren ein Molekül NH_3 pro B-Atom aufzunehmen imstande sind. Es konnte auch Ti_8C_{12} (Ikosaederstruktur) gewonnen werden. In Anwesenheit geeigneter Metalle M wie La, Ni, Na-Cs bilden sich darüber hinaus Fullerene, in deren Hohlraum die betreffenden Metalle eingeschlossen vorliegen (vgl. hierzu auch HeC_{60}[22a]). Man bezeichnet derartige „*Einschlußverbindungen*" als **endohedrale Fulleren-Komplexe** und unterscheidet sie so von **exohedralen Fulleren-Komplexen**, in welchen sich M außerhalb des Fullerenkäfigs aufhält.

Mit Sauerstoff (S. 863) und Wasserdampf (S. 863) reagiert Kohlenstoff je nach der Sauerstoff- (Wasserdampf-)Menge und Temperatur unter Bildung von Kohlenmonoxid CO oder Kohlendioxid CO_2 (die wiedergegebenen Reaktionsenthalpien beziehen sich hier wie in anderen Fällen auf Graphit, der um 1.899 kJ/mol C energieärmer als Diamant und um 38.8 kJ/mol energieärmer als Buckminsterfulleren ist):

$$\begin{array}{rcl} C + \frac{1}{2}O_2 & \rightarrow & CO + 110.60\,kJ \\ CO + \frac{1}{2}O_2 & \rightarrow & CO_2 + 283.17\,kJ \\ \hline C + O_2 & \rightarrow & CO_2 + 393.77\,kJ \end{array} \qquad \begin{array}{rcl} 131.38\,kJ + C + H_2O(g) & \rightarrow & CO + H_2 \\ CO + H_2O(g) & \rightarrow & CO_2 + H_2 + 41.19\,kJ \\ \hline 90.19\,kJ + C + 2H_2O(g) & \rightarrow & CO_2 + 2H_2. \end{array}$$

Daß bei der Verbrennung des Kohlenstoffs zu Kohlenoxid weit weniger Wärme entwickelt wird als bei der weiteren Verbrennung des Kohlenoxids zu Kohlendioxid, rührt daher, daß zur Bildung des gasförmigen Kohlenoxids aus dem festen Kohlenstoff eine Sprengung der Kohlenstoffbindungen des Graphitgitters erforderlich ist. Der hierfür erforderliche Energieaufwand wird der bei der Bildung des Kohlenoxids freiwerdenden Energie entnommen, so daß die abgegebene Energiemenge klein ist oder – wie im Falle der Einwirkung von Wasserdampf auf Kohlenstoff – sogar Energie zugeführt werden muß. Bei der Weiteroxidation des gasförmigen Kohlenoxids zu gasförmigem Kohlendioxid fällt diese Trennungsarbeit fort, so daß hier Energie freigesetzt wird.

Beim Überleiten von Schwefeldampf über glühende Holzkohle bildet sich Kohlenstoffdisulfid („*Schwefelkohlenstoff*") CS_2; von den Elementen der Stickstoff- und Kohlenstoffgruppe verbindet sich der Stickstoff unter den Bedingungen der Acetylensynthese mit Kohlenstoff zu „*Dicyan*" C_2N_2, das Silicium bei 2000 °C zu Siliciumcarbid SiC („*Carborund*"):

$$89.76\,kJ + C + \tfrac{1}{4}S_8 \rightarrow CS_2; \quad 309.2\,kJ + 2C + N_2 \rightarrow C_2N_2; \quad Si + C \rightarrow SiC + 65.3\,kJ.$$

Auch die Vereinigung mit Metallen geht erst bei hoher Temperatur vor sich. Unter diesen Metall-Kohlenstoff-Verbindungen („*Carbide*", s. u.) ist das Calciumcarbid CaC_2 (S. 1135) besonders wichtig, welches das Acetylid-Ion C_2^{2-} enthält.

Redox-Reaktionen bestimmen auch den **Kreislauf des Kohlenstoffs.** Er ist dadurch charakterisiert, daß Kohlenstoff bzw. kohlenwasserstoffhaltige Verbindungen von Luftsauerstoff zu Kohlendioxid oxidiert werden (normale und stille Verbrennungen in der freien Natur, enzymatische „Verbrennungen" in den Organismen), worauf CO_2 durch Assimilation wieder in kohlenwasserstoffhaltige Verbindungen verwandelt wird. Diese werden als solche oder in Form von Kohle, Erdöl, Erdgas (gebildet nach Ablagerung der Biomassen unter Luftabschluß) wieder oxidiert.

Säure-Base-Reaktionen. Eine gewisse Reaktionsfähigkeit entfaltet Kohlenstoff gegenüber einigen Lewis-sauren Komplexen L_nM der Übergangsmetalle, die sich an Graphit oder Fullerene unter Bildung von **Kohlenstoff-Komplexen** („*Graphit-* und *Fullerenkomplexen*") anzulagern vermögen (s. unten). Auch sind Komplexe $C(ML_n)_m$ des Kohlenstoffs („*Carbidokomplexe*") bekannt ($m = 5–8$).

Graphitverbindungen[1,22]

Unter besonderen Bedingungen vermag der Graphit unter Erhalt der Kohlenstoffschichten mit einer Reihe chemischer Stoffe (Halogene, Alkali- und Erdalkalimetalle, oxidierende

[22] **Literatur.** W. Rüdorff: „*Graphite Intercalation Compounds*", Adv. Inorg. Radiochem. **1** (1959) 223–266; G. R. Hennig: „*Interstitial Compounds of Graphite*", Progr. Inorg. Chem. **1** (1959) 125–205; A. R. J. P. Ubbelohde, F. A. Lewis: „*Graphite and its Crystal Compounds*", University Press, Oxford 1961; P. A. H. Tee, B. L. Tonge: „*The Physical and Chemical Character of Graphite*", J. Chem. Educ. **40** (1963) 117–123; A. Hérold: „*Crystallo-Chemistry of Carbon Intercalation Compounds*" und J. E. Fischer: „*Electronic Properties of Graphite Intercalation Compounds*" in F. Levy „Intercalated Materials", Reidel Publ. Co., Dordrecht 1979, S. 323–421 und 481–532; L. B. Ebert: „*Intercalation Compounds of Graphite*", Ann. Rev. Mater. Sci. **6** (1976) 181–211;: H. Selig und L. B. Ebert: „*Graphite Intercalation Compounds*", Adv. Radiochem. **23** (1980) 281–327; M. S. Whittingham, M. B. Dines: „*Intercalation Chemistry*", Survey Progr. Chem. **9** (1980) 55–87; R. Csuk, B. I. Glänzer, A. Fürstner: „*Graphite-Metal-Compounds*", Adv. Organomet. Chem. **28** (1988) 85–137.

Säuren, Elementhalogenide) zu kovalent oder ionisch gebauten Graphitverbindungen zu reagieren.

Kovalente Graphitverbindungen. Erhitzt man gut kristallisierten Graphit mit Fluor auf ca. 700 °C, so entsteht durch Aufsprengung der Kohlenstoffebenen in der Hauptsache Kohlenstofftetrafluorid CF_4 (s. oben). Erwärmt man aber nur auf 400–600 °C, so bleiben die Kohlenstoffschichten erhalten, und jedes Kohlenstoffatom bindet mit seinem freien vierten Elektron kovalent ein Fluoratom, so daß im Grenzfall – unter Addition von F_2 an alle C=C-Doppelbindungen (vgl. Fig. 181) – eine Verbindung der Zusammensetzung $(CF)_x$ entsteht („**Graphitfluorid**").

Die turbostratisch (S. 834) geordnete Verbindung enthält gemäß Fig. 181 gewellte Kohlenstoffschichten, mit sp^3-hybridisierten, einfach mit drei Kohlenstoffatomen und einem Fluoratom verknüpften C-Atomen (CC-Abstand: 1.47 Å; CF-Abstand: 1.4 Å). Die C—F-Bindungen sind abwechselnd nach oben und unten gerichtet (Fig. 181). Der Schichtabstand variiert bei einzelnen Präparaten von 5.80 bis über 6.15 Å und ist somit wesentlich größer als im Graphit (3.35 Å). Da am Schichtrand und an Schichtdefekten zusätzlich Fluoratome gebunden werden, ergibt sich eine Verbindungszusammensetzung von maximal $CF_{1.12}$.

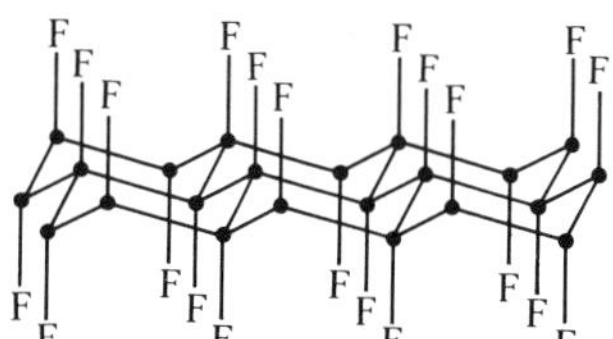

Fig. 181 Struktur des Graphitfluorids $(CF)_x$.

Die hydrophobe Verbindung ist im reinen Zustande *farblos* (weiß durchsichtig), fühlt sich wie Talk an und leitet zum Unterschied von Graphit erwartungsgemäß den elektrischen Strom nicht mehr. Graphitfluorid verhält sich chemisch inert (z. B. gegen Wasser, Säuren und Basen). Bei raschem Erhitzen auf höhere Temperaturen verpufft es unter Abgabe von CF_4, C_2F_4 und anderen Kohlenstofffluoriden sowie Bildung von schwarzem flockigem Kohlenstoff; mit Fluor geht es bei höheren Temperaturen in CF_4 über. Graphitfluorid findet als ausgezeichnetes Trockenschmiermittel Anwendung, das auch unter Weltraumbedingungen seine Wirksamkeit nicht verliert. Bei weniger gründlicher Hochtemperatur-Fluorierung von Graphit erhält man *schwarze* bis *graue*, elektrisch leitende Produkte der Zusammensetzung $CF_{0.7-0.9}$, bei Raumtemperatur-Fluorierung (F_2/HF) *schwarze*, elektrisch leitende Fluoride $CF_{0.25-0.30}$ (ungefähre Zusammensetzung $C_4F)_x$). Sie finden als Elektroden in Knopfzellen hoher Energiedichte praktische Anwendung (Gegenelektrode: Lithium).

Analog der Bildung von Graphitfluorid $(CF)_x$ bei der Umsetzung von Graphit mit Fluor erhält man durch Oxidation von in konz. H_2SO_4 bzw. HNO_3 suspendierten Graphitsalzen (s. unten) mit Chlordioxid oder Dimanganheptaoxid ein **„Graphitoxid"**, dessen Zusammensetzung letztendlich der Formel $C_8O_4H_2$ nahekommt (bei maximaler Oxidation entsteht Mellitsäure $C_{12}O_{12}H_6$, s. S. 859). Die Verbindung enthält OH-Gruppen mit schwach saurem Charakter und wird daher auch als **„Graphitsäure"** bezeichnet. Beim Erhitzen verpufft sie bei 200–320 °C unter Abgabe von CO, CO_2 und H_2O zu einem äußerst lockeren Graphitoxid mit geringem Sauerstoffgehalt.

Elektrovalente Graphitverbindungen. Während im Falle der oben besprochenen kovalenten Graphitverbindungen die im Graphit eingelagerten chemischen Stoffe (Fluor, Sauerstoff) durch Elektronenpaarbindungen mit Kohlenstoff verknüpft sind, bilden sich durch Einlagerung chemischer Stoffe, die als Elektronendonatoren bzw. -akzeptoren zu wirken vermögen, unter gleichzeitigem Ladungsaustausch nach (summarisch):

$$\frac{n}{x}\,C_x + \ominus \underset{(\text{häufig } n = 8)}{\rightleftarrows} \tfrac{1}{x}[C_n^-]_x \quad \text{bzw.} \quad \frac{n}{x}\,C_x \underset{(\text{häufig } n = 24)}{\rightleftarrows} \tfrac{1}{x}[C_n^+]_x + \ominus .$$

Graphit-Intercalationsverbindungen mit *anionischem* oder *kationischem* Kohlenstoff (ionische Verknüpfung der eingelagerten Stoffe mit Kohlenstoff). Dabei unterscheidet man je nachdem, ob nach jeder Kohlenstoffschicht oder nach jeweils zwei, drei, vier ... Kohlenstoffschichten eine Einlagerungsschicht (Intercalationsschicht) folgt, eine 1., 2., 3., 4. ... „*Stufe*" der Graphit-Intercalationsverbindung (vgl. Fig. 182b).

Elektronendonatoren. Mit geschmolzenem oder dampfförmigem Kalium, Rubidium oder Cäsium (nicht dagegen mit Natrium) reagiert der Graphit spontan zu *goldgelben* **Alkalimetallgraphiten** der Stöchiometrie MC_8 und mit Lithium zu *goldgelbem* LiC_6 (Schichtfolge jeweils C, M; C, M; ... vgl. Fig. 182b, 1. Stufe). In ihnen liegen die Kohlenstoffatome der C-Schichten übereinander und die Alkalimetall-Ionen befinden sich zwischen den C-Schichten jeweils über und unterhalb der Kohlenstoffsechseckmitten (Fig. 182a). Der Abstand der Kohlenstoffschichten vergrößert sich durch die Einlagerung der Alkalimetalle von 3.35 Å im Graphit auf 5.40 Å (K), 5.61 Å (Rb) bzw. 5.75 Å (Cs). Die pyrophoren, schwach paramagnetischen Verbindungen sind spröde und haben metallisches Leitvermögen, das in Schichtrichtung etwa 30mal und senkrecht hierzu etwa 10mal größer ist als das von Graphit in entsprechenden Richtungen. Beim Erhitzen zerfallen die – in grober Näherung durch die Formel $M^+C_8^-$ bzw. $Li^+C_6^-$ beschreibbaren – Verbindungen in die Komponenten; von Wasser werden sie heftig zersetzt. Mit MX_n wie $Ti(OR)_4$, $MnCl_2$, $FeCl_3$, $CoCl_2$, $CuCl_2$, $ZnCl_2$ reagiert Kaliumgraphit in Tetrahydrofuran möglicherweise gemäß $nKC_8 + MX_n \rightarrow MC_{8n} + nKX$ zu „*Graphit-Komplexen*" MC_{8n} (n = Übergangsmetall-Wertigkeit).

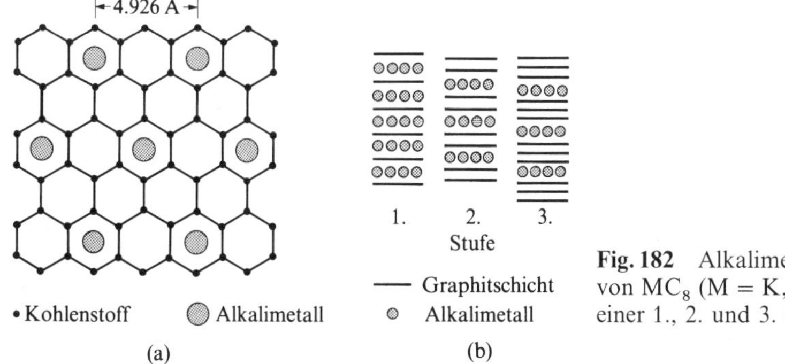

Fig. 182 Alkalimetallgraphite. (a) Schicht von MC_8 (M = K, Rb, Cs); (b) Seitenansicht einer 1., 2. und 3. Graphitstufe.

Man kennt neben dieser 1. Stufe auch höhere Stufen der Alkalimetallgraphite (Fig. 182b). Die 2. Stufen MC_{24} (Schichtfolge C,C,M; C,C,M; ...) sind *stahlblau*, die 3. Stufen MC_{36} (Schichtfolge C,C,C,M; C,C,C,M; ...) und die höheren Stufen sind *schwarz*. Mit Kalium sind alle Stufen bis zur 11. Stufe gewinnbar. Die Packung des Alkalimetalls ist in den höheren Stufen weniger regelmäßig. Ähnliche Verbindungen wie mit den Alkalimetallen können auch mit den Erdalkalimetallen Ca, Sr, Ba und mit den Lanthanoiden Eu, Yb und Sm dargestellt werden.

Elektronenakzeptoren. Vielfältiger als die Zahl der Donatorverbindungen ist die Zahl der Graphitverbindungen mit Elektronenakzeptoren. So reagieren etwa Brom und Chlor spontan mit Graphit zu $C_{16}X_2$ (*Halogengraphit*, 2. Stufe), in welchem die Intercalationsschichten X_2^--Anionen und X_2-Moleküle (Verhältnis noch unbekannt) enthalten.

Durch vorsichtige Oxidation von Graphit in konz. Schwefelsäure mit Oxidationsmitteln wie HNO_3, CrO_3 oder $(NH_4)_2S_2O_8$ erhält man unter Einlagerung von HSO_4^--Ionen sowie H_2SO_4-Molekülen zwischen die Graphitschichten und Aufweitung des Schichtenabstandes (von 3.35 auf 7.98 Å) ein *blaues* **Graphitsalz** der Zusammensetzung $C_{24}^+HSO_4^- \cdot 2.4\,H_2SO_4$ (Graphithydrogensulfat, 1. Stufe; bei Verwendung von 80 %iger H_2SO_4 entsteht die 2. Stufe). Behandlung von Graphit mit anderen starken Säuren (z. B. $HClO_4$, CF_3SO_3H, HNO_3, H_2SeO_4, H_3PO_4) in Gegenwart von Oxidationsmitteln liefert andere ionische Graphitsalze

(Perchlorat, Nitrat, Hydrogenselenat, Hydrogenphosphat). Auch bei der elektrochemischen Oxidation von Graphitanoden in Anwesenheit starker Säuren bilden sich Graphitsalze. Die Salze (1. Stufe *stahlblau*, höhere Stufen *dunkel* bis *schwarz*) werden wie alle Akzeptorverbindungen des Graphits von Wasser und von feuchter Luft leicht angegriffen und haben eine im Vergleich mit Graphit erhöhte elektrische Leitfähigkeit („*synthetic metals*").

Graphitverbindungen (häufig *blau* in erster Stufe) entstehen auch mit Elementchloriden wie $AlCl_3$, $FeCl_3$, $AuCl_3$, $CuCl_2$, $CoCl_2$, $MnCl_2$, $SbCl_5$. Bei der Herstellung ist meistens der Zusatz von Chlor als Oxidationsmittel notwendig. Mit $AlCl_3$ entsteht etwa $C_{27}Al_3Cl_{10}$ (1. Stufe). Zum Unterschied von den genannten Chloriden bilden andere Metallchloride keine 1. Stufen, sondern nur 2. Stufen (z. B. $NiCl_2$, $InCl_3$), 3. Stufen (z. B. $PdCl_2$, $PtCl_4$) oder noch höhere Stufen. Auch viele Elementfluoride werden in Graphit eingelagert, u. a. AsF_5, SbF_5, XeF_4, IF_5, ClF_3, MoF_6, WF_6, PtF_6, OsF_6, UF_6. Viele dieser Fluoride, insbesondere XeF_4, IF_5, ClF_3 wirken dabei zusätzlich stark fluorierend auf die Kohlenstoffschichten. Großes Interesse findet die *blaue* Verbindung mit AsF_5 (1. Stufe: C_8AsF_5), die eine besonders hohe elektrische Leitfähigkeit in Richtung der Schichten aufweist ($\frac{1}{2}$mal so groß wie die von Kupfer, fast 20mal so groß wie die von Graphit), wogegen die Leitfähigkeit senkrecht zu den Schichten kleiner als die von Graphit ist, so daß also eine große Anisotropie der Leitfähigkeit resultiert. AsF_5-Graphit enthält in der Intercalationsschicht neben AsF_5-Molekülen noch nach: $1\frac{1}{2}\,AsF_5 + \ominus \rightarrow AsF_6^- + \frac{1}{2}\,AsF_3$ gebildete AsF_6^--Ionen und AsF_3-Moleküle $C_{24}^+AsF_6^- \cdot 0.5\,AsF_3 \cdot xAsF_5$ ($x \approx 1.4$). Weitere Intercalationsverbindungen des Graphits sind mit Oxiden (SO_3, N_2O_5, Cl_2O_7) und mit Metallnitraten ($Cu(NO_3)_2$, $Zn(NO_3)_2$) dargestellt worden.

Fullerenverbindungen

Ähnlich wie Graphit vermögen auch die Fullerene unter Erhalt ihrer Strukturen mit vielen chemischen Reaktanden zu *kovalent* und *ionisch* gebauten Fullerenverbindungen bzw. - komplexen zusammen zu treten.

Kovalente Fullerenverbindungen. Behandelt man *Buckminsterfulleren* C_{60} zwei Wochen lang mit gasförmigem *Fluor*, so bildet sich unter Aufsprengung aller π-Bindungen auf dem Wege über teilfluorierte Fullerenzwischenstufen (z. B. *dunkelbraunes* $C_{60}F_6$, *hellbraunes* $C_{60}F_{42}$) schließlich eine *farblose* Verbindung der Zusammensetzung $C_{60}F_{60} = (CF)_{60}$ (**„Buckminsterfullerenfluorid"**).

Das betreffende Fluorid enthält wie das Fulleren-60 einen C_{60}-Kohlenstoffkäfig mit sp^3-hybridisierten Kohlenstoffatomen, welche jeweils drei Einfachbindungen zu benachbarten C-Atomen und eine Einfachbindung zu einem F-Atom ausbilden (vgl. Fig. 183a). Alle CF-Bindungen weisen von der Kugeloberfläche nach außen (vgl. hierzu Graphitfluoride). Daß die Fluorierung von C_{60} vergleichsweise langsam und in Stufen erfolgt hat elektronische und sterische Ursachen: mit sukzessiver Fluorierung der einzelnen C_6-Ringe des Kohlenstoffclusters erhöht sich der aromatische Charakter nicht fluorierter Teilbereiche und verstärkt sich die gegenseitige sterische Behinderung der exoständigen Fluoratome.

Setzt man C_{60} mit *nascierendem Wasserstoff* (Lithium in flüssigem Ammoniak NH_3 bzw. in *tert*-Butanol Me_3COH: „*Birch-Reduktion*") oder mit *Dihydroanthracen* in 120fachem Überschuß bei 350 °C um, so entsteht unter Farbaufhellung von *violett* über *braun*, *rot*, *gelb* schließlich *farbloses* **Buckminsterfullerenhydrid** $C_{60}H_{36}$ (Summenformel: $CH_{0.6}$), das sich durch geeignete Dehydrierungsmittel wieder in C_{60} zurückverwandeln läßt.

In Analogie zu *Graphitoxiden* und *-säuren* existieren offensichtlich auch **Fullerenoxide** und **-säuren**. So bildet sich bei der Gewinnung der Fullerene (S. 843) in Anwesenheit von *Spuren Sauerstoff* die Verbindungen $C_{60}O$ und $C_{70}O$, in welcher der Sauerstoff allerdings in den C_{70}-Käfig mit einbezogen vorliegt, so daß $C_{70}O$ zu den *Heterofullerenen* (S. 844) zu zählen ist. Andererseits entsteht ein Derivat der Säure $C_{60}(OH)_2$ beim Behandeln von Buckminsterfulleren C_{60} mit *Osmiumtetraoxid* OsO_4 in Anwesenheit des Donors 4-*tert*-Butylpyridin $^tBuC_5H_4N$. Im gebildeten Produkt $C_{60}O_2OsO_4(NC_5H_4{}^tBu)_2$ sind zwei O-Atome des oktaedrisch von 4 O und 2 Liganden koordinierten Osmiums mit zwei benachbarten, verschiedenen C_5-Ringen angehörenden C-Atomen verknüpft.

Von Interesse ist in diesem Zusammenhang, daß Fullerene die Bildung von *Singulett-Sauerstoff* aus Triplettsauerstoff im Licht katalysieren, da ihre ersten angeregten Singulett- und Triplettzustände energetisch nahe beieinander liegen (Energiedifferenz um 40 kJ/mol).

Elektrovalente Fullerenverbindungen. Ähnlich wie Graphit lassen sich Fullerene elektrochemisch bzw. chemisch zu *Metallfulleriden* M_mC_n reduzieren (z. B. mit Alkali-, Erdalkalimetallen); weniger leicht erfolgt eine *Oxidation* zu *Fullerensalzen* C_nX_m:

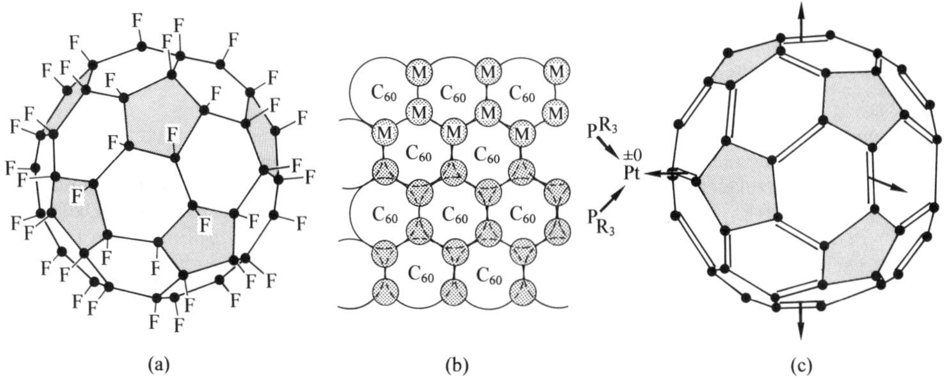

Fig. 183 Fullerenverbindungen. (a) Buckminsterfullerenfluorid $(CF)_{60}$; (b) Schicht von $M^I_3C_{60}$; (c) $[(Et_3P)_2Pt]_6C_{60}$ (am Ende jeden Pfeils $Pt(PEt_3)_2$; zwei Pfeile liegen hinter der Papierebene).

$$C_n + m\ominus \rightleftarrows C_n^{m-} \quad \text{bzw.} \quad C_n \rightleftarrows C_n^{m+} + m\ominus$$

Demgemäß wirkt Buckminsterfulleren als *schwaches Oxidationsmittel* (ε_0-Werte für $C_{60} + \ominus \rightleftarrows C_{60}^-$ sowie $C_{60}^- + \ominus \rightleftarrows C_{60}^{2-}$: -0.61 und -1.00 V in CH_2Cl_2 als Solvens; Elektronenaffinität: ca. -2.7 eV), aber nur als *extrem schwaches Reduktionsmittel* ($\varepsilon_0 > +1.50$ V für $C_{60} \rightleftarrows C_{60}^+ + \ominus$; Ionisierungsenthalpie ca. 7.6 eV)[22a]. Im Falle der Reduktion von C_{60} kann m alle Werte von 1 bis maximal 6 annehmen (vollständige Besetzung des untersten elektronenleeren, dreifach-entarteten Zustands mit Elektronen; vgl. Fig. 180).

So erhält man *weinrote* **Alkalimetallbuckminsterfulleride** $(M^+)_mC_{60}^{m-}$ bei der Einwirkung von dampfförmigem Lithium, Natrium, Kalium, Rubidium, Cäsium auf C_{60}-Filme oder beim Zusammenschmelzen von C_{60} mit den betreffenden Alkalimetallen M bei ca. 400 °C: $C_{60} + m\text{M} \rightarrow (M^+)_mC_{60}^{m-}$. Hierbei werden die gebildeten Alkalimetallkationen zunächst (bis $m = 3$) in tetraedrische und oktaedrische Lücken des (nach wie vor) kubisch-dicht gepackten Fullerids-60 eingelagert (vgl. Fig. 183b, die eine mit C_{60}-Kugeln dichtest-gepackte Schicht der Fulleride $M^I_3C_{60}$ wiedergibt). Die weitere Aufnahme von Alkalimetall führt dann zu einer Wandlung der C_{60}-Packung. So besetzen etwa in $M^I_6C_{60}$ die Alkalimetallkationen verzerrt-tetraedrische Lücken einer kubisch-innenzentrierten Fullerid-Packung.

Dotiert man Buckminsterfulleren C_{60} (elektrischer Halbleiter mit einer Bandlücke von ca. 1.5 eV; vgl. S. 842, 1312) mit wachsenden Mengen Alkalimetall, so steigt die *elektrische Leitfähigkeit* zunächst bis zur Zusammensetzung M_3C_{60} an (metallischer Leiter; maximale Leitfähigkeit; 10/20/500/100/4 $\Omega^{-1}\,cm^{-1}$ für M = Li/Na/K/Rb/Cs; zum Vergleich Cu: 595900 $\Omega^{-1}\,cm^{-1}$). Bei weiterer Dotierung nimmt die elektrische Leitfähigkeit wieder ab, um bei voller Dotierung (Zusammensetzung: M_6C_{60}) wieder sehr gering zu sein (Halbleiter mit einer Bandlücke von ca. 1 eV). Die Fulleride M_3C_{60} stellen hierbei die ersten *aus kleinen molekularen Einheiten bestehenden Metalle* dar, deren elektrische Eigenschaften in allen Raumrichtungen gleich sind.

Der Grund für den Gang der elektrischen Leitfähigkeit liegt in der Besetzung des untersten elektronenleeren, dreifach-entarteten Molekülzustands („Leitfähigkeitsband", vgl. S. 1311) mit der *Hälfte* der möglichen Elektronen (maximale elektrische Leitfähigkeit) und mit *maximaler* Elektronenzahl (keine metallische Leitfähigkeit). Ersichtlicherweise hängt die metallische Leitfähigkeit außer vom Metallgehalt zudem vom Metallionenradius ab: Cäsium vermindert aufgrund seiner Größe die Packungsdichte der C_{60}-Käfige so stark, daß ihre gegenseitige, für wirkungsvolle Leitfähigkeit wesentliche elektronische Wechselwirkung deutlich geringer ist (aus gleichem Grunde weist auch $Ph_4P^+C_{60}^-$, gewinnbar aus elektrochemisch reduzierten Ph_4PCl/C_{60}-Lösungen, verschwindende Leitfähigkeit auf).

Eine auffallende Eigenschaft der Alkalimetallbuckminsterfulleride M_3C_{60} ist ihr *supraleitender Zustand* (S. 1315), der sich beim Abkühlen der Proben zudem bei vergleichsweise hohen Temperaturen ausbildet, nämlich im Falle von K_3C_{60} unterhalb 19.3 K, von Rb_3C_{60} unterhalb 28 K, von $RbCsC_{60}$ unterhalb 33 K und von $Rb_{2.7}Tl_{2.2}C_{60}$ unterhalb 48 K (zum Vergleich Alkalimetallgraphit KC_8 < 0.55 K). Somit

---

[22a] In Massenspektrometern erzeugte Ionen C_{60}^+ und C_{70}^+ vermögen Helium aus He-Molekularstrahlen im Käfiginneren aufzunehmen. Die gebildeten endohedralen Fulleren-Komplexe[21)] HeC_{60}^+ und HeC_{70}^+ können sich zu HeC_{60} und HeC_{70} entladen.

wächst die Sprungtemperatur mit zunehmendem Radius der Kationen M^+ in M_3C_{60}, d.h. bei abnehmender Wechselwirkung der C_{60}^{3-}-Cluster untereinander; vgl. S. 1315). Die Buckminsterfulleride weisen unter den bisher bekannten molekularen Supraleitern die weitaus höchsten Sprungtemperaturen auf. Bei Fulleriden-70 wurde bisher noch keine Supraleitung beobachtet.

Fullerenkomplexe. Fullerene vermögen als π-Liganden einen oder mehrere Komplexfragmente ML_n (M z.B. Ir, Pd, Pt; L = geeigneter Ligand) mit Übergangsmetallen, die sowohl π-Akzeptor- wie π-Donatorverhalten zeigen, anzulagern. Beispielsweise setzt sich $Pt(PEt_3)_4$ in Benzol bei Raumtemperatur gemäß $m\mathrm{Pt(PEt_3)_4} + \mathrm{C_{60}} \rightarrow [\mathrm{(Et_3P)_2Pt}]_m\mathrm{C_{60}} + 2m\,\mathrm{Et_3P}$ (m = 1 bis 6) mit Buckminsterfullerenen um. Die Liganden $(Et_3P)_2Pt$ addieren sich – wie in Fig. 183c veranschaulicht – side-on (η^2) an die Bindungen zwischen C_5-Ringen. Da jeder Ligand neben dieser CC-Bindung vier weitere der insgesamt 30 Bindungen zwischen C_5-Ringen sterisch abschirmt, haben auf der C_{60}-Oberfläche maximal 30 : (1 + 4) = 6 $(Et_3P)_2Pt$-Einheiten Platz, entsprechend einer Komplexzusammensetzung $[(Et_3P)_2Pt]_6C_{60}$. Diese koordinieren – wie in Fig. 183c durch Pfeile angedeutet (zwei Pfeile liegen – unsichtbar – hinter der Papierebene) – den C_{60}-Cluster oktaedrisch[21].

1.1.4 Kohlenstoff in Verbindungen

Der Kohlenstoff nimmt im Periodensystem der Elemente als *Mittelglied* der 1. Achterperiode einen *bevorzugten* Platz ein:

Li Be B [C] N O F

Während nach *links* hin (B, Be, Li) die Affinität zum *Sauerstoff*, nach *rechts* hin (N, O, F) die Affinität zum *Wasserstoff* wächst (B_2O_3 wesentlich beständiger als N_2O_3; NH_3 wesentlich beständiger als BH_3), besitzt der Kohlenstoff gleich große Affinität zu *elektropositiven* und *elektronegativen* Elementen, wie die Stabilität der beiden Endglieder CO_2 und CH_4 und zahlreicher H- und O-haltiger Zwischenglieder mit **Oxidationsstufen** von −4 bis +4 des Kohlenstoffs zeigt:

$\overset{+4}{C}O_2$	$H\overset{+2}{C}OOH$	$H\overset{\pm 0}{C}HO$	$\overset{-2}{C}H_3OH$	$\overset{-4}{C}H_4$
Kohlendioxid	Ameisensäure	Formaldehyd	Methanol	Methan

Koordinationszahlen. In Verbindungen mit *elektronegativeren bis nicht allzu elektropositiven* Bindungspartnern betätigt Kohlenstoff die Koordinationszahlen *eins* (z.B. **C**≡O, **C**≡NR), *zwei* (linear in O=**C**=O, S=**C**=S, H—**C**≡**C**—H, $(CO)_3$Ni—**C**≡O; gewinkelt in Ph_3P⋯**C**⋯PPh_3, $\mathbf{C}X_2$), *drei* (planar in $\mathbf{C}OCl_2$, $H\mathbf{C}O_2H$, $Ph_3\mathbf{C}^+$, $\mathbf{C}H_3$; pyramidal in $Ph_3\mathbf{C}^-$) und *vier* (tetraedrisch in $\mathbf{C}H_4$, $\mathbf{C}Cl_4$, $Fe_4\mathbf{C}(CO)_{13}$). Bei *elektropositiveren* Partnern tritt Kohlenstoff auch mit den Koordinationszahlen *fünf* ($Me_2Al(\mu\text{-}\mathbf{C}H_3)_2AlMe_2$, $\mathbf{C}_2B_4H_6$, $Os_5\mathbf{C}(CO)_{13}HL_2$), *sechs* ($\mathbf{C}_2B_{10}H_{12}$, $(LAu)_6\mathbf{C}^{2+}$), *sieben* ($[Li_4(\mu_4\text{-}\mathbf{C}H_3)_4]_x$), S. 1155 und *acht* auf ($Co_8\mathbf{C}(CO)_{18}^{2-}$, $Be_2\mathbf{C}$).

Bindungen. An nicht allzu elektropositive Bindungspartner ist der Kohlenstoff *kovalent* gebunden, wobei er die *Bindungsordnungen* 1, 2 und 3 betätigt (z.B. ⪖C—F, >C=O, —C≡N). Seine *Bindigkeit* beträgt nur unter extremen Bedingungen *eins* (z.B. CH, CX bei hohen Temperaturen). *Zweibindig* tritt er in Form reaktiver Zwischenstufen CX_2 („*Carbene*") auf[23,24]. Demgegenüber kennt man stabile kovalente Verbindungen mit *dreibindigem* Kohlenstoff („Organyl-Radikale, z.B. Ph_3C)[24]. In der Regel ist Kohlenstoff in seinen kovalenten Verbindungen *vierbindig* und sp^3-, sp^2- bzw. sp-*hybridisiert*:

	>C<	>C=	—C≡	=C=
Hybrid/Elektronegativität	sp^3/2.20	sp^2/2.75	sp/3.30	sp
Struktur/Bindungswinkel	tetraedrisch/109.5°	planar/120°	linear/180°	linear/180°
CH-Dissoziationsenergie [kJ/mol]	C_2H_6: 410	C_2H_4: 452	C_2H_2: 523	–

Da s-Elektronen stärker vom Atomkern angezogen werden als p-Elektronen, wächst die Elektronegativität des Kohlenstoffs hinsichtlich Partnern, wenn an deren Bindung anstelle von sp^3-Hybriden sp^2- oder gar sp-Hybride beteiligt sind. Demgemäß steigt etwa die Acidität in Richtung C_2H_6, C_2H_4, C_2H_2.

---

[23] **Literatur.** J. Hine: „*Divalent Carbon*", Ronald Press, New York 1964; W. Kirmse: „*Carbene Chemistry*", Academic Press. New York 1971: „*Carbene, Carbenoide und Carben-Analoge*", Verlag Chemie, Weinheim 1969.

[24] Bezüglich der Bindungsverhältnisse in Methylen CH_2 und Methyl CH_3 vgl. S. 883.

Auch erhöht sich die CH-Dissoziationsenergie (bzw. Bindungsenergie) als Folge der wachsenden Elektronegativitätsdifferenz $\Delta EN = EN_C - EN_H$ (vgl. S. 141) in gleicher Richtung.

Hinsichtlich elektropositiveren Bindungspartnern (Metallen) vermag der Kohlenstoff auch *höher als vierbindig* aufzutreten, indem er wie im Falle von $Al_2(CH_3)_6$, $[Be(CH_3)_2]_x$, $[Li_4(CH_3)_4]_x$ (s. dort) Mehrzentren-Zweielektronenbindungen zu den Metallatomen hin ausbildet. Eine entsprechende Erhöhung seiner Bindigkeit gegenüber elektronegativeren Partnern, die bei den schwereren Gruppenhomologen möglich ist, wird bei Kohlenstoff nicht beobachtet (vgl. hierzu chemische Unterschiede zwischen C und Si; S. 882).

Die Tendenz zur Ausbildung von *Elementclustern* (Ketten, Ringe, Käfige) ist für Kohlenstoff größer als für alle anderen Elemente (vgl. hierzu S. 882 und die Unterkapitel über Wasserstoff-, Halogen-, Chalkogen- und Stickstoffverbindungen des Kohlenstoffs, weiter unten).

Kohlenstoff-Ionen. Kationischer Kohlenstoff liegt etwa den Graphitsalzen $C_{24}HSO_4 \cdot 2.4\,H_2SO_4$ in Form von $[C_{24}^+]_x$-Ionen zugrunde (vgl. S. 847). Auch werden in der Ionenquelle eines Massenspektrometers Fullerene C_n durch Teilchenbeschuß leicht in Mono- und Dikationen C_n^+ bzw. C_n^{2+} übergeführt. Insgesamt ist die Tendenz zur Bildung kationischen Kohlenstoffs viel kleiner als die zur Bildung anionischen Kohlenstoffs. Letzterer liegt in Verbindungen des Kohlenstoffs mit den elektropositiven Metallen der I., II. und III. Hauptgruppe sowie mit einigen Lanthanoiden und Actinoiden vor, welche den Kohlenstoff u. a. in Form von C^{4-} („*Methanide*"), C_2^{2-} („*Acetylenide*") oder C_3^{4-} („*Allenide*") enthalten. Weitere Kohlenstoffanionen leiten sich vom Graphit sowie von den Fullerenen ab (z. B. $[C_6^-]_x$, $[C_8^-]_x$, C_{60}^{m-} mit $m = 1$ bis 6, C_{70}^{m-}; vgl. S. 847, 849).

Die *Methanide* (wie Al_4C_3 und Be_2C) ergeben bei der Hydrolyse *Methan*:

$$M_4C + 4H^+ \rightarrow 4M^+ + CH_4$$

(M = Äquivalent eines Metalls) und enthalten im Gitter isolierte Methanid-Ionen $[:\ddot{C}:]^{4-}$. Die *Acetylide* besitzen je nach der Wertigkeit des Metalls die Zusammensetzung **„M^IC"** $= M_2^IC_2$ (M^I z. B. = Li, Na, K, Rb, Cs; Cu, Ag, Au), **„$M^{II}C_2$"** (M^{II} z. B. = Mg, Ca, Sr, Ba; Zn, Cd, Hg, Eu, Yb) und **„$M^{III}C_3$"** $\triangleq M_2^{III}(C_2)_3$ (M^{III} z. B. = Al, La, Ce, Pr, Tb). Sie ergeben bei der Hydrolyse *Acetylen*:

$$M_2C_2 + 2H^+ \rightarrow 2M^+ + C_2H_2$$

(M = Metalläquivalent) und enthalten im Gitter isolierte Acetylenid-Ionen $[:C{\equiv}C:]^{2-}$. Die CC-Abstände in diesen Acetyleniden betragen 1.19–1.24 Å (CaC_2 z. B. 1.191 Å) und entsprechen damit erwartungsgemäß einer Dreifachbindung (ber. 1.20 Å). Ihre Gewinnung kann etwa durch Umsetzung von Acetylen C_2H_2 mit Alkalimetallen in flüssigem Ammoniak oder mit Erdalkalimetallen bei 500 °C erfolgen (bezüglich des technisch als Acetylenquelle bedeutsamen Calciumcarbids CaC_2 vgl. S. 1135). Die *Allenide* (bis jetzt sind nur die Verbindungen Li_4C_3 und Mg_2C_3 bekannt) enthalten im Gitter isolierte Allenid-Ionen $[\ddot{C}{=}C{=}\ddot{C}]^{4-}$ (CC-Abstände um 1.26 Å) und hydrolysieren zu *Propin* C_3H_4 (M = Metalläquivalent):

$$M_4C_3 + 4H^+ \rightarrow 4M^+ + C_3H_4.$$

Es gibt eine Reihe von Lanthanoid- und Actinoid-Carbiden der Zusammensetzung MC_2 (gewinnbar aus M_2O_3 und C im elektr. Ofen), bei denen das Metallatom nicht wie in den oben erwähnten Fällen *zwei*-, sondern *dreiwertig* ist (z. B. M = Y, La, Ce, Pr, Nd, Sm, Tb, Er, Yb, Lu) und die keine Isolatoren, sondern metallische Leiter darstellen. Bei diesen beträgt der CC-Abstand 1.28–1.30 Å, entsprechend einem Zwischenzustand zwischen dreifacher (1.20 Å) und zweifacher Bindung (1.34 Å). Man muß hier annehmen, daß die Metallatome M teilweise ein drittes Elektron an das CO-isoelektronische Anion C_2^{2-} abgeben, so daß ein NO-isoelektronisches Anion C_2^{3-} entsteht, aber teilweise auch Elektronen einem Leitungsband zuführen. Demgemäß führt die Hydrolyse zu einem komplexen Kohlenwasserstoffgemisch (H_2, C_2H_2, C_2H_4, $C_2H_6 \ldots C_6H_{10}$). Analoges gilt für $M_2^{III}C_3 = M_4^{III}(C_2)_3$ mit *dreiwertigen* Metallen (z. B. M = La, Ce, Pr, Tb, U).

Carbide[25]. Unter Carbiden versteht man Verbindungen des Kohlenstoffs mit Metallen und mit Nichtmetallen *geringerer* Elektronegativität, Verbindungen also, bei denen der Kohlenstoff den *elektronegativen* Partner darstellt. Entsprechend den drei chemischen Bindungsarten unterscheidet man dabei drei Arten von Carbiden M_xC_y: salzartige, kovalente, metallartige Carbide. Sie sind allgemein bei hohen Temperaturen (2000 °C) aus Element und Kohlenstoff, aus Elementverbindung (insbesondere Oxid) und Kohlenstoff, aus Element und Kohlenstoffverbindung (z. B. Kohlenwasserstoff) oder aus Elementverbindung und Kohlenstoffverbindung *darstellbar*.

---

[25] **Literatur.** E.K. Storms: „*Die hochschmelzenden Carbide*", Academic Press, New York 1967; W.A. Frad: „*Metal Carbides*", Adv. Inorg. Radiochem. **11** (1968) 153–247; H.A. Johansen: „*Recent Developments in the Chemistry of Transition Metal Carbides and Nitrides*", Survey Progr. Chem. **8** (1977) 57–82.

Die hydrolyselabilen **salzartigen Carbide** wurden bereits weiter oben besprochen. Zu den hydrolysestabilen, harten **kovalenten Carbiden**, die von Elementen etwa gleicher Elektronegativität wie Kohlenstoff gebildet werden, gehören z. B. das *Siliciumcarbid* SiC (S. 918) und die *Borcarbide* $B_{12}C_3$, $B_{13}C_2$ sowie $B_{24}C$ (S. 989). Bei den von den Übergangsmetallen gebildeten **metallartigen Carbiden** („*interstitielle*" oder „*Einlagerungscarbide*") sind die Kohlenstoffatome in die oktaedrischen Lücken der dichtesten Kugelpackung der Metallatome eingelagert (auf *n* Metallatome eines dichtest gepackten Metalls entfallen *n* oktaedrische Lücken). Voraussetzung ist dabei, daß die Radien der Metalltome und damit die Lücken groß genug sind, um die Kohlenstoffatome aufnehmen zu können. Das ist der Fall bei Metallradien von 1.35 Å und mehr (also etwa bei den Metallen der IV., V. und VI. Nebengruppe des Periodensystems; vgl. Anh. IV). Sind *alle* oktaedrischen Lücken mit C-Atomen gefüllt, so resultiert – unabhängig von der Wertigkeit des Metalles M – die Zusammensetzung MC (M z. B. = Ti, Zr, Hf; V, Nb, Ta; Mo, W; Th, U, Pu; in der Regel kubisch-dichtest gepackt); bei Ausfüllung nur der *Hälfte* der Lücken ergibt sich die Formel M_2C (M z. B. = V, Nb, Ta; Mo, W; hexagonal-dichtest gepackt)[26]. Alle Carbide dieser Art zeichnen sich durch hohe Schmelzpunkte (3000–4000 °C), große Härte (zwischen der Härte von Topas und Diamant), Hydrolysestabilität, metallischen Glanz und metallische Leitfähigkeit aus. Der Einbau von Kohlenstoff in das Metall erhöht somit dessen Schmelzpunkt und Härte (Verwendung z. B. für Schneidewerkzeuge).

Bei Metallen mit einem Radius < 1.35 Å (z. B. den Anfangsgliedern der VI., VII. und VIII. Nebengruppe des Periodensystems; vgl. Anh. IV) wird die Metallstruktur beim Eintritt des Kohlenstoffs verzerrt, und die Koordinationszahl der C-Atome gegebenenfalls erhöht. Die nächsten Metallatome in Carbiden M_3C, M_3C_2 usw. (M = Cr, Mn, Fe, Co, Ni; z. B. Cr_7C_3, Mn_3C, Mn_5C_2, Fe_3C) umgeben hierbei den Kohlenstoff in der Regel trigonal-prismatisch (vgl. die analog gebauten Boride, Silicide, Germanide, Phosphide, Arsenide, Sulfide, Selenide).

1.2 Wasserstoffverbindungen des Kohlenstoffs

Grundlagen

Systematik und Bindungsverhältnisse. Der Kohlenstoff bildet zahlreiche *ketten-* und *ringförmige* Wasserstoffverbindungen der allgemeinen Zusammensetzung $\mathbf{C_nH_{2n+m}}$ ($m = 2, 0, -2, -4 \ldots$) mit *vierbindigem* Kohlenstoff (vgl. Lehrbücher der organischen Chemie).

Die *kettenförmigen* („*aliphatischen*"[27], „*acyclischen*") Kohlenwasserstoffe (die gerad- oder verzweigtkettig sein können) teilt man ein in „*gesättigte*" Kohlenwasserstoffe („**Alkane**"; $m = 2$; *n* bis über 1 Million), in welchen die Kohlenstoffatome nur durch *einfache* Bindungen miteinander verknüpft und alle anderen Valenzen mit Wasserstoff abgesättigt sind, z. B:

```
                                                                      H  H  H
   H           H  H          H  H  H           H  H  H  H             |  |  |
   |           |  |          |  |  |           |  |  |  |          H—C—C—C—H
H—C—H      H—C—C—H       H—C—C—C—H       H—C—C—C—C—H           |  |  |
   |           |  |          |  |  |           |  |  |  |             H CH3 H
   H           H  H          H  H  H           H  H  H  H
```

Methan CH_4 *Ethan* C_2H_6 *Propan* C_3H_8 *Butan* C_4H_{10} *Isobutan* C_4H_{10}

und in wasserstoffärmere „*ungesättigte*" Kohlenwasserstoffe ($m = 0, -2, -4, -6 \ldots$), in denen eine oder mehrere *Doppelbindungen* („**Alkene**") oder *Dreifachbindungen* („**Alkine**") vorkommen, z. B.:

```
              H  H                     H  H                              H
H      H      |  |     H        H      |  |      H                       |
  C=C      H—C—C=C           C=C—C=C          H—C≡C—H     H—C—C≡C—H
H      H      |        H        H              H                         |
              H                                                          H
```

Ethylen C_2H_4 *Propen* C_3H_6 *Butadien* C_4H_6 *Acetylen* C_2H_2 *Propin* C_3H_4

---

[26] Bei den metallischen *Boriden*, *Siliciden* und *Nitriden* treten an die Stelle des Kohlenstoffs Bor-, Silicium- bzw. Stickstoffatome in das Metall ein, so daß sich naturgemäß – unabhängig von den Wertigkeiten – die gleichen Formeln ergeben wie bei den Carbiden: z. B. TiB, TiC, TiSi, TiN bzw. VB, VC, VSi, VN bzw. CrB, CrC, CrSi, CrN bzw. Mo_2C, Mo_2N. Vgl. hierzu auch metallartige Hydride (S. 276).

[27] Der Name „*aliphatische Verbindungen*" rührt daher, daß die Fette – aleiphar (griech.) = Fett – wichtige Vertreter dieser nichtcyclischen Verbindungsklasse sind.

Die CH-*Abstände* der Alkane, Alkene und Alkine betragen um 1.06 Å, die CC-Abstände für CC-Einfach-/Zweifach-/Dreifachbindungen ca. 1.55/1.34/1.20 Å. Bei „*Konjugation*" von Mehrfachbindungen (S. 134) wie z. B. im Falle des Butadiens:

$$[\mathrm{CH_2{=}CH{-}CH{=}CH_2} \leftrightarrow \overset{\oplus}{\mathrm{C}}\mathrm{H_2{-}CH{=}CH{-}}\overset{\ominus}{\mathrm{C}}\mathrm{H_2}]$$

liegen die CC-Abstände in Zwischenbereichen. Bezüglich der Geometrie von sp^3-, sp^2- und sp-*hybridisierten* C-Atomen vgl. S. 850, bezüglich der π-*Bindungsverhältnisse* in planarem Ethylen und linearem Acetylen S. 363 und bezüglich der (gestaffelten) *Konformation* von Ethan S. 665.

Die *ringförmigen* („*cyclischen*") Kohlenwasserstoffe können ebenfalls gesättigt („*Cycloalkane*") oder ungesättigt sein (**„Cycloalkene"**, **„Aromaten"**), z. B.:

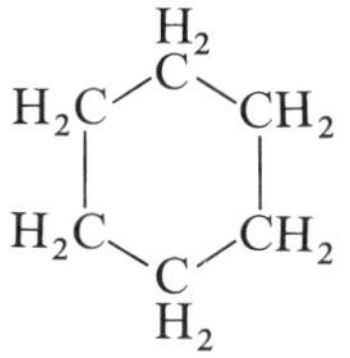

Cyclohexan C_6H_{12} 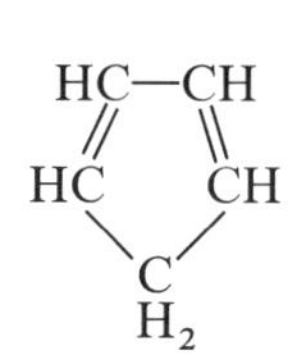 *Cyclopentadien* C_5H_6 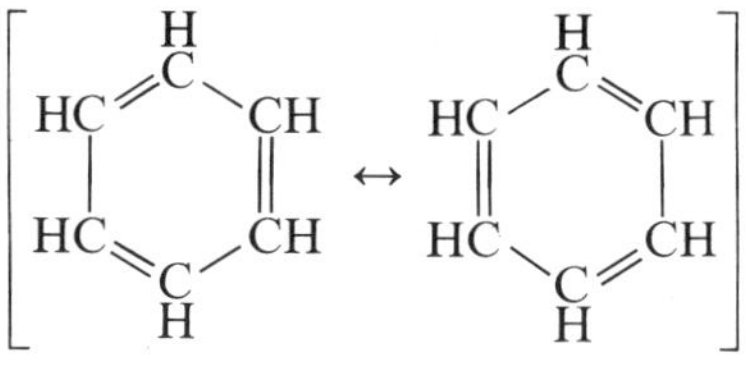 *Benzol* C_6H_6 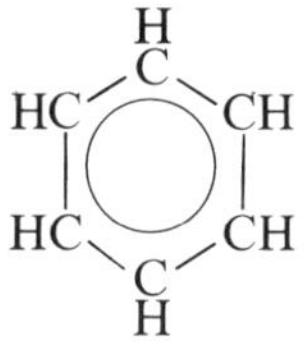 *Benzol* C_6H_6

Unter ihnen sind die sogenannten „*aromatischen*" Kohlenwasserstoffe[28] von besonderer Wichtigkeit. Ihr „*aromatischer Charakter*" ist auf die Anwesenheit von „$(4n+2)$ π-*Elektronen*" im Ringsystem zurückzuführen, die eine hohe π-Delokalisierung zur Folge hat (vollständige Besetzung aller bindenden π-Molekülorbitale mit Elektronen; deutlicher Energieunterschied zwischen oberstem elektronenbesetztem und unterstem elektronenleerem MO; vgl. Fullerene).

Der Prototyp der Aromaten ist das – durch zwei mesomere Grenzformeln oder durch eine Formel mit einem inneren Kreis für die π-Elektronen beschreibbare – *Benzol* C_6H_6 ($n = 1$, d. h. $4n + 2 = 6\pi$ Elektronen)[29]. Es ist anders als das gewellte Cyclohexan C_6H_{12} (bzgl. der Konformation vgl. S. 413) planar gebaut (Molekülsymmetrie D_{6h}) mit gleichlangen CC-Bindungen (1.40 Å) und gleichgroßen CCC-Winkeln (120°). Außer Benzol sind entsprechend der $(4n + 2)$-Regel u. a. auch das *Cyclopentadienid-Anion* $C_5H_5^-$ ($n = 1$; Deprotonierungsprodukt von Cyclopentadien), das *Naphthalin* $C_{10}H_8$ ($n = 2$) und das *Anthracen* $C_{14}H_{10}$ ($n = 3$) aromatisch:

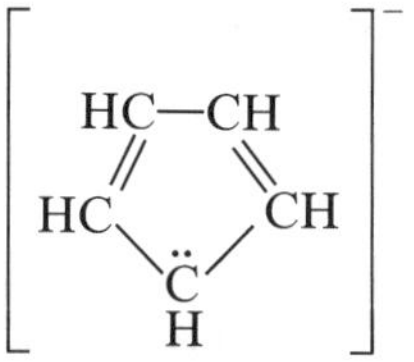

Cyclopentadienid $C_5H_5^-$ 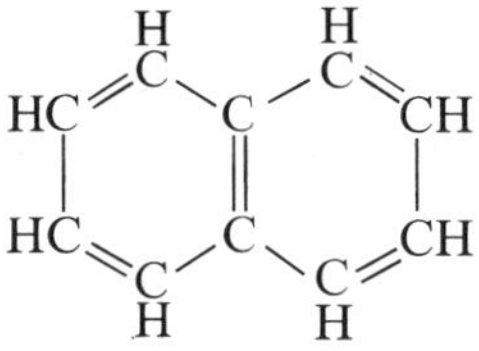 *Naphthalin* $C_{10}H_8$ 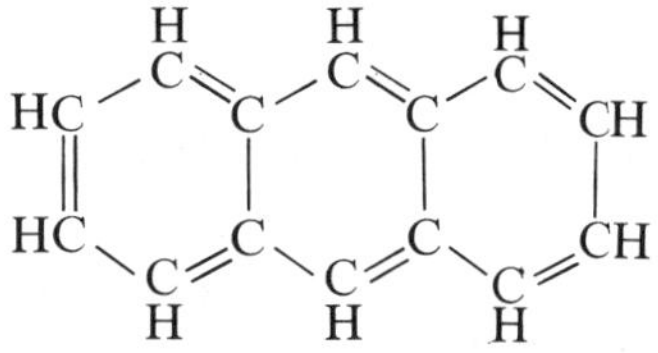 *Anthracen* $C_{14}H_{10}$

Anders als das stabile, isolierbare Methan CH_4 (Elektronenoktett) und seine Derivate mit *vierbindigem* Kohlenstoff sind das *Methylen* CH_2 (Elektronensextett) und seine Derivate mit *zweibindigem* Kohlenstoff (**„Carbene"**, vgl. S. 883) nur als nicht isolierbare Reaktionszwischenstufen nachweisbar.

Die **technische Gewinnung** von Kohlenwasserstoffen erfolgt teils aus natürlichen Vorkommen (Kohle, Erdöl, Erdgas), teils durch Umwandlung von Kohlenwasserstoffen. Auf anorganischem Wege lassen sich

---

[28] Unsere Kenntnis der cyclischen Benzolderivate hat von aromatisch riechenden Naturstoffen ihren Ausgang genommen, weshalb man die zugehörigen Ringverbindungen ganz allgemein als „*aromatische Verbindungen*" bezeichnet: aroma (lat.) = Wohlgeruch.

[29] Von den 6π-Molekülorbitalen des Benzols sind die 3 bindenden elektronenbesetzt, die 3 antibindenden elektronenleer. Der Energieabstand HOMO/LUMO (jeweils entartet) beträgt um 2 eV.

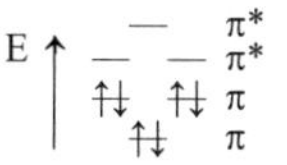

manche dieser Kohlenwasserstoffe in Analogie etwa zur Gewinnung von HCl aus NaCl, von H_2S aus FeS oder von NH_3 aus Mg_3N_2 durch hydrolytische Zersetzung ihrer „Salze", der Carbide, gewinnen (S. 851), z. B.:

$$Al_4C_3 \xrightarrow{+12H^+} 3CH_4 + 4Al^{3+}; \quad CaC_2 \xrightarrow{+2H^+} C_2H_2 + Ca^{2+}; \quad Mg_2C_3 \xrightarrow{+4H^+} C_3H_4 + 2Mg^{2+}.$$

Eigenschaften

Physikalische Eigenschaften. Die Kohlenwasserstoffe stellen meist *farblose*, süßlich bis aromatisch riechende, mehr oder weniger giftige, in Wasser schlecht und organischen Medien gut lösliche Verbindungen dar (bezüglich *farbiger* Alkene vgl. S. 170). Sie sind mit wenigen C-Atomen je Molekül (z. B. CH_4, C_2H_6, C_3H_8, C_4H_{10}, C_2H_4, C_2H_2) gasförmig („*niedere Kohlenwasserstoffe*"), mit größerer Zahl von C-Atomen je Molekül („*höhere Kohlenwasserstoffe*") flüssig oder fest (vgl. Tab. 78) und weisen teils positive, teils negative Bildungsenthalpien ΔH_f auf (z. B. CH_4: -74.898; C_2H_6: -84.724; C_2H_4: $+52.318$; C_2H_2: $+226.90$; C_6H_6 (g): $+82.982$ kJ/mol).

Physiologisches. *Benzol* – eingeatmet oder über die Haut aufgenommen – ist ein starkes Gift (20 000 ppm wirken nach 5–10 Minuten tödlich), das bei kurzer Einwirkung zu Schwindel, Erbrechen, Bewußtlosigkeit und bei langer Einwirkung zu Schädigungen des Knochenmarks, der Leber, der Nieren, des Bluts (Leukämie) führen kann und auch carcinogen wirkt. Die Toxizität der Methylbenzole (z. B. *Toluol, Mesitylen*) ist – verglichen mit Benzol – gering (z. B. MAK-Wert von Toluol 380 mg/m^3 $\triangleq$ 100 ppm). Die Einwirkung von Dämpfen der übrigen Kohlenwasserstoffe (z. B. *Propan, Butan, Pentan, Hexan, Octan, Cyclopentadien*) führt zu Schwindel, Kopfschmerzen, Reizung der Augen und der Luftröhre, Übelkeit, narkotischen Symptomen und schließlich zu Schädigung der Nerven, Leber, Nieren (MAK-Werte im Bereich 50–1000 ppm).

Chemische Eigenschaften. Eine wichtige Eigenschaft der Kohlenwasserstoffe ist ihre unter starker Wärmeentwicklung erfolgende Verbrennung zu Kohlendioxid und Wasser:

$$C_mH_n + (m + \tfrac{n}{4})O_2 \rightarrow m\,CO_2 + \tfrac{n}{2}H_2O + \text{Energie}.$$

Daher dienen *gasförmige Kohlenwasserstoffe* – als solche (Acetylen, Methan, Propan, Butan) oder im Gemisch mit anderen Gasen (in Form von Heizgas, Kokereigas) – sowie *flüssige Kohlenwasserstoffe* (Heizöl, Benzin, Petroleum) *technisch* in ausgedehntem Maße als Heiz- und Treibstoffe (O_2-haltige Kohlenwasserstoffdämpfe sind bei höheren Temperaturen explosiv. Ihre Synthese aus Wasserstoff und Kohle („*Kohlehydrierung*") bzw. Wasserstoff und Kohlenoxid („*Fischer-Tropsch-Verfahren*"; S. 867) wird in großtechnischem Maßstab durchgeführt.

Auch im Laboratorium bedient man sich von jeher der Heizwirkung der kohlenstoffhaltigen Brenngase im **„Bunsen-Brenner"** (Fig. 184). Bei diesem entströmt das Heizgas einer im Fuße des Brenners angebrachten Düse und saugt hierbei durch regulierbare Öffnungen Luft an. So entsteht im Inneren des über der Düse befindlichen Brennerrohres („*Schornstein*") ein *Luft-Brenngas-Gemisch*, das beim *Entzünden* in einer auf dem oberen Rande des Schornsteins aufsitzenden *Flamme* mit *dunklem Innenkegel und bläulichem Außenkegel* verbrennt[30]. Der **Innenkegel** besteht aus *frischem Luft-Gas-Gemisch*; er ist daher verhältnismäßig *kalt* (~ 300 °C). Die Verbrennung des Luft-Gas-Gemisches erfolgt erst am Rande des Innenkegels, wo sich die Ausströmungsgeschwindigkeit des Gases (welche die Flamme von unten nach oben zu treiben sucht) und die Fortpflanzungsgeschwindigkeit der Verbrennung (welche die Flamme dem frischen Gas entgegen in das Brennerrohr hineinzuziehen trachtet) gerade die Waage halten. Die vom Heizgas am Brennerfuß beim Ausströmen aus der Düse seitlich angesaugte Luft („*Primärluft*") reicht nun nicht aus, um das ganze Heizgas zu verbrennen. Der unverbrannt gebliebene, hauptsächlich aus Kohlenoxid und Wasserstoff bestehende Rest, der sich mit *Kohlendioxid* und *Wasserdampf* im „*Wassergasgleichgewicht*" (S. 863) befindet ($CO + H_2O \rightleftarrows CO_2 + H_2$), bildet den **Außenkegel** der Flamme.

[30] Bei ungenügender Luftzufuhr *leuchtet* die *Flamme*. Das Leuchten rührt von *angeregten Kohlenstoffteilchen*, die durch unvollständige Verbrennung ($C_mH_n + \frac{n}{4}O_2 \rightarrow mC + \frac{n}{2}H_2O$) oder thermische Zersetzung von Kohlenwasserstoffen ($C_mH_n \rightarrow mC + \frac{n}{2}H_2$) entstanden sind. Hält man in die leuchtende Flamme eine wassergekühlte Porzellanschale, so schlagen sich auf deren Unterseite die Kohlenstoffteilchen in Form von – gegebenenfalls Fulleren-haltigem – Ruß ab.

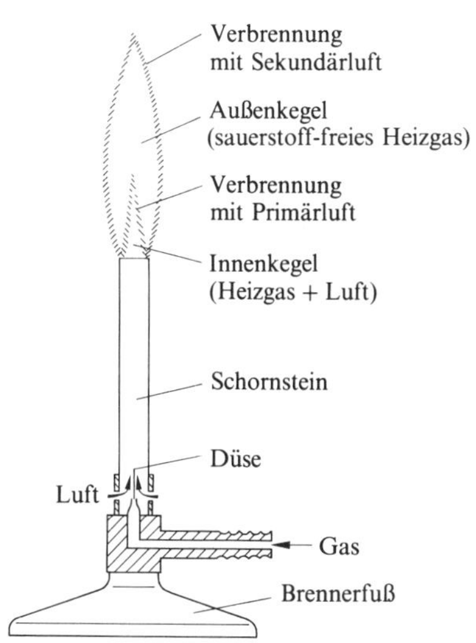

Fig. 184 Bunsen-Brenner

Tab. 78 Kenndaten von Kohlenwasserstoffen (in Klammern Molekülsymmetrie)

Kohlenwasserstoff Name (Symm.)	Formel	**Smp.** [°C]	**Sdp.** [°C]	**Dichte** [g/cm³]
Methan (T_d)	CH_4	−182.5	−161.5	0.424 (Sdp.)
Ethan (D_{3d})	C_2H_6	−183	− 88	
Propan (C_{2v})	C_3H_8	−187.7	− 42	0.5003
Butan (C_{2h})	C_4H_{10}	−135	− 0.5	0.579 (Sdp.)
i-Butan (C_{3v})	C_4H_{10}	−159	− 11.7	0.551 (Sdp.)
Pentan	C_5H_{12}	−130	36	0.6262 (Sdp.)
Hexan	C_6H_{14}	− 95	68.7	0.66 (20°)
Heptan	C_7H_{16}	− 90.7	98.4	0.681 (20°)
Octan	C_8H_{18}	− 57	126	0.703
Ethylen (D_{2h})	C_2H_4	−169	−104	
Propen (C_s)	C_3H_6	−185	− 47.7	0.5139 (20°)
Butadien (C_{2h})	C_4H_6	−109	− 4.5	0.65 (Sdp.)
Acetylen ($D_{\infty h}$)	C_2H_2	− 81	− 84	0.6181 (Sdp.)
Cyclopentan (C_s)	C_5H_{10}	− 94	49	0.746 (20°)
Cyclohexan (C_{2h})	C_6H_{12}	− 80	83	0.81 (20°)
Cyclopentadien (C_s)	C_5H_6	− 85	40	0.802 (20°)
Benzol (D_{6h})	C_6H_6	5.5	80.15	0.879 (20°)
Toluol (C_s)	$C_6H_5CH_3$	− 95	111	0.866 (20°)
Mesitylen (C_{3h})	$C_6H_3(CH_3)_3$	− 45	165	0.864 (20°)

Seine Verbrennung erfolgt am Rande des Außenkegels mit der von außen kommenden Luft („*Sekundärluft*").

Die *Temperatur* der Bunsen-Flamme ist naturgemäß an den beiden *Kegelrändern*, den eigentlichen Verbrennungszonen, am *höchsten* und beträgt maximal etwa 1550 °C. Wegen des Gehaltes an Kohlenoxid und Wasserstoff und des Fehlens von Sauerstoff wirkt der innere Teil des Außenkegels nahe dem heißen Außenrande des Innenkegels stark reduzierend („*Reduktionszone*"), während der äußere Rand des Außenkegels wegen des hier vorhandenen überschüssigen Luftsauerstoffs starke Oxidationswirkung zeigt („*Oxidationszone*").

Metallorganische Verbindungen[31)]

Verbindungsbestandteile. Von den Kohlenwasserstoffen leiten sich zahlreiche *Derivate* ab, die aus ersteren durch Ersatz von Wasserstoffatomen gegen anorganische Substituenten hervorgehen. Als Beispiele für „*Nichtmetallorganische Verbindungen*" seien etwa die Methanderivate CH_3Cl, CH_2Cl_2, $CHCl_3$, CCl_4, H_2CO, Cl_2CO, CO_2, HCN, ClCN genannt (vgl. hierzu auch die Unterkapitel 1.3–1.6). „*Metallorganische Verbindungen*", zu denen man auch die „*Halbmetallorganischen Verbindungen*" zählt, werden nachfolgend kurz abgehandelt (für Einzelheiten vgl. bei den betreffenden Metallen und Halbmetallen). Wichtige organische Substituenten („*Kohlenwasserstoffreste*") in metallorganischen Verbindungen leiten sich von den in Tab. 78 wiedergegebenen Grundkörpern ab, z. B. (*i* = iso; *t* = tertiär):

CH_3	CH_2CH_3	$CH_2CH_2CH_3$	$CH(CH_3)_2$	$CH_2CH_2CH_2CH_3$	$C(CH_3)_3$
Methyl (Me)	Ethyl (Et)	Propyl (Pr)	*i*-Propyl (ⁱPr)	Butyl (Bu)	*t*-Butyl (ᵗBu)
$CH{=}CH_2$	$CH_2{-}CH{=}CH_2$	C_5H_5	C_6H_5	$C_6H_4CH_3$	2,4,6-$C_6H_2(CH_3)_3$
Vinyl (Vi)	Allyl	Cyclopentadienyl (Cp)	Phenyl (Ph)	Tolyl (Tol)	Mesityl (Mes)

Die sperrigen Reste *i*-Propyl, *t*-Butyl und Mesityl werden in der Chemie häufig als „Schutzgruppen" zur Stabilisierung „Elementorganischer Verbindungen" genutzt. Letzteres gilt in besonderem Maße für folgende Reste:

---

31 **Literatur.** G. Wilkinson, F. G. A. Stone, E. W. Abel: „*Comprehensive Organometallic Chemistry*", 9 Bände, Pergamon Press, Oxford 1982; G. E. Coates, M. L. H. Green, K. Wade: „*Organometallic Compounds*", 2 Bände, Methuen, London 1967/1968; M. Schlosser: „*Struktur und Reaktivität polarer Organometalle*", Springer, Berlin 1973; P. Power: „*Principles of Organometallic Chemistry*", Chapman and Hall, London 1988; I. Haiduc, J. J. Zuckerman: „*Basic Organometallic Chemistry*", Walter de Gruyter, Berlin 1985; A. W. Parkins, R. C. Poller: „*An Introduction to Organometallic Chemistry*", Macmillan, London 1986; Ch. Elschenbroich, A. Salzer: „*Organometallchemie*", Teubner Stuttgart 1988; A. J. Pearson: „*Metallo-Organic Chemisty*", Wiley, New York 1985; F. R. Hartley, S. Patai: „*The Chemistry of Metal-Carbon-Bond*", bisher 4 Bände, Wiley, New York 1982–1986; F. G. A. Stone, R. West: „*Advances in Organometallic Chemistry*", bisher 36 Bände, Academic Press, New York 1964–1994; D. White, N. J. Corille: „*Quantification of Steric Effects in Organometallic Chemistry*", Adv. Organomet. Chem. **36** (1994) 95–158. Vgl. auch Anm.[29)] auf S. 1628.

$CH_2(CMe_3)$	$CH_2(SiMe_3)$	$CH(SiMe_3)_2$	$C(SiMe_3)_3$	C_7H_{11}
Neopentyl	Monosyl (Msi)	Disyl (Dsi)	Trisyl (Tsi)	1-Norbornyl
$C_{10}H_{15}$	C_5Me_5	$C_6H_2(CMe_3)_3$	$Si(SiMe_3)_3$	$Si(CMe_3)_3$
1-Adamantyl	Pentamethyl-Cp (Cp*)	Supermesityl (Mes*)	Hypersilyl	Supersilyl

Als weitere Kohlenwasserstoffe treten in vielen Metallorganylen *Alkene, Alkine* und *Aromaten* auf (s. u.)

Verbindungstypen[32]. Eine organische Gruppe kann mit *einem* Metall- oder Halbmetallzentrum über ein, zwei, drei, vier und noch mehr C-Atome verknüpft sein; die Gruppe wirkt dann als Mono-, Di-, Tri-, Tetrahapto-Ligand usw. (charakterisiert durch die *Haptizität* η^1, η^2, η^3, η^4, usw.)[33]. Andererseits kann eine organische Gruppe gleichzeitig *zwei, drei, vier* und noch *mehr* Metall- oder Halbmetallzentren binden (charakterisiert durch die *Metallbindungszahl* μ_2, μ_3, μ_4 usw.)[33].

Alkyl-, Vinyl- sowie Arylreste (s. oben) stellen typische **Monohapto-Liganden** dar. Von allen Hauptgruppenmetallen und -halbmetallen sowie einigen Nebengruppenmetallen existieren *Methylderivate* MMe_n (Stöchiometrie häufig analog MH_n). Die *besonders elektropositiven* Alkali- und schwereren Erdalkalimetalle bilden *salzartige* Methylderivate, die leichteren Erdalkalimetalle sowie die Metalle der Borgruppe *verbrückte, ionisch bis kovalente* Methylderivate, die Metalle der Kohlenstoff-, Stickstoff- und Sauerstoffgruppe *unverbrückte, kovalente* Methylderivate. *Stabiler* als die Methyl- sind meist die Phenylderivate, *instabiler* die Alkylderivate mit β-ständigem Wasserstoff, die gemäß

$$L_nM{-}\overset{|}{\underset{|}{C}}{-}\overset{|}{\underset{|}{C}}{-}H \underset{\text{Hydrometallierung}}{\overset{\beta\text{-Eliminierung}}{\rightleftarrows}} L_nM{-}H + {>}C{=}C{<}$$

unter β-Eliminierung zerfallen können[34]. Die *Zersetzung* läßt sich vielfach umkehren; demgemäß gewinnt man metallorganische Verbindungen vielfach durch „*Hydrometallierung*“, z. B. Hydroborierung (S. 1007), Hydrosilierung (S. 898), Hydrostannierung (S. 971). Der regio- und stereospezifische Verlauf der Hydrometallierung ist ein besonderer Vorteil dieser Synthesemethode.

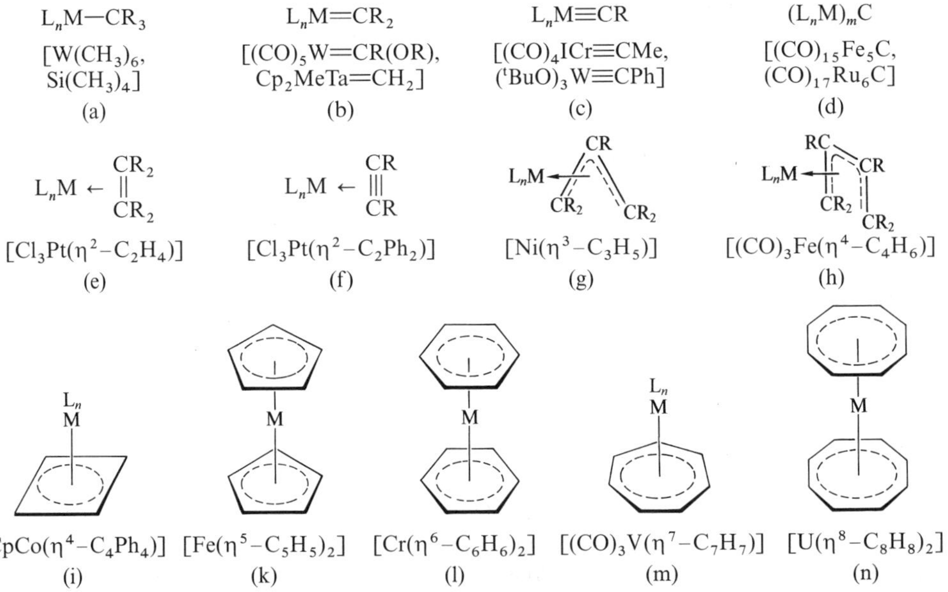

$L_nM{-}CR_3$	$L_nM{=}CR_2$	$L_nM{\equiv}CR$	$(L_nM)_mC$
$[W(CH_3)_6$, $Si(CH_3)_4]$	$[(CO)_5W{=}CR(OR)$, $Cp_2MeTa{=}CH_2]$	$[(CO)_4ICr{\equiv}CMe$, $({}^tBuO)_3W{\equiv}CPh]$	$[(CO)_{15}Fe_5C$, $(CO)_{17}Ru_6C]$
(a)	(b)	(c)	(d)
$L_nM \leftarrow$ $CR_2{=}CR_2$	$L_nM \leftarrow$ $CR{\equiv}CR$	L_nM (CR, CR_2, CR_2)	L_nM (RC, CR, CR_2, CR_2)
$[Cl_3Pt(\eta^2{-}C_2H_4)]$	$[Cl_3Pt(\eta^2{-}C_2Ph_2)]$	$[Ni(\eta^3{-}C_3H_5)]$	$[(CO)_3Fe(\eta^4{-}C_4H_6)]$
(e)	(f)	(g)	(h)

L_n M	M	M	L_n M	M
$[CpCo(\eta^4{-}C_4Ph_4)]$	$[Fe(\eta^5{-}C_5H_5)_2]$	$[Cr(\eta^6{-}C_6H_6)_2]$	$[(CO)_3V(\eta^7{-}C_7H_7)]$	$[U(\eta^8{-}C_8H_8)_2]$
(i)	(k)	(l)	(m)	(n)

Fig. 185 Kohlenwasserstoffkomplexe (aus Gründen der Übersichtlichkeit sind in den Formeln der letzten Reihe die Kohlenstoffatome durch Ecken symbolisiert).

---

32 **Geschichtliches.** Erste metallorganische Verbindung: Kakodyloxid $(Me_2As)_2O$ (L. C. Cadet, 1760); erster Olefinkomplex: Zeisesches Salz $Na[PtCl_3(C_2H_4)]$ (W. C. Zeise, 1827); erster Metallcarbonylkomplex: $[(Pt(CO)Cl_2]_2$ (M. P. Schützenberger, 1868); erstes binäres Metallcarbonyl: $Ni(CO)_4$ (L. Mond, 1890); Sandwichkomplexe: $Cr(PhPh)_2$ (F. Hein, 1919); Ferrocen $FeCp_2$ (P. Pauson, S. A. Miller, 1951); Dibenzolchrom $Cr(C_6H_6)_2$ (E. O. Fischer, 1955); erster Carbenkomplex $(CO)_5WCMe(OMe)$ (E. O., Fischer, 1964); Mehrfachdecker-Sandwichkomplex $Ni_2Cp_3^+$ (H. Werner, 1972); erster Carbinkomplex $(CO)_4ICrCR$ (E. O. Fischer, 1973).

33 Vgl. hierzu Nomenklatur, S. 1240.

34 Bezüglich weiterer Zerfallsarten vgl. S. 1676.

In analoger Weise wie sich Methyl CH_3 und seine Derivate CR_3 mit Metallen M bzw. – allgemein – Fragmenten L_nM (L = geeigneter Ligand) zu „*Methylkomplexen*" vereinigen können (vgl. Fig. 185a), vermögen die wasserstoffärmeren Teilchen CH_2, CH, C und deren Derivate „*Carben-*", „*Carbin-*" und „*Carbido-Komplexe*" zu bilden (vgl. Fig. 185b, c, d sowie analoge Komplexe von NR_3, NR_2, NR und N, S. 652). Bezüglich weiterer Einzelheiten über Carben- und Carbin-Komplexe siehe S. 1678, 1680 (die Carbido-Komplexe können als molekulare Ausschnitte der metallartigen Metallcarbide beschrieben werden). Komplexe des *Kohlenmonoxids*, das μ_1-, μ_2- sowie μ_3-koordiniert sein kann, und Komplexe einiger von CO abgeleiteter Monohapto-Liganden (z. B. CNR, CN^-) werden auf S. 1629 und 1655 behandelt).

Typische Beispiele für **Di-** bis **Octahaptoliganden** sind die π-gebundenen *Ethylene* $R_2C{=}CR_2$ (η^2), *Acetylene* $RC{\equiv}CR$ (η^2), *Allyle* $R_2C{-}CR{-}CR_2$ (η^3), *Butadiene* $R_2C{=}CR{-}CR{=}CR_2$ (η^4), *Cyclobutadiene* C_4R_4 (η^4), *Cyclopentadienyle* C_5R_5 (η^5), *Benzole* C_6R_6 (η^6), *Cycloheptatrienyle* C_7R_7 (η^7) und *Octatetraene* C_8R_8 (η^8) (vgl. Fig. 187e–n). Metallorganyle des Typs k, l, n (des Typs i, m) werden auch als „*Sandwich-Verbindungen*" („*Halbsandwich-Verbindungen*") bezeichnet. Bezüglich Einzelheiten vgl. S. 1697, 1705, 1709, 1712, 1713).

1.3 Halogenverbindungen des Kohlenstoffs[1)]

Systematik. Der Kohlenstoff bildet eine große Anzahl von Halogenverbindungen, die sich von den weiter oben behandelten Kohlenwasserstoffen durch teilweisen oder vollständigen Ersatz der Wasserstoffatome durch Fluor, Chlor, Brom und/oder Iod ableiten. Einige von Methan, Ethan, Ethylen und Acetylen abgeleitete *Perhalogeno-Verbindungen* der Summenformel $\mathbf{CX_4}$ („Tetrahalogenide"), $\mathbf{C_2X_6}$ („Trihalogenide"), $\mathbf{C_2X_4}$ („Dihalogenide"), $\mathbf{C_2X_2}$ („Monohalogenide") sind in Tab. 79 zusammen mit *Kohlensäuredihalogeniden* $\mathbf{COX_2}$ wiedergegeben.

Darstellung und Eigenschaften einiger technischer Produkte. Das tetraedrisch gebaute **Tetrafluormethan** $\mathbf{CF_4}$ (T_d-Symmetrie), ein chemisch inertes Gas (vgl. Tab. 79), wird in der Technik durch *Fluorierung* von

Tab. 79 Kohlenstoffhalogenide.

Verbindungstypus	Fluoride	Chloride	Bromide	Iodide
$\mathbf{CX_4}$[a), b)] **Tetrahalogenide** (T_d-Symmetrie)	$\mathbf{CF_4}$ *Farbloses* Gas Smp. − 183.5, Sdp. − 128.5 °C Dichte 1.96 g/cm³ (Sdp.) ΔH_f = 679.9 kJ	$\mathbf{CCl_4}$ *Farblose* Flüssigkeit Smp. − 22.9, Sdp. 76.6 °C Dichte 1.594 g/cm³ ΔH_f = 106.7 kJ (g)	$\mathbf{CBr_4}$ *Blaßgelbe* Kristalle Smp. 90.1, Sdp. 189.5 °C Dichte 2.961 g/cm³ (100 °) ΔH_f = 139.3 kJ (fl)	$\mathbf{CI_4}$ *Hellrote Kristalle* Smp. 171, Sblp. 130 °C/Zers. Dichte 4.32 g/cm³ ΔH_f = 160 kJ (fl)
$\mathbf{C_2X_6}$[c)] **„Trihalogenide"** (D_{3d}-Symmetrie)	$\mathbf{C_2F_6}$[d)] *Farbloses* Gas Smp. − 106.3, Sdp. − 79 °C Dichte 1.590 g/cm³ (Sdp.)	$\mathbf{C_2Cl_6}$ *Farblose* Kristalle Smp. 187, Sblp. 186 °C Dichte 2.091 g/cm³	$\mathbf{C_2Br_6}$ *Gelbe* Kristalle Sblp. 200 °C/Zers. Dichte 2.823 g/cm³	–
$\mathbf{C_2X_4}$ **„Dihalogenide"** (D_{2h}-Symmetrie)	$\mathbf{C_2F_4}$[d)] *Farbloses* Gas Smp. − 142.5, Sdp. − 76.3 °C Dichte − 142.5 g/cm³ (Sdp.)	$\mathbf{C_2Cl_4}$ *Farblose* Flüssigkeit Smp. − 19, Sdp. 121.1 °C Dichte 1.6227 g/cm³ (Sdp.)	$\mathbf{C_2Br_4}$ *Blaßgelbe* Kristalle Smp. 56.5, Sdp. 227 °C	$\mathbf{C_2I_4}$ *Gelbe* Prismen Smp. 192 °C Dichte 2.983 g/cm³
$\mathbf{C_2X_2}$ **„Monohalogenide"** ($D_{\infty h}$-Symmetrie)	$\mathbf{C_2F_2}$[e)] – –	$\mathbf{C_2Cl_2}$ *Farbloses* Gas Smp. − 66 °C	$\mathbf{C_2Br_2}$ *Gelbes* Gas Smp. − 25 °C	$\mathbf{C_2I_2}$ Festsubstanz Smp. 82 °C
$\mathbf{COX_2}$[f)] **Dihalogenidoxide** (C_{2v}-Symmetrie)	$\mathbf{COF_2}$ *Farbloses* Gas Smp. − 114, Sdp. − 83.1 °C Dichte 1.139 (− 144°)	$\mathbf{COCl_2}$ *Farbloses* Gas Smp. − 127.8, Sdp. 7.6 °C Dichte 1.392 g/cm³	$\mathbf{COBr_2}$ *Farblose* Flüssigkeit Smp. − 80 °C, Sdp. 64.5 °C Dichte 2.52 g/cm³	–

a) **Gemischte Tetrahalogenide**, z. B. **Freone** $\mathbf{CF_2Cl_2}$ (*farbloses* Gas, Sdp. − 29.8 °C), $\mathbf{CF_3Cl}$ (*farbloses* Gas, Sdp. − 81.1 °C). – **b)** **Teilhalogenierte Methane**, z. B. $\mathbf{CH_3Cl}$ (*farbloses* Gas, Smp. − 97.7 °C, Sdp. − 24.2 °C), $\mathbf{CH_2Cl_2}$ (*farblose* Flüssigkeit, Smp. − 95.1 °C, Sdp. 40 °C, d = 1.3266 g/cm³), $\mathbf{CHCl_3}$ (*farblose* Flüssigkeit, Smp. − 53.5 °C, Sdp. 61.7 °C, d = 1.4832 g/cm³). – **c)** Man kennt darüber hinaus teilhalogenierte Ethane und Ethene sowie auch höhere Alkane und Alkene C_nX_{2n+2}, C_nX_{2n}. – **d)** Man kennt auch eine polymere Form $\mathbf{(CF_2)_x}$ (**Teflon**). – **e)** In polymeren Formen als $\mathbf{(CF)_x}$ (Graphitfluorid, S. 846), $\mathbf{(CF)_{60}}$ (Fullerenfluorid, S. 848), in trimerer Form als Hexahalogenbenzole $\mathbf{C_6F_6}$ (*farblose* Flüssigkeit, Smp. 5.3 °C, Sdp. 80.5 °C, d = 1.6184 g/cm³), $\mathbf{C_6Cl_6}$ (*farblose* Nadeln, Smp. 230 °C, Sblp. 322 °C, d = 1.5691 g/cm³), $\mathbf{C_6Br_6}$ (*gelbe* Nadeln, Smp. 327 °C), $\mathbf{C_6I_6}$ (*rotbraune* Nadeln, Smp. 350 °C, Z.). – **f)** Man kennt auch gemischte Carbonyldihalogenide, z. B. **COFCl** (Sdp. − 42 °C), **COFBr** (Sdp. − 20.6 °C).

Graphit (Elektrolyse von MF oder MF_2 an Graphitanoden) oder *Fluoridierung* von *Chlorfluormethanen* CF_2Cl_2 bzw. CF_3Cl (s. u.), im Laboratorium auch durch *Fluoridierung* von *Kohlendioxid* CO_2 oder *Phosgen* $COCl_2$ mit *Siliciumtetrafluorid* gewonnen. Das als Lösungsmittel in Labor und Technik verwendete, charakteristisch riechende **Tetrachlormethan CCl_4** (T_d-Symmetrie; vgl. Tab. 79) entsteht durch vollständige *Chlorierung* von *Methan* CH_4 oder *Schwefelkohlenstoff* CS_2. CCl_4 ist wie andere Chlorverbindungen toxisch und krebserregend (MAK-Wert: für CCl_4 65 mg/m^3 ≙ 10 ppm; für $CHCl_3$ 50 mg/m^3 ≙ 10 ppm; für CH_2Cl_2 360 mg/m^3 ≙ 100 ppm; für CH_3Cl 150 mg/m^3 ≙ 50 ppm; für C_2Cl_6 10 mg/m^3 ≙ 1 ppm; für C_2Cl_4 345 mg/m^3 ≙ 50 ppm). Tetrachlormethan dient als Zwischenprodukt der technisch in großen Mengen gemäß $CCl_4 + nHF \rightarrow CF_nCl_{4-n} + nHCl$ (Katalysator $SbCl_4F$) gewonnenen **Freone CF_nCl_{4-n}** ($n = 1, 2, 3$; vgl. Tab. 79). Letztere stellen ideale Kühlmittel und Aerosoltreibgase dar (Verwendung in Kühlschränken, für Sprays), da sie niedrige Schmelzpunkte, hohe Dichten, geringe Viskositäten, kleine Oberflächenspannungen aufweisen und auch unentzündlich, geruchlos, chemisch inert, thermisch stabil und ungiftig sind (MAK-Werte um 5000 mg/m^3 ≙ 1000 ppm). Empfindlich sind sie allerdings gegen *kurzwellige Strahlung*, welche sie u.a. unter Bildung von Chloratomen zersetzt. Da diese Photolyse in der Stratosphäre abläuft, wohin die Freone (z.B. aus Sprays) gelangen, und weil die Cl-Atome dort den Zerfall des – als Energiefilter wesentlichen – Ozons katalysieren (vgl. Ozonloch S. 525), soll die Produktion derartiger **C**hlor**f**luor**k**ohlen**w**asserstoffe (**CFKW**) in naher Zukunft eingestellt werden.

Tetrafluorethylen C_2F_4 (planar; D_{2h}-Symmetrie; vgl. Tab. 79) wird in der Technik in großen Mengen gemäß $CHCl_3 + 2HF \rightarrow CHClF_2 + 2HCl$; $2CHClF_2 \rightarrow C_2F_4 + 2HCl$ durch *partielle Fluoridierung* von *Chloroform* (Katalysator: $SbCl_4F$) auf dem Wege über Chlorfluormethan $CHClF_2$ gewonnen und nachfolgend zu **Polytetrafluorethylen $(C_2F_4)_x$** („*Teflon*") polymerisiert. Es ist ähnlich wie CF_4 (und andere Perfluoralkane) gegen Säuren, Basen und Redoxmittel bis 600 °C stabil und dient als wasser- und kohlenwasserstoffunlösliches Produkt mit geringen Reibungskoeffizienten u.a. als Schutzüberzug für Küchengeräte, Rasierklingen und Kugellager.

Carbonyldifluorid COF_2 (isoelektronisch mit BF_3, CO_3^{2-}; planarer Bau; C_{2v}-Symmetrie; Abstände CO/CF = 1.174/1.312 Å; OCF/FCF-Winkel 126.0/108.0°) läßt sich durch *Fluoridierung* von *Phosgen* $COCl_2$ (s.u.) mit NaF in Acetonitril oder durch *Fluorierung* von *Kohlenmonoxid* mit AgF_2 gewinnen. Es dient im Labor zur Darstellung fluor-organischer Verbindungen (z.B. $COF_2 + F^- \rightarrow OCF_3^-$). Das ebenfalls hydrolyseempfindliche, toxische **Carbonyldichlorid $COCl_2$** („*Phosgen*"; isovalenzelektronisch mit BCl_3; planar; C_{2v}-Symmetrie; Abstände CO/CCl = 1.167/1.746 Å; Winkel OCCl/ClCCl = 124.3/111.3°) wird in großen Mengen durch katalytische Vereinigung von *Kohlenmonoxid* CO und *Chlor* Cl_2 dargestellt[35]. Die toxische Verbindung (MAK-Wert 0.4 mg/m^3 ≙ 0.1 ppm) dient als Chloridierungsmittel für Metalloxide (z.B. $SnO_2 + 2COCl_2 \rightarrow SnCl_4 + 2CO_2$) und u.a. als Ausgangsstoff für die Synthese von Polyurethanen (Zwischenprodukte: Isocyanate).

1.4 Sauerstoffverbindungen des Kohlenstoffs[1,36]

Der Kohlenstoff bildet vier wohl charakterisierte **Oxide**: gasförmiges *Kohlenstoffmonoxid* **CO** („*Kohlenmonoxid*", „*Kohlenoxid*"), gasförmiges *Kohlenstoffdioxid* **CO_2** („*Kohlendioxid*"), gasförmiges *Trikohlenstoffdioxid* **C_3O_2** („*Malonsäureanhydrid*", „*Kohlensuboxid*") und festes *Dodecakohlenstoffnonaoxid* **$C_{12}O_9$** („*Mellitsäureanhydrid*")[36a]. Unter ihnen ist CO_2 thermodynamisch stabil, während die Oxide CO und $C_{12}O_2$ bei Raumtemperatur, C_3O_2 bei −78 °C hinsichtlich C und CO_2 nur kinetisch stabil sind. Als weitere Sauerstoffverbindungen des Kohlenstoffs existieren **Graphitoxide** (S. 846) sowie **Fullerenoxide** (S. 848), darüber hinaus schlecht definierte Oxide wie C_2O, C_2O_3, C_4O_2, C_5O_2, CO_3.

Die Oxide CO, CO_2, C_3O_2 und $C_{12}O_9$ lassen sich aus den zugehörigen Säuren durch Wasserentzug *gewinnen*:

---

[35] Der Name Phosgen leitet sich von seiner früheren Darstellung aus CO und Cl_2 im Sonnenlicht ab: phos (griech.) = Licht; genes (griech.) = geboren durch.

[36] **Literatur.** ULLMANN (5. Aufl.): „*Carbondioxide*", „*Carbonmonoxide*", **A5** (1986) 165–183, 203–216; Th. Kappe, E. Ziegler: „*Kohlensuboxid in der präparativen organischen Chemie*", Angew. Chem. **86** (1974) 529–542; Int. Ed. **13** (1974) 491; A. Behr: „*Kohlendioxid als alternativer C_1-Baustein: Aktivierung durch Übergangsmetallkomplexe*", Angew. Chem. **100** (1988) 681–698; Int. Ed. **27** (1988) 661; D.M. Kern: „*The Hydratation of Carbon Dioxide*", J. Chem. Educ. **37** (1960) 14–23.

[36a] Die – auch nachfolgend gewählten und üblichen – Namen Kohlenmonoxid (Kohlenoxid), -dioxid und -suboxid für CO, CO_2, C_3O_2 sind *nicht korrekt*, da ja in der Tat keine Oxide der Kohlen, sondern solche des Kohlenstoffs vorliegen.

H_2CO_2 Ameisensäure	$\longrightarrow H_2O + CO;$	H_2CO_3 Kohlensäure	$\longrightarrow H_2O + CO_2;$
$H_4C_3O_4$ Malonsäure	$\longrightarrow 2H_2O + C_3O_2;$	$H_6C_{12}O_{12}$ Mellitsäure	$\longrightarrow 3H_2O + C_{12}O_9.$

Das übelriechende, bei $-112.5\,°C$ schmelzende und bei $+6.7\,°C$ siedende, aus Malonsäure $CH_2(COOH)_2$ bei 140 °C in Anwesenheit von P_4O_{10} hervorgehende *farblose* **Kohlensuboxid** O=C=C=C=O (linear; $D_{\infty h}$-Symmetrie; CO/CC-Abstände = 1.16/1.28 Å; $\Delta H_f = +97.8$ kJ/mol) *polymerisiert* bei Raumtemperatur zu einem *gelben*, bei 100 °C zu einem *rubinroten* und bei 400 °C zu einem *violetten* Feststoff, der bei 500 °C in Kohlenstoff und Kohlendioxid zerfällt. Mit *Wasser, Chlorwasserstoff* bzw. *sekundären Aminen* vereinigt es sich zu Malonsäure, Malonsäuredichlorid bzw. Malonsäurediamid: $C_3O_2 + 2HX \rightarrow CH_2(COX)_2$ (X = OH, Cl, NR_2). Ähnlich wie Kohlensuboxid läßt sich das aus Mellitsäure in geschlossenem Rohr bei 160 °C in Anwesenheit von CH_3COCl erzeugbare, sublimierbare, *farblose*, kristalline **Mellitsäureanhydrid** bei Wassereinwirkung rehydratisieren:

$$C_6(CO_2H)_6 \underset{+3H_2O}{\overset{-3H_2O}{\rightleftarrows}} C_6(C_2O_3)_3$$

Nachfolgend werden die Oxide CO und CO_2 sowie die Säure H_2CO_3 eingehender besprochen.

1.4.1 Kohlenstoffdioxid (Kohlendioxid) CO_2

Vorkommen. Kohlendioxid CO_2 kommt in der Natur sowohl frei als auch gebunden vor. In *freiem Zustande* bildet es einen Bestandteil der Luft (0.03 Gew.-%; vgl. S. 518) und des Meerwassers (0.0005 Gew.-%; vgl. S. 528) sowie vieler Mineralquellen („*Sauerbrunnen*“, „*Säuerlinge*“, „*Sprudel*“); auch strömt es in einigen Gegenden (besonders in der Nähe von Vulkanen) aus Rissen und Spalten des Erdbodens aus. In *gebundenem Zustande* findet es sich in ungeheuren Mengen vor allem in Form von Calciumcarbonat $CaCO_3$ und Magnesiumcarbonat $MgCO_3$.

Darstellung. Technisch gewinnt man Kohlendioxid durch Verbrennen von *Koks* mit überschüssiger *Luft* (vgl. CO-Darstellung, S. 863) bzw. durch Kohlenoxid-Konvertierung (S. 253):

$$C + O_2 \rightarrow CO_2 + 393.77\,\text{kJ} \quad \text{bzw.} \quad CO + H_2O \rightarrow CO_2 + H_2 + 41.19\,\text{kJ},$$

darüber hinaus als Nebenprodukt beim *Kalkbrennen* (S. 1133):

$$178.44\,\text{kJ} + CaCO_3 \rightarrow CaO + CO_2.$$

In beiden Fällen ist das Kohlendioxid mit Fremdgasen vermengt. In *reiner Form* läßt es sich aus den Gasgemischen isolieren, indem man es in Türmen einer über Koks herabrieselnden *Natrium-* oder *Kaliumcarbonatlösung* bzw. *wässerigem Ethanolamin* $HOCH_2CH_2NH_2$ entgegenleitet, welche das *Kohlendioxid bindet*:

$$K_2CO_3 + CO_2 + H_2O \rightleftarrows 2KHCO_3, \quad RNH_2 + CO_2 + H_2O \rightleftarrows RNH_3HCO_3$$

und beim *Kochen* (Umkehrung der vorstehenden Reaktionen) wieder abgibt. Auch die *natürlichen Gasquellen* werden vielfach zur Kohlendioxidgewinnung ausgenutzt.

Im Laboratorium setzt man das Kohlendioxid als Anhydrid der (für sich nicht isolierbaren) Kohlensäure ($H_2CO_3 \rightleftarrows H_2O + CO_2$) zweckmäßig aus den *Salzen der Kohlensäure*, den *Carbonaten*, durch Einwirkung von *Säuren* in Freiheit (z. B. Zersetzung von Kalkstein oder Marmor $CaCO_3$ durch Salzsäure im Kippschen Apparat):

$$CaCO_3 + 2HCl \rightarrow CaCl_2 + H_2O + CO_2.$$

Physikalische Eigenschaften. Kohlendioxid ist ein *farbloses*, nicht brennbares, die Atmung und Verbrennung nicht unterhaltendes Gas von etwas säuerlichem Geruch und Geschmack. Sein Litergewicht (1.9768 g bei 0 °C und 1 atm) ist etwa anderthalb mal so groß wie das der Luft.

Daher kann man z. B. CO_2-Gas wie eine Flüssigkeit aus einem Becherglas in ein kleineres Becherglas „umgießen" und hierbei etwa eine in letzterem brennende Kerze auslöschen. Wegen seiner hohen Dichte sammelt sich CO_2 weiterhin dort, wo es entweicht (z. B. in Gärkellern, Grotten, Brunnenschächten usw.), am *Boden* an, was wegen der erstickenden Wirkung von Kohlendioxid beachtet werden muß. Bekannt ist die „*Hundsgrotte*" von Neapel, in der z. B. *Hunde* wegen des am Boden entströmenden Kohlendioxids ersticken (am Boden befindet sich eine 50 cm hohe Gasschicht mit etwa 70 % CO_2, 24 % N_2 und 6 % O_2), während *Menschen* dort ungehindert atmen können. Bei den Kohlensäurelöschapparaten macht man von der erstickenden Wirkung des Kohlendioxids zur Löschung von Bränden Gebrauch. Schüttet man z. B. auf ein in einer Wanne brennendes Petroleum-Benzol-Gemisch einen Löffel festen Kohlendioxid, so erlischt die Flamme sofort.

Kohlendioxid läßt sich leicht verflüssigen, da seine kritische Temperatur (31.00 °C) relativ hoch liegt (kritischer Druck 76.262 bar, kritische Dichte 0.464 g/cm^3). So kann man es beispielsweise bei 0 °C schon durch einen Druck von 34.7, bei − 20 °C durch einen Druck von 19.6 und bei − 50 °C durch einen Druck von 6.7 bar zu einer farblosen, leichtbeweglichen Flüssigkeit (d = 1.101 g/cm^3 bei −37 °C) verdichten. Kühlt man flüssiges Kohlendioxid in einem geschlossenen Glasgefäß ab, so erstarrt es zu einer eisähnlichen Masse (d = 1.56 g/cm^3 bei − 79 °C), welche bei − 56.7 °C unter einem Eigendruck von 5.3 bar schmilzt. Bei Atmosphärendruck sublimiert festes Kohlendioxid bei − 78.48 °C, ohne zu schmelzen.

Daß der Schmelzpunkt höher liegt als der Siedepunkt (Sublimationspunkt), hängt damit zusammen, daß sich gemäß Fig. 186 die Dampfdruckkurven des festen und flüssigen CO_2 erst bei 5.3 bar schneiden (Schmelzpunkt), so daß der Druck von 1 Atmosphäre = 1.013 bar (Siedepunkt) schon vorher beim festen CO_2 erreicht wird (Sublimation).

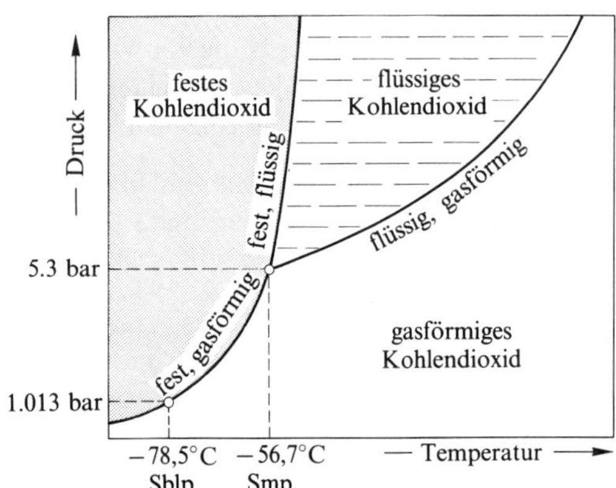

Fig. 186 Zustandsdiagramm des Kohlendioxids (nicht maßstäblich)

Das mit dem Azid-Ion N_3^- isoelektronische lineare CO_2-Molekül (16 Valenzelektronen, vgl. Tab. 46a, S. 355) läßt sich durch folgende Mesomerieformel beschreiben:

$$\left[:\ddot{\underset{..}{O}}-C\equiv O: \leftrightarrow \underset{..}{\ddot{O}}=C=\underset{..}{\ddot{O}} \leftrightarrow :O\equiv C-\ddot{\underset{..}{O}}:\right].$$
(a) (b) (c)

Hierbei haben allerdings die Grenzformeln (a) und (c) nur geringes Gewicht. In Übereinstimmung mit dieser Formel entspricht der CO-Abstand von 1.1632 Å einer kovalenten Doppelbindung (ber. für C—O-Einfachbindung 1.43 Å, für C=O-Doppelbindung 1.23 Å, für C≡O-Dreifachbindung 1.10 Å). Die CO-Dissoziationsenergie beträgt 531.4 kJ/mol.

Kohlendioxid kommt in *verflüssigter* Form in Stahlflaschen – unter einem Druck von 57.5 bar bei 20 °C (d = 0.766 g/cm^3) – in den Handel. Öffnet man das Ventil einer solchen, mit der Öffnung schräg nach unten gerichteten Stahlflasche, so fließt das flüssige Kohlendioxid aus. Die dabei unter starkem Wärmeverbrauch (Verdampfungsenthalpie ΔH_f beim Sblp. =

+ 25.2 kJ/mol) sofort einsetzende Verdunstung eines Teils der Flüssigkeit kühlt den restlichen Teil rasch bis auf den Kondensationspunkt von − 78.5 °C ab, so daß man eine schnee-artige Masse („*Kohlensäureschnee*") erhält. Die sehr hohe Sublimationsenthalpie dieses Schnees (573.2 kJ/kg bei − 78.5 °C) macht ihn – zweckmäßig im Gemisch mit Flüssigkeiten (z.B. Petrolether, Alkohol oder Aceton) – als Kältemittel geeignet. In den Handel kommt festes Kohlendioxid als „*Trockeneis*".

1 Liter Wasser löst bei 20 °C 0.9 Liter, bei 15° 1 Liter und bei 0 °C 1.7 Liter Kohlendioxid von Atmosphärendruck. Mit steigendem Druck nimmt die Löslichkeit zu. So gehen unter 25 bar Druck bei 20 °C 16.3 Liter CO_2 in Lösung. Die entstehende Lösung reagiert schwach sauer (s. unten). Bei 0 °C und 45 bar bildet sich kristallines $CO_2 \cdot 8\,H_2O$.

Kohlendioxid absorbiert gemäß seiner Farblosigkeit nicht im sichtbaren Bereich des Spektrums, wohl aber im Ultrarot. Dies ist für den Wärmehaushalt der Erdoberfläche deshalb bedeutsam, weil die Wärmeabstrahlung des Bodens infolge der Absorption der *ultraroten* Wärmestrahlen durch den CO_2-Gehalt der Atmosphäre verhindert wird, während die *sichtbaren* Sonnenstrahlen ungehindert die Erdoberfläche erreichen können. Vgl. hierzu „*Treibhauseffekt*", S. 527.

Physiologisches. Kohlendioxid, das im Organismus für *Carboxylierungen* benötigt wird, kreist im Körper in verhältnismäßig großen Mengen (in venösem Blut 50–60 Vol.-%; vom Menschen werden täglich ca. 350 l CO_2 ausgeatmet). Es ist in *nicht allzu hohen Konzentrationen ungiftig* (MAK-Wert 9000 mg/m³ ≙ 5000 ppm). Bis zu 5 Vol.-% CO_2 in der Atemluft sowie CO_2 in „Kohlensäurebädern" bzw. in Getränken regen den Kreislauf an („*Hyperventilation*"; starke Durchblutung der Haut). 8–10 Vol.-% CO_2 in der Atemluft rufen Kopfschmerzen, Schwindel, Blutdruckanstieg, Erregungszustände, über 10 Vol.-% Bewußtlosigkeit, Krämpfe, Kreislaufschwäche, über 15 Vol.-% apoplexieähnliche Lähmungen hervor. Noch größere CO_2-Mengen führen rasch zum Tod (Verdrängung des hämoglobingebundenen Sauerstoffs durch CO_2; vgl. S. 1531).

Chemische Eigenschaften. Redox-Verhalten. Kohlendioxid ist eine sehr beständige Verbindung, die erst bei sehr *hohen Temperaturen* (unter Atmosphärendruck bei 1205 °C zu 0.032, bei 2367 °C zu 21.0, bei 2606 °C zu 51.7 und bei 2843 °C zu 76.1 %) in *Kohlenmonoxid* und *Sauerstoff* bzw. bei noch höheren Temperaturen in *Kohlenstoff* und *Sauerstoff* zerfällt:

$$283.17\,\text{kJ} + CO_2 \rightleftarrows CO + \tfrac{1}{2}O_2; \qquad 393.77\,\text{kJ} + CO_2 \rightarrow C + O_2.$$

Dementsprechend ist CO_2 ein sehr schwaches – die Verbrennung und Atmung nicht unterhaltendes – Oxidationsmittel, während umgekehrt CO bzw. C bei hoher Temperatur (Erhöhung der Reaktionsgeschwindigkeit) starke Reduktionsmittel darstellen. Nur *starke Reduktionsmittel* wie Wasserstoff, Koks, Phosphor, Magnesium, Natrium, Kalium können in der Hitze Kohlendioxid zu Kohlenoxid bzw. Kohlenstoff reduzieren. Mischt man etwa Kohlensäureschnee mit der gleichen Masse *Magnesiumpulver* und entzündet das Gemisch, so verbrennt es unter starker Lichterscheinung und Abscheidung von Kohlenstoff: $CO_2 + 2\,Mg \rightarrow C + 2\,MgO + 810.69\,\text{kJ}$. Die bei der Reaktion mit *Wasserstoff* und mit *Koks* sich einstellenden Gleichgewichte:

$$41.19\,\text{kJ} + CO_2 + H_2 \rightleftarrows CO + H_2O(g) \quad \text{und} \quad 172.58\,\text{kJ} + CO_2 + C \rightleftarrows CO + CO$$

spielen als „*Wassergasgleichgewicht*" (S. 864) und „*Boudouard-Gleichgewicht*" (S. 864) bei vielen technischen Prozessen eine Rolle.

Bei der Umsetzung von CO_2 mit Alkalimetallen entstehen gemäß $2\,M + 2\,CO_2 \rightarrow M_2C_2O_4$ Oxalate. Auch beim „*CO_2-Kreislauf*" in der Natur spielen Redox-Prozesse (Assimilation, Atmung), eine Rolle (S. 845). Durch Ozon läßt sich CO_2 zu „*Kohlenstoffperoxid*" CO_3 oxidieren (Bestrahlung einer Lösung von O_3 in flüssigem CO_2): $CO_2 + O_3 \rightarrow CO_3 + O_2$. Das gebildete CO_3 ist im gasförmigen Zustand nicht beständig, sondern zersetzt sich in $CO_2 + O_2$.

Säure-Base-Verhalten. Die *wässerige Lösung* des Kohlendioxids rötet Lackmus schwach, reagiert also *etwas sauer*. Das kommt daher, daß sich Kohlendioxid mit Wasser in geringem

Umfange ($\sim$ 0.2%; $K = c_{CO_2}/c_{H_2CO_3} \approx 600$) zu „*Kohlensäure*“ H_2CO_3 umsetzt:

$$CO_2 + H_2O \rightleftarrows H_2CO_3 \rightleftharpoons H^+ + HCO_3^-. \qquad (1)$$

Diese (als freie Säure nicht isolierbare) **Kohlensäure** H_2CO_3 ist theoretisch eine *mittelstarke Säure*; ihre Dissoziationskonstante $K_1 = c_{H^+} \times c_{HCO_3^-}/c_{H_2CO_3}$ beträgt 1.3×10^{-4} (pK_1 = 3.88). Da aber $\sim$ 99.8% des gelösten Kohlendioxids nicht als H_2CO_3, sondern als hydratisiertes CO_2 vorliegen, wirkt die *Gesamtlösung* als *schwache Säure*. Gewöhnlich pflegt man daher die „*Scheinbare Dissoziationskonstante*“ anzugeben, indem man als undissoziierten Säureanteil die Konzentration $c_{H_2CO_3+CO_2}$ einsetzt. Dann bekommt K_1 den um 3 Zehnerpotenzen kleineren Wert 4.45×10^{-7} (pK_1 = 6.35). $K_2 = c_{H^+} \times c_{CO_3^{2-}}/c_{HCO_3^-}$ beträgt 4.84×10^{-11} (pK_2 = 10.33).

Die Bestimmung des in einer wässerigen Kohlendioxidlösung als H_2CO_3 bzw. $H^+ + HCO_3^-$ vorliegenden Anteils gelingt aufgrund des Umstandes, daß bei Zusatz von Lauge die Säure H_2CO_3 wie alle Säuren *sehr rasch* neutralisiert wird, während die weitere Neutralisation *langsam* erfolgt, da die Wiedereinstellung des gestörten Gleichgewichts (1) Zeit erfordert[37]:

$$CO_2 + H_2O \rightleftarrows H_2CO_3 \ (langsam); \quad H_2CO_3 + OH^- \rightleftarrows HCO_3^- + H_2O \ (rasch).$$

Bei pH-Werten > 8 verläuft die Neutralisation in steigendem Ausmaß auch gemäß:

$$CO_2 + OH^- \rightleftarrows HCO_3^- \ (langsam); \ HCO_3^- + OH^- \rightleftarrows CO_3^{2-} + H_2O \ (rasch).$$

In wasserfreiem Zustande läßt sich die Kohlensäure $CO(OH)_2$ ebensowenig wie die „*Orthokohlensäure*“ $C(OH)_4$ isolieren[38], da beim Entwässern (Verdampfen oder Gefrieren der Lösung) wegen Überschreitung der Löslichkeit das *Anhydrid* CO_2 entweicht:

$$C(OH)_4 \rightarrow CO(OH)_2 + H_2O \rightarrow CO_2 + 2H_2O.$$

Dagegen konnte durch Einwirkung von HCl auf Na_2CO_3 bei $-35\,°C$ in Dimethylether Me_2O ein farbloses, kristallines Etherat $H_2CO_3 \cdot OMe_2$ vom Smp. $-47\,°C$ gewonnen werden, das sich oberhalb $-26\,°C$ in CO_2, H_2O und Me_2O zersetzt. Beständiger als die freie Kohlensäure (a) sind ihre Aminoderivate: die Carbaminsäure (b) und der Harnstoff (c) (vgl. S. 657):

(a) $O{=}C(OH)_2$ (b) $O{=}C(NH_2)(OH)$ (c) $O{=}C(NH_2)_2$

Als *zweibasige* Säure bildet die Kohlensäure zwei Reihen von **Salzen**: *Hydrogencarbonate* („*primäre Carbonate*“; „*saure Carbonate*“; „*Bicarbonate*“) M^IHCO_3 und *Carbonate* („*sekundäre Carbonate*“; „*neutrale Carbonate*“) $M^I_2CO_3$. Alle *Hydrogencarbonate* sind bis auf das Natriumhydrogencarbonat $NaHCO_3$ in Wasser leicht löslich. Von den normalen *Carbonaten* lösen sich nur die Alkalicarbonate leicht, alle übrigen schwer in Wasser, weshalb sich Kohlendioxid leicht nachweisen läßt (z. B. durch Einleiten in $Ba(OH)_2$-Lösung: Ausfällung von $BaCO_3$). Beim Erhitzen gehen die Hydrogencarbonate unter Kohlendioxidabspaltung in normale Carbonate über: $2MHCO_3 \rightleftarrows M_2CO_3 + H_2O + CO_2$; umgekehrt kann man durch Einleiten von Kohlendioxid in wässerige Carbonatlösungen Hydrogencarbonate erhalten (S. 1137, 1182). Ansäuern von Carbonatlösungen führt zu Kohlendioxid-Entwicklung, da die primär in Freiheit gesetzte Kohlensäure H_2CO_3 in $H_2O + CO_2$ zerfällt, so daß bald die Lös-

---

[37] Man kann dies z. B. dadurch demonstrieren, daß man einerseits eine gesättigte wässerige CO_2-Lösung und andererseits eine verdünnte Essigsäure in eine mit Phenolphthalein rot gefärbte verdünnte Natronlauge (Unterschuß) eingießt. Während die Essigsäureneutralisation augenblicklich erfolgt, dauert die Entfärbung im Falle der CO_2-Lösung mehrere Sekunden[31].

[38] Dagegen sind Ester der Ortho- und Metakohlensäure bekannt, z. B. $C(OEt)_4$ (Sdp. 158 °C) und $CO(OEt)_2$ (Sdp. 126 °C). Auch von der „*Dikohlensäure*“ $H_2C_2O_5$, die ebenfalls nicht beständig ist, sind Ester bekannt, z. B. $Et_2C_2O_5$ = (EtO)OC—O—CO(OEt).

lichkeit des Kohlendioxids in Wasser überschritten wird. Bezüglich des reversiblen Übergangs von CO_2 aus der Luft über das Meer in Carbonate vgl. „*CO_2-Kreislauf*“ in der Natur (S. 845).

Das Carbonat-Ion CO_3^{2-} (24 Valenzelektronen, vgl. Tab. 46a auf S. 355) ist eben gebaut mit OCO-Winkeln von 120°:

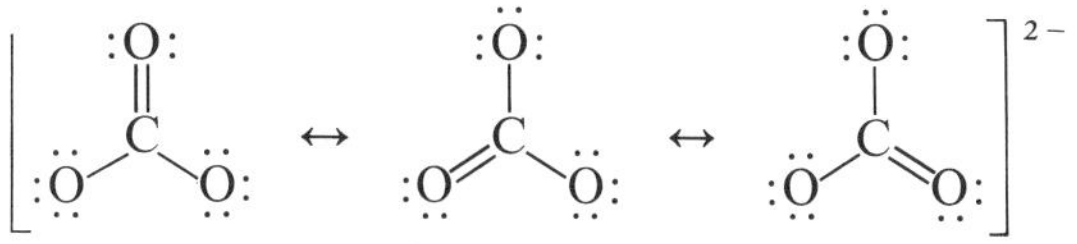

:Ö: ‖ C mit :Ö: und :Ö: ↔ :Ö: | C = :Ö: ... ↔ :Ö: | C ... $]^{2-}$

Der CO-Abtand beträgt 1.30 Å, was erwartungsgemäß einem Zwischenzustand zwischen einfacher (ber. für C—O: 1.43 Å) und doppelter Bindung (ber. für C=O: 1.23 Å) entspricht.

Eine **Peroxokohlensäure** O=C(OH)(OOH) (= H_2CO_4) ist instabil und nur in Form von Salzen („*Peroxocarbonate* CO_4^{2-}) bekannt. Die Elektrolyse konzentrierter Alkalicarbonatlösungen bei hoher Stromdichte und niedrigen Temperaturen führt gemäß $2CO_3^{2-} \rightarrow C_2O_6^{2-} + 2\ominus$ zur anodischen Bildung von „*Peroxodicarbonaten*“ $C_2O_6^{2-}$ (vgl. S. 597 und 786).

Kohlendioxid und Carbonat zeigen nicht nur *Brönsted-*, sondern auch *Lewis-Säure-Base-Verhalten*. So bilden sie etwa **Kohlendioxid-** und **Carbonat-Komplexe**, in welchen CO_2 bzw. CO_3^{2-} als zweizähniger (η^2) Ligand (d, e) und CO_3^{2-} als verbrückender (μ) Ligand (f) wirkt:

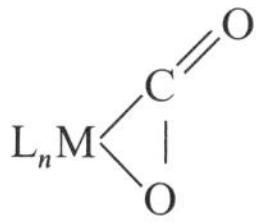

L_nM (C(=O), O) — (z. B. $\{(C_6H_{11})_3P\}_2NiCO_2$) (d)

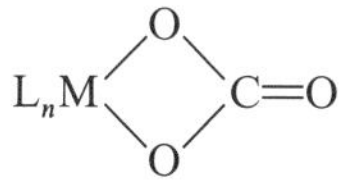

L_nM (O, O) C=O — (z. B. $(Ph_3P)_2NiCO_3 \cdot C_6H_6$) (e)

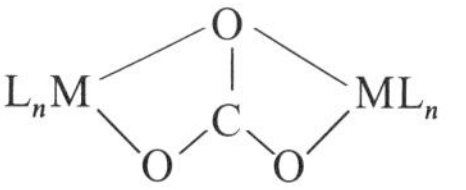

L_nM (O, C, O, O) ML_n — (z. B. $\{Cl(Me_2NC_3H_6NMe_2)Cu\}_2CO_3$) (f)

Häufig reagieren Verbindungen ML_n auch unter Einlagerung von CO_2 in ML-Bindungen; z. B. Bildung von LiOOCR, BrMgOOCR, $R_2AlOOCR$, $(Ph_3P)_3RuH(OOCH)$, $PhB(OOCNHR)_2$, $Me_3SiOOCNR_2$, $Me_3SnOOCNR_2$ aus LiR, BrMgR, R_3Al, $(Ph_3P)_4RuH_2$, $PhB(NHR)_2$, Me_3SiNR_2, Me_3SnNR_2.

Verwendung. Kohlendioxid (Weltjahresproduktion 300 Megatonnenmaßstab) dient als *Schutzgas* (Inertgas) bei chemischen Prozessen und in Feuerlöschgeräten, als *Treibgas* in Sprays und der Schaumstoffherstellung, als *Kühlmittel* in Labor, Reaktoren, Kunststoffindustrie, Kältemaschinen, als *Säure* zur Herstellung erfrischender Getränke und zur Neutralisation alkalischer Abwässer, als *Flüssigkeit* zum Transport von Kohle in Pipelines und zur Hochdruckextraktion von Naturstoffen. Großtechnisch wird es zur Synthese des Düngemittels Harnstoff (S. 657) und von Methanol, cyclischen Carbonaten, Salicylsäure sowie Soda verwendet. In der *Medizin* nutzt man es gegen Herz- und Kreislaufstörungen. Erwähnt sei ferner der zum Schneiden und Schweißen von Stoffen in Technik und Medizin genutzte „*CO_2-Laser*“ (S. 869).

1.4.2 Kohlenstoffmonoxid (Kohlenmonoxid, Kohlenoxid) CO

Darstellung. Im Laboratorium gewinnt man Kohlenoxid als „Anhydrid“ der *Ameisensäure* HCOOH durch Eintropfenlassen letzterer in wasserentziehende konzentrierte *Schwefelsäure* bei über 100 °C:

$$HCOOH \rightarrow H_2O + CO$$

Technisch erzeugt man CO in großem Umfang bei der Umsetzung von Kohlenstoff mit Luft in Form von *Generatorgas* sowie bei der Umsetzung von Kohlenstoff oder Kohlenwasserstoffen mit Wasserdampf in Form von *Synthesegas* (= *Wassergas, Spaltgas*; vgl. Anm.[8)] auf S. 253):

$$2C + \underbrace{O_2/4N_2}_{\text{Luft}} \rightarrow \underbrace{2CO + 4N_2}_{\textit{Generatorgas}}; \qquad C\ (\text{bzw. } CH_4) + H_2O \rightleftarrows \underbrace{CO + H_2}_{\textit{Wassergas}} \quad (\text{bzw. } \underbrace{CO + 3H_2}_{\textit{Spaltgas}})$$

Zur Darstellung von **Generatorgas** („*Luftgas*“; durchschnittliche Zusammensetzung 70 % N_2, 25 % CO, 4 % CO_2 etwas H_2, CH_4, O_2) wird in großen Öfen („*Generatoren*“) Luft von unten her durch eine

1–3 m hohe Koksschicht geleitet[39]. Im unteren Teil der Schicht verbrennt der Kohlenstoff, da hier Luftüberschuß vorhanden ist, unter starker Wärmeentwicklung zu *Kohlendioxid* (1). Hierbei erhitzt sich die Koksschicht auf über 1000 °C. Das gebildete CO_2 setzt sich dann bei dieser hohen Temperatur im darüber liegenden, noch unverbrauchten Teil der Kohlenschicht mit Kohlenstoff zu *Kohlenoxid* im Zuge des „*Boudouard-Gleichgewichts*" um (2), so daß sich bei *Koksüberschuß* und *hohen Temparaturen* insgesamt die Reaktion (3) abspielt:

$$C + O_2 \rightleftarrows CO_2 + 393.77\,\text{kJ} \quad (1)$$
$$172.58\,\text{kJ} + CO_2 + C \rightleftarrows 2CO \quad (2)$$
$$\overline{2C + O_2 \rightleftarrows 2CO + 221.19\,\text{kJ}.} \quad (3)$$

Zur Herstellung von **Wassergas** (durchschnittliche Zusammensetzung 50% H_2, 40% CO, 5% CO_2, 4–5% N_2, etwas CH_4) leitet man *Wasserdampf* über stark erhitzten *Koks*[39]. Dabei erfolgt die endotherme Reaktion (4). Das gebildete *Kohlenmonoxid* kann sich bei niedrigen Temperaturen mit weiterem Wasserdampf zu *Kohlendioxid* gemäß (5) umsetzen („*Kohlenoxid-Konvertierung*"), so daß bei *Wasserdampfüberschuß* und *weniger hohen Temperaturen* neben der Reaktion (4) in Anwesenheit geeigneter Katalysatoren auch als Summe von (4) und (5) die Reaktion (6) stattfinden kann (vgl. S. 255):

$$131.38\,\text{kJ} + C + H_2O\,(g) \rightleftarrows CO + H_2 \quad (4)$$
$$CO + H_2O\,(g) \rightleftarrows CO_2 + H_2 + 41.19\,\text{kJ} \quad (5)$$
$$\overline{90.19\,\text{kJ} + C + 2H_2O\,(g) \rightleftarrows CO_2 + 2H_2.} \quad (6)$$

Das – vom Druck unabhängige – **„Konvertierungsgleichgewicht"** (5), dessen Gleichgewichtskonstante $K = [CO_2][H_2]/[CO][H_2O]$ bei 830 °C den Wert 1.0 besitzt, verschiebt sich mit *steigender Temperatur* nach *links*, da es sich um eine *exotherme* Reaktion handelt. Unterhalb 830 °C ist also das Kohlenoxid, oberhalb 830 °C der Wasserstoff das stärkere Reduktionsmittel. Führt man daher die Umsetzung von Koks mit Wasserdampf bei *verhältnismäßig niedrigen Temperaturen* durch, so erhält man in der Hauptsache *Kohlendioxid* und Wasserstoff, während bei *hohen Temperaturen* (> 1000 °C) *Kohlenoxid* und Wasserstoff entstehen. Die Mengenverhältnisse von Kohlenoxid und Kohlendioxid bei den verschiedenen Temperaturen entsprechen dabei, solange noch überschüssiger Koks vorhanden ist, im Gleichgewichtszustand zugleich dem Boudouard-Gleichgewicht (2), da ja bei Gegenwart von Kohlenstoff selbstverständlich auch dieses Gleichgewicht erfüllt sein muß.

Das **Spaltgas** (Zusammensetzung $CO + nH_2$ mit $n \geqslant 2$) entsteht aus *Kohlenwasserstoffen* (Erdgas, Erdöl) mit *Wasserdampf* in endothermer Reaktion:

$$206.2\,\text{kJ} + CH_4 + H_2O \rightleftarrows CO + 3H_2; \quad 151.0\,\text{kJ} + \text{—}CH_2\text{—} + H_2O \rightleftarrows CO + 2H_2.$$

Bezüglich Einzelheiten des Verfahrens vgl. S. 255, bezüglich der Gleichgewichtslagen beider Reaktionen das beim Wassergas Gesagte.

Auch durch *Komproportionierung* von Kohlenstoff und Kohlendioxid nach der weiter oben bereits erwähnten Reaktion (2):

$$C + CO_2 \rightleftarrows 2CO \quad (2)$$

läßt sich Kohlenmonoxid gewinnen. Sie führt bei jeder Temperatur zu einem bestimmten *Gleichgewicht*, das unter dem Namen **„Boudouard-Gleichgewicht"** bekannt ist, da es 1905 von dem französischen Chemiker O. L. Boudouard (1872–1923) erforscht wurde. Und zwar verschiebt sich das Gleichgewicht, da es sich um eine *endotherme* und mit *Volumenvermehrung* verbundene Reaktion handelt, mit *steigender Temperatur* und *fallendem Druck* nach *rechts* und umgekehrt (vgl. die Fig. 187)[39a]. Bei 400 °C liegt es praktisch ganz auf der Seite des *Kohlendioxids* und bei 1000 °C praktisch ganz auf der Seite des *Kohlenmonoxids*. Dementsprechend erhält man bei der Umsetzung von *überschüssigem Koks* mit *Luft* (oder Metalloxiden) bei *tiefen Temperaturen* vorwiegend CO_2 bei *hohen Temperaturen* vorwiegend CO. Bei *Zimmertemperatur* ist die Reaktionsgeschwindigkeit allerdings bereits so gering, daß das

[39] 1 kg Koks liefert etwa 6 m³ Generator- bzw. 4 m³ Wassergas.

[39a] Der Zunahme der Gasmolekülanzahl im Zuge der Reaktion (2) entspricht einer Zunahme der Entropie (ΔS = positiv). Damit muß die freie Reaktionsenthalpie $\Delta G = \Delta H - T\Delta S$ bei ausreichend hohen Temperaturen negativ, Reaktion (2) also ein freiwillig ablaufender Prozess werden.

Kohlenoxid – obwohl es sich nach der Lage des Gleichgewichts (2) vollkommen in Kohlenstoff und Kohlendioxid disproportionieren sollte – als *metastabiler Stoff* vollkommen beständig ist.

Bei Verwendung eines *Luftüberschusses* (völlige Verbrennug des Kohlenstoffs zu Oxiden) wird das Verhältnis von Kohlenoxid zu Kohlendioxid infolge der Abwesenheit von freiem Kohlenstoff naturgemäß nicht mehr durch das *Boudouard-Gleichgewicht* (2), sondern durch das *Dissoziationsgleichgewicht* des Kohlendioxids: 283.17 kJ + $CO_2 \rightleftarrows CO + \frac{1}{2}O_2$ bedingt. Da in diesem Falle das Gleichgewicht auch bei hohen Temperaturen noch weitgehend auf der *linken Seite* liegt, erhält man hier auch *bei hohen Temperaturen* praktisch nur CO_2.

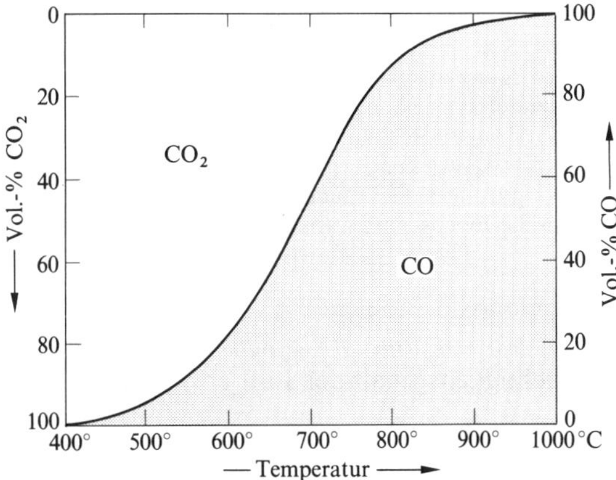

Fig. 187 Volumenprozente Kohlenoxid und Kohlendioxid im Boudouard-Gleichgewicht bei 1.013 bar Druck. (Längs der Kurve befinden sich bei den einzelnen Temperaturen die angegebenen Volumenprozente CO_2 und CO bei Gegenwart von C miteinander im Gleichgewicht; in dem mit „CO" bezeichneten Feld bildet sich CO (aus CO_2 und C), in dem mit „CO_2" bezeichneten Feld zerfällt CO (in CO_2 und C) jeweils bis zu dem durch die Kurve bei der betreffenden Temperatur gegebenen Volumenverhältnis CO_2/CO.)

Zur Abtrennung von Kohlenoxid bringt man das CO-haltige Generator-, Wasser- oder Spaltgas unter *Druck* mit einer salzsauren Lösung von Kupfer(I)-chlorid zusammen, wobei dem Gasgemisch das Kohlenoxid entzogen wird (Bildung von $CuCl(CO) \cdot 2H_2O$); bei *vermindertem Druck* gibt die Lösung das CO wieder ab. Auch kann man zunächst Kohlenstoff mit Luft zu *Kohlendioxid* verbrennen (S. 859), dieses von Luftstickstoff befreien und dann gemäß $C + CO_2 \rightleftarrows 2CO$ (Boudouard-Gleichgewicht, s. oben) durch Überleiten über erhitzten *Koks* in reines CO überführen. Entsprechend der vielseitigen Verwendungsmöglichkeiten von Generator- und Synthesegas (s. u.) ist es aber vielfach gar nicht nötig, das Kohlenoxid aus diesem Gase zu isolieren.

Physikalische Eigenschaften. Kohlenoxid ist ein *farb-* und *geruchloses*, die Verbrennung nicht unterhaltendes, aber selbst brennbares, *giftiges Gas*, das entsprechend seiner Molekülmasse ($M_r = 28$) etwa so schwer wie Luft ($M_r \approx 29$) ist. Bei $-191.50\,°C$ wird es flüssig, bei $-205.06\,°C$ fest. Eine Verflüssigung bei gewöhnlicher Temperatur ist auch durch noch so hohen Druck nicht möglich, da seine kritische Temperatur bei $-140.21\,°C$ liegt (kritischer Druck: 34.979 bar; kritische Dichte: 0.3010 g/cm^3). Obwohl CO das Anhydrid der Ameisensäure HCOOH ist und aus dieser durch Wasserentzug gewonnen werden kann (s. oben), löst es sich nur spärlich in Wasser (0.35 l pro Liter H_2O bei 0 °C). Bezüglich der Löslichkeit in Alkalien s. unten.

Der CO-Abstand von 1.06 Å im *festen* Kohlenmonoxid (isoelektronisch mit :N≡N:) und die hohe Dissoziationsenergie (1077.10 kJ/mol) sprechen in Übereinstimmung mit der Elektronenformel :C≡O: für die Anwesenheit einer Dreifachbindung (ber. 1.10 Å). Im *gasförmigen* CO-Molekül beträgt der CO-Abstand 1.1282 Å. Die CO-Dissoziationsenergie beträgt 1070.3 kJ/mol. Bezüglich eines MO-Schemas für CO vgl. S. 1636.

Physiologisches. Die Giftwirkung von CO (MAK-Wert 33 mg/m^3 ≙ 30 ppm) beruht zur Hauptsache auf der Störung bzw. Unterbindung des *Atmungsprozesses*. In der Lunge bindet das rote Hämoglobin[40)] des Blutes normalerweise den eingeatmeten Luft-Sauerstoff unter Bildung von hellrotem *Disauerstoff-Hämoglobin* („*Oxyhämoglobin*") und gibt ihn an den Stellen geringeren Sauerstoffpartialdruckes (z. B. in den Muskeln an das Myoglobin) wieder ab (vgl. S. 1530):

[40] Von haima (griech.) = Blut. Der Name Globin, von Globus (lat.) = Kugel, bezeichnet eine Gruppe von Eiweißstoffen, die in Form von Kügelchen auftreten.

$$O_2 + \text{Hämoglobin} \rightleftarrows O_2\text{-Hämoglobin}.$$

Befindet sich CO in der Luft, so wird bevorzugt nicht der Sauerstoff, sondern das Kohlenoxid vom Hämoglobin gebunden, da die Affinität des letzteren zu CO etwa 300mal größer als die zu O_2 ist:

$$CO + \text{Hämoglobin} \rightleftarrows \text{CO-Hämoglobin (s. unten)}.$$

Dementsprechend ist Kohlenoxid in der Lage, aus dem O_2-Hämoglobin den Sauerstoff unter Bildung von *Kohlenoxid-Hämoglobin* („*Carboxyhämoglobin*") zu verdrängen:

$$O_2\text{-Hämoglobin} + CO \rightleftarrows \text{CO-Hämoglobin} + O_2.$$

Schüttelt man etwa Blut mit Luft, die 0.1% CO enthält, so werden 50% des Blutfarbstoffs in CO-Hämoglobin umgewandelt; bei einem CO-Gehalt von 0.3% sind es bereits 75%. Fallen aber 60–70% des Hämoglobins infolge CO-Bindung für die O_2-Versorgung aus, so tritt beim Menschen der Tod ein (bei 0.3% CO nach 15 Minuten). Da es sich bei letzterer Umsetzung um eine *umkehrbare* Reaktion handelt, bei der keine Zerstörung des Hämoglobin-Gerüsts erfolgt, kann das CO-Hämoglobin durch Einwirkung eines großen O_2-Überschusses gemäß dem Massenwirkungsgesetz wieder in O_2-Hämoglobin umgewandelt werden. Hiervon macht man bei CO-Vergiftungen Gebrauch (Sauerstoffbeatmung). Bezüglich des Nachweises von CO mit $PdCl_2$ vgl. chemische Eigenschaften (meist wird CO gaschromatographisch oder IR-spektroskopisch nachgewiesen).

Chemische Eigenschaften. Oxidation von Kohlenmonoxid. Kohlenoxid verbrennt an der Luft mit charakteristischer *bläulicher Flamme* und *starker Wärmeentwicklung* zu Kohlendioxid (für die glatte Verbrennung ist ein gewisser Feuchtigkeitsgehalt der Luft erforderlich):

$$CO + \tfrac{1}{2}O_2 \rightarrow CO_2 + 283.17\,\text{kJ}.$$

Außer mit *Sauerstoff* vereinigt sich CO in der Hitze auch mit vielen anderen Nichtmetallen, so z.B. mit *Schwefel* (Bildung von Kohlenoxidsulfid COS) oder mit *Chlor* (Bildung von Phosgen $COCl_2$).

Wegen des starken Bestrebens zur *Vereinigung mit Sauerstoff* dient CO in der *Technik* bei erhöhter Temperatur (größere Reaktionsgeschwindigkeit) als *Reduktionsmittel*. Man vergleiche hierzu z.B. den **Hochofenprozeß** (S. 1507). Von großtechnischer Bedeutung ist ferner die Reduktion von Wasser zu Wasserstoff: $CO + H_2O \rightarrow CO_2 + H_2$ (**Kohlenoxid-Konvertierung** mit Fe/Cr- bzw. Co/Mo-Katalysatoren; vgl. S. 253).

Im *Laboratorium* dient die Reduktion von I_2O_5 durch CO zu I_2 bei 170 °C zur *quantitativen Bestimmung* von Kohlenoxid (S. 498), während die bereits bei Raumtemperatur erfolgende Reduktion von Pd^{2+} aus wässerigen Salzlösungen ($Pd^{2+} + H_2O + CO \rightarrow Pd + 2H^+ + CO_2$) und die hierbei durch Metallabscheidung bedingte *Dunkelfärbung* der Lösung (oder eines mit der Lösung getränkten Filterpapier-Streifens) als empfindlicher *qualitativer Nachweis* auf Kohlenmonoxid genutzt wird.

Reduktion von Kohlenmonoxid. Von großer *technischer* Bedeutung ist die Umsetzung von Kohlenoxid mit *Wasserstoff* (Wirkung des Oxids als *Oxidationsmittel*). Leitet man ein Gemisch von CO und H_2 („*Wassergas*", „*Synthesegas*") über geeignete *Katalysatoren*, so entstehen je nach den Versuchsbedingungen (Mischungsverhältnis, Druck, Temperatur, Katalysator) teils *Alkohole*, teils *Kohlenwasserstoffe*[40a, b, c].

[40a] Bei gleichzeitiger Anwesenheit von 1-Alkenen bilden sich bei 300 bar unter Verwendung von $Co_2(CO)_8$ als Katalysator bei 120–180 °C Aldehyde (**Oxosynthese**; vgl. S. 1561).

[40b] Der **Bildungsmechanismus** der *Alkohole* $C_nH_{2n+1}OH$ sowie *Kohlenwasserstoffe* C_nH_{2n+2} bzw. C_nH_{2n} an der Katalysator-Metalloberfläche ist wohl folgender (vgl. NH_3-Synthese aus N_2 und H_2 an der Fe-Oberfläche, S. 649): Reduktion von adsorbiertem CO durch adsorbierte H-Atome und reduktive Ablösung der an der Oberfläche gebundenen Produkte: $[M] + CO \rightarrow [MCO] \rightarrow [MCHO] \rightarrow [MCH_3] \rightarrow [M] + CH_4$; $[MCHO] \rightarrow [MOCH_3] \rightarrow CH_3OH$. Einschiebung von CO in MC-Bindungen mit anschließender Reduktion der gebundenen Teilchen und erneuter CO-Insertion usf.: $[MCH_3] \rightarrow [MCOCH_3] \rightarrow [MCH_2CH_3] \rightarrow\rightarrow\rightarrow [MC_nH_{2n+1}]$ ($\rightarrow C_nH_{2n}, C_nH_{2n+2}$) bzw. $[MCOC_nH_{2n+1}]$ ($\rightarrow C_nH_{2n+1}OH$).

[40c] *Alkali-* und *Erdalkalimetalle* vermögen Kohlenoxid ebenfalls zu *reduzieren*. So entsteht etwa bei der Umsetzung von CO mit Natrium in flüssigem Ammoniak gemäß $2Na + 2CO \rightarrow Na_2C_2O_2$ das auch als „*Natriumcarbonyl*" bezeichnete Natriumsalz des Dihydroxyacetylens HO—C≡C—OH. In analoger Weise erhält man bei der Einwirkung von Kalium auf CO bei 80 °C das Kaliumsalz des Hexahydroxybenzols $C_6(OH)_6$.

So erhält man z. B. beim Arbeiten unter *hohem Druck* (300 bar beim „*Hochdruck-*", 100 bar beim heute üblichen „*Niederdruckverfahren*") unter Verwendung von Chromoxid-haltigem Zinkoxid als Katalysator bei 320–380 °C (Hochdruckverf.) bzw. von Zink- und Chromoxid-haltigem Kupferoxid bei 230–280 °C (Niederdruckverf.) nahezu ausschließlich **Methanol**[40b)]:

$$CO + 2H_2 \rightleftarrows CH_3OH\ (\text{fl.}) + 128.20\ \text{kJ},$$

von dem man durch Dehydrierung zum *Formaldehyd* HCHO kommt, der in großer Menge für die Kunststoffherstellung gebraucht wird. Die zur Methanol-Synthese erforderliche Apparatur entspricht weitgehend der Ammoniak-Syntheseapparatur (S. 648).

Bei geringer Abwandlung des Katalysators (Herstellung unter Zusatz von Alkali) entstehen neben dem Methanol in größeren Mengen auch **höhere Alkohole**[40b)]; auch läßt sich die Hydrierung bei Verwendung eines Rh-haltigen Katalysators in Richtung **Glykol** lenken:

$$n\text{CO} + 2n\text{H}_2 \rightarrow \text{C}_n\text{H}_{2n+1}\text{OH} + (n-1)\text{H}_2\text{O}; \qquad 2\text{CO} + 3\text{H}_2 \rightarrow \text{CH}_2\text{OH—CH}_2\text{OH}.$$

Beim Arbeiten unter *geringem Druck* (maximal 50 bar) entstehen unter Verwendung von Eisen-haltigen Katalysatoren bei 220–350 °C sauerstofffreie gesättigte und ungesättigte aliphatische **Kohlenwasserstoffe** C_nH_{2n+2} und C_nH_{2n} („**Fischer-Tropsch-Synthese**")[40b)]:

$$n\text{CO} + (2n+1)\text{H}_2 \rightarrow \text{C}_n\text{H}_{2n+2} + n\text{H}_2\text{O},$$
$$n\text{CO} + \quad 2n\text{H}_2 \rightarrow \text{C}_n\text{H}_{2n} \quad + n\text{H}_2\text{O}.$$

Die Primärprodukte dieser Synthese sind gewöhnlich rund 20 % Methan CH_4, rund 10 % leichte Kohlenwasserstoffe (Propan C_3H_8, Butan C_4H_{10}, Propen C_3H_6, Buten C_4H_8), rund 40 % bis 200 °C siedende Kohlenwasserstoffe („*Benzin*"), rund 20 % bis 320 °C siedende Kohlenwasserstoffe („*Dieselöl*") und rund 10 % feste Kohlenwasserstoffe („*Paraffin*"; bei Verwendung von Ru-haltigen Katalysatoren entsteht bevorzugt Polymethylen $(CH_2)_n$). Durch „*Crackung*", d. h. Zersetzungsdestillation der Reaktionsprodukte kann die Ausbeute an niedermolekularen Treibstoffen weiter verbessert werden. Für $n = 1$ nimmt die Gleichung die Form:

$$CO + 3H_2 \rightleftarrows CH_4 + H_2O\,(g) + 206.24\ \text{kJ}$$

an. Diese Methanbildung verläuft unter dem katalytischen Einfluß von Nickel glatt bei 250–300 °C. In Umkehrung dieser Reaktion läßt sich aus Methan (bzw. aus Kohlenwasserstoffen in Form von Erdgas oder Erdöl) und Wasserdampf Synthesegas erzeugen (vgl. S. 255, 863).

Säure-Base-Verhalten von Kohlenoxid. CO wird als „Anhydrid" der Ameisensäure von Alkalilaugen MOH bei 150–170 °C und 3–4 bar Druck unter Bildung von Alkaliformiaten, den Alkalisalzen der Ameisensäure, aufgenommen:

$$CO + MOH \rightarrow HCOOM.$$

In analoger Weise bilden sich bei Einwirkung von $MOCH_3$ Acetate CH_3COOM.

Recht reaktionsfähig ist Kohlenmonoxid hinsichtlich vieler Verbindungen L_nM niederwertiger Übergangsmetalle M, an die es sich unter Bildung von **Kohlenoxid-Komplexen** („**Metallcarbonylen**") $L_nM(CO)_m$ anzulagern vermag. Derartige Koordinationsverbindungen haben wir bereits bei der Abtrennung von CO aus Generator- und Wassergas im *Kupfercarbonyl* $[(H_2O)_2ClCuCO]$ und im Zusammenhang mit der Giftwirkung von CO im *Carboxyhämoglobin*, einem Eisenkomplex des Kohlenoxids, kennengelernt. Mit Metallzentren ist CO dabei in der Regel als *einzähniger, endständiger* (η^1) Ligand über den Kohlenstoff *nicht-verbrückend* (μ_1), *zweifach-verbrückend* (μ_2; symmetrisch oder asymmetrisch) sowie *dreifach-verbrückend* (μ_3) verknüpft (vgl. a, b, c). Weniger häufig wirkt CO als *zweizähniger* Ligand, wobei das n-Elektronenpaar des Kohlenstoffs sowie ein π-Elektronenpaar (häufigerer Fall, z. B. (d)) bzw. ein n-Elektronenpaar des Sauerstoffs (z. B. $(\eta^5\text{-}C_5H_5)(CO)_2W{-}C{\equiv}O{-}AlPh_3$) als Koordinationsstellen fungieren. (Näheres zum Bindungsmechanismus und über weitere Verbindungsbeispiele siehe S. 1629.)

$O{\equiv}C{-}ML_n$	$L_nM(\mu{-}CO)ML_n$	$L_nM(\mu_3{-}CO)(ML_n)ML_n$	$L_nM{-}C{\equiv}O \cdots ML_n$
(z. B. $Ni(CO)_4$, ClCuCO, CO-Hämoglobin)	(z. B. $Fe_2(CO)_9$ = $(CO)_3Fe(CO)_3Fe(CO)_3$)	(z. B. $Rh_6(CO)_{16}$ = $[(CO)_2Rh]_6(CO)_4$)	(z. B. $\{L(CO)_2Mn\}_2CO$; L = μ-$Ph_2PCH_2PPh_2$)
(a)	(b)	(c)	(d)

Im Komplex $H_3B{-}C{\equiv}O$ ist Kohlenmonoxid ausnahmsweise mit einem Hauptgruppenelement verknüpft. Ähnlich wie CO_2 vermag sich auch CO in ML-Bindungen von Verbindungen ML_n einzuschieben, z. B. $CH_3Mn(CO)_5 + CO \rightarrow CH_3C(O)Mn(CO)_5$; $3BR_3 + 3CO \rightarrow [{-}R_3CB{-}O{-}]_3$.

Verwendung. Kohlenmonoxid dient als *Brenngas*, zur *Reduktion* von Erzen, zur *Wasserstoffgewinnung* aus Wasser (Kohlenoxid-Konvertierung), darüber hinaus zur Synthese von Methanol, Kohlenwasserstoffen (Fischer-Tropsch-Verfahren), Carbonsäuren und Estern (Oxosynthese, Hydroformylierung), aromatischen Aldehyden, reinsten Metallen (durch Zersetzung von Metallcarbonylen, gewinnbar aus Metallkomplexen und CO).

1.4.3 Laser und Anwendungen[41]

Gasförmiges *Kohlendioxid* CO_2 läßt sich, wie auf S. 863 angedeutet wurde, zum *Betrieb eines* **Lasers** nutzen. In analoger Weise können viele andere chemische Stoffe wie etwa die in Fig. 189 wiedergegebenen Elemente und Verbindungen als aktives „*Lasermedium*" dienen. Wegen der *großen Bedeutung* der Laser-Technik u. a. für die Werksstoffbearbeitung, Medizin, Meßtechnik, Datenübertragung oder Informationstechnik sei nachfolgend kurz auf *Funktionsweisen* und *Anwendungsbereiche* der Laser eingegangen.

Allgemeines. Ein *Laser* stellt einen *Energieumwandler* dar, der *niederwertige* (ungeordnete, entropiereiche) eingespeiste *thermische, optische, elektrische* oder *chemische Energie* in *hochwertige* (wohlgeordnete, entropiearme) *Strahlungsenergie* hoher Dichte umwandelt (engl. **l**ight **a**mplification by **s**timulated **e**mission of **r**adiation; Abkürzung: „Laser")[42].

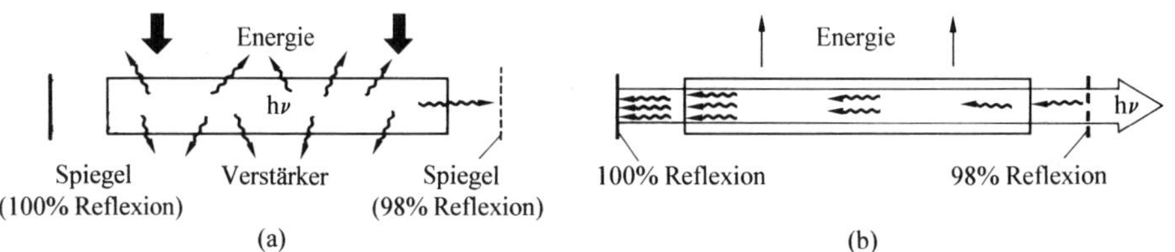

Fig. 188 Aufbau und Wirkungsweise eines Lasers: (a) Spontane Lichtemission. (b) Stimulierte Lichtemission (die durch die Spiegel reflektierten, gem. (a) gebildeten Photonen werden verstärkt).

[41] **Literatur.** W. J. Jones: „*Lasers*", Quart. Rev. **23** (1969) 73–57; U. Schindewolf: „*Der Laser und seine Anwendungen in der Chemie*", Chemie in unserer Zeit **6** (1972) 17–26; K. L. Kompa: „*Chemical Lasers*", Topics Curr. Chem. **37** (1973) 1–92; A. Beu-Shaul, Y. Haas, K. L. Kompa, R. D. Levine: „*Lasers and Chemical Change*", Springer, Berlin, Heidelberg, New York 1981; W. Brunner, K. Junge: „*Lasertechnik – Eine Einführung*", Hüthig, Heidelberg 1982; K. Kleinermanns, J. Wolfram: „*Laser in der Chemie – wo stehen wir heute?*", Angew. Chem. **94** (1987) 38–58; Int. Ed. **26** (1987) 38; F. Kneubühl, M. Sigrist: „*Laser*", Teubner, Stuttgart 1988; A. Müller: „*Laser in der Chemie*", Chemie in unserer Zeit **24** (1990) 280–291; ULLMANN (5. Aufl.): „*Lasers*", **A15** (1990) 165–181.

[42] **Geschichtliches.** Die Idee des Lasers ist alt. Bereits 1917 findet sich in einer Arbeit von Albert Einstein über die *Natur der elektromagnetischen Strahlung* eine Beschreibung der drei relevanten optischen Übergänge zwischen atomaren bzw. molekularen Energieniveaus: „*Absorption*", „*Spontane Emission*", „*Stimulierte Emission*" (vgl. Anm.[43]). Die für das Laserphänomen verantwortliche stimulierte Emission wurde erstmals von Ch. H. Townes (Nobelpreis 1964) im Jahre 1954 in Form eines **Masers** („*Ammoniak-Maser*") zur *Verstärkung von Mikrowellen* eingesetzt (**mic**rowave **a**mplification by **s**timulated **e**mission of **r**adiation) und von T. Mainman im Jahre 1960 in Form eines **Lasers** („*Rubin-Laser*"; erster „*Festkörper-Laser*") zur *Verstärkung von sichtbarem Licht* praktisch genutzt. In der Folgezeit entwickelten u. a. A. Javan, W. Bennett, D. Herriot 1961 den ersten „*Gas-Laser*" (He/Ne-Laser), R. Hall 1962 den ersten „*Halbleiter-Laser*" (Dioden-Laser), J. V. V. Kasper, G. C. Pimentel 1964 und 1965 die ersten „*chemischen Laser*" (Iod- bzw. Wasserstoff/Chlor-Laser). Bezüglich CO_2- und HF-Laser vgl. oben.

Die als „*Lichtverstärkung*" (**stimulierte Emission**)[43)] bezeichnete Energieumwandlung beruht darauf, daß im Laser *angeregte Atome, Ionen* oder *Moleküle* M* in sehr *hoher Konzentration* durch ein *spontan gebildetes*[43)], den Laser mit Lichtgeschwindigkeit durchlaufendes Photon (vgl. Fig. 188a) zur (praktisch) *gleichzeitigen Abgabe von Photonen* veranlaßt werden, wobei die zusätzlich gebildeten Photonen in ihrer Energie, Ausbreitungsrichtung sowie Phase mit dem einlaufenden Photon übereinstimmen („*kohärente Strahlung*") und ihrerseits die Abgabe weiterer Photonen auslösen können (vgl. Fig. 188b):

$$h\nu + nM^* \rightarrow (n+1)\,h\nu + n\,M.$$

Um die im Lasermedium gespeicherte Energie vollständig zu gewinnen, ist es in der Regel erforderlich, daß die gebildeten Photonen dieses Medium mehrmals durchlaufen, ehe sie den Verstärker verlassen. Dies erreicht man durch zwei *Endspiegel* (optische „*Resonatoren*"), von denen einer nicht-, der andere teildurchlässig ist (vgl. Fig. 188b). Die Lichtverstärkung erfolgt naturgemäß nur so lange, wie die Stoffanregung durch gepulste oder stetige Energiezufuhr von außen („*Pumpen*" des Lasers) auftrecht erhalten wird. Demgemäß können Laser, deren wichtigste Typen in Fig. 189 zusammengefaßt sind, sowohl im *Puls*-, als auch im *Dauerbetrieb* arbeiten.

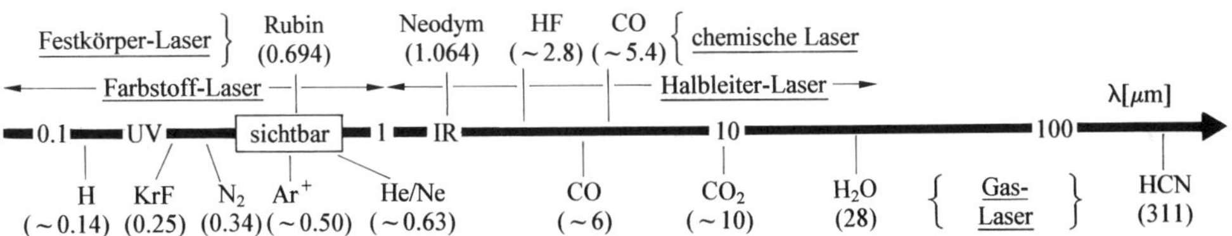

Fig. 189 Wichtige Laser und Lasertypen (1 μm ≙ 1.25 eV; in Klammern jeweils Laseremission in μm; mittlerer Wert bei mehreren Emissionen)[43a)].

Als Beispiele für Laser sollen nachfolgend der *Kohlendioxid*-, der *Rubin*- und der *Fluorwasserstoff-Laser* stellvertretend für „*Gas*-", „*Festkörper*-" und „*chemische Laser*" eingehender besprochen werden. Bezüglich weiterer, mit Leistungen im Bereich 10^{-6} bis 10^{12} Watt arbeitender Lasertypen vgl. Fig. 189 und Anm.[43a)].

Kohlendioxd-Laser. Die *Funktion* des von C.K.N. Patel 1963 entdeckten[42)] *CO_2-Lasers* beruht darauf, daß bei *elektrischer Entladung* von CO_2-Gas durch Elektronenstoß eine Überbesetzung des vergleichsweise langlebigen Zustands der asymmetrischen Valenzschwingung (001) gegenüber dem Zustand der

43 Wie auf S. 107 ausgeführt, wird ein chemischer Stoff durch **Absorption** von elektromagnetischer Strahlung in Form von *Photonen* geeigneter Energie in einen rotations-, schwingungs- oder elektronisch-*angeregten Zustand* übergeführt. Letzterer, auch durch Einwirkung thermischer, elektrischer oder chemischer Energie erreichbare Zustand kann ohne äußere Energieeinwirkung unter **spontaner Emission** eines Photons in irgendeine Raumrichtung nach 10^{-9} s („*Fluoreszenz*") bis 10^{-4} s und länger („*Phosphoreszenz*") in den Grundzustand oder einen anderen energieärmeren Zustand „zurückfallen" (vgl. Glühlampen, Gasentladungslampen). Das emittierte Photon vermag seinerseits eine **stimulierte Emission** (s. o.) auszulösen. Damit die Wahrscheinlichkeit für die stimulierte Emission größer als die für die spontane Emission ist (zunehmend schwerer für zunehmend kurzwelligeres Licht erreichbar), muß der angeregte Zustand deutlich stärker als der weniger oder nicht angeregte Zustand „besetzt" sein („*Populationsinversion*").

43a **Excimer-** und **Exciplex-Laser** (Untergruppe der Gas-Laser): Durch Gasentladung werden aus Teilchen A oder A + B Moleküle AA* bzw. AB* erzeugt, die nur im angeregten Zustand existieren (excimer von engl. *exc*ited dim*er* = angeregtes Dimeres; exciplex von engl. *exc*ited com*plex* = angeregter Komplex). Der Übergang AA* bzw. AB* → A + A + hν bzw. A + B + hν ist stimulierbar (stimulierte UV-Emissionen für $(F_2)_2^*$/ArF*/KrCl*/KrF*/XeCl*/XeF* = 0.157/0.193/0.222/0.248/0.308/0.351 μm). – **Edelgasionen-Laser** (Untergruppe der Gas-Laser): Bildung angereger Edelgasionen durch Gasentladung. Stimulierte Emissionen für Edelgasion* → Edelgasion + hν im sichtbaren und UV-Bereich. – **Helium-Neon-Laser** (Untergruppe der Gas-Laser): Die stimulierten Emissionen stammen von angeregtem Neon (Ne* → Ne + hν), das durch gasentladungsangeregtes Helium über einen Energietransfer (He* + Ne → He + Ne*) gebildet wird. – **Farbstoff-Laser**: Gelöste organische Farbstoffe werden durch Bestrahlung mit UV- oder Laserlicht in angeregte Singulett-Zustände übergeführt, die durch stimulierte Emission in den elektronischen Grundzustand zurückkehren. – **Halbleiter-Laser** („*Dioden-Laser*"): Die Funktion beruht auf einer stimulierten Emission von Photonen im Zuge der durch elektrischen Strom erzeugten Elektronen-Loch-Paare in np-Halbleiterdioden.

symmetrischen Valenzschwingung (100) und dem des ersten Obertons der Deformationsschwingung (020) auftritt (vgl. Fig. 190). Die durch stimulierte Emissionen („*Laserübergänge*") erreichbaren Zustände 100 und 020 (IR-Licht der Wellenlängen 10.6 bzw. 9.6 μm) werden durch spontane Strahlung oder Relaxation über den Zustand 010 der Deformationsschwingung rasch abgebaut. Durch stoßinduzierte Energieübertragung mit beigemischtem Stickstoff kann die Überbesetzung des 001-Zustands zudem noch erhöht werden. Das N_2-Molekül wird nämlich unter den Bedingungen der elektrischen Entladung selbst schwingungsangeregt und kann so (da es als Molekül mit Inversionszentrum nicht unter Abstrahlung in den Grundzustand übergehen darf) als Energiespeicher dienen, der den CO_2-Schwingungszustand 001 durch Energietransfer „auffüllt". In ähnlicher Weise wie der CO_2-Laser funktionieren andere „*Gas-Laser*" (vgl. Fig. 189).

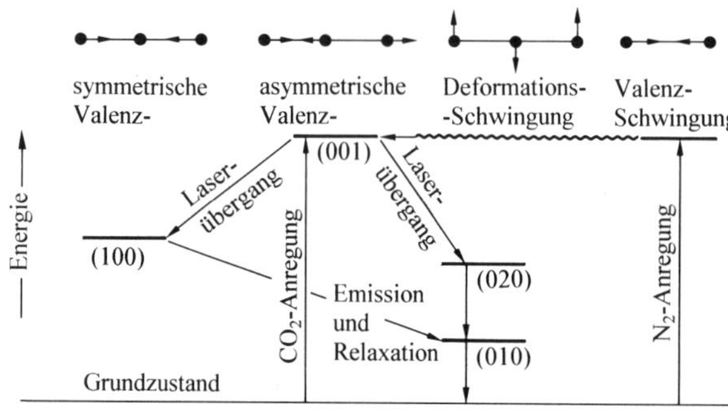

Fig. 190 Veranschaulichung der Laserwirkung von CO_2-Gas (nicht maßstabsgerecht) sowie der Energiespeicherwirkung von N_2-Gas (●–●–● = CO_2; ●–● = N_2).

Rubin-Laser. Die *Funktion* des von T. Mainmann 1960 entdeckten *Rubinlasers* (Rubin = Korund Al_2O_3, in welchem rund 0.05 Gew.-% Al^{3+} durch Cr^{3+} ersetzt sind; vgl. S. 1451) beruht darauf, daß Cr^{3+}-Ionen ($^4A_{2g}$-Grundzustand im oktaedrischen Feld von sechs O^{2-}-Ionen) bei Bestrahlung mit *blauem* bzw. *grünem Pumplicht* (Wellenlängen um 0.40 bzw. 0.55 μm) in den angeregten $^4F_1$- bzw. $^4F_2$-Zustand übergehen (bezüglich der Zustandssymbole vgl. S. 99f und Anm.[66] auf S. 1267). Beide Zustände wandeln sich rasch – u.a. durch Abgabe von IR-Quanten – in den *metastabilen*, d.h. langlebigen ^2E_g-Zustand um – der seinerseits durch *stimulierte Emission* („*Laserübergang*") in den $^4A_{2g}$-Grundzustand zurückgeführt werden kann. Man bewerkstelligt das *optische Pumpen* des Rubin-Lasers mit einer Blitzlichtlampe, die um den Rubinstab gewickelt ist, d.h. man arbeitet im Pulsbetrieb. In ähnlicher Weise wie der Rubin-Laser funktioniert der Neodym-Laser, ein weiterer wichtiger „*Festkörper-Laser*". Meist nutzt man den *Nd-YAG-Laser* (Ersatz von ~1% Y^{3+} in **Y**ttrium-**A**luminium-**G**ranat $Y_3Al_5O_{12}$ = YAG durch Nd^{3+}), ferner den *Nd-Glas-Laser* (Nd^{3+} in Silicat- oder Phosphatgläsern als Wirtsmaterial).

Fluorwasserstoff-Laser. Die *Funktion* des von K. Kompa und G.C. Pimentel 1965 entdeckten *Fluorwasserstoff-Lasers* beruht auf der Umsetzung von *Wasserstoffatomen* mit *Fluormolekülen* (oder anderen Fluorverbindungen), die gemäß $H + F_2 \rightarrow HF^* + F$ und $F + H_2 \rightarrow HF^* + H$ zu schwingungsangeregten HF-Molekülen führt (Population der Valenzschwingungsniveaus 0/1/2/3 bei ersterer Reaktion rund 1:2:10:4). Die Besetzungsinversion der Schwingungsniveaus gibt Anlaß zur Abstrahlung von Laserenergie im Wellenlängenbereich 2.7–2.9 μm. Der HF-Laser wird in der Weise betrieben, daß man wasserstoffatomhaltiges Gas (H wird durch Gasentladung erzeugt) und F_2-Gas unabhängig voneinander in den Laserverstärker leitet, wobei es in der Mischzone zur Bildung von HF* kommt. Der – sowohl im Dauer- als auch Pulsbetrieb arbeitende – HF-Laser zählt angesichts seiner hohen Strahlungsausbeute und angesichts der Vorteile einer chemischen Energiespeicherung zu den stärksten bisher bekannten Laserquellen.

Dem HF-Laser analog arbeiten der *HCl-* und *HBr-Laser* (Emissionen 3.0 bzw. 4.3 μm). Als weitere wichtige „*chemische Laser*" seien der *Iod-Laser* (Bildung angeregter Atome I* durch UV-Photodissotiation z.B. von CF_3I; stimulierter Übergang $I^* \rightarrow I + h\nu$) und der *Kohlenoxid-Laser* genannt (Bildung schwingungsangeregter Moleküle CO* u.a. durch Photolyse von CS_2/O_2-Gemischen; $CS_2 \rightarrow CS + S$; $S + O_2 \rightarrow SO + O$; $CS + O \rightarrow CO^* + S$; stimulierter Übergang $CO^* \rightarrow CO + h\nu$).

Anwendungen der Laser. Im Bereich der Materialbearbeitung eignet sich die Lasertechnik zum *Bohren, Fräsen, Schneiden* hochschmelzender Materialien (selbst cm-dicker Stahlplatten) sowie für filigrane Arbeiten auf elektronischen Mikrochips (Einsatz insbesondere von CO_2- und YAG-Lasern). In der Medizin nutzt man Laserstrahlen (Einsatz insbesondere von Festkörperlasern) zum *Schneiden von Gewebe* (u.a. Warzen- oder Melanomentfernung von der Haut; Abtragen von Karzinomen im gynäkologischen sowie Hals-, Nasen-, Ohren-, Magen-

und Darmbereich; Rekanalisierung von Arterien) und zum *Verschweißen von Gewebe* (u. a. Fixierung der Augennetzhaut, Verschließen von Blutadern). Des weiteren nutzt man Laser in der Meßtechnik (Einsatz insbesondere von kleinen Gas- und Festkörperlasern, z. B. He/Ne-Lasern) und zwar im *Baugewerbe* (u. a. Ausrichten, Entfernungsmessungen), in *Flugzeugen* (u. a. Messung von Drehbewegungen), in der *Geologie* (u. a. Messung der Drift von Erdkrustenschollen, der Höhe von Bergen, der Tiefe des Meeres), in der *Astronomie* (u. a. Bestimmung von Planetenabständen) und der *Kristallographie* (Bestimmung von Gitterabständen). Auch beim Militär bedient man sich der Lasertechnik (z. B. Steuerung von Bomben oder Raketen entlang eines auf ein Objekt gerichteten Laserstrahls). Wichtig ist schließlich der Einsatz von Lasern in der Datenübertragung (Lichtleitfasern erlauben eine Übertragung von mehr Daten pro Zeiteinheit als herkömmliche Kupferkabel) und der Informationstechnik (Ablesen der CD-Platten oder des Strichmusters auf Verkaufsartikeln). In beiden Fällen setzt man bevorzugt Diodenlaser ein. Besonders interessant erscheint die Verwendung von Lasern als Energiequelle in der Chemie (Einsatz insbesondere von Exciplex- und Festkörperlasern). Die geringe Entropie von Laserlicht läßt erwarten, daß laserinduzierte chemische Reaktionen zu Produkten führen könnten, deren Bildung mit einem geringen Entropieumsatz verbunden ist. Diesbezügliche Studien stellen derzeit eine große Herausforderung der Laserchemie dar.

1.5 Schwefelverbindungen des Kohlenstoffs[1,44)]

Kohlenstoff bildet mit Schwefel **Sulfide** der Zusammensetzung $\mathbf{CS_2}$, **CS** und $\mathbf{C_3S_2}$ (vgl. die Kohlenoxide entsprechender Zusammensetzung)[45)]. Darüber hinaus sind die Sulfide $\mathbf{C_4S_6}$ und $\mathbf{C_9S_9}$ sowie polymere Sulfide $\mathbf{(CS_n)_x}$ bekannt. Das bei weitem wichtigste Sulfid ist:

Kohlenstoffdisulfid $\mathbf{CS_2}$ („*Schwefelkohlenstoff*"). Zum Unterschied von gasförmigem, exothermem, feuerlöschendem, ungiftigem Kohlendioxid CO_2 ist es flüssig, endotherm, feuergefährlich und giftig. Darstellung. CS_2 wurde früher (bis ca. 1955) durch Überleiten von Schwefeldampf über Holzkohle oder Koks bei 750–1000 °C gewonnen. Heute stellt man es *technisch* aus *Erdgas* und *Schwefel* bei ca. 600 °C in Anwesenheit von Katalysatoren (Kieselgel, Al_2O_3) dar:

$$CH_4 + \tfrac{1}{2}S_8 \rightarrow CS_2 + 2H_2S.$$

Physikalische Eigenschaften. Schwefelkohlenstoff S=C=S (linearer Bau; Smp. −111.6 °C; Sdp. +46.25 °C; $d = 1.263$ g/cm³; ΔH_f (g) = +117.4 kJ/mol)[45)] riecht in reinem Zustande *etherisch*, wegen beigemengter Verunreinigungen gewöhnlich aber *widerwärtig*. Physiologisch wirkt CS_2 auf das Nervensystem *stark toxisch* (MAK-Wert 30 mg/m³ ≙ 10 ppm); fortgesetzte CS_2-Aufnahme durch die Haut oder durch Atmung führt zu Lähmungen, Muskelschwund, Krämpfen, Sehstörungen, Kopfschmerzen und schließlich zu tödlichen Lähmungen des Zentralnervensystems.

Chemische Eigenschaften. *Lichteinwirkung* löst eine Zersetzung von CS_2 aus, verbunden mit einer Gelbfärbung und dem Auftreten eines unangenehmen Geruchs. Bei hohen *Drücken*

---

44 **Literatur.** Kohlenstoffdisulfid. ULLMANN (5. Aufl.): „*Carbondisulfide*", **A5** (1986) 185–195; D. Coucouvanis: „*The Chemistry of the Dithioacid and 1,1-Dithiolate Complexes*", Progr. Inorg. Chem. **11** (1970) 233–371; R. Eisenberg: „*Structural Systematics of 1,1- and 1,2-Dithiolate Chelates*", Progr. Inorg. Chem. **12** (1971) 295–369; M. Dräger, G. Gattow: „*Chalkogenkohlensäuren und ihre Anionen*", Angew. Chem. **80** (1968) 954–965; Int Ed. **7** (1968) 868. Kohlenstoffmonosulfid. E. K. Moltzen, K. J. Klabunde: „*Carbonmonosulfide: A Review*", Chem. Rev. **88** (1988) 391–406; K. J. Klabunde, E. Moltzen, K. Voska: „*Carbon Monosulfide Chemistry. Reactivity and Polymerization Studies*", Phosphorus, Sulfur and Silica **43** (1989) 47–61; I. S. Butler: „*Transition-Metal Thiocarbonyls and Selenocarbonyl*", Acc. Chem. Res. **10** (1977) 359–365; P. V. Janeff: „*Thiocarbonyl and Related Complexes of the Transition Metals*", Coord. Chem. Rev. **23** (1977) 183–221.

45 Man kennt auch **Selenide** und **Telluride** des Kohlenstoffs: CSe_2 (*gelbe* Flüssigkeit; Smp. −42 °C, Sdp. 125 °C), COSe (Smp. −124.4 °C, Sdp. −21.7 °C), CSSe (Smp. −85 °C, Sdp. +84.5 °C), CSTe (Smp. −54 °C, Zers.); CTe_2 und COTe sind unbekannt. Das gasförmige **Kohlenoxidsulfid COS** nimmt eine Mittelstellung zwischen CO_2 und CS_2 ein (Smp. −138.5 °C, Sdp. −50.2 °C, ΔH_f = −142.2 kJ/mol).

geht es in ein *schwarzes polymeres* $(CS_2)_n$ über. An Luft *verbrennt* CS_2 mit „kühler", Papier nur langsam verkohlender Flamme (die Selbstentzündung erfolgt bereits um 100 °C, z. B. an heißen Dampfrohren), mit *Wasser* setzt sich CS_2 erst ab 200 °C zu COS[45], bei höheren Temperaturen auch zu CO_2 um:

$$CS_2 + 3O_2 \rightarrow CO_2 + 2SO_2; \quad CS_2 + 2H_2O \rightarrow CO_2 + 2H_2S.$$

In entsprechender Weise wird CS_2 von *Halogenen* oxidiert bzw. von *Laugen* hydrolysiert (s. unten).

Schwefelkohlenstoff ist hinsichtlich der Bildung von **Kohlenstoffdisulfid-Komplexen** wesentlich reaktiver als Kohlendioxid. Hierbei weisen CS_2- und CO_2-Komplexe ähnliche Strukturen auf; z. B. ist $(Ph_3P)_2PtCS_2$ analog $(R_3P)_2PtCO_2$ gebaut (vgl. Formel (d) auf S. 863). Auch Einschubreaktionen von CS_2 in Einfachbindungen verlaufen leichter als solche von CO_2.

Zum Unterschied von Kohlensäure ist eine homologe **Trithiokohlensäure H_2CS_3** (Smp. − 26.9 °C) auch in *freier*, nicht solvatisierter Form als instabiles *rotes* Öl erhältlich. Die Verbindung, eine mittelstarke Säure, läßt sich durch Umsetzen von HCl mit $BaCS_3$ in Wasser bei 0 °C gewinnen[46] und reagiert mit Schwefelchloriden gemäß $H_2CS_3 + S_mCl_2 \rightarrow \frac{1}{x}(CS_n)_x + 2HCl$ unter Bildung *gelber* bis *orangefarbener*, polymerer „*Kohlenstoffpolysulfide*" der Zusammensetzung $(CS_n)_x$ ($n = 4$–9). Die Salze von H_2CS_3, die „*Trithiocarbonate*" CS_3^{2-}, erhält man bequem aus Kohlenstoffdisulfid und Sulfid: $CS_2 + S^{2-} \rightarrow CS_3^{2-}$. Sie entstehen auch bei der Einwirkung von *wäßrigem Alkali* auf Schwefelkohlenstoff neben Carbonaten: $3CS_2 + 6OH^- \rightarrow CO_3^{2-} + 2CS_3^{2-} + 3H_2O$.

Reaktionszwischenprodukte stellen hierbei „*Dithiocarbonate*" COS_2^{2-} dar, die bei der Umsetzung von CS_2 mit Lauge in Alkoholen ROH in Form der „*Xanthogenate*" CS_2OR^- (Alkyldithiocarbonate) isolierbar sind. Analog S^{2-}, OH^- und OR^- lassen sich an CS_2 auch andere Basen addieren. So bilden sich mit *Amiden* NR_2^- „*Dithiocarbamate*" $CS_2NR_2^-$, mit *Ammoniak* NH_3 über $NH_4^+CS_2NH_2^-$ und $NH_4^+S{=}C{=}N^-$ schließlich bei 160 °C „*Thioharnstoff*" $CS(NH_2)_2$, mit *Phosphanen* PR_3 charakteristisch gefärbte Addukte (das *rote* Et_3P-Addukt dient als empfindlicher CS_2-Nachweis):

$S{=}C(O^-)(S^-)$	$S{=}C(OR)(S^-)$	$S{=}C(NR_2)(S^-)$	$S{=}C(NH_2)(NH_2)$
Dithiocarbonat	*Xanthogenate*	*Dithiocarbamate*	*Thioharnstoff*

Bezüglich der „*Thiocarbonat-Komplexe*" vgl. Lit.[44].

Neben der Trithiokohlensäure existiert eine **Tetrathioperoxokohlensäure H_2CS_4**, die aus $(NH_4)_2CS_4$ mit HCl in Dimethylether bei − 78 °C als freie Säure in Form von *gelben* Nadeln (Smp. − 36.5 °C) darstellbar ist und sich schon bei der Darstellungstemperatur, schneller beim Erwärmen zu H_2S, CS_2 und S_8 zersetzt. Die zugehörigen „*Tetrathioperoxocarbonate*" CS_4^{2-} bilden sich beim Auflösen von S_8 in CS_3^{2-}-Lösungen: $CS_3^{2-} + \frac{1}{8}S_8 \rightarrow CS_4^{2-}$.

Verwendung. Schwefelkohlenstoff (Weltjahresproduktion: Megatonnenmaßstab) dient u. a. als Lösungs- und Extraktionsmittel (z. B. von Ölen aus Preßrückständen), zur Gewinnung von CCl_4 (s. dort), zum Herstellen der Viscose für die Faser- und Folienbereitung, zur Darstellung von Cellophan.

Kohlenstoffmonosulfid CS. Zum Unterschied vom metastabilen, gasförmigen Kohlenmonoxid ist das entsprechende Kohlenstoffmonosulfid CS, das sich aus CS_2 in einer Glimmentladung (0.1 mbar) bildet und bei − 190 °C ausgefroren werden kann, in der Gasphase unbeständig und zerfällt innerhalb einer Minute gemäß: $3CS \rightarrow C_3S_2 + S$ unter Bildung von **Kohlenstoffsubsulfid C_3S_2** (*braunrote* Flüssigkeit, Smp. − 0.5 °C), das dem Kohlensuboxid C_3O_2 (s. oben) entspricht und bei Raumtemperatur langsam polymerisiert. Mit *Chalkogenen* oder *Halogenen* reagiert CS z. B. zu CS_2, CSSe, CSTe, $CSCl_2$, $CSBr_2$. Ähnlich wie von CO kennt man auch von CS „*Metallkomplexe*", in denen Kohlenstoffmonosulfid über Kohlenstoff an ein, zwei oder drei Metallzentren verknüpft ist oder über Kohlenstoff und Schwefel zwei Metallzentren verbrückt (vgl. S. 1655).

---

[46] In analoger Weise ist aus $BaCSe_3$ und HCl in Ether die Säure H_2CSe_3 als *dunkelrotes*, viskoses Öl (Zers. oberhalb − 10 °C) darstellbar.

1.6 Stickstoffverbindungen des Kohlenstoffs[1,47)]

Kohlenstoff bildet *binäre* **Nitride** der Zusammensetzung **CN** („*Cyan*“; nur in der Gasphase bei hohen Temperaturen stabil), **$(CN)_2$** („*Dicyan*“) und **$(CN)_x$** („*Paracyan*“), ferner einige vollständig durch Cyano-Gruppen substituierte Kohlenwasserstoffe, u. a. $C(CN)_4{=}C_5N_4$, $(NC)_2C{=}C(CN)_2{=}C_6N_4$, $NC{-}C{\equiv}C{-}CN = C_4N_2$. Darüber hinaus existieren eine Reihe wichtiger *Cyan-Verbindungen* XCN (X z. B. H, Organyl, Halogen, HO, HS, HSe, H_2N)[48)]. Bezüglich *Carbaminsäure* $CO(OH)(NH_2)$, *Harnstoff* $CO(NH_2)_2$ und *Biuret* $NH(CONH_2)_2$ vgl. S. 862, 656, bezüglich Thioharnstoff $CS(NH_2)_2$ und Dithiocarbamat $CS_2NR_2^-$ oben, bezüglich *Dicyandiamid* $NC{-}NH{-}C(NH_2){=}NH$ S. 876.

Kohlenstoffnitride $(CN)_n$ (n = 1, 2, x). Das linear gebaute **Dicyan** $N{\equiv}C{-}C{\equiv}N$ („*Cyanogen*“; $D_{\infty h}$-Symmetrie; CN/CC-Abstände 1.15/1.38 Å) wird in der Technik durch *Oxidation* von *Blausäure* HCN mit *Sauerstoff* in Anwesenheit eines Silberkatalysators bzw. mit *Chlor* an aktiviertem Kohlenstoff bzw. mit *Stickstoffdioxid*, im Laboratorium durch Oxidation von *Cyanid* CN mit *Kupfer(II)* in wässeriger Lösung gewonnen:

$$2\,HCN \xrightarrow[-\,H_2O,\ 2\,HCl\ \text{bzw.}\ NO/H_2O]{+\frac{1}{2}O_2,\ Cl_2\ \text{bzw.}\ NO_2} (CN)_2; \qquad 4\,CN^- \xrightarrow[-\,2\,CuCN]{+\,2\,Cu^{2+}} (CN)_2.$$

Das *farblose*, *giftige Gas* (Smp. $-27.9\,°C$; Sdp. $-21.17\,°C$; $\Delta H_f = +297$ kJ/mol; MAK-Wert 22 mg/m^3 ≙ 10 ppm) ist in reinem Zustande bis nahe 800 °C *metastabil.*

In Anwesenheit geringer Mengen an Verunreinigungen polymerisiert es jedoch gewöhnlich bei 300–500 °C zu *dunkelgefärbtem*, festem **Paracyan** („*Polycyan*“) $(CN)_x$, welches seinerseits oberhalb 800 °C unter Depolymerisation in Dicyan, oberhalb 850 °C zunehmend auch in **Cyanradikale** CN zerfällt:

$$2n\,CN \underset{>850\,°C}{\overset{<850\,°C}{\rightleftarrows}} n\,N{\equiv}C{-}C{\equiv}N \underset{>800\,°C}{\overset{300-500\,°C}{\rightleftarrows}}$$

N N N N
C C C C
C C C C
N N N N

Dicyan verbrennt in *Sauerstoff* unter starker Wärmeentwicklung zu CO_2 und N_2 (es können Temperaturen bis zu 4800 °C erreicht werden). Kräftige *Reduktionsmittel* (z. B. Pd/H_2) führen es in CH_3NH_2 über. Als „*Pseudohalogen*“ (vgl. S. 668) disproportioniert $(CN)_2$ analog Chlor in *alkalischer Lösung* (Bildung von Cyanid CN^- und Cyanat OCN^-):

$$(CN)_2 + 2\,OH^- \rightarrow CN^- + OCN^- + H_2O$$

($\varepsilon_0 = +0.37$ V für $(CN)_2 + 2\,H^+ + 2\ominus \rightleftarrows 2\,HCN$; $\varepsilon_0 = -0.65$ V für $(CN)_2 + 2\,H_2O \rightarrow 2\,HOCN + 2\,H^+ + 2\ominus$). In *Wasser* zersetzt es sich nur äußerst langsam (Bildung von Blausäure HCN, Isocyansäure HNCO, Harnstoff $CO(NH_2)_2$, Oxalsäurebis(amid) $[CO(NH_2)]_2$).

Um 71.2 bzw. 272 kJ energiereicher als Dicyan sind dessen Isomere, das **Cyanisocyan** bzw. das **Diisocyan**:

:N≡C—C≡N:	:N≡C—N≡C:	:C≡N—N≡C:
Dicyan	*Cyanisocyan*	*Diisocyan*

Sie lassen sich in der Gasphase als reaktive Zwischenprodukte geeigneter Eliminierungsreaktionen spektroskopisch nachweisen und polymerisieren in der kondensierten Phase (Cyanisocyan ist unterhalb $-30\,°C$, Diisocyan bei $-260\,°C$ metastabil).

Hydrogencyane[48)]. Wie die Schweflige Säure (S. 579) kommt auch der Cyanwasserstoff in zwei tautomeren, miteinander im Gleichgewicht stehenden Formen vor: **Blausäure** oder **Cyanwasserstoff HCN** und **Iso-**

[47] **Literatur.** ULLMANN. (5. Aufl.): „*Cyanamides*“, „*Cyanates*“, „*Cyano Compounds*“, „*Cyanuric Acid and Cyanuric Chloride*“, **A 8** (1987) 139–156, 157–158, 159–190, 191–200; A. G. Sharp: „*The Chemistry of Cyano Complexes of the Transition Metals*“, Acad. Press, London 1976; L. Malatesta, F. Bonati: „*Isocyanid Complexes of Metals*“, London 1969; A. H. Norbury: „*Coordination Chemistry of the Cyanate, Thiocyanate, and Selenocyanate Ions*“, Adv. Inorg. Radiochem. **17** (1975) 231–386; A. A. Newman: „*Chemistry and Biochemistry of Thiocyanic Acid and its Derivatives*“, Acad. Press, London 1973; M. Winnewisser: „*Interstellare Moleküle und Mikrowellenspektroskopie I*“, Chemie in unserer Zeit **18** (1984) 1–16.

[48] Die Bezeichnungen Cyan, Dicyan, Paracyan für CN, $(CN)_2$, $(CN)_x$ oder Cyanid für CN^-, Blausäure für HCN, Halogencyane für HalCN, Cyanat für OCN^-, Cyanamid für H_2NCN beziehen sich auf die Fähigkeit von CN^-, mit Eisensalzen *tiefblaue* Komplexverbindungen (Berliner-, Turnbulls-Blau, s. dort) zu bilden: kyaneos (griech.) = stahlblau; cyanus (lat.) = Kornblume.

blausäure oder **Isocyanwasserstoff CNH**. Das Gleichgewicht liegt völlig auf der Seite der Blausäure; doch lassen sich beide Molekülarten in Form von *Komplexen* (z. B. $(CO)_5WNCH$ und $(CO)_5WCNH$) sowie in Form *organischer Derivate* („*Nitrile*", „*Isonitrile*") isolieren:

$$\underset{\textit{Blausäure}}{H{-}C{\equiv}N{:}} \;\overset{\rightarrow}{\longleftarrow}\; \underset{\textit{Isoblausäure}}{{:}C{\equiv}N{-}H} \qquad \underset{\textit{organische Nitrile}}{R{-}C{\equiv}N{:}} \qquad \underset{\textit{organische Isonitrile}}{{:}C{\equiv}N{-}R}$$

Blausäure läßt sich im Laboratorium leicht durch Ansäuern von Metallcyaniden wie NaCN oder $Ca(CN)_2$ gewinnen ($NaCN + H^+ \rightarrow HCN + Na^+$). Die technischen Darstellungsprozesse beruhen auf der Hochtemperatur-Umsetzung von *Methan* und *Ammoniak* in Anwesenheit von Katalysatoren und gegebenenfalls Sauerstoff:[48a)]

$$CH_4 + NH_3 \xrightarrow[\text{(Degussa-Verf.)}]{1200\,°C,\ Pt} HCN + 3H_2; \quad CH_4 + NH_3 + 1\tfrac{1}{2}O_2 \xrightarrow[\text{(Andrussow-Verf.)}]{1200\,°C/2\,bar,\ Pt/Rh} HCN + 3H_2O.$$

Der linear gebaute Cyanwasserstoff ($C_{\infty v}$-Symmetrie; HC/CN-Abstände 1.066/1.156 Å; Smp. − 13.4 °C; Sdp. + 25.6 °C) wirkt in Wasser schwächer sauer als Fluorwasserstoff: $HCN \rightleftarrows H^+ + CN^-$ ($pK_S = 2.1 \times 10^{-9}$) und stellt eine äußerst schwache Base dar: $H{-}C{\equiv}N + H^+ \rightleftarrows H{-}C{\equiv}N{-}H^+$ (linear). Blausäure ist sowohl als solche wie in deprotonierter Form *hochgiftig* (MAK-Wert für HCN 11 mg/m³ ≙ 10 ppm; für CN^- 5 mg/m³). Die Toxizität beruht wie die des Kohlenmonoxids (S. 865) auf der Blockierung von Eisen im Hämoglobin sowie in der Cytochromoxidase durch CN^- (tödliche Dosis = 1 mg CN^- pro kg Körpergewicht; Gegenmittel: $NaNO_2$ zusammen mit $Na_2S_2O_3$, intravenös gespritzt).

Die Salze der Blausäure, die **Cyanide CN^-** (CN-Abstand 1.16 Å; CN^- isovalenzelektronisch mit CO, N_2, C_2^{2-}, NO^+)[48)] werden durch Neutralisation von HCN gewonnen. Als „*Pseudohalogenid*" bildet CN^- lösliche Alkalisalze (NaCN, KCN, RbCN mit NaCl- und CsCN, TlCN mit CsCl-Struktur), ein unlösliches Silbersalz (AgCN) sowie **Cyano-Komplexe**. In letzteren fungiert das CN^--Ion als *ein-*, *zwei-* oder sogar *dreizähniger* Komplexligand (μ_1, μ_2, μ_3). Als einzähniger Ligand ist er stets über das Kohlenstoffatom an Metallzentren koordiniert (z. B. $Fe(CN)_6^{3+/4+}$; vgl. S. 1656). Zweizähnig wirkt er etwa in AgCN (lineare Ketten ··· AgCNAgCN ···), $Fe_2(CN)_6^-$ (vgl. S. 1518) und $Ni(CN \cdot BF_3)_4$, dreizähnig in $CuCN \cdot NH_3$ (Schichtpolymere mit Cu_2CNCu-Einheiten, vgl. Anm.[58)], S. 1657).

Man verwendet Cyanwasserstoff (Weltjahresproduktion: Megatonnenmaßstab) insbesondere zur Herstellung von Methylmethacrylat, darüber hinaus zur Darstellung von NaCN, $(ClCN)_3$. Cyanid (Weltjahresproduktion: Hektatonnenmaßstab) dient u. a. zur Herstellung komplexer Cyanide (z. B. $Fe(CN)_6^{3+/4+}$) sowie zur Gewinnung von Ag und Au aus minderwertigen Erzen (leicht erfolgende Oxidation von M = Ag, Au in Anwesenheit von CN^-: $4M + 8CN^- + O_2 + 2H_2O \rightarrow 4M(CN)_2^- + 4OH^-$; s. dort).

Halogencyane XCN stellen *farblose*, flüchtige, linear gebaute „Pseudohalogenanaloga" der Interhalogene XX′ dar (CN-Abstände ca. 1.16 Å), die – insbesondere in Anwesenheit von HX – zur *Trimerisierung* unter Bildung von **Cyanursäurehalogeniden $(XCN)_3$** neigen (CN-Abstände ca. 1.34 Å):

$$3X{-}C{\equiv}N \;\underset{\text{Hal, OH, NH}_2}{\overset{X =}{\rightleftarrows}}\; (XCN)_3 \text{ (Ring aus C=N-Einheiten, X an jedem C)} \;\underset{\text{OH}}{\overset{X =}{\rightleftarrows}}\; \text{(Ring: (OC)NH-Einheiten, Keto-Form)}$$

„*Chlorcyan*" ClCN (Smp. − 6.9 °C, Sdp. 13.0 °C), „*Bromcyan*" BrCN (Smp. 51.3 °C, Sdp. 61.3 °C) und „*Iodcyan*" ICN (Sblp. 146 °C) entstehen aus NaCN und Chlor sowie Brom bzw. $Hg(CN)_2$ und Iod, „*Fluorcyan*" FCN (Smp. − 82 °C, Sdp. − 46. °C) bildet sich durch Thermolyse von $(FCN)_3$, das durch Fluoridierung von trimerem ClCN mit NaF erhalten wird. **Halogenisocyane** $C{\equiv}N{-}X$ sind unbekannt: es lassen sich jedoch linear gebaute Kationen $X{-}C{\equiv}N{-}X^+$, welche die Isohalogencyangruppierung enthalten, gewinnen: $H{-}C{\equiv}N{-}H^+AsF_6^- + 2F_2 \rightarrow F{-}C{\equiv}N{-}F^+AsF_6^- + 2HF$ (in flüssigem HF; Zersetzung der HF-Lösung bei Raumtemperatur gemäß $FC{\equiv}NF^+AsF_6^- + 2HF \rightarrow F_3C{-}NH_2F^+AsF_6^-$); $I{-}C{\equiv}N + I_3^+AsF_6^- \rightarrow I{-}C{\equiv}N{-}I^+AsF_6^- + I_2$ (in $CFCl_3$).

[48a] Cyanwasserstoff, der wohl die präbiotische Quelle für Adenin $C_5H_5N_5 = (HCN)_5$ darstellt, hat sich wohl während der Erdevolution auf analogen Wegen gebildet.

Hydroxocyane. Ersetzt man in der Blausäure bzw. der Isoblausäure den Wasserstoff durch eine Hydroxylgruppe, so gelangt man zur *Cyansäure* HOCN (Tautomeres: *Isocyansäure* OCNH)[48] bzw. zur *Isoknallsäure* CNOH (Tautomeres: *Knallsäure* HCNO)[49]:

$$\underset{\textit{Cyansäure}}{\mathrm{HO{-}C{\equiv}N}} \rightleftarrows \underset{\textit{Isocyansäure}}{\mathrm{O{=}C{=}NH}}; \qquad \underset{\textit{Isoknallsäure}}{\mathrm{C{\equiv}N{-}OH}} \rightleftarrows \underset{\textit{Knallsäure}}{\mathrm{HC{\equiv}N{\rightarrow}O}}.$$

Das Wasserstoff-Tautomeriegleichgewicht liegt in ersterem Falle auf der Seite der Isocyansäure, in letzterem Falle auf der Seite der Knallsäure. Nach Berechnungen sinkt die thermodynamische Stabilität der Isomeren in Richtung Isocyansäure > Cyansäure > Knallsäure > Isoknallsäure.

Die mittelstarke **Isocyansäure HNCO** (*farblose* Kristalle; Smp. 86.8 °C; Sdp. 23.5 °C; $K_S = 1.2 \times 10^{-4}$ CN-Abstand ca. 1.20 Å; HNC/NCO-Winkel ca. 125°/180°) entsteht neben Spuren der **Cyansäure HOCN** (maximal 3 %) beim Versetzen von Natriumcyanat mit HCl (NaOCN + HCl → NaCl + HNCO/HOCN). Sie trimerisiert leicht zu **Cyanursäure** $\mathbf{(HNCO)_3}$ (siehe obige Gleichung, X = OH), aus der sie durch Pyrolyse wieder zurückgewonnen werden kann. Darüber hinaus bildet sich Isocyansäure in reversibler Reaktion auch bei der Thermolyse von Harnstoff: $(H_2N)_2CO \rightleftarrows HNCO + NH_3$. Die Salze der Cyan- und Isocyansäure, die **Cyanate** $\mathbf{OCN^-}$ (CN-Abstand ca. 1.21 Å; OCN^- isovalenzelektronisch mit CO_2, N_3^-), gewinnt man im Laboratorium durch *Oxidation von Cyaniden* CN^- mit PbO oder PbO_2, in der Technik durch trockenes *Erhitzen von Harnstoff* und Soda: $CO(NH_2)_2 + Na_2CO_3 \rightarrow 2\,NaOCN + 2\,H_2O$. Das „Pseudohalogenid" (S. 668) OCN^- ließ sich bisher nicht zum „Pseudohalogen" NCO—OCN entladen.

Die schwache, zersetzliche, linear gebaute **Knallsäure HCNO** („*Formonitriloxid*"; giftiges Gas; organische Derivate: „*Nitriloxide*" RCNO) kann u.a. aus wässerigen Fulminat-Lösungen mit Schwefelsäure in Freiheit gesetzt werden ($CNO^- + H^+ \rightarrow HCNO$). Von ihren Salzen, den **Fulminaten** $\mathbf{CNO^-}$ (isovalenzelektronisch mit OCN^- [49]), die früher als Initialsprengstoffe verwendet wurden, bildet sich AgCNO („*Knallsilber*") in verwickelten Reaktionen aus Salpetersäure, Ethanol und metallischem Silber. Sie lagern sich beim Erwärmen in Cyanate um. Vergleichende Untersuchungen an Cyanaten und Fulminaten führten Wöhler und Liebig 1824 zur Entdeckung der Erscheinung der Isomerie (vgl. S. 322). Die **Isoknallsäure HONC** („*Carboxim*"; organische Derivate: „*Fulminate*" RONC; richtiger: „Isofulminate") läßt sich nur in der Tieftemperaturmatrix z.B. durch Bestrahlen von Dibromformoxim $Br_2C{=}NOH$ gewinnen. Bei längerer Belichtung geht gebildetes HONC in die isomere Isocyansäure HNCO über.

Thiohydroxycyane. Die **Thiocyansäure HS—C≡N** („*Rhodanwasserstoffsäure*") konnte wie die Cyansäure HOCN nicht in reiner Form isoliert werden, dagegen die **Isothiocyansäure HN=C=S** („*Isorhodanwasserstoffsäure*"), ein kristalliner, unterhalb 0 °C metastabiler Feststoff (Zerfall in HCN und $H_2C_2N_2S_3$)[50]. Das den Salzen zugrundeliegende, linear gebaute, *farblose*, mäßig toxische **Thiocyanat** $\mathbf{SCN^-}$ („*Rhodanid*", CN-Abstand 1.15 Å) läßt sich durch Sulfurierung von Cyanat mit Schwefel gewinnen und bildet lösliche Alkali- und Erdalkali- sowie schwerlösliche Kupfer-, Silber-, Gold-, Cadmium-, Quecksilber- und Bleisalze (das SCN^--Ion verhindert die Iodaufnahme in der Schilddrüse, so daß sich bei übermäßigem Verzehr von Kohl (SCN-haltig) ein „Kohlkropf" ausbilden kann). Als Ligand wirkt SCN^- in **Thiocyanat-Komplexen** teils *einzähnig* (z.B. —SCN in $[(NH_3)_5CoSCN]^{2+}$, —NCS in $[(NH_3)_5CoNCS]^{2+}$), teils *zweizähnig* (z.B. >NCS in $\{(SCN)_4Re\}_2(NCS)_2$, —NCS— in $\{(PR_3)ClPt\}_2(SCN)_2$) oder gar *dreizähnig* (z.B. >SCN— in $\{NCSHg\}_2SCN\{Co(SCN)_4\}$). Analoge Verhältnisse findet man in *Cyanat-* und *Selenocyanat-Komplexen*. Die auftretende *tiefrote* Färbung beim Vereinigen wässeriger Fe^{3+}- und SCN-haltigen Lösungen dient zum Nachweis beider Ionen: $Fe^{3+} + 3\,SCN^- \rightarrow Fe(SCN)_3$ (die Bezeichnungen Rhodanwasserstoffsäure, Rhodanid gehen auf diesen Prozeß zurück: rhodon (griech.) = Rose). Thiocyanat läßt sich als „Pseudohalogenid" (S. 668) zum *farblosen* „Pseudohalogen" **Dirhodan N≡C—S—S—C≡N** oxidieren ($2\,AgSCN + Br_2 \rightarrow 2\,AgBr + (SCN)_2$), das oberhalb seines Smp. (−7 °C) zu *rotem* Pararhodan $(SCN)_x$ polymerisiert[50]. Man verwendet die Thiocyanate MSCN (M = Na, K, NH_4 in der *Phototechnik* (Tönen, Sensibilisieren), *Galvanotechnik* (Glanzbildner für Cu-Bäder), *Metallurgie* (Extraktion und Trennung von Zn, Hf, Th, Lanthanoide), *Textilindustrie* (Hilfsmittel zum Färben, Bedrucken, Polyacrylherstellung), *chemischen Industrie* (Herstellung von organischen Thiocyanaten, Isothiocyanaten (Senfölen), Herbiziden, Fungiziden), *analytischen Chemie* (Fe^{3+}-Nachweis).

Aminocyane. Ersetzt man in der Blausäure bzw. Isoblausäure den Wasserstoff durch eine Aminogruppe, so gelangt man zum *Cyanamid* H_2NCN (Tautomere: *Diazomethan* H_2CNN, *Imidoknallsäure* HCNNH; s. Lehrbücher der organischen Chemie):

---

[49] Die Bezeichnungen Knallsäure/Isoknallsäure/Fulminate rühren vom explosionsartigen Zerfall der Teilchen HCNO/CNO^- unter Knall und Aufblitzen beim Erhitzen: fulmen (lat.) = Blitz.

[50] Man kennt auch „*Selenocyanat*" $SeCN^-$ (CN-Abstand 1.12 Å), *gelbes* „*Diselenocyan*" $(SeCN)_2$ und *rotes* „*Paraselenocyan*" $(SeCN)_x$.

$H_2N{-}C{\equiv}N \rightleftarrows HN{=}C{=}NH$;	$C{\equiv}N{-}NH_2 \rightleftarrows HC{\equiv}N{\rightarrow}NH \rightleftarrows H_2C{=}N{=}N$.
Cyanamid *Carbodiimid*	*Isodiazomethan* *Imidoknallsäure* *Diazomethan*

Die Tautomerie H_2NCN liegt vollständig auf der Cyanamidseite (es existieren jedoch viele organische und anorganische Derivate des Carbodiimids).

Im Laboratorium entsteht **Cyanamid H_2NCN** in Form *farbloser*, wasserlöslicher Kristalle (Smp. 46 °C; NC/CN-Abstände 1.31/1.15 Å) durch *Ammonolyse* von *Chlorcyan* ($NH_3 + ClCN \rightarrow H_2NCN + HCl$). In der Technik erhält man es aus Kalkstickstoff (*Calciumcyanamid*) $CaCN_2$, der aus *Calciumcarbid* und *Stickstoff* bei ca. 1000 °C gewonnen wird: $CaC_2 + N_2 \rightarrow CaCN_2 + C$ (Näheres S. 1136). Er enthält das linear gebaute **Cyanamid-Ion $N{=}C{=}N^-$** (isovalenzelektronisch mit den 16-Elektronenteilchen CO_2, N_2O, NO_2^+, N_3^-, N_2F^+, OCN^-, CNO^-, COF^+, FCN, FC_2^-, C_3^{4-}, BN_2^{3-}), das als „Pseudochalkogenid" durch Säuren (z.B. Kohlensäure) in den „Pseudochalkogenwasserstoff" H_2NCN überführt wird:

$$CaCN_2 + CO_2 + H_2O \rightarrow H_2NCN + CaCO_3.$$

(Man kennt auch das „Pseudochalkogen" $N{\equiv}C{-}N{=}N{-}C{\equiv}N$.) Cyanamid ist in wässeriger Lösung bei pH = 5 am stabilsten und verwandelt sich unterhalb pH = 2 und oberhalb pH = 12 unter Wasseraufnahme in Harnstoff ($H_2NCN + H_2O \rightarrow CO(NH_2)_2$; analog entsteht mit H_2S (Thioharnstoff), bei pH = 7–9 unter Dimerisierung in **Dicyandiamid** („*Cyanoguanidin*"; *farblose* Kristalle, Smp. 205 °C): $2H_2NCN \rightarrow NC{-}NH{-}C(NH_2){=}NH$. Letztere Verbindung geht in geschmolzenem Zustande unter NH_3-Druck quantitativ in **Cyanursäureamid** („*Melamin*") $(H_2NCN)_3$ über (vgl. Gleichung oben, $X = NH_2$). Man verwendet Cyanamid (Weltjahresproduktion: 100 Kilotonnenmaßstab) hauptsächlich zur Herstellung von Melamin-Formaldehyd-Kunststoffen.

2 Das Silicium[51)]

Während der *Kohlenstoff* der *Träger* des *organischen Lebens* ist (S. 829), kann das homologe *Silicium* als *Träger des anorganischen „Lebens"* bezeichnet werden. Allerdings empfinden wir das anorganische Geschehen kaum als Leben, da wir als „Kinder des Kohlenstoffs" hinsichtlich der Mannigfaltigkeit und Schnelligkeit biochemischer Umsetzungen verwöhnt sind, und sich das anorganische Leben im Vergleich hierzu in ganz anderen Zeitdimensionen abspielt. Zudem schließt die einseitige *Sauerstoffaffinität* des Siliciums und die zur Flüchtigkeit des monomeren Kohlendioxids CO_2 im Gegensatz stehende *Nichtflüchtigkeit* des polymeren *Siliciumdioxids* einen der Assimilation und Atmung entsprechenden *Kreislauf des Siliciums* aus, so daß letzteres in der Natur durch silicatische Gesteinsbildung charakterisiert ist, während alle anderen Verbindungsformen des Siliciums der Experimentierkunst des Chemikers vorbehalten sind und fast durchweg leichter Oxidation und Hydrolyse unterliegen.

2.1 Elementares Silicium

2.1.1 Vorkommen

Das Silicium ist *nach dem Sauerstoff* das *meistverbreitete Element*, und zwar besteht der uns zugängliche Teil der Erdrinde zu mehr als $\frac{1}{4}$ (26.3 %) seiner Masse aus Silicium. Da der Sauerstoff die Hälfte (48.9 %) der Masse der Erdkruste ausmacht, ist damit das Silicium etwa so häufig wie alle übrigen Elemente zusammengenommen (4 von 5 Atomen der Kruste sind Si bzw. O).

---

[51] **Literatur.** E.G. Rochow: „*Silicon*", *Comprehensive Inorg. Chem.*, Band **1** (1973) 1323–1467; E.A.V. Ebsworth: „*Volatile Silicon Compounds*", International Series of Monographs on Inorganic Chemistry, Band **4**, Pergamon, Oxford 1963: „*Silicium Chemie*", Fortschr. Chem. Forsch. **9**/1 (1967/68) 1–205; „*Silicon Chemistry*", Topics Curr. Chem. **50** (1974) 1–165 und **51** (1974) 1–127; Gmelin: „*Silicon*", Syst.-Nr. **15**, bisher 8 Bände; Ullmann (5. Aufl.): „*Silicon*", **A 23** (1993) 721–748; „*Silicon Compounds*", **A 24** (1994) 1–56. Vgl. Anm. 57, 61, 81, 87a, 91, 96, 104, 113, 136, 165, 172, 191.

Silicium findet sich wegen seiner großen Sauerstoffaffinität zum Unterschied vom homologen Kohlenstoff *nie elementar*, sondern *nur gebunden* in Form von Salzen verschiedener, sich vom Anhydrid SiO_2 ableitender *Kieselsäuren* $m SiO_2 \cdot n H_2O$ (**Silicate**).

Besonders weitverbreitet sind im **Mineralreich** *Magnesium-*, *Calcium-*, *Eisen-* und *Aluminiumsilicate* (S. 930). Auch das *Siliciumdioxid* SiO_2 kommt in der Natur in verschiedenster Form (*Seesand, Kieselstein, Quarz, Bergkristall, Amethyst* usw.) vor (S. 911). Im **Pflanzen- und Tierreich** ist Silicium ebenfalls anzutreffen. Die Gräser und Halme verdanken z. B. ihre Schärfe, die das Stumpfwerden von Sensen und Sicheln verursacht und zu Hautverletzungen führen kann, sehr harten SiO_2-Kriställchen. Niedere Lebewesen, wie Infusorien (Aufgußtierchen)[52] bauen aus SiO_2 Schalen und Skelette auf. Ablagerungen solcher zerfallener Skelette bilden die Kieselgur- oder Infusorienerde.

Isotope (vgl. Anh. III). *Natürlich vorkommendes* Silicium besteht aus den Isotopen $^{28}_{14}Si$ (92.23 %), $^{29}_{14}Si$ (4.67 %) und $^{30}_{14}Si$ (3.10 %), wobei sich $^{29}_{14}Si$ für den *NMR-spektroskopischen Nachweis* eignet. Das *künstlich gewonnene* Isotop $^{32}_{14}Si$ (β^--Strahler; $\tau_{1/2} = 650$ Jahre) dient zur *Isotopenmarkierung*, das durch Neutroneneinfang gebildete kurzlebige Isotop $^{31}_{14}Si$ (β^--Strahler; $\tau_{1/2} = 2.62$ Stunden) zur quantitativen Si-Bestimmung durch *Neutronenaktivierung* (S. 1755).

Geschichtliches. Der *Name* Silicium leitet sich vom lateinischen Namen *silex* bzw. *silicis* für Kieselsteine ab. Auch die Bezeichnung Kieselsäure erinnert an diesen Zusammenhang (die engl. Bezeichnung „*silicon*" soll mit der Endung „on" die Ähnlichkeit von Si mit C und B – engl. „carbon", „boron" – hervorheben). *Erstmals dargestellt* wurde das *elementare* Silicium (in einer amorphen Form) 1824 durch J. J. Berzelius: Reduktion von Kohlenstoff in Anwesenheit von Eisen und anschließendes Herauslösen von Fe aus dem gebildeten Eisensilicid mittels Salzsäure bzw. Reduktion von SiF_4 (in Form von K_2SiF_6) mit metallischem Kalium.

2.1.2 Darstellung[51]

Normales Silicium. Technisch läßt sich Silicium in kompakten Stücken durch *Reduktion von Quarz* mittels *Kohle* bei hohen Temperaturen (um 2000 °C) im elektrischen Ofen (Lichtbogenreduktionsofen, S. 727) darstellen:

$$690.36\,kJ + SiO_2 + 2C \rightarrow Si + 2CO\,.$$

Die Reduktion des Quarzes zu **technischem Silicium** (Si 98 bzw. Si 99 mit 98.5 bzw. 99.7 Gew.-% Si) erfolgt auf dem Wege: $SiO_2 + C \rightarrow SiO + CO$ (vgl. Boudouard-Gleichgewicht, S. 864), $SiO + 2C \rightarrow SiC + CO$ und $2SiC + SiO_2 \rightarrow 3Si + 2CO$. Da einerseits der eingesetzte Quarz möglichst vollständig reduziert werden soll, andererseits eine durch überschüssigen Kohlenstoff hervorgerufene Bildung von Siliciumcarbid SiC (S. 918) unerwünscht ist, muß die Beschickung (der „*Möller*") des elektrischen Ofens sorgfältig berechnet werden. Das im elektrischen Lichtbogen aus Quarz und Kohlenstoff (eingesetzt in Form von Koks, Anthrazit, Holzkohle, Torfkoks) gebildete flüssige Silicium (Smp. 1410 °C) sammelt sich am Boden des Ofens an und wird alle ein bis zwei Stunden abgestochen.

Zur Herstellung von **Ferrosilicium** (in Form von FeSi 90 bzw. FeSi 75 bzw. FeSi 45: Legierung aus ca. 90 bzw. 75 bzw. 45 % Si und 10 bzw. 25 bzw. 55 % Fe) gibt man der Beschickung aus Quarz und Kohle noch Eisenschrott oder -späne zu und verwendet statt der vorgebrannten Kohleelektroden „*Söderberg-Elektroden*" (vgl. S. 726; der Fe-Mantel der Söderberg-Elektroden, welcher Fe an das Si abgibt, stört im letzteren Falle nicht). Zur Gewinnung von **„Calciumsilicium"** (Calciumdisilicid $CaSi_2$; ca. 60 % Si, 40 % Ca) reduziert man SiO_2 mit Koks in Anwesenheit von Calciumcarbid: $2SiO_2 + 2C + CaC_2 \rightarrow CaSi_2 + 4CO$.

Im Laboratorium verwendet man zweckmäßig *Magnesium* als Reduktionsmittel:

$$SiO_2 + 2Mg \rightarrow Si + 2MgO + 292.7\,kJ\,.$$

Da die Reaktion beim Entzünden des Gemischs unter starker Wärmeentwicklung stürmisch verläuft, muß man sie durch Zumischen eines Überschusses an Quarzsand oder an Magnesiumoxid mäßigen[53].

[52] Der Name rührt daher, daß die Infusorien sehr zahlreich auftreten, wenn Stoffe wie Heu mit Wasser übergossen werden; infundere (lat.) = eingießen.

[53] Ein Überschuß an Mg ist bei der Reaktion zu vermeiden, da sonst Dimagnesiumsilicid Mg_2Si entsteht: $SiO_2 + 4\,Mg \rightarrow Mg_2Si + 2MgO$.

Man erhält bei dieser Darstellungsweise, braunes, pulverförmiges **reaktives Silicium**[54], welches durch Auflösen in *geschmolzenem Aluminium* und Erkaltenlassen dieser Lösung in oktaedrisch **kristallisiertes Silicium** verwandelt werden kann. *Direkt* erhält man dieses kristallisierte Silicium, wenn man überschüssiges *Aluminium* statt Magnesium zur Reaktion des Quarzes verwendet, so daß sich das „*aluminothermisch*" (S. 1066) gebildete Silicium:

$$3\,SiO_2 + 4\,Al \rightarrow 3\,Si + 2\,Al_2O_3 + 618.8\,kJ$$

gleich im Aluminiumüberschuß auflösen kann. Die Trennung von Aluminium und auskristallisiertem Silicium erfolgt hier wie im vorigen Fall mit *Salzsäure*, welche das Aluminium löst und das Silicium ungelöst zurückläßt. Statt Siliciumdioxid kann auch *Siliciumtetrafluorid* (in Form des Salzes $SiF_4 \cdot 2\,KF = K_2[SiF_6]$; S. 907) mit überschüssigem Aluminium bei Rotglut umgesetzt werden:

$$3\,SiF_4 + 4\,Al \rightarrow 3\,Si + 4\,AlF_3 + 1172.7\,kJ.$$

Man erhält dabei das Silicium in schönen Kristallblättchen. Aus $SiCl_4$ kann Silicium durch Umsetzung mit *Zinkdampf* gewonnen werden.

Hochreaktives Silicium erhält man durch Umsetzung von $CaSi_2$ (S. 890) mit HCl, Cl_2 (20–40 °C), $SbCl_3$ oder $SnCl_4$, z. B.:

$$CaSi_2 + 2\,HCl \rightarrow 2\,Si + H_2 + CaCl_2, \quad CaSi_2 + SnCl_4 \rightarrow 2\,Si + SnCl_2 + CaCl_2$$

oder durch Reduktion von $SiCl_4$ mit einer „Lösung" von Na in geeigneten aromatischen oder ungesättigten Kohlenwasserstoffen (vgl. S. 1188): $SiCl_4 + 4\ominus \rightarrow Si + 4\,Cl^-$.

Reinstes Silicium (z. B. zur Verwendung als Halbleiter, speziell in Transistoren und integrierten Schaltkreisen) gewinnt man durch thermische Reduktion von *reinstem Silicochloroform* $HSiCl_3$(gewinnbar nach $Si + 3\,HCl \rightarrow HSiCl_3 + H_2$, destillative Reinigung) mit Wasserstoff bei 1000 °C (Haupterzeugungsmethode) oder durch Pyrolyse von *reinstem Silan* SiH_4 bei 500 °C:

$$HSiCl_3 + H_2 \rightarrow Si + 3\,HCl \quad \text{bzw.} \quad SiH_4 \rightarrow Si + 2\,H_2.$$

Die Abscheidung des Siliciums erfolgt hierbei an dünnen, sehr reinen Siliciumstäben, welche – nach ihrem Anwachsen zu Stäben von 10–20 cm Durchmesser – durch **Zonenschmelzen** weiter gereinigt werden. Hierzu wird der zu reinigende Siliciumstab am einen Ende erhitzt, so daß sich dort eine Zone von geschmolzenem Silicium bildet, in welcher die Beimengungen leichter löslich als im festen Silicium sind. Durch Weiterbewegen der Heizquelle wird nun die Schmelzzone langsam längs des Stabes fortbewegt und so die sich dabei mehr und mehr ansammelnden Verunreinigungen bis zum anderen Ende transportiert, welches dann entfernt wird. Das durch mehrmaliges Zonenschmelzen gereinigte Silicium enthält $< 10^{-9}$ Atom-% an Verunreinigungen. Die für die Herstellung von Halbleiterbauelementen notwendige Erhöhung der geringen Leitfähigkeit des Siliciums erfolgt durch **Dotierung** mit *Bor*, *Aluminium* bzw. *Phosphor*, *Arsen*, *Antimon*. Hierzu führt man z. B. das Zonenschmelzen in Anwesenheit von Spuren flüchtiger Verbindungen der betreffenden Elemente (z. B. PH_3) durch oder wandelt Siliciumatome durch Beschuß mit thermischen Neutronen in Phosphoratome um.

2.1.3 Physikalische Eigenschaften

Das reine kristallisierte Silicium („*α-Silicium*", „*Silicium-I*") bildet *dunkelgraue*, undurchsichtige, stark glänzende, harte, spröde Oktaeder der Dichte 2.328 g/cm³, welche bei 1410 °C unter Volumenminderung schmelzen (vgl. Fig. 191) und bei 2477 °C sieden (Si_x ist also wesentlich leichter als C_x zu verflüchtigen). Silicium leitet als *Halbleiter* etwas den elektrischen Strom, wobei die Leitfähigkeit mit steigender Temperatur zunimmt (Näheres vgl. S. 1312). Die Struktur ist die gleiche wie die des *kubischen* Diamanten (SiSi-Abstand: 2.352 Å; ber. für Einfachbindung 2.34 Å)[55].

---

[54] Das pulverförmige, braune bis graubraune Silicium unterscheidet sich von dem kristallisierten nicht durch die Struktur, sondern nur durch die Teilchengröße, die Oberflächenausbildung und insbesondere durch eine starke *Störung der Kristallstruktur*, verbunden mit einem Gehalt an Fremdsubstanz, insbesondere *Sauerstoff*.

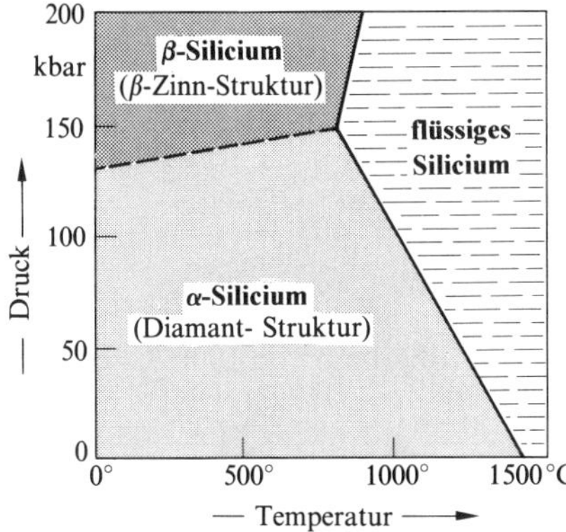

Fig. 191 Zustandsdiagramm des Siliciums (Ausschnitt)

Neben der unter normalen Bedingungen stabilen Form des Siliciums kennt man noch einige **Hochdruckmodifikationen** dieses Elements. Die unter steigender Druckbelastung erhältlichen Formen weisen hierbei – erwartungsgemäß[56)] – wachsende Dichten auf. Zugleich nimmt im Kristallverband die Koordinationszahl KZ nächster Si-Nachbarn von 4 („*halbleitendes Silicium*") bis letztendlich 12 („*metallisches Silicium*") zu. Zunächst verwandelt sich *kubisches* Silicium-I (*α-Silicium*, $d = 2.328$ g/cm^3) mit Diamant-Struktur und tetraedrisch-koordinierten Si-Atomen (KZ = 4; SiSi-Abstand: 2.352 Å) ab 130 kbar gemäß Fig. 191 in *tetragonales* Silicium-II (*β-Silicium*; $d = 3.286$ g/cm^3) mit β-Zinn-Struktur (S. 961) und verzerrt-oktaedrisch-koordinierten Si-Atomen (KZ = 6; SiSi-Abstände: 4mal 2.431, 2mal 2.585 Å)[56a)]. Bei weiterer Druckbelastung entsteht aus Silicium-II ab 200 kbar *hexagonales* Silicium-V ($d = 3.56$ g/cm^3) mit In-Bi-Legierungs-Struktur und hexagonal-bipyramidal-koordinierten Si-Atomen (KZ = 8; SiSi-Abstände: 6mal 2.527, 2mal 2.373 Å), ab 340 kbar Silicium-VI mit noch unbekannter Struktur, ab 430 kbar *hexagonales* Silicium-VII ($d = 4.34$ g/cm^3) mit Magnesium-Struktur, d. h. hexagonal-dichtester Packung der Si-Atome (KZ = 12; SiSi-Abstände 6mal 2.444, 6mal 2.510 Å) und ab 780 kbar *kubisches* Silicium-VIII mit Kupfer-Struktur, d. h. kubisch-dichtester Packung der Si-Atome (KZ = 12; SiSi-Abstände 12mal 2.362 Å, gemessen bei 870 kbar).

Eine „*Graphit*"- bzw. „*Fullerenform*" des Siliciums ist bis jetzt nicht aufgefunden worden. Sie ist auch unwahrscheinlich, da sie $p_\pi p_\pi$-Bindungen voraussetzt (vgl. Graphit, Fullerene), zu deren Bildung das Silicium weit weniger als der Kohlenstoff befähigt ist (S. 886). Es lassen sich jedoch *hochreaktive Formen* des Siliciums gewinnen (vgl. Darstellung). Auch bilden sich durch Laserverdampfung und andere Prozesse aus festem Silicium Silicium-Cluster Si_n mit $n = \leq 100$, deren Strukturen – nach ab-initio-Berechnungen – jedoch andere als die der Kohlenstoff-Cluster C_n sind. So weisen Cluster mit *kleiner Si-Atomzahl* keinen linearen Bau wie entsprechende C-Cluster, sondern einen *gewinkelten* bzw. *käfigartigen Bau* auf (z. B. Si_3: gewinkelt; Si_4: bicyclisch; Si_5: trigonal-bipyramidal; Si_6: oktaedrisch; Si_7: pentagonal-bipyramidal; $Si_8/Si_9/Si_{10}$: 2/3/4-fach überkappt-oktaedrisch). Cluster mit *größerer Si-Atomzahl* sollen andererseits planare benzol- oder naphthalinartige Si_6- bzw. Si_{10}-Baueinheiten enthalten, die übereinander liegen (z. B. im Falle von Si_{60} sechs Si_{10}-Einheiten) und durch SiSi-Bindungen miteinander verknüpft sind.

Physiologisches[57)]. Silicium ist für den tierischen und menschlichen Organismus in *elementarer Form ungiftig* und übt auf ihn *keine Wirkung* aus; in *gebundener Form* ist es als Spurenelement u. a. *essentiell* für Mineralisationsprozesse in Organismen. Sein Mangel führt zu Wachstumsstörungen (z. B. gestörte

---

55 Kohlenstoff ist ein Isolator (Diamant) bzw. ein Halbmetall (Graphit), Germanium wie Silicium ein Halbleiter, Zinn ein Halbmetall (α-Zinn) bzw. Metall (β-Zinn), Blei ein Metall.

56 **Hochdruckmodifikationen.** Steigender Druck bewirkt bei festen Stoffen – wie zum Beispiel dem elementaren Silicium (s. o.) – ganz allgemein ein Anwachsen der Dichte des Stoffs und der Koordinationszahlen der Stoffatome (vgl. hierzu z. B. auch Hochdruckmodifikationen des Iods (S. 448), des Phosphors (S. 730), des Antimons (S. 812), des Bismuts (S. 823), des Germaniums (S. 955) und der Alkalimetallhalogenide (S. 1169)).

56a Silicium-II geht bei der Druckentlastung in ein metastabiles *kubisches* Silicium-III (*γ-Silicium*; $d = 2.559$ g/cm^3) mit verzerrt-tetraedrisch-koordinierten Si-Atomen über (KZ = 4; SiSi-Abstände: 1mal 2.306, 3mal 2.392 Å), das sich seinerseits beim Erhitzen auf 200–600 °C teils in Silicium I (*α-Silicium*) mit *kubischer*, teils in Silicium IV (*δ-Silicium*) mit *hexagonaler* Diamantstruktur umlagert (KZ jeweils 4; SiSi-Abstände jeweils 2.328 Å; *d* jeweils 2.33 g/cm^3).

57 **Literatur.** R. Tacke, U. Wannagat bzw. G. M. Voronkov: „*Bioactive Organosilicon Compounds*"; Topics Curr. Chem. **84** (1979) 1–76 bzw. 77–135; R. Tacke: „*Bioaktive Siliciumverbindungen*", Chemie in unserer Zeit **14** (1980) 197–207; R. Tacke, H. Linoh: „*Bioorganosilicon Chemistry*", S. Patai, Z. Rappoport (Hrsg.): „*The Chemistry of Organic Silicon Compounds*", Wiley, New York 1989, S. 1143–1206.

Knochen-, Haar- oder Federbildung). Der menschliche Körper enthält etwa 20 mg/kg silicatisches Silicium (Haare: 0.01–0.36; Nägel: 0.17–0.54 Gew.-% Si; Ersatz der täglich ausgeschiedenen 5–30 mg Si durch Nahrungsaufnahme). Silicatisches Silicium im Überschuß kann im Menschen u.a. Hämolyse von Erythrocyten und als Folge hiervon Zellveränderungen hervorrufen. Der Ersatz eines oder mehrerer Kohlenstoffatome in Pharmaka durch Siliciumatome („*Sila-Pharmaka*") kann – wie erste Forschungsergebnisse zeigen – zu spezifischen *positiven oder negativen Wirkungsänderungen* führen.

2.1.4 Chemische Eigenschaften[51)]

An der *Luft* verbrennt Silicium erst bei sehr hoher Temperatur (oberhalb von 1000 °C) gemäß

$$Si + O_2 \rightarrow SiO_2\ (\alpha\text{-Quarz}) + 911.55\ kJ^{58)}$$

zu Siliciumdioxid, da die primär gebildete dünne SiO_2-Schicht den weiteren Angriff des Sauerstoffs erschwert[59)]. Mit *Fluor* vereinigt es sich schon bei Zimmertemperatur unter Feuererscheinung ($Si + 2F_2 \rightarrow SiF_4 + 1616.0$ kJ), mit den übrigen *Halogenen* beim Erhitzen (bezüglich der Reaktion von Si mit RCl vgl. S. 951). *Stickstoff* verbindet sich bei 1400 °C mit Silicium zum Nitrid Si_3N_4 ($\Delta H_f = -744.0$ kJ/mol), *Schwefel* bei 600 °C zum Sulfid SiS_2 ($\Delta H_f = -207$ kJ/mol), *Kohlenstoff* bei 2000 °C zum Carbid SiC ($\Delta H_f = -65.3$ kJ/mol). Viele *Metalle* gehen beim Erhitzen mit Silicium im elektrischen Schmelzofen in „*Silicide*" (z.B. Ca_2Si, CaSi, $CaSi_2$) über (s. unten).

In allen *Säuren* (ausgenommen salpetersäurehaltige Flußsäure, in welcher sich der stabile SiF_6^{2-}-Komplex bildet) ist Silicium trotz seines stark negativen Normalpotentials ($Si + 2H_2O \rightarrow SiO_2 + 4H^+ + 4\ominus$; $\varepsilon_0 = -0.909$ V) praktisch unlöslich, da das primär gebildete, in Säuren unlösliche SiO_2 den weiteren Angriff der Säuren verhindert. Dagegen löst sich Silicium leicht und exotherm unter Wasserstoffentwicklung in *heißen Laugen* gemäß

$$Si + 2H_2O \rightarrow SiO_2 + 2H_2 + 339.5\ kJ^{60)}$$

unter Bildung von Silicat ($SiO_2 + 2OH^- \rightarrow SiO_3^{2-} + H_2O$). Je 28 g (1 mol) Silicium werden dabei 45 l Wasserstoff entwickelt, entsprechend 1.6 m³ H_2 je kg Si.

Die feinverteilte Form des Siliciums setzt sich naturgemäß leichter als die grobkristalline um. Das durch Reduktion von $SiCl_4$ mit Na in aromatischen Kohlenwasserstoffen (s. S. 878) entstehende reaktive Silicium reagiert z.B. mit Wasser bereits bei gewöhnlicher Temperatur quantitativ unter Bildung von SiO_2 und H_2 und entzündet sich von selbst an der Luft. Mit überschüssigem Chlor setzt sie sich auf dem Wege über $(SiCl)_x$ zu Chlorsilanen Si_nCl_{2n+2} (Ketten), Si_nCl_n (Ringe) und Si_nCl_{2n-2} (Bicyclen; z.B. $Si_{10}Cl_{18}$), um, mit Methanol ergibt sie schon bei Raumtemperatur $Si(OMe)_4$ und H_2.

Verwendung von Silicium. *Technisches* Silicium (Weltjahresproduktion: Megatonnenmaßstab) dient als Legierungsbestandteil von Gußlegierungen des Aluminiums, Kupfers, Titans und Eisens (für Magnete, Werkzeug- und Federstähle) sowie als Ausgangsmaterial für chemische Verbindungen (vgl. etwa Silicone, S. 786). Ferrosilicium (Weltjahresproduktion: Megatonnenbereich) wird wie *Calciumsilicium* in großen Mengen als Desoxidationsmittel bei der Stahlherstellung gebraucht. Darüber hinaus setzt man Ferrosilicium bei der Metallgewinnung (z.B. Cr_2O_3 + Ferrosilicium → Ferrochrom) und für silicothermische Prozesse ein.

Hochreines Silicium (Weltjahresproduktion: 10 Kilotonnenmaßstab) findet in der Elektronik als Halbleiterelement (S. 1312) oder in Solarzellen einen ständig wachsenden Anwendungsbereich. Man nutzt die Halbleiterwirkung des dotierten Siliciums u.a. beim Bau von „*Transistoren*", „*integrierten Schaltkreisen*" (Halbleiter-Verstärkerelementen) und „*Gleichrichter-*" und „*Leuchtdioden*" (Umformung von Wechsel- in Gleichstrom, von Strom in Licht und umgekehrt, S. 1315). Zur – arbeitsaufwendigen und kostspieligen

---

58 Die Verbrennung des homologen Kohlenstoffs zu CO_2 liefert nur 393.8 kJ. Si ist somit ein stärkeres Reduktionsmittel als C und reduziert bei erhöhter Temperatur in geschmolzenem Zustand viele Metalloxide, so daß nur wenige Materialien wie ZrO_2 als Gefäßmaterial für fl. Si in Frage kommen.

59 Auch beim Stehen an der Luft, vor allem beim mechanischen Zerkleinern, bedeckt sich Si mit Oberflächenoxiden, die seine Reaktivität stark verringern („*Passivierung*"; vgl. Aluminium).

60 Die entsprechende Umsetzung des homologen Kohlenstoffs mit H_2O („*Wassergasprozeß*", S. 864) ist *endotherm*: $178.3\ kJ + C + 2H_2O(fl.) \rightarrow CO_2 + 2H_2$ und daher nur bei hohen Temperaturen durchführbar.

Herstellung der hierzu benötigten miteinander verbundenen Schaltelemente aus Defekt- und Überschuß-Halbleitern („*pn-Leitern*" sowie „*npn-Leitern*"; vgl. S. 1314) verfährt man im Prinzip so, daß man dünne *n-Siliciumplättchen* durch Erhitzen in Sauerstoff oder Wasserdampf oberflächlich *anoxidiert* und mit einer lichtempfindlichen Photolackschicht („*Photoresist*") überzieht. Dann *belichtet* man letztere durch eine Schablone, wodurch die Photoschicht an den bestrahlten Stellen für bestimmte Mittel *löslich* wird. Dort *legt* man das **n**-*Silicium frei* (Lösen der Photoschicht, Abätzen der SiO_2-Schicht mit HF, Ablösung der verbleibenden Photoschicht) und macht es durch Dotierung mit geeigneten Stoffen (Abscheidung von Borgruppenelementen aus der Gasphase) **p**-*halbleitend.* In analoger Weise (Anoxidation, Photolackbeschichtung, Schablonenbelichtung, Lösung und Abätzen, Abscheidung von Stickstoffgruppenelementen bzw. von Metallen wie Al bzw. von Nichtmetallen wie SiC, SiN) erzeugt man strukturierte Schichten, welche **n**-halbleitend, leitend (Verknüpfung der n- und p-Regionen) sowie nichtleitend sind. Hierdurch kann man überaus viele **pn**-*Dioden* und **npn**-Transistoren mit μm- bis sub-μm-Strukturierung hoher Präzision in großer Packungsdichte auf kleinen *Halbleiterscheibchen* (**Chips**) zu *Schaltkreisen integrieren* („*Speicherkapazitäten*": $> 16^6$ Bytes pro Chip).

2.1.5 Silicium in Verbindungen[51, 61)]

Oxidationsstufen und Koordinationszahlen

Gebundenes Silicium ist im allgemeinen *vierwertig*, wobei es meist die **Oxidationsstufe** + **4** wie in SiH_4, SiF_4, SiO_2, Si_3N_4 oder SiC, seltener die Oxidationsstufe − **4** wie in Ca_2Si aufweist. *Zweiwertig* tritt es mit der Oxidationsstufe + **2** u.a. in den Verbindungen SiH_2, SiF_2, $SiCl_2$, SiO oder SiS auf, die nur bei hohen Temperaturen zugänglich sind und unterhalb 1000 °C disproportionieren (s.u.). Mit der Matrixtechnik kann man sie bei tiefen Temperaturen isolieren. Auch existieren sie in Form metastabiler Polymerer mit SiSi-Bindungen bei Raumtemperatur. Entsprechendes gilt für *drei-* und *einwertiges* Silicium der Oxidationsstufen + **3** und + **1** (z.B. Bildung von SiH und SiH_3 neben SiH_2 durch Photolyse von SiH_4 in der Argon-Tieftemperaturmatrix). Beispiele für drei-, zwei- und einwertiges Silicium mit den Oxidationsstufen − **3**, − **2** und − **1** sind etwa die „Silicide" $BaMg_2Si_2$, CaSi und $CaSi_2$:

$$Ca_2\overset{-4}{Si} \quad BaMg_2\overset{-3}{Si_2} \quad Ca\overset{-2}{Si} \quad Ca\overset{-1}{Si_2} \quad \overset{\pm 0}{Si} \quad (\overset{+1}{Si}Cl)_x \quad \overset{+2}{Si}O \quad \overset{+3}{Si_2}Cl_6 \quad \overset{+4}{Si}O_2$$

Als **Koordinationszahlen** betätigt Silicium in seinen Verbindungen *eins* (z.B. in matrixisoliertem :**Si**≡O), *zwei* (linear in matrixisoliertem O=**Si**=O; gewinkelt in gasförmigem :**Si**X_2), *drei* (planar in R_2**Si**=Y; pyramidal in ·**Si**X_3), *vier* (tetraedrisch in **Si**X_4, Quarz **Si**O_2, **Si**licium-**I**; wichtigste Koordinationsgeometrie), *fünf* (trigonal-bipyramidal in Ph**Si**$(1,2\text{-}O_2C_6H_4)_2^-$; quadratisch-pyramidal in F**Si**$(1,2\text{-}O_2C_6H_4)_2^-$), *sechs* (oktaedrisch in **Si**F_6^{2-}, Stishovit **Si**O_2, **Si**licium-**II**), *sieben* (dreifach-überkappt-tetraedrisch in H**Si**$(o\text{-}C_6H_4CH_2NMe_2)_3$), *acht* (kubisch in Mg_2**Si**, hexagonal-bipyramidal in **Si**licium-**V**; vierfach-überkappt-tetraedrisch in $H_2Si\{o,o\text{-}C_6H_3(CH_2NMe_2)\}_2$), *zehn* (pentagonal-prismatisch in $Cp^*{}_2$**Si**, kompliziert in Ti**Si**$_2$, Cr**Si**$_2$), *zwölf* (näherungsweise antikuboktaedrisch in **Si**licium-**VII**).

---

[61] **Literatur.** Allgemein. H. Schmidbaur: „*Kohlenstoff und Silicium*", Chemie in unserer Zeit **1** (1967) 184–188; H. Bürger: „*Anomalien in der Strukturchemie des Siliciums – wie ähnlich sind homologe Elemente?*", Angew. Chemie **85** (1973) 519–532, Int. Ed. **12** (1973) 474; R. Janoschek: „*Kohlenstoff und Silicium – wie verschieden können homologe Elemente sein?*" Chemie in unserer Zeit **21** (1988) 128–138; H. Bock: „*Grundlagen der Siliciumchemie: Molekülzustände Silicium enthaltender Verbindungen*", Angew. Chem. **101** (1989) 1659–1682; Int. Ed. **28** (1989) 1627; L. Vilkov, L.S. Khaikin: „*Stereochemistry of Compounds Containing Bonds between Si, P, Cl and N or O*", Topics Curr. Chem. **53** (1975) 25–70. Hypovalente und ungesättigte Si-Verbindungen. Vgl. Anm. [89,90)]. Hypervalente Si-Verbindungen. S.N. Tandura, M.G. Voronkov, N.V. Alekseev: „*Molecular and Electronic Structure of Penta- and Hexacoordinate Silicon Compounds*", Topics Curr. Chem. **131** (1986) 99–189; P.G. Harrison: „*Silicon, Germanium, Tin, and Lead*", Comprehensive Coord. Chem. **3** (1987) 183–234; C. Cumit, R.J.P. Corriu, C. Reye, J.C. Young: „*Reactivity of Penta- and Hexacoordinate Silicon Compounds and their Role as Reaction Intermediates*" Chem. Rev. **93** (1993) 1371–1448. Si-Clusterverbindungen. Vgl. Anm. [87)]. Substitutionsmechanismen. L.H. Sommer: „*Stereochemistry, Mechanism and Silicon*", McGraw-Hill, New York 1965; R.J.P. Corriu, C. Guerin: „*Nucleophilic Displacement at Silicon: Recent Developments and Mechanistic Implications*", Adv. Organometal. Chem. **20** (1982) 265–312; R.J.P. Corriu, M. Henner: „*The Siliconium Ion Question*", J. Organometal. Chem. **74** (1974) 1–28; R.J.P. Corriu, C. Guerin: „*Nucleophilic Displacement at Silicon. Stereochemistry and Mechanistic Implications*", J. Organometal. Chem. **198** (1980) 231–320; J. Chojnowski, W. Stanczyk: „*Dissoziative Pathways in Substitution: Silicon Cations R_3Si^+, $R_3Si^+ \leftarrow Nu$, and Silene-Type Species $R_2Si{=}X$ as Intermediates*", Adv. Organometal. Chem. **30** (1990) 243–307. Silicide. B. Atonsson, T. Lundström, S. Rundquist: „*Borides, Silicides, Phosphides*", Methuen, London 1969.

Vergleich von Silicium und Kohlenstoff[51, 61)]

Allgemeines. Bezüglich ihrer *Bindungsverhältnisse* und *Chemie* weisen Kohlenstoff und Silicium sowohl *Analogien* als auch *Diskrepanzen* auf. Analogie besteht z. B. in der s^2p^2-*Elektronenkonfiguration* beider Atome im Grundzustand ($^3P_0$-Grundterm; vgl. S. 100) und in der jeweils etwa gleich großen Energiedifferenz zwischen s- und p-Valenzorbital (5.3 bzw. 5.4 eV; vgl. Tab. 9 auf S. 97). Auch bilden Kohlenstoff und Silicium in der Regel *analog zusammengesetzte Verbindungen* (z. B. EH_4, E_2H_6, EX_4, EO, EO_2), die hinsichtlich ihrer *Eigenschaften* zudem in mancher Beziehung *verwandter* sind, als analog zusammengesetzte Verbindungen der rechts von Si/C stehenden Elementpaare N/P, O/S und F/Cl.

Zum Beispiel weisen die Wasserstoffverbindungen NH_3, H_2O, HF innerhalb der Hydride EH_3, EH_2, EH von Elementen der V., VI. und VII. Hauptgruppe anomal hohe *Schmelz-* und *Siedepunkte* auf (vgl. S. 287), wogegen in der IV. Hauptgruppe CH_4 hinsichtlich dieser Eigenschaft nicht aus der Reihe der homologen Wasserstoffverbindungen EH_4 herausfällt (Sdp. für $CH_4/SiH_4/GeH_4/SnH_4/PbH_4$ = − 161.5/− 112.3/ − 88.4/− 52.5/− 13 °C). Auch nimmt in der V. und VI. Hauptgruppe die *Dissoziationsenergie* DE der EE-Einfachbindungen beim Übergang von $H_2N—NH_2$ bzw. HO—OH zu dem schwereren Homologen $H_2P—PH_2$ bzw. HS—SH entgegen der Regel zu (vgl. S. 312), während sich diese im Falle der Wasserstoffverbindungen $H_3E—EH_3$ der Elemente der IV. Hauptgruppe – der Erwartung entsprechend – in Richtung $H_3C—CH_3$, $H_3Si—SiH_3$ erniedrigt (DE für $C_2H_6/Si_2H_6/Ge_2H_6$ ca. 370/310/250 kJ/mol).

Die Diskrepanzen der Eigenschaften von Kohlenstoff- und Siliciumverbindungen gehen andererseits – wie bei den Verbindungen der links und rechts von C/Si im Periodensystem stehenden Elementpaare B/Al, N/P, O/S, F/Cl – u. a. auf die Erniedrigung der *Elektronegativität*, die Verringerung der *Bindungsbereitschaft des s-Valenzatomorbitals* sowie die Abnahme der *Neigung zur Ausbildung von π-Bindungen* beim Übergang vom leichteren zum schwereren Element zurück.

Die *Elektronegativitäten* EN der Elemente sind nach Mulliken proportional der Summe von *Ionisierungsenergie* IE und *Elektronenaffinität* EA der Elementatome (vgl. S. 144). Allerdings verwendet man zur EN-Berechnung nicht IE und EA für den Atomgrundzustand (s^2p^2 für C/Si; $IE_{C/Si}$ = 11.26/8.15 eV; $EA_{C/Si}$ = 1.12/1.36 eV), sondern für den Atomvalenzzustand[62)]. Sowohl im Grund- als auch im Valenzzustand ist der Übergang vom Kohlenstoff zum Silicium mit einer *Erniedrigung der Ionisierungsenergie* und einer *Erhöhung der Elektronenaffinität* verbunden.

In der Tat ist es eher das von Kohlenstoff und seinen Verbindungen *abweichende Verhalten* des Siliciums und seiner Verbindungen, das siliciumhaltige *Massengebrauchsgüter* wie Halbleiter (S. 880), Silicate (Beton, Ton, Keramik, Gläser, Wasserglas) bzw. Silicone nützlich machen. Wie nachfolgend näher erläutert wird, können die Diskrepanzen zwischen Kohlenstoff- und Siliciumverbindungen im einzelnen so eingreifend sein, daß sich die Gruppenverwandtschaft beider Elemente gegebenenfalls nur noch schwer erkennen läßt. Tatsächlich fällt aber jeweils lediglich eine besonders *starke Eigenschaftsänderung* ins Auge, die sich – *schwächer* ausgeprägt, doch vielfach sogar *gleichsinnig* – bei den schwereren Homologen des Siliciums fortsetzt.

Bindungspolaritäten. Ein Beispiel einer drastischen Eigenschaftsänderung bietet die *Umkehr (!) der Bindungspolarität* beim Übergang von CH- zu SiH-Bindungen aufgrund der Tatsache, daß die Elektronegativität von Wasserstoff (2.20) zwischen der von Kohlenstoff (2.50) und Silicium (1.74) liegt. *Methan* CH_4 und *Silan* SiH_4 mit den charakteristischen Gruppierungen $C^{\delta-}—H^{\delta+}$ und $Si^{\delta+}—H^{\delta-}$ weisen demzufolge unterschiedliche Reaktivitäten auf (z. B. Wasserstoffentwicklung bei Einwirkung der Säure H^+ nur in letzterem Falle). Ganz allgemein ist der Übergang von CX- zu SiX-Bindungen mit einer deutlichen *Änderung der Bindungs-*

---

62 Die Ionisierungsenergie des Valenzzustandes $IE_V(sp^3)$ von sp^3-hybridisiertem Kohlenstoff bzw. Silicium ergibt sich aus den Ionisierungsenergien IE(s) und IE(p) von s- und p-Elektronen des durch Elektronenanregung aus dem s^2p^2-Atomgrundzustand (^3P-Zustand) erreichbaren sp^3-Atomzustand (^5S-Zustand) gemäß $IE_V(sp^3) = \frac{1}{4}IE(s) + \frac{3}{4}(IE)(p)$ zu $\frac{1}{4} \times 24.7 + \frac{3}{4} \times 12.4 = 15.5$ eV (C) bzw. $\frac{1}{4} \times 19.8 + \frac{3}{4} \times 9.8 = 12.3$ eV (Si).

polaritäten verbunden (Polaritätsumkehr für X = H, B, Ge, P, As, Te, I, At). Sie hat im Falle elektronegativerer Elemente X vergleichsweise *kurze* SiX-Bindungsabstände, *hohe* SiX-Bindungsenergien, *große* SiXSi-Bindungswinkel sowie *kleine* X-Basizitäten in Verbindungen mit SiX- oder SiXSi-Gruppierungen bzw. *große* XH-Aciditäten in Verbindungen mit SiXH-Gruppierungen zur Folge. Die SiX-Einfachbindungsenergien sind vielfach entgegen der Regel sogar größer als entsprechende CX-Bindungsenergien (z. B. CN/SiN = 305/335 kJ/mol; CO/SiO = 358/444 kJ/mol; CF/SiF = 489/595 kJ/mol).

Man hat zur *Erklärung des auffallenden Gangs der betreffenden Elementeigenschaften* beim Übergang von den vierwertigen gesättigten Kohlenstoff- zu analogen Siliciumverbindungen die – beim Kohlenstoff nicht gegebene – Möglichkeit zur Betätigung von d-Atomorbitalen der Valenzschale beim Silicium und damit zur Ausbildung von $d_\pi p_\pi$-Bindungen herangezogen. Im Sinne der Elektronenformeln

$$H_3C{-}\ddot{N}(CH_3)_2 \qquad H_3C{-}\ddot{\underset{..}{O}}{-}CH_3 \qquad H_3C{-}\ddot{\underset{..}{O}}{-}H$$

$$H_3Si \leftrightharpoons N(SiH_3)_2 \qquad H_3Si \leftrightharpoons O \leftrightharpoons SiH_3 \qquad H_3Si \leftrightharpoons O{-}H$$

ergibt sich dann folgendes in Bestätigung der Experimentalbefunde: (i) Die *Bindungswinkel* α an N und O *vergrößern* sich beim Übergang von den Methyl- zu den Silylverbindungen des Stickstoffs bzw. Sauerstoffs (pyramidales Trimethylamin $(CH_3)_3N$ mit $\alpha = 110.6°$; planares Trisilylamin $(SiH_3)_3N$ mit $\alpha = 120°$; gewinkelter Dimethylether $(CH_3)_2O$ mit $\alpha = 111.5°$; gewinkelter Disilylether $(SiH_3)_2O$ mit $\alpha = 144.1°$). (ii) Die *Bindungsenergie* der SiN-, SiO- bzw. SiF-Einfachbindung ist größer als die der CN-, CO- bzw. CF-Einfachbindung. (iii) Die *Länge* der SiN-, SiO- und SiF-*Bindung* ist kleiner, als es – trotz Berücksichtigung der Schomaker-Stevenson-Korrektur (S. 145) – der Summe der kovalenten Radien der an den Bindungen beteiligten Atomen entspricht. (iv) Trisilylamin $(H_3Si)_3N$ stellt eine *schwächere Base* (blockiertes freies Elektronenpaar) als Trimethylamin $(H_3C)_3N$, Silanol H_3SiOH eine *stärkere Säure* als Methanol H_3COH dar[63].

Tatsächlich belegen aber *ab initio Kalkulationen* nur eine *geringe d-Atomorbitalbeteiligung* an der Bildung der Molekülorbitale einer SiX-Bindung[64]. Demnach führt man die Winkelaufweitung beim Übergang vom Dimethyl- zum Disilylether oder vom Trimethyl- zum Trisilylamin besser auf die *Erhöhung der Bindungspolaritäten* in Richtung CO/SiO und CN/SiN zurück. In anschaulicher Weise läßt sich der Sachverhalt etwa damit erklären, daß die SiO- und SiN-Bindungen in $\geq$SiESi$\leq$ hinsichtlich ihrer Polarität eine *Zwischenstellung* zwischen reiner Kovalenz (erwarteter Winkel Si—E—Si 109.5°) und reiner *Elektrovalenz* (erwarteter Winkel $Si^+E^{2-}Si^+$ 180°) einnehmen (bezüglich einer Erklärung auf MO-theoretischer Grundlage vgl. S. 354). Die Umhybridisierungen am Sauerstoff und Stickstoff ($sp^3 \rightarrow sp/sp^2$) bedingen dann deren Basizitätserniedrigung bzw. Aciditätserhöhung (vgl. Aciditätserhöhung in Richtung $C_2H_6 < C_2H_4 < C_2H_2$, S. 850). Auch rühren die vergleichsweise großen SiN-, SiO- sowie SiF-Bindungsenergien und kleinen entsprechenden Bindungsabstände von der Bindungspolaritätserhöhung in Richtung CN/SiN bzw. CO/SiO bzw. CF/SiF her. Offensichtlich berücksichtigt die Schomaker-Stevenson-Gleichung (s. dort) die durch wachsende Bindungspolarität verursachte Abstandsverkürzung und die damit verbundene Bindungsverstärkung nicht in ausreichendem Maße[65] (bessere Resultate liefert die Schomaker-Stevenson-Haaland-Gleichung, S. 145).

Hypovalente Verbindungen[61]. Die *Abnahme der Bindungsbereitschaft des s-Valenzorbitals* in Richtung Kohlenstoff, Silicium – und darüber hinaus – Germanium, Zinn, Blei dokumentiert sich in der in gleicher Richtung *wachsenden Stabilität der hypovalenten Stufen*[66]. Unter den

---

63 Aus der von Silicium, Stickstoff bzw. Sauerstoff zu den schwereren Homologen hin abnehmenden Tendenz zur Ausbildung von $d_\pi p_\pi$-Bindungen erklärt sich zudem, daß (v) $(H_3Ge)_2O$ stärker gewinkelt ist als $(H_3Si)_2O$ und daß $(H_3E)_3P$ (E = Si, Ge) zum Unterschied von planarem $(H_3E)_3N$ pyramidale Struktur hat, daß (vi) GeN-, GeO- bzw. GeF-Bindungen, verglichen mit der Summe der kovalenten Radien, weniger verkürzt sind als die analogen SiX-Bindungen und daß (vii) $(H_3Ge)_3N$, $(H_3Sn)_3N$, $(H_3Si)_3P$, $(H_3Si)_3As$ bzw. $(H_3Si)_3Sb$ stärker basisch sind als $(H_3Si)_3N$ (Trigermylamin ist etwa so basisch wie Trimethylamin, Tristannylamin basischer; Trisilylphosphan bildet anders als Trisilylamin Addukte mit Lewis-Säuren).

64 d-Orbitalbeteiligungen an Bindungen verschwinden insbesondere bei den weniger elektronegativen Elementen. Leere σ^*-MOs (gegebenenfalls durch d-Orbitale polarisiert) der H_3Si-Gruppe in $H_3Si{-}X$ beteiligen sich demgegenüber etwas an den SiX-Molekülorbitalen.

65 In diesem Sinne verlaufen die (hypothetischen) Reaktionen $H_3C{-}EH_n + SiH_3 \rightarrow H_3Si{-}EH_n + CH_3$ nicht nur bei elektronegativen EH_n-Gruppen (z. B. NH_2, OH, SH, F, Cl), sondern auch bei elektropositiven EH_n-Gruppen (z. B. Li, Na) unter Energiegewinn, während sie sich bei Gruppen mit Si-vergleichbarer Elektronegativität (z. B. H, PH_2, CH_3, SiH_3, BH_2, AlH_2) unter Energieverlust abwickeln. In der Bindungsverstärkung beim Übergang sowohl von $H_3C^{\delta-}{-}Li^{\delta+}$ zu $H_3Si^{\delta-}{-}Li^{\delta+}$ als auch von $H_3C^{\delta+}{-}F^{\delta-}$ zu $H_3Si^{\delta+}{-}F^{\delta-}$ dokumentiert sich die Fähigkeit von Silicium, Elektronen leichter als Kohlenstoff aufzunehmen und auch abzugeben (s. o.).

66 hypo (griech.) = unter, weniger als gewöhnlich; hyper (griech.) = über, mehr als gewöhnlich.

hierzu zählenden *zweibindigen Verbindungen* $:EX_2$ (X z.B. H, F, Cl, R) sind zwar sowohl *Carbene* („*Methylene*", „*Methandiyle*") CX_2 als auch *Silylene* (*Silandiyle*) SiX_2 unter Normalbedingungen nicht isolierbar; doch erfolgen Komproportionierungen $E + EX_4 \rightleftarrows 2EX_2$ und Eliminierungen $EX_4 \rightleftarrows EX_2 + X_2$ im Siliciumfalle leichter (bei niedrigeren Temperaturen; vgl. S. 909) als im Kohlenstoffalle. Zum Unterschied von CX_2 und SiX_2 sind *Germylene (Germandiyle)* GeX_2 und *Stannylene* (*Stannandiyle*) SnX_2 mit X = Halogen unter Normalbedingungen bereits isolierbar, zeigen allerdings immer noch großes Bestreben, sich zur vierwertigen Stufe zu oxidieren, während im Falle der *Plumbylene* (*Plumbandiyle*) PbX_2 die Beständigkeit der Zweiwertigkeit die der Vierwertigkeit deutlich übertrifft (C, Si, Ge, Sn finden sich in der Natur nur *vierwertig*, Pb ausschließlich *zweiwertig* vor).

Nachfolgend sei auf die „Stabilitätsverhältnisse" *von zweiwertigen* Tetrelen (C, Si, Ge, Sn, Pb) sowie auf die „Struktur"- und „Bindungsverhältnisse" von *zweibindigen* und – ebenfalls zu den hypovalenten Stufen zählenden – *dreibindigen* Tetrelen etwas näher eingegangen.

Stabilitätsverhältnisse. Die Tetrel(IV)-Verbindungen EX_4 enthalten – extrem formuliert – Kationen E^{4+} der *Valenzelektronenkonfiguration* $\mathbf{s^0}$, die Tetrel(II)-Verbindungen $:EX_2$ Kationen $:E^{2+}$ der Konfiguration $\mathbf{s^2}$. Wegen der wachsenden Kernladung in Richtung C, Si, Ge, Sn, Pb werden die beiden s-Außenelektronen in gleicher Richtung stärker durch den Atomkern angezogen, was ihre Tendenz zur Hybridisierung verkleinert. Da die s-Außenelektronen darüber hinaus wegen abnehmender *Elektronenabschirmung* im Falle der Übergänge Si^{2+}/Ge^{2+} sowie Sn^{2+}/Pb^{2+} (vgl. S. 313) und stark wachsender *relativistischer Effekte* im Falle des Übergangs Sn^{2+}/Pb^{2+} (vgl. S. 338) eine zusätzlich elektrostatische und relativistische Anziehung durch den Atomkern erfahren, sinkt ihre *Bereitschaft zur Abgabe* (Loslösung) in Richtung Si^{2+}/Ge^{2+} stärker, in Richtung Ge^{2+}/Sn^{2+} noch deutlich und in Richtung Sn^{2+}/Pb^{2+} drastisch (vgl. analoge Verhältnisse beim Übergang $Al^+/Ga^+/In^+/Tl^+$). Zinn und insbesondere Blei weisen bereits eine ausgeprägte *wässerige Sn(II)- bzw. Pb(II)-Chemie* auf (Näheres S. 964, 976).

Die gasförmigen Tetreldihalogenide $:EX_2(s^2)$ sind hinsichtlich der *Disproportionierung* $2EX_2(g) \rightleftarrows E(f) + EX_4(g)$ in feste Tetrele E und gasförmige Tetreltetrahalogenide $EX_4(s^0)$ unter Normalbedingungen teils *thermodynamisch instabil* (E = C, Si, Ge), teils *stabil* (E = Pb; die Dihalogenide SnX_2 stellen Grenzfälle dar). Allerdings ist die Gleichgewichtseinstellung bei normalen und leicht erhöhten Temperaturen *kinetisch gehemmt* (bezüglich des Transports von Si über gasförmiges SiX_2 bei Temperaturen um 1000 °C, vgl. S. 910). Kühlt man die bei höheren Temperaturen in der Gasphase stabilen Dihalogenide $:EX_2$ ab (im Falle von SiX_2 muß man abschrecken), so erfolgt eine EX_2-*Polymerisation*, die – falls das s^2-Valenzelektronenpaar wie bei den leichteren Tetrelen (C, Si) *hybridisierungswilliger ist* – unter *Bindungsbeteiligung* beider s-Elektronen zu Verbindungen mit EE-Bindungen führt (u.a. Bildung von $—CF_2—CF_2—CF_2—$ aus CF_2, bzw. von $—SiF_2—SiF_2—SiF_2—$ aus SiF_2) und – falls es wie bei den schwereren Tetrelen (Ge, Sn, Pb) *weniger hybridisierungswillig* ist – unter *Bindungsausschluß* beider s-Elektronen Verbindungen mit EXE-Brücken liefert (vgl. Strukturen von $(EX_2)_x$, S. 959, 964, 976). *Elektropositivere (elektronenschiebende) Substituenten* X begünstigen *kovalente EE-Wechselwirkungen, elektronegativere Substituenten* X *elektrovalente* (*elektronenziehende*) *EXE-Beziehungen*. Demgemäß erfolgt der erste Schritt der Polymerisation von $:EX_2$, die *Dimerisierung*, im Falle der Tetreldiorganyle ER_2 unter Ausbildung von EE-Doppelbindungen und die der Tetreldifluoride $:EF_2$ (E jeweils Si, Ge, Sn, Pb) unter Ausbildung von EXE-Brückenbindungen (für R = sperriges $CH(SiMe_3)_2$ ist das Dimere Polymerisationsendprodukt, s. weiter unten):

$$2\ddot{E}R_2 \underset{R\,=\,CH(SiMe_3)_2}{\overset{E\,=\,Si,\,Ge,\,Sn,\,(Pb)}{\rightleftharpoons}} R_2E{=}ER_2; \qquad 2\ddot{E}F_2 \overset{E\,=\,Si,\,Ge,\,Sn,\,(Pb)}{\rightleftharpoons} F{-}\ddot{E}{<}^{F}_{F}{>}\ddot{E}{-}F.$$

Entsprechend der Abnahme der Bindungsbereitschaft der s-Elektronen erniedrigt sich die Dissoziationsenergie für die Spaltung von $R_2E{=}ER_2$ in Richtung $E = C > Si \gg Ge > Sn \gg Pb$ (s. weiter unten; die Pb-Verbindungen zeigen keine Tendenz zur Bildung von $R_2Pb{=}PbR_2$); auch ist der Energiegewinn der Dimerisierungen $2SiF_2 \rightleftarrows F_2Si{=}SiF_2$ und $2SiF_2 \rightleftarrows FSiF_2SiF$ nach Berechnungen etwa gleich groß, während im Falle von CF_2 die Bildung von $F_2C{=}CF_2$, im Falle von GeF_2 die Bildung von $FGeF_2GeF$ eindeutig energiebegünstigt ist.

Struktur- und Bindungsverhältnisse. Die *elektronischen* und *räumlichen* Strukturen der hypovalenten Stufen EX_2 und EX_3 der Tetrele E erfahren einschneidende Änderungen beim Übergang von den Kohlenstoff- zu den Siliciumverbindungen. So weist „*Methylen*" $\dot{C}H_2$ einen diradikalischen *Triplett-* (a), „*Silylen*" $:SiH_2$ einen nichtradikalischen *Singulett-Grundzustand* (b) auf; auch ist im Grundzustand das „*Methylradikal*" $\cdot CH_3$ *planar* (c), das „*Silylradikal*" $\cdot SiH_3$ *pyramidal* (d) gebaut (anderen zwei- und dreiwertigen Si-Verbindungen SiX_2 und SiX_3 sowie den schwereren Homologen EX_2 und EX_3 mit elektronegativem X kommt eine SiH_2- und SiH_3-analoge Struktur zu):

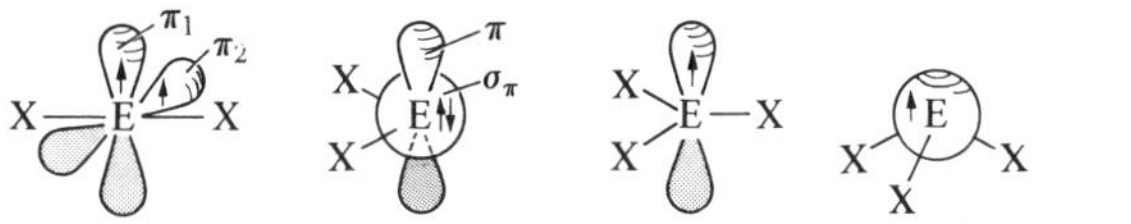

Triplett-EX_2 (a) *Singulett-EX_2* (b) *planares EX_3* (c) *pyramidales EX_3* (d)

Zur *Ableitung der Struktur*verhältnisse in zwei- oder dreiwertigen Verbindungen EX_2 oder EX_3 geht man mit Vorteil von folgenden extremen Bindungssituationen aus: (i) E betätigt sp- oder sp^2-Hybridorbitale für die EX-Bindungen und p-Valenzorbitale (= π-Molekülorbitale) für die freien Valenzelektronen (a, c) bzw. (ii) E betätigt p-Valenzorbitale für die EX-Bindungen und das s-Valenzorbital für die freien Valenzelektronen (b, d). Die tatsächlich beobachteten Strukturen liegen zwischen diesen Extremen mit Valenzwinkeln im Bereich 180–90° (a/b) bzw. 120–90° (c/d). In diesem Zusammenhang ist zu beachten, daß eines der beiden energieentarteten π-Molekülorbitale in (a) – nämlich das π_2-MO – im Zuge der EX_2-Abwinkelung *energetisch abgesenkt* wird und – in wachsendem Ausmaß – s-Charakter annimmt (Übergang in ein σ_π-Molekülorbital; vgl. (b) und Walsh-Diagramm auf S. 354). Dies führt zugleich – ab einer bestimmten Energiedifferenz – zu einem Übertritt des energiereicheren ungepaarten π-Elektrons in das energieärmere σ_π-MO unter Spinumkehr (vgl. Ligandenfeld-Theorie, S. 1250), d.h. zur Umwandlung des *Triplett-Grundzustandes* ($^3B_1$-Zustand) in einen *Singulett-Grundzustand* ($^1A_1$-Zustand). In ersterem Falle ist dann der Singulett-, in letzterem Falle der Triplett-Zustand der erste angeregte Zustand von EX_2 (vgl. Tab. 80)[67]:

Tab. 80 Struktur und Energieverhältnisse von EH_2 und EH_3 (E = C, Si, Ge) im Grund- und angeregten Zustand

	$\dot{C}H_2 \xrightarrow[\text{[kJ/mol]}]{+38}$	$:CH_2$	$:SiH_2 \xrightarrow[\text{[kJ/mol]}]{+88}$	$\dot{S}iH_2$	$:GeH_2 \xrightarrow[\text{[kJ/mol]}]{+96}$	$\dot{G}eH_2$	$\cdot CH_3$	$\cdot SiH_3$	$\cdot GeH_3$
Symmetrie	C_{2v}	C_{2v}	C_{2v}	C_{2v}	C_{2v}	C_{2v}	D_{3h}	C_{3v}	C_{3v}
Valenzwinkel	134°	102°	92.8°	118.5°	92°	120°	120°	111°	≈ 110°
Inversions-Barriere $\left[\frac{kJ}{mol}\right]$	25	117	285	105			0	24	23

Als Folge der erwähnten Abnahme der Bindungstendenz des s-Valenzorbitals in Richtung Kohlenstoff → Silicium erhöht sich beim Übergang von $\dot{C}H_2$ zu $\dot{S}iH_2$ bzw. von $:CH_2$ zu $:SiH_2$ der prozentuale s-Anteil des mit einem oder zwei Elektronen besetzten σ_π-Molekülorbitals (um 15 bzw. 30%) und demgemäß auch der prozentuale p-Charakter der bindenden Elektronen in den σ_{EH}-MOs (vgl. S. 354). Die s/p-Hybridisierung der von E für seine EH-Bindungen betätigten sp^x-Hybridorbitale ist also für Silicium unvollständiger als für Kohlenstoff, so daß insgesamt die *Hybridisierungswilligkeit* in Richtung Kohlenstoff, Silicium sinkt (vgl. hierzu Anm.[67] auf S. 361). Als Folge hiervon erniedrigt sich der Bindungswinkel in Richtung CH_2, SiH_2 (vgl. Tab. 80); auch sind Bindungen zwischen Si und einem bestimmten Partner X, unabhängig von der Hybridisierung, d.h. der Koordinationsgeometrie des Siliciums (tetraedrisch in >Si<, trigonal in >Si=, digonal in —Si≡) vergleichbar stark (vgl. Verhältnisse bei Kohlenstoff, S. 850).

In „*Derivaten*" EX_2 (Ersatz von H in EH_2 durch Gruppen X wie F, OH, NH_2, CH_3, SiH_3, BH_2, BeH, Li) führt (i) wachsende *Donortendenz freier X-Elektronenpaare* zu steigender *mesomerer Stabilisierung des Singulett-Zustandes* (X—Ë=X ↔ Ẍ—Ë—Ẍ ↔ X=Ë—Ẍ; geringerer Einfluß auf den Triplett-Zustand), (ii) sinkende *X-Elektronegativität* zu steigender *induktiver Stabilisierung des Triplett-Zustandes* (geringerer Einfluß auf den Singulett-Zustand)[68]. Die Resonanzstabilisierung ist bei Singulett-Carbenen größer als bei Singulett-Silylenen und bedingt bei ersteren zum Teil sogar einen Singulett-Molekülgrund-

[67] Die gewinkelte Struktur von CH_2 bzw. SiH_2 (jeweils 6 Valenzelektronen) sowie pyramidale Struktur von SiH_3 (7 Valenzelektronen) steht in Übereinstimmung mit den Walsh-Regeln (S. 355), die planare Struktur von CH_3 (7 Valenzelektronen) nicht. In letzterem Falle ist offensichtlich die Inversionsbarriere verschwindend klein, was damit in Übereinstimmung steht, daß NH_3 (8 Valenzelektronen) eine vergleichsweise kleine Inversionsbarriere aufweist (24.5 kJ/mol; vgl. S. 658), und mit dem Übergang von $NH_3 \rightarrow CH_3$ ein Elektron aus einem für die Abwinkelung maßgeblichen MO entfernt wird.

[68] Die relative Stabilität von EX_2 läßt sich durch die für den Vorgang $2EX_3 \rightleftarrows EX_2 + EX_4$ benötigte (ΔH = pos.) oder erhältliche (ΔH = neg.) „*EX_2-Stabilisierungsenergie*" abschätzen; sie beträgt für CH_2 23.4, für CF_2 −175, für CNH −327, für CO −305, für SiH_2 −80.8, für CH_3SiH −79.1, für SiH_3SiH −54.0, für $SiCl_2$ −182, für SiF_2 −227 und für GeH_2 −108 kJ.

zustand (:CF_2, :$C(OH)_2$, :$C(NH_2)_2$). Eine besondere Stabilisierung erfährt CH_2 nach Ersatz beider Wasserstoffatome durch zweibindige Reste mit freiem Elektronenpaar (z. B. NR, O); *Kohlenmonoxid* C≡O und *Isonitrile* C≡NR sind aus diesem Grunde – anders als SiO und SiNR – bereits *isolierbar*[68]. Elektropositive Substituenten bewirken eine Vergrößerung der Triplett-/Singulett-Energieaufspaltung bei den Triplett-Carbenen und eine entsprechende Verkleinerung bei den Singulett-Silylenen[68]. Allerdings führen nur sehr elektropositive Substituenten Silylene zu einem Triplett-Molekülgrundzustand ($\dot{S}iLi_2$, $\dot{S}i(BeH)_2$). *Ganz allgemein wird ein Kohlenwasserstoff nach H/F-Substitution siliciumwasserstoffähnlicher und ein Siliciumwasserstoff nach H/SiR$_3$-Substitution kohlenwasserstoffähnlicher.*

Ungesättigte Verbindungen[61]. Kohlenstoff und Silicium unterscheiden sich durch ihre unterschiedliche *Neigung zur Mehrfachbindungsbildung* (*$p_\pi p_\pi$-Bindungsbildung*). Sie ist im ersten Falle sehr hoch, im zweiten sehr gering (ungesättigte Si-Verbindungen sind noch instabiler als entsprechende P-Verbindungen; die Stabilität sinkt in Richtung ungesättigter Ge-, Sn- und Pb-Verbindungen noch weiter; vgl. S. 734, 956, 963, 975). So kommt es, daß ungesättigten *monomeren* Verbindungen des *Kohlenstoffs* wie Ethylen $H_2C{=}CH_2$, Ketonen $R_2C{=}O$, Kohlendioxid O=C=O, Calciumcarbid $[Ca^{2+}][:C{\equiv}C:^{2-}]$ in der Chemie des *Siliciums* unter normalen Bedingungen mehrfachbindungsfreie *polymere* Produkte gegenüberstehen: Polysilylen $(-H_2Si-SiH_2-)_x$, Silicone $(-R_2Si-O-)_x$, Siliciumdioxid $(SiO_2)_x$, Calciumdisilicid $[Ca^{2+}]_x$ $[{>}Si-Si{<}^{2-}]_x$.

Stabilitätsverhältnisse. Nur bei *niedrigen Drücken* und *hohen Temperaturen* lassen sich $p_\pi p_\pi$-ungesättigte Siliciumverbindungen wie Si≡O, Si≡S in der Gasphase als thermodynamisch unter diesen Bedingungen stabile Produkte erzeugen (s. dort). Wegen ihrer großen Tendenz zur „Assoziation" (s. o.) bleiben sie aber auch bei äußerst raschem Abschrecken der Gase nicht als solche erhalten. Dementsprechend entstehen ungesättigte Siliciumverbindungen >Si=Y (Y u. a. Si<, C<, N—, P—, O, S) unter Normalbedingungen in der Regel nur als *reaktive*, durch geeignete Abfangreaktionen nachweisbare *Zwischenprodukte* (S. 894, 903), die sich nach ihrer Erzeugung in Abwesenheit von „Fängern" augenblicklich *polymerisieren* (häufig: *dimerisieren*), z. B.:

$$2\ \begin{matrix} Me_2Si-C(SiMe_3)_2 \\ |\quad\ \ | \\ F\quad Li \end{matrix} \xrightarrow[\text{rung bei }10\,^\circ C]{\text{LiF-Eliminie-}} \begin{matrix} Me_2Si{=}C(SiMe_3)_2 \\ + \\ (Me_3Si)_2C{=}SiMe_2 \end{matrix} \xrightarrow[\text{sierung}]{\text{Dimeri-}} \begin{matrix} Me_2Si-C(SiMe_3)_2 \\ |\qquad | \\ (Me_3Si)_2C-SiMe_2 \end{matrix}$$

Eine Isolierung *instabiler* ungesättigter Siliciumverbindungen ist allenfalls bei sehr *tiefen Temperaturen in einer Matrix* möglich (vgl. S. 915, 917). Auch lassen sich bei *hoher sterischer Abschirmung* der $p_\pi p_\pi$-Bindungen ungesättigte Siliciumverbindungen – wie etwa die nachfolgend aufgeführten Substanzen mit Si=Si-, Si=C-, Si=N-, Si=P-, Si=As- und Si=S-Doppelbindungen – unter Normalbedingungen in kondensierter Phase als *metastabile* Produkte erhalten (Me = CH_3, Et = C_2H_5, ^iPr = $CHMe_2$, ^tBu = CMe_3, Mes = 2,4,6-$Me_3C_6H_2$; Is = 2,4,6-$^iPr_3C_6H_2$; Mes* = 2,4,6-$^tBu_3C_6H_2$; Dsi = $(Me_3Si)_2CH$; Tbt = 2,4,6-$(Dsi)_3C_6H_2$; E = Si, Ge; vgl. auch S. 956):

$Mes_2Si{=}SiMes_2$ $Dsi_2Si{=}SiDsi_2$ $(Me_3Si)_2Si{=}C(OSiMe_3)(CEt_3)$ $Me_2Si{=}C(SiMe^tBu_2)(SiMe_3)$

$^tBu_2Si{=}N-Si^tBu_3$ $Mes_2E{=}P-Mes^*$ $Is_2E{=}As-Si^iPr_3$ $(Is)(Tbt)E{=}S$ $(Is)(Tbt)E{=}Se$

Der Grund für die „*sterische*" Stabilisierung ungesättigter Si-Verbindungen ist die Erhöhung der Koordinationszahl der ungesättigten Atome um eine Einheit im Zuge der Dimerisierung von >Si=Y.

Ähnlich wie ungesättigte Siliciumverbindungen sind auch viele *ungesättigte Kohlenstoffverbindungen* unter Normalbedingungen *thermodynamisch* gegen Polymerisation *instabil* (vgl. Polyethylenbildung aus Ethylen $H_2C{=}CH_2$)[69]. Entsprechendes gilt – von wenigen Ausnah-

---

69 Der *Energiegewinn* durch Polymerisierung ist für ungesättigte Siliciumverbindungen höher als für ungesättigte Kohlenstoffverbindungen (z. B. $H_2C{=}CH_2 \rightarrow \frac{1}{n}(H_2CCH_2)_n + 108$ kJ bzw. $H_2Si{=}CH_2 \rightarrow \frac{1}{2}(H_2SiCH_2)_2 + 160$ kJ). Die

men abgesehen (z. B. N≡N, O=C=O) – ganz allgemein für Element-Element-Gruppierungen mit $p_\pi p_\pi$-Bindungen: Letztere gehen unter Energiegewinn in σ-Bindungen über, es sei denn, sie würden zusätzlich – wie etwa im Falle des Benzols C_6H_6 – stabilisiert. Zum Unterschied von den ungesättigten Siliciumverbindungen sind die ungesättigten Kohlenstoffverbindungen jedoch bezüglich einer Polymerisation *kinetisch stabil*. Die auf S. 133 erwähnte *Doppelbindungsregel* hat also im allgemeinen keine thermodynamischen, sondern *kinetische Ursachen*[69].

Die „Dissoziation" von Disilen $H_2Si{=}SiH_2$ in 2 Moleküle Singulett-Silylen $:SiH_2$ (bzw. von Digermen $H_2Ge{=}GeH_2$ in 2 Moleküle Singulett-Germylen $:GeH_2$) erfordert weit weniger Energie als die von Ethylen $H_2C{=}CH_2$ in 2 Moleküle Triplett-Methylen $\dot{C}H_2$. Paradoxerweise ist die Dissoziationsenergie der SiSi-Doppelbindung in Disilen (bzw. GeGe-Doppelbindung in Digermen) sogar kleiner als die der SiSi-Einfachbindung in Disilan $H_3Si{-}SiH_3$ (GeGe-Bindung in Digerman $H_3Ge{-}GeH_3$), während für Ethylen C_2H_4 und Ethan $H_3C{-}CH_3$ bekanntlich (und der Erwartung entsprechend) das Umgekehrte gilt; die EE-Bindungsabstände verkürzen sich demgegenüber einheitlich in Richtung Einfach-, Doppelbindung:

	$H_3C{-}CH_3$	$H_2C{=}CH_2$	$H_3Si{-}SiH_3$	$H_2Si{=}SiH_2$	$H_3Ge{-}GeH_3$	$H_2Ge{=}GeH_2$
EE-Diss.Energie/π-Anteil	368	710/272	310	270/ca. 110	276	155/ca. 100 kJ/mol
EE-Bindungsabstand	1.54	1.34	2.33	2.14	~2.44	2.29 Å

Die Ursache für die starke Abnahme der EE-Dissoziationsenergie beim Übergang von Ethylen zu Disilen (bzw. – stärker – zu Digermen, Distannen, Diplumben) beruht hierbei weniger auf der Abnahme der Bindungsstärke in gleicher Richtung (vgl. $H_3C{-}CH_3$, $H_3Si{-}SiH_3$ und $H_3Ge{-}GeH_3$), sondern ist insbesondere eine Folge der Stabilitätszunahme der Dissoziationsprodukte EH_2 beim Übergang von CH_2 zu SiH_2 und darüber hinaus GeH_2, SnH_2, PbH_2 (die Barriere der Rotation der H_2E-Gruppe in $H_2E{=}EH_2$ um die EE-Achse, die in Richtung C_2H_4, Si_2H_4, Ge_2H_4 abnimmt, kann als π-Anteil der EE-Doppelbindungsenergie interpretiert werden; vgl. Zusammenstellung). Wegen der vergleichsweise höheren Stabilität des Difluorsilylens $:SiF_2$[68] dimerisiert letzteres Teilchen bereits nicht mehr unter Ausbildung einer SiSi-Doppelbindung, sondern über Fluorbrücken (vgl. hierzu auch hypovalente Stufen, oben).

Struktur- und Bindungsverhältnisse. Der Reaktionsweg der Spaltung für $H_2E{=}EH_2$ ist unterschiedlich, je nachdem Triplett- oder Singulett-Moleküle EH_2 gebildet werden; die EH_2-Bruchstücke entfernen sich – nach der Vorschrift der Erhaltung der Orbitalsymmetrie (S. 399) – in ersterem Falle (Ethylen) in der $H_2E{=}EH_2$-Molekülebene (Bildung der Übergangsstufe (e), in letzterem Falle (Disilen) unter Abwinkelung aus der $H_2E{=}EH_2$-Molekülebene (Bildung der Übergangsstufe (f):

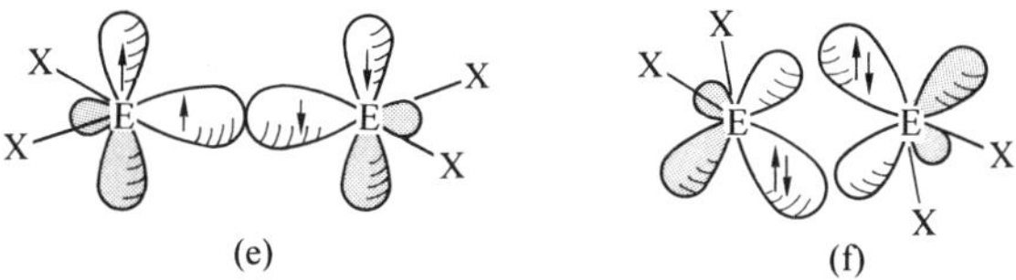

Da letzterer Prozeß zu Beginn der Spaltung praktisch keine Energie erfordert, müssen Disilene nicht notwendigerweise planar strukturiert sein, sondern können – wie für $H_2Si{=}SiH_2$ durch Berechnung belegt wurde – leicht pyramidalisierte Si-Atome enthalten (letztere Geometrie ist für Digermene und insbesondere Distannene die bevorzugte; Diplumbene liegen bereits vollständig dissoziiert vor)[70]. Die Umkehrung der Disilenspaltung, die *Dimerisierung von Silylenen* (bzw. Germylenen, Stannylenen), die aufgrund der mikroskopischen Reversibilität von Reaktionsabläufen ebenfalls über die Zwischenstufe (f) führt, stellt ein wichtiges Darstellungsverfahren für Disilene (Digermene, Distannene) dar (s. dort).

Hypervalente Verbindungen[61]. Gesättigte Siliciumverbindungen SiX_4 mit elektronegativen Resten X (z. B. Hal, O—, N<, C≤) besitzen zum Unterschied von gesättigten Kohlenstoff-

Aktivierungsenergien für die Dimerisierung von $H_2C{=}CH_2$ bzw. $H_2Si{=}CH_2$ betragen über 160 bzw. um 35 kJ/mol. Eine *thermodynamische Stabilisierung* ungesättigter Siliciumverbindungen dürfte in keinem Falle möglich sein (auch Silabenzole dimerisieren).

70 Der Winkel zwischen der EE-Achse und der H_2E-Winkelhalbierenden (*Faltungswinkel*; engl. *fold angle*) beträgt im Molekülgrundzustand 0° für $H_2C{=}CH_2$, 26° für $H_2Si{=}SiH_2$, 38° für $H_2Ge{=}GeH_2$, die *Planarisierungsenergie* ca. 4 kJ/mol für $H_2Si{=}SiH_2$, ca. 13 kJ/mol für $H_2Ge{=}GeH_2$, die *Isomerisierungsenergie* für $H_2E{=}EH_2 \rightarrow HE{-}EH_3$ (jeweils Singulett-/Triplett-Zustand) – /293 kJ/mol für $H_2C{=}CH_2$, 33/80 kJ/mol für $H_2Si{=}SiH_2$, 9/77 kJ/mol für $H_2Ge{=}GeH_2$.

verbindungen CX_4 *Koordinationstendenz* und bilden mit Donoren D wie Halogenid-Ionen, Ethern, Aminen *kationische, neutrale* und *anionische hypervalente („hyperkoordinative") Addukte* $SiX_4 \cdot D$, $SiX_4 \cdot 2D$ und – in Ausnahmefällen – $SiX_4 \cdot 3D$ und sogar $SiX_4 \cdot 4D$. Bei geeigneten Substituenten X mit Donorcharakter entstehen aus SiX_4 auch in Abwesenheit anderer Donoren (intra- bzw. intermolekulare) Komplexe. Beispielsweise bilden Trifluorsilylverbindungen $F_3SiCH_2O_2CR$ anders als entsprechende Trifluormethylderivate *intramolekulare* Addukte; auch sind Silylverbindungen $H_3Si—X$ und $H_3Si—Y—SiH_3$ anders als entsprechende Methylderivate in fester Phase nicht nur durch van-der-Waals-Beziehungen, sondern zusätzlich durch *intermolekulare* Koordinationsbindungen miteinander verknüpft, z. B.:

$F_3C—CH_2—O—C(=O)R$ $F_3Si(\leftarrow O=CR—O—CH_2—)$ $H_3C—F$ $\rightarrow SiH_3—F\rightarrow SiH_3—F\rightarrow$

Die hohe Koordinationstendenz des vierbindigen Siliciums ist auch dafür verantwortlich, daß *nucleophile Substitutionen*[61] an Silicium unter *Erhöhung der Koordinationszahl* (S_N2-Reaktionen) vergleichsweise *rasch* erfolgen, so daß etwa $SiCl_4$ zum Unterschied vom hydrolysestabilen CCl_4 – trotz festerer Chlorbindungen – durch *Wasser* leicht *hydrolysiert* wird. Die unter *Erniedrigung der Koordinationszahl* ablaufenden S_N1-Reaktionen, die beim Kohlenstoff häufig angetroffen werden, konnten demgegenüber beim Silicium bisher in keinem Falle sicher nachgewiesen werden, da sie offensichtlich hinsichtlich ihrer Geschwindigkeit nicht mit S_N2-Reaktionen konkurrieren können (vgl. SiR_3^+, S. 899)[70a].

Ähnlich wie gesättigte Silicium(IV)-Verbindungen weisen auch vierbindige *ungesättigte Silicium(IV)-Verbindungen* $X_2Si{=}Y$ sowie $Y{=}Si{=}Y$ und *zweibindige Silicium(II)-Verbindungen* $:SiX_2$ Koordinationstendenz auf und liefern mit Donoren Addukte des Typs $X_2SiY \cdot D$, $SiY_2 \cdot 2D$, $SiX_2 \cdot D$ und $SiX_2 \cdot 2D$.

Stabilitätsverhältnisse. Hinsichtlich bestimmter Silane wächst die Lewis-Basizität der Donoren in der Regel in Richtung $F^- >$ Amine $>$ Ether $> Cl^-, Br^-$, hinsichtlich bestimmter Donoren die Lewis-Acidität der Silane mit der Elektronegativität der Silansubstituenten. Die Sperrigkeit der Donoren und Silansubstituenten bestimmen darüber hinaus wesentlich die Adduktstabilitäten.

Strukturverhältnisse. Verbindungen SiX_4 bilden Donoraddukte mit 5fach koordiniertem *trigonal-bipyramidalem* (g) oder – seltener – *quadratisch-pyramidalem* (h), mit 6fach koordiniertem *oktaedrischem* (i) bzw. mit 7- oder 8fach koordiniertem *dreifach-* oder *vierfach-überkappt-tetraedrischem* Silicium (z. B. k)[71], Verbindungen $X_2Si{=}Y$ oder $Y{=}Si{=}Y$ wie $R_2Si{=}CR_2$, $R_2Si{=}NR$, $R_2Si{=}ML_n$, $L_nM{=}Si{=}ML_n$ (M = Metall, L = Ligand) ergeben Komplexe mit 4fach koordiniertem *verzerrt-tetraedrischem* Silicium (l, m)[71], Verbindungen SiX_2 Komplexe mit 3fach koordiniertem *pyramidalem* (n) bzw. 4fach koordiniertem *wippenförmigem* Silicium (o)[71]:

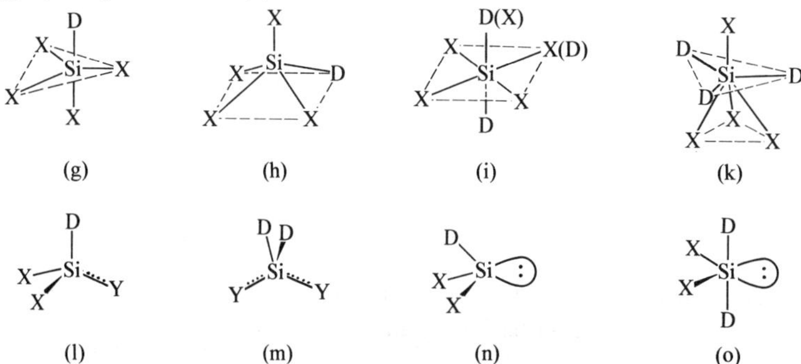

(g) (h) (i) (k)

(l) (m) (n) (o)

[70a] Die mit S_N1-Reaktionen verwandten Eliminierungs-/Additionsprozesse des Typs $X{\geq}Si—Y^- + Nu^- \rightarrow X^- + {>}Si{=}Y + Nu^- \rightarrow X^- + Nu{\geq}Si—Y^-$ (Substitution mit *Nachbargruppenhilfe*) werden in einigen Fällen beobachtet.

[71] Beispiele (acac = Acetylacetonat; py = Pyridin; bipy = α,α'-Bipyridin; THF = Tetrahydrofuran): **Typ (g)**: SiF_5^-, $Ph_2SiF_3^{2-}$, $SiCl_4(NMe_3)$, $PhSi(1,2\text{-}O_2C_6H_4)$, $Ph_3Si(bipy)^+$, $PhSi(acac)_2^+$; **Typ (h)**: $FSi(2,3\text{-}O_2C_{10}H_6)_2^-$, $Me_2NHCH_2Si(O_2C_6H_4)_2$; **Typ (i)**: SiF_6^{2-}, *trans*-SiF_4py_2, *cis*-SiF_4dipy, $Si(acac)_3^+$; **Typ (k)**: $HSi(o\text{-}C_6H_4—CH_2NMe_2)_3$ ($KZ_{Si} = 8$ in $H_2Si\{o,o'\text{-}C_6H_3(CH_2NMe_2)_2\}_2$); **Typ (l)**: $(Me_3N)Me_2Si{\cdots}C(SiMe_3)_2$, $(THF)Me_2Si{\cdots}N(Si^tBu_3)$; **Typ (m):** $(CO)_4Fe{\cdots}Si(py)_2{\cdots}Fe(CO)_4$; **Typ (n)**: $SiCl_3^-$; **Typ (o)**: $Si[C(PMe_2)_2(SiMe_3)]_2$ (vgl. S. 905).

Bindungsverhältnisse. Die Koordinationstendenz des vierbindigen Siliciums ist mit dessen Möglichkeit zur Betätigung von d-Valenzorbitalen erklärt worden (Kohlenstoff fehlen in der Valenzschale d-Atomorbitale). Eingehende quantenmechanische Berechnungen ergaben indes *keine wesentliche d-Atomorbitalbeteiligung* an den Bindungen des Siliciums in hypervalenten Verbindungen. Im Sinne des auf S. 361 Besprochenen beschreibt man infolgedessen die axialen Bindungen in (g), die zur Basis weisenden Bindungen in (h) bzw. alle Bindungen in (i) besser als *Dreizentren-Vierelektronenbindungen*, die äquatorialen Bindungen in (g) bzw. axialen Bindungen in (h) als *Zweizentren-Zweielektronenbindungen*. Die „Hypervalenz" versteht sich dann als *Summe kovalenter und elektrovalenter Bindungen*: Sie ist in (g)–(m) insgesamt größer als in SiX_4 bzw. $X_2Si{=}Y$ oder $Y{=}Si{=}Y$ (eine der Si=Y-Bindungen ist deutlich elektrovalenter Natur). Die Koordinationstendenz des *elektronegativ* substituierten vierwertigen Siliciums, die beim elektronegativ substituierten vierwertigen Kohlenstoff nicht gegeben ist (*elektropositiv* substituierter Kohlenstoff kann seine Koordinationszahl über vier hinaus erweitern), erklärt sich dann damit, daß Siliciumatome deutlich *elektropositiver* und *größer* als Kohlenstoffatome sind. Auch wird die Koordinationstendenz im Falle des Siliciums dadurch begünstigt, daß bei diesem Element – anders als im Falle von Kohlenstoff – Bindungsstärken weniger von der *Art bindungsbeteiligter Hybridorbitale* (p, sp^3, sp^2, sp) abhängen (s. oben)[72].

Cluster-Verbindungen[61]. Silicium kommt wie seinem leichteren Gruppenhomologen (C) und rechten Periodennachbarn (P) eine deutliche Tendenz zur Bildung von Elementclustern (Ketten, Ringe, Netzwerke) zu, wie u.a. aus der Existenz zahlreicher allotroper *Siliciummodifikationen* Si_n (S. 879) hervorgeht. Letztere weisen allerdings wegen der geringen Neigung des Siliciums zur Ausbildung von Mehrfachbindungen vielfach andere Strukturen auf als entsprechende Kohlenstoffmodifikationen und -cluster (S. 839). Bezüglich weiterer Verbindungen mit SiSi-Gruppierungen vgl. die *Silane* Si_nH_m (S. 894) und ihre Organylderivate, die *Halogensilane* Si_nX_m (S. 909) und eine Reihe niederer *Sauerstoffsäuren* des Siliciums (S. 922).

Der Verlauf der Ringspannungsenergie E_S cyclischer Verbindungen $(EH_2)_n$ mit der Ringgröße n ist für Kohlenstoff und Silicium im Bereich $n = 3, 4, 5$ unterschiedlich[73]: E_S [kJ/mol] = 117/113/klein (E = C) und 159/62/klein (E = Si) (E_S verschwindet für $n = 6$ und wächst für $n > 6$ wieder an). Der unerwartet niedrige Wert von E_S im Falle des Cyclopropans $(CH_2)_3$ erklärt sich dabei wie folgt: Die EE-Bindungsenergie sinkt in Richtung $(EH_2)_4 \rightarrow (EH_2)_3$ als Folge der wachsenden „E_n-Ringspannung" gleichermaßen für E = C und Si; die Abnahme wird aber im Falle von E = C durch eine Zunahme der Energie der EH-Bindungen kompensiert. Dieses Anwachsen beruht darauf, daß Kohlenstoff für seine CH-Bindung im Falle von $(CH_2)_4$ näherungsweise sp^3-Hybridorbitale, im Falle von $(CH_2)_3$ aber stärker bindende sp^2-Hybridorbitale betätigt (sp^3- und sp^2-Hybridorbitale führen beim Silicium zu vergleichbar starken Bindungen, s. oben).

Silicium-Ionen, Silicide[61]

Zum Unterschied von Kohlenstoff (S. 848) sind vom Silicium bisher *keine Verbindungen* mit kationischem Silicium bekannt. Kationen Si_n^+ (n bis über 100) bilden sich jedoch aus Siliciumdampf in der Ionenquelle eines Massenspektrometers (vgl. S. 75). Andererseits existieren eine Reihe von *Metallsiliciden* M_mSi_m (M insbesondere Alkali- und Erdalkalimetalle), in welchem – extrem formuliert – anionisches Silicium vorliegt (vgl. hierzu Zintl-Phasen, unten).

[72] Wandelt man im *Gedankenexperiment* eine Zweizentren-Zweielektronenbindung, an der ein sp^3-Hybridorbital des Kohlenstoffs oder Siliciums E = C, Si beteiligt ist, auf dem Wege über eine Zweizentren-Zweielektronenbindung mit ausschließlicher p-Orbitalbeteiligung in eine Dreizentren-Vierelektronenbindung um ($E(sp^3){-}X \rightarrow E(p){-}X \rightarrow X{-}E(p){-}X$), so erfordert der erste Schritt nur im Falle von Kohlenstoff Energie; beim zweiten Schritt wird in beiden Fällen Energie gewonnen, und zwar sowohl für den kovalenten Bindungsanteil (für C und Si vergleichbar) als auch für den elektrovalenten Bindungsanteil (für Si größer als für C). Führt man demgemäß etwa tetraedrisch gebautes EF_4 in planar strukturiertes über, d.h. wandelt man vier Zweizentren-Zweielektronenbindungen mit sp^3-Orbitalbeteiligung in zwei Dreizentren-Vierelektronenbindungen mit p-Orbitalbeteiligung um, so erfordert der Vorgang für E = Si weit weniger Energie (280 kJ/mol) als für E = C (640 kJ/mol).

[73] Die Bestimmung der Ringspannungsenergie erfolgt nach folgender Reaktion: $(EH_2)_n + H_3E{-}EH_3 \rightarrow n\,H_3E{-}EH_2{-}EH_3$ + Spannungsenergie („*homo-* oder *isodesmotische*" *Gleichung*).

Man kennt bisher folgende Alkali- und Erdalkalimetallsilicide (**„salzartige" Silicide**):

LiSi[a)]	–	–	–	–	–
NaSi[a)]	Mg_2Si	–	–	–	–
KSi[a)]	Ca_2Si	Ca_5Si_3	–	CaSi	$CaSi_2$
RbSi	Sr_2Si	Sr_5Si_3	–	SrSi	$SrSi_2$
CsSi	Ba_2Si	Ba_5Si_3	Ba_3Si_4	BaSi	$BaSi_2$

a) Es existieren auch Silicide der Zusammensetzung $Li_{22}Si_5$, $Li_{10}Si_3$, $Li_{13}Si_4$, $Li_{14}Si_6$, $Li_{12}Si$, $Na_{11}Si_{136}$, K_8Si_{46}.

Bis auf *blaues* $Li_{14}Si_6$ sind sie *metallisch grau* bis *silberhell*, hochschmelzend (z. B. Ca_2Si: Smp. 920 °C: CaSi: Smp. 1220 °C; $CaSi_2$: Smp. 1033 °C) und leiten den Strom mäßig bis schlecht. Sie lassen sich aus den betreffenden Elementen unter Stickstoff- und Sauerstoffausschluß bei höheren Temperaturen gewinnen und enthalten u.a. Silicid-Anionen des Typus $\mathbf{Si^{4-}}$ (isolierte Ionen, z.B. in M^{II}_2Si), $\mathbf{Si_2^{6-}}$ (Hanteln, z.B. in $M^{II}_5Si_3$ neben Si^{4-}-Anionen, sowie in $BaMg_2Si_2$), $\mathbf{Si_4^{6-}}$ (an einer Seite geöffneter Tetraeder, z.B. in Ba_3Si_4 (Fig. 192, S. 892)), $\mathbf{Si_4^{4-}}$ (Tetraeder, z.B. in M^ISi und $BaSi_2$), $[\mathbf{Si^{2-}}]_x$ (planare Zickzackketten, z.B. in $M^{II}Si$), $[\mathbf{Si^-}]_x$ (gewellte Sechsringschichten, z.B. in $CaSi_2$, dreidimensionaler Si-Verband, z.B. in LiSi, $SrSi_2$). Bezüglich weiterer Einzelheiten zur Struktur der Silicide, vgl. Zintl-Phasen (unten und Anm.[80)] auf S. 892), bezüglich ihrer Protolyse S. 895 und 901.

Neben den erwähnten mehr oder weniger hydrolyseempfindlichen „salzartigen" Siliciden der *Alkali-* und *Erdalkalimetalle* gibt es wie im Falle der homologen Carbide (S. 851) auch **„kovalente" Silicide** wie $B_{12}Si_n$ ($n = 1-4$; vgl. S. 990) sowie hydrolysebeständige, den Strom mehr oder weniger leitende, weniger hoch als analoge Carbide oder Boride schmelzende, spröde **„metallartige" Silicide** von fast allen *Übergangsmetallen* (Ausnahmen: Ag, Au, Zn, Cd, Hg; auch Metalle ab der III. Hauptgruppe bilden keine Silicide). Sie werden durch Zusammenschmelzen der Elemente und – vereinzelt – durch Coreduktion von SiO_2 und Metalloxiden mit Kohlenstoff oder Aluminium dargestellt und weisen die Zusammensetzungen M_nSi bzw. MSi_n (n im Bereich 1 bis 6) auf, z.B.: $\mathbf{M_5Si}$ (M = Cu), $\mathbf{M_3Si}$ (M = V, Cr, Mo, Mn, Fe, Pt, U), $\mathbf{M_2Si}$ (M = Zr, Hf, Ta, Ru, Rh, Ir, Ni, Ce), $\mathbf{M_3Si_2}$ (M = Hf, Th, U), **MSi** (M = Ti, Zr, Hf, Fe, Ce, Th, Pu), $\mathbf{MSi_2}$ (M = Ti, V, Nb, Ta, Cr, Mo, W, Re). *Uran* zeigt eine besonders große Verbindungsvielfalt und bildet Beispiele für wesentliche Silicid-Typen, nämlich: U_3Si mit *isolierten* Si-Atomen (Cu_3Au-Legierungsstruktur; elektrisch analog U_3Si gut leitende Legierungen sind auch V_3Si, Cr_3Si, Mo_3Si mit β-Wolfram-, Fe_3Si mit kubisch-innenzentrierter, Mn_3Si mit kubisch-flächenzentrierter Struktur), U_3Si_2 mit Si_2-*Inseln* (analog z.B. Hf_3Si_2, Th_3Si_2), USi mit Si-*Ketten* (analog z.B. TiSi, ZrSi, HfSi, ThSi, CeSi, PuSi), α-USi_2 mit einem Si-*Raumverband* (analog z.B. α-$ThSi_2$), β-USi_2 mit planar-hexagonalen Si-*Schichten* (analog bei anderen Actinoiden und auch Lanthanoiden). Wegen ihrer niedrigen Schmelzpunkte und ihrer Sprödigkeit eignen sich Silicide weniger als *Hartstoffe* (vgl. Anm.[110)], S. 918). Wegen ihrer Zunderbeständigkeit werden sie aber als Oxidationsschutzschichten auf hochschmelzenden Legierungen verwendet. $MoSi_2$ dient als Werkstoff für elektrische Heizleiter (Betrieb bis 1600 °C an der Luft möglich).

2.1.6 Zintl-Phasen[74)]

Bei der Kombination der Alkalimetalle M^I oder der schwereren Erdalkalimetalle M^{II} mit Elementen E der III. bis VI. Hauptgruppe des Periodensystems zu binären Verbindungen (Zusammensetzung häufig M^IE, $M^{II}E$, $M^{II}E_2$) ergeben sich vielfach Element-Teilstrukturen, die einen heteropolaren Aufbau der Verbindungen nahelegen. So verhalten sich etwa Elementatome E in Verbindungen der Zusammensetzung M^IE strukturell wie Elementatome der nächsthöheren Elementgruppe und mithin so, als wären sie durch Aufnahme eines Alkalimetallelektrons in Anionen E^- (isoelektronisch mit den betreffenden Atomen der höheren Elementgruppe) übergegangen. Z. B. bilden die Thalliumatome in *Natriumthallid* NaTl eine Diamantstruktur $[Tl^-]_x$, in deren Lücken die Natrium-Ionen Na^+ eingebettet sind (analoge Diamantstruktur[75)] besitzen die Aluminium-, Gallium- und Indiumatomanordnungen in LiAl, LiGa, LiIn und NaIn). Im *Natriumsilicid* NaSi bilden die Siliciumatome negativ geladene, mit den P_4-Tetraedern des weißen Phosphors isoelektronische $[Si^-]_4$-Tetraeder,

[74] **Literatur.** H. Schäfer, B. Eisenmann, W. Müller: „*Zintl-Phasen: Übergangsformen zwischen Metall- und Ionenbindung*", Angew. Chem. **85** (1973), 742–760; Int. Ed. **12** (1973) 694; H. Schäfer, B. Eisenmann: „*On the Transition between Metallic and Ionic Bonding: Compounds of the Non-Noble Metals with the Metalloids and Concepts to Understand their Structures*", Reviews in Inorg. Chem. **3** (1981) 29–101.

[75] Verzerrte Diamantstrukturen bauen auch die Al-, In- sowie Tl-Atome in $SrAl_2$, $CaIn_2$, $SrIn_2$, $SrTl_2$ sowie $BaTl_2$ auf.

deren Ladungen durch die zugeordneten vier Na^+-Ionen kompensiert werden (analoge Tetraederstrukturen besitzen viele andere Alkalimetallverbindungen M^IE von Elementen E der IV. Hauptgruppe, z. B. NaGe, NaSn, NaPb, KSi, KGe, KSn, KPb, RbSi, RbGe, RbSn, RbPb, CsSi, CsSn, CsPb). Auch die Schichtenstruktur des schwarzen Phosphors (genauer: des As_x-analogen Hochdruckphosphors, S. 730) kann vom P-isoelektronischen Si^- ausgebildet werden. Beispielsweise enthält *Calciumdisilicid* $CaSi_2$ derartige $[Si^-]_x$-Baugruppen. Unter den Verbindungen M^IE von Elementen der V. Hauptgruppe bilden etwa die Antimonatome in *Natriumantimonid* NaSb negativ geladene, mit den Tellurketten Te_x isoelektronische $(Sb^-)_x$-Ketten (analog P-, As- und Sb-Struktur in LiP, NaP, KP, LiAs, KSb, RbSb, CsSb), von Elementen der VI. Hauptgruppe die Selenatome in *Natriumselenid* NaSe = $\frac{1}{2}Na_2Se_2$ negativ geladene, mit Brommolekülen Br_2 isoelektronische $[Se{-}Se]^{2-}$-Hanteln (analog O-, S-, Se-, Te-Struktur in $M^I_2O_2$, $M^I_2S_2$, K_2Se_2, Na_2Te_2)[76].

Man bezeichnet die angesprochenen Verbindungen aus Alkali- bzw. Erdalkalimetallen und Elementen der III.–VI.-Hauptgruppe – falls es sich bei letzteren um ein Metall oder Halbmetall handelt (vgl. hierzu S. 303) – als „**Zintl-Phasen**". Hierunter versteht man ganz allgemein intermetallische Verbindungen mit stark heteropolaren Bindungsanteilen zwischen den Legierungspartnern, deren Struktur in Einklang mit einer ionischen Verbindungsformulierung steht, wobei die strukturbestimmende Bindigkeit der Atom-„Anionen" untereinander aus der $(8-N)$-Regel (vgl. S. 131)[77] folgt („*Regel von Eduard Zintl*' in der durch W. Klemm sowie H. Schäfer erweiterten Fassung).

So ergeben sich etwa in Ca_2Si, CaSi, $CaSi_2$ bzw. $BaSi_2$ die Atombindigkeiten von Si^{4-} (isoelektronisch mit Edelgasen), Si^{2-} (isoelektronisch mit Chalkogenen) bzw. Si^- (isoelektronisch mit Elementen der Stickstoffgruppe) nach der $(8-N)$-Regel (N = Zahl der Atomaußenelektronen = 8, 6 bzw. 5) zu null, zwei bzw. drei. Dementsprechend liegt Silicium (vgl. Fig. 192) in *Dicalciumsilicid* Ca_2Si als isoliertes Si^{4-}-Ion neben Calcium vor (anti-$PbCl_2$-Struktur), während es im Calciumsilicid CaSi Zickzackketten (vergleichbar mit den Elementketten in polymerem Schwefel, grauem Selen, grauem Tellur) und in *Calciumdisilicid* $CaSi_2$ gewellte Sechsringschichten (vergleichbar mit den Elementschichten in grauem Arsen, Antimon und Bismut) sowie in *Bariumdisilicid* $BaSi_2$ Siliciumtetraeder (vergleichbar mit weißem Phosphor) bildet.

Die unterschiedliche Struktur der Siliciumbaueinheiten analog zusammengesetzter Silicide $CaSi_2$ und $BaSi_2$ geht hierbei auf Gittereffekte zurück. Letztere sind auch dafür verantwortlich, daß die dreibindigen „Anionen" Si^- im ebenfalls formelgleichen *Strontiumdisilicid* $SrSi_2$ einen dreidimensionalen Netzverband bilden, der bei den (mit Si^- isoelektronischen) Elementen der V. Hauptgruppe bisher noch nicht beobachtet wurde. Auch die planare Anordnung der Si-Zickzackketten in CaSi zum Unterschied vom helicalen Bau der S_x-, Se_x- bzw. Te_x-Ketten geht auf Gittereffekte zurück.

Bei vielen binären Zintl-Phasen[78] ergeben sich – anders als im Falle der bisher besprochenen – bei ionischer Formulierung keine ganzzahligen, sondern gebrochene Formalladungen für die Atome des elektronegativeren Legierungsteils. Dies rührt zum Teil daher, daß wie im Falle von *Pentacalciumtrisilicid* Ca_5Si_3 (Formalladung $-10/3$ pro Si) nebeneinander unterschiedliche anionische Baueinheiten vorliegen (isolierte Si^{4-}-Anionen neben Si_2^{6-}-Hanteln)[79] und zum Teil daher, daß wie im Falle von *Tribariumtetrasilicid* Ba_3Si_4 (Formalladung $-3/2$ pro Si) die anionische Baueinheit Atome unterschiedlicher Bindig-

---

76 Bezüglich weiterer Verbindungen zwischen Alkali- bzw. Erdalkalimetallen und B (S. 994), C (S. 851), Si (S. 890), Ge (S. 956), Sn (S. 963), Pb (S. 976), N (S. 642), P (S. 735), As (S. 797), Sb (S. 813), Bi (S. 823), O (S. 508), S (S. 554), Se (S. 618) und Te (S. 630) vgl. bei den jeweiligen Elementen.

77 Gebrochene Ladungszahlen müssen gegebenenfalls in die benachbarten ganzzahligen Werte aufgespalten werden (vgl. die weiter unten behandelten Zintl-Phasen Ca_5Si_3 und Ba_3Si_4; für Ausnahmen vgl. Anm.[80]).

78 Es sind auch ternäre Zintl-Phasen bekannt, die neben elektropositiven Alkali- bzw. Erdalkalimetallen gleichzeitig zwei verschiedene elektronegative Partner enthalten (der zweite elektronegative Partner kann auch ein Element der I. bzw. II. Nebengruppe sein). Letztere bilden meist komplexe Anionen miteinander (z. B. $SiAs_4^{8-}$-Tetraeder in Ba_4SiAs_4, Te_3Si-$SiTe_3^{6-}$-Baueinheiten in $K_6Si_2Te_6$ oder $CuSb_2^{5-}$-Einheiten (linear) in K_5CuSb_2)[74].

79 $Ca_5Si_3 = Ca_2Si \cdot Ca_3Si_2$ ist hiernach formal als „Mischkristall" aus Ca_2Si (Formalladung -4 pro Si) und Ca_3Si_2 (Formalladung -3 pro Si) aufzufassen.

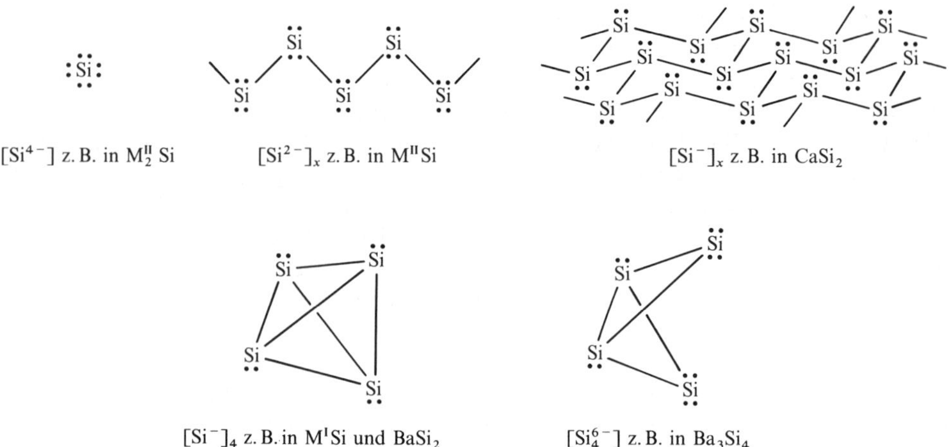

Fig. 192 Siliciumbaueinheiten in einigen Siliciden.

keit und damit unterschiedlicher Ladung enthält (zwei- und dreibindige Si-Atome; vgl. Fig. 192)[80)].

Die Bindungen zwischen den elektropositiven und elektronegativen Verbindungspartnern der Zintl-Phasen stellen Übergänge zwischen der Metall- und Ionenbindung dar. Die Verbindungen mit den Halbmetallen der VI. Hauptgruppe sind in ihren physikalischen und chemischen Eigenschaften den typischen Salzen aus Alkali- bzw. Erdalkalimetallen und Nichtmetallen der VI. und VII. Hauptgruppe noch sehr ähnlich. Die Legierungen mit Elementen der V. Hauptgruppe erhalten zunehmend metallisches Aussehen und Leitvermögen (vgl. Phosphide S. 735). Dieser Gang setzt sich bei den intermetallischen Phasen mit Elementen der IV. und III. Hauptgruppe verstärkt fort. Insbesondere in letzteren Fällen stellt eine ionische Verbindungsformulierung natürlich eine extreme Bindungsbeschreibung dar.

Der für alle Zintl-Phasen typische negativierte Bindungszustand eines Legierungspartners dokumentiert sich nicht nur in der Verbindungsstruktur, sondern u. a. auch in der Mischkristallbildung einiger Zintl-Phasen mit „echten" Salzen (z. B. enthält $Sr_3SnO = Sr_2Sn \cdot SrO$ isolierte O^{2-}-Ionen neben isolierten Sn-Einheiten) bzw. in der Löslichkeit mancher Zintl-Phasen in polaren Lösungsmitteln wie NH_3 (z. B. löst sich Na_4Pb_9 in flüssigem NH_3 unter Bildung von Na^+-Kationen und Pb_9^{4-}-Anionen) bzw. in der – für Salze typischen – Volumenverminderung bei der Bildung aus den Elementen sowie in der – für Legierungen atypischen, für Salze typischen – hohen Bildungsenthalpie.

---

80 Alkali- bzw. Erdalkalimetalle bilden mit Metallen bzw. Halbmetallen der III.–VI. Hauptgruppe auch intermetallische Phasen $M_mM'_n$, die nicht der Zintl-Regel (s. oben) genügen und die sich auch bei Berücksichtigung von Anm.[77] nicht durch geradzahlige Atombindigkeiten des elektronegativen Partners beschreiben lassen. Diese Ausnahmen beobachtet man häufig dann, wenn die Elektronegativitätsdifferenz der Legierungspartner gering ist (M = Li bzw. Mg und/oder M' = Element der III. bzw. schweres Element der IV. und V. Haupgruppe) oder wenn der Anteil eines Legierungspartners besonders hoch ist. So enthalten etwa die Lithiumsilicide $Li_{22}Si_5$ bzw. $Li_{10}Si_3$ (Formalladung $-\frac{22}{5}$ bzw. $-\frac{10}{3}$ pro Si) isolierte Si-Atome, die Silicide $Li_{14}Si_6$ bzw. $Li_{13}Si_4$ (Formalladung $-\frac{14}{6}$ bzw. $-\frac{13}{4}$) Si_2-Hanteln (in $Li_{13}Si_4$ zusammen mit Si-Atomen) und das Silicid $Li_{12}Si_7$ (Formalladung $-\frac{12}{7}$ pro Si) in gleicher Menge Si_5-Ringe und Si_4-Sterne (möglicherweise in Form der Anionen Si_5^{6-} und Si_4^{2-}). In den alkalimetallarmen Siliciden K_8Si_{46} oder $Na_{11}Si_{136}$ liegen wie in elementarem Silicium dreidimensionale Si-Raumnetzverbände vor, deren Lücken Alkalimetallatome besetzen (Clathratstrukturen, vgl. S. 421).

2.2 Wasserstoffverbindungen des Siliciums[51,61,81]

2.2.1 Grundlagen

Systematik und Bindungsverhältnisse. Silicium bildet wie Kohlenstoff (S. 842) *acyclische* und *cyclische* sowie *gesättigte* und *ungesättigte Wasserstoffverbindungen* mit *vierbindigem* Silicium der Zusammensetzung $\mathbf{Si_nH_{2n+m}}$ ($m = 2, 0, -2, -4, -6, \ldots$), die man – im weiteren Sinne – als **Silane** bezeichnet (ungesättigte Silane mit Doppel- bzw. Dreifachbindungen nennt man auch **Silene** bzw. **Siline**). Unter ihnen sind allerdings viele Verbindungen bisher nur in Form von anorganischen bzw. organischen *Derivaten* nachgewiesen oder isoliert worden[82].

Ein weiteres Siliciumhydrid mit *zweibindigem* Silicium stellt das unter Normalbedingungen instabile und nur bei hohen Temperaturen in der Gasphase nachweisbare bzw. in der Tieftemperaturmatrix isolierbare **Silylen** $\mathbf{SiH_2}$ dar (C_{2v}-Symmetrie; Elektronensextett). Bzgl. Bindungsverhältnisse vgl. S. 884.

Acyclische Silane. Wasserstoffverbindungen der Formel $\mathbf{Si_nH_{2n+2}}$ („*catena-Silane*", „*Silane*" im engeren Sinn; nachgewiesen bis $n = 15$) bezeichnet man nach der Anzahl der Siliciumatome als *Monosilan* SiH_4 ($n = 1$), *Disilan* Si_2H_6 ($n = 2$), *Trisilan* Si_3H_8 ($n = 3$), *Tetrasilan* Si_4H_{10} ($n = 4$) usw. Sie enthalten alle *tetraedrisches* Silicium und sind *unverzweigt-* sowie (ab $n = 4$) zudem *verzweigt-kettenförmig* gebaut, z. B.:

```
   H           H   H          H   H   H           H   H   H   H           H   H   H
   |           |   |          |   |   |           |   |   |   |           |   |   |
H—Si—H     H—Si—Si—H     H—Si—Si—Si—H     H—Si—Si—Si—Si—H     H—Si—Si—Si—H
   |           |   |          |   |   |           |   |   |   |           |   |   |
   H           H   H          H   H   H           H   H   H   H           H  SiH3 H
```

Monosilan SiH_4 *Disilan* Si_2H_6 *Trisilan* Si_3H_8 *Tetrasilan* Si_4H_{10} *Isotetrasilan* *i*-Si_4H_{10}

Die Zahl möglicher (und vielfach auch nachgewiesener) isomerer Silane unterschiedlicher Konstitution wächst mit der Zahl n der Siliciumatome in Si_nH_{2n+2} an und beträgt *zwei* im Falle $n = 4$ (s. o.), *drei* im Falle $n = 5$ (*Pentasilan* $H_3Si—SiH_2—SiH_2—SiH_3$, *Isopentasilan* $H_3Si—SiH_2—SiH(SiH_3)_2$, *Neopentasilan* $Si(SiH_3)_4$), *fünf* im Falle $n = 6$ und *acht* im Falle $n = 7$. Enthalten Silane Siliciumatome, die wie im Falle des Heptasilans $SiH(SiH_3)(Si_2H_5)(Si_3H_7)$ mit vier verschiedenen Resten verknüpft sind („*asymmetrisches*", „*chirales*" Si-Atom; vgl. S. 403), so existieren zusätzlich isomere Silane unterschiedlicher Konfiguration (*Enantiomere, Spiegelbildisomere, optische Antipoden*). Die bevorzugte Konformation der höheren Silane ist wie die der höheren Alkane die *gestaffelte* (vgl. S. 665; *trans*-Stellung der beiden SiH_3-Gruppen in Si_4H_{10}), wie folgende Keil- und/oder Newman-Projektionen von Di-, Tri- und Tetrasilan veranschaulichen (in Klammern jeweils Molekülsymmetrie; SiH_4 kommt T_d-, i-Si_4H_{10} C_{3v}-Symmetrie zu):

Disilan (D_{3d}) *Trisilan* (C_{2v}) *Tetrasilan* (C_{2h})

Das *Endglied* der acyclischen Silane Si_nH_{2n+2} mit $n \to \infty$ stellt das *Polysiliciumdihydrid* („*Polysilen*", „*Polysilylen*") $\mathbf{(SiH_2)_x}$ dar (vgl. Formel (a), S. 901); es entspricht formal dem Polyethylen $(CH_2CH_2)_x$ der Kohlenstoffchemie.

---

[81] **Literatur.** G. Schott: „*Oligo- und Polysilane und ihre Derivate*", Fortschr. Chem. Forsch. **9** (1967) 60–101; B. J. Aylett: „*Silicon Hydrides and their Derivatives*" Adv. Inorg. Radiochem. **11** (1968) 249–307; E. Wiberg, E. Amberger: „*Hydrides of the Elements of Main Group I–IV*" Elsevier, Amsterdam 1971; J. E. Drake, Ch. Riddle: „*Volatile Compounds of Hydrides of Silicon and Germanium with Elements of Groups V and VI*", Quart. Rev. **24** (1970) 263–277; E. Hengge: „*Siloxen und schichtförmig gebaute Siliciumverbindungen*", Fortschr. Chem. Forsch. **9** (1967) 145–164; A. Weiß, G. Beil, H. Meyer: „*The Topochemical Reaction of* $CaSi_2$ *to a Two-Dimensional Subsiliceous Acid* $Si_6H_3(OH)_3$ (= *Kautzky's Siloxene*"), Z. Naturforsch. **34b** (1979) 25–30; A. Sekiguchi, H. Sakurai: „*Cage and Cluster Compounds of Silicon, Germanium and Tin*", Adv. Organomet. Chem. **37** (1995) 1–38.

[82] **Geschichtliches.** Monosilan SiH_4 im Gemisch mit $SiHCl_3$ wurde erstmals 1857 von F. Wöhler und H. Buff als Produkt der Protolyse von Aluminiumsilicid mit Salzsäure erzeugt, Disilan Si_2H_6 im Gemisch mit SiH_4 und höheren Silanen 1902 von H. Moissan und S. Smiles durch Protolyse von Dimagnesiumsilicid. Den erstmaligen intensiveren Ausbau der Siliciumwasserstoffchemie (ab 1916) verdanken wir dem deutschen Chemiker Alfred Stock (1876–1949).

Cyclische Silane. Die gesättigten Silane der Zusammensetzung Si_nH_{2n+m} ($m = 0, -2, -4, -6, \ldots$) enthalten ebenfalls *tetraedrisches* Silicium und sind *ringförmig* gebaut. Den *monocyclischen* Silanen („*Cyclosilane*") kommt hierbei die Formel $\mathbf{Si_nH_{2n}}$ ($n = 3, 4, 5, 6, \ldots$) zu, z. B.:

Cyclotrisilan Si_3H_6 *Cyclotetrasilan* Si_4H_8 *Cyclopentasilan* Si_5H_{10} *Cyclohexasilan* Si_6H_{12}

Allerdings ließen sich bisher nur *Cyclopentasilan* Si_5H_{10} und *Cyclohexasilan* Si_6H_{12} ($n = 5, 6$) in Substanz isolieren, während von den übrigen Cyclosilanen lediglich Derivate erhalten wurden (z. B. Si_nMe_{2n}; nachgewiesen bis $n = 35$).

Wie auf S. 889 bereits besprochen wurde, nimmt – nach Berechnungen – die *Ringspannung*, ausgehend von nichtgespanntem Cyclohexasilan, sowohl (stärker) in Richtung fünf-, vier-, dreigliederiger als auch (schwächer) in Richtung höhergliedriger Siliciumringe zu. *Cyclohexasilan* kommt nach Strukturberechnungen analog dem Cyclohexan *Sesselkonformation* zu, wobei die *Twist-* bzw. *Bootkonformation* nur 8 bzw. 10 kJ/mol energiereicher ist, so daß Si_6H_{12} wie C_6H_{12} (S. 413) unter Normalbedingungen pseudorotiert; entsprechendes gilt für *Cyclopentasilan*, das wie Cyclopentan in einer *Twist-* und einer – praktisch energiegleichen – *Halbsesselform* existieren kann (nachfolgend bedeutet ● = SiH_2, in Klammern jeweils Molekülsymmetrie):

Halbsessel (C_s) ±0 kJ *Twist* (C_2) *Sessel* (D_{3d}) ±8 kJ *Twist* (D_2) ±2 kJ *Boot* (C_{2v})

Cyclotetrasilan ist nach ab-initio-Kalkulationen *gefaltet* (C_{2v}-Symmetrie; Faltungswinkel ca. 30°), *Cyclotrisilan planar* (D_{3h}-Symmetrie). Die Inversionsbarriere beträgt für Si_4H_8 nur ca. 7 kJ/mol, für Si_5H_{10} nur ca. 8 kJ/mol, für $Si_6H_{12} > 8$ kJ/mol.

Von den Silanen der Formeln $\mathbf{Si_nH_{2n+m}}$ ($m = -2, -4, -6, -8, \ldots$), die bi-, tri-, tetra-, pentacyclisch usw. gebaut sind („*Oligocyclosilane*"), existieren bisher nur Derivate, z. B. (● = SiR_2 bzw. SiR; $Si_4R_6 = Si^t_4Bu_2(2,6\text{-}Et_2C_6H_3)_4$; $Si_5R_8 = SiH_2{}^tBu_4(2,4,6\text{-}{}^tBu^iPr_2C_6H_2)_2$; $Si_8R_8 = Si_8(SiMe_2{}^tBu)_8$ oder $Si_8(CMe_2{}^iPr)_8$; in Klammern (m)):

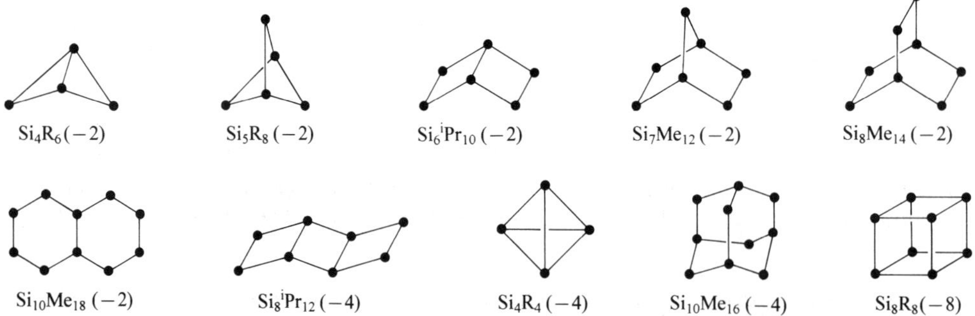

Das *Cuban* Si_8R_8 ist ein Beispiel eines Derivats von Oligocyclosilanen der allgemeinen Formel $\mathbf{Si_nH_n}$ ($m = -n$ in Si_nH_{2n+m}), dessen Endglied mit $n \to \infty$ das *Polysiliciummonohydrid* („*Polysilin*") $\mathbf{(SiH)_x}$ darstellt (vgl. Formeln (b, c), S. 901); es entspricht formal einem Polyacetylen $(CHCH)_x$, welches jedoch unbekannt ist.

Ungesättigte Silane. Formeln Si_nH_{2n+m} kommen nicht nur den gesättigten Silanen mit *Siliciumringen* ($m = 0, -2, -4, \ldots$), sondern auch den ungesättigten Silanen mit *Doppelbindungen* („*Silene*") oder *Dreifachbindungen* („*Siline*") mit nicht-tetraedrischen Si-Atomen zu. Von den beiden einfachsten, nachfolgend aufgeführten ungesättigten Silanen

$$\left\{\begin{matrix} H & & H \\ & Si{=}Si & \\ H & & H \end{matrix}\right\} \rightarrow H{-}Si{=}SiH_2 \text{ (H)} \qquad \{H{-}Si{\equiv}Si{-}H\} \rightarrow :Si(\mu\text{-}H)_2Si:$$

Disilen Si_2H_4 *Disilin* Si_2H_2

ist das **Disilen Si_2H_4** unter Normalbedingungen labil. Es ließen sich jedoch einige Derivate des Hydrids mit sperrigen Substituenten isolieren (vgl. S. 886). Anders als Ethylen C_2H_4 (D_{2h}-Symmetrie) ist Disilen – wie besprochen (S. 887) – nicht planar gebaut, sondern enthält leicht pyramidalisierte Siliciumatome (C_{2h}-Symmetrie); die Inversionsbarriere beträgt allerdings nur ca. 5 kJ/mol. Wesentlich drastischer ändert sich die Struktur beim Übergang vom Acetylen C_2H_2 ($D_{\infty h}$-Symmetrie) zum Siliciumhydrid entsprechender Zusammensetzung Si_2H_2, das sich allerdings – auch in Form von Derivaten – bisher nicht isolieren ließ[83]. Letzteres liegt nach ab-initio-Berechnungen im Grundzustand nicht als linear gebautes **Disilin Si_2H_2** mit einer SiSi-Dreifachbindung, sondern als Teilchen mit einer SiSi-Einfachbindung sowie zwei anionischen Wasserstoffbrücken vor (C_{2v}-Symmetrie; s. obige Formel; die Bildung letzteren Teilchens aus Disilin läßt sich wie folgt veranschaulichen: Addition der gemäß $HSi{\equiv}SiH \rightarrow 2H^+ + :Si{\equiv}Si:^{2-}$ gebildeten Protonen an die beiden π-Elektronenpaare von „Disilaacetylid" $:Si{\equiv}Si:^{2-}$). Möglicherweise läßt sich die Disilaacetylen-Struktur durch Ersatz der Wasserstoffatome von Si_2H_2 gegen geeignete raumerfüllende Substituenten stabilisieren.

2.2.2 Monosilan SiH_4

Darstellung. Eine Methode der Technik zur Erzeugung des einfachsten Siliciumwasserstoffs, des „*Monosilans*", besteht in der Zersetzung von *Dimagnesiumsilicid* mit *Säuren* unter Luftausschluß:

$$Mg_2Si + 4H^+ \rightarrow 2Mg^{2+} + SiH_4\,.$$

Besonders günstige Ausbeuten (75%) erzielt man mit *flüssigem Ammoniak* als Reaktionsmedium und *Chlor-* oder *Bromwasserstoff* (in Form von NH_4Cl, NH_4Br) als Säure. Bei der Protolyse entsteht im allgemeinen ein Gemisch mehrerer Silane („*Rohsilan*"), aus welchem Monosilan durch fraktionierende Destillation entfernt werden muß.

Weitere technische Darstellungsverfahren beruhen auf der *Dismutation* der – ihrerseits aus $SiCl_4$, H_2 und Si zugänglichen – Chlorsilane $SiHCl_3$ und SiH_2Cl_2 (z.B. $2SiH_2Cl_2 \rightleftarrows SiH_4 + SiCl_4$) sowie auf der *Hydrierung* von $SiCl_4$ mit Lithiumhydrid in einer LiCl/KCl-Schmelze bei 400 °C:

$$SiCl_4 + 4H^- \rightarrow SiH_4 + 4Cl^-.$$

Kombiniert man in letzterem Falle die Hydrierung mit einer Schmelzflußelektrolyse von LiCl, wobei man eine Wasserstoff-umspülte Kathode benützt, so bildet sich auf dem Wege über Lithiummetall laufend neues Lithiumhydrid nach ($Li \rightarrow Li^+ + \ominus$; $Li + \frac{1}{2}H_2 \rightarrow LiH$), so daß insgesamt folgende Bruttoreaktion abläuft: $SiCl_4 + 2H_2 \rightarrow SiH_4 + 2Cl_2$ oder – falls das erzeugte Chlor zur $SiCl_4$-Gewinnung aus Si eingesetzt wird: $Si + 2H_2 \rightarrow SiH_4$.

Auch bei der Umsetzung etherischer Lösungen von *Siliciumtetrachlorid* (bzw. Kieselsäureestern $Si(OR)_4$) und *Lithiumalanat* (S. 1072) entsteht SiH_4 (Ausbeute 100%): $SiCl_4 + LiAlH_4 \rightarrow SiH_4 + LiAlCl_4$. Die Umsetzung kann zur SiH_4-Gewinnung im Laboratorium dienen, ähnlich wie die Protolyse von Alkali- und Erdalkalimetallsiliciden.

Eigenschaften. Das tetraedrisch gebaute Monosilan SiH_4 (SiH-Abstand = 1.481 Å; ΔH_f = + 34 kJ/mol) ist ein *farbloses* Gas, das bei − 112.3 °C zu einer farblosen Flüssigkeit kon-

---

[83] In einem durch schwache elektrische Entladung erzeugten SiH_4-Plasma bei −196 °C konnte die Existenz von Si_2H_2 (SiSi/SiH-Abstände 2.208/1.684 Å; HSiSiH-Winkel 103.2°) durch Mikrowellen-Spektroskopie nachgewiesen werden. Die Photolyse von SiH_3N_3 in der Tieftemperaturmatrix führt in Abhängigkeit von der Wellenlänge des eingestrahlten Lichts über H_3SiN und $H_2Si{=}NH \rightleftarrows HSi{-}NH_2$ zu $HSi{\equiv}N \rightleftarrows Si{=}NH$ und schließlich zu SiN, die Pyrolyse oder Photolyse von $PhSiN_3$ zu $PhSi{\equiv}N$ und $PhN{\equiv}Si$ (instabil).

densiert und bei $-184.7\,°C$ erstarrt (SiD_4: Smp. $-186.4\,°C$, Sdp. $-112.3\,°C$). Unter Luft- und Feuchtigkeitsausschluß ist es thermisch bis ca. 300 °C stabil. Bei höheren Temperaturen tritt Zerfall in Silicium und Wasserstoff ein[84]:

$$SiH_4 \rightarrow Si(f) + 2H_2 + 34.3\,kJ.$$

Man nützt die SiH_4-Thermolyse technisch zur Gewinnung von *reinstem Silicium* (zur Herstellung von Halbleitern und Solarkollektoren) sowie zur Abscheidung von *Siliciumfilmen* auf Fremdmaterialien.

Redoxverhalten. An der *Luft* verbrennt SiH_4 mit heftigem Knall zu Siliciumdioxid[85]:

$$SiH_4 + 2O_2 \rightarrow SiO_2 + 2H_2O + 1518\,kJ.$$

Chlor führt es in Siliciumtetrachlorid über ($SiH_4 + 4Cl_2 \rightarrow SiCl_4 + 4HCl$), *Brom* bzw. *Iod* – bei vorsichtiger Reaktionsführung – in Monohalogensilane ($SiH_4 + X_2 \rightarrow SiH_3X + HX$; s. unten)[85]. Ähnlich wie gegenüber Sauerstoff und den Halogenen wirkt es auch gegenüber anderen Stoffen als *kräftiges Reduktionsmittel* (z. B. $KMnO_4 \rightarrow MnO_2$; $Fe^{3+} \rightarrow Fe^{2+}$; $Cu^{2+} \rightarrow Cu$) und vermag bei höheren Temperaturen sogar Alkalimetalle zu *hydrieren* ($SiH_4 + 2M \rightarrow MSiH_3 + MH$) bzw. sich an Doppelbindungen zu *addieren* („*Hydrosilierung*"; z. B. $SiH_4 + Me_2C{=}O \rightarrow Me_2CH{-}OSiH_3$).

Säure-Base-Verhalten. *Wasser* zersetzt Monosilan – bei Gegenwart von *Basen* wie NaOH – zu Kieselsäure und Wasserstoff[86]:

$$SiH_4 + 2H_2O \rightarrow SiO_2 + 4H_2 + 374\,kJ.$$

Analoges gilt für die Umsetzung mit *Alkoholen* ($SiH_4 + 4ROH \rightarrow Si(OR)_4 + 4H_2$).

Die Reaktion wird durch eine Addition der Basen OH^- oder OR^- an die sehr schwache Lewis-Säure SiH_4 eingeleitet, z. B.: $HO^- + SiH_4 + H_2O \rightarrow HO{-}SiH_3{-}H^- \cdots H{-}OH \rightarrow HO{-}SiH_3 + H{-}H + OH^-$. Auch *Hydrid* H^- vermag sich an SiH_4 zu addieren; gebildetes SiH_5^- (massenspektrometrisch nachgewiesen) zerfällt allerdings augenblicklich unter H_2-Eliminierung in SiH_3^-. Dementsprechend entsteht bei der Umsetzung von Monosilan mit *Alkalimetallen* M in aprotischen Medien (s. oben) neben Alkalimetallhydrid immer auch mehr oder weniger Wasserstoff: $SiH_4 + M \rightarrow MSiH_3 + MH$; $SiH_4 + MH \rightarrow MSiH_3 + H_2$.

Gegenüber nicht allzu starken wässerigen *Säuren* ist SiH_4 in Abwesenheit von Spuren Alkali (z. B. aus Glasapparaturen) beständig. Sehr starke Säuren vermögen demgegenüber aus SiH_4 Wasserstoff in Freiheit zu setzen: $H_3Si{-}H^{\delta-} + H^{\delta+}{-}X \rightarrow H_3Si{-}X + H{-}H$.

Derivate. Halogenderivate. Durch Einwirkung von *Halogenen* (s. oben) oder von *Halogenwasserstoffen* (z. B. Umsetzung von SiH_4 mit HCl in Gegenwart von $AlCl_3$ als Katalysator bei 25 °C in Monoglyme oder Einleiten eines SiH_4/HCl-Gasgemisches in eine $NaCl/AlCl_3$-Salzschmelze) lassen sich die Wasserstoffatome von SiH_4 der Reihe nach durch Halogenatome austauschen:

$$SiH_4 \xrightarrow[-H_2]{+HX} SiH_3X \xrightarrow[-H_2]{+HX} SiH_2X_2 \xrightarrow[-H_2]{+HX} SiHX_3 \xrightarrow[-H_2]{+HX} SiX_4.$$

Die „*Monohalogensilane*" SiH_3F (Smp./Sdp. $-122/-76\,°C$; $\Delta H_f = -355$ kJ/mol), SiH_3Cl (Smp./Sdp. $-118/-30.4\,°C$; $\Delta H_f = -136$ kJ/mol), SiH_3Br (Smp./Sdp. $-94/1.9\,°C$; $\Delta H_f = -64$ kJ/mol) und SiH_3I (Smp./Sdp. $-57/45.6\,°C$; $\Delta H_f = -2$ kJ/mol) entstehen auch beim Leiten von SiH_4 über festes Silber-

84 Die SiH_4-Thermolyse (Aktivierungsenergie $E_a = 230$ kJ/mol) wird durch folgende Reaktion eingeleitet: $SiH_4 \rightarrow SiH_2 + H_2$ (Hauptreaktion); $SiH_4 \rightarrow SiH_3 + H$ (untergeordnete Reaktion). Als Reaktionszwischenprodukte entstehen u. a. Si_2H_6 ($SiH_4 + SiH_2 \rightarrow Si_2H_6$) sowie Si_3H_8.

85 Die analoge Verbrennung des homologen Methans ($CH_4 + 2O_2 \rightarrow CO_2 + 2H_2O + 890.95$ kJ) erfolgt erst bei höheren Temperaturen (ab etwa 670 °C). Analoges gilt für die Umsetzung mit Chlor, Brom und Iod.

86 Die entsprechende Umsetzung des homologen Methans ist endotherm ($253\,kJ + CH_4 + 2H_2O \rightarrow CO_2 + 4H_2$) und spielt sich dementsprechend erst bei sehr hohen Temperaturen ab (vgl. S. 254).

halogenid: $SiH_4 + 2AgX \rightarrow SiH_3X + HX + 2Ag$. Die „*teilchlorierten*" Silane SiH_3Cl, SiH_2Cl_2 (Smp./Sdp. $-122/+8.3\,°C$) und $SiHCl_3$ (Smp./Sdp. $-128.2/+31.5\,°C$) werden auch gemäß $Si + 3HCl \rightarrow SiHCl_3 + H_2$; $2SiHCl_3 \rightarrow SiCl_4 + SiH_2Cl_2$, $SiCl_4 + 3H_2 \rightarrow SiH_3Cl + 3HCl$ in Gegenwart von Katalysatoren gewonnen. „*Silico-Chloroform*" $SiHCl_3$ läßt sich mit Basen (z. B. NR_3) in polaren organischen Lösungsmitteln bis zu einem Gleichgewicht deprotonieren: $R_3N + HSiCl_3 \rightleftarrows R_3NH^+ + SiCl_3^-$, wobei das gebildete $SiCl_3^-$-Ion reduzierende und substituierende Eigenschaften aufweist (z. B. $SiCl_3^- + Cl_3C{-}CCl_3 \rightarrow SiCl_4 + Cl_2C{=}CCl_2 + Cl^-$; $SiCl_3^- + RCl \rightarrow RSiCl_3 + Cl^-$). Das „*Iodsilan*" SiH_3I stellt ein sehr starkes Silylierungsmittel dar und ist so ein wertvolles Reagens für die Synthese von Silylverbindungen (z. B. $HgS \rightarrow (H_3Si)_2S$; $Ag_2Se \rightarrow (H_3Si)_2Se$; $Li_2Te \rightarrow (H_3Si)_2Te$, $AgCN \rightarrow H_3SiCN$; s. a. nachfolgend).

Chalkogenderivate. Alle teilhalogenierten Silane werden wie die vollhalogenierten Silane (S. 905) durch *Wasser* rasch zersetzt. Die hierbei zunächst gebildeten Hydrolyseprodukte H_3SiOH („*Silanol*"), $H_2Si(OH)_2$ („*Silandiol*") bzw. $HSi(OH)_3$ („*Silantriol*") sind allerdings instabil und kondensieren unter Wasseraustritt zu *Siloxanen* des Typus $(H_3Si)_2O$ („*Disiloxan*"), $(H_2SiO)_n$ („*Prosiloxane*"; $n \geq 4$) bzw. $(HSiO_{1.5})_n$ („*Silsesquioxane*", „*Hydridosphärosiloxane*", $n = 8, 10, 12\ldots$):

$$2H_3Si{-}X \xrightarrow[-2HX]{+2H_2O} 2H_3Si{-}OH \xrightarrow[-H_2O]{} H_3Si{-}O{-}SiH_3,$$

$$H_2SiX_2 \xrightarrow[-2HX]{+2H_2O} H_2Si(OH)_2 \xrightarrow[-H_2O]{} \tfrac{1}{n}(H_2SiO)_n,$$

$$HSiX_3 \xrightarrow[-3HX]{+3H_2O} HSi(OH)_3 \xrightarrow[-\frac{3}{2}H_2O]{} \tfrac{1}{n}(HSiO_{1.5})_n.$$

Das Disiloxan $(H_3Si)_2O$ stellt ein bei Zimmertemperatur und Sauerstoffausschluß unverändert haltbares, *farbloses* Gas dar (Smp. $-144\,°C$; Sdp. $-15.2\,°C$; SiO-Abstand 1.634 Å; SiOSi-Winkel 144.1°; vgl. S. 883), während die Siloxane $(H_2SiO)_n$ und $(HSiO_{1.5})_n$ als *farblose*, entsprechend ihrem Polymerisationsgrad n schwer- bis unflüchtige Feststoffe auftreten. Dem durch Hydrolyse von H_2SiI_2 mit hydratisiertem PbO zugänglichem, zur Zersetzung unter H_2-Abspaltung neigenden Tetrameren $(H_2SiO)_4$ sowie den durch vorsichtige Hydrolyse von $HSiX_3$ ($X = OCH_3$, Cl) in kleinen Ausbeuten zugänglichen Octameren $(HSiO_{1.5})_8$ (Smp. $\approx 250\,°C$; O_h-Symmetrie), Decameren $(HSiO_{1.5})_{10}$ (D_{5h}-Symmetrie) usw. kommen die auf S. 952 wiedergegebenen Strukturen zu (R = H). Ganz entsprechend den Sauerstoffderivaten lassen sich auch Silanderivate der Sauerstoffhomologen gewinnen, z. B.: „*Disilylsulfan*" $(H_3Si)_2S$ (Smp./Sdp. $-70/59\,°C$), „*Disilylselan*" $(H_3Si)_2Se$ (Smp./Sdp. $-68/85\,°C$), „*Disilyltellan*" $(H_3Si)_2Te$.

Stickstoffderivate. Wie mit H_2O gehen die Silylhalogenide auch mit Wasserstoffverbindungen des Stickstoffs Kondensationsreaktionen ein, z. B.:

$$3H_3SiI \xrightarrow[-3NH_4I]{+4NH_3} N(SiH_3)_3; \qquad 4H_3SiI \xrightarrow[-4N_2H_5I]{5N_2H_4} N_2(SiH_3)_4.$$

Das „*Trisilylamin*" $N(SiH_3)_3$ stellt eine leicht bewegliche, *farblose*, selbstentzündliche und leicht hydrolysierbare Flüssigkeit vom Smp. $-105.6\,°C$ und Sdp. $+52\,°C$ dar (SiN-Abstand 1.738 Å, SiNSi-Winkel 119.6°; vgl. S. 883). Analoges gilt für „*Disilylamin*" $NH(SiH_3)_2$ (Smp./Sdp. $-132/36\,°C$) und „*Tetrasilylhydrazin*" $N_2(SiH_3)_4$ (Smp./Sdp. $-24/109\,°C$). Die Umsetzung von NH_3 mit $HSiCl_3$ führt zur Bildung einer mit Blausäure HCN formelgleichen, farblosen „*Silico-Blausäure*", die zum Unterschied vom monomeren Kohlenstoffhomologen hochpolymer ist: $(HSiN)_x$. Entsprechend den Stickstoffderivaten lassen sich auch Silanderivate der Stickstoffhomologen gewinnen, z. B.: „*Trisilylphosphan*" $P(SiH_3)_3$ (Sdp. 114 °C), „*Trisilylarsan*" $As(SiH_3)_3$ (Sdp. 120 °C), „*Trisilylstiban*" $Sb(SiH_3)_3$ (Sdp. 255 °C).

Kohlenstoffderivate. „*Monosilylmethan*" CH_3SiH_3 (Sdp. $-53\,°C$), „*Disilylmethan*" $CH_2(SiH_3)_2$ (Sdp. 15 °C), „*Trisilylmethan*" $CH(SiH_3)_3$ (Sdp. 61 °C) und „*Tetrasilylmethan*" $C(SiH_3)_4$ (Sdp. 86.5 °C) lassen sich u. a. durch Hydrierung von CH_3SiCl_3, $CH_2(SiCl_3)_2$, $CH(SiH_2Br)_3$ und $C(SiH_2Br)_4$ mit Lithiumalanat $LiAlH_4$ gewinnen[86a]:

$$\geqslant C{-}SiH_{3-n}X_n + nH^- \rightarrow \geqslant C{-}SiH_3 + nX^-.$$

Die luft- und hydrolysestabilen Silylmethane gehen beim Erwärmen auf über 1000 °C in wasserstoffhaltiges Siliciumcarbid (S. 918) über.

Alkalimetallderivate. Die durch Einwirkung von Monosilan auf Alkalimetalle M in aprotischen Lösungsmitteln wie Monoglyme $MeOCH_2CH_2OMe$ oder Hexamethylphosphorsäuretriamid $PO(NMe_2)_3$ gemäß

[86a] Erstere beiden Edukte bilden sich z. B. bei der Rochow/Müller-Synthese (s. dort), letztere sind auf dem Wege $\geqslant C{-}X + X{-}SiH_2Ph + Mg \rightarrow \geqslant C{-}SiH_2Ph + MgX_2$; $\geqslant C{-}SiH_2Ph + HBr \rightarrow \geqslant C{-}SiH_2Br + PhBr$ zugänglich.

$$M + SiH_4 \rightarrow MSiH_3 + \tfrac{1}{2}H_2$$

erzeugbaren, sehr hydrolyse- und luftempfindlichen Alkalimetallsilyle haben NaCl-Struktur mit Alkalimetallkationen M^+ und pyramidal gebauten Silylanionen SiH_3^- (Inversionsbarriere ca. 110 kJ/mol). Sie stellen ausgezeichnete Silanidierungsmittel dar und eignen sich demgemäß zur Synthese von Silylverbindungen (z. B. MeI → $MeSiH_3$; CH_2Cl_2 → $CH_2(SiH_3)_2$; GeH_3Cl → GeH_3SiH_3; Si_2H_5Br → Si_3H_8).

Organische Derivate. Eine in Technik und Laboratorium wichtige Verbindungsklasse stellen die **organischen Siliciumverbindungen**[87)] dar, die sich von den Silangrundkörpern und ihren anorganischen Derivaten durch Austausch der Wasserstoffatome H durch organische Reste R (Alkyl- bzw. Arylgruppen; vgl. S. 855) ableiten. Der für ihre Darstellung erforderliche *Aufbau von SiC-Bindungen* erfolgt meist nach folgenden 3 Methoden; *oxidative Addition* von Organylhalogeniden RX an elementares Silicium in Anwesenheit von Kupfer als Katalysator („*Direktverfahren*" von Rochow/Müller; vgl. S. 951), *nucleophile* Substitution von siliciumgebundenem Halogenid ⋝Si—X durch Organylanionen R^- („*Metathesereaktion*") sowie *Insertion* ungesättigter Kohlenstoffverbindungen >C=C< in ⋝Si—H-Bindungen von Silanen, ausgelöst durch Photonen oder katalysiert durch Radikale, Lewisbasen, Metallkomplexe („*Hydrosilierung*" bzw. „*Hydrosilylierung*" nach Speier; vgl. S. 899):

$$\tfrac{1}{x}Si_x \xrightarrow[\text{Addition}]{+2RX} R_2SiX_2 + \ldots; \quad \geqslant Si{-}X \xrightarrow[\text{Substitution}]{+MR,\,-MX} \geqslant Si{-}R; \quad \geqslant Si{-}H \xrightarrow[\text{Insertion}]{+>C=C<} \geqslant Si{-}\overset{|}{\underset{|}{C}}{-}\overset{|}{\underset{|}{C}}{-}H$$

Die Tetraorganylsilane sind in der Regel *thermo-*, *luft-* und *hydrolysestabile* Substanzen und werden demgemäß (wie auch die Tetraorganylgermane, -stannane und -plumbane) zu den „*sanften Metallorganylen*" gezählt. Beispielsweise thermolysiert das – für ^{1}H-, ^{13}C- und ^{29}Si-NMR-spektroskopische Untersuchungen als Standard verwendete – „*Tetramethylsilan*" (**TMS**) $SiMe_4$ (*farblose* Flüssigkeit; Sdp. 26.5 °C; $d = 0.651$ g/cm^3) erst oberhalb 700 °C u. a. unter Bildung von Carbosilanen (s. dort); auch läßt sich „*Tetraphenylsilan*" $SiPh_4$ (*farblose* Kristalle; Smp. 237 °C; Sdp. 430 °C) an der Luft unzersetzt destillieren. Ähnlich schwierig wie die *homolytische Spaltung* von SiC-Bindungen durch *Wärmezufuhr* ist deren *heterolytische Spaltung* durch *Säuren* oder *Basen* (Arylgruppen werden leichter als Alkylgruppen abgespalten; starke Säuren wie CF_3CO_2H, CF_3SO_3H, $AlCl_3$ sind wirksamer als Basen wie F^-, OR^-). Besonders leicht erfolgen Spaltungen des Typs: ⋝Si—CH_2—CH_2—X + OH^- → ⋝Si—OH + CH_2=CH_2 + X^- („*β-Effekt*"; X = elektronegativer Substituent). Wegen der Reaktionsträgheit der SiR-Gruppen beteiligen sich in *teilorganylierten Silanen* R_nSiX_{4-n} (n = 3, 2, 1; X = anorganischer Rest) praktisch nur die SiX-Gruppen an chemischen Reaktionen.

Von den Organylhalogensilanen R_nSiX_{4-n} (X = F, Cl, Br, I) werden „*Trimethylchlorsilan*" Me_3SiCl (*farblose* Flüssigkeit; Smp./Sdp. − 58/57.3 °C), „*Dimethyldichlorsilan*" Me_2SiCl_2 (*farblose* Flüssigkeit; Smp./Sdp. − 76/70.0 °C) und „*Methyltrichlorsilan*" $MeSiCl_3$ (*farblose* Flüssigkeit; Smp./Sdp. − 90/65.7 °C) technisch in großer Menge nach dem Direktverfahren (vgl. S. 951) erzeugt. Sie sind sehr hydrolyseempfindlich (Me_3SiCl kann als *Trocknungsmittel* genutzt werden) und setzen sich mit *Wasser* auf dem Wege über Silanole $Me_nSi(OH)_{4-n}$ zu Siloxanen wie „*Hexamethyldisiloxan*" Me_3Si—O—$SiMe_3$ (*farblose* Flüssigkeit; Sdp. 100 °C), „*Oligosiloxanen*" $(Me_2SiO)_n$ (n = 3, 4, ...) bzw. „*Polysiloxanen*" $(Me_2SiO)_x$ oder $(MeSiO_{1.5})_x$ um (vgl. Silicone, S. 950). Entsprechend der Hydrolyse führt die *Alkoholyse* von R_nSiX_{4-n} zu Silanolestern $R_nSi(OR)_{4-n}$, die Einwirkung von Stickstoffwasserstoffen bzw. von deren „Alkalimetallsalzen" zu Stickstoffderivaten wie z. B.: „*Trimethylsilylaminen*" Me_3SiNH_2, $(Me_3Si)_2NH$ und $(Me_3Si)_3N$, „*Trimethylsilylhydrazinen*" $(Me_3Si)_2N_2H_2$, $(Me_3Si)_3N_2H$, $(Me_3Si)_4N_2$, „*Trimethylsilylazid*" Me_3SiN_3, „*Tetrakis(trimethylsilyl)tetrazen*" $(Me_4Si)_4N_4$. Den Silanolen kommt nur Säurecha-

[87] **Literatur.** D. A. Armitage: „*Organosilanes*", I. J. Barton: „*Carbacyclic Silanes*", R. West: „*Organopolysilanes*", Comprehensive Organomet. Chem. **2** (1982) 1–203, 205–303, 365–397; P. Jutzi: „*Fluxional* η^1-*Cyclopentadienyl Compounds of Main Group Elements*" Chem. Rev. **85** (1985) 983–996; P. D. Magnus, T. Sakkav, S. Djuric: „*Organosilicon Compounds in Organic Synthesis*", Comprehensive Organomet. Chem. **7** (1982) 515–659; E. Hengge, K. Hassler: „*Silcon Homocycles* (*Cyclopolysilanes*) *and Related Heterocycles*", U. Klingebiel: „*Silicon-Nitrogen Heterocycles*", G. Fritz, J. Härer: „*Silicon Phosphorus Heterocycles*", I. Haiduc: „*Silicon Sulfur Heterocycles*" in I. Haiduc, D. B. Sowerby (Hrsg.): „The Chemistry of Inorganic Homo- and Heterocycles", Acad. Press 1987, S. 191–220, 221–275, 277–286, 349–359; A. G. MacDiarmid (Hrsg.): „*Organometallic Compounds of Group IV Elements*", 2 Bände, Marcel Dekker, New York 1968, 1972; S. N. Borisov, M. G. Voronkov, E. Y. Lukevits: „*Organosilicion Heteropolymers and Heterocompounds*" sowie „*Organosilicon Derivatives of Phosphorus and Sulfur*", in E. G. Rochow (Hrsg.): „Monographs of Inorganic Chemistry", Plenum Press, New York 1970, 1971; S. Patai, Z. Rappoport (Hrsg.): „*The Chemistry of Organic Silicon Compounds*" in „The Chemistry of Funktional Groups", Wiley, Chichester 1989; E. W. Colvin: „*Silicon in Organic Synthesis*", Butterworth, London 1981; I. Flemming: „*Some Uses of Silicon Compounds in Organic Synthesis*", Chem. Soc. Rev. **10** (1981) 83–112; H. U. Reissig: „*Siliciumverbindungen in der organischen Synthese*", Chemie in unserer Zeit **18** (1984) 46–53; E. Hengge: „*Properties and Preparations of SiSi-Linkages*", Topics Curr. Chem. **51** (1974) 1–127; Houben-Weyl: „*Organosiliciumverbindungen*" **13/5** (1980); Gmelin: „*Organic Silicon Compounds*", Syst.-Nr. **15**, bisher 1 Band. Vgl. auch Anm. 87a, 89, 90, 191.

rakter zu ($R_3SiOH \rightleftarrows R_3SiO^- + H^+$), jedoch kein Basecharakter ($R_3SiOH + H^+ \rightleftarrows R_3Si^+ + H_2O$), wie überhaupt die Existenz trigonal-planar gebauter Silyl-Kationen SiR_3^+ („*Silylenium-Ionen*") in kondensierter Phase bisher in keinem Falle sicher nachgewiesen ist (man kennt jedoch donorstabilisierte tetraedrisch bzw. trigonal-bipyramidal gebaute „*Silicenium-Ionen*" R_3SiD^+ bzw. $R_3SiD_2^+$ in kondensierter Phase und freie Kationen R_3Si^+ in der Gasphase).

Auch von den organischen Siliciumverbindungen leiten sich *Metallsilyle* ab (z.B. Me_3SiLi, Ph_3SiLi, $^tBu_3SiNa$), die sich u.a. durch Spaltung von SiH- oder SiSi-Bindungen mit Alkalimetallhydriden oder von SiHal-Bindungen mit Alkalimetallen in Dimethoxyethan, THF und ähnlichen Lösungsmitteln darstellen lassen: $Me_3SiH + KH \rightarrow Me_3SiK + H_2$; $Me_3SiSiMe_3 + KH \rightarrow Me_3SiK + HSiMe_3$; $^tBu_3SiBr + 2\,Na \rightarrow {}^tBu_3SiNa + NaBr$. Sie enthalten pyramidal gebaute Silyl-Anionen SiR_3^-, welche isoelektronisch mit den Phosphanen PR_3 sind. Sie weisen wie letztere eine hohe *Inversionsbarriere* auf (über 100 kJ/mol) und vermögen wie PR_3 als *Komplexliganden* zu wirken (z.B. $Ni(CO)_4 + SiPh_3^- \rightarrow Ni(CO)_3(SiPh_3)^- + CO$; Näheres s.u.). Bezüglich der Silyl-Radikale SiR_3 sowie weiterer organischer Derivate des Siliciums vgl. bei höheren Silanen (S. 901) und ungesättigten Silanen (S. 902), Silylenen (S. 904) sowie Siliconen (S. 950).

Wegen ihres chemisch inerten Charakters zeigen Triorganylsilylgruppen R_3Si – insbesondere im Falle sperriger Organylsubstituenten R – eine verbindungsstabilisierende *Schutzwirkung*. So wächst etwa die Thermostabilität von Tetrazen N_4H_4 nach Überführung in $(Me_3Si)_4N_4$ stark an; auch läßt sich das extrem instabile Silanimin $H_2Si{=}NH$ nach Überführung in $^tBu_2Si{=}N(Si^tBu_3)$ isolieren. Der wasserabweisende („*hydrophobe*") und fettaffine („*lipophile*") Charakter der Triorganylsilylgruppen sowie deren Eigenschaft, nur *schwache zwischenmolekulare Bindungen* auszubilden, hat andererseits zur Folge, daß Wasserstoffverbindungen von Elementen der V.–VII. Hauptgruppe nach ihrer Silylierung wasserunlöslich, aber gut in organischen Medien löslich sind und sich auch vergleichsweise leicht verflüchtigen lassen (der hydrophobe Charakter ist eine wesentliche Eigenschaft der Silicone; nicht unzersetzt verdampfbare niedermolekulare Zucker werden nach der Trimethylsilylierung flüchtig).

Silyl-, Silylen-, Silen-Komplexe[87a]. *Silylanionen* SiR_3^-, *Silylene* SiR_2 oder *Silene* $R_2Si{=}Y$ fungieren ähnlich wie entsprechende Kohlenstoff- oder Phosphorgruppen (z.B. CR_3^-, PR_3, CR_2, PR, $R_2C{=}CR_2$, $RP{=}Y$; vgl. S. 856, 745) als *Komplexliganden* und bilden mit Übergangsmetall-Komplexfragmenten ML_n (L = geeigneter Ligand wie CO, Cp = C_5H_5, Cp* = C_5Me_5) Koordinationsverbindungen des Typs (a), (b), (d) oder (f). Komplexe des Typs (b) sind hierbei wie andere „Silene" $R_2Si{=}Y$ (Y = C<, Si<, N—, P—; vgl. S. 886) nur bei Vorhandensein sperriger Substituenten an den Doppelbindungsatomen isolierbar und werden wie Silene (s. dort) durch Addition von Donoren (z.B. THF = Tetrahydrofuran, HMPA = Hexamethylphosphorsäuretriamid $PO(NMe_2)_3$) im Sinne von (c) stabilisiert. In analoger Weise sind donorstabilisierende „*Silicium-Komplexe*" $Si(ML_n)_2$ des Typs (e) zugänglich.

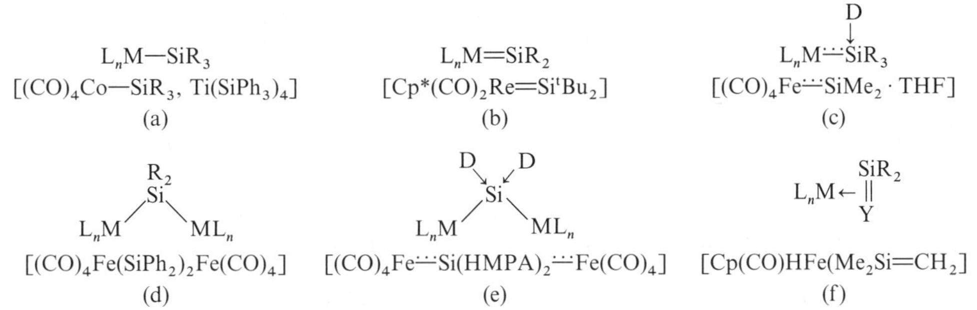

$L_nM{-}SiR_3$	$L_nM{=}SiR_2$	$L_nM{\cdots}SiR_3$ (D → Si)
$[(CO)_4Co{-}SiR_3,\ Ti(SiPh_3)_4]$	$[Cp^*(CO)_2Re{=}Si^tBu_2]$	$[(CO)_4Fe{\cdots}SiMe_2 \cdot THF]$
(a)	(b)	(c)
$R_2Si(ML_n)(L_nM)$	$D_2Si(ML_n)(L_nM)$	$L_nM \leftarrow \|\|$ ($SiR_2{=}Y$)
$[(CO)_4Fe(SiPh_2)_2Fe(CO)_4]$	$[(CO)_4Fe{\cdots}Si(HMPA)_2{\cdots}Fe(CO)_4]$	$[Cp(CO)HFe(Me_2Si{=}CH_2]$
(d)	(e)	(f)

Silyl- und Silylenkomplexe stellen vielfach Zwischenprodukte chemischer Reaktionen dar. So verläuft etwa die durch H_2PtCl_6 (und andere Komplexe) katalysierte *Hydrosilierung* $R_3SiH + {>}C{=}C{<} \rightarrow R_3Si{\geq}C{-}CH{<}$ auf dem Wege (schematisch) $L_nPt^{II} + {>}C{=}C{<} + R_3SiH \rightleftarrows L_nPt^{II}({>}C{=}C{<}) + R_3SiH \rightleftarrows L_n(R_3Si)Pt^{IV}H({>}C{=}C{<}) \rightleftarrows L_nPt(R_3Si)Pt^{IV}({\geq}C{-}CH{<}) \rightleftarrows L_nPt^{II} + R_3Si{\geq}C{-}CH{<}$ (bezüglich der radikalinduzierten Hydrosilierung vgl. S. 902).

[87a] **Literatur.** F. Höfler: „*Silicon-Transition-Metall Compounds*", Topics Curr. Chem. **50** (1974) 129–165; B.J. Aylett: „*Some Aspects of Silicon-Transition-Metal Chemistry*", Adv. Inorg. Radiochem. **25** (1982) 1–133; P.G. Harrison, T. Kikabbai: „*Silicon, Germanium, Tin and Lead*", Compr. Coord. Chem. **2** (1987) 15–21; Ch. Zybill: „*The Coordination Chemistry of Low Valent Silicon*", Topics Curr. Chem. **190** (1991) 1–45; J.L. Speier: „*Homogenous Catalysis of Hydrosilation by Transition Metals*", Adv. Organomet. Chem. **17** (1979) 407–447; W. Petz: „*Transition Metal Complexes with Derivatives of Divalent Silicon, Germanium, Tin, and Lead as Ligands*", Chem. Rev. **86** (1986) 1019–1047; M.F. Lappert, R.S. Rowe: „*The Role of Group 14 Elements Carbene Analogues in Transition Metal Chemistry*", Coord. Chem. Rev. **100** (1990) 267–292; Ch. Zybill, H. Handwerker, H. Friedrich: „*Sila-Organometallic Chemistry on the Basis of Multiple Bonding*", Adv. Organomet. Chem. **36** (1994) 229–281.

2.2.3 Höhere gesättigte Silane[51,61)]

Darstellung. Die *acyclischen Silane* Si_nH_{2n+2} ($n > 1$) bilden sich neben Monosilan bei der Protolyse von *Alkali-* und *Erdalkalimetallsiliciden* (bevorzugt Mg_2Si). Zur Erzielung höherer Ausbeuten an ersteren gibt man zweckmäßig Mg_2Si-Pulver rasch zu erwärmter 20%iger Phosphorsäure. Das hierbei erhältliche Gemisch flüchtiger Silane besteht – von SiH_4 abgesehen – aus ca. 40% Si_2H_6 (*Disilan*), 8% Si_3H_8 (*Trisilan*), 7% Si_4H_{10} (*Tetrasilan*), 3% Si_5H_{12} (*Pentasilan*) und 3% Silane S_6H_{14} (*Hexasilan*) bis $Si_{15}H_{32}$ (*Pentadecasilan*). Die einzelnen Glieder eines solchen Silangemisches lassen sich durch fraktionierende Vakuumdestillation oder gaschromatographisch voneinander trennen; im letzteren Falle gelingt auch der Nachweis und die Trennung von Isomeren (unverzweigte und verzweigte Ketten). Der Anteil der verzweigten Isomeren (iso) wächst zugunsten der linearen (normalen) Isomeren mit zunehmender Zahl der Si-Atome z. B. Si_4H_{10}: 96% normal, 4% iso, Si_6H_{14}: 61% normal, 39% iso; Si_8H_{18}: 12% normal, 88% iso.

Ähnlich wie Monosilan lassen sich die höheren *acyclischen* und auch *cyclischen Silane* ferner durch Hydrierung höherer Halogensilane (S. 909) mit *Lithiumalanat* darstellen. So entsteht etwa *Disilan* Si_2H_6 aus Si_2Cl_6 gemäß

$$2Si_2Cl_6 + 3LiAlH_4 \rightarrow 2Si_2H_6 + 3LiAlCl_4$$

(90%ige Ausbeute), *Trisilan* Si_3H_8 aus Si_3Cl_8 (60%ige Ausbeute), *Isotetrasilan* i-Si_4H_{10} und *Neopentasilan* neo-Si_5H_{12} aus $SiCl_3SiCl(SiCl_3)_2$ und $Si(SiCl_3)_4$ (Umsetzung in Ether bei $-100\,°C$), *Cyclopentasilan* Si_5H_{10} aus Si_5Br_{10} (75%ige Ausbeute) und *Cyclohexasilan* Si_6H_{12} aus Si_6Br_{12} (65%ige Ausbeute).

Si_3H_8 und höhere Silane bilden sich darüber hinaus in guter Ausbeute aus Monosilan SiH_4 durch Energieeinwirkung wie stille elektrische Entladungen. Auf diese Weise sind auch gemischte Si/Ge-Hydride darstellbar, wobei man ein SiH_4/GeH_4-Gemisch einsetzt.

Eigenschaften. „*Disilan*" Si_2H_6 ($r_{SiH} = 1.492$ Å, $r_{SiSi} = 2.331$ Å) ist wie Monosilan ein *farbloses* Gas, „*Tri-*", „*Tetra-*", „*Penta-*" und „*Hexasilan*" sowie „*Cyclopenta-*" und „*-hexasilan*" stellen *farblose* Flüssigkeiten dar (Tab. 81). Die Verbindungen sind wie SiH_4 gegen *Luft* und *wässeriges Alkali* instabil (z. B. $Si_2H_6 + 3\frac{1}{2}O_2 \rightarrow 2SiO_2 + 3H_2O + 1743$ kJ; $Si_2H_6 + 4H_2O \rightarrow 2SiO_2 + 7H_2 + 759$ kJ).

Tab. 81 Höhere Silane

Si_nH_m	$n = 2$	$n = 3$	$n = 4$	$n = 5$	$n = 6$
Catena-silane	**Si_2H_6** *Farbloses* Gas Smp. $-129.4\,°C$ Sdp. $-14.8\,°C$ $\Delta H_f = +80$ kJ	**Si_3H_8** *Farblose* Flüssigk. Smp. $-117.4\,°C$ Sdp. $+52.9\,°C$ $\Delta H_f = +121$ kJ	**n-Si_4H_{10}**[a)] **i-Si_4H_{10}**[a)] *Farblose* Flüssigkeiten Smp. $-89.9°$ $-99.4\,°C$ Sdp. $+108.1°$ $+101.7\,°C$ $\Delta H_f = +175$[b)] 180 kJ[b)]	**n-Si_5H_{12}**[a)] *Farblose* Flüssigk. Smp. $-72.2\,°C$ Sdp. $+153.2\,°C$ $\Delta H_f = +226$ kJ[b)]	**n-Si_6H_{14}**[a)] *Farblose* Flüssigk. Smp. $-44.7\,°C$ Sdp. $+193.6\,°C$ $\Delta H_f = +268$ kJ[b)]
Cyclo-silane	–	–	–	**Si_5H_{10}** *Farblose* Flüssigk. Smp. $-10.5\,°C$ Sdp. $+194.3\,°C$[c)]	**Si_6H_{12}** *Farblose* Flüssigk. Smp. $+16.5\,°C$ Sdp. $+226\,°C$[c)]

a) n = *normal* = unverzweigte Kette; i = *iso* = verzweigte Kette; **b)** berechnet; **c)** extrapoliert.

Die *thermische Beständigkeit* der acyclischen und cyclischen Silane Si_nH_{2n+m} nimmt mit wachsender Zahl n der Siliciumatome ab. Si_2H_6 zerfällt bei Raumtemperatur noch sehr langsam (in Jahren)[88)], Si_3H_8 langsam, Si_4H_{10} rasch. Die Thermolyse führt zu Wasserstoff, Monosilan, Oligosilanen sowie Polysiliciumhydriden $(SiH_n)_x$ (n = 2.5 bis 0.2). Letztere setzen sich an den Wänden der Pyrolysegefäße als farblose, an der Luft entzündliche, hydrolysierbare, pulverförmige Feststoffe ab. Der Wasserstoffgehalt der Verbindungen nimmt hierbei mit zunehmender Wandtemperatur ab. Durch Hydrierung von kettenförmigem $(SiBr_2)_x$ bzw. von schichtförmigem $(SiBr)_x$ mit Lithiumalanat erhält man festes, *blaßgelbes* „*Polysilen*" $(SiH_2)_x$ bzw. festes, *ockerfarbenes* „*Polysilin*" $(SiH)_x$. Den Verbindungen kommt (idealisiert) eine *Kettenstruktur* (a) bzw. *Schichtstruktur* zu (b). Aus einem *Raumnetzverband* irregulär miteinander verknüpfter SiH-Einheiten (c) besteht demgegenüber das durch Entbromierung von $HSiBr_3$ mit Mg in Ether erhältliche, feste, *zitronengelbe* Polysilin: $HSiBr_3 + \frac{3}{2}Mg \rightarrow \frac{1}{x}(SiH)_x + \frac{3}{2}MgBr_2$.

---

[88] Die knapp unterhalb 300 °C deutlich einsetzende Si_2H_6-Thermolyse (Aktivierungsenergie E_a = 203 kJ/mol) wird durch die Reaktion $Si_2H_6 \rightarrow SiH_4 + SiH_2$ eingeleitet. Durch Einschieben von SiH_2 in Si—H-Bindungen bilden sich dann höhere Silane (z. B. $Si_2H_6 + SiH_2 \rightarrow Si_3H_8$). Bei Gegenwart von Katalysatoren (z. B. $LiAlH_4$) zerfallen die höheren Silane schon bei niedrigeren Temperaturen in Monosilan und noch höhere Silane.

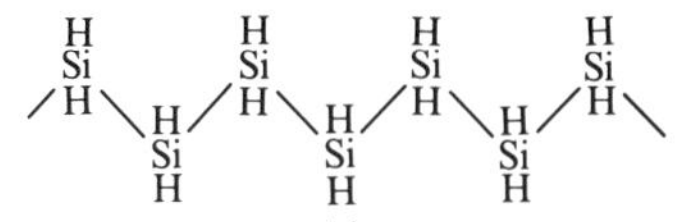

(a)

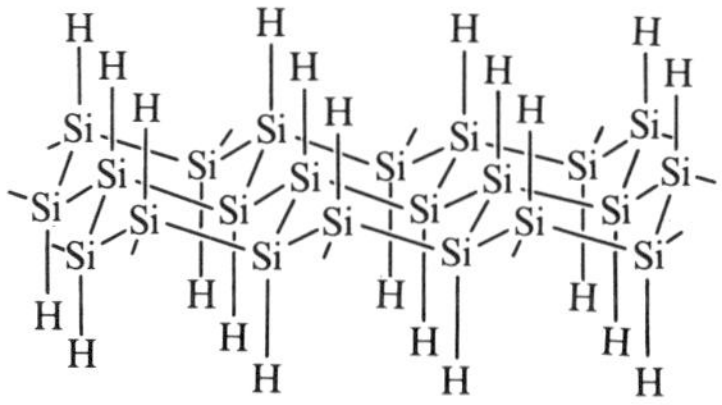

(b)

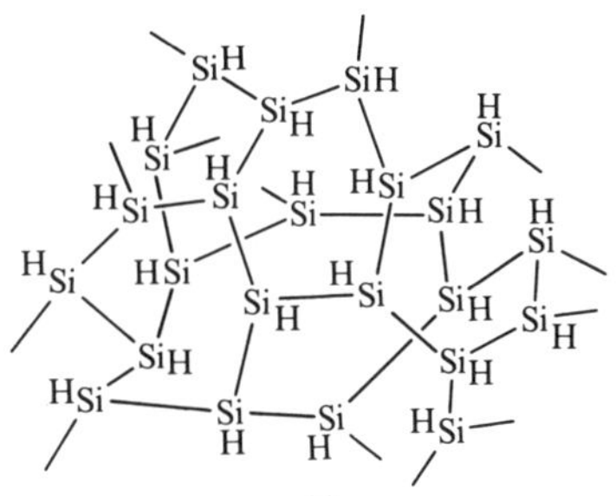

(c)

Anorganische Derivate. Von den acyclischen und cyclischen Silanen leiten sich eine Reihe von Verbindungen ab, in welchen der Wasserstoff teilweise (z. B. Si_2H_5X) oder vollständig durch Halogen (S. 909) oder andere anorganische Reste ersetzt ist. Eine interessante Verbindung $Si_6H_3(OH)_3$ mit SiH- und SiOH-Gruppierungen entsteht bei der Behandlung des aus gewellten Schichten miteinander kondensierter sechsgliederiger Si-Ringe und Ca-Schichten aufgebauten *Calciumdisilicids* $CaSi_2$ (S. 890) mit *wässeriger Salzsäure*:

$$3\,CaSi_2 + 6\,HCl + 3\,H_2O \rightarrow \tfrac{1}{x}[Si_6H_3(OH)_3]_x + 3\,CaCl_2 + 3\,H_2.$$

Sie trägt den – durch H. Kautzky eingeführten – Namen **„Siloxen"**[81] und stellt eine feste, *gelbe* bis *gelbgrüne*, in allen Lösungsmitteln unlösliche, luft-, wasser- und lichtempfindliche, höchst oberflächenaktive, *blättchenförmige Substanz* dar, die reduzierend wirkt (z. B. $Cu^{2+} \rightarrow Cu$, $Ag^+ \rightarrow Ag$). Ihre Struktur leitet sich von der des schichtförmigen Polysilins (b) dadurch ab, daß die Hälfte aller Wasserstoffatome durch OH-Gruppen ersetzt sind.

Siloxen reagiert mit zahlreichen Verbindungen unter Erhaltung des zweidimensionalen Makromolekül-Gerüstes $[Si_6]_x$, z. B.:

$$[Si_6H_3(OH)_3]_x + H_2O \xrightarrow{(H^+)} [Si_6H_2(OH)_4]_x + H_2,$$
$$[Si_6H_3(OH)_3]_x + HBr \longrightarrow [Si_6H_2Br(OH)_3]_x + H_2,$$
$$[Si_6H_3(OH)_3]_x + I_2 \longrightarrow [Si_6H_2I(OH)_3]_x + HI.$$

Bei Lagerung von Siloxen tritt in geringem Umfange *Kondensation* benachbarter Schichten ein: $\geqslant$Si—OH + HO—Si$\leqslant$ → $\geqslant$Si—O—Si$\leqslant$ + H_2O. Das gebildete Wasser führt dann $[Si_6H_3(OH)_3]_x$ gemäß der ersten Reaktionsgleichung in *gelbes* $[Si_6H_2(OH)_4]_x$ über, dessen Molekülschichten ihrerseits (leichter als die Siloxenschichten) unter Wasseraustritt kondensieren.

Erschöpfende Chlorierung von Siloxen führt zu Hexachlor-disiloxan: $[Si_6H_3(OH)_3]_x + 12x Cl_2 \rightarrow 3x Cl_3Si—O—SiCl_3 + 6x HCl$, vollständige Alkoholyse zu Dikieselsäureestern: $[Si_6H_3(OH)_3]_x + 18x ROH \rightarrow 3x (RO)_3Si—O—Si(OR)_3 + 12x H_2$.

Entsprechend wässeriger reagiert *alkoholische Salzsäure* mit Calciumdisilicid: $3\,CaSi_2 + 6\,HCl + 3\,ROH \rightarrow \tfrac{1}{x}[Si_6H_3(OR)_3]_x + 3\,CaCl_2 + 3\,H_2$. Ist R = Decyl $C_{10}H_{11}$, so läßt sich die gebildete, analog Siloxen $[Si_6H_3(OH)_3]_x$ strukturierte *gelbgrüne* Verbindung gemäß $[Si_6H_3(OR)_3]_x + 6\,H_2O \rightarrow [Si_6(OH)_6]_x + 3\,H_2 + 3\,ROH$ in ein Polysiliciummonohydroxid verwandeln (alle Wasserstoffe in (b) durch OH-Gruppen ersetzt).

Organische Derivate[87]. Man kennt eine große Anzahl acyclischer und cyclischer perorganylierter höherer Silane. Sie entstehen bei der *Enthalogenierung* organischer Halogensilane R_3SiX, R_2SiX_2, $RSiX_3$ bzw. von Gemischen dieser Silane mit Alkali- oder Erdalkalimetallen im Sinne von:

$$\geqslant Si—X + X—Si \leqslant + 2\,M \rightarrow \geqslant Si—Si \leqslant + 2\,MX.$$

Beispielsweise bilden sich bei der Einwirkung von Na/K-Legierung in Tetrahydrofuran auf Me_2SiCl_2/Me_3SiCl *acyclische Oligo- und Polysilane* Si_nMe_{2n+2} (n bis 100), auf Me_2SiCl_2 *cyclische Silane* $(SiMe_2)_n$ (n = 5, 6, 7), auf $Me_2SiCl_2/MeSiCl_3$ *polycyclische Silane* Si_nMe_{2n+m} (z. B. Si_8Me_{14}, Si_9Me_{16}, $Si_{10}Me_{16}$, $Si_{10}Me_{18}$, $Si_{11}Me_{18}$, $Si_{13}Me_{22}$) und bei der Einwirkung von Natrium auf Me_2SiCl_2 *Polydimethylsilylen* $(SiMe_2)_x$ (*farbloses* Pulver, nicht schmelzbar). Bezüglich der Strukturen dieser und weiterer organisch substituierter höherer Silane vgl. S. 894. Die *SiSi-Abstände* in diesen Derivaten sind, wie gefunden wurde, innerhalb weiter Bereiche *variabel*; sie wachsen in der Regel mit zunehmender Sperrigkeit der Organylsubstituenten (normaler Abstand von 2.34 Å z. B. in $Me_3Si—SiMe_3$; größter bisher aufgefundener Abstand von 2.70 Å in $^tBu_3Si—Si^tBu_3$).

Zum Unterschied von den höheren Alkanen, die nur kurzwelliges UV-Licht ($\lambda < 160$ nm) absorbieren, liegen die *Absorptionsbanden* der höheren Organylsilane im langwelligen UV-Bereich und werden zudem bei wachsender Si-Atomzahl zunehmend bathochrom verschoben (der Grenzwert für λ beträgt ca. 350 nm). Dieser Befund deutet auf eine gewisse *Delokalisierung der Elektronen* im σ-Bindungsbereich der Si-Ketten, -Ringe und -Käfige[88a]. Dementsprechend gehen Cyclosilane $(SiR_2)_n$ durch *Oxidation* vergleichsweise leicht in Radikalkationen über (kleine Ringe weisen wegen der Ringspannung besonders kleine Ionisierungspotentiale auf), auch folgt aus ESR-Untersuchungen eine Delokalisation des Radikalelektrons in $(SiR_2)_n^{\cdot +}$ über alle Si-Atome. Entsprechendes gilt für die durch *Reduktion* der Cyclosilane gebildeten, in der Regel farbigen Radikalanionen $(SiR_2)_n^{\cdot -}$ (z. B. *blaues* $(SiMe_2)_5^{\cdot -}$, *gelbes* $(SiMe_2)_6^{\cdot -}$). Oxidations- und Reduktionsreaktionen können darüber hinaus zur *Spaltung von SiSi-Bindungen* führen, z. B. $(SiMe_2)_6 + PCl_5 \rightarrow Cl(SiMe_2)_6Cl + PCl_3$; $(Ph_3Si)_2 + 2\,Na \rightarrow 2\,NaSiPh_3$. Auch als Folge der *Bestrahlung* höherer Organylsilane werden SiSi-Bindungen gespalten, wobei vielfach Silylene bzw. Disilene als Dimerisierungsprodukte der Silylene entstehen (vgl. S. 903, 904). Die *Thermolyse* von Polysilanen erfolgt in der Regel unter Bildung von – ihrerseits weiterreagierenden – Silyl-Radikalen. Z. B. spaltet Hexamethyldisilan $Me_3Si{-}SiMe_3$ bei 400 °C in zwei Trimethylsilylradikale $SiMe_3^{\cdot}$ auf, die sich u. a. wie folgt stabilisieren: $Me_6Si_2 \rightleftarrows 2\,SiMe_3^{\cdot} \rightarrow Me_3SiH + CH_2{=}SiMe_2 \rightarrow Me_3Si{-}CH_2{-}SiMe_2{-}H$. Anders als Hexaphenylethan $Ph_3C{-}CPh_3$ neigt Hexaphenyldisilan $Ph_3Si{-}SiPh_3$ bei Raumtemperatur in organischen Lösungsmitteln nicht zur Spaltung der EE-Bindung, da die Radikalstabilisierung von $SiPh_3$ durch *Mesomerie* anders als die von CPh_3 nicht ausreichend ist. Eine Spaltung von Si_2R_6 in SiR_3-Radikale läßt sich jedoch durch *sperrige Reste* R erzwingen. So dissoziiert etwa Hexamesityldisilan bereits ab − 60 °C reversibel in geringem Ausmaß nach:

$$80\,\text{kJ} + Mes_3Si{-}SiMes_3 \xrightleftharpoons{-60 \text{ bis } -32\,°C} 2\,SiMes_3^{\cdot}$$

Oberhalb − 32 °C verschwinden die Radikale durch irreversible Reaktionen. In analoger Weise spaltet Ge_2Mes_6 im Bereich von − 12 bis 53 °C reversibel in $GeMes_3$-Radikale auf, während die erst oberhalb 60 °C einsetzende Dissoziation: $150\,\text{kJ} + {}^tBu_3Si{-}Si^tBu_3 \rightarrow 2\,Si^tBu_3^{\cdot}$ irreversibel zu Radikalfolgeprodukten führt. Die auch durch Photolyse von $Hg(SiR_3)_2$ oder $R_3SiH/{}^tBuOO^tBu$-Mischungen erzeugbaren mehr oder weniger instabilen Silylradikale stabilisieren sich u. a. durch *Abstraktion* von Atomen oder Atomgruppen (z. B. Wasserstoff, Halogene, Alkoxygruppen) aus der chemischen Umgebung bzw. durch *Addition* an ungesättigte Systeme (z. B. an Alkene, Aromaten, Cyclopentadien, Acetonitril, Azide). Eine wichtige Rolle spielen Silylradikale etwa bei der radikalinduzierten *Hydrosilierung* $R_3Si{-}H + {>}C{=}C{<} \rightarrow R_3Si{\geq}C{-}CH{<}$, der folgende Radikalkettenreaktion zugrunde liegt: $R_3Si^{\cdot} + {>}C{=}C{<} \rightarrow R_3Si{\geq}C{-}\dot{C}{<}$; $R_3Si{\geq}C{-}\dot{C}{<} + R_3Si{-}H \rightarrow R_3Si{\geq}C{-}CH{<} + R_3Si^{\cdot}$.

2.2.4 Silene[51,87,89]

Den *Grundkörpern* der ungesättigten Siliciumverbindungen kommt die Zusammensetzung $H_2Si{=}Y$ mit Y z. B. CH_2, SiH_2, NH, PH, O, S zu. Da ihr gemeinsames *Strukturmerkmal* ein ungesättigtes Siliciumatom ${>}Si{=}$ ist, kann man sie im weitesten Sinne auch als **Silene** bezeichnen. Sie sind unter Normalbedingungen nicht isolierbar. Eingehende ab-initio-Kalkulationen haben jedoch Einblicke in ihre Strukturverhältnisse sowie Reaktionsweisen verschafft. Die Tab. 82 faßt einige dieser berechneten Kennzahlen für $H_2Si{=}CH_2$ (**Silen** im engeren Sinne, auch als *Methylensilan, Silaethen* bezeichnet), $H_2Si{=}SiH_2$ (**Disilen**, *Disilaethen*), $H_2Si{=}NH$ (**Silanimin**, *Iminosilan*), $H_2Si{=}PH$ (**Silanphosphimin**, *Phosphiminosilan*), $H_2Si{=}O$ (**Silanon**, *Oxosilan*) und $H_2Si{=}S$ (**Silanthion**, *Thioxosilan*) zusammen.

Gemäß Tab. 82 kommt den ungesättigten Siliciumverbindungen $H_2Si{=}Y$ bis auf Disilen *planarer Bau* zu, wobei die *Abstände* der SiY-Doppelbindungen um ca. 0.2 Å kürzer sind als die der entsprechenden Einfachbindungen. Die *Dissoziation* der SiY-Doppelbindungen ist weniger energieaufwendig als die der

---

[88a] Die Elektronendelokalisation läßt sich u. a. mit der „Hybridisierungsunwilligkeit" des s-Atomorbitals des Siliciums erklären (S. 885). Sie führt in Polysilanen zu SiSiSi-Mehrzentrenbindungen mit erhöhtem p-Orbitalcharakter.

[89] **Literatur.** L. F. Gusel'nikov, N. S. Nametkin: „*Formations and Properties of Unstable Intermediates Containing Multiple* $p_\pi p_\pi$ *Bonded 4B Metals*", Chem. Rev. **79** (1979) 529–577; G. Raabe, J. Michl: „*Multiple Bonding to Silicon*", Chem. Rev. **85** (1985) 419–509; R. West: „*Chemie der Silicium-Silicium-Doppelbindung*", Angew. Chem. **99** (1987) 1231–1241; Int. Ed. **26** (1987) 1201; A. G. Brook, K. M. Baines: „*Silenes*", Adv. Organometal. Chem. **25** (1986) 1–44; R. S. Grev: „*Structure and Bonding in the Parent Hydrides and Multiply Bonded Silicon and Germanium Compounds: from* MH_n *to* $R_2M{=}MR_2$ *and* $RM{\equiv}MR$", Adv. Organometal. Chem. **33** (1991) 125–170; T. Tsumuraya, S. A. Batcheller, S. Masamune: „*Verbindungen mit SiSi-, GeGe- und SnSn-Doppelbindungen sowie gespannte Ringsysteme mit Si-, Ge- und Sn-Gerüsten*", Angew. Chem. **103** (1991) 916–944; Int. Ed. **30** (1991) 902; N. Wiberg: „*Unsaturated Compounds of Silicon and Group Homologues. Unsaturated Silicon and Germanium Compounds of the Types* $R_2E{=}C(SiR_3)_2$ *and* $R_2E{=}N(SiR_3)$ ($E = Si, Ge$)", J. Organomet. Chem. **273** (1984) 141–177; M. Drieß: „*Mehrfachbindungen zwischen schweren Hauptgruppenelementen?*", Chemie in unserer Zeit **27** (1993) 141–148; P. Jutzi: „*Die klassische Doppelbindungsregel und ihre vielen Ausnahmen*", Chemie i. uns. Zeit **15** (1981) 149–154.

Tab. 82 Strukturelle und energetische Kenndaten (abgerundet) einiger ungesättigter Siliciumverbindungen $H_2Si{=}Y \triangleq H_2Si{=}ZH_n$ (r = Bindungsabstand; DE = Dissoziationsenergie; ΔH = Reaktionsenthalpie; E_a = Aktivierungsenergie)

$H_2Si{=}ZH_n$	$H_2Si{=}CH_2$	$H_2Si{=}SiH_2$	$H_2Si{=}NH$	$H_2Si{=}PH$	$H_2Si{=}O$	$H_2Si{=}S$
Bau (Symmetrie)	planar (C_{2h})	nichtplan. (C_{2h})	planar (C_s)	planar (C_s)	planar (C_{2v})	planar (C_{2v})
$r_{Si=Z\ (Si-Z)}$ [Å]	1.70 (1.89)[a)]	2.14 (2.34)[a)]	1.57 (1.72)[a)]	2.06 (2.26)	1.50 (1.64)	1.94 (2.15)[a)]
Winkel SiZH	122°	[b)]	125°[c)]	94°[c)]	–	–
$DE_{Si=Z\ (Si-Z)}$ [kJ/mol]	500 (370)[d)]	270 (310)[d)]	610 (415)[d)]	385 (265)	690 (500)[d)]	510 (330)
π-Bindungsenergie [kJ/mol][e)]	160	110	150	120	230	180
Isomerisierungsenergie ΔH (E_a) [kJ/mol][f)]	+ 10 (170)	+ 40 (55)	+ 75 (250)	+ 55 (170)	≈ 0 (250)	≈ 0 (230)
Dimerisierungenergie ΔH (E_a) [kJ/mol][f)]	– 315 (40)	?	?	?	– 460 (≈ 0)	– 280 (≈ 0)

a) Experimentell gefunden für $Me_2Si{=}C(SiMe_3)(SiMe^tBu_2)$ 1.702 Å, für $(Me_3Si)_2Si{=}C(OSiMe_3)$(Adamantyl) 1.764 Å; für $Mes_2Si{=}SiMes_2$ und andere Disilene 2.14 Å (Mes = 2,4,6-$Me_3C_6H_2$), für $^tBu_2Si{=}NSi^tBu_3$ 1.568 Å, für $R_2Si{=}S$ 1.948 (vgl. S. 886). **b)** Pyramidale Si-Atome; Faltungswinkel $\varphi = 26°$, Torsionswinkel $\tau = 0°$, Planarisierungsenergie ≈ 4 kJ/mol. Experimentell gefunden für $Mes_2Si{=}SiMes_2$: $\varphi = 10°$, $\tau \approx 3°$; für $Mes^tBuSi{=}Si^tBuMes$: $\varphi = \tau = 0°$ (Mes = 2,4,6-$Me_3C_6H_2$); für $Es_2Si{=}SiEs_2$: $\varphi = 0°$, $\tau = 10°$ (Es = 2,6-$Et_2C_6H_3$). **c)** Inversionsbarriere [kJ/mol] = 25 (SiNH), 105 (CNH), > 125 (SiPH). **d)** $DE_{C=Z\,(C-Z)}$ [kJ/mol] für CC ≈ 710 (370); für CN = 710 (360); für CO = 730 (390). **e)** π-Bindungs-energie [kJ/mol] = 270 (CC), 260 (CN), 180 (CP), 320 (CO), 220 (CS). Die π-Bindungsenergie entspricht u. a. der Rotationsbarriere sowie der Energiedifferenz zwischen Singulett-Grund- und angeregtem Triplett-Molekülzustand (in letzterem liegen die radikalischen Molekülteile H_2Si (pyramidal) und Y (planar im Falle CH_2) gekreuzt vor). **f)** Vgl. Text.

CY-Doppelbindungen, aber energieaufwendiger als die der SiY-Einfachbindungen (Ausnahme: Disilen, vgl. S. 887). Die *Isomerisierung* der Silene in Silylene ist schwach endotherm bis thermoneutral und kinetisch gehemmt, die *Dimerisierung* stark exotherm und nur wenig gehemmt:

$$H_2Si{=}Y \xrightarrow{\text{Isomerisierung}} H\ddot{S}i{-}YH \qquad \begin{matrix} H_2Si{=}Y \\ + \\ Y{=}SiH_2 \end{matrix} \xrightarrow{\text{Dimerisierung}} \begin{matrix} H_2Si{-}Y \\ | \quad\ | \\ Y{-}SiH_2 \end{matrix}$$

Auch die *anorganischen* und *organischen* **Derivate** der ungesättigten Siliciumverbindungen $H_2Si{=}Y$ sind – abgesehen von einigen Silenen, Disilenen, Silaniminen, -phosphiminen, -arsiminen sowie -thionen (vgl. S. 886) – ebenfalls nicht isolierbar. Sie lassen sich aber durch geeignete *Eliminierungs-* oder *Cycloreversionsreaktionen* als rasch dimerisierende Reaktionszwischenprodukte aus gesättigten Silanen *darstellen*, z. B. (vgl. auch Anm.[102, 105]):

$$\begin{matrix} | \\ {-}Si{-}Y \\ |\quad | \\ X\ \ Li \end{matrix} \xrightarrow[-\ \text{LiX}]{\text{Eliminierung}} \boxed{>Si{=}Y} \xleftarrow[\text{-Anthracen}]{\text{Cycloreversion}} \text{(9,10-Dihydro-9,10-(Si–Y)-anthracen)}$$

Derivate des Disilens sind zudem durch *Dimerisierung* von Silylenen (S. 904) gewinnbar: $2R_2Si \rightarrow R_2Si{=}SiR_2$ (vgl. S. 887, 905). Mit geeigneten Reaktanden lassen sich die ungesättigten Systeme $R_2Si{=}Y$ vor ihrer Dimerisierung durch *Addition* von Basen oder Komplexfragmenten (vgl. S. 888), durch *Insertion* in Einfachbindungen, durch *En-Reaktionen* mit Alkenen sowie durch [2 + 1]-, [2 + 2]-, [2 + 3]- und [2 + 4]-*Cycloadditionen* an Doppelbindungssysteme „abfangen" (siehe Schema, S. 904). Insbesondere die – zu einer kinetischen Stabilisierung der Silene führende – Basenaddition erfolgt in der Regel reversibel, so daß also Donoren wie Ether, Amine, Halogenid-Ionen hinsichtlich der Silene als „Speicher" wirken.

Anders als die Erhöhung der Sperrigkeit der Doppelbindungssubstituenten in $>Si{=}Y$ oder die Basenaddition an $>Si{=}Y$ führt der Einbau von Silicium in Aromaten zu keiner wesentlichen *Stabilisierung* der reaktiven Gruppierung $>Si{=}$. So läßt sich **Silabenzol** C_5SiH_6 zwar durch Energieeinwirkung aus Dihydrosilabenzol C_5SiH_8 erzeugen und in einer Tieftemperaturmatrix isolieren; es zersetzt sich aber bereits oberhalb 80 K. Daß Valenzelektronen des Siliciums weit weniger als die des Kohlenstoffs zur „Konjugation" befähigt sind, geht u. a. auch daraus hervor, daß Silacyclopentadien C_4SiH_6 nicht zur Protonenabgabe neigt (C_5H_6 bildet nach Deprotonierung das aromatische Cyclopentadienid-Anion $C_5H_5^-$ mit sechs π-Elektronen, während in $C_4SiH_5^-$ nach ab initio Berechnungen die negative Ladung im wesentlichen am Si-Atom lokalisiert bleibt) und daß Hexaphenyldisilan $Ph_3Si{-}SiPh_3$ nicht in Radikale $SiPh_3^{\bullet}$ aufspaltet (vgl. Silyl-Radikale, S. 902).

$>Si{=}Y$ (Mitte)

- *Komplexbildg.* $+ ML_n$ → Si—Y-Dreiring mit ML_n
- *[2 + 1]-Cycloadd.* $+ R_2C{=}N{=}N$ → Si—Y—N-Dreiring mit $N{=}CR_2$
- *Basenadd.* $+ Me_3N$ (Y ≠ Si) ⇌ $Me_3N \rightarrow Si{=}Y$
- *[2 + 2]-Cycloadd.* $+ O{=}CPh_2$ → Si—Y / O—CPh_2 (Vierring)
- *Insertion* $+ HO{-}H$ → Si—Y mit HO und H
- *[2 + 3]-Cycloadd.* $+ R_3SiN{=}N{=}N$ → Si—Y / R_3SiN—N=N (Fünfring)
- *En-Reaktion* $+ CH_2{=}CH{-}CH_3$ → Si—Y mit H und H_2C—$HC{=}CH_2$
- *[2 + 4]-Cycloadd.* $+ CH_2{=}CH{-}CH{=}CH_2$ → Si—Y / H_2C, CH_2, $HC{=}CH$ (Sechsring)

2.2.5 Silylene[51,87,90)]

Zur *Erzeugung* und *Isolierung* von Silylen SiH_2 kondensiert man Spuren von Silicium-Atomgas (gewinnbar durch Erhitzen von elementarem Silicium auf 1450–1700 °C) und Wasserstoff-Molekülen zusammen mit viel Argon auf mit flüssigem Helium gekühlte Flächen. Hierbei reagieren die „heißen" Si-Atome im Triplett-Zustand (^3P-Zustand, vgl. S. 901) während ihrer raschen Abkühlung mit den H_2-Molekülen unter Bildung von angeregtem **Triplett-Silylen $^3SiH_2$** ($^3B_1$-Zustand; vgl. S. 885), das teilweise nochmals H_2 unter Bildung von Monosilan SiH_4 addiert, teilweise in **Singulett-Silylen $^1SiH_2$** ($^1A_1$-Grundzustand) übergeht. Letzteres ist in der Tieftemperaturmatrix bei 10 K metastabil und – wie auf S. 885 bereits besprochen – gewinkelt gebaut (C_{2v}-Symmetrie; $r_{SiH} = 1.52$ Å; ∢ HSiH = 92.8°). Beim Aufwärmen der Matrix reagiert es mit ebenfalls gebildetem SiH_4 unter α-Addition zu Si_2H_6 ($H_3Si{-}H + {:}SiH_2 \rightarrow H_3Si{-}SiH_2{-}H$; Orbitalsymmetrie-erlaubter Prozeß) bzw. mit sich selbst unter Polymerisation ($x SiH_2 \rightarrow (SiH_2)_x$). Nach Berechnungen besitzt das Silylen eine deutliche Tendenz zur Addition von H^+, $H^{\bullet}$ bzw. H^- unter Bildung des *Silyl-Kations* SiH_3^+, *Silyl-Radikals* $SiH_3^{\bullet}$ bzw. *Silyl-Anions* SiH_3^- (bezüglich organischer Derivate letzterer Teilchen vgl. S. 899, 902).

Auch die **anorganischen Derivate** des Silylens wie etwa SiF_2, $SiCl_2$, $SiBr_2$, SiO, SiS sind unter Normalbedingungen instabil. Sie lassen sich nur in der Gasphase bei hohen Temperaturen gewinnen oder in einer Tieftemperaturmatrix isolieren. Geeignet substituierte Silylene sind aber auch bei Normalbedingungen zugänglich (s. u.). Bezüglich ihrer *Strukturen* und *relativen Stabilitäten* vgl. S. 885, bezüglich ihrer *chemischen Eigenschaften* bei den Siliciumhalogeniden und -chalkogeniden S. 909, 915, 917. Ähnlich thermolabil wie die anorganischen sind die **organischen Derivate** des Silylens. Sie können gemäß $R_2Si{-}XY \rightarrow R_2Si + XY$ durch α-Eliminierungsreaktionen als Reaktionszwischenprodukte erzeugt werden, z. B.:

$$(Me_3Si)(MeO)SiR_2 \xrightarrow[-\,Me_3Si{-}OMe]{\Delta} {:}SiR_2 \xleftarrow[-\,Me_3Si{-}SiMe_3]{h\nu} (Me_3Si)_2SiR_2$$

$$\text{RSiR (Anthracen-Addukt)} \xrightarrow[-\,\text{Anthracen}]{\Delta} {:}SiR_2 \xleftarrow[-\,(SiR_2)_n]{h\nu} (R_2Si)_n\,SiR_2 \text{ (Ring)}$$

---

90 **Literatur.** W. H. Atwell, D. R. Weyenberg: „*Zwischenverbindungen des zweiwertigen Siliciums*", Angew. Chem. **81** (1969) 485–493; Int. Ed. **8** (1969) 469; H. Bürger, R. Enjen: „*Low-Valent Silicon*", Topics Curr. Chem. **50** (1974) 1–41; C. S. Liv, T.-L. Hwang: „*Inorganic Silylenes. Chemistry of Silylene, Dichlorsilylene and Difluorsilylene*", Adv. Inorg. Radiochem. **29** (1985) 1–40; R. S. Grev: „*Structure and Bonding in the Parent Hydrides and Multiply Bonded Silicon and Germanium Compounds*", Adv. Organometal. Chem. **33** (1991) 125–170.

Die gebildeten *farbigen* Silylene sind meist nur bei *tiefen* Temperaturen gegen Di-, Oligo- oder Polymerisation *metastabil*, wobei die Metastabilität – ähnlich wie die der Silene (S. 886) – mit der Sperrigkeit der siliciumgebundenen Reste R wächst (z. B. geht *gelbes* Dimethylsilylen $SiMe_2$ in Argon bereits oberhalb 10 K in $(SiMe_2)_n$, Dimesitylsilylen $SiMes_2$ erst oberhalb 77 K in $Mes_2Si{=}SiMes_2$ über). Ähnlich wie Silene (S. 903) lassen sich Silylene darüber hinaus durch Basenaddition „stabilisieren“. So ist etwa *Decamethylsilicocen* $SiCp_2^*$, in welchem Pentamethylcyclopentadienylreste $Cp^* = C_5Me_5$ π-gebunden vorliegen, bei Raumtemperatur haltbar (vgl. Formelschema; im Kristall liegen gewinkelte und nicht-gewinkelte Silicocenmoleküle nebeneinander; vgl. S. 968). Auch kann $[{-}^tBuNCHCHN^tBu{-}]Si$ (vgl. Schema; Si-Stabilisierung durch freie N-Elektronenpaare: „aromatisches 6π-System“) sowie $[(R_3Si)(R_2P)_2C]_2Si$ (vgl. Schema; Si-Stabilisierung durch freie P-Elektronenpaare; pseudo-trigonal-bipyramidales Si mit zwei kürzeren äquatorialen und zwei längeren axialen SiP-Bindungen) isoliert werden. Die (*elektrophil wirkenden*) *instabilen Silylene* lassen sich – ähnlich wie die Silene – vor ihrer Polymerisation mit geeigneten Reaktanden „abfangen“, z. B. durch *Insertion* in Einfachbindungen (α-Addition) oder durch *Cycloaddition* an organische Ene und Diene:

$$H(MeO)SiR_2 \xleftarrow[+H-OMe]{Insertion} :SiR_2 \xrightarrow[+CH_2=CMe_2]{[1+2]\text{-}Cycloadd.} R_2Si(CH_2)(CMe_2) \text{ (Dreiring)}$$

$$Et_3Ge(H)SiR_2 \xleftarrow[+Et_3Ge-H]{Insertion} :SiR_2 \xrightarrow[+CH_2=CH-CH=CH_2]{[1+4]\text{-}Cycloadd.} R_2Si(CH_2CH{=}CHCH_2) \text{ (Fünfring)}$$

Cp_2^*Si **$[^tBuNCHCHN^tBu]Si$** **$Si[C(PR_2)_2(SiR_3)]_2$**

Die *donorstabilisierten Silylene* wirken *nucleophil* (z. B. reagiert $[{-}^tBuNCHCHN^tBu{-}]Si = L$ mit $Ni(CO)_4$ zu $NiL_2(CO)_2$, mit RN_3 zu Silaniminen $RN = L$). Bzgl. der *Silylen-Komplexe* vgl. S. 888

2.3 Halogenverbindungen des Siliciums[51,62,81,90,91]

Silicium bildet eine Reihe von **Halogeniden** der Zusammensetzung $\mathbf{Si_nX_{2n+m}}$, welche sich von den entsprechenden *Silanen* durch Ersatz aller Wasserstoffatome durch Halogenatome ableiten. In Tab. 83 sind wichtige Kenndaten einiger dieser Verbindungen zusammengestellt. *Technische* Produkte sind insbesondere $SiCl_4$ und $SiF_4 \cdot 2HF$. Außer den erwähnten Halogeniden mit *vierwertigem* (vierbindigem) Silicium kennt man noch solche der Formel $\mathbf{SiX_2}$ mit *zweiwertigem* (zweibindigem) Silicium. Bzgl. der **Halogenidoxide** vgl. Anm.[102,105]).

Silicium(IV)-halogenide

Siliciumtetrafluorid SiF_4. Darstellung. Siliciumtetrafluorid ist durch Synthese aus den Elementen ($Si + 2F_2 \rightarrow SiF_4 + 1615\,kJ$) sowie – bequemer – durch Einwirkung von Hydrogenfluorid auf Siliciumdioxid gemäß:

$$SiO_2 + 4HF \rightleftarrows SiF_4 + 2H_2O \qquad (1)$$

[91] **Literatur.** E. Hengge: „*Inorganic Silicon Halides*“, in V. Gutman (Hrsg.): „Halogen Chemistry“, Band **2**, Academic Press, London 1967, S. 169–232; M. Schmeisser, P. Voss: „*Darstellung und chemisches Verhalten von Siliciumsubhalogeniden*“ Fortschr. Chem. Forsch. **9** (1967) 165–205; J. L. Margrave, K. G. Sharp, P. W. Wilson: „*The Dihalides of Group IVB Elements*“, Fortschr. Chem. Forsch. **26** (1972) 1–35; P. L. Timms: „*Low Temperature Condensation of High Temperature Species as a Synthetic Method*“, Adv. Inorg. Radiochem. **14** (1972) 121–171; D. Naumann: „*Fluor and Fluorverbindungen*“, Steinkopff, Darmstadt 1980, S. 78–83; J. L. Margrave, P. W. Wilson: „*SiF_2, a Carbene Analogue. Its Reactions and Properties*“, Acc. Chem. Res. **4** (1971) 145–152; G. Urry: „*Systematic Synthesis in Polysilane Series*“, Acc. Chem. Res. **3** (1970) 306–312.

Tab. 83 Siliciumhalogenide

Verbindungstypus	Fluoride	Chloride	Bromide	Iodide
SiX_4 **Silicium-tetrahalogenide** (Tetrahalogen-silane)	SiF_4[a] *Farbloses* Gas Smp. − 90.2°/1.75 bar Sblp. − 95.5 °C $\Delta H_f = -1615$ kJ	$SiCl_4$[a] *Farblose* Flüssigk. Smp. − 70.4 °C Sdp. 57.57 °C $\Delta H_f = -663$ kJ	$SiBr_4$[a] *Farblose* Flüssigk. Smp. 5.2 °C Sdp. 152.8 °C $\Delta H_f = -415$ kJ	SiI_4[a] *Farblose* Kristalle Smp. 120.5 °C Sdp. 287.5 °C $\Delta H_f = -110$ kJ
Si_2X_6 **Disilicium-hexahalogenide** (Hexahalogen-disilane)	Si_2F_6 *Farbloses* Gas Smp. − 18.7°/1.02 bar Sblp. − 19.1 °C	Si_2Cl_6 *Farblose* Flüssigk. Smp. 2.5 °C Sdp. 146 °C	Si_2Br_6 *Farblose* Kristalle Smp. 95 °C Sdp. 265 °C	Si_2I_6 *Blaßgelbe* Kristalle Smp. 250 °C
Si_3X_8 **Trisilicium-octahalogenide** (Octahalogen-trisilane)	Si_3F_8[b] *Farblose* Flüssigk. Smp. − 1.2 °C Sdp. 42.0 °C	Si_3Cl_8[c] *Farblose* Flüssigk. Smp. − 76 °C Sdp. 216 °C	Si_3Br_8[d] *Farblose* Kristalle Smp. 46 °C	–
$[SiX_2]_x$ **Polysilicium-dihalogenide** (Perhalogen-polysilene)	$[SiF_2]_x$ *Farbloser* Feststoff	$[SiCl_2]_x$[e] *Farbloser* bis *gelber* Feststoff	$[SiBr_2]_x$[e] *Bernsteinfarbiger* Feststoff	$[SiI_2]_x$[e] *Gelbroter* Feststoff
$[SiX]_x$ **Polysilicium-monohalogenide** (Perhalogen-polysiline)	$[SiF]_x$ *Farbloser* bis *gelber* Feststoff	$[SiCl]_x$ *Gelber* bis *gelb-brauner* Feststoff	$[SiBr]_x$ *Gelber* bis *brauner* Feststoff	$[SiI]_x$ *Orangeroter* Feststoff

a) Es existieren auch **gemischte Halogenide** $SiX_nX'_{4-n}$ (X = F, Cl, Br, I; $n = 1, 2, 3$; gewinnbar aus SiX_4/SiX'_4) sowie $SiBrCl_2F$ und $SiBr_2ClF$. Die Verbindung SiFClBrI (Smp. 85 °C), die in zwei optisch-aktiven Formen auftreten sollte, ist ebenfalls bekannt. **b)** Es existieren auch **höhere Siliciumfluoride** Si_nF_{2n+2} (nachgewiesen bis $n = 14$), z. B. Si_4F_{10}: *farblose* Kristalle, Smp. 68 °C, Sdp. 85.1 °C. **c)** Es existieren auch **höhere Siliciumchloride** Si_nCl_{2n+2} (isoliert bis $n = 6$). Eingehender untersucht: „*Dodecachlorneopentasilan*" $Si(SiCl_3)_4$: *farblose* Kristalle, Smp. 345 °C und verzweigtes „*Tetradecachlorhexasilan*" $(Si(SiCl_3)_3(Si_2Cl_5)$: *farblose* Kristalle, Smp. 320 °C, Sblp. 120 °C (Hochvakuum). **d)** Es existieren auch **höhere Siliciumbromide** Si_nBr_{2n+2}, z. B. Si_4Br_{10}: *farblose* Kristalle, Smp. 84 °C, Sdp. 95 °C (Hochvakuum). **e)** In *tetra-*, *penta-* und *hexamerer* Form als *chlorierte*, *bromierte* und *iodierte* **Cyclosilane** Si_4X_8 (*gelbe* Feststoffe, Stabilität Si_4Cl_8 (Zers. 100 °C) $< Si_4Br_8 < Si_4I_8$; gefalteter Ring mit D_{2h}-Symmetrie), Si_5X_{10} (kristallin; nicht-planarer Ring) und Si_6X_{12} (kristallin; nicht-planarer Ring).

bei Gegenwart wasserziehender Mittel (Verschiebung des Gleichgewichtes (1) zugunsten der SiF_4-Bildung) zugänglich. In der Praxis verfährt man zweckmäßig so, daß man auf ein Gemisch von gepulvertem Calciumfluorid (*Flußspat*) CaF_2 und Quarzsand SiO_2 konzentrierte Schwefelsäure einwirken läßt, wobei letztere zunächst Hydrogenfluorid bildet ($CaF_2 + H_2SO_4 \rightarrow CaSO_4 + 2HF$) und dann als wasserentziehendes Mittel die obige Umsetzung (1) zwischen SiO_2 und HF begünstigt. Sehr reines SiF_4 kann im Laboratorium aus $BaSiF_6$ durch Erhitzen im Vakuum auf 300–350 °C gewonnen werden ($BaSiF_6 \rightarrow BaF_2 + SiF_4$).

Auch auf Silicate, d. h. die Salze der sich vom Anhydrid SiO_2 ableitenden Kieselsäuren, wirkt Hydrogenfluorid unter Bildung von gasförmigem Siliciumtetrafluorid ein. Hierauf beruht einerseits die ätzende Wirkung der Flußsäure auf Glas (S. 457), andererseits die Entfernung von Silicium aus Silicaten durch „*Abrauchen mit Flußsäure*" zwecks nachfolgender analytischer Bestimmung der in den Silicaten enthaltenen Metalle.

Eigenschaften (vgl. Tab. 83). Siliciumtetrafluorid ist ein *farbloses*, an feuchter Luft infolge Hydrolyse stark rauchendes Gas von stechendem und erstickendem Geruch. Führt man es durch starke Abkühlung in den festen Zustand über, so sublimiert es beim Erwärmen unter

1.013 bar Druck bei $-95.5\,^{\circ}C$; unter erhöhtem Druck (1.75 bar) schmilzt es vor dem Übergang in den gasförmigen Zustand bei $-90.2\,^{\circ}C$ zu einer Flüssigkeit.

Der SiF-Abstand im tetraedrischen SiF_4-Molekül (T_d-Symmetrie) entspricht mit 1.54 Å einem Zwischenzustand zwischen einfacher (ber. 1.81 Å) und doppelter Bindung (ber. < 1.6 Å). Die *Bindungsverkürzung* wird offensichtlich durch den hohen polaren Charakter der SiF-Bindung verursacht (kovalente + elektrovalente Bindung, S. 883).

Als stark exotherme Verbindung (Tab. 83) ist Siliciumtetrafluorid sehr beständig und bei Ausschluß von Feuchtigkeit recht reaktionsträge. Dagegen wird es in Umkehrung der Bildungsgleichung (1) von Wasser leicht unter Abscheidung gallertartiger Kieselsäure und Bildung von Flußsäure hydrolytisch zersetzt[92], wobei sich die Flußsäure mit noch unverändertem Siliciumtetrafluorid zu *Hexafluorokieselsäure* H_2SiF_6 vereinigt ($SiF_4 + 2HF \rightarrow H_2SiF_6$):

$$3SiF_4 + 2H_2O \rightarrow SiO_2(aq) + 2H_2SiF_6 \qquad (2)$$

SiF_4 ist nicht nur hinsichtlich HF, sondern allgemein gegenüber Verbindungen mit freien Elektronenpaaren eine starke Lewis-Säure (Bildung von Addukten wie $SiF_4 \cdot 2NH_3$ oder $SiF_4 \cdot 2OSMe_2$; s. unten und S. 887).

Hexafluorokieselsäure H_2SiF_6. Die – auch technisch – auf dem obengenannten Wege (2) durch Einwirkung von Siliciumfluorid auf Wasser oder als Nebenprodukt des schwefelsauren Aufschlusses von kieselsäurehaltigem Fluorapatit ($Ca_5(PO_4)_3F + 5H_2SO_4 \rightarrow 5CaSO_4 + 3H_3PO_4 + HF$; $SiO_2 + 6HF \rightarrow H_2SiF_6 + 2H_2O$) zugängliche Hexafluorokieselsäure H_2SiF_6 („*Kieselfluorwasserstoffsäure*") ist in reinem, wasserfreiem Zustande ebensowenig bekannt wie die freie Hexafluoro-aluminiumsäure H_3AlF_6 oder Hexafluoro-phosphorsäure HPF_6, da sie gleich letzteren unter HF-Abspaltung zerfällt. Stellt man sie durch Einwirkung konzentrierter Schwefelsäure auf ihre Salze („*Hexafluorosilicate*") wasserfrei dar: $BaSiF_6 + H_2SO_4 \rightarrow BaSO_4 + H_2SiF_6$, so erfolgt weitgehender Zerfall unter Bildung von Siliciumtetrafluorid und Fluorwasserstoff ($H_2SiF_6 \rightarrow SiF_4 + 2HF$). In wässeriger Lösung ($H_2SiF_6 + 2H_2O \rightarrow 2H_3O^+ + SiF_6^{2-}$) treten dagegen keine merklichen Mengen freier Flußsäure auf, so daß die Lösung Glas nicht ätzt. Kühlt man konzentriertere Lösungen ab, so scheidet sich unter anderem ein Dihydrat der Fluorokieselsäure – als Oxoniumsalz $(H_3O)_2SiF_6$ – in Form farbloser Kristalle vom Schmelzpunkt 19 °C ab.

Beim Eindampfen wässeriger Fluorokieselsäurelösungen entweicht sowohl Siliciumtetrafluorid als auch Fluorwasserstoff. Ist die Lösung 13.3 %ig, so enthält der Dampf gerade 2 HF auf 1 SiF_4, so daß die Fluorokieselsäure scheinbar unzersetzt destilliert. Bei größeren Konzentrationen geht mehr SiF_4, bei kleineren mehr HF in den Dampf über. Dampft man daher eine konzentrierte Fluorkieselsäurelösung ein, so reichert sich die zurückbleibende Lösung an HF an und vermag daher Glas zu ätzen und Siliciumdioxid aufzulösen. Aus einer verdünnten Fluorokieselsäurelösung scheidet sich beim Eindampfen umgekehrt Siliciumdioxid aus, da sich hier das Siliciumtetrafluorid anreichert, welches von Wasser hydrolysiert wird.

Die Fluorokieselsäure ist eine starke Säure, welche mit Hydroxiden oder Carbonaten unter Bildung von Fluorosilicaten $M_2^I[SiF_6]$ reagiert (technisch werden u.a. das Na-, K-, Mg-, Zn- und Cu-**Salz** gewonnen). Die Fluorosilicate – die auch durch direkte Vereinigung der Komponenten zugänglich sind ($SiF_4 + 2MF \rightarrow M_2[SiF_6]$) – sind meist wasserlöslich. Schwerlöslich sind die Fluorosilicate der Alkalimetalle (außer Lithium) und das Bariumfluorosilicat. Die Fluorokieselsäure und ihre Salze sind giftig und werden als bakterien- und insektentötende Mittel angewandt, z. B. $MgSiF_6$ zum Holzschutz.

Die SiF-Abstände in den Fluorosilicaten SiF_6^{2-} betragen 1.71 Å und sind damit länger als die SiF-Bindungen in SiF_4 (gef. 1.54 Å). Zum Unterschied vom hydrolyseempfindlichen SiF_4 werden die Fluorosilicate SiF_6^{2-} hydrolytisch nicht zersetzt.

---

[92] In der „Gasphase erhält man bei SiF_4-Überschuß gemäß $2SiF_4 + H_2O \rightarrow F_3Si{-}O{-}SiF_3 + 2HF$ u. a. „*Hexafluordisiloxan* (*farbloses* Gas; Smp. $-47.8\,^{\circ}C$, Sdp. $-23.3\,^{\circ}C$; Darstellung zweckmäßig nach: $3SiF_4 + SiO_2 \rightarrow 2Si_2OF_6$).

Siliciumtetrachlorid $SiCl_4$ („*Tetrachlorsilan*"). Die technische Darstellung von $SiCl_4$ neben *Trichlorsilan* („*Silicochloroform*") $HSiCl_3$ erfolgt aus technischem *Silicium* und gasförmigem *Chlorwasserstoff* oberhalb 300 °C (höhere Temperaturen begünstigen die $SiCl_4$-Bildung):

$$Si + 4HCl \rightarrow SiCl_4 + 2H_2; \qquad Si + 3HCl \rightarrow HSiCl_3 + H_2.$$

Zum Teil wird $SiCl_4$ auch durch Erhitzen von Silicium oder Ferrosilicium im Chlorstrom gewonnen (Nebenprodukte: höhere Siliciumchloride, s. unten); auch entsteht es aus SiO_2, Kohlenstoff und Chlor bzw. SiC und Chlor bei 1400 °C.

Eigenschaften (vgl. Tab. 83). Das tetraedrisch gebaute Siliciumtetrachlorid (T_d-Symmetrie; $r_{SiCl} = 2.01$ Å; ber. für Si—Cl 2.16 Å) stellt eine *farblose*, bewegliche, an feuchter Luft infolge *Hydrolyse*

$$SiCl_4 + 4H_2O \rightarrow Si(OH)_4 + 4HCl$$

rauchende Flüssigkeit ($d = 1.49$ g/cm^3) von stechendem Geruch dar. Durch vorsichtige Hydrolyse mit feuchtem Ether entstehen – wohl auf dem Wege über $HOSiCl_3$ als erstem, in der Gasphase auch direkt nachweisbarem Produkt – kettenförmige *Perchlorsiloxane* $Cl—(SiCl_2O)_n—SiCl_3$ ($n = 1–6$)[93]. Ähnlich wie durch OH^- oder O^{2-} läßt sich das Chlorid in $SiCl_4$ durch andere Nucleophile substituieren. So wird das Tetrachlorid durch *Alkoholyse* in Kieselsäureester $Si(OR)_4$ und durch *Ammonolyse* in Ether bei − 60 °C in *Chlorsilazane* wie z. B. $Cl_3Si—NH—SiCl_3$ oder $(SiCl_2NH)_3$ überführt. Auch findet bei Einwirkung von SiX_4 (X = F, Br, I) auf $SiCl_4$ ein *Halogenidaustausch* bis zu einem bestimmten Gleichgewicht statt.

Daß das Halogenid in Tetrachlorsilan $SiCl_4$ und anderen Halogensilanen $\gtrless$Si—X zum Unterschied von Halogenid in Tetrachlormethan CCl_4 und anderen Halogenalkanen $\gtrless$C—X leicht ersetzt wird, obwohl CX-Bindungen weniger fest als SiX-Bindungen sind (vgl. Tab. 19, S. 141), liegt daran, daß die *assoziative nucleophile Substitution* (S. 392) im Falle der Halogensilane infolge der Möglichkeit des Siliciums zur Adduktbildung (vgl. S. 887) viel leichter als im Falle der Halogenalkane erfolgen kann, deren Tendenz zur Adduktbildung erheblich kleiner ist:

$$Nu:^- + \gtrless Si—X \rightleftarrows \{Nu—\overset{|}{\underset{/\backslash}{Si}}—X\}^- \rightarrow Nu—Si\lessgtr + X^-$$

(Nu^- z. B. OH^-, NH_3, X^-). Die Formulierung von Zwischenstufen wie $NuSiCl_4^-$ wird durch die Isolierbarkeit von $SiCl_4$-Addukten etwa mit Aminen A gestützt (Bildung von Additionsverbindungen $SiCl_4A$, $SiCl_4A_2$ und $[SiCl_2A_4]Cl_2$). Die *Lewis-Acidität* der Halogensilane R_nSiX_{4-n} hängt hinsichtlich einer bestimmten Lewis-Base („*Donor*") sowohl vom Halogen X ab (sinkende Acidität in Richtung $SiF_4 > SiCl_4 > SiBr_4 > SiI_4$; letztere Tetrahalogenide SiX_4 bilden anders als SiF_4 mit MX keine beständigen *Halogenokomplexe* SiX_6^{2-}) als auch von den Resten R. *Organylgruppen* (einschließlich *Wasserstoff*) vermindern die Additionstendenz (sinkende Acidität in Richtung $SiX_4 > RSiX_3 > R_2SiX_2 > R_3SiX > R_4Si$), *Silylgruppen* erhöhen sie[94]. Aus letzterem Grunde lagert sich etwa α,α'-Dipyridyl oder 1,10-Phenanthrolin (S. 1210) nicht an das endständige Silicium von $Cl_3Si—SiCl_2—SiCl_3$ (ein Silylsubstituent), sondern an das mittelständige Silicium (zwei Silylsubstituenten), wobei lezteres in den Komplexen Si_3Cl_8(dipy) und Si_3Cl_8(phen) oktaedrisch koordiniert ist (axial gebundene $SiCl_3$-Gruppen)[95].

Verwendung. Siliciumtetrachlorid (Weltjahresproduktion: Zig Kilotonnenmaßstab) wird neben $HSiCl_3$ zur Herstellung von *Halbleitersilicium* sowie zum *Silicieren* metallischer Gegenstände benutzt. Auch ist es Ausgangsprodukt für die Synthese von hochdispersem *Kieselgel*, von *Kieselsäureestern* (besonders wichtig ist das bei − 77 °C schmelzende und bei 168.5 °C siedende „*Tetraethoxysilan*" $Si(OEt)_4$ als Bindemittel für keramische Massen, zur Modifizierung von Siliconen, zur Oberflächenbehandlung von Glas) und von *organofunktionellen Siliciumverbindungen*.

---

93 Sauerstoff reagiert bei knapp 1000 °C zu *monomerem* **Siliciumoxiddichlorid** $O{=}SiCl_2$ („*Silicophosgen*"; isoelektronisch mit $NPCl_2$): $2SiCl_4 + O_2 \rightarrow 2SiOCl_2 + 2Cl_2$, das unter den Reaktionsbedingungen in lineare, cyclische und käfigartige Perchlorsiloxane wie $Si_nO_{n-1}Cl_{2n+2}$ und $(SiOCl_2)_m$ ($m = 3, 4, 5$ ...; isoelektronisch mit Perchlorcyclophosphazenen) übergeht. Setzt man $SiCl_4/N_2$-Gemische der Glimmentladung aus, so bilden sich andererseits *Perchlorsilazane* wie $N(SiCl_3)_3$ oder $[Cl_2Si—N(SiCl_3)]_2$.

94 $SiCl_4$ bildet wie $Me_3SiSiCl_3$ mit α,α'-Dipyridyl einen Komplex, $MeSiCl_3$ nicht.

95 Ursache ist möglicherweise die hohe Dehnbarkeit der SiSi-Bindungen (vgl. $^tBu_3Si—Si^tBu_3$, S. 901), wodurch lange axiale SiSi-Bindungen ausgebildet werden können.

Siliciumtetrabromid $SiBr_4$ und **Siliciumtetraiodid SiI_4** (Tab. 83; tetraedrischer Bau, T_d-Symmetrie), bilden sich bei der Einwirkung von *Brom* oder *Bromwasserstoff* bzw. *Iod* oder *Iodwasserstoff* auf erhitztes Silicium (Ferrosilicium) neben höheren Siliciumhalogeniden (s. unten).

Silicium(III)-halogenide

Disiliciumhexachlorid Si_2Cl_6, eine *farblose*, hydrolyseempfindliche und luftbeständige Flüssigkeit (Tab. 83; gestaffelte Konformation wie Si_2H_6; D_{3d}-Symmetrie; $r_{SiSi/SiCl} = 2.32/2.00$ Å) entsteht bei der Umsetzung von Ferrosilicium mit Chlor bei erhöhter Temperatur neben anderen Siliciumchloriden (s. unten). Durch vorsichtige *Hydrolyse* mit feuchtem Ether läßt sie sich in Siloxane des Typus $Cl_3Si—SiCl_2—O—(SiCl_2—SiCl_2—O)_n—SiCl_2—SiCl_3$ ($n = 0, 1, 2$) umwandeln. Katalytische Mengen Trimethylamin NMe_3 führen zu ihrer *Disproportionierung* in Siliciumtetrachlorid und Pentasiliciumdodecachlorid $Si(SiCl_3)_4 = Si_5Cl_{12}$ bzw. Hexasiliciumtetradecachlorid $Si(SiCl_3)_3(Si_2Cl_5) = Si_6Cl_{14}$ (vgl. Tab. 83):

$$4Si_2Cl_6 \rightarrow Si_5Cl_{12} + 3SiCl_4 \quad \text{bzw.} \quad 5Si_2Cl_6 \rightarrow Si_6Cl_{14} + 4SiCl_4.$$

Si_2Cl_6 findet als *Reduktionsmittel* für Phosphanoxide R_3PO (R = organischer Rest) Verwendung:

$$R_3PO + Cl_3Si—SiCl_3 \rightarrow R_3P + Cl_3Si—O—SiCl_3.$$

Die unter milden Bedingungen (25 °C, $HCCl_3$) erfolgende Reaktion, verläuft auf dem Wege

$$\begin{array}{lll} R_3P{=}O + Cl_3Si—SiCl_3 & \rightarrow & R_3P—O—SiCl_3^+ + SiCl_3^- \\ Cl_3Si^- + R_3P—O—SiCl_3^+ & \rightarrow & Cl_3Si—PR_3^+ + O—SiCl_3^- \\ Cl_3Si—O^- + Cl_3Si—PR_3^+ & \rightarrow & Cl_3Si—O—SiCl_3 + PR_3 \end{array}$$

(assoziative nucleophile Substitutionsreaktionen am Silicium sowie Phosphor als Substitutionszentren). In analoger Weise läßt sich schwefel- oder stickstoffgebundener Sauerstoff mit Si_2Cl_6 entfernen.

Disiliciumhexafluorid Si_2F_6 (Tab. 83; Bau analog Si_2Cl_6) ist u. a. durch *Fluorierung* von Si_2Cl_6 oder Si_2Br_6 mit F_2 bzw. durch *Fluoridierung* von Si_2Cl_6 mit ZnF_2 als *farbloses* Gas (Sdp. − 18.9 °C) darstellbar. Das Fluorid geht *hydrolytisch* auf dem Wege über $(HO)_3Si—Si(OH)_3$ in Kieselsäure und Hexafluorokieselsäure über:

$$Si_2F_6 + 6H_2O \rightarrow Si_2(OH)_6 + 6HF \rightarrow H_2 + H_2SiF_6 + Si(OH)_4 + H_2O.$$

Disiliciumhexabromid Si_2Br_6 (Tab. 83) bildet sich bei erhöhter Temperatur durch Einwirkung von *Bromwasserstoff* auf Silicium oder *Brom* auf *Calciumdisilicid* als *farbloser* Feststoff, **Disiliciumhexaiodid Si_2I_6** (Tab. 83) bei erhöhter Temperatur durch Einwirkung von *Silber* auf *Siliciumtetraiodid* oder *Iod* auf *Silicium* als *blaßgelber*, bei 250 °C in SiI_4 und $(SiI)_x$ zerfallender Festkörper (Si_2I_6 ist das instabilste der Siliciumhexahalogenide).

Silicium(II)-, Silicium(I)- und andere niedrige Siliciumhalogenide

Siliciumdifluorid SiF_2 und höhere Siliciumfluoride. Gasförmiges monomeres Siliciumdifluorid SiF_2 („*Difluorsilylen*"; $\Delta H_f = -587$ kJ/mol; zum Vergleich CF_2; -182 kJ/mol) wird sowohl durch thermische *Komproportionierung* aus SiF_4 und elementarem Silicium bei 1100–1400 °C im Vakuum (0.1–0.2 mbar) als auch durch thermische *Disproportionierung* von Si_2F_6 bei 700 °C gewonnen:

$$SiF_4 + Si \rightleftarrows 2SiF_2; \qquad Si_2F_6 \rightleftarrows SiF_2 + SiF_4.$$

Die gewinkelt gebaute, diamagnetische Verbindung (vgl. S. 885; $r_{SiF} = 1.591$ Å; ∢ FSiF = 101°) ist in verdünnt-gasförmigem Zustand bei Raumtemperatur kurze Zeit haltbar ($\tau_{1/2}$ für CF_2/SiF_2 unter vergleichbaren Bedingungen ca. 1 s/0.001 s; bezüglich der relativen Stabilität von Dihalogeniden der Elemente der IV. Hauptgruppe vgl. S. 885). SiF_2 polymerisiert beim Ausfrieren (− 196 °C) – wohl auf dem Wege über ein dimeres Difluorsilylen $(SiF_2)_2$ („*Bis(difluorsilylen)*"; vgl. Struktur auf S. 884 – zu farblosem, wachsartigem polymeren Siliciumdifluorid („*Polydifluorsilylen*", „*Perfluorpolysilen*"):

$$SiF_2 \rightarrow \{\tfrac{1}{2}(SiF_2)_2\} \rightarrow \tfrac{1}{x}(SiF_2)_x.$$

Letztere, auch durch Entbromierung von $SiBr_2F_2$ mit Mg in Ether gewinnbare Verbindung thermolysiert oberhalb 200 °C (s. u.) und entzündet sich an der Luft. Sie ist mithin chemisch weit instabiler als die homologe Kohlenstoffverbindung $(CF_2)_x$ („*Teflon*").

Das sehr reaktive Difluorsilylen SiF_2 reagiert mit zahlreichen anorganischen oder organischen Verbindungen unter *Einschiebung* („*Insertion*") in σ-Bindungen oder Addition an π-Bindungen. So vereinigt es sich unter Insertion etwa mit Bortrifluorid BF_3 zu Fluoriden des Typus $F_2B—(SiF_2)_n—F$ ($n = 2-5$), mit Siliciumtetrafluorid SiF_4 zu Fluoriden $F_3Si—(SiF_2)_n—F$ ($n = 1-13$), mit Halogenen X_2 oder Halogenwasserstoffen HX zu gemischten Halogensilanen $X—SiF_2—X$ oder $H—SiF_2—X$, mit Wasser H_2O zum Siloxan $H—SiF_2—O—SiF_2—H$ und mit Phosphan PH_3 oder German GeH_4 zu den gemischten Hydriden $H_2P—SiF_2—H$ und $H_3Ge—(SiF_2)_n—H$ ($n = 1, 2$). Unter Addition an die π-Bindung reagiert es z.B. mit Ethylen $H_2C{=}CH_2$ (Bildung von (a) und (b)), Acetylen $HC{\equiv}CH$ (u.a. Bildung von (c)) Butadien $H_2C{=}CH—CH{=}CH_2$ (Bildung von (d) und (e)):

(a) Vierring: $H_2C—SiF_2$ / $H_2C—SiF_2$ (Ring aus zwei CH_2- und zwei SiF_2-Gruppen)

(b) Sechsring: H_2C, CH_2, SiF_2, SiF_2, CH_2, H_2C

(c) Vierring: $HC—SiF_2$ / $HC—SiF_2$ (mit C=C-Doppelbindung)

(d) Fünfring: HC, CH_2, SiF_2, CH_2, HC (mit C=C-Doppelbindung)

(e) Sechsring: HC, CH_2, SiF_2, SiF_2, CH_2, HC (mit C=C-Doppelbindung)

Beim *Erhitzen* auf 200–350 °C im Hochvakuum verwandelt sich das polymere Siliciumdifluorid unter gleichzeitigem Schmelzen in höhere Siliciumfluoride Si_nF_{2n+2} („*Perfluoroligosilane*"; $n = 1-14$; z.B. Si_2F_6, Si_3F_8, Si_4F_{10}; vgl. Tab. 83) sowie *farbloses*, oberhalb 400 °C explosionsartig zerfallendes polymeres Siliciummonofluorid $(SiF)_x$ („*Perfluorpolysilin*"; auch durch Entbromierung von $SiBr_3F$ mit Mg in Ether gewinnbar):

$$(n+2)\,(SiF_2)_x \rightarrow xSi_nF_{2n+2} + 2\,(SiF)_x.$$

$(SiF_2)_x$ und $(SiF)_x$ leiten sich strukturell von $(SiH_2)_x$ und $(SiH)_x$ (S. 901) durch Ersatz der Wasserstoff- durch Fluoratome ab. Ein *gelbes*, luftempfindliches, schichtförmiges $(SiF)_x$ (Derivat von schichtförmigem $(SiH)_x$ bildet sich durch Fluorierung von blattförmigem $(SiCl)_x$ oder $(SiBr)_x$ (s. unten) mit SbF_3.

Siliciumdichlorid $SiCl_2$ und höhere Siliciumchloride. Leitet man Siliciumtetrachlorid unter vermindertem Druck bei 1250 °C über Silicium, so bildet sich bis zu einem Gleichgewicht gasförmiges monomeres Siliciumdichlorid $SiCl_2$ („*Dichlorsilylen*"):

$$SiCl_4 + Si \rightleftarrows 2\,SiCl_2, \qquad (1)$$

welches seinerseits bei *langsamer* Abkühlung wieder in $SiCl_4$ und (kristallines) Si zerfällt. Man kann diesen Vorgang zur Reinigung von Silicium durch „*Transportreaktion*" verwenden, indem man ein langes, etwas $SiCl_4$-Dampf enthaltendes, einseitig mit unreinem Silicium gefülltes abgeschlossenes Rohr auf der Si-haltigen Seite stark erhitzt, wodurch gemäß (1) $SiCl_2$ entsteht. Dieses diffundiert zum nicht erwärmten, kühleren Rohrende und zersetzt sich dort in Umkehrung von (1) zu *reinem Silicium* und Siliciumtetrachlorid, das dann seinerseits wieder für die Bildung von $SiCl_2$ am heißen Rohrende zur Verfügung steht (*Transport* des Siliciums von *heißen zu kalten* Orten; vgl. hierzu Reinigung des Nickels, S. 1576).

Beim *Abschrecken* des mit Silicium und Siliciumtetrachlorid im Gleichgewicht befindlichen Siliciumdichlorid reagiert letzteres teils mit sich selbst unter *Polymerisation* ($xSiCl_2 \rightarrow (SiCl_2)_x$), teils mit $SiCl_4$ unter *Insertion* in SiCl-Bindungen ($SiCl_4 + (n-1)\,SiCl_2 \rightarrow Si_nCl_{2n+2}$). In analoger Weise entstehen bei Gegenwart von BCl_3, CCl_4 oder PCl_3 durch Insertion in die Element-Chlor-Bindung gemischte Chloride, z.B. $Cl_2B—SiCl_2—Cl$, $Cl_3C—SiCl_2—Cl$, $Cl_2P—SiCl_2—Cl$ (vgl. SiF_2, oben).

Die aus $SiCl_4$/Si über $SiCl_2$ entsprechend der Bruttoreaktion $(n+1)\,SiCl_4 + (n-1)\,Si \rightarrow 2\,Si_nCl_{2n+2}$ erhältlichen gerad- und verzweigtkettigen höheren Siliciumchloride Si_nCl_{2n+2} („*Perchloroligosilane*") disproportionieren beim Erhitzen gemäß $xSi_nCl_{2n+2} \rightarrow xSiCl_4 + (n-1)\,(SiCl_2)_x$ letztlich zu Siliciumtetrachlorid und polymerem Siliciumdichlorid $(SiCl_2)_x$ („*Polydichlorsilylen*", „*Perchlorpolysilen*"), das sich seinerseits bei noch stärkerem Erhitzen gemäß $3\,(SiCl_2)_x \rightarrow xSiCl_4 + 2\,(SiCl)_x$ zu Siliciumtetrachlorid und gelbem polymeren Siliciummonochlorid $(SiCl)_x$ („*Perchlorpolysilin*") zersetzt. Die bis 400 °C beständige, wasser- und luftempfindliche Verbindung $(SiCl)_x$ leitet sich strukturell von raumvernetztem $(SiH)_x$ (S. 901) durch Ersatz der H- durch Cl-Atome ab. Schichtförmiges, *gelbbraunes* $(SiCl)_x$ (Derivat von schichtförmigem $(SiH)_x$ entsteht bei der Einwirkung von *Iodchlorid* auf eine Suspension von *Calciumdisilicid* in CCl_4; $CaSi_2 + 4\,ICl \rightarrow \frac{2}{x}(SiCl)_x + CaCl_2 + 2\,I_2$.

Kettenförmige Perchloroligosilane Si_nCl_{2n+2} (bis $n = 6$) – möglicherweise auch cyclische Perchlorsilane Si_nCl_{2n} – entstehen auch bei der Chlorierung von $CaSi_2$ und bei der elektrischen Durchladung von $SiCl_4$ in Gegenwart von Si (Elektroden). Als weitere Darstellungsmöglichkeiten für Perchlorsilane wurden u.a. gefunden: Die *basisch katalysierte Disproportionierung* von Si_2Cl_6 (Bildung von $Si(SiCl_3)_4$ und $Si(SiCl_3)_3(Si_2Cl_5)$, s. oben), die *photolytische Zersetzung* von $Hg(Si_nCl_{2n+1})_2$ ($\rightarrow Hg + (Si_nCl_{2n+1})_2$; z.B. Bildung von n-$Si_4Cl_{10}$), der $AlCl_3$-katalysierte *Phenyl/Chlor-Austausch* in Perphenylcyclosilanen durch HCl: $Si_nPh_{2n} + 2n\,HCl \rightarrow Si_nCl_{2n} + 2n\,PhH$ (Bildung von Si_4Cl_8, Si_5Cl_{10} und Si_6Cl_{12}; vgl. Tab. 83).

Siliciumdibromid $SiBr_2$ und -iodid SiI_2 sowie höhere Siliciumbromide und -iodide. $SiBr_4$ und SiI_4 reagieren analog $SiCl_4$ bei hohen Temperaturen mit Silicium unter Bildung von monomerem Siliciumdibromid und -iodid ($SiX_4 + Si \rightleftarrows 2SiX_2$; XSiX-Winkel 103°), die beim Abschrecken u.a. in *braunes* polymeres Siliciumdibromid $(SiBr_2)_x$ bzw. *gelbrotes* polymeres Siliciumdiiodid $(SiI_2)_x$ übergehen. Durch Thermolyse bei 200 °C läßt sich $(SiBr_2)_x$ in polymeres Siliciumbromid $(SiBr)_x$ (auch durch Entbromierung von $SiBr_4$ mit Mg erhältlich) überführen, das sich strukturell von raumvernetztem $(SiH)_x$ (S. 901) durch Ersatz der H- durch Br-Atome ableitet. Schichtförmiges *dunkelbraunes* $(SiBr)_x$ (Derivat von schichtförmigem $(SiH)_x$) entsteht bei der Einwirkung von Br_2 auf eine Suspension von $CaSi_2$.

2.4 Oxide des Siliciums[51,61,96)]

Von den beiden (näher charakterisierten) **Oxiden** der Zusammensetzung **SiO** und **SiO_2**[97)] wird nachfolgend *Siliciumdioxid* eingehender besprochen. Bezüglich des *Siliciummonoxids*, das in neuerer Zeit zunehmende praktische Bedeutung erlangt, vgl. unter chemischen Eigenschaften von SiO_2.

Vorkommen. Das Siliciumdioxid ist in der Natur weit verbreitet und findet sich hier sowohl in kristallisierter wie amorpher Form. Kristallisiert kommt es in acht verschiedenen, bei Raumtemperatur stabilen bzw. metastabilen Modifikationen vor: als „*Quarz*"[98a)] ($d = 2.648$ g/cm³), „*Cristobalit*"[98b)] ($d = 2.334$ g/cm³), „*Tridymit*"[98c)] ($d = 2.265$ g/cm³), „*Coesit*"[98d)] ($d = 2.911$ g/cm³), „*Stishovit*"[98e)] ($d = 4.387$ g/cm³) „*Keatit*"[98f)] ($d = 3.010$ g/cm³), „*Melanophlogit*"[98g)] und „*faseriges SiO_2*"[98h)] ($d = 1.97$ g/cm³). (Vgl. hierzu die *künstlich erzeugten* SiO_2-Formen „*Silicalit*", „*Clathrasil*" und *Dodecasil*"; Anm.[171)], S. 941.) Amorph liegt SiO_2 *wasserfrei* als „*Kieselglas*" (natürlich als „*Lechatelierit*" an Orten des Blitzeinschlags in reine Quarzsande; $d = 2.19$ g/cm³) und *wasserhaltig* als „*Opal*" sowie in „*Sinter*"- und „*Tufferden*" (z.B. „*Kieselgur*"[89i)], „*Kieselsinter*", „*Kieseltuff*") vor. Auch das im Gewebe vieler Pflanzen zur Verstärkung bestimmter Bauteile (z.B. Bambusstangen, Grashalme, Dornen, Stacheln, Palmenblätter) eingelagerte und in niederen Organismen (Kieselalgen[98i)], Schwämmen, Napfschnecken usw.) in Form von Skeletten abgelagerte SiO_2 ist amorpher Natur.

Die häufigste Erscheinungsform von SiO_2 ist der **Quarz**. Natürliche transparente Abarten des kristallinen Quarzes sind z.B. „*Bergkristall*" (wasserklar), „*Rauchquarz*" (braun), „*Amethyst*"[98k)] (violett), „*Citrin*" (gelb), „*Rosenquarz*" (rosa). Sie dienen u.a. als Schmucksteine. Als nicht transparente Abarten seien genannt: „*Milchquarz*", „*Saphirquarz*", „*Morion*", „*Katzenauge*", „*Tigerauge*", „*Falkenauge*", „*Eisenkiesel*", „*Gangquarz*". Weiterhin fin-

---

96 **Literatur.** ULLMANN (5. Aufl.): „*Silica*", **A23** (1993) 583–660; G. Lehmann, H.U. Baumbauer; „*Quarzkristalle und ihre Farben*", Angew. Chem. **85** (1973) 281–289; Int. Ed. **12** (1973) 283.

97 Man kennt darüber hinaus *gelbe* bis *braune* Oxide **SiO_n** ($n < 1$ und 1–2).

98 **Geschichtliches. a)** Der Name Quarz leitet sich ab vom westslawischen „*kwardy*" (polnisch „*twardy*") = hart. Er tritt in der Natur in zwei enantiomorphen Kristallformen auf, die sich wie Bild und Spiegelbild verhalten und von denen die eine die Ebene des polarisierten Lichts nach links („*Linksquarz*"), die andere nach rechts dreht („*Rechtsquarz*"). **b)** Der Cristobalit (1884 entdeckt durch von Rath) ist nach seinem ersten Fundort, dem Berg San Cristobal in Südmexiko, benannt. **c)** Der Name Tridymit leitet sich von tridimoi (griech.) = Drillinge ab, da bei Tridymit (1861 entdeckt durch von Rath) häufig 3 Kristalle verwachsen sind. **d)** L. Coes, der Entdecker der nach ihm benannten SiO_2-Modifikation, erhielt 1953 den – in Flußsäure viel langsamer als Quarz löslichen – Coesit bei 250 °C und 35000 bar. Später (1960) wurde der Coesit auch in der Natur (Meteorkrater) aufgefunden. Beim Erhitzen auf 1200 °C bei Atmosphärendruck geht er in die normale SiO_2-Form über. **e)** S.M. Stishov, der Entdecker der nach ihm benannten SiO_2-Modifikation, gewann 1961 den wie GeO_2, SnO_2 und PbO_2 im Rutil-Typ (TiO_2) kristallisierenden Stishovit bei 1300 °C und 120000 bar. Später wurde der – gegen Flußsäure beständige, in Wasser leichter als Quarz lösliche – Stishovit auch in der Natur (Meteorkrater) aufgefunden. Bei 400 °C und Normaldruck geht der Stishovit in die normale SiO_2-Form über. **f)** P.P. Keat, der Entdecker der nach ihm benannten SiO_2-Modifikation, stellte den Keatit 1954 aus Kieselgel (s. dort) und Wasser bei 380–585 °C und über 40000 bar dar. **g)** Melanophlogit-Kristalle sind bisher nur in sizilianischen Schwefellagerstätten beobachtet worden. Sie enthalten – eingelagert in den Hohlräumen der Kristallstruktur – stets Kohlenwasserstoffe. Ab 900 °C und Normaldruck geht Melanophlogit in Cristobalit über. **h)** Das in der Natur nicht auftretende faserige SiO_2 bildet sich durch vorsichtige Oxidation von Siliciummonoxid SiO (S. 915) und zersetzt sich an feuchter Luft rasch zu Kieselgel. **i)** Kieselgur entstammt dem Kieselgehalt vorzeitlicher Infusorien (Aufgußtierchen) und Diatomeen (Kieselalgen). **k)** Der Name Amethyst rührt daher, daß er den Griechen als Talisman diente, a(α) = Vereinigung, methy (griech.) = Wein.

det sich kristalliner Quarz als Gemengebestandteil zahlreicher Gesteine (z. B. *Granit, Gneis, Sandstein, Quarzsand*). Feinkristallin (kryptokristallin) kommt SiO_2 als „*Chalcedon*" und dessen Abarten vor, z. B. in Form der grauen, trüben Minerale „*Hornstein*", „Feuerstein", „Silexstein", der farbigen, ebenfalls als Schmucksteine dienenden Minerale „*Carneol*" (gelb bis tiefrot), „*Chrysopas*" (lauchgrün), „*Jaspis*" (braun bis rotbraun), „*Heliotrop*" (rot gefleckter Jaspis), der geschichteten Minerale „*Achat*", „*Onyx*" sowie der Gesteine „*Kieselschiefer*", „*Lydit*".

Gewinnung. Künstlich lassen sich Quarzkristalle mittels des „*Hydrothermalverfahrens*" durch Umkristallisation von SiO_2 aus überhitztem Wasser züchten. Hierzu erwärmt man einen mit Wasser gefüllten Druckautoklaven, der im unteren Teil feinteiligen Naturquarz (3–5 mm Durchmesser), im oberen Teil – an geeigneten Vorrichtungen aufgehängte – Quarz-Impfkristalle enthält, in der Weise, daß die Temperatur des überhitzten, unter hohem Druck (800 bar) stehenden Wassers unten ca. 400 °C und oben ca. 380 °C beträgt. Hierdurch gelangt die im unteren Teil des Autoklaven gebildete gesättigte wässerige SiO_2-Lösung durch Konvektion in den oberen kälteren Autoklaventeil, wo sich SiO_2 in Form von Quarz an den Impfkristallen aus der wässerigen Lösung abscheidet, die ja nunmehr – entsprechend ihrer niedrigeren Temperatur – übersättigt ist[99]). Beträgt die Wachstumszeit 1–2 Monate, so werden Kristalle von 0.5–1 kg Gewicht erhalten[100]). Die Weltjahresproduktion des auf diese Weise gezüchteten Quarzes erreichte 1980 etwa 300 000 kg.

Auch Cristobalit wird synthetisch hergestellt. Hierzu erhitzt man Quarzsand in Drehrohröfen in Anwesenheit von Alkaliverbindungen als Katalysatoren („*Mineralisatoren*") auf ca. 1500 °C. Die gewonnenen Cristobalitgemische enthalten 85–90 % Cristobalit neben 15–10 % Quarzglas. Die technische Umwandlung von Quarz bzw. Cristobalit in reinen Tridymit bereitet demgegenüber noch Schwierigkeiten. Bezüglich der künstlichen Gewinnung von Coesit, Stishovit, Keatit und faserigem SiO_2 vgl. die Anmerkungen.[98e,f,g,h)]

Physikalische Eigenschaften. Die bei Atmosphärendruck und bei Raum- bzw. höherer Temperatur thermodynamisch stabilen SiO_2-Normaldruck-Modifikationen sind (bezüglich *Dichten* vgl. Vorkommen, bezüglich *Löslichkeiten* Anm.[115)] auf S. 922): *α-Quarz* („*Tiefquarz*"), *β-Quarz* („*Hochquarz*"), *β-Tridymit* („*Hoch-Tridymit*") und *β-Cristobalit* („*Hoch-Cristobalit*"). Die Umwandlungspunkte liegen, wie Fig. 193 zeigt, bei folgenden Temperaturen:

$$\underset{\text{(trigonal)}}{\alpha\text{-Quarz}} \xrightleftharpoons{573\,^\circ\text{C}} \underset{\text{(hexagonal)}}{\beta\text{-Quarz}} \xrightleftharpoons{870\,^\circ\text{C}} \underset{\text{(hexagonal)}}{\beta\text{-Tridymit}} \xrightleftharpoons{1470\,^\circ\text{C}} \underset{\text{(kubisch)}}{\beta\text{-Cristobalit}} \xrightleftharpoons{1705\,^\circ\text{C}} \text{Schmelze} \xrightleftharpoons{2477\,^\circ\text{C}} \text{Dampf}$$

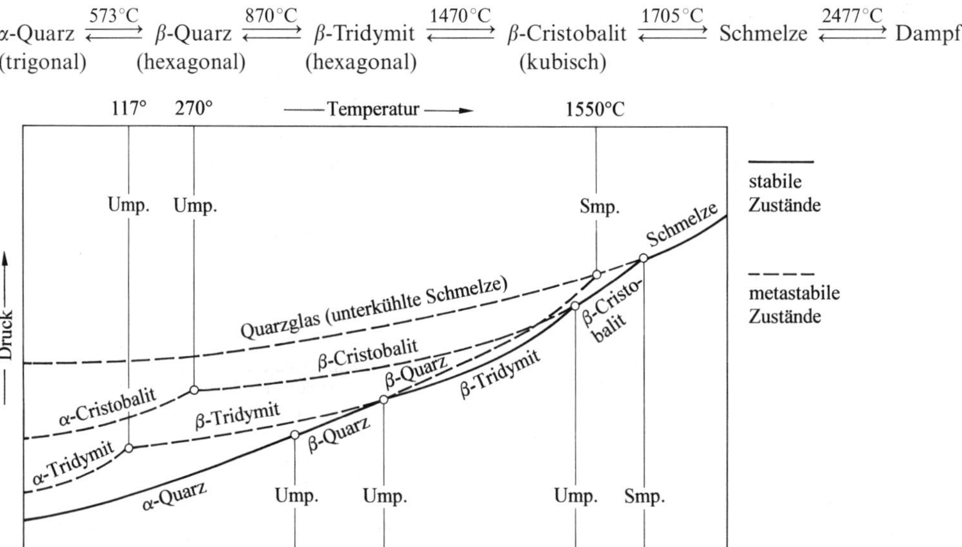

Fig. 193 Zustandsdiagramm des Siliciumdioxids (Ump. = Umwandlungspunkt, Smp. = Schmelzpunkt).

---

[99] Die Löslichkeit von SiO_2 in Wasser nimmt mit dessen Temperatur stark zu. Sie ist jedoch selbst bei 400 °C noch nicht übermäßig groß.

[100] Nach dem Hydrothermalverfahren lassen sich auch kleine Kristalle von Smaragd, Apatit, Glimmer und Rubin züchten.

Bei 1705 °C geht β-Cristobalit (bei 1550 °C β-Quarz) in *flüssiges Siliciumdioxid* über (Fig. 193), das sich in der Gegend um 2800 °C unter Sauerstoffabspaltung in *gasförmiges Siliciummonoxid* (s. u.) verwandelt: $SiO_2 \rightleftarrows SiO + \frac{1}{2}O_2$. Als bei Raumtemperatur metastabile SiO_2-Formen komen noch vor: *α-Tridymit* („*Tief-Tridymit*") und *α-Cristobalit* („*Tief-Cristobalit*") sowie die unterkühlte Schmelze („*Quarzglas*"). Die im metastabilen Gebiet liegenden Umwandlungspunkte haben dabei (vgl. Fig. 193) folgende Werte:

$$\underset{\text{(rhombisch)}}{\alpha\text{-Tridymit}} \xrightleftharpoons{117\,^\circ\text{C}} \underset{\text{(hexagonal)}}{\beta\text{-Tridymit}};\quad \underset{\text{(tetragonal)}}{\alpha\text{-Cristobalit}} \xrightleftharpoons{270\,^\circ\text{C}} \underset{\text{(kubisch)}}{\beta\text{-Cristobalit}};\quad \underset{\text{(hexagonal)}}{\beta\text{-Quarz}} \xrightleftharpoons{1550\,^\circ\text{C}} \text{Schmelze.}$$

Zum Unterschied von den ohne Umordnung von Bindungen (s. unten) und daher rasch erfolgenden gegenseitigen Umwandlungen der α- und β-Form eines gegebenen SiO_2-Strukturtyps verlaufen die mit einem Aufbrechen und Neubilden von Bindungen verknüpften Umwandlungen von β-Quarz in β-Tridymit und von β-Tridymit in β-Cristobalit – sofern nicht umwandlungs-beschleunigende Stoffe („*Mineralisatoren*") anwesend sind – sehr langsam (hohe Aktivierungsenergien). Daher kommt es, daß die durch Unterkühlung der Schmelze bzw. von β-Cristobalit oder β-Tridymit erhältlichen Formen des Quarzglases bzw. α-Cristobalits oder α-Tridymits bei Zimmertemperatur „beständig" (metastabil) sind, obwohl bei Raumtemperatur der α-Quarz die einzige wirklich stabile Form ist. Am „instabilsten" ist bei Zimmertemperatur das Quarzglas, da es – vgl. Fig. 193 – im Vergleich zu den anderen den größten Dampfdruck aufweist. Erhöht man durch andauerndes Glühen die Geschwindigkeit der Umwandlung dieses glasig-amorphen Kieselglases in den kristallinen Zustand, so „*entglast*" (= kristallisiert) es denn auch, und zwar geht es in die nächst stabilere Form, den β-Cristobalit, über.

Neben den erwähnten Modifikationen existieren noch einige – bei Raumtemperatur *metastabile* – Hochdruck-Modifikationen (in Fig. 193 nicht berücksichtigt), nämlich bei erhöhten Drücken (bis 40000 bar) *Coesit*[98d)], bei hohen Drücken (40000 bis 120000 bar) *Keatit*[98f)] und bei sehr hohen Drücken (> 120000 bar) *Stishovit*[98e)]. Bezüglich der *Dichten und Löslichkeiten* vgl. Vorkommen und Anm.[115)] auf S. 922.

Strukturelles. Die Si-Atome des kubischen β-Cristobalits (Hoch-Cristobalit) nehmen dieselben Lagen ein wie die C-Atome im Diamanten (Fig. 178a, S. 837). Zwischen je zwei Si-Atomen ist dabei auf nur wenig gewinkelter Verbindungslinie je ein O-Atom eingelagert (vgl. Fig. 194a). Alle Si-Atome sind somit von 4 O-Atomen, alle O-Atome von 2 Si-Atomen umgeben, was zu der Formel SiO_2 führt. Die vier um jedes Si-Atom angeordneten O-Atome bilden die Ecken eines Tetraeders, in dessen Mittelpunkt sich das Silicium befindet. Jeder SiO_4-Tetraeder ist dabei mit vier anderen SiO_4-Tetraedern über gemeinsame Sauerstoffatome verbunden. Im Falle des β-Cristobalits ergibt sich dann der in Fig. 194b veranschaulichte Raumverband eckenverknüpfter Tetraeder. Der tetragonale α-Cristobalit (Tief-Cristobalit) unterscheidet sich vom besprochenen β-Cristobalit nur durch eine geringfügige Verschiebung der Atomlagen, verbunden mit einer kleinen Veränderung der Bindungswinkel (s. unten).

Der hexagonale β-Tridymit (Hoch-Tridymit) unterscheidet sich bezüglich der Lage seiner Si-Atome vom kubischen β-Cristobalit wie der hexagonale Diamant vom kubischen Diamant hinsichtlich der C-Atome (vgl. Fig. 178b, S. 837; Si anstelle von C). Zwischen den Si-Atomen befindet sich – und zwar auf gerader Linie – ein O-Atom[101)]. Wiederum ähnelt die Struktur

[101] Eine ähnliche Kristallstruktur wie das Siliciumdioxid SiO_2 in seiner β-Tridymit-Form besitzt auch das gewöhnliche kristalline Eis H_2O, indem hier an die Stelle der SiOSi-Bindungen des Siliciumdioxids die Wasserstoffbrücken O—H ··· O (S. 283) des Wassers treten, so daß sich das Eisgitter in Analogie zu Fig. 189 aus – allerdings verzerrten – OH_4-Tetraedern aufbaut, deren Wasserstoffatome je einem zweiten O-Tetraeder gemeinsam sind.

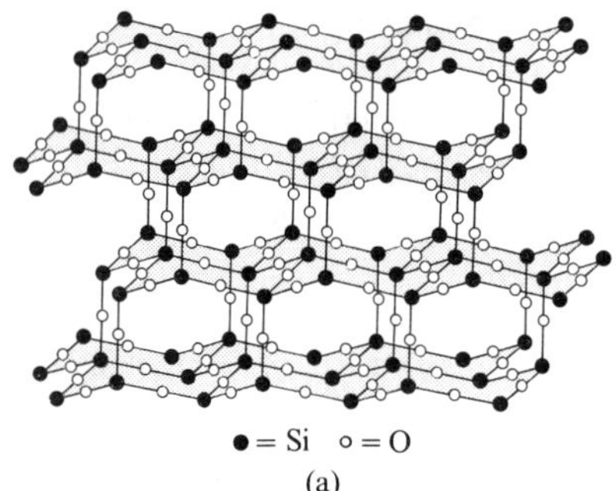

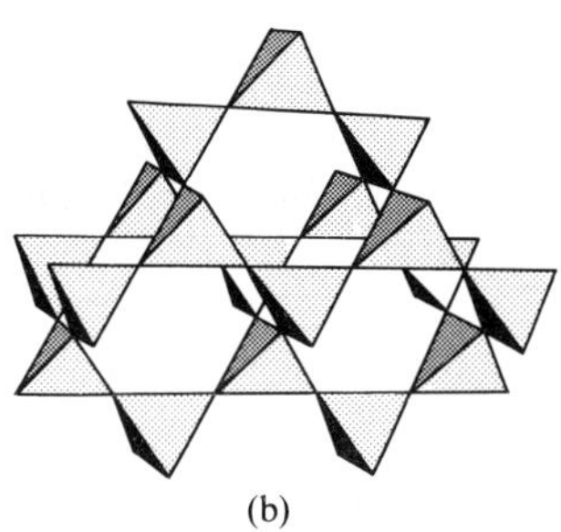

Fig. 194 Ausschnitt aus der Struktur des β-Cristobalits: (a) Valenzstrichformel (die Si—O—Si-Gruppen sind übersichtlichkeitshalber linear gezeichnet; tatsächlich beträgt der Si—O—Si-Winkel 151°); (b) Anordnung der SiO_4-Tetraeder.

des rhombischen α-Tridymits (Tief-Tridymit) weitgehend der des β-Tridymits (geringfügige Änderung der Atomlagen und der Bindungswinkel, s. unten).

In analoger Weise wie beim Cristobalit und Tridymit liegt auch im Falle des Quarzes ein Raumverband von eckenverknüpften SiO_4-Tetradern vor (miteinander verknüpfte links- bzw. rechtsgängige helicale SiO_4-Tetraederstränge[98a]). Trigonaler α-Quarz (Tief-Quarz) und hexagonaler β-Quarz (Hoch-Quarz) unterscheiden sich nur geringfügig in ihren Atomlagen und Bindungswinkeln.

Die SiO-Abstände und SiOSi-Bindungswinkel haben im Quarz, Cristobalit und Tridymit folgende Werte:

SiO_2-Form	α-Quarz	β-Quarz	α-Cristobalit	β-Cristobalit	α-Tridymit	β-Tridymit
SiO-Abstand [Å]	1.61	1.62	1.60–1.61	1.58–1.69	1.54–1.71	1.53–1.55
SiOSi-Winkel	144°	153°	147°	151°	~ 140°	180°

Die gefundenen Abstände (Mittelwert: 1.6 Å) entsprechen hiernach in allen Fällen einem erheblichen Doppelbindungscharakter (ber. für Si—O: 1.81, für Si=O 1.61 Å). Damit steht der große SiOSi-Bindungswinkel im Einklang, der abweichend vom normalen Tetraederwinkel (109°) des O-Atoms im Mittel etwa 150° beträgt. Bezüglich einer Diskussion des Sachverhalts vgl. S. 883.

Auch die Struktur des Coesits[98d] (monoklin), Keatits[98f] (tetragonal) und Melanophlogits[98g] (kubisch) besteht aus einem Raumverband eckenverknüpfter Tetraeder. Charakteristische Strukturmerkmale sind – anders als die Si_6O_6-Ringe im Falle von Cristobalit und Tridymit – bei Coesit: Si_4O_8- und Si_8O_{16}-Ringe, bei Keatit: Si_5O_{10}-, Si_7O_{14}- und Si_8O_{16}-Ringe und bei Melanphlogit (Struktur analog H_2O in Edelgashydraten $8\,E \cdot 46\,H_2O$): Si_5O_{10}- und Si_6O_{12}-Ringe, die große polyedrische Hohlräume einschließen. In faserigem SiO_2[98h] (rhombisch) liegen als einziger SiO_2-Modifikation kantenverknüpfte SiO_4-Tetraeder vor (Struktur analog Siliciumdisulfid, S. 916). Im analog TiO_2 (Rutil, S. 124) kristallisierenden Stishovit (tetragonal), sind abweichend von allen übrigen SiO_2-Formen, deren strukturbestimmendes Bauelement der Tetraeder ist, die Si-Atome oktaedrisch mit sechs O-Atomen koordiniert.

Physiologisches. Langfristiges Einatmen von kristallinen SiO_2-Stäuben führt beim Menschen nach 20 und mehr Jahren (bisweilen – bei Vorliegen sehr hoher SiO_2-Konzentrationen – aber auch in sehr viel kürzerer Zeit) zur „*Silicose*“, einer Staublungenerkrankung („*Pneumokoniose*“) mit meist tödlichem Ausgang. Bösartigerweise schreitet die bisher nicht wirksam behandelbare Erkrankung auch nach Ausschaltung der Exposition fort. Auch amorphe SiO_2-Stäube führen zur Silicose, die aber nach Ausschaltung der Exposition wieder abklingt.

Chemische Eigenschaften. In Übereinstimmung mit seinem hochmolekularen Charakter ist **Siliciumdioxid SiO_2** ($\Delta H_f = -911.6$ kJ/mol) – vor allem in kristallisiertem Zustande – ein ziemlich reaktionsträger Stoff. So wird es von Säuren außer von Flußsäure kaum angegriffen, und auch wässerige Alkalilaugen wirken selbst beim Kochen nur langsam auf das Säureanhydrid SiO_2 ein (beim Schmelzen mit Alkalihydroxiden entstehen jedoch rasch

Alkalisilicate, weshalb man in Quarzgeräten kein Alkali schmelzen darf):

$$SiO_2 + 6HF \rightarrow H_2SiF_6 + 2H_2O; \qquad SiO_2 + 2NaOH \rightarrow Na_2SiO_3 + H_2O.$$

Frisch hergestelltes, amorphes, wasserhaltiges Siliciumdioxid ist reaktionsfähiger und löst sich beispielsweise in Laugen auf. Bewahrt man es einige Zeit auf oder trocknet man es oder erhitzt man es auf höhere Temperatur, so verliert es diese Alkalilöslichkeit, es „*altert*". Die „*Alterung*" beruht auf einer Kondensation der im frischen Produkt noch anwesenden Silanolgruppen Si—OH zu chemisch beständigen Disiloxangruppen Si—O—Si (vgl. S. 897).

Erhitzt man Siliciumdioxid mit Silicium (Molverhältnis 3 : 1) im Vakuum auf 1250 °C und höher, so verflüchtigt sich das Silicium als kurzlebiges, gasförmiges, CO-isosteres **Siliciummonoxid SiO** ($\Delta H_f = -99.6$ kJ/mol)[102], welches bei langsamem Abkühlen in Umkehrung der Bildungsgleichung leicht wieder Disproportionierung in SiO_2 und Si erleidet (vgl. das analoge Boudouard-Gleichgewicht: 172.6 kJ + CO_2 + C $\rightleftarrows$ 2CO, S. 864):

$$713.4\,\text{kJ} + SiO_2 + Si \rightleftarrows 2SiO(g),$$

während es beim Abschrecken großenteils als solches, in Form eines dunklen, polymeren, glasigen Stoffs $(SiO)_x$ (kubisch) erhalten bleibt. Die Verbindung ist luft- und feuchtigkeitsempfindlich und besitzt stark reduzierende Eigenschaften. Sie bedeckt sich an der Luft mit SiO_2 und ist dann gegen weitere Oxidation ziemlich beständig. Die vorsichtige Oxidation führt zu *faserigem Siliciumdioxid* SiO_2 (Struktur analog SiS_2, s. u.). Bei 600 °C zerfällt $(SiO)_x$ innerhalb mehrerer Stunden (bei 1000–1200 °C momentan) in SiO_2 und Si.

Die Bildung von gasförmigem, monomerem SiO, das auch eine Rolle als Zwischenprodukt bei der Si- und SiC-Gewinnung aus SiO_2 und C spielt (S. 877 und 918), läßt sich zur „*Entkieselung*" von Erzen und Mineralien nutzen. So wird z. B. Kaolin durch Silicium bei 1450 °C im Vakuum glatt zu Al_2O_3 entkieselt:

$$„3Al_2O_3 \cdot 2SiO_2" + 2Si \rightarrow 3Al_2O_3 + 4SiO.$$

Auch zur Erzielung harter SiO_2-Überzüge u. a. auf Metallen, Halbleitern, optischen Gläsern und Kunststoffen dient SiO-Gas, welches auf die betreffenden Stoffe in dünnen, sich an der Luft zu SiO_2 oxidierenden Schichten aufgedampft wird.

Verwendung von SiO_2. Hauptverbraucher für **Quarz**-Kiese, -Sande und -Mehle (Jahresweltproduktion: Zig Megatonnenmaßstab) ist die Glas-, Gießerei-, Wasserglas-, Siliciumcarbid-, Email- und keramische Industrie. Quarzmehle dienen als Scheuer-, Schleif- und Poliermittel. Eine große Rolle spielt Quarz darüber hinaus wegen seines „*piezoelektrischen Effekts*"[103] als Steuerquarz in der Hochfrequenz- und Ultraschalltechnik („*Schwingquarz*", „*Quarzuhr*"). Synthetische **Cristobalit**-Sande und daraus hergestellte Mehle dienen wie auch Quarz, besondere Quarzarten (z. B. Tripolit, Novaenlit), Kieselgur und Kieselerde als Füllstoffe für keramische Fliesenmassen (S. 937) und als Füllstoffe für Straßenmarkierungsfarben, Putze sowie Siliconkautschuk.

---

[102] **Matrixisoliertes monomeres SiO, SiO_2, $SiOX_2$, SiOS.** Zur *Erzeugung* und *Isolierung* von **Siliciummonoxid** SiO (r_{SiO} = 1.51 Å; ber. für Si≡O 1.50 Å; Bindungsenergie BE_{SiO} = 794 kJ/mol) leitet man mit Vorteil Sauerstoffspuren im Vakuum über 1400 K heißes Silicium und kondensiert das gebildete, extrem verdünnte SiO-Glas zusammen mit viel Argon auf mit flüssigem Helium gekühlte Flächen. In Anwesenheit von O-Atomen bildet sich **Siliciumdioxid** O═Si═O (linearer Bau; $D_{\infty h}$-Symmetrie; r_{SiO} = 1.48 Å; BE_{SiO} = 622 kJ/mol; beim Verdampfen von polymerem SiO_2 entsteht das Monoxid: $\frac{1}{x}(SiO_2)_x \rightleftarrows SiO + \frac{1}{2}O_2$). Beide Moleküle liegen – wegen ihrer hohen Polymerisationstendenz – in der Tieftemperaturmatrix zum Teil in dimerer Form $(SiO)_2$ bzw. $(SiO_2)_2$ mit viergliederigen SiOSiO-Ringen vor (D_{2h}-Symmetrie; r_{Si-O} = 1.68 bzw. 1.65 Å, $r_{Si=O}$ = 1.48 Å, ∢ OSiO = 86 bzw. 86°). Kondensiert man SiO zusammen mit F_2, Cl_2 oder COS und bestrahlt anschließend die Tieftemperaturmatrix, so bildet sich **Siliciumdifluoridoxid** O═SiF_2 (planar; C_{2v}-Symmetrie; $r_{SiO/SiF}$ = 1.48/1.56 Å, ∢ FSiF = 104°), **Siliciumdichloridoxid** O═$SiCl_2$ (planar; C_{2v}-Symmetrie; $r_{SiO/SiCl}$ = 1.49/2.01 Å, ∢ ClSiCl = 109°) oder **Siliciumoxidsulfid** O═Si═S (linear; $C_{\infty v}$-Symmetrie; $r_{SiO/SiS}$ = 1.49/1.90 Å).

[103] Unter „*Piezoelektrizität*" versteht man die Erscheinung einiger Stoffe wie Quarz, Turmalin, Zinkblende, Weinsäure oder Seignettesalz, sich bei Druck oder Zug auf bestimmten gegenüberliegenden Kristallflächen elektrisch entgegengesetzt aufzuladen (piezo (griech.) = pressen).

Eine für den Chemiker wichtige Form des Siliciumdioxids ist das **„Quarzglas“** („*Kieselglas*“) und das **„Quarzgut“**. Sie entsteht beim Schmelzen von kristallinem Quarz (Bergkristall und Gangquarz für Quarzglas, Quarzsand für Quarzgut) und Abkühlen der Schmelze. Schmilzt und entgast man völlig, so erhält man klar durchsichtiges, luftblasenfreies Quarzglas; begnügt man sich mit einem nur teilweisen Schmelzen („*Sintern*“) und Entgasen, so entsteht durchscheinend weißes, seidenglänzendes, von zahlreichen Luftbläschen durchsetztes Quarzgut. Quarzglas und Quarzgut („*Vitreosil*“, „*Dioxsil*“, „*Siloxid*“, „*Sinterquarz*“) werden zu Schalen, Tiegeln, Destillierkolben und sonstigen chemischen Geräten gegossen, verformt oder geblasen. Die Hauptschwierigkeit bei der Herstellung solcher Geräte besteht in der Vermeidung der Kristallisation (vgl. oben), welche bei den hohen Temperaturen nahe dem Schmelzpunkt während des Abkühlens leicht ausgelöst wird. Quarzgut dient zur Herstellung ganzer chemischer Großapparaturen (z. B. für die Konzentrierung von Schwefelsäure, für die Fabrikation von Salzsäure). Der Vorzug der Quarzgeräte und -apparaturen liegt in ihrer chemischen Widerstandsfähigkeit, ihrer Schwerschmelzbarkeit und ihrem sehr kleinen linearen Ausdehnungskoeffizienten, der nur $\frac{1}{18}$ desjenigen von gewöhnlichem Glas beträgt. Die letztere Eigenschaft bedingt, daß bei schroffen Temperaturänderungen kaum innere Spannungen auftreten, so daß man beispielsweise rotglühende Quarztiegel unbesorgt in kaltes Wasser eintauchen kann, ohne ein Springen befürchten zu müssen. Weiterhin kann Quarzglas kein Alkali abgeben wie das normale Glas, so daß es gewisse katalytische Wirkungen des gewöhnlichen Glases nicht besitzt, die dieses für manche Zwecke unbrauchbar machen.

Da Quarzglas zum Unterschied von Glas durchlässig für ultraviolette Strahlen ist, benutzt man es für verschiedene optische Instrumente (z. B. Quarzglaslinsen für Ultraviolettspektrographen) und zur Herstellung der „*künstlichen Höhensonnen*“ („*Quarzlampen*“, „*Quecksilberlampen*“). Sehr kurzwellige ultraviolette Strahlen werden auch von Quarzglas merklich zurückgehalten. Für wissenschaftliche Untersuchungen in diesem Wellenbereich geht man deshalb von der Quarzglas-Optik zur Flußspat-Optik über. Quarzglas läßt sich auch zu dünnen – nur einige tausendstel Millimeter starken – elastischen Fäden ausziehen, welche ein sehr großes Tragvermögen besitzen und bei manchen physikalischen Instrumenten (z. B. zum Aufhängen von Magneteten) Verwendung finden.

2.5 Sonstige binäre Siliciumverbindungen[51, 61, 104)]

Siliciumdisulfid SiS_2[104)]. Das dem Siliciumdioxid entsprechende *farblose* „*Siliciumdisulfid*“ SiS_2, das durch Zusammenschmelzen der *Elemente* bei 1000 °C oder durch Umsetzung von SiO_2 mit Al_2S_3 bei 1100 °C darstellbar ist, hat nicht wie das normale Siliciumdioxid eine *Raumnetz-*, sondern eine *Faserstruktur* mit verzerrt-tetraedrisch koordinierten Siliciumatomen (r_{SiSi} = 2.14 Å; ber. für Einfachbindung 2.21 Å):

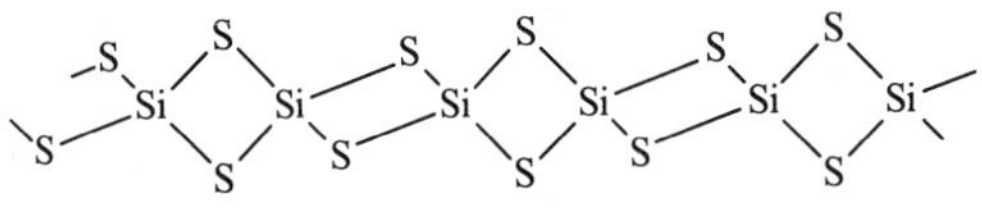

Die Koordinationszahl 4 des Siliciums wird bei der SiS_2-Kette dadurch erreicht, daß jedes Siliciumatom mit *zwei* Nachbar-Siliciumatomen je *zwei* Schwefelatome gemeinsam hat, während es bei der Raumnetzstruktur des homologen *Siliciumdioxids* (z. B. Quarzmodifikation) mit *vier* Nachbar-Siliciumatomen je *ein* Sauerstoffatom teilt (S. 913). Beim Erhitzen unter Druck geht faseriges SiS_2 in eine Cristobalit-artige SiS_2-Modifikation über.

Entsprechend dem kettenförmigen Aufbau der Moleküle kristallisiert das Siliciumdisulfid SiS_2 (ΔH_f = – 207 kJ/mol; Smp. 1090 °C, Sublimation ab 1250 °C) in Form *faseriger*, farbloser, seidenglänzender Kristalle, welche bei gewöhnlicher Temperatur an trockener Luft haltbar sind. SiS_2 ist reaktiver als SiO_2 und wird etwa von *Wasser, Ethanol* oder *Ammoniak* in Schwefelwasserstoff und Kieselsäure, Tetraethoxysilan bzw. Siliciumbis(imid) zerlegt: $SiS_2 + 2H_2O \rightarrow SiO_2 + 2H_2S$; $SiS_2 + 4EtOH$

---

104 **Literatur.** Schwefelverbindungen. A. Haas: „*Chemie der Silicium-Schwefel-Verbindungen*“, Angew. Chem. **77** (1965) 1066–1075; Int. Ed. **4** (1965) 1014; Stickstoffverbindungen. H. Lange, G. Wötting, G. Winter: „*Siliciumnitrid – vom Pulver zum keramischen Werkstoff*“, Angew. Chem. **103** (1991) 1606–1625; Int. Ed. **30** (1991) 1579. Vgl. auch C-Verb. Kohlenstoffverbindungen. J. R. O'Connor, J. Smittens: „*Silicon Carbide, a High Temperatur Semiconductor*“, Pergamon Press, Oxford 1960; E. Fitzer, D. Hegen: „*Gasphasenabscheidung von Siliciumcarbid und Siliciumnitrid – Ein Beitrag der Chemie zur Entwicklung moderner Siliciumkeramik*“, Angew. Chem. **91** (1979) 316–325; Int. Ed. **18** (1979) 295; ULLMANN (5. Aufl.): „*Silicone Carbide*“, **A 23** (1993) 749–759; G. Fritz: „*Organometallic Synthesis of Carbosilanes*“, Topics Curr. Chem. **50** (1974) 43–127, „*Carbosilanes*“, Angew. Chem. **99** (1987) 1150–1171; Int. Ed. **26** (1987) 1111.

$\rightarrow Si(OEt)_4 + 2H_2S$; $SiS_2 + 2NH_3 \rightarrow Si(NH)_2 + 2H_2S$. In gleicher Weise wie SiS_2 wird auch die faserige Modifikation des Siliciumdioxids (S. 914) zum Unterschied von der gewöhnlichen durch Wasser zu Kieselsäure hydrolysiert. Entsprechend verhalten sich die Verbindungen $SiSe_2$ („*Siliciumdiselenid*"; *farblose*, asbestähnliche Fasern $\Delta H_f = -29$ kJ/mol) und $SiTe_2$ („*Siliciumditellurid*; *tiefrote*, plättchenförmige Kristalle vom CdI_2-Schichtentyp).

Außer SiS_2 kennt man ein dem Siliciummonoxid SiO (S. 915) entsprechendes **Siliciummonosulfid SiS**[105], das in *monomerer Form* beim Erhitzen von SiS_2 und Si im Vakuum auf 850 °C entsteht und sich an gekühlten Flächen in *polymerer Form* als rotes Glas $(SiS)_x$ niederschlägt (isoelektronisch mit P_x, das ebenfalls in einer glasigen Form existiert).

Trisiliciumtetranitrid Si_3N_4[104]. Die technische Darstellung von „*Trisiliciumtetranitrid*" Si_3N_4 („*Siliciumnitrid*" im engeren Sinne) erfolgt durch Einwirkung von molekularem Stickstoff auf Silicium-Pulver bei 1100–1400 °C (*Nitridierungs-Verfahren*; Eisen wirkt katalytisch) bzw. auf ein Siliciumdioxid/Kohlenstoff-Pulvergemisch (*Carbothermisches Reduktions-Verfahren*) oder durch Reaktion von Ammoniak mit Siliciumverbindungen SiX_4 wie z. B. $SiCl_4$ (*Diimid-Verfahren*")[106]:

$$3\,Si \xrightarrow{+2N_2} Si_3N_4 + 750\,kJ; \quad 3\,SiO_2/6\,C \underset{-6CO}{\overset{+2N_2}{\rightleftharpoons}} Si_3N_4; \quad 3\,SiCl_4 \xrightarrow[-12HCl]{+4NH_3} Si_3N_4.$$

Im letzteren Falle bildet sich bei Raumtemperatur zunächst das hydrolyseempfindliche, polymere „*Siliciumbis(imid)*" $[Si(NH)_2]_x$, welches unter NH_3-Abspaltung bei 900–1200 °C in amorphes, und dann bei 1300–1500 °C in kristallines Si_3N_4 übergeführt wird. Zur Herstellung von Si_3N_4-*Fasern* (vgl. Anm.[151]) oder -*Beschichtungen* bewährt sich zudem die Pyrolyse von versponnenen oder aufgetragenen Massen bei 800–1400 °C, die Polysilazane $\frac{1}{n}[R_2SiNR]_n$ enthalten.

Eigenschaften. Das *farblose*, bei 1900 °C unter Zersetzung schmelzende Siliciumnitrid Si_3N_4 ($\Delta H_f = -750$ kJ/mol) bildet sich nebeneinander in einer α-Form (d = ca. 3.17 g/cm³) und einer dichteren (oberhalb 1500 °C bevorzugt entstehenden) β-Form (d = ca. 3.20 g/cm³), deren Strukturen den Strukturen der beiden Formen von Phenakit Be_2SiO_4 (S. 931) entsprechen (dichteste Packung von N- bzw. O-Atomen; $\frac{3}{8}$ der Tetraederlücken mit Si-Atomen bzw. Be- und Si-Atomen besetzt). Die β-Form, die aus der α-Form bei etwa 1650 °C hervorgeht, weist in einer Raumrichtung Kanäle mit einem Durchmesser von ca. 0,15 nm auf, die dichtere und deshalb erwünschtere, aus der β-Form nicht erhältliche α-Form enthält keine Kanäle. Siliciumnitrid wird bei hohen Temperaturen von Sauerstoff oberflächlich unter Bildung einer schützenden SiO_2-Haut angegriffen. Gegen Schmelzen von Metallen ist es teils inert (z. B. Al, Sn, Pb, Cu, Ag, Zn, Cd), teils unbeständig (Fe, Co, Ni, V, Cr). Mit Ausnahme von Flußsäure ist Si_3N_4 gegen Säuren beständig. Heiße starke Basen greifen Si_3N_4 unter NH_3-Bildung an.

Verwendung. Siliciumnitrid ist wegen seiner hohen Festigkeit bis zu 1300 °C korrosions- und verschleißbeständig, besitzt große Härte und geringe Dichte und ist als Keramik („*Siliciumnitridkeramik*")[107] im chemischen Apparatebau, in der Verschleißtechnik, bei der Metallbearbeitung, in der Energietechnik und vor allem im Maschinen-, Motoren- und Turbinenbau von Interesse (Verwendung als Kugellager, Mühlenauskleidung, Schneidkeramik, für Gleitringdichtungen, Ventile, Gasturbinenräder). Die ge-

---

105 **Matrixisoliertes monomeres SiS, SiS_2, SiX_2.** Zur *Erzeugung* und *Isolierung* von **Siliciummonosulfid** SiS (r_{SiS} = 1.93 Å; Bindungsenergie BE_{SiS} = 616 kJ/mol) leitet man H_2S-Spuren im Vakuum über 1500 K heißes Silicium und kondensiert das gebildete extrem verdünnte SiS-Gas mit viel Argon auf mit flüssigem Helium gekühlte Flächen (vgl. Anm.[102]). Scheidet man SiS zusammen mit COS, Cl_2 oder HCl ab und bestrahlt die Matrix, so bildet sich **Siliciumdisulfid** S=Si=S (linear; $D_{\infty h}$-Symmetrie; r_{SiS} = 1.91 Å; BE_{SiS} = 533 kJ/mol), **Siliciumdichloridsulfid** S=$SiCl_2$ (planar, C_{2v}-Symmetrie; $r_{SiS/SiCl}$ = 1.92/2.02 Å; ∢ ClSiCl = 107°) oder **Siliciumchloridhydridsulfid** S=SiHCl (planar; C_s-Symmetrie; $r_{SiS/SiCl/SiH}$ = 1.92/2.04/1.46 Å; ∢ HSiCl/HSiS = 106/128°).

106 Ein dem homologen Kohlenstoffmononitrid $(CN)_x$ (S. 873) formelmäßig entsprechendes, hydrolyseempfindliches **Siliciummononitrid $(SiN)_x$** bildet sich beim Erhitzen des aus Si_2Cl_6 und NH_3 zugänglichen polymeren *Disiliciumtris(imid)* $[Si_2(NH)_3]_x$. Ein weiteres Nitrid, **Trisiliciumnitrid $(Si_3N)_x$** wird durch Umsetzung von gepulvertem $CaSi_2$ mit NH_4Br bei leicht erhöhter Temperatur als braune, hydrolyseempfindliche, möglicherweise schichtförmig gebaute Substanz erhalten. Schließlich kennt man ein Azid $Si(N_3)_4$, das sich aus $SiCl_4$ und NaN_3 als explosives „**Siliciumdodecanitrid**" **SiN_{12}** gewinnen läßt.

107 Man zählt Keramiken aus Si_3N_4, SiC, B_4C und BN zu den „**Nichtoxidkeramiken**". Sie sind hinsichtlich Festigkeit und Härte den „**Oxidkeramiken**" überlegen, nicht jedoch hinsichtlich der Sauerstoffbeständigkeit. Vgl. auch Anm.[185].

wünschte Keramik kann hierbei durch Sintern der gepreßten Formteile aus Si_3N_4-Pulver bei erhöhter Temperatur und Druck erfolgen (gegebenenfalls Zusätze von MgO, Y_2O_3, ZrO_2 usw. zwecks Verbesserung der Sintereigenschaften) oder auch durch Formgebung von Si-Pulver mit nachfolgender Nitridierung. Da Siliciumnitrid als Isolator wirkt, kann man Si_3N_4-Schutzschichten in elektrischen Bauelementen nutzen.

Siliciumcarbid SiC[104]. Zur technischen Darstellung von SiC erhitzt man ein Gemisch von *Quarzsand* und überschüssigem *Koks* (meist Petrolkoks oder Anthracit) im elektrischen Ofen auf 2200–2400 °C. Hierbei entsteht in endothermer Reaktion kein elementares Silicium (S. 877), sondern hexagonales α-Siliciumcarbid („*Acheson-Verfahren*"):

$$625.1\,\text{kJ} + SiO_2 + 3\,C \rightarrow SiC + 2\,CO.$$

Kubisches β-Siliciumcarbid bildet sich bevorzugt bei Temperaturen unterhalb 2000 °C z. B. durch thermische Zersetzung von *Methylchlorsilanen* Me_nSiCl_{4-n} an einem auf 1000–1200 °C erhitztem Wolfram- oder Kohlenstoffaden[108], z. B.: $CH_3SiCl_3 \rightarrow SiC + 3\,HCl$.

Auch durch thermische Zersetzung von *Permethylpolysilen* $(SiMe_2)_x$ (gewinnbar aus Me_2SiCl_2 und Natrium) gelangt man zu β-SiC oder – falls man von versponnenem $(SiMe_2)_x$ ausgeht – zu β-SiC-Fasermaterial, während die Thermolyse von Silylmethanen $(SiH_3)_nCH_{4-n}$ zu wasserstoffhaltigem Siliciumcarbid führt. Sehr eingehend wurde die Thermolyse von *Tetramethylsilan* untersucht, die u.a. zu a-, mono- und polycyclischen Verbindungen („*Carbosilanen*") mit Atomgerüsten führt, die alternierend aus Si- und C-Atomen bestehen (freie Valenzen an Si durch Methylgruppen, an C durch H-Atome abgesättigt).

Eigenschaften. *Technisches* Siliciumcarbid („*Carborundum*"[109]) ist wegen vorhandener Verunreinigungen dunkel gefärbt (*hellgrün/dunkelgrün/schwarz/grau* im Falle von 99.8/99.5/99/< 99%igem SiC), während *reines* Siliciumcarbid ($\Delta H_f = -65.3$ kJ/mol; Zersetzung oberhalb 2700 °C unter Abgabe von Si-Dampf) farblos ist. Wie der Kohlenstoff und das Silicium bildet auch das Siliciumcarbid ein *Diamantgitter* (s. dort; abwechselnd C- und Si-Atome), wobei man wie im Falle des Diamanten eine hexagonale Modifikation (α-Form; Wurtzitstruktur) und eine kubische Modifikation (β-Form; Zinkblendestruktur) kennt. Der Abstand SiC beträgt 1.90 Å, ist also das arithmetische Mittel aus den Abständen CC im Diamanten (1.54 Å) und SiSi im kristallisierten Silicium (2.34 Å). Siliciumcarbid ist chemisch ähnlich inert wie Siliciumnitrid und wird von *Sauerstoff* in Abwesenheit von Basen erst oberhalb 1000 °C oxidiert und von den meisten Säuren (einschließlich HF, ausschließlich H_3PO_4) nicht angegriffen. Chlor reagiert andererseits bereits bei 100 °C: $SiC + 2\,Cl_2 \rightarrow SiCl_4 + C$.

Verwendung. Siliciumcarbid (Weltjahresproduktion: fast Megatonnenmaßstab), das wegen seiner Härte zu den „*Hartstoffen*"[110] gezählt wird, hat ähnliche Werkstoffeigenschaften wie Siliciumnitrid (s. oben) und wird für metallurgische Zwecke, für Schleif- und Poliermittel sowie als Keramikmaterial („*Siliciumcarbidkeramik*"; vgl. Anm.[185]), zur Herstellung von feuerfesten Steinen („*Carborundumsteine*"), Tiegeln, Rohren sowie Maschinen-, Motoren- und Turbinenteilen genutzt. In Form von „*Silit*" findet Siliciumcarbid zur Herstellung von Heizwiderständen („*Silitstäbe*") Verwendung. SiC-beschichtete Kohlenstofffasern sind zur Verstärkung von Kunststoffen und Metallen geeignet (vgl. Anm.[151]).

2.6 Sauerstoffsäuren des Siliciums. Silicate. Silicone

2.6.1 Grundlagen

Silicium bildet wie seine rechten Periodennachbarn – Phosphor, Schwefel und Chlor – ein tetraedrisch gebautes sauerstoffhaltiges Ion der Zusammensetzung EO_4^{n-}, das *Silicat-Ion* (Monosilicat) SiO_4^{4-}:

108 „Abscheidung aus der Gasphase" oder (engl.: **C**hemical **V**apor **D**eposition = **CVD**).

109 Der Name Carborundum rührt daher, daß SiC so hart wie Korund (Al_2O_3) ist und Kohlenstoff (lat. = carbo) enthält.

110 Man unterteilt die **Hartstoffe** in *metallische Hartstoffe* (Nitride, Carbide, Silicide, Boride von Elementen der IV. bis VI. Nebengruppen sowie von Th und U) und in *nichtmetallische Hartstoffe* (z. B. Diamant, Korund, Siliciumcarbid, Borcarbid).

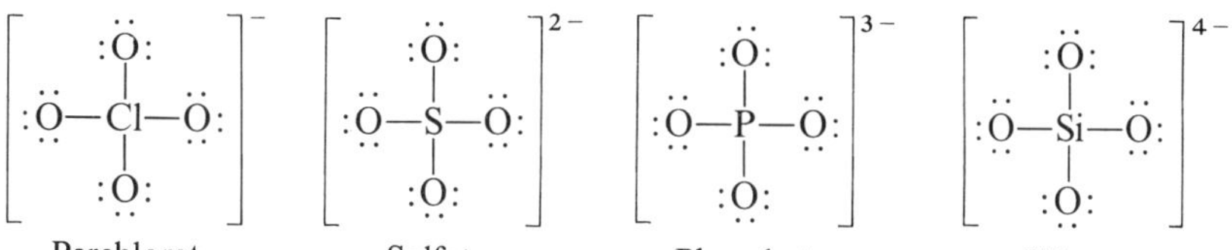

$$\left[:\ddot{O}{-}\overset{:\ddot{O}:}{\underset{:\ddot{O}:}{Cl}}{-}\ddot{O}:\right]^{-}\quad \left[:\ddot{O}{-}\overset{:\ddot{O}:}{\underset{:\ddot{O}:}{S}}{-}\ddot{O}:\right]^{2-}\quad \left[:\ddot{O}{-}\overset{:\ddot{O}:}{\underset{:\ddot{O}:}{P}}{-}\ddot{O}:\right]^{3-}\quad \left[:\ddot{O}{-}\overset{:\ddot{O}:}{\underset{:\ddot{O}:}{Si}}{-}\ddot{O}:\right]^{4-}$$

Perchlorat Sulfat Phosphat Silicat

Es leitet sich von der relativ schwachen, vierbasigen „Siliciumsäure" $H_4SiO_4 = Si(OH)_4$ („*Monokieselsäure*", „*Orthokieselsäure*" S. 922), dem einfachsten Glied der **„Kieselsäuren"**, ab. Die Monokieselsäure besitzt – anders als die Perchlorsäure $HClO_4$ (S. 480), Schwefelsäure H_2SO_4 (S. 581) oder Phosphorsäure H_3PO_4 (S. 770) – eine große Neigung zur Wasserabspaltung[111]. Der H_2O-Austritt erfolgt hierbei nicht wie im Falle der Orthokohlensäure $H_4CO_4 = C(OH)_4$ intramolekular ($H_4CO_4 \rightarrow H_2CO_3 + H_2O \rightarrow CO_2 + 2H_2O$; vgl. S. 862), sondern intermolekular, d.h. zwischen verschiedenen Molekülen; denn Silicium besitzt nicht wie Kohlenstoff die Neigung zur Ausbildung von $p_\pi p_\pi$-Doppelbindungen (S. 886). Als erstes Kondensationsprodukt tritt so die „*Dikieselsäure*" $H_6Si_2O_7$ auf (vgl. die entsprechende Kondensation der Phosphorsäure H_3PO_4 zu Diphosphorsäure $H_4P_2O_7$; S. 779):

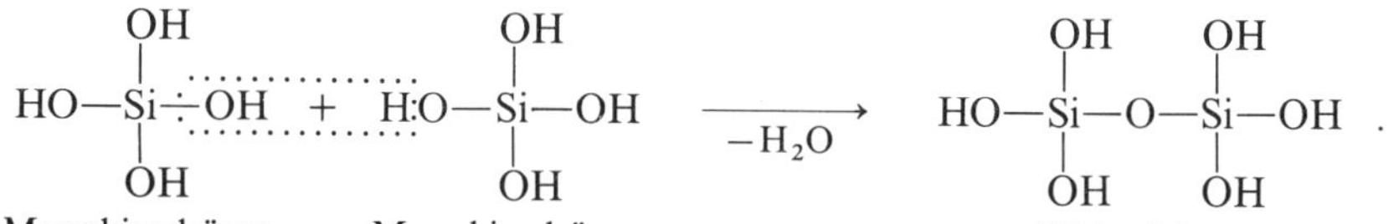

$$\underset{\text{Monokieselsäure}}{HO{-}\overset{OH}{\underset{OH}{Si}}{-}OH} + \underset{\text{Monokieselsäure}}{H{-}O{-}\overset{OH}{\underset{OH}{Si}}{-}OH} \xrightarrow[-H_2O]{} \underset{\text{Dikieselsäure}}{HO{-}\overset{OH}{\underset{OH}{Si}}{-}O{-}\overset{OH}{\underset{OH}{Si}}{-}OH}\,.$$

Weitere Kondensation unter Wasseraustritt führt über „*Tri*"- und „*Tetrakieselsäure*"

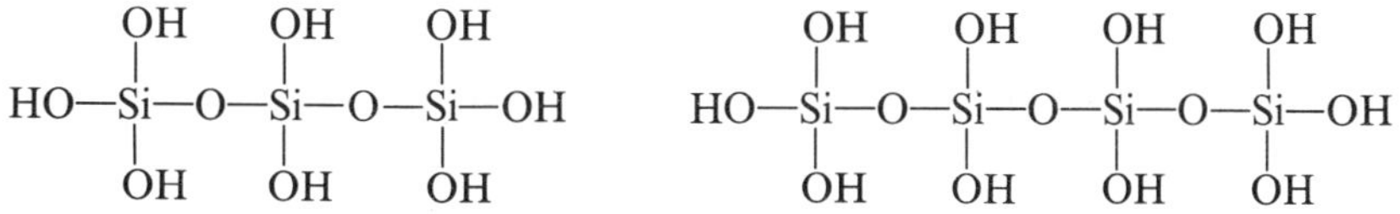

$$\underset{\text{Trikieselsäure}}{HO{-}\overset{OH}{\underset{OH}{Si}}{-}O{-}\overset{OH}{\underset{OH}{Si}}{-}O{-}\overset{OH}{\underset{OH}{Si}}{-}OH} \qquad \underset{\text{Tetrakieselsäure}}{HO{-}\overset{OH}{\underset{OH}{Si}}{-}O{-}\overset{OH}{\underset{OH}{Si}}{-}O{-}\overset{OH}{\underset{OH}{Si}}{-}O{-}\overset{OH}{\underset{OH}{Si}}{-}OH}$$

sowie über „*Oligokieselsäuren*" zu „*Polykieselsäuren*". Formales Endprodukt der Kondensation ist polymeres Siliciumdioxid $(SiO_2)_x$ (S. 911).

Parallel mit der Molekülvergrößerung unter Wasseraustritt nimmt die Löslichkeit der Kieselsäuren ab. Säuert man daher die Lösung eines Orthosilicats an, so bleibt die Lösung zunächst klar, um dann – je nach ihrer Konzentration mehr oder minder rasch – zu einer Gallerte zu gelatinieren (S. 923). Allerdings erfolgt die Wasserabspaltung – anders als im Falle der Phosphorsäure (S. 779) – nicht geordnet, indem etwa im Sinne der Fig. 195 zunächst kettenförmige Polykieselsäuren $(H_2SiO_3)_x$ entstünden, die dann durch weitere Kondensationsprozesse auf dem Wege über bandförmige Polykieselsäuren $[H_6Si_4O_{11}]_x$ und schichtförmige Polykieselsäuren $[H_2Si_2O_5]_x$ schließlich in Siliciumdioxid $[SiO_2]_x$ (Raumnetzstruktur) übergingen. Vielmehr wickeln sich – in ungeordneter Folge – neben kettenverlängernden auch kettenschließende (ringbildende) und kettenverzweigende Kondensationsprozesse ab. Es bilden sich infolgedessen uneinheitlich gebaute *amorphe* Polykieselsäuren, die sowohl aus einbindigen Endeinheiten H_3SiO_4 und zweibindigen Mitteleinheiten H_2SiO_4 als auch aus dreibindigen Verzweigungseinheiten $HSiO_4$ und insbesondere vierbindigen Doppelverzweigungseinheiten aufgebaut sind (Näheres vgl. S. 925). *Kristallisierte* Polykieselsäuren etwa des Schichttypus $[H_2Si_2O_5]_x$ (Fig. 195) sind jedoch auf anderem Wege zugänglich (vgl. S. 924).

---

[111] Die H_2O-Abspaltung ist im Falle von $HClO_4$, H_2SO_4 und H_3PO_4 ein endothermer, im Falle von H_4SiO_4 ein exothermer Prozess.

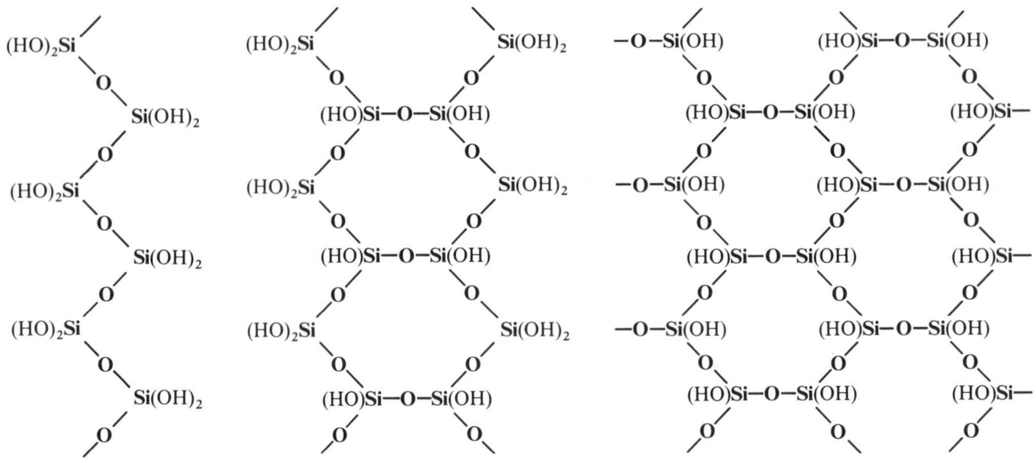

Kette $[H_2SiO_3]_x$ Band $[H_6Si_4O_{11}]_x$ Schicht $[H_2Si_2O_5]_x$

Fig. 195 Ketten-, band- und schichtförmige Kieselsäuren.

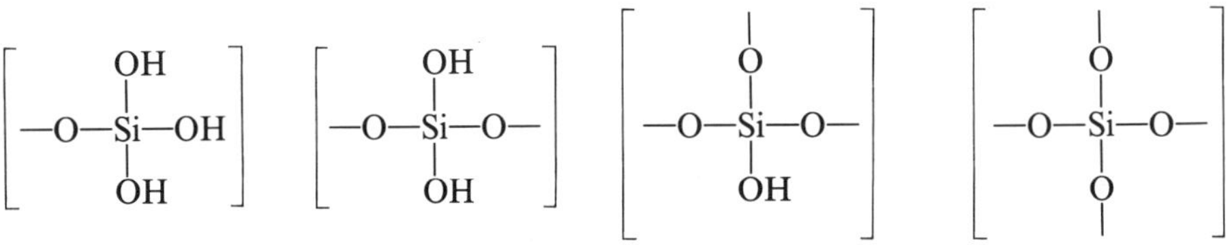

einbindige End-Einheit zweibindige Mittel-Einheit dreibindige Verzweigungs-Einheit vierbindige Doppelverzweigungs-Einheit

Während es schwierig ist, die Kondensation der freien Kieselsäure in eine vorgegebene Richtung zu lenken und bei bestimmter Kondensationsstufe aufzuhalten, ist dies aber wohl möglich, wenn die OH-Gruppen der Kieselsäuren teilweise oder vollständig durch OM-Gruppen (M = Metalläquivalent) ersetzt sind, welche sich nicht am Kondensationsprozeß beteiligen. In den Salzen der Kieselsäuren, den **„Silicaten“**, liegen dementsprechend meist einheitlich gebaute, räumlich begrenzte acyclische oder cyclische bzw. räumlich unbegrenzte ketten-, band-, schicht- oder gerüstartige Silicat-Anionen vor (vgl. Tab. 84), welche mittels der zugeordneten Metallkationen (häufig: Magnesium-, Calcium-, Aluminium-, Eisen-Ionen) zu größeren Komplexen verbunden sind. In allen diesen Silicaten weist das Silicium die Koordinationszahl 4 auf: jedes Siliciumatom ist tetraedrisch von vier Sauerstoffatomen umgeben[111a]. Zeichnet man dementsprechend für jede SiO_4-Gruppierung ein Tetraeder, so läßt sich der Aufbau der erwähnten Silicate durch die in Fig. 196 wiedergegebenen Bilder veranschaulichen, in welchen jede freie Tetraederecke ein negativ geladendes Sauerstoffatom und jede gemeinsame Ecke ein Sauerstoffatom, das zwei Siliciumatomen gleichzeitig angehört, bedeutet (für nähere Einzelheiten zur Struktur von Silicaten vgl. S. 930f).

Die natürlichen Silicate, die zusammen mit Siliciumdioxid etwa 90 % (!) der festen Erdkruste ausmachen, bilden nicht nur mengenmäßig, sondern auch hinsichtlich der Zahl unterschiedlicher Verbindungen die umfangreichste Klasse anorganischer Verbindungen. Die durch die Strukturvielfältig-

[111a] Auch in dem durch Zusammenschmelzen von CaO und Ca_2SiO_4 bei hohen Temperaturen erhältlichen Silicat Ca_3SiO_5 liegen keine SiO_5^{6-}-Ionen mit fünfzähligem Silicium, sondern SiO_4^{4-}- neben O^{2-}-Ionen vor (SiO_4^{4-}- erhöht also in Anwesenheit von O^{2-} anders als isoelektronisches SiF_4 in Anwesenheit von F^- seine Koordinationszahl nicht).

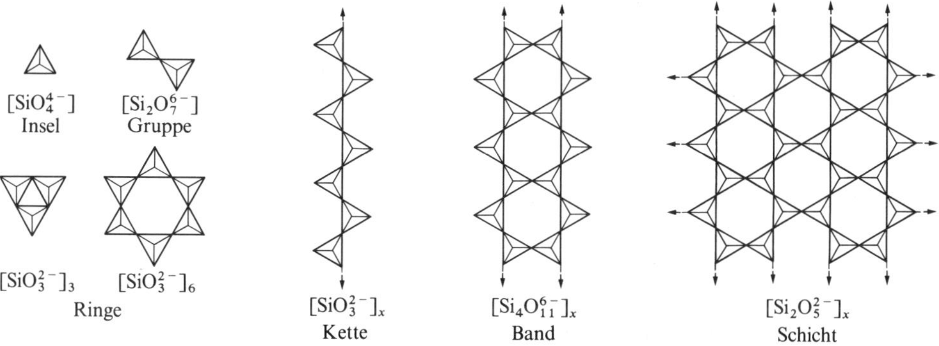

Fig. 196 Beispiele der Tetraederanordnung in verschiedenartigen Silicaten (schematisch).

keit des anionischen und die Ionenvariabilität des kationischen Verbindungsteils bedingte Mannigfaltigkeit natürlicher Silicate erhöht sich noch dadurch, daß kleine Kationen wie dreiwertiges Aluminium, dreiwertiges Bor oder zweiwertiges Beryllium die Silicium-Ionen der Silicatbaueinheiten teilweise ersetzen können („*Alumosilicate*" = „*Aluminosilicate*" „*Borosilicate*", „*Beryllosilicate*"). Bei der Erstarrung der Erdkruste entstanden *silicathaltige magmatische Gesteine* in folgender Reihe: Olivine, Pyroxene, Amphibole, Glimmer, Feldspäte, Quarze, Zeolithe (vgl. Tab. 84). Durch nachträgliche Verwitterung, Transport und erneute Ablagerung bildeten sich in gewissem Umfange *silicathaltige Sedimentsteine* (ca. 5 Gew.-%; Tone, Schiefer und Sandsteine).

Tab. 84 Systematik der Silicate

Typus des Silicats	**Formel** des Silicat-Ions	**Beispiele** für natürlich vorkommende Silicate	
Insel- bzw. **Nesosilicate**	$[SiO_4^{4-}]$	Olivine, Granate	(vgl. S. 931)
Gruppen- bzw. **Sorosilicate**	$[Si_2O_7^{6-}]$[a)]	Thortveitit	(vgl. S. 931)
Ring- bzw. **Cyclosilicate**	$[SiO_3^{2-}]_n$[b)]	Beryll ($n = 6$)	(vgl. S. 931)
Ketten- bzw. **Inosilicate**	$[SiO_3^{2-}]_x$	Pyroxene	(vgl. S. 931)
Band- bzw. **Inosilicate**	$[Si_4O_{11}^{6-}]_x$[c)]	Amphibole	(vgl. S. 931)
Schicht- bzw. **Phyllosilicate**	$[Si_2O_5^{2-}]_x$	Asbest, Kaolinit, Talk, Pyrophyllit, Glimmer	(vgl. S. 933)
Gerüst- bzw. **Tectosilicate**	$[Al_ySi_{1-y}O_2^{y-}]_x$	Feldspäte, Zeolithe	(vgl. S. 939)

a) Natürliche Trisilicate $[Si_3O_{10}^{8-}]$ sind selten[139], höhere lineare Silicate sind unbekannt. **b)** Es sind Cyclosilicate mit $n = 3$, 4, 6 und 8 bekannt. **c)** Man kennt auch Bandsilicate anderer Zusammensetzung (vgl. S. 932).

Die Eigenschaften der Silicate werden wesentlich durch den Bau des anionischen Verbindungsteils geprägt. So zeigen etwa Silicate mit Ketten- und Bandstruktur (Tab. 84) gute Spaltbarkeit parallel zur Ketten- und Bandrichtung (u.a. *Faserstruktur*) und Silicate mit Schichtstruktur leichte Spaltbarkeit längs der Schichten (*Blattstruktur*), während Silicate mit Insel-, Gruppen-, Ring- oder Gerüststruktur (Tab. 84) im allgemeinen *kompakte Kristalle* bilden. Ebenso erklärt sich die graphitähnliche Weichheit der in Tab. 84 aufgeführten Schichtsilicate Talk, Pyrophyllit bzw. Kaolinit (Härte nach Mohs[112] = 1 bzw. 1.5 bzw. 2) aus der leichten Verschiebbarkeit der Schichten gegeneinander (vgl. S. 937) und die quarzähnliche Härte der Feldspäte (Härte nach Mohs[112] = 6 bis 7) aus der Raumstruktur ihres Silicatgerüsts. Auch das Quellungs- und Adsorptionsvermögen vieler Schichtsilicate wie Kaolinit oder Glimmer (Tab. 84) geht auf die besondere Verbindungsstruktur zurück (Einlagerung von Wasser sowie anderer Stoffe zwischen den Silicatschichten; vgl. S. 936, 938).

[112] Die Härte eines Stoffes wird üblicherweise durch die qualitative **„Härteskala"** von Friedrich Mohs (1773–1839) beschrieben, die folgende, nach steigenden Härtegraden geordnete Minerale umfaßt (in Klammern jeweils Härtegrad): Talk $Mg_3(OH)_2[Si_2O_5]_2$ (1), Gips $CaSO_4 \cdot 2H_2O$ (2), Kalkspat $CaCO_3$ (3), Flußspat CaF_2 (4), Apatit $Ca_5(PO_4)_3(OH,F,Cl)$ (5), Kalifeldspat $K[AlSi_3O_8]$ (6), Quarz SiO_2 (7), Topas $Al_2F_2[SiO_4]$ (8), Korund Al_2O_3 (9), Diamant C (10). Jedes aufgeführte Mineral ritzt das vor ihm stehende und wird von dem ihm folgenden geritzt. Bis zur „*Ritzhärte*" 2 lassen sich Materialien mit dem Fingernagel, bis Härte 5 mit dem Messer ritzen. Stoffe ab der Härte 6 ritzen Fensterglas.

Die Silicate enthalten – von seltenen Ausnahmen abgesehen – gewinkelte SiOSi-Gruppierungen. Allerdings ist der SiOSi-Winkel sehr flexibel und paßt sich infolgedessen den strukturellen Erfordernissen leicht an. So beträgt etwa der $[O_3Si—O—SiO_3]^{6-}$-Winkel in $Nd_2Si_2O_7$ 133°, in $Gd_2Si_2O_7$ 159° und in $Sc_2Si_2O_7$ sogar 180° (vgl. hierzu Diphosphate $P_2O_7^{4-}$ S. 780). Ganz allgemein wird die Struktur der Silicate ganz wesentlich durch die Wechselwirkung der $[SiO_4]$-Tetraeder bzw. des – aus miteinander kondensierten $[SiO_4]$-Tetraedern bestehenden – Tetraederverbandes mit den Kationen bedingt, die ihrerseits eine für sie geeignete Sauerstoffkoordination anstreben.

Ähnlich wie von Phosphor, von dem neben der Phosphorsäure H_3PO_4 und deren Kondensationsprodukten noch sauerstoffärmere „niedere Phosphorsäuren" wie z. B. Phosphonsäure $H_3PO_3 = HPO(OH)_2$, Phosphinsäure $H_3PO_2 = H_2PO(OH)$ oder Hypodiphosphonsäure $H_4P_2O_4 = (HO)(O)HP—PH(O)(OH)$ existieren, kennt man auch beim Silicium außer der Siliciumsäure (Kieselsäure) $H_4SiO_4 = Si(OH)_4$ **niedere Siliciumsäuren** wie etwa $H_4SiO_3 = HSi(OH)_3$ (Silantriol), $H_4SiO_2 = H_2Si(OH)_2$ (Silandiol), $H_4SiO = H_3SiOH$ (Silanol) oder $H_6Si_6O_3 = H_3Si_6(OH)_3$ (Siloxen; enthält Si—Si-Bindungen). Diese bereits auf S. 897, 901 besprochenen „Säuren" kondensieren wie die Kieselsäure leicht und lassen sich infolgedessen nicht, oder nur unter besonderen Bedingungen isolieren. Letzteres gilt auch für die organisch substituierten niederen Siliciumsäuren $R_nSi(OH)_{4-n}$ ($n = 1, 2, 3$), deren Kondensationsprodukte (**Silicone**) als Kunststoffe geschätzt sind (S. 950).

Nachfolgend werden zunächst die Kieselsäuren (Monokieselsäure, kristallisierte Polykieselsäuren, Kieselsole und -gele) und hiermit im Zusammenhang kolloiddisperse Systeme, dann in der Natur vorkommende „Salze" der Kieselsäuren (natürliche Silicate) behandelt. Es schließt sich die Besprechung einiger technischer Silicate (Alkalisilicate, Gläser, Tonwaren) und der Silicone an.

2.6.2 Kieselsäuren[51, 113)]

Monokieselsäure H_4SiO_4

Vorkommen. *Monokieselsäure* („*Orthokieselsäure*") $H_4SiO_4 = Si(OH)_4$ findet sich in praktisch allen natürlichen Gewässern sowie in den Körperflüssigkeiten der Tiere und Pflanzen in kleiner Konzentration. So enthalten etwa Flüsse meist 5–75 mg gelöstes SiO_2 pro Liter ($c_{H_4SiO_4}$ ca. 10^{-4} bis 10^{-3} mol/l), Meerwasser 2–14 mg SiO_2 pro Liter ($c_{H_4SiO_4}$ ca. 10^{-5} bis 10^{-4} mol/l), menschliches Blut 1 mg SiO_2 pro Liter ($c_{H_4SiO_4} = 1.7 \times 10^{-5}$ mol/l). Das durch biologische Prozesse dem Wasser entzogene SiO_2 (jährlich fast 10^{10} Tonnen durch Kieselalgen) wird durch Auflösen einer entsprechenden SiO_2-Gesteinsmenge laufend ersetzt (es löst sich hauptsächlich amorphes, durch Verwitterung einiger Silicate gebildetes SiO_2)

Darstellung. Die Monokieselsäure ist nur in großer Verdünnung ($c_{H_4SiO_4} < 2 \times 10^{-3}$ mol/l entsprechend 120 mg SiO_2 pro Liter Wasser) längere Zeit in Wasser bei Raumtemperatur kondensationsbeständig. Man erhält derartige verdünnte Lösungen im Laboratorium durch Auflösen von SiO_2, wobei man mit Vorteil amorphes, durch Abscheidung von SiO_2 aus der Gasphase[114)] erhältliches Siliciumdioxid verwendet, da dessen Löslichkeit (ca. 120 mg SiO_2 pro Liter H_2O bei 25 °C) viel größer als jene von kristallisiertem oder glasigem SiO_2 ist[115)]:

$$SiO_2\,(\text{fest}) + 2\,H_2O \rightleftharpoons H_4SiO_4\ (\text{gelöst}). \tag{1}$$

---

[113] **Literatur.** R. K. Iler: „*The Chemistry of Silica, Solubility, Polymerization, Colloid and Surface Properties, and Biochemistry*", Wiley, New York 1979; G. Lagaly: „*Cristalline Silicid Acids and their Interface Reactions*", Adv. Colloid, Interface Science **11** (1979) 105–148.

[114] Gasförmiges $SiO_2 = SiO/\frac{1}{2}O_2$ entsteht durch Verdampfen von festem SiO_2, beim Behandeln von gasförmigem SiO (S. 915) mit Luft sowie aus einfachen Siliciumverbindungen wie SiH_4, $SiCl_4$, $SiHCl_3$ in der Knallgasflamme.

[115] Quarz: 2.9 mg; Cristobalit: 6 mg; Tridymit: 4.5 mg; Coesit: > 2.9 mg; Stishovit: 11 mg; Quarzglas: 39 mg SiO_2 pro Liter H_2O bei 25 °C.

Durch Sättigen von Wasser mit Kieselgel (S. 925) bei 95–100 °C lassen sich auch konzentriertere Kieselsäurelösungen gewinnen, die etwa 400 mg SiO_2 pro Liter H_2O enthalten ($c_{H_4SiO_4}$ ca. 7×10^{-2} mol/l) und kurze Zeit haltbar sind. Weitere Methoden zur Erzeugung von H_4SiO_4-Lösungen bestehen in der Hydrolyse monomerer Siliciumverbindungen SiX_4 wie $SiCl_4$:

$$SiX_4 + 4H_2O \rightarrow H_4SiO_4 + 4HX$$

(zur Abtrennung von HCl wird der Lösung Ag_2O zugesetzt) sowie in der Protolyse von Monosilicaten SiO_4^{4-} wie $Na_2SiO_4 \cdot 9H_2O$, Mg_2SiO_4, $Ca_2(OH)(HSiO_4)$, $Mg_3Al_2(SiO_4)_3$:

$$SiO_4^{4-} + 4H^+ \rightarrow H_4SiO_4.$$

Eigenschaften. Die nur in verdünnter Lösung (s. oben) bekannte Kieselsäure[116] ist eine schwache Säure ($pK_1 = 9.51$, $pK_2 = 11.74$) und liegt in neutraler Lösung demgemäß praktisch undissoziiert in Form von $H_4SiO_4 = Si(OH)_4$ vor. Die Bildung eines Hydrates $H_4SiO_4 \cdot H_2O$ erfolgt nicht[111a]. Mit Fluorwasserstoff reagiert die Kieselsäure zu H_2SiF_6 ($Si(OH)_4 + 6HF \rightarrow 2H^+ + SiF_6^{2-} + 4H_2O$), mit o-Dihydroxybenzol $o\text{-}C_6H_4(OH)_2$ (Catechol) zu einem Komplex $Si(o\text{-}C_6H_4O_2)_3^{2-}$, in welchem Si oktaedrisch von 6 O-Atomen umgeben ist. Mit Molybdat MoO_4^{2-} bildet sich das Heteropolysäure-Anion $SiMo_{12}O_{40}^{4-}$ (vgl. S. 1467; die sehr rasch erfolgende $SiMo_{12}O_{40}^{4-}$-Bildung dient zum analytischen Nachweis von Monokieselsäure).

Die charakteristischste Eigenschaft der Kieselsäure ist ihre Neigung zur (intermolekularen) Wasserabspaltung unter Bildung von amorphem Siliciumdioxid (Umkehrung von (1))[117]. Die Kondensationsreaktion erfolgt hierbei so lange, bis die H_4SiO_4-Konzentration den der Wasserlöslichkeit von amorphem SiO_2 entsprechenden Wert (ca. 120 mg/l H_2O; $c_{H_4SiO_4} \approx 10^{-3}$ mol/l; s. oben) erreicht hat. Die verbleibende verdünnte H_4SiO_4-Lösung ist dann in bezug auf Quarz (Löslichkeit 2.9 mg/l H_2O[115]) zwar übersättigt, aber metastabil. Die Geschwindigkeit der Kondensation von H_4SiO_4 ($c_{H_4SiO_4} > 10^{-3}$ mol/l) erhöht sich mit der Konzentration und Temperatur der H_4SiO_4-Lösung und wird durch deren Acidität stark beeinflußt. Am beständigsten sind Lösungen bei einem pH-Wert um 2. Sowohl bei größeren als auch kleineren pH-Werten wächst die Kondensationsgeschwindigkeit.

Die Wasserabspaltung wird bei pH > 2 durch Deprotonierung, bei pH < 2 durch Protonierung eines H_4SiO_4-Moleküls eingeleitet:

$$Si(OH)_4 + OH^- \rightleftarrows (HO)_3SiO^- + H_2O; \qquad Si(OH)_4 + H^+ \rightleftarrows (HO)_3SiOH_2^+.$$

Das im ersten Falle gebildete Trihydrogensilicat-Ion $(HO)_3SiO^-$ setzt sich dann mit einem weiteren $Si(OH)_4$-Molekül unter OH^--Substitution um: $(HO)_3SiO^- + Si(OH)_4 \rightarrow (HO)_3SiOSi(OH)_3 + OH^-$. In analoger Weise erfolgt im zweiten Falle eine Substitution von Wasser, schematisch: $(HO)_3SiOH + Si(OH)_3(OH_2)^+ \rightarrow (HO)_3Si(\mu\text{-}OH)Si(OH)_3^+ + H_2O \rightarrow (HO)_3SiOSi(OH)_3 + H_3O^+$. Einen starken katalytischen Effekt auf die Kieselsäurekondensation bei niedrigem pH-Wert übt auch HF aus.

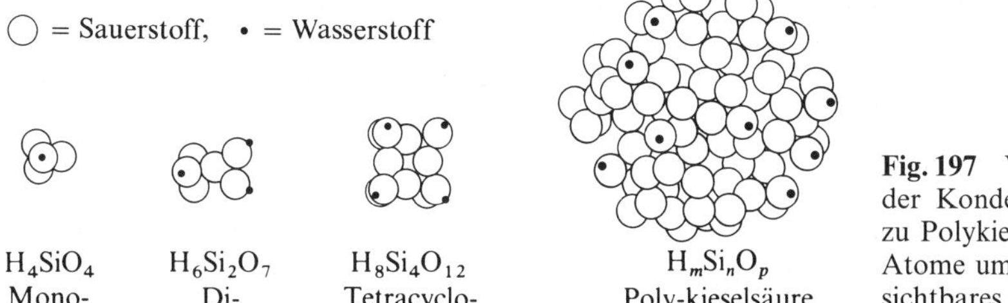

Fig. 197 Veranschaulichung der Kondensation von Mono- zu Polykieselsäure (jeweils 4 O-Atome umschließen ein – nicht sichtbares – Si-Atom).

---

116 Reine Kieselsäure H_4SiO_4 ($\Delta H_{f,ber.} = 1482$ kJ/mol) wäre wohl sirupös wie Phosphorsäure oder Glycerin.

117 Vergleiche hierzu das Anhydrid der Phosphorsäure P_2O_5 (S. 762), das umgekehrt ein großes Bestreben zur Hydrolyse (Bildung von Phosphorsäure H_3PO_4) zeigt.

Die H_4SiO_4-Kondensation, die bei pH = 2–3 und Raumtemperatur in Abhängigkeit von der H_4SiO_4-Konzentration in Tagen bis Stunden, bei pH = 8–9 in Minuten bis Sekunden abläuft, erfolgt im einzelnen in der in Fig. 197 veranschaulichten Weise über Dikieselsäuremoleküle[118] $H_6Si_2O_7$, cyclische Kieselsäuren (insbesondere $(H_2SiO_3)_4$) und käfigartige Kieselsäuren zu kugelförmigen Polykieselsäuren. Letztere bestehen aus einem SiO_2-Gerüst, das sich im wesentlichen aus unregelmäßig miteinander verknüpften SiO_4-Doppelverzweigungseinheiten aufbaut (S. 920) und welches durch eine Schicht HO-gruppenhaltiger Kieselsäureeinheiten begrenzt wird[119]. (Durchmesser des etwa 100 oder mehr SiO_2-Einheiten umfassenden Polykieselsäuremoleküls ca. 20 Å oder mehr, s. unten.)

Man bezeichnet die erhaltene Lösung als „*Kieselsol*" (vgl. S. 925). Die Polykieselsäure ist gegen weitere Kondensation instabil und vereinigt sich in der in Fig. 198 veranschaulichten Weise unter Verknüpfung der Kieselsäurekugeln über Sauerstoffbrücken zu einer weitmaschigen amorphen Kieselsäure („*Kieselgel*"; vgl. S. 925). Letztere verfestigt sich („altert") noch durch Ausbildung zusätzlicher SiOSi-Verknüpfungen in der Nähe der ersten Verbindungsstelle (vgl. Fig. 198).

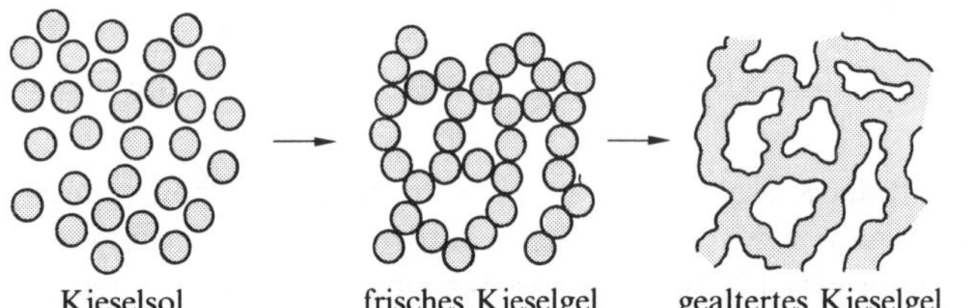

○ = Polykieselsäure (vgl. Fig. 197)

Fig. 198 Zweidimensionales Modell des Übergangs eines Kieselsols in ein Kieselgel.

Aufgrund der (van der Waals) Abstoßungskräfte zwischen den kugelförmigen Polykieselsäuren, nähert sich ein Polykieselsäuremolekül bevorzugt dem Ende eines bereits vorliegenden Aggregats von Polykieselsäuren, was letztlich zu der in Fig. 198 wiedergegebenen weitmaschigen Verknüpfung der Polykieselsäurekugeln führt. In der Natur finden sich etwa in Form der Opale (S. 911) oder der SiO_2-Ablagerungen der Organismen auch amorphe Kieselsäuren, in welchen eine regelmäßige dichte Packung von kugelförmigen Polykieselsäuren vorliegt.

Außer durch gegenseitige Verknüpfung zu Polykieselsäureaggregaten (s. oben) vergrößern sich die kugelförmigen Polykieselsäuren auch durch Ankondensation weiterer, aus dem hydrolytischen Abbau kleiner Polykieselsäuren stammender Monokieselsäuremoleküle, falls letzterer Prozeß – wie etwa im alkalischen Milieu – rascher als ersterer verläuft. Dementsprechend lassen sich unter geeigneten Bedingungen (vgl. S. 925) Sole mit Kieselsäuremolekülen bis zu 1500 Å Durchmesser herstellen. Da die Aggregationstendenz der Polykieselsäurekugeln mit ihrem Durchmesser abnimmt, sind derartige Kieselsole über Jahre beständig.[120]

Polykieselsäuren

Kristallisierte Polykieselsäuren. Wie dem Besprochenen zu entnehmen ist, läßt sich die Kondensation der Monokieselsäure weder bei bestimmten Kondensationsstufen aufhalten, noch zu einer kristallinen Endstufe führen. Es bilden sich in jedem Falle *amorphe Polykieselsäuren* (*Kieselgele*, s. oben). Behandelt man jedoch Alkalimetallschichtsilicate (vergleiche S. 942) wie $M_2Si_2O_5$ (M = Li, Na, K), $Na_2Si_4O_9 \cdot 5H_2O$ (in der Natur als „*Makatit*"),

[118] *Dikieselsäure* $H_6Si_2O_7$ ($\Delta H_{f,ber.} = 2671$ kJ/mol) entsteht u.a. durch Hydrolyse des Hexaacetats $(AcO)_3Si—O—Si(OAc)_3$ (Ac = CH_3CO). Sie ist in Wasser weniger kondensationsbeständig als Monokieselsäure.

[119] Anders als Kieselsäure kondensiert Phosphorsäure bevorzugt zu kettenförmigen Polyphosphorsäuren (S. 779).

[120] **Physiologisches.** Bezüglich der Rolle der Kieselsäuren im Stoffwechsel vgl. S. 879. Alle synthetischen, amorphen Kieselsäuren $SiO_2 \cdot nH_2O$ gelten im Unterschied zu den kristallisierten SiO_2-Modifikationen (S. 914) als ungiftig (MAK-Wert: 4 mg/m³). Giftig sind demgegenüber einige Silicate. Sie rufen Staublungenerkrankungen hervor, die der „*Silicose*" (S. 914) verwandt sind, z. B. im Falle von *Asbest* (Techn. Richtkonz. 0.1 mg/m³) „*Asbestose*", im Falle von *Talk* (MAK-Wert: 2 mg/m³) „*Talkose*".

$Na_2Si_8O_{17} \cdot xH_2O$ oder $Na_2Si_{14}O_{29} \cdot 11\,H_2O$ (in der Natur als „*Magadiit*")[121] mit Salz- oder Schwefelsäure bei 0 °C, so bilden sich unter Austausch der Alkalimetall-Kationen gegen Protonen blättchenartig „*kristallisierte Polykieselsäuren*" u.a. der Zusammensetzung $H_2Si_2O_5$, $H_2Si_4O_9$, $H_2Si_8O_{17} \cdot xH_2O$, $H_2Si_{14}O_{29} \cdot 5.4\,H_2O$ (in der Natur als „*Silhydrit*"). In ihnen liegen parallel übereinander angeordnete – gegebenenfalls durch Wasserschichten voneinander getrennte – Polykieselsäureschichten etwa des in Fig. 195 (S. 920) wiedergegebenen Typus $H_2Si_2O_5$ vor (die Schichten sind stark gefaltet). Letztere neigen – zum Teil bereits bei Raumtemperatur – zur Kondensation unter H_2O-Abspaltung (Bildung von SiOSi-Brücken zwischen den Schichten; vgl. Siloxen, S. 901). Bei Temperaturen über 1100 °C gehen die kristallisierten Polykieselsäuren in Cristobalit über, z. B. $H_2Si_2O_5 \rightarrow 2\,SiO_2 + H_2O$. Die Protonen der erstaunlich sauer reagierenden Verbindungen (pK_S im Bereich 1–3) lassen sich durch Alkali- und Erdalkalimetall-Kationen austauschen. Besonders charakteristisch ist die Fähigkeit der Schichtpolykieselsäuren zur Einlagerung („*Intercalation*", vgl. S. 936) Sauerstoff- und Stickstoff-haltiger Stoffe (z. B. Alkohole, Alkyl- und Arylamine, Pyridin, N-Oxide, S-Oxide) zwischen die Kieselsäureschichten (die Bindung erfolgt über OHO- bzw. OHN-Wasserstoffbrücken).

Kieselsole, d. h. wässerige Lösungen der in Fig. 197 veranschaulichten, kugelförmig gebauten amorphen Polykieselsäuren, entstehen beim Ansäuern wässeriger Lösungen von Natriumsilicat Na_4SiO_4 („*Natronwasserglas*", S. 942) auf dem Wege über Monokieselsäure (vgl. S. 922). Technisch verfährt man hierbei so, daß man verdünnte Wasserglaslösungen (SiO_2-Gehalt < 10 %) rasch über Kationenaustauscher in der protonierten Form (S. 1138) leitet und das anfallende, hinsichtlich eines Übergangs in Kieselgel (s. unten) noch sehr instabile Kieselsol durch Alkalisieren (Molverhältnis $SiO_2 : Na_2O$ ca. 100 : 1) sowie Erwärmen auf 60 °C stabilisiert.

Die Alkalizugabe bewirkt eine teilweise Deprotonierung der Polykieselsäuremoleküle, die sich infolgedessen negativ aufladen. Die hierdurch bedingte gegenseitige Abstoßung der Moleküle hemmt die weitere Kondensation zu Kieselgel. Das anschließende Erwärmen des alkalisierten Kieselsols bezweckt eine Vergrößerung der Polykieselsäureteilchen, wodurch sich ihre „Gelierungs"-Stabilität weiter erhöht. Man verfährt zweckmäßig in der Weise, daß man zunächst einen Teil der Lösung auf 60 °C erhitzt und hierzu dann langsam den Rest der Lösung fügt. Hierdurch läßt sich ein weiterer Aufwachsprozeß der bereits vergrößerten Polykieseläuremoleküle erreichen (vgl. S. 924). So gewonnene, je nach der Teilchengröße farblos klare bis milchig trübe Kieselsole sind – selbst bei 50 %igem SiO_2-Gehalt – jahrelang ohne Veränderung haltbar. Gelierung tritt insbesondere beim Ansäuern, Konzentrieren, Einfrieren sowie Zugeben von Elektrolyten ein (vgl. nachstehendes Unterkapitel).

Verwendung. Kieselsole dienen in der Textilindustrie als Verfestiger für Wollfäden sowie als Schmutzabweiser für Gewebe und in der keramischen Industrie als Bindemittel. Auch als Bindemittel für Katalysatoren (z. B. bei der Acrylnitrilsynthese), zur Herstellung rutschfester Bohnerwachse, als Poliermittel für Halbleiterelemente u. a. m. werden sie verwendet.

Kieselgele. Stabilisiert man das durch Ansäuern einer wässerigen Lösung von Natronwasserglas erhältliche Kieselsol (s. oben) nicht durch Alkalisieren, so erstarrt es leicht zu einer gallertartigen Masse („*Kiesel-Hydrogel*"). In ihr liegt ein durch zahlreiche wassergefüllte Poren durchsetztes Polykondensat kugelförmiger Polykieselsäuren vor (vgl. Fig. 198, S. 924). Aus dem Hydrogel erhält man durch Trocknen bei erhöhter Temperatur das „*Kiesel-Xerogel*"[122] bzw. als besondere Form davon das „*Kiesel-Aerogel*".

Technisch verfährt man u. a. so, daß man ein in einer Mischdüse durch kontinuierliches Zusammenfügen von verdünnter Schwefelsäure und Natronwasserglaslösung bei erhöhter Temperatur erzeugtes Kieselsol auspreßt (Bildung eines stückigen Hydrogels) bzw. in die Luft versprüht (Bildung eines

---

[121] Die Darstellung der betreffenden Silicate erfolgt durch Zusammenschmelzen von Alkalimetallcarbonaten mit SiO_2 bei hoher Temperatur (z. B. $Na_2CO_3 + 2\,SiO_2 \rightarrow Na_2Si_2O_5 + CO_2$ bei 750–860 °C) oder durch Umsetzung von wässerigem Alkali mit SiO_2 bei mäßiger Temperatur (z. B. $2\,NaOH + 4\,SiO_2 + 4\,H_2O \rightarrow Na_2Si_4O_9 \cdot 5\,H_2O$ bei 100 °C). Vgl. hierzu auch S. 942.

[122] Xeros (griech.) = trocken.

perlförmigen Hydrogels). Das Hydrogel wird anschließend zur Entfernung des bei der Wasserglasneutralisation entstandenen Natriumsulfats mit saurem Wasser (Bildung eines engporigen Hydrogels) bzw. mit alkalischem Wasser (Bildung eines weitporigen Hydrogels) gewaschen. Die Trocknung der Hydrogele führt unter Schrumpfung zum Xerogel bzw. – nach Austausch der Porenflüssigkeit durch ein organisches Medium wie Alkohol – zum Aerogel.

Verwendung. Die Kiesel-Xerogele und -Aerogele haben ein ähnliches Adsorptionsvermögen wie die Aktivkohlen, die ja ebenfalls eine oberflächenreiche Struktur aufweisen (vgl. S. 836)[123]. Daher finden sie Verwendung zur Adsorption von Dämpfen (z. B. von Benzin, Benzol, Ether, Alkohol usw. aus der Luft von Celluloid-, Kunstseide-, Lack- und Sprengstoff-Fabriken), zum Trocknen von Gasen, Flüssigkeiten und festen Stoffen (z. B. in Exsiccatoren)[124], zur Reinigung und Entfärbung von Flüssigkeiten und Fetten, als Trägermaterial für Katalysatoren, als desodorierendes, desinfizierendes und austrocknendes Streupulver, zur Entgiftung von Tabakrauch, zur Gelatinierung der Elektrolyte in galvanischen Elementen und Akkumulatoren, für chromatographische Trennungen, als Mattierungsmittel in Farben, Lacken, Kunststoffen, Klebestoffen und Zahncremes usw.

Gegenüber dem natürlichen Kiesel-Xerogel, der Infusorienerde (Kieselgur, S. 911), die z. B. als Verpackungsmaterial für Säureballons und zum Aufsaugen von Nitroglyzerin („*Gurdynamit*") verwendet wird, haben die künstlichen Kieselxerogele den Vorteil, daß man ihre Struktur durch Wahl der Herstellungsbedingungen willkürlich beeinflussen und so dem jeweiligen Verwendungszweck anpassen kann.

2.6.3 Kolloiddisperse Systeme[125]

Die Kieselsäure besitzt in besonderem Maße die Fähigkeit, kolloide[126] Lösungen zu bilden, und wir wollen uns daher im folgenden etwas näher mit dem wichtigen Begriff der **„kolloiddispersen Systeme"** beschäftigen.

Unter einem dispersen[127] System versteht man ganz allgemein ein aus zwei (oder mehreren) Phasen bestehendes System, bei welchem die eine Phase („*disperse Phase*") in der anderen („*Dispersionsmittel*") fein verteilt ist. Je nach dem Zerteilungsgrad („*Dispersitätsgrad*") der dispersen Phase unterscheidet man „*grobdisperse*", „*kolloiddisperse*" und „*molekulardisperse*" Systeme:

System	Teilchendurchmesser der dispersen Phase
molekulardispers	< 10 Å
kolloiddispers	100–1000 Å
grobdispers	> 10000 Å

Bei den Teilchengrößen zwischen 10 und 100 und zwischen 1000 und 10000 Å liegen Übergangsgebiete zwischen molekular- und kolloid- bzw. zwischen kolloid- und grobdispersen Systemen vor.

Im folgenden seien die Verhältnisse am Beispiel der am besten untersuchten flüssig-festen Systeme betrachtet.

Vergleich grob-, kolloid- und molekulardisperser Lösungen

Tyndall-Effekt. Ist ein fester Stoff in einem flüssigen Lösungsmittel so weit zerteilt, daß er in der Lösung nur in Form von Einzelmolekülen oder in Form von Aggregaten weniger,

---

123 Die spezifische Oberfläche beträgt im Falle des weitporigen Kieselgels 200–400 m^2/g, im Falle des engporigen Kieselgels 600–800 m^2/g.

124 Man verwendet meistens Kieselgele, die mit blauem $CoCl_2$ als Feuchtigkeitsindikator imprägniert sind („*Blaugel*"). Ein Nachlassen der Trockenwirkung macht sich durch Farbumschlag nach rosa bemerkbar, da dann das blaue, wasserfreie $CoCl_2$ durch Wasseraufnahme in rotes, wasserhaltiges $CoCl_2 \cdot 6H_2O$ übergeht.

125 **Literatur.** Ullmann (5. Aufl.): „*Colloids*", **A7** (1986) 341–367; D.J. Shaw: „*Introduction to Colloid and Surface Chemistry*", 3. Aufl., Butterworth, London 1980.

126 Das Wort kolloid (leimartig) leitet sich von kolla (griech.) = Leim ab, weil Leim – wie Th. Graham 1860 erstmals feststellte – „kolloide" Lösungen zu bilden vermag.

127 dispergere (lat.) = verteilen.

miteinander verbundener („*assoziierter*") Moleküle vorliegt („*Amikronen*", Durchmesser bis 10 Å = 10^{-7} cm), so erscheint dieses molekulardisperse System sowohl dem bloßen als auch dem bewaffneten Auge als eine vollkommen klare Flüssigkeit. Wir sprechen dann von einer **„echten Lösung"**.

Liegt der Partikeldurchmesser im Bereich 100–1000 Å (10^{-4}–10^{-5} cm), so sind die Teilchen – auch unter dem Mikroskop – immer noch nicht sichtbar, da ihre Größe unterhalb der Wellenlänge des sichtbaren Lichts (400 bis 800 nm) liegt. Ein solches kolloiddisperses System, das man auch **„kolloide Lösung"** oder **„Sol"**[128] nennt, erscheint daher für relativ grobe Untersuchungsmittel immer noch als homogene Lösung. Daß hier aber gröbere Partikelchen als in einer echten Lösung vorliegen, kann man z.B. dadurch zeigen, daß man einen Lichtstrahl durch die Lösung schickt. Während in echten Lösungen dieser Lichtstrahl bei seitlicher Beobachtung unsichtbar bleibt („*optisch leere*" Flüssigkeit), kann man in kolloiden Lösungen seinen Gang verfolgen, da die kleinen festen Partikelchen das Licht nach allen Richtungen streuen, so daß seitlich eine leuchtende Trübung zu beobachten ist (Fig. 199). Diese Erscheinung – die man auch im täglichen Leben beobachtet,

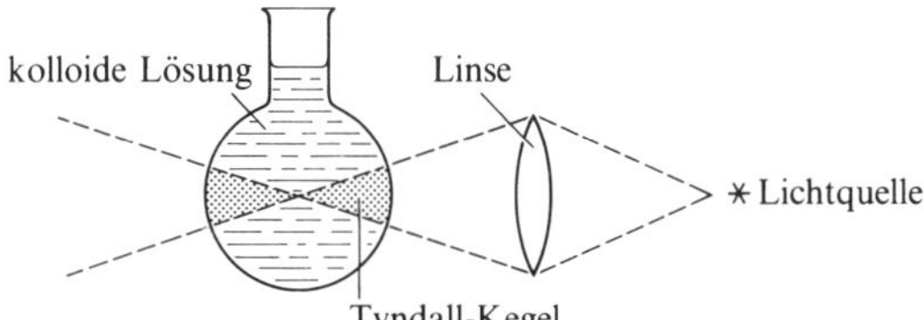

Fig. 199 Tyndall-Effekt.

wenn ein Sonnenstrahl in ein von Tabakrauch erfülltes dunkles Zimmer fällt – wurde von dem englischen Naturforscher Michael Faraday (1791–1867) im Jahre 1857 entdeckt und von dem englischen Physiker John Tyndall (1820–1893) näher untersucht und wird daher **Faraday-Tyndall-Effekt** genannt. Wegen der Kleinheit der kolloiden Teilchen sieht man bei diesem Effekt für gewöhnlich keine gesonderten Partikelchen, sondern nur ein diffuses Licht. Betrachtet man den Lichtkegel aber mit Hilfe eines besonders leistungsfähigen Mikroskops („*Ultramikroskop*"), so läßt sich bei Teilchengrößen bis herab zur Größenordnung von 100 Å auch die Leuchterscheinung der einzelnen submikroskopischen Teilchen („*Ultramikronen*", „*Submikronen*") als Lichtfleck beobachten.

Sind die in einem flüssigen Lösungsmittel verteilten festen Partikelchen größer als 10000 Å („*Mikronen*"), so liegt ein grobdisperses System vor, das auch als **„Suspension"**[129] bezeichnet wird und dem Auge nicht mehr als klare, sondern als trübe Lösung erscheint (die entsprechende grobdisperse Verteilung einer Flüssigkeit in einer Flüssigkeit nennt man **„Emulsion"**[130]).

Entsprechend ihrer Mittelstellung zwischen echten Lösungen und grobdispersen Systemen lassen sich kolloide Lösungen entweder durch Teilchenverkleinerung grober Verteilungen („*Dispersionsmethoden*") oder durch Teilchenvergrößerung molekulardispers gelöster Stoffe („*Kondensationsmethoden*") herstellen.

Von Dispersionsmethoden seien hier erwähnt: die mechanische Zerkleinerung in der „*Kolloidmühle*", das Zerstäuben von Metallelektroden in einem übergehenden elektrischen Bogen unter Wasser und die kolloide Zerteilung durch „*Ultraschall*"; bei der Kondensationsmethode geht man zweckmäßig so vor, daß man die Bildung des gewünschten schwerlöslichen Stoffs in sehr verdünnter Lösung oder bei Gegenwart von „*Schutzkolloiden*" (s. unten) vornimmt, wodurch die Vereinigung zu größeren Partikeln erschwert wird.

Die festen Teilchen einer kolloiden Lösung können ganz verschiedene – z. B. kugelige (Silber, Platin, Arsentrisulfid, Polykieselsäure), scheibenförmige (gealtertes Eisenhydroxid), stäbchenförmige (Vanadiumpentaoxid, Wolframsäure) – Gestalt haben.

---

128 Von solutio (lat.) = Lösung.

129 Von suspendere (lat.) = schweben, da die suspendierten Teilchen in der Flüssigkeit schweben.

130 Von emulgere (lat.) = ausmelken, weil Milch eine solche Emulsion zweier Flüssigkeiten darstellt.

Filtration; Dialyse. Gröbere Suspensionen (Teilchengröße > 10000 Å) lassen sich leicht durch Papierfilter filtrieren, da die mittlere Porenweite solcher Filter 10000 Å ($\frac{1}{1000}$ mm) beträgt und größere Teilchen daher zurückgehalten werden. Dagegen laufen kolloide Teilchen (Teilchengröße 100–1000 Å) glatt durch solche Filter hindurch, da ihr Durchmesser 10–100mal kleiner als diese Porenweite ist. Hier muß man sich zur Trennung von disperser Phase und Dispersionsmittel der sogenannten **„Ultrafiltration"** bedienen, bei welcher *„Ultrafilter"* (tierische, pflanzliche oder künstliche Membranen) mit einer mittleren Porenweite von 100 Å zur Anwendung gelangen. Echte Lösungen (Teilchengröße < 10 Å) laufen natürlich auch durch diese Ultrafilter hindurch. Daher benutzt man solche Ultrafilter auch zur Trennung von kolloid und echt gelösten Stoffen durch **„Dialyse"**. Der hierbei benutzte Apparat (*„Dialysator"*)[131] besteht im Prinzip aus einem unten mit einer Membran (z. B. Pergamentpapier oder Schweinsblase oder künstliches Ultrafilter wie Cellophan) verschlossenen zylindrischen Gefäß, das die zu dialysierende Lösung enthält und in ein weiteres, von reinem Wasser durchströmtes Gefäß gehängt wird (Fig. 200). Die echt gelösten Stoffe diffundieren dann – unter dem Einfluß der Brownschen Bewegung – durch die Membran hindurch und werden von dem strömenden Außenwasser weggeführt, während die kolloid gelösten Stoffe von der Membran zurückgehalten werden.

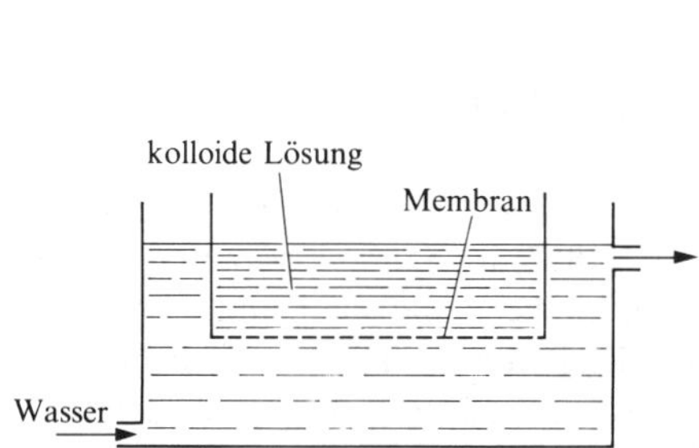

Fig. 200 Dialysator.

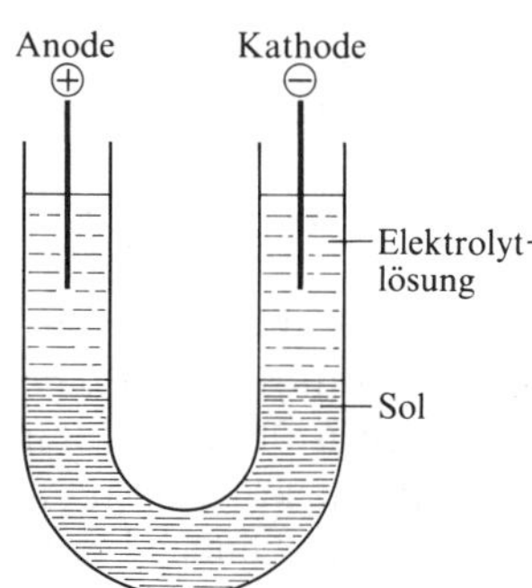

Fig. 201 Elektrophorese.

Die Abnahme der Konzentration des diffundierenden molekulardispers gelösten Stoffs pro Zeiteinheit (*„Dialysegeschwindigkeit"* $v = -\mathrm{d}c/\mathrm{d}t$) ist immer der gerade vorhandenen Konzentration c proportional:

$$v = \lambda \cdot c$$

(λ = von der Temperatur, der Membran und der Schichthöhe der Lösung abhängiger *„Dialysekoeffizient"*). Da die Geschwindigkeit der Brownschen Bewegung und damit auch der Dialyse der Wurzel aus der Masse M der gelösten Teilchen umgekehrt proportional ist, gilt für zwei Stoffe A und B die Beziehung:

$$\lambda_A/\lambda_B = \sqrt{M_B/M_A}\,.$$

Man kann letztere Beziehung dazu benutzen, um die relative Molekülmasse eines gelösten Stoffes A zu ermitteln, indem man den Dialysekoeffizient λ_A des Stoffes bestimmt und mit dem Dialysekoeffizienten λ_B eines Stoffes B von bekannter relativer Molekülmasse vergleicht.

Beständigkeit kolloider Lösungen

Die feinteilige, d.h. oberflächenreiche Materie hat infolge der an der Oberfläche vorhandenen freien Valenzen, ein großes Bestreben, „sich selbst zu adsorbieren", d.h. unter Energieabgabe in einen gröberen, oberflächenärmeren Zustand überzugehen (S. 1078). Daher sollten kolloide wässerige Lösungen eigentlich instabil sein und zum *„Ausflocken"*

[131] dialysis (griech.) = Trennung.

neigen. Daß sie entgegen dieser Erwartung nicht spontan ausflocken, hat seinen Grund darin, daß die Vereinigung der kleinen Teilchen zu größeren bei kolloid auftretenden Stoffen durch Gegenkräfte behindert wird, unter denen vor allem die elektrische Aufladung und die Umhüllung mit Wassermolekülen zu nennen sind. Die letztere Art der Stabilisierung findet man vor allem bei den sogenannten „*hydrophilen*" („*lyophilen*", *solvatokratischen*")[132], die erstere bei den sogenannten „*hydrophoben*" („*lyophoben*", *elektrokratischen*")[132] Kolloiden.

Hydrophobe Kolloide. Erstreckt sich das Adsorptionsvermögen kolloider Teilchen bevorzugt auf eine bestimmte, in der Lösung vorhandene Ionenart, so laden sich alle Teilchen gleichsinnig auf. Die dadurch erfolgende gegenseitige elektrische Abstoßung verhindert dann den Zusammentritt der Teilchen zu größeren Verbänden und bedingt so die Stabilität des Sols. Die Aufladung kann z. B. durch Adsorption von Wasserstoff-Ionen (z. B. bei Hydroxiden) oder von Hydroxid-Ionen (z. B. bei Sulfiden) aus dem Wasser, aber auch durch Adsorption einer der Ionenarten bewirkt werden, aus denen die Moleküle der kolloiden Teilchen selbst bestehen (z. B. bei AgCl; vgl. S. 1343).

Das Vorzeichen der Aufladung läßt sich leicht ermitteln, indem man das Sol in den unteren Teil eines U-Rohres einfüllt, die beiden Schenkel des U-Rohres vorsichtig mit einer Elektrolytlösung auffüllt und dann mit Hilfe zweier eingebrachter Elektroden eine kräftige Gleichspannung anlegt (Fig. 201). Je nach der positiven oder negativen Aufladung der kolloiden Teilchen wandert dann die Grenzschicht zwischen Sol und Lösung zur Kathode oder Anode hin („**Elektrophorese**"). Auf diese Weise hat man z. B. festgestellt, daß Metallhydroxidsole wie $Fe(OH)_3$, $Cd(OH)_2$, $Al(OH)_3$, $Cr(OH)_3$ und Metalloxidsole wie TiO_2, ZrO_2, CeO_2 meist positiv, Metallsole wie Au, Ag, Pt und Metallsulfidsole wie As_2S_3, Sb_2S_3 meist negativ geladen sind.

Will man einen durch elektrische Aufladung stabilisierten kolloiden Stoff (etwa eine durch Einleiten von Schwefelwasserstoff in eine wässerige, nicht angesäuerte Arseniklösung gewonnene, tiefgelbe kolloide As_2S_3-Lösung) zum Ausflocken bringen, so muß man die abstoßende Ladung der kolloiden Teilchen beseitigen. Dies kann in verschiedener Weise geschehen. Ein häufig beschrittener Weg ist der Zusatz besonders gut adsorbierbarer, entgegengesetzt geladener Ionen (im Falle des negativ geladenen As_2S_3-Sols beispielsweise die Zugabe von H^+-Ionen in Form verdünnter Salzsäure). Ganz allgemein sind daher Lösungen hydrophober Kolloide sehr empfindlich gegenüber Elektrolytzusatz. Der Punkt, an dem die elektrische Ladung des Kolloids gerade kompensiert ist, heißt **„isoelektrischer Punkt"**.

Es ist leicht verständlich, daß mehrwertige Ionen wegen ihrer größeren Ladung stärker ausflockend wirken als einwertige. So verhalten sich die Mengen K^+, Ba^{2+} und Al^{3+}, die zur Fällung eines negativ geladenen Arsentrisulfidsols erforderlich sind, etwa wie 1000 : 10 : 1, und in gleicher Weise hängt z. B. die Ausflockung eines positiv geladenen Eisenhydroxidsols von der Wertigkeit der zugesetzten Anionen ab. Gibt man den zur Neutralisation verwendeten Elektrolyten über den isoelektrischen Punkt hinaus zu, so gelingt es, die Teilchen – falls sie auch den neutralisierenden Elektrolyten zu adsorbieren vermögen – noch vor der Ausflockung umzuladen und auf diese Weise kolloid in Lösung zu halten, da die Ausflockung beim isoelektrischen Punkt eine gewisse Zeit erfordert. Bisweilen lassen sich die ausflockenden Ionen durch Auswaschen wieder beseitigen. Dann verläuft – falls nur ein schwacher innerer Zusammenhang in den Flöckchen besteht – der eben geschilderte Vorgang der Ausflockung wieder rückwärts, und der gefällte Niederschlag geht wieder kolloid in Lösung. Man beobachtet diese der Ausflockung entgegengesetzte Erscheinung häufig beim Auswaschen gefällter Sulfide und Halogenide.

Eine andere Möglichkeit der Ausflockung besteht im Zusammengeben eines positiv und eines negativ geladenen Kolloids. Sind die beiden Sole – z. B. Eisenhydroxid- und Arsentrisulfidsol – in elektrisch äquivalenten Mengen vorhanden, so flocken sie sich gegenseitig vollständig aus, so daß oberhalb des Niederschlags reines Wasser stehenbleibt. Ist eines der Kolloide im Überschuß vorhanden, so behält die Lösung oberhalb des Niederschlags die Ladung des überschüssigen Kolloids. Bringt man zwei positiv oder zwei negativ geladene Sole zusammen, so findet selbstverständlich keine Ausflockung statt.

[132] hydor (griech.) = Wasser; lyein (griech.) = lösen; philos (griech.) = Freund; phobos (griech.) = Scheu.

Hydrophile Kolloide. Bei den hydrophilen Kolloiden wirkt weniger die elektrische Aufladung als vielmehr die Umhüllung mit Wassermolekülen („*Hydratation*") stabilisierend auf die kolloid gelösten Teilchen. Denn hydrophile Kolloide haben ein großes Bestreben, Wassermoleküle zu adsorbieren, welche die Vereinigung der Kolloidteilchen zu gröberen Partikeln verhindern. Dieses Bestreben zur Anlagerung von Wasser kann so weit gehen, daß – wie z. B. bei konzentrierten Polykieselsäure- oder Aluminiumhydroxidlösungen – das Sol zu einer gallertartigen, wasserreichen Masse (**„Gel"**)[133] erstarrt, welche – falls keine Alterserscheinungen (chemische Teilchenvergrößerungen wie bei der Polykieselsäure; S. 924) eingetreten sind – beim Verdünnen mit Wasser wieder zu einem Sol gelöst werden kann („*reversible Kolloide*"):

$$\text{Sol} \underset{\text{„Peptisation"}^{134)}}{\overset{\text{„Koagulation"}^{134)}}{\rightleftarrows}} \text{Gel}.$$

Solche hydrophile Kolloide sind dementsprechend viel weniger empfindlich gegenüber Elektrolytzusätzen als hydrophobe Kolloide und werden nur durch relativ große Mengen von Salzen ausgeflockt, wobei letztere wasserentziehend wirken.

In den Gelen haben wir uns unregelmäßige, von Lösungsmittel „durchtränkte", weitmaschige Gerüste aus kolloiden Bauteilchen vorzustellen, die an einzelnen Punkten durch van der Waalssche oder chemische Kräfte miteinander verbunden sind. Infolge der geringen Zahl der Verknüpfungsstellen genügt bisweilen – bei Vorliegen schwacher Bindungen – ein bloßes Schütteln des Gels, um diese lokalen Bindungen zu lösen und damit das Gel zu verflüssigen (Erscheinung der **„Thixotropie"**)[135]. Nach Aufhören der mechanischen Störung treten im Laufe längerer oder kürzerer Zeit die verknüpfenden Bindungen erneut auf, so daß das Gel wieder erstarrt.

Hydrophobe Kolloide (z. B. Metallsole) lassen sich zum Unterschied von hydrophilen Kolloiden (z. B. Metallhydroxidsole) nach der Ausflockung nicht wieder in den Solzustand zurückversetzen („*irreversible Kolloide*"), da infolge des Fehlens einer schützenden Wasserhülle die Koagulation zu einer stabilen Teilchenvergrößerung führt. Will man diese Teilchenvergrößerung vermeiden, so muß man die kolloide Lösung des hydrophoben Kolloids durch Zusatz eines adsorbierbaren hydrophilen Kolloids (**„Schutzkolloid"**) stabilisieren. Denn dann nehmen die Teilchen des hydrophoben Kolloids durch Adsorption des hydrophilen Kolloids den Charakter eines hydrophilen Kolloids an. So kann man z. B. kolloides Silber durch Zusatz eiweißartiger Stoffe wasserlöslich erhalten („*Kollargol*"). (Vgl. hierzu auch „*Cassiusschen Goldpurpur*", S. 1354, 1360.)

2.6.4 Natürliche Silicate[51, 136]

Entsprechend den auf S. 920 erläuterten Bauprinzipien (vgl. Tab. 84) kann man bei den in der Natur vorkommenden Silicaten zwischen solchen mit begrenzter und unbegrenzter Anionengröße unterscheiden. Zur ersten Sorte zählen die Insel-, Gruppen- und Ringsilicate, zur zweiten die Ketten-, Band-, Schicht- und Gerüstsilicate.

Die *Sauerstoffatome* der Silicate nehmen häufig *dichteste Packungen* mit Silicium in tetraedrischen Lücken ein. Die Silicat-*Gegenionen* besetzen je nach ihrer Größe *tetraedrische Lücken* (z. B. Li^+, Be^{2+}, Al^{3+}), *oktaedrische Lücken* (z. B. Na^+, Mg^{2+}, Al^{3+}, Ti^{4+}, Fe^{2+}) oder *Lücken der Koordinationszahl* 8 (z. B. K^+, Ca^{2+}).

---

[133] gelare (lat.) = zum Erstarren bringen.

[134] coagulare (lat.) = gerinnen lassen; pepsis (griech.) = Verdauung (Übergang unlöslicher in lösliche Stoffe).

[135] thixis (griech.) = Berührung; tropos (griech.) = Wandlung.

[136] **Literatur.** ULLMANN (5. Aufl.): „Talc", **A 26** (1994); „*Silicates*", **A 23** (1993) 661–719; F. Liebau: „*Die Systematik der Silicate*", Naturwiss. **49** (1962) 481–491; „*Structural Chemistry of Silicates*", Springer, Berlin 1985; Mysen: „*Structure and Properties of Silicate Melts*", Elsevier, Amsterdam 1988; W. Eitel (Hrsg.): „*Silicate Science*", Bd. I–VIII, Acad. Press, New York 1964–1976; W. A. Deer, R. A. Howie, J. Zussman: „*An Introduction to the Rock-Forming Minerals*", Langmans, London 1966; B. Mason: „*Elements of Mineralogy*", Freeman, San Francisco 1968.

Insel-, Gruppen- und Ringsilicate

Beispiele für natürliche **Inselsilicate** („*Nesosilicate*" vgl. Fig. 196, S. 921) sind „*Phenakit*" $Be_2[SiO_4]$, „*Forsterit*" $Mg_2[SiO_4]$, „*Olivin*" $(Mg,Fe)_2[SiO_4]$, „*Fayalit*" $Fe_2[SiO_4]$, „*Granate*" (engl. „*garnets*") $M_3^{II}M_2^{III}[SiO_4]_3$ ($M^{II} = Mg^{2+}, Ca^{2+}, Fe^{2+}, Mn^{2+}$; $M^{III} = Al^{3+}, Fe^{3+}, Cr^{3+}$) und „*Zirkon*" $Zr[SiO_4]$. In ihnen sind die SiO_4-Tetraeder in der Weise angeordnet, daß die Be^{2+}-Ionen im Phenakit jeweils von 4O-Atomen tetraedrisch[137], die Mg^{2+}- und Fe^{2+}-Ionen im Forsterit, Olivin und Fayalit jeweils von 6O-Atomen oktaedrisch[137], die M^{II}- bzw. M^{III}-Ionen in den Granaten von 8 bzw. 6 O-Atomen dodeka- bzw. oktaedrisch und die Zr^{4+}-Ionen im Zirkon von 8 O-Atomen dodekaedrisch umgeben sind. Härte, Schmelzpunkt und Stabilität (z. B. gegen Wasser) der Inselsilicate wächst mit der Ladung der Kationen. So wandelt sich der wasserunlösliche Olivin durch Wasseraufnahme langsam in andere Silicate wie Serpentin $Mg_6(OH)_8[Si_4O_{10}]$ (S. 933) um, wogegen Zirkon völlig wasserstabil ist.

Verwendung. Kristallisierte Stücke von **Olivin**[138] (z. B. „*Chrysolith*" (*blaßgrün*), **Granaten** (z. B. „*Grossular*" $Ca_3Al_2Si_3O_{12}$ (*gelbrot*), „*Karfunkel*" $Fe_3Al_2Si_3O_{12}$ (*rubinrot*), „*Andradit*" $Ca_3Fe_2Si_3O_{12}$ (*farblos, grün* oder *schwarz*) sowie **Zirkon** (ähnlich hart wie Diamant; z. B. „*Hyazinth*" (*gelbrot*), „*Jargon*" (*farblos*)) sind als Schmucksteine geschätzt. Granate dienen zudem als Lager für Uhren usw. Die *gelblich* bis *grünen* **Forsterit**-reichen Olivine (Lagerstätten u. a. in Norwegen und Spanien) finden Verwendung bei der Herstellung feuerfester Forsteritsteine, hochfeuerfester Mörtel und Stampfmassen, als Zuschlag zum Erz in Hochofenprozessen sowie als Wärmespeicher in elektrischen Nachtspeichergeräten.

Als Fluorid-haltiges Nesosilikat sei noch der durchsichtige bis durchscheinende, meist farbige (*gelbe* bis *rote, blaue, grüne* oder *violette*), als Edelstein geschätzte, oberhalb 1350 °C in SiF_4 und Sillimanit $Al[AlSiO_5]$ (S. 770) zerfallende „*Topas*" $Al_2(OH,F)_2[SiO_4]$ (Bau aus AlO_4F_2-Oktaedern und SiO_4-Tetraedern mit gemeinsamen F- und O-Atomen) erwähnt.

Beispiele für natürliche **Gruppensilicate** („*Sorosilicate*") mit Disilicat-Baugruppen (Fig. 196, S. 921) bieten „*Thortveitit*" $Sc_2[Si_2O_7]$ (wichtigstes Sc-haltiges Mineral), „*Barysilit*" $Pb_3[Si_2O_7]$ und „*Hemimorphit*" („*Kieselgalmei*") $Zn_4(OH)_2[Si_2O_7]$[139]. Beispiele für natürliche **Ringsilicate** („*Cyclosilicate*") mit Cyclotri- und -hexasilicat-Baugruppen $(SiO_3^{2-})_n$ (Fig. 196, S. 921) sind „*α-Wollastonit*" $Ca_3[Si_3O_9]$ (vgl. hierzu Kettensilicate), „*Benitoit*" $BaTi[Si_3O_9]$, „*Beryll*" $Al_2Be_3[Si_6O_{18}]$ (wichtigstes Be-haltiges Mineral), „*Dioptas*" $Cu_6[Si_6O_{18}] \cdot 6H_2O$ sowie die farbenreichen „*Turmaline*"[140].

Verwendung. Als Schmucksteine dienen **Berylle** (z. B. in Form des „*Aquamarins*" (*meerwasserblau*), „*Heliodor*" (*leuchtend gelb* bis *grünlich gelb*), „*Smaragds*" (*tiefgrün*), **Dioptase** (*smaragdgrün*) und **Turmaline** (*schwarz, braun, blau, grün, rot* oder *farblos*).

Ketten- und Bandsilicate („Inosilicate")

Silicate mit ketten- bzw. bandförmigen Baueinheiten („*Inosilicate*") sind in der Natur weit verbreitet. Beispiele für Minerale mit kettenförmigen Polysilicat-Baueinheiten der Zusammensetzung $[SiO_3^{2-}]$ (Fig. 196, S. 921) bieten etwa der „*β-Wollastonit*" $Ca[SiO_3]$ und die Gruppe der **„Pyroxene"**, z. B. „*Enstatit*" $Mg[SiO_3]$, „*Diopsid*" $CaMg[SiO_3]_2$ (Pyroxen in engerem Sinne), „*Spodumen*" $LiAl[SiO_3]_2$. In ihnen sind die durch Metallionen zusam-

---

137 Im Berylliumsilicat bzw. in den Magnesiumeisensilicaten liegt angenähert eine hexagonal-dichteste Packung von Sauerstoff-Ionen vor, deren tetraedrische Lücken zu $\frac{1}{8}$ mit Silicium besetzt sind. Im Falle von $Be_2[SiO_4]$ besetzen zusätzlich Beryllium-Ionen $\frac{1}{4}$ der Tetraederlücken, im Falle von $(Mg, Fe)_2[SiO_4]$ Magnesium- und Eisen-Ionen $\frac{1}{2}$ der Oktaeder-Lücken.

138 Olivin hat seinen Namen von seiner gewöhnlich olivgrünen Farbe.

139 „*Aminoftit*" $Ca_3Be_2(OH)_2[Si_3O_{10}]$ sowie „*Kinoit*" $Cu_2Ca_2[Si_3O_{10}] \cdot 2H_2O$ enthalten acyclische *Trisilicate*, das aus Ag_2O und SiO_2 bei 500–600 °C und 2–4.5 bar O_2 gewinnbare Silicat $Ag_{10}[Si_4O_{13}]$ acyclisches *Tetrasilicat*.

140 Zum Beispiel „*Dravit*" $Na\{Mg_3Al_6(OH)_4(BO_3)_3[Si_6O_{18}]\}$ (*braunschwarz, braun* bis *grün*), „*Schörl*" $Na\{Fe_3^{II}(Al, Fe^{III})_6(OH)_4(BO_3)_3[Si_6O_{18}]\}$ (*farblos* bis *tiefgrün, rot, blau*). In den Turmalinen wechseln Schichten aus nebeneinanderliegenden $[Si_6O_{18}]$-Ringsilicatbaueinheiten mit Borat-haltigen Schichten ab, die den Mg^{2+}- und Al^{3+}-haltigen Schichten im Talk (S. 936) und Kaolinit (S. 933) verwandt sind. Silicat- und Borat-haltige Schichten sind abwechselnd über gemeinsame Sauerstoffatome zu Einheiten verknüpft. Die – anionisch geladenen – Schichtpaare werden durch Kationen (Na^+ oder Ca^{2+}) zusammengehalten (vgl. Glimmer, S. 937).

mengehaltenen [SiO_3^{2-}]-Ketten derart angeordnet und gefaltet, daß sich akzeptable Sauerstoffpolyeder für die Kationen ergeben (z. B. Oktaeder für Magnesium im Enstatit und Diopsid, sowie für Calcium im β-Wollastonit). Als Beispiele sind in der Fig. 202b bzw. c die Konformationen der Silicatketten in den Pyroxenen bzw. in β-Wollastonit veranschaulicht.

Zu den Mineralen mit den auf S. 921 schon erwähnten und in Fig. 202e nochmals veranschaulichten bandförmigen Polysilicat-Baueinheiten der Summenformel [$Si_4O_{11}^{6-}$] zählt die Gruppe der **„Amphibole“**, z. B. „*Tremolit*“ $Ca_2Mg_5(OH)_2[Si_4O_{11}]_2$ (Amphibol im engeren Sinne), „*Anthophyllit*“ $(Mg,Fe^{II})_7(OH)_2[Si_4O_{11}]_2$, „*Aktinolith*“[141], „*Amosit*“[141] und „*Hornblenden*“ wie „*Krokydolith*“[141]. In ihnen sind jeweils zwei Si_4O_{11}-Bänder über Metallhydroxidbänder zu anionisch geladenen Doppelbändern kondensiert (vgl. Talk, S. 936), die ihrerseits durch Kationen zusammengehalten werden.

Es treten in natürlichen Silicaten aber auch andere Bandstrukturen als die in Fig. 202e wiedergegebenen auf. So können etwa zwei [SiO_3^{2-}]-Ketten so zu einem Band zusammentreten, daß nicht – wie in Fig. 202e veranschaulicht – jedes übernächste, sondern – wie in Fig. 202d wiedergegeben – jedes Si-Atom der einen Kette mit einem Si-Atom der zweiten Kette über ein O-Atom verbrückt ist. Dann entsteht ein Band der Zusammensetzung [$Si_2O_5^{2-}$]. Derartige Bänder, in welchen die Hälfte aller Si- durch Al-Atome so ersetzt sind, daß jedes Si-Atom über Sauerstoff nur mit Al-Atomen und jedes Al-Atom über Sauerstoff nur mit Si-Atomen verknüpft ist, liegen in „*Sillimanit*“ $Al_2O_3 \cdot SiO_2 = Al[AlSiO_5]$[142] vor. Noch weitergehenden Ersatz der Si-Atome in den [$Si_2O_5^{2-}$]-Bändern durch Al-Atome findet man im „*Mullit*“ der die Zusammensetzung $3Al_2O_3 \cdot 2SiO_2$ bis $2Al_2O_3 \cdot SiO_2$ aufweist.

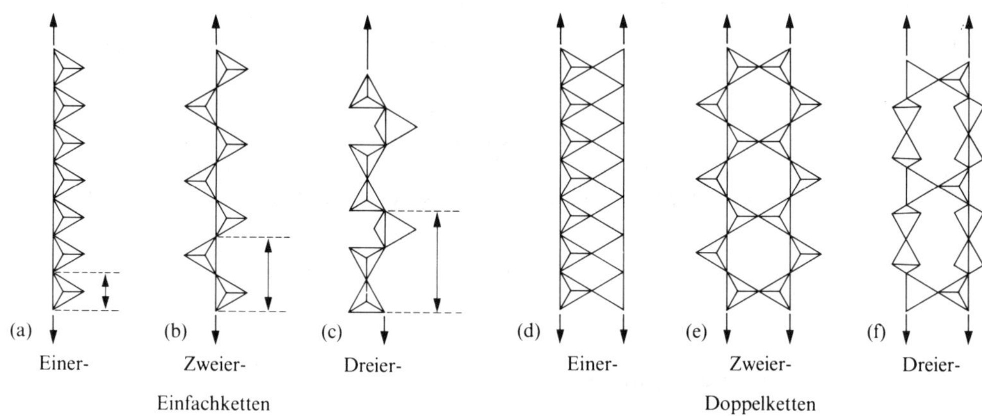

Fig. 202 Strukturen von Einfach- und Doppelketten in Silicatmineralen.

Gemäß F. Liebau klassifiziert man die Polysilicatketten nach der Zahl der SiO_4-Tetraeder pro Identitätsperiode („*Periodizität*“ der Kette) als Einer-, Zweier-, Dreierketten- usw. (vgl. Fig. 202 a, b, c). Darüber hinaus unterscheidet man entsprechend der Anzahl der über Si—O—Si-Brücken zu Bändern miteinander verknüpften Polysilicatketten („*Multiplizität*“ der Ketten) zwischen Einfach-, Doppel-, Dreifachketten usw. (vgl. z. B. Fig. 202a bis c oder d bis f). Hiernach enthalten Pyroxene Zweier-Einfachketten (Fig. 202b), β-Wollastonit-Dreier-Einfachketten (Fig. 202c), Sillimanit und Mullit Einer-Doppelketten (Fig. 202d) und Amphibole Zweier-Doppelketten (Fig. 202e). Man kennt darüber hinaus auch Silicate mit Vierer-Einfachketten (z. B. „*Krauskopfit*“), Fünfer-Einfachketten (z. B. „*Rhodonit*“), Sechser-Einfachketten (z. B. „*Stokesit*“), Siebener-Einfachketten (z. B. „*Pyroxferroit*“), Neuner-

141 Die Minerale leiten sich von Tremolit durch Ersatz eines Teils des Siliciums durch Al, sowie des Calciums und Magnesiums u.a. durch Na, Fe^{II}, Fe^{III}, Al ab. Dementsprechend lautet etwa die Formel für Aktinolith $(Ca,Na)_2(Fe,Mg,Al)_5(OH)_2[(Si,Al)_4O_{11}]_2$, für Amosit $(Fe^{II}Mg,Al)_7(OH)_2[(Si,Al)_4O_{11}]_2$, für Krokydolith $Na_2(Fe^{II},Mg)_3(Fe^{III})_2[(Si,Al)_4O_{11}]_2$.

142 Die die [$AlSiO_5^{3-}$]-Bänder verknüpfenden Al^{3+}-Ionen besetzen oktaedrische Lücken zwischen O-Atomen der parallalel angeordneten Bänder. Polymorphe Modifikationen zu Sillimanit sind „*Andalusit*“ und „*Cyanit*“. Die letztere Form baut sich aus einer kubisch-dichtesten O^{2-}-Ionenpackung auf mit Si^{4+} in Tetraederlücken und Al^{3+} ausschließlich in Oktaederlücken.

Einfachketten (z. B. „*Ferrosilit III*"), Dreier-Doppelketten (z. B. „*Xonolith*", Fig. 202f) und Zweier-Dreifach-, -Vierfach- bzw. -Fünffachketten (z. B. synthetische Bariumsilicate der Formel $Ba_4[Si_6O_{16}]$, $Ba_5[Si_8O_{21}]$ bzw. $Ba_6[Si_{10}O_{26}]$). Auch Silicate mit verzweigten Ketten sind bekannt. Silicate mit Einer-Einfachketten (Fig. 202a) existieren nicht.

Verwendung. Unter den Inosilicaten, die aufgrund ihres Baus meist langgestreckte, teilweise faserige, stengelige, strählige oder nadelige Kristalle bilden, haben Wollastonit, Sillimanit, Mullit sowie einige Amphibole technisches Interesse. Der in Schiefer verbreitete, *weiß* bis leicht *grünlich* perlmutterglänzende, oberhalb 1126 °C in α-Wollastonit (Smp. 1544 °C, vgl. S. 931) übergehende **β-Wollastonit** $Ca[SiO_3]$ (Hauptlagerstätten in Finnland, USA, Mexico, Indien, Kenia, Südafrika) dient u.a. als Rohstoff für keramische Erzeugnisse sowie als Füllstoff[154] für Anstrichstoffe, Gieß- und Preßmassen sowie Baustoffe. Er läßt sich synthetisch durch Zusammenschmelzen von feingemahlenem CaO und SiO_2 (äquimolekulares Gemisch) bei 1400 °C und Tempern der erhaltenen abgeschreckten, glasigen α-Wollastonit-Schmelzmasse bei 800–1000 °C gewinnen.

Der *gelblichgraue* bis *graugrüne*, durchscheinende **Sillimanit** $Al(AlSiO_5)$ (Hauptlagerstätten in Australien, Indien, Südafrika, GUS) findet hauptsächlich zur Herstellung von Feuerfestbaustoffen („*Sillimanitsteinen*") und hochtemperaturbeständigem Mörtel Verwendung. Vor seiner Verarbeitung wird er einem Vorbrand bei 1550 °C unterworfen, wobei er in temperaturwechselbeständigen „*Sintermullit*" (= Mullitnadeln in einer SiO_2-Glasmatrix) übergeht[143]: $Al_2O_3 \cdot SiO_2 \rightarrow Al_2O_3 \cdot \frac{1}{2}SiO_2 + \frac{1}{2}SiO_2$. **Mullit** (*farblos*), der in der Technik aus Kaolin (S. 935) und calciniertem Aluminiumoxid im Lichtbogenofen bei hohen Temperaturen synthetisiert wird, dient ebenfalls für hochfeuerfeste Baustoffe, ferner als Rohstoff für Elektroporzellan sowie als Trübungsmittel für Emaillen, als Poliermittel und als Füllstoff in Kunststoffen und Lacken.

Aus den hitzebeständigen, unbrennbaren, faserigen, verspinnbaren **Amphibolen** (Anthophyllit, Amosit, Tremolith, Aktinolith und Krokydolith; Hauptvorkommen in der Kap-Provinz, Transvaal, Finnland, USA, Westaustralien), die auch als „*Amphibolasbeste*"[144] (Anthophyllitasbest, Amositasbest usw.)[145] bezeichnet werden, stellt man wie aus „*Serpentinasbesten*" Spinn- und Webwaren, Asbestpappen und -papier sowie Verbundwerkstoffe her (vgl. S. 935).

Schichtsilicate („Phyllosilicate")

Typische Beispiele für Minerale mit schichtförmigen Polysilicat-Baueinheiten („*Phyllosilicate*") sind der **„Serpentin"** $Mg_3(OH)_4[Si_2O_5]$ und der **„Kaolinit"** $Al_2(OH)_4[Si_2O_5]$, deren Strukturen Fig. 203 veranschaulicht. Ersichtlicherweise liegen in ihnen Silicatschichten $[Si_2O_5^{2-}]_x$ des in Fig. 196 (S. 921) wiedergegebenen Typs vor, in welchen die „freien" Sau-

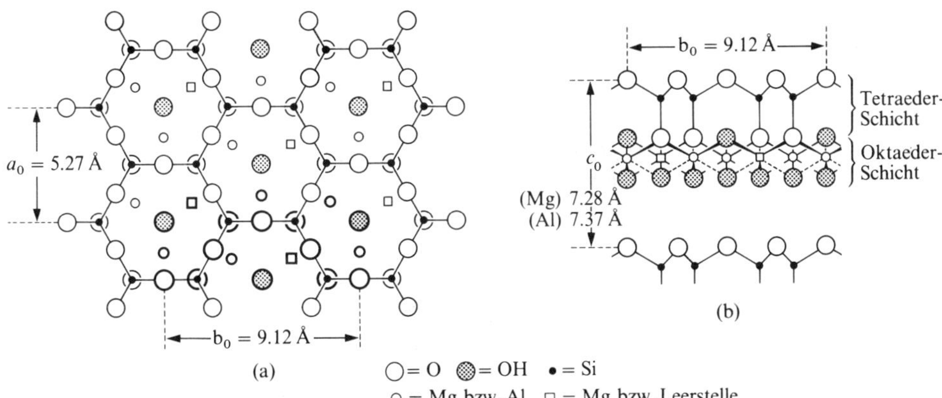

Fig. 203 Strukturen von Serpentin $Mg_3(OH)_4[Si_2O_5]$ und Kaolinit $Al_2(OH)_4[Si_2O_5]$ (schematisch): (a) Projektion in die ab-Ebene (OH-Schicht unterhalb Mg(Al)-Schicht nicht wiedergegeben); (b) Projektion in die bc-Ebene (die Projektion bezieht sich auf die in Fig. (a) durch Fettdruck hervorgehobenen Gruppen).

---

143 Beim Erhitzen auf 1810 °C zerfällt Sillimanit in Korund Al_2O_3 und SiO_2-Glas: $Al_2O_3 \cdot SiO_2 \rightarrow Al_2O_3 + SiO_2$. Das feste Al_2O_3/SiO_2-Gemisch schmilzt dann bei 1860 °C.

144 Von asbestos (griech.) = unauslöschlich, unzerstörbar.

145 Krokydolithasbest wird wegen seiner *blauen* Farbe auch „*Blauasbest*" genannt. Die übrigen Amphibolasbeste sind *weiß* bis *grün* oder *braun* (Eisenoxid-Gehalt!).

erstoffatome der zweidimensional-unendlich miteinander verknüpften SiO_4-Tetraeder einheitlich nach einer Seite (in Fig. 203a) nach unten) ausgerichtet sind. Sie gehören zusammen mit Hydroxidgruppen einer – unterhalb der erwähnten Si_2O_5-Schicht („*Tetraederschicht*") liegenden – „*Oktaederschicht*" an, deren Zentren vollständig mit Magnesium- bzw. zu $\frac{2}{3}$ mit Aluminium-Ionen besetzt sind. Da im ersten Falle pro Si_2O_5-Baueinheit drei, im zweiten Falle zwei [O, OH]-Oktaeder mit Kationen gefüllt sind, spricht man bei Serpentin auch von einem „*trioktaedrischen*", bei Kaolinit von einem „*dioktaedrischen*" Schichtsilicat.

Die einzelnen, übereinander angeordneten Serpentin- bzw. Kaolinitschichten lassen sich (formal) auch als Kondensationsprodukte von Kieselsäureschichten $H_2Si_2O_5$ (tetraedrisch koordiniertes Silicium; vgl. Fig. 195, S. 920) mit $Mg(OH)_2$- bzw. $Al(OH)_3$-Schichten (oktaedrisch koordiniertes Magnesium bzw. Aluminium, vgl. S. 1120 bzw. 1078) beschreiben:

$$3\,Mg(OH)_2 + H_2Si_2O_5 \rightarrow Mg_3(OH)_4[Si_2O_5] + 2\,H_2O,$$

$$2\,Al(OH)_3 + H_2Si_2O_5 \rightarrow Al_2(OH)_4[Si_2O_5] + 2\,H_2O.$$

Da jedoch die Ausdehnung der Oktaederschicht im Falle von $Mg_3(OH)_4[Si_2O_5]$ deutlich größer als jene der Tetraederschicht ist, stabilisieren sich die Serpentinschichten durch Krümmung (um die b-Achse), wobei die $Mg(O,OH)_6$-Schicht „außen", die Si_2O_5-Schicht „innen" liegt (Fig. 204)a). Der „*faserige Serpentin*" („*Chrysotil*") baut sich dementsprechend aus gebündelten, langen, dünnen, innen hohlen Fasern („*Fibrillen*") auf[146], die aus eingerollten $Mg_3(OH)_4[Si_2O_5]$-Schichten bzw. aus ineinander gestellten $Mg_3(OH)_4[Si_2O_5]$-Zylindern bestehen (Fig. 204c). Zum Unterschied hierzu bildet sich im „*blätterigen Serpentin*" („*Antigorit*"; Fe-haltig)[147] eine Halbwellenschichtstruktur aus (Fig. 204b).

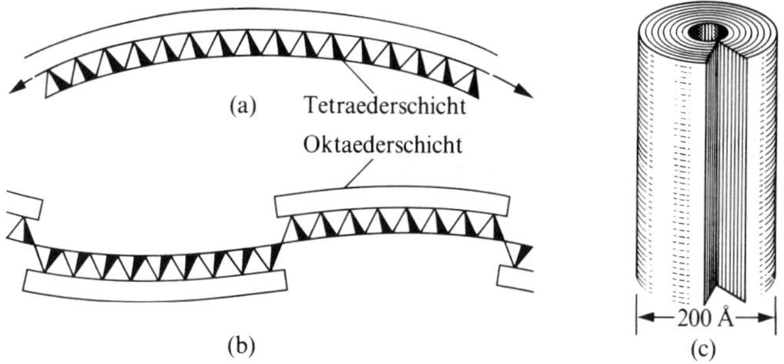

Fig. 204 Serpentinminerale: (a) $Mg_3(OH)_4[Si_2O_5]$-Schicht im faserigen Serpentin (Chrysotil). (b) $Mg_3(OH)_4[Si_2O_5]$-Schicht in blätterigem Serpentin (Antigorit). (c) Bau einer Chrysotilfaser.

Besser als bei den Serpentinmineralen stimmen die Dimensionen der Tetraeder- und Oktaederschicht bei den Kaolinit-Mineralen überein. Dementsprechend bildet der „*Kaolinit*" sechseckige dünne Blättchen[148], die sich aus parallel übereinander angeordneten ebenen $Al_2(OH)_4Si_2O_5]$-Schichten mit der Schichtfolge AAA ... aufbauen (im formelgleichen „*Dikkit*" bzw. „*Nakrit*" beobachtet man andere Schichtfolgen). Wegen der nicht exakt übereinstimmenden Tetraeder- und Oktaederschicht rollen sich jedoch sehr dünne, aus nur wenigen $Al_2(OH)_4[Si_2O_5]$-Schichten aufgebaute Kaolinitblättchen ein, wobei diesmal die weniger ausgedehnte $Al(O,OH)_6$-Schicht „innen", die ausgedehnte Si_2O_5-Schicht „außen" liegt. Das Kaolinitmineral „*Halloysit*" $Al_2(OH)_4[Si_2O_5] \cdot 2\,H_2O$, in welchem die $Al_2(OH)_4[Si_2O_5]$-Schichten durch Wasserschichten voneinander getrennt sind, baut sich sogar wie der faserige

---

146 Der Durchmesser der Fibrillen liegt im Bereich von 150–400 Å, ihre Länge beträgt bis zu 4 cm. Die Chrysotilfibrille gehört zu den feinsten bekannt gewordenen natürlichen Fasern.

147 Man kennt auch einen Nickelantigorit („*Garnierit*") $Ni_3(OH)_4[Si_2O_5]$.

148 Der Durchmesser der Blättchen liegt meist unter 10^{-5} cm, ihre Dicke unter 10^{-6} cm.

Serpentin (s. oben) aus hohlen Fibrillen auf, die aus eingerollten Kaolinitschichten bestehen[149].

Im Sinne von F. Liebau (vgl. S. 932) stellen die Silicatschichten in den Serpentin- und Kaolinitmineralen Zweier-Einfachschichten dar (Polykondensationsprodukte der Zweier-Einfachketten). Weitere Beispiele für Zweier-Einfachschichtsilicate sind u. a. etwa der „*Petalit*" $LiAl[Si_2O_5]_2$ und der „*Sanbornit*" $Ba[Si_2O_5]$. In letzteren beiden Mineralen sind die terminalen Sauerstoffatome der SiO_4-Tetraeder – zur Erzielung einer guten Ladungsverteilung zwischen den Kationen (Li^+, Ba^{2+}, Al^{3+}) und den Silicatschichten – abwechselnd nach beiden Seiten ausgerichtet. Die Schichten sind zudem gefaltet. Die Faltung wird umso stärker, je kleiner und je höher geladen das Kation ist und nimmt etwa in der Reihe $Na_2[Si_2O_5]$, $Li_2[Si_2O_5]$, $Ba[Si_2O_5]$ zu. Die ungefalteten Silicatschichten der Serpentin- und Kaolinitminerale sind durch die Ankondensation der $Mg(OH)_2$- und $Al(OH)_3$-Schichten besonders stabilisiert; die hydratisierten Magnesium- und Aluminium-Ionen wirken gewissermaßen als sehr große Ionen.

Als Beispiele für Vierer-Einfachschichtsilicate seien „*Apophyllit*" $Ca_4K(F)[Si_2O_5]_4$ und *Gillespit* $BaFe[Si_2O_5]_2$ genannt. Zweier-Doppelschichten liegen etwa in synthetischem $Ca_2[SiAlO_4]_4$ und „*Hexacelsian*" $Ba_2[SiAlO_4]_4$ vor.

Gewinnung, Verwendung. Der hitzebeständige, unbrennbare, nur schwer zerreibbare, in feinste geschmeidige Fasern zerlegbare und verspinnbare, säurelabile **Chrysotil** (faseriger Serpentin[150]; Hauptvorkommen des Minerals in Kanada, GUS, Südsimbabwe, Südafrika, USA) wird zum Unterschied von den säurestabilen Amphibolasbesten (S. 933) auch als „*Serpentinasbest*" („*Chrysotilasbest*")[144] bezeichnet. Er dient wie dieser als „*anorganische Faser*"[151] zur Herstellung von Spinn- und Webwaren (für feuerfeste Kleidungsstücke, hitzebeständige Elektroisolierungen, Dichtungen, Seile), von Asbestmappen und -papieren, sowie von Verbundwerkstoffen. In letzteren wird Portlandzement (S. 1146) als anorganisches Bindemittel verwendet („*Asbestzement*", „*Eternit*" für Dachbeläge, Rohre, Wärmeisolierungen) oder Kunstharze sowie Kautschuk als organisches Bindemittel (u. a. für Brems-, Kupplungs- oder Fußbodenbeläge). Auch als Träger für Kontaktsubstanzen wird er genutzt.

Chrysotilasbest (Weltjahresproduktion: Fünf Megatonnenmaßstab) wird meist aus natürlichen Mineralvorkommen gewonnen, läßt sich aber auch künstlich durch mehrstündige Umsetzung eines – durch Fällung von Wasserglas mit Magnesiumchlorid erhältlichen – Polykieselsäure/Magnesiumoxid-Gemischs in Wasser bei 300–350 °C und 90–160 bar[152] herstellen. Beim Erhitzen des Alkali-beständigen, Säurelabilen Chrysotils auf 600 °C bildet sich Forsterit neben SiO_2: $2Mg_3(OH)_4[Si_2O_5] \rightarrow 3Mg_2[SiO_4] + SiO_2 + 4H_2O$. Das Gemisch geht bei 1100 °C in Enstatit über ($Mg_2[SiO_4] + SiO_2 \rightarrow 2Mg[SiO_3]$) und schmilzt bei ca. 1550 °C. Asbeststaub führt ähnlich wie SiO_2-haltiger Staub zur Staublungenerkrankung („*Asbestose*")[120].

Kaolinit (*weiß*, weich, blättchenförmig) ist der wesentliche Bestandteil des „*Kaolins*" (weitverbreitet; Lagerstätten in Deutschland etwa in Bayern und Sachsen; benannt nach der Fundstätte, dem chinesischen Berg „*Kauling*"). Letzterer hat sich durch Kaolinisierung Feldspat- und Glimmer-haltiger Gesteine gebildet und enthält neben Kaolinit in geringen Mengen Feldspäte (S. 939), Glimmer (S. 937) und Quarz (S. 911). Kaolinit wird durch Schlämmung von den anderen, Kaolin ausmachenden Silicaten getrennt und dient als Rohstoff für keramische Materialien (z. B. Porzellan, S. 949), als Füllstoff und Streichpigment in der Papierindustrie und als Ausgangsprodukt für Molekularsiebe (S. 941) sowie Ultramarin (S. 941). Verwendung findet er auch in der Gummi-, Farben- und Kunststoffindustrie (Verbesserung der Abriebfestigkeit von Gummiwaren, Deckkraft von Lacken, Fließeigenschaften von Kunststoffen). Schließlich dient er als Füll- und Trägerstoff[154] für Medikamente, Insektizide, Herbizide, Düngemittel sowie als Adsorptionsmittel („*bolus alba*") zur Darmentgiftung.

Synthetisch kann Kaolinit aus Polykieselsäure und Aluminiumhydroxid unter hydrothermalen Bedingungen (vgl. Chrysotil-Synthese, oben) bei pH-Werten < 7 gewonnen werden. Beim Erhitzen auf 950–1000 °C geht er (über Metakaolinit und Spinellphasen) ($3Al_2(OH)_4[Si_2O_5] \rightarrow [3Al_2O_3 \cdot 2SiO_2]$

---

149 Beim Entwässern bei 60 °C im Vakuum geht Halloysit in die wasserfreie, blättchenförmige Kaolinitform über.

150 Der Serpentin hat seinen Namen von seiner *graugrünen*, schlangenhautartigen Färbung: Serpens (lat.) = Schlange.

151 Zu den **anorganischen Fasern** („*Mineralfasern*", *Chemiefasern*") zählt man kleine *langgestreckte Aggregate gleichgerichteter Moleküle* oder *Kristallite* (Aggregatsquerschnittsfläche < 0.05 mm^2; mindestens 10mal länger als breit), denen *Unbrennbarkeit, geringes Wärmeleitvermögen* und hohe *Temperaturbeständigkeit* zukommen muß, falls sie als Dämmstoffe eingesetzt werden, und hohe *Zugfestigkeit, hohes Elastizitätsmodul, geringe Dichte, geringe Temperaturabhängigkeit der Eigenschaften*, falls man sie als Verstärkungsfasern in einer Verbundmatrix (Füllgrade bis 80 %) nutzt. Anderweitig nicht erreichte Zugfestigkeiten haben insbesondere *einkristalline Fasern* (**„Whiskers"**, von whisker (engl.) = Barthaar). Wichtige anorganische *Naturfasern* stellen die Serpentin- und Amphibolasbeste dar. *Synthetisch* werden Fasern u. a. aus Kohlenstoff, Bor, Siliciumcarbid, Oxiden wie SiO_2, B_2O_3, Al_2O_3, glasig erstarrten Mineralien (Glas-, Stein-, Schlackenfasern) sowie Keramikstoffen hergestellt (siehe bei den betreffenden Stoffen).

152 Auch Eisen-, Nickel- und Cobaltchrysotil $M^{II}_3(OH)_4[Si_2O_5]$ (M = Fe, Ni, Co) sind auf diese Weise synthetisiert worden.

$+ 4SiO_2 + 6H_2O$) in Mullit über, wobei die Größe der gebildeten, verfilzten Mullitnadeln (vgl. Porzellan, S. 949) durch die Größe der Kaolinitkristalle bestimmt wird. Charakteristisch ist die große Neigung des Kaolinits zur Einlagerung („*Intercalation*") chemischer Stoffe wie Harnstoff, Hydrazin, Dimethylsulfamid, Säureamide zwischen die einzelnen Kaolinitschichten.

Weitere wichtige Beispiele für Schichtsilicate sind der **„Talk"** $Mg_3(OH)_2[Si_2O_5]_2$ und der **„Pyrophyllit"** $Al_2(OH)_2[SiO_5]_2$. Die Struktur beider Minerale leitet sich von der des Serpentins bzw. Kaolinits dadurch ab, daß die einzelnen $Mg(O,OH)_6$- bzw. $Al(O,OH)_6$-Oktaederschichten nicht – wie bei letzteren – auf einer Seite, sondern auf beiden Seiten mit Si_2O_5-Tetraederschichten verbunden sind (vgl. Fig. 205)[153]. Die einzelnen übereinander gelagerten Talk- und Pyrophyllitschichten lassen sich hier somit als Kondensationsprodukte von jeweils zwei Kieselsäureschichten $H_2Si_2O_5$ mit einer $Mg(OH)_2$- bzw. $Al(OH)_3$-Schicht beschreiben:

$$H_2Si_2O_5 + 3Mg(OH)_2 + H_2Si_2O_5 \rightarrow Mg_3(OH)_2[Si_2O_5]_2 + 4H_2O,$$

$$H_2Si_2O_5 + 2Al(OH)_3 + H_2Si_2O_5 \rightarrow Al_2(OH)_2[Si_2O_5]_2 + 4H_2O.$$

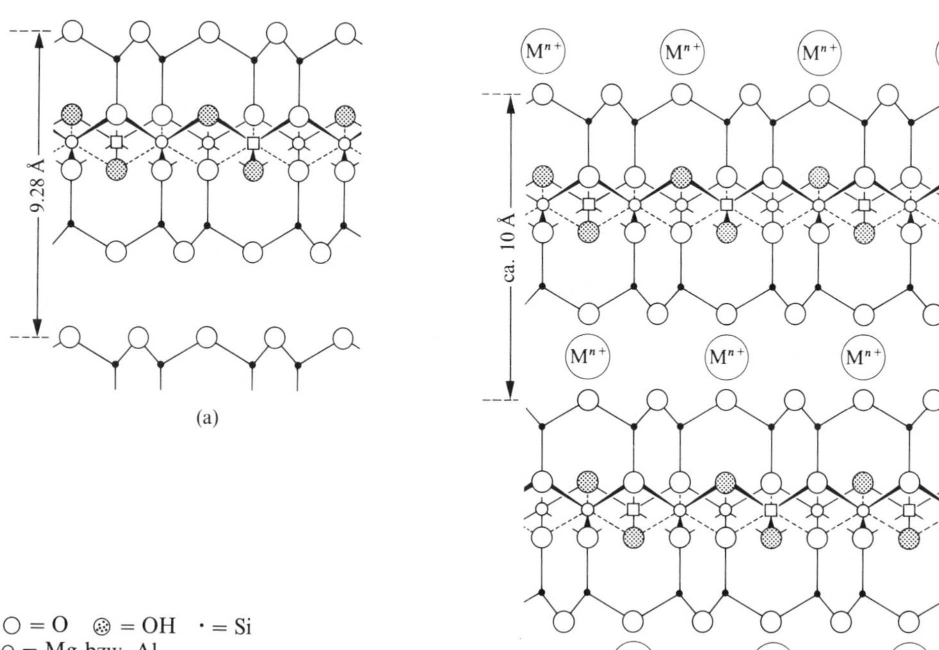

Fig. 205 Strukturprojektionen in die bc-Ebene (vgl. Fig. 203): (a) Talk $Mg_3(OH)_2[Si_2O_5]_2$ und Pyrophyllit $Al_2(OH)_2[Si_2O_5]_2$; (b) Glimmer (schematisch).

Verwendung. **Talk** (weitverbreitet; Lagerstätten in Deutschland z. B. in Thierstein, Schwarzenbach; Weltjahresproduktion: Fünf Megatonnenmaßstab) tritt in blätterigen bis feinschuppigen, breitstengeligen *weißen* und festen Massen auf, die relativ weich sind (Härte nach Mohs[112] = 1) und sich fettig anfühlen („*Speckstein*", „*Steatit*"). Seine für Silicate ungewöhnlich geringe Härte rührt daher, daß die ein-

[153] Im „*Palygorskit*" und „*Sepiolith*" sind die „freien" Sauerstoffatome der Silicatschichten in Bändern abwechselnd nach oben und unten gerichtet und – ähnlich wie in Fig. 200a dargestellt – über Magnesiumhydroxidschichten verknüpft. Es entsteht hierdurch eine Raumnetzstruktur mit kanalartigen Hohlräumen in denen Wasser wie in Zeolithen (S. 939) gebunden vorliegt. Beide Minerale können als Molekularsiebe, als Adsorptionsmittel sowie als Trägermaterial verwendet werden. Als „*Meerschaum*" wird Sepiolith zu Zigarrenspitzen, Pfeifenköpfen und Schmuck verarbeitet.

zelnen Schichten, aus denen er sich aufbaut (s. oben), elektrostatisch abgesättigt und mit benachbarten Doppelschichten nur durch van der Waalssche Kräfte schwach verbunden sind. Die Schichten lassen sich infolgedessen leicht gegeneinander verschieben. Wegen seiner Weichheit und der hiermit verbundenen leichten Bearbeitbarkeit wurde der Talk bereits in der mediterranen Kultur des Altertums als Werkstoff für Gesteinsschnitzereien benutzt. Heute dient er als Füllstoff[154] in Elastomeren, Thermoplasten, Lacken und Anstrichstoffen. Talkmehle werden wegen ihres Adsorptionsvermögens als inerte Substrate für Wirkstoffe (z. B. Pharmazeutika, Fungizide, Pestizide) und als Körperpuder in kosmetischen Präparaten verwendet. Talk ist darüber hinaus ein Rohstoff für Elektrodenkeramik.

Ähnliche Verwendung wie der Talk findet der *silbrig weiße* bis *apfelgrüne*, perlmuttglänzende, sich mild fettig anfühlende, ebenfalls weiche und blätterige **Pyrophyllit** (Fe-haltig). Von Interesse ist seine Verwendung als Futtermaterial für Höchstdruckzellen (z. B. Diamantsynthese).

Eine weitere wichtige Gruppe von Phyllosilicaten bilden schließlich die **„Glimmer"**. Sie gehören wie auch der Sillimanit (S. 932), der Mullit (S. 932), die Feldspäte (S. 939) und die Zeolithe (S. 939) zu den „*Alumosilicaten*" („*Aluminosilicaten*"), worunter man Silicate versteht, in welchen Silicium teilweise durch Aluminium ersetzt ist. Da das Al^{3+}-Ion eine positive Ladung weniger als das Si^{4+}-Ion aufweist, erhöht sich mit jedem an Stelle von Silicium in das Silicat eintretende Aluminium-Ion die negative Ladung des Silicats um eine Einheit, so daß zur Neutralisation zusätzliche Kationen erforderlich sind[155]. Dementsprechend liegen in den Glimmern, die sich vom Talk $Mg_3(OH)_2[Si_4O_{10}]$ und Pyrophyllit $Al_2(OH)_2[Si_4O_{10}]$ durch Ersatz jedes vierten Siliciums in der Silicatschicht durch Aluminium ableiten, Baueinheiten des Typs $Mg_3(OH)_2[AlSi_3O_{10}]^-$ und $Al_2(OH)_2[AlSi_3O_{10}]^-$ vor (OH teilweise durch F, Mg bzw. Al teilweise durch Fe und andere Metalle ersetzt). Die valenzmäßige Absättigung übernehmen hier K^+-, seltener Na^+- und andere Ionen in 12er Koordination zwischen den anionisch geladenen Schichten (vergleiche Fig. 205b). Als Beispiele seien aus der vom Talk abgeleiteten trioktaedrischen Glimmerreihe („*Biotit-Reihe*") insbesondere die Minerale „*Phlogopit*" $K\{Mg_3(OH,F)_2[AlSi_3O_{10}]\}$ und „*Biotit*" $K\{(Mg,Fe,Mn)_3(OH,F)_2[AlSi_3O_{10}]\}$, aus der vom Pyrophyllit abgeleiteten dioktaedrischen Glimmerreihe („*Muskovit-Reihe*") die Minerale „*Paragonit*" $(Na\{Al_2(OH,F)_2[AlSi_3O_{10}]\}$ und „*Muskovit*" („*Moskauer Glas*") $K\{Al_2(OH,F)_2[AlSi_3O_{10}]\}$ genannt.

Besonders feinkristalline Glimmer werden auch als „*Illite*" bezeichnet. Sie bilden in den Böden des gemäßigten Klimabereichs oft den größten Anteil der Tonminerale (s. unten) und sind für die Eigenschaften dieser Böden aufgrund ihres Ionenaustauschvermögens (vgl. Anm.[169], S. 940) von entscheidender Bedeutung. Bei den Illiten ist die Schichtladung häufig etwas niedriger als bei den „normalen" Glimmern (s. weiter unten), entsprechend einer Zusammensetzung $(K,H_3O)_y\{Mg_3(OH)_2[Si_{4-y}Al_yO_{10}]\}$ (dioktaedrisch) und $(K,H_3O)_y\{Al_2(OH)_2[Si_{4-y}Al_yO_{10}]\}$ (trioktadrisch); $y = 0.7–0.9$.

In den Glimmern beträgt die Ladung der Schichten pro Formeleinheit -1. Höhere negative Schichtladungen von annähernd -2 liegen in den sogenannten „*Sprödglimmern*" vor, die sich vom Talk bzw. Pyrophyllit durch Ersatz zweier Siliciumatome durch Aluminiumatome ableiten und deren negative Schichtladungen im wesentlichen durch Ca^{2+}-Ionen kompensiert werden. Beispiele sind „*Xantophyllit*" $Ca\{Mg_3(OH)_2[Al_2Si_2O_{10}]\}$ und „*Margarit*" $Ca\{Al_2(OH)_2[Al_2Si_2O_{10}]\}$. Entsprechend ihrer hohen Zwischenschichtladung sind die Sprödglimmer schlechter spaltbar und weniger geschmeidig als die Glimmer, die ihrerseits wiederum größere Härte und kleinere Spaltneigung als Talk und Pyrophyllit (keine Zwischenschichtladung) zeigen.

---

[154] Die – meist billigen – **anorganischen Füllstoffe** („*Füllmittel*", „*Streckungsmittel*", „*Extender*", „*Verschnittmittel*"; Brechungszahl meist < 1.7) setzt man u. a. Papieren oder Werk-, Kunst-, Lack-, Anstrich-, Klebstoffen zur Volumen- und/oder Gewichtserhöhung sowie zur Produktverbilligung und Eigenschaftsverbesserung (Härte, Festigkeit, Elastizität, Dehnbarkeit, optische Eigenschaften) zu. Sie bilden – anders als *anorganische Pigmente* (Brechungszahl meist > 1.7) – nicht den Minder-, sondern den Hauptbestandteil der betreffenden Produkte. Wichtige *natürliche* und *synthetische* anorganische Füllstoffe (Weltjahresproduktion: Megatonnenmaßstab) sind *Carbonate* (insbesondere Kalk), *Quarz, Silicate* (Talk, Ton, Glimmer, Kieselerde, Aerosole, Glaskörper), *Sulfate* (insbesondere Gips, Schwerspat), *Aluminiumhydroxid, Fasern* (insbesondere Glasfasern), *Ruße* (siehe bei den einzelnen Stoffen).

[155] Beim Ersatz von Silicium durch dreiwertiges Bor (*Borosilicate*) erhöht sich die Ladung ebenfalls um eine Einheit für jedes ausgewechselte Atom, beim Ersatz von Silicium durch zweiwertiges Beryllium (*Beryllosilicate*) jeweils um zwei Einheiten.

Kleinere negative Schichtladungen als Glimmer weisen die glimmerartigen Silicate der „*Vermiculit*"- und der oben erwähnten „*Illit*"-Reihe (Schichtladung ca. -0.9 bis -0.6 pro Formeleinheit) sowie der „*Montmorillonit/Beidellit*-"Reihe (Schichtladung ca. -0.6 bis -0.2 pro Formeleinheit) auf[156]. Die Schichtladungen werden bei ihnen dadurch hervorgerufen, daß entweder die dreiwertigen Al-Ionen auf Oktaederplätzen im Pyrophyllit durch zweiwertige Ionen[157] oder die vierwertigen Siliciumatome auf Tetraederplätzen im Talk oder Pyrophyllit durch dreiwertige Aluminiumatome ersetzt sind. Im ersteren Falle spricht man von einem „*montmorillonitischen*", im letzteren Falle von einem „*beidellitischen Ladungstyp*".

Verwendung. Die Glimmer, die zusammen mit Kaolinit, Serpentin (Antigorit), Talk und Pyrophyllit sowie den glimmerartigen Silicaten (s. oben) zu den **„Tonmineralen"** gezählt werden, sind zu etwa 3.5% am Aufbau der festen Erdkruste beteiligt. Besonders häufig ist **Biotit**, der durchscheinende bis undurchsichtige, *dunkel gefärbte*, metallisch-perlmuttglänzende, gut spaltbare Tafeln bildet. Technische Bedeutung haben insbesondere der **Phlogopit** (Lagerstätten z. B. in Madagaskar, Kanada, GUS) und der **Muskovit** (weit verbreitet; europäische Lagerstätten z. B. in Spanien, Frankreich und Norwegen). Beide Glimmer bilden wie Biotit durchscheinende tafelige, leicht spaltbare Kristalle. Phlogopit ist meist *rotbraun*, gelegentlich *gelbgrün* oder *rot*. Sie werden hauptsächlich als Füllstoffe[154] für Lacke, Farben und Kunststoffe, darüber hinaus als Isoliermaterial verwendet. Reiner „*Fluormuskovit*" $K\{Al_2F_2[AlSi_3O_{10}]\}$ wird synthetisch hergestellt und dient als Elektroisoliermaterial.

Der **Montmorillonit** $Na_{0.33}\{(Al_{1.67}Mg_{0.33})(OH)_2[Si_4O_{10}]\}$ (dioktaedrisch, montmorillonitischer Ladungstyp), das Hauptmineral des „*Bentonits*", stellt neben Kaolinit (S. 933) und Illit (s. oben) einen wichtigen Rohstoff für keramische Materialien[185] dar. Er dient darüber hinaus zur Herstellung von Gießereisanden und Bleicherden[157a], als Zusatz zu Spülmitteln für Erdölbohrungen und in der Eisenerzindustrie zur Pelletierung. Die Zwischenschichtkationen der Minerale der Montmorillonit/Beidellit-Reihe[158] lassen sich ohne weiteres durch andere Kationen austauschen. Auch lagern sich in die Zwischenschichten leicht Wassermoleküle und andere Stoffe unter Vergrößerung des Schichtabstandes ein („*innerkristalline Quellung*"). Dementsprechend findet man in der Natur wasserhaltigen Montmorillonit (ca. $4H_2O$ pro 0.33 Na^+)[158]. Beim Erhitzen auf 100–200°C geben die Minerale das Quellungswasser ab.

Der **Vermiculit** $(Mg(H_2O)_6 \cdot 2H_2O)_{0.33}\{(Mg, Fe^{III}, Al)_3(OH)_2[Al_{1.25}Si_{2.75}O_{10}]\}$ (trioktaedrisch[159], beidellitischer Ladungstyp; Lagerstätten in Südafrika, Montana (USA), Australien, Kenia), ein *bronzefarbenes* bis *farbloses*, gut spaltbares Mineral[160], dient in der Bautechnik zur Wärme- und Schallisolation, in der Verpackungsbranche als stoß- und wärmeschützender, bei Gefäßbruch flüssigkeitsaugender Füllstoff und in der Metallurgie (auf den Metallschmelzen schwimmend) als Wärmeisolator zur Zwischenlagerung der Schmelzen bis zum Gießen. Man verwendet ihn hierbei in der oberflächenreichen, lockeren „*expandierten*" (geblähten) Form, die sich beim kurzzeitigen Erhitzen bis auf 1500°C bildet. Die hierdurch erzielbare 15–30fache Volumenvergrößerung beruht auf der plötzlichen Verdampfung des Zwischenschichtwassers, das nicht schnell genug aus den großen Vermiculit-Kristallblättchen entweichen kann[161].

Farblose „Glimmerblättchen", auf die Titandioxid-Hydrat gefällt wurde, dienen nach einer Hitzebehandlung als *Perlglanz-* bzw. *Interferenzpigmente*[184].

---

156 Ungeladen sind die glimmerartigen Schichten in Talk und Pyrophyllit (s. oben) sowie in den „*Chloriten*", die sich vom Talk und Pyrophyllit dadurch unterscheiden, daß zwischen den Schichten Hydroxidschichten $M(OH)_2$ bzw. $M(OH)_3$ eingeschoben sind.

157 Analoges gilt für den Ersatz zweiwertiger Mg-Ionen auf Oktaederplätzen im Talk durch einwertige Ionen (z. B. Li^+).

157a Der montmorillonithaltige Bentonit läßt sich durch Auslaugen mit Mineralsäuren (HCl, H_2SO_4) in der Wärme „veredeln". Die Bleicherden finden hauptsächlich bei der Raffination von Pflanzenölen und -fetten Verwendung (Aufhellung, Adsorption von Schleimstoffen und Chlorophyll, Zersetzung und Adsorption von Oxidationsprodukten).

158 Zur Montmorillonit/Beidellit-Reihe („*Smectite*") zählen neben dem Montmorillonit z. B. auch:
„*Beidellit*" $(Ca, Na)_{0.3}\{Al_2(OH)_2[Al_{0.5}Si_{3.5}O_{10}]\}$ (dioktaedrisch, beidellitischer Ladungstyp),
„*Nontronit*" $Na_{0.33}\{Fe^{III}_2(OH)_2[Al_{0.33}Si_{3.67}O_{10}]\}$ (dioktaedrisch, beidellitischer Ladungstyp),
„*Saponit*" $(Ca, Na)_{0.33}\{(Mg, Fe^{II})_3(OH)_2[Al_{0.33}Si_{3.67}O_{10}]\}$ (trioktaedrisch, beidellitischer Ladungstyp),
„*Hectorit*" $Na_{0.33}\{(Mg, Li)_3(OH, F)_2[Si_4O_{10}]\}$ (trioktaedrisch, montmorillonitischer Ladungstyp).
Die Minerale liegen in der Natur hydratisiert vor.

159 Man kennt auch einen – technisch bedeutungslosen – dioktaedrischen Vermiculit.

160 Vermiculit bildet sich durch hydrothermale Umbildung oder durch Verwitterung aus Biotit bzw. Phlogopit auf dem Wege über sogenannte „*Hydroglimmer*" (Hydrobiotit bzw. -phlogopit). Analog entsteht Illit über Hydromuskovit aus Muskovit.

161 Dem Aufblähen zu wurmartigen Gebilden verdankt das Mineral seinen Namen.

Gerüstsilicate („Tectosilicate")

Ähnlich wie im Falle der band- und schichtartigen Silicate (S. 931 und 933) können die vierwertigen Siliciumatome auch im Falle der Raumnetzstruktur des Siliciumdioxids teilweise (bis zu 50 Atom-%) durch dreiwertige Aluminiumatome ersetzt werden („*Gerüst*", „*Tectosilicate*")[162], und auch hier ist der Einbau jedes Aluminiumatoms mit dem Auftreten einer negativen Ladung verknüpft. Zur Ladungsneutralisation sind dementsprechend Kationen erforderlich, die geeignete Hohlräume der betreffenden *Alumosilicate* (*Aluminosilicate*) besetzen. So ist zum Beispiel in den **„Feldspäten"** $K[AlSi_3O_8]$ („*Kalifeldspat*", „*Orthoklas*"[163], „*Mikroklin*", „*Sanidin*" „*Adular*"), $Na[AlSi_3O_8]$ („*Natronfeldspat*", „*Albit*") sowie $Ca[Al_2Si_2O_8]$ („*Kalkfeldspat*", „*Anorthit*"[163]) jedes vierte bzw. jedes zweite Siliciumatom und im feldspatartigen Alumosilicat „*Nephelin*" $Na[AlSiO_4]$ sowie „*Leucit*" $K[AlSi_2O_6]$ jedes zweite bzw. jedes dritte Siliciumatom durch Aluminium ersetzt.

Die glasklar *farblosen* bis *mattgrauen* Feldspäte, die durch Einschlüsse z. T. *grün, rot, braun* usw. gefärbt sein können, sind mit ca. 60–64 Gew.-% am Aufbau der festen Erdkruste beteiligt und stellen deshalb eine besonders wichtige Mineralgruppe dar (ca. 40 % der Erdkruste besteht als Albit/Anorthit-Mischkristallen, den sogenannten „*Plagioklasen*"). Als wichtiger Gemengebestandteil finden sie sich insbesondere im Granit (grobkörnig, gesprenkelt) neben Quarz und Glimmer sowie im Basalt (feinkörnig, dunkel) neben Pyroxenen und anderen Silicaten. Den – auch synthetisch zugänglichen – Feldspäten liegt ein dreidimensional unendliches Gerüst eckenverknüpfter $[(Al,Si)O_4]$-Tetraeder zugrunde, näherungsweise vergleichbar mit dem des Coesits SiO_2 (S. 911)[164]. Charakteristische Strukturuntereinheiten sind Ringe aus vier derartigen Tetraedern, welche über gemeinsame Sauerstoffatome zu – ihrerseits verbundenen – Zickzackbändern verknüpft sind.

Verwendung. **Natron-**, **Kali-** und **Kalkfeldspat** (europäische Lagerstätten in der BRD, Norwegen, Italien, Frankreich) finden hauptsächlich als Rohstoff in der Glas- und Keramikindustrie Verwendung. Darüber hinaus dienen sie als milde Schleifmittel, als Füllstoffe für Lacke, Farben, Kleber, Gummi, Kunststoffe, als Straßenschotter, als reflektierende Körnung in der Straßendecke usw. **Nephelin** (weit verbreitet; wichtige Lagerstätten in Kanada, Norwegen, GUS) und **Leucit** (Lagerstätten u. a. in USA und Italien) werden als Rohstoffe zur Glas- und Keramikherstellung genutzt.

Eine andere wichtige Gruppe der Gerüstsilicate sind die – auf der Erde weit verbreiteten, meist *farblosen* – **„Zeolithe"**[165] wie etwa „*Faujasit*" $(Na_2Ca[Al_2Si_4O_{12}]_2 \cdot 16H_2O$, „*Chabasit*" $Ca[Al_2Si_4O_{12}] \cdot 6H_2O$, „*Mordenit*" $Na_2[Al_2Si_{10}O_{24}] \cdot 7H_2O$ und „*Natrolith*" $Na_2[Al_2Si_3O_{10}] \cdot 2H_2O$, in welchen das *Verhältnis von Silicium zu Aluminium* 2, 2.5 bzw. 1.5 beträgt[166]. In ihnen liegen Polyeder, Schichten oder Ketten aus eckenverknüpften $[(Al,Si)O_4]$-Tetraedern vor, die zu einem porenreichen, von langen Kanälen durchzo-

---

[162] Sind alle Siliciumatome in $[SiO_2]_x$ durch Aluminiumatome ersetzt, so liegt das hochpolymere Anion $[AlO_2^-]_x$ der wasserfreien *Aluminate* vor (S. 1082). In gleicher Weise entsprechen die verschiedenen Kieselsäuren $Si(OH)_4$, $(HO)_3Si{-}O{-}Si(OH)_3$ usw. wasserhaltigen Aluminaten des Typs $[Al(OH)_4]^-$, $[(HO)_3Al{-}O{-}Al(OH_3]^{2-}$ usw. (S. 1082). Die Siliciumatome in $[SiO_2]_x$ lassen sich auch gegen andere Atome als Al austauschen. So bildet z. B. „*Borphosphat*" BPO_4 sowohl eine Quarz- als auch eine Tridymit- und Cristobalitstruktur, in welchen die Si-Atome des SiO_2 alternierend durch B- und P-Atome ersetzt sind (S. 1040).

[163] Der Orthoklas spaltet senkrecht zu einer Kristallfläche, der Anorthit schräg dazu: orthos (griech.) = aufrecht, klasma (griech.) = Bruchstück, an (griech.) = Verneinung.

[164] Ähnlich wie Coesit verwandelt sich der Kalifeldspat unter Druck bei hohen Temperaturen (120000 bar, 900 °C) in eine Form mit $[(Al,Si)O_6]$-Oktaedern statt $[(Al,Si)O_4]$-Tetraedern.

[165] **Literatur.** L. Puppe: „*Zeolithe – Eigenschaften und technische Anwendungen*", Chemie in unserer Zeit, **20** (1986) 117–127; J. M. Thomas: „*New Light on the Structure of Alumosilicate Catalysts*", Progr. Inorg. Chem. **35** (1987) 1–49; W. Höldrich, M. Hesse, F. Naumann: „*Zeolithe: Katalysatoren für die Synthese organischer Verbindungen*", Angew. Chem. **100** (1988) 232–251; Int. Ed. **27** (1988) 226; K. Seff: „*Structural Chemistry inside Zeolithe A*", Acc. Chem. Res. **9** (1976) 121–128; C. K. Hersh: „*Molecular Sieves*", Reinhold, New York 1961; D. W. Breck: „*Zeolithe Molecular Sieves: Structure, Chemistry and Use*", Wiley, New York 1974; R. M. Barrer: „*Zeolithes and Clay Minerals as Sorbents and Molecular Sieves*", Acad. Press, London 1978; ULLMANN (5. Aufl.): „*Zeolites*", **A 28** (1995).

[166] In der *Natur* kommen etwa 40 verschiedene Zeolith-Typen vor. Darüber hinaus kennt man noch etwa 100 *künstlich gewonnene* Zeolith-Formen der allgemeinen Formel $(M^+,M^{2+}_{0.5})_x[AlO_2)_x(SiO_2)_y] \cdot zH_2O$ (M^+,M^{2+} = Alkali-, Erdalkali-Ion). Sie unterscheiden sich im Si/Al-Verhältnis, das von 1 in Zeolith A $Na_{12}[(AlO_2)_{12}(SiO_2)_{12}] \cdot 27H_2O$ über 1.2 bis 3 in Zeolithen X bzw. Y (z. B. $Na_{43}[(AlO_2)_{43}(SiO_2)_{53}] \cdot 132H_2O$ bzw. $Na_{28}[(AlO_2)_{28}(SiO_2)_{68}] \cdot 125H_2O$), um 5 in künstlichen Mordeniten (z. B. $Na_{8.7}[(AlO_2)_{8.7}(SiO_2)_{39.3}] \cdot 24H_2O$), 10–100 in Zeolithen der Reihe **Z**eolithe **S**econes **M**obile (*ZMS*) (z. B. ZMS-5 $(Na_{0.3}H_{3.8})[(AlO_2)_{4.1}(SiO_2)_{136}] \cdot 250H_2O$) bis ∞ in Silicalit SiO_2 reicht. Mit dem Si/Al-Verhältnis steigt die Thermo- und Säurestabilität an.

genen, anionischen Raumnetzwerk verbunden sind. Im Inneren der Poren und Kanäle befinden sich die Wassermoleküle[167] sowie die *Kationen* (Alkali-, Erdalkali- bzw. andere Ionen). Ähnliche Silicatgerüste wie den Zeolithen liegen einer Reihe von Alumosilicaten zugrunde, deren Hohlräume aber zum Unterschied von ersteren zusätzlich mit Anionen besetzt sind. Als Beispiele seien die „**Ultramarine**"[167a] wie etwa der natürlich vorkommende *blaue „Lasurit"* („*Lapis lazuli*"; „*Lasurstein*") $Na_4[Al_3Si_3O_{12}]S_n$ genannt (enthält *blaue* S_3^--Ionen, S. 555) und der hiermit verwandte „*Sodalith*" $Na_4[Al_3Si_3O_{12}]Cl$ (enthält Cl^--Ionen).

Im Faujasit sind die $[(Al,Si)O_4]$-Tetraeder in der Weise miteinander verknüpft, daß die Silicium- bzw. Aluminiumatome die Ecken eines Kuboktaeders („*β-Käfige*"; genauer: abgestumpfter Oktaeder) einnehmen (vgl. Fig. 206; Fettdruck). Die Kuboktaeder sind ihrerseits in der in Fig. 206b veranschaulichten Weise mit den sechseckigen Flächen über hexagonale Prismen miteinander verbunden und umschließen große, durch weite Kanäle („*Fenster*") erreichbare Hohlräume („*α-Käfige*"). In einem anderen, künstlich gewonnenen Zeolith (Zeolith A, s. unten) sind die Kuboktaeder mit den quadratischen Flächen über Würfel verknüpft (Fig. 206a) und umschließen kleine Hohlräume. Bei den *Ultramarinen* baut sich das Alumosilicatgerüst aus Kuboktaeder-Baueinheiten auf (vgl. Fig. 206, Fettdruck), die nach den drei Raumrichtungen aneinander gereiht sind, wobei die quadratischen Flächen jeweils zwei Käfigen gemeinsam angehören.

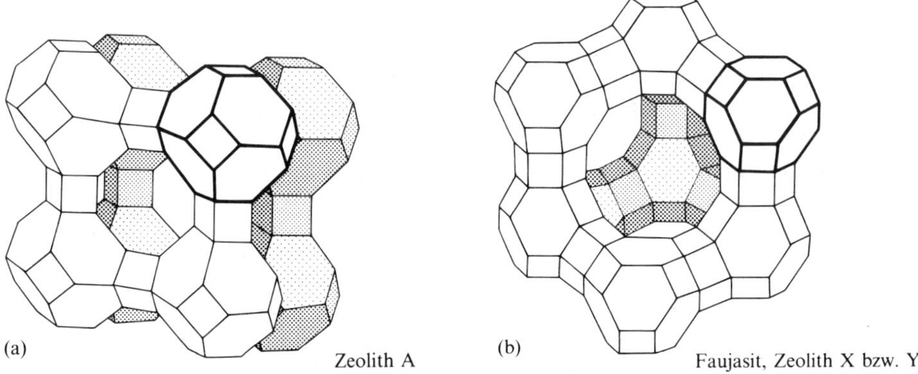

Fig. 206 Ausschnitte aus der Struktur von Zeolith, A, X bzw. Y sowie Faujasit (wiedergegeben sind Verbindungslinien der Silicium(Aluminium)-Atome der eckenverknüpften $[(Al,Si)O_4]$-Tetraeder.

Verwendung und Gewinnung. „**Zeolithe**" (Weltjahresproduktion insgesamt: Megatonnenmaßstab), die bei hohen Temperaturen „getrocknet" wurden, nehmen begierig *Wasser*, aber auch *kleine Moleküle* wie CO_2 oder H_2O auf und eignen sich demgemäß als **Adsorptionsmittel** (*Trockenmittel* für Erdgase, Luft, Lösungsmittel, Innenräume von Doppelfenstern; *Reinigungsmittel* für die Abtrennung unerwünschte Gasbestandteile). Ein weiteres charakteristisches Merkmal der Zeolithe ist ihre *Austauschfähigkeit* gebundener *Ionen* gegen andere Ionen, was ihren Einsatz als **Ionenaustauscher** ermöglicht. So besitzen etwa *Alkalimetallzeolithe* („*Zeolith A*", „*Permutite*", *Sasil*")[168] *wasserenthärtende Wirkung*:

$$Na_2[Al_2Si_4O_{12}] \cdot nH_2O + Ca^{2+} \rightleftarrows Ca[Al_2Si_4O_{12}] \cdot nH_2O + 2Na^+$$

(Austausch der Natrium- gegen Calcium-Ionen des Wassers[169]; Regenerierung der Austauscher durch Behandlung mit NaCl-Lösung). Sie werden z. B. in Waschmitteln genutzt (50 %iger Ersatz des Phosphats, vgl. S. 781).

---

[167] Die *Zeolithe* (= Siedesteine) tragen den Namen daher, daß diese beim Erhitzen das „zeolithisch" gebundene Wasser ohne Zerfall des Alumosilicatgerüsts abgeben und daher wie siedende Steine aussehen: zeo (griech.) = ich siede; lithos (griech.) = Stein.

[167a] Der Name Ultramarin rührt von seinem überseeischen Fundort: ultra (lat.) = jenseits; mare (lat.) = Meer.

[168] Von permutare (lat.) = austauschen sowie von *S*odium-*A*luminium-*Sil*icate.

[169] In analoger Weise wird das Adsorptionsvermögen des Ackerbodens für Kalium- und Ammoniumsalze, das für die Düngung von großer Bedeutung ist, dadurch bedingt, daß die im Boden vorhandenen Tonminerale Calcium gegen Kalium und Ammonium auszutauschen vermögen, so daß statt der wertvollen Kalium- und Ammoniumsalze die beim Austausch freiwerdende Calcium-Verbindung durch den Regen ausgewaschen wird.

Eine weitere Verwendungsmöglichkeit der Zeolithe betrifft Trennprozesse. So enthalten entwässerte Zeolithe Hohlräume bestimmten Durchmessers mit Zugangsöffnungen ebenfalls definierten Durchmessers, durch die Moleküle *passender Größe* und *Gestalt* eindringen können, um dann in den Hohlräumen durch elektrostatische oder van der Waalssche Kräfte festgehalten zu werden, während *sperrige* Moleküle nicht einzutreten vermögen und *kleinere* Moleküle zwar leicht eindringen, aber ebenso leicht wieder entschlüpfen können. Auf diese Weise lassen sich Zeolithe als **Molekularsiebe** zur *Trennung von Molekülen* verschiedener Größe und Gestalt einsetzen, also z. B. zur Trennung von geradkettigen Aliphaten (adsorbierbar in Ca^{2+}-ausgetauschtem Zeolith A) von verzweigtkettigen Aliphaten oder von Aromaten (nicht adsorbierbar)[170]. Auch ist es durch mehrstufige Luftbelastungs-Desorptions-Zyklen möglich, sauerstoffangereicherte Luft für Kläranlagen oder für Stahlwerke herzustellen (N_2 wird in Ca^{2+}-ausgetauschtem Zeolith A oder X stärker als O_2 festgehalten). Selbst die Trennung von H_2, HD und D_2 sowie von o- und p-H_2 hat man mit Hilfe geeigneter Molekularsiebe erreicht. Das Adsorptionsvermögen der erwähnten Zeolithe für Moleküle nimmt in der Reihe $H_2O > NH_3 > CH_3OH > CH_3SH > H_2S > CO_2 > N_2 > CH_4$ ab.

In einer Reihe von Fällen werden die in Zeolith-Hohlräume eingedrungenen Moleküle an anwesenden Zeolith-Kationen zudem verändert. Eine derartige Wirkung der Zeolithe als **Katalysatoren** nutzt man etwa zur *Isomerisierung unverzweigter* in verzweigte Aliphaten für Treibstoffzwecke (Pd- bzw. Pt-haltiger Zeolith Y), zum *Cracken* oder *Hydrocracken* (in H_2-Anwesenheit) von Erdöldestillaten für die Treibstoffherstellung (Lanthanoid-haltige Zeolithe X oder Y, die gegebenenfalls auch Pd oder Pt enthalten), zur *Umwandlung* von Methanol in Kohlenwasserstoffe oder von Benzol in Ethylbenzol bzw. Toluol in p-Xylol (Zeolithe der ZSM-Reihe).

Die in Laboratorium und Technik genutzten Zeolithe werden in der Praxis hauptsächlich *synthetisch* gewonnen. So entsteht beispielsweise der „*Zeolith A*" aus Wasserglas, Aluminat und Natriumhydroxid in Wasser (eingesetzt im geeigneten Molverhältnis) durch Kristallisation des zunächst aus der Lösung fallenden Al-haltigen Kieselsäuregels bei 70–100 °C. In analoger Weise erhält man die *Zeolithe* X, Y, ZSM-5 sowie synthetische Mordenite[166, 171]. Die Na-Ionen der Na^+-haltigen Zeolithe lassen sich nachträglich durch andere Ionen wie K-, NH_4-, Ca-, Lanthanoid-, Ni-, Co-, Pt-, Pd-Ionen austauschen. Die als Pulver (Kristalldurchmesser ca. 1000 Å) anfallenden künstlichen Zeolithe werden nach Zusatz von Bindemitteln (Kaolin, Montmorillonit) in Granulate verwandelt und anschließend im Luftstrom bei Temperaturen bis zu 500 °C getrocknet. Die Zeolithe A, X und Y haben die in Fig. 206 wiedergegebenen Strukturen (A: Porenöffnung 4.1 Å, Volumen der Poren: 151 $Å^3$; X bzw. Y: Porenöffnung: 7.4 Å, Volumen der Poren: 775 $Å^3$), die Zeolithe der ZSM-Reihe eine komplizierte, durch sich kreuzende Kanalsysteme ausgezeichnete Struktur wie Silicalit[171] (Porendurchmesser 6 Å).

Die **Ultramarine** $Na_{4-x}[Al_{3-x}Si_{3+x}O_{12}]S_n$ („Na-reich" im Falle $x = 0$, „Si-reich" im Falle $x > 0$) enthalten – in Zeolith-Hohlräumen eingelagert – u. a. *gelbgrünes* S_2^-, *blaues* S_3^-, *rotes* S_4^- (vgl. S. 555) bzw. Gemische dieser Sulfid(1 –)-Ionen und sind je nach Zusammensetzung *blau, grün, rot* oder *violett*. Sie dienen als *physiologisch unbedenkliche* **Buntpigmente** in der Kunststoff-, Lack-, Farben-, Leder-, Papier-, Textil- und Kosmetik-Industrie in Form von „Wäscheblau" als Komplementärfarbe zum verbliebenen gelblichen Ton der Wäsche). Zur *Herstellung* von blauem Ultramarin wird feinteiliger *Metakaolinit* (= bei 500–600 °C entwässerter Kaolinit) zusammen mit wasserfreier Soda, eisenfreiem Quarzmehl, Schwefel und Holzkohle mehrere Tage auf 750–800 °C erhitzt, wobei *farbloses Ultramarin* $Na_3[Al_3Si_3O_{12}] \cdot \frac{1}{2}Na_2S_m$ entsteht, der durch vieltägige Oxidation des Polysulfids(2 –) mit Luft zu Schwefeldioxid und Trisulfid(1 –) in *Ultramarin-Blau* $Na_4[Al_3Si_3O_{12}]S_3$ übergeht. In ähnlicher Weise erhält man *Ultramarin-Grün*, *-Rot* und *-Violett*.

2.6.5 Technische Silicate[136, 172]

Nachfolgend werden Alkalisilicate, Gläser sowie Tonwaren besprochen, die als *technische Silicate* in großem Umfange synthetisiert werden. Bezüglich der ebenfalls synthetisch gewonnenen **Zeolithe** s. oben, bezüglich **Zement** S. 1146.

---

[170] Von anderen Adsorptionsmitteln unterscheiden sich die zeolithischen Molekularsiebe wesentlich durch ihre gleichmäßige Porenstruktur.

[171] Auch ein praktisch aluminiumfreies Molekularsieb der Zusammensetzung SiO_2 („*Silicalit*"; Struktur analog ZSM[166]) ist bekannt und läßt sich hydrothermal aus Tetrapropylammoniumsilicaten herstellen. Ähnliche Gashydratstruktur wie die SiO_2-Modifikation *Melanophlogit* (S. 914) mit großen polyedrischen Hohlräumen haben auch die „*Clathrasile*" sowie „*Dodecasile*".

[172] **Literatur.** Gläser, Glasfasern. G. H. Frischat: „*Glas – Strukturen und Eigenschaften*", Chemie in unserer Zeit **11** (1977) 65–74; H. Scholze: „*Glas, Natur, Struktur und Eigenschaften*", Springer-Verlag (2. Aufl.), Berlin 1977; A. Paul: „*Chemistry of Glasses*", Chapman and Hall, London 1982; H. Rawson: „*The Properties and Application of Glass*", Elsevier, Amsterdam 1981; P. Phillips: „*The Encyclopedia of Glass*", Crown, New York 1981; G. Nölle: „*Technik der Glasherstellung*", Harri Deutsch Verlag, Frankfurt 1979; ULLMANN (5. Aufl.): „*Glass*", **A 12** (1989) 365–432; J. G. Mohr, W. P. Rowe: „*Fiberglass*", Van Nostrand, New York 1978; K. A. F. Schmidt: „*Textilglas für*

Alkalisilicate

Reine Alkalisilicate der Formel M_4SiO_4, M_2SiO_3, $M_2Si_2O_5$ und $M_2Si_4O_9$ lassen sich durch Zusammenschmelzen von reinem Quarzsand und Alkalicarbonat bei etwa 1300 °C im Molverhältnis 1 : 2, 1 : 1, 2 : 1 und 4 : 1 darstellen:

$$SiO_2 + 2M_2CO_3 \rightarrow M_4SiO_4 + 2CO_2, \quad 2SiO_2 + M_2CO_3 \rightarrow M_2Si_2O_5 + CO_2,$$
$$SiO_2 + M_2CO_3 \rightarrow M_2SiO_3 + CO_2, \quad 4SiO_2 + M_2CO_3 \rightarrow M_2Si_4O_9 + CO_2.$$

Die beim Erstarren der Schmelze zunächst glasig anfallenden Produkte können durch längeres Tempern unterhalb ihres Schmelzpunktes zur Kristallisation gebracht werden[173)].

Auf die besprochene Weise entstehen etwa die Inselsilicate Li_4SiO_4 und Na_4SiO_4 (Smp. 1018 °C), die Kettensilicate Li_2SiO_3, Na_2SiO_3 (Smp. 1089 °C) und K_2SiO_3 (Smp. 976 °C), die Schichtsilicate $Li_2Si_2O_5$, $Na_2Si_2O_5$ (Smp. 874 °C) und $K_2Si_2O_5$ (Smp. 1045 °C) sowie das (strukturell noch ungeklärte) Polysilicat $K_2Si_4O_9$.

In der Technik werden Natrium- und Kaliumsilicate der Zusammensetzung $M_2O \cdot nSiO_2$ (n ca. 1, 2, 3 und 4) in Form klarer, glasiger (s. unten), durch Eisen-Verunreinigungen mehr oder minder blau, grün, gelb oder braun gefärbter Brocken erhalten (Weltjahresproduktion: Megatonnenmaßstab). Man bezeichnet sie wegen ihrer Wasserlöslichkeit als **„Wassergläser“**. In den Handel kommen praktisch ausschließlich *„flüssige Wassergläser“* (*„Flüssiggläser“*), die durch Auflösen der *„festen Wassergläser“* (*„Festgläser“*) in überhitztem Wasser (z. B. 150 °C bei 5 bar Druck) gewonnen werden[174)].

Eigenschaften. Die Wassergläser reagieren infolge teilweiser Hydrolyse der Alkalisilicate alkalisch (silicatreiche Wassergläser) bis sehr alkalisch (silicatarme Wassergläser). Sie enthalten neben Alkali- und Hydroxid-Ionen Monosilicat-Ionen $HSiO_4^{3-}$, $H_2SiO_4^{2-}$ und $H_3SiO_4^-$ sowie cyclische und raumvernetzte Polysilicat-Ionen. Hierbei wächst der Monosilicatanteil mit zunehmender Alkalität und Verdünnung der Lösung. Aus den silicatarmen Wasserglaslösungen lassen sich unter geeigneten Bedingungen Hydrate von Na_3HSiO_4, $Na_2H_2SiO_4$ und NaH_3SiO_4 auskristallisieren (im Handel sind das sogenannte *„Sesquisilicat“* $Na_3HSiO_4 \cdot 5H_2O$ und die sogenannten *„Metasilicate“* $Na_2H_2SiO_4 \cdot 5H_2O$ (Smp. 72 °C) und $Na_2H_2SiO_4 \cdot 8H_2O$ (Smp. 47 °C)).

Verwendung. Die **silicatreichen** Wassergläser stellen einen „mineralischen Leim“ dar und dienen – insbesondere in Form von Natriumwasserglas – zum Verkitten von Glas- und Porzellanbruchstücken, zum Imprägnieren und Leimen von Papier, zum Beschweren von Seide, zum Strecken von Seife, zum Konservieren von Eiern, als Flammschutzmittel für Holz und Gewebe usw. Darüber hinaus werden sie zu Kieselsolen (S. 925), Kieselgelen (S. 925) und Zeolithen (S. 939) verarbeitet. Silicatreiches Kaliumglas wird überwiegend als Bindemittel für Fernsehröhren-Leuchtstoffe, Mineralfarben, Anstrichmittel, Putzmittel sowie zur Herstellung von Schweißelektrodenüberzügen benutzt. Die **silicatarmen** Wassergläser dienen zur Herstellung von Wasch- und Reinigungsmitteln (z. B. für Geschirrspülmaschinen).

Gläser[172)]

Unter einem **„Glas“** im weiteren Sinne versteht man ganz allgemein eine amorphe, d.h. ohne Kristallisation erstarrte (metastabile), beim Erwärmen nur allmählich erweichende

---

die Kunststoffverstärkung“, Zechner und Hüthig, Speyer 1972. Glaskeramik, Cermets. P. W. McMillan: *„Glass-Ceramics“*, Acad. Press, New York 1979; Ullmann (5. Aufl.): *„Glass Ceramics“*, **A 12** (1989) 433–448; *„Ceramic Metal Systems“*, *„Electronic Cereals and Cereal“*, *„Cereal and Cereal Products“*, **A6** (1986) 55–78, 79–92, 93–137; A. M. Dietzel: *„Emaillierung“*, Springer-Verlag, Berlin 1981. Keramik. F. Aldinger, H.-J. Kalz: *„Die Bedeutung der Chemie für die Entwicklung von Hochleistungskeramiken“*, Angew. Chem. **99** (1987) 381–391, Int. Ed. **26** (1987) 371; Ullmann (5. Aufl.): *„Ceramics General Survey“*, *„Advanced Structural Products“* **A6** (1986) 1–42, 43–53; *„Construction Ceramics“* **A7** (1986) 425–460; *„Ferroelectrics“*, **A 10** (1987) 309–321; *„Magnetic Materials“*, **A 16** (1990) 1–51; W. D. Kingery, H. K. Bowen, D. R. Uhlmann: *„Introduction to Ceramics“*, Wiley (2. Aufl.), New York 1976; H. Salmang, H. Scholze: *„Die physikalischen und chemischen Grundlagen der Keramik“*, Springer-Verlag (5. Aufl.) Berlin 1968; Handbuch der Keramik: „Kapitel über Tonkeramik, Oxidkeramik, Nichtoxidkeramik“, Verlag Schmid GmbH, Freiburg; B. Cockayne, D. W. Jones (Hrsg.): *„Modern Oxid Materials“*, Acad. Press, London 1972.

173 In analoger Weise lassen sich Erdalkalisilicate synthetisieren (vgl. z. B. S. 933, 935, 1146)

174 Am verbreitetsten in Deutschland ist flüssiges Natronwasserglas mit einem Molverhältnis $Na_2O : SiO_2 = 1 : 3.4$ bis 3.5.

unterkühlte Schmelze („*eingefrorene Flüssigkeit*"), deren Atome zwar eine Nahordnung, aber keine gerichtete Fernordnung besitzen (Fig. 207a, b; S. 944). Zu ihrer Bildung kommt es in der Regel dann, wenn die Geschwindigkeit der „*Kristallkeimbildung*" (= Bildung eines aus wenigen Formeleinheiten bestehenden Kristalliten, vgl. S. 1078) und/oder des „*Kristallwachstums*" (= Längenzuwachs eines Kristalls pro Zeiteinheit) in einer Schmelze unterhalb ihres Schmelzpunktes klein ist, verglichen mit der Abkühlgeschwindigkeit des geschmolzenen Stoffes. Häufig bestimmt die Kristallwachstumsgeschwindigkeit überwiegend die Glasbildung[175]. Sie ist beim Schmelzpunkt extrem klein, wächst mit zunehmender Unterkühlung der Schmelze und nimmt nach Durchlaufen eines Maximums bei weiterer Temperaturerniedrigung bis zu unmeßbaren kleinen Werten ab[176]. Naturgemäß muß zur erfolgreichen Überführung einer Schmelze in den Glaszustand der Temperaturbereich der endlich großen Kristallwachstumsgeschwindigkeit rasch durchschritten werden.

Da es sich beim glasigen Zustand nur um einen metastabilen Zustand handelt, der in den beständigen (energieärmeren) kristallinen Zustand überzugehen sucht, „*entglasen*" (kristallisieren) Gläser bei längerem Erwärmen („*Tempern*") auf Temperaturen unterhalb ihres Erweichungspunktes – bisweilen auch beim langen Stehen bei Raumtemperatur – unter Trübung.

Die maximalen Kristallwachstumsgeschwindigkeiten können sehr unterschiedlich sein. Sie liegen im Falle technischer Gläser, die durch einfaches Erstarrenlassen geeigneter Glasschmelzen gewonnen werden, in der Regel deutlich unter 10 µm pro Minute[177]. Derart geringe maximale Kristallwachstumsgeschwindigkeiten weisen z. B. saure Oxide der Zusammensetzung $\mathbf{A_2O_3}$ (z. B. B_2O_3, Al_2O_3, As_2O_3, Sb_2O_3), $\mathbf{AO_2}$ (z. B. SiO_2[178], GeO_2) und $\mathbf{A_2O_5}$ (z. B. P_2O_5, As_2O_5) auf, nicht dagegen Verbindungen der Formel AO, AO_3, AO_4 und AO_5, technische Bedeutung hat nur das auf S. 916 besprochene SiO_2-Glas („*Quarzglas*").

Nach W. H. Zachariasen bilden Oxide A_mO_n dann leicht Gläser, wenn die in A_mO_n vorliegenden $[AO_p]$-Koordinationspolyeder ($p < 6$) nur über Ecken – und zwar mindestens 3 – miteinander verknüpft sind, und Sauerstoff an nicht mehr als zwei A-Atome gebunden ist.

Die Eigenschaft, aus dem Schmelzfluß glasig-amorph zu erstarren, zeigen darüber hinaus die in Schmelzen gebildeten Produkte saurer Oxide wie Siliciumdioxide, Bortrioxid, Aluminiumtrioxid oder Phosphorpentaoxid, die ein dreidimensionales Netzwerk ausbilden („*Netzwerkbildner*"), mit basischen Oxiden wie Natrium-, Kalium-, Magnesium-, Calcium-, Blei(II)- oder Zinkoxid. Derartige erstarrte Schmelzmischprodukte nennt man auch Glas im engeren Sinne[179]. Der Hauptbestandteil eines solchen Glases ist in der Regel Siliciumdioxid, das wie im Quarzglas (Fig. 207b) ein ungeordnetes dreidimensionales Netzwerk eckenverknüpfter $[SiO_4]$-Tetraeder bildet und dessen Disiloxanbrücken SiOSi durch Anlagerung der von den basischen Oxiden gelieferten Oxid-Ionen O^{2-} teilweise gespalten („getrennt") sind: $\geqslant$Si—O—Si$\leqslant$ + O^{2-} → $\geqslant$Si—O^- + $^-$O—Si$\leqslant$. Man nennt daher die erwähnten basischen Metalloxide bzw. die entsprechenden Metallkationen (Na^+, K^+, Mg^{2+}, Ca^{2+}, Pb^{2+}, Zn^{2+}) auch „*Trennstellenbildner*". Je mehr Trennstellen vorhanden sind, desto niedriger liegen Erweichungs- und Schmelzpunkt eines Glases. Einwertige Kationen bewirken dabei

---

175 Die **Kristallkeimbildung**, deren Geschwindigkeit wie die des Kristallwachstums mit abnehmender Temperatur ein Maximum durchläuft, spielt deshalb eine untergeordnete Rolle, da in Form von Verunreinigungen in der Schmelze sowie von aktiven Stellen der Gefäßgrenzflächen meist genügend Keime vorliegen, an welchen die Kristallisation einsetzen kann.

176 Die Geschwindigkeit des Kristallwachstums ergibt sich als Differenz der Geschwindigkeit der Kristallverkleinerung durch Stoffauflösung und der Kristallvergrößerung durch Stoffabscheidung.

177 Die Gewinnung optischer Spezialgläser mit maximalen Kristallwachstumsgeschwindigkeiten von über 100 µm pro Minute bietet bereits fertigungstechnische Schwierigkeiten (Gefahr des Glasspringens bei allzu rascher Abkühlung). Äußerst kleine Probekörper lassen sich jedoch ohne Sprunggefahr extrem rasch abkühlen und können deshalb auch bei sehr hohen maximalen Kristallwachstumsgeschwindigkeiten, wie sie etwa den Metallen zu eigen sind, in den glasigen Zustand übergeführt werden (z. B. Herstellung von „*metallischen Gläsern*", „*Chalkogenidgläsern*").

178 Auch das mit SiO_2 isostere BeF_2 erstarrt leicht glasig.

179 Neben den anorganischen gibt es auch organische, auf ganz anderer Basis aufgebaute Gläser, z. B. das durch Polymerisation von Methacrylsäuremethylester CH_2=CMe—COOMe gewonnene „*Plexiglas*".

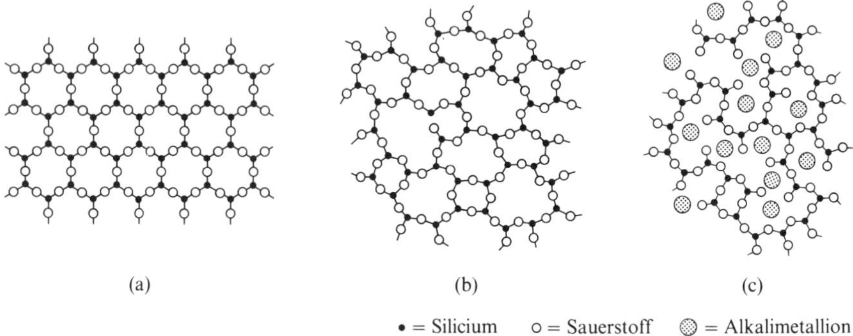

Fig. 207 Zweidimensionale Strukturmodelle von a) kristallinem Quarz, b) Quarzglas, c) Alkalisilicatglas mit Trennstellen im Netzwerk.

eine größere Erweichungs- und Schmelzpunktabsenkung als äquivalente Mengen zweiwertiger Trennstellenbildner, da die Ionenbindungen im ersteren Falle naturgemäß schwächer als im letzteren Falle sind ($\geqslant$Si—O^-2M^+ $^-$O—Si$\leqslant$ statt $\geqslant$Si—O^-M^{2+} $^-$O—Si$\leqslant$).

Die vierwertigen Silicium-Ionen der „*Silicatgläser*" können teilweise durch andere netzwerkbildende Ionen wie dreiwertiges Bor, dreiwertiges Aluminium oder fünfwertigen Phosphor substituiert sein[180]. Man bezeichnet letztere Ionen auch als „*Netzwerkwandler*", weil sie die negative Ladung des Netzwerks erhöhen (B^{3+}, Al^{3+}) oder erniedrigen (P^{5+}) und demgemäß pro Netzwerkwandler einen Trennstellenbildner verbrauchen oder eine zusätzliche Trennstelle schaffen[181]. Solcherart abgewandelte „Silicatgläser" („*Borosilicatgläser*", „*Alumosilicatgläser*", „*Phosphosilicatgläser*") zeichnen sich häufig durch besonders breite Erweichungsintervalle aus.

Glassorten und ihre Verwendung. Wichtige Glasarten sind Flach- und Behälterglas (Normalglas), Spezialgläser hoher chemischer Resistenz, optische Gläser (für Linsen, Brillen, Lichtleitfasern usw.), elektrotechnische Spezialgläser, Lötgläser, Keramikgläser (z. B. hochtemperaturwechselbeständige, ferroelektrische, photosensitive Keramikgläser).

Ein sehr einfach zusammengesetztes Glas ist das **Natron-Kalk-Glas**, das sogenannte „*Normalglas*", welches die Zusammensetzung $Na_2O \cdot CaO \cdot 6SiO_2$ (12.9% Na_2O, 11.6% CaO, 75.5% SiO_2) besitzt. Das gewöhnliche Gebrauchsglas, wie „*Fensterglas*", „*Tafelglas*", „*Flaschenglas*" und „*Spiegelglas*", kommt dieser Zusammensetzung meist nahe. Gute, d. h. chemisch genügend widerstandsfähige Natron-Kalk-Gläser[182] sollen in ihrer Zusammensetzung der Gleichung $s = 3\,(n^2 + 1)$ entsprechen, in welcher s die Molzahl des Siliciumdioxids und n die Molzahl des Natriumoxids je Mol Calciumoxid bedeutet. Wird also das Molverhältnis Natriumoxid zu Calciumoxid vergrößert, so muß dementsprechend auch der Siliciumdioxid-Anteil größer gemacht werden. Die Zusammensetzung des Normalglases ist ein Spezialfall der Formel ($n = 1$). Das Na_2O/CaO-Verhältnis der in der Technik hergestellten Gläser bewegt sich etwa in den Grenzen $n = 0.6$ bis 1.8.

Schwerer schmelzbar als die Natron-Kalk-Gläser sind die **Kali-Kalk-Gläser**, bei denen das Natriumoxid durch Kaliumoxid ersetzt ist. Da die Kaligläser bei gleichem Molverhältnis von Alkali zu Kalk leichter von Wasser angegriffen werden als entsprechend zusammengesetzte Natrongläser, verwendet man hier gemäß der Gleichung $s = 4\,(k^2 + 1)$ einen größeren SiO_2-Gehalt, z. B. auf ein Molverhältnis $k = K_2O/CaO = 1$ anstatt – wie oben – nur sechs Mole Siliciumdioxid ($K_2O \cdot CaO \cdot 8SiO_2$). Ein bekanntes Kali-Kalk-Glas ist z. B. das „*böhmische Kristallglas*", das zu feineren, namentlich geschliffenen Gegenständen Verwendung findet. Auch chemische Geräte, z. B. die schwer schmelzbaren Verbrennungsrohre zur organischen Elementanalyse, werden aus Kaliglas angefertigt. Jedoch wird das Kaliglas

---

180 Man synthetisiert für Spezialzwecke auch reine Borat- und Phosphatgläser.

181 Dreiwertiges Bor oder fünfwertiger Phosphor haben also je nach Glastyp (Borat- oder Borosilicatglas, Phosphat- oder Phosphosilicatglas) netzwerkbildende bzw. trennstellenbildende Eigenschaften.

182 Calciumoxid-freie Alkalisilicatgläser sind wasserlöslich (vgl. S. 942). Alkali-reichen Kalkgläsern wird durch Wasser ein Teil des Alkalis aus der Oberfläche herausgelöst. Die hierdurch gebildete, an SiO_2 und CaO reiche Oberflächenschicht schützt dann das darunterliegende Glas vor weiterer Wassereinwirkung. Daher pflegt man neue chemische Glasgeräte zur Erhöhung der Widerstandsfähigkeit mit Wasser „*auszudämpfen*". In gleicher Weise wirken Säuren. Besonders stark werden Gläser von Laugen angegriffen, die das SiO_2 des Glases herauslösen.

für diese Zwecke von dem anders zusammengesetzten Supremaxglas (s. unten) weit übertroffen. Das zu optischen Zwecken dienende „Kronglas" ist ebenfalls ein Kali-Kalk-Glas. Gläser können auch Natrium- und Kaliumoxid nebeneinander enthalten. Ein solches **Natron-Kali-Kalk-Glas**, das bis 400–450 °C verwendbar ist, ist z. B. das „*Thüringer Glas*" (Erweichungstemperatur 550–600 °C).

Die Widerstandsfähigkeit des Glases gegen Wasser, Säuren und Alkalilaugen sowie gegen Temperaturdifferenzen wird stark erhöht, wenn man einen Teil des Siliciumdioxids durch Bor- und Aluminiumoxid ersetzt (**„Bor-Tonerde-Gläser"**). Das Boroxid verringert vor allem den Ausdehnungskoeffizienten des Glases und damit dessen Empfindlichkeit gegen rasches Erhitzen und Abkühlen und macht das Glas widerstandsfähiger gegen Wasser und Säuren; das Aluminiumoxid setzt die Sprödigkeit herab und vermindert die Gefahr des „*Entglasens*" (Kristallisierens). Ein sehr bekanntes Glas dieser Art ist das „*Duran-Glas*" (74.4% SiO_2, 8.5% Al_2O_3, 4.6% B_2O_3, 7.7% Na_2O, 3.9% BaO, 0.8% CaO, 0.1% MgO; Erweichungstemperatur 600–700 °C). Es war ursprünglich für Geräte des chemischen Laboratoriums bestimmt, hat sich allmählich aber auch im Haushalt für Geräte zum Kochen und Backen auf freiem Feuer eingebürgert. Ähnliche Zusammensetzungen und Eigenschaften haben „*Jenaer Glas*", „*Pyrexglas*", „*Silexglas*", „*Resistaglas*", „*Duraxglas*". Wichtig für den Chemiker ist noch das „*Supremaxglas*" (56.3% SiO_2, 20.1% Al_2O_3, 8.9% B_2O_3, 8.7% MgO, 4.8% CaO, 0.6% K_2O, 0.6% Na_2O; Erweichungstemperatur oberhalb von 1000 °C), welches sich für Verbrennungsrohre und sonstige chemische Geräte eignet, die hohen Temperaturen (bis 800 °C) ausgesetzt werden sollen.

Ersetzt man im Kali-Kalk-Glas das Calciumoxid durch Bleioxid, so erhält man das leicht schmelzbare **„Kali-Blei-Glas"** („*Bleikristallglas*"). Es zeichnet sich durch starkes Lichtbrechungsvermögen und hohe Dichte (3.5 bis 4.8 g/cm^3) aus und wird für geschliffene Gebrauchs- und Luxusgegenstände verwendet. Ein anderes Kali-Blei-Glas ist das „*Flintglas*", das vor allem als optisches Glas (für Linsen, Prismen) Verwendung findet. Besonders bleireich und etwas borsäurehaltig ist der „*Straß*", der in seinem Lichtbrechungsvermögen dem Diamanten gleicht und daher zur Nachahmung von Edelsteinen dient.

Durch entsprechende Variation der Bestandteile (z. B. durch Einführung von ZnO, Sb_2O_3, P_2O_5 usw.) können **Spezialgläser** mit ganz bestimmten, für Spezialzwecke geeigneten Eigenschaften gewonnen werden. So enthält z. B. das „*Uviolglas*", das die ultravioletten Strahlen bis herab zur Wellenlänge 253 nm hindurchgehen läßt, Bariumphosphat und Chromoxid. Die bei Atomenergie-Arbeiten verwendeten Schutzgläser enthalten zur Absorption langsamer Neutronen neben Borosilicaten Cadmiumoxid und Fluoride sowie zur Absorption von γ-Strahlen Wolframphosphat. Zu erwähnen sind hier auch die **„Glaskeramiken"** wie „*Cordierit*" $2MgO \cdot 2Al_2O_3 \cdot 5SiO_2$, „*Hochspodumen*" $Li_2O \cdot Al_2O_3 \cdot 4SiO_2$ oder „*Hocheukryptit*" $Li_2O \cdot Al_2O_3 \cdot 2SiO_2$, die sich durch Biegezugfestigkeit und besonders hohe Temperaturwechselbeständigkeit auszeichnen. Man verwendet sie u. a. für astronomische Spiegel, Überzüge von Geschoßspitzen und Mahlkugeln, für Haushaltsgeschirr (Handelsnamen „*Zerodur*", „*Pyroflam*"), Herdkochflächen. Glaskeramiken bilden sich aus Gläsern entsprechender Zusammensetzung durch nachträgliche – zur Teilkristallisation führende – Wärmebehandlung (Bildung von in Glas eingebetteten Mikrokristallen) und unterscheiden sich von Tonkeramiken (s. u.) dadurch, daß sie porenfrei, d. h. gasdicht sind.

Eine wichtige Produktgruppe sind schließlich **Glasfasern**[151)], die z. B. in Form von „*Textilfasern*" (aus Calcium-aluminiumborsilicat-Schmelzen und anderen Glasschmelzen gezogene und versponnene Fäden; Weltjahresproduktion; Megatonnenmaßstab) zur Verstärkung von Kunststoffen u. a. für den Gebäude-, Fahrzeug- und Bootsbau sowie zur Herstellung von Glasfasergeweben für Dachabdeckungen, Teppichrückseiten, elektrische Schaltungen, unbrennbare Vorhangstoffe genutzt werden. In Form von „*Glaswolle*" verwendet man Glasfasern zum Wärme-, Schall- sowie Brandschutz im Bauwesen und zählt letztere deshalb auch zu den **Mineral-Dämmstoffen** (Weltjahresproduktion: 100 Megatonnenmaßstab), zu deren Vertretern ferner die „*Steinwolle*" (aus Ton-, Mergel-, Basalt-, Diabasschmelzen), „*Schlackenwolle*" (aus Schmelzen von Schlacken metallurgischer Prozesse, z. B. Hochofenschlacke) und „*keramische Wolle*" (aus Kaolin-, Al_2SiO_5- und anderen Schmelzen) gehören.

Herstellung und Verarbeitung. Die ersten Gläser wurden wahrscheinlich in Ägypten um 3400 v. Chr. hergestellt. Als „*Rohstoffe*" zur heutigen technischen Glasdarstellung dienen Quarzsand für SiO_2, Soda Na_2CO_3 bzw. Natriumsulfat Na_2SO_4 + Koks C für Na_2O ($Na_2CO_3 \rightarrow Na_2O + CO_2$; $Na_2SO_4 + C \rightarrow Na_2O + SO_2 + CO$), Pottasche K_2CO_3 für K_2O, Kalk $CaCO_3$ für CaO, Mennige Pb_3O_4 für PbO ($Pb_3O_4 \rightarrow 3PbO + \frac{1}{2}O_2$), Borax $Na_2B_4O_7$ für B_2O_3, Kaolinit $Al_2(OH)_4[Si_2O_5]$ oder Feldspat $M^I[AlSi_3O_8]$ für Al_2O_3. Die nach bestimmten Gewichtsverhältnissen zusammengesetzte Mischung der Rohstoffe („*Glassatz*") verarbeitet man in unterschiedlich großen Schmelzgefäßen zu Glas. Zur Herstellung von Massengläsern arbeitet man *kontinuierlich* und führt den Glassatz 300000 kg fassenden „*Wannöfen*" aus Feuerfestmaterialen (Auskleidung mit Steinen aus Zirkon und Mullit) zu. Dieser wird im vorderen Ofenteil („*Schmelzwanne*") bei 1200–1650 °C „*erschmolzen*". Es folgt dann im hinteren Ofenteil („*Arbeitswanne*") eine „*Läuterung*" (Beseitigung von Gaseinschlüssen durch Zusatz gasabgebender Stoffe wie Na_2SO_4, KNO_3) sowie „*Homogenisierung*" (zusätzliches Einblasen von Luft oder Wasserdampf) der Schmelze bei 1300–1550 °C. Nach Austritt aus dem Ofen kühlt man die Glasschmelze auf die für ihre Weiterverarbeitung zu Fertigprodukten benötigte Temperatur ab. Die Ofenkapazitäten betragen bis zu 600 t Glas pro Tag. Als weiterer Glasschmelzofen sei der „*Hafenofen*" genannt, in welchem

Glassätze für Spezialgläser in mehreren „*Glashäfen*" aus Tonmaterial mit 150–500 kg Fassungsvermögen *diskontinuierlich* erschmolzen werden.

Die Eigenschaften der Glasschmelze, beim Erkalten allmählich immer zäher zu werden, bis völliges Erstarren eingetreten ist, gestattet die „*Verarbeitung*" des Glases durch „*Biegen*" von Glasrohren, durch „*Blasen*" von Glas vor der mit der Lungenkraft des Bläsers betriebenen „*Glasmacherpfeife*" oder der mit Preßluft arbeitenden „*pneumatischen Pfeife*" (Weingläser, Vasen, Beleuchtungsartikel, Glasröhren, Glühlampenkolben usw.), durch „*Auswalzen*" (Schaufensterscheiben) oder durch „*Pressen*" in Formen (Teller, Schüsseln, Biergläser, Glasdachziegel, Flaschen, Konservengläser usw.)[183]. Eine nachträgliche Bearbeitung der festen Glasoberfläche kann auf mechanischem Wege durch Schleifen („*Rauhschleifen*" mit Quarzsand, „*Feinschleifen*" mit Schmirgelpapier, „*Polieren*" mit Poliermitteln) und durch Mattieren mit dem Sandstrahlgebläse oder auf chemischem Wege durch Ätzen (mit Flußsäure) erfolgen.

Färbung. Färbungen von Gläsern können durch **Farbpigmente**[184] wie Metalloxide („*Oxidfärbung*") oder durch Metalle („*Anlauffärbung*") hervorgerufen werden. Im ersteren Falle handelt es sich um echte, im letzteren um kolloidale Lösungen. So kann man z. B. bei der Oxidfärbung erreichen: Violett durch Nickel(II)-oxid, Blauviolett durch Mangan(III)-oxid, Blau durch Cobalt(II)-oxid, Blaugrün durch Eisen(II)-oxid (Moselweinflaschen), Grün durch Chrom(III)- oder Kupfer(II)-oxid, Braun durch Eisen(III)-oxid und Braunstein (Rheinweinflaschen), Gelb durch Silber(I)-oxid, Orange durch Uran(VI)-oxid, Rot durch Kupfer(I)-oxid. Schwache, durch Verunreinigungen hervorgerufene nichterwünschte Färbungen lassen sich bisweilen durch Zumischen von Oxiden, welche die Komplementärfarbe liefern, wieder beseitigen. So kann man beispielsweise schwache Eisenfärbungen durch Zusatz von Braunstein („*Glasmacherseife*") aufheben. Besonders künstlerische Färbungen rufen die Oxide verschiedener seltener Erdmetalle hervor (S. 1787). Die erforderlichen Mengen an Zusatzstoffen bei der Glasfärbung schwanken zwischen einigen Gramm und einigen Kilogramm je 100 kg Glas.

Die Anlauffärbung durch Metalle entsteht nicht wie die Oxidfärbung schon in der geschmolzenen Glasmasse, sondern erst bei nochmaligem halbstündigem Anwärmen des – farblosen – geblasenen Gegenstandes auf 450–500 °C („*Anlaufen des Glases*"). Bekannt ist die leuchtendrote, auf kolloidales Gold zurückzuführende Farbe des „*Goldrubinglases*" (S. 1354). Ähnlich ist die Farbe des „*Kupferrubinglases*". Kolloidales Silber färbt gelb, kolloidales Selen rosarot. Die Kunst der Glasfärbung ist alt und hatte in der Gotik einen besonders hohen Stand, wie die prachtvollen Kirchenfenster dieser Zeit zeigen.

Trübung. Für manche Zwecke, z. B. für Beleuchtungskörper, ist es erforderlich, das Glas zu trüben („*Milchglas*", „*Alabasterglas*", „*Opalglas*", „*Nebelglas*"). Eine solche Trübung erreicht man dadurch, daß man kleine feste Teilchen in das Glas einlagert, welche eine andere Lichtbrechung als dieses aufweisen. Als Trübungsmittel eignen sich z. B Calciumphosphat $Ca_3(PO_4)_2$, Zinndioxid SnO_2 und Kryolith Na_3AlF_6. Ein sehr wichtiges getrübtes Glas ist z. B. die **„Emaille"** (eingedeutscht: das „*Email*"), die zum Schutze („*Blechemaille*", „*Gußemaille*" für Geschirre, Behälter, Öfen, sanitäre Einrichtungen, Schilder) oder zu Dekorationszwecken („*Schmuckemaillen*") auf Metalle aufgeschmolzen wird. Besonders wichtig ist das „*Emaillieren*" von Eisen. Es erfolgt in der Weise, daß man die gut gereinigten Gegenstände durch Eintauchen oder Aufspritzen mit einem – durch feines Vermahlen eines Alkali-Borsäure-Tonerde-

---

183 Wichtig ist ein langsames Abkühlen geblasener Glaswaren, da sonst starke Spannungen auftreten können. Bekannt sind die „*Bologneser Tränen*", die infolge Abschreckung große Spannungen aufweisen und daher beim Abzwicken der Glastropfenspitze mit einer Zange zu einem staubfeinen Glaspulver zerfallen. Mit „*Bologneser Flaschen*", die nur innen solche Spannungen aufweisen, kann man etwa unbesorgt einen Nagel in eine Holzplatte einhämmern, während ein in die Flasche fallengelassenes kleines spitzes Steinchen zur augenblicklichen Zertrümmerung der ganzen Flasche führt.

184 Zu den **Pigmenten** (lat: pigmentum = Malerfarbe) zählen Stoffe mit meist hoher Brechungszahl (> 1.7), die im Anwendungsmedium praktisch unlöslich sind. Die mengenmäßig wichtigste Klasse stellen die *natürlichen* und *synthetischen* **anorganischen Farbpigmente** dar („*Pigmente*" im engeren Sinne; Weltjahresproduktion: Fünf Megatonnenmaßstab). Ihre Einsatzgebiete sind Lacke, Anstrich-, Bau- und Kunststoffe, Papier, Glas, Emaille, Keramik, Zement, Beton, Druckfarben. Man zählt zu ihnen: (i) Weißpigmente: *Rutil* TiO_2, *Zink-Weiß* ZnO, *Lithopone* $ZnS/BaSO_4$, früher zudem *Blei-Weiß* $2PbCO_3/Pb(OH)_2$; hinzu kommen weiße *Füllstoffe*[154] wie Kalk, Gips, Silicate (Kaolin, Talk, Glimmer), Zirkonerde; (ii) Schwarzpigmente: *Ruß* C, *Eisenoxid-Schwarz* Fe_3O_4, *Spinell-Schwarz* $Cu(Fe,Cr)_2O_4$, *Eisen-Mangan-Schwarz* $(Fe,Mn)_2O_3$; (iii) Buntpigmente: *Eisenoxide* sowie *-cyanide*, *Chromoxid* sowie *Chromate, Mischoxide* vom Spinelltyp $MgAl_2O_4$, Rutiltyp TiO_2, Korundtyp Al_2O_3, Zirkontyp $ZrSiO_4$, Cadmiumsulfidtyp CdS, Ultramarintyp $Na_4[Al_3Si_3O_{12})S_n$ (die Metallionen können jeweils zum Teil oder ganz durch andere Ionen ersetzt sein). Beispiele für Gelb: Limonit FeOOH, Nickel-Rutil-Gelb $(Ti,Ni,Sb)O_2$, Cadmium-Gelb (Cd, Zn)S, Chrom-Gelb $PbCrO_4$; für Rot: Hämatit Fe_2O_3, Mennige Pb_3O_4, Cadmium-Rot Cd(S, Se), Molybdat-Rot $Pb(Cr,Mo,S)O_4$; für Grün: Chromoxid-Grün Cr_2O_3, Spinell-Grün $(Co,Ni,Zn)TiO_4$; für Blau: Spinell-Blau $CoAl_2O_4$, Ultramarin-Blau (s. o.), Mangan-Blau $BaSO_4/Ba_3(MnO_4)_3$, Preußisch- oder Turnbulls-Blau $M^I[Fe^IFe^{III}(CN)_6]$; für Braun: Eisenoxidmischungen. Weitere Pigmente sind: **Korrosionsschutzpigmente** (zum Schutz von Metalloberflächen, z. B. Pb_3O_4, $SrCrO_4$, $Zn_3(PO_4)_2$, ZnO); **Glanzpigmente** Al, Cu, Messing (für Metalleffekte), TiO_2 auf Glimmer (für Perlglanz- oder Interferenzeffekte); **Luminophore** (für Oszillographen, Leuchtstoff- und Fernsehröhren usw.), **Magnetpigmente** (γ-Fe_2O_3, Fe_3O_4, CrO_2 für Cassetten- und Videobänder).

Glases mit Wasser hergestellten – Brei („*Schlicker*") überzieht und nach dem sorgfältigen Trocknen die pulverige Schicht in einem glühenden Emaillier-Muffelofen zu einem glänzenden Überzug zusammenschmilzt. Es wird teils einmal, teils mehrmals emailliert. Als Trübungsmittel wird meist Titan- oder Zirconiumdioxid verwendet, zur Anfärbung[184] u.a. Oxide von Co, Cu, Cr, Mn.

Tonwaren (Tonkeramik)[172]

Unter **„Tonwaren"** oder **„tonkeramischen Erzeugnissen"**[185] versteht man technische Produkte, welche durch Glühen („*Brennen*") von feinteiligen, meist feuchten, geformten Tonen bei Temperaturen von 1000–1500 °C hergestellt worden sind. Besondere Bedeutung für die Keramikerzeugung haben hierbei die Tonminerale *Kaolinit* $Al_2(OH)_4[Si_2O_5]$ (weiß; vgl. S. 933) und *Illit* $(K, H_3O)_y\{Al_2(OH)_2[Si_{4-y}Al_yO_{10}]\}$ ($y = 0.7–0.9$; S. 937). Letzterer ist wegen seines Fe-Gehaltes (Fe teilweise anstelle von Al) meist gelb, rotbraun bis braun. Genannt seien darüber hinaus die aluminiumhaltigen Tonminerale *Halloysit* (S. 934) und *Montmorillonit* (S. 938) sowie das magnesiumhaltige Tonmineral *Talk* (S. 936).

Ein besonders wertvoller Ton ist *Kaolin* („*Porzellanerde*"), der zur Hauptsache aus Kaolinit besteht und zur Herstellung von Porzellan (s. unten) dient. Weniger rein sind die gewöhnlichen *keramischen Tone*, die zur Herstellung von Steinzeug und Steingut (s. unten) verwendet werden; sie enthalten neben Kaolinit mehr oder weniger Illit, Quarz, Glimmer, Humus usw. Sind die Tone sehr eisenhaltig, so werden sie beim Brennen braun bis rot; aus ihnen stellt man das gewöhnliche Töpfergeschirr und die Terrakotten (s. unten) her. Ton, der darüber hinaus durch Sand verunreinigt ist, heißt Lehm; er dient zur Herstellung von Ziegeln (s. unten).

Ton allein ist zur Herstellung von Tonwaren noch nicht geeignet, da er beim Brennen zu stark „*schwindet*". Das Schwinden läßt sich durch Vermischung mit „*Magerungsmitteln*" (z. B. gebranntem Ton in Körner- oder Pulverform, Quarzsand oder -mehl) vermeiden. Eine Erniedrigung der Sintertemperatur wird durch Zusatz von „*Flußmitteln*" (insbesondere Feldspat – und hier meist Orthoklas $K[AlSi_3O_8]$ – sowie gelegentlich Kalkspat $CaCO_3$) erreicht.

Beim Brennen der geformten (bzw. gegossenen[186]) und vorgetrockneten Keramikmasse geben die Tonminerale (Kaolinit, Illit) ab 450 °C zunächst das „hydroxidisch gebundene" Wasser ab, wobei sie unter Volumenverminderung (bis zu 20 %) und Porenbildung u.a. in amorphes Siliciumdioxid SiO_2, kristallinen Korund Al_2O_3 und amorphen, schuppenförmigen Mullit $3Al_2O_3 \cdot 2SiO_2$ übergehen (vgl. Thermolyse von Kaolinit, S. 935). Um 950 °C bildet sich durch Feldspatverflüssigung eine Schmelzphase in der sich u.a. amorphes und quarzkristallines SiO_2 sowie amorpher Mullit lösen und in Form von Cristobalit SiO_2 und kristallinem, nadelförmigem Mullit $3Al_2O_3 \cdot 2SiO_2$ wieder ausscheiden. Darüber hinaus bildet das Kaliumoxid aus Feldspat oder Illit mit SiO_2 ein Glas, das nach Abkühlen des keramischen Erzeugnisses die kleinen Keramikteilchen (> 0.2 mm bei „*Grobkeramik*", < 0.2 mm bei „*Feinkeramik*") verkittet. Eine Steigerung der Brenntemperatur und eine Verlängerung der Brenndauer bewirken insgesamt eine Abnahme der Porosität und eine Zunahme der mechanischen Festigkeit des Tonwarenprodukts.

---

185 **Keramiken** sind in der Regel kristalline, thermisch und chemisch stabile nichtmetallische anorganische Festkörper, die durch Hochtemperaturprozesse gebrauchsfertig gemacht werden. Ihre Eigenschaften werden in entscheidender Weise durch ihre vom Herstellungsverfahren abhängige Mikrostruktur bestimmt. Man unterteilt Keramiken in *ton-* sowie in *sonderkeramische Werkstoffe* (letztere mit geringem oder verschwindendem Tonmineralgehalt, z. B.: *Oxidkeramik* wie BeO, MgO, Al_2O_3, ZrO_2 UO_2, ThO_2, Y_2O_3, TiO_2; *Elektro-* und *Magnetkeramik* wie $BaTiO_3$, $M^{II}Fe_2O_4$; *Nichtoxidkeramik* wie Si_3N_4, SiC, B_4C, BN). Innerhalb beider Gruppen unterscheidet man zwischen *grob-* und *feinkeramischen* Erzeugnissen (Gefügebestandteile kleiner oder größer 0.2 mm) und in beiden Fällen zwischen *porösen* und *dichten* Keramiken. Im Bereich zwischen Keramik und Metall liegen die *Cermets* (Keramik-Metall-Verbundwerkstoffe wie z. B. Emaille), zwischen Keramik und Glas die *Glaskeramiken* (s. bei Glas).

186 Durch Zusatz von Soda (Natriumcarbonat) und/oder flüssigem Wasserglas (Alkalisilicat-Lösung) lassen sich Tone „verflüssigen". Die Wirkung der Zusätze beruht auf der Fällung der zwischen den Schichten der Tonminerale eingelagerten und diese zusammenhaltenden Mg^{2+}- und Ca^{2+}-Ionen, verbunden mit dem Auseinandergleiten der Tonmineralschichten.

Die aus Ton gefertigten grob- und feinkeramischen Erzeugnisse lassen sich in zwei Hauptgruppen einteilen: in solche mit wasserdurchlässigem (porösem) und in solche mit wasserundurchlässigem (dichtem) „*Scherben*". Erstere bezeichnet man als „*Tongut*" („*Irdengut*"), letztere als „*Tonzeug*" („*Sinterzeug*"). Innerhalb jeder dieser beiden Hauptgruppen kann man dabei entsprechend dem Verwendungszweck unterscheiden zwischen Geschirr (Tonwaren mit geringer Scherbenstärke) und Baustoffen (dickwandige Tonwaren).

Tongut. Unter den **Baustoffen** aus Tongut sind zu nennen: die nicht weiß brennenden Ziegeleierzeugnisse (Mauerziegel, Hohlziegel, poröse Ziegel, Dachziegel usw.) und die weiß oder hellfarbig brennenden feuerfesten Erzeugnisse (Schamottesteine, Sillimanitsteine, Dinassteine usw.).

Zur Darstellung der Ziegeleierzeugnisse, insbesondere der Mauerziegel, verwendet man als Rohmaterial Lehm, dem man, wenn er nicht schon genügend Sand enthält, solchen als Magerungsmittel beimengt. Die Mischung wird unter Zusatz von etwas Wasser zu einem gleichmäßigen Teig („*Ziegelgut*") verarbeitet und dann durch einen mit einem viereckigen „*Mundstück*" versehenen eisernen Zylinder in Form eines Stranges herausgepreßt, aus dem durch eine Abschneidevorrichtung („*Tonschneider*") die Ziegel herausgeschnitten werden. Das Brennen dieser Formlinge erfolgt bei 960–1180 °C im Ringofen (S. 1113). Stark eisenoxidhaltiger Lehm ergibt dabei rote, kalkreicher Lehm gelbe Ziegel. Stärker gebrannte und daher dichtere und festere Ziegelsteine heißen „*Klinker*" (S. 949). Besonders leichte, poröse Ziegel erhält man durch Zumischen organischer Stoffe (z.B. von Sägespänen), welche beim Brennen oxidiert werden und dabei Poren hinterlassen. Spezifisch leichte „*Blähprodukte*" entstehen auch beim Brennen bestimmter Tone, die während des Erhitzens „*Blähgase*" wie CO_2, CO, O_2, SO_2, H_2 (aus anwesenden organischen Verbindungen, Carbonaten, Sulfaten) entwickeln (Verwendung als Betonzuschläge, in Wärmeisolierschichten).

Unter feuerfesten Erzeugnissen versteht man in der Keramik Stoffe, welche Temperaturen bis zu etwa 1700 °C ohne Deformation ertragen. Stoffe, die auch darüber hinaus noch beständig sind, heißen hochfeuerfest. Zu den gebräuchlichsten feuerfesten Baustoffen gehören die „*Schamottesteine*". Man erhält sie durch Brennen einer Mischung von rohem, plastischem Ton („*Bindeton*") und stark gebranntem, grobkörnig zerkleinertem, feuerfestem Ton („*Schamotte*") bei 1450 °C. Der Gehalt an Tonerde Al_2O_3 geht nicht über die Zusammensetzung $Al_2O_3 \cdot 2SiO_2$ (46 % Al_2O_3 + 54 % SiO_2) hinaus; der Erweichungspunkt liegt meist bei 1700–1750 °C. Verwendung finden die Schamottesteine vor allem zur Auskleidung von Feuerungen (S. 1367, 1511), Hochöfen (S. 1506) und Winderhitzern (S. 1509). Durch Vermehrung des Tonerdegehaltes über die Zusammensetzung $Al_2O_3 \cdot 2SiO_2$ hinaus kann man die Erweichungstemperatur der Schamottesteine weiter erhöhen. So erweichen z.B. die durch Brennen natürlicher Aluminiumsilicate der Zusammensetzung „$Al_2O_3 \cdot SiO_2$" (z.B. Sillimanit, S. 932) bei hoher Temperatur (Bildung von Mullit „$3Al_2O_3 \cdot 2SiO_2$") gewonnenen „*Sillimanitsteine*" („*Mullitsteine*") erst bei 1850 °C und die noch tonerdereicheren, durch Brennen von geschmolzener Tonerde mit 10 % Ton als Bindemittel erzeugten und als Futter für Zement-Drehrohröfen (S. 1146) dienenden „*Dynamidonsteine*" erst bei 1900 °C. Umgekehrt nimmt durch Zusatz von Quarz („*Quarzschamottesteine*") die Erweichbarkeit zu. Besonders großen Siliciumdioxidgehalt haben die „*Dinassteine*". So enthalten die „*Ton-Dinassteine*", welche bei 1350 °C zu erweichen beginnen und oberhalb von 1650 °C schmelzen, 80–83 % SiO_2 und 20–17 % Al_2O_3. Sie entstehen beim Brennen eines Gemisches von Quarzsand und Ton und wurden unter anderem als säurefeste Steine für Glover- und Gay-Lussac-Türme (Anm.[113)], S. 581) verwendet. Noch kieselsäurereicher (96–98 % SiO_2) sind die „*Kalk-Dinassteine*", bei denen der Quarz durch 1–2 % Kalk gebunden ist. Sie sind feuerfester (Schmelzpunkt 1700–1750 °C) als die Ton-Dinassteine und dienen unter anderem zur Auskleidung von Siemens-Martin-Öfen (S. 1511).

Zu dem aus Tongut bestehenden **Geschirr** gehören die nicht weiß brennenden Töpfereierzeugnisse (Blumentöpfe, irdenes Haushaltsgeschirr, Majolika, Fayence, Ofenkacheln usw.) und das weiß brennende Steingut.

Zur Herstellung des gemeinen Töpfergeschirrs verwendet man gewöhnlichen Töpferton, welcher leicht schmelzbar ist und daher nur bei niedriger Temperatur (950–1050 °C) gebrannt werden darf. Die Formgebung erfolgt auf der Töpferscheibe. Da die gebrannte Masse („*Scherben*") wegen der niedrigen Brenntemperatur nicht dicht, sondern porös ist, muß das Geschirr für die meisten Gebrauchszwecke mit einer Glasur versehen werden. Dies geschieht durch Eintauchen der getrockneten Formlinge in eine Bleiglasurmischung, welche beim Brennen ein Bleiglas (S. 945) ergibt. Blumentöpfe bleiben unglasiert. Kochtöpfe, die über freiem Feuer benutzt werden sollen, bestehen aus besserem, d.h. feuerfesterem Ton und werden bei höherer Temperatur (1100 °C) gebrannt. Die Glasur wird meist durch zugesetzte Metalloxide gefärbt. So enthält beispielsweise die bekannte kastanienbraune Glasur Eisenoxid und Braunstein als Färbungsmittel. Majolika[187)] und Fayence[188)] werden zum Unterschied vom gewöhnlichen Töpfergeschirr nicht in einem Feuer, sondern zweimal gebrannt. Als Ausgangsmaterial dient hier ein stark

---

[187] Von Mallorca, der Balearen-Insel im Mittelmeer.

[188] Von Faënza, einer Stadt in Oberitalien, südöstlich von Bologna.

calciumcarbonathaltiger Ton. Der hohe Kalkgehalt (30–35%) verhindert beim Abkühlen infolge starken Schwindens das Rissigwerden der Glasur. Zur Formgebung verwendet man meist Gipsformen. Die getrockneten Formlinge werden zunächst bei 900 bis 1000 °C vorgebrannt („*geschrüht*") und dann nach Aufbringen des Glasurgemisches (einer wässerigen Aufschlämmung von feingemahlenem und durch Zusatz von Zinndioxid weiß und undurchsichtig gemachtem Bleiglas) bei 900 °C fertiggebrannt („*glattgebrannt*"). In ähnlicher Weise werden die Ofenkacheln gewonnen.

Als Ausgangsmaterial zur Gewinnung von Steingut dient ein feuerfester, eisenoxidarmer und daher fast weiß brennender „*Steingut-Ton*", der mit Siliciumdioxid (für besseres Steingut: Quarz; für weniger gutes Steingut: Sand) und – zur Erzielung eines weißen Scherbens – mit geschlämmtem Kaolin vermischt wird. Je nach der Art des verwendeten Flußmittels (Kalkspat oder Feldspat) erhält man beim anschließenden Brennen entweder leichteres und weicheres „*Kalk-Steingut*" oder schwereres und härteres „*Feldspat-Steingut*" („*Hart-Steingut*", „*Halbporzellan*"). Wie die vorher betrachteten Töpfereierzeugnisse werden auch die Steingut-Formlinge zweimal gebrannt, zuerst unglasiert im „*Rohbrand*" („*Biskuitbrand*") bei hoher Temperatur (Kalk-Steingut: 1100–1200 °C; Feldspat-Steingut: 1200–1300 °C), dann glasiert im „*Glattbrand*" („*Glasurbrand*") bei niedrigerer Temperatur (900–1000 °C). Spülbecken, Badewannen, Waschtische, Klosettschüsseln usw. bestehen aus Feldspat-Steingut. Die farbige Verzierung von Gebrauchsgeschirr erfolgt meist durch „*Unterglasurmalerei*", indem man die Farben auf den rohgebrannten Scherben aufbringt und diesen nach dem Glasieren glattbrennt. Beispiele für unglasiertes Steingut sind: Tonzellen, Tonfilter, Diaphragmen, Tonpfeifen.

Tonzeug. Das Tonzeug weist zum Unterschied vom Tongut nicht einen porösen, sondern einen dichten Scherben auf, da es beim Brennen stärker erhitzt wird als das Tongut. Je nachdem, ob der Scherben nicht durchscheinend oder durchscheinend ist, unterscheidet man *Steinzeug* und *Porzellan*.

Die Rohmaterialien zur Herstellung von **Steinzeug** sind die gleichen wie beim Steingut, nur ist im allgemeinen der Feldspatgehalt der Ausgangsmasse größer als dort. Gebrannt wird wie beim Steingut zweimal, wobei Temperaturen bis zu 1450 °C angewendet werden. Die gewöhnlichen Steinzeug-Gegenstände erhalten meist nur eine „*Salzglasur*", indem man einfach in das Brenngewölbe Kochsalz einstreut; das Natriumchlorid setzt sich dann bei der hohen Brenntemperatur mit Wasserdampf zu Chlorwasserstoff und Natriumoxid um, welches mit den Silicaten des Scherbens einen dünnen Überzug von Natrium-aluminium-silicat bildet. Feineres Steinzeug wird mit einer „*Feldspatglasur*" überzogen.

Unter den aus Steinzeug hergestellten Baustoffen seien genannt: Klinker, Fliesen, Kanalisationsrohre usw. Die Klinker dienen wegen ihrer großen Festigkeit und Härte für Pflaster, Wasserbauten, Pfeiler usw. Unter den Fliesen sind die „*Mettlacher Platten*" besonders bekannt. Die Kanalisationsrohre werden auf Strangpressen stehend gepreßt.

Zum Geschirr aus Steinzeug gehören Spülwannen, Viehtröge, chemische Geräteteile (säure- und alkalifeste Gefäße, Turills, Kühlschlangen, Druckfässer, Chlorentwickler usw.), Haushaltsgegenstände (Trinkkrüge, Einmachtöpfe usw.), Feinterrakotten (Vasen, Schalen, Kunstgegenstände usw.). Das bekannte graue, blau bemalte altdeutsche Geschirr ist z.B. ein Steinzeuggeschirr.

Die Rohmaterialien für die Herstellung von **Porzellan**[189] sind: Kaolin[190] (Tonsubstanz), Quarz (Magerungsmittel) und Feldspat (Flußmittel). Verwendet man einen größeren Gehalt an Kaolin und einen geringeren an Quarz und Feldspat (~ 50% Kaolin, ~ 25% Quarz, ~ 25% Feldspat), so erhält man beim Brennen das „*Hartporzellan*". Bei Verringerung des Ton- und Vermehrung des Quarz- und Feldspatgehaltes (~ 25% Kaolin, ~ 45% Quarz, ~ 30% Feldspat) entsteht „*Weichporzellan*". Infolge des größeren Flußmittelgehaltes kann das Weichporzellan bei niedrigerer Temperatur (1200–1300 °C) gebrannt werden als das Hartporzellan (1400–1500 °C). Die niedrigere Brenntemperatur bedingt ihrerseits eine wesentlich größere Verzierungsfähigkeit des Weichporzellans im Vergleich zum Hartporzellan, da die meisten Porzellanfarben zwar die Brenntemperatur des Weich-, nicht aber die des Hartporzellans aushalten. Dementsprechend bestehen die farbenprächtigen Porzellan-Kunstgegenstände aus Weichporzellan.

Zur Herstellung des Hartporzellans werden die – ausgesucht reinen – Rohmaterialien miteinander naß vermahlen, und die breiige Masse in Filterpressen abgepreßt und mechanisch durchgeknetet. Die Formgebung erfolgt entweder auf der Drehscheibe oder durch Gießen; im letzteren Falle muß die Masse durch Zusatz von etwas Soda in einen gießfähigen Zustand übergeführt werden. Die geformten oder gegossenen Gegenstände werden in warmen Räumen getrocknet und nach Beseitigung eventueller Naht-

[189] Das italienische Wort porcellana bezeichnet eigentlich eine Art weißer Meeresmuschel. Erst sekundär wurde dieses Wort auf das ursprünglich aus China und Japan über Italien importierte keramische Erzeugnis übertragen, weil man glaubte, daß dieses aus der pulverisierten Substanz der weißglänzenden Schalen solcher Muscheln hergestellt werde. Porzellan war den Chinesen schon um das Jahr 600 bekannt. In Europa wurde weißes Porzellan erstmals in Meißen seit 1710 auf Grund planmäßiger Versuche des Physikers Ehrenfried Walter von Tschirnhaus (1651–1708) und des Alchemisten Johann Friedrich Böttger (1682–1719) farbrikmäßig hergestellt.

[190] Der Name Kaolin rührt her vom Berge Kaoling in China, von dem der zur Porzellanherstellung erforderliche Feldspat (nicht der heute als Kaolin bezeichnete Ton) gewonnen wurde.

stellen und Anbringen von Henkeln, Verzierungen usw. bei rund 900 °C *„rohgebrannt"* (*„verglüht"*). Hierauf überzieht man den gewonnenen porösen Scherben durch Eintauchen in einen dünnflüssigen Glasurbrei (wässerige Suspension von Feldspat, Marmor, Quarz und Kaolin) mit einer dünnen Glasurschicht und brennt die Gegenstände in einem zweiten, wesentlich stärkerem Feuer (1400–1500 °C) fertig (*„Garbrand"*, *„Glattbrand"*), wobei sie dicht und durchscheinend werden. Die farbige Verzierung des Hartporzellans kann durch *„Scharffeuerfarben"* oder durch *„Muffelfeuerfarben"* erfolgen. Bei der Scharffeuerverzierung werden die Farben entweder auf den fertig glasierten und gebrannten Gegenstand aufgebracht und im Scharffeuer eingebrannt (*„Aufglasur-Scharffeuerfarben"*) oder auf den vorgebrannten unglasierten Scherben aufgetragen und nach Überziehen mit der Glasurmischung scharfgebrannt (*„Unterglasur-Scharffeuerfarben"*). Wegen der hohen Brenntemperatur des Hartporzellans halten nur verhältnismäßig wenige Metalloxide diesem Scharffeuerverfahren stand. Dazu gehören vor allem das Cobaltoxid und das Thenards-Blau (S. 1556) für Blau (*„Zwiebelmuster"*), das Chromoxid für Grün, das Eisenoxid für Braun und das Uranoxid für Schwarz. Die Muffelfeuerfarben bestehen aus einem Gemisch von feinverriebenem Bleiglas und feingemahlenem Farbkörper (Metalloxid oder Metall), das mit Terpentinöl angerührt und mit dem Pinsel oder als Abziehbild auf das glasierte Porzellan aufgetragen wird. Das Einbrennen erfolgt bei 600–900 °C in Muffelöfen. Wegen der niedrigen Brenntemperatur ist die Auswahl an Muffelfeuerfarben wesentlich größer als die an Scharffeuerfarben. Die Muffelfeuerfarben liegen aber zum Unterschied von den Scharffeuerfarben nur oberflächlich auf der Glasur und sind daher leichter abnutzbar.

Zum Weichporzellan gehören das chinesische und das japanische Porzellan und ihre europäischen Nachbildungen: das dem chinesischen Porzellan entsprechende französische *„Sevres-Porzellan"* (40% Tonsubstanz, 24% Quarz, 36% Feldspat) und das dem japanischen Porzellan nachgebildete deutsche *„Seger-Porzellan"* (25% Tonsubstanz, 45% Quarz, 30% Feldspat). Das Seger-Porzellan bildet heute das Vorbild für alle neueren Weichporzellane.

2.6.6 Silicone[51, 87, 191)]

Die Kondensation der Orthokieselsäure $Si(OH)_4$ läßt sich nur schwer bei bestimmten Zwischenstufen des Polykondensationsvorgangs aufhalten (S. 923). Es liegt nahe, solche Zwischenstufen bestimmter Molekülgröße und Konfiguration dadurch zu gewinnen, daß man nicht von der Orthokieselsäure, sondern von Verbindungen ausgeht, in welchen einzelne OH-Gruppen des $Si(OH)_4$-Moleküls durch organische Reste R ersetzt sind, welche sich – da die SiC-Bindung thermisch sehr stabil und auch chemisch nicht besonders reaktiv ist (S. 898) – am Kondensationsvorgang nicht beteiligen. In der Tat gelingt es so, durch Kondensation von *Silandiolen* $R_2Si(OH)_2$ in An- oder Abwesenheit gewisser Mengen an *Silanolen* R_3SiOH oder *Silantriolen* $RSi(OH)_3$ ring-, ketten- oder raumvernetzte Siloxane bestimmten Kondensationsgrades aufzubauen (R vielfach Methyl oder Phenyl). Sie werden heute ganz allgemein als **„Silicone"** bezeichnet und spielen wegen ihrer *Temperatur-, Sauerstoff-* und *Wasserbeständigkeit* sowie ihrer *Gasdurchlässigkeit* und *Stromundurchlässigkeit* als anorganische *Kunst-, Werk-* und *Hilfsstoffe* (Öle, Kautschuk, Harze) eine bedeutsame technische Rolle[192)].

191 **Literatur.** J. J. Zuckerman: *„The Direct Synthesis of Organosilicon Compounds"*, Adv. Inorg. Radiochem. **6** (1964) 383–432; G. Koerner, M. Schulze, J. Weis: *„Silicone – Chemie und Technologie"*, Vulkan-Verlag, Essen 1989; E. G. Rochow: *„Silicon and Silicones"*, Springer Verlag 1987; W. Noll: *„Chemie und Technologie der Silicone"*, Verlag Chemie, Weinheim 1968; H. Reuther: *„Silicone – Eine Einführung in Eigenschaften, Technologien und Anwendungen"* VEB Deutscher Verlag für Grundstoffind., Leipzig 1981; W. Büchner: *„Novel Aspects of Silicone Chemistry"*, J. Organomet. Chem. Rev. **9** (1980) 409–431; ULLMANN (5. Aufl.): *„Silicones"*, **A 24** (1993) 57–93; F. O. Stark, J. R. Falender, A. P. Wright: *„Silicones"* Comprehensive Organomet. Chem. **2** (1982) 305–363; R. Schliebs, J. Ackermann bzw. J. Ackermann, U. Damrath: *„Chemie und Technologie der Silicone I"* bzw. *„II"*, Chemie in unserer Zeit **21** (1987) 121–127 bzw. **23** (1989) 86–99; W. Büchner, R. Schliebs, G. Winter, K. H. Büchel: *„Silicone"* in „Industrielle Anorganische Chemie" VCH Verlagsgesellschaft, Weinheim 1986; V. Chvalovský: *„Silicon-Oxygen Heterocycles (Cyclosiloxanes)"* in I. Haiduc: „The Chemistry of Inorganic Homo- and Heterocycles", Vol. **1** (1987) 287–348.

192 **Geschichtliches.** Pionier der Siliconchemie war, nachdem A. Ladenburg im Jahre 1872 erstmals Siliconöle erzeugte, Frederic Stanley Kipping (Untersuchungen ab 1901). Die Ausarbeitung einer rationellen Synthese der als Siliconvorstufen benötigten organischen Chlorsilane gelang E. G. Rochow und E. Mueller. Sie ermöglichte eine rentable großtechnische Siliconchemie. Da die Bruttozusammensetzung R_2SiO der $R_2Si(OH)_2$-Kondensationsprodukte der Formel organischer *Ketone* R_2CO entspricht, wurden erstere von S. F. Kipping *„Silicone"* (**Silico-Ketone**) genannt, eine Bezeichnung, die dann später auf die ganze Verbindungsklasse ausgedehnt wurde. Da R_2SiO – im Einklang mit der Doppelbindungsregel – *polymer*, R_2CO *monomer* ist, haben Silicone und Ketone weder physikalische noch chemische Ähnlichkeiten.

Die zur *Darstellung der Silicone* erforderlichen Ausgangsverbindungen R_3SiOH, $R_2Si(OH)_2$ und $RSi(OH)_3$ werden durch Hydrolyse der entsprechenden Halogenverbindungen R_3SiCl, R_2SiCl_2 und $RSiCl_3$ gewonnen. Somit gliedert sich die Siliconherstellung in die *Synthese von Organylchlorsilanen* sowie die *Hydrolyse der Organylchlorsilane*, wobei die spätere *Nutzanwendung der Silicone* die Verfahrensweise der Hydrolyse bestimmt.

Synthese von Organylchlorsilanen. Methylchlorsilane werden *technisch* ausschließlich durch *oxidative Addition* von *Methylchlorid* an technisches *Silicium* bei Gegenwart von 0.5–3 Gew.-% *Kupfer als Katalysator* (Zn oder ZnO als Promotor) bei 280–320 °C in Fließbett- oder Wirbelschichtreaktoren hergestellt („*Direktverfahren*" von Rochow/Mueller[192]). Als Hauptprodukt bildet sich hierbei Me_2SiCl_2 (Sdp. 70.0 °C) in 80 %iger Ausbeute, gefolgt von $MeSiCl_3$ (Sdp. 65.7 °C; 10–15 %ige Ausbeute), Me_3SiCl (Sdp. 57.3 °C; 3–4 %ige Ausbeute) sowie $MeHSiCl_2$ (Sdp. 40.7 °C; 3–4 %ige Ausbeute[193]):

$$4\,MeCl + 2\,Si \xrightarrow[280-320\,^\circ C]{Cu} 2\,Me_2SiCl_2 \quad \text{bzw.} \quad MeSiCl_3,\ Me_3SiCl,\ MeHSiCl_2$$

Weitere Verbindungen (Me_2HSiCl, Me_4Si, $SiCl_4$, $HSiCl_3$, $MeEtSiCl_2$, $EtHSiCl_2$, chlor- und methylhaltige Di- und Trisilane usw.) entstehen nur in ungeordnetem Maße.

Die katalytische Wirkung des mit dem Siliciumpulver innig vermengten Kupferpulvers[194] beruht offenbar auf der Bildung des *Silicids* Cu_3Si (Diffusion von Cu in die Si-Partikel), welches sich mit Methylchlorid unter Rückbildung von – seinerseits wieder mit Si reagierendem – Kupfer umsetzt: $3\,Cu + Si \rightarrow Cu_3Si$; $Cu_3Si + n\,MeCl \rightarrow Me_2SiCl_2$ sowie andere Produkte. Die Isolierung der Prozeßprodukte erfolgt durch aufwendige fraktionierende Destillation.

Phenylchlorsilane werden ebenfalls durch *Direktsynthese* gewonnen (Reaktionstemperatur 500 °C; Hauptprodukte Ph_2SiCl_2 und $PhSiCl_3$ im Molverhältnis ca. 3 : 1). Technisch nutzt man auch *Metathesereaktionen* (vgl. S. 898; zur Herstellung von Methylphenylchlorsilanen z. B.: $PhCl + HMeSiCl_2 \rightarrow PhMeSiCl_2 + HCl$; $MeSiCl_3 + PhMgBr \rightarrow PhMeSiCl_2 + MgBrCl$) sowie die H_2PtCl_6-katalysierte *Hydrosilierung* (vgl. S. 899) zur Herstellung von Organylchlorsilanen mit funktionellen Organylgruppen wie $CH{=}CHR'$, $CH_2CH_2CH_2X$ ($X = SH, NH_2, OCOCR{=}CH_2$).

Hydrolyse von Organylchlorsilanen (Siliconherstellung). Wie auf S. 897 bereits angedeutet wurde, führt die Kondensation der – durch Hydrolyse von R_3SiCl, R_2SiCl_2 und $RSiCl_3$ gebildeten – Silanole im Falle von *Silanolen* R_3SiOH zu Disiloxanen:

$$R_3Si{-}O\vdots H + HO\vdots{-}SiR_3 \longrightarrow R_3Si{-}O{-}SiR_3 + H_2O$$

Silandiole $R_2Si(OH)_2$ kondensieren andererseits zu Polysiloxanen $(R_2SiO)_n$, die bei kleiner Gliederzahl ($n = 3, 4, 5 \ldots$) als Ringe, bei großer Gliederzahl als Ketten vorliegen, z. B.:

$(R_2SiO)_3$ (Ring: R_2Si–O–R_2Si–O–SiR_2–O–) $\quad$ $(R_2SiO)_4$ (Ring: R_2Si–O–SiR_2–O–SiR_2–O–R_2Si–O–) $\quad$ Kette: $\cdots$–O–SiR_2–O–SiR_2–O–SiR_2–O–SiR_2–$\cdots$

Die Kondensation von *Silantriolen* $RSi(OH)_3$ liefert schließlich Polysiloxane $(RSiO_{1.5})_n$, die bei kleiner Gliederzahl ($n = 8, 10, 12, \ldots$) Käfige, bei großer Gliederzahl Schichten bilden, z. B. (vgl. S. 952):

[193] Die Me_2SiCl_2-Ausbeute läßt sich durch nachträglichen Me/Cl-Austausch im Sinne von $Me_3SiCl + MeSiCl_3 \rightarrow 2\,Me_2SiCl_2$ steigern.

[194] Man setzt meist Kupferoxid ein, das durch MeCl zunächst in Kupferchlorid CuCl überführt wird, welches seinerseits von Silicium zu Kupfer reduziert wird.

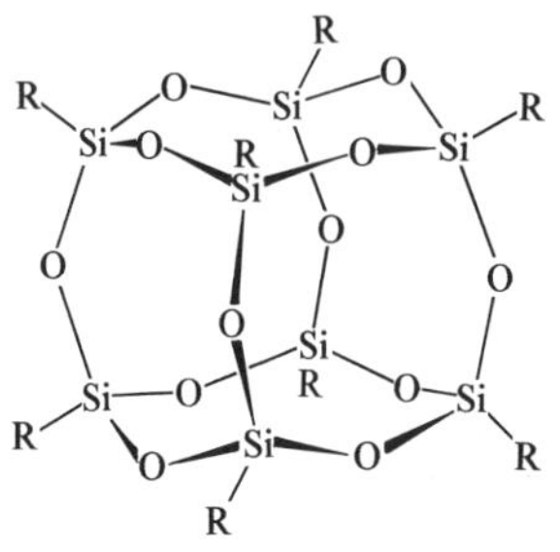

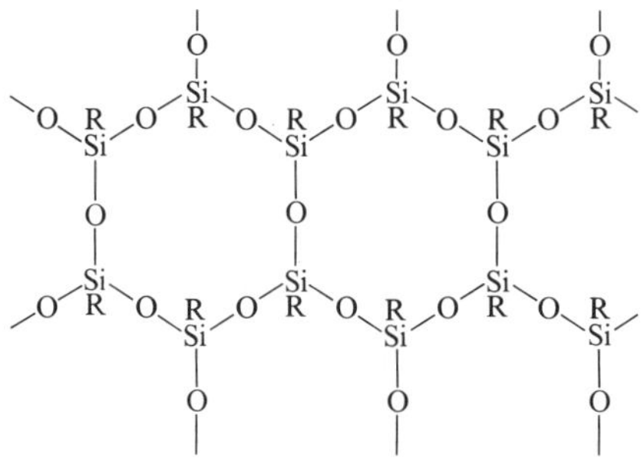

Durch Beimischung von R_3SiOH zu $R_2Si(OH)_2$ kann die Kettenlänge der Polysiloxane $(R_2SiO)_n$ nach Belieben begrenzt werden, da R_3SiOH einen Kettenabbruch herbeiführt:

$$R_3Si{-}O\vdots H + HO\vdots{-}SiR_2{-}O{-}[SiR_2{-}O]_n{-}SiR_2{-}\vdots OH + H\vdots O{-}SiR_3.$$

In analoger Weise läßt sich die Ausdehnung und Vernetzung der Polysiloxane $(RSiO_{1.5})_n$ durch Beimischung von R_3SiOH und $R_2Si(OH)_2$ zu $RSi(OH)_3$ nach Belieben variieren. Silanole R_3SiOH fungieren hierbei als *monofunktionelle Endgruppen* $R_3SiO_{1/2}$ (Kurzzeichen M), Silandiole als *difunktionelle mittlere Kettenglieder* (Kurzzeichen D) und Silantriole $RSi(OH)_3$ sowie Kieselsäure $Si(OH)_4$ als *tri-* und *quadrifunktionelle Verzweigungsstellen* (Kurzzeichen T bzw. Q). Die oben wiedergegebenen Siloxane werden demgemäß durch die Symbole D_3 für $(Me_2SiO)_3$, D_4 für $(Me_2SiO)_4$, D_n für $(Me_2SiO)_n$, T_8 für $(MeSiO_{1.5})_8$ und T_n für $(MeSiO_{1.5})_n$ charakterisiert. Durch geeignete Mischung der drei Komponenten kann man den mittleren Kondensationsgrad „einstellen" und auf diese Weise ganz „nach Maß" leichtflüssige, ölige, kautschukähnliche oder harzige Silicone mit charakteristischen Eigenschaften aufbauen.

Die Herstellung linearer hochmolekularer Polydimethylsiloxane erfolgt über *oligomere cyclische* und *acyclische* Siloxane. Letztere erhält man durch *Hydrolyse* von Me_2SiCl_2 in der *Flüssig-* oder der *Dampfphase* (Bildung von Salzsäure bzw. gasförmigem Chlorwasserstoff) bzw. durch *Methanolyse* von Me_2SiCl_2 (Bildung von Methylchlorid): $nMe_2SiCl_2 + nH_2O \rightarrow (Me_2SiO)_n + 2nHCl$; $nMe_2SiCl_2 + 2nMeOH \rightarrow (Me_2SiO)_n + 2nMeCl + nH_2O$ (das nach $MeOH + HCl \rightarrow MeCl + H_2O$ zurückgewonnene oder das direkt gebildete MeCl wird mit Si durch Direktsynthese wieder zu Me_2SiCl_2 umgesetzt). Häufig wird das erhaltene Gemisch von Oligodimethylsiloxan durch Behandlung mit KOH bei 160 °C in *Octamethylcyclotetrasiloxan* $(Me_2SiO)_4$ umgewandelt, das nach destillativer Feinreinigung und Zugabe von Endgruppen-liefernden Substanzen (z. B. $Me_3SiOSiMe_3$) in Anwesenheit von KOH oder von Säure bei erhöhter Temperatur „*polymerisiert*" wird[195]. Die direkte Umwandlung der durch Hydrolyse von Me_2SiCl_2 gebildeten acyclischen Oligodimethylpolysiloxane $HO{-}(SiMe_2O)_n{-}SiMe_2{-}OH$ kann in Anwesenheit von Katalysatoren wie $(NPCl_2)_x$ erfolgen. Verzweigte hochmolekulare Polysiloxane werden im Prinzip wie die linearen Polysiloxane hergestellt; man setzt nur ein Organylchlorsilangemisch aus R_3SiCl, R_2SiCl_2 und $RSiCl_3$ ein. Die durch *unvollständige Hydrolyse* von Organylchlorsilanen erhältlichen Oligosiloxane mit SiCl-Endgruppen sind wichtige Ausgangsprodukte für Siliconcopolymere (z. B. Polyether/Silicon-Copolymere).

Technische Siliconprodukte und ihre Verwendung. Die erwähnte Wärme-, Luft- und Wasserstabilität sowie die wasserabweisenden, gasdurchlässigen und stromisolierenden Eigenschaften der Silicone (Weltjahresproduktion von Ölen, Kautschuk, Harzen: Megatonnenmaßstab) werden auf vielfältige Weise genutzt:

Siliconöle stellen meist acyclische Silcone des Typs $Me_3Si{-}O{-}[SiMe_2{-}O]_n{-}SiMe_3$ dar (statt einiger $SiMe_2$-Gruppen können auch SiMePh- oder $SiPh_2$-Gruppen eingebaut sein) und weisen je nach Kondensationsgrad unterschiedliche Viskositäten auf (Stockpunkte[196] zwischen − 60 bis − 35 °C). Die temperaturbeständigen Öle zeichnen sich durch geringe Flüchtigkeit, kleine Temperaturkoeffizienten der

[195] Während Cyclosiloxane $(R_2SiO)_n$ (*n* z. B. 3, 4) zur Polymerisation neigen (Bildung von $(R_2SiO)_x$), unterliegen Polysilazane $(R_2SiNR')_x$ umgekehrt leicht der Depolymerisation (Bildung von $(R_2SiNR')_n$) und sind deshalb weniger als chemische Werkstoffe geeignet.

[196] Temperaturen, bei denen eine Flüssigkeit in einem genormten Rohr gerade zu fließen aufhört.

Viskosität, Feuersicherheit, hohe Resistenz gegen Säuren und Laugen, hohen elektrischen Widerstand, niedrige Oberflächenspannung aus; auch sind sie geruch- und geschmacklos sowie physiologisch indifferent. Man verwendet sie als Schmiermittel, Brems- und hydraulische Flüssigkeiten, Wärmeübertragungsmittel, Transformatorenöle, Lackverlaufs- und Glanzverbesserungsmittel, Bestandteile von Hautcremes und Schutzpolituren. „*Siliconölemulsionen*" dienen als Formentrenn- und Entlüftungsmittel, zur Hydrophobierung und Griffverbesserung von Textilien, als Entschäumer. „*Siliconpasten*" und -„*fette*" (Mischungen von Siliconölen und Kieselsäuren bzw. Li- oder Ca-Seifen) stellen Spezialschmiermittel dar.

Siliconkautschuke (-elastomere, -gummis) werden in Form von kaltvulkanisierendem bzw. heißvulkanisierendem Kautschuk hergestellt. Der „*kaltvulkanisierende Einkomponentensiliconkautschuk*" besteht meist aus acyclischen Polysiloxanmolekülen $MeX_2Si—O—[SiMe_2—O]_n—SiX_2Me$ mit funktionellen Endgruppen („*Vernetzerkomponenten*" X; z. B. organische Acylreste wie $MeCO_2$), die sich bei Einwirkung von Luftfeuchtigkeit nach X/OH-Austausch langsam vernetzen ($—SiX_2Me + 2H_2O \rightarrow —Si(OH)_2Me + 2HX$; $2—Si(OH)_2Me \rightarrow —Si(OH)Me—O—Si(OH)Me— + H_2O$). Zur Verbesserung der mechanischen und elastischen Eigenschaften werden dem Kautschuk Füllstoffe (z. B. hochdisperse Kieselsäure) sowie Siliconöl, zur Kondensationsbeschleunigung Zinnverbindungen (z. B. Dibutylzinndilaurat) beigemengt. Man nutzt den Einkomponentenkautschuk als Fugendichtmasse im Bauwesen, Sanitär-, Glas-, Autobereich und als hitzebeständigen Klebstoff für Dichtungen. Beim „*kaltvulkaniserenden Zweikomponentensiliconkautschuk*" werden die Polymerkomponenten (meist $HO—[SiMe_2—O]_n—SiMe_2OH$) und Vernetzerkomponenten (meist $Si(OR)_4$) erst vor der Verwendung miteinander vermischt. Er dient als Abformmasse in der Restaurierungstechnik, Möbelindustrie, Dentaltechnik, zum Vergießen elektronischer Bauelemente sowie zum Beschichten von Papier und Kunststoffolien (z. B. Abziehpapiere für selbstklebende Etiketten). Der „*heißvulkanisierende Siliconkautschuk*" besteht im wesentlichen aus Polysiloxanmolekülen des Typs $Me_3SiO—[SiMe_2—O]_n—SiMe_3$, in welchen einige $SiMe_2O$-Einheiten durch SiViMeO-Einheiten ersetzt sind (Vi = Vinyl $CH{=}CH_2$). Die Vernetzung erfolgt bei höheren Temperaturen mit organischen Peroxiden oder mit SiH-haltigem Polysiloxan (Hydrosilierung mit Pt-Katalysatoren). Auf den besprochenen Wegen stellt man Schläuche für die medizinische Technik (z. B. Katheder, Transfusionsschläuche), Kabel für die Elektroindustrie, Dichtungen für die Automobilindustrie, Implantate für den menschlichen Körper (z. B. Herzklappenventile, Kontaktlinsen) her.

Siliconharze sind verzweigte Polysiloxane. Die Bildung der polymeren festen Harze erfolgt meist durch mehrstündiges Erhitzen („*Aushärten*") – zwischenzeitlich hergestellter – flüssiger Siliconharze bei 180 bis 250 °C. Sie dienen als Lackrohstoffe und Bindemittel sowie als Bautenschutzmittel (z. B. für Hausfassaden).

3 Das Germanium[197)]

3.1 Elementares Germanium

Vorkommen. Germanium kommt in der Natur hauptsächlich in Form von **Sulfiden** (*Thiogermanaten*) in Gestalt seltener Mineralien wie *Argyrodit* Ag_8GeS_6 (= „$4Ag_2S \cdot GeS_2$") und *Germanit*, einem Kupfer-eisen-thiogermanat $Cu_6FeGe_2S_8$ (= „$3Cu_2S \cdot FeS \cdot 2GeS_2$"), vor.

Isotope (vgl. Anh. III). *Natürliches* Germanium besteht aus den Isotopen $^{70}_{32}Ge$ (20.5 %), $^{72}_{32}Ge$ (27.4 %), $^{73}_{32}Ge$ (7.8 %) und $^{74}_{32}Ge$ (36.5 %). Das Nuklid $^{73}_{32}Ge$ dient für *NMR-spektroskopische* Untersuchungen, die *künstlich erzeugten* Nuklide $^{76}_{32}Ge$ (Elektroneneinfang; $\tau_{1/2}$ = 287 Tage), $^{71}_{32}Ge$ (Elektroneneinfang; $\tau_{1/2}$ = 11.4 Tage) und $^{77}_{32}Ge$ (β^--Strahler; $\tau_{1/2}$ = 11.3 Sekunden) werden für *Tracer*experimente genutzt.

Geschichtliches. *Entdeckt* wurde Ge im Jahre 1886 von dem deutschen Chemiker Clemens Winkler (1838–1904). Diesem war bei der Analyse eines bei Freiberg in Sachsen aufgefundenen neuen silberreichen Minerals (Argyrodit) aufgefallen, daß die Summe der darin gefundenen Bestandteile (74.72 % Ag, 17.13 % S, 0.66 % Fe, 0.31 % Hg, 0.22 % Zn) stets einen *Fehlbetrag* von 7 % ergab, ohne daß sich bei planmäßiger Suche ein noch in Frage kommendes Element nachweisen ließ. Die eingehende Nachprüfung dieses überraschenden Ergebnisses führte dann zur Erkenntnis, daß das Mineral ein bis dahin noch *unbekanntes Element* enthielt, dem Winkler wegen der Entdeckung in Deutschland den Namen *Germanium*

---

[197] **Literatur.** V. I. Darydov: „*Germanium*", Gordon and Breach, New York 1967; F. Glockling: „*The Chemistry of Germanium*", Acad. Press, New York 1969; E. G. Rochow: „*Germanium*", Comprehensive Inorg. Chem. **2** (1973) 1–41; P. G. Harrison: „*Silicon, Germanium, Tin and Lead*", Comprehensive Coord. Chem. **3** (1987) 183–234; ULLMANN (5. Aufl.): „*Germanium and Germanium Compounds*", **A 12** (1989) 351–363; GMELIN „*Germanium*", Syst.-Nr. **45**, bisher 5 Bände. Vgl. auch Anm. 200, 201, 205.

gab[198]. Die Gewinnung von *elementarem* Germanium erfolgte im gleichen Jahr durch Reduktion des aus Argyrodit gewonnenen Sulfids mit Wasserstoff. Die chemischen und physikalischen Eigenschaften des Elements zeigten, daß im Germanium das von D.I. Mendelejew im Jahre 1871 vorausgesagte „*Eka-Silicium*" vorlag. Damit war aber die Entdeckung von großer Tragweite, da Mendelejew das Eka-Silicium als Musterbeispiel für die Leistungsfähigkeit seines *Periodensystems der Elemente* herausgestellt hatte[199]. Die glänzende Übereinstimmung zwischen vorausgesagten und wirklich gefundenen Eigenschaften geht aus der Tab. 85 hervor.

Tab. 85 Vorausgesagte und gefundene Eigenschaften des Germaniums.

		Eka-Silicium Mendelejew 1871	**Germanium** Winkler 1886	Heutige Werte
Rel. Atommasse		72	72.32	72.61
Farbe		dunkelgrau	grauweiß	grauweiß
Dichte (g/cm^3)		5.5	5.47	5.323
Atomvolumen (cm^3)		13	13.22	13.57
Spez. Wärme (J/g · K)		0.306	0.318	0.310
Schmelzpunkt (°C)		hoch	–	937.4
Wertigkeit		4	4	4 und 2
Oxid:	Formel	Eka-SiO_2	GeO_2	GeO_2
	Dichte (g/cm^3)	4.7	4.703	4.228
	Eigensch.	überwiegend sauer	bestätigt	bestätigt
Chlorid:	Formel	Eka-$SiCl_4$	$GeCl_4$	$GeCl_4$
	Dichte (g/cm^3)	1.9	1.887	1.8443
	Sdp. (°C)	60–100	86	83.1
Sulfid:	Eigensch.	in $(NH_4)HS/H_2O$ lösl.	bestätigt	bestätigt
Ethylverb.:	Formel	Eka-$Si(C_2H_5)_4$	$Ge(C_2H_5)_4$	$Ge(C_2H_5)_4$
	Dichte (g/cm^3)	0.96	0.99	0.991
	Sdp. (°C)	160	163	162.5

Darstellung. Zur Darstellung von Germanium dienen insbesondere die GeO_2-haltigen *Rauchgase* der Zinkerzaufbereitung (s. dort). Zur *Anreicherung* von GeO_2 löst man aus dem Flugstaub mit Schwefelsäure zunächst GeO_2 zusammen mit ZnO heraus und fällt dann aus der H_2SO_4-Lösung durch Zugabe von Natronlauge bei pH = 5 ein Gemisch der Oxide GeO_2 und ZnO (Ge-Anreicherung von 2 auf 10 %). Zur *Abtrennung* von GeO_2 führt man GeO_2/ZnO mit Salzsäure in ein Gemisch der Chloride $GeCl_4$ und $ZnCl_2$ über, destilliert das flüchtige Tetrachlorid $GeCl_4$ ab (Sdp. 83.1 °C; $ZnCl_2$ siedet bei 756 °C), reinigt $GeCl_4$ durch wiederholte Destillation und hydrolysiert es schließlich zum *Dioxid* GeO_2, das sich mit Wasserstoff leicht zum Germanium *reduzieren* läßt. Die Hochreinigung von Ge kann durch das Zonenschmelzverfahren (S. 878) erfolgen.

---

198 Ähnlich wie die Entdeckung des Germaniums war die Entdeckung des *Lithiums*. Hier stellte 1817 der Schwede Johan August Arfvedson bei der quantitativen Analyse eines in Nordschweden vorkommenden Minerals (*Kastor*; S. 1149) bei Berücksichtigung aller in Frage kommenden Elemente einen Analysenfehlbetrag von 4% fest und entdeckte so das Element Lithium (S. 1149).

Dagegen begnügte sich C.F. Plattner – wie Clemens Winkler, Professor an der Bergakademie Freiberg in Sachsen 1846 bei der quantitativen Analyse eines für ein *Kalium*-aluminium-silicat gehaltenen Minerals (*Pollux*; S. 1159) mit der Feststellung einer Analysendifferenz von 7%, ohne wie Winkler den Schluß auf ein noch unentdecktes Element zu wagen (S. 1159). Erst 18 Jahre später (1864) wurde von dem Italiener F. Pisani gefunden, daß das Mineral anstelle von Kalium das chemisch sehr ähnliche *Cäsium* enthielt, das in der Zwischenzeit (1860) von R.W. Bunsen und G.R. Kirchhoff entdeckt worden war. Der große Unterschied zwischen den relativen Atommassen von Kalium (39) und Cäsium (133) bedingte den von Plattner festgestellten Fehlbetrag der Analyse.

199 Andere von Mendelejew 1871 vorausgesagte – und nach ihrer Auffindung ebenfalls nach den Entdeckerländern benannte – Elemente waren „*Eka-Bor*" (= *Scandium*; gefunden 1879 von dem *Schweden* Nilson) und „*Eka-Aluminium*" (= *Gallium*; gefunden 1875 von dem *Franzosen* Lecoq de Boisbaudran). Man bezeichnet die drei Elemente Ge, Sc und Ga wegen ihrer Benennung nach Nationen scherzhaft auch als die „patriotischen Elemente". Auch „*Eka-Mangan*" (= *Technetium*), „*Eka-Tellur*" (= Polonium), „*Dwi-Mangan*" (= *Rhenium*), „*Eka-Tantal*" (= *Protactinium*), „*Eka-Cäsium*" (= *Francium*) wurden von Mendelejew vorausgesagt.

Physikalische Eigenschaften. Germanium („*α-Germanium*") ist ein *grauweißer*, in Form von Oktaedern ausgezeichnet kristallisierender, sehr spröder Feststoff ($d = 5.323$ g/cm^3) vom Schmelzpunkt 937.4 °C und Siedepunkt 2830 °C. Seine Struktur entspricht der des ebenfalls kubisch kristallisierenden Diamanten (GeGe-Abstand: 2.445 Å). Es leitet als *Halbleiter* den elektrischen Strom (vgl. S. 1312).

Durch Einwirkung sehr hoher Drücke (120000 bar) ist noch eine spezifisch dichtere, elektrisch leitende tetragonale Form des Germaniums („*β-Germanium*"; $d = 5.88$ g/cm^3) synthetisierbar, die beim Erwärmen in das normale kubische Germanium übergeht und die die gleiche Struktur wie das metallische β-Zinn (S. 793) besitzt (GeGe-Abstände: 2.533 und 2.692 Å). Neben β-Germanium kennt man als weitere, unter bestimmten Bedingungen (Druck, Temperatur) erhältliche, metastabile Modifikationen „γ"- sowie „*δ-Germanium*" (vgl. die entsprechenden Verhältnisse im Falle des Siliciums, S. 879). Eine graphitartige Modifikation des Germaniums ist erwartungsgemäß unbekannt.

Durch Abschrecken einer Germaniumschmelze oder durch Aufdampfen von Germanium auf gekühlte Flächen erhält man „*amorphes Germanium*". In diesem ist im allgemeinen jedes Germaniumatom wie in der kristallisierten Phase von vier anderen tetraedrisch umgeben, jedoch ist die Verknüpfung dieser Tetraeder eine *unregelmäßige*. Da sich nur in einer geordneten Struktur alle Valenzen gegenseitig absättigen können, sind in der amorphen Phase *freie Valenzen* vorhanden. Die amorphe Phase ist dementsprechend nur beständig, wenn diese Valenzen durch *Sauerstoff* oder *andere Atome* abgesättigt sind. Eine abgeschreckte, glasig erstarrte Schmelze *extrem gereinigten* Germaniums dagegen ist instabil und wandelt sich nach einiger Zeit plötzlich unter starker Wärmeentwicklung in kristallisiertes Germanium um (vgl. explosives Antimon, S. 813).

In der *Schmelze* ist das Netzwerk aus vierbindigen Germaniumatomen nicht mehr beständig. Hier umgibt sich jedes Germaniumatom im Mittel mit 8 anderen Atomen. Das Germanium wird dadurch metallähnlicher, da für Metalle, sowohl in der kristallisierten Form wie in der Schmelze, eine hohe Koordinationszahl charakteristisch ist. Der GeGe-Abstand ist gegenüber dem kristallisierten Zustand von 2.45 auf 2.70 Å aufgeweitet. Gleichwohl bedingt die höhere Koordinationszahl in der Schmelze eine bessere Raumerfüllung als in der diamantartigen α-Germanium-Form. Germanium dehnt sich daher wie Wasser beim Erstarren aus.

Physiologisches. Germanium, ein nicht essentielles Element, ist wie Silicium ungiftig. Man findet es in manchen Pflanzen angereichert vor.

Chemische Eigenschaften. Bei gewöhnlicher Temperatur hält sich kompaktes Germanium an der *Luft* unverändert. Oberhalb Rotglut verbrennt es unter Bildung weißer Dämpfe zu Germaniumdioxid GeO_2 ($\Delta H_f = -551.4$ kJ/mol). In *nichtoxidierenden Säuren*, wie Salzsäure und verdünnter Schwefelsäure, ist Germanium *unlöslich*; von *oxidierenden Säuren*, wie konzentrierter Schwefel- oder Salpetersäure, wird es in das *Dioxid* übergeführt. *Verdünnte Kalilauge* greift es kaum an.

Germanium in Verbindungen[200]. Germanium tritt *zwei-* und *vierwertig* auf. Die Germanium(II)-Verbindungen (**s^2**-Elektronenkonfiguration, S. 884) sind recht unbeständig und werden leicht zu den beständigeren Germanium(IV)-Verbindungen (**s^0**-Elektronenkonfiguration) *oxidiert*. Dementsprechend tritt das Germanium in der *Natur* gleich dem Kohlenstoff und Silicium nur vierwertig auf. Insgesamt ist das Germanium in seinem chemischen Verhalten – abgesehen von der größeren Beständigkeit der zweiwertigen Verbindungen – dem Silicium sehr ähnlich, so daß die Chemie des Siliciums (S. 880) weitgehend repräsentativ auch für die Chemie des Germaniums ist. Wie Silicium betätigt Germanium im vier- und zweiwertigen Zustande die Oxidationsstufen **+4** (z. B. GeF_4), **−4** (z. B. Ca_2Ge), **+2** (z. B. GeF_2) und **−2** (z. B. CaGe) zu. Darüber hinaus sind Verbindungen mit Germanium in Zwischenoxidationsstufen bekannt.

---

200 **Literatur.** Ge(II)-Verb. P. G. Harrison: „*The Structural Chemistry of Bivalent Germanium, Tin and Lead*", Coord. Chem. Rev. **20** (1976) 1–36. Vgl. Anm.[212], S. 967. Ungesättigte Ge-Verb. J. Barrau, J. Escudié, J. Satgé: „*Multiply Bonded Germanium Species. Recent Developments*", Chem. Rev. **90** (1990) 283–319; J. Satgé, „*Multiply Bonded Germanium Species*", Adv. Organometal. Chem. **21** (1983) 241–287; T. T. Tsumuraya, S. A. Batcheller, S. Masamune: „*Verbindungen mit SiSi-, GeGe- und SnSn-Doppelbindungen sowie gespannten Ringsystemen mit Si-, Ge- und Sn-Gerüsten*", Angew. Chem. **103** (1991) 916–944; Int. Ed. **30** (1991) 902; J. Satgé: „*Reactive Intermediates in Organogermanium Chemistry*", Pure Appl. Chem. **56** (1984) 137–150. Germanide: Vgl. Anm.[210].

Als Koordinationszahlen betätigt Germanium *eins* (z. B. in matrixisoliertem **GeO**), *zwei* (linear in matrixisoliertem O=**Ge**=O, gewinkelt in **Ge**X_2), *drei* (planar in matrixisoliertem F_2**Ge**=O, pyramidal in $\cdot$**Ge**X_3), *vier* (tetraedrisch in **Ge**X_4, pyramidal in **:Ge**pc mit pc = Phthalocyanin, wippenförmig in [:**Ge**$F_2]_x$), *fünf* (trigonal-bipyramidal in R_2**Ge**X_3^-, quadratisch-pyramidal in F**Ge**$(O_2C_6H_4)_2^-$), *sechs* (oktaedrisch in **Ge**F_6^{2-}, **Ge**$(acac)_3^+$ mit acac = Acetylacetonat).

Ähnlich wie ungesättigte Siliciumverbindungen sind auch ungesättigte Germaniumverbindungen nur bei extrem *hoher sterischer Abschirmung* der $p_\pi p_\pi$-Bindungen – wie sie etwa bei den nachfolgend aufgeführten vier Substanzen gegeben ist – als metastabile Produkte isolierbar (Es = 2,6-$Et_2C_6H_3$, Mes* = 2,4,6-$^tBu_3C_6H_2$, R—R = Fluorenyliden; vgl. auch S. 886):

$Es_2Ge{=}GeEs_2$ $\qquad Mes_2Ge{=}CR_2$ $\qquad ((Me_3Si)_2N)_2Ge{=}N{-}SiEt_3$ $\qquad Mes_2Ge{=}P{-}Mes^*$

Wie Silicium kommt Germanium eine Tendenz zur Bildung von Elementclustern (Ketten, Ringen, Käfigen) zu. Die GeGe-Bindungen sind allerdings deutlich schwächer als SiSi-Bindungen (vgl. S. 312). Da Germanium elektronegativer als Silicium ist, sind GeX-Bindungen vielfach weniger polar als SiX-Bindungen (vgl. Wasserstoffverbindungen).

Germanium-Ionen. Wie von Silicium kennt man auch von Germanium *keine Elementkationen*. Anionisch kommt es in den als Zintl-Phasen (S. 890) zu klassifizierenden **Metallgermaniden** M_mGe_n (M insbesondere Alkali- und Erdalkalimetall) vor. Sie enthalten ähnlich wie die Metallsilicide (S. 890) – extrem formuliert – *isolierte Anionen* $\mathbf{Ge^{4-}}$ (z. B. in Mg_2Ge, Ca_2Ge, Sr_2Ge, Ba_2Ge) oder *Hanteln* $\mathbf{Ge_2^{6-}}$ (z. B. in $BaMg_2Ge_2$) oder *Tetraeder* $\mathbf{Ge_4^{4-}}$ (z. B. in NaGe, KGe, RbGe, CsGe, $SrGe_2$, $BaGe_2$) oder *Zickzack-Ketten* $[\mathbf{Ge^{2-}}]_x$ (z. B. in CaGe, SrGe, BaGe) oder *gewellte Sechsringschichten* $[\mathbf{Ge^-}]_x$ (z. B. in $CaGe_2$) oder *dreidimensionale Verbände* $[\mathbf{Ge^-}]_x$ (z. B. in LiGe). Durch Reduktion von Germanium mit Natrium in flüssigem Ammoniak entsteht das Polyanion $\mathbf{Ge_9^{4-}}$, das in Form von $Na_4Ge_9 \cdot 5en$ (en = Ethylendiamin = $H_2NCH_2CH_2NH_2$) isoliert werden kann. Das gleiche Anion, zusammen mit $\mathbf{Ge_9^{2-}}$, enthält das *tiefrote* kristalline Salz $[K(crypt)^+]_6\,[Ge_9^{2-}]\,[Ge_9^{4-}] \cdot 2\frac{1}{2}en$, das sich beim Behandeln von NaGe mit en in Gegenwart von crypt = $N(CH_2CH_2OCH_2CH_2OCH_2CH_2)_3N$ bildet. Ge_9^{4-} ist einfach-überkappt-quadratisch-antiprismatisch (C_{4v}-Symmetrie), Ge_9^{2-} dreifach-überkappt-trigonal-prismatisch (D_{3h}-Symmetrie) gebaut. Es läßt sich auch tetraedrisches Ge_4^{2-} in Salzform isolieren.

Verwendung. Eine breite Anwendung findet Germanium (Weltjahresproduktion: Hundert Kilotonnenmaßstab) in der *Transistortechnologie* sowie für *optische Geräte* (Fenster, Prismen, Linsen; Ge ist für infrarotes Licht durchlässig). Darüber hinaus nutzt man es u. a. für Speziallegierungen, Supraleiter, Dehnungsmeßstreifen und – in Form von Magnesiumgermanat – als Leuchtstoff.

3.2 Germanium(IV)-Verbindungen[197)]

Germaniumwasserstoffe[201)]. Darstellung. Die Wasserstoffverbindungen des Germaniums werden zweckmäßig durch Einwirkung von *Bromwasserstoff* (in Form von NH_4Br) auf *Dimagnesiumgermanid* (s. oben) in flüssigem Ammoniak bei $-40\,°C$ gewonnen:

$$Mg_2Ge + 4HBr \rightarrow GeH_4 + 2MgBr_2.$$

Die Ausbeute an Reinprodukt beträgt $\frac{1}{3}$ der Theorie. Neben „*Monogerman*" $\mathbf{GeH_4}$ als dem Hauptprodukt der Umsetzung entstehen auch „*Digerman*" $\mathbf{Ge_2H_6}$ (1 mol auf 5–6 mol GeH_4) und geringe Mengen „*Trigerman*" $\mathbf{Ge_3H_8}$, „*Tetragerman*" $\mathbf{Ge_4H_{10}}$ und „*Pentagerman*" $\mathbf{Ge_5H_{12}}$. Die höheren Germane sind am bequemsten durch Zirkulation von GeH_4 bei 0.5 bar durch eine stille elektrische Entladung gewinnbar. So ergab eine typische Umsetzung z. B. 20% Ge_2H_6, 30% Ge_3H_8, 6% Ge_4H_{10}, 0.4% Ge_5H_{12}, 0.12% Ge_6H_{14}, 0.1% Ge_7H_{16}, 0.04% Ge_8H_{18}. Auch Isomere von Ge_4H_{10} und Ge_5H_{12} ließen sich dabei abtrennen.

Reines Monogerman ist mit 30%iger Ausbeute durch Umsetzung von *Germaniumtetrachlorid* mit *Lithiumalanat* in etherischer Lösung gewinnbar; ebenso entsteht es (neben Ge_2H_6) bei der Hydrierung von GeO_2 mit $NaBH_4$ in schwach saurer wässeriger Lösung:

$$GeCl_4 + LiAlH_4 \rightarrow GeH_4 + LiAlCl_4; \quad GeO_2 + NaBH_4 \rightarrow GeH_4 + NaBO_2.$$

---

201 **Literatur.** E. Wiberg, E. Amberger: „*Hydrides*" Elsevier, Amsterdam 1971, S. 639–718.

Eigenschaften. „*Monogerman*“ ist gasförmig (GeH_4: Smp. $-165.90\,°C$, Sdp. $-88.36\,°C$, $\Delta H_f = +90.9$ kJ/mol; GeD_4: Smp. $-166.2\,°C$, Sdp. $-89.2\,°C$) und bis 285 °C beständig; „*Digerman*“ (Ge_2H_6: Smp. $-109\,°C$, Sdp. $+29\,°C$, $\Delta H_f = +137$ kJ/mol), „*Trigerman*“ (Ge_3H_8: Smp. $-105.6\,°C$, Sdp. $+110.5\,°C$, $\Delta H_f = +194$ kJ/mol) und die *höheren Germane* (Ge_4H_{10}: Sdp. $+176.9\,°C$; Ge_5H_{12}: Sdp. $+234\,°C$) stellen *farblose*, leichtbewegliche bis ölige Flüssigkeiten dar. Die Germane Ge_nH_{2n+2} entsprechen in ihren Formeln den gesättigten Kohlenwasserstoffen C_nH_{2n+2} und sind bis zum Nonagerman Ge_9H_{20} hin bekannt. Verglichen mit den Silanen ist die Oxidationsempfindlichkeit der Germane geringer. So sind sie weniger leicht entflammbar (GeH_4 bei etwa 170 °C, Ge_2H_6 bei etwa 100 °C), schwächere Reduktionsmittel als die Silane und wesentlich stabiler gegen Hydrolyse (GeH_4 ist z.B. gegen 30 %ige Alkalilauge beständig). In flüssigem Ammoniak reagiert GeH_4 als Säure ($GeH_4 + NH_3 \rightarrow NH_4^+ \; GeH_3^-$) und entwickelt mit Alkalimetallen Wasserstoff ($GeH_4 + Na \rightarrow NaGeH_3 + \frac{1}{2}H_2$) unter gleichzeitiger Bildung von *farblosen* „*Alkalimetallgermylen*“ M^IGeH_3 ($KGeH_3$ und $RbGeH_3$ mit NaCl-Struktur, $CsGeH_3$ mit TlI-Struktur; pyramidales GeH_3^--Ion, Winkel HGeH 92.5°). Letztere Reaktionen deuten darauf, daß der Wasserstoff in Germanium weniger hydridisch ist als der in Silanen (Elektronegativitäten für C/Si/Ge = 2.50/1.74/2.02). Offensichtlich wächst die Acidität in der Reihe CH_4, SiH_4, GeH_4 (sinkt die Basizität in der Reihe CH_3^-, SiH_3^-, GeH_3^-) ähnlich wie im Falle der isoelektronischen Teilchen NH_4^+, PH_4^+, AsH_4^+ (NH_3, PH_3, AsH_3).

Neben reinen Germanen sind auch gemischte „*Silicium-germanium-hydride*“ wie $H_3Si—GeH_3$, $H_3Si—GeH_2—SiH_3$ und $GeH_3—SiH_2—GeH_3$, „*Halogengermane*“ $GeH_{4-n}X_n$ wie GeH_3Cl, GeH_2Cl_2, $GeHCl_3$ und „*Metallgermyle*“ $MGeH_3$ (s.o.) bekannt (GeH_3I und $KGeH_3$ sind wichtige Edukte für die Herstellung von Germylverbindungen).

Germanium(IV)-halogenide lassen sich durch Umsetzen von *Germanium* und *Halogen* oder von *Germaniumdioxid* mit konzentrierter *Halogenwasserstoffsäure* darstellen:

$$Ge + 2X_2 \rightarrow GeX_4 \quad \text{oder} \quad GeO_2 + 4HX \rightleftarrows GeX_4 + 2H_2O.$$

Das **Germaniumtetrafluorid GeF_4**, das aus wäßrigen Lösungen als *farbloses* Hydrat $GeF_4 \cdot 3H_2O$ kristallisiert und analog SiF_4 (S. 905) durch Einwirkung von HF auf GeO_2 bzw. durch Erhitzen von $BaGeF_6$ auf 700 °C dargestellt werden kann, ist ein *farbloses*, sich bei $-36.6\,°C$ zu einer weißen, flockigen Masse (Smp. $-15\,°C$ unter Druck) verdichtendes, an der Luft wie SiF_4 stark rauchendes Gas, das mit Wasser zu GeO_2 und H_2GeF_6 reagiert. Aus einer mit Kaliumfluorid versetzten Germanium(IV)-fluorid-Lösung kristallisiert das *farblose* „*Hexafluorogermanat*“ $K_2[GeF_6]$ aus (GeF-Abstand in GeF_6^{2-} 1.77 Å, in GeF_4 1.67 Å). Auch sonst ist GeF_4 wie SiF_4 eine starke Lewis-Säure. **Germaniumtetrachlorid $GeCl_4$** (darstellbar aus den Elementen oder aus GeO_2 und konz. HCl; $\Delta H_f = -532.1$ kJ/mol) ist eine *farblose*, bei $-49.5\,°C$ erstarrende und bei $+83.1\,°C$ siedende Flüssigkeit, die durch Wasser oder Säuren auf dem Wege über Verbindungen $GeCl_{4-n}(OH)_n$ (bzw. deren Komplexe) langsam unter Bildung von wasserhaltigem Germaniumdioxid hydrolysiert wird und daher an der Luft raucht. Mit Chloriden bildet $GeCl_4$ *Chlorokomplexe* des Typus $GeCl_6^{2-}$. Beim homologen Silicium (kleineres Atom) kennt man solche Chlorokomplexe nicht.

Die Halogenide **Germaniumtetrabromid $GeBr_4$** (*weiß*; Smp. 26.1 °C; Sdp. 186.5 °C) und **Germaniumtetraiodid GeI_4** (*orangefarben*; Smp. 146 °C; Sdp. etwa 356 °C; $\Delta H_f = 152$ kJ/mol) sind aus HX und GeO_2 gewinnbar. Sie werden durch Wasser leichter zersetzt als das Chlorid. Das Iodid, das wie das homologe SnI_4 (S. 970) aufgebaut ist, beginnt oberhalb des Schmelzpunktes in Germanium(II)-iodid und Iod zu zerfallen. Auch gemischte Germanium(IV)-halogenide wie $GeClF_3$ (Sdp. $-20.3\,°C$), $GeCl_2F_2$ (Sdp. $-2.8\,°C$) und $GeCl_3F$ (Sdp. $+37.5\,°C$) sind bekannt. Ebenso existieren **Hexachlordigerman Ge_2Cl_6**, das leicht in $GeCl_4$ und $GeCl_2$ zerfällt, und „*höhere Germaniumchloride*“ Ge_nCl_{2n+2}.

Germanium(IV)-chalkogenide. Germaniumdioxid GeO_2 entsteht beim *Rösten* von *Germanium* oder *Germaniumsulfid* (das seinerseits beim Erhitzen von feingepulvertem Germanit im Sauerstoff-freien Gasstrom als Sublimat erhalten wird) oder bei Behandlung dieser Stoffe mit konzentrierter *Salpetersäure* als feuerbeständiges, *weißes*, bei starkem Erhitzen allmählich erweichendes Pulver[202]. Es kristallisiert sowohl in einer mit Siliciumdioxid SiO_2 (*tetraedrisch*

---

202 Man kennt auch ein Germaniumnitrid Ge_3N_4 (Bau analog Si_3N_4; farbloses Pulver; gewinnbar aus Ge + NH_3 bei 700 °C oder $[Ge(NH)_2]_n$ bei 400 °C.

koordiniertes Ge; *Quarz*-Struktur; Smp. 1116 °C) als auch einer mit Zinndioxid SnO_2 (*oktaedrisch* koordiniertes Ge; *Rutil*-Struktur; Smp. 1086 °C) isomorphen Modifikation[203]. Der Umwandlungspunkt liegt bei 1033 °C:

$$GeO_2\,(\text{Rutil}) \xrightleftharpoons{1033\,°C} GeO_2\,(\text{Quarz}).$$

Die erste Modifikation ist zum Unterschied von letzterer in Wasser etwas löslich (etwa 0.4 g in 100 g Wasser bei 20 °C); die Lösung, die möglicherweise „*Germaniumtetrahydroxid*" $Ge(OH)_4$ enthält, reagiert deutlich sauer (**Germaniumsäure** $\mathbf{H_4GeO_4}$[204]; $pK_1 = 9.03$, $pK_2 = 12.33$). In *Säuren* löst sich Germaniumdioxid nur *schwierig*, in *Alkalilauge* dagegen *leicht*. Der *saure Charakter* überwiegt also den *basischen*. Die beim Auflösen in Alkalilaugen entstehenden **Germanate**, die auch beim Zusammenschmelzen von *Germaniumdioxid* und *Metalloxid* erhalten werden können, entsprechen in ihrer Zusammensetzung weitgehend den *Silicaten* (S. 920). So kennt man z. B. *Orthogermanate* $M^I_4[GeO_4]$ (in wässeriger Lösung Bildung saurer Salze mit Anionen wie $GeO(OH)_3^-$, $GeO_2(OH)_2^{2-}$ oder $\{[Ge(OH)_4]_8(OH)_3\}^{3-}$), *Metagermanate* $M^I_2[GeO_3]$ und *Meta-digermanate* $M^I_2[Ge_2O_5]$. Auch *Hexahydroxogermanate* wie etwa $Fe[Ge(OH)_6]$ sind bekannt. Die diesen Salzen entsprechenden *Germaniumsäuren* existieren nicht als definierte *reine Verbindungen*, da sie wie die Kohlenstoff- und Siliciumsäuren unbeständig und nur in wässeriger Lösung bekannt sind. Man kennt auch Germanate, in welchen Germanium von mehr als vier O-Atomen umgehen ist (z. B. in $K_2[Ge_8O_{17}]$).

Unter den formal als **Germanium(IV)-Salzen** zu klassifizierenden Verbindungen seien die aus GeO_2 und HX hervorgehenden *Germanium(IV)-halogenide* GeX_4 (s. o.) sowie das aus $GeCl_4$ und SO_3 bei 160 °C zugängliche instabile *Germanium(IV)-sulfat* $Ge(SO_4)_2$ erwähnt. *Germanium(IV)*-acetat $Ge(OAc)_4$ (*farblose* Nadeln, Smp. 156 °C) entsteht durch Einwirkung von TlOAc auf $GeCl_4$.

Ein **Germaniumdisulfid** $\mathbf{GeS_2}$ fällt als *farbloser* Niederschlag beim Einleiten von H_2S in eine stark saure Germanium(IV)-Salzlösung aus. Es entsteht auch aus den Elementen bei 1100 °C unter Druck. GeS_2 (Smp. 800 °C) ist wie SiS_2 unter Normalbedingungen polymer; seine Struktur unterscheidet sich jedoch von der SiS_2-Struktur. Bezüglich monomerem GeS_2 vgl. Anm.[207]. Man kennt auch ein aus den Elementen zugängliches **Germaniumdiselenid** $\mathbf{GeSe_2}$.

Organische Germanium(IV)-Verbindungen[205] lassen sich wie die entsprechenden Siliciumverbindungen durch *Direktsynthese, Metathesereaktion* sowie *Hydrogermierung (Hydrogermylierung)* darstellen (Näheres siehe S. 898). Die Tetraorganylgermane GeR_4 (z. B. *farbloses*, flüssiges $GeMe_4$, Smp./Sdp. = − 88/43.4 °C; *farbloses*, festes $GePh_4$, Smp./Sdp. 235.7/> 400 °C) sind chemisch ähnlich inert wie die Tetraorganylsilane, doch lassen sich die GeC-Bindungen etwas bereitwilliger als die SiC-Bindungen durch *Halogene* X_2, *Halogenwasserstoffe* HX (AlX_3 als Katalysatoren), *Germaniumhalogenide* GeX_4 (Lewis-Säuren als Katalysatoren) und andere Lewis-saure Halogenide *spalten* (z. B. $GePh_4 + Br_2 \rightarrow Ph_3GeBr + PhBr$; $GeR_4 + HX \rightarrow R_3GeX + RH$; $3\,GeMe_4 + GeCl_4 \rightarrow 4\,Me_3GeCl$). Die Organylhalogengermane R_nGeX_{4-n} stellen wichtige Edukte für die Herstellung anorganischer Derivate der Tetraorganylgermane dar. So führt ihre *Hydrierung* mit $NaBH_4$ in Wasser oder $LiAlH_4$ in Ethern glatt zu Organylgermanen R_nGeH_{4-n}, deren Wasserstoff weniger „hydridisch" als der der Silane R_nSiH_{4-n} ist und zum Teil schon „protischen" Charakter aufweist (z. B.: $Ph_3GeH + LiR \rightarrow Ph_3GeLi + RH$; aber: $Ph_3SiH + LiR \rightarrow Ph_3SiR + LiH$; $Et_3GeH + {>}C{=}O \rightarrow {>}CH{-}OGeEt_3$). Die *Hydrolyse* von R_nGeX_{4-n} ist – anders

203 Bei raschem Abkühlen einer GeO_2-Schmelze entsteht *glasiges* GeO_2. Bezüglich monomerem GeO_2 vgl. Anm.[207].

204 Die Konstitution der gelösten Germaniumsäure ist unbekannt.

205 **Literatur**. M. Lesbre, P. Mazerolles, J. Satgé: „*The Organic Compounds of Germanium*", Wiley, London 1971; K.C. Molloy, J.J. Zuckerman: „*Structural Organogermanium Chemistry*" Adv. Inorg. Radiochem. **27** (1983) 113–156; P. Rivière, M. Rivière-Baudet, J. Satgé: „*Germanium*", Comprehensive Organometal. Chem. **2** (1982) 395–518; Gmelin: „*Organogermanium Compounds*", Syst.-Nr. **45**, bisher 3 Bände; Houben-Weyl: „*Metallorganische Verbindungen: Ge, Sn*" **13/6** (1978); I. Haiduc, M. Dräger: „*Germanium Homocycles and Related Heterocycles*" und „*Germanium-Containing Heterocycles*" in I. Haiduc, D.W. Sowerby: „The Chemistry of Inorganic Homo- and Heterocycles", **1** (1987) 361–365 und 367–376; F. Colomer, R.J.P. Corriu: „*Chemical and Stereochemical Properties of Compounds with Silicon- or Germanium-Transition Metal Bonds*", Topics Curr. Chem. **96** (1981) 79–107.

als im Falle von R_nSiX_{4-n} – nicht nur für X = F, sondern auch für X = Cl, Br, I *reversibel* (vgl. Darstellung von GeX_4; die Hydrolyseneigung nimmt in Richtung X = F < Cl < Br < I zu). Die gebildeten Germanole $R_nGe(OH)_{4-n}$ kondensieren wie die entsprechenden Silanole unter Bildung von Germoxanen wie $R_3Ge—O—GeR_3$ (bezüglich der Bindungsverhältnisse vgl. S. 883), $(—R_2Ge—O—)_n$ (acyclisch und cyclisch; wegen Hydrolysemöglichkeit – anders als Silicone – nicht als Kunststoffe geeignet), $(RGeO_{1.5})_n$. Durch Umsetzung von R_nGeX_{4-n} mit Alkalimetallen bilden sich darüber hinaus acyclische, cyclische und polycyclische (käfigartige) Polygermane wie $R_3Ge—GeR_3$ (bezüglich ihrer Dissoziation in GeR_3-Radikale vgl. S. 902), $(R_2Ge)_n$ (*n* insbesondere 4, 5, 6, im Falle sperriger Reste R aber auch 3 oder sogar 2; s. u.), $(RGe)_6$ (R = $(Me_3Si)_2CH$; Ge an den Ecken eines trigonalen Prismas), deren GeGe-Bindungen sich durch Halogene oder Alkalimetalle spalten lassen. In letzterem Falle bilden sich Metallgermyle wie $NaGeR_3$, die mit Elementhalogeniden R_nEX zu Verbindungen mit GeE-Gruppen abreagieren können (z. B. $NaGePh_3 + Me_3SnCl \rightarrow Ph_3GeSnMe_3 + NaCl$) und sich mit Metallkomplexen L_nMX zu Germyl-Komplexen umsetzen, die auch aus Halogengermanen R_nGeX_{4-n} und Komplexanionen L_nM^- zugänglich sind (z. B. $Me_3GeBr + NaMn(CO)_5 \rightarrow Me_3Ge—Mn(CO)_5 + NaBr$; $Me_2GeCl_2 + Na_2Cr_2(CO)_{10} + THF \rightarrow Me_2GeCr(CO)_5 \cdot THF + NaCrCl(CO)_5 + NaCl$). Bezüglich *ungesättigter Germanium-Verbindungen* vgl. S. 956.

3.3 Germanium(II)-Verbindungen[197, 200]

Germanium(II)-halogenide können u. a. durch Reaktion von *Germanium* mit *Germaniumtetrahalogeniden* oder *Halogenwasserstoffen* bei höheren Temperaturen dargestellt werden:

$$Ge + GeX_4 \rightarrow 2\,GeX_2 \quad \text{oder} \quad Ge + 2\,HX \rightarrow GeX_2 + H_2.$$

Das **Germaniumdifluorid GeF_2** (*farblose* Kristalle vom Smp. 110 °C; darstellbar aus GeF_4 und Ge oberhalb 150 °C oder aus Ge und HF bei 225 °C) entspricht in seiner (*polymeren*) Struktur dem isoelektronischen Selendioxid SeO_2 (S. 624):

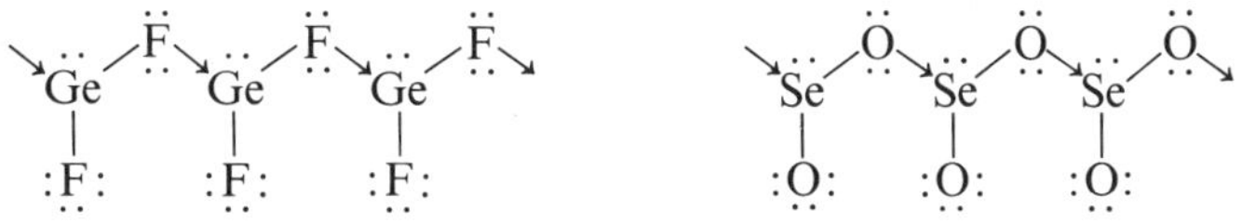

```
↘ .. ╱F╲ .. ╱F╲ .. ╱F↘          ↘ .. ╱O╲ .. ╱O╲ .. ╱O↘
  Ge      Ge      Ge              Se      Se      Se
  |       |       |               |       |       |
 :F:     :F:     :F:             :O:     :O:     :O:
```

In beiden Fällen bildet das Zentralatom ein sp^3-Hybrid, ist also ψ-tetraedrisch (eine freie Tetraederecke durch ein freies Elektronenpaar besetzt), entsprechend einer Anordnung der Atome in Form trigonaler Pyramiden (drei F- bzw. O-Atome an der Basisfläche, ein Ge- bzw. Se-Atom an der Spitze jeder Pyramide). Die exoständigen F-Atome einer GeF_2-Kette lagern sich dabei im Gitterverband so an die Ge-Atome einer zweiten GeF_2-Kette an, daß jedes Ge-Atom ψ-trigonal-bipyramidal von 4 F-Atomen und 1 äquatorialen freien Elektronenpaar umgeben ist. $[GeF_2]_x$ zersetzt sich in kondensierter Phase ab 160 °C in GeF_4 und ein Germaniumsubfluorid. Es läßt sich im Vakuum verdampfen. Hierbei bildet sich *monomeres* GeF_2 (GeF-Abstand = 1.723 Å; $\measuredangle$ FGeF = 97°) neben *dimerem* $(GeF_2)_2$. GeF_2 ist wesentlich beständiger als SiF_2, wie überhaupt die Beständigkeit der Oxidationsstufe +2 in der IV. Hauptgruppe von C bis Pb hin (PbF_2 ist sehr beständig) stark zunimmt. Gleichwohl wirkt GeF_2 noch als starkes Reduktionsmittel (z. B. $GeF_2 + I_2 \rightarrow GeF_2I_2$; $2\,GeF_2 + SeF_4 \rightarrow 2\,GeF_4 + Se$; $Ge(II) + 2\,H^+ \rightarrow Ge(IV) + H_2$).

Das **Germaniumdichlorid $GeCl_2$** bildet sich in der Gasphase gemäß $146\,kJ + Ge(f) + GeCl_4(g) \leftrightarrows 2\,GeCl_2(g)$ ab 300 °C (quantitativer Umsatz bei 650 °C) und scheidet sich aus der Gasphase als *blaßgelber*, oxidationsempfindlicher, bei leicht erhöhter Temperatur zu $GeCl_4$ und Ge-Subchloriden disproportionierender Feststoff ab. Es entsteht auch, wenn man $HGeCl_3$ auf 70 °C erhitzt: $HGeCl_3 \rightleftarrows GeCl_2 + HCl$ (bei 20 °C Rückreaktion). Die salzsaure Lösung des Chlorids ($GeCl_2 + HCl \rightleftarrows HGeCl_3$) wirkt stark reduzierend. In wässeriger Lösung wird Germanium(II)-chlorid hydrolysiert: $GeCl_2 + 2\,HOH \rightarrow Ge(OH)_2 + 2\,HCl$. Mit Chloriden wie RbCl und CsCl bildet es Chlorokomplexe des Typus $GeCl_3^-$, mit Dioxan den stabilen Komplex $GeCl_2 \cdot$ Dioxan, mit Chlor oder Brom Tetrahalogenide $GeCl_4$ und $GeBr_2Cl_2$.

Auch **Germaniumdibromid $GeBr_2$** (*gelber* Feststoff; Smp. 144 °C; gewinnbar aus Ge + HBr bei 400 °C bzw. aus $GeBr_4$ + Zn) und **Germaniumdiiodid GeI_2** (*orangegelbe* Kristalle mit CdI_2-Struktur; Smp. 448 °C; $\Delta H = -92$ kJ/mol; gewinnbar aus $GeI_4 + H_3PO_2$) sind bekannt. Sie *disproportionieren* bei 150 bzw. 550 °C in GeX_4 und Ge, *addieren* HX unter Bildung von $HGeX_3$ und *hydrolysieren* zu $Ge(OH)_2$. Das Diiodid bildet mit Donoren wie NMe_3 Komplexe $DGeI_2$ (trigonal-pyramidal) und addiert Butadien bzw. Acetylen – wohl auf dem Wege über $DGeI_2$ (D = C_4H_8 bzw. C_2H_2) – unter Bildung von $I_2Ge(—CH_2—CH{=}CH—CH_2—)$ bzw. $I_2Ge(—CH{=}CH—)_2GeI_2$.

Germanium(II)-chalkogenide. Germaniummonoxid GeO, das zum Unterschied vom instabilen homologen SiO (S. 915) recht beständig ist[206], entsteht als *gelbes*, oberhalb 700 °C in Ge und GeO_2 disproportionierendes Sublimat (Sblp. 710 °C) durch Komproportionierung von Germanium und GeO_2 bei 1000 °C: $Ge + GeO_2 \rightleftarrows 2GeO$, falls man das bei hohen Temperaturen gebildete monomere, gasförmige GeO rasch abkühlt[207]. Das sich vom GeO ableitende „*Germanium(II)-hydroxid*" $Ge(OH)_2$, das nur in Lösung zu existieren scheint und bei 650 °C zu GeO entwässert wird, reagiert deutlich sauer („**Germanige Säure**" $\mathbf{H_2GeO_2}$). Die „*Ester*" $Ge(OR)_2$ der „Germanigen Säure" sind bei sperrigem R isolierbar (aus $GeCl_2 \cdot$ Dioxan und LiOR; R z. B. 2,4,6-$^tBu_2C_6H_2$: „*gelbe*" Verbindung, Winkel OGeO 92°). In analoger Weise sind monomere Imide $Ge(NR_2)_2$ („*Bis(amino)germylene*") der Germanigen Säure stabil (aus $GeCl_2 \cdot$ Dioxan und $LiNR_2$; R z. B. ^tBu, $SiMe_3$: *orangefarbene* Verbindungen; $(NR_2)_2 = {}^tBuNCH_2CH_2N^tBu$, $^tBuNCHCHN^tBu$: *farblose* Feststoffe, die mit $Ni(CO)_4$ unter Bildung von $[Ni\{Ge(NR_2)_2\}_3]$ abreagieren). Das Germaniumoxid und -hydroxid zeigen *amphoteren Charakter* und lösen sich in starken Säuren bzw. Basen unter Bildung von **Germanium(II)-Salzen** (z. B. $Ge(OH)_2 + 2HClO_4 \rightarrow Ge(ClO_4)_2 + 2H_2O$; $GeO + 3HCl \rightarrow GeCl_2 + HCl + H_2O \rightarrow HGeCl_3 + H_2O$) bzw. **Germaniten** (schematisch: $Ge(OH)_2 + OH^- \rightarrow Ge(OH)_3^-$).

Das **Germaniummonosulfid GeS** (Struktur analog isovalenzelektronischem schwarzem Phosphor) läßt sich durch Reduktion von GeS_2 mit Wasserstoff ($GeS_2 + H_2 \rightarrow GeS + H_2S$), Germanium ($GeS_2 + Ge \rightarrow 2GeS$) bzw. Phosphinsäure in Form *grauschwarzer*, metallisch glänzender Blättchen gewinnen, die in ihrem äußeren Aussehen Iodkristallen ähneln und zum Unterschied von instabilem homologem SiS (S. 917) recht beständig sind. **Germaniummonoselenid GeSe** (Smp. 667 °C; $P_{schwarz}$-Struktur) bildet sich als *schwarzbrauner* Niederschlag beim Einleiten von H_2Se in eine wäßrige $GeCl_2$-Lösung, **Germaniummonotellurid GeTe** (As_{grau}-Struktur) beim Erhitzen von Germanium mit Tellur.

Organische Germanium(II)-Verbindungen[205]. Germylene GeR_2 bilden sich in der Regel nur als reaktive, rasch polymerisierende Zwischenprodukte bei *α-Eliminierungen*, z. B.: $R_2HGeOMe \rightarrow HOMe + GeR_2 \rightarrow HOMe + \frac{1}{n}(GeR_2)_n$; $R_2GeCl_2 + 2Li \rightarrow 2LiCl + GeR_2 \rightarrow 2LiCl + \frac{1}{n}(GeR_2)_n$. In Anwesenheit geeigneter „Reaktanden" lassen sich die intermediär erzeugten Germylene abfangen, z. B. $GeR_2 + CH_2{=}CH{-}CH{=}CH_2 \rightarrow R_2Ge({-}CH_2{-}CH{=}CH{-}CH_2{-})$. Erst im Falle hoher sterischer Abschirmung des Germaniums durch sperrige Reste R werden Germylene isolierbar. Beispielsweise ist das gemäß $Ge[N(SiMe_3)_2]_2 + 2LiCH(SiMe_3)_2 \rightarrow Ge[CH(SiMe_3)_2]_2 + 2LiN(SiMe_3)_2$ zugängliche „*Bis(disyl)germylen*" $Ge[CH(SiMe_3)_2]_2$ (*gelbe* Kristalle; Smp. 180 °C) in Lösung und der Gasphase monomer (bei Einwirkung von $Cr(CO)_6$ Bildung des Germylenkomplexes $(CO)_5CrGe[CH(SiMe_3)_2]$). Im ebenfalls isolierbaren „*Bis(cyclopentadienyl)germylen*" $GeCp_2$ („*Germanocen*" $Ge(C_5H_5)_2$) sind die Cp-Reste pentahapto (η^5) an Germanium gebunden (gewinkelte Sandwich-Struktur; Fig. 209, S. 968); Analoges gilt für Decamethylgermanocen $GeCp_2^*$ ($Cp^* = C_5Me_5$), das mit HBF_4 in das mit InCp isovalenzelektronische Kation $GeCp^{*+}$ übergeführt werden kann. Bezüglich der mit den Cp-Komplexen verwandten Ge(II)-Aren-Komplexe vgl. S. 1103.

Im festen Zustand ist das Bis(disyl)germylen dimer: $2GeR_2 \rightleftarrows R_2Ge{=}GeR_2$ ($R = CH(SiMe_3)_2$). Das gebildete Digermen $R_2Ge{=}GeR_2$ enthält keine planaren, sondern pyramidale Ge-Atome (Faltungswinkel 32°, Torsionswinkel 0°; vgl. S. 887, 903). Analoges gilt für andere isolierte Digermene Ge_2R_4 mit sperrigen Gruppen R wie z. B. 2,6-$Et_2C_6H_3$ (Faltungswinkel 12 °C; Torsionswinkel 10°; gewinnbar durch Photolyse oder Thermolyse des Cyclotrigermans $[(2,6\text{-}Et_2C_6H_3)_2Ge]_3$).

---

206 Man kennt auch ein **Germanium(II)-nitrid $\mathbf{Ge_3N_2}$** (*dunkelbraunes* Pulver; gewinnbar durch Erhitzen des aus $GeI_2 + NH_3$ zugänglichen Imids $(GeNH)_n$ auf 250–300 °C).

207 **Matrixisoliertes monomeres GeY, $\mathbf{GeY_2}$, $\mathbf{GeYX_2}$** (Y = O, S). Zur *Erzeugung* und *Isolierung* von **Germaniummonoxid** GeO (r_{GeO} = 1.62 Å; Bindungsenergie BE_{GeO} = 654 kJ/mol) bzw. **Germaniummonosulfid** GeS (r_{GeS} = 2.01 Å; BE_{GeS} = 547 kJ/mol) leitet man O_2- oder H_2S-Spuren im Vakuum über 1500 K heißes Germanium und kondensiert das gebildete, sehr verdünnte GeO- bzw. GeS-Gas mit viel Argon auf mit flüssigem Helium gekühlte Flächen. In Anwesenheit von O-Atomen bildet sich aus GeO **Germaniumdioxid** O=Ge=O (linearer Bau, $D_{\infty h}$-Symmetrie; r_{GeO} = 1.62 Å; BE_{GeO} = 495 kJ/mol). Kondensiert man GeO zusammen mit F_2 oder GeS zusammen mit COS, XeF_2 oder Cl_2 und bestrahlt anschließend die Tieftemperaturmatrix, so bildet sich **Germaniumdifluoridoxid** $O{=}GeF_2$ (planar; C_{2v}-Symmetrie; $r_{GeS/GeF}$ = 1.62/1.70 Å; ∢ FGeF = 100 °C), **Germaniumdisulfid** S=Ge=S (linear; $D_{\infty h}$-Symmetrie; r_{GeS} = 2.01 Å; BE_{GeS} = 435 kJ/mol), **Germaniumdifluoridsulfid** $S{=}GeF_2$ (planar; C_{2v}-Symmetrie; $r_{GeS/GeF}$ = 2.02/1.71 Å; ∢ FGeF = 98 °C) oder **Germaniumdichloridsulfid** $S{=}GeCl_2$ (planar; C_{2v}-Symmetrie; $r_{GeS/GeCl}$ = 2.03/2.16 Å; ∢ ClGeCl = 105 °C).

4 Das Zinn[197,200,208)]

4.1 Elementares Zinn

Vorkommen. Zinn, das schon im Altertum vielfach verwendet wurde, kommt in **gediegenem** Zustande nur *selten* vor. Gebunden findet man es in Form von **Oxiden** und **Sulfiden**. Das wichtigste Zinnerz ist der *Zinnstein (Kassiterit)*[209)] SnO_2. Die Hauptfundstätten liegen auf der malaiischen Halbinsel (Malakka, Kuatan), in Indonesien (Inseln Banka und Billiton), auf dem Hochplateau von Bolivien sowie in Rußland, Thailand, China. Weiterhin kommt das Zinn noch als *Zinnkies* (*Stannin*) Cu_2FeSnS_4 (= „$Cu_2S \cdot FeS \cdot SnS_2$") (vgl. S. 1375) vor.

Isotope (vgl. Anh. III). *Natürliches Zinn* (Ordnungszahl 50) besteht aus 10 Isotopen mit den Massenzahlen (in Klammern die Häufigkeit des Isotops): 112 (1.0%), 114 (0.7%), 115 (0.4%), 116 (14.7%), 117 (7.7%), 118 (24.3%), 119 (8.6%), 120 (32.4%), 122 (4.6%), 124 (5.6%). Für *NMR-spektroskopische* Untersuchungen nutzt man $^{115,117,119}_{50}Sn$, für *Tracer-Experimente* die *künstlich erzeugten* Nuklide $^{113}_{50}Sn$ (Elektroneneinfang; $\tau_{1/2}$ = 115 Tage) und $^{121}_{50}Sn$ (β^--Strahler; $\tau_{1/2}$ = 27.5 Stunden).

Geschichtliches. In Form von Bronze (Cu/Sn-Legierung) ist Zinn seit ca. 3500 v. Chr. *bekannt* (Waffen- und Werkzeugfunde in Mesopotamien). Kupferfreies Zinn wurde offenbar in China und Japan bereits um 1800 v. Chr. *gewonnen* (Funde von Zinngegenständen). Der *Name* Zinn bzw. tin (engl.) geht auf die alten Bezeichnungen „Zin" (althochdeutsch) bzw. „tin" (altnordisch), das *Symbol* Sn (eingeführt von J. J. Berzelius) auf die lateinische Bezeichnung „stannum" für das Metall zurück.

Darstellung. Zur Darstellung des Zinns aus dem *Zinnstein* wird dieser durch *Rösten* von Verunreinigungen wie Schwefel und Arsen befreit und dann durch Erhitzen mit *Koks* in Schacht- oder Flammöfen reduziert:

$$360\,kJ + SnO_2 + 2C \rightarrow Sn + 2CO.$$

Das so gewonnene *Rohzinn* ist in der Hauptsache noch stark durch *Eisen* verunreinigt. Um es von diesem zu befreien, erhitzt man es unter Luftkontakt ganz wenig über seinen Schmelzpunkt. Dabei kommt nur das *reine Zinn* zum Schmelzen und läuft auf einer schrägen Unterlage ab („*Seigern*"), während das *Eisen* in Form einer schwer schmelzbaren Legierung mit Zinn bzw. in Form von Eisenoxid zurückbleibt.

Wichtig ist auch die *Wiedergewinnung* des Zinns aus Abfällen von *verzinntem Eisenblech* („*Weißblech*"). Sie erfolgt entweder durch das Verfahren der *Chlorentzinnung* (heute kaum noch üblich), welches darauf beruht, daß Zinn zum Unterschied von Eisen leicht durch trockenes Chlor angegriffen wird, oder auf *elektrolytischem* Wege (elektrolytische Auflösung der Weißblechabfälle und elektrolytische Wiederabscheidung des Zinns).

Physikalische Eigenschaften. Zinn ist ein *silberweißes, stark glänzendes*, bei 231.91 °C schmelzendes und bei 2687 °C siedendes *Metall* (elektrische Leitfähigkeit: $9.1 \times 10^4 \Omega^{-1} cm^{-1}$). Es ist von geringer Härte, aber bedeutender Dehnbarkeit und Geschmeidigkeit; daher läßt es sich bei gewöhnlicher Temperatur zu sehr dünnen Blättern („*Zinnfolie*", „*Stanniol*") auswalzen. Bei 100 °C kann man es zu Draht ausziehen.

Aus dem Schmelzfluß erstarrt Zinn gewöhnlich in *tetragonalen* Kristallen („*β-Zinn*", „**weißes Zinn**"). Das kristalline Gefüge kommt deutlich zum Vorschein, wenn man die Oberfläche mit Salzsäure anätzt; es erscheinen dann eisblumenartige Zeichnungen („*moiriertes Zinn*"). Beim Biegen von Zinn vernimmt man ein eigentümliches *Knirschen* („*Zinngeschrei*"); es rührt von der Reibung der Kriställchen aneinander her. Die Dichte des *β*-Zinns beträgt 7.285 g/cm³. Jedes Sn-Atom ist im Kristall (verzerrte dichteste Sn-Atompackung) verzerrt-oktaedrisch von 6 anderen Sn-Atomen (4 im Abstand von 3.016, 2 im Abstand von 3.175 Å) umgeben. Un-

---

208 **Literatur.** E. W. Abel: „*Tin*", Comprehensive Inorg. Chem. **2** (1973) 43–104; J. A. Zubieta, J. J. Zuckerman: „*Structural Tin Chemistry*", Progr. Inorg. Chem. **24** (1978) 251–475; ULLMANN (5. Aufl.): „*Tin and Tin Alloys*", „*Tin Compounds*", **A 27** (1995); GMELIN: „*Tin*", Syst.-Nr. **46**, bisher 28 Bände. Vgl. Anm. 210, 212.

209 kassiteros (griech.) = Zinn.

terhalb von 13.2 °C wandelt sich das metallische β-Zinn in eine halbmetallische Modifikation um:

$$2.09\,\text{kJ} + \alpha\text{-Zinn} \underset{<13.2\,°\text{C}}{\overset{>13.2\,°\text{C}}{\rightleftarrows}} \beta\text{-Zinn}\,.$$

Dieses *kubische* „α-Zinn" (Dichte 5.769 g/cm^3) stellt gewöhnlich ein *graues Pulver* dar („**graues Zinn**") und kristallisiert im kubischen Diamantgitter (SnSn-Abstand: 2.810 Å).

Der unter Abgabe von 2.09 kJ/mol erfolgende Übergang von weißem, dichterem β-Zinn in graues, weniger dichtes α-Zinn unterhalb von 13.2 °C erfolgt für gewöhnlich mit äußerst kleiner Geschwindigkeit. Haben sich aber – z. B. bei anhaltender großer Kälte – erst einmal an vereinzelten Stellen des Zinns graue Pusteln von pulvrigem grauem Zinn gebildet so wirken die Staubteilchen des grauen Zinns als *Kristallisationskeime* für andere Stellen, so daß sich die zerstörende Umwandlung wie eine ansteckende Krankheit („*Zinnpest*") weiter ausbreitet. Die Neigung zur Umwandlung ist naturgemäß um so größer, je tiefer man unter 13.2 °C abkühlt. Andererseits nimmt mit fallender Temperatur die Reaktionsgeschwindigkeit ab. Daher existiert eine Temperatur, bei der die *Umwandlungsgeschwindigkeit* ein *Maximum* erreicht: sie liegt bei etwa $-48\,°C$. Durch Berühren mit einer alkoholischen Lösung von Pinksalz, $(NH_4)_2[SnCl_6]$, läßt sich die Umwandlung beschleunigen.

Physiologisches. Zinn, ein für den Menschen *essentielles* Element, ist in pflanzlichen und tierischen Geweben weit verbreitet (Mensch: ca. 2 mg/kg). Ein *Mangel* kann Appetitlosigkeit, Haarausfall und Akne hervorrufen. Selbst größere Mengen von Zinnsalzen (MAK-Wert = 2 mg Sn pro m^3) rufen nur vorübergehende Verdauungsstörungen hervor, weshalb man Zinngeschirr (Teller, Becher, Krüge) bedenkenlos verwenden kann (für Völker, die wie einige Indianerstämme nie mit Zinngeschirr in Berührung kamen, wirkt Zinn vergleichsweise giftig). Höhere Giftigkeit kommt dem Zinnwasserstoff sowie organischen Zinnverbindungen zu.

Chemische Eigenschaften. Zinn ist bei gewöhnlicher Temperatur gegen *Luft* und *Wasser* beständig. Erst bei starkem Erhitzen – besonders als feinverteiltes Pulver – verbrennt es an der Luft mit intensiv weißem Licht (ΔH_f von $SnO_2 = -581.1$ kJ/mol) zu Zinndioxid SnO_2 („*Zinnasche*"). Mit den freien *Halogenen* verbindet sich Zinn zu den Tetrahalogeniden SnX_4 (X = Halogen). Ebenso verbindet es sich beim Erhitzen mit manchen anderen Nichtmetallen (z. B. *Schwefel* und *Phosphor*).

Gegen *schwache Säuren* und *Basen* ist Zinn recht beständig. Dagegen wird es von *starken Säuren* unter Bildung von Sn(II)- und von *starken Basen* unter Bildung von Sn(IV)-Verbindungen angegriffen. So löst es sich in Salzsäure bzw. heißer Alkalilauge unter Wasserstoffentwicklung und Bildung von Zinn(II)-chlorid bzw. Hexahydroxostannaten $M_2[Sn(OH)_6]$:

$$Sn + 2HCl \rightarrow SnCl_2 + H_2; \qquad Sn + 4HOH + 2OH^- \rightarrow [Sn(OH)_6]^{2-} + 2H_2.$$

Zinn in Verbindungen[210]. Gegenüber *elektropositiveren* Partnern betätigt Zinn *negative* Oxidationsstufen (bis **−4**, z. B. in Mg_2Sn), gegenüber *elektronegativeren* Partnern *positive* Oxidationsstufen und zwar hauptsächlich **+2** (z. B. $SnCl_2$, SnO) und **+4** (z. B. $SnCl_4$, SnO_2). Wie schon das natürliche Vorkommen als SnO_2 und SnS_2 zeigt (S. 961), ist die positiv *vierwertige* Stufe des Zinns (**s⁰**-Elektronenkonfiguration, vgl. S. 884) die beständigste; die *zweiwertige* Stufe (**s²**-Elektronenkonfiguration) wirkt *reduzierend* und geht leicht in die vierwertige über. Beim Blei liegen die Verhältnisse gerade umgekehrt (S. 975).

Als Koordinationszahlen betätigt Zinn *eins* (in matrixisoliertem **Sn**O), *zwei* (linear in matrixisoliertem O=**Sn**=O; gewinkelt in gasförmigem $\mathbf{Sn}X_2$), *drei* (planar in $R_2\mathbf{Sn}Cr(CO)_5$ mit $R = (Me_3Si)_2CH$; pyramidal in $\mathbf{Sn}X_3^{\cdot}$), *vier* (tetraedrisch in $\mathbf{Sn}X_4$; pyramidal in **Sn**cp mit cp = Phthalocyanin; wippenförmig

---

210 **Literatur.** Zinn(II)Verb. J. D. Donaldson: „*The Chemistry of Bivalent Tin*", Progr. Inorg. Chem. **8** (1967) 287–356. M. Veith: „*Cage Compounds with Main-Group Metals*", Chem. Rev. **90** (1990) 3–16; „*Ungesättigte Moleküle mit Hauptgruppenmetallen*", Angew. Chem. **99** (1987) 1–14; Int. Ed. **26** (1987) 1; „*Alkyl- and Aryl-Substituted Main-Group Metal Amides*", Adv. Organomet. Chem. **31** (1990) 269–300. Ungesättigte Zinn-Verb. Vgl. Anm.[200]. Zinn-Ionen. J. D. Corbett: „*Polyatomic Zintl Anions of the Post-Transition Elements*", Chem. Rev. **85** (1985) 383–397; R. C. Burns, R. J. Gillespie, J. A. Barnes, M. J. McLinchey: „*Molecular Orbital Investigation of the Structure of Some Polyatomic Cations and Anions of the Main-Group Elements*", Inorg. Chem. **21** (1982) 799–807.

in $(\mathbf{Sn}F_2)_x$), *fünf* (trigonal-bipyramidal in $R_2\mathbf{Sn}X_3^-$, quadratisch-pyramidal in $Cl\mathbf{Sn}(S_2C_6H_3Me)_2^-$), *sechs* (oktaedrisch in $\mathbf{Sn}X_6^{2-}$), *acht* (dodekaedrisch in $\mathbf{Sn}(NO_3)_4$, quadratisch-antiprismatisch in $\mathbf{Sn}(pc)_2$ mit pc = Phthalocyanin), *neun* (verzerrt dreifach-überkappt-trigonal-prismatisch in festem $\mathbf{Sn}Cl_2$, $\mathbf{Sn}Br_2$).

Die Tendenz zur Ausbildung von $p_\pi p_\pi$-Mehrfachbindungen ist bei Zinn kleiner als beim Germanium. Ungesättigte Zinnverbindungen sind demgemäß nur bei *hoher sterischer Abschirmung* der Mehrfachbindungen isolierbar, z. B.:

$$(2,4,6\text{-}{}^iPr_3C_6H_2)_2Sn{=}Sn(2,4,6\text{-}{}^iPr_3C_6H_2)_2 \qquad ((Me_3Si)_2CH)_2Sn{=}P{-}2,4,6\text{-}Bu_3C_6H_2$$

Während zur Stabilisierung von Disilenen Si_2R_4 vier Gruppen $2,4,6\text{-}R_3C_6H_2$ mit R = Me ausreichend sperrig sind, benötigt man für Digermene Ge_2R_4 vier derartige Reste mit R = Et und für Distannene 4 Gruppen mit R = ^iPr.

Da die SnSn-Bindungen wesentlich schwächer als die GeGe-Bindungen sind (z. B. Dissoziationsenergien für $C_2/Si_2/Ge_2/Sn_2/Pb_2$ = 607/327/274/195/81 kJ/mol), ist die Stabilität von Zinn-Ketten und -Ringen in Elementclustern weit geringer als die von Germanium-Ketten und -Ringen. Zinn neigt jedoch wie der rechte Periodennachbar Tellur zur Bildung von *käfigartigen* Clustern.

Zinn-Ionen. Niedrigwertige **Zinn-Kationen** $\mathbf{Sn}_n^{m+}$ noch unbekannter Molekülgröße bilden sich offensichtlich durch Reduktion von *Zinndichlorid* mit Zinn in geschmolzenem $SnCl_2$ bzw. $NaAlCl_4$ (bezüglich kationischen Zinns in wässeriger Lösung vgl. S. 966). Darüber hinaus existieren in Form der **Metallstannide** $\mathbf{M}_m\mathbf{Sn}_n$ (M insbesondere Alkali- und Erdalkalimetall) Verbindungen mit *anionischem* (richtiger: negativ polarisiertem) Zinn. Die als Zintl-Phasen aufzufassenden Stannide sind *aus den Elementen* gewinnbar und enthalten *isolierte Ionen* $\mathbf{Sn}^{4-}$ (z. B. in Mg_2Sn, Ca_2Sn, Sr_2Sn, Ba_2Sn) oder *hantelförmige Ionen* $\mathbf{Sn}_2^{6-}$ (neben Sn^{4-} z. B. in Sr_5Sn_3, Ba_5Sn_3), *tetraedrisch gebaute Ionen* $\mathbf{Sn}_4^{4-}$ (z. B. in NaSn, KSn, RbSn, CsSn) oder *gewinkelt-kettenförmige Ionen* $[\mathbf{Sn}^{2-}]_x$ (z. B. in CaSn, SrSn, BaSn). Bei der Reduktion von Zinnverbindungen mit Natrium in flüssigem Ammoniak entsteht das Polyanion Sn_9^{4-}, welches in Form der kristallisierten Verbindung $Na_4Sn_9 \cdot 7en$ (en = Ethylendiamin $H_2N{-}CH_2{-}CH_2{-}NH_2$) isoliert werden kann. In Anwesenheit von crypt = $N(CH_2CH_2OCH_2CH_2OCH_2CH_2)_3N$ bilden sich aus NaSn bzw. $NaSn_{2.25}$ die *roten* kristallinen Salze $[Na(crypt)^+]_2\ [Sn_5^{2-}]$ bzw. $[Na(crypt)^+]_4\ [Sn_9^{4-}]$, welche die Clusterionen $\mathbf{Sn}_5^{2-}$ (trigonal-bipyramidaler Bau; D_{3h}-Symmetrie) und $\mathbf{Sn}_9^{4-}$ (überkappt-quadratisch-prismatisch; C_{4v}-Symmetrie) enthalten (das isovalenzelektronische Bi_9^{5+} hat wie $TlSn_8^{3-}$ dreifach-überkappt-trigonal-prismatischen Bau). Schließlich bildet sich das oktaedrisch gebaute Clusterion $\mathbf{Sn}_6^{2-}$ in Form des Salzes $[K(crypt)^+]_2\ [Sn_6\{Cr(CO)_5\}_6^{2-}]$ durch Reaktion von $SnCl_2$ mit $K_2[Cr(CO)_5]$ in cryptandenhaltigem THF bei $-70\,°C$ ($:Cr(CO)_5$ wirkt als Lewis-Base hinsichtlich Sn_6^{2-}). Tatsächlich werden – anionische oder kationische – E_6-Cluster aus Hauptgruppenelementen seltener als solche aus Nebengruppenelementen beobachtet (Beispiele bisher nur aus der Bor- und Zinnchemie).

Verwendung von Zinn. Wegen seiner Beständigkeit an feuchter Luft und gegen schwache Säuren sowie Alkalilaugen wird Zinn (Weltjahresproduktion: 200 Kilotonnenmaßstab) als Material für Teller, Kannen und Becher sowie zum Überziehen anderer Metalle verwendet, die in dieser Hinsicht weniger beständig sind. So wird vor allem *Eisenblech* verzinnt, um es vor dem Rosten zu schützen (vgl. S. 1513); es heißt dann **„Weißblech"**. Die Verzinnung wird einfach in der Weise ausgeführt, daß man das mit verdünnter Schwefelsäure gereinigte Eisenblech in geschmolzenes Zinn eintaucht.

Während *reines Zinn* heute nur noch wenig benutzt wird, sind **Zinnlegierungen** vielfach in Gebrauch. Wichtige Zinnlegierungen sind z. B. die *Bronzen*, das *Britanniametall*, das *Weichlot* und zahlreiche *Lagermetalle*. **Lagermetalle** („Babbitt-Metalle", benannt nach dem Metallurgen I. Babbitt) sind Legierungen, aus denen die Achsenlager für Maschinenwellen usw. hergestellt werden. Ihr Hauptbestandteil kann Zinn oder Kupfer oder Blei sein. Die *Zinn-* oder *Weißguß-Lagermetalle* (über die Blei- und Kupfer-Lagermetalle vgl. S. 976 bzw. 1325) enthalten 50–90 % Zinn, 7–20 % Antimon und meist einige Prozente Kupfer. Das **Weichlot** oder **Schnellot** besteht aus 40–70 % Zinn und 60–30 % Blei. Man benutzt es wegen seiner leichten Schmelzbarkeit (den niedrigsten Schmelzpunkt von 181 °C besitzt eine Legierung von 64 % Sn und 36 % Pb) zum *Löten*, d. h. zum metallischen Verbinden von Metallteilen (zur besseren Schmelzbarkeit wird dem Lot gegebenenfalls Cd, Ga, In oder Bi zugesetzt). Zum Löten von Gefäßen wie Konservendosen, die zur Aufbewahrung von Nahrungsmitteln dienen, dürfen wegen der Gesundheitsschädlichkeit des Bleis nur Lote mit höchstens 10 % Blei verwendet werden. Unter **Britanniametall** versteht man Legierungen von 88–90 % Zinn, 10–8 % Antimon und 2 % Kupfer. Sie dienen zur Herstellung von Gebrauchsgegenständen wie z. B. Tischgeschirr, aber auch als Metall für Orgelpfeifen. Die **Bronzen** sind Kupfer-Zinn-Legierungen und werden beim Kupfer besprochen (S. 1325). Für **supraleitende Magneten** verwendet man die Legierung Nb_3Sn.

4.2 Zinn(II)-Verbindungen[200,210]

Zinn(II)-halogenide

Zinndichlorid $SnCl_2$ ($\Delta H = 325$ kJ/mol) wird technisch durch Lösen von *Zinn*-Spänen in *Salzsäure* dargestellt:

$$Sn + 2HCl \rightarrow SnCl_2 + H_2.$$

Es kristallisiert aus der wässerigen Lösung wasserhaltig als $SnCl_2 \cdot 2H_2O$ („*Zinnsalz*") in klaren Kristallen vom Schmelzpunkt 40.5 °C. In Wasser ist es sehr leicht löslich, die konzentrierte wässerige Lösung ist klar; beim *Verdünnen* trübt sie sich infolge Ausscheidung von *basischem Salz*: $SnCl_2 + H_2O \rightleftarrows Sn(OH)Cl + HCl$ (exakte Formel des basischen, in *farblosen* Plättchen anfallenden Salzes: $Sn_{21}Cl_{16}O_6(OH)_{14} \mathrel{\hat{=}} 8SnCl_2 \cdot 7Sn(OH)_2 \cdot 6SnO$). Wegen dieser leicht eintretenden *Hydrolyse* kann man das Hydrat nicht durch einfaches Erhitzen entwässern; die Entwässerung muß vielmehr im HCl-Strom (Verschiebung des Hydrolysegleichgewichts nach links) bei Rotglut erfolgen. Direkt erhält man das wasserfreie Zinn(II)-chlorid, wenn man *Zinn* im *Chlorwasserstoffstrom* erhitzt. Es bildet eine *weiße*, fettglänzende Masse (Smp. 247 °C; Sdp. 623 °C). In der Nähe des Siedepunktes zeigt die Dampfdichte teilweise *Assoziation* der Moleküle an; oberhalb von 1100 °C liegen nur $SnCl_2$-Moleküle vor.

Die $SnCl_2$-*Gasmoleküle* sind gemäß (a) *gewinkelt* (ψ-trigonal); im *festen* $SnCl_2$ liegen wie im $SnCl_3^-$-Ion (b) ψ-tetraedrische $SnCl_3$-*Pyramiden* (c) vor (vgl. die Struktur von GeF_2, S. 959; die einzelnen Ketten lagern sich derart zusammen, daß festem $SnCl_2$ insgesamt eine verzerrte $PbCl_2$-Struktur zukommt, vgl. S. 976):

(a) $SnCl_2$ (b) $SnCl_3^-$ (c) $(SnCl_2)_x$

Das $:SnCl_3^-$-Ion bildet sich aus $SnCl_2$ in Anwesenheit von Cl^--Ionen und fungiert wie isoelektronisches $:SbCl_3$ als *Komplexligand*. Es zeigt keine Tendenz zur Addition eines weiteren Cl^--Ions unter Bildung des $:SnCl_4^{2-}$-Ions (isoelektronisch mit $:TeCl_4$; in $K_2SnCl_6 \cdot H_2O$ liegen $:SnCl_3^-$- neben Cl^--Ionen vor).

Die hervorstechendste Eigenschaft des Zinn(II)-chlorids ist sein *Reduktionsvermögen*. Diese reduzierende Wirkung beruht auf der Neigung des *zweiwertigen* Zinns, in die *vierwertige* Stufe überzugehen (vgl. Potentialdiagramm auf S. 966):

$$Sn^{2+} \rightarrow Sn^{4+} + 2\ominus \quad (\varepsilon_0 = +0.154\ V)^{211)}.$$

So fällt es z.B. Gold, Silber und Quecksilber aus den Lösungen ihrer Salze als Metalle aus ($Hg^{2+} + 2\ominus \rightarrow Hg$). Reicht seine Menge nicht aus, so reduziert es die Salze des zweiwertigen Quecksilbers zu solchen des einwertigen ($Hg^{2+} + \ominus \rightarrow Hg^+$). In gleicher Weise reduziert es in saurer Lösung Eisen(III)-Salze zu Eisen(II)-Salzen ($Fe^{3+} + \ominus \rightarrow Fe^{2+}$), Arsenate zu Arseniten ($AsO_4^{3-} + 2H^+ + 2\ominus \rightarrow AsO_3^{3-} + H_2O$), Chromate zu Chrom(III)-Salzen ($CrO_4^{2-} + 8H^+ + 3\ominus \rightarrow Cr^{3+} + 4H_2O$), Permanganate zu Mangan(II)-Salzen ($MnO_4^- + 8H^+ + 5\ominus \rightarrow Mn^{2+} + 4H_2O$), Schweflige Säure zu Schwefelwasserstoff ($H_2SO_3 + 6H^+ + 6\ominus \rightarrow H_2S + 3H_2O$), Iod zu Iodid ($I_2 + 2\ominus \rightarrow 2I^-$).

Durch *Luftsauerstoff* wird $SnCl_2$ in salzsaurer Lösung langsam zu Zinn(IV)-chlorid oxidiert:

$$SnCl_2 + 2HCl + \tfrac{1}{2}O_2 \rightarrow SnCl_4 + H_2O.$$

[211] $PbCl_2$ als schwereres Homologes von $SnCl_2$ ist zu einer analogen Reduktionswirkung nicht befähigt, da beim Blei umgekehrt die vierwertige Stufe ein starkes Oxidationsmittel ist ($Pb^{2+} \rightarrow Pb^{4+} + 2\ominus$; $\varepsilon_0 = +1.698$ V). Dagegen besitzt $GeCl_2$ als leichteres Homologes eine noch stärkere Reduktionskraft als $SnCl_2$ ($Ge^{2+} + 2H_2O \rightarrow GeO_2 + 4H^+ + 2\ominus$; $\varepsilon_0 = -0.370$ V).

Durch Zusatz von metallischem Zinn zu der Lösung wird diese Oxidation verhindert ($SnCl_4 + Sn \rightarrow 2SnCl_2$).

Man verwendet $SnCl_2$ u.a. zur elektrolytischen Beschichtung mit Zinn, als sensibilisierendes Agens für die Silberspiegelherstellung und als Riechstoffstabilisator in Feinseifen.

Zinndifluorid SnF_2 (*farblose* Kristalle vom Smp. 213 °C und Sdp. 853 °C), das in Fluorid-haltigen Zahnpasten enthalten ist, bildet sich beim Eindampfen einer Lösung von SnO in 40 %iger Flußsäure. Die in Wasser ohne Hydrolyse lösliche, reduzierend wirkende Verbindung ist eine Lewis-Säure und bildet mit Fluorid bzw. Wasser Komplexe der Zusammensetzung SnF_3^-, SnF_4^{2-} und $SnF_2(OH_2)$, die beim Auskristallisieren kondensieren (z.B. Bildung von $NaSn_2F_5$ mit dem Anion $F_2Sn—F—SnF_2^-$, von $Na_4Sn_3F_{10}$ mit dem Anion $F_3Sn—F—SnF_2—F—SnF_3^{4-}$, von $KSnF_3$ mit dem Anion $[—F—SnF_2—]_n^{n-}$).

Kristallines SnF_2 ist über Fluorbrücken polymer (cyclische SnF_2-Tetramere sind so miteinander verknüpft, daß eine verzerrte Rutilstruktur resultiert; jedes Zinnatom ist verzerrt oktaedrisch von 6 F-Atomen umgeben). In der Dampfphase existiert monomeres SnF_2 (gewinkelt; SnF-Abstand = 2.06 Å) neben dimerem $(SnF_2)_2$ und trimerem $(SnF_2)_3$ (der Anteil des Di- und Trimeren nimmt mit steigender Temperatur ab). Beim Zusammenschmelzen von SnF_2 mit SnF_4 entstehen über Fluor verbrückte polymere Addukte aus SnF_2 und SnF_4, z.B. $SnF_2 \cdot SnF_4 = Sn_2F_6$, $2SnF_2 \cdot SnF_4 = Sn_3F_8$ (keine SnSn-Bindungen!).

Zinndibromid $SnBr_2$ (*farblos*; Smp. 232 °C, Sdp. 619 °C) und **Zinndiiodid SnI_2** (*rot*; Smp. 320 °C, Sdp. 720 °C) sind ebenfalls bekannt. Sie treten wie $SnCl_2$ mit Halogeniden zu Halogenokomplexen zusammen.

Zinn(II)-chalkogenide

Versetzt man eine *Zinn(II)-Salzlösung* mit wenig *Alkalihydroxid* oder mit wässerigem Ammoniak, so fällt **Zinnmonoxid-Hydrat $SnO \cdot xH_2O$** ($x < 1$) als *farbloser*, flockiger, in Wasser sehr schwer löslicher Niederschlag aus. Bei sehr langsamer Ausfällung bilden sich Kristalle der Zusammensetzung $6SnO \cdot 2H_2O = Sn_6O_4(OH)_4$ ($x = \frac{1}{3}$ in $SnO \cdot x\,H_2O$). Reines **Zinndihydroxid $Sn(OH)_2$** ($x = 1$) entsteht durch OH/Cl-Austausch gemäß $2R_3SnOH + SnCl_2 \rightarrow Sn(OH)_2 + 2R_3SnCl$ (R = organischer Rest) in aprotischen Lösungsmitteln.

In $Sn_6O_4(OH)_4$ besetzen die 8 Sauerstoffatome die Ecken eines Würfels, in dessen 6 Flächen-Mittelpunkten die 6 zweiwertigen Zinnatome angeordnet sind, welche so einen Oktaeder bilden (vgl. $MoCl_2$-Struktur, S. 1473). Die Sn_6O_8-Baugruppen sind miteinander über Wasserstoffbrücken zu einem dreidimensional-unendlichen Gebilde verknüpft.

Die Struktur von $Sn(OH)_2$ ist unbekannt. Durch Umsetzung von $SnCl_2$ mit Alkalisalzen von Alkoholen ROH bzw. Aminen R_2NH (R = organischer Rest, Silylgruppe) lassen sich Derivate $Sn(OR)_2$ und $Sn(NR_2)_2$ des Zinndihydroxids gewinnen. Diese sind normalerweise dimer (SnOSnO- bzw. SnNSnN-Vierringe), bei Vorliegen sehr sperriger Reste R auch monomer (R. z.B. 2,4,6-$^tBu_3C_6H_2$ in $Sn(OR)_2$ bzw. ^tBu in $Sn(NR_2)_2$.

Beim Erwärmen unter Luftabschluß (z.B. im CO_2-Strom) wird das Zinn(II)-oxid-Hydrat bei 60–70 °C zu *blauschwarzem* **Zinnmonoxid SnO** („*α-Zinn(II)-oxid*") dehydratisiert. Erhitzt man eine Suspension des Oxid-Hydrats in wässerigem Ammoniak in Anwesenheit von Phosphinat auf 90–100 °C, so geht es in *rotes*, bezüglich α-SnO metastabiles, Zinn(II)-oxid SnO („*β-Zinn(II)-oxid*") über. Bei höherem Erhitzen unter Luftabschluß zersetzt sich das gebildete SnO unter Zinnabscheidung über Trizinntetraoxid $Sn_3O_4 = Sn_2^{II}Sn^{IV}O_4$ (vgl. Pb_3O_4, S. 982) zu Zinndioxid SnO_2. An der Luft verbrennt es ab 300 °C zu SnO_2.

Das blauschwarze α-SnO besitzt die gleiche Schichtstruktur wie rotes PbO (vgl. Fig. 210a, S. 977). Jedes Zinnatom liegt hierbei an der Spitze einer quadratischen Pyramide, deren Basis jeweils vier Sauerstoffatome bilden (Fig. 208a).

Zinn(II)-oxid (hydratisiert oder nicht hydratisiert) löst sich sowohl in Säuren wie in Alkalilaugen, zeigt also *amphoteren Charakter*. Beim Auflösen in *starken Säuren* entstehen **Zinn(II)-Salze**, beim Auflösen in *starken Basen* **Stannate(II)** („*Stannite*"):

$$SnO + 2H^+ \rightleftharpoons Sn^{2+} + H_2O \quad \text{bzw.} \quad Sn(OH)_2 + 2H^+ \rightleftharpoons Sn^{2+} + 2H_2O,$$
$$SnO + OH^- + H_2O \rightleftharpoons [Sn(OH)_3]^- \quad \text{bzw.} \quad Sn(OH)_2 + OH^- \rightleftharpoons [Sn(OH)_3]^-.$$

Die Stannate(II) kommen auch in wasserfreier Form vor (z.B. $K_2Sn_2O_3$).

Wässerige *Zinn(II)-Salzlösungen* enthalten je nach *Salz-* sowie *Protonenkonzentration* unterschiedliche Mengen verschiedener mono- und polynuklearer kationischer bzw. anionischer Spezies (vgl. S. 1079). In stark *saurem* Milieu liegen $\mathbf{Sn(OH_2)_3^{2+}}$- sowie $\mathbf{SnOH(OH_2)_2^{+}}$-Ionen, in weniger saurem Milieu bevorzugt $\mathbf{Sn_3(OH)_4^{2+}}$-Ionen vor. Letztere haben die in Fig. 208b wiedergegebene Struktur (in einem Würfel sind vier nicht benachbarte Ecken durch OH-Gruppen, drei Ecken durch Sn(II)-Atome besetzt; eine Würfelecke bleibt unbesetzt). In stark *alkalischem* Milieu existieren $\mathbf{Sn(OH)_3^{-}}$- und $\mathbf{Sn_2O(OH)_4^{2-}}$-Ionen. Viele *basische Zinn(II)-Salze*, die sich unter geeigneten Bedingungen aus Zinn(II)-Lösungen fällen oder aus Zinn(II)-oxid und Säuren gewinnen lassen, enthalten das $Sn_3(OH)_4^{2+}$-Ion, viele *Stannate*(II) das mit $As(OH)_3$ isovalenzelektronische $Sn(OH)_3^-$-Ion (Fig. 208c) oder dessen Kondensationsprodukt $(HO)_2Sn—O—Sn(OH)_2^{2-}$. Aus $Sn_3(OH)_4^{2+}$-haltigen Lösungen läßt sich bei vorsichtiger pH-Erhöhung das oben erwähnte Zinnoxid-Hydrat $6SnO \cdot 2H_2O$ fällen: $2Sn_3(OH)_4^{2+} + 4OH^- \rightarrow Sn_6O_4(OH)_4 + 2H_2O$.

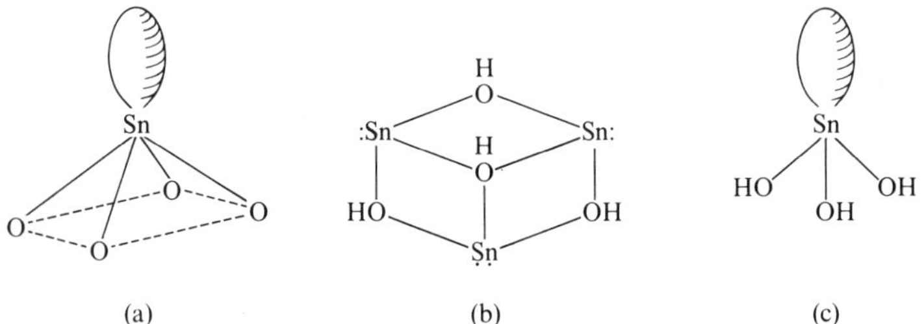

Fig. 208 a) Ausschnitt aus der Struktur von α-SnO (analog: rotes PbO); b) Struktur des $Sn_3(OH)_4^{2+}$-Ions; c) Struktur des $Sn(OH)_3^-$-Ions.

Als Beispiele für Zinn(II)-Salze seien genannt: *Farbloses „Zinn(II)-perchlorat“* $Sn(ClO_4)_2$ (gewinnbar gemäß $Cu(ClO_4)_2 + Sn(Amalgam) \rightarrow Sn(ClO_4)_2 + Cu$), *farbloses „Zinn(II)-sulfat“* $SnSO_4$ (gewinnbar gemäß $CuSO_4 + Sn(Amalgam) \rightarrow SnSO_4 + Cu$), basisches *„Zinn(II)-nitrat“* $[Sn_3(OH)_4](NO_3)_2$, *„Zinn(II)-phosphate“* wie $Sn_3(PO_4)_2$, $SnHPO_4$, $Sn(H_2PO_4)_2$, $Sn_2P_2O_7$, $Sn(PO_3)_2$, *„Zinn(II)-phosphinat“* $SnHPO_3$ sowie Zinn(II)-Salze organischer Säuren wie *„Zinn(II)-formiat“*, *„-acetat“*, *„-oxalat“* $Sn(HCO_2)_2$, $Sn(OAc)_2$, SnC_2O_4. Beispiele für Stannate(II) sind etwa die *„Oxohydroxostannate“* $Na_2[Sn_2O(OH)_4]$ (enthält das $(HO)_2Sn—O—Sn(OH)_2^{2-}$-Ion), $Na_4[Sn_4O(OH)_{10}] = 2Na[Sn(OH)_3] \cdot Na_2[Sn_2O(OH)_4]$ (enthält $Sn(OH)_3^-$- neben $Sn_2O(OH)_4^{2-}$-Ionen) und $Ba[SnO(OH)]_2$ (enthält polymere Ionen $[—O—Sn(OH)—]_n^{n-}$ mit pyramidalem Zinn). Man verwendet die Zinn(II)-Salze organischer Säuren (Acetat, Oxalat, Oleat, Stearat) zum Härten von Siliconelastomeren sowie insbesondere zur Herstellung von Polyurethanschäumen. Von der reduzierenden Wirkung der Stannate $Sn(OH)_3^-$ (s. u.) macht man technisch z. B. in der Küpenfärberei Gebrauch.

Wie aus nachfolgenden **Potentialdiagrammen** hervorgeht, welche Redoxpotentiale zwischen SnO_2, Sn^{2+}, Sn und SnH_4 in saurem und alkalischem Medium zusammen mit Diagrammen entsprechender Oxidationsstufen der übrigen Gruppenelemente wiedergeben, ist die Reduktionskraft von zweiwertigem *Zinn* im Alkalischen stärker als im Sauren (vgl. analoge Verhältnisse bei anderen Elementen). Entsprechend ihrem *starken Reduktionsvermögen disproportionieren* Stannate(II) im alkalischen Medium beim Erwärmen in Stannate(IV) und schwarzes, feinverteiltes Zinn, während sich Zinn(II)-Salze in saurem Milieu durch *Komproportionierung* aus Zinn und Zinn(IV) bilden. Im Falle von *Blei*, das im vierwertigen Zustand ein viel stärkeres Oxidationsmittel als vierwertiges Zinn ist, erfolgt auch im alkalischen Milieu keine Disproportionierung, zweiwertiges *Germanium* disproportioniert andererseits auch im sauren Milieu, doch ist die Disproportionierungsgeschwindigkeit klein.

pH = 0

$$CO_2 \xrightarrow{-0.106} CO \xrightarrow{+0.517} C \xrightarrow{+0.132} CH_4$$
$$SiO_2 \xrightarrow{\qquad -0.909 \qquad} Si \xrightarrow{+0.102} SiH_4$$
$$GeO_2 \xrightarrow{-0.370} Ge^{2+} \xrightarrow{+0.225} Ge \xrightarrow{<-0.3} GeH_4$$
$$SnO_2 \xrightarrow{+0.154} Sn^{2+} \xrightarrow{-0.137} Sn \xrightarrow{-1.071} SnH_4$$
$$PbO_2 \xrightarrow{+1.698} Pb^{2+} \xrightarrow{-0.125} Pb \xrightarrow{?} PbH_4$$

pH = 14

$$CO_3^{2-} \xrightarrow{-1.01} HCO_2^- \xrightarrow{-1.07} H_2CO \xrightarrow{-0.4} CH_4$$
$$SiO_3^{2-} \xrightarrow{\qquad -1.69 \qquad} Si \xrightarrow{-0.73} SiH_4$$
$$GeO_2 \xrightarrow{?} Ge(OH)_3^- \xrightarrow{?} Ge \xrightarrow{<1.1} GeH_4$$
$$Sn(OH)_6^{2-} \xrightarrow{-0.93} Sn(OH)_3^- \xrightarrow{-0.91} Sn \xrightarrow{?} SnH_4$$
$$Pb(OH)_6^{2-} \xrightarrow{+0.28} Pb(OH)_3^- \xrightarrow{-0.54} Pb \xrightarrow{?} PbH_4$$

Zinnmonosulfid SnS fällt beim Einleiten von *Schwefelwasserstoff* in *Zinn(II)-Salzlösungen* als dunkelbrauner Niederschlag aus:

$$Sn^{2+} + S^{2-} \rightarrow SnS,$$

der sich zum Unterschied vom Zinn(IV)-sulfid SnS_2 (S. 971) in „farblosem Schwefelammon“ (S. 559) oder Alkalihydrogensulfid nur bei Gegenwart von Schwefel (Übergang von SnS in SnS_2) löst: $SnS + S + S^{2-} \rightarrow SnS_3^{2-}$. Beim Schmelzen von *Zinn* mit *Schwefel* kann Zinn(II)-sulfid als *blaugraue*, kristalline Masse erhalten werden. Im Wasserstoffstrom ist es unzersetzt sublimierbar. Kristallisiert bildet es metallglänzende Blättchen vom Schmelzpunkt 882 °C und Siedepunkt ~ 1230 °C. Seine Struktur entspricht der des isovalenzelektronischen schwarzen Phosphors. **Zinnmonoselenid SnSe** (Smp. 861 °C; Struktur analog $P_{schwarz}$) läßt sich als *graublauer* Feststoff aus den Elementen bei 350 °C gewinnen. In analoger Weise bildet sich **Zinnmonotellurid SnTe** (NaCl-Struktur).

Organische Zinn(II)-Verbindungen[205, 212]

Stannylene SnR_2 entstehen u. a. durch *Dehydrierung* von R_2SnH_2 mit $^tBu_2Hg$ in Kohlenwasserstoffen oder durch *Dehalogenierung* von R_2SnX_2 mit Alkalimetallen in organischen Medien und liegen in der Regel in Form *„polymerer Stannylene“* $(SnR_2)_n$ vor, in welchen die Zinnatome direkt miteinander verknüpft sind, so daß es sich also nicht um Verbindungen des zwei-, sondern vierbindigen Zinns handelt (Näheres S. 884; vgl. hierzu $(SnCl_2)_n$), welche keine SnSn-Bindungen, sondern SnClSn-Brücken aufweisen):

$$R_2SnH_2 + 2^tBu_2Hg \xrightarrow[-\,2^tBuH]{-\,Hg} \boxed{(SnR_2)_n} \xleftarrow[-\,2\,NaX]{} R_2SnX_2 + 2\,Na$$

„Monomere Stannylene“ lassen sich nur bei *sehr sperrigen* Resten R fassen. Ein Beispiel bietet das gemäß $SnCl_2 + 2\,LiCH(SiMe_3)_2 \rightarrow Sn[CH(SiMe_3)_2]_2 + 2\,LiCl$ zugängliche *„Bis(disyl)stannylen“* : $Sn[CH(SiMe_3)_2]_2$ (*rote* Festsubstanz, Smp. 136 °C), das sowohl im *gelösten* wie *gasförmigen*, aber nicht festen *Zustand* monomer vorliegt. SnR_2 mit R = 2,4,6-$^tBu_3C_6H_2$ bleibt auch in Festsubstanz monomer. Monomere Stannylene mit *weniger sperrigen* Gruppen R treten bei der *Dehalogenierung* von Dihalogenstannanen R_2SiX_2 oder der *Photolyse* von Cyclostannanen $(SnR_2)_n$ nur als polymerisationsfreudige *Reaktionszwischenprodukte* auf, deren intermediäre Existenz durch geeignete Reaktanden wie Stannane R_3SnH, Halogenalkane RHal oder Butadien, welche die Stannylene „abfangen“, bewiesen werden kann:

$$R_2Sn(R')(X) \xleftarrow[R_3SnH,\ RHal]{+\,R'X\,=} \boxed{:SnR_2} \xrightarrow{+\text{Butadien}} \text{cyclo-}[R_2Sn{-}CH_2{-}CH{=}CH{-}CH_2]$$

Die Stannylene vermögen als *Komplexliganden* zu fungieren. So bildet das stabile Bis(disyl)stannylen mit Chromhexacarbonyl den Stannylenkomplex $(CO)_5Cr{=}Sn[CH(SiMe_3)_2]_2$. Komplexe mit weniger sperrigen Stannylenen sind instabiler; ihre Stabilisierung kann durch Addition eines Donors wie Tetrahydrofuran THF oder durch Dimerisierung erfolgen, z. B.: $(CO)_4Fe{-}Sn^tBu_2(THF)$, $(CO)_3Co(\mu\text{-}SnR_2)_2Co(CO)_3$.

Distannene Sn_2R_4. Im *festen Zustand* dimerisiert das Bis(disyl)stannylen unter Bildung eines *Distannens* $R_2Sn{=}SnR_2$ (R = $CHSi(Me_3)_2$). Ein weiteres Distannen bildet sich aus $(SnR_2)_3$ (R = 2,4,6-$^iPr_3C_6H_2$) durch *Photolyse* bei − 78 °C oder – bis zu einem Gleichgewichtszustand – durch Erwärmen auf 90 °C:

$$2\,SnR_2 \xrightarrow[(Kristallisat.)]{R\,=\,CH(SiMe_3)_2} R_2Sn{=}SnR_2 \xleftarrow[h\nu/-78\,°C\ \text{bzw.}\ \Delta]{R\,=\,2,4,6\text{-}^iPr_3C_6H_2} \tfrac{2}{3}(SnR_2)_3$$

---

212 **Literatur.** A. G. Davies, P. J. Smith: *„Recent Advances in Organotin Chemistry“*, Adv. Inorg. Radiochem. **23** (1980) 1–77; H. Gilman, W. H. Atwell, F. K. Cartledge: *„Catenated Organic Compounds of Silicon, Germanium, Tin and Lead“*, Adv. Organometal. Chem. **4** (1966) 1–94; A. G. Davies: *„Tin“*, Comprehensive Organometal. Chem. **2** (1982) 519–627; P. Jutzi: *„π-Bonding to Main-Group Elements“*, Adv. Organomet. Chem. **26** (1986) 217–295; W. P. Neumann: *„Germnylenes and Stannylenes“*, Chem. Rev. **91** (1991) 311–334; GMELIN: *„Organotin Compounds“*, Syst.-Nr. **46**, bisher 19 Bände; P. G. Harrison: *„Cyclostannanes“* und M. Veith: *„Tin-Nitrogen and Tin-Phosphorus Heterocycles“* und B. Mathiasch: *„Tin-Oxygen, Tin-Sulphur, Tin-Selenium and Tin-Tellurium Heterocycles“* in I. Haiduc, D. B. Sowerby: „The Chemistry of Inorganic Homo- and Heterocycles“, Acad. Press 1987, S. 377–381, 383–400, 401–416; K. C. Molloy: *„Organotin Heterocycles“*, Adv. Organomet. Chem. **33** (1991) 171–234; M. Pereyre, J. P. Quintard: *„Organotin Chemistry for Synthetic Applications“* Pure Appl. Chem. **53** (1981) 2401–2417; M. Pereyre, J. P. Quintard, A. Rahm: *„Tin in Organic Synthesis“*, Butterworth, London 1987; M. Veith, O. Recktenwald: *„Structure and Reactivity of Monomeric Molecular Tin(II) Compounds“*, Top. Curr. Chem. **104** (1982) 1–55; J. W. Connolly, C. Hoff: *„Organic Compounds of Divalent Tin and Lead“*, Adv. Organomet. Chem. **19** (1981) 123–153. Vgl. Anm. 87, 87a, 89, 90, 200.

Ersteres Distannen enthält eine vergleichsweise *lange* SnSn-Bindung (2.77 Å; ber. für Einfach-/Doppelbindung 2.80/2.60 Å) und *pyramidale* Sn-Atome (Faltungswinkel 41°; Torsionswinkel 0°; vgl. S. 887, 903). Letzteres Distannen weist nach spektroskopischen Befunden eine „stärkere" SnSn-Doppelbindung auf.

Die Stabilität des aus $SnCl_2$ und NaCp gewinnbaren *Bis(cyclopentadienyl)-stannylens* $SnCp_2$ (**Stannocen** $Sn(C_5H_5)_2$; ● = H in Fig. 209a) beruht darauf, daß die Cp-Reste am Zinn wie im Ferocen Cp_2Fe (S. 1697) π-, d. h. pentahapto- (η^5-) gebunden vorliegen („*Sandwich-Komplex*"). Die Achsen der beiden Ringe bilden aber nicht wie im Falle von Cp_2Fe einen Winkel von 180°, sondern wie im Falle des instabilen Germocens $GeCp_2$ (Fig. 209a; Ge anstelle Sn) und stabileren *Plumbocens* $PbCp_2$ (Fig. 209a; Pb anstelle Sn; ein Silicocen $SiCp_2$ ist nicht isolierbar) einen Winkel < 180° ($SnCp_2$: 125°; $PbCp_2$: 135°). Somit ist das freie Elektronenpaar stereochemisch wirksam. Mit wachsendem Raumbedarf der Cp-Reste (Substitution von ● = H durch Me, Ph) nähert sich der Winkel in zunehmendem Maße dem Wert von 180° ($Sn(C_5Me_5)_2$ = $SnCp^*_2$: 144°; $Sn(C_5Ph_5)_2$: 180°); auch werden die betreffenden Metallocene in gleicher Richtung thermostabiler (demgemäß ist $SiCp^*_2$ zum Unterschied von $SiCp_2$ isolierbar).

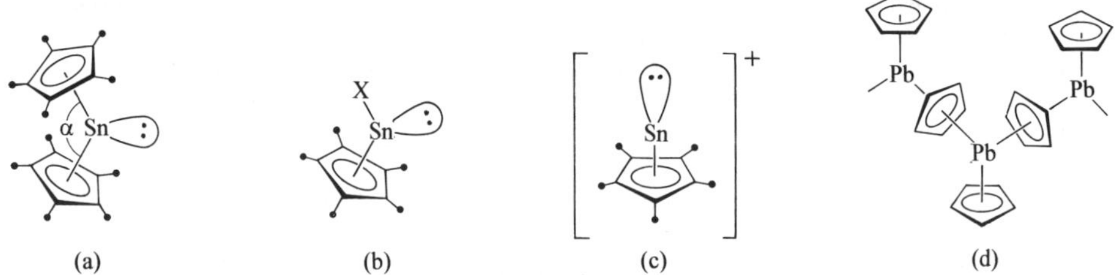

Fig. 209 Cyclopentadienylstannylene (a, b, c; ● = H, Me, Ph) und Bis(cyclopentadienyl)plumbylen in kondensierter Phase.

Das hydrolyse- und luftempfindliche Stannocen $SnCp_2$ (Smp. 105 °C) ist in kondensierter Phase wie $SnCp^*_2$ bzw. $Sn(CPh_5)_2$ *monomer* (Analoges gilt für $SiCp^*_2$, $GeCp_2$, $PbCp^*_2$, aber nicht für $PbCp_2$ (vgl. Fig. 209d)). Es reagiert mit Zinndihalogeniden unter *Substitution* eines Cp-Restes durch Halogenid (Bildung eines „*Halbsandwich-Komplexes*", vgl. Fig. 209b), mit Methyliodid unter *oxidativer Addition*: $Sn^{II}Cp_2 + MeI \rightarrow Cp_2(Me)Sn^{IV}I$ (Übergang von η^5- in η^1-gebundenes Cp). Mit HBF_4 läßt sich $SnCp^*_2$ (aber nicht $SnCp_2$) gemäß $SnCp^*_2 + HBF_4 \rightarrow SnCp^{*+}\ BF_4^- + HCp^*$ in das mit InCp* isovalenzelektronische Kation $:SnCp^{*+}$ überführen (vgl. Fig. 209c), in welchem Zinn ein Elektronenoktett zukommt (2 Außenelektronen von Sn^{2+}, 6π-Elektronen von Cp^-; bezüglich $:Sn(C_6H_6)^{2+}$, das mit dem erwähnten Kation isoelektronisch ist, vgl. Arenkomplexe, S. 1103).

4.3 Zinn(IV)-Verbindungen[208]

Zinn(IV)-hydride

Monostannan SnH_4[213], ein stark giftiges Gas, läßt sich durch Zersetzen von *Dimagnesiumstannid* Mg_2Sn mit *Salzsäure* oder durch Behandeln von *Zinn(II)-Salzlösungen* mit *naszierendem Wasserstoff* (z. B. Eintragen von Magnesiumpulver in saure Zinn(II)-sulfat-Lösung oder kathodische Reduktion von Zinn(II)-Salzlösungen an Bleielektroden) darstellen:

$$Sn^{4-} + 4H^+ \rightarrow SnH_4; \qquad Sn^{2+} + 6H \rightarrow SnH_4 + 2H^+.$$

Bei allen diesen Reaktionen entweicht in der Hauptsache *Wasserstoff*, dem geringe Mengen *Zinnwasserstoff* beigemengt sind. Mit besserer Ausbeute (20%) entsteht Zinnwasserstoff bei der Umsetzung von *Zinntetrachlorid* mit etherischen Lösungen von *Lithiumalanat* bei −30 °C[214]:

$$SnCl_4 + 4LiAlH_4 \rightarrow SnH_4 + 4LiCl + 4AlH_3.$$

---

[213] **Literatur.** E. Wiberg, E. Amberger: „*Hydrides*", Elsevier Amsterdam 1971, S. 719–756.

[214] Die Reaktion verläuft auf dem Wege über ein *Zinn-aluminium-hydrid* $SnH_4 \cdot 4AlH_3 = Sn(AlH_4)_4$ („*Zinnalanat*"), das sich bei −60 °C isolieren läßt und oberhalb von −40 °C in Zinnwasserstoff (bzw. Zinn und Wasserstoff) und Aluminiumwasserstoff zerfällt.

Der gasförmige Zinnwasserstoff SnH_4 ist in reinen Gefäßen bei gewöhnlicher Temperatur tagelang haltbar. Beim Erwärmen auf 150 °C zersetzt er sich rasch unter Bildung eines *Zinnspiegels*:

$$SnH_4 \rightarrow Sn + 2H_2 + 163\,kJ.$$

Gegen 15%ige NaOH-Lösung und verdünnte Säuren ist SnH_4 beständig. Der Schmelzpunkt der Verbindung liegt bei −146 °C, der Siedepunkt bei −52.5 °C. SnH_4 wirkt stärker reduzierend als GeH_4, wie überhaupt die Reduktionskraft von EH_4 mit steigendem Gewicht des Elements der Kohlenstoffgruppe steigt (vgl. Potentialdiagramme, S. 966).

Auch ein **Distannan Sn_2H_6** ist bekannt. Es entsteht bei der Hydrierung von Stannit mit Boranat neben SnH_4, Sn und H_2 als Nebenprodukt und zerfällt sehr leicht in $Sn + H_2$.

Zinn(IV)-halogenide

Zinntetrachlorid $SnCl_4$ („*Tetrachlorstannan*") wird technisch durch Behandeln von *Weißblechabfällen* mit *Chlor* dargestellt:

$$Sn + 2Cl_2 \rightarrow SnCl_4 + 511.6\,kJ.$$

Eigenschaften. Es stellt eine *farblose*, an der Luft stark rauchende, nach dem Entdecker A. Libavius (1550–1616) früher auch „*Spiritus fumans Libavii*" (rauchender Geist des Libavius) genannte Flüssigkeit der Dichte 2.229 (20 °C) dar, die bei −33.3 °C erstarrt und bei 114.1 °C siedet. Beim Zusammenbringen mit wenig Wasser oder beim Stehenlassen an feuchter Luft geht sie in eine halbfeste, kristallisierte Masse der Zusammensetzung $SnCl_4 \cdot 5H_2O$ („*Zinnbutter*"; Smp. etwa 60 °C) über. Die *wässerige Lösung* des Zinntetrachlorids ist weitgehend *hydrolytisch* gespalten: $SnCl_4 + 2H_2O \rightleftarrows SnO_2 + 4HCl$. Das dabei entstehende Zinndioxid bleibt *kolloid* in Lösung. Leitet man in konzentrierte wässerige Zinntetrachloridlösung *Chlorwasserstoff* ein, so lagern sich je Mol $SnCl_4$ bis zu 2 Mole HCl an:

$$SnCl_4 + 2HCl \rightarrow H_2[SnCl_6].$$

Die dabei entstehende „*Hexachloro-zinnsäure*" $H_2[SnCl_6]$ kristallisiert aus der Lösung in Form blätteriger Kristalle der Zusammensetzung $H_2SnCl_6 \cdot 6H_2O$ (Smp. 19.2 °C). Unter den Salzen der Säure (*Hexachloro-stannate*) ist vor allem das *Ammoniumsalz* $(NH_4)_2[SnCl_6]$ („*Pinksalz*") erwähnenswert. Auch Chlorokomplexe des Typus $SnCl_5^-$ (isoelektronisch mit $SbCl_5$) sind bekannt. In analoger Weise wie Chlorwasserstoff vermögen sich viele *andere Stoffe* wie z. B. Ammoniak, Phosphorwasserstoff, Phosphorpentachlorid, Phosphorylchlorid und Schwefeltetrachlorid an Zinntetrachlorid *anzulagern*.

Wegen seines Lewis-sauren Charakters verwendet man $SnCl_4$ als *Friedel-Crafts-Katalysator* für homogene Alkylierungs- und Cyclisierungsreaktionen. Darüber hinaus ist $SnCl_4$ Ausgangsprodukt vieler organischer Zinnverbindungen (vgl. S. 971). Das „Pinksalz" $(NH_4)_2[SnCl_6]$ dient in der Färberei als Beizmittel.

Das durch Umsetzung von Hexaacetyldistannan $Sn_2(OAc)_6$ (Ac = Acetylrest CH_3CO) mit flüssigem Chlorwasserstoff bei −100 °C gemäß $Sn_2(OAc)_6 + 6HCl \rightarrow Sn_2Cl_6 + 6HOAc$ gewinnbare, *farblose*, etherunlösliche **Dizinnhexachlorid Sn_2Cl_6** („*Hexachlordistannan*") zerfällt schon weit unterhalb Zimmertemperatur nach $Sn_2Cl_6 \rightarrow SnCl_4 + SnCl_2$ in Zinn(IV)- und Zinn(II)-chlorid. Es ist damit wesentlich unbeständiger als seine leichteren Homologen C_2Cl_6 (thermisch außerordentlich stabil), Si_2Cl_6 (bei Abwesenheit von Katalysatoren thermisch metastabil) und Ge_2Cl_6 (Zerfall oberhalb Raumtemperatur). Ein Hexachlordiplumban Pb_2Cl_6 dürfte somit nicht mehr existenzfähig sein.

Zinntetrafluorid, -bromid, -iodid SnX_4 sind durch direkte Vereinigung des *Zinns* mit dem entsprechenden *Halogen* erhältlich: $Sn + 2X_2 \rightarrow SnX_4$. *Brom* reagiert schon bei gewöhnlicher Temperatur, *Iod* bei gelindem Erwärmen. Mit *Fluor* reagiert Zinn bei gewöhnlicher Temperatur nicht merklich; dagegen erfolgt bei 100 °C unter Feuererscheinung eine sehr heftige Reaktion. Einfacher gewinnt man das Zinn(IV)-fluorid durch Eintragen von *Zinn(IV)-chlorid* in wasserfreie *Flußsäure*: $SnCl_4 + 4HF \rightleftarrows SnF_4 + 4HCl$. Alle drei Halogenide sind feste, kristallisierte Stoffe (SnF_4: Sblp. 705 °C; $SnBr_4$: Smp. 33.0 °C, Sdp. 203.3 °C; SnI_4: Smp. 144.5 °C,

Sdp. 346 °C). Sie bilden wie Zinn(IV)-chlorid mit den Halogeniden der Alkalimetalle *Hexahalogeno-stannate* $M_2[SnX_6]$ und mit Donoren D Komplexe des Typus D_2SnX_4 und $DSnX_4$.

„*Zinn(IV)-fluorid*" ist – anders als festes CF_4, SiF_4 sowie GeF_4 (Molekülstrukturen) – analog PbF_4 *polymer*. Und zwar sind in der „**SnF_4-Struktur**" SnF_6-Oktaeder über gemeinsame äquatoriale F-Atomecken mit jeweils vier SnF_6-Oktaedern unter Verbleib von unverbrücktem Fluor in *trans*-Stellung zu planaren Schichten verknüpft (vgl. Struktur (b) auf S. 972 mit ● = F). „*Zinn(IV)-iodid*" bildet eine kubisch-dichte Kugelpackung von I-Atomen, in der $\frac{1}{8}$ aller tetraedrischen Lücken mit Sn-Atomen besetzt ist, was zu diskreten, tetraedrischen SnI_4-Molekülen führt.

Zinn(IV)-chalkogenide

Zinndioxid SnO_2 kommt in der *Natur* als tetragonal im Rutil-Typ (S. 124) kristallisierter *Zinnstein* (*Kassiterit*) vor; daneben vermag es noch rhombisch und hexagonal aufzutreten. Technisch wird SnO_2 durch Verbrennen von *Zinn* im *Luftstrom* hergestellt. Es stellt ein in Wasser, Säuren und Alkalilaugen unter Normalbedingungen unlösliches *weißes* Pulver dar, das oberhalb von 1800 °C sublimiert und durch Glühen mit Koks (S. 961) oder durch Erhitzen im Wasserstoffstrom zu metallischem Zinn reduziert wird.

Eigenschaften. Zinndioxid weist wie Zinnmonoxid (S. 965) *amphoteren Charakter* auf und reagiert demgemäß sowohl mit *Säuren* (z. B. heißer verdünnter Schwefelsäure) zu **Zinn(IV)-Salzen** als auch mit *Basen* (z. B. einer Schmelze von Natriumhydroxid oder -oxid) zu **Stannaten**:

$$SnO_2 + 2H_2SO_4 \rightarrow Sn(SO_4)_2; \qquad SnO_2 + Na_2O \rightarrow Na_2SnO_3.$$

Aus der schwefelsauren Lösung läßt sich das *farblose*, hygroskopische „*Zinn(IV)-sulfat-Dihydrat*" $Sn(SO_4)_2 \cdot 2H_2O$ auskristallisieren. Weitere Beispiele isolierbarer „Salze" sind etwa das stark nitrierend wirkende, *farblose* „*Zinn(IV)-nitrat*" $Sn(NO_3)_4$ (gewinnbar gemäß $SnCl_4 + 4XNO_3 \rightarrow Sn(NO_3)_4 + 4ClX$ mit X = Cl, Br, NO_2) und das *farblose*, kristalline „*Zinn(IV)-phosphinat*" $Sn(H_2PO_2)_4$ (gewinnbar gemäß $SnO + \frac{1}{2}O_2 + 4H_3PO_2 \rightarrow Sn(H_2PO_2)_4 + 2H_2O$).

Aus der konzentrierten wässerigen Lösung der $NaOH/SnO_2$-Schmelze kristallisiert andererseits „*Natrium-hexahydroxostannat*" $Na_2[Sn(OH)_6]$ („*Präpariersalz*") als wasserlösliches Salz aus. Es enthält das oktaedrisch gebaute $[Sn(OH)_6]^{2-}$-Ion, das dem Hexachlorostannat $SnCl_6^{2-}$ (s. o.) entspricht. Analoge Zusammensetzung und Struktur besitzt das gut kristallisierte „*Kaliumhexahydroxostannat*" $K_2[Sn(OH)_6]$[215]. Durch Umsetzung mit löslichen Calcium-, Strontium- oder Blei-Salzen lassen sich hieraus „*Calcium-*", „*Strontium-*" und „*Bleihexahydroxostannate*" $M^{II}[Sn(OH)_6]$ gewinnen. Es existieren aber auch *wasserfreie* Stannate wie etwa die „*Orthostannate*" K_4SnO_4, Mg_2SnO_4 und Zn_2SnO_4 (letztere beiden mit Spinellstruktur) oder die „*Metastannate*" Li_2SnO_3, Na_2SnO_3, K_2SnO_3 (in letzterem Stannat sind quadratisch-pyramidale SnO_5-Einheiten über jeweils zwei gemeinsame Basissauerstoffatome zu Ketten verknüpft).

Die den Hexahydroxostannaten entsprechende **Zinnsäure** $H_2[Sn(OH)_6] = SnO_2 \cdot 4H_2O$ ist in freiem Zustande nicht bekannt. Versetzt man *Alkalihexahydroxostannat*-Lösungen mit der doppelt-äquivalenten Menge *Säure*, so fallen weiße, voluminöse *Zinndioxid-Hydrate* $SnO_2 \cdot xH_2O$ aus ($x < 2$), die den Charakter von *Gelen* (S. 930) besitzen und auch durch *Hydrolyse* von *Zinn(IV)-Salzen* zugänglich sind. Das Hydrat $SnO_2 \cdot 2H_2O = Sn(OH)_4$ ist unbekannt, doch läßt sich durch Trocknen der Gele bei 110 °C das Hydrat $SnO_2 \cdot H_2O = SnO(OH)_2$ gewinnen. Die weitergehende Dehydratisierung führt schließlich bei 600 °C zu kristallinem SnO_2 (vgl. Kieselsäuren, S. 923). Parallellaufend mit der Wasserabspaltung werden die Verbindungen mehr und mehr in Säuren und Basen unlöslich. Früher nannte man die frischen, wasserreichen, niedermolekularen Niederschläge „*α-Zinnsäure*" („gewöhnliche Zinnsäure"), die gealterten, wasserarmen, hochmolekularen Niederschläge „*β-Zinnsäure*" (Metazinnsäure).

Zinndioxid (Weltjahresproduktion: zehn Kilotonnenmaßstab) findet technisch ausgedehnte Verwendung zur Herstellung *weißer Glasuren* und *Emaillen* (S. 946), da es Glasflüsse milchigweiß trübt und chemisch sowie thermisch sehr widerstandsfähig ist. Auch dient es als Grundstoff für *Farbpigmente* von Gläsern und Glasuren (SnO_2/V_2O_5 für *Gelb-*, SnO_2/Cr_2O_3 für *Rosa-*, SnO_2/Sb_2O_5 für *Blaugrautöne*). Dünne SnO_2-*Schichten* (< 0.1 μm) auf Glasoberflächen (Bildung durch Aufdampfen von $SnCl_4$) erhöhen den Abriebwiderstand des Glases, dickere Schichten (0.1 – 1.0 μm) führen zu schillernden *Interferenzfar-*

---

215 $K_2Sn(OH)_6$ ist analog Brucit $Mg(OH)_2$ gebaut (vgl. S. 1120; $\frac{2}{3}$ der Mg^{2+}-Ionen durch K^+-Ionen, $\frac{1}{3}$ durch Sn^{4+} ersetzt).

ben, noch dickere Filme eignen sich – da sie IR-Licht reflektieren und für sichtbares Licht durchlässig sind – zur *Fensterwärmeisolierung*. Mit Sb- oder F-Ionen dotierte, elektrisch leitende SnO_2-Schichten nutzt man für *Elektroden, elektrolumineszierende Geräte, enteisbare Windschutzscheiben* usw. Zinn/Vanadiumoxid bzw. Zinn-/Antimonoxid werden als Katalysatoren bei Oxidationen organischer Verbindungen eingesetzt (z. B. Bildung aromatischer Carbonsäuren aus Alkylaromaten, von Acrylnitrit aus Propen). Das *Präpariersalz* $Na_2Sn(OH)_6$ wird in der Färberei zur Vorbereitung von Textilien für die Aufnahme von Beizfarbstoffen verwendet. Man nutzt es darüber hinaus zur stromlosen oder galvanischen Verzinnung sowie als Flammschutzmittel.

Zinndisulfid SnS_2 ($\Delta H_f = -148$ kJ/mol; CdI_2-Struktur) wird technisch durch Erhitzen von *Zinn* oder Zinnamalgam mit *Schwefelblume* in Gegenwart von Salmiak NH_4Cl dargestellt: $Sn + 2S \rightarrow SnS_2$. Man erhält es dabei in Form *goldglänzender*, durchscheinender Blättchen, die als „*Musivgold*"[216] in den Handel kommen und in Form der „*Zinnbronze*" zum Bronzieren von Gips, Bilderrahmen usw. Verwendung finden. Auch aus nicht zu stark sauren Zinn(IV)-Salzlösungen fällt beim Einleiten von Schwefelwasserstoff *gelbbraunes* SnS_2 aus.

Ähnlich wie sich das Zinndioxid mit Alkalioxiden zu Stannaten vereinigt (s. oben), ergibt das Zinndisulfid mit Alkalisulfid **Thiostannate**:

$$SnS_2 + Na_2S \rightarrow Na_2[SnS_3].$$

Jedoch erfolgt die Umsetzung viel leichter als dort, so daß sie bereits in wässeriger Lösung durchgeführt werden kann. In wasserhaltigem Zustande besitzen die Thiostannate die Zusammensetzung $M_2SnS_3 \cdot 3H_2O = M_2[Sn(SH)_3(OH)_3]$, welche der Formel $M_2[Sn(OH)_6]$ der wasserhaltigen Stannate entspricht. Auch „*Tetrathiostannate*" $M_4[SnS_4]$ sind bekannt ($SnS_2 + 2S^{2-} \rightarrow [SnS_4]^{4-}$), denen in wässeriger Lösung die Formel $M_4SnS_4 \cdot 2H_2O = M_4[Sn(SH)_2(OH)_2S_2]$ zukommt. Weitere Thiostannate enthalten analog SnS_4^{4-} ebenfalls tetraedrisches Sn ($Sn_2S_7^{6-} = S_3Sn{-}S{-}SnS_3^{6-}$; $Sn_2S_6^{4-} = S_2SnS_2SnS_2^{4-}$) oder trigonal-bipyramidales Sn ($Sn_3S_8^{4-}$ als Tl^+-Salz) sowie oktaedrisches Sn (polymeres SnS_3^{2-} als Na^--Salz)[217].

Organische Zinn(IV)-Verbindungen[212]

Organisch substituierte Stannane werden *technisch* wie die analogen Silicium- und Germaniumverbindungen (s. dort) durch *Direktsynthese* (z. B. $Sn + 2RX \rightarrow R_2SnX_2$ bzw. $R_3SnX + RSnX_3$; $SnX_2 + RX \rightarrow RSnX_3$), *Metathesereaktion* (z. B. $3SnCl_4 + 4AlR_3 \rightarrow 3SnR_4 + 4AlCl_3$; $SnCl_4 + 4RMgCl \rightarrow SnR_4 + 4MgCl_2$) sowie *Hydrostannierung* (z. B. $R'CH{=}CH_2 + R_3SnH \rightarrow R'CH_2CH_2SnR_3$) gewonnen. Die so zugänglichen **Tetraorganylstannane SnR_4** (tetraedrischer Bau; T_d-Symmetrie) sind wie die entsprechenden Tetraorganylsilane und -germane *monomer* und stellen *farblose* flüchtige Flüssigkeiten (z. B. $SnMe_4$: Smp./Sdp. $-54.8/78$ °C) oder Feststoffe (z. B. $SnPh_4$: Smp./Sdp. $226/>420$ °C) dar, die sich – wie SiR_4 und GeR_4 – unter Normalbedingungen durch Hydrolyse- und Luftbeständigkeit auszeichnen (nach Zündung verbrennen sie zu SnO_2, CO_2 und H_2O) sowie thermisch belastbar sind ($SnMe_4$ zersetzt sich erst oberhalb 400 °C). Eine SnC-*Bindungsspaltung* ist u. a. durch *Halogene* X_2, *Halogenwasserstoffe* HX, *Zinntetrahalogenide* SnX_4 und andere Lewis-Säuren sowie *Lithiumorganyle* möglich (z. B. $SnMe_4 + 2Br_2 \rightarrow Me_2SnBr_2 + 2MeBr$; $SnMe_4 + HX \rightarrow Me_3SnX + MeH$; $SnR_4 + SnCl_4 \rightarrow R_3SnCl + RSnCl_3$ (rasch) $\rightarrow 2R_2SnCl_2$ (langsam); $Sn(CH{=}CH_2)_4 + 4LiPh \rightarrow SnPh_4 + 4LiCH{=}CH_2$).

Die betreffenden SnC-Spaltungen, die für $\geqslant$Sn—R in der Reihe R = Bu < Pr < Et < Me < Vi < Ph < Bz < Allyl < CH_2CN < CH_2COOR zunehmend leichter erfolgen, lassen sich – neben den oben erwähnten Methoden – zur Erzeugung von **Organylhalogenstannanen R_nSnX_{4-n}** nutzen. Letztere Verbindungen sind, falls R wenig sperrig ist, anders als die entsprechenden Organylhalogensilane und -germane und ähnlich wie die Organylhalogenplumbane in fester Phase über Halogenbrücken *assoziiert* und besitzen demgemäß vergleichsweise hohe Schmelzpunkte. Zinn betätigt hierbei insbesondere die Koordinationszahlen *fünf* (z. B. Me_3SnF: Zers. bei 360 °C vor Erreichen des Smp.; trigonal-bipyramidale Koordination; vgl. Struktur (a)) sowie *sechs* (z. B. Me_2SnF_2: Zers. bei 400 °C vor Erreichen des Smp.; oktaedrische Koordination; vgl. Struktur (b)). Hierbei sind SnFSn-Brücken wesentlich stärker als SnXSn-Brücken mit X = Cl, Br, I (z. B. Me_3SnCl; Smp./Sdp. = 39.5/152 °C; Struktur analog Me_3SnF; Me_2SnCl_2: Smp./Sdp. = 106/190 °C; vgl. Struktur (c); Ph_3SnCl: Smp./Sdp. = 106/240 °C; monomer).

---

216 Von aurum musivum (lat.) = Gold für Mosaikarbeiten.

217 Man kennt auch **Zinndiselenid $SnSe_2$** und **Selenostannate $SnSe \cdot nSe^{2-}$** ($n = 2, 1, \frac{2}{3}, \frac{1}{2}, \frac{1}{3}$). In letzteren ist Sn(IV) tetraedrisch von vier ($SnSe_4^{4-}$, $Sn_2Se_6^{4-}$, $Sn_3Se_8^{4-}$), trigonal-bipyramidal von fünf ($[Sn_2Se_5^{2-}]_x$ mit Raumstruktur, $[Sn_3Se_7^{2-}]_x$ mit Schichtstruktur) oder oktaedrisch von sechs Se-Atomen umgeben ($[Sn(SeSeSe)_3]^{2-}$).

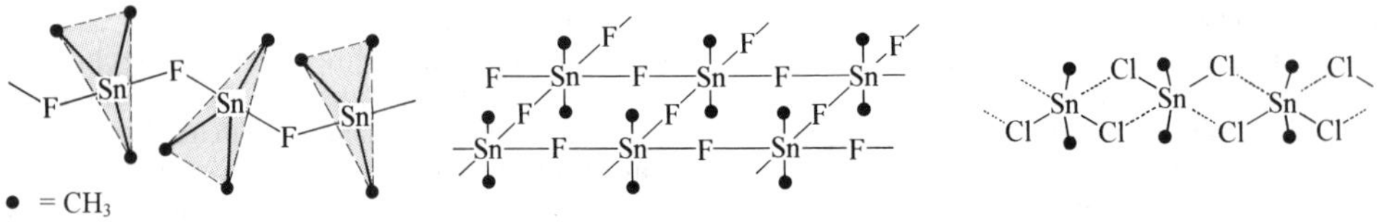

● $= CH_3$

(a) (b) (c)

Die *Hydrierung* von R_nSnX_{4-n} mit $NaBH_4$ in Wasser oder $LiAlH_4$ in Ethern führt zu **Organylstannanen R_nSnH_{4-n}**, deren Stabilität mit steigendem n wächst (Me_3SnH ist bei Raumtemperatur unter Luftabschluß unbegrenzt haltbar, während SnH_4 unter gleichen Bedingungen langsam zerfällt). Eine wichtige Reaktion dieser Verbindungsklasse stellt die sowohl ohne Katalysator als auch in Anwesenheit von Radikalen oder Lewis-Säuren als Katalysatoren erfolgende Hydrostannierung (*Hydrostannylierung*) dar: $\geqslant Sn-H + {>}C{=}C{<} \rightarrow \geqslant Sn{\geqslant}C-CH{<}$, mit deren Hilfe CC-Doppelbindungen *chemoselektiv, stereo-* und *regiospezifisch hydriert* werden können, zum Beispiel $PhCH{=}CH-CH{=}O + R_3SnH$, dann $+ H_2O \rightarrow PhCH_2-CH_2-CH{=}O$; $R_3SnH + PhC{\equiv}CH \rightarrow$ *trans*-$PhCH{=}CHSnR_3$; $R_3SnH + CH_2{=}CH-C{\equiv}N \rightarrow CH_3-CH(SnR_3)-C{\equiv}N$ (ohne Katalysator), $(R_3Sn)CH_2-CH_2-C{\equiv}N$ (mit Radikalstarter; vergleiche hierzu Hydrosilierung, - germierung, -plumbierung). Von Bedeutung ist darüberhinaus die als Hydrostannolyse bezeichnete Spaltung von Bindungen A—B gemäß $\geqslant Sn-H + A-B \rightarrow \geqslant Sn-A + H-B$, wobei der zinngebundene Wasserstoff teils „*hydridisch*“ reagieren kann (z. B. $R_3SnH + RCO_2H \rightarrow RCO_2SnR_3 + H_2$), teils aber auch „*protisch*“ (zum Beispiel $4R_3SnH + Ti(NR_2)_4 \rightarrow Ti(SnR_3)_4 + 4HNR_2$) oder „*radikalisch*“ (z. B. $R_3SnH + RX \rightarrow R_3SnX + RH$; letztere Umsetzung erfolgt in Anwesenheit von Radikalstartern und stellt eine bequeme Methode zur Überführung von Halogeniden RX in Kohlenwasserstoffe RH dar).

Die durch *Hydrolyse* von R_nSnX_{4-n} gewinnbaren **Organylstannanole $R_nSn(OH)_{4-n}$** weisen – anders als die entsprechenden Silanole – *amphoteren Charakter* auf und bilden mit starken Säuren hydratisierte Stannyl-Kationen SnR_3^+ (z. B. $Me_3SnOH + H^+ + H_2O \rightarrow Me_3Sn(OH_2)_2^+$; trigonal-bipyramidaler Bau mit H_2O in axialen Positionen), mit starken Basen Stannate (z. B. $\frac{1}{n}(R_2SnO)_n + 2OH^- + H_2O \rightarrow R_2Sn(OH)_4^{2-}$; oktaedrischer Bau). Die Tendenz der Stannole zur Kondensation unter Bildung von Stannoxanen wie $(R_3Sn)_2O$, $(R_2SnO)_n$, $(RSnO_{1.5})_n$ ist geringer als die der entsprechenden Germanole[218]. Allgemein nimmt die Kondensationsneigung in Richtung Silanole (rasch und vollständige Bildung von Siloxanen) > Germanole > Stannanole > Plumbanole (Bildung von Plumboxanen nur bei Wasserentzug) ab. Die *Alkoholyse* von R_nSnX_{4-n} mit ROH führt in Anwesenheit von tertiären Aminen glatt zu Zinnalkoxiden $R_nSn(OR)_{4-n}$, die *Ammonolyse* mit $LiNR_2$ zu Zinnamiden, z. B.: $R_3SnCl + EtOH/NEt_3 \rightarrow R_3SnOEt + Et_3NHCl$; $R_3SnCl + LiNEt_2 \rightarrow R_3SnNEt_2 + LiCl$.

Durch Dehalogenierung von Halogenstannanen R_3SnX, R_2SnX_2 bzw. $RSnX_3$ oder Gemischen dieser Verbindungen mit Alkalimetallen entstehen *gelbe* bis *dunkelrote* **Organopolystannane** wie z. B. die *acyclischen* Verbindungen $Me_3Sn-SnMe_3$ (Smp. 23 °C, Sdp. 182 °C), $Ph_3Sn-SnPh_3$ (Smp. 232.5 °C, Zers. 280 °C), $Sn(SnPh_3)_4$ (Smp. ≈ 320 °C), $X(SnMe_2)_nX$ ($n = 12-20$), die *cyclischen* Verbindungen $(SnR_2)_n$ (z. B. R = Me, Et: $n = 6-9$; R = Ph: $n = 5, 6$; R = ${}^tBu$: $n = 4$; R = 2,6-$Et_2C_6H_3$, 2,4,6-${}^iPrC_6H_2$: $n = 3$), die *bicyclische* Verbindung Sn_6R_{10} (d) sowie die *polycyclischen* (*käfigartigen*) Verbindungen Sn_5R_6 (e), Sn_8R_8 (f) und $Sn_{10}R_{10}$ (g) (R in letzteren Fällen 2,6-$Et_2C_6H_3$):

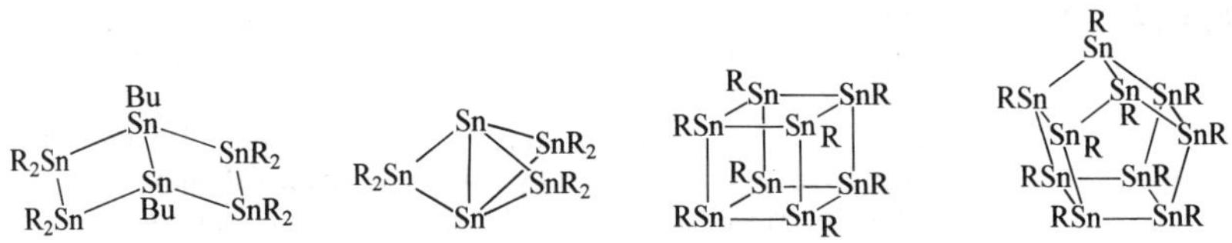

(d) (e) (f) (g)

Die Organopolystannane, die sich auch durch *thermische Zersetzung* von Stannanen (zum Beispiel $R_2SnH_2 \rightarrow \frac{1}{n}(R_2Sn)_n + H_2$) oder durch *Hydrostannolyse* von Stannylaminen (zum Beispiel $RSnH_3 + 3Me_3SnNEt_2 \rightarrow RSn(SnMe_3)_3 + 3Et_2NH$) erzeugen lassen, sind *thermostabiler* als die Grundkörper (bis auf thermolabiles Sn_2H_6 unbekannt), aber wesentlich luftempfindlicher als die Tetraorganylstannane (Sn_2Me_6 geht an Luft langsam in $Me_3SnOSnMe_3$ über und entzündet sich beim Sdp.).

Die *Spaltung* von Distannanen $R_3Sn-SnR_3$ in pyramidal gebaute Stannyl-Radikale $\cdot SnR_3$ erfolgt *thermisch* nur dann glatt, wenn die Reste R sehr sperrig sind. So liegt $Mes_3Sn-SnMes_3$ (Mes = 2,4,6-

[218] Ähnlich wie Sn-gebundene F-Atome bilden auch Sn-gebundene O-Atome starke Brücken aus. Demgemäß ist R_3SnOH in Lösung *dimer*, in fester Phase wie Me_3SnF *polymer*; auch lagern sich Polymere $-R_2Sn-O-R_2Sn-O-R_2Sn-$ zu doppelkettigen Bändern zusammen (trigonal-bipyramidales Zinn mit R in äquatorialen Positionen).

$Me_3C_6H_2$) bei 100 °C im Gleichgewicht mit $\cdot SnMes_3$, während die Radikale $\cdot SnR_3$ mit den sehr sperrigen Resten R = 2,4,6-$Et_3C_6H_2$ und $CH(SiMe_3)_2$ selbst bei Raumtemperatur keine Dimerisierungstendenz zeigen. Entsprechendes gilt für Disilane Si_2R_6, Digermane Ge_2R_6 und wohl auch Diplumbane Rb_2R_6. Die Radikale $\cdot ER_3$ mit weniger sperrigen Resten R, die sich u.a. *photochemisch* aus E_2R_6, aber auch durch Photolyse von $Hg(ER_3)_2$[219] bzw. $^tBuOO^tBu/R_3EH$, durch *Oxidation* von ER_3^- mit Naphthalin, Tetracyanethylen usw. oder durch *Reduktion* von R_3EX mit Alkalimetallen erzeugen lassen, dimerisieren in der Regel sehr rasch (Dimerisierungshalbwertszeiten um 10^{-9} s).

Chemisch lassen sich die SnSn-Bindungen der Polystannane Sn_mR_n leicht durch Halogene oder Alkalimetalle spalten. In letzterem Falle bilden sich in Medien mit Donoreigenschaften z.B. gemäß $Sn_2R_6 + 2M \rightarrow 2M^+SnR_3^-$ pyramidal gebaute Stannyl-Anionen SnR_3^-, die mit Halogeniden R_nEX unter Metathese abreagieren können (z.B. $Me_3GeCl + NaSnPh_3 \rightarrow Me_3Ge{-}SnPh_3 + NaCl$). Analoges gilt für Disilane, Digermane und Diplumbane. Die Anionen CR_3^-, SiR_3^-, GeR_3^-, SnR_3^-, PbR_3^- sind isoelektronisch mit NR_3, PR_3, AsR_3, SbR_3, BiR_3 und wirken demgemäß wie letztere als *Brönsted-Basen* (die Basizität sinkt in der wiedergegebenen Reihenfolge und ist für die geladenen Spezies größer als für die ungeladenen; R_3PbH verhält sich gegenüber wässerigem NH_3 bereits als Säure) und als *Lewis-Basen* (Bildung von Stannylkomplexen z.B. gemäß: $SnPh_3^- + Ni(CO)_4 \rightarrow (CO)_3NiSnPh_3^- + CO$; in analoger Weise bilden sich Silyl-, Germyl-, Plumbyl-Komplexe).

Die **Toxizität** zinnorganischer Verbindungen R_nSnX_{4-n} wächst mit dem Organylierungsgrad *n* und abnehmender Kettenlänge von R. Besonders *giftig* sind Zinnorganyle, welche Me_3Sn^+ bilden können (MAK-Wert = 0.1 mg Sn pro m^3), wenig giftig Verbindungen wie $(Octyl)_2Sn(Maleat)_2$.

Die zinnorganischen Verbindungen (Weltjahresproduktion: 50 Kilotonnenmaßstab) finden in großen Mengen als PVC-*Stabilisator* **Verwendung** (Hemmung der durch Einwirkung von Wärme, Licht, Sauerstoff verursachten Verfärbung und Versprödung von PVC; man setzt u.a. R_2SnX_2 mit R = Octyl und X = Laurat, Maleat ein). Darüber hinaus dienen sie zur „*Vulkanisierung*" von Siliconen; auch werden sie (insbesondere R_3SnX) als *Biozide* u.a. gegen Pilz-, Motten- und Milbenbefall sowie gegen Fäulnis (z.B. Konservierung von Schiffsrümpfen) eingesetzt. Me_2SnCl_2 wird zudem zum Aufbringen dünner SnO_2-Schichten auf Glas genutzt (Hydrolyse bei 400–500 °C).

5 Das Blei[220]

5.1 Elementares Blei

Vorkommen. Wie Zinn kommt Blei **gediegen** nur *selten* vor. Gebunden findet es sich ausschließlich in Form von **Blei(II)-Verbindungen** (*Sulfide, Salze*). Das wichtigste und meistverbreitete Bleierz ist der *Bleiglanz* (*Galenit*) PbS (S. 979), welcher graphitfarbene, metallisch glänzende, meist würfelförmige Kristalle bildet. Seltener ist das Vorkommen als *Weißbleierz* (*Cerussit*) $PbCO_3$ (S. 979), *Rotbleierz* (*Krokoit*) $PbCrO_4$ (S. 979), *Gelbbleierz* (*Wulfenit*) $PbMoO_4$ (S. 1457), *Scheelbleierz* (*Stolzit*) $PbWO_4$ (S. 1457), *Anglesit* (*Bleivitriol*) $PbSO_4$ (S. 978) und *Boulangerit* $Pb_5Sb_4S_{11}$ (= „$5PbS \cdot 2Sb_2S_3$").

Isotope (vgl. Anh. III). *Natürlich vorkommendes* Blei setzt sich aus den Isotopen $^{204}_{82}Pb$ (1.4%), $^{206}_{82}Pb$ (24.1%), $^{207}_{82}Pb$ (22.1%) und $^{208}_{82}Pb$ (52.4%) zusammen. Für *NMR-spektroskopische* Untersuchungen nutzt man $^{207}_{82}Pb$, für *Tracer*-Experimente, das *künstlich erzeugte* Nuklid $^{210}_{82}Pb$ (β^--Strahler; $\tau_{1/2}$ = 20.4 Jahre).

Geschichtliches. *Elementares* Blei war bereits den ältesten Kulturvölkern (z.B. in Ägypten, Vorderasien, Spanien, Mitteleuropa um 3000 v. Chr.) als Grundstoff für Gebrauchsgegenstände bekannt. Entsprechend alt ist die Kunde von *Bleivergiftungen* (vielfach wird der Untergang der Römer, die Blei u.a. für Küchengeräte und Wasserrohrleitungen nutzten und bis zu 60000 Tonnen Blei pro Jahr produzierten, auf chronische Vergiftungen durch Blei zurückgeführt). Der deutsche *Name* Blei (engl.: *lead*; franz.: *plomb*; ital.: *piombo*) leitet sich ab von bhlei (indogerm.) = schimmern, leuchten, glänzen, das *Symbol Pb* vom lateinischen *plumbum* für das Metall.

---

219 Die linear gebauten Quecksilberverbindungen $R_3E{-}Hg{-}ER_3$ sind u.a. aus R_3EX und Alkalimetallamalgamen gemäß $2R_3EX + 2Na + Hg \rightarrow (R_3E)_2Hg + 2NaX$ gewinnbar und wirken u.a. als Überträger von R_3E auf Metalle z.B.: $(Me_3Si)_2Hg + Mg \rightarrow Mg(SiMe_3)_2 + Hg$ in Monoglyme; $(Me_3Si)_2Hg + Fe(CO)_5 \rightarrow (CO)_4Fe(SiMe_3)_2 + CO + Hg$.

220 **Literatur.** E.W. Abel: „*Lead*", Comprehensive Inorg. Chem. **2** (1973) 105–146; ULLMANN (5. Aufl.): „*Lead*", „*Lead Alloys*", „*Lead Compounds*", **A15** (1990) 193–236, 237–247, 249–257; GMELIN: „*Lead*", Syst.-Nr. **47**, bisher 14 Bände; S.W. Ng, J.J. Zuckerman: „*Where are the Lone-Pair Electrons in Subvalent Fourth-Group Compounds*" Adv. Inorg. Radiochem. **29** (1985) 297–325. Vgl. auch Anm.[224].

Darstellung. Für die technische Darstellung von Blei dient fast ausschließlich der *Bleiglanz* als Ausgangsmaterial. Die Verarbeitung des Bleiglanzes erfolgt dabei in der Hauptsache nach dem sogenannten „*Röstreduktionsverfahren*". Daneben ist auch das „*Röstreaktionsverfahren*" in Anwendung.

Beim **Röstreduktionsverfahren** wird das Bleisulfid durch Rösten *möglichst vollständig* in *Bleioxid* PbO übergeführt, indem man bei Rotglut Luft hindurchbläst oder -saugt, wobei das einmal entzündete PbS von selbst weiterbrennt. Das so durch „*Verblaserösten*" erhaltene PbO wird im Schachtofen (Hochofen) mit Koks bzw. dem durch Verbrennung daraus entstehenden Kohlenoxid zu Blei reduziert:

$$PbS + \tfrac{3}{2}O_2 \rightarrow PbO + SO_2 \quad („\textit{Röstarbeit}“),$$

$$PbO + CO \rightarrow Pb + CO_2 \quad („\textit{Reduktionsarbeit}“).$$

Beim **Röstreaktionsverfahren** wird der Bleiglanz *unvollständig* in der Weise geröstet, daß nur zwei Drittel des Sulfids in Oxid (bzw. Sulfat) übergehen, der Rest unverändert bleibt. Das entstehende Produkt wird dann unter Luftabschluß auf dem „*Herd*" weiter erhitzt, wobei sich Bleisulfid und Bleioxid (bzw. Bleisulfat) zu metallischem Blei umsetzen:

$$3PbS + 3O_2 \rightarrow PbS + 2PbO + 2SO_2 \quad („\textit{Röstarbeit}“),$$

$$PbS + 2PbO \rightarrow 3Pb + SO_2 \quad („\textit{Reaktionsarbeit}“).$$

Das nach einem dieser Verfahren erhaltene „*Werkblei*" enthält noch *Verunreinigungen* wie Kupfer, Silber, Gold, Zink, Arsen, Antimon, Zinn, Schwefel; und zwar enthält es in der Regel bis 1% Silber und Gold sowie 1–2% andere Metalle. Die Abtrennung dieser Verunreinigungen erfolgt durch Schmelzen unter Luftzutritt. Hierbei kommen *Arsen, Antimon* und *Zinn* als Bleiarsenat, -antimonat und -stannat an die Oberfläche und werden als „*Antimonabstrich*" abgezogen, während *Kupfer* mit Blei eine verhältnismäßig schwer schmelzende Legierung bildet, die sich gleichfalls abscheidet und dabei allen *Schwefel* aus dem Blei aufnimmt. Die *Entsilberung* des Werkbleis, die für die Silbergewinnung von großer Bedeutung ist, wird beim Silber besprochen (S. 1339). Auch auf elektrolytischem Wege kann Werkblei gereinigt werden.

Scheidet man Blei aus Salzlösungen (z.B. Nitrat- oder Acetatlösungen) elektrolytisch ($Pb^{2+} + 2\ominus \rightarrow Pb$) oder durch Zink ($Pb^{2+} + Zn \rightarrow Pb + Zn^{2+}$) ab, so setzt es sich in Form einer verästelten kristallinen Masse („*Bleibaum*") oder auch schwammartig („*Bleischwamm*") ab[221].

Physikalische Eigenschaften. Blei ist ein *bläulich-graues*, weiches und dehnbares *Schwermetall* (Dichte: 11.34 g/cm^3) vom Schmelzpunkt 327.43 °C und Siedepunkt 1751 °C (elektrische Leitfähigkeit: $4.8 \times 10^4 \Omega^{-1} cm^{-1}$). Es kristallisiert mit kubisch-dichtester Packung der Pb-Atome (PbPb-Abstand 3.49 Å; ber. für Pb—Pb-Einfachbindung: 2.88 Å)[221a]. Eine Diamantform wie beim Zinn ist hier nicht bekannt, worin sich die Instabilität der kovalenten Pb—Pb-Bindung und der Vierbindigkeit des Bleis dokumentiert. Wegen seiner geringen Härte und großen Dehnbarkeit läßt sich Blei leicht zu Blech auswalzen und zu Drähten ausziehen. Die Drähte haben aber nur geringe Festigkeit.

---

221 Daß sich bei der Elektrolyse auch aus sauren Lösungen das Blei ($Pb^{2+} + 2\ominus \rightarrow Pb$; $\varepsilon_0 = -0.126$ V) und nicht der an sich leichter entladbare Wasserstoff ($2H^+ + 2\ominus \rightarrow H_2$; $\varepsilon_0 = 0.000$ V) kathodisch abscheidet, hängt mit der Überspannung des Wasserstoffs am Blei zusammen (vgl. S. 232).

221a Die Metall-Metall-Abstände durchlaufen in Richtung Au → Bi bei Blei ein Maximum (Au: 2.88; Hg: 2.99; Tl: 3.40; Pb: 3.49; Bi: 3.10 Å). Dies ist u. a. eine Folge des *relativistisch* bedingten (S. 338) „edelgasähnlichen" Zustandes von Pb (voll besetzte s- und $p_{1/2}$-Außenunterschale mit jeweils zwei Elektronen). Sowohl Thallium ($s^2p^1_{1/2}$-Elektronenkonfiguration) als auch Bismut ($s^2\,p^2_{1/2}\,p^1_{3/2}$) erlangen durch Abgabe eines Elektrons an die „Metallbindung" abgschlossene Elektronenschalen (s^2 bzw. $s^2p^2_{1/2}$).

Physiologisches. Sowohl elementares wie gebundenes Blei wirken für Organismen *giftig* (MAK-Wert: 0.1 mg Pb pro m^3; menschliches Gewebe enthält ca. 0.5 mg Pb pro kg), indem es u.a. die Synthese des Hämoglobins bzw. Chlorophylls hemmt. Wegen der geringen Bleiresorption treten *akute Bleivergiftungen* beim Menschen allerdings nur bei Aufnahme sehr hoher Bleidosen auf (Folge: Erbrechen, Koliken, Kollaps, Tod). *Chronische Bleiexpositionen* (Pb^{2+}-Ablagerung in Knochen, Zähnen, Haaren) führen zur „*Bleikrankheit*" (Folge: Müdigkeit, Appetitlosigkeit, Kopfschmerzen, Koliken, Hautblässe, Anämie, Muskelschwäche, Nierenentzündung, Ablagerung von PbS als „Bleisaum" am Zahnfleischrand). Eine längere Berührung des Menschen mit Blei oder dessen Verbindungen (Verwendung von Bleigeschirr, -farben, -glasuren; Einsatz von Bleitetraethyl im Benzin) ist daher tunlichst zu vermeiden.

Chemische Eigenschaften. Frische Schnittflächen von Blei zeigen starken Glanz. Die glänzende Metalloberfläche läuft aber an der *Luft* schnell mattblaugrau an, da sie sich mit einer dünnen Schicht von Bleioxid überzieht; diese Oxidschicht schützt das darunterliegende Metall vor weiterer oxidativer Zerstörung. *Feinverteiltes Blei* dagegen entzündet sich an der Luft schon bei gewöhnlicher Temperatur von selbst („*pyrophores Blei*"). Beim Schmelzen von *kompaktem Blei* an der Luft bedeckt sich das Blei zunächst mit einer grauen Oxidschicht („*Bleiasche*"), welche bei fortgesetztem Erhitzen zunächst in gelbe Bleiglätte PbO und dann in rote Mennige Pb_3O_4 (= „$2PbO \cdot PbO_2$") übergeht. Auch mit anderen Nichtmetallen als Sauerstoff, z.B. mit *Schwefel* und mit den *Halogenen*, vereinigt sich das Blei in der Hitze direkt.

Destilliertes und *luftfreies Wasser* greift Blei nicht an. Dagegen wird Blei bei *Gegenwart von Luftsauerstoff* von Wasser langsam in Blei(II)-Verbindungen übergeführt[222]; schematisch:

$$Pb + \tfrac{1}{2}O_2 + H_2O \rightarrow Pb(OH)_2.$$

Diese Einwirkung von Luft und Wasser ist deshalb von Bedeutung, weil Wasser vielfach durch bleierne Röhren geleitet wird, was bei der Giftigkeit der Bleiverbindungen nach Genuß des Wassers zu Gesundheitsschädigungen führen kann[223]. *Kohlensäurehaltiges Wasser* löst Blei mit der Zeit als Bleihydrogencarbonat auf: $Pb + \tfrac{1}{2}O_2 + H_2O + 2CO_2 \rightarrow Pb(HCO_3)_2$. Gegenüber *Säuren* wie Schwefelsäure, Salzsäure oder Flußsäure, welche mit Blei *schwerlösliche Salze* (Bleisulfat, Bleichlorid, Bleifluorid) bilden, ist Blei beständig, da sich auf der Oberfläche sogleich ein schwerlöslicher, schützender Überzug bildet ($Pb + H_2SO_4 \rightarrow PbSO_4 + H_2$) (vgl. S. 228). Säuren, bei denen dies nicht der Fall ist, greifen Blei an; im Falle *oxidierender Säuren* (Salpetersäure) erfolgt dabei die Auflösung unter Bildung von *Blei(II)-Salz* leicht und direkt, im Falle *nichtoxidierender Säuren* (Essigsäure) bei Zutritt von Luftsauerstoff. In heißen *Laugen* löst sich Blei unter Bildung von *Plumbiten*.

Blei in Verbindungen[220]. Gegenüber *elektropositiven* Partnern betätigt Blei analog Zinn *negative* Oxidationsstufen (bis **−4**, z.B. in Mg_2Pb), gegenüber *elektronegativen* Partnern tritt es **+2-** und **+4-**wertig auf (z.B. $PbCl_2$, PbO und $PbCl_4$, PbO_2; $\mathbf{s^2}$- und $\mathbf{s^0}$-Elektronenkonfiguration, vgl. S. 884). Wie das ausschließliche Vorkommen von Blei(II)-Verbindungen zeigt (S. 973), ist beim Blei zum Unterschied vom Zinn (S. 962) die *zweiwertige* Stufe die beständigere; die *vierwertige* Stufe wirkt stark *oxidierend* und geht leicht in die zweiwertige über.

Blei betätigt die Koordinationszahlen *eins* (in matrixisoliertem **Pb**O), *zwei* (linear in matrixisoliertem O=**Pb**=O, gewinkelt in gasförmigem $\mathbf{Pb}X_2$), *drei* (pyramidal in $\mathbf{Pb}R_3^{\bullet}$), *vier* (tetraedrisch in $\mathbf{Pb}X_4$, pyramidal in festem **Pb**O sowie **Pb**pc mit pc = Phthalocyanin), *fünf* (trigonal-bipyramidal in $R_2\mathbf{Pb}X_3^-$), *sechs* (oktaedrisch in $R_2\mathbf{Pb}X_4^{2-}$, festem **Pb**S, **Pb**Se), *acht* (hexagonal-bipyramidal in $Ph_2\mathbf{Pb}(O_2CMe)_3^-$, dodekaedrisch in $Pb(O_2CMe)_4$, antiprismatisch in $\mathbf{Pb}(O_2CC_6F_5)_2(MeOH)_2$), *neun* (dreifach-überkappt-trigonal-prismatisch in festem $\mathbf{Pb}Cl_2$, $\mathbf{Pb}Br_2$), *zehn* (z.B. in $\mathbf{Pb}_3(PO_4)_2$), *zwölf* (z.B. in festem $\mathbf{Pb}(NO_3)_2$, $\mathbf{Pb}SO_4$).

---

222 Taucht man einen Bleiblech-Streifen einmal in destilliertes und einmal in Brunnenwasser (O_2- und CO_2-haltig), so läßt sich nach längerem Stehen mit H_2S nur im letzteren Fall PbS ausfällen.

223 Je *härter* ein Trinkwasser ist, d.h. je mehr Calciumhydrogencarbonat $Ca(HCO_3)_2$ und Calciumsulfat $CaSO_4$ es enthält (S. 1140), um so weniger wird das Blei angegriffen, weil sich dann an der Innenwand der Bleiröhren bald eine festhaftende Schicht von schwerlöslichem basischem Bleicarbonat bzw. Bleisulfat bildet, die nach einiger Zeit das Blei gegen den weiteren Angriff des Wassers schützt.

Die Tendenz zur Ausbildung von Element-Element-Bindungen („*Catenierung*“) ist beim Blei wegen der Schwäche der PbPb-Bindungen (BE_{PbPb} ca. 100 kJ/mol) sehr klein. Verbindungen mit PbPb-*Doppelbindungen* sind *unbekannt*.

Blei-Ionen. Niedrigwertige **Blei-Kationen** $\mathbf{Pb_n^{m+}}$ noch unbekannter Molekülgröße bilden sich durch Reduktion von *Bleidichlorid* mit *Blei* in geschmolzenem $PbCl_2$ bzw. $NaAlCl_4$. Auch PbF_2 (s. u.) enthält – extrem formuliert – kationisches Blei (Pb^{2+}) (bezüglich kationischen Bleis in wässeriger Lösung vgl. S. 978). In anionischer (richtiger: anionisch polarisierter) Form liegt Blei in den – aus den Elementen zugänglichen und als Zintl-Phasen (S. 890) aufzufassenden – **Metallplumbiden** $\mathbf{M_mPb_n}$ (M insbesondere Alkali- und Erdalkalimetall) vor, die *isolierte Ionen* $\mathbf{Pb^{4-}}$ (z. B. Mg_2Pb, Ca_2Pb, Sr_2Pb, Ba_2Pb), *hantelförmige* Ionen $\mathbf{Pb_2^{6-}}$ (neben Pb^{4-} z. B. in Ba_5Pb_3), *tetraedrisch gebaute Ionen* $\mathbf{Pb_4^{4-}}$ (z. B. in NaPb, KPb, RbPb, CsPb) oder *gewinkelt-kettenförmige Ionen* $[\mathbf{Pb^{2-}}]_x$ (z. B. in BaPb) enthalten.

In Lösungen von Natrium in flüssigem Ammoniak löst sich Blei unter Bildung einer intensiv gefärbten Flüssigkeit auf, welche die Verbindungen Na_2Pb_5, Na_4Pb_7 bzw. Na_4Pb_9 mit den Anionen $\mathbf{Pb_5^{2-}}$, $\mathbf{Pb_7^{4-}}$ bzw. $\mathbf{Pb_9^{4-}}$ enthält (ähnlich verhält sich Sn, vgl. S. 963). Die Elektrolyse einer Na_4Pb_n-Lösung ergibt an der Kathode Natrium und an der Anode Blei, entsprechend einer Dissoziation gemäß $Na_4Pb_n \rightleftarrows 4Na^+ + Pb_n^{4-}$. Beim Eindampfen hinterbleiben Ammoniakate $[Na(NH_3)_x]_4Pb_n$, die ihr Ammoniak unter Bildung eines pyrophoren Stoffs abspalten. Das Pb_5^{2-}-Ion (isoelektronisch mit Bi_5^{3+}), das als *rotes* Salz $[Na(crypt)^+]_2[Pb_5^{2-}]$ isoliert wurde (crypt = $N\{CH_2CH_2OCH_2CH_2OCH_2CH_2\}_3N$), ist trigonal-bipyramidal gebaut.

Verwendung von Blei. Die Verwendung von Blei (Weltjahresproduktion: 10 Megatonnenmaßstab) beruht insbesondere auf seiner beachtlichen *Korrosionsbeständigkeit* gegenüber Mineralsäuren, Atmosphärilien und Salzen. Von Bedeutung für seine Anwendung sind darüber hinaus seine leichte *Verformbarkeit*, sein *niedriger Schmelzpunkt*, seine *hohe Dichte* und seine *geringe Härte*. So dient es z. B. zur Herstellung von Behältern und Röhren für aggressive Flüssigkeiten, als Akkumulatorenmaterial, als Kabelummantelung, als Heizbad-Flüssigkeit, als Verbundmaterial für Metalle, zur Herstellung von Flintenschrot. Im Strahlenschutz wird es zur Absorption von Röntgen- und Gammastrahlen eingesetzt. Wichtig ist das Blei ferner als Elektrode in Bleiakkumulatoren sowie als Ausgangsstoff einer Reihe von Bleiverbindungen (z. B. Bleitetraethyl, Bleilegierungen).

Unter den wichtigeren **Bleilegierungen** seien erwähnt das Letternmetall und die Blei-Lagermetalle. Das **Letternmetall** (*Schriftmetall*) enthält gewöhnlich 70–90% Blei, daneben Antimon und meist auch etwas Zinn. Die **Blei-Lagermetalle** enthalten gewöhnlich 60–80% Blei und als härtenden Bestandteil Antimon (bzw. Antimon und Zinn) oder geringe Mengen Alkali- oder Erdalkalimetall. So besteht z. B. das bei der Bundesbahn für Achsenlager allgemein verwendete „*Bahnmetall*“ aus Blei mit einem Zusatz von etwa 0.7% Calcium, 0.6% Natrium und 0.04% Lithium. Zum Unterschied von dem als „*Weichblei*“ bezeichneten reinen Blei nennt man das durch Antimonzusatz gehärtete Blei auch „*Hartblei*“.

5.2 Blei(II)-Verbindungen[220]

Blei(II)-halogenide

Die Dihalogenide PbX_2 sind in kaltem Wasser alle schwerlöslich; und zwar ist Bleifluorid nahezu unlöslich, während bei den übrigen die Löslichkeit in der Richtung von dem – etwas löslichen – Chlorid zum Iodid hin abnimmt. Die Verbindungen fallen aus Blei(II)-Salzlösungen auf Zusatz der entsprechenden Halogenid-Ionen aus:

$$Pb^{2+} + 2X^- \rightarrow PbX_2.$$

Das *weiße* **Bleidifluorid** $\mathbf{PbF_2}$ (unterhalb 316 °C $PbCl_2$-Struktur, oberhalb 316 °C CaF_2-Struktur) schmilzt bei 855 °C und siedet bei 1290 °C unter Bildung von *monomerem* PbF_2 (gewinkelt, PbF-Abstand = 2.13 Å). Mit Alkalimetallfluoriden bildet es die Fluoroplumbate(II) $M[PbF_3]$ (Perowskit-Struktur, S. 1406) und $M_4[PbF_6]$. Ein PbF_4-Addukt $Pb_3F_8 = PbF_4 \cdot 2PbF_2$ entsteht bei der Umsetzung von Pb_3O_4 (S. 982) mit wasserfreiem HF: $Pb_3O_4 + 8HF \rightarrow Pb_3F_8 + 4H_2O$.

Das in *weißen*, seideglänzenden, rhombischen Nadeln oder Prismen kristallisierende **Bleidichlorid** $\mathbf{PbCl_2}$ ($\Delta H_f = -359.6$ kJ/mol) schmilzt bei 498 °C und erstarrt beim Abkühlen der Schmelze zu einer hornartigen Masse („*Hornblei*“); der Siedepunkt beträgt 954 °C. $PbCl_2$ weist eine Raumstruktur auf („$\mathbf{PbCl_2}$**-Struktur**“; S. 1817), in welcher Pb jeweils von 9Cl-

und jedes Cl von 4 bzw. 5 Pb-Atomen umgeben ist. Zum Unterschied vom homologen $SnCl_2$ besitzt $PbCl_2$ keine reduzierenden Eigenschaften, vermag also z. B. Iodlösung nicht zu entfärben. Mit Chloriden bildet es *Chlorokomplexe* des Typus $PbCl_3^-$ (isoelektronisch mit $BiCl_3$) und $PbCl_4^{2-}$ (isoelektronisch mit $PoCl_4$). Die *weißen*, seideglänzenden rhombischen Nadeln des **Bleidibromids $PbBr_2$** ($PbCl_2$-Struktur) schmelzen bei 373 °C zu einer roten, bei 916 °C siedenden Flüssigkeit, welche bei Abkühlung zu einer weißen, hornartigen Masse erstarrt. **Bleidiiodid PbI_2** (CdI_2-Struktur) kristallisiert aus einer heißgesättigten Lösung beim Abkühlen in *goldglänzenden* Blättchen, die bei 412 °C schmelzen und bei etwa 900 °C sieden. Bzgl. der „**PbClF-Struktur**" vgl. S. 1790.

Blei(II)-chalkogenide und Blei(II)-Salze

Bleimonoxid PbO. Technisch wird „*Blei(II)-oxid*" durch Oxidation von geschmolzenem *Blei* durch darüber geblasene *Luft* oberhalb 600 °C dargestellt: $Pb + \frac{1}{2}O_2 \rightarrow PbO$. Es schmilzt bei 897 °C und siedet bei 1470 °C. Geschmolzenes Bleioxid ist rot und erstarrt beim Erkalten zu einer rotgelben, kristallin-blätterigen Masse („Bleiglätte"). Es kommt im festen Zustande sowohl in *gelben* rhombischen ($\Delta H_f = -217.5$ kJ/mol; $d = 9.355$ g/cm^3) wie in r o t e n tetragonalen Kristallen ($\Delta H_f = -219.1$ kJ/mol; $d = 9.642$ g/cm^3) vor. Der Umwandlungspunkt liegt bei 488 °C:

$$1.6\,\text{kJ} + PbO_{rot} \xrightleftharpoons{488\,^\circ C} PbO_{gelb}.$$

Die bei gewöhnlicher Temperatur *stabile* Modifikation ist die *rote*. Jedoch läßt sich auch die *gelbe* Modifikation unterhalb des Umwandlungspunktes als *metastabile* Verbindung erhalten, da die Umwandlungsgeschwindigkeit gering ist. Erwärmt man z. B. Bleicarbonat oder Bleinitrat vorsichtig, so erhält man das Blei(II)-oxid als gelbes zartes Pulver („*Massicot*"): $PbCO_3 \rightarrow PbO + CO_2$. Es wurde früher als Farbe benutzt. Bei längerem Kochen mit Wasser wandelt sich das gelbe Oxid in das rote um, da letzteres als stabile Modifikation den geringeren Dampfdruck besitzt und damit in Wasser schwerer löslich als das gelbe ist, so daß die mit *gelbem Oxid gesättigte* wässerige Lösung in bezug auf das *rote Oxid übersättigt* ist (vgl. S. 209).

Rotes PbO besitzt wie blauschwarzes SnO *Schichtstruktur*. Innerhalb jeder Schicht (vgl. Fig. 210a) bilden die Sauerstoffatome eine quadratische Kugelpackung, in deren durch jeweils vier O-Atome gebildeten Mulden die Blei(II)-Ionen liegen und zwar abwechselnd oberhalb und unterhalb der Sauerstoffebene. Jedes Bleiatom liegt mithin an der Spitze einer quadratischen Pyramide mit einer Basis aus jeweils vier Sauerstoffatomen (vgl. Fig. 208a auf S. 966; PbO-Abstand = 2.30 Å). Die PbO-Struktur läßt sich auch als Fluorit-Struktur deuten, in der jede übernächste Sauerstoffschicht fehlt. Ähnlich rotem ist *gelbes* PbO gebaut. Die vier PbO-Abstände sind allerdings hier nicht identisch (2.21 Å und 2.49 Å).

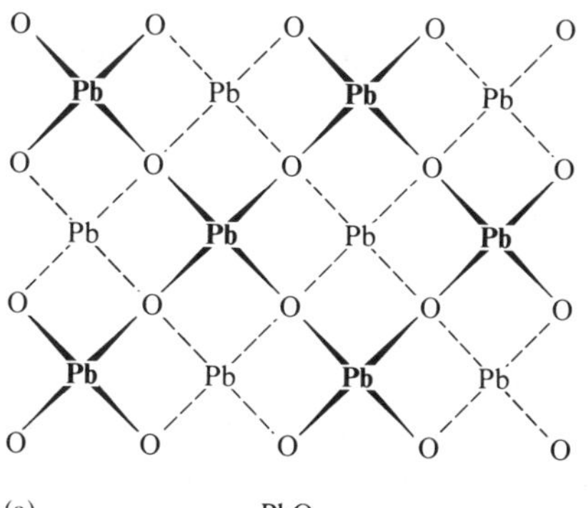

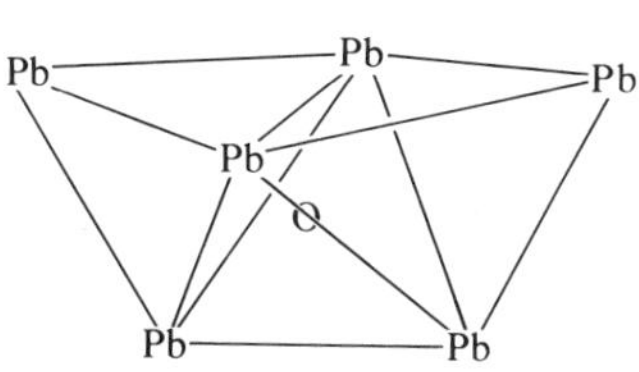

(b) Pb_6O-Baueinheit aus $Pb_6O(OH)_6^{4+}$ (6 OH-Gruppen über den Dreiecksflächen der äußeren beiden Tetraeder)

Fig. 210 a) Ausschnitt aus der Struktur von rotem PbO (O-Atome in, **Pb**-Atome oberhalb, Pb-Atome unterhalb der Papierebene); b) Ausschnitt aus der Struktur von $Pb_6O(OH)_6^{4+}$.

In *Säuren* löst sich Bleioxid leicht unter Salzbildung. In *Natronlauge* – außer in sehr konzentrierter – ist es nur wenig löslich. Durch *Reduktionsmittel* wie H_2, C, CO, KCN läßt es sich in der Hitze leicht in das Metall überführen.

Beim Versetzen einer *Blei(II)-Salzlösung* mit *Alkalilauge* fällt **Blei(II)-oxid-Hydrat** $\mathbf{PbO \cdot xH_2O}$ ($x < 1$) als *weißer* Niederschlag aus. Durch vorsichtige Hydrolyse einer Blei(II)-acetatlösung erhält man ein kristallines Produkt der Zusammensetzung $6PbO \cdot 2H_2O = Pb_6O_4(OH)_4$ ($x = \frac{1}{3}$ in obiger Formel; Struktur analog $Sn_6O_4(OH)_4$, S. 966). Reines $Pb(OH)_2$ ($x = 1$) konnte bisher noch nicht dargestellt werden. Beim *Erwärmen* auf 100 °C geht $PbO \cdot xH_2O$ in rotes PbO über; bei niedrigeren Temperaturen entsteht dagegen gelbes PbO. Blei(II)-oxid-Hydrat ist in Wasser etwas löslich; die wässerige Lösung zeigt alkalische Reaktion. Die Dissoziationskonstante entspricht etwa der des Ammoniaks. Als *Base* löst sich das Oxid-Hydrat leicht in *Säuren* unter Bildung von **Blei(II)-Salzen**. Wesentlich schwächer ausgeprägt ist der *saure* Charakter. Daher ist Blei(II)-oxid-Hydrat nur in *konzentrierten* Laugen unter Bildung von **Plumbaten(II)** („*Plumbiten*") löslich:

$$PbO + 2H^+ \rightleftarrows Pb^{2+} + H_2O \quad \text{bzw.} \quad Pb(OH)_2 + 2H^+ \rightleftarrows Pb^{2+} + 2H_2O,$$
$$PbO + OH^- + H_2O \rightleftarrows [Pb(OH_3)]^- \quad \text{bzw.} \quad Pb(OH)_2 + OH^- \rightleftarrows [Pb(OH)_3]^-.$$

Entsprechend der Zunahme der Stabilität der zweiwertigen Stufen mit wachsendem Gewicht der Kohlenstoffgruppenelemente ist das *Reduktionsvermögen* von Blei(II)-Salzen und Plumbaten(II) wesentlich kleiner als das der entsprechenden Zinn(II)-Verbindungen (vgl. Potentialdiagramme auf S. 966).

Wässerige *Blei(II)-Salzlösungen* enthalten – je nach *Salz-* und *Protonenkonzentration* – unterschiedliche Mengen verschiedener mono- und polynuklearer, kationischer, neutraler und anionischer, zum Teil hydratisierter Spezies (vgl. S. 966): $\mathbf{Pb^{2+}}$, $Pb(OH)^+$, $\mathbf{Pb_4(OH)_4^{4+}}$, $Pb_3(OH)_4^{2+}$, $\mathbf{Pb_6O(OH)_6^{4+}}$, $Pb(OH)_2$, $\mathbf{Pb(OH)_3^-}$ (fett: wichtigere Spezies). In *saurem* Milieu (bis etwa pH = 6) liegen im Falle 0.1 molarer Lösungen insbesondere Pb^{2+}- und $Pb_4(OH)_4^{4+}$-Ionen vor (in den $Pb_4(OH)_4^{4+}$-Ionen besetzen die Pb(II)-Ionen und OH^--Gruppen abwechselnd die Ecken eines Würfels). Bei *mittleren* pH-Werten (ca. 6–12) dominiert das $Pb_6O(OH)_6^{4+}$-Ion, das in Form von basischem Blei(II)-perchlorat $[Pb_6O(OH)_6](ClO_4)_4$ isolierbar ist und dessen Struktur Fig. 210b veranschaulicht (drei flächenverknüpfte Pb-Tetraeder; das mittlere Tetraeder ist mit einem O-Atom besetzt, das somit 4 Pb-Atome bindet; über den insgesamt sechs freien Dreiecksflächen der beiden äußeren Tetraeder liegt jeweils eine Hydroxidgruppe, welche somit mit 3 Pb-Atomen verknüpft ist). In *stark alkalischem* Milieu (ab etwa pH = 12) existieren $Pb(OH)_3^-$-Ionen (Struktur analog $Sn(OH)_3^-$-Ionen; vgl. Fig. 208c, S. 966).

Blei(II)-nitrat $\mathbf{Pb(NO_3)_2}$. Das gut wasserlösliche Blei(II)-nitrat wird *technisch* durch Auflösen von *Blei* oder *Bleioxid* in heißer verdünnter *Salpetersäure* gewonnen. Es kristallisiert in großen wasserklaren Kristallen und zersetzt sich beim Erhitzen gemäß

$$Pb(NO_3)_2 \rightarrow PbO + 2NO_2 + \tfrac{1}{2}O_2$$

unter Abspaltung von Stickstoffdioxid und Sauerstoff. Daher kann man es zur Darstellung von Stickstoffdioxid (S. 697) und als Sauerstoffüberträger für Zündmischungen benutzen.

Blei(II)-sulfat $\mathbf{PbSO_4}$ (Smp. 1170 °C) findet sich in der Natur oft in schön ausgebildeten, großen, rhombischen, in reinem Zustande glasklaren („*Bleiglas*") Kristallen als *Anglesit* (*Vitriolbleierz*). In Wasser ist die Verbindung nahezu unlöslich, so daß sie durch Versetzen einer *Blei(II)-Salzlösung* mit verdünnter *Schwefelsäure* oder einem löslichen *Sulfat* erhalten werden kann: $Pb^{2+} + SO_4^{2-} \rightarrow PbSO_4$ (Verwendung zum „*Nachweis und zur quantitativen Bestimmung von Blei*"; es lösen sich 42.5 mg pro Liter bei 25 °C; ähnlich unlöslich ist $PbSeO_4$). Erheblich besser löst sich Bleisulfat in konzentrierten starken Säuren (Salzsäure, Salpetersäure, Schwefelsäure), z. B.: $PbSO_4 + H_2SO_4 \rightarrow Pb(SO_4H)_2$. Daher enthält die nach dem Bleikammerverfahren hergestellte und in Bleipfannen konzentrierte Schwefelsäure des Handels Bleisulfat, das beim Verdünnen größtenteils wieder ausfällt. Auch in konzentrierten Alkalilaugen löst sich Bleisulfat, wobei Alkali-hydroxoplumbite (s. unten) entstehen.

Blei(II)-carbonat $PbCO_3$ kommt in der Natur als *Cerussit* (*Weißbleierz*) vor. *Technisch* erhält man es durch Einleiten von *Kohlendioxid* in eine verdünnte *Bleiacetatlösung* oder durch Versetzen einer *Bleinitratlösung* mit *Ammoniumcarbonatlösung* in der *Kälte* als wasserunlöslichen Niederschlag: $Pb^{2+} + CO_3^{2-} \rightarrow PbCO_3$. Fällt man Bleisalzlösungen in der *Wärme* mit Alkalicarbonat, so entstehen *basische Bleicarbonate* $PbCO_3 \cdot xPb(OH)_2$. Ein solches basisches Bleicarbonat ist z.B. das als Anstrichfarbe geschätzte „*Bleiweiß*", welches gewöhnlich die Zusammensetzung $2PbCO_3 \cdot Pb(OH)_2$ besitzt (in der Natur als *Hydrocerussit*). Da es von allen weißen Farben den schönsten Glanz, die größte Deckkraft und das beste Haftvermögen aufweist, läßt es sich trotz seiner Giftigkeit und seiner Empfindlichkeit gegenüber Schwefelwasserstoff (Bräunung infolge Bildung von Bleisulfid) als Ölfarbe nicht verdrängen.

Blei(II)-chromat $PbCrO_4$ stellt ebenfalls eine wichtige Farbe („*Chromgelb*") dar. In der Natur findet es sich in gelblichroten Kristallen als *Rotbleierz* (*Krokoit*, *Kallochrom*). Technisch wird es durch Versetzen einer *Bleiacetatlösung* mit *Kaliumdichromatlösung* als *gelbes* Pulver gewonnen:

$$2Pb^{2+} + Cr_2O_7^{2-} + H_2O \rightarrow 2PbCrO_4 + 2H^+.$$

Da Farbe und Glanz von anderen gelben Präparaten nicht erreicht werden, ist Bleichromat trotz seiner Giftigkeit und des Nachteils der Nachdunklung (vgl. Bleiweiß) eine wichtige gelbe Malerfarbe. Fällt man Blei(II)-Salzlösungen nicht mit *saurer*, sondern mit *neutraler* oder *schwach alkalischer* Chromatlösung, so erhält man *basisches Bleichromat* der ungefähren Zusammensetzung $PbCrO_4 \cdot PbO$, welches leuchtend *rot* ist und als „*Chromrot*" in der Ölmalerei Verwendung findet.

Blei(II)-acetat $Pb(CH_3CO_2)_2$ (wasserlöslich) läßt sich *technisch* durch Auflösen von *Bleioxid* in *Essigsäure* gewinnen: $PbO + 2CH_3CO_2H \rightarrow Pb(CH_3CO_2)_2 + H_2O$. Wegen seines süßen Geschmacks heißt es auch „*Bleizucker*". Es ist stark giftig. Verwendet man bei der Darstellung mehr Bleioxid, als der Bildungsgleichung für Bleizucker entspricht, so erhält man *basische Acetate* wie $Pb(CH_3CO_2)_2 \cdot Pb(OH)_2$ und $Pb(CH_3CO_2)_2 \cdot 2Pb(OH)_2$, deren wässerige Lösungen als „*Bleiessig*" bezeichnet werden.

Bleimonoxid (Weltjahresproduktion: Fünfhundert Kilotonnenmaßstab) findet als Zusatz zu Glas, keramischen Glasuren und glasartigen Emaillen **Verwendung**, da es Gläser schwerer, thermisch weniger leitfähig, stärker glänzend und stabiler macht. Darüber hinaus nutzt man es in Bleiakkumulatoren als solches oder im Gemisch mit Blei („Bleischwarz") für die Herstellung der Batterieplatten (= netzartige Träger, auf die eine PbO/H_2SO_4-Paste aufgebracht wurde; vgl. S. 983). Bezüglich der Verwendung von $Pb(NO_3)_2$ als NO_2-Lieferant und von Pb-Salzen als Farbpigmente s. oben. Wichtig sind $Pb(NO_3)_2$ sowie $Pb(OAc)_2$ auch zur Darstellung von Bleichemikalien nach „Naßverfahren", die Verbindungen $PbCN_2$, $Pb_3(PO_4)_2$, $PbSiO_3$, $PbCrO_4$ als Korrosionsschutzpigmente (vgl. Anm.[229)]) und $Pb(ClO_4)_2$ sowie $Pb(BF_4)_2$ zur elektrolytischen Abscheidung von Blei auf Metallteilen zwecks Verbesserung der Korrosionsbeständigkeit und der Gleit-eigenschaften. Viele Mischoxide wie $PbO \cdot TiO_2$ (ferroelektrisch bis 490 °C, Perowskitstruktur) oder $PbO \cdot Nb_2O_5$ (ferroelektrisch bis 560 °C) haben hohe Curie-Temperaturen, was sie als Hochtemperatur-Ferroelektrika wertvoll macht.

Bleimonosulfid PbS („*Blei(II)-sulfid*") kommt in der Natur in großen Mengen als *Bleiglanz* (*Galenit*) – oft in großen, bleigrauen, metallglänzenden, leicht spaltbaren, regulären Kristallen vom NaCl-Typ (Würfel, Oktaeder) – vor. Als schwerlösliche Verbindung fällt PbS beim Einleiten von *Schwefelwasserstoff* in *Blei(II)-Salzlösungen* als schwarzer Niederschlag aus: $Pb^{2+} + S^{2-} \rightarrow PbS$. Die Reaktion ist sehr empfindlich, so daß selbst Spuren von Blei in Wasser durch die Dunkelfärbung mit Schwefelwasserstoff erkannt werden können. Bleisulfid schmilzt bei 1112 °C, sublimiert aber schon unterhalb dieser Temperatur verhältnismäßig gut. Daher setzen sich in den zur Darstellung des Bleis dienenden Bleischachtöfen stets größere Mengen sublimierten Bleisulfids ab. PbS wirkt als Eigenhalbleiter und Photohalbleiter (Verwendung in photographischen Lichtmessern). Analoges gilt für **Bleimonoselenid PbSe** und **-tellurid PbTe**, denen wie *schwarzem* PbS Natriumchlorid-Struktur zukommt. PbSe (Smp. 1080 °C; in der Natur als „*Clausthalit*") entsteht durch *Reduktion* von $PbSeO_4$ mit Wasserstoff bzw. Koks im elektrischen Ofen oder durch „*Selenolyse*" von $PbCl_2$ mit H_2Se bzw. von $Pb(OAc)_2$ mit $(NH_2)_2CSe$ (zur Herstellung von dünnen Filmen für den Gebrauch als Halbleiter). *Silbergraues* PbTe (Smp. 917 °C; in der Natur als „*Altait*") wird mit Vorteil *aus den Elementen* dargestellt.

Organische Blei(II)-Verbindungen[205,212,224]

Bei der lichtinduzierten *Disproportionierung von Hexaorganyldiplumbanen* ($2Pb_2R_6 \rightarrow 3PbR_4 + Pb$) entstehen **Plumbylene** PbR_2 als *reaktive Zwischenstufen*, die von den Diplumbanen rasch „abgefangen" werden: $2R_3Pb—PbR_3 \rightarrow PbR_4 + \{PbR_2\} + R_3Pb—PbR_3 \rightarrow PbR_4 + R_3Pb—PbR_2—PbR_3 \rightarrow Pb + 3PbR_4$. Isolierbar werden Plumbylene erst bei hoher sterischer Abschirmung des zweiwertigen Bleis. Dementsprechend ist das gemäß $PbCl_2 + 2LiCH(SiMe_3)_2 \rightarrow Pb[CH(SiMe_3)_2]_2 + 2LiCl$ zugängliche monomere „*Bis(disyl)plumbylen*" $:Pb[CH(SiMe_3)_2]_2$ (*purpurrote* diamagnetische Festsubstanz, Smp. 44 °C) unter Normalbedingungen thermostabil. Es wirkt wie das Zinn- und Germaniumhomologe als Komplexligand und bildet z. B. mit $Cr(CO)_6$ den Plumbylen-Komplex $(CO)_5Cr{=}Pb[CH(SiMe_3)_2]_2$ (weniger sperrige Plumbylene treten in Metallkomplexen nur donorstabilisiert oder verbrückt auf, z. B.: $2(CO)_4Fe—PbR_2py \rightleftarrows (CO)_4Fe(PbR_2)_2Fe(CO)_4 + 2py$ mit py = Pyridin). Die Stabilität des ebenfalls isolierbaren „*Bis(cyclopentadienyl)plumbylens*" $PbCp_2$ (**Plumbocen** $Pb(C_5H_5)_2$; *gelbe*, wasser- und luftempfindliche Kristalle, Smp. 138 °C) beruht wie bei den homologen Verbindungen $SnCp_2$ und $GeCp_2$ darauf, daß die Cp-Reste pentahapto- (η^5-) gebunden vorliegen (vgl. Fig. 209 auf S. 968; gewinkelte Sandwich-Struktur: monomer in der Gasphase, polymer in der festen Phase; „*Decamethylplumbocen*" $PbCp_2^*$ ($Cp^* = C_5Me_5$) bildet demgegenüber eine normale, nicht gewinkelte Sandwich-Struktur aus und ist auch im Kristall monomer). Entsprechend der geringen Elektronegativität von Blei (1.55) und der hohen Elektronenaffinität von Cp sind die Bindungen zwischen Pb und Cp in $PbCp_2$ vergleichsweise polar; demgemäß läßt sich Cp^- leicht vom Blei verdrängen z. B. $PbCp_2 + THF \rightleftarrows PbCp(THF)^+ + Cp^-$; $PbCp_2 + HX \rightarrow CpPbX + HCp$; $PbCp_2 + MeI \rightarrow CpPbI + MeCp$; $PbCp_2 + 2ROH \rightarrow Pb(OR)_2 + 2HCp$. Oxidative Additionen an $PbCp_2$ erfolgen wegen der geringen Tendenz von Pb zum Übergang in die vierwertige Stufe in der Regel nicht (vgl. hierzu Umsetzung von $SnCp_2$ mit MeI, die zu $Cp_2(Me)SnI$ führt). Bezüglich der mit den Cp-Komplexen verwandten Aren-Komplexen von Pb(II) vgl. S. 1103.

5.3 Blei(IV)-Verbindungen[220]

Blei(IV)-hydride[225] und -halogenide

Plumban PbH_4 (Sdp. − 13 °C) entsteht in geringen Mengen z. B. bei der Einwirkung von kathodisch entwickeltem (atomarem) *Wasserstoff* auf zerstäubtes *Blei*: $Pb + 4H \rightarrow PbH_4$. Leitet man das – zur Hauptsache aus Wasserstoff bestehende – gasförmige Reaktionsprodukt durch ein erhitztes Rohr, so scheidet sich ein *Bleispiegel* ab. In Analogie zum Bismutan BiH_3 (S. 824) läßt sich das Plumban PbH_4 auch durch Disproportionierung von *Dimethylplumban* Me_2PbH_2 oberhalb − 50 °C als sich rasch zersetzendes Zwischenprodukt gewinnen:

$$2Me_2PbH_2 \rightarrow Me_4Pb + PbH_4.$$

Ein „*Diplumban*" Pb_2H_6 ist unbekannt.

Bleitetrachlorid $PbCl_4$ ($\Delta H_f = -329.5$ kJ/mol) ist eine unbeständige, gelbe, schwere, an feuchter Luft rauchende Flüssigkeit (Sdp. extrapol. 150 °C), die bei etwa − 15 °C zu einer geblichen, kristallinen Masse erstarrt und oberhalb 50 °C unter Abspaltung von Chlor und Bildung von Blei(II)-chlorid zerfällt:

$$PbCl_4 \rightarrow PbCl_2 + Cl_2 + 30.1\ \text{kJ}.$$

Umgekehrt kann Blei(II)-chlorid – allerdings nur als Chlorokomplex – auch unter Bildung von Blei(IV)-chlorid Chlor aufnehmen. Auf diesem Wege stellt man Blei(IV)-chlorid her. Man verfährt dazu so, daß man in eine Suspension von *Blei(II)-chlorid* in Salzsäure unter Eiskühlung *Chlor* einleitet und das in der

224 **Literatur.** P. G. Harrison: „*Lead*", Comprehensive Organometal. Chem. **2** (1982) 629–680; HOUBEN-WEYL: „*Metallorganische Verbindungen, Pb*" **13/7** (1975); GMELIN; „*Organolead Compounds*", Syst.-Nr. **47** bisher 2 Bände.

225 **Literatur.** E. Wiberg, E. Amberger: „*Hydrides*", Elsevier, Amsterdam 1971, S. 757–764.

Lösung dabei als Chlorokomplex gebildete $PbCl_4$ durch Zusatz von Ammoniumchlorid als *zitronengelbes*, beständiges „*Ammonium-hexachloroplumbat(IV)*" $(NH_4)_2[PbCl_6]$ abscheidet, welches sich beim Eintragen in gekühlte konzentrierte Schwefelsäure unter Bildung des gewünschten Blei(IV)-chlorids zersetzt:

$$(NH_4)_2[PbCl_6] \xrightarrow[-(NH_4)_2SO_4]{+H_2SO_4} H_2PbCl_6 \rightarrow 2HCl + PbCl_4.$$

Das in konzentrierter Schwefelsäure unlösliche Blei(IV)-chlorid scheidet sich dabei als schwere, *gelbe*, stark lichtbrechende Flüssigkeit ab, die stark oxidierende Eigenschaften besitzt ($Pb^{4+} + 2\ominus \rightarrow Pb^{2+}$; $\varepsilon_0 = +1.70$ V).

Ein den homologen Verbindungen C_2Cl_6, Si_2Cl_6, Ge_2Cl_6 und Sn_2Cl_6 entsprechendes „*Dibleihexachlorid*" Pb_2Cl_6 ist nicht bekannt (Zerfall in $PbCl_4 + PbCl_2$).

Mit Cl_2O setzt sich $PbCl_4$ gemäß $PbCl_4 + Cl_2O \rightarrow PbOCl_2 + 2Cl_2$ unter Bildung eines formal dem homologen Phosgen $COCl_2$ entsprechenden, violetten „*Bleidichloridoxids*" $PbOCl_2$ um, das sich ab 90 °C zu $PbCl_2 + \frac{1}{2}O_2$ zersetzt.

Bleitetrabromid $PbBr_4$ und **Bleitetraiodid PbI_4** scheinen selbst in Form von Hexahalogenoplumbaten nicht beständig zu sein. Die hohe Thermolabilität von $PbBr_4$ und Nichtexistenz von PbI_4 ist auf die große Reduktionskraft von Br^- und I^- zurückzuführen, die gemäß $Pb^{4+} + 2X^- \rightarrow Pb^{2+} + X_2$ eine Reduktion des vier- zu zweiwertigen Blei, d.h. einen Zerfall von PbX_4 gemäß $PbX_4 \rightarrow PbX_2 + X_2$ zur Folge hat. Vom salzartigen gelben **Bleitetrafluorid PbF_4** (Smp. ~ 600 °C; Struktur analog SnF_4), das aus PbF_2 und F_2 oberhalb von 250 °C in Form tetragonaler Nadeln darstellbar ist, leiten sich Fluorokomplexe des Typus PbF_5^- und PbF_6^{2-} ab.

Blei(IV)-chalkogenide

Bleidioxid PbO_2 ($\Delta H_f = -277.6$ kJ/mol; $d = 9.643$ g/cm³), das zum Unterschied von den homologen Dioxiden SO_2, GeO_2 und SnO_2 keine Struktur mit EO_4-Tetraedern, sondern ausschließlich mit EO_6-Oktaedern bildet und unter Normalbedingungen mit Rutilstruktur (S. 124) kristallisiert, entsteht ganz allgemein bei der *Oxidation von Blei(II)-Salzen*. Die Oxidation wird in der Technik auf *elektrolytischem* Wege an der Anode oder auf *chemischem* Wege durch starke Oxidationsmittel wie Chlor, Brom oder Hypochlorit durchgeführt:

$$Pb^{2+} + 2H_2O \rightarrow PbO_2 + 4H^+ + 2\ominus,$$
$$Pb^{2+} + 2H_2O + Cl_2 \rightarrow PbO_2 + 4H^+ + 2Cl^-.$$

Die *elektrolytische* Abscheidung benutzt man z.B. zur „*quantitativen Bestimmung von Blei*", indem man eine schwach salpetersaure Bleinitratlösung unter Verwendung einer mattierten Platinschale als Anode und eines spiralförmigen Platindrahts als Kathode elektrolysiert. Die technische Darstellung auf *chemischem* Wege erfolgt durch Oxidation von Bleiacetatlösungen mit Chlorkalk als Oxidationsmittel. Geht man zur Darstellung von einer Verbindung des vierwertigen Bleis aus, so bedarf es natürlich keines Oxdidationsmittels; so wird z.B. das Bleidioxid technisch auch durch Behandeln von Mennige (s. unten) mit verdünnter Salpetersäure gewonnen:

$$Pb_2[PbO_4] + 4HNO_3 \rightarrow 2Pb(NO_3)_2 + Pb(OH)_4(\rightarrow PbO_2 + 2H_2O).$$

Eigenschaften. Bleidioxid (α-PbO_2[226]) stellt ein *schwarzbraunes* Pulver dar, welches *stark oxidierende* Wirkung besitzt (vgl. Potentialdiagramm auf S. 966) und beim Erhitzen unter Sauerstoffabspaltung auf dem Wege über *Pb(II)/Pb(IV)-Mischoxide* $Pb_{12}O_x$ ($x = 19, 18, 17, 16$; s.u. und Anm.[227]) schließlich oberhalb 550 °C in *Pb(II)-oxid* übergeht: $58.6\,kJ + PbO_2 \rightarrow PbO + \frac{1}{2}O_2$.

---

[226] Eine weitere Dioxid-Form, *schwarzes* orthorhombisches β-PbO_2 ($d = 9.773$ g/cm³), entsteht aus dem schwarzbraunen tetragonalen α-PbO_2 bei 300 °C und 40000 bar.

[227] Es bildet sich aus PbO_2 bei ca. 300 °C $PbO_{1.58} \mathrel{\hat{=}} Pb_{12}O_{19}$ (*dunkelbraune* bis *schwarze* Kristalle), bei 300 °C $PbO_{1.42} \mathrel{\hat{=}} Pb_{12}O_{17}$, bei 375 °C $PbO_{1.33} \mathrel{\hat{=}} Pb_{12}O_{16} \mathrel{\hat{=}} Pb_3O_4$. Unter Sauerstoffdruck (1400 bar) entsteht bei 580–620 °C darüber hinaus $PbO_{1.5} = Pb_{12}O_{18} = Pb_2O_3$ (*schwarze* Kristalle, $d = 10.04$ g/cm³).

In *Wasser* ist Bleidioxid praktisch *unlöslich*. Es zeigt aber wie Zinndioxid (S. 970) schwach *amphoteren Charakter*. Demgemäß löst es sich etwas in Säuren unter Bildung von **Blei(IV)-Salzen** und reagiert mit Alkali- oder Erdalkalioxid-Schmelzen in der Hitze unter Bildung von **Plumbaten(IV)**, schematisch:

$$PbO_2 + 4H^+ \rightleftarrows Pb^{4+} + 2H_2O; \qquad PbO_2 + O^{2-} \text{ (oder } 2O^{2-}) \rightleftarrows PbO_3^{2-} \text{ (oder } PbO_4^{4-}).$$

Als Beispiele für Blei(IV)-Salze seien genannt: *Farbloses*, feuchtigkeitsempfindliches „*Blei(IV)-acetat*" $Pb(OAc)_4$ (Smp. 175–180 °C), das durch Lösen von Mennige Pb_3O_4 in heißem Eisessig ($Pb_3O_4 + 8CH_3CO_2H \rightarrow 2Pb(CH_3CO_2)_2 + Pb(CH_3CO_2)_4 + 4H_2O$) oder durch elektrolytische Oxidation einer Blei(II)-acetatlösung gewonnen wird und „*Blei(IV)-sulfat*" $Pb(SO_4)_2$, das sich durch Einwirkung von Schwefelsäure auf Blei(IV)-acetat oder bei der Elektrolyse von Schwefelsäure zwischen Bleielektroden an der Anode als *gelbliches* Pulver bildet. $Pb^{IV}(SO_4)_2$ (isomer mit $Pb^{II}S_2O_8$) *hydrolysiert* in Wasser auf dem Wege über *farbloses basisches Blei(IV)-sulfat* unter Abscheidung von Bleidioxid:

$$Pb(SO_4)_2 + 2H_2O \rightarrow Pb(OH)_2(SO_4) \rightarrow PbO_2 + 2H_2SO_4.$$

Es übertrifft an Oxidationsvermögen noch PbO_2. Gleiches gilt von den den Hexachloroplumbaten entsprechenden „*Trisulfatoplumbaten*" $M_2[Pb(SO_4)_3]$.

Aus der heißen Lösung von PbO_2 in konzentrierter Kalilauge kristallisiert *wasserhaltiges* Plumbat(IV) $K_2PbO_3 \cdot 3H_2O = K_2[Pb(OH)_6]$ aus. Es enthält wie andere „*Hexahydroxoplumbate*" $M^I_2[Pb(OH)_6]$ oder $M^{II}[Pb(OH)_6]$ das oktaedrisch gebaute $[Pb(OH)_6]^{3-}$-Ion. Die diesen Plumbaten zugrundeliegende Säure $H_2[Pb(OH)_6]$ ist unbekannt. *Wasserfreie* Plumbate(IV), nämlich „Metaplumbate" $M^I_2PbO_3$ und $M^{II}PbO_3$ sowie „Orthoplumbate" $M^{II}_2PbO_4$ entstehen durch Erhitzen von PbO_2 (oder PbO an der Luft) mit Metalloxiden, Metallhydroxiden oder Metallsalzen einer Oxosäure im stöchiometrischen Verhältnis. Ein besonders wichtiges Orthoplumbat stellt „*Mennige*" $Pb^{II}_2Pb^{IV}O_4 = Pb_3O_4$ dar (s. u.).

Verwendung. Das hohe Oxidationsvermögen von Blei(IV)-Verbindungen wird in Technik und Laboratorium vielfach genutzt. So verwendet man *Bleidioxid* als Oxidans zur Herstellung von Chemikalien und Farbstoffen, als Reibmasse in Zündhölzern (s. dort), in der Feuerwerkerei, als Elektrode in Akkumulatoren (s. dort), zur Härtung von Sulfidpolymeren. *Bleitetraacetat* wird in der organischen Chemie als starkes, selektiv wirkendes Oxidationsmittel verwendet.

Mennige Pb_3O_4 ($\Delta H_f = -718.9$ kJ/mol; $d = 8.924$ g/cm³) entsteht als *leuchtend rotes*, wasserunlösliches Pulver beim Erhitzen von feinverteiltem *Bleioxid* an der Luft auf 450–500 °C: $3PbO + \frac{1}{2}O_2 \rightarrow Pb_3O_4 + 61.5$ kJ. Beim Erhitzen färbt sie sich dunkel, beim Erkalten kehrt die ursprüngliche Farbe wieder zurück. Oberhalb von 550 °C zersetzt sich Pb_3O_4 unter Sauerstoffabspaltung in PbO (vgl. Anm.[227]).

Pb_3O_4 kann formal als ein Blei(II)-plumbat(IV) $Pb_2[PbO_4]$ aufgefaßt werden. Dementsprechend wird es durch Salpetersäure in Blei(II)-nitrat und Bleidioxid zerlegt (s. oben). In $Pb_2[PbO_4]$ bildet der $Pb^{IV}O_4$-Teil Ketten von PbO_6-Oktaedern mit gemeinsamen, gegenüberliegenden Kanten, wobei die Ketten ihrerseits durch dreifach von Sauerstoff koordinierte (pyramidale) Pb^{2+}-Ionen miteinander verbunden sind. Im ebenfalls bekannten *Bleisesquioxid* $Pb_2O_3 = Pb[PbO_3]$ (s. Anm.[227]) sind $Pb^{IV}O_6$-Oktaeder zu Schichten verknüpft, die durch Pb^{2+}-Ionen miteinander verknüpft sind[228].

Verwendung. Mennige (Weltjahresproduktion: Zig Kilotonnenmaßstab) wird im Gemisch mit Leinöl oder anderen organischen Bindemitteln in ausgedehntem Maße zum Schutzanstrich von Eisen gegen

[228] Demgegenüber leiten sich die Strukturen der Oxide $Pb_{12}O_{19}$ und $Pb_{12}O_{17}$ (vgl. Anm.[227]) wie die Struktur des Oxids $PbO = Pb_{12}O_{12}$ von der Fluoritstruktur dadurch ab, daß offensichtlich in übernächsten Oxidschichten die O^{2-}-Ionen teilweise oder vollständig (PbO) fehlen.

Rosten in der Atmosphäre und im Meer genutzt. Neuerdings dient als *Korrosionsschutz*[229] zudem Ca_2PbO_4. Mennige wird darüber hinaus zur Herstellung von Bleigläsern, Kitten und keramischen Glasuren, von Vulkanisierungsmitteln sowie als Farbstoff in Kautschuk und Kunststoffen verwendet.

Organische Blei(IV)-Verbindungen[205,212,224]

Bleitetraorganyle PbR_4 werden im *Laboratorium* durch *Metathese* aus $PbCl_2$ bzw. $Pb(OAc)_4$ mit Grignard-Verbindungen RMgX ($6PbCl_2 \rightarrow 6\{PbR_2\} \rightarrow 3PbR_4 + 3Pb$; $Pb(OAc)_4 \rightarrow PbR_4$) oder durch *Hydroplumbierung* (*Hydroplumbylierung*; z.B. $R_3PbH + H_2C{=}CHR' \rightarrow R_3PbCH_2CH_2R'$) gewonnen. Zur *technischen* Darstellung von $PbMe_4$ und $PbEt_4$ nutzt man die *Direktsynthese* ($4NaPb + 4RCl \rightarrow PbR_4 + 3Pb + 4NaCl$)[230] sowie die *Elektrolyse* von Alkylmagnesiumhalogenid RMgX in einer Ethermischung unter Verwendung einer Bleianode ($4R^- + Pb \rightarrow PbR_4 + 4\ominus$). Die Plumbane PbR_4 stellen giftige, *farblose* Flüssigkeiten (z.B. $PbMe_4$: Smp./Sdp. $-27.5/110\,°C$; $PbEt_4$; Smp. -136.8, Zers. 200 °C) oder Feststoffe dar (z.B. $PbPh_4$: Smp. 228 °C, Zers. 270 °C), die unter Normalbedingungen hydrolyse-, luft- und thermostabil sind (der gemäß $PbR_4 \rightarrow \cdot PbR_3 + \cdot R$ eingeleitete thermische Zerfall erfolgt mit zunehmender Stabilität von R, also in Richtung $Ph < Me < Et < {}^iPr$, leichter). Leichter als in SnR_4 lassen sich die Metall-Kohlenstoff-Bindungen in PbR_4 durch *Halogene* oder *Halogenwasserstoffe* unter Bildung von **Organylhalogenplumbanen R_nPbX_{4-n}** spalten. Letztere zeigen eine stärkere Assoziationstendenz (Bildung von PbXPb-Brücken) als die entsprechenden Stannane. Die Stabilität von R_nPbX_{4-n} und den hieraus durch Hydrierung mit $LiAlH_4$ in Ether zugänglichen luft- und lichtempfindlichen **Organylplumbanen R_nPbH_{4-n}** sinkt mit abnehmendem Organylierungsgrad *n* und nähert sich der von $PbCl_4$ bzw. PbH_4 an (Me_3PbH zerfällt bereits bei $-40\,°C$; stabiler sind Plumbane R_3PbH mit langen Alkylresten). Wie im Falle von R_3SnH wirkt der Wasserstoff in R_3PbH teils *protisch* (gegen Brönsted-Basen; vgl. hierzu S. 972), teils *radikalisch* (Reduktion von Halogeniden RX) oder *hydridisch* (Reduktion von Ketogruppen $>C{=}O$). Die *Hydrolyse* von R_nPbX_{4-n} führt zu **Plumbanolen** (Bleihydroxiden) **$R_nPb(OH)_{4-n}$**, die keine Neigung zur Kondensation (Bildung von *Plumboxanen* wie $R_3PbOPbR_3$) zeigen, aber *amphoteren Charakter* besitzen (Bildung von Plumbaten bzw. Plumbyl-Kationen), z.B.: $R_2Pb(OH)_2 + 2OH^- \rightleftarrows R_2Pb(OH)_4^{2-}$; $2R_2Pb(OH)_2 + 2H^+ \rightleftarrows [R_2PbOH]_2^{2+} + 2H_2O$; $R_2Pb(OH)_2 + 2H^+ \rightleftarrows R_2Pb^{2+}_{aq} + 2H_2O$ (unsolvatisiertes R_2Pb^{2+} ist wie R_2Tl^+ oder R_2Hg linear gebaut).

Es sind auch einige **Organylpolyplumbane** wie **Pb_2R_6** $= R_3Pb{-}PbR_3$ (gewinnbar aus $PbCl_2$ + RMgX bei tiefen Temperaturen oder R_3PbCl und Na) oder **Pb_5Ph_{12}** $= Pb({-}PbPh_3)_4$ (aus Ph_3PbCl und Li in komplexer Reaktion) bekannt. Sie stellen zersetzliche (Pb_2R_6 disproportioniert in PbR_4 und Pb, vgl. S. 980), luftempfindliche *gelbe* bis *rote* Verbindungen dar, deren PbPb-Bindungen sich leicht durch Halogene, Halogenwasserstoffe oder Alkalimetalle spalten lassen (in letzterem Falle Bildung von Plumbyl-Anionen $MPbR_3$; vgl. S. 973). Auch vermögen die Diplumbane Pb_2R_6 als Spender für PbR_3-Komplexliganden zu wirken (Bildung von Plumbyl-Komplexen z.B. $Pt(PR_3)_4 + Pb_2Ph_6 \rightarrow (R_3P)_2Pt(PbPh_3)_2 + 2PPh_3$).

Die **Toxizität** der bleiorganischen Verbindungen ist größer als die der zinnorganischen Verbindungen (MAK-Wert = 0.075 mg Pb pro m^3; größte Toxizität haben Lieferanten für Kationen R_3Pb^+ bzw. R_2Pb^{2+}, welche u.a. die oxidative Phosphorylierung bzw. die Funktion SH-haltiger Enzyme blockieren). Eine **Verwendung** von Bleiorganylen (z.B. als Kunststoffadditive oder Biozide) verbietet sich infolgedessen (der noch immer erfolgende Einsatz von $PbEt_4$ als „*Antiklopfmittel*" für Benzin sollte baldmöglichst vollständig unterbunden werden).

5.4 Der Bleiakkumulator

Unter einem „*Akkumulator*" versteht man eine Vorrichtung zur Speicherung[231] von elektrischer Energie. Bei der „*Ladung*" eines Akkumulators wird durch Zufuhr elektrischer Energie ein chemischer Vorgang erzwungen und so die zugeführte elektrische Energie in Form der chemischen Energie der entstehenden energiereicheren Reaktionsprodukte gespeichert. Bei der „*Entladung*" spielt sich der chemische Vorgang in umgekehrter Richtung ab, wobei die gespeicherte chemische Energie wieder in Form von elektrischer Energie frei wird.

---

[229] Die in Verbindung mit Lacken auf Metallen als Anstriche oder Grundierungen aufgebrachten **Korrosionsschutzpigmente** sollen die Metallkorrosion (von lat. corrodere = zernagen) unterbinden (*passiver Korrosionsschutz*). Dies kann nach verschiedenen Mechanismen erfolgen, etwa durch *Passivierung* (z.B. Bildung von Oxidschutzschichten durch Einwirkung starker Oxidationsmittel wie Chromate, Pb_3O_4 oder durch anodische Oxidation), durch *kathodische Schutzwirkung* (Aufbringen von reduzierend wirkenden Stoffen wie Zinkstaub, Blei(II)-Verbindungen), durch *Schutzschichtbildung* (Aufbringen von Chromat-, Phosphatschichten).

[230] Modifizierte Form, um Pb vollständig umzusetzen: $6Pb(OAc)_2 + 6EtI + 6AlEt_3 \rightarrow 6PbEt_4 + 4Al(OAc)_3 + Al_2I_6$ ($CdEt_2$ als Katalysator).

[231] accumulare (lat.) = anhäufen.

Der bis jetzt immer noch gebräuchlichste Akkumulator ist der **„Bleiakkumulator"**. Er besteht im geladenen Zustande aus zwei in 20–30%ige (2.5- bis 4-molare) Schwefelsäure (Dichte 1.15–1.22 g/cm³, „*Akkumulatorensäure*") eintauchenden gitterförmigen Bleigerüsten, von denen das eine mit schwammförmigem Blei (keine H_2-Entwicklung infolge Überspannung des Wasserstoffs am Blei)[232], das andere mit Bleidioxid ausgefüllt ist. Verbindet man die beiden Elektrodenplatten leitend miteinander, so fließt wegen der vorhandenen Spannung von etwa 2V unter gleichzeitiger Bildung von $PbSO_4$ ein Elektronenstrom vom Blei zum Bleidioxid (Fig. 211), wobei sich vereinfacht[233] die folgenden chemischen Vorgänge abspielen:

$$\overset{\pm 0}{Pb} + SO_4^{2-} \rightleftharpoons \overset{+2}{Pb}SO_4 + 2\ominus \quad (\varepsilon_0 = -0.356\ V)^{234)} \tag{1}$$

$$\overset{+4}{Pb}O_2 + 4H^+ + SO_4^{2-} + 2\ominus \rightleftharpoons \overset{+2}{Pb}SO_4 + 2H_2O \quad (\varepsilon_0 = +1.685\ V)^{234)} \tag{2}$$

$$Pb + PbO_2 + 2H_2SO_4 \underset{\text{Ladung}}{\overset{\text{Entladung}}{\rightleftharpoons}} 2PbSO_4 + 2H_2O + \text{Energie} \tag{3}$$

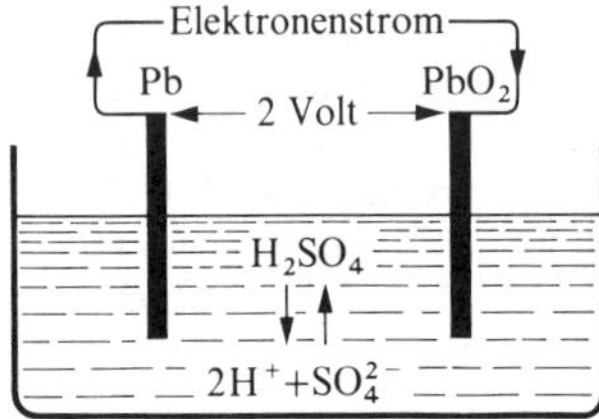

Fig. 211 Schema des Bleiakkumulators.

Die gemäß der E_{MK} von 0.356 + 1.685 = 2.041 V dabei pro Molumsatz freiwerdende elektrische Energie von 2 × 2.041 = 4.082 Faradayvolt (394 kJ) kann zur Leistung von Arbeit, z. B. zur Durchführung von Elektrolysen, zum Antrieb von Motoren, für Beleuchtungszwecke usw. nutzbar gemacht werden.

Da beim Entladen des Akkumulators, wie aus der Gesamtgleichung (3) hervorgeht, Schwefelsäure verbraucht wird und Wasser entsteht, sinkt während des Entladungsvorganges die Säurekonzentration. Daher läßt sich der Ladungszustand eines Akkumulators durch Kontrolle der Säuredichte (z. B. mit Hilfe eines Schwimmers) verfolgen. Im entladenen Zustande des Akkumulators sind beide Elektrodenplatten mit unlöslichem Bleisulfat bedeckt. Zur Wiederaufladung legt man an die Elektroden eine äußere Spannung von mehr als 2 V in umgekehrter Richtung derart an, daß man die vorher positive Bleidioxidplatte (negative Bleiplatte) mit dem positiven (negativen) Pol der äußeren Stromquelle verbindet und so zur Anode (Kathode) macht (vgl. S. 230). Dabei kehren sich die chemischen Prozesse (1) und (2) um, so daß insgesamt gemäß (3) das Bleisulfat wieder in Blei und Bleidioxid verwandelt wird. Ist alles Bleisulfat verbraucht, so wird bei weiterer Energiezufuhr die Schwefelsäure elektrolytisch unter kathodischer Bildung von Wasserstoff ($2H^+ + 2\ominus \rightarrow H_2$) und anodischer Entwicklung von Sauerstoff ($SO_4^{2-} \rightarrow SO_4 + 2\ominus$, $SO_4 + H_2O \rightarrow H_2SO_4 + \frac{1}{2}O_2$) zersetzt („*Gasen*" des Akkumulators). Da für diese Elektrolyse eine höhere Spannung erforderlich ist als für die Ladung des Akkumulators, macht sich das Ende der Aufladung durch eine bedeutende Steigerung der Klemmenspannung bemerkbar.

[232] Schon durch Spuren von Gold oder Platin im Blei wird die Überspannung des Wasserstoffs so weit herabgesetzt, daß der Akkumulator unbrauchbar ist.

[233] In Wirklichkeit sind die Elektrodenvorgänge wesentlich komplizierter.

[234] Der angegebene Potentialwert bezieht sich auf die der Löslichkeit des Bleisulfats entsprechende Bleiionen-Konzentration und unterscheidet sich deshalb vom diesbezüglichen Wert des auf eine einmolare Pb^{2+}-Konzentration bezogenen Normalpotentials.

Zur Überwindung des Leitungswiderstandes der Säure wird sowohl bei der Ladung wie bei der Entladung elektrische Energie verbraucht (Umwandlung von elektrischer in Wärmeenergie). Schon aus diesem Grunde ist daher die zum Laden eines Akkumulators erforderliche Energiemenge stets größer als die bei der Entladung freiwerdende. In gleicher Richtung wirken andere Vorgänge (z.B. das Gasen bei der Ladung, die Entnahme zu großer Entladungsstromstärken). In der Praxis rechnet man mit einem Energieverlust von 20–25%.

Mit Sn und SnO_2 läßt sich kein dem Bleiakkumulator entsprechender Zinnakkumulator aufbauen, da hierzu die Oxidationskraft von SnO_2 nicht ausreicht. Über andere Akkumulatoren vgl. Register. Bezüglich der in neuerer Zeit an Interesse gewinnenden „*Brennstoffzellen*" sei auf die Literatur verwiesen[235)] (bei der Verwirklichung z.B. des Vorgangs $C + O_2 \rightarrow CO_2$ in einer galvanischen Zelle ließe sich die dabei entwickelte Wärmemenge von − 393.77 kJ/mol quantitativ – freie Energie: − 394.62 kJ/mol, gebundene Energie: 0.85 kJ/mol – in Arbeit umwandeln, während auf dem Umwege über eine Wärmekraftmaschine nur 20% der Wärme in Arbeit übergehen).

---

[235] **Literatur.** G. Sandstede: „*Elektrochemische Brennstoffzellen*", Fortschr. Chem. Forsch. **8** (1967) 171–221; D.P. Gregory: „*Brennstoffzellen*", Endeavour **28** (1969) 8–12; J.-P. Gabano: „*Lithium-Batteries*", Acad. Press, London 1983.

Kapitel XVI

Die Borgruppe

Die Borgruppe (**„Triele“**; 13. Gruppe bzw. III. Hauptgruppe des Periodensystems) umfaßt die Elemente *Bor* (B), *Aluminium* (Al), *Gallium* (Ga), *Indium* (In) und *Thallium* (Tl)[1]. Am Aufbau der Erdrinde einschließlich Wasser- und Lufthülle sind sie mit 1×10^{-3} (B), 7.7 (Al), 1.6×10^{-3} (Ga), 1×10^{-5} (In), 5×10^{-5} (Tl) Gew.-% beteiligt, entsprechend einem Massenverhältnis von rund 100 : 1000000 : 160 : 1 : 5. Auch hier beobachtet man also wie bei den meisten anderen Elementhauptgruppen, daß das zweite Elementhomologe wesentlich häufiger ist als alle übrigen (bezüglich der überaus geringen Häufigkeit von Bor vgl. S. 1766).

1 Das Bor[2]

1.1 Elementares Bor

1.1.1 Vorkommen

Bor findet sich in der Natur wegen seiner großen Affinität zu Sauerstoff *nie in freiem*, sondern nur in *Sauerstoff-gebundenem* Zustande, in Form von **Borsäure** H_3BO_3 oder Salzen von Borsäuren (**Boraten**) der allgemeinen Formel $H_{n-2}B_nO_{2n-1}$ sowie **Borosilicaten** (S. 921).

Das *wichtigste Bormineral* ist der „*Kernit*“ $Na_2[B_4O_6(OH)_2] \cdot 3H_2O$ = „$Na_2B_4O_7 \cdot 4H_2O$“; er kommt – zusammen mit „*Borax*“ („*Tinkal*“) $Na_2[B_4O_5(OH)_4] \cdot 8H_2O$ = „$Na_2B_4O_7 \cdot 10H_2O$“ – insbesondere in Kalifornien, aber auch in der Türkei und in Argentinien in riesigen Lagern vor und bildet das wichtigste Ausgangsmaterial für die Industrie der Borsäure und ihrer Salze. Andere wirtschaftlich wichtige Borate sind: „*Probertit*“ $NaCaB_5O_9 \cdot 5H_2O$, „*Ulexit*“ $NaCaB_5O_9 \cdot 8H_2O$, „*Colemanit*“ $Ca_2B_6O_{11} \cdot 5H_2O$, „*Meyerhofferit*“ $Ca_2B_6O_{11} \cdot 7H_2O$, „*Pandermit*“ („*Priceit*“) $Ca_5B_{12}O_{23} \cdot 5H_2O$, (bezüglich der Strukturen vgl. S. 1038). Erwähnt seien hier ferner der „*Szajbelit*“ („*Acharit*“) $MgB_2O_5 \cdot H_2O$, der „*Boracit*“ $Mg_3B_7O_{13}Cl$ sowie die farbenreichen „*Turmaline*“[3] (S. 931) mit einem Borgehalt von etwa 10 %.

---

[1] Gelegentlich wurden an Stelle der Elemente Gallium, Indium und Thallium auch die Elemente Scandium, Yttrium und Lanthan (aus der III. Nebengruppe) zur Borgruppe (III. Hauptgruppe) gerechnet, da B und Al zu diesen Elementen ebenfalls große chemische Verwandtschaft besitzen. Da jedoch die drei Außenelektronen beim Ga, In und Tl wie beim B und Al einer s- (2 Elektronen) und einer p-Schale (1 Elektron) entstammen, während sie beim Sc, Y und La einer d- (1 Elektron) und einer s-Schale (2 Elektronen) angehören, ist die Einordnung von Ga, In und Tl als Hauptgruppen- und von Sc, Y und La als Nebengruppen-Elemente atomtheoretisch mehr gerechtfertigt als die andere Zuordnung (vgl. S. 1393).

[2] **Literatur.** N. N. Greenwood: „*Boron*“, Comprehensive Inorg. Chem. **1** (1973) 665–991 und Pergamon Press, Oxford 1975; GMELIN: „*Boron*“, „Boron Compounds“, Syst.-Nr. **13**, bisher 36 Bände; ULLMANN (5. Aufl.): „*Boron and Boron Alloys*“, „*Boron Compounds*“, **A4** (1985) 281–293, 309–330; L. E. Muetterties: „*The Chemistry of Boron and its Compounds*“, Wiley, New York 1967; R. J. Brotherton, A. L. McCloskey, H. Steinberg (Hrsg.): „*Progress in Boron Chemistry*“, 3 Bände, Pergamon Press, New York 1964–1970; G. Gaulé: „*Boron*“, 2 Bände, Plenum Press, New York 1970/1966; R. Thompson: „*Boron and its Temperature Resistant Compounds*“, Endeavour **29** (1970) 34–38; B. Gyori, J. Emri: „*Boron*“, Comprehensive Coord. Chem. **3** (1987) 81–104; J.H. Morris, H.J. Gysling, D. Reed: „*Electrochemistry of Boron Compounds*“, Chem. Rev. **85** (1985) 51–76; H. Nöth, B. Wrackmeyer: „*NMR Spectroscopy of Boron Compounds*“, NMR Basic Principles and Progress, Vol. **14**, Springer, Berlin 1978. Vgl. auch Anm. 7, 9, 74, 81, 84, 86, 96, 99, 106.

[3] turamali (singhalesisch) = Bezeichnung für rote Edelsteine.

Isotope (vgl. Anh. III). *Natürlich* vorkommendes Bor hat die Isotopenzusammensetzung $^{10}_{5}B$ (19.10–20.31%) und $^{11}_{5}B$ (80.90–79.69%). Beide Isotope sind in Form isotopenreiner Verbindungen im Handel. Sie eignen sich zum *NMR-spektroskopischen Nachweis*. Der Neutroneneinfangquerschnitt von $^{10}_{5}B$ ist fast 1 Millionen mal höher als der von $^{11}_{5}B$ (vgl. Verwendung).

Geschichtliches. Das Bor wurde 1808 von Louis-Joseph Gay-Lussac und Louis Jacques Thenard in Frankreich und zur gleichen Zeit unabhängig davon durch Sir Humphrey Davy in England als Produkt der Reduktion von Borsäure H_3BO_3 mit Kalium *entdeckt*. Reinere Proben erhielt 1892 H. Moissan durch Reduktion von B_2O_3 mit Magnesium. Der englische *Name „boron"* für Bor deutet auf das Vorkommen des Elements im *Borax* (bereits in der Antike bekannt) und seine Ähnlichkeit mit Kohlenstoff (engl. carb*on*).

1.1.2 Darstellung

Kristallisiertes oder glasiges Bor *hoher Reinheit* (> 99.9%) läßt sich durch *Reduktion* von *Bortrihalogeniden* (BCl_3, BBr_3) mit *Wasserstoff* bei 1000–1400 °C an Wolfram- oder Tantaldrähten[4] sowie durch *thermische Zersetzung* von *Bortriiodid* BI_3 bei 800–1000 °C oder *Diboran* B_2H_6 bei 600–800 °C an Tantal-, Wolfram- bzw. Bornitrid-Oberflächen darstellen:

$$554\,\text{kJ} + 2BCl_3 + 3H_2 \rightarrow 2B + 6HCl; \qquad 262\,\text{kJ} + 2BBr_3 + 3H_2 \rightarrow 2B + 6HBr;$$

$$2BI_3 \rightarrow 2B + 3I_2 + 142\,\text{kJ}; \qquad B_2H_6 \rightarrow 2B + 3H_2 + 36\,\text{kJ}.$$

Hierbei hängt der Zustand des sich bildenden Bors (kristallisiert in einer der nachfolgend beschriebenen Formen oder auch amorph-glasig) wesentlich von der gewählten Temperatur der Oberflächen ab.

Man nutzt die Gasphasenabscheidung (chemical vapor deposition, CVD) von Bor aus BCl_3/H_2-Gemischen an 1200–1300 °C heißen Wolfram- oder (besser) Kohlenstoffäden zur Synthese von Borfasern, die zur Verstärkung von Bauteilen in Flugzeugen, Raumkapseln, Sportgeräten usw. dienen.

Amorphes Bor *geringerer Reinheit* erhält man als braunes Pulver ($d = 1.73\,\text{g/cm}^3$) durch Reaktion von *Dibortrioxid* mit metallischem *Magnesium* („Moissansches Bor"; analog wirken z. B. Li, Na, Ca, Al, Fe reduzierend):

$$B_2O_3 + 3Mg \rightarrow 2B + 3MgO + 533\,\text{kJ}$$

(vgl. die analoge Gewinnung von Silicium, S. 877). Es läßt sich durch Auskochen mit verdünnter Salzsäure und Auswaschen mit Wasser von den gleichzeitig gebildeten Beimengungen befreien und enthält 98% Bor. Aus einer Platinschmelze kristallisiert es bei 800–1200 °C als reines Bor (α-rhomboedrisch, s. unten), aus geschmolzenem Aluminium nur in Form der Aluminiumverbindungen AlB_{12} („*quadratisches Bor*") bzw. AlB_{10} aus.

In analoger Weise entsteht 96%iges Bor durch Reduktion von *Bortrichlorid* mit *Zink* bei 900 °C ($2BCl_3 + 3Zn \rightarrow 2B + 3ZnCl_2$) und feinverteiltes 95%iges Bor durch Schmelzelektrolyse, z. B. von KBF_4 in einer KF/KCl-Schmelze bei 800 °C ($BF_4^- + 3\ominus \rightarrow B + 4F^-$).

1.1.3 Physikalische Eigenschaften

Bor liegt im Periodensystem der Elemente auf der *Grenze* zwischen *Metall* (Be) und *Nichtmetall* (C), wodurch seine physikalischen Eigenschaften bedingt sind. Der Schmelzpunkt des β-rhomboedrischen Bors beträgt ca. 2250 °C, der Siedepunkt ca. 3660 °C. Es leitet den elektrischen Strom nur schlecht; die elektrische *Leitfähigkeit* ($0.56 \times 10^{-6}\,\Omega^{-1}\,\text{cm}^{-1}$ bei 0 °C) nimmt aber mit steigender Temperatur rasch (zwischen 20 und 600 °C auf das Hundertfache) zu („*Halb-*

4 Für die Reduktion von *Bortrifluorid*: $1628\,\text{kJ} + 2BF_3 + 3H_2 \rightarrow 2B + 6HF$ würden Reaktionstemperaturen von über 2000 °C benötigt; die entsprechende Reduktion von *Bortriiodid* bereitet Schwierigkeiten.

leiter", S. 1312). Die *Härte* des kristallisierten Bors übertrifft die des Korunds und kommt etwa der des Borcarbids gleich.

Von Bor sind neben der undurchsichtigen, *schwarzen* **glasig-amorphen Form** ($d = 2.34$–$2.35\ g/cm^3$) *vier allotrope* **kristalline Modifikationen** bekannt: *rotes* durchscheinendes „*α-rhomboedrisches Bor*" ($d = 2.46\ g/cm^3$; entdeckt 1958), *dunkelgraues* „*β-rhomboedrisches Bor*" ($d = 2.35\ g/cm^3$; entdeckt 1957), *schwarzes* „*α-tetragonales Bor*" ($d = 2.31\ g/cm^3$; bekannt seit 1943) und *rotes* „*β-tetragonales Bor*" ($d = 2.36\ g/cm^3$; entdeckt 1959). Zum Unterschied von den rhomboedrischen Bormodifikationen sowie vom β-tetragonalen Bor bildet sich das reine α-tetragonale Bor nur auf den erhitzten Oberflächen des *Borcarbids* $B_{24}C$ und *-nitrids* $B_{24}N$, welche die gleiche Struktur wie α-tetragonales Bor besitzen („*Epitaxie*"). Letztere Verbindungen entstehen bei der Reduktion von Borhalogeniden mit Wasserstoff (s. oben) in Gegenwart von Spuren Methan CH_4 oder Stickstoff N_2. Die unter Normaldruck bei allen Temperaturen *thermodynamisch allein stabile* Modifikation ist das *β-rhomboedrische Bor*. Sie geht aus amorphem Bor unter Abgabe von 3.7 kJ/mol hervor:

$$\text{amorphes Bor} \rightarrow \beta\text{-rhomboedrisches Bor} + 3.7\ \text{kJ}.$$

Neben den erwähnten Normaldruckmodifikationen des Bors existiert noch eine dunkle, pechartige, in dünner Schicht *tiefrote* **Hochdruckmodifikation**, die sich aus normalem Bor bei 100000 bar und 1500–2000 °C bildet.

Alle Borarten enthalten das Bor in Form von **B_{12}-Ikosaedern** (Fig. 212a), die in den *kristallisierten* Modifikationen in *geordneter* Weise direkt oder über Boratome bzw. Boratomgruppen verknüpft sind und in der *glasigen* Borform in *ungeordneter* Weise neben Ikosaederfragmenten vorliegen.

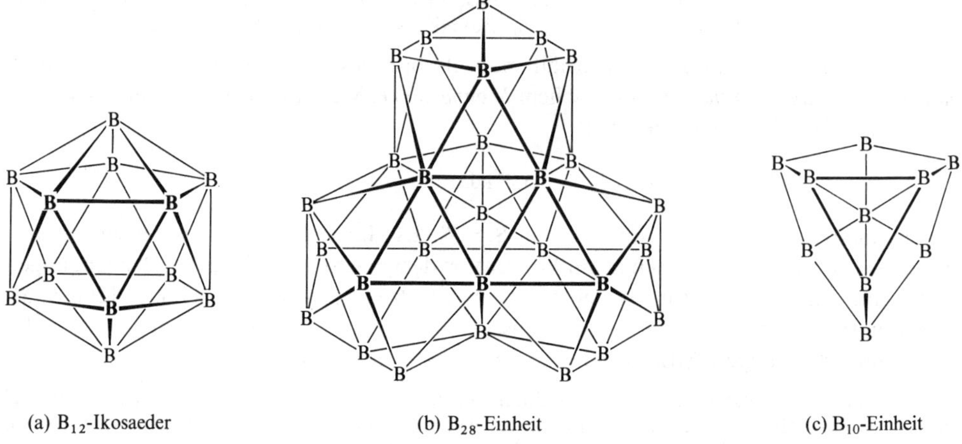

Fig. 212 (a) B_{12}-Ikosaeder; (b) B_{28}-Einheit in β-rhomboedrischem Bor (die durch das mittlere B-Atom und die mittlere vordere Dreiecksfläche verlaufende Gerade (nicht gezeichnet) ist identisch mit der langen Raumdiagonale der β-rhomboedrischen Elementarzelle); (c) Zentrale B_{10}-Einheit der B_{28}-Einheit.

Strukturen. Vergleichsweise einfach ist die Struktur des **α-rhomboedrischen Bors**, in welchem die B_{12}-Baueinheiten (mittlerer BB-Abstand 1.76 Å) näherungsweise eine kubisch-flächenzentrierte Packung einnehmen. Jeder Ikosaeder ist hierbei mit 6 anderen Ikosaedern *innerhalb* einer kubisch-hexagonal gepackten Ikosaederschicht durch geschlossene BBB-Dreizentrenbindungen (vgl. S. 825, BB-Abstände 2.03 Å) und mit je drei weiteren Ikosaedern der jeweils *darunter* und *darüber* liegenden Ikosaederschicht durch normale kovalente B—B-Bindungen (Abstand 1.71 Å) verknüpft. Die der kubisch-flächenzentrierten B_{12}-Packung zugrunde liegende rhomboedrische Elementarzelle (vgl. Fig. 213a) umfaßt nur ein einzelnes B_{12}-Ikosaeder[5a)] (bezüglich der Relation zwischen kubisch-flächenzentrierter Packung und rhomboed-

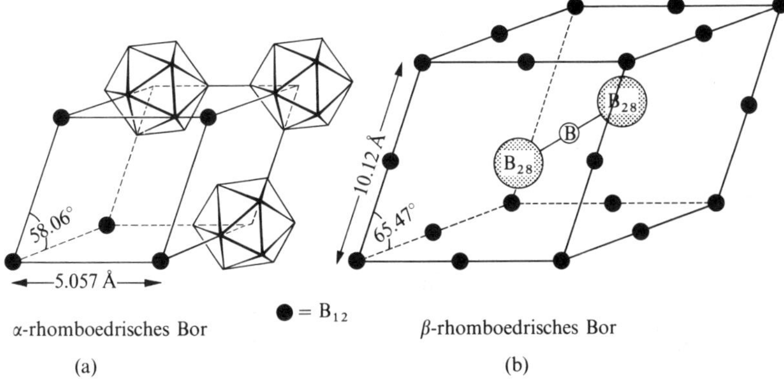

Fig. 213 Elementarzellen des α- und β-rhomboedrischen Bors.

risch-primitiver Elementarzelle vgl. Anm.[12] auf S. 125). Die Raumausnutzung beträgt in α-Bor, der dichtesten Bormodifikation (s. o.), 37% (zum Vergleich: 74%ige Raumnutzung in einer dichtesten Kugelpackung).

Die Struktur des **β-rhomboedrischen Bors**, das man u. a. durch Erhitzen von α-rhomboedrischem Bor auf 1200 °C erhalten kann, ist dagegen recht kompliziert. Die rhomboedrische Elementarzelle dieser Modifikation umfaßt 105 Boratome, welche sich auf B_{12}-Ikosaeder, zwei B_{28}-Einheiten und ein einzelnes B-Atom verteilen. Die (zum Teil leicht verzerrten) B_{12}-Ikosaeder besetzen die 8 *Ecken* sowie die 12 *Kantenmitten* der Zelle, das Boratom das Zellen-*Zentrum* (vgl. Fig. 213b). Die B_{28}-Einheiten, die aus je drei sich gegenseitig partiell durchdringenden B_{12}-Ikosaedern bestehen (Fig. 212b) und eine zentrale B_{10}-Einheit aus drei miteinander kondensierten B_5-Ringen mit einem zentralen, 9fach koordinierten Boratom aufweisen (vgl. Fig. 212c), sind auf *beiden Seiten* des einzelnen, 6fach koordinierten (oktaedrischen) Boratoms (je drei B-Atome des B_6-Rings beider B_{10}-Einheiten) längs der langen *Raumdiagonalen* der Elementarzelle angeordnet (Fig. 213b). Damit folgt der Elementarzelleninhalt des β-rhomboedrischen Bors, wie gefordert, zu: $8 \times \frac{1}{8} B_{12}$ (an Ecken[5a)]) $+ 12 \times \frac{1}{4} B_{12}$ (auf Kanten[5b)]) $+ B_{28}$—B—B_{28} (im Inneren) = 105 Boratome[6)].

Die dritte Bormodifikation, das **α-tetragonale Bor**, enthält gemäß Fig. 214a B_{12}-Ikosaeder sowie B-Atome, die jeweils vier Ikosaeder derart miteinander verknüpfen, daß jedes B_{12}-Ikosaeder von zwei B-Atomen und jedes B-Atom von vier B_{12}-Ikosaedern umgeben ist. Die tetragonale Elementarzelle (Fig. 214a) enthält 50 B-Atome; die sich auf 4 B_{12}-Ikosaeder sowie 2 B-Atome (eines im Zellenzentrum, 8 zu je $\frac{1}{8}$ zählende B-Atome an den Zellenecken) verteilen. Die Ikosaeder sind räumlich so miteinander vernetzt, daß jedes Ikosaeder (Borabstände innerhalb des Ikosaeders 1.79–1.85 Å) mit 10 anderen Ikosaedern durch kovalente Einfachbindungen (BB-Abstände 1.66–1.86 Å) direkt verbunden ist, während die beiden restlichen (axialen) Ecken jedes Ikosaeders über je ein B-Atom mit einem elften und zwölften Ikosaeder verbunden sind.

Die vierte Bormodifikation, das **β-tetragonale Bor**, weist je Elementarzelle 190 Boratome auf, die sich auf 8 B_{12}-Ikosaeder, 4 B_{21}-Zwillingsikosaeder und 10 einzelne Boratome verteilen.

Bormodifikationen mit Heteroatomen. Von den reinen Bormodifikationen mit B_{12}-Ikosaedern *leiten sich* einige Bauformen ab, die außer Bor (Hauptbestandteil) zusätzlich geringe Mengen eines anderen Elements enthalten. Dem **Borcarbid $B_{24}C$** („*tetragonales Borcarbid*") liegt die gleiche Struktur wie dem α-tetragonalen Bor zugrunde (Ersatz der isolierten B-Atome durch C-Atome; Fig. 214a; auf der Oberfläche von $B_{24}C$ wächst α-tetragonales Bor epitaktisch auf). Die Elementarzelle des „*rhomboedrischen Borcarbids*" **$B_{13}C_2$** ist in Fig. 214b wiedergegeben. Wie in α-rhomboedrischem Bor (Fig. 213a) besetzen in ihr

[5] **a)** Jede der 8 Ecken der rhomboedrischen Zelle ist von einem B_{12}-Ikosaeder besetzt. Da jede Ecke 8 Zellen gemeinsam angehört, darf zur Berechnung des Zelleninhalts jede B_{12}-Gruppe nur zu $\frac{1}{8}$ gezählt werden. **b)** Jede der 12 Rhomboederkanten gehört 4 Elementarzellen gemeinsam an; daher darf jedes B_{12}-Ikosaeder auf einer Kante nur zu $\frac{1}{4}$ gezählt werden.

[6] Die Struktur von β-rhomboedrischem Bor läßt sich auch wie folgt beschreiben: B_{84}-Baueinheiten nehmen näherungsweise eine kubisch-flächenzentrierte Packung ein, wobei die der Packung zugrundeliegende rhomboedrische Elementarzelle (vgl. α-rhomboedrisches Bor und Fig. 213a; ● = B_{84}) längs der langen Raumdiagonalen zwei, über ein einzelnes B-Atom verknüpfte B_{10}-Einheiten (Fig. 212c) enthält ($B_{84} + B_{10} - B - B_{10}$ = 105 Boratome). B_{84} besteht seinerseits aus einem größeren B_{60}-Käfig mit Fullerenstruktur (S. 840) und einem innenliegenden B_{12}-Käfig mit Ikosaederstruktur (Fig. 212a). Beide Käfige sind über 12 B-Atome miteinander verknüpft, die oberhalb der B-Atome des B_{12}-Käfigs und unterhalb der B_5-Ringmitten des B_{60}-Käfigs lokalisiert sind (B_{60} + 12 B + B_{12} = 84 Boratome).

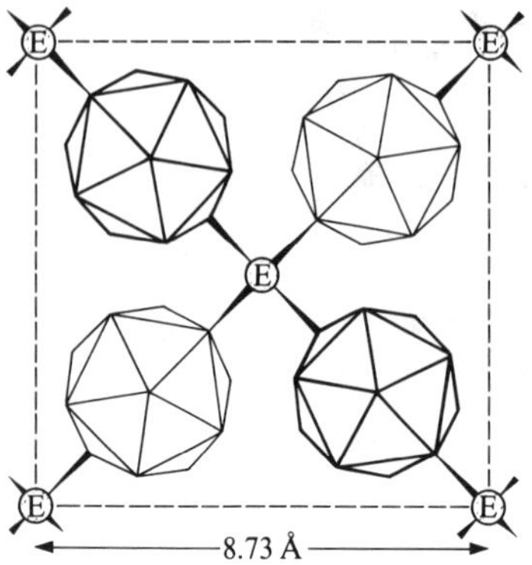

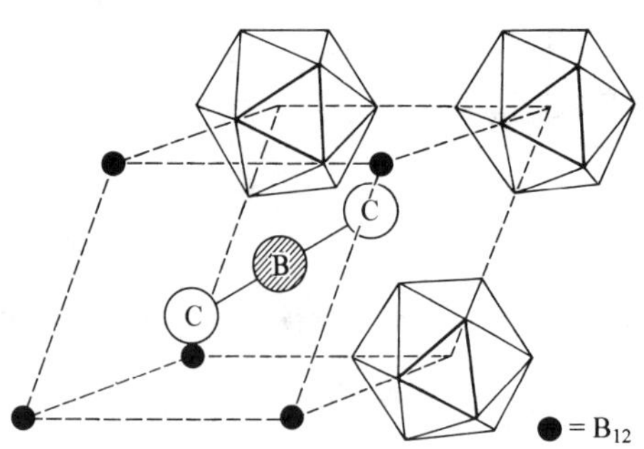

(a) α-tetragonales Bor (E = B) bzw. tetragonales Borcarbid $B_{24}C$ oder Bornitrid $B_{24}N$ (E = C oder N)

(b) rhomboedrisches Borcarbid $B_{13}C_2$ bzw. Borsilicid, -phosphid, -arsenid (statt CBC: SiSi, PP, AsAs).

Fig. 214 (a) Elementarzelle des α-tetragonalen Bors sowie von $B_{24}C$ und $B_{24}N$ (in Richtung der *c*-Achse (5.03 Å) gesehen; B_{12}-Ikosaeder abwechselnd oberhalb (fett) und unterhalb der Papierebene); (b) $B_{13}C_2$.

B_{12}-Ikosaeder die Ecken der rhomboedrischen Zelle; darüber hinaus befindet sich im Inneren der Zelle eine lineare CBC-Einheit längs der langen Raumdiagonale (vgl. β-rhomboedrisches Bor). Eine analog gebaute, reine Bormodifikation (Ersatz von C durch B) ist bisher unbekannt. Von $B_{13}C_2 = B_{12}$ (CBC) leiten sich „*kohlenstoffreiche Borcarbide*" (Grenzstöchiometrie: $\mathbf{B_{12}C_3}$) dadurch ab, daß Boratome in den CBC- und/oder B_{12}-Baueinheiten durch Kohlenstoffatome ersetzt werden. Im **Borsilicid (Siliciumborid)** $\mathbf{B_{12}Si_2}$ ist die CBC-Einheit des Carbids B_{12} (CBC) durch eine SiSi-Einheit vertauscht. Auch hier lassen sich zusätzlich in B_{12}-Ikosaedern B- gegen Si-Atome ersetzen (Grenzstöchiometrie $\mathbf{B_{12}Si_{4.15}}$); offenbar sind gegebenenfalls auch Leerstellen oder Besetzungen der Lücken mit einzelnen Si-Atomen statt Si_2-Einheiten möglich (Grenzstöchiometrie: $\mathbf{B_{12}Si}$). Das **Natriumborid** $\mathbf{NaB_{15}}$ = B_{12} (3B + Na) baut sich aus B_{12}-Einheiten und Na- sowie B-Atomen auf, das **Berylliumbor** $\mathbf{BeB_{12}}$ aus B_{12}-Einheiten und Be-Atomen, die **Aluminiumboride** $\mathbf{AlB_{10}}$ = B_{12}(B + 1.2 Al) und $\mathbf{AlB_{12}}$ aus B_{12}-Einheiten und Al- sowie B-Atomen. Das **Bornitrid** $\mathbf{B_{24}N}$ hat die gleiche Struktur wie α-tetragonales Bor (Ersatz von B durch N), während im **Borphosphid** $\mathbf{B_{12}P_2}$, **Borarsenid** $\mathbf{B_{12}As_2}$, **Borsulfid** $\mathbf{B_{12}S}$ bzw. **Boroxid** $\mathbf{B_{12}(OBO)}$ CBC-Einheiten von B_{12}(CBC) durch P_2, As_2, S bzw. OBO substituiert sind (im Phosphid und Arsenid zum Teil Leerstellen; Grenzstöchiometrie: $B_{12}P_{1.8}$, $B_{12}As_{1.8}$).

Physiologisches[7]. Bor, das spurenweise in allen Organismen vorkommt (z. B. 3.1/43/95 mg pro kg Roggen/Bohnen/Mohn als Trockensubstanz, ca. 0.2 mg pro kg im Menschen) ist für die Tiere und den Menschen nicht essentiell und nicht toxisch, aber für viele Pflanzen als Spurenelement zum Wachstum unentbehrlich (Bormangel verursacht z. B. die Trockenfäule der Rüben). Einige Borverbindungen (z. B. Diboran) sind für den Menschen giftig.

1.1.4 Chemische Eigenschaften

Bor ist bis etwa 400 °C chemisch recht reaktionsträge und oberhalb etwa 1200 °C außerordentlich reaktiv. Beim Erhitzen an der *Luft* oder in *Sauerstoff* entzündet sich amorphes Bor bei 700 °C und verbrennt zu Boroxid B_2O_3. Mit *Chlor*, *Brom* und *Schwefel* vereinigt es sich in der Hitze zu Borchlorid BCl_3 (oberhalb 400 °C), Borbromid BBr_3 (oberhalb 700 °C) bzw. Borsulfid B_2S_3. Bei Temperaturen oberhalb 900 °C bindet es *Stickstoff* unter Bildung von BN. Auch die Vereinigung mit *Metallen* erfolgt erst bei hohen Temperaturen (S. 1059).

[7] **Literatur.** W. Kliegel: „*Bor in Biologie, Medizin und Pharmazie*", Springer, Heidelberg 1980; M. F. Hawthorne: „*Die Rolle der Chemie in der Entwicklung einer Krebstherapie durch die Bor-Neutroneneinfangreaktion*", Angew. Chem. **105** (1993) 997–1033; Int. Ed. Engl. **32** (1993) 950.

Von siedender Flußsäure und Salzsäure wird Bor nicht angegriffen. Heiße konzentrierte *Salpetersäure* und *Königswasser* oxidieren fein verteiltes Bor zu Borsäure H_3BO_3. Konzentrierte *Schwefelsäure* wirkt erst bei 250 °C, *Phosphorsäure* bei 800 °C ein. Bei Rotglut reduziert Bor *Wasserdampf*, bei sehr hohen Temperaturen selbst *Kohlenoxid* und *Siliciumdioxid*. Bor ist also bei sehr hohen Temperaturen ein starkes Reduktionsmittel. Dem entspricht auch sein negatives Reduktionspotential ($\varepsilon_0 = -0.890$ in sauren, -1.24 V im basischen Milieu). Beim Schmelzen mit *Alkali* wird Bor unter H_2-Entwicklung in Alkaliborate übergeführt (S. 1038).

Verwendung von Bor. Bor wird technisch überwiegend in gebundener Form genutzt. Verwendung finden insbesondere Borsäure H_3BO_3, Dibortrioxid B_2O_3, Borax $Na_2B_4O_7 \cdot nH_2O$, Ammonium- und Kaliumborate $MB_5O_8 \cdot nH_2O$ (Weltjahresproduktion: Megatonnenmaßstab, bezogen auf B_2O_3) in der *Glas-* und *Keramikindustrie* (S. 945), in der *Waschmittelindustrie* (S. 1040), zur Herstellung von *Fluß-* und *Lötmassen*, *Imprägnierungsmitteln*, *Herbiziden*, *Düngemitteln* usw. Darüber hinaus nutzt man die hohe Temperatur- und chemische Beständigkeit sowie Härte von Metallboriden MB_2 und -carbiden wie $B_{13}C_2$ sowie $B_{24}C$ (vgl. S. 990) für Bauteile in der *chemischen Industrie*, der *Raumfahrttechnik*, für *Brems-* und *Kupplungsbeläge*, *Panzerungen*, *kugelsicheren Westen* usw. In elementarer Form dient *amorphes Bor* als Additiv in *pyrotechnischen Mischungen* sowie *Raketentreibstoffen*. Den hohen Neutroneneinfangquerschnitt von $^{10}_{5}B$ nutzt man in *Kernreaktoren* (Bremsstäbe) und in der *Nuclearmedizin* (Krebstherapie; bei Neutronenbeschuß entstehen aus $^{10}_{5}B$ nicht-radioaktive Nuklide $^{7}_{3}Li$ und $^{4}_{2}He$)[7]. *Kristallisiertes Bor* hoher Reinheit findet in der *Halbleitertechnik* Anwendung (Herstellung von Thermistoren; Dotierung von Si-Halbleitern). Durch *Borfasern* verstärkte Kunststoffe oder Leichtmetalle werden im *Flug-*, *Raumfahrt-* und *Sport-Sektor* eingesetzt.

1.1.5 Bor in Verbindungen

Oxidationsstufen. Bor ist in seinen Verbindungen mit *elektronegativeren Bindungspartner* überwiegend *dreiwertig* und weist die Oxidationsstufe **+3** auf (z. B. in B_2H_6, BF_4^-, B_2O_3, BN). *Zweiwertig* tritt es mit der Oxidationsstufe **+2** u. a. in den Verbindungen B_2F_4, $B_2(OH)_4$, $B_2(NMe_2)_4$, *einwertig* mit der Oxidationsstufe **+1** in B_4Cl_4, $B_6(NMe_2)_6$ sowie in – instabilen, nur bei hohen Temperaturen stabilen und bei sehr tiefen Temperaturen in der Matrix metastabilen – „*Borylenen*" („*Borandiylen*") wie BF, BCl, B_2O auf. Man kennt aber auch Verbindungen, in denen Bor *keine ganzzahlige* positive Oxidationsstufe zukommt (vgl. höhere Borane). Analoges gilt – mit umgekehrtem Vorzeichen der Oxidationsstufen – für Verbindungen des Bors mit *elektropositiveren Bindungspartnern* (vgl. Metallboride).

Koordinationszahlen. Bor betätigt in seinen Verbindungen die Koordinationszahlen *eins* (z. B. in matrixisoliertem **B**F), *zwei* (linear in gasförmigem O=**B**—**B**=O, gewinkelt in gasförmigem $\mathbf{B}F_2$), *drei* (trigonal-planar in $\mathbf{B}F_3$, $\mathbf{B}(OR)_3$, $\mathbf{B}(NR_2)_3$, $\mathbf{B}_2Cl_4$), *vier* (tetraedrisch in $\mathbf{B}F_4^-$, $H_3\mathbf{B}NMe_3$, $\mathbf{B}_4Cl_4$), *fünf* (quadratisch-pyramidal in $\mathbf{B}_5H_9$, $\mathbf{B}_6H_6^{2-}$), *sechs* (pentagonal-pyramidal in $\mathbf{B}_6H_{10}$, $\mathbf{B}_7H_7^{2-}$, $\mathbf{B}_{12}H_{12}^{2-}$; oktaedrisch in β-rhomboedrischem Bor $\mathbf{B}B_{104}$), *sieben* (z. B. in $\mathbf{B}_{11}H_{11}^{2-}$), *acht* (kubisch in $Be_2\mathbf{B}$, antikubisch in $Ni_2\mathbf{B}$), *neun* (dreifach überkappt-trigonal-prismatisch in $Re_3\mathbf{B}$). Besonders häufig treten die Koordinationszahlen drei und vier auf.

Bindungen. Als Element der dritten Hauptgruppe des Periodensystems besitzt das Bor drei Außenelektronen. Seine Verbindungen mit **einwertigen Gruppen X** haben infolgedessen die Zusammensetzung BX_3 (planare Moleküle mit sp^2-hybridisiertem Bor und XBX-Winkeln von 120°). In ihnen kommt dem Boratom nur ein *Elektronensextett* zu. Daher erstrebt es auf *drei* verschiedenen Wegen eine Valenzabsättigung unter Ausbildung eines *Elektronenoktetts*: durch $p_\pi p_\pi$-Bindungen, durch Dreizentrenbindungen, durch Adduktbildung:

(i) Der erste Weg, die Ausbildung von π-Bindungen, wird z. B. bei den *Borhalogeniden*, *Borsäureestern* und *Borsäureamiden*, also Verbindungen BX_3 mit freien Elektronenpaaren an X (X z. B. gleich F, OR oder NR_2) eingeschlagen, bei welchen gemäß dem Schema (X z. B. F)

$$\left[\,(:\ddot{\mathrm{F}})_2\mathrm{B}{-}\ddot{\mathrm{F}}: \;\leftrightarrow\; (:\ddot{\mathrm{F}})_2\mathrm{B}{=}\ddot{\mathrm{F}} \;\leftrightarrow\; (:\dot{\mathrm{F}}{=})(:\ddot{\mathrm{F}})\mathrm{B}{-}\ddot{\mathrm{F}}: \;\leftrightarrow\; (:\ddot{\mathrm{F}})(:\dot{\mathrm{F}}{=})\mathrm{B}{-}\ddot{\mathrm{F}}:\,\right]$$

ein freies p-Elektronenpaar des Halogens, Sauerstoffs oder Stickstoffs zur Auffüllung des vierten, noch unbesetzten p-Orbitals am Boratom dient. Da sich alle drei Substituenten X in Resonanz (vgl. S. 134) an dieser Bindungsbeziehung beteiligen, beobachtet man somit im Mittel einen Bindungsgrad $1\frac{1}{3}$ zwischen sp^2-hybridisiertem Bor (Koordinationszahl 3) und X. Dies kommt in einer Verkürzung der Bindung im Vergleich zu dem für eine einfache BX-Bindung zu erwartenden Wert zum Ausdruck:

Bindungslänge in		**B—F** BF_3	**B—Cl** BCl_3	**B—Br** BBr_3	**B—O** $B(OMe)_3$	**B—N** $B(NHMe)_3$	**B—C** BMe_3
gefunden (Å)		1.30	1.73	1.87	1.38	1.41	1.56
berechnet aus Radien	B—X	1.46	1.81	1.96	1.48	1.52	1.59
	B=X	1.26	1.61	1.76	1.28	1.32	1.39

ii) Im Falle des BX_3-Moleküls BH_3, in welchem zum Unterschied vom BF_3 eine Valenzstabilisierung infolge fehlender freier Elektronenpaare an X nicht möglich ist, hilft sich das Boratom durch Zweielektronen-Dreizentren-Bindungen (S. 280), indem gemäß

$$BH_3 + BH_3 \longrightarrow H_2B(\mu\text{-}H)_2BH_2$$

zwei *Wasserstoffatome* als Brücke zwischen zwei Boratomen ihr Elektronenpaar nicht nur mit *einem*, sondern noch mit einem *zweiten Boratom* teilen (S. 994). Auch zwischen *drei Boratomen* ist eine solche Dreizentrenbindung möglich (S. 994). Letzterer Fall findet sich namentlich bei den höheren *Borwasserstoffen* (S. 1011), beim *elementaren Bor* (S. 988), bei den *Metallboriden* (S. 1059) und einer Reihe von *Borsubverbindungen*, d. h. Verbindungen, in denen die Oxidationsstufe des Boratoms unter (lat. sub) der Zahl 3 liegt (S. 1033, 1038, 1051). Eine ebenfalls denkbare Dimerisierung von BMe_3 und anderen Bortriorganylen unterbleibt wohl aus sterischen Gründen.

(iii) Statt durch *innermolekularen* (*intramolekularen*) Valenzausgleich wie in (i) und (ii) kann die Achterschale für das Boratom in BX_3-Molekülen auch *außermolekular* (*intermolekular*) durch Anlagerung von *Donormolekülen* D mit freiem Elektronenpaar und Ausbildung einer σ-Bindung (Übergang der sp^2- in eine sp^3-Hybridisierung) erreicht werden:

$$BX_3 + :D \longrightarrow X_3B \leftarrow D$$

(D z.B. = NR_3, OR_2, OR^-, F^-, H^-)[8a]. Dementsprechend sind die Borverbindungen BX_3 *Lewis-Säuren*, wobei die Lewis-Acidität etwa der Halogenide BX_3 gegenüber harten Basen in der Richtung $BF_3 < BCl_3 < BBr_3$ zunimmt[8b], da in gleicher Richtung die Neigung der Halogenatome zur Ausbildung von π-Bindungen mit dem Boratom abnimmt, so daß die Elektronenpaarlücke am Bor im Falle des Borfluorids durch die in (i) behandelte π-Rückbindung am stärksten „ausgefüllt" wird. $B(OR)_3$ und $B(NR_2)_3$ sind aus dem gleichen Grunde wesentlich schwächere Lewis-Säuren als die Borhalogenide BX_3, da die B—O- und B—N-

8a Die Verwendung eines Pfeils ← als Symbol für eine „*dative*" Bindung ist nur dann sinnvoll, wenn derartige „Koordinationsbindungen" wie in $F_3B \leftarrow OMe_2$ heterolytisch leichter spaltbar sind als die übrigen σ-Bindungen im Molekül BX_3D. Will man Pfeile auch für Addukte wie BF_4^- mit vier gleichberechtigten BX-Bindungen beibehalten, so ist dies allenfalls im Rahmen einer „Mesomerieformel" mit vier Grenzstrukturen sinnvoll.

8b Bezüglich eines Vergleichs der Lewis-Aciditäten von BH_3 und BF_3 vgl. S. 246. Die geringere Lewis-Acidität der Organyl-substituierten Borane $BH_{3-n}R_n$ im Vergleich zu BH_3 ist auf die sterische Behinderung der Adduktbildung durch die Organylreste R zurückzuführen, die mit zunehmender Größe die Akzeptorstärke des Bors drastisch verringern.

Bindung in weit stärkerem Maße als die B—F-Bindung zu $p_\pi p_\pi$-Bindungen neigt (allerdings spielen hier auch induktive und sterische Effekte eine Rolle). Da in den aus BX_3 und D gebildeten Addukten BX_3D wegen Erreichung der Achterschale am Bor keine zusätzlichen π-Bindungen mehr erforderlich sind, entsprechen hier die Längen der Bindungen zwischen sp^3-hybridisiertem Bor (Koordinationszahl 4) und D dem Werte einer Einfachbindung (z. B. r_{BF} in BF_4^- = 1.43 Å; $r_{BF/BO}$ in $BF_3(OMe_2)$ = 1.40/1.50 Å).

Auch durch *Dimerisierung* (bzw. Oligo- oder Polymerisierung) einer Borverbindung BX_3, deren Gruppen X noch freie Elektronenpaare aufweisen, läßt sich die Bor-Elektronenschale vervollständigen:

$$\begin{matrix} Cl_2B{-}\ddot{N}Me_2 \\ + \\ Me_2\ddot{N}{-}BCl_2 \end{matrix} \rightleftarrows \begin{matrix} Cl_2B{-}NMe_2 \\ | \quad\; | \\ Me_2N{-}BCl_2 \end{matrix} \rightleftarrows \begin{matrix} Cl_2B\;\; :NMe \\ | \qquad | \\ Me_2N:\;\; BCl_2 \end{matrix}$$

Bezüglich der hier möglichen *Gleichgewichte* zwischen monomeren (intramolekular durch $p_\pi p_\pi$-Bindung abgesättigten) und dimeren (intermolekular durch σ-Bindung abgesättigten) Molekülen vgl. S. 1047.

Borverbindungen X—B=Y, in welchen Bor neben einer einwertigen Gruppe X eine **zweiwertige Gruppe Y** trägt, sind kinetisch bezüglich einer Di-, Tri- bzw. Polymerisierung erheblich instabiler als entsprechende Kohlenstoffverbindungen $X_2C{=}Y$ bzw. Y=C=Y und lassen sich im allgemeinen nicht isolieren, es sei denn, die π-Mehrfach-Bindung wäre wie in der bei Raumtemperatur recht beständigen Verbindung

$$[{}^tBuB{=}\ddot{N}{}^tBu \leftrightarrow {}^tBuB{\equiv}N{}^tBu]$$

durch außerordentlich sperrige Gruppen abgeschirmt (vgl. die analogen Verhältnisse im Falle ungesättigter Phosphor- und Siliciumverbindungen, S. 734 und 886).

Die Neigung von Bor zur Bildung von **BB-Bindungen** ist zwar schwächer ausgeprägt als beim rechten Periodennachbarn, dem Kohlenstoff, aber viel größer als beim Gruppennachbarn, dem Aluminium. Demgemäß bildet Bor – anders als Aluminium – u. a. zahlreiche allotrope Modifikationen (S. 988), Boride (s. u.), höhere Borane (S. 1011), Borsubhalogenide (S. 1033) mit Bor-Atomclustern.

Schrägbeziehung Bor/Silicium. Gemäß der „Schrägbeziehung" im Periodensystem (S. 142) ist das nichtmetallische *Bor* (Ladung/Radius für B^{3+} = 3 : 0.20 = 15) – abgesehen von der Wertigkeit – dem nichtmetallischen *Silicium* (Ladung/Radius = 4 : 0.41 = 10) in der IV. Hauptgruppe ähnlicher als dem höheren, metallischen Element-Homologen *Aluminium* (Ladung/Radius = 3 : 0.50 = 6), das seinerseits gemäß der Schrägbeziehung mehr dem metallischen Beryllium gleicht (vgl. S. 1108). Einige dieser Ähnlichkeiten seien hier herausgegriffen:

(i) Analog den Siliciumwasserstoffen Si_nH_{2n+2} existieren zahlreiche, gleichfalls flüchtige, oxidationsempfindliche, niedermolekulare Borwasserstoffe B_nH_{n+4} und B_nH_{n+6}, während vom Aluminium nur ein einziges, nichtflüchtiges, hochpolymeres Hydrid $(AlH_3)_x$ bekannt ist.

(ii) BCl_3 ist wie $SiCl_4$ flüssig, monomer und leicht hydrolysierbar, während $AlCl_3$ fest, polymer und weit weniger hydrolyseempfindlich ist.

(iii) B_2O_3 und SiO_2 bilden schwierig zu kristallisierende, feuerbeständige Gläser und lösen als Säureanhydride Metalloxide unter Bildung salzartiger Borate bzw. Silicate auf, die ihrerseits – wie etwa die kettenförmigen Metaborate und -silicate oder die isomorphen Mischungen von Alkali-Erdalkali-boraten und -silicaten (in Form der *Turmaline* (S. 931)) zeigen – analoge Strukturen besitzen. Al_2O_3 ist dagegen gut kristallisierbar und bildet als amphoteres Anhydrid sowohl mit basischen Metalloxiden als auch sauren Nichtmetalloxiden „Salze".

(iv) $B(OH)_3$ und $Si(OH)_4$ kondensieren zu höhermolekularen Säuren und lösen sich nur in Basen, nicht in wasserhaltigen Säuren. $Al(OH)_3$ neigt weit weniger zur Kondensation und löst sich als amphoteres Hydroxid sowohl in Säuren als auch in Basen.

(v) Bor und Silicium stellen harte, schlecht leitende, hochschmelzende Halbmetalle dar, Aluminium ist dagegen ein dehnbares, gut leitendes, wesentlich niedriger schmelzendes Metall.

Bor-Ionen, Boride. Bor tritt zum Unterschied von seinen höheren Homologen in Wasser nie als **Kation** B^{3+} auf, so daß sich seine Chemie weitgehend von der der letzteren unterscheidet (bezüglich eines Vergleichs von Aluminium und Bor vgl. S. 1068). Zum Unterschied vom rechten Periodennachbarn, dem Kohlenstoff (vgl. S. 851), existieren vom Bor auch *keine* Verbindungen mit *mehratomigen* Kationen B_n^{m+}. In seinen Verbindungen mit *elektronegativeren Bindungspartnern* – also **Borverbindungen** des *Wasserstoffs* (vgl. S. 994), der *Halogene* (ohne Astat; S. 1028), der *Chalkogene* (ohne Polonium: S. 1034), der *Pentele* (ohne Antimon, Bismut; S. 1042, 1053), des *Kohlenstoffs* (S. 1055) – ist Bor allerdings mehr oder weniger *positiv polarisiert*.

In Verbindungen mit den übrigen Elementen (*Halbmetalle, Metalle*) liegt Bor *negativ polarisiert* vor. Unter diesen **Boriden** (bekannt von allen Metallen und Halbmetallen mit Ausnahme von Zn, Cd, Hg, Ga, In, Tl, Ge, Sn, Pb, Sb(?), Bi, Te, Po, At) enthalten die – aus den Elementen zugänglichen – *Alkali-* und *Erdalkaliboride* M_mB_n (vgl. nachfolgende Zusammenstellung) – extrem formuliert – *mehratomige* **Anionen** B_n^{m-}, in welchen die B-Atome teils in Form von Schichten ($M^{II}B_2$), teils in Form miteinander verknüpfter Oktaeder ($M^IB_{4\,oder\,6}$, $M^{II}B_{4\,oder\,6}$) bzw. Ikosaeder angeordnet sind (Näheres S. 1059):

LiB_4	(LiB_6)	–	Be_nB[a]	BeB_2	–	BeB_6	BeB_{12}
–	NaB_6	NaB_{15}	–	MgB_2	MgB_4	MgB_6	MgB_{12}
–	KB_6	–	–	(CaB_2)	CaB_4	CaB_6	–
–	(RbB_6)	–	–	–	–	SrB_6	–
–	(CsB_6)	–	–	–	–	BaB_6	–

[a] $n = 5, 4, 2$.

Ähnlich wie im Falle der Carbide, Silicide, Nitride, Phosphide kennt man außer diesen „*salzartigen*" Boriden auch „*kovalente*" bzw. „*metallartige*" Boride, die sich allerdings weniger auffällig in ihren Eigenschaften als jene unterscheiden, so daß eine Unterteilung sinnvollerweise unterbleibt (s. S. 1059).

1.2 Wasserstoffverbindungen des Bors[2, 9)]

1.2.1 Grundlagen

Systematik. Das *Anfangsglied* der Verbindungsgruppe der *Borwasserstoffe* („*Borane*") – um deren Erforschung sich namentlich Alfred Stock in den Jahren 1912–1936 und William N. Lipscomb (Nobelpreis 1976) ab 1951 verdient gemacht haben[10)] – besitzt in Übereinstimmung mit der *Außenelektronenzahl drei* des Boratoms die Zusammensetzung BH_3. Seine *Molekülmasse* entspricht aber nicht der monomeren Formel BH_3, sondern der *dimeren* Formel $(BH_3)_2$ (vgl. S. 279 und 992). In analoger Weise kommen auch die *höheren Borwasserstoffe* (formal) durch Zusammenlagerung gleicher oder verschiedener, für sich allein nicht existenzfähiger Verbindungen B_mH_{m+2} ($m = 1, 2, 3$ usw.) zustande[10a)]. Und zwar vereinigen sich bevorzugt entweder *zwei* oder *drei* Einheiten B_mH_{m+2} zu einem Boranmolekül, wobei die Borwasserstoff-Reihen $\mathbf{B_nH_{n+4}}$ ($= B_mH_{m+2} \cdot B_{m'}H_{m'+2}$; $n = m + m' = 2–6, 8–12, 14, 16, 18$) und $\mathbf{B_nH_{n+6}}$

---

9 **Literatur.** Allgemein. A. Stock: „*The Hydrides of Boron and Silicon*", Cornell University Press, New York 1933; W.N. Lipscomb: „*Recent Studies of the Boron Hydrides*", Adv. Inorg. Radiochem. **1** (1959) 117–156; „*Boron Hydrides*", Benjamin New York 1963; „*Boron Hydride Chemistry*", Acad. Press, New York 1975, „*Die Borane und ihre Derivate*", Angew. Chem. **89** (1977) 685–696; G.R. Eaton, W.N. Lipscomb: „*NMR-Studies of Boron Hydrides and Related Compounds*", Benjamin, New York 1969; E.L. Muetterties, W.H. Knoth: „*Polyhedral Boranes*", Dekker, New York 1968; E.L. Muetterties. „*Boron Hydride Chemistry*", Acad. Press, New York 1975; F.G.A. Stone: „*Chemical Reactivity of the Boron Hydrides and Related Compounds*", Adv. Inorg. Radiochem. **2** (1960) 279–313; R.L. Hughes, I.C. Smith, E.W. Lawless: „*Production of Boranes and Related Research*", Acad. Press, New York 1967; H.D. Johnson, S.G. Shore: „*Lower Boron Hydrides*", Topics Curr. Chem. **15** (1970) 87–145; E. Wiberg, E. Amberger: „*Hydrides*", Elsevier, Amsterdam 1971, S. 81–380; H. Beall, C.H. Bushweller: „*Dynamic Processes in Boranes, Carboranes and Related Compounds*", Chem. Rev. **73** (1973) 465–486; K. Wade: „*Structural and Bonding Patterns in Cluster Chemistry*", Adv. Inorg. Radiochem **18** (1976), 1–66; G. Süß-Fink: „*Vom Enfant Terrible zum Musterknaben: Die Borane*", Chemie in unserer Zeit **20** (1986) 90–100; J.F. Liebman, A. Greenberg, R.E. Williams (Hrsg.): „*Advances in Boron and the Boranes*", Verlag Chemie, Weinheim 1988. Diboran (6). H. Long: „*Recent Studies of Diborane*", Progr. Inorg. Chem. **15** (1972) 1–99; „*The Reaction Chemistry of Diborane*", Adv. Inorg. Radiochem. **16** (1974) 201–216. Vgl. auch Anm.[43, 48)]. Decaboran (14). M.F. Hawthorne: „*Decaborane-14 and its Derivatives*", Adv. Inorg. Radiochem. **5** (1963) 307–345. – Vgl. auch Anm. 14, 43, 48, 69.

10 **Geschichtliches.** Borwasserstoffe wurden bereits im 19. Jahrhundert verschiedentlich durch Protolyse von Metallboriden erhalten (S. 1059), aber weder korrekt analysiert noch identifiziert. Erst die ab 1912 durchgeführten Untersuchungen von Alfred Stock (1876–1946) erhellten den Charakter, die Stöchiometrie und die Reaktivität der betreffenden Stoffe. Gestützt auf Röntgenstrukturuntersuchungen (ab 1948) sowie Überlegungen von H.C. Longuet-Higgins entwickelte dann William N. Lipscomb in den 50er Jahren ein brauchbares Bindungsmodell für die Borwasserstoffe (vgl. S. 999, bezüglich einer Elektronenabzählregel vgl. S. 997). Die in den vergangenen Jahren (u.a. durch W.N. Lipscomb, R. Schaeffer, N.N. Greenwood) intensiv bearbeiteten Borane, welche nach der Gruppe der Kohlen-, Phosphor- und Siliciumwasserstoffe die viert-umfangreichste Elementwasserstoffgruppe darstellen, zeichnen sich durch große Strukturmannigfaltigkeit und ungewöhnliche Bindungsverhältnisse aus.

10a In Form von Derivaten B_nX_{n+2} sind die Borane B_nH_{n+2} isolierbar (X z.B. F, NMe_2, vgl. S. 1033, 1051).

($= B_mH_{m+2} \cdot B_{m'}H_{m'+2} \cdot B_{m''}H_{m''+2}$; $n = m + m' + m'' = 3$–10, 13, 14, 20) resultieren (in { }: Hydrid nur als Zwischenprodukt nachweisbar):

$\mathbf{B_nH_{n+4}}$: B_2H_6, $\{B_3H_7\}$, $\{B_4H_8\}$, B_5H_9, B_6H_{10}, B_8H_{12}, $\{B_9H_{13}\}$, $B_{10}H_{14}$, $B_{11}H_{15}$, $B_{12}H_{16}$, $B_{14}H_{18}$, $B_{16}H_{20}$, $B_{18}H_{22}$;

$\mathbf{B_nH_{n+6}}$: $\{B_3H_9\}$, B_4H_{10}, B_5H_{11}, B_6H_{12}, B_7H_{13}, B_8H_{14}, B_9H_{15}, $B_{10}H_{16}$, $B_{13}H_{19}$, $B_{14}H_{20}$, $B_{20}H_{26}$.

Darüber hinaus existieren auch Verbindungen der Reihen $\mathbf{B_nH_{n+8}}$ (formal zusammengesetzt aus vier B_mH_{m+2}-Einheiten; $n = 6$, 8, 10, 14, 15, 30) und $\mathbf{B_nH_{n+10}}$ (formal zusammengesetzt aus fünf B_mH_{m+2}-Einheiten; $n = 8$, 26, 40):

$\mathbf{B_nH_{n+8}}$: $\{B_6H_{14}\}$, B_8H_{16}, $B_{10}H_{18}$, $B_{14}H_{22}$, $B_{15}H_{23}$, $B_{30}H_{38}$;

$\mathbf{B_nH_{n+10}}$: B_8H_{18}, $B_{26}H_{36}$, $B_{40}H_{50}$.

Schließlich ist noch ein *wasserstoffarmes* Borhydrid der Formel $\mathbf{B_{20}H_{16}}$ bekannt[11].

Nomenklatur. Die Bezeichnung der *neutralen* Borwasserstoffe erfolgt im Sinne des auf S. 270 Besprochenen so, daß man vor dem Wortstamm „*boran*" die Zahl der B-Atome durch einen griechischen Zahlenwert angibt. Die Zahl der H-Atome fügt man als arabische Ziffer dem Wortstamm in Klammern an (z. B. B_5H_9 = Pentaboran (9), B_8H_{12} = Octaboran (12), $B_{10}H_{14}$ = Decaboran (14), $B_{14}H_{18}$ = Tetradecaboran (18), $B_{20}H_{16}$ = Icosaboran (16)). Die *anionischen* Borwasserstoffe werden gelegentlich noch als „*Boranate*" bezeichnet (z. B. $B_3H_8^-$ = Triboranat, $B_{12}H_{12}^{2-}$ = Dodecaboranat). Rationell sind sie jedoch als Komplexverbindung zu behandeln und als „*Hydridoborate*" zu benennen (vgl. S. 162). Die Ladung des Komplexions kann man dem Komplexnamen in Klammern anfügen (z. B. $B_3H_8^-$ = Octahydridotriborat(1−), $B_{12}H_{12}^{2-}$ = Dodecahydridododecaborat(2−); statt *hydrido* verwendet man im Falle der Borwasserstoffe auch den Namen *hydro* für den Liganden H^-: Octahydrotriborat, Dodecahydrododecaborat). Bezüglich der Numerierung der Boratome in Polyboranen und Polyboranaten vgl. Anm.[17] (S. 997) sowie Fig. 216–222 (S. 998, 1015, 1017, 1019, 1022, 1024, 1025), bezüglich „*closo*"-, „*nido*"-, „*arachno*"- und „*hypho*"-Boranen S. 997, 1018 und 1020.

Strukturen. Wie auf S. 281 bereits besprochen wurde und in Fig. 215 nochmals veranschaulicht ist, ist im **Diboran** B_2H_6 jedes Boratom *verzerrt tetraedrisch* mit *zwei* einbindigen *Endwasserstoffatomen* sowie *zwei* zweibindigen *Brückenwasserstoffatomen* verknüpft, wobei die beiden BH_4-Tetraeder einen *Doppeltetraeder* mit gemeinsamer Kante bilden. Demgemäß liegen die end- und brückenständigen H-Atome von B_2H_6 in verschiedenen, zueinander senkrecht angeordneten Ebenen. Auf der gemeinsamen Schnittkante befinden sich die beiden Boratome, welche außer durch die beiden Brückenwasserstoffatome auch durch eine schwache Bor-Bor-Bindung verknüpft sind (BB-Abstand: gefunden 1.77 Å, ber. für die Einfachbindung 1.64 Å).[12]

In den **Polyboranen** sind die Boratome zu *einseitig geöffneten* (gegebenenfalls miteinander verknüpften, s. u.) Boratomkäfigen verbunden, wie in Fig. 215 anhand *räumlicher Moleküldarstellungen* der Polyborane B_4H_{10}, B_5H_9, B_5H_{11}, B_6H_{10}, B_6H_{12}, B_8H_{12}, n-B_9H_{15}, $B_{10}H_{14}$ sowie auf die Papierebene *projizierter Strukturformeln* der Polyborane B_8H_{14}, n-B_9H_{15}, $B_{10}H_{14}$ veranschaulicht ist. Alle Boratome tragen jeweils *ein endständiges* H-Atom, die Boratome an der *Käfigöffnung zusätzlich brückenbildende* H-Atome und/oder bei einigen Boranen ein *weiteres endständiges* H-Atom (vgl. Fig. 215; B_5H_9, B_6H_{10}, B_8H_{12} und $B_{10}H_{14}$ als Beispiele für ersteren, B_4H_{10}, B_5H_{11}, B_6H_{12}, B_8H_{14}, B_9H_{15} als Beispiele für letzteren Fall). Eine Aus-

---

11 Außer den erwähnten Boranen existieren auch *Boran-Addukte* mit neutralen Donatoren wie R_2O, R_2S, R_3N, R_3P:
$\mathbf{B_nH_{n+2} \cdot mD}$: $BH_3 \cdot D$, $B_2H_4 \cdot 2D$, $B_{10}H_{12} \cdot D$, $B_{10}H_{12} \cdot 2D$, $B_{11}H_{13} \cdot D$;
$\mathbf{B_nH_{n+4} \cdot mD}$: $B_3H_7 \cdot D$, $B_4H_8 \cdot D$, $B_5H_9 \cdot 2D$, $B_6H_{10} \cdot 2D$, $B_8H_{12} \cdot D$, $B_9H_{13} \cdot D$, $B_{11}H_{15} \cdot 2D$;
$\mathbf{B_nH_{<n} \cdot mD}$: $B_{20}H_{16} \cdot 2D$.
Bezüglich der *Hydridoborate* $B_nH_m^{p-}$ (z. B. BH_4^-, $B_3H_8^-$, $B_{12}H_{12}^{2-}$) und *Hydridobor-Kationen* ($B_5H_{10}^+$, $B_6H_{11}^+$) vgl. S. 1009, 1018, 1015.

12 Die im Jahre 1957 durch K. Hedberg und V. Schomaker röntgenstrukturanalytisch geklärte B_2H_6-Struktur wurde bereits im Jahre 1921 durch W. Dilthey postuliert.

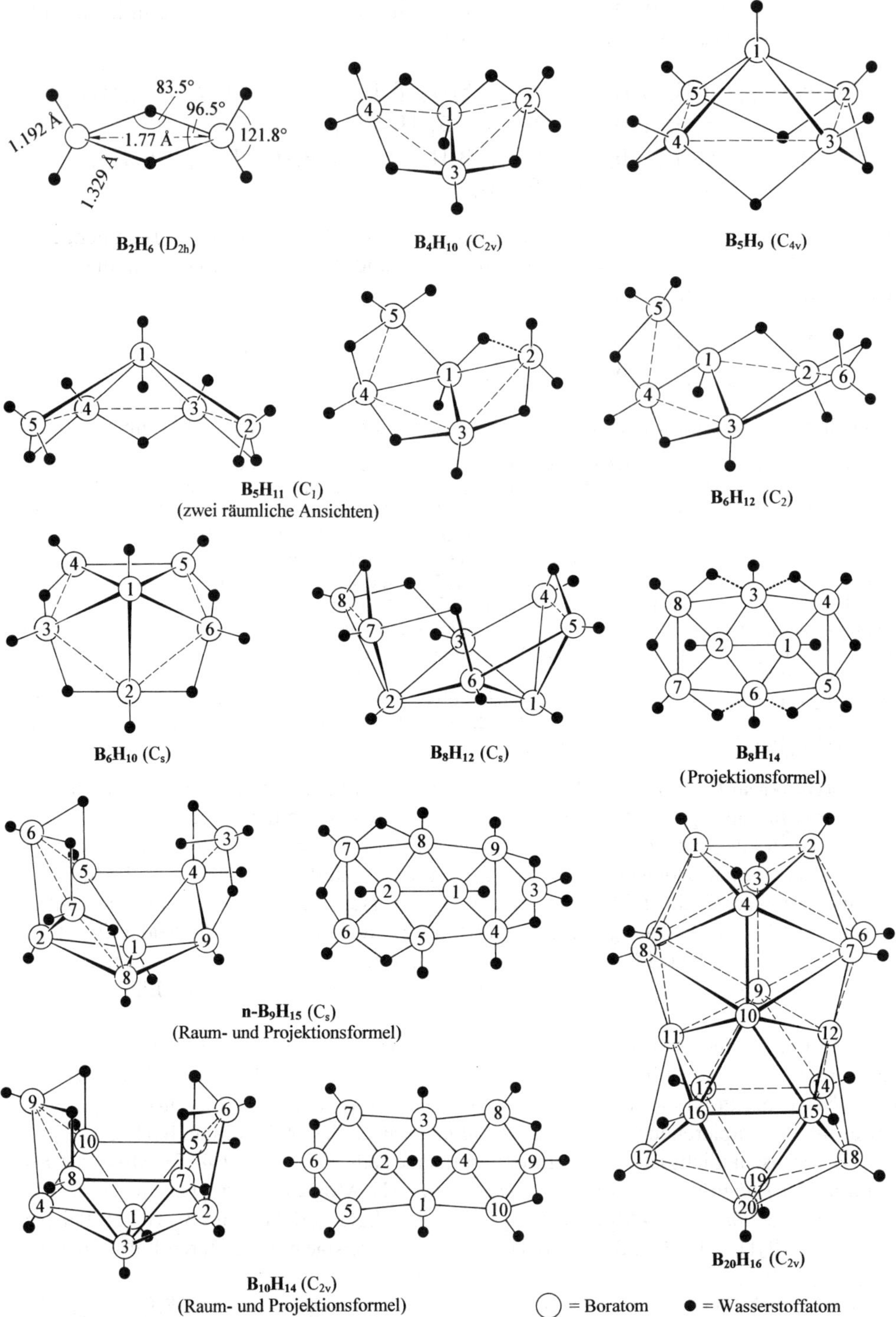

Fig. 215 Strukturen isolierter *nido-* und *arachno-*Borane sowie von $B_{20}H_{16}$ (in Klammern Molekülsymmetrie; die Struktur von B_8H_{14} ist nicht in allen Einzelheiten geklärt; bezüglich i-B_9H_{15} vgl. Fig. 216).

nahme bildet der Borwasserstoff $B_{20}H_{16}$ (Fig. 215), dem ein *geschlossener* Käfig von 20 Boratomen zugrunde liegt, von denen 4 Wasserstoff-frei sind.

Der räumlichen Anordnung sowohl der Wasserstoff- als auch der Boratome liegen in den Borwasserstoffen einfache *Strukturprinzipien* zugrunde. So befindet sich von den mit jedem B-Atom verknüpften „*Wasserstoffatomen*" ein endständiges H-Atom jeweils auf der Außenseite des Boratomkäfigs, wobei die Verlängerung der B—H-Bindung auf das Käfigzentrum weist. Man bezeichnet es als „*exo*"-Wasserstoffatom. Die Bindungen der Brückenwasserstoffatome bzw. von weiteren mit Bor verknüpften endständigen H-Atomen („*endo*"-Wasserstoffatome) verlaufen demgegenüber tangential zur Oberfläche des Boratomkäfigs (vgl. Fig. 215). Die „*Boratome*" der Polyboran-Moleküle nehmen andererseits jeweils die Ecken solcher Polyeder ein, die wie das *Tetraeder* (4 Ecken), die *trigonale Bipyramide* (5 Ecken), das *Oktaeder* (6 Ecken), die *pentagonale Bipyramide* (7 Ecken), das *Dodekaeder* (8 Ecken), das *dreifach überkappte trigonale Prisma* (9 Ecken), das *zweifach überkappte quadratische Antiprisma* (10 Ecken), das *Oktadekaeder* (11 Ecken) oder das *Ikosaeder* (12 Ecken) nur von Dreiecksflächen begrenzt sind (bezüglich der Strukturen der aufgeführten Polyeder vgl. nachstehende Fig. 216 sowie Fig. 219 auf S. 1019). Und zwar besetzen nach einer im Jahre 1971 aufgefundenen Regel (Regel von K. Wade, R. E. Williams und R. W. Rudolph; häufig kurz als „*Wadesche Regel*" bezeichnet) die Boratome in Hydriden des Typs B_nH_{n+2} (**„*closo*"-Borane**[13]; bisher nur in deprotonierter Form $B_nH_n^{2-}$ bekannt) alle Ecken, in Hydriden des Typs B_nH_{n+4} (**„*nido*"-Borane**[13]) *alle bis auf eine* Ecke, in Hydriden des Typs B_nH_{n+6} (**„*arachno*"-Borane**[13]) *alle bis auf zwei* Ecken, in Hydriden des Typs B_nH_{n+8} (**„*hypho*"-Borane**[13]) *alle bis auf drei* Ecken usw.[14, 15].

So leiten sich etwa das *nido*-Pentaboran(9) B_5H_9 bzw. das *arachno-Tetraboran*(10) B_4H_{10} von einem *Oktaeder* ab (1 bzw. 2 Ecken frei; vgl. Fig. 216a, b), das *nido*-Hexaboran(10) B_6H_{10} bzw. das *arachno*-Pentaboran(11) B_5H_{11} von einer *trigonalen Bipyramide* (1 bzw. 2 Ecken frei; vgl. Fig. 216c, d), das *arachno*-Hexaboran(12) B_6H_{12} von einem *Dodekaeder* (zwei benachbarte pentagonale Ecken frei; z. B. B-Atome 4 und 5 in Fig. 219, S. 1019), das *nido*-Octaboran(12) B_8H_{12} von einem *dreifach überkappten trigonalen Prisma* (1 Ecke frei[16]) und das *nido*-Decaboran(14) $B_{10}H_{14}$ bzw. *arachno*-Nonaboran(15) B_9H_{15} (2 Konstitutionsisomere, wovon eines 2 Enantiomere bildet) von einem *Oktadekaeder* (1 bzw. 2 Ecken frei; vgl. Fig. 216e, f, g) ab[17]. In analoger Weise leiten sich die Borgerüststrukturen der Polyborane *arachno*-B_6H_{12}, *arachno*-B_8H_{14} bzw. *hypho*-B_8H_{16} vom *Dodekaeder* (Fig. 219 auf S. 1019, 2 Ecken frei), vom *zweifach überkappten quadratischen Antiprisma* (Fig. 219, 2 Ecken frei) bzw. vom *Oktadekaeder* (Fig. 216e–f; 3 Ecken frei) ab. Bezüglich der Struktur der verbleibenden Borwasserstoffe s. weiter unten.

Die oben angesprochene **Wadesche Regel** läßt sich in Form einer „*Elektronen-Abzählregel*" allgemein zur Vorhersage der *Strukturen von Elektronenmangelverbindungen* nutzen[18]. Und zwar kommt einem Elektronenmangelverband aus n Atomen, der durch $(2n + 2)$, $(2n + 4)$, $(2n + 6)$ bzw. $(2n + 8)$ Elektronen zusammengehalten wird, eine *closo-*, *nido-*, *arachno-* bzw. *hypho*-Struktur mit einem geschlossenen oder zunehmend geöffneten Polyatomkäfig zu. Dabei steuert jedes Hauptgruppenelement $(v + l - 2)$-Gerüstelektronen bei[19] (v = Anzahl der Valenzelektronen der betreffenden Elementatome, l = Anzahl der von den zusätzlichen Liganden L des Elementatoms beigesteuerten Elektronen ($l = 1$ im Falle L = H, 2 im Falle L = Lewis-Base wie R_2O, R_3N, R_3P)). Demgemäß liefert etwa eine BH-Gruppe $3 + 1 - 2 = 2$,

---

13 Von closed (engl.) = geschlossen, nidus (lat.) = Nest, arachne (griech.) = Spinne, hypho (griech.) = Netz.

14 **Literatur.** R. W. Rudolph: „*Boranes and Heteroboranes: A Paradigm for the Electron Requirements of Clusters?*" Acc. Chem. Res. **9** (1976) 446–452; R. Grinter: „*Elektronenabzähl-Regeln und chemische Strukturen*" Chemie in unserer Zeit **11** (1977) 176–180; K. Wade: „*Structural and Bonding Patterns in Cluster Chemistry*", Adv. Inorg. Radiochem. **18** (1976) 1–66; R. E. Williams: „*Coordination Number Pattern Recognition Theory of Carborane Structures*", Adv. Inorg. Radiochem. **18** (1976) 67–142; L. Barton: „*Systematization and Structures of the Boron Hydrides*", Topics Curr. Chem. **100** (1982) 169–206.

15 Hydride des Typs B_nH_n (**„*präcloso*"- bzw. „*hypercloso*"-Borane**), von denen nur Derivate existieren (z. B. B_4Cl_4, $B_4{}^tBu_4$) stellen formal einfach-überkappte *closo*-Borane dar.

16 Die Boratome 1,2,3,5,6 und 8 von B_8H_{12} (Fig. 215) bilden das trigonale Prisma, über den durch die Boratome 1,2,3,5 sowie 1,2,6,8 gebildeten Rechteckflächen liegen die „überkappenden" Botatome 4 sowie 7; der Platz über der durch die Atome 3,5,6,8 gebildeten Fläche bleibt frei.

17 **Nomenklatur.** Zur *Numerierung der Boratome* von *nido*- und *arachno*-Boranen projiziert man die Borwasserstoffe auf die Papierebene. Jeweils im Uhrzeigersinn werden zunächst die inneren, dann die äußeren B-Atome gezählt.

18 Bezüglich der für *Verbindungen ohne Elektronenmangel* zur Strukturvorhersage verwendeten Elektronen-Abzählregel (VSEPR-Modell), vgl. S. 136 und 315.

19 Nebengruppenelemente liefern $(v + l - 12)$-Elektronen (vgl. S. 1634).

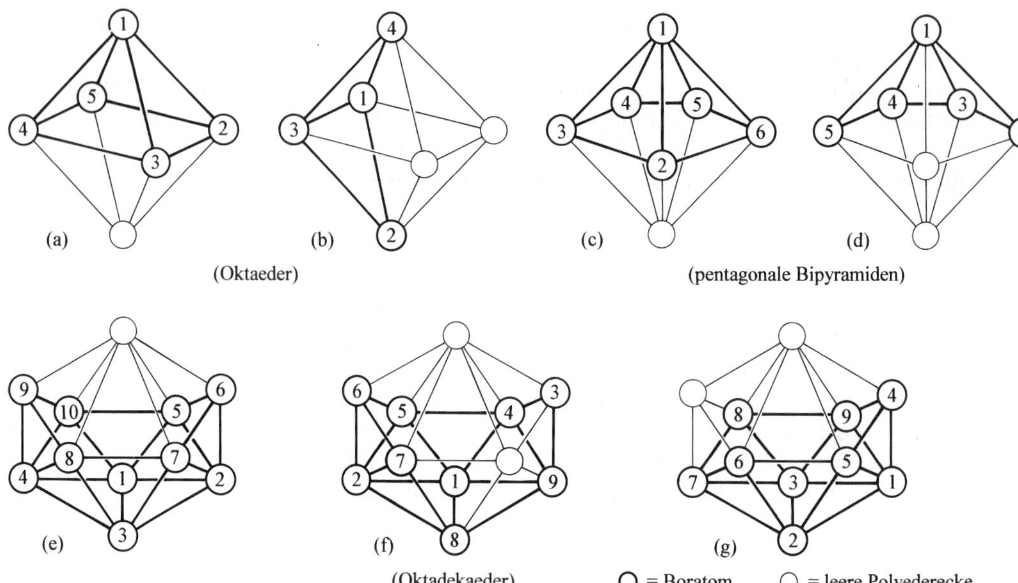

Fig. 216 Borgerüste der Borwasserstoffe B_5H_9 (a), B_4H_{10} (b), B_6H_{10} (c), B_5H_{11} (d), $B_{10}H_{14}$ (e), n-B_9H_{15} (f, 2 Enantiomere) und i-B_9H_{15} (g).

eine BH_2-Gruppe $3 + 2 - 2 = 3$, eine CH-Gruppe $4 + 1 - 2 = 3$ und ein N-Atom $5 + 0 - 2 = 3$ Gerüstelektronen. In den Polyboranen B_nH_{n+4} bzw. B_nH_{n+6}, die man formal aus $(n-4)$BH- und $4BH_2$- bzw. $(n-6)$BH- und $6BH_2$-Gruppen zusammensetzen kann, stehen dann insgesamt $(n-4) \times 2 + 4 \times 3 = 2n + 4$ bzw. $(n-6) \times 2 + 6 \times 3 = 2n + 6$ Elektronen für die Borkäfige zur Verfügung, so daß erstere Hydride zu den *nido*-, letztere zu den *arachno*-Verbindungen zu zählen sind. In analoger Weise haben gemäß der Elektronenabzählregel die *Carborane* (S. 1021) $B_{10}C_2H_{12}$, $B_3C_2H_7$ bzw. $B_7C_2H_{13}$ eine *closo*-, *nido*- bzw. *arachno*-Struktur, die *Heteroborane* (S. 1020) $B_{11}H_{11}S$ sowie $B_{10}CPH_{11}$ eine *closo*-Struktur und die *Boranate* (S. 1018) $B_{12}H_{12}^{2-}$ bzw. $B_3H_8^-$ eine *closo*- bzw. *arachno*-Struktur (negative Ladungen sind den Gerüstelektronen zuzurechnen).

Eine Reihe von Borwasserstoffen (B_7H_{13}, B_8H_{18}, $B_{10}H_{16}$, Hydride mit mehr als 10 B-Atomen) bestehen aus zwei oder mehreren *nido*- bzw. *arachno*-Boranen, die über B—B-Bindungen verknüpft oder über gemeinsame B-Atome miteinander kondensiert sind. Man bezeichnet sie als ***conjuncto*-Borane**[20]. So stellt etwa B_8H_{18} ein Bis(tetraboranyl) B_4H_9—B_4H_9, $B_{10}H_{16}$ ein Bis(pentaboranyl) B_5H_8—B_5H_8, $B_{20}H_{26}$ ein Bis(decaboranyl) $B_{10}H_{13}$—$B_{10}H_{13}$, $B_{30}H_{38}$ ein Tris(decaboranyl) $B_{10}H_{13}$—$B_{10}H_{12}$—$B_{10}H_{13}$ und $B_{40}H_{50}$ ein Tetrakis(decaboranyl) $B_{10}H_{13}$—$B_{10}H_{12}$—$B_{10}H_{12}$—$B_{10}H_{13}$ dar[21], während B_7H_{13}, $B_{12}H_{16}$, $B_{13}H_{19}$, $B_{14}H_{18}$, $B_{14}H_{20}$, $B_{15}H_{23}$, $B_{16}H_{20}$ bzw. $B_{18}H_{22}$ (und wohl auch $B_{14}H_{22}$ und $B_{26}H_{36}$) aus zwei Boranmolekülen mit einem bzw. zwei gemeinsamen Boratomen bestehen[22]. Auch

[20] Von conjunctus (lat.) = verbunden.

[21] Im Falle von B_4H_9—B_4H_9 besteht eine 2,2′-Verknüpfung, im Falle von B_5H_8—B_5H_8 (3 Konstitutionsisomere) eine 1,1′-, 1,2′- bzw. 2,2′-Verknüpfung, im Falle von $B_{10}H_{13}$—$B_{10}H_{13}$ (11 Konstitutionsisomere, 4 davon bilden Enantiomerenpaare) eine Verknüpfung einer $B_{10}H_{13}$-Einheit in 1-, 2-, 5-, 6- bzw. 7-Stellung mit einer zweiten $B_{10}H_{13}$-Einheit in 1′-, 2′-, 5′-, 6′- bzw. 7′-Stellung (bezüglich der Stellungen vgl. Fig. 215).

[22]

conjuncto-Boran	enthaltene Grundborane	gemeinsame B-Atome der Grundborane (vgl. Fig. 215)	
$B_{12}H_{16}$	B_6H_{10}/B_8H_{12}	B(2)/B(5′) und B(3)/B(6′)	
$B_{13}H_{19}$	B_6H_{10}/nB_9H_{15}	B(4)/B(5′) und B(3)/B(9′)	
$B_{14}H_{18}$	$B_{10}H_{14}/B_6H_{10}$	B(5)/B(6′) und B(3)/B(4′)	(Bezügl. B-Numerierung vgl.
$B_{14}H_{20}$	B_8H_{12}/B_8H_{12}	B(3)/B(8′) und B(8)/B(3′)	Fig. 215, 216)
$B_{16}H_{20}$	$B_{10}H_{14}/B_8H_{12}$	B(5)/b(6′) und B(3)/B(8′)	
$B_{18}H_{22}$ (2 Isomere)	$B_{10}H_{14}/B_{10}H_{14}$	B(5)/B(6′) und B(6)/B(7′) sowie B(6)/B(7′) und B(7)/B(6′)	

Die Borane $B_{12}H_{16}$ bzw. $B_{15}H_{23}$ stellen formal Kondensationsprodukte von Hydriden mit B_8- und B_6- bzw. mit B_9- und B_7-Gerüst dar.

$B_{20}H_{16}$ läßt sich als *conjuncto*-Boran aus zwei, über ihre Käfigöffnungen miteinander verknüpften $B_{10}H_{14}$-Boranen (Fig. 215: B(1)—B(10) sowie B(11)—B(20)) beschreiben. *Grundkörper* der Borwasserstoffe sind somit die *nido*-Borane B_2H_6, B_5H_9, B_6H_{10}, B_8H_{12}, $B_{10}H_{14}$, die *arachno*-Borane B_4H_{10}, B_5H_{11}, B_6H_{12}, B_8H_{14}, B_9H_{15} und die *hypho*-Borane-B_8H_{16}, $B_{10}H_{18}$.

Bindungsverhältnisse[9]. Die Borwasserstoffe zählen zu den „*Elektronenmangel-Verbindungen*" („*electron deficient compounds*"), da in ihnen mehr Atome kovalent miteinander verknüpft sind, als Elektronenpaare vorhanden sind. Nach W. N. Lipscomb[10] lassen sich die Bindungsverhältnisse der Borane in einfacher Weise durch BH- und BB-Zweielektronen-Zweizentren- sowie BHB- und BBB-Zweielektronen-Dreizentrenbindungen (S. 129, 280) beschreiben, welche – im Sinne des auf S. 355 Besprochenen – *Molekülorbitale* bedingen, die an Stellen zwischen zwei Atomen (B und H bzw. B und B) oder *drei* Atomen (B, B und H bzw. B, B und B) *lokalisiert* sind. Die Zweizentrenbindungen resultieren aus der Kombination eines sp^3-Hybridorbitals eines Boratoms mit dem 1s-Orbital eines Wasserstoffatoms („*BH-Einfachbindung*") oder dem sp^3-Hybridorbital eines zweiten Boratoms („*BB-Einfachbindung*"):

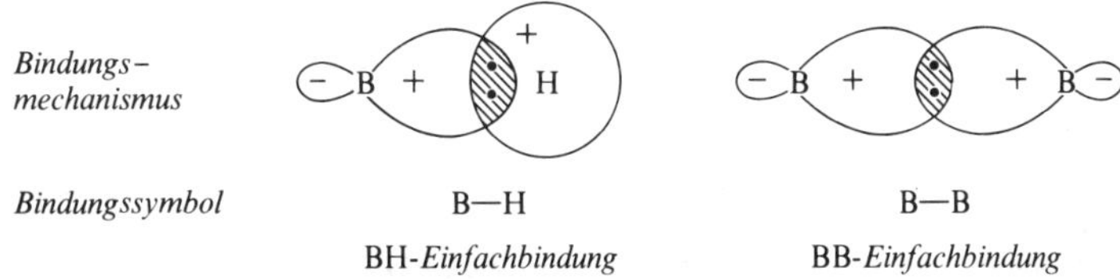

Die Dreizentrenbindungen gehen aus der Überlappung je eines sp^3-Hybridorbitals zweier Boratome untereinander und gleichzeitig mit dem 1s-Orbital eines Wasserstoffatoms („*BHB-Dreizentrenbindung*") bzw. mit einem sp^3-Hybridorbital eines dritten Boratoms („*geschlossene BBB-Dreizentrenbindung*") bzw. mit einem p-Atomorbital eines dritten Boratoms („*offene BBB-Dreizentrenbindung*") hervor[23]:

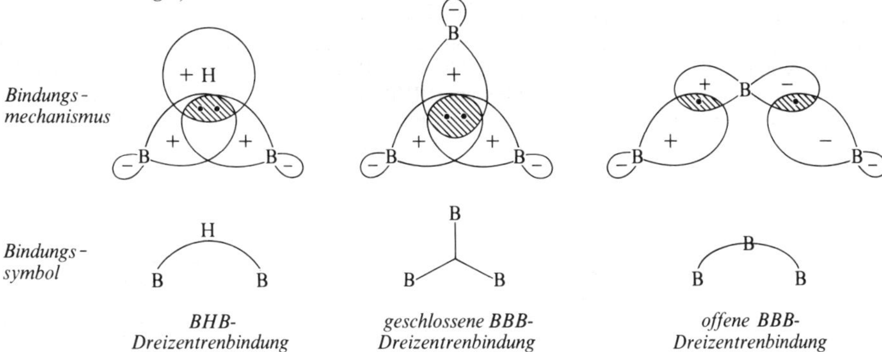

Mit den wiedergegebenen Bindungssymbolen für die BHB- und BBB-Dreizentrenbindungen ergeben sich etwa folgende, auf die Papierebene projizierte *Valenzstrichformeln*[24] für die Borwasserstoffe B_4H_{10}, B_5H_{11}, B_6H_{12}, B_5H_9, B_6H_{10} und $B_{10}H_{14}$.

23 Die Kombination von 3 Hybrid- und Atomorbitalen führt zu 3 Molekülorbitalen, nämlich einem energiearmen *bindenden* und je nach Symmetrie entweder einem *nicht bindenden* und einem energiereichen *antibindenden* oder *zwei antibindenden*. Das bindende Molekülorbital ist mit den beiden Bindungselektronen besetzt.

24 **Bindungsenergien.** Borane können nicht durch eine einzige Formel mit Zweielektronen-Zweizentren-Valenzstrichen wiedergegeben werden (vgl. z. B. S. 280). Im Sinne der auf S. 355 besprochenen Regel lassen sich demgemäß die delokalisierten Molekülorbitale der Borane nicht in Molekülorbitale transformieren, die nur zwischen jeweils zwei Atomen lokalisiert sind. Immerhin ist aber näherungsweise eine Lokalisierung der Boran-Molekülorbitale auf zwei oder drei Atome möglich. Eine Berechtigung für die Annahme eines Vorliegens lokalisierter Zwei- und Dreizentrenbindungen folgt u. a. aus der *Additivität der Bindungsenergien*. Letztere sind vergleichsweise hoch und betragen für die Zweizentrenbindungen BB 332 sowie BH 381 kJ/mol und für die Dreizentrenbindungen BBB 380 sowie BHB 441 kJ/mol (zum Vergleich CC: 345, CH: 416; BC: 372; HH 436 kJ/mol).

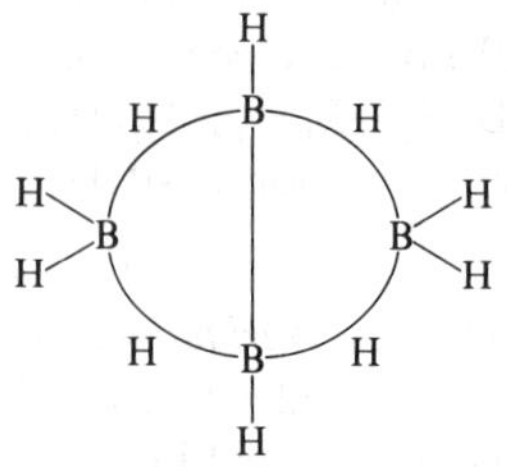

B_4H_{10} 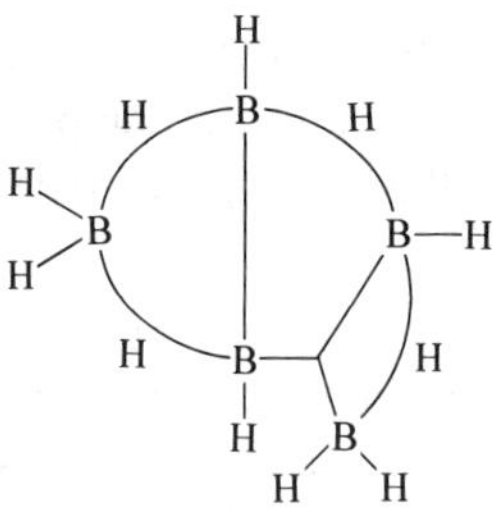 B_5H_{11} 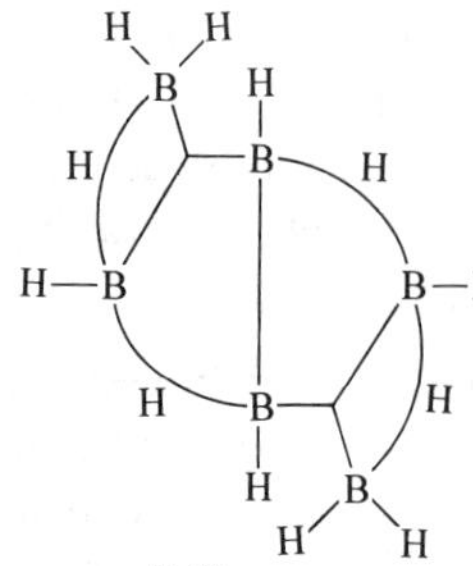 B_6H_{12}

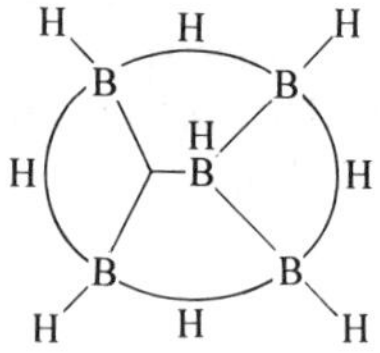

B_5H_9 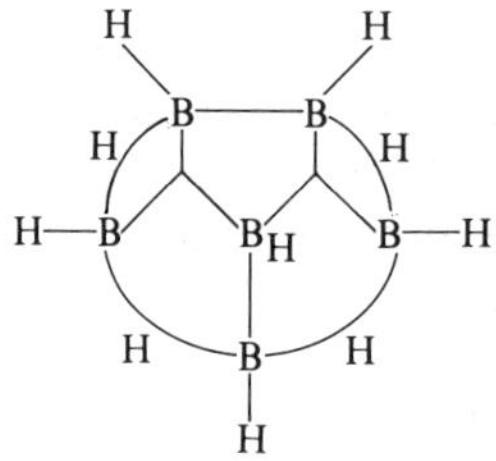 B_6H_{10} 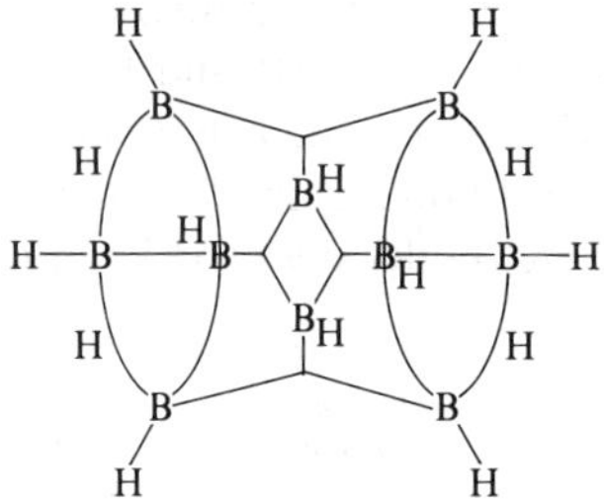 $B_{10}H_{14}$

Wie ersichtlich, setzt sich das *arachno*-B_4H_{10} aus den Boranen BH_3, H_2B—BH_2 und BH_3 zusammen, die über vier BHB-Dreizentrenbindungen so untereinander verknüpft sind, daß jedem H-Atom formal eine Helium- und jedem B-Atom eine Neonelektronenschale zukommt. Auch leiten sich *arachno*-B_5H_{12} und -B_6H_{12} von arachno-B_4H_{10} durch Ersatz von einem oder zwei (gegenüberliegenden) Brückenwasserstoffatomen durch BH_2-Gruppen ab (mit dem H/BH_2-Austausch nehmen H-Atome der BH_2-Gruppen in B_4H_{10} Bindungsbeziehungen zu den neu hinzugetretenen BH_2-Gruppen auf[25)]). Bei den übrigen Polyboranen ist ein Aufbau aus Grundboranen weniger leicht erkennbar.

Bei der Aufstellung der Boran-Valenzstrichformeln sind folgende Regeln zu beachten: 1. Von jedem Boratom müssen 4 Bindungen ausgehen (Oktettregel)[26)]. 2. Zwei Boratome dürfen nicht gleichzeitig über eine BB-Zweizentren- und eine BBB-Dreizentrenbindung verknüpft sein (a, b). Entsprechendes gilt für eine Kombination von offener und geschlossener BBB-Dreizentrenbindung (c) (möglich ist demgegenüber die Kombination zweier geschlossener BBB-Dreizentrenbindungen (f) bzw. zweier BHB-Dreizentrenbindungen (e) bzw. einer geschlossenen BBB-Dreizentrenbindung mit einer BHB-Dreizentrenbindung (g). 3. Offene BBB-Dreizentrenbindungen dürfen sich nicht überschneiden (d).

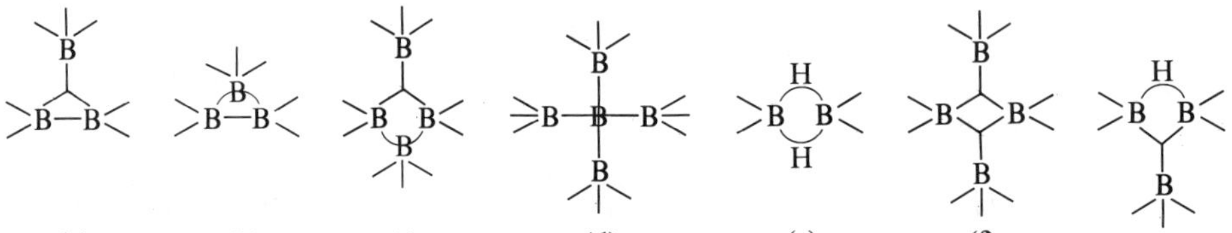

(a) (b) (c) (d) (e) (f) (g)

← unmöglich → ← möglich →

Aus der Möglichkeit oder Unmöglichkeit, eine geeignete Valenzstrichformel für ein Boran beliebiger Zusammensetzung unter Berücksichtigung der besprochenen Regeln aufzustellen, läßt sich auf die Existenz oder Nichtexistenz des betreffenden Borans schließen. Kann man für ein Boran eine geeignete

---

25 Der Übergang $B_4H_{10}/B_5H_{11}/B_6H_{12}$ ist mit einer Verlängerung der zentralen BB-Bindung (1.705/1.742/1.821 Å), einer Verkürzung der BHB-Abstände der zentralen B_4-Gruppe (1.856/1.821/1.699 Å) und einer Öffnung des zentralen B_4-Schmetterlings (Vergrößerung des BBBB-Diederwinkels: 117.1/138.9/167.4°) verbunden. Die BHB-Brücken sind teils symmetrisch, teils asymmetrisch (vgl. obige Figuren, BHB-Brücke links unten in B_5H_{11} bzw. links oben und rechts unten in B_6H_{12}).

26 Für das mittlere B-Atom einer offenen BBB-Dreizentrenbindung steht das Symbol B für *eine* Bindung.

Valenzstrichformel aufzeichnen, so spielt noch die „Spannung“ der einzelnen Bindungen eine wichtige Rolle hinsichtlich der *Verbindungsstabilität*. So erniedrigt sich etwa die Stabilität in der Reihe der Borane B_2H_6, B_4H_{10}, B_3H_9, da sich der BHB-Winkel in gleicher Richtung vom Idealwert (80° wie in B_2H_6) zunehmend entfernt. B_4H_{10} zersetzt sich infolgedessen zum Unterschied von B_2H_6 bereits bei Raumtemperatur, während B_3H_9 selbst bei tiefen Temperaturen nicht isolierbar ist. Analoges wie für B_3H_9 gilt für die Borane B_3H_7 und B_4H_8, in welchen Boratome gleichzeitig über BHB- und geschlossene BBB-Dreizentrenbindungen verknüpft sind, was zwar erlaubt ist, aber zu „Bindungsspannungen“ führt:

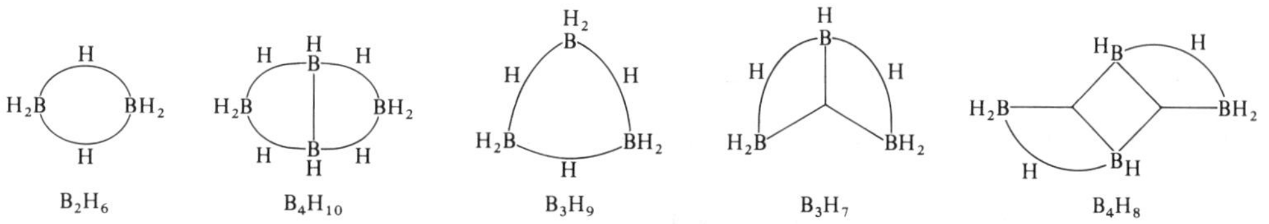

B_2H_6 B_4H_{10} B_3H_9 B_3H_7 B_4H_8

Eine Reihe von Boranen wie etwa B_5H_9 oder B_5H_{11} läßt sich durch mehrere Valenzstrichformeln beschreiben. Diese sind dann als *Grenzformeln* – ähnlich wie etwa die beiden möglichen Formeln des Ozons (O=O—O und O—O=O) – zu einer *Mesomerieformel* zusammenzufassen, z. B.:[27)]

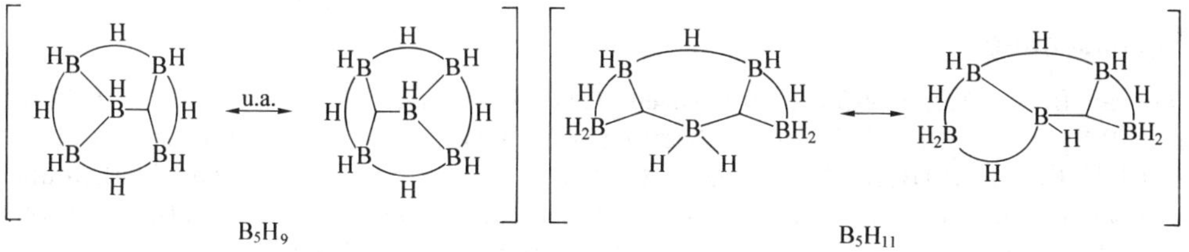

B_5H_9 B_5H_{11}

Die Anzahl der möglichen Grenzformeln für ein bestimmtes Boran (bzw. auch Boranat) nimmt mit der Zahl der Boratome und insbesondere mit der Symmetrie des Borhydrids rasch zu und beträgt etwa für $B_{10}H_{14}$ bereits 24 und für $B_{12}H_{12}^{2-}$ sogar 70. In letzterem Falle beschreibt man die Bindungsverhältnisse des Borwasserstoff-Moleküls vorteilhafter durch delokalisierte Molekülorbitale (vgl. Spezialliteratur, Anm.[9)]).

Die Atome der neutralen Borwasserstoffe tragen reale *Ladungen* zwischen ca. +0.1 bis −0.1. Endständige H-Atome sind stets negativ, brückenständige H-Atome dagegen schwach positiv geladen. Letztere lassen sich infolgedessen häufig durch Basen abspalten. Unter den B-Atomen sind solche, die von vielen B-Atomen umgeben sind (insbesondere die apicalen)[28)], negativ, die übrigen meist positiv polarisiert.

Nachfolgend wird zunächst das *Diboran* behandelt. Es schließt sich die Besprechung der *Polyborane* sowie der *Heteroborane* (Carbaborane usw.) an.

1.2.2 Diboran(6) B_2H_6[2, 9)]

Darstellung

Das Anfangsglied B_2H_6 der Borane entsteht mit nahezu quantitativer Ausbeute durch Hydridolyse bei der Umsetzung von BCl_3 mit etherischer $LiAlH_4$-Lösung (S. 1072) sowie beim Eintropfen von $BF_3 \cdot OEt_2$ in eine Lösung von $NaBH_4$ (S. 1010) in Diglym:

$$4BCl_3 + 3LiAlH_4 \rightarrow 2(BH_3)_2 + 3LiAlCl_4,$$
$$4BF_3 + 3NaBH_4 \rightarrow 2(BH_3)_2 + 3NaBF_4.$$

[27] Man spricht von „*Resonanz*“-Formeln, wenn die betreffenden Grenzformeln durch Drehung des Moleküls ineinander übergeführt werden können (z. B. B_5H_9), von „*Äquivalent*“-Formeln, wenn dies nicht möglich ist (z. B. B_5H_{11}).

[28] Zum Beispiel B(1) in B_5H_9, B_5H_{11} und B_6H_{10}, B(1) bis B(4) in $B_{10}H_{14}$.

Für die *technische* Gewinnung von Diboran eignet sich die Hydridolyse *von Bortrifluorid* mit *Natriumhydrid* bei 180 °C:

$$2BF_3(g) + 6NaH(f) \rightarrow (BH_3)_2(g) + 6NaF(f).$$

Besonders einfach läßt sich B_2H_6 im *Laboratorium* durch Protolyse von Boranaten BH_4^- mit nichtoxidierenden Säuren gewinnen (S. 1010); in entsprechender Weise zersetzt Iod BH_4^- zu B_2H_6:

$$2BH_4^- + 2H^+ \rightarrow (BH_3)_2 + 2H_2 \quad \text{oder} \quad 2BH_4^- + I_2 \rightarrow (BH_3)_2 + 2I^- + H_2.$$

Diboran entsteht als endotherme Verbindung erst bei höheren Temperaturen aus den Elementen (Hydrogenolyse):

$$36\,kJ + 2B_{\beta\text{-rhomboedrisch}} + 3H_2 \rightarrow B_2H_6.$$

Die oberhalb 800 °C beginnende B_2H_6-Bildung (Reaktionszwischenprodukt: BH_3) verläuft aber selbst bei 1000 °C noch sehr langsam (ca. 0.06 ml B_2H_6 pro Stunde aus 50 mg Borpulver). Demgegenüber erhält man B_2H_6 mit 30 %iger Ausbeute bei der Umsetzung von BBr_3 und H_2 in einer elektrischen Glimmentladung:

$$2BBr_3 + 6H_2 \rightarrow (BH_3)_2 + 6HBr.$$

Eigenschaften

Diboran B_2H_6 ($\Delta H_f = +36$ kJ/mol) ist ein *farbloses*, *giftiges* Gas (MAK-Wert = 0.1 mg/m³ ≙ 0.1 ppm), welches bei −92.49 °C zu einer farblosen Flüssigkeit kondensiert und bei −164.85 °C erstarrt (B_2D_6: Sdp. −93.35 °C). Das Hydrid riecht eigentümlich widerlich und verursacht, eingeatmet, Kopfschmerzen und Übelkeit. Bezüglich der Molekülstruktur vgl. Fig. 215, S. 996. Unter den Umsetzungen des *hydrolyseempfindlichen* und an der Luft *entzündlichen* Diborans B_2H_6, dessen chemisches Verhalten zum Teil durch die Eigenschaften des der Verbindung zugrundeliegenden Monoborans bedingt werden, seien nachfolgend die *Thermolyse*, *Spaltungsreaktionen*, *Substitutionsreaktionen*, die *Hydroborierung* und *Redoxreaktionen* besprochen.

Thermolyse. Thermolyseablauf. Gasförmiges Diboran ist unter *normalem* Druck bis ca. 50 °C metastabil und zersetzt sich oberhalb dieser Temperatur im wesentlichen zu H_2, B_4H_{10}, B_5H_9, B_5H_{11}, $B_{10}H_{14}$ sowie höhermolekularen, festen, gelben Borwasserstoffen $(BH_{\approx 1})_x$. Untergeordnet bilden sich zudem B_6H_{10}, B_6H_{12}, B_8H_{12} und B_9H_{15}. Unter besonderen Reaktionsbedingungen läßt sich die B_2H_6-Pyrolyse so leiten, daß wahlweise eines dieser Hydride als Hauptprodukt entsteht oder daß sich zusätzlich weitere Borwasserstoffe bilden.

Bei *Raumtemperatur* liegt praktisch kein *Monoboran* BH_3 im Gleichgewicht mit Diboran B_2H_6 vor. Und selbst bei *erhöhter Temperatur* (200–300 °C) sowie *stark vermindertem Druck* spaltet B_2H_6 nur zu einem äußerst geringen Bruchteil in BH_3 auf[29]. Oberhalb 300 °C beobachtet man langsame, oberhalb 400 °C rasche Zersetzung des Borans in die Elemente[30]:

$$164\,kJ + B_2H_6 \rightleftarrows 2BH_3; \qquad BH_3 \rightleftarrows \tfrac{1}{x}B_x + \tfrac{3}{2}H_2 + 100\,kJ.$$

Thermolysemechanismus. Im Zuge der Thermolyse von gasförmigem Diboran(6) B_2H_6 entsteht – falls der B_2H_6-Druck nicht verschwindend klein ist (s. o.) – zunächst nach (1) thermolabiles Tetraboran(10) B_4H_{10}, das sich in Anwesenheit von B_2H_6 nach (2) rasch in – seinerseits weiter thermolysierendes – Pentaboran(11) B_5H_{11} verwandelt:

---

[29] Der Partialdruck von BH_3 beträgt bei 10^{-2} mbar nur 10^{-7} mbar (300 °C). Etwas höhere Partialdrücke (bis zu 10^{-2} mbar) des *planar* gebauten Monoborans BH_3 lassen sich dadurch erzeugen, daß man die Boranaddukte $BH_3 \cdot CO$ bzw. $BH_3 \cdot PF_3$ (S. 1004) gasförmig bei niedrigen Drücken durch erhitzte Röhren leitet.

[30] Man *nutzt* die *pyrolytische Zersetzung* von verdünntem, gasförmigem Diboran bei 600–800 °C zur Gewinnung von reinem Bor (Abscheidung an Ta-, W- bzw. BN-Oberflächen) bzw. zur Herstellung von Borfilmen auf festen Oberflächen bzw. zur Dotierung von Halbleitermaterial.

$$2B_2H_6 \rightleftarrows B_4H_{10} + H_2 + 14\,kJ \quad \text{(Reaktionsord. 1.5; } E_a \text{ ca. 100 kJ/mol)}, \tag{1}$$

$$B_4H_{10} + \tfrac{1}{2}B_2H_6 \rightleftarrows B_5H_{11} + H_2 + \;9\,kJ \quad \text{(Reaktionsord. 1; } E_a \text{ ca. 100 kJ/mol)}. \tag{2}$$

Der *Zerfall von Diboran(6) unter Bildung von Tetraboran(10)* wird hierbei durch die Umwandlung von $B_2H_6 = (BH_3)_2$ in nicht isolierbares $\{B_3H_9\} = (BH_3)_3$ eingeleitet ($\{BH_3\}$ als Reaktionszwischenprodukt), welches auf dem Wege über ebenfalls nicht isolierbares $\{B_3H_7\}$ in B_4H_{10} übergeht:

$$\tfrac{1}{2}B_2H_6 \rightleftarrows \{BH_3\} \xrightleftharpoons{\pm B_2H_6} \{B_3H_9\} \xrightleftharpoons{\mp H_2} \{B_3H_7\} \xrightleftharpoons[\mp\{BH_3\}]{\pm B_2H_6} \mathbf{B_4H_{10}}. \tag{3}$$

Den geschwindigkeitsbestimmenden Schritt stellt die *Wasserstoffabspaltung* aus B_3H_9 oder – nach neueren Ergebnissen – der *konzertiert verlaufende Übergang* $\{BH_3\} + B_2H_6 \rightleftarrows \{B_3H_7\} + H_2$ dar[31]. Wegen der Reversibilität aller Teilreaktionen (3) vermindert sich die Geschwindigkeit des Zerfalls (1) in Anwesenheit von Wasserstoff; auch verwandelt sich B_4H_{10} in Anwesenheit eines überaus großen Wasserstoffüberschusses unter Umkehrung von (1) in B_2H_6.

Wesentlich rascher als die Abspaltung von Monoboran aus B_4H_{10} (Bildung von $\{B_3H_7\}$) erfolgt eine *Eliminierung von Wasserstoff*. Das hierbei gebildete, nicht isolierbare $\{B_4H_8\}$ reagiert mit überschüssigem B_2H_6 rasch unter *Bildung von Pentaboran(11)* B_5H_{11}. Somit wickelt sich der *Zerfall von Tetraboran(10) in B_2H_6-Anwesenheit* (Summengleichung (2)) in zwei Teilschritten ab (bezüglich des B_4H_{10}-Zerfalls in B_2H_6-Abwesenheit vgl. S. 1013):

$$B_4H_{10} \xrightleftharpoons{\mp H_2} \{B_4H_8\} \xrightleftharpoons[\mp\{BH_3\}]{\pm B_2H_6} \mathbf{B_5H_{11}}. \tag{4}$$

Wieder sind die einzelnen Reaktionsschritte (4) reversibel. Demgemäß lassen sich durch leichtes Erwärmen gasförmiger B_4H_{10}/D_2-Gemische in Abwesenheit von B_2H_6 die B_4H_{10}-Wasserstoffatome sukzessive durch Deuterium ersetzen: $B_4H_{10} \rightarrow \{B_4H_8\} + H_2$; $\{B_4H_8\} + D_2 \rightarrow B_4H_8D_2$ usw. Auch vermindert sich die Geschwindigkeit des Zerfalls (2) in Anwesenheit von Wasserstoff, und es entsteht aus B_5H_{11} bei großem Wasserstoffüberschuß unter Umkehrung der Reaktionen (2) und (1) B_2H_6 (zwischenzeitliche Bildung von B_4H_{10}).

Im Zuge des weiteren Zerfalls von Pentaboran(11) B_5H_{11} in Anwesenheit von B_2H_4 und B_4H_{10} (aus B_2H_6-Thermolyse) entstehen die erwähnten höhermolekularen, nichtflüchtigen Borwasserstoffe sowie darüber hinaus die thermostabilen Borane B_5H_9 und $B_{10}H_{14}$ (zwischenzeitlich wohl auch B_6H_{10} und B_6H_{12}). Den geschwindigkeitsbestimmenden Schritt aller Folgereaktionen des Pentaborans B_5H_{11} stellt die *Abspaltung von Monoboran* $\{BH_3\}$ dar (Rückreaktion von (4)). Gebildetes $\{B_4H_8\}$ reagiert dann mit sich selbst bzw. anderen Boranteilchen in verwickelter Weise zu den erwähnten nichtflüchtigen und flüchtigen Boranen. So erfolgt die *Bildung von Pentaboran(9)* B_5H_9 aus B_5H_{11} nicht direkt durch H_2-Eliminierung ($B_5H_{11} \rightarrow B_5H_9 + H_2$), sondern in mehreren Schritten unter gleichzeitiger Bildung von B_2H_6[32]:

$$3B_5H_{11} \rightarrow 2\mathbf{B_5H_9} + 2\tfrac{1}{2}B_2H_6 \quad \text{(Reaktionsord. 1; } E_a \text{ ca. 75 kJ/mol)}. \tag{5}$$

Einzelheiten des Mechanismus der *Bildung von Hexaboran(10)* B_6H_{10} und *Hexaboran(12)* B_6H_{12} sind noch unbekannt. Der *Zerfall von Hexaboran(10)* B_6H_{10} in Anwesenheit von B_2H_6, B_4H_{10}, B_5H_{11} (letztere Borane aus der B_2H_6-Thermolyse; B_5H_9 hat keinen Einfluß auf die B_6H_{10}-Thermolyse) führt vielstufig zur *Bildung von Decaboran(14)* $B_{10}H_{14}$, der *Zerfall von Hexaboran(12)* B_6H_{12} unter Eliminierung von $\{BH_3\}$ zum bereits erwähnten Pentaboran(9) B_5H_9:

$$B_6H_{10} + 2B_2H_6 \rightarrow \mathbf{B_{10}H_{14}} + 4H_2 \quad \text{(Reaktionsord. 1.5; } E_a \text{ ca. 100 kJ/mol)}; \tag{6}$$

$$B_6H_{12} \rightarrow \mathbf{B_5H_9} + \{BH_3\} \quad \text{(Reaktionsord. 1; } E_a \text{ ca. 75 kJ/mol)}. \tag{7}$$

Der geschwindigkeitsbestimmende Schritt zum Decaboran $B_{10}H_{14}$ ist die Bildung des instabilen Triborans $\{B_3H_7\}$ aus B_2H_6 bzw. des instabilen Tetraborans $\{B_4H_8\}$ aus B_4H_{10} oder B_5H_{11} (vgl. (3) sowie (4) bezüglich der Bildung des Tri- und Tetraborans und (1), (2) sowie (5) bezüglich der Reaktionsordnungen und Aktivierungsenergien). Beide Teilchen reagieren mit B_6H_{10} unter Bildung des *Nonaborans(15)* n-B_9H_{15}, das sich unter Eliminierung von $\{BH_3\}$ und *Bildung des Octaborans(12)* B_8H_{12} zersetzt[33]: B_6H_{10}

---

[31] Der postulierte Mechanismus führt in Übereinstimmung mit dem Experiment zu einem (über weite Druck- und Temperaturbereiche gültigen) Geschwindigkeitsgesetz: $-dc_{B_2H_6} = RG_{\rightarrow} = k'c_{BH_3}c_{B_2H_6} = K \cdot k' \cdot c^{3/2}_{B_2H_6} = kc^{3/2}_{B_2H_6}$ mit K = Konstante des Gleichgewichts $\tfrac{1}{2}B_2H_6 \rightleftarrows BH_3$; $K = c_{BH_3}/c^{1/2}_{B_2H_6}$. Demgemäß nimmt RG mit sinkendem Diboran-Druck ab, weshalb B_2H_6 bei niedrigen Drücken bis auf 300 °C ohne Umwandlung in Polyborane erhitzt werden kann (s. o.).

[32] Einzelschritte u.a.: $B_5H_{11} \rightleftarrows \{B_4H_8\} + \{BH_3\}$; $2\{B_4H_8\} \rightarrow B_5H_9 + \{B_3H_7\}$; $\{B_3H_7\} + \{B_4H_8\} \rightarrow B_5H_9 + B_2H_6$.

[33] In Abwesenheit der Borane B_2H_6, B_4H_{10} und B_5H_{11} ist B_6H_{10} stabiler und thermolysiert hauptsächlich auf radikalischem Wege unter Bildung von polymeren Boranen.

$+ \{B_3H_7\} \rightarrow B_9H_{15} + H_2$; $B_6H_{10} + \{B_4H_8\} \rightarrow B_9H_{15} + \{BH_3\}$; $B_9H_{15} \rightleftarrows B_8H_{12} + \{BH_3\}$ (B_9H_{15} ist erstes Hauptprodukt der B_6H_{10}/B_4H_{10}-Cothermolyse). Durch Einwirkung von $\{B_3H_7\}$ geht B_8H_{12} letztendlich in $B_{10}H_{14}$ über: $B_8H_{12} + \{B_3H_7\} \rightarrow \{B_9H_{13}\} + B_2H_6$; $\{B_9H_{13}\} + \{B_3H_7\} \rightarrow B_{10}H_{14} + B_2H_6$.

Spaltungsreaktionen. Als koordinativ ungesättigte Teilchen streben die Boran-Moleküle BH_3 wie die Moleküle der Borhalogenide BX_3 danach, durch Anlagerung anderer Moleküle die Koordinationszahl 4 zu erreichen. Hierfür stehen zwei Wege zur Verfügung, je nachdem der Reaktionspartner freie Elektronenpaare oder Elektronenlücken aufweist.

Elektronenpaardonatoren. Im Falle der Einwirkung von Donatoren :D (Lewis-Basen, z.B. Verbindungen der V., VI. und VII. Gruppe des Periodensystems wie $:NR_3$, $:OR_2$, $:F^-$ sowie auch Hyrid $:H^-$) erfolgt die Anlagerung unter Ausbildung einer *kovalenten* (koordinativen) *Bindung*:

$$\mathrm{BH_3} + \mathrm{:D} \longrightarrow \mathrm{H_3B{\leftarrow}D}$$

indem das freie Elektronenpaar des Reaktionspartners das Elektronensextett des Monoborans zu einer Achterschale ergänzt. Diesem Anlagerungsmechanismus entspricht z.B. die Verbindung $BH_3{\leftarrow}NH_3$ („*Ammin-boran*"), die sich u.a. beim Einleiten von gasförmigem *Ammoniak* in eine Lösung von *Diboran* in *n*-Hexan bei $-44\,°C$ unter „*symmetrischer Spaltung*" des Diborans als farblose Festsubstanz bildet[34] (vgl. S. 1047):

$$\mathrm{H_2B(\mu\text{-}H)_2BH_2} + 2\,\mathrm{NH_3} \xrightarrow[\text{Spaltung}]{\text{symmetrische}} 2\,\mathrm{H_3B{\leftarrow}NH_3}$$

In entsprechender Weise wie mit NH_3 setzt sich B_2H_6 etwa mit Trimethylamin NMe_3, Pyridin C_5H_5N, Phosphan PH_3, Trifluorphosphan PF_3, Dimethylether Me_2O, Dimethylsulfan Me_2S oder Hydrid H^- zu *farblosen Addukten* $BH_3{\leftarrow}NMe_3$ (Festsubstanz) $BH_3{\leftarrow}NC_5H_5$ (Flüssigkeit), $BH_3{\leftarrow}NCMe$ (Festsubstanz), $BH_3{\leftarrow}PH_3$ (Flüssigkeit bei 37 °C)[35], $BH_3{\leftarrow}PF_3$ (Festsubstanz), $BH_3{\leftarrow}OMe_2$ (nur bei tiefen Temperaturen beständig; Smp. ~ −60 °C), $BH_3{\leftarrow}SMe_2$ (Flüssigkeit, Smp. −39 °C, Sdp. +97 °C) oder BH_4^- (z.B. in Form der Alkalimetallsalze). Auch *Kohlenmonoxid* reagiert mit Diboran zu einem Addukt $BH_3 \leftarrow CO$ („*Kohlenmonoxidboran*"; Smp. −137 °C, Sdp. −64 °C, BC-Abstand 1.54 Å, BC-Dissoziationsenergie ca. 92 kJ/mol), das bei 100 °C und einem Druck von 200 mbar zu 95% in B_2H_6 und CO gespalten vorliegt[36]. Die Beständigkeit der als Lewis-Säure-Base-Addukte zu klassifizierenden Verbindungen hinsichtlich einer Spaltung in Diboran und Donormolekül wächst in der Reihe der Elektronendonatoren $PF_3 < CO < Et_2O < Me_2O < Me_2S < C_5H_5N < NMe_3 < H^-$ (vgl. hierzu harte und weiche Säuren und Basen, S. 245).

Die Umsetzung von Ammoniak mit Diboran in Hexan erfolgt nur zum Teil unter symmetrischer B_2H_6-Spaltung in der oben wiedergegebenen Weise. Darüber hinaus wird B_2H_6 auch unter „*asymmetrischer Spaltung*" in die farblose Verbindung $[BH_2(NH_3)_2]^+[BH_4]^-$ („*Diammin-boronium-boranat*"; BN-Abstand 1.57 Å) umgewandelt[34, 37]:

---

[34] Die Ausbeute an $BH_3 \cdot NH_3$ beträgt 23% neben 77% $[BH_2(NH_3)_2][BH_4]$. In höheren Ausbeuten entsteht $BH_3 \cdot NH_3$ beim Einleiten von *Ammoniak* in eine B_2H_6-Tetrahydrofuranlösung, oder durch Umsetzen von *Lithiumboranat* $LiBH_4$ mit *Ammoniumsulfat* $(NH_4)_2SO_4$ in Ether: $2\,LiBH_4 + (NH_4)_2SO_4 \rightarrow 2\{NH_4^+BH_4^-\} + Li_2SO_4 \rightarrow 2\,BH_3 \cdot NH_3 + H_2 + Li_2SO_4$. Das Salz $[BH_2(NH_3)_2][BH_4]$ entsteht aus B_2H_6 und NH_3 bei −96 °C in quantitativer Ausbeute.

[35] Bei der Einwirkung von $LiBH_4$ auf $BH_3 \cdot PH_3$ entsteht unter H_2-Entwicklung ein Salz $Li_3[P(BH_3)_4]$, das isoelektronisch mit $Li_3[PO_4]$ ist und in dem vier BH_3-Gruppen an die vier freien Elektronenpaare eines Phosphid-Ions P^{3-} angelagert sind.

[36] H_3BCO ist isoelektronisch mit CO_2 (da BH_3 isoelektronisch mit O) und reagiert entsprechend letzterem mit CaO unter Bildung eines „Carbonats" $Ca[H_3BCO_2]$, aus dem mit Säuren wieder $H_3B \leftarrow CO$ in Freiheit gesetzt wird. Mit NH_3 reagiert es analog CO_2 (Bildung eines Ammoniumcarbaminats NH_4^+ $[H_2N{-}CO{-}O]^-$) unter Bildung eines analogen Addukts NH_4^+ $[H_2N{-}CO{-}BH_3]^-$.

[37] Das BH_2^+-Kation besitzt nur ein Elektronenquartett und ist daher instabil. Es stabilisiert sich durch Anlagerung zweier Donormoleküle, wodurch es eine Achterschale erreicht.

$$\mathrm{H_2B(\mu\text{-}H)_2BH_2} + 2\,NH_3 \xrightarrow[\text{Spaltung}]{\text{asymmetrische}} [H_2B(NH_3)_2]^+ \; [BH_4]^-$$

Beim Behandeln mit Ether wandelt sich $[BH_2(NH_3)_2]^+$ $[BH_4]^-$ in Anwesenheit von Spuren B_2H_6 langsam in $BH_3 \cdot NH_3$ um. Die asymmetrische Spaltung des Diborans läßt sich auch mit anderen Basen (z. B. $MeNH_2$, Me_2NH, H_2O, Me_2SO) erzwingen. Das aus dem Tieftemperaturkondensat ($-200\,°C$) von gasförmigem B_2H_6 und H_2O (Überschuß) beim Erwärmen auf $-130\,°C$ erhältliche Addukt $[BH_2(H_2O)_2]^+[BH_4]^-$ zersetzt sich allerdings unter Mitwirkung von Wasser bereits bei $-110\,°C$[38]:

$$[BH_2(H_2O)_2][BH_4] + 4\,H_2O \rightarrow 2\,B(OH)_3 + 6\,H_2.$$

Der *erste Schritt* der Umsetzung von Diboran mit Elektronendonatoren besteht in einer *nucleophilen Verdrängung* eines Brückenwasserstoffs vom Bor durch den Donator D:

$$D\colon + \mathrm{H_2B(\mu\text{-}H)_2BH_2} \longrightarrow D{\rightarrow}BH_2(\mu\text{-}H)BH_3.$$

Unter besonderen Reaktionsbedingungen lassen sich die hierbei gebildeten *Diboran-Addukte* $D \cdot B_2H_6$ nachweisen. So ist etwa das **Heptahydrido-diborat $B_2H_7^-$** ($D = H^-$) in Form von Salzen wie $[Ph_3PNPPh_3]^+$ $B_2H_7^-$ isolierbar (BHB-Winkel in $H_3BHBH_3^-$ 127°; gestaffelte Konformation der H-Atome der BH_3-Gruppen; $\approx C_s$-Symmetrie). Im *weiteren Reaktionsverlauf* greift dann der Donator entweder am gleichen Boratom nochmals (a) oder am anderen Boratom erstmals (b) unter Verdrängung auch des zweiten Brückenwasserstoffatoms an:

$$[D{\rightarrow}BH_2{\leftarrow}D]^+\,[H{-}BH_2{-}H]^- \xleftarrow[\text{(a)}]{D\colon} D{\rightarrow}BH_2(\mu\text{-}H)BH_3 \xrightarrow[\text{(b)}]{\colon D} D{\rightarrow}BH_2{-}H + H{-}BH_2{\leftarrow}D.$$

Weniger sperrige Moleküle D (NH_3, H_2O), reagieren bevorzugt gemäß (a), sperrigere (NR_3, OR_2) gemäß (b) mit B_2H_6. Bezüglich des aus B_2H_6 und H^- gebildeten, tetraedrisch gebauten **Tetrahydridoborats BH_4^-** vgl. S. 1009.

Elektronenpaarakzeptoren. Besitzt der Reaktionspartner keine freien Elektronenpaare, sondern umgekehrt Elektronenlücken (Einwirkungen von Verbindungen z. B. der III. und II. Hauptgruppe wie AlH_3, MgH_2), so erfolgt die gegenseitige Bindung des Monoborans mit dem Reaktanden wie bei der Vereinigung zweier BH_3-Moleküle durch *Brückenbindungen*, z. B.:

$$AlH_3 + 3\,BH_3 \longrightarrow Al\big((\mu\text{-}H)_2BH_2\big)_3$$

(Näheres vgl. S. 1009).

Substitutionsreaktionen. Auch die Substitutionsreaktionen des Borans verlaufen auf dem Wege über die vorstehend beschriebenen Additionsverbindungen, indem die primär gebildeten Addukte mit Elektronenpaardonatoren bzw. -akzeptoren sekundär unter Bildung von Substitutionsverbindungen des Monoborans zersetzt werden, die erneut in Reaktion treten können.

[38] Das Addukt $BH_3 \cdot H_2O$ konnte ebenso wie das Addukt $BH_3 \cdot H_2S$ bisher nicht isoliert werden.

Elektronenpaardonatoren. Die Einwirkung von Wasserstoffverbindungen mit freien Elektronenpaaren (z. B. NH_3, NH_2R, NHR_2 H_2O, HOR, HCl) erfolgt somit gemäß dem Schema:

$$\begin{array}{c}H\\|\\H{-}B\\|\\H\end{array} + \begin{array}{c}:X\\|\\H\end{array} \xrightarrow{(a)} \begin{array}{c}H\\|\\H{-}B{\leftarrow}X\\|\quad|\\H\quad H\end{array} \xrightarrow{(b)} \begin{array}{c}H\\|\\H{-}B{-}\ddot{X}\end{array} + H{-}H,$$

wobei über abwechselnde Additions- und Substitutionsschritte hinweg unter Wasserstoffentwicklung[39] letztlich ein Übergang des Borans BH_3 in ein trisubstituiertes Derivat BX_3 (X = NH_2, NHR, NR_2, OH, OR, Cl) stattfindet:

$$BH_3 \xrightarrow[-H_2]{+HX} BH_2X \xrightarrow[-H_2]{+HX} BHX_2 \xrightarrow[-H_2]{+HX} BX_3.$$

Die *Anlagerungsfreudigkeit* (Teilreaktion (a)) der Elementwasserstoffe nimmt von der VII. zur V. Gruppe des Periodensystems, also etwa vom Chlorwasserstoff HCl zum Ammoniak NH_3 hin zu. Die *Neigung zur Wasserstoffabspaltung* (Teilreaktion (b)) steigt in umgekehrter Richtung, also etwa vom Ammoniak zum Chlorwasserstoff hin. Dementsprechend zeigt das Diboran gegenüber *Wasser* ein Maximum an Zersetzlichkeit (leichte H_2O-Anlagerung, leichte H_2-Abspaltung), so daß hier die Zwischenverbindungen der Reaktionsreihe unter normalen Bedingungen nicht faßbar sind und eine schnelle *Hydrolyse* bei Raumtemperatur zu Borsäure $B(OH)_3$ und H_2 erfolgt:

$$B_2H_6 + 6\,H_2O \rightarrow 2\,B(OH)_3(aq) + 6\,H_2 + 466.7\,kJ.$$

Demgegenüber bleibt die Reaktion mit *Methylamin* (große $MeNH_2$-Anlagerungs-, geringe H_2-Abspaltungsneigung) bei Raumtemperatur bei der Anlagerungsstufe $BH_3 \cdot NH_2Me$ stehen und läßt sich erst bei erhöhter Temperatur weiterführen, während beim *Chlorwasserstoff* (geringe HCl-Anlagerungs-, große H_2-Abspaltungsneigung) die Umsetzung bei Raumtemperatur nur sehr langsam erfolgt und sofort zu den Substitutionsprodukten führt, ohne daß vorausgegangene Additionsverbindungen nachweisbar wären. Innerhalb einer Gruppe von Elementwasserstoffen nimmt die Substitutionsgeschwindigkeit ab. So setzt sich etwa H_2S bei Raumtemperatur nur sehr langsam mit B_2H_6 unter Wasserstoffentwicklung um.

Die bei Vermeidung eines HX-Überschusses gewinnbaren Substitutionsglieder BH_2X und BHX_2 zeigen in der Richtung von den Amin- zu den Halogen- und von den Di- zu den Mono-Derivaten hin eine zunehmende Neigung zur *Symmetrisierung* nach:

$$3\,BH_2X \rightleftarrows (BH_3)_2 + BX_3 \quad \text{und} \quad 3\,BHX_2 \rightleftarrows \tfrac{1}{2}(BH_3)_2 + 2\,BX_3.$$

So sind beispielsweise *Stickstoffverbindungen* $BH_2(NR_2)$ (dimer) und $BH(NR_2)_2$ (monomer) beständig, während eine Reindarstellung der entsprechenden *Chlorverbindungen* wegen der Symmetrisierungsneigung im Falle von BH_2Cl (dimer) nicht möglich und im Falle von $BHCl_2$ (monomer)[40] schwierig ist und die *Sauerstoffverbindungen* $BH_2(OR)$ und $BH(OR)_2$ (monomer) eine Mittelstellung einnehmen, indem sie zwar isolierbar sind, aber leicht in $(BH_3)_2$ und $B(OR)_3$ übergehen[41].

Beständiger als die – bisher nicht isolierten – Halogenide $(BH_2X)_2$ sind die Kombinationen $BH_3 \cdot BH_2X$[40], die sich bei der Umsetzung von B_2H_6 mit Halogenwasserstoff HX zunächst bilden:

---

[39] Die Bildung molekularen Wasserstoffs beruht auf einer Vereinigung des negativen Wasserstoffs an B mit dem positiven Wasserstoff an X.

[40] Bisher wurden folgende **teilhalogenierte Borane** BHX_2, BH_2X und B_2H_5X dargestellt bzw. nachgewiesen (bezüglich BX_3 vgl. S. 1028): BHF_2 (Sdp. −118 °C), $BHCl_2$ (Sdp. 0.2 °C), $BHBr_2$ (starke Symmetrisierungsneigung), BHI_2 (noch unsicher), BH_2Cl (instabiles Reaktionszwischenprodukt der Umsetzung von B_2H_6 + HCl), B_2H_5F (instabiles Zwischenprodukt der Umsetzung von B_2H_6 + HF), B_2H_5Cl (Smp. −143.4 °C; Sdp. −78.5 °C bei 18 mbar), B_2H_5Br (Smp. −104 °C, Sdp. 10 °C), B_2H_5I (Smp. −110 °C).

[41] Wird die Elektronenlücke des Boratoms in den Verbindungen BH_2X und BHX_2 durch Anlagerung von Ether oder Amin aufgefüllt, so erlischt die Neigung zur Disproportionierung.

$$H_2B(\mu\text{-}H)_2BH_2 \xrightarrow{+H\ddot{X}} [H_2B(\mu\text{-}H)BH_2\cdot HX] \xrightarrow[-H_2]{} H_2B(\mu\text{-}H)_2BHX\,.$$

Auch im Falle der Umsetzungen mit Alkoholen oder Aminen (Entsprechendes gilt für Phosphane, Sulfane usw.) entstehen als Primärprodukte Verbindungen der Formel $BH_3 \cdot BH_2X$, wobei jedoch hier der Substituent X (neben Wasserstoff) als Brückenligand fungiert:

$$H_2B(\mu\text{-}H)_2BH_2 \xrightarrow{+H\ddot{X}} [H_2B(\mu\text{-}H)BH_2\cdot HX] \xrightarrow[-H_2]{} H_2B(\mu\text{-}X)(\mu\text{-}H)BH_2\,.$$

In entsprechender Weise erfolgt die Dimerisierung von BH_2X über 2X-Brücken ($X = NR_2$), während BHX_2 (X = Hal, OR, NR_2) wegen der starken innermolekularen Valenzabsättigung durch π-Bindungen der freien Elektronenpaare von X monomer auftritt (s.o.).

Elektronenpaarakzeptoren. In analoger Weise wie im Falle der Umsetzung mit Donatoren führen die bei Einwirkung von Verbindungen mit Elektronenlücken (z.B. Alkylverbindungen von Elementen der II. oder III. Gruppe des Periodensystems) stattfindenden Substitutionsreaktionen über Anlagerungsverbindungen, indem hier die Substitutionen nach dem – die Verhältnisse etwas vereinfachenden – Schema

$$H_2BH + R_2AlR \longrightarrow [H_2B(\mu\text{-}H)(\mu\text{-}R)AlR_2] \longrightarrow H_2BR + HAlR_2$$

verlaufen. Die Umsetzung eignet sich z.B. zur Methylierung des Diborans mittels Bortrimethyl ($BH_3 + BMe_3 \rightarrow BH_2Me + BMe_2H$)[42] sowie zur Gewinnung von Wasserstoffverbindungen der Elemente der II. und III. Gruppe des Periodensystems mittels Diboran.

In analoger Weise lassen sich teilhalogenierte Halogenborane aus Diboran und Borhalogeniden darstellen, z.B.: $B_2H_6 + BX_3 \rightleftarrows B_2H_5X + BHX_2$ (X = Cl, Br, I). Vgl. hierzu auch die oben erwähnten Symmetrisierungsreaktionen teilhalogenierter Halogenborane.

Hydroborierung[43]. *Alkene* (z.B. Ethylen $H_2C{=}CH_2$) oder *Alkine* (z.B. Acetylen $HC{\equiv}CH$) vermögen sich in B—H-Bindungen einzuschieben[44]:

$$>C{=}C< + >B{-}H \longrightarrow -\overset{|}{\underset{\underset{B}{|}}{C}}-\overset{|}{\underset{\underset{H}{|}}{C}}- \quad \text{bzw.} \quad -C{\equiv}C- + >B{-}H \longrightarrow >B{-}C{=}C{-}H$$

Bei dreimaliger Wiederholung dieses „*Insertions*"-Vorgangs entsteht so aus Ethylen und Diboran gemäß $BH_3 + 3C_2H_4 \rightarrow B(C_2H_5)_3$ Bortriethyl bzw. aus einem Olefin und Diboran

42 Die so gewinnbaren **Methylderivate des Borans** treten wie BH_3 nicht in monomerer, sondern in dimerer Form auf (H-Brücken), $BH_3 \cdot BH_2Me$ (Sdp. $-78.5\,°C$ bei 55 mbar), $BH_2Me \cdot BH_2Me$ (Smp. $-124.9\,°C$, Sdp. $+4.9\,°C$), $BH_3 \cdot BHMe_2$ (Smp. $-150.2\,°C$, Sdp. $-2.6\,°C$), $BH_2Me \cdot BHMe_2$ (Smp. $-122.9\,°C$, Sdp. $+45.5\,°C$), $BHMe_2 \cdot BHMe_2$ (Smp. $-72.5\,°C$, Sdp. $+68.6\,°C$). Ersetzt man auch die beiden restlichen Wasserstoffe in $(BHMe_2)_2$ durch Methylgruppen, so zerfällt das Molekül in zwei Hälften: BMe_3 (Smp. $-161.5\,°C$, Sdp. $-20.2\,°C$).

43 **Literatur.** H.C. Brown: „*Hydroboration*", Benjamin, New York 1962; „*Boranes in Organic Chemistry*", Adv. Organomet. Chem. **11** (1973) 1–20; „*Organic Syntheses via Boranes*", Wiley, New York 1975; „*Boranes in Organic Chemistry*", Cornell University Press, New York 1972; H. Hopf: „*Hydroborierung*", Chemie in unserer Zeit **4** (1970) 95–98; K. Avasthi, D. Devaprabhakara, A. Suzuki: „*Non-Catalytic Hydrogenation via Organoboranes*", Organomet. Chem. Rev. **7** (1979) 1–44; H.C. Brown: „*Organoboron Compounds in Organic Synthesis*", M. Zaidlewicz: „*Hydroboration*", E. Negishi: „*Organoboron Compounds and Reaction*", Comprehensive Organomet. Chem. **7** (1982) 111–142, 143–254, 255–363.

44 In entsprechender Weise reagieren andere Mehrfachbindungssysteme, z.B. Ketone $>C{=}O$ oder Nitrile $-C{\equiv}N$ (Bildung von $(>CH{-}O)_3B$ in ersterem und von $(-CH_2NBH-)_3$ in letzterem Falle).

ganz allgemein ein *Bortrialkyl* BR_3. Man nennt die von D.T. Hurd entdeckte und von H.C. Brown (Nobelpreis 1979) eingehend studierte und ausgebaute Umsetzung ungesättigter organischer Verbindungen mit Boranen, die – hälftig – zur Hydrierung und Borierung der $>C{=}C<$- sowie $-C{\equiv}C-$-Bindungen führt, „*Hydroborierung*". Sie eignet sich allgemein zur Gewinnung von Organylboranen BR_3 (bzw. auch BHR_2 und BH_2R), deren *Hydrolyse* (z.B. mit Essigsäure) *Kohlenwasserstoffe* RH liefert ($BR_3 + 3\,HOH \rightarrow B(OH)_3 + 3\,RH$), während die *Peroxohydrolyse Alkohole* ergibt ($BR_3 + 3\,HOOH \rightarrow B(OH)_3 + 3\,ROH$), so daß dann in summa an die Doppelbindung des Alkens (Olefins) H_2 bzw. HOH angelagert wird (z.B. $CH_2{=}CH_2 + H_2 \rightarrow CH_3{-}CH_3$; $CH_2{=}CH_2 + H_2O \rightarrow CH_3{-}CH_2OH$).

Im Zuge der Hydroborierung, die man meist in Tetrahydrofuran als Reaktionsmedium durchführt[45], wird das Boratom stets mit dem weniger *hoch alkylierten* Kohlenstoffatom der Doppelbindung verknüpft. Die auf dem Wege einer Hydroborierung und Peroxohydrolyse erzielte Anlagerung von Wasser an ein Olefin erfolgt somit in umgekehrter Weise („*anti-Markownikow-Addition*") wie die normale, durch Säuren katalysierte H_2O-Anlagerung („*Markownikow-Addition*"), bei der die OH-Gruppe mit dem *höher alkylierten* Kohlenstoffatom der Doppelbindung verbunden wird. Die Addition von Bor und Wasserstoff erfolgt darüber hinaus stets auf der gleichen Seite der Mehrfachbindung (*syn*-Addition bei Alkenen, *cis*-Addition bei Alkinen). Dies gibt im Falle substituierter Acetylene $R{-}C{\equiv}C{-}R$ die Möglichkeit zur Bildung von *cis*-Olefinen $RHC{=}CHR$ auf dem Wege einer Hydroborierung mit anschließender Hydrolyse des Hydroborierungsprodukts[46].

Die Geschwindigkeit der Hydroborierung sinkt mit zunehmender Sperrigkeit des eingesetzten Olefins sowie in der Reihe $BH_3 > BH_2R > BHR_2$. Dementsprechend bilden sich bei der Umsetzung von mono- bzw. disubstituierten Ethylenen im allgemeinen trisubstituierte Borane, während bei der Reaktion von tri- oder tetrasubstituierten Ethylenen Di- oder Monoorganylborane entstehen.

Redox-Reaktionen. Im Diboran kommt dem Bor formal die Oxidationsstufe +3 und dem Wasserstoff die Oxidationsstufe −1 zu. Demgemäß wird bei *Oxidationsreaktionen* die Oxidationsstufe des Wasserstoffs erhöht, bei *Reduktionsreaktionen* die Oxidationsstufe des Bors erniedrigt.

Oxidationen. Diboran *verbrennt* mit hoher Wärmeentwicklung[47]:

$$B_2H_6 + 3\,O_2 \rightarrow B_2O_3 + 3\,H_2O + 2066\,kJ.$$

Sehr reines B_2H_6 *entflammt* in Luft ab ca. 145 °C und in reinem *Sauerstoff* ab ca. 130 °C. Durch Spuren höherer Borane verunreinigtes B_2H_6 ist bereits bei Raumtemperatur und darunter selbstentzündlich (vgl. die entsprechenden Verhältnisse im Falle von Phosphan PH_3, S. 745). Unter bestimmten Druckbedingungen *explodieren* B_2H_6/O_2-Gemische bei höheren Temperaturen (vgl. Knallgasreaktion, S. 388). *Chlor* führt B_2H_6 bei Raumtemperatur in BCl_3, *Brom* in B_2H_5Br und BBr_3 und *Iod* bei 50 °C in B_2H_5I über.

Reduktionen. Läßt man auf Diboran Natrium (in Form von Natriumamalgam) in Gegenwart von Ether einwirken, so geht unter Aufnahme zweier Natriumatome die *Brückenbindung* des B_2H_6-Moleküls in eine normale *Kovalenz* über, indem die zwei Natriumatome das hierfür noch fehlende Elektronenpaar beisteuern:

$$2\,Na^+ \left[\begin{array}{c} \;\;H\;\;H \\ \;\;|\;\;\;| \\ H{-}B{-}B{-}H \\ \;\;|\;\;\;| \\ \;\;H\;\;H \end{array}\right]^{2-}$$

45 In Tetrahydrofuran $(CH_2)_4O$ liegt Diboran weitgehend als Addukt $BH_3 \cdot O(CH_2)_4$ vor.

46 In der Praxis haben sich sperrige Diorganylborane (z.B. 9-Bora-bicyclo[3.1.3]-nonan) als Ausgangsborane bewährt.

47 Wegen seiner außerordentlich hohen spezifischen Verbrennungsenthalpie von 77 kJ/g (doppelt so hoch wie die der Kohlenwasserstoffe) stellt B_2H_6 einen möglichen Treibstoff für Raketen dar.

Dieses noch hypothetische, primär entstehende „*Natrium-diboranat*“ $Na_2[B_2H_6]$ reagiert mit weiterem Diboran unter Bildung von etherunlöslichem Natrium-boranat $NaBH_4$ (s. unten) und etherlöslichem „*Natrium-triboronat*“ NaB_3H_8 weiter (vgl. S. 1013):

$$2\,Na + B_2H_6 \rightarrow \{Na_2[B_2H_6]\} \xrightarrow{+(BH_3)_2} Na[BH_4] + Na[B_3H_8].$$

Monoboranate (Tetrahydridoborate)[9,48)]

Allgemeines. Das *einfachste* Boranat-Ion ist das tetraedrisch gebaute „*Monoboranat-Ion*“ („*Tetrahydridoborat-Ion*“) BH_4^- (isoelektronisch mit CH_4, NH_4^+), von dem sich zahlreiche, häufig nur solvatisiert isolierbare Salze ableiten, z. B. M^IBH_4 (M^I = Li, Na, K, Rb, Cs, NH_4, Tl, Cu), $M^{II}(BH_4)_2$ (M^{II} = Be, Mg, Ca, Sr, Ba, Zn, Cd, Sn, V, Cr, Mn, Fe, Co, Ni), $M^{III}(BH_4)_3$ (M^{III} = Al, Ga, In, Ti, Sc, Y, La, Lanthanoide, Mn, Fe), $M^{IV}(BH_4)_4$ (M^{IV} = Zr, Hf, U, Th, Np, Pu)[49)]. Man kann sie unter Verwendung geeigneter Lösungsmittel auf verschiedenen Wegen erhalten, z. B. durch Einwirkung von Hydriden auf Diboran (1), von Hydriden auf Borverbindungen BX_3 (2) oder durch doppelte Umsetzung (3):

$$LiH + BH_3 \rightarrow LiBH_4, \qquad NaH + BH_3 \rightarrow NaBH_4, \qquad (1)$$

$$4\,LiH + BF_3 \rightarrow LiBH_4 + 3\,LiF, \qquad 4\,NaH + B(OMe)_3 \rightarrow NaBH_4 + 3\,NaOMe, \qquad (2)$$

$$AlCl_3 + 3\,NaBH_4 \rightarrow Al(BH_4)_3 + 3\,NaCl, \qquad UF_4 + 2\,Al(BH_4)_3 \rightarrow U(BH_4)_4 + 2\,AlF_2(BH_4). \qquad (3)$$

Von den Boranaten BH_4^- sind auch zahlreiche Substitutionsprodukte bekannt, z. B. $[BH_3(CN)]^-$, $[BH_3(SH)]^-$, $[BHF_3]^-$ oder $[BH(OMe)_3]^-$.

Ein Metallboranat ist naturgemäß umso *ionogener* aufgebaut, je *größer der Radius* und je *kleiner die Ladung* des Metallions ist. Daher sind die Alkalimetall-boranate wesentlich salzartiger als etwa $Be(BH_4)_2$ oder gar $Al(BH_4)_3$ sowie $Zr(BH_4)_4$. Dies drückt sich darin aus, daß z. B. die Salze $NaBH_4$ und KBH_4 zum Unterschied von den Boratomen $Al(BH_4)_3$ und $Zr(BH_4)_4$ nicht in Ether, wohl aber in *Wasser löslich* sind und daß $Be(BH_4)_2$ (Smp. ≈ 60 °C, Zers.), $Al(BH_4)_3$ (Smp. −64.5 °C, Sdp. 44.5 °C) und $Zr(BH_4)_4$ (Smp. 28.7 °C, Sdp. 123 °C) zum Unterschied vom *schwerflüchtigen*, festen $LiBH_4$ (Smp. 284 °C), $NaBH_4$ (Smp. 505 °C) und KBH_4 (Smp. 585 °C, Zers.) *leichtflüchtige* feste bzw. flüssige Stoffe darstellen.

Strukturen. $NaBH_4$ und KBH_4 kristallisieren in der kubischen „NaCl-Struktur“, also einer typischen Salzstruktur, in welcher die Boranatgruppen als *isolierte Ionen* von jeweils 6 Alkalimetallionen umgeben sind (a)[50)], während die Boranatgruppen in den kovalenten **Boranat-Komplexen** $CuBH_3 \cdot 3L$ (L = Ph_2MeP), $Al(BH_3)_3$ und $Zr(BH_4)_4$ jeweils einem Metallion zugeordnet sind, an welches sie über *ein*, *zwei* oder *drei* Wasserstoffbrücken gebunden sind (b, c, d). Boranat BH_4^- kann darüber hinaus wie etwa im Falle von $HFe_3(CO)_9BH_4$ an mehrere Metallzentren gleichzeitig koordiniert sein (e). Auch kennt man Komplexe des in Form einfacher Salze $M_2B_2H_6$ bisher unbekannten „*Diboranats*“ $B_2H_6^{2-} = H_3B—BH_3^{2-}$ (vgl. Reduktion von B_2H_6 mit Na). Es liegt u. a. in den aus $Cp^*Ta(\mu\text{-}X)_4TaCp^*$ ($Cp^* = C_5Me_5$; X = Cl, Br) und $LiBH_4$ zugänglichen **Diboran-Komplex** $(Cp^*TaX)_2(B_2H_6)$ als Ligand vor (f). Der betreffende Komplex steht in Lösung mit seinem Tautomeren (g) ohne intakten B_2H_6-Liganden im Gleichgewicht, welches in kristallinem Zustand ausschließlich vorliegt. Entsprechend enthalten auch andere Diborankomplexe wie $(Cp^*Ta)_2(B_2H_6)_2$, $(Cp^*Nb)_2(B_2H_6)$, $\{(CO)_3Fe\}_2(B_2H_6)$ oder $[(CO)_3Ru]_3(B_2H_6)$ keine intakten B_2H_6-Liganden.

---

48 **Literatur.** B. D. James, M. G. Wallbridge: „*Metal Tetrahydroborates*“, Progr. Inorg. Chem. **11** (1970) 99–231; T. J. Marks, J. R. Kolb: „*Covalent Transition Metal, Lanthanide, and Actinide Tetrahydroborate Complexes*“, Chem. Rev. **77** (1977) 263–293; E. R. H. Walker: „*The Functional Group Selectivity of Complex Hydride Reducing Agents*‘, Chem. Soc. Rev. **5** (1976) 23–50.

49 Vergleiche hierzu die Wasserstoffverbindungen bei den betreffenden Elementen.

50 $LiBH_4$ kristallisiert orthorhombisch. Jedes Alkalimetall-Ion ist aber wie im Falle von $NaBH_4$ und KBH_4 von $6\,BH_4^-$-Ionen, jedes BH_4^--Ion von 6 Alkalimetall-Ionen umgeben. $LiBH_4 \cdot$ tmeda (tmeda = $Me_2NCH_2CH_2NMe_2$) weist im Sinne der Formulierung $(tmeda)Li(\mu\text{-}BH_4)_2Li(tmeda)$ bereits kovalenten Bau auf (zwei H-Atome jeder BH_4-Gruppe sind mit einem, eines ist mit dem anderen Li-Atom verknüpft).

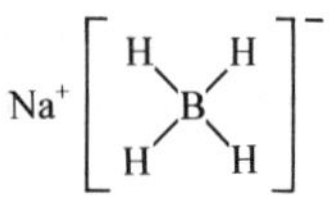

Natriumboranat $NaBH_4$. Darstellung. Besonders repräsentativ für die Alkaliboranate ist $NaBH_4$ ($\Delta H_f = -193$ kJ/mol). Es wird durch Hydrierung von $B(OMe)_3$ mit NaH bei 250–270 °C („*Schlesinger-Verfahren*“) oder durch Umsetzung von feingemahlenem Borosilicatglas $Na_2B_4O_7 \cdot 7SiO_2$ mit Na und H_2 gewonnen:

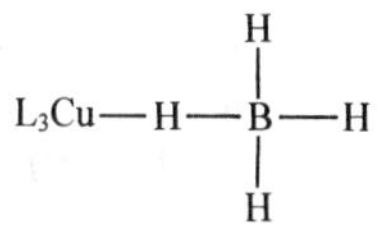

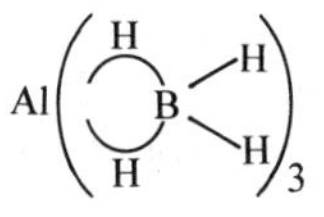

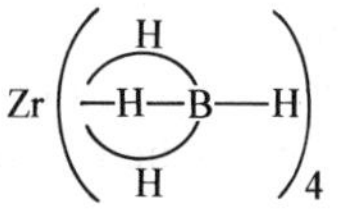

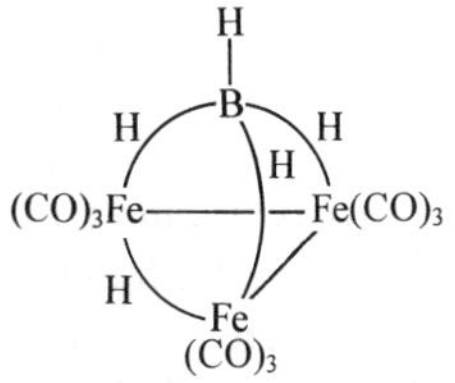

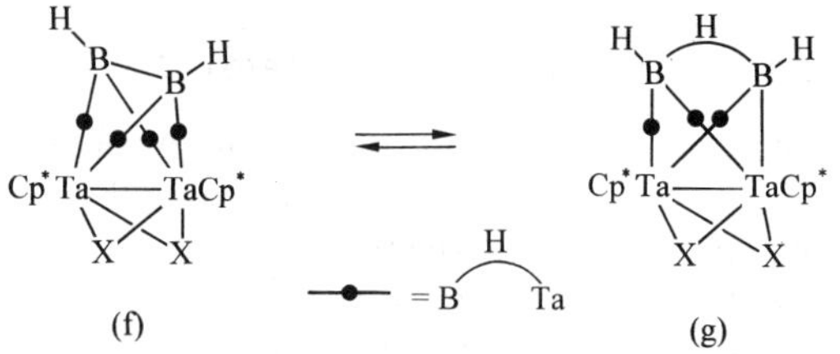

$$B(OMe)_3 + 4NaH \rightarrow NaBH_4 + 3NaOMe,$$
$$Na_2B_4O_7 \cdot 7SiO_2 + 16Na + 8H_2 \rightarrow 4NaBH_4 + 7Na_2SiO_3.$$

Eigenschaften. $NaBH_4$ ist eine *weiße*, kristalline, nichtflüchtige, an trockener Luft bis 600 °C stabile Substanz, deren Lösungen in Wasser, Tetrahydrofuran C_4H_8O und Diglyme $MeOCH_2CH_2OMe$ als wirksame selektive *Hydrierungsmittel* in der synthetischen Chemie dienen.

Beispielsweise werden Aldehyde, Ketone oder Carbonsäurechloride glatt zu Alkoholen, SO_2 zu Dithionit $S_2O_4^{2-}$ reduziert, während Carbonsäureester, organische Nitrile und Nitrite nicht angegriffen werden ($LiBH_4$ vermag anders als $NaBH_4$ Carbonsäureester zu Alkoholen zu hydrieren).

Behandlung von $NaBH_4$ mit Brönsted-Säuren (z. B. HCl)[51)] oder Lewis-Säuren (z. B. BCl_3) führt zur Entwicklung von *Diboran*:

$$BH_4^- + H^+ \rightarrow \tfrac{1}{2}(BH_3)_2 + H_2 \quad \text{oder} \quad BH_4^- + BCl_3 \rightarrow \tfrac{1}{2}(BH_3)_2 + [BCl_3H]^-.$$

Bei Gegenwart von Olefinen kann man so eine *Hydroborierung* (S. 1007) durchführen. Als Zwischenprodukt der Umsetzung $H^+ + BH_4^-$ entsteht möglicherweise „*Monoboran(5)*“ BH_5, das ein nicht starres (fluktuierendes) Molekül mit der Koordinationszahl 5 des Bors darstellt. Es zerfällt nach einer durchschnittlichen Lebensdauer von 10^{-10} s in $BH_3 + H_2$.

Mit Diboran reagiert $NaBH_4$ je nach den Versuchsbedingungen unter Bildung *höherer Boranate*, z. B. NaB_2H_7, NaB_3H_8 und $Na_2B_{12}H_{12}$:

$$NaBH_4 + \tfrac{1}{2}(BH_3)_2 \xrightarrow[\text{Polyether}]{0\,°C} NaB_2H_7,$$
$$NaBH_4 + (BH_3)_2 \xrightarrow[\text{Diglyme}]{100\,°C} NaB_3H_8 + H_2,$$
$$2NaBH_4 + 5(BH_3)_2 \xrightarrow[NEt_3]{100-180\,°C} Na_2B_{12}H_{12} + 13H_2.$$

Man verwendet $NaBH_4$ (Weltjahresproduktion: Kilotonnenmaßstab) u. a. als *Reduktionsmittel* (s. o.), zur *Diborangewinnung* (s. o.), als *Bleichmittel* für Holzmelasse sowie zur stromlosen *Abscheidung von Metallschutzüberzügen* (z. B. Ni; Redoxpotential ε_0 für $BH_4^-/B(OH)_4^- = -1{,}24$ V).

---

51 Die Polyboranate (S. 1018) entstehen u. a. durch Pyrolyse von Boranen in Gegenwart von Basen wie NR_3 oder SMe_2, durch Einwirkung von Diboran auf Polyboranate, durch Deprotonierung aus Polyboranen.

1.2.3 Höhere Borane[9)]

Darstellung. Höhere Borane wie B_4H_{10}, B_5H_9, B_5H_{11}, B_6H_{10} und $B_{10}H_{14}$ entstehen neben B_2H_6 und $B(OH)_3$ bei der Einwirkung nichtoxidierender Säuren (z. B. Phosphorsäure) auf *Magnesiumdiborid* MgB_2 (Protolyse; vgl. die analoge Darstellung von Siliciumwasserstoffen aus Dimagnesiumsilicid Mg_2Si, S. 900). Dieses, von Alfred Stock aufgefundene Darstellungsverfahren hat aber nur noch geringe praktische Bedeutung. Vorteilhafter gewinnt man heute Polyborane durch Pyrolyse (bzw. Copyrolyse) geeigneter *Borane* (z. B. B_4H_{10}, B_5H_9, B_5H_{11} sowie $B_{10}H_{14}$ aus B_2H_6 (vgl. S. 1002); B_8H_{12} aus *i*-B_9H_{15}; $B_{20}H_{26}$ aus $B_{10}H_{14}$; B_8H_{16}, $B_{10}H_{14}$ sowie $B_{10}H_{16}$ aus $B_2H_6 + B_5H_9$; *n*-B_9H_{15} aus $B_2H_6 + B_5H_{11}$; $B_{15}H_{23}$ aus B_6H_{10} + *i*-B_9H_{15}). Darüber hinaus dient die Protonierung von *Boranaten* (gegebenenfalls mit nachfolgender H_2-Abspaltung- oder B-Gerüstumorganisation) zur Erzeugung von Polyboranen (z. B. B_4H_{10} und $(B_4H_9)_2$ aus $B_3H_8^-$; B_5H_{11} aus $B_5H_{12}^-$; B_6H_{12} aus $B_6H_{11}^-$; B_8H_{14} aus $B_8H_{13}^-$; *i*-B_9H_{15} aus $B_9H_{14}^-$; $B_{18}H_{22}$ aus $B_{20}H_{18}^{2-}$ [51)]. Ein weiteres Verfahren besteht im Hydridentzug aus *Boranaten* etwa mit Methyliodid (z. B. B_4H_{10} aus $B_3H_8^-$ und BH_4^-; vgl. S. 1013). Schließlich existieren noch eine Reihe von Spezialverfahren zur Polyboran-Gewinnung.

Eigenschaften. Alle Polyborane sind wie Diboran toxisch und riechen mit Ausnahme der nicht flüchtigen, hochmolekularen Glieder eigentümlich widerlich. *Tetraboran* ist analog Diboran ein *farbloses* Gas, die *Penta-* bis *Nonaborane* sind *farblose* Flüssigkeiten, die Borwasserstoffe *ab den Decaboranen* stellen teils *farblose*, teils *gelbe* Feststoffe dar. Schmelz-, Siedepunkte, Bildungsenthalpien ΔH_f sowie Stabilitäten der Borwasserstoffe gehen aus der Tab. 86 hervor.

Die Tetra- und Pentaborane sind *sauerstoffempfindlich* und entzünden sich – mit Ausnahme von B_4H_{10} – an der Luft spontan. Die höhermolekularen Borwasserstoffe (beginnend mit den Hexaboranen) reagieren unter Normalbedingungen nicht mit Sauerstoff. Ähnlich *hydrolyseempfindlich* wie B_2H_6 sind die Borane B_4H_{10}, B_5H_{11} und B_6H_{12}, während sich die verbleibenden Hydride nur langsam – und zum Teil nur in der Hitze – mit Wasser umsetzen. Die Polyborane wirken *sauer* und lassen sich deprotonieren (Abspaltung von Brückenwasserstoffatomen). Hierbei wächst die Säurestärke in Richtung B_6H_{10} (sehr schwache Säure) $<$ $B_4H_{10} < B_{10}H_{14} < B_{18}H_{22}$ (starke Säure).

Unter den Borwasserstoffen zeichnen sich das *Pentaboran (9)* B_5H_9 und das *Decaboran (14)* $B_{10}H_{14}$ durch besondere Stabilität aus. Sie wurden aus diesem Grunde eingehend untersucht und sollen nachfolgend – zusammen mit *Tetraboran (10)* B_4H_{10}, dem zweiteinfachsten Boran – besprochen werden. Bezüglich der anderen *Polyborane* vgl. Fig. 215 auf S. 996 sowie Tab. 86, bezüglich der *Polyboranate* S. 1018 und bezüglich *organischer Polyborane* S. 1058.

Tetraboran (10) B_4H_{10}[2,9)]

Darstellung. *Arachno*-B_4H_{10} entsteht aus B_2H_6 beim mehrtägigen Lagern unter Druck bei Raumtemperatur in über 30%iger Ausbeute:

$$2B_2H_6 \rightleftarrows B_4H_{10} + H_2 + 14\,\text{kJ}.$$

Vorteilhafter wird B_4H_{10} durch *Thermolyse von Diboran* in einem Reaktor gewonnen, der aus zwei ineinandergestellten Röhren (Wandabstand 10 cm) besteht, von denen die *innere Röhre* auf 120 °C erwärmt und die *äußere Röhre* auf −78 °C gekühlt ist („*Heiß-Kalt-Reaktor*"). Das in den Röhrenzwischenraum geleitete B_2H_6 (Anfangsdruck 1700 mbar) thermolysiert unter diesen Bedingungen an der heißen Außenseite des Innenrohres zu Tetraboran B_4H_{10}, welches schwerer flüchtig ist als B_2H_6 und infolgedessen an der kalten Innenseite des Außen-

Tab. 86 Borane (in geschweiften Klammern, falls nur als Zwischenprodukt nachgewiesen)

n	B_nH_{n+4}	B_nH_{n+6}	Sonstige Borane[9]
2	B_2H_6 *nido-Diboram(6)* (S. 1001) *Farbl.* Gas, Smp. $-164.85\,°C$; Sdp. $-92.49\,°C$ $\Delta H_f = +36$ kJ/mol, instabil $> 50\,°C$	–	–
3	$\{B_3H_7\}$ *nidio-Triboran(7)* (S. 1003) Zwischenprodukt der B_2H_6-Thermolyse	$\{B_3H_9\}$ *arachno-Triboran (9)* (S. 1003) Zwischenprod. der B_2H_6-Thermolyse	–
4	$\{B_4H_8\}$ *nido-Tetraboran(8)* (S. 1003) Zwischenprodukt der B_4H_{10}-Thermolyse	B_4H_{10} *arachno-Tetraboran(10)* (S. 1011) *Farbl.* Gas; Smp. $-120\,°C$; Sdp. $18\,°C$ $\Delta H_f = +58$ kJ/mol; instab. Raumtemp.	–
5	B_5H_9 *nido-Pentaboran(9)* (S. 1014) *Farbl.* Fl.; Smp. $-46.74\,°C$; Sdp. $60.10\,°C$ $\Delta H_f = +54$ kJ/mol; Zers. $> 150\,°C$	B_5H_{11} *arachno-Pentaboran(11)*[52] *Farbl.* Fl.; Smp. $-122.0\,°C$; Sdp. $\approx 63\,°C$ $\Delta H_f = +67$ kJ/mol; instab. Raumtemp.	–
6	B_6H_{10} *nido-Hexaboran(10)*[59] *Farbl.* Fl.; Smp. $-62.3\,°C$; Sdp. ca. $108\,°C$ $\Delta H_f = +71$ kJ/mol; stabil Raumtemp.	B_6H_{12} *arachno-Hexaboran(12)*[59] *Farbl.* Fl.; Smp. $-82\,°C$; Sdp. ca. $85\,°C$ $\Delta H_f = +111$ kJ/mol; stabil Raumtemp.	$\{c\text{-}B_6H_{14}\}$ $\triangleq (B_3H_7)_2$
7	–	B_7H_{13} *conjuncto-Heptaboran(13)*[60] *Farbl.* Festsub., Zers. $40\,°C$	–
8	B_8H_{12} *nido-Octaboran(12)*[61] *Farbl.* Fl.; Smp. $-20\,°C$; Zers. $-20\,°C$	B_8H_{14} *arachno-Octaboran(14)*[61] *Farbl.* Fl.; Zers. $> -30\,°C$	$h\text{-}B_8H_{16}$ $c\text{-}B_8H_{18}$
9	$\{B_9H_{13}\}$ *nido-Nonaboran(13)* (S. 1003) Zwischenprod. B_9H_{15}/B_4H_{10}-Therm.	B_9H_{15} *arachno-Nonaboran(15)*[a,61] *Farbl.* Fl.; Smp. $2.7\,°C$; stabil Raumtemp.	–
10	$B_{10}H_{14}$ *nido-Decaboran(14)* (S. 1016) *Farbl.* Krist.; Smp. $99.7\,°C$; Sdp. $213\,°C$ $\Delta H_f = +32$ kJ/mol; stabil $> 150\,°C$	$B_{10}H_{16}$ *conjuncto-Decaboran(16)*[b,55] *Farbl.* Krist.; Smp. ca. $81\,°C$ $\Delta H_f = +146$ kJ/mol, Zers. $> 170\,°C$	$B_{10}H_{18}$?
11	$B_{11}H_{15}$ *nido-Undecaboran(15)*[62] *Farbl.* Festsubst.; Zers. $0\,°C$	–	–
12	$B_{12}H_{16}$ *conjunto-Dodecaboran(16)*[59] *Farbl.* Krist.; Smp. $64-66\,°C$; stabil	–	–
13	–	$B_{13}H_{19}$ *conjuncto-Tridecaboran(19)* *Gelbe* Krist.; Smp. $44\,°C$	–
14	$B_{14}H_{18}$ *conjuncto-Tetradecaboran(18)* *Gelbe* Krist.; Zers. $100\,°C$	$B_{14}H_{20}$ *conjuncto-Tetradecaboran(20)* *Farb.* Krist.; stabil Raumtemp.	$c\text{-}B_{14}H_{12}$[c]
15	–	$B_{15}H_{23}$ *conjuncto-Pentadecaboran(23)* *Farbl.* Krist.	–
16	$B_{16}H_{20}$ *conjuncto-Hexadecaboran(20)* *Farbl.* Krist.; Smp. ca. $110\,°C$; stabil $110\,°C$	–	–
18	$B_{18}H_{22}$ *conjuncto-Octadecaboran(22)*[d] *Gelbe* Krist.; Smp. $180\,°C$; stabil $180\,°C$	–	–
20	–	$B_{20}H_{26}$ *conjuncto-Icosaboran(26)*[e] *Farbl.* Krist.; Smp. $179\,°C$; stabil	$B_{20}H_{16}$[f]

a) n-B_9H_{15}. Es existieren 2 enantiomere Borane *n*-B_9H_{15} und darüber hinaus ein konstitutionsisomeres ***i*-B_9H_{15}** (Zers. $-30\,°C$). **b)** 1,1′-$(B_5H_8)_2$. Es existieren zusätzlich zwei Konstitutionsisomere: 1,2′-$(B_5H_8)_2$ (Smp. $18.4\,°C$) und 2,2′-$(B_5H_8)_2$ (Smp. ca. $-21\,°C$) sowie $\{$*aracho*-$B_{10}H_{16}\}$. **c)** *Farbl.* Pulver; Smp. ca. $25\,°C$; instabil bei Raumtemperatur. **d)** *n*-$B_{18}H_{22}$; ***i*-$B_{18}H_{22}$**: *Gelbe* Nadeln; es existieren 2 Enantiomere. **e)** Es existieren 11 Konstitutionsisomere, wovon 4 Enantiomerenpaare bilden (vgl. Anm.[21], S. 998). **f)** *Farblose*, hygroskopische Substanz, Smp. $196-199\,°C$, Sblp. $100\,°C$ bei ca. 0.5 mbar.**g)** ***h*** = hypho; ***c*** = conjuncto.

rohres abgeschieden und hierdurch vor weiterer thermischer Zersetzung geschützt wird (Ausbeute bis zu 95%)[52].

Eine weitere günstige Möglichkeit zur Synthese von B_4H_{10} besteht in der Umsetzung von $NaBH_4$ (S. 1010) und NaB_3H_8 (s. unten) mit CH_3I in Dichlorethan bei Raumtemperatur (100%ige Ausbeute):

$$NaBH_4 + NaB_3H_8 + 2CH_3I \rightarrow B_4H_{10} + 2CH_4 + 2NaI.$$

Auch die Umsetzung von $B_3H_8^-$ mit wasserfreiem Chlorwasserstoff oder mit Bortrihalogeniden führt zu hohen B_4H_{10}-Ausbeuten.

Eigenschaften. B_4H_{10} (Charakterisierung Tab. 86) ist bei Raumtemperatur *luftstabil, hydrolyseempfindlich* und *thermisch zersetzlich* (Bildung hauptsächlich von H_2, B_5H_{11}, polymeren Boranen, untergeordnet von B_2H_6, B_6H_{12}, $B_{10}H_{14}$; bezüglich des einleitenden Zerfallschritts: $B_4H_{10} \rightleftarrows \{B_4H_8\} + H_2$ vgl. S. 1003). B_4H_{10} setzt sich aus den *drei Grundboranen* BH_3, B_2H_4 und BH_3 zusammen, die über BHB-Brücken miteinander verknüpft sind (Struktur: Fig. 215, S. 996). Ähnlich wie B_2H_6, welches sich aus den Grundboranen BH_3 und BH_3 aufbaut (S. 992), läßt sich auch B_4H_{10} durch Einwirken von Donatoren D wie NR_3, PR_3, R_2O, R_2S, H^- unter Verkleinerung des Boratomgerüsts in seine Boranbestandteile auftrennen, wobei in der Regel *zwei* Borwasserstoffkomponenten (BH_3 und B_3H_7), seltener *drei* (BH_3, B_2H_4 und BH_3 wie im Falle der Reaktion mit PF_3) freigesetzt werden[53]:

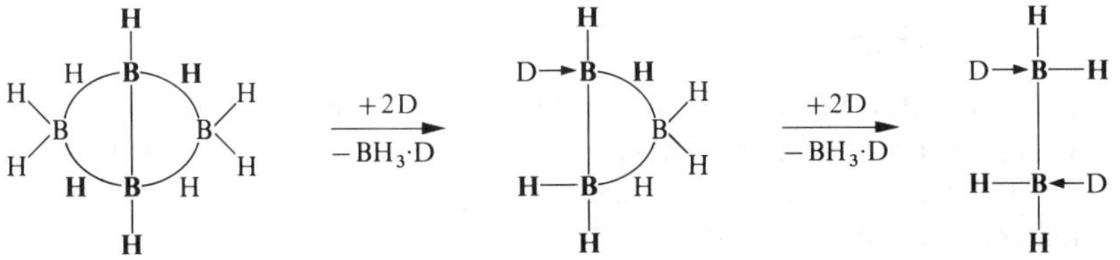

$$B_4H_{10} \xrightarrow[-BH_3 \cdot D]{+2D} B_3H_7 \cdot D \xrightarrow[-BH_3 \cdot D]{+2D} B_2H_4 \cdot 2D$$

Auf diesem Wege sind somit *Addukte* des in Substanz nicht isolierbaren „*Triborans(7)*" B_3H_7 und „*Diborans(4)*" B_2H_4 erhältlich[54]. Auch läßt sich durch Umsetzung von B_4H_{10} mit Hydrid H^- neben BH_4^- „*Octahydrido-arachno-triborat*" $B_3H_8^-$ gewinnen. Das Boranat $B_3H_8^-$, welches zum Unterschied vom Monoboranat BH_4^- ein etherlösliches Natriumsalz bildet, ist auch durch Einwirkung von Natriumamalgam auf B_2H_6 (S. 1009) sowie – besser – durch Reaktion von BH_4^- mit B_2H_6 bei höheren Drücken ($NaBH_4 + B_2H_6 \rightarrow NaB_3H_8 + H_2$; 89% Ausbeute) sowie aus BH_4^- und I_2 in Diglyme gewinnbar ($3NaBH_4 + I_2 \rightarrow NaB_3H_8 + 2NaI + 2H_2$). Es stellt ein *nicht starres*, fluktuierendes Teilchen dar (S. 380): brücken- und endständige Wasserstoffatome vertauschen sehr rasch ihre Rolle gemäß:

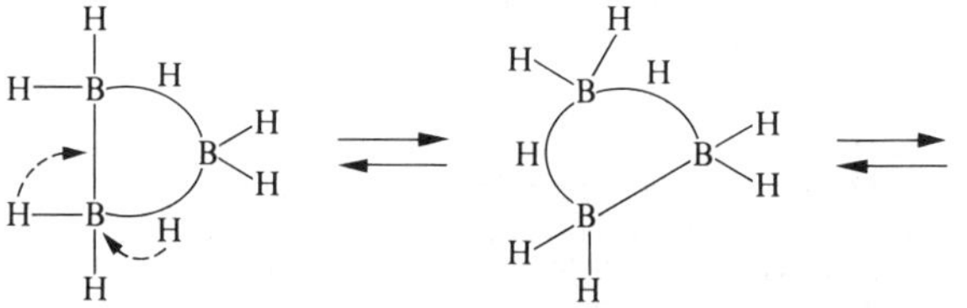

$$B_3H_8^- \rightleftarrows B_3H_8^- \rightleftarrows \text{usw.,}$$

so daß z. B. im ^{1}H-NMR-Spektrum des Ions selbst bei $-80\,°C$ nur ein einziges Protonenresonanzsignal in Form eines Multipletts erscheint.

Ähnlich Diboran läßt sich Tetraboran durch Donatoren nicht nur *symmetrisch* in neutrale Borane, sondern – etwa mit Ammoniak – auch *asymmetrisch* in geladene Borwasserstoff-Teilchen spalten[53]

[52] Kühlt man das äußere Rohr nur auf $-30\,°C$ und hält den B_2H_6-Druck während der Thermolyse aufrecht, so scheidet sich **Pentaboran(11)** $\mathbf{B_5H_{11}}$ (Charakterisierung Tab. 86, Struktur Fig. 215, S. 996) am kalten Außenrohr in bis zu 70%iger Ausbeute ab: $2B_2H_6 \rightleftarrows B_4H_{10} + H_2$; $2B_4H_{10} + B_2H_6 \rightleftarrows 2B_5H_{11} + 2H_2$. Auch gemäß $B_4H_{10} + KH$ (in Et_2O, $-78\,°C$) $\rightarrow KB_4H_9 + H_2$; $KB_4H_9 + \frac{1}{2}B_2H_6$ (in Et_2O, $-35\,°C$) $\rightarrow KB_5H_{12}$; $KB_5H_{12} + HCl$ (in fl. HCl, $-110\,°C$) $\rightarrow B_5H_{11} + H_2 + KCl$ wird Pentaboran(11) in bis zu 70%iger Ausbeute gewonnen. Es ist bei Raumtemperatur thermolabil und zersetzt sich hauptsächlich in H_2, B_2H_6 (Molverhältnis 2 : 1) und polymere Borane (ca. 50%; bezüglich des einleitenden Zerfallschritts: $B_5H_{11} \rightleftarrows \{B_4H_8\} + \{BH_3\}$ vgl. S. 1002).

[53] Analog B_2H_6 und B_4H_{10} reagieren andere BH_2-gruppenhaltige Borane (B_5H_{11}, B_6H_{12}, B_9H_{15}) mit Donatoren unter BH_3 bzw. BH_2^+-Abspaltung. Als einziges Boran ohne BH_2-Gruppen setzt sich B_5H_9 mit dem Donator NH_3 unter BH_2^+-Eliminerung um (vgl. Pentaboran(9), S. 1015).

[54] Kohlenstoffmonoxid setzt sich mit B_4H_{10} bei 80–110 °C nach $B_4H_{10} + CO \rightarrow B_4H_8 \cdot CO + H_2$ zu einem *Addukt* des ebenfalls instabilen „*Tetraborans(8)*" B_4H_8 um. $B_3H_7 \cdot CO$ entsteht demgegenüber nach: $B_3H_7 \cdot OMe_2 + CO + BF_3 \rightarrow B_3H_7 \cdot CO + BF_3 \cdot OMe_2$ und zersetzt sich thermisch u.a. in $B_2H_4 \cdot 2CO$.

(s. hierzu auch unten und bezüglich $BH_2(NH_3)_2^+$ S. 830, bezüglich $B_3H_8^-$ oben):

$$B_4H_{10} + 2NH_3 \rightarrow [BH_2(NH_3)_2]^+[B_3H_8]^-.$$

Zum Unterschied von B_2H_6 vermag B_4H_{10} als *Brönsted-Säure* zu wirken:

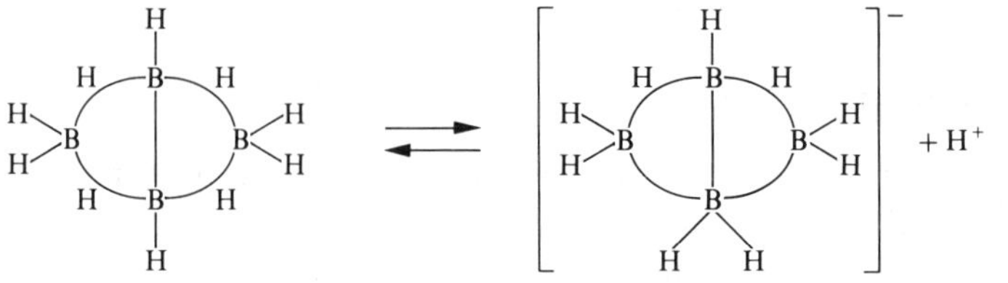

Allerdings ist der saure Charakter nur außerordentlich schwach, so daß man zur Verschiebung des Säuregleichgewichts nach rechts *überaus starke Basen* wie NaH, KH, $LiCH_3$ benötigt: $B_4H_{10} + H^- \rightarrow B_4H_9^- + H_2$. Es bildet sich hierbei unter Erhalt des Boratomgerüsts das bei Raumtemperatur instabile **Nonahydrido-*arachno*-tetraborat $B_4H_9^-$**, welches sich durch flüssigen *Chlorwasserstoff* zu B_4H_{10} *reprotonieren* läßt und mit *Diboran* in Ether bei −35 °C unter Erweiterung des Boratomgerüsts zum **Dodecahydrido-hypho-pentaborat $B_5H_{12}^-$** abreagiert[52]. Die Einwirkung der *schwächeren Base* Ammoniak führt nur zu einem Gleichgewicht $B_4H_{10} + NH_3 \rightleftarrows NH_4^+ [B_4H_9]^-$, wobei nicht umgesetztes NH_3 und B_4H_{10} langsam, aber irreversibel unter Verkleinerung des Boratomgerüsts zu $[BH_2(NH_3)_2]$ $[B_3H_8]$ (s. oben) abreagieren.

Pentaboran(9) B_5H_9[2,9]

Darstellung. *Nido*-B_5H_9 entsteht beim Durchleiten von gasförmigem, mit Wasserstoff verdünntem B_2H_6 (Molverhältnis $H_2 : B_2H_6 = 5 : 1$) durch ein auf 250 °C erwärmtes Rohr (Verweildauer von B_2H_6 im Rohr ca. 3s). Der zugesetzte Wasserstoff unterdrückt hierbei die Bildung höherer Polyborane (insbesondere $B_{10}H_{14}$)[55].

Eigenschaften. Das bis 150 °C *stabile*, an Luft *entzündliche* und in heißem Wasser *hydrolysierende* Pentaboran(9) (Charakterisierung Tab. 86; Struktur Fig. 216 auf S. 998 sowie Fig. 217; MAK-Wert = 0.01 mg/m³ ≙ 0.005 ppm) wirkt wie B_4H_{10} als schwache Säure (Abspaltung eines Brückenwasserstoffs)[56, 56a]:

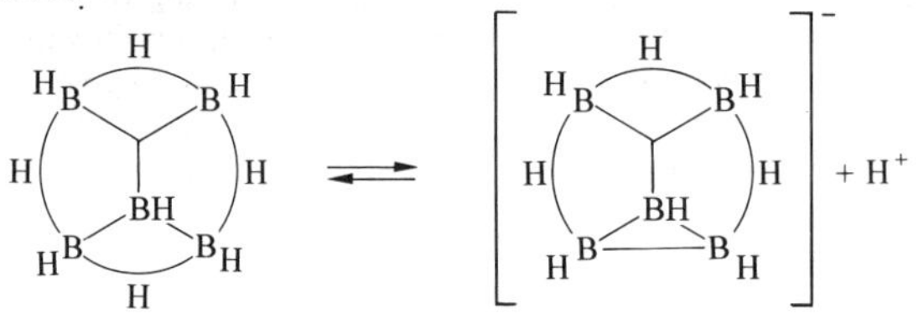

B_5H_9 läßt sich demgemäß in etherischer Lösung bei −78 °C mit *sehr starken Basen* (LiH, NaH, KH) unter Erhalt des Boratomgerüsts zum **Octahydrido-*nido*-pentaborat $B_5H_8^-$** *deprotonieren*: $B_5H_9 + H^- \rightarrow B_5H_8^- + H_2$. Das bei Raumtemperatur *instabile* Anion (Zerfall in BH_4^-, $B_3H_8^-$ und $B_9H_{14}^-$ sowie $B_{11}H_{14}^-$) setzt sich mit *Trimethylchlorsilan* Me_3SiCl (Analoges gilt für R_2BCl, R_3GeCl, R_3SnCl, R_3PbCl, R_2PCl, $(Ph_3P)_3CuCl$, $(Ph_3P)_2AgCl$, $(Ph_3P)_2CdCl_2$ usw.) gemäß

$$B_5H_8^- + Me_3SiCl \rightarrow \mu\text{-}Me_3SiB_5H_8 + Cl^-$$

zu einem *Silylderivat* des Pentaborans(9) um, in welchem die Me_3Si-Gruppe die Stellung eines Brückenwasserstoffs von B_5H_9 eingenommen hat[57, 58]

[55] In sehr kleiner Menge bilden sich im Zuge der B_5H_9-Darstellung auch Isomere des **Decaborans(16) $B_{10}H_{16}$** (Struktur: B_5H_8—B_5H_8; Charakterisierung Tab. 86), und zwar 1,2'- sowie 2,2'-$(B_5H_8)_2$. Das 1,1'-Isomer entsteht in kleiner Ausbeute bei der elektrischen Durchladung von B_5H_9/H_2-Gemischen sowie bei der Cothermolyse von B_2H_6 und B_5H_9. Es wird von Iod bei 150 °C in $B_{10}H_{14}$ verwandelt ($B_{10}H_{16} + I_2 \rightarrow B_{10}H_{14} + 2HI$).

[56] Die verbleibenden Brückenwasserstoffe (und endo-H-Atome) wechseln rasch ihre Brückenstellungen.

[56a] Die *Säurestärke* der Borane wächst in der Reihe: $B_5H_9 < B_6H_{10} < B_4H_{10} < B_{10}H_{14} < B_{18}H_{22}$.

[57] Die Brückenstellung eines Substituenten bzw. Liganden wird allgemein durch den griech. Buchstaben μ symbolisiert, den man dem betreffenden Substituenten oder Liganden voranstellt. Die Stellung eines borgebundenen terminalen Substituenten wird durch die Nummer des betreffenden Boratoms wiedergegeben, die ebenfalls dem Substituenten vorangestellt wird.

[58] $Me_3SiB_5H_8$ lagert sich bei Wärmeeinwirkung oder basenkatalytisch in ein Gleichgewichtsgemisch von 2- und 1-$Me_3SiB_5H_8$ (Molverhältnis 1 : 4) um: $\mu\text{-}Me_3SiB_5H_8 \rightarrow 2\text{-}Me_3SiB_5H_8 \rightleftarrows 1\text{-}Me_3SiB_5H_8$.

Mit Diboran reagiert $B_5H_8^-$ bei $-78\,°C$ in Ether unter Erweiterung des Boratomgerüsts zum **Undecahydrido-*arachno*-hexaborat $B_6H_{11}^-$** (vgl. Anm.[59]).

Unter Verkleinerung des Boratomgerüsts (Abspaltung von BH_2^+) reagiert Ammoniak mit Pentaboran(9) in Ether bei $-80\,°C$:

$$B_5H_9 + 2\,NH_3 \xrightarrow[\text{Wochen}]{\text{mehrere}} [H_2B(NH_3)_2]^+[B_4H_7]^-.$$

Es entsteht das bei Raumtemperatur zersetzliche **Heptahydrido-*nido*-tetraborat $B_4H_7^-$**, welches wie folgt gebaut ist: 4BH-Gruppen nehmen die Ecken einer *trigonalen Pyramide* ein, wobei die 3B-Atome der Pyramidenbasis durch 3H-Brücken verknüpft sind (Fig. 217). Das $B_4H_7^-$-Anion hat somit einen vergleichbaren Bau wie das neutrale B_5H_9-Molekül (Fig. 217; tetragonale BH-Pyramide mit 4H-Brücken zwischen den B-Atomen der Pyramidenbasis) und das – durch Protonierung von B_6H_{10} erhältliche – $B_6H_{11}^+$-Kation (Fig. 217; pentagonale BH-Pyramide mit 5H-Brücken zwischen den B-Atomen der Pyramidenbasis).

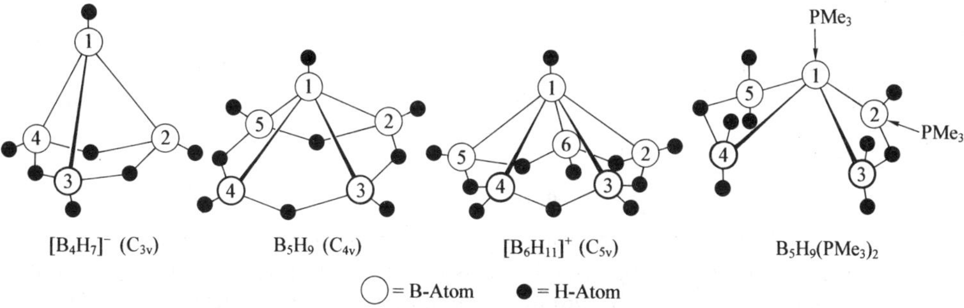

Fig. 217 Strukturen der *nido*-Borwasserstoffe $B_4H_7^-$, B_5H_9 und $B_6H_{11}^+$ (in Klammern Molekülsymmetrie) sowie von $B_5H_9(PMe_3)_2$.

Unter Öffnung des Boratomgerüsts setzt sich B_5H_9 mit Trimethylphosphan gemäß $B_5H_9 + 2\,PMe_3 \rightarrow B_5H_9(PMe_3)_2$ zum Addukt $B_5H_9(PMe_3)_2$ um (vgl. Fig. 217), das ein Derivat des noch unbekannten „*Undecahydrido-hypho-pentaborats*" $B_5H_{11}^{2-}$ darstellt (Ersatz der PMe_3-Donoren durch H^-; das zugehörige *hypho*-Boran B_5H_{13} ist ebenfalls unbekannt).

Während B_5H_9 von *Nucleophilen* bevorzugt am *positivierten* Brückenwasserstoff (bzw. an den Boratomen 2–5) unter Substitution von Wasserstoff angegriffen wird, reagieren *Elektrophile* mit dem *negativierten* Boratom 1 an der Pyramidenspitze. So führt die *elektrophile Halogenierung* von B_5H_9 mit $Cl_2/AlCl_3$, Br_2 oder I_2 zu „*1-Halogen-pentaboranen(9)*", welche sich thermisch oder besser katalytisch in „*2-Halogen-pentaborane(9)*" verwandeln lassen, die ihrerseits wieder in 1-Stellung halogeniert werden können usw. Entsprechendes gilt für die *elektrophile Alkylierung* von B_5H_9 mit $RCl/AlCl_3$. Von Interesse ist des weiteren die $PtBr_2$-katalysierte Kupplung zweier Moleküle Pentaboran(9) bei Raumtemperatur in Decan unter H_2-Eliminierung zu „*Decaboran(16)*" $B_{10}H_{16} = B_5H_8{-}B_5H_8$ (vgl. Anm.[55]): $2\,B_5H_9 \rightarrow B_{10}H_{16} + H_2$[60].

[59] Das $B_6H_{11}^-$-Ion läßt sich weiter in **Hexaboran(12) B_6H_{12}** (Charakterisierung Tab. 86; Struktur Fig. 215) verwandeln: $B_5H_9 + KH$ (in Et_2O, $-78\,°C$) $\rightarrow KB_5H_8 + H_2$; $KB_4H_8 + \frac{1}{2}B_2H_6$ (in Et_2O, $-78\,°C$) $\rightarrow KB_6H_{11}$; $KB_6H_{11} + HCl$ (in fl. HCl; $-110\,°C$) $\rightarrow B_6H_{12} + KCl$ (70%ige Ausbeute). Analog entsteht **Hexaboran(10) B_6H_{10}** (Charakterisierung Tab. 86; Struktur Fig. 216): $1\text{-}BrB_5H_8 + H^-$ (in Et_2O, $-78\,°C$) $\rightarrow 1\text{-}BrB_5H_7^- + H_2$; $1\text{-}BrB_5H_7^- + \frac{1}{2}B_2H_6$ (in Et_2O, $-78\,°C$) $\rightarrow 1\text{-}BrB_6H_{10}^- \rightarrow$ (bei $-35\,°C$) $B_6H_{10} + Br^-$ (75%ige Ausbeute). B_6H_{12} ist bei Raumtemperatur stabil und zersetzt sich bei leicht erhöhter Temperatur unter H_2-Entwicklung in B_2H_6 und B_5H_9 (Molverhältnis 1 : 2): $B_6H_{12} \rightleftarrows B_5H_9 + \{BH_3\}$; $2\{BH_3\} \rightleftarrows B_2H_6$ (vgl. hierzu S. 1003). B_6H_{10} zersetzt sich andererseits langsam bereits bei Raumtemperatur. Thermolyseprodukte sind hauptsächlich polymere Borane (ca. 90%ige Ausbeute), untergeordnet B_5H_9 und $B_{10}H_{14}$. Beide Hexaborane lassen sich deprotonieren ($B_6H_{12}/B_6H_{10} + H^- \rightarrow B_6H_{11}^-/B_6H_9^- + H_2$), wobei das **Nonahydrido-*nido*-hexaborat $B_6H_9^-$** durch Einwirkung von $FeCl_2/FeCl_3$ in Me_2O bei $-78\,°C$ in **Dodecaboran(16) $B_{12}H_{16}$** (Charakterisierung Tab. 86) verwandelt wird.

[60] In entsprechender Weise lassen sich Pentaboran(9) und Diboran(6) in Anwesenheit von $PtBr_2$ zum farblosen festen **Heptaboran(13) B_7H_{13}** kuppeln: $B_5H_9 + B_2H_6 \rightarrow B_7H_{13} + H_2$ (die Struktur leitet sich von der von B_2H_6 durch Ersatz eines terminalen oder verbrückenden H-Atoms gegen den B_5H_8-Rest ab; Bindung über ein B-Atom der B_5H_8-Basis; Charakterisierung: Tab. 86). Bei 40 °C zerfällt B_7H_{13} in B_5H_9 und B_2H_6 neben polymeren Boranen.

Decaboran(14) $B_{10}H_{14}$[2,9)]

Darstellung. *Nido*-$B_{10}H_{14}$ läßt sich durch Pyrolyse von B_2H_6 bei 160–200 °C in Gegenwart katalytischer Mengen einer Base wie Dimethylether Me_2O in guten Ausbeuten gewinnen.

Eigenschaften. Decaboran(14) (Struktur Fig. 215, S. 996, Charakterisierung Tab. 86) ist ein bis über 150 °C *thermostabiles, luft-* und *hydrolyseunempfindliches*, in Wasser unlösliches, aber in organischen Medien lösliches Boran (MAK-Wert = 0,3 mg/m^3 ≙ 0.05 ppm). Es stellt eine *mittelstarke Säure* dar ($pK_1 = 2.70$), die sich in wäßrig-alkoholischen Medien wie eine einbasige Säure titrieren läßt. Die Protonenabstraktion führt unter Erhalt des Boratomgerüsts zu *gelbem* **Tridecahydrido-*nido*-decaborat $B_{10}H_{13}^-$**, das seinerseits von sehr starken Basen (LiH, NaH) in organischen Medien *langsam* weiter zu *farblosem* **Dodecahydrido-*nido*-decaborat $B_{10}H_{12}^{2-}$** deprotoniert wird (Abspaltung von Brückenwasserstoffen[56)]):

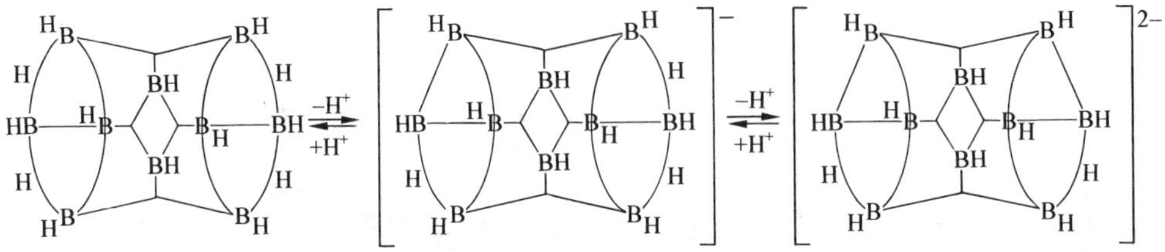

$B_{10}H_{14}$ $\underset{+H^+}{\overset{-H^+}{\rightleftharpoons}}$ $[B_{10}H_{13}]^-$ $\underset{+H^+}{\overset{-H^+}{\rightleftharpoons}}$ $[B_{10}H_{12}]^{2-}$

$B_{10}H_{14}$ $B_{10}H_{13}^-$ $B_{10}H_{12}^{2-}$

Das $B_{10}H_{13}^-$-Ion ist in *wäßriger Natronlauge* nicht stabil, sondern verwandelt sich *langsam* unter Verkleinerung des Boratomgerüsts (Herausspaltung des Boratoms 9 von $B_{10}H_{14}$ durch „*basischen Abbau*", vgl. Fig. 215, S. 996) in das *farblose* (seinerseits protonier- und deprotonierbare)[61)] **Tetradecahydrido-*arachno*-nonaborat $B_9H_{14}^-$** (für Struktur vgl. Fig. 218):

$$B_{10}H_{14} + OH^- + 2H_2O \xrightarrow{12\,h} B_9H_{14}^- + B(OH)_3 + H_2.$$

Der basische Abbau erfolgt über das OH^--Addukt $B_{10}H_{13}(OH)^{2-}$, das bei OH^--Überschuß rasch aus $B_{10}H_{13}^-$ entsteht und langsam – beim Ansäuern rasch – unter H_2- und $B(OH)_3$-Eliminierung in $B_9H_{14}^-$ zerfällt. $B_9H_{14}^-$ läßt sich in hohen Ausbeuten durch Einwirkung von $LiBH_4$ aus Pentaboran(9) in Diglyme bei Raumtemperatur und darunter gewinnen: $2B_5H_9 + 2LiBH_4 \rightarrow LiB_9H_{14} + LiB_3H_8 + 2H_2$.

Der umgekehrte Vorgang, die Erweiterung des Boratomgerüsts von $B_{10}H_{14}$ um ein Boratom läßt sich durch Einwirkung von Boranat BH_4^- auf Decaboran(14) bei 90 °C in Monoglyme erzwingen. Sie führt zum (seinerseits protonier- und deprotonierbaren)[62)] **Tetradecahydrido-*nido*-undecaborat $B_{11}H_{14}^-$** (für Struktur vgl. Fig. 218)[56)] und darüber hinaus zum Boranat $B_{12}H_{12}^{2-}$ (vgl. S. 1019)[63)]:

$$B_{10}H_{14} + BH_4^- \rightarrow B_{11}H_{14}^- + 2H_2; \qquad B_{11}H_{14}^- + BH_4^- \rightarrow B_{12}H_{12}^{2-} + 3H_2.$$

---

61 Gemäß $KB_9H_{14} + HCl$ (in fl. HCl, – 80 °C) → i-B_9H_{15} + KCl läßt sich die oberhalb – 30 °C zersetzliche *Isoform* i-B_9H_{15} des **Nonaborans(15) B_9H_{15}** (Struktur analog $B_9H_{14}^-$, Fig. 216) erzeugen. Die thermostabilere *Normalform* n-B_9H_{15} dieses Borans (Struktur Fig. 215, S. 996; Charakterisierung Tab. 86) bildet sich andererseits bei der Thermolyse von B_5H_{11} in Anwesenheit von Donoren sowie bei der Cothermolyse von B_2H_6 und B_5H_{11} bzw. von B_4H_{10} und B_6H_{10} (vgl. S. 1011). Beide B_9H_{15}-Formen (vgl. hierzu analog Fig. 216, S. 998) lassen sich zu $B_9H_{14}^-$ *deprotonieren* und gehen unter BH_3-Abspaltung (1. Reaktionsordnung) zunächst in **Octaboran(12) B_8H_{12}** (Struktur Fig. 215, Charakterisierung Tab. 86) über. Der oberhalb – 30 °C erfolgende i-B_9H_{15}-Zerfall eignet sich zur Gewinnung des oberhalb – 20 °C zersetzlichen Borans B_8H_{12}. Es läßt sich mit B_2H_6 wieder in B_9H_{15} zurückverwandeln: $B_8H_{12} + \frac{1}{2}B_2H_6 \rightleftarrows$ n-B_9H_{15}. In wasserhaltigem Ether „hydrolysiert" B_8H_{12} quantitativ zu B_6H_{10} (Anm.[59)]): $B_8H_{12} + 3H_2O \rightarrow B_6H_{10} + B_2O_3 + 4H_2$. Einwirkung von NaH führt bei tiefen Temperaturen zu einem Boranat ($B_8H_{13}^-$), das sich mit flüssigem HCl zu **Octaboran(14) B_8H_{14}** (Struktur Fig. 215, Charakterisierung Tab. 86) protonieren läßt. Es zersetzt sich oberhalb – 30 °C unter H_2-Eliminierung: $B_8H_{14} \rightarrow B_8H_{12} + H_2$.

62 Das Boranat $B_{11}H_{14}^-$, das sich aus B_5H_9 und starken Basen (NaH, KH, Li^{t}Bu) in Monoglyme bei 85 °C in fast quantitativer Ausbeute bildet, läßt sich durch Reaktion mit trockenem Chlorwasserstoff bei – 78 °C zu farblosem, in Toluol löslichem **Undecaboran(15) $B_{11}H_{15}$** protonieren, welchem eine vergleichbare Struktur wie $B_{11}H_{14}^-$ zukommt. Es *thermolysiert* oberhalb 0 °C unter H_2-Eliminierung (1/2 Mol pro Mol $B_{11}H_{15}$) und wirkt stark *sauer* (Deprotonierung bereits mit Me_2O, PMe_3).

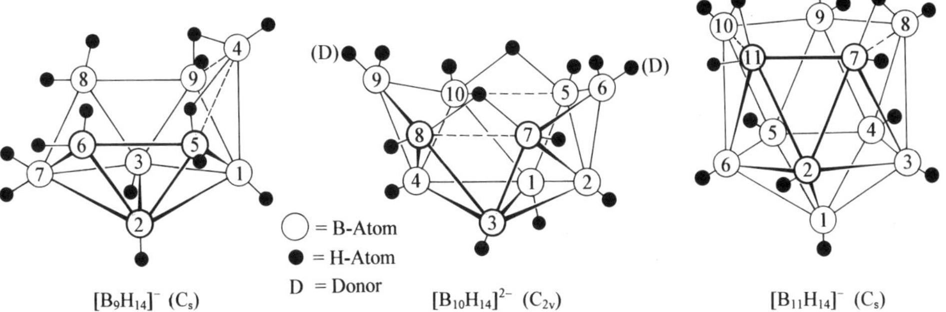

Fig. 218 Strukturen der Boranate *arachno*-$B_9H_{14}^-$, *arachno*-$B_{10}H_{14}^{2-}$ und *nido*-$B_{11}H_{14}^-$ sowie der Addukte $B_{10}H_{13}D^-$ und $B_{10}H_{12}D_2$ (in Klammern Molekülsymmetrie).

Decaboran(14) läßt sich durch starke Reduktionsmittel wie Natrium oder Kalium unter Öffnung des Boratomgerüsts auf dem Wege über das *purpurrote* Ion $B_{10}H_{14}^-$ in **Tetradecahydrido-*arachno*-decaborat $B_{10}H_{14}^{2-}$** (Struktur Fig. 218) überführen:

$$B_{10}H_{14} \xrightarrow{+\ominus} \underset{\textit{purpurrot}}{B_{10}H_{14}^-} \xrightarrow{+\ominus} \underset{\textit{farblos}}{B_{10}H_{14}^{2-}}.$$

Das auch durch Anlagerung von H^- (aus BH_4^- in wäßrigem Milieu) an $B_{10}H_{13}^-$ oder $B_{10}H_{14}$ erhältliche Ion ($B_{10}H_{13}^- + H^- \rightarrow B_{10}H_{14}^{2-}$; $B_{10}H_{14} + H^- \rightarrow B_{10}H_{15}^- \rightarrow B_{10}H_{14}^{2-} + H^+$) läßt sich zum **Pentadeca-hydrido-*arachno*-decaborat $B_{10}H_{15}^-$** protonieren, das leicht unter H_2-Abspaltung zerfällt und sich bei weiterer Protonierung – über das nicht faßbare „*arachno-Decaboran(16)*" $B_{10}H_{16}$ – in *nido*-Decaboran(14) umwandelt:

$$\begin{array}{ccccc} B_{10}H_{14}^{2-} & \xrightarrow{+H^+} & B_{10}H_{15}^- & \xrightarrow{+H^+} & \{B_{10}H_{16}\} \\ & & \downarrow -H_2 & & \downarrow -H_2 \\ & & B_{10}H_{13}^- & & B_{10}H_{14} \end{array}$$

Das Boranat $B_{10}H_{14}^{2-}$ stellt formal ein Dihydrid-Addukt des in Substanz unbekannten *closo*-Borans $B_{10}H_{12}$ dar. Außer durch $2H^-$ läßt sich $B_{10}H_{12}$ auch durch andere Donatoren :D stabilisieren. Derartige Addukte $B_{10}H_{12}D_2$ des *Decaborans(12)* entstehen durch Einwirkung von D auf $B_{10}H_{14}$[64]:

$$B_{10}H_{14} \xrightarrow[-H_2]{+2D} B_{10}H_{12}D_2$$

Eine weitere Möglichkeit zur Darstellung von $B_{10}H_{12}$-Addukten besteht im Austausch von D gegen D′: $B_{10}H_{12}D_2 + 2D' \rightleftarrows B_{10}H_{12}D'_2 + 2D$. Hierbei substituiert jeweils der *stärkere* Donator (Pyridin > R_3P > R_3N > RCN > R_2S) den *schwächeren.* Von besonderem Interesse ist in diesem Zusammenhang die Umsetzung des Acetonitril-Adduktes (D = CH_3CN) mit Triethylamin, die neben dem Amin-Addukt

---

63 Möglicher Bildungsweg von $B_{11}H_{14}^-$: $B_{10}H_{14} + BH_4^- \rightarrow B_{10}H_{13}^- + \{BH_3\} + H_2 \rightarrow \{B_{11}H_{16}^-\} + H_2 \rightarrow B_{11}H_{14}^- + 2H_2$.

64 Durch Reaktion von $B_{10}H_{13}^-$ mit Donatoren D lassen sich Addukte $B_{10}H_{13}D^-$ gewinnen, die sich von $B_{10}H_{14}^{2-}$ durch Austausch nur eines H^- durch D ableiten (das weiter oben behandelte Ion $B_{10}H_{13}OH^{2-}$ ist ein Beispiel für diesen Addukt-Typ mit D = OH^-). $B_{10}H_{13}D^-$ läßt sich seinerseits mit D′ zu Addukten $B_{10}H_{12}DD'$ umsetzen, die zwei verschiedene Donatoren enthalten.

(D' = NEt_3) das Salz $[NEt_3H]_2^+[B_{10}H_{10}]^{2-}$ mit dem **Decahydrido-closo-Decaboranat $B_{10}H_{10}^{2-}$** (vgl. S. 1019) liefert:

$$B_{10}H_{12} \cdot 2CH_3CN + 2NEt_3 \rightarrow [NEt_3H]_2^+[B_{10}H_{10}]^{2-} + 2CH_3CN.$$

Das gleiche Salz entsteht – neben $B_{10}H_{12} \cdot 2NR_3$ – auch durch direkte Einwirkung von NEt_3 auf $B_{10}H_{14}$ in hoher Ausbeute.

Die *elektrophile Halogenierung* von $B_{10}H_{14}$ mit $Cl_2/AlCl_3$, Br_2 oder I_2 führt unter Substitution zu Halogendecaboranen $B_{10}H_{13}X$, $B_{10}H_{12}X_2$, $B_{10}H_{11}X_3$ oder $B_{10}H_{10}X_4$, wobei X die Positionen 1–4 einnimmt (vgl. Fig. 215, S. 998). Entsprechendes gilt für die *elektrophile Alkylierung* mit $RCl/AlCl_3$. Bei der *nucleophilen Alkylierung* mit LiR werden demgegenüber bevorzugt die Wasserstoffe der Boratome 6 und 9 (untergeordnet auch 10–14) durch Organylgruppen substituiert.

Polyboranate (Hydridopolyborate)[9)]

Systematik. Die *Hydridopolyborate* leiten sich von den bisher bekannten sowie einigen unbekannten Boranen B_nH_{n+m} (m = 2, 4, 6, 8; vgl. S. 995) durch einfachen oder mehrfachen (allgemein p-fachen) *Protonenentzug* ab und haben demgemäß die Bruttoformeln $B_nH_{n+m-p}^{p-}$:

Typ	Borane $\overset{\mp H^+}{\rightleftarrows}$	Boranate(1–) $\overset{\mp H^+}{\rightleftarrows}$	Boranate(2–)
closo	(B_nH_{n+2})	$[B_nH_{n+1}]^-$ (n = 6–11)	$[B_nH_n]^{2-}$ (n = 6–12)
nido	B_nH_{n+4} (S. 995)	$[B_nH_{n+3}]^-$ (n = 1,4–6,9–11)	$[B_nH_{n+2}]^{2-}$ (n = 10, 11)
arachno	B_nH_{n+6} (S. 995)	$[B_nH_{n+5}]^-$ (n = 2–10)	$[B_nH_{n+4}]^{2-}$ (n = 9, 10)
hypho	B_nH_{n+8} (S. 995)	$[B_nH_{n+7}]^-$ (n = 5)	$[B_nH_{n+6}]^{2-}$ (kein Beispiel)

Darüber hinaus existieren einige *conjuncto*-Polyboranate: $B_{13}H_{18}^-$ (Deprotonierungsprodukt von $B_{13}H_{19}$), $B_{18}H_{21}^-$, $B_{18}H_{20}^{2-}$ und $B_{18}H_{22}^{2-}$ (jeweils 2 Isomere; Deprotonierungs- bzw. Reduktionsprodukte von n- und i-$B_{18}H_{22}$), $B_{20}H_{18}^{2-}$, $B_{20}H_{19}^{3-}$ und $B_{20}H_{18}^{4-}$ (aus zwei Einheiten $B_{10}H_{10}^{2-}$ aufgebaut), $B_{24}H_{23}^{3-}$ und $B_{48}H_{45}^{5-}$ (aus zwei bzw. vier Einheiten $B_{12}H_{12}^{2-}$ aufgebaut).

Darstellung, Eigenschaften. Die Polyboranate sind durch *Deprotonierung* von Polyboranen, durch *Hydrid-Addition* an Borane bzw. Boranate, durch *Monoboran-Addition* an Boranate (eventuell mit nachfolgender H_2-Abspaltung) und nach *speziellen Verfahren* zugänglich. Bezüglich Einzelheiten zur Darstellung und auch zur Reaktivität von BH_4^- und $B_2H_7^-$ vgl. beim Diboran(6) (S. 1001), von $B_3H_8^-$, $B_4H_9^-$ und $B_5H_{12}^-$ beim Tetraboran(10) (S. 1011), von $B_4H_7^-$, $B_5H_8^-$ und $B_6H_{11}^-$ beim Pentaboran(9) (S. 1014), von $B_9H_{14}^-$, $B_9H_{13}^{2-}$, $B_{10}H_{13}^-$, $B_{10}H_{12}^{2-}$, $B_{10}H_{15}^-$, $B_{10}H_{14}^{2-}$, $B_{11}H_{14}^-$ und $B_{11}H_{14}^{2-}$ beim Decaboran(14) (S. 1016).

Unter den Hydridoboraten sind die *farblosen* bis *gelben* ***closo*-Boranate $[B_nH_n]^{2-}$** (n = 6–12) besonders interessant, da sie geschlossene polyedrische Borgerüste mit quasi-aromatischem Bindungscharakter enthalten („*dreidimensionale Aromatizität*"; vgl. hierzu die Fullerene, S. 841). Ihre Strukturen gehen aus der Fig. 219 hervor. Danach nehmen die Boratome in $B_6H_6^{2-}$ und $B_7H_7^{2-}$ die Ecken einer quadratischen Bipyramide (*Oktaeder*) bzw. pentagonalen Bipyramide (*Dekaeder*) ein, während die Boratome in $B_8H_8^{2-}$, $B_9H_9^{2-}$ und $B_{11}H_{11}^{2-}$ ein *Dodekaeder* bzw. ein dreifach überkapptes trigonales Prisma (*Tetradekaeder*) bzw. ein *Oktadekaeder* bilden. Beim $B_{10}H_{10}^{2-}$ und $B_{12}H_{12}^{2-}$-Ion besetzen die Boratome die Ecken zweier basisverknüpfter quadratischer bzw. pentagonaler Pyramiden, die im ersteren Fall um 180 : 4 = 45°, in letzterem Fall um 180 : 5 = 36° gegeneinander verdreht sind ($B_{10}H_{10}^{2-}$: zweifach überkapptes quadratisches Antiprisma (*Hexadekaeder*); $B_{12}H_{12}^{2-}$: zweifach überkapptes pentagonales Antiprisma (*Ikosaeder*))[65)].

[65] Wie aus Fig. 219 ersichtlich, sind die n-Boratome der Boranate $B_nH_n^{2-}$ jeweils an den Ecken von Dreieckspolyedern (d.h. von nur aus Dreiecksflächen bestehenden Vielflächnern) angeordnet, die im Falle von $B_6H_6^{2-}$, $B_7H_7^{2-}$, $B_8H_8^{2-}$, $B_9H_9^{2-}$, $B_{10}H_{10}^{2-}$, $B_{11}H_{11}^{2-}$ bzw. $B_{12}H_{12}^{2-}$ von 8 (octa), 10 (deca), 12 (dodeca), 14 (tetradeca), 16 (hexadeca), 18 (octadeca) bzw. 20 (ikosa) Dreiecksflächen begrenzt sind.

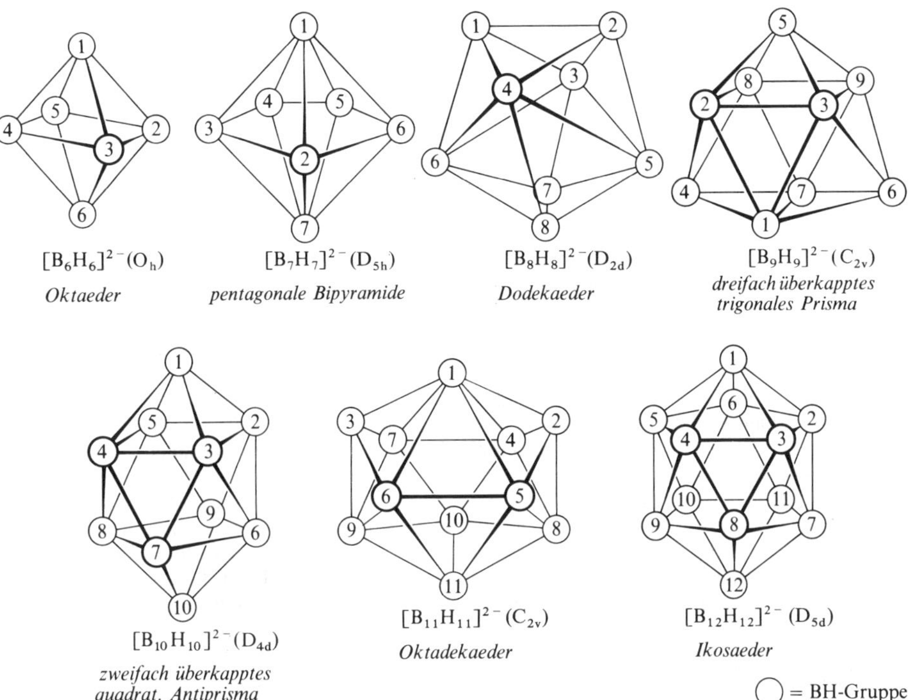

Fig. 219 Strukturen der *closo*-Boranate $B_nH_n^{2-}$ ($n = 6-12$; in Klammern Molekülsymmetrie).

Decahydridodecaborat $B_{10}H_{10}^{2-}$ und **Dodecahydridododecaborat $B_{12}H_{12}^{2-}$** werden am besten durch folgende Reaktionen in 80–100%iger Ausbeute gewonnen:

$$B_{10}H_{14} + 2NEt_3 \xrightarrow[140\,^\circ C]{\text{Xylol}} [NEt_3H]_2[B_{10}H_{10}] + H_2 \quad \text{(vgl. S. 841)},$$

$$5B_2H_6 + 2NaBH_4 \xrightarrow[180\,^\circ C]{NEt_3} Na_2B_{12}H_{12} + 13H_2 \quad \text{(vgl. S. 835)}.$$

Die Boranate $B_{10}H_{10}^{2-}$ und $B_{12}H_{12}^{2-}$ sind bemerkenswert *stabil gegen Säuren und Laugen*, von denen sie selbst bei 100 °C nicht angegriffen werden[66]. Die Alkalisalze $M_2B_{10}H_{10}$ (löslich in Wasser) und $M_2B_{12}H_{12}$ (Rb-, Cs-, Tl-Salz schwerlöslich in Wasser) *zersetzen sich thermisch* erst oberhalb 600 °C. Die den Ionen zugrundeliegenden Säuren $[H_3O]_2[B_{10}H_{10}]$ (farblose Festsubstanz; Smp. 202–206 °C/Zers., Sdp. 80 °C/0.1 mbar, *gelbe* wässerige Lösung) und $[H_3O]_2[B_{12}H_{12}]$ (*farblose* Festsubstanz; Smp. 82 °C, Zers. > 200 °C) sind sehr starke Säuren. $B_{10}H_{10}^{2-}$ läßt sich in Acetonitril durch CF_3COOH *protonieren* (Bildung von $B_{10}H_{11}^-$; pK_S ca. 0), $B_{12}H_{12}^{2-}$ zersetzt sich unter gleichen Bedingungen gemäß: $2B_{12}H_{12}^{2-} + H^+ \rightarrow B_{24}H_{23}^- + H_2$. Durch Einwirkung von *Halogenen* („*elektrophile Substitution*" von H^+ durch X^+) lassen sich beide Ionen in „*Halogenderivate*" $[B_{10}H_{10-n}X_n]^{2-}$ und $[B_{12}H_{12-n}X_n]^{2-}$ ($n = 1$ bis 10 bzw. 12)[67], durch andere *elektropile Agenzien* wie $PhNN^+$, RCO^+ in „*Azo-*", „*Acyl-Derivate*" usw. überführen ($B_{10}H_{10}^{2-}$ wird leichter als $B_{12}H_{12}^{2-}$ angegriffen). Dabei erlaubt die Strukturformel von $B_{10}H_{10}^{2-}$ (Fig. 219), nach der 2 apicale und 8 äquatoriale Stellungen vorhanden sind, die Existenz von 2 isomeren *Mono-*, 6 isomeren *Di-*, 13 isomeren *Trisubstitutionsprodukten* usw.[68]. Beim hochsymmetrischen $B_{12}H_{12}^{2-}$ (Fig. 219 nur gleichwertige Positionen) sind es weniger Stellungsisomere, z. B. 1 *Mono-* und 3 isomere *Disubstitutionsprodukte* (in den Stellungen 1,2 bzw. 1,7 bzw. 1,12). Einwirkung von *Fluor-*

---

66 Die Wasserbeständigkeit ist *kinetisch* bedingt, da *thermodynamisch* gesehen eine glatte Hydrolyse zu Borsäure und Wasserstoff erfolgen sollte.

67 Die Ionen $B_{10}X_{10}^{2-}$ und $B_{12}X_{12}^{2-}$ sind wie die unsubstituierten Ionen stabil gegen Säuren, Basen, Oxidationsmittel und Wärme. Die zugrundeliegenden Säuren $H_2B_{10}X_{10}$ und $H_2B_{12}X_{12}$ erreichen die Stärke der Schwefelsäure.

68 Gewisse Paare von Isomeren sind allerdings durch Umordnung der Boratome des B_{10}-Käfigs leicht ineinander umwandelbar.

wasserstoff auf $B_{12}H_{12}^{2-}$ („*nucleophile Substitution*" von H^- durch F^-) führt zu „*Fluorderivaten*" $B_{12}H_{12-n}F_n^{2-}$ (n bis 12).

Durch „*Oxidation*" mit Fe^{3+} oder Ce^{4+} kann $B_{10}H_{10}^{2-}$ in wässeriger Lösung zum *gelben* „*conjuncto-Octadecahydridoicosaborat*(2−)" $B_{20}H_{18}^{2-}$ oxidiert werden ($2B_{10}H_{10}^{2-} + 4Fe^{3+} \rightarrow B_{20}H_{18}^{2-} + 4Fe^{2+} + 2H^+$), das sich durch „*Bestrahlung*" in ein isomeres *conjuncto*-Boranat i-$B_{20}H_{18}^{2-}$ umwandeln läßt (Rückwandlung thermisch bei 100 °C möglich) und durch starke „*Reduktionsmittel*" wie *Natrium* zum *farblosen* „*conjuncto-Octadecahydridoicosaborat*(4−)" $B_{20}H_{18}^{4-}$ (bzw. dessen H^+-Addukt $B_{20}H_{19}^{3-}$) reduzieren läßt ($B_{20}H_{18}^{2-} + 2\ominus \rightarrow B_{20}H_{18}^{4-}$; es existieren 3 Konstitutionsisomere des *conjuncto*-Boranats $[B_{10}H_9{-}B_{10}H_9]^{4-}$). Auch $B_{12}H_{12}^{2-}$ kann durch Fe^{3+} oxidiert werden; es bildet sich das *farblose* „*conjuncto-Tricosahydridotetracosaborat*(3−)" $B_{24}H_{23}^{3-}$. Ein weiteres *conjuncto*-Boranat ($B_{48}H_{45}^{5-}$), welchem $4B_{12}H_{12}^{2-}$-Einheiten zugrunde liegen, entsteht als Thermolyseprodukt von $[H_3O]_2[B_{12}H_{12}]_2$.

Hexahydridohexaborat $B_6H_6^{2-}$ entsteht beim mehrstündigen Erhitzen von $BH_4^- + B_2H_6$ in Diglyme bei 162 °C in 2.4%iger Ausbeute (neben NaB_3H_8, $Na_2B_{12}H_{12}$), **Nonahydridononaborat $B_9H_9^{2-}$** beim halbstündigen trockenen Erhitzen (230 °C) von $B_3H_8^{2-}$ (68% Ausbeute) bzw. von $B_{10}H_{12}^{2-}$ (38% Ausbeute), **Undecahydridoundecaborat $B_{11}H_{11}^{2-}$** beim einstündigen trockenen Erhitzen (268 °C) von $B_{11}H_{13}^{2-}$ (60% Ausbeute). **Octahydridooctaborat $B_8H_8^{2-}$** bildet sich bei der Oxidation einer Lösung von $B_9H_9^{2-}$ in Monoglyme bei 70 °C (40% Ausbeute). Als Nebenprodukt erhält man hierbei **Heptahydridoheptaborat $B_7H_7^{2-}$** (6% Ausbeute). Die betreffenden *closo*-Boranate lassen sich wie $B_{10}H_{10}^{2-}$ zu $B_nH_{n+1}^-$ *monoprotonieren* (die Basizität von $B_nH_n^{2-}$ nimmt mit steigendem n ab; das zusätzliche (fluktuierende) Proton ist über B_3-Dreieckflächen (kleineres n), über B_2-Bindungen (mittleres n) bzw. an niedrig koordinierten B-Atomen (größeres n) lokalisiert. Beim Versuch, $B_nH_{n+1}^-$ zu protonieren, erhält man ausschließlich Zersetzungsprodukte der zu erwartenden Protonierungsprodukte („*closo*-Borane" B_nH_{n+2}). Bezüglich Fragmenten ML_n (M = Metall, L = geeigneter Ligand) vermögen *closo*-Boranate als *Komplexliganden* zu wirken.

1.2.4 Heteroborane[2,9,69]

Grundlagen

Systematik. Die „*Heteroborane*" („Carba-", „Sila-", „Aza-", „Phospha-", „Thia-", „Metalla-Borane" usw.) zählen wie die Borane zu den *Elektronenmangelverbindungen* und leiten sich von diesen durch Ersatz von BH- oder BH_2-Gruppen gegen isoelektronische Elementgruppen EH_n ab (E = C, Si, N, P, S, M usw.). Wie bei den Boranen unterscheidet man auch bei den Heteroboranen zwischen „*closo-Heteroboranen*" mit $(2n + 2)$ Gerüstelektronen, die eine *Käfigstruktur* von B- und E-Atomen aufweisen, „*nido-Heteroboranen*" mit $(2n + 4)$ Gerüstelektronen, die eine geöffnete Käfigstruktur besitzen und „*arachno-*" bzw. „*hypho-Heteroboranen*" mit $(2n + 6)$ bzw. $(2n + 8)$ Gerüstelektronen, denen noch offenere Strukturen zukommen (vgl. hierzu S. 997)[70]. In ihnen besetzen die B- und E-Atome alle Ecken in Dreieckspolyedern bzw. alle bis auf eine, zwei oder drei Ecken.

---

[69] **Literatur.** Carbaborane. R. Köster, M.A. Grassberger: „*Struktur und Synthesen von Carboranen*", Angew. Chem. **79** (1967) 197–219; Int. Ed. **6** (1967) 218; R.N. Grimes: „*Carboranes*", Acad. Press, New York 1970; „*Carbon-rich Carboranes and their Metal Derivatives*", Adv. Inorg. Radiochem. **26** (1983) 55–117; H.T. Haworth: „*Chemistry of Carboranes*", Endeavour **31** (1972) 16–21; G.B. Dunks, M.F. Hawthorne: „*Nonicosahedral Carboranes*", Acc. Chem. Res. **6** (1973) 124–131; R.E. Williams: „*Coordination Number Pattern Recognition Theory of Carborane Structure*", Adv. Inorg. Radiochem. **18** (1976) 67–142; T. Onak: „*Polyhedral Organoboranes*", Comprehensive Organomet. Chem. **1** (1982) 411–457; G.A. Olah, K. Wade, R.E. Williams (Hrsg.): „*Electron Deficient Boron and Carbon Clusters*", Wiley, New York 1991; R.E. Williams: „*The Polyborane, Carborane, Carbocation Continuum: Architectural Patterns*", Chem. Rev. **92** (1992) 177–207; R.E. Williams: „*Early Carboranes and their Structural Legacy*", Adv. Organoment. Chem. **36** (1994) 1–55. Sonstige Heteroborane. R.N. Grimes: „*Metallocarboranes and Metalloboranes*" und L.J. Todd: „*Heterocarboranes*", Comprehensive Organomet. Chem. **1** (1982) 459–542, 543–553; K.P. Callahan, M.F. Hawthorne: „*Ten Years of Metalloboranes*", Adv. Organomet. Chem. **14** (1976) 145–186; C.E. Housecroft, T.P. Fehlner: „*Metalloboranes: Their Relationship to Metal-Hydrocarbon Complexes and Clusters*", Adv. Organomet. Chem. **21** (1982) 57–112; R.N. Grimes: „*Structure and Stereochemistry in Metalloboron Cage Componds*", Acc. Chem. Res. **11** (1978) 420–427; N.N. Greenwood, I.M. Ward: „*Metalloboranes and Metal-Boron Bonding*", Chem. Soc. Rev. **3** (1974) 231–271; N.N. Greenwood: „*The Synthesis, Structure and Chemical Reactions of Metalloboranes*", Pure Appl. Chem. **49** (1977) 791–802; N.S. Hosmane, J.A. Magnire: „*Syntheses, Structures, Bonding and Reactivity of Main Group Heterocarboranes*", Adv. Organomet. Chem. **30** (1990) 99–150; C.E. Housecroft: „*Boron Atoms in Transition Metal Clusters*", Adv. Organomet. Chem. **33** (1991) 1–50; J.D. Kennedy: „*The Polyhedral Metalloborans: Metalloborane Clusters with Seven Vertices and Fewer (Part I), with Eight Vertices and More (Part II)*", Progr. Anorg. Chem. **32** (1984) 519–679, **34** (1986) 211–434; R.N. Grimes (Hrsg.): „*Metal Interactions with Boron Clusters*", Plenum Press, New York 1982; C.E. Housecroft: „*Boranes and Metalloboranes*", Horword, Chichester 1990.

Strukturverhältnisse. *Nichtmetallatome* nehmen im Heteroboranpolyeder bevorzugt Ecken mit *niedrigen, Metallatome* solche mit *hohen Koordinationszahlen* ein. Dementsprechend sind Isomerisierungen in der Regel mit einer Erniedrigung (Erhöhung) der Koordinationszahl der Nichtmetallatome (Metallatome) verbunden. Auch suchen *Nichtmetallatome* im Heteroboran bevorzugt *entfernte Ecken* auf, so daß also im Falle isomerer *closo*-Dicarbaborane dasjenige mit benachbarten Kohlenstoffatomen thermodynamisch am instabilsten ist.

Wie im Falle der Borane tragen die Atome der Carbaborane Wasserstoffatome (oder Substituenten), und zwar jeweils ein *exoständiges* H-Atom sowie an der Käfigöffnung zusätzlich ein *endo*- und/oder *brückenständiges* H-Atom. Wasserstoffbrücken existieren hierbei nur zwischen BB-, nicht aber zwischen BC- und CC-Gruppen. Nichtmetalle der Stickstoffgruppe sind in Heteroboranen zum Teil, solche der Sauerstoffgruppe immer wasserstofffrei. Metallatome sind in der Regel nicht mit Wasserstoff, sondern mit anderen exoständigen Liganden (Sulfanen, Phosphanen, Kohlenmonoxid usw.) koordiniert. Die *positive Ladung*, d.h. *die Acidität der H-Atome* verringert sich in den Reihen BHB > CH > BH und NH > CH, die *negative Ladung der B-Atome* mit der Anzahl von Nichtmetall-Bindungsnachbarn.

Bindungsverhältnisse. Die *Bindungsabstände* nehmen in Carbaboranen mit der Koordinationszahl der B- und C-Atome zu; auch vergrößern sie sich – da B-Atome größer als C-Atome sind – in der Reihe CC/CB/BB (ca. 1.45/ 1.65/1.70 Å für KZ = 5; 1.65/1.72/1.77 Å für KZ = 6; –/–/1.86 Å für KZ = 7).

Für Carbaborane (Analoges gilt für *closo*-Borane) lassen sich vielfach neben „nicht-klassischen" *closo*-, *nido*- und *arachno*-Strukturen (KZ der B- und C-Atome ≥ 4) auch „*klassische*" Strukturen formulieren, in welchen den B-Atomen die Bindigkeit drei, den C-Atomen die Bindigkeit vier zukommt. Tatsächlich wurden in einigen wenigen Fällen Konkurrenzen zwischen klassicher und nicht-klassischer Struktur aufgefunden. So existiert das Carbaboran $C_4B_6R_{10}$ (Organylderivat des unbekannten, von $B_{10}H_{14}$ abgeleiteten nido-Carbaborans $C_4B_6H_{10}$) sowohl mit klassischer *Adamantan*- als auch nicht-klassischer *nido-Struktur* (vgl. Anm.[73)]).

Besonders eingehend untersuchte Heteroborane, von denen (einschließlich ihrer Derivate) bisher viele tausend Verbindungsbeispiele bekannt sind, stellen die *Carbaborane* dar. Sie werden nachfolgend zunächst besprochen, dann andere *Nichtmetallaborane* und schließlich *Metallaborane* (vgl. auch heteroatomhaltige Bormodifikationen, S. 989).

Carbaborane („Carborane")[69)]

***Closo*-Carbaborane.** Die *closo*-Carbaborane leiten sich von den *closo*-Boranaten $B_nH_n^{2-}$ durch Austausch von BH^-- gegen CH-Gruppen ab und haben die Formeln $CB_{n-1}H_n^-$ ($n = 6$, 10–12) bzw. $C_2B_{n-2}H_n$ ($n = 5$–12). Unter den *neutralen Dicarbaboranen* ist das gasförmige, bei 25 °C stabile **Dicarba-*closo*-pentaboran(5) $C_2B_3H_5$** (Smp./Sdp. $-126.4/-3.7$ °C), dessen Molekül eine *trigonale Bipyramide* mit den zwei C-Atomen an den beiden Spitzen bildet (1,5-$C_2B_3H_5$; das isomere 1,2-$C_2B_3H_4$ mit benachbarten C-Atomen existiert nicht), isoelektronisch mit dem bisher unbekannten Boranat $B_5H_5^{2-}$. **Dicarba-*closo*-hexaboran(6) $C_2B_4H_6$**, von *oktaedrischer* Struktur, kommt in zwei isomeren Formen vor: als symmetrisches 1,6-$C_2B_4H_6$ (Smp./Sdp. $-30/+22.7$ °C) mit den beiden C-Atomen in *trans*-Stellung und als asymmetrisches 1,2-$C_2B_4H_6$ (instabil in Bezug auf 1,6-$C_2B_4H_6$) mit den beiden C-Atomen in *cis*-Stellung des Oktaeders. Von $B_6H_6^{2-}$ leitet sich darüber hinaus ein *negativ geladenes „Monocarba-closo-hexaboranat"* $CB_5H_6^-$ ab, das sich zum neutralen „*Monocarba-closo-hexaboran(7)*" CB_5H_7 protonieren läßt (das „überzählige" H-Atom ist über einer B_3-Dreiecksfläche lokalisiert). **Dicarba-*closo*-heptaboran(7) $C_2B_5H_7$** bildet eine *pentagonale Bipyramide* mit den beiden C-Atomen in nichtbenachbarten Stellungen der Äquatorialebene (2,4-$C_2B_5H_7$; die isomeren Formen, 1,2-, 1,7-, bzw. 2,3-$C_2B_5H_7$ mit höherkoordinierten bzw. benachbarten C-Atomen existieren nicht). Den Carbaboranen **Dicarba-*closo*-octaboran(8) $C_2B_6H_8$** (isoliert als 1.7-$C_2B_6H_8$), **-nonaboran(9) $C_2B_7H_9$** (isoliert als 1,6-$C_2B_7H_9$) und **-undecaboran(11) $C_2B_9H_{11}$** (isoliert als 2,3-$C_2B_9H_{11}$) kommen die Strukturen eines *Dodekaeders, dreifach-überkappt-trigonalen Prismas* und *Oktadekaeders* zu (vgl. S. 1019). Das von $B_{10}H_{10}^{2-}$ abgeleitete **Dicarba-*closo*-decaboran $C_2B_8H_{10}$** (*zweifach-überkappt-antiprismatisch*) existiert in zwei isomeren Formen als 1,6- und 1,10-$C_2B_8H_{10}$ (vgl. Fig. 220; die Isomeren 1,2-, 2,3-, 2,4-, 2,6- und 2,7-$C_2B_8H_{10}$ mit benachbarten oder höherkoordinierten C-Atomen sind unbekannt). Das von $B_{12}H_{12}^{2-}$ abgeleitete **Dicarba-*closo*-dodecaboran(12) $C_2B_{10}H_{12}$** existiert gemäß seiner *Ikosaeder*-Struktur (vgl. Fig. 220) in drei isomeren Formen als 1,2- oder *ortho*-

---

[70] **Nomenklatur.** Zur Bezeichnung der neutralen Heteroborane geht man vom Namen des zugrundeliegenden Borans aus (S. 995). Man stellt ihm die Anzahl sowie Art der Heteroatome voraus, die Anzahl der H-Atome als Zahl in Klammern hintan (z.B. für $C_2B_4H_8$, abgeleitet von *nido*-B_6H_{10}: „Dicarba-*nido*-hexaboran (8)").

$C_2B_{10}H_{12}$ (Smp. 320 °C), als 1,7- oder *meta*-$C_2B_{10}H_{12}$ (Smp. 265 °C) und als 1,12- oder *para*-$C_2B_{10}H_{12}$ (Smp. 261 °C). Von $B_{10}H_{10}^{2-}$ und $B_{12}H_{12}^{2-}$ leiten sich darüber hinaus negativ geladene „*Monocarba-closo-deca-*" und „*-dodecaboranate*" $CB_9H_{10}^-$ und $CB_{11}H_{12}^-$ ab (Fig. 220).

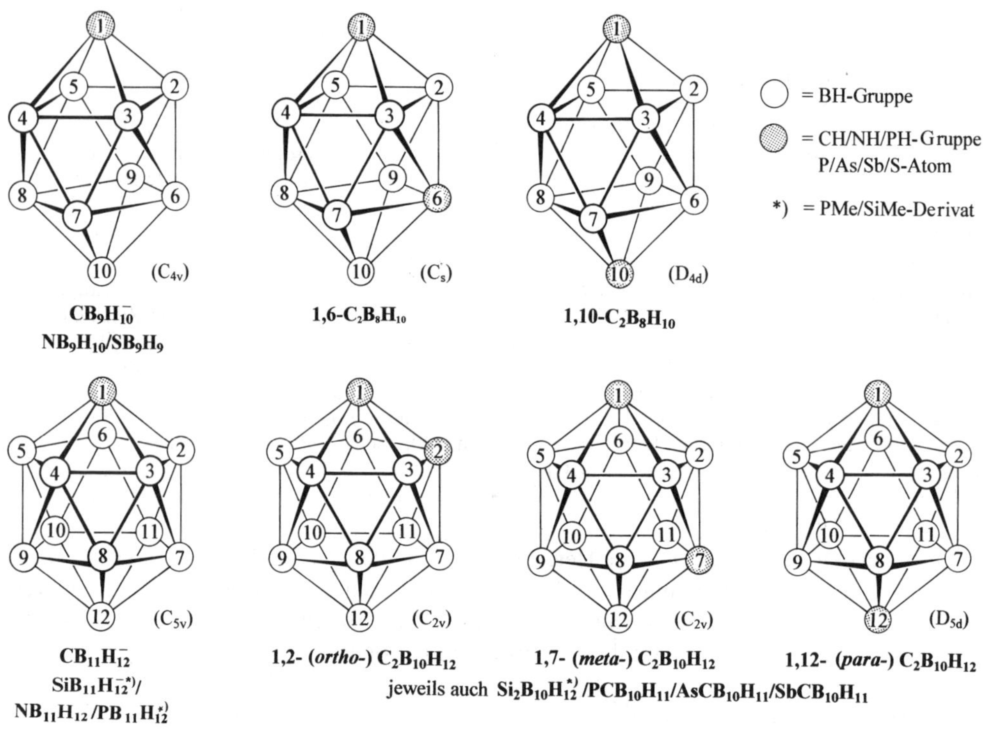

Fig. 220 „*Closo-Heteroborane*", abgeleitet von $B_{10}H_{10}^{2-}$ und $B_{12}H_{12}^{2-}$ (in Klammern Molekülsymmetrie).

Das mit dem Boranat $B_4H_4^{2-}$ (unbekannt) isoelektronische **Dicarbatetraboran(4) $C_2B_2H_4$** (nur in Form von Substitutionsprodukten bekannt) besitzt – laut ab-initio-Berechnungen und Strukturuntersuchungen an Derivaten – im energieärmsten Zustand weder eine nichtklassische *closo*-Struktur (C_2B_2-Tetraedergerüst), noch die klassische Struktur (a) („*1,2-Dihydro-1,2-diboret*", planar mit lokalisierter CC-Doppelbindung) bzw. (d) („*2,4-Diborabicyclobutan*"), sondern eine zwischen beiden Extremen liegende Struktur (b) („*1,3-Dihydro-1,3-diboret*") mit verzerrtem C_2B_2-Tetraedergerüst ohne BB- und CC-Bindungsbeziehungen (C_{2v}-Molekülsymmetrie; nichtplanares, aromatisches 2π-Elektronensystem). In Form von Derivaten $R_2C_2B_2X_2$ kennt man neben (b) auch die energiereicheren, thermisch in (b) übergehenden Isomeren (a) und (c)[71]. Letzterer Verbindung („*Borandiylboriran*") kommt die wiedergegebene nicht-

---

[71] Man gewinnt (a) bzw. (c) durch Chlorentzug aus 1,2- und 1,1-Bis(boryl)ethylenen ClXB—CR=CR—BXCl bzw. $R_2C{=}C(BXCl)_2$ mit Alkalimetallen und (b) durch Umlagerung aus (a) bzw. (c) (vielfach führt die Entchlorierung wegen kleiner Umlagerungsbarrieren von (a) bzw. (c) direkt zu (b)). Beispiele für (a): R/X = H/N^iPr_2 (Umlagerung bei 120 °C; BB/BC/CC-Abstände = 1.75/1.58/1.31 Å); für (b): R/X = Me/^tBu, ^tBu/Me, $SiMe_3$/^tBu, ^tBu/NMe_2 (BC-Abstände ca. 1.50 Å; Interplanarwinkel ca. 130°); für (c): R/X = ^tBu/$SiMe_3$, Dur/$SiMe_3$, Dur/$GeMe_3$ (Dur = 2,3,5,6-Me_4C_6H; B···B/B=C/B—C/B—CR_2/C—C-Abstände ca. 1.84/1.35/1.54/1.62/1.47 Å). Das reaktive System (c) wirkt hinsichtlich Reaktanden teils so, als läge (e) vor (z. B. Additon von HY wie HCl, $HN(SiMe_3)_2$ an die Doppelbindung unter Bildung von Borylboriranen mit dreigliedrigem gesättigten C_2B-Ring), teils so, als läge ein Carben $R_2C(—BX_2—)_2C$ mit viergliederigem CB_2C-Ring vor (z. B. Addition von ER_3 (E = As, P; R = Ph) oder ER_2 (E = Ge, Sn; R = $CH(SiMe_3)_2$, $N(SiMe_3)_2$) unter Bildung von $R_2C(—BX_2—)_2C{=}ER_{3,2}$ mit CP-, CAs-, CGe- bzw. CSn-Doppelbindung). Das System (b) (isoelektronisch mit dem ebenfalls gefalteten Dikation $C_4H_4^{2+}$ des Cyclobutadiens) läßt sich mit Alkalimetallen zum planaren „*Monoanion*" $C_2B_2H_4^-$ (in Form von Derivaten bekannt) reduzieren (isoelektronisch mit dem planaren Monokation $C_4H_4^+$ des Cyclobutadiens).

klassische, planare Struktur zu, die sich von der denkbaren klassischen Struktur (e) deutlich unterscheidet (kleiner BCB-Winkel um 80°, BB-Bindungsbeziehung).

(a) (b) (c) (d) (e)

Bezüglich der mit den Boranaten $B_3H_3^{2-}$ und $B_2H_2^{2-}$ (beide unbekannt) isoelektronischen Verbindungen **Dicarbatriboran(3) C_2BH_3** („*Boriren*“; nur in Form von Derivaten bekannt) und **„Dicarbadiboran(2)“ C_2H_2** („*Acetylen*“) vgl. S. 1057 und 852.

Darstellung[71]. *Closo*-Carbaborane werden durch Pyrolyse oder elektrische Durchladung von *nido*- sowie *arachno-Boranen* in Anwesenheit von *Acetylen* gewonnen; auch entstehen sie durch Umsetzung dieser Borane mit C_2H_2 bei erhöhter Temperatur oder in Anwesenheit von Katalysatoren. So liefert die Thermolyse des *nido*-Carbaborans 2,3-$C_2B_4H_8$ bzw. die Reaktion des *nido*-Borans B_5H_9 mit C_2H_2 bei 500–600 °C die *closo*-Carbaborane 1,5-$C_2B_3H_5$, 1,6-$C_2B_4H_6$ und 2,4-$C_2B_5H_7$. Die höheren Carbaborane $C_2B_6H_8$, $C_2B_7H_9$, $C_2B_8H_{10}$ und $C_2B_9H_{11}$ werden andererseits am besten aus 1,2-$C_2B_{10}H_{12}$ durch Einwirkung starker Basen bei erhöhter Temperatur gewonnen. Das hierzu benötigte 1,2-$C_2B_{10}H_{12}$ entsteht dabei in hohen Ausbeuten aus *nido*-$B_{10}H_{14}$ und C_2H_2 in Anwesenheit von Donatoren D wie CH_3CN, Et_2S, RNH_2:

$$B_{10}H_{14} + 2D \rightarrow B_{10}H_{12}D_2 + H_2; \quad B_{10}H_{12}D_2 + C_2H_2 \rightarrow 1{,}2\text{-}C_2B_{10}H_{12} + 2D + H_2.$$

Das 1,7-Isomer bildet sich aus der 1,2-Verbindung durch thermische Umlagerung in der Gasphase bei ca. 470 °C, das 1,12-Isomer aus der 1,7-Verbindung durch kurzzeitiges Erhitzen auf 700 °C. Bezüglich der *closo*-Clusterexpansion mit Diboran vgl. weiter unten.

Eigenschaften. Den farblosen, flüchtigen *closo*-Carbaboranen kommt aufgrund ihres quasi-aromatischen Bindungscharakters („*dreidimensionale Aromatizität*“; vgl. *closo*-Boranate $B_nH_n^{2-}$ und Fullerene C_n) hohe *Thermostabilität* (meist bis 400 °C) zu. Besonders eingehend sind die gegen Wasser, Säuren, Alkalien und Oxidationsmittel ähnlich wie $B_{12}H_{12}^{2-}$ außerordentlich stabilen **Dicarba-*closo*-dodecaborane(12) $C_2B_{10}H_{12}$** (vgl. Fig. 220) untersucht worden. Wie bereits erwähnt, lagert sich das thermodynamisch weniger stabile 1,2-$C_2B_{10}H_{12}$ bei *erhöhter Temperatur* unter sukzessiver Vergrößerung des Abstands zwischen den C-Atomen über das stabilere Isomer 1,7-$C_2B_{10}H_{12}$ in das thermodynamisch stabilste Isomer 1,12-$C_2B_{10}H_{12}$ um. Hierbei handelt es sich um eine intramolekulare, in Einzelheiten noch unklare Umgruppierung der Bindungsbeziehungen im – bis 630 °C zersetzungsstabilen – C_2B_{10}-Gerüst[72].

Wie im Falle von $B_{12}H_{12}^{2-}$ lassen sich auch im Falle der Dicarbadodecaborane $C_2B_{10}H_{12}$ die Wasserstoffatome ohne Zerstörung der Käfigstrukturen teilweise oder vollständig gegen Halogen, Alkyl, Acyl und anderen Gruppen *elektrophil substituieren* (vgl. hierzu die elektrophile aromatische Substitution). Die schwach sauren CH-Gruppen können darüber hinaus durch starke Basen wie LiR, RMgBr *deprotoniert* werden. Bei der Umsetzung des hierbei gebildeten Dilithiumsalzes mit einem Moläquivalent Brom bildet sich intermediär ein – durch organische Diene und Ene abfangbares – Carbaboran $C_2B_{10}H_{10}$ (vergleichbar dem aus C_6H_4LiBr erzeugbaren 1,2-Dehydrobenzol C_6H_4):

$\{C_6H_4\}$ $C_2B_{10}H_{10}Li_2$ $\xrightarrow[-2LiBr]{+Br_2}$ $\{C_2B_{10}H_{10}\}$ $\xrightarrow{+\,(=DMB)}$ $C_2B_{10}H_{10}\cdot DMB$

In protonenaktiven Lösungsmitteln reagieren starke Basen mit 1,2- und 1,7-$C_2B_{10}H_{12}$ unter *Verkleinerung des Carbaborangerüsts* („*basischer Abbau*“), z. B.: *closo*-1,2-$C_2B_{10}H_{12}$ + EtO^- + 2 EtOH → *nido*-7,9-$C_2B_9H_{12}^-$ + $B(OEt)_3$ + H_2. Der umgekehrte Weg, die *Erweiterung des Carbaborangerüsts* ist durch Einwirkung von Diboran auf *closo*-Borane $C_2B_{n-2}H_n$ ($n < 12$) möglich, z. B.: *closo*-1,6-$C_2B_7H_9$ + $\frac{1}{2}B_2H_6$ → *closo*-1,6-$C_2B_8H_{10}$ + H_2. Durch *Reduktion* mit Alkalimetallen läßt sich $C_2B_{10}H_{12}$ in *nido*-$C_2B_{10}H_{12}^{2-}$ überführen.

---

[72] Der Umlagerungsmechanismus könnte u. a. in der Drehung eines CB_2-Dreiecks oder einer CB_5-Pyramide gegen den Rest des Moleküls bestehen.

***Nido*-Carbaborane.** Die *nido*-Carbaborane leiten sich von den Boranen B_nH_{n+4} bzw. von deren Deprotonierungsprodukten durch Austausch von BH_2- oder BH^-- gegen CH-Gruppen ab. So entsprechen etwa dem *nido*-Hexaboran(10) B_6H_{10} mit *pentagonal-pyramidalem* Bau (S. 996) die **Carba-*nido*-hexaborane $CB_5H_9/C_2B_4H_8/C_3B_3H_7/C_4B_2H_6$**[70] (vgl. Fig. 221; von CB_5H_9, $C_2B_4H_8$ und $C_3B_3H_7$ leiten sich *Anionen* mit weniger Brückenprotonen ab, z. B.: $C_2B_4H_7^-$, $C_2B_4H_6^{2-}$). Da B_6H_{10} nur 4 durch CH-Reste ersetzbare BH_2-Gruppen enthält, existiert kein *neutrales* Carbahexaboran mit mehr als vier C-Atomen. Entsprechend der elektronischen Verwandtschaft von BH mit CH^+ muß das *„Pentacarbahexaboran (6)“ einfach-positiv* geladen sein: **$C_5BH_6^+$** (für die Struktur des in Form von Derivaten zugänglichen Kations vgl. Fig. 221; $C_5BH_6^+$ leitet sich von $B_6H_{11}^+$, Fig. 217 auf S. 1015, durch Tausch von fünf BH_2- gegen CH-Gruppen ab). In analoger Weise müßte das *„Hexacarbahexaboran (6)“ zwei positive* Ladungen tragen: **$C_6H_6^{2+}$** (bisher auch in Form von Derivaten unbekannt).

Weitere isolierte *nido*-Carbaborane (allgemeine Zusammensetzung $C_aB_{n-a}H_{n+4-a}$) sind u. a.: das von *nido*-Pentaboran(9) B_5H_9 (S. 1014) abgeleitete **1,2-Dicarba-*nido*-pentaboran(7) $C_2B_3H_7$**, die von *nido*-Octaboran(12) B_8H_{12} abgeleiteten **Carba-*nido*-octaborane $C_2B_6H_{10}/C_4B_4H_8$**, die von *nido*-Nonaboran(13) B_9H_{13} (bzw. $B_9H_{12}^-$; vgl. S. 1012) abgeleiteten **Carba-*nido*-nonaborane $CB_8H_{12}/C_2B_7H_{11}$** (für Strukturen von $C_2B_7H_{11}$ vgl. Fig. 221; von $C_2B_7H_{11}$ leiten sich die *Anionen* $C_2B_7H_{10}^-$ und $C_2B_7H_9^{2-}$ ab), die von *nido*-Decaboran(14) $B_{10}H_{14}$ (S. 1016) abgeleiteten **Carba-*nido*-decaborane $CB_9H_{12}^-/C_2B_8H_{12}$** (für Strukturen vgl. Fig. 221) und die von *nido*-Undecaboran(15) $B_{11}H_{15}$ (bzw. $B_{11}H_{14}^-$, $B_{11}H_{13}^{2-}$; vgl. S. 1016) abgeleiteten **Carba-*nido*-undecaborane $CB_{10}H_{13}^-/C_2B_9H_{13}$** (von $CB_{10}H_{13}^-$ leiten sich die Anionen $CB_{10}H_{12}^{2-}/CB_{10}H_{11}^{3-}$, von $C_2B_9H_{13}$ die in zwei isomeren Formen existierenden Anionen $C_2B_9H_{12}^-$ ab; für Strukturen vgl. Fig. 221)[73].

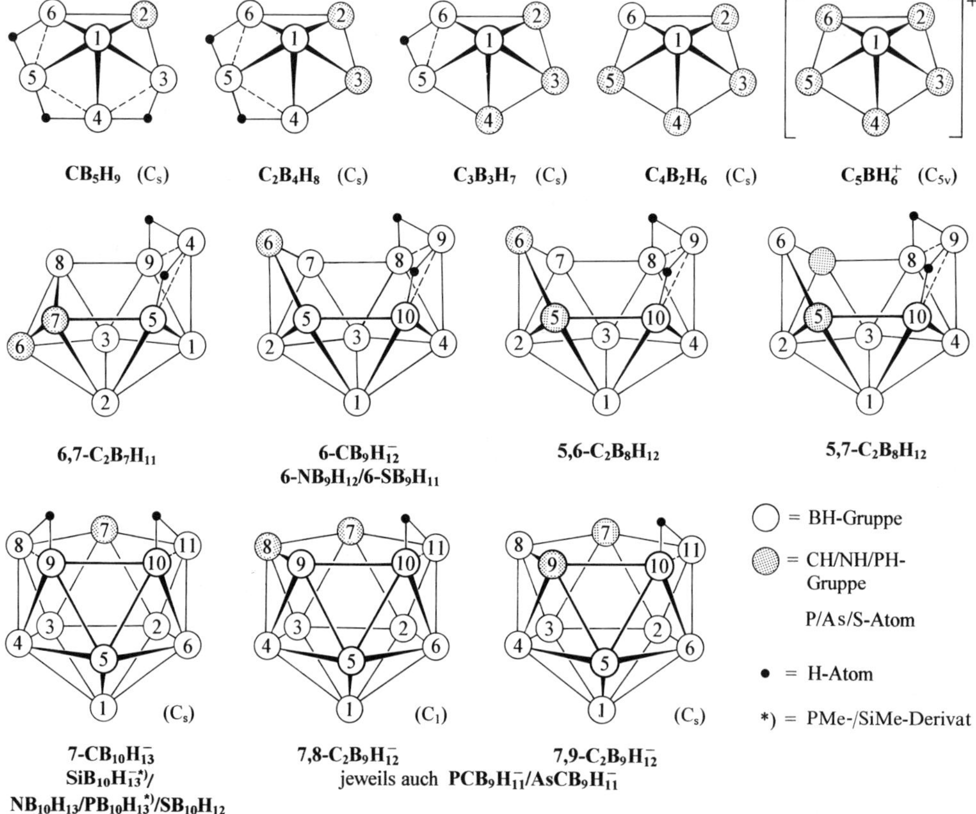

Fig. 221 *„Nido-Heteroborane“*, abgeleitet von B_6H_{10}, B_9H_{13}, $B_{10}H_{14}$, $B_{11}H_{15}$ (in Klammern Molekülsymmetrie).

---

[73] Interessanterweise existiert das „Tetracarbadodecaboran(10)“ $C_4B_6Me_4Et_6$ in einer „klassischen“ Struktur mit C_4B_6-Adamantan-Gerüst (Bildung aus *nido*-Carbaboran(5) $C_2B_3Me_2Et_3$ durch Reduktion mit Kalium und anschließender Oxidation mit Iod) und in einer „nicht-klassischen“ Struktur mit C_4B_6-*nido*-Gerüst (Bildung aus ersterer Verbindung beim Erhitzen).

Darstellung. Man erhält die *nido*-Carbaborane durch Umsetzung von *Boranen* mit *Acetylen* unter milden Bedingungen (bei schärferen Bedingungen entstehen die *closo*-Carbaborane, s. o.). So bilden sich z. B. aus B_5H_9 und C_2H_2 in der Gasphase bei 215 °C die B_6H_{10}-Derivate CB_5H_9 und 2,3-$C_2B_4H_8$, aus B_4H_{10} und C_2H_2 bei 25–50 °C in der Gasphase die *nido*-Carbaborane $C_2B_3H_7$ (B_5H_9-Derivat) sowie CB_5H_9 und $C_2B_4H_8$ (B_6H_{10}-Derivate). Auch durch Abbau von closo-Carbaboranen mit starken Basen können *nido*-Carbaborane entstehen. So ergibt das *closo*-Carbaboran $C_2B_{10}H_{12}$ bei der Behandlung mit Methylat in Methanol das *nido*-Carbaboran $C_2B_9H_{13}$ ($B_{11}H_{14}^-$-Derivat).

Eigenschaften. Die *nido*-Carbaborane sind thermolabiler und weniger beständig gegen Hydrolyse und Luftoxidation als die *closo*-Carbaborane. Bei der Pyrolyse oder UV-Bestrahlung wandeln sie sich ganz allgemein in die stabileren *closo*-Carbaborane um. So geht das *nido*-Carbaboran $C_2B_9H_{13}$ beim Erhitzen auf 100 °C unter H_2-Entwicklung in das *closo*-Carbaboran $C_2B_9H_{11}$ über und das *nido*-Carbaboran 2,3-$C_2B_4H_8$ in die *closo*-Carbaborane 1,5-$C_2B_3H_5$, 1,6-$C_2B_4H_6$ sowie 2,4-$C_2B_5H_7$. Ähnlich wie *nido*-Borane lassen sich auch die (neutralen und anionischen) *nido*-Carbaborane deprotonieren, z. B.: $C_2B_4H_8 \rightarrow C_2B_4H_7^- \rightarrow C_2B_4H_6^{2-}$; $C_2B_7H_{11} \rightarrow C_2B_7H_{10}^- \rightarrow C_2B_7H_9^{2-}$; $CB_{10}H_{13}^- \rightarrow CB_{10}H_{12}^{2-} \rightarrow CB_{10}H_{11}^{3-}$. Die aus den Anionen 7,8- und 7,9-$C_2B_9H_{12}$ (Fig. 221) durch Abstraktion des Brückenwasserstoffs mit Basen hervorgehenden Anionen 7,8- und 7,9-$C_2B_9H_{12}^{2-}$ sind ähnlich gute π-Komplexliganden wie das Cyclopentadienyl-Anion $C_5H_5^-$ (s. weiter unten).

***Arachno-* und *hypho*-Carbaborane.** Von den *arachno*-Boranen B_nH_{n+6} leiten sich die *arachno*-Carbaborane (allgemeine Zusammensetzung $C_nB_{n-a}H_{n+6-a}$) durch Austausch der BH_2- gegen isoelektronische CH- bzw. CH_2^+-Gruppen ab. Doch sind hier nur wenige Verbindungen bekannt: $\mathbf{CB_8H_{14}/C_2B_7H_{13}}$ (abgeleitet von $B_9H_{14}^-$; vgl. Fig. 222) bzw. $\mathbf{C_2B_8H_{14}/CB_9H_{14}^-}$ (abgeleitet von $B_{10}H_{14}^{2-}$; vgl. Fig. 222).

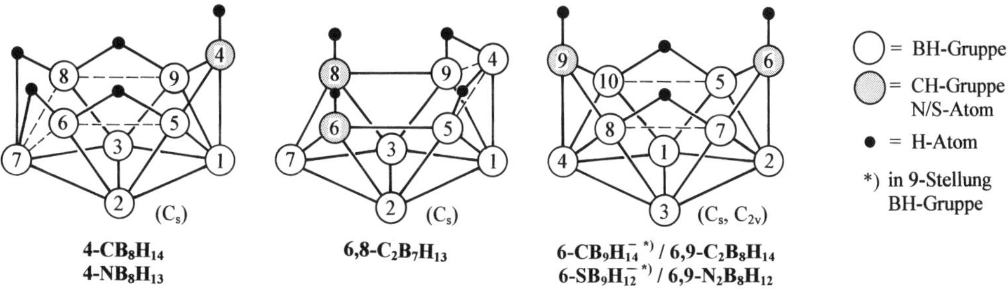

Fig. 222 *Arachno*-Carbaborane, abgeleitet von B_9H_{15}, $B_{10}H_{16}$ bzw. $B_9H_{14}^-$, $B_{10}H_{14}^{2-}$ (in Klammern Molekülsymmetrie).

Ihre Darstellung kann durch Clusterabbau von *closo*- oder *nido*-Carbaboranen erfolgen, z. B. *closo*-1,6-$C_2B_8H_{10} + OH^- + 2H_2O \rightarrow$ *arachno*-1,3-$C_2B_7H_{12}^- + B(OH)_3$ oder *nido*-1,7-$C_2B_9H_{12}^- + 6H_2O \rightarrow$ *arachno*-1,3-$C_2B_7H_{13} + 2B(OH)_3 + 5H^+ + 6\ominus$ (Oxidationsmittel: Chromsäure). Aus der Gruppe der *hypho-Carbaborane* kennt man bisher die Verbindung $C_3B_4H_{14}$, die aus B_4H_{10} und Propin CH≡CMe im Heiß-Kalt-Reaktor entsteht.

Sonstige Nichtmetallaborane[69)]

Die Boratome der Borane und Boranate lassen sich außer durch Kohlenstoff auch durch andere Nichtmetalle ersetzen. Demgemäß leiten sich von den *closo-*, *nido-* und *arachno*-Boranen u. a. folgende „*Heteroborane*" ab (vgl. hierzu auch S. 998): **Azaborane** (Ersatz von BH_2/BH durch N/N^+; Beispiele: *closo*-NB_9H_{10}, *closo*-$NB_{11}H_{12}$, *nido*-NB_9H_{12}, *nido*-$NB_{10}H_{13}$, *arachno*-NB_8H_{13}, *arachno*-$N_2B_8H_{12}$; vgl. Fig. 220, 221, 222), **Silaborane** (Ersatz von BH_2/BH durch SiH/Si^+; Beispiel: *closo*-$Si_2B_{10}H_{10}(Me)_2$; vgl. Fig. 220), **Phosphaborane** (Ersatz von BH_2/BH durch P/P^+; Beispiele: *closo*-$PB_{11}H_{11}$(Me), *nido*-$PB_{11}H_{12}$(Me); vgl. Fig. 220, 221), **Thiaborane** (Ersatz von BH^-/BH_2 durch S^+; Beispiele: *closo*-SB_9H_9, *nido*-$SB_{10}H_{12}$, *nido*-SB_9H_{11}, *arachno*-$SB_9H_{12}^-$; vgl. Fig. 220, 221, 222). Darüber hinaus kennt man **Heterocarbaborane** wie z. B. *closo*-$ECB_{10}H_{11}$ (E = P, As, Sb; abgeleitet von *closo*-$CB_{11}H_{12}^-$, Fig. 220), *nido*-$NC_2B_8H_{11}$ (abgeleitet von *nido*-$C_2B_9H_{12}^-$, Fig. 221), *nido*-$ECB_9H_{11}^-$ (E = P, As; abgeleitet von $CB_{10}H_{13}^-$, Fig. 221).

Darstellung. Die Bildung der *Azaborane* und *Azacarbaborane*, d. h. die „Einführung" von NH-Gruppen in Borane und Carbaborane gelingt z. B. durch Reaktion letzterer mit Natriumnitrit $NaNO_2$. Auch läßt sich das *nido*-Gerüst von $NB_{10}H_{13}$ durch Einwirkung von BH_3 bei erhöhten Temperaturen zum *closo*-Gerüst schließen: $NB_{10}H_{13} + BH_3 \cdot NEt_3 \rightarrow Et_3NH^+NB_{11}H_{11}^- + 2H_2$. Die *closo-1,2-Phospha-*, *Arsa-*

und *Stibacarbaborane* $ECB_{10}H_{11}$ entstehen aus den Halogeniden EX_3 und *nido*-$CB_{10}H_{11}^{3-}$ (Deprotonierungsprodukt von $CB_{10}H_{13}^-$, Fig. 221). Sie lassen sich um 500 °C (um 600 °C) in die 1,7- (die 1,12-)Isomeren umlagern. Der Abbau von *closo*-1,2- und 1,7-$ECB_{10}H_{11}$ mit Basen in protonenaktiven Lösungsmitteln führt wie im Falle von 1,2- und 1,7-$C_2B_{10}H_{12}$ zu *nido*-Verbindungen (7,8- und 7,9-$ECB_9H_{11}^-$). Bei der Umsetzung von *nido*-$B_{10}H_{14}$ mit Ammoniumpolysulfid bildet sich das *Thiaboran arachno*-$SB_9H_{12}^-$ ($B_{10}H_{14} + S^{2-} + 4H_2O \rightarrow SB_9H_{12}^- + B(OH)_4^- + 3H_2$), das bei 200 °C unter H_2-Eliminierung in die deprotonierte Form von *nido*-SB_9H_{11} übergeht.

Eigenschaften. Die erwähnten Heteroborane und -carbaborane stellen wie die Carbaborane *farblose* Verbindungen oder Salze dar, deren thermische und hydrolytische Stabilität in Richtung *closo-*, *nido-*, *arachno*-Heteroboran sinkt. Auch können sie sowohl als *Protonendonatoren* wie *-akzeptoren* wirken (z. B. sind $NB_{11}H_{12}$ sowie $SB_{10}H_{12}$ Säuren, $NB_{10}H_{11}^{2-}$ sowie $SB_{10}H_{10}^{2-}$ Basen) und vermögen hinsichtlich ML_n (M = Metall, L = geeigneter Ligand) als *Komplexliganden* aufzutreten (s. u.).

Metallaborane (Polyboranat-Komplexe)[69]

Die offenen pentagonalen Flächen der *nido*-Anionen $B_{11}H_{11}^{4-}$, $CB_{10}H_{11}^{3-}$, $NB_{10}H_{11}^{2-}$, $SB_{10}H_{10}^{2-}$, 7,8- bzw. 7,9-$C_2B_9H_{11}^{2-}$ usw. (vgl. Fig. 221) sind *strukturell und elektronisch mit dem Cyclopentadienid* $C_5H_5^-$ *vergleichbar* („*isolobal*"; jeweils senkrecht zum planaren fünfgliedrigen Ring angeordnete, mit 6 Elektronen gefüllte „π-Orbitale"; vgl. Fig. 223 und Isolobalprinzip auf S. 1246). Demgemäß bilden die (weniger hoch geladenen) Anionen analog $C_5H_5^- = Cp^-$ **Sandwich-Komplexe**, wie M. F. Hawthorne und seine Arbeitsgruppe 1965 entdeckten. Z. B. entsprechen dem Komplex $FeCp_2$ („*Ferrocen*"; vgl. Fig. 187, S. 856), in welchem Eisen eine Edelgesschale mit 18 Außenelektronen zukommt (6 Elektronen von Fe^{2+}, 2 × 6 Elektronen von Cp^-), die Komplexe $[CpFe(C_2B_9H_{11}]^-$ und $[Fe(C_2B_9H_{11})_2]^{2-}$ (Fig. 223; vgl. hierzu auch S. 1697f).

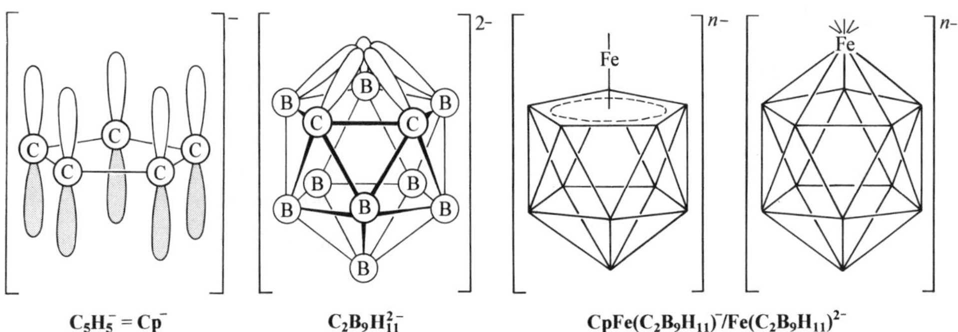

Fig. 223 Die Liganden $C_5H_5^-$ sowie $C_2B_9H_{11}^{2-}$ und ihre Komplexe.

Die betreffenden zweiwertigen Eisenkomplexe lassen sich auch als **closo-Verbindungen** mit $(2n + 2)$ Gerüstelektronen beschreiben (vgl. Fig. 223), die sich vom *closo*-Carbaboran $C_2B_{10}H_{12}$ durch Ersatz einer BH- durch die „isolobale" $FeCp^-$- bzw. $Fe(C_2B_9H_{11})^{2-}$-Gruppe ableiten. Da gemäß dem auf S. 998 Besprochenen jedes Hauptgruppenelement $(v + l - 2)$ und jedes Nebengruppenelement $(v + l - 12)$ Elektronen zum Käfiggerüst beisteuern (v = Anzahl der Valenzelektronen der betreffenden Elemente = 3/4/8 für B/C/Fe; l = Anzahl der von den zusätzlichen Liganden der Elemente beigesteuerten Elektronen = 1/5 für H/Cp), stehen dem FeC_2B_9-Gerüst des $CpFe(C_2B_9H_{11})^-$-Ions, das formal aus einem FeCp-Rest $v + l - 12 = 8 + 5 - 12 = 1$), zwei CH-Gruppen $(v + l - 2 = 4 + 1 - 2 = 3)$ und neun BH-Gruppen $(v + l - 2 = 3 + 1 - 2 = 2)$ zusammengesetzt ist, nach der „*Elektronen-Abzählregel*" (S. 997) insgesamt $1 + 2 \times 3 + 9 \times 2 + 1 = 26$ Gerüstelektronen unter Hinzurechnung der negativen Ladung zur Verfügung. 26 Elektronen werden nun exakt für eine *closo*-Verbindung mit 12 Polyederatomen benötigt $(2n + 2 = 2 \times 12 + 2 = 26)$. *Closo*-Strukturen liegen auch anderen Komplexen des Typus $[M^n(C_2B_9H_{11})_2]^{n-4}$ mit Metallionen, die wie Fe(II), Co(III), Ni(IV), Pd(IV) 6 Außenelektronen oder wie Fe(III), Cr(III), Ti(II) weniger als 6 Außenelektronen (5,3,2) besitzen, zugrunde.

Den **nido-** bzw. **arachno-Verbindungen** mit Metall-Bor-Clustern (Ersatz von BH- oder BH_2-Gruppen durch Fragmente ML_n) kommen – wie den *nido-* bzw. *arachno*-Boranen (S. 997) – $(2n + 4)$ bzw. $(2n + 6)$ Gerüstelektronen zu. Hat infolgedessen ein Metall wie Ni(II), Pd(II), Au(III), Cu(II), Au(II) in Sandwich-Komplexen $[M^n(C_2B_9H_{11})_2]^{n-4}$ mehr d-Außenelektronen (8,9) als Fe(II) (6), so bildet sich eine „offenere" Struktur aus. Das Metall liegt dann etwa in 7,8-$C_2B_9H_{11}^{2-}$-Komplexen nicht mehr zentrisch über dem fünfgliederigen Ring des Liganden, sondern ist in Richtung der drei B-Atome mehr oder weniger stark „versetzt" (Hg(II) mit 10 d-Außenelektronen ist in $(Ph_3P)Hg(C_2B_9H_{11})$ nur noch mit einem B-Atom des fünfgliedrigen Rings kovalent verknüpft).

Darstellung. Aus Boranaten und Heteroboranaten. Ein wichtiges Verfahren zur Erzeugung von metallhaltigen Heteroboranen besteht in der Umsetzung von *Polyboranaten* und *Heteropolyboranaten* mit *Metallhalogeniden* MX_n, bzw. L_mMX_n (L z. B. R_3P, CO, C_5H_5) oder mit *Metallcarbonylen*, z. B.:

$$2\,\textit{nido}\text{-}C_2B_9H_{11}^{2-} + FeCl_2 \xrightarrow{-2Cl^-} \textit{closo}\text{-}Fe(C_2B_9H_{11})_2^{2-} \underset{(Na)}{\overset{(Luft)}{\rightleftarrows}} \textit{closo}\text{-}Fe(C_2B_9H_{11})_2^{-};$$

$$\textit{nido}\text{-}NB_{10}H_{12}^{-} + (Ph_3P)_3RhCl \longrightarrow \textit{closo}\text{-}(Ph_3P)_2HRh(NB_{10}H_{11}) + Cl^- + PPh_3;$$

$$\textit{nido}\text{-}C_2B_9H_{11}^{2-} + Mo(CO)_6 \xrightarrow{(h\nu)} \textit{closo}\text{-}(CO)_3Mo(C_2B_9H_{11})^{2-} + 3CO;$$

$$\textit{nido}\text{-}B_5H_8^{-} + (Ph_3P)_2(CO)IrCl \longrightarrow \textit{nido}\text{-}(Ph_3P)_2(CO)Ir(B_5H_8) + Cl^-.$$

(Bezüglich der Strukturen der erzeugten Komplexe vgl. das oben Besprochene sowie Fig. 223, 224.) Ähnlich wie $FeCl_2$ reagieren viele andere Metallhalogenide mit $C_2B_9H_{11}^{2-}$ unter Bildung von – häufig oxidier- oder reduzierbaren – Sandwich-Komplexen $M^n(C_2B_9H_{11})^{n-4}$ (M^n u.a. Ti(II, III), V(II, III), Cr(III), Mn(II), Fe(II, III), Co(II, III), Ni(II, III, IV), Pd(III, IV), Cu(II, III), Au(II, III), Al(III)).

Eine Modifikation des Verfahrens besteht darin, daß man die benötigten *nido*-Heteropolyboranate zunächst aus *closo*-Heteropolyboranaten durch *Reduktion* (z. B. *closo*-$C_2B_{10}H_{12} + 2e^- \rightarrow$ *nido*-$C_2B_{10}H_{12}^{2-}$) oder durch *Clusterabbau mit Basen* (vgl. S. 1025) erzeugt. Auf diese Weise gelangt man in ersterem Falle nach Einführung des Metalls zu einem *vergrößerten closo-Cluster* (z. B. $C_2B_{10}H_{12}$ mit 12 Ecken → $CpCoC_2B_{10}H_{12}$ mit 13 Ecken → $(CpCo)_2C_2B_{10}H_{12}$ mit 14 Ecken; vgl. Fig. 224), in letzterem Falle nach Einführung der Metalle zu einem *gleichgroßen closo-Cluster* (z. B. $CpCoC_2B_{10}H_{12} \rightarrow (CpCo)_2C_2B_9H_{11}$) oder nach Oxidation des BH-ärmeren Borans zu einem *verkleinerten closo-Cluster* (z. B. $CpCoC_2B_9H_{11} \rightarrow CpCoC_2B_8H_{10}$; vgl. Fig. 224).

Aus Boranen und Heteroboranen. Metallhaltige Heteropolyborane werden darüber hinaus durch Umsetzung von *Polyboranen* und *Heteropolyboranen* mit geeigneten Metallverbindungen gewonnen. Beispielsweise setzt sich etwa $Fe(CO)_5$ bei erhöhter Temperatur mit B_5H_9 unter Ersatz von BH gegen $Fe(CO)_3$ zu $(CO)_3FeB_4H_8$ [73a] und mit $C_2B_3H_5$ unter Clustererweiterung zu $(CO)_3FeC_2B_3H_5$ sowie $\{(CO)_3Fe\}_2C_2B_3H_5$ um (vgl. Fig. 224).

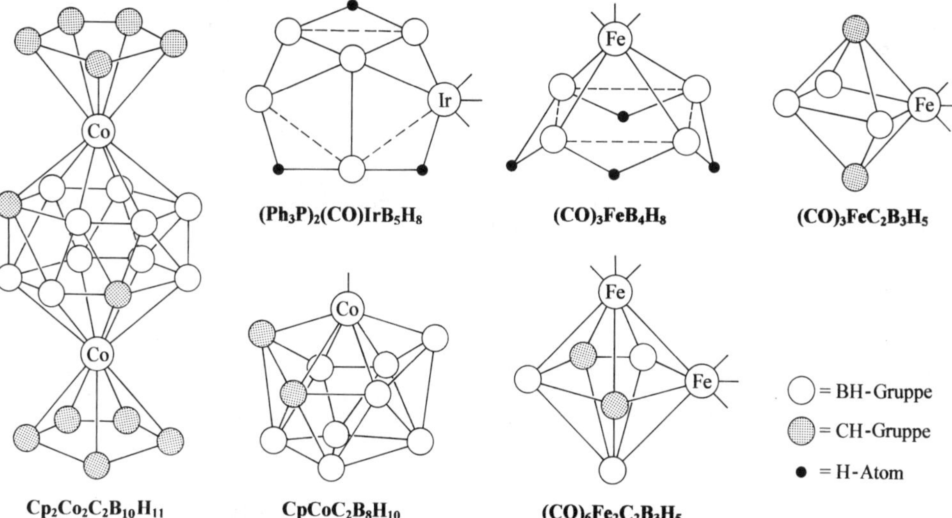

Fig. 224 Metallaborane und -carbaborane.

[73a] Es lassen sich zusätzlich zur apicalen BH-Gruppe in B_5H_9 auch BH-Gruppen der Basis durch Komplexfragmente ersetzen, wie die Beispiele $[(CO_3)Fe]_2B_3H_7$ und $[(CO_3)Ru]_3B_2H_6$ lehren. Letzterer Komplex enthält bereits mehr Metall- als Boratome und läßt sich deshalb ebensogut als Bora-Metallcluster beschreiben.

Eigenschaften. Übergangsmetallsubstituierte Borane und Nichtmetallaborane stellen in der Regel *farbige*, flüchtige Verbindungen oder nichtflüchtige Salze dar. Die den „Metallocenen" MCp_2 entsprechenden closo-Verbindungen $M^n(C_2B_9H_{11})^{n-4}$ sind in der Regel stabiler als erstere. Dementsprechend vermag der $C_2B_9H_{11}$-Ligand anders als der Cp^--Ligand vergleichsweise hohe und niedrige Oxidationsstufen der Metalle zu stabilisieren (z. B. Ni(IV), Cu(III), Ti(II), Zr(II), Hf(II)). Auch lassen sich in metallgebundenen $C_2H_9H_{11}^{2-}$ die H-Atome ohne Zerstörung des *closo*-Komplexes elektrophil substituieren (z. B. durch Halogen).

1.3 Halogenverbindungen des Bors[2,74)]

Grundlagen

Systematik. Bor bildet mit Halogenen X **Halogenide** des Typus $\mathbf{BX_3}$ („*Bor(III)-halogenide*"), $\mathbf{B_2X_4}$ („*Bor(II)-halogenide*") und $\mathbf{(BX)_n}$ ($n = 4$, 7–12) („*Bor(I)-halogenide*") sowie Fluorverbindungen der Stöchiometrie $\mathbf{B_nF_{n+2}}$, nämlich neben BF_3 und B_2F_4 zusätzlich B_3F_5, $(B_4F_6)_2 = B_8F_{12}$, $(B_7F_9)_2 = B_{14}F_{18}$ (vgl. Tab. 87). Darüber hinaus kennt man **Halogenoborate** der Zusammensetzung $\mathbf{BX_4^-}$, $\mathbf{B_2X_6^{2-}}$ sowie $\mathbf{(BX)_n^-}$ ($n = 6$, 9, 10) und $\mathbf{(BX)_n^{2-}}$ ($n = 6$, 8–12) sowie **teilhalogenierte Borane** und **Boranate** (vgl. B_5H_9, $B_{10}H_{14}$, $B_nH_n^{2-}$ auf S. 1015, 1018, 1019). Bezüglich der **Halogenidoxide** vgl. S. 1038.

Tab. 87 Borhalogenide

Verbindungstyp	Fluoride	Chloride	Bromide	Iodide
$\mathbf{BX_3}$[a)] **Bortrihalogenide** (Trihalogenborane)	$\mathbf{BF_3}$ *Farbloses* Gas Smp. −128.4 °C Sdp. −99.9 °C $\Delta H_f = -1135.9$ kJ	$\mathbf{BCl_3}$ *Farbloses* Gas Smp. −107.3 °C Sdp. 12.5 °C $\Delta H_f = -428$ kJ	$\mathbf{BBr_3}$ *Farblose* Flüssigk. Smp. −46 °C Sdp. 91.3 °C $\Delta H_f = -208$ kJ	$\mathbf{BI_3}$ *Farblose* Krist. Smp. 49.9 °C Sdp. 210 °C $\Delta H_f = -71.2$ kJ
$\mathbf{B_2X_4}$ **Dibor-tetrahalogenide** (Tetrahalogen-diborane(4))	$\mathbf{B_2F_4}$[b)] *Farbloses* Gas Smp. −56 °C Sdp. −34.0 °C $\Delta H_f = -1441$ kJ	$\mathbf{B_2Cl_4}$ *Farblose* Flüssigk. Smp. −92.6 °C Sdp. 66.5 °C $\Delta H_f = -523$ kJ	$\mathbf{B_2Br_4}$ *Farblose* Flüssigk. Smp. ca. 1 °C Zers. Raumtemp.	$\mathbf{B_2I_4}$ *Gelbe* Kristalle Smp. 94–95 °C Zers. > 100 °C ΔH_f ca. −80 kJ
$\mathbf{(BX)_n}$ **Bormonohalogenide**	$\mathbf{(BF)_n}$ Bisher nur als Verbindungs-gemisch	$\mathbf{(BCl)_n}$ $n = 4$, 8–12 *Gelbe* bis *dunkel-rote* Kristalle[c)]	$\mathbf{(BBr)_n}$ $n = 7$–10 *Gelbe* bis *dunkel-rote* Kristalle[d)]	$\mathbf{(BI)_n}$ $n = 8$, 9 *Dunkelbraune* Kristalle

a) Gemäß $BX_3 + BX'_3 \rightleftarrows BX_2X' + BXX'_2$ bilden sich auch **gemischte Borhalogenide** (S. 1029). **b)** Es existieren auch $\mathbf{B_3F_5}$ (*farblose* Substanz, Smp. ca. −50 °C unter Zers.), $\mathbf{(B_4F_6)_2}$ (*gelbe* Flüssigkeit), $\mathbf{B_{14}F_{18}}$ (*farblose* Flüssigkeit) u. a. **c)** $\mathbf{B_4Cl_4}$: *fahlgelbe* Kristalle, Smp. 95 °C, Sblp. 30 °C bei 31 mbar; $\mathbf{B_8Cl_8}$: *purpurrote* Kristalle, Smp. 185 °C; $\mathbf{B_9Cl_9}$: *orangefarbene*, sublimierbare Kristalle, Smp. > 350 °C; $\mathbf{B_{10}Cl_{10}}$: *orangebraune*, sublimierbare Kristalle, Smp. > 350 °C. **d)** $\mathbf{B_7Br_7}$: *dunkelrote*, nicht sublimierbare, bis über 250 °C stabile Kristalle; $\mathbf{B_9Br_9}$: *dunkelrote*, sublimierbare Kristalle.

Strukturen. Die Bor(III)-Halogenide haben als *Abkömmlinge des Monoborans* BH_3 *trigonal-planaren* Bau (vgl. nachfolgende Zusammenstellung). Zum Unterschied von BH_3 und den elementhomologen Aluminium(III)-halogeniden (S. 1073) sind sie – gleich den Bortriorganylen (S. 1055) – nicht di- oder polymer, sondern *monomer*. Daß aber auch hier wie im Falle der Aluminiumhalogenide Halogenbrücken wirksam werden können, erkennt man daraus, daß z. B. Mischungen von BCl_3 und BBr_3 bei Raumtemperatur rasch und reversibel ihr Halogen unter Bildung *gemischter Borhalogenide* austauschen[75)]:

[74] **Literatur.** A. G. Massey: „*The Halides of Boron*", Adv. Inorg. Radiochem. **10** (1967) 1–152; J. S. Hartman, J. M. Miller: „*Adducts of the Mixed Trihalides of Boron*", Adv. Inorg. Radiochem. **21** (1978) 147–177; W. A. Sharp: „*Fluoroboric Acids and Their Derivatives*", Adv. Fluorine Chem. **1** (1960) 68–128; P. L. Timms: „*Chemistry of Boron and Silicon Subhalides*", Acc. Chem. Res. **6** (1973) 118–123; A. G. Massey: „*The Subhalides of Boron*", Adv. Inorg. Radiochem. **26** (1983) 1–54; G. Olah: „*Friedel-Crafts and Related Reactions*", 4 Bände, Interscience, New York 1963; J. A. Morrison: *Chemistry of Polyhedral Boron Halides and the Diboran Tetrahalides*", Chem. Rev. **91** (1991) 35–48.

[75] In festem BF_3 liegen schwache intermolekulare Wechselwirkungen vor (trigonal-bipyramidales Bor mit drei kurzen Abständen (1.29 Å) zu den äquatorialen und zwei langen Abständen (2.70 Å) zu den axialen F-Atomen).

$$BCl_3 + BBr_3 \rightleftarrows Cl_2B(\mu\text{-}Cl)(\mu\text{-}Br)BBr_2 \rightleftarrows BCl_2Br + BClBr_2$$

Analoges ist der Fall beim Vermischen anderer Borhalogenide. Bei der Zusammengabe von BF_3, BCl_3 und BBr_3 bzw. BCl_3, BBr_3 und BI_3 erhält man u.a. die Verbindungen BFClBr und BClBrI. *Isolieren* lassen sich alle diese gemischten Borhalogenide *nicht*, da sie untereinander im reversiblen Gleichgewicht stehen, doch ist ihre Existenz schwingungs- und kernresonanzspektroskopisch sichergestellt. Auch andere Borverbindungen BY_3 tauschen mit Borhalogeniden BX_3 ihre Substituenten Y und X aus. So reagieren BF_3 und $B(OR)_3$ in der Gasphase miteinander unter Bildung von $BF_2(OR)$ und $BF(OR)_2$, und B_2O_3 setzt sich mit BF_3 bzw. BCl_3 beim Erwärmen zu Trihalogenboroxinen $(BXO)_3$ um (S. 1038).

Die Bor(II)-Halogenide B_2X_4 leiten sich strukturell vom – nicht isolierbaren – Diboran(4) B_2H_4 ab und weisen demgemäß eine BB-Einfachbindung auf (vgl. nachfolgende Zusammenstellung). Die Moleküle sind im Kristall *planar* gebaut, während in flüssiger oder gasförmiger Phase die beiden BX_2-Hälften um 90° gegeneinander verdreht vorliegen (Rotationsbarriere 7.5 kJ/mol für B_2Cl_4, 12.8 kJ/mol für B_2Br_4). Die BX-Abstände entsprechen wie im Falle der Trihalogenide BX_3 einem Zwischenwert zwischen einfacher und doppelter Bindung (vgl. S. 991).

BX_3: D$_{3h}$-Symmetrie (gasf.)

X	r_{BX} [Å]
F	1.30
Cl	1.75
Br	1.87
I	2.10

$X_2B{-}BX_2$ (α): D$_{2h}$-Symmetrie (fest); D$_{2d}$-Symmetrie (gasf.)

X	$r_{BB/BX}$ [Å]	α[°]	
F	1.67/1.32	120	D$_{2h}$
Cl	1.75/1.73	120.5	D$_{2h}$
F	1.72/1.32	117.2	D$_{2d}$
Cl	1.70/1.75	118.7	D$_{2d}$

In den Bor(I)-Halogeniden $(BX)_n$ sind die Boratome zu Käfigen verknüpft, und zwar nehmen die Boratome in B_4Cl_4 die Ecken eines *Tetraeders*, in B_7Br_7 möglicherweise die Ecken einer *pentagonalen Bipyramide*, in B_8X_8 die Ecken eines *Dodekaeders*, in B_9X_9 die Ecken eines *dreifach überkappten trigonalen Prismas*, in $B_{10}X_{10}$, $B_{11}X_{11}$ und $B_{12}X_{12}$ möglicherweise die Ecken eines *zweifach überkappten quadratischen Antiprismas* eines *Oktadecaeders* und eines *Ikosaeders* ein (bezüglich der Polyederstrukturen vgl. Fig. 216 auf S. 998). Jedes Boratom ist mit einem Halogenatom verknüpft, wobei die B—X-Bindung auf den Mittelpunkt des B_n-Käfigs gerichtet ist. Die Halogenide $(BX)_n$ stellen hiernach perhalogenierte *hypercloso*-Borane dar, deren Borkäfige nicht – wie die der *closo*-Borane – durch $(2n+2)$-, sondern nur durch $(2n)$-Elektronen zusammengehalten werden (jedes B-Atom steuert 2 Elektronen bei, vgl. S. 997)[76]. Die zur Erfüllung der $(2n+2)$-Regel fehlenden 2 Elektronen werden möglicherweise durch π-Rückbindungen der Halogenatome geliefert. Man kennt jedoch auch Borhalogenide des Typs $[B_nX_n]^{2-}$ (X = Cl, Br), die durch Reduktion von B_nX_n sowie durch vollständige Halogenierung von $[B_nH_n]^{2-}$ entstehen und Borkäfige mit der für *closo*-Verbindungen geforderten Anzahl von $(2n+2)$ Elektronen aufweisen.

Bor(III)-halogenide

Bortrifluorid BF_3. Darstellung. BF_3 wird in der Technik durch Erhitzen von *Dibortrioxid* B_2O_3 oder *Borax* $Na_2B_4O_7$ bzw. anderen Boraten mit *Flußspat* und konzentrierter *Schwefelsäure* hergestellt. Dabei bildet sich zunächst Fluorwasserstoff ($CaF_2 + H_2SO_4 \rightarrow CaSO_4 + 2HF$), welcher dann unter der wasserentziehenden Wirkung der konzentrierten Schwefelsäure fluorierend auf das Boroxid bzw. die Borate einwirkt:

$$B_2O_3 + 6HF \rightarrow 2BF_3 + 3H_2O.$$

Bessere Ausbeuten erhält man durch den Zweistufenprozeß: $Na_2B_4O_7 + 12HF \rightarrow Na_2O \cdot 4BF_3 + 6H_2O$; $Na_2O \cdot 4BF_3 + 2H_2SO_4 \rightarrow 2NaHSO_4 + H_2O + 4BF_3$. Auch aus Borsäure und Fluorsulfonsäure ist BF_3 zugänglich: $3HSO_3F + H_3BO_3 \rightarrow BF_3 + 3H_2SO_4$.

Im Laboratorium läßt sich BF_3 bequem durch Thermolyse von *Diazonium-tetrafluoroboraten* darstellen, z.B.:

$$Ph{-}N{\equiv}N^+BF_4^- \rightarrow PhF + N_2 + BF_3.$$

---

[76] In tetraedrisch gebautem B_4Cl_4 reichen die 4 × 2 Elektronen des B_4-Käfigs gerade für vier BBB-Dreizentrenbindungen aus (über jeder B_3-Dreiecksfläche ein Bindungselektronenpaar).

Bortrifluorid kommt als *Druckgas* oder als *Diethylether-Addukt* $BF_3 \cdot OEt_2$ (Smp. $-57.7\,°C$; Sdp. $125\,°C$) in den *Handel*.

Eigenschaften. BF_3 ist ein *farbloses, erstickend riechendes* Gas (vgl. Tab. 87; MAK-Wert = 3 mg/m³). Es wirkt als starke *Lewis-Säure* und vereinigt sich mit Donatoren D wie Wasser, Alkoholen, Ethern, Thioethern, Ammoniak, Aminen, Cyanverbindungen, Phosphanen, Carbonsäuren, Ketonen, Aldehyden, Fluoridionen usw. leicht zu Addukten (*Bortrifluorid-Komplexen*):

$$D + BF_3 \rightleftarrows D{\rightarrow}BF_3 .$$

Hierbei wirkt das Borzentrum als *harte Säure* und bildet deshalb mit N- oder O-haltigen Donoren stabilere Komplexe als mit P- oder S-haltigen. Substituenten am Donor-Zentrum, welche dieses durch *induktive Effekte* elektronenärmer oder durch *sterische Effekte* sperriger machen, vermindern die D → B-Bindungsstärke. Infolgedessen sinkt die Stabilität von Amin- oder Etheraddukten etwa in der Donorreihenfolge $NMe_3 > Me_2NCl > MeNCl_2 \gg NCl_3$ (elektronischer Einfluß) bzw. C_4H_8O (THF) $> Me_2O > Et_2O > {}^iPr_2O$ (sterischer Einfluß). Kein BF_3-Addukt bildet Fluorwasserstoff in Abwesenheit basischer Lösungsmittel wie Wasser oder Alkohole. Andererseits kann das Metallatom geeigneter Metallkomplexe ML_n hinsichtlich BF_3 als Lewis-Base wirken (z. B. Bildung von $Cp_2H_2\mathbf{W}(BF_3)$, $(Ph_3P)_2(CO)Cl\mathbf{Ir}(BF_3)_2$). In analoger Weise wie BF_3 wirken auch die anderen Trihalogenide BX_3 wie ganz allgemein Bor(III)-Verbindungen als Lewis-Säuren, wobei die Adduktstabilität hinsichtlich eines bestimmten nicht zu sperrigen Donors meist in folgender Reihe der Bor(III)-Verbindungen sinkt (vgl. S. 992): $BI_3 > BBr_3 > BCl_3 > BH_3 > B(CF)_3 > B(C_6F_5)_3 > BF_3 > BPh_3 > BMe_3 > B(OR)_3 > B(NR_2)_3$.

In den Addukten $D{\rightarrow}BF_3$ tragen die dem Donoratom („Ligator") benachbarten Atome stärkere positive Partialladungen als in den Donoren D selbst. Die Addition protonenaktiver Donatoren wie Wasser, Alkohole, Ammoniak, Amine an BF_3 ist demgemäß mit einer *Erhöhung der Brönsted-Acidität* von D verbunden. So stellt etwa das Wasseraddukt $BF_3 \cdot H_2O$ („*Hydroxytrifluoroborsäure*"), das sich wasserfrei als *farblose*, ölige, zersetzliche Flüssigkeit (Smp. 6.0 °C) isolieren läßt, eine starke Säure dar (s. u.), welche ein weiteres Wassermolekül unter Bildung einer *farblosen*, flüssigen Verbindung $BF_3 \cdot 2H_2O$ („*Oxonium-hydroxytrifluoroborat*") anlagert, die unterhalb des Schmelzpunktes (6.2 °C) als Hydrat, oberhalb als Oxoniumsalz vorliegt:

$$H_2\overset{\oplus}{O}{\rightarrow}\overset{\ominus}{B}F_3 \xrightarrow{+H_2O} H_2O\cdots H(H)\overset{\oplus}{O}{\rightarrow}\overset{\ominus}{B}F_3 \underset{<6.2\,°C}{\overset{>6.2\,°C}{\rightleftarrows}} H_3O^+HOBF_3^- .$$

Bortrifluorid-Hydrat — *Bortrifluorid-Dihydrat* — *Oxonium-hydroxotrifluoroborat*

In analoger Weise bilden Alkohole oder Carbonsäuren 1 : 1- und 2 : 1-Komplexe.

Die gleichen Gründe, die eine Aciditätserhöhung protonenaktiver Donatoren in Anwesenheit von BF_3 bedingen, haben eine *Steigerung der Organylierungs- und Acylierungstendenz* organischer Verbindungen RX bzw. RCOX (X u. a. Hal, OH, OR) durch BF_3 zur Folge:

$$RX + BF_3 \rightleftarrows R^+ + XBF_3^- ; \qquad RCOX + BF_3 \rightleftarrows RCO^+ + XBF_3^- .$$

Bortrifluorid ist demgemäß in der Lage, organische Reaktionen, die über „präformierte" Kationen des Typs R^+ oder RCO^+ ablaufen, zu katalysieren. Derartige „*Friedel-Crafts-Reaktionen*", die zudem durch Lewis-Säuren wie BCl_3, $AlCl_3$, $FeCl_3$, $SbCl_5$, $SnCl_4$, $ZnCl_2$ beschleunigt werden, stellen im engeren Sinne Alkylierungen und Acylierungen von Aromaten dar (z. B. C_6H_6 + RX bzw. AcX → C_6H_5R bzw. C_6H_5Ac + HX) und im weiteren Sinne Veresterungen von Carbonsäuren, Polymerisation von Alkenen, Isomerisierung von Alkenen und substituierten Alkanen, Cracken von Kohlenwasserstoffen, Nitrieren und Sulfonieren aromatischer Verbindungen (in letzteren Fällen Bildung von NO_2^+ bzw. HSO_3^+ gemäß: $HNO_3 + BF_3 \rightarrow NO_2^+ + HOBF_3^-$; $H_2SO_4 + BF_3 \rightarrow HSO_3^+ + HOBF_3^-$).

Durch *Wasser* im Überschuß wird BF_3 unter Substitution von Fluorid gegen Hydroxid in Borsäure und Fluorwasserstoff zerlegt, wobei HF seinerseits mit BF_3 zu Tetrafluoroborsäure HBF_4 abreagiert (vgl. Hydrolyse von SiF_4, S. 907):

$$
\begin{array}{lrcl}
 & BF_3 + 3\,HOH & \rightleftarrows & B(OH)_3 + 3\,HF \qquad (1)\\
3 \times | & HF + BF_3 & \rightleftarrows & HBF_4 \qquad (2)\\
\hline
 & 4\,BF_3 + 3\,HOH & \rightleftarrows & B(OH)_3 + 3\,HBF_4. \qquad (3)
\end{array}
$$

Die Hydrolyse (1) stellt eine Gleichgewichtsreaktion dar (vergleichbare Stärke der Bindungen B—F sowie B—OH) und läßt sich unter wasserentziehenden Bedingungen umkehren (vgl. Darstellung von BF_3). Da die B—Cl- und insbesondere B—Br- sowie B—I-Bindungen viel schwächer als die B—F-Bindungen sind, erfolgt die Hydrolyse von BCl_3, BBr_3 und BI_3 einsinnig in Richtung $B(OH)_3$, und zwar in letzteren Fällen mit explosionsartiger Heftigkeit. (Aus gleichen Gründen lassen sich nur von BF_3, nicht aber von BCl_3, BBr_3, BI_3 Addukte mit protonenaktiven Donatoren wie H_2O, ROH, RNH_2 gewinnen.) Von Metallhydriden oder -organylen (LiH, LiR, RMgBr) wird BF_3 in $(BH_3)_2$ oder BR_3 übergeführt.

Verwendung von Bortrifluorid: Als Friedel-Crafts-Katalysator, als Flußmittel, als Räuchermittel, zur Herstellung anderer Borverbindungen, in Neutronenzählkammern (man nutzt $^{10}BF_3$).

Tetrafluoroborsäure HBF_4. Darstellung. Die durch Zusammentritt von Borfluorid und Fluorwasserstoff gemäß (2) entstehende und in Umkehrung von (1) technisch durch Einwirkung von 50%iger Flußsäure auf Borsäure gemäß $B(OH)_3 + 4\,HF \rightarrow HBF_4 + 3\,H_2O$ gewinnbare „*Fluoroborsäure*“ HBF_4 kann nur in wässeriger Lösung erhalten werden, worin sie als Oxoniumsalz $H_3O[BF_4]$ vorliegt, das isolierbar ist. Ihre Metallsalze, die „*Fluoroborate*“ MBF_4 lassen sich durch Auflösen der betreffenden Metalloxide, -hydroxide oder -carbonate in wässeriger Fluoroborsäure oder – im Falle der Alkali- und Erdalkaliverbindungen (mit Ausnahme von Mg) – durch direkte Vereinigung von Metallfluoriden und Bortrifluorid erzeugen.

Eigenschaften. Die wässerige Fluoroborsäure stellt eine *farblose*, *giftige*, stark ätzende Flüssigkeit dar, die *stark sauer* wirkt und Glas nicht angreift. Die Fluoroborate zeigen hinsichtlich ihrer *Kristallstrukturen* und *Löslichkeiten* weitgehende Analogie mit den Perchloraten. Hierin äußert sich der analoge Aufbau von Perchlorat- (a) und Fluoroborat-Ion (e), der auch in den ähnlichen Schmelzpunkten von $H_3O[ClO_4]$ (+50 °C) und $H_3O[BF_4]$ (+52 °C) zum Ausdruck kommt:

$$
\left[\begin{array}{ccc} & :\ddot{O}: & \\ & | & \\ :\ddot{O}- & \mathbf{Cl} & -\ddot{O}: \\ & | & \\ & :\ddot{O}: & \end{array}\right]^-
\quad
\left[\begin{array}{ccc} & :\ddot{O}: & \\ & | & \\ :\ddot{O}- & \mathbf{S} & -\ddot{F}: \\ & | & \\ & :\ddot{O}: & \end{array}\right]^-
\quad
\left[\begin{array}{ccc} & :\ddot{O}: & \\ & | & \\ :\ddot{O}- & \mathbf{P} & -\ddot{F}: \\ & | & \\ & :\ddot{F}: & \end{array}\right]^-
\quad
\left[\begin{array}{ccc} & :\ddot{O}: & \\ & | & \\ :\ddot{F}- & \mathbf{C} & -\ddot{F}: \\ & | & \\ & :\ddot{F}: & \end{array}\right]^-
\quad
\left[\begin{array}{ccc} & :\ddot{F}: & \\ & | & \\ :\ddot{F}- & \mathbf{B} & -\ddot{F}: \\ & | & \\ & :\ddot{F}: & \end{array}\right]^-
$$

(a) (b) (c) (d) (e)

Gleiches wie vom Perchlorat-Ion gilt auch vom isoelektronischen *Fluorosulfat-* (b) (S. 588), *Difluorophosphat-* (c) (S. 778) und *Trifluorocarbonat*-Ion (d), von denen sich wie im Falle (a) und (e) starke Säuren ableiten (Fluoroschwefelsäure, Difluorophosphorsäure, Trifluormethanol) und die alle wie (a) und (e) tetraedrische Struktur besitzen.

Die *Stabilität* der Fluoroborate $M[BF_4]$ nimmt mit der Größe des Kations M^+ zu: $NaBF_4$ zersetzt sich bei 384 °C, $CsBF_4$ schmilzt unzersetzt bei 550 °C. Die zum Unterschied vom BF_4^- sehr hydrolyseempfindlichen Homologen BCl_4^-, BBr_4^- und BI_4^- können überhaupt nur mit großen Kationen isoliert werden.

In wässeriger Lösung ist Fluoroborsäure HBF_4 (genauer: Oxoniumtetrafluoroborat $H_3O^+BF_4^-$) gemäß

$$HBF_4 + H_2O \rightleftarrows HBF_3(OH) + HF$$

teilweise hydrolysiert, wobei das Gleichgewicht auf der linken Seite liegt ($K = 2.3 \cdot 10^{-3}$ bei 25 °C). Die dabei gebildete „*Hydroxo-fluoroborsäure*“ $HBF_3(OH) = BF_3 \cdot H_2O$ (s. o.) ist ebenfalls eine starke Säure, wenn auch nicht ganz so stark wie HBF_4. Sie bildet Salze des Typus $M[BF_3(OH)]$, die u. a. auch aus Borfluorid BF_3 und Metallhydroxid MOH synthetisierbar sind. Die weitere Hydrolyse von $HBF_3(OH)$ zu $HBF_2(OH)_2$ (farblose, sirupöse Flüssigkeit, Smp. 4 °C), $HBF(OH)_3$ und $HB(OH)_4$ (= wässerige Borsäure, S. 1037) findet nur in sehr geringem Ausmaße statt. Die Hydrolyseprodukte, deren Acidität mit dem Hydrolysegrad sinkt, werden auch bei der Darstellung der Fluoroborsäure aus Borsäure und Flußsäure (s. oben) als Zwischenstufen gebildet. Die Reaktion

$$HBF_4 \underset{\mp HF}{\overset{\pm H_2O}{\rightleftarrows}} HBF_3(OH) \underset{\mp HF}{\overset{\pm H_2O}{\rightleftarrows}} HBF_2(OH)_2 \underset{\mp HF}{\overset{\pm H_2O}{\rightleftarrows}} HBF(OH)_3 \underset{\mp HF}{\overset{\pm H_2O}{\rightleftarrows}} HB(OH)_4$$

läßt sich also von beiden Seiten her verwirklichen.

Verwendung. Die Fluoroborsäure ermöglicht als starke Säure Reaktionen, die unter der katalytischen Wirkung von Protonen ablaufen (z. B. Bildung von Carbonsäuren aus Alkenen, Wasser und Kohlenmonoxid: $>C{=}C< + H_2O + CO \rightarrow >CH-C{\lessdot}COOH$). Fluoroborate werden als Flußmittel bei der galvanischen Metallabscheidung und als Flammschutzmittel genutzt.

Bortrichlorid BCl_3. Darstellung. BCl_3 kann direkt *aus den Elementen* gewonnen werden: $B + 1.5\,Cl_2 \rightarrow BCl_3 + 427.5$ kJ. In der Technik stellt man es durch Einwirkung von Chlor auf ein glühendes Gemisch von *Dibortrioxid* und *Kohle* bei 530 °C dar:

$$B_2O_3 + 3\,C + 3\,Cl_2 \rightarrow 2\,BCl_3 + 3\,CO.$$

Im Laboratorium läßt sich BCl_3 z. B. durch *Chloridierung* von BF_3 mit $AlCl_3$ bei 150–200 °C erzeugen: $BF_3 + AlCl_3 \rightarrow BCl_3 + AlF_3$.

Eigenschaften. Bortrichlorid ist ein *farbloses*, an feuchter Luft stark rauchendes Gas (vgl. Tab. 87). Charakteristisch ist seine große Empfindlichkeit gegenüber *Wasser*, durch welches es unter *Substitution* von Cl^- gegen OH^- sofort zu Borsäure und Salzsäure zersetzt wird:

$$BCl_3 + 3\,H_2O \rightarrow B(OH)_3 + 3\,HCl.$$

In entsprechender Weise führt die Einwirkung von Alkoholen ROH zu Borsäureestern $B(OR)_3$, von Aminen R_2NH zu Borsäureamiden $B(NR_2)_3$, von Thioalkoholen RSH zu Thioborsäureestern $B(SR)_3$, von wasserfreier Perchlorsäure (bei −78 °C) zu Bortriperchlorat $B(ClO_4)_3$.

Die Reaktionen mit Wasser, Alkoholen, Aminen usw. verlaufen über Addukte $D \rightarrow BCl_3$ der Donatoren D an das Bortrichlorid, das wie die anderen Bortrihalogenide bestrebt ist, sein Außenelektronensextett zu einem Oktett zu ergänzen; derartige Addukte werden im Falle nicht-protonenaktiver Donatoren isolierbar[77], z. B.:

$$Cl{-}\underset{Cl}{\overset{Cl}{B}} + :\underset{R}{\overset{R'}{N}}{-}R \xrightarrow[\text{H, Me}]{R'=} Cl{-}\underset{Cl}{\overset{Cl}{B}} \leftarrow \underset{R}{\overset{R'}{N}}{-}R \xrightarrow[-HCl]{R'=H} Cl_2B{=}NR_2$$

Die Anlagerungsverbindungen sind erwartungsgemäß *beständiger gegen Wasser* als das freie Bortrichlorid, da bei ihnen die für die primäre Anlagerung des Wassers erforderliche *vierte Koordinationsstelle* des Bors *besetzt* ist. So kann beispielsweise die – besonders stabile – Additionsverbindung $BCl_3 \cdot NMe_3$ (Me = Methyl; *farblose* Kristalle von Smp. 243 °C) aus Wasser umkristallisiert oder mit Wasser gekocht werden, ohne daß eine Hydrolyse der BCl-Bindungen erfolgt[78]. Bei der Anlagerung eines Chlorid-Ions Cl^- an das BCl_3-Molekül entsteht ein dem Tetrafluoroborat-Ion BF_4^- entsprechendes „*Tetrachloroborat-Ion*“ BCl_4^-. Solche Tetrachloroborate sind aber – wie erwähnt – nur in Form von Salzen mit großem Kation beständig (Et = Ethyl; py = Pyridin):

$$[NEt_4]Cl + BCl_3 \rightarrow [NEt_4][BCl_4]; \quad [pyH]Cl + BCl_3 \rightarrow [pyH][BCl_4].$$

Auch gemischte Tetrahalogenoborate wie $M[BF_3Cl]$ existieren.

---

[77] Auch Addukte nicht-protonenaktiver Donoren (z. B. Ether) können zerfallen, wie die *Etherspaltung* mit BCl_3 oder BBr_3 veranschaulicht: $BX_3 + OR_2 \rightarrow X_3B{\leftarrow}OR_2$ (rasch); $X_3B{\leftarrow}OR_2 \rightarrow X_2B{-}OR + RX$ (langsam).

[78] Analoges gilt für viele andere vierfach koordinierte Borverbindungen: $NaBF_4$ löst sich zum Unterschied von BF_3 unzersetzt in Wasser; KBH_4 ist zum Unterschied von BH_3 an feuchter Luft bei Raumtemperatur unbegrenzt haltbar.

Verwendung von BCl_3: In der Halbleitertechnik (Dotierung mit Bor), zum Herstellen von Bor sowie von Borverbindungen, für Friedel-Crafts-Reaktionen (s. o.).

Bortribromid $\mathbf{BBr_3}$ (*farblose*, stark rauchende Flüssigkeit; Tab. 87) läßt sich analog BCl_3 durch *Halogenierung* von B_2O_3 mit Br_2 in Gegenwart von Kohlenstoff (technischer Prozeß) oder durch *Umhalogenidierung* von BF_3 mittels $AlBr_3$ (Laborprozeß), **Bortriiodid $\mathbf{BI_3}$** (*farblose*, blätterige, hygroskopische Kristalle, Tab. 87) am bequemsten durch Iodierung von Lithiumboranat gemäß $LiBH_4 + 2I_2 \rightarrow LiI + BI_3 + 2H_2$ darstellen. Beide Trihalogenide zerfallen bei Wärme- oder Lichteinwirkung und bilden „*Tetrabromoborate*" BBr_4^- und „*Tetraiodoborate*" BI_4^-, die allerdings nur in Gegenwart großer Gegenionen stabil sind. BBr_3 dient wie BCl_3 in der Halbleitertechnik, zur Gewinnung von Bor und Borverbindungen sowie darüber hinaus zur Etherspaltung ($Et_2O + BBr_3 \rightarrow EtBr + BBr_2(OEt)$ usw.).

Bor(II)-halogenide

Dibortetrachlorid $\mathbf{B_2Cl_4}$. Darstellung. B_2Cl_4 kann aus BCl_3 durch *Chlorentzug* mittels Quecksilber oder Kupfer unter gleichzeitiger Energiezufuhr gewonnen werden:

$$2BCl_3 + 2Hg \rightarrow B_2Cl_4 + Hg_2Cl_2; \qquad 2BCl_3 + 2Cu \rightarrow B_2Cl_4 + 2CuCl.$$

Gute Ausbeuten an B_2Cl_4 erzielt man mit Hilfe einer Mikrowellendurchladung von BCl_3-Gas in Anwesenheit von flüssigem Quecksilber oder durch Cokondensation von Cu-Atomen (erzeugt durch Cu-Verdampfung in einem „Klabunde"-Metallatom-Reaktor) mit BCl_3.

Eigenschaften. Das sehr reaktionsfreudige Dibortetrachlorid (*farblose* Flüssigkeit; vergleiche Tab. 87 sowie für Struktur S. 1029) zersetzt sich bereits oberhalb 0 °C nach $B_2Cl_4 \rightarrow \frac{1}{n}(BCl)_n + BCl_3$ (s. unten)[79] und bildet mit Donatoren :D *Addukte* des Typus $B_2Cl_4 \cdot 2D$ (D z. B. NMe_3, OEt_2, H_2S, Cl^-; $B_2Cl_6^{2-}$ ist isoelektronisch mit C_2Cl_6). In *Sauerstoff* verbrennt es zu B_2O_3 und BCl_3 ($3B_2Cl_4 + \frac{3}{2}O_2 \rightarrow B_2O_3 + 4BCl_3$), mit *Wasserstoff* reagiert es unter Bildung von $HBCl_2$, *Wasser* zersetzt es zu Borsäure ($B_2Cl_4 + 6H_2O \rightarrow 2B(OH)_3 + H_2 + 4HCl$), *Ethylen* führt es unter Sprengung der B—B-Bindung in 1,2-Bis(dichlorboryl)-ethan $Cl_2B{-}CH_2{-}CH_2{-}BCl_2$ über, mit *Phosphortrichlorid* reagiert es zu einem oktaedrisch gebauten *closo*-Diphosphahexaboran $P_2B_4Cl_4$ (P-Atome benachbart). Durch *Dimethylaminolyse* von B_2Cl_4 (ebenso durch Dehalogenierung von $(Me_2N)_2BCl$ mit Alkalimetallen) ist das flüssige, sehr beständige *Dimethylamino-Derivat* $B_2(NMe_2)_4$ zugänglich, aus dem durch Substitutionsreaktionen zahlreiche andere Diborverbindungen, z. B. die *Hypodiborsäure* $B_2(OH)_4$ (durch Hydrolyse), ihre Ester $B_2(OR)_4$ (durch Alkoholyse) oder das Chlorid $B_2Cl_2(NMe_2)_2$ (durch Umsetzung mit BCl_3) darstellbar sind (s. dort).

Die Fluoridierung von B_2Cl_4 mit SbF_3 führt zu gasförmigem **Dibortetrafluorid $\mathbf{B_2F_4}$** (Tab. 87), die Bromidierung mit BBr_3 zu flüssigem, bei Raumtemperatur zersetzlichem **Dibortetrabromid $\mathbf{B_2Br_4}$** (Tab. 87):

$$3B_2Cl_4 + 4SbF_3 \rightarrow 3B_2F_4 + 4SbCl_3; \qquad 3B_2Cl_4 + 4BBr_3 \rightarrow 3B_2Br_4 + 4BCl_3.$$

B_2F_4 entsteht neben anderen Borfluoriden darüber hinaus beim Überleiten von BF_3 über Bor bei 1900 – 2000 °C (s. u.), B_2Br_4 auch durch mikrowellenenergetische Zersetzung von BBr_3. B_2F_4 lagert analog B_2Cl_4 Donatoren zu Addukten $B_2F_6 \cdot 2D$ an und zersetzt sich langsam (zu 8% pro Tag bei Raumtemperatur)[79] gemäß $B_2F_4 \rightarrow \frac{1}{n}(BF)_n + BF_3$ in Bortrifluorid und einen braunen Festkörper der Zusammensetzung BF. **Dibortetraiodid $\mathbf{B_2I_4}$** (Tab. 87) wird durch mikrowellenenergetische Zersetzung von BI_3 als bei Raumtemperatur sehr zersetzliche, *gelbe* Festsubstanz erhalten.

Bor(I)-halogenide

Oligomere Bormonohalogenide $\mathbf{(BX)_n}$. Unter den **Bormonochloriden $\mathbf{B_nCl_n}$** entsteht „*Tetrabortetrachlorid*" B_4Cl_4 (Tab. 87; für Struktur vgl. S. 1029) in geringen Mengen als Nebenprodukt bei der Herstellung von B_2Cl_4 (s. o.) in Form *gelber*, an der Luft selbstentzündlicher, erst oberhalb 200 °C zersetzlicher Kristalle, die sich durch BBr_3 bzw. $ZnMe_2$ partiell bromidieren bzw. methylieren lassen (B_4BrCl_3; *gelbe*, flüchtige Kristalle: B_4Cl_3Me: flüchtige Verbindung). „*Octaboroctachlorid*" B_8Cl_8 (*dunkelrote* bis *violette* Kristalle), „*Nonabornonachlorid*" B_9Cl_9 (*orangegelbe* Kristalle), „*Decabordecachlorid*" $B_{10}Cl_{10}$, *Undecaborundecachlorid*" $B_{11}Cl_{11}$ und „*Dodecabordodecachlorid*" $B_{12}Cl_{12}$ (für Strukturen vgl. S. 1029) bilden sich durch thermische Disproportionierung von B_2Cl_4[80]:

$$nB_2Cl_4 \rightarrow nBCl_3 + B_nCl_n.$$

---

79 Die Zersetzungsstabilität von Diborverbindungen sinkt in der Reihe $B_2(NMe_2)_4 > B_2(OMe)_4 > B_2(OH)_4 > B_2F_4 > B_2Cl_4 > B_2Br_4 > B_2I_4 \gg B_2H_4$

80 Man nimmt an, daß die Disproportionierung von B_2Cl_4 auf folgendem Wege unter BCl-Übertragung und BCl_3-Eliminierung abläuft: $B_2Cl_4 \rightarrow B_3Cl_5 \rightarrow B_4Cl_6 \rightarrow B_7Cl_9 \rightarrow B_8Cl_8 \rightarrow B_nCl_n$.

Die Ausbeuten der einzelnen Monohalogenide, deren thermische Stabilität in der Reihe $B_9Cl_9 > B_{10}Cl_{10} > B_{11}Cl_{11} > B_{12}Cl_{12} > B_8Cl_8$ sinkt, ändern sich mit der Thermolysezeit, der Reaktionstemperatur (25–450 °C) sowie der B_2Cl_4-Konzentration (reines oder in CCl_4 gelöstes B_2Cl_4). Das Nona- und Decachlorid B_9Cl_9 und $B_{10}Cl_{10}$ lassen sich reversibel zu „*Dianionen*" $B_9Cl_9^{2-}$ und $B_{10}Cl_{10}^{2-}$ reduzieren. Letztere Ionen sind – wie $B_6Cl_6^{2-}$, $B_8Cl_8^{2-}$ und $B_{12}Cl_{12}^{2-}$ – auch durch Chlorierung der entsprechenden *closo*-Boranate $B_nH_n^{2-}$ gewinnbar. $B_6Cl_6^{2-}$ kann seinerseits reversibel zum „*Monoanion*" B_6Cl_6 oxidiert werden. Die Strukturen von $B_nCl_n^{2-}$ entsprechen denen von $B_nH_n^{2-}$.

Der B_nCl_n-Erzeugung entsprechend, erhält man durch Thermolyse von B_2Br_4 **Bormonobromide B_nBr_n** ($n = 7–10$), durch Thermolyse von B_2I_4 **Bormonoiodide B_nI_n** ($n = 8, 9$). Von den betreffenden Monobromiden und -iodiden sowie von – bisher unbekanntem – B_6Br_6 bzw. B_6I_6 leiten sich „*Dianionen*" $B_nX_n^{2-}$ ab, die zum Teil durch Reduktion von B_nX_n, zum Teil durch Halogenierung von $B_nH_n^{2-}$ gewonnen werden.

Monomere Bormonohalogenide BX. Beim Überleiten von BF_3 über granuliertes Bor in einem Graphitrohr bei 1900–2000 °C und 0.1–1 mbar Druck erhält man in Analogie zur Gewinnung von SiF_2 (S. 909) gemäß

$$BF_3 + 2B \rightarrow 3BF$$

kurzlebiges, gasförmiges, „*monomeres Bormonofluorid*" **(Fluorborylen BF)**, welches – in Anwesenheit von Inertgas – durch rasches Abkühlen auf die Temperatur des flüssigen Heliums in den metastabilen Zustand (Tieftemperaturmatrix) überführt werden kann. Das mit CO isoelektronische BF weist – anders als die oben diskutierten „oligomeren Borylene" – eine s^2-Außenelektronenkonfiguration des Bors auf. Der BF-Bindungsabstand (1.265 Å) und die BF-Bindungsenergie (755 kJ/mol) entsprechen im Sinne der Mesomerie [$B—\ddot{\underset{..}{F}}: \leftrightarrow B{=}\ddot{F} \leftrightarrow B{\equiv}F:$] einer BF-Doppelbindung (r_{BF} in $BF_3 = 1.34$ Å; BE_{BF} in $BF_3 = 645$ kJ/mol). Durch Cokondensation von BF- und BF_3-Gas bilden sich bei −196 °C durch BF-Insertion in BF_3-Bindungen „*höhere Borfluoride*" (vgl. Anm.[80]):

$$BF_3 \xrightarrow{+BF} B_2F_4 \xrightarrow{+BF} B_3F_5 \xrightarrow{+BF} B_4F_6 \xrightarrow{+BF} \text{noch höhere Borfluoride.}$$

Das auf dem Wege über B_2F_4 entstehende **Triborpentafluorid B_3F_5** (Tab. 87; Struktur $F_2B—BF—BF_2$) disproportioniert bereits bei −30 °C langsam gemäß $2B_3F_5 \rightarrow B_2F_4 + B_4F_6$ in **Tetraborhexafluorid B_4F_6**, das nur in dimerer Form als $(B_4F_6)_2 = B_8F_{12}$ („*Octabordodecafluorid*"; Tab. 87) existiert. Seine Struktur leitet sich von der B_2H_6-Struktur durch Ersatz aller H-Atome gegen BF_2-Gruppen ab (4 endständige, 2 brückenständige mit Bor verknüpfte BF_2-Gruppen). Durch Donatoren läßt sich $(B_4F_6)_2$ wie $(BH_3)_2$ bereitwillig symmetrisch spalten: $(B_4F_6)_2 + 2D \rightarrow 2D{\rightarrow}B(BF_2)_3$.

Cokondensation von BF und SiF_4 führen zur BF-Insertion in SiF-Bindungen (z. B. Bildung von F_3SiBF_2), Cokondensation von BF und Ethylen sowie Acetylen zu – ihrerseits weiterreagierenden – Cycloaddukten C_2H_4BF („*B-Fluorboriran*") und C_2H_2BF („*B-Fluorboriren*", vgl. S. 1058).

Auch ein kurzlebiges, gasförmiges **Chlorborylen BCl** (Atomabstand 1.716 Å; Erzeugung durch rasches Leiten von B_2Cl_4-Dampf durch ein 1000 °C heißes Rohr) und **Bromborylen BBr** (Atomabstand 1.87 Å) sind bekannt.

1.4 Sauerstoffverbindungen des Bors[2,81]

Bor bildet **Oxide** und **Sauerstoffsäuren** der Zusammensetzung **B_2O_3**, **BO**, **B_2O** sowie **H_3BO_3**, **H_2BO_2**, **HBO**. Sie enthalten formal drei- zwei- bzw. einwertiges Bor. Von der – besonders wichtigen – „*Bor(III)-säure*" H_3BO_3, die wie die Kieselsäure (Schrägbeziehung) zur Kondensation neigt, leiten sich eine große Anzahl von **Boraten** (S. 1038) ab. Bezüglich des *borreichen* Oxids **$B_{13}O_2$** (härter als Borcarbid) vgl. S. 990.

Boroxide

Dibortrioxid B_2O_3 (häufig kurz „*Bortrioxid*"). Glasiges B_2O_3 („*Boroxidglas*") erhält man durch *Glühen von Borsäure* als *farblose*, bei Rotglut erweichende, schlecht kristallisierende Masse ($d = 1.83$ g/cm³; MAK-Wert = 16 mg Staub/m³), kristallisiertes B_2O_3 (Smp. 475 °C,

[81] **Literatur.** Ullmann (5. Aufl.): „*Boric Oxide, Boric Acid, and Borates*", **A4** (1985) 263–280; J. B. Farmer: „*Metal Borates*", Adv. Inorg. Radiochem. **25** (1982) 187–237; G. Heller: „*Darstellung und Systematisierung von Boraten*", Fortschr. Chem. Forsch. **15** (1970) 206–280; „*A Survey of Structural Types of Borates and Polyborates*", Topics Curr. Chem. **131** (1986) 39–98; I. Haiduc: „*Boron-Oxygen Heterocycles*", in I. Haiduk, D. B. Sowerby: „The Chemistry of Inorganic Homo- and Heterocycles", Acad. Press, London 1987, S. 109–141.

Sdp. 2250 °C; $d = 2.56\,g/cm^3$; $\Delta H_f = 1273.6\,kJ/mol$) durch *langsame Dehydratisierung von Borsäure* bei 150–250 °C:

$$190.5\,kJ + 2\,H_3BO_3 \rightleftarrows B_2O_3 + 3\,H_2O\,(g).$$

Dibortrioxid ist sehr hygroskopisch und geht unter Wasseraufnahme leicht wieder in Borsäure, durch Umsetzung mit Alkoholen in der Wärme in Borsäureester $B(OR)_3$ über. In Laugen löst es sich zu Boraten (S. 1038). Als sehr beständige Verbindung wird Dibortrioxid durch Kohle selbst bei Weißglut nicht reduziert. Erst bei Gegenwart von Stoffen wie Chlor oder Stickstoff, die an die Stelle des Sauerstoffs treten können, wirkt die Kohle ein: $B_2O_3 + 3\,C + 3\,Cl_2 \rightarrow 2\,BCl_3 + 3\,CO$ (S. 1032). Mit Fluorwasserstoff liefert Dibortrioxid Bortrifluorid: $B_2O_3 + 6\,HF \rightarrow 2\,BF_3 + 3\,H_2O$ (S. 1029). B_2O_3 (Weltjahresproduktion: 50 Kilotonnenmaßstab) wird u.a. zur Herstellung von Borhalogeniden sowie Borosilicatgläsern (*Pyrex*) genutzt.

Das *kristalline* Dibortrioxid bildet ein dreidimensionales Netzwerk aus sich kreuzenden Zickzackketten von eckenverknüpften *planaren* BO_3-Einheiten des Typus (a).

(a) 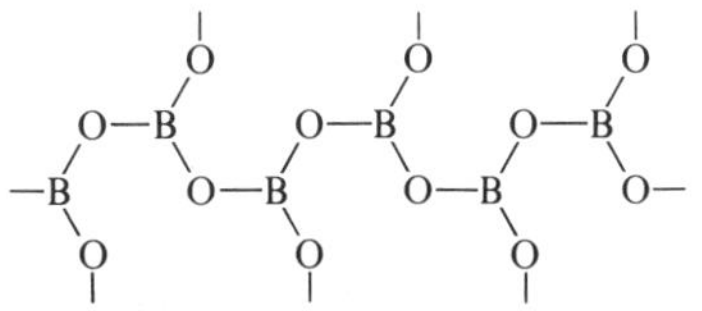 (b)

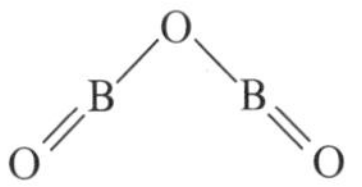

Neben dieser Normaldruckmodifikation **B_2O_3-I** (hexagonal) existiert noch eine Hochdruckmodifikation **B_2O_3-II** (orthorhombisch), erhältlich bei 400 °C und 22000 bar, welche aus einem Netzwerk eckenverknüpfter BO_4-Tetraeder besteht. Im B_2O_3-I ist jedes B von 3 O-Atomen und jedes O von 2 B-Atomen, in B_2O_3-II jedes B- von 4 O-Atomen und $\frac{3}{4}$O- von 3, $\frac{1}{4}$O- von 2 B-Atomen umgeben.

B_2O_3 verdampft erst bei sehr starkem Erhitzen. Der Dampf besteht oberhalb 1000 °C ausschließlich aus monomolekularen B_2O_3-Molekülen des Typus (b) (O=B—O linear, B—O—B gewinkelt), in denen die B—O-Bindungen mit 1.36 Å einem Zwischenzustand zwischen einfacher (ber. 1.47 Å) und doppelter (ber. 1.27 Å) und die B=O-Bindungen mit 1.20 Å einem Zwischenzustand zwischen doppelter (ber. 1.27 Å) und dreifacher Bindung (ber. 1.16 Å) entsprechen.

Borsuboxide. Bor bildet außer dem Bor(III)-oxid noch ein wohldefiniertes **Bor(II)-oxid $(BO)_x$**. Seine Struktur ist bisher unbekannt, doch dürfte es neben B—O—B- auch B—B-Bindungen enthalten. Bei 1300–1500 °C verdampft es zu $(BO)_2$-Molekülen der Struktur [Ö=B—B=Ö ↔ :O≡B—B≡O:]. Man kann es u.a. durch vorsichtiges Erhitzen von $B_2(OH)_4$ auf 250 °C (0.5 mbar) oder durch starkes Erhitzen von B_2O_3 mit B gemäß $211\,kJ + B_2O_3 + B(f) \rightarrow 1.5\,B_2O_2\,(g)$ erhalten. Chlorierung mit BCl_3 führt zu $Cl_2B—BCl_2$.

Borsauerstoffsäuren

Borsäure H_3BO_3. Darstellung. H_3BO_3 kommt in freiem Zustande in den Wasserdampfquellen („*Soffionen*" oder „*Fumarolen*") vor, die in Mittelitalien (Toskana) dem Erdboden entströmen. Die Dämpfe werden in künstlich angelegten Lagunen kondensiert und die genügend angereicherten Borsäurelösungen in eisernen, durch die Soffionen erwärmten Pfannen eingedampft, wobei sich die Borsäure in perlmutterglänzenden Blättchen ausscheidet. Auch als Mineral („*Sassolin*") findet sich die Borsäure in Italien bei Sasso (Toskana). Seitdem aber riesige Mengen von *Kernit* $Na_2B_4O_7 \cdot 4\,H_2O$ und *Colemanit* $Ca_2B_6O_{11} \cdot 5\,H_2O$ in Kalifornien, große Lager von *Proberit* $NaCaB_5O_9 \cdot 5\,H_2O$ in Chile und erhebliche Mengen von *Pandermit* $Ca_5B_{12}O_{23} \cdot 9\,H_2O$ in Kleinasien aufgefunden worden sind, hat die toskanische Borsäurefabrikation ihre frühere Bedeutung verloren. Die *Calciumborate* lassen sich durch Kochen mit *Sodalösung* aufschließen, wobei sich schwerlösliches Calciumcarbonat abscheidet; aus der filtrierten Lösung kristallisiert dann beim Erkalten *Borax* $Na_2B_4O_7 \cdot 10\,H_2O$ aus. Durch Behandeln mit Salz- oder Schwefelsäure kann dieser Borax in Borsäure $B(OH)_3$ übergeführt werden: $Na_2B_4O_7 + 2\,H^+ + 5\,H_2O \rightarrow 4\,H_3BO_3 + 2\,Na^+$. Auch sonst entsteht Borsäure ganz allgemein bei der Hydrolyse von Borverbindungen BX_3 (X z.B. = H, Halogen, OR, NR_2).

Eigenschaften. Reine Borsäure $B(OH)_3$ (Smp. 170.9 °C) kristallisiert in schuppigen, *weißglänzenden*, durchscheinenden, sich fettig anfühlenden, sechsseitigen Blättchen der Dichte 1.48 g/cm³. Sie ist in Wasser gut löslich (19.5 g/l bei 0 °C, 39.9 g/l bei 20 °C); die Lösung wird als schwaches Antiseptikum verwendet („*Borwasser*"). Die desinfizierende Wirkung beruht wahrscheinlich darauf, daß $B(OH)_3$ die für die Bakterien unentbehrlichen Vitamine durch Bildung von Borsäurekomplexen unwirksam macht. Beim Erhitzen geht die **Orthoborsäure** H_3BO_3 unter Wasserabspaltung zunächst in **Metaborsäure** HBO_2 (3 Modifikationen) und dann in glasiges, wasserhaltiges *Dibortrioxid* B_2O_3 (s. oben) über:

$$H_3BO_3 \xrightarrow[-H_2O]{<130\,°C} \alpha\text{-}HBO_2 \xrightarrow[\text{Tage}]{130-150\,°C} \beta\text{-}HBO_2 \xrightarrow[\text{Wochen}]{>150\,°C} \gamma\text{-}HBO_2 \xrightarrow[-\frac{1}{2}H_2O]{500\,°C} \tfrac{1}{2}B_2O_3.$$

Die „*Orthoborsäure*" $\mathbf{H_3BO_3}$ bildet im Einklang mit der schuppigen Ausbildung ihrer Kristalle eine zweidimensionale *Schichtenstruktur*, deren einzelne, in Fig. 225 veranschaulichten Ebenen (Schichtenabstand 3.181 Å) durch Ausbildung linearer, unsymmetrischer O—H ··· O-Wasserstoffbrücken (O—H 0.88, H ··· O 1.84 Å) zustandekommen (BO-Abstand = 1.361 Å, entsprechend einem Zwischenwert zwischen einfacher und doppelter Bindung; ber. 1.47 bzw. 1.27 Å).

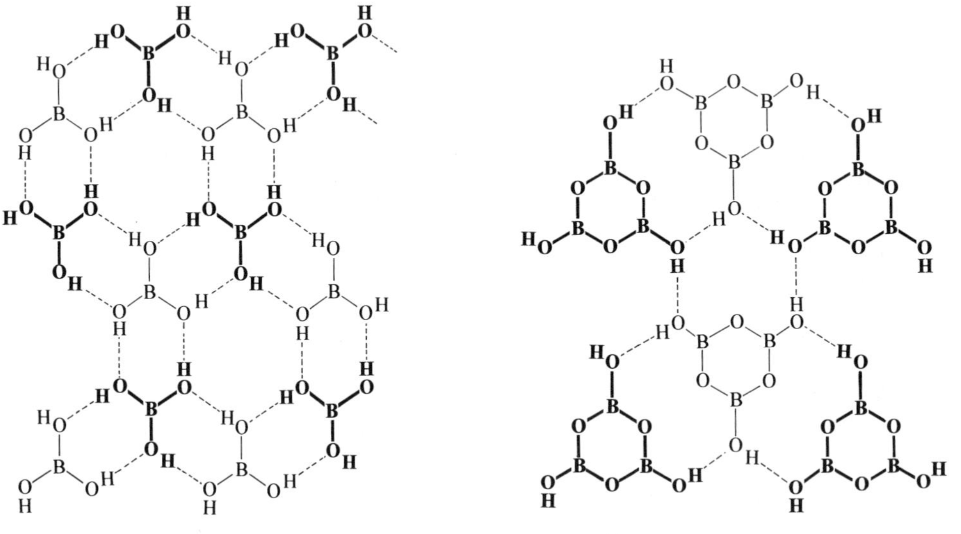

Fig. 225 Struktur der Ortho- und α-Metaborsäure (zur besseren Übersicht sind die H_3BO_3- und trimeren α-HBO_2-Moleküle abwechselnd fett und dünn gedruckt).

Unter den „*Metaborsäuren*" enthält α-$\mathbf{HBO_2}$ (HBO_2-III; orthorhombisch; Smp. 176.0 °C; d = 1.784 g/cm³) *ringförmige* Moleküle $(HBO_2)_3$ („*trimere Metaborsäure*"; vgl. Formel (a)), denen der planare „*Boroxin*"-Ring B_3O_3 zugrunde liegt. Die einzelnen „*Trihydroxyboroxin*"-Moleküle, deren B-Atome alle die Koordinationszahl 3 aufweisen, sind über Wasserstoffbrücken zu einer zweidimensionalen *Schicht*struktur verknüpft (Fig. 225). β-$\mathbf{HBO_2}$ (HBO_2-II; monoklin; Smp. 200.9 °C; d = 2.045 g/cm³) bzw. γ-$\mathbf{HBO_2}$ (HBO_2-I; kubisch; Smp. 236 °C; d = 2.486 g/cm³) bilden *kettenförmige* bzw. *raumnetzartige* Moleküle $(HBO_2)_x$ („*polymere Metaborsäuren*") mit den Koordinationszahlen 3 und 4 der B-Atome in ersterem Falle (vgl. Formel (b)) bzw. 4 aller B-Atome (vgl. Formel (c); schematisch). Wie im Falle von α-HBO_2 sind auch in β- und γ-HBO_2 Wasserstoffbrücken wirksam. Erhitzt man B_2O_3 in Anwesenheit von H_2O-Dampf (< 0.2 mbar) auf 800–1100 °C, so entsteht gasförmige „*monomere Metaborsäure*" $\mathbf{HBO_2}$ = HO—B=O mit linearer OBO Gruppe[82]. Trimere Metaborsäure $(HBO_2)_3$ existiert in der Gasphase nur untergeordnet (< 1 %) neben HBO_2.

---

[82] **Oxoboran HB≡O und Derivate XB≡O, XB≡S** (linear) sind hinsichtlich ihrer cyclischen Trimeren thermodynamisch und kinetisch instabil. In einer Tieftemperaturmatrix isoliert und/oder in der Gasphase bei hohen Temperaturen nachgewiesen wurden u. a. HBO, FBO, ClBO, BrBO, HOBO, MeBO, HBS, FBS, ClBS, BrBS, MeBS. Eine Isolierung von Derivaten XBO und XBS mit sperrigen Resten X sollte möglich sein (vgl. hierzu Methylen- und Iminoborane XB=CH_2, XB≡NH, S. 1056, 1048).

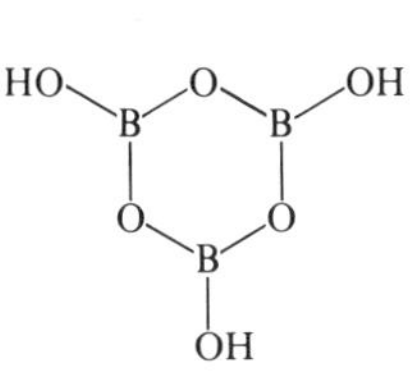

(a) α-HBO_2 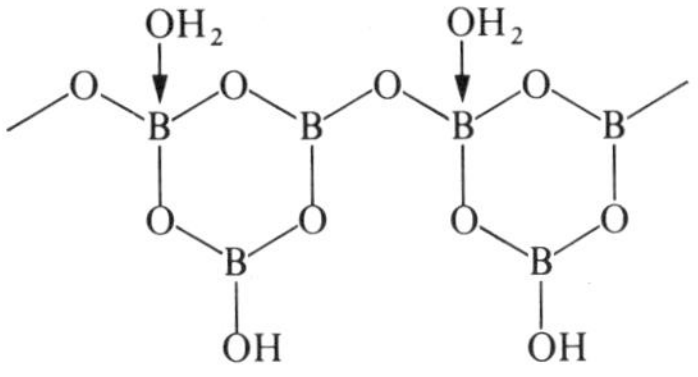 (b) β-HBO_2 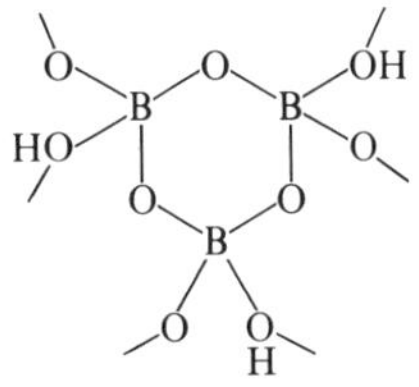 (c) γ-HBO_2

Die in *verdünnter wässeriger Lösung* vorliegende Orthoborsäure wirkt als *sehr schwache, einbasige Säure*. Und zwar fungiert sie nicht als H^+-Donor (Brönsted-Säure), sondern als OH^--Akzeptor (Lewis-Säure) und setzt sich mit Wasser unter Bildung des *Tetrahydroxoborat-Ions* $B(OH)_4^-$ ins Gleichgewicht:

$$B(OH)_3 + HOH \rightleftarrows H^+ + B(OH)_4^- \quad \text{bzw.} \quad B(OH)_3 + 2H_2O \rightleftarrows H_3O^+ + B(OH)_4^-. \qquad (1)$$

Ihre Säurestärke ($pK_S = 9.25$) entspricht etwa der des Cyanwasserstoffs. Dementsprechend sind die Salze der Borsäure (Zusammensetzung: $MH_2BO_3 \cdot H_2O = M[B(OH)_4]$) *stark hydrolytisch gespalten* ($B(OH)_4^- \rightleftarrows B(OH)_3 + OH^-$). Durch Zusatz *mehrwertiger Alkohole* wie Mannit kann die Borsäure in *komplexe Säuren* von der Stärke etwa der Essigsäure übergeführt werden (Verschiebung des Säuregleichgewichtes nach rechts; Erhöhung des p*K*- Wertes von 9.25 um 4 Einheiten auf 5.15):

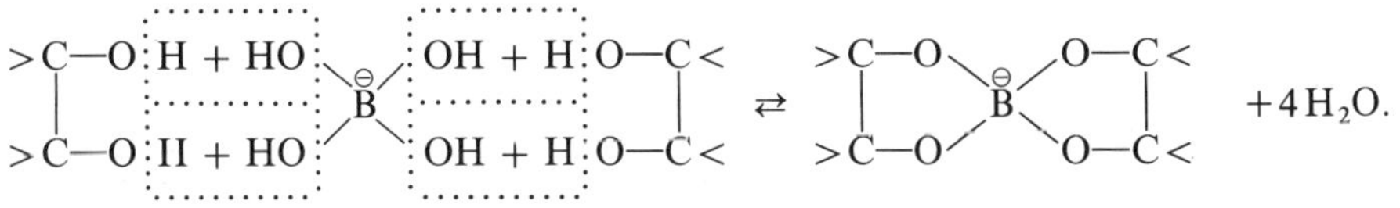

$$\begin{matrix} >C\text{—}O\!:\!H + HO\!: & & :\!OH + H\!:\!O\text{—}C< \\ | & \overset{\ominus}{B} & | \\ >C\text{—}O\!:\!II + HO\!: & & :\!OH + H\!:\!O\text{—}C< \end{matrix} \rightleftarrows \begin{matrix} >C\text{—}O & & O\text{—}C< \\ | & \overset{\ominus}{B} & | \\ >C\text{—}O & & O\text{—}C< \end{matrix} + 4H_2O.$$

Diese Eigenschaft benutzt man zur „*alkalimetrischen Titration von Borsäure*". Von titrationsstörenden Stoffen kann die Borsäure dabei leicht durch Abdestillieren als *Borsäuremethylester* $B(OCH_3)_3$ (Sdp. 68.7 °C) abgetrennt werden, indem man die borsäurehaltige Substanz mit Methylalkohol CH_3OH bei Gegenwart von konzentrierter Schwefelsäure als wasserentziehendem Mittel erhitzt: $B(OH)_3 + 3CH_3OH \rightarrow B(OCH_3)_3 + 3H_2O$. Die *Grünfärbung*, die dieser Borsäuremethylester der brennenden Alkoholflamme erteilt, dient zum „*qualitativen Nachweis von Bor*".

Organische Derivate der Borsäure leiten sich von $H_3BO_3 = B(OH)_3$ durch Austausch der H-Atome oder OH-Gruppen gegen organische Reste ab. Die in ersterem Falle resultierenden „*Borsäureester*" $B(OR)_3$ (z. B. „*Trimethylborat*": Smp./Sdp. −29/68.7 °C; „*Triphenylborat*": Smp. 136 °C) lassen sich durch Einwirkung von Alkoholen auf B_2O_3, BCl_3 oder $B(OH)_3$/konz. H_2SO_4 gewinnen. Ihre in Tetrahydrofuran löslichen Addukte $Na[BH(OR)_3]$ mit Natriumhydrid NaH wirken als kräftige Reduktionsmittel. Die „*Boronsäuren*" $RB(OH)_2$ (z. B. „*Methylboronsäure*": farblose Kristalle) und „*Borinsäuren*" R_2BOH (z. B. „*Dimethylborinsäure*": farblose Flüssigkeit; „*Diphenylborinsäure*": Smp. 267 °C) sowie deren Ester $RB(OR)_2$ und R_2BOR entstehen u. a. durch Hydrolyse oder Alkoholyse von $RBCl_2$ und R_2BCl (S. 1055). Sie lassen sich in der Wärme oder in Anwesenheit von P_4O_{10} als wasserentziehendem Mittel leicht zu „*Tetraorganyldiboroxiden*" R_2BOBR_2 (z. B. „*Tetramethyldiboroxid*": Smp./Sdp. −37.3/43 °C) bzw. „*Triorganylboroxinen*" $(RBO)_3$ (R anstelle von OH in Formel (a); z. B. „*Trimethylboroxin*" Smp./Sdp. −37/79.3 °C) dehydratisieren.

Verwendung von Borsäure (Weltjahresproduktion: 200 Kilotonnenmaßstab): zur Herstellung von Glas (Borosilicatgläser), Porzellan, Emaille, Kerzen (Steifen der Dochte), Leder, als Zusatz zu Vernickelungslösungen, Photoentwicklern, Textilbeizen, Flammschutzmitteln, als schwaches Antiseptikum (Borsalbe, -wasser, -puder sowie als Hydraulik- und Bremsflüssigkeiten). Borsäureester werden in bescheidenem Umfange u. a. in der Schaumstoffindustrie und Kerntechnik verwendet.

Oligo- und Polyborsäuren. Beim Konzentrieren verdünnter wässeriger Orthoborsäure-Lösungen bilden sich durch reversible Kondensationsreaktionen „*Oligoborsäuren*", die *stärker sauer* wirken als „Monoborsäure" H_3BO_3. Sie existieren im wässerigen Milieu nur in Form von OH^--Addukten (vgl. Gleichung

(1)). Demgemäß ist Art und Menge gebildeter Oligoborsäuren (exakter: Oligoborate) auch vom pH-Wert der Lösung abhängig. Bei *hohen* pH-*Werten* (pH > 12) enthalten wässerige H_3BO_3-Lösungen ausschließlich das Ion $B(OH)_4^-$. Bei *mittleren* pH-*Werten* (pH = 4–12) existieren neben $B(OH)_3$-Molekülen und $B(OH)_4^-$-Ionen auch die Ionen $[B_3O_3(OH)_4]^-$, $[B_3O_3(OH)_5]^{2-}$, $[B_4O_5(OH)_4]^{2-}$, $[B_5O_6(OH)_4]^-$, die formal Kondensationsprodukte von $B(OH)_3$ und $B(OH)_4^-$ darstellen und sich von der „*Cyclotriborsäure*" $H_3B_3O_6 = B_3O_3(OH)_3$ (in wässeriger Lösung nicht existent, aber in Substanz isolierbar, $pK_S = 6.84$; vgl. Formel (a)), der „*Bicyclotetraborsäure*" $H_2B_4O_7 = B_4O_5(OH)_2$ (unbekannt; Formel (l), abzüglich zweier OH^--Gruppen) sowie der „*Bicyclopentaborsäure*" $H_5B_5O_{10} = H[B_5O_6(OH)_4]$ (unbekannt; vgl. Formel (m) abzüglich $2OH^-$-Gruppen) ableiten:

$$B_3O_3(OH)_3 \underset{}{\overset{\pm 2H_2O}{\rightleftharpoons}} H_3O^+ + B_3O_3(OH)_4^- \overset{\pm 2H_2O}{\rightleftharpoons} 2H_3O^+ + B_3O_3(OH)_5^{2-}. \quad (2)$$

Bei *niedrigen* pH-*Werten* (pH < 4) liegt im Wasser ausschließlich das Molekül $B(OH)_3$ vor. OH^--Addukte höherer Oligoborsäuren bzw. von Polyborsäuren (in Substanz isolierbar, vgl. Formel (b), (c)) bilden sich in Wasser nicht.

Wie aus den Formeln der Metaborsäure und vielen OH^--Addukten (hypothetischer) Oligoborsäuren hervorgeht, kommt dem B_3O_3-Ring eine hohe Bildungstendenz zu. Besonders stabil ist hierbei der mit dem organischen „*Triazin*"-Ring isoelektronische, planare „*Boroxin*"-Ring (d) der α-Metaborsäure (a) und ihrer Salze (s. weiter unten)[83].

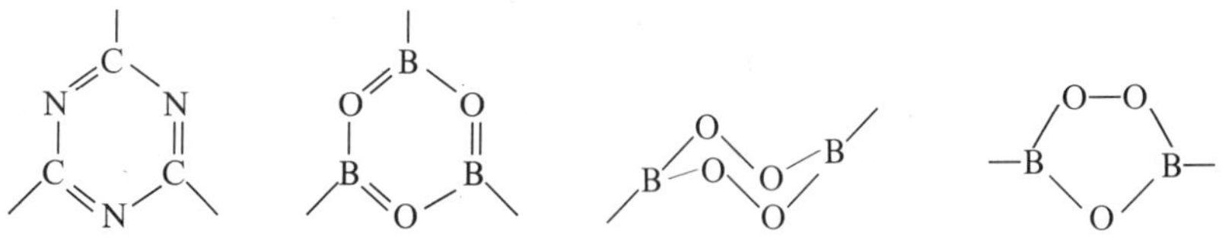

Triazine (d) (e) (f)

Er ist auch in Form anderer *Derivate* $B_3O_3X_3$ bekannt (Substituenten X am Bor z. B. H, Organyl, Halogen, OR, NR_2), welche ganz allgemein aus Bor(III)-oxid und den entsprechenden Boranderivaten BX_3 gewinnbar sind: $B_2O_3 + BX_3 \rightleftarrows B_3O_3X_3$, z. B.: $B_3O_3Me_3$ (s. o.), $B_3O_3(OMe)_3$ (Smp. 10 °C, Sdp. Zers.), $B_3O_3(NMe_2)_3$ (Smp. 64 °C, Sdp. 221 °C). Neben Verbindungen mit dem sechsgliederigen planaren B_3O_3-Ring kennt man auch solche mit sechsgliederigem gewelltem (sesselförmigem), peroxo-gruppenhaltigem B_2O_4-Ring (e) (z. B. im „Perborat"-Ion $B_2O_4(OH)_2 \cdot 2OH^-$, S. 1040) oder mit fünfgliederigem planarem peroxo-gruppenhaltigem B_2O_3-Ring (f) („*Trioxadiborolane*", z. B. $H_2B_2O_3$, s. unten).

Niedrigwertige Borsäuren. Neben der Bor(III)-säure $B(OH)_3 = H_3BO_3$ existiert auch eine „*Bor(II)-säure*" $B_2(OH)_4 = (H_2BO_2)_2$, die leicht gemäß $X_2B{-}BX_2 + 4H_2O \rightarrow (HO)_2B{-}B(OH)_2 + 4HX$ (X = Cl, OMe, NMe_2) als *farblose*, in Wasser etwas lösliche Festsubstanz entsteht und beim Erhitzen im Vakuum unter Wasserabgabe in $(BO)_x$ (S. 1035) übergeht. Eine durch Oxidation von B_2H_6 mit Sauerstoff bei niedrigen Drücken gebildete „*Bor(I)-säure*" $(HBO)_3$ („*Boroxin*") leitet sich strukturell von α-HBO_2 durch Ersatz der OH-Gruppen durch H-Atome ab (vgl. Formel (d)). Man kennt auch eine Verbindung der Formel $H_2B_2O_3$ (B_2O_3-Fünfring mit einer Peroxogruppe; vgl. Formel (f)), die als Zwischenprodukt der langsamen Oxidation von B_5H_9 mit Sauerstoff entsteht. Sowohl in $(HBO)_3 = H_3B_3O_3$ als auch in $H_2B_2O_3$ ist der Wasserstoff an Bor gebunden, so daß die Verbindungen keine wahren Sauerstoffsäuren des Bors darstellen. Eine „echte" Bor(I)-säure wäre etwa das Hydrolyseprodukt $B_6(OH)_6$ des Bor(I)-amids $B_6(NMe_2)_6$ (vgl. S. 1052).

Borate[81)]

Die *Salze* der Borsäure („*Borate*") leiten sich nicht nur von der *Orthoborsäure* H_3BO_3 und von wasserärmeren *Metaborsäuren* HBO_2 (vgl. Formel (a), (b), (c) auf S. 1037), sondern auch von einer Reihe von *Polyborsäuren* ab, die in freier Form nicht isolierbar sind. Insgesamt weisen die Borate sogar eine größere Strukturmannigfaltigkeit als die Silicate auf, da sie sowohl *planare* BO_3- als auch *tetraedrische* BO_4-Baugruppen enthalten (in Silicaten liegen normalerweise nur SiO_4-Baueinheiten vor), wobei beide Baugruppen isoliert oder über Ecken

[83] Die B—O-Bindung im Boroxin-Ring des Natriummetaborats $[NaBO_2]_3$ entspricht mit 1.36 Å einem Zwischenzustand zwischen einfacher (1.47 Å) und doppelter Bindung (1.27 Å). Durch zusätzliche $p_\pi p_\pi$-Bindung ergänzen die B-Atome ihr Elektronensextett zum Oktett.

zu *Insel-*, *Ketten-*, *Schicht-* oder *Raumnetzstrukturen* verknüpft sein können. Die die BO_3- und BO_4-Einheiten verknüpfenden Sauerstoffatome müssen darüber hinaus nicht nur *zwei* B-Atomen, sondern können auch *drei* (in einem Fall sogar *vier*) B-Atomen gemeinsam angehören (in Silicaten hat Sauerstoff normalerweise nur die Koordinationszahl 2).

Monoborate. Isolierte *trigonal-planare* Ionen BO_3^{3-} (g) liegen in einigen Mineralen sowie synthetisch – durch Zusammenschmelzen von $B(OH)_3$ oder B_2O_3 mit Metalloxiden – gewonnenen „*Orthoboraten*" vor (Beispiele: $Li_3[BO_3]$, $Mg_3[BO_3]_2$, $Ca_3[BO_3]_2$, $Co_3[BO_3]_2$, $Ni_3[BO_3]_2$, $Cu_3[BO_3]_2$, $Zn_3[BO_3]_2$, $Ln[BO_3]$ (Ln = Lanthanoid):

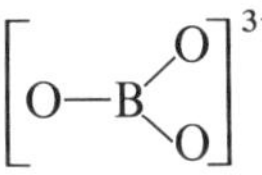

$[O{-}B(O)_2]^{3-}$ (g) $[B(O)_4]^{5-}$ (h) $[B(OH)_4]^{-}$ (i)

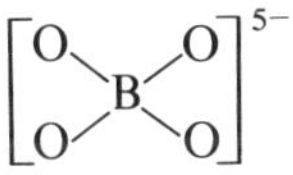

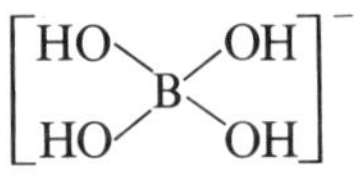

Seltener ist das *tetraedrische* Ion BO_4^{5-} (h) (Beispiel: $Ta[BO_4]$). Daneben kennt man Salze mit dem *tetraedrisch* gebauten Tetrahydroxoborat-Ion $B(OH)_4^-$ (i) (Beispiel: $Li[B(OH)_4]$).

Oligoborate. Die natürlich vorkommenden Borate sind fast alle *hydratisiert* und enthalten sowohl *Strukturwasser* (in Form von OH-Gruppen) wie *Kristallwasser* (in Form von H_2O-Molekülen). Dies gilt auch für die aus wässerigen Lösungen auskristallisierenden Salze. Den „*Oligohydroxoboraten*" liegen in der Regel kompakt gebaute mono- oder mehrcyclische „Inselanionen" mit kleinen negativen Ladungen zugrunde. So findet man etwa das *Triborat*-Ion (k) im Mineral „*Meyerhofferit*" $Ca_2B_6O_{11} \cdot 7H_2O = 2Ca[B_3O_3(OH)_5] \cdot H_2O$, das *Tetraborat*-Ion (l) im technisch wichtigen „*Borax*" $Na_2B_4O_7 \cdot 10H_2O = Na_2[B_4O_5(OH)_4] \cdot 8H_2O$, das *Pentaborat*-Ion (m) im „*Ulexit*" $NaCa[B_5O_9] \cdot 8H_2O = NaCa[B_5O_6(OH)_6] \cdot 5H_2O$ und das *Hexaborat*-Ion (n) im „*Aksait*" $MgB_6O_{10} \cdot 5H_2O = Mg[B_6O_7(OH)_6] \cdot 2H_2O$. Als Beispiele sehr kleiner und großer Oligohydroxoborate seien das *Diborat*-Ion $[B_2O(OH)_6]^{2-}$, das etwa im Mineral „*Pinnoit*" $MgB_2O_4 \cdot 3H_2O = Mg[B_2O(OH)_6]$ angetroffen wird, und das *Ikosaborat*-Ion $[B_{20}O_{32}(OH)_8]^{12-}$ (o), das der künstlich hergestellten Verbindung $Na_5H\{Cu_4O[B_{20}O_{32}(OH)_8]\}$ zugrunde liegt, genannt. Neben den Oligohydroxoboraten kennt man auch eine Reihe wasserfreier „*Oligoborate*", z. B. das Diborat $Mg_2B_2O_5$ („*Suanit*"), das Triborat $CaAlB_3O_7$ („*Johachidolit*"), das Tetraborat $Li_6B_4O_9$ (jeweils gleiches Grundgerüst wie in den entsprechenden Hydroxoboraten).

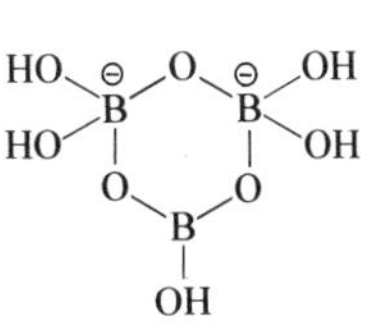

(k) $[B_3O_3(OH)_5]^{2-}$

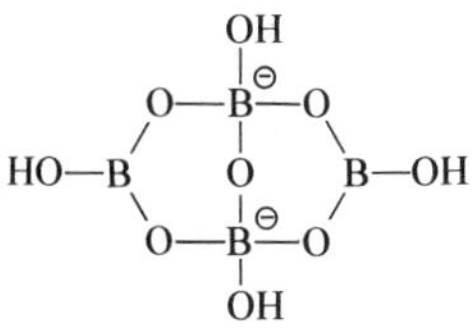

(l) $[B_4O_5(OH)_4]^{2-}$

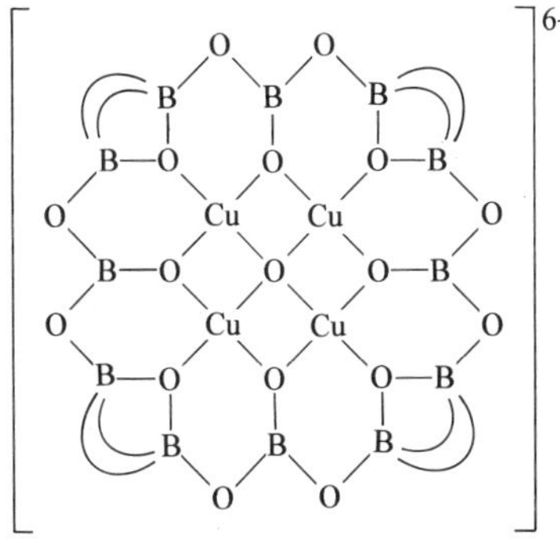

(m) $[B_5O_6(OH)_6]^{3-}$

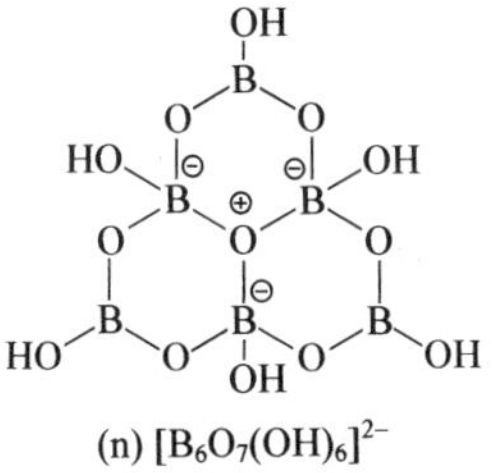

(n) $[B_6O_7(OH)_6]^{2-}$

$[Cu_4O\{B_{20}O_{32}(OH)_8\}]^{6-}$

⌒ = –O–B(OH)–O–

(o)

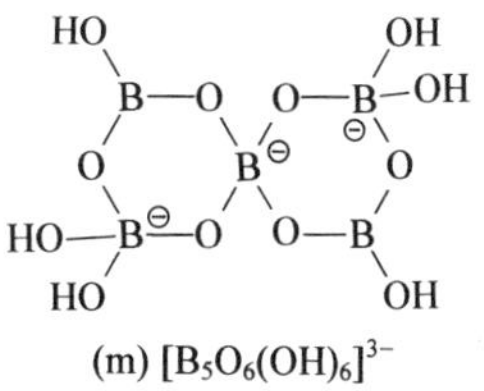

Polyborate. Den Polyboraten liegt zum Teil das durch Wasserabspaltung aus der Orthoborsäure $B(OH)_3$ über „Orthodiborsäure" $(HO)_2B{-}O{-}B(OH)_2$ zustande kommende Anion (p) der „*Orthopolyborsäure*" $-B(OH){-}O{-}B(OH){-}O{-}B(OH){-}O-$ zugrunde (Beispiele: $Li[BO_2]$, $Ca[BO_2]_2$, $Sr[BO_2]_2$). Unter Druck verwandeln sich derartige „*Metaborate*" in neue Modifikationen, in denen die B-Atome teilweise oder vollständig von vier O-Atomen umgeben sind (z. B. Koordinationszahl des Bors in $Ca[BO_2]_2$-I: 3; in $Ca[BO_2]_2$-II/-III: 3 und 4; in $Ca[BO_2]_2$-IV: 4). Vielfach liegen den (hydroxygruppenhaltigen und -freien) Polyboraten aber miteinander *kondensierte Inselborate* (s. o.) zugrunde, z. B.: $Li_2B_4O_7$ mit dem polymeren Tetraborat $B_4O_7^{2-}$ (r); „*Colemanit*" $Ca_2[B_6O_{11}] \cdot 5H_2O = 2Ca[B_3O_4(OH)_3] \cdot H_2O$ mit dem polymeren Triborat $[B_3O_4(OH)_3]^{2-}$ (s) und „*Kernit*" $Na_2[B_4O_7] \cdot 4H_2O = Na_2[B_4O_6(OH)_2] \cdot 3H_2O$

mit dem polymeren Tetraborat $[B_4O_6(OH)_2]^{2-}$ (s) (in letzteren drei Formeln sind die Brückensauerstoffatome zwischen zwei Inselboraten je zur Hälfte dem einen und dem anderen Inselborat zuzurechnen).

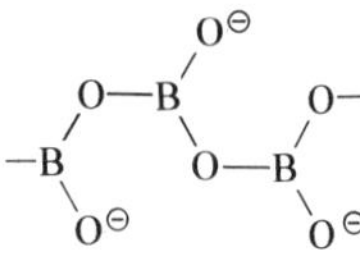

(p) $[BO_2^-]_x$ 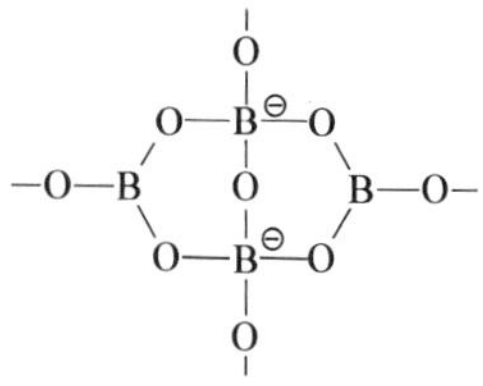 (r) $[B_4O_7^{2-}]_x$ 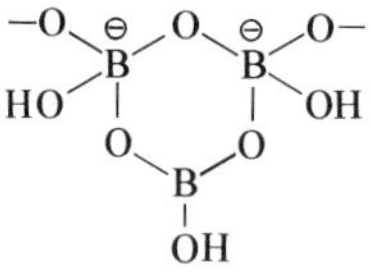 (s) $[B_3O_4(OH)_3]^{2-}$ 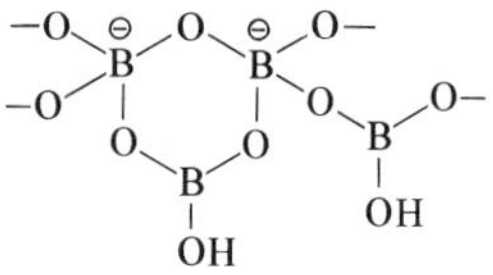 $[B_4O_6(OH)_2]^{2-}$

Heteroborate. Man kennt auch eine Reihe von Boraten, die neben B andere Nichtmetalle oder Halbmetalle enthalten. In ihnen liegen selbst in Fällen, in denen wie in „*Bortriperchlorat*" $B(ClO_4)_3$ dieses Heteroatom wenig basisch ist, keine Bor-Kationen vor. Dementsprechend ist auch das beim Erhitzen von Borsäure mit Phosphorsäure oder von Bortrioxid mit Phosphorpentaoxid gemäß

$$B(OH)_3 + H_3PO_4 \rightarrow BPO_4 + 3H_2O \quad \text{bzw.} \quad B_2O_3 + P_2O_5 \rightarrow 2BPO_4$$

entstehende „*Borphosphat*" BPO_4 kein Salz, sondern als *kovalente Verbindung* mit dem Siliciumdioxid SiO_2 in seiner Quarz-, Tridymit- und Cristobalit-Modifikation isostrukturell (Ersatz von Si—O—Si durch die isovalenzelektronische Gruppe B—O—P). Analoges gilt für das „*Borarsenat*" $BAsO_4$. Bezüglich der Borosilicate vgl. S. 921.

Borax $Na_2B_4O_7 \cdot 10H_2O$ (Struktur s. oben) wurde früher unter dem Namen *Tinkal* aus Tibet in großer Menge nach Europa eingeführt. Heute wird die weitaus überwiegende Menge Borax aus *Kernit* $Na_2B_4O_7 \cdot 4H_2O$ (Lösen in heißem Wasser unter Druck und Auskristallisierenlassen) oder aus *Calciumboraten* (s. oben) gewonnen. Größter Borax-Produzent ist Kalifornien.

Borax bildet in reinem Zustande große, *farblose*, durchsichtige, an trockener Luft oberflächlich verwitternde Kristalle, welche beim Erhitzen auf 350–400 °C in wasserfreies Natriumtetraborat $Na_2B_4O_7$ (Smp. der α-Form 743 °C) übergehen (vgl. Formel (r)). Die glasartige Schmelze des Tetraborats vermag viele Metalloxide unter Bildung charakteristisch gefärbter Borate aufzulösen (vgl. die ebenfalls charakteristisch gefärbten, im Periodensystem benachbarten Metallaluminate: S. 1083, Metallsilicate: S. 930 und Metallphosphate: S. 773). Hiervon macht man in der analytischen Chemie zum „*Nachweis von Metalloxiden*" Gebrauch („*Boraxperle*"). Auch die Verwendung von Borax beim *Löten* beruht auf dieser Boratbildung, indem der Borax in der Hitze die Oxidhaut der zu lötenden Metalle beseitigt und so eine saubere Oberfläche schafft.

Große Mengen Borax (Weltjahresproduktion: Megatonnenmaßstab) werden in der Keramik-, Emaille-, Porzellan- und Glasindustrie z. B. zur Herstellung leichtschmelzender Glasuren (Emaille; s. dort) oder besonderer Glassorten mit geringerem Ausdehnungskoeffizienten (für Laborgeräte, optische Gläser) verbraucht. In der Wäscherei diente es früher zur Enthärtung des Wassers („*Kaiserborax*"), heute als Ausgangsmaterial für die Gewinnung von „*Perboraten*" (s. u.). Man nutzt es ferner zur Herstellung von *Dünge-*, *Flammschutz-* und *Korrosionsschutzmitteln* sowie in der Metallurgie als *Fluß-*, *Schweiß-* und *Lötmasse*.

Peroxoborate. Löst man Orthoborsäure in *Wasserstoffperoxid*, so bildet sich u. a. unter Austausch der OH- gegen die OOH-Gruppe *Orthoperoxoborsäure* $B(OH)_2(OOH)$, die sich wie $B(OH)_3$ mit Wasser zum „*Trihydroxohydroperoxoborat-Ion*" umsetzen kann: $B(OH)_3 + H_2O_2 + H_2O \rightleftarrows H_3O^+ + B(OH)_3(OOH)^-$. Auch entsteht durch Zugabe von Wasserstoffperoxid zu einer Lösung von Borsäure in Natronlauge („*Natriummetaborat-Lösung*"; dargestellt aus Borax bei 90 °C nach: $Na_2B_4O_7 + 2NaOH \rightarrow 4NaBO_2 + H_2O$) auf dem Wege

$$NaBO_2 + H_2O_2 \rightarrow NaBO_3 + H_2O$$

„*Natriumperoxoborat*" („*Natriumperborat*") $Na_2[B_2(O_2)_2(OH)_4] \cdot 4H_2O = 2NaBO_2 \cdot 4H_2O$, dem das Peroxoanion $[(HO)_2B(—O—O—)_2B(OH)_2]^{2-}$ mit sechsgliederigem, sesselförmigem $B_2(O_2)_2$-Ring zugrunde liegt (vgl. Formel (e)).

Viele *Wasch-* und *Bleichmittel* für Wolle, Seide, Stroh, Elfenbein usw. enthalten Natriumperborat (Weltjahresproduktion: fast Megatonnenmaßstab). Auch in der *Kosmetik* (als Bleichmittel für Haare) und als *Desinfektionsmittel* finden Perborate Verwendung. Im Gemisch mit wasserstoffperoxidzersetzenden Stoffen dienen Perborate zur Bereitung von *Sauerstoffbädern*.

1.5 Schwefelverbindungen des Bors[2,84]

Borsulfide[85]. **Dibortrisulfid B_2S_3** entsteht durch Vereinigung von *Bor* mit *Schwefel* bei 900 °C oder durch *thermische Schwefelwasserstoffabspaltung* aus Borthiin $(HSBS)_3$ gemäß

$$2\,B + \tfrac{3}{8}S_8 \rightarrow B_2S_3 \quad \text{bzw.} \quad \tfrac{2}{3}(HSBS)_3 \rightarrow B_2S_3 + H_2S$$

als *blaßgelbes*, schwer zu kristallisierendes, meist glasig anfallendes, bei 320 °C erweichendes und bei 700 °C im Vakuum sublimierendes Produkt, das von Luft in der Wärme oxidiert und von Wasser leicht hydrolysiert wird ($B_2S_3 + 6\,H_2O \rightarrow 2\,B(OH)_3 + 3\,H_2S$). Als weiteres (borärmeres) Borsulfid entsteht *farbloses*, hydrolyseempfindliches **Bordisulfid BS_2** beim Erhitzen eines Gemisches von B_2S_3 und S_8 in einem evakuierten Quarzrohr auf 300 °C. Es scheidet sich an kühleren Rohrstellen ab und zwar bei Temperaturen < 100 °C in oktamerer Form $(BS_2)_8$ (Smp. 115 °C, Zers.), bei Temperaturen > 120 °C in polymerer Form $(BS_2)_x$. Ein (borreicheres) **Dodecaborsulfid $B_{12}S$** (möglicherweise auch $B_{12}SB$; vgl. S. 990) bildet sich durch rasches Erhitzen von Bor und Schwefel auf 1600–1700 °C.

Strukturen. B_2S_3 besitzt anders als B_2O_3 keine Raumnetz-, sondern eine *Schichtstruktur*, wobei sich die einzelnen Schichten aus viergliederigen B_2S_2 *Dithiadiboretan*-Ringen (a) und sechsgliederigen *Trithiatriborinan*-Ringen (b) aufbauen, die über einzelne S-Atome miteinander verknüpft sind (trigonal-planare B-Atome; BS-Abstände ca. 1.81 Å; Schichtabstände 3.55 Å). Und zwar hat jeder B_2S_2-Ring zwei B_3S_3-Nachbarn, jeder B_3S_3-Ring einen B_2S_2- und zwei B_3S_3-Nachbarn. $(BS_2)_8$ setzt sich demgegenüber aus fünfgliederigen *Trithiadiborolan*-Ringen (c) zusammen, wobei jeweils vier B_2S_3-Einheiten über S-Atome zu einem porphinartigen Cyclus verbunden sind (d): $(B_2S_3)_4S_4 = B_8S_{16}$. Analog sind in $(BS_2)_x$ B_2S_3-Ringe über S-Atome untereinander zu unendlichen Ketten verknüpft.

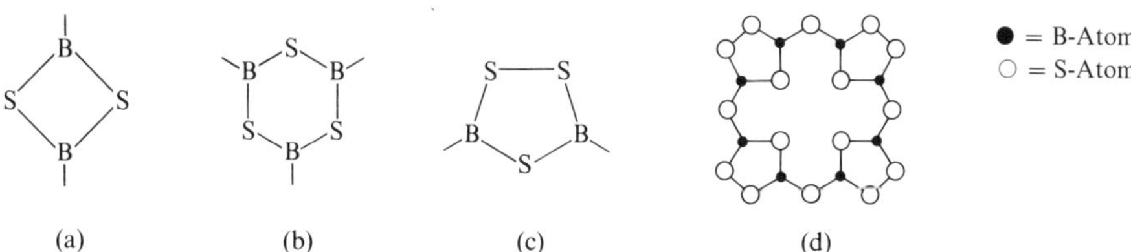

Derivate. Die in B_2S_3 enthaltenen *Dithiadiboretan*- und *Trithiatriborinan*-Ringe (a) und (b) sind auch in Form anderer Derivate $(XBS)_{2,3}$ bekannt (Substituenten X = Halogen, OR, SR, NR_2, Organyl). Sie können u.a. durch Reaktion von H_2S oder H_2S-liefernden Edukten (HgS, $(Me_2SiS)_{2,3}$) und Borhalogeniden $XBHal_2$ gewonnen werden ($XBHal_2 + H_2S \rightarrow \frac{1}{n}(XBS)_n + 2\,HHal$), z.B.: $(ClBS)_3$ (Zers. 60 °C), $(BrBS)_3$ (Smp. 99 °C, Zers. 120 °C), $(IBS)_3$ (Smp. 140 °C, Zers. 170 °C), $(MeOBS)_3$ (Smp. 27.5 °C), $(HSBS)_n$ (n = 2: Smp. 120 °C (unsicher); 3: Smp. 144 °C), $(Et_2NBS)_2$, $(Me_2NBS)_3$ (Smp. 118 °C), $(EtBS)_2$, $(PhBS)_3$. Der in $(BS_2)_8$ und $(BS_2)_x$ enthaltene *Trithiatriborolan*-Ring (c) liegt ebenfalls einer Reihe niedermolekularer Verbindungen $B_2S_3X_2$ zugrunde, z.B. $B_2S_3Br_2$ (Sdp. 48 °C/12 mbar, gewinnbar aus BBr_3 und H_2S_2 in Schwefelkohlenstoff), $B_2S_3Cl_2$ (Sdp. 66 °C/12 mbar), $B_2S_3I_2$ (Sdp. 85 °C/0.15 mbar), $B_2S_3(SH)_2$ (gewinnbar aus $B_2S_3Br_2$ und H_2S als zersetzliche, unter Kondensation in $(BS_2)_8$ übergehende Verbindung), $B_2S_3(NH_2)_2$ (Smp. 32 °C, Sdp. 110 °C/0.1 mbar).

Thioborsäuren, Thioborate. Während eine „*Orthothioborsäure*" $H_3BS_3 = B(SH)_3$ unbekannt ist, lassen sich die Thioborsäuren $(HBS_2)_3 = H_3B_3S_6$ („*trimere Metathioborsäure*"; „*Trimercaptotrithiaborolan*"; vgl. (b)) und $H_2B_2S_3$ (*Dimercaptotrithiadiborolan*", vgl. (c)) isolieren. Von der Orthothioborsäure leiten sich die „*Orthoborate*" M_3BS_3 sowie M_5BS_4 mit trigonal-planaren BS_3- bzw. tetraedrischen BS_4-Gruppen, von der Metathioborsäure die „*Metaborate*" $(MBS_2)_3$ mit trigonal-planaren BS_3-Gruppen ab (M = Metalläquivalent, z.B. Alkalimetall, 1/2 Erdalkalimetall). Daneben existieren $Pb_2B_2S_5$ (enthält adamantanartige $B_4S_{10}^{8-}$-Anionen mit tetraedrischen BS_4-Gruppen), $Ag_3B_5S_9$ (enthält ein Anion aus 10 miteinander verknüpften BS_4-Tetraedern) und $TlBS_3$ (enthält ein kettenförmiges Anion mit BS_4-Tetraedern, die über S—S-Bindungen sowie gemeinsame S-Atome verknüpft sind). Man *gewinnt* die Thioborate durch Zusammenschmelzen der Elemente oder der zugrundeliegenden binären Sulfide. Die Thioborsäuren sowie die Borate mit dreifach koordinierten B-Atomen sind wasserlabil und hydrolysieren zu Orthoborsäure und Schwefelwasserstoff.

---

84 **Literatur.** B. Krebs: „*Thio- und Selenoverbindungen von Hauptgruppenelementen – neue anorganische Oligomere und Polymere*", Angew. Chem. **95** (1983) 113–134; Int. Ed. 22 (1983) 113; W. Siebert: „*Boron-Sulphur and Boron-Selenium Heterocycles*", in I. Haiduc, D.B. Sowerby: „The Chemistry of Inorganic Homo- and Heterocycles", Acad. Press, London 1987, S. 143–165.

85 Man kennt auch die **Borselenide B_2Se_3** und **$(BeSe_2)_x$**.

1.6 Stickstoffverbindungen des Bors[2,69,86)]

Zwei benachbarte Kohlenstoffatome weisen zusammen ebenso viele Elektronen auf $(4+4=8)$ wie eine Gruppe aus einem Bor- und einem Stickstoffatom $(3+5=8)$. Somit sind CC- und BN-Gruppierungen miteinander *isoelektronisch*, und man gelangt durch Tausch von CC-Paaren in gesättigten sowie ungesättigten Kohlenstoffverbindungen gegen BN-Paare zu isoelektronischen gesättigten sowie ungesättigten Bor-Stickstoff-Verbindungen. Es entsprechen dann etwa den Molekülen Ethan, Ethen, Ethin oder Benzol die Moleküle „*Amminboran*", „*Aminoboran*", „*Iminoboran*" oder „*Borazin*" (bezüglich der wiedergegebenen Valenzstrichformeln s. weiter unten)[87)]:

$H_3C{-}CH_3$	$H_2C{=}CH_2$	H—C≡C—H	$(HC)_6$
Ethan	*Ethen*	*Ethin*	*Benzol*
($r_{CC} = 1.54$ Å)	($r_{CC} = 1.33$ Å)	($r_{CC} = 1.18$ Å)	($r_{CC} = 1.397$ Å)
$H_3B{\leftarrow}NH_3$	$H_2B{\leftrightarrows}NH_2$	H—B⇇N—H	$(HBNH)_3$
Amminboran	*Aminoboran*	*Iminoboran*	*Borazin*
($r_{BN} = 1.58$ Å)	($r_{BN} \approx 1.37$ Å)	($r_{BN} \approx 1.22$ Å)	($r_{BN} = 1.436$ Å)

Die Strukturen von Bor-Stickstoff-Verbindungen gleichen *weitestgehend* denen der isoelektronischen Kohlenstoff-Verbindungen. So weisen Ammin-, Amino-, Iminoborane sowie Borazine *ähnliche* (um ca. 0.04 Å größere) *Bindungsabstände* wie Ethane, Ethene, Ethine sowie Benzole auf (vgl. obige Zusammenstellung). Auch besitzen Amminborane wie Ethane *gestaffelte Konformation*, Aminoborane wie Ethane *planare Konfiguration* (Rotationsbarriere!), Iminoborane wie Ethine *linearen* Bau und Borazine wie Benzole planare sechsgliederige Ringstruktur mit *gleich langen Ringbindungen*.

Die physikalischen Eigenschaften beider Verbindungsklassen *stimmen* ebenso meist *gut überein*, obwohl der Übergang von den Kohlenstoff- zu den isoelektronischen Bor-Stickstoff-Verbindungen mit einem Ersatz gleichartiger C-Atome durch verschiedenartige B- und N-Atome verbunden ist, was zu *Polarität*

---

86 **Literatur.** Ullmann (5. Aufl.): „*Boron Carbide, Boron Nitride, and Metal Borides*", **A 4** (1985) 295–307; K. Niedenzu, J.W. Dawson: „*Neuere Entwicklungen in der Chemie der Aminoborane*", Angew. Chem. **76** (1964) 168–175; Int. Ed. **3** (1964) 86; K. Niedenzu: „*Boron-Nitrogen-Compounds*", Acad. Press, New York 1965; P. Paetzold: „*Darstellung, Eigenschaften und Zerfall von Boraziden*", Fortschr. Chem. Forsch. **8** (1967) 437–469; E. Wiberg: „*Das anorganische Benzol $B_3N_3H_6$ und seine Methylhomologen*", Naturwiss. **35** (1948) 182–188, 212–218; J.C. Sheldon, B.J. Smith: „*The Borazoles*", Quart. Rev. **14** (1960) 200–219; E.K. Mellon, jr., J.J. Lagowski: „*The Borazines*", Adv. Inorg. Radiochem. **5** (1963) 259–305; A. Meller: „*Preparative Aspects of Boron-Nitrogen Ring Compounds*" und „*The Chemistry of Aminoboranes*", Fortschr. Chem. Forsch. **15** (1970) 146–190 und **26** (1972) 37–76; W. Maringgele: „*Boron-Nitrogen-Heterocycles*", in I. Haiduc, D.B. Sowerby: „The Chemistry of Inorganic Homo- and Heterocycles", Acad. Press, London 1987, S. 17–101; J.J. Lagowski: „*Metal Derivatives of the Borazines*", Coord. Chem. Rev. **22** (1977) 185–194; R.N. Grimes: „*Metal Sandwich Complexes of Cyclic Planar and Pyramidal Ligands Containing Boron*", Coord. Chem. Rev. **28** (1979) 47–96; P. Kölle, H. Nöth: „*The Chemistry of Borinium and Borenium Ions*", Chem. Rev. **85** (1985) 399–418; H. Nöth: „*Die Chemie von Amino-imino-boranen*", Angew. Chem. **100** (1988) 1664–1684; Int. Ed. **27** (1988) 1603; P. Paetzold: „*Iminoboranes*", Adv. Inorg. Chem. **31** (1987) 123–170.

87 Um die Verwandtschaft mit den Alkanen, Alkenen und Alkinen anzuzeigen, bezeichnet man die Amminborane auch als „*Borazane*", die Aminoborane als „*Borazene*" und die Iminoborane als „*Borazine*". Unter letzteren versteht man heute ausschließlich die Trimerisierungsprodukte der Aminoborane, die man auch „*Borazole*" nennt[87a)].

87a Der *Benennung* von Verbindungen mit >BN<- und —BN—-Gruppen legt man die Formeln mit dreibindigen B- und N-Atomen zugrunde und spricht demgemäß von Aminoboranen (Boramiden) und Iminoboranen (Borimiden).

der Bindungen in letzteren Fällen führen muß. Diese ist aber bei Amino- und Iminoboranen sowie Borazinen wegen des hier möglichen *Polaritätsausgleichs* über $p_\pi p_\pi$-Rückbindungen (vgl. nachfolgende Mesomerieformeln) kleiner als aufgrund der unterschiedlichen Elektronegativitäten der an den Bindungen beteiligten Atome zu erwarten wäre (EN für B/C/N = 2.0/2.5/3.0):

[>B—N̈< ↔ >B=N<]

[—B=N̈— ↔ —B≡N—]

[Borazin-Grenzstrukturen: Ring B_3N_3 mit Doppelbindungen ↔ Ring ohne Doppelbindungen (N̈) ↔ Ring mit Doppelbindungen]

Der „*Bindungspfeil*" der weiter oben wiedergegebenen Formeln für Amino- und Iminoborane sowie Borazine symbolisiert diesen Sachverhalt. Da den Grenzstrukturen >B=N< und —B≡N— sowie den Ringformeln mit Doppelbindungen hohes Gewicht an der Resonanz zukommt, werden für Amino- und Iminoborane nachfolgend der Einfachheit halber nur diese Valenzstrichformeln, für Borazine gar nur eine der beiden Doppelbindungsformeln verwendet (der Bindungszustand des Borazins läßt sich auch durch eine doppelbindungsfreie Formel mit einem inneren ausgezogenen oder punktierten Kreis für die π-Elektronen beschreiben; vgl. Benzol, S. 853). Da im Falle der Amminborane ⋗B—N⋖ ein „*mesomerer*" Polaritätsausgleich unmöglich ist, differieren deren physikalische Eigenschaften stärker von denen der isoelektronischen Ethane.

Hinsichtlich der chemischen Eigenschaften *unterscheiden* sich auch die Amino- und Iminoborane sowie Borazine *deutlicher* von den isoelektronischen Ethenen, Ethinen sowie Benzolen. Und zwar erfolgen *Bindungsadditionen* an ungesättigte BN-Verbindungen wegen der zwar kleinen, aber doch endlichen BN-Bindungspolaritäten *rascher* als an ungesättigte C-Verbindungen, *Bindungsspaltungen* wegen der vergleichsweise kleineren BN-Bindungsstärken leichter, so daß die *Reaktionswege* und *-produkte* beider Substanzklassen gegebenenfalls *nicht übereinstimmen*.

Nachfolgend werden zunächst binäre Verbindungen des dreiwertigen Bors und Stickstoffs (*Bor(III)-nitride*), dann andere Stickstoffverbindungen des dreiwertigen Bors (*Bor(III)-ammine, -amide* und *imide* sowie deren anorganische und organische Derivate) und schließlich Stickstoffverbindungen des zwei- und einwertigen Bors (*niedrigwertige Boramide* und *-imide*) besprochen.

Bor(III)-nitride[86]

Bor bildet mit Stickstoff ein Nitrid der Zusammensetzung **BN**, das in drei Formen existiert: als graphitanaloges α-BN („*hexagonales Bornitrid*") sowie als diamantanaloges β-BN („*kubisches Bornitrid*", „*Borazon*", „*Zinkblende-BN*") bzw. γ-BN („*Wurzit-BN*", hexagonal).

Darüber hinaus kennt man noch ein *borreicheres Nitrid* $\mathbf{B_{24}N}$ (vgl. S. 990) und ein Bortriazid $B(N_3)_3$, das sich aus Bortrihalogenid und Natriumazid als explosives *stickstoffreicheres Nitrid* $\mathbf{BN_9}$ gewinnen läßt.

α-Bornitrid BN („*hexagonales Bornitrid*"). Darstellung. α-BN kann bei Weißglut *aus den Elementen* oder besonders rein durch *Ammonolyse* von Bortrichlorid oder -bromid mit flüssigem Ammoniak dargestellt werden, wobei zunächst ein Gemisch von Bor(III)-amiden sowie -imiden und bei 750 °C schließlich α-Bornitrid entsteht: $BX_3 + NH_3 \rightarrow BN + 3HX$. Eine für das Laboratorium geeignete Methode zur Darstellung von α-BN besteht im Schmelzen von *Borax* mit *Ammoniumchlorid*.

In der Technik gewinnt man α-BN durch *Nitridierung* von *Dibortrioxid* in einer Calciumphosphat-Matrix mit *Ammoniak* bei 800–1200 °C (Nachbehandlung mit Stickstoff bei 1800 °C) oder – in reinerer Form – durch *Nitridierung* von B_2O_3 mit *Stickstoff* in Anwesenheit von *Kohlenstoff* bei 1800–1900 °C:

$$B_2O_3 + 2NH_3 \rightarrow 2BN + 3H_2O \quad \text{bzw.} \quad B_2O_3 + 3C + N_2 \rightarrow 2BN + 3CO.$$

Eigenschaften. Das kristallisierte, *farblose*, sehr temperaturbeständige hexagonale α-Bornitrid (Smp. 3270 °C, $\Delta H_f = 255$ kJ/mol; $d = 2.25$ g/cm³) ist recht *reaktionsträge*; es geht beim Erhitzen an der Luft erst bei sehr hoher Temperatur (> 750 °C) in Boroxid über, wird von

Wasserdampf erst bei Rotglut hydrolysiert ($BN + 3H_2O \rightarrow B(OH)_3 + NH_3$), reagiert mit Fluor ($2BN + 3F_2 \rightarrow 2BF_3 + N_2$) und mit Fluorwasserstoff ($BN + 4HF \rightarrow [NH_4][BF_4]$) bei niedrigerer Temperatur als mit Wasser und wird von Alkalihydroxiden nur in der Schmelze abgebaut. Mit *Nitriden*, z.B. des Lithiums oder Bariums, reagiert es zu „*Nitridoboraten*" gemäß: $BN + N^{3-} \rightarrow BN_2^{3-}$. (Das Anion BN_2^{3-} ist linear gebaut und mit CO_2, CNO^-, NCO^-, N_2O, NO_2^+, N_3^- und CN_2^{2-} isoelektronisch; es enthält BN-Doppelbindungen: $[\ddot{N}{=}B{=}\ddot{N}]^{3-}$.)

Hexagonales BN besitzt wie der isoelektronische Graphit (Fig. 177, S. 832) eine Schichtenstruktur, bei der die eine Hälfte der Kohlenstoffatome einer Graphitschicht durch Boratome, die andere Hälfte durch Stickstoffatome ersetzt ist („*anorganischer Graphit*"; vgl. Fig. 226a):

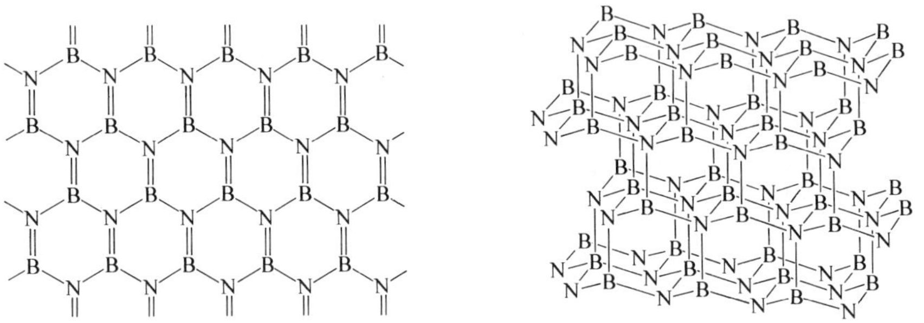

(a) ($r_{BN} = 1.446$ Å) (b) ($r_{BN} = 1.56$ Å)

Fig. 226 Bornitrid $(BN)_x$: (**a**) Hexagonales α-BN; (**b**) Kubisches β-BN.

Das Bornitrid-Molekül „BN" ist also *hochpolymer* und baut sich aus wabenförmig vernetzten, kovalent gebundenen Bor- und Stickstoffatomen auf. Die Übereinanderlagerung der BN-Schichten erfolgt dabei zum Unterschied vom Graphit so, daß alle Sechsecke der Schichten senkrecht übereinander liegen, wobei ober- und unterhalb jedes Boratoms je ein Stickstoffatom und ober- und unterhalb jedes Stickstoffatoms je ein Boratom der beiden Nachbarschichten angeordnet ist. Die Gitterabmessungen sind praktisch die gleichen wie beim Graphit (BN-Abstand: 1.446 Å, Schichtenabstand: 3.33 Å; entsprechende Abmessungen beim Graphit: 1.421 bzw. 3.35 Å), was hier wie dort für einen Doppelbindungscharakter der Bindungen spricht (B—N: 1.58; B=N: 1.37 Å); die NBN- und BNB-Winkel betragen 120°. In Übereinstimmung mit den strukturellen Beziehungen zwischen α-BN und Graphit fühlt sich Bornitrid-Pulver wie Graphit-Pulver beim Verreiben zwischen den Fingern talkähnlich an. Daß das Bornitrid zum Unterschied vom schwarzgrauen Graphit weiß ist und den elektrischen Strom nicht leitet (bzw. erst bei sehr hohen Temperaturen leitend wird), hängt damit zusammen, daß die überschüssigen Elektronen (S. 833) in diesem Falle nicht in Form beweglicher „*π-Elektronen*" vorliegen, sondern wegen der Ungleichartigkeit der Bindungspartner bevorzugt am Stickstoff lokalisiert sind.

Verwendung. Man verwendet das *hexagonale* α-Bornitrid als Hochtemperatur-Schmiermittel, als Formtrennmittel beim Metallguß zur Herstellung hochtemperaturbeständiger keramischer Gegenstände (Tiegel, Schmelzpfannen) sowie zur Auskleidung von Raketenbrennkammern, Plasmabrennern und Kernreaktoren.

β-Bornitrid BN („*kubisches Bornitrid*"). Darstellung. Die dem kubischen Diamant (S. 837) bzw. der Zinkblende (S. 1374) entsprechende, dichtere ($d = 3.45$ g/cm³), *kubische* β-Modifikation des Bornitrids („*Borazon*"[88], „*anorganischer Diamant*"; vgl. Fig. 226b) entsteht aus α-Bornitrid bei hoher Temperatur (1500–2200 °C) und hohem Druck (50–90 kbar) in Gegenwart geringer Mengen Li_3N als Katalysator. Dünne Schichten von β-BN lassen sich auf Gegenständen durch Gasphasenabscheidung des Bornitrids erzeugen. Eigenschaften. β-BN ist extrem hart (nach dem Diamanten das härteste bisher bekannte Material) und verbrennt erst bei 1900 °C. Der BN-Abstand entspricht mit 1.56 Å (CC-Abstand im Diamant: 1.54 Å) einer Einfachbindung (1.58 Å) und ist damit erwartungsgemäß größer als in der hexagonalen α-Form (1.45 Å).

[88] Der Name *Borazon* (Bor-az-on) drückt aus, daß es sich um ein Bor-Stickstoff-Isosteres des Kohlenstoffs (engl. carbon) handelt. Neben der Zinkblendestruktur des Borazons ist – wie im Falle des Diamanten (S. 837) – auch eine Wurtzitstruktur bekannt.

Verwendung. β-BN wird zur Herstellung von Schleif- sowie Schneidestäben und zur Bearbeitung von gehärteten Stählen sowie Werkzeug- bzw. Chromnickelstählen genutzt. Seine Härte bleibt bis etwa 600 °C erhalten, während die Härte etwa von Wolframcarbid bereits bei 300–400 °C erheblich abnimmt.

γ-Bornitrid BN bildet sich aus α-Bornitrid bei niedrigeren Temperaturen als β-Bornitrid (s.o.). Es ist bezüglich β-BN metastabil und entspricht strukturell dem hexagonalen Diamant (S. 707) bzw. dem Wurtzit (S. 1374). Somit stehen kubisches β- und hexagonales γ-Bornitrid in der gleichen Strukturbeziehung wie kubischer und hexagonaler Diamant.

Bor(III)-ammine, -amide und -imide[86)]

Bei der Einwirkung von *Ammoniak* NH_3 auf *Diboran* B_2H_6 bildet sich unter geeigneten Bedingungen das Ammoniakat des Monoborans („*Amminboran*"; vgl. S. 1004), welches gemäß nachfolgender Reaktionsgleichung (1) unter *Wasserstoffeliminierung* auf dem Wege über das Amid und Imid des Monoborans („*Aminoboran*", „*Iminoboran*") in das Cyclotrimere des Iminoborans („*Borazin*") übergehen kann (vgl. hierzu Reaktionsgleichung (2) auf S. 1050):

$$\tfrac{1}{2}B_2H_6 \xrightarrow{+NH_3} H_3B{-}NH_3 \xrightarrow{-H_2} H_2B{=}NH_2 \xrightarrow{-H_2} HB{\equiv}NH \xrightarrow{\times 3} ({-}HB{=}NH{-})_3 \quad (1)$$

Grundkörper der „*Amminborane*" — Grundkörper der „*Aminoborane*" — Grundkörper der „*Iminoborane*" — Grundkörper der „*Borazine*"

Nachfolgend sei zunächst auf die Verbindungsklasse der Borazine $(XBNR)_3$, dann auf die der Amminborane X_3BNR_3, Aminoborane X_2BNR_2 und Iminoborane XBNR eingegangen, wobei X und R Wasserstoff, Organyl, Hal, OR, NR_2 usw. sein können.

Borazine. Schneidet man aus einer wabennetzartigen Schicht des hexagonalen α-Bornitrids (Fig. 226a) eine Wabe heraus und sättigt die freien Valenzen am Bor und Stickstoff durch Wasserstoff oder andere Substituenten ab, so gelangt man zum „*Borazin*" („*Borazol*") und seinen Derivaten. Darstellung. Borazin wird beim Erhitzen von *Diboran* und *Ammoniak* (Molverhältnis 1 : 2) auf 250–300 °C in 50%iger Ausbeute erhalten (statt BH_3 und NH_3 können auch $NaBH_4 = NaH \cdot BH_3$ und $NH_4Cl = NH_3 \cdot HCl$ eingesetzt werden):

$$\tfrac{3}{2}B_2H_6 + 3NH_3 \longrightarrow B_3N_3H_6 + 6H_2;$$

$$3NaBH_4 + 3NH_4Cl \xrightarrow{\text{Triglyme}} B_3N_3H_6 + 3NaCl + 9H_2.$$

Bequemer ist es, aus BCl_3 und NH_4Cl das „*B-Trichlorborazin*" $B_3N_3H_3Cl_3$ (90%ige Ausbeute) zu synthetisieren und dieses dann mit $NaBH_4$ zu hydrieren (über 90% Ausbeute):

$$3BCl_3 + 3NH_4Cl \xrightarrow[C_6H_5Cl,\ 140-150\,°C]{-9HCl} B_3N_3H_3Cl_3 \xrightarrow[(C_4H_9)_2O]{+3H^-,\ -3Cl^-} B_3N_3H_6.$$

Durch Methylierung (statt Hydrierung) von $Cl_3B_3N_3H_3$ mittels MeMgBr erhält man das „*B-Trimethylborazin*" $Me_3B_3N_3H_3$, (Smp. 31.4 °C, Sdp. 129 °C), durch Umsetzung von BCl_3 mit NH_3MeCl (statt mit NH_4Cl) und Hydrieren des dabei entstehenden „*N-Trimethyl-B-trichlorborazins*" $Cl_3B_3N_3Me_3$ das „*N-Trimethylborazin*" $H_3B_3N_3Me_3$ (Smp. −7.5 °C, Sdp. 133 °C). Das aus BMe_3 und NH_2Me unter Abspaltung von Methan MeH erhältliche „*Hexamethylborazin*" $Me_3B_3N_3Me_3$ schmilzt bei 97.1 °C und siedet bei 221 °C. „*Hexachlorborazin*" $B_3N_3Cl_6$ (Smp. 187 °C) entsteht andererseits bei der Umsetzung von BCl_3 mit NCl_3 in CCl_4-Lösung bei 45 °C: $3BCl_3 + 3NCl_3 \rightarrow B_3N_3Cl_6 + 6Cl_2$.

Physikalische Eigenschaften. Borazin (Borazol) stellt eine *farblose*, wasserklare, leichtbewegliche Flüssigkeit von aromatischem Geruch dar, welche bei 55.0 °C siedet, bei −57.92 °C erstarrt und die Elektronenkonfiguration und planare Sechsringstruktur des *Benzols* C_6H_6 besitzt (D_{3h}-Symmetrie; trigonal-planare B- und N-Atome; NBN- und BNB-Winkel 120 °C). Da die physikalischen Eigenschaften (z. B. Dichte, Schmelzpunkt, Siedepunkt, kritische Temperatur, Verdampfungsenthalpie, Troutonkonstante, Parachor, Oberflächenspannung) des

Borazins ($\Delta H_f = -531.4$ kJ/mol) weitgehend mit denen des isoelektronischen Benzols übereinstimmen, wird es auch als *„anorganisches Benzol"* bezeichnet. Der BN-Abstand im Borazin beträgt 1.436 Å (CC-Abstand im Benzol: 1.397 Å) und liegt damit erwartungsgemäß wie beim hexagonalen α-Bornitrid (s. oben) zwischen den Werten für eine Einfach- (1.54 Å) und eine Doppelbindung (1.37 Å); die NH- und BH-Abstände entsprechen mit 1.02 bzw. 1.20 Å Einfachbindungen. In analoger Weise gleichen die physikalischen Eigenschaften der Methylhomologen des Borazins (z. B. der beiden *„anorganischen Mesitylene"* $Me_3B_3N_3H_3$ und $H_3B_3N_3Me_3$ und des *„anorganischen Mellithols"* $Me_3B_3N_3Me_3$) weitgehend denen der isoelektronischen Methylbenzole[89].

Chemische Eigenschaften. Im Unterschied zu Benzol C_6H_6 und seinen Derivaten neigen Borazin $B_3N_3H_6$ (a) und seine Derivate zu *Additionsreaktionen* und lagern an ihre π-Bindungen leicht (bereits bei 20 °C) 3 Mole HX wie Wasser, Methanol, Chlor- oder Bromwasserstoff unter Bildung π-bindungsfreier *„anorganischer Cyclohexane"* (b) an (der Wasserstoff von HX wandert erwartungsgemäß zum negativ polarisierten N-Atom, der X-Rest zum positiv polarisierten B-Atom). Offensichtlich ist also die „Aromatizität" der Borazine schwächer als die der Benzole ausgeprägt. Bei 100 °C eliminieren die Additionsverbindungen (b) ihrerseits 3 Mole H_2 unter Bildung der „rearomatisierten" Borazine (c). Letztere stellen formal Produkte einer *nucleophilen Substitution* borgebundenen Hydrids H^- durch X^- dar. In analoger Weise lassen sich Chlorid oder Bromid in B-Trihalogenborazinen (c) rasch durch andere Nucleophile Nu^- wie OH^-, OR^-, SCN^-, CN^-, NO_2^-, R^-, SiR_3^- ersetzen (vgl. Schema). Benzole neigen demgegenüber weniger zur nucleophilen, sondern umgekehrt zur *elektrophilen Ringsubstitution* (vgl. Lehrbücher der organischen Chemie), während die Tendenz der Borazine wiederum für elektrophile Substitutionen unter Ringerhalt viel kleiner als die der Benzole ist.

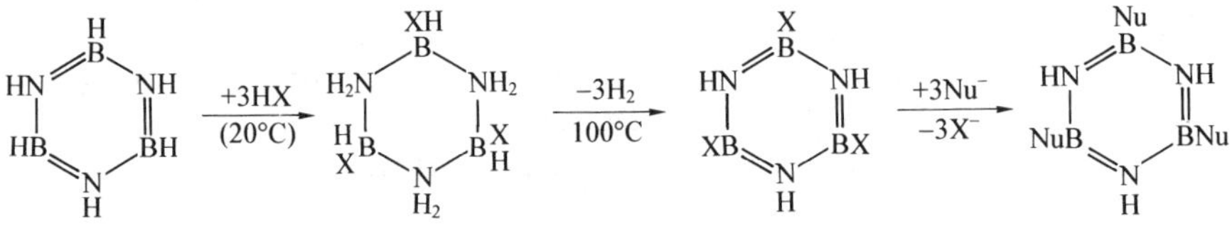

(a) $\xrightarrow[(20\,°C)]{+3HX}$ (b) $\xrightarrow[100\,°C]{-3H_2}$ (c) $\xrightarrow[-3X^-]{+3Nu^-}$

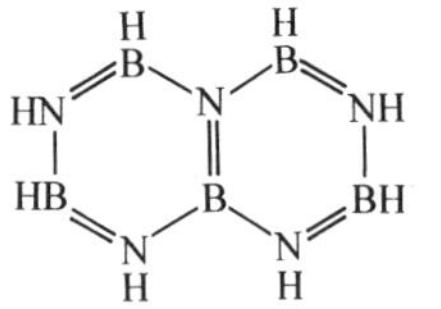

(d) 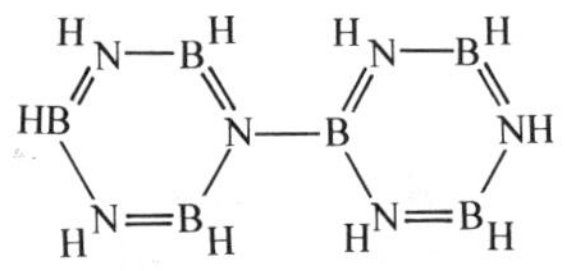 (e) 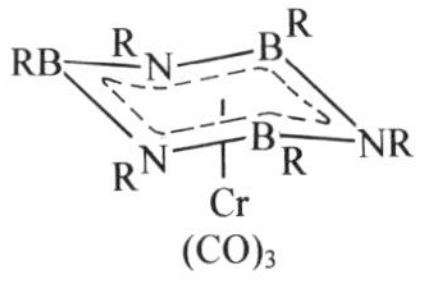 (f)

Bei der *Thermolyse* von $B_3N_3H_6$ (5 Tage, 380 °C) entstehen u. a. ein bei 29 °C schmelzendes *„anorganisches Naphthalin"* $B_5N_5H_8$ (d) und ein bei 60 °C schmelzendes *„anorganisches Diphenyl"* $B_6N_6H_{10}$ (e), also Verbindungen, die wie das *„anorganische Benzol"* $B_3N_3H_6$ Ausschnitte aus dem hexagonalen α-Bornitrid repräsentieren. Die *Photolyse* von Borazin liefert u. a. ein Isomeres des anorganischen Diphenyls (e) mit BB- statt NB-Verknüpfung und dazu das Naphthalin (d).

Analog dem Benzol bildet auch Borazin (in Form von Hexaorganyl-Derivaten) *Metall-π-Komplexe* (vgl. S. 856, 1712). So entspricht etwa dem Komplex $(C_6Me_6)Cr(CO)_3$ der Komplex $(B_3N_3Me_6)Cr(CO)_3$ (f) (gewinnbar aus $(CH_3CN)_3Cr(CO)_3$ und $B_3N_3Me_6$). Allerdings ist der komplexgebundene $B_3N_3Me_6$-Ligand anders als das freie Borazin und im Unterschied zu komplexgebundenem C_6Me_6 *nicht planar* (CrB/CrN-Abstände 2.31/2.22 Å). Dies ist zum Teil eine Folge der unterschiedlichen Atomradien von Bor und Stickstoff (0.82/0.77 Å), aber zum Teil wohl auch eine Folge des schwächeren aromatischen Charakters von Borazinen.

---

89 Ein dem Borazin $B_3N_3H_6$ entsprechendes *„Borphosphin"* $B_3P_3H_6$ oder *„Alazin"* $Al_3N_3H_6$ existiert nicht, da Phosphor und Aluminium (2. Achterperiode) zum Unterschied vom Bor (1. Achterperiode) zur Ausbildung von $p_\pi p_\pi$-Bindungen weniger befähigt sind, so daß beide Verbindungen nur in polymerer, doppelbindungsfreier Form auftreten. Man kennt jedoch sperrig substituierte Borphosphine (S. 1054) und Alazine (S. 1071).

Amminborane. Das „*anorganische Ethylen*“ $H_3B—NH_3$ und seine Derivate $X_3B—NR_3$ („*Amminborane*“; C_{3v}-Molekülsymmetrie; tetraedrische B- und N-Atome) lassen sich im allgemeinen bequem *aus den Komponenten* BX_3 (X z. B. H, Organyl, Halogen) und NR_3 (R z. B. H, Organyl) gewinnen und stellen meist *farblose*, kristalline Feststoffe dar, z. B.: „*Amminboran*“ $H_3B—NH_3$ (Smp. 114 °C, Zers.; $r_{BN} = 1.56$ Å; BN-Dissoziationsenergie = 176 kJ/mol; Rotationsbarriere ca. 12 kJ/mol); „*Trimethylaminboran*“ H_3BNMe_3 (Smp. 94 °C, Sdp. 171 °C); „*Trimethylamintrimethylboran*“ Me_3BNMe_3 (Smp. 128 °C). Bezüglich der NR_3-Addukte von Bortrihalogeniden vgl. S. 1030 und 1032.

Außer diesen acyclischen Amminboranen kennt man auch eine Reihe cyclischer Verbindungen $(—X_2B—NR_2—)_n$, nämlich Derivate des „*anorganischen Cyclobutans*“ $(H_2BNH_2)_2$ (h) (z. B. $(H_2BNMe_2)_2$: Smp. 73.5 °C, Sdp. 95 °C; $(Cl_2BNMe_2)_2$: Smp. 142 °C; gewinnbar durch Dimerisierung von Aminoboranen), das sesselkonformierte „*anorganische Cyclohexan*“ $(H_2BNH_2)_3$ (i) und seine Derivate (z. B. $(H_2BNH_2)_3$: Smp. 97.8 °C; $(H_2BNMe_2)_3$: Smp. 95 °C, Sdp. 80 °C bei 8 mbar; gewinnbar durch Hydrierung von $(XHBNH_2)_3$ (b) mit $NaBH_4$ bzw. durch Trimerisierung von H_2BNMe_2) und das „*anorganische Polyethylen*“ $(H_2BNH_2)_x$ (k) (gewinnbar durch Erhitzen von $H_2BNH_2 \cdot BH_3$ (g)).

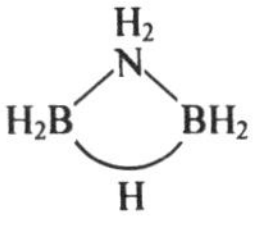

(g) 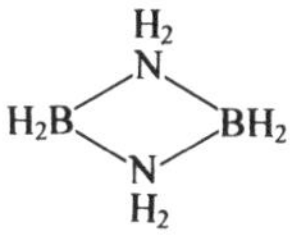 (h) 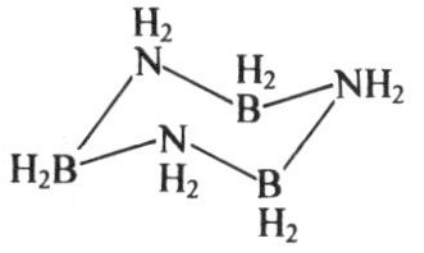 (i) 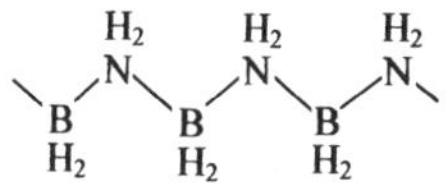 (k)

Aminoborane. Wie die cyclischen Borazine zeigen auch die acyclischen „*Aminoborane*“ $X_2B{=}NR_2$ (C_{2v}-Molekülsymmetrie; trigonal-planare B- und N-Atome), die u. a. aus Amminboranen (s. o.) gemäß $X_3B—NR_3 \rightarrow X_2B{=}NR_2 + RX$ in der Wärme gewinnbar sind, bezüglich ihrer *Strukturen* und *physikalischen Eigenschaften* bemerkenswerte Analogien zur isoelektronischen organischen Stoffklasse der Alkene (vgl. S. 1045). *Chemisch* sind die BN-Verbindungen aber wiederum wesentlich reaktionsfreudiger als die entsprechenden CC-Verbindungen. So ist das „*anorganische Ethylen*“ $H_2B{=}NH_2$ (Rotationsbarriere ca. 100 kJ/mol) monomer nur in BH_3-stabilisierter Form als Addukt $BH_2NH_2 \cdot BH_3$ (g) oder in Form von Derivaten wie $Cl_2B{=}NMe_2$, sonst nur polymerisiert als Cyclohexan- oder Polyethylen-Analoges (i, k) erhältlich.

Acyclische Aminoborane. In verschiedenen Fällen sind acyclische Aminoborane sowohl in der monomeren „Ethylen“ als auch in der dimeren „Cyclobutan“-Form isolierbar. So wandelt sich etwa die monomere, flüssige, hydrolyseempfindliche Verbindung $Cl_2B{=}NMe_2$ (Smp. −43 °C) beim Stehenlassen in die dimere, feste, hydrolysebeständige Verbindung $(—Cl_2B—NMe_2—)_2$ um, die ihrerseits durch Erwärmen wieder rückwärts in die monomere Verbindung übergeführt werden kann. Im Gaszustand der dimeren Verbindung $(—H_2B—NMe_2—)_2$ liegt ein reversibles Gleichgewicht zwischen monomerer und dimerer Form vor. In einigen Fällen verwandeln sich Aminoborane auch in die Cyclotrimeren.

Cyclische Aminoborane. Polymerisationsstabiler als die acyclischen Aminoborane sind die weiter oben behandelten ringförmigen *Borazine* $(XBNR)_3$ („*anorganische Benzole*“, „*1,3,5-Triaza-2,4,6-triborinane*“), die wie die Derivate des „*anorganischen Cyclobutadiens*“ $(XBNR)_2$ („*1,3-Diaza-2,4-diboretidine*“) und „*anorganischen Cyclooctatetraens*“ $(XBNR)_4$ („*1,3,5,7-Tetraaza-2,4,6,8-tetraborocane*“) zur Klasse der cyclischen Aminoborane zählen (vgl. Fig. 227). Sie lassen sich durch Oligomerisierung von Iminoboranen (s. u.) gewinnen.

Die $(XBNR)_2$-Ringe haben bei nicht allzu sperrigen Resten X und R rhombisch-planaren Bau (C_{2v}-Molekülsymmetrie; r_{BN} ca. 1.45 Å, BNB/NBN-Winkel ca. 85/95°), die $(XBNR)_4$-Ringe wannenförmige Konformation (S_4-Molekülsymmetrie; r_{BN} abwechselnd ca. 1.40 und 1.46 Å; die kurzen BN-Bindungen verlaufen senkrecht zur Symmetrieachse, vgl. Formel (r) S. 1050). Bezüglich der Struktur der $(XBNR)_3$-Ringe s. weiter oben (S. 1045).

Während die Borazine ein aromatisches System mit $4n + 2 = 6\pi$-Elektronen besitzen ($n = 1$), gilt Entsprechendes nicht für die Diazadiboretidine (4π-Elektronen) bzw. Tetrazatetraborocane (8π-Elektronen). Erstere Ringverbindungen lassen sich demgemäß zu *Dianionen* $(XBNR)_2^{2-}$ (6π-Elektronen) reduzieren. Eine Oxidation von $(XBNR)_2$ bzw. $(XBNR)_4$ zu *Dikationen* $(XBNR)_2^{2+}$ ($4n + 2 = 2\pi$-Elektronen; $n = 0$) und $(XBNR)_4^{2+}$ (6π-Elektronen) ist noch nicht gelungen. Ähnlich wie die Borazine vermögen auch Diazadiboretidine als π-Komplexliganden zu wirken (z. B. Bildung von $(^iPrBN^iPr)_2Cr(CO)_4$).

Derivate. Man kennt eine Reihe von Verbindungen, die sich von den cyclischen Aminoboranen durch Austausch einiger NR- oder BX-Ringglieder gegen andere Gruppen ableiten. So existieren die sauerstoffhaltigen Borazine $B_3N_2OH_5$ und $B_3NO_2H_4$ (Ersatz von NH in $B_3N_3H_6$ durch O; gewinnbar durch Reaktion von B_2H_6 mit NO; bezüglich des Endglieds $B_3O_3H_3$ vgl. S. 1038). Auch sind silicium- oder

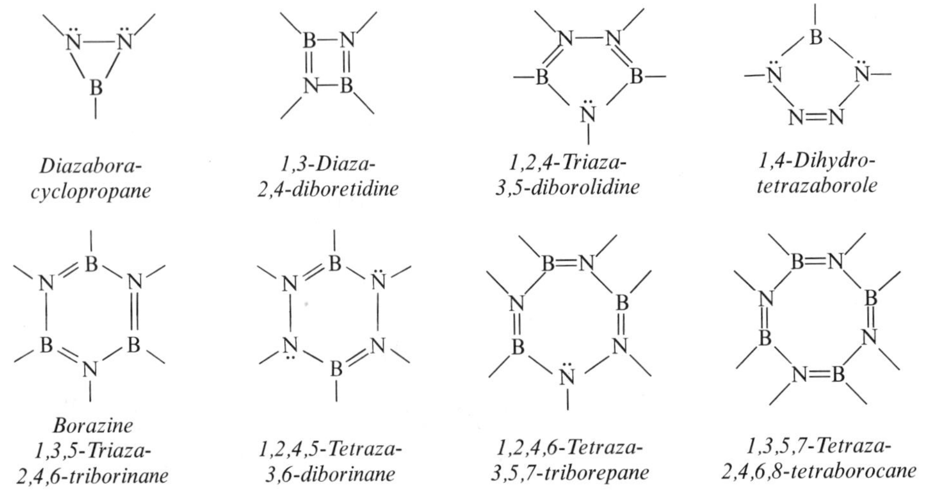

Diazabora-cyclopropane | *1,3-Diaza-2,4-diboretidine* | *1,2,4-Triaza-3,5-diborolidine* | *1,4-Dihydro-tetrazaborole*

Borazine 1,3,5-Triaza-2,4,6-triborinane | *1,2,4,5-Tetraza-3,6-diborinane* | *1,2,4,6-Tetraza-3,5,7-triborepane* | *1,3,5,7-Tetraza-2,4,6,8-tetraborocane*

Fig. 227 Bor-Stickstoff Heterocyclen (wiedergegeben ist jeweils nur eine von mehreren möglichen mesomeren Grenzstrukturen)[89a)].

phosphorhaltige Borazine wie $B_2SiN_3Me_5Ph_2$ oder $B_2PN_3Me_5Cl$ erhältlich (Ersatz von BMe in $B_3N_3Me_6$ durch $SiPh_2$ bzw. PCl).

Darüber hinaus kennt man auch Boramide mit *mehr als einer borgebundenen Aminogruppe* (z. B. *farbloses*, flüssiges „*Bis(dimethylamino)borchlorid*" $(Me_2N)_2BCl$ sowie „*Tris(dimethylamino)boran*" $B(NMe_2)_3$, das Methylderivat des Amids $B(NH_2)_3$ der Borsäure $B(OH)_3$) und solche mit mehr als einer *stickstoffgebundenen Borylgruppe* (z. B. „*Tris(diorganylboryl)amine*" $(R_2B)_3N$). Schließlich existieren *Borylderivate anderer Stickstoffwasserstoffe*, nämlich des *Hydrazins* (z. B. polymere „*Bis(boryl)hydrazine*" $R_2B{-}NH{-}NH{-}BR_2$), des *Diimins* (z. B. polymeres „*Bis(diphenylboryl)diimin*" $Ph_2B{-}N{=}N{-}BPh_2$; monomeres „*Bis(di-tert-butylboryl)-diimin*" $^tBu_2B{-}N{=}N{-}{}^tBu_2$) oder der *Stickstoffwasserstoffsäure* (z. B. monomeres „*Diphenylborazid*" $Ph_2B{-}N{=}N{=}N$, trimeres „*Dichlorborazid*" $Cl_2B{-}N{=}N{=}N$). Zu dieser Klasse von Verbindungen zählen auch die folgenden, in Fig. 227 wiedergegebenen drei-, fünf-, sechs- und siebengliederigen cyclischen Aminoborane: „*Diazaboracyclopropane*" (4π-Elektronen), „*1,2,4-Triaza-3,5-diborolidine*" (aromatisches 6π-Elektronensystem; π-Komplexligand), „*Δ^2-Tetrazaboroline*" (6π-Elektronen), „*1,2,4,5-Tetraza-3,6-diborinane*" (8π-Elektronen), „*1,2,4,6-Tetraza-3,5,7-triborepane*" (8π-Elektronen; bisher unbekannt).

Iminoborane. Die Darstellung der *Iminoborane* $XB{\equiv}NR$ (X, R = H, Organyl) erfolgt u. a. gemäß

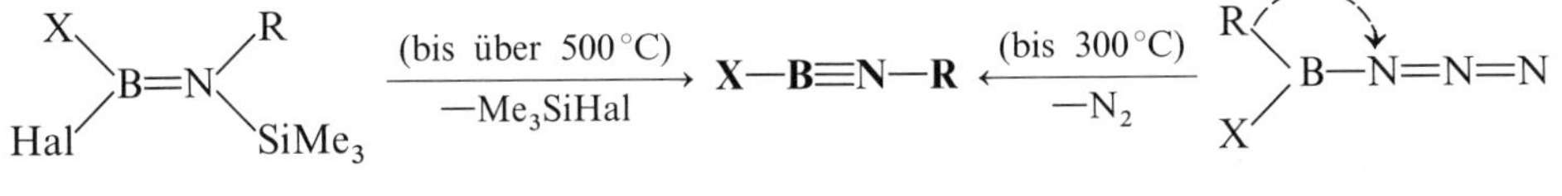

$$\begin{matrix}X\\Hal\end{matrix}{>}B{=}N{<}\begin{matrix}R\\SiMe_3\end{matrix} \xrightarrow[-Me_3SiHal]{\text{(bis über 500 °C)}} \mathbf{X{-}B{\equiv}N{-}R} \xleftarrow[-N_2]{\text{(bis 300 °C)}} \begin{matrix}R\\X\end{matrix}{>}B{-}N{=}N{=}N$$

durch *Gasphasenthermolyse* geeigneter Amino- und Azidoborane. *Aminoiminoborane* $R_2N{-}B{\equiv}N{-}R$ lassen sich aus Aminoboranen auch durch *Eliminierung* von Halogenwasserstoff mit Basen wie $LiNR'_2$ (NR'_2 z. B. $N^tBu(SiMe_3)$) gewinnen: $(R_2N)HalB{=}NHR \rightarrow R_2N{-}B{\equiv}N{-}R + HHal$.

Eigenschaften. Bezüglich der *Strukturen* (s. u.) und *physikalischen Eigenschaften* bestehen deutliche Parallelen zwischen den Iminoboranen und den isoelektronischen Acetylenen. *Chemisch* sind erstere erwartungsgemäß wesentlich *reaktiver* als letztere. So treten die Iminoborane $XB{\equiv}NR$ wie die Aminoborane $X_2B{=}NR_2$ (s. o.) normalerweise nicht monomer, sondern *oligo-* oder *polymer* auf. Allerdings wächst die *kinetische Stabilität* hinsichtlich ihrer Oligo- bzw. Polymerisierung mit der *Sperrigkeit* der bor- und stickstoffgebundenen Substituenten X und R.

Dementsprechend ist das „*anorganische Acetylen*“ HB≡NH extrem polymerisationslabil[90], und die Metastabilität, d. h. die Temperatur, bei der Iminoborane noch gehandhabt werden können, steigt für Iminoborane in folgender Richtung: MeB≡NMe/EtB≡NEt (Me = CH_3, Et = CH_2Me; langsame Polymerisation bei −90 °C), $^iBuB{\equiv}N^iBu$ ($^iBu = CH_2CHMe_2$), $^iPrB{\equiv}N^iPr$ ($^iPr = CHMe_2$), $^tBuB{\equiv}N^tBu$/tmpB≡N^tBu ($^tBu = CMe_3$; tmp = 2,2,6,6-Tetramethylpiperidyl $Me_4C_5H_6N$; handhabbar bei 0 °C), $(Me_3Si)_3CB{\equiv}NSiMe_3$/$^tBu_3SiB{\equiv}NSiMe_3$ (stabil bis 300 °C).

Strukturen. Iminoborane sind wie die isoelektronischen Acetylene *linear* gebaut und weisen kurze, für BN-Dreifachbindungen charakteristische BN-Abstände (S. 1042) auf, z. B.:

$(Me_3Si)_3Si{-}B{\equiv}N{-}^tBu$ (B≡N: 1.221 Å)   tmp$N{-}B{\equiv}N{-}^tBu$ (B≡N: 1.25 Å)   (tmpN = tmp = 2,2,6,6-Tetramethylpiperidyl).

Ähnlich wie in organischen Inaminen [>N̈—C≡C— ↔ >N=C=C̈—] ist auch in „*anorganischen Inaminen*“ [>N̈—B≡N— → >N=B=N̈—] die zentrale BN-Einfachbindung aufgrund der möglichen π-Elektronenresonanz etwas verkürzt, die BN-Dreifachbindung etwas verlängert (Bezugswerte für B—N/B=N/B≡N: 1.58/1.37/1.22 Å)[91].

Oligomerisierung. Die thermische Stabilisierung der Iminoborane XB≡NR erfolgt, falls die Substituenten X und R wie im Falle von MeB≡NMe, EtB≡NEt, $^iBuB{\equiv}N^iBu$, $^iPrB{\equiv}N^iPr$ *nicht zu sperrig* sind, auf dem Wege über *Cyclodimere* (l) (vgl. Diazadiboretidine, oben) und *Bicyclotrimere* (m) („*Dewar-Borazine*“, Derivate des „*anorganischen Dewar-Benzols*“) unter Bildung von *Cyclotrimeren* (n) (vgl. Borazine, oben)[92]:

XB≡NR + RN≡BX ⟶ (l) $(XBNR)_2$ (Vierring) $\xrightarrow{+XB\equiv NR}$ (m) (Dewar-Borazin) ⟶ (n) $(XBNR)_3$ (Borazin)

(l) (m) (n)

Sind demgegenüber die Reste X und R *sperrig*, so bleibt die thermische Oligomerisierung der Iminoborane wie im Falle von $^tBuB{\equiv}N^tBu$ oder tmpB≡N^tBu beim Cyclodimeren (l) stehen. In Einzelfällen (z. B. Oligomerisierung von $^iPrB{\equiv}N^tBu$) bilden sich statt der Borazine die Dewar-Borazine (m) als Thermolyseendprodukte[93]. Da die Cyclodimeren (l) in Abwesenheit von Iminoboranen nicht in Cyclotrimere übergehen, lassen sie sich bei ausreichender katalytischer Beschleunigung der Iminoboran-Dimerisierung (z. B. mit ^tBuCN) selbst im Falle wenig sperriger Iminoborane (z. B. $^iPrB{\equiv}N^iPr$) als Reaktionsendprodukte erhalten. Sie können ihrerseits einer reversiblen Dimerisierung zu *Cyclotetrameren* (r) der Iminoborane („Tetrazatetraborocane“) unterliegen, wobei möglicherweise die Aminoborane (o) und (p) als Zwischenstufen gebildet werden. Z. B. liegt das Gleichgewicht: $2(^iPrBN^iPr)_2 \rightleftarrows (^iPrBN^iPr)_4$ bei 20 °C auf der rechten, bei 100 °C auf der linken Seite; es stellt sich jedoch bei Raumtemperatur sehr langsam ein (sperrige substituierte Iminoborandimere wie $(^tBuBN^tBu)_2$ dimerisieren nicht, weniger sperrig substituierte Iminoborantetramere wie $(^tBuBNMe)_4$ spalten nicht in Iminoborandimere auf).

89a Zur **Nomenklatur** *stickstoffhaltiger* bzw. *stickstofffreier* **Borheterocyclen** nach „*Hantzsch-Widman*“ charakterisiert man (i) „*gesättigte*“ 3-, 4-, 5-, 6-, 7-, 8-gliederige Ringe durch die Suffixe *-iridin* (N-frei: -iran), *-etidin* (N-frei: etan), *-olidin* (N-frei: -olan), *-inan*, *-epan*, *-ocan* und (ii) maximal konjugierte „*ungesättigte*“ 3-, 4-, 5-, 6-, 7-, 8-gliederige Ringe durch die Suffixe *-iren*, *-et*, *-ol*, *-inin*, *-epin*, *-ocin* (hydrierte Doppelbindungen werden in letzteren Fällen durch Präfixe wie *Dihydro-*, *Tetrahydro-* angezeigt)[87a,103]. Für Beispiele vgl. Fig. 227 und 227a auf S. 1048 und 1058 sowie S. 1038, 1022, 1041, 1054. $(XB{\equiv}O)_3$, $(XB{\equiv}PX)_3$, $(XAl{\equiv}NX)_3$ usw. (S. 1038, 1045, 1054, 1090) bezeichnet man auch als „*Boroxine*“, „*Borphosphine*“, „*Alazine*“ usw.

90 **Matrixisoliertes monomeres HB≡NH.** Gasförmiges „Iminoboran“ HB≡NH entsteht als Produkt der Photolyse von „Amminboran“ $H_3B{-}NH_3$ (vgl. Gleichung (1)) und läßt sich vor seiner Polymerisierung in Anwesenheit von viel Inertgas durch rasches Abkühlen auf die Temperatur des flüssigen Heliums als metastabile Substanz in einer Tieftemperaturmatrix isolieren. Es hat – laut Schwingungsspektrum – linearen Bau mit starker BN-Bindung (Abstand – laut ab initio Berechnung – 1.196 Å). Für die Dimerisierungsbarriere der Reaktion 2HB≡NH → $({-}HB{=}NH{-})_2$ + 386 kJ berechnen sich 96.3 kJ/mol.

91 Bei Bindungsabstandsbetrachtungen ist zu berücksichtigen, daß sich der Atomradius mit abnehmender Koordinationszahl der Atome verkleinert. Er muß somit in Verbindungen >N—B≡N— (zweizähliges Bor) kleiner sein als in Amminboranen ⩾B—N⩽ (vierzähliges Bor ca. 0.88 Å) oder in Bororganylen >B—C⩽ (dreizähliges Bor; ca. 0.82 Å).

92 Im Falle von EtB≡NEt und $^iBuB{\equiv}N^iBu$ entstehen zudem polymere Produkte.

93 Die „*Dewar-Borazine*“ $(RBNR)_3$ (m) haben eine nicht planare Struktur: C_s-Molekülsymmetrie; trapezoidförmige Ringe mit gemeinsamer langer Kante (ca. 1.75 Å) und kurzer gegenüberliegender Kante (ca. 1.35 Å); der Winkel zwischen den Ringen beträgt ca. 115°. Die Dewar-Borazine stellen fluktuierende Moleküle dar (Wanderung der zentralen langen Bindung von Paar zu Paar gegenüberliegender BN-Gruppen).

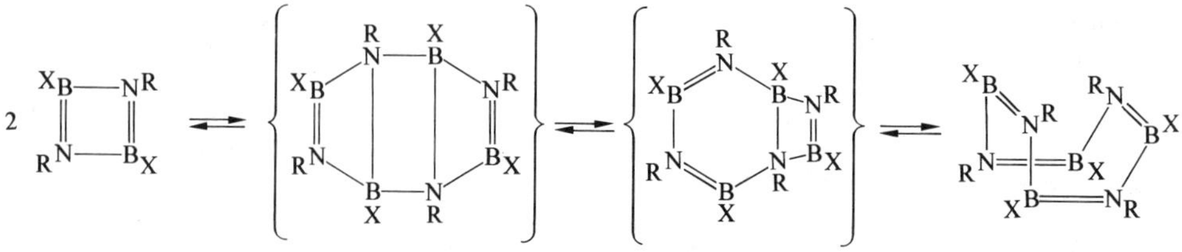

(l) (o) (p) (r)

Reaktivität. *Iminoborane* [XB=N̈R ↔ XB≡NR] weisen gegenüber vielen Reagenzien eine ähnliche Reaktivität wie *Iminosilane* [X_2Si=N̈R ↔ X_2Si≡NR] auf („Schrägbeziehung"). So reagieren sie wie letztere mit vielen Verbindungen R—X (z. B. H—X, >B—X oder ≥Si—X; X u. a. Hal, Pseudohal, OR, SR, NR_2, Organyl) unter *Insertion* in die R—X-Einfachbindung. Darüber hinaus beobachtet man gemäß nachfolgendem Schema *En-Reaktionen* (z. B. mit Aceton) und *Cycloadditionen* des Typs [2 + 2] (z. B. mit nicht enolisierbaren Aldehyden und Ketonen oder Ketiminen sowie mit CO_2 und verwandten Heterokumulenen), des Typs [3 + 2] (z. B. mit organischen Aziden) oder des Typs [4 + 2] (z. B. mit Cyclopentadien). Auch eine Bildung von *Iminoboran-Metallkomplexen* wird beobachtet (vgl. Schema). Demgegenüber neigen Iminoborane XB≡NR anders als Iminosilane nicht zur Addition von Donoren (Lewis-Basen). Somit stellen sie schwächere Lewis-Säuren als letztere dar. Auch Akzeptoren (Lewis-Säuren) addieren sich in der Regel nicht an Iminoborane XB≡NR. Eine Ausnahme bilden die Aminoiminoborane R_2N—B≡NR, die Lewis-Säuren wie $AlCl_3$, $AlBr_3$, $GaCl_3$, $Cr(CO)_5$, $PdCl_2$, HgI_2, Organyl- oder Silylkationen (aus RI, $ROSO_2CF_3$, Me_3SiI) leicht anlagern, wobei sich Derivate des mit Allen $H_2C{=}C{=}CH_2$ isoelektronischen Systems $[H_2N{=}B{=}NH_2]^+$ („*anorganisches Allen*", s. u.) bilden.

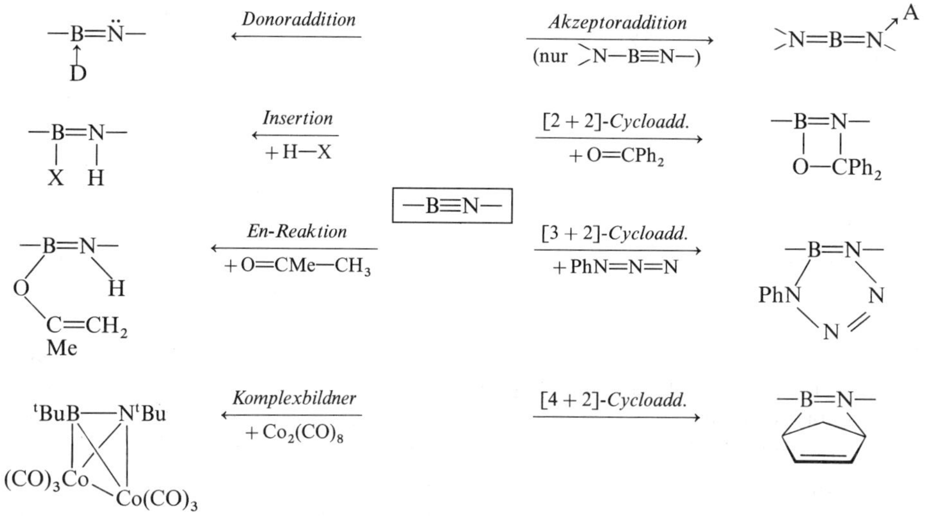

—B≡N—

Donoraddition ← : —B=N̈— mit D→B

Akzeptoraddition (nur >N—B≡N—) → : >N=B=N< mit →A

Insertion (+H—X) ← : —B(X)=N(H)—

[2 + 2]-*Cycloadd.* (+O=CPh_2) → : —B=N— / O—CPh_2 (Vierring)

En-Reaktion (+O=CMe—CH_3) ← : —B=N— mit O—C(Me)=CH_2 an B und H an N

[3 + 2]-*Cycloadd.* (+PhN=N=N) → : —B=N— / PhN, N, N (Fünfring)

Komplexbildner (+$Co_2(CO)_8$) ← : ^{t}BuB—N^{t}Bu an $(CO)_3$Co—$Co(CO)_3$

[4 + 2]-*Cycloadd.* → : —B=N— (Cyclopentadien-Addukt)

Aminoboran-Kationen. Bei der Einwirkung von *Ammoniak* auf *Diboran* kann sich unter geeigneten Bedingungen das *Boronium-Ion* $H_2B(NH_3)_2^+$ („*Diamminboronium*", „*anorganisches Propan*"; vgl. S. 1004) bilden, dessen (formale) *Wasserstoffeliminierungsprodukte* gemäß Reaktionsgleichung (2) das *Borenium-Ion* $HB(NH_2)(NH_3)^+$ („*Amminaminoborenium*", „*anorganisches Propen*") und das *Borinium-Ion* $B(NH_2)_2^+$ („*Diaminoborinium*", „*anorganisches Allen*") sind (vgl. hierzu auch Reaktionsgleichung (1) auf S. 1045)[94]:

$$\tfrac{1}{2}B_2H_6 \xrightarrow[-BH_4^-]{+NH_3} [H_3N{-}BH_2{-}NH_3]^+ \xrightarrow{-H_2} [H_2N{=}BH{-}NH_3]^+ \xrightarrow{-H_2} [H_2N{=}B{=}NH_2]^+ \quad (2)$$

Beispiel eines „*Boronium-Ions*" — Beispiel eines „*Borenium-Ions*" — Beispiel eines „*Borinium-Ions*"

[94] Man bezeichnet Monokationen mit Bor der Koordinationszahl *vier* ($X_2BD_2^+$; tetraedrisches Bor), *drei* (X_2BD^+; trigonal-planares Bor) bzw. *zwei* (X_2B^+; lineares Bor) als „*Boronium*"-, „*Borenium*"- bzw. „*Borinium-Ionen*" (D jeweils Donator; X = H, Organyl, Hal, OR, NR_2 usw.).

Letztere beiden Ionen mit (polymerisationslabilen) Aminoboran-Gruppierungen lassen sich – in Anwesenheit von Gegenionen geringer Lewis-Basizität wie $AlCl_4^-$, $CF_3SO_3^-$ – erwartungsgemäß nur bei Vorliegen sperriger Substituenten „isolieren", z.B.: $[R_2N{=}BPh{-}py]^+$, $[Me_2N{=}B(NMe_2){-}py]^+$, $[R_2N{=}B{=}NEt_2]^+$, $[R_2N{=}B{=}NR_2]^+$ (py = Pyridin C_5H_5N; R_2N = 2,2,6,6-Tetramethylpiperidyl $Me_4C_5H_6N$; vgl. S. 1049). Die Borenium- und Borinium-Salze entstehen u.a. aus Bis(amino)borhalogeniden $(R_2N)_2BHal$ in Anwesenheit von Lewis-Säuren wie $AlHal_3$ oder Lewis-Basen wie Pyridin ($(R_2N)_2BHal + AlHal_3 \rightarrow [(R_2N)_2B]^+[AlHal_4]^-$; $(R_2N)_2BHal + py \rightarrow [(R_2N)_2Bpy]^+Hal^-$) und enthalten „trigonal-planares" bzw. „lineares" Bor (in letzterem Falle stehen die beiden R_2N-Ebenen analog den R_2C-Ebenen in Allenen $R_2C{=}C{=}CR_2$ senkrecht aufeinander). Ihre Lewis-Acidität wächst mit abnehmender Sperrigkeit der bor- und stickstoffgebundenen Substituenten. Die Addition von neutralen Donatoren D führt, ausgehend von den Borinium-Ionen $(R_2N)_2B^+$, über die Borenium-Ionen $(R_2N)_2BD^+$ zu den Boronium-Ionen $(R_2N)_2BD_2^+$.

Niedrigwertige Bor-Stickstoff-Verbindungen

Bor(II)-amide und -imide. Dem Addukt $BH_3 \cdot NH_3$ („anorganisches Ethan", „Amminboran") des „Bor(III)-hydrids" BH_3 entspricht das – in Form von Derivaten wie $B_2H_4 \cdot 2$ Pyridin existierende (S. 1013) – Addukt $B_2H_4 \cdot 2NH_3$ („*anorganisches Butan*", „*Bis(ammin)diboran(4)*") des „Bor(II)-hydrids" B_2H_4. Die Eliminierung von 2 Molen Wasserstoff aus $B_2H_4 \cdot 2NH_3$ führt zum Bor(II)-amid „*Bis(amino)diboran(4)*" $B_2H_2(NH_2)_2$ („*anorganisches Butadien*"), das in Form zahlreicher Derivate $B_2X_2(NR_2)_2$ (X z.B. Alkyl, Aryl, Halogen, OR, NR_2) gewonnen werden kann (vgl. hierzu Gleichung (3) sowie Gleichung (1) auf S. 1045). Weitere Eliminierung von 2 Molen Wasserstoff liefert das *acyclische* Bor(II)-imid „*Bis(imino)diboran(4)*" $HN{\equiv}B{-}B{\equiv}NH$ (bisher auch in Form von Derivaten unbekannt; vgl. Bor(II)-oxid, S. 1035), während die intramolekulare Eliminierung von 1 Mol Ammoniak aus $B_2H_2(NH_2)_2$ das *cyclische* Bor(II)-imid „*Azadiboracyclopropan*" („*Azadiboriridin*") $B_2H_2(NH)$ liefert (bisher nur in Form von Derivaten bekannt):

$$„B_2H_4" \xrightarrow{+2NH_3} H_3N{-}BH_2{-}BH_2{-}NH_3 \xrightarrow{-2H_2} (H_2N)HB{=}BH(NH_2) \xrightarrow{-NH_3} \left[\text{cyclo-}HB{=}B H(NH) \leftrightarrow \ldots \right] \quad (3)$$

Grundkörper der „*Bis(ammin)diborane(4)*" — Grundkörper der „*Bis(amino)diborane(4)*" — Grundkörper der „*Azadiboridine*"

Aminoderivate des Diborans B_2H_4 (Oxidationsstufe des Bors: +2) werden mit Vorteil durch *Dehalogenierung* von Aminoborhalogeniden $(R_2N)XBHal$ mit Alkalimetallen oder durch *Substituentenaustausch* in Diborverbindungen wie B_2Cl_4 oder $B_2(NMe_2)_4$ *gewonnen*, z.B.:

$$2(Me_2N)_2BCl \xrightarrow{+2Na,\ -2NaCl} (Me_2N)_2B{-}B(NMe_2)_2 \xleftarrow{+4Me_2NH,\ -4HCl} B_2Cl_4$$

$$(Me_2N)XBCl \xrightarrow[X\,=\,\text{Organyl}]{+2Na,\ -2NaCl} (Me_2N)XB{-}BX(NMe_2) \xleftarrow[X\,=\,\text{Hal}]{+2HX,\ -2Me_2NH} B_2(NMe_2)_4$$

Die *farblosen* Verbindungen sind teils flüssig, (z.B. „*Tetrakis(dimethylamino)diboran(4)*" $B_2(NMe_2)_4$; Smp. −33, Sdp. 206 °C), teils fest („*Dibrom- bzw. Diphenyl-bis(dimethylamino)diboran(4)*" $B_2Br_2(NMe_2)_2$, $B_2Ph_2(NMe_2)_2$) und weisen ein nicht-planares zentrales Atomgerüst mit planaren B- und N-Atomen auf (Winkel zwischen den B-Ebenen 60–90°). Im Falle von $(Me_2N)XB{-}BX(NMe_2)$ (X = Organyl, Halogen) entsprechen die BN-Abstände mit ca. 1.38 Å Doppelbindungen, die BB-Abstände mit ca. 1.70 Å Einfachbindungen.

Die *Thermostabilität* der Bis(amino)- und insbesondere der Tetrakis(amino)diborane(4) ist – wohl als Folge der starken $p_\pi p_\pi$-Rückbindungen – vergleichsweise hoch ($B_2(NMe_2)_4$ gehört zu den beständigsten Derivaten des in freier Form instabilen Diborans(4)). Protonenaktive Stoffe HX (X z.B. NR_2, NHR, OH, OR, Hal) reagieren mit den Bor(II)-amiden unter *Substitution* der Aminogruppen durch X. So läßt sich etwa $B_2(NMe_2)_4$ mit HCl in $B_2Cl(NMe_2)_3$, $B_2Cl_2(NMe_2)_2$ und B_2Cl_4 überführen (z.B. $B_2(NMe_2)_4 + 8HCl \rightarrow B_2Cl_4 + 4Me_2NH_2Cl$). Auch die Einwirkung von $BHal_3$ auf $B_2(NMe_2)_4$ führt zum NMe_2/Hal-Austausch ($B_2(NMe_2)_4 + BHal_3 \rightarrow B_2Hal_2(NMe_2)_2 + (Me_2N)_2BHal$). Bei der *Reduktion* von $(Me_2N)PhB{-}BPh(NMe_2)$ mit Lithium in Tetrahydrofuran entsteht unter Verkürzung der BB-

und Verlängerung der BN-Bindung das Dianion $[(Me_2N)PhB{=}BPh(NMe_2)]^{2-}$ (vgl. Anm.[95]). Andererseits führt die Einwirkung von Alkalimetallen auf $B_2Cl_n(NMe_2)_{4-n}$ ($n = 1, 2$) zum Halogenentzug (s.u.).

Aminoderivate acyclischer Polyborane B_nH_{n+2} (Oxidationsstufe des Bors: unterhalb $+2$) entstehen durch Enthalogenieren eines Gemischs von $(R_2N)_2BCl$ und R_2NBCl_2 mit flüssiger K/Na-Legierung in Kohlenwasserstoffen. Die gebildeten Aminoderivate $B_n(NMe_2)_{n+2}$ ($n = 3-8$) der in freier Form unbekannten Borhydride B_nH_{n+2} sind vergleichsweise thermostabil und lassen sich unter vermindertem Druck destillieren ($X_2B{-}BX{-}BX_2$ mit $X = NMe_2$: *farblose* Festsubstanz, Smp. 43 °C, Sdp. 85–88 °C bei 0.8 mbar; $X_2B{-}BX{-}BX{-}BX_2$: farblose Festsubstanz, Smp. 98–100 °C; $X_2B{-}(BX)_3{-}BX_2$ bis $X_2B{-}(BX)_6{-}BX_2$: *gelbe* bis *rote* Verbindungen).

Derivate des Azadiboracyclopropans B_2NH_3 (a); (Oxidationsstufe des Bors: $+2$) bilden sich durch *Enthalogenierung* von Diborylaminen $^tBuN(BClR)_2$ mit einer Kalium/Natrium-Legierung in Hexan als reaktive „aromatische" 2π-Elektronensysteme. Sie sind nur bei sperriger Ringsubstitution unter Normalbedingungen isolierbar und dimerisieren andernfalls zu verzerrt oktaedrisch gebauten „*Diazahexaboranen(6)*" (b) (lange NN-Bindung, z.B. 2.224 Å im Falle von $N_2B_4Me_6$). Auch addieren die „Lewis-basischen" Azadiboracyclopropane leicht Monoboran(3) BH_3 unter Bildung von „*Azatetraboranen(6)*" (c).

$^tBuN(BClR)_2$ $\xrightarrow[-2KCl]{+2K}$ (a) (R = ^{t}Bu, tmp) $\xrightarrow[R = Me, ^iPr]{\times 2}$ (b); (c)

Bor(I)-amide. Ähnlich wie das „Bor(II)-hydrid" $(BH_2)_2$ werden auch die „Bor(I)-hydride" $(BH)_n$ nach Substitution der H-Atome durch Aminogruppen isolierbar. Man gewinnt Aminoderivate monocyclischer Borane B_nH_n (Oxidationsstufe des Bors: $+1$) durch *Enthalogenierung* von R_2NBCl_2 mit Natrium/Kalium-Legierung in Hexan: $nR_2NBCl_2 + 2nK \rightarrow 2nKCl + B_n(NR_2)_n$ ($n = 3-8$; Verbindungen teils isoliert, teils nur massenspektrometrisch nachgewiesen), z.B.:

(d) $B_3(NEt_2)_3$; (e) $B_4(NEt_2)_4$; (f) $B_6(NR_2)_6$ (R = Me, Et)

Das *farblose*, flüssige „*Tris(diethylamino)cyclotriboran(3)*" (d) ist luftempfindlich (Oxidation zum Boroxin $B_3O_3(NEt_2)_3$) und lagert sich bei thermischer Belastung in $B_n(NEt_2)_n$ ($n = 4-6$) um. Es konnte bisher ähnlich wie das *orangegelbe* „*Tetrakis(diethylamino)cyclotetraboran(4)*" (e) nicht in reiner Form isoliert werden. „*Hexakis(dimethylamino)cyclohexaboran(6)*" (f) bildet *orangegelbe* Kristalle (D_{3h}-Molekülsymmetrie; BB-/BN-Abstände des sesselkonformierten Moleküls 1.72/1.40 Å; isoelektronisch mit dem sesselkonformierten „Radialen" $C_6({=}CHMe)_6$).

Im Zuge der Umsetzung von Et_2NBCl_2 mit Na/K-Legierung entstehen untergeordnet auch Aminoderivate polycyclischer Borane $B_nH_{<n}$ (Oxidationsstufe des Bors: unterhalb $+1$), die noch nicht näher charakterisiert wurden. Vgl. hierzu auch die stickstoffhaltigen Bormodifikationen (S. 990) sowie Heteroborane (S. 1025).

[95] Die BB- und BN-Abstände betragen in $B_2Ph_2(NMe_2)_2$ mit nicht-planarem zentralen Atomgerüst 1.714 und 1.399 Å (Winkel zwischen den B-Ebenen 88.7°), im Dianion mit planarem zentralen Atomgerüst ca. 1.63 und 1.56 Å (Winkel zwischen den B-Ebenen 0°). Der BB-Abstand verkürzt sich also trotz der elektrostatischen Abstoßung der negativ geladenen Boratome in letzterer Verbindung.

1.7 Phosphorverbindungen des Bors[96]

Dem Bornitrid BN entspricht das „*Borphosphid*" BP, den Ammin-, Amino-, Iminoboranen sowie Borazinen mit BN-Gruppen (vgl. S. 1045) entsprechen die „*Phosphan*"-, „*Phosphino*"-, „*Phosphiminoborane*" sowie „*Borphosphine*" mit homologen BP-Gruppen (BP ist isoelektronisch mit CSi bzw. AlN)[97]:

$H_3B{-}PH_3$	$H_2B{-}\ddot{P}H_2$	$H{-}B{=}\ddot{P}{-}H$	$(-HB{-}\ddot{P}H-)_3$
„*Phosphanboran*"	„*Phosphinoboran*"	„*Phosphiminoboran*"	„*Borphosphin*"
(r_{BP} = 1.93 Å)	(r_{BP} = 1.89 ± 0.05 Å)	(r_{BP} ca. 1.75 Å)	(r_{BP} ca. 1.84 Å)

Ihre Eigenschaften unterscheiden sich zum Teil von denen der analogen BN-Verbindungen. So ist die *BP-Bindung* der *Phosphanborane weniger polar* als die BN-Bindung der Amminborane, da Bor und Phosphor etwa gleiche Elektronegativitäten aufweisen (EN für B/N/P = 2.0/3.0/2.1). Auch bedingt die hohe *Inversionsbarriere* des dreibindigen Phosphors (z. B. PH_3: 155 kJ/mol), verglichen mit der des dreibindigen Stickstoffs (z. B. NH_3: 24.5 kJ/mol), eine von der planaren Konfiguration der Aminoborane (C_{2v}-Molekülsymmetrie) abweichende *nicht-planare* Molekülkonfiguration der *Phosphinoborane* (C_S-Molekülsymmetrie; planare B-, pyramidale P-Atome; für H_2BPH_2 ber. Faltungswinkel 70°). Der durch $p_\pi p_\pi$-*Rückbindungen* in „planaren" Phosphinoboranen erzielbare Energiegewinn ($>B{-}\ddot{P}< \leftrightarrow >B{=}P<$) ist also kleiner als der zur Einebnung „pyramidalen" Phosphors aufzuwendende Energiebetrag. Allerdings wird die Inversionsbarriere des Phosphors als Folge der „mesomeren" Stabilisierung der planaren Konfiguration verkleinert und beträgt für H_2BPH_2 – laut Rechnung – nur ca. 34 kJ/mol. Erst *zwei* an Phosphor gebundene *Borylgruppen* liefern durch Ausbildung von π-Rückbindungen so viel Energie ($H_2B{=}PH{-}BH_2 \leftrightarrow H_2B{-}PH{=}BH_2$), daß der Phosphor meist seine pyramidale zugunsten einer *planaren* Konfiguration aufgibt. Demgemäß sind etwa Derivate des *Borphosphins* $(HBPH)_3$ analog den Borazinen planar (D_{3h}-Molekülsymmetrie, gleichlange, verkürzte BP-Bindungen). Über die *Phosphiminoborane*, die wohl – anders als die linearen Iminoborane – *nicht linear* strukturiert sind, liegen bisher keine experimentellen Befunde vor.

Borphosphide[97]. Bor bildet mit Phosphor die binären Verbindungen **BP** und $\mathbf{B_{12}P_2}$. Das „*Monobormonophosphid*" BP (*rotbraun*; $\Delta H_f = -80$ kJ/mol) weist wie kubisches Bornitrid eine von elementarem Silicium ableitbare *Zinkblende-Struktur* auf (r_{BP} = 1.96 Å) und ist analog diesem ein Hochtemperatur-*Halbleiter* (vgl. S. 1312; eine dem hexagonalen Bornitrid entsprechende graphitanaloge BP-Modifikation ist unbekannt). Das *aus den Elementen* bei 900–1100 °C gewinnbare Phosphid ist gegen Luftoxidation bis ca. 1100 °C beständig (Chlorierung mit Cl_2 ab 500 °C) und wird von Säuren oder Basen selbst in der Hitze nicht angegriffen (hydrolytischer Abbau von BP erfolgt mit geschmolzenem Natriumhydroxid). Mit Alkalimetallphosphiden M^I_3P reagiert es zu „*Phosphidoboraten*", z. B. BP + $K_3P \rightarrow K_3BP_2$ (das Anion BP_2^{3-} ist linear gebaut und enthält BP-Doppelbindungen: $[P{=}B{=}P]^{3-}$; r_{BP} = 1.767 Å). Unter hohem Druck zersetzt sich BP bis 2500 °C nicht; im Vakuum geht es ab 1100 °C unter Abgabe von Phosphor in das „*borreiche Phosphid*" $B_{12}P_{1.8-2.0}$ über (bezüglich der Struktur vgl. S. 990).

Phosphanborane[97]. Wie im Falle der Amminborane kennt man auch im Falle der Phosphanborane acyclische und cyclische Verbindungen X_3BPR_3 und $(X_2BPR_2)_n$ (X, R = H, Organyl, Halogen usw.), z. B.: H_3BPH_3 (farblose Kristalle, die ab 0 °C in B_2H_6 ud PH_3 zerfallen und im abgeschmolzenen Rohr bei 37 °C flüssig werden; r_{BP} = 1.937 Å), H_3BPMe_3 (Smp. 103.5 °C), $H_3BPH_2PH_2BH_3$ (fest bei −78 °C; oberhalb −78 °C Dissoziation in B_2H_6 und P_2H_4), $(I_2BPPh_2)_2$ (Smp. 194 °C; nicht planarer viergliederiger B_2P_2-Ring), $(H_2BPMe_2)_3$ (Smp. 85–86 °C; sesselkonformierter sechsgliederiger B_3P_3-Ring), $(H_2BPMe_2)_4$ (Smp. 161 °C; gewellter achtgliederiger B_4P_4-Ring). Die acyclischen Verbindungen *gewinnt* man aus den Boran- und Phosphankomponenten, die cyclischen u. a. durch Oligomerisierung von Phosphinoboranen. Die *Dissoziationsstabilität* acyclischer Addukte X_3BPR_3 ist für X = H größer als für X = CH_3 (vorwiegend sterischer Effekt; Me_3BPH_3 ist anders als H_3BPH_3 unter Normalbedingungen nicht gewinnbar) und für R = H kleiner als für R = CH_3 (vorwiegend induktiver Effekt; H_3BPMe_3 ist stabiler als H_3BPH_3). Die Stabilität der *acyclischen* Komplexe X_3BEMe_3 mit X = H, CH_3 sinkt andererseits in Richtung

---

96 **Literatur.** P. P. Power: „*Verbindungen mit Bor-Phosphor-Mehrfachbindung*", Angew. Chem. **102** (1990) 527–538; Int. Ed. **29** (1990) 481.

97 Man kennt auch **Arsenverbindungen BAs** (Zinkblende-Struktur, Halbleiter, Reaktion mit Arseniden zu Salzen, welche das Ion $[As{=}B{=}As]^{3-}$ mit r_{BAs} = 1.868 Å enthalten) und $\mathbf{B_{12}As_2}$ (vgl. S. 990). Darüber hinaus existieren „*Arsanborane*" wie H_3BAsMe_3 (*farblose* Festsubstanz, Smp. 74.5 °C, Zers.) und $(H_2BAsMe_2)_3$ (Smp. 50.6 °C) sowie „*Arsinoborane*" wie Ph_2BAsPh_2 (Smp. 202–204 °C). **Antimonverbindungen**. Die Existenz eines „*Borantimonids*" **BSb** („*Antimonborids*"; EN für B/Sb = 2.0/1.8) ist unsicher. Man kennt „*Stibanborane*" wie H_3BSbMe_3 (Smp. −35 °C, Zers.) und „*Stibinoborane*" wie H_2BSbMe_2 (oberhalb −78 °C instabil).

$X_3BPMe_3 > X_3BNMe_3 > X_3BAsMe_3 \gg X_3BSbMe_3$, die der *cyclischen* Komplexe $(X_2BEMe_2)_n$ in Richtung $(X_2BNMe_2)_n > (X_2BPMe_2)_n > (X_2BAsMe_2)_2 \gg (X_2BSbMe_2)_2$ (das Stibinoboran H_2BSbMe_2 zeigt keine Oligomerisierungstendenz)[97].

Phosphinoborane („*Borophane*")[97]. Acyclische Phosphinoborane X_2BPR_2 gewinnt man durch *Eliminierung* von RX aus Phosphanboranen X_3BPR_3 oder – einfacher – durch *Metathese* aus Borhalogeniden X_2BHal und Lithiumphosphiden $LiPR_2$:

$$X_2BHal + LiPR_2 \rightarrow X_2BPR_2 + LiHal. \qquad (1)$$

Sie neigen wie die Aminoborane zur *Oligomerisierung* (H_2BPMe_2 tri- und tetramerisiert bei Raumtemperatur in einigen Stunden vollständig). Trägt Bor organische oder elektronenliefernde bzw. Phosphor sperrige organische oder elektronenziehende Gruppen, so werden die Phosphinoborane polymerisationsstabil (z. B. Me_2BPH_2: Smp. ca. 50 °C; Ph_2BPPh_2: Smp. 234 °C; $(Me_2N)_2BPEt_2$: *farblose* Flüssigkeit). P-Substituenten R, die wie Mesityl = Mes oder *tert*-Butyl = ^{t}Bu sperrig bzw. wie Li elektronenschiebend sind, führen zu einer Planarisierung des Phosphors und damit zu einer planaren X_2BPR_2-Molekülstruktur mit kurzen BP-Abständen (z. B. $Mes_2B{=}PMes_2$ bzw. $Mes_2B{=}PMes[Li(OEt_2)_2]$: $r_{BP} = 1.839$ bzw. 1.823 Å; Faltungswinkel ca. 0°). B-Substituenten X, die wie NR_2 elektronenliefernd sind, bewirken als Folge der Auffüllung des p-Orbitals des Bors mit Elektronen lange BP-Abstände und damit eine starke Pyramidalisierung des Phosphors (z. B.: tmpClB—PHMes: $r_{BP} = 1.948$ Å; Faltungswinkel 71°; tmp = 2,2,6,6-Tetramethylpiperidyl $Me_4C_5H_6N$, vgl. S. 1049).

Cyclische Phosphinoborane $(XBPR)_n$ werden mit Vorteil durch *Metathese* aus Bordihalogeniden $XBHal_2$ und Lithiumphosphiden LiHPR gewonnen, schematisch:

$$n XBHal_2 + n Li_2PR \rightarrow (XBPR)_n + 2n LiHal. \qquad (2)$$

Man setzt hierzu 2 Moläquivalente LiHPR ein, wobei zunächst gemäß (1) das acyclische Phosphinoboran XHalB—PHR gebildet wird, das in Anwesenheit der Base LiHPR Halogenwasserstoff eliminiert (möglicherweise geht XHalB—PHR in einigen Fällen über monomere Phosphiminoborane XB=PR in die oligomeren Verbindungen $(XBPR)_n$ über). Sind hierbei die Substituenten X und/oder R sehr sperrig (z. B. Mesityl und 1-Adamantyl bzw. 2,2,6,6-Tetramethylpiperidyl und Mesityl), so entstehen nach (2) „*Diphosphadiboretane*" $(XBPR)_2$ (b), anderenfalls „*Borphosphine*" $(XBPR)_3$ (c). Erstere Verbindungen (*nicht-aromatische* 4π-Elektronensysteme) enthalten einen planaren viergliederigen B_2P_2-Ring mit planaren B- und pyramidalen P-Atomen sowie langen, für Einfachbindungen sprechenden BP-Abständen ($r_{BP} = 1.92$–1.97 Å; C_{2h}-Gerüstsymmetrie), letztere Verbindungen (*aromatische* 6π-Elektronensysteme) einen planaren sechsgliederigen B_3P_3-Ring mit planaren B- und P-Atomen und verkürzten BP-Abständen (r_{BP} um 1.84 Å: D_{3h}-Gerüstsymmetrie). Somit weisen die cyclischen dimeren „Phosphiminoborane" $(XBPR)_2$ (keine π-Bindungskonjugation) die typischen Strukturmerkmale acyclischer Phosphinoborane auf (Entsprechendes gilt für die Diphosphaborirane (a) mit dreigliederigen BP_2-Ringen), während die trimeren Phosphiminoborane $(XBPR)_3$ (π-Bindungskonjugation) die typischen Merkmale aromatischer Systeme zeigen (der durch „Aromatisierung" erzielbare Energiegewinn ermöglicht die Einebnung der P-Atome)[98].

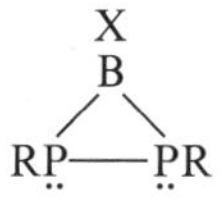

Diphosphaborirane
(a)

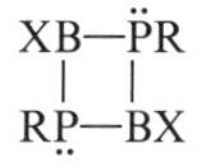

Diphosphadiboretane
(b)

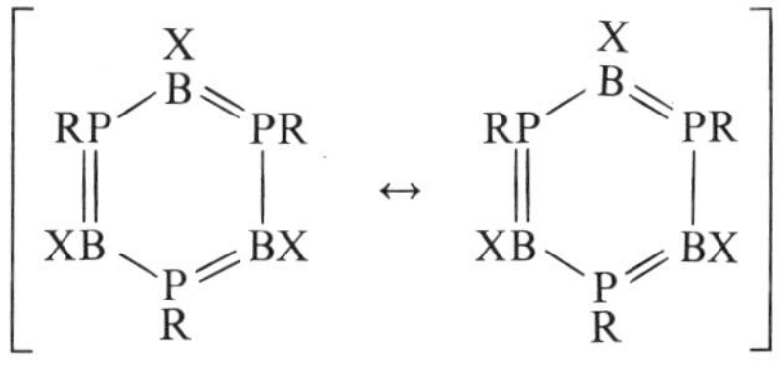

Borphosphine
(c)

In Übereinstimmung hiermit sind die Diphosphadiboretane sehr hydrolyseempfindlich, wogegen die Borphosphine nur langsam mit Wasser reagieren (Verbindungen des Typs (b) werden leicht von Sauerstoff oxidiert und von Methyliodid in Phosphoniumsalze verwandelt).

Niedrigwertige Bor-Phosphor-Verbindungen, die neben BP- auch BB-Bindungen enthalten, sind bisher wenig intensiv bearbeitet worden. Als Beispiele seien genannt: Bis(phosphan)diborane(4) $R_3P{—}B_2H_4{—}PR_3$, Heteroborane wie $B_4P_2Cl_4$ (S. 1033), $PB_{11}H_{11}PMe$ und $PB_{11}H_{12}Me$ (S. 1025), phosphorhaltige Bormodifikationen $B_{12}P_{1.8-2.0}$ (S. 990).

[98] Man kennt auch polycyclische „nicht aromatische" Phosphinoborane wie $(^tBu_2NB)_2P_2$ (zwei dreigliederige BP_2-Ringe mit gemeinsamer langer PP-Kante) oder $(^iPr_2NB)_3P_2$ (trigonal-bipyramidales B_3P_2-Gerüst; P-Atome in axialen, B-Atome in äquatorialen Positionen; nur BP- keine BB-Clusterbindungen).

1.8 Kohlenstoffverbindungen des Bors. Organische Borverbindungen[99)]

Die neben den *Borcarbiden* im Laboratorium und der Technik vielfach genutzten *organischen Borverbindungen* leiten sich in der Regel vom *Monoboran* BH_3 sowie von dessen anorganischen *Derivaten* BH_nX_{3-n} durch Ersatz der H-Atome durch Alkyl- oder Arylgruppen ab. Neben diesen „*gesättigten*" Boranen >B—C≤ zählt man zu den „*organischen Derivaten des Monoborans*" auch „*ungesättigte*" Borane u. a. des Typs —B=C< (Ersatz zweier borgebundener H-Atome durch einen Alkylidenrest; s. u.). Weitere bororganische Verbindungen stellen „*organische Derivate höherer Borane*" dar, die sich von letzteren durch Austausch von H-Atomen gegen Organylgruppen (s. u.) oder von B-Atomen gegen Kohlenstoff (vgl. S. 1021) ableiten.

Borcarbide

Das **Borcarbid** „B_4C" (Phasenbreite: $B_{13}C_2$ bis $B_{12}C_3$) entsteht *aus den Elementen* bei 2500 °C. In der Technik wird es im elektrischen Ofen aus *Dibortrioxid* und *Kohle* bei 2400 °C in Ab- oder Anwesenheit von Magnesium oder Aluminium gewonnen (grobkörniges Produkt im Falle des ersteren, feinkörniges Material im Falle des letzteren Prozesses):

$$2B_2O_3 + 7C \rightarrow B_4C + 6CO \quad \text{bzw.} \quad 2B_2O_3 + 6Mg\,(4Al) + C \rightarrow B_4C + 6MgO\,(2Al_2O_3)$$

Es bildet *schwarzglänzende* Kristalle (Smp. 2400 °C, Sdp. > 3500 °C; für Struktur vgl. S. 989), die von geschmolzenem Kaliumchlorat und von Salpetersäure nicht angegriffen werden, mit Chlor und Sauerstoff unterhalb 1000 °C nur langsam reagieren und fast so hart wie Diamant sind.

Man *verwendet* das grobkörnige Material als Schleifmittel sowie zur Herstellung von Metallboriden (s. u.), das feinkörnige Material zur Herstellung von Panzerplatten oder in Kernreaktoren zur Abschirmung von Neutronen. Bezüglich $\mathbf{B_{24}C}$ (früher: tetragonales Bor I) vgl. S. 989.

Organische Derivate des Monoborans

Bortriorganyle und ihre Derivate. Darstellung. Der *Aufbau von BC-Bindungen* erfolgt meist durch *nucleophile Substitution* von borgebundenem *Halogenid* oder *Alkoholat* X durch Organylanionen R^- („*Metathese*") sowie durch *Insertion von Alkenen* >C=C< oder *Alkinen* —C≡C— in BH-Bindungen („*Hydroborierung*"; Näheres vgl. S. 1007)[100)]:

$$>B-X \xrightarrow[\text{Methathese}]{+MR,\ -MX} >B-R; \qquad >B-H \xrightarrow[\text{Hydroborierung}]{+>C=C<} >B\!\!>\!C-CH<$$

Beide Methoden eignen sich zur Synthese von **Bortriorganylen** $\mathbf{BR_3}$ (Umsetzung von $BHal_3$, $B(OR)_3$ mit LiR, RMgBr, ZnR_2, HgR_2, AlR_3, SnR_4 in Ether bzw. von BH_3 mit ungesättigten Kohlenstoffverbindungen in Ether). Durch Metathese lassen sich darüber hinaus **Halogenide** $\mathbf{R_nBHal_{3-n}}$ gewinnen, welche ihrerseits u. a. mit *Metallhydriden* (z. B. LiH, $LiAlH_4$) in – meist dimere – **Hydride** $\mathbf{R_nBH_{3-n}}$ (auch durch Hydroborierung zugänglich), mit *Alkoholen* in **Borin-** bzw. **Boronsäureester** $\mathbf{R_nB(OR)_{3-n}}$ ($n = 1$ bzw. 2; vgl. S. 1037), mit *Aminen* in **Amide** $\mathbf{R_nB(NR_2)_{3-n}}$ (vgl. S. 1048) überführt werden können.

---

[99] **Literatur.** H. Steinberg, R. J. Brotherton, W. G. Woods: „*Organoboran Chemistry*" 3 Bände, Wiley, New York, 1964–1966; Houben-Weyl: „*Organoborverbindungen*", **13/3** (1982–1984); J. D. Odom: „*Non-cyclic Three and Four Coordinated Boron Compounds*", J. H. Morris: „*Boron in Ring Systems*" und G. E. Herberich: „*Boron-Ring Systems as Ligands to Metals*", Comprehensive Organometal. Chem. **1** (1982) 253–310, 311–380, 381–410; T. P. Onak: „*Organoborane Chemistry*", Acad. Press, New York 1975; A. Berndt; „*Klassische und nichtklassische Methylenborane*", Angew. Chem. **105** (1993) 1034–1058, Int. Ed. Engl. **32** (1993) 985.

[100] Die oxidative Addition von Organylhalogeniden an elementares Bor („*Direktverfahren*") hat wegen der Reaktionsträgheit des Bors keine Bedeutung für die Synthese bororganischer Verbindungen.

Eigenschaften. Die Bortriorganyle stellen hydrolysestabile, oxidationsempfindliche (zum Teil selbstentzündliche), mehr oder weniger giftige, farblose Gase (z. B. BMe_3: Smp./Sdp. $-160/-20.5\,^\circ C$; BC-Abstand 1.56 Å), Flüssigkeiten (z. B. BEt_3: Smp./Sdp. $-92.9/95.4\,^\circ C$; $d = 0.6774\,g/cm^3$) oder Feststoffe dar (z. B. BPh_3: Smp. 142 °C; BC-Abstand 1.577 Å), welche – anders als BH_3 – monomer gebaut sind (in Hydriden R_nBH_{3-n}, welche dimere Struktur aufweisen, liegt stets H-Verbrückung vor).

Bortriorganyle ohne β-Wasserstoffatom (z. B. BMe_3, BPh_3) zeigen hohe *Thermostabilität*, während solche mit β-H-Atom um 200 °C in Umkehrung der Hydroborierung zerfallen („*Dehydroborierung*"). Die *Oxidation* der Triorganyle BR_3 führt mit Sauerstoff oder Wasserstoffperoxid zu Borin-, Boron- oder Borsäureestern $R_nB(OR)_{3-n}$ ($n = 2$, 1 oder 0)[101], mit Halogenen zu Borhalogeniden und Organylhalogeniden RHal, mit Silber(I)-oxid bzw. Chromat zu Dibortrioxid und Kohlenwasserstoffen R—R bzw. Dibortrioxid und Carbonsäuren R—COOH. Durch *Reduktion* mit Alkalimetallen lassen sich die Triaryle BAr_3 in Radikalanionen $\cdot BAr_3^-$ überführen, die mit ihren Dimeren im Gleichgewicht stehen $2 \cdot BAr_3^- \rightleftarrows Ar_3B—BAr_3^{2-}$ ($\cdot BPh_3^-$ ist isoelektronisch mit $\cdot CPh_3$; für Ar = Mesityl liegt das Gleichgewicht links).

Säuren vermögen BC-Bindungen bei erhöhten Temperaturen zu spalten: $>B—R + HX \rightarrow >B—X + HR$ (besonders wirksam sind Carbonsäuren R—COOH)[102] während *Basen* (*Donoren*) D mit BR_3 Addukte des Typs $BR_3 \cdot D$ bilden (D z. B. H^-, Ether, Amine, R^-). Die Stabilität letzterer Addukte sinkt hierbei hinsichtlich eines bestimmten Donors mit der Sperrigkeit der borgebundenen Organylgruppen in BR_3, also in Richtung: $BH_3 > BMe_3 > BEt_3 > BBu_3 > B^iBu_3 > B^sBu_3 > B^tBu_3$ (Bu = $CH_2CH_2CH_2CH_3$, $^iBu = CH_2CH_2Me_2$, ^sBu = CHEtMe, $^tBu = CMe_3$), da die Adduktdissoziation mit einem Platzgewinn der betreffenden R-Reste (Übergang des tetraedrischen in trigonal-planares Bor) verbunden ist. Selbst bezüglich des kleinen Hydrid-Ions H^- nimmt die Lewis-Acidität in der wiedergegebenen Boran-Reihenfolge deutlich ab, so daß etwa $LiBEt_3H$ („*Superhydrid*") ein stärkerer Hydriddonator ist als $LiBH_4$. Umgekehrt wirkt das „*1,8-Bis(dimethylboryl)naphthalin*" (a) als starker *Hydridakzeptor* („*Hydridschwamm*"), da hier zwei räumlich benachbarte Lewis-saure Borzentren zur Bindung eines H^--Ions beitragen (das 1,8-Bis(dimethylamino)naphthalin (b) stellt aus gleichen Gründen einen „Protonenschwamm" dar):

$$[Me_2B\ \ BMe_2\text{(naphthalin)}] \xrightarrow{+H^-} [Me_2B\text{-}H\text{-}BMe_2\text{(naphthalin)}]^- \qquad [Me_2N:\ :NMe_2\text{(naphthalin)}] \xrightarrow{+H^+} [Me_2N\text{-}H\text{-}NMe_2\text{(naphthalin)}]^+$$

(a) (b)

Von Interesse ist unter den Addukten darüber hinaus *Tetraphenylborat* BPh_4^-, dessen nach $NaBF_4 + 4PhMgBr \rightarrow NaBPh_4 + 4MgBrF$ gewinnbares wasserlösliches Natriumsalz $NaBPh_4$ („*Kalignost*" = „Kalium erkennend") mit großen Kationen wie K^+, Rb^+, Cs^+, Tl^+, Cp_2Co^+ schwer lösliche Salze $MBPh_4$ bildet. Man nutzt es zur gravimetrischen Bestimmung von Kaliumionen. *Tetraorganylborate* BR_4^- dienen auch zur thermischen Erzeugung von Bortriorganylen (z. B. $NH_4^+BPh_4^- \xrightarrow{\Delta} NH_3 + HPh + BPh_3$) sowie von Tetraorganylalanaten ($NaBR_4 + AlR_3 \rightarrow NaAlR_4 + BR_3$).

Verwendung organischer Borverbindungen: als Polymerisationskatalysatoren, Bakteriostatica, Antioxidantien, Kraftstoffzusätze, Raketentreibstoffe, Neutronenabsorber (in der Nuklearmedizin).

Borhaltige Alkene und Alkine. Der Ersatz eines C-Atoms in *ungesättigten* Kohlenstoffverbindungen $>C{=}C<$ und $—C{\equiv}C—$ (freie C-Valenzen durch Wasserstoff oder organische Reste abgesättigt) durch ein B^--Ion (C und B^- haben jeweils 4 Außenelektronen) führt zu den mit *Ethenen und Ethinen isoelektronischen* **Borata-ethenen** („*Alkylidenboraten*") und **Borata-alkinen** („*Alkylidinboraten*"), von denen sich – nach Abspaltung eines borgebundenen Hydrids oder Organylanions – die **Bora-ethene** („*Alkylidenborane*") und **Bora-ethine** („*Alkylidinborane*") ableiten (in ersteren Verbindungen weist Bor ein Elektronen*oktett*, in letzteren ein *-sextett* auf)[103, 104]:

$[>B{=}C<]^-$	$—B{=}C<$	$[—B{\equiv}C—]^-$	$B{\equiv}C—$
Borataalkene	*Boraalkene*	*Borataalkine*	*Boraalkine*

[101] Durch Titration des gemäß $>B—R + Me_3N{\rightarrow}O \rightarrow >B—OR + NMe_3$ freigesetzten Amins mit Säure läßt sich die Zahl vorhandener BR-Bindungen bestimmen.

[102] „*Borylkationen*" BR_2^+ („*Borinium-Ionen*") treten im Zuge der Reaktion von BR_3 mit Säuren nicht auf. BPh_2^+ bildet sich jedoch in Form eines Addukts mit α,α'-Dipyridyl als „*Boronium-Ion*" gemäß: $Ph_2BCl + AgClO_4 + \text{dipy} \rightarrow Ph_2B(\text{dipy})^+ClO_4^- + AgCl$.

[103] „*Bora*" bezeichnet den Ersatz eines CH-Fragments durch B, „*Borata*" den CH-Austausch durch BH^-.

[104] In analoger Weise leiten sich die Bortriorganyle BR_3 und Tetraorganylborate BR_4^- von *gesättigten* Kohlenwasserstoffen durch Austausch eines CH-Fragments gegen B oder eines C-Atoms gegen B^- ab („*borhaltige Alkane*").

Die „*ungesättigten*" Bor-Kohlenstoff-Verbindungen (Abstandsbereiche B—C/B=C/B≡C > 1.50/1.35 – 1.50/< 1.35 Å) sind wesentlich *polymerisationslabiler* als die betreffenden ungesättigten Kohlenstoff-Kohlenstoff-Verbindungen und lassen sich nur bei *sterischer Abschirmung* der $p_\pi p_\pi$-Bindungen in Form von *metastabilen* Produkten erhalten, wobei die Boraalkene und (bisher unbekannten) Boraalkine durch intra- oder intermolekulare „Ergänzung" ihres Elektronensextetts zum -oktett durch borgebundene Substituenten mit freiem Elektronenpaar ($\ddot{X}$—B=C< ↔ X=B=C<) bzw. durch Donatoren mit freiem Elektronenpaar (—B=C< + D → D$\overset{-}{}$B=C<) eine zusätzliche Stabilisierung erfahren. Einige der bisher isolierten *Boraalkene* (planares —B=C<-Gerüst mit linearem Bor), *Borataalkene* (planares >B=C<-Gerüst mit trigonal-planarem Bor), *Borataalkine* (lineares —B≡C—-Gerüst), *Diborataallene* (lineares B=C=B-Gerüst mit trigonal-planarem Bor; die >B=-Ebenen stehen senkrecht zueinander) und *Diboratabutadiene* (nicht planares C=B—B=C-Gerüst mit trigonal-planaren Boratomen) sind nachfolgend aufgeführt (Mes = 2,4,6-$C_6H_2Me_3$; Dsi = $CH(SiMe_3)_2$, ${}^tBu$ = Me_3C; Gegenionen des Borataalkens: Li(12-Krone-4)$^+$; der übrigen Anionen: $Li(OEt_2)_n^+$):

${}^tBu$—B=C$(SiMe_3)_2$ (1.547 Å; 1.361 Å)
Boraalken (*farbl.* Fl.)

${}^iPr_2\ddot{N}$—B=C$(SiMe_3)_2$ (1.391 Å)
Boraalken[57] (*farbl.* Fl.)

$[Mes_2B{=}CH_2]^-$ (1.44 Å)
Borataalken (*farbl.*, Smp. 114 °C)

$[Mes{-}B{\equiv}C{-}B(Mes)(Dsi)]^-$ (1.339 Å; 1.429 Å)
Borataalkin (*gelb*, Smp. 122 °C)

$[Mes({}^tBu)B{=}C{=}B(Mes)({}^tBu)]^{2-}$ (1.45 Å)
Diborataallen (*gelb*, Smp. 148 °C)

$[(Me_3Si)_2C{=}B(Mes){-}B(Mes){=}C(SiMe_3)_2]^{2-}$ (1.86 Å; ca. 1.50 Å)
2,3-Diboratabutadien (*gelb*, Smp. 158 °C)

Die ungesättigten Borverbindungen werden ähnlich wie die ungesättigten Siliciumverbindungen (S. 903) durch *Eliminierungsreaktionen* synthetisiert (z. B.: ${}^tBuBF{-}C(SiMe_3)_3 \xrightarrow{\Delta} {}^tBuB{=}C(SiMe_3)_2 + Me_3SiF$; $Mes_2BCH_3 + LiNR_2 \rightarrow Li^+[Mes_2B{=}CH_2]^- + HNR_2$) und setzen sich wie letztere mit protonenaktiven Stoffen zu *Insertionsprodukten* (z. B. —B=C< + HX → —BX—CH<) und mit ungesättigten Verbindungen zu *Cycloaddukten* um (z. B. [2 + 2]-Cycloaddukt aus —B=C</$Ph_2C{=}O$, [2 + 3]-Cycloaddukt aus —B=C</$Me_3SiN{=}N{=}N$). Die – nicht allzu sperrigen – Boraalkene bilden mit Donoren erwartungsgemäß Addukte (z. B. $Me{-}B{=}C(SiMe_3)_2 + D \rightarrow D(Me)B{=}C(SiMe_3)_2$; D = 2,6-Dimethylpiperidin).

Borhaltige Aromaten. Ersetzt man in organischen Aromaten mit $(4n + 2)$ π-Elektronen (vgl. S. 853) – z. B. „*Cyclopropenylium*" und „*Cyclobutenylium*" (jeweils 2π-Elektronen, d. h. $n = 0$; vgl. Fig. 227a) oder „*Cyclopentadienid*", „*Benzol*" und „*Tropylium*" (jeweils 6π-Elektronen, d. h. $n = 1$; vgl. Formelschema) – Kohlenstoffatome durch isoelektronische Borionen B^-, so bleibt gemäß nachfolgendem Schema (S. 1058) der (zweidimensional-)aromatische Verbindungscharakter erhalten (vgl. hierzu auch den C/B-Ersatz in den dreidimensional-aromatischen Fullerenen, S. 844)[105]. Dies zeigt sich etwa darin, daß (i) die Borata-Derivate des Cyclopropyliums wie dieses drei gleich lange Bindungen im *dreigliederigen* Ring aufweisen, daß (ii) die Borata-Derivate des Cyclobutenyliums wie dieses einen „gefalteten" *viergliederigen* Ring mit transannularer Bindung enthalten (Faltungswinkel ca. 35°; Ringinversionsbarriere ca. 35 kJ/mol) und daß (iii) den Borata-Derivaten des Cyclopentadienids, Benzols und Tropyliums wie diesen planare *fünf-*, *sechs-* bzw. *siebengliederige* Ringe zugrundeliegen, welche hinsichtlich Komplexfragmenten ML_n (M = Übergangsmetall, L = geeigneter Ligand) als penta- oder heptahapto-gebundene *Komplexliganden* wirken können (Näheres vgl. S. 1704, 1711).

Ein „*Borabenzol*" BC_5H_5 (vgl. Fig. 227a)[103], in welchem Bor nur ein Elektronensextett aufweist, konnte bisher nicht isoliert werden; gewinnbar ist aber ein „*Boratabenzol*" in Form des mit Diphenyl $C_6H_5{-}C_6H_5$ isoelektronischen Pyridin-Addukts $C_5H_5N{\rightarrow}BC_5H_5$ („*Pyridinborabenzol*").

[105] **Verbindungsbeispiele:** „*Boriren*" C_2BR_3 mit 2CR/BR = 2CMes/BMes (Mes = 2,4,6-$C_6H_2Me_3$); „*2-Borata-boriren*" $CB_2R_3^-$ mit 2BR/CR = $2B^tBu/C[CH(SiMe_3)_2]$; „*1,2-Dihydroboret*" C_3BR_5 mit CR_2/2CR/BR = Fluorenyliden/2CEt/BMes; „*3-Borata-1,2-dihydroboret*" $C_3B_2R_5^-$ mit CR_2/2CR/2BR = $C(SiMe_3)_2$/2CDur/2BDur (Dur = 2,3,5,6-C_6HMe_4); „*Boroldiid*" $C_4BR_5^{2-}$ mit 4CR/BR = 4CH/$BNMe_2$; „1,3-*Di- boroltriid*" $C_3B_2R_5^{3-}$ mit 2CR/CR/2BR = 2CMe/CH/2BMe; „*Boratabenzol*" $C_5BR_6^-$ mit 5CR/BR = 5CH/BPh; „1,2-*Diboratabenzol*" $C_4B_2R_6^{2-}$ mit 4CR/2BR = 4CH/$2BNMe_2$; „*Borepin*" C_6BR_7 mit 6CR/BR = 6CH/BMe.

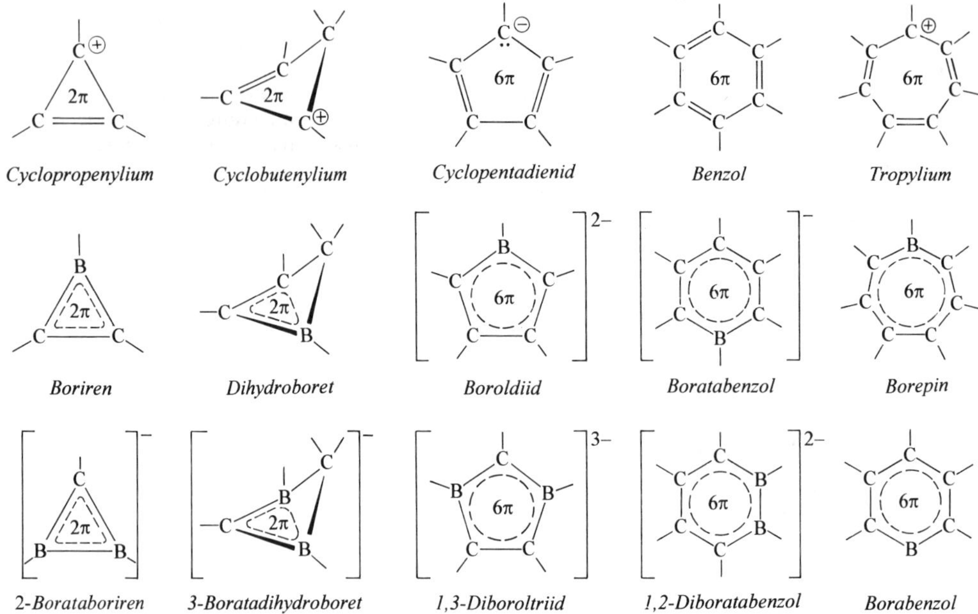

Fig.227a Ungesättigte Borheterocyclen[89a)].

Organische Derivate höherer Borane

Man kennt eine große Anzahl organischer Borverbindungen, die sich von den *Polyboranen* durch Austausch von end- oder brückenständigen H-Atomen gegen Organylgruppen ableiten und aus diesen u. a. durch *elektrophile* und *nucleophile H/R-Substitution* (vgl. S. 1015, 1018), durch *Hydroborierung* von Alkenen (vgl. S. 1007) bzw. durch *Einführung* oder *Austausch von Organylboranen* hervorgehen (z. B. $B_3H_7 \cdot$ Donor + $MeBH_2 \rightarrow$ 2-Me—B_4H_9 + Donor; $B_4H_{10} + MeBH_2 \rightarrow$ 1-Me—$B_4H_9 + BH_3$). Darüber hinaus lassen sich durch *Enthalogenierung* organischer Borhalogenide R_nBHal_{3-n} bzw. durch *X/R-Substitution* in Borsubverbindungen B_nX_m in Einzelfällen Derivate von Polyboranen erzeugen, die als solche nicht existieren. So bildet sich bei der Umsetzung von Tetramethoxydiboran(4) $B_2(OMe)_4$ mit Lithiumisopropyl in Hexan ein *farbloses*, flüssiges ^{i}Pr-Derivat (c) des „*Diborans(4)*" B_2H_4, durch Reduktion von *Trisylbordichlorid* $(Me_3Si)_3CBCl_2$ mit Na/K in Pentan zwischenzeitlich ein Trisyl-Derivat (d) des „*Diborans(2)*" B_2H_2, dem im Sinne der Formulierung HB $\div$ BH ein Triplett-Grundzustand zukommt (vgl. die Verhältnisse im Falle von O_2), und schließlich durch Reduktion von *tert-Butylbordifluorid* $^{t}BuBF_2$ das thermisch und hydrolyse- sowie kurzfristig luftbeständige *gelbe* ^{t}Bu-Derivat (e) des „*Tetraborans(4)*" B_4H_4 (tetraedrischer Bau, BB-Abstände um 1.70 Å).

$(^{i}Pr)_2B—B(^{i}Pr)_2$ (c) $\{(Me_3Si)_3C—B \div B—C(SiMe_3)_3\}$ (d) $B_4{}^{t}Bu_4$ (e)

Die Tetraaryldiborane(4) $Ar_2B—BAr_2$ lassen sich zu Ethen-Analoga $[Ar_2B{=}BAr_2]^{2-}$ reduzieren (planares $C_2B—BC_2$-Atomgerüst mit verkürzter BB-Bindung von ca. 1.64 Å); die Reduktion von Tetraorganyltetraboranen(4) B_4R_4 soll – nach ab-initio-Berechnungen – zu einer Öffnung des B_4-Clusters führen (Bildung von quadratisch-planarem $B_4R_4^{2-}$ (?)).

1.9 Metall- und Halbmetallverbindungen des Bors. Die Metallboride[2,106)]

Darstellung. Die Erzeugung der „*Metallboride*" erfolgt u.a. durch *Erhitzen* von Gemischen aus Metall und Bor, aus Metalloxid und Bor, aus Metalloxid und Borcarbid sowie aus Metalloxid, Boroxid und Reduktionsmitteln (insbesondere C, Mg, Al, aber auch Na, Ca, H_2) auf *hohe Temperaturen* (1000–2000 °C) oder durch *anodische Reduktion* von Metalloxid/Boroxid-Gemischen (Metallboraten) in geeigneten Schmelzen, z. B.:

$$Sc_2O_3 + 6\,B \xrightarrow[-B_2O_3]{1800\,°C} 2\,ScB_2; \quad Eu_2O_3 + B_{12}C_3 \xrightarrow[-3\,CO]{1600\,°C} 2\,EuB_6; \quad V_2O_5 + B_2O_3 \xrightarrow[-8\,CO]{+8\,C} 2\,VB.$$

Auf diese Weise konnten von fast allen Metallen (Ausnahmen etwa Ag, Au, Cd, Hg, Ga, In, Tl, Sn, Pb, Sb, Bi) *binäre Boride* gewonnen werden (bisher über 200 Verbindungsbeispiele), deren Zusammensetzungen in weiten Grenzen variieren, wie folgende Beispiele (geordnet nach fallendem M/B-Verhältnis) zeigen: M_5B, M_4B, M_3B, M_5B_2, M_7B_3, $\mathbf{M_2B}$, M_5B_3, M_3B_2, $M_{11}B_8$, M_4B_3, **MB**, $M_{10}B_{11}$, M_3B_4, M_2B_3, $\mathbf{MB_2}$, M_2B_5, MB_3, $\mathbf{MB_4}$, $\mathbf{MB_6}$, M_2B_{13}, MB_{10}, $\mathbf{MB_{12}}$, MB_{15}, MB_{18}, MB_{66} (Fettdruck: bevorzugte Typen mit über 75%igem Anteil an den Boriden). Die elektropositiveren Metalle (u. a. Alkali-, Erdalkalimetalle, III. Nebengruppe, Lanthanoide, Actinoide) bilden bevorzugt *borreichere Boride*, die übrigen (weniger elektropositiven) Metalle bevorzugt *metallreichere Boride* (MB_2-Boride existieren von Metallen beider Sorten).

Eigenschaften. Die den Carbiden ähnlichen Metallboride sind im allgemeinen hart und besitzen oft bemerkenswerte physikalische Eigenschaften (z. B. hohe Schmelzpunkte, beachtliche elektrische Leitfähigkeiten). Ihre chemische Widerstandsfähigkeit gegen Oxidation wächst mit dem Borgehalt. Nur die Boride stark elektropositiver Metalle (z. B. MgB_2) werden leichter von Wasser oder Säuren angegriffen. In den übrigen Fällen wächst die Säurebeständigkeit der Metallboride mit steigender Ordnungszahl der Metalle innerhalb einer Periode oder Gruppe.

Strukturen. (i) Die Metallboride mit *hohem Metallgehalt* (M/B-Verhältnis ≥ 2) wie M_5B (M z. B. Be), M_4B (M z. B. Be, Mn), M_3B (M z. B. Tc, Re, Co, Ni, Pd), M_5B_2 (M z. B. Pd), M_7B_3 (M z. B. Tc, Re, Ru, Rh), M_2B (M z. B. Be, Ta, Mo, W, Mn, Fe, Co, Rh, Ni) enthalten im Gitter *isolierte Boratome* (Inseln) in (bis zu dreifach-metallüberkappten) trigonal-prismatischen, in tetragonal-antiprismatischen oder in kubischen Lücken zwischen Metallatomschichten (z. B. hat Ni_3B Cementitstruktur, Be_2B Anticalciumfluoridstruktur; s. dort).

(ii) In dem Maße, in dem der *Borgehalt wächst* (M_5B_3, M_3B_2, $M_{11}B_8$, M_4B_3, MB, $M_{10}B_{11}$, M_3B_4) treten die Boratome zu eindimensionalen Netzen zusammen, nämlich zu „*Hanteln*" (z. B. Cr_5B_3, M_3B_2 mit M = V, Nb, Ta), „*Zickzack-Ketten*" (a) (z. B. M_4B_3 mit M = Ti, V, Nb, Ta, Cr, Mo, W, Mn, Fe, Co, Ni; MB mit M = Ti, Zr, Hf, V, Nb, Ta, Cr, Mo, W, Mn, Tc, Re, Fe, Co, Ni), „*verzweigten Ketten*" (b) (z. B. $Ru_{11}B_8$) oder „*Doppelketten*" (c) (z. B. M_3B_4 mit M = V, Nb, Ta, Cr, Mn). Die Boratome sind hierbei häufig in (zwei- bzw. einfach-metallüberkappten) trigonal-prismatischen Lücken zwischen Metallatomschichten lokalisiert (Koordinationszahl der B-Atome = 9; BB-Abstände im Bereich 1.70–1.85 Å).

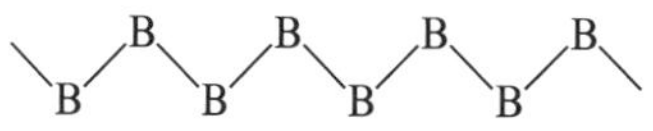

```
                                        B     B     B     B     B
                                        |     |     |     |     |
 \   B     B     B     B               /B\   /B\   /B\   /B\   /B\   /
  \ / \   / \   / \   / \                \ /   \ /   \ /   \ /   \ /
   B    B     B     B    \                B     B     B     B     B

            (a)                                      (b)

        \    B     B     B     B    /
         \ /  \  /  \  /  \  /  \  /
          B    B     B     B     B
          |    |     |     |     |
          B    B     B     B     B
         / \  /  \  /  \  /  \  / \
        /    B     B     B     B    \

                    (c)
```

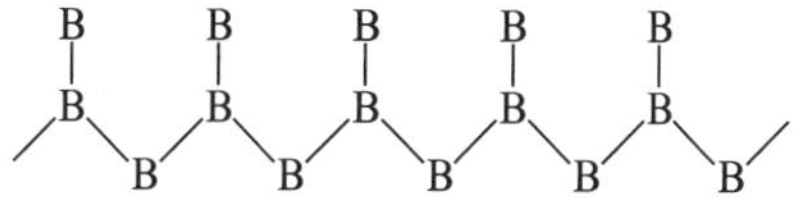

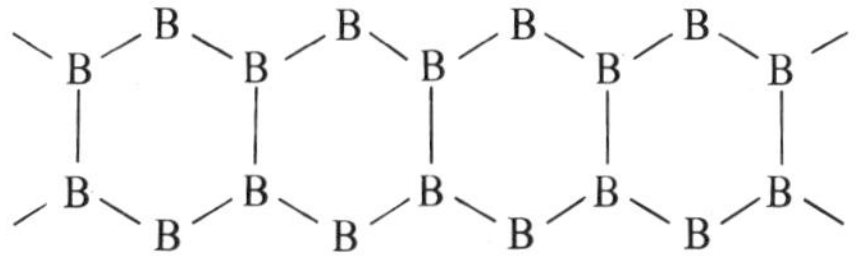

[106] **Literatur.** B. Aronsson, T.L. Lundström, S. Rundqvist: „*Borides, Silicides, and Phosphides*", Methuen, London 1965; N.N. Greenwood, R.V. Parish, P. Thornton: „*Metal Borides*", Quart. Rev. **20** (1966) 441–464; V.I. Matkovich: „*Boron and Refractory Borides*", Springer-Verlag, Berlin 1977; ULLMANN (5. Aufl.): „*Boron Carbide, Boron Nitride, and Metal Borides*", **A4** (1985) 295–307; G. Schmid: „*Metall-Bor-Verbindungen – Probleme und Aspekte*", Angew. Chem. **82** (1970) 920–930; Int. Ed. **9** (1970) 819; R. Telle: „*Boride – eine neue Hartstoffgeneration*", Chemie in unserer Zeit, **22** (1988) 93–99.

(iii) Bei *noch größerem Borgehalt* (M_2B_3, MB_2, M_2B_5) treten die Boratome in *zweidimensionalen Netzen* („*Schichten*") auf. So bilden etwa in MB_2 (M z.B. Mg, Al, Sc, Y, Ti, Zr, Hf, V, Nb, Ta, Cr, Mo, W, Mn, Tc, Re, Ru, Os, U, Np, Pu) und M_2B_5 (M z.B. Ti, Mo, W) die Boratome ebene graphitähnliche (in einigen Fällen auch gewellte) Sechseckwabennetze, die alternierend zwischen Metallatomschichten eingelagert sind (Fig. 228a; BB-Abstände: 1.70–1.85 Å). Die Metallatome liefern dabei die für die Ausbildung des Graphitnetzes erforderlichen Elektronen (B^- isoelektronisch mit C). Stoffe dieses Typs gehören zu den am besten leitenden, härtesten und höchstschmelzenden Boriden.

(iv) Die Boride mit *besonders großem Borgehalt* (MB_3, MB_4, MB_6, M_2B_{13}, MB_{10}, MB_{12}, MB_{15}, MB_{18}, MB_{66}) enthalten das Bor in Form eines *dreidimensionalen Netzwerks* („*Raumstrukturen*"). So kann die Struktur der „*Hexaboride*" MB_6 (M z.B. Na bis Cs, Ca bis Ba, Sc, Y, La, Zr, Lanthanoide, Actinoide) als ein kubisch-raumzentriertes CsCl-Gitter aufgefaßt werden, in welchem B_6-Oktaeder (Fig. 228b) und

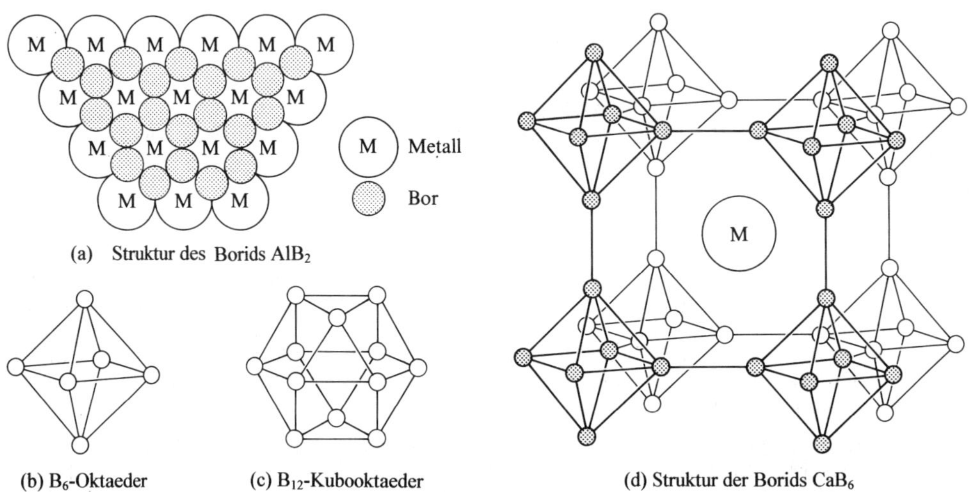

Fig. 228 Strukturen von Boriden mit zwei- und dreidimensionalen B-Atomnetzen.

Metallkationen die Stellen der Chlorid- und Cäsiumionen einnehmen (BeB_6 hat eine andere Struktur). Die B_6-Oktaeder sind dabei untereinander über ihre sechs Ecken nach allen drei Richtungen des Raumes mit je sechs anderen B_6-Oktaedern zu einer starren Raumstruktur vernetzt, in deren Lücken die Metallionen eingebettet sind (vgl. Fig. 228d; BB-Abstände 1.7 Å; die Koordinationszahl von M^{n+} beträgt 24). Aufgrund der Unbeweglichkeit des Borgitters sind die Kristallgitterkonstanten der Hexaboride unabhängig vom Metallionendurchmesser etwa gleich; auch zeigen die Hexaboride einen sehr kleinen Ausdehnungskoeffizienten. Nach bindungstheoretischen Berechnungen geht auf jeden B_6-Oktaeder der Hexaboride etwa eine Elektronenladung vom Metallatom über, weshalb Alkalimetallhexaboride M^IB_6 „salzartige" Nichtleiter, Erdalkalimetallboride $M^{II}B_6$ „halbmetallartige" Halbleiter und Boride $M^{III}B_6$ sowie $Th^{IV}B_6$ „metallartige" Leiter mit hoher elektrischer Leitfähigkeit bei Raumtemperatur ($10^4 - 10^5 \Omega^{-1} \cdot cm^{-1}$) darstellen.

Bei den „*Tetraboriden*" MB_4 (M z.B. Mg, Ca, Sc, Y, La, Mo, W, Lanthanoide, Actinoide) durchdringt ein recht offenes Netzwerk von B_6-Oktaedern, die durch B_2-Gruppen miteinander verbunden sind, das Netzwerk der Metallatome (CrB_4 und UB_4 haben andere Strukturen). Die „*Dodecaboride*" MB_{12} von *Nebengruppenmetallen* (M z.B. Sc, Y, Zr, Lanthanoide, Actinoide) besitzen eine kubische Struktur nach Art des NaCl-Gitters, bei der anionische B_{12}-*Kubooktaeder* (Fig. 228c) und Metallkationen die Stelle der Chlorid- und Natriumionen vertreten, wobei die B_{12}-Cluster ihrerseits durch kovalente Bindungen untereinander verknüpft sind. Demgegenüber leiten sich die Dodecaboride von *Hauptgruppenmetallen* von den einfachen Bormodifikationen ab und enthalten Packungen von B_{12}-*Ikosaedern* (Fig. 212a, S. 988), deren Lücken durch Metallatome (M z.B. Na, Be, Al, Si, aber auch C, P, As) gefüllt werden (Näheres S. 989).

Verwendung. Viele Diboride stellen äußerst harte, chemisch indifferente, nicht flüchtige, hitzebeständige Stoffe dar mit hohen Schmelzpunkten (z.B. > 3000 °C im Falle ZrB_2, HfB_2, NbB_2, TaB_2) und elektrischen Leitfähigkeiten, welche häufig die der Elemente übersteigen (z.B. ist TiB_2 fünfmal leitfähiger als Ti). Man verwendet sie deshalb für Ofenauskleidungen, Turbinenschaufeln, Hitzeschilder, Raketenspitzen, Hochtemperaturreaktoren, Schmelztiegel, Verdampfungsgefäße, Pumpenlaufräder, Thermoelementverkleidungen. Denkbar wäre die Nutzung als Hochtemperaturelektroden.

2 Das Aluminium[107)]

2.1 Elementares Aluminium

2.1.1 Vorkommen

Aluminium, das *weitestverbreitete* unter allen Metallen und *dritthäufigste* aller Elemente (vgl. S. 62) kommt in der Natur wegen seiner großen Sauerstoffaffinität *nicht gediegen*, sondern *nur in Form oxidischer Verbindungen* vor. Und zwar findet man es vorwiegend in Form des **Oxids** Al_2O_3 („*Korund*"), der **Hydroxide** $Al(OH)_3$ („*Hydrargillit*") bzw. AlO(OH) („*Diaspor*", „*Böhmit*") und in Form von Kombinationen des Oxids bzw. der Hydroxide mit anderen Metalloxiden sowie -hydroxiden. Unter letzteren Verbindungen sind an erster Stelle die zu den „*Alumosilicaten*" (S. 921) zählenden **Feldspäte** sowie **Glimmer** (s. 939, 937) als „Erstarrungsgesteine" zu nennen, darüber hinaus als Verwitterungsprodukte der Feldspäte die **Tone** (S. 931) und als Verwitterungsprodukte der Tone die **Bauxite** (s. u.). Seltenere Alumosilicate sind u.a. die *Spinelle* (S. 1083), die *Granate* (S. 931) und der *Beryll* (S. 931). In geringerem Umfange kommt Aluminium auch als **Fluorid** AlF_3 in Kombination mit Alkalimetallfluoriden vor (z. B. „*Kryolith*", „*Eisstein*" $Na_3[AlF_6]$; „*Kryolithionit*" $Li_3Na_3[AlF_6]_2$; S. 1074)[108)].

Wichtige Feldspäte sind z. B. *Kalifeldspat* („*Orthoklas*") $K[AlSi_3O_8]$ als Hauptbestandteil von *Granit, Gneis, Porphyr* und anderen Eruptivgesteinen, *Natronfeldspat* („*Albit*") $Na[AlSi_3O_8]$, *Kalkfeldspat* („*Anorthit*") $Ca[Al_2Si_2O_8]$ und isomorphe Gemische von Kalk- und Natronfeldspat als Hauptbestandteile von *Basalt.* Wichtige Glimmer sind z. B. *Kaliglimmer* („*Muskovit*") $KAl_2(OH,F)_2[AlSi_3O_{10}]$, *Magnesiaglimmer* („*Biotit*") $K(Mg,Fe^{II})_3(OH,F)_2[AlSi_3O_{10}]$, *Lithionglimmer* („*Lepidolith*") $(K,Li)Al_2(OH,F)_2[AlSi_3O_{10}]$ (in isomorpher Mischung mit Kaliglimmer) und *Lithioneisenglimmer* („*Zinnwaldit*"): Mischkristalle von Magnesiaglimmer und Lithionglimmer.

Unter den Tonen ist der „*Kaolinit*" (S. 933), ein wasserhaltiger, sich unter besonderen Verwitterungsbedingungen (erhöhte Temperatur, erhöhter Druck) bildendes Alumosilicat der Zusammensetzung $Al_2(OH)_4[Si_2O_5]$ sowie der „*Montmorillonit*" und „*Vermiculit*" (S. 938) wichtig. Stark calcium- und magnesiumcarbonathaltige Tone bezeichnet man als *Tonmergel*, stark durch Eisenoxid und Sand verunreinigte Tone als *Lehm.*

Als reines *Aluminiumoxid* Al_2O_3 („*Tonerde*") kommt Aluminium in Form von Korund vor (eine durch Eisenoxid und Quarz verunreinigte körnige Form des Korunds nennt man „*Schmirgel*"). Gut ausgebildete und durch Spuren anderer Oxide gefärbte Al_2O_3-Kristalle (vgl. die in analoger Weise gefärbten SiO_2-Kristalle; S. 911) sind als *Edelsteine* geschätzt (vgl. S. 1082); z. B.: „*Rubin*" (*rot*), „*Saphir*" (*blau*), „*orientalischer Smaragd*"[109)] (*grün*), „*orientalischer Amethyst*"[110)] (*violett*), „*orientalischer Topas*"[111)] (*gelb*). Unter den *Aluminiumhydroxiden* besitzt vor allem der Bauxit[112)], ein aus *Hydrargillit* $Al(OH)_3$, *Diaspor* AlO(OH) und *Böhmit* AlO(OH) bestehendes Gestein mit Beimengungen von Tonmineralien, größte technische Bedeutung als wichtigstes Ausgangsmaterial für die Aluminiumgewinnung. Er findet sich in großen Lagern in Frankreich, Ungarn, den Vereinigten Staaten, Italien, Jugoslawien, Guayana, im tropischen Afrika, in China und in Australien.

Isotope (vgl. Anh. III). *Natürlich vorkommendes* Aluminium besteht zu 100% aus dem Nuklid $^{27}_{13}Al$, das für *NMR-spektroskopische* Untersuchungen dient. Das *künstlich erzeugte* Nuklid $^{27}_{13}Al$ (β^+-Strahler; $\tau_{1/2} = 7.5 \times 10^5$ Jahre) wird für *Tracerexperimente* genutzt.

Geschichtliches. Der schon im Altertum bekannte Alaun (Doppelsalz aus Aluminium- und Kaliumsulfat) hat dem Aluminium seinen *Namen* gegeben: alumen (lat.) = Alaun. *Entdeckt* wurde das elementare Aluminium im Jahre 1827 von Friedrich Wöhler ($AlCl_3 + 3K \rightarrow Al + 3KCl$). 2 Jahre vor Wöhler hat wohl schon H. C. Oersted unreines, auf gleichem Wege gewonnenes Aluminium in Händen gehabt. Vgl. auch Anmerkung[115)].

---

[107] **Literatur.** K. Wade, A. J. Banister: „*Aluminium*", Comprehensive Inorg. Chem. **1** (1973) 993–1064; GMELIN: „*Aluminium*", Syst-Nr. **35**, bisher 10 Bände; ULLMANN (5. Aufl.): „*Aluminium*", „*Aluminothermic Processes*", „*Aluminium Alloys*", „*Aluminium Compounds*", **A1** (1985) 459–480, 447–457, 481–526, 527–556; M. J. Taylor, „*Aluminium and Gallium*" Comprehensive Coord. Chem. **3** (1987) 105–152. Vgl. Anm. 123, 125, 147.

[108] Der u. a. an der Südküste Grönlands vorkommende, technisch bedeutende Kryolith hat seinen Namen von: kryos (griech.) = Eis, lithos (griech.) = Stein.

[109] Der echte Smaragd ist eine Abart des Berylls $Be_3Al_2[Si_6O_{18}]$.

[110] Der echte Amethyst ist ein gefärbter Quarz SiO_2.

[111] Der echte Topas ist ein fluorhaltiges Aluminiumsilicat $Al_2(F,OH)_2[SiO_4]$.

[112] Der Bauxit hat seinen Namen daher, daß er u. a. bei Les Baux in Südfrankreich (nahe Avignon) gefunden wird.

2.1.2 Darstellung

Die *technische Darstellung* von Aluminium erfolgt durch *Elektrolyse einer Lösung von Aluminiumoxid in geschmolzenem Kryolith.* Das dabei eingesetzte Aluminiumoxid muß *sehr rein* sein. Dementsprechend besteht die Aluminiumdarstellung aus zwei Arbeitsgängen: der Gewinnung von reinem Aluminiumoxid und der eigentlichen Elektrolyse.

Gewinnung von reinem Dialuminiumtrioxid aus Bauxit

Als *Ausgangsmaterial* für die Erzeugung reiner Tonerde dient fast ausschließlich *Bauxit* (s. oben). Jedoch lassen sich notfalls auch die weitverbreiteten *Tone* und technische *Abfallprodukte* wie Kohlenasche zur Gewinnung von Al_2O_3 heranziehen.

Die in der Natur vorkommenden Bauxite sind mehr oder weniger stark durch Eisenoxid und Kieselsäure *verunreinigt.* So enthalten die sogenannten „*roten Bauxite*" meist 20–25% Fe_2O_3 und 1–5% SiO_2, die „*weißen Bauxite*" nur 5% Fe_2O_3, aber bis zu 25% SiO_2. Als Ausgangsmaterial zur Aluminiumdarstellung dienen hauptsächlich die roten Bauxite. Die *Entfernung des Eisens* aus ihnen kann durch *alkalischen Aufschluß auf nassem oder trockenem Wege* erfolgen und beruht im Prinzip darauf, daß das amphotere $Al(OH)_3$ zum Unterschied vom basischen $Fe(OH)_3$ in Laugen löslich ist[113].

Nasser Aufschluß. Der – heutzutage praktisch ausschließlich durchgeführte – nasse Aufschluß von Bauxit erfolgt nach dem „*Bayer-Verfahren*". Bei diesem Verfahren wird der feingemahlene *Bauxit* in einem mit Rührwerk versehenen, dampfbeheizten eisernen Druckkessel („*Autoklav*") mit 35–38%iger *Natronlauge* 6–8 Stunden lang auf (140–250 °C (5–7 bar Druck) erhitzt. Hierbei löst sich lediglich das Aluminium-, nicht aber das Eisenoxid auf, da in stark alkalischer Lösung das Gleichgewicht der „Salzbildung" aus Metallhydroxid und Lauge beim *Aluminium* ganz auf der *Seite des Salzes* (S. 1077), beim *Eisen* dagegen ganz auf der *Seite des Hydroxids* liegt:

$$Al(OH)_3 + NaOH \rightleftarrows Na[Al(OH)_4], \qquad (1)$$
$$Fe(OH)_3 + NaOH \leftrightarrows Na[Fe(OH)_4].$$

Nach Entspannung und erstmaliger Verdünnung der Lauge wird diese bei etwa 95 °C in Schwerekrafteindickern durch Dekantieren von der Hauptmenge und dann durch Feinfiltration vom Rest des Eisenoxid-Hydrats („*Rotschlamm*") befreit. Wegen der feinen Verteilung des Niederschlags ist die Filtration nicht ganz einfach. Eine *Ausfällung des Aluminiumhydroxids* aus der filtrierten, konzentrierten, heißen Aluminatlösung erfolgt nunmehr durch starke *Verdünnung* der Aluminatlauge, wodurch das Gleichgewicht (1) nach links verschoben wird (vgl. Ostwaldsches Verdünnungsgesetz, S. 190). Im gleichen Sinne günstig wirkt eine *Temperaturerniedrigung* (auf ca. 60 °C) der Lauge. Die Abscheidung des kristallisierten Hydroxids $Al(OH)_3$ als Hydrargillit bzw. Bayerit („*Ausrühren*") wird durch Zugabe von Hydrargillit bzw. Bayerit zu Beginn des Ausrührprozesses wesentlich beschleunigt, und zwar umso mehr, je mehr kristalline Phase $Al(OH)_3$ zugesetzt wurde. Das Ausrühren dauert etwa 2–3 Tage. Das ausgefällte Aluminiumhydroxid wird abfiltriert, gewaschen und durch scharfes Glühen in Drehrohröfen oder Wirbelschichtöfen bei Temperaturen von 1200–1300 °C in wasserfreies, feuchtigkeitsbeständiges („*totgebranntes*") *α-Aluminiumoxid* verwandelt (S. 1081; die an $Al(OH)_3$ abgereicherte Lauge wird wieder dem Bauxitaufschluß zugeführt):

$$2Al(OH)_3 \rightarrow Al_2O_3 + 3H_2O.$$

[113] Die *Entfernung des Siliciums* aus den derzeit noch wenig genutzten weißen Bauxiten kann durch sauren Aufschluß erfolgen und beruht im Prinzip darauf, daß das amphotere $Al(OH)_3$ zum Unterschied vom sauren SiO_2 in Säuren löslich ist.

Die *Kieselsäure* des Bauxits geht beim nassen Aufschluß größtenteils in das unlösliche Natrium-aluminium-silicat $Na_2[Al_2SiO_6] \cdot 2H_2O$ über: $SiO_2 + 2NaOH + Al_2O_3 \rightarrow H_2O + Na_2[Al_2SiO_6]$, das zusammen mit dem Rotschlamm ausfällt. Die Bildung dieses Silicats führt dementsprechend zu beträchtlichen Ätznatron- und Tonerdeverlusten, welche naturgemäß mit dem Kieselsäuregehalt des Bauxits steigen. Daher bevorzugt das Bayer-Verfahren möglichst *kieselsäurearme* Bauxite. Auf die beim Erhitzen mit Natronlauge mitaufgeschlossene und in Lösung gegangene Kieselsäure wirkt der zum Ausfällen des Aluminiumhydroxids zugesetzte Hydrargillit natürlich nicht als Keimbildner ein.

Insgesamt kann das Verfahren des nassen Aufschlusses durch die schematische Gleichung

$$Al(OH)_3 + NaOH \underset{\text{Ausfällung}}{\overset{\text{Aufschluß}}{\rightleftarrows}} Na[Al(OH)_4]$$

zum Ausdruck gebracht werden. Wie daraus hervorgeht, wird die zum Aufschluß erforderliche Natronlauge bei der Ausfällung des Aluminiumhydroxids immer wieder zurückgewonnen.

Trockener Aufschluß. Bei dem – heutzutage bedeutungslosen – Verfahren des trockenen Aufschlusses („*Trockenverfahren*") wird der staubfein gemahlene *Bauxit* mit der berechneten Menge gemahlener *calcinierter Soda* (S. 1181) unter gleichzeitigem Zusatz von gemahlenem gebranntem Kalk sorgfältig vermischt und in großen Drehrohröfen einer Generatorgasflamme entgegengeleitet („*Calcinieren*"). Bei diesem Glühprozeß (1000 °C) geht das Aluminiumoxid des Bauxits im wesentlichen in *Natriumaluminat* und teilweise auch in Calciumaluminat, das Eisenoxid in *Natriumferrit* und Calciumferrit über:

$$Al_2O_3 + Na_2CO_3 \rightarrow 2NaAlO_2 + CO_2,$$
$$Fe_2O_3 + Na_2CO_3 \rightarrow 2NaFeO_2 + CO_2.$$

Behandelt man anschließend das abgekühlte, grünlich aussehende Sinterprodukt im Gegenstrom mit *Wasser*, so geht das *Aluminat in Lösung*: $NaAlO_2 + 2H_2O \rightarrow Na[Al(OH)_4]$, während das *Ferrit* quantitativ zu *unlöslichem Eisenhydroxid* und *Lauge* hydrolysiert wird. Die *Ausfällung des Aluminiumhydroxids* aus der filtrierten Aluminatlösung erfolgt durch Einleiten von *Kohlendioxid* („*Carbonisieren*"), wodurch das Gleichgewicht (1) infolge Neutralisation der Lauge gemäß: $2NaOH + CO_2 \rightarrow Na_2CO_3 + H_2O$ nach links verschoben wird. Das erhaltene Aluminiumhydroxid wird wie beim Bayer-Verfahren bei hohen Temperaturen zum Oxid entwässert. Das beschriebene Aufschlußverfahren läßt sich in einfachster Form durch die Gleichung

$$Al_2O_3 + Na_2CO_3 \underset{\text{Ausfällung}}{\overset{\text{Aufschluß}}{\rightleftarrows}} 2NaAlO_2 + CO_2$$

wiedergeben. In der *Schmelze* (Aufschluß) wird das Aluminiumoxid des Bauxits mittels Soda in wasserlösliches Aluminat übergeführt; in der wässerigen *Lösung* (Ausfällung) wird durch Einwirkung des beim Aufschluß gewonnenen Kohlendioxids das Aluminat wieder zu Oxid und Soda zerlegt. Die so zurückgewonnene Soda geht immer wieder in den Aufschlußprozeß zurück.

Man kann auch nach einem kombinierten Trocken- und Bayer-Verfahren **(kombinierter Aufschluß)** arbeiten. Bei dieser Methode wird der Bauxit wie beim Trockenverfahren aufgeschlossen und das Aufschlußgut mit heißem Wasser ausgelaugt. Die gewonnene und filtrierte Aluminatlösung wird dann wie beim Bayer-Verfahren so weit ausgerührt, daß etwa die Hälfte der gelösten Tonerde ausfällt. Den Rest der Tonerde scheidet man wie beim Trockenverfahren in Carbonisatoren vollständig aus.

Schmelzelektrolyse des Dialuminiumtrioxids

Das auf irgendeine der geschilderten Weisen gewonnene *Aluminiumoxid* wird zur Aluminiumdarstellung der „*Schmelzelektrolyse*"(exakter: „*Schmelzflußelektrolyse*") unterworfen[114]. Da der Schmelzpunkt des Aluminiumoxids sehr hoch liegt (2045 °C), elektrolysiert man dabei nicht direkt geschmolzenes reines Aluminiumoxid, sondern eine *Lösung von Aluminiumoxid*

[114] Daß man zur Schmelzflußelektrolyse – die zur Darstellung aller (stark elektropositiven) Hauptgruppen-Metalle des linken Teils des Periodensystems der Elemente dient – nicht wie im Falle des benachbarten Magnesiums das wesentlich niedriger schmelzende *Chlorid* verwendet, hat seinen Grund darin, daß geschmolzenes $AlCl_3$ (Smp. 192.6 °C) zum Unterschied von geschmolzenem $MgCl_2$ den elektrischen Strom nicht leitet (S. 1074). Auch *wässerige Aluminium-Salzlösungen* lassen sich zur Elektrolyse nicht verwenden, da man hierbei wegen des stark negativen Abscheidungspotentials von Al ($\varepsilon_0 = -1.662$ V) an der Kathode nur Wasserstoff erhält.

in geschmolzenem – künstlich hergestelltem (S. 1074) – *Kryolith* Na_3AlF_6 (Smp. 1000 °C), wobei sich – schematisiert – folgende Elektrodenvorgänge abspielen[115]:

$$\begin{array}{rcll} Al_2O_3 & \rightleftarrows & 2Al^{3+} + 3O^{2-} & \text{(Schmelze)} \\ 2Al^{3+} + 6\ominus & \rightarrow & 2Al & \text{(Kathodenprozeß)} \\ 3O^{2-} & \rightarrow & 1\tfrac{1}{2}O_2 + 6\ominus & \text{(Anodenprozeß)} \\ \hline Al_2O_3 & \rightarrow & 2Al + 1\tfrac{1}{2}O_2. & \end{array}$$

Aus dem Schmelzdiagramm Kryolith-Aluminiumoxid ergibt sich, daß das am niedrigsten schmelzende („*eutektische*") Gemisch aus 81.5% Na_3AlF_6 und 18.5% Al_2O_3 besteht und bei 935 °C schmilzt (vgl. S. 1295). Die Technik verwendet Badzusammensetzungen mit 7–12% Al_2O_3 und Badtemperaturen von 940–980 °C (durch Zusatz von 2–5% AlF_3, CaF_2 sowie eventuell LiF wird der Schmelzpunkt weiter erniedrigt, die Leitfähigkeit der Schmelze zusätzlich verbessert, die Energieausbeute des Prozesses erhöht und die Emission an Fluor vermindert). Die Dichte der Schmelze ist bei diesen Temperaturen etwa 2.15 g/cm³, die des geschmolzenen Aluminiums (Smp. 660.4 °C) etwa 2.35 g/cm³, so daß das Metall bei der Betriebstemperatur schwerer als die Schmelze ist, sich unter dieser sammelt und so vor der Rückoxidation durch den Luftsauerstoff geschützt wird.

Die *Schmelzflußelektrolyse* wird in viereckigen Eisenblechwannen durchgeführt, deren Seitenwände und Boden mit als Kathode dienenden Kohleblöcken, die durch Brennen einer Mischung aus Koks, calciniertem Anthrazit und Steinkohlenteerpech erzeugt werden, ausgekleidet sind (Fig. 229). Als *Anoden* dienen kurze Kohleblöcke, die durch Brennen einer Mischung aus aschearmem Koks und Steinkohlenteerpech bei 1200 °C erzeugt werden (früher: Söderberg-Elektroden, S. 726) und die an einem mit dem positiven Pol der Stromquelle verbundenen Traggerüst hängen. Der Abstand der Elektroden zu den Wänden ist größer als der zum Boden bzw. der sich bildenden Aluminiumschicht. Dementsprechend geht nach den Seitenwänden kein Strom über, so daß sich diese mit einer schützenden und zudem den Strom nicht leitenden, festen Kruste des Schmelzgemischs überziehen, während der Boden durch das sich während der Elektrolyse ansammelnde Metall geschützt bleibt, welches alle 1–2 Tage abgesaugt wird. Nach Maßgabe der Al-Abscheidung gibt man zur Na_3AlF_6-Schmelze neue Mengen Al_2O_3 hinzu; der Na_3AlF_6-Verlust ist gering. Das gewonnene Al hat einen Reinheitsgrad von 99,8 bis 99,9% (hauptsächliche Verunreinigungen: Si und Fe) und kann durch schmelzflußelektrolytische Raffination, durch fraktionierende Kristallisation oder durch Subhalogeniddestillation („*Transportreaktion*", S. 1076) gemäß

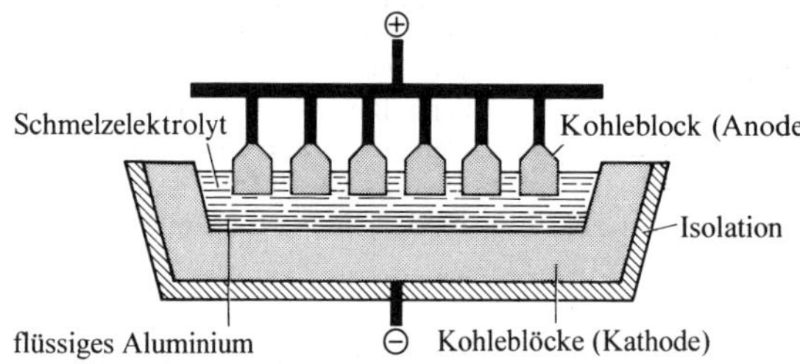

Fig. 229 Schmelzflußelektrolytische Darstellung von Aluminium (der Schmelzofen ist in der Praxis abgedeckt)

$$2Al(fl) + AlCl_3(g) \underset{600\,°C}{\overset{1200\,°C}{\rightleftarrows}} 3AlCl(g)$$

in 99.99%iges Al übergeführt werden.

Zur Aluminiumelektrolyse werden Ströme bis zu 30000 A bei einer Stromdichte von 0.4 A/cm² angewandt. Die theoretische Zersetzungsspannung für das Aluminiumoxid beträgt 2.2 V. Praktisch muß

115 **Geschichtliches.** Die schmelzelektrolytische Darstellung von Al (aus einer $NaCl/AlCl_3$-Schmelze) gelang im *Laboratorium* erstmals R.W. Bunsen und St. Claire-Deville im Jahre 1854. Die *technische Gewinnung* von Al mit Hilfe der Schmelzelektrolyse von Al_2O_3 in Na_3AlF_6 wird seit 1889 nach dem 1886 entwickelten *Hall-Héroult-Prozeß* durchgeführt.

man aber zur Überwindung der Widerstände im Bade und in den Elektroden eine Betriebsspannung von 4.5–5.0 V aufwenden. Die überschüssige Stromarbeit wird in Wärme umgesetzt und hält das Bad flüssig, so daß eine Außenbeheizung nicht erforderlich ist. Sobald die Badspannung wesentlich steigt, muß neues Aluminiumoxid nachgefüllt werden (Nachfüllung in modernen Anlagen gegebenenfalls alle 2 Minuten). Der anodisch gebildete Sauerstoff (2) reagiert mit dem Kohlenstoff der Elektroden unter Bildung von Kohlenoxid (3) bzw. Kohlendioxid (trotz der hohen Bildungstemperatur Hauptprodukt). Der Anodenverbrauch beträgt etwa 0.5 kg pro kg Aluminium. Insgesamt ergibt sich damit für die elektrolytische Zerlegung der Aluminiumoxidschmelze die folgende Reaktionsfolge:

$$1676.8\,\text{kJ} + Al_2O_3 \rightarrow 2\,Al + 1\tfrac{1}{2}O_2 \quad (2)$$

$$1\tfrac{1}{2}O_2 + 3\,C \rightarrow 3\,CO + 331.6\,\text{kJ} \quad (3)$$

$$1345.2\,\text{kJ} + Al_2O_3 + 3\,C \rightarrow 2\,Al + 3\,CO. \quad (4)$$

Die erforderliche Energiemenge der endothermen Gesamtreaktion (4) wird der bei der Elektrolyse zugeführten elektrischen Energie entnommen. Zur Darstellung von 1 t Aluminium werden 4 t Bauxit, 0.4–0.8 t Anodenkohle[116], 4 kg Kryolith, 15–20 kg AlF_3 und 13000–16000 kWh Strom verbraucht (Stromausbeute 85–95%). Die Schmelzelektrolyse ist also sehr energieaufwendig.

2.1.3 Physikalische Eigenschaften

Aluminium ist ein *silberweißes Leichtmetall*[117] der Dichte 2.699 g/cm^3 und dementsprechend viermal leichter als Blei und achtmal leichter als Platin. Es kristallisiert in kubisch-dichtester Packung (Koordinationszahl 12), schmilzt bei 660.4 °C und siedet bei 2330 °C. Da es zum Unterschied vom rechts benachbarten spröden Silicium sehr dehnbar ist, kann man es zu sehr feinem Draht ausziehen, zu dünnen Blechen auswalzen und zu feinsten Folien bis herab zu 0.004 mm Dicke („*Blattaluminium*")[118] aushämmern. Beim Erwärmen auf 600 °C nimmt es eine körnige Struktur an; bringt man es dann in Schüttelmaschinen, so geht es in Grießform („*Aluminiumgrieß*") über. Bei noch feinerer Zerteilung erhält man es als Pulver („*Aluminiumbronze-Pulver*").

Das spezifische elektrische Leitvermögen ist etwa $\frac{2}{3}$ so groß wie das des Kupfers. Dementsprechend muß der Querschnitt einer Aluminiumleitung rund anderthalb mal so groß wie der einer gleich langen Kupferleitung gleichen Leitvermögens sein. Wegen der geringen Dichte von Aluminium wiegen solche Aluminiumleitungen aber trotzdem nur etwa halb so viel wie gleich gut leitende Kupferleitungen (Dichte 8.02).

Physiologisches. Aluminium (nicht-essentiell für den Menschen) ist im Kontakt mit Lebensmitteln für den Menschen, der ca. 0.5 mg/kg enthält, toxikologisch unbedenklich (MAK-Wert = 6 mg Freistaub pro m^3). Hohe Al-Gehalte in der Nahrung (z. B. Rindfleisch bis 0.8 mg/kg; der größte Teil der täglich aufgenommenen 10–40 mg Al werden nicht resorbiert) können Arteriosklerose fördern und den Phosphatstoffwechsel stören. Zusätze von Al^{3+} zum Blumenwasser verzögern das Blumenwelken.

2.1.4 Chemische Eigenschaften

Aluminium hat ein großes Bestreben, sich zur dreiwertigen Stufe zu *oxidieren* und reagiert infolgedessen mit den meisten *Nichtmetallen* beim Erwärmen, wobei es sich mit ihnen zum Teil unter erheblicher Wärmeentwicklung[119] vereinigt. Auch bildet es mit praktisch allen *Metallen* intermetallische Verbindungen. Hervorzuheben sind namentlich die Reaktionen des Aluminiums mit freiem und gebundenem Sauerstoff unter *Sauerstoffaufnahme* (Bildung von

[116] Die Anoden brennen unter Bildung von CO, CO_2, COF_2 und C_2F_4 langsam ab.

[117] Unter „*Leichtmetallen*" versteht man Metalle, deren Dichten unterhalb von 5 g/cm^3 liegen. Alle übrigen Metalle heißen „*Schwermetalle*". Die Dichte der Metalle variiert zwischen 0.5 (Lithium) und 22.5 (Osmium), also im Verhältnis 1 : 45. Von den Metalloiden B und Si abgesehen, gibt es 15 Leichtmetalle (Li, Na, K, Rb, Cs, Fr; Be, Mg, Ca, Sr, Ba; Al, Sc, Y; Ti). Sie waren alle vor 200 Jahren noch unbekannt.

[118] Die Aluminiumfolien haben die früher für Verpackungszwecke üblichen (teureren) Zinnfolien (Stanniol) vollständig verdrängt.

[119] ΔH_f von AlF_3 −1498, von $AlCl_3$ −705, von $AlBr_3$ −527, von AlI_3 −310, von Al_2O_3 −1677, von Al_2S_3 −724, von AlN −318, von AlP −167, von Al_4C_3 −209 kJ/mol.

Al_2O_3) sowie mit Wasser, Säuren und Basen unter *Wasserstoffentwicklung* (Bildung von Al^{3+} bzw. $Al(OH)_4^-$).

Reaktion mit elementarem Sauerstoff. Trotz seines sehr großen Bestrebens, sich mit Sauerstoff zu verbinden, ist reines Aluminium *an der Luft beständig*, da es sich – im Gegensatz etwa zum leicht korrodierenden Eisen – mit einer fest anhaftenden, zusammenhängenden, dünnen *Oxidschicht* bedeckt, die das darunter liegende Metall vor weiterem Angriff („Rosten") schützt (vgl. S. 1513).

Die Bildung einer solchen Schicht läßt sich dadurch verhindern, daß man die Oberfläche des Aluminiums anritzt oder durch Anreiben mit Quecksilber oder Quecksilberchlorid ($3\,HgCl_2 + 2\,Al \rightarrow 2\,AlCl_3 + 3\,Hg$) *amalgamiert*, d.h. in eine Aluminium-Quecksilber-Legierung überführt, in welcher zwischen die Aluminiumatome Quecksilberatome eingebettet sind, die als Atome eines edlen Metalls an der Luft kein Oxid bilden. Ein solches amalgamiertes Aluminiumblech oxidiert sich dementsprechend außerordentlich leicht. Beim Liegen an der Luft schießen in kurzer Zeit weiße Fasern von *Aluminiumoxid-Hydrat* (geglüht: „*Fasertonerde*") empor, die das Blech wie mit einer Vegetation von Schimmel bedecken.

Die Schutzwirkung kann noch erheblich verbessert werden, indem man durch *anodische Oxidation* künstlich eine wesentlich dickere, harte Oxidschicht (0.02 mm) erzeugt („**Eloxal**[120]-**Verfahren**"). So behandeltes („*eloxiertes*"), mit Pigmenten leicht anfärbbares Aluminium ist weitgehend beständig gegen Witterung, Seewasser, Säuren und Alkalilaugen; auch gelingt es auf diese Weise, Aluminiumdrähte und Platten für Kondensatoren („*Elektrolyt-Kondensatoren*") elektrisch zu isolieren. Da Aluminium *anodisch* eine *Oxidhaut* bildet, die den Strom kaum durchläßt und *kathodisch* wieder *zerstört* wird, kann man mittels zweier Al-Zellen Wechselspannung in Gleichspannung verwandeln („*Gleichrichter*").

Feinverteiltes, also oberflächenreiches Aluminium explodiert in Kontakt mit flüssigem Sauerstoff und verbrennt beim Erhitzen an der Luft mit glänzender *Lichterscheinung* und starker *Wärmeentwicklung* zu Aluminiumoxid:

$$2\,Al + 1\tfrac{1}{2}O_2 \rightarrow \alpha\text{-}Al_2O_3 + 1676.8\,kJ.$$

Man benutzt diese Lichtentwicklung in der Photographie bei den „*Vakublitzen*", bei denen in einem Glaskolben eine Al-Folie oder ein Al-Filigrandraht in reinem Sauerstoff nach elektrischer Zündung in $\frac{1}{50}$ Sekunde verbrennt.

Reaktion mit Metalloxiden. *Technisch* wird die große Sauerstoffaffinität des Aluminiums dazu benutzt, um geschmolzenes *Eisen* von darin gelöstem *Oxid zu befreien* („*Desoxidation*") und es dadurch leichter gießbar zu machen, sowie um aus schwer oder mit *Kohlenstoff* nur unter *Carbidbildung* reduzierbaren Oxiden – z.B. Chromoxid ($1130\,kJ + Cr_2O_3 \rightarrow 2\,Cr + 1\tfrac{1}{2}O_2$), Managanoxid ($1388\,kJ + Mn_3O_4 \rightarrow 3\,Mn + 2\,O_2$), Siliciumoxid ($911.5\,kJ + SiO_2 \rightarrow Si + O_2$), Titanoxid ($944.1\,kJ + TiO_2 \rightarrow Ti + O_2$) – die *Metalle* gemäß $\frac{2y}{3}Al + M_xO_y \rightarrow xM + \frac{y}{3}Al_2O_3$ *in Freizeit zu setzen* („**Aluminothermisches Verfahren**" von Hans Goldschmidt, 1897). Ein Gemisch von *Eisenoxid* ($1122\,kJ + Fe_3O_4 \rightarrow 3\,Fe + 2\,O_2$) und *Aluminiumgrieß* dient als „*Thermit*" zum Schweißen und Verbinden von Eisenteilen (z.B. Eisen- und Straßenbahnschienen), da es bei der Entzündung in wenigen Sekunden unter äußerst starker Wärmeentwicklung (Temperaturen bis zu 2400 °C) reines Eisen in weißglühend flüssiger Form liefert:

$$3\,Fe_3O_4 + 8\,Al \rightarrow 4\,Al_2O_3 + 9\,Fe + 3341\,kJ.$$

Das bei der aluminothermischen Reduktion von Metalloxiden gleichzeitig in geschmolzenem Zustand entstehende *Aluminiumoxid* (Korund) wird als „*Corubin*"[121] für Schleifzwecke verwendet (S. 1082).

---

[120] Eloxal = **El**ektrisch **ox**idiertes **Al**uminium.

[121] Der Name Corubin für die Korundschlacke rührt daher, daß sich in letzterer bisweilen kleine Rubine (S. 1082) finden.

Die *Entzündung* eines Thermitgemisches erfolgt zweckmäßig durch ein Gemisch von *Aluminium-* oder *Magnesiumpulver* mit einer leicht sauerstoffabgebenden Verbindung wie *Kaliumchlorat* oder *Bariumperoxid* („*Zündkirsche*"). Man steckt in dieses Gemisch ein *Magnesiumband* und zündet dieses an. Die bei der Verbrennung des Magnesiums freiwerdende Wärme ($Mg + \frac{1}{2}O_2 \rightarrow MgO + 602.1$ kJ) entzündet die Zündmischung, diese wiederum das Thermitgemisch.

Reaktion mit Säuren, Wasser und Basen. In *nicht oxidierenden Säuren* wie HCl löst sich Aluminium entsprechend seiner Stellung in der Spannungsreihe ($\varepsilon_0 = -1.676$ V im sauren, -2.310 V im alkalischen Milieu) unter *Wasserstoffentwicklung* als $Al(H_2O)_6^{3+}$ auf:

$$Al + 3H^+ \rightarrow Al^{3+} + 1\tfrac{1}{2}H_2,$$

nicht dagegen in *oxidierenden Säuren* wie HNO_3 (Bildung einer Oxid-Schutzhaut; „*Passivität*" des Aluminiums). Von *Wasser* oder *schwachen Säuren* (z. B. organischen) wird es in der Kälte kaum angegriffen, da in solchen Lösungen die Hydroxidionen-Konzentration groß genug ist, um das Löslichkeitsprodukt L des sehr schwer löslichen Aluminiumhydroxids ($L = c_{Al^{3+}} \times c_{OH^-}^3 = 1.9 \times 10^{-33}$) zu überschreiten, welches das Aluminium vor weiterer Einwirkung des Wassers oder der Säure schützt (S. 228). In *stark saurer* oder *alkalischer Lösung* kann sich die Schutzschicht nicht ausbilden, da das amphotere $Al(OH)_3$ hierin unter Bildung von Aluminiumsalz ($Al(OH)_3 + 3H^+ \rightarrow Al^{3+} + 3H_2O$) bzw. Aluminat ($Al(OH)_3 + OH^- \rightarrow Al(OH)_4^-$; vgl. S. 1077) löslich ist; hier kommt es daher zu dauernder Wasserstoffentwicklung. Ebenso reagiert *amalgamiertes* Aluminium aus oben schon erwähnten Gründen bei Zimmertemperatur lebhaft mit Wasser unter Wasserstoffentwicklung: $Al + 3HOH \rightarrow Al(OH)_3 + 1\frac{1}{2}H_2$. Von dieser trocknenden und reduzierenden Wirkung[122] des amalgamierten Aluminiums macht man in der organischen Chemie Gebrauch.

Verwendung von Aluminium. Aluminium (Weltjahresproduktion: 20 Megatonnenmaßstab) ist leicht, ungiftig, thermisch und elektrisch gut leitend, korrosionsbeständig, nicht magnetisch, nicht funkenbildend, gut hämmer-, gieß-, schmied- und ziehbar. Wegen dieser herausragenden Eigenschaften stellt **elementares Aluminium** das *wichtigste Nicht-Eisenmetall* dar, das in der Technik verschiedenartigste Verwendung findet: in Form von „*Pulver*" als rostschützender Öl- oder Lackanstrich, im Buchdruck, zur Herstellung von Sprengstoffen, in der Feuerwerkerei; in Form von „*Grieß*" zur Gewinnung von Metallen nach dem Thermitverfahren; in Form von „*Draht*" für elektrische Leitungen; in Form von dünnen „*Überzügen*" als Rostschutz für Eisengegenstände („aluminieren"), als Spiegel bei Teleskopen; in Form „*kompakten Metalls*" zur Anfertigung von Röhren, Stangen, Platten, Küchengeschirr, von Kesseln für Milch, Bier, Industriestoffen usw., von Fassadenverkleidungen und von freitragenden Konstruktionen im Hausbau. *Technisch wichtige* **Al-Verbindungen** sind $Al(OH)_3$, Al_2O_3, $Al_2(SO_4)_3$, $AlCl_3$, $NaAlO_2$, AlF_3, Na_3AlF_6, Spinelle.

Besondere Bedeutung besitzen die **Aluminiumlegierungen** mit Mg, Si, Cu, Zn, Mn. Sie werden wegen ihrer Leichtigkeit und Festigkeit bei hoher Korrosionsbeständigkeit in großem Umfang verwendet: Magnesiumlegierung (0.3–5% Mg, gut schweißbar; frühere Namen „*Hydronalium*" und „*Magnalium*") im Schiffsbau, für Kühlmittelbehälter, Waffen- und Kranteile, dekorative Gegenstände; Magnesiumsiliciumlegierung (gut formbar) im Gebäude-, Transportmittel-, Brückenbau, für geschweißte Konstruktionen; Siliciumlegierung (< 13% Si; Smp. und Wärmeausdehnung niedrig; gießbar, früherer Name „*Silumin*") für Gieß- und Schweißprozesse; Kupferlegierung (~5% Cu, hart und gut bearbeitbar; früherer Name: „*Duralumin*" von durus (lat.) = hart) für Flugzeugbauteile, LKW-Ladeflächen; Zinklegierung (3–8% Zn; sehr fest nach Wärmebehandlung und Vergütung; früherer Name „*Skleron*" von skleros (griech.) = hart) im Flugzeugbau; Manganlegierung (~1.2% Mn; mäßig fest, aber gut verarbeitbar; frühere Namen „*Aluman*" und „*Mangal*") für Kochgeschirr, Lagertanks, Möbel, Dächer, Zeltdecken, Wärmeaustauscher.

2.1.5 Aluminium in Verbindungen[107]

Oxidationsstufen. Die Aluminiumverbindungen leiten sich fast ausnahmslos vom *dreiwertigen* Aluminium ab (Oxidationsstufe **+3** des Aluminiums), doch sind unter besonderen Bedingungen auch Verbindungen wie AlF, AlCl, Al_2O mit *einwertigem* Aluminium existent (Oxi-

[122] Gleichmäßiger reduzierend wirkt die aus 50% Cu, 45% Al und 5% Zn bestehende, leicht pulverisierbare „*Devardasche Legierung*".

dationsstufe **+1** des Aluminiums). Sie entstehen bei der Reduktion dreiwertiger Formen mit Aluminium bei *hohen Temperaturen* (z. B.: $AlF_3 + 2Al \rightleftarrows 3AlF$) und lassen sich bei tiefen Temperaturen isolieren. Vereinzelt existieren sie auch bei Raumtemperatur in Form metastabiler Polymerer mit AlAl-Bindungen (z. B. $Al_4Cp^*_4$ mit $Cp^* = C_5Me_5$). Man kennt ferner Verbindungen des *zweiwertigen* Aluminiums (Oxidationsstufe **+2** des Aluminiums) mit AlAl-Bindungen (z. B. Al_2R_4; $R = CH(SiMe_3)_2$).

Koordinationszahlen. In seinen Verbindungen betätigt Aluminium die Koordinationszahlen *eins* (z. B. in gasförmigem **Al**F, **Al**O), *zwei* (linear in matrixisoliertem O=**Al**—Cl; gewinkelt in matrixisoliertem $(\mathbf{Al}F)_2$), *drei* (planar in gasförmigem $\mathbf{Al}Cl_3$), *vier* (tetraedrisch in $\mathbf{Al}Cl_4^-$, $\mathbf{Al}_2Br_6$), *fünf* (trigonal-bipyramidal in $\mathbf{Al}H_3(NMe_3)_2$; quadratisch-planar in $Me\mathbf{Al}(BH_4)_2$), *sechs* (oktaedrisch in $\mathbf{Al}F_6^{3-}$, $\mathbf{Al}H_6^{3-}$, $\mathbf{Al}(H_2O)_6^{3+}$) und höher (z. B. *zwölf* in elementarem **Al**). Wichtig sind die Koordinationszahlen vier und sechs.

Vergleich von Aluminium und Bor. Die unterschiedlichen chemischen Eigenschaften von Bor und Aluminium sind wie im Falle der Elementpaare Kohlenstoff/Silicium (S. 882), Stickstoff/Phosphor (S. 734) und Sauerstoff/Schwefel (S. 552) vornehmlich auf die *Erniedrigung der Elektronegativität*, auf die *Verringerung der Bindungsbereitschaft des s-Valenzelektronenpaars*, auf die *Abnahme der Neigung zur π-Bindungsbildung* und auf die *Zunahme der Koordinationstendenz* zurückzuführen. (Zur Schrägbeziehung Be/Al vgl. S. 1108).

Die niedrige Elektronegativität des Aluminiums (1.47) im Vergleich zum Bor (2.01) ermöglicht etwa die Existenz einer – beim Bor nicht bekannten – *wässerigen Kationenchemie* $[Al(H_2O)_6]^{3+}$. Daß die Elektronegativität dann vom Aluminium (3. Elementperiode) zu den höheren Homologen hin (4.–6. Periode) zunächst zu- (Ga 1.82) und erst anschließend wieder abnimmt (In 1.49, Tl 1.44) – dasselbe wiederholt sich in den folgenden Hauptgruppen IV, V, und VI bei den Elementen Si bis Pb bzw. P bis Bi bzw. S bis Po – hängt mit der zwischen Al und Ga (bei den Elementen Sc bis Zn) erfolgenden Auffüllung der 3d-Schale zusammen (vgl. S. 312). Die *Erhöhung der Bindungspolaritäten* beim Übergang von dreibindigen Bor- zu Aluminiumverbindungen >E—X hat im Falle elektronegativer X-Substituenten AlXAl-Winkelaufweitungen und AlX-Abstandsverkleinerungen sowie -Bindungsenergiesteigerungen zur Folge (vgl. die Verhältnisse beim Silicium, S. 882). Auch vergrößert sich der EXE-Winkel beim Übergang von $R_3Si—O—SiR_3$ (ca. 145°) zu isovalenzelektronischem $R_3Al—F—AlR_3^-$ (180°), da die Bindungspolarität in gleicher Richtug wächst.

s-Valenzelektronenpaar. Als Folge der sinkenden Bindungsbereitschaft des s-Valenzelektronenpaars in Richtung Bor, Aluminium – und darüber hinaus – Gallium, Indium, Thallium erfolgen Komproportionierungen $2E + EX_3 \rightleftarrows 3EX$ und Eliminierungen $EX_3 \rightleftarrows EX + X_2$ unter Bildung der betreffenden *Element(I)-Verbindungen* in Richtung E = B, Al, Ga, In, Tl zunehmend leichter. So sind zwar sowohl „*Borylene*“ (*Borandiyle*) BX als auch „*Aluminylene*“ (*Alandiyle*) AlX mit freiem s-Valenzelektronenpaar unter Normalbedingungen disproportionierungslabil (Verbindungen wie $(BX)_n$ besitzen keine freien s-Valenzelektronenpaare, vgl. S. 1033), doch ist AlCl anders als BCl in der festen Phase bis −90 °C und in geeigneten Lösungsmitteln sogar bei Raumtemperatur metastabil (vgl. S. 1076). Auch lassen sich „*Gallylene*“ (*Gallandiyle*) GaX, „*Indylene*“ (*Indandiyle*) InX und „*Thallylene*“ (*Thallandiyle*) TlX mit X = Halogen unter Normalbedingungen bereits isolieren (in der Festphase erfolgt Polymerisation von EX unter Ausbildung von EXE-Brücken bei gleichzeitigem Erhalt des freien s-Elektronenpaars; vgl. hierzu das beim Silicium Besprochene). Die einwertige Stufe ist im Falle des Thalliums bereits die vorherrschende. Der „inerte“ Charakter des s-Valenzelektronenpaars ist im Falle einwertiger Borgruppenelemente stärker ausgeprägt als im Falle benachbarter zweiwertiger Kohlenstoffgruppenelemente.

Bindungen. Die Verbindungen des Aluminiums mit **einwertigen Gruppen X** haben wie die des Bors die Zusammensetzung EX_3 mit *Elektronensextet* des Elements. Wegen der geringeren Tendenz zur π-Bindungsbildung erfolgt aber die Valenzstabilisierung der *Aluminiumtrihalogenide* $AlBr_3$ und AlI_3 nicht wie im Falle der Bortrihalogenide intramolekular durch $p_\pi p_\pi$-Bindungen (S. 991), sondern *intermolekular durch Dimerisierung* unter Ausbildung von Halogenbrücken (tetraedrische Aluminiumkoordination):

```
[X     X     X          X     X     X]
   \  / \ ↘ /            \ ↙ / \  /
    Al     Al      ↔      Al     Al
   /  ↖ \ /  \            / \ ↗ /  \
[X     X     X          X     X     X]
```

Infolge der Bevorzugung oktaedrischer Aluminiumkoordination (s. u.) liegt $AlCl_3$ sogar *polymer* in Form von $(AlCl_3)_x$ vor, indem jedes Aluminiumatom an *sechs* Halogenbrücken – statt an *zwei* wie bei $(AlBr_3)_2$ und $(AlI_3)_2$ – partizipiert (S. 1074). An die Stelle der Chlorbrücken treten im Falle des Aluminiumwasserstoffs AlH_3 (wie auch beim Borwasserstoff BH_3, bei dem keine intramolekulare Valenzstabilisierung möglich ist) „anionische Wasserstoffbrücken". Dem dimeren $(BH_3)_2$ (KZ = 4 des Bors) steht hierbei polymeres $(AlH_3)_x$ (KZ = 6 des Aluminiums) gegenüber (S. 1070). Aus den erwähnten Gründen (keine π-Bildungs-, aber große Koordinationstendenz) entsprechen darüber hinaus den monomeren Borsäureestern $B(OR)_3$ *di-*, *tri-*, *tetra-* oder *polymere Aluminiumalkoxide* $[Al(OR)_3]_n$ (S. 1078). Auch kommt *Aluminiumnitrid* AlN zum Unterschied von Bornitrid BN zwar in einer *Diamant-* (Wurtzit-), nicht aber in einer Graphit-Form vor (S. 1086), da letztere $p_\pi p_\pi$-Bindungen voraussetzt (S. 832). Aus dem gleichen Grunde existiert kein dem Borazin (Borazol) $B_3N_3H_6$ entsprechendes „*Alazin*" („*Alazol*") $Al_3N_3H_6$; denn zum Unterschied von den mit den Alkenen $R_2C{=}CR_2$ und Alkinen $RC{\equiv}CR$ isovalenzelektronischen Aminoboranen $R_2B{=}NR_2$ und Iminoboranen $RB{\equiv}NR$ treten die homologen „*Aminoalane*" und „*Iminoalane*" in der Regel nicht monomer, sondern bevorzugt *polymer* in *mehrfachbindungsfreier* Form auf (S. 1071).

Wegen der geringen Tendenz von *Aluminium* zur Ausbildung von $p_\pi p_\pi$-Bindungen kennt man bisher auch keine unter Normalbedingungen isolierbaren Verbindungen $X{-}Al{=}Y$ mit **zweiwertigen Gruppen Y** („ungesättigte" Aluminiumverbindungen; vgl. ungesättigte Siliciumverbindungen $X_2Si{=}Y$, die im Falle sperriger Substitution isolierbar sind). Nur bei sehr hohen Temperaturen in der Gasphase oder niedrigen Temperaturen in der Matrix lassen sich derartige Spezies (z. B. $O{=}Al{-}Cl$, S. 1077) nachweisen. Die bisher unbekannten Dialene $XAl{=}AlX$ sollten leichter als die entsprechenden Disilene $X_2Si{=}SiX_2$ in zwei Molekülhälften zerfallen, so daß die Chance für eine Verbindungsisolierung selbst dann nicht groß ist, falls X einen sehr sperrigen und zudem wenig elektronegativen Substituenten darstellt.

Koordinationstendenz. Die den Borverbindungen BX_3 nicht gegebene, den Aluminiumverbindungen aber offenstehende Möglichkeit zur Koordination von mehr als einem Donormolekül dokumentiert sich etwa darin, daß den monomeren Tetrafluoroboraten BF_4^- (tetraedrisches B) *polymere Fluoroaluminate* der Zusammensetzung $(AlF_4^-)_x$ und $(AlF_5^{2-})_x$ bzw. monomeres *Hexafluoroaluminat* AlF_6^{3-} entsprechen (jeweils oktaedrisches Al). Vgl. hierzu auch die oben erwähnten oligomeren bis polymeren Halogen-, Sauerstoff- und Stickstoffverbindungen des Aluminiums.

Clusterbildung. Beim Übergang vom Bor zum Aluminium erniedrigt sich die Clusterbildungstendenz drastisch. So kennt man etwa keine den Polyboranen und Carboranen entsprechenden flüchtigen Verbindungen des Aluminiums. Auch stehen den zahlreichen Verbindungen mit Bor-Bor-Bindungen bisher nur wenige Verbindungen mit Aluminium-Aluminium-Bindungen gegenüber (vgl. S. 1076, 1090).

Aluminium-Ionen. Die Möglichkeit des Aluminiums, *kationisch* in Form von Al^{3+} aufzutreten, wurde weiter oben bereits erwähnt. Bezüglich der *Metallaluminide* M_nAl (M = Alkali-, Erdalkalimetall) vgl. S. 890.

2.2 Wasserstoffverbindungen des Aluminiums[107,123]

Aluminium bildet anders als Bor nur *eine* isolierbare Wasserstoffverbindung der Formel $\mathbf{AlH_3}$ („*Aluminiumtrihydrid*", „*Alan*"), die zudem nicht dimer wie BH_3, sondern *polymer* vorliegt. In Form organischer Derivate existieren allerdings auch einige *höhere Alane* mit AlAl-Bindungen (vgl. S. 1090).

Darstellung.[124] In einfacher Weise kann der Aluminiumwasserstoff $(AlH_3)_x$ durch Zusammengießen diethyletherischer Lösungen von *Aluminiumchlorid* und *Lithiumalanat* (s. u.) gewonnen werden (Hydridolyse von $AlCl_3$). Unter Ausscheidung von Lithiumchlorid bildet sich hierbei zunächst eine klare Lösung von *monomerem Aluminiumwasserstoff* AlH_3 (als Diethyletherat):

$$3\,LiAlH_4 + AlCl_3 \rightarrow 3\,LiCl + 4\,AlH_3,$$

[123] **Literatur.** H. Nöth, E. Wiberg: „*Chemie des Aluminiumwasserstoffs und seiner Derivate*", Fortschr. Chem. Forsch. **8** (1967) 321–436; E.C. Ashby: „*The Chemistry of Complex Alumino-hydrides*", Adv. Inorg. Radiochem. **8** (1966) 283–335; E. Wiberg, E. Amberger: „*Hydrides*", Elsevier, Amsterdam 1971, S. 381–442; E.R.H. Walker: *The Functional Group Selectivity of Complex Hydride Reducing Agents*", Chem. Soc. Rev. **5** (1976) 23–50.

[124] **Geschichtliches.** Wie E. Wiberg und O. Stecher im Jahre 1939 fanden, setzen sich dimeres $AlMe_3$ und H_2 in einer elektrischen Glimmentladung zu einem Gemisch der Verbindungen $AlMe_3$, $AlHMe_2$, AlH_2Me und AlH_3 um, die sich nach Art des Borans BH_3 und seiner Methylderivate (s. dort) untereinander zu höhermolekularen Verbindungen mit Brückenbindungen vereinigen (vgl. S. 1088). Aus diesem Gemisch läßt sich durch Einwirkung von NMe_3 das Addukt $AlH_3 \cdot NMe_3$ abtrennen, das beim Erhitzen unter Abgabe von NMe_3 in $(AlH_3)_x$ übergeht (E. Wiberg, O. Stecher, 1942). Etwa zur gleichen Zeit (1940) entdeckten H.I. Schlesinger, R.T. Sanderson und A.B. Burg Aluminium-tris(boranat) $Al(BH_4)_3$ als Produkt der Reaktion von $(AlMe_3)_2$ und $(BH_3)_2$ bei leicht erhöhter Temperatur.

der sich dann infolge Polymerisation zu *hochmolekularem*, etherhaltigem, festem, weißem Aluminiumwasserstoff $(AlH_3)_x$ langsam aus der Lösung ausscheidet.

Verwendet man einen Überschuß an $LiAlH_4$ sowie etwas $LiBH_4$ und erwärmt die Etherlösung nach Zugabe großer Anteile Benzol zum Sieden, so entsteht diethyletherfreier, kristalliner *polymerer Aluminiumwasserstoff* α-AlH_3 (nach Abänderung der Bedingungen bilden sich andere AlH_3-Modifikationen, s.u.).

Besonders reinen Aluminiumwasserstoff erhält man mit 90–100%iger Ausbeute darüber hinaus durch Zersetzung des *Lithiumalanats* mit *Chlorwasserstoff* in Diethylether (Protolyse von AlH_4^-):

$$LiAlH_4 + HCl \rightarrow AlH_3 + LiCl + H_2.$$

Auch *aus den Elementen* ist AlH_3 bei *hohen Temperaturen* (1100–1300 °C) zugänglich (Hydrogenolyse von Al):

$$300\,kJ + 2Al + 3H_2 \rightarrow 2AlH_3(g).$$

Die eigentliche Umsetzung besteht in der Reaktion von atomarem Aluminium (Al hat um 1200 °C einen Dampfdruck von ca. 10^{-3} mbar) mit molekularem (bzw. atomarem) Wasserstoff. Das sich in der Gasphase neben monomerem *Aluminylen* AlH („*Alandiyl*"; Bindungsabstand 1.648 Å; $\Delta H_f = +247$ kJ/mol) bildende *Alan* AlH_3 liegt bei kleinen Partialdrücken ($< 10^{-5}$ mbar) *monomer*, bei höheren Drücken (bis 10^{-3} mbar) *dimer* vor und läßt sich an kalten Flächen in *polymerer Form* abscheiden. In analoger Weise bildet sich BH_3, GaH_3 und InH_3 (s. dort), aber nicht TlH_3 bei hohen Temperaturen aus den Elementen.

Bei *niedrigen Temperaturen* (70–150 °C) ist eine *Direktsynthese* von AlH_3 aus den Elementen nur bei erhöhtem Druck (100–200 bar) und in Gegenwart von Tetrahydrofuran im Autoklaven möglich, sofern man den sich bildenden Aluminiumwasserstoff mit geeigneten Aminen oder Hydriden als *Alan-Aminaddukt* oder *Alanat* abfängt (s.u. und S. 1072), z.B.:

$$2Al + 2NR_3 + 3H_2 \rightarrow 2AlH_3(NR_3); \qquad 2Al + 2LiH + 3H_2 \rightarrow 2LiAlH_4.$$

Bezüglich der Umwandlung des gebildeten Alanats in Aluminiumwasserstoff siehe oben.

Physikalische Eigenschaften. Der solvatfreie Aluminiumwasserstoff $(AlH_3)_x$ stellt eine *farblose*, nichtflüchtige Verbindung dar, die beim Erhitzen im Hochvakuum oberhalb 100 °C in Aluminium und Wasserstoff zerfällt. Man kennt fünf *kristalline Modifikationen* des „Polyalans" (Dichte für α-AlH_3: 1.477 g/cm³) und zusätzlich einige *amorphe Formen*. Die Verknüpfung der AlH_3-Einheiten zum polymeren Aluminiumwasserstoff $(AlH_3)_x$ erfolgt wie im Falle des Diborans $(BH_3)_2$ durch *anionische Wasserstoffbrücken* (S. 280), nur daß beim Aluminium wegen der höheren Koordinationszahl 6 jedes Al-Atom sechs- statt dreimal den *Brückenmechanismus* betätigen kann und damit koordinativ von 6 H-Atomen umgeben ist.

Struktur. In hexagonalem α-AlH_3 ist jedes Al-Atom *oktaedrisch* von 6 H-Atomen umgeben, die ihrerseits als *Wasserstoffbrücken* (einheitliche AlH- und AlAl-Abstände in den Al—H—Al-Brücken: 1.72 bzw. 3.24 Å; ber. für AlH-Einfachbindung: 1.55 Å; AlHAl-Winkel: 141°) andere AlH_6-Oktaeder über gemeinsame Oktaederecken zu einer *dreidimensionalen Struktur* vernetzen. Die untersuchte AlH_3-Modifikation ist näherungsweise *isostrukturell* mit polymerem AlF_3 (verzerrte ReO_3-Struktur).

Chemische Eigenschaften. Der oberhalb 120 °C thermolabile, polymere Aluminiumwasserstoff $(AlH_3)_x$ ($\Delta H_f = -11$ kJ/mol) ist außerordentlich luft- und feuchtigkeitsempfindlich. Als starkes Reduktionsmittel *entzündet* er sich in feiner Verteilung spontan an der Luft und eignet sich – namentlich in Etherlösung (s.o.) oder in Form der etherlöslichen „*Alanate*" $AlH_3 \cdot M^IH = M^IAlH_4$ (s.u.) – vorzüglich zur *Hydrierung* anorganischer und organischer Substanzen. Auch reagiert er (in Etherlösung) mit ungesättigten organischen Verbindungen (Alkenen, Alkinen) unter Hydroaluminierung, z.B.:

$$AlH_3 \xrightarrow{+CH_2{=}CH_2} H_2Al(CH_2CH_3) \xrightarrow{+CH_2{=}CH_2} HAl(CH_2CH_3)_2 \xrightarrow{+CH_2{=}CH_2} Al(CH_2CH_3)_3.$$

Mit Elektronenpaardonatoren D vereinigt sich die Lewis-Säure Alan AlH_3 zu *Additionsverbindungen* $AlH_3 \cdot D$ und $AlH_3 \cdot 2D$ (vgl. Adduktbildung des Borans BH_3 mit D; AlH_3 ist Lewis-acider als BH_3). Allerdings vermögen Donoren nur dann mit dem polymeren Aluminiumwasserstoff unter „*symmetrischer Spaltung*" der AlH_2-Doppelbrücken zu reagieren, wenn sie hinsichtlich AlH_3 Lewis-basischer als die negativ-polarisierten H-Atome in AlH_3 sind. Dies trifft etwa für Amine NR_3, Phosphane PR_3 und einige Ether wie Tetrahydrofuran C_4H_8O (aber nicht Diethylether) zu.

Beispielsweise bildet *Trimethylamin* NMe_3 die *farblosen*, sublimierbaren, leicht hydrolysierenden kristallinen *Addukte* $AlH_3(NMe_3)$ (Smp. 76 °C, tetraedrisches Al) und $AlH_3(NMe_3)_2$ (Smp. 95 °C; trigonal-bipyramidales Al; NMe_3 in axialen Positionen), die bei 100 °C unter Abgabe von NMe_3 in Polyalan übergehen, das sich seinerseits bei diesen Temperaturen sehr langsam (s. o.) in Aluminium und Wasserstoff zersetzt:

$$\tfrac{1}{x}(AlH_3)_x \xrightarrow[20\,°C]{2NMe_3} AlH_3(NMe_3)_2 \underset{+NMe_3}{\overset{-NMe_3}{\rightleftharpoons}} AlH_3(NMe_3) \xrightarrow[100\,°C]{-NMe_3} \tfrac{1}{x}(AlH_3)_x.$$

In analoger Weise bilden *Dimethylamin* Me_2NH, *Methylamin* $MeNH_2$ und *Ammoniak* NH_3 Mono- und Diaddukte. Wegen der leicht erfolgenden *Wasserstoffeliminierung* im Sinne von $>AlH—NH< \rightarrow >Al—N< + H_2$ (vgl. die entsprechende, aber langsamere H_2-Abspaltung aus Addukten $>BH—NH<$) sind die betreffenden Additionsverbindungen aber nur bei tiefen Temperaturen metastabil, und man stellt sie infolgedessen nicht durch Einwirkung der Amine auf Polyalan dar (die Depolymerisation von $(AlH_3)_x$ erfolgt langsam), sondern durch Umsetzung der Amine mit den Lösungen von AlH_3 in Diethylether, da die Verdrängung von Et_2O in den dort vorliegenden Addukten $AlH_3(OEt_2)_2$ durch die basischeren Amine sehr rasch erfolgt.

Erwärmt man eine Lösung von $AlH_3(NH_3)$ in Diethylether (gewinnbar aus AlH_3 und NH_3 in Et_2O bei −80 °C) auf −35 °C, so entsteht unter H_2-Abspaltung etherunlösliches, *farbloses*, polymeres „*Aminoalan*" H_2AlNH_2 (idealisierte Struktur (b); im Falle der Umsetzung von AlH_3 mit Me_2NH erhält man dimeres H_2AlNMe_2 (a)). Ähnlich wie die Substitutionsprodukte des Borans BH_3 (S. 1005) bilden sich somit auch solche des Alans AlH_3 mit *Elektronenpaardonatoren* nach einem Additions-/Eliminierungs-Mechanismus. Weiteres Erwärmen von $[H_2AlNH_2]_x$ auf Raumtemperatur führt unter nochmaliger H_2-Eliminierung zu *farblosem*, polymerem „*Iminoalan*" HAlNH (idealisierte Struktur (c)), das seinerseits bei hohen Temperaturen unter H_2-Abspaltung in *farbloses*, polymeres „*Aluminiumnitrid*" AlN (Wurtzit-Struktur, vgl. S. 1086) übergeht:

$$AlH_3 \xrightarrow[-80\,°C]{+NH_3} AlH_3(NH_3) \xrightarrow[-35\,°C]{-H_2} \tfrac{1}{x}[H_2AlNH_2]_x \xrightarrow[20\,°C]{-H_2} \tfrac{1}{x}[HAlNH]_x \xrightarrow[T]{-H_2} \tfrac{1}{x}[AlN]_x.$$

Die Einwirkung von Ammoniak auf AlH_3 in äquimolekularem Verhältnis führt also zum Unterschied von der entsprechenden Umsetzung mit BH_3 (S. 1045) nicht zur Bildung eines borazinhomologen „*Alazins*" („*Alazols*") $[HAlNH]_3 = Al_3N_3H_6$ (vgl. Formel (d)), sondern zu dessen „Polymerisat" $[HAlNH]_x$, da das Aluminium eine geringere Tendenz zur Ausbildung von $p_\pi p_\pi$-Doppelbindungen als das Bor aufweist (in analoger Weise entsteht aus AlH_3 und $MeNH_2$ nicht $[HAlNMe]_3$), sondern $[HAlNMe]_x$). Ersetzt man allerdings die H-Atome am Aluminium durch Methyl-, die H-Atome am Stickstoff durch *sperrige 2,6-Diisopropylphenylgruppen* $C_6H_3{}^iPr_2$, so wird Alazin isolierbar (Näheres S. 1089).

(a) (b) (c) (d)

Einwirkung *überschüssigen Ammoniaks* auf AlH_3 ergibt auf dem Wege

$$AlH_3 \xrightarrow[-110\,°C]{+2NH_3} AlH_3(NH_3)_2 \xrightarrow[-80\,°C]{-H_2} AlH_2(NH_2)(NH_3) \xrightarrow[-50\,°C]{-H_2} AlH(NH_2)_2 \xrightarrow[-30\,°C]{fl.\ NH_3} Al(NH_2)_3 + H_2$$

„*Aluminiumtriamid*" $Al(NH_2)_3$, das beim Erwärmen NH_3 abspaltet und dabei über eine Zwischenstufe $[Al(NH)(NH_2)]_x$ in AlN übergeht.

Anders als B_2H_6, das mit NH_3 sowohl unter *Homolyse* (Bildung von BH_3NH_3) als auch *Heterolyse* (Bildung von $[BH_2(NH_3)_2]^+BH_4^-$) abreagiert, bewirkt NH_3 im Falle von $(AlH_3)_x$ nur eine „*symmetrische Spaltung*". Mehrzähnige Chelatliganden wie Tetramethyltetraazacyclotetradecan $(—CH_2CH_2NMe—)_4$ ermöglichen aber auch eine „*asymmetrische Spaltung*" von $(AlH_3)_x$ (z. B. Bildung von $[AlH_2(—CH_2CH_2NMe—)_4]^+AlH_4^-$; oktaedrisches Al; H in *trans*-Stellung).

Ähnlich wie mit Donatoren bildet Alan AlH_3 auch mit Elektronenpaarakzeptoren A wie BH_3 *Additionsverbindungen* $AlH_3 \cdot A$, $AlH_3 \cdot 2A$ und $AlH_3 \cdot 3A$. Z.B. entstehen mit BH_3 **Aluminiumboranate:** AlH_3 vereinigt sich in Tetrahydrofuran THF mit BH_3 in äquimolekularer Menge bei $-20\,°C$ zum *farblosen*, zwei THF-Moleküle enthaltenden, bei $80\,°C$ schmelzenden „*Dihydridoaluminiummonoboranat*" $AlH_3 \cdot BH_3 = \mathbf{H_2Al(BH_4)}$ (oktaedrisches Al; vgl. Formel (e)), während das *farblose*, dimere „*Hydridoaluminium-bis(boranat)*" $AlH_3 \cdot 2BH_3 = \mathbf{HAl(BH_4)_2}$ (oktaedrisches Al; vgl. Formel (f)) als Produkt der Thermolyse von $Al(BH_4)_3$ bei $70\,°C$ entsteht: $2Al(BH_4)_3 \rightarrow [HAl(BH_4)_2]_2 + B_2H_6$. Das *farblose*, flüssige „*Aluminium-tris(boranat)*" $AlH_3 \cdot 3BH_3 = \mathbf{Al(BH_4)_3}$ (oktaedrisches Al; Formel (g); Smp. $-64.5\,°C$, Sdp. $+44.5\,°C$; $\Delta H_f + 16$ kJ/mol) erhält man seinerseits durch Umsetzung von AlH_3 (bzw. Al_2Me_6) in Diethylether mit B_2H_6 oder – besser – aus $NaBH_4$ und $AlCl_3$ ohne Lösungsmittel:

$$AlH_3 + 3BH_3 \rightarrow Al(BH_4)_3; \quad AlCl_3 + 3NaBH_4 \rightarrow Al(BH_4)_3 + 3NaCl.$$

Das Boranat $Al(BH_4)_3$ stellt die bisher flüchtigste Aluminiumwasserstoffverbindung dar. Es verbrennt an der Luft unter starker Wärmeentwicklung: $Al(BH_4)_3 + 6O_2 \rightarrow \frac{1}{2}\alpha\text{-}Al_2O_3 + \frac{3}{2}B_2O_3 + 6H_2O$ (fl.) $+ 4450$ kJ. In der Gasphase reagiert es mit Al_2Me_6 quantitativ zu *farblosem*, bei $-76\,°C$ schmelzendem $MeAl(BH_4)_2$ (quadratisch-pyramidales Al; Formel (h)): $4Al(BH_4)_3 + Al_2Me_6 \rightarrow 6MeAl(BH_4)_2$. Der Umsetzung liegt wohl ein gegenseitiger *Austausch* von aluminiumgebundendem Wasserstoff und Methyl zugrunde: $Al(BH_4)_3 \leftrightarrows HAl(BH_4)_2 + \frac{1}{2}B_2H_6$; $AlMe_3 + HAl(BH_4)_2 \leftrightarrows Me_2AlH + MeAl(BH_4)_2$; $Me_2AlH + \frac{1}{2}B_2H_6 \rightarrow Me_2Al(BH_4)$ usw. In der Tat setzt sich AlH_3 mit organischen Aluminiumverbindungen AlR_3 rasch unter H/R-Austausch um. Ähnlich wie die *Substitutionsprodukte* des Borans BH_3 (S. 1006) bilden sich also auch solche des Alans AlH_3 mit *Elektronenpaarakzeptoren* nach einem Additions-/Eliminierungs-Mechanismus.

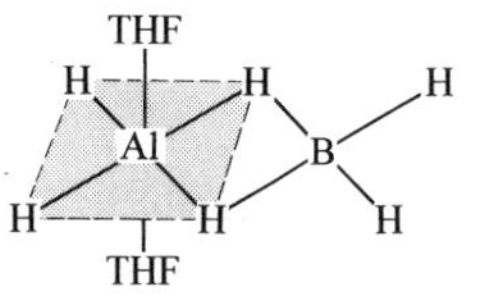

(e) 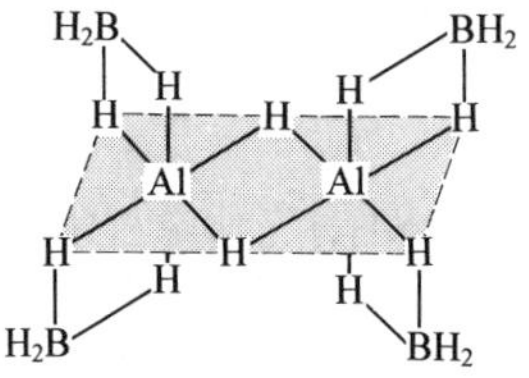 (f) 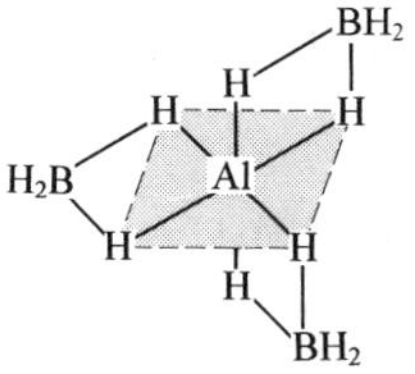 (g) 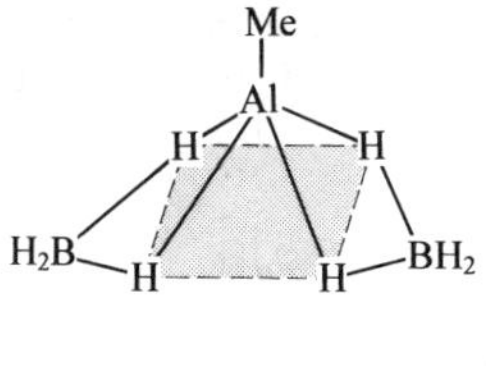 (h)

Alanate. Darstellung. Unter den Alanaten $MAlH_4$ (M = Metalläquivalent) wird das **Natriumalanat $NaAlH_4$** (Smp. $183\,°C$) in der *Technik* aus den Elementen bei höheren Temperaturen und Drücken gemäß

$$Na + Al + 2H_2 \xrightarrow[150\,°C,\ 350\ \text{bar}]{\text{Tetrahydrofuran}} NaAlH_4$$

im Tonnenmaßstab hergestellt und in Diethylether durch doppelte Umsetzung mit LiCl in etherlösliches **Lithiumalanat $LiAlH_4$**, das auch durch Umsetzung von $AlCl_3$ oder $AlBr_3$ mit LiH in Diethylether zugänglich ist, übergeführt:

$$NaAlH_4 + LiCl \rightarrow LiAlH_4 + NaCl; \quad AlX_3 + 4LiH \rightarrow LiAlH_4 + 3LiX.$$

Zum Unterschied von Bor, das nur ein Lithiumboranat $LiBH_4 = LiH \cdot BH_3$ bildet, kennt man beim Aluminium neben $LiAlH_4 = LiH \cdot AlH_3$ auch ein Lithiumalanat $\mathbf{Li_3AlH_6} = 3LiH \cdot$

AlH_3, das der Hexafluoro-Verbindung $Li_3AlF_6 = 3\,LiF \cdot AlF_3$ entspricht. Die analoge Natriumverbindung $\mathbf{Na_3AlH_6}$ ist mit Na_3AlF_6 isomorph.

Eigenschaften. Reines „*Lithiumalanat*" $LiAlH_4$ (tetraedrische AlH_4^--Einheiten, welche über – tetraedrisch von H umgebene – Li^+-Ionen zu einem Raumnetzverband verknüpft sind, ist stärker kovalent gebaut als $LiBH_4$, zerfällt bei 150 °C ($3\,LiAlH_4 \rightarrow Li_3AlH_6 + 2\,Al + 3\,H_2$), wird von trockener Luft nicht angegriffen, ist jedoch hydrolyseempfindlich und zersetzt sich bei Berührung mit *Wasser* heftig und quantitativ gemäß: $LiAlH_4 + 4\,H_2O \rightarrow Li[Al(OH)_4] + 4\,H_2$. In analoger Weise verhält es sich gegen andere protonenaktive Stoffe äußerst reaktiv. So reagiert es mit *Alkoholen* unter Bildung von $Li[Al(OR)_4]$, mit *Ammoniak* unter Bildung von $Li[Al(NH_2)_4]$, mit *Stickstoffwasserstoffsäure* unter Bildung von $Li[Al(N_3)_4]$ und mit *Cyanwasserstoff* unter Bildung von $Li[Al(CN)_4]$.

Man setzt Lithiumalanat in der Regel in Form seiner Lösung in Diethylether ein (in Et_2O liegt es als Dietherat $[(Et_2O)_2Li(\mu\text{-}H)_2AlH_2]$ vor; Löslichkeit ca. 300 g pro kg Et_2O) und nutzt es als vielseitiges *Reduktions-* und *Hydrierungsmittel* in der anorganischen und organischen Chemie (es wird heute allerdings vielfach durch billigere Hydrierungsmittel mit AlH-Funktionen, wie $^iBu_2AlH$, $Na[AlH_2Et_2]$, $Na[AlH_2(OR)_2]$ ersetzt, vgl. S. 1088). Mit Elementhalogeniden EX_n (Analoges gilt für R_mEX_{n-m}) reagiert es zum Teil unter Austausch von Halogenid gegen Alanat zu *Elementalanaten*, zum Teil unter Bildung der betreffenden *Elementhydride* (falls die Alanate instabil sind) oder der betreffenden *Elemente* (falls auch die Hydride instabil sind):

$$EX_n + n\,LiAlH_4 \rightarrow M(AlH_4)_n + n\,LiCl \qquad (\text{E z.B.: K, Rb, Cs, Ba, Ca, Ga, In, Sn}^{II}, \text{Ti}^{IV});$$

$$4\,EX_n + n\,LiAlH_4 \rightarrow 4\,EH_n + n\,LiAlX_4 \qquad (\text{E z.B.: B, Si, Ge, Sn}^{IV}, \text{P, As, Sb});$$

$$\downarrow$$

$$4\,E + \tfrac{n}{2}\,H_2 \qquad (\text{E z.B.: Ag, Au, Hg, Tl, Pb, Bi}).$$

$AlCl_3$ liefert mit $LiAlH_4$ je nach Molverhältnis der Edukte $AlHCl_2$, AlH_2Cl oder AlH_3.

An Mehrfachbindungssysteme A=B vermag sich $LiAlH_4$ zu *addieren*. Da nach *Hydrolyse* der Addukte Verbindungen HA—BH entstehen, kann man somit A=B durch Lithiumalanat *hydrieren*:

$$LiAlH_4 + 4\,A{=}B \rightarrow Li[Al(A{-}BH)_4] \xrightarrow[-\,Li[Al(OH)_4]]{+4\,H_2O} 4\,HA{-}BH.$$

So läßt sich etwa $RCH{=}CH_2$ in $RCH_2{-}CH_3$, $RC{\equiv}CH$ in $RCH{=}CH_2$, $R_2C{=}O$ in $R_2CH{-}OH$, $RCO(OR)$ auf dem Weg über $RCH(OH)(OR)$ ($\rightarrow RCH{=}O + HOR$) in $RCH_2{-}OH$, $RC{\equiv}N$ in $RCH_2{-}NH_2$, $RN{\equiv}C$ in $RNH{-}CH_3$ und $N{=}O$ in $HON{=}NOH$ umwandeln. Auch Einfachbindungssysteme A—B werden vielfach von $LiAlH_4$ angegriffen und hydrierend gespalten. Z.B. lassen sich das Disulfid RSSR in 2RSH und die Oxide R_2SO, R_3NO oder R_2NNO in R_2S, R_3N oder R_2NNH_2 neben H_2O überführen.

2.3 Halogenverbindungen des Aluminiums[107)]

Aluminium bildet **Halogenide** der Zusammensetzung $\mathbf{AlX_3}$ (*Aluminium(III)-halogenide*) und **AlX** (*Aluminium(I)-halogenide*), wobei die „*Subhalogenide*" unter Normalbedingungen disproportionierungslabil sind: $3\,AlX \rightarrow 2\,Al + AlX_3$. Die Tendenz des Aluminiums zur Bildung von „Clusterhalogeniden" ist – anders als die von Bor – äußerst gering, so daß etwa Dialuminiumtetrahalogenide $Al_2X_4 = X_2Al{-}AlX_2 \mathrel{\hat{=}} \mathbf{AlX_2}$ (*Aluminium(II)-halogenide*) bisher nur donorstabilisiert gewonnen werden konnten (vgl. hierzu B_2X_4, S. 1033). Darüber hinaus kennt man **Halogenidoxide AlOX** (vgl. S. 1077).

Aluminiumtrifluorid $\mathbf{AlF_3}$, das für die Al-Gewinnung von Bedeutung ist, entsteht beim Überleiten von *Fluorwasserstoff* bei Rotglut über *Aluminium* oder *Aluminiumoxid*:

$$2\,Al + 6\,HF \rightarrow 2\,AlF_3 + 3\,H_2 \quad \text{oder} \quad Al_2O_3 + 6\,HF \rightarrow 2\,AlF_3 + 3\,H_2O$$

als *weißes*, in Wasser, Säuren und Alkalilaugen unlösliches Pulver vom Smp. 1290 °C und Sblp. 1272 °C ($\Delta H_f = 1498$ kJ/mol). Mit Alkali- und anderen Metallfluoriden bildet es Komplexsalze der Formel $M[AlF_4]$, $M_2[AlF_5]$ und $M_3[AlF_6]$.

Allen diesen Fluoriden liegen AlF_6-Oktaeder zugrunde, indem jedes Aluminiumatom in den Verbindungen M_2AlF_5 2 *trans*-F-Atome mit 2 (Oktaederketten von Fig. 230a), in den Verbindungen $MAlF_4$

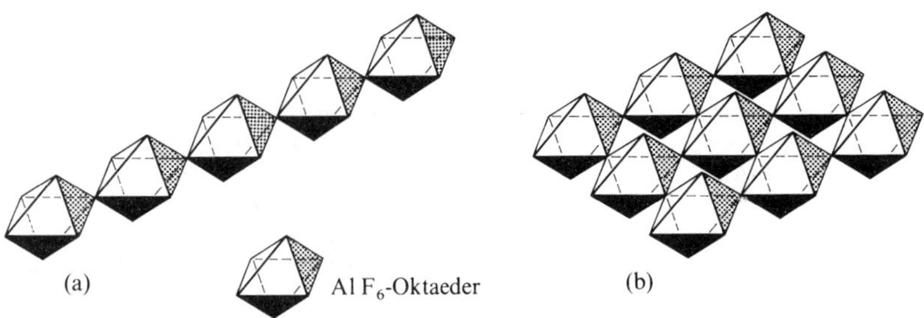

Fig. 230 Kette des $[AlF_5^{2-}]_x$-Anions in Tl_2AlF_5 (a) und Schicht des $[AlF_4^-]_x$-Anions in $NaAlF_4$ (b).

4 äquatoriale F-Atome mit 4 (Oktaederschichten von Fig. 230b) und im AlF_3 alle 6 F-Atome mit 6 benachbarten Aluminiumatomen gemeinsam hat (Übereinanderlagerung der Schichten von Fig. 230b zu einer verzerrten ReO_3-Raumstruktur), während die Verbindungen M_3AlF_6 isolierte AlF_6^{3-}-Oktaeder (isoelektronisch mit SiF_6^{2-}, PF_6^-, SF_6, ClF_6^+) enthalten. $NaAlF_4$ ist somit ganz anders aufgebaut als das homologe $NaBF_4$ und AlF_3 ganz anders als das homologe, monomere BF_3 (anders als $Na^+AlF_4^-$ enthält $NMe_4^+AlF_4^-$ tetraedrisch gebaute AlF_4^--Ionen). Mischkristalle der Strukturtypen (a) und (b) kommen in der *Natur* vor (z. B. *Chiolith* $Na_5Al_3F_{14} = NaAlF_4 \cdot 2Na_2AlF_5$). Vom Typus M_3AlF_6 leitet sich der technisch wichtige **Kryolith** („*Eisstein*") Na_3AlF_6 ab, der hauptsächlich als *Lösungsmittel* für Aluminiumoxid bei der *Aluminiumgewinnung* (S. 1063) sowie als *Trübungsmittel* in der *Glas-* und *Emaille-Industrie* (S. 946) verwendet wird. Die *technische Darstellung* von „*künstlichem Kryolith*" erfolgt durch Auflösen von *Tonerde* und *Soda* in wässeriger *Flußsäure* oder – heute bevorzugt – durch Einwirkung einer *Ammoniumfluorid-Lösung* (erzeugt nach: $6NH_3 + H_2SiF_6 + 2H_2O \rightarrow 6NH_4F + SiO_2$) auf *Natronlauge* und *Aluminiumhydroxid*:

$$Al_2O_3 + 12HF + 3Na_2CO_3 \rightarrow 2Na_3AlF_6 + 3CO_2 + 6H_2O;$$
$$Al(OH)_3 + 6NH_4F + 3NaOH \rightarrow Na_3AlF_6 + 6NH_3 + 6H_2O.$$

Strukturell entspricht der Kryolith (Smp. 1012 °C) einer kubisch-dichtesten Kugelpackung von AlF_6^{3-}-Ionen, in welcher alle Tetraeder-und Oktaederlücken mit Na^+-Ionen besetzt sind.

Aluminiumtrichlorid $AlCl_3$. Die technische Darstellung von *wasserfreiem* Aluminiumchlorid $AlCl_3$ erfolgt insbesondere durch Chlorierung von *Aluminium* oder Aluminiumabfällen mit *Chlor* bei 750–800 °C in Reaktionsbehältern, die mit keramischem Material ausgekleidet sind; in untergeordnetem Maße gewinnt man $AlCl_3$ darüber hinaus durch Einwirkung von *Chlor* auf ein Gemisch von *Aluminiumoxid* und *Kohlenstoff* bei 800 °C:

$$2Al + 3Cl_2 \rightarrow 2AlCl_3 + 1409\,kJ; \quad Al_2O_3 + 3C + 3Cl_2 \rightarrow 2AlCl_3 + 3CO.$$

Das gebildete gasförmige Trichlorid wird in Kondensationskammern geleitet. Wasserfreies $AlCl_3$ entsteht auch beim Erhitzen von *Aluminium* im *Chlorwasserstoffstrom* ($2Al + 6HCl \rightarrow 2AlCl_3 + 3H_2 + 855\,kJ$).

Wasserhaltiges Aluminiumchlorid $AlCl_3 \cdot 6H_2O = [Al(H_2O)_6]Cl_3$ bildet sich beim Auflösen von *Aluminium* oder *Aluminiumtrihydroxid* in Salzsäure:

$$Al + 3HCl + 6H_2O \rightarrow AlCl_3 \cdot 6H_2O + \tfrac{3}{2}H_2; \quad Al(OH)_3 + 3HCl + 3H_2O \rightarrow AlCl_3 \cdot 6H_2O.$$

Es kristallisiert aus der sauren Lösung beim Einengen aus.

Eigenschaften. Wasserfreies Aluminiumchlorid wird als *farblose* (bei Verunreinigung mit Eisenchlorid gelbliche), leicht sublimierende, an feuchter Luft stark rauchende, sehr hygroskopische Masse erhalten, welche bei 128.7 °C sublimiert und unter Druck (1700 mbar) bei 192.6 °C schmilzt ($\Delta H_f = -704.6$ kJ/mol). Wasserhaltiges Aluminiumchlorid erhält man in Form *farbloser*, zerfließlicher Kristalle.

In *kristallisiertem* $(AlCl_3)_2$ („**$AlCl_3$-Struktur**"; vgl. $CrCl_3$) sind $\frac{2}{3}$ der oktaedrischen Lücken jeder übernächsten Schicht einer kubisch-dichtesten Cl^--Packung mit Al^{3+}-Ionen besetzt. *Geschmolzenes* Aluminiumchlorid besteht dagegen aus dimeren $(AlCl_3)_2$-Molekülen (s. unten), welche den elektrischen Strom zum Unterschied vom festen $(AlCl_3)_x$ nicht leiten. Bringt man daher festes Aluminiumchlorid zum Schmelzen, so verschwindet die Leitfähigkeit im gleichen Augenblick und umgekehrt. Zugleich erklärt der Übergang vom eng gepackten Ionen-Kristall zur locker gepackten Molekül-Schmelze die ungewöhnlich starke Volumenvergrößerung (fast aufs Doppelte) beim Übergang vom Kristall zur Schmelze. Im *kristallisierten* $AlCl_3 \cdot 6H_2O = [Al(H_2O)_6]^{3+}3Cl^-$ ist Al^{3+} oktaedrisch von Wassermolekülen umgeben (vgl. S. 1079). In analoger Weise existiert ein $AlCl_3 \cdot 6NH_3 = [Al(NH_3)_6]^{3+}3Cl^-$. Im *kristallisierten* $AlF_3 \cdot 3H_2O$, das durch Auflösen von Al in Flußsäure gewonnen wird, ist Al^{3+} oktaedrisch von $3F^-$ und $3H_2O$ koordiniert (F^- ist stärker als Cl^- an Al^{3+} gebunden und läßt sich weniger leicht durch H_2O verdrängen). In *wässeriger Lösung* dissoziiert es teilweise unter Bildung von $AlF_2(H_2O)_4^+$, $AlF(H_2O)_5^{2+}$ und F^-.

Die Affinität von $AlCl_3$ zu Wasser ist so groß, daß wasserfreies $AlCl_3$ beim Eintragen in Wasser unter Verdrängung der Cl^--Ionen durch H_2O-Moleküle aufzischt (Lösungsenthalpie 330 kJ/mol). Das Hydrat kann nicht durch Erhitzen zum wasserfreien Chlorid entwässert werden, da es hierbei leicht gemäß: $[Al(H_2O)_6]Cl_3 \rightleftarrows Al(OH)_3 + 3HCl + 3H_2O$ hydrolysiert, so daß *Chlorwasserstoff* entweicht und *Aluminiumhydroxid* (bzw. *Aluminiumoxid*) zurückbleibt (vgl. hierzu S. 1079). Wegen dieser Neigung zur Hydrolyse kann man auch eine wässerige, sauer reagierende Lösung des Chlorids nur durch Zusatz *überschüssiger Salzsäure* (Verschiebung des Gleichgewichts nach links) stabil erhalten, da sonst Aluminiumhydroxid ausfällt (beim rechts benachbarten $SiCl_4$ kann die Hydrolyse entsprechend dem stärker sauren Charakter von $Si(OH)_4$ auch durch Zugabe von HCl zur wässerigen Lösung nicht verhindert werden).

Oberhalb von 800 °C zeigt wasserfreies Aluminiumchlorid eine der Formel $AlCl_3$ entsprechende Dampfdichte (ΔH_f von gasförmigem $AlCl_3 = -583.6$, von kristallisiertem $AlCl_3 = -704.6$ kJ/mol). Unterhalb von 800 °C bis herab zum Sublimationspunkt von 180 °C (Smp. 192 °C unter Druck) vereinigen sich die monomeren, trigonal-planaren Moleküle unter Betätigung von *Chlorbrücken* zunehmend zu *Doppeltetraedern* mit gemeinsamer Kante (Bildungsenthalpie von gasförmigem $Al_2Cl_6 = -1292$ kJ/mol); Bau analog B_2H_6; Abstände $AlCl/AlCl_{Brücke} = 2.06/2.21$ Å; Winkel ClAlCl/AlClAl = 118/101°; vgl. hierzu die Polymerisation von $BeCl_2$, S. 1108):

$$AlCl_3 + AlCl_3 \rightleftarrows Cl_2Al(\mu\text{-}Cl)_2AlCl_2 + 124\,\text{kJ}.$$

Beim Sublimationspunkt besteht der Dampf nur noch aus solchen Al_2Cl_6-Molekülen. In *etherischer* Lösung entspricht die rel. Molekülmasse wegen Bildung einer Additionsverbindung $AlCl_3 \cdot OR_2$ (vgl. Borchlorid, S. 1032) der *monomeren* Formel $AlCl_3$, im nicht als Donor auftretenden *Benzol* dagegen der *dimeren* Formel $(AlCl_3)_2$.

Wie Borfluorid und Borchlorid, vereinigt sich auch Aluminiumchlorid als Lewis-Säure mit zahlreichen anorganischen (z. B. HCl, H_2S, SO_2, PCl_3) und organischen Donoren (z. B. Halogenidionen, Ethern, Estern, Aminen, Phosphanen) zu Additionsverbindungen:

$$AlCl_3 \xrightleftharpoons{\pm D} AlCl_3 \cdot D \xrightleftharpoons{\pm D} AlCl_3 \cdot 2D.$$

So bildet *Ammoniak* den Komplex $[AlCl_3(NH_3)]$ (unzersetzt sublimierbar), *überschüssiges* Ammoniak die Komplexe $AlCl_3 \cdot nNH_3$ ($n = 2, 3, 6$; Strukturen $[AlCl_2(NH_3)_4]^+AlCl_4^-$, $[AlCl_2(NH_3)_4]^+[AlCl_4(NH_3)_2]^-$, $[Al(NH_3)_6]^{3+}3Cl^-$) und *Trimethylamin* die Komplexe $[AlCl_3(NMe_3)]$ (Smp. 156.9 °C; tetraedrisches Al) und $[AlCl_3(NMe_3)_2]$ (trigonal-bipyramidales Al mit NMe_3 in axialen Positionen). Mit *Alkylhalogeniden* ist $AlCl_3$ *schwach* ($RX^{\delta+} \cdots AlCl_3^{\delta-}$) bis *stark* ($Ph_3C^+ \cdots XAlCl_3^-$) verknüpft. Analoges gilt für *Acylhalogenide* RCOX, die zudem über Sauerstoff an $AlCl_3$ gebunden sein können. Mit *Phosphorpentachlorid* bildet $AlCl_3$ die ionogene Verbindung $[PCl_4]^+[AlCl_4]^-$, mit flüssigem *Phosphoroxychlorid* die Verbindung $4AlCl_3 \cdot 6POCl_3 \mathrel{\hat{=}} [Al(OPCl_3)_6]^{3+}3[AlCl_4]^-$ (PCl_4^+ isovalenzelektronisch mit CCl_4; $AlCl_4^-$ isovalenzelektronisch mit $SiCl_4$). Halogenreichere Chlorokomplexe als $AlCl_4^-$ werden von Aluminiumchlorid zum Unterschied von Aluminiumfluorid nicht gebildet (unter den höheren Homologen von $AlCl_3$ bildet $GaCl_3$ ebenfalls Tetrachloro-, $InCl_3$ und $TlCl_3$ Hexachlorokomplexe: $GaCl_4^-$, $InCl_6^{3-}$, $TlCl_6^{3-}$). Neben $AlCl_4^-$ existiert in Salzen mit großem Kation auch ein Anion $Al_2Cl_7^- = [Cl_3Al{-}Cl{-}AlCl_3]^-$.

Verwendung. Auf die hohe Tendenz von wasserfreiem $AlCl_3$ (Weltjahresproduktion: 50 Kilotonnenmaßstab) zur Bildung von Additionsverbindungen (s.o.) ist dessen – in Labor und Technik genutzte – *katalytische Wirkung* für *Friedel-Crafts-Alkylierungen* und *-Acylierungen* sowie für *Polymerisations-* und *Crackprozesse* zurückzuführen (z.B. zur technischen Herstellung von Ethylbenzol, Ethylchlorid, Farbstoffvorprodukten, Detergenzien, Polymeren; in der Petrochemie wird $AlCl_3$ heute durch Zeolithe (s. dort) verdrängt). Wasserhaltiges $AlCl_3 \cdot 6H_2O$ findet in der Pharmazie und Kosmetik Verwendung und wird zur Wasseraufbereitung (Flockungsmittel) und als Textilimprägnierungsmittel genutzt.

Aluminiumtribromid $AlBr_3$ schmilzt bei 97.5 °C und siedet bei 255 °C ($\Delta H_f = 527$ kJ/mol) **Aluminiumtriiodid AlI_3** bei 189.4 °C bzw. 381 °C ($\Delta H_f = -280$ kJ/mol). Beide Halogenide sind auch im kristallisierten Zustand dimer (hexagonal-/kubisch-dichteste X-Packung im Falle $AlBr_3/AlI_3$; Dimerisierungsenthalpien: 121 bzw. 102 kJ je Mol Al_2X_6) und bilden mit Halogenid-Ionen Halogenokomplexe AlX_4^-.

Aluminiumsubhalogenide. Leitet man den Dampf von *Aluminiumtrihalogenid* AlX_3 (X = F, Cl, Br, I) unter vermindertem Druck bei 1000 °C über metallisches *Aluminium*, so verflüchtigt sich das Aluminium rasch und läßt sich an anderer Stelle in hochreinem Zustande wieder kondensieren („*Transportreaktion*", S. 1064). Es ist dies eine Folge der Gleichgewichtsreaktion

$$2\,Al + AlX_3 \rightleftarrows 3\,AlX$$

($\Delta H_r = +315, +138, +150, +177$ kJ/mol für X = F, Cl, Br, I), bei der sich flüchtige „*Aluminium(I)-halogenide*" (**„Halogenaluminylene"**) AlX bilden (r_{AlX} für AlF, AlCl, AlBr, AlI = 1.655, 2.138, 2.295, 2.56 Å; $\Delta H_f = -393, -188, -126, -46$ kJ/mol). Man nutzt daher diese Methode zur Reinigung von Aluminium. Die Monohalogenide AlX lassen sich im Gemisch mit viel Argon durch rasches Abkühlen auf die Temperatur des flüssigen Heliums in einer Tieftemperaturmatrix *isolieren*. Im Zuge des Abschreckens *di-merisieren* sie teilweise zu $(AlX)_2$ (erwartungsgemäß keine Dialen-Struktur XAl=AlX, sondern eine viergliederige AlXAlX-Ringstruktur; AlF/AlCl-Abstände = 1.89/2.49 Å; FAlF/ClAlCl-Winkel = 73.8/81.7°). Die *Dimerisierungsenthalpien* betragen für AlF – 55 kJ/mol und für AlCl + 2.6 kJ/mol. Folglich kann sich in der Gasphase bei kleinen Drücken kein $(AlCl)_2$ bilden (Entsprechendes gilt für $(AlBr)_2$ und $(AlI)_2$).

Gasförmiges **Aluminiummonochlorid AlCl** und **-monobromid AlBr** lassen sich besonders bequem durch Überleiten von HCl bzw. HBr über Al bei Temperaturen um 950 °C und Drücken < 0.2 mbar gewinnen ($Al + HX \rightarrow AlX + \frac{1}{2}H_2$) und an mit flüssigem Stickstoff gekühlten Flächen in Form zersetzlicher (oberhalb −100 °C Disproportionierung nach $3\,AlX \rightarrow 2\,Al + 3\,AlX_3$), *roter Festkörper* abscheiden. Schreckt man die AlX-Dämpfe zusammen mit viel Ether und Toluol (Molverhältnis 1 : 3) auf −190 °C ab, so erhält man nach Erwärmen der Kondensate auf über −100 °C *tiefrote Lösungen*, welche Etherate von (oligomerem) AlX enthalten, bei Raumtemperatur nur langsam *disproportionieren* (AlBr ist stabiler) und von *Wasser* oder *Methanol* unter H_2-Entwicklung *oxidiert* werden, formal: $Al^+ + 2H^+ \rightarrow Al^{3+} + H_2$. Aus Lösungen von AlBr in Toluol/Triethylamin läßt sich *gelbes* $[AlBr(NEt_3)]_4$ isolieren (Disproportionierung > 95 °C), dem ein quadratischer Al_4-Ring zugrunde liegt, wobei jedes Al-Atom mit einem Br-Atom (abwechselnd ober- und unterhalb des Rings) sowie einem NEt_3-Donor verknüpft ist (AlAl-/AlN-Abstände = 2.643/2.417/2.094 Å). AlCl ist ähnlich wie BF (S. 1034) oder SiF_2 (S. 909) *sehr reaktiv* und kann sich wie diese in *σ-Bindungen einschieben* (z.B. $AlCl + H_2 \rightarrow H_2AlCl + 76$ kJ; $AlCl + HCl \rightarrow HAlCl_2 + 211$ kJ; beide Moleküle planar; AlH/AlCl-Abstände ca. 1.55/2.09 Å; HAlH-/ClAlCl-Winkel 124/118°). Auch *addiert* es sich an π-Bindungen etwa von $CH_2{=}CMe{-}CMe{=}CH_2$ oder von $MeC{\equiv}CMe$ (Bildung des Komplexes (b), in welchem die Al-Atome einer Dimetallacyclohexadien-Einheit (a) jeweils an eine Doppelbindung einer anderen Einheit gebunden sind). Beim Abschrecken eines $AlBr/AlBr_3$-Gemischs entsteht in Anwesenheit von Anisol C_6H_5OMe *gelbes*, kristallines **Dialuminiumtetrabromid Al_2Br_4** ($AlBr + AlBr_3 \rightarrow Al_2Br_4$), stabilisiert durch zwei Donormoleküle Anisol (AlAl-Abstand 2.527 Å), das in Benzol bei Raumtemperatur innerhalb weniger Stunden disproportioniert: $3\,Al_2Br_4 \rightarrow 2\,Al \rightarrow 4\,AlBr_3$.

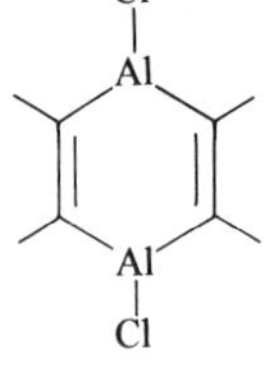

(a) 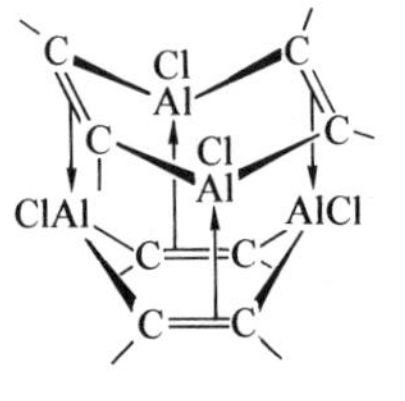 (b)

2.4 Sauerstoffverbindungen des Aluminiums[107,125]

Dem Siliciumtetrahydroxid $Si(OH)_4$ (Kieselsäure), dem wasserärmeren Siliciumoxiddihydroxid $SiO(OH)_2$ (Metakieselsäure) und dem noch wasserärmeren Siliciumdioxid SiO_2 (Kieselsäureanhydrid) entsprechen beim Aluminium, dem linken Periodennachbarn des Siliciums, das *Aluminiumtrihydroxid* **$Al(OH)_3$**, das *Aluminiumoxidhydroxid* **AlO(OH)** und das *Dialuminiumtrioxid* **Al_2O_3**. Anders als die Sauerstoffverbindungen des vierwertigen Siliciums, bei denen nur der saure Charakter ausgeprägt ist (Bildung von Silicaten), verhalten sich die Sauerstoffverbindungen des dreiwertigen Aluminiums *amphoter*, wirken also sowohl *sauer* wie *basisch* (Bildung von *Aluminaten* und *Aluminiumsalzen*).

Außer Aluminium(III)-oxid Al_2O_3 gibt es noch ein Aluminium(I)-oxid **Al_2O** (vgl. SiO) und ein Aluminium(II)-oxid **AlO**, die nur im gasförmigen Zustand bei sehr hohen Temperaturen stabil sind und beim Verdampfen von Al_2O_3 oder durch Reduktion von Al_2O_3 mit Al bei 1800 °C entstehen[126]. Auch existieren Aluminiumoxidhalogenide **AlOX**, welche sich formal von AlO(OH) durch Ersatz von OH gegen Halogenid ableiten und u. a. gemäß $3\,AlX_3 + As_2O_3 \rightarrow 3\,AlOX + 2\,AsX_3$ bei höheren Temperaturen als *farblose*, hygroskopische (X = Cl, Br, I) Feststoffe gewonnen werden können, welche bei sehr hohen Temperaturen in AlX_3 und Al_2O_3 dismutieren. In ihnen liegt AlOX zum Unterschied von den homologen Boroxidhalogeniden BOX (vgl. S. 1038) nicht trimer sondern *polymer* vor[126].

Nachfolgend werden zunächst *Aluminiumhydroxide* und *-oxide*, anschließend *Aluminate* und *Aluminiumsalze* näher besprochen. Bezüglich der *Alumosilicate* (*Aluminosilicate*)[127] vgl. S. 939.

Aluminiumtrihydroxid $Al(OH)_3$ kommt in der Natur kristallisiert als „*Hydrargillit*" („*Gibbsit*", γ-$Al(OH)_3$) und – verunreinigt mit AlO(OH), Eisenhydroxiden, Tonmineralien, Titandioxid – als „*Bauxit*" (S. 1061, 1080) vor. Als *amphoteres Hydroxid* löst sich $Al(OH)_3$ sowohl in *Säuren* wie in *Basen* auf. In ersterem Falle entstehen „*Aluminiumsalze*" Al^{3+}, in letzterem „*Aluminate*" $Al(OH)_4^-$ (Näheres s. weiter unten):

$$Al(OH)_3 + 3\,H^+ \rightleftarrows Al^{3+} + 3\,H_2O, \tag{1}$$

$$Al(OH)_3 + OH^- \rightleftarrows Al(OH)_4^- . \tag{2}$$

Darstellung. In Umkehrung der Gleichgewichtsreaktionen (1) und (2) fällt Aluminiumhydroxid bei der Zugabe von *Basen zu Aluminiumsalzlösungen* (Abfangen der im Gleichgewicht (1) befindlichen Wasserstoff-Ionen) und bei Zugabe von *Säuren zu Aluminatlösungen* (Abfangen der im Gleichgewicht (2) befindlichen Hydroxid-Ionen) als weißer Niederschlag aus ($L_{Al(OH)_3} = c_{Al^{3+}} \cdot c^3_{OH^-} = 1.9 \times 10^{-33}$). Die *Fällungsform* ist dabei je nach Art der Fällung verschieden. Scheidet man $Al(OH)_3$ aus *Aluminatlösungen* bei Raumtemperatur *langsam* (z. B. durch Einleiten von Kohlendioxid: $2\,OH^- + CO_2 \rightleftarrows CO_3^{2-} + H_2O$) aus, so erhält man monoklines **γ-Aluminiumtrihydroxid γ-$Al(OH)_3$** („*Hydrargillit*", „*Gibbsit*"; $\Delta H_f = -1282$ kJ/mol) von deutlich kristalliner Beschaffenheit, während bei *schneller* Fällung zunächst eine *metastabile Modifikation*, das hexagonale **α-Aluminiumtrihydroxid α-$Al(OH)_3$** („*Bayerit*", $\Delta H_f = -1277$ kJ/mol), auftritt, die sich von selbst allmählich in die energieärmere Form des Hydrargillits umwandelt. Bei der Fällung aus *Aluminiumsalzlösungen* (z. B. mit Ammoniak:

---

125 **Literatur.** ULLMANN: „*Aluminium Oxide*", **A1** (1985) 557–594; J. Liebertz: „*Synthetische Edelsteine*", Angew. Chem. **85** (1973) 326–333; Int. Ed. 12 (1973) 291; R. Kniep: „*Synthese von Edelsteinen und Imitationen*", Kontakte (Darmstadt) 1991 (2), S. 17–32.

126 **Matrixisoliertes monomeres Al_2O, AlO, AlOF, AlOCl.** Zur *Isolierung* von **Dialuminiumoxid** Al_2O ($r_{AlO} = 1.70$ Å; linear) und **Aluminiummonoxid** AlO ($r_{AlO} = 1.62$ Å; ber. für Al—O 1.91, für Al=O 1.71 Å) kondensiert man verdünntes Al_2O- bzw. AlO-Gas (s. u.) zusammen mit viel Inertgas auf mit flüssigem Helium gekühlte Flächen. Kondensiert man in entsprechender Weise gasförmiges AlF bzw. AlCl in Anwesenheit von Sauerstoffatomen, so erhält man eine Tieftemperaturmatrix, die monomeres **Aluminiumoxidfluorid** und **-chlorid** AlOX enthält (lineare Moleküle O=Al—X; OAl/AlF-Abstände 1.57/1.62 Å; OAl/AlCl-Abstände 1.57/2.05 Å).

127 Silicate, in denen Al^{3+}-Ionen teilweise Si^{4+}-Ionen ersetzen (Al^{3+} von 4 O-Atomen umgeben) bezeichnet man als „*Alumosilicate*" („*Aluminosilicate*"), Silicate in denen Al^{3+}-Kationen die Silicatladungen neutralisieren (Al^{3+} von 6 O-Atomen umgeben) „*Aluminium-silicate*".

$H^+ + NH_3 \rightleftarrows NH_4^+$) entstehen zunächst amorphe Aluminiumhydroxide von wechselndem Wassergehalt, die langsam – schneller in der Wärme – auf dem Wege über α-$Al(OH)_3$ in γ-$Al(OH)_3$ übergehen.

Das gefällte Aluminiumhydroxid hat wie die kondensierte Kieselsäure $SiO_2 \cdot aq$ und Zinnsäure $SnO_2 \cdot aq$ in *frischem* Zustande (als amorphes Hydroxid $Al(OH)_3 \cdot xH_2O = Al_2O_3 \cdot aq$) andere Eigenschaften als im „*gealterten*" Zustande (als kristallisiertes Hydroxid $Al(OH)_3$). So wird letzteres viel schwerer von Säuren und Basen angegriffen als ersteres. Der Grund dafür ist einerseits die *Verkleinerung der Oberfläche*, andererseits der *Abbau instabiler Fehlstellen* des amorphen Netzwerkes bei der Kristallisation[128].

Strukturen. *Kristallisiertes* $Al(OH)_3$ besitzt eine Schichtstruktur, bei der jedes Al-Atom oktaedrisch von sechs OH-Gruppen umgeben ist und jede OH-Gruppe gleichzeitig zwei Al-Atomen angehört. Somit liegen kantenverknüpfte $Al(OH)_6$-Oktaeder vor. Die **α-$Al(OH)_3$-Struktur** läßt sich auch wie folgt beschreiben: In einer hexagonal-dichtesten Packung von OH^--Ionen ist jede übernächste Schicht zu $\frac{2}{3}$ mit Al^{3+}-Ionen besetzt (vgl. BiI_3-Struktur auf S. 825; anstelle Bi^{3+} und I^-: Al^{3+} und OH^-). Die **γ-$Al(OH)_3$-Struktur** baut sich aus entsprechenden Schichten kantenverknüpfter $Al(OH)_6$-Oktaeder auf; die Schichten liegen aber nicht wie in α-$Al(OH)_3$ so übereinander, daß die OH-Gruppen einer Schicht in den Mulden, sondern über den OH-Gruppen der nächsten Schicht liegen (zwischen den Schichten befinden sich in α-$Al(OH)_3$ demgemäß oktaedrische, in γ-$Al(OH)_3$ trigonal-prismatische Lücken).

Die vom Aluminiumtrihydroxid $Al(OH)_3$ abgeleiteten, dem Borsäureester $B(OR)_3$ entsprechenden Aluminiumtrialkoholate (Aluminiumalkoxide) $Al(OR)_3$ sind zum Unterschied von den monomeren Borverbindungen dimer (a), trimer (b), tetramer (c) oder polymer (z. B. $Al(OEt)_3$):

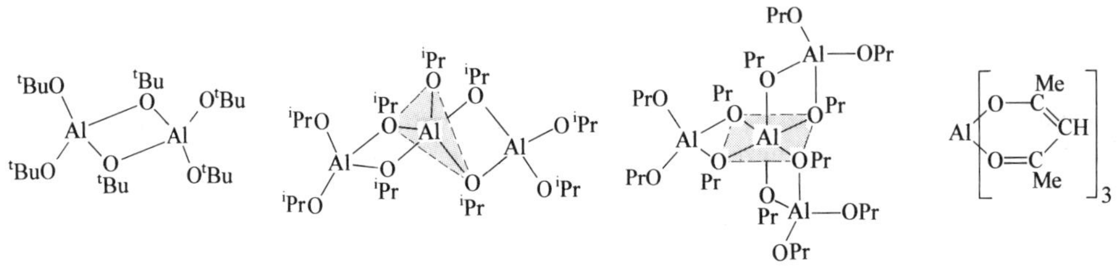

(a) (b) (c) (d)

($^tBu = Me_3C$, $^iPr = Me_2CH$), bilden mit Alkalialkoholaten MOR Addukte $M[Al(OR)_4]$ und werden von Wasser leicht gemäß $Al(OR)_3 + 3H_2O \rightarrow Al(OH)_3 + 3HOR$ hydrolysiert. Auch im acac-Komplex (d) ist das zentrale Al-Atom wie in den Alkoholaten des Typs (c) oktaedrisch von 6 O-Atomen umgeben.

Verwendung. *Technisch* wird „*Aluminiumhydroxid*" $Al(OH)_3$ in großem Umfange nach dem Bayer-Prozeß aus *Bauxit* gewonnen (S. 1062, Weltjahresproduktion: 50 Megatonnenmaßstab) und hauptsächlich in α-*Aluminiumoxid* sowie untergeordnet in andere Aluminium-Verbindungen (z. B. AlF_3, Na_3AlF_6, $AlCl_3$, $NaAlO_2$) verwandelt. *Feinteilige Aluminiumhydroxide* lassen sich durch spezielle Fällungs- und Impfverfahren nach dem Bayer-Prozeß erzeugen. Sie werden als *Flammschutzmittel* und *Füllstoff* in Teppichbodenbelägen, Kunst- und Schaumstoffen, ferner als *Beizmittel* in der Textilindustrie, als *Bestandteil* in Zahnputzmitteln, Papieren, Keramik, Schleifmitteln, Kosmetika, Schweißverhütungsmitteln, als *Trägermaterial* für Enzyme und als Ausgangsmaterial für *Aktivtonerden* genutzt. „*Aluminiumalkoholate*" $Al(OR)_3$ verwendet man in der organischen Chemie zur Reduktion von Aldehyden und Ketonen zu Alkoholen ($Al(OCHMe_2)_3 + 3O{=}CR_2 \rightleftarrows Al(OCHR_2)_3 + 3O{=}CMe_2$) und in der Lackindustrie u. a. zur Viskositätserhöhung und Runzelbildungsverminderung von Lacken.

---

128 **Aktiver Zustand fester Materie.** Mit der Überführung eines kompakten Feststoffs in einen *feinverteilten Zustand* – d. h. mit der Oberflächenvergrößerung – *erhöht* sich dessen *Energiegehalt*, da Atome und Moleküle an der Stoffoberfläche anders als im Stoffinneren nicht allseitig hinsichtlich ihrer van-der-Waals- und chemischen Valenzen abgesättigt sind. Stoffe im **„aktivierten Zustand"** versuchen ihre *Oberfläche zu verkleinern* (z. B. Tröpfchenbildung von Flüssigkeiten, Tendenz von Feststoffen zur Fremdstoffadsorption), zeigen *höhere Dampfdrücke* (beim Erhitzen von Feststoffen – z. B. γ-Al_2O_3 – wachsen die größeren Teilchen auf Kosten der kleineren), *lösen sich schneller und besser* (die positive Lösungsenthalpie der Stoffe – z. B. γ-Al_2O_3 in Salzsäure – erhöht sich mit dem Teilchendurchmesser; auszufällende Niederschläge – z. B. $Al(OH)_3$ – bilden „*übersättigte Lösungen*" wegen der hohen Löslichkeit zunächst gebildeter, nur aus wenigen molekularen Einheiten bestehender **Keime** (vgl. S. 943); Gegenmaßnahme: *Impfen mit Kristallen*), weisen andere *Säure-Base-Eigenschaften* auf (z. B. ist amorphes $Al(OH)_3$ basischer als α-$Al(OH)_3$) u. anderes mehr. Ein aktivierter Stoffzustand liegt auch vor im Falle von Kristallgitterstörungen (z. B. ist fehlgeordnetes Eisen *pyrophor*, kristallines nicht) und bei zerklüfteten Oberflächen (die Katalysatorwirkung eines Feststoffs geht von Ecken und Kanten als **„aktiven Zentren"** aus; durch Einlagerung von Fremdstoffen – „*Promotoren*", „*Aktivatoren*" – kann der Tendenz zur Oberflächeneinebnung bei höheren Betriebstemperaturen entgegengewirkt werden).

Amphoterer Charakter von $Al(OH)_3$. Löst man das *Aluminiumsalz* AlX_3 einer *starken Säure* (Aluminiumhalogenid, -sulfat, -perchlorat) in Wasser, so bildet sich gemäß: $AlX_3 + 6\,H_2O \rightarrow Al(H_2O)_6^{3+} + 3\,X^-$ das oktaedrisch gebaute **Hexaaquaaluminium-Ion $[Al(H_2O)_6]^{3+}$** (in Form von Salzen $[Al(H_2O)_6]X_3$ isolierbar), das als schwache *Kationsäure* ($pK_S = 4.97$)[129] wirkt (etwa vergleichbar stark wie Essigsäure):

$$[Al(H_2O)_6]^{3+} \rightleftarrows [Al(OH)(H_2O)_5]^{2+} + H^+.$$

Als Folge der Säurewirkung von $Al(H_2O)_6^{3+}$ unterliegen *Aluminiumsalze schwacher Säuren* (Aluminiumsulfid, -carbonat, -cyanid -acetat usw.) der Hydrolyse[129].

Bei *sehr kleiner Konzentration* (ca. 10^{-5} molar) läßt sich die Kationsäure $[Al(H_2O)_6]^{3+}$ durch Zugabe von Alkali auf dem Wege

$$[Al(H_2O)_6]^{3+} \underset{+H^+}{\overset{-H^+}{\rightleftarrows}} [Al(OH)(H_2O)_5]^{2+} \underset{+H^+}{\overset{-H^+}{\rightleftarrows}} [Al(OH)_2(H_2O)_4]^{+} \underset{+H^+}{\overset{-H^+}{\rightleftarrows}} [Al(OH)_3(H_2O)_3] \underset{+H^+}{\overset{-H^+}{\rightleftarrows}} [Al(OH)_4(H_2O)_2]^{-} \underset{+H^+}{\overset{-H^+}{\rightleftarrows}} [Al(OH)_5(H_2O)]^{2-} \underset{+H^+}{\overset{-H^+}{\rightleftarrows}} [Al(OH)_6]^{3-}$$

pH $\geqq 6$ — 3–7 — 4–8 — 5–9[130] — > 6 — groß — sehr groß

sukzessive bis zum stark basisch wirkenden **Hexahydroxoaluminat-Ion $[Al(OH)_6]^{3-}$** deprotonieren[131] (die pH-Angaben beziehen sich auf 10^{-5}-molare Lösungen). Bei *höherer Konzentration* des Aluminiumsalzes (ca. 0.1-molar) ist die Kationsäure $[Al(H_2O)_6]^{3+}$ nur bei pH-Werten < 3 in Wasser stabil. Bei pH-Werten 3–4 bildet sich über $[Al(OH)(H_2O)_5]^{2+}$ unter Wasserabspaltung ein – in Salzen wie $[Al_2(OH)_2(H_2O)_8](SO_4)_2 \cdot 2\,H_2O$ vorkommender – zweikerniger Komplex $[Al_2(OH)_2(H_2O)_8]^{4+}$:

$$[Al(OH)(H_2O)_5]^{2+} + [Al(OH)(H_2O)_5]^{2+} \xrightarrow{-2H_2O} [Al_2(OH)_2(H_2O)_8]^{4+}$$

Seine Konzentration bleibt aber klein, da er auf dem Wege über das Ion $[Al_3(OH)_4(H_2O)_9]^{5+}$ schließlich in das Ion $[Al_{13}O_4(OH)_{24}(H_2O)_{12}]^{7+}$ übergeht, welches in einer 0.1 molaren Aluminiumsalzlösung bei pH-Werten 4–8 praktisch ausschließlich vorliegt und in Aluminiumsalzen wie $Na_3[Al_{13}O_4(OH)_{24}(H_2O)_{12}](SO_4)_5$ vorkommt.

In den Kationen $[Al(H_2O)_6]^{3+}$, $[Al_2(OH)_2(H_2O)_8]^{4+}$ und $[Al_3(OH)_4(H_2O)_9]^{5+}$ weisen alle Al^{3+}-Ionen, im Kation $[Al_{13}O_4(OH)_{24}(H_2O)_{12}]^{7+}$ alle bis auf ein vierzähliges Al^{3+}-Ion die Koordinationszahl 6 auf: die Aluminium-Ionen sind *oktaedrisch* von sechs (bzw. in einem Falle *tetraedrisch* von vier) Sauerstoffatomen umgeben. Zeichnet man infolgedessen für jede AlO_6-Gruppierung ein Oktaeder (für die AlO_4-Gruppierung ein Tetraeder), so läßt sich der Aufbau der erwähnten Ionen durch die in Fig. 231 wiedergegebenen Bilder veranschaulichen, in welchen jede freie Oktaederecke ein H_2O-Molekül, jede mehreren Oktaedern gemeinsame Ecke eine OH-Gruppe und jede drei Okta- und einem Tetraeder gemeinsame Ecke ein O-Atom bedeuten. Hiernach bildet das $[Al_{13}O_4(OH)_{24}(H_2O)_{12}]^{7+}$-Ion einen Käfig der Zusammensetzung $[Al_{12}O_4(OH)_{24}(H_2O)_{12}]^{4+}$, in dessen Mitte ein tetraedrisch von Sauerstoff koordiniertes Al^{3+}-Ion sitzt.

---

[129] Die homologen Hexahydrate $[M(H_2O)_6]^{3+}$ von Ga, In, Tl sind stärker sauer als $[Al(H_2O)_6]^{3+}$ ($pK_S = 2.95$ bzw. 4.43 bzw. 1.14).

[130] Aus den stark bis weniger stark verdünnten $[Al(OH)_3(H_2O)_3]$-Lösungen fällt $Al(OH)_3$ im pH-Bereich 5–9 trotz seiner hohen Unlöslichkeit nicht aus, da die $[Al(OH)_3]_x$-Bildung gehemmt ist[128]. Konzentrieren der Lösung oder Impfen mit $Al(OH)_3$-Kristallen fördert die Niederschlagsbildung.

[131] Die zwischen den Endgliedern $Al(H_2O)_6^{3+}$ und $[Al(OH)_6]^{3-}$ liegenden Ionen wirken amphoter.

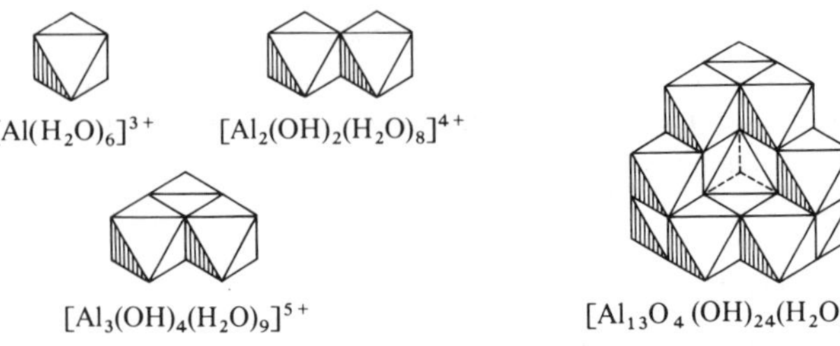

Fig. 231 Strukturen einiger Aluminium-Kationen in wässeriger Lösung

Auch aus den bei hohen bis sehr hohen pH-Werten in Lösung vorliegenden Hydroxoaluminaten $[Al(OH)_4(H_2O)_2]^-$, $[Al(OH)_5(H_2O)]^{2-}$ und $[Al(OH)_6]^{3-}$ (isolierbar z. B. als Calciumsalz $Ca_3[Al(OH)_6]_2$) vermögen sich mehrkernige, unter geeigneten Bedingungen in Form von Salzen ausfällbare Hydroxoaluminate zu bilden, z. B. $[(HO)_4Al(OH)_2Al(OH)_4]^{4-}$ (isolierbar als Bariumsalz $Ba_2[Al_2(OH)_{10}]$), $[(HO)_3AlOAl(OH)_3]^{2-}_{aq}$ (isolierbar als Kaliumsalz $K_2[Al_2O(OH)_6]$ mit gewinkelter AlOAl-Gruppierung), $[(HO)_3AlOAl(OH)_2OAl(OH)_3]^{3-}_{aq}$ (isolierbar als Natriumsalz $Na_3[Al_3O_2(OH)_8]$ usw. Salze des letzteren Typs gehen beim Erhitzen über Zwischenstufen in *wasserfreie Aluminate* $[AlO_2^-]_x$ über.

Man bezeichnet Vorgänge, bei denen wie im vorliegenden Reaktionsbeispiel eine Verbrückung von Elementatomen mit Hydroxid-Ionen (Kurzbezeichnung „*ol*") unter Verdrängung von koordinativ gebundenem Wasser erfolgt, als „**Olation**" („*Verolung*") und unterscheidet sie damit von der ebenfalls zur Gruppe der Kondensationsreaktionen zählenden „**Oxolation**", bei der eine Verbrückung von Elementatomen mit Oxid-Ionen (Kurzbezeichnung „*oxo*") unter Abspaltung von Wasser aus verschiedenen elementgebundenen Hydroxylgruppen erfolgt:

$$\text{E—OH} + \text{H}_2\text{O—E} \xrightarrow[-\text{H}_2\text{O}]{\text{Olation}} \text{E—}\overset{\text{H}}{\text{O}}\text{—E}, \qquad \text{E—OH} + \text{HO—E} \xrightarrow[-\text{H}_2\text{O}]{\text{Oxolation}} \text{E—O—E}.$$

Man zählt die in wässerigen Aluminiumsalzlösungen vorliegenden *mehrkernigen Aluminium- Kationen* $[Al_m(OH)_n(H_2O)_o]^{p+}$ zur Gruppe der **„Isopolyoxo-Kationen"**. Hierunter versteht man allgemein positiv geladene (meist hydratisierte) Spezies, die aus mehreren, durch Sauerstoff („*oxo*") in Form von OH^- oder O^{2-} verbrückten Element-Kationen bestehen. Hierbei kann die Verknüpfung von *zwei* Element-Kationen über ein, zwei oder drei OH^-- bzw. O^{2-}-Ionen (vgl. (a), (b), (c)), die Verknüpfung von *drei* Element-Kationen über ein OH^-- bzw. O^{2-}-Ion (vgl. (d)) und die Verknüpfung von *vier* Element-Kationen über ein O^{2-}-Ion erfolgen (vgl. (e)):

(a) E—O(H)—E (b) E(μ-OH)₂E (c) E(μ-OH)₃E (d) (μ₃-OH)E₃ (e) (μ₄-O)E₄

Der Fall (b) ist etwa im $[Al_2(OH)_2(H_2O)_8]^{4+}$-Ion, der Fall (d) im $[Al_3(OH)_4(H_2O)_9]^{5+}$-Ion (Fig. 231, mittlere untere OH-Gruppe), der Fall (e) im $[Al_{13}O_4(OH)_{24}(H_2O)_{12}]^{7+}$-Ion (Fig. 231; O-Atom des AlO_4-Tetraeders) verwirklicht. Weitere Beispiele für Isopolyoxo-Kationen bieten etwa die wässerigen Lösungen von Bismutsalzen (S. 826), Zinnsalzen (S. 966), Bleisalzen (S. 978), Berylliumsalzen (S. 1111) und Eisensalzen (S. 1524). Vergleiche auch Magnesiazement $[Mg_2(OH)_3(H_2O)_3]Cl \cdot 4H_2O$ (S. 1121).

Das Gegenstück zu den Isopolyoxo-Kationen stellen die **„Isopolyoxo-Anionen"** dar, also negativ geladene Spezies aus mehreren über OH^-- und O^{2-}-Ionen verbrückte Elementeinheiten (OH-Brücken finden sich bei den Isopolyoxo-Anionen seltener als O-Brücken; bei den Isopolyoxo-Kationen ist es umgekehrt). Beispiele sind etwa die oben erwähnten Hydroxoaluminate $[Al_2(OH)_{10}]^{4-}$, $[Al_2O(OH)_6]^{2-}$, $[Al_3O_2(OH)_8]^{3-}$. Bezüglich weiterer Beispiele für Isopolyoxo-Anionen vgl. Anionen kondensierter Elementsauerstoffsäuren wie die der Periodsäure (S. 487), Chalkogensäuren (S. 578, 586, 598), Phosphorsäure (S. 779), Kieselsäure (S. 919).

Aluminiumoxidhydroxid AlO(OH) findet sich in der Natur in Form von „*Diaspor*" (α-AlOOH), „*Böhmit*" (γ-AlOOH) und – verunreinigt mit $Al(OH)_3$, Eisenhydroxiden, Alumosilicaten, Titanoxiden u. a. mehr – im „*Bauxit*" (1061, 1077). Darstellung. Künstlich läßt sich **γ-Aluminiumoxidhydroxid γ-AlO(OH)**

($\Delta H_f = -988$ kJ/mol) *hydrothermal* (S. 912) aus Hydrargillit γ-Al(OH)$_3$ oder amorphen Aluminiumhydroxiden im Autoklaven durch zweistündiges Erhitzen auf 300 °C gewinnen. Es geht *hydrothermal* durch mehrtägiges Erhitzen in 0.4%iger Natronlauge bei 380 °C und 500 bar in α-**Aluminiumoxidhydroxid** α-**AlO(OH)** über.

Strukturen. In kristallisiertem AlO(OH) ist Aluminium oktaedrisch sowohl von OH-Gruppen als auch O-Atomen umgeben. Und zwar sind in der „α-AlO(OH)-Struktur" die O-Atome *hexagonal-dichtest* gepackt. Die Al^{3+}-Ionen besetzen jeweils die Hälfte der Oktaederlücken zwischen dichtest gepackten O-Atomschichten in der Weise, daß parallel nebeneinander liegende Doppelketten aus kantenverbrückten O_6-Oktaedern abwechselnd Al^{3+}-haltig und Al^{3+}-frei sind, wobei über und unter den Al^{3+}-haltigen Doppelketten jeweils die Al^{3+}-freien Doppelketten der angrenzenden Bereiche zu liegen kommen. In γ-AlO(OH) wechseln schichtartige Bereiche mit *kubisch-dichtester* O-Atompackung mit solchen ohne dichte O-Atompackung ab. In ersteren Bereichen sind alle Oktaederlücken der – in diesem Falle – kanten- und flächenverknüpften O_6-Oktaeder mit Al^{3+}-Ionen besetzt. Auch die AlO(OH)-Derivate AlOX (X = Cl, Br) weisen eine Schichtstruktur auf, wobei Al aber keine oktaedrischen, sondern tetraedrische Lücken mit 3 O und 1 X an den Tetraederecken besetzt (die Hälfte der Mulden dichtest-gepackter O-Atomschichten sind beidseitig mit AlX-Gruppen besetzt).

Aufgrund der *strukturellen Verwandtschaften* von γ-AlO(OH) mit γ-Al(OH)$_3$ und γ-Al_2O_3 (jeweils kubisch-dichteste O-Atompackung, zumindest in Teilbereichen) bildet sich γ-AlO(OH) bereits bei 150 °C langsam (in Tagen) aus γ-Al(OH)$_3$ und geht bei vergleichsweise niedrigen Temperaturen (400 °C) in γ-Al_2O_3 über (s.u.). In analoger Weise sind α-Al(OH)$_3$, α-AlO(OH) und α-Al_2O_3 strukturverwandt (hexagonal-dichteste O-Atompackung). Demgemäß läßt sich α-AlO(OH) (stabil im Bereich 280–450 °C) durch Erhitzen auf über 450 °C glatt in α-Al_2O_3 verwandeln. Demgegenüber bildet sich – unerwarteterweise – aus α-Al(OH)$_3$ beim Erhitzen eine dem γ-Al_2O_3 verwandte Modifikation des Aluminiumoxids (Wechsel der hexagonalen in eine kubisch-dichteste O-Atompackung).

Dialuminiumtrioxid Al_2O_3 („*Tonerde*"; meist kurz: „*Aluminiumoxid*")[132] findet sich in der Natur in großen Lagern als „*Korund*" (α-Al_2O_3) in Kanada, USA, Indien. In unreiner Form (Beimengungen von Eisenoxid und Quarz) kommt er als „*Schmirgel*" vor allem auf Naxos und in Kleinasien vor. Darstellung. Es entsteht in Form eines (in der Natur nicht vorkommenden) kubischen **γ-Aluminiumoxids γ-Al_2O_3** ($d = 3.4$ g/cm^3; $\Delta H_f = -1654$ kJ/mol) beim vorsichtigen Erhitzen von *Hydrargillit* γ-Al(OH)$_3$ oder *Böhmit* γ-AlO(OH) auf über 400 °C:

$$2\gamma\text{-Al(OH)}_3 \xrightarrow[\text{über } \gamma\text{-AlO(OH)}]{400\,^\circ\text{C}} \gamma\text{-Al}_2\text{O}_3 + 3\,\text{H}_2\text{O}$$

γ-Al_2O_3 stellt ein *weißes*, weiches, in Wasser unlösliches, in starken Säuren und Basen dagegen lösliches, Wasser adsorbierendes, oberflächenreiches Pulver[133] dar („*aktive Tonerde*", „*Aktivtonerde*"; vgl. hierzu Anm.[128] und Verwendung). Bei starkem Glühen auf 1200 °C geht γ-Al_2O_3 (MAK-Wert = 6 mg Feinstaub/m^3) über Zwischenformen hinweg letztlich in das sehr harte[134], wasser-, säure- und baseunlösliche, nicht hygroskopische, bei 2323 °C schmelzende und bei 3300 °C siedende, hexagonale **α-Aluminiumoxid α-Al_2O_3** (*Korund*, $d = 3.99$ g/m^3; $\Delta H_f = -1677$ kJ/mol) über[135], das auch direkt aus Diaspor α-AlO(OH) (nicht jedoch aus α-Al(OH)$_3$, s.u.) durch Dehydratisierung bei 500 °C zugänglich ist:

$$\gamma\text{-Al}_2\text{O}_3 \xrightarrow{1200\,^\circ\text{C}} \alpha\text{-Al}_2\text{O}_3 + 23\text{ kJ/mol}; \quad 2\alpha\text{-AlO(OH)} \xrightarrow{500\,^\circ\text{C}} \alpha\text{-Al}_2\text{O}_3 + \text{H}_2\text{O}$$

Schön ausgebildete Korundkristalle bilden sich beim Abkühlen einer Lösung von Al_2O_3 in geschmolzenem PbF_2 (Smp. 818 °C).

---

132 Ursprünglich Bezeichnung für eine Erde, die wie Ton beim Trocknen dicht wird: tanktus (litauisch) = dicht; tang (persisch) = eng. Der heutige Sprachgebrauch: *Tonerde* = Al_2O_3 geht auf Klaproth, Davy, Wöhler u.a. (Ende 18. Jahrhundert) zurück. Abgeleitete Bezeichnungen: *Essigsaure Tonerde* für Aluminiumacetate, *Tonerdesilicat* für Kaoline, *Tonerdehydrat* für Aluminiumhydroxide, *Tonerdezement* für Calciumaluminate.

133 γ-Al_2O_3 ist umso oberflächenreicher („aktiver"), je niedriger die Al(OH)$_3$-Entwässerungstemperatur und je kürzer die Erhitzungsdauer ist.

134 α-Al_2O_3 ist die fünfthärteste Substanz nach Diamant, Borazon, Borcarbid und Carborund.

135 **„β-Aluminiumoxid" β-Al_2O_3** ist kein reines Al(III)-oxid, sondern ein Natriumpolyaluminat $Na_2O \cdot 11\,Al_2O_3$ (vgl. S. 1084).

Strukturen. In der **α-Al_2O_3-Struktur** (Korund) bilden die O^{2-}-Ionen eine *hexagonal-dichteste* Packung, in der sich die Al^{3+}-Ionen in der Weise auf $^2/_3$ der vorhandenen Oktaederlücken verteilen, daß jedes Al von 6O und jedes O von 4Al umgeben ist. Härte und hoher Smp. von α-Al_2O_3 sind auf die sehr hohe Gitterenergie (1511 kJ/mol) zurückzuführen. Die gleiche Struktur wie α-Al_2O_3 besitzen solche Oxide M_2O_3, deren Kationen M^{3+} einen ähnlichen Radius wie Al^{3+} (0.68 Å) aufweisen (z.B. Ga^{3+}, Ti^{3+}, V^{3+}, Cr^{3+}, Fe^{3+}, Rh^{3+}; bezüglich anderer M_2O_3-Strukturen vgl. Lanthanoidoxide Ln_2O_3). Die **γ-Al_2O_3-Struktur** unterscheidet sich von der α-Al_2O_3-Struktur dadurch, daß eine *kubisch-dichteste* Packung von O^{2-}-Ionen vorliegt, in welcher die Al^{3+}-Ionen statistisch auf die oktaedrischen und tetraedrischen Lükken, die in Spinellen (s.u.) von zwei- und dreiwertigen Kationen besetzt werden, verteilt sind („*defekte Spinell-Struktur*"). Von γ-Al_2O_3 leiten sich eine Reihe weiterer Al_2O_3-Modifikationen mit unterschiedlicher Ordnung der Al^{3+}-Ionen in der kubisch-dichtesten O^{2-}-Ionenpackung ab. So bildet sich etwa beim Erhitzen von γ-Al_2O_3 auf 750°C δ-Al_2O_3 (geordnete Verteilung von Al^{3+} auf die in Spinellen besetzten Okta- und Tetraederlücken) und auf 1000°C Θ-Al_2O_3 (jeweils die Hälfte von Al^{3+} in Tetraeder- und Oktaederlücken). Letztere Modifikation erhält man auch aus α-$Al(OH)_3$ bei 850°C; sie geht bei 1200°C in α-Al_2O_3 über. Andererseits leitet sich die Struktur der als Aluminium-Schutz sich bildenden **Al_2O_3-Eloxal-Schicht** von der γ-Al_2O_3-Struktur dadurch ab, daß ausschließlich oktaedrische Lücken mit Al^{3+}-Ionen besetzt sind (= MgO-Struktur mit NaCl-Gitter, in welchem $^2/_3$ der Mg^{2+}- durch Al^{3+}-Ionen, $^1/_3$ der Mg^{2+}-Ionen durch Lücken ersetzt sind).

Verwendung. *Technisch* erzeugt man α-Al_2O_3 in Form von „*Korund*" durch nassen Aufschluß aus *Bauxit* und Calcinieren des hierbei gewonnenen $Al(OH)_3$ (vgl. S. 1062; Weltjahresproduktion: 40 Megatonnenmaßstab) sowie untergeordnet in Form von „*Elektrokorund*" durch Reaktion von Bauxit mit Koks bei 2000°C im Lichtbogenofen. Die Hauptmenge davon dient zur *Aluminiumgewinnung* (S. 1063), ein anderer Teil zur Erzeugung künstlicher *Schleif-* und *Poliermittel* (s.u.), hochfeuerfester *Keramik* sowie *Fasern* (s.u.) und synthetischen *Edelsteinen* (s.u.) „*Aktivtonerde*" γ-Al_2O_3 ist als oberflächenreicher Stoff ein ausgezeichnetes Adsorbens bei Dehydratisierungen, bei Entfärbungen und bei der Chromatographie und besitzt auch erhebliche Bedeutung als Trägermaterial für Katalysatoren.

Zur Erzeugung von Korund für Schleif- und Poliermittel (Schleifscheiben, Feilen, Zahnpasten usw.) wird Al_2O_3 im Flammenbogen eines elektrischen Ofens geschmolzen. Nach dem Erkalten der Schmelze resultieren α-Al_2O_3-Blöcke von 2–3 Tonnen, die gebrochen und zerkleinert werden müssen. Beim Abschrecken der Schmelze fällt α-Al_2O_3 direkt in 0.01 bis 1 mm großen Körnern an.

Zur Gewinnung von Keramik aus Korund werden – zur Erzielung einer maximalen Volumenerfüllung – Al_2O_3-Qualitäten unterschiedlicher Korngrößen gemischt. Anschließend preßt man das Gemisch in die gewünschte Form, welche bei 1500 bis 1800°C gesintert wird (Erhöhung der Sintergeschwindigkeit durch Zusätze von bis zu 5% MgO, Y_2O_3, TiO_2, Cu_2O oder MnO). Man nutzt die *Verschleißbeständigkeit* der Korundkeramik z.B. in Drahtziehdüsen, die *Härte* in Schneidgeräten, die *Korrosionsbeständigkeit* in Säure- und Laugenpumpen-Teilen, Tiegeln, Mahlkugeln, Na-Dampflampenrohren, die *Temperaturbeständigkeit* in Schmelztiegeln, Thermoelementrohren, den hohen *elektrischen Widerstand* in Isolatoren (z.B. Zündkerzen), die *Gewebeverträglichkeit* in Hüft- und Kieferendoprothesen.

Fasern aus Korund mit entsprechenden Eigenschaften erhält man durch Verspinnen einer extrem feinteiligen Al_2O_3-Dispersion mit Hilfe von Zusätzen („*FP-Fasern*" von DuPont) oder einer wässerigen, mit hochmolekularen Spinnhilfen versetzten Aluminiumsalz-Lösung („*Saffil-Fasern*" von ICI). Die Fasern werden durch Hochtemperaturbehandlung gesintert und gegebenenfalls gebündelt. Man nutzt sie – ähnlich wie die „leichteren" Kohlenstoffasern (s. dort) – zur *Verstärkung von Metallen* (FP-Fasern; faserverstärktes Al für Hubschraubergehäuse, Automotoren, faserverstärktes Pb für Pb-Akkus, faserverstärktes Mg für künftige Autokarosserien) und als *Wärmedämmer* bis maximal 1650°C (Saffil-Fasern; in Form von Papieren, Wolle, Matten, Filzen, Geweben, Platten, Formteilen, elastischem Fugenmaterial).

Zur Herstellung synthetischer Edelsteine läßt man nach A. Verneuil das mit Spuren von Metalloxiden (für Rubine: 0.2–0.3% Chrom(III)-oxid; für Saphire: 0.1–0.2% Titan(IV)-oxid und etwas Eisen(II,III)-oxid) vermischte und durch eine Knallgasflamme oder einen elektrischen Flammenbogen geschmolzene Al_2O_3-Pulver auf die Spitze eines kleinen Tonerdekegels fallen, wo sich die Tröpfchen des flüssigen Aluminiumoxids zu einem klaren, *einheitlichen Kristall* von $1\frac{1}{2}$ cm Dicke und $2\frac{1}{2}$ bis 3 cm Länge vereinigen, der nach Zerlegung in zwei Hälften zu der gewünschten Form *geschliffen* wird. In der Hauptsache gewinnt man nach diesem Verfahren *rote Rubine*, die außer zu Schmuckzwecken in der Uhrenindustrie, als Spinndüsen, für elektrotechnische Meßinstrumente (als Achsenlager) und als „Laser-Material" (S. 1267) weitgehende Verwendung finden. Daneben werden auch *weiße*, *gelbe* und *blaue Saphire*, *gelbrote Padparadschahs*, orientalische *Topase*, orientalische *Amethyste*, orientalische *Smaragde* (vgl. S. 1061) sowie *rote* und *blaue Spinelle* ($MgAl_2O_4$, s.u.) und *Alexandrite* ($BeAl_2O_4$, S. 1105) gewonnen.

Aluminate. Beim Vereinigen von *Aluminiumtrihydroxid* $Al(OH)_3$ oder *Aluminiumoxidhydroxid* mit *Metalloxiden* entstehen „*wasserhaltige*" *Aluminate* z.B. des Typus $M^I[Al(OH)_4]$, $M^{II}_2[Al_2(OH)_{10}]$, $M^{II}_3[Al(OH)_6]_2$, $M^I_2[Al_2O(OH)_6]$ (Näheres vgl. S. 1080), beim Verschmelzen von *Aluminiumoxid* Al_2O_3 mit *Metalloxiden* M^I_2O oder $M^{II}O$ „*wasserfreie*" *Aluminate* u. a. des Typus $M^I[AlO_2]$, $M^{II}[AlO_2]_2$, $M^{II}_3[AlO_3]_2$, $M^I_5[AlO_4]$ (formal Salze von AlO(OH) bzw. $Al(OH)_3$ bzw. $Al(OH)_3 \cdot H_2O$). In der Natur finden sich namentlich kristallisierte Aluminate der Zusammensetzung $M^{II}[AlO_2]_2 = M^{II}Al_2O_4$ (**„Spinelle"**): *gewöhnlicher Spinell* („*Spinell*") $MgAl_2O_3$, *Zinkspinell* („*Grahnit*") $ZnAl_2O_4$, *Eisenspinell* („*Hercynit*") $FeAl_2O_4$, *Mangan-spinell* („*Galaxit*") $MnAl_2O_4$, *Magnesiumeisenspinell*" („*Pleonast*") (Mg,Fe)$(Al,Fe)_2O_4$. Aluminium kann – wie die letzte Formel veranschaulicht – isomorph durch dreiwertiges Eisen, aber auch durch Chrom und andere Metalle vertreten sein[136)].

Strukturen der Spinelle. Dem Spinell $MgAl_2O_4$ liegt eine *kubisch-dichteste* Packung von O^{2-}-Ionen zugrunde, in der $^1/_8$ aller vorhandenen tetraedrischen Lücken mit Mg^{2+}- und $^1/_2$ aller vorhandenen oktaedrischen Lücken mit Al^{3+}-Ionen in der Weise besetzt sind, daß jedes O^{2-}-Ion verzerrt tetraedrisch von einem Mg^{2+}- und drei Al^{3+}-Ionen umgeben ist[137)]. Diese – energetisch besonders günstige, hohe Gitterenergien erzwingende – **„normale" Spinell-Struktur**[138)] ist prototypisch für zahlreiche andere, analog zusammengesetzte Doppeloxide AB_2O_4, wobei A und B häufig *zwei-* und *dreiwertig* sind (A^{II} = Mg, Cr, Mn, Fe, Co, Ni, Cu, Zn, Cd, Sn; B^{III} = Al, Ga, In, Ti, V, Cr, Mn, Fe, Co, Rh, Ni), aber auch *andere Wertigkeiten* aufweisen können, falls nur die Summe der *positiven Ladungen* jeweils *acht* beträgt (trifft zu in AB_2O_4 für A/B z. B. *zwei-/dreiwertig, vier-/zweiwertig, sechs-/einwertig*[139)]) und das Radienverhältnis der A-, B- und O-Ionen innerhalb gewisser Grenzen liegt (z. B. kennt man zum Unterschied von den zahlreichen Magnesiumspinellen MgB_2O_4 praktisch keine Calciumspinelle CaB_2O_4; $r_{Mg^{2+}} = 0.86$, $r_{Ca^{2+}} = 1.14$ Å für KZ = 4). Auch läßt sich der Sauerstoff in Spinellen AB_2X_4 (X = O) durch andere *Chalkogene* (X = S, Se, Te) oder gar *Halogene* oder *Pseudohalogene* (X = Hal, Pseudohal) bei passendem Verhältnis der A-, B- und X-Ionenradien ersetzen (z. B. erfordern S-haltige Spinelle AB_2X_4 größere Kationen als O-haltige, weshalb zwar Spinelle CdB_2O_4 und HgB_2S_4, aber keine Spinelle HgB_2O_4 bekannt sind; $r_{O^{2-}} = 1.24$, $r_{S^{2-}} = 1.68$ Å für KZ = 4)[139)]. Allerdings bestimmt nicht nur die Größe, sondern auch die Ladung der Ionen die Stabilität der Spinelle, wie schon daraus folgt, daß die kleinen *dreiwertigen* Kationen B^{3+} in $A^{II}B^{III}_2O_4$ aus elektrostatischen Gründen häufig (aber nicht immer; s. Nachfolgendes) ausschließlich die *größeren Oktaederlücken* besetzen.

Außer der „*normalen*" Spinell-Struktur $A(B_2)O_4$ (A auf tetraedrischen, B auf oktaedrischen Plätzen) beobachtet man auch eine **„inverse" Spinell-Struktur** $B(AB)O_4$, bei der die Kationen A oktaedrische Lücken besetzen und dafür die Hälfte der B-Kationen tetraedrische Plätze einnimmt[140)]. Unter den $A^{II}B^{III}_2O_4$-Spinellen haben z. B. *normale Struktur* die Verbindungen $MnMn_2O_4$ (= Mn_3O_4), $FeCr_2O_4$, $CoAl_2O_4$, $CoCo_2O_4$ (= Co_3O_4) und $ZnAl_2O_4$, *inverse Struktur* die Verbindungen $FeFe_2O_4$ (= Fe_3O_4), $CoFe_2O_4$, $NiFe_2O_4$, $MgFe_2O_4$ (vgl. hierzu Anm.[139)]). Gründe für die Bildung inverser Spinell-Strukturen sind u. a. in der Gitterenergie und der Ligandenfeldstabilisierungsenergie (S. 1258) zu suchen.

Die Strukturen der inversen Spinelle zählt man (wie die der ungeordneten[140)]) zu den Fehlstellenstrukturen, da gleichartige Ionen keine kristallographisch identischen Plätze einnehmen. In diesem Sinne kommt auch γ-Al_2O_3 eine fehlgeordnete Spinell-Struktur zu (Al^{3+} sowohl in Tetraeder- als auch Oktaederlücken; s. oben). Sie stellt zudem eine **„defekte" Spinell-Struktur** dar, da einige der normalerweise im Spinell besetzten Tetraeder- und Oktaederlücken leer $\square$ bleiben ($8\,MgAl_2O_4 = Mg_8Al_{16}O_{32} \rightarrow$ (Mg^{2+}-/Al^{3+}-Tausch) $\rightarrow Al_{5\frac{1}{3}}\square_{2\frac{2}{3}}Al_{16}O_{32} = Al_{21\frac{1}{3}}\square_{2\frac{2}{3}}O_{32} = 10\tfrac{2}{3}Al_2O_3$)[137)].

---

[136] Vollständiger Ersatz von Al in den **Aluminatspinellen** durch Eisen oder Chrom führt zu **Ferritspinellen** (natürlich als „*Magnesioferrit*" $MgFe_2O_4$; „*Magnetit*" $FeFe_2O_4$, „*Jakobsit*" $MnFe_2O_4$, „*Trevorit*" $NiFe_2O_4$, „*Franklinit*" $ZnFe_2O_4$) und **Chromitspinellen** (natürlich als „*Magnesiochromit*" $MgCr_2O_4$, „*Chromit*" $FeCr_2O_4$).

[137] Die *Elementarzelle* der Spinelle weist 32 kubisch-dichtest-gepackte O^{2-}-Ionen auf, die an den Ecken und Flächenmitten von 8 Oktanden eines Würfels lokalisiert sind. Die *Formel* der Spinelle lautet somit allgemein $A_8B_{16}O_{32}$ mit 56 Atomen in der Elementarzelle.

[138] Andere wichtige Doppeloxid-Strukturen sind neben der Spinell-Struktur die „*Ilmenit-Struktur*" $FeTiO_3$ (S. 1406) und die „*Perowskit-Struktur*" (S. 1406).

[139] **Beispiele für Spinelle. Typus $A^{II}B^{III}X_4^{-II}$**: $MnMn_2O_4$ (= Mn_3O_4), $FeAl_2O_4$, $FeCr_2O_4$, $CoAl_2O_4$, $CoCo_2O_4$ (= Co_3O_4), $ZnAl_2O_4$, $CaIn_2S_4$, $CoCo_2S_4$ (= Co_3S_4), $HgCr_2S_4$, $CdCr_2Se_4$, $ZnCr_2Se_4$, $CuCr_2Te_4$ (*normale Spinelle*); $FeFe_2O_4$ (= Fe_3O_4), $CoFe_2O_4$, $NiFe_2O_4$, $CuFe_2O_4$, Mg Fe_2O_4, $MgIn_2O_4$, $CoIn_2S_4$, $CrAl_2S_4$, $MgIn_2S_4$ (*inverse Spinelle*). **Typus $A^{IV}B^{II}_2X_4^{-II}$**: GeB_2O_4 (= B_2GeO_4 mit B = Mg, Fe, Co, Ni), $SnCu_2S_4$ (= Cu_2SnS_4) (*normale Spinelle*); SnB_2O_4 (= B_2SnO_4 mit B = Mg, Mn, Co, Zn), TiB_2O_4 (= B_2TiO_4 mit B = Mg, Mn, Fe, Co, Zn), VB_2O_4 (= B_2VO_4 mit B = Mg, Co, Zn) (*inverse Spinelle*). **Typus $A^{VI}B^I_2X_4^{-II}$**: ANa_2O_4 (= Na_2AO_4 mit A = Mo, W) (*normale Spinelle*). **Typus $A^{II}B^I_2X_4^{-I}$**: $NiLi_4F_4$ (= Li_4NiF_4), $ZnK_2(CN)_4$ (= $K_2Zn(CN)_4$).

[140] Man kennt auch Spinelle mit anderer Verteilung der Kationen auf tetraedrische und oktaedrische Lücken (**„ungeordnete" Spinelle**). Zum Beispiel sind Ni^{2+} und Al^{3+}-Ionen in $NiAl_2O_4$ statistisch auf in Spinellen zu besetzende Tetra- und Oktaederlücken verteilt: $(Al_{0.75}Ni_{0.25})[Ni_{0.75}Al_{1.25}]O_4$. Auch können A- und B-Kationen in AB_2O_4 anteilmäßig durch höher- und gleichzeitig niedrigerwertige Ionen ersetzt werden; z. B. je $2\,Mg^{2+}$ in $MgAl_2O_4$ durch Li^+/Al^{3+} ($\rightarrow LiAl_5O_8 = (Al_2)[LiAl_3]O_8$) oder Mg^{2+} durch Li^+ und gleichzeitig die Hälfte von Al^{3+} durch Ti^{4+} ($\rightarrow Li[AlTi]O_4$).

Strukturen anderer „wasserfreier" Aluminate. Entsprechend den Silicaten mit begrenzter bzw. unbegrenzter Anionengröße (Insel-, Gruppen-, Ring-, Ketten-, Band-, Schicht- bzw. Gerüstsilicate; vgl. S. 931, 933, 939) existieren auch Insel-, Gruppen-, Ring-, Ketten-, Schicht-, Gerüstaluminate mit begrenzter und unbegrenzter Anionengröße. Allerdings weist das Aluminium in diesen Aluminaten nicht ausschließlich die Koordinationszahl *vier* (tetraedrische, eckenverbrückte AlO_4-Einheiten), sondern darüber hinaus die Koordinationszahl *sechs* (oktaedrische, ecken-, kanten- und flächenverknüpfte AlO_6-Einheiten) auf. Wie die Silicate enthalten auch die Aluminate in der Regel *gewinkelte* MOM-Gruppierungen (M = Si, Al).

Beispiele für Inselaluminate stellen etwa die „*Pentaalkalimetallaluminate*" β-Li_5AlO_4 und Na_5AlO_4 dar, welche tetraedrische *diskrete* Ionen $\mathbf{AlO_4^{5-}}$ enthalten, ein Beispiel für ein Gruppenaluminat ist die Verbindung $Na_{17}Al_5O_{16}$, in welcher *Kettenanionen* $O_3Al(OAlO_2)_3OAlO_3^{17-}$ = $\mathbf{Al_5O_{16}^{17-}}$ aus fünf miteinander eckenverknüpften AlO_4-Tetraedern vorliegen. Ein Ringaluminat, nämlich das aus sechs miteinander eckenverknüpften AlO_4-Tetraedern aufgebaute *Ringanion* $Al_6O_{18}^{18-}$ (Summenformel: $\mathbf{AlO_3^{3-}}$) enthält das leicht hydrolysierbare „*Tricalciumdialuminat*" $Ca_3Al_2O_6$, das als wichtiger Bestandteil im Portlandzement (s. dort) vorkommt (die $Al_6O_{18}^{18-}$-Ringe mit einem Hohlraum von 1.47 Å werden durch sechsfach von Sauerstoff koordinierte Ca^{2+}-Ionen zusammengehalten). Aus einem Gerüstaluminat bauen sich die oben besprochenen „*Spinelle*" $M^{II}Al_2O_4$ auf (Summenformel des Aluminats: $\mathbf{AlO_2^-}$)[141], während dem „*Natrium-β-aluminat*", mit der idealisierten Formel $NaAl_{11}O_{17}$ (=$Na_2O \cdot 11 Al_2O_3$; früher β-Al_2O_3; $d = 3.25$ g/cm³) in gewissem Sinne ein Schichtaluminat zugrunde liegt. Die Struktur letzterer Verbindung ist nahe verwandt mit der Spinell-Struktur (50 von 58 Atomlagen sind identisch[137]; Al^{3+} in Tetraeder- und Oktaederlücken). Und zwar fehlen in jeder fünften kubisch-dichtest gepackten Sauerstoffschicht $^3/_4$ der O^{2-}-Ionen: derartige, durch „Spinellblöcke" 11.23 Å voneinander getrennte „defekte" Spinellschichten enthalten die Na^+-Ionen. Letztere zeigen bei erhöhter Temperatur gutes Ionenleitvermögen und sind durch andere Ionen wie Li^+, K^+, Rb^+, Cu^+, Ag^+, Ga^+, In^+, Tl^+, NO^+, NH_4^+, H_3O^+ ersetzbar (Al^{3+} kann durch Ga^{3+}, Fe^{3+} substituiert werden).

Verwendung. „*Spinelle*": $MgAl_2O_4$ (gewinnbar durch Zusammenschmelzen von MgO und Al_2O_3) wird als Material für *Keramiken* genutzt, farbige Aluminat-Spinelle (Entsprechendes gilt für andere Spinelle; vgl. S. 946) dienen als *Buntpigmente* (Korngrößen 0.2—2 μm) und *keramische Farbkörper* (Korngrößen ca. 10 μm; z. B. $CoAl_2O_4$: *rotstichig blau*; $Co(Al,Cr)_2O_4$; *grünstichig blau*; $(Co,Ni,Zn)_2(Cr,Al)_2O_4$; *blau*; $Zn(Cr,Fe,Al)_2O_4$: *braun*). Wegen ihrer Klarheit und ihres Kristallglanzes sind Spinelle darüber hinaus als *Halbedelsteine* geschätzt. Die mannigfaltigen Farben des – in reiner Form – farblosen Spinells $Mg_2Al_2O_4$ werden hierbei durch anwesende zwei- und dreiwertige Metallionen in Spuren verursacht (z. B. *rot* durch Cr^{3+}, *blau* durch Fe^{2+} und/oder Co^{2+}, *grün* durch Fe^{3+}). „*Natriumaluminat*" $NaAlO_2$ (Zwischenprodukt des trockenen Bauxitaufschlusses; auch gewinnbar durch Zusammenschmelzen von Na_2O und Al_2O_3) wird zur Herstellung von Seifen, Papieren, Milchglas, Email, Lackfarben, Katalysatoren, Aluminosilicaten, zur Wasserenthärtung, -aufbereitung, -klärung (ausfallendes amorphes $Al(OH)_3$ reißt fein suspendierte Teilchen mit), als Betondichtungsmittel und Schnellhärter beim Talsperren-, Tunnel-, Brückenbau verwendet. „*Natrium-β-aluminat*" $NaAl_{11}O_{17}$ (gewinnbar durch Erhitzen von Na_2CO_3 oder $NaNO_3$ oder NaOH mit $Al_2O_3 \cdot xH_2O$ ($x = 0, 1, 3$) auf 1500 °C) nutzt man als Membran in *Natrium-Schwefel-Batterien* (s. dort).

Aluminiumsalze. Beim Vereinigen von *Aluminiumhydroxid, -oxidhydroxid* oder *-oxid* $Al_2O_3 \cdot xH_2O$ ($x = 3, 1, 0$) mit Säuren oder Säureanhydriden entstehen *Aluminiumsalze* mit „wasserhaltigen" Kationen u. a. des Typus $[Al(H_2O)_6]^{3+}$, $[Al_2(OH)_2(H_2O)_8]^{4+}$, $[Al_{13}O_4(OH)_{24}(H_2O)_{12}]^{7+}$ oder mit dem „wasserfreien" Kation Al^{3+} (Näheres vgl. S. 1079 und unten). Einige wichtige Salze seien nachfolgend besprochen.

Neben dem Oxid ist **Aluminiumsulfat** $\mathbf{Al_2(SO_4)_3 \cdot 18H_2O}$ von großem Interesse. Die technische Darstellung erfolgt durch Auflösen von reinem Aluminiumhydroxid in konzentrierter, auf 100 °C erwärmter *Schwefelsäure*:

$$2Al(OH)_3 + 3H_2SO_4 \rightleftarrows Al_2(SO_4)_3 + 6H_2O$$

Auch durch direktes Aufschließen von Bauxit oder Kaolin mit 70%iger Schwefelsäure bei ca. 170 °C kann Aluminiumsulfat in druckfesten Rührkesseln gewonnen werden; doch macht in diesem Falle die Entfernung des aus dem Bauxit bzw. Ton stammenden Eisens Schwierigkeiten. Die erhaltenen Schmelzen enthalten etwa 57% Aluminiumsulfat.

[141] Nicht alle Aluminate AlO_2^- haben Spinellstruktur. Z. B. kommt γ-$LiAlO_2$ eine β-BeO-Struktur zu (≈ hexagonaldichteste O^{2-}-Packung, Li^+ und Al^{3+} in tetraedrischen Lücken; vgl. Wurtzit-Struktur).

Eigenschaften. In *wasserfreiem* Zustande stellt Aluminiumsulfat $Al_2(SO_4)_3$ ein *weißes* Pulver dar. *Wasserhaltig* bildet es *farblose* nadelige, säuerlich schmeckende Kristalle, welche $Al(H_2O)_6^{3+}$-Kationen, SO_4^{2-}-Anionen und Hydratwasser enthalten. Verwendung. Der größte Teil des Aluminiumsulfats (Weltjahresproduktion: Megatonnenmaßstab) geht in die *Papier-* und *Zellstoffindustrie* (Papierleimung; pH-Einstellung) oder wird zur Wasserreinigung (*Flockungsmittel*) genutzt. Weiterhin dient es zum *Gerben* von Häuten sowie als *Beize* in der Zeugfärberei und wird zur *Herstellung anderer Aluminiumsalze* genutzt (Umsetzung mit Pb^{2+}-, Ba^{2+}-, Ca^{2+}-Salzen, die unter Ausscheidung unlöslicher Sulfate MSO_4 abreagieren). Zum Beispiel erhält man Aluminiumacetat $Al(CH_3CO_2)_3$ („*essigsaure Tonerde*"), das 3%ig als mildes Adstringens bei der Wundbehandlung Verwendung findet, durch Umsetzen von Aluminiumsulfat mit Barium- oder Bleiacetat.

Mit Kaliumsulfat vereinigt sich Aluminiumsulfat zu einem Doppelsalz $KAl(SO_4)_2 \cdot 12H_2O$, das man zu den **Alaunen** zählt[142], worunter man allgemein Verbindungen des Typus $M^IM^{III}(SO_4)_2 \cdot 12H_2O$ versteht (z.B. M^I = Na, K, Rb, Cs, NH_4, Tl; das Li^+ ist zu klein, um ohne Stabilitätsverlust in die Alaunstruktur eingebaut werden zu können; M^{III} = Al, Ge, In, Sc, Ti, V, Cr, Mn, Fe, Co, Rh, Ir)[143]. Sie kristallisieren alle in Oktaedern und Würfeln, welche zu beträchtlicher Größe anwachsen können. Von den 12 Molekülen Kristallwasser umgeben 6 in lockerer Bindung das einwertige, die restlichen 6 in festerer Bindung das dreiwertige Metallatom: $[M(H_2O)_6]^+[M(H_2O)_6]^{3+}(SO_4^{2-})_2$.

Der wichtigste Alaun ist der „*Kaliumalaun*" $KAl(SO_4)_2 \cdot 12H_2O$. Er wurde früher aus *Alaunschiefer*, einem bitumen- und schwefelkieshaltigen Tonschiefer, oder aus *Alaunstein* („*Alunit*") $KAl(SO_4)_2 \cdot Al(OH)_3$ gewonnen. Heute geht man zu seiner Darstellung von *Bauxiten* oder *Tonen* aus, welche mit 70%iger H_2SO_4 aufgeschlossen werden. Aus der Lösung kristallisiert nach Zusatz von K_2SO_4 beim Erkalten $KAl(SO_4)_2 \cdot 12H_2O$ aus. Er wird in der Technik für die gleichen Zwecke wie das – heute bevorzugte – Aluminiumsulfat verwendet. Da er eiweißfällend (blutstillend) wirkt, nutzt man ihn auch als Rasierstein. Im Altertum diente er wegen seiner austrocknenden, fäulnishemmenden, adstringierenden Wirkung zur Mumifizierung menschlicher und tierischer Leichen.

Einen Grenzfall der Aluminiumsalze bildet **Aluminiumphosphat $AlPO_4$** („*Berlinit*"; $\Delta H_f = -1735$ kJ/mol), das wie *Borphosphat* BPO_4 (S. 1040) und *Aluminiumarsenat* $AlAsO_4$ isoelektronisch mit Siliciumdioxid SiO_2 (SiOSi ersetzt durch AlOP) ist und wie letzteres in einer Quarz-, Cristobalit- und Tridymitmodifikation (jeweils Tief- sowie -Hochtemperaturform) existiert. Ein durch Kupferoxid und etwas Eisenphosphat *blaugrün* gefärbtes *basisches Aluminiumphosphat* $AlPO_4 \cdot Al(OH)_3$ kommt in der Natur als „*Türkis*" („*Kallait*")[144] vor.

Auch **Aluminiumsilicate** wie $\mathbf{Al_2SiO_5}$ (in der Natur als „*Sillimanit*", „*Andalusit*", „*Kyanit*") oder $\mathbf{Al_{4+2x}Si_{2-2x}O_{10-x}}$ („*Mullit*") stellen Grenzfälle der Aluminiumsalze dar. Im *Sillimanit* liegen *Alumosilicatbänder* vor $[AlSiO_5]^{3-}$, die sich von der $Si_2O_5^{2-}$-Bandstruktur (S. 932) dadurch ableiten, daß jedes übernächste Si^{4+}- durch ein Al^{3+}-Ion ersetzt ist. Die Bänder werden durch Al^{3+}-Ionen, die oktaedrisch von Sauerstoff umgeben sind, zusammengehalten, so daß es sich also bei Sillimanit im Sinne von Al-$[AlSiO_5]$ um ein „*Aluminium-alumosilicat*" mit AlO_6- und AlO_4-Einheiten handelt (vgl. Anm.[127]). *Mullit* besitzt eine fehlgeordnete Sillimanit-Defektstruktur mit zusätzlichen Al^{3+}-Ionen anstelle von Si^{4+}-Ionen, in der 19% der Brücken-Sauerstoffatome zwischen AlO_4- und SiO_4-Tetraedern fehlen. Dem *Kyanit* liegt eine kubisch-dichteste O^{2-}-Packung zugrunde mit sämtlichen Al^{3+}-Ionen in oktaedrischen, sämtlichen Si^{4+}-Ionen in tetraedrischen Lücken. Die AlO_6-Oktaeder dieses „*Aluminiumsilicats*" sind über gemeinsame Kanten zu Zickzack-Ketten, die SiO_4-Tetraeder über gemeinsame Ecken zu Si_2O_5-Bändern verknüpft. Im *Andalusit* weisen die Al^{3+}-Ionen zur Hälfte sechsfache, zur Hälfte fünffache, die Si^{4+}-Ionen vierfache O^{2-}-Koordination auf.

Verwendung. Der farblose, weiße, gelbe, braune, grünliche oder bläuliche strahlige, leicht spaltbare, in Säure unlösliche *Sillimanit* (nach dem Mineralogen Silliman benannt), *Kyanit* (von griech. kyanos = stahlblau) bzw. *Andalusit* (nach dem Fundort in Andalusien benannt) dient als Rohstoff für Feuerfestmaterialien (Zerfall beim Brennen um 1550 °C in Mullit und Cristobalit) oder zu Schmuckzwecken. Der faserige, nadelige oder stengelige, farblose, weiße, gelbe, rosa bis lilafarbene *Mullit* (Smp. > 1800 °C) ist

---

142 In wässeriger Lösung zeigen Alaune $M^IM^{III}(SO_4)_2 \cdot 12H_2O = M_2^ISO_4 \cdot M_2^{II}(SO_4)_3 \cdot 24H_2O$ alle physikalischen und chemischen Reaktionen (Farbe, Löslichkeit, elektrische Leitfähigkeit usw.), welche die Komponenten $M_2^ISO_4$ und $M_2^{III}(SO_4)_3$ getrennt zeigen. Salze dieser Art, die im kristallisierten Zustande eine eigene Kristallstruktur ausbilden und somit einheitliche Verbindungen darstellen, nennt man **Doppelsalze** (S. 128) und unterscheidet sie von **Komplexsalzen** (S. 156) wie $KF \cdot BF_3$ (S. 1031), $2KF \cdot SiF_4$ (S. 907), $3NaF \cdot AlF_3$ (S. 1074), bei denen aus zwei Komponenten auch in wässeriger Lösung Salze von ganz *neuen* physikalischen und chemischen Eigenschaften entstehen, weil die beiden Komponenten zu neuen Ionen („*Komplex-Ionen*", symbolisiert durch eckige Klammern: $K[BF_4]$, $K_2[SiF_6]$, $Na_3[AlF_6]$) zusammentreten. Zwischen Doppel- und Komplexsalzen bestehen *Übergänge* derart, daß zwar im Gitter komplexe Ionen vorhanden sind, diese aber in wässeriger Lösung *teilweise* in die Komponenten dissoziieren.

143 Die Al-haltigen Alaune nennt man in Analogie zu Bezeichnungen wie Chromalaune, Vanadiumalaune, Eisenalaune auch Aluminiumalaune, was natürlich ein Pleonasmus ist, da das Wort *Alaun* (lat. alumen) schon das Aluminium beinhaltet.

144 Türkis = türkischer Stein; kallainos (griech.) = blaugrün schillernd.

wegen seiner feinfilzigen Kristallaggregation die stabilitätsliefernde Komponente von Porzellan (s. dort), keramischen Werkstoffen, Feuerfestmaterialien (Mullitsteine, Schamottesteine) und Glaskeramiken. Er dient wegen seiner geringen Wärmeausdehnung auch als Trägermaterial für Autoabgaskatalysatoren. Frisch gefällte, oberflächenreiche *Kondensate* von $Al(OH)_3$ und $Si(OH)_4$ werden als Füllstoffe, Verdichtungsmittel in der Lack-, Farben-, Gummi-, Kunststoff-, Papier-, Kosmetikindustrie, nachbehandelte Aluminiumsilicate als Pigmente, Katalysatoren, Fasern, Isoliermaterialien eingesetzt. Bezüglich der Verwendung von Alumosilicaten (Zeolithe, Ultramarine, Feldspäte, Phyllosilicate, Inosilicate) vgl. Kapitel über Silicate.

2.5 Sonstige binäre Aluminiumverbindungen

Chalkogenverbindungen. Mit den Chalkogenen Y = S, Se,Te bildet Aluminium wie mit Sauerstoff Verbindungen der Zusammensetzung $\mathbf{Al_2Y_3}$: *Farbloses „Aluminiumsulfid"* Al_2S_3 (Smp. 1100 °C; $\Delta H_f = -724$ kJ/mol), *graues „Aluminiumselenid"* Al_2Se_3 (Smp. 980 °C; $\Delta H_f = 565$ kJ/mol) und *dunkelgraues „Aluminiumtellurid"* Al_2Te_3 (Smp. 895 °C; $\Delta H_f = 327$ kJ/mol)[145]. Die hydrolyseempfindlichen Substanzen entstehen aus den Elementen bei 1000 °C[146]. *Strukturell* unterscheiden sie sich von α-Al_2O_3 dadurch, daß die kleinen Al-Ionen nicht 2/3 der größeren oktaedrischen, sondern 1/3 der kleineren tetraedrischen Lücken hexagonal-dichtester S-, Se- bzw. Te-Ionenpackungen geordnet (α-*Form*) oder ungeordnet (β-*Form*) besetzen („defekte Wurtzit-Struktur"; von Al_2S_3 existiert auch eine γ-*Form mit* γ-Al_2O_3-Struktur). Aus Aluminium und Tellur kann darüber hinaus bei ca. 950 °C ein sauerstoff- und hydrolyseempfindliches rubinrotes *„Subtellurid"* Al_7Te_{10} gewonnen werden, das neben dreiwertigem auch zweiwertiges Aluminium in Form von Al_2-Gruppen (oktaedrisch von Te umgeben; AlAl-Abstand 2.60 Å) enthält.

Pentelverbindungen. Die Pentele Z = N, P, As, Sb bilden mit Aluminium Verbindungen der Zusammensetzung **AlZ**: *Farbloses „Aluminiumnitrid"* AlN (Smp. > 2400 °C; $\Delta H_f = -318$ kJ/mol; Wurtzit-Struktur), *gelbes „Aluminiumphosphid"* AlP (Smp. 2000 °C; $\Delta H_f = -167$ kJ/mol; Zinkblende-Struktur), *orangefarbenes „Aluminiumarsenid"* AlAs (Smp. 1740 °C; $\Delta H_f = -147$ kJ/mol; Zinkblende-Struktur), *dunkelgraues „Aluminiumantimonid"* AlSb (Smp. 1080 °C; $\Delta H_f = -105$ kJ/mol; Zinkblende-Struktur). Die aus den Elementen bei hohen Temperaturen zugänglichen, harten, hydrolyseempfindlichen Pentelide besitzen gleich dem strukturell verwandten, isovalenzelektronischen Silicium bzw. Germanium Halbleitereigenschaften (Näheres S. 1312). AlN diente eine Zeitlang gemäß $2AlN + 3H_2O \rightarrow Al_2O_3 + 2NH_3$ zur Ammoniakgewinnung (*„Serpekverfahren"*), wobei es nach $Al_2O_3 + N_2 + 3C \rightarrow 2AlN + 3CO$ immer wieder regeneriert wurde (Gesamtreaktion: $N_2 + 3H_2O + 3C \rightarrow 2NH_3 + 3CO$). Heute nutzt man *„AlN-Keramik"* (hohe Wärmeleitfähigkeit und Festigkeit; geringe Wärmeausdehnung; kleine Dielektrizitätskonstante; elektrischer Isolator) in der Elektrik-Industrie. Von AlP und AlAs leiten sich die Verbindungen Cs_3AlP_2 und Cs_3AlAs_2 ab (gewinnbar aus Cs, Cs_2Z_3 und Z). Sie enthalten keine linearen Anionen $Z{=}Al{=}Z^{3-}$ (vgl. $Z{=}B{=}Z^{3-}$ der Verbindung $M^I_3BZ_2$, S. 1044, 1053), sondern planare Anionen $Z{=}Al(\mu\text{-}Z)_2Al{=}Z$, die [2 + 2]- Cycloaddukte ersterer Ionen darstellen (zwei trigonal-planare AlZ_3-Einheiten über Kanten verbrückt). Bezüglich weiterer Pentelverbindungen des Aluminiums s. unten.

Aluminiumcarbid $\mathbf{Al_4C_3}$. Das gemäß $2Al_2O_3 + 9C \rightarrow Al_4C_3 + 6CO$ bei 2000 °C darstellbare, aus Al^{3+} und C^{4-}-Ionen aufgebaute *„Aluminiumcarbid"* Al_4C_3 (*farblose* Kristalle, Smp. 2200 °C, $\Delta H_f = -209$ kJ/mol) ist neben dem Berylliumcarbid Be_2C das einzige Carbid, das bei der Hydrolyse Methan liefert: $Al_4C_3 + 12H_2O \rightarrow 4Al(OH)_3 + 3CH_4$ (vgl. S. 851).

Aluminiumboride $\mathbf{AlB_n}$ (n = 2, 4, 10, 12). Bezüglich der Strukturen der aus den Elementen zugänglichen *„Aluminiumboride"* vgl. S. 1059.

---

[145] Man kennt auch hydrolyseempfindliche *Sulfidhalogenide* AlSX, *Selenidhalogenide* AlSeX und *Telluridhalogenide* AlTeX (X = Cl, Br, I).

[146] Aluminiumdampf reagiert bei hohen Temperaturen mit Schwefel, Selen oder Tellur (Y) zu Al_2Y, AlY und $(AlY)_2$ (unter Normalbedingungen instabil: vgl. Anm.[126]).

2.6 Organische Aluminiumverbindungen[147)]

Aluminiumtriorganyle und ihre Derivate[148)]

Darstellung. Man gewinnt die in Technik und Laboratorium wichtigen *aluminiumorganischen Verbindungen* analog den siliciumorganischen Verbindungen (S. 898) nach drei Methoden: *oxidative Addition* von Organylhalogeniden an Aluminium („*Direktverfahren*"), *nucleophile Substitution* von aluminiumgebundenem Halogenid durch Organylanionen („*Metathese*"), *Insertion* von Alkenen in AlH-Bindungen von Organylalanen („*Hydroaluminierung*"):

$$2\,Al \xrightarrow[\textit{Direktverf.}]{+3\,RX} RAlX_2/R_2AlX;\quad {>}Al{-}X \xrightarrow[\textit{Metathese}]{+R^-;\,-X^-} {>}Al{-}R;\quad {>}Al{-}H \xrightarrow[\textit{Hydroalum.}]{+{>}C{=}C{<}} {>}Al{-}\overset{|}{C}{-}CH{<}.$$

Während die Metathesereaktion hauptsächlich zur Synthese organischer Aluminiumverbindungen im *Laboratorium* genutzt wird, erfolgt die *technische Erzeugung* der **Aluminiumtriorganyle AlR_3** vorwiegend durch das Direktverfahren (i) bzw. die Hydroaluminierung (ii):

(i) Zur Überführung des nach dem *Direktverfahren* aus aktiviertem (oxidfilmfreiem) *Aluminium* gewonnenen Gemischs $RAlCl_2/R_2AlCl$ in Aluminiumtriorganyle destilliert man R_2AlCl nach Zugabe von NaCl ab ($RAlCl_2$ bleibt als nichtflüchtiges $Na[RAlCl_3]$ zurück) und setzt es mit *Natrium* zu Aluminiumtrialkyl um: $3\,R_2AlCl + 3\,Na \rightarrow 2\,AlR_3 + Al + 3\,NaCl$ (R = Me, Et). Somit erhält man Aluminiumtriorganyle nach diesem „*Prozeß der Firma Hüls*" summarisch gemäß:

$$Al + 3\,RCl + 3\,Na \rightarrow AlR_3 + 3\,NaCl.$$

(ii) Das zur *Hydroaluminierung* benötigte R_2AlH gewinnt man technisch aus *Aluminium* (aktiviert durch Zulegieren von 0.01 – 2% Ti), *Wasserstoff* und *Aluminiumtriorganylen* bei 80–160 °C sowie 100–200 bar und setzt es anschließend bei 80–110 °C sowie 1–10 bar mit Alkenen zu AlR_3 um, z.B.: $Al + \frac{3}{2}H_2 + 2\,AlEt_3 \rightarrow 3\,Et_2AlH$; $3\,Et_2AlH + 3\,CH_2{=}CH_2 \rightarrow 3\,AlEt_3$ (Vermehrung des eingesetzten Triorganyls um 50%). Somit erhält man nach diesem „*Ziegler-Prozeß*" summarisch gemäß

$$Al + \tfrac{3}{2}H_2 + 3\,\text{Alken} \rightarrow AlR_3$$

AlR_3 (Alken z.B. gleich Ethen $CH_2{=}CH_2$, Propen $MeCH{=}CH_2$, i-Buten $Me_2C{=}CH_2$). Zu Reaktionsbeginn muß hierbei nur eine kleine Menge des zu synthetisierenden Aluminiumtriorganyls vorhanden sein.

Aus der Reihe der *Derivate* R_nAlX_{3-n} (X = H, Hal, OR, NR_2 usw.) der Aluminiumtriorganyle AlR_3 gewinnt man die **Hydride R_nAlH_{3-n}** ebenfalls nach dem *Ziegler-Prozeß* (s.o.; Umsetzung von Aluminium mit Alkenen im Molverhältnis 1 : 2), die **Halogenide R_nAlHal_{3-n}** durch *Direktsynthese* (s.o.). Die *Hydride* bilden sich auch aus AlR_3 durch *Dehydroaluminierung* (s.u.), die *Halogenide* sowie zudem die **Alkoxide $R_nAl(OR)_{3-n}$**, die **Amide $R_nAl(NR_n)_{3-n}$** und andere Derivate aus AlR_3 durch *Protolyse*: $AlR_3 + HX \rightarrow R_2AlX + RH$ (s.u.).

---

147 **Literatur.** K. Ziegler: „*A Forty Years' Stroll through the Realms of Organometallic Chemistry*", Adv. Organomet. Chem. **6** (1968) 1–17; R. Köster, P. Binger: „*Organoaluminium Compounds*", Adv. Inorg. Radiochem. **7** (1965) 263–348; H. Lehmkuhl: „*Zur Komplexchemie aluminiumorganischer Verbindungen*", Angew. Chem. **75** (1963) 1090–1097; Int. Ed. **3** (1963); J.P. Oliver: „*Structures of Main Group Organometallic Compounds Containing Electron Deficient Bridge Bonds*", Adv. Organomet. Chem. **15** (1977) 235–271: J.J. Eisch: „*Aluminium*", Comprehensive Organomet. Chem. **1** (1982) 555–682; Ullmann: „*Aluminium Compounds, Organic*" **A 1** (1985) 543–556; Houben-Weyl: „*Organoaluminiumverbindungen*", **13/4** (1970); M. Cesari, S. Cucinella: „*Aluminium-Nitrogen Rings and Cages*", in I. Haiduc, D.B. Sowerby: „The Chemistry of Inorganic Homo- and Heterocycles", Acad. Press, London 1987, S. 167–190; J.R. Zietz, jr., G.C. Robinson, K.L. Lindsay: „*Compounds of Aluminium in Organic Synthesis*", Comprehensive Organomet. Chem. **7** (1982) 365–464; W. Uhl: „*Elementorganische Verbindungen mit Al-Al-, Ga-Ga- und In-In-Bindungen*" Angew. Chem. **105** (1993) 1449–1461; Int. Ed. **32** (1993) 1386.

148 **Geschichtliches.** Jahrzehnte vor der Entdeckung organischer Magnesiumverbindungen (P. Barbier, V. Grignard; 1899) und organischer Lithiumverbindungen (W. Schlenk; 1917) gelang die Erzeugung *organischer Aluminiumverbindungen* durch W. Hallwachs und A. Schafarite im Jahre 1859 ($2\,Al + 3\,EtI \rightarrow Et_3Al_2I_3$) sowie die Synthese von *Aluminiumtriorganylen* durch B.G. Buckton und W. Odling im Jahre 1865 ($2\,Al + 3\,HgR_2 \rightarrow 2\,AlR_3 + 3\,Hg$). Trotzdem erkannte man deren Bedeutung erst relativ spät (ab 1950) – nach erfolgtem Ausbau der Chemie der Magnesium- und Lithiumorganyle – mit dem Studium *reiner* (*etherfreier*) Aluminiumorganyle R_nAlH_{3-n} und der Entdeckung ihrer hohen *Hydro-*, *Dehydro-* und *Carbaluminierungstendenz* sowie ihrer *katalytischen Wirkung bei Olefinpolymerisationen* (K. Ziegler; Nobelpreis – zusammen mit G. Natta – im Jahre 1963). Es war zuvor übersehen worden, daß die Reaktivität der Aluminiumorganyle – anders als die der Magnesium- und Lithiumorganyle – im Medium Ether nicht zu-, sondern abnimmt.

Physikalische Eigenschaften. *Aluminiumtriorganyle* AlR_3 stellen *farblose*, flüchtige Flüssigkeiten oder niedrigschmelzende Feststoffe dar (Tab. 88). Entsprechendes gilt für viele ihrer Derivate (Tab. 88).

Tab. 88 Kenndaten einiger organischer Aluminiumverbindungen R_nAlX_{3-n} (X = R, H, Hal, OR NR_2)

$(AlR_3)_n$	Smp. [°C]	Sdp. [°C][a]	d[g/cm³]	n[b]	$(AlR_3)_n$	Smp. [°C]	Sdp. [°C][a]	d[g/cm³]	n[b]
$AlMe_3$	15	127	0.743	2	Me_2AlCl	−45	126	0.996	2
$AlEt_3$	−58	194	0.835	2[c]	$MeAlCl_2$	72.7	97		2
Al^iBu_3	−6	38 (0.6)	0.781	1[c]	Et_2AlOMe		74 (4)	0.909	3
$AlPh_3$	237			1–2	Et_2AlOEt	4.5	109 (10)	0.850	2
$AlCp_3$	60			2	Et_2AlNH_2	−57			3
AlH^iBu_2	−80	114 (1)	0.789	3[d]	Et_2AlNMe_2	6	66 (0.2)		2

a) In Klammern Druck in mbar. **b)** Assoziationsgrad in Kohlenwasserstoffen. **c)** In Gasphase monomer. **d)** In Gasphase dimer.

Strukturen. *Aluminiumtriorganyle* AlR_3 tendieren – anders als Bor-, Gallium-, Indium- und Thalliumtriorganyle – zur *Dimerisierung* über zwei AlRAl-Brückenbindungen, falls R nicht allzu sperrig ist. So liegt etwa $AlMe_3$ in fester und in gelöster Phase (Kohlenwasserstoffe) dimer vor und dissoziiert erst in der Gasphase bei höheren Temperaturen:

$$82.9\,\text{kJ} + (AlMe_3)_2 \rightleftarrows 2\,AlMe_3$$

$AlPh_3$ ist im Festzustand dimer, in Lösung dimer und monomer, im Gaszustand monomer, Al^iBu_3 im Festzustand dimer, in Lösung und der Gasphase monomer (vgl. Tab. 88). In analoger Weise bilden *Derivate* R_2AlX und $RAlX_2$ der Aluminiumtriorganyle mit X = H, Hal, OR, NR_2 dimere oder auch *trimere* Moleküle (AlXAl-Brücken; vgl. (g), (h) sowie Tab. 88). Die *Brückenbildungstendenz* sinkt hierbei für X in der Reihe $NR_2 > RO > Cl > Br > RC{\equiv}C > Ph > Me > Et > {}^iBu > {}^iPr > {}^tBu$. Der *AlXAl-Bindungsmechanismus* läßt sich vereinfachend so beschreiben, daß sp^3-Hybridorbitale der an der Brücke beteiligten Al-Atome (jedes Al steuert ein sp^3-Orbital bei) mit einem oder zwei Orbitalen des Brückenliganden wechselwirken (Drei- oder Zweizentren-Zweielektronen-Bindungen). Die Brückenmethylgruppe in $(AlMe_3)_2$ (a) betätigt etwa ein sp^3-Hybridorbital (b), der Brückenwasserstoff in $(R_2AlH)_3$ ein s-Orbital, die Brückenphenylgruppe in $(AlPh_3)_2$ (c; Ph-Ebene senkrecht zur AlAl-Achse) zwei σ-Molekülorbitale (Analoges gilt für X = Hal, OR, NR_2), die Brückenalkinylgruppe in $(R_2AlC{\equiv}CR)_2$ (d) ein sp-Hybrid- und ein π-Molekülorbital.

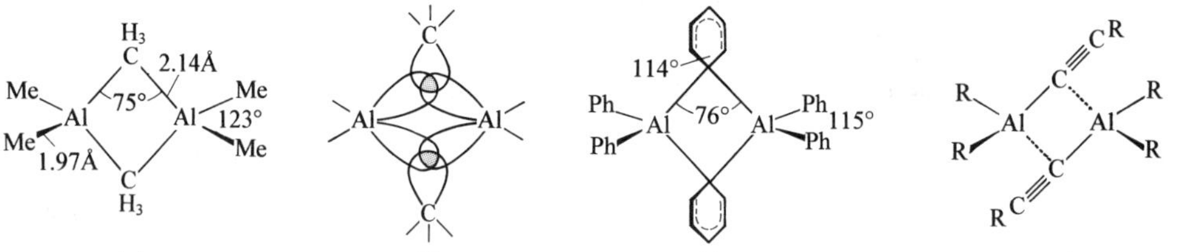

(a) (b) (c) (d)

Chemische Eigenschaften. Die *Aluminiumorganyle* R_nAlH_{3-n} sind hochreaktiv. Sie *entflammen* an der *Luft* spontan, *reagieren* mit *Wasser* heftig bis explosiv und *attackieren* Lösungsmittel mit Ausnahme von gesättigten und aromatischen Kohlenwasserstoffen. Deutlich weniger reaktiv verhalten sich die *Derivate* R_nAlX_{3-n} (X = Hal, OR, NR_2 usw.). Nachfolgend sei auf einige *Reaktionen* der Aluminiumorganyle näher eingegangen:

Dehydro-, Hydro-, Carbaaluminierung. Aluminiumtriorganyle unterliegen vergleichsweise leicht (bei 80–120 °C) einer „*Dehydroaluminierung*“ (alR = $\frac{1}{3}AlR_3$):

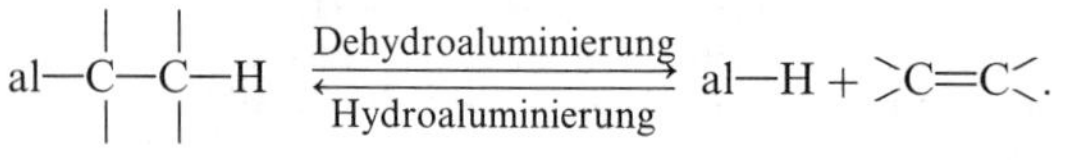

$$\text{al—}\overset{|}{\underset{|}{C}}\text{—}\overset{|}{\underset{|}{C}}\text{—H} \underset{\text{Hydroaluminierung}}{\overset{\text{Dehydroaluminierung}}{\rightleftarrows}} \text{al—H} + {>}C{=}C{<}.$$

Da Alkene in der Reihe $CH_2{=}CR_2 < CH_2{=}CHR < CH_2{=}CH_2$ zunehmend schwerer durch Dehydroaluminierung freigesetzt und zunehmend leichter durch *Hydroaluminierung* aufgenommen werden, lassen sich ^{i}Bu-Gruppen in $Al^{i}Bu_3$ auf dem Wege einer Dehydro- und Hydroaluminierung leicht durch andere Organylgruppen austauschen („*Alkenverdrängung*"; z. B. $Al^{i}Bu_3 + 3CH_2{=}CH_2 \rightarrow AlEt_3 + 3CH_2{=}CMe_2$).

Eine weitere charakteristische Reaktion der Aluminiumtriorganyle stellt die Einschiebung von Alkenen in AlC-Bindungen dar („*Carbaluminierung*", „*Aufbaureaktion*" von K. Ziegler)[148]. Durch sukzessive Insertion von Ethylen lassen sich etwa gemäß

$$\text{al—Et} + n\,CH_2{=}CH_2 \xrightarrow[\text{(Aufbaureaktion)}]{\text{Carbaluminierung}} \text{al—}(CH_2CH_2)_n\text{—Et}$$

($alR = \frac{1}{3}AlR_3$) bei 110 °C und 100 bar aluminiumgebundene Organylgruppen mit bis zu 200 C-Atomen synthetisieren und durch *Verdrängung* mit *Ethylen* bei 200–300 °C in langkettige 1-Alkene $CH_2{=}CH{-}(CH_2CH_2)_{n-1}Et$ oder durch Reaktion mit *Sauerstoff* und *Wasser* auf dem Wege über Alkoholate $al{-}O{-}(CH_2CH_2)_nEt$ in unverzweigte Alkohole $HO{-}(CH_2CH_2)_nEt$ verwandeln (technisch wichtige Vorstufen für biologisch abbaubare Tenside $HO_3S{-}O{-}(CH_2CH_2)_nEt$)[149]. Man nimmt an, daß die Carbaluminierung über Ethylen-π-Addukte der Aluminiumtriorganyle (e) verläuft, die sich in die Produkte (f) umlagern (man beobachtet stereospezifische cis-Addition und regiospezifische Addition von Al an die weniger substituierten ungesättigten C-Atome). Für die Existenz derartiger Addukte spricht eine aus AlCl und $MeC{\equiv}CMe$ hervorgehende Verbindung $[Al(MeC{=}CMe)]_4$ mit π-gebundenem Alken (vgl. Formel (c) auf S. 1076).

$$\text{al—Et} \underset{}{\overset{+C_2H_4}{\rightleftarrows}} \underset{\text{(e)}}{\begin{array}{c} CH_2{=}CH_2 \\ \downarrow \\ \text{al—Et} \end{array}} \rightleftarrows \underset{\text{(f)}}{\begin{array}{cc} CH_2 & \!\!—CH_2 \\ | & | \\ \text{al} & \text{Et} \end{array}}$$

Kleine Mengen Aluminiumtriethyl ermöglichen in Gegenwart geeigneter Übergangsmetallverbindungen wie $TiCl_4$, („*Ziegler-Natta-Katalysatoren*"; vgl. S. 1409) auch eine weitergehende *Polymerisation von Olefinen* wie Ethen, Propen in Lösung bei niedrigen Temperaturen und Drücken („*Ziegler-Natta-Niederdruckverfahren*")[148].

Addition von Elektronendonatoren. Ähnlich wie der Aluminiumwasserstoff addieren auch Aluminiumtriorganyle *Elektronendonatoren D* zu tetraedrisch gebauten Addukten $AlR_3 \cdot D$, die in der Reihenfolge $D = Me_2Te < Me_2Se < Me_2S < Me_2O < AsMe_3 < PMe_3 < NMe_3 < R^-$ zunehmend stabiler werden. So bilden sich mit Organylanionen R^- *Tetraorganylalanate*, die in Kohlenwasserstoffen löslich sind: $LiR + AlR_3 \rightarrow LiAlR_4$[150]. An *Fluorid* F^- kann sich AlR_3 sogar zweimal unter Bildung von Komplexen $R_3Al{-}F{-}AlR_3^-$ mit linearer AlFAl-Brücke (isoelektronisch mit SiOSi) anlagern.

Im Falle *protonenaktiver Donoren* D = XH schließt sich der Adduktbildung – gegebenenfalls bei erhöhter Temperatur – eine Eliminierung von Kohlenwasserstoffen an, wodurch *Substitutionsprodukte* der Aluminiumtriorganyle entstehen[151]:

$$R_3Al + {:}XH \rightleftarrows R_3Al{\leftarrow}XH \rightarrow R_2Al{-}X + RH$$

(die Substitution der zweiten aluminiumgebundenen Organylgruppe erfolgt schwerer). Beispielsweise entstehen mit *Halogenwasserstoff* HHal dimere *Halogenide* R_2AlHal (g), mit dem *Pseudohalogenwasserstoff* HCN das tetramere Cyanid R_2AlCN (i; enthält lineare AlCNAl-Anordnungen), mit *Alkoholen* ROH dimere oder trimere *Alkoholate* R_2AlOR (g, h), mit *Aminen* R_2NH dimere oder trimere *Amide* R_2AlNR_2 (g, h). Setzt man Amine RNH_2 mit AlR_3 um, so können zwei Moleküle Kohlenwasserstoff unter Bildung von *Imiden* abgespalten werden, deren Oligomerisationsgrad (drei, vier, sechs, sieben, acht) von der Sperrigkeit der aluminium- und stickstoffgebundenen Reste R abhängt. Von besonderem Interesse ist hierbei das *Alazin-Derivat* („Alazol-Derivat") der Konstitution (k), das einen *planaren* sechsgliedrigen AlN-Ring enthält (alle AlN-Abstände gleich lang; vgl. Borazine, S. 1045), sowie die Derivate (l), denen eine Kubanstruktur zukommt, die man etwa auch bei den isoelektronischen Berylliumalkoholaten $[RBeOR]_4$ (S. 1112) oder bei Thalliumalkoholaten $[TlOR]_4$ (S. 1102), Titanalkoholaten $[Ti(OR)_4]$ (S. 1404) bzw. Platinhalogeniden $[R_3PtCl]_4$ (S. 1602) findet.

---

149 *1-Alkene* $CH_2{=}CHR$ werden – anders als $CH_2{=}CH_2$— nur einmal in die AlC-Bindung eingeschoben. Demgemäß erhält man nach $al{-}Pr + 2CH_2{=}CHMe \rightarrow CH_2{-}CHMe{-}Pr + CH_2{=}CHMe \rightarrow al{-}Pr + CH_2{=}CMe{-}Pr$ das Propendimere („*katalytische Alkendimerisierung*"; z. B. zur technischen Darstellung von Isopren $CH_2{=}CMe{-}CH{=}CH_2$ als Crackprodukt des Propen-Dimeren).

150 Man zählt Anionen wie BR_4^-, AlR_4^- LiR_2^- zu den **at-Komplexen**.

151 Sind die Donoren *ungesättigt*, so erfolgt nach Addition Organylwanderung, z. B.: $R_3Al{\leftarrow}N{\equiv}CR \rightarrow R_2Al{-}N{=}CR_2$ (vgl. hierzu Carbaluminierung).

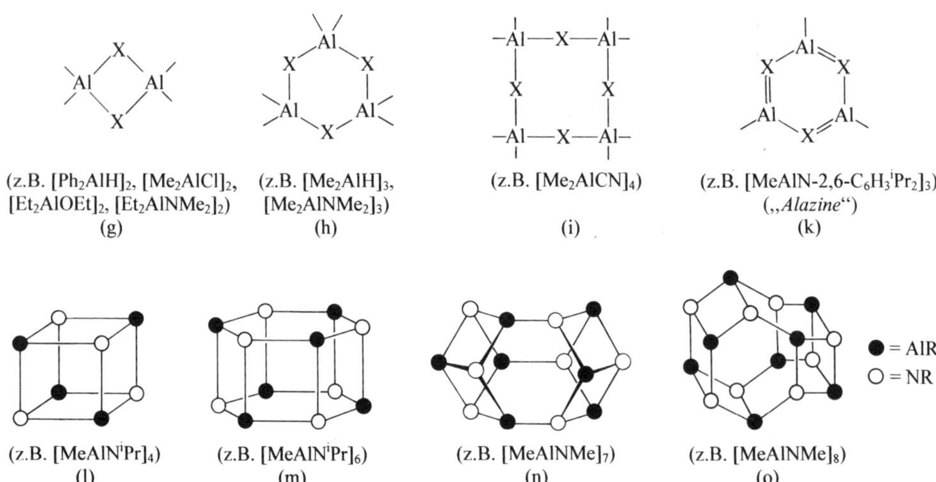

Addition von Elektronenakzeptoren. Analog dem Aluminiumwasserstoff addieren auch Aluminiumtriorganyle *Elektronenakzeptoren* A zu Addukten $AlR_3 \cdot A$ mit tetraedrischem Aluminium. Die Dimerisierung von *Aluminiumtriorganylen* beruht etwa auf einem derartigen Adduktmechanismus. Die hierbei gebildeten Verbindungen $(AlR_3)_2$ stellen allerdings keine starren, sondern nichtstarre (fluktuierende) Moleküle dar, deren exo- und brückenständige Organylgruppen durch reversible Spaltung einer oder beider Brückenbindungen intra- bzw. intermolekular rasch ausgetauscht werden:

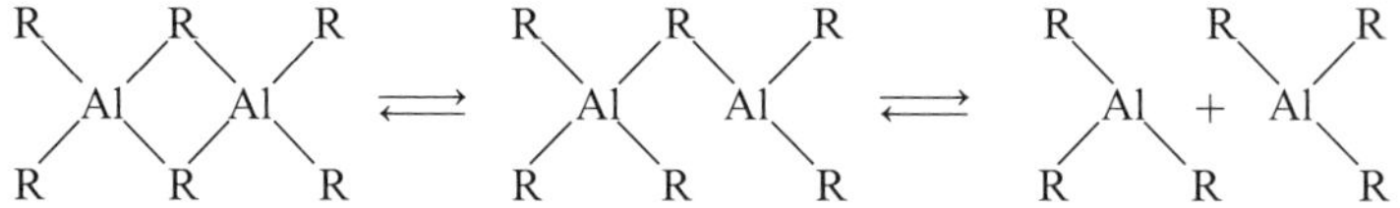

Demgemäß bildet sich beim Zusammengeben von AlR_3 und AlR'_3 augenblicklich ein Gemisch aus AlR_3, R_2AlR', $RAlR'_2$ und AlR'_3; auch lassen sich gemischte Aluminiumtriorganyle unter Normalbedingungen nicht isolieren. Mischt man Aluminiumtriorganyle mit *Metallhalogeniden* oder *-alkoxiden* MX_n wie BX_3, AlX_3, GaX_3, GeX_4, SnX_4, ZnX_2, so erhält man auf dem Wege über eine Addition der Elektronenpaarakzeptoren und einer Spaltung der gebildeten Addukte organische Verbindungen der betreffenden Metalle sowie *Substitutionsprodukte* der Aluminiumtriorganyle:

$$m AlR_3 + MX_n \rightarrow m R_2AlX + R_mMX_{n-m}$$

Verwendung. Aluminiumtriethyl (Weltjahresproduktion: Kilotonnenmaßstab) dient in Kombination mit Übergangsmetallverbindungen (z. B. $TiCl_4$) als Katalysator für die *Olefinpolymerisation* (s. o.) und als Zwischenprodukt zur Herstellung *langkettiger Alkoholate* (s. o.). Die Verbindungen Al^iBu_3 und $^iBu_2AlH$ werden als selektive *Reduktionsmittel*, Aluminiumtriorganyle AlR_3 als *Organylierungsmittel* für $SnCl_4$ (Bildung zinnorganischer Verbindungen) genutzt.

Niedrigwertige Aluminiumorganyle[147)]

Setzt man *Diorganylaluminiumhalogenide* R_2AlHal mit *Alkalimetallen* in Kohlenwasserstoffen um, so lassen sich nur bei Vorliegen *sperriger Substituenten* R wie *„Disyl"* = $CH(SiMe_3)_2$ die gemäß $2\,R_2AlHal + 2\,Na \rightarrow Al_2R_4 + 2\,NaHal$ entstehenden **dimeren Aluminiumdiorganyle** $(AlR_2)_2$ (Derivate des instabilen *„Dialans(4)"* $Al_2H_4 = H_2Al{-}AlH_2$) isolieren. Das auf diesem Wege gewinnbare *farblose*, kristalline *„Tetradisyldialuminium"* $Al_2(Disyl)_4$ (p) enthält ein planares $C_2Al{-}AlC_2$-Atomgerüst (AlAl-Abstand 2.660 Å), zersetzt sich erst oberhalb 219 °C und ist an der Luft stabil[152)], läßt sich jedoch zu einem Radikalanion $Al_2(Disyl)_4^{\cdot -}$ (AlAl-Abstand = 2.53 Å) reduzieren. Aluminiumdiorganyle $(AlR_2)_2$ (zweiwertiges Al) werden wohl auch bei Umsetzungen weniger sperriger Edukte R_2AlHal mit Alkalimetallen gebildet. Sie *disproportionieren* aber – möglicherweise über „Aluminiummonoorganyle" $(AlR)_n$ (einwertiges Al) – in nullwertiges elementares Aluminium und Aluminiumtriorganyle AlR_3 (dreiwertiges Al): $Al_2R_4 \rightarrow AlR + AlR_3$; $3\,AlR \rightarrow AlR_3 + 2\,Al$ (vgl. Darstellung von AlR_3 nach dem Hüls-Prozess). Die

---

152 Bei der Reaktion von Al^iBu_3 mit Kalium in Hexan soll ein *at-Komplex*[150)] eines Dialuminiumtetraorganyls entstehen: $2\,Al^iBu_3 + 2\,K \rightarrow K_2[^iBu_3Al{-}Al^iBu_3]$ (*brauner* Festkörper; Smp. 40 °C).

als Reaktionszwischenprodukte postulierten und eventuell auch durch Enthalogenierung von $RAlHal_2$ mit Alkalimetallen zugänglichen **oligomeren Aluminiummonoorganyle $(AlR)_n$** (Derivate der instabilen oligomeren „*Alane(1)*" $(AlH)_n$) konnten bisher nur in einem Falle nachgewiesen werden: bei der Umsetzung von $^iBu_2AlCl$ mit Kalium in Hexan entsteht das *dunkelrote*, kristalline, luftstabile, oberhalb 150 °C zerfallende Salz $K_2[Al_{12}{}^iBu_{12}]$ als Nebenprodukt. Es enthält das Anion $Al_{12}{}^iBu_{12}^{2-}$, das formal ein Reduktionsprodukt des „*Dodecaisobutyldodecaaluminiums*" $Al_{12}{}^iBu_{12}$ darstellt und ein ikosaedrisches Al_{12}-Atomgerüst (r) enthält (mittlere AlAl-Abstände 2.68 Å):

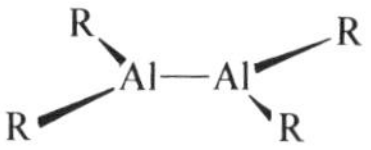

(p) ($R=CH(SiMe_3)_2$) 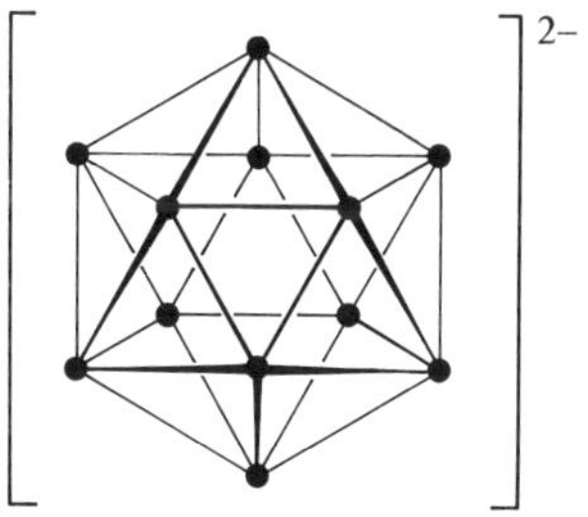 (r) (• $=Al^iBu$) (s) (• $=AlCp^*$, $AlSi^tBu_3$)

Ein Al_4-Tetraedergerüst liegt andererseits der *gelben* Verbindung $Al_4Cp_4^*$ (s) zugrunde ($Cp^* = C_5Me_5$ ist pentahapto an Al gebunden; AlAl-Abstände 2.769 Å). Sie ist durch Einwirkung von $MgCp_2^*$ auf AlCl (Lsm. Ether/Toluol) sowie von K auf Cp^*AlCl_2 (Lsm. Toluol) synthetisierbar (das aus AlCl und $MgCp_2$ in Toluol/Ether gewinnbare $(AlCp)_n$ zerfällt bereits bei − 60 °C). Ein thermostabileres Al_4-Gerüst enthält die aus AlCl und $NaSi^tBu_3$ in Toluol/Ether zugängliche *violette* Verbindung $Al_4(Si^tBu_3)_4$ (sublimierbar bei 280 °C in Hochvakuum). Bei der Umsetzung einer Lösung von AlCl in Toluol/Diethylether mit ^tBuLi ergibt sich andererseits eine *tiefrote* Lösung, die nach spektroskopischen Untersuchungen das oktaedrisch gebaute Radikalanion $Al_6{}^tBu_6^{-\bullet}$ enthält.

3 Das Gallium, Indium und Thallium[153)]

3.1 Elementares Gallium, Indium und Thallium

Gallium[153)]

Vorkommen. Gallium findet sich in der *Natur* nur in *geringen Mengen* stets vergesellschaftet mit Zink (namentlich in der *Zinkblende* mit bis zu 0.01 % Ga), Germanium (namentlich im *Germanit* mit 0.1–1 % Ga) oder Aluminium (z. B. im *Bauxit* mit 0.003–0.01 % Ga).

Man kennt zwei *natürliche* Isotope: $^{69}_{31}Ga$ (60.1 %, für *NMR-Untersuchungen*) und $^{71}_{31}Ga$ (39.9 %); für *NMR-Untersuchungen*). Das *künstliche* Nuklid $^{67}_{31}Ga$ (Elektroneneinfang: $\tau_{1/2} = 78.1$ Stunden) wird für *Tracerexperimente* und in der *Medizin* genutzt, das Nuklid $^{72}_{31}Ga$ (β^--Strahler, $\tau_{1/2} = 14.1$ Stunden) dient ebenfalls als *Tracer*. Geschichtliches. Gallium wurde 1875 von Lecoq de Boisbaudran spektralanalytisch als Bestandteil einer bei Pierrefitte aufgefundenen Zinkblende *entdeckt* (zwei neue violette Linien im Funkenspektrum) und von ihm im gleichen Jahr durch Elektrolyse des Hydroxids in alkalischer Lösung in *elementarer* Form gewonnen. Mit der Entdeckung von Gallium, das Boisbaudran zu Ehren seines Vaterlandes Frankreich (lat. Gallia) *benannte* (vgl. Anm.[199)], S. 954), konnte erstmals eine von Mendelejew im Jahre 1869 getroffene Elementvorhersage (Eka-Aluminium) bestätigt werden.

---

[153] **Literatur** (vgl. auch Anm.[107)]). Gallium. N. N. Greenwood: „*The Chemistry of Gallium*", Adv. Inorg. Radiochem. **5** (1963) 91–134; A. Sheka, I. S. Chans, T. T. Mityurev: „*Gallium*", Elsevier, Amsterdam 1966; K. Wade, A. J. Banister: „*Gallium and Indium", Comprehensive Inorg. Chem.* **1** (1973) 1065–1177; GMELIN: „*Gallium*", Syst.-Nr. **36** bisher 2 Bände; ULLMANN (5. Aufl.): „*Gallium and Gallium Compounds*", **A12** (1989) 163–167; M. J. Taylor: „*Aluminium and Gallium*", Comprehensive Coord. Chem. **3** (1987) 105–152. Indium. K. Wade, A. J. Banister: „*Gallium and Indium*", Comprehensive Inorg. Chem. **1** (1973) 1065–1117; GMELIN: ‚*Indium*" Syst.-Nr. **37**, bisher 2 Bände; ULLMANN (5. Aufl.): „*Indium and Indium Compounds", **A14*** (1989) 157–166; D. G. Tuck: „*Indium and Thallium*", Comprehensive Coord. Chem. **3** (1987) 153–182; A. J. Carty, D. G. Tuck: „*The Coordination Chemistry of Indium*", Progr. Inorg. Chem. **19** (1975) 243–337. Thallium A. G. Lee: „*The Chemistry of Thallium*", Elsevier, Amsterdam 1971; K. Wade, A. J. Banister: „*Thallium*", Comprehensive Inorg. Chem. **1** (1973) 1119–1172; GMELIN: „*Thallium*", Syst.-Nr. **38**, bisher 3 Bände; ULLMANN (5. Aufl.): „*Thallium, and Thallium Compounds*" **A26** (1994); D. G. Tuck; „*Indium and Thallium*", Comprehensive Coord. Chem. **3** (1987) 153–182; A. J. Carty, D. G. Tuck: „*The Coordination Chemistry of Indium*", Progr. Inorg. Chem. **19** (1975) 243–337.– Vgl. auch Anm. 154, 163.

Darstellung. Gallium wird *technisch* als *Nebenprodukt* der Fabrikation von Aluminium aus Bauxit gewonnen, wobei es sich in der alkalischen Lösung anreichert (bei vollständiger Ausbeutung in Mengen bis 1000 Jahrestonnen gewinnbar; tatsächliche Produktion um 50 Jahrestonnen). Die Darstellung des *reinen Elements* erfolgt zweckmäßig durch *Elektrolyse* dieser alkalischen Hydroxidlösungen. Ultrareines Ga für Halbleiter erhält man durch Zonenschmelzen.

Physikalische Eigenschaften. Gallium (orthorhombisch; für den Menschen wie Al nicht essentiell und nicht toxisch) stellt ein *silberweißes*, hartes und sprödes Element dar, das kurz oberhalb Raumtemperatur bei 29.780 °C schmilzt und bei 2403 °C siedet. Es wird trotz seiner vergleichsweise hohen *elektrischen Leitfähigkeit* ($5.77 \times 10^4\ \Omega^{-1}\ cm^{-1}$) aufgrund einer Reihe anderer Eigenschaften (z. B. Struktur, Schmelzverhalten; s. u.) zu den *Halbmetallen* gezählt. Beim Schmelzen erfolgt wie beim Silicium, Germanium, Antimon, Bismut und Wasser eine Volumenkontraktion (*d* für festes/flüssiges Ga = 5.907/6.1 g/cm³). Ga zeigt dabei große Tendenz zur Unterkühlung und kann demgemäß längere Zeit bei Raumtemperatur flüssig bleiben. Legierungen mit wenig Aluminiumgehalt sind infolge der Erniedrigung des Ga-Schmelzpunktes bei gewöhnlicher Temperatur flüssig. Die Struktur von Gallium baut sich aus gewellten, miteinander verknüpften Ga-Atomschichten auf. Jedes Ga-Atom ist mit *sechs* Ga-Atomen innerhalb der Schichten schwach (mittlerer GaGa-Abstand 2.74 Å) und mit *einem* Ga-Atom aus einer anderen Schicht stark verbunden (GaGa-Abstand 2.465 Å). Somit liegen Ga_2-Einheiten vor, wobei jedes Ga-Atom dieser Einheit an 6 Ga-Atome anderer Ga_2-Einheiten bzw. jede Ga_2-Einheit an 12 Ga-Atome anderer Ga_2-Einheiten schwach gebunden ist. Beim Schmelzen bleiben die Ga_2-Einheiten zunächst erhalten.

Chemische Eigenschaften. Gallium zeigt in seinem chemischen Verhalten große Ähnlichkeit mit dem leichteren Gruppenhomologen, dem Aluminium. So ist es wie dieses an trockener *Luft* beständig (Bildung einer schützenden Oxidhaut) und verbrennt erst in reinem Sauerstoff unter hohem Druck mit *heller Flamme* wie Al (Bildung von Ga_2O_3). Mit den *Halogenen* reagiert es demgegenüber bei Raumtemperatur oder beim Erwärmen rasch unter Bildung von Halogeniden GaX_3. Es ist wie Aluminium sowohl in *Säuren* (Bildung von Galliumsalzen Ga^{3+}) wie in *Basen* (Bildung von Gallaten $Ga(OH)_4^-$) löslich. Oxidierende Säuren wie *Salpetersäure* machen es passiv. In *Wasser* ist es wegen Bildung einer oxidierenden Schutzhaut ($L_{Ga(OH)_3} = 5 \times 10^{-37}$) nicht löslich. Legierungen des Galliums zersetzen sich mit wenig Aluminium, die flüssig sind (s. o.), mit Wasser fast so heftig wie Natrium. In der *Spannungsreihe* steht Gallium ($\varepsilon_0 = -0.529$ V) deutlich unter seinem Gruppenhomologen, dem Aluminium ($\varepsilon = -1.676$ V), und etwa in der Nähe seines linken Periodennachbarn, des Zinks ($\varepsilon_0 = -0.763$ V) (vgl. S. 312).

Verwendung. Gallium (Weltjahresproduktion: 50 Tonnenmaßstab) wird überwiegend in der *Halbleitertechnologie* genutzt. Besonders wichtig ist die mit Germanium isoelektronische zu den $A^{III}B^{V}$-Halbleitern zählende Verbindung *Galliumarsenid* GaAs (Smp. 1237 °C; wegen As-Gehalt giftig) für *Laserdioden* (GaAs vermag Elektrizität in koherentes Licht zu verwandeln), lichtemittierende Dioden (LED-Anzeigen), Transistoren und zum Dotieren anderer Halbleiter (Näheres S. 1314). Durch Mg^{2+}-Ionen aktiviertes $MgGa_2O_4$ dient als *hellgrün strahlender Leuchtstoff* (Aktivierung durch UV-Licht; vgl. Xerox-Kopierer). Die Legierung V_3Ga ist ein *Supraleiter* (Sprungtemperatur 16.8 K). Flüssiges elementares Ga (gegebenenfalls mit Spuren Al) wird als *Thermometerflüssigkeit* (Meßbereich − 15 bis 1200 °C), *Sperrflüssigkeit*, *Wärmeaustauscher* in Kernreaktoren und für *Lampenfüllungen* (anstelle von Hg; ergibt ein an blauen und roten Strahlen reiches Licht) verwendet.

Indium[153)]

Vorkommen. Indium kommt wie Gallium in der *Natur* selten – vergesellschaftet mit Zink – vor (angereichert in der *Zinkblende*).

Es besteht aus *zwei natürlichen* Isotopen: $^{113}_{49}In$ (4.3 %) und $^{115}_{49}In$ (95.7 %; radioaktiv; β^--Strahler, $\tau_{1/2} = 6 \times 10^{14}$ Jahre), die beide für *NMR-spektroskopische* Untersuchungen genutzt werden. Die *künstlichen* Nuklide $^{111}_{49}In$ (Elektroneneinfang; $\tau_{1/2} = 2.81$ Tage) und metastabiles $^{113}_{49}In$ ($\tau_{1/2} = 100$ Minuten) werden für *Tracerexperimente* und in der *Medizin* genutzt. Geschichtliches. Das Element Indium, das 1863 als Bestandteil in einer Freiberger Zinkblende spektralanalytisch von F. Reich und Th. Richter *entdeckt* und durch Reduktion des Oxids mit Holzkohle in *elementarer* Form gewonnen wurde, hat seinen *Namen* von der *indigoblauen* Linie seines Flammenspektrums.

Darstellung. Indium wird aus den Röstgasen von Pb-, Zn-, Fe- oder Cu-Sulfiden gewonnen. Die Darstellung des reinen Elements erfolgt durch Elektrolyse seiner Salze.

Eigenschaften. Indium (für den Menschen nicht essentiell, aber toxisch) ist ein *silberweißes*, bleiähnliches, weiches, beim Verbiegen wie Zinn „schreiendes" *Metall* (annähernd dichteste Kugelpackung; Smp. 156.61 °C; Sdp. 2070 °C; *d* = 7.31 g/cm³). Wie Aluminium und Gallium, verändert es sich an der *Luft* bei Raumtemperatur nicht (Bildung einer Oxidschutzschicht), während es bei hoher Temperatur mit *blauer Flamme* zum Oxid In_2O_3 verbrennt. Mit *Halogenen* setzt es sich wie Ga zu Trihalogeniden InX_3 um. Zum Unterschied von Al und Ga löst sich In nicht in siedenden *Ätzalkalien*. In der *Spannungsreihe* steht Indium ($\varepsilon_0 = -0.338$ V) unter dem Gallium ($\varepsilon_0 = -0.529$ V); es ist also edler als Ga (vgl. S. 312).

Verwendung. Indium (Weltjahresproduktion 100 Tonnenmaßstab) wird in *niedrigschmelzenden Legierungen* mit Cd, Zn, Cu, Pb, Bi (Smp. 50–100 °C) für Sicherheitsschaltungen, Thermostaten, Sprinkleranlagen, Lötmittel (z. B. beim Herstellen von Transistorverbindungen) verwendet. In der *Halbleitertechnologie* nutzt man InP, InAs und InSb ($A^{III}B^{V}$-Halbleiter) für Hoch- und Niedertemperaturtransistoren, Thermistoren, Photoleiter. In den Kernreaktoren wird Indium (hoher Neutroneneinfangquerschnitt) für *Bremsstäbe* verwendet. Durch Eindiffusion von In in manche Metalle bei 180 °C erzeugt man Metallschutzschichten, die gegen organische Säuren, Salzlösungen, Erosionen und Abrasion beständig sind („*Indium-Plattierung*").

Thallium[153)]

Vorkommen. Thallium, das weitest verteilte der Elemente Ga, In, Tl, kommt ebenfalls nur in geringen Mengen in Form der Minerale „*Lorandit*" $TlAsS_2$ (= „$Tl_2S \cdot As_2S_3$"), „*Vrbait*" $TlAs_2SbS_5$ (= „$Tl_2S \cdot 2As_2S_3 \cdot Sb_2S_3$") und „*Crookesit*" $(Cu, Tl, Ag)_2Se$ und vergesellschaftet mit Blei (z. B. im „*Bleiglanz*"), Rubidium (in Rb-haltigen *Kaliummineralien*), Zink (in „*Zinkblende*") und Eisen (in „*Pyriten*") vor.

Es existieren 2 *natürliche* Isotope: $^{203}_{81}Tl$ (29.524 %) und $^{205}_{81}Tl$ (70.476 %), die *NMR-spektroskopisch* genutzt werden. Das *künstliche* Nuklid $^{204}_{81}Tl$ (β^--Strahler; $\tau_{1/2} = 3.81$ Jahre) dient in der *Tracer*-Technik. Geschichtliches. Das von W. Crooks 1861 als Bestandteil im Bleikammerschlamm einer Schwefelsäurefabrik spektralanalytisch *entdeckte* Element hat seinen *Namen* von der *grünen* Farbe, die seine Salze der Bunsenflamme geben: thallus (griech.) = grüner Zweig. Die grüne Spektrallinie spielt bei der Giftigkeit von Tl-Verbindungen in der Gerichtsmedizin („*forensische*" Chemie) und Giftkunde („*Toxikologie*") eine Rolle. Die erstmalige *Isolierung elementaren* Thalliums gelang C.-A. Lamy 1862 durch Elektrolyse des geschmolzenen Chlorids.

Darstellung. Thallium wird aus den Röstgasen von Pb-, Fe- oder Zn-Sulfiden gewonnen. Nach Auskochen der Gase mit verdünnter Schwefelsäure läßt es sich durch Fällen als Chlorid TlCl oder Sulfid Tl_2S (gegebenenfalls nach Abtrennung von Pb^{2+} als $PbSO_4$) isolieren und kann durch *Elektrolyse* von Salzlösungen (insbesondere Tl_2SO_4) leicht in *elementarer* Form erhalten werden. Von gegebenenfalls beigemengtem Cadmium läßt sich Tl durch Herauslösen mit Quecksilber abtrennen.

Physikalische Eigenschaften. Thallium gleicht äußerlich (und zum Teil auch im chemischen Verhalten) seinem rechten Periodennachbarn, dem Blei: es ist weich und zäh, von *bläulich-weißer* Farbe, schmilzt bei 303.5 °C (Blei 327.4 °C), siedet bei 1453 °C (Blei: 1751 °C), weist eine Dichte von 11.85 g/cm³ (Blei: 11.34 g/cm³) und wie dieses eine Struktur mit dichtester Metall-Atompackung, aber vergleichsweise großen Metall-Metall-Abständen auf (Thallium: 3.40 Å, Blei 3.49 Å; gemäß der MM-Abstände betätigt Tl – als Folge relativistischer Effekte (S. 338) – nur ein Valenzelektron für Metallbindungen: Bildung von Tl^+ im Metallgitter). Physiologisches. Thallium und Thalliumverbindungen wirken wie Blei- und Bleiverbindungen (Analoges gilt für den linken Periodennachbarn Quecksilber und dessen Verbindungen) für Menschen, Tiere, Pflanzen und Mikroorganismen *stark giftig* (Gegenmittel beim Menschen u. a. Berliner-Blau) und hat teratogene (säuglingsmißbildende) Wirkung. Bereits wenig mg Tl (MAK-Wert = 0.1 mg/m³, berechnet auf Tl) rufen beim Menschen schleichende Vergiftungen hervor, die zu Haarausfall, Hautveränderungen, grauem Star, Nervenschwund, Neuralgien, Psychosen und – bei größeren Dosen – zum Tod führen. Im Organismus lagert sich Thallium in der einwertigen Form ab (Anreicherung in Haaren, Häuten) und wird über Nieren und Darm ausgeschieden (Aufenthaltshalbwertszeit ca. 14 Tage).

Chemische Eigenschaften. An feuchter *Luft* oxidiert sich Thallium schnell an der Oberfläche; bei höheren Temperaturen verbrennt es mit schöner *grüner Flamme* zum Oxid Tl_2O. Mit *Halogenen* verbindet es sich bei Raumtemperatur, mit *Schwefel, Selen* und *Tellur* erst beim Erwärmen. Von luftfreiem *Wasser* wird Thallium nicht, von lufthaltigem langsam und von *Alkoholen* rasch angegriffen (Bildung von TlOH bzw. TlOR). In *Salpetersäure* löst es sich ziemlich leicht, in *Salzsäure* wegen der Schwerlöslichkeit des Chlorids TlCl nur langsam. In *Alkalilaugen* ist es unlöslich. In der *Spannungsreihe* steht Thallium ($\varepsilon_0 = -0.336$ V für Tl/Tl^+) nahe bei Indium ($\varepsilon_0 = -0.338$ V für In/In^{3+}); es ist also vergleichbar edel wie In (vgl. S. 312).

Verwendung. Thallium (Weltjahresproduktion: 5 Tonnenmaßstab) besitzt nur geringe technische Bedeutung. Es kann zur Erzeugung von monochromatischem grünen Licht sowie als flüssiges „Amalgam" für *Kältethermometer* (Meßbereich bis − 60 °C) und Schalter bei arktischen Temperaturen genutzt werden. TlCl und TlBr dienen als *optische Fenster* in der IR-Technik, da die Halogenide auch für langwelliges

IR-Licht durchlässig sind. Teiloxidiertes Tl_2S („*Thallofid*") kann statt Se in *Photozellen* eingesetzt werden. Die Verwendung von Tl-Verbindungen als Haarausfallmittel ist wegen der Giftigkeit von Tl aufgegeben worden. Tl_2SO_4 findet in einigen Ländern als Ratten- und Mäusegift („*Zelig*") sowie als Schädlingsbekämpfungsmittel („*Rhodentizide*"; zur Erkennung blau gefärbt) Anwendung.

Gallium, Indium und Thallium in Verbindungen

Alle Elemente der Borgruppe („*Triele*") treten *dreiwertig* auf und betätigen gegenüber elektronegativeren Elementen die **Oxidationsstufe +3** (z. B. Ga_2O_3, $InCl_3$, TlF_3). Doch gewinnt auch hier wie bei der vorausgegangenen Kohlenstoffgruppe die um zwei Einheiten niedrigere Oxidationsstufe **+1** (z. B. GaCl, InCl, TlF) mit steigender Masse des Gruppenelements an Beständigkeit. Gallium(I)-Verbindungen sind noch unbeständig und werden leicht zu den beständigeren Gallium(III)-Verbindungen oxidiert, während bei Thallium die einwertige Stufe die vorherrschende ist und demgemäß die dreiwertige Stufe stark oxidierend wirkt.

Die Triel(III)-Verbindungen EX_3 enthalten – extrem formuliert – Kationen E^{3+} mit der *Valenzelektronenkonfiguration* $\mathbf{s^0}$, die Triel(I)-Verbindungen EX in guter Näherung Kationen E^+ mit der Konfiguration $\mathbf{s^2}$. Da die beiden s-Außenelektronen beim Übergang von Al^+ nach Ga^+ sowie von In^+ nach Tl^+ aufgrund abnehmender *Elektronenabschirmung* im Falle beider Übergänge (vgl. S. 312) und wachsender *relativistischer Effekte* insbesondere im Falle des zweiten Überganges (vgl. S. 388) eine zusätzliche elektrostatische und relativistische Anziehung durch den Atomkern erfahren, sinkt ihre *Bereitschaft zur Bindungsbildung* in Richtung Al^+/Ga^+ deutlich, in Richtung In^+/Tl^+ sogar drastisch (vgl. analoge Verhältnisse beim Übergang Si^{2+}/Ge^{2+} und Sn^{2+}/Pb^{2+}). Thallium kommt als einzigem Triel bereits eine ausgeprägte *wässerige Tl(I)-Chemie* zu (einwertiges Ga und In *disproportionieren* in Wasser in die null- und dreiwertige Stufe). Die Tl(I)-Verbindungen gleichen hierbei teils den Verbindungen des *Kaliums* (z. B. Hydroxid, Carbonat, Sulfat), teils den Verbindungen des *Silbers* (z. B. Oxid, Sulfid, Halogenid).

Neben Verbindungen mit drei- und einwertigem Ga, In, Tl existieren auch solche mit „zweiwertigen" Elementen (Oxidationsstufe **+2**; z. B. EBr_2, ECl_3^-). Tatsächlich enthalten sie aber keine Kationen E^{2+}, sondern entweder Elementatome, die zur Hälfte ein-, zur anderen Hälfte dreiwertig sind ($EBr_2 \mathrel{\hat{=}} E^I[E^{III}Br_4]$; E = Ga, In, Tl), so daß ihnen – extrem formuliert – Kationen E^+ und E^{3+} zugrunde liegen, oder Elementatome, die durch Element-Elementbindungen miteinander verknüpft sind ($ECl_3^- \mathrel{\hat{=}} [Cl_3E{-}ECl_3]^{2-}$; E = Ga, In), so daß ihnen also – extrem formuliert – Kationen E_2^{4+} zugrunde liegen.

Koordinationszahlen. Gallium, Indium und Thallium betätigen wie Aluminium die Koordinationszahlen *eins* (z. B. in gasförmigen **E**X), *zwei* (linear in O=**Ga**—Cl, gewinkelt in gasförmigem $(\mathbf{Tl}X)_2$), *drei* (planar in $\mathbf{In}[Co(CO)_3]_3$ oder gasförmigem $\mathbf{E}X_3$, gewinkelt in $(\mathbf{Tl}OR)_4$), *vier* (tetraedrisch in $\mathbf{E}X_4^-$, $\mathbf{E}_2X_6^{2-}$, $\mathbf{Ga}_2H_6$), *fünf* (trigonal-bipyramidal in $\mathbf{Ga}H_3(NMe_3)_2$, $[\mathbf{In}(NCS)_5]^{2-}$, quadratisch-pyramidal in $\mathbf{In}Cl_5^{2-}$, $H\mathbf{Ga}(BH_4)_2$; pentagonal-planar in $\mathbf{In}[Mn(CO)_4]_5^{2-}$), *sechs* (oktaedrisch in $\mathbf{Ga}(acac)_3$, $\mathbf{In}(OSMe_2)_6^{3+}$, $\mathbf{Tl}Cl_6^{3-}$). Häufiger sind die Koordinationszahlen vier und sechs.

In der Strukturchemie der *Triel(I)-Verbindungen* findet man nur selten Hinweise auf eine *stereochemische Wirksamkeit* des s^2-Valenzelektronenpaars der einwertigen Triele. Deutlich wird dieser Effekt erst bei den Tetrel(II)- und Pentel(III)-Verbindungen (wachsende Hybridisierungstendenz des s^2-Valenzelektronenpaars in gleicher Richtung). Die Strukturchemie der *Triel(III)-Verbindungen* wird wesentlich durch die *Koordinationstendenz* der dreiwertigen Triele bestimmt, die ihrerseits u. a. von den Triel-Ionenradien und -Elektronegativitäten abhängt. Aufgrund des oben erwähnten Elektronenabschirmungseffekts kommt dem Gallium eine höhere *Elektronegativität* als dem Aluminium und Indium zu. Als Folge hiervon ist dreiwertiges Gallium *weniger Lewis-acid* als dreiwertiges Aluminium und Indium und betätigt in vergleichbaren Verbindungen häufig kleinere Koordinationszahlen als letztere Elemente. So ist GaH_3 oder $GaCl_3$ nicht polymer wie AlH_3 oder $AlCl_3$ ($KZ_{Al} = 6$), sondern – trotz seines verglichen mit Al größeren Ionenradius – dimer gebaut ($KZ_{Ga} = 4$); auch addiert $GaCl_3$ – trotz ausreichenden Platzes – nicht $3\,Cl^-$ wie $InCl_3$, sondern nur $1\,Cl^-$.

Bindungen. Die Tendenz zur Ausbildung von *Elementketten, -ringen* und *-clustern* sowie von $p_\pi p_\pi$*-Mehrfachbindungen* ist bei Gallium, Indium und Thallium kleiner als bei den rechten Periodennachbarn Germanium, Zinn, Blei; auch nimmt sie in der Reihe Ga, In, Tl ab. In Verbindungen mit TlTl-Bindungen sind letztere dementsprechend extrem lang (z. B. 3.63 Å in RTl ··· TlR mit $R = C_5(CH_2Ph)_5$), und selbst im metallischen Thallium liegen erstaunlich lange TlTl-Bindungen (3.40 Å) vor. Auch ließen sich bisher unter Normalbedingungen keine „ungesättigten" Ga-, In-, Tl-Verbindungen isolieren.

Gallium-, Indium-, Thallium-Ionen. In *kationischer* Form existiert Gallium, Indium, Thallium in Verbindungen des Typus EX (Ga^+, In^+, Tl^+) und EX_3 (extrem formuliert: Ga^{3+}, In^{3+}, Tl^{3+}; X = elektronegativer, wenig basischer Rest), in *anionischer Form* in den als Zintl-Phasen interpretierbaren Alkali- und Erdalkalimetallgalliden, -indiden und -thalliden M_nE (vgl. S. 890).

3.2 Dreiwertige Gallium-, Indium-, Thallium-Verbindungen[153)]

Wasserstoffverbindungen[154)]

Analog dem Borwasserstoff $(BH_3)_2$ („*Boran*"; S. 1001) und Aluminiumwasserstoff $(AlH_3)_n$ („*Alan*"; S. 1069) sind auch ein *Galliumwasserstoff* $(GaH_3)_n$ („*Gallan*"), *Indiumwasserstoff* $(InH_3)_n$ („*Indan*") und *Thalliumwasserstoff* $(TlH_3)_n$ („*Thallan*") bekannt. Allerdings sinkt die Stabilität der Hydride hinsichtlich eines Zerfalls in die Elemente und Wasserstoff in Richtung $(AlH_3)_n$, $(GaH_3)_n$, $(InH_3)_n$, $(TlH_3)_n$ drastisch; $(InH_3)_n$ und insbesondere $(TlH_3)_n$ wurden dementsprechend bisher noch nicht eindeutig charakterisiert.

Gallium(III)-hydride. Bei Einwirkung von *Lithiumgallanat* (s. u.) auf (dimeres) *Galliumtrichlorid* in Diethylether oder in Abwesenheit eines Lösungsmittels bildet sich bei $-30\,°C$ gemäß

$$GaCl_3 + 3\,LiGaH_4 \rightarrow 4\,GaH_3 + 3\,LiCl$$

Gallan, das aus der Etherlösung beim Stehenlassen in fester, polymerer Form $\mathbf{(GaH_3)_x}$ („*Polygallan*", wohl etherhaltig) ausflockt oder aus dem lösungsmittelfreien Reaktionsgemisch in dimerer Form $\mathbf{(GaH_3)_2}$ („*Digallan*") in die *Gasphase* übergeht[155)]. Besonders rein erhält man Digallan durch Einwirkung von $LiGaH_4$ auf (dimeres) Chlorgallan H_2GaCl, das sich seinerseits durch Hydrierung von (dimerem) Galliumtrichlorid (Trichlorgallan) $GaCl_3$ mit Me_3SiH auf dem Wege über (dimeres) Dichlorgallan $HGaCl_2$ darstellen läßt:

$$\tfrac{1}{2}(GaCl_3)_2 \xrightarrow[-\,Me_3SiCl]{+\,Me_3SiH} \tfrac{1}{2}(HGaCl_2)_2 \xrightarrow[-\,Me_3SiCl]{+\,Me_3SiH} \tfrac{1}{2}(H_2GaCl)_2 \xrightarrow[-\,LiCl]{+\,LiGaH_4} (GaH_3)_2\,.$$

Auch im farblosen, festen *Tieftemperaturkondensat* liegt Gallan in dimerer Form vor (Dampfdruck ca. 1 mbar bei $-63\,°C$). Beim Erwärmen schmilzt – das in Kohlenwasserstoffen wie Toluol lösliche – Digallan bei $-50\,°C$ und zerfällt ab ca. $0\,°C$: $2\,GaH_3 \rightarrow 2\,Ga + 3\,H_2$. Bei Raumtemperatur (sehr rasches Aufwärmen) stellt Digallan eine ölige, *farblose* Flüssigkeit dar.

Die *Struktur* von Digallan (a) entspricht der von Diboran (zwei GaH_4-Tetraeder mit gemeinsamer Kante; Ga-Koordinationszahl = 4; D_{2h}-Symmetrie) und nicht der von Polyalan (Al-Koordinationszahl = 6; vgl. S. 1070). Somit kommt dem Gallium im Gallan eine geringere Koordinationstendenz als Aluminium im Alan zu. Im Di-und Monochlorgallan nehmen nicht Wasserstoffatome wie im Digallan, sondern Chloratome wie im Trichlorgallan die Brückenpositionen ein (vgl. Struktur (b) mit X/X = Cl/Cl, Cl/H, H/H; entsprechend gebaut ist $(H_2GaX)_2$ mit X = Br, OR, NR_2)[156)].

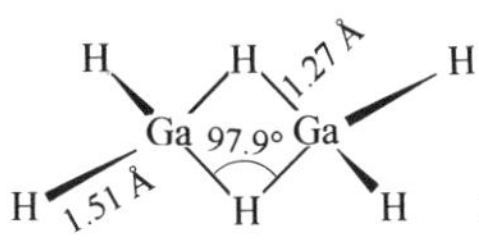

(a) 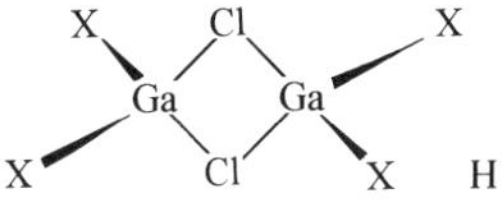 (b) 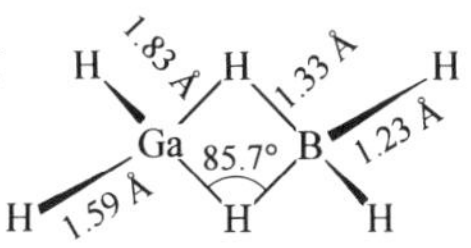 (c) 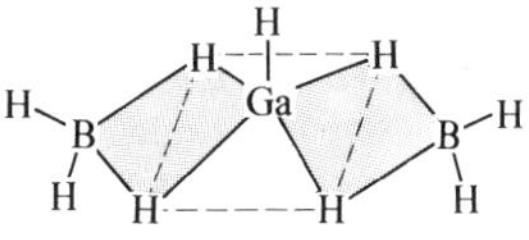 (d)

Gallan GaH_3 bildet ähnlich wie Boran BH_3 (S. 1004) oder Alan AlH_3 (S. 1071) *Addukte mit Elektronenpaar-Akzeptoren* sowie *-Donatoren*. So stellt etwa Digallan eine Additionsverbindung von GaH_3 mit dem Elektronenpaarakzeptor GaH_3 dar. In analoger Weise vermag GaH_3 ein, zwei oder drei BH_3-Moleküle unter Bildung von **Galliumboranaten** zu addieren. Unter ihnen läßt sich „*Dihydridogalliummonoboranat*" $\mathbf{H_2Ga(BH_4)}$ = $GaH_3 \cdot BH_3$ = $GaBH_6$ durch Einwirkung von $LiBH_4$ auf H_2GaCl synthetisieren. Es besitzt die Struktur (c) und leitet sich demnach vom Diboran durch Ersatz einer BH_3- durch eine GaH_3-Gruppe ab („*Galladiboran*"; C_{2v}-Symmetrie)[157)]. Oberhalb $-35\,°C$ erfolgt Zerfall des Galladiborans (Smp. $-45\,°C$) nach: $2\,GaBH_6 \rightarrow B_2H_6 + 2\,Ga + 3\,H_2$. Dem ebenfalls zersetzlichen „*Hydridogalliumbisboranat*" $\mathbf{HGa(BH_4)_2}$ = $GaH_3 \cdot 2\,BH_3$ = GaB_2H_9 kommt die Struktur (d) zu mit quadratisch-pyramidalem, fünfzähligem Gallium (C_{4v}-Symmetrie; analog wie $HAl(BH_4)_2$ = AlB_2H_9 gebaut; vgl. hier-

---

154 **Literatur.** E. Wiberg, E. Amberger: „*Hydrides of the Elements of Main Groups I–IV*", Elsevier, Amsterdam 1971, S. 443–454, 454–457, 457–461; A. J. Downs, C. R. Pulham: „*The Hunting of the Gallium Hydrides*", Adv. Inorg. Chem. **41** (1994) 171–232.

155 „*Monogallan*" GaH_3 bzw. „*Monoindan*" InH_3 bilden sich – wohl neben GaH und InH – in kleinen Konzentrationen (Partialdruck maximal 10^{-5} bzw. 10^{-6} mbar) bei höheren Temperaturen (um 1100 bzw. 1000 °C) aus den Elementen: $2\,E + 3\,H_2 \rightleftarrows 2\,EH_3$ oder – als instabile Teilchen – beim Leiten atomaren Wasserstoffs über die geschmolzenen Metalle.

156 Durch Reaktion von matrixisoliertem GaCl mit H_2 und HCl erhält man monomeres $\mathbf{H_2GaCl}$ und $\mathbf{HGaCl_2}$ (planar; GaH/GaCl-Abstände ca. 1.53/2.16 Å; HGaH/ClGaCl-Winkel 130/115°).

157 *Dihydridogalliumtriboranat* $H_2Ga(B_3H_8)$ (Struktur analog B_4H_{10} mit GaH_3 anstelle BH_3: „*Gallatetraboran*" GaB_3H_{10}) entsteht aus H_2GaCl und NaB_3H_8.

zu die andersartige Struktur von B_3H_9, S. 1001). Es läßt sich aus $GaCl_3$ sowie $HGaCl_2$ und $LiBH_4$ bei $-45\,°C$ synthetisieren: $HGaCl_2 + 2LiBH_4 \rightarrow HGa(BH_4)_2 + 2LiCl$. Das bei Raumtemperatur zersetzliche „*Galliumtrisboranat*“ $\mathbf{Ga(BH_4)_3}$ $= GaH_3 \cdot 3BH_3 = GaB_3H_{12}$ (Struktur wohl analog $Al(BH_4)_3$ mit oktaedrischem, sechszähligem Ga) entsteht u.a. aus $GaMe_3$ und B_2H_6 auf dem Wege über $Me_2Ga(BH_4)$ und $MeGa(BH_4)_2$: $2GaMe_3 + 9B_2H_6 \rightarrow 2Ga(BH_4)_3 + 6B_2H_5Me$. Das entsprechend zusammengesetzte **Galliumtrisalanat** $\mathbf{Ga(AlH_4)_3}$ $= GaH_3 \cdot 3AlH_4$ läßt sich in etherischer Lösung aus $GaCl_3$ und $LiAlH_4$ gewinnen und zerfällt bei ca. 0 °C unter Ausscheidung von Polyalan: $Ga(AlH_4)_3 \rightarrow \frac{3}{x}(AlH_3)_x + Ga + 1\frac{1}{2}H_2$.

Mit *Donoren* D bildet Gallium Addukte des Typus $GaH_3 \cdot D$ und $GaH_3 \cdot 2D$, deren Stabilität für D in der Reihenfolge $D = Me_3N, Me_3P > Pyridin > Ph_3P > Ph_3N > R_2O, R_2S$ abnimmt. **Lithiumgallanat** $\mathbf{LiGaH_4}$, welches das Addukt $GaH_3 \cdot H^- = GaH_4^-$ (tetraedrischer Bau) enthält, bildet sich aus $GaCl_3$ und LiH in Diethylether bei $-80\,°C$ in Form einer etherlöslichen und wasserempfindlichen Verbindung: $GaCl_3 + 4LiH \rightarrow LiGaH_4 + 3LiCl$. Es zersetzt sich oberhalb 50 °C nach: $LiGaH_4 \rightarrow LiH + Ga + 1\frac{1}{2}H_2$. Unter den **Amin-Addukten** entsteht $GaH_3(NMe_3)$ (tetraedrisches Ga; Smp. 70.5 °C) leicht gemäß: $LiGaH_4 + NMe_3 \cdot HCl \rightarrow GaH_3 \cdot NMe_3 + LiCl + H_2$; es kann noch ein zweites Molekül *Trimethylamin* unter Bildung von $GaH_3(NMe_3)_2$ (trigonal-bipyramidales Ga; Donoren in axialen Positionen) aufnehmen. Die dem NMe_3-Addukt entsprechende Additionsverbindung $GaH_3 \cdot NMe_2H$ mit *Dimethylamin* eliminiert beim Erhitzen Wasserstoff (Bildung von $(H_2GaNMe_2)_2$). *Ammoniak* reagiert mit Digallan andererseits analog Diboran nicht unter symmetrischer, sondern asymmetrischer Molekülspaltung: $Ga_2H_6 + 2NH_3 \rightarrow [H_2Ga(NH_3)_2]^+GaH_4^-$.

Indium(III)- und Thallium(III)-hydride. Bei der Einwirkung von *Lithiumindat* bzw. *-thallat* in Diethylether auf *Indium-* bzw. *Thalliumtrichlorid* entstehen bei $-30\,°C$ etherlösliche, zersetzliche Feststoffe, bei denen es sich möglicherweise um etherhaltiges, polymeres **Indan** bzw. **Thallan** $\mathbf{(EH_3)_x}$ handelt: $3LiEH_4 + ECl_3 \rightarrow \frac{4}{x}(EH_3)_x + 3LiCl$. Das zur Umsetzung benötigte **Lithiumindat** $\mathbf{LiInH_4}$ (Zerfall bei 0 °C) bzw. **Lithiumthallat** $\mathbf{LiTlH_4}$ (Zerfall bei 0 °C) läßt sich leicht analog Lithiumalanat und – gallanat (s. dort) durch Behandlung von $InCl_3$ bzw. $TlCl_3$ mit LiH bei -25 bzw. $-15\,°C$ in Diethylether gewinnen. Als weitere „komplexe Hydride“ des Indiums und Thalliums seien genannt: **Indiumtrisboranat** $\mathbf{In(BH_3)_3}$ (gewinnbar aus $InMe_3$ und B_2H_6 in Tetrahydrofuran bei $-40\,°C$; Zerfall bei $-10\,°C$), **Indiumtrisalanat** $\mathbf{In(AlH_4)_3}$ (gewinnbar aus $InCl_3$ und $LiAlH_4$ in Diethylether bei $-70\,°C$; Zerfall bei $-40\,°C$) und **Thalliumchlorid-bisboranat** $\mathbf{TlCl(BH_4)_2}$ (gewinnbar aus $InCl_3$ und $LiBH_4$ bei $-110\,°C$; Zerfall bei $-95\,°C$).

Halogenverbindungen

Alle „*Trihalogenide*“ $\mathbf{EX_3}$ (X = F, Cl, Br, I) der Elemente E = Ga, In, Tl sind bekannt. Allerdings enthält TlI_3 nicht drei-, sondern einwertiges Thallium: $Tl^+I_3^-$ (vgl. die Nichtdarstellbarkeit von PbI_4). Es existiert aber ein Tetraiodokomplex TlI_4^- mit dreiwertigem Thallium. Anders als von Al kennt man von Ga, In, Tl donorfreie „*Dihalogenide*“ der Zusammensetzung $\mathbf{E_2X_4}$ (X = Cl, Br, I), denen aber nicht die Struktur $X_2E{-}EX_2$ mit zweiwertigem E zugrunde liegt (vgl. B_2X_4), sondern der Aufbau $E^+EX_4^-$ mit ein- und dreiwertigem E. Sie werden zusammen mit den *Monohalogeniden* **EX** und *Sesquihalogeniden* $\mathbf{E_2X_3}$ bei den niedrigwertigen Elementhalogeniden (S. 1100) abgehandelt.

Gallium(III)-halogenide. Galliumtrifluorid $\mathbf{GaF_3}$ (gewinnbar durch Thermolyse von $(NH_4)_3GaF_6$; Sblp. 950 °C; $\Delta H_f = -1164$ kJ/mol) weist analog AlF_3 eine *polymere* Struktur $(GaF_3)_x$ auf (verzerrte ReO_3-Struktur; oktaedrisches Gallium) und bildet wie AlF_3 *Fluorokomplexe* (z. B. $M_3^IGaF_6$; vgl. S. 1074) und mit *Wasser* ein Trihydrat $GaF_3 \cdot 3H_2O$ (gewinnbar aus $Ga(OH)_3$ oder Ga_2O_3 mit Flußsäure). Die übrigen, u.a. aus den Elementen darstellbaren, *farblosen* Halogenide: **Galliumtrichlorid** $\mathbf{GaCl_3}$ (Smp. 77.9 °C, Sdp. 201.3 °C; $\Delta H_f = -525$ kJ/mol), **Galliumtribromid** $\mathbf{GaBr_3}$ (Smp. 121.5 °C, Sdp. 279 °C; $\Delta H_f = -387$ kJ/mol) und **Galliumtriiodid** $\mathbf{GaI_3}$ (Smp. 212 °C, Sdp. 346 °C; $\Delta H_f = -239$ kJ/mol) liegen in *fester Phase* – anders als $AlCl_3$ und analog $AlBr_3$ sowie AlI_3 – in Form *dimerer* Moleküle $(EX_3)_2$ vor (kantenverbrückte EX_4-Tetraeder), wobei GaI_3 im *Dampfzustand* bereits überwiegend *monomer* ist (planare GaI_3-Moleküle; D_{3h}-Symmetrie). $GaCl_3$ raucht wie $AlCl_3$ an der Luft und wirkt bei Friedel-Crafts-Synthesen als Katalysator. Seine wässerige Lösung gibt beim Eindampfen wie eine wässerige $AlCl_3$-Lösung Chlorwasserstoff ab. Die Halogenide GaX_3 (X = Cl, Br, I) bilden analog AlX_3 mit Donoren D Komplexe des Typs $GaX_3 \cdot D$ und $GaX_3 \cdot 2D$ (selten) mit tetraedrischem oder trigonal-bipyramidalem Ga, z.B.: GaX_n^- ($n = 4$: T_d-Symmetrie; $n = 5$: unbekannt), $GaX_3(NMe_3)_n$ ($n = 1, 2$; C_{3v}- bzw. D_{3h}-Symmetrie). Die Stabilität der Addukte erhöht sich im Falle *harter* Donoren wie Ether, Amine in der Reihenfolge $GaCl_3 \cdot D > GaBr_3 \cdot D > GaI_3 \cdot D$, im Falle weicher Donoren wie Thioether, Phosphane in der Reihenfolge $GaI_3 \cdot D > GaBr_3 \cdot D > GaCl_3 \cdot D$[158].

---

158 Analoges gilt für AlX_3 und InX_3. Hinsichtlich harter Donoren ist AlX_3 Lewis-saurer als GaX_3; für weiche Donoren gilt zum Teil das Umgekehrte. Die Lewis-Acidität sinkt für dreiwertige Verbindungen der Triele E (B, Al, Ga, In, Tl) in der Reihenfolge $EX_3 > EPh_3 > EMe_3$.

Indium(III)-halogenide. *Farbloses* **Indiumtrifluorid InF_3** (gwinnbar durch Thermolyse von $(NH_4)_3InF_6$; Smp. 1170 °C; ΔH_f ca. -1250 kJ/mol) weist wie AlF_3 und GaF_3 eine *polymere* Struktur (ReO_3) auf und bildet *Fluorokomplexe* (z. B. $M^I_3InF_6$) sowie mit *Wasser* ein Trihydrat $InF_3 \cdot 3H_2O$ (gewinnbar aus $In(OH)_3$ oder In_2O_3 mit Flußsäure). Die übrigen, u. a. aus den Elementen zugänglichen Halogenide: *farbloses* **Indiumtrichlorid $InCl_3$** (Smp. 586 °C, Sblp. 418 °C; $\Delta H_f = -538$ kJ/mol), farbloses **Indiumtribromid $InBr_3$** (Smp. 436 °C, Sblp. 371 °C; $\Delta H_f = -429$ kJ/mol) und *gelbes* **Indiumtriiodid InI_3** (Smp. 210 °C; $\Delta H_f = -239$ kJ/mol) liegen in *fester* Phase analog $AlCl_3$ *polymer* (BiI_3-Struktur) bzw. analog $AlBr_3$ und AlI_3 *dimer* vor. $InCl_3$ ist hygroskopisch und leitet zum Unterschied von $AlCl_3$ auch im geschmolzenen Zustand den elektrischen Strom; seine wässerige Lösung zersetzt sich aber beim Eindampfen nicht. Die Halogenide InX_3 (X = Cl, Br, I) bilden mit Donoren *Komplexe* des Typs $InX_3 \cdot D$ (selten), $InX_3 \cdot 2D$ und $InX_3 \cdot 3D$, z. B.: $InCl_4^-$ (tetraedrisches In; T_d-Symmetrie; lagert in Wasser noch ein Molekül H_2O an), $InCl_5^-$ (quadratisch-pyramidales In; C_{4v}-Symmetrie; kann noch ein Donor-Molekül anlagern), $InCl_6^{3-}$ (oktaedrisches In; O_h-Symmetrie), $In_2Cl_9^{3-}$ (oktaedrisches In; zwei flächenverknüpfte $InCl_6$-Oktaeder; vgl. $Bi_2I_9^{3-}$-Struktur)), InX_3D_2 (D = NMe_3, PMe_3, Et_2O; trigonal-bipyramidales In; D_{3h}-Symmetrie; Donoren in axialen Positionen), InX_3D_3 (D = Ether, Amine; oktaedrisches In). Löst man letztere Addukte in dem betreffenden Donor, so tritt partielle Dissoziation ein, während zweizähnige Chelatliganden wie $Me_2NCH_2CH_2NMe_2$ = tmeda sogar eine vollständige Dissoziation herbeiführen:

$$InX_3D_3 + D \rightleftarrows InX_2D_4^+ + X^-; \qquad InX_3 + 3\,\text{tmeda} \rightleftarrows In(\text{tmeda})_3^{3+} + 3X^-.$$

$InI_3(OSMe_2)$ liegt auch in fester Phase dissoziiert vor (Bildung von $[InI_2(OSMe_2)_2]^+InI_4^-$).

Thallium(III)-halogenide. Thalliumtrifluorid TlF_3 (ΔH_f ca. -650 kJ/mol; isomorph mit β-BiF_3) läßt sich durch Fluorierung von Tl_2O_3 mit F_2, BrF_3 oder SF_4 bei 300 °C gewinnen. Es ist bis 500 °C stabil und damit das beständigste der Tl(III)-Halogenide, allerdings instabiler als die Fluoride der leichteren Elementhomologen. Es bildet anders als letztere in wässeriger Lösung mit *Fluorid* oder *Wasser* keine Addukte, sondern hydrolysiert zu $Tl(OH)_3$ und HF. Unter Wasserausschluß erhält man jedoch *Fluorokomplexe* wie $NaTlF_4$ (CaF_2-Struktur; Ersatz von $2Ca^{2+}$ durch Li^+/Tl^{3+}) oder Na_3TlF_6 (Kryolith-Struktur). **Thalliumtrichlorid $TlCl_3$** (Smp. 155 °C im abgeschlossenen Gefäß; $\Delta H_f = -315$ kJ/mol; YCl_3-Struktur, d. h. kubisch-dichteste Cl^--Packung mit Tl^{3+} in Oktaederlücken) und **Thalliumtribromid $TlBr_3$** ($\Delta H_f = -250$ kJ/mol) sind aus den Elementen darstellbar. Beide Trihalogenide kristallisieren aus wässeriger Lösung als Tetrahydrat, wobei sich $TlCl_3 \cdot 4H_2O$ durch $SOCl_2$ entwässern läßt. $TlCl_3$ gibt Chlor schon ab 40 °C unter Bildung von TlCl, $TlBr_3$ Brom unter Normalbedingungen unter Bildung von $TlBr_2 \triangleq Tl[TlBr_4]$ ab. **Thalliumtriiodid TlI_3** existiert wegen des hohen Oxidationsvermögens von Tl^{3+} (ε_0 für $Tl^{3+}/Tl^+ = +1.25$ V) nicht als Tl(III)- sondern als Tl(I)-iodid $Tl^+I_3^-$. Von $TlCl_3$, $TlBr_3$ und hypothetischem TlI_3 leiten sich *Halogenokomplexe* u. a. der Zusammensetzung TlX_4^- (tetraedrisches Tl; T_d-Symmetrie), TlX_6^{3-} (oktaedrisches Tl; O_h-Symmetrie) und $Tl_2X_9^{3-} = [X_3TlX_3TlX_3]^{3-}$ (oktaedrisches Tl; zwei flächenverknüpfte TlX_6-Oktaeder; vgl. $Bi_2I_9^{3-}$-Struktur) ab.

Chalkogenverbindungen

Alle „*Chalkogenide*" **E_2Y_3** (Y = O, S, Se, Te) der Elemente E = Ga, In, Tl sind bekannt (Tl_2S_3, Tl_2Se_3, Tl_2Te_3 enthalten wohl ein-, statt dreiwertiges Tl). Darüber hinaus existieren Hydroxide **$E(OH)_3$** und Oxidhydroxide **EO(OH)** sowie „*Oxidhalogenide*" **EOX**[159].

Gallium(III)-chalogenide. Die *Sauerstoffverbindungen* des Galliums entsprechen denen des Aluminiums. So löst sich das – als Nebenprodukt der Al-Fabrikation gewonnene – **Galliumtrihydroxid $Ga(OH)_3$** wie $Al(OH)_3$ sowohl in Säuren als auch Alkalien unter Bildung von „*Galliumsalzen*" $[Ga(H_2O)_6]^{3+}$ bzw. „*Gallaten*" $[Ga(OH)_4]^-$ auf. $Ga(OH)_3$ ist insgesamt saurer, d. h. weniger basisch als $Al(OH)_3$ (pK_S für $Al(H_2O)_6^{3+}$ gleich 4.95, für $Ga(H_2O)_6^{3+}$ gleich 2.60). Bei 500 °C verwandelt sich $Ga(OH)_3$ auf dem Wege über **Galliumoxidhydroxid α-GaO(OH)** („*Gallium-Diaspor*"; Bau analog α-AlO(OH)) in ein – auch aus den Elementen zugängliches – *hexagonales* **Gallium(III)-oxid α-Ga_2O_3** (Korundstruktur; hexagonal-dichteste O^{2-}-Packung mit Ga^{3+} in oktaedrischen Lücken; $\Delta H_f = -1090$ kJ/mol), das wie Al_2O_3 mit Metalloxiden Gallate bildet. Wie beim Al_2O_3 gibt es neben α-Ga_2O_3 (Hochtemperaturform) auch *kubische* Galliumoxide β-Ga_2O_3, γ-Ga_2O_3 usw. (Niedertemperaturformen), bei denen sich die Ga^{3+}-Ionen sowohl in tetraedrischen wie oktaedrischen Lücken einer kubisch-dichtesten O^{2-}-Packung befinden. Als Beispiele für Galliumsalze seien das „*Galliumsulfat*" $Ga_2(SO_4)_3$ (bildet mit Ammoniumsulfat den Alaun $NH_4Ga(SO_4)_2 \cdot 12H_2O$) und das „*Galliumnitrat*" $Ga(NO_3)_3$ erwähnt, als Beispiele für wasserfreie *Gallate* das „*Inselgallat*" Li_5GaO_4 (diskrete GaO_4^{5-}-Ionen mit tetradrischem Ga), das „*Gruppengallat*" ($Na_8Ga_2O_7$ ($Ga_2O_7^{8-}$-Ionen aus zwei eckenverknüpften GaO_4-Tetraedern), das „*Kettengallat*" $K_2Na_4(GaO_3)_2$ (Ketten eckenverknüpfter GaO_4-Tetraeder) und das „*Gerüstgallat*" $Mg_2(GaO_2)_2$ (Spi-

---

159 Monomeres, lineares **O=Ga—F** ($r_{OGa} = 1.627$ Å; $r_{GaF} = 1.699$ Å) bildet sich aus GaF und O-Atomen in der Tieftemperaturmatrix.

nellstruktur). Unter den verbleibenden *Chalkogenverbindungen* existiert *gelbes* **Gallium(III)-sulfid Ga_2S_3** in drei Formen als α-, β- und γ-Ga_2S_3 (in ersteren Fällen Wurtzit-, in letzterem Falle Zinkblende-Struktur; $^1/_3$ der Zn^{2+}-Plätze bleiben unbesetzt). Analog γ-Ga_2S_3 sind auch **Gallium(III)-selenid Ga_2Se_3** und **Gallium(III)-tellurid Ga_2Te_3** gebaut.

Indium(III)-chalkogenide. *Farbloses*, kristallines **Indiumtrihydroxid $In(OH)_3$** (ReO_3Struktur) entsteht durch Alterung des bei 100 °C aus einer $InCl_3$-Lösung mittels Ammoniak gefällten amorphen Hydroxids. Es ist wie $Al(OH)_3$ und $Ga(OH)_3$ amphoter und löst sich in Säuren, schwerer in Basen unter Bildung von „*Indiumsalzen*" $In(H_2O)_6^{3+}$ (z. B. $In_2(SO_4)_3$, das mit $(NH_4)_2SO_4$ den Alaun $NH_4In(SO_4)_2 \cdot 12\,H_2O$ bildet) und „*Indaten*" $In(OH)_6^{3-}$. Das Hydroxid $In(OH)_3$ ist insgesamt weniger sauer, d. h. basischer als $Ga(OH)_3$. Es verwandelt sich hydrothermal bei 250–400 °C unter Druck (100 bar) in **Indiumoxidhydroxid InO(OH)** (verzerrte Rutilstruktur) und beim Erhitzen auf höhere Tempeaturen in das *gelbe*, auch aus den Elementen zugängliche **Indium(III)-oxid In_2O_3** (Lanthanoxid-C-Struktur; unter Druck: Korundstruktur; $\Delta H_f = -926$ kJ/mol). Unter den verbleibenden Chalkogenverbindungen existieren **Indium(III)-sulfid, -selenid** und **-tellurid In_2Y_3** in mehreren Modifikationen, wobei die In^{3+}-Ionen nicht wie die kleineren Ga^{3+}-Ionen ausschließlich tetraedrische, sondern auch oktaedrische Lücken dichtester Y^{2-}-Packungen besetzen[160].

Thallium(III)-chalkogenide. *Schwarzbraunes* **Thallium(III)-oxid Tl_2O_3** (Smp. 716 °C; Lanthanoid-C-Struktur; unter Druck: Korundstruktur) läßt sich durch Entwässerung der aus wässerigen $TlCl_3$- oder $TlBr_3$-Lösungen gefällten Oxidhydrate $Tl_2O_3 \cdot 1\frac{1}{2}H_2O$ gewinnen. Es spaltet oberhalb 800 °C Sauerstoff unter Bildung von Tl_2O ab und wirkt im wesentlichen nur noch als Base (Zunahme des basischen und Abnahme des sauren Charakters in Richtung ($Ga(OH)_3$, $Al(OH)_3$, $In(OH)_3$, $Tl_2O_3 \cdot aq$). Das bekannteste und am meisten verwendete Tl(III)-Salz ist das „*Thallium(III)-sulfat*" $Tl_2(SO_4)_3 \cdot 7\,H_2O$. Die Existenz von *Thallium(III)-chalkogeniden* Tl_2Y_3 (Y = S, Se, Te) ist fraglich (vgl. Tl(I)-polysulfide).

Pentelverbindungen

Von den Trielen Gallium und Indium (E) sind wie von Bor (S. 1042, 1053) und Aluminium (S. 1086) – mit Ausnahme von BSb – alle möglichen Verbindungen **EZ** mit den Pentelen Stickstoff, Phosphor, Arsen und Antimon (Z) bekannt (isovalenzelektronisch mit C, Si, Ge, Sn; sowohl E wie Z können in EZ teilweise durch andere Triele und Pentele ersetzt werden). Thallium bildet demgegenüber keine Verbindungen TlZ; es betätigt hinsichtlich Z ausschließlich die Oxidationsstufe + 1 (vgl. S. 1102).

Galliumnitrid GaN erhält man aus Ga und NH_3 bei 1050 °C, **Indiumnitrid InN** aus In_2O_3 und NH_3 bei 630 °C, die übrigen Pentelide – **Gallium-** und **Indiumphosphid GaP/InP, -arsenid GaAs/InAs** sowie **-antimonid GaSb/InSb** – aus den Elementen bei hoher Temperatur und gegebenenfalls unter Druck. Einige Kenndaten der Verbindungen sind mit entsprechenden Daten der Bor- und Aluminiumpentelide in Tab. 89 wiedergegeben. Ihr ist zu entnehmen, daß mit zunehmender Ordnungszahl der Verbindungspartner E und Z der ausnahmslos mit der *ZnS-Struktur* kristallisierenden *Nichtleiter* bzw. *Halbleiter* EZ die *Ver-*

Tab. 89 Einige Kenndaten von III/V-Verbindungen[a)]

	Farbe Smp. °C	Strukt. E_g		Farbe Smp. °C	Strukt. E_g		Farbe Smp. °C	Strukt. E_g		Farbe Smp. °C	Strukt. E_g
BN	*farblos* 3000	Z	**AlN**	*farblos* > 2400 Zers.	W 4.26	**GaN**	*farblos* > 1050 Zers.	W > 2.26	**InN**	*braun* > 300 Zers.	W > 1.35
BP	*braun* 1100 Zers.	Z	**AlP**	*gelb* 2000	Z 2.45	**GaP**	*gelb* 1465	Z 2.26	**InP**	*grau* 1070	Z 1.35
BAs	*dunkel* 1100 Zers.	Z	**AlAs**	*orange* 1740	Z 2.16	**GaAs**	*dunkel* 1238	Z 1.43	**InAs**	*dunkel* 942	Z 0.35
–			**AlSb**	*dunkel* 1080	Z 1.50	**GaSb**	*dunkel* 712	Z 0.72	**InSb**	*dunkel* 525	Z 0.18

a) **Struk.** = Struktur; Z = Zinkblende-, W = Wurtzitstruktur; BN existiert auch in einer Schichtstruktur (s. dort). E_g = Energie der Bandlücke in [eV] (Index g vom engl. *gap* für Lücke)[161].

160 *Gelbes* α- und *rotes* β-In_2S_3 mit γ-Al_2O_3-Struktur (In^{3+} in tetraedrischen und oktaedrischen Lücken); α- und γ-In_2Se_3 mit fehlgeordneter Wurtzit-Defektstruktur (im Falle von α-In_2S_3 $\frac{1}{16}$ der In^{3+}-Ionen in oktaedrischen Lücken); α-In_2Te_3 mit fehlgeordneter Zinkblende-Defektstruktur. Man kennt auch tellurreiche Indiumtelluride wie In_3Te_5, In_2Te_5.

161 Es gilt: 1 eV ≙ 96.485 kJ/mol.

bindungsfarben von farblos in metallisch-schwarz übergehen, die *Verbindungsschmelzpunkte* abnehmen und sich die Energien E_g der *Bandlücken* zwischen Valenz- und Leitungsband der Verbindungen (S. 1312) verkleinern. In gleicher Richtung sinkt auch die *chemische Beständigkeit*. So ist etwa AlN säure- und basestabil, während sich GaN in Anwesenheit von Alkalien, InN in Anwesenheit von Alkalien und Säuren zersetzt. Die übrigen Al-, Ga- und In-Pentalide EZ hydrolysieren an feuchter Luft mehr oder weniger rasch unter Bildung von $E(OH)_3$ und ZH_3. Entsprechend der Reaktion von Galliumchalkogeniden mit Alkali- oder Erdalkalichalkogeniden, die zu *Gallaten* mit unterschiedlichen Strukturen der Anionen führt (S. 1097), lassen sich Galliumpentelide mit Alkali- oder Erdalkalipenteliden zu derartigen „*ternären Zintlphasen*" umsetzen, in denen der anionische Verbindungsteil „*Inseln*" (z. B. $GaAs_4^{9-}$-Tetraeder neben As^{3-}- und linearen As_3^{7-}-Ionen in $Ga_{14}GaAs_{11}$), „*Gruppen*" (z. B. planare $Ga_2P_4^{6-}$ bzw. $Ga_2As_4^{6-}$-Einheiten in Cs_3GaZ_3; vgl. Cs_3AlZ_3 mit analoger Struktur, S. 1086) oder „*Ketten*" bzw. „*Schichten*" bildet (z. B. polymeres $GaAs_3^{6-}$ bzw. $Ga_3As_4^{3-}$ aus ein- bzw. zweidimensional eckenverknüpften $GaAs_4$-Tetraedern in Ca_3GaAs_3 bzw. $K_3Ga_3As_4$). Viele der erwähnten Pentelide wie z. B. GaP, GaAs, $GaAs_{1-x}P_x$, $Al_xGa_{1-x}As$, InSb, die man allgemein als $A^{III}B^{V}$- bzw. kurz als „*III/V-Verbindungen*" bezeichnet, finden ähnlich wie „*II/VI*"- und „*I/VII-Verbindungen*" als *Halbleiter* in der Elektronikindustrie breite Anwendung in *Dioden*, *Transistoren* usw. (vgl. hierzu S. 1314)[162].

Organische Gallium(III)-, Indium(III)- und Thallium(III)-Verbindungen[153,163]

Die Darstellung der *gallium-, indium-* und *thalliumorganischen Verbindungen* erfolgt wie die der aluminiumorganischen Verbindungen durch „*Metathese*" (z. B. $GaBr_3 + 3RMgBr \rightarrow GaR_3 + 3MgBr_2$; $InCl_3 + 3AlR_3 \rightarrow InR_3 + 3R_2AlCl$; $TlCl_3 + 3LiR \rightarrow TlR_3 + 3LiCl$), „*Hydrometallierung*" (z. B. $Et_2GaH + CH_2{=}CH{-}CH_3 \rightarrow GaEt_2Pr$), „*Transmetallierung*" (z. B. $2Ga$ oder $2In + 3Me_2Hg \rightarrow 2MMe_3 + 3Hg$; TlR_3 organyliert umgekehrt Hg) sowie „*Protolyse*" (z. B. $MR_3 + HX \rightarrow R_2MX + RH$; M = Ga, In, Tl; X = Hal, Pseudohal, OR, NR_2 usw.). Strukturen. Die Triorganyle MR_3 des Galliums, Indiums und Thalliums weisen anders als die des Aluminiums in fester Phase sowie in Lösung keine Neigung zur Dimerisierung auf. Demgemäß erfolgt auch der Austausch von Organylgruppen gemischter Triorganyle $MR_nR'_{3-n}$ erst bei erhöhter Temperatur. In fester Phase sind die MR_3-Moleküle sehr schwach über Brücken des Typs $M{-}R\cdots M$ zu polymeren Strukturen verknüpft ($Me_2GaC{\equiv}CR$ liegt dimer analog $Me_2AlC{\equiv}CR$ vor, was die hohe Brückenbildungstendenz von Alkinylgruppen unterstreicht). Die Derivate R_2MX (M = Ga, In) bilden wie die analogen Al-Verbindungen oligomere Moleküle (z. B. dimeres R_2GaCl, dimeres R_2GaOR, dimeres R_2GaNR_2, trimeres R_2GaN_3, tetrameres R_2GaOH, tetrameres R_2GaCN, polymeres R_2InCl, dimeres R_2InN_3), während die Derivate R_2TlX bei elektronegativem X zu ionogenem Aufbau tendieren (die Halogenide R_2TlHal haben aus diesem Grunde sehr hohe Schmelzpunkte; linear gebautes TlR_2^+ ist isoelektronisch mit HgR_2 und SnR_2^{2+}).

Eigenschaften. Die Triorganyle MR_3 des Galliums, Indiums und Thalliums stellen wie die des Aluminiums *farblose* Flüssigkeiten oder Feststoffe dar (z. B. Smp./Sdp. von $GaMe_3$ $-16/56\,°C$, von $GaPh_3$ $166/-\,°C$, von $InMe_3$ $88.4/136\,°C$, von $InPh_3$ $208/-\,°C$, von $TlMe_3$ $38.5/\approx 147\,°C$, von $TlPh_3$ $170/-\,°C$). Sie sind wasser- und luftempfindlich, Thalliumtriorganyle können zudem explosionsartig zerfallen. Die Verbindungen MR_3 bilden mit *Elektrodonatoren* D u. a. Addukte der Zusammensetzung $MR_3 \cdot D$. Ihre Dissoziationsstabilität sinkt in Richtung $AlR_3 \cdot D > GaR_3 \cdot D > InR_3 \cdot D > TlR_3 \cdot D$ (Addukte $BR_3 \cdot NR_3$ sind instabiler als $AlR_3 \cdot NR_3$). Sind die Donoren protonenaktiv, so zerfallen die Addukte wie die entsprechenden AlR_3-Addukte unter Abspaltung von Kohlenwasserstoffen in R_2MX (X = Hal, Pseudohal, OR, NR_2 usw.). Die unter vorsichtiger *Hydrolyse* von MMe_3 erhältlichen *Hydroxide* Me_2MOH reagieren schwach (M = Ga, In) bis stark *basisch* (M = Tl) und setzen sich in Wasser mit Säuren wie $HClO_4$, H_2SO_4, HNO_3 zu *Salzen* mit hydratisierten Kationen MMe_2^+ um: $Me_2Ga(H_2O)_2^+$ (tetraedrisches Ga, C_{2v}-Symmetrie; gewinkelte Me_2Ga-Gruppe), $Me_2In(H_2O)_4^+$ (oktaedrisches In, C_{2v}-Symmetrie; gewinkelte Me_2In-Gruppe), $Me_2Tl_{aq}^+$ (sehr schwache, elektrovalente Thallium-Wasser-Bindungen, lineare Me_2Tl-Gruppe). Durch Reaktion mit geeigneten Kronenethern (vgl. S. 1184) lassen sich

---

[162] Halbleiter sind für $E_g > 3.1$ eV (> 300 kJ/mol; z. B. CuCl, ZnO) *farblos*, für E_g im Bereich 3.1 bis 1.6 eV (300 bis 155 kJ/mol; z. B. ZnSe, CdS, GaP, ZnTe, CdSe) *gelb, organgefarben* bis *tiefrot*, für $E_g < 1.6$ eV (< 155 kJ/mol; z. B. CdTe, GaAs, Si, Ge, InSb) undurchsichtig *grau, schwarz* bis *metallisch-glänzend* ($E_g >$ ca. 1.6 eV: Photohalbleiter; < ca. 1.6 eV: thermische Halbleiter).

[163] **Literatur.** GMELIN: „*Organogallium Compounds*", Syst.-Nr. **36**, bisher 1 Band; „*Organoindium Compounds*", Syst.-Nr. **37**, bisher 1 Band; D. G. Tuck: „*Gallium and Indium*", Comprehensive Organomet. Chem. **1** (1982) 683–723; H. Kurosawa: „*Thallium*", Comprehensive Organomet. Chem. **1** (1982) 725–754, HOUBEN-WEYL: „*Organogallium-, -indium-, -thalliumverbindungen*", **13/4** (1970); H. Schmidbaur: „*Arenkomplexe von einwertigem Gallium, Indium und Thallium*", Angew. Chem. **97** (1985) 893–904; Int. Ed. **24** (1985) 893; W. Uhl: „*Elementorganische Verbindungen mit Al-Al-, Ga-Ga- und In-In-Bindung*", Angew. Chem. **105** (1993) 1449–1461; Int. Ed. **32** (1993) 1386; P. Jutzi: „*π-Bonding to Main-Group Elements*", Adv. Organomet. Chem. **26** (1986) 217–295; A. McKillop, E.-C. Taylor: „*Compounds of Thallium in Organic Synthesis*", Comprehensive Organomet. Chem. 7 (1982) 465–513.

Kronenetherkomplexe von MMe_2^+ gewinnen, die auch im Falle M = Al, Ga und In lineare Me_2M-Gruppen enthalten.

Verwendung. Die *Gallium- und Indiumtriorganyle* werden als *Dotierungsreagenzien* in der *Halbleiterproduktion* und zur Erzeugung dünner *Schichten von III/V-Halbleitern* genutzt (z. B. scheidet sich aus gasförmigen $GaMe_3/AsH_3$-Gemischen an 700–900 °C heißen Flächen Galliumarsenid ab: $GaMe_3 + AsH_3 \rightarrow GaAs + 3\,MeH$). Thalliumorganyle finden Anwendung in der organischen Synthese. So bilden sie sich als *Zwischenprodukte der Oxythallierung* von Alkenen mit Thallium(III)-Salzen, die Thallium(I)-Salze eliminieren: $\gt C{=}C\lt + Tl(OAc)_3 \rightarrow AcO{\gt}C{-}C{\lt}Tl(OAc)_2 \rightarrow AcO{\gt}C{-}C{\lt}OAc + TlOAc$ (Ac = Acylrest). Auch können die durch *elektrophile Thallierung* von Aromaten mit Tl(III)-Salzen erzeugbaren Verbindungen $ArTl(OAc)_2$ ($Ac = SO_2CF_3$) leicht mit Nucleophilen Nu^- (z. B. I^-) unter Austritt von TlOAc und OAc^- in ArNu verwandelt werden.

3.3 Niedrigwertige Gallium-, Indium-, Thallium-Verbindungen

Wasserstoffverbindungen

Gallylen GaH („*Gallandiyl*") ($r_{GaH} = 1.67$ Å; $\Delta H_f = +239$ kJ/mol), **Indylen InH** („*Indandiyl*") ($r_{InH} = 1.845$ Å; $\Delta H_f = +285$ kJ/mol) und **Thallylen TlH** („*Thallandiyl*" ($r_{TlH} = 1.870$ Å; $\Delta H_f = +322$ kJ/mol) entstehen als instabile Teilchen beim Leiten von atomarem Wasserstoff über die Metalle bei erhöhten Temperaturen sowie bei elektrischen Entladungen zwischen einer Cu-Anode und einer Ga-, In- oder Tl-Kathode in H_2-Atmosphäre. Von TlH leitet sich **Thalliumboranat $TlBH_4$** (beständig bis 40 °C) ab.

Halogenverbindungen

Von den „*Monohalogeniden*" **EX** der Elemente E = Ga, In, Tl (*Halogengallylen, -indylen, -thallylen*) sind die Fluoride GaF und InF nur in der Gasphase bei erhöhter Temperatur stabil, während TlF und alle Chloride, Bromide sowie Iodide auch in fester Phase existieren (die Existenz von festem GaBr und GaI ist unsicher). Darüber hinaus kennt man niedrigwertige Halogenide, denen u. a. die Zusammensetzungen von „*Dihalogeniden*" $\mathbf{EX_2} \mathrel{\hat{=}} E^I[E^{III}X_4]$ sowie „*Sesquihalogeniden*" $\mathbf{E_2X_3} \mathrel{\hat{=}} E^I_2[E^{II}_2X_6]$ oder $E^I_3[E^{III}X_6]$ zukommen. Bezüglich der „*Trihalogenide*" $\mathbf{EX_3}$ vgl. S. 1096.

Galliumhalogenide. Die „*Monohalogenide*" **Gallium(I)-fluorid, -chlorid, -bromid** und **-iodid GaX** bilden sich in der Gasphase ($r_{GaX} = 1.775/2.202/2.353/2.575$ Å; $\Delta H_f = -252/-80/-50/+29$ kJ/mol) bei erhöhten Temperaturen durch *Komproportionierung* von Ga und GaX_3. Sie zerfallen bei weniger hohen Temperaturen umgekehrt in Ga und GaX_3 unter *Disproportionierung*: $2\,Ga + GaX_3 \rightleftarrows 3\,GaX$ (vergleiche Bildung und Zerfall von AlX, S. 1076). Gasförmiges GaCl läßt sich auch durch Überleiten von HCl über Gallium bei hohen Temperaturen (ca. 950 °C) und niedrigen Drücken (< 0.2 bar) gewinnen ($Ga + HCl \rightarrow GaCl + \frac{1}{2}H_2$) und an mit flüssigem Stickstoff gekühlten Flächen als *roter*, bei ca. 0 °C disproportionierender Festkörper abscheiden (zum Vergleich: AlCl zerfällt oberhalb −90 °C). Das in Ether/Toluol-Gemischen gelöste GaCl zersetzt sich ebenfalls um 0 °C in Ga und $GaCl_3$: wie gelöstes AlCl wird es von protonenaktiven Stoffen (z. B. MeOH) zur dreiwertigen Stufe oxidiert. Eine Stabilisierung von GaX (X = Cl, Br, I) erfolgt durch Komplexierung mit Lewis-Säuren wie AlX_3 oder GaX_3. Letztere bilden Addukte des Typs $Ga[AlX_4]$ bzw. $Ga[GaX_4]$, wobei die aus Ga und GaX_3, Hg_2X_2 bzw. HgX_2 zugänglichen Halogenide $Ga^I[Ga^{III}X_4]$ gemäß ihrer Summenformel formal „*Dihalogenide*" mit zweiwertigem Gallium darstellen: **Gallium(II)-chlorid, -bromid** bzw. **-iodid GaX_2** (Smp. von $GaCl_2$ 172 °C, Sdp. 535 °C). Im *festen* Galliumdichlorid $Ga^I[Ga^{III}Cl_4]$ (Entsprechendes gilt für das Bomid und Iodid) stehen den kurzen, weniger elektrovalenten GaCl-Bindungen von Ga^{III} im $GaCl_4$-Tetraeder (T_d-Symmetrie; GaCl-Abstand 2.18 Å) lange, überwiegend elektrovalente GaCl-Bindungen von Ga^I gegenüber (3.18 Å). Die hohe Symmetrie der Umgebung der Ga^+-Ionen (Ga^+ besetzt jeweils die Mitte eines kaum verzerrten Dodekaeders aus acht Cl-Atomen) spricht gegen eine stereochemische Wirksamkeit des freien s^2-Valenzelektronenpaars von einwertigem Gallium[164]. Die in Arenen in Form von „Ionenpaaren" löslichen (S. 1103) *Dihalogenide* (Arenlösungen leiten den elektrischen Strom nicht) bilden mit Donoren D (Ether, Thioether, Selenoether, Aminen, Phosphanen) *Komplexe*, denen in der Regel die Struktur $[GaD_4]^+[GaX_4]^-$, in Ausnahmefällen (D z. B. Halogenid, Dioxan) aber auch die Struktur

---

[164] Auch die NMR-spektroskopischen Untersuchungsergebnisse sind mit der Vorstellung im Einklang, daß das s^2-Valenzelektronenpaar von Ga^I in festem und flüssigem $Ga^I[Ga^{III}Cl_4]$ nicht wesentlich von der sphärischen Symmetrie abweicht. In festem $Ga^I[Ga^{III}I_4]$ ist Ga^+ zweifach-überkappt-trigonal-prismatisch von Iod umgeben, was eine stereochemische Aktivität des s^2-Valenzelektronenpaars im Galliumdiiodid andeutet.

$DX_2Ga—GaX_2D$ zukommt. In letzteren Verbindungen ist Gallium wegen der vorliegenden GaGa-Bindungen formal zweiwertig, aber nicht paramagnetisch. Ekliptisch konformierte, mit Ge_2X_6 isoelektronische Ionen $Ga_2X_6^{2-}$ (r_{GaGa} ca. 2.39 Å; D_{3h}-Symmetrie) liegen auch den „*Sesquihalogeniden*" **Digalliumtrichlorid** und **-bromid** $\mathbf{Ga_2X_3} \triangleq Ga^I_2[Ga^{II}_2X_6]$ zugrunde. Das darüber hinaus bekannte **Trigalliumheptachlorid** $\mathbf{Ga_3Cl_7}$ stellt anders als Ga_2Cl_3 kein Ga(I,II)-, sondern analog $GaCl_2$ ein Ga(I,III)-chlorid dar: $Ga^I[Ga^{III}_2Cl_7]$ (eckenverknüpfte $GaCl_4$-Tetraeder; gauche-Konformation; C_2-Symmetrie; Winkel GaClGa = 109.0°.

Indiumhalogenide. Die gasförmigen „*Monohalogenide*" **Indium(I)-fluorid, -chlorid, -bromid** und **-iodid InX** (r_{InX} = 1.985/2.401/2.543/2.754 Å; ΔH_f = − 203/− 186/− 175/− 116 kJ/mol) bilden sich bei erhöhter Temperatur gemäß $2In + InX_3 \rightleftarrows 3InX$. Festes InCl, InBr und InI (verzerrte NaCl-Struktur; ΔH_f = − 186/− 175/− 116 kJ/mol) lassen sich durch Halogenierung von Indium mit X_2 oder HgX_2 bei 350 °C gewinnen. Sie sind hinsichtlich einer Disproportionierung in Metall und Trihalogenid stabiler als die entsprechenden Gallium(I)-halogenide (z. B. schmilzt *rotes* InCl bei 225 °C), disproportionieren aber in wässeriger Lösung in In und In^{3+}. Sie bilden wie GaX mit Lewis-Säuren EX_3 (E = Al, Ga, In) Addukte des Typs $In[EX_4]$. Die aus Indium und InX_3, HgX_2 bzw. HX (X = Br, I) zugänglichen Halogenide $In^I[In^{III}X_4]$ (InX_4-Tetraeder; T_d-Symmetrie; $In[InI_4]$ ist isostrukturell mit $Ga[GaCl_4]$) stellen gemäß ihrer Summenformel formal „*Dihalogenide*" dar: **Indium(II)-bromid** und **-iodid** $\mathbf{InX_2}$. Das entsprechende „$InCl_2$" hat tatsächlich die Zusammensetzung $InCl_{1.8}$ und ist als **Pentaindiumnonachlorid** $\mathbf{In_5Cl_9}$ = $In^I_3[In^{III}_2Cl_9]$ zu formulieren ($In_2Cl_9^{3-}$ mit D_{3h}-Symmetrie baut sich aus zwei flächenverknüpften $InCl_6$-Oktaedern auf, vgl. S. 1097). Mit $^tBu_4NX$ lassen sich „$InCl_2$", $InBr_2$ und InI_2 in Salze mit dem $In_2X_6^{2-}$-Anion (Bau analog $Ga_2X_6^{2-}$: $X_3In—InX_3^{2-}$) umwandeln, das im Falle X = Br auch dem „*Sesquihalogenid*" **Diindiumtribromid** $\mathbf{In_2Br_3}$ = $In^I_2[In^{II}_2Br_6]$ zugrunde liegt, während das entsprechende **Diindiumtrichlorid** $\mathbf{In_2Cl_3}$ den Bau $In^I_3[In^{III}Cl_6]$ aufweist[165]. Man kennt darüber hinaus $\mathbf{In_7Cl_9}$ (früher als In_3Cl_4 bzw. In_4Cl_5 angesehen; zu formulieren als $In^I_6[In^{III}Cl_9]$ mit komplizierter Struktur) und $\mathbf{In_5Br_7}$ (zu formulieren als $In^I_3[In^{II}_2Br_6]Br$ sowie $\mathbf{In_4Br_7}$).

Thalliumhalogenide. Die Löslichkeitsverhältnisse der „*Monohalogenide*" TlX entsprechen denen der Silberhalogenide AgX. Demgemäß gewinnt man **Thallium(I)-chlorid, -bromid** und **-iodid TlX** (*weiß/blaßgelb/gelb*; Smp. 431/460/442 °C; Sdp. 720/815//823 °C; Struktur: CsCl/CsCl/verzerrt-NaCl[166]; ΔH_f = − 204/ − 173/− 124 kJ/mol) aus wässerigen Lösungen von Tl^+-Salzen wie $TlNO_3$ oder Tl_2SO_4 durch Zugabe von Chlorid, Bromid oder Iodid als schwerlösliche, lichtempfindliche Niederschläge, während **Thallium(I)-fluorid TlF** (*weiß*; Smp. 322 °C; Sdp. 826 °C; verzerrte NaCl-Struktur: ΔH_f = − 326 kJ/mol) in einfacher Weise durch Umsetzung von Tl_2CO_3 mit Flußsäure zugänglich ist. Der Dampf über den geschmolzenen Monohalogeniden enthält Moleküle $(TlX)_2$ und TlX (r_{TlX} = 2.084/2.485/2.618/2.814 Å für X = F/Cl/Br/I). Anders als die Ga(I)- und In(I)-halogenide weisen die Tl(I)-halogenide keine Tendenz zur Disproportionierung in Tl und TlX_3 auf (TlX_3 zerfällt umgekehrt beim Erhitzen in TlX und X_2). Sie bilden jedoch wie diese „*Dihalogenide*" und „*Sesquihalogenide*" nämlich **Thallium(II)-chlorid** und **-bromid** $\mathbf{TlX_2}$ $\triangleq Tl^I[Tl^{III}X_4]$ sowie **Dithalliumtrichlorid** und **-bromid** $\mathbf{Tl_2X_3} \triangleq Tl^I_3[Tl^{III}X_6]$. Halogenide mit $X_3Tl—TlX_3^{2-}$-Ionen (TlTl-Bindung) sind unbekannt. Man *verwendet* TlI als aktivierenden Zusatz zu NaI-Szintillationskristallen für Leuchtschirme zum Nachweis radioaktiver Strahlung (s. dort) und TlBr-Einkristalle als optische Fenster, Prismen, Linsen in IR-Spektrometern. TlBr dient darüber hinaus zur Dehalogenierung organischer Verbindungen.

Chalkogenverbindungen

Von Gallium, Indium und Thallium (E) sind niedrigwertige „*Oxide*", „*Sulfide*", „*Selenide*" und „*Telluride*" (Y) mit Stöchiometrien wie $\mathbf{E_2Y}$ oder **EY** bekannt. Sie stellen teils Nichtmetalle, teils Halbmetalle dar und wirken in einigen Fällen als Halb-, Photo- oder Supraleiter bzw. als Lichtemitter.

Galliumchalkogenide. Während die durch Komproportionierungsreaktion aus Ga und Ga_2X_3 zugänglichen **Gallium(I)-chalkogenide** $\mathbf{Ga_2Y}$ (Y = O, S, Se) bisher nicht näher charakterisiert wurden (z. B. *dunkelbraunes* Ga_2O, *grauschwarzes* Ga_2S), kennt man die Strukturen der auf gleiche Weise synthetisierbaren **Gallium(II)-chalkogenide GaY** (Y = S, Se, Te): bei letzteren liegen hexagonale, arsenanaloge Schichten vor, die abwechselnd Ga- und S-Atome enthalten; jeweils zwei derartige Schichten sind über schwache GaGa-Bindungen miteinander verknüpft (z. B. GaGa-Abstand im *gelben*, bei 970 °C schmelzenden GaS gleich 2.45 Å, kürzeste GaGa-Abstände in Ga-Metall: 2.465 Å). Jedes Ga-Atom ist also tetraedrisch von drei S- und einem Ga-Atom, jeder Ga_2-Cluster von sechs S-Atomen umgeben; in wässeriger Lösung disproportionieren Ga_2Y und GaY zu Ga(0) und Ga(III), worauf sich Ga(0) seinerseits unter H_2-Entwicklung zu Ga(III) oxidiert.

---

[165] Hexahalogenoindate InX_6^{3-} existieren zwar mit kleinerem Chlorid, aber nicht mit größerem Bromid.

[166] Bei 168 °C oder bei 4700 bar verwandelt sich *gelbes* TlI in eine *rote* Modifikation (CsCl-Struktur), bei 160000 bar in eine metallische Form (elektrische Leitfähigkeit $10^4\ \Omega^{-1}\ cm^{-1}$).

Indiumchalkogenide. Unter den **Indium(II)-chalkogeniden InY** haben InS (*rot*) und InSe (*schwarz*) Strukturen mit zweiwertigem In, die den Doppelschichtstrukturen der analogen Ga(II)-chalkogenide gleichen (durch Schwefel verknüpfte In_2-Cluster; InIn-Abstand in InS 2.82 Å, in In-Metall: 3.34 Å), während die Struktur des Halbleiters InTe im Sinne von $In^I[In^{III}Te_2]$ ein- und dreiwertiges In enthält. Hierbei ist die $InTe_2$-Baueinheit analog SiS_2 (S. 916) kettenförmig gebaut (tetraedrisches In(III)); die Ketten werden durch In^+ (kubische Koordination durch Te^{2-}) zusammengehalten[167]. Die Strukturen der etwas *chalkogenärmeren* **Tetraindiumtrichalkogenide In_4Y_3** = $In^I[In_3Y_3]$ (Y = Se, Te) stellen in gewissem Sinne eine Kombination der Strukturen von InSe und InTe dar; die Verbindungen enthalten neben In^+ der Oxidationsstufe +1 Atomcluster In_3^{5+} (isovalenzelektronisch mit Hg_3^{2+}) mit Indium der Oxidationsstufe +1.67. Die Ionen In^+ und In_3^{5+} (r_{InIn} ca. 2.79 Å; Winkel InInIn ca. 158°) werden durch die Y-Atome miteinander verknüpft.

Thalliumchalkogenide. Das **Thallium(I)-oxid Tl_2O** (Smp. 596 °C; $\Delta H_f = -179$ kJ/mol; anti-$CdCl_2$-Struktur mit nahezu dichtester Tl-Atompackung), das wie das Silberoxid Ag_2O *schwarz* ist, aber auch in einer *gelben* (instabilen) Modifikation vorkommt, entsteht beim Erhitzen von Tl_2O_3 auf 700 °C bzw. beim Entwässern von **Thallium(I)-hydroxid TlOH** (*gelb*; $\Delta H_f = -239$ kJ/mol) bei 100 °C[168]); letzteres Hydroxid (z. B. gewinnbar nach: $Tl + H_2O \rightarrow TlOH + \frac{1}{2}H_2$) gleicht in mancher Hinsicht dem Kaliumhydroxid (vgl. S. 1174): so löst es sich wie KOH in Wasser unter *stark alkalischer* Reaktion und zieht an Luft begierig Kohlendioxid an. Das dabei entstehende „*Thallium(I)-carbonat*" Tl_2CO_3 ist das einzige in Wasser leicht lösliche Schwermetallcarbonat und reagiert in wässeriger Lösung wie Kaliumcarbonat K_2CO_3 infolge Hydrolyse stark alkalisch. „*Thallium(I)-sulfat*" Tl_2SO_4 ist mit Kaliumsulfat K_2SO_4 isomorph und bildet wie dieses mit verschiedenen anderen Sulfaten Doppelsulfate wie z. B. den Alaun $TlAl(SO_4)_2 \cdot 12H_2O$ und die Verbindung $Tl_2Mg(SO_4)_2 \cdot 6H_2O$. Das mit dem Kalium-hexachloroplatinat(IV) $K_2[PtCl_6]$ isomorphe „*Thallium(I)-hexachloroplatinat(IV)*" $Tl_2[PtCl_6]$ ist wie jenes in Wasser schwer löslich. Andererseits gleichen die Tl^+-Kationen ($TlOH \rightleftarrows Tl^+ + OH^-$) auch den Ag^+-Ionen (vgl. S. 1343) und bilden wie letztere mit Chlorid, Bromid, Iodid und Sulfid in Wasser schwer lösliche Niederschläge TlCl, TlBr, TlI und Tl_2S (die Tl(I)-halogenide bilden allerdings im Unterschied zu den Silberhalogeniden keine Ammoniak-Komplexe). Die aus Alkohol und Thallium gemäß $Tl + HOR \rightarrow TlOR + \frac{1}{2}H_2$ gewinnbaren „*Thallium(I)-alkoxide*" TlOR (R = Me: fest; R = Et: flüssig) sind wegen ihrer tetrameren Würfelstruktur mit vierfach koordiniertem Sauerstoff (vgl. die Kubanstruktur der Al-Verbindungen $(RAlNH)_4$, S. 1090) erwähnenswert.

Das beim Einleiten von H_2S in eine Tl(I)-Salzlösung ausfallende *schwarze* **Thallium(I)-sulfid Tl_2S** ($\Delta H_f = -97$ kJ/mol) hat eine ähnliche Struktur (anti-CdI_2) wie Tl_2O (anti-$CdCl_2$). Unter den **Thallium(II)-chalkogeniden TlY** (Y = S, Se, Te) ist *schwarzes* TlS sowie *schwarzes* TlSe analog InTe strukturiert (s. o.), während metallisch-schwarzes TlTe einen verwickelten Bau (Abart von W_5Si_3) aufweist. Die Struktur des *chalkogenärmeren* **Tetrathalliumtrisulfids Tl_4S_3** unterscheidet sich von der Struktur des Indiumselenids und -tellurids In_4Y_3. Es enthält im Sinne von $Tl_3^I[Tl^{III}S_3]$ Ketten aus eckenverknüpften $Tl^{III}S_4$-Tetraedern, die durch Tl^+ zusammengehalten werden. Somit wächst beim Übergang von In_4Y_3 zu Tl_4S_3 der Gehalt an einwertigem Metall, was der Bevorzugung der Oxidationsstufe +1 in Richtung In, Tl entspricht. Aus gleichem Grunde enthalten Verbindungen, die *chalkogenreicher* als TlY sind, einwertiges Thallium (die Sulfide TlS_2, Tl_2S_5, Tl_2S_9 stellen Tl(I)-polysulfide dar).

Pentelverbindungen

Niedrigwertige Pentelverbindungen sind von Thallium bekannt, welches ein explosives „*Thallium(I)-nitrid*" Tl_3N (schwarz), „*Thallium(I)-azid*" TlN_3 sowie „*Thallium(II)-azid*" $Tl(N_3)_2 = Tl^I[Tl^{III}(N_3)_4]$ bildet. Darüber hinaus kennt man (bisher schlecht charakterisierte) „*Thallium(I)-phosphide*" wie Tl_3P, TlP_3, TlP_5 sowie legierungsartige „*Thalliumarsenide*", „*-antimonide*" und „*-bismutide*" (z. B. Tl_3As, Tl_3Sb, Tl_3Bi, $TlBi_2$).

Niedrigwertige organische Gallium-, Indium- und Thalliumverbindungen[163]

Ähnlich wie „*Diboran(4)*" B_2H_4 und „*Dialan(4)*" Al_2H_4 sind auch „*Digallan(4)*" Ga_2H_4, „*Diindan(4)*" In_2H_4 und „*Dithallan(4)*" Tl_2H_4 instabil (jeweils *zweiwertiges* Triel B, Al, Ga, In, Tl; Struktur: $H_2E\text{-}EH_2$). Es existieren aber kristalline **Ditrieltetraorganyle und -silyle E_2R_4** mit sperrigen Substituenten R wie „*Disyl*" = $CH(SiMe_3)_2$, „*Hypersilyl*" $Si(SiMe_3)_3$ bzw. „*Supersilyl*" Si^tBu_3, z. B. *gelbes* $Ga_2(Disyl)_4$ (Smp. 197 °C/Zers.; lichtstabil; planares Ga_2R_4-Gerüst; GaGa-Abstand 2.541 Å), *orangerotes* $In_2(Disyl)_4$ (Smp. 154 °C/Zers.; lichtempfindlich; planares In_2R_4-Gerüst; InIn-Abstand 2.828 Å), *violettes* $In_2(Supersilyl)_4$ (Zers. ab 120 °C, gestaffeltes In_2R_4-Gerüst; InIn-Abstand 2.922 Å), *dunkelrotes* $Tl_2(Hypersilyl)_4$

---

167 In den etwas *chalkogenreicheren* Chalkogeniden **In_6Y_7** (Y = S, Se) besetzen die In-Atome oktaedrische Lücken von gegeneinander verdrillten Blöcken dichtest-gepackter S-Atome. Man kennt auch ein **In_6Y_8** (Y = Te).

168 Man kennt auch ein gemischtes Oxid $Tl_4O_3 = Tl_3^I[Tl^{III}O_3]$ und ein violettes Hyperperoxid Tl^IO_2.

(labil; gestaffeltes Tl_2R_4-Gerüst; TlTl-Abstand 2.914 Å), *schwarzgrünes* Tl_2(Supersilyl)$_4$ (gestaffeltes Tl_2R_4-Gerüst; TlTl-Abstand 2.97 Å). Die Verbindungen entstehen bei der Umsetzung von $Ga_2Br_4 \cdot 2$Dioxan bzw. $In_2Br_4 \cdot 2$tmeda (tmeda = $Me_2NCH_2CH_2NMe_2$) mit $LiCH(SiMe_3)_2$, von $TlN(SiMe_3)_2$ mit $RbSi(SiMe_3)_3$ in Pentan bei $-60\,°C$ sowie von InBr bzw. TlBr mit $NaSi^tBu_3$ in THF bei $-78\,°C$.

Auch von oligomerem „*Monoboran(I)*" $(BH)_n$ „*Monoalan(I)*" $(AlH)_n$, „*Monogallan(I)*" $(GaH)_n$ und „*Monoindan(I)*" $(InH)_n$ (jeweils *einwertiges Triel*; Strukturen: E_n-Cluster) existieren nur organische Derivate mit sperrigen Organylsubstituenten in Form kristalliner **Tetratrieltetraorganyle und -silyle E_4R_4** ($n = 4$) mit E_4-Tetraedergerüst: *Dunkelrotes* Ga_4(Trisyl)$_4$ (Zers. > 255 °C; lichtstabil; luftstabil; GaGa-Abstände 2.688 Å; gewinnbar aus $Ga_2Br_4 \cdot 2$Dioxan und solvensfreiem $LiC(SiMe_3)_3$ in Pentan bei $-60\,°C$), *violettes* Ga_4(Hypersilyl)$_4$, *dunkelpurpurnes* In_4(Trisyl)$_4$. Die Verbindung Ga_4(Trisyl)$_4$ dissoziiert in Benzol bei abnehmender Konzentration zunehmend in hellgelbes „*Monogalliummonotrisyl*" Ga(Trisyl).

Organische Derivate des *Gallylens* GaH, *Indylens* InH, *Thallylens* TlH (jeweils *einwertiges Triel*; Struktur: E-Atome ohne wesentliche EE-Kontakte) treten möglicherweise als reaktive Zwischenprodukte bei der „Metathese" von Monohalogeniden EX mit Metallorganylen wie LiR, RMgX sowie bei „Thermolysen" und „elektrochemischen Reduktionen" von Triorganylen ER_3 auf. Isoliert werden konnten „*Cyclopentadienyl*"- und „*Aromaten-Komplexe*":

Cyclopentadienyl-Komplexe ECp. Die Darstellung der Cyclopentadienyl-Komplexe erfolgt durch *Metathese* aus Ga(I)-, In(I)- bzw. Tl(I)-Verbindungen mit Alkali- oder Erdalkalimetallcyclopentadieniden, z. B.: GaCl + LiCp → GaCp + LiCl in Ether/Toluol bei $-30\,°C$; InCl + LiCp → InCp + LiCl in Benzol bei 50 °C; TlOH + CpH → TlCp + H_2O in Natronlauge bei Raumtemperatur (Cp = C_5H_5). InCp ist zudem durch *Thermolyse* von $InCp_3$ bei 150 °C zugänglich: $InCp_3$ → InCp + Cp—Cp. Auf entsprechenden Wegen lassen sich In(I)- und Tl(I)-Komplexe mit substituierten Cyclopentadienylresten wie C_5H_4Me, 1,3-$C_5H_3(SiMe_3)_2$, C_5Me_5, $C_5(CH_2Ph)_5$, C_5Cl_5 gewinnen. Eigenschaften. Cyclopentadienyl-Komplexe von Ga(I), In(I) und Tl(I) stellen *farblose* bis *gelbe*, kristalline, sublimierbare, in organischen Medien gut (z. B. GaCp, InCp) bis mäßig lösliche (z. B. TlCp) Feststoffe dar. Die *Thermostabilität* der Verbindungen MCp wächst in Richtung AlCp (Zersetzung bei $-60\,°C$) < GaCp < InCp < TlCp; die *Luft-* und *Wasserempfindlichkeit* nimmt in gleicher Richtung ab (InCp ist noch luftempfindlich, aber bereits wasserstabil, TlCp luft- und wasserstabil). Cyclopentadienylindium eignet sich zur *Darstellung von In(I)-Verbindungen* nach InCp + HX → InX + CpH, Cyclopentadienylthallium als *Cyclopentadienylierungs-Reagens* in der Übergangsmetallchemie.

Die Strukturen der Cyclopentadienylkomplexe von einwertigem Gallium, Indium und Thallium sind durch die zentrische pentahapto- (η^5-)Koordination des Metalls an den Cyclopentadienyl-Rest gekennzeichnet. In der *Gasphase* liegen *Monomere* des Typs (a) mit C_{5v}-Symmetrie, in der *Festphase Oligomere* bzw. *Polymere* vor, in welchen Cyclopentadienylmetall-Einheiten über zusätzliche Metall-Cp- oder sehr schwache Metall-Metall-Wechselwirkungen miteinander verknüpft sind. So bilden InCp, TlCp und TlCp* Zickzackketten (c), $InC_5H_3(SiMe_3)_2$ Ringe (d). In beiden Fällen bindet ein Cyclopentadienyl-Rest Cp = C_5H_5 bzw. Cp* = C_5Me_5 jeweils zwei Metallatome und ein Metallatom jeweils zwei Cyclopentadienyl-Reste pentahapto, wobei die Cp- bzw. Cp*-Ringe gegeneinander geneigt sind (Winkel α zwischen den Ringachsen im Falle von InCp 137°, d. h. Interplanarwinkel = 180 − 137 = 43°; vgl. Stannocen, S. 968). In den in fester Phase dimeren Verbindungen InCp** und TlCp** (Cp** = $C_5(CH_2Ph)_5$) liegen andererseits M_2-Cluster mit sehr langen MM-Bindungen (3.63 Å; Abstände in In- bzw. Tl-Metall: 3.34 bzw. 3.40 Å) und *trans*-ständigen Cp**-Resten vor (C_i-Molekülsymmetrie), während die In-Atome in der *hexameren* Verbindung InCp* die Ecken eines gestauchten trigonalen Antiprismas besetzen (S_6- bzw. D_{3d}-Symmetrie; In-Abstände 3.942 und 3.963 Å). Die betreffenden Komplexe lösen sich in Cyclohexan unter Bildung von monomerem MCp* bzw. MCp** (C_{5v}-Symmetrie).

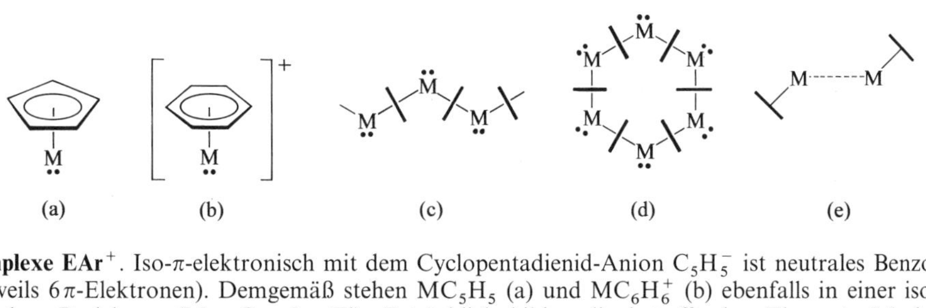

M M M M M M M M M M M

(a) (b) (c) (d) (e)

Aren-Komplexe EAr^+. Iso-π-elektronisch mit dem Cyclopentadienid-Anion $C_5H_5^-$ ist neutrales Benzol C_6H_6 (jeweils 6π-Elektronen). Demgemäß stehen MC_5H_5 (a) und $MC_6H_6^+$ (b) ebenfalls in einer iso-elektronischen Beziehung (M = Ga, In, Tl). Tatsächlich bilden die betreffenden Elemente M der III. Hauptgruppe im *einwertigen* Zustande – ähnlich wie die im Periodensystem rechts benachbarten metallischen Elemente der IV. und V. Hauptgruppe im *zwei* bzw. *dreiwertigen* Zustand (jeweils $d^{10}s^2$-Außenelektronenkonfiguration) – „*Aren-Komplexe*", z. B.:

Ga(I)	$\{[GaBz^{**}][GaCl_4]\}_4$; vgl. f, g, h	**Ge(II)**	$[ClGePcp]_2[Al_4O_2Cl_{10}]$	**As(III)**	$[Cl_3AsBz^{***}]$
In(I)	$\{[InBz_2^*][InBr_4]\}_x$	**Sn(II)**	$\{[SnClBz^{**}][AlCl_4]_2\}_2$	**Sb(III)**	$[Cl_3SbBz^{***}]$
Tl(I)	$[TlBz_2^*]_2[TlBz^*]_2[GaBr_4]_4$	**Pb(II)**	$\{[PbBz][AlCl_4]_2\}_x$	**Bi(III)**	$[Cl_3BiBz^{**}]_4$

Zur Darstellung löst man *Salze* der betreffenden einwertigen Metalle wie $Ga^+[GaCl_4]^-$, $Ga^+[GaBr_4]^-$, $In^+[InBr_4]^-$, $Tl^+[GaBr_4]^-$ in *Arenen* wie Benzol C_6H_6 (Bz) oder Lösungen von Mesitylen $C_6H_3Me_3$ (Bz*), Hexamethylbenzol C_6Me_6 (Bz**), Hexaethylbenzol C_6Et_6 (Bz***), [2.2.2] Paracyclophan $[—CH_2—C_6H_4—CH_2—]_3$ (Pcp) in Benzol oder Toluol bei höheren Temperaturen auf und kristallisiert die betreffenden Arenkomplexe bei tieferen Temperaturen aus. Ähnlich hohe Löslichkeiten wie den komplexen Halogeniden von Ga(I), In(I) und Tl(I) kommen – als Folge der Bildung von Arenkomplexen – auch vielen Halogeniden von Ge(II), Sn(II), Pb(II), As(III), Sb(III) und Bi(III) zu[169].

Unter den Eigenschaften der *farblosen*, in Aromaten mäßig bis schlecht löslichen Arenkomplexe seien der um 150 °C eintretende *thermische Zerfall* der Ga(I)-, In(I)- und Tl(I)-Verbindungen unter Arenabgabe sowie die hohe *Reduktionswirkung* der in Aromaten gelösten Ga(I)- und In(I)-Verbindungen erwähnt.

Ein charakteristisches Struktur-Merkmal der Arenkomplexe von Ga(I), In(I) und Tl(I) – aber auch von Ge(II), Sn(II), Pb(II), As(III), Sb(III) und Bi(III) – ist die *zentrische hexahapto-(η^6-)Koordination* der Arene an die Metalle, welcher nur beim Antimon zuweilen durch eine seitliche Verschiebung ausgewichen wird[170]. Die auf Wechselbeziehungen elektronenbesetzter Aren-π-Molekülorbitale mit elektronenleeren Metall-p-Orbitalen zurückgehenden *Bindungen* zwischen Hauptgruppenmetall und Aren sind – verglichen mit Bindungen zwischen Nebengruppenmetall und Aren[171] – *relativ schwach*. Die Komplexe geben deshalb ihre Arenkomponenten bereits bei leicht erhöhter Temperatur wieder ab. Auch führt die Komplexierung zu keinen nennenswerten Verzerrungen der Arene. Elektronenschiebende Gruppen im Aren führen zu einer Stabilisierung der Komplexe. Aus diesem Grunde findet man für Mesitylen und insbesondere Hexamethylbenzol kürzere Metall-Aren-*Abstände* als für Benzol[172]. In Bis(aren)-Komplexen mit freibeweglichen Arenen sind die beiden aromatischen Ringe stets gegeneinander geneigt, wobei die *Winkel* α zwischen den Ringachsen 120–140° betragen (die Winkel β zwischen den Ringebenen betragen somit 60–40°; vgl. Formel (f), (g)). Die Abwinkelung geht hierbei weniger auf eine stereochemische Wirksamkeit des freien Metall-Außenelektronenpaars, sondern mehr auf eine energiegünstige Wechselwirkung der Aren-π- mit den Metall-p-Orbitalen bei Winkeln $\alpha < 180°$ ($\beta > 0°$) zurück.

Beim Auflösen der Ga(I)-, In(I)- und Tl(I)-Halogenidkomplexe wie $Ga[GaX_4]$ in Arenen werden einige – aber nicht alle – *elektrovalenten Bindungen* zwischen Ga^+-, In^+- bzw. Tl^+-Kationen und Halogenid-Anionen *gespalten*. Die *Anzahl* der verbleibenden *Metall-Halogen-Beziehungen* sinkt mit wachsender Donortendenz des Arens, steigender Zahl gebundener Arene sowie abnehmendem Radius der Metallionen und beträgt *vier* im Falle von *dimerem* $[Ga(Benzol)_2][GaCl_4]$ (f) (Koordinationszahl von Ga(I) gleich 6), *zwei* im Falle von *polymerem* $[Ga(Mesitylen)_2][GaCl_4]$ (g) (KZ von Ga(I) gleich 4) und *eins* im Falle von *monomerem* $[Ga(2.2.2\text{-}Paracyclophan)][GaBr_4]$ (h) (KZ von Ga(I) gleich 4). Analoges beobachtet man bei Arenkomplexen von Ge(II), Sn(II), Pb(II), As(III), Sb(III) und Bi(III).

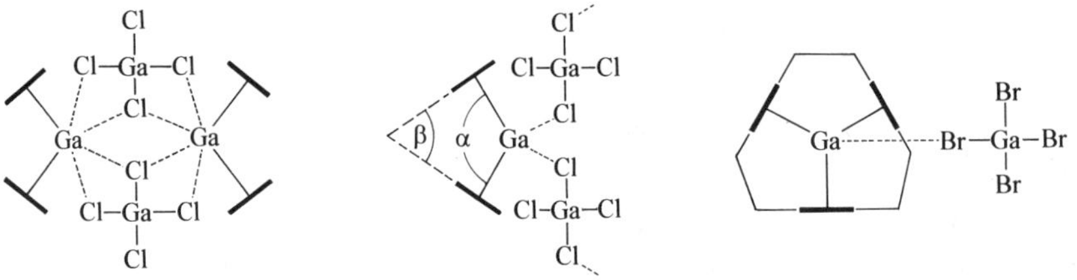

$\{[Ga(C_6H_6)_2][GaCl_4]\}_2$
(f)

$\{[Ga(C_6H_3Me_3)_2][GaCl_4]\}_x$
(g)

$[Ga(-CH_2C_6H_4CH_2-)_3][GaBr_4]$
(h)

---

169 In ihrer Arenlöslichkeit gleichen die Salze von einwertigen Elementen der III. Hauptgruppe ($d^{10}s^2$-Außenelektronenkonfiguration) den Salzen einwertiger Elemente der I. Nebengruppe (Cu^+, Ag^+, Au^+; $d^{10}s^0$-Außenelektronenkonfiguration) und nicht den einwertigen Elementen der I. Hauptgruppe (K^+, Rb^+, Cs^+; d^0s^0-Außenelektronenkonfiguration; $K^+[GaCl_4]^-$ ist z. B. unlöslich in aromatischen Solventien). In analoger Weise sind komplexe Halogenide von zweiwertigen Elementen der IV. Hauptgruppe (Ge^{2+}, Sn^{2+}, Pb^{2+}; $d^{10}s^2$-Außenelektronenkonfiguration) in aromatischen Kohlenwasserstoffen löslich, solche von zweiwertigen Elementen der II. Hauptgruppe (Ca^{2+}, Sr^{2+}, Ba^{2+}; d^0s^0-Außenelektronenkonfiguration) nicht. Offensichtlich fördern also weiche Metallzentren (d^{10}) die Arenkomplexbildungstendenz.

170 Für die einwertigen Metalle der I. Nebengruppe (Cu^+, Ag^+, Au^+) ist ausschließlich eine asymmetrische di- oder trihapto- (η^2-, η^3-)Koordination bekannt. Der als Beispiel angeführte Komplex $[Cl_3SbBz^{***}]$ gehört zu den zentrischen.

171 An den Bindungen zwischen d-Block-Elementen und Arenen sind zusätzliche Wechselwirkungen elektronenbesetzter Metall-d-Orbitale mit elektronenleeren Aren-π^*-Orbitalen beteiligt (S. 1696f).

172 Die Aren-Metall-Abstände sind in Bis(aren)-Komplexen meist nicht gleichartig und im Mittel größer als in vergleichbaren Mono(aren)-Komplexen.

Kapitel XVII

Die Gruppe der Erdalkalimetalle

Die Gruppe der **Erdalkalimetalle**[1] (12. Gruppe bzw. II. Hauptgruppe des Periodensystems) umfaßt die Elemente *Beryllium* (Be), *Magnesium* (Mg), *Calcium* (Ca), *Strontium* (Sr), *Barium* (Ba) und *Radium* (Ra)[2]. Am Aufbau der Erdrinde einschließlich Luft- und Wasserhülle sind sie mit 2.7×10^{-4} (Be), 2.0 (Mg), 3.4 (Ca), 3.6×10^{-2} (Sr), 4.0×10^{-2} (Ba) und 1.0×10^{-10} (Ra) Gew.-% beteiligt (Gewichtsverhältnis 0.0003 : 200 : 340 : 1 : 1 : 10^{-8}). Das Maximum der Häufigkeit liegt hiernach bei den Elementen Mg und Ca; die Elemente Sr und Ba sind um 2 Zehnerpotenzen weniger häufig. Ra tritt infolge seines dauernden radioaktiven Zerfalls (S. 1127) in der Natur nur in sehr geringen Mengen auf. Bezüglich des geringen Vorkommens von Beryllium vgl. S. 1766.

1 Das Beryllium[3]

1.1 Elementares Beryllium[3]

Vorkommen. Beryllium gehört zu den selteneren Metallen, das in Salzen sowohl *kationisch* („*Berylliumsilicate*") wie *anionisch* („*Beryllate*") vorkommt. Am häufigsten findet sich in der Natur der – gelegentlich in meterhohen, dicken, hexagonalen Prismen kristallisierende – „*Beryll*" $Be_3Al_2[Si_6O_{18}]$ (S. 931) und der „*Bertrandit*" $Be_4(OH)_2[Si_2O_7]$, ein hydrothermales Umwandlungsprodukt des Berylls. Beryll kristallisiert zusammen mit Pegmatitgestein in Granitgewölben zuletzt aus. Förderländer sind u.a. USA, Rußland, Argentinien, Brasilien.

Gefärbte *Abarten des Berylls* sind die Edelsteine „*Smaragd*" (*grün*; chromhaltiger Beryll) und „*Aquamarin*"[4] (*hellblau*; eisenhaltiger Beryll). Seltener kommen vor: der „*Euklas*[5] $BeAl(OH)[SiO_4]$ der „*Gadolinit*"[6] $Be_2Y_2Fe^{II}O_2[SiO_4]_2$, der „*Chrysoberyll*[7] $Al_2[BeO_4]$ und der „*Phenakit*"[8] $Be_2[SiO_4]$. Eine *Varietät des Chrysoberylls* ist der von *Grün* nach *Rot* schillernde Edelstein „*Alexandrit*"[9]. Auch Euklas und Phenakit dienen als Edelsteine.

---

1 Erdalkalimetalle heißen diese Metalle, weil ihre Hydroxide wie die der links benachbarten *Alkali*metalle starke Basen sind, aber sich in ihrer geringeren Wasserlöslichkeit mehr dem rechts benachbarten typischen *Erd*metall, dem Aluminium, anschließen.

2 Man könnte die Elemente Be und Mg gemäß ihren Eigenschaften auch den Elementen Zn, Cd und Hg (II. Nebengruppe) zuordnen (vgl. Anm.[1], S. 986), da beide Elementgruppen in der äußeren Schale zwei s-Elektronen aufweisen. Da aber bei Ca, Sr und Ba (II. Hauptgruppe) diese äußere Schale wie bei Be und Mg auf eine 8er-Schale und nicht wie bei Zn, Cd und Hg auf eine 18er-Schale folgt, ist die Einordnung von Zn, Cd, Hg in die II. Nebengruppe und von Ca, Sr, Ba in die II. Hauptgruppe atomtheoretisch besser gerechtfertigt als die umgekehrte Einordnung.

3 **Literatur.** F.E. Darwin, J.H. Buddery: „*Beryllium*", Butterworths, London 1960: D.A. Everest: „*The Chemistry of Beryllium*, Elsevier, Amsterdam 1964; Comprehensive Inorg. Chem. **1** (1973) 531–590; D.E. Fenton: „*Alkali Metals and Group IIA Metals*", Comprehensive Coord. Chem. **3** (1987) 1–80; ULLMANN (5. Aufl.): „*Beryllium and Beryllium Compounds*", **A4** (1985) 11–33; GMELIN; „*Beryllium*", Syst.-Nr. **26**, bisher 4 Bände; L.B. Tepper, H.L. Hardy, R.I. Chamberlain: „*Toxicity of Beryllium Compounds*", Elsevier, Amsterdam 1961; O. Kumberger, H. Schmidbaur: „*Warum ist Beryllium so toxisch?* Chemie in unserer Zeit **27** (1993) 310–316. Vgl. Anm. 13, 14, 18.

4 Der meerwasserfarbene Aquamarin hat seinen Namen von aqua marina (lat.) = Meerwasser.

5 Der Euklas hat seinen Namen von seiner guten Spaltbarkeit: eu (griech.) = gut, klasma (griech.) = Spaltstück.

6 Nach J. Gadolin, dem Entdecker der Yttererde, welches das nach ihm benannten Mineral enthält.

7 chrysos (griech.) = Goldschmuck. Der Chrysoberyll Al_2BeO_4 ist nicht isomorph mit dem kubischen Spinell $MgAl_2O_4$ (S. 1083), sondern mit dem hexagonalen Olivin Mg_2SiO_4 (S. 931).

8 Von phenakizein (griech.) = täuschen, wegen der dem Quarz täuschend ähnlichen Kristallform des Phenakits.

9 Der im Ural entdeckte Alexandrit trägt seinen Namen nach dem russischen Zaren Alexander II.

Isotope (vgl. Anh III). *Natürliches* Beryllium besteht zu 100% aus $^{9}_{4}Be$ (für *NMR-Untersuchungen*). Das *künstliche* Nuklid $^{7}_{4}Be$ (Elektroneneinfang; $\tau_{1/2} = 53.37$ Tage) wird für *Tracerexperimente* genutzt.

Geschichtliches. *Entdeckt* wurde Beryllium als Bestandteil des Minerals Beryll bereits 1798 von L. Vauquelin, der es wegen des süßlichen Geschmacks der isolierten berylliumhaltigen Verbindungen (z. B. Hydroxid) zunächst „*Glucinium*" nannte: *glykys* (griech.) = süß. Seinen heutigen *Namen* „*Beryllium*" hat das Element von dem schon im Altertum als Edelstein geschätzten Beryll: *beryllos* (griech.) = Beryll. Von Beryll leitet sich auch das Wort *Brille* ab: im Mittelalter wurde das für den durchsichtigen (z. B. zum Sichtbarmachen des Inhalts von Reliquienschreinen benutzten) Beryll gebräuchliche Wort auch für die Bezeichnung des durchsichtigen Glases benutzt. *Elementares* Beryllium wurde erstmals 1828 von Friedrich Wöhler und – unabhängig davon – von A.-B. Bussy aus $BeCl_2$ und Kalium *dargestellt*. In *sehr reinem* Zustande gewann es 1898 Paul Lebeau durch Schmelzelektrolyse von Natriumberylliumfluorid Na_2BeF_4.

Darstellung. Technisch wird Beryllium auf *chemischem* und – seltener – auf *elektrochemischem Wege* gewonnen. Die chemische Darstellung erfolgt durch Reduktion von *Berylliumdifluorid* BeF_2 mit *Magnesium* bei 1300 °C:

$$BeF_2 + Mg \rightarrow Be + MgF_2$$

Zur elektrochemischen Erzeugung elektrolysiert man eine *Schmelze* aus gleichen Anteilen *Berylliumdichlorid* $BeCl_2$ und Natriumchlorid NaCl bei 350 °C (Kathode: Nickelkorb; Anode: Graphitstab). Beryllium scheidet sich am Kathodenkorb in Form feiner Be-Flitter ab, die von Zeit zu Zeit mit der Kathode aus der Schmelze gehoben sowie abgestreift und – nach Befreiung von anhaftendem Salz (Waschen mit Wasser) – durch *Sintern* bei 1150 °C in kompakte Stücke verwandelt werden.

Als Ausgangsmaterial für BeF_2 und $BeCl_2$ dient insbesondere Beryll, der beim Aufschließen mit *Schwefelsäure* in eine Lösung von $BeSO_4$ und $Al_2(SO_4)_3$ übergeht, aus der sich mit $(NH_4)_2SO_4$ das $Al_2(SO_4)_3$ als wenig lösliches $(NH_4)Al(SO_4)_2 \cdot 12H_2O$ abtrennen läßt. Mit *Ammoniak* wird dann unlösliches Berylliumhydroxid $Be(OH)_2$ ausgefällt und zur BeF_2-Erzeugung anschließend mit *Ammoniumhydrogendifluorid* NH_4HF_2 zu Fluoroberyllat $(NH_4)_2BeF_4$ umgesetzt, das – nach Auskristallisation – bei 900–1000 °C zu BeF_2 zersetzt wird: $(NH_4)_2BeF_4 \rightarrow BeF_2 + 2NH_3 + 2HF$ (NH_3 und HF gehen in den Prozeß zurück). Zur $BeCl_2$-Erzeugung führt man $Be(OH)_2$ durch Erhitzen in das Oxid BeO über, welches bei 800 °C mit *Kohlenstoff* und *Chlor* gemäß $BeO + C + Cl_2 \rightarrow BeCl_2 + CO$ unter Bildung des gewünschten wasserfreien $BeCl_2$ reagiert (Reinigung durch fraktionierende Destillation; Sdp. 485 °C).

Physikalische Eigenschaften. Beryllium ist ein *stahlgraues*, sehr hartes, bei gewöhnlicher Temperatur sprödes, bei Rotglut dehnbares, an der Luft bis etwa 600 °C beständiges *Leichtmetall* (Dichte 1.8477 g/cm^3), welches bei 1278 °C schmilzt und bei 2500 °C siedet. Seine elektrische Leitfähigkeit beträgt rund $\frac{1}{12}$ der des Kupfers. Seine Struktur entspricht in α-Beryllium (Niedertemperaturform) einer hexagonal-dichtesten Kugelpackung (mit kovalenten Bindungsanteilen), im *β-Beryllium* (Hochtemperaturform) einer kubisch-raumzentrierten Packung.

Physiologisches. Beryllium und Berylliumsalze sind außerordentlich giftig. Inhalation *toxischer* und auch *cancerogener* (krebserregender) Dämpfe in Form von Element- oder Verbindungsstaub führen zu schweren irreparablen Lungenschäden („*Berylliosis*") meist mit tödlichem Ausgang. Chronische Expositionen verursachen darüber hinaus Haut- und Schleimhautveränderungen, Leberschäden, Milzvergrößerungen und (da Beryllium nicht ausgeschieden wird) schließlich Granulomotosen (Latenzzeit bis zu 30 Jahren).

Chemische Eigenschaften. An trockener *Luft* bleibt Beryllium blank; erst beim Erhitzen in Pulverform verbrennt es unter heller Feuererscheinung zu BeO und Be_3N_2. Durch *Wasser* wird es selbst bei Rotglut nicht angegriffen, da sich wie beim Aluminium (S. 1066) eine dünne Hydroxidhaut bildet ($L_{Be(OH)_2} = 2.7 \times 10^{-19}$), welche den weiteren Angriff des Wassers verhindert. In verdünnten, *nichtoxidierenden Säuren* (z. B. Salzsäure, Schwefelsäure) löst es sich entsprechend seinem stark negativen Normalpotential (– 1.847 V) lebhaft unter Wasserstoffentwicklung. *Oxidierende Säuren* (z. B. Salpetersäure) greifen wegen Bildung einer schützenden Oxidhaut in der Kälte nicht an. Zum Unterschied von den übrigen Elementen der II. Hauptgruppe löst sich Beryllium – vor allem in der Wärme – auch in *wässerigen Alkalilaugen* (Bildung von *Beryllaten*, S. 1111). Das Berylliumoxid ist also wie das Aluminiumoxid *amphoter*. Mit den *Halogenen* vereinigt sich das Beryllium in der Hitze unter Bildung von Halogeniden BeX_2.

Verwendung von Beryllium. Beryllium (Weltjahresproduktion: Kilotonnenmaßstab) findet in **elementarer Form** heute wegen seines hohen Schmelzpunktes und seines niedrigen Neutroneneinfangquerschnitts ausgedehnte Verwendung als Konstruktionsmaterial für *Kernreaktoren* (S. 1770). So besteht z. B. der 2.5 Tonnen schwere Reflektor-Körper des „*Materials Testing Reactor*" in Arco (Idaho, USA) aus massivem Beryllium. Weiterhin findet Beryllium als *Desoxidationsmittel* beim Kupferguß (Beseitigung kleiner Mengen von Oxid und Sulfid) Verwendung, da 1 Teil Beryllium fast 2 Gewichtsteile Sauerstoff bindet ($Be + O \rightarrow BeO$) und dabei nicht wie der ebenfalls als Desoxidationsmittel dienende Phosphor die elektrische Leitfähigkeit des Kupfers herabsetzt. Schließlich wird Beryllium an Stelle von Aluminium auch zur Herstellung von *Austrittsfenstern für Röntgenstrahlen* verwendet, da es diese siebzehnmal schwächer absorbiert als Aluminium. Zur Verwendung von Beryllium als *Neutronenquelle* vgl. S. 1753, 1757, als *Moderator* und *Reflektor* vgl. S. 1768f.

Von den **Legierungen** sind bis jetzt die Kupfer-Beryllium-Legierungen („*Berylliumbronzen*") am eingehendsten untersucht worden. Bei einem Berylliumgehalt von 2–3 % steigert sich die Härte des Kupfers auf das fünffache, die Streckgrenze auf das siebenfache und die Bruch- und Biegefestigkeit auf das dreifache, ohne daß die hohe elektrische und thermische Leitfähigkeit des Kupfers herabgesetzt wird. Eine Kupferlegierung mit 6–7 % Beryllium ist so hart wie härtester Stahl (Verwendung für beanspruchte Teile in Flugzeugmotoren oder Präzisionsinstrumenten). Da die Legierungen den elektrischen Strom sehr gut leiten, nutzt man sie in Kontrollrelais und für elektronische Bauteile. Auch kann man aus ihnen z. B. Kontaktfedern für Motorbürstenhalter herstellen, die sich vor den sonst dafür gebrauchten Stoffen (z. B. Phosphorbronze) durch kleinere Ermüdbarkeit und vielfach verlängerte Lebensdauer auszeichnen. Nikkel-Beryllium-Legierungen eignen sich für temperaturbelastbare Klammern, Verbindungen, Federn und chirurgische Instrumente.

Beryllium in Verbindungen. Beryllium betätigt in seinen Verbindungen mit *elektronegativen Bindungspartnern* praktisch ausschließlich die Oxidationsstufe **+ 2** (z. B. BeH_2, BeF_4^{2-}, BeO, Be_3N_2, Be_2C). Die Oxidationsstufe **+ 1** besitzt Be in dem bei sehr hoher Temperatur gemäß $Be + BeCl_2 \rightarrow 2\,BeCl$ zugänglichen und bei Raumtemperatur disproportionierungslabilen Berylliummonochlorid BeCl.

Die wichtigste Koordinationszahl des Berylliums ist *vier* (in der Regel tetraedrisches Be wie in $(\mathbf{Be}Cl_2)_x$, $\mathbf{Be}(H_2O)_4^{2+}$, $\mathbf{Be}F_4^{2-}$ usw.; Ausnahme: quadratisch-planares Be in **Be**(Phthalocyanin)). In Verbindungen BeX_2 mit sperrigen Substituenten X oder in gasförmigem Zustande tritt Beryllium in seinen Verbindungen auch mit der Koordinationszahl *drei* (trigonal-planar in $\mathbf{Be}{}^tBu_3^-$ oder gasförmigem $(\mathbf{Be}Cl_2)_2$), *zwei* (linear in $\mathbf{Be}{}^tBu_2$ oder gasförmigem $\mathbf{Be}Cl_2$) und *eins* auf (z. B. **Be**O in der Gasphase). In Ausnahmefällen beobachtet man darüber hinaus höhere Koordinationszahlen *wie sechs* (verzerrt-trigonal-prismatisch in festem $[Be(BH_4)_2]_x$, pentagonal-pyramidal in CpBeCl) oder *sieben* (in $CpBeBH_4$).

Bindungen. Wie die kovalenten *Bor*verbindungen, gehören auch die kovalenten *Beryllium*verbindungen zu den „elektronenungesättigten" Verbindungen, da die kovalente Betätigung der beiden Außenelektronen des Berylliums hinsichtlich **einwertiger Gruppen X** zu Molekülen BeX_2 führt, in denen dem Beryllium nur ein *Elektronenquartett* zukommt. Ähnlich wie das Bor, wenn auch weniger ausgeprägt, kann auch das Beryllium dieses Defizit an Elektronen durch Adduktbildung, durch $p_\pi p_\pi$-Bindungen und durch Dreizentrenbindungen beseitigen:

(i) Wie BCl_3 und $AlCl_3$ ist auch $BeCl_2$ eine Lewis-Säure, die mit geladenen und ungeladenen Donatoren wie Chlorid-Ionen, Ethern, Aldehyden oder Ketonen Addukte des Typus

$$[Cl_2BeCl_2]^{2-} \qquad Cl_2Be(\leftarrow OR_2)_2 \qquad Cl_2Be(\leftarrow O{=}CR_2)_2$$

bildet. Auch stabilisiert sich das Be^{2+}-Ion, das als solches nicht existenzfähig ist (s. u.), durch *Komplexbildung* mit Donatoren wie H_2O, NH_3 oder O=CMe—CH=CMe—O— (Acetylacetonat)[10]:

[10] Wie $Al[(OCMe)_2CH]_3$ (Smp. 194 °C, Sdp. 315 °C) (S. 1078) ist auch $Be[(OCMe)_2CH]_2$ (Smp. 108.5 °C, Sdp. 270 °C unzersetzt schmelz- und verdampfbar, löslich in Alkohol, Ether, Benzol, Chloroform, unlöslich in Wasser und monomer in Dampf und Lösung. Auch Mg, Ca, Sr, Ba und andere zweiwertige Metalle, wie Cu(II), bilden Acetylacetonat-Komplexe des obigen Typus.

$[Be(H_2O)_4]^{2+}$ $[Be(NH_3)_4]^{2+}$ $[Be(MeC(O)CHC(O)Me)_2]$

Aus der Existenz der Kationen $Be(H_2O)_4^{2+}$ und $Be(NH_3)_4^{2+}$ erkennt man die Zunahme des elektropositiven Charakters vom Bor zum Beryllium hin, da beim Bor entsprechende Kationen $B(H_2O)_4^{3+}$ und $B(NH_3)_4^{3+}$ unbekannt sind.

Besitzen die Reste X der Berylliumverbindungen BeX_2 *freie Elektronenpaare*, wie das etwa beim Berylliumchlorid $BeCl_2$ der Fall ist, so kann die *Adduktbildung* auch *zwischenmolekular* über *koordinative Kovalenzen* erfolgen:

$$[\ldots Be(\mu\text{-}Cl)_2Be(\mu\text{-}Cl)_2Be(\mu\text{-}Cl)_2Be(\mu\text{-}Cl)_2 \ldots \leftrightarrow \ldots Be(\mu\text{-}Cl)_2Be(\mu\text{-}Cl)_2Be(\mu\text{-}Cl)_2Be(\mu\text{-}Cl)_2 \ldots]$$

Das so entstehende Kettenmolekül $(BeCl_2)_x$ (S. 1111) entspricht in seinem Aufbau der *faserigen* Form des isoelektronischen Siliciumdioxids $(SiO_2)_x$ (S. 914). Auch die *Raumnetzstruktur* des Siliciumdioxids wird von Be-Verbindungen BeX_2 ausgebildet, wie die Quarz- und Cristobalit-Strukturen des polymeren Berylliumfluorids $(BeF_2)_x$ (S. 1111) zeigen.

(ii) Aus der Tatsache, daß sich BeF_2 und BeF_3^- nicht wie die isoelektronischen Moleklüle CO_2 bzw. BF_3 durch Ausbildung von π-Doppelbindungen, sondern lieber wie die isoelektronischen Moleküle SiO_2 bzw. SiO_3^{2-} durch *Polymerisation* valenzstabilisieren, geht schon hervor, daß das Beryllium weit weniger als das Bor zur Ausbildung von *$p_\pi p_\pi$-Bindungen* neigt. Auch sind Berylliumverbindungen Be=Y mit **zweiwertigen Gruppen Y** unter Normalbedingungen instabil und liegen ausschließlich in polymerer Form vor. Immerhin zeigt aber der Befund, daß polymeres Berylliumfluorid $(BeF_2)_x$ und -chlorid $(BeCl_2)_x$ (Analoges gilt für $(BeBr_2)_x$) beim Erhitzen *depolymerisiert*, daß offenbar auch beim Beryllium – bei entsprechender Energiezufuhr – $p_\pi p_\pi$-Bindungen möglich sind. Und zwar besteht der Dampf über festem BeX_2 aus *monomeren*, linear gebauten BeF_2-Molekülen bzw. *dimeren*, planar gebauten $(BeCl_2)_2$-Molekülen, welche bei steigender Temperatur (bei 1000 °C hundertprozentig) in $BeCl_2$-Teilchen aufspalten (BeX-Abstand in BeF_2 1.43 Å, in $BeCl_2$ 1.77 Å; ber. für Einfachbindung mit dem aus $BeMe_2$ folgenden Be-Atomradius von 0.93 Å: 1.57 bzw. 1.92 Å):

$$F \rightleftharpoons Be \leftrightharpoons F \qquad Cl \rightleftharpoons Be \leftrightharpoons Cl \qquad [Cl \rightleftharpoons Be(\mu\text{-}Cl)_2Be \leftrightharpoons Cl \;\leftrightarrow\; Cl \rightleftharpoons Be(\mu\text{-}Cl)_2Be \leftrightharpoons Cl]$$

(iii) Die Berylliumatome im Berylliumwasserstoff BeH_2 erreichen wie die Boratome im Borwasserstoff BH_3 ihre Neonschale durch Ausbildung von *Dreizentrenbindungen*. Da aber dem BeH_2-Molekül (4 Elektronen) *zwei Elektronenpaare* – statt nur *einem* wie im BH_3-Molekül (6 Elektronen) – zur Achterschale fehlen, muß jedes Berylliumatom mindestens *zwei* BeHBe-Dreizentrenbindungen betätigen, was zur Bildung eines – wohl analog $(BeCl_2)_x$ kettenförmig aufgebauten – *polymeren* Berylliumwasserstoff $(BeH_2)_x$ im Vergleich zum dimeren Borwasserstoff $(BH_3)_2$ (Betätigung nur *einer* BHB-Dreizentrenbildung je Boratom, S. 992) führt. Analoges ist beim polymeren Dimethylberyllium $(BeMe_2)_x$ der Fall (S. 1114).

Schrägbeziehung Beryllium/Aluminium. Wie im Falle des Elementpaares Bor/Silicium (S. 993) ist gemäß der „Schrägbeziehung" im Periodensystem (S. 142) das Beryllium als erstes Glied der II. Hauptgruppe dem *Aluminium* als zweitem Glied der *nächsthöheren* (III.) Hauptgruppe ähnlicher[11] als dem höheren

[11] Auch zwischen Be und Zn sind große Ähnlichkeiten vorhanden. So besitzt BeO wie ZnO Wurtzit-Struktur (übrige Erdalkalioxide: NaCl-Struktur) und BeS wie ZnS Zinkblende-Struktur (übrige Erdalkalisulfide: NaCl-Struktur). Wie ZnS löst sich auch BeS nicht in Wasser, während die Sulfide von Mg und Al von Wasser schnell hydrolysiert werden.

Homologen der *eigenen* Gruppe, dem *Magnesium*, das seinerseits gemäß der Schrägbeziehung (S. 1151) mehr dem metallischen Lithium gleicht[12]. Dies ist wie dort auf das ähnliche Ladung : Radius-Verhältnis von Be^{2+} (2 : 0.31 = 6.5) und Al^{3+} (3 : 0.50 = 6.0) zurückzuführen (beim Magnesium beträgt es 2 : 0.65 = 3.1). Einige der Ähnlichkeiten seien hier herausgegriffen:

(i) Der vom Beryllium gebildete, hochpolymere und kovalent aufgebaute Berylliumwasserstoff $(BeH_2)_x$ entspricht in Bindung und Bau dem hochpolymeren, kovalenten Aluminiumwasserstoff $(AlH_3)_x$, während das Magnesiumhydrid MgH_2 ionisch aufgebaut ist.

(ii) $BeCl_2$ ist wie $AlCl_3$ sehr hydrolyseempfindlich, sublimierbar und wie $AlCl_3$ als Lewis-Säure in zahlreichen organischen Donor-Lösungsmitteln löslich, während $MgCl_2$ mehr salzartigen Charakter besitzt.

(iii) α-BeO stellt wie α-Al_2O_3 ein extrem hartes, hochschmelzendes, nichtflüchtiges, in Säuren und Basen unlösliches, kovalentes Oxid dar und existiert wie dieses auch in einer säure- und baselöslichen Niedertemperaturform (β-BeO), die bei 800 °C (γ-Al_2O_3 bei 1100 °C) in die Hochtemperaturform übergeht. MgO dagegen ist ionogen aufgebaut, besitzt NaCl-Struktur (BeO: Wurtzit-Struktur) und löst sich nur in Säuren.

(iv) $Be(OH)_2$ ist wie $Al(OH)_3$ amphoter, löst sich also in Säuren und Basen und bildet mit CO_2 kein stabiles Carbonat, während $Mg(OH)_2$ als ausgesprochene Base ein beständiges Carbonat $MgCO_3$ ergibt.

Beryllium-Ionen. Das Kation Be^{2+} ist in der Erdalkaligruppe (wie Li^+ in der Alkaligruppe) das am stärksten polarisierende Ion (vgl. hierzu Stabilität der Erdalkalicarbonate, S. 1139), so daß die Bindungen mit Beryllium ausgesprochen kovalent sind. Tatsächlich bildet Be *keine* **Berylliumverbindungen BeX_2** (X = elektronegativer Rest) mit *vorwiegend ionischem Bindungscharakter*. *Polykationen* Be_n^{m+} treten möglicherweise in Lösungen von Beryllium in geschmolzenem $BeCl_2$ auf. Anionen Be_n^{m-} sind bisher unbekannt: Beryllium bildet keine **Beryllide M_mBe_n** (M = elektropositives Metall) mit vorwiegend ionischem Bindungscharakter. Dies gilt in besonderem Maße für die hochschmelzenden *intermetallischen Phasen* des Berylliums mit Nebengruppenmetallen wie Ti, Zr, Hf, Nb, Ta, Cr, Mo, W, Ni, Cu usw., die sich durch mechanische Festigkeit und hohe Oxidationsbeständigkeit zum Teil bis 1650 °C, durch gute thermische Leitfähigkeit sowie niedrige Dichte auszeichnen (z. B. $ZrBe_{13}$: $d = 2.72\ g/cm^3$) und daher als Hochtemperatur-Werkstoffe verwendet werden (vgl. „*Kupferbronzen*", oben). Legierungsartig verhalten sich auch die Verbindungen des Berylliums mit elektropositiven Hauptgruppenmetallen (wichtiger sind Beryllide des Magnesiums und Aluminiums).

1.2 Verbindungen des Berylliums

1.2.1 Anorganische Berylliumverbindungen[3]

Wasserstoffverbindungen[3, 13]. Durch Umsetzung von Dimethylberyllium $BeMe_2$ mit Diboran $(BH_3)_2$ ist **Berylliumdihydrid BeH_2** („*Beryllan*") in Form einer Anlagerungsverbindung $BeH_2 \cdot 2BH_3 = Be(BH_4)_2$ (s. unten) darstellbar, aus welcher BeH_2 durch Einwirkung von Triphenylphosphan Ph_3P bei 180 °C in 99.5 %iger Reinheit festgesetzt werden kann:

$$BeMe_2 + 4BH_3 \xrightarrow[-2BH_2Me]{} BeH_2 \cdot 2BH_3 \xrightarrow[180\,°C]{+2Ph_3P} BeH_2 + 2Ph_3P \cdot BH_3 .$$

Auch durch Umsetzung von $BeMe_2$ mit Lithiumalanat $LiAlH_4$ in Ether läßt sich Berylliumwasserstoff – allerdings verunreinigt mit etwas Et_2O (Molverh. $BeH_2 : Et_2O$ bestenfalls 19 : 1) – erzeugen: $2BeMe_2 + LiAlH_4 \rightarrow 2BeH_2 + LiAlMe_4$. In 96%iger Reinheit entsteht BeH_2 schließlich durch Thermolyse von Bis(*tert*-butyl)beryllium bei 210 °C:

$$Be(CMe_3)_2 \xrightarrow{210\,°C} BeH_2 + 2H_2C{=}CMe_2 .$$

Eine Darstellung von BeH_2 aus den Elementen gelingt nicht.

Eigenschaften. Die freie Verbindung (ΔH_f um 0 kJ/mol) stellt eine *weiße*, nichtflüchtige, hochpolymere, ab 240 °C in die Elemente zerfallende, kovalent gebaute Festsubstanz dar, ist empfindlich gegenüber Luft und Feuchtigkeit, unlöslich in organischen Medien und reagiert mit

[12] Dementsprechend findet man zwischen Be und Li weniger Ähnlichkeiten. So schmilzt es ca. 1100 °C höher als Lithium und weist eine 3.5mal höhere Dichte als letzteres auf.

[13] **Literatur.** E. Wiberg, E. Amberger: „*Hydrides*", Elsevier, Amsterdam 1971, S. 43–80.

Chlorwasserstoff heftig unter Bildung von Berylliumchlorid. Zur Molekülstruktur von $(BeH_2)_x$ vgl. S. 1108.

Mit *Trimethylamin* NMe_3 bildet BeH_2 ein dimeres Addukt $(BeH_2 \cdot NMe_3)_2$ (a), mit *Dimethylamin* $HNMe_2$ reagiert es gemäß $BeH_2 + 2HNMe_2 \rightarrow Be(NMe_2)_2 + 2H_2$ unter Bildung eines trimeren Berylliumdiamids $[Be(NMe_2)_2]_3$, dem die Konstitution (b) zugrundeliegt (es existiert auch ein dimeres Diamid $[Be(N^iPr_2)_2]_2$ und ein monomers Diamid $[Be(NR'_2)_2]$ (c) mit NR'_2 = 2,2,6,6-Tetramethylpiperidyl):

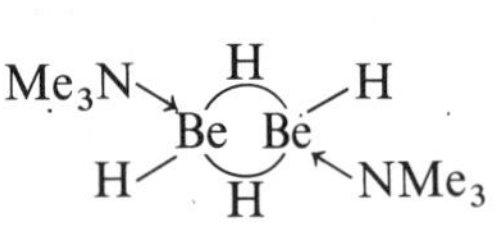

(a)

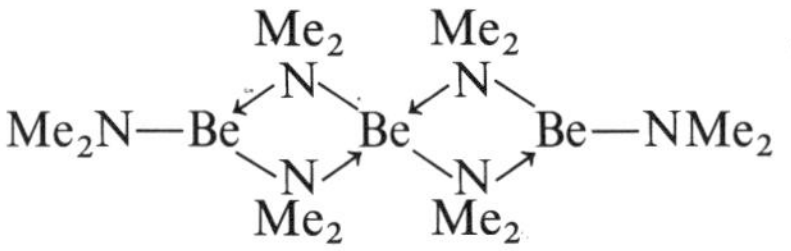

$Me_2N—Be(\mu\text{-}NMe_2)_2Be(\mu\text{-}NMe_2)_2Be—NMe_2$

(b)

$R'_2N—Be—NR'_2$

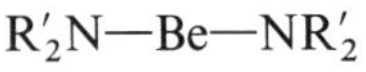

(c)

Lithiumhydrid LiH vermag sich an BeH_2 unter Bildung von **Hydridoberyllaten $LiBeH_3$** und **Li_2BeH_4** zu addieren. Man gewinnt diese komplexen Hydride u. a. aus $LiBeH_4$ und $LiAlMe_3$ bzw. Li_2BeMe_4. *Diboran* $(BH_3)_2$ setzt sich mit BeH_2 bei 95 °C zu einem Addukt $BeH_2 \cdot 2BH_3$ = **$Be(BH_4)_2$ (Berylliumboranat)** um, das auch aus $BeMe_2$ und $(BH_3)_2$ (s. oben), sowie besonders einfach aus $BeCl_2$ und $LiBH_4$ bei 120 °C ohne Lösungsmittel zugänglich ist:

$$BeCl_2 + 2LiBH_4 \rightarrow Be(BH_4)_2 + 2LiCl.$$

Dem *farblosen*, an Luft entflammenden, explosionsartig mit Wasser reagierenden Berylliumboranat $Be(BH_4)_2$ (Smp. 123 °C, Sblp. 91.3 °C) kommt im *Festzustand* die *polymere* Struktur (d) zu, wonach (schraubenförmige) $BeH_2BH_2BeH_2BH_2$-Ketten vorliegen. Jedes Berylliumatom ist mit *drei* BH_4-Gruppen über jeweils zwei H-Brücken verknüpft, von denen $2BH_4$-Gruppen Kettenglieder darstellen (die Koordinationszahl des Berylliums beträgt also in BeB_2H_8 ausnahmsweise 6; die H-Atome umgeben die Be-Atome verzerrt-trigonal-prismatisch):

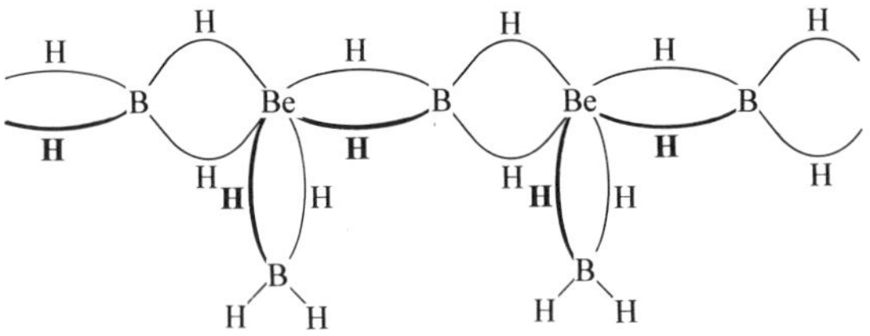

(d) (schematisch)

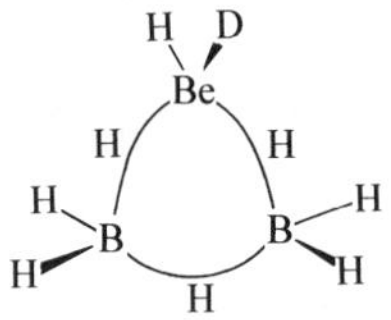

(e)

Im *Gaszustand* existiert Berylliumboranat in *monomerer Form* $HB(\mu\text{-}H)_3Be(\mu\text{-}H)_3BH$, wobei das Be-Atom mit zwei BH_4-Gruppen über jeweils 3 H-Brücken verknüpft ist (lineare BBeB-Anordnung; es existieren offenbar im Gleichgewicht noch andere BeB_2H_8-Strukturen). Mit Donatoren wie Ethern, Aminen, Phosphanen bildet Berylliumboranat *Addukte* $Be(BH_4)_2 \cdot D$, denen wohl die Struktur (e) zukommt.

Halogenverbindungen[3,14)] (vgl. Tab. 91, S. 1131). Das besonders einfach durch Erhitzen von *Ammoniumtetrafluoroberyllat* $(NH_4)_2[BeF_4]$ im CO_2-Strom erhältliche wasserfreie, bei 552 °C schmelzende, bei 1283 °C siedende, den elektrischen Strom schlecht leitende **Berylliumdifluorid BeF_2** erstarrt wie SiO_2, mit dem es isoelektronisch ist, meist als durchsichtiges *Glas*, das eine ähnliche Struktur besitzt wie das *Quarzglas*. Auch im *kristallinen* Zustande ist es dem Siliciumdioxid strukturell eng verwandt: oberhalb 516 °C ist es isotyp mit β-Cristobalit, unterhalb 430 °C mit α-Quarz (vgl. S. 913). Zum Unterschied vom SiO_2 löst es sich leicht (mit kleiner Lösegeschwindigkeit) unter Bildung von $BeF_2(H_2O)_2$ in Wasser, da die Hydratationsenergie die Gitterenergie übersteigt (untergeordnet liegen auch hydratisierte Ionen BeF^+, Be^{2+}, BeF_3^-, BeF_4^{2-} vor). Mit Fluoriden bildet BeF_2 als Lewis-Säure Fluoroberyllate des Typus BeF_4^{2-} (isoelektronisch mit den Silicaten SiO_4^{4-}, Phosphaten PO_4^{3-} und Sulfaten SO_4^{2-}), $Be_2F_7^{3-}$ (isoelektronisch mit den Disilicaten $Si_2O_7^{6-}$, Diphosphaten $P_2O_7^{4-}$ und Disulfaten $S_2O_7^{2-}$), BeF_3^- (isoelektronisch mit den Metasilicaten SiO_3^{2-}, den Metaphosphaten PO_3^- und dem

14 **Literatur.** N. A. Bell: „*Beryllium Halides and Pseudohalides*", Adv. Inorg. Radiochem. **14** (1972) 255–332.

Schwefeltrioxid SO_3) sowie $Be_2F_5^-$ (isoelektronisch mit den Silicaten $Si_2O_5^{2-}$ und dem polymeren Phosphorpentaoxid P_2O_5).

Dementsprechend besteht Isotypie zwischen $Li[BeF_3]$ und kettenförmig gebautem *Enstatit* $Mg[SiO_3]$, zwischen $Na[BeF_3]$ und *Wollastonit* $Ca[SiO_3]$, zwischen $Li_2[BeF_4]$ und *Phenakit* $Be_2[SiO_4]$, zwischen $Na_2[BeF_4]$ und *Forsterit* $Mg_2[SiO_4]$, zwischen $Ca[BeF_4]$ und *Zirkon* $Zr[SiO_4]$, zwischen $Na_2[LiBe_2F_7]$ und *Akermanit* $Ca_2[MgSi_2O_7]$. $Na_2[BeF_4]$ kommt wie $Ca_2[SiO_4]$ in verschiedenen Formen vor. Ganz allgemein können daher die BeF-Verbindungen als *Modellsubstanzen* für Silicate (s. dort) benutzt werden, gegenüber denen sie den Vorteil niedrigerer Schmelzpunkte besitzen. Die Fluoroberyllate hydrolysieren teilweise in wässeriger Lösung, sofern nicht ein ausreichender Überschuß an F^--Ionen anwesend ist.

Wie Aluminiumchlorid (S. 1074) ist **Berylliumdichlorid $BeCl_2$** wasserfrei durch Erhitzen von *Berylliummetall* oder *-carbid* im trockenen Chlor- oder Chlorwasserstoffstrom ($Be + Cl_2 \rightarrow BeCl_2$; $Be + 2HCl \rightarrow BeCl_2 + H_2$), durch Überleiten von Chlor über ein BeO/C-Gemisch bei 800 °C ($BeO + C + Cl_2 \rightarrow BeCl_2 + CO$) oder durch Einwirkung von Kohlenstofftetrachlorid-Dampf auf Berylliumchlorid bei 800 °C ($BeO + CCl_4 \rightarrow BeCl_2 + COCl_2$) als *weiße*, kristalline Masse (Smp. 415 °C, Sdp. 520 °C) erhältlich, welche sich in Wasser unter stark exothermer *Hydrolyse* auflöst und nur beim Eindampfen *salzsaurer* Lösungen als *Hydrat* $[Be(H_2O)_4]Cl_2$ in Form zerfließlicher, *farbloser* Tafeln auskristallisiert[15]. Das Wasser ist in diesem Hydrat fest gebunden, so daß es z. B. über P_2O_5 nicht abgegeben wird und erst bei etwa 200 °C entweicht. Thermisch noch stabiler ist das (allerdings leicht hydrolysierende) Ammoniakat $[Be(NH_3)_4]Cl_2$. Als Lewis-Säure löst sich $BeCl_2$ in organischen Donor-Lösungsmitteln D (wie Alkoholen, Ethern, Aminen, Aldehyden, Ketonen und Säuren), wobei sich Addukte $BeCl_2 \cdot 2D$ bilden (vgl. S. 1107). Wie $AlCl_3$ wirkt auch $BeCl_2$ bei Friedel-Crafts-Synthesen als Katalysator. Wie das Phasen-Schmelzdiagramm $NaCl/BeCl_2$ zeigt, gibt es einen Chlorokomplex $Na_2[BeCl_4]$, der aber in wässeriger Lösung zum Unterschied von $Na_2[BeF_4]$ nicht existenzfähig ist.

Strukturell ist $BeCl_2$ zum Unterschied von BeF_2 (s. oben) wie das isostere Siliciumdisulfid SiS_2 (S. 914) und das faserige Siliciumdioxid SiO_2 (S. 916) als Kettenmolekül mit Chlorbrücken aufgebaut[16]. Seine Leitfähigkeit im geschmolzenen Zustande liegt zwischen der Leitfähigkeit von ionischen Chloriden (NaCl) und kovalenten Chloriden (CCl_4).

Analog $BeCl_2$ gewinnt man *farbloses* **Berylliumdibromid $BeBr_2$** (Smp./Sblp. 508/490 °C; Kettenstruktur) und **Berylliumdiiodid BeI_2** (Smp./Sdp. 480/590 °C) aus Beryllium und Halogenen oder Halogenwasserstoffen bzw. durch Einwirkung von Brom auf ein BeO/C-Gemisch.

Chalkogenverbindungen[3]. Versetzt man Berylliumsalzlösungen mit *Basen*, so fällt **Berylliumhydroxid $Be(OH)_2$** – das wie $Al(OH)_3$ und AlO(OH) in zwei Modifikationen α-$Be(OH)_2$ und β-$Be(OH)_2$ auftritt – als *weißer*, gelatinöser Niederschlag aus: $Be^{2+} + 2OH^- \rightarrow Be(OH)_2$. Die Verbindung ist in *frisch gefälltem Zustande* wie frisch gefälltes Aluminiumhydroxid (S. 1077) sowohl in *Säuren* wie in starken *Alkalilaugen* leicht löslich, also amphoter, wobei im ersteren Falle „*Berylliumsalze*" Be^{2+}, im letzteren „*Beryllate*" $Be(OH)_4^{2-}$ entstehen:

$$Be(H_2O)_4^{2+} \xleftarrow[+2H_2O]{+2H^+} \mathbf{Be(OH)_2} \xrightarrow{+2OH^-} Be(OH)_4^{2-}.$$

Beim Kochen mit Wasser, beim Trocknen oder bei längerem Stehenlassen „altert" das Hydroxid und wird schwerlöslich. Zum Unterschied von Aluminiumhydroxid löst sich Berylliumhydroxid auch in Ammoniumcarbonatlösungen auf.

Bei der Zugabe einer Base zu der wässerigen Lösung eines Berylliumsalzes BeX_2 bleibt die Lösung klar, solange das Molverhältnis OH^-/Be^{2+} den Wert 1 noch nicht überschritten hat; erst dann erfolgt

---

15 Die wässerigen Lösungen von Berylliumsalzen reagieren sauer, was auf die Acidität des Aqua-Ions $[Be(H_2O)_4]^{2+}$ zurückzuführen ist: $[Be(H_2O)_4]^{2+} \rightleftarrows [Be(H_2O)_3(OH)]^+ + H^+$ ($pK_S = 6.5$).

16 Die $BeCl_2$-Einheiten sind in Richtung der Kettenachse etwas gestreckt (ClBeCl-Winkel 98° im Vergleich zum Tetraederwinkel von 109°).

die Ausfällung eines weißen, im Basenüberschuß löslichen Hydroxid-Niederschlages. In den klaren Anfangslösungen liegen hydratisierte Polyoxo-Kationen des Typs $Be_2(OH)^{3+}$ (f), $Be_3(OH)_3^{3+}$ (g) und möglicherweise $Be_5(OH)_7^{3+}$ vor (vgl. S. 1079):

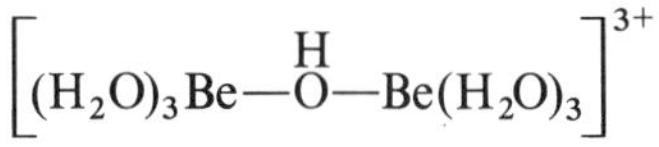

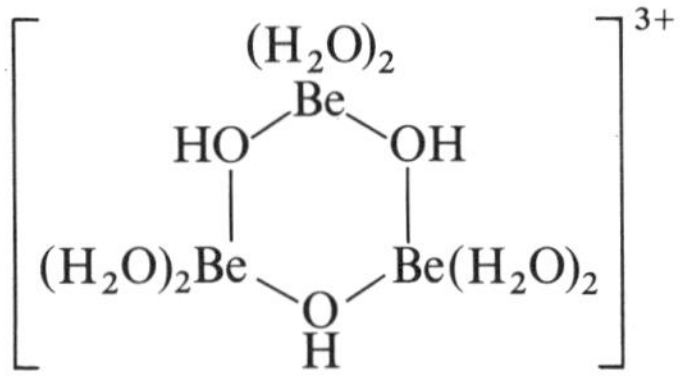

$$\left[(H_2O)_3Be\text{—}\overset{H}{O}\text{—}Be(H_2O)_3\right]^{3+}$$

(f)

$$\left[\begin{array}{ccc} & (H_2O)_2 & \\ & Be & \\ HO & & OH \\ | & & | \\ (H_2O)_2Be & & Be(H_2O)_2 \\ & O & \\ & H & \end{array}\right]^{3+}$$

(g)

Kristallines Berylliumhydroxid (β-Form) ist analog $Zn(OH)_2$ (ε-Form) aufgebaut (vgl. Anm.[11)]) und bildet eine dreidimensionale, verzerrte – von Diamant ableitbare – Cristobalit-Struktur (Be anstelle von Si, OH anstelle von O; die OH-Gruppen sind außer mit 2 Be-Atomen zusätzlich mit 2 OH-Gruppen über H-Brücken verbunden). In *Estern* $\mathbf{Be(OR)_2}$ des Berylliumhydroxids (u. a. gewinnbar aus $BeCl_2$ und Alkoholen) betätigt Beryllium wie in $Be(OH)_2$ die Koordinationszahl *vier*, falls R nicht allzu sperrig ist, ansonsten die Koordinationszahl *drei* (z. B. dimeres $Be[OC(CF_3)_3]_2$) oder gar *zwei* (z. B. monomeres $Be(O\text{-}2,6\text{-}C_6H_3{}^tBu_2)_2$).

Beim Erhitzen auf 400 °C geht das Hydroxid $Be(OH)_2$ in das **Berylliumoxid BeO** über: $Be(OH)_2 \rightarrow BeO + H_2O$, ein *weißes*, lockeres, in Säuren lösliches Pulver, das sich beim Glühen wie Al_2O_3 in eine säureunlösliche Form (Smp. 2507 °C, Sdp. 3850 °C) umwandelt. Zum Unterschied von allen anderen (ionischen) Erdalkalioxiden besitzt das kovalent gebaute BeO nicht NaCl- (6 : 6-Koordination), sondern Wurtzit-Struktur (4 : 4-Koordination) (vgl. S. 1374).

Die Berylliumoxid-Keramik (gewinnbar durch Sintern von geformten und gepreßten BeO-Körnern bei 1400–1450 °C in H_2-Atmosphäre, vgl. Anm.[185)], S. 947) besitzt unter allen keramischen Erzeugnissen die höchste *Wärmeleitfähigkeit* und – bei hohen Temperaturen – die besten *elektrischen Isolatoreigenschaften*. Ihr Einsatz (z. B. zur Herstellung von Gußformen für Vanadiumteile und Tiegel für Hochfrequenzöfen, Verwendung als Moderator für schnelle Neutronen) ist wegen des hohen Preises und der Giftigkeit der Keramik nur begrenzt möglich.

Die schwereren Berylliumchalkogenide, **Berylliumsulfid, -selenid** und **-tellurid BeY** (jeweils Zinkblende-Struktur), lassen sich *aus den Elementen* oberhalb 1000 °C gewinnen. Sie werden zum Unterschied von den anderen Erdalkalisulfiden, -seleniden und -telluriden (NaCl-Struktur, abgesehen von MgTe mit Wurtzit-Struktur) von Wasser, in dem sie unlöslich sind, erst bei erhöhter Temperatur angegriffen.

Sonstige binäre Berylliumverbindungen. Das aus *Beryllium* und *Stickstoff* bei 1100–1500 °C gewinnbare, kristalline, *farblose* und sehr harte **Berylliumnitrid** $\mathbf{Be_3N_2}$ (Smp. 2200 °C, Zers.; $\Delta H_f = -588$ kJ/mol) wird von Wasser leicht in $Be(OH)_2$ und NH_3 gespalten, zerfällt bei 1400 °C im Vakuum in Be und N_2 und setzt sich mit Si_3N_4 im NH_3-Strom bei 1800–1900 °C zu $BeSiN_2$ um (Wurtzit-Struktur, Verwendung als Keramik möglich). Es existiert in einer kubischen α-Form (anti-Mn_2O_3-Struktur = defekte anti-Fluorit-Struktur; BeN_4-Tetraeder, verzerrte NBe_6-Oktaeder) und einer hexagonalen β-Form (aus α-Be_3N_2 bei 1400 °C; hexagonal-dichteste N-Atompackung mit Be in tetraedrischen Lücken). Neben Be_3N_2 kennt man noch ein stickstoffreicheres Nitrid $\mathbf{BeN_6}$ = Berylliumdiazid $Be(N_3)_2$, das sich aus $BeMe_2$ und HN_3 in Diethylether bei − 116 °C als *farblose*, pulverförmige, in einer Flamme detonierende Substanz bildet. Dem aus den Elementen zugänglichen **Berylliumphosphid** $\mathbf{Be_3P_2}$ kommt die gleiche Struktur wie Be_3N_2 zu. Setzt man Beryllium mit der doppelt stöchiometrischen Menge Phosphor, Arsen oder Antimon bei ca. 700 °C in Anwesenheit der vierfach stöchiometrischen Menge Kalium um, so erhält man Verbindungen der Zusammensetzung $\mathbf{K_4BeE_2}$ (E = P, As, Sb), welche lineare Anionen $:\ddot{E}\text{—}Be\text{—}\ddot{E}:^{4-}$ (16 Außenelektronen) mit BeE-Einfachbindungen enthalten. Das *ziegelrote* **Berylliumcarbid** $\mathbf{Be_2C}$ (gewinnbar aus BeO und C bei 2000 °C; Antifluorit-Struktur; oberhalb 2100 °C Zerfall unter Graphitbildung) gleicht in seinen Eigenschaften dem Aluminiumcarbid Al_4C_3 (s. dort) und ergibt wie dieses bei der Hydrolyse Methan CH_4. Bezüglich der Struktur der aus den Elementen zugänglichen **Berylliumbromide** $\mathbf{Be_nB_m}$ (Be_5B, Be_4B, Be_2B, BeB_2, BeB_6, BeB_{12}) vgl. S. 1059.

Berylliumsalze von Oxosäuren. Das durch Auflösen von $Be(OH)_2$ in HNO_3 erhältliche **Berylliumnitrat** $\mathbf{[Be(H_2O)_4](NO_3)_2}$ schmilzt bei 60.5 °C im eigenen Kristallwasser und reagiert wie alle Berylliumsalze in wässeriger Lösung sauer. Interessant wegen seiner Struktur ist ein beim Erhitzen von wasserfreiem $\mathbf{Be(NO_3)_2}$ (gewinnbar aus $BeCl_2$ und N_2O_4 bei 50 °C) auf 125 °C gemäß $4Be(NO_3)_2 \rightarrow$

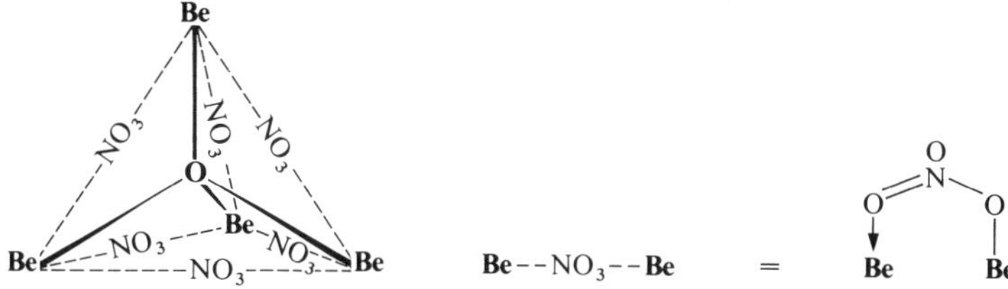

Fig. 232 Tetraederstruktur[17] des basischen Berylliumnitrats $Be_4O(NO_3)_6$.

$Be_4O(NO_3)_6 + N_2O_5$ ($\rightarrow 2NO_2 + \frac{1}{2}O_2$) entstehendes, sublimierbares, *basisches* **Berylliumnitrat** $\mathbf{Be_4O(NO_3)_6}$. Seine Struktur läßt sich gemäß Fig. 232 als ein Be_4-Tetraeder wiedergeben, dessen Mitte mit einem Sauerstoffatom besetzt ist und dessen sechs Be_2-Kanten durch sechs (gewinkelte) Nitrat-Ionen überbrückt sind. In analoger Weise existieren auch andere basische Berylliumsalze Be_4OX_6, z. B. mit dem Acetat-Ion X = OAc (Ac = Acetyl = CH_3CO). So entsteht aus $Be(OH)_2$ und *Eisessig* HOAc in der Wärme gemäß $4Be(OH)_2 + 6HOAc \rightarrow Be_4O(OAc)_6 + 7H_2O$ ein sublimierbares *basisches* **Berylliumacetat** $\mathbf{Be_4O(OAc)_6}$, das ohne Zersetzung bei 286.7 °C schmilzt, bei 330 °C siedet, sich in Chloroform monomer löst und zur Reinigung von Beryllium herangezogen werden kann. Diese Verbindungen gehören zu den wenigen Beispielen für vierfach koordinierten Sauerstoff. **Berylliumcarbonat** $\mathbf{BeCO_3}$ ist in Wasser schwer löslich und gibt sehr leicht Kohlendioxid ab ($BeCO_3 \rightarrow BeO + CO_2$), so daß es nur in einer CO_2-Atmosphäre haltbar ist. **Berylliumsulfat** $\mathbf{BeSO_4}$ kristallisiert aus wässerigen Lösungen als Tetrahydrat in Form *farbloser* Oktaeder aus und bildet mit Alkalisulfaten Doppelsalze vom Typus $M_2Be(SO_4)_2$, z. B. das schön kristallisierte Doppelsulfat $K_2Be(SO_4)_2 \cdot 2H_2O$. Das Tetrahydrat $[Be(H_2O)_4]SO_4$ kann bei 400 °C zu wasserfreiem $BeSO_4$ entwässert werden, das bis 580 °C beständig ist.

1.2.2 Organische Berylliumverbindungen[3,18]

Darstellung. Die den Bororganylen BR_3 verwandten **Berylliumdiorganyle** $\mathbf{BeR_2}$ (R z. B. Me, Et, Pr, ^{i}Pr, Bu, ^{t}Bu, Cp = C_5H_5) lassen sich wie erstere durch „*Metathese*“ aus $BeCl_2$ und RMgX oder LiR sowie darüber hinaus durch „*Transmetallierung*“ aus Be und HgR_2 gewinnen:

$$BeCl_2 \xrightarrow[\textit{Metathese}]{+2MR,\ -2MCl} BeR_2; \quad Be \xrightarrow[\textit{Transmetallierung}]{+HgR_2,\ -Hg} BeR_2.$$

Eigenschaften. Die *Berylliumdiorganyle* stellen *giftige*, *farblose*, viskose Flüssigkeiten oder Feststoffe dar: „*Dimethylberyllium*“ $BeMe_2$: Sblp. 220 °C/extrap.; $r_{Be} = 1.698$ Å; „*Diethylberyllium*“ $BeEt_2$: Smp. −11 °C, Sdp. 95 °C bei 4 mbar; „*Diphenylberyllium*“ $BePh_2$: Smp. 248 °C; „*Bis(cyclopentadienyl)beryllium*“ $BeCp_2$: Smp. 59 °C. Sie sind sehr oxidationsempfindlich, entflammen an Luft und hydrolysieren leicht (gegebenenfalls explosionsartig).

Strukturen. Der Verbindungen BeR_2 sind zum Unterschied von den monomeren Bororganylen *polymer* gebaut, falls der organische Rest nicht zu voluminös ist. So besitzt $BeMe_2$ wie das Hydrid BeH_2 die Struktur (h) einer durch Zweielektronen-Dreizentren-Bindungen zusammengehaltenen Kette: $(BeMe_2)_x$ (Koordinationszahl KZ von Be = 4; vgl. hierzu die Struktur von dimerem $AlMe_3$, S. 1088). In analoger Weise ist $BePh_2$ im Sinne von $(BePh_2)_x$ polymer gebaut ($KZ_{Be} = 4$), während ^{t}BuBeMe Trimere (i), $BeEt_2$ bzw. Be(o-Tol)$_2$ Dimere ($KZ_{Be} = 3$) und Be^{t}Bu$_2$ Monomere ($KZ_{Be} = 2$) bildet. Eine außergewöhnliche Struktur kommt schließlich der Verbindung $BeCp_2$ zu, in welcher ein Cp-Ring gemäß (m) pentahapto- (η^5-) π-gebunden ist, der andere monohapto- (η^1-) σ-gebunden vorliegt ($KZ_{Be} = 6$). Somit wirkt von den beiden mit Be^{2+} verknüpften Cyclopentadienyl-Resten $C_5H_5^- = Cp^-$ einer als Sechs-, der andere als Zweielektronendonator, wodurch Beryllium insgesamt eine Oktettaußenschale erreicht (in Verbin-

[17] Der besseren Übersichtlichkeit halber ist die Tetraederstruktur vereinfacht dargestellt. In Wirklichkeit sind wegen der Winkelung der NO_3-Gruppen die Be-Atome verzerrt-tetraedrisch von 4 O-Atomen umgeben.

[18] **Literatur.** B. J. Wakefield: „*Alkyl Derivatives of the Group II Metals*“, Adv. Inorg. Radiochem. **11** (1968) 341–425; J. P. Oliver: „*Structures of Main Group Organometallic Compounds Containing Electron-Deficient Bridge Bonds*“, Adv. Organomet. Chem. **15** (1977) 235–271; N. A. Bell: „*Beryllium*“, Comprehensive Organomet. Chem. **1** (1982) 121–153; Houben-Weyl: „*Organische Be-Verbindungen*“, **13/2** (1973/74); Gmelin: „*Organoberyllium Compounds*“, Syst.-Nr. **26**, bisher 1 Band. Vgl. auch Anm.[31] auf S. 855.

dungen CpBeX ist der σ-gebundene Cp-Rest durch andere σ-gebundene Reste wie X = Me, Hal, C≡CH oder durch den – gemäß (h) – über zwei H-Brücken mit Be verknüpften Boranat-Rest vertauscht):

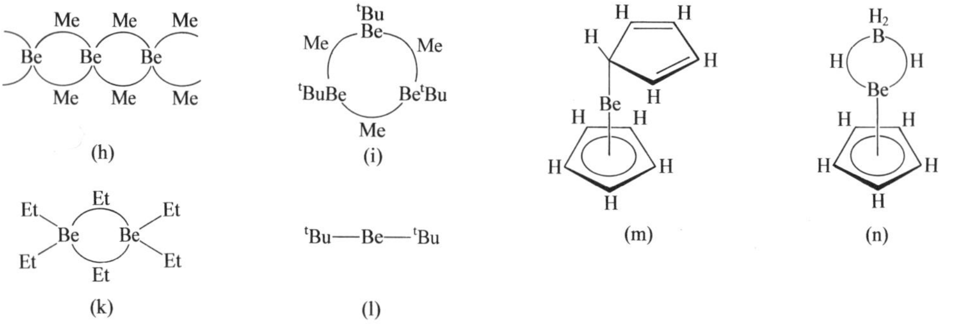

(h) (i) (m) (n)

(k) (l)

Reaktivität. Ähnlich wie die Bortriorganyle weisen auch die Berylliumdiorganyle ohne β-Wasserstoffatom eine hohe *Thermostabilität* auf und unterliegen beim Erhitzen zunächst nur einer Depolymerisation ($BeMe_2$ ist in der Gasphase *monomer* und zersetzt sich ab 200 °C letztendlich in Be_2C). Diorganyle mit β-H-Atom zerfallen demgegenüber mehr oder minder leicht unter *Alkeneliminierung* („*Dehydroberyllierung*"). So geht etwa Be^iPr_2 bereits bei 40 °C in ^iPrBeH und Propen und Be^tBu_2 bei Raumtemperatur langsam auf dem Wege über das *Monohydrid* ^tBuBeH, das gebildetes Isobutan unter „*Hydroberyllierung*" wieder addiert, letztendlich – nach wiederholter Isobutaneliminierung und -addition – in ein Gleichgewichtsgemisch aus Be^tBu_2 und Be^iBu_2 über, während Be^tBu_2 oberhalb 100 °C das *Dihydrid* BeH_2 ergibt (vgl. S. 1109):

$$\tfrac{1}{x}[BeH_2]_x \xleftarrow[>100\,°C]{-2\,^iButen} \mathbf{Be^tBu_2} \xrightleftharpoons[25\,°C]{\mp\,^iButen} {}^tBuBeH \xrightleftharpoons{\pm\,^iButen} {}^iBuBe^tBu \xrightleftharpoons{\mp\,^iButen} {}^iBuBeH \xrightleftharpoons{\pm\,^iButen} Be^iBu_2.$$

Als *Lewis-Säuren* bilden die Berylliumorganyle BeR_2 – gegebenenfalls unter teilweiser oder vollständiger Depolymerisation – mit Donatoren D wie Hydrid H^-, Halogenid Hal^-, Ethern OR_2, Aminen NR_3 oder Dipyridyl dipy, Phosphanen PR_3, Organylanionen R^- *Addukte* wie $[R_2BeH]_2^{2-}$ [19], $[R_2BeFBeR_2]^-$ (trigonal-planares Be wie in (s); lineare BeFBe-Gruppe), $[BePh_2(OMe_2)_2]$ (r), $[Be^tBu_2(OMe_2)]$ (s), $[BeMe_2(NMe_3)]_2$ (p), $[BeMe_2(dipy)]$ (r) (prächtig rot), $[BeMe_2(PMe_3)_2]$ (r), $[BeMe_4]^{2-}$ (r), $[Be^tBu_3]^-$ (s):

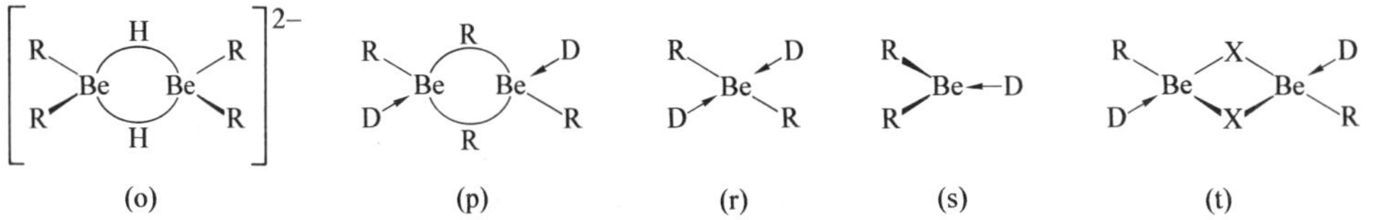

(o) (p) (r) (s) (t)

Derivate. Im Falle *protonenaktiver Donoren* D = HX schließt sich der Adduktbildung eine Eliminierung von RH an, wodurch *Derivate* RBeX der Berylliumdiorganyle entstehen ($R_2Be + HX \rightarrow R_2BeXH \rightarrow RBeX + RH$), die sich auch gemäß $BeR_2 + BeX_2 \rightarrow 2\,RBeX$ gewinnen lassen und in der Regel oligomer mit brückenständigem X anfallen. Unter den **Hydriden RBeH** (gewinnbar aus $BeR_2 + BeX_2 + 2\,LiH$) ist etwa EtBeH analog $BeMe_2$ oder BeH_2 polymer und $MeBeH(OEt_2)$ dimer (t), unter den **Halogeniden RBeHal** $^tBuBeHal(OEt_2)$ dimer (t), unter den **Alkoxiden RBeOR** MeBeOR (Smp. im Falle R = Me/Et/Pr/^{i}Pr/^{t}Bu = 25/30/40/136/93 °C) tetramer (Kuban-Struktur, vgl. S. 1090), $EtBeOCEt_3$ trimer und $MeBeOCPh_3$ dimer, unter den **Amiden RBeNR₂** $MeBeNMe_2$ trimer und $MeBeNPr_2$ dimer. *Niedrigwertige Berylliumorganyle* RBe—BeR sind bisher unbekannt.

[19] In der als Dietherat isolierbaren Verbindung $Na_2[Et_2BeH]_2$ sind Anionen des Typus (o) ($Be_2H_6^{2-}$ ist isoelektronisch mit B_2H_6) dadurch zu Ketten verknüpft, daß jedes Brücken-H-Atom zusätzlich mit zwei $Na(OEt_2)^+$-Kationen verbunden ist (tetraedrische Koordination von H), welche ihrerseits paarweise die Brücken-H-Atome zweier Anionen zusammenhalten (trigonal-planare Koordination von Na).

2 Das Magnesium[20)]

2.1 Elementares Magnesium[20)]

Vorkommen. Magnesium ist am Aufbau der Erdrinde mit 2.0 % beteiligt. Wegen seiner großen chemischen Reaktionsfähigkeit kommt es *nicht in freiem*, sondern nur in *kationisch-gebundenem* Zustande vor, und zwar in der Hauptsache als *Carbonat*, *Silicat*, *Chlorid* und *Sulfat*, seltener als *Oxid*.

So bilden das Carbonat in Form des „*Dolomits*“[21)] $CaMg(CO_3)_2$ ganze Gebirgszüge, z. B. in den südlichen Alpen; auch als *einfaches* Carbonat tritt es in Form von „*Magnesit*“ („*Bitterspat*“) $MgCO_3$ in großen Lagern auf, z. B. in Tirol. Unter den Silicaten des Magnesiums (vgl. S. 930f) seien erwähnt: „*Olivin*“ $(Mg,Fe)_2[SiO_4]$, „*Enstatit*“ $Mg[SiO_3]$, „*Serpentin*“ $Mg_3(OH)_4[Si_2O_5]$ (faserig als Chrysotilasbest, blätterig als Antigorit), „*Talk*“ $Mg_3(OH)_2[Si_4O_{10}]$, „*Meerschaum*“ $Mg_4(OH)_2[Si_6O_{15}]$ (Fe-, Al- und H_2O-haltig). Als Bestandteile von *Salzlagern* (vgl. S. 1159) finden sich: das Sulfat als „*Kieserit*“ $MgSO_4 \cdot H_2O$, „*Astrakanit*“ $Na_2Mg(SO_4)_2 \cdot 4H_2O$, „*Schönit*“ $K_2Mg(SO_4)_2 \cdot 6H_2O$, „*Langbeinit*“ $K_2Mg_2(SO_4)_3$, „*Polyhalit*“ $K_2Ca_2Mg(SO_4)_4 \cdot 2H_2O$ und „*Kainit*“ $KMgCl(SO_4) \cdot 3H_2O$ sowie das Chlorid als „*Carnallit*“ $KMgCl_3 \cdot 6H_2O$. Als Oxid tritt Magnesium zusammen mit Aluminium in Form des „Spinells“ $MgAl_2O_4$ auf.

Auch das *Meerwasser* enthält nicht unbeträchtliche Mengen an Magnesium in Form von Ionen Mg^{2+} (1.3 mg/l). Darüber hinaus sind Magnesium-Ionen in den als „*Bitterwässern*“ bezeichneten Mineralquellen enthalten; sie verbleiben nach dem Eindunsten als „*Bittersalz*“ $MgSO_4 \cdot 7H_2O$. Wichtig ist weiterhin das Auftreten des Magnesiums als Bestandteil des *Blattgrüns* („*Chlorophyll*“; vgl. S. 1122).

Isotope (vgl. Anh. III). *Natürlich* vorkommendes Magnesium besteht aus den Isotopen $^{24}_{12}Mg$ (78.99 %), $^{25}_{12}Mg$ (10.00 %; für *NMR-Untersuchungen*) und $^{26}_{12}Mg$ (11.01 %).

Geschichtliches. Die *erstmalige Darstellung* von Magnesium gelang 1809 Humphry Davy auf elektrolytischem Wege nach der „Amalgam-Methode“ (vgl. erstmalige Ca-Darstellung). Aber erst 1886 begann in Deutschland die Produktion in größerem Maßstab durch Schmelzelektrolyse von Carnallit $KMgCl_3$. Der *Name* Magnesium leitet sich ab von der kleinasiatischen Stadt Magnesia, nach der auch das Mangan, der Magnetit Fe_3O_4 und der diesem eigentümliche Magnetismus benannt wurde (s. dort).

Darstellung. Magnesium wird technisch hauptsächlich *elektrochemisch* durch „*Elektrolyse*“ einer Schmelze von *Magnesiumdichlorid* und *Alkali-* bzw. *Erdalkalichloriden* (ca. 25 %iger $MgCl_2$-Anteil) bei 700–800 °C gewonnen („*elektrolytisches Verfahren*“):

$$641.8\,kJ + MgCl_2 \rightarrow Mg + Cl_2 .$$

Als Anodenmaterial dient Graphit, als Kathodenmaterial Eisen. Die Zersetzungsspannung beträgt 5–7 V. Das flüssige Magnesium (Smp. 649 °C) steigt an die Oberfläche und kann abgeschöpft werden. Das benötigte *wasserfreie Magnesiumchlorid* gewinnt man durch Umsetzung von *Magnesiumoxid* mit *Koks* oder *Kohlenoxid* und *Chlor*: $MgO + Cl_2 + C \rightarrow MgCl_2 + CO + 150.3\,kJ$. Das hierbei erforderliche Chlor entsteht als Nebenprodukt der Schmelzelektrolyse. Auch eingedampfte Mutterlaugen der Carnallitaufbereitung, größtenteils aus $MgCl_2$ bestehend, werden als Schmelzelektrolyt für die Magnesiumgewinnung herangezogen.

In geringerem Umfange wird Magnesium in der Technik auch auf *chemischem* Wege durch Reduktion von *Magnesiumoxid* (eingesetzt in Form von gebranntem Dolomit $MgO \cdot CaO$) mit *Silicium* (eingesetzt in Form von Ferrosilicium Si(Fe)) bei 1200 °C gewonnen („*silicothermisches Verfahren*“):

$$2MgO + 2CaO + Si(Fe) \rightarrow 2Mg + Ca_2SiO_4 + (Fe).$$

---

20 **Literatur.** R. D. Goodenouph, V. A. Stenger: „*Magnesium, Calcium, Strontium, and Radium*“, Comprehensive Inorg. Chem. **1** (1973) 591–664; D. E. Fenton: „*Alkali Metals and Group IIA Metals*“, Comprehensive Coord. Chem. **3** (1987) 1–80; ULLMANN (5. Aufl.): „*Magnesium*“, „*Magnesium Alloys*“, „*Magnesium Compounds*“, **A15** (1990) 559–580, 581–593, 595–630; GMELIN: „*Magnesium*“, Syst.-Nr. **27**, bisher 8 Bände; W. E. C. Wacker: „*Magnesium and Man*“, Harvard University Press, London 1980; P. Harrison: „*Metalloproteins*“, Verlag Chemie, Weinheim 1985. Vgl. auch Anm. 26, 32.

21 Das Mineral *Dolomit* ist wie die aus Dolomit bestehenden *Dolomiten* nach dem französischen Geologen und Mineralogen Deodat de Dolomieu (1750–1801) benannt.

Zur Erzeugung einer flüssigen Schlacke setzt man Al_2O_3 zu (Bildung eines Calciumalumosilicats). Das Magnesium entweicht dampfförmig (Sdp. 1105 °C) und kondensiert sich in einer kalten Wasserstoffatmosphäre zu flüssigem Metall, das durch Vakuumdestillation gereinigt wird.

Physikalische Eigenschaften. Magnesium ist ein dem Aluminium ähnelndes, *silberglänzendes*, an der Luft jedoch bald mattweiß anlaufendes *Leichtmetall*[22] (Dichte 1.738 g/cm^3, Smp. 650 °C, Sdp. 1105 °C) von mittlerer Härte, das sich hämmern und gießen sowie leicht zu dünnem Blech auswalzen und zu Draht ziehen läßt. Die elektrische Leitfähigkeit beträgt etwa $\frac{1}{3}$ von der des Kupfers und etwa $\frac{2}{3}$ von der des Aluminiums. Magnesium kristallisiert in hexagonal-dichtester Kugelpackung, einem Gittertyp („*Mg-Typ*"), den auch viele andere Metalle bevorzugen (vgl. S. 151).

Physiologisches. Magnesium wirkt in Form von Mg^{2+} für Menschen, Tiere und Pflanzen *essentiell* (Mensch: ca. 470 mg pro kg Körpergewicht; empfohlene Aufnahme: 200–300 mg pro Tag; besonders Mg-reich sind Obst, Gemüse, Vollkornprodukte). Es ist in Organismen an allen Reaktionen von ATP beteiligt (z. B. Photosynthese, Citronensäurecyclus, Atmungskette, Fettsäuresynthesen) und ein wesentlicher Bestandteil von Knochen, Zähnen, Chlorophyll. Beim Menschen kann *Magnesiummangel* (z. B. infolge Alkoholismus oder Darmresorptionsstörung) tetanieähnliche Krämpfe, Arteriosklerose und Herzinfarkt, bei Pflanzen Verwelkung, Blattgrünaufhellung (vgl. luftgeschädigte Nadelbäume) bewirken. Man verwendet Mg^{2+}-Salze beim Menschen gegen Verstopfung, Fettsucht, Leber- und Gallenleiden, Blutstauungen.

Chemische Eigenschaften. An der *Luft* ist Magnesium trotz seiner großen Affinität zu Sauerstoff bei Zimmertemperatur recht haltbar, weil es sich wie Aluminium bald mit einer zusammenhängenden dünnen *Oxidschutzhaut* überzieht (vgl. S. 1066). Bei *höherer Temperatur* verbrennt es in Band- und Pulverform mit *blendend weißem Licht*[23] zu Magnesiumoxid MgO (und Magnesiumnitrid Mg_3N_2):

$$Mg + \tfrac{1}{2}O_2 \rightarrow MgO + 602.1\,kJ; \quad 3\,Mg + N_2 \rightarrow Mg_3N_2 + 661.0\,kJ.$$

Da das Licht reich an photochemisch wirksamen Strahlen ist, machte man früher von dieser Reaktion bei den „*Blitzlichtpulvern*" (Gemisch von Magnesiumpulver mit Oxidationsmitteln wie Kaliumchlorat, Kaliumpermanganat, Braunstein oder Nitraten der Lanthanoide) Gebrauch (vgl. „*Vakublitz*", S. 1066). Wegen der großen Affinität zum Sauerstoff dient Magnesium weiterhin als *sehr kräftiges Reduktionsmittel*; so reduziert es in der Hitze selbst so beständige Oxide wie Siliciumdioxid (S. 877) und Boroxid (S. 987) und so beständige Fluoride wie Uran(IV)-fluorid (S. 1796). Eine Mischung von Mg und CO_2-Schnee verbrennt beim Erhitzen unter heller Lichterscheinung zu Kohlenstoff (S. 861); Calciumphosphat $Ca_3(PO_4)_2$ geht beim Erhitzen mit Mg in Calciumphosphid Ca_3P_2 über, das leicht zu Phosphan PH_3 hydrolysiert (Vorprobe auf Phosphate).

Außer mit Sauerstoff und Stickstoff reagiert Magnesium mit den meisten anderen *Nichtmetallen* bereitwillig. So entzündet es sich in *Halogenen* (Bildung von MgX_2) und liefert mit *Wasserstoff* bei 570 °C und 200 bar MgH_2.

Verwendung von Magnesium. Magnesium (Weltjahresproduktion: 500 Kilotonnenmaßstab) wird in **elementarer Form** als *Reduktionsmittel* zur Herstellung von Metallen wie Be, Ti („*Kroll-Prozeß*", S. 1400), Zr, Hf, U aus ihren Chloriden sowie als *Desoxidationsmittel* in der Stahlindustrie eingesetzt. Auch nutzt man es in der *Pyrotechnik* sowie in der *organischen Synthese* (Gewinnung von Grignard-Reagenzien, S. 1123). Bezüglich seinem Einsatz als Wasserstoff- und Energiespeicher vgl. S. 1118.

Als Leichtmetall findet es technisch jedoch hauptsächlich als Bestandteil von **Legierungen** Verwendung, die sich wegen ihrer kleinen Dichte besonders für den Flugzeug- und Automobilbau eignen. Einige dieser

[22] Magnesium ist gemäß seiner Dichte um 35 % leichter als Aluminium, um 78 % leichter als Stahl und ist damit das leichteste unter den technisch in größerem Ausmaß genutzten Konstruktionsmetallen.

[23] Von Magnesiumlicht bestrahlte Gegenstände werfen sogar im Sonnenlicht tiefe Schatten, weil auf der Erde das Magnesiumlicht intensiver ist als selbst das Sonnenlicht.

Legierungen (*Magnalium, Hydronalium, Duralumin*), die *weniger* Magnesium enthalten, haben wir bereits beim Aluminium (S. 1067) kennengelernt. Unter den zur Hauptsache aus Magnesium bestehenden Legierungen seien vor allem die **„Elektronmetalle"** („*Dow-Metalle*") erwähnt, Legierungen von 90% und mehr Magnesium mit – je nach dem Verwendungszweck – Zusätzen von Aluminium, Zink, Mangan, Kupfer, Silicium, Seltenerdmetalle, die zum Unterschied vom Aluminium unempfindlich gegen alkalische Lösungen und Flußsäure sind, im Vergleich zu Eisen eine Massenersparnis von über 80%, gegenüber Duralumin eine solche von 20–40% ermöglichen und leicht verarbeitet werden können. Durch Beizen in einem salpetersauren Alkalidichromat-Bad kann man sie mit einem gegen atmosphärischen Angriff schützenden gelben Überzug versehen. Legierungen von 98% Magnesium und 2% Mangan sind gegen Wasser praktisch dauerbeständig. Man verwendet die Dow-Metalle u. a. für Motorenblöcke, Flugzeugrümpfe und -fahrgestelle, Raketen- und andere Konstruktionsteile (Laufgitter, Dockplanken, Schaufeln, Ladeplattformen).

Magnesium in Verbindungen. Magnesium kommt in seinen Verbindungen mit *elektronegativen Bindungspartnern* wie Beryllium praktisch ausschließlich die Oxidationsstufe **+2** zu (z. B. MgH_2, MgF_2, $Mg(H_2O)_6^{2+}$, MgO, Mg_3N_2). Es bestehen jedoch Hinweise für die Bildung niedrigwertigen Magnesiums, z. B. bei Elektrolysen von Natriumsalzen an Magnesiumelektroden.

Die wichtigsten Koordinationszahlen des Magnesiums sind *sechs* (in der Regel oktaedrisches Mg wie in $(\mathbf{Mg}Cl_2)_x$, $\mathbf{Mg}(NH_3)_6^{2+}$, $[\mathbf{Mg}(OH)_2]_x$, $(\mathbf{Mg}S)_x$) und – seltener – *vier* (in der Regel tetraedrisches Mg wie in R**Mg**Br · 2 OEt_2). Magnesium betätigt aber auch andere Koordinationszahlen wie *eins* (z. B. in gasförmigem **Mg**O), *zwei* (linear in $\mathbf{Mg}[C(SiMe_3)_3]_2$, gewinkelt in gasförmigem $\mathbf{Mg}F_2$), *drei* (trigonal-planar in $[R\mathbf{Mg}NR_2]_2$), *fünf* (trigonal-bipyramidal in Me**Mg**Br · 3 THF, quadratisch-pyramidal in $\mathbf{Mg}(OAsMe_3)_5^{2+}$), *acht* (z. B. in $Et_2\mathbf{Mg}$(18-Krone-6), $[Cp\mathbf{Mg}Me(OEt_2)_2]_2$), *zehn* (z. B. in $\mathbf{Mg}Cp_2$) oder *sieben* und *neun* (beide Koordinationszahlen nebeneinander in **Mg** $(Indenyl)_2$).

Vergleich von Magnesium und Beryllium. Die unterschiedlichen Eigenschaften von Beryllium und Magnesium sind wie im Falle des Elementpaars Lithium/Natrium auf die *Vergrößerung des Radius* und *Verkleinerung der Elektronegativität* der Metalle in ihren Verbindungen beim Übergang von Be zu Mg zurückzuführen. Magnesium nimmt in dieser Beziehung eine Mittelstellung zwischen Beryllium einerseits und den – untereinander sehr ähnlichen – Elementen Calcium bis Radium andererseits ein.

So *erhöht* sich – bedingt durch den wachsenden Radius der Erdalkalimetall-Ionen – die Koordinationszahl in Richtung Be, Mg, Ca. Dies macht sich etwa in einer unterschiedlichen *Hydratation* der Ionen ($Be(H_2O)_4^{2+}$, $Mg(H_2O)_6^{2+}$, $Ca(H_2O)_8^{2+}$) und in den *verschiedenen Strukturen* analog zusammengesetzter Erdalkalimetallverbindungen (z. B. $BeF_2/MgF_2/CaF_2$ mit Quarz/Rutil/Fluorit-Struktur) bemerkbar. In gleicher Richtung *sinkt* – bedingt durch den wachsenden Radius und die abnehmende Elektronegativität – die deformierende Wirkung der Erdalkalimetall-Ionen hinsichtlich ihrer Bindungspartner. Als Folge hiervon *erniedrigt* sich in Richtung BeX_2, MgX_2, CaX_2 usw. der *kovalente* und *erhöht* sich der *elektrovalente Bindungscharakter* der MX-Bindungen. Demgemäß ist $Mg(OH)_2$ *basischer* als $Be(OH)_2$ (noch basischer verhält sich $Ca(OH)_2$) und bildet daher nur mit stärksten Basen „*Magnesate*" (z. B. $Ba_2[Mg(OH)_6]$), wohl aber leicht Salze mit dem Mg^{2+}-*Kation*. Umgekehrt reagiert das in wässeriger Lösung hydratisierte Magnesium-Ion $Mg(H_2O)_6^{2+}$ *nicht merklich sauer*, während das entsprechende Beryllium-Ion $Be(H_2O)_4^{2+}$ leicht H^+-Ionen abspaltet und daher in wässeriger Lösung deutlich sauren Charakter aufweist. Andererseits bewirkt die Abnahme der deformierenden Wirkung der Erdalkalimetall-Ionen in Richtung Be^{2+} bis Ra^{2+} eine *Erhöhung der thermischen Stabilität der Salze* mit Oxosäuren (Sulfate, Nitrate, Carbonate; vgl. S. 1139) und eine *Abnahme der Stabilität von Komplexen* mit einfachen Liganden (BeF_2 ist wegen der hohen Stabilität von $BeF_2(H_2O)_2$ in Wasser etwa über zwanzigtausendmal löslicher als CaF_2[24]; auch lassen sich hydratisierte Magnesium-Ionen leichter als hydratisierte Beryllium-Ionen entwässern[25]). Bezüglich der Schrägbeziehung Li/Mg vgl. S. 1151.

Magnesium-Ionen. Wie erwähnt existiert Magnesium in Form von Kationen Mg^{2+}. Allerdings weisen die MgX-Bindungen in Salzen MgX_2 deutliche Kovalenzanteile auf. Verbindungen mit Anionen des Magnesiums sind bisher unbekannt.

---

[24] Insgesamt sind Erdalkalimetallsalze (z. B. Fluoride, Sulfate, Carbonate) unlöslicher als entsprechende Alkalimetallsalze (Grund: höhere Ladung der Kationen in ersteren Fällen).

[25] Bei Mg-Salzen *sehr starker* Säuren ist das $Mg(H_2O)_6^{2+}$-Ion noch vergleichsweise stabil; daher wirkt z. B. *Magnesiumperchlorat* $Mg(ClO_4)_2$ als ausgezeichnetes Trockenmittel.

2.2 Verbindungen des Magnesiums

2.2.1 Anorganische Magnesiumverbindungen[20)]

Wasserstoffverbindungen[20, 26)]. Darstellung. In *weniger reaktiver*, makrokristalliner Form ist **Magnesiumdihydrid MgH_2**, der „Grundkörper der Magnesiumdiorganyle MgR_2", *aus den Elementen* bei 500 °C und 200 bar, in *hochreaktiver*, mikrokristalliner Form („*aktiviertes MgH_2*) durch *katalytische Hydrierung* von *Magnesium* in Tetrahydrofuran (THF) bei 20–65 °C und 1–80 bar (Katalysator = Anthracen + $TiCl_4$, $CrCl_3$ oder $FeCl_2$) zugänglich:

$$Mg + H_2 \rightarrow MgH_2 + 74\,kJ; \quad MgEt_2 \rightarrow MgH_2 + 2C_2H_4.$$

Die als „Grundkörper der Grignardverbindungen RMgX" aufzufassenden **Magnesiumhalogenidhydride HMgX** (X = Cl, Br) lassen sich andererseits in THF durch katalytische Hydrierung von *Magnesium* bei 0 °C und Normaldruck in Gegenwart von *Magnesiumdihalogenid* oder durch Umsetzung von *Magnesiumdihydrid* mit *-dihalogenid* gewinnen:

$$Mg + H_2 + MgX_2 \rightarrow 2HMgX; \quad MgH_2 + MgX_2 \rightleftarrows 2HMgX.$$

Das *farblose* HMgCl kristallisiert aus THF als Addukt $[HMgCl \cdot THF]_2$ (Struktur nach schwingungsspektroskopischen Untersuchungen: $(THF)ClMg(\mu\text{-}H)_2MgCl(THF)$ mit brückenständigen H-Atomen ($KZ_H = 2$); HMgBr ist nur in THF-Lösung dismutationsstabil).

Eigenschaften. MgH_2 stellt einen *weißen*, festen, nichtflüchtigen, in organischen Medien unlöslichen Körper (Rutil-Struktur; $KZ_H = 3$) mit sehr polaren Bindungen dar, dessen Dichte (1.45 g/cm^3) geringer ist als die von Mg (1.74 g/cm^3).

Magnesiumdihydrid reagiert mit *Wasser* heftig unter Wasserstoffentwicklung und ist je nach Herstellungsart an *Luft* beständig oder selbstentzündlich (aktiviertes MgH_2). Bei *erhöhter Temperatur* zerfällt es in die Elemente (p_{H_2} = 1 atm bei 284 °C), wobei katalytisch erzeugtes MgH_2 in pyrophores, für die „*H_2-Speicherung*" geeignetes Magnesium übergeht.

An *1-Alkene* vermag sich aktiviertes MgH_2 in Gegenwart von Anthracen/$TiCl_4$ unter „*Hydromagnesierung*" anzulagern (vgl S. 1124). Mit *Kaliumhydrid* bildet es ein **Trihydridomagnesat $KMgH_3$**. Magnesiumdihydrid bildet darüber hinaus Mischhydride mit *Boran* (**Magnesiumboranat $Mg(BH_4)_2$** = $MgH_2 \cdot 2BH_3$; Smp. 320 °C) bzw. mit *Alan* (**Magnesiumalanat $Mg(AlH_4)_2$** = $MgH_2 \cdot 2AlH_2$; Smp. 140 °C, Zers.), die man durch Umsetzung von *Magnesiumdiethyl* mit *Diboran* bzw. von *Magnesiumdibromid* mit *Lithiumalanat* gewinnt:

$$3MgR_2 + 4B_2H_6 \rightarrow 3Mg(BH_4)_2 + 2BR_3,$$
$$MgBr_2 + 2LiAlH_4 \rightarrow Mg(AlH_4)_2 + 2LiBr.$$

Verwendung. Katalytisch gewonnenes „*aktiviertes Magnesiumdihydrid*" kann u.a. als *Trockenmittel* ($MgH_2 + 2H_2O \rightarrow Mg(OH)_2 + 2H_2$), als *Reduktionsmittel* (Gewinnung von Metallen bzw. Metallhydriden aus Metallhalogeniden, -oxiden, von CH_4 aus CO, CO_2 usw.; vgl. CaH_2), zur Herstellung von löslichen *Magnesiumhalogenidhydriden* (Reaktion mit MgX_2) bzw. von *Magnesiumdialkylen* (Reaktion mit 1-Alkenen) genutzt werden.

Eine große Rolle könnte aktiviertes MgH_2 in naher Zukunft zudem als **Wasserstoffspeicher** (Abtrennung von H_2 aus Gasgemischen; Transport von H_2) und als **Energieträger** (Kraftfahrzeuge, Kraftwerke) spielen: *Wasserstoff* hat von allen chemischen Brennstoffen den höchsten Energiegehalt pro Gewichtseinheit und bildet bei der Verbrennung – anders als Kohle, Erdöl, Erdgas – keine umweltschädlichen Produkte. Er stellt somit einen idealen sekundären *Energieträger* dar. Für die im Falle einer *Wasserstoffenergiewirtschaft* erforderliche H_2-Speicherung eignet sich insbesondere das durch thermische Zersetzung von aktiviertem MgH_2 erhältliche Magnesium, da es Wasserstoff bei leicht erhöhter Temperatur rasch aufnimmt und wieder abgibt. Es vermag mehr Wasserstoff (7.66 Gew.-%) als alle bisher bekannten Speicher (1–3 Gew.-%) aufzunehmen, so daß die mit Magnesium erzielbare *Energiedichte* (9000 kJ/kg) sehr hoch ist (in allen technischen H_2-Speichern wie TiFe, $TiCr_2$, TiCo, $LaNi_5$, Mg_2Al_3, Mg_2Ni, Mg ist die H_2-Dichte nach H_2-

---

[26] **Literatur.** E. Wiberg, E. Amberger: „*Hydrides*", Elsevier, Amsterdam 1971, S. 43–80; B. Bogdanović, A. Ritter, B. Spliethoff: „*Aktive MgH_2-Mg-Systeme als reversible chemische Energiespeicher*", Angew. Chem. **102** (1990) 239–250; Int. Ed. **29** (1990) 223. Vgl. Anm.[32)].

Beladung größer als in flüssigem Wasserstoff). Ein Nachteil stellt allenfalls die hohe Dissoziationstemperatur dar (ein H_2-Druck von 1 atm wird im Falle des „*Niedertemperaturspeichers*" $LaNi_5$ bei 20 °C, im Falle des „*Hochtemperaturspeichers*" MgH_2 bei 284 °C erreicht). Von Vorteil ist andererseits die Unempfindlichkeit gegenüber Spuren gasförmiger Verunreinigungen wie O_2, CO, CO_2, NH_3, H_2O (die H_2-Aufnahme von $LaNi_5$ wird in Anwesenheit letzterer Verunreinigung behindert).

Schließlich eignet sich aktiviertes MgH_2 als **Wärmespeicher**, weil MgH_2 unter *Aufnahme von Wärme* (z. B. aus Industrieabgasen) in die Elemente gespalten wird (74 kJ + MgH_2 $\rightleftarrows$ Mg + H_2). Die so in Form von chemischer Energie gespeicherte Wärme ist durch Vereinigung von Mg und H_2 zu MgH_2 wieder erhältlich.

Halogenverbindungen[20)] (vgl. Tab. 91, S. 1131). Die technische Gewinnung des **Magnesiumdichlorids $MgCl_2$**, das in der Natur in Form von „*Carnallit*" $KMgCl_3 \cdot 6H_2O$ in den Kaliumsalzlagerstätten vorkommt, erfolgt durch Eindampfen der *Endlaugen der Kaliumchlorid-Gewinnung* (S. 1172) als Hexahydrat $[Mg(H_2O)_6]Cl_2$ oder – bei stärkerem Eindampfen – als wasserärmeres Produkt (vgl. hierzu auch MgO-Darstellung). Wasserfrei entsteht es durch Entwässern bei 300 °C im HCl-Strom. Aus *Meerwasser* erhält man das Dichlorid nach einem Verfahren von Dow-Chemical durch Umsetzen des zunächst mit Kalkmilch gefällten Dihydroxids mit Salzsäure (Eindampfen der $MgCl_2$-Lösung nach Abtrennung von mitgelöstem Ca^{2+} als unlösliches Sulfat).

Eigenschaften. Das wasserfreie Magnesiumchlorid bildet eine blättrig-kristalline Masse, die bei 714 °C zu einer wasserhellen, den elektrischen Strom leitenden, leicht beweglichen Flüssigkeit (Sdp. 1412 °C) schmilzt.

Der *Schichtenstruktur* des Magnesiumchlorids $MgCl_2$ ($CdCl_2$-Struktur) liegt eine *kubisch-dichteste* Kugelpackung von Cl^--Ionen zugrunde, in der jede zweite Oktaederlücken-Schicht mit Mg^{2+}-Ionen besetzt ist (entsprechend einem Schichtenaufbau $\cdots Cl^- Mg^{2+} Cl^- Cl^- Mg^{2+} Cl^- \ldots$). Andere Verbindungen, die wie $MgCl_2$ mit $CdCl_2$-Struktur kristallisieren, sind z. B. $MnCl_2$, $FeCl_2$, $CoCl_2$, $NiCl_2$, NiI_2, $CdBr_2$, $ZnCl_2$ und $ZnBr_2$.

Magnesiumchlorid ist sehr „*hygroskopisch*" (vgl. S. 1178) und bildet eine Reihe kristalliner Hydrate $MgCl_2 \cdot nH_2O$ mit folgenden Existenzbereichen für $n = 12/8/6/4/2$: stabil bis $-16.4/-3.4/116.7/181/$ ca. 300 °C (vgl. S. 208). Seine Gegenwart im Kochsalz bewirkt dessen Feuchtwerden an der Luft. Will man eine kostspielige Reinigung des Kochsalzes durch Umlösen umgehen, so mischt man dem Salz zur Vermeidung des Feuchtwerdens Na_2HPO_4 zwecks Bindung des $MgCl_2$ als $MgHPO_4$ bei.

Die *wässerige Lösung* von $MgCl_2$ (Bildung von $Mg(H_2O)_6^{2+}$) reagiert neutral. Seine Neigung zur Hydrolyse ist also geringer als beim $AlCl_3$. Beim Eindampfen der Lösung entweicht Chlorwasserstoff:

$$MgCl_2 + HOH \rightleftarrows Mg(OH)Cl + HCl.$$

Dementsprechend läßt sich das Hexahydrat $[Mg(H_2O)_6]Cl_2$ auch nur in einer *Chlorwasserstoff*atmosphäre unzersetzt entwässern (zum Unterschied davon gibt Carnallit $KMgCl_3 \cdot 6H_2O$ sein Kristallwasser ohne Zersetzung ab). Chloride mit großem Kation (wie NEt_4Cl) vereinigen sich mit $MgCl_2$ unter Chlorokomplex-Bildung $[MgCl_4]^{2-}$. Mit Donor-Molekülen wie Ethern, Aldehyden, Ketonen erfolgt, wie auch im Falle von $MgBr_2$, Adduktbildung (z. B. $MgBr_2(OEt_2)_2$ oder $[Mg(THF)_4]Br_2$). NH_3 wird von $MgCl_2$ unter Bildung eines leicht dissoziierenden Hexa-ammoniakats $[Mg(NH_3)_6Cl_2]$ absorbiert.

Verwendung. Die Hauptmenge an Magnesiumchlorid (Weltjahresproduktion: Megatonnenmaßstab) wird zur elektrolytischen Darstellung von Magnesium genutzt (s. o.), ein weiterer Teil dient in Verbindung mit MgO als Sorelzement (S. 1121) in der Bauindustrie. Es wird ferner bei der Granulierung von Düngemitteln eingesetzt sowie in der Zucker- und Erdölindustrie.

Farbloses **Magnesiumdifluorid MgF_2** (gewinnbar aus $MgCO_3$ und HF; Smp./Sdp. 1263/2227 °C) kristallisiert zum Unterschied von BeF_2 (SiO_2-Struktur; 4 : 2 Koordination) und CaF_2 (Fluorit-Struktur; 8 : 4-Koordination) mit Rutil-Struktur (6 : 2 Koordination). Es ist in Wasser anders als BeF_2 nur wenig löslich (0.076 g pro Liter) und bildet mit Alkalimetallfluoriden *Fluorokomplexe* MgF_3^- (Perowskit-Struktur) und MgF_4^{2-}, die nur im Kristall, nicht in Lösung beständig sind. **Magnesiumdibromid $MgBr_2$** (Smp. 711 °C; CdI_2-Struktur) und **Magnesiumdiiodid MgI_2** (Smp. 734 °C, Zers., CdI_2-Struktur) lassen sich analog $MgCl_2$ durch Entwässern von Hydraten (gewinnbar durch Eindampfen wässeriger Lösungen) im HBr- bzw. HI-Strom als äußerst hygroskopische Feststoffe gewinnen.

Chalkogenverbindungen[20)]. Die technische Darstellung von **Magnesiumoxid MgO**, der wichtigsten Mg-Verbindung neben $MgCO_3$ (s. u.), erfolgt durch *Glühen* („*Calcinieren*") von natürlich vorkommendem *Magnesit* $MgCO_3$ oder *Dolomit* $MgCa(CO_3)_2$ (bei 540 °C erreicht der Partialdruck von $MgCO_3$ 1 Atmosphäre; vgl. S. 1139):

$$MgCO_3 \rightarrow MgO + CO_2; \qquad MgCa(CO_3)_2 \rightarrow MgO + CaO + 2CO_2.$$

Darüber hinaus gewinnt man es durch *thermische Entwässerung* von **Magnesiumdihydroxid $Mg(OH)_2$**, das technisch seinerseits durch Versetzen wässeriger Lösungen von *Magnesiumdichlorid* $MgCl_2$ (aus den Endlaugen der Kalisalzverarbeitung, aus Meerwasser und Salzsolen) mit *gebranntem* oder *gelöschtem Kalk* CaO oder $Ca(OH)_2$ als Niederschlag erhalten wird ($Mg(OH)_2$ ist weniger löslich als $Ca(OH)_2$[27]):

$$MgCl_2 + Ca(OH)_2 \rightarrow Mg(OH)_2 + CaCl_2; \qquad Mg(OH)_2 \rightarrow MgO + H_2O.$$

In analoger Weise beseitigt man das beim Calcinieren von Dolomit neben MgO entstehende CaO durch Auflösen des Oxidgemischs in Wasser und Austausch der Ca^{2+}- gegen Mg^{2+}-Ionen (Versetzen von gebildetem $Mg(OH)_2/Ca(OH)_2$ mit Meerwasser).

Eigenschaften. Durch Calcinieren von $MgCO_3$ oder $Mg(OH)_2$ bei 600–1000 °C erhält man ein weißes, lockeres, reaktionsfähiges, mit Wasser „abbindendes", pulverförmiges Magnesiumoxid („*kaustische*", „*chemische*" oder „*gebrannte Magnesia*"; MAK-Wert = 6 mg Feinstaub pro m^3), bei 1700–2000 °C eine mit Wasser nicht mehr abbindende Masse („*Sintermagnesia*") und bei 2800–3000 °C im elektrischen Lichtbogenofen eine Magnesiumoxidschmelze, die zu totgebrannter „*Schmelzmagnesia*" (Smp./Sdp. 2832/3600 °C) erstarrt.

Magnesiumhydroxid ist in *Wasser* nur wenig löslich und fällt daher ganz allgemein beim Versetzen von Magnesium-Salzlösungen mit *Basen* aus: $Mg^{2+} + 2OH^- \rightarrow Mg(OH)_2$ ($L_{Mg(OH)_2} = c_{Mg^{2+}} \cdot c^2_{OH^-} = 1.5 \times 10^{-12}$, entsprechend einer Löslichkeit des Magnesiumhydroxids (vgl. S. 209) von $c_{Mg^{2+}} = 0.72 \times 10^{-4}$ mol/l)[27]. Bei Verwendung von *Ammoniak* als Base ist die Fällung wegen der geringen Hydroxidionen-Konzentration des wässerigen Ammoniaks unvollständig. In *Ammonium-Salzlösungen* löst sich Magnesiumhydroxid leicht, weil die Ammonium-Ionen die Hydroxid-Ionen abfangen ($NH_4^+ + OH^- \rightarrow NH_3 + H_2O$), so daß die zur Überschreitung des Löslichkeitsproduktes L erforderliche Konzentration c_{OH^-} nicht erreicht wird. Dementsprechend bildet sich auch bei der Zusammengabe von Magnesiumsalzlösungen und Ammoniak in Gegenwart genügender Mengen Ammoniumsalz kein $Mg(OH)_2$-Niederschlag (vgl. „*Magnesiamixtur*" beim Nachweis von Phosphat als Magnesium-ammonium-phosphat, S. 773). Als zweiwertige starke Base bildet Magnesiumhydroxid mit *Säuren* basische und normale Salze. In *Alkalilaugen* ist es als rein basisches Hydroxid (Unterschied gegenüber $Be(OH)_2$) nicht löslich. In erhöhtem Maße gilt dies für die noch stärkeren homologen Basen $Ca(OH)_2$ bis $Ra(OH)_2$.

In der *Natur* kommt das „*Magnesiumhydroxid*" $Mg(OH)_2$ gelegentlich als blättchenförmiger hexagonaler *Brucit* vor (vgl. Fig. 233a). Der Kristall (CdI_2-Struktur) besteht aus einer *hexagonal-dichtesten* Kugelpackung von OH^--Ionen, in der jede zweite Oktaederlücken-Schicht mit Mg^{2+}-Ionen besetzt ist, entsprechend einem Schichtenaufbau $\cdots HO^- Mg^{2+} OH^- OH^- Mg^{2+} OH^- \cdots$ (die Spaltung erfolgt leicht zwischen den gleichnamig geladenen OH^--Schichten). Im CdI_2-Typ kristallisieren u. a. $MgBr_2$, MgI_2, $Ca(OH)_2$, CaI_2, $Cd(OH)_2$, PbI_2, SnS_2, TiS_2, ZrS_2, $Mn(OH)_2$, MnI_2, $FeBr_2$, FeI_2, $Fe(OH)_2$, $Co(OH)_2$, $CoBr_2$, CoI_2, $Ni(OH)_2$, $NiBr_2$. „*Magnesiumoxid*" MgO kristallisiert wie CaO, SrO und BaO und zum Unterschied von BeO (Wurtzit-Struktur) mit der ionischen NaCl-Struktur.

Verwendung. Die *chemische Magnesia* (Weltjahresproduktion einschließlich anderer MgO-Sorten: Zig Megatonnenmaßstab) wird u. a. in der Bauindustrie zur Mörtelbereitung (S. 1144) und in der Medizin als *mildes Neutralisationsmittel* genutzt („*Magnesia usta*"). *Sintermagnesia* findet zur Herstellung *hochfeuerfester Steine* („*Magnesiasteine*", z. B. für die Auskleidung metallurgischer Öfen zur Stahlerzeugung oder als Wärmespeichermaterial) Verwendung. Auch *Laboratoriumsgeräte* (Rohre, Tiegel, Schiffchen)

---

[27] Die Löslichkeitsprodukte von $Ca(OH)_2$ (3.9×10^{-6}), $Sr(OH)_2$ (4.2×10^{-4}) und $Ba(OH)_2$ (4.3×10^{-3}) sind um viele Zehnerpotenzen größer als das von $Mg(OH)_2$. Unlöslicher als $Mg(OH)_2$ ist $Be(OH)_2$ (2.5×10^{-19}).

werden aus Sintermagnesia („*Magnesiumoxid-Keramik*"; „*Periklas*") gewonnen[28]. *Schmelzmagnesia* dient in der Elektrowärmeindustrie als Isoliermaterial.

Mischungen von *Magnesiumoxid* und konzentrierter *Magnesiumchlorid*lösung erhärten *steinartig* unter Bildung *basischer Chloride* („*Magnesia-Zement*", „*Sorelzement*", „*Magnesitbinder*") vom Typus $MgCl_2 \cdot 3Mg(OH)_2 \cdot 8H_2O$, deren Struktur (Fig. 233b) sich von der des Magnesiumhydroxids $Mg(OH)_2$ (Fig. 233a) ableitet (durch Chlorid Cl^- verknüpfte kationische Doppelketten der Formel $[Mg_2(OH)_3(H_2O)_3]^+$):

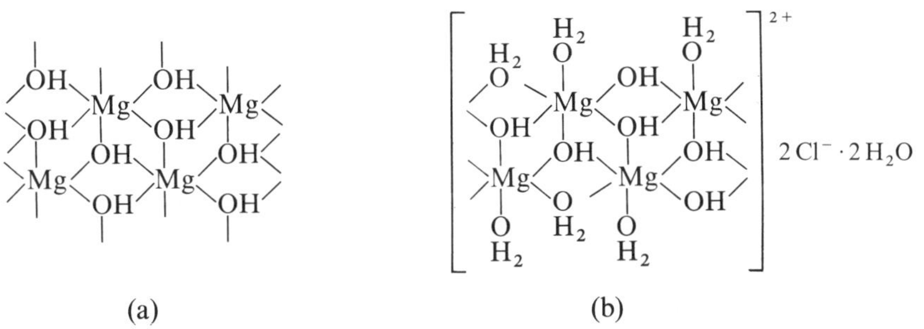

(a) (b) $2Cl^- \cdot 2H_2O$

Fig. 233 Struktur von $Mg(OH)_2$ (Brucit) und $Mg_2(OH)_3Cl \cdot 4H_2O$.

Sie werden – unter Zumischung neutraler Füllstoffe (Sägemehl, Holzschliff, Korkgrieß, Asbest, Schamottemehl, Kieselgur) und Farben – zur Herstellung *künstlicher Steine* und *fugenloser Fußböden* („*Steinholz*", „*Xylolith*", „*Kunstmarmor*") sowie von *künstlichem Elfenbein* (Kunstgegenstände, Billardkugeln, Knöpfe) verwendet. Da sie nicht wasserbeständig sind (also keine Zemente im strengen Sinne darstellen; S. 1146) eignen sie sich nur zur Verarbeitung in Innenräumen. Außer mit $MgCl_2$ bildet MgO auch mit $MgSO_4$ eine steinharte Masse, die zur Herstellung von Leichtbauplatten („*Heraklith*") dient.

Die schwereren Magnesiumchalogenide, **Magnesiumsulfid MgS** (Zinkblende-Struktur), **Magnesiumselenid MgSe** (Zinkblende-Struktur) und **Magnesiumtellurid** MgTe (Wurtzit-Struktur) lassen sich *aus den Elementen* bei erhöhter Temperatur gewinnen (reines MgS erzeugt man auch aus $MgCl_2$ und H_2S bei 1050 °C). Von Wasser werden sie anders als die Berylliumchalkogenide rasch hydrolysiert.

Sonstige binäre Magnesiumverbindugen. Unter den Stickstoffverbindungen bildet sich das **Magnesiumnitrid Mg_3N_2** *aus den Elementen* bei 300 °C ($\Delta H_f = -461$ kJ/mol). Es wird von Wasser und Säuren rasch zu $Mg(OH)_2$ und NH_3 zersetzt. Man kennt darüber hinaus noch das stickstoffreichere Nitrid **MgN_6** $= Mg(N_3)_2$ (gewinnbar aus MgR_2 und HN_3). **Magnesiumcarbid Mg_2C_3**, das bei der Pyrolyse von „*Magnesiumacetylid*" **MgC_2** (S. 851) gemäß $2MgC_2 \rightarrow Mg_2C_3 + C$ entsteht, ist neben Li_4C_3 das einzige Carbid, das bei der Hydrolyse Propin $HC{\equiv}C{-}CH_3$ ergibt. Bezüglich der Struktur der aus den Elementen zugänglichen **Magnesiumboride Mg_nB_m** (MgB_2, MgB_4, MgB_6, MgB_{12}), vgl. S. 1059. MgB_2 hydrolysiert unter Bildung von Boranen (u. a. B_2H_6, B_4H_{10}, B_5H_9, B_5H_{11}, B_6H_{10}, $B_{10}H_{14}$).

Magnesiumsalze von Oxosäuren. In der Natur findet sich **Magnesiumcarbonat $MgCO_3$** als *Dolomit* (*Perlspat, Braunspat*) $MgCa(CO_3)_2$ und als *Magnesit* (*Talkspat, Bitterspat*) $MgCO_3$. Man gewinnt es meist durch Abbau von Lagerstätten im Tagebau. In wässeriger Lösung bildet es sich aus Magnesium- und Carbonat-Ionen nur bei genügendem Überschuß an freier Kohlensäure. Andernfalls entsteht *basisches Magnesiumcarbonat* $Mg(OH)_2 \cdot 4MgCO_3 \cdot 4H_2O$ als *weißes* lockeres Pulver. **Magnesiumsulfat $MgSO_4$** kommt als *Kieserit* $MgSO_4 \cdot H_2O$ und als *Bittersalz* $MgSO_4 \cdot 7H_2O$ (*Magnesiumvitriol*) sowie in Form von Doppelsalzen wie $KMgCl(SO_4) \cdot 3H_2O$ (*Kainit*) und $K_2Mg_2(SO_4)_3$ (*Langbeinit*) vor und wird als Nebenpro-

[28] Außer *Magnesiumoxid* MgO (Smp. 2832 °C) und dem früher (S. 911 bzw. 1081) schon erwähnten *Siliciumdioxid* („*Sinterquarz*") SiO_2 (Smp. 1705 °C) und *Aluminiumoxid* („*Sinterkorund*") Al_2O_3 (Smp. 2323 °C) dienen auch andere hochschmelzende Oxide zur Herstellung *hochfeuerfester* und chemisch widerstandsfähiger *Laboratoriumsgeräte*, z. B. *Berylliumoxid* BeO (Smp. 2507 °C), *Zirconiumdioxid* ZrO_2 (Smp. 2710 °C) und *Thoriumdioxid* ThO_2 (Smp. 3390 °C) sowie Mischoxide wie *Spinell* $MgO \cdot Al_2O_3$ (Smp. 2135 °C) und *Zirconiumsilicat* $ZrO_2 \cdot SiO_2$ (Smp. 2550 °C). Die Geräte sind als „*Degussit-Geräte*" im Handel.

dukt der Kaliindustrie oder durch Umsetzen von $MgCO_3$ bzw. $Mg(OH)_2$ mit H_2SO_4 gewonnen. Das Bittersalz schmeckt widrig bitter und verliert bei 150 °C 6 mol Wasser, das siebente erst oberhalb von 200 °C.

Hierin verhält es sich analog wie die Sulfate des Zinks, Mangans, Eisens, Nickels und Cobalts, die mit ihm isomorph sind. Dies bestätigt, daß die „*Vitriole*" $M^{II}SO_4 \cdot 7H_2O$ die Konstitution $[M(H_2O)_6]SO_4 \cdot H_2O$ besitzen, wobei das zum Sulfat-Ion gehörende Wassermolekül durch Wasserstoffbrücken (S. 282) gebunden wird. Analoges gilt für die Vitriole der Zusammensetzung $M^{II}SO_4 \cdot 5H_2O$ (M z. B. = Cu oder Mn), denen die Konstitution $[M(H_2O)_4]SO_4 \cdot H_2O$ zukommt (S. 1336). Mit Kalium- und Ammoniumsulfat bilden die Vitriole *Doppelsulfate* des Typus $M^I_2M^{II}(SO_4)_2 \cdot 6H_2O$, die untereinander ebenfalls isomorph sind.

Verwendung. „*Magnesiumcarbonat*" (Weltjahresproduktion: Zig-Megatonnenmaßstab) findet hauptsächlich als *Füllstoff* für Kautschuk, Papier, Kunststoffe, Druckfarben, Lacke, darüber hinaus als *Wärmeisoliermaterial* Verwendung. Basisches $MgCO_3$ dient in Form von „*Magnesia alba*" („*Magnesia Carbonica*", „*Hydromagnesit*") in der *Medizin* als mildes *Neutralisationsmittel* zur Beseitigung überschüssiger Magensäure. Es wird auch zur Herstellung von Pudern, Zahn- und Putzpulvern genutzt und dem Kochsalz zur Verhinderung des Zusammenbackens zugesetzt. „*Magnesiumsulfat*" (Weltjahresproduktion: mehrere Megatonnen) wird hauptsächlich als *Düngemittel* eingesetzt und dient auch zur *Herstellung von Sulfaten* (Natrium-, Kalium- sowie Kaliummagnesiumsulfat). Es findet außerdem in der *Zellstoff-* und *Textilindustrie*, zur Herstellung von feuerfesten *Baumaterialien* und von *Futtermitteln* sowie als *Motorenöladditiv* Verwendung. In der *Medizin* setzt man es als Abführmittel ein.

Magnesiumkomplexe[20]. Zweiwertiges Magnesium besitzt ähnlich wie zweiwertiges Beryllium ein hohes *Komplexbildungsvermögen* hinsichtlich *einzähniger* und *mehrzähniger Liganden*. Erwähnenswert sind außer den weiter oben behandelten *Halogeno-*, *Aqua-*, *Ether-* und *Ammin*-Komplexen insbesondere Komplexe mit „*Ethylendiamintetraacetat*" ($EDTA^{4-}$) und verwandten Liganden, deren Bildung zu „*komplexometrischen Titrationsbestimmungen*" von Magnesium genutzt werden (Näheres S. 1223), und Komplexe mit „*Porphyrinen*", „*Proteinen*", „*Enzymen*", welche in lebenden Organismen „*Biologische Funktionen*" z. B. in Zusammenhang mit der *Photosynthese*, der Weiterleitung von *Nervenimpulsen*, der *Muskelkontraktion*, des *Kohlenhydratmetabolismus* vorkommen.

Magnesium in der Biosphäre. Die als **Photosynthese grüner Pflanzen** bekannte, durch Licht ausgelöste endotherme Fixierung von CO_2 zu Kohlenhydraten unter Freisetzen von elementarem Sauerstoff („*Kohlendioxid-Assimilation*", S. 505):

$$2814\,\text{kJ} + 6CO_2 + 6H_2O \rightarrow C_6H_{12}O_6 + 6O_2$$

nimmt ihren Anfang in den Photorezeptoren der grünen Pflanzenpigmente, die man als „*Chlorophylle*" („*Blatt-grün*") bezeichnet[29]. Letztere stellen Komplexe des Magnesiums mit makrocyclischen Liganden dar, die sich vom „*Chlorin*", einem Dihydroderivat des „*Porphins*", ableiten (Fig. 234)[30]. Magnesium ist hierbei ca. 0.4 Å oberhalb der Ebene der 4 Stickstoffatome der Chlorinliganden lokalisiert. Auch sind zwei weitere Liganden – meist Wassermoleküle – mit Mg^{2+} verknüpft und die Chlorophyllmoleküle übereinander gestapelt (die Moleküle werden z. B. durch H-Brücken zwischen $Mg(OH_2)$ und den Sauerstoffatomen des Pentanonrings V zusammengehalten; vgl. Fig. 234).

Der Prozess der CO_2-Assimilation, an dem neben Chlorophyllen auch – im Dunkeln wirkende – mangan-, eisen-, und kupferhaltige Komplexe beteiligt sind, ist von Malvin Calvin (Nobelpreis 1961) eingehend studiert worden. Hiernach besteht die Funktion der Chlorophylle darin, *elektromagnetische Lichtenergie* (Photonen im sichtbaren Wellenlängenbereich 680–700 nm) zu absorbieren (elektronische Molekülanregung), um diese dann im Zuge von Redoxprozessen auf andere chemische Systeme (ATP, NADP) zu übertragen, welche sie in Form *chemischer Energie* speichern und für die CO_2-Assimilation nutzen. Die Magnesium-Ionen halten hierbei die lichtabsorbierenden Chlorine in starren Stapelpositionen (kein Energieverlust durch thermische Schwingungsanregungen) und erhöhen damit auch die Geschwindigkeit für den Übergang des kurzlebigen angeregten Singulett- in den längerlebigen Triplett-Molekülzustand.

---

[29] Chloros (griech.) = grün; phyllon (griech.) = Blatt.

[30] „*Porphin*" (*dunkelrot*, Smp. > 360 °C) ist der Grundkörper der „*Porphyrine*", welche sich vom Porphin durch Substitution des makrocyclischen Tetrapyrolgerüsts ableiten (Name vom griech. porphyros = violett). Das *olivgrüne* 7,8-Dihydroporphin wird als „*Chlorin*" bezeichnet (Derivate: „*Chlorine*").

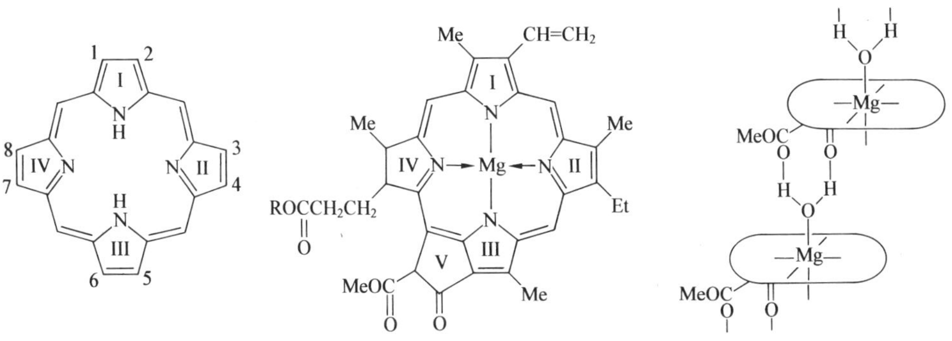

Porphin (*Chlorin* = 7,8-Dihydroporphin)[30]

Chlorophyll a[31]

Chlorophyllstapel

Fig. 234 Porphin, Chlorin, Chlorophylle und Chlorophyllstapel ($R = CH_2—CH{=}CMe(—CH_2CH_2CH_2CHMe—)_3Me$).

2.2.2 Organische Magnesiumverbindungen[18,20,32]

Darstellung. Die für Synthesen im Laboratorium und in der Technik geschätzten **Organylmagnesiumhalogenide („Grignardverbindungen"[33]) RMgX** gewinnt man durch Einwirkung von *Organylhalogeniden* RX auf *aktivierte Magnesiumspäne* („*Direktverfahren*"), die **Magnesiumdiorganyle MgR_2** durch „*Dismutation*" gemäß $2\,RMgX \rightleftarrows MgR_2 + MgX_2$, indem man die mit den Grignardverbindungen im Gleichgewicht stehenden *Magnesiumdihalogenide* abtrennt (z. B. durch Ausfällen mit Dioxan aus Diethyletherlösungen), ferner durch Umsetzung von *Magnesium* mit *Quecksilberdiorganylen* („*Transmetallierung*")[33]:

$$\text{Mg} \xrightarrow[\textit{Direktverfahren}]{+\,\text{RX}} \textbf{RMgX} \xrightarrow[\textit{Dismutation}]{\times 2;\ -\,\text{MgX}_2} \textbf{MgR}_2 \xleftarrow[\textit{Transmetallierung}]{+\,\text{HgR}_2;\ -\,\text{Hg}} \text{Mg}$$

(i) Grignardverbindungen. Die *Aktivierung* des beim Direktverfahren[34] benötigten Magnesiums erfolgt gewöhnlich durch *Iod*. Es bildet mit Magnesium zunächst *Magnesiumdiiodid*, das letzte Spuren von Wasser bindet und Magnesium von seiner Oxidhaut befreit, wonach die Reaktion mit den Organylhalogeniden einsetzen kann („*Anspringen*" der Grignardreaktion). Besonders aktives Magnesium ent-

---

31 „*Chlorophyll a*" findet sich in allen O_2-liefernden Organismen. In höheren Pflanzen findet man zusätzlich „*Chlorophyll b*" (Molverhältnis a : b ca. 3 : 1), das sich von Chlorophyll a durch Ersatz der Me- gegen eine CHO-Gruppe im Ring II ableitet. Auch Algen enthalten Chlorophyll b, Meeresalgen zudem „*Chlorophyll d*" (Tausch der Vinyl- gegen die CHO-Gruppe im Ring I). Weitere Chlorophylle (c_1, c_2, Bakteriochlorophylle) leiten sich vom Chlorophyll a durch Ersatz von R gegen H, durch Dehydrierung der 7,8-Position usw. ab.

32 **Literatur.** E.C. Ashby: „*Grignard Reagents, Compositions and Mechanisms of Reaction*", Quart. Rev. **21** (1967) 259–285; R.M. Salinger: „*The Structure of Grignard Reagents and the Mechanisms of its Reactions*", Survey Progr. Chem. **1** (1963) 301–321; B. Bogdanović: „*Katalytische Synthese von Organolithium und -magnesium-Verbindungen – Anwendung in der organischen Synthese und als Wasserstoffspeicher*", Angew. Chem. **97** (1985) 253–264; Int. Ed. **24** (1985) 262; P.R. Markies, O.S., Akkerman, F. Bickelhaupt, W.J.J. Smeets, A.L. Spek: „*X-Ray Structural Analyses of Organomagnesium compounds*", Adv. Organomet. Chem. **32** (1991) 147–226; R.D. Riecke: „*Preparation of Highly Reactive Metal Powders and their Use in Organic and Organometallic Synthesis*", Acc. Chem. Res. **10** (1977) 301–306; W.E. Lindsell: „*Magnesium, Calcium, Strontium, Barium*", Comprehensive Organomet. Chem. **1** (1982) 155–252; B.J. Wakefield: „*Compounds of Alkali and Alkaline Earth Metals in Organic Synthesis*" Comprehensive Organomet. Chem. **7** (1982) 2–110; E. Weiss: „*Strukturen alkalimetallorganischer und verwandter Verbindungen*", Angew. Chem. **105** (1993) 1565–1587; Int. Ed. **32** (1993) 1504; A. Fürstner: „*Chemie von und mit hochaktivierten Metallen*", Angew. Chem. **105** (1993) 171–197; Int. Ed. **32** (1993) 164; H.M. Walborsky: „*Wie entsteht eine Grignard-Verbindung?*" Chemie in unserer Zeit **25** (1991) 108–116; HOUBEN-WEYL: „*Magnesium*", **13/2** (1973/1974). Vgl. Anm.[31] auf S. 855.

33 **Geschichtliches.** Die Verbindungen RMgX wurden um 1900 von Victor Grignard (1871–1935; Nobelpreis 1912) im Rahmen seiner Doktorarbeit (Lehrer: P. Barbier) entdeckt und in der Folgezeit von ihm und seiner Schule eingehend hinsichtlich ihrer Reaktivität untersucht. Man nennt sie ihm zu Ehren Grignard-Verbindungen. Magnesiumdiorganyle MgR_2 (R = Et) erhielt erstmals 1866 J.A. Wanklyn durch Transmetallierung.

34 Mechanistisch erfolgt die Bildung der Grignardverbindungen wohl auf dem Wege eines Elektronentransfers, dem sich ein Halogenidtransfer und die RMgX-Ablösung von der Magnesiumoberfläche $\boxed{Mg}$ anschließen: $\boxed{Mg} + RX \rightarrow \boxed{Mg^+} + RX^{\cdot -} \rightarrow \boxed{MgX^{\cdot}} + R^{\cdot} \rightarrow RMgX$ (gelöst). Die Reaktivität von RX hinsichtlich Mg sinkt in der Reihenfolge X = I > Br > Cl > F und R = Alkyl > Aryl.

steht durch *Reduktion* von wasserfreiem Magnesiumdichlorid mit Kalium ($MgCl_2 + 2K \rightarrow Mg(aktiv) + 2KCl$) bzw. durch *Zersetzung* von katalytisch aus Mg und H_2 gewonnenem Magnesiumhydrid ($MgH_2(aktiv) \rightarrow Mg(aktiv) + H_2$). Es setzt sich sogar mit Organyl*fluoriden* um, wogegen I_2-aktiviertes Magnesium nur mit Organyl*bromiden*, *-iodiden* und (gegebenenfalls) *-chloriden* reagiert[34]. Als Reaktionsmedium verwendet man meist Diethylether oder Tetrahydrofuran (THF), wobei sich Etherate $RMgX \cdot n$Ether ($n = 2-3$) bilden (in der Technik setzt man auch THF-haltigen Petrolether ein).

(ii) Magnesiumdiorganyle können außer durch *Dismutation* oder *Transmetallierung* auch durch Einwirkung von *Lithiumorganylen* auf *Grignardverbindungen* („*Metathese*") bzw. durch Addition von MgH_2 in THF bei 70–100 °C an 1-Alkene („*Hydromagnesierung*") in Gegenwart katalytischer Mengen $C_{14}H_{10}/TiCl_4$ bzw. $C_{14}H_{10}/ZrCl_4$ dargestellt werden ($C_{14}H_{10}$ = Anthracen), wobei man benötigtes MgH_2 im „Eintopfverfahren" zunächst in THF aus Magnesium und Wasserstoff in Gegenwart von $C_{14}H_{10}/TiCl_4$ bzw. $C_{14}H_{10}/CrCl_3$ erzeugt (vgl. Darst. von MgH_2):

$$\mathrm{RMgX} \xrightarrow[\textit{Metathese}]{+\,\mathrm{LiR};\ -\,\mathrm{LiX}} \mathbf{MgR_2} \xleftarrow[\textit{Hydromagnesierung}]{+\,2\,\mathrm{CH_2{=}CHR'}} \mathrm{MgH_2} \xleftarrow[\mathrm{C_{14}H_{10}/TiCl_4}]{+\,\mathrm{H_2}} \mathrm{Mg}$$

Einige Magnesiumorganyle MgR_2 entstehen schließlich durch Anlagerung von Magnesium an geeignete ungesättigte Kohlenwasserstoffe wie Butadien oder Anthracen („*Metalladdition*"). Das im Formelbild (f) wiedergegebene *orangegelbe* Addukt Mg(Anthracen) · 3THF liefert mit Chloriden wie $TiCl_4$, $CrCl_3$, $FeCl_2$, $ZrCl_4$ das für die Mg-Hydrierung, die MgH_2-Dehydrierung und die Hydro- bzw. Dehydromagnesierung wirksame Katalysatorsystem (s. o.).

Eigenschaften. Aus Donor-Lösungsmitteln kristallisieren RMgX und MgR_2 vielfach als *farblose*, hydrolyse- und luftempfindliche Addukte $RMgX \cdot 2D$, $MgR_2 \cdot 2D$ und $[MgR_2 \cdot D]_2$ aus (Strukturen s. unten)[35]. Die Addukte $RMgX \cdot 2D$ zersetzen sich – ohne zu schmelzen – bei 100–150 °C, wobei die Donatoren unter gleichzeitiger Bildung der Dismutationsprodukte MgR_2 und MgX_2 mehr oder minder vollständig abgegeben werden und sich die gebildeten Diorganyle überdies zum Teil zersetzen. Die Addukte $MgR_2 \cdot nD$ geben andererseits schwächere Donoren wie Diethylether leicht unter Bildung polymerer, *farbloser*, meist fester, hydrolyse- und luftempfindlicher (pyrophorer), kohlenwasserstoffunlöslicher Diorganyle $(MgR_2)_x$ ab, die sich teils vor Erreichen des Schmelzpunktes zersetzen (z. B. „*Dimethylmagnesium*" $MgMe_2$ ab 220 °C unter Bildung von $(MgCH_2)_n$ und Methan, „*Diethylmagnesium*" $MgEt_2$ ab 170 °C unter Bildung von MgH_2 und Ethylen, „*Diphenylmagnesium*" bei 280 °C unter Bildung von Mg und Diphenyl), teils aber auch unzersetzt schmelzen (z. B. $Mg(CH_2{}^tBu)_2$: Smp. 111–113 °C; $MgCp_2$ mit Cp = C_5H_5; Smp. 176 °C; Mg^iBu_2 ist bei Raumtemperatur bereits flüssig (!)).

Strukturen. Im **Kristall** liegen die *Grignardverbindungen* meist in Form monomerer Moleküle $RMgX \cdot 2D$ (a), seltener in Form dimerer Moleküle $[RMgX \cdot D]_2$ (b) vor, wobei Mg jeweils tetraedrisch koordiniert ist (KZ_{Mg} = *vier*, z. B. $EtMgBr \cdot 2OEt_2$, $PhMgBr \cdot 2THF$, $[EtMgBr \cdot NEt_3]_2$; r_{MgC} = 2.1–2.2 Å). In analoger Weise enthalten die solvatisierten und unsolvatisierten *Magnesiumdiorganyle* $MgR_2 \cdot 2D$, $[MgR_2 \cdot D]_2$ sowie $(MgR_2)_x$ gemäß (a, b, d) tetraedrisch-koordiniertes Magnesium (KZ_{Mg} = 4; z. B. $MgMe_2(Me_2NCH_2CH_2NMe_2)$, $[MgEt_2 \cdot OEt_2]_2$, $(MgR_2)_x$ mit R = Me, Et, Ph usw.; r_{MgC} = 2.2–2.3 Å; CMgC/MgCMg-Winkel = 70–75/105–110°)[36]. In Ausnahmefällen existieren bei Vorliegen von sperrigen Organylgruppen auch Magnesiumorganyle mit KZ_{Mg} *kleiner vier* (z. B. *drei*zähliges trigonal-planares Mg in $(Me_3Si)_2CHMgCl \cdot OEt_2$ (c), *zwei*zähliges lineares Mg in $Mg[C(SiMe_3)_3]_2$ (g)) bzw. bei Vorliegen von kleinen Organylresten und zugleich starken Donatoren Magnesiumorganyle mit KZ_{Mg} *größer vier* (z. B. *fünf*zähliges Mg in $MeMgBr \cdot 3THF$ (e), Mg(Anthracen) · 3THF (f)), *acht*zähliges Mg in $MgEt_2$ · 18-Krone-6 (h)). Dem *farblosen*, sublimierbaren, sehr thermostabilen, in aprotischen Medien löslichen, pyrophoren „*Dicyclopentadienylmagnesium*" $MgCp_2$ („*Magnesocen*", gewinnbar aus Mg und C_5H_6 bei 500–600 °C) kommt die Sandwich-Struktur (i) (D_{5d}-Molekülstruktur) mit vorwiegend polaren Bindungen zwischen Mg^{2+} und Cp^- zu (KZ_{Mg} = *zehn*; vgl. hierzu Ferrocen mit vorwiegend kovalenten Bindungen).

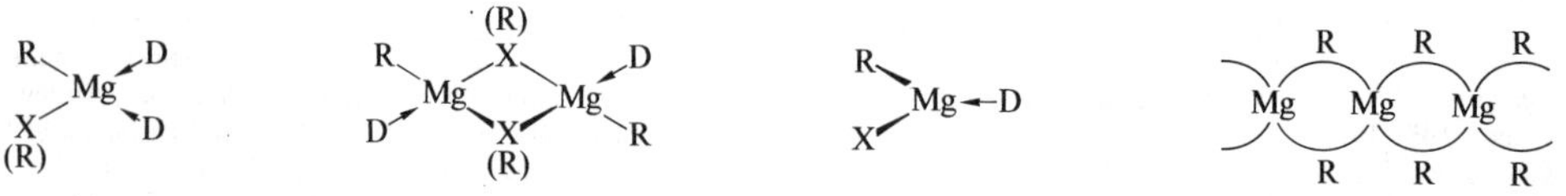

R, X (R), D, D — Mg — (a)

R, D, (R) X, X (R), D, R — Mg, Mg — (b)

R, X — Mg ← D — (c)

R R R — Mg Mg Mg — R R R — (d)

[35] Gegebenenfalls erhält man aus der RMgX-Lösung Magnesiumorganyle mit X:Mg-Molverhältnissen > 1, z. B. $2EtMgCl \cdot 2MgCl_2 \cdot 6THF$. In der Lösung verbleiben dann Magnesiumorganyle mit X:Mg-Molverhältnissen < 1, z. B. $[3MgPh_2 \cdot MgCl_2]_n$.

[36] Man kennt auch *Magnesiumdisilyle* und *-digermyle* wie $Mg(SiMe_3)_2(MeOCH_2CH_2OMe)$ mit KZ_{Mg} = 4 und $Mg(GeMe_3)_2(MeOCH_2CH_2OMe)_2$ mit KZ_{Mg} = 6.

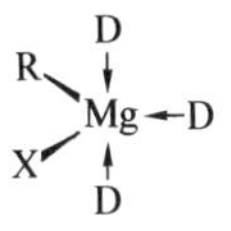

(e) 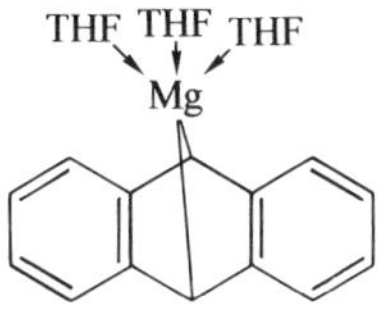 (f) 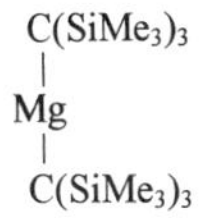 (g) 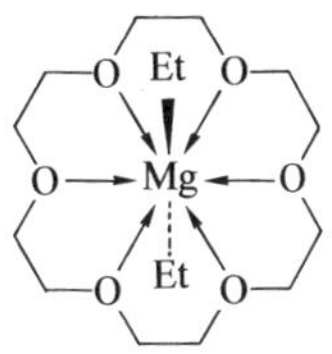 (h) 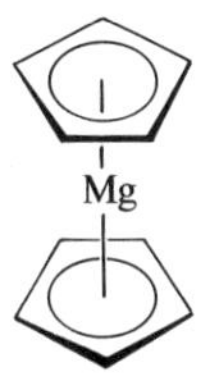 (i)

In **Lösung** stehen die *monomeren* Grignard-Verbindungen RMgX mit ihren *Dimeren* $[RXMg]_2$, ihren *Dismutationsprodukten* MgR_2 und MgX_2 sowie ihren *Dissoziationsprodukten* RMg^+ und $RMgX_2^-$ im Gleichgewicht (Komplex-Donormoleküle in nachfolgender Gleichung weggelassen):

$$MgR_2 + MgX_2 \overset{(1)}{\rightleftarrows} \mathbf{2RMgX} \overset{(2)}{\rightleftarrows} RMg{<}^{X}_{X}{>}MgR \overset{(3)}{\rightleftarrows} RMg^+ + RMgX_2^-$$

Die Gleichgewichtslage hängt hierbei von der Art der *Magnesiumbindungspartner* (R, X, Donor), vom *Lösungsmittel*, der RMgX-*Konzentration* und der *Temperatur* ab. So liegt das Dismutationsgleichgewicht (1) („*Schlenk-Gleichgewicht*") bei Normalbedingungen in Diethylether praktisch vollständig, in Tetrahydrofuran noch deutlich auf der RMgX-Seite[35)]. Als Folge des Schlenk-Gleichgewichts verhalten sich Lösungen von RMgX sowie äquimolekulare Mischungen von MgR_2 und MgX_2 gleichartig. Das *Dimerisierungsgleichgewicht* (2) (Hinreaktion = *Assoziation*; Rückreaktion = *homolytische Dissoziation*) liegt andererseits in Diethylether im Falle X = F und Cl über einen weiten Konzentrationsbereich auf der rechten Seite, im Falle X = Br und I bei nicht zu hoher Konzentration auf der linken Seite[35)]. Die *heterolytische Dissoziation* (3) schließlich erfolgt nur in sehr geringem Ausmaß, ist aber für die elektrische Leitfähigkeit etherischer RMgX-Lösungen sowie für die Bildung von Organylradikalen sowohl an der Kathode als auch der Anode verantwortlich ($RMg^+ + e^- \rightarrow R^{\cdot} + Mg$; $RMgX_2^- \rightarrow R^{\cdot} + MgX_2 + e^-$). Die Radikale $R^{\cdot}$ dimerisieren an den Elektroden oder reagieren mit letzteren – wie im Falle von Pb-Elektroden – unter Bildung von Metallorganylen (z. B. PbR_4). Auch die Magnesiumdiorganyle können in Anwesenheit geeigneter Liganden, die wie 15-Krone-5 (S. 1184) mit RMg^+ stabile Komplexe bilden, gemäß $2\,MgR_2 \rightleftarrows RMg^+ + MgR_3^-$ elektrolytisch dissoziieren (Bildung von $RMg(15\text{-Krone-}5)^+$; bezüglich MgR_3^- s. u.; 18-Krone-6 führt zu Komplexen wie (h)).

Reaktivität. *Grignardverbindungen* sind insgesamt weniger reaktiv als Lithiumorganyle (S. 1154), setzen sich aber wie diese mit Elementhalogeniden, -alkoxiden, -sulfiden EX_n vielfach unter X/Organyl-Substitution zu Elementorganylen um ($EX_n + nRMgX \rightarrow ER_n + nMgX_2$, z. B. $AsCl_3 \rightarrow AsMe_3$, $SiCl_4 \rightarrow SiMe_4$, $\frac{1}{8}S_8 \rightarrow RSMgX$) und lassen sich ferner an Mehrfachbindungssysteme addieren (A=B + RMgX → R—A—B—MgX (→ R—A—B—H + Mg(OH)X nach der Hydrolyse), z. B.: $O_2 \rightarrow ROOH$, ROH; $R_2C{=}O \rightarrow R_3COH$; $CO_2 \rightarrow RCO_2H$; $RC{\equiv}N \rightarrow R_2C{=}NH$, $R_2C{=}O$).

Organische Verbindungen von Metallen der I.–III. Hauptgruppe vermögen sich unter Bildung von Addukten („*at-Komplexen*") an MgR_2 anzulagern. So entstehen mit „Lithiumorganylen" LiR (R z. B. Me, Ph, aber auch H) als „Alkalimetallorganylen" $\mathbf{M^IR}$ „*Magnesate*" der Zusammensetzung $LiMgR_3$ und Li_2MgR_4 (z. B. $LiMgPh_3$, Li_2MgMe_4), welche die mit Al_2R_6 und AlR_4^- isoelektronischen Ionen $Mg_2R_6^{2-}$ (k) und MgR_4^{2-} mit jeweils tetraedrisch von R koordiniertem Magnesium enthalten. Allerdings liegen die Anionen nur bei Komplexierung der Li^+-Kationen mit starken Chelatliganden in *freier*, ansonsten in *lithiumgebundener Form* (l) vor (Li^+ trägt in letzterem Falle zusätzliche Donormoleküle)[37)]. Im Falle sperriger Gruppen R erfolgt nur eine einfache LiR-Addition an MgR_2, und die gebildeten Anionen MgR_3^- verbleiben gegebenenfalls in monomerer Form (trigonal-planar von R koordiiertes Mg; vgl. AlR_3). Als Beispiele für Addukte von MgR_2 mit „Erdalkalimetallorganylen" $\mathbf{M^{II}R_2}$ wurden weiter oben solche von MgR_2 mit „Magnesiumdiorganylen" MgR_2 besprochen. Die vorliegenden polymeren Produkte $(MgR_2)_x$ (d) mit kettenförmigem Bau lassen sich ähnlich wie $LiMgR_3$ und Li_2MgR_4 mit starken Chelatliganden heterolytisch in ligandenkomplexierte kationische und anionische magnesiumhaltige Kettenbruchstücke aufspalten (s. o.). Mit „Aluminiumtrimethyl" $AlMe_3$ als „Erdmetallorganyl" $\mathbf{M^{III}R_3}$ bildet $MgMe_2$ ein dem Magnesiumalanat $Mg(AlH_4)_2$ entsprechendes „*Alanat*" $Mg(AlMe_4)_2$ (m), in welchem sowohl Al wie Mg tetraedrisch von Methyl koordiniert vorliegt. An organische Ver-

[37] Die Struktur des aus LiMe und $MgMe_2$ neben Li_2MgMe_4 erhältlichen Addukts Li_3MgMe_5 leitet sich vom tetraedrisch gebauten Li_4Me_4 (S. 1155) durch Ersatz einer Li-Tetraederecke gegen MgMe ab.

bindungen von Metallen der IV.–VI. Hauptgruppe lagern sich Magnesiumorganyle anders als die reaktiven Lithiumorganyle nicht mehr unter „at-Komplexbildung" an (z. B. keine Bildung von $SbMe_4^-$).

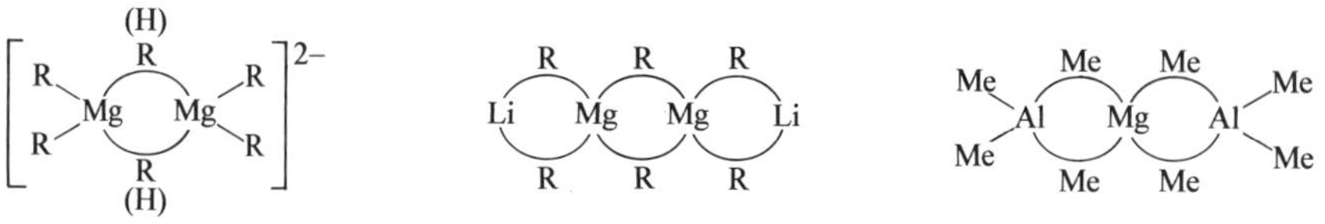

(k) (l) (m)

Derivate. Unter den *Derivaten* RMgX der Magnesiumdiorganyle MgR_2 kennt man außer den als Grignard-Verbindungen bezeichneten **Halogeniden RMgHal** (X = Halogen) auch **Hydride RMgH** (X = H; gewinnbar in THF aus MgR_2 und MgH_2 als dimere THF-Addukte $(THF)RMg(\mu\text{-}H)_2MgR(THF)$ mit H-Brücken), **Alkoxide RMgOR** (X = OR; gewinnbar aus MgR_2 und ROH; in Donorabwesenheit vielfach Kuban-Struktur $(RMgOR)_4$ mit abwechselnd Mg und O in Würfelecken; vgl. S. 1090) oder **Amide $RMgNR_2$** (X = NR_2; gewinnbar aus MgR_2 und R_2NH).

Verwendung. Etherische Grignardverbindungen werden in der anorganischen und organischen Chemie zur *Herstellung* von *elementorganischen* und zur *Reduktion* von *ungesättigten Verbindungen* ($R_2C{=}O$, $RC{\equiv}N$ usw.) sowie in der analytischen Chemie zur *Bestimmung* von *aktivem Verbindungs-Wasserstoff* (Methode nach „*Zerewitinow*") genutzt.

3 Das Calcium, Strontium, Barium, Radium[38)]

3.1 Elementares Calcium, Strontium, Barium, Radium[38)]

3.1.1 Vorkommen

Das **Calcium** gehört zu den 5 häufigsten Elementen und ist am Aufbau der Erdrinde als *dritthäufigstes Metall* (nach Al und Fe) mit 3.4 % beteiligt, und zwar findet es sich in der Natur in *kationischer Form* als *Carbonat, Sulfat, Silicat, Phosphat* und *Fluorid*, d. h. Salzen, welche in Wasser *schwer-* oder *unlöslich* sind[39)]. Calciumcarbonate machen etwa 7 % der Erdkruste aus und bedecken als fossile Überreste früherer Meereslebewesen weite Teile der Erdoberfläche als Sedimentgestein. Darüber hinaus enthält auch das *Meerwasser* große Mengen an Calcium in Form von Ca^{2+}-Ionen (0.4 g pro Liter).

Das Carbonat kommt hauptsächlich als „*Calcit*" („*Kalkspat*") $CaCO_3$ u. a. in Form von *Kalkstein* (z. B. weite Teile der Nordalpen), *Marmor, Kreide, Muschelkalk* sowie in riesigen Mengen als „*Dolomit*" $CaMg(CO_3)_2$ (z. B. Teile der Südalpen), seltener als „*Aragonit*" $CaCO_3$ (z. B. Bahamas), sehr selten als „*Vaterit*" $CaCO_3$ vor (Näheres S. 1137). Das Sulfat bildet als „*Gips*" $CaSO_4 \cdot 2H_2O$ (wasserfrei: „*Anhydrit*" $CaSO_4$) gewaltige Lager (vgl. S. 1140). Silicate des Calciums gehören zur überwiegenden Masse der Silicatgesteine (S. 930). Phosphate finden sich als „*Apatit*" $Ca_5(PO_4)_3(OH,F,Cl)$ und als „*Phosphorit*" $Ca_3(PO_4)_2$ (S. 725), das Fluorid kommt als „*Flußspat*" („*Fluorit*") CaF_2 (S. 1132) vor.

Das **Strontium** und das **Barium** gehören zu den weniger häufigen Elementen (vgl. S. 62). Die hauptsächlichsten Mineralien sind „*Cölestin*"[40)] $SrSO_4$ und „*Strontianit*" $SrCO_3$ sowie

---

38 **Literatur.** R. D. Goodenouph, V. A. Stenger: „*Magnesium, Calcium, Strontium and Radium*", Comprehensive Inorg. Chem. **3** (1973) 591–664; D. E. Fenton: „*Alkali Metals and Group IIA Metals*", Comprehensive Coord. Chem. **3** (1987) 1–80; E. Wiberg, E. Amberger, „*Hydrides*", Elsevier, Amsterdam 1971, S. 43–80; ULLMANN (5. Aufl.): „*Calcium and Calcium Alloys*", „*Calcium Antagonists*", „*Calcium Carbide*", „*Calcium Chloride*", „*Calciumsulfate*", **A4** (1985) 515–584; „*Strontium and Strontium Compounds*" **A25** (1994); „*Barium and Barium Compounds*", **A3** (1985) 325–341; GMELIN: „*Calcium*", Syst.-Nr. **28**, bisher 5 Bände; „*Strontium*", Syst.-Nr. **29**, bisher 2 Bände; „*Barium*", Syst.-Nr. **30**, bisher 2 Bände; „*Radium*", Syst.-Nr. **31**, bisher 3 Bände; M. Hargittai: „*The Molecular Geometry of Gase-Phase Metal Halides*", Coord. Chem. Rev. **91** (1988) 35–88. Vgl. auch Anm. 61, 62.

39 Die entsprechenden Alkalisalze sind löslich. Darauf ist das im Vergleich zu den Alkalimetallen ganz andersartige Vorkommen des Calciums und seine geologische Bedeutung (Bildung von Gebirgen) zurückzuführen.

40 Coelestus (lat.) = himmelblau. Manche Abarten des Coelestin sind durch Beimengungen hellblau gefärbt.

„Baryt“[41] (*„Schwerspat“*) $BaSO_4$ und *„Witherit“*[42] $BaCO_3$. Das **Radium** ist als *radioaktives Zerfallsprodukt* des Uranisotops $^{238}_{92}U$ (S. 1727) insbesondere in der *Pechblende* UO_2 (S. 1794) enthalten. Aber auch in diesem Mineral ist der Radiumgehalt nur *sehr gering* (0.34 g je 1000 kg Uran), da im radioaktiven Gleichgewicht erst auf 2.78 Millionen Uranatome 1 Radiumatom entfällt (S. 1741).

Isotope (vgl. Anh. III). Die Tab. 90 gibt Massenzahlen und Häufigkeiten der *natürlich* vorkommenden Isotope des Calciums (6 Nuklide), Strontiums (4) und Bariums (7) zusammen mit wichtigeren *künstlich* hergestellten Isotopen dieser Elemente sowie Anwendungen der Nuklide in der *NMR-Spektroskopie, Tracer-Technik* und *Medizin* wieder. Das Nuklid $^{87}_{38}Sr$, gebildet durch β-Zerfall von natürlich vorkommendem $^{83}_{37}Rb$, findet sich in einigen Mineralien in 99 %iger Reinheit und wird zur geologischen Altersbestimmung herangezogen. Alle bisher bekannten 25 Isotope des Radiums (Massenzahlen 206–230; je 2 Kernisomere der Massenzahlen 213 und 216) sind radioaktiv und teils α-, teils β^--Strahler. *Natürlich* treten die Nuklide $^{223}_{88}Ra$ (α-Strahler; $\tau_{1/2}$ = 11.43 Tage), $^{224}_{88}Ra$ (α-Strahler; $\tau_{1/2}$ = 3.64 Tage), $^{226}_{88}Ra$ (α-Strahler, $\tau_{1/2}$ = 1602 Jahre; längstlebiges Ra-Isotop; als *Tracer* und in der *Medizin* genutzt) und $^{228}_{88}Ra$ (β^--Strahler; $\tau_{1/2}$ = 5.77 Jahre) auf.

Geschichtliches. Das Calcium wurde *erstmals* 1808 von J. J. Berzelius und M. M. Pontin nach der *„Amalgam-Methode“ gewonnen* (vgl. Darstellung von Radium). Der *Name* leitet sich ab von dem lateinischen Wort *calx* (Genitiv: calcis) für den Kalk ($CaCO_3$, CaO, $Ca(OH)_2$).

Tab. 90 Natürliche und einige künstliche Isotope des Calciums, Strontiums, Bariums

$_{20}Ca$	Gew.-%	$\tau_{1/2}$	Verw.	$_{38}Sr$	Gew.-%	$\tau_{1/2}$	Verw.	$_{56}Ba$	Gew.-%	$\tau_{1/2}$	Verw.
^{40}Ca	96.941	stabil	–	*^{82}Sr*	*künstl.*	*25 d (K)*	*Tracer*	^{130}Ba	0.106	stabil	–
^{42}Ca	0.647	stabil	–	^{84}Sr	0.56	stabil	–	^{132}Ba	0.101	stabil	–
^{43}Ca	0.135	stabil	*NMR*	*^{85}Sr*	*künstl.*	*64 d (K)*	*Tracer*	*^{133}Ba*	*künstl.*	*7.2 a (K)*	*Tracer*
^{44}Ca	2.086	stabil	–				*Medizin*	^{134}Ba	2.417	stabil	–
^{45}Ca	*künstl.*	*165 d* (β^-)	*Tracer*	^{86}Sr	9.86	stabil	–	^{135}Ba	6.592	stabil	*NMR*
^{46}Ca	0.004	stabil	–	^{87}Sr	7.00	stabil	*NMR*	*^{135m}Ba*	*künstl.*	28.7 h	*Tracer*
^{47}Ca	*künstl.*	*4.53 d* (β^-)	*Tracer*	^{88}Sr	82.58	stabil	–	^{136}Ba	7.854	stabil	–
^{48}Ca	0.187	stabil	–	*^{90}Sr*	*künstl.*	*28.1 a* (β^-)	*Tracer*	^{137}Ba	11.32	stabil	*NMR*
							Medizin	^{138}Ba	71.70	stabil	–
								^{140}Ba	*künstl.*	*12.80 d* (β^-)	*Tracer*

K = Elektroneneinfang; β^- = β-Strahler; m = metastabil; d = Tage; a = Jahre; h = Stunden.

A. Crawford zeigte 1790, daß ein bei Strontian in Schottland gefundenes, dem Witherit ($BaCO_3$) entsprechendes Mineral ($SrCO_3$) ein neues, metallisches Element enthielt, dem H. Davy den *Namen* Strontium gab. Die unterschiedliche Zusammensetzung von *Calcit, Strontianit* und *Witherit* MCO_3 wies T. C. Hope 1791 durch charakteristische *Flammenfärbungen* der Verbindungen nach: *orangerot* (M = Ca), *hellrot* (Sr), *gelbgrün* (Ba). Unreines *elementares* Strontium erhielt wahrscheinlich erstmals H. Davy 1809 nach der „Amalgam-Methode“ (s. u.). A. Matthiessen und R. W. Bunsen gewannen *reines* Strontium 1855 durch Elektrolyse von geschmolzenem $SrCl_2/NH_4Cl$.

C. W. Schade vermutete ab 1774 ein neues metallisches Element im Mineral Schwerspat (*Baryt* $BaSO_4$), dem Davy den *Namen* Barium gab[41] (unreines *elementares* Barium stellte wohl erstmals H. Davy 1809 nach der „Amalgam-Methode“ (s. u.) dar). In *reiner* Form erzeugten A. Matthiessen und R. W. Bunsen das Element 1855 durch Elektrolyse von geschmolzenem $BaCl_2/NH_4Cl$.

Metallisches Radium wurde erstmals 1910 von Marie Curie und André Louis Debierne gewonnen. Entdeckt wurde das Element 12 Jahre vorher (1898) in der Pechblende von dem Ehepaar Marie und Pierre Curie. Seinen *Namen* erhielt es von der ausgesandten Strahlung: radius (lat.) = Lichtstrahl.

---

[41] Barys (griech.) = schwer. Vom Baryt leitet sich der Name Barium ab, weil Verbindungen des Metalls eine hohe Dichte aufweisen.

[42] Nach. W. Withering, dem Entdecker des Minerals in der Natur.

3.1.2 Darstellung

Die Darstellung der Erdalkalimetalle erfolgt sowohl auf *chemischem Wege* (vor allem Be, Ca, Sr, Ba) als auch auf *elektrochemischem Wege* (vor allem Mg, Ra). Metallisches **Calcium** wird technisch praktisch ausschließlich auf ersterem Wege durch *Reduktion* von *Calciumoxid* CaO mit *Aluminium* im Vakuum bei 1200 °C gewonnen („*aluminothermische Methode*"):

$$4\,CaO + 2\,Al \rightarrow 2\,Ca + 2\,CaAl_2O_4.$$

Die Reduktion von CaO mit *Wasserstoff* gelingt nicht, während sie mit *Kohlenstoff* zu Calciumcarbid CaC_2 führt (s. dort). Möglich ist demgegenüber eine Reduktion von *Calciumdichlorid* mit *Natrium*. Die elektrochemische Darstellung von Calcium (Elektrolyse einer Schmelze von $CaCl_2$ in Gegenwart von schmelzpunktserniedrigendem CaF_2 und KCl bei 700 °C an Kohleanoden und Eisenkathoden) spielt technisch keine Rolle mehr.

Die Darstellung von **Strontium** und **Barium** erfolgt wie beim Calcium hauptsächlich aluminothermisch durch *Reduktion* der *Oxide* mit *Aluminium* bei hohen Temperaturen im Vakuum ($3\,MO + 2\,Al \rightarrow Al_2O_3 + 3\,M$) und im Falle von Strontium in kleinerem Maßstab auch durch Elektrolyse einer Schmelze von $SrCl_2$ in Anwesenheit von schmelzpunktserniedrigendem KCl (die elektrochemische Erzeugung von Barium bereitet – wegen der Löslichkeit von Ba im Elektrolyten $BaCl_2$ – Schwierigkeiten).

Die Aufarbeitung der *Pechblende* UO_2 und anderer Uranerze (zum Beispiel des *Carnotits* $K_2(UO_2)_2[V_2O_8] \cdot 3\,H_2O$ auf **Radium** erfolgt in der Weise, daß man Radium nach Zusatz von *Bariumsalz* gemeinsam mit dem *Barium* als schwerlösliches *Sulfat* ausfällt (s. unten) und anschließend die beiden Elemente durch fraktionierende Kristallisation der *Bromide* bzw. *Chromate* voneinander trennt. Das *metallische* Radium läßt sich dann aus den Lösungen reiner Salze *elektrolytisch* an einer Quecksilberkathode als *Amalgam* abscheiden und hinterbleibt beim Erhitzen des Amalgams auf 400–700 °C in einer Wasserstoffatmosphäre (**„Amalgam-Methode"**). *Chemisch* kann es wie Ca, Sr, Ba durch *Reduktion* des *Oxids* mit *Aluminium* bei 1200 °C im Vakuum gewonnen werden (s. o.).

3.1.3 Physikalische Eigenschaften

Alle Glieder der Erdalkaligruppe sind *Metalle* (*Leichtmetalle*), doch ist beim *Beryllium*, wie aus dem hohen Schmelz- und Siedepunkt und der großen Sublimationsenthalpie (verglichen mit den entsprechenden Daten der höheren Elementhomologen) hervorgeht, noch ein erheblicher *kovalenter* Anteil am Aufbau des Metalls wirksam. Die im Vergleich zu den im Periodensystem links benachbarten Alkalimetallen (s. dort) kleineren Ionenradien und doppelt so großen Ionenladungen bedingen ganz allgemein höhere Dichten, Schmelzpunkte, Siedepunkte, Sublimationsenthalpien, Härten als dort (vgl. Tafel III).

Das **Calcium** ist ein *silberweißes* (im höchstreinen Zustande *hellgoldgelbes*), glänzendes, an der Luft jedoch schnell anlaufendes Metall (Smp. 839 °C, Sdp. 1482 °C), welches so weich wie Blei ist, die Dichte 1.54 g/cm³ besitzt und sowohl in einer hexagonal- als auch in einer kubisch-dichtesten Packung kristallisiert. Reines **Strontium** ($d = 2.6$ g/cm³, *hellgoldgelb-glänzend*, falls höchstrein, ansonsten *silberweiß*) schmilzt bei 768 °C, siedet bei 1380 °C, kristallisiert in hexagonal-dichtester Packung und ähnelt im übrigen vollkommen dem Calcium. **Barium** (kubisch-raumzentriert) ist normalerweise ein *silberweißes*, in höchstreinem Zustande jedoch *goldgelbes* Metall und weich wie Blei. Es schmilzt bei 710 °C, siedet bei 1537 °C und besitzt die Dichte 3.65 g/cm³. **Radium** (kubisch-raumzentriert) stellt ein *weißglänzendes*, bei ca. 700 °C schmelzendes und bei ca. 1140 °C siedendes Metall ($d = 5.50$ g/cm³) dar.

Physiologisches. Calcium Ca^{2+} ist analog Magnesium für Menschen, Tiere und Pflanzen *essentiell* (der Mensch enthält ca. 15 g Ca^{2+} pro kg; Ca-reich sind inbesondere Knochen, Gehäuse, Schalen). Es wird bei Menschen und Tieren für die Bildung von Stützsubstanzen (Steuerung u. a. durch Schilddrüsenhormone) und Zellwänden, sowie für die Zellteilung, Muskelkontraktion, Blutgerinnung, Nervenleitung und bei Pflanzen für deren Wachstum benötigt. Der Mensch scheidet täglich 50–300 mg Calcium aus und sollte mindestens die gleiche Menge pro Tag aufnehmen. *Calciumüberschuß* führt beim Menschen (wie Iodüberschuß) zur Kropfbildung. Strontium Sr^{2+} ist für den Menschen, der ca. 4 mg pro kg enthält, *weder essentiell, noch toxisch* und verhält sich im Organismus analog Calcium. Demgemäß wird das langlebige radioaktive Nuklid $^{90}_{38}Sr$ (s. o.), gebildet bei der Urankernspaltung (S. 1770), in den Knochen inkorporiert und ist daher ein gefährliches Folgeprodukt von Atombomben- und Reaktorexplosionen. Barium Ba^{2+} ist für den Menschen, der ca. 0.3 mg pro kg enthält, *nicht essentiell, aber toxisch* (MAK-Wert = 0.5 mg Staub/m³) und verursacht Muskelkrämpfe sowie Herzstörungen (Gegenmittel: Na_2SO_4, das unlösliches $BaSO_4$ ergibt). Demgemäß sind alle in Wasser oder in der verdünnten Salzsäure des Magens *lösliche Bariumsalze giftig* (z. B. tödliche Dosis 0,1 g $BaCl_2$ je kg Körpergewicht), und das für Röntgenaufnahmen des Darmkanals dienende *unlösliche* $BaSO_4$ muß deshalb völlig frei von löslichem $BaCl_2$ oder $BaCO_3$ sein. $BaCO_3$ dient z. B. zum Vertilgen von Ratten und Mäusen.

3.1.4 Chemische Eigenschaften

Die *Abstufung der chemischen Eigenschaften* der Erdalkalimetalle ist dadurch gegeben, daß vom Beryllium zum Radium hin das Normalpotential in Übereinstimmung mit den abnehmenden Ionisierungspotentialen negativer wird (vgl. Tafel III), entsprechend einer *Zunahme des elektropositiven* (unedlen) *Charakters* und damit der Affinität zu elektronegativen Elementen. So nimmt z. B. die Beständigkeit der Metalle gegenüber *Luft* und *Wasser* vom Beryllium zum Radium hin ab, und in gleicher Richtung steigt auch die Neigung zur Vereinigung mit *Stickstoff*. Daß Beryllium und Magnesium so außerordentlich langsam mit Wasser reagieren, wird allerdings auch dadurch mitbedingt, daß ihre dabei sich bildenden Hydroxide viel schwerer löslich sind als die des Calciums, Strontiums, Bariums und Radiums, wodurch der Angriff des Wassers erschwert wird.

Das **Calcium** wird bei gewöhnlicher Temperatur von *Sauerstoff, Chlor, Brom* und *Iod* nur langsam angegriffen. Beim Erhitzen mit diesen Elementen erfolgt lebhafte Reaktion. Beim Verbrennen an der *Luft* entstehen sowohl Oxid wie Nitrid:

$$Ca + \tfrac{1}{2}O_2 \rightarrow CaO + 635.5\,kJ; \quad 3Ca + N_2 \rightarrow Ca_3N_2 + 432.1\,kJ.$$

Da Calcium den Sauerstoff sehr fest bindet, kann es als kräftiges Reduktionsmittel zur Reduktion beständiger Oxide wie Cr_2O_3 dienen. Mit *Wasser* reagiert Calcium bei gewöhnlicher Temperatur langsam, beim Erwärmen lebhafter unter Wasserstoffentwicklung. In flüssigem *Ammoniak* löst sich Calcium mit tief blauschwarzer Farbe als Ammoniakat $Ca(NH_3)_6$, das als goldglänzender Festkörper isolierbar ist und sich beim Erwärmen unter H_2-Entwicklung zu Calciumamid $Ca(NH_2)_2$ zersetzt.

Die Elemente **Strontium, Barium** und **Radium** setzen sich wie Calcium mit *Halogenen, Sauerstoff* bzw. *Stickstoff* zu Halogeniden, Oxiden und Nitriden um (vgl. Unterabschnitt 3.2). Auch lösen sie sich in *Wasser* unter H_2-Entwicklung und in *Ammoniak* unter Bildung tiefblauschwarzer Ammoniakate $M(NH_3)_n$ auf.

Verwendung. Calcium (Weltjahresproduktion: Kilotonnenmaßstab) dient als *Reduktionsmittel* zur Herstellung von Metallen wie Cr, Zr, Th, U, Lanthanoiden aus ihren Halogeniden, ferner als *Raffinationsmittel* in der Metallurgie (z. B. Entfernung von Sauerstoff, Schwefel, Phosphor aus Eisen, von Bismut aus Blei) sowie *Reinigungsmittel* von Gasen (z. B. Entfernung von Stickstoff aus Argon). Wichtig ist auch die Herstellung von *Calciumhydrid* (als Wasserstoffquelle) aus Calcium und Wasserstoff. In geringem Umfange verwendet man Ca als *Legierungsbestandteil* (z. B. Verstärkung von Aluminiumlagern). Strontium und Barium finden in Form von Verbindungen (insbesondere MCO_3, MSO_4; Förderländer u. a. Spanien, England, Kanada, Mexico), *metallisches Barium* (Weltjahreproduktion: wenige Tonnen) zudem in geringem Maße z. B. als Gettermaterial bei der Röhrenherstellung Verwendung. Von der Radioaktivität des Radiums macht man in der Medizin Gebrauch.

3.1.5 Erdalkalimetalle in Verbindungen

Alle Elemente der zweiten Hauptgruppe sind in ihren Verbindungen mit elektronegativeren Bindungspartnern *zweiwertig* mit der **Oxidationsstufe + 2**. Zwar existieren auch Halogenide des Calciums, Strontiums und Bariums von der Formel MX („*Subhalogenide*"), in denen die Erdalkalimetalle *einwertig* zu sein scheinen. Jedoch handelt es sich hier formal um *Mischungen von normalem Halogenid MX_2* und freiem Metall: $M^0M^{II}X_2$. Da im MX-Kristall nur zweiwertige Metallionen nachweisbar sind, kann man den Sachverhalt auch durch die Formulierung $M^{2+}(X^-)(e^-)$ zum Ausdruck bringen.

Die schwereren Erdalkalimetallkationen bevorzugen **Koordinationszahlen** im Bereich sechs bis neun. *Sechszählig* sind sie etwa in $\mathbf{Ca}Cl_2$/$\mathbf{Sr}Cl_2$/**Ca**O/**Sr**O/**Ba**O (jeweils oktaedrisches M^{2+}), *siebenzählig* in $\mathbf{Sr}I_2$, *achtzählig* in $\mathbf{Ca}F_2$/$\mathbf{Sr}F_2$/$\mathbf{Ba}F_2$ (jeweils kubisches M^{2+}) und $\mathbf{Ca}O_2 \cdot 8\,H_2O$ (kubisch-antiprismatisches $Ca(H_2O)_8^{2+}$), *neunzählig* in $SrBr_2$/$BaCl_2$ (jeweils dreifach-überkappt-trigonal-prismatisches M^{2+}) und $\mathbf{Ca}Cl_2 \cdot 6\,H_2O$ (dreifach-überkappt-trigonal-prismatisches $Ca(H_2O)_9^{2+}$). Man kennt jedoch auch Calcium-, Strontium- und Bariumverbindungen mit $KZ_{M^{2+}}$ *kleiner sechs* (z. B. *eins* in gasförmigem MO, *zwei* in gasförmigen Diahalogeniden $\mathbf{Ca}Cl_2$/$\mathbf{Sr}Br_2$ (linear) sowie $\mathbf{Ca}F_2$/$\mathbf{Sr}F_2$/$\mathbf{Ba}F_2$ (gewinkelt)) und *größer neun* (z. B. *zehn* in MCp_2^* mit $Cp^* = C_5Me_5$).

In ihren Verbindungen mit *deutlich elektronegativeren* Bindungspartnern liegen Calcium, Strontium, Barium, Radium als **Kationen** Ca^{2+}, Sr^{2+}, Ba^{2+}, Ra^{2+} vor. Verbindungen mit Erdalkalimetall-**Anionen** sind *unbekannt*.

3.2 Verbindungen des Calciums, Strontiums, Bariums, Radiums[38)]

3.2.1 Wasserstoffverbindungen der Erdalkalimetalle[38)]

Darstellung. In der Technik gewinnt man **Calciumdihydrid CaH_2** durch Überleiten von *Wasserstoff* über *kompaktes Calcium* bei 400 °C:

$$Ca + H_2 \rightarrow CaH_2 + 184\,kJ.$$

In analoger Weise, aber bei niedrigeren Temperaturen (ab 215 bzw. 120 °C) bilden sich **Strontiumdihydrid SrH_2** und **Bariumdihydrid BaH_2** *aus den Elementen*, während eine Wasserstoffaufnahme von kompaktem *Magnesium* (S. 1118) erst bei viel höheren Temperaturen (ab 500 °C/200 bar) und die des noch leichteren Homologen, *Beryllium* (S. 1109), überhaupt nicht erfolgt. *Feinteilige*, z. B. durch Abdampfen von NH_3 aus einer Lösung von Ca,Sr,Ba in flüssigem Ammoniak gewonnene Erdalkalimetalle nehmen Wasserstoff bereits bei 0 °C auf.

Mit den entsprechenden *Erdalkalimetalldihalogeniden* reagieren die *Dihydride* beim Schmelzen gemäß $MH_2 + MX_2 \rightarrow 2\,MHX$ unter Bildung fester **Erdalkalimetallhalogenidhydride MHX** (M = Ca, Sr, Ba; X = Cl, Br, I), die auch aus M und MX_2 in einer Wasserstoffatmosphäre bei 900 °C entstehen.

Eigenschaften. *Calciumdihydrid* ($\Delta H_f = -184$ kJ/mol) kommt als *weiße*, kristalline, nicht unzersetzt schmelzende Masse in den Handel ($p_{H_2} = 1$ atm bei 1000 °C), die mit *Wasser* heftig unter Wasserstoffentwicklung reagiert:

$$CaH_2 + 2\,H_2O \rightarrow Ca(OH)_2 + 2\,H_2 + 228\,kJ.$$

1 kg des Hydrids entwickelt dabei etwa 1 m^3 Wasserstoffgas. Mit *Stickstoff* bildet CaH_2 oberhalb 500 °C das Nitrid Ca_3N_2, mit *Ammoniak* das Amid $Ca(NH_2)_2$, mit *Kohlendioxid* bei erhöhter Temperatur das Formiat $Ca(HCO_2)_2$ und mit zahlreichen *Metalloxiden* die zugehörigen Metalle (vgl. „*Hydrimet-Verfahren*" S. 295).

Analoges gilt für *Strontium-* und *Bariumdihydrid* ($\Delta H_f = -177$ bzw. -172 kJ/mol; $p_{H_2} = 1$ atm bei ca. 1000 °C). Anders als die Dihydride schmelzen alle neun bekannten *Erdalkalimetallhalogenidhydride* MHX vor ihrer Zersetzung (z. B. CaHCl/SrHCl/BaHCl: Smp. = 700/840/850 °C).

Strukturen. Der Wasserstoff ist in den Dihydriden MH_2 und den Halogenidhydriden MHX (M = Ca, Sr, Ba; X = Cl, Br, I) heterovalent als Hydrid-Ion H^- gebunden: $H^-\ M^{2+}\ H^-$ bzw. $H^-\ M^{2+}\ X^-$ (Näheres zum Ionencharakter vgl. S. 275). Bei Normalbedingungen (α-Formen) haben die Dihydride $PbCl_2$-Raumstruktur (dreifach-überkappt-trigonal-prismatisches M^{2+} mit der Koordinationszahl 9; $KZ_H = 4$ bzw. 5), bei erhöhter Temperatur (β-Formen) CaF_2-Raumstruktur (kubisches M^{2+} mit KZ = 8; $KZ_H = 4$; vgl. S. 274). Den Halogenidhydriden kommt die PbFCl-Schichtenstruktur zu.

Verwendung. CaH_2 dient als wirksames *Trockenmittel* für Gase und organische Lösungsmittel, zur *Wasserstofferzeugung* an entlegenen Orten (z. B. für meteorologische Ballons), zur *Desoxidation* in der Metallurgie, zur *Herstellung von Metallen* wie Ti, Zr, V, Nb, Th, U aus ihren Oxiden (vgl. Hydrimet-Verfahren, S. 295).

3.2.2 Halogenverbindungen der Erdalkalimetalle[38)]

Einige Kenndaten der „*Erdalkalimetalldihalogenide*" MX_2, von denen nachfolgend CaF_2, $CaCl_2$ und $BaCl_2$ näher besprochen werden, sind in Tab. 91 wiedergegeben.

Ihr ist bezüglich der Strukturen der kristallisierten Dihalogenide zu entnehmen, daß die *Koordinationszahlen* von M^{2+} mit wachsender Ordnungszahl von M, d. h. mit wachsendem Radius der Erdalkalimetall-Dikationen ($r_{M^{2+}}$ für sechszähliges $Be^{2+}/Mg^{2+}/Ca^{2+}/Sr^{2+}/Ba^{2+}/Ra^{2+}$ = 0.41/0.86/1.14/1.32/1.49/1.62 Å) ansteigen, während sie beim Übergang zu den schwereren Halogeniden (r_{X^-} für $F^-/Cl^-/Br^-/I^-$ = 1.19/1.67/1.82/2.06 Å) meist *gleich* bleiben, in einigen Fällen aber auch *kleiner* ($CaF_2 \rightarrow CaCl_2$, $SrF_2 \rightarrow SrCl_2$, $SrBr_2 \rightarrow SrI_2$) oder *größer* werden ($SrCl_2 \rightarrow SrBr_2$, $BaF_2 \rightarrow BaCl_2$). Bis auf die Berylliumhalogenide (*Kettenstrukturen*) und Magnesiumhalogenide ohne MgF_2 (*Schichtstrukturen*) kommen den Dihalogeniden *Raumstrukturen* zu. Die gasförmigen Dihalogenide sind *monomer* (im Falle von BeF_2 existieren auch *Dimere*, s. dort) und teils *linear*, teils *gewinkelt* gebaut (vgl. Tab. 91 und S. 316). Aus

Tab. 91 Erdalkalimetallhalogenide (alle Salze *farblos*; alle Smp. in °C, alle ΔH_f-Werte in kJ/mol)[a, b)]

	Fluoride	Chloride	Bromide	Iodide
Be	**BeF_2** Smp. 552°/Sdp. 1283° ΔH_f = − 1014 kJ SiS_2-Struktur, KZ = 4 (gasförmig: linear)	**$BeCl_2$** Smp. 415°/Sdp. 520° ΔH_f = − 494 kJ SiS_2-Struktur, KZ = 4 (gasförmig: linear)	**$BeBr_2$** Smp. 508°/Sblp. 490° ΔH_f = − 332 kJ SiS_2-Struktur, KZ = 4 (gasförmig: linear)	**BeI_2** Smp. 480°/Sdp. 590° ΔH_f = − 165 kJ (gasförmig: linear)
Mg	**MgF_2** Smp. 1263°/Sdp. 2239° ΔH_f = − 1124 kJ TiO_2-Struktur, KZ = 6 (gasförmig: gewinkelt)	**$MgCl_2$** Smp. 714°/Sdp. 1412° ΔH_f = − 642 kJ $CdCl_2$-Struktur, KZ = 6 (gasförmig: linear)	**$MgBr_2$** Smp. 711° ΔH_f = − 524 kJ CdI_2-Struktur, KZ = 6 (gasförmig: linear)	**MgI_2** Smp. 634°, Zers. ΔH_f = − 367 kJ CdI_2-Struktur, KZ = 6 (gasförmig: linear)
Ca	**CaF_2** Smp. 1418°/Sdp. > 2500° ΔH_f = − 1216 kJ CaF_2-Struktur, KZ = 8 (gasförmig: gewinkelt)	**$CaCl_2$** Smp. 782°/Sdp. > 1600° ΔH_f = − 796 kJ $CaCl_2$-Struktur, KZ = 6 (gasförmig: linear)	**$CaBr_2$** Smp. 742°/Sdp. 812° ΔH_f = − 683 kJ $CaCl_2$-Struktur, KZ = 6 (gasförmig: linear)	**CaI_2** Smp. 779°/Sdp. 1100° ΔH_f = − 537 kJ CdI_2-Struktur, KZ = 6 (gasförmig: linear)
Sr	**SrF_2** Smp. 1477°/Sdp. 2489° ΔH_f = − 1217 kJ CaF_2-Struktur, KZ = 8 (gasförmig: gewinkelt)	**$SrCl_2$** Smp. 873°/Sdp. 1250° ΔH_f = − 829 kJ $CaCl_2$-Struktur, KZ = 6 (gasförmig: gewinkelt)	**$SrBr_2$** Smp. 657°, Zers. ΔH_f = − 718 kJ $PbCl_2$-Struktur, KZ = 9 (gasförmig: linear)	**SrI_2** Smp. 538°, Zers. ΔH_f = − 561 kJ SrI_2-Struktur, KZ = 7 (gasförmig: linear)
Ba	**BaF_2** Smp. 1368°/Sdp. 2137° ΔH_f = − 1209 kJ CaF_2-Struktur, KZ = 8 (gasförmig: gewinkelt)	**$BaCl_2$** Smp. 963°/Sdp. 1560° ΔH_f = − 859 kJ $PbCl_2$-Struktur, KZ = 9 (gasförmig: gewinkelt)	**$BaBr_2$** Smp. 857°, Zers. ΔH_f = − 758 kJ $PbCl_2$-Struktur, KZ = 9 (gasförmig: gewinkelt)	**BaI_2** Smp. 711°, Zers. ΔH_f = − 605 kJ $PbCl_2$-Struktur, KZ = 9 (gasförmig: gewinkelt)

a) Man kennt auch alle **Radiumdihalogenide RaX_2** (z. B. RaF_2: Smp. 1327 °C, Sdp. 1927 °C, ΔH_f = − 1206 kJ/mol) und **Erdalkalimetallhalogenidhydride HMX** (M = Mg bis Ba; X = Cl, Br, I). **b)** Man kennt auch **Erdalkalimetallmonohalogenide MX $\hat{=}$ $M^0M^{II}X_2$** (M = Ca, Sr, Ba; X = Cl, Br, I; vgl. S. 1129). Wie Berechnungen zeigen, beträgt die Bildungsenthalpie hypothetischer *Chloride* MCl für M = Ca: − 159, für M = Sr: − 205 und für M = Ba: − 209 kJ/mol, so daß sich für die Reaktionsenthalpie der Disproportionierungsreaktion $2MCl \rightarrow M + MCl_2$ stark exotherme Werte von − 382 bzw. − 419 bzw. − 449 kJ/mol ergeben.

wässerigen MX_2-Lösungen kristallisieren unter Normalbedingungen *Hydrate* $MX_2 \cdot nH_2O$ mit n = *sechs* (MgX_2, CaX_2, SrX_2, BaI_2; X = Cl, Br, I), *vier* (BeX_2; X = Cl, Br, I), *zwei* (BaX_2, RaX_2, X = Cl, Br) und *null* aus (wasserunlösliches MgF_2 bis RaF_2), die bei tieferen (höheren) Temperaturen H_2O-Moleküle aufnehmen (abgeben) können (S. 208, 1178). Bezüglich ihrer Strukturen (vgl. S. 1142). In Richtung vom Radium zum Beryllium hin werden die Erdalkalimetalldihalogenide zunehmend leichter *hydrolytisch* gespalten.

Calciumdifluorid CaF_2 (vgl. Tab. 91; Fluorit-Struktur) kommt in der Natur in beträchtlichen Mengen als „*Flußspat*" („*Fluorit*") vor, der in reiner Form *farblos*, durch Beimengungen aber häufig *gelb, grün, blau* oder *violett* gefärbt ist und am Licht „*fluoresziert*" (vgl. 108). Als sehr schwer löslicher Stoff fällt er stets beim Zusammengeben von Calcium- und Fluorid-Ionen aus: $Ca^{2+} + 2F^- \rightarrow CaF_2$. Man erhält ihn durch bergmännischen Abbau natürlicher Lagerstätten (Förderländer hauptsächlich Mexico, aber auch Rußland, Spanien, Frankreich, Italien, England, China, Südafrika). Zur Reinigung wird CaF_2 nach Zerkleinerung durch mehrtägige Flotation von Beimengungen (u. a. $CaCO_3$, $BaSO_4$, SiO_2, PbS, ZnS) befreit. Der Flußspat ist dann – nach seiner Trocknung – fast rein.

Verwendung. CaF_2 (Weltjahresproduktion: 5 Megatonnenmaßstab) dient vor allem zur Darstellung von *Flußsäure* (S. 455), als *Trübungsmittel* in der Emaille-Industrie (S. 946) und als *Flußmittel* bei metallurgischen Prozessen. Wegen seiner guten Dispersion und UV-Durchlässigkeit verwendet man es als Material für *Prismen in Spektrometern*. Lanthanoid(II)-Ionen können in CaF_2 als stabilisierendem Gitter stabilisiert werden.

Calciumdichlorid $CaCl_2$ (vgl. Tab. 91 und bezüglich „*$CaCl_2$-Struktur*" S. 151). Darstellung. $CaCl_2$ wird technisch als *Abfallprodukt* bei der *Sodafabrikation* nach Solvay (S. 1180) erhalten und kann zudem durch Umsetzung von *Kalkmilch* $Ca(OH)_2$ mit *Ammoniumchlorid* NH_4Cl oder durch Lösen von reinem *Calciumcarbonat* in *Salzsäure* gewonnen werden:

$$CaCO_3 + 2NaCl \rightarrow CaCl_2 + Na_2CO_3,$$

$$Ca(OH)_2 + 2NH_4Cl \rightarrow CaCl_2 + 2NH_3 + 2H_2O,$$

$$CaCO_3 + 2HCl \rightarrow CaCl_2 + CO_2 + H_2O.$$

Eigenschaften. Beim Eindunsten der wässerigen Lösung kristallisiert $CaCl_2$ als *Hexahydrat* $[Ca(H_2O)_6]Cl_2$ in Form prismatischer Kristalle (Smp. 29.92 °C; vgl. S. 1178) aus, die bei 29/45/175 °C jeweils $2H_2O$ abgeben. Durch Erhitzen auf über 175 °C (technisch in Wirbelschichttrocknern oder Sprühtürmen) kann das Hydrat zum Unterschied vom leichteren Homologen $[Mg(H_2O)_6]Cl_2$ und vom rechten Gruppennachbar $[Al(H_2O)_6]Cl_3$ zum *wasserfreien* Calciumchlorid $CaCl_2$ entwässert werden, einer *weißen*, außerordentlich hygroskopischen, bei 782 °C schmelzenden Masse. Die Temperatur darf bei dieser Entwässerung allerdings nicht zu rasch gesteigert werden, da sonst teilweise *Hydrolyse* unter Bildung von Chlorwasserstoff erfolgt.

Das *wasserfreie* Calciumchlorid löst sich in Wasser unter starker *Wärmeentwicklung* (exotherme Bildung des gelösten Hexahydrats; Lösungsenthalpie: − 82.98 kJ/mol), das *Hexahydrat* dagegen unter starker *Abkühlung* (endothermer Übergang des kristallisierten in den gelösten Zustand; Lösungsenthalpie: 14.40 kJ/mol)[43]. Auch in Alkohol löst sich $CaCl_2$ gut.

Beim Zusammenschmelzen von $CaCl_2$ mit Ca entsteht „*Calciummonochlorid*" CaCl in Form *rotvioletter*, wasserzersetzlicher Kristalle, die oberhalb 800 °C beständig sind und beim langsamen Abkühlen wieder in $CaCl_2$ und Ca zerfallen (S. 1129). In Gegenwart von H_2 entsteht aus $CaCl_2$ und Ca *farbloses* „*Calciumhydridchlorid*" CaHCl (vgl. S. 1130), in Gegenwart von N_2 *rotes* bis *violettes* „*Calciumnitrid-*

---

[43] Bei der Bildung von festem $CaCl_2 \cdot 6H_2O$ aus festem $CaCl_2$ werden somit − 82.98 − 14.40 = − 97.38 kJ/mol frei. Auch andere Salze als $CaCl_2$ zeigen die Erscheinung der gegensätzlichen Lösungswärme im wasserfreien und wasserhaltigen Zustand; so löst sich Na_2SO_4 in Wasser unter Erwärmung, $Na_2SO_4 \cdot 10H_2O$ dagegen unter Abkühlung (S. 1178).

chlorid" Ca_2NCl ($3Ca + CaCl_2 + N_2 \rightarrow 2Ca_2NCl$), dessen Farbe durch die Anwesenheit einer geringen Menge freien Calciums bedingt wird (vgl. blaues Steinsalz, S. 170).

Verwendung. Mischungen von *Calciumchlorid-Hydrat* (Weltjahresproduktion: Megatonnenmaßstab) und Eis werden als *Kältemischungen* benutzt; man kann damit Temperaturen bis herab zu − 55 °C erreichen. Auch wird es als *Tau-* und *Frostschutzmittel* gegen Straßenvereisung bei solchen Temperaturen eingesetzt, bei denen NaCl nicht mehr wirksam ist. Schließlich nutzt man es als *Staubbindemittel* im Straßen- und Bergbau, ferner als Zusatz zu *Beton* und *Bohrschlämmen*. *Wasserfreies Calciumchlorid* dient als *Trockenmittel* für Gase und in Exsiccatoren. Ammoniak kann nicht damit getrocknet werden, da es sich mit $CaCl_2$ unter Bildung eines Ammoniakats vereinigt.

Bariumchlorid $BaCl_2$ (vgl. Tab. 91) läßt sich technisch durch Auflösen von *Bariumsulfid* oder *Bariumcarbonat* in *Salzsäure* oder durch Umsetzen von *Bariumsulfidlösungen* mit Lösungen von *Calcium-* oder *Magnesiumchlorid* darstellen. Es kristallisiert aus der wässerigen Lösung als Dihydrat $BaCl_2 \cdot 2H_2O$ aus. Beim Erhitzen geht es in das wasserfreie Bariumchlorid, eine *weiße* Masse vom Schmelzpunkt 963 °C und Siedepunkt 1560 °C über, die zum Unterschied von $CaCl_2$ und $SrCl_2$ in Alkohol schwer löslich ist, so daß man es von letzteren Dichloriden durch Alkohol trennen kann.

3.2.3 Chalkogenverbindungen der Erdalkalimetalle[38)]

Die Elemente der II. und VI. Hauptgruppe bilden untereinander **Erdalkalimetallchalkogenide** der Zusammensetzung **MY**, denen in einigen Fällen „*ZnS-Struktur*" mit 4 : 4-Koordination (Wurtzit: BeO, MgTe; Zinkblende: BeS, BeSe, BeTe), ansonsten „*NaCl-Struktur*" mit 6 : 6-Koordination zukommt. Die von den Oxiden abgeleiteten **Erdalkalimetalldihydroxide $M(OH)_2$** besitzen demgegenüber *Schichten-Struktur*. Ihre *Wasserlöslichkeit* sowie *Basizität* wächst mit zunehmender Ordnungszahl des Erdalkalimetall-Ions (die Löslichkeiten betragen für $Be(OH)_2/Mg(OH)_2/Ca(OH)_2/Sr(OH)_2/Ba(OH)_2$ ca. $3 \times 10^{-4}/3 \times 10^{-3}/1.3/8/38$ g/l bei Raumtemperatur, die Hydroxide wirken in gleicher Richtung sehr schwach/mittelschwach/mittelstark/stark basisch). Nachfolgend sollen CaO und BaO (einschließlich $Ca(OH)_2$ und $Ba(OH)_2$) sowie CaS und BaS näher besprochen werden (bezüglich SrO und $Sr(OH)_2$ siehe bei $SrCO_3$).

Außer „*Monochalogeniden*" MY existieren von den schwereren Erdalkalimetallen Ca, Sr, Ba zudem *chalkogenreichere* Verbindungen wie „*Peroxide*" $\mathbf{MO_2}$ (auch von Mg bekannt), „*Hyperoxide*" $\mathbf{M(O_2)_2 = MO_4}$, „*Ozonide*" $\mathbf{M(O_3)_2 = MO_6}$, „*Polysulfide*" $\mathbf{MS_n}$ (vgl. hierzu S. 1152, 1175). Unter den Peroxiden kommt MgO_2 (gewinnbar aus Mg und O_2 in flüssigem NH_3) „*FeS_2-Struktur*", CaO_2 (gewinnbar durch Erhitzen von $CaO_2 \cdot 8H_2O$), SrO_2 (gewinnbar aus Sr und O_2 unter Druck) bzw. BaO_2 (gewinnbar aus Ba und O_2 bei 500 °C, vgl. S. 503) jeweils „*CaC_2-Struktur*" (S. 1135) zu.

Calciumoxid CaO, Calciumdihydroxid $Ca(OH)_2$. Die technische Darstellung von „*Ätzkalk*" CaO erfolgt in großen Mengen durch Erhitzen („*Calcinieren*") von *Kalkstein* $CaCO_3$ auf 900–1200 °C („**Kalkbrennen**"; vgl. S. 1139):

$$178.4\,\text{kJ} + CaCO_3 \rightarrow CaO + CO_2.$$

Das dabei entstehende Produkt heißt „*gebrannter Kalk*" oder „*Branntkalk*".

Das *Brennen des Kalksteins* erfolgte in ältesten Zeiten in „Meilern" mit Holz, Torf oder Kohle als Brennstoff, später in einfachen „Feldöfen" ohne Ummauerung. Heute geschieht es durch Verbrennen von Kohlenstoff in Mischungen aus gekörntem oder gemahlenem Kalk und Koks (gegebenenfalls zusätzliche Gas- oder Ölheizung) u.a. in einfachen oder modifizierten „Schachtöfen", in „Wirbelschichtöfen", in „Drehrohröfen", in „Ringöfen" (liegender, gemauerter ringförmiger, von Hand beschickter und ausgetragener Brennkanal mit wanderndem Feuer von Kammer zu Kammer).

„*Dolomitisches Gestein*" (Calciummagnesium-Carbonat) zersetzt sich in zwei Stufen: $MgCO_3$ bei 650–750 °C, $CaCO_3$ ab 900 °C (vgl. S. 1139). „*Kalkmergel*" (tonhaltiger Kalkstein) dürfen nicht bei zu hohen Temperaturen gebrannt werden, da sie sonst wegen der im Vergleich zum Calciumoxid (Smp. 2587 °C) leichteren Schmelzbarkeit der Calciumaluminiumeisensilicate (Smp. 1500–1600 °C) sintern und so ein nur noch schwer mit Wasser reagierendes Produkt ergeben („*totgebrannter Kalk*"). Das aus „*Mar-*

mor" (reinem Calciumcarbonat) entstehende CaO wird wegen seines hohen Schmelzpunktes auch bei starkem Erhitzen nicht totgebrannt, sondern fällt als lockeres, amorphes, weißes Pulver an.

Gebrannter Kalk hat die Eigenschaft, mit *Wasser* unter starker Wärmeentwicklung und Bildung von *Calciumdihydroxid* („*gelöschter Kalk*") zu reagieren („**Kalklöschen**"[44]):

$$CaO + H_2O \rightarrow Ca(OH)_2 + 65.19\,kJ.$$

Beim Einstreuen von gebranntem Kalk in Wasser („*Naßlöschen*") entsteht eine stark basisch wirkende wässerige Lösung von $Ca(OH)_2$ („Kalkwasser") – bei geringerer Wassermenge – eine wässerige $Ca(OH)_2$-Suspension („*Kalkmilch*"), während Branntkalk beim Umsatz mit der doppelten äquivalenten Menge Wasser („*Trockenlöschen*") in Form eines weißen, staubigen, amorphen Pulvers $Ca(OH)_2 \cdot nH_2O$ („*Kalkhydrat*") anfällt.

Eigenschaften. Calciumhydroxid $Ca(OH)_2$ (*farblose* Festsubstanz, CdI_2-Struktur) eliminiert beim Erhitzen auf 450 °C in Umkehrung des Löschens Wasser unter Bildung von Calciumoxid CaO (farblose Festsubstanz; NaCl-Struktur; MAK-Wert 5 mg pro m^3), das bei 2587 °C schmilzt. Die Löslichkeit von $Ca(OH)_2$ beträgt 1.26 g pro Liter Wasser. Mit *Kohlendioxid* der Luft setzt sich gelöschter Kalk zu miteinander verwachsenen und verfilzten $CaCO_3$-Kristallen um: $Ca(OH)_2 + CO_2 \rightarrow CaCO_3 + H_2O$ („**Abbinden von Kalk**"; vgl. Mörtel, S. 1145). Bei starkem Erhitzen mit einer *Knallgasflamme* strahlt CaO ein sehr helles weißes Licht aus („*Drummondsches Kalklicht*"[45]). Mit *Kohle* setzt sich Branntkalk bei hohen Temperaturen zu Calciumcarbid CaC_2 (S. 1135) um.

Verwendung. „*Calciumoxid*" und „*-hydroxid*" (Weltjahresproduktion zusammen: 100 Megatonnenmaßstab) dienen zur Herstellung von *Baumaterialien* (z. B. Mörtel, Zement; s. dort), *Düngemitteln* (z. B. Kalksalpeter $Ca(NO_3)_2$; s. dort) und *Soda* (s. dort). Darüber hinaus findet *gebrannter Kalk* CaO zur Gewinnung von *Calciumverbindungen* (z. B. Calciumcarbid CaC_2, Kalkstickstoff $CaCN_2$, Insektizid Calciumarsenat $Ca_3(AsO_4)_2$), als *billige Base* (z. B. Entfernung von SO_2 aus Rauchgasen, Abtrennung von Oxal- bzw. Zitronensäure aus dem Zuckerrohrsaft) Verwendung. Auch nutzt man es in der *Metallurgie* zur Entfernung von Phosphor, Schwefel und anderen Stoffen aus Metallschmelzen. „*Kalkhydrat*" $Ca(OH)_2 \cdot nH_2O$ findet andererseits Verwendung als weiße *Anstrichfarbe* für Zimmerwände („*Kalken*"), zur Herstellung des Füllstoffs Wollastonit $CaSiO_3$ (s. dort) bzw. des Oxidationsmittels *Chlorkalk* CaCl(OCl) (s. dort), als *billige Base* (z. B. Rauchgasentschwefelung, Freimachen von NH_3 aus Gaswasser, Ätzmittel in der Gerberei, Neutralisation schwefelsäurehaltiger Beizlaugen, Aufrechterhaltung des pH-Werts bei der biologischen Oxidation von Abwässern, Aciditätsverminderung von Milchrahm) und als *Fällungsmittel* ($Mg(OH)_2$-Ausfällung aus Meerwasser beim Dow-Prozeß der Mg-Gewinnung, Beseitigung der temporären Wasserhärte, Beseitigung von Trübungen in Trink- und Brauchwasser). Bei der Zellstoffherstellung dient Kalkhydrat zur Zurückgewinnung von NaOH durch *Kaustifizierung anfallender Soda* (vgl. S. 1174).

Calciumsulfid CaS (NaCl-Struktur wie CaO) entsteht beim Glühen von *Calciumsulfat* mit *Koks*: $CaSO_4 + 4C \rightarrow CaS + 4CO$ (Weiterreaktion nach $CaS + 3CaSO_4 \rightarrow 4CaO + 4SO_2$ möglich) und ist leicht hydrolysierbar. Es erlangt wie viele andere Sulfide (z. B. Strontium-, Barium-, Zink-, Cadmiumsulfid) durch Zusatz von *Spuren eines Schwermetallsalzes* und starkes Glühen in Gegenwart von Schmelzmitteln die Eigenschaft, nach *Belichtung* längere Zeit im Dunkeln *nachzuleuchten*[46] oder bei Bestrahlung mit *unsichtbaren Strahlen* wie Röntgen-, Elektronen-, α- oder ultravioletten Strahlen *sichtbares Licht* auszusenden („*Leuchtstoffe*", „*Luminophore*", „*Phosphore*"). Der Schwermetall-„*Aktivator*" darf nur in Spuren (10^{-2} %) vorhanden sein.

Eine durch Kochen von Kalkmilch mit Schwefel hergestellte „*Schwefelkalkbrühe*" die *Calciumpolysulfide* enthält, dient zur Schädlingsbekämpfung.

Bariumoxid BaO (NaCl-Struktur) entsteht als lockeres, poröses, reaktionsfähiges Pulver (Smp. 1913 °C, Sdp. ~2000 °C) beim *Glühen* eines Gemisches von künstlich hergestelltem *Bariumcarbonat* und feiner

---

[44] Die Bezeichnung Löschen rührt daher, daß das Wasser bei diesem Vorgang wie beim Löschen eines Brandes lebhaft verdampft.

[45] Der britische Ingenieur-Offizier Th. Drummond (1797–1840) verbesserte 1826 durch dieses Licht das Lichtsignal- und Scheinwerferwesen.

[46] Die Eigenschaft des Nachleuchtens wurde erstmals 1602 von dem Schuster Vincentinus Casciarolus in Bologna entdeckt, der aus Schwerspat und Mehl durch Glühen Bariumsulfid erhielt („*Bologneser Leuchtsteine*").

Staubkohle oder *Ruß* ($BaCO_3 + C \rightarrow BaO + 2CO$) und dient als Ausgangsmaterial für die Darstellung von Bariumperoxid BaO_2 (S. 538), das wie CaC_2 (S. 1135) aufgebaut ist und ein wirksames Oxidationsmittel darstellt. BaO-Kristalle mit einem kleinen Überschuß an Ba (~ 0.1%) sind *tiefrot* (vgl. das blaue Steinsalz, S. 170). Mit Wasser vereinigt sich das als starkes Trockenmittel wirkende Bariumoxid unter starker Wärmeentwicklung zum **Bariumdihydroxid $Ba(OH)_2$** (2 Modifikationen). Es löst sich in Wasser bedeutend leichter als Calcium- und Strontiumhydroxid. Aus der entstehenden, stark basisch reagierenden Lösung („*Barytwasser*") kristallisiert das Hydroxid als Hydrat $Ba(OH)_2 \cdot 8H_2O$.

Bariumsulfid BaS (Smp. 1200 °C; NaCl-Struktur) wird aus feingemahlenem *Bariumsulfat* durch *Reduktion* mit *Koks* bei 1000–1200 °C im Drehrohrofen gewonnen ($BaSO_4 + 4C \rightarrow BaS + 4CO$). Es ist das wichtigste Zwischenprodukt für die Herstellung anderer Bariumverbindungen (z. B. $BaCO_3$, Lithopone $ZnS/BaSO_4$). Man nutzt es auch als Quelle für *Schwefelwasserstoff* ($BaS + 2H_2O \rightarrow Ba(OH)_2 + H_2S$).

3.2.4 Sonstige einfache Erdalkalimetallverbindungen[38)]

Nitride. Analog Beryllium und Magnesium bilden auch die schwereren Erdalkalimetalle *Nitride* der Zusammensetzung $\mathbf{M_3N_2}$, die *aus den Elementen* bei erhöhter Temperatur gewinnbar sind und mit *Wasser* unter Freisetzen von Ammoniak reagieren ($M_3N_2 + 6H_2O \rightarrow 3M(OH)_2 + 2NH_3$). Dem Nitrid Ca_3N_2 (α-Form) kommt wie Be_3N_2 und Mg_3N_2 anti-Mn_2O_3-Struktur zu ($KZ_{Ca} = 4$; $KZ_N = 6$).

Man kennt von Ca, Sr, Ba zudem *stickstoffreichere Nitride* (Azide) $\mathbf{MN_6} = \mathbf{M(N_3)_2}$, die beim Erhitzen unter N_2-Abgabe in M_3N_2 übergehen (im Falle von $Ba(N_3)_2$ über $\mathbf{Ba_3N_4}$). Darüber hinaus existieren auch *stickstoffärmere* Nitride $\mathbf{M_2N}$ (anti-$CdCl_2$-Schichtstrukturen; gewinnbar aus M_3N_2 bei hohen Temperaturen), in welchen die überschüssigen Elektronen der Erdalkalimetalle gemäß $(M^{2+})_2(N^{3-})(e^-)$ im Kristall vorliegen, wodurch sich der graphitische Glanz und das Halbleiterverhalten dieser Nitride erklärt. Die Erdalkalimetallatome bilden in M_2N (Schichtfolge: M/M/N/M/M/N) gewissermaßen *elektrovalente Bindungen* zum Stickstoff ($KZ_N = 6$) und zugleich *metallische Bindungen* innerhalb der Metalldoppelschichten aus. In analoger Weise findet man in dem „*Subnitrid*" $NaBa_3N$ (gewinnbar aus einer Lösung von Ba in flüssigem Na und Stickstoffgas) Ionenbeziehungen zwischen Barium und Stickstoff (Ketten flächenverknüpfter, stickstoffzentrierter Ba_6-Oktaeder) sowie Metallbeziehungen zwischen Barium und Natrium.

Calciumcarbid CaC_2 („*Carbid*", „*Calciumacetylenid*"). Darstellung. CaC_2, das von Friedrich Wöhler entdeckt wurde, wird technisch in riesigen Mengen aus hochreinem *Calciumoxid* und *Koks* in einem elektrischen Widerstandsofen („*Carbidofen*") mit Söderberg-Hohlelektroden bei 2000–2200 °C hergestellt:

$$465.2\,\text{kJ} + CaO + 3C \rightleftarrows CaC_2 + CO.$$

Die Reaktion ist eine *Gleichgewichtsreaktion*. Unterhalb von 1600 °C wirkt Kohlenoxid auf Calciumcarbid oxidierend unter exothermer Bildung von gebranntem Kalk und Kohle ein, oberhalb von 1600 °C beginnt bei Atmosphärendruck die endotherme Reduktion von CaO zu Carbid durch Kohle[47)]. Bei extrem hohen Temperaturen reagieren Kalk und Carbid miteinander unter Bildung von Calcium und Kohlenoxid ($CaC_2 + 2CaO \rightarrow 3Ca + 2CO$).

Eigenschaften. CaC_2 ist in *reinem* Zustande *farblos* und transparent ($d = 2.2\ g/cm^3$; Smp. 2300 °C; Zers. 2500 °C). *Technisches* CaC_2 ist demgegenüber *grauschwarz* und enthält meist 1–2% Kohlenstoff und 15–20% Calciumoxid.

Calciumcarbid, das ein starkes Reduktionsmittel ist, kristallisiert mit ionischer NaCl-Struktur (Na^+ durch Ca^{2+}, Cl^- durch C_2^{2-} ersetzt), stellt also ein Calciumacetylenid dar, das gemäß diesem salzartigen Aufbau durch Wasser unter Bildung von Acetylen zersetzt wird. Die Acetylenid-Ionen $:C{\equiv}C:^{2-}$ (vgl. S. 851) sind alle in Richtung *einer* Zellachse angeordnet, die dementsprechend länger als die beiden anderen ist (Übergang der kubischen in eine tetragonale Symmetrie).

Verwendung. Calciumcarbid (Weltjahresproduktion: Megatonnenmaßstab) dient teils zur Gewinnung von *Acetylen* (für organische Synthesen und zu Schweißzwecken), teils zur Herstellung von *Kalkstickstoff*

---

[47] Ein Calciumphosphat im Kalk wird bei der Carbiddarstellung gemäß $Ca_3(PO_4)_2 + 8C \rightarrow Ca_3P_2 + 8CO$ in Calciumphosphid Ca_3P_2 übergeführt, das für den häufig unangenehmen Geruch des aus Carbid und Wasser erzeugten (geruchlosen) Acetylens C_2H_2 verantwortlich ist (Beimengung von Phosphan PH_3).

(s.u.). Darüber hinaus nutzt man CaC_2 zur *Entschwefelung* und *Desoxidation* von Roheisen und Stahl.

Kalkstickstoff. Bringt man feingemahlenes *Calciumcarbid* bei 1000 °C mit *Stickstoff* zur Umsetzung, so entsteht in stark exothermer Reaktion ein Gemisch von Calciumcyanamid $CaCN_2$ und Kohlenstoff, das man als „*Kalkstickstoff*" bezeichnet:

$$CaC_2 + N_2 \rightleftarrows CaCN_2 + C + 296\,kJ.$$

Die Stickstoffaufnahme („*Azotierung*") setzt bei etwa 900 °C ein und erfolgt bei 1100 °C mit technisch brauchbarer Geschwindigkeit. Erhitzt man aber die ganze Carbidmasse auf eine so hohe Temperatur, so kommt man infolge der großen Reaktionsenthalpie in Temperaturgebiete, in denen sich die exotherme *Gleichgewichtsreaktion* umkehrt. Diese Schwierigkeit wird beim „*Frank-Caro-Verfahren*" in der Weise überwunden, daß man nur einen Teil der Carbidmasse auf die Reaktionstemperatur erhitzt und den übrigen Teil durch die Reaktionsenthalpie zur Umsetzung bringt. Beim „*Polzenius-Krauss-Verfahren*" wird die Reaktion dadurch gemäßigt, daß man durch Zusatz von Calciumchlorid oder Calciumfluorid die Azotiertemperatur auf etwa 700 °C herabsetzt und die Reaktionswärme durch Kühlung mit kalter Luft abführt.

Eigenschaften. Der *technische Kalkstickstoff* erscheint infolge beigemengten Kohlenstoffs *grau* bis *schwarz*, während *reines Calciumcyanamid* $CaCN_2$ *weiß* ist (Smp. 1340 °C; MAK-Wert 1 mg Staub/m^3). Kalkstickstoff geht unter Druck mit überhitztem *Wasserdampf* oder im Boden unter der Einwirkung von *Wasser* und *Bakterien* in Ammoniak über:

$$CaCN_2 + 3\,H_2O \rightleftarrows CaCO_3 + 2\,NH_3 + 91.3\,kJ.$$

Die Umkehrung dieser Reaktion ergibt kohlenstofffreies Calciumcyanamid („*weißer Kalkstickstoff*").

Verwendung. Kalkstickstoff (Weltjahresproduktion: Megatonnenmaßstab) dient als *Stickstoffdüngemittel* (langsame Hydrolyse unter NH_3-Freisetzung; s.o.), wird aber in dieser Hinsicht heute weitestgehend von Harnstoff verdrängt (S. 656). Auch die frühere Nutzung als Ammoniakquelle ist heute im Vergleich zur Ammoniaksynthese aus den Elementen (s. dort) unwirtschaftlich. Kalkstickstoff findet darüber hinaus als *Unkrautvertilgungs-* sowie *Baumwollentlaubungsmittel* Verwendung und wird zur *Herstellung* von Cyanamid H_2NCN, Thioharnstoff $CS(NH_2)_2$, Dicyandiamid und Melaminkunststoffen eingesetzt (s. dort).

3.2.5 Erdalkalimetallsalze von Oxosäuren[38)]

Die schwereren Erdalkalimetalle bilden wie Beryllium und Magnesium viele *Salze* von *Oxosäuren* (z.B. Bor-, Kohlen-, Kiesel-, Salpeter-, Phosphor-, Schwefel-, Perchlorsäure), deren *thermische Stabilität* vielfach mit wachsender Ordnungszahl des Metalls *steigt* (vgl. S. 1139). Unter ihnen sollen nachfolgend Calcium-, Strontium- und Bariumsalze der Kohlen-, Salpeter- und Schwefelsäure, denen zum Teil technische Bedeutung zukommt, eingehender behandelt werden[48)].

Unter letzteren sind die *Nitrate* in Wasser *löslich*, die *Sulfate* und *Carbonate* unlöslich. Gemäß Tab. 92 nehmen die **Löslichkeiten** [in Gramm pro Liter Wasser] der *Erdalkalimetallhydroxide* mit wachsender Ordnungszahl von M zu (wachsende Basizität der Hydroxide), der *Sulfate* ab (sinkende Tendenz zur Bildung von M^{2+}-Hydraten), während sie im Falle der *Fluoride* und *Carbonate* Minima bei CaF_2 bzw. $SrCO_3$ (besonders stabile Kristallgitter) durchlaufen.

Calciumnitrat $Ca(NO_3)_2$ wird technisch durch Einwirkung von *Salpetersäure* auf *Kalkstein* gewonnen:

$$CaCO_3 + 2\,HNO_3 \rightarrow Ca(NO_3)_2 + H_2O + CO_2$$

48 Technisch wichtig ist zudem **Calciumhydrogensulfit $Ca(HSO_3)_2$**, das in der Zellstoffindustrie in 45 %iger wässeriger Lösung zur Befreiung der Holzcellulose von den inkrustierenden Ligninstoffen dient.

Tab. 92. Löslichkeiten (g/Liter H_2O) einiger Erdalkalimetallsalze bei Raumtemperatur

	Be^{2+}	Mg^{2+}	Ca^{2+}	Sr^{2+}	Ba^{2+}	Ra^{2+}
F^-	lösl.	0.076	0.016	0.11	1.2	lösl.
OH^-	0.0003	0.009	1.85	4.1	56	lösl.
CO_3^{2-}	unlösl.	0.11	0.014	0.011	0.02	> 0.02 ?
SO_4^{2-}	425	260	2.41	0.113	0.002	0.00002

und kommt unter dem Namen „*Kalksalpeter*" („*Norge-Salpeter*") als *Düngemittel* (Zusatz von NH_4NO_3) in den Handel. Aus wässeriger Lösung kristallisiert Calciumnitrat in Form monokliner Prismen der Zusammensetzung $Ca(NO_3)_2 \cdot 4H_2O$ aus, die oberhalb von 40 °C in ihrem Kristallwasser schmelzen (vgl. S. 1178) und beim Erhitzen auf über 100 °C in die wasserfreie Verbindung (Smp. 561 °C) übergehen, die in Alkohol leicht löslich ist. Als „*Mauersalpeter*" bildet sich $Ca(NO_3)_2$ häufig als Produkt der Fäulnis stickstoffhaltiger organischer Stoffe bei Gegenwart von Kalk, z.B. als Ausblühung an Stallwänden (Kalk des Mauerwerks + Ammoniak aus Stallmist + Luftsauerstoff unter Mitwirkung von Bakterien).

Calciumcarbonat $CaCO_3$. Vorkommen. $CaCO_3$ kommt in der Natur in drei kristallisierten Modifikationen vor: als trigonal-rhomboedrisch kristallisierter „*Calcit*" („*Kalkspat*") – oft in gutausgebildeten Kristallen von erheblicher Größe[49] –, als orthorhombisch kristallisierter „*Aragonit*"[50] und als hexagonaler „*Vaterit*"[51] Die *beständige* Form ist der *Calcit*.

Aus mehr oder weniger feinen Calcitkristallen bestehen auch die gewöhnlichen Erscheinungsformen des Calciumcarbonats in der Natur: Kalkstein, Kreide, Muschelkalk und Marmor. „*Kalkstein*" ist ein hauptsächlich durch Ton verunreinigtes, feinkristallines Calciumcarbonat; bei stärkeren Tongehalten wird er als *Kalkmergel* (75–90% $CaCO_3$), *Mergel* (40–75% $CaCO_3$) oder *Tonmergel* (10–40% $CaCO_3$) bezeichnet. „*Kreide*"[52] stellt eine erdige, weiche, in der „*Kreidezeit*" aus Schalentrümmern von Einzellern gebildete weiße, abfärbende Form, „*Muschelkalk*" eine vorwiegend aus Schalenresten urweltlicher Schnecken und Muscheln bestehende Form des Calciumcarbonats dar. „*Marmor*" ist ein sehr reines, grobkristallines Calciumcarbonat. *Perlen* bestehen aus *Aragonit*.

Gewinnung. $CaCO_3$ wird meist aus natürlichen Lagerstätten im Tagebau – im Falle hochwertiger Kalksteine auch unter Tage – gewonnen. In geringer Menge erzeugt man weißes, *feinteiliges Calciumcarbonat* für Spezialanwendungen (s.u.) auch synthetisch durch Einleiten von *Kohlendioxid* in *Kalkmilch*, d.h. Umsetzung von Ca^{2+}- mit CO_3^{2-}-Ionen, wobei $CaCO_3$ ausfällt:

$$Ca(OH)_2 + CO_2 \rightleftarrows CaCO_3 + H_2O \quad \text{bzw.} \quad Ca^{2+} + CO_3^{2-} \rightleftarrows CaCO_3.$$

Der Niederschlag ist zunächst *amorph* und geht dann in Berührung mit der Lösung langsam in die *kristalline Form* des Calcits über.

Löslichkeit von Kalk. In *kohlesäurehaltigem* Wasser ist Calciumcarbonat beträchtlich löslich, da sich dabei das ziemlich leicht lösliche „*Calciumhydrogencarbonat*" („*Calciumbicarbonat*")

---

49 Besonders rein ist der auf Island vorkommende Kalkspat. Er heißt auch „*Doppelspat*", weil er besonders eindrucksvoll das allen Kristallen mit bestimmten Symmetrieeigenschaften eigentümliche Phänomen der **„Doppelbrechung"** zeigt. Hierunter versteht man die Erscheinung, daß ein einfallender Lichtstrahl in *zwei polarisierte*, d.h. mit ihren Schwingungsebenen senkrecht aufeinanderstehende *Lichtstrahlen* („*ordentlicher*" und „*außerordentlicher*" Strahl) zerlegt wird, welche verschieden stark gebrochen werden, so daß eine durch einen solchen Kristall betrachtete Schrift oder Zeichnung *doppelt* erscheint. Man benutzt den isländischen Doppelspat zur Herstellung von Prismen („*Nicols*") für die Umwandlung von unpolarisiertem in polarisiertes Licht; benannt nach dem engl. Physiker W. Nicol (1768–1851).

50 Benannt nach dem französischen Physiker François Arago (1786–1853), der 1811 als erster am Quarz das optische Drehungsvermögen entdeckte.

51 Carbonate zweiwertiger Kationen kristallisieren hexagonal bei einem Kationenradius von 0.78–1.00 Å und rhombisch bei einem Kationenradius von 1.00–1.43 Å. Da der Ca^{2+}-Radius mit 0.99 Å gerade dazwischen liegt, kommt $CaCO_3$ in beiden Kristallformen vor.

52 Die heute zum Schreiben auf Tafeln benutzte Kreide ist kein $CaCO_3$, sondern $CaSO_4 \cdot 2H_2O$ (Gips).

$Ca(HCO_3)_2$ bildet:

$$CaCO_3 + H_2O + CO_2 \rightleftarrows Ca(HCO_3)_2 .$$

Beim *Kochen* oder *Eindunsten* der Lösung verschiebt sich das Gleichgewicht infolge des Entweichens von Kohlendioxid wieder nach links, so daß *Calciumcarbonat ausfällt* (unterhalb 29 °C als Calcit, oberhalb 29 °C als Aragonit; in Anwesenheit von Basen wie NH_3 als Vaterit). Hierauf beruht die gefährliche Abscheidung von „*Kesselstein*" beim Erhitzen von calciumbicarbonathaltigem Wasser in Dampfkesseln[53)] und die Bildung von „*Tropfsteinen*" in Tropfsteinhöhlen („*Stalaktiten*": von der Höhlendecke abwärts wachsend, „*Stalagmiten*": vom Höhlenboden aufwärts wachsend)[54)] beim Verdunsten von hartem Wasser in Kalkgebirgen.

Fast jedes Fluß- und Quellwasser enthält mehr oder weniger große Mengen an Calciumsalzen (und Magnesiumsalzen), hauptsächlich *Calciumhydrogencarbonat* und *Calciumsulfat*. Ein an Calciumsalzen *reiches* Wasser heißt „*hartes Wasser*" zum Unterschied von calciumsalz*freiem* oder -*armem* Wasser, das man als „*weiches Wasser*" bezeichnet. Die Bezeichnungen „*hart*" und „*weich*" rühren von dem Gefühl her, das das betreffende Wasser beim Waschen mit Seife vermittelt. Als Alkalisalze schwacher organischer Fettsäuren hydrolysieren die Seifen leicht unter Bildung von *Alkalilauge*, die das Wasser *schlüpfrig* („*weich*") macht, in „*hartem*" Wasser fallen die fettsauren Alkalisalze als schwerlösliche „*Kalkseifen*" aus, so daß es nicht zur Bildung von Alkalilauge kommt.

Gemessen wird die **„Wasserhärte"** in mmol Erdalkali-Ionen pro Liter Wasser oder in „*Härtegraden*", unter denen man in Deutschland[55)] die Anzahl Milligramm CaO je 100 cm^3 Wasser versteht[56)]. Beim *Kochen* von hartem Wasser fällt das *Calciumhydrogencarbonat* als Calciumcarbonat aus (s. oben), wodurch ein Teil der Härte – die „*vorübergehende*" oder „*temporäre Härte*" – verschwindet. Die zurückbleibende, auf den Gehalt an *Calciumsulfat* zurückführende Härte heißt „*bleibende*" oder „*permanente Härte*". Vorübergehende und bleibende Härte ergeben zusammen die „*Gesamthärte*". Ein sehr weiches Wasser (1 Härtegrad) weist z. B. die in einer kalkfreien Landschaft gelegene Stadt Gotha auf; dagegen ist das Leitungswasser der in einer Muschelkalklandschaft liegenden Stadt Würzburg sehr hart (37 Härtegrade). Einen mittleren Härtegrad (15.7) besitzt das Wasser der Stadt München.

Die **Enthärtung von Wasser** für technische Zwecke erfolgt entweder durch *Destillation* des Wassers, durch chemische *Ausfällung* der störenden Ionen (z. B. mit *Soda*: $Ca^{2+} + CO_3^{2-} \rightarrow CaCO_3$ oder mit *Natriumphosphat*: $3Ca^{2+} + 2PO_4^{3-} \rightarrow Ca_3(PO_4)_2$), durch *Komplexbildung* mit *Polyphosphaten* (S. 781) oder bevorzugt durch Entfernung der Ionen mittels geeigneter anorganischer („*Zeolith A*", „*Permutite*", „*Sasil*", S. 940) oder organischer („*Wofatit*", „*Amberlit*", *Levatit*", „*Dowex*") **„Ionenaustauscher"**[57, 58)]. Namentlich die organischen Kunstharzaustauscher werden zur Enthärtung von Wasser verwendet, da

---

53 $CaCO_3$ ist zum Unterschied von der Kesselwand ein schlechter Wärmeleiter, so daß a) die Wärmeübertragung gehemmt wird (erhöhter Brennstoffverbrauch) und b) die Kesselwand an einer mit Kesselstein bedeckten Stelle heißer ist als an einer unbedeckten. Springt der Kesselstein ab, so entwickelt sich bei der Berührung des Wassers mit dem so freigelegten, hocherhitzten Metall plötzlich Wasserdampf, was zu „*Kesselsteinexplosionen*" führen kann.

54 stalaktos (griech.) = tropfend; stalagma (griech.) = Tropfen.

55 In England, Frankreich und USA hat man andere Härtegrade (1° deutsche Härte = 0.798° engl. Härte = 0.560° franz. Härte = 0.056° (0.056 ppm $CaCO_3$) amerik. Härte). In der Praxis gilt ein Wasser mit < 7° deutscher Härte (< 1.3 mmol $Ca^{2+} + Mg^{2+}$/Liter H_2O) als weich, mit 7–14° (1.3–2.5 mmol/l) als mittelhart, mit 14–21° (2.5–3.8 mmol/l) als hart und mit > 21° (> 3.8 mmol/l) als sehr hart.

56 Das in Form von Magnesiumsalzen enthaltene MgO wird dabei auch in CaO umgerechnet (durch Multiplikation mit dem aus den rel. Molekülmassen von MgO und CaO hervorgehenden Faktor 1.391). 1 mmol Ca^{2+}/Liter entspricht 5.608 deutschen Härtegraden.

57 **Literatur.** C. B. Amphlett: „*Inorganic Ion Exchangers*", Elsevier, New York 1964; J. A. Marinsky, Y. Marcus (Hrsg.): „*Ion Exchange and Solvent Extraction*", Marcel Dekker, New York 1981; ULLMANN (5. Aufl.) „*Ion Exchange*", **A 14** (1989) 393–459.

58 Ionenaustauscher sind feste, wasserunlösliche (aber hydratisierte) *Salze, Säuren* oder *Basen*, welche als **Kationen-** bzw. **Anionenaustauscher** Kationen (einschließlich des Protons) oder Anionen (einschließlich des Hydroxids) gegen andere Elektrolyte austauschen. Sie sind teils *natürlichen* (Zeolithe, Montmorillonite, Bentonite und andere Alumosilicate), teils *künstlichen Ursprungs*. Zu letzterer Gruppe gehören alle *organischen Ionenaustauscher*. Sie bestehen aus einem hochmolekularen organischen Gerüst („*Matrix*"; z. B. Polystyrol), an das geladene und ungeladene „*Ankergruppen*" ($—SO_3^-$, $—SO_3H$, $—CO_2^-$, $—CO_2H$, $—\ddot{N}Me_2$, $—NMe_3^+$) mit austauschbaren Metall-Kationen, Protonen bzw. Hydroxid-Anionen geknüpft sind. Man nutzt sie zur *Ionenabtrennung* aus der Lösung (z. B. $—SO_3Na + 0.5\,Ca^{2+} \rightarrow —SO_3Ca_{0.5} + Na^+$; 1 Liter Polystyrolsulfonsäure nimmt etwa 40 g CaO auf), zur *Ionentrennung* (wachsende Ionenaffinität in der Reihe $Li^+ < H^+ < Na^+ < Cs^+ < Mg^{2+} < Al^{3+} < Ce^{4+}$ und in der Reihe $F^- < Cl^- < Br^- < NO_2^- < HSO_4^- < I^-$). Mit dem Hauptteil der synthetisierten Ionenaustauscher wird *Wasser* aufbereitet (S. 529); der geringere Teil dient zur *Nahrungsmittelreinigung*, zur *Reinigung* und *Isolierung von Pharmaka*, als *Depot* für

sie eine *Vollentsalzung* harten Wassers ermöglichen. Man leitet zu diesem Zweck das Wasser durch zwei Säulen, deren erste Polymerisate mit *sauren* Gruppen enthält (z. B. sulfonsäuregruppenhaltiges Polystyrol $R—SO_3H$), welche die *Kationen* des harten Wassers gegen *Wasserstoff-Ionen* austauschen, während die zweite solche mit *basischen* Gruppen (z. B. ammoniumgruppenhaltiges Polystyrol $R—NMe_3^+OH^-$) aufweist, welche die *Anionen* binden und dafür *Hydroxid-Ionen* abgeben:

$$R—SO_3H + M^+ \rightleftarrows R—SO_3M + H^+ \quad \text{bzw.} \quad R—NMe_3^+OH^- + A^- \rightleftarrows R—NMe_3^+A^- + OH^-$$

(M^+ = Metalläquivalent, z. B. $\frac{1}{2}Ca^{2+}$; $\frac{1}{2}Mg^{2+}$; A^- = Anionenäquivalent, z. B. $\frac{1}{2}SO_4^{2-}$, Cl^-). Die H^+-Ionen werden durch die OH^--Ionen neutralisiert, so daß salzfreies („*de-ionisiertes*") Wasser hinterbleibt, dessen Reinheit in der Regel allen Ansprüchen genügt (man erreicht Salzrestgehalte von nur 0.02 mg/l). Die Regenerierung der Filter erfolgt durch Umsetzen mit Säuren bzw. Laugen (Umkehrung obiger Vorgänge). Man verwendet auch „*Austauschermischbette*", in denen nebeneinander die Austauscher in der Protonen- und Hydroxid-Form vorliegen. Zu ihrer Regenerierung trennt man die Mischung durch einen starken Wasserstrom von unten in eine leichtere obere Zone mit Kationen- und schwerere untere Zone mit Anionenaustauscher, die unabhängig voneinander weiterbehandelt werden.

Thermostabilität von Kalk. Beim *Erhitzen* zersetzt sich Calciumcarbonat unter Bildung von *Calciumoxid* und *Kohlendioxid*:

$$CaCO_3 \rightleftarrows CaO + CO_2.$$

Die Reaktion dient zur *Darstellung von gebranntem Kalk* (S. 1133) und von *Kohlendioxid* (S. 859). Gemäß dem Massenwirkungsgesetz entspricht *jeder Temperatur* ein ganz *bestimmter Gleichgewichtsdruck* p_{CO_2} (Fig. 235). Bei 900 °C erreicht dieser Gleichgewichtsdruck den Wert

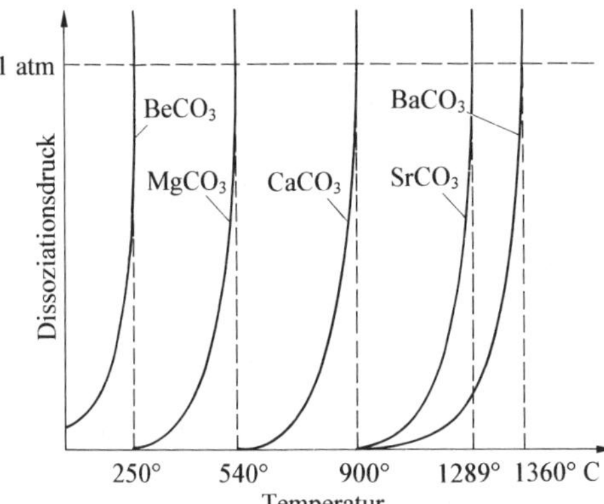

Fig. 235 Dissoziationsdrücke der Erdalkalicarbonate.

1 Atmosphäre = 1.013 bar. Deshalb muß man beim Kalkbrennen (S. 1133) mindestens auf 900 °C erhitzen, falls man nicht mit Unterdruck arbeitet. Ist der äußere Kohlendioxiddruck höher als der Gleichgewichtsdruck, so zersetzt sich Calciumcarbonat nicht; unter diesen Bedingungen gelingt es, seinen Schmelzpunkt zu ermitteln (1289 °C). In analoger Weise zersetzen sich die übrigen Erdalkalimetallcarbonate beim Erhitzen unter CO_2-Abgabe (Fig. 235), wobei der Gleichgewichtsdruck p_{O_2} den Wert 1.013 bar im Falle der Carbonate mit den kleinen Beryllium- und Magnesium-Ionen (stärkere Deformation der Carbonate) bei niedrigeren Temperaturen, im Falle der Carbonate mit den größeren Strontium- und Barium-Ionen (geringere Deformation des Carbonats) bei höheren Temperaturen erreicht (Entsprechendes gilt für die Nitrate und Sulfate).

Pharmaka oder *Dünger* (langsame Substratabgabe), als *Ionenmembran* (vgl. Chloralkalielektrolyse), als *Katalysator* (vgl. Zeolithe).

Verwendung. „*Kalkstein*" $CaCO_3$ (Weltjahresproduktion 1000 Megatonnenmaßstab) ist wie Dolomit $CaMg(CO_3)_2$ ein wichtiges Produkt der *Bauindustrie*: als geschnittener oder behauener Werkstoff, als Schotter im Straßen- und Gleisbau, als Rohstoff zur Herstellung von Steinen für Mauerwerke bzw. von gebranntem Kalk für Mörtel und Zement. $CaCO_3$ wird auch in der *Metallurgie* genutzt (Fluß-, Entschwefelungs-, Sinterhilfs-, Schlackenbildungsmittel). Große Mengen $CaCO_3$ dienen darüber hinaus zur Herstellung von *Soda* (S. 1180), *Düngemittel* (Kalkammonsalpeter $NH_4NO_3/CaCO_3$, Kalksalpeter $Ca(NO_3)_2$; S. 656), von *Gläsern* (s. dort) und zur *Rauchgasentschwefelung* (S. 568). Der durch CO_2-Einleiten in Kalkmilch erzeugte feine, weiße, pulverförmige „*Calcit*" findet Anwendung als *Füllstoff* in der Papier-, Gummi-, Kunststoff-, Farbstoffindustrie, als *Antiacidium* in Pharmaka, als *Schleifmittel* in Zahnpasten, als *Calciumspender* in Diätnahrung, als *Zusatz* in Kaugummi, Kosmetika.

Calciumsulfat $CaSO_4$ findet sich in der Natur vorwiegend als „*Gips*" („*Gipsstein*") $CaSO_4 \cdot 2H_2O$ und „*Anhydrit*" $CaSO_4$[59], selten als „*Bassanit*" $CaSO_4 \cdot \frac{1}{2}H_2O$. *Abarten* des Gipses sind das wie Glimmer leicht in Blättchen spaltbare „*Marienglas*" („*Frauenglas*") und der wie weißer Marmor aussehende, sich aber wegen seiner schlechten Wärmeleitfähigkeit nicht wie dieser kalt anfühlende „*Alabaster*".

Die technische Gewinnung von Calciumsulfat erfolgt durch Abbau natürlicher Lager von „*Naturgips*" sowie (weniger häufig) „*Naturanhydrit*". Darüber hinaus fallen große Mengen an „*Chemiegips*" und „*Chemieanhydrit*" als Nebenprodukte der *Phosphorsäure-* und *Fluorwasserstoffherstellung*" (S. 770, 455) sowie bei der *Rauchgasentschwefelung* (S. 568) an.

Die wasserärmeren Gipssorten werden in der Technik hauptsächlich durch *Dehydratation von Gips* gewonnen. Und zwar spaltet $CaSO_4 \cdot 2H_2O$ beim Erhitzen auf 120–130 °C einen Teil seines Kristallwassers ab („*Brennen*" von Gips) und geht in das „*Halbhydrat*" $CaSO_4 \cdot \frac{1}{2}H_2O$ („*gebrannter Gips*") über, das seinerseits bei noch höheren Temperaturen das restliche Wasser unter Bildung von „*Anhydrit*" $CaSO_4$ („*wasserfreier Gips*") abgibt.

$$\underset{\text{„Gips"}}{CaSO_4 \cdot 2H_2O} \underset{\Delta H \pm 86\,\text{kJ/mol}}{\overset{\mp 1\frac{1}{2}H_2O(g)}{\rightleftarrows}} \underset{\text{„Halbhydrat"}}{CaSO_4 \cdot \tfrac{1}{2}H_2O} \underset{\Delta H \pm 13\,\text{kJ/mol}}{\overset{\mp \frac{1}{2}H_2O(g)}{\rightleftarrows}} \underset{\text{„Anhydrit"}}{CaSO_4}. \qquad (1)$$

Als Pulver mit Wasser zu einem Brei verrührt, *erhärtet* der gebrannte und wasserfreie Gips unter *Hydratation* zu einer festen, aus feinfaserigen, miteinander verfilzten Gipskriställchen bestehenden Masse („*abgebundener Gips*"). Auf dieser Eigenschaft beruht die Verwendung solcher Gipssorten u.a. im *Baugewerbe*, der *Keramikindustrie*, der *Bildhauerei* (vgl. S. 1145).

In der Technik entwässert man den feingemahlenen Gips in *nasser* Atmosphäre in Autoklaven bei 80–180 °C zum hauptsächlich aus Halbhydrat bestehenden grobkristallinen **„Formengips"** („*Modellgips*") und in *trockener* Atmosphäre in Drehrohröfen bei 120–180 °C zum feinkristallinen **„Stuckgips"**, der noch etwas wasserärmer als das Halbhydrat ist, da er bereits bis zu 20 % Anhydrit enthält. Beide Produkte binden rasch (in 10–20 Minuten) ab. Bei 180–200 °C entweicht aus dem Stuckgips der Rest des Wassers; der so gebildete „*wasserfreie Stuckgips*" (vgl. Anhydrit III, unten) bindet so schnell mit Wasser ab, daß er praktisch nicht verwendet wird. Bei weiter wachsenden Brenntemperaturen bis 800 °C büßt der wasserfreie Stuckgips seine Abbindefähigkeit wieder mehr und mehr ein (Bildung von **„Hochbrandgips"**; vgl. Anhydrit II, unten). Beim Brennen von Gips in Drehrohröfen bei 800–1000 °C entsteht schließlich eine Form des Calciumsulfats (**„Estrichgips"**; vgl. Anhydrit I, unten), welche noch ca. 10 % gebrannten Kalk CaO enthält ($CaSO_4 \rightarrow CaO + SO_3$). Als Folge hiervon ist Estrichgips, der in feinpulveriger Form mit Wasser langsam (in Tagen) zu einem zementharten Produkt abbindet, wasserfest, während der Stuckgips unter Wasser langsam wieder erweicht (Näheres vgl. S. 1145).

Eigenschaften. Gips $CaSO_4 \cdot 2H_2O$ ist in Anwesenheit von Wasser unterhalb 42 °C, Anhydrit $CaSO_4$ oberhalb 42 °C *thermodynamisch stabil*. Ersterer kristallisiert aus einer wässerigen Lösung demgemäß bei niedrigerer, letzterer bei höherer Temperatur aus. Unter Wasserabgabe geht Gips oberhalb 42 °C zunächst extrem langsam, dann mit steigenden Temperaturen zunehmend rascher auf dem Wege über das – im gesamten Temperaturbereich *metastabile* – Halbhydrat $CaSO_4 \cdot \frac{1}{2}H_2O$ in Anhydrit $CaSO_4$ über (vgl.Gleichung (1); $CaSO_4$ existiert in

[59] $SrSO_4$, $BaSO_4$ und $RaSO_4$ treten zum Unterschied von $CaSO_4$ stets wasserfrei auf. Analoges gilt für die Nitrate der Erdalkalimetalle.

3 Formen; s. u.), das ab ca. 800 °C gemäß (2) in *Calciumoxid* und – seinerseits bei noch höheren Temperaturen in *Schwefeldioxid* und *Sauerstoff* zerfallendes – *Schwefeltrioxid* übergeht:

$$CaSO_4 \rightleftarrows CaO + SO_3 \rightleftarrows CaO + SO_2 + \tfrac{1}{2}O_2. \quad (2)$$

Alkali- und Erdalkalisulfate bilden mit Calciumsulfat Doppel- und Tripelsalze, z. B. $CaSO_4 \cdot K_2SO_4 \cdot H_2O$ („*Syngenit*"; Nachweisreaktion für Calciumsulfat), $2\,CaSO_4 \cdot MgSO_4 \cdot K_2SO_4 \cdot 2\,H_2O$ („*Polyhalit*"; in Salzlagerstätten).

Die Spaltbarkeit von $CaSO_4 \cdot 2\,H_2O$-Kristallen (monoklin; $d = 2.31$ g/cm³) ist darauf zurückzuführen, daß in Gips $CaSO_4$-*Doppelschichten* (in jeder Schicht liegen Ca^{2+}- und SO_4^{2-}-Ionen abwechselnd nebeneinander) durch verhältnismäßig schwache Wasserstoffbrücken zwischen den in Zwischenschichten doppelschichtig angeordneten Wasser-Molekülen und den Sulfat-Ionen zusammengehalten werden (jedes H_2O-Molekül ist zudem über schwache $Ca \leftarrow OH_2$-Koordinationsbindungen mit einer $CaSO_4$-Doppelschicht verknüpft). Bei Erwärmung wird ein großer Teil des Wassers unter Bildung des Halbhydrats $CaSO_4 \cdot \frac{1}{2}H_2O$ (rhomboedrisch; $d = 2.62-2.76$ g/cm³) ausgetrieben (vgl. Gl. (1)). Die Abgabe des restlichen Wassers erfolgt bei Temperaturen bis ca. 300 °C zunächst unter Erhalt des Ionengitters der Hydrate und Bildung einer *metastabilen Anhydrit-Phase* (hexagonaler „*Anhydrit-III*"; „*löslicher Anhydrit*"; $d = 2.580$ g/cm³), dann ab ca. 300 °C unter Bildung der im Bereich 42–1180 °C thermodynamisch *stabilen Anhydrit-Phase* (orthorhombischer „*Anhydrit-II*", „*unlöslicher Anhydrit*"; „*erbrannter Anhydrit*", „*Naturanhydrit*"; $d = 2.93-2.97$ g/cm³) und schließlich ab 1180 °C unter Bildung von – unterhalb 1180 °C labilem – *Hochtemperatur-Anhydrit* (kubischer „*Anhydrit-I*").

Verwendung. Ebenso wie Kalk ist Gips (Weltjahresproduktion: 100 Megatonnenmaßstab) eines der ältesten mineralischen **Bau-** und **Mörtelstoffe** und dient zur Herstellung von *Gipsmörteln* und *Gipsbauteilen* (vgl. S. 1145), sowie als Zusatz zu *Zementen* („Verzögerer", vgl. S. 1147). Auch findet Gips als Füllstoff oder als weiße Malerfarbe Anwendung und wird als Formengips für Abdrücke, als Estrichgips für Bodenbeläge bzw. als Alabaster für Bildhauerzwecke genutzt.

Die **Gewinnung von Schwefeldioxid** zur Schwefelsäureproduktion durch *thermische Spaltung von Gips* nach (2) ist wegen der erforderlichen hohen Temperatur von über 1200 °C *unwirtschaftlich*. Setzt man aber dem Gips *Koks* und *tonige Zuschläge* zu, erfolgt die Spaltung bei *wesentlich niedrigerer Temperatur*, da dann unter gleichzeitiger CO-Bildung das CaO als Calcium-aluminat und -silicat abgefangen wird. Wählt man dabei das Mischungsverhältnis von Gips und Tonmaterial so, daß die Zusammensetzung des beim Brennen im Drehrohrofen entstehenden festen Produkts der Zusammensetzung von *Portlandzement* (S. 1146) entspricht, so deckt die Zementgewinnung die Kosten der thermischen Zerlegung des Calciumsulfats. Das gewonnene SO_2 wird nach dem Kontaktverfahren (S. 581) in Schwefelsäure verwandelt. Das Verfahren (**„Müller-Kühne-Verfahren"**) wird in Ländern mit erheblichem Anfall an „Chemiegips" in bescheidenem Umfange großtechnisch zur Schwefelsäure- und Zementerzeugung durchgeführt, da es in eleganter Weise den sonst äußerst problematischen Chemiegips beseitigt.

Strontiumcarbonat, -sulfat und -nitrat. Als Ausgangsmaterial für die Darstellung der meisten Strontiumverbindungen dient der natürlich vorkommende „*Strontianit*" $\mathbf{SrCO_3}$. Er wird durch Abbau natürlicher Lagerstätten sowie darüber hinaus aus dem ebenfalls in der Natur vorkommenden „*Cölestin*" $\mathbf{SrSO_4}$ durch Verschmelzen mit Soda gewonnen: $SrSO_4 + Na_2CO_3 \rightarrow SrCO_3 + Na_2SO_4$.

Beim Erhitzen spaltet das Carbonat bei 1289 °C CO_2 ab (vgl. Fig. 235) und geht in das „*Strontiumoxid*" **SrO** (Smp. 2665 °C) über. Bei der Behandlung mit Wasser entsteht aus diesem unter starker Wärmeentwicklung das „*Strontiumhydroxid*" $\mathbf{Sr(OH)_2}$, das zu den mittelstarken Basen gehört. Durch Auflösen des Strontiumcarbonats in Salpetersäure erhält man das „*Strontiumnitrat*" $\mathbf{Sr(NO_3)_2}$ (Smp. 570 °C). Es löst sich zum Unterschied vom Calciumnitrat $Ca(NO_3)_2$ nicht in Alkohol-Ether, wovon man zur Trennung von Calcium und Strontium Gebrauch macht. Man *verwendet* $SrCO_3$ (Weltjahresproduktion Zig-Kilotonnenmaßstab) zur Herstellung von *Farbfernseh-Bildschirmen* sowie zur Erzeugung *ferritischer Magnetwerkstoffe*, Strontiumsalze allgemein für **bengalische Feuer**, dem sie eine prächtig karminrote Farbe verleihen („*Rotfeuer*").

Bariumsulfat $\mathbf{BaSO_4}$. Die technische Gewinnung von $BaSO_4$ erfolgt zu 90 % durch Abbau *natürlicher* Vorkommen (*Schwerspat, Baryt*) und nur untergeordnet *künstlich* durch Versetzen einer wässerigen Lösung von *Bariumsulfid* mit *Natriumsulfat*, wobei $BaSO_4$ als schwerlöslicher Niederschlag ausfällt:

$$BaS + Na_2SO_4 + H_2O \rightarrow BaSO_4 + NaOH + NaSH \quad \text{bzw.} \quad Ba^{2+} + SO_4^{2-} \rightarrow BaSO_4.$$

Eigenschaften. Das weiße, vergleichsweise schwere Bariumsulfat (Smp. 1580 °C, $d = 4.50$ g/cm³) ist in *Wasser* praktisch unlöslich und chemisch sehr beständig.

Verwendung. $BaSO_4$ (Weltjahresproduktion: 5 Megatonnenmaßstab) dient als *Anstrichfarbe* („*Permanentweiß*", „*Blanc fixe*")[60] und als *Füllmaterial* für Papier, Farben, Lacke, Gummi, Kunststoffe. Da die für Anstrichzwecke erforderliche *feinste Verteilung* durch noch so feines Mahlen des natürlichen Schwerspats nur unvollkommen zu erzielen ist, verwendet man synthetisches $BaSO_4$ mit 20–30% Wasser (bei völliger Entwässerung verliert $BaSO_4$ seine Deckkraft als Mineralfarbe wieder).

Größere Deckkraft als das Permanentweiß besitzt eine andere bariumsulfathaltige weiße Anstrichfarbe, die *Lithopone*. Sie wird durch Umsetzung von *Bariumsulfid-* und *Zinksulfat*lösungen und Glühen der so erhaltenen Rohlithopone bei 850 °C (Teilchenvergrößerung) gewonnen:

$$BaS + ZnSO_4 \rightarrow BaSO_4 + ZnS$$

und besteht aus *Zinksulfid* und *Bariumsulfat*. Lithopone besitzt annähernd die Deckkraft von Bleiweiß und hat vor diesem den Vorzug, durch Einwirkung von Schwefelwasserstoff *nicht nachzudunkeln*. Allerdings ist der Verbrauch an Lithopone als Weißigkeit (S. 946) durch das Vordringen von Titanweiß TiO_2 (S. 1407) zurückgegangen und beträgt noch ca. 10% des TiO_2-Absatzes. Man verwendet sie heute noch für Speziallacke, Tapetendruckfarben, in der Kunststoff- und Gummiindustrie.

Bariumcarbonat $BaCO_3$. Die technische Gewinnung von $BaCO_3$ erfolgt durch Abbau *natürlicher* Vorkommen (*Witherit*) sowie *künstlich* durch Versetzen einer *Bariumsulfid*-Lösung mit *Kohlendioxid* oder *Soda*, wobei $BaCO_3$ als unlöslicher Niederschlag ausfällt ($Ba^{3+} + CO_3^{2-} \rightarrow BaCO_3$):

$$BaS + CO_2 + H_2O \xrightarrow[-H_2S]{} \mathbf{BaCO_3} \xleftarrow[-NaOH,\ NaHS]{} BaS + Na_2CO_3 + H_2O$$

Eigenschaften. $BaCO_3$ zerfällt bei Normaldruck erst bei 1360 °C in Bariumoxid und Kohlendioxid (Fig. 235): $BaCO_3 \rightleftarrows BaO + CO_2$. Will man daher aus dem Carbonat das Oxid gewinnen, so setzt man zweckmäßig Koks zu, welcher sich mit CO_2 unter Bildung von CO umsetzt ($CO_2 + C \rightleftarrows 2CO$) und so eine Zersetzung bei niedrigerer Temperatur ermöglicht.

Verwendung. $BaCO_3$ (Jahresweltproduktion: Zig-Kilotonnenmaßstab) dient zur Herstellung von *Tonziegeln, keramischen Produkten, Spezialgläsern* (z. B. Bariumferrit, -titanat; s. dort). Man nutzt es auch in der Erdölindustrie, in fotografischen Papieren und zur Gewinnung anderer Bariumverbindungen.

Bariumnitrat $Ba(NO_3)_2$ wird technisch durch Lösen von *Bariumsulfid* oder *Bariumcarbonat* in *Salpetersäure* gewonnen und findet hauptsächlich Verwendung in der *Feuerwerkerei* für „Grünfeuer" und in der *Sprengtechnik*.

3.2.6 Erdalkalimetall-Komplexe[38)]

Die **Komplexbildungstendenz** des zweiwertigen Calciums, Strontiums, Bariums, Radiums ist schwächer ausgeprägt als die des Berylliums oder Magnesiums. Dementsprechend bilden Be^{2+} und Mg^{2+} wesentlich beständigere Komplexe mit dem **einzähnigen Liganden** „*Wasser*" als Ca^{2+}, Sr^{2+}, Ba^{2+}, Ra^{2+}. Als Folge hiervon lassen sich etwa BeX_2 und MgX_2 (X = Cl, Br, I) anders als die analogen Halogenide der schwereren Homologen nicht ohne *Hydrolyse* entwässern. Auch nimmt die maximale Anzahl *n* von H_2O-Molekülen in den bei Raumtemperatur vorliegenden *Hydraten* $MX_2 \cdot n\,H_2O$ der Erdalkalimetall-Salze MX_2 – sieht man von Be-Salzen ab (KZ_{Be} stets vier) – mit wachsender Ordnungszahl der Erdalkalimetalle ab (z. B. (Mg,Ca,Sr) $Cl_2 \cdot 6H_2O$, $BaCl_2 \cdot 2H_2O$ und $MgSO_4 \cdot 7H_2O$, $CaSO_4 \cdot 2H_2O$, $SrSO_4$)

Die **Strukturen der festen Hydrate** von Erdalkalimetall- wie auch von anderen Metallkationen sind dadurch charakterisiert, daß die H_2O-Moleküle über *Sauerstoffkoordinationsbindungen* an *ein* oder *zwei Salz-Kationen* und über *Wasserstoffbrücken* an *Salz-Anionen* geknüpft sein können. Nur einem Metallion zugeordnet sind etwa die H_2O-Moleküle in den Halogeniden $BeX_2 \cdot 4H_2O$ und $MgX_2 \cdot 6H_2O$ (X = Cl, Br, I), welche die Kationen $Be(H_2O)_4^{2+}$ (Fig. 236a) bzw. $Mg(H_2O)_6^{2+}$ (Fig. 236b) enthalten, während in $CaX_2 \cdot 6H_2O$, $SrX_2 \cdot 6H_2O$ sowie $BaI_2 \cdot 6H_2O$ *Ketten* $[M(H_2O)_6^{2+}]_x$ (Fig. 236c) aus dreifach-überkappt-trigonalen prismatischen $M(H_2O)_9$-Einheiten mit gemeinsamen trigonalen Flächen und in $SrCl_2 \cdot 2H_2O$

---

[60] permanere (lat.) = bestehenbleiben; blanc fixe (franz.) = beständiges Weiß.

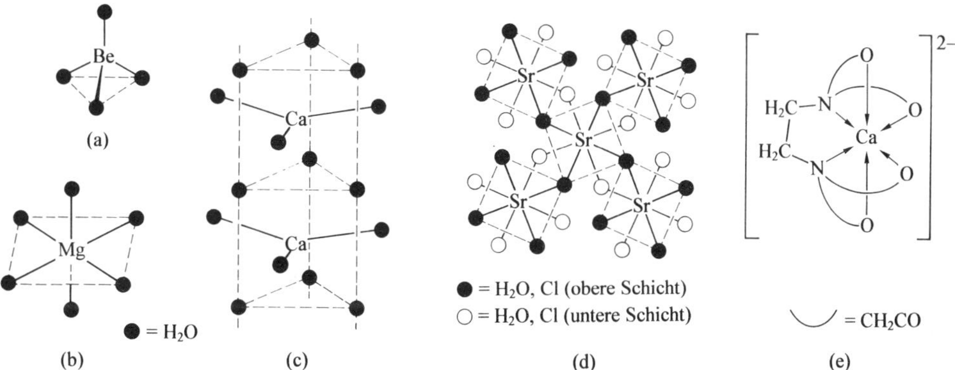

Fig. 236 Strukturen von $[Be(H_2O)_4]^{2+}$ (a), $[Mg(H_2O)_6]^{2+}$ (b), $[Ca(H_2O)_6^{2+}]_x$ (c), $[BaCl_2(H_2O)_2]_x$ (d), $[Ca(EDTA)]^{2-}$ (e).

sowie $BaCl_2 \cdot 2H_2O$ *Schichten* (Fig. 236d) aus kubisch-antiprismatischen $MCl_4(H_2O)_4$-Einheiten mit gemeinsamen Kanten vorliegen; in letzteren Fällen sind die H_2O-Moleküle somit zum Teil bzw. ausschließlich zwei Metallionen zugeordnet.

Wie das Beispiel $SrCl_2 \cdot 2H_2O$ (Fig. 236d) lehrt, werden in Salzhydraten, in denen die *Koordinationszahl* von M^{n+} *größer* als die Anzahl von *Wassermolekülen* ist, die Metall-Kationen sowohl durch H_2O als auch durch die Salzanionen verbrückt (vgl. hierzu auch Gips, $CaSO_4 \cdot 2H_2O$, S. 1140). Ist andererseits die *Koordinationszahl* von M^{n+} *kleiner als die Wassermolekülzahl*, so erlangen nicht nur die Salz-Kationen, sondern auch die Salz-Anionen eine Hydrathülle. Beispielsweise liegen in dem unterhalb + 6.4 °C beständigem Hydrat $MgCl_2 \cdot 12H_2O$ oktaedrische $Mg(H_2O)_6^{2+}$- und verzerrt-oktaedrische $Cl(H_2O)_6^-$-Einheiten vor, die über jeweils vier gemeinsame Ecken zu Schichten verknüpft sind. Jeweils 2 H_2O-Moleküle in diagonalen Positionen der Oktaeder sind nur einmal an Mg bzw. Cl gebunden, während die 4 übrigen H_2O-Moleküle als Brücken fungieren; und zwar hat jede $Mg(H_2O)_6$-Einheit vier Cl- und jede $Cl(H_2O)_6$-Einheit zwei Mg- und zwei Cl-Nachbarn (vgl. hierzu auch $MgSO_4 \cdot 7H_2O$).

Anders als einzähnige können **mehrzähnige Liganden** auch mit den schwereren Erdalkalimetall-Kationen zu sehr stabilen „*Chelat-Komplexen*" (vgl. S. 1209) zusammentreten. Für das Komplexbildungsvermögen spielen hierbei *sterische Faktoren* (z. B. günstige Lage der Donoratome in vielzähnigen Makrocyclen, S. 1221) eine so entscheidende Rolle, daß gegebenenfalls Komplexe mit einem großen Erdalkalimetall-Ion stabiler werden als solche mit einem kleineren. Erwähnenswert sind in diesem Zusammenhang Komplexe mit „*Ethylendiamintetraacetat*" ($EDTA^{4-}$), deren Bildung zu komplexometrischen Titrationsbestimmungen von Calcium, Strontium, Barium, Radium herangezogen werden (vgl. S. 1223) und Komplexe von Calcium mit „*Polyphosphaten*", deren Bildung eine Rolle bei der Wasserenthärtung spielen. Von großer Bedeutung sind schließlich Komplexe des Calciums mit „*Proteinen*" und „*Enzymen*", welche in lebenden Organismen biologische Funktionen z. B. im Zusammenhang mit der Knochen- und Zahnbildung, der Stabilisierung des Herzschlags, der Blutgerinnung, der Enzymaktivierung, des Ca^{2+}-Transports zukommen (vgl. hierzu auch die Probleme mit *radioaktivem Strontium* und die *Giftigkeit von Barium*, S. 1129).

3.2.7 Organische Verbindungen der Erdalkalimetalle[38, 61]

Darstellung. Die organischen Verbindungen des *Calciums, Strontiums, Bariums* und *Radiums* sind weit weniger eingehend untersucht als die der leichteren Homologen *Magnesium* und *Beryllium*. Die Darstellung der **Erdalkalimetalldiorganyle MR_2** sowie der **Organylerdalkalimetallhalogenide RMX** (R z. B. Me, Et, ^{i}Pr, ^{t}Bu, Ph, $CH_2CH{=}CH_2$, CH_2Ph, C_5H_5 = Cp, C_5Me_5 = Cp*; X = Cl, Br, I) kann analog der Gewinnung von MgR_2 und RMgX durch Umsetzen der Erdalkalimetalle mit *Quecksilberdiorganylen* HgR_2 („*Transmetallierung*") bzw. Organylhalogeniden RX („*Direktverfahren*") erfolgen:

---

[61] **Literatur.** N. E. Lindsell: „*Magnesium, Calcium, Strontium, Barium*", Comprehensive Organomet. Chem. **1** (1982) 155–252; Houben-Weyl: „*Calcium, Strontium, Barium*", **13/12** (1973/74). Vgl. auch Anm.[31)]; S. 855.

$$\mathrm{M + HgR_2 \xrightarrow[\text{metallierung}]{\text{Trans-}} MR_2 + Hg; \quad M + RX \xrightarrow[\text{verfahren}]{\text{Direkt-}} RMgX}$$

Eigenschaften. Innerhalb der Klasse organischer Verbindungen von Metallen der II. Haupt- und Nebengruppe (Erdalkali- und Zinkgruppe) wächst die MC-Bindungspolarität in nachstehender Reihenfolge[61a]:

$$\mathrm{HgR_2 < CdR_2 < ZnR_2 < BeR_2 < MgR_2 < CaR_2 < SrR_2 < BaR_2 < RaR_2}$$

Demgemäß erhöht sich die Polymerisationstendenz der Verbindungen in gleicher Richtung: die *Anfangsglieder* der Reihe (HgR_2 bis ZnR_2; S. 1377, 1391) liegen im Kristall in Form *monomerer*, nur durch *van-der-Waals-Bindungen* verknüpfter Einheiten vor, während die *Mittelglieder* (BeR_2; MgR_2; S. 1113, 1123) in fester Phase über *kovalente MCM-Dreizentren-Zweielektronen-Bindungen* zu zweidimensionalen *polymeren Ketten* zusammentreten und die *Endglieder* (CaR_2 bis RaR_2) eine dreidimensionale *Raumstruktur* mit vorherrschend *heterovalentem* Charakter der Metall-Kohlenstoff-*Bindungen* ausbilden. Letztere Metallorganyle (*farblos*) stellen folglich nicht schmelzbare (ab 400 °C thermolysierende), in unpolaren Medien unlösliche Verbindungen dar.

In der oben wiedergegebenen Verbindungsreihenfolge *nimmt* die *Reaktivität* hinsichtlich heterolytischer Reaktionen *zu*, hinsichtlich homolytischer Reaktionen *ab*. Infolgedessen ist das Reihenanfangsglied HgR_2 wasserunempfindlich, luftstabil und ein guter *Lieferant für Organylradikale* (z. B. in *Transmetallierungsreaktionen*, s. o.), während die Metalldiorganyle ab ZnR_2 wegen ihrer wachsenden *Hydrolyse-* und *Luftinstabilität* zunehmend schwerer handhabbar werden. Die Reihenendglieder CaR_2 bis RaR_2 reagieren mit Wasser und Luft bereits *explosionsartig* und stellen ausgesprochene *Lieferanten für Organylanionen* dar, so daß sie selbst organische Ether unter Deprotonierung zersetzen und Polymerisationsreaktionen auslösen können (beschränkte Verwendung in der Industrie als Polymerisationsstarter). Unter den zur Diskussion stehenden Metallorganylen haben deshalb die in der Mitte obiger Reihe stehenden Magnesiumorganyle (in Form von Grignard-Verbindungen RMgX) eine herausragende Bedeutung, weil sie leichte Handhabbarkeit und gute Löslichkeit in organischen Solvenzien mit bereits hoher Verbindungsreaktivität in sich vereinen.

Etwas weniger reaktiv als die Diorganyle MR_2 und in Medien mit Donorcharakter löslich sind die Organylhalogenide RMX der schwereren Erdalkalimetalle. Sie kristallisieren aus der Lösung mit zusätzlichen metallgebundenen Donormolekülen aus, die sich bei erhöhter Temperatur vielfach ohne Zersetzung von RMX abspalten lassen.

Die „*Erdalkalimetalldicyclopentadienide*" MCp_2 (M = Ca, Sr, Ba; *farblose*, oberhalb 250 °C sublimierende thermostabile Feststoffe; gewinnbar auch aus M und CpH bei hohen Temperaturen) sind in fester Phase polymer, wobei die Bindungen zwischen M und Cp ionischen Charakter besitzen. In $CaCp_2$ ist jedes Ca^{2+}-Ion von vier planaren Cp^--Resten umgeben, von denen zwei pentahapto- (η^5), und je eines trihapto- (η^3-) und monohapto- (η^1-) gebunden vorliegt. In Kristallen der „*Erdalkalimetallbis(pentamethylcyclopentadienide)*" MCp^*_2 liegen die pentahapto-(η^5) gebundenen Cp*-Reste nicht wie in $MgCp^*_2$ parallel oberhalb und unterhalb des Metalls (Winkel zwischen den Ringebenen = 0°), sondern wie in $SnCp_2$ unter einem spitzen Winkel zueinander angeordnet vor (vgl. S. 968; Winkel zwischen den Ringebenen im Falle der Ca-/Sr-/Ba-Verbindung 26/31/32°).

3.3 Mörtel[38,62]

Mörtel sind **Bindemittel** („*Bindebaustoffe*", „*Mauerspeis*"), welche – mit *Wasser* angerührt – nach gewisser Zeit steinartig *erhärten* und zur *Verkittung* der Steine eines Bauwerkes oder zum *Verputz* von Mauerteilen dienen. Je nach der Widerstandsfähigkeit der erhärteten Mörtel gegen den Angriff von Wasser unterscheidet man „*Luftmörtel*" („*Luftbindemittel*", z. B. Kalk und Gips), welche vom Wasser angegriffen werden und somit nur an Luft härten, sowie „*Wassermörtel*" („*hydraulische Bindemittel*", z. B. Zement und hydraulischer Kalk), welche dem Angriff von Wasser widerstehen und deshalb auch im Wasser härten. Die zum Aufbau der Mauerwerke genutzten und durch Bindemittel verkitteten **Steine** sind teils *natürlichen*

[61a] Dieser Sachverhalt folgt auch aus den Differenzen der *Pauling-Elektronegativitäten* zwischen Kohlenstoff (2.55) und den Metallen der II. Gruppe (Hg: 2.00; Cd: 1.69; Zn: 1.65; Be: 1.57; Mg: 1.31; Ca: 1.00; Sr: 0.95; Ba: 0.89; Ra: 0.9).

[62] **Literatur.** R.S. Boynton: „*Chemistry and Technology of Lime and Limestone*", Wiley, New York 1980; ULLMANN (5. AUFL.): „*Lime and Limestone*", **A15** (1990) 317–345; „*Cement and Concrete Cements, Chemically Resistant*", **A5** (1986) 489–544; F. Wirsching: „*Gips – Naturrohstoff und Reststoff technischer Prozesse*", Chemie in unserer Zeit **19** (1985) 137–144; F. Keil: „*Zement*", Springer-Verlag, New York 1971; L. Müller: „*Portlandzement*", Chemie in unserer Zeit **7** (1973) 19–24.

Ursprungs (z. B. Kalk-, Dolomit-, Sand-, Granitsteine) und werden teils künstlich hergestellt (z. B. Ziegel, Kalksandsteine, Gasbetonsteine, Blähtonblöcke), *Bindemittel* und *Steine* zählen zu den **Baustoffen**, wie darüber hinaus auch „*Glas*-", „*Dämm*-" sowie „*Isolierstoffe*".

3.3.1 Luftmörtel

Der bekannteste *Luftmörtel* ist der **„Kalkmörtel"**[63]. Er besteht aus einem steifen, wässerigen Brei von *gelöschtem Kalk* („*Mörtelbildner*"; zur Herstellung vgl. S. 1134) und *Sand* („*Magerungsmittel*") Die Erhärtung dieses Breis beruht darauf, daß zunächst das überschüssige Wasser austritt („*Abbinden*"), worauf dann allmählich das Calciumhydroxid unter der Einwirkung des Kohlendioxids der Luft in Calciumcarbonat übergeht („*Erhärten*"), das als kristalline Masse Sand und Bausteine verkittet:

$$Ca(OH)_2 + CO_2 \rightarrow CaCO_3 + H_2O. \tag{1}$$

Da bei diesem Erhärtungsvorgang Wasser frei wird, werden neue Wohnungen feucht, wenn sie zu früh bezogen werden; denn das ausgeatmete Kohlendioxid wirkt nach (1) ein. Zur Vermeidung des Feuchtwerdens stellt man offene Koksfeuer auf, die einerseits das zur Erhärtung erforderliche Kohlendioxid liefern, andererseits das entstehende Wasser zur Verdunstung bringen. Der *natürliche Vorgang der Erhärtung*, der von außen nach innen fortschreitet, dauert bei dickem Mauerwerk jahrzehnte- bis jahrhundertelang; hieraus erklärt sich die außerordentliche Festigkeit alter Bauten.

Verwendung. Die Verwendung von Kalkmörtel zur *Verkittung* von Bausteinen wurde bereits erwähnt. Aus Kalkmörtel lassen sich darüber hinaus „*Bausteine*" herstellen. Zur Erzeugung von **Kalksandsteinen** werden Mischungen von gebranntem *Kalk* und *Sand* abgelöscht (Mengenverhältnis $CaO/Sand/H_2O$ ca. 1 : 13 : 0.7), auf Pressen in Ziegelform gebracht und dann in einem Autoklaven 8–10 Stunden bei 180 °C und 7–9 bar *gehärtet*. Hierbei bildet sich Calciumhydrogensilicat, welches die Sandkörner verkittet. Zur Gewinnung von **Gasbetonsteinen** (z. B. „*Ytong*") verfährt man entsprechend, setzt jedoch Aluminium zu, das aus Wasser H_2 freimacht ($2Al + 3H_2O \rightarrow Al_2O_3 + 3H_2$), wodurch Kalk/Sand-Schäume und nach deren Brennen „*Leichtbausteine*" entstehen.

Ein anderer wichtiger Luftmörtel ist der **„Gipsmörtel"**[63], z. B. in Form von „*Formengips*", „*Stuckgips*", „*Putzgips*", *Nieder*- sowie *Hochbrandgips*", und „*Estrichgips*". Da er beim Erhärten im Unterschied zum Kalkmörtel nicht „*schwindet*", sondern sogar um etwa 1 % „*wächst*", wird er meist in reinem Zustand, d. h. ohne Sand verwendet. Diese Volumenvermehrung macht etwa Formengips zur Herstellung von *Gipsabgüssen* und *Gipsverbänden* geeignet, da so die feinsten Vertiefungen der Vorlagen ausgefüllt werden und die Verbände stets stramm anliegen. Der in Wasser frei suspendierte („*angemaischte*"), aus Halbhydrat $CaSO_4 \cdot \frac{1}{2}H_2O$ oder Anhydrit $CaSO_4$ bestehende Gipsmörtel erhärtet zudem wesentlich rascher (in Minuten bis Tagen) als der Kalkmörtel. Der *natürliche Vorgang der Erhärtung* besteht im einzelnen darin, daß das Calciumsulfat der äußersten Schichten der Halbhydrat- oder Anhydritkörner in Lösung geht, worauf sich Gipskriställchen aus der an $CaSO_4$ übersättigten Lösung an den Körnern abscheiden („*Induktionsperiode*"). Die Keime wachsen durch weitere Umwandlung der Körner in Gips zu langen, sehr feinen Nadeln, die sich zu einem Gefüge verfilzen, das nach Trocknung hart und fest ist[63].

---

[63] **Geschichtliches.** Die Verwendung von Kalk als *Baustein* und – nach dessen Brennen und Löschen – als *Kalkmörtel* war schon den ältesten Kulturvölkern bekannt. Sie ermöglichte dem Menschen die Herstellung dauernder fester Wohnsitze, einer Grundlage aller Kultur. Das Brennen von Gips zu *Gipsmörtel* und dessen Verwendung bei der Errichtung von Mauerwerken und zur Anfertigung von Abgüssen sind seit der Antike bekannt. Auch dienten Alabasterscheiben in der Antike als Fensterscheiben. Die Bedeutung des Brennens von Kalksteinen zusammen mit Tonen zur Gewinnung eines *hydraulischen Mörtels* (Zement) wurde erstmals im Jahre 1756 vom englischen Ingenieur John Smeaton (1724–1792) bei Experimenten im Zusammenhang mit dem Bau des Eddystone-Leuchtturms erkannt. Die Technologie der Portlandzementherstellung wurde mit dem Brennen des Kalk/Ton-Gemischs bei zunehmend höheren Temperaturen (zunächst im Jahre 1800 bei Sintertemperatur, dann im Jahre 1854 bei 1450–1600 °C) und durch die Einführung des Drehrohrofens (im Jahre 1899) verbessert.

Verwendung. Die Versteifungseigenschaften von Gipsmörtel hängen wesentlich von dessen Herstellungsart ab (vgl. S. 1140). Auch werden sie durch zugesetzte *Härtungsbeschleuniger* („*Anreger*") und *Härtungsverzögerer* geprägt. Erstere (z. B. Alkalisulfate, Schwermetallsulfate, Kalkhydrat) setzt man etwa natürlichem oder künstlichem Anhydrit-II zu, der nur langsam abbindet, letztere (z. B. Hochbrandgips) dem rasch abbindenden Anhydrit-III. Im einzelnen verwendet man folgende Gipssorten: **„Formengips"** (α-Halbhydrat; gewinnbar aus Gips bei 80–180 °C in nasser Atmosphäre; bindet rasch zu einem festen Produkt ab) für *Abgüsse* in der Medizin, der Dentaltechnik, der Ziegel- und Keramikindustrie, der Metallgießerei; **„Stuckgips"** (β-Halbhydrat; aus Gips bei 120–180 °C in trockener Atmosphäre; bindet mittelrasch zu einem mittelfesten Produkt ab) für die Herstellung von *Gipsbauteilen* (s. u.); **„Niederbrandgips"** (Anhydrit-III; gewinnbar aus Gips bei 300 °C; bindet sehr rasch zu einem wenig festen Produkt ab) als *Trockenmittel* für Drucke und Ölfarben (Sikkativ[64]); **„Hochbrandgips"** (Anhydrit-II; gewinnbar aus Gips bei 300–800 °C; bindet in Anwesenheit von Anregern langsam zu einem sehr festen Produkt ab) als *Füllstoff* und zur Herstellung von Kunstmarmor; **„Putzgips"** (Mischung aus Stuck- und Hochbrandgips) zum *Verputz* von Mauerwerken und als *Spachtel* für Löcher und Fugen; **„Estrichgips"** (gewinnbar aus Gips bei 800–1000 °C; CaO-haltig; bindet langsam zu einem sehr festen, wasserbeständigen Produkt ab) für Bodenbeläge.

Die aus Stuckgips erhältlichen **Gipsplatten** („*Karton*"-, „*Wandbau*-" oder „*Deckenplatten*") zeichnen sich durch geringe Wärmeleitfähigkeit, schnelle Aufnahme und Abgabefähigkeit für Wasserdampf, gute Raumbeständigkeit, leichte Raumanpassungsfähigkeit sowie feuerhemmende Wirkung aus und eignen sich deshalb hervorragend für den nichttragenden Innenausbau trockener Räume (Erstellung von Trenn- und Montagewänden; wärmedämmende Wand- und Deckenbekleidungen). Bei Verstärkung mit Zellstofffasern („*Faserplatten*") oder Rohr- bzw. Drahtgeflecht („*Rabitzwände*")[65] erlangen sie zudem hohe Festigkeit.

3.3.2 Wassermörtel

Der gewöhnliche Kalkmörtel erhärtet als Luftmörtel nur an der Luft, nicht aber unter Wasser. Will man zu einem *wasserbeständigen* („*hydraulischen*") *Kalkmörtel* kommen, so muß man den *Kalkstein* nicht für sich allein, sondern *vermischt mit Ton* (= eisenhaltige Aluminiumsilicate) brennen. Das so erhaltene Produkt heißt **„Zement"**[66] und besteht zum überwiegenden Teil aus wechselnden Mengen basischer Verbindungen des Calciumoxids CaO mit Siliciumdioxid SiO_2, Aluminiumtrioxid Al_2O_3 sowie Eisentrioxid Fe_2O_3 in Form von „*Tricalciumsilicat*" Ca_3SiO_5 („*Alit*"; aufgebaut aus Ca^{2+}-, SiO_4^{4-}- und O^{2-}-Ionen; stabil im Bereich 1250–2070 °C; metastabil bei Normalbedingungen), „*Dicalciumsilicat* („*Belit*"; aufgebaut aus Ca^{2+}- und SiO_4^{4-}-Ionen), „*Tricalciumaluminat*" $Ca_3Al_2O_6$ („*Aluminatphase*"; aufgebaut aus Ca^{2+}- und $Al_6O_{18}^{18-}$-Ionen; vgl. S. 1084) und „*Dicalciumaluminatferrit*" Ca_2AlFeO_5 („*Ferritphase*").

Normaler Kalk-Ton-Zement. Der wichtigste Kalk-Ton-Zement ist der **„Portlandzement"**[63]. Er besteht aus 58–66 % CaO, 18–26 % SiO_2, 4–12 % Al_2O_3, 2–5 % Fe_2O_3 und enthält hauptsächlich Ca_3SiO_5 und Ca_2SiO_4 (Molverhältnis ca. 2 : 1), darüber hinaus ca. 10 Gew.-% $Ca_3Al_2O_6$ und 1 Gew.-% Ca_2AlFeO_5. Beimengungen von Na_2O, K_2O, MgO und P_2O_5 wirken sich nachteilig auf das Abbinden des Portlandzements aus; ihre Anteile sollten daher klein bleiben. Eisenarmer Portlandzement wird auch als „*Weißzement*" bezeichnet. Zur Herstellung von Portlandzement brennt man die naß oder trocken möglichst fein vermahlenen Rohstoffe (Kalksteinmergel bzw. Gemenge von Kalkstein oder Kreide mit Ton) in Drehrohröfen bei 1450 °C[67]. Der nach Abkühlung erhaltene gesinterte „*Zementklinker*" wird – nach Versetzen mit 2–5 % Gips oder Anhydrit – zu einem feinen Pulver vermahlen, das (in Säcke

---

64 siccus (lat.) = trocken.

65 Benannt nach dem Berliner Maurer Karl Rabitz, der diese Wand 1878 erfand.

66 Von caementum (lat.) = Mörtel, Bruchstein.

67 **Umweltprobleme.** Die Gewinnung von Portlandzement ist mit *Staubemissionen* verbunden, deren Ausmaß durch Einsatz geeigneter Filter klein gehalten wird (erlaubter Staubgrenzwert in Deutschland: 50 mg/Kubikmeter Abluft). Der *Schwefeldioxidausstoß* ist verschwindend klein, da SO_2 (aus Brennstoffen) beim Brennprozeß als Sulfat in den Zementklinker eingebaut wird. Eine Verminderung des *Stickoxidausstoßes* wird angestrebt. *Schwermetalle* werden bis auf Quecksilber und Thallium (spurenweise in den Staubemissionen) ähnlich wie SO_2 in den Zementklinker eingebaut.

verpackt) in den Handel kommt. Zur Bereitung von „*Portlandzement*" („*Zementleim*", „*Zementpaste*") vermischt man das Zementpulver mit *Sand* und *Wasser* („*Anmachen*"). Seine Verfestigung erfolgt zunächst unter *Wärmeabgabe* sehr rasch (in 1–3 Stunden) durch Wasser- und Sulfataufnahme seitens des Tricalciumaluminats (Abbinden) und schreitet dann unter weiterer Wärmeabgabe langsam fort (Erhärten). Hierbei werden die Calciumsilicate unter Abscheidung von Kalkhydrat $Ca(OH)_2$ mehr oder minder weitgehend hydrolytisch zu Calciumsilicaten der ungefähren Zusammensetzung $3CaO \cdot 2SiO_2 \cdot nH_2O$ („Tobermoritphasen") zersetzt, deren Kristalle unter Bildung eines harten Stoffs fest miteinander verwachsen (Ca_3SiO_5 reagiert in Tagen, Ca_2SiO_4 in Monaten ab). Später geht das Kalkhydrat – soweit es sich nicht bereits mit überschüssigem Calciumaluminat oder -aluminatferrit verbunden hat (Bildung von $Ca_4Al_2O_7 \cdot nH_2O$, $Ca_4Fe_2O_7 \cdot nH_2O$) – zusätzlich unter Aufnahme von CO_2 aus der Luft in $CaCO_3$ über.

Unter den Zementphasen bindet „*Tricalciumaluminat*" $\mathbf{Ca_3Al_2O_6}$ besonders *rasch* (in Minuten) bei geringfügigem *Schwinden* unter hoher *Wärmeentwicklung* zu Aluminat-Hydrat wie $Ca_3Al_2O_6 \cdot 6H_2O$ oder $Ca_3Al_2O_5 \cdot nH_2O$ ab, was unerwünscht ist. Das zugesetzte „*Calciumsulfat*" $\mathbf{CaSO_4}$ verhindert in willkommener Weise die Aluminathydrolyse durch noch raschere Reaktion mit dem Aluminat unter Bildung einer schützenden Schicht äußerst feiner „*Ettringit*"-Kriställchen $Ca_3Al_2O_6 \cdot 3CaSO_4 \cdot 32H_2O$ auf der Oberfläche der Aluminatpartikel. Die kleinen Ettringitkristalle wandeln sich langsam in größere um und füllen nach 1–3 Stunden die Räume zwischen den Zementteilchen voll aus, was eine Verfestigung der Ansatzmasse zur Folge hat. Der gebildete Ettringit („*Trisulfat*") reagiert dann während der Zementhärtung mit noch vorhandenem Tricalciumaluminat weiter zum „*Monosulfat*" $Ca_3Al_2O_6 \cdot CaSO_4 \cdot 12H_2O$. „*Tricalciumsilicat*" $\mathbf{Ca_3SiO_5}$ und „*Dicalciumsilicat*" $\mathbf{Ca_2SiO_4}$ binden in erwünschter Weise zu Produkten hoher Festigkeit ab (s.u.). Da ersteres Silicat viel rascher als letzteres hydrolysiert (s.o.) sorgt man durch Anwesenheit hoher Kalkanteile vor dem Zementbrennen dafür, daß möglichst viel Ca_3SiO_5 entsteht. Allerdings führt „*Calciumoxid*" **CaO**, das nach der Zementherstellung in größerer Menge ungebunden vorliegt, zum zementzerstörenden „*Kalktreiben*", das darauf beruht, daß CaO während des Zementabbindens langsam unter Volumenvergrößerung in Kalkhydrat $Ca(OH)_2$ übergeht. Bei der Zementherstellung ist deshalb eine genaue „*Einstellung des Kalkgehaltes*" von Bedeutung. „*Calciumaluminatferrit*" $\mathbf{Ca_2AlFeO_5}$ erhärtet anders als Tricalciumaluminat $Ca_3Al_2O_6$ nur langsam. Seine Hydrolyseprodukte sind zum Unterschied von denen des Aluminats gegen Sulfat (z.B. aus der Luft bei hohen SO_2-Gehalten) widerstandsfähig.

Verwendung. Portlandzement (Weltjahresproduktion einschließlich verwandter Zemente: 1000 Megatonnenmaßstab; große Öfen produzieren über 6000 Tonnen Zement pro Tag) dient im Gemisch mit *Sand* als „*hydraulischer Mörtel*" („*Wassermörtel*") zur Errichtung von *Wasserbauten* (Zumischen von 1–2 Teilen Sand) sowie *Luftbauten* (Zumischen von 3–5 Teilen Sand) und als Bindemittel zwischen Ziegeln und anderen Bausteinen für *Mauerwerke*. Durch Zumischen von *Kies*, *Schotter* oder *Blähprodukten* zum Portlandzementmörtel erhält man **Beton**. Ein besonders stabiler Baustoff ist hierbei der durch Einbetten von *Eisengittern* oder *Drahtgeflechten* in Beton gewinnbare „*Stahlbeton*", da Beton am Eisen fest haftet und es infolge seines hohen pH-Wertes vor dem Verrosten bewahrt. Auch der durch Erhärtung eines Gemischs aus Zement und Asbest erhältliche **Asbestzement** („*Eternit*", „*Fulgurit*") ist widerstandsfähig und dient zur Herstellung von Rohren, Schalen, Dachplatten usw.

Andere Kalk-Ton-Zemente. Durch gemeinsames Feinmahlen von Portlandzement und schnell gekühlter *Hochofenschlacke* (Calciumaluminiumeisensilicat mit deutlichen Eisengehalten), die in Anwesenheit von Kalk hydraulische Eigenschaften erlangt und deshalb als „*latenthydraulisches*" Produkt bezeichnet wird, erhält man „*Hüttenzemente*", und zwar bei einem Anteil von höchstens 30 Gew.-% den „*Eisenportlandzement*" und einem Anteil von 30–85 Gew.-% den „*Hochofenzement*" (der Portlandzement wirkt als „Anreger" für die Hochofenschlacke). Insbesondere Hochofenzement gibt beim Abbinden vergleichsweise wenig Hydratationswärme ab, was für den Bau sehr großer Betonbauwerke (z.B. Talsperren) von Vorteil sein kann. Auch weisen Hüttenzemente eine etwas verbesserte chemische Stabilität auf (z.B. gegen SO_4^{2-}; s.o.). Mischungen von Portlandzement mit stark kieselsäurehaltigen Stoffen („*Puzzolanen*"[68]) bezeichnet man als **„Puzzolanzemente"** (z.B. „*Traßzement* mit 20–40 Gew.-% Traß[69]; „*Vulkanzement*" mit 17–33% Lavamehl; „*Flugaschezement*" mit 15–30% Flugasche aus Kohlekraftwerken). Sie binden zu äußerst harten und chemisch resistenten Produkten ab, erhärten aber sehr langsam. Beim Brennen von tonhaltigen Kalksteinen entstehen nach „*Carbonat-Härtung*" des gewonnenen Brandkalks

[68] Abgeleitet von dem Fundort Pozzuoli bei Neapel.

[69] Unter „*Traß*" versteht man in der Bauindustrie einen gemahlenen, sauren „*Kieseltuff*" vulkanischen Ursprungs (Fundorte z.B. Seitentäler des Mittelrheins, Nördlingen in Bayern, Italien, Griechenland).

„hydraulische Kalke“ (früher: „*Zementkalk*“, „*Romankalk*“; bei geringen/mittleren/höheren Tonanteilen: „*Wasserkalk*“, „*hydraulischer Kalk*“, „*hochhydraulischer Kalk*“), die ähnlich wie Portlandzement aufgebaut sind, aber wenig oder kein Tricalciumsilicat Ca_3SiO_5 enthalten. Man nutzt sie ebenfalls in der Baustoffindustrie.

Kalk-Tonerde-Zement. Wesentlich reicher an Aluminiumoxid und dafür ärmer an Siliciumdioxid als der Portlandzement ist der **„Tonerdezement“** ($> 38\%$ Al_2O_3, $< 6\%SiO_2$; Bestandteile hauptsächlich $CaAl_2O_4$, $Ca_2Al_2SiO_7$, $Ca_6Al_8FeSiO_{21}$). Man gewinnt ihn durch Schmelzen oder Sintern einer Mischung von *Bauxit* und *Kalkstein* in Drehrohr- oder elektrischen Öfen bei 1500 °C. Er bindet sehr rasch unter Bildung eines sehr festen Produkts ab, das gegen Säuren und Meerwasser hervorragend widerstandsfähig, aber gegen Alkalien weniger stabil als Portlandzement ist. Da seine Anfangsgfestigkeit mit der Zeit verloren geht, darf er in Deutschland nicht für tragende Konstruktionen verwendet werden.

Eine Reihe von Bindemitteln, die wie „*Sorelzement*“ (S. 1121), „*Phosphatzement*“ (Zahnzement), „*Marmorzement*“ als Zement bezeichnet werden, gehören streng genommen nicht zu dieser Stoffklasse, da sie entweder nicht hydraulisch erhärten oder nicht die für Zement geforderten Mindestfestigkeiten erreichen.

Kapitel XVIII

Die Gruppe der Alkalimetalle

Die Gruppe der **Alkalimetalle**[1] (11. Gruppe bzw. I. Hauptgruppe des Periodensystems) besteht aus den Elementen *Lithium* (Li), *Natrium* (Na), *Kalium* (K), *Rubidium* (Rb), *Cäsium* (Cs) und *Francium* (Fr). Am Aufbau der Erdrinde einschließlich der Luft- und Wasserhülle sind die Alkalimetalle mit 2×10^{-3} (Li), 2.7 (Na), 2.4 (K), 9×10^{-3} (Rb), 3×10^{-4} (Cs) und 1.3×10^{-21} (Fr) Gew.-% beteiligt, entsprechend einem Gewichtsverhältnis Li : Na : K : Rb : Cs : Fr von rund $7 : 9000 : 8000 : 30 : 1 : 10^{-17}$. Bezüglich des geringen Vorkommens von Lithium vgl. S. 1766.

1 Das Lithium[2]

1.1 Elementares Lithium[2]

Vorkommen. Das Lithium ist in gebundenem Zustande als Begleiter des Natriums und Kaliums in zahlreichen silicatischen Gesteinen (S. 930f) weit verbreitet, kommt aber stets nur in geringen Konzentrationen vor. Unter den *Lithiummineralien* seien erwähnt: die Phosphate „*Amblygonit*" $(Li, Na)Al(F, OH)[PO_4]$ und „*Triphylin*" $Li(Fe^{II}, Mn^{II})[PO_4]$, die Silicate „*Spodumen*" („*Triphan*") $LiAl[SiO_3]_2$ (S. 931), „*Lepidolith*"[3] („*Lithionglimmer*") $(K, Li)\{Al_2(OH, F)_2[AlSi_3O_{10}]\}$ (S. 937, 1061) und „*Petalit*" („*Kastor*")[4] $LiAl[Si_2O_5]_2$ (S. 935) sowie das Fluorid „*Kryolithionit*" $Li_3Na_3[AlF_6]_2$ (S. 1061). Lithium findet sich darüber hinaus als Li^+ in *Salzseen*.

Isotope (vgl. Ang. III). *Natürliches* Lithium besteht aus den Isotopen ^6_3Li (7.5%) und ^7_3Li (92.5%). Beide Nuklide werden in der *NMR-Spektroskopie* genutzt.

Geschichtliches. Das Lithium wurde 1817 von J. A. Arfvedson, einem Schüler von J. J. Berzelius, erstmals im Petalit, kurz darauf auch im Spodumen und Lepidolith *entdeckt*. Die Darstellung des *freien* Metalls gelang in geringen Mengen erstmals 1818 H. Davy durch Elektrolyse von geschmolzenem Li_2CO_3, in größerem Ausmaße erst 37 Jahre später (1855) R.W. Bunsen und A. Matthiessen durch Elektrolyse einer LiCl-Schmelze. – Von seiner Entdeckung in *Gesteinen* hat das Metall seinen *Namen* erhalten: lithos (griech.) = Stein (die Homologen Na und K wurden zuerst in *pflanzlichem* Material erkannt[1]).

---

1 Das Wort *Alkali* leitet sich ab vom arabischen Wort *al kalja* für die aus der Asche von *See-* und *Strandpflanzen* ausgelaugte *Soda* (Na_2CO_3). Der gleiche Name wurde auch für die in der Asche von *Landpflanzen* vorkommende *Pottasche* (K_2CO_3) gebraucht, da man beide Substanzen damals für identisch hielt. M.H. Klaproth unterschied sie 1796 als *Natron* und *Kali*, wonach dann die Elemente *Natrium* und *Kalium* benannt wurden.

2 **Literatur.** W.A. Hart, O.F. Beumel, jr.: „*Lithium and its Compounds*", Comprehensive Inorg. Chem. **1** (1973) 331–367; D.E. Fenton: „*Alkali Metals and Group IIA Metals*", Comprehensive Coord. Chem. **3** (1987) 1–80; ULLMANN (5. Aufl): „*Lithium and Lithium Compounds*", **A15** (1990) 393–414; R. Bauer: „*Lithium wie es nicht im Lehrbuch steht*", Chemie in unserer Zeit **19** (1985) 167–173; U. Olsher, R.M. Izatt, J.S. Bradshaw, N.K. Dalley: „*Coordination Chemistry of Lithium Ion: „A Crystal and Molecular Structure Review*", Chem. Rev. **91** (1991) 137–164; G. Eichinger, G. Semrau: „*Lithiumbatterien I – Chemische Grundlagen*", „*Lithiumbatterien II – Entladereaktionen und komplette Zellen*", Chemie in unserer Zeit **24** (1990) 32–36, 90–96; M.J. Lehn: „*Supramolekulare Chemie – Moleküle, Übermoleküle und molekulare Funktionseinheiten*", Angew. Chem. **100** (1988) 91–116; Int. Ed. **27** (1988) 89; F. Vögtle; E. Weber u.a. (Hrsg.): „*Host Guest Complex Chemistry I, II, III*", Topics Curr. Chem. **98** (1981), **101** (1982), **121** (1984); GMELIN: „*Lithium*", Syst. Nr. **20**, bisher 2 Bände. Vgl. Anm.[7].

3 Von lepidus (lat.) = niedlich: lithos (griech.) = Stein.

4 Das Gegenstück *Pollux* ist ein *Cäsium*aluminiumsilicat $CsAl[SiO_3]_2 \cdot \frac{1}{2}H_2O$ (S. 1159).

Darstellung. Das metallische Lithium kann wegen seines stark negativen Potentials ($\varepsilon_0 = -3.045$ V) nur *schmelzelektrolytisch*, normalerweise aus *Lithiumchlorid*, erhalten werden (Anode: Graphit; Kathode: Stahl; Zellspannung: 6.0–6.5 V). Gewöhnlich wird der Schmelzpunkt des LiCl-Elektrolyten (610 °C) durch Zusatz von *Kaliumchlorid* herabgesetzt. Das geschmolzene Lithium sammelt sich an der Elektrolytoberfläche an. Auch eine Elektrolyse von LiCl in Pyridin oder Aceton ist möglich.

Physikalische Eigenschaften. Das *silberweiße*, weiche, an feuchter Luft unter Bildung von Oxid und Nitrid schnell anlaufende *Metall* ist mit einer Dichte von 0.534 g/cm^3 nach dem festen Wasserstoff (Dichte 0.0763 g/cm^3 bei -260 °C) das *leichteste* aller festen Elemente. Der Schmelzpunkt liegt bei 180.54 °C, der Siedepunkt relativ hoch bei 1347 °C, so daß das Lithium den größten Flüssigkeitsbereich unter allen Alkalimetallen besitzt. Der Dampf besteht aus Li-Atomen mit etwa 1 % Li_2-Molekülen: 110.6 kJ + $Li_2(g) \rightleftarrows 2\,Li(g)$.

Physiologisches. Lithium ist für den Menschen, der rund 0.03 mg/kg enthält, *nicht essentiell*, aber *toxisch* und führt in hohen Dosen zu Übelkeit, Sehstörungen, Nierenschäden, Koma, Herzstillstand. Einige Lithiumsalze wirken *antidepressiv*.

Chemische Eigenschaften. Lithium stellt ein chemisch äußerst *reaktionsfähiges* Element dar und verbindet sich – abgesehen von den Edelgasen – mit allen Hauptgruppenelementen sowie auch einer Reihe von Nebengruppenelementen meist unter starker Wärmeentwicklung. So *verbrennt* es in *Sauerstoff* bei 100 °C mit intensiv rotem Licht zu Lithiumoxid Li_2O ($\Delta H_f = -599.1$ kJ/mol) und setzt sich mit *Wasserstoff* in der Wärme zu Lithiumhydrid LiH um ($\Delta H_f = -91.23$ kJ/mol). Mit molekularem *Stickstoff* vereinigt es sich zum Unterschied von den anderen Alkalimetallen langsam schon bei 25 °C, besonders lebhaft bei dunkler Rotglut unter Bildung von Lithiumnitrid Li_3N. Mit *Kohlenstoff* bildet es Lithiumcarbid (Lithiumacetylenid) Li_2C_2, mit *Schwefel* Lithiumsulfid Li_2S, mit *Phosphor* Lithiumphosphid Li_3P. Wie Natrium und Kalium reagiert auch Lithium, allerdings weniger lebhaft, mit *Wasser* (Entwicklung von 1.6 m^3 H_2 je kg Li), wobei die freigesetzte Wärme nicht zum Schmelzen des Metalls ausreicht. Bezüglich der Reaktion mit *Ammoniak* vgl. S. 651.

Verwendung des Lithiums. Lithium (Weltjahresproduktion: 10 Kilotonnenmaßstab) verleiht als *Legierungsbestandteil* in sehr kleinen Mengen (einige hundertstel %) dem Grundmetall *große Härte* und *Beständigkeit* (Verwendung, z. B. im „*Bahnmetall*“ oder „*Skleronmetall*“). In der *Metallurgie* wird es zur *Raffination* von Metallschmelzen (Entschwefelung, Desoxidation, Entkohlung) benutzt. Vielseitige Anwendung findet das Lithium im Laboratorium und in der Industrie zur Gewinnung von *lithiumorganischen Verbindungen* (z. B. LiMe, LiPh, Li^{t}Bu) für organische Synthesen. Auch zur Herstellung *anorganischer Verbindungen* (z. B. LiH, $LiNH_2$) dient es. Wegen seines hohen Reaktionsvermögens kann Lithium in *Batterien* als Anode eingesetzt werden. Von den beiden natürlichen Lithiumisotopen ^6_3Li (7.25 %) und ^7_3Li (92.5 %) hat ^6_3Li große Bedeutung für die *Darstellung von Tritium* ^3_1H gewonnen, insbesondere in Hinblick auf den Fusionsreaktor (S. 1772)[5)].

Lithium in Verbindungen. Lithium betätigt, da es nur 1 Außenelektron besitzt, in seinen Verbindungen mit *elektronegativeren* (also praktisch allen) *Bindungspartnern* die Oxidationsstufe +1 (z. B. LiH, LiF, Li_2O, Li_3N, Li_4C).

Die wichtigsten Koordinationszahlen des Lithiums sind *vier* (tetraedrisches Li in **Li**$(H_2O)_4^+$, **Li**$(NH_3)_4^+$, **Li**Ph_4^{3-}) und *sechs* (oktaedrisches Li in **Li**H, **Li**Cl, **Li**$_2$O, **Li**$ClO_4 \cdot 3H_2O$ mit $Li(H_2O)_6^+$-Einheiten). Man kennt aber auch Verbindungen des Lithiums mit den Koordinationszahlen *eins* (in gasförmigem **Li**$_2$, **Li**Cl), *zwei* (gewinkelte LiF_2-Einheit in gasförmigem (**Li**F)$_2$, lineare LiC_2-Einheit in $[Li(THF)_4]^+$[**Li**(Trisyl)$_2$]$^-$ mit Trisyl = $C(SiMe_3)_3$), *drei* (trigonal-pyramidale LiF_3-Einheit in gasförmigem (**Li**F)$_3$, trigonal-planare LiO_3-Einheit in [**Li**OR(OEt_2)]$_2$ mit R = 2,6,4-$C_6H^t_2Bu_2Me$), *fünf* (quadratisch-pyramidale LiO_4N-Einheit in **Li**NCS(12-Krone-4), trigonal-bipyramidale LiO_5-Einheit in **Li**$C_2O_4H(H_2O)$), *sieben* (LiN_2C_5-Einheit in LiC_5H_5(tmeda) mit tmeda = $Me_2NCH_2CH_2NMe_2$), *acht* (verzerrt-antikubische Einheit LiO_8 in Li(12-Krone-4)$_2^+$). Bezüglich der Lithiumkomplexe vgl. S. 1183.

[5] Da ^6_3Li für kerntechnische Zwecke vielfach aus natürlichem Lithium abgetrennt wird, enthalten käufliche Lithiumsalze zum Teil 40 % weniger ^6_3Li, als es dem normalen Isotopenverhältnis entspricht.

Bindungen, Ionen. In der Alkalimetallgruppe ist das „*Kation*" Li^+ das am stärksten polarisierende Ion. Demgemäß sind nur die *Bindungen* mit *deutlich elektronegativeren* Partnern X wie H, F bis I, O bis Se, N, C *heterovalent* (%ualer Ionencharakter der Bindungen > 50%; Näheres vgl. S. 144). Die Bildung von „*Anionen*" Li^- in kondensierter Phase wurde bisher nicht beobachtet (vgl. S. 1166).

Schrägbeziehung Lithium/Magnesium. Das Ladung : Radius-Verhältnis von Li^+ (1 : 0.60 = 1.7) ist sowohl mit dem von Mg^{2+} (2 : 0.65 = 3.1) wie mit dem von Na^+ (1 : 0.95 = 1.0) vergleichbar. Daher ist die Schrägbeziehung Li/Mg nicht so stark ausgeprägt wie in den Fällen Be/Al (S. 1108) und B/Si (S. 993). Immerhin ist auch hier das Lithium in manchen Eigenschaften dem zweiten Glied der *nächsthöheren* (II.) Elementgruppe (Magnesium) ähnlicher als dem der *gleichen* Gruppe (Natrium). Einige Beispiele mögen dies zeigen:

(i) Lithium bildet beim Verbrennen an der Luft wie Magnesium ein *normales Oxid* (Li_2O bzw. MgO), während Natrium hierbei in ein *Peroxid* (Na_2O_2) übergeht.

(ii) Lithiumcarbonat Li_2CO_3 ist zum Unterschied vom homologen Natriumcarbonat Na_2CO_3 und in Analogie zum Magnesiumcarbonat $MgCO_3$ thermisch relativ leicht unter CO_2-Abgabe in das Oxid überführbar. Entsprechende Unterschiede in den *thermischen Stabilitäten* bestehen auch bei anderen Verbindungen z. B. den Nitraten, Hydroxiden und Hydrogensulfiden.

(iii) Lithium bildet beim Erwärmen mit Stickstoff wie Magnesium ein *Nitrid* (Li_3N bzw. Mg_3N_2) und kann daher wie dieses zur Entfernung von Stickstoff aus anderen Gasen verwendet werden, während dies bei Natrium nicht der Fall ist.

(iv) Die *Löslichkeiten* der Lithiumsalze weichen oft merklich von denen der Natriumsalze ab und gleichen mehr denen der Magnesiumsalze. So sind z. B. Li_2CO_3 und Li_3PO_4 zum Unterschied von Na_2CO_3 und Na_3PO_4 und in Analogie zu $MgCO_3$ und $Mg_3(PO_4)_2$ in Wasser schwer löslich. LiF kann wie MgF_2 und zum Unterschied von NaF durch ammoniakalische Ammoniumfluorid-Lösung gefällt werden. LiCl, LiBr und insbesondere LiI lösen sich wie die entsprechenden Magnesiumhalogenide und zum Unterschied von den Natriumverbindungen in sauerstoff- und stickstoffhaltigen organischen Lösungsmitteln. $LiClO_4$ ist wie $Mg(ClO_4)_2$ und ungleich $NaClO_4$ bemerkenswert löslich in organischen Solventien wie Alkohol, Aceton oder Essigester und wegen der starken Hydratisierungsneigung des Kations analog $Mg(ClO_4)_2$ und ungleich $NaClO_4$ als Trockenmittel verwendbar. LiOH ist wie $Mg(OH)_2$ wesentlich schwerer löslich als NaOH. LiC_2H_5 löst sich wie $Mg(C_2H_5)_2$ und ungleich NaC_2H_5 in Benzol und Ligroin.

1.2 Verbindungen des Lithiums

1.2.1 Anorganische Lithiumverbindungen[2)]

Wasserstoffverbindungen. Beim Erhitzen von Lithium mit Wasserstoff bildet sich bei 600–700 °C *farbloses*, festes **Lithiumhydrid LiH** ($\Delta H_f = -91.23$ kJ/mol). Ihm kommt im Sinne eines ionischen Kristallbaus NaCl-Struktur zu; auch leitet es in geschmolzenem Zustande (Smp. 686.5 °C; H_2-Dissoziationsdruck beim Smp. 27 mbar; vgl. S. 290, 1169) unter elektrolytischer Zerlegung in Lithium (an der Kathode) und Wasserstoff (an der Anode) den elektrischen Strom. Allerdings weist die Tatsache, daß LiH geringfügig in Ether und einigen anderen organischen Medien löslich ist, auf einen gewissen kovalenten Charakter der LiH-Bindungen (Näheres S. 276).

Mit *Wasser* entwickelt Lithiumhydrid pro kg 2.8 m³ H_2 (zum Vergleich: je kg CaH_2 werden 1 m³ H_2 freigesetzt). Die Verbindung besitzt stark hydrierende Wirkung und reagiert in fein gepulvertem Zustande in etherischer Lösung mit zahlreichen Halogeniden EX_n (z. B. $BeCl_2$, $MgBr_2$, BF_3, $AlCl_3$, $GaCl_3$, $SiCl_4$) unter Bildung von *Hydriden* EH_n oder *Doppelhydriden* $LiEH_4$ (s. dort):

$$n\text{LiH} + \text{EX}_n \rightarrow n\text{LiX} + \text{EH}_n; \quad 4\,\text{LiH} + \text{EX}_3 \rightarrow 3\,\text{LiX} + \text{LiEH}_4.$$

Die Doppelhydride **Lithiumboranat $LiBH_4$** und **-alanat $LiAlH_4$** haben in der organischen Chemie besondere Bedeutung als selektive Hydrierungsmittel und werden auch in der anorganischen Chemie sehr häufig für Hydrierungen genutzt (vgl. S. 1009, 1072).

Halogenverbindungen. Die technische Darstellung von **Lithiumfluorid -chlorid, -bromid** und **-iodid LiX** erfolgt in einfacher Weise durch Einwirkung der entsprechenden *Halogenwasserstoffe* auf wässerige Lösungen von *Lithiumhydroxid* oder *Lithiumcarbonat*:

$$LiOH + HX \rightarrow LiX + H_2O; \quad Li_2CO_3 + 2HX \rightarrow 2LiX + H_2O + CO_2.$$

Hierbei fällt LiF als unlöslicher Niederschlag aus, während LiCl, LiBr, LiI nach Eindampfen der Lösungen als Hydrate $LiX \cdot nH_2O$ verbleiben (X = Cl/Br/I, n = 1,3,5/1,2,3,5/$\frac{1}{2}$,1,2,3), die sich im HX-Strom zu Halogeniden LiX entwässern lassen (in Abwesenheit von HX erfolgt in geringfügigem Ausmaß Hydrolyse, so daß LiX geringe Mengen von LiOH enthält).

Eigenschaften. Die Lithiumhalogenide bilden *farblose*, kubische Kristalle mit NaCl-Strukturen (bezüglich der Schmelzpunkte, Siedepunkte, Dichten, Bindungsenthalpien vgl. Tab. 93 auf S. 1170; LiI verfärbt sich an Luft wegen der Oxidation von I^- zu I_2). Sie verdampfen unter Bildung von $(LiX)_n$ (n = 1,2,3,4; bei nicht allzu hohen Temperaturen liegen bevorzugt Dimere $(LiX)_2$ mit viergliederigem LiXLiX-Ring vor) und *lösen* sich in der Reihenfolge LiF < LiCl < LiBr, LiI zunehmend leichter in *Wasser* (1.3/409/616/600 g pro kg H_2O) sowie in *organischen Donormedien* (LiI deutlich löslicher als LiBr). Die Tatsache, daß sich LiCl zum Unterschied von NaCl und KCl in Ethylalkohol löst, kann man zur Abtrennung von LiCl von letzteren Chloriden nutzen.

Verwendung. „*Lithiumfluorid*" LiF, das in großen Einkristallen bis zu 7 cm Durchmesser gewinnbar ist, übertrifft Flußspat CaF_2 an Lichtdurchlässigkeit im infraroten Bereich und findet daher als Prismenmaterial in IR-Spektrometern Verwendung. Es wird ferner keramischen Materialien, Gläsern, Emaille, Glasuren und dem Al_2O_3-Elektrolyten (Al-Gewinnung) zur Schmelzpunktserniedrigung zugesetzt. Da der H_2O-Dampfdruck über konzentrierten wässerigen Lösungen von „*Lithiumchlorid,*" „*-bromid*" und „*-iodid*" äußerst klein ist, nutzt man LiCl und LiBr als *Raumentfeuchter*. LiBr und LiI finden zudem als *Dehydrobromierungs-* und *-iodierungsmittel* in der organischen Chemie und Pharmazie zur Umwandlung von Organylhalogeniden in Olefine Verwendung.

Chalkogenverbindungen. Beim Verbrennen von Lithium entsteht **Lithiumoxid Li_2O** als weiße, feste, bei 1570 °C schmelzende Substanz (anti-CaF_2-Struktur; $\Delta H_f = -599.1$ kJ/mol). Reines Li_2O gewinnt man mit Vorteil durch thermische Zersetzung von *farblosem* **Lithiumperoxid Li_2O_2** ($\Delta H_f = -633$ kJ/mol)[6] bei 195 °C. Letzteres ist durch Entwässern des aus Lithiumhydroxid (s. u.) und Wasserstoffperoxid gebildeten Produkts erhältlich:

$$2LiOH \xrightarrow[-2H_2O]{+2H_2O_2} 2LiOOH \xrightarrow[-H_2O_2]{\Delta} Li_2O_2 \xrightarrow[-\frac{1}{2}O_2]{195\,°C} Li_2O.$$

Lithiumoxid Li_2O vereinigt sich mit Wasser zu *farblosem* **Lithiumhydroxid LiOH** (Smp. 471 °C; $\Delta H_f = 484$ kJ/mol), das *technisch* durch Umsetzung von *Lithiumcarbonat* und *Calciumhydroxid* gewonnen wird:

$$Li_2CO_3 + Ca(OH)_2 \rightarrow 2LiOH + CaCO_3$$

und zur Herstellung stark wasserabweisender *Schmierfette* (z. B. auf Lithiumstearatbasis; Wirkungsbereich −20 bis 150 °C) sowie zur *CO_2-Absorption* in geschlossenen Räumen (z. B. Raumkapseln) dient.

Beim Eindampfen wässeriger Lösungen (Löslichkeit: 188 g LiOH pro kg H_2O) kristallisiert $LiOH \cdot H_2O$ aus, das sich beim Erhitzen unter vermindertem Druck entwässern läßt. Festes „*Lithiumhydroxid-Monohydrat*" baut sich gemäß Fig. 237a aus übereinander gestapelten $(LiOH)_2$-Einheiten mit viergliederigem LiOLiO-Ring auf, die durch H_2O-Brücken auf beiden Ringseiten miteinander verknüpft sind (jedes Li^+-Kation ist tetraedrisch von zwei OH- und zwei H_2O-Gruppen koordiniert). Wasserfreies *Lithiumhydroxid* bildet andererseits gemäß Fig. 237b eine Schichtstruktur aus kantenverknüpften $Li(OH)_4$-Tetraedern (jedes O-Atom ist von einem H-Atom auf einer Seite sowie vier Li-Atomen auf der anderen Seite koordiniert; keine H-Brücken zwischen den Schichten).

---

[6] Man kennt auch ein „*Lithiumhyperoxid*" LiO_2 (existent nur in einer Tieftemperaturmatrix bei 15 K) und ein Ammoniakat $Li(NH_3)_4^+\ O_3^-$ des „*Lithiumozonids*" LiO_3.

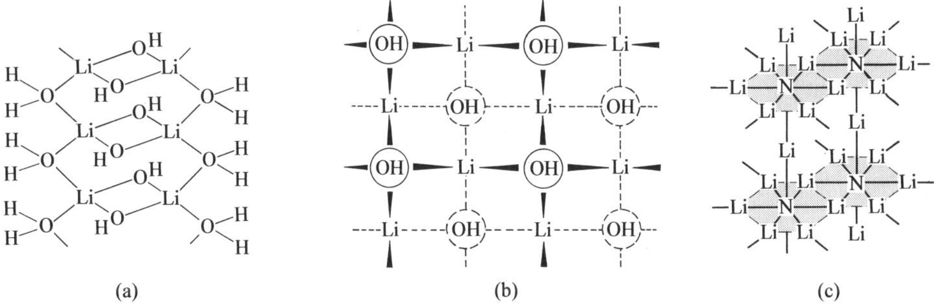

Fig. 237 Strukturen von $LiOH \cdot H_2O$ (a), LiOH (b) und Li_3N (c).

In *wässeriger Lösung* liegt das Lithium ionisch gebauter Li-Verbindungen wie LiOH oder LiX stark *hydratisiert* vor. Man muß bei dieser Hydratation hier wie in anderen Fällen zwischen einer *inneren* und einer *äußeren* Hydrathülle unterscheiden. Die *innere* Hydrathülle von Li^+ umfaßt ein $[Li(H_2O)_4]^+$-Ion, bei dem die $4\,H_2O$-Moleküle über ihre O-Atome mit dem Li^+-Ion koordiniert sind (Ausbildung einer Neonschale). Die *äußere* Hydrathülle kommt dadurch zustande, daß über H-Brücken weitere H_2O-Moleküle angelagert werden. So findet man etwa in 1-molarer Lösung ein $[Li(H_2O)_{12}]^+$-Ion; doch kann dieses Hydrat seinerseits über H-Brücken noch weitere H_2O-Moleküle anlagern, so daß der Ionenradius des Li^+-Ions (0.73 Å bei KZ = 4) im hydratisierten Zustande auf fast das Sechsfache (3.40 Å) ansteigt und damit größer als der Ionenradius sowohl des unhydratisierten (1.88 Å bei KZ = 8) wie des hydratisierten Cs^+-Ions (2.28 Å) ist. Die Hydratationsenthalpie ist groß (−521 kJ/mol) und übertrifft die aller schwereren – d.h. größeren und damit weniger stark polarisierenden – Alkalimetall-Ionen (S. 161).

Die schwereren Lithiumchalkogenide, **Lithiumsulfid, -selenid, -tellurid Li_2Y** (anti-CaF_2-Strukturen), lassen sich u.a. *aus den Elementen*, das Sulfid auch aus *Lithium* und *Schwefelwasserstoff* gewinnen (vgl. S. 558, 618, 630). Sie werden von Wasser hydrolytisch zersetzt.

Sonstige binäre Lithiumverbindungen. Das aus *Lithiummetall* und *Stickstoff* oberhalb 100 °C gewinnbare rote, kristalline **Lithiumnitrid Li_3N** (Smp. 813 °C; $\Delta H_f = -155$ kJ/mol) wird von *Wasser* wie Berylliumnitrid Be_3N_2 leicht hydrolysiert ($Li_3N + 3H_2O \rightarrow 3LiOH + NH_3$) und vermag sich an der Luft zu entzünden. In Li_3N bilden die Li-Atome gemäß Fig. 237c hexagonale Schichten (vgl. Graphit) mit N-zentrierten Li_6-Ringen. Die N-Atome sind von 8 Li-Atomen (6 Li-Atome innerhalb, je ein Li-Atom oberhalb und unterhalb der Schicht) hexagonal-bipyramidal koordiniert. Folglich besitzen die Li-Atome *innerhalb* der Schichten jeweils 3 N-Nachbarn (trigonal-planare Anordnung, $r_{LiN} = 2.11$ Å), die Li-Atome *zwischen* den Schichten 2 N-Nachbarn (digonale Anordnung, $r_{LiN} = 1.94$ Å). *Farbloses* **Lithiumcarbid LiC** (= „*Lithiumacetylenid*" Li_2C_2; $\Delta H_f = -56$ kJ/mol), das *aus den Elementen* bei 1000 °C oder aus *Lithium* und *Acetylen* in flüssigem Ammoniak erhältlich ist, ergibt bei der Hydrolyse wie Calciumcarbid Acetylen $HC{\equiv}CH$. Außer Li_2C_2 (Abkömmling von C_2H_2) kennt man noch einige weitere Lithiumcarbide wie **Li_4C** (Derivat von CH_4), **Li_6C_2** (Derivat von C_2H_6), **Li_4C_2** (Derivat von C_2H_4), **Li_4C_3** (Derivat von $HC{\equiv}C{-}CH_3$), **Li_6C_3** (Derivat von $H_2C{=}CH{-}CH_3$; vgl. Anm.[9)]). Bezüglich weiterer binärer Lithiumverbindungen (Phosphide, Arsenide, Silicide, Germanide, Boride usw.) siehe bei den betreffenden Elementen.

Lithiumsalze von Oxosäuren. Unter den weiteren Verbindungen des Lithiums ist das *technisch* besonders wichtige **Lithiumcarbonat Li_2CO_3** (*farblose*, monokline Kristalle vom Smp. 723 °C) hervorzuheben, das zum Unterschied von den Carbonaten der übrigen Alkalimetalle in Wasser *schwerlöslich* ist (bei 0 °C 15.4, bei 25 °C 12.8, bei 100 °C 7.3 g Li_2CO_3 pro Liter Wasser) und daher aus Lithiumsalzlösungen durch Zugabe von Carbonat leicht ausgefällt werden kann. Zu seiner Gewinnung setzt man demgemäß lithiumhaltige Salzsolen oder Wasserextrakte, die durch Behandlung lithiumhaltiger Erze mit H_2SO_4 bei 250 °C gewonnen wurden, mit *Soda* Na_2CO_3 um. Das Carbonat bildet das *Ausgangsprodukt* für die Darstellung der meisten *anderen Lithiumsalze*.

Man verwendet Li_2CO_3 in großer Menge zur Schmelzpunktserniedrigung bei der Darstellung von Aluminium durch Schmelzelektrolyse (s. dort) und als Flußmittel in der Glas-, Email- und Keramikindustrie (Li-haltige Gläser sind wegen ihres geringen Ausdehnungskoeffizienten feuerfest). Hochreines Li_2CO_3 dient in der Psychiatrie zur Behandlung der manisch-depressiven Krankheit.

Ein anderes schwerlösliches Lithiumsalz ist das *farblose* **Lithiumphosphat** $\mathbf{Li_3PO_4}$, dessen Bildung zum Nachweis von Lithium verwendet werden kann. **Lithiumnitrat** $\mathbf{LiNO_3}$ (gewinnbar aus Li_2CO_3 und HNO_3; für scharlachrote Leuchtraketen und Feuerwerke) bildet *farblose*, trigonale, wasserlösliche (557 g pro Liter H_2O) Kristalle vom Smp. 264 °C, **Lithiumperchlorat** $\mathbf{LiClO_4}$ *farblose* orthorhombische Kristalle vom Smp. 236 °C, die sich nicht nur in Wasser, sondern auch in Ethylalkohol und Diethylether lösen.

1.2.2 Organische Lithiumverbindungen[2,7]

Darstellung. Die in der präparativen metallorganischen Chemie geschätzten **Lithiumorganyle LiR**[8] werden in Analogie zu den Grignardverbindungen (S. 1123) durch Einwirkung von *Organylhalogeniden* RX (insbesondere RCl) auf *Lithium* (besonders reaktiv bei 0.5–1 %igem Na-Gehalt) in Kohlenwasserstoffen oder – seltener – Diethylether unter Schutzgas wie N_2 oder Ar synthetisiert („*Direktverfahren*")[9], oder – zu ihrer Reindarstellung – auch in Analogie zu den Magnesiumdiorganylen durch Umsetzung von *Lithium* mit *Quecksilberdiorganylen* („*Transmetallierung*"):

$$2\,\mathrm{Li} \xrightarrow[\textit{Direktverfahren}]{+\mathrm{RX};\ -\mathrm{LiX}} \mathrm{LiR}; \qquad 2\,\mathrm{Li} \xrightarrow[\textit{Transmetallierung}]{+\mathrm{HgR_2};\ -\mathrm{Hg}} \mathrm{LiR}.$$

Ferner lassen sich Lithiumorganyle LiR′ (meist käufliches LiBu) gemäß $LiR' + RY \rightarrow LiR + R'Y$ in andere Lithiumorganyle LiR *umwandeln*. Diese Methode nutzt man zur Lithiierung *protonenaktiver* CH-Verbindungen (Y = H; „*Metallierung*")[9] sowie zur Erzeugung von Lithiumorganylen aus *Organylhalogeniden* (Y = I, Br, selten Cl, nie F; „*Metall-Halogen-Austausch*")[10] bzw. *aus Metallorganylen* (Y = Metall; „*Ummetallierung*")[10]:

$$\mathrm{HC}{\lessgtr} \xrightarrow[\textit{Metallierung}]{+\mathrm{LiBu};\ -\mathrm{BuH}} \mathrm{LiC}{\lessgtr}; \quad \mathrm{BrR} \xrightarrow[\textit{Metall-Halogen-Austausch}]{+\mathrm{LiBu};\ -\mathrm{BuBr}} \mathrm{LiR}; \quad \mathrm{SnR_4}(\mathrm{u.a.}) \xrightarrow[\textit{Ummetallierung}]{+4\,\mathrm{LiBu};\ -\mathrm{SnBu_4}} 4\,\mathrm{LiR}.$$

Die drei letzten Verfahren erfolgen anders als die Direktsynthese und Transmetallierung unter Konfigurationserhalt der zu lithiierenden Kohlenstoffatome. Schließlich kann die Alkylkette R durch Addition von LiR an Alkene und Alkine verlängert werden, z. B. $LiBu + PhC{\equiv}CPh \rightarrow$ *cis*-LiCPh=CPh—Bu („*Carbolithiierung*"). Im Handel erhältlich sind Lösungen u. a. von LiMe in Diethylether, von Li^nBu, Li^sBu sowie Li^tBu in Pentan, Hexan, Cyclohexan bzw. von LiPh in Hexan/Diethylether.

Eigenschaften. Im Vergleich zu den Grignardverbindungen sind die Lithiumorganyle wesentlich *reaktiver*, weshalb sie sich auch an der Luft teilweise von selbst *entzünden*. Sie sind im allgemeinen flüssig oder niedrigschmelzend, lösen sich in Kohlenwasserstoffen sowie anderen nichtpolaren Flüssigkeiten, bilden *polymere Moleküle* $(LiR)_n$ (*n* insbesondere 2, 4, 6, ∞) und lassen sich in einigen Fällen im Vakuum sublimieren (z. B. LiEt, Li^tBu bei ca. 70 °C/1 mbar). Besonders thermostabil sind LiMe (Zersetzung erst oberhalb 200 °C) und LiPh; beide Verbindungen zersetzen sich wegen ihres polymeren Baus (s. u.) aber

---

[7] **Literatur.** T. L. Brown: „*The Structures of Organolithium Compounds*", Adv. Organomet. Chem. **3** (1965) 365–395; J. L. Wardrell: „*Alkalimetals*", Comprehensive Organomet. Chem. **1** (1982) 43–120; B. J. Wakefield: „*Compounds of Alkali and Alkaline Earth Metals in Organic Synthesis*" Comprehensive Organomet. Chem. **7** (1982) 2–110; A. Forstner: „*Chemie von und mit hochaktivierten Metallen*", Angew. Chem. **105** (1993) 171–197; Int. Ed. **32** (1993) 164; E. Weiss: „*Strukturen alkalimetallorganischer und verwandter Verbindungen*", Angew. Chem. **105** (1993) 1565–1587; Int. Ed. **32** (1993) 1501; D. B. Collins: „*Is N,N,N′,N′-Tetramethylethylendiamine a Good Ligand for Lithium?*", Acc. Chem. Res. **25** (1992) 448–454; J. P. Oliver; „*Structures of Main Group Organometallic Compounds Containing Electron-Deficient Bridge Bonds*", Adv. Organomet. Chem. **15** (1977) 235–271; W. N. Setzer, P. v. R. Schleyer: „*X-Ray Structural Analyses of Organolithium Compounds*", Adv. Organomet. Chem. **24** (1985) 353–451; B. J. Wakefield: „*The Chemistry of Organolithium Compounds*", Pergamon Press, Oxford 1974; K. Gregory, P. v. R. Schleyer, R. Snaith: „*Stuctures of Organonitrogen-Lithium Compounds: Recent Patterns and Perspectives in Organolithium Chemistry*", Adv. Inorg. Chem. **37** (1991) 48–142. Vgl. auch Anm.[31], S. 855.

[8] **Geschichtliches.** Lithiumorganyle erhielt W. Schlenk 1917 erstmals durch Transmetallierung. Eine eingehendere Untersuchung ihrer Reaktivität erfolgte ab 1930 durch K. Ziegler in Deutschland und H. Gilman in USA. Das heute übliche Direktverfahren der Gewinnung von LiR wurde von H. Gilman entdeckt.

[9] Durch gemeinsame Kondensation von Lithiumdampf mit Perchlorkohlenwasserstoffen wie CCl_4, C_2Cl_6 entstehen perlithiierte Kohlenwasserstoffe wie Li_4C, Li_6C_2, Li_4C_2, Li_2C_2, Li_8C_3, Li_6C_3, Li_4C_3 (Abkömmlinge von CH_4, $CH_3{-}CH_3$, $CH_2{=}CH_2$, $CH{\equiv}CH$, $CH_3{-}CH_2{-}CH_3$, $CH_2{=}CH{-}CH_3$, $CH_2{=}C{=}CH_2$). Li_4C_3 entsteht auch aus Li- und C-Atomen bei 800 °C sowie durch Einwirkung von LiBu auf $HC{\equiv}C{-}CH_3$.

[10] Der Metall-Halogenaustausch (die Ummetallierung) ist wichtig für die Gewinnung von Lithiumarylen (von Lithiumvinylen).

vor ihrer Sublimation im Hochvakuum. Lithiumalkyle mit β-Wasserstoff zerfallen leichter (um 100 °C) unter *Dehydrolithiierung* z. B.:

$$LiCH_2{-}CH_3 \rightarrow LiH + CH_2{=}CH_2.$$

Strukturen. Die LiC-Bindungen sind deutlich *heterovalent* (großer %ualer Ionencharakter der Bindungen); die Lithiumorganyle enthalten somit – extrem formuliert – Organylanionen[11]. Demgemäß lassen sich die Strukturen von Li^+R^- ähnlich wie die anderer polarer Lithiumverbindungen Li^+X^- (X außer R z. B. auch Halogen, OR, NR_2) folgendermaßen interpretieren: Die – in der Gasphase bei erhöhter Temperatur gegebenenfalls in monomerem Zustande existierenden – Ionenpaare Li^+X^- (Koordinationszahl $KZ_{Li} = 1$; vgl. z. B. gasförmige Lithiumhalogenide) assoziieren in kondensierter Phase unter Bildung von „*Ringmolekülen*" $(LiX)_n$ ($KZ_{Li} = 2$; $n = 2, 3$, selten 4; vgl. Formeln a, b, c) oder „*Kettenmolekülen*" $(LiX)_\infty$ ($KZ_{Li} = 2$; Formel e), wobei sich die „Dimeren" $(LiX)_2$ ihrerseits zu kleineren „*Doppelstapeln*" ($KZ_{Li} = 3$; Formel f), größeren „*Stapeln*" ($KZ_{Li} = 4$; Formel g) oder „*Leitern*" ($KZ_{Li} = 3$; Formel d) und die Stapel ihrerseits zu dreidimensionalen Gebilden mit „*Natriumchlorid-Struktur*" ($KZ_{Li} = 6$) zusammenlagern können, während die „Trimeren" $(LiX)_3$ in der Regel nur „Doppelstapel" ($KZ_{Li} = 3$; Formel h) bilden. Man zählt die Lithiumorganyle wegen ihres in den Formelbildern (a)–(h) (X = R) wiedergegebenen komplexen Baus aus Untereinheiten, die durch „nichtkovalente" Bindungen zusammengehalten werden, zu den **„Supramolekülen"** (die Bindestriche der Formeln (a)–(h) stehen für heterovalente Bindungen):

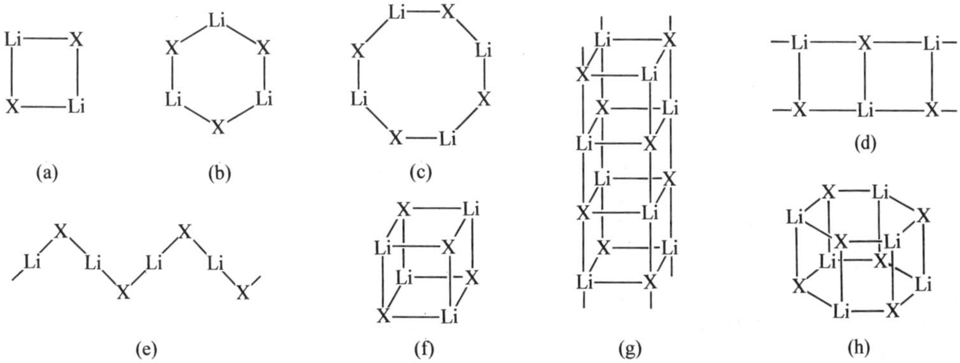

(a) (b) (c) (d)

(e) (f) (g) (h)

Die höhergliederigen Ringe, die Ketten sowie die Leitern (bisher nur im Falle von Amiden $LiNR_2$ aufgefunden) sind in der Regel weniger stabil als die viergliederigen Ringe und die Stapel, können sich aber unter besonderen sterischen Verhältnissen ausbilden. Die Koordination des Lithiums in $(LiX)_n$ mit Donatoren führt immer zur zusätzlichen Stabilisierung viergliederiger Ringe und daraus hervorgehender Doppelstapel[12]. Dreidimensionale Stapel mit NaCl-Struktur bilden sich nur im Falle kleiner Gruppen X wie Wasserstoff und Halogen, die keine zusätzlichen Reste tragen.

Im **Kristall** bildet „*Methyllithium*" LiMe eine kubisch-raumzentrierte Packung tetramerer Einheiten $(LiCH_3)_4$ (vgl. Fig. 238, linke Seite). In letzteren besetzen die Lithiumatome die Ecken eines Tetraeders, über dessen Flächenmitten die Methylgruppen angeordnet sind. Gemäß Fig. 238 (Mitte) liegen im kristallinen Lithiummethyl somit (verzerrte) Würfel als Gitterbausteine vor, deren Ecken abwechselnd mit Li-Atomen und CH_3-Gruppen besetzt sind (Doppelstapel des Typs (f); T_d-Gerüstsymmetrie). Im LiMe-Kristallverband erhöhen die Li-Atome ihre Koordinationszahl 3 noch dadurch, daß sie jeweils mit einer Methylgruppe einer benachbarten $(LiCH_3)_4$-Einheit zusätzliche, als „*agostisch*" (s. dort) bezeichnete Bindungsbeziehungen eingehen (vgl. Fig. 238, rechte Seite der mittleren Abbildung). Somit kommt dem Methylkohlenstoffatom im kristallinen LiMe die Koordinationszahl 7 zu: er ist einfach-über-

[11] Die Differenz ΔEN der Elektronegativitäten von Li und C ist mit 1.53 größer als die von Li und H (1.23), so daß feste Lithiumorganyle ähnlich wie Lithiumhydrid zu den „Salzen" zu zählen sind (je saurer der den Organylen LiR zugrundeliegende Kohlenwasserstoff RH reagiert (S. 1157), desto polarer, d. h. ionogener sind die LiC-Bindungen). Daß Lithiumorganyle keine typischen Salzeigenschaften wie hohen Schmelzpunkt oder Unlöslichkeit in unpolaren Medien aufweisen, beruht darauf, daß sie – bedingt durch die Organylgruppen – in der Regel nicht wie LiH dreidimensionale Strukturen ausbilden, sondern im Kristall in Form kleiner abgeschlossener molekularer Einheiten vorliegen. Da diese auch in der Schmelze erhalten bleiben, leiten geschmolzene Lithiumorganyle – anders als geschmolzene Salze wie LiH (Zerfall in Li^+ und H^-) – den elektrischen Strom nicht. Frühere Ansichten, wonach LiC-Bindungen als „dominant kovalent" betrachtet wurden, widersprechen neueren Erkenntnissen.

[12] In einem *n*-gliederigen Ring vergrößern sich mit abnehmendem *n* die Abstände zwischen den Ringsubstituenten; infolgedessen werden viergliedrige $(LiR)_2$-Ringe im Falle sperriger Gruppen R oder zusätzlich platzbeanspruchender Li-gebundener Donatoren stabiler.

kappt-oktaedrisch von 3H- und 4-Li-Atomen umgeben (Lithium entsprechend von 4C- und 3H-Atomen). In LiMe-Kristallen (bei 1.5 K) betragen die Abstände LiC/CLi'/LiLi = 2.256/2.356/2.591 Å (Radius von sechszähligem Li^+ = 0.73 Å), die Winkel LiCLi/CLiC = 70.1/106.7°.

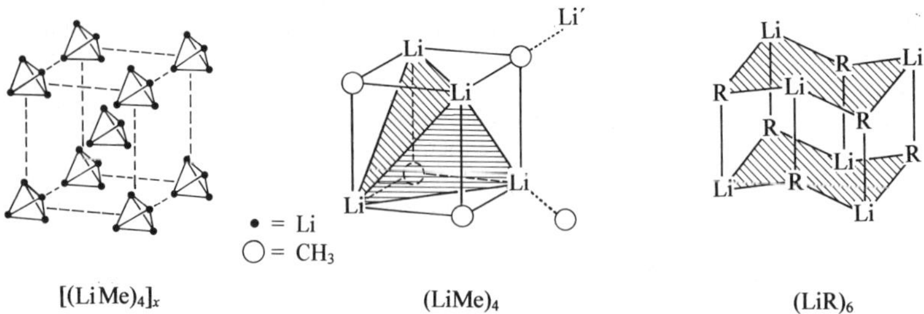

Fig. 238 Strukturen von *kristallinem* LiMe sowie von *tetra-* und *hexameren* LiR-Einheiten (der Übersichtlichkeit halber wurden im LiMe-Kristallausschnitt die Methylgruppen über den Li_3-Dreiecksflächen weggelassen).

Eine tetramere Struktur besitzen im Kristall auch andere Lithiumorganyle LiR wie „*Ethyllithium*" LiEt oder „*tert-Butyllithium*" Li^{t}Bu, wobei allerdings die Bindungen zwischen den $(LiR)_4$-Einheiten aufgrund der höheren Sperrigkeit von R schwächer sind. Zum Unterschied vom kohlenwasserstoffunlöslichen und wenig flüchtigen LiMe lassen sich infolgedessen LiEt und Li^{t}Bu in unpolaren Medien lösen und im Vakuum sublimieren. Ganz allgemein bevorzugen Spezies MX mit nicht allzu sperrigen Resten X eine „*Heterokuban-Anordnung*" $(MX)_4$ (s. o.). Sie wird dementsprechend auch im Falle einiger „*Addukte*" LiR · D mit Donatoren D wie Diethylether Et_2O, Tetrahydrofuran THF, welche die vierte Koordinationsstelle von Li im $(LiR)_4$-Kuban einnehmen, angetroffen (z. B. $(LiMe)_4 \cdot 4THF$, $(LiPh)_4 \cdot 4Et_2O$, $(LiC{\equiv}C^tBu)_4 \cdot 4THF$). Ferner liegt einer Reihe organisch substituierter Lithiumhydroxide LiOR und -amide $LiNR_2$ (s. u.) ein Heterokubangerüst zugrunde (vgl. hierzu auch $(RBeOR)_4$, $(RAlNR)_4$, $(TlOR)_4$, S. 1114, 1090, 1102).

In den (benzolhaltigen) Kristallen von „*Cyclohexyllithium*" liegen andererseits hexamere Einheiten $(LiC_6H_{11})_6$ vor (analog: $(LiBu)_6$). Und zwar besetzen hier die Li-Atome die Ecken eines (verzerrten) Oktaeders, wobei über 6 der insgesamt 8 Flächenmitten die Cyclohexylgruppen lokalisiert sind (D_{3d}-Gerüstsymmetrie). Hexameres $(LiR)_6$ läßt sich demgemäß als Doppelstapel (h) aus zwei sesselkonformierten sechsgliederigen $(LiR)_3$-Ringen[13)] beschreiben (vgl. Fig. 238, rechte Seite: durch die Faltung der planaren Ringe in (h) erhöht sich der Gewinn an elektrostatischer Bindungsenergie). Auch einige andere Spezies MX wie $LiCH_2SiMe_3$, $LiSiMe_3$ oder $LiN{=}C^tBu_2$ (s. u.) enthalten im Kristall hexamere Einheiten $(MX)_6$.

Das sehr sperrige „*Trisyllithium*" $LiC(SiMe_3)_3$ bildet – aus Platzgründen – nur dimere Einheiten $(LiTsi)_2$ mit C_{2h}-Gerüstsymmetrie (vgl. Formel (a), X = $C(SiMe_3)_3$). Allerdings erhöht das Li-Atom seine Koordinationszahl 2 durch intramolekulare Bindungsbeziehungen zu zwei Methylgruppen. Die dimere Struktur wird auch im Falle einiger „*Addukte*" LiR · 2D mit Donatoren, welche die dritte und vierte Koordinationsstelle von Li in $(LiR)_2$ besetzen, ausgebildet (z. B. $LiPh)_2 \cdot 2(Me_2NCH_2CH_2NMe_2)$ (i) und $(LiC{\equiv}CPh)_2 \cdot 2(Me_2NCH_2CH_2CH_2NMe_2)$). Addukte LiR · 3D wie LiPh · pmdta mit pmdta = $Me_2NCH_2CH_2N(Me)CH_2CH_2NMe_2$ (k) weisen monomere Strukturen und somit nur einen LiC-Kontakt, Addukte LiR · 4D wie $LiC(SiMe_3)(SiMe_2F)(SiMe^tBu_2) \cdot$ 12-Krone-4 im Sinne der Formulierung $LiD_4^+R^-$ keinen LiC-Kontakt auf.

Anders als dimeres Trisyllithium bildet solvatfreies „*Disyllithium*" $LiCH(SiMe_3)_2$ polymere Einheiten $(LiDsi)_x$ vom Typ (e) (X = $CH(SiMe_3)_2$)[13a)]; es läßt sich mittels des dreizähnigen Liganden pmdta = $Me_2NCH_2CH_2N(Me)CH_2CH_2NMe_2$ zu monomerem LiDsi · pmdta (k) depolymerisieren. Auch die in Kohlenwasserstoffen hergestellten „*Lithiumaryle*" LiAr und „*Lithiumacetylide*" $LiC{\equiv}CR$

---

13 „*2,6-Bis(dimethylamino)phenyllithium*" $LiC_6H_4(NMe_2)_2$ bildet (ausnahmsweise) im Kristall „isolierte" trimere Einheiten (b) und nicht deren Doppelstapel. Die beiden orthoständigen Dimethylaminogruppen erhöhen hierbei als Donoren die Li-Koordinationszahl von zwei auf vier.

13a Die Alkyllithium-Verbindungen $(Me_3Si)_n CH_{3-n} Li$ haben somit je nach Me_3Si-Anzahl n = 3, 2, 1, 0 unterschiedlichen Polymerisationsgrad (tetra-, hexa-, poly-, dimer) und unterschiedliche Struktur (f, h, e, a). Analoges gilt für Me_3CLi (tetramer) und Me_3SiLi (hexamer). Alkyllithium-Verbindungen $C_nH_{2n+1}Li$ sind bei Vorliegen *unverzweigter* Ketten tetramer (n = 1, 2) oder hexamer ($n > 2$), bei Vorliegen *α-verzweigter* Ketten des Typs CHR_2 meist hexamer, des Typs CR_3 tetra- oder dimer (Gründe: zwischenmolekulare Kräfte in ersterem, Sperrigkeit des Organylrests in letzterem Falle).

weisen polymeren, bisher ungeklärten Bau auf (möglicherweise liegen Stapel des Typs (g) vor), welche sich in Donormedien unter Depolymerisation auflösen. Beispielsweise kristallisieren aus Lösungen von $(LiPh)_x$ in Ether bzw. THF bzw. $Me_2NCH_2CH_2N(Me)CH_2CH_2NMe_2$ Tetramere (f) bzw. Dimere (i) bzw. Monomere (k), aus Lösungen von $(LiC{\equiv}C^tBu)_x$ in THF Dodecamere $(LiC{\equiv}C^tBu)_{12} \cdot 4THF$ bzw. Tetramere $(LiC{\equiv}C^tBu)_4 \cdot 4THF$ aus, wobei die Strukturen letzterer Verbindungen vom Typ (g) sind und 6 bzw. 2 Stapelschichten aufweisen. Polymere Struktur – und zwar des Typs (e) – besitzt schließlich auch das Monoetherat des „*1,3-Diphenylallyl-Lithiums*" Li(PhCH$\overset{..}{-}$CH$\overset{..}{-}$Ph) · OEt_2; allerdings sind hier die ungesättigten Alkylgruppen im Sinne von (l) jeweils trihapto (η^3) mit Lithium verknüpft ($KZ_{Li} = 7$). In analoger Weise fungiert der ungesättigte Cyclopentadienylrest hinsichtlich Lithium als mehrzähniger Ligand, wie die Verbindung (m) mit pentahapto- (η^5-) gebundener $C_5H_4SiMe_3$-Gruppe lehrt ($KZ_{Li} = 7$).

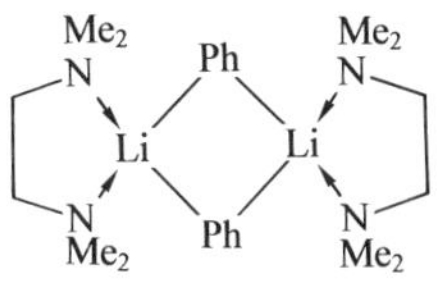

(i) 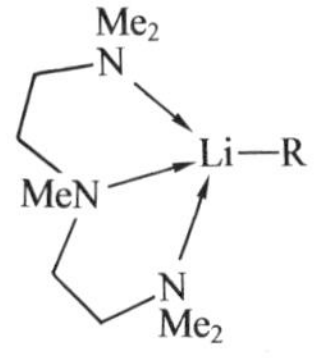 (k) 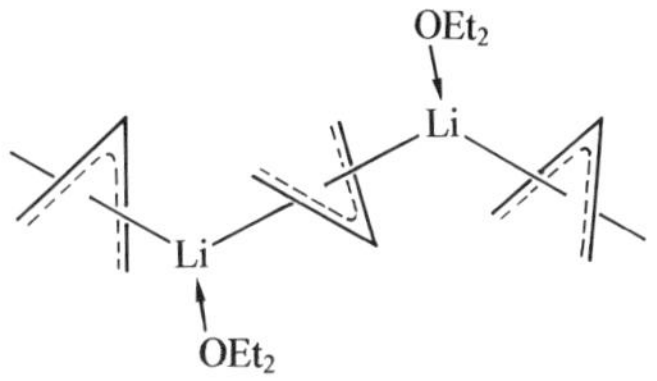 (l) 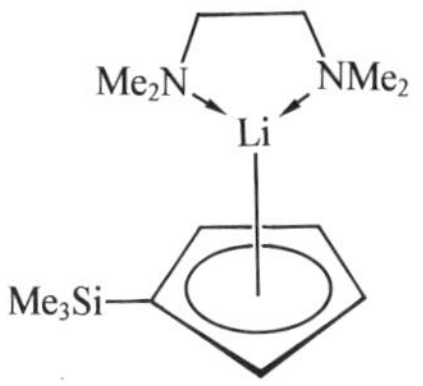 (m)

Die **Lösungen** von LiR in „*Kohlenwasserstoffen*" (Pentan, Hexan, Cyclohexan, Benzol, Toluol usw.) enthalten – falls R nicht sperrig ist – *hexamere* Einheiten (z. B. R = Et, Pr, Bu usw.), ansonsten zusätzlich (z. B. R = ^{i}Pr) oder ausschließlich (z. B. R = ^{s}Bu, ^{t}Bu) *tetramere* Einheiten bzw. – bei sehr sperrigem R – *dimere* Einheiten (R z. B. Mentyl). Somit lösen sich Lithiumorganyle in Kohlenwasserstoffen unter *Erhalt* oder *Erhöhung des Aggregationsgrades* (z. B. tetrameres → tetrameres Li^{t}Bu; tetrameres → hexameres LiEt). Allerdings stellen die $(LiR)_n$-Oligomeren in unpolaren Medien keine starren Moleküle dar, sondern sie unterliegen raschen inter- und intramolekularen Austauschreaktionen von LiR-Einheiten. Polymere Lithiumorganyle wie $[(LiMe)_4]_x$ und $[LiPh]_x$ sind in Kohlenwasserstoffen unlöslich. In „*Diethylether*" (Et_2O) lösen sich die Lithiumorganyle andererseits unter *Erniedrigung des Aggregationsgrades.* Noch stärker *depolymerisierend* wirkt vielfach „*Tetrahydrofuran*" (THF)[14)].

In die **Gasphase** treten die Lithiumorganyle im Vakuum teils unter *Erhöhung*, teils unter *Erhalt*, teils unter *Erniedrigung des Aggregationsgrades* (z. B. tetrameres → hexameres LiEt bzw. $LiSiMe_3$; tetrameres → tetrameres Li^{t}Bu, polymeres → monomeres $LiCH(SiMe_3)_2$).

Reaktivität. Ein charakteristisches Merkmal der Lithiumorganyle ist ihr *Lewis-saures* und *-basisches* Verhalten. Ihre Wirkung als Elektronenakzeptoren kommt in dem bereits besprochenen Bestreben der Verbindungen, sich mit Donatoren wie Ethern oder Aminen zu „*Addukten*" $(LiR \cdot D)_4$, $(LiR \cdot 2D)_2$ und $LiR \cdot 3D$ zu vereinigen, zum Ausdruck. Wie im Falle der Grignardverbindungen (S. 1125) können derartige Donatoren auch Organylanionen R^- sein, wie zum Beispiel die Bildung der „*at-Komplexe*" $Li(THF)_4^+ Li[C(SiMe_3)_3]_2^-$ und $3Na(Me_2NCH_2CH_2NMe_2)^+ LiPh_4^{3-}$, die das digonal-gebaute Anion $Li[C(SiMe_3)_3]_2^-$ (isovalenzelektronisch mit $Mg[C(SiMe_3)_3]_2$) bzw. das tetraedrisch gebaute Trianion $LiPh_4^{3-}$ (isovalenzelektronisch mit $AlPh_4^-$) enthalten, lehrt (bisher unbekanntes $Li_2Ph_6^{4-}$ wäre isovalenzelektronisch mit Al_2Ph_6; seit kurzem bekanntes $LiCp_2^-$ kommt Sandwich-Struktur mit pentahaptogebundenen Cyclopentadienylresten C_5H_5 zu).

Die Wirkung der Lithiumorganyle als Elektronendonatoren zeigt sich andererseits in ihrer Tendenz, wasserstoffhaltige Verbindungen zu *deprotonieren.* Das Gleichgewicht derartiger „*Metallierungen*"

$$LiR + R'H \rightleftarrows RH + LiR'$$

liegt umso weitgehender auf der rechten Seite, je weniger sauer RH und je saurer RH' ist. Da im Falle der Kohlenwasserstoffe die Acidität in Richtung $Me_3\mathbf{CH} < Me_2\mathbf{CH_2} < Me\mathbf{CH_3}$, Bu**H** $< \mathbf{CH_4} < C_6\mathbf{H_6} < C_2\mathbf{H_4} < Ph\mathbf{CH_3} < Ph_2\mathbf{CH_2} < Ph_3\mathbf{CH} < C_2\mathbf{H_2} < C_3\mathbf{H_6} < \mathbf{H}CN < \mathbf{H}C(NO_3)_3 < \mathbf{H}C(CN)_3$ wächst, läßt

---

[14] Festes $\mathbf{[(LiMe)_4]_x}$ verwandelt sich in $(LiMe)_4 \cdot 4Et_2O$ bzw. $(LiMe)_4 \cdot 4THF$, $\mathbf{(LiBu)_6}$ in $(LiBu)_4 \cdot 4Et_2O$ bzw. $(LiBu)_4 \cdot 4THF/(LiBu)_2 \cdot 4THF$, $\mathbf{(Li^sBu)_n}$ in $(Li^sBu)_4 \cdot 4Et_2O$ bzw. $(Li^sBu)_2 \cdot 4THF/Li^sBu \cdot 3THF$, $\mathbf{(Li^tBu)_4}$ in $(Li^tBu)_2 \cdot 4Et_2O$ bzw. $Li^tBu \cdot 3THF$, $\mathbf{[LiPh]_x}$ in $(LiPh)_4 \cdot 4Et_2O$ bzw. $(LiPh)_2 \cdot 4THF/LiPh \cdot 3THF$. Zusatz von 12-Krone-4 zu LiBu bzw. $Me_2NCH_2CH_2N(Me)CH_2CH_2NMe_2$ zu Li^{s}Bu oder LiPh in THF führt zur Bildung monomerer Lithiumorganyle LiR · 3D.

sich folglich Benzol durch LiBu lithiieren (vgl. Darstellung)[15]. Die vergleichsweise kleine Geschwindigkeit des Protonenaustauschs läßt sich hierbei durch Donoren (THF, besser $Me_2NCH_2CH_2NMe_2$) erhöhen, welche die Organylanionen durch Depolymerisation von $(LiR)_n$ „freilegen" (vgl. Anm.[14]). Wegen der Acidität des α-Wasserstoffatoms von Ethern lassen sich Lithiumorganyle, die von den betreffenden Ethern depolymerisiert werden, nicht in derartigen Medien unter Normalbedingungen halten[16].

Der Lewis-basische Charakter der Lithiumorganyle zeigt sich ferner in der (durch Donoren katalysierbaren) *Addition* von LiR an *Metallorganyle* unter „*at-Komplexbildung*" (z. B. $MgR_2 \rightarrow MgR_3^- \rightarrow MgR_4^{2-}$; $BR_3 \rightarrow BR_4^-$; $AlR_3 \rightarrow AlR_4^-$, $SbR_3 \rightarrow SbR_4^-$) oder an *ungesättigte Kohlenstoffverbindungen* unter „*Carbolithiierung*" (z. B. $>C{=}C< \rightarrow >CR{-}CLi<$, $-C{\equiv}N \rightarrow -CR{=}NLi$; $>C{=}O \rightarrow >CR{-}OLi$; $L_nM{-}C{\equiv}O \rightarrow L_nM{-}CR{=}OLi$). Auch bei der Einwirkung von LiR auf Elementhalogenide EX_n kommt es primär zur Bildung von at-Komplexen $LiEX_nR$, die aber in der Regel unter Halogenid-Eliminierung zerfallen, so daß insgesamt gemäß

$$n\,LiR + EX_n \rightarrow ER_n + n\,LiX$$

eine „*X/R-Substitution*" erfolgt (Bildung von Metall- und Nichtmetallorganylen wie MgR_2, BR_3, AlR_3, R_nSiCl_{4-n}, R_nSnCl_{4-n}, PR_3, PR_5 usw.).

Derivate. Unter den Derivaten der Lithiumorganyle seien insbesondere die in der anorganischen und organischen Synthese als starke Basen geschätzten **Lithiumamide $LiNR_2$** und **-imide $LiN{=}CR_2$** erwähnt. Man gewinnt sie durch Einwirkung von *Lithiumhydrid* oder *Lithiumorganylen* auf *Amine* R_2NH bzw. *Imine* $R_2C{=}NH$, die Lithiumimide zudem durch Addition von *Lithiumorganylen* an *Nitrile* $RC{\equiv}N$ ($>NH + LiR \rightarrow >NLi + RH$; $RC{\equiv}N + LiR \rightarrow R_2C{=}NLi$). Die donorfreien oder -haltigen Verbindungen (heterovalente LiN-Bindungen) existieren ähnlich wie Lithiumorganyle u. a. mit *ringförmigen Strukturen* (Strukturen des Typs (a), (b), (c), falls R = sperriger Rest; z. B. $[LiN(SiMe_3)_2]_2$ (gasförmig), $[LiN(SiMe_3)_2]_3$ (kristallin), $[LiNPh_2 \cdot OEt_2]_2$, $[LiN{=}C^tBu_2 \cdot PO(NMe_2)_3]_2$, $[LiN(CH_2Ph)_2]_3$, $[LiN({-}CMe_2CH_2CH_2CH_2CMe_2{-})]_4$), *Stapeln* (Strukturen des Typs (f), (g), z. B. $[LiN{=}C^tBu_2]_6$, $[LiN{=}CPh_2 \cdot C_5H_5N]_4$) und *Leitern* (Strukturen des Typs (d) falls R = kleiner Rest; z. B. $[LiN(CH_2)_4]_4 \cdot 2\,Me_2NCH_2CH_2NMe_2$, $[LiN(CH_2)_6]_6$, $[LiNPh_2]_\infty$, $[LiP(SiMe_3)_2]_x$)[17]. Ähnliche Strukturverhältnisse wie den Lithiumamiden und -imiden liegen auch den farblosen **Lithiumalkoxiden LiOR** und **-enolaten $LiOCR'{=}CR_2$** (gewinnbar aus ROH sowie $R'HC{-}CO{-}CR_2$ und LiR) zugrunde. Als weitere LiR-Derivate seien schließlich **halogenidhaltige Lithiumorganyle** erwähnt. Sie leiten sich von den $(LiR)_n$-Oligomeren durch teilweisen Ersatz von R^- gegen Hal^- ab. Beispielsweise besetzen in $(LiPh \cdot OEt_2)_3 \cdot LiBr$ die Li-Atome wie in $(LiMe)_4$ die Ecken eines Tetraeders, über deren Flächenmitten Phenylgruppen oder Brom angeordnet sind. Drei der vier Li-Atome sind zusätzlich mit Diethylether koordiniert.

Verwendung. Man nutzt *Lithiumorganyle* LiR (Weltjahresproduktion z. B. an LiBu: Kilotonnenmaßstab) als *Katalysatoren* für die Olefinpolymerisation, als *Dehydrohalogenierungsmittel* für Organylhalogenide, zur Bildung von *Phosphoranalkylenen* für Wittig-Reaktionen, als *Organylierungsreagenzien* zur Herstellung von Elementorganylen aus Elementhalogeniden sowie von Ketonen und Ketiminen aus Carbonsäuren und Nitrilen, als *Metallierungsmittel* zur Gewinnung von Metallorganylen aus Kohlenwasserstoffen oder von Carbenen bzw. Carbenoiden aus halogenierten Kohlenwasserstoffen. *Lithiumamide* $LiNR_2$ (im Handel sind u. a. Lösungen von $LiN(SiMe_3)_2$, LiN^iPr_2, $LiN({-}Me_2CCH_2CH_2CH_2CMe_2{-})$ erhältlich) finden als starke, deprotonierungsaktive, sich aber langsam an ungesättigte Systeme addierende Basen in der organischen und anorganischen Synthese Verwendung (z. B. $\geqslant C{-}H \rightarrow \geqslant C{-}Li \rightarrow$ Folgeprodukte). Ferner nutzt man sie – wie auch *Lithiumimide* $LiN{=}CR_2$ – zur Herstellung anderer Elementamide und -imide.

---

[15] Analoge Gleichgewichtsverhältnisse gelten für den „*Lithium-Halogen-Austausch*": $LiR + R'Hal \rightleftarrows RHal + LiR'$, der zudem für Hal = Br und I in der Regel selbst bei tiefen Temperaturen (– 78 °C) rasch erfolgt. Ist er wie beim Vorliegen sperriger Gruppen R und R' gehemmt, treten radikalische Nebenreaktionen ($LiR + R'Hal \rightarrow LiHal + R^\cdot + R'^\cdot \rightarrow$ Folgeprodukte) in den Vordergrund. Langsamer als die Austauschreaktionen wickeln sich normalerweise nucleophile, zur CC-Knüpfung führende Substitutionen („*Würtz-Reaktionen*") ab. Umsetzungen des Typs $LiR + R'Hal \rightarrow LiHal + RR'$ lassen sich infolgedessen nur ausgehend von der thermodynamisch stabilen Gleichgewichtsseite des Lithium-Halogen-Austausches verifizieren.

[16] Einigermaßen handhabbar ist LiMe in THF, da es in diesem Medium tetramer verbleibt. Langsam erfolgt aber auch hier Lithiierung und Zerfall des gebildeten Produkts: $THF + LiMe \rightarrow \alpha\text{-}LiC_4H_7O + CH_4 \rightarrow CH_2{=}CH{-}OLi + CH_2{=}CH_2 + CH_4$.

[17] Anders als Organylanionen $\geqslant C{:}^-$ liegen Amide $>\ddot{N}^-$ und Imide $=\ddot{N}^-$ in der Regel nicht zentrisch über Li_3-Dreiecksflächen (unterschiedliche LiN-Abstände im Bereich von 2.0 Å), weil sich die Ladungszentren der zwei freien, in sp^x-Hybridorbitalen lokalisierten N-Elektronenpaare nicht symmetrisch hinsichtlich 3 Li^+-Kationen anordnen lassen. Demgemäß beobachtet man in $[LiN{=}C<]_6$-Doppelstapeln drei unterschiedliche LiN-Abstände: abwechselnd kurze und mittellange innerhalb der sechsgliedrigen Ringe und lange zwischen den Ringen.

2 Das Natrium, Kalium, Rubidium, Cäsium, Francium[18]

2.1 Elementares Natrium, Kalium, Rubidium, Cäsium, Francium[18]

2.1.1 Vorkommen

Der Gehalt der *äußeren Erdregionen* an *Natrium* und *Kalium* beträgt 2.7 bzw. 2.4 Gew.-%, so daß Natrium zu den 6 häufigsten, Kalium zu den 7 häufigsten Elementen der Erdoberfläche zählt. Rund 1000mal geringer ist demgegenüber das Vorkommen an *Lithium, Rubidium* und *Cäsium* (0.002, 0.009, 0.0003 Gew.-%), während *Francium* nur in geringsten Spuren (1.3×10^{-21} Gew.-%) natürlich auftritt (vgl. Tafel II). Wegen ihres elektropositiven und daher höchst oxidablen Charakters finden sich die Alkalimetalle in der Natur *nicht frei*, sondern nur *kationisch gebunden* in Form von **Salzen** (u.a. *Chloride, Sulfate, Nitrate, Carbonate, Silicate*).

Die *meistverbreiteten Mineralien* des **Natriums** sind der „*Natronfeldspat*" („*Albit*") $Na[AlSi_3O_8]$ und der „*Kalknatronfeldspat*" („*Oligoklas*"), ein Ca-reicher Albit (S. 939). Weiterhin findet sich Natrium in mächtigen *Salzlagern* (s.u.) in Form von „*Steinsalz*" NaCl (S. 1170), „*Chilesalpeter*" $NaNO_3$ (S. 1179), „*Soda*" Na_2CO_3 (S. 1180), „*Glaubersalz*" Na_2SO_4 (S. 1178) und „*Kryolith*" $Na_3[AlF_6]$ (S. 1061, 1073).

Weitverbreitete Mineralien des **Kaliums** sind der „*Kalifeldspat*" $K[AlSi_3O_8]$ sowie die Kaliglimmer „*Muskovit*" $KAl_2(OH, F)_2[AlSi_3O_{10}]$ und „*Phlogipit*" $KMg_3(OH, F)_2[AlSi_3O_{10}]$. In den „*Kalisalzlagern*" (s.u.) finden sich vor allem: *Kaliumchlorid* KCl als solches (= „*Sylvin*") in Gemeinschaft mit NaCl (= „*Sylvinit*") oder in Form von Doppelsalzen wie „*Carnallit*" $KMgCl_3 \cdot 6H_2O$ sowie „*Kainit*" $KMgCl(SO_4) \cdot 3H_2O$ und *Kaliumsulfat* K_2SO_4 in Form von Doppelsalzen wie „*Glaserit*" $K_3Na(SO_4)_2$, „*Schönit*" $K_2Mg(SO_4)_2 \cdot 6H_2O$, ferner „*Polyhalit*" $K_2Ca_2Mg(SO_4)_4 \cdot 2H_2O$ sowie „*Langbeinit*" $K_2Mg_2(SO_4)_3$. Nach *Veraschung* von *Landpflanzen* liegt Kalium in Form von *Kaliumcarbonat* („*Pottasche*"; S. 1182) vor, während *See-* und *Strandpflanzen* bei der Veraschung *Natriumcarbonat* („*Soda*"; S. 1180) ergeben.

Salze von **Rubidium** und **Cäsium** kommen in Begleitung der anderen Alkalimetallsalze in sehr geringen Konzentrationen vor. Verhältnismäßig viel Rubidium (bis über 1%) enthält der im Kalifeldspat vorkommende „*Lepidolith*" (S. 1149). Als Cäsiummineral sei der sehr seltene „*Pollux*"[19] $CsAl[SiO_3]_2 \cdot \frac{1}{2}H_2O$ erwähnt.

Mehr oder minder große Mengen an Alkalimetallen sind ferner in Form von Kationen M^+ im **Meerwasser** gelöst (vgl. Tafel II). Und zwar beträgt hierbei der Gehalt an Kalium nur etwa 1/30 des Natriumgehaltes, da der Erdboden Kalium silicatisch fester als Natrium bindet, so daß es nicht bis ins Meer gelangt. Auch in der **Biosphäre** findet man die Alkalimetalle (vorwiegend Natrium und Kalium).

Salzlagerstätten. Die Entstehung von Salzlagern, deren Alter auf 200–250 Millionen Jahre geschätzt wird, ist meist auf die Abschnürung und Eintrocknung vorzeitlicher *Meeresteile* zurückzuführen. Bei dieser Eindunstung schied sich das schwerer lösliche Natriumchlorid zuerst, das leichter lösliche Kaliumchlorid zuletzt ab, so daß die Steinsalzlager nach der völligen Eintrocknung von einer aus *Kalisalzen* bestehenden Schicht bedeckt waren. Meist

---

18 **Literatur.** T.P. Whaley: „*Sodium, Potassium, Rubidium, Cesium and Francium*", Comprehensive Inorg. Chem. **1** (1973) 369–529; F.M. Perel'man: „*Rubidium and Cesium*", Pergamon Press, London 1965; Ullmann (5. Aufl.) „*Sodium and Sodium alloys*", „*Sodium Compounds*" ($NaNH_2$, Na_2CO_3, NaCl, NaOH, Na_2SO_4), **A24** (1993); „*Potassium and Potassium alloys*", „*Potassium Compounds*" (KCl, K_2SO_4), **A22** (1993); „*Rubidium and Rubidium Compounds*" **A23** (1993); „*Cesium and Cesium Compounds*" **A6** (1986) 153–156; Gmelin: „*Sodium*", Syst.-Nr. **21**, bisher 9 Bände; „*Potassium*", Syst.-Nr. **22**, bisher 9 Bände; „*Rubidium*", Syst.-Nr. **24**, bisher 1 Band; „*Caesium*", Syst.-Nr. **25**, bisher 2 Bände; „*Francium*", Syst.-Nr. **25a**, bisher 1 Band. Vgl. auch Anm. 30, 31, 32, 34, 53, 58.

19 Das *Cäsium*aluminiumsilicat Pollux wurde von C.F. Plattner, der es 1846 in Freiberg untersuchte, für ein *Kalium*aluminiumsilicat gehalten, weshalb sich bei seiner Analyse ein Fehlbetrag von etwa 7% ergab, den er allerdings nicht wie C. Winkler im analogen Fall der Analyse von germaniumhaltigen Argyrodit (S. 953) auf das Vorhandensein eines bis dahin noch unentdeckten Elements zurückführte.

wurde diese oberste Schicht später durch eindringende Regen- und Flußwässer wieder weggewaschen. Nur an einigen Stellen (z. B. bei Staßfurt) blieben die *Kalisalzschichten* durch Überlagerung von wasserundurchlässigem *Ton* vor dem Wasser *geschützt*; sie sind heute als *Kalisalzlagerstätten* von großer Bedeutung. Früher räumte man die Kalisalzschicht ab, um zu dem damals allein gesuchten Steinsalz zu gelangen; daher der Name „*Abraumsalz*“ für diese Kalisalze. Heute sind umgekehrt die *Kalisalze* – namentlich für *Düngezwecke* – so wertvoll, daß man vielfach die Lager nur ihretwegen abbaut und das Steinsalz zur Ausfüllung der Lücken benutzt.

Die norddeutschen Salzlager sind durch Eintrocknen eines großen, vom Ozean her mit Wassernachfluß versorgten Nebenmeeres entstanden, welches sich in der Urzeit vom Niederrhein bis an die Weichsel sowie im Untergrund der südlichen Ost- und Nordsee bis Mittelengland erstreckte. Bei dieser Eindunstung, deren Dauer auf rund 100000 Jahre geschätzt wird, schieden sich die im Meerwasser gelösten Salze gemäß ihrer *Konzentration* und *Löslichkeit* bei den verschiedenen Temperaturen des *Sommers* und *Winters* aus. Zuerst fiel das im Wasser am schwersten lösliche *Calciumcarbonat* $CaCO_3$ aus, das daher *unter den eigentlichen Salzlagern* liegt („*Zechsteinkalk*“). Über dem Calciumcarbonat wechseln sich in ziemlich regelmäßiger Folge 8–10 cm starke Schichten von *Natriumchlorid* (als „*Steinsalz*“ NaCl) mit schwachen Schichten von *Calciumsulfat* (als „*Gips*“ $CaSO_4 \cdot 2H_2O$ und „*Anhydrit*“ $CaSO_4$) ab. Diese „Jahresringe“ (beim älteren Straßfurter Steinsalz etwa 3000) sind darauf zurückzuführen, daß sich im *Sommer* vorwiegend das *Calciumsulfat*, im *Winter* vorwiegend das *Natriumchlorid* abschied. Auf das mit Calciumsulfat durchsetzte Steinsalz („*älteres Steinsalz*“) folgte zunächst Steinsalz mit Schichten aus *Polyhalit* $K_2Ca_2Mg(SO_4)_4 \cdot 2H_2O$ („*Polyhalitregion*“), Steinsalz mit Schichten aus *Kieserit* $MgSO_4 \cdot H_2O$ („*Kieseritregion*“) und Steinsalz mit Schichten aus *Carnallit* $KMgCl_3 \cdot 6H_2O$ („*Carnallitregion*“). Nachdem das Binnenmeer eingetrocknet war, bedeckten *Sand* und *tonige* Massen („*Salzton*“) die Salzablagerungen und schützten die zuletzt ausgeschiedenen und dementsprechend in Wasser besonders leicht löslichen *Kaliumsalze* vor späterer Wiederauflösung. Durch eine Senkung des Bodens folgte eine *zweite* (an einzelnen Stellen noch eine *dritte* und *vierte*) Überflutung und Salzfolge. Zuerst schied sich wieder *Anhydrit* in einer 40–80 m tiefen Schicht und auf diesem das „*jüngere Steinsalz*“ ab, dessen Jahresringe oft kaum bemerkbar sind und das infolgedessen *reiner* als das ältere Steinsalz ist. Die elsässischen Kalisalzlager sind keine direkten Meeresausscheidungen, sondern durch Herauslösen von Kaliumsalzen aus ursprünglichen Lagerstätten, Weitertransport und Wiederausscheidung entstanden. Ihnen fehlen dementsprechend ganz die schwerlöslichen Sulfate.

Isotope (vgl. Anh. III). *Natürliches* Natrium besteht zu 100 % aus dem Nuklid $^{23}_{11}Na$, das zu *NMR-spektroskopischen* Untersuchungen genutzt wird. Die *künstlichen* Nuklide $^{22}_{11}Na$ (β^+-Strahler; $\tau_{1/2}$ = 2.602 Jahre) und $^{24}_{11}Na$ (β^--Strahler; $\tau_{1/2}$ = 15.0 Stunden) dienen als *Tracer*, $^{24}_{11}Na$ wird zudem in der *Medizin* verwendet. *Natürliches* Kalium setzt sich aus den Isotopen $^{39}_{19}K$ (93.2581 %; für *NMR-Spektroskopie*), $^{40}_{19}K$ (0.0117 %; β^--Strahler; $\tau_{1/2} = 1.28 \times 10^9$ Jahre) und $^{40}_{19}K$ (6.7302 %; für *NMR-Spektroskopie*) zusammen. Vom radioaktiven Nuklid $^{40}_{19}K$ macht man bei der *Altersbestimmung* K-haltiger Minerale Gebrauch (S. 1741). Das überdurchschnittlich große Vorkommen von $^{41}_{18}Ar$ in der Erdatmosphäre ist auf die Bildung aus diesem K-Nuklid (Einfang eines Elektrons im Atomkern, S. 1725) zurückzuführen. Das *künstliche* Nuklid $^{42}_{19}K$ (β^--Strahler; $\tau_{1/2}$ = 12.4 Stunden) wird als *Tracer* und in der *Medizin* genutzt. *Natürliches* Rubidium besteht aus den Isotopen $^{85}_{37}Rb$ (72.17 %; für *NMR-Spektroskopie*) und $^{87}_{37}Rb$ (27.83 %; β^--Strahler; $\tau_{1/2} = 5 \times 10^{11}$ Jahre; für *NMR-Spektroskopie*), natürliches Cäsium aus dem Nuklid $^{133}_{55}Cs$ (100 %; für *NMR-Spektroskopie*). Die *künstlich* erzeugten Nuklide $^{83}_{37}Rb$ (Elektroneneinfang; $\tau_{1/2}$ = 83 Tage), $^{86}_{37}Rb$ (β^--Strahler; $\tau_{1/2}$ = 18.66 Tage), $^{134}_{55}Cs$ (β^--Strahler; $\tau_{1/2}$ = 2.046 Jahre) und $^{137}_{55}Cs$ (β^--Strahler; $\tau_{1/2}$ = 30.23 Jahre) werden für *Tracerexperimente* verwendet. $^{137}_{55}Cs$ wird zusätzlich in der *Medizin* genutzt und dient wegen seiner großen Halbwertszeit und der guten Ausbeute bei der Uranspaltung zur Herstellung technischer γ-Strahlenquellen.

Alle bisher bekannte 30 Isotope des Franciums (Massenzahlen 201 bis 230; je 2 Kernisomere der Massenzahlen 206, 214, 218) sind *radioaktiv* und sehr *kurzlebig* (Halbwertszeiten von 10^{-7} Sekunden bis 21.8 Minuten), z. B.:

$$^{212}_{87}Fr \xrightarrow[20.0\,m]{\alpha} {}^{208}_{85}At \qquad ^{220}_{87}Fr \xrightarrow[27.4\,s]{\alpha} {}^{216}_{85}At \qquad ^{222}_{87}Fr \xrightarrow[14.4\,m]{\beta^-} {}^{222}_{88}Ra$$

$$^{219}_{87}Fr \xrightarrow[21\,ms]{\alpha} {}^{215}_{85}At \qquad ^{221}_{87}Fr \xrightarrow[4.9\,m]{\alpha} {}^{217}_{85}At \qquad ^{223}_{87}Fr \xrightarrow[21.8\,m]{\beta^-} {}^{223}_{88}Ra$$

Sie zerfallen, wie angegeben, teils unter α-Strahlung zu *Astat* ($_{85}At$), teils unter β-Strahlung zu *Radium* ($_{88}Ra$).

Geschichtliches. Die Darstellung von *elementarem* Natrium und Kalium gelang erstmals 1807 H. Davy (1778–1829) durch Elektrolyse von geschmolzenem Natrium- bzw. Kaliumhydroxid (NaOH, KOH) in einer Platinschale (Kathode). Der Name *Natrium* (eingeführt von L.W. Gilbert) leitet sich vom ägyptischen Wort *neter* für Soda (Na_2CO_3) ab, woraus sich im Griechischen das Wort *nitron*, im Lateinischen das Wort *nitrum* und bei den arabischen Alchemisten das Wort *natron* entwickelte (vgl. Anm.[1]). Das Wort nitrum wurde später (Ende des 16. Jahrhunderts) von den Alchemisten auf den Salpeter ($NaNO_3$) übertragen, woraus sich das Wort Nitrogenium (= Salpeterbildner) und das Symbol N für den Stickstoff ergab. Auch der im Französischen und Englischen gebräuchliche Name *sodium* (eingeführt von H. Davy) für Natrium ist von der Soda (franz. *soude*, engl. *soda*) abgeleitet. Der im Französischen und Englischen gebräuchliche Name *potassium* (eingeführt von H. Davy) für Kalium (eingeführt von L.W. Gilbert) leitet sich von der *Pottasche*[20] K_2CO_3 (franz. *potasse*, engl. *potash*) ab (vgl. Anm.[1]).

Rubidium und Cäsium wurden in den Jahren 1860/61 durch R.W. Bunsen (1811–1899) und G.R. Kirchhoff (1824–1887) im Dürkheimer Mineralwasser *entdeckt*. Und zwar gelang Bunsen die *Anreicherung* Rb- und Cs-haltiger Verbindungsfraktionen auf Grund der mit Kirchhoff entwickelten „*Spektralanalyse*" (s. dort), indem er die wichtigsten, für die *Namensgebung* der Elemente genutzten *Spektrallinien* des Rubidiums (rubidus (lat.) = dunkelrot) und *Cäsiums* (caesius (lat.) = himmelblau) als Führer bei der chemischen Abtrennung benutzte und nach jeder durchgeführten Trennung denjenigen Teil, in dem sich die Linien am intensivsten zeigten, weiter untersuchte (vgl. hierzu Anm.[19]). In *elementarem* Zustand wurde Rubidium 1862 erstmals schon vom Entdecker Bunsen durch Schmelzelektrolyse des Chlorids, Cäsium 1882 erstmals von C. Setterberg durch Schmelzelektrolyse des Cyanids gewonnen, nachdem Bunsen vorher schon ein Cäsiumamalgam dargestellt hatte.

Das Element der Ordnungszahl 87 wurde 1939 von der französischen Forscherin M. Perey in Form des Nuklids der Masse 223 als kurzlebiges Abzweigungsprodukt der *natürlich*-radioaktiven *Actinium*-Zerfallsreihe entdeckt (direktes Mutterelement: $^{227}_{89}Ac$; vgl. S. 1727)[21] und 1947 von ihr zu Ehren ihres Vaterlandes Francium genannt (S. Anm.[199], S. 954). Ein weiteres Nuklid dieses Elements von der Masse 221 kommt als kurzlebiges Glied der *Neptunium*-Zerfallsreihe vor (S. 1727).

2.1.2 Darstellung

Die *Gewinnung der Alkalimetalle* erfolgt auf *elektrochemischem* (Li, Na), *chemischem* (K, Rb, Cs) und *radiochemischem Wege* (Fr).

Da **Natrium** ein sehr *unedles Metall* ist, sind seine Verbindungen chemisch nur schwer zum Metall zu reduzieren. Daher wird es technisch wie einige andere stark elektropositive Metalle (vgl. Li, Mg, Al) auf *elektrolytischem* Wege dargestellt. Zur Elektrolyse darf dabei wegen der im Vergleich zum Na^+-Ion leichteren Entladbarkeit des H^+-Ions *keine wässerige Lösung*, sondern nur eine *wasserfreie Schmelze* angewandt werden. Als Schmelzelektrolyt diente früher Natriumhydroxid NaOH; heute wird bevorzugt *Natriumchlorid* NaCl eingesetzt[22].

Die Elektrolyse von geschmolzenem Natriumchlorid wird zweckmäßig in der „Downs-Zelle" (Fig. 239) durchgeführt. Sie besteht aus einem mit feuerfesten Steinen ausgemauerten Stahlbehälter, in dem von unten eine *Anode aus Graphit* eingeführt ist, welche ringförmig von einer *Eisenkathode* umgeben wird (Spannung ca. 7 V; Stromausbeute ca. 90%). Zur Ableitung des bei der Elektrolyse anodisch gebildeten *Chlors* ist die Anode von einer *Nickelglocke* überdeckt, von der als *Diaphragma* ein ringförmiges *Drahtnetz* herabhängt. Das kathodisch gebildete *Natrium* steigt empor, sammelt sich in dem zu einer *Rinne* umgebogenen Rand der Glocke und wird von hier aus durch ein eisernes *Steigrohr* entnommen. Durch Zusatz von *Calcium-* oder *Bariumchlorid* wird der *Schmelzpunkt* des Natriumchlorids von 800 °C bis nahezu auf 600 °C *erniedrigt*.

---

[20] Pottasche hat ihren Namen daher, daß früher Holzasche zwecks Gewinnung des darin enthaltenen Kaliumcarbonats in einem Pott mit Wasser ausgelaugt und die Lösung dann eingedampft wurde.

[21] Die von dem amerikanischen Forscher Fred Allison im Jahre 1929 behauptete Entdeckung des Elements 87 („*Virginium*" Vi; nach dem USA-Staat Virginia) in natürlichen Mineralien konnte bis jetzt nicht bestätigt werden. Gleiches gilt für das 1936 von dem rumänischen Forscher Horia Hulubei als „*Moldavium*" Ml (nach der rumänischen Landschaft Moldau) beschriebene Element 87.

[22] Da NaOH aus NaCl durch Elektrolyse gewonnen wird (S. 436), erfordert die Natriumgewinnung aus Natriumhydroxid im ganzen einen größeren Aufwand an elektrischer Energie (18 kWh je kg Na) als die unmittelbare Elektrolyse des Natriumchlorids (11 kWh je kg Na). Wegen des niedrigeren Schmelzpunktes von Natriumhydroxid (NaOH: Smp. 318 °C; NaCl: Smp. 808 °C) bereitet aber die Ätznatron-Elektrolyse („*Castner-Verfahren*") technisch geringere Schwierigkeiten, so daß man sich zuerst ihrer bediente.

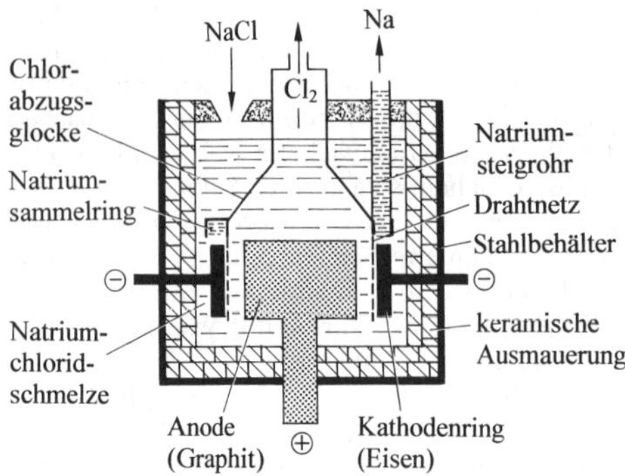

Kathode:	$2Na^+ + 2\ominus$	$\rightarrow$	$2Na$
Anode:	$2Cl^-$	$\rightarrow$	$Cl_2 + 2\ominus$
Gesamtvorgang:	$2NaCl$	$\rightarrow$	$2Na + Cl_2$

Fig. 239 Downs-Zelle zur Schmelzelektrolyse von Natriumchlorid.

Die dem Natrium entsprechende Darstellung von **Kalium** durch *Elektrolyse* geschmolzenen *Kaliumchlorids* KCl stößt u. a. auf Grund der hohen Löslichkeit von K in der Schmelze auf Schwierigkeiten und wird nicht mehr durchgeführt (auch Na verteilt sich in einer NaCl-Schmelze beim Smp. von 808 °C, scheidet sich aber aus geschmolzenen $NaCl/CaCl_2$-Mischungen bei niedrigeren Temperaturen ab). Heute gewinnt man das Alkalimetall ausschließlich durch *Reduktion* von KCl mit *Natrium*:

$$KCl + Na \rightleftarrows K + NaCl$$

Man dampft das flüchtigere Kalium bei 850 °C ab (Sdp. Na/K = 881/754 °C) und verschiebt dadurch das Gleichgewicht nach rechts. Die *Reinigung* des gebildeten Kaliums von mitverdampften Natriumspuren erfolgt durch fraktionierende Destillation.

Die *reinen Metalle* **Rubidium** und **Cäsium** werden zweckmäßig ebenfalls nicht durch *Elektrolyse*, sondern auf *chemischem Wege* durch Reduktion der *Hydroxide* mit *Magnesium* im Wasserstoffstrom bzw. mit *Calcium* im Vakuum oder besonders vorteilhaft durch Erhitzen der *Dichromate* mit *Zirconium* im Hochvakuum auf etwa 500 °C dargestellt: $Cs_2Cr_2O_7 + 2Zr \rightarrow 2Cs + 2ZrO_2 + Cr_2O_3$, wobei die Alkalimetalle abdestillieren.

Da **Francium** nur in geringsten Spuren natürlich vorkommt (im radioaktiven Gleichgewicht entfällt auf 16 Billionen $^{235}_{92}U$-Atome nur 1 Atom $^{223}_{87}Fr$), ist man auf seine künstliche Gewinnung angewiesen. Sie kann z. B. durch Beschießen von Radium $^{226}_{88}Ra$ mit Reaktor-Neutronen erfolgen, wobei zwischenzeitlich Actinium $^{227}_{89}Ac$ entsteht, das mit einer Halbwertszeit von 21.772 Jahren unter α-Strahlung in $^{223}_{87}Fr$ übergeht (unter β^--Strahlung verwandelt es sich zugleich in Thorium $^{227}_{90}Th$, vgl. S. 1727):

$$^{226}_{88}Ra \xrightarrow{+n} {}^{227}_{88}Ra \xrightarrow[42.2\,m]{-\beta^-} {}^{227}_{89}Ac \xrightarrow[21.772\,a]{-\alpha} {}^{223}_{87}Fr$$

Allerdings lassen sich wegen der kurzen Halbwertszeit von $^{223}_{87}Fr$ (81.8 Minuten) auch auf diesem Wege nur schwierig wägbare Mengen Francium synthetisieren.

2.1.3 Physikalische Eigenschaften

Alle Glieder der Alkaligruppe sind *weiche*[23], *niedrig-schmelzende, silberweiße* (Li, Na, K, Rb) bis *goldgelbe* (Cs) *Metalle geringer Dichte*, die in fester Phase *kubisch-raumzentrierten* Bau aufweisen und bei vergleichsweise *niedrigen* Temperaturen unter Bildung *farbiger Dämpfe sieden* (z. B. Na-/K-Dampf in Durchsicht: purpurfarben/blaugrün)[24], wobei die Dämpfe vor-

[23] Natrium (etwa von der Härte des weißen Phosphors) läßt sich mit dem Messer schneiden oder mittels einer eisernen Schraubenpresse durch enge Öffnungen hindurch als Draht oder Band pressen (z. B. zum Trocknen von Ether oder Benzol).

[24] Da jeder Stoff nur Licht der gleichen Frequenzen (Wellenlängen) *absorbieren* kann, die er auch zu *emittieren* vermag (S. 107), bleibt in der Durchsicht des Dampfes die Komplementärfarbe übrig, im Falle von Na also zur gelben Natriumabsorption (589.6 nm) eine Purpurfarbe.

herrschend Metallatome, aber – im Unterschied zu den Erdalkalimetall-Dämpfen – zudem diatomare Moleküle enthalten[25]:

	Li	Na	K	Rb	Cs	Fr
Smp. [°C]	180.54	97.82	63.60	38.89	28.45	≈ 27
Sdp. [°C]	1347	881.3	753.8	668	678	≈ 680
d [g/cm³]	0.534	0.971	0.862	1.532	1.873	?

Die Alkalimetalle Na bis Cs sind untereinander in jedem Verhältnis mischbar (Li vereinigt sich mit Na nur oberhalb 380 °C, mit K, Rb und Cs nicht), wobei die ternäre Legierung mit 12 % Na, 47 % K und 41 % Cs den niedrigsten Smp. (– 78 °C) aller metallischen Legierungen aufweist.

Da alle Metalle der I. Hauptgruppe pro Atom nur 1 Valenzelektron zum Elektronengas beisteuern, und daher nur schwache Kräfte den aus M^+-Ionen und Elektronen bestehenden Kristall zusammenhalten, zeichnen sich die Alkalimetalle im Vergleich zu den im Periodensystem rechts benachbarten, zweiwertigen *Erdalkalimetallen* (S. 1128) nicht nur durch *größere Weichheit, niedrigere Schmelzpunkte, niedrigere Siedepunkte* und *kleinere Dichten*, sondern auch durch *niedrigere Sublimationsenthalpien* und *größere Atomradien* aus (vgl. Tafel III). Die mit steigender Atommasse infolge des zunehmenden Ionenradius (vgl. Tafel III) abnehmende polarisierende Wirkung bedingt eine in gleicher Richtung sinkende Neigung der Alkali-Ionen zur *Hydratation*, was in den abnehmenden Hydratationsenthalpien zum Ausdruck kommt (Tafel III). Die besonders hohe Hydratationsenthalpie des Lithium-Ions, welche die Bildung positiver Lithium-Ionen in wässeriger Lösung begünstigt, ist im Verein mit der niedrigen 1. Ionisierungsenergie des Lithiums zugleich der Grund für seinen aus dem Rahmen fallenden hohen negativen Wert des *Normalpotentials*, der sich bei den anderen Alkalimetallen vom Cäsium zum Natrium hin verkleinert (Tafel III). Die mit steigender Atommasse abnehmende Neigung zur Bildung *kovalenter* Bindungen drückt sich in den fallenden *Dissoziationsenergien* für die zweiatomigen Gasmoleküle[25] und im relativ hohen *Siedepunkt* des Lithiums aus. Die in gleicher Richtung wachsende Tendenz zur Bildung *ionogener* Bindungen offenbart sich in den fallenden *Elektronegativitätswerten* und *Ionisierungsenergie* (Tafel III). Die *elektrische Leitfähigkeit* der Alkalimetalle nimmt vom Lithium bis zum Kalium hin zu, dann bis zum Cäsium hin wieder ab (Tafel III). Für Natrium ist das elektrische Leitvermögen bei 0 °C 23mal größer als das des Quecksilbers und rund 3mal kleiner als das des Silbers.

Alkalimetalle und Alkalimetallsalze ergeben charakteristische **Flammenfärbungen**, da das – vergleichsweise schwach gebundene – Außenelektron der Alkalimetallatome thermisch (z. B. in der Bunsenflamme) leicht in angeregte Zustände angehoben werden kann und dann beim Übergang in den Grundzustand Licht bestimmter Wellenlängen emittiert (Natrium z. B. eine gelbe Doppellinie):

	Li	Na	K	Rb	Cs
Flammenfärbung	*rot*	*gelb*	*rotviolett*	*rot*	*blau*
emittierte Haupt-	670.7844	589.5923	769.8979/766.4907	794.7600	459.3177
Wellenlängen [mm]	610.3642	588.9953	404.7201/404.4140	780.0227	455.5355

Auch die *Erdalkalimetalle* färben die Bunsenflamme in charakteristischer Weise, und zwar Calcium *ziegelrot* (rote Linie bei 622.0 nm, grüne Linie bei 553.3 nm), Strontium *karminrot* (orangefarbene Linie bei 605.0, blaue Linie bei 460.7 nm), Barium *gelbgrün* (grüne Linien bei 524.2 und 513.7 nm), Radium *karminrot*. Verschiedene Elemente tragen ihren *Namen* nach der Färbung, die sie der Flamme erteilen

[25] Dissoziationsenthalpien von $Li_2/Na_2/K_2/Rb_2/Cs_2$ = 106.48/77/57.3/45.6/41.75 kJ/mol. Beim Sdp. beträgt der Assoziationsgrad von Na 16 %.

und die bei ihrer Entdeckung als Wegweiser für die Isolierung diente; so z. B. die Metalle Rubidium (S. 1161), Cäsium (S. 1161), Indium (S. 1093) und Thallium (S. 1093).

Die Alkalimetalle besitzen zudem die Eigenschaft, unter dem Einfluß von *ultraviolettem* Licht *Elektronen abzuspalten* z. B.: 425.21 kJ + K (g) → K^+ (g) + ⊖, da die verhältnismäßig kleinen Ionisierungsenergien bereits von den Quanten des langwelligen ultravioletten Spektralgebietes zur Verfügung gestellt werden können (vgl. S. 104). Bei den anderen Metallen mit fester gebundenen Außenelektronen erfolgt die Abspaltung erst beim Bestrahlen mit energiereicherem Licht. Von der leichten Abspaltbarkeit des äußeren Elektrons machte man bei den „*Alkaliphotozellen*" Gebrauch, welche anfangs in der *Tonfilm-* und *Fernsehtechnik* Anwendung fanden. Sie bestanden aus evakuierten Glasgefäßen mit zwei Elektroden, von denen die eine mit einer Schicht von Kalium- oder Cäsiummetall (Cs → Cs^+ + ⊖) belegt war.

Physiologisches. Natrium ist in der Form von Na^+ für Menschen, Tiere und Pflanzen *essentiell.* Der Mensch enthält ca. 1.5 g Na^+ pro kg; sein täglicher Bedaf beträgt ca. 1 g (tatsächliche Aufnahme meist 3–7 g). Ähnliches gilt für Tiere, während Pflanzen vergleichsweise wenig Na^+ aufweisen („Pflanzenfresser" müssen daher Na^+ durch „Salzlecken" zusätzlich aufnehmen). Ein Drittel des in Form von Hydrogencarbonat und Phosphaten vorliegenden menschlichen Natriums (insgesamt ca. 100 g) ist in den Knochen gebunden; der Rest dient – gelöst in intra- und extrazellulären Flüssigkeiten – als Antagonist des Kaliums (s. u.) zur Einstellung des osmotischen Drucks, zur Bildung von Salzsäure im Magen, zur Aktivierung von Enzymen, zur Ausbildung von Membran-Potentialen (beispielsweise der Nervenleitung und Muskelerregung; vgl. „*Natrium-Kalium-Pumpe*"). *Natriumverluste* durch Flüssigkeitsabgabe (z. B. Schweiß) führen zu Durst, Appetitlosigkeit, Übelkeit, Muskelkrämpfen, *Natriumüberzufuhr* u. a. zu erhöhtem Blutdruck.

Auch das Kalium ist in Form von K^+ für Menschen, Tiere und Pflanzen *essentiell.* Der Mensch enthält ca. 2.2 g K^+ pro kg; sein täglicher Bedarf beträgt ca. 0.8 g (tatsächliche Aufnahme meist 2–4 g). Auch Tiere und Pflanzen enthalten viel Kalium (Pflanzen nehmen aus Böden bevorzugt K^+ vor Na^+ auf; „Salzkraut" besteht z. B. aus 20 Gew.-% Kalium und weist kein Natrium auf). Kalium – gelöst in intra- und extrazellulären Flüssigkeiten – hat als Antagonist des Natriums die gleichen Funktionen wie dieses (s. o.). Es ist zudem unentbehrlich für die Photosynthese sowie die Steigerung der Glykolyse, Lipolyse und Gewebsatmung. *Kaliummangel* führt beim Menschen zu Appetitverlust, Muskelschwächung, Herzrhythmusstörungen, Digitalisüberempfindlichkeit, bei Pflanzen zur Zuckeranreicherung und Cellulosebildungsverminderung.

Über die physiologische Wirkung des Rubidiums Rb^+ und Cäsiums Cs^+ auf den Menschen ist bisher wenig bekannt. Der Mensch enthält pro kg ca. 16 mg Rb^+ und praktisch kein Cs^+. Beide Elemente sind weder *essentiell* noch *toxisch.* Wie K^+ wird auch Rb^+ und Cs^+ von Pflanzen (z. B. Pilzen) vor Na^+ bevorzugt aus Böden aufgenommen. Das radioaktive, langlebige Nuklid $^{137}_{55}Cs$ (s. o.), gebildet durch Urankernspaltung, gelangt so über Pflanzen- und Tiernahrungsmittel in den Menschen (Cs^+ wird vom Magen-Darm-Trakt vollständig resorbiert); es ist daher wie $^{90}_{38}Sr$ für den Menschen ein gefährliches Folgeprodukt von Atombomben- und Reaktor-Explosionen (vgl. Tschernobyl).

2.1.4 Chemische Eigenschaften

Ähnlich wie im Falle der Erdalkalimetalle (S. 1129) nimmt auch im Falle der Alkalimetalle der *elektropositive Charakter* und damit die *Reaktionsfähigkeit* der Elemente u. a. gegen Brom, Iod, Sauerstoff, Wasser mit steigender Atommasse (also vom Lithium zum Cäsium hin) zu.

Das **Natrium** oxidiert sich demgemäß an *feuchter Luft* leichter (Bildung von NaOH) als Lithium (S. 1150), so daß die blanke Metalloberfläche eines frisch durchschnittenen Natriumstückes schnell *anläuft* und sich mit einer *Hydroxidkruste* bedeckt. Daher bewahrt man Na unter Petroleum auf[26]. Gegenüber *trockenem Sauerstoff* ist Natrium zum Unterschied davon sehr *beständig* und kann sogar in vollkommen wasserfreiem O_2 geschmolzen werden (Smp. 97.82 °C), ohne sich zu entzünden. Bei Anwesenheit von Spuren Feuchtigkeit verbrennt es dagegen beim Erwärmen an der Luft leicht mit *intensiv gelber Flamme* zu farblosem Natriumperoxid:

$$2Na + O_2 \rightarrow Na_2O_2 + 504.9\,g\,kJ.$$

---

[26] Die auch hier sich bildenden Krusten rühren von Reaktionen des Metalls mit im Petroleum enthaltenen Sauerstoffverbindungen her.

Auch sonst ist das Natrium gegenüber elektronegativeren Partnern ein sehr *reaktionsfähiges Element*[27]. Leitet man z. B. über erwärmtes Natrium *Chlor*, so vereinigt es sich mit diesem unter *blendender gelber Lichterscheinung* (Emission der Natriumlinien, s. o.) zu Natriumchlorid: $2Na + Cl_2 \rightarrow 2NaCl +$ 822.6 kJ. In entsprechender Weise tritt Reaktion mit den übrigen *Halogenen* zu NaX, mit *Wasserstoff* zu NaH, mit *Schwefel* zu Na_2S usw. ein (vgl. hierzu Anm.[76], S. 891).

Auf Wasser geworfen, schwimmt Natrium umher und geht unter *Schmelzen* und *Wasserstoffentwicklung* in Natriumhydroxid über (S. 252):

$$2Na + 2H_2O \rightarrow 2NaOH + H_2 + 285.5\,kJ.$$

Hindert man es dabei an der *Bewegung*, indem man es z. B. auf ein auf dem Wasser schwimmendes Filterpapier legt, so *entzündet* sich der freiwerdende *Wasserstoff*, da die Wärmeentwicklung dann lokalisiert ist.

In analoger Weise reagiert Natrium mit *Alkoholen*, z. B.: $2Na + 2MeOH \rightarrow 2NaOMe + H_2$. In *flüssigem Ammoniak* löst sich Natrium ohne Wasserstoffentwicklung mit *intensiv blauer Farbe* (vgl. S. 1186). Beim Erhitzen zersetzt sich die Na/NH_3-Lösung unter Bildung von Natriumamid: $2Na + 2NH_3 \rightarrow 2NaNH_2 + H_2 + 146\,kJ$. Die Reaktion ist umkehrbar. So kann eine Lösung von $NaNH_2$ in flüssigem Ammoniak in eine NH_3-Lösung von Natrium umgewandelt werden, indem man unter hohem Druck H_2 darauf einwirken läßt.

Das **Kalium** ist seinerseits chemisch reaktionsfähiger als Natrium. Es verbrennt beim Erhitzen an der *Luft* leicht mit *intensiv violettem Licht* zum Hyperoxid KO_2 (vgl. S. 1175) und zersetzt *Wasser* mit so großer Heftigkeit, daß die entstehende Wärme genügt, um den gebildeten *Wasserstoff* zu *entzünden* ($2K + 2H_2O \rightarrow 2KOH + H_2$). Während Natrium mit *Brom* nur oberflächlich und mit *Iod* selbst beim Smp. (63.60 °C) nicht reagiert, setzt sich Kalium mit diesen Halogenen unter heftiger *Detonation* um. Bezüglich weiterer Reaktionen von Kalium mit Elementen vgl. Anm.[76] auf S. 783, bezüglich der Bildung blauer Lösungen in flüssigem Ammoniak S. 891.

Die Elemente **Rubidium** und **Cäsium** sind ihrerseits wieder reaktionsfähiger als ihre leichteren Homologen und entzünden sich z. B. bei *Sauerstoffzutritt* ohne weiteres unter Bildung der Hyperoxide RbO_2 und CsO_2 (vgl. S. 1175).

Als Alkalimetall („Eka-Cäsium") schließt sich das **Francium** in seinen chemischen Eigenschaften an die übrigen Alkalimetalle an. So wird es beispielsweise wie diese analytisch weder in der Schwefelwasserstoff- noch in der Schwefelammon- und Erdalkaligruppe (S. 559) gefällt und bildet analog dem Kalium, Rubidium und Cäsium u. a. schwerlösliche Niederschläge der Zusammensetzung $FrClO_4$ und Fr_2PtCl_6.

Verwendung. Metallisches Natrium (Weltjahresproduktion: 100 Kilotonnenmaßstab) findet ausgedehnte technische Verwendung zur Darstellung von *Natriumperoxid* Na_2O_2 (z. B. für Bleich- und Waschzwecke; S. 537), *Natriumamid* $NaNH_2$ (z. B. für Indigosynthese), *Natriumcyanid* NaCN (z. B. zur Silbergewinnung; S. 1010) und *Natriumhydrid* NaH (für $NaBH_4$-Herstellung) sowie für *organische Synthesen* (z. B. in der Farbenindustrie). In *Technik* und *Laboratorium* ist es als kräftiges *Reduktionsmittel* unentbehrlich (z. B. zur Herstellung stark elektropositiver Metalle wie Ti, Zr, Ta, Th, U aus ihren Oxiden oder Halogeniden). In der *Beleuchtungstechnik* benutzt man es bei den *Natriumdampf-Entladungslampen*, die ein gelbes Licht ausstrahlen). Die umfangreichste technische Anwendung findet verflüssigtes Natrium als *Kühlmittel in Kernreaktoren* (S. 1772). Ein weiteres Einsatzgebiet von Natrium ist die Herstellung von *Bleitetraethyl* (S. 983) (Zusatz zum Motorenbenzin als Antiklopfmittel). Wegen des Bleigehaltes der Abgase findet diese Methode der Octanzahl-Erhöhung jedoch zunehmend gesetzlich geregelte Ablehnung.

Metallisches Kalium dient u. a. zur Herstellung von *Kaliumhyperoxid* KO_2 (in Atemmasken; S. 1175) und von flüssiger *Kalium/Natrium-Legierung* (als Reduktionsmittel; Kühlmittel in Kernreaktoren). Es wird aber hauptsächlich in Form von Verbindungen für *Düngemittel* genutzt (S. 1173). Bezüglich der Verwendung von Kalium oder Cäsium in Alkaliphotozellen vgl. S. 1164.

---

27 Besonders reaktionsfähig sind **Natriumsuspensionen**, die bei starkem Rühren von Na in Kohlenwasserstoffen kurz oberhalb des Smp. von Na (97.82 °C) entstehen und im Handel erhältlich sind. Reaktionsfähige Na-Lösungen entstehen weiterhin durch Auflösen von Natrium in ungesättigten Kohlenwasserstoffen wie Naphthalin oder Tetraphenylethylen bei Gegenwart von Komplexbildnern wie Tetrahydrofuran (vgl. S. 1187). Auch die flüssigen Na-Amalgame (S. 1380) und Na/K-Legierungen (Eutektikum bei 77.2 % K, Smp. −12.3°) sowie Lösungen von Na in fl. NH_3 (S. 1186) übertreffen das feste Natrium erheblich an Reaktivität.

2.1.5 Alkalimetalle in Verbindungen

Oxidationsstufen. Alle Elemente der Alkaligruppen (1 Außenelektron) sind in ihren Verbindungen mit elektronegativeren Bindungspartnern *einwertig* mit der Oxidationsstufe **+1**. Wie hierbei aus den ersten Ionisierungsenergien der Alkalimetalle hervorgeht (für Li/Na/K/Rb/Cs = 5.32/5.14/4.34/4.18/3.89 eV) wird die einwertige Stufe M^+ (*abgeschlossene Elektronenoktett-Außenschale*) in Richtung Li, Na, K, Rb, Cs zunehmend leichter gebildet[28]. Außer Verbindungen der Alkalimetalle mit der Oxidationsstufe +1 treten in Ausnahmefällen auch solche mit Oxidationsstufe **−1** auf (M^- mit *abgeschlossener s-Elektronen-Außenschale*; Näheres s. unten).

Gemäß der zweiten und dritten Ionisierungsenergie (vgl. Tafel III), ist die – in einem Massenspektrometer durch Stoßionisation zu verwirklichende – *weitergehende Oxidation* der einwertigen Elektronenoktett-Kationen M^+ zu zwei – und dreiwertigen Alkalimetall-Kationen M^{2+} und M^{3+} *stark endotherm* und selbst im Falle von Cäsium (2. und 3. Ionisierungsenergie = 25.08 und 35.24 eV) energieaufwendiger als im Falle des isoelektronischen Xenons (1. und 2. Ionisierungsenergie = 13.13 und 21.20 eV). Demgemäß lassen sich Alkalimetalle *chemisch* nicht zu Verbindungen oxidieren, welche zwei- oder dreiwertige Alkalimetalle (Oxidationsstufen +2, +3) aufweisen (Fluoride MF_3, die durch Abschrecken von MF/F_2-Dämpfen auf tiefe Temperaturen entstehen, enthalten Ionen F_3^-; vgl. S. 453). Einige Befunde sprechen indes für eine intermediäre Bildung höheroxidierter Formen von K, Rb, Cs im Zuge der *elektrochemischen* Oxidation von $MAsF_6$ in flüssigem Schwefeldioxid bei Potentialen um +4.65 Volt.

Koordinationszahlen. Die Tendenz zur Ausbildung höherer Koordinationszahlen wächst bei den Alkalimetallkationen mit dem Ionenradius, also in Richtung $Li^+ \rightarrow Cs^+$. So beträgt etwa die Zahl nächster, mit M^+ koordinierter H_2O-Moleküle in mittelkonzentrierten wäßrigen Lösungen von LiCl/NaCl/KCl *vier/sechs/größer sechs*. Man kennt jedoch von allen Alkalimetallen Verbindungen mit kleiner, mittlerer und großer Koordinationszahl von M^+, z. B.: *eins* (in gasförmigem **MF**), *zwei* (gewinkelt in gasförmigem $\mathbf{MF_2}$), *drei* (pyramidal in gasförmigem $\mathbf{MF_3}$), *vier* (tetraedrisch in $\mathbf{M_2}O$ ohne Cs_2O), *fünf* (in $\mathbf{Na}ClO_4 \cdot 2MeCONMe_2$), *sechs* (oktaedrisch in $\mathbf{Na_2}SO_4 \cdot 10H_2O$, $\mathbf{Na_2}CO_3 \cdot 10H_2O$, $\mathbf{K}F \cdot 4H_2O$ mit $\mathbf{M}(H_2O)_6^+$-Einheiten sowie in **M**Cl ohne CsCl; trigonal-prismatisch in $\mathbf{Na}I \cdot 3HCONMe_2$), *acht* (kubisch in **Cs**Cl), *größer acht* (z. B. *zehn* im Komplex von K^+ mit Dibenzo-30-Krone-10).

Alkalimetall-Ionen. Kationen M^+. In ihren Verbindungen mit *elektronegativeren* Bindungspartnern X liegen die Alkalimetalle M in der Regel als *Kationen* M^+ (abgeschlossene Edelgasschalen) mit deutlich *hetero*valenten Bindungsbeziehungen vor. Somit sind die betreffenden Verbindungen als **Alkalimetallsalze** M^+X^- zu beschreiben. Während die Lithiumsalze Li^+X^- wegen der stark polarisierenden Wirkung des kleinen Lithium-Ions Li^+ noch einen gewissen Grad von *kovalentem* Charakter besitzen, ist dies bei den Salzen M^+X^- des Natriums und insbesondere des Kaliums, Rubidiums und Cäsiums nicht mehr der Fall. Die *Radien der Alkalimetall-Kationen* M^+ betragen bei sechsfacher Koordination mit Anionen: 0.90 (Li), 1.16 (Na), 1.52 (K) 1.66 (Rb), 1.81 (Cs), 1.94 (Fr) (vgl. Anhang IV).

Unter den Natriumsalzen, die fast alle wasserlöslich sind, sind naturgemäß jene wenigen Verbindungen analytisch wichtig, die sich aus wässeriger Lösung ausfällen lassen. Es handelt sich hier um Salze mit großem Anion, wie das *Hexahydroxoantimonat* $Na[Sb(OH)_6]$ oder das *Zinkuranylacetat* $Na[Zn(UO_2)_3(OAc)_9] \cdot 6H_2O$. Mit zunehmender Größe des Alkali-Ions wird die Zahl der schwerlöslichen Salze größer; erwähnt seien hierbei beim K, Rb, Cs und Fr die *Perchlorate* $M[ClO_4]$, die *Hexanitrocobaltate* $M_3[Co(NO_2)_6]$, die *Hexachlorplatinate* $M_2[PtCl_6]$ und die *Tetraphenylborate* $M[BPh_4]$, die in Form der Natriumsalze alle löslich sind. Sie eignen sich wegen ihrer hohen Molekülmasse gut zur *quantitativen Bestimmung* von K, Rb und Cs. Im ganzen gesehen ist aber Na den höheren Homologen K, R, Cs, Fr ähnlicher als etwa das im Periodensystem rechts benachbarte Mg seinen höheren Homologen Ca, Sr, Ba, Ra.

Anionen M^-. Beim Lösen der *Alkalimetalle* in *Aminen* (z. B. $H_2NCH_2CH_2NH_2$) oder *Polyethern* (z. B. $MeOCH_2CH_2OCH_2CH_2OMe$) disproportionieren die Alkalimetalle in gerin-

---

[28] Daß die 1. Ionisierungsenergie beim Übergang vom Cäsium zum Francium auf 4.15 eV anwächst, hat *relativistische Ursachen* (vgl. S. 338). Aus den Normalpotentialen für die Redoxvorgänge $M \rightarrow M^+ + \ominus$ (vgl. Tafel III) geht der Trend für die Elektronenabgabetendenz weniger gut hervor, da in die betreffenden Potentiale zudem die – vom M^+-Ionenradius abhängigen – Hydratationsenergien von M^+ eingehen (vgl. S. 161).

gem Umfange unter Bildung *farbloser solvatisierter Kationen* M^+ und *farbiger*[29] *solvatisierter Anionen* M^- (Heliumschale; nicht im Falle von Lithium) sowie solvatisierter Elektronen e^- (nicht im Falle von Natrium)[30]:

$$2M \xrightleftharpoons{\text{Solvens}} M^+_{\text{solv.}} + M^-_{\text{solv.}};\quad M \xrightleftharpoons{\text{Solvens}} M^+_{\text{solv.}} + e^-_{\text{solv.}}.$$

Die Löslichkeit der Alkalimetalle in den erwähnten und anderen Lösungsmitteln und damit die Konzentration der **Alkalide**[31] M^- läßt sich durch Zusatz von *Kronenethern* und *Cryptanden*, welche sehr stabile *Komplexe* mit M^+ bilden (Näheres S. 1184), drastisch steigern; auch bilden sich – sofern man die Alkalimetalle und die Cryptanden im Molverhältnis 1 : 1 einsetzt – *solvatisierte Elektronen* e^- (vgl. hierzu die Verhältnisse von Lösungen der Alkalimetalle in flüssigem Ammoniak S. 1186):

$$2M + \text{Crypt} \xrightarrow{\text{Solvens}} [M(\text{Crypt})]^+ + M^-;\quad M + \text{Crypt} \xrightarrow{\text{Solvens}} [M(\text{Crypt})]^+ + e^-_{\text{solv.}}.$$

Bezüglich der Spaltung $M^- \rightleftarrows M^+ + 2e^-$ ist das *Natrium-Anion* unter den Alkaliden am *stabilsten*, das *Kalium-Anion* (nach Li^-) am *instabilsten*. Demgemäß liegen in cryptandhaltigen Kaliumlösungen bevorzugt $[K(Crypt)]^+$-Ionen und solvatisierte Elektronen vor. Allerdings läßt sich das Alkalid K^- in derartigen Lösungen unter geeigneten Bedingungen (z. B. Lösungen von $[K(15\text{-Krone-}5)_2]K^-$ in Me_2O; bzgl. 15-Krone-5 vgl. S. 1184) spektroskopisch ebenfalls eindeutig nachweisen.

Kühlt man Lösungen von $[Na(Crypt\text{-}222)]^+ + Na^-_{solv.}$ in Me_2CHNH_2/Et_2O auf $-78\,°C$ ab, so fallen *hellgoldgelbe*, glänzende Kristallplättchen des *Salzes* $[Na(Crypt\text{-}222)]^+Na^-$ aus (Smp. 83 °C), die sich aus einer kubisch-dichtesten Packung von $[Na(Crypt)\text{-}222]^+$-Kationen aufbauen, deren oktaedrische Lücken durch Na^--Anionen besetzt sind (vgl. Fig. 240a; analog ist $[NaCrypt\text{-}222]^+I^-$ aufgebaut). In analoger Weise lassen sich Lösungen von Salzen $[M(Crypt)]^+M^-$ bzw. $[M'(Crypt)]^+M^-$ mit den stark reduzierend wirkenden Anionen K^-, Rb^- und Cs^- herstellen und unter geeigneten Bedingungen zum Kristallisieren bringen. Die geschätzten *Radien der Alkalide* M^- betragen: 2.3 (Li), 2.7 (Na), 3.3 (K), 3.4 (Rb), 3.5 (Cs), > 3.5 Å (Fr); tatsächlich sind sie wohl um einige zehntel Ångström kleiner.

Beim Abkühlen von Lösungen, die Crypt-222 und Kalium im Molverhältnis 1 : 1 bzw. 18-Krone-6 und Cs im Molverhältnis 2 : 1 enthalten, fallen Kristalle der als **Elektride**[31] bezeichneten *Elektronensalze* $[K(Crypt\text{-}222)]^+e^-$ und $[Cs(18\text{-Krone-}6)_2]^+e^-$ aus (vgl. Fig. 240c). In beiden Salzen sind die Elektronen in Hohlräumen der Packungen von $[K(Crypt\text{-}222)]^+$- bzw. $[Cs(18\text{-Krone-}6)_2]^+$-Kationen untergebracht und zwar in ersterem Salz (diamagnetisch, elektrisch gut leitend) jeweils zwei spingepaarte Elektronen in länglichen Hohlräumen, in letzterem Salz (paramagnetisch, elektrisch schlecht leitend) ungepaarte Einzelelektronen in kugeligen Hohlräumen (die Strukturen der Elektride ähneln den Strukturen von $[K(Crypt\text{-}222)]^+K^-$ mit K_2^{2-}-Einheiten und $[Cs(18\text{-Krone-}6)_2]^+Na^-$ mit Na^--Einheiten).

---

29 Absorptionsmaxima in Lösungen der Alkalimetalle Li/Na/K/Rb/Cs in Ethylendiamin $H_2NCH_2CH_2NH_2$ (Löslichkeiten: $0.29/2.39 \times 10^{-3}/1.04 \times 10^{-2}/1.31 \times 10^{-2}/5.4 \times 10^{-2}$ mol/l (bei 25 °C): ?/640/830/890/1100 nm ≙ ?/15600/11200/9100 cm^{-1} (Na^- erscheint in Lösung blau). Die Absorption des Elektrons wird in Ethylendiamin bei 1280 nm ≙ 7750 cm^{-1} beobachtet.

30 Die Dissoziation von normalerweise nicht ionisch aufgebauten Elementen oder Verbindungen in Kationen und Anionen ist immer dann möglich, wenn die für die Ionenbildung aufzuwendende Energie kleiner ist als die bei der Ionensolvation freiwerdende Energie. Kleine Bindungsenergien sowie kleine Ionisierungsenergien bzw. große Elektronenaffinitäten der in Kationen und Anionen übergehenden Atome oder Atomgruppen sowie komplexbildende Eigenschaften des Solvens sind somit dissoziationsfördernd. Die Alkalimetalle weisen – abgesehen von nicht allzu starken Metall-Metall-Bindungen und relativ kleinen Ionisierungsenergien – vergleichsweise große Elektronenaffinitäten auf (um 50 kJ/mol; Bildung stabiler Heliumschalen; die Umwandlung von metallischem in salzartiges Natrium: $NaNa \rightarrow Na^+Na^-$ erfordert nur rund 60 kJ/mol). Demgegenüber erfordert die Vereinigung von Erdalkalimetallatomen mit Elektronen Energie, weshalb eine Dissoziation $3M \rightleftarrows M^{2+} + 2M^-$ selbst in Cryptand-haltigen Lösungsmitteln unterbleibt. In analoger Weise dissoziieren F_2 und H_2 wegen der hohen Ionisierungsenergie von Fluor bzw. der hohen Bindungsenergie von Wasserstoff in polaren Lösungsmitteln nicht in Ionen F^+/F^- bzw. H^+/H^-. Sehr hohe Elektronenaffinitäten haben die Elemente der 1. Nebengruppe (Cu: 118.3; Ag: 125.7; Au: 222.7 kJ/mol), so daß die Bildung von Salzlösungen mit entsprechenden M^--Ionen möglich ist.

31 **Literatur.** J. L. Dye: „*Verbindungen mit Alkalimetall-Anionen*", Angew. Chem. **91** (1979) 613–625; Int. Ed. **18** (1979) 587; M. C. R. Symons: „*Solution of Metals: Solvated Electrons*", Chem. Soc. Rev. **5** (1976) 337–358; J. L. Dye: „*Electrides, Negatively Charged Metal Ions, and Related Phenomena*", Prog. Inorg. Chem. **32** (1984) 327–441; J. L. Dye: „*Electrides: Ionic Salts with Electrons as Anions*", Science **247** (1990) 663–668; J. L. Dye: „*Macrocyclic Chemistry in Reducing Enviroments: From Concentrated Metal Solutions to Crystalline Electrides*", Pure Appl. Chem. **61** (1989) 1555–1562.

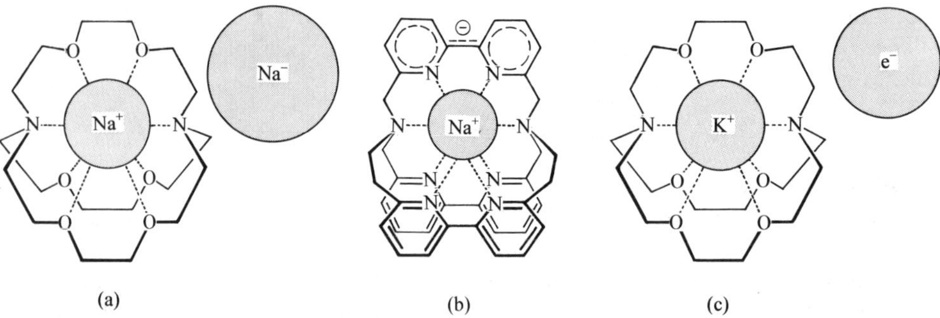

Fig. 240 Schematische Wiedergabe eines *Alkalids* (a); eines expandierten Alkalimetallatoms („*Cryptatium*", Radikal-Kontaktionenpaar) (b); eines *Elektrids* (Rydbergatom, Elektronensalz).

Enthält der Cryptand-Ligand ungesättigte organische Systeme, die wie α,α'-Bipyridyl (bipy) Elektronen leicht in antibindenden Molekülorbitalen unterbringen können, so bildet sich kein Elektrid. Beispielsweise hält sich das äußere Elektron des Natriums in dem durch Elektrooxidation aus $[Na(tris\text{-}bipy)]^+Br^-$ erhältlichen tiefblau-violetten, kristallinen Neutralkomplex [Na(tris-bipy)] (Fig. 240b; C_2-Molekülsymmetrie) in einer Bipyridyl-Einheit des Liganden tris-bipy auf, die demzufolge etwas fester als die beiden anderen ungesättigten Gruppen an Na^+ gebunden ist (NaN-Abstände 2.59 bzw. 2.82 Å). Die betreffende Verbindung [Na(tris-bipy)] = [Na(Crypt)], die man zur **Cryptatium**-Familie zählt, muß hinsichtlich der „Entfernung" des äußeren Alkalimetallelektrons vom Kern zwischen die Alkalimetallatome und die Alkalimetallelektride eingereiht werden. Charakteristisch für die Struktur des Komplexes ist sein natriumanaloger *kugelförmiger Bau* und das *Fehlen* der – im Falle der Elektride zu beobachtenden – *Hohlräume* für freie Elektronen im Kristall. Man könnte das betreffende „*Radikal-Kontaktionenpaar*" deshalb als „*expandiertes Alkalimetallatom*" bezeichnen. Interessanterweise läßt sich [Na(tris-bipy)] durch Reduktion in das Monoanion („*expandiertes Alkalid*") und darüber hinaus in das Dianion überführen.

2.2 Verbindungen des Natriums, Kaliums, Rubidiums, Cäsiums, Franciums[18)]

Nachfolgend werden zunächst *anorganische Alkalimetallverbindungen* (nämlich Hydride, Halogenide, Chalkogenide, Salze von Oxosäuren, Komplexe), dann *organische Alkalimetallverbindungen* besprochen. Bezüglich weiterer *binärer Verbindungen der Alkalimetalle* mit Elementen der Stickstoffgruppe (z. B. Azide, Phosphide; einfache Nitride M_3N sind nur von Li bekannt), der Kohlenstoffgruppe (z. B. Carbide, Graphitverbindungen, Silicide), der Borgruppe (z. B. Boride) vgl. bei den entsprechenden Elementen.

2.2.1 Wasserstoffverbindungen der Alkalimetalle[32)]

Darstellung. In der Technik wird **Natriumhydrid NaH** durch Überleiten von reinem (O_2- und H_2O-freiem) *Wasserstoffgas* über geschmolzenes *Natrium* bei 250–300 °C gewonnen:

$$Na + \tfrac{1}{2}H_2 \rightarrow NaH + 57\,kJ.$$

In entsprechender Weise bilden sich **Kalium, Rubidium-** sowie **Cäsiumhydrid MH** aus den Elementen bei 350 °C und **Lithiumhydrid LiH** bei 600–700 °C (vgl. S. 284).

Während *Lithium* Wasserstoff selbst bei 440 °C – also weit oberhalb seines Schmelzpunktes (180.54 °C) – noch sehr langsam unter LiH-Bildung aufnimmt, vermag *Natrium* bereits bei 80 °C – also unterhalb seines Schmelzpunktes (97.82 °C) – mit H_2 zu reagieren. Allerdings kommt die Reaktion bei dieser Temperatur aufgrund der Bildung von NaH-Krusten auf dem Na-Metall bald zum Stillstand. Vollständiger lassen sich Natriumsuspensionen bei niedriger Temperatur in NaH überführen. Die H_2-Aufnahme von

---

[32] **Literatur.** E. Wiberg, E. Amberger: „*Hydrides*", Elsevier, Amsterdam 1971, S. 13–42.

Kalium (Smp. 63.60 °C) erfolgt langsam ab 260 °C, die von Rubidium (Smp. 38.89 °C) und Cäsium (Smp. 28.45 °C) ab 300 °C. Hierbei setzt sich der Wasserstoff sowohl in der *Gasphase* mit dem vorliegenden Alkalimetalldampf („homogene" MH-Bildung) als auch in der kondensierten Phase mit der Alkalimetallflüssigkeit („heterogene" MH-Bildung) um.

Eigenschaften. Die Alkalimetallhydride NaH ($\Delta H_f = -57$ kJ/mol), KH (– 56 kJ/mol), RbH (– 55 kJ/mol) und CsH (– 50 kJ/mol) stellen *farblose* Verbindungen dar, die – anders als LiH (– 91.23 kJ/mol; Smp. 686.5 °C; vgl. S. 1151) – bereits unterhalb ihres Smp. in Umkehrung ihrer Bildung aus den Elementen zerfallen (der Zersetzungsdruck 1 atm H_2 wird für LiH/NaH/KH/RbH/CsH bei 972/425/420/364/389 °C erreicht; der Smp. von NaH liegt wohl im Bereich 800–900 °C).

Den Verbindungen NaH bis CsH liegt wie LiH ein salzartiger Bau zugrunde („*NaCl-Strukturen*"). Demgemäß lösen sie sich nicht in organischen Medien, jedoch in geschmolzenem *Natriumhydroxid* NaOH, das anders als Wasser (s. u.) nicht unter Wasserstoffentwicklung zersetzt wird. Auch nimmt die Dichte beim Übergang von den Alkalimetallen zu den Alkalimetallhydriden um 45 % (Li) bis 80 % (Cs), zu, weil die Alkalimetalle bei der Hydridbildung aus der kubisch-*raumzentrierten* Packung (Raumerfüllung 68 %) in die kompaktere kubisch-*flächenzentrierte* Packung (Raumerfüllung 74 %) übergehen, und das Volumen der Alkalimetall-*Ionen* wesentlich kleiner als das der Alkalimetall-*Atome* ist (vgl. Tafel III).

Mit trockenem *Sauerstoff* verbrennt NaH oberhalb 230 °C, während KH, RbH und CsH bereits bei Raumtemperatur mit O_2 zu den entsprechenden Oxiden reagieren, *Wasser* setzt sich mit den Hydriden heftig zu Alkalimetallhydroxiden um:

$$2\,MH + O_2 \rightarrow M_2O + H_2O; \quad MH + H_2O \rightarrow MOH + H_2$$

In analoger Weise bilden *Halogene* Alkalimetallhalogenide ($MH + Hal_2 \rightarrow MHal + HHal$) und *Ammoniak* Alkalimetallamide ($MH + NH_3 \rightarrow MNH_2 + H_2$). Als *starke Basen* wirken die Hydride *deprotonierend* und *addieren* sich an Lewis-Säuren (z. B. $NaH + B(OMe)_3 \rightarrow NaBH(OMe)_3$), als *starke Reduktionsmittel* vermögen sie aus zahlreichen *Metalloxiden* die zugehörigen Metalle in Freiheit zu setzen (vgl. „*Hydrimet-Verfahren*, S. 295).

Verwendung. *Natriumhydrid* NaH kommt als Dispersion in Paraffinöl oder mit NaOH brikettiert in den Handel und wird in der organischen Chemie vorwiegend als *Base* zu Claisen-Kondensationen, Aldol-Additionen, Alkylierungen, Acylierungen usw., in der anorganischen Chemie als *Reduktionsmittel* zur Herstellung von Hydriden (z. B. $BF_3 \rightarrow B_2H_6 \rightarrow NaBH_4$, $B(OMe)_3 \rightarrow NaBH(OMe)_3 \rightarrow NaBH_4$, $AlBr_3 \rightarrow NaAlH_4$), Metallen (z. B. $TiCl_4 \rightarrow Ti$; Entzunderung), niedrigwertigen Nichtmetallverbindungen (z. B. $SO_2 \rightarrow Na_2S_2O_4$, $CO_2 \rightarrow HCOONa$) genutzt.

2.2.2 Halogenverbindungen der Alkalimetalle

Einige Kenndaten der durch Einwirkung von *Halogenwasserstoffen* HX in Wasser auf *Alkalimetallhydroxide* MOH bzw. *-carbonate* M_2CO_3 darstellbaren **Alkalimetallhalogenide MX**, von denen nachfolgend NaCl, KCl, KBr und KI eingehender behandelt werden, gibt die Tab. 93 wieder.

Ihr ist zu entnehmen, daß die kristallisierten Halogenide $(MX)_\infty$ bis auf CsCl, CsBr und CsI („*CsCl-Strukturen*") die „*NaCl-Struktur*" einnehmen. Die *Schmelzpunkte* der festen Alkalimetallhalogenide liegen im Bereich 469 °C (LiI) bis 995 °C (NaF). Sie nehmen in Richtung MF, MCl, MBr, MI ab und durchlaufen in Richtung LiX, NaX, KX, RbX, CsX Maxima bei NaF, NaCl, NaBr und NaI. Die flüssigen Halogenide $(MX)_\infty$ werden in zunehmendem Maße als *Reaktionsmedien* genutzt, wobei der Schmelzpunkt der „*Salzschmelzen*" durch Mischen unterschiedlicher Alkalimetallhalogenide (MX und M'X' sind sowohl in flüssiger wie fester Phase unbegrenzt miteinander mischbar) weiter herabgesetzt werden kann (vgl. z. B. Darstellung von Natrium durch Elektrolyse der Schmelze NaCl/CsCl oder Darstellung von SiH_4 in geschmolzenem LiCl/KCl; S. 1161, 895). Die *Siedepunkte* flüssiger Alkalimetallhalogenide liegen gemäß Tab. 93 im Bereich 1180 °C (LiI) bis 1704 °C (NaF). Sie nehmen wie die Schmelzpunkte in Richtung MF, MCl, MBr, MI ab (Unregelmäßigkeiten bei CsCl, CsBr, CsI) und durchlaufen in Richtung LiX, NaX, KX, RbX, CsX Maxima bei NaF, KCl, KBr, KI. Die gasförmigen Halogenide $(MX)_n$ existieren in Form *monomerer* und *dimerer* Einheiten ($n = 1, 2$) und zum Teil zusätzlich in Form *trimerer* ($n = 3$; z. B. MF, MCl) oder gar *tetramerer* Cluster ($n = 4$; z. B. LiX, NaF). Aus wässerigen MX-Lösungen kristallisieren zum Teil unter allen Bedingungen *wasserfreie Halogenide* (LiF, NaF sowie KX, RbX, CsX mit X = Cl, Br, I), zum Teil bei niedrigen Temperaturen Hydrate aus (KF, RbF, CsF sowie LiX, NaX mit X = Cl, Br, I; Näheres S. 1183), die sich jedoch leicht entwässern lassen ($NaCl \cdot 2H_2O$ gibt z.B. bereits bei 0.15 °C alles H_2O ab). Die *Wasserlöslichkeit* der Halogenide ist bis auf LiF (1.3 g/l) und NaF (42.2 g/l) groß und beträgt bis über 1 kg pro Liter. Sie wächst in Richtung MF, MCl, MBr, MI sowie LiX, NaX, KX, RbX, CsX (in letzteren Fällen nehmen die Löslichkeiten in Richtung CsCl > CsBr > CsI ab).

Tab. 93. Alkalimetallhalogenide (alle Salze *farblos*; alle Smp. in °C, alle ΔH_f-Werte in kJ/mol)[a)]

	Fluoride	**Chloride**	**Bromide**	**Iodide**
Li	**LiF** Smp. 848°/Sdp. 1676° $\Delta H_f = -620$ kJ $d = 2.64$ g/cm^3 NaCl-Struktur; KZ = 6	**LiCl** Smp. 610°/Sdp. 1360° $\Delta H_f = -409$ kJ $d = 2.068$ g/cm^3 NaCl-Struktur; KZ = 6	**LiBr** Smp. 550°/Sdp. 1265° $\Delta H_f = -351$ kJ $d = 3.463$ g/cm^3 NaCl-Struktur; KZ = 6	**LiI** Smp. 469°/Sdp. 1180° $\Delta H_f = -271$ kJ $d = 4.06$ g/cm^3 NaCl-Struktur; KZ = 6
Na	**NaF** Smp. 995°/Sdp. 1704° $\Delta H_f = -575$ kJ $d = 2.79$ g/cm^3 NaCl-Struktur; KZ = 6	**NaCl** Smp. 801°/Sdp. 1413° $\Delta H_f = -411$ kJ $d = 2.16$ g/cm^3 NaCl-Struktur; KZ = 6	**NaBr** Smp. 747°/Sdp. 1390° $\Delta H_f = -360$ kJ $d = 3.20$ g/cm^3 NaCl-Struktur; KZ = 6	**NaI** Smp. 681°/Sdp. 1304° $\Delta H_f = -288$ kJ $d = 3.66$ g/cm^3 NaCl-Struktur; KZ = 6
K	**KF** Smp. 858°/Sdp. 1505° $\Delta H_f = -569$ kJ $d = 2.48$ g/cm^3 NaCl-Struktur; KZ = 6	**KCl** Smp. 772°/Sdp. 1500° $\Delta H_f = -436$ kJ $d = 1.99$ g/cm^3 NaCl-Struktur; KZ = 6	**KBr** Smp. 734°/Sdp. 1435° $\Delta H_f = -392$ kJ $d = 2.75$ g/cm^3 NaCl-Struktur; KZ = 6	**KI** Smp. 677°/Sdp. 1330° $\Delta H_f = -328$ kJ $d = 3.12$ g/cm^3 NaCl-Struktur; KZ = 6
Rb	**RbF** Smp. 795°/Sdp. 1410° $\Delta H_f = -558$ kJ $d = 2.88$ g/cm^3 NaCl-Struktur; KZ = 6	**RbCl** Smp. 718°/Sdp. 1390° $\Delta H_f = -435$ kJ $d = 2.76$ g/cm^3 NaCl-Struktur; KZ = 6	**RbBr** Smp. 693°/Sdp. 1340° $\Delta H_f = -395$ kJ $d = 3.35$ g/cm^3 NaCl-Struktur; KZ = 6	**RbI** Smp. 642°/Sdp. 1304° $\Delta H_f = -329$ kJ $d = 3.55$ g/cm^3 NaCl-Struktur; KZ = 6
Cs	**CsF** Smp. 703°/Sdp. 1251° $\Delta H_f = -555$ kJ $d = 3.586$ g/cm^3 NaCl-Struktur; KZ = 6	**CsCl** Smp. 646°/Sdp. 1290° $\Delta H_f = -443$ kJ $d = 3.97$ g/cm^3 CsCl-Struktur, KZ = 8	**CsBr** Smp. 636°/Sdp. 1300° $\Delta H_f = -406$ kJ $d = 4.43$ g/cm^3 CsCl-Struktur; KZ = 8	**CsI** Smp. 626°/Sdp. 1280° $\Delta H_f = -347$ kJ $d = 4.51$ g/cm^3 CsCl-Struktur; KZ = 8

a) Außer den wiedergegebenen einfachen Halogeniden MX kennt man noch einige **halogenreichere Alkalimetallhalogenide** mit „*Polyhalogenidanionen*" $\mathbf{MX_n}$ (z.B. $RbBr_3$, $CsBr_3$, KI_3, RbI_3, CsI_3, Cs_2I_4, CsI_5, CsI_7, Cs_2I_8) sowie „*gemischten Polyhalogenidanionen*" (z.B. $MClF_2$, MClBrF, $MClF_4$, $MICl_3F$, $MBrF_6$). Näheres S. 453, 470.

Man kennt außer den Halogeniden MX der Alkalimetalle auch eine Reihe von **Pseudohalogeniden**. Typische Beispiele sind z.B. „*Azide*" MN_3 (vgl. S. 667) und „*Cyanide*" MCN (vgl. S. 874). Darüber hinaus sind eine große Anzahl von **Polyhalogeniden** bekannt (vgl. Tab. 93).

Natriumchlorid NaCl („Kochsalz", „*Steinsalz*", „*Halit*"). Vorkommen. NaCl findet sich in *mächtigen Lagern* vor allem in der norddeutschen Tiefebene (z.B. Staßfurt), in Galizien (z.B. Wieliczka), im Salzkammergut, an der Golfküste der Pyrenäen-Halbinsel, in den USA und im Ural-Emba-Gebiet. Große Mengen an Natriumchlorid finden sich ferner im *Meerwasser*, das durchschnittlich 3% NaCl enthält (in den Ozeanen sind etwa 3.6×10^{16} Tonnen NaCl gelöst; das Vorkommen an festem Steinsalz beträgt 10^{15} Tonnen). Manche *Binnenseen* ohne Abfluß – wie das Tote Meer in Israel/Jordanien und der Great Salt Lake in den Vereinigten

Staaten von Amerika (Salzgehalt 6×10^{12}-Tonnen) – stellen recht *konzentrierte Kochsalzlösungen* dar.

Gewinnung. Kochsalz wird in der Hauptsache nach drei Methoden gewonnen: 1. durch bergmännischen Abbau von Steinsalzlagern, 2. durch Auflösen von Steinsalz unter oder über Tage und Eindampfen der so erhaltenen „*Sole*", 3. durch Eindunsten oder Einfrieren von Meer- oder Seewasser. Fast die Hälfte der gesamten NaCl-Weltproduktion entfällt auf Europa (USA: ~25%, Asien: ~21%, BRD: ~7%). In Deutschland werden etwa 90% als Steinsalz gefördert, der Rest aus Solen gewonnen.

Durch „*bergmännischen Abbau*" von Steinsalz wird hauptsächlich das für *technische Zwecke* gebrauchte Natriumchlorid gewonnen. Der Abbau ist dabei nur für *hochprozentiges* Steinsalz, z.B. das „*jüngere*" (S. 1160) Steinsalzlager von Staßfurt (97.8% NaCl) lohnend. Es läßt sich durch Flotation von spezifisch leichteren Beimengungen (Tone, Dolomit, Anhydrit, Granit) befreien und auf einen NaCl-Gehalt von 95% bringen. Unreines Salz, wie z.B. das „*ältere*" (S. 1160) Staßfurter Steinsalz (90–95% NaCl), wird nur zum Ausfüllen abgebauter Kalisalzstrecken verwendet. Das bergmännisch gewonnene Steinsalz kommt z.B. als „*Gewerbesalz*", „*Fabriksalz*", „*Viehsalz*" in den Handel.

„*Speisesalz*" („*Tafelsalz*", „*Siedesalz*") wird hauptsächlich durch „*Aussolung*" (Eindampfen wässeriger Steinsalzlösungen) gewonnen. Zu diesem Zwecke löst man Steinsalz in natürlichen *Solen* bis zur Sättigung auf und dampft die Lösungen – gegebenenfalls nach Abtrennung der Ionen Mg^{2+} (Fällung mit $Ca(OH)_2$), Ca^{2+} (Fällung mit Na_2CO_3), SO_4^{2-} (Na_2SO_4 kristallisiert vor NaCl aus) – in großen, offenen, flachen Eisenpfannen („*Siederei*") oder heutzutage in geschlossenen Gefäßen ein, in denen die Siedetemperatur durch Vakuum herabgesetzt werden kann. Hält man die Sole während des Eindampfens unter guter Rührung in lebhafter Wallung, so erhält man „*Feinsalz*"; zur Erzeugung gröberen Salzes („*Mittelsalz*") läßt man die Sole bei 70–90 °C ruhig stehen; sehr langsames Eindunsten bei 50–70 °C führt zu ganz grobem Salz („*Grobsalz*"). Der NaCl-Gehalt des so gewonnenen Salzes ist > 99.95%.

Zur Gewinnung des Kochsalzes aus „*Meerwasser*" läßt man letzteres in *warmen Ländern* (z.B. an den Küsten des Mittelmeeres) in ausgedehnte flache Bassins („*Salzgärten*") eintreten, in welchen das Wasser durch die Sonnenwärme *verdunstet* (Verdampfungsperiode von 6 Monaten) und aus dem bei Überleiten von Bassin zu Bassin der Reihe nach die einzelnen *Salze* des Meerwassers *auskristallisieren* (*in Spanien beträgt der Anteil von Meersalz an der Gesamtproduktion* ~80%, in Italien ~66%, in Frankreich ~50%). In Ländern mit *kaltem Klima* (z.B. am Weißen Meer) läßt man das Meerwasser in flachen Bassins teilweise *gefrieren*. Das Wasser scheidet sich dann als reines Eis ab, und die zurückbleibende konzentrierte Salzlösung wird *eingedampft*. In Japan wird das Meerwasser zudem durch Elektrodialyse aufkonzentriert. 1 m^3 Meerwasser liefert etwa 23 kg NaCl. Insgesamt wird etwa $\frac{1}{3}$ der Weltproduktion an NaCl aus Meerwasser gewonnen.

Chemisch reines Natriumchlorid kann nicht durch Umkristallisieren aus Wasser hergestellt werden, da Natriumchlorid in *kochendem* und in *kaltem* Wasser praktisch die *gleiche Löslichkeit* besitzt (s. unten). Man verfährt daher so, daß man in eine gesättigte Kochsalzlösung *Chlorwasserstoff* einleitet. Die dadurch bedingte Erhöhung der Chloridionen-Konzentration führt dann zur *Überschreitung des Löslichkeitsproduktes* von Natriumchlorid ($c_{Na^+} \times c_{Cl^-} = L_{NaCl}$), so daß letzteres ausfällt.

Eigenschaften. Natriumchlorid kristallisiert wasserfrei in *farblosen*, durchsichtigen Würfeln (Struktur: S. 121) der Dichte 2.164 g/cm³, welche bei 801 °C schmelzen und bei 1413 °C unter Bildung eines aus $(NaCl)_n$-Molekülen bestehenden Dampfes sieden (n = 1, 2, 3; $\frac{1}{x}(NaCl)_x$ + 230 kJ → NaCl; r_{NaCl} = 2.51 Å gegenüber 2.82 Å im Kristall).

Die NaCl-Kristalle enthalten häufig *Mutterlauge* eingeschlossen, welche beim *Erhitzen* mit knisterndem Geräusch dampfförmig entweicht, wobei die Kristalle zerspringen („*dekrepitieren*"). Das beim *Auflösen* des Steinsalzes von Wieliczka in Wasser zu beobachtende Knistern („*Knistersalz* von Wieliczka") ist auf eingeschlossene komprimierte *Gase* (z.B. Methan) zurückzuführen, welche die Kristallrinde zersprengen, sobald diese infolge der Auflösung dünn genug geworden ist.

Chemisch reines Natriumchlorid zieht an der Luft kein Wasser an, ist also nicht „*hygroskopisch*" (vgl. S. 1178). Das Feuchtwerden von Kochsalz an feuchter Luft beruht auf Beimengungen von *Magnesiumdichlorid* (S. 1119). Die Löslichkeit von Natriumchlorid in Wasser ändert sich nur wenig mit der Temperatur und beträgt bei 0 °C 35.6, bei 100 °C 39.1 g NaCl je 100 g Wasser. Eine gesättigte Kochsalzlösung ist bei Zimmertemperatur 26 %ig. Bei tieferen Temperaturen (– 10 °C) scheidet sich das Natriumchlorid aus wässerigen Lösungen in Form eines Dihydrats $NaCl \cdot 2H_2O$ aus, welches bei + 0.15 °C in das wasserfreie Salz übergeht.

Verwendung. Natriumchlorid ist technisch von großer Bedeutung, da es direkt oder indirekt (etwa als Soda) das Ausgangsmaterial für die Darstellung fast aller anderen Natriumverbindungen – z. B. *Soda* Na_2CO_3 (S. 1180), *Ätznatron* NaOH (s. u.), *Glaubersalz* Na_2SO_4 (S. 1178), *Borax* $Na_2B_4O_7$ (S. 1140), *Wasserglas* Na_2SiO_3 (S. 942) – und zahlreicher wichtiger Stoffe – z. B. *Salzsäure* (S. 459), *Chlor* (S. 436) – ist. Weiterhin ist es für *Speise-* und *Konservierungszwecke* („*Einsalzen*", „*Einpökeln*"), zum „*Aussalzen*" organischer Farbstoffe und für viele andere industrielle und gewerbliche Zwecke unentbehrlich. „*Eis-Kochsalz-Mischungen*" dienen als Kältemischungen zur Erzeugung tiefer Temperaturen (bis – 21 °C). Der Straßenverkehr hat dem Natriumchlorid als Streusalz zum Auftauen von Eis und Schnee ein großes Einsatzgebiet eröffnet, was allerdings zu einer verstärkten Korrosion von Fahrzeugen und Brücken und zur Gefährdung der Vegetation geführt hat. In Nordamerika zieht man für Streuzwecke das noch wirksamere Calciumchlorid vor. Große Steinsalz-Einkristalle dienen in der Optik für *Linsen* und *Prismen*, weil NaCl die langen Wellen des infraroten Strahlungsgebietes weniger stark absorbiert als Gläser.

Kaliumchlorid KCl. Vorkommen. Unter den *Kalisalz-Lagerstätten* sind vor allem die Vorkommen bei Staßfurt, bei Hannover und im Werra-Fulda-Gebiet (jeweils BRD), im Elsaß (Frankreich), bei Solikamsk am Ural (GUS), in Saskatchewan (Kanada) und in New Mexico (USA) zu nennen, welche den größten Teil der jährlichen Weltproduktion an Kalisalzen (Zig-Megatonnenmaßstab, bezogen auf K_2O) decken. Darüber hinaus finden sich Kalisalze im *Meerwasser* sowie in *Salzseen*.

Gewinnung. Die für die Industrie wichtigsten Kalisalze, die alle KCl enthalten, sind: 1. der „*Carnallit*" $KMgCl_3 \cdot 6H_2O$ (benannt nach R. v. Carnall, einem Mitbegründer der *Deutschen Geologischen Gesellschaft* (1848)), 2. das „*Hartsalz*", ein überwiegend aus Steinsalz NaCl, Kieserit $MgSO_4 \cdot H_2O$ und Sylvin KCl bestehendes Gemenge, 3. der „*Sylvinit*", ein aus Steinsalz und Sylvin bestehendes Gemisch und 4. der *Kainit* $KMgCl(SO_4) \cdot 3H_2O$. Unbedeutender sind die KCl-freien Salze *Schönit* $K_2Mg(SO_4)_2 \cdot 6H_2O$, *Glaserit* $K_3Na(SO_4)_2$, *Langbeinit* $K_2Mg_2(SO_4)_3$ und *Polyhalit* $K_2Ca_2Mg(SO_4)_4 \cdot 2H_2O$.

Als Ausgangsmaterial von *Kaliumchlorid* dienen meistens der *Carnallit*, selten *Hartsalz* und *Sylvinit* als Rohsalze. Sie werden durch *Schachtabbau* (in Deutschland), durch *Aussolung* (in Kanada, USA) bzw. aus Salzseen gewonnen.

Die *Aufschließung der Kalisalzlager* erfolgt durch bis zu mehr als 1200 m tiefe Schächte, und zwar ausschließlich durch Schießarbeit mit Sprengstoffen. Ein Teil des Salzes bleibt dabei stets als Pfeiler stehen; die bei der Salzgewinnung entstehenden Hohlräume werden mit „älterem Steinsalz" oder mit Fabrikrückständen ausgefüllt. Die *kalireichen* Rohsalze werden gleich nach Verlassen des Schachtes gemahlen und kommen direkt als „*Düngesalz*" (S. 1173) in den Handel (etwa 95 % der Kalisalzförderung gehen in die Landwirtschaft). Die *kaliärmeren* Rohsalze werden vorher auf hochprozentige Kalisalze verarbeitet.

Aus *reinem Carnallit* $KMgCl_3 \cdot 6H_2O$ (= „$KCl \cdot MgCl_2 \cdot 6H_2O$") läßt sich Kaliumchlorid leicht durch Behandeln mit Wasser gewinnen, da Carnallit in wässeriger Lösung in seine Bestandteile KCl und $MgCl_2$ zerfällt, von denen das *Kaliumchlorid* als *schwerer lösliches* Salz beim Eindampfen der Lösung zuerst auskristallisiert. Der in der Natur vorkommende Carnallit ist aber fast immer mit größeren Mengen Steinsalz NaCl, Anhydrit $CaSO_4$ und Kieserit $MgSO_4 \cdot H_2O$ sowie mit etwas Bromcarnallit $KMg(Cl, Br)_3 \cdot 6H_2O$ *verunreinigt*. Dadurch wird die Aufarbeitung auf Kaliumchlorid etwas komplizierter.

Neben der Gewinnung von KCl aus Rohsalzen durch derartige „*Löseverfahren*" (Nutzung unterschiedlicher Salzlöslichkeiten) wird KCl durch „*Flotation*" (Nutzung unterschiedlicher Salzbenetzbarkeiten)[33], „*elektrostatische Aufladung*" (Nutzung unterschiedlicher Reibungsladung) und „*Schweretrennung*" (Nutzung unterschiedlicher Salzdichten) hergestellt.

[33] Bei Zugabe von gemahlenem Kalirohsalz zu einer mit NaCl sowie KCl gesättigten, mit sulfatierten aliphatischen Alkoholen versetzten und mit Luft durchspülten wäßrigen Lösung sammelt sich oben 96 %iges KCl an.

Eigenschaften. KCl (NaCl-Struktur) kristallisiert aus wässerigen Lösungen in Form von Würfeln, welche bei 772 °C schmelzen und bei 1500 °C unter Bildung eines $(KCl)_n$-Dampfes ($n = 1$, untergeordnet 2 und 3) sieden. Die Dampfdichte bei 2000 °C entspricht der einfachen Formel KCl. Hydrate sind von KCl nicht bekannt.

Verwendung. Kaliumchlorid dient als Ausgangsmaterial für die Herstellung vieler *Kaliumverbindungen* (KOH, K_2CO_3 usw.); auch wird es in der Metallindustrie (als *Härtesalz*) sowie Emaille-Industrie (als *Schwebemittel*) und zur *Seifenfabrikation* sowie *Weinsteinreinigung* genutzt. Wegen seiner guten Durchlässigkeit für IR-Licht findet es zur Herstellung von *Prismen* und *Küvettenmaterial* Verwendung.

Am wichtigsten ist jedoch seine Nutzung als **kalihaltiges Düngemittel** (bezüglich stickstoff- und phosphorhaltiger Düngemittel vgl. S. 656, 774). Da Kaliumsalze zu den essentiellen *Nährstoffen* der Pflanzen gehören, aber die in jedem Ackerboden in reichlicher Menge vorhandenen *Kaliumsilicate* von den Pflanzen nur schwer und schlecht ausnutzbar sind, muß man dem Boden bei intensiver Bewirtschaftung *Kaliumsalze* als Düngesalze zuführen. In Frage kommt hier vor allem das *Kaliumchlorid* KCl (als solches bzw. in Form von *Carnallit* $KMgCl_3 \cdot H_2O$ oder *Kainit* $KMgCl(SO_4) \cdot 3H_2O$; insgesamt über 90 %iger Anteil an Kalidüngern), ferner *Kaliumsulfat* K_2SO_4 (als solches oder in Form von *Schönit* $K_2Mg(SO_4)_2 \cdot 6H_2O$) und *Kaliumnitrat* KNO_3. Man zieht die *Sulfate* den *chlorhaltigen* Salzen vor, wenn Pflanzen (z. B. Kartoffeln) gegen die Wirkung von Chloriden empfindlich sind. Besonders vorteilhaft ist die Kalidüngung bei Klee, Gras, Tabak, Kartoffeln und Rüben. Unter den kalihaltigen *Mischdüngern* seien erwähnt: „*Kalkammonsalpeter*" ($KNO_3 + NH_4Cl$), „*Nitrophoska*" ($KNO_3 + (NH_4)_2SO_4 + (NH_4)_2HPO_4$) und „*Hakaphos*" ($KNO_3 + (NH_4)_2HPO_4$ + Harnstoff). Weltjahresproduktion an Kalidünger (bezogen auf K_2O): Zig-Megatonnenmaßstab.

Kaliumbromid KBr und **Kaliumiodid KI** (vgl. Tab. 93) werden wegen ihres geringen natürlichen Vorkommens synthetisch, z. B. durch *Halogenidierung* von Pottasche mit Eisen(II, III)-halogenid Fe_3X_8 (X = Br, I) gemäß $4K_2CO_3 + Fe_3X_8 \rightarrow 8KX + Fe_3O_4 + 4CO_2$ gewonnen, KBr darüber hinaus durch *Bromierung* von Pottasche ($3K_2CO_3 + 3Br_2 \rightarrow 5KBr + KBrO_3 + 3CO_2$; Abtrennung des weniger löslichen Bromats), KI auch durch *Reduktion* von Kaliumiodat. Beide Halogenide sind nur als wasserfreie Salze bekannt. Zum Unterschied von LiI und NaI und in Analogie zu RbI und CsI bildet KI durch Anlagerung von Iod zudem ein „*Triodid*", KI_3 mit linearem I_3^--Ion (vgl. S. 453). KBr und KI werden in der *Photographie* verwendet (KBr z. B. zur Herstellung der AgBr-Emulsionen auf Platten und Filmen, als Verzögerer der Filmentwicklung) sowie – wegen ihrer Durchlässigkeit für IR-Licht – zur Herstellung von *Linsen*, *Prismen* sowie „*Substanzpreßlingen*" (für die IR-Spektrenaufnahme). KI dient auch zur Bereitung von KI-Stärkepapier (für die Iod-Stärke-Reaktion).

2.2.3 Chalkogenverbindungen der Alkalimetalle[18,34)]

Die *Alkalimetalle* M bilden mit *Chalkogenen Y* **Alkalimetallchalkogenide** der Zusammensetzung $\mathbf{M_2Y}$ (alle Kombinationen bekannt), von welchen sich **Alkalimetallhydrogenchalkogenide MYH** ableiten. In ihnen kommen den Alkalimetallen und Chalkogenen die „*normalen" Oxidationsstufen* +1 und −2 zu. Darüber hinaus kennt man „*chalkogenreiche Verbindungen*" $\mathbf{M_2Y_{n>1}}$ (**Perchalkogenide**; Oxidationsstufen von M: +1; von Y: größer −2) und „*alkalimetallreiche Oxide*" $\mathbf{M_{>2}O}$ (**Suboxide**; Oxidationsstufen von M: < +1; von O: −2).

Strukturen. Die Chalkogenide M_2Y kristallisieren bis auf die Cäsium-Verbindungen mit der „*Antifluorit-(anti-CaF₂-)Struktur*" (kubisch-dichteste Y^{2-}-Packung mit M^+ in allen tetraedrischen Lücken). Cs_2O besitzt „*anti-CdCl₂-Struktur*" (vgl. S. 151), und dem Sulfid Cs_2S liegt eine hexagonal-dichteste S^{2-}-Pakkung mit Cs^+ in allen oktaedrischen sowie der Hälfte der tetraedrischen Lücken zugrunde. Unter den Hydroxiden kristallisieren LiOH und NaOH mit *Schichtstrukturen* (LiOH: vgl. S. 930); NaOH: verzerrte NaCl-Struktur analog TlI), KOH und RbOH mit *Raumstrukturen* (verzerrte NaCl-Struktur). Die Hydrogensulfide nehmen alle eine *Raumstruktur* ein (LiSH: Zinkblende-Struktur; NaSH, KSH, RbSH: verzerrte NaCl-Struktur; CsSH: CsCl-Struktur).

Nachfolgend werden die *sauerstoffhaltigen Verbindungen* (Alkalimetallhydroxide sowie Alkalimetalloxide mit normalem, erhöhtem und erniedrigtem Sauerstoffgehalt; vgl. Tab. 94 auf S. 1176) eingehender besprochen. Bezüglich der *aus den Elementen* sowie durch *Deprotonierung* von H_2Y mit *Alkalimetallalkoholaten* zugänglichen *Sulfide*, *Selenide* und *Telluride* vgl. S. 558, 618, 630.

---

[34] **Literatur.** N.-G. Vannerberg: „*Peroxides, Hyperoxides and Ozonides of Groups Ia, IIa und IIb*", Prog. Inorg. Chem. **4** (1962) 125–297; I.I. Vol'nor: „*Peroxides, Superoxides and Ozonides of Alkali and Alkaline Earth Metals*", Plenum Press, New York 1966.

Alkalimetallhydroxide MOH. Darstellung. Früher erfolgte die Darstellung von **Natriumhydroxid NaOH** („*Ätznatron*") sowie von **Kaliumhydroxid KOH** („Ätzkali") durch „*Kaustifizierung*" von Soda Na_2CO_3 bzw. Pottasche K_2CO_3 gemäß: $M_2CO_3 + Ca(OH)_2 \rightarrow 2\,MOH + CaCO_3$ (M = Na, K)[35]. Heute gewinnt man die Hydroxide technisch durch *Elektrolyse* einer wässerigen *Natriumchlorid-Lösung* („*Chloralkali-Elektrolyse*") bzw. *Kaliumchlorid-Lösung*[36]. Das nach der Gesamtgleichung

$$\text{Energie} + MCl + H_2O \rightarrow MOH + \tfrac{1}{2}H_2 + \tfrac{1}{2}Cl_2$$

erfolgende Verfahren wurde bereits in Zusammenhang mit der Chlorgewinnung (S. 436) ausführlich behandelt.

Das **Rubidiumhydroxid RbOH** und **Cäsiumhydroxid CsOH** lassen sich in analoger Weise durch Elektrolyse wässeriger MCl-Lösungen oder in Anlehnung an die Kaustifizierung der Soda und Pottasche[35] gewinnen. In letzterem Falle verwandelt man *Rubidium-* und *Cäsiumsulfat* durch Reaktion mit *Bariumhydroxid* gemäß $M_2SO_4 + Ba(OH)_2 \rightleftarrows 2\,MOH + BaSO_4$ in leichtlösliches Alkalimetallhydroxid und schwerlösliches Bariumsulfat. Bezüglich der Darstellung von LiOH vgl. S. 1152.

Eigenschaften. Die durch Eindampfen der Elektrolyse- und Reaktionslösungen in fester Form gewinnbaren Alkalimetallhydroxide (für Strukturen siehe oben) bilden *weiße*, strahlig-kristalline und stark hygroskopische Massen mit folgenden *Kenndaten*:

	LiOH	NaOH	KOH	RbOH	CsOH
Smp/Sdp [°C]	471/–	323/1390	406/1324	300/–	315/–
d [g/cm³]		2.130	2.044	3.203	3.674
ΔH_f (kJ/mol)	–484	–427	–426	–418	–417

Die Hydroxide lassen sich wegen ihrer leichten *Schmelzbarkeit* leicht in beliebige Formen gießen[37]. Im Vakuum können sie um 400 °C unverändert sublimiert werden, wobei der Dampf im Falle von NaOH bzw. KOH hauptsächlich aus dimeren Molekülen $(MOH)_2$ besteht. Auch bei stärkstem Erhitzen geben sie kein Wasser unter Bildung von M_2O ab, was auf die große Affinität von M_2O zu H_2O zurückzuführen ist: $M_2O + H_2O \rightarrow 2\,MOH$ + Energie (z. B. 437.9 kJ pro Mol NaOH). In Wasser lösen sich die Hydroxide in Richtung LiOH, NaOH, KOH, RbOH, CsOH zunehmend leichter (z. B. bei 25 °C 110/1090 g LiOH/NaOH pro Liter H_2O, bei 0/100 °C 420/3420 g NaOH pro Liter H_2O) und unter starker Wärmeentwicklung (z. B. 42.91 kJ pro Mol NaOH). An Luft zieht infolgedessen KOH begierig Wasser und Kohlendioxid an, worauf sich seine Verwendung als *Trocken-* und *Adsorptionsmittel* für CO_2 gründet. Die wässerigen Lösungen reagieren stark alkalisch und heißen im Falle von NaOH/KOH „*Natronlauge*"/„*Kalilauge*". Aus Wasser kristallisieren Hydrate $LiOH \cdot H_2O$ (S. 1152), $NaOH \cdot nH_2O$ ($n = 1, 2, 3\frac{1}{2}, 4, 5, 7$), $KOH \cdot nH_2O$ ($n = 1, 2, 4$), $RbOH \cdot nH_2O$ ($n = 1, 2, 4$) und $CsOH \cdot H_2O$ aus.

Verwendung. Wegen ihrer stark *basischen Wirkung* findet die „*Natronlauge*" (Weltjahresproduktion: 40 Megatonnenmaßstab) in der Technik für zahlreiche Zwecke Verwendung; so in der *Seifenfabrikation* und *Farbstoffindustrie*, weiterhin zur Darstellung von *Cellulose* aus Holz und Stroh, zur Herstellung von *Kunstseide*, zum „*Merzerisieren*" von *Baumwolle*, zum *Reinigen* von *Fett, Öl* und *Petroleum*, zum Aufschluß von *Bauxit*, zur Gewinnung von Chemikalien (z. B. Natriumhypochlorit, -phosphat, -sulfid, -aluminat). „*Kaliumhydroxid*" dient in der Waschmittelfabrikation zur Herstellung *weicher Seifen* („*Schmierseifen*") und zur Herstellung von wasserenthärtenden Kaliumphosphaten (s. dort) für flüssige Waschmittel (Kaliumphosphate wie $K_2P_2O_7$ sind in Wasser besser löslich als die entsprechenden Natriumverbindungen). KOH findet ferner zur Herstellung anderer Kalium-Verbindungen (K_2CO_3, $KMnO_4$,

35 Im Zuge der „*Kaustifizierung*" (= ätzend machen, vom griech. kaustikos = ätzend und vom lat. facere = machen) wurde das gebildete feste Calciumcarbonat von der flüssigen Natrium- bzw. Kalilauge durch „*Gegenstromdekantation*" abgetrennt. „*Kaustifizierte Soda*" und „*kaustifizierte Pottasche*" sind also zum Unterschied von „*calcinierter Soda*" 1180 und „calcinierter Pottasche" (S. 1182) keine Carbonate, sondern Hydroxide.

36 Da KCl viel mehr als NaCl kostet, ist auch KOH wesentlich teurer als NaOH.

37 In den Handel kommt NaOH bzw. KOH gewöhnlich in Form von Stangen („*in bacillis*", vom lat. bacillum = Stäbchen), Schuppen („*in lamellis*", vom lat. lamella = Blättchen), Tafeln („*in tabulis*", vom lat. tabula = Tafel) oder Plätzchen („*in rotulis*", vom lat. rotula = Rädchen).

$KBrO_3$, KCN), von Farbstoffen und von Glas Verwendung und wird in Batterieflüssigkeiten, in der Fotographie und als Trocken- und Adsorptionsmittel für CO_2 genutzt.

Alkalimetalloxide M_2O, -peroxide M_2O_2, -hyperoxide MO_2, -ozonide MO_3. Darstellung. Sauerstoffverbindungen M_2O und $M_2O_{>1}$ der Alkalimetalle M lassen sich *aus den Elementen* gewinnen, wobei die Tendenz zur Bildung sauerstoffreicherer Verbindungen mit der Ordnungszahl von M wächst. So bildet *Lithium* mit „*Sauerstoff*" selbst bei O_2-*Überschuß* (Verbrennung) hauptsächlich das „*Oxid*" Li_2O, nur untergeordnet das „*Peroxid*" Li_2O_2 (zur Herstellung vgl. S. 1151) und überhaupt kein „*Hyperoxid*" LiO_2, während *Natrium* von Sauerstoff nur in Anwesenheit einer *stöchiometrischen O_2-Menge* unter kontrollierten Temperaturbedingungen in das Oxid Na_2O, ansonsten (Verbrennung) in das Peroxid Na_2O_2 übergeführt wird, das seinerseits – anders als Li_2O_2 – bei *erhöhtem O_2-Druck* (150 bar) und *erhöhter Temperatur* (450 °C) noch weiteren Sauerstoff unter Bildung des Hyperoxids NaO_2 aufnimmt (vgl. S. 537):

$$2Na \xrightarrow[150-200\,°C]{+\frac{1}{2}O_2} Na_2O \xrightarrow[300-400\,°C]{+\frac{1}{2}O_2} Na_2O_2 \xrightarrow[450\,°C]{+O_2\ (150\,bar)} 2NaO_2.$$

Die Oxidation von *Kalium, Rubidium* und *Cäsium* mit Sauerstoff läßt sich schließlich nicht mehr auf der Oxidstufe M_2O stoppen; sie führt unter kontrollierten Bedingungen zu den Peroxiden M_2O_2, ansonsten (Verbrennung) zu den Hyperoxiden MO_2. Die Darstellung von K_2O, Rb_2O sowie Cs_2O kann hier (wie auch die von Na_2O) durch Einwirkung der betreffenden *Alkalimetalle* auf die Alkalimetallperoxide oder – besser – auf die *Alkalimetallnitrite* oder *-nitrate* erfolgen[38]:

$$M_2O_2 + 2M \rightarrow 2M_2O; \quad 2MNO_3 + 10M \rightarrow 6M_2O + N_2.$$

Eine weitergehende Oxidation der Hyperoxide MO_2 (M = Na, K, Rb, Cs) zu „*Ozoniden*" ist nicht mehr mit Sauerstoff, sondern nur noch mit „*Ozon*" möglich:

$$MO_2 + O_3 \rightarrow MO_3 + O_2.$$

Man leitet hierzu *Ozon/Sauerstoff*-Gemische unterhalb 0 °C über die gepulverten *Hyperoxide* (oder auch über die gepulverten *Hydroxide*: $3MOH + 2O_3 \rightarrow 2MO_3 + MOH \cdot H_2O + \frac{1}{2}O_2$) und trennt die gewonnenen Ozonide von MO_2 (oder MOH) durch Extraktion mit flüssigem Ammoniak ab[39].

Eigenschaften. Über *Farben, Schmelzpunkte, Bildungsenthalpien* und *Kristallstrukturen* der Alkalimetalloxide, -peroxide, -hyperoxide und -ozonide informiert die Tab. 94. Der Bau der den Salzen zugrundeliegenden Sauerstoffanionen wurde bereits auf S. 508 diskutiert. Die *Oxide* weisen eine hohe *thermische Beständigkeit* bis weit über 500 °C auf. Auch die *Peroxide* zerfallen – außer Li_2O_2 (Zers. um 200 °C) – erst um 600 °C unter Sauerstoffabgabe: $M_2O_2 \rightarrow M_2O + \frac{1}{2}O_2$. Die thermische Stabilität der *Hyperoxide* und der – instabileren – *Ozonide* bezüglich einer O_2-Eliminierung ($2MO_2 \rightarrow M_2O_2 + O_2$; $2MO_3 \rightarrow 2MO_2 + O_2$) erhöht sich deutlich in Richtung LiO_n, NaO_n, KO_n, RbO_n, CsO_n (vgl. Tab. 94, NMe_4O_3 ist bis 70 °C metastabil). Durch Komplexierung mit 18-Krone-6 (S. 1185) läßt sich KO_3 stabilisieren und in eine CH_2Cl_2-, THF- bzw. CH_3CN-lösliche Form überführen. Von *Sauerstoff* werden die Oxide M_2O bei wachsendem Gewicht von M zunehmend leichter zu Peroxiden, die Peroxide M_2O_2 zunehmend leichter zu Hyperoxiden oxidiert (vgl. Darstellung). In *Wasser* disproportionieren die Hyperoxid- und Ozonid-Anionen ($2O_2^- + 2H_2O \rightarrow O_2 + H_2O_2 + 2OH^-$; $4O_3^- + 2H_2O \rightarrow 5O_2 + 4OH^-$), während Peroxid-Anionen unter Protonierung in HO_2^- sowie H_2O_2 übergehen (in *alkalischer* Lösung sind O_2^- und O_3^- kurze Zeit beständig; O_2H^- zersetzt sind langsam gemäß $2O_2H^- \rightarrow 2OH^- + O_2$).

Verwendung. Bezüglich der Verwendung von *Natriumperoxid* Na_2O_2 vgl. S. 537. *Kaliumhyperoxid* KO_2 läßt sich wie Na_2O_2 in Atemgeräten als *Sauerstoffquelle* nutzen ($4KO_2 + 2CO_2 \rightarrow 2K_2CO_3 + 3O_2$; $4KO_2 + 2H_2O + 4CO_2 \rightarrow 4KHCO_3 + 3O_2$).

Alkalimetallsuboxide $M_{>2}O$. Darstellung, Eigenschaften. Durch Abkühlen von *Rubidium-* bzw. *Cäsiumschmelzen*, die hellgelbes *Rubidium-* bzw. orangefarbenes *Cäsiumoxid* M_2O in unterschiedlich kleinen Mengen enthalten oder durch partielle Oxidation derartiger Schmelzen lassen sich u. a. folgende extrem sauerstoff- und wasserempfindliche *Suboxide* des Rubidiums bzw. Cäsiums gewinnen (geordnet nach abnehmendem Gehalt an M, vgl. Tab. 94): *bronzefarbenes*, oberhalb − 7.7 °C in Rb_2O_9 und Rb zerfallendes $\mathbf{Rb_6O}$, *kupferfarbenes*, bei 40.2 °C schmelzendes $\mathbf{Rb_9O_2}$, *bronzefarbenes*, bei 4.3 °C schmelzendes $\mathbf{Cs_7O}$, *rotviolettes*, bei 11.5 °C in $Cs_{11}O_3$ und Cs zerfallendes $\mathbf{Cs_4O}$, *violettes*, bei 52.5 °C

---

38 Die Oxide M_2O sind nicht durch Dehydratation der Hydroxide MOH zugänglich ($2MOH \nrightarrow M_2O + H_2O$), allenfalls durch Einwirkung der betreffenden Alkalimetalle auf die Hydroxide: $2MOH + 2M \rightarrow 2M_2O + H_2$.

39 Das Ozonid $NMe_4^+O_3^-$ bildet sich bei der Einwirkung von KO_3 auf $NMe_4^+O_2^-$ in flüssigem Ammoniak: $NMe_4O_2 + KO_3 \rightarrow NMe_4O_3 + KO_2$.

Tab. 94. Alkalimetalloxide

	Suboxide	Oxide	Peroxide[a)]	Hyperoxide[a, b)]	Ozonide
Li	–	**Li_2O** *farblose* Krist. Smp. 1570 °C $\Delta H_f = -599.1$ kJ/mol anti-CaF_2-Struktur	**Li_2O_2** *farblose* Krist. Zers. < 200 °C $\Delta H_f = -633$ kJ/mol	**LiO_2** nur in Tieftemperatur-Matrix bei 15 K haltbar $\Delta H_f = -272$ kJ/mol	–
Na	–	**Na_2O** *farblose* Krist. Smp. 1132 °C $\Delta H_f = -418$ kJ/mol anti-CaF_2-Struktur	**Na_2O_2** *blaßgelbe* Krist.[c)] Zers. ~ 675 °C $\Delta H_f = -513$ kJ/mol	**NaO_2** *orangefarbene* Krist. Zers. < 552 °C $\Delta H_f = -260$ kJ/mol NaCl-Struktur	**NaO_3** *rote* Krist. Zers. < Raumtemperatur
K	–	**K_2O** *weißgelbe* Krist. Smp. > 740 °C $\Delta H_f = -363$ kJ/mol anti-CaF_2-Struktur	**K_2O_2** *gelbe* Krist.[c)] Zers. ~ 490 °C $\Delta H_f = -496$ kJ/mol	**KO_2** *orangefarbene* Krist. Smp. 509 °C $\Delta H_f = -285$ kJ/mol CaC_2-Struktur	**KO_3** *tiefdunkelrote* Krist. Zers. langsam bei Raumtemperatur CsCl-Struktur
Rb	**Rb_6O** *bronzefarben* Zers. − 7.7 °C **Rb_9O_2** *kupferfarben* Smp. 40.2 °C	**Rb_2O** *hellgelbe* Krist. Smp. > 567 °C $\Delta H_f = -331$ kJ/mol anti-CaF_2-Struktur	**Rb_2O_2** *gelbe* Krist.[c)] Zers. ~ 600 °C $\Delta H_f = -426$ kJ/mol	**RbO_2** *orangefarbene* Krist. Smp. 432 °C $\Delta H_f = -288$ kJ/mol CaC_2-Struktur	**RbO_3** *tiefdunkelrote* Krist. Zers. langsam bei Raumtemperatur CsCl-Struktur
Cs	**Cs_7O** *bronzefarben* Smp. 4.3 °C **Cs_4O** *rotviolett* Zers. 11.5 °C **$Cs_{11}O_3$** *violett* Smp. 52.5 °C **Cs_3O** *blaugrün* Zers. 166 °C	**Cs_2O** *orangefarbene* Krist. Smp. 490 °C $\Delta H_f = -346$ kJ/mol anti-$CdCl_2$-Struktur	**Cs_2O_2** *gelbe* Krist.[c)] Zers. ~ 590 °C $\Delta H_f = -403$ kJ/mol	**CsO_2** *orangefarbene* Krist. Smp. 600 °C $\Delta H_f = -295$ kJ/mol CaC_2-Struktur	**CsO_3** *tiefdunkelrote* Krist. Zers. > 50 °C CsCl-Struktur

a) Man kennt auch *Sesquioxide* $\mathbf{M_2O_3}$, die wohl Peroxid-Dihyperoxide-Mischungen $M_2O_2 \cdot 2MO_2$ darstellen. **b)** Man kennt auch Tetramethylammonium-Salze $NMe_4^+O_2^-$ und $NMe_4^+O_3^-$, die anders als MO_2 und MO_3 in flüssigem Ammoniak löslich sind. **c)** Wegen kleiner Verunreinigungen an MO_2 sind die Peroxide meist blaßgelb (Na_2O_2) bis orangefarben (Cs_2O_2).

schmelzendes $\mathbf{Cs_{11}O_3}$ und *blaugrünes*, bei 166 °C zerfallendes $\mathbf{Cs_3O}$ (nichtstöchiometrische Phase: $Cs_{3.2-2.8}O$)[40].

Strukturen. In den Suboxiden Rb_9O_2 und $Cs_{11}O_3$ liegen Packungen aus Rb_9O_2- bzw. $Cs_{11}O_3$-Einheiten (Clustern) vor, wobei letztere gemäß Fig. 241 aus zwei flächenverknüpften Rb_6O- bzw. drei flächenverknüpften Cs_6O-Einheiten bestehen (in Fig. 241 sind die Atome der gemeinsamen Dreiecksflächen durch Schraffur hervorgehoben). Im Sinne der Formulierung $(Rb^+)_9(O^{2-})_2(e^-)_5$ bzw. $(Cs^+)_{11}(O^{2-})_3(e^-)_5$ liegen überschüssige Elektronen der Alkalimetalle in den Rb_9O_2- und $Cs_{11}O_3$-Kristallen vor und bedingen deren *metallischen Glanz* und *Elektronenleitfähigkeit*. Die Alkalimetalle bilden hiernach in Rb_2O_9 bzw. $Cs_{11}O_3$ *elektrovalente* Bindungen zum Sauerstoff ($KZ_O = 6$; RbO-/CsO-Abstand 2.70/2.75 Å) und zugleich *metallische Bindungen* zu Alkalimetallen aus (kürzester RbRb/CsCs-Abstand innerhalb der Cluster 3.54/3.67 Å, zwischen den Clustern 4.74/4.79 Å). In den Suboxiden Rb_6O, Cs_7O und Cs_4O sind im Sinne der Formulierungen $3Rb_6O \triangleq Rb_9O_2 \cdot 3Rb$, $3Cs_7O \triangleq Cs_{11}O_3 \cdot 10Cs$ und $3Cs_4O \triangleq Cs_{11}O_3 \cdot Cs$ Alkalimetallatome zwischen den Rb_9O_2- bzw. $Cs_{11}O_3$-Clustern eingelagert[41]. $\mathbf{Cs_3O}$ baut sich offensichtlich aus nebeneinanderliegenden *Ketten* von miteinander über gemeinsame Flächen verknüpften Cs_6O-Oktaedern auf (jeder Oktaeder ist in Cs_3O über gegenüberliegende, in $Cs_{11}O_3$ über aneinanderstoßende Dreiecksflächen mit benachbarten Oktaedern verknüpft). Die Struktur von Cs_3O leitet damit zur anti-$CdCl_2$-Struktur von Cs_2O über, in welcher Cs_6O-Oktaeder zu (übereinanderliegenden) *Schichten* verknüpft sind[42].

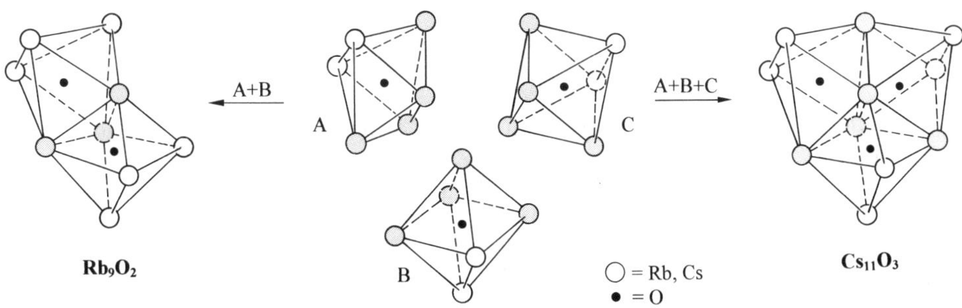

Fig. 241 Strukturen von Rb_2O_9 und $Cs_{11}O_3$.

2.2.4 Alkalimetallsalze von Oxosäuren[18]

Man kennt von den Alkalimetallen – ähnlich wie von den Erdalkalimetallen – sehr viele *Salze von Oxosäuren* (z. B. Bor-, Kohlen-, Kiesel-, Salpeter-, Phosphor-, Schwefel-, Perchlorsäure). Unter ihnen sollen nachfolgend die technisch wichtigen Natrium- und Kaliumsalze der Schwefel-, Salpeter- und Kohlensäure eingehender besprochen werden.

Die Alkalimetallsalze, deren *thermische Stabilität* wie die der analogen Erdalkalimetallsalze mit wachsender Ordnungszahl des Metalls zunimmt, sind in Wasser insgesamt viel leichter löslich als entsprechende Erdalkalimetallsalze, wie ein Vergleich der nachfolgenden Tab. 95 mit der Tab. 92 auf S. 1137 lehrt, welche **Löslichkeiten** (in Gramm pro Liter Wasser) der Fluoride, Hydroxide, Carbonate und Sulfate bei Raumtemperatur wiedergeben. Ersichtlicherweise wächst unter den aufgeführten Salzen die Löslichkeit mit der Ordnungszahl des Alkalimetalls (Unregelmäßigkeiten bei den Sulfaten). Auch sind die Hydrogencarbonate jeweils unlöslicher als die zugehörigen Carbonate.

---

40 Bei der Oxidation verwandelt sich silberweißes Rb über gelbe, bronze- und kupferfarbene Oxide $Rb_{>6}O$, Rb_6O, $Rb_{4.5}O$ in hellgelbes Rb_2O, goldgelbes Cs über bronzefarbene, violette, blaugrüne und schwarze Oxide Cs_7O, Cs_4O, $Cs_{3.67}O$, $Cs_{3.22}O$, $Cs_{2.78}O$ in orangefarbenes Cs_2O.

41 Rb_6O baut sich aus alternierenden Schichten dichtgepackter Rb_9O_2-Einheiten und Rb-Atome auf, Cs_7O aus Ketten von $Cs_{11}O_3$-Einheiten, die von Cs-Atomen umgeben sind, und Cs_4O aus $Cs_{11}O_3$-Schichten, in die Cs-Atome eingelagert sind. Der $Cs_{11}O_3$-Cluster zeichnet sich durch besondere Stabilität aus. Demgemäß bilden sich aus Rb_2O_9 und Cs-Suboxide, die $Cs_{11}O_3$-Cluster enthalten, in welchen gegebenenfalls einige Cs- durch Rb-Atome ersetzt sind oder welche durch Rb-Atome verknüpft werden (z. B. $Cs_{11}O_3 \cdot Rb$, $Cs_{11}O_3 \cdot 2Rb$, $Cs_{11}O_3 \cdot 7Rb$).

42 Das orangefarbene Cs_2O stellt das einzige bekannte Oxid mit anti-$CdCl_2$-Struktur dar (die übrigen Alkalimetalloxide M_2O weisen eine anti-CaF_2-Struktur auf).

Tab. 95 Löslichkeiten (g/Liter H_2O) einiger Alkalimetallsalze bei Raumtemperatur.

	Li^+	Na^+	K^+	Rb^+	Cs^+
F^-	1.3	42.2	923	1306	–
OH^-	110	190	440	560	–
CO_3^{2-}	12.8	220	530	700	720
HCO_3^-	–	100	270	360	420
SO_4^{2-}	260	210	110	340	650

Natriumsulfat Na_2SO_4. Vorkommen. Na_2SO_4 kommt in der Natur sowohl in Form großer Lager (z. B. am Kaspischen Meer, in Kanada und in Nevada) als auch gelöst im Meerwasser und in Salzseen vor. Einige wichtige Minerale sind: „*Thenardit*“ Na_2SO_4, „*Glauberit*“ $Na_2Ca(SO_4)_2$, „*Astrakanit*“ („*Blödit*“) $Na_2Mg(SO_4)_2 \cdot 4H_2O$, „*Glaserit*“ $K_3Na(SO_4)_2$ und „*Vanthofit*“ $Na_6Mg(SO_4)_4$. Die Gewinnung von Na_2SO_4 durch Abbau natürlicher Vorkommen spielt in einigen Ländern wie Spanien, USA, GUS eine wichtige Rolle.

Zur technischen Darstellung von Na_2SO_4 geht man meist von *Steinsalz* NaCl aus und setzt dieses zwecks Gewinnung von *Salzsäure* (S. 459) mit *Schwefelsäure* bei 800 °C um, wobei Natriumsulfat als Nebenprodukt anfällt:

$$2NaCl + H_2SO_4 \rightarrow Na_2SO_4 + 2HCl.$$

In Deutschland wurde dieses Verfahren der Na_2SO_4-Gewinnung immer mehr durch die Umsetzung von *Natriumchlorid* und *Magnesiumsulfat* (Kieserit) ersetzt:

$$2NaCl + MgSO_4 \rightleftarrows Na_2SO_4 + MgCl_2.$$

Denn in den von der *Kaliumchloridgewinnung* aus Carnallit oder Hartsalz stammenden *Löserückständen* (S. 1172) finden sich Natriumchlorid und Magnesiumsulfat. Da das in der Reaktionslösung gebildete Natriumsulfat nur bei *tiefen Temperaturen* auskristallisiert, führte man den Prozeß früher nur im Winter aus.

In großen Mengen fällt Na_2SO_4 nicht nur bei der HCl-Gewinnung, sondern auch bei einer Reihe anderer chemischer Prozesse als Nebenprodukt aus, bei denen im Verfahrensverlauf H_2SO_4 mit NaOH neutralisiert wird, so bei der *Herstellung* von *Natriumdichromat*, von *Vitamin C*, von *Ameisensäure*, von *Resorcin*, von *Viskosefasern*.

Der größte Teil des – durch Umkristallisieren gereinigten – Natriumsulfats geht in wasserfreier Form als „*calciniertes Natriumsulfat*“ Na_2SO_4 in den Handel. In geringem Umfange wird es mit Schwefelsäure in „*Natriumhydrogensulfat*“ $NaHSO_4$ verwandelt, das auch als Zwischenprodukt der $NaCl/H_2SO_4$-Umsetzung ausfällt.

Eigenschaften. Läßt man Natriumsulfat aus wässeriger Lösung auskristallisieren, so kristallisiert es *unterhalb* von 32.384 °C *wasserhaltig* als *Decahydrat* $Na_2SO_4 \cdot 10H_2O$ („**Glaubersalz**“) in großen, *farblosen*, monoklinen Prismen, *oberhalb* von 32.384 °C *wasserfrei* (Smp. 884 °C) in Form rhombischer Kristalle („**Thenardit**“) aus. Oberhalb von 32.384 °C ist also wasserfreies, unterhalb von 32.384 °C wasserhaltiges Natriumsulfat schwerer löslich. Da sich das Hydrat $Na_2SO_4 \cdot 10H_2O$ unter *Wärmeverbrauch*, das wasserfreie Salz dagegen unter *Wärmeentwicklung* (Hydratbildung) in Wasser löst, nimmt *unterhalb* des Umwandlungspunktes die Löslichkeit des Natriumsulfats mit steigender Temperatur (rasch) zu, *oberhalb* dagegen (langsam) ab. Glaubersalz neigt bei keimfreiem Abkühlen heißer gesättigter Lösungen zur Ausbildung *übersättigter* Lösungen, die bei Zimmertemperatur durch Zugabe eines Impfkristalls unter Wärmeabgabe zur Kristallisation gebracht werden können.

Nach dem Massenwirkungsgesetz zeigt kristallwasserhaltiges Natriumsulfat bei *jeder Temperatur* einen ganz *bestimmten Wasserdampfdruck* p_{H_2O}, weil es sich um ein heterogenes System handelt und die Sättigungsdampfdrücke der festen Komponenten dieses Systems konstant sind (vgl. S. 208):

$$Na_2SO_4 \cdot 10H_2O \rightleftarrows Na_2SO_4 + 10H_2O.$$

Bei *Zimmertemperatur* ist dieser Wasserdampfdruck *größer* als der normale Wasserdampf-Partialdruck der *Luft*. Daher gibt Glaubersalz an der Luft Wasser ab, es „*verwittert*", wobei die vorher durchsichtigen und wasserhellen Kristalle weiß und kreideartig werden. Umgekehrt nimmt wasserfreies Natriumsulfat flüssiges oder gelöstes Wasser leicht unter Bildung des Decahydrates auf, weshalb es als Trockenmittel für Flüssigkeiten dienen kann. Beim *Erwärmen* von Glaubersalz steigt der Wasserdampfdruck des obigen Gleichgewichtssystems, bis er bei 32.384 °C den Wasserdampfdruck einer *gesättigten Natriumsulfatlösung* erreicht. Oberhalb von 32.384 °C bildet sich daher eine – an $Na_2SO_4 \cdot 10\,H_2O$ gesättigte, in bezug auf Na_2SO_4 übersättigte – Lösung von Natriumsulfat in Wasser: das Glaubersalz „*schmilzt im eigenen Kristallwasser*" unter Abscheidung von wasserfreiem Salz.

Salze, die in Wasser sehr leicht löslich sind, zeigen einen durch die große Salzkonzentration der Lösung bedingten sehr geringen Wasserdampfdruck über der gesättigten Lösung. Ist dieser Wasserdampfdruck bei Zimmertemperatur *geringer* als der Partialdruck des Wasserdampfes in der *Luft*, so kondensiert sich das Wasser der Luft unter Bildung einer gesättigten Lösung: das Salz „*zerfließt*", es ist „*hygroskopisch*".

Verwendung. „*Natriumsulfat*" Na_2SO_4 (Weltjahresproduktion: Megatonnenmaßstab) wird in der Glas-, Waschmittel-, Textil-, Zellstoff- und hauptsächlich in der Papierindustrie verwendet (mit heißen alkalischen Na_2SO_4-Lösungen lassen sich die Ligninstoffe aus Holz herauslösen und so die für die Papierherstellung benötigten Cellulosefasern freilegen). Kleinere Mengen Na_2SO_4 dienen zur Herstellung von Farbstoffen, Tierfutter, Chemikalien (z. B. Na_2S) und werden in Färbereien sowie in der Galvanotechnik genutzt. „*Natriumhydrogensulfat*" findet als schwache Säure in Reinigungsmitteln Verwendung. Ferner dient es als Flußmittel.

Kaliumsulfat K_2SO_4. Zur technischen Darstellung von K_2SO_4 geht man von *Kaliumchlorid* KCl aus, welches mit *Magnesiumsulfat* (Kieserit) oder mit *Schwefelsäure* umgesetzt wird. Erstere Reaktion erfolgt in *zwei Stufen* in der Weise, daß man zunächst durch Umsetzung einer Kieseritlösung (vgl. S. 1121) mit Kaliummagnesiumsulfat („*Kalimagnesia*") $K_2Mg(SO_4)_2 \cdot 6\,H_2O$ gewinnt und dieses dann nach Abtrennung von der Lösung und Wiederauflösen in Wasser mit weiterem KCl umsetzt:

$$2\,MgSO_4 \xrightarrow[-\,MgCl_2]{+\,2\,KCl} K_2SO_4 \cdot MgSO_4 \xrightleftharpoons{\pm\,2\,KCl} 2\,K_2SO_4 + 2\,MgCl_2.$$

Eine Darstellung in einem Arbeitsgang ist nicht möglich, da sich dann das Magnesiumchlorid zu stark *anreichert*, und auf diese Weise das Gleichgewicht der *umkehrbaren* zweiten Reaktion zu weit nach *links* verschoben wird. Andererseits kann KCl auch in Öfen bei 700 °C mit *Schwefelsäure* bzw. einem Gemisch aus *Schwefeldioxid, Luft* und *Wasser* ($SO_2 + \frac{1}{2}O_2 + H_2O \rightarrow H_2SO_4$) behandelt werden (Verfahrenskopplung mit der HCl-Erzeugung):

$$2\,KCl + H_2SO_4 \rightarrow K_2SO_4 + 2\,HCl.$$

Eigenschaften. Kaliumsulfat kristallisiert aus wässeriger Lösung wasserfrei in Form rhombischer Prismen, welche bei 1069 °C schmelzen und in Wasser mäßig löslich sind. Beim Lösen in verdünnter Schwefelsäure geht es in *Kaliumhydrogensulfat* $KHSO_4$ über, das in wasserfreiem Zustande bei 214 °C schmilzt und bei stärkerem Erhitzen unter Abspaltung von Wasser zunächst in *Kaliumdisulfat* $K_2S_2O_7$ und dann unter Abspaltung von SO_3 wieder in das *normale Sulfat* K_2SO_4 übergeht (vgl. S. 513):

$$K_2SO_4 \xrightarrow{+\,H_2SO_4} 2\,KHSO_4 \xrightarrow{-\,H_2O} K_2S_2O_7 \xrightarrow{-\,SO_3} K_2SO_4.$$

Verwendung. Sowohl Kalium- wie Kaliummagnesium-sulfat kommen als *Düngemittel* in den Handel (vgl. S. 1173).

Natriumnitrat $NaNO_3$. Vorkommen. Das *Natriumnitrat* ist das wichtigste in der Natur vorkommende Nitrat. Es findet sich vor allem in Chile und wird daher auch **„Chilesalpeter"** genannt. Kleinere Lagerstätten kommen in Ägypten, Kleinasien, Kolumbien und Kalifornien vor. Von technischer Bedeutung sind aber nur die chilenischen Vorkommen. Darstellung. Der *rohe* Chilesalpeter („*Caliche*") ist meist stark durch Sand und Ton sowie durch andere Salze (vor allem Natriumchlorid, daneben etwas Natrium-, Magnesium- und Calciumsulfat, Kaliumperchlorat und kleine Mengen Calciumiodat) verunreinigt und stellt eine graue oder braune Gesteinsmasse dar. Man gewinnt aus diesem Material das Natriumnitrat durch Auslaugen mit heißem Wasser. Die hierbei entstehende Natriumnitratlösung wird zur Abtrennung des Tonschlamms und des ungelöst gebliebenen Natriumchlorids filtiert und dann in der Kälte zur Kristallisation gebracht. Das gewonnene Natriumnitrat ist 98%ig. Die Mutterlaugen enthalten das Iodat und dienen zur Iodgewinnung (S. 446).

In Deutschland wird das Natriumnitrat technisch vorwiegend durch Umsetzung von *Soda* mit *Salpetersäure* gewonnen:

$$Na_2CO_3 + 2HNO_3 \rightarrow 2NaNO_3 + H_2O + CO_2,$$

indem man die nitrosen Endgase der Ammoniakoxidation (S. 714) in Sodalösung (oder Natronlauge) absorbiert und die dabei entstehende Lösung von Nitrit und Nitrat ($Na_2CO_3 + 2NO_2 \rightarrow NaNO_2 + NaNO_3 + CO_2$) nach dem Ansäuern mit Salpetersäure an der Luft zu einer salpetersauren Nitratlösung oxidiert, welche mit Soda neutralisiert und in Vakuumverdampfern eingedampft wird.

Eigenschaften. Natriumnitrat kristallisiert aus wässeriger Lösung in Form *farbloser*, würfelähnlicher, mit Kalkspat $CaCO_3$ isomorpher Rhomboeder („*kubischer Salpeter*") aus, welche bei 308 °C schmelzen und sich ab 380 °C zersetzen beginnen ($2NaNO_3 \rightleftharpoons 2NaNO_2 + O_2$ oder bei 800 °C: $2NaNO_3 \rightleftharpoons Na_2O + N_2 + 2\frac{1}{2}O_2$). In Wasser löst es sich leicht; die Löslichkeit nimmt mit steigender Temperatur stark zu.

Verwendung. Der größte Teil des Chilesalpeters diente früher zu Düngezwecken; ein anderer Teil wurde zur Herstellung von Salpetersäure (S. 714) und von Kalisalpeter (s. u.) benutzt. Heute besitzt das Natriumnitrat bei uns nur noch als *Düngemittel* eine begrenzte Bedeutung (S. 656).

Kaliumnitrat KNO_3. Zur technischen Darstellung von KNO_3 (**„Salpeter"**) geht man wie im Falle der K_2SO_4-Erzeugung von *Kaliumchlorid* aus, das entweder mit *Natriumnitrat* (liefert „*Konvertsalpeter*")[43] oder mit *Salpetersäure* (Verfahrenskopplung mit der Cl_2-Erzeugung) umgesetzt wird:

$$KCl + NaNO_3 \rightleftharpoons KNO_3 + NaCl^{44)},$$
$$2KCl + 2HNO_3 + \tfrac{1}{2}O_2 \rightarrow 2KNO_3 + Cl_2 + H_2O.$$

Eigenschaften. Kaliumnitrat kristallisiert aus wässerigen Lösungen *wasserfrei* in Form rhombischer, kühlend und bitter schmeckender Prismen aus, welche bei 334 °C schmelzen und bei höherem Erhitzen unter Sauerstoffabgabe in *Kaliumnitrit* KNO_2 übergehen (S. 718).

Verwendung. KNO_3 findet u.a. als Düngemittel (S. 656, 1173) und als Bestandteil von „*Schwarzpulver*" (S. 719) Verwendung. Mischungen mit anderen Nitraten dienen als Heizbäder (z.B. 50% $LiNO_3$/50% KNO_3: Smp. 125 °C; 7% $NaNO_3$/40% $NaNO_2$/53% KNO_3: Smp. 142 °C).

Natriumcarbonat Na_2CO_3. Vorkommen. Die **„Soda"** Na_2CO_3 findet sich in der Natur als „*Kristallsoda*" $Na_2CO_3 \cdot 10H_2O$ (Soda im engeren Sinn), „*Thermonatrit*" $Na_2CO_3 \cdot H_2O$, „*Trona*" $Na_3H(CO_3)_2 \cdot 2H_2O$, „*Pirssonit*" $Na_2Ca(CO_3)_2 \cdot H_2O$ und „*Natrocalcit*" $Na_2Ca(CO_3)_2 \cdot 5H_2O$. Gewaltige Mengen von Natriumcarbonat kommen vor allem in nordamerikanischen Seen vor, von denen der Mono-Lake (Kalifornien) 90 Millionen und der Owens-Lake (Kalifornien) 50 Millionen t Na_2CO_3 enthält. Noch bedeutender ist der Sodagehalt im Magadi-See (Ostafrika), der auf 200 Millionen t geschätzt wird.

Darstellung. Ein Großteil der Soda wird technisch nach dem sogenannten „*Ammoniaksoda-Verfahren*" („*Solvay-Verfahren*"; entwickelt 1860) aus Kochsalz gewonnen. In neuerer Zeit gewinnt daneben die – viel billigere – Förderung von *Natursoda* in Form von Trona steigende Bedeutung. Das früher übliche „*Leblanc-Verfahren*" (entwickelt 1790)[45] besitzt nur noch

[43] Convertere (lat.) = umwandeln; Konvertsalpeter = durch Umwandlung aus Chilesalpeter gewonnener Salpeter.

[44] Bei höherer Temperatur kristallisiert NaCl, bei tieferer KNO_3 als schwerstlösliche Komponente der beiden obigen reziproken Salzpaare (s. dort) aus.

[45] Nach dem **Leblanc-Verfahren** wurde Na_2SO_4 – gewonnen aus NaCl + H_2SO_4 – mit Kohle zu Na_2S reduziert und das Natriumsulfid mit Kalkstein in Soda umgewandelt: $2NaCl + CaCO_3 + H_2SO_4 + 2C \rightarrow Na_2CO_3 + CaS + 2CO_2 + 2HCl$ (Summengleichung).

historisches Interesse. Bis zum 19. Jahrhundert wurde Soda Na_2CO_3 wie Pottasche K_2CO_3 aus Pflanzenasche gewonnen.

Das **Solvay-Verfahren**[46] besteht im Prinzip darin, daß man *Ammoniumhydrogencarbonat* NH_4HCO_3 und *Kochsalz* NaCl, die in wässeriger Lösung die Ionen NH_4^+, HCO_3^-, Na^+ und Cl^- ergeben, gemäß der Schwerlöslichkeit von $NaHCO_3$ (kleinstes Löslichkeitsprodukt) zu *Natriumhydrogencarbonat* $NaHCO_3$ und *Ammoniumchlorid* NH_4Cl umsetzt („*reziproke Salzpaare*")[47]:

$$\underset{\text{Salzpaar 1}}{NH_4^+HCO_3^- + Na^+Cl^-} \rightleftarrows \underset{\text{Salzpaar 2}}{NH_4^+Cl^- + Na^+HCO_3^-}$$

und das ausfallende Natriumhydrogencarbonat durch *Glühen* („*Calcinieren*") in *Soda* („*calcinierte Soda*") überführt:

$$2\,NaHCO_3 \rightarrow Na_2CO_3 + H_2O + CO_2.$$

Im einzelnen verläuft der Prozeß so, daß man in eine gesättigte *Kochsalzlösung* zuerst unter Kühlung *Ammoniak* und dann bei 50 °C *Kohlendioxid* einleitet, wobei sich Ammoniak und Kohlensäure zu *Ammoniumhydrogencarbonat* umsetzen (1), das mit dem *Natriumchlorid* in oben angegebener Weise reagiert (2). Das beim Glühen des gebildeten *Natriumhydrogencarbonats* bei 170–180 °C in Drehtrommeln entstehende Kohlendioxid (3) wird immer wieder in den Prozeß zurückgeführt. Den Rest des erforderlichen Kohlendioxids erhält man durch Brennen von Kalkstein bei über 900 °C (4). Der hierbei entstehende gebrannte Kalk wird zur Rückgewinnung des Ammoniaks aus dem als Nebenprodukt anfallenden Ammoniumchlorid (2) benutzt[48] (5). Insgesamt wird somit der Prozeß wie folgt geführt:

$$\begin{array}{lll}
2\,NH_3 + 2\,CO_2 + 2\,H_2O & \rightleftarrows 2\,NH_4HCO_3 & (1)\\
2\,NH_4HCO_3 + 2\,NaCl & \rightarrow 2\,NaHCO_3 + 2\,NH_4Cl & (2)\\
2\,NaHCO_3 & \rightarrow Na_2CO_3 + H_2O + CO_2 & (3)\\
CaCO_3 & \rightarrow CaO + CO_2 & (4)\\
2\,NH_4Cl + CaO & \rightarrow 2\,NH_3 + CaCl_2 + H_2O & (5)\\
\hline
2\,NaCl + CaCO_3 & \rightarrow Na_2CO_3 + CaCl_2, & (6)
\end{array}$$

so daß letzten Endes lediglich *Kochsalz* und *Kalkstein* zu *Soda* und *Calciumchlorid* umgesetzt werden (6), ein Vorgang, der sich *freiwillig* (z. B. bei der Fällung von $CaCl_2$ mit Na_2CO_3 in wässeriger Lösung) nur in *umgekehrter* Richtung abspielt[49]. Ein Nachteil des Ammoniaksoda-Verfahrens ist der Umstand, daß das ganze Chlor des Natriumchlorids in Form des wertlosen *Calciumchlorids* verlorengeht.

Eigenschaften. In *wasserfreiem* Zustande („*calcinierte Soda*")[50] stellt Natriumcarbonat ein *weißes*, bei 851 °C schmelzendes Pulver der Dichte 2.532 g/cm³ dar (MAK-Wert = 2 mg Staub/m³). In *Wasser* löst es sich unter starker *Erwärmung* (Hydratbildung) und mit ausgesprochen *alkalischer* Reaktion[51] (Basewirkung der starken Anionbase CO_3^{2-}): $CO_3^{2-} + HOH \rightleftarrows HCO_3^- + OH^-$. Aus der Lösung kristallisiert *unterhalb* 32.5 °C das *Decahydrat* $Na_2CO_3 \cdot 10\,H_2O$ („*Kristallsoda*"), das wichtigste Hydrat der Soda, aus. *Oberhalb* von 32.5 °C

[46] Das erste Patent zur Fällung von $NaHCO_3$ aus NH_4HCO_3 und NaCl wurde 1838 von den Engländern H. G. Dyar und J. Hemming erworben. Unabhängig davon entwickelte der belgische Industrielle Ernest Solvay 1860 das auf dem gleichen Prinzip beruhende Verfahren einer Sodagewinnung, zu dessen Auswertung er 1863 eine Familiengesellschaft („*Solvay & Cie.*") gründete.

[47] Unter **reziproken Salzpaaren** – von reciproco (lat.) = ich bewege hin und her – versteht man ganz allgemein zwei Salzpaare, die sich wechselseitig ineinander umwandeln können.

[48] Die Sodaindustrie ist der größte Verbraucher an Kalk; ihr Bedarf übersteigt bei weitem den der Bauindustrie und Landwirtschaft zusammengenommen.

[49] Theoretisch benötigt das Solvay-Verfahren pro 1000 kg Na_2CO_3 1104 kg NaCl und 943 kg $CaCO_3$ (praktisch: 1500–1550 kg NaCl und 1100–1250 kg $CaCO_3$).

[50] Der Name „calcinierte Soda" rührt daher, daß man früher den sich unter H_2O-Abgabe vollziehenden Zerfall beim Verwittern von Kristallsoda rein äußerlich verglich mit dem unter CO_2-Abgabe erfolgenden Zerfall eines Calciumcarbonat-Brockens beim Brennen.

[51] Wegen dieser stark alkalischen Wirkung war die Soda früher die wichtigste alkalische Verbindung, bevor man die Natronlauge billig aus NaCl darzustellen lernte.

geht das Decahydrat in ein *Heptahydrat* $Na_2CO_3 \cdot 7H_2O$, oberhalb von 35.4 °C das Heptahydrat in ein *Monohydrat* $Na_2CO_3 \cdot H_2O$ und oberhalb von 107 °C das Monohydrat in die *wasserfreie* Verbindung Na_2CO_3 über. Die *Kristallsoda* $Na_2CO_3 \cdot 10H_2O$ bildet große, wasserhelle Kristalle ($d = 1.45$ g/cm³), welche bei 32.5 °C in ihrem Kristallwasser schmelzen (vgl. S. 1178).

Leitet man in eine kaltgesättigte wässerige Sodalösung *Kohlendioxid* ein, so bildet sich in Umkehrung der – namentlich beim Erwärmen (CO_2-Druck bei 60 °C 25 mbar, bei 100 °C 310 mbar), in geringem Maße aber auch schon bei Zimmertemperatur in wässeriger Lösung vor sich gehenden – Zerfallsreaktion (3) schwerlösliches *Natriumhydrogencarbonat* („*Natriumbicarbonat*") $NaHCO_3$[52]:

$$Na_2CO_3 + H_2O + CO_2 \rightleftarrows 2NaHCO_3.$$

Das Natriumhydrogencarbonat stellt ein *weißes* Pulver dar, welches sich in Wasser zum Unterschied von Soda mit nur *schwach alkalischer* Reaktion ($HCO_3^- + HOH \rightleftarrows HOH + CO_2 + OH^-$) löst. Kocht man eine mit Phenolphthalein versetzte, farblose $NaHCO_3$-Lösung, so färbt sie sich infolge Bildung von Soda (Verschiebung des Gleichgewichts nach links wegen Entweichens von CO_2) *rot* (Phenolphthalein spricht nur auf die starke Anionbase CO_3^{2-}, nicht auf die schwache Anionbase HCO_3^- an). $NaHCO_3$ bildet Mischkristalle mit Na_2CO_3, z. B.: $Na_2CO_3 \cdot 3NaHCO_3$, $Na_2CO_3 \cdot NaHCO_3 \cdot H_2O$.

Verwendung. „*Soda*" (Jahresweltproduktion: 50 Megatonnenmaßstab) ist eines der wichtigsten Produkte der chemischen Großindustrie, das wahlweise statt NaOH verwendet wird. Größter Sodaverbraucher ist die *Glasindustrie*, die etwa 40–50 % der Weltproduktion aufnimmt; es folgen die *chemische Industrie*, die *Seifen-* und *Waschmittelhersteller* sowie die *Zellstoff-* und *Papiererzeuger*. Weitere wichtige Einsatzgebiete von Na_2CO_3 liegen in der Textilindustrie, bei der Wasserenthärtung, bei der Entfernung von S und P aus Eisen, der Herstellung von *Chemikalien* wie Natriumphosphaten, -silicaten, -chromat, -dichromat, -nitrat usw., der Rauchgasentschwefelung. „*Natriumhydrogencarbonat*" (Weltjahresproduktion: 100 Kilotonnenmaßstab) findet hauptsächlich als Backpulver (im Gemisch z. B. mit saurem Pyrophosphat; Auflockerung des Teiges durch das in der Hitze entwickelte CO_2-Gas), ferner zur Herstellung von Brausepulvern (im Gemisch z. B. mit Weinsäure oder Zitronensäure; Entwicklung von CO_2-Gas beim Auflösen in Wasser) und in der Medizin zum Abstumpfen von Magensäure (vgl. S. 461), d. h. zur Beseitigung des „*Sodbrennens*", Verwendung („*Bullrichsalz*"). Es wird ferner in der Kautschuk-, Chemikalien-, Pharmazie-, Textil-, Papier-, Lederindustrie angewandt und dient auch zur Herstellung von Feuerlöschpulvern (Abgabe von CO_2 in der Hitze) und als Tierfutter. „*Sodawasser*" enthält keine Soda, sondern stellt eine unter Druck gewonnene Lösung von CO_2 in Wasser dar; der Name rührt daher, daß früher das dazu benötigte CO_2 aus Soda gewonnen wurde.

Kaliumcarbonat K_2CO_3. Darstellung. Die **„Pottasche"** K_2CO_3[20] kann nicht nach einem dem Ammoniaksoda-Verfahren (s. oben) entsprechenden Verfahren aus Kaliumchlorid und Ammoniumhydrogencarbonat ($KCl + NH_4HCO_3 \rightleftarrows KHCO_3 + NH_4Cl$) gewonnen werden, da das hierbei entstehende *Kaliumhydrogencarbonat* wesentlich *leichter löslich* als Natriumhydrogencarbonat ist und daher nicht wie dieses aus der Lösung der beiden reziproken Salzpaare unter dauernder Verschiebung des Gleichgewichts nach rechts ausfällt. Zur Pottaschegewinnung leitet man deshalb in eine elektrolytisch gewonnene, 50 %ige Kalilauge *Kohlendioxid* ein („*Carbonisierung von Kalilauge*"):

$$2KOH + CO_2 \rightarrow K_2CO_3 + H_2O.$$

In begrenztem Umfange dienen auch technische *Abfallprodukte* – z. B. *Holzasche*, veraschte *Melassenschlempe* und veraschter „*Wollschweiß*" von Schafen – zur Gewinnung von Pottasche.

Eigenschaften. Kaliumcarbonat bildet eine weiße, hygroskopische Masse, welche bei 901 °C schmilzt und in Wasser unter Bildung einer alkalisch reagierenden Lösung sehr leicht löslich ist.

---

52 Bei den entsprechenden *Calciumverbindungen* $CaCO_3$ und $Ca(HCO_3)_2$ liegen die Löslichkeitsverhältnisse gerade umgekehrt, so daß sich beim Einleiten von CO_2 in eine wäßerige $CaCO_3$-*Suspension* das $CaCO_3$ unter Bildung von $Ca(HCO_3)_2$ *auflöst* (S. 1137).

Verwendung. Pottasche dient hauptsächlich zur Herstellung von Schmierseifen, von hochwertigen Gläsern (für Linsen, Farbfernseher, Lampen), von Porzellan, Textilien und Pigmenten.

2.2.5 Komplexe der Alkalimetalle[18, 53]

Die **Komplexbildungstendenz** der einwertigen Alkalimetallkationen nimmt in Richtung Li^+, Na^+, K^+, Rb^+, Cs^+ hinsichtlich **einzähniger Liganden L** ab (vgl. die analogen Verhältnisse im Falle der zweiwertigen Erdalkalimetallkationen, S. 1142). Demgemäß kennt man von *Lithium-Kationen* eine weit größere Anzahl *stabiler Komplexe* ML_n^+ (n meist = 4; z. B. $Li(H_2O)_4^+$, $Li(NH_3)_4^+$, $Li(OPPh_3)_4^+$; vgl. bei Lithium) als von den übrigen Alkalimetallkationen. Auch lassen sich die Hydrate von LiX (X = Cl, Br, I) anders als die der übrigen Alkalimetallhalogenide nur unter besonderen Bedingungen ohne *partielle Hydrolyse* entwässern (möglich bei niedriger Temperatur im Vakuum oder bei hoher Temperatur in Anwesenheit von HX). Geeignete **mehrzähnige Liganden** können aber auch mit den *schwereren Alkalimetallkationen* zu erstaunlich *stabilen „Chelatkomplexen"* (S. 1209, 1221) zusammentreten. So lösen sich Natrium-, Kalium-, Rubidium- und Cäsiumsalze entsprechend ihres ionischen Baus zwar in der Regel in Wasser und verwandten Medien, aber nicht in organischen Lösungsmitteln auf. Durch Komplexierung mit geeigneten *Chelatliganden* lassen sie sich jedoch in *organische Phasen* überführen. Beispielsweise vermag das salzartige Natriumsalicylat $NaOC_6H_4CHO$ 1 Molekül Salicylaldehyd HOC_6H_4CHO unter Bildung eines in organischen Medien löslichen Chelatkomplexes zu koordinieren (erstmals gewonnen von N. Sidgwick im Jahre 1925):

$$C_6H_4(O^{\ominus}Na^{\oplus})(CH{=}O) + C_6H_4(OH)(CH{=}O) \longrightarrow [C_6H_4(O^{\ominus})(CH{=}O)\cdots Na^{\oplus}\cdots (HO)(O{=}CH)C_6H_4]$$

Nachfolgend sollen Komplexe der Alkalimetallkationen mit *Wasser*, *Ammoniak* und *Makrocyclen* etwas eingehender besprochen werden:

Hydrate. Die Alkalimetallsalze MX (X z. B. Cl, $\frac{1}{2}SO_4$, $\frac{1}{3}PO_4$) kristallisieren aus wässeriger Lösung teils *wasserfrei*, teils *wasserhaltig* aus. Vielfach lassen sich in letzteren Fällen – je nach den Kristallisationsbedingungen (Temperatur, Konzentration) – sogar *mehrere feste Hydrate* $MX \cdot nH_2O$ eines bestimmten Salzes gewinnen, wobei sich die beobachteten Hydratationszahlen n allerdings von Salz zu Salz ändern können (z. B. $n = 1, 7, 10$ im Falle von $Na_2CO_3 \cdot nH_2O$; $n = 2, 6$ im Falle von $K_2CO_3 \cdot nH_2O$; $n = 1, 7, 10$ im Falle von $Na_2SO_4 \cdot nH_2O$; $n = 0$ im Falle von $K_2SO_4 \cdot nH_2O$). Die *maximale Anzahl n* der koordinierten H_2O-Moleküle sinkt – sieht man von den Lithiumsalzen sowie einigen anderen Salzen ab – mit *wachsender Ordnungszahl der Alkalimetalle* (z. B. $KF \cdot 4H_2O$; $RbF \cdot 1\frac{1}{2}H_2O$ bzw. $LiCl \cdot 5H_2O$; $NaCl \cdot 2H_2O$; KCl bzw. $Na_2CO_3 \cdot 10H_2O$; $K_2CO_3 \cdot 6H_2O$; $Rb_2CO_3 \cdot 1\frac{1}{2}H_2O$).

[53] **Literatur**. D. E. Fenton: *„Alkali Metals and Group IIA Metals"*, Comprehensive Coord. Chem. **3** (1987) 1–80; P. N. Kapoor, R. C. Mehrotra: *„Coordination Compounds of Alkali and Alkaline Earth Metals with Covalent Characteristics"*, Coord. Chem. Rev. **14** (1974) 1–27; D. Midgley: *„Alkali Metal Complexes in Aqueous Solution"*, Chem. Soc. Rev. **4** (1975) 549–568; N. S. Poonia, A. V. Bajaj: *„Coordination Chemistry of Alkali and Alkali Earth Cations"*, Chem. Rev. **79** (1979) 389–445; *„Comprehensive Coordination Chemistry of Alkali and Alkaline Earth Cations with Macrocyclic Multidentates: Latest Position"*, Coord. Chem. Rev. **87** (1988) 55–213; M.-R. Truter: *„Structures of Organic Complexes with Alkali Metal Ions"*, Struct. Bonding **16** (1973) 71–111; W. Wimon, W. E. Morf, P. Ch. Meier: *„Specificity for Alkali and Alkaline Earth Cations of Synthetic and Natural Organic Complexing Agents in Membranes"*, Struct. Bonding **16** (1973) 113–160; C. J. Pedersen, H. K. Frensdorff: *„Makrocyclische Polyether und ihre Komplexe"*, Angew. Chem. **84** (1972) 16–26; Int. Ed. 11 (1972) 16; F. Montanari, D. Landini, F. Rolla: *„Phase-transfer Catalysed Reactions"*, Topics Curr. Chem. **101** (1982) 149–201; P. D. Beer: *„Transition Metal and Organic Redox-Active Macrocycles Designed to Electrochemically Recognize Charged and Neutral Guest Species"*, Adv. Inorg. Chem. **39** (1992) 79–157; Y. Takeda: *„The Solvent Extraction of Metal Ions by Crown Compounds"* Topics Curr. Chem. **121** (1984) 1–38; M. Takagi, K. Ueno: *„Crown Compounds as Alkali and Alkaline Earth Metal Ion Selective Chromogenic Reagents"*, Topics Curr. Chem. **121** (1984) 39–61.

Wie auf S. 1142 bereits angedeutet wurde, sind die **Strukturen fester Hydrate** dadurch charakterisiert, daß die Wassermoleküle über *Sauerstoff* an *ein* oder *mehrere Salzkationen* und über *Wasserstoff* an *Salzanionen* koordiniert vorliegen. Bei den Alkalimetallsalz-Hydraten ist meistens der Fall einer *Verbrückung* zweier M^+-Zentren durch H_2O verwirklicht. So finden sich in der „*Kristallsoda*“ $Na_2CO_3 \cdot 10\,H_2O$ Dimere $[Na(H_2O)_5^+]_2$ aus zwei kantenverknüpften $Na(H_2O)_6^+$-Oktaedern (Fig. 242a), im „*Glaubersalz*“ $Na_2SO_4 \cdot 10\,H_2O$ sowie im „*Kaliumfluorid-Tetrahydrat*“ $KF \cdot 4\,H_2O$ Ketten $[Na(H_2O)_4^+]_x$ aus doppelt kantenverknüpften $M(H_2O)_6^+$-Oktaedern (Fig. 242a; im Glaubersalz sind $2\,H_2O$ an SO_4^{2-} gebunden), in „*Lithiumsalz-Trihydraten*“ $LiX \cdot 3\,H_2O$ mit X z. B. Cl, Br, I, ClO_3, ClO_4, NO_3, BF_4, MnO_4 Ketten $[Li(H_2O)_3^+]_x$ aus doppelt flächenverknüpften $Li(H_2O)_6^+$-Oktaedern (Fig. 242c) und in $NaX \cdot 2\,H_2O$ mit X = Cl, Br Schichten aus oktaedrischen $NaX_2(H_2O)_4$-Einheiten mit gemeinsamen Kanten (Fig. 242d; ähnlich ist $KF \cdot 2\,H_2O$ gebaut). Die Tendenz zur Ausbildung eckenverknüpfter $M(H_2O)_6^{4+}$-Oktaeder (Fig 242b) ist gering.

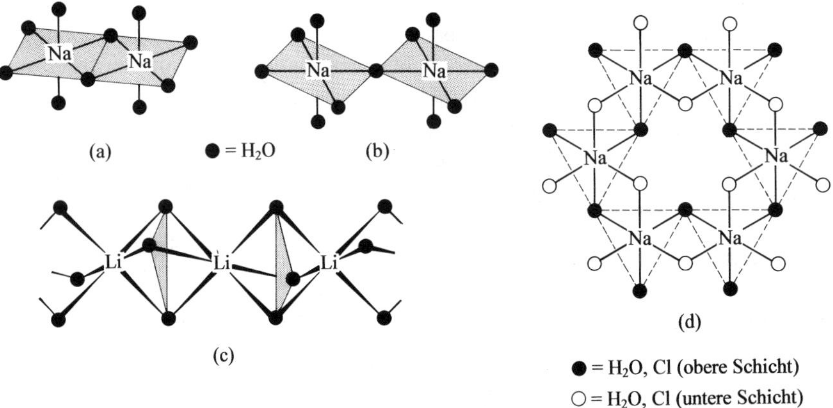

Fig. 242 Strukturen von $[Na(H_2O)_5^+]_2$ (a), $[Na_2(H_2O)_{11}^{2+}]$ (b), $[Li(H_2O)_3^+]_x$ (c), $[NaCl_2(H_2O)_4]_x$ (d).

Komplexe mit Makrocyclen. Besonders *stabile Chelatkomplexe* bilden die Alkalimetallkationen (Entsprechendes gilt für Erdalkalimetallkationen, vgl. S. 1143) mit vielzähnigen cyclischen Kronenethern und *mehrcyclischen* Cryptanden wie etwa „*Benzo-15-Krone-5*“, „*18-Krone-6*“, „*Dibenzo-30-Krone-10*“, „*Crypt-222*“ (vgl. Fig. 243 sowie S. 1210), wie C. J. Pedersen im Jahre 1967 erkannte[54]. Dementsprechend lösen sich Natrium- oder Kaliumsalze wie MF, MCl, MCN, MSCN unter M^+-Komplexbildung glatt in organischen Lösungsmitteln auf, wenn diese 18-Krone-6 oder Crypt-222 enthalten. Hierbei stellen die sphärisch gebauten Alkalimetall-Cryptand-Komplexe (z. B. Fig. 243c) gewissermaßen „*übergroße und -schwere Alkalimetallkationen*“ dar (Radius von Crypt-222 ca. 5 Å), die aufgrund ihrer geringen Oberflächenladungsdichte nur außerordentlich schwache Wechselbeziehungen mit Anionen oder Lösungsmittelmolekülen eingehen.

Die Addukte aus Alkalimetallkationen (bzw. anderen Kationen) und vielzähnigen *monocyclischen Donatoren* nehmen – je nach der relativen Größe des Kations und des Donatoreninnenraums – unterschiedliche Komplexstrukturen ein. So kann das Kation vom Makrocyclus *umgeben* (a), teilweise *eingehüllt* (b) oder

[54] Man teilt die zur *Koordinierung von Kationen* genutzten *vielzähnigen Makrocyclen* in *monocyclische* **Coronanden** (z. B. mit O-, S-, NR-, PR-, AsR-, CHO-Ringgliedern als Donatoren; enthält der Ring nur O-Donatoren, so spricht man von *Kronenethern*) und *mehrcyclische* **Cryptanden** (Ringdonatoren wie oben; Brückenkopfatome meist N). Die ebenfalls zur Kationkomplexierung genutzten *vielzähnigen Kettenmoleküle* nennt man **Podanden**. Sie stellen formal Produkte einer Ringöffnung in Coronanden („*einarmige Podanden*“) und *Cryptanden* („*mehrarmige Podanden*“; die „Podandenarme“ gehen von einem Brückenkopfatom oder -atomring wie N oder C_6 aus; vielarmige Podanden wie etwa das Benzolderivat $C(CH_2SCH_2CH_2OCH_2CH_2OCH_2CH_2OCH_3)_6$ bezeichnet man auch als „*Octopus*“- bzw. „*Tintenfisch-Moleküle*“). Die Komplexstabilitätskonstanten liegen im Falle von Podanden/Coronanden/Cryptanden im Bereich $10^2 - 10^4/10^4 - 10^6/10^6 - 10^8$ (jeweils bezogen auf den für das Kation passenden Coronanden bzw. Cryptanden).

tennisballnahtartig *eingeschlossen* (c) sein; auch liegt der Macrocyclus vielfach *einseitig* (d) oder *doppelseitig* auf dem Kation (sehr große cyclische Donatoren vermögen zudem gleich *zwei Kationen* zu umschließen).

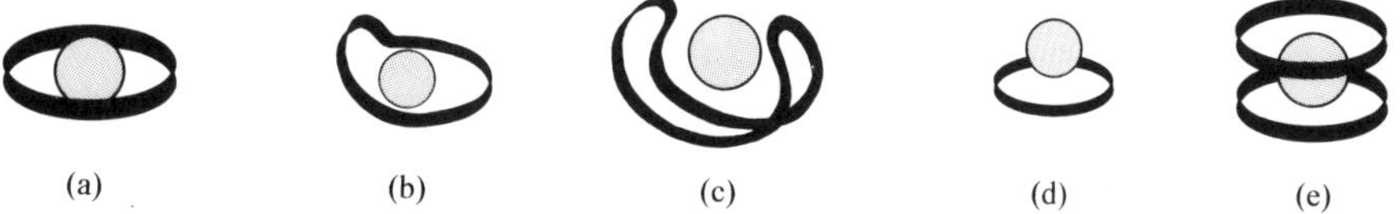

Die *Komplexstabilität* hängt wesentlich von der richtigen Größe des „Lochs" im Kronenether oder Cryptanden für die Alkalimetallkationen ab. So sind etwa K^+-Komplexe mit 18-Krone-6- $(CH_2CH_2O)_6$ (vgl. Fig. 243b) besonders stabil, weil das Kaliumkation ($r = 1.52$ Å für KZ = 6) unter den Alkalimetallen am besten in den Kronenetherinnenraum ($r = 1.3$ bis 1.6 Å) paßt. In analoger Weise bilden das *Lithiumkation* ($r = 0.73$ Å für KZ = 4) mit 12-Krone-4 $(CH_2CH_2O)_4$ ($r = 0.6$–0.75 Å), das *Natriumkation* ($r = 1.14$ Å für KZ = 5) mit 15-Krone-5 $(CH_2CH_2O)_5$ ($r = 0.85$–1.1 Å) und das *Rubidium-* sowie *Cäsiumkation* ($r = 1.70/1.84$ Å für KZ = 7) mit 21-Krone-7 $(CH_2CH_2O)_7$ ($r = 1.7$–2.15 Å) starke Komplexe (vgl. die stabilen Porphinkomplexe des zu Li^+ im Verhältnis der Schrägbeziehung stehenden Mg^{2+}; S. 1151). Während 18-Krone-6 das K^+-Ion gemäß (a) *umgibt* (hexagonal-planare Koordination mit O-Atomen; $KZ_K = 6$), wird das kleinere Na^+-Ion in $[Na(H_2O)(18\text{-Krone-6})]^+$ gemäß (b) vom Kronenether teilweise *eingehüllt* ($KZ_{Na} = 7$), während die größeren Rb^+- und Cs^+-Ionen in $[M(SCN)(18\text{-Krone-6})]_2$ gemäß (d) *außerhalb* von 18-Krone-6 *angeordnet* sind (die M(SCN)(18-Krone-6)-Einheiten bilden Dimere mit je zwei brückenständigen SCN-Gruppen; $KZ_M = 8$). In analoger Weise liegt Na^+ im Komplex $[Na(H_2O)(\text{Benzo-15-Krone-5})]^+$ außerhalb des Kronenethers (vgl. Fig. 243a; pentagonal-pyramidale Na-Koordination; $KZ_{Na} = 6$). Das in den Innenraum von Benzo-15-Krone-5 schlechter passende K^+-Ion koordiniert gemäß (e) sogar 2 Kronenethermoleküle: $[K(\text{Benzo-15-Krone-5})_2]^+$. Einen sehr stabilen Komplex bildet ferner das Rb^+-Ion mit Crypt-222 (vgl. Fig. 243c) und das K^+-Ion mit Dibenzo-30-Krone-10 (Fig. 243e). In beiden Fällen sind die Kationen vom Makrocyclus eingehüllt (in letzterem Falle gemäß (c)), wobei Rb^+ achtfach von N und O (trigonal-prismatisch mit überkappten Dreiecksflächen), K^+ zehnfach von O koordiniert ist ($KZ_{Rb} = 8$; $KZ_K = 10$).

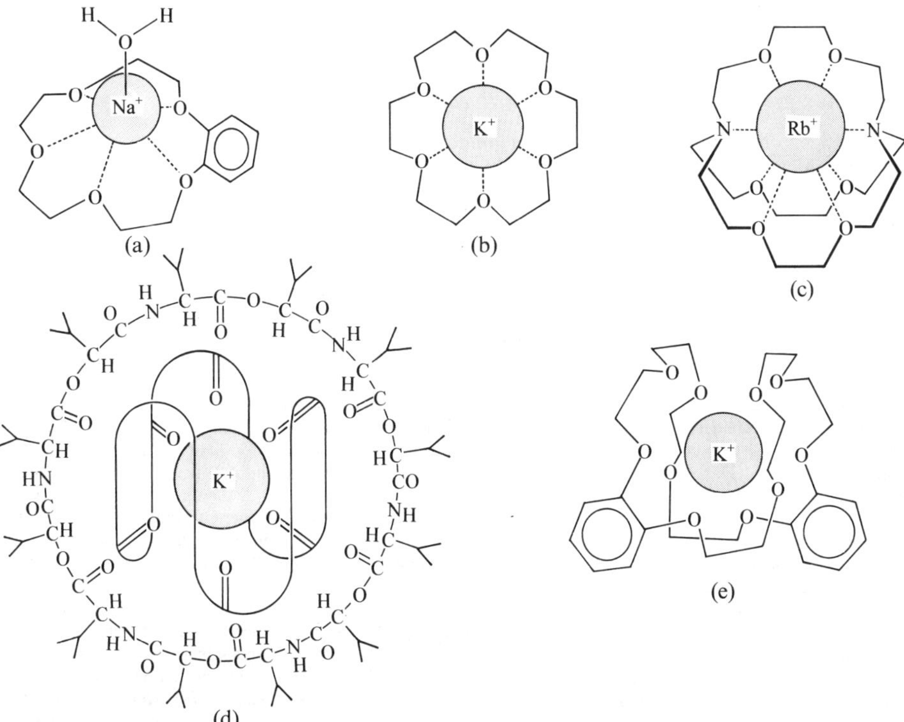

Fig. 243 Alkalimetallkomplexe mit Makrocyclen: (a) $[Na(H_2O)(\text{Benzo-15-Krone-5})]^+$; (b) $[K(\text{18-Krone-6})]^+$, (c) $[Rb(\text{Crypt-222})]^+$; (d) außen: Konstitution von Valinomycin; innen: $[K(\text{Valinomycin})]^+$ (das Cyclopeptid ist durch eine Linie angedeutet); (e) $[K(\text{Dibenzo-30-Krone-10})]^+$.

Man verwendet Komplexe mit Kronenethern und Cryptanden in zunehmendem Maße für *Lösungsmittelextraktionen, Phasentransferkatalysen*, Stabilisierung *ungewöhnlicher Oxidationsstufen* (vgl. Bildung von Na(18-Krone-6)$^+$ Na$^-$; S. 1167), Beeinflussung des *Ablaufs chemischer Reaktionen* (Steigerung der Nucleophilität von Anionen durch Komplexierung der Kationen, Begünstigung von Eliminierungen, „Freilegen" von Carbanionen und anderen basischen Anionen).

Natrium und Kalium in der Biosphäre. Von großer Bedeutung sind ferner Komplexe der Na$^+$- und K$^+$-Ionen mit „*Proteinen*" und „*Enzymen*", welche in lebenden Organismen **biologische Funktionen** z. B. im Zusammenhang mit dem *Kationen-Transport* durch Zellmembranen, mit der *Stabilisierung von Strukturen* biologisch wirksamer Substanzen sowie mit der *Aktivierung von Enzymen* haben. Hierbei können Alkalimetallkronenether und -Cryptand-Komplexe als Modell für das Studium der betreffenden biochemischen Prozesse dienen. Besonders geeignet sind hierfür naturgemäß Alkalimetall- (und auch Erdalkalimetall-)Komplexe mit Polypeptiden als vielzähnigen Makrocyclen.

Beispielsweise bildet das aus Streptomyces fulvissimus isolierbare, farblose, bei 187 °C schmelzende Cyclodepsipeptid-Antibiotikum „*Valinomycin*" (Fig. 243 d, außen) mit K$^+$-Ionen einen stabilen Komplex (Fig. 243 d, innen), in welchem der Valinomycinring das Kalium so umgibt, daß das Kation oktaedrisch von sechs Carbonyl-Sauerstoffatomen koordiniert wird. Valinomycin vermag als „*Ionophor*"[55)] zu wirken und bindet ähnlich den Zellmembran-durchspannenden Proteinen („*Kalium-Natrium-ATP-asen*") in menschlichen und tierischen Zellen, welche K$^+$- und Na$^+$-Ionen in Gegenrichtung transportieren („*Kalium-Natrium-Pumpe*")[56)] K$^+$-Ionen bei Raumtemperatur wesentlich stärker (rund 10^4mal), bei 0 °C etwas stärker (2mal) als Na$^+$-Ionen.

Lösungen von Alkalimetallen in flüssigem Ammoniak[31)]. In flüssigem Ammoniak lösen sich nicht nur eine Reihe von *Alkalimetallsalzen* MX, sondern – unter starker Volumenvergrößerung des flüssigen Ammoniaks – auch die *Alkalimetalle* M unter Bildung von „*Ammoniakaten*" sowohl der „Alkalimetallkationen" M$^+$ wie der zugehörigen „Anionen" X$^-$ im Falle von MX bzw. e$^-$ im Falle von M (vgl. S. 651)[57)]. Die *Löslichkeit* von M in fl. NH_3 ist erstaunlich hoch und beträgt im Falle von *Lithium*/*Natrium*/*Kalium*/*Rubidium*/*Cäsium* pro Mol Ammoniak bei − 50 °C 0.27/0.19/0.20/∼ 0.3/0.43 mol (in analoger Weise lösen sich *Calcium, Strontium, Barium, Radium, Europium* und *Ytterbium* in flüssigem NH_3). Die Alkalimetalllösungen sind im verdünnten Zustande *blau*, im konzentrierten *metallisch-bronzefarben*; sie leiten den *elektrischen Strom* mehr oder minder gut und weisen in Abhängigkeit von der Konzentration starken bis verschwindenden *Paramagnetismus* auf.

Physikalische Eigenschaften. In sehr „*verdünnten Ammoniak-Lösungen*" verhalten sich die aus den Alkalimetallen gebildeten Kationen $M(NH_3)_n^+$ (a) und „Anionen" $e(NH_3)_m^-$ (b) wie *freie Ionen*. Die Elek-

---

[55] Als „*Ionophore*" (vom griech. pherein bzw. phorein = tragen; Ionophore = Ionenträger) bezeichnet man Makrocyclen, welche den *Ionentransport* durch sonst für Ionen undurchlässige biologische Membranen besorgen. Zu den natürlich vorkommenden Ionophoren zählen Makrolide, Peptid-Antibiotica (z. B. Valinomycin, Nonactin, Enniatine), Polyether-Antibiotica (z. B. Lasalocid, Monensin, Nigericin, Salinomycin) und Siderochrome. Das gegen Tuberkulose-Erreger und als Phosphorylierungs-Entkoppler wirkende Valinomycin bildet einen 36gliedrigen Ring (vgl. Fig. 243 d, außen), der aus miteinander kondensierten Molekülen L- und D-Valin $H_2N-{}^*CH^iPr-COOH$ (6 Moleküle) sowie D-α-Hydroxyisovaleriansäure $HO-{}^*CH^iPr-COOH$ und L-Milchsäure $HO-{}^*CHMe-COOH$ (jeweils 3 Moleküle = insgesamt 12-Moleküle) besteht.

[56] Die durch den Energielieferanten Adenosintriphosphat ATP (S. 784) betriebene „*Kalium-Natrium-Pumpe*" (bestehend aus 2 größeren α- und 2 kleineren β-Untereinheiten) bewirkt unter hydrolytischer Spaltung von ATP in ADP (Mg^{2+} als Aktivator; Verbrauch von ca. $\frac{1}{3}$ des zellulären Energieumsatzes) den Transport von 3Na$^+$-Ionen aus und 2K$^+$-Ionen in das Zellinnere. Das K$^+$- und Na$^+$-Potential an den Zellmembranen bildet seinerseits die energetische Voraussetzung für den aktiven *Transport von Nährstoffen* durch die Membranen und für die *Reizung von Muskel-* und *Nervenzellen* (vgl. Lehrbücher der Biochemie). Die Nervenleitung ist hierbei mit einer Öffnung von Ionenkanälen in der Zellmembran einer Nervenzelle und einem K$^+$-/Na$^+$-Ionenausgleich verbunden, wobei die plötzliche Änderung des Membranpotentials zur Öffnung der Ionenkanäle der benachbarten Nervenzelle führt usf. Die Ionenpumpen stellen jeweils nach der Zellreizung wieder rasch den Normalzustand her.

[57] Die blauen bis bronzefarbenen, stark reduzierend wirkenden Lösungen von M in *flüssigem Ammoniak* wurden erstmals von H. Davy im Jahre 1807 beobachtet und von T. Weyl im Jahre 1863 „wiederentdeckt". In geringerem Ausmaße vermögen auch *organische Amine, Hexamethylphosphorsäuretriamid* $PO(NMe_2)_3$ und selbst extrem reines *Wasser* Alkalimetalle ohne Wasserstoffentwicklung unter Blaufärbung zu lösen (S. 1166). Die schwereren Alkalimetalle lösen sich zudem geringfügig in Ethern wie *Tetrahydrofuran* THF oder *Ethylenglykoldimethylether* $MeOCH_2CH_2OMe$, besser in *Kronenethern* (vgl. Bildung von Na(18-Krone-6)$^+$Na$^-$, S. 1167). In Anwesenheit von Aromaten wie *Biphenyl, Naphthalin, Anthracen* nimmt THF vergleichsweise viel Alkalimetall unter Bildung *negativ geladener Aromaten* (z. B. grünes Naphthalenid $C_{10}H_8^-$, vgl. S. 1188) auf, die ihrerseits zur Reduktion anorganischer und organischer Verbindungen genutzt werden (z. B. $SiCl_4 \rightarrow Si$; $MCl_n \rightarrow M(Me_2PCH_2CH_2PMe_2)_3$ mit MCl_n u. a. VCl_3, $CrCl_3$, $MoCl_5$, WCl_6 in Anwesenheit von $Me_2PCH_2CH_2PMe_2$).

tronen e^- bedingen hierbei aufgrund ihrer *beachtlichen Radien* (3.00–3.40 Å) die vergleichsweise *geringe Dichte* der NH_3-Lösungen, aufgrund ihrer *Anregbarkeit durch Licht* im Wellenlängenbereich um 1500 nm (sehr breite Absorptionsbande) die *leuchtend blaue Lösungsfarbe*, aufgrund ihrer *hohen Beweglichkeit* die *große elektrische Leitfähigkeit* der Lösungen (größer als die wässeriger Salzlösungen) und aufgrund des *Elektronenspins* den *Paramagnetismus* der Lösungen. Mit wachsender „*Lösungskonzentrierung*" treten die freien Ionen unter Abnahme der elektrischen Leitfähigkeit der Lösungen zunächst zu *Ionenpaaren* (c) zusammen, welche ihrerseits ein weiteres solvatisiertes Elektron unter Bildung des *Anions* (d) oder ein weiteres Ionenpaar unter Bildung des *Dimeren* (e) aufnehmen können (die Paarung der Elektronenspins führt in letzteren Fällen zu einer Abnahme des Paramagnetismus):

$$\underset{(a)}{[M(NH_3)_n]^+} + \underset{(b)}{[e(NH_3)_m]^-}$$

$$\Big\Updownarrow K_{a/b\rightarrow c}\,\text{ca. } 10^2$$

$$\underset{(d)}{[M(NH_3)_n^+e_2(NH_3)_p^{2-}]} \underset{K_{c\rightarrow d}\,\text{ca. } 10^3}{\overset{\pm e(NH_3)_m^-}{\rightleftarrows}} \underset{(c)}{[M(NH_3)_n^+e(NH_3)_m^-]} \underset{K_{c\rightarrow e}\,\text{ca. } 10^4}{\overset{x2}{\rightleftarrows}} \underset{(e)}{[M(NH_3)_n^+e_2(NH_3)_p^{2-}M(NH_3)_n^+]}$$

Sehr „*konzentrierte Ammoniaklösungen*" der Alkalimetalle verhalten sich schließlich wie *flüssige Metalle*. Demgemäß steigt die elektrische Leitfähigkeit und der Paramagnetismus im Bereich sehr hoher Alkalimetallkonzentrationen wieder an. Aus konzentrierten Lösungen von Lithium in flüssigem Ammoniak läßt sich bei tiefen Temperaturen $Li(NH_3)_4$ auskristallisieren (kubisch-innenzentrierte Packung der $Li(NH_3)_4$-Einheiten mit tetraedrischem Li). Das feste Ammoniakat weist gemäß der Formulierung $Li(NH_3)_4(e^-)$ freie Elektronen im Kristall auf, welche den metallischen Glanz und die elektrische Leitfähigkeit der Verbindung bedingen. Es lassen sich auch Hexaammoniakate $M(NH_3)_6$ mit M = Ca, Sr, Ba, Eu, Yb isolieren (oktaedrisches M).

Chemische Eigenschaften. In reinem flüssigen Ammoniak schreitet die *Zersetzung* der Alkalimetalllösungen in Abwesenheit von Wasser und Sauerstoff nur äußerst langsam voran. Eine Reihe von Übergangsmetallen (z. B. Fe^{2+}) katalysiert jedoch die summarisch nach $M + NH_3 \rightarrow MNH_2 + \frac{1}{2}H_2$ erfolgende Zerfallsreaktion.

Besonders charakteristisch für Alkalimetall-Ammoniak-Lösungen ist ihre hohe *Reduktionskraft*. Demgemäß lassen sich mit ihrer Hilfe Komplexe mit Übergangsmetallen in *niedrigen Oxidationsstufen* gewinnen (z. B. $Ni(CN)_4^{2-} \rightarrow Ni(CN)_4^{4-}$; $Pt(NH_3)_4^{2+} \rightarrow Pt(NH_3)_4$), *π-Bindungen reduzieren* (z. B. $O_2 \rightarrow O_2^- \rightarrow O_2^{2-}$; $RCH{=}CH_2 \rightarrow RHC{-}CH_2^{2-}$; $RN{=}O \rightarrow RN{-}O^{2-}$, Naphthalin $C_{10}H_8 \rightarrow C_{10}H_8^-$) und *σ-Bindungen spalten* (z. B. $GeH_4 + e^- \rightarrow GeH_3^- + \frac{1}{2}H_2$; $R_3SnX \rightarrow R_3Sn + X^- \rightarrow R_3Sn^- + X^-$).

2.2.6 Organische Verbindungen der Alkalimetalle[18,58]

Darstellung. Die organischen Verbindungen der schwereren Alkalimetalle spielen eine weit geringere Rolle als die des Lithiums (S. 1154). Ihre Darstellung kann analog der des letzteren Elements durch Reaktion der fein dispergierten Metalle mit *Organylhalogeniden* RX („*Direktverfahren*") bzw. mit *Quecksilberdiorganylen* („*Transmetallierung*") in *gesättigten Kohlenwasserstoffen* erfolgen:

$$2M \xrightarrow[\textit{Direktverfahren}]{+RX;\ -MX} MR; \qquad 2M \xrightarrow[\textit{Transmetallierung}]{+HgR_2;\ -Hg} 2MR.$$

Darüber hinaus lassen sich *protonenaktive* Kohlenwasserstoffe RH wie Cyclopentadien C_5H_6, *aromatische Kohlenwasserstoffe* ArH wie Naphthalin $C_{10}H_8$ sowie einige *ungesättigte* Koh-

[58] **Literatur.** J. L. Wardell: „*Alkali Metals*", Comprehensive Organomet. Chem. **1** (1982) 43–120; HOUBEN WEYL: „*Natrium, Kalium, Rubidium, Cäsium*" **13/1** (1970); M. Schlosser: „*Struktur und Reaktivität polarer Organometalle*", Springer, Berlin 1973; C. Schade, P. v. R. Schleyer: „*Sodium, Potassium, Rubidium, and Cesium: X-Ray Structural Analyses of their Organic Compounds*", Adv. Organomet. Chem. **27** (1987) 169–278; ULLMANN (5. Aufl.): „*Sodium Compounds, Organic*", **A 24** (1993) 341–343; E. Weiss: „*Strukturen alkalimetallorganischer und verwandter Verbindungen*", Angew. Chem. **105** (1993) 1565–1587; Int. Ed. **32** (1993) 1501; A. Fürstner: „*Chemie von und mit hochaktiven Metallen*", Angew. Chem. **105** (1993) 171–197; Int. Ed. **32** (1993) 164; D. P. Hanusa: „*Ligand Influences on Structures and Reactivity in Organoalkaline-Earth Chemistry*", Chem. Rev. **93** (1993) 1023–1036. Vgl. auch Anm.[31)], S. 855.

lenwasserstoffe (Cäsium addiert sich sogar an Ethylen) in geeigneten Reaktionsmedien (z. B. Tetrahydrofuran, Dimethylethylenglykol im Falle von ArH) unter *Metall/Wasserstoffaustausch* („*Direktmetallierung*") bzw. unter *Anlagerung der Alkalimetalle* („*Metalladdition*") in alkalimetallorganische Verbindungen verwandeln:

$$\mathrm{HR} \xrightarrow[\textit{Direktmetall.}]{+\mathrm{M};\ -\frac{1}{2}\mathrm{H_2}} \mathrm{MR}; \qquad \mathrm{ArH} \xrightarrow[\textit{Metalladd.}]{+\mathrm{M}} \mathrm{M^+\,ArH^-} \xrightarrow[\textit{Metalladd.}]{+\mathrm{M}} 2\,\mathrm{M^+\,ArH^{2-}}.$$

Schließlich erhält man Alkalimetallorganyle in *doppelten Umsetzungen* durch Zusammengeben etherischer Lösungen von Lithiumorganylen und Alkalimetall-*tert*-butylaten („*Metallaustausch*"), z. B. $LiCH_3 + MO^tBu \rightarrow LiO^tBu + MCH_3$ (unlöslich im Falle M = Na, K, Rb, Cs).

Eigenschaften. Aufgrund ihres salzartigen Baus (s. u.) stellen die organischen Verbindungen der schwereren Alkalimetalle nicht unzersetzt schmelzende, in Kohlenwasserstoffen meist unlösliche, extrem reaktive Feststoffe dar, die sich an der Luft von selbst entzünden und praktisch alle wasserstoffhaltigen Lösungsmittel (selbst Kohlenwasserstoffe) mehr oder minder rasch deprotonieren (man beobachtet sogar Eigendeprotonierung, z. B. $2\,NaC_2H_5 \rightarrow Na_2C_2H_4 + C_2H_6$). Sie lassen sich insgesamt weit schlechter als die weniger reaktiven Lithiumorganyle handhaben. Etwas leichter handhabbar sind allenfalls die Alkalimetallderivate von protonenaktiveren Kohlenwasserstoffen wie Acetylen C_2H_2, Triphenylmethan Ph_3CH, Cyclopentadien C_5H_6, ferner die Alkalimetalladdukte an aromatische und andere ungesättigte Verbindungen wie Naphthalin $C_{10}H_8$, Phenanthren $C_{14}H_{10}$, Diphenyl $C_6H_5{-}C_6H_5$, Tetraphenylethylen $Ph_2C{=}CPh_2$, Diphenylacetylen $PhC{\equiv}CPh$, die in der Regel mesomeriestabilisierte Organylanionen enthalten. Auch wirken sie weniger stark deprotonierend und sind demgemäß in Kohlenwasserstoffen oder Ethern wie Tetrahydrofuran handhabbar.

Strukturen. Die MC-Bindungen der organischen Verbindungen von schwereren Alkalimetallen sind dominant *heterovalent*, weshalb den betreffenden *Metallorganylen* M^+R^- – wie übrigens auch den verwandten *Metallsilylen* $M^+SiR_3^-$ und *-germylen* $M^+GeR_3^-$ – vielfach eine dreidimensionale *Salzstruktur* zukommt. So kristallisieren etwa die Alkyl-Verbindungen „*Methylkalium*", „*-rubidium*" und „*-cäsium*" MCH_3 mit der „*Nickelarsenid-Struktur*" (M^+ oktaedrisch von CH_3^- und CH_3^- trigonal-prismatisch von M^+ umgeben) und die entsprechenden Silyle $MSiH_3$ und Germyle $MGeH_3$ mit der „*Natriumchlorid-Struktur*" (M^+ bzw. CH_3^- oktaedrisch von CH_3^- bzw. M^+ koordiniert; $CsGeH_3$ besitzt TlI-Struktur). Die mit NH_3, PH_3 und AsH_3 sowie H_3O^+, H_3S^+ und H_3Se^+ isovalenzelektronischen Anionen CH_3^-, SiH_3^-, GeH_3^- sind wie erstere Gruppen pyramidal gebaut (Winkel HCH/HSiH/HGeH = 108.6/≈ 94/≈ 92.5°; zum Vergleich Winkel HNH/HPH/HAsH = 106.8/93.5/92.0°). Der Grund für die unterschiedliche Koordination der CH_3-Gruppen einerseits und SiH_3-/GeH_3-Gruppen andererseits mit sechs Alkalimetallkationen (trigonal-prismatisch bzw. oktaedrisch) rührt offensichtlich von der ausgeprägten trigonalen Gestalt der kleinen Methylgruppen und der mehr kugelförmigen Gestalt der großen Silyl- und Germylgruppen: erstere erlaubt eine dichtere Ionenpackung bei einer Struktur vom NiAs-Typ (vgl. Fig. 244a), letztere eine elektrostatisch ausgewogenere Ionenpackung bei einer Struktur vom NaCl-Typ (vgl. Fig. 244b). Die Struktur von „*Methylnatrium*" $NaCH_3$ weist sowohl Strukturelemente von „*Methyllithium*" $LiCH_3$ als auch solche der besprochenen schwereren Alkalimetallmethyle auf: die Hälfte der Na^+- und CH_3^--Ionen bilden – zu parallelen Ketten aufgereihte – Tetramere $(NaCH_3)_4$, die andere Hälfte der Ionen liegt zwischen den in zwei Raumrichtungen orientierten Kettenscharen. „*Ethylnatrium*" NaC_2H_5 bevorzugt andererseits eine Struktur aus Doppelschichten, wobei sich die Außenseiten aus parallel nebeneinander angeordneten, senkrecht stehenden Ethylgruppen aufbauen, deren ins Innere gerichtete CH_2-Gruppen jeweils von vier Na^+-Ionen trigonal-pyramidal koordiniert sind (Fig. 244c).

Unter den Acetylen-, Aryl- und Cyclopentadienyl-Verbindungen bildet „*Natrium*"- bzw. „*Kaliumhydrogenacetylid*" MC_2H analog NaC_2H_5 Doppelschichten (quadratische anstelle der trigonalen C_2-Packung in NaC_2H_5; jedes innere C-Atom ist quadratisch-pyramidal von fünf M^+-Ionen umgeben), das $Me_2NCH_2CH_2N(Me)CH_2CH_2NMe_2$-Addukt von „*Phenylnatrium*" $NaC_6H_5 \cdot$ pmdta analog LiPh ($Me_2NCH_2CH_2NMe_2$) dimere Einheiten (KZ_{Na} aber 5 anstelle $KZ_{Li} = 4$ in der Lithiumverbindung; vgl. Fig. 244d), das Tetrahydrofuranaddukt von „*Kaliumpentabenzylcyclopentadienid*" $KC_5(CH_2Ph)_5$ monomere Einheiten ($KZ_K = 8$; Kalium ist pentahapto- (η^5-) an den Cyclopentadienidring geknüpft; vgl. Fig. 244e). Donorfreies „*Kaliumtrimethylsilylcyclopentadienid*" $KC_5H_4SiMe_3$ bildet polymere ··· Cp'KCp'K ··· Ketten analog TlCp (S. 1103); die Ketten sind zusätzlich über schwache Wechselwirkungen der K^+-Ionen einer Kette mit den Cp'-Resten der anderen Kette verknüpft.

In analoger Weise wie in den Alkalimetallcyclopentadieniden sind wohl die M^+-Ionen in den aus Alkalimetallen und Aromaten zugänglichen Alkalimetall-Aromaten gebunden (vgl. z. B. Struktur des $Me_2NCH_2CH_2NMe_2$-Addukts von „*Dilithiumnaphthalenid*", Fig. 244f). Die Übertragung von Elektro-

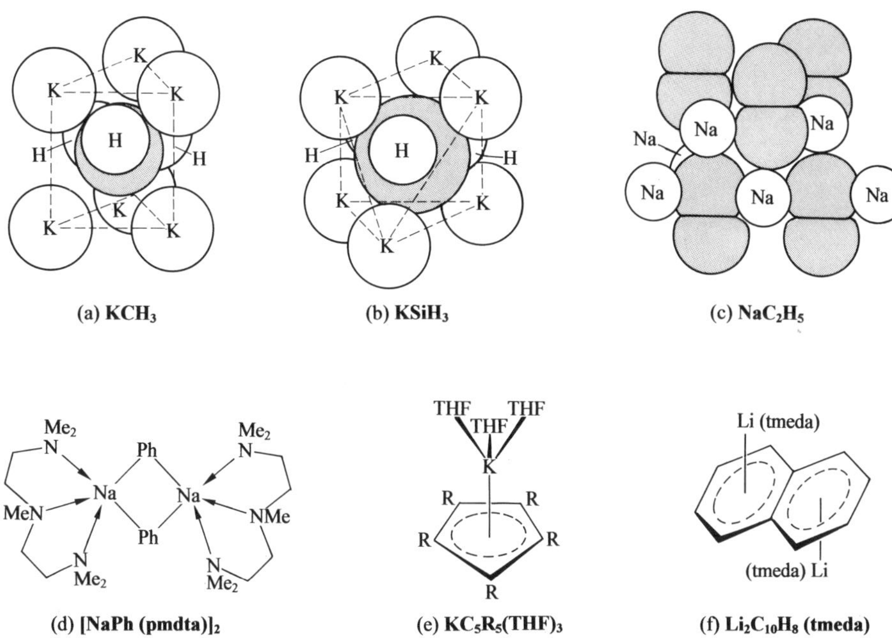

Fig. 244 Strukturen (Kalotten- und Valenzstrich-Modelle) von Alkalimetallorganylen: (a) Methylkalium; (b) Silylkalium; (c) Methylnatrium; (d) Phenylnatrium-Aminat (pmdta = $Me_2NCH_2CH_2N(Me)CH_2CH_2NMe_2$); (e) Pentabenzylcyclopentadienylkalium-Tristetrahydrofuranat (THF = C_4H_8O); (f) Dilithiumnaphthalenid-Aminat (tmeda = $Me_2NCH_2CH_2NMe_2$).

nen auf ungesättigte Kohlenwasserstoffe ist häufig mit strukturellen Änderungen letzterer verbunden. So geht etwa das wannenförmige, nicht-aromatische Cyclooctatetraen C_8H_8 (acht π-Elektronen) bei der Beladung mit Elektronen über das Radikalanion $C_8H_8^-$ (planarer Bau) in das planare, aromatische Dianion $C_8H_8^{2-}$ mit zehn π-Elektronen über ($n = 2$ in der für aromatische Systeme geltenden Abzählformel $4n + 2$). Auch dimerisiert Diphenylacetylen PhC≡CPh nach Aufnahme eines Elektrons zu „*Dialkalimetalltetraphenylbutadiendiid*" PhC=CPh—CPh=CPh^{2-} (das Dianion wird – meist als Lithiumsalz – zur Synthese von fünfgliederigen Heterocyclen mit einem Heteroatom wie B, Se, Ge, Sn, As, Sb genutzt).

Derivate. Unter den Derivaten der Alkalimetallorganyle seien in erster Linie die aus Alkalimetallen und Alkoholen gewinnbaren **Alkalimetallalkoxide MOR** genannt, denen etwa im Falle von $MOCMe_3$ (und $MOSiMe_3$ (M = K, Rb, Cs) eine Kubanstruktur zukommt mit tetrameren Moleküleinheiten (M und O abwechselnd in den Ecken eines Würfels; vgl. S. 1155), während $NaOCMe_3$ Hexa- und Nonamere bildet (Na und O im ersteren Fall abwechselnd in den Ecken eines hexagonalen Prismas, vgl. S. 1155). Die durch Einwirkung von Alkalimetallen auf Kohlenmonoxid erhältlichen **„Alkalimetallcarbonyle" $(MCO)_n$** sind sowohl *dimer* ($n = 2$; Salze von *Acetylendiol* HO—C≡C—OH) als auch *hexamer* ($n = 6$; Salze von *Hexahydroxybenzol* $C_6(OH)_6$). Ähnliche Strukturen wie den Alkoxiden kommen auch den **Alkalimetallamiden** und **-imiden MNR_2** und **$MN{=}CR_2$** zu (z. B. Kubanstruktur im Falle von $[CsNHSiMe_3]_4$ und $[LiNa_3\{N{=}C(NMe_2)_2\}_4 \cdot 3\,OP(NMe_2)_3]$: Cs bzw. Li/Na und N abwechselnd in den Würfelecken; jedes Na ist zusätzlich mit $OP(NMe_2)_3$ koordiniert).

Verwendung. Die in organischen Medien gelösten Alkalimetallaromaten dienen ähnlich wie Alkalimetalle in flüssigem Ammoniak als starke Reduktionsmittel sowohl in der anorganischen wie organischen Chemie (vgl. Anm.[57]). Ferner lassen sich ungesättigte Kohlenwasserstoffe auf dem Wege einer Addition von Alkalimetallen und Protolyse der gebildeten Alkalimetallorganyle reduzieren (vgl. z. B. Birch-Reduktion in der organischen Chemie).

Teil C

Nebengruppenelemente

	III	IV	V	VI	VII	VIII bzw. 0			I	II	
	3	4	5	6	7	8	9	10	11	12	
4	21 **Sc** S. 1393	22 **Ti** S. 1399	23 **V** S. 1419	24 **Cr** S. 1438	25 **Mn** S. 1479	26 **Fe** S. 1504	27 **Co** S. 1548	28 **Ni** S. 1575	29 **Cu** S. 1320	30 **Zn** S. 1365	4
5	39 **Y** S. 1393	40 **Zr** S. 1411	41 **Nb** S. 1429	42 **Mo** S. 1457	43 **Tc** S. 1490	44 **Ru** S. 1534	45 **Rh** S. 1562	46 **Pd** S. 1587	47 **Ag** S. 1338	48 **Cd** S. 1365	5
6	57 **La** S. 1393	72 **Hf** S. 1411	73 **Ta** S. 1429	74 **W** S. 1457	75 **Re** S. 1490	76 **Os** S. 1534	77 **Ir** S. 1562	78 **Pt** S. 1587	79 **Au** S. 1351	80 **Hg** S. 1378	6
7	89 **Ac** S. 1393	104 **Eka-Hf** S. 1418	105 **Eka-Ta** S. 1436	106 **Eka-W** S. 1478	107 **Eka-Re** S. 1503	108 **Eka-Os** S. 1547	109 **Eka-Ir** S. 1574	110 **Eka-Pt** S. 1604	111 **Eka-Au** S. 1364	112 **Eka-Hg** S. 1392	7
	3	4	5	6	7	8	9	10	11	12	
	III	IV	V	VI	VII	VIII bzw. 0			I	II	

Kapitel XIX

Nebengruppenelemente (Äußere Übergangsmetalle)

Periodensystem (Teil III[1]) und vergleichende Übersicht[2] über die Nebengruppenelemente

Entsprechend dem auf S. 59 Besprochenen zählt man die 68 Elemente mit den Ordnungszahlen 21–30 (Sc bis Zn), 39–48 (Y bis Cd), 57–80 (La bis Hg) und 89–112 (Ac bis Eka-Hg), die ausschließlich *Metalle* darstellen, zu den **Nebengruppenelementen** bzw. **Übergangsmetallen**. Bei ihnen erfolgt, wie ebenfalls bereits erläutert wurde (S. 93), ein Ausbau der *zweitäußersten* Elektronenschalen mit *zehn* d-Elektronen von 8 auf 18 (**„äußere"** Übergangsmetalle; „d-*Block-Elemente*") bzw. der *drittäußersten* Elektronenschalen mit *vierzehn* f-Elektronen von 18 auf 32 Elektronen (**„innere"** Übergangsmetalle; „f-*Block-Elemente*"). Im folgenden wollen wir uns etwas näher mit den 40 äußeren Übergangsmetallen (**Übergangsmetalle** bzw. **Nebengruppenelemente im engeren Sinne**) befassen, und zwar mit ihren *Elektronenkonfigurationen*, mit ihrer *Einordnung in das Periodensystem* sowie mit *Trends einiger ihrer Eigenschaften*. Die 28 inneren Übergangsmetalle (**„Lanthanoide"**, **„Actinoide"**) werden auf S. 1719 behandelt.

1 Elektronenkonfiguration der Nebengruppenelemente

Wie wir auf S. 94 sahen, bauen nach den Elementen 1–18 (1.–3. Periode) die zwei folgenden Elemente „Kalium" (Ordnungszahl 19) und „Calcium" (Ordnungszahl 20) ihre beiden neu hinzukommenden Elektronen in der 4. Elektronenschale als s-Elektronen ein, obwohl die vorhergehende 3. Schale mit ihren 8 Elektronen (zwei s- und sechs p-Elektronen) noch nicht gesättigt ist, sondern gemäß der für $n = 3$ geltenden maximalen Elektronenzahl $2 \cdot n^2 = 18$ insgesamt noch weitere *zehn* d-Elektronen aufnehmen kann (vgl. hierzu Fig. 34 auf S. 97). Nach Erreichen der s-Zweierschale („Heliumschale") in der 4. Periode erfolgt nun die noch ausstehende Auffüllung der **3. Schale** mit d-Elektronen von der Elektronenzahl 8 auf die Maximalzahl 18 durch die auf das Calcium folgenden 10 Übergangsmetalle („*1. Übergangsreihe*", „*3d-Metalle*") „Scandium" (Ordnungszahl 21) bis „Zink" (Ordnungszahl 30). Vgl. hierzu Tab. 96, in welcher die neu hinzugekommenen Elektronen in der Spalte „Schalenaufbau" durch fetteren Druck hervorgehoben sind (bezüglich einer Erläuterung der Spalte „Elektronenkonfiguration" vgl. S. 96 und 99). Anschließend vervollständigt sich die 4. Schale durch

[1] Teil I: S. 56, Teil II: S. 299, Teil IV: S. 1719.

[2] **Literatur.** B. F. G. Johnson: „*Transition Metal Chemistry*", Comprehensive Inorg. Chem. **4** (1973) 673–779. Vgl. auch Anm.[2] im Kapitel IX (S. 299).

die 6 Hauptgruppenelemente 31 (Gallium) bis 36 (Krypton) mit sechs p-Elektronen von der Zahl 2 auf die nächststabile Zahl 8 („Kryptonschale").

Die Besetzung der für die d-Elektronen zur Verfügung stehenden *fünf* d-Orbitale der 3. Schale erfolgt gemäß der 1. Hundschen Regel (S. 99) zunächst *einzeln* mit Elektronen des gleichen Spins. Dann beginnt die *paarige* Einordnung der Elektronen. Hierbei kommt – im Sinne des auf S. 99 Erörterten – der „*halb-*" sowie „*vollbesetzten*" d-Unterschale (d^5 sowie d^{10}-Konfiguration) eine etwas erhöhte Stabilität zu. Dies äußert sich u.a. darin, daß beim „Chrom" (Ordnungszahl 24) und beim „Kupfer" (Ordnungszahl 29) je *eines* der beiden s-Elektronen der äußersten Schale in die zweitäußerste Schale als d-Elektron überwechselt, wodurch sich eine halb- bzw. vollbesetzte d-Unterschale ergibt (vgl. Tab. 96).

In analoger Weise wie in der 4. Periode füllen in der 5. Periode die auf die Hauptgruppenelemente „Rubidium" (Ordnungszahl 37) und „Strontium" (Ordnungszahl 38) folgenden 10 Übergangsmetalle („*2. Übergangsreihe*", „*4d-Metalle*") „Yttrium" (Ordnungszahl 39) bis „Cadmium" (Ordnungszahl 48) die Elektronenzahl 8 der **4. Schale** mit *zehn* d-Elektronen auf die nächststabile Anordnung von 18 Elektronen auf (Tab. 96), während die dann folgenden 6 Hauptgruppenelemente 49 (Indium) bis 54 (Xenon) mit sechs p-Elektronen die mit Rubidium und Strontium begonnene 5. Schale von der Elektronenzahl 2 zur Zahl 8 („Xenonschale") ergänzen.

Auch in der 4. Schale zeigt sich die Tendenz zur Ausbildung einer „*halb-*" und „*vollbesetzten*" d-Unterschale. Sie führt gemäß Tab. 96 zur Übernahme eines der beiden Außenelektronen in die zweitäußerste Schale bei den Elementen „Molybdän" (Ordnungszahl 42) und „Silber" (Ordnungszahl 47) und zur Übernahme *beider* Außenelektronen beim Element „Palladium" (Ordnungszahl 46). Daß allerdings auch andere Faktoren die Stabilität einer Elektronenkonfiguration bestimmen, folgt aus der jeweils nur einfachen Besetzung der äußersten Schale auch in den Fällen der Elemente „Niobium" (Ordnungszahl 41), „Ruthenium" (Ordnungszahl 44) und „Rhodium" (Ordnungszahl 45).

Mit dem in der 6. Periode auf die Hauptgruppenelemente „Cäsium" (Ordnungszahl 55) und „Barium" (Ordnungszahl 56) folgenden „Lanthan" (Ordnungszahl 57) beginnt die Auffüllung der noch unvollständigen **5. Schale** mit *einem* d-Elektron. Dieser Ausbau wird zunächst durch die nachfolgenden 14 *Lanthanoide* (S. 1775) „Cer" (Ordnungszahl 58) bis „Lutetium" (Ordnungszahl 71) unterbrochen (punktierte Linie der Tab. 96), welche die noch ungesättigte 4. Schale von 18 Elektronen auf die maximal mögliche Zahl von $2 \cdot 4^2 = 32$ ergänzen. Er setzt sich dann bei den 9 Elementen (zusammen mit Lanthan: „*3. Übergangsreihe*", „*5d-Metalle*") „Hafnium" (Ordnungszahl 72) bis „Quecksilber" (Ordnungszahl 80) mit *neun* d-Elektronen bis zur Gesamtelektronenzahl 18 fort, woran sich die Auffüllung der mit Cäsium und Barium begonnenen 6. Schale von der Elektronenzahl 2 auf die Zahl 8 („Radonschale") durch sechs p-Elektronen der 6 Hauptgruppenelemente 81 (Thallium) bis 86 (Radon) anschließt.

Die Tendenz zum Übertritt von s-Außenelektronen in die d-Unterschale ist bei den Elementen der 6. Periode aufgrund der relativistischen s-Orbitalkontraktion (S. 338) weniger ausgeprägt. Nur beim Element „Platin" (Ordnungszahl 78) sowie „Gold" (Ordnungszahl 79) wird der Wechsel *eines* Elektrons beobachtet (Tab. 96).

Der nach den Hauptgruppenelementen „Francium" (Ordnungszahl 87) und „Radium" (Ordnungszahl 88) mit dem Element „Actinium" (Ordnungszahl 89) in der 7. Periode mit einem d-Elektron beginnende Ausbau der **6. Schale** wird in analoger Weise wie in der 6. Periode durch die nachfolgenden 14 *Actinoide* (S. 1793) „Thorium" (Ordnungszahl 90) bis „Lawrencium" (Ordnungszahl 103) unterbrochen (punktierte Linie in Tab. 96), bei denen die Auffüllung der noch nicht gesättigten 5. Schale von der Zahl 18 auf die nächststabile Anordnung mit 32 Elektronen erfolgt. Die nun folgenden Elemente 104 (Eka-Hafnium) bis 112 (Eka-Quecksilber), von denen bis Ende 1994 die acht Elemente 104 (Eka-Hafnium) bis 111 (Eka-Gold) künstlich erzeugt werden konnten (vgl. S. 1392 sowie Anm.[17)], S. 1418; die Synthese des Elements 112 ist 1995 zu erwarten), setzen den mit dem Actinium begonnenen Ausbau der 6. Schale bis zur Elektronenzahl 18 fort (zusammen mit Actinium: „*4. Übergangsreihe*", „*6d-Metalle*"), woran sich mit den 6 bisher noch unbekannten Hauptgruppenelementen 113 (Eka-Thallium) bis 118 (Eka-Radium) die Auffüllung der mit Francium und Radium begon-

Tab. 96 Aufbau der Elektronenhülle der Nebengruppenelemente im Grundzustand (über die Elektronenanordnungen der in der Tabelle ausgelassenen Elemente (punktierte Linien) und ihre Einordnung in das Periodensystem wird auf S. 1719f berichtet; die Elektronenanordnung der Elemente 104–112 ist bisher experimentell nicht gesichert).

	Elemente E		**Elektronenkonfiguration**		**Schalenaufbau**						
	Nr. E	**Name**	**Symbol**	**Term**	**1s**	**2sp**	**3spd**	**4spdf**	**5spdf**	**6spd**	**7s**
4. Periode (1. Übergangsreihe)	21 **Sc**	Scandium	$[Ar]3d^1 4s^2$	$^2D_{3/2}$	2	8	8+ **1**	2			
	22 **Ti**	Titan	$[Ar]3d^2 4s^2$	$^3F_2$	2	8	8+ **2**	2			
	23 **V**	Vanadium	$[Ar]3d^3 4s^2$	$^4F_{3/2}$	2	8	8+ **3**	2			
	24 **Cr**	Chrom	$[Ar]3d^5 4s^1$	$^7S_3$	2	8	8+ **5**	1			
	25 **Mn**	Mangan	$[Ar]3d^5 4s^2$	$^6S_{5/2}$	2	8	8+ **5**	2			
	26 **Fe**	Eisen	$[Ar]3d^6 4s^2$	$^5D_4$	2	8	8+ **6**	2			
	27 **Co**	Cobalt	$[Ar]3d^7 4s^2$	$^4F_{9/2}$	2	8	8+ **7**	2			
	28 **Ni**	Nickel	$[Ar]3d^8 4s^2$	$^3F_4$	2	8	8+ **8**	2			
	29 **Cu**	Kupfer	$[Ar]3d^{10} 4s^1$	$^2S_{1/2}$	2	8	8+**10**	1			
	30 **Zn**	Zink	$[Ar]3d^{10} 4s^2$	$^1S_0$	2	8	8+**10**	2			
5. Periode (2. Übergangsreihe)	39 **Y**	Yttrium	$[Kr]4d^1 5s^2$	$^2D_{3/2}$	2	8	18	8+ **1**	2		
	40 **Zr**	Zirconium	$[Kr]4d^2 5s^2$	$^3F_2$	2	8	18	8+ **2**	2		
	41 **Nb**	Niobium	$[Kr]4d^4 5s^1$	$^6D_{1/2}$	2	8	18	8+ **4**	1		
	42 **Mo**	Molybdän	$[Kr]4d^5 5s^1$	$^7S_3$	2	8	18	8+ **5**	1		
	43 **Tc**	Technetium	$[Kr]4d^5 5s^2$	$^6S_{5/2}$	2	8	18	8+ **5**	2		
	44 **Ru**	Ruthenium	$[Kr]4d^7 5s^1$	$^5F_5$	2	8	18	8+ **7**	1		
	45 **Rh**	Rhodium	$[Kr]4d^8 5s^1$	$^4F_{9/2}$	2	8	18	8+ **8**	1		
	46 **Pd**	Palladium	$[Kr]4d^{10}$	$^1S_0$	2	8	18	8+**10**			
	47 **Ag**	Silber	$[Kr]4d^{10} 5s^1$	$^2S_{1/2}$	2	8	18	8+**10**	1		
	48 **Cd**	Cadmium	$[Kr]4d^{10} 5s^2$	$^1S_0$	2	8	18	8+**10**	2		
6. Periode (3. Übergangsreihe)	57 **La**	Lanthan	$[Xe]5d^1 6s^2$	$^2D_{3/2}$	2	8	18	18	8+ **1**	2	
	72 **Hf**	Hafnium	$[Xe]4f^{14} 5d^2 6s^2$	$^3F_2$	2	8	18	32	8+ **2**	2	
	73 **Ta**	Tantal	$[Xe]4f^{14} 5d^3 6s^2$	$^4F_{3/2}$	2	8	18	32	8+ **3**	2	
	74 **W**	Wolfram	$[Xe]4f^{14} 5d^4 6s^2$	$^5D_0$	2	8	18	32	8+ **4**	2	
	75 **Re**	Rhenium	$[Xe]4f^{14} 5d^5 6s^2$	$^6S_{5/2}$	2	8	18	32	8+ **5**	2	
	76 **Os**	Osmium	$[Xe]4f^{14} 5d^6 6s^2$	$^5D_4$	2	8	18	32	8+ **6**	2	
	77 **Ir**	Iridium	$[Xe]4f^{14} 5d^7 6s^2$	$^4F_{9/2}$	2	8	18	32	8+ **7**	2	
	78 **Pt**	Platin	$[Xe]4f^{14} 5d^9 6s^1$	$^3D_3$	2	8	18	32	8+ **9**	1	
	79 **Au**	Gold	$[Xe]4f^{14} 5d^{10} 6s^1$	$^2S_{1/2}$	2	8	18	32	8+**10**	1	
	80 **Hg**	Quecksilber	$[Xe]4f^{14} 5d^{10} 6s^2$	$^1S_0$	2	8	18	32	8+**10**	2	
7. Periode (4. Übergangsreihe)	89 **Ac**	Actinium	$[Rn]6d^1 7s^2$	$^2D_{3/2}$	2	8	18	32	18	8+ **1**	2
	104 **Eka-Hf**	Vgl. S. 1392 und Anm.[17] auf S. 1418	$[Rn]5f^{14} 6d^2 7s^2$	$^3F_2$	2	8	18	32	32	8+ **2**	2
	105 **Eka-Ta**		$[Rn]5f^{14} 6d^3 7s^2$	$^4F_{3/2}$	2	8	18	32	32	8+ **3**	2
	106 **Eka-W**		$[Rn]5f^{14} 6d^4 7s^2$	$^5D_0$	2	8	18	32	32	8+ **4**	2
	107 **Eka-Re**		$[Rn]5f^{14} 6d^5 7s^2$	$^6S_{5/2}$	2	8	18	32	32	8+ **5**	2
	108 **Eka-Os**		$[Rn]5f^{14} 6d^6 7s^2$	$^5D_4$	2	8	18	32	32	8+ **6**	2
	109 **Eka-Ir**		$[Rn]5f^{14} 6d^7 7s^2$	$^4F_{9/2}$	2	8	18	32	32	8+ **7**	2
	110 **Eka-Pt**		$[Rn]5f^{14} 6d^8 7s^2$	$^3F_4$	2	8	18	32	32	8+ **8**	2
	111 **Eka-Au**		$[Rn]5f^{14} 6d^9 7s^2$	$^2D_{5/2}$	2	8	18	32	32	8+ **9**	2
	112 **Eka-Hg**		$[Rn]5f^{14} 6d^{10} 7s^2$	$^1S_0$	2	8	18	32	32	8+**10**	2

nenen 7. Schale von 2 auf 8 Elektronen („Eka-Radonschale") anschließen würde (vgl. hierzu auch Anm.[3] im Kap. XXXIII, S. 1719).

Zusammenfassend ist zu bemerken, daß der *energetische Unterschied* zwischen den in der *zweitäußersten* Hauptschale befindlichen d-Elektronen *nicht allzu groß* ist, so daß bereits kleine Änderungen in der Elektronenabschirmung (s. dort) zum Schalenwechsel eines Elektrons führen können. Ganz allgemein sinkt der Energiegehalt der Elektronen mit *wachsender positiver Ladung* eines Atoms, wobei die Größe des *stabilisierenden Effekts*, die wesentlich von der Art der Haupt- und Unterschale abhängt, welche das

Elektron besetzt, in der Reihenfolge $ns < (n-1)d$ anwächst. Als Folge hiervon halten sich die Außenelektronen in *positiv geladenen* Nebengruppenelement-Ionen – anders als im Falle *ungeladener* Atome der Nebengruppen – nicht mehr teils in s- und d-Zuständen, sondern ausschließlich in den nunmehr energieärmsten d-Orbitalen auf, so daß sich etwa für zwei- und dreiwertige Ionen folgende Außenelektronenkonfigurationen ergeben:

	Sc/Y/La	Ti/Zr/Hf	V/Nb/Ta	Cr/Mo/W	Mn/Tc/Re	Fe/Ru/Os	Co/Rh/Ir	Ni/Pd/Pt	Cu/Ag/Au	Zn/Cd/Hg
M^{2+}	d^1	d^2	d^3	d^4	d^5	d^6	d^7	d^8	d^9	d^{10}
M^{3+}	d^0	d^1	d^2	d^3	d^4	d^5	d^6	d^7	d^8	d^9

2 Einordnung der Nebengruppenelemente in das Periodensystem

Wie bereits auf S. 60 angedeutet wurde, weisen die „*langen*“ Perioden (4., 5., 6. und 7. Periode) im Vergleich zu den beiden vorangehenden „*kurzen*“ Perioden (2. und 3. Periode) eine *doppelte Periodizität* auf. Denn in der nachfolgenden Zusammenstellung der Elemente können bei den *langen Perioden* die Elementgruppen sowohl in der *linken Hälfte* (Edelgase bis Edelmetalle) wie in der *rechten Hälfte* (Edelmetalle bis Edelgase) unter die entsprechenden Gruppen der darüberstehenden beiden *Achterperioden* eingeordnet werden.

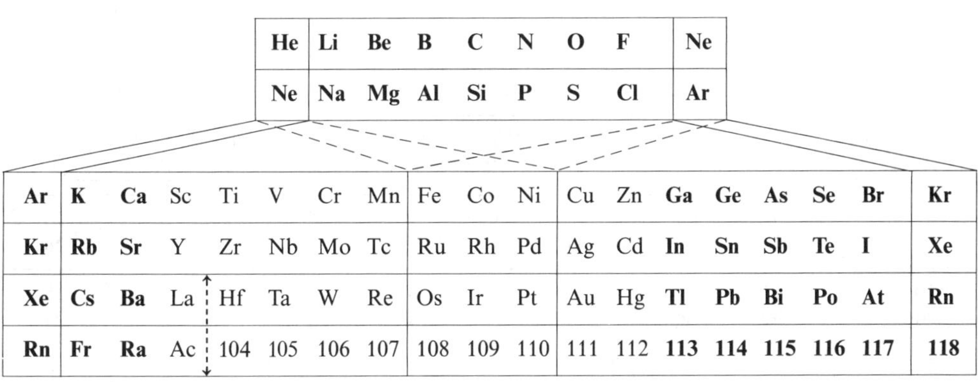

He	**Li**	**Be**	**B**	**C**	**N**	**O**	**F**	**Ne**
Ne	**Na**	**Mg**	**Al**	**Si**	**P**	**S**	**Cl**	**Ar**

Ar	**K**	**Ca**	Sc	Ti	V	Cr	Mn	Fe	Co	Ni	Cu	Zn	**Ga**	**Ge**	**As**	**Se**	**Br**	**Kr**
Kr	**Rb**	**Sr**	Y	Zr	Nb	Mo	Tc	Ru	Rh	Pd	Ag	Cd	**In**	**Sn**	**Sb**	**Te**	**I**	**Xe**
Xe	**Cs**	**Ba**	La	Hf	Ta	W	Re	Os	Ir	Pt	Au	Hg	**Tl**	**Pb**	**Bi**	**Po**	**At**	**Rn**
Rn	**Fr**	**Ra**	Ac	104	105	106	107	108	109	110	111	112	**113**	**114**	**115**	**116**	**117**	**118**

Die durch fetteren Druck hervorgehobenen Elemente der kurzen und langen Perioden (**„Hauptgruppen“**; Auffüllung der äußersten Elektronenhauptschalen) zeigen dabei untereinander eine *besonders nahe chemische Verwandtschaft*, während die durch normalen Druck wiedergegebenen Elemente (**„Nebengruppen“**; Auffüllung der zweitäußersten Elektronenhauptschalen) den zugehörigen Gruppen der beiden Achterperioden *weniger eng verwandt* sind (der gestrichelte Pfeil bringt die an dieser Stelle ausgelassenen je 14 Lanthanoide und Actinoide zum Ausdruck).

Diese Beziehungen der Haupt- und Nebengruppen zueinander können in zweierlei Weise – durch das *Lang-* und das *Kurzperiodensystem* – zum Ausdruck gebracht werden.

Beim **„Langperiodensystem“** setzt man, wie auf S. 59 bereits besprochen wurde, die besonders eng verwandten Elemente einfach übereinander und läßt bei den beiden kurzen Achterperioden, bei denen die Übergangselemente der langen Perioden fehlen, einen entsprechenden Raum frei. In den durch *arabische Nummern* 1 bis 18 bezeichneten Elementgruppen dieses Systems nehmen die Übergangsmetalle die Spalten 3 bis 12 ein, wobei die *links stehenden*, sich an die Alkali- und Erdalkalimetalle anschließenden Metalle auch als „*frühe Übergangsmetalle*“, die *rechts stehenden*, den Elementen der Bor- und Kohlenstoffgruppe vorausgehenden Metalle als „*späte Übergangsmetalle*“ bezeichnet werden. Die Zugehörigkeit der Übergangs- zu den Hauptgruppen kann im Langperiodensystem durch *römische Gruppennummern* 0 bis VIII angedeutet werden, wobei man die doppelte Periodizität der langen Perioden durch Beifügen der Buchstaben a und b bzw. A und B zum Ausdruck bringt (vgl. S. 60). Die so entstehende Anordnung (Tafel I, vorderer Buchdeckel) ist zwar recht übersichtlich, läßt aber die Zusammenhänge zwischen Haupt- und Nebengruppen nicht deutlich erkennen.

Das unten wiedergegebene **„Kurzperiodensystem"** bringt diese Zusammenhänge durch Unterteilung der langen Perioden in zwei kurze Perioden zum Ausdruck und unterscheidet die Elemente der Haupt- und Nebengruppen voneinander durch verschiedenes Einrücken. Die so entstehende Anordnung ist zweckmäßiger, aber zugleich weniger übersichtlich als die erstere und täuscht zudem eine engere Verwandtschaft zwischen Haupt- und Nebengruppen vor, als sie in der Tat vorliegt.

Am besten vereinigt man die Übersichtlichkeit des Lang- und die Zweckmäßigkeit des Kurzperiodensystems durch eine **Kombination** beider Systeme, indem man im *Langperiodensystem* die Übergangsmetalle wie beim gekürzten Periodensystem (S. 57) nur durch eine gestrichelte senkrechte Linie andeutet und sie als „*Nebensystem*" unterhalb des „*Hauptsystems*" in der durch das *Kurzperiodensystem* zum Ausdruck gebrachten Einteilung anordnet (vgl. Tafel VI, hinterer Buchdeckel).

Kurzperiodensystem der Elemente[a)]

	0	I							II	
1		1 **H**							2 **He**	1
	0 A B	I A B	II A B	III A B	IV A B	V A B	VI A B	VII A B	VIII A B	
2	2 **He**	3 **Li**	4 **Be**	5 **B**	6 **C**	7 **N**	8 **O**	9 **F**	10 **Ne**	2
3	10 **Ne**	11 **Na**	12 **Mg**	13 **Al**	14 **Si**	15 **P**	16 **S**	17 **Cl**	18 **Ar**	3
4	18 **Ar** 26 27 28 Fe Co Ni	19 **K** 29 Cu	20 **Ca** 30 Zn	21 Sc 31 **Ga**	22 Ti 32 **Ge**	23 V 33 **As**	24 Cr 34 **Se**	25 Mn 35 **Br**	26 27 28 Fe Co Ni 36 **Kr**	4
5	36 **Kr** 44 45 46 Ru Rh Pd	37 **Rb** 47 Ag	38 **Sr** 48 Cd	39 Y 49 **In**	40 Zr 50 **Sn**	41 Nb 51 **Sb**	42 Mo 52 **Te**	43 Tc 53 **I**	44 45 46 Ru Rh Pd 54 **Xe**	5
6	54 **Xe** 76 77 78 Os Ir Pt	55 **Cs** 79 Au	56 **Ba** 80 Hg	57 La 81 **Tl**	72 Hf 82 **Pb**	73 Ta 83 **Bi**	74 W 84 **Po**	75 Re 85 **At**	76 77 78 Os Ir Pt 86 **Rn**	6
7	86 **Rn** 108 109 110 E-Os E-Ir E-Pt	87 **Fr** 111 E-Au	88 **Ra** 112 E-Hg	89 Ac 113 E-Tl	104 E-Hf 114 E-Pb	105 E-Ta 115 E-Bi	106 E-W 116 E-Po	107 E-Re 117 E-At	108 109 110 E-Os E-Ir E-Pt 118 E-Rn	7
	0 A B	I A B	II A B	III A B	IV A B	V A B	VI A B	VII A B	VIII A B	

a) E = Eka; vgl. S. 1392 sowie Anm.[17)] auf S. 1418.

Man kann die zehn Nebengruppen (3.–12. Gruppe des Periodensystems) der Reihe nach als „Scandiumgruppe“ (Sc, Y, La, Ac), „Titangruppe“ (Ti, Zr, Hf), „Vanadiumgruppe“ (V, Nb, Ta), „Chromgruppe“ (Cr, Mo, W), „Mangangruppe“ (Mn, Te, Re), „Eisengruppe“ (Fe, Ru, Os), „Cobaltgruppe“ (Co, Rh, Ir), „Nickelgruppe“ (Ni, Pd, Pt), „Kupfergruppe“ (Cu, Ag, Au) und „Zinkgruppe“ (Zn, Cd, Hg) bezeichnen. Abweichend hiervon versteht man unter der „Eisengruppe“ auch die in der 8.–10. Gruppe (VIII. Nebengruppe) *nebeneinander* angeordneten Elemente Fe, Co, Ni, welche sich chemisch zum Teil ähnlicher als die drei untereinander stehenden Elemente Fe, Ru, Os der 8. Gruppe sind, und unterscheidet sie von den verbleibenden, der „Platingruppe“ zugehörigen Elementen Ru, Rh, Pd, Os, Ir, Pt. In analoger Weise könnte man in der 4.–6. Gruppe die drei leichten Elemente Ti, V, Cr einer „Titangruppe“, die sechs schweren Elemente Zr, Nb, Mo, Hf, Ta, W einer „Wolframgruppe“ zuordnen.

3 Trends einiger Eigenschaften der Nebengruppenelemente (Tafel IV)[2]

Da sich die in Tab. 96 enthaltenen Übergangsmetalle nur im Bau der *zweitäußersten* Hauptschale voneinander unterscheiden, und die zweitäußerste Schale von *geringerem Einfluß* auf die Eigenschaften eines Atoms ist als die äußerste Schale, sind die *Eigenschaften der Nebengruppenelemente* einer Periode naturgemäß *nicht so charakteristisch voneinander verschieden* wie die der Hauptgruppenelemente einer Periode. Das erkennt man schon daran, daß hier nicht wie dort Metalle, Halbmetalle und Nichtmetalle, sondern nur *Metalle* vorkommen und daß viele Elemente entsprechend der Anwesenheit von 2 Elektronen in der äußersten Schale *zweiwertig* aufzutreten imstande sind (z. B. Ti^{2+}, V^{2+}, Cr^{2+}, Mn^{2+}, Fe^{2+}, Co^{2+}, Ni^{2+}, Cu^{2+} und Zn^{2+} in der 4. Periode). Immerhin beobachtet man auch bei den Übergangsmetallen eine gewisse – wenn auch gegenüber den Hauptgruppenelementen abgeschwächte – **Periodizität**, da auch die über das stabile s^2p^6-Oktett hinaus vorhandenen d-Elektronen der zweitäußersten Schale zur chemischen Bindung herangezogen werden können und damit einen Einfluß auf die Eigenschaften der Übergangsmetalle ausüben.

Einige Eigenschaften der äußeren Übergangsmetalle sind in Tafel IV zusammengestellt. Nachfolgend soll zunächst auf die *Wertigkeit* der Übergangsmetalle eingegangen werden. Anschließende Abschnitte befassen sich dann mit *Analogien und Diskrepanzen zwischen Haupt- und Nebensystem* sowie mit *Periodizitäten im Nebensystem*. Bezüglich der *Entdeckung der Übergangsmetalle* sowie ihrer *Verbreitung* in der Erdhülle (Atmosphäre, Hydrosphäre, Biosphäre, Erdkruste) und ihrer *Toxizität* vgl. Tafel II und V sowie S. 61 bis 64.

Wertigkeit

Die **Maximalwertigkeit** der Nebengruppenelemente entspricht wie die der Hauptgruppenelemente in vielen Fällen der *Gruppennummer*, die den Elementen im *kombinierten Periodensystem* zukommt (vgl. nachfolgend und Tafel VI):

Nebengruppen des kombinierten Periodensystems (vgl. Tafel VI)[a]

0			I	II	III	IV	V	VI	VII	VIII		
					Sc	Ti	V	Cr	Mn	Fe	Co	Ni
Fe	Co	Ni	Cu	Zn	Y	Zr	Nb	Mo	Tc	Ru	Rh	Pd
Ru	Rh	Pd	Ag	Cd	La, Ln	Hf	Ta	W	Re	Os	Ir	Pt
Os	Ir	Pt	Au	Hg	Ac, An	E-Hf	E-Ta	E-W	E-Re	E-Os	E-Ir	E-Pt
E-Os	E-Ir	E-Pt	E-Au	E-Hg								

a) E = Eka.

So treten die in den einzelnen Übergangsperioden des Langperiodensystems (vgl. S. 1201) an *erster Stelle* stehenden Elemente (Sc, Y, La, Ac) maximal *dreiwertig*, die an *zweiter Stelle* stehenden (Ti, Zr, Hf) maximal *vierwertig*, die jeweils nachfolgenden Elemente maximal *fünfwertig* (V, Nb, Ta), *sechswertig* (Cr, Mo, W), *siebenwertig* (Mn, Tc, Re) bzw. *achtwertig* (Fe[3], Ru, Os) auf. Dementsprechend lassen sich die ersten sechs Elemente einer jeden Übergangsperiode den Elementen der III. bis VIII. Hauptgruppe zuordnen, welche die gleichen Höchstwertigkeiten aufweisen.

Bei den folgenden Elementen der VIII., I. und II. Nebengruppe nimmt die Fähigkeit zur Abgabe der in der zweitäußersten Schale neu aufgenommenen Elektronen fortschreitend ab. So sind z. B. die an *letzter Stelle* der Übergangsperioden des Langperiodensystems stehenden Elemente (Zn, Cd, Hg) maximal nur noch *zweiwertig*, da die zweitäußerste Schale eine stabile Anordnung von $8 + 10 = 18$ Elektronen enthält (vgl. Tab. 96), welche Edelgascharakter besitzt und sich chemisch nur schwer angreifen läßt (Schalen mit 2, 8, 18 und 32 Elektronen sind besonders stabil, vgl. S. 93). Diese Elemente stehen daher den Elementen der II. Hauptgruppe nahe. Die an *zweitletzter* Stelle einer jeden Übergangsperiode stehenden Elemente (Cu, Ag, Au) erstreben in ihrem *einwertigen* Zustand, der dem der Elemente in der I. Hauptgruppe entspricht, ebenfalls diese beständige Achtzehnerschale, indem bei Valenzbetätigung nur *eines* Elektrons der äußersten Schale das zweite Elektron für den Bau dieser Achtzehnerschale zur Verfügung steht. Immerhin können die Elemente der I. Nebengruppe – anders als die der I. Hauptgruppe – aber insgesamt auch *zwei* oder *drei* sowie in Einzelfällen sogar *vier* oder *fünf* Valenzelektronen abgeben und damit außer *ein-* auch *zwei-* bis *fünfwertig* auftreten (vgl. hierzu Kap. XXII, S. 1320f sowie relativistische Effekte, S. 338, 1355). Die Maximalwertigkeiten der an *siebter* und *achter Stelle* (*viert-* und *drittletzter Stelle*) jeder Übergangsperiode stehenden Elemente (Co, Rh, Ir bzw. Ni, Pd, Pt) bilden einen Übergang von der hohen Wertigkeit der vorausgehenden (Fe, Ru, Os) zur niedrigen Wertigkeit der nachfolgenden Elemente (Cu, Ag, Au):

Wertigkeit	III Sc/Y/La	IV Ti/Zr/Hf	V V/Nb/Ta	VI Cr/Mo/W	VII Mn/Tc/Re	VIII bzw. 0 Fe/Ru/Os	 Co/Rh/Ir	 Ni/Pd/Pt	I Cu/Ag/Au	II Zn/Cd/Hg
max.	3/3/3	4/4/4	5/5/5	6/6/6	7/7/7	6/8/8	5/6/6	4/4/6	4/5/5	2/2/2
min.	0/0/0	−1/0/0	−3/−3/−3	−2/−2/−2	−3/−3/−3	−2/−2/−2	−1/−1/−1	−1/0/−1	0/0/−1	0/0/0

Zwischen der Maximalwertigkeit eines Übergangsmetalls und seiner **Minimalwertigkeit** (vgl. obige Zusammenstellung sowie S. 1647) existieren **Zwischenwertigkeiten**. So kann etwa das zweiwertige „Mangan“ Mn^{2+} die in der 3. Hauptschale neben dem s^2p^6-Oktett noch vorhandenen fünf d-Elektronen stufenweise zur chemischen Bindung heranziehen bzw. stufenweise durch Verbindungsbildung bis auf zehn d-Elektronen (abgeschlossene d-Schale) ergänzen und auf diese Weise außer zwei- auch drei-, vier-, fünf-, sechs- und siebenwertig bzw. ein-, null-, minus ein-, minus zwei- und minus dreiwertig sein. Somit existieren bei Mangan *elf Oxidationsstufen*. In analoger Weise konnten bei „Osmium“ alle elf, bei „Technetium“, „Rhenium“ und „Ruthenium“ bisher zehn, bei Chrom, Molybdän und Eisen neun der elf möglichen Oxidationsstufen (d^0 bis d^{10}) verwirklicht werden. In der *stufenweisen* Abgabe oder Aufnahme von Elektronen (Oxidationsstufenwechsel um jeweils *eine Einheit*) unterscheiden sich die Übergangselemente von den entsprechenden Hauptgruppenelementen wie Chlor (1-, 3-, 5-, 7-wertig), Schwefel (2-, 4-, 6-wertig) oder Phosphor (3-, 5-wertig), bei denen die äußeren Elektronen – abgesehen von ganz wenigen Ausnahmen – nur *paarweise* abgegeben werden, so daß sich die verschiedenen Oxidationsstufen um je *zwei Einheiten* voneinander unterscheiden. Demgemäß bilden z. B. die Hauptgruppenelemente bevorzugt *farblose, diamagnetische* Ionen (gerade Elektronenzahlen), die Nebengruppenelemente dagegen vielfach *farbige, paramagnetische* Ionen (ungerade Elektronenzahlen).

[3] Beim Eisen (maximale Wertigkeit: 6) ist die Achtwertigkeit bis jetzt noch nicht erreicht worden.

Der Gang der **Oxidationsstufenspannweite** der Übergangsmetalle (vgl. obige Zusammenstellung) erklärt sich durch die *Erhöhung der Kernanziehungskräfte* auf die d-Elektronen innerhalb einer Periode von links nach rechts („zunehmende Kernladung") und innerhalb einer Gruppe von unten nach oben („abnehmender Atomradius"). Als Folge hiervon wird die oxidative Abspaltung von d-Elektronen in gleicher Richtung erschwert. Demgemäß läßt sich die *maximal mögliche Oxidationsstufe* der Übergangsmetalle (oxidative Abspaltung aller d-Elektronen) in der ersten Übergangsreihe noch bis zum Mangan, in der zweiten und dritten Übergangsreihe noch bis zum Ruthenium und Osmium, jedoch nicht darüber hinaus verwirklichen: bis zu den betreffenden Nebengruppenelementen (Mn, Ru, Os) nimmt die Oxidationsstufenspannweite zu, danach wieder ab, um bei den „späten" Übergangsmetallen Zn, Cd, Hg nur noch zwei Einheiten zu betragen. Auch erhöht sich innerhalb der Eisen-, Cobalt-, Nickel- und Kupfergruppe die *maximal erreichbare Oxidationsstufe* von oben nach unten (vgl. relativistische Effekte). Die leichte oxidative Abspaltbarkeit von d-Elektronen der „frühen" Übergangsmetalle hat darüber hinaus zur Folge, daß von Sc, Y, La, Zr, Hf bisher keine wahren ein- und zweiwertigen, von Ti keine einwertigen Komplexe isoliert werden konnten, da die betreffenden Oxidationsstufen außerordentlich disproportionierungsinstabil sind (vgl. S. 1396, 1402, 1412).

Analogien und Diskrepanzen zwischen Haupt- und Nebensystem

Allgemeines. Wie sich im Periodensystem der *Hauptgruppenelemente* in der Richtung nach links unten hin die *Metalle*, nach rechts oben hin die *Nichtmetalle* konzentrieren, nimmt im weiter oben (S. 1197) dargestellten kombinierten Periodensystem der *Nebengruppenelemente*, das ausschließlich aus Metallen besteht, in gleichen Richtungen wenigstens der metallische Charakter dieser Elemente insofern zu bzw. ab, als die Metalle nach links unten hin zunehmend *Basebildner* (z. B. AgOH, AuOH, $Hg(OH)_2$), nach rechts oben hin zunehmend *Säurebildner* (z. B. H_2CrO_4, $HMnO_4$, $HTcO_4$) sind. An die Stelle der Edelgase treten im Nebensystem die *Edelmetalle*. Die *Elektronegativitäten* (vgl. Tafel IV) steigen im kombinierten System für Neben- wie Hauptgruppen – von einigen Ausnahmen abgesehen – von *links unten nach rechts oben* hin an[4]. In ihren Verbindungen erstreben die Nebengruppen- wie die Hauptgruppenelemente, durch *Elektronenabgabe* (oder auch *-aufnahme*) die Elektronenkonfiguration der VIII. Gruppe (Edelgase bzw. Edelmetalle) zu erlangen. So ist z. B. Cu^+ mit Ni, Cd^{2+} mit Pd und Ac^{3+} mit Rn isoelektronisch.

Insgesamt sind die Eigenschaftsanalogien zwischen Haupt- und Nebensystem aber *nicht sehr ausgeprägt* und beschränken sich häufig nur auf die *gleiche Formelzusammensetzung*. So entspricht zwar – wie oben angedeutet wurde – die maximale *Wertigkeit* der Haupt- und Nebengruppenelemente vielfach übereinstimmend ihrer Gruppennummer. Doch vermögen die Metalle der I. *Nebengruppe* auch *höher als einwertig* aufzutreten. Auch unterscheiden sich die einzelnen Wertigkeiten bei den Nebengruppenelementen in der Regel um *eine Einheit*, bei den Hauptgruppenelementen aber um *zwei Einheiten*. Schließlich wächst der *edle Charakter* der Übergangselemente in der I. und II. sowie V., VI., VII. und VIII. Gruppe des Nebensystems *entgegen den Verhältnissen bei den Hauptgruppenelementen* von oben nach unten (Verschiebung der Normalpotentiale zu positiveren Werten; z. B. Au edler als Cu; Hg edler als Zn; vgl. relativistische Effekte, S. 338), während in den Nebengruppen III und IV, die sich unmittelbar an die Hauptgruppen I und II anschließen, die Verhältnisse gerade umgekehrt – also *analog wie bei den Hauptgruppenelementen* – liegen (Verschiebung der Normalpotentiale zu negativeren Werten: z. B. La unedler als Sc; Hf unedler als Ti; vgl. hierzu Anhang VI).

Die *Beständigkeit* der *höheren* Oxidationsstufen bzw. die *Unbeständigkeit* der *niedrigeren* Oxidationsstufen nimmt in den einzelnen *Nebengruppen* (Ausnahme: II. Gruppe) – anders als in den entsprechenden Hauptgruppen – mit wachsender Atommasse des Gruppenelements zu (z. B. Au^{3+} stabiler als Cu^{3+}, W^{VI} stabiler als Cr^{VI}, Re^{VII} stabiler als Mn^{VII}, Os^{VIII} stabiler als Fe^{VIII} (unbekannt); dagegen: Au^+ instabiler als Cu^+, W^{3+} instabiler als Cr^{3+}, Re^{2+} in-

[4] Die Elektronegativitätsabnahme zwischen den Nebengruppenelementen Zn/Y bzw. Cd/La bzw. Hg/Ac geht auf die an der Stelle des Pfeils im Nebensystem (Tafel VI) ausgelassenen Hauptgruppenelemente Ga bis Sr, In bis Ba bzw. Tl bis Ra zurück, bei denen sich an den Stellen Kr/Rb, Xe/Cs bzw. Rn/Fr die Zahl elektronenbesetzter Schalen erhöht, was eine drastische Elektronegativitätsabnahme zur Folge hat.

stabiler als Mn^{2+}, Os^{3+} instabiler als Fe^{3+}; vgl. Anhang VI sowie relativistische Effekte, S. 338)[5]. Innerhalb der *Nebenperioden* erniedrigt sich die Beständigkeit der *Maximalwertigkeit* wie in den entsprechenden Hauptperioden, so daß etwa die Oxidationskraft in der Reihenfolge V^{V}, Cr^{VI}, Mn^{VII}, Fe^{VIII} (nicht gewinnbar) und Co^{IV}, Ni^{IV}, Cu^{IV} steigt (vgl. Anhang VI).

Spezielles. Die *Eigenschaftsähnlichkeiten* zwischen den Elementen einer gegebenen *Neben-* und entsprechenden *Hauptgruppe* wachsen von der I. bis zur III. Gruppe stark an und sinken von da mit zunehmender Auffüllung der d-Schale der Nebengruppenelemente bis zur VIII. Gruppe wieder stark ab. Vergleichsweise *große Ähnlichkeit* besteht insbesondere bei den mittleren Gruppen zwischen dem 1. Glied der Neben- und dem 2. Glied der entsprechenden Hauptgruppe, also z. B. bei den Elementpaaren Sc/Al, Ti/Si, V/P. Gemäß dem Gesagten sind in der I. Neben- und Hauptgruppe die Elemente Cu, Ag, Au mit K, Rb, Cs *kaum zu vergleichen* (siehe Tafeln III + IV); die Analogien beschränken sich hier auf die *gleiche Formelzusammensetzung* von Verbindungen der Metalle im *einwertigen Zustand*. So sind die Elemente der *Kupfergruppe hoch schmelzende* und *siedende, edle* und deshalb gediegen vorkommende und als Münzmetalle verwendbare *Schwermetalle* (kleine Atomradien!), die Alkalimetalle niedrig schmelzende und siedende, unedle und deshalb nicht gediegen vorkommende Leichtmetalle (große Atomradien). Die *Ionen* der Kupfergruppe (*mehrere Wertigkeitsstufen*) sind *klein* und bilden aufgrund ihrer polarisierenden Wirkung Bindungen mit beachtlichen *Kovalenzanteilen* aus (höhere Metallelektronegativitäten). Letzteres drückt sich in der *Wasserunlöslichkeit* vieler Verbindungen und dem hohen *Komplexbildungsvermögen* aus. Die Alkalimetallionen (nur einwertig) sind andererseits groß und bilden aufgrund ihrer wenig polarisierenden Wirkung Bindungen mit deutlichen Heterovalenzanteilen aus (kleinere Metallelektronegativitäten), was sich in der Wasserlöslichkeit der meisten Verbindungen sowie in der geringeren Komplexbildungstendenz zeigt.

Die Unterschiede in der II. Neben- und Hauptgruppe (Zn, Cd, Hg und Ca, Sr, Ba) sind wegen der ausschließlichen *Zweiwertigkeit* beider Metallgruppen nicht ganz so ausgeprägt wie in der I. Gruppe, aber gleichwohl noch beträchtlich (Tafeln III + IV). So sind die Elemente der *Zinkgruppe* – verglichen mit den Erdalkalimetallen – *leichter sublimierbar, edler* und *dichter*. Auch haben die kleineren und deshalb polarisierender wirkenden zweiwertigen Ionen der Zinkgruppenelemente eine größere Tendenz zur Bildung wasserunlöslicher Verbindungen bzw. zur Komplexbildung als die zweiwertigen Erdalkalimetalle. Während der edle Charakter beim Übergang von der Kupfer- zur Zinkgruppe sinkt, wächst er umgekehrt beim Übergang von der Alkali- zur Erdalkaligruppe (vgl. Anhang VI).

Die Elemente der III. bzw. IV. Neben- und Hauptgruppe (Sc, Y, La, Ac und Ga, In, Tl bzw. Ti, Zr, Hf und Ge, Sn, Pb) ähneln sich in ihren Eigenschaften (Smp., Sdp., Dichte, Elektronegativität, Gang des edlen Charakters, Zunahme der Basizität der Trihydroxide $M(OH)_3$ bzw. Abnahme der Acidität der Dioxide MO_2 mit wachsender Masse von M, Wasserunlöslichkeit der Oxide usw.; vgl. Tafeln III + IV) stärker, so daß man die Elemente Sc, Y, La bzw. Ti, Zr, Hf schon als Homologe der Hauptgruppenelemente B, Al bzw. C, Si betrachtet hat. Dabei schließen sich die Elemente der *Scandium-* bzw. *Titangruppe* (hoch schmelzende und siedende, hauptsächlich drei- bzw. vierwertig auftretende Schwermetalle) in ihrem Verhalten eng an die links im Periodensystem angrenzenden zweiwertigen Erdalkali- und einwertigen Alkalimetalle an. Beispielsweise nimmt die *Löslichkeit* der Sulfate $M_2^{III}(SO_4)_3$ von Elementen der Scandiumgruppe wie die der Erdalkalimetallsulfate $M^{II}SO_4$ mit steigender Atommasse des Metalls ab. Auch stellen die Elemente der Scandium- und Titangruppe wie die der vorausgehenden Gruppen *starke Reduktionsmittel* dar, wobei sich allerdings der unedle Charakter der Elemente wegen Ausbildung einer *passivierenden Oxidschicht* nicht immer auswirkt (vgl. z. B. Aluminium), so daß insbesondere die Metalle der Titangruppe bei Raumtemperatur nicht sehr reaktiv sind. Eine Eigenschaft, worin sich die IV. Neben- und Hauptgruppe drastisch unterscheiden, besteht etwa im verschiedenen Gang der Stabilitäten von Zwei- und Vierwertigkeit (s. oben).

Die abnehmende Verwandtschaft von Neben- und Hauptsystem mit steigenden Gruppennummern ab der III. Gruppe hat zur Folge, daß sich die Analogien der Elemente in der V., VI., VII. Neben- und Hauptgruppe in der Hauptsache auf die maximale *Fünf-, Sechs-* und *Siebenwertigkeit* sowie den *Säurecharakter* dieser Wertigkeitsstufen beziehen. Bezüglich der Eigenschaften der *Vanadium-, Chrom-* und *Mangangruppe* (hoch schmelzende und siedende Schwermetalle) sowie der Stickstoffgruppe, der Chalkogene und Halogene vgl. Tafeln III + IV.

Am krassesten ist die Unähnlichkeit in der VIII. Neben- und Hauptgruppe, wo die Metalle der *Eisen-, Cobalt-* und *Nickelgruppe* (Fe, Ru, Os; Co, Rh, Ir; Ni, Pd, Pt; hoch schmelzende und siedende Schwermetalle) mit den Edelgasen Kr, Xe, Rn außer der Reaktionsträgheit der Elemente der 2. und 3. Übergangsperiode („*Platinmetalle*") nichts mehr gemeinsam haben. Ausgeprägt ist bei diesen Nebengruppen zum Unterschied von den entsprechenden Hauptgruppen insbesondere die hohe, auch im Falle der Elemente der vorstehenden Nebengruppen V, VI und VII zu beobachtende *Komplexbildungstendenz*.

---

5 In den Hauptgruppen ist z. B. einerseits Tl^{3+} instabiler als Al^{3+}, Pb^{IV} instabiler als Si^{IV}, Bi^{V} instabiler als P^{V} und andererseits Tl^{+} stabiler als Al^{+}, Pb^{2+} stabiler als Si^{2+}, Bi^{III} stabiler als P^{III}.

Periodizitäten innerhalb des Nebensystems

Die zur gleichen Nebengruppe gehörenden, also in **vertikaler Richtung** angeordneten Übergangsmetalle sind wie die senkrecht untereinander stehenden Hauptgruppenelemente in ihren Eigenschaften verwandt. Eine gute Übereinstimmung weisen hierbei *alle* Elemente der III. Nebengruppe (Sc, Y, La, Ac), eine schlechte Übereinstimmung *alle* Elemente der I. Nebengruppe (Cu, Ag, Au) auf, während sich im Falle der Elemente anderer Nebengruppen jeweils *zwei* besonders ähnlich sind (durch Fettdruck in nachfolgender Zusammenstellung hervorgehoben), und zwar in der IV.–VIII. Nebengruppe das *zweite* und *dritte* Glied (Zr/Hf, Nb/Ta, Mo/W, Tc/Re, Ru/Os, Rh/Ir, Pd/Pt), in der II. Nebengruppe das *erste* und *zweite* Glied (Zn/Cd):

Nebengruppen des Langperiodensystems (vgl. Tafel I)

III		IV	V	VI	VII	VIII bzw. 0			I	II
3		4	5	6	7	8	9	10	11	12
Sc		Ti	V	Cr	Mn	Fe	Co	Ni	Cu	**Zn**
Y		**Zr**	**Nb**	**Mo**	**Tc**	**Ru**	**Rh**	**Pd**	Ag	**Cd**
La	↑	**Hf**	**Ta**	**W**	**Re**	**Os**	**Ir**	**Pt**	Au	Hg
Ac	↓	Eka-Hf	Eka-Ta	Eka-W	Eka-Re	Eka-Os	Eka-Ir	Eka-Pt	Eka-Au	Eka-Hg

Dies hängt damit zusammen, daß sich – anders als im Falle der Elemente Ti bis Zn der 1. Übergangsreihe und Zr bis Cd der 2. Übergangsreihe – vor die Elemente Hf bis Hg der 3. Übergangsreihe an der Stelle des Pfeils noch die 14 Lanthanoide einschieben, was eine zusätzliche Verkleinerung der Atome Hf bis Hg bedingt (vgl. „*Lanthanoid-Kontraktion*“ sowie *relativistische Effekte* S. 338, 1355, 1381).

Als Folge hiervon sind etwa die Atom- und Ionenradien der Elementpaare Zr/Hf und Nb/Ta und damit deren chemische Eigenschaften (vgl. Tafel III) so ähnlich, daß ihre Trennung große Schwierigkeiten bereitet. Mit zunehmender Ordnungszahl der Elemente Hf bis Hg nimmt der Einfluß der Lanthanoid-Kontraktion auf die Ionen- (nicht dagegen Atom-) Radien mehr und mehr ab (vgl. Anhang IV). Damit sind die Elementpaare Ag/Au und Cd/Hg in Ionenform viel leichter als die Paare Zr/Hf und Nb/Ta zu trennen; auch tritt hierdurch in der II. Nebengruppe die Ähnlichkeit von Cd mit dem leichteren Homologen der 1. Übergangsreihe (Zn) stärker hervor. So ist etwa $Cd(OH)_2$ wie $Zn(OH)_2$ deutlich basisch, während $Hg(OH)_2$ eine extrem schwache Base darstellt; auch sind die Chloride von Zn und Cd im wesentlichen ionisch aufgebaut, die von Hg dagegen kovalent; ferner lösen sich Zn und Cd in nichtoxidierenden Säuren unter H_2-Entwicklung, während Hg gegenüber letzteren inert ist. Zn^{2+}- und Cd^{2+}-Komplexe ähneln vielfach den Mg^{2+}-Komplexen und unterscheiden sich hierin von den Hg^{2+}-Komplexen, die zudem im allgemeinen um Größenordnungen stabiler sind.

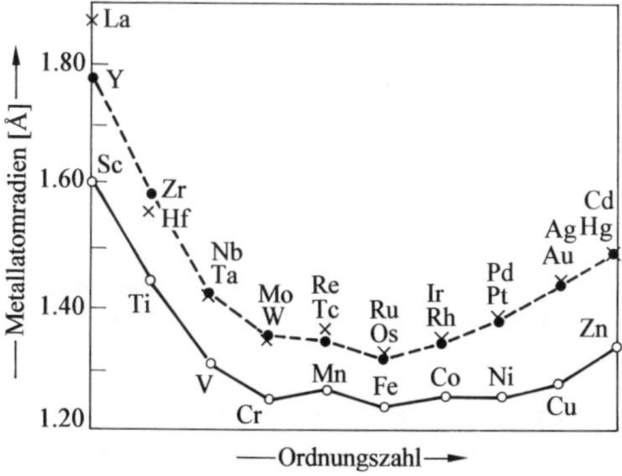

Fig. 245 Metallatomradien der Übergangsmetalle (Koordinationszahl 12)

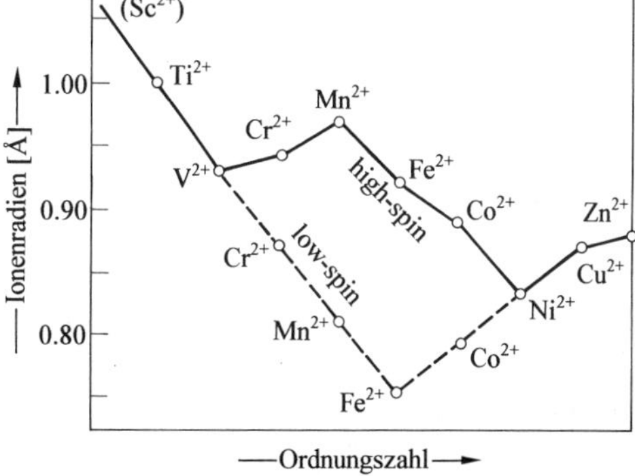

Fig. 246 Ionenradien zweiwertiger Metalle der 1. Übergangsreihe (ber. für Koordinationszahl 12)

Beim Fortschreiten von Element zu Element einer Nebenperiode, also beim Gang in **horizontaler Richtung** des Nebensystems ändern sich die Elementeigenschaften, wie der Tafel IV entnommen werden kann, in der Regel nicht gleichsinnig. So durchlaufen die Metallatomradien der Elemente Sc bis Zn, Y bis Cd und La bis Hg (vgl. Fig. 245) ein Minimum in der VIII. Nebengruppe (1. Stelle), was darauf zurückzuführen ist, daß Fe, Ru und Os innerhalb der drei Übergangsreihen die Elemente mit den *höchsten Maximalwertigkeiten* darstellen (s. oben) und infolgedessen auch besonders viele Elektronen zum Elektronengas der betreffenden Metalle beisteuern.

Die durch die hohe Elektronengaskonzentration bedingten starken Bindungen zwischen den Metallatomen (große „Anziehung" zwischen Metallionen und Elektronengas) haben nicht nur *Minima* der Radien, sondern – korrespondierend hiermit – auch *Maxima* der Dichten (Ni, Ru, Ir), Schmelzpunkte (V, Mo, W) und Siedepunkte (V, Nb, Mo) sowie Sublimationsenthalpien (V, Nb, W) zur Folge, wobei die Lage der betreffenden Maxima innerhalb der Übergangsreihen nicht ausschließlich von der Stärke der Metall-Metall-Bindungen, sondern auch von der räumlichen Anordnung der Metallatome abhängt und demgemäß unterschiedlich sein kann.

Ähnlich wie der Gang der Atomradien weist auch der Verlauf der Ionenradien Extremalstellen auf. So durchlaufen gemäß Fig. 246 die Radien der *zweiwertigen* Ionen der 1. Übergangsreihe *Minima* bei V^{2+} und Ni^{2+} (ausgezogene Linie; high-spin-Fall) bzw. bei Fe^{2+} (unterbrochene Linie; low-spin-Fall). Die Ursache hierfür läßt sich im Rahmen der Ligandenfeld-Theorie deuten und soll an späterer Stelle (S. 1264) ausführlich besprochen werden. Hier sei nur erwähnt, daß sich für den Radienverlauf der *dreiwertigen* Ionen der 1. und höheren Übergangsreihen ein der Fig. 246 entsprechendes Bild ergibt, wobei die Minima bei den mit V^{2+}, Ni^{2+} sowie Fe^{2+} isoelektronischen Ionen Cr^{3+}, Cu^{3+} (high-spin) und Co^{3+} (low-spin) bzw. den Homologen dieser Ionen liegen (z. B. Rh^{3+} oder Ir^{3+}, low-spin; vgl. Anhang IV). Den Minima der Ionenradien entsprechen *Maxima* der (vom Ionenradius abhängigen) Hydratationsenthalpien der zwei- und dreiwertigen Nebengruppenelemente (vgl. Tafel IV sowie S. 1260). Analoges gilt für die Gitterenergien der Halogenide MX_2 und MX_3 (S. 1260).

Entsprechend der größeren Elementähnlichkeiten variieren die Ionisierungsenergien der Übergangsmetalle in den drei Übergangsreihen (vgl. Tafel IV) zum Unterschied von jenen der Elemente in den Hauptreihen (vgl. S. 81) relativ wenig. Die Maxima der *ersten Ionisierungsenergien* liegen jeweils bei den letzten Elementen Zink (9.393 eV), Cadmium (8.992 eV) und Quecksilber (10.44 eV), welche abgeschlos-

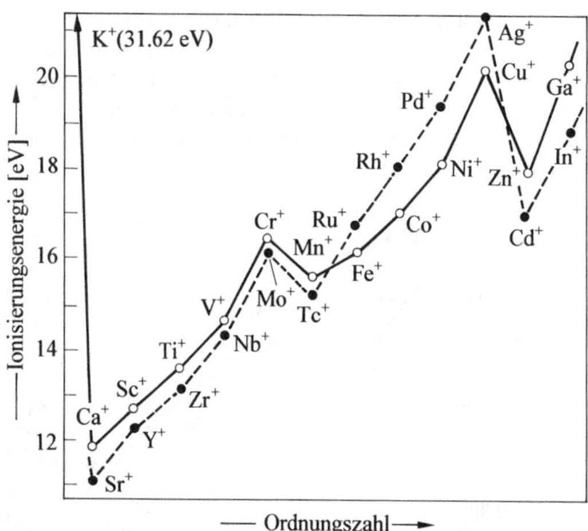

Fig. 247 Zweite Ionisierungsenergien von Metallen der 1. und 2. Nebengruppe (einschließlich Ca^+, Ga^+, Sr^+, In^+).

sene d-Unterschalen aufweisen (Tab. 96), bei den übrigen Elementen zwischen 6.5–7.9 eV (1. Übergangsreihe), 6.4–8.3 eV (2. Reihe) und 5.6–9.2 eV (3. Reihe). Eine ausgeprägte Periodizität weisen jedoch die *zweiten Ionisierungsenergien* auf (Fig. 247 und Tafel IV). *Energiemaxima* kommen den einwertigen Elementen Cr^+ sowie Cu^+ und ihren Homologen, *Energieminima* den einwertigen Elementen Ca^+, Mn^+ sowie Zn^+ und ihren Homologen zu. Dies ist darauf zurückzuführen, daß $Cr^+/Mo^+/W^+$ bzw. $Cu^+/Ag^+/$

Tab. 97 Berechnete und gefundene magnetische Momente μ_{mag} von Metallionen der 1. Übergangsreihe (high-spin) mit $n = 0$ bis 5 ungepaarten Elektronen.

Ionen	*Elektronenkonfiguration* high-spin		*n*	Mag. Moment $\mu^{ber.}_{mag.}$	$\mu^{gef.}_{mag.}$
Ca^{II} / Sc^{III} / Ti^{IV} / V^{V} / Cr^{VI} / Mn^{VII}	$3d^0$		0	0	0
Sc^{II} / **Ti^{III}** / V^{IV} / Cr^{V} / Mn^{VI}	$3d^1$	↑	1	1.73	1.6–1.8
Ti^{II} / **V^{III}** / Cr^{IV} / Mn^{V}	$3d^2$	↑ ↑	2	2.83	2.7–3.1
V^{II} / **Cr^{III}** / Mn^{IV}	$3d^3$	↑ ↑ ↑	3	3.87	3.7–4.0
Cr^{II} / **Mn^{III}**	$3d^4$	↑ ↑ ↑ ↑	4	4.90	4.7–5.0
Mn^{II} / **Fe^{III}**	$3d^5$	↑ ↑ ↑ ↑ ↑	5	5.92	5.6–6.1
Fe^{II} / **Co^{III}**	$3d^6$	↑↓ ↑ ↑ ↑ ↑	4	4.90	4.3–5.7
Co^{II} / **Ni^{III}**	$3d^7$	↑↓ ↑↓ ↑ ↑ ↑	3	3.87	4.3–5.2
Ni^{II} / **Cu^{III}**	$3d^8$	↑↓ ↑↓ ↑↓ ↑ ↑	2	2.83	2.8–3.9
Cu^{II}	$3d^9$	↑↓ ↑↓ ↑↓ ↑↓ ↑	1	1.73	1.7–2.2
Cu^{I} / **Zn^{II}**	$3d^{10}$	↑↓ ↑↓ ↑↓ ↑↓ ↑↓	0	0	0

Au^+ eine *halb*- bzw. *vollbesetzte* d-Außenschale aufweisen, wogegen $Ca^+/Sr^+/Ba^+$ bzw. $Mn^+/Tc^+/Re^+$ bzw. $Zn^+/Cd^+/Hg^+$ zusätzlich zur nicht-, halb- bzw. vollbesetzten d-Außenschale ein *überzähliges* Elektron besitzen. Die Werte der übrigen Ionen M^+ liegen zwischen diesen Extremalwerten, wobei die Ionisierungsenergien innerhalb der Übergangsperioden von links nach rechts aufgrund der wachsenden Kernladung im Mittel steigen.

Einen periodischen Verlauf weisen weiterhin die magnetischen Momente μ_{mag} der Übergangsmetalle auf, die im Falle der Elemente Sc bis Zn bei den d^5-konfigurierten Ionen Mn^{2+} bzw. Fe^{3+} (jeweils high-spin) ein *Maximum* durchlaufen, wie der Tab. 97 zu entnehmen ist, in der Bereiche magnetischer Momente von Metallen der 1. Übergangsreihe wiedergegeben sind (bezüglich magnetischer Grundbegriffe vgl. S. 1300). Die *Vorausberechnung* derartiger Momente ist recht kompliziert und gelingt nur in einfach gelagerten Fällen, da sich das magnetische *Gesamtmoment* eines Atoms, Moleküls oder Ions in verwickelter Weise aus magnetischen *Einzelspin-* und *Einzelbahnmomenten* zusammensetzt (vgl. S. 1305 und Lehrbücher der physikalischen Chemie). Besonders einfach liegen die Verhältnisse bei den paramagnetischen Ionen der 1. Übergangsperiode, da hier das Bahnmoment vernachlässigt werden kann, so daß sich das magnetische Moment (in Bohrschen Magnetonen, BM) aus den Spinmomenten gemäß der einfachen Beziehung $\mu_{mag} = 2\sqrt{S(S+1)}$ errechnen läßt (S = Gesamtspin-Quantenzahl = Summe der Spinquantenzahlen $s = \frac{1}{2}$ der ungepaarten Elektronen; vgl. S. 100). Stellt n die Anzahl ungepaarter Elektronen eines Übergangsions dar, so folgt mit $S = n \times s = n/2$ für die „*Spin-only-Werte*" („Nur-Spin-Werte"): $\mu_{mag} = \sqrt{n(n+2)}$ (vgl. hierzu Tab. 97). Da das magnetische Moment praktisch nur von der *Zahl ungepaarter Elektronen*, nicht dagegen von der *Zahl der Kernprotonen* bestimmt wird, haben *Ionen mit verschiedener Kernladung, aber gleicher Elektronenzahl gleiche magnetische Momente* (**„Kosselscher Verschiebungssatz"**). Einige diesem Verschiebungssatz entsprechende Ionen sind in der Tab. 97 wiedergegeben.

Ein Vergleich *experimentell* bestimmter magnetischer Momente mit den für verschiedene Strukturmöglichkeiten *berechneten* Momenten kann u.a. zur *Bestimmung der Wertigkeit von Übergangselementen* in ihren Verbindungen genutzt werden. So folgt im Falle von „Kupfer", „Silber" und „Gold" aus dem *Fehlen* eines magnetischen Moments („*Diamagnetismus*") nach Abzug des geringen *Paramagnetismus* des Elektronengases, daß die Metalle aus *einwertigen* Metallionen aufgebaut sind, daß also jedes Metallatom nur ein Elektron zum Elektronengas beisteuert. Lägen zwei- oder dreiwertige Ionen vor, so müßten die Metalle gemäß Tab. 97 paramagnetisch sein. Löst man andererseits „Palladium" – das an sich paramagnetisch ist – in diamagnetischem Kupfer als Grundmetall auf, so wird der Diamagnetismus des Kupfers verstärkt. Pd löst sich also „diamagnetisch" auf und liegt in der Kupferlegierung – entsprechend der Hume-Rothery-Regel (S. 152) – als *nullwertiger* Bestandteil vor, da es nur dann eine abgeschlossene und damit diamagnetische Außenschale besitzt. Beim Einbau von Palladium in Kupfer wird also die – den Paramagnetismus des reinen Palladiums bedingende – teilweise Dissoziation des metallischen Palladiums gemäß

$$\text{Pd (diamagnetisch)} \rightleftarrows \text{Pd}^+ \text{ (paramagnetisch)} + e^- \text{ (paramagnetisch)}$$

infolge der hohen Elektronengaskonzentration des metallischen Kupfers im Sinne des unteren Pfeils zurückgedrängt.

In analoger Weise ergibt sich die *Zweiwertigkeit* des „Silbers" in den durch Oxidation von Ag(I)-Verbindungen mit Peroxodisulfat bei Gegenwart von Komplexbildnern entstehenden Salzen (S. 1346) eindeutig daraus, daß das Verbindungssilber wie das homologe zweiwertige Kupfer ein magnetisches Moment von 1.7 BM aufweist, während das Ag^+- wie das Cu^+-Ion diamagnetisch ist (Tab. 97). Auch folgt aus $\boldsymbol{\mu}_{\mathbf{mag}} = 1.7$ BM für rotes $M^I_3CrO_8$ (S. 1448), daß das „Chrom" in der Verbindung entsprechend der Formulierung $Cr^V(O_2)_4^{3-}$ *fünfwertig* ist. Bezüglich des Magnetismus von „*Übergangsmetallkomplexen*" und der Unterteilung in „low spin"- und „high spin"-Komplexe vgl. S. 1304 und S. 1253.

Im folgenden werden die **40 äußeren Übergangsmetalle** des Nebensystems der Reihe nach von der I. bis zur VIII. Nebengruppe hin abgehandelt. Zuvor ist aber noch ein Kapitel über **Grundlagen der Komplexchemie** sowie ein Kapitel über einige **Grundlagen der Festkörperchemie** eingefügt.

Kapitel XX

Grundlagen der Komplexchemie[1]

Unter **„Komplexen"** („*Koordinationsverbindungen*")[2] – einem bei Übergangsmetallen (Nebengruppenelementen) häufig anzutreffenden Verbindungstyp – versteht man Moleküle oder Ionen ZL_n, in denen an ein ungeladenes oder geladenes Zentralatom Z (**„Komplexzentrum"** bzw. „*Koordinationszentrum*") entsprechend seiner „*Koordinationszahl*" (**„Zähligkeit"**) *n* mehrere ungeladene oder geladene, ein- oder mehratomige Gruppen L (**„Liganden"**), die häufig auch als solche existenzfähig sind, angelagert sind („*Ligandenhülle*", „*Koordinationssphäre*", vgl. S. 155). Man spricht hierbei von *homoleptischen* Komplexen, falls alle Liganden *gleichartig* sind, anderenfalls von *heteroleptischen* Komplexen. Die „*Komplexbildung*" läßt sich im Sinne des auf S. 159 bzw. S. 236 Besprochenen als Lewis-Säure-Base-Reaktion der Lewis-sauren Komplexzentren Z und der Lewis-basischen Liganden („Donatoren") :L beschreiben, wobei die sich ausbildenden, für die Komplexeigenschaften (z. B. Struktur, Stabilität, magnetisches und optisches Verhalten) bedeutungsvollen „*Komplexbindungen*" Z:L teils mehr elektrovalenter, teils mehr kovalenter Natur sind.

Geschichtliches[3]. Die erstmalige, um das Jahr 1600 erfolgte Erzeugung eines Komplexes (*blaues* $[Cu(NH_3)_4]^{2+}$ aus NH_4Cl, $Ca(OH)_2$ und Messing in Wasser) ist dem deutschen Physiker und Alchemisten Andreas Libavius (1540–1615) zuzuschreiben, wie nachfolgender Tab. 98 entnommen werden kann, welche einige frühzeitig entdeckte, teils nach dem Entdecker (linke Tab.), teils nach der Farbe (rechte Tab.) benannte Komplexe enthält.

Alfred Werner (1866–1918, Nobelpreis 1913) fand im Jahre 1893 – nach einer nächtlichen Eingebung, wie er berichtet – erstmals eine „richtige", bis heute gültige Deutung aller damals im Zusammenhang mit Komplexen aufgefundenen experimentellen Beobachtungen wie z. B. der Zahl der existierenden geometrischen und Spiegelbildisomeren[4] oder der Zahl der in wäßrigem Medium vorliegenden freien Ionen (z. B. 4, 3, 2, 0 im Falle von $[CoCl_n(NH_3)_{6-n}]Cl_{3-n}$ mit $n = 0, 1, 2, 3$). Und zwar postulierte A. Werner in seiner mit der klassischen Valenz- und Strukturlehre[5] brechenden Theorie Hauptvalenzen, welche die Bildung der Verbindungen erster Ordnung (z. B. $CoCl_3$ aus Cobalt und Chlor) entsprechend der Wertigkeit (heute Oxidationsstufe) der beteiligten Atome verursachen, sowie Nebenvalenzen, die bei der Bildung der Verbindungen höherer Ordnung (z. B. $CoCl_3 \cdot nNH_3$ aus $CoCl_3$ und NH_3) zusätzlich wirksam werden und – entsprechend der Koordinationszahl des Zentralmetalls – die Existenz komplexer Ionen

---

1 **Literatur.** G. Wilkinson, R. D. Gillard, J. A. McCleverty (Hrsg.): „*The Synthesis, Reactions, Properties and Applications of Coordination Compounds*", Comprehensive Coordination Chemistry, Band **1**–**7**, über 7000 Seiten, Pergamon, Oxford 1987; G. Wilkinson, F. G. A. Stone, E. W. Abel (Hrsg.): „*The Synthesis, Reactions and Structures of Organometallic Compounds*", Comprehensive Organometallic Chemistry, Band **1**–**9**, über 9000 Seiten, Pergamon, Oxford 1982; F. A. Cotton, G. Wilkinson: „*Advanced Inorganic Chemistry*" 5. Aufl., Wiley, New York 1988; N. N. Greenwood, A. Earnshaw: „*Chemistry of the Elements*", Pergamon, Oxford 1984; J. E. Huheey: „*Anorganische Chemie*", übersetzt von B. Reuter, B. Sarry, Walter de Gruyter, Berlin 1988; K. F. Purcell, J. C. Kotz: „*Inorganic Chemistry*", W. B. Saunders, Philadelphia 1977; G. B. Kauffman: „*Inorganic Coordination Compounds*" Heydon, London 1981; F. Hein: „*Chemie der Komplexverbindungen*", Hirzel, Leipzig 1971 (Bd. 1), 1978 (Bd. 2; gemeinsam mit B. Heyn); R. Demuth, F. Kober: „*Grundlagen der Komplexchemie*", Salle + Sauerländer, Frankfurt 1992.

2 complexus (lat.) = Umarmung; coordinare (lat.) = zuordnen.

3 **Literatur.** G. B. Kauffman: „*General Historical Survey to 1930*" und J. C. Bailar, jr.: „*Development of Coordination Chemistry since 1930*" in Comprehensive Coordination Chemistry, 1 (1987) 1–30; G. B. Kauffman: „*The selected Papers of Alfred Werner*", Dover, New York 1968 (Part I), 1976 (Part II); vgl. auch J. Chem. Educ. **36** (1959) 521.

4 Vgl. Anm.[39] auf S. 1238.

5 Nach der klassischen Vor-Wernerschen Lehre betätigt etwa Cobalt in Komplexen aus $CoCl_3$ und NH_3 drei Valenzen, was Strukturen wie $Cl_2Co—NH_3—NH_3—NH_3—NH_3—Cl$ für $[Co(NH_3)_4Cl_2]Cl$ bedingte.

Tab. 98 Entdecker (linke Tab.) und Farben (rechte Tab.) einiger im 18. und 19. Jahrhundert dargestellter Komplexe.

Komplexe	Entdecker	Jahr	Entdeckung
$[Cu(NH_3)_4]Cl_2$	Libavius	≈ 1600	Komplex
$K[Fe^{II}Fe^{III}(CN)_6]$	Diesbach	1704	Fe-Komplex
$[Co(NH_3)_6]Cl_3$	Tassaert	1798	Co-Komplex
$[Pd(NH_3)_4][PdCl_4]$	Vauquelin	1813	Pd-Komplex
$K[PtCl_3(C_2H_4)]^-$	Zeise	1827	π-Komplex
$[PtCl_2(NH_3)_2]$-*cis*	Peyrone	1844	*cis-trans-*
-*trans*	Reiset	1844	Isomerie
$[Cr_2(ac)_4(H_2O)_2]$	Peligot	1844	MM-Mehrfachbindung

Komplexe[a)]	Farbe	Präfix[b)]
$[Co(NH_3)_6]^{3+}$	*goldbraun*	Luteo-
$[Co(NH_3)_5(H_2O)]^{3+}$	*rot*	Roseo-
$[Co(NH_3)_5Cl]^{2+}$	*purpur*	Purpureo-
$[Co(NH_3)_5(NO_2)]^{2+}$	*orange*	Xantho-
$[Co(NH_3)_4Cl_2]^+$	*cis: violett*	Violeo-
	trans: grün	Praseo-
$[Co(NH_3)_4(NO_2)_2]^+$	*cis: gelb*	Flavo-
	trans: braun	Croceo-

a) Viele Cobalt-Komplexe wurden durch F. A. Genth und O. W. Gibbs dargestellt. **b)** Zur Komplexbezeichnung, z. B. Luteocobaltchlorid für $[Co(NH_3)_6]Cl_3$ (Benennungsweise heute veraltet).

mit oktaedrischer, tetraedrischer oder quadratisch-planarer Ligandenanordnung bedingen. Die von A. Werner entwickelten Vorstellungen fanden ab 1921 durch röntgenstrukturanalytische Klärung vieler kristalliner Komplexe ihre endgültige Bestätigung. In jüngerer Zeit erfuhr das Wernersche Konzept der Koordinationsverbindungen („klassische Komplexe") insbesondere mit der Entdeckung von π- und σ-Komplexen sowie Metallclustern („nicht-klassische Komplexe") eine wesentliche Erweiterung (vgl. S. 1209, 1214).

Nachfolgend wird zunächst zu Struktur und Stabilität der Übergangsmetall-Komplexe Stellung genommen. Weitere Kapitel befassen sich dann mit Bindungsmodellen (S. 1242) sowie Reaktionsmechanismen (S. 1275) der Koordinationsverbindungen.

1 Bau und Stabilität der Übergangsmetallkomplexe

1.1 Die Komplexbestandteile

1.1.1 Komplexliganden[6)]

Die Zahl der Liganden, die mit den Übergangsmetallen Komplexe zu bilden vermögen, ist außergewöhnlich groß. Einige wichtige Liganden sind, geordnet nach dem komplexbildenden Ligandenatom (**„Ligator"**), zusammen mit ihren Symbolen, Namen und Formeln in Tab. 99 zusammengestellt (vgl. Fig. 248). Die Einteilung der Liganden erfolgt mit Vorteil nach der Zahl ihrer komplexbildenen Atome, mit denen sie sich an ein Zentrum anzulagern ver-

[6] **Literatur.** G. Wilkinson, R. D. Gillard, J. A. McCleverty (Hrsg): „*Ligands*", Comprehensive Coordination Chemistry **2** (1987) 1–1179; D. M. P. Mingos: „*Bonding of Unsaturated Organic Molecules to Transition Metals*", Comprehensive Organometallic Chemistry **2** (1982) 1–88; W. A. Nugent, J. M. Mayer: „*Metall-ligand Multiple Bonds*", Wiley 1988; W. A. Herrmann: „*Mehrfachbindungen zwischen Übergangsmetallen und „nackten" Hauptgruppenelementen: Brücken zwischen der anorganischen Festkörperchemie und der Organometallchemie*", Angew. Chem. **97** (1985) 57–77; Int. Ed. **24** (1985) 56; D. Fenske, J. Ohmer, J. Hachgenei, K. Merzweiler: „*Neue Übergangsmetallcluster-Komplexe mit Liganden der fünften und sechsten Hauptgruppe*", Angew. Chem. **100** (1988) 1300–1320; Int. Ed. **27** (1988) 1277; M. Brookhart, M. L. Green, L.-L. Wong: „*Carbon-Hydrogen-Transition Metal Bonds*", Progr. Inorg. Chem. **36** (1988) 1–124; E. C. Constable: „*Homoleptic Complexes of 2,2'-Bipyridine*", Adv. Inorg. Chem. **34** (1989) 1–63; R. H. Crabtree, D. G. Hamilton: „*H—H, C—H, and Related Sigma-Bonded Groups as Ligands*", Adv. Organomet. Chem. **28** (1988) 299–338; U. Schubert: „*η^2-Coordination of Si—H σ-Bonds to Transition Metals*", Adv. Organomet. Chem. **30** (1990) 151–187; A. Mayr, H. Hoffmeister: „*Recent Advances in Metal-Carbon-Triple Bonds*", Adv. Organomet. Chem. **32** (1991) 227–324; G. J. Kubas: „*Molecular Hydrogene Complexes: Coordination of a σ-Bond to Transition Metals*", Acc. Chem. Res. **21** (1988) 120–128; R. H. Crabtree: „*Dihydrogen Complexes: Some Structural and Chemical Studies*", Acc. Chem. Res. **23** (1990) 95–101; W. Massa, D. Babel: „*Crystal Structures and Bonding in Transition Metal Fluoro Compounds*", Chem. Rev. **88** (1988) 275–296.

Tab. 99 Auswahl einiger wichtiger Komplexliganden

Donor-atom	Liganden (X = Hal, OR, NR_2, R) Symbol	Namen, Formeln
H	H_2	Dihydrogen
	H^-	Hydrido
	BH_4^-	Tetrahydroborato
Hal	F^-	Fluoro
	Cl^-	Chloro
	Br^-	Bromo
	I^-	Iodo
O	O_2	Dioxygen (a–c; S. 507)
	O_2^-	Hyperoxo (a–c; S. 507)
	O_2^{2-}	Peroxo (a–c; S. 507)
	O^{2-}	Oxo (a–h; S. 1208)
	OH^-	Hydroxo
	OMe^-	Methoxo
	OPh^-	Phenoxo
	H_2O	Aqua, aq
	Et_2O	Diethylether
	THF	Tetrahydrofuran
	OCN^-	Cyanato-O, Cyanato
	ONC^-	Fulminato-O
	glyme	Glycoldimethylether[a]
	m-C-n	Kronenether[a]
	DMSO	Dimethylsulfoxid, $Me_2SO \rightarrow$
	X_3PO	Phosphanoxide
	DMF	Dimethylformamid, $Me_2NCHO \rightarrow$
	$RCOO^-$	Carboxylato[a] (ac = Acetato)
	$acac^-$	Acetylacetonato[a]
	ox^{2-}	Oxalato[a]
	sal^-	Salicylato[a]
	IO_6^{5-}	Orthoperiodato
	SO_3^{2-}	Sulfito-O
	SO_4^{2-}	Sulfato
	$CF_3SO_3^-$	Triflato
	NO_2^-	Nitrito-O
	NO_3^-	Nitrato
S	S^{2-}	Thio, Sulfido
	S_2^{2-}	Disulfido
	SH^-	Mercapto
	H_2S	Sulfan
	$S_2C_2R_2$	1,2-Dithiolene[a]
	SCN^-	Thiocyanato-S
	X_3PS	Phosphansulfide
	SO_3^{2-}	Sulfito-S
	$S_2O_3^{2-}$	Thiosulfato-S
N	N_2	Dinitrogen (a–c; S. 640)
	N_3^-	Azido
	N^{3-}	Nitrido (l; S. 1208)
	N_2R^-	Diazenido
	NR^{2-}	Imido (i, k; S. 1208)
	NR_2^-	Amido
	NH_3	Ammin
	en	Ethylendiamin[a]
	dien	Diethylentriamin[a]
	trien	Triethylentetramin[a]
	tn	Propylendiamin[a]
	tren	Tris(2-aminoethylamin)[a]
	dmg^{2-}	Dimethylglyoximat[a]
	NO	Nitrosyl
	NC^-	Cyano-N, Isocyano
	NCO^-	Cyanato-N, Isocyanato

Donor-atom	Liganden (X = Hal, OR, NR_2, R) Symbol	Namen, Formeln
N Forts.	NCS^-	Thiocyanato-N, Isothiocyanato
	NCR	Nitril
	py	Pyridin
	bipy	α,α′-Bipyridin[a]
	phen	1,10-Phenanthrolin[a]
	terpy	Terpyridin[a]
	por	Porphyrin[a]
	pc	Phthalocyanin[a]
	NO_2^-	Nitrito-N
N/O	gly^-	Glycinato[a]
	salen	Bis(salicylat)ethylenbis(imin)[a]
	NTA^{3-}	Nitrilotriacetat[a]
	$EDTA^{4-}$	Etyhlendiamintetraacetat[a]
	C lmn	Kryptanden[a]
P	P^{3-}	Phosphido
	PR^{2-}	Phosphandiido
	PR_2^-	Phosphanido
	PX_3	Phosphane
	diphos	Diphosphane[a]
	diop	chirale Diphosphane (vgl. allg. Text)
	dipamp	chirale Diphosphane (vgl. allg. Text)
As	AsX_3	Arsane
	diars	o-Phenylendiarsan[a]
	triars	Diethylentriarsan[a]
C	Me	Methyl, CH_3
	Et	Ethyl, C_2H_5
	Pr	Propyl, C_3H_7
	Bu	Butyl, C_4H_9
	Cy	Cyclohexyl, C_6H_{11}
	Vi	Vinyl, C_2H_3
	Ph	Phenyl, C_6H_5
	Bz	Benzyl, $PhCH_2$
	Mes	Mesityl, $Me_3C_6H_2$
	CO	Carbonyl
	CS	Thiocarbonyl
	CN^-	Cyano-C, Cyano
	CNR	Isonitril
	CNO^-	Fulminato-C
	CR_2	Alkyliden (m; S. 1208)
	CR	Alkylidin (n; S. 1208)
	π-C_2H_4	Ethylen (o; S. 1209)
	π-C_2H_2	Acetylen (p; S. 1209)
	π-C_3H_5	Allyl (q; S. 1209)
	π-C_4H_6	Butadien (r; S. 1209)
	π-Cp	Cyclopentadienyl, C_5H_5 (s; S. 1209)
	π-C_6H_6	Benzol (t; S. 1209)
	π-C_6H_8	Cyclohexadien
	π-$C_7H_7^+$	Cycloheptatrienylium
	π-C_7H_8	Cycloheptatrien (u; S. 1209)
	π-C_7H_{10}	Cycloheptadien
	π-COT	Cyclooctatetraen, C_8H_8 (v; S. 1209)
	π-C_8H_{10}	1,3,5-Cyclooctatrien
	π-COD	1,5-Cyclooctadien, C_8H_{12}
Si, Ge Sn	ER_3	Silyl, Germyl, Stannyl
	ER_2	Silylen, Germylen, Stannylen

a) Vgl. Fig. 248.

mögen (**„Zähnigkeit“** der Liganden, einzähnige Liganden und mehrzähnige Chelatliganden), und nach der Art und Weise wie diese Anlagerung (**„Koordination“**) erfolgt.

Einzähnige Liganden

Ligandentypen. Als einzähnige Liganden können sowohl einatomige Ionen wie Hydrid, Halogenid, Chalkogenid, Nitrid fungieren als auch mehratomige Ionen und Moleküle, die – in aller Regel – ein Donoratom der sechsten bis vierten Hauptgruppe enthalten, z. B. Neutral- oder Aniono-Liganden wie H_2O, SH^-, NH^{2-}, NH_2^-, NH_3, PH_3, CH_3^- und deren organische Derivate, Pseudohalogenide wie CN^-, N_3^-, OCN^-, SCN^-, Säurederivate wie Dimethylsulfoxid $Me_2S{=}O$, Dimethylformamid $Me_2NCH{=}O$, Phosphan- und Arsanchalkogenide $X_3E{=}Y$ (E = P, As; Y = O, S; X = Cl, OR, NR_2, Me, Ph; vgl. Tab. 99).

Ligandenkoordination. Einzähnige Liganden wie Cl^-, H_2O, OH^-, NH^{2-} bilden mit Metallzentren über 2-Elektronen-2-Zentrenbindungen nicht ausschließlich *„einkernige“* Komplexe ML_n, in welchen die Neutral- oder Aniono-Liganden jeweils einem Zentralatom oder -ion zugeordnet sind, sondern sie können durch Betätigung zweier Elektronenpaare auch zwei Zentralatome unter Bildung eines *„zweikernigen“* Komplexes miteinander verbrücken. In analoger Weise lassen sich mehrere Komplexzentren über Brücken zu *„mehrkernigen“* (*„oligonuklearen“*) Komplexen vereinigen (Bildung von Komplexen unterschiedlicher **Nuklearität**). So vermag ein Oxo-Ligand O^{2-} zwei Metallkationen gewinkelt (a) oder digonal (b), drei Metallkationen trigonal-pyramidal (d) oder trigonal-planar (e), vier Metallkationen tetraedrisch (f) oder – in Ausnahmefällen – quadratisch planar, sechs Metallkationen oktaedrisch und acht Metallkationen kubisch zu koordinieren; auch beobachtet man Verbindungen zweier Metallkationen über zwei Oxo-Ionen (c):

(a) M–O–M (gewinkelt) (b) M—O—M (c) $M(\mu\text{-}O)_2M$ (d) $O(M)_3$ (pyramidal) (e) M_2O—M (planar) (f) $O(M)_4$ (tetraedrisch)

Beispiele für oxoverbrückte Komplexe sind etwa: $O_3CrOCrO_3^{2-}$ (a), $Cl_5RuORuCl_5^{4-}$ (b), $(H_2O)_2OMo(O)_2MoO(H_2O)_2^{2+}$ (c), $O\{MoO(H_2O)_3\}_3^{4+}$ (d), $O(HgCl)_3^+$ (e), $OBe_4(NO_3)_6$ (f), $OCu_4\{B_{20}O_{32}(OH)_8\}^{2-}$ (quadratisch-planare Koordination), $O(MoO_3)_6^{2-}$ (oktaedrische Koordination). Man vergleiche hierzu auch das auf S. 1080 über Isopolyoxo-Ionen Besprochene.

Oligonucleare Komplexe stellen im Sinne des Übergangs:

mononukleare Komplexe $\rightleftharpoons$ *oligonukleare Komplexe* $\rightleftharpoons$ *polynukleare Komplexe*.

Zwischenglieder auf dem Wege von niedermolekularen Komplexen ML_n zu hochmolekularen Verbindungen (Salzen) MX_n dar (bzgl. des Übergangs: Metallkomplexe $\rightleftharpoons$ Metallcluster $\rightleftharpoons$ Metalle vgl. S. 1217). Verbindungen MX_n wie Li_2O, CuO (s. dort) kann man hiernach als *„polynukleare Komplexe“* beschreiben.

Liganden vermögen durch „*π-Hinbindungen*“ im Sinne von $M \leftleftarrows L$ (vgl. S. 1246) auch mehr als zwei Elektronen für eine Koordinationsbindung zur Verfügung zu stellen (Ausbildung von **Mehrfachbindungen**), z. B. die Liganden O^{2-} und NR^{2-} vier oder sechs Elektronen (g–k; Bildung von Oxo- und Imino-Komplexen), der Ligand CR_2^{2-} vier Elektronen (m; Bildung von Alkyliden- bzw. Carben-Komplexen), die Liganden N^{3-} und CR^{3-} sechs Elektronen (l, n; Bildung von Nitrido- und Alkylidin- bzw. Carbin-Komplexen)[7]. Entsprechendes gilt für die Gruppenhomologen dieser Liganden (S^{2-}, Se^{2-}, PR^{2-}, AsR^{2-}, SiR_2^{2-}, GeR_2^{2-} usw.):

(g) $M \leftleftarrows O$ (h) $M \Lleftarrow O$ (i) $M \leftleftarrows N{-}R$ (gewinkelt) (k) $M \Lleftarrow \overset{\oplus}{N}{-}R$ (l) $M \Lleftarrow N$ (m) $M \leftleftarrows CR_2$ (n) $M \Lleftarrow C{-}R$

[7] O^{2-}, NR^{2-}, N^{3-}, CR_2^{2-}, CR^{3-} können auch als 4- und 6-Elektronendonoren mehrere Metallzentren verbrücken.

Als Beispiele für Komplexe mit Metall-Ligand-Mehrfachbindungen seien etwa genannt: Cl_4TiO^{2-}, Cl_3VO, Cl_4MO (M = Mo, W, Re, Os), MO_4^{n-} (M z. B. V, Cr, Mn, Re, Ru, Os), $Cl_3VNSiMe_3$, $(Me_2N)_3TaN^tBu$, porCrN, Cl_4MoN^-, $Cl_5WN^iPr^-$, F_5ReNCl, O_3OsN^-, $Cp_2MeTaCH_2$, $(CO)_5WCMe(OPh)$, Cp_2WCHPh, $(CO)_4BrCrCPh$, $(^tBuO)_3WCPh$.

Umgekehrt vermögen eine Reihe von Liganden mit elektronenleeren π*-Orbitalen (z. B. CO, CN^-, CNR) oder d-Orbitalen (z. B. PR_3, AsR_3, SR_2) Mehrfachbindungen durch „π-*Rückbindungen*" im Sinne von M ⇄ L (vgl. S. 1246) auszubilden.

Die Koordination der Lewis-basischen Liganden an die Lewis-sauren Metallzentren kann außer über nicht-bindende (*n*-) Elektronenpaare (Bildung von **„n-Komplexen"** mit elektrovalenten bis kovalenten Komplexbindungen) auch über bindende π-Elektronenpaare erfolgen, falls die Liganden wie Sauerstoff O_2 (S. 350), Ketone R_2CO, Schwefelkohlenstoff CS_2, Schwefeldioxid SO_2 usw. über π-Bindungen verfügen (Bildung von **„π-Komplexen"** mit kovalenten Komplexbindungen). Entsprechendes gilt für praktisch alle ungesättigten Kohlenwasserstoffe wie etwa den 2-Elektronendonator Ethylen (o), den 2- (bzw. auch 4-) Elektronendonator Acetylen (p), die 4-Elektronendonatoren Allyl-Anion und Butadien (q, r), die 6-Elektronendonatoren Cyclopentadienyl-Anion, Benzol und Heptatrien (s, t, u) sowie den 8- (meist jedoch nur 4-) Elektronendonator Cyclooctatetraen (v) (für Verbindungsbeispiele vgl. S. 1684f):

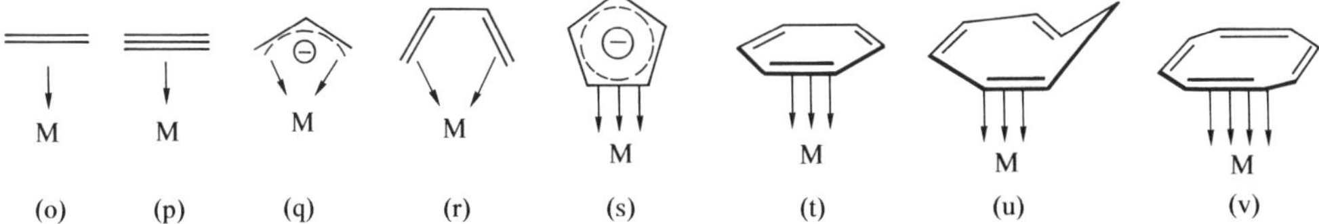

Außer über *n*- und π-Elektronenpaare werden Liganden darüber hinaus auch über σ-Elektronenpaare an Metallzentren unter Ausbildung von 2-Elektronen-3-Zentrenbindungen koordiniert (Bildung von **σ-Komplexen** mit Einfachbindungen kovalenter Moleküle X—Y; vgl. hierzu Bindungsverhältnisse in Borwasserstoffen, S. 999). So vermag sich molekularer Wasserstoff – wie in Formelbild (w) veranschaulicht (vgl. S. 1608) – „side-on" an Metalle unter Bildung von Dihydrogen-Komplexen anzulagern (Verbindungsbeispiele: $[(Cy_3P)_2(CO)_3W(H_2)]$, $[(Ph_3P)_3(H)_2Ru(H_2)]$, $[(Cy_3P)(H)_2Ir(H_2)_2]$). Ebenso gehen σ-Elektronenpaare bestimmter CH-Gruppen eines mit einem Übergangsmetall verknüpften organischen Liganden mit dem betreffenden Metall gemäß Formelbild x zusätzliche Bindungsbeziehungen ein, die nach einem Vorschlag von M. L. H. Green als **agostisch**[8] bezeichnet werden (vgl. S. 1681). Analoges gilt für andere Element-Wasserstoff-Gruppen (z. B. SiH, NH) in Übergangsmetallkomplexen (vgl. S. 1683). Des weiteren beobachtet man Beziehungen vom Typ (y) zwischen Übergangsmetallkomplexen L_nMH und ML_n (z. B. $(CO)_5CrHCr(CO)_5^-$), wobei die MHM- wie die BHB-Dreizentrenbindungen (S. 999) gewinkelt sind. Auch vermag Wasserstoff mehrere Metallzentren zu verbrücken, z. B. 3 Rh-Atome in $[(\pi\text{-Cod})RhH]_4$ (π-CodRh und H abwechselnd in den Ecken eines Würfels) oder 6 Co-Atome in $[(CO)_{15}Co_6H]^-$ (H inmitten eines Co_6-Oktaeders). Schließlich kennt man Verknüpfungen zweier Komplexzentren über zwei, drei oder gar vier Wasserstoffbrücken (z. B. $(CO)_4Re(H)_2Re(CO)_4$, $Cp^*Ir(H_3)IrCp^*$ mit Cp* = Pentamethylcyclopentadienyl, $(PR_3)_2H_2Re(H)_4ReH_2(PR_3)_2$).

(w) (x) (y)

Mehrzähnige Liganden: Chelatliganden

Ligandentypen (vgl. Tab. 99 und Fig. 248). Viele bekannte Donatoren wirken als zweizähnige Liganden und lagern sich gleichzeitig mit zwei Ligatoren an Komplexzentren unter Bildung von **„Chelatkomplexen"** mit *n*-gliederigen „Chelatringen" an[9]. Unter letzteren sind *fünf-*

[8] agostos (griech.) = einhaken, umranken.

[9] chelae (lat.) bzw. chele (griech.) = Krebsschere.

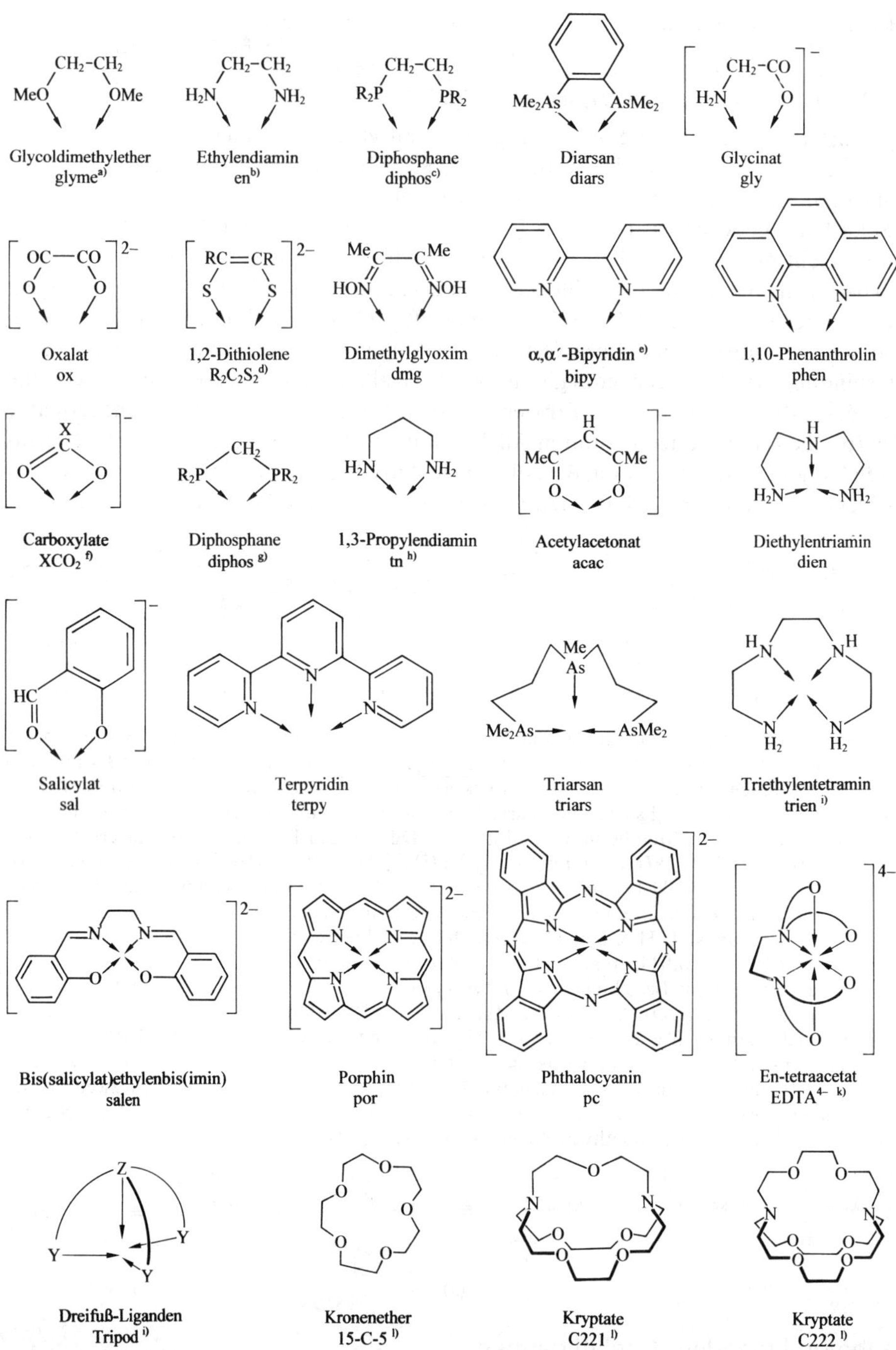

Fig. 248 Mehrzähnige Komplexliganden. **a)** glyme = **dme** (Dimethoxyethan); **diglyme**, **triglyme** = $MeO(CH_2CH_2O)_nMe$ ($n = 2, 3$). – **b)** **tmeda**, **tmen** = $Me_2NCH_2CH_2NMe_2$. – **c)** **dmpe** (R = Me), **depe** (Et), **dppe** (Ph). – **d)** Salze der Vinylendithiole HS—CR=CR—SH mit R zum Beispiel H, Ph, CN, CF_3. Eingesetzt auch in Form von Dithiodiketonen S=CR—CR=S. – **e)** Auch α,α′-Dipyridyl (**dipy**). – **f)** Formiat (X = H), Acetat $\mathbf{ac}^-$ (Me), Carbonat (O), Carbamat (NR_2) sowie Thio-Analoga $XCSO^-$, XCS_2^-. – **g)** **dmpm** (R = Me), **depm** (Et), **dppm** (Ph). – **h)** Trimethylendiamin. – **i)** **tren** = $N(CH_2CH_2NH_2)_3$; $\mathbf{NTA}^{3-} = N(CH_2CO_2^-)_3$; $\mathbf{np}^3$ = $N(CH_2CH_2PPh_2)$; $\mathbf{pp}^3 = P(CH_2CH_2PPh_2)_3$. – **k)** ⌒ = —$CH_2$—CO—. – **l)** Vgl. Anm.[11)].

gliederige Chelatringe besonders stabil. Zu ihrem Aufbau verwendet man häufig Liganden mit YCCY-Gerüst, z. B. Y—CH_2—CH_2—Y, Y—CR=CR—Y, Y—CH_2—CO—Y, Y—CO—CO—Y, Y=CR—CR=Y (Y u.a. OR, NR_2, PR_2, O, S, NR; vergleiche Fig. 248 erste und zweite Reihe). Rein anorganische, mit Metallionen unter Bildung fünfgliederiger Ringe reagierende Chelatliganden stellen etwa $^-$S—S—S—S$^-$, S=N—S—S$^-$ oder S=N—S—NH$^-$ dar (vgl. S. 602). Ähnlich den fünfgliederigen Ringen weisen die *sechsgliederigen Chelatringe*, die etwa mit Propylendiamin pn, Acetylacetonat acac oder Salicylat sal, d.h. Liganden mit YCCCY-Gerüst entstehen (Fig. 248), nur geringe Ringspannung auf und zeigen deshalb eine hohe Bildungstendenz. Doch finden sich auch viele Komplexe mit Chelatringen anderer Größe. Beispielsweise entstehen mit Disauerstoff O_2, Peroxid O_2^{2-}, Ethylen $H_2C{=}CH_2$, Acetylen HC≡CH und vielen entsprechenden Liganden *dreigliederige Chelatringe* (vgl. Formel o, p) mit Anionen von Elementsauerstoffsäuren H_mEO_n (z. B. ClO_3^-, ClO_4^-, SO_4^{2-}, $S_2O_3^{2-}$, NO_3^-, HPO_3^{2-}, PO_4^{3-}, CO_3^{2-}, BO_3^{3-}), mit Anionen von Carbonsäuren RCOOH und Dithiocarbonsäuren RCSSH oder mit Methanderivaten wie $CH_2(PR_2)_2$ *viergliederige Chelatringe* (vgl. Fig. 248: XCO_2^-, diphos).

Zweizähnige Liganden mit YCCY-Gerüst wie glyme, en, diphos, pn (vgl. Fig. 248) weisen eine hohe Flexibilität auf, während Liganden wie diars oder phen (vgl. Fig. 248) mit starr in ein Atomgerüst eingebundenen Donoratomen unflexibel sind, was Konsequenzen hinsichtlich Stabilität und Struktur haben kann (vgl. S. 1223). Analoges trifft – mehr oder weniger ausgeprägt – für alle höherzähnigen Liganden zu. So sind unter den drei- und vierzähnigen Liganden zwar dien, triars und trien (Fig. 248) noch einigermaßen flexibel und stereochemisch weniger anspruchsvoll, wogegen komplexgebundene Liganden wie terpy, salen[10] oder Makrocylen des Typs por und pc (vgl. Fig. 248) als sehr starre Donatoren das Komplexzentrum in eine Ebene mit den drei oder vier Donoratomen zwingen und Tripod-Liganden (vgl. Fig. 248) trigonal-pyramidale Anordnungen bevorzugen. Fünf-, sechs-, sieben- und achtzähnige Liganden stellen etwa der Kronenether 15-C-5[11], das Komplexion $EDTA^{4-}$ sowie die Kryptanden C 221 und C 222[11] dar (vgl. Fig. 248).

Die mehrzähnigen Donatoren haben als Komplexliganden vielfach praktische Bedeutung in Labor, Technik und Natur. So dient etwa salen (Fig. 248) zur Synthese sauerstoffübertragender Komplexe. Mehrzähnige chirale Diphosphane wie „dipamp" PhRP*—CH_2CH_2—P*RPh (R = o-$MeOC_6H_4$) und „diop" Ph_2P—CH_2—C*H—C*H—CH_2—PPh_2 (⌐¬ = —$OCMe_2O$—) finden als Liganden in Metallkomplexen Verwendung, mit denen der stereospezifische Verlauf einer Synthese katalysiert werden soll. Kronenether und Kryptanden (Fig. 248), die u.a. mit Alkali- und Erdalkalimetall-Kationen M^{n+} stabile Chelatkomplexe bilden, können zum Auflösen von Salzen MX oder MX_2 (X = Halogen, Pseudohalogen usw.) in organischen Medien genutzt werden (vgl. S. 1184). In analoger Weise dienen Komplexone wie NTA^{3-} (Fig. 248, Anm. i) oder $EDTA^{4-}$ (Fig. 248), die mit einer Reihe von Metall-Ionen stabile Komplexe bilden, zur analytischen Bestimmung dieser Ionen durch Titration (S. 1223). Abkömmlinge des Porphins (Fig. 248) fungieren im Blutfarbstoff, Cytochromen, Blattgrün bzw. Vitamin B_{12} als Liganden für Eisen-, Magnesium- bzw. Cobalt-Ionen (s. dort). Ebenso wird von den Organismen das Komplexbildungsvermögen der α-Aminosäuren (vgl. Fig. 248: gly) und daraus hervorgehender Oligo- und Polypeptide (Eiweißstoffe), der Nucleotide, Zucker, Polycarbonsäuren usw. genutzt. So spielen etwa Komplexe von Alkalimetall-Ionen mit Phosphorproteinen als vielzähnigen Liganden eine wichtige Rolle beim Transport dieser Kationen durch Membranen („*Natrium-Pumpe*", S. 1186).

Ligandenkoordination. Für die Koordination der Chelatliganden an Metallzentren gilt im wesentlichen das auf S. 1202 im Zusammenhang mit der Koordination einzähniger Liganden Besprochene.

---

[10] Salen gehört zur Klasse der „*Azomethine*" („*Schiffschen Basen*") $R_2C{=}NR'$, unter denen insbesondere die aus mehrzähnigen Aldehyden (z. B. sal) und Aminen (z. B. en, dien, trien; vgl. Fig. 248) gewinnbaren Spezies als Komplexliganden vielfach Verwendung finden.

[11] Man bezeichnet die ringförmigen, aus —CH_2—CH_2—O— oder verwandten Baueinheiten zusammengesetzten Kronenether durch den Wortstamm Krone oder das Symbol C, dem man die Zahl der Ringatome voraus-, die Zahl der Sauerstoffatome nachstellt. Die Kryptanden bestehen häufig aus zwei N-Atomen, die über drei Henkel des Typus (—CH_2—CH_2—O—$)_n$$CH_2$—$CH_2$— miteinander verbunden sind. Man symbolisiert sie durch den Buchstaben C, dem man die Anzahl von O-Atomen im ersten, zweiten und dritten Henkel in Form von drei Zahlen anfügt.

1.1.2 Komplexzentren

Eine charakteristische Eigenschaft der Komplexzentren stellt die – mit dem betreffenden Übergangsmetall und seiner Oxidationsstufe gegebene – Anzahl x von Elektronen in der d-Valenzschale (**„Elektronenkonfiguration“**) dar. Sie wird durch das Symbol d^x zum Ausdruck gebracht, wobei die fünf d-Orbitale in normalen Fällen (**„high-spin“** *Komplexe*) bis zur Schalenhalbbesetzung zunächst einzeln, dann doppelt, in speziellen Fällen (**„low spin“** *Komplexe*) bereits vor Schalenhalbbesetzung doppelt mit Elektronen gefüllt werden (für Einzelheiten vgl. S. 1247). Die Elektronenkonfiguration bestimmt ihrerseits das auf den S. 1250 und 1264 näher besprochene *magnetische* und *optische Verhalten* der Komplexe, da die Größe des *Paramagnetismus* einer Koordinationsverbindung mit der Anzahl ungepaarter Verbindungselektronen zusammenhängt, und die Lichtabsorption (*Farbe*) von Komplexen u. a. auf einer Anregung von d-Elektronen in energiereiche d-Zustände beruht.

Eine Einteilung der Komplexzentren erfolgt zweckmäßigerweise nach der Zahl von Metallatomen, welche das Komplexzentrum bilden (*„einatomige Metallzentren“*, *„mehratomige Metallclusterzentren“*).

Einatomige Metallzentren

Bei den meisten Übergangselementen ist die Fähigkeit zur Ausbildung vieler *Oxidationsstufen* sehr ausgeprägt (vgl. Oxidationsstufenspannweite, S. 1198); auch kommen den Elementen in ihren einzelnen Oxidationsstufen in der Regel mehrere *Koordinationszahlen* zu. Infolgedessen ergeben sich zahlreiche Möglichkeiten zur Komplexbildung.

Oxidationsstufen[12]. Der auf S. 214 eingeführte, sehr nützliche und vielseitig anwendbare Begriff der Oxidationsstufe ist ableitungsgemäß nur ein fiktiver. Tatsächlich läßt sich die Frage nach der Oxidationsstufe eines Komplexzentrums häufig nur mit einer gewissen Willkür beantworten. Gut definiert ist sie im allgemeinen bei großem Elektronegativitätsunterschied von Komplexzentrum und Liganden, also etwa bei Komplexen wie MO_n^{m-}, MF_n, MCl_n. In anderen Fällen legt man die Oxidationsstufe der Liganden und damit auch die der Komplexzentren einfach fest (z. B. -1 für H oder ± 0 für CO; hierdurch erhält Rhenium im Hydrid ReH_9^{2-} die Oxidationsstufe $+7$ (!) und im Carbonylmetallat $[Re(CO)_4]^{3-}$ die Oxidationsstufe -3 (!)). Erschwert wird die Festlegung der Oxidationsstufe eines Komplexzentrums insbesondere dann, wenn sich zwischen diesem und seinen Liganden zusätzliche *„π-Hinbindungen“* bzw. *„π-Rückbindungen“* ausbilden (S. 1208, 1246), was gegebenenfalls zu einer mehr oder weniger vollständigen Reduktion bzw. Oxidation des Zentralmetalls führt.

Beispielsweise können Imino-Liganden NR in Komplexen $[L_nMNR]$ in Form von Imiden NR^{2-} als 6-Elektronendonatoren bzw. in Form von Nitrenen NR als 4-Elektronendonatoren wirken (vgl. Formeln k und i auf S. 1208), wobei die Oxidationsstufe von M in ersteren Fällen um 2 Einheiten positiver ist (*„Imidokomplexe“*; lineare MNR-Gruppe) als in letzteren Fällen (*„Nitrenkomplexe“*; gewinkelte MNR-Gruppe). Analoges gilt für CR_2- und CR-Liganden, welche Komplexe mit höher oxidierten Zentren (*„Alkyliden“*- oder *„Alkylidinkomplexe“* mit CR_2^{2-} oder CR^{3-}-Liganden) oder solche mit um 2 oder 3 Einheiten weniger oxidierten Zentren bilden können (*„Carben-“* oder *„Carbinkomplexe“* mit neutralen CR_2- oder CR-Liganden). Auch lassen sich *Nitrosyl-Komplexe* mit linearen bzw. gewinkelten MNO-Gruppen so beschreiben, als wären sie aus M^{n+} bzw. aus $M^{(n-2)+}$ und den 4- bzw. 2-Elektronendonatoren NO^- bzw. NO^+ aufgebaut. Unterschiedliche Formulierungen sind darüber hinaus für *Komplexe mit π-Liganden* möglich (z. B.: $M(C_5H_5)_2 = M^{2+} + 2C_5H_5^-$ oder $M + 2C_5H_5$).

Andererseits könnte der *„Dithiolenkomplex“* $Re(S_2C_2R_2)_3$ formal die Bestandteile Re(0) und S=CR—CR=S (1,2-Dithioketon) oder – nach Elektronenrückkoordinierung seitens Rhenium – Re(VI) und $^-$S—CR=CR—S$^-$ (Ethylen-1,2-dithiolat) enthalten. Tatsächlich liegt ein Zwischenzustand in Komplexen mit dem „tückischen“ Liganden SCRCRS vor. In analoger Weise lassen sich *α,α'-Bipyridinkom-*

---

[12] **Literatur.** C. K. Jørgensen: *„Oxidation Numbers and Oxidation States“*, Springer, Berlin 1969; *„The Problems for the Two-electron Bond in Inorganic Compounds“*, Topics. Curr. Chem. **124** (1984) 1–31.

plexe unterschiedlich beschreiben, nämlich als Komplexe von M^{n+}, $M^{(n+1)+}$ oder $M^{(n+2)+}$ mit $bipy^+$, bipy oder $bipy^-$. Da Metallzentren keine hohen negativen Ladungen vertragen, wandern wohl auch in hochgeladenen *Carbonylmetallaten* wie $[Re(CO)_4]^{3-}$ Ladungseinheiten zu den Carbonyl-Liganden, so daß derartige Komplexe keine Metallzentren besonders niedriger Oxidationsstufe enthalten.

Die Stabilität der Oxidationsstufen von Übergangsmetallzentren in Komplexen wird durch die Liganden wesentlich beeinflußt. So setzt etwa die Wirkung von Liganden wie O^{2-}, NR^{2-}, N^{3-} usw. als 4- oder 6-Elektronendonatoren (Ausbildung von π-Hinbindungen; Formeln g bis l auf S. 1208) elektronenleere d-Zustände geeigneter Symmetrie, d.h. eine kleine Zahl von d-Valenzelektronen und damit in der Regel höher oxidierte Komplexzentren voraus. In der Tat weisen die Übergangsmetalle in der überwiegenden Zahl von Oxo-, Imino- und Nitrido-Komplexen d^0-, d^1- oder d^2-Elektronenkonfigurationen auf. Umgekehrt bedingen π-Rückbindungen eine hohe Zahl von d-Valenzelektronen, d.h. Übergangsmetallzentren in niedrigen Oxidationsstufen.

Zu ähnlichen Folgerungen hinsichtlich der durch Liganden beeinflußten Stabilität von Oxidationsstufen der Komplexzentren führen auch *Lewis-Säure-Base-Betrachtungen*: Die Weichheit (Härte) des Lewis-aciden Zentrums von Übergangsmetallkomplexen wächst mit fallender (steigender) Oxidationsstufe und zunehmender (abnehmender) d-Valenzelektronenzahl (vgl. HSAB-Prinzip, S. 245). Demgemäß werden innerhalb einer Periode von links nach rechts Nebengruppenelemente der gleichen Oxidationsstufe (z.B. Sc(III), Ti(III), V(III), Cr(III), Mn(III), Fe(III), Co(III), Ni(III), Cu(III)) weicher, Nebengruppenelemente mit gleicher d-Valenzelektronenzahl (z.B. Sc(III), Ti(IV), V(V), Cr(VI), Mn(VII)) härter. Innerhalb einer Elementgruppe nimmt die Weichheit (Härte) der Metalle gleicher Oxidationsstufe von oben nach unten zu (ab). Übergangselemente in hoher Oxidationsstufe (wenig d-Valenzelektronen) bilden als harte Lewis-Säuren mit harten Lewis-Basen wie F^- oder O^{2-} Komplexe (z.B. MF_n, MO_n^{m-}), während d-Valenzelektronen-reiche Übergangsmetalle (niedrige Oxidationsstufen) als weiche Lewis-Säuren umgekehrt mit weichen Lewis-Basen wie CO, CN^-, PR_3, Alkenen, Alkinen zu Komplexen zusammentreten (z.B. $M(CO)_n^{m-}$). Die Koordination von Übergangsmetallen mittlerer d-Valenzelektronenzahl wird weniger durch die Ligandenweichheit und -härte bestimmt.

Koordinationszahlen. In Übergangsmetallkomplexen ML_n weisen die Zentren in bisher bekannten Fällen Koordinationszahlen (**Zähligkeiten**) *n* von zwei bis zwölf auf. Bezieht man gasförmige und metallorganische n-Komplexe mit in die Betrachtung ein, so läßt sich auch die Koordinationszahl 1 beobachten (z.B. gasförmiges CuX, X = Halogen; M(Mesityl)?), M = Cu, Ag), berücksichtigt man andererseits metallorganische π-Komplexe, so findet man zudem Koordinationszahlen im Bereich 13–16. Die Zuordnung der Zahl von Koordinationsstellen π-gebundener Liganden bereitet allerdings insofern gewisse Schwierigkeiten, als jeder Ligator gezählt werden kann (z.B. 2, 3, 4, 5, 6 Ligatoren im Falle von Ethylen, Allyl, Butadien, Cyclopentadienyl, Benzol) oder nur jedes für die Komplexbindung genutzte Elektronenpaar (z.B. 1, 2, 3 Elektronenpaare im Falle von Ethylen, Butadien, Benzol). Schließlich kann man π-Liganden wie das Allyl-Anion, das Benzol, das Cyclooctatetraen auch als 4-, 6-, 8-Elektronendonator klassifizieren und diese Liganden ähnlich wie andere Mehrelektronendonatoren (z.B. NH^-, N^{3-}) einfach zählen.

Koordinationszahlen < 4 („*niedrige Koordinationszahlen*") beobachtet man bei den Übergangsmetallen vergleichsweise selten. In der Regel bilden sich Komplexe mit zwei- oder dreizähligem Zentralmetall nur bei deren Koordination mit sehr sperrigen Liganden. Von einigen d^{10}-konfigurierten Metallen (insbesondere Ag^+, Au^+, Hg^{2+}) sind – als Folge relativistischer Effekte (S. 338) – allerdings auch Komplexe ML_2 mit „kleinen" Liganden L wie Cl^-, CN^-, NH_3 bekannt. Die „*mittleren Koordinationszahlen*" 4–6 sind demgegenüber sehr häufig anzutreffen (die meisten Komplexe haben die Zusammensetzung ML_6). Koordinationszahlen > 6 („*hohe und höchste Koordinationszahlen*") werden wiederum seltener und nur unter besonderen Bedingungen aufgefunden. Beispielsweise beobachtet man die Achtfachkoordination bevorzugt bei drei- bis fünfwertigen Übergangsmetallen der zweiten und dritten Übergangsperiode in der II. bis VI. Nebengruppe, die Neunfachkoordination bei dreiwertigen Lanthanoiden und Actinoiden (vgl. Tab. 101 auf S. 1226 und Tab. 161 auf S. 1804).

Das Auftreten hoher und höchster Koordinationszahlen ist an einige Voraussetzungen gebunden: (i) Die *Größe des Komplexzentrums M und der Liganden L* muß eine Aneinanderlagerung der Komplexbestandteile zu ML_n räumlich erlauben (bezüglich des Zusammenhangs der Koordinationszahlen mit den Radienverhältnissen der Komplexpartner vgl. S. 126). Hiernach treten hohe und höchste Koordinationszahlen insbesondere bei den schweren und nicht zu hoch geladenen Übergangsmetallen auf (der Radius von Übergangsmetallen nimmt mit steigender Periode zu, mit wachsender Oxidationsstufe ab). Die Liganden müssen zugleich möglichst klein (z. B. F^-, H_2O, NCS^-, CN^-, CNR) oder kompakt sein. Aus letzterem Grunde stabilisieren mehrzählige Liganden hohe Koordinationszahlen besser als einzähnige (höher als neunzähnige Komplexzentren wurden bisher nur in Komplexen mit mehrzähnigen Liganden beobachtet). – (ii) Die *Anziehungskräfte Metall/Ligand* müssen stärker sein als die *Abstoßungskräfte Ligand/Ligand*. Hohe und höchste Koordinationszahlen sind hiernach unvereinbar mit Komplexzentren zu kleiner Oxidationsstufe (tatsächlich beobachtet man insbesondere bei d^{10}-Konfiguration niedrigwertiger Metalle Zwei- und Dreifachkoordination, vgl. Tab. 101). – (iii) Mit der Anlagerung der n Liganden L an ein Komplexzentrum müssen dessen Ladungen gerade ausgeglichen werden (*Elektroneutralitätsprinzip*). Demgemäß dürfen Liganden L in Komplexen ML_n nicht zu hoch geladen und nicht sehr polarisierbar sein, falls ein großes n erwünscht ist. Oxoliganden O^{2-} neutralisieren positiv-geladene Komplexzentren etwa so erheblich, daß in der Regel nur Komplexe des Typs MO_4^{m-} mit vierzähligem Zentralmetall gebildet werden. Auch ist die Koordinationszahl eines Zentralmetalls bestimmter Oxidationsstufe im allgemeinen kleiner hinsichtlich Chlorid Cl^- als hinsichtlich Fluorid F^-, da erstere Ionen polarisierbarer sind.

Mehratomige Metallzentren: Metallcluster[13)]

Zu den Metallclusterverbindungen zählt man alle Moleküle mit *Metall-Metall-Bindungen*[14)]. Derartige Cluster sind dem Chemiker bereits seit der Mitte des 19. Jahrhunderts bekannt (z. B. in Form von Hg(I)-Verbindungen wie ClHg-HgCl; S. 1384); ihre wahre Natur erkannte er aber erst nahezu hundert Jahre später. Die bei fast jedem Metall (allen Übergangsmetallen) in niederen bis mittleren Oxidationsstufen anzutreffenden, in jüngster Zeit intensiv bearbeiteten und bereits in großer Anzahl bekannten Metallcluster M_pL_n stellen Komplexe mit mehr-

---

[13] **Literatur.** F. A. Cotton, R. A. Walton: „*Multiple Bonds Between Metal Atoms*", Oxford University Press, 1993; „*Metal-Metal Multiple Bonds in Dinuclear Clusters*", Structure and Bonding **62** (1985) 1–49; F. A. Cotton, M. H. Chisholm: „*Bonds between Metal Atoms. A New Mode of Transition Metal Chemistry*", Chem. Eng. News **60** (1982) 40–54; M. H. Chisholm, I. P. Rothwell: „*Chemical Reactions of Metal-Metal Bonded Compounds of Transition Elements*", Progr. Inorg. Chem. **29** (1982) 1–72; G. Schmid: „*Development in Transition Metal Cluster Chemistry – The Way to Large Clusters*", Structure and Bonding **62** (1985) 51–85; „*Metallcluster – Studienobjekte der Metallbindung*", Chemie in unserer Zeit **22** (1988) 85–92; D. L. Kepert, K. Vrieze: „*Halides Containing Multicentered Metal-Metal-Bonds*", in V. Gutmann „Halogen Chemistry", Band **3** (1967) 1–54; H. Schäfer, H. G. v. Schnering: „*Metall-Metall-Bindungen bei niederen Halogeniden, Oxiden und Oxidhalogeniden schwerer Übergangsmetalle*", Angew. Chem. **76** (1964) 833–849; Int. Ed. **3** (1964); R. B. King: „*Transition Metal Cluster Compounds*", Progr. Inorg. Chem. **15** (1972) 287–473; D. L. Kepert, K. Vrieze: „*Compounds of the Transition Elements Involving Metal-Metal Bonds*", Comprehensive Inorg. Chem. **4** (1973) 197–354; B. F. G. Johnson, J. Lewis: „*Transition-Metal-Molecular Clusters*", Adv. Inorg. Radiochem. **24** (1981) 225–355; A. P. Humphries, H. D. Kaesz: „*The Hydrido-Transition Metal Cluster Complexes*", Progr. Inorg. Chem. **25** (1979) 145–222; M. Tachikawa, E. L. Muetterties: „*Metal Carbide Clusters*", Progr. Inorg. Chem. **28** (1981) 203–238; J. D. Corbett: „*Extended Metal-Metal Bonding in Halides of the Early Transition Metals*", Acc. Chem. Res. **14** (1981) 239–246; A. Simon: „*Kondensierte Metall-Cluster*", Angew. Chem. **93** (1981) 23–44; Int. Ed. **20** (1981) 1; „*Strukturchemie metallreicher Verbindungen*", Chemie in unserer Zeit **20** (1976) 1–9; „*Cluster valenzelektronenarmer Metalle – Strukturen, Bindung, Eigenschaften*", Angew. Chem. **100** (1988) 163–188; Int. Ed. **27** (1988) 159; M. D. Morse: „*Clusters of Transition-Metal Atoms*", Chem. Rev. **86** (1986) 1049–1109; R. J. H. Clark: „*Synthesis, Structure, and Spectroscopy of Metal-Metal Dimers, Linear Chains, and Dimer Chains*", Chem. Soc. Rev. **19** (1990) 107–131; B. F. G. Johnson (Hrsg.): „*Transition Metal Clusters*", Wiley, Chichester 1980; E. Sappa, A. Tiripicchio, A. J. Carty, G. E. Toogood: „*Butterfly Cluster Complexes of the Group VIII Transition Metals*", Progr. Inorg. Chem. **35** (1987) 437–525; R. D. Cannon, R. P. White: „*Chemical Properties of Triangular Bridged Metal Complexes*", Progr. Inorg. Chem. **36** (1988) 195–298; L. H. Gade: „*Quecksilber, struktureller Baustein und Quelle lokalisierter Reaktivität in Metallclustern*", Angew. Chem. **105** (1993) 25–42; Int. Ed. **32** (1993) 24; G. Schmid: „*Large Clusters and Colloids: Metals in the Embryonic State*", Chem. Rev. **92** (1992) 1709–1727; J. P. Collman, H. J. Arnold: „*Multiple Metal-Metal Bonds in 4d and 5d Metal-Porphyrin Dimers*", Acc. Chem. Res. **26** (1993) 586–592; G. Schmid (Hrsg.): „*Clusters and Colloids*", Verlag Chemie, Weinheim 1994.

[14] Cluster (engl.) = Haufen. Fälschlicherweise rechnet man zu den Metallclustern außer Verbindungen mit zwei oder mehr direkt verknüpften Metallatomen (nicht-klassische Komplexe) auch solche mit drei oder mehr über Liganden cyclisch verbrückten Metallatomen ohne direkten Metall-Metall-Kontakt. Letztere Verbindungen sind jedoch zur Klasse der klassischen (oligonuclearen) Werner-Komplexe zu zählen und gegebenenfalls als „Elementcluster" („Heterocluster") zu klassifizieren. Allerdings ist es nicht immer einfach, direkte Metall-Metall-Kontakte sicher auszuschließen.

atomigen „*Metallclusterzentren*" dar und einer „*Ligandenhülle*" aus *n* ungeladenen oder geladenen, ein- oder mehrzähnigen Donatoren. Clusterzentren können sowohl aus gleichartigen als auch ungleichartigen Metallatomen zusammengesetzt sein. Auch kann die Ligandenhülle in Ausnahmefällen oder unter besonderen Bedingungen (in der Gasphase, Tieftemperaturmatrix) ganz fehlen („*nackte Metallcluster*", „*Clustermetalle*")[14a], doch ist sie in der Regel zur Stabilisierung der Metallcluster notwendig („*ligandenstabilisierte Metallcluster*", „*Metallcluster*" im engeren Sinn).

Die Verbindungsklasse der Übergangsmetallcluster reicht von den Metallhalogeniden und -chalkogeniden mit meist ein- bis dreiwertigen Metallzentren (M insbesondere schwere Metalle der IV.–VIII. Nebengruppe; Cluster vom „Halogenid-Typ") bis zu den Komplexen mit Carbonyl-, π-Donator-, Phosphanliganden usw., deren Metallzentren meist einwertig oder niedrigwertiger sind (M insbesondere Metalle der VII., VIII. und I. Nebengruppe; Cluster vom „Carbonyl-Typ"). Den Metallatomen der Clusterverbindungen kommen hierbei häufig gebrochene *Oxidationsstufen* zu, z. B. dem Niobium in $[Nb_6Cl_{12}]^{2+}$ die Oxidationsstufe $+2.33$, dem Rhodium in $[Rh_7(CO)_{16}]^{3-}$ die Oxidationsstufe -0.43. Dies unterstreicht den formalen Charakter dieser Zahlen für Clustermetallatome in besonderem Maße. Die Zahl der Cluster-*Valenzelektronen* läßt sich insbesondere bei vielatomigen Clusterzentren nicht eindeutig festlegen; auch sind die Beziehungen zwischen Valenzelektronenzahl und Struktur der Clusterzentren vielfach noch unklar. So enthält z. B. $R_3PAuAuPR_3$ gewinkelt-koordinierte, ClHgHgCl linear-koordinierte Metallatome, obwohl die Metallzentren beider Komplexe, Au_2 und Hg_2^{2+}, isoelektronisch sind (jeweils 11 Valenzelektronen pro Atom, also 22 Elektronen pro Zentrum). Die *Koordinationszahlen* der Clusterzentren sind in der Regel hoch, wie den weiter unten aufgeführten Verbindungsbeispielen entnommen werden kann (bezüglich der räumlichen Anordnung der Liganden um das Clusterzentrum vgl. S. 1234).

Die Einteilung der Metallcluster kann nach den aus Atomabständen und theoretischen Überlegungen gefolgerten *Ordnungen für Metall-Metall-Bindungen* in den Clusterzentren oder nach der *Struktur der Clusterzentren* erfolgen.

Bindungen in Clusterzentren. Die Verknüpfung zweier Metallzentren erfolgt in Clustern wie in $(CO)_5Mn{-}Mn(CO)_5$, ClHg—HgCl, $Ph_3PAu{-}AuPPh_3$ durch eine Einfachbindung oder in Clustern wie in $(RO)_4Mo{=}Mo(OR)_4$, $(Me_2N)_3Mo{\equiv}Mo(NMe_2)_3$, $Cl_4Re{\equiv}ReCl_4^{2-}$ durch eine Mehrfachbindung, wobei in letzterem Falle *Zwei-, Drei-* und *Vierfachbindungen* – sowie auch Bindungen mit gebrochenen Ordnungen – aufgefunden werden (in nackten Metallclustern M_2 wie V_2, Cr_2, Mo_2, die in der Gasphase vorliegen, treten zudem Bindungsordnungen >4 auf; vgl. hierzu S. 1618). Cluster-Zentren mit einfach verknüpften Metallatomen kennt man von jedem Übergangsmetall; solche mit mehrfach verknüpften Metallatomen werden von Elementen der Vanadium-, Chrom-, Mangan-, Eisen- und Cobaltgruppe (5.–9. Gruppe des Langperiodensystems) gebildet, wobei man Doppel-, Dreifach- bzw. Vierfachbindungen bei d^2-/d^6-, d^3-/d^5- bzw. d^4-Elektronenkonfiguration dieser Übergangsmetalle findet (vgl. S. 1619).

Die Koordination der M_2-Cluster erfolgt zum Teil ausschließlich durch endständige Liganden wie in ClHg—HgCl, $(OC)_5Mn{-}Mn(CO)_5$, $(Me_2N)_3Mo{\equiv}Mo(NMe_2)_3$, $Cl_4Re{\equiv}ReCl_4^{2-}$, in der Regel jedoch durch endständige und zugleich brückenständige Liganden (z. B. verbrücken zwei der acht RO-Gruppen in $(RO)_4Mo{=}Mo(OR)_4$ die beiden Mo-Atome, vgl. S. 1475). Seltener als in zweiatomigen Clusterzentren beobachtet man Metall-Metall-Mehrfachbindungen in mehratomigen Clusterzentren. Als Beispiel sei Re_3Cl_9 genannt, in welchem die an den Ecken eines gleichseitigen Dreiecks angeordneten Rheniumatome doppelt miteinander verbunden sind (S. 1497). Die in drei- und höheratomigen Clusterverbänden vorliegenden Metallatome sind meist durch Bindungen der Ordnung 1 oder <1 miteinander verknüpft.

Bau der Clusterzentren. Clusterzentren mit mehr als zwei Metallatomen lassen sich vielfach als kleine bis sehr kleine Ausschnitte aus der Struktur von Metallen deuten, deren Atome *dichtest gepackt* sind. Darüber hinaus liegt ihnen in einer Reihe von Fällen ein *ikosaedrisches Bauprinzip* zugrunde. Schließlich beobachtet man auch Zentren, die *weder dichtest noch ikosaedrisch gepackt* sind. In der Regel sind hierbei Cluster mit sieben oder mehr an den Ecken eines Käfigs angeordneten Metallatomen mit einem Metallatom *zentriert*.

[14a] Man kennt eine Reihe nackter Hauptgruppenmetallcluster, z. B. Te_6^{4+} (S. 629), Sb_7^{3-} (S. 813), Bi_9^{5+} (S. 823), Sn_9^{4-} (S. 963), Pb_5^{2-} (S. 976).

Dichteste Metallatompackungen. In dichtest gepackten Metallatomstrukturen bilden die Atome trigonal gepackte Schichten (vgl. Fig. 249a), die in der Folge ABCABC ... (kubisch-dichteste Packung) oder ABABAB ... (hexagonal-dichteste Packung) so übereinander angeordnet sind, daß die Kugeln einer Schicht in den Mulden der anderen Schicht liegen (s. S. 143).

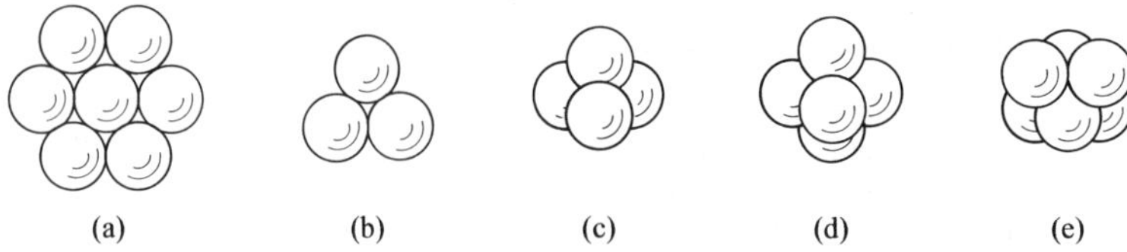

Fig. 249 Trigonale Packungen von 3, 4, 5, 6 bzw. 7 Metallatomen.

Drei-, vier-, fünf- bzw. sechsatomige Zentren M_3, M_4, M_5 bzw. M_6, wie sie etwa in den Metallcarbonylen $[Os_3(CO)_{12}]$, $[Ir_4(CO)_{12}]$, $[Os_5(CO)_{16}]$, $[Rh_6(CO)_{16}]$ (S. 1629), den Goldkomplexen $[Au_3(PR_3)_3]$, $[Au_4(PPh_3)_4I_2]$, $[Au_6(PR_3)_6]^{2+}$ (S. 1359) und den Metallhalogeniden $[M_6X_{12}]^{2+}$ (M = Nb, Ta; S. 1434), $[Sc_6Cl_{12}]^{3-}$ (S. 1398) sowie $[M_6X_8]^{4+}$ (M = Mo, W; S. 1397, 1473) angetroffen werden, sind demzufolge trigonal-planar (Fig. 249b), tetraedrisch (c), trigonal-bipyramidal (d) bzw. oktaedrisch (e) gebaut (in e liegen zwei trigonal angeordnete M_3-Schichten dichtest übereinander; drei derartige M_3-Schichten mit der Folge ABC enthält das Zentrum von $[Pt_9(CO)_{18}]^{2-}$). Quadratisch-planar strukturierte M_4-Zentren sind selten, da Metallzentren in der Regel den „kompakteren" tetraedrischen Bau mit trigonal gepackten Flächen anstreben (z. B. liegen in $[Mo_4Cl_8(PR_3)_4]$ die Mo-Atome an den Ecken eines Vierecks und sind abwechselnd durch ein- und dreifache MoMo-Bindungen verknüpft).

Ausschnitte aus Metallen mit kubisch- bzw. hexagonal-dichtester Packung stellen auch die in den Fig. 250a und b veranschaulichten M_{13}-Cluster mit *zentriert-kuboktaedrischer* (a) oder *-antikuboktaedrischer* (b) Metallatompackung dar. Sie bestehen jeweils aus drei übereinander liegenden, dichtest-gepackten Schichten, wobei die obere und untere dreiatomige Schicht den in Fig. 249b, die mittlere siebenatomige Schicht den in Fig. 249a wiedergegebenen Bau hat, und die beiden dreiatomigen Schichten – wie bei kubisch- bzw. hexagonal-dichtester Packung gefordert – gegeneinander um 60° verdreht bzw. nicht verdreht sind (Folge und Atomzahl der Schichten[15)]: $A_3B_7C_3$ und $A_3B_7A_3$). Als Beispiele seien etwa die Carbonylmetallate $[Rh_{13}(CO)_{24}]^{5-}$ und $[Ni_{12}(CO)_{21}]^{4-}$ (beide Komplexe teilweise protoniert) mit zentrierter (Rh) bzw. nicht-zentrierter (Ni) antikuboktaedrischer Metallatompackung genannt (der Nickelcluster bildet eine Ausnahme von der Regel, wonach Metallcluster mit mehr als sieben Atomen ein Metallzentrum aufweisen).

In *kuboktaedrischen* M_{13}-Zentren ist ein zentrales Metallatom von einer Schale aus 12 Metallatomen lückenlos umgeben. In entsprechender Weise lassen sich M_{13}-Einheiten ihrerseits mit einer zweiten Schale aus 42 Metallatomen lückenlos bedecken, wobei der M_{13}-Kuboktaeder (Fig. 250a) in den größeren M_{55}-Kuboktaeder übergeht (vgl. Fig. 250c; Folge und Atomzahl der Schichten[15)]: $A_6B_{12}C_{19}A_{12}B_6$). Für die Ummantelung des M_{55}-Clusters mit einer dritten Schale werden weitere 92 Metallatome benötigt. Ganz allgemein erfordert der Aufbau der *n*-ten Schale eines derartigen Clusters $10n^2 + 2$ Metallatome (12, 42, 92, 162, 252 für $n = 1, 2, 3, 4, 5$), so daß also ein-, zwei-, drei-, vier- oder fünfschalige Zentren („*full-shell-cluster*") aus 13, 55, 147, 309, 561 Metallatomen bestehen („*magische Zahlen*" dichtester Metallatompackungen). *Beispiele:* $[Rh_{55}(PPh_3)_{12}Cl_6]$, $[Rh_{55}(P^tBu_3)_{12}Cl_{20}]$, $[Pt_{55}(As^tBu_3)_{12}Cl_{26}]$, $[Au_{55}(PPh_3)_{12}Cl_6]$, $[Pt_{309}phen^*_{36}O_m]$ (*m* um 30; phen* = phen$(C_6H_4SO_3Na)_2$) und $[Pd_{561}phen_{38\pm2}O_m]$ (*m* um 200; Sauerstoff in letzteren Verbindungen wohl in Form von Dioxygen O_2 gebunden).

Eine weitere Vergrößerung der ligandenstabilisierten Clusterzentren über fünfschalige Metallcluster hinaus (Durchmesser des Pd_{561}-Clusters um 2.5 nm) führt – gepaart mit wachsendem metallischen Verbindungscharakter – über kleine bis große Kolloide mit Metallatomen in dichtester Packung (Durchmesser 10 bis über 1000 nm; S. 926) schließlich zum Metall selbst („ligandenstabilisiert" z. B. in Form des eloxierten Aluminiums, S. 1066):

---

[15] Die Schichtfolge ist durch Buchstaben A, B, C, die Atomzahl jeder Schicht durch einen Index am Schicht-Symbol charakterisiert.

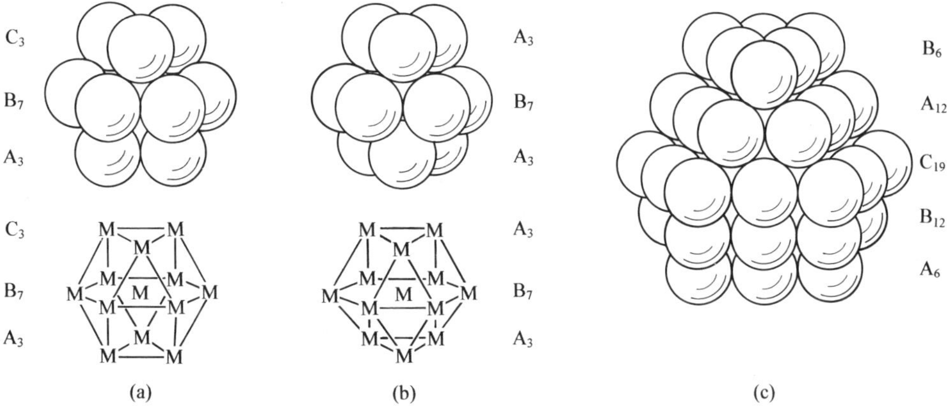

Fig. 250 Kuboktaedrische Packung von 13 (a) und 55 (c) Metalltomen sowie antikuboktaedrische Packung von 13 Metallatomen (b)[15].

Metallkomplexe ⇄ *Metallcluster* ⇄ *Metalle* (vgl. Nuklearität, S. 1208).

Allerdings fehlen für den Übergang vom Metallcluster zum Metall bisher noch viele Zwischenglieder. Bezüglich eines Goldkolloids $Au_x(PPh_2R)_y$ ($R = C_6H_4SO_3Na$) mit einem vergleichsweise engen Bereich des Kolloiddurchmessers um 18 nm vgl. S. 1360.

Der energetische Unterschied zwischen Clusterzentren mit einer magischen bzw. einer anderen Zahl von Metallatomen ist nicht allzu groß und nimmt zudem mit wachsender Zahl von Metallatomschalen ab. Als Folge hiervon sind auch Cluster mit Zentren aus 14 bis 54 dichtest gepackten Atomen ohne weiteres zugänglich. *Beispiele*: $[Rh_{22}(CO)_{37}]^{4-}$ (Folge und Atomzahl der Schichten[15]: $A_6B_7A_6C_3$), $[Pt_{26}(CO)_{32}]^{2-}$ ($A_7B_{12}A_7$), $[Pt_{38}(CO)_{44}]^{2-}$ ($A_7B_{12}C_{12}A_7$).

Ikosaedrische Metallatompackungen. Neben den erwähnten dichtest gepackten kubo- bzw. antikubooktaedrischen M_{13}-Clusterzentren (Fig. 250a und b) enthalten Clusterkomplexe vielfach auch weniger dicht gepackte *innenzentriert-ikosaedrisch* gebaute Zentren (vgl. Fig. 251 a). Der Unterschied der zentrierten kuboktaedrischen und ikosaedrischen Struktur besteht dabei nur in der Geometrie der mittleren Metallatomschicht. Und zwar liegt das zentrale Metallatom in ersterem Fall (Fig. 250a) in der Mitte eines planaren M_6-Rings, in letzterem Fall (Fig. 251 a) in der Mitte eines sesselkonformierten M_6-Rings. Während aber die Metallatome an der Oberfläche eines Kuboktaeders sowohl an den Ecken von Quadraten als auch Dreiecken

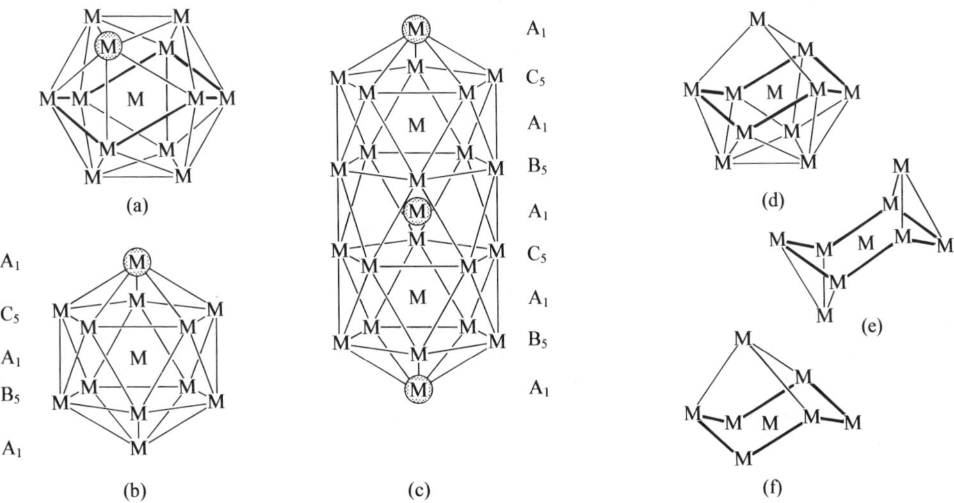

Fig. 251 Ikosaeder-, Doppelikosaeder- und Ikosaederfragment-Packungen von Metallatomen[15]

lokalisiert sind (vgl. Fig. 250a) liegen die Atome an der Ikosaederoberfläche ausschließlich an energetisch günstigeren Dreieckspositionen, was wohl u.a. die energetisch ungünstigere, weniger dichte ikosaedrische Atompackung ermöglicht (vgl. hierzu auch Polyborane, S. 995). Beispiele für Metallcluster mit zentrierten Ikosaederclusterzentren bieten etwa die Goldkomplexe $[Au_{13}(PMe_2Ph)_{10}Cl_2]^{3+}$ und $[Au_{13}(Ph_2PCH_2PPh_2)_6]^{5+}$.

Vielfach bestehen Metallcluster auch aus Ikosaederfragmenten oder Ikosaederüberclustern (vgl. die entsprechenden Verhältnisse bei kubo- und antikubooktaedrisch gepackten Zentren, oben). Die *Verkleinerung* ikosaedrischer M_{13}-Cluster erfolgt hierbei wie bei den kuboktaedrischen Zentren durch Metallatom-Eliminierung. Mögliche Ikosaederausschnitte („*Ikosaederfragment-Cluster*") sind in den Fig. 251d, e und f für M_{11}-, M_9- und M_8-Verbände veranschaulicht (der charakteristische sesselkonformierte und zentrierte M_6-Ring ist jeweils durch Fettdruck hervorgehoben). *Beispiele*: $[Au_{11}(PR_3)_7X_3]$, $[Au_{11}(Ph_2PCH_2CH_2CH_2PPh_2)_5]^{3+}$, $[Au_9(PR_3)_8]^{3+}$, $[Au_8(Ph_2PCH_2PPh_2)_3]^{2+}$.

Die *Vergrößerung* ikosaedrischer M_{13}-Clusterzentren erfolgt nicht wie bei den kuboktaedrischen Zentren durch Schalenerweiterung, sondern durch Verknüpfung der M_{13}-Ikosaeder über gemeinsame Metallatome. In Fig. 251c ist z.B. das Ergebnis einer Verknüpfung zweier M_{13}-Ikosaeder wiedergegeben (das gemeinsame Metallatom ist schraffiert; dreht man das Ikosaeder Fig. 251a in der Weise, daß das schraffierte Metallatom nach oben wandert, so resultiert das Ikosaeder Fig. 251b). Ersichtlicherweise ändern sich die Koordinationsverhältnisse der Metallatome als Folge der Ikosaederverdoppelung nur unwesentlich. So baut sich etwa das Doppel- wie das Einfachikosaeder aus Schichten mit abwechselnd einem und fünf Metallatomen auf (Folge und Atomzahl der Schichten[15]: $A_1B_5A_1C_5A_1B_5A_1C_5A_1$). Im Falle des Komplexes $[Au_{13}Ag_{12}(PPh_3)Cl_6]^{m+}$ ist hierbei die 1., 4., 6., 9. Schicht mit Ag-Atomen, die 2., 3., 5., 7., 8. Schicht mit Au-Atomen belegt.

Zentrierte Metallatomikosaeder lassen sich nicht nur zu zwei-, sondern auch zu drei-, vier-, fünf-, sechsteiligen „*Superclustern*" usw. über gemeinsame Metallatome zusammenfügen, in welchen die einzelnen Ikosaederteile an den Ecken eines Dreiecks, eines Tetraeders, einer trigonalen Bipyramide, eines Ditetraeders mit gemeinsamer Kante angeordnet sind und die aus 25, 36, 46, 56, 67 Metallatomen bestehen („*magische Zahlen*" zentriert-ikosaedrischer Atompackungen in Superclustern). *Beispiele*: $[Ag_{19}Au_{18}(PTol_3)_{12}Br_{11}]^{2+}$ und $[Ag_{20}Au_{18}(PTol_3)_{12}Cl_{14}]$ (M_{36}-Zentren mit einem oder zwei überkappenden Ag-Atomen), $[Ag_{24}Au_{22}(PPh_3)_{12}Cl_{10}]$.

Andere Metallatompackungen. Weder dichtest noch ikosaedrisch gepackt sind die Zentren etwa in folgenden Metallclustern: $[Au_6(Ph_2PCH_2CH_2CH_2PPh_2)_4]^{2+}$ (Au_4-Tetraeder mit zwei überkappten Kanten), $[Au_6(PPh_3)_6]^{2+}$ (zwei M_4-Tetraeder mit gemeinsamer Kante), $[Rh_7(CO)_{16}]^{3-}$ (Rh_6-Oktaeder mit überkappter Rh_3-Fläche), $[Au_9(PPh_3)_8]^+$ (Au_8-Würfel mit einem Au-Atom im Zentrum), $[Rh_{12}(CO)_{30}]^{2-}$ (eckenverknüpfte Rh_6-Oktaeder), $[Rh_{14}(CO)_{25}]^{4-}$/$[Rh_{15}(CO)_{27}]^{3-}$ (Rh_{13}-Antikuboktaeder mit überkappten Rh_4-Flächen).

Neben den *zentrierten* oder *nicht-zentrierten Metallclustern* mit *begrenzter Ausdehnung* der Clusterzentren kennt man auch solche mit *unendlicher Ausdehnung*. Genannt seien etwa als Beispiele für *eindimensionale Metalle* ${}^1_\infty[Pt(CN)_4^{2-}]$ (Ketten von Pt-Atomen; S. 1595) und ${}^1_\infty[Mo_6Se_6^{2-}]$ (Bänder von Mo_6-Oktaedern mit gemeinsamen Flächen; S. 1474), sowie als Beispiel für ein *zweidimensionales Metall* ${}^2_\infty[Ag_2F]$ (Doppelschichten von Ag-Atomen; Anti-CdI_2-Struktur, vgl. S. 1343).

1.2 Die Komplexstabilität

Unter der Komplexstabilität versteht man u.a. die thermodynamische Stabilität (Stabilität in engerem Sinne) bzw. die kinetische Stabilität (Labilität) von ML_n in der Gas- oder wäßrigen Phase hinsichtlich eines Zerfalls in die geladenen oder ungeladenen Komplexbestandteile M und L oder auch die Stabilität bzw. Labilität von ML_n hinsichtlich einer Redoxreaktion des Komplexzentrums (z.B. Redoxdisproportionierung). Nachfolgend werden nun *thermodynamische Aspekte* der Komplexstabilität besprochen (für kinetische Aspekte vgl. S. 1275); auch werden die Betrachtungen auf *wäßrige Lösungen* beschränkt. In derartigen Lösungen liegen die zwei- und dreiwertigen Übergangsmetalle sowie die einwertigen Metalle der Kupfergruppe bei Abwesenheit anderer koordinationsfähiger Liganden in der Regel als Aqua-Komplexe (**„Hydrate"**) $[M(H_2O)_p]^{m+}$ vor. Die Koordinationszahl *p* hängt hierbei vom Metall sowie dessen Oxidationsstufe ab: im Falle des niedrig geladenen Ions Ag^+ beträgt sie 4, im Falle der zwei- und dreiwertigen Metalle der 1. Übergangsreihe 6 und im Falle der großen dreiwertigen Lanthanoid- und Actinoid-Ionen 9.

Die zwei- und dreiwertigen hydratisierten Komplexzentren polarisieren die Bindungselektronen der komplexierten Wassermoleküle, was eine Aciditätserhöhung der H_2O-Liganden zur Folge hat (z.B. $M(H_2O)_6^{3+} \rightleftarrows M(H_2O)_5OH^{2+} + H^+$; $pK_S = 1.26 \times 10^{-4}$ (M = Cr), 6.3×10^{-3} (Fe)). Die Bindungspolarisierung ist insbesondere bei höherwertigen hydratisierten Metallionen so groß, daß derartige Spezies wie etwa $[Zr(H_2O)_6]^{4+}$ nur noch in stark saurem Milieu vorliegen oder überhaupt nicht zugänglich sind. Anstelle von ihnen beobachtet man H_2O-haltige oder -freie Komplexionen mit Hydroxo- und/oder Oxo-Liganden (z.B. $Ti(OH)_2^{2+}$(aq), $VO_2(H_2O)_4^+$, $CrO_3(OH)^-$, MnO_4^-).

1.2.1 Komplexbildungs- und Dissoziationskonstanten[16)]

Zahlenmäßig wird die Beständigkeit eines hydratisierten Komplexes ML_n durch die Gleichgewichtskonstante K der Substitution von Wassermolekülen hydratisierter Metallionen $M(H_2O)_p^{m+} = M_{aq}^{m+}$ durch hydratisierte Liganden L zum Ausdruck gebracht (1)[17)]:

$$[M(H_2O)_p]^{m+} + nL \rightleftharpoons [ML_n]^{m+} + pH_2O. \qquad (1)$$

Formuliert im Sinne von (2a) heißt die betreffende Konstante „*Komplexbildungskonstante*", („*Komplex-Stabilitätskonstante*", „*Assoziationskonstante*") K_B bzw. β_n formuliert im Sinne von (2b) „*Dissoziationskonstante*" K_D des Komplexes ($K_D = 1/K_B$)[18)]. Statt der Konstanten K werden häufig auch die zugehörigen pK-Werte (p$K = -\log K$) angegeben ($pK_D = -pK_B$):

$$\text{(a)}\ K_B = \beta_n = \frac{[ML_n^{m+}]}{[M_{aq}^{m+}][L]^n}; \qquad \text{(b)}\ K_D = \frac{[M_{aq}^{m+}][L]^n}{[ML_n^{m+}]}. \qquad (2)$$

Je größer K_A ist, desto größer ist auch die thermodynamische Beständigkeit eines betrachteten Komplexes in Wasser. Beständige („starke") Komplexe ML_n haben naturgemäß ganz andere Eigenschaften (z.B. Farbe, Leitfähigkeit, chemische Reakvitität) als die Komponenten M_{aq}^{m+} und L; bei unbeständigen („schwachen") Komplexen ist dies nur bedingt der Fall. K_A-Werte einiger Komplexionen sind in Tab. 100 zusammengestellt.

Man bezeichnet die Konstante K_B bzw. β_n auch als „*Gesamtbildungskonstante*" („*Gesamtstabilitätskonstante*") und unterscheidet sie von den „*Stufenbildungskonstanten*" K_1, $K_2 \ldots K_i \ldots K_n$, welche für die stufenweise Überführung von M_{aq}^{m+} über hydratisierte Komplexe ML^{m+}, $ML_2^{m+} \ldots ML_i^{m+}$ in ML_n^{m+} gelten: $K_1 = [ML^{m+}]/[M_{aq}^{m+}][L]$, $K_2 = [ML_2^{m+}]/[ML^{m+}][L] \ldots$, $K_i = [ML_i^{m+}]/[ML_{i-1}^{m+}][L] \ldots$, $K_n = [ML_n^{m+}]/ML_{n-1}^{m+}][L]$. Die Gesamtbildungskonstante ergibt sich dann, wie leicht abzuleiten ist, als Produkt der Stufenbildungskonstanten: $K_B = \beta_n = K_1 \cdot K_2 \cdot \ldots K_i \cdot \ldots K_n$.

Die Werte der Stufenbildungskonstanten nehmen häufig in Richtung K_1, $K_2 \ldots K_i \ldots K_n$ ab (Verhältnisse $K_i/K_{i+1} > 1$). Beispielsweise findet man für den Prozeß

$$[Cd(H_2O)_6]^{2+} + 4NH_3 \rightleftharpoons [Cd(NH_3)_4(H_2O)_2]^{2+} + 4H_2O \qquad (3)$$

folgende Konstanten: $K_B = K_1 \cdot K_2 \cdot K_3 \cdot K_4 = 447 \times 126 \times 27.5 \times 8.51 = 1.3 \times 10^7$. Der Ersatz des fünften und sechsten Wassermoleküls durch Ammoniak erfolgt hier bereits mit kleinem bzw. verschwindendem Ausmaß ($K_5 = 0.48$, $K_6 = 0.02$), so daß beim Lösen von $[Cd(NH_3)_6]^{2+}$ in Wasser umgekehrt unter Austausch von NH_3 gegen H_2O das Komplexion $[Cd(NH_3)_4(H_2O)_2]^{2+}$ entsteht. In anderen Fällen lassen sich aber vielfach alle H_2O- durch NH_3-Moleküle (oder durch andere Liganden) substituieren (z.B. $[Ni(H_2O)_6]^{2+} + 6NH_3 \rightarrow [Ni(NH_3)_6]^{2+}$).

---

[16] **Literatur.** L.G. Sillèn, A.E. Martell: „*Stability Constants of Metal-Ion Complexes*", The Chemical Society, London, Special Publications Nr. 17 (1964), Nr. 25 (1971); A.E. Martell, R.M. Smith: „*Critical Stability Constants*", Plenum, New York, Volumes **1**–**5** (1974–1982); E. Hogfeldt (Hrsg.): „*Stability Constants of Metal-Ion Complexes. Part A. Inorganic Ligands*", Pergamon Press, Oxford 1982.

[17] n ist häufig gleich p. Sind Liganden in (1) einfach negativ geladen, so bildet sich statt $[ML_n]^{m+}$ das Komplexion $[ML_n]^{(m-n)+}$.

Tab. 100 Stabilitätskonstanten K_B einiger Komplexe in Wasser bei Raumtemperatur[18].

Komplex	**log K_B**	**Komplex**	**log K_B**	**Komplex**	**log K_B**	**Komplex**	**log K_B**
Halogenokomplexe		Cyanokomplexe		Amminkomplexe		EDTA-Kompl. (Forts.)[a]	
$CoCl_4^{2-}$	−6.6	$Pb(CN)_4^{2-}$	10.3	$Co(NH_3)_4^{2+}$	5.5	V^{2+}	12.7
$CuCl_4^{2-}$	−3.6	$Cd(CN)_4^{2-}$	19	$Ag(NH_3)_2^+$	7.1	Cr^{2+}	13.6
$FeCl_4^{2-}$	−0.7	$Zn(CN)_4^{2-}$	20	$Cd(NH_3)_4^{2+}$	7.1	Mn^{2+}	13.95
$CuCl^+$	0	$Ag(CN)_2^-$	21	$Ni(NH_3)_6^{2+}$	8.7	Fe^{2+}	14.3
$FeCl^{2+}$	1.4	$Cu(CN)_2^-$	22	$Zn(NH_3)_4^{2+}$	9.6	Co^{2+}	16.49
$CrCl_2^{2+}$	2	$Cu(CN)_3^{2-}$	27	$Cu(NH_3)_2^+$	10.8	Cd^{2+}	16.62
$CuCl_2^-$	4.7	$Cu(CN)_4^{3-}$	28	$Cu(NH_3)_6^{2+}$	13.3	Zn^{2+}	16.68
$AgCl_2^-$	5.4	$Ni(CN)_5^{3-}$	30	$Hg(NH_3)_4^{2+}$	19.3	Sn^{2+}	18.3
$AuCl_2^-$	5.5	$Ni(CN)_4^{2-}$	31	$Co(NH_3)_6^{3+}$	35.1	Pb^{2+}	18.3
$CuBr_2^-$	6	$Fe(CN)_6^{4-}$	37			Ni^{2+}	18.67
CdI_4^{2-}	6.3	$Hg(CN)_4^{2-}$	39	Oxalatokomplexe		Cu^{2+}	18.86
$AuBr_2^-$	8	$Fe(CN)_6^{3-}$	44	$Mnox_3^{4-}$	2.4	Hg^{2+}	21.8
CuI_2^-	8.9	$Pd(CN)_4^{2-}$	> 44	$Feox_3^{4-}$	6.7	Pd^{2+}	25.5
FeF_5^{2-}	15.4			$Inox_2^-$	8.6	La^{3+}	15.5
$HgCl_4^{2-}$	16	Thiocyanatokomplexe		$Znox_3^{4-}$	9	Ce^{3+}	16.07
$PtCl_4^{2-}$	16	$Ag(SCN)_2^-$	7.9	$Alox_3^{3-}$	16.3	Al^{3+}	16.7
$PtBr_4^{2-}$	18	$Fe(SCN)_6^{3-}$	9.1	$Feox_3^{3-}$	19.2	Y^{3+}	18.11
$AuCl_4^-$	19	$Au(SCN)_2^-$	13			Ti^{3+}	21.5
$HgBr_4^{2-}$	21.7	$Zn(SCN)_4^{2-}$	16.7	EDTA-Komplexe[a]		Sc^{3+}	23
AlF_6^{3-}	23.7	$Cd(SCN)_4^{2-}$	18.3	Li^+–Cs^+	2. 8–0.2	Cr^{3+}	23.4
$AuBr_4^-$	25	$Au(SCN)_4^-$	37	Ba^{2+}	7.73	Fe^{3+}	25.1
HgI_4^{2-}	29.9	$Hg(SCN)_4^{2-}$	41.5	Sr^{2+}	8.60	V^{3+}	25.9
		Thiosulfatokomplexe		Mg^{2+}	8.65	Co^{3+}	41.5
		$Cd(S_2O_3)_4^{6-}$	7.4	Be^{2+}	9.27	Th^{4+}	23.25
		$Ag(S_2O_3)_2^{3-}$	13.6	Ca^{2+}	10.7	Zr^{4+}	28.1

a) $\log K'_B = \log K_B + \log \beta_H$ mit $\log \beta_H = 21.1$ (pH = 0), 17.1 (1), 13.4 (2) 10.6 (3), 8.4 (4), 6.5 (5), 4.7 (6), 3.3 (7), 2.3 (8), 1.3 (9), 0.5 (10), 0.1 (11).

Die Abnahme der K_i-Werte mit zunehmendem i hängt zum Teil mit der wachsenden sterischen und elektrostatischen Ligandenabstoßung im Zuge der sukzessiven Substitution von Wasser durch sperrigere oder negativ geladene Liganden ab. Zum Teil hat die K_i-Abnahme aber auch rein statistische Ursachen und beruht darauf, daß das als Stufenbildungskonstante K_i interpretierbare Verhältnis der Hin- und Rückgeschwindigkeit (S. 185) für Reaktionen des Typus $ML_i^{m+} + L = ML_{i+1}^{m+}$ ($i = 0$ bis n) mit wachsendem i selbst dann abnehmen muß, wenn die ML-Bindungsenergie unabhängig von i ist, weil die Wahrscheinlichkeit (und damit die Geschwindigkeit) der Ligandenaddition an ML_i (Hinreaktion) nicht von i abhängt, während die Wahrscheinlichkeit der Ligandendissoziation (Rückreaktion) mit der Zahl i der Liganden im Komplex ansteigt. In Ausnahmefällen (z. B. abrupter Wechsel der Metall-d-Elektronenkonfiguration beim Übergang von ML_i nach ML_{i+1} von high- nach low-spin) beobachtet man auch Verhältnisse $K_i/K_{i+1} < 1$. Auch ein Wechsel der Koordinationszahl von M im Zuge des H_2O/L-Austauschs kann zu Unregelmäßigkeiten in der K_i-Abfolge führen.

Die Komplexbildungskonstante K_B (Entsprechendes gilt für eine Stufenbildungskonstante K_i) hängt gemäß Gleichung (4a) mit der freien Enthalpie ΔG_B der Komplexbildungsreaktion (1) zusammen (S. 188), für die ihrerseits die Gibbs-Helmholtzsche Gleichung (4b) Gültigkeit hat (S. 55):

$$\text{(a)}\ \Delta G_B = -2.303 \cdot RT \log K_B; \qquad \text{(b)}\ \Delta G_B = \Delta H_B - T\Delta S_B. \qquad (4)$$

Hiernach bestimmen sowohl die Reaktionsenthalpie ΔH_B als auch die Reaktionsentropie ΔS_B bzw. die gebundene Reaktionswärme $T\Delta S_B$ die Komplexstabilität. Für die Komplex-

[18] Die Beziehungen (2) gelten – streng genommen – nur für unendliche Verdünnung. Anderenfalls ist mit Aktivitäten $a = yc$ (y = Aktivitätskoeffizient; vgl. S. 191) zu rechnen. In der Praxis bestimmt man die sogenannten „*stöchiometrischen Stabilitätskonstanten*" bei konstanter hoher Ionenstärke (Zusatz von ca. 3 Molen $NaClO_4$ als inertem Elektrolyten pro Liter Wasser), wodurch die Aktivitätskoeffizienten praktisch unabhängig von der Reaktandenkonzentration werden.

bildung (3) ergeben sich bei 298 K etwa folgende Werte: $\Delta H_B = -58.6$ kJ/mol, $\Delta S_B = -59.0$ J K^{-1} mol^{-1}, $T\Delta S_B = -17.6$ kJ/mol, $\Delta G_B = -41.0$ kJ/mol.

Die Enthalpie ΔH_B der Reaktion (1) bringt den Unterschied der bei der Komplexierung von M^{m+} mit p Wassermolekülen bzw. n Liganden L freigesetzten Bindungsenergie zum Ausdruck. ΔH_B ist negativ (positiv), falls die Liganden stärker (schwächer) als Wassermoleküle mit den Metallzentren M^{m+} verknüpft sind (die Hydratationsenergien belaufen sich bei ein-, zwei- bzw. dreiwertigen Metallen auf ca. 500, 2000 bzw. 4500 kJ/mol; vgl. S. 161). Die dreiwertigen Elemente der Scandiumgruppe (3. Gruppe des Langperiodensystems) koordinieren Wasser ähnlich wie die schweren zweiwertigen Erdalkali- und einwertigen Alkalimetalle (2. und 1. Gruppe) stärker als viele andere einzählige Liganden, da sie harte Säuren darstellen; ihre Neigung zur Komplexbildung ist vergleichsweise gering (selbst mehrzähnige und deshalb koordinationsfreudigere Liganden (s. unten) bilden mit den betreffenden Ionen schwächere Komplexe als mit gleichgeladenen Ionen höherer Gruppen, vgl. Tab. 100). Ab der 4. Gruppe (Titangruppe) weisen Übergangsmetalle wachsende Komplexbildungstendenz hinsichtlich einzähniger Liganden auf. Allerdings kennt man auch bei letzteren Elementen sehr schwache Komplexe. Beispielsweise bringen die kleinen Stabilitätskonstanten von $10^{-6.6}$ für $CoCl_4^{2-}$ oder $10^{-3.6}$ für $CuCl_4^{2-}$ die geringe Tendenz der Ionen Co_{aq}^{2+} und Cu_{aq}^{2+} zum Tausch ihrer Wassermoleküle gegen Chlorid-Ionen zum Ausdruck. Ursache hierfür sind weniger besonders schwache Metall/Chlorid-, sondern starke Metall/Wasser-Bindungen. Tatsächlich bilden sich die betreffenden Tetrachloride aus den Dichloriden und Chlorid in Solvenzien geringerer Lewis-Basizität hinsichtlich Co^{2+} und Cu^{2+} (z. B. Acetonitril, Essigsäure) in hohem Ausmaß.

Wegen der Zusammenhänge (4) lassen sich allerdings aus Werten der Komplexbildungskonstanten K_B – anders als aus solchen der Bildungsenthalpien ΔH_B – nicht zwangsläufig Folgerungen hinsichtlich der Tendenz zum H_2O/Ligand-Austausch ziehen. Der Befund, daß die dreiwertigen Metalle der Scandiumgruppe, Lanthanoide und Actinoide als harte Lewis-Säuren bevorzugt Komplexe mit harten Donoren bilden (wachsende Komplexstabilität in Richtung $MI_n^{m-} < MBr_n^{m-} < MCl_n^{m-} < MF_n^{m-}$; Tab. 100), während die Ionen Pd^{2+}, Pt^{2+}, Cu^+, Ag^+, Au^+, Cd^{2+}, Hg^{2+} als weiche Lewis-Säuren weiche Basen bevorzugen (wachsende Komplexstabilität in Richtung $MF_n^{m-} < MCl_n^{m-} < MBr_n^{m-} < MI_n^{m-}$; Tab. 100) weist in diesen Fällen darauf, daß K_B wesentlich durch ΔH_B mitbestimmt ist. Entsprechendes gilt für die Erhöhung bzw. Erniedrigung der Stabilitätskonstanten von Komplexen ML_n^{m+} mit O- und N-haltigen Liganden in folgender Reihe der Komplexzentren $Mn^{2+} < Fe^{2+} < Co^{2+} < Ni^{2+} < Cu^{2+} > Zn^{2+}$ („*Irving-Williams-Reihe*"; vgl. Tab. 100 sowie S. 1260).

Die Entropie ΔS_B der Umsetzung (1) ist ein Maß für die Änderung der molekularen Bewegungsfreiheit (Unordnung) des Reaktionssystems. Nimmt die Unordnung zu (ab), so ist ΔS_B positiv (negativ) und das Gleichgewicht der Reaktion (1) verschiebt sich nach rechts (links), entsprechend einer Erhöhung (Erniedrigung) der Stabilität des Komplexes ML_n^{m+} (nach der Gl. 4 bedingt ein positiver ΔS_B-Wert einen negativeren bzw. weniger positiven ΔG_B-Wert bzw. einen größeren K_B-Wert und umgekehrt). Beispielweise besagen die Werte $\Delta H_B = -58.6$ kJ/mol und $\Delta S_B = -59.0$ J K^{-1} mol^{-1} der Komplexbildung (3), daß beim Austausch von $4H_2O$ in $Cd(H_2O)_6^{2+}$ durch $4NH_3$ zwar die Komplexbindungsstärke wächst (Überführung schwächerer M—OH_2- in stärkere M—NH_3-Bindungen), die Bewegungsfreiheit des Systems aber abnimmt (etwa durch Überführung freier in gebundene NH_3-Moleküle). Auch die Bildung anderer Komplexe ML_n^{m+} mit ungeladenen Liganden L ist vielfach mit negativen Reaktionsentropien verbunden. Positive Reaktionsentropien beobachtet man andererseits häufig bei der Bildung von Komplexen mit geladenen und deshalb stark hydratisierten Liganden als Folge der „Freisetzung" von Wassermolekülen, die an M^{m+} und L^- gebunden waren.

Starke negative (positive) Reaktionsentropien können im Prinzip dazu führen, daß Komplexbildungsreaktionen (1) nicht ablaufen (ablaufen), obwohl der Wasser/Ligand-Austausch bindungsenergetisch bevorzugt (nicht bevorzugt) ist. Instruktiv ist in diesem Zusammenhang die Bildung der Cyanokomplexe $Fe^{II}(CN)_6^{4-}$ und $Fe^{III}(CN)_6^{3-}$. Spektroskopische Studien sowie Bestimmungen der Bindungsabstände sprechen in beiden Komplexfällen in Übereinstimmung mit den aufgefundenen Komplexbildungsenthalpien von -359 und -293 kJ/mol für stärkere Fe—CN-Bindungen im Eisen(II)-Komplex. Tatsächlich ist jedoch die Stabilitätskonstante von $Fe^{II}(CN)_6^{4-}$ (10^{37}) kleiner als die von $Fe^{III}(CN)_6^{3-}$ (10^{44}), und zwar als Folge der beachtlich stärkeren Hydratisierung des höher geladenen Eisen(II)-Komplexes, die zum Verlust von mehr Entropie führt (vgl. S. 1224).

Neben den Ladungen einzelner Partner einer Komplexbildungsreaktion spielt, wie nachfolgend gezeigt wird, die Ligandenzähnigkeit eine wesentliche Rolle für die Reaktionsentropie.

1.2.2 Der Chelat-Effekt

Allgemeines. Beim Vergleich der Komplexbildungskonstanten der Reaktionen (5) und (6) fällt auf, daß ein Ersatz des einzähnigen Liganden Methylamin CH_3—NH_2 durch den zweizähnigen Liganden Ethylendiamin $H_2N—CH_2—CH_2—NH_2$ (en) zu einer beachtlichen Erhöhung von K_B um 4 Zehnerpotenzen führt:

$$[Cd(H_2O)_6]^{2+} + 4NH_2Me \rightleftharpoons [Cd(NH_2Me)_4(H_2O)_2]^{2+} + 4H_2O \quad (5)$$
$$[Cd(H_2O)_6]^{2+} + 2en \rightleftharpoons [Cd(en)_2(H_2O)_2]^{2+} + 4H_2O \quad (6)$$

Der K_B-Wert der Bildung von $[Ni(en)_3]^{2+}$ ist sogar 10^{10}mal größer als der der Bildung von $[Ni(NH_3)_6]^{2+}$. Dieser als **Chelat-Effekt** bezeichnete Sachverhalt gilt allgemein: *Komplexe mit mehrzähnigen Liganden (Chelatliganden) sind beständiger als Komplexe mit vergleichbaren einzähnigen Liganden.*

Der Chelat-Effekt ist im wesentlichen *Entropie-bestimmt*, sofern den Donoratomen (Ligatoren) in den ein- und mehrzähnigen Liganden gleiche Lewis-Basizität hinsichtlich des betrachteten Metallions zukommt. Letzteres trifft z. B. für die Reaktionen (5) und (6) zu, für die sich aufgrund der komplexchemischen Ähnlichkeit von 2 Liganden NH_2Me mit en praktisch gleiche Enthalpiewerte ergeben ($\Delta H_B(5) = -57.3$ kJ/mol; $\Delta H_B(6) = -56.5$ kJ/mol). Drastisch unterscheiden sich demgegenüber bei T = 298 K die Reaktionsentropien ($\Delta S_B(5) = -67.3$ J K^{-1} mol^{-1}; $\Delta S_B(6) = +14.1$ J K^{-1} mol^{-1}) und die daraus hervorgehenden gebundenen Reaktionswärmen ($T\Delta S_B(5) = -20.1$ kJ/mol; $T\Delta S_B(6) = +4.2$ kJ/mol), was gemäß (4b) große Differenzen der freien Reaktionsenthalpien ($\Delta G_B(5) = -37.2$ kJ/mol; $\Delta G_B(6) = -60.7$ kJ/mol) und der mit diesen gemäß (4a) zusammenhängenden Komplexbildungskonstanten ($K_B(5) = 3.3 \times 10^6$; $K_B(6) = 4.0 \times 10^{10}$) bedingt.

Zur *Erklärung des Chelat-Effekts* bestehen zwei Möglichkeiten: (i) *Thermodynamisch* gesehen, beruht er darauf, daß die Zahl der auf der Edukt- bzw. Produktseite beteiligten Reaktanden (Komplexionen, Wasser, Liganden) bei Chelatbildungsreaktionen zunimmt (z. B. von 3 auf 5 im Falle der Umsetzung (6)), während die Zahl bei Umsetzungen ohne Chelatbildung im allgemeinen gleich bleibt. Der in der Vermehrung der Reaktionspartner zum Ausdruck kommende Gewinn an Bewegungsfreiheit (Entropie) des Systems (vgl. S. 54) führt für den Chelat-Komplex zu einer negativeren (weniger positiven) freien Bildungsenthalpie $\Delta G_B = \Delta H_B — T\Delta S_B$ als für den Normalkomplex (jeweils gleiches ΔH_B), was gemäß $K_B = \exp(-\Delta G_B/RT)$ eine größere Stabilitätskonstante K_B zur Folge hat. – (ii) *Kinetisch* gesehen läßt sich der Chelat-Effekt nach G. Schwarzenbach (1952) wie folgt erklären: Bei gleicher Konzentration eines einzähnigen Liganden L bzw. eines zweizähnigen Liganden L^L ist die Wahrscheinlichkeit (Geschwindigkeit) für die Besetzung der ersten Koordinationsstelle eines Metallions (Bildung von M←L bzw. von M←L^L) näherungsweise gleich groß. Die Wahrscheinlichkeit (Geschwindigkeit) der Besetzung der zweiten Koordinationsstelle (Bildung von ML_2 bzw. M←L^L) ist aber für L^L höher als für L, weil die effektive Konzentration des Zweitdonators am Komplexzentrum in Falle von L^L wegen seiner chemischen Verknüpfung mit dem Erstdonator in der Regel viel höher ist als im Falle von L[19].

Die Größe des Chelat-Effekts wird u.a. durch den *Biß* (S. 1227), die *Beweglichkeit*, die *Ladung*, die *Zähnigkeit* und den *räumlichen Bau der Liganden* bestimmt: Zweizähnige Liganden. Der Chelat-Effekt ist bei der Bildung fünfgliederiger Chelatringe besonders ausgeprägt. Weniger begünstigt ist die Bildung sechsgliederiger, noch weniger begünstigt die Bildung siebengliederiger Chelatringe usw. Demgemäß nehmen etwa die Komplexbildungskonstanten im Falle der Reaktionen Cu^{2+}_{aq} + $L^\wedge L^{2-} \rightleftharpoons [Cu(L^\wedge L]_{aq}$ ab, wenn der zweizähnige Ligand $L^\wedge L^{2-}$ = Oxalat $^-O—CO—CO—O^-$ ($K_B = 10^{6.1}$) durch $^-O—CO—CH_2—CO—O^-$ ($K_B = 10^{5.7}$) oder gar $^-O—CO—CH_2—CH_2—CO—O^-$ ($K_B = 10^{3.3}$) ersetzt wird. Die Abnahme der Komplexstabilität mit wachsender Gliederzahl des Chelatliganden läßt sich im Sinne der kinetischen Deutung des Chelat-Effekts durch die abnehmende effektive Konzentration des Zweitdonators am Zentrum des Komplexes M←L^L mit wachsendem Abstand („**Biß**") der Donoratome in L^L erklären. Im Sinne der thermodynamischen Deutung des Chelat-Effekts beruht die betreffende Stabilitätsabnahme auf einer Verminderung des Entropiegewinns bei der Komplexbildung: mit zuneh-

[19] Weniger deutlich oder gegebenenfalls unbeobachtbar wird hiernach der Chelat-Effekt erst bei sehr hohen Konzentrationen an L^L und L.

mender Gliederzahl der Chelatliganden geben letztere bei ihrer Koordination in wachsendem Maße Bewegungsfreiheit auf. Demgemäß bilden sich auch mit „unbeweglicheren Chelatliganden" (zum Beispiel $R_2P—CH{=}CH—PR_2$, phen) stabilere Komplexe als mit „beweglicheren" zum Beispiel ($R_2P—CH_2—CH_2—PR_2$, dipy) und mit „ungeladenen" Chelatliganden (z. B. en) stabilere Komplexe als mit „geladenen" und deshalb stärker solvatisierten (z. B. ox^{2-}). Daß die Bildung viergliederiger Chelatringe im allgemeinen ungünstiger ist als die Bildung fünfgliederiger Ringe, geht auf die größere Spannung ersterer Ringe zurück.

Mehrzähnige Liganden. Zunehmend ausgeprägt ist der Chelat-Effekt bei der Bildung von Komplexen mit vergleichbaren Liganden „wachsender Zähnigkeit" (z. B. en, dien, trien). Besonders starke Komplexe bildet etwa der sechszähnige Ligand $EDTA^{4-}$, den man zur quantitativen Titration von Metallionen nutzt (vgl. Komplexometrie, unten). Vier- und höherzähnige „ringförmige Liganden" (z. B. por, pc; Fig. 248, S. 1210) bilden ihrerseits stabilere Komplexe als vergleichbare offenkettige Liganden (**„makrocyclischer Effekt"**). Eine wichtige Voraussetzung für einen starken Chelat- bzw. makrocyclischen Effekt ist eine „komplexgerechte" räumliche Lage der Donoratome in den mehrzähnigen Liganden. So bilden etwa Kronenether $(—CH_2CH_2O—)_n$ selbst mit den schweren Alkalimetallen, die keine ausgesprochene Komplexbildungstendenz aufweisen, so stabile Komplexe, daß in Anwesenheit derartiger Liganden Alkalimetallsalze MX in unpolaren organischen Medien aufgelöst und Alkalimetalle M_x in „Salze" M^+M^- überführt werden können (S. 1167). Besonders stabile Komplexe bilden sich hierbei dann, wenn wie im Falle von 12-Krone-4/Li^+ 15-Krone-5/Na^+, 18-Krone-6/K^+ die Alkalimetallionen M^+ genau in den Hohlraum im Zentrum des Kronenethers hineinpassen (vgl. S. 1184). Der makrocyclische Effekt hat andererseits auch zur Folge, daß die Bildungstendenz von Makrocyclen in Anwesenheit von „Metallionen passender Ausdehnung" größer als in Abwesenheit derartiger Ionen ist (**„Templat-Effekt"**[20)]). Beispielsweise liefert die Synthese von Kronenethern in Anwesenheit von Alkalimetallionen höhere Ausbeuten.

Komplexometrie. Die Bildung „starker" Metallkomplexe nach Zugabe geeigneter Liganden zu wäßrigen Salzlösungen (z. B. von CN^- zu Hg^{2+}-, Ag^+-, Ni^{2+}-haltigen Lösungen) wird zur maßanalytischen Bestimmung von Kationen genutzt (**„Komplexometrie"**, **„Komplexbildungstitration"**; vgl. S. 206, 1143). Wegen ihrer hohen Komplexbildungstendenz bevorzugt man vielzähnige Chelatliganden (**„Chelatometrie"**), unter denen die von G. Schwarzenbach eingeführten Komplexone – u. a. Nitridotriessigsäure $N(CH_2COOH)_3$ (H_3NTA; Komplexon I) und insbesondere Ethylendiamintetraessigsäure $(HOOCCH_2)_2N—CH_2CH_2—N(CH_2COOH)_2$ (H_4EDTA; Komplexon II) bzw. ihr Dinatriumsalz Na_2H_2EDTA (Komplexon III, Titriplex III, Idranal III, Chelaplex) – große Bedeutung erlangt haben.

Das Verfahren der von G. Schwarzenbach um 1945 entwickelten Chelatometrie sei anhand der komplexometrischen Titration mit Komplexon III näher erläutert (Säurekonstanten von H_4EDTA: $pK_s = 1.99; 2.67; 6.16; 10.26$). Versetzt man neutrale bis alkalische wäßrige Lösungen von Mg^{2+}, Ca^{2+}, Sr^{2+}, Ba^{2+}, Al^{3+}, Sc^{3+}, Y^{3+}, La^{3+}, Ce^{3+}, Mn^{2+}, Fe^{2+}, Fe^{3+}, Co^{2+}, Ni^{2+}, Cu^{2+}, Zn^{2+}, Cd^{2+}, Hg^{2+}, Pb^{2+} usw. mit Na_2H_2EDTA, so bilden sich im Zuge des stark pH-abhängigen Gleichgewichts

$$M^{m+}_{aq} + H_2EDTA^{2-} \rightleftharpoons M(EDTA)^{(m-4)+} + 2H^+ \qquad (7)$$

mehr oder weniger „starke", farblose bis fast farblose, wasserlösliche, zum Teil hydratisierte Komplexe $M(EDTA)^{(m-4)+}$, in welchen die Metallkationen unabhängig von ihrer ein- bis vierfachen Ladung mit jeweils einem Chelatmolekül – meist oktaedrisch – koordiniert sind, (vgl. Fig. 248 auf S. 1210 sowie Tab. 100 auf S. 1220)[21)]. Die effektiven, bei bestimmtem pH-Wert für (7) gültigen Stabilitätskonstanten K'_B („*Konditionalkonstanten*") ergeben sich hierbei nach $K'_B = K_B \cdot \beta_H$ ($\log K'_B = \log K_B + \log \beta_H$) aus Stabilitätskonstanten K_B (vgl. Tab. 100) und pH-abhängigen Wasserstoffkoeffizienten β_H (vgl. Tab. 100, Anm. a). Voraussetzung für die Durchführbarkeit einer komplexometrischen Metallionen-Titration ist

---

[20] template (engl.) = Schablone.

[21] Große Kationen koordinieren zusätzlich bis zu vier H_2O-Moleküle (KZ von M^{m+}: 6–10). Zum Teil wirkt Komplexon III nur als fünf- oder vierzähniger Ligand.

[22] Die Komplexstabilität nimmt mit der Wertigkeit des Metalls zu. Alkalimetalle bilden nur schwache Komplexe mit $EDTA^{4-}$ (Tab. 100) und stören deshalb die komplexometrische Titration nicht. Drei- und vierwertige Ionen lassen sich wegen der hohen Stabilität der entsprechenden EDTA-Komplexe bereits im sauren Milieu titrieren. Im Falle der Mg^{2+}-Titration mit Eriochromschwarz T muß der pH-Wert > 8.5 sein, damit $K'_B > 10^7$ wird (wegen der Unlöslichkeit von $Mg(OH)_2$ im alkalischen Milieu muß der pH-Wert zudem < 13 sein; zur Verhinderung von Hydroxidniederschlägen arbeitet man vielfach in Anwesenheit von NH_3 als „Hilfskomplexbildner"). Da nicht nur $EDTA^{4-}$, sondern auch Eriochromschwarz T mit Ionen wie Fe^{2+}, Fe^{3+}, Co^{2+}, Ni^{2+}, Cu^{2+}, Al^{3+}, Ti^{4+}, Zr^{4+} stärkere Komplexe bildet als $EDTA^{4-}$ mit Mg^{2+}, stören selbst Spuren dieser Ionen die Mg^{2+}-Bestimmung, falls sie nicht durch Liganden wie CN^- oder Triethanolamin „maskiert" werden.

ein K'_B-Wert $> 10^7$ und die Abwesenheit weiterer Kationen mit K'_B-Werten $> 10^3$ [22]. Zur Bestimmung des Titrationsendpunktes verwendet man organische Farbindikatoren (Eriochromschwarz T, Murexid, Calconcarbonsäure usw.), die mit dem zu titrierenden Kation farbige und nicht zu stabile Chelatkomplexe bilden und demgemäß gegen Titrationsende unter Farbwechsel von $EDTA^{4-}$ verdrängt werden können[22].

1.2.3 Redoxstabilität[23]

Ursachen der Redoxinstabilität bestimmter Oxidationsstufen von Übergangsmetallen (bzw. anderer Elemente) in wäßriger Lösung können Reduktions- und Oxidationsreaktionen der Komplexe mit Wasser oder Redoxdisproportionierungen der Koordinationsverbindungen sein.

Nach dem auf S. 228 Besprochenen erfolgt eine Reduktion des Wassers ($2H_2O + 2\ominus \rightleftarrows H_2 + 2OH^-$) durch Elemente oder Verbindungen, deren Normalpotentiale bei pH = 0, 7 bzw. 14 negativer als 0, − 0.414 bzw. − 0.828 sind. Gemäß nachfolgender Zusammenstellung einiger Normalpotentiale der Elemente Sc bis Zn in saurer Lösung:

ε_0[V] für pH = 0	Sc	Ti	V	Cr	Mn	Fe	Co	Ni	Cu	Zn
$M \rightleftarrows M^{2+} + 2\ominus$	< −2.5	−1.628	−1.186	−0.913	−1.180	−0.440	−0.277	−0.257	+0.340	−0.763
$M \rightleftarrows M^{3+} + \ominus$	< −0.5	−0.369	−0.256	−0.408	+1.51	+0.771	+1.808	?	+1.8	–

müssen sich aus der 1. Übergangsreihe alle Metalle mit Ausnahme von Kupfer in Säuren unter Wasserstoffentwicklung lösen, falls kinetische Hemmungen ausgeschlossen werden, und zwar Sc, Ti, V, Cr unter Bildung der *dreiwertigen* Stufe (Sc^{2+}, Ti^{2+}, V^{2+}, Cr^{2+} sind in Wasser nicht haltbar), Fe, Co, Ni, Zn unter Bildung der *zweiwertigen* Stufe. In der 2. und 3. Übergangsreihe vermögen nur die Metalle der III.–VI. Nebengruppe mit Wasser zu reagieren. Mit der Oxidationsstufe *n* eines Metalls nehmen in der Regel die Normalpotentiale der Systeme M/M^{n+} weniger negative (positivere) Werte an (Anhang VI). *Negative* Oxidationsstufen der Übergangsmetalle stellen hiernach in Wasser nicht haltbare Reduktionsmittel dar.

Eine Oxidation des Wassers ($2H_2O \rightleftarrows 4H^+ + O_2 + 4\ominus$) erfolgt andererseits durch Systeme, deren Normalpotentiale bei pH = 0, 7 bzw. 14 positiver als + 1.229, + 0.815 bzw. 0.401 V sind (S. 229). Dies trifft im sauren Milieu etwa für das – in Wasser unbeständige – Ion Au^+ zu (Au/Au^+: $\varepsilon_0 = +1.69$ V; Au/Au^{3+}: $\varepsilon_0 = +1.50$ V). Entsprechendes gilt für den Übergang einiger hoher Oxidationsstufen in niedrigere (z. B. Co^{3+}/Co^{2+}: $\varepsilon_0 = +1.808$ V; Ag^{2+}/Ag^+: $\varepsilon_0 = +1.980$ V; MnO_4^-/Mn^{2+}: $\varepsilon_0 = +1.51$ V). Insgesamt sinkt die Oxidationskraft vergleichbarer Oxidationsstufen bei frühen (späten) Übergangsmetallen des Langperiodensystems innerhalb der Gruppen von oben nach unten (von unten nach oben). Die Oxidationskraft der verschiedenen Oxidationsstufen erniedrigt sich zudem mit zunehmendem pH-Wert der Lösung; Metallate MO_n^{m-} mit M in hoher Oxidationsstufe werden deshalb mit Vorteil im stark alkalischen Milieu synthetisiert.

Eine Redoxdisproportionierung eines Metallkations ist dann möglich, wenn das Potential einer Komplexreduktion positiver (weniger negativ) ist als das Potential einer bestimmten Komplexoxidation (vgl. S. 224). Eine spontane Disproportionierung beobachtet man z. B. im Falle der Ionen Cu^+ und Au^+, die sich in dieser Hinsicht von Ag^+ (disproportionierungsstabil) unterscheiden (Cu^+/Cu: $\varepsilon_0 = +0.521$ V; Cu^+/Cu^{2+}: $\varepsilon_0 = +0.159$ V; Ag^+/Ag: $\varepsilon_0 = +0.800$; Ag^+/Ag^{2+}: $\varepsilon_0 = +1.980$ V; Au^+/Au: $\varepsilon_0 = +1.69$ V; Au^+/Au^{3+}: $\varepsilon_0 = +1.40$ V). Disproportionierungsinstabil sind in saurer Lösung des weiteren Mn^{3+} ($\rightarrow Mn^{2+}/MnO_2$), MnO_4^{2-} ($\rightarrow MnO_2/MnO_4^-$), CrO_4^{3-} ($\rightarrow Cr^{3+}/Cr_2O_7^{2-}$).

Mit der *Komplexbildung* (Austausch von koordiniertem Wasser gegen andere Liganden) ändern sich die Redoxstabilitäten von Übergangsmetallen wesentlich. Beispielsweise erhöht sich die Reduktionskraft (erniedrigt sich die Oxidationskraft) des Systems $Fe_{aq}^{2+}/Fe_{aq}^{3+}$ ($\varepsilon_0 = +0.771$ V) nach Überführung in $Fe(CN)_6^{4-}/Fe(CN)_6^{3-}$ ($\varepsilon_0 = +0.361$ V) u. a. als Folge des (Entropie-bestimmten) Bestrebens zur Bildung niedrig geladener Reaktanden der Redoxsysteme (vgl. S. 1221). Die Koordination der Übergangsmetallionen mit geeigneten Liganden läßt sich zur Stabilisierung von in Wasser instabilen Oxidationsstufen nutzen, etwa von Cu^+ (z. B. in Form von $Cu(NH_3)_2^{2+}$), Cu^{3+} (z. B. in Form von Peptidkomplexen in der Natur), Ag^{2+} (z. B. in Form von $Ag(py)_4^{2+}$), Au^+ (z. B. in Form von $Au(CN)_2^-$), Au^{3+} (z. B. in Form von $AuCl_4^-$). Erwähnt sei in diesem Zusammenhang auch die Stabilisierung niedriger Oxidationsstufen durch Komplexliganden wie CO, CN^-, bipy und hoher Oxidationsstufen durch IO_6^{5-}, Makrocyclen.

23 **Literatur.** A. J. Bard, R. Parson, J. Jordan: „*Standard Potentials in Aqueous Solution*", Dekka, New York 1985.

1.3 Der räumliche Bau der Komplexe[24)]

Allgemeines. Die *Konfiguration* (*Stereochemie*; S. 1236) von Koordinationsverbindungen (Komplexen) ML_n, d.h., die *räumliche Anordnung der Liganden* L um ein Metallzentrum M hängt bei gegebener Koordinationszahl (Zähligkeit) *n* von vielen Faktoren wie der d-Elektronenkonfiguration des Zentralmetalls, den elektronischen und sterischen Ligandenabstoßungen, der Zähnigkeit der Liganden ab. Vielfach läßt sich jedoch die Stereochemie der Metallkomplexe ML_n mit *gleichen oder unterschiedlichen ein- oder mehrzähnigen Liganden* – ähnlich wie jene der Nichtmetallverbindungen (S. 136, 315) – im Sinne des VSEPR-Modells[25)] unter der vereinfachenden Annahme näherungsweise vorausbestimmen, daß die wirksamen Abstoßungskräfte zwischen allen Metall-Ligand-Bindungen und allen Liganden so behandelt werden, als würden sie von einem Punkt der einzelnen Bindungen, den „*effektiven Bindungszentren*", ausgehen. Dies führt bei Komplexen Ma_n mit gleichen einzähnigen Liganden L = a dazu, daß sich die effektiven Bindungszentren (und natürlich auch die Liganden a) auf einer Kugelschale mit M als Mittelpunkt möglichst weit voneinander entfernen (der Radius der Kugelschale ist durch die Anziehung Metall/Ligand und Abstoßung Ligand/Ligand gegeben).

Bei Komplexen mit unterschiedlichen ein- und/oder mehrzähnigen Liganden haben die effektiven Bindungszentren naturgemäß verschiedene Abstände („*effektive Bindungslängen*") zum Metallzentrum (vgl. S. 317). Und zwar verringern sich die *effektiven Bindungslängen für Liganden* hinsichtlich eines bestimmten Zentrums in der Reihe: ungeladene Liganden (OR_2, NR_3, PR_3 usw.) > geladene Liganden (Hal^-, OR^- usw.) bzw. $F^- > Cl^-, Br^- > R^- > O^{2-} > S^{2-}, Se^{2-}$ bzw. $F^- > OR^- > NR_2^- > CR_3^-$ (R = organischer Rest). In gleicher Reihenfolge wächst dann die Abstoßung der Metall-Ligand-Bindungen. Die *effektiven Bindungslängen für nicht-bindende Elektronen* E in Komplexen E_mML_n, d.h. die stereochemische Wirkung ungebundener Valenzelektronen hängt von M, L, *m* und *n* ab (s. unten). In der Regel sind nichtbindende s,p-Elektronen stereochemisch beachtlich wirksam und stärker abstoßend als Bindungselektronen (S. 136, 315). Nicht-bindenden d-Elektronen kommt mäßige stereochemische Wirksamkeit (vgl. Komplexe mit vier- bis sechszähligem Zentralatom, unten) bzw. keine derartige Wirkung zu (bei Komplexzentren, deren fünf d-Orbitale mit keinem, je einem bzw. je zwei Elektronen besetzt sind, also bei Vorliegen von d^0-, high-spin-d^5-, d^{10}-Elektronenkonfiguration). Nicht-bindende f-Elektronen sind stereochemisch unwirksam.

Das Verhältnis R(a/b) zweier effektiver Bindungslängen („*effektives Bindungslängenverhältnis*") ist ein – von Komplex zu Komplex übertragbares – inverses Maß für die relative gegenseitige Abstoßung der Metall-Ligand-Bindungen a und b (vgl. S. 317). Ist R(a/b) > 1 (< 1), so ist die Abstoßung von a kleiner als von b (größer als von b). Vergleicht man somit die effektive Bindungslänge eines Liganden a mit der eines in oben wiedergegebenen Reihen rechts (links) stehenden Liganden b, so ergeben sich R(a/b)-Werte > 1 (< 1). Beispielsweise findet man für $R(L_{ungeladen}/L_{geladen})$ häufig Werte um 1.2 und dementsprechend für $R(L_{geladen}/L_{ungeladen})$ Werte um 0.8; für Komplexe $[MCl_3(CH_3)]^-$ mit M = Al, Ga, In beträgt $R(Cl/CH_3)$ ca. 1.4, für $X_3M{=}O$ mit M = P, N, S^+ ergibt sich R(X/O) zu ca. 1.5 (X = F), 1.2 (Br), 1.1 (Phenyl). Nicht von Komplex zu Komplex übertragbar sind die Werte R(E/L) bzw. R(L/E), da die effektiven Bindungslängen für nicht-bindende Elektronen E in Komplexen E_mML_n in stärkerem Maße vom Zentralatom (d.h. von Haupt- und Nebenquantenzahl der mit E besetzten Orbitale), den Liganden L und auch der Koordinationszahl *n* abhängen.

Nachfolgend werden mögliche *ideale Konfigurationen* von Komplexen ML_n mit zwei- bis zwölfzähligen Metallzentren besprochen (vgl. Tab. 101 sowie Tab. 22/161, S. 318/1804). Bedingt durch Einflüsse nicht-bindender d-Elektronen sowie durch die Koordination der Metallzentren mit unterschiedlichen ein- und/oder mehrzähnigen Liganden weichen die *realen*

---

24 **Literatur.** D.L. Kepert: „*Inorganic Stereochemistry*", Springer, Berlin 1982: D.L. Kepert: „*Coordination Numbers and Geometries*", Comprehensive Coordination Chemistry **1** (1987) 32–107; R.J. Gillespie: „*Molecular Geometry*", Van Nostrand Reinhold, London 1972; J.C. Bailar, jr.: „*Some Special Aspects of the Stereochemistry of Coordination Compounds*", Coord. Chem. Rev. **100** (1990) 1–27. Vgl. auch S. 315.

25 Nach dem Modell der Valenzelektronenpaarabstoßung (**v**alence **s**hell **e**lectron **p**air **r**epulsion) spielt das Zentralmetall keine Rolle bei der Determinierung der Stereochemie eines Komplexes.

Tab. 101 Räumlicher Bau von Komplexen ML_n der Übergangsmetalle (vgl. Tab. 46/161, S. 318, 1804)

Komplexe Typ	Strukturen	Beispiele (in einigen Fällen liegen verzerrte Strukturen vor; vgl. allg. Text)
ML_2	linear	MCl_2^- (M = Cu, Ag, Au), $M(CN)_2^-/M(P^tBu_3)_2^+$ (M = Ag, Au), $Ag(NH_3)_2^+$, $Ag(S_2O_3)_2^{3-}$, $HgCl_2$, Hg_2Cl_2, $M[N(SiMe_3)_2]_2$ (M = Co, Cd)
ML_3	trigonal-planar	$Cu(SPMe_3)_3^+$, $Ag(PR_3)_2I$, $Au(PPh_3)_2Cl$, HgI_3^-, $M(PPh_3)_3$ (M = Pd, Pt), $M[N(SiMe_3)_2]_3$ (M = Ti, V, Cr, Fe)
ML_4	tetraedrisch	$TiCl_4$, VCl_4^-, $MnCl_4^{2-}$, $FeCl_4^{1-/2-}$, $CoCl_4^{2-}$, $CuBr_4^{2-}$, $ZnCl_4^{2-}$, CrO_4^{2-}, MnO_4^-, FeO_4^{2-}, OsO_4, $VOCl_3$, CrO_2Cl_2, OsO_3N^-, $Cu(CN)_4^{3-}$, $Zn(CN)_4^{2-}$, $M(PR_3)_4$ (M = Ni, Pd, Pt, Cu^+), $Ni(CO)_4$, $NiCl_2(PPh_3)_2$
	quadratisch-planar	$MCl_4^{2-}/M(NH_3)_4^{2+}$ (M = Pd, Pt), $CuCl_4^{2-}$, AgF_4^-, $AuBr_4^-$, $Co(CN)_4^{2-}$, $Co(SR)_4^-$, $M(CN)_4^{2-}$ (M = Ni, Pd, Pt), $NiCl_2(PMe_3)_2$, $RhCl_2(PR_3)_2$
ML_5	trigonal-bipyramidal	VCl_5^-, $Fe(N_3)_5^{2-}$, CuX_5^{3-} (X = Cl, Br), $CdCl_5^{3-}$, $HgCl_5^{3-}$, $Ni(CN)_5^{3-}$, $Mn(CO)_5^-$, $Fe(CO)_5$, $M(PF_3)_5$ (M = Fe, Ru, Os), $Co(CNMe)_5^+$
	quadratisch-pyramidal	$Nb(NMe_2)_5$, $CrPh_5^{2-}$, $MnCl_5^{2-}$, $Fe(CNBu)_5$, $Co(CNPh)_5^+$, $Co(CN)_5^{2-}$, $Ni(OAsMe_3)_5^{2+}$, $Ni(CN)_5^{3-}$, $Pt(ECl_3)_5^{3-}$ (E = Ge, Sn)
ML_6	oktaedrisch (≙ trigonal-antiprismatisch)	$Ti(H_2O)_6^{3+}$, $ZrCl_6^{2-}$, $V(H_2O)_6^{2+}$, $M(CO)_6^-$ (M = V, Nb, Ta), $Cr(NH_3)_6^{3+}$, $MoCl_6^{3-}$, ML_6 (M = Cr, Mo, W; L = CO, PF_3), $Cr(CN)_6^{3-}$, $Mn(H_2O)_6^{2+}$, $ReCl_6^{2-}$, $Re(CN)_6^{5-}$, $Fe(H_2O)_6^{2+}$, $FeCl_6^{3-}$, $Fe(CN)_6^{4-}$, $Ru(NH_3)_6^{2+}$, $Co(NH_3)_6^{2+}$, CoF_6^{3-}, $Co(CN)_6^{3-}$, $Rh(H_2O)_6^{3+}$, $IrCl_6^{3-}$, $Ni(NH_3)_6^{2+}$, NiF_6^{2-}, $Cu(NH_3)_6^{2+}$, $Zn(NH_3)_6^{2+}$
	trigonal-prismatisch	keine Beispiele mit einzähnigen Liganden; $M(S{-}CR{=}CR{-}S)_3$ (M = Mo, Re und R = H, CF_3; M = V und R = Ph), $Cd(acac)_3^-$
ML_7	pentagonal-bipyramidal	ZrF_7^{3-}, LnF_7^{3-} (Ln = Ce, Pr, Nd, Tb), $ReOF_6^-$, $V(CN)_7^{4-}$, $V(CN)_6(NO)^{4-}$, $Mo(CN)_7^{5-}$, $Re(CN)_7^{4-}$, $UO_2F_5^{3-}$, $UO_2(H_2O)_5^{2+}$
	überkappt-oktaedrisch	$VCl(OPMe_3)_6^{3+}$, MoF_7^-, WF_7^-, $Mo(CNMe)_7^{2+}$, $MoCl_4(PR_3)_3$, $W(CNMe)_7^{2+}$, $VCl(OPMe_3)_6^{3+}$, $WBr_3(CO)_4^-$
	überkappt-trigonal-prismatisch	NbF_7^{2-}, MF_7^- (M = Nb, Ta), $Mo(CNBu)_7^{2+}$, $MoX(CNBu)_6^+$ (X = Cl, Br), $[WF_6$ (2-Fluorpyridin)]
ML_8	kubisch	MF_8^{3-} (M = Pa, U, Np)[a)], $U(NCS)_8^{4-}$, $U(bipy)_4$
	quadratisch-antiprismatisch	$Sr(H_2O)_8^{2+}$, ZrF_8^{4-}[b)], TaF_8^{3-}, $Mo(CN)_8^{4-}$[b)], $W(CN)_8^{4-}$, $W(CN)_8^{3-}$, $U(NCS)_8^{4-}$, $Zr(acac)_4$
	dodekaedrisch	ZrF_8^{4-}[b)], $Mo(CN)_8^{4-}$[b)], $Mo(CN)_4(CNMe)_4$, $MoH_4(PR_3)_4$, $M(NCS)_4(H_2O)_4^-$ (M = Nd, Eu), $Cr(O_2)_4^{3-}$, $Mo(O_2)_4^{2-}$, $Ti(NO_3)_4$, $Mn(NO_3)_4^{2+}$, $Fe(NO_3)_4^-$
ML_9	überk.-quadrat.-anti-prismatisch	$[LaCl(H_2O)_7]_2^{4+}$, $[Th(O\cdots CCF_3\cdots CH\cdots CMe\cdots O)_4(H_2O)]$
	3fach überkappt-trig.-prismatisch	$M(H_2O)_9^{3+}$ (M = Y, Pr, Sm, Ho, Yb), MH_9^{2-} (M = Tc, Re), ReH_7D_2 (D z.B. H_2O, PR_3)
ML_{10}	2fach-überkappt quadratisch-antiprismatisch	$M(NO_3)_5^{2-}$ (M = Ce, Er, Ho), $M(CO_3)_5^{6-}$ (M = Th, Ce)
ML_{11}	oktadekaedrisch	$La(NO_3)_3(H_2O)_5$, $Th(NO_3)_4(H_2O)_3$
ML_{12}	ikosaedrisch	$M(NO_3)_6^{3-}$ (M = Ce, La, Th), $Zr(BH_4)_4$

a) Mit Na^+-Gegenion; es liegt CaF_2-Struktur vor, wobei Na $\frac{3}{8}$, M $\frac{1}{8}$ der kubischen Lücken einer einfach kubischen Fluorid-Packung besetzt. **b)** In Abhängigkeit vom Gegenion quadratisch-antiprismatisch oder dodekaedrisch.

Konfigurationen von den idealen Komplexgeometrien mehr oder weniger ab (Abstands- und/ oder Winkelverzerrungen der Koordinationspolyeder; vgl. hierzu auch S. 136, 315). Insbesondere mehrzähnige Liganden mit kleinem Abstand („*Spannweite*", „*Biß*") der Donoratome („*Ligatoren*") können erhebliche Abweichungen von der Idealgeometrie bedingen[26]. Führt hierbei die Koordination zu dreigliederigen oder anellierten dreigliederigen Chelatringen, so lassen sich die mehrzähnigen Liganden andererseits vereinfachenderweise wie einzähnige behandeln. In Komplexen wie $CrO(O_2)_2L$ (zwei dreigliederige CrO_2-Chelatringe) bzw. $Mn(CO)_3(\pi\text{-}C_5H_5)$ (fünf anellierte dreigliederige MnC_2-Chelatringe) besitzt dann das Metallatom nicht die Koordinationszahl sechs bzw. acht, sondern die Koordinationszahl vier (tetraedrische Umgebung).

In den nachfolgend vorgestellten *Liganden-Konfigurationen* des Typus $MA_xB_yC_z\ldots$ für Komplexe ML_n bedeuten A, B, C... Ligandenplätze in Koordinationspolyedern (gleiche Buchstaben weisen auf äquivalente Plätze); in ML_n steht L für gleichartige sowie ungleichartige Liganden oder Ligandenarme (L = a, b, c..., L/L = a^a, a^b... usw.).

Komplexe mit zwei- bzw. dreizähligem Zentralmetall haben *linearen* bzw. *trigonal-planaren* Bau (Fig. 252a und b):

A—M—A (a)

A—M(—A)(—A) (b)

Fig. 252 Lineare (a) sowie trigonal-planare (b) Metallkoordination.

Beide Komplextypen sind nicht sehr verbreitet, da Übergangsmetalle die Ausbildung höherer Koordinationszahlen anstreben. Demgemäß enthalten selbst Komplexe mit der Summenformel ML_2 und ML_3 vielfach keine zwei- oder dreizähligen Metalle, sondern – als Folge einer Polymerisation von ML_2 und ML_3 über L-Brücken (Bildung oligonuklearer Komplexe) – höherzählige Zentren M. Auch vermögen „echte" Komplexe ML_2 und ML_3 in der Regel noch zusätzliche Liganden L zu koordinieren.

Beispiele für lineare und trigonal-planare Koordination (vgl. Tab. 101). Zwei- bzw. Dreifachkoordination wird in einigen Fällen bei Ni(0), Pd(0), Pt(0), Cu(I), Ag(I), Au(I), Zn(II), Cd(II) und Hg(II) – also Übergangsmetallen mit d^{10}-*Elektronenkonfiguration* – beobachtet. *Sperrige Liganden* fördern bei diesen Metallen naturgemäß die „niedrige" Koordination und machen diese bei Ni(0), Zn(II) und Cd(II) erst möglich. Z. B. bilden unter den Übergangsmetallen Ni(0), Pd(0) und Pt(0) tetraedrische Phosphankomplexe $M(PMe_3)_4$. Ein Ersatz der weniger sperrigen Trimethyl- durch sperrigere Triphenyl- oder extrem sperrige Tri-*tert*-butylphosphan-Liganden führt zur Bildung von trigonal-planar- bzw. linear-gebauten Komplexen $(M(PPh_3)_3$ bzw. $M(P^tBu_3)_2$. Sehr sperrige Amid- bzw. Alkyl-Liganden NR_2^- bzw. CHR_2^- (R z.B. $SiMe_3$) führen in Ausnahmefällen auch bei anderen Übergangsmetallen zu niedrigen Koordinationszahlen (Tab. 101)[27].

Komplexe mit vierzähligem Zentralmetall haben *tetraedrischen* oder *quadratisch-planaren* Bau (Fig. 253a und b):

[26] Im Falle zweizähniger Liganden sind die Abweichungen umso größer, je kleiner der „*normalisierte Biß*" ist, d.h. je kleiner das Verhältnis der Spannweite der effektiven Bindungslängen der Ligatoren zum mittleren Abstand der Ligatoren vom Metallzentrum ist oder – anders formuliert – je kleiner der Winkel ist, den die Ligatoren mit den Metallzentren bilden (Analoges gilt für höherzähnige Liganden).

[27] Weisen *zwei- oder dreizählige* **Nichtmetalle** *kein* nichtbindendes s,p-Elektronenpaar am Zentralatom auf, so resultiert ebenfalls ein linearer oder trigonal-planarer „Komplexbau" (z. B. F—**H**—F^-, N=**N**=N^-, SO_3), weisen sie *ein* derartiges Paar auf, so resultiert gewinkelter oder pyramidaler Bau (z. B. $:SO_2$, $:NH_3$), weisen sie *zwei* derartige Elektronenpaare auf, so resultiert gewinkelter oder T-förmiger Bau (z. B. $H_2\ddot{O}$, $\ddot{C}lF_3$), weisen sie *drei* nicht bindende Elektronenpaare auf, so resultiert linearer oder – höchstwahrscheinlich – pyramidaler Bau (z. B. $:\ddot{C}lF_2^-$; für $:\ddot{M}L_3$ bisher kein Beispiel). In letzteren Fällen liegt pseudo-trigonal-planare, -tetraedrische, -trigonal-bipyramidale bzw. -oktaedrische Koordination vor (vgl. Tab. 46, S. 318).

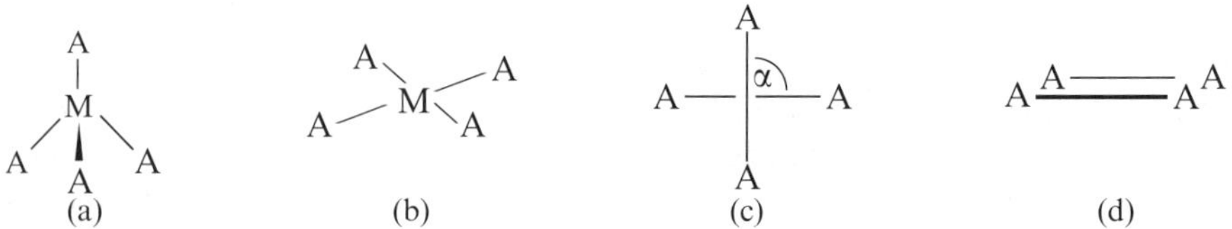

Fig. 253 Tetraedrische (a, c) sowie quadratisch-planare (b, d) Metallkoordination.

In ersterer Struktur nehmen die 4 Liganden gleichwertige tetraedrische, in letzterer Struktur gleichwertige quadratisch-planare Eckplätze ein ($\measuredangle$ AMA = 109.5° im Tetraeder, 90° im Quadrat). Blickt man hierbei in Richtung M auf eine AA-Kante des Tetraeders oder Quadrats mit dem Zentrum in der Papierebene und projiziert diese sowie die darunter liegende AA-Kante auf die Papierebene, so resultieren die Formelbilder Fig. 253 (c) und (d). Gemäß dieser Darstellung stehen die Liganden im Falle des Tetraeders auf Lücke, im Falle des Quadrats auf Deckung. In Übereinstimmung mit Berechnungen nach dem VSEPR-Modell ist infolgedessen der Energieinhalt der quadratisch-planaren Koordination deutlich höher als der der tetraedrischen Koordination (jeweils dieselben Liganden). Auch sind tetraedrische Komplexe vergleichsweise starr, da Pseudorotationen über energiereiche quadratisch-planare Übergangsstufen führen (Gang von α in Fig. 253c: 90° $\rightleftharpoons$ 0°).

Beispiele für tetraedrische Koordination (vgl. Tab. 101). Günstige Bedingungen für die Bildung tetraedrischer Komplexe sind große und/oder hoch geladene Liganden sowie kleine und/oder d^{10}-konfigurierte Metallzentren. Tetraedrisch koordiniert sind demgemäß Übergangsmetalle u. a. in Halogeno- und Oxometallaten MX_4^{n-} (X = Cl, Br, O) und deren Derivaten, in vielen Zn(II)- und Cd(II)-Komplexen mit unterschiedlichen Liganden sowie in Co/Rh/Ir(-I)-, Ni/Pd/Pt(0)-, Cu/Ag/Au(I)-Komplexen mit Liganden wie CO, CN^-, PR_3, Cl^-/PR_3, Br^-/PR_3 (vgl. Tab. 101). Auch Co(0,I,II), Ni(I,II) und Cu(II) sind gelegentlich tetraedrisch koordiniert[28)].

Tetraedrische Komplexe des Typs Ma_4 mit vier *gleichen Liganden* sind in der Regel *regulär* gebaut. Als Folge geringer Einflüsse nicht-bindender d-Elektronen beobachtet man in wenigen Fällen eine in Richtung der quadratisch-planaren Koordination winkelverzerrte Geometrie (vgl. Formelbild Fig. 253c, $\alpha < 90°$ z. B. RuO_4^-, $NiCl_4^{2-}$). Stärkere Wirkungen der d-Elektronen bedingen letztendlich einen quadratisch-planaren Bau von Ma_4- und Mb_4-Komplexen (vgl. weiter unten). Komplexe mit *unterschiedlichen Liganden* wie Ma_3b oder Ma_2b_2 weisen als Folge ungleicher Abstoßungskräfte der Metall-Ligand-Bindungen selbst in den Fällen, in welchen entsprechende Ma_4-Komplexe regulär-tetraedrisch wären, naturgemäß verzerrt-tetraedrischen Bau auf (vgl. hierzu S. 317).

Beispiele für quadratisch-planare Koordination (vgl. Tab. 101). Quadratische Koordination der Übergangsmetalle ist hinsichtlich der tetraedrischen, trigonal-bipyramidalen, quadratisch-pyramidalen und oktaedrischen Koordination in der Regel energetisch benachteiligt. Man beobachtet sie insbesondere in den Fällen, in welchen *geeignete Liganden* eine quadratisch-planare Komplexgeometrie bedingen (z. B. Porphin, Phtalocyanin, S. 1210) oder fördern (z. B. 1,2-Dithiolene $^-$S—CR=CR—S$^-$) bzw. in welchen die Metallzentren eine *geeignete Elektronenkonfiguration* aufweisen (bevorzugt low-spin-d^8-Zentren Co/Rh/Ir(I), Ni/Pd/Pt(II), Cu/Ag/Au(III)). Beispiele letzteren Typs sind etwa *cis*-$PtCl_2(NH_3)_2$ („*cis*-Platin"; Antitumormittel), $RhCl(PR_3)_3$ („Wilkinsons Katalysator", vgl. S. 1567), $IrCl(CO)(PPh_3)_2$ („Vaskas Verbindung", vgl. S. 1568), NiL_2 mit L = Anion von Diacetyldioxim HON=CMe—CMe=NOH („Tschugaeff Reagens" zum Nachweis von Ni^{2+}, S. 1581) und viele andere Verbindungen (vgl. Tab. 101). Aus Berechnungen nach dem VSEPR-Modell folgt hierbei, daß bereits geringe Elektronendichten beiderseits des Ma_4-Quadrats genügen, um die quadratisch-planare Koordination hinsichtlich der tetraedrischen zu stabilisieren. Derartige Elektronendichten werden offensichtlich insbesondere bei low-spin-d^8-Konfiguration wirksam (bezüglich einer Erklärungsmöglichkeit vgl. S. 1256). Die Tendenz zur Umwandlung tetraedrischer in quadratische Komplexe ML_4 sinkt insgesamt mit wachsender sterischer und elektrostatischer Abstoßung der Liganden sowie in der Reihe Pt(II) > Pd(II) > Ni(II) (Entsprechendes gilt für die Cobalt- und Kupfergruppe). Ni(II) weist bereits vergleichbares Bestreben zur Bildung tetraedrischer und quadratisch planarer Komplexe auf, so daß elektrostatische und sterische Effekte die Komplexkon-

[28] Weisen *vierzählige* **Nichtmetalle** *kein* nicht-bindendes s,p-Elektronenpaar auf, so resultiert ein tetraedrischer „Komplexbau" (z. B. CH_4, NH_4^+, SO_4^{2-}, XeO_4), weisen sie *ein* derartiges Paar auf, so resultiert verzerrt-tetraedrischer Bau (z. B. $:SF_4$), weisen sie *zwei* freie Elektronenpaare auf, so resultiert quadratisch-planarer Bau (z. B. $\ddot{B}rF_4^-$, $\ddot{X}eF_4$). In letzteren beiden Fällen liegt pseudo-trigonal-bipyramidale bzw. pseudo-oktaedrische Koordination vor (vgl. Tab. 46, S. 318).

figuration in besonderem Maße beeinflussen. Zum Beispiel hat $Ni(CN)_4^-$ quadratisch-planare, $NiCl_4^{2-}$ tetraedrische Struktur; auch ist *trans*-$NiCl_2(PMe_3)_2$ quadratisch-planar und *trans*-$NiCl_2(PPh_3)_2$ verzerrt-tetraedrisch gebaut, während *trans*-$NiCl_2(PPh_2R)_2$ ($R = CH_2Ph$) sowohl in einer quadratisch-planaren als auch tetraedrischen Form im Gleichgewicht existiert (S. 412). In diesem Zusammenhang sei erwähnt, daß CuX_4^{2-} in $(NH_4)_2CuCl_4$ quadratisch-planar, in Cs_2CuBr_4 (größerer Halogenid-Ligand) tetraedrisch gebaut ist.

Komplexe mit fünfzähligem Zentralmetall haben *trigonal-bipyramidalen* oder *quadratisch-pyramidalen* Bau (Fig. 254 a und b):

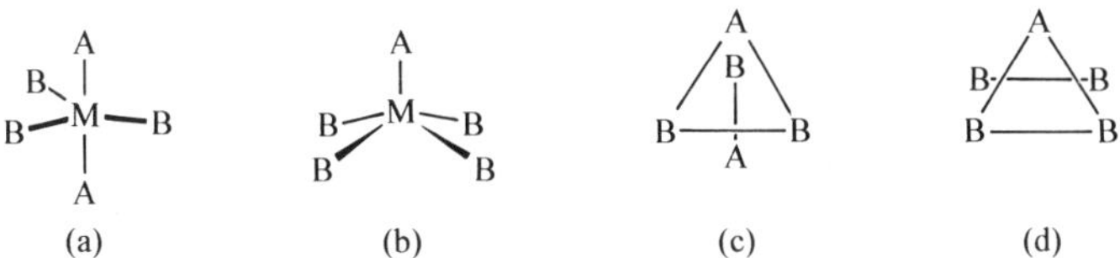

Fig. 254 Trigonal-bipyramidale (a, c) sowie quadratisch-pyramidale (b, d) Metallkoordination.

In ersterer Struktur nehmen zwei Liganden axiale Plätze (A), drei Liganden äquatoriale Plätze (B) einer trigonalen Bipyramide ein ($\measuredangle$ AMB = 90°, $\measuredangle$ BMB = 120°; $r_{MA} \geq r_{MB}$), in letzterer Struktur sind Liganden axial (A) und in der Basis der quadratischen Pyramide (B) lokalisiert ($\measuredangle$ AMB $\approx$ 100°; $r_{MA} \leq r_{MB}$). Ein „symmetrischer" Bau mit fünf äquivalenten Metall-Ligand-Bindungen ist im Falle der Fünffachkoordination Ma_5 – anders als bei der Vier- und Sechsfachkoordination Ma_4 und Ma_6 – nicht verifizierbar. Tatsächlich stellen aber Komplexe Ma_5 in der Regel nicht-starre, fluktuierende Moleküle dar (vgl. S. 758), so daß die fünf Liganden a wegen ihres raschen Platzwechsels im zeitlichen Mittel gleichartig an das Zentralmetall geknüpft sind.

Blickt man von oben auf das vordere AB_2-Dreieck der trigonalen Bipyramide oder quadratischen Pyramide, deren Zentrum in der Papierebene lokalisiert sei, so liegen zwei Ligandenplätze (AB in ersterem, BB in letzterem Falle) hinter der Papierebene. Die Projektion der betreffenden AB_2-Dreiecke und der AB- bzw. BB-Kante auf die Papierebene führt zu den Fig. 254c und d. Ihnen ist zu entnehmen, daß die Liganden in beiden Anordnungen auf Lücke stehen, was auf einen vergleichbaren Energieinhalt beider Koordinationen weist (nach VSEPR-Modellrechnungen ist die trigonal-bipyramidale Anordung von fünf gleichen Liganden in Komplexen Ma_5 geringfügig stabiler als die quadratisch-pyramidale)[29]. Beachtlich instabiler und bisher nicht beobachtet ist die *pentagonal-planare* Koordination eines Metallzentrums. Somit spielt die planare neben einer pyramidalen Struktur für die Dreifachkoordination (M in Dreieck bzw. an Pyramidenspitze) eine sehr große, für die Vierfachkoordination (M in Quadrat bzw. Pyramide) eine mittlere, für die Fünffachkoordination (s. oben) keine Rolle.

Beispiele für Fünffachkoordination (vgl. Tab. 101). Die Fünffachkoordination ist seltener als die Vier- und Sechsfachkoordination (Analoges gilt für die Koordination von Metallen mit drei oder sieben, d. h. einer ungeraden Anzahl von Liganden). Selbst bei Komplexen mit der Summenformel ML_5 ist die Fünffachkoordination als Folge des Bestrebens zum Übergang in die Vier- und Sechsfachkoordination vielfach nicht realisiert. Der betreffende Übergang wird durch Dissoziation oder Assoziation der Komplexe erzielt ($ML_5 \rightarrow ML_4 + L$, $2ML_5 \rightarrow ML_4 + ML_6$, $nML_5 \rightarrow (ML_5)_n$). So liegen etwa im Falle von Cs_3CoCl_5 bzw. $(NH_4)_3ZnCl_5$ Mischkristalle aus Cs_2CoCl_4 bzw. $(NH_4)_2ZnCl_4$ und CsCl bzw. NH_4Cl vor. Auch sind PCl_5, PBr_5, $CoCl_2$(dien) in kondensierter Phase wie folgt gebaut: $PCl_4^+PCl_6^-$, $PBr_4^+Br^-$,

[29] Der intramolekulare Ligandenaustausch erfolgt auf dem Wege einer reversiblen gegenseitigen Umwandlung beider Koordinationen entweder durch *Pseudo-Rotation* oder durch *Turnstile Rotation* (vgl. S. 758). Letztere besteht in einer Drehung von AB_2 gegen BA bzw. BB. Sie ist in der Regel energieaufwendiger als die Pseudo-Rotation und wird nur unter besonderen Bedingungen realisiert (z. B. wenn die Plätze AB_2 durch dreizähnige Liganden besetzt sind). Die Umlagerungsaktivierungsenergie der Pseudo-Rotation (S. 657, 758) entspricht dem (im allgemeinen sehr kleinen) Energieunterschied beider Koordinationen (zusätzliche Aktivierungsenergien treten nicht auf). Sie ist im Falle von Komplexen mit mehrzähnigen Liganden höher als im Falle von Komplexen mit einzähnigen Donoren.

$[Co(dien)_2]^{2+}[CoCl_4]^{2-}$. Schließlich haben die festen Pentahalogenide MCl_5 (M = Nb, Ta, Mo, W, Re, Os, U), $M'F_5$ (M' = Nb, Ta, Mo, W, Ru, Os, Rh, Ir, Pt), $M''F_5$ (M'' = Tc, Re, Bi, U) dimere (M), tetramere (M') bzw. polymere (M'') Strukturen mit oktaedrisch-koordinierten Zentren (monomer sind etwa $SbCl_5$ in der kondensierten Phase und viele Pentahalogenide in der Gasphase).

Tatsächlich ist aber die Fünffachkoordination hinsichtlich der Vier- und Sechsfachkoordination energetisch nur wenig benachteiligt und findet sich bei den Übergangsmetallen (insbesondere der 1. Übergangsreihe) häufiger als früher angenommen wurde (Tab. 101). Darüber hinaus verlaufen Substitutionen an tetraedrischen Zentren (S. 1276) vielfach auf assoziativem, Substitutionen an oktaedrischen Zentren (S. 1279) bevorzugt auf dissoziativem Wege über Komplexe mit fünfzähligen Zentren, wobei in beiden Fällen häufig sehr rasche Reaktionen beobachtet werden (kleine Aktivierungsenergien der Substitution).

Bei Komplexen Ma_5 mit fünf *gleichen Liganden* beobachtet man in der Praxis teils die trigonal-bipyramidale, teils die quadratisch pyramidale Konfiguration (vgl. Tab. 101)[30]. Allerdings weisen kristalline Ma_5-Komplexe meist keine ideale Geometrie auf: als *Folge von Packungseffekten* wird die trigonal-bipyramidale Struktur mehr oder weniger in Richtung der quadratisch-pyramidalen Konfiguration verzerrt und umgekehrt (gegenionabhängig können Komplexe Ma_5 sogar in beiden Strukturen existieren, vgl. Anm.[29]). Neben Winkelverzerrungen beobachtet man in Komplexen Ma_5 als Folge von Einflüssen nichtbindender d-Elektronen in einigen Fällen zudem Abstandsverzerrungen: die axialen Bindungen sind dann bei trigonal-bipyramidaler Koordination nicht länger, sondern kürzer, bei quadratisch-planarer Koordination nicht kürzer, sondern länger als die verbleibenden Bindungen. In derartigen Komplexen Ma_5 werden gewissermaßen lineare bzw. quadratisch-planare Einheiten Ma_2 bzw. Ma_4 zusätzlich von drei bzw. einem Liganden schwach koordiniert. Beispiele ersteren Falles sind etwa $CuCl_5^{3-}$, $CuBr_5^{3-}$, $HgCl_5^{3-}$, Beispiele letzteren Falles $MnCl_5^{2-}$, $Co(CN)_5^{3-}$, $Ni(CN)_5^{3-}$[31].

In Komplexen Ma_nb_{5-n} ($n = 1-4$) mit *unterschiedlichen Liganden* a und b nehmen nach dem VSEPR-Modell die Donoren geringerer effektiver Bindungslänge axiale Positionen in der trigonalen Bipyramide ein, während in der quadratischen Pyramide ein derartiger Donor axial, zwei Donoren aber in der Basis an entgegengesetzten Ecken sitzen. Mit abnehmendem effektivem Bindungslängenverhältnis R(a/b) ist dabei zunächst die trigonal-bipyramidale, dann die quadratisch-pyramidale und schließlich (falls ein Ligand ein freies s,p-Elektronenpaar darstellt) wieder die trigonal-bipyramidale Anordnung am stabilsten. Dementsprechend haben Metallkomplexe Ma_4b, Ma_3b_2, Ma_2b_3 und Mab_4 mit einfach-geladenen Liganden a und ungeladenen Liganden b in der Regel trigonal-bipyramidale Koordination mit axial gebundenen Liganden b (z. B. $Mo(OR)_4(\underline{NHMe_2})$ (R = 1-Adamantyl), $VCl_3(\underline{NMe_2})_2$, $CoCl_3(\underline{PEt_3})_2$, $NiBr(\underline{PMe_3})_3$, $NiBr(\underline{PMe_3})_4^+$; axiale Liganden unterstrichen; in letzteren Beispielen sind ein bis drei PR_3-Liganden äquatorial angeordnet). Man beobachtet aber auch quadratisch-pyramidalen Bau wie etwa im Falle von $RuCl_2(PPh_3)_3$ (Chlorid in der Basis). Metallkomplexe Mab_4 mit mehrfach geladenen Liganden a (kurze effektive Bindungslänge) und einfach geladenen Liganden b sind anderseits in der Regel quadratisch-pyramidal mit axialem a gebaut (z. B. $M\underline{O}Cl_4^-$ mit M = Cr, Mo, Re, $M\underline{N}Cl_4^-$ mit M = Mo, Re, Ru, Os)[32].

Komplexe mit sechszähligem Zentralmetall haben *oktaedrischen* (= *trigonal-antiprismatischen*) oder *trigonal-prismatischen* Bau (Fig. 255a und b):

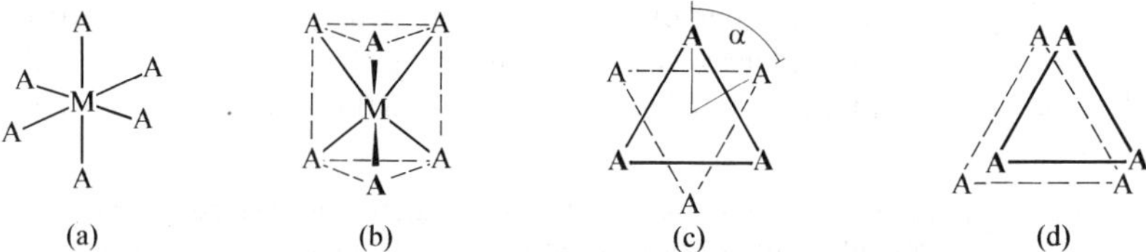

Fig. 255 Oktaedrische (a, c) sowie trigonal-prismatische (b, d) Metallkoordination.

---

[30] Weisen *fünfzählige* **Nichtmetalle** *kein* nicht-bindendes s,p-Elektronenpaar auf, so resultiert meist trigonal-bipyramidaler, gelegentlich aber auch quadratisch-pyramidaler Bau (z. B. trigonal-bipyramidales $\mathbf{P}Ph_5$, quadratisch-pyramidales $\mathbf{Sb}Ph_5$), weisen sie *ein* derartiges Paar auf, so resultiert quadratisch-pyramidaler Bau (z. B. $:\mathbf{Br}F_5$). In letzteren Fällen liegt pseudo-oktaedrische Koordination vor (vgl. Tab. 46, S. 318).

[31] Die schwache Koordination gewisser Liganden auf einer oder beiden „offenen" Seiten der quadratisch-planaren Komplexe kann mit einem kleinen Energiegewinn verbunden sein. Demgemäß bilden quadratisch-planar-gebaute Komplexe häufig zudem gestreckt-quadratisch-pyramidale bzw. gestreckt-oktaedrisch-gebaute Komplexe: z. B. $PdBr(PR_3)_3^+ + Br^- \rightarrow PdBr_2(PR_3)_3$ (Bromid axial und in der Basis); $Cu(NH_3)_4^{2+} + 2H_2O \rightarrow Cu(NH_3)_4(H_2O)_2^{2+}$ (beide H_2O-Moleküle axial). In analoger Weise leiten sich von linearen Komplexen gestauchte trigonal- bzw. quadratisch-bipyramidale Komplexe ab.

[32] Pseudotrigonal-bipyramidaler – jedoch nicht quadratisch-pyramidaler – Bau wird im Falle aller Komplexe von **Nichtmetallen** mit fünf $\sigma + n$-Elektronenpaaren aufgefunden (z. B. $:\mathbf{Bi}(SCN)_4^-$, $:TeCl_2Me_2$, $\ddot{C}lF_3$, $\ddot{X}eF_3^+$, $:\ddot{X}eF_2$).

In ersteren Strukturen nehmen die 6 Liganden gleichwertige oktaedrische, in letzteren Strukturen gleichwertige trigonal-prismatische Eckplätze (A) ein ($\measuredangle$ AMA = 90°). Blickt man senkrecht auf ein AAA-Dreieck im Oktaeder oder trigonalen Prisma und projiziert dieses sowie das darunter lokalisierte AAA-Dreieck auf die Papierebene, so resultieren die Fig. 255c und d, wonach die Liganden im Falle des Oktaeders auf Lücke, im Falle des trigonalen Prismas auf Deckung stehen. In Übereinstimmung mit Berechnungen nach dem VSEPR-Modell ist infolgedessen die oktaedrische Koordination energieärmer als die trigonal-prismatische; auch sind oktaedrische Komplexe vergleichsweise starr, da Pseudorotationen über energiereiche trigonal-prismatische Übergangsstufen führen (Gang von α in Fig. 255c: 60° $\rightleftharpoons$ 0°). Beachtlich instabiler als die oktaedrische Koordination und selten wie die trigonal-prismatische Koordination ist auch die pentagonal-pyramidale Koordination eines Metall-Zentrums. Somit spielen die pyramidalen Strukturen für die Vier-, Fünf- bzw. Sechsfachkoordinationen mit M im Pyramidenzentrum (trigonale, quadratische bzw. pentagonale Pyramide) eine sehr große, eine mittlere bzw. eine sehr kleine Rolle.

Beispiele für Sechsfachkoordination (vgl. Tab. 101). Die oktaedrische Koordination spielt bei allen Elementen bis auf den Wasserstoff und die leichten Hauptgruppenelemente eine mehr oder weniger große Rolle. Sie ist die am meisten beobachtete Konfiguration der Übergangsmetallkomplexe (vgl. Tab. 101)[33]. Oktaedrische Komplexe des Typs Ma_6 mit *sechs gleichen einzähnigen Liganden* sind vielfach *regulär* gebaut. In einer Reihe von Fällen wie etwa Cr(II)-, Mn(III)- oder Cu(II)-Komplexen findet man als Folge von d-Elektroneneinflüssen aber auch *verzerrte* oktaedrische Geometrie. Die Verzerrungen betreffen hierbei – anders als im Falle der tetraedrischen Koordination – nicht die Bindungswinkel, sondern – wie im Falle der Komplexe mit fünfzähligem Zentrum – die Bindungsabstände: eine Achse des Ma_6-Oktaeders ist, verglichen mit den beiden anderen Oktaederachsen, verlängert oder verkürzt, so daß also sechs a-Liganden in Ma_6 die Ecken einer *gestreckten oder gestauchten quadratischen Bipyramide* mit M im Mittelpunkt einnehmen (z. B. gestreckt: $Cu(NH_3)_6^{2+}$; sowohl gestreckt wie gestaucht: $Cu(NO_2)_6^{4-}$; fluktuierend: $Cu(py')_6^{2+}$ mit py' = Pyridinoxid; bezüglich einer Erklärungsmöglichkeit des d-Elektroneneinflusses vgl. S. 1262).

Komplexe mit *unterschiedlichen einzähnigen Liganden* wie Ma_5b oder Ma_4b_2 weisen als Folge ungleicher Abstoßungskräfte der Metall-Ligand-Bindungen in Übereinstimmung mit Berechnungen nach dem VSEPR-Modell einen winkelverzerrt-oktaedrischen Bau auf. Ist dabei in Ma_5b-Komplexen die Abstoßung der Mb-Bindung wie im Fall von $OsNCl_5^{2-}$ oder VOF_5^{2-} größer (wie im Falle von $FeCl_5(H_2O)^{2+}$ oder $RhCl_5(H_2O)^{2+}$ kleiner) als die der Ma-Bindungen, dann ist der Winkel aMb > 90° (< 90°) und die axiale Ma-Bindung länger (kürzer) als die übrigen Ma-Bindungen[34]. Ist andererseits bei Ma_4b_2-Komplexen die Abstoßungskraft der Ma-Bindungen nicht sehr verschieden von der der vergleichbaren Mb-Bindungen (sehr viel kleiner als die der Mb-Bindungen), so berechnet sich ein ähnlicher Energiegehalt für die *cis*- und *trans*-Konfiguration (ein geringerer Energiegehalt für die *trans*-Konfiguration). Beispiele für letzteren Fall sind etwa die Komplexe $VO_2X_4^{2-}$, $MoO_2(CN)_4^{3-}$ und $ReO_2(CN)_4^{3-}$ mit *trans*-konfigurierten MO_2-Gruppen[35]. Verzerrt oktaedrischen Bau findet man naturgemäß auch bei Komplexen Ma_4b_2, deren Metallzentrum bereits bei entsprechenden Komplexen Ma_6 mit gleichen Liganden aufgrund von d-Elektroneneinflüssen verzerrt koordiniert sind (vgl. oben und Anm.[31]).

Verzerrungen des Ligandenoktaeders haben schließlich auch *mehrzähnige Liganden* zur Folge. Z. B. werden oktaedrische Komplexe $M(a\hat{}a)_3$ und $M(a\hat{}b)_3$ mit drei gleichen zweizähnigen Liganden im Sinne des VSEPR-Konzepts in Richtung trigonal-prismatisch-gebauter Komplexe verzerrt. Und zwar wächst die Verzerrung mit abnehmendem „Biß" der Donoratome. In gleicher Richtung verkleinert sich dann der Winkel α (vgl. Fig. 255c). Als Beispiele seien genannt: $Mo(acac)_3$ (α = 58°), $Co(en)_3^{3+}$ (54°), $Cr(ox)_3^{3-}$ (48°), $Co(NO_3)_3$ (40°) (α = 60 bzw. 0° bei oktaedrischem bzw. trigonal-prismatischem Komplexbau). In Ausnahmefällen beobachtet man sogar reguläre trigonal-prismatische Koordination wie im Falle von Verbindungen $M(a\hat{}a)_3^{n-}$ mit a^a = $^-$S—CR=CR—S$^-$ (vgl Tab. 101, sowie die NiAs-Struktur, S. 151, 1582).

In anderer Weise als Komplexe $M(a\hat{}a)_3$ sind oktaedrische Komplexe $M(a\hat{}a)_2b_2$ mit zwei *cis*- oder *trans*-ständigen einzähnigen Liganden b und zwei zweizähnigen Liganden a^a verzerrt (*cis*-Konfiguration

---

33 Weisen *sechszählige* **Nichtmetalle** *kein* zusätzliches nicht-bindendes s,p-Elektronenpaar auf, so resultiert ausschließlich oktaedrischer Bau (z. B. $\mathbf{SF_6}$), weisen sie *ein* derartiges Paar auf, so resultiert verzerrt-oktaedrischer Bau (z. B. :$\mathbf{IF_6^-}$, :$\mathbf{XeF_6}$) oder regulär-oktaedrischer Bau (z. B. :$\mathbf{TeX_6^{2-}}$, :$\mathbf{SbX_6^{3-}}$, $\mathbf{BiX_6^{3-}}$ mit X = Cl, Br, I). Vgl. Tab. 46, S. 318.

34 Ist der Unterschied der effektiven Bindungslängen wie in den Komplexen :Ma_5 = :SbF_5^{2-}, :TeF_5^-, :IF_5, :XeF_5^+ sehr groß, dann ist in Übereinstimmung mit dem VSEPR-Modell der $\measuredangle$ aMa < 90° und die axiale Ma-Bindung nicht länger, sondern kürzer als eine Ma-Bindung in der Basis der quadratischen Pyramide.

35 Zu letzterem Fall gehören auch Komplexe der **Nichtmetalle** wie $\ddot{\underset{..}{T}}eX_4^{2-}$, $\ddot{\underset{..}{B}}rF_4^-$, $\ddot{\underset{..}{X}}eF_4$ usw. mit *trans*-konfigurierten nicht-bindenden s,p-Elektronenpaaren.

ist bei kleinem, *trans*-Konfiguration bei großem „Biß" der zweizähnigen Liganden bevorzugt, z. B. *cis*-$Co(NO_3)_2(OPMe_3)_2$, *cis*-$MoO_2(acac)_2$, *cis*-$Pt(en)_2Cl_2$, *trans*-$Mn(acac)_2(H_2O)_2$, *trans*-$Ni(en)_2(H_2O)_2^{2+}$). Besonderes Interesse beanspruchen in diesem Zusammenhang Komplexe des Typs $M(a\hat{}a)_2bc$. Derartige Verbindungen weisen einen verzerrt pentagonal-pyramidalen Bau auf, falls sich die einzähnigen Liganden wesentlich in ihren effektiven Bindungslängen unterscheiden und den zweizähnigen Liganden zugleich ein sehr kleiner „Biß" zukommt. Als Beispiele seien die peroxogruppenhaltigen Komplexe $CrO(O_2)_2py$ und $VO(O_2)_2(NH_3)^-$ genannt, in welchen der Oxo-Sauerstoff eine axiale Position der pentagonalen Pyramide einnimmt. Betrachtet man in letzteren Fällen die zweizähnigen Peroxogruppen vereinfachenderweise als einzähnige Liganden, so geht die pentagonal-pyramidale in eine tetraedrische Koordination über.

Komplexe mit siebenzähligem Zentralmetall leiten sich von den oktaedrischen Komplexen (Fig. 255a) durch Einbau eines weiteren Liganden in der Oktaederbasis bzw. durch Liganden-Angliederung über einer Dreiecksfläche und von den trigonal-prismatischen Komplexen (Fig. 255b) durch Liganden-Angliederung über einer Vierecksfläche ab. Es resultiert die in Fig. 256a, b und c wiedergegebene *pentagonal-bipyramidale, überkappt-oktaedrische* oder *überkappt-trigonal-prismatische* Konfiguration mit zwei bzw. drei unterschiedlichen Ligandenplätzen A/B bzw. A/B/C:

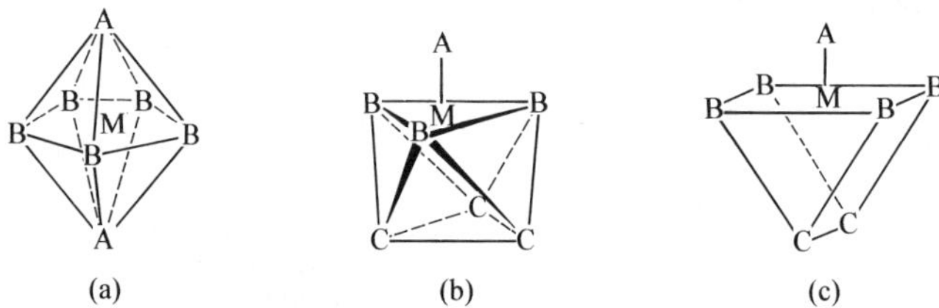

Fig. 256 Pentagonal-bipyramidale (a), überkappt-oktaedrische (b) sowie überkappt-trigonal-prismatische (c) Metallkoordination

In den drei Strukturen liegen fünf, drei bzw. vier äquatoriale Ligandenplätze (B) in einer Ebene an den Ecken eines gleichseitigen Fünf-, Drei- bzw. Vierecks. Das Metallzentrum ist in ersterem Falle in der Ebenenmitte ($\measuredangle$ AMB = 90°, $r_{MA} < r_{MB}$), in beiden letzteren Fällen wenig unterhalb dieser Ebene angeordnet ($\measuredangle$ AMB um 75°, $\measuredangle$ AMC um 135°, $r_{MA}, r_{MC} > r_{MB}$). Oberhalb des Ligandenfünf-, -drei- bzw. -vierecks befindet sich jeweils ein axialer Ligandenplatz (A), unterhalb ein axialer Ligandenplatz (A) bzw. ein Ligandentriplett (C) oder -dublett (C).

Wie im Falle der Fünffachkoordination Ma_5 (s. oben) ist auch bei der Siebenfachkoordination Ma_7 kein „symmetrischer" Bau mit äquivalenten Metall-Ligand-Bindungen möglich. Wiederum stellen aber Komplexe Ma_7 keine starren, sondern fluktuierende Teilchen dar, so daß die sieben Liganden a wegen ihres raschen Platzwechsels im zeitlichen Mittel gleichartig an das Zentralmetall geknüpft sind. Die gegenseitige Umwandlung der drei – energetisch vergleichbaren – Ma_7-Strukturen erfolgt auf dem Wege: pentagonale Bipyramide $\rightleftharpoons$ überkapptes Oktaeder $\rightleftharpoons$ überkapptes trigonales Prisma (nach VSEPR-Modellrechnungen ist die überkappt oktaedrische Anordnung von sieben gleichen Liganden in Komplexen Ma_7 vergleichbar stabil wie die überkappt-trigonal-prismatische und geringfügig stabiler als die pentagonal-bipyramidale).

Komplexe mit sieben *gleichen einzähnigen Liganden* sind selten und auf einige wenige Fluoro-, Aqua-, Cyano- und Isonitrilkomplexe von Übergangsmetallen beschränkt (vgl. Tab. 101). Als Folge des ähnlichen Energiegehalts der in Fig. 256a–c wiedergegebenen Konfigurationen kommt den Verbindungen allerdings keine ideale, sondern eine reale, mehr oder weniger zwischen den drei idealen Strukturen liegende Geometrie zu. In Komplexen Ma_nb_{7-n} ($n = 1-6$) mit *unterschiedlichen einzähnigen Liganden* a und b nehmen Donoren geringer effektiver Bindungslänge in Übereinstimmung mit VSEPR-Modellrechnungen axiale Positionen A ein (z. B. pentagonale Bipyramide: $V(CN)_6(\underline{NO})^{4-}$, $Re\underline{O}F_6^-$, $U\underline{O}_2(H_2O)_5^{2+}$, $U\underline{O}_2F_5^{3-}$; überkapptes Oktaeder: $U\underline{Cl}(OPMe_3)_6^{3+}$; überkapptes trigonales Prisma: $\overline{Mo}Cl(\overline{C}NBu)_6^+$; vgl. Tab. 101) Zahlreicher als Komplexe $\overline{M}L_7$ mit einzähnigen Liganden sind solche, die neben einzähnigen auch *mehrzähnige* Liganden enthalten.

Komplexe mit achtzähligem Zentralmetall haben *kubischen* (= *quadratisch-prismatischen*), *quadratisch-antiprismatischen* bzw. *dodekaedrischen* Bau (Fig. 257a, b und c):

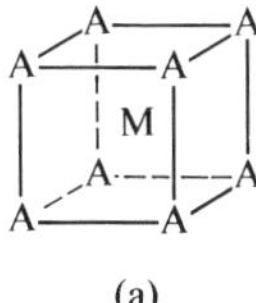

(a)

(b)

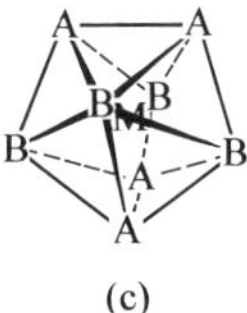

(c)

Fig. 257 Kubische (a), quadratisch-antiprismatische (b) sowie dodekaedrische (c) Metallkoordination.

In den ersten beiden Strukturen nehmen die 8 Liganden gleichwertige kubische bzw. quadratisch-antiprismatische Eckplätze ein, in letzterer Struktur besetzen jeweils 4 Liganden die Eckplätze A bzw. B zweier ineinander gestellter Tetraeder, von denen ein Tetraeder (A_4) gestreckt, das andere (B_4) gestaucht ist. Nach VSEPR-Modellrechnungen ist die dodekaedrische Konfiguration (Liganden stehen auf Lücke) geringfügig instabiler, die kubische Konfiguration (Liganden stehen auf Deckung) wesentlich instabiler als die quadratisch-antiprismatische Konfiguration (Liganden stehen auf Lücke).

Die Komplexe Ma_8 stellen ähnlich wie die Komplexe Ma_5 und Ma_7 fluktuierende Gebilde dar, wobei der intramolekulare Ligandenaustausch im Zuge einer gegenseitigen Umwandlung der drei Strukturen ineinander erfolgt (durch Drehen einer Basisfläche im Kubus gegen die andere Basisfläche; durch Einebnen des A_2B_2-Daches in Fig. 257c und des unteren A_2B_2-Gegenvierecks).

Beispiele für Achtfachkoordination (vgl. Tab. 101). Komplexe mit acht *einzähnigen Liganden* sind häufiger als solche mit sieben einzähnigen Liganden; sie werden bevorzugt im Falle großer 3- bis 5fach geladener Metalle der zweiten und dritten Übergangsreihe (einschließlich Lanthanoide, Actinoide) und dritten bis sechsten Nebengruppe mit kleinen Liganden wie F^-, H_2O, NCS^- gebildet (vgl. Tab. 101). In der Praxis sind Komplexe Ma_8 in Lösung oder fester Phase häufig quadratisch-antiprismatisch, seltener dodekaedrisch gebaut; für Komplexe Ma_4b_4 gilt das Umgekehrte (vgl. Tab. 101). Komplexe mit der energetisch ungünstigeren kubischen Ligandenkonfiguration existieren andererseits nur dann, falls sich eine energetisch günstige Kristallstruktur ausbilden kann (vgl. Tab. 101 sowie auch CaF_2- sowie CsCl-Struktur). Als Folge von Packungseffekten sind die Strukturen der Fig. 257b und c naturgemäß mehr oder weniger verzerrt. Gegenionabhängig können Komplexe Ma_8 in einigen Fällen sowohl in der quadratisch-antiprismatischen wie dodekaedrischen Struktur existieren (z. B. $Mo(CN)_8^{4-}$, ZrF_8^{4-}; vgl. Tab. 101). Zahlreicher als Komplexe ML_8 mit einzähnigen Liganden sind solche, die zusätzlich zu einzähnigen (oder ausschließlich) *mehrzähnige Liganden* enthalten. Haben hierbei die Donoratome zweizähniger Liganden wie im Falle von O_2^{2-}, NO_3^-, $RCSS^-$ einen kleinen Abstand voneinander, so bilden sich bevorzugt Komplexe $M(a\hat{}a)_4$ mit dodekaedrischem Bau (Tab. 101). Betrachtet man im letzteren Falle die zweizähnigen Liganden vereinfachenderweise als einzähnige ($a\hat{}a$ = b), so geht die dodekaedrische $M(a\hat{}a)_4$- in eine tetraedrische Mb_4-Konfiguration über.

Komplexe mit neunzähligem Zentralmetall leiten sich hinsichtlich ihrer Ligandenanordung von den quadratisch-antiprismatischen Komplexen (Fig. 257b) durch Ligandenangliederung über einer Basisfläche und von den trigonal-prismatischen Komplexen (Fig. 255b) durch Angliederung eines Liganden über jeder Vierecksfläche ab. Es resultieren die in Fig. 258a,b wiedergegebenen *überkappt-quadratisch-antiprismatischen* bzw. *dreifach-überkappt-trigonal-prismatischen* Konfigurationen mit drei bzw. zwei differierenden Ligandenplätzen A/B/C bzw. A/B:

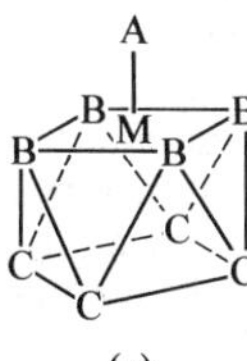

(a)

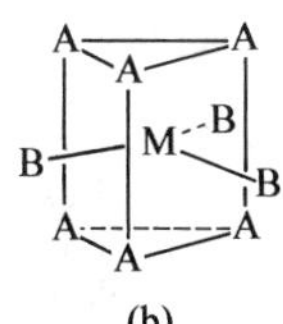

(b)

Fig. 258 Überkappt-quadratisch-antiprismatische (a) sowie dreifach überkappt-trigonal-prismatische (b) Metallkoordination.

In den beiden Strukturen liegen vier bzw. drei äquatoriale Ligandenplätze (B) in einer Ebene an den Ecken eines gleichseitigen Vier- bzw. Dreiecks. Das Metallzentrum ist in ersterem Falle unterhalb dieser Ebene, in letzterem Falle in der Ebenenmitte angeordnet. Oberhalb des Ligandenvier- bzw. -dreiecks befindet sich ein axialer Ligand bzw. ein Ligandentriplett (A), unterhalb ein Ligandenquartett (C) bzw. ein Ligandentriplett (A). Nach VSEPR-Modellrechnungen ist die (fluktuierende) dreifach-überkappt-trigonal-prismatische Koordination geringfügig stabiler als die (ebenfalls fluktuierende) überkappt-quadratisch-antiprismatische Koordination.

Beispiele für Neunfachkoordination (vgl. Tab. 101). Die Neunfachkoordination ist seltener als die Achtfachkoordination (vgl. entsprechende Verhältnisse beim Übergang von der häufigeren Zwei-, Vier- bzw. Sechsfachkoordination zur weniger häufigen Drei-, Fünf- bzw. Siebenfachkoordination). Koordinationsverbindungen mit neun *einzähnigen Liganden* sind bisher im wesentlichen auf einige Hydrate dreiwertiger Lanthanoide und Hydride des Technetiums und Rheniums beschränkt (Tab. 101). Sie haben in der Regel dreifach-überkappt-trigonal-prismatische Struktur. Ein Ausnahmefall stellt etwa ein über Chlorid verbrückter Chlorokomplex $[LaCl(H_2O)_7]_2^{4+}$ dar, der zwei überkappt-quadratisch-antiprismatische $LaCl_2(H_2O)_7$-Einheiten enthält. Etwas zahlreicher als Komplexe mit einzähnigen sind solche mit mehrzähnigen Liganden (z. B. dreifach-überkappt-trigonal-prismatisch: $M(NO_3)_3(OSMe_2)_3 = M(a\hat{}a)_3b_3$ mit M = Eu, Lu, Yb; überkappt-quadratisch-antiprismatisch): $Th(acac')_4(H_2O) = M(a\hat{}a)_4b$.

Komplexe mit zehn-, elf- oder zwölfzähligem Zentralmetall. In den wichtigsten der möglichen Konfigurationen von Komplexen ML_{10}, ML_{11} oder ML_{12} nehmen Liganden die Eckplätze eines *zweifach überkappten quadratischen Antiprismas*, eines *Oktadekaeders* bzw. eines *Ikosaeders* ein (vgl. Fig. 259a, b und c):

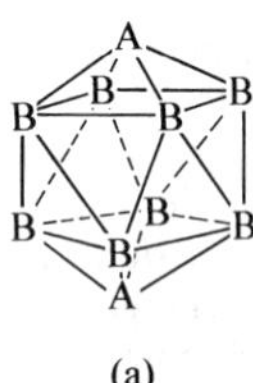

(a)

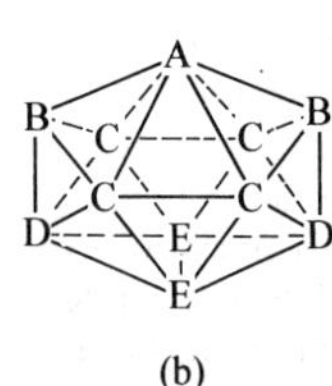

(b)

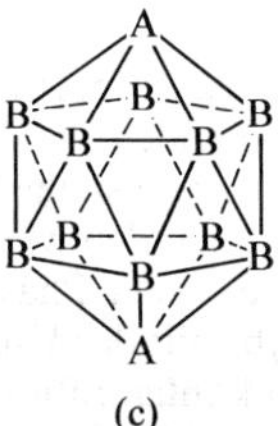

(c)

Fig. 259 Zweifach-überkappt-quadratisch-antiprismatische (a), oktadekaedrische (b) sowie ikosaedrische (c) Metallkoordination.

In allen drei Fällen existieren – sieht man von einigen Doppeloxiden wie Perowskit (S. 1406) ab – *keine Metallkomplexe mit ausschließlich einzähnigen Liganden.* Für Beispiele von Verbindungen mit *zweizähnigen* (NO_3^-, CO_3^{2-}) und *dreizähnigen* Liganden (BH_4^-) vgl. Tab. 101. In letzteren Fällen liegen allerdings nicht mehr „ideale" Geometrien vor. Z. B. führen zweizähnige Liganden mit kleinem Biß zur Verzerrung des Ikosaeders in Richtung *Kub-* oder *Antikuboktaeder* (vgl. hierzu Fig. 250a, b und Fig. 251a auf S. 1217). Betrachtet man in Komplexen $(M(a\hat{}a)_5$ und $M(a\hat{}a)_6$ die zweizähnigen Liganden vereinfachenderweise als einzähnige ($a\hat{}a = b$), so gehen die in Fig. 259a und b wiedergegebenen Strukturen in trigonal-bipyramidale Mb_5- und oktaedrische Mb_6-Konfigurationen über. **Komplexe mit mehr als zwölfzähligem Zentralmetall** findet man bei metallorganischen Verbindungen.

Zähligkeit der Zentren von Metallclustern M_pL_n. Entsprechend der großen Ausdehnung der Zentren M_p in Clustern M_pL_n ist deren Zähligkeit *n* meist hoch (vgl. S. 1216f). Die Zahl und Anordnung der Liganden in der Clustersphäre wird – insbesondere bei vielatomigen Clusterzentren – wesentlich durch die Größe und Gestalt des – als großes Metallatom zu betrachtenden – Zentrums M_p sowie den Raumanspruch der *n* Liganden L bestimmt, wobei eine Minimierung der abstoßenden Kräfte zwischen den Liganden für die Konfiguration der Clustersphäre maßgebend ist. Beispielsweise besetzen die 12 CO-Gruppen in den Komplexen $Fe_3(CO)_{12}$ und $Co_4(CO)_{12}$ – wie bei Komplexen mit zwölfzähligem Zentrum zu erwarten ist (s. oben) – die Ecken eines Ikosaeders (vgl. Fig. 259c sowie Fig. 251a auf S. 1217). Andererseits nehmen die CO-Liganden in den Komplexen $Os_3(CO)_{12}$ oder $Ir_4(CO)_{12}$ die Ecken eines Kuboktaeders ein (vgl. Fig. 250a auf S. 1217), weil die größeren Komplexzentren Os_3 oder Ir_4 besser in den (verglichen mit einem Ikosaederinnenraum) etwas größeren Innenraum eines Kuboktaeders passen. Als Folge der unterschiedlichen Ligandenanordnung treten in ersteren Metallcarbonylen neben end- auch brückenständige CO-Gruppen auf, während letztere Komplexe ausschließlich endständige CO-Gruppen aufweisen (vgl. S. 1629).

1.4 Die Isomerie der Komplexe[36]

Enthält eine Koordinationsverbindung verschiedenartige Liganden, so beobachtet man das Auftreten von *Konstitutions-* bzw. von *Stereoisomeren* (vgl. S. 322 und 403).

1.4.1 Konstitutionsisomerie der Komplexe

Die Konstitutionsisomerie äußert sich bei den anorganischen Komplexen häufig darin, daß einzelne *Liganden gegenseitig ihre Plätze vertauschen*. So kann beispielsweise ein Säurerest einmal ionogen und einmal koordinativ gebunden sein (**Ionisations-Isomerie**):

$$[\overset{+3}{Co}(NH_3)_5(SO_4)]Br \quad \text{und} \quad [\overset{+3}{Co}(NH_3)_5Br]SO_4,$$

$$[\overset{+4}{Pt}(NH_3)_4Cl_2]Br_2 \quad \text{und} \quad [\overset{+4}{Pt}(NH_3)_4Br_2]Cl_2.$$

In gleicher Weise tritt – als Spezialfall der Ionisations-Isomerie – häufig die Aquagruppe einmal komplex gebunden und einmal als Kristallwasser auf (**Hydrat-Isomerie**):

$$[\overset{+3}{Cr}(H_2O)_6]Cl_3 \quad \text{und} \quad [\overset{+3}{Cr}(H_2O)_5Cl]Cl_2 \cdot H_2O,$$

$$[\overset{+3}{Co}(NH_3)_4(H_2O)Cl]Cl_2 \quad \text{und} \quad [\overset{+3}{Co}(NH_3)_4Cl_2]Cl \cdot H_2O.$$

Die unterschiedliche Bindung der Säurereste und des Wassers zeigt sich etwa in den Farbunterschieden der Isomeren (z. B. *rotes* $[Co(NH_3)_5(SO_4)]Br$, *violettes* $[Co(NH_3)_5Br]SO_4$; *violettes* $[Cr(H_2O_6)]Cl_3$, *grünes* $[Cr(H_2O)_5Cl]Cl_2 \cdot H_2O$; vgl. Ligandenfeld-Theorie, S. 1264). Auch fällt aus einer wäßrigen Lösung von $[Co(NH_3)_5(SO_4)]Br$ auf Zusatz von Ag^+-Ionen gelbes AgBr, auf Zusatz von Ba^{2+}-Ionen aber kein farbloses $BaSO_4$, während bei $[Co(NH_3)_5Br]SO_4$ umgekehrt unlösliches $BaSO_4$, aber kein AgBr gebildet wird. In analoger Weise läßt sich das Hydratwasser in $[Co(NH_3)_4Cl_2]Cl \cdot H_2O$, aber nicht das Koordinationswasser in $[Co(NH_3)_4(H_2O)Cl]Cl_2$ durch Trocknungsmittel (S. 12) entfernen.

Zum Typus der auf Platzvertauschung von Liganden beruhenden Isomerie zählt schließlich noch die **Koordinations-Isomerie**. Sie tritt bei Salzen auf, die aus zwei komplexen Ionen bestehen:

$$[\overset{+2}{Cu}(NH_3)_4][\overset{+2}{Pt}Cl_4] \quad \text{und} \quad [\overset{+2}{Pt}(NH_3)_4][\overset{+2}{Cu}Cl_4],$$

$$[\overset{+2}{Pt}(NH_3)_4][\overset{+4}{Pt}Cl_6] \quad \text{und} \quad [\overset{+4}{Pt}(NH_3)_4Cl_2][\overset{+2}{Pt}Cl_4].$$

Einen weiteren Fall von Konstitutions-Isomerie bei Komplexen stellt die **Bindungs-Isomerie** dar, die dann beobachtet wird, wenn *Liganden in isomeren Formen gebunden* werden können, wie etwa die NO_2-Gruppe über den Stickstoff („Nitro-Gruppe") oder den Sauerstoff („Nitrito-Gruppe") bzw. die SCN-Gruppe über den Stickstoff („Isothiocyanato-Gruppe") oder den Schwefel („Thiocyanato-Gruppe")[37]:

$$[\overset{+3}{Co}(NH_3)_5(NO_2)]Cl_2 \quad \text{und} \quad [\overset{+3}{Co}(NH_3)_5(ONO)]Cl_2,$$

$$[\overset{+3}{Rh}(NH_3)_5(NCS)]Cl_2 \quad \text{und} \quad [\overset{+3}{Rh}(NH_3)_5(SCN)]Cl_2.$$

---

[36] **Literatur.** J. MacB. Harrowfield: „*Isomerism in Coordination Chemistry*", Comprehensive Coordination Chemistry **1** (1987) 179–212; C. J. Hawkins: „*Absolute Configuration of Metal Complexes*", Interscience, New York 1971; H. Brunner: „*Die Stereochemie quadratisch-pyramidaler Verbindungen*", Chemie in unserer Zeit, **11** (1977) 157–164.

[37] **Liganden-Isomerie** liegt im Falle von Komplexen ML_n mit Liganden unterschiedlicher Konstitution vor (z. B. L = *o-*, *m-*, *oder p-*Methylanilin $CH_3C_6H_4NH_2$).

Schließlich kann – in Erweiterung des Isomeriebegriffs – die Konstitions-Isomerie darauf beruhen, daß Komplexe bei gleicher Zusammensetzung *verschiedene Molekülgröße* besitzen (**Polymerisations-Isomerie**):

$$[\overset{+2}{Pt}(NH_3)_2Cl_2] \quad \text{und} \quad [\overset{+2}{Pt}(NH_3)_4][\overset{+2}{Pt}Cl_4],$$

$$[\overset{+3}{Co}(NH_3)_3(NO_2)_3] \quad \text{und} \quad [\overset{+3}{Co}(NH_3)_6][\overset{+3}{Co}(NO_2)_6].$$

1.4.2 Stereoisomerie der Komplexe

Unter den Metallkomplexen ML_n (M = Zentralmetall; L = mit M koordinierte Liganden oder Ligandenarme a, b, c, d ...) bilden solche mit vier- oder höherzähligen Zentren ($n \geq 4$) Stereoisomere, d. h. Diastereomere (S. 410) und/oder Enantiomere (S. 404). Die **Komplex-Diastereomerie** beruht nun entweder (i) auf einer *unterschiedlichen Ligandenanordnung* bei gegebener Komplexgeometrie (z. B. *cis*- oder *trans*-Anordnung bei quadratisch-planaren bzw. oktaedrischen Komplexen; vgl. S. 411), (ii) auf einer *unterschiedlichen Komplexgeometrie* (z. B. quadratisch-planare und tetraedrische Komplexgeometrie; vgl. S. 412) und/oder (iii) auf einer *unterschiedlichen Konfiguration eines Teils von chiralen Zentren* bei Komplexen mit mehreren Asymmetrie-Zentren (vgl. S. 408). Ursachen für **Komplex-Enantiomerie** sind andererseits (i) die Chiralität des Zentralmetalls als Folge seiner Koordination mit Liganden (*konfigurationsbedingte Chiralität*, vgl. S. 405), (ii) die Chiralität der Liganden (*durch vicinale Effekte bedingte Chiralität*; vgl. S. 1239) und/oder (iii) die Chiralität des Systems Metall/Ligand als Folge konformationsisomerer Chelatringe (*konformationsbedingte Chiralität*; vgl. S. 1239).

Komplexe mit vierzähligem Zentralmetall sind tetraedrisch oder quadratisch-planar konfiguriert (S. 1227), wobei im Sinne des auf S. 405 und 411 Besprochenen bei tetraedrischen Metallkomplexen nur Spiegelbild-Isomerie – und diese auch nur bei Verbindungen der Zusammensetzung Mabcd bzw. $M(a\hat{}b)_2$ – beobachtet wird, bei quadratisch-planaren Metallkomplexen nur geometrische Isomerie (mögliche Zusammensetzungen: Ma_2b_2, Ma_2bc, Mabcd)[38].

In der Praxis konnten allerdings bisher *tetraedrische Komplexe* Mabcd mit vier einzähnigen σ-Donoren a, b, c, d wegen der Racemisierungslabilität der betreffenden Enantiomeren nicht in optische Antipoden gespalten werden. Kinetisch stabile Enantiomere erhält man aber entweder nach Ersatz der vier einzähnigen durch zwei unsymmetrische zweizähnige Liganden $a\hat{}b$ wie Benzoylacetonat O=CPh—CH=CMe—O^- oder nach Ersatz von einem σ- durch einen π-Donator wie Cyclopentadienid $C_5H_5^-$ oder Benzol C_6H_6. Beispiele sind etwa: $M(O—CPh—CH—CMe—O)_2$ (M = Be, B^+, Zn, Cu), $[M(CO)(NO)(PR_3)(\pi\text{-}C_5H_5)]$ (M = Mo, Mn^+), $[FeCl(CO)(PR_3)(\pi\text{-}C_5H_5)]$, $[CoI(CF_3)(PR_3)(\pi\text{-}C_5H_5)]$, $[RuCl(CH_3)(PR_3)(\pi\text{-}C_6H_6)]$. Bei *quadratisch-planaren Komplexen* wurde demgegenüber auch für einzähnige σ-Donoren jede geometrische Isomeriemöglichkeit verwirklicht (*cis-trans*-Isomere bei Komplexen Ma_2b_2 und Ma_2bc, drei Diastereomere bei Komplexen Mabcd; Beispiele: $[Pt(NH_3)_2Cl_2]$, $[IrCl(CO)(PPh_3)_2]$, $[Pt(NH_3)(NH_2OH)(py)(NO_2)]$; vgl. S. 411).

Komplexe mit vierfach-koordiniertem Zentralatom, welche sowohl in der tetraedrischen als auch geometrisch isomeren quadratisch-planaren Form existieren („*Allogon-Isomere*"; vgl. S. 412) und auch für Komplexe mit vier gleichen Liganden denkbar sind, stellen die seltene Ausnahme dar und wurden z. B. bei Co(II) und insbesondere Ni(II) realisiert (vgl. S. 1584).

---

[38] Alle quadratisch-planaren Komplexe mit einem chiralen Liganden sowie quadratisch-planare Komplexe M(*a\^*a)bc mit einem zweizähnigen Liganden *a\^*a in der optisch-inaktiven *meso*-Form (z. B. $[Pt(H_2N—{}^*CHPh—{}^*CHPh—NH_2)(H_2N—CMe_2CH_2—NH_2)]$ bilden optische Antipoden.

Komplexe mit fünfzähligem Zentralmetall sind *trigonal-bipyramidal* bzw. *quadratisch-pyramidal* gebaut (S. 1229). Für beide Konfigurationen sind bei Koordination des Zentrums mit unterschiedlichen Liganden Diastereomere und Enantiomere zu erwarten. So existieren zwei geometrisch-isomere Formen für Komplexe der Zusammensetzung Ma_4b mit b in axialer oder Basis-Position und drei geometrisch-isomere Formen für Komplexe Ma_3b_2:

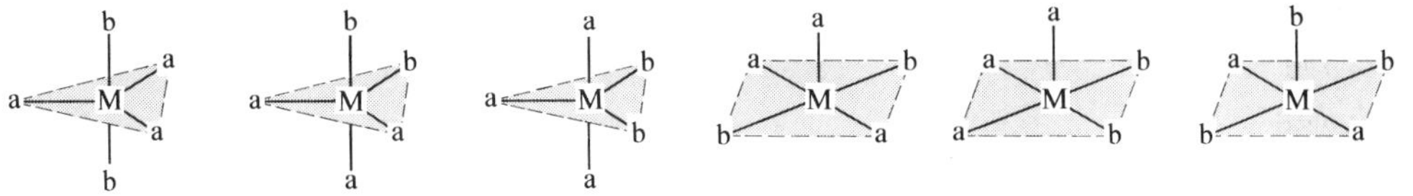

trans-Form α-*cis*-Form β-*cis*-Form *trans*-Form α-*cis*-Form β-*cis*-Form

Sind im Falle der quadratischen Pyramide die b-Liganden unterschiedlich (Komplexe des Typs Ma_3bc), so wird die α-*cis*-Form chiral, so daß einschließlich der beiden Enantiomeren 4 Stereoisomere existieren. Bei weiterer Erhöhung der Ligandenvielfältigkeit wächst die Isomerenzahl und beträgt bei trigonal-bipyramidalen Komplexen Mabcde 20 (10 Enantiomerenpaare), bei quadratisch-pyramidalen Komplexen Mabcde 30 (15 Enantiomerenpaare). Da sowohl die trigonal-bipyramidale als auch quadratisch-pyramidale Konfiguration in der Regel fluktuierend (nicht starr) ist, konnten bisher keine isomeren Komplexe mit fünf einzähnigen σ-Donoren gewonnen werden, denn es entsteht durch Pseudorotation jeweils rasch das stabilste Isomere. Umlagerungsstabilere quadratisch-pyramidale Komplexe erhält man jedoch nach Ersatz des axial gebundenen σ- durch einen π-Donator wie Cyclopentadienyl $C_5H_5^-$. Dementsprechend ließen sich quadratisch-pyramidal gebaute Verbindungen des Typs Mab_2cd (M = Mo, W; a = axialsymmetrisch gebundenes π-$C_5H_5^-$; b = CO, c/d = I/PR_3 oder unsymmetrischer zweizähniger Ligand) in geometrische und Spiegelbild-Isomere auftrennen. In wenigen Fällen konnten darüber hinaus beide Komplexgeometrien und damit Allogon-Isomere verwirklicht werden. Z.B. ist Antimon in $SbPh_5 \cdot \frac{1}{2}C_6H_{12}$ trigonal-bipyramidal und in $SbPh_5$ quadratisch-pyramidal von Phenylgruppen umgeben; auch enthält $[Cr(en)_3][Ni(CN)_5] \cdot 1.5H_2O$ im Kristall neben trigonal-bipyramidalen- zudem quadratisch-pyramidale Anionen $Ni(CN)_5^{3-}$.

Komplexe mit sechszähligem Zentralmetall sind meist oktaedrisch und nur ausnahmsweise trigonal-prismatisch gebaut (S. 1230). Wegen ihrer geringen Anzahl wurden *trigonal-prismatische Komplexe* hinsichtlich ihrer Stereochemie bisher nicht eingehender untersucht. Andererseits spielten oktaedrische Koordinationsverbindungen für die Entwicklung der Stereochemie eine besonders wichtige Rolle. Man beobachtet bei letzteren Komplexen sowohl geometrische als auch Spiegelbild-Isomerie. Allerdings ließen sich oktaedrisch gebaute Verbindungen in vielen Fällen wegen eines raschen gegenseitigen Austauschs der Liganden auf dissoziativem Wege nicht in Diastereomere und Enantiomere trennen (oktaedrische sind wie tetraedrische Komplexe vergleichsweise pseudorotationsstabil). Isomerierisierungsstabile und deshalb in Diastereomere und Enantiomere spaltbare oktaedrische Komplexe bilden insbesondere Co(III) (besonders eingehend untersucht), Cr(III), Rh(III), Ir(III), Ru(III), Pt(IV). Die Isomerisierungsstabilität wächst häufig auch mit der Zähnigkeit der Liganden (vgl. Chelat-Effekt, S. 1221).

Einzähnige Liganden. Die Zahl möglicher diastereomerer und enantiomerer oktaedrischer Komplexe mit einzähnigen Liganden hängt von der Zahl der Ligandensorten und von der Zahl der Liganden einer bestimmten Sorte ab, wie sich nachfolgender Zusammenstellung entnehmen läßt:

	Ma_4b_2	Ma_3b_3	Ma_4bc	Ma_3b_2c	$Ma_2b_2c_2$	Ma_3bcd	Ma_2b_2cd	Ma_2bcde	Mabcdef
Diastereomere	2	2	2	3	5	4	6	9	15
Enantiomerenpaare	–	–	–	–	1	1	2	6	15
Isomere insgesamt	2	2	2	3	6	5	8	15	30

Hiernach bilden oktaedrische Komplexe der Zusammsetzung Ma_4b_2 und Ma_3b_3 (2 Ligandensorten) kein Enantiomerenpaar, sondern jeweils nur 2 Diastereomere mit *cis*- oder *trans*-

Anordnung (Ma_4b_2) bzw. *fac- oder mer*-Anordnung der zwei bzw. drei b-Liganden (vgl. S. 1241)[39]:

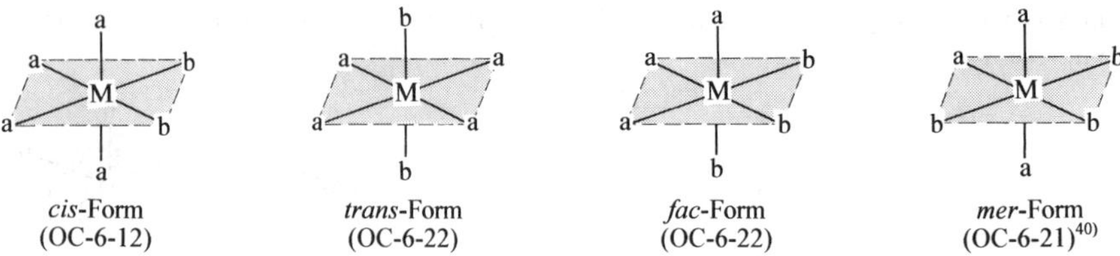

Als Beispiele für Komplexe des Typs Ma_4b_2 und Ma_3b_3 seien das *cis-* und *trans*-Tetrammindichlorocobalt(II)-Kation $[Co(NH_3)_4Cl_2]^+$ (*blauviolette* und *grüne* Form) sowie das *fac-* und *mer*-Triammintrichloroplatin(IV)-Kation $[Pt(NH_3)_3Cl_3]^+$ genannt. Ähnlich wie Ma_4b_2 und Ma_3b_3 bilden auch Komplexe Ma_4bc (3 Ligandensorten) je ein Diastereomeres mit *cis-* und *trans*-Stellung der Liganden b, c und Komplexe Ma_3b_2c ein Diastereomeres mit *fac-* und zwei Diastereomere mit *mer*-Stellung der drei a-Liganden (in letzterem Falle stehen die beiden b-Liganden *cis-* oder *trans* zueinander).

Komplexe des Typs $Ma_2b_2c_2$ existieren andererseits in fünf diastereomeren Formen mit *cis/cis/cis-*, *cis/cis/trans-*, *cis/trans/cis-*, *trans/cis/cis-* sowie *trans/trans/trans*-Stellung der Liganden $a_2/b_2/c_2$; der Komplex mit all-*cis*-Konfiguration ist zudem chiral und bildet ein *Enantiomerenpaar*:

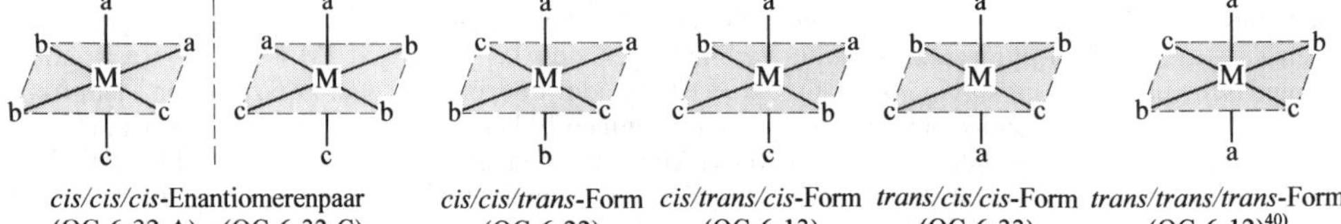

Während somit im Falle von tetraedrischen Komplexen ML_4 optische Antipoden erst bei einer Metallkoordination mit 4 unterschiedlichen einzähnigen Liganden a, b, c, d auftreten, genügen bei oktaedrischen Komplexen für Enantiomerie bereits 3 Ligandensorten a, b, c in Paaren. Eine (zumindest teilweise) Antipodenspaltung der all-*cis*-Form eines Komplexes vom Typ $Ma_2b_2c_2$ gelang im Falle von Diammindichlorodinitroplatin(IV) $[PtCl_2(NH_3)_2(NO_2)_2]$ am chiralen Quarz (vgl. Enantiomerenspaltung, S. 409). Enantiomerie beobachtet man auch bei oktaedrischen Komplexen mit 4, 5 und 6 Ligandensorten (z. B. $[PtCl_3(NH_3)(py)NO_2)]$, $[IrClBr(PPh_3)_2(CO)(CH_3)]$, $[PtClBrI(NH_3)(py)(NO_2)]$), wobei die Zahl der Enantiomerenpaare mit der Ligandenvielfalt wächst und bei Komplexen Mabcdef fünfzehn beträgt (vgl. obige Zusammenstellung).

Zweizähnige Liganden können nur *cis-*, aber keine *trans*-Positionen des Oktaeders einnehmen. Demgemäß verringert sich die Diastereomerenzahl vielfach beim Übergang oktaedrischer Komplexe mit einzähnigen Liganden zu entsprechenden Komplexen mit zweizähnigen Liganden: z. B. 5 Diastereomere im Falle von $Ma_2b_2c_2$ (s. oben), kein Diastereomeres im Falle von $M(a^\wedge a)(b^\wedge b)(c^\wedge c)$. Andererseits kann sich in gleicher Richtung die Enantiomerenzahl erhöhen: z. B. bilden Komplexe Ma_6 keine Stereoisomeren und Komplexe Ma_4b_2 2 Diastereomere, aber keine Enantiomeren, während bei Komplexen des Typs $M(a^\wedge a)_3$ und $M(a^\wedge a)_2b_2$ (Ersatz von jeweils zwei ein- durch einen symmetrisch zweizähnigen Liganden) jeweils ein Enantiomerenpaar existiert (im Falle von $M(a^\wedge a)_2b_2$ ist nur das *cis-*, nicht das *trans*-Isomere chiral)[40]:

[39] **Geschichtliches.** Das Auftreten einer bestimmten Anzahl von Diastereomeren nutzte Alfred Werner bereits um 1910 – also noch vor Entdeckung der Strukturanalyse durch Röntgenbeugung – zur Konfigurationszuordnung von Komplexen. Beispielsweise folgerte er 1907 aus der Beobachtung von 2 (und nicht mehr) diastereomeren Komplexen der Zusammensetzung Ma_4b_2 und Ma_3b_3 oktaedrischen Komplexbau (hexagonal-planare bzw. trigonal-prismatische Konfiguration müßte 3 Diastereomere liefern). Komplexe des Typs $M(a^\wedge a)_2b_2$ konnte er 1911 in 3 Stereoisomere (2 Diastereomere, 1 Enantiomerenpaar), Komplexe des Typs $M(a^\wedge a)_3$ 1912 in 2 Stereoisomere (1 Enantiomerenpaar) spalten. Die Befunde wiesen wiederum auf oktaedrischen Bau (bei hexagonal-planaren bzw. trigonal-prismatischen Komplexen erwartet man für $M(a^\wedge a)_2b_2$ kein bzw. 2, für $M(a^\wedge a)_3$ 2 bzw. 4 Stereoisomere).

[40] Bezüglich der Klammerausdrücke vgl. Nomenklatur auf S. 1241.

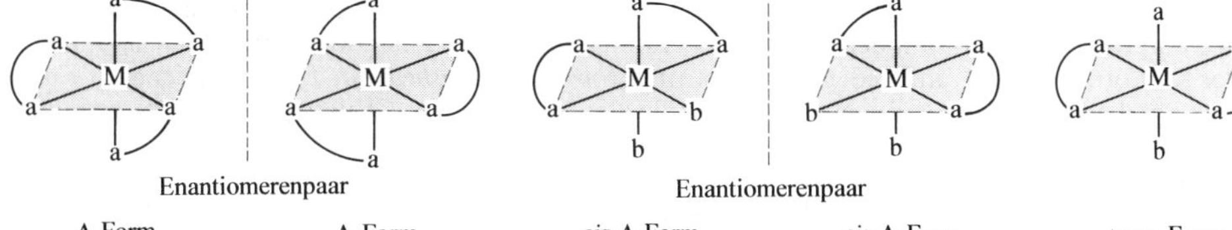

Δ-Form Λ-Form *cis*-Δ-Form *cis*-Λ-Form *trans*-Form

Beispiele für Komplexe des Typs $M(a^\wedge a)_3$ und $M(a^\wedge a)_2b_2$ sind etwa das Δ- und Λ-Tris(ethylendiamin)cobalt(III)-Kation $[Co(en)_3]^{3+}$ und das *cis*-Δ-, cis-Λ- sowie *trans*-Dichlorobis(ethylendiamin)cobalt(III)-Kation $[Co(en)_2Cl_2]^{2+}$ mit *Ethylendiamin* $H_2N—CH_2—CH_2—NH_2$ (en) als zweizähnigem Liganden. *Acetylacetonat* $O\overset{...}{—}CMe\overset{...}{—}CH\overset{...}{—}CMe\overset{...}{—}O^-$ (acac), ein häufig benutzter zweizähniger Ligand, lagert sich in vielen Fällen *n*-mal an *n*-fach geladene Metallionen unter Bildung von Komplexen des Typs $M(acac)_n$ (z.B. $Be(acac)_2$, $Al(acac)_3$, $Cr(acac)_3$, $Zr(acac)_4$) an; sie sind ungeladen und daher flüchtig („acac verleiht den Metallen Flügel"). Von Interesse ist weiterhin Dimethylglyoximat $HON{=}CMe—CMe{=}NO^-$ (dmg), das als Paar in oktaedrischen Komplexen $[M(dmg)_2a_2)$ eine *trans*-Position bevorzugt (Bildung nur eines Isomeren), da nur dann eine günstige räumliche Gegebenheit für starke Wasserstoffbrücken besteht (vgl. S. 1581). Ein rein anorganischer Komplex des Typs $M(a^\wedge a)_3$ ist $\{Co[(HO)_2Co(NH_3)_4]_3\}^{6+}$ („Werner-Komplex"; OH-Gruppen verbinden die Ligand-Cobaltatome mit dem Cobalt-Komplexzentrum).

Haben die zweizähnigen Liganden nicht wie en, acac oder *Oxalat*, $^-O—CO—CO—O^-$ (ox) gleiche, sondern wie *Glycinat* $H_2N—CH_2—COO^-$ (gly) oder *Propylendiamin* $H_2N—CH_2—{}^*CHMe—NH_2$ (pn) unterschiedliche Ligandenarme, so wächst naturgemäß die Zahl möglicher Stereoisomerer. So existieren bei Komplexen des Typs $M(a^\wedge b)_3$ (z.B. $Cr(gly)_3$) insgesamt 4 Stereoisomere, nämlich zwei chirale, d.h. in optische Antipoden spaltbare Diastereomere mit *fac*- und *mer*-Stellung der a- bzw. b-Ligandenarme. Ist der unsymmetrische Ligand wie pn zusätzlich chiral, so erhöht sich die Zahl möglicher Stereoisomerer weiter, da sowohl (+)- als auch (−)-pn an das Metallzentrum gebunden sein kann. Auch existiert der Chelatring beider Konfigurationen seinerseits in zwei – durch Ringinversion ineinander überführbaren – Konformationen (Entsprechendes gilt natürlich auch für achiral zweizähnige Liganden wie en in $[Co(en)(NH_3)_4]^{3+}$ [41]):

180°-Drehung und Ringinversion

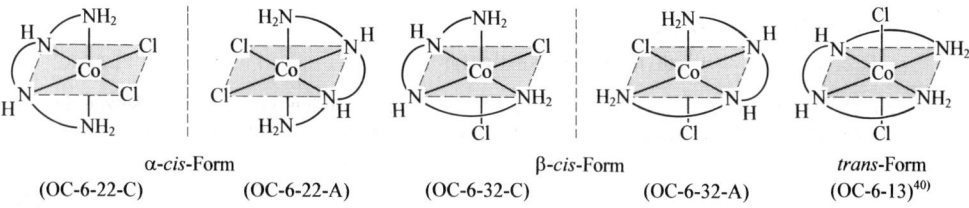

R-λ-Form R-δ-Form S-λ-Form S-δ-Form

(R, S bezieht sich auf das Asymmetrie-Zentrum und δ, λ auf die Ringkonformation vgl. S. 1241). Allerdings bevorzugt der Ringsubstituent Methyl im erwähnten Fall eine äquatoriale Position, so daß pn ausschließlich in der R-λ- bzw S-δ-Form vorliegt. Ersichtlicherweise sind also *vicinale und konformative Effekte vielfach nicht unabhängig voneinander*, da chirale Zentren mehrzähniger Liganden wegen der Substitution des Asymmetrie-Zentrums mit (vier) unterschiedlichen Resten raumbeanspruchend sind und deshalb bestimmte Chelatkonformationen „sterisch erzwingen", andere Konformationen aber „sperren".

Vielzähnige Liganden wie dien, trien oder $EDTA^{4-}$ bilden mit vielen Metallen stabile, in Diastereomere und Enantiomere trennbare Komplexe (vgl. Chelateffekt, S. 1221). Beispielsweise existieren für $[Co(trien)Cl_2]^+$ (allgemeiner: $M(a^\wedge b^\wedge b^\wedge a)c_2$) zwei chirale Diastereomere mit *cis*- und ein achirales Diastereomeres mit *trans*-Konfiguration der Chlorid-Liganden:

α-*cis*-Form β-*cis*-Form *trans*-Form

(OC-6-22-C) (OC-6-22-A) (OC-6-32-C) (OC-6-32-A) (OC-6-13)[40]

[41] Beide $Co(en)(NH_3)_4^{3+}$-Konformere sind energiegleich und lassen sich wegen der kleinen Ringinversionsbarriere nur als Racemat isolieren. Von Verbindungen wie $M(en)_2a_2$ mit 2 gleichen zweizähnigen Liganden existieren andererseits 3 Stereoisomere mit *trans*-ständigen en-Gruppen, nämlich ein Enantiomerenpaar mit δδ- und λλ- und ein dazu Diastereomeres (*meso*-Form) anderen Energieinhalts mit δλ ≡ λδ-Konformation der Chelatringe (liegt in Kristallen meist vor).

Außer diesen, auf *konfigurationsbedingte Effekte* zurückgehenden Isomeren existieren aber zusätzlich Isomere aufgrund der Chiralität der mittleren N-Atome im komplexgebundenen trien (*vicinale Effekte*) und der Konformation der fünfgliederigen Chelatringe (*konformationsbedingte Effekte*; in der α-*cis*-Form ist allerdings die Konfiguration der N-Atome und die Konformation der Chelatringe – strukturbedingt – vorgegeben).

Der Ligand $EDTA^{4-}$ bildet andererseits 1:1-Komplexe des Typs $M(EDTA)^{n-4}$, in welchem die 6 Arme des Liganden das Metallion M^{n+} meist oktaedrisch koordinieren. Auch erlaubt der Bau des Liganden hier nur die Bildung eines Enantiomerenpaares, das in vielen Fällen in die Antipoden gespalten wurde (vgl. auch Fig. 248, S. 1210):

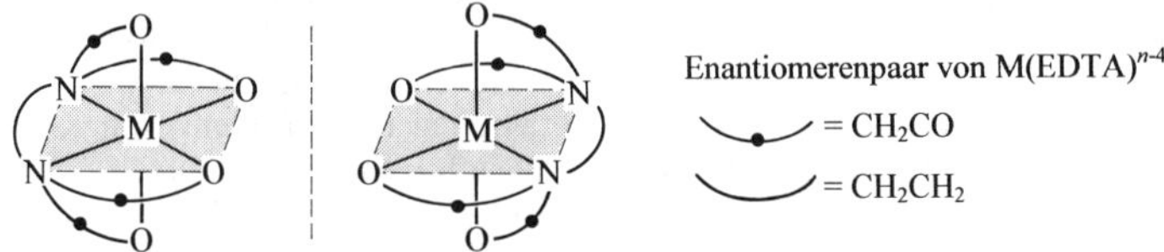

Komplexe ML_n mit höher als sechszähligem Zentralmetall, für die sowohl Allogon-Isomere (gleiches *n*, gleiche Liganden) als auch geometrische und Spiegelbildisomere (gleiches *n*, unterschiedliche Liganden) denkbar sind, wurden bisher nicht eingehender hinsichtlich ihres Isomerieverhaltens untersucht.

1.5 Nomenklatur der Komplexe[42]

Allgemeines. Die Nomenklatur der Koordinationsverbindungen folgt, soweit nicht Trivialnamen gebraucht werden, den auf S. 162 wiedergegebenen Regeln (bzgl. einiger Beispiele vgl. Tab. 102, bzgl. der Namen einiger wichtiger Liganden Tab. 99, S. 1207):

Tab. 102 Nomenklatur anorganischer Komplexverbindungen[a, b]

Formel	Rationeller Name	Trivialname
$K_4[Fe(CN)_6]$	Kalium-hexacyanoferrat(II)	„*Gelbes Blutlaugensalz*"
$NH_4[Cr(NH_3)_2(SCN)_4]$	Ammonium-**d**iammintetra-thiocyanatochromat(III)	„*Reineckesalz*"
$NH_4[Co(NH_3)_2(NO_2)_4]$	Ammonium-**d**iammintetra**n**itrocobaltat(III)	„*Erdmannsches Salz*"
$[Co(NH_3)_6]Cl_3$	Hexa**a**mmincobalt(III)chlorid	„*Cobalt-luteochlorid*"
$[Pt(NH_3)_3Cl_3]Cl$	Tri**a**mmintri**c**hloroplatin(IV)-chlorid	„*Clevesalz*"
$[Ru(NH_3)_5(OH)]Cl_2$	Penta**a**mmin**h**ydroxoruthenium(III)-chlorid	„*Ruthenium-roseochlorid*"

a) Bezüglich der Ligandennamen vgl. Tab. 99. **b)** Der zur Bestimmung der alphabetischen Ligandenreihenfolge dienende Buchstabe ist fett gedruckt.

Ergänzend sei hierzu noch folgendes gesagt: (i) Liganden mit vorgesetzter Zahl (z. B. Trifluorphosphan) oder Liganden mit längerem Namen (z. B. Ethylendiamin) faßt man in runden Klammern zusammen und gibt ihre Anzahl durch vorgesetzte griechische *Multiplikativ-Zahlen* bis[43]), tris, tetrakis, pentakis, hexakis usw. wieder:

$[Ni(PF_3)_4]$ Tetrakis(trifluorphosphan)nickel(0);
$[Co(en)_3]Cl_3$ Tris(ethylendiamin)cobalt(III)-trichlorid.

(ii) Die *Verbrückung* zweier, dreier, vierer Zentralatome über Liganden wird durch Vorsetzen des griechischen Buchstabens μ_n (μ_2, μ_3, μ_4) vor den betreffenden Liganden zum Ausdruck gebracht, wobei der

[42] **Literatur.** Deutscher Zentralausschuß für Chemie: „*Internationale Regeln für die chemische Nomenklatur und Terminologie*", Bd. 2, Gruppe 1, Verlag Chemie, Weinheim 1975; T. E. Sloan: „*Nomenclature of Coordination Compounds*", Comprehensive Coordination Chemistry **1** (1987) 109–134; IUPAC: „*Nomenclature of Inorganic Chemistry*", III. Ed., Blackwell, Oxford 1990; „*Nomenklatur der Anorganischen Chemie*", VCH, Weinheim 1994. Vgl. hierzu auch S. 60, 154, 162, 272, 412, 738, 995, 1467.

[43] Anstelle der griechischen Multiplikativ-Zahl „dis" verwendet man meist das lateinische Zahlwort „bis".

Index n die Anzahl der verbrückten Metallatome oder -ionen zum Ausdruck bringt ($n = 2$ kann entfallen):

$[(CO)_3Fe(CO)_3Fe(CO)_3]$	Tri-μ-carbonyl-bis(tricarbonyl)eisen(0);
$[(NH_3)_5Cr(OH)Cr(NH_3)_5]Cl_5$	μ-Hydroxo-bis(pentaamminchrom(III)-pentachlorid;
$[Be_4O(CH_3COO)_6]$	Hexa-μ-acetato-μ_4-oxo-tetraberyllium(II).

(iii) Die *Zahl n der Verknüpfungsatome* eines π-gebundenen Liganden zeigt man durch Vorsetzen des „Hapto"-Symbols[44] vor dem betreffenden organischen Rest an (η^2, η^5 gesprochen eta-zwei, eta-fünf oder hapto-zwei, hapto-fünf):

$[(\pi\text{-}C_2H_4)PtCl_3]$	Trichloro-η^2-ethylenplatin(II);
$[(\pi\text{-}C_5H_5)_2Fe]$	Bis(η^2-cyclopentadienyl)eisen(0).

(iv) Die *Zahl der Metallatome eines Clusterzentrums* drückt man durch vorgesetzte griechische Zahlwörter aus, die *Anordnung der Metallatome* gegebenenfalls durch Präfixe wie *triangolo, tetrahedro, octahedro, hexahedro, antiprismo, dodecahedro, icosahedro* für trigonalen, tetraedrischen, oktaedrischen, kubischen, antikubischen dodekaedrischen, ikosaedrischen Bau, z. B.:

$[Co_4(\mu\text{-}CO)_3(CO)_9]$	Tri-μ-carbonyl-nonacarbonyl-*tetrahydro*-tetracobalt;
$[Mo_6(\mu_3\text{-}Cl)_8]Cl_4$	Octa-μ_3-chloro-*octahedro*-hexamolybdän(II)-tetrachlorid.

Stereoisomere. Die benachbarte bzw. nicht benachbarte Stellung zweier gleicher Liganden in einem quadratischen oder oktaedrischen Komplex wird durch die Vorsilbe *cis* bzw. *trans*[45], die Stellung dreier gleicher Liganden an den Ecken einer Oktaederfläche bzw. der drei Ecken einer Äquatorialfläche des Oktaeders durch die Vorsilben *fac* bzw. *mer*[45] angegeben (vgl. S. 1238).

$[Co(NH_3)_4Cl_2]Cl$	Tetraammin-*cis*- bzw. *trans*-dichlorocobalt(III)-chlorid;
$[RuCl_3py_3]$	*fac*- bzw. *mer*-Trichlorotris(pyridin)ruthenium(III).

Die Terme *dextro* oder *laevo* (Symbole *d* oder *l* bzw. (+) oder (−)) weisen andererseits auf eine rechte oder linke Drehung der Ebene des polarisierten Lichts bei Durchgang durch den zu benennenden Komplex.

Mit den Paräfixen *cis, trans, fac, mer* lassen sich komplizierter gebaute diastereomere Systeme nicht eindeutig beschreiben; auch sagt die Drehrichtung polarisierten Lichts nichts über die Struktur enantiomerer Systeme aus. Zur *systematischen Nomenklatur stereoisomerer Koordinationsverbindungen* setzt man dem Namen des betreffenden Isomers ML_n ein *Zeichensymbol* (in eckigen Klammern) voraus, das der Reihe nach aus folgenden vier Teilen besteht: 1. Symbol für die *Koordinationsgeometrie* von ML_n, 2. Zahlensymbol für die geometrische Anordung der Komplexliganden (*Konfigurationsnummer*), 3. Buchstabensymbol zur Charakterisierung der spiegelbildlichen Anordnung der Komplexliganden (*Chiralitätssymbol*), 4. Buchstabensymbol (in runden Klammern) zur Charakterisierung der *Ligandenkonfiguration*, falls notwendig.

Zu 1: Die Symbole für die Koordinationsgeometrie von ML_n bestehen aus den Anfangsbuchstaben des betreffenden Koordinationspolyeders (englischer Name) mit nachfolgender Angabe der Zahl n:

ML_2	linear	L-2	ML_7	pentagonal-bipyramidal	PB-7
	gewinkelt[46]	A-2		überkappt-oktaedrisch[46]	OCF-7
ML_3	trigonal-planar	TP-3		überkappt-trigonal prismatisch[46]	TPRS-7
	pyramidal	TPY-3			
ML_4	tetraedrisch	T-4	ML_8	kubisch	CU-8
	quadratisch-planar[46]	SP-4		quadratisch-antiprismatisch[46]	SA-8
ML_5	trigonal-bipyramidal	TB-5		dodekaedrisch[46]	DD-8
	quadratisch-pyramidal	SPY-5			
ML_6	oktaedrisch	OC-6	ML_9	dreifach-überkappt-trigonal-prismatisch	TPRS-9
	trigonal-prismatisch	TPR-6			

44 hapto von haptein (griech.) = befestigen.

45 *cis* (lat.) = dieselbe, *trans* (lat.) = jenseits; *fac* von facial (facies (lat.)) = Gesicht; *mer* (meridionalis (lat.)) = Nord-Süd-Richtung).

46 gewinkelt = angular; quadratisch = square; Fläche = face; in OCF bzw. TPRS weist F bzw. S auf eine Überkappung der oktaedrischen bzw. quadratischen Flächen.

Zu 2 und 3: Bei *tetraedrischen Komplexen* (keine Diastereomere) entfällt die Konfigurationsnummer, und das Chiralitätssymbol lautet R oder S (zur Bestimmung der Symbole vgl. S. 407; z. B. (+)- oder (−)-$Mn(CO)(NO)(PPh_3)(\pi\text{-}C_5H_5)$ = [T-4-R]- und [T-4-S]-Carbonyl-η^5-cyclopentadienylnitrosyltriphenylphosphanmangan). Bei *quadratisch-planaren Komplexen* (keine Enantiomere) entfällt das Chiralitätssymbol, und die Konfigurationsnummer ist gleich der Priorität des Liganden in *trans*-Stellung zum Liganden mit höchster Rangfolge (Priorität 1) nach der Cahn-Ingold-Prelogschen „*Sequenzregel*" („*CIP-Regel*"; vgl. S. 407). Für Beispiele vgl. Komplexe Ma_2b_2, Ma_2bc und Mabcd auf S. 411 (angenommene Priorität: a > b > c > d). Zur Festlegung der Konfigurationsnummern und des Chiralitätssymbols *oktaedrischer Komplexe* ML_6 unterteilt man letztere in die Hauptachse ML_2 und in die dazu senkrecht angeordnete quadratisch-planare Teilgruppe ML_4, wobei die Hauptachse stets den Liganden der Priorität 1 im CIP-System enthalten muß und – falls der Komplex mehrere Liganden der Priorität 1 aufweist – zusätzlich jenen von mehreren möglichen Liganden, dem die kleinste Priorität zukommt. Die zweizifferige Konfigurationsnummer besteht (i) aus der Priorität des Liganden in *trans*-Stellung zum Liganden höchster Priorität der Hauptachse ML_2 und (ii) aus der Priorität des Liganden in *trans*-Stellung zum Liganden höchster Priorität im quadratisch-planaren Teil ML_4. Zur Festlegung des Chiralitätssymbols oktaedrischer Komplexe mit einzähnigen und höchstens einem zweizähnigen Liganden betrachtet man den Komplex in Richtung der Hauptachse in der Weise, daß der Ligand höherer Priorität vor, der Ligand geringerer Priorität hinter dem asymmetrischen Metallzentrum angeordnet ist. Liegt nunmehr im quadratisch-planaren Teil ML_4 der Ligand höherer Priorität im Uhr- oder Gegenuhrzeigersinn neben dem Liganden höchster Priorität, so lautet das Chiralitätssymbol der Komplexe C oder A[47]. Die – nach anderen Regeln abgeleiteten – Chiralitätssymbole für oktaedrische Komplexe mit zwei oder drei zweizähnigen Liganden sind Δ oder Λ[47] (für Beispiele vgl. Komplexe Ma_4b_2, Ma_3b_3, $Ma_2b_2c_2$, $M(a^\wedge a)_3$, $M(a^\wedge a)_2b_2$ und $M(a^\wedge b^\wedge a^\wedge b)c_2$ auf S. 1238, 1239; angenommene Priorität: a > b > c).

Zu 4. Die Chiralität tetraedrischer oder pseudotetraedrischer Atome des Liganden L (Ligandenkonfiguration) wird durch die Symbole R oder S, die spiegelbildliche Konformation von Chelatringen durch die Symbole δ oder λ[47] charakterisiert.

2 Bindungsmodelle der Übergangsmetallkomplexe

Die chemische Bindung, Teil III[48]

Der Bindungszustand der Übergangsmetallkomplexe ML_n sowie daraus folgende Eigenschaften wie Komplexstabilität und -zusammensetzung, Koordinationsgeometrie, magnetisches und optisches Verhalten der Verbindungen lassen sich u. a. durch die „*Valenzstruktur-Theorie*" („*VB-Theorie*") sowie durch die „*Ligandenfeld-Theorie*" („*LF-Theorie*") erklären. Im Rahmen ersterer Theorie werden die Liganden L und das Metallzentrum M eines Komplexes durch *kovalente* ML-Bindungen miteinander verknüpft und die polaren Bindungsanteile in zweiter Näherung berücksichtigt, während letztere Methode von Komplexen mit rein *elektrovalenten* (elektrostatischen) Bindungskräften M und L ausgeht und erst in zweiter Näherung die kovalenten Bindungsanteile einführt. Durch die Ligandenfeld-Theorie ist eine mehr quantitative Beschreibung der Komplexverbindungen möglich geworden. Sie löst daher heute in diesem Bereich die – zunächst (bis 1950) ausschließlich genutzte – Valenzstruktur-Theorie, die mehr qualitativen Charakter besitzt, weitgehend ab. Noch besser lassen sich der Bindungszustand und die Eigenschaften von Komplexen durch die „*Molekülorbital-Theorie*" („*MO-Theorie*") erklären, welche die wesentlichen Merkmale der Valenzstruktur- und Ligandenfeld-Theorie in sich vereint.

VB- und LF-Theorie erweitern und vertiefen die „*Wernersche Theorie*" der Komplexe, welche im Rahmen postulierter Haupt- und Nebenvalenzen bereits einige Komplexeigenschaften wie Isomerie oder Leitfähigkeit richtig zu deuten gestattete (S. 1205), aber über die Natur der Nebenvalenzen keine Aussage machte und demzufolge Eigenschaften wie Zusammensetzung, Struktur, Stabilität, magnetisches und

[47] C von clockwise, A von anticlockwise (clock (engl.) = Uhr). Δ = D von dexter (lat.) = rechts, Λ = L von laevus (lat.) = links. Statt großer griechischer Buchstaben (Δ, Λ) zur Angabe der Metallkonfiguration verwendet man kleine griechische Buchstaben (δ, λ) zur Angabe der Chelatkonformation (vgl. Beispiel auf S. 1239).

[48] Teil I: S. 117; Teil II: S. 324.

optisches Verhalten der Komplexe nicht vorauszusagen vermochte. VB- und LF-Theorie erweitern auch insofern das „VSEPR-Modell" des Komplexbaus (S. 1225), als sie Erklärungen für Strukturen liefern, die – wie die quadratisch-planare Ligandenanordnung – nach dem VSEPR-Modell unerwartet sind. Andererseits vermag aber das VSEPR-Modell in vielen Fällen (insbesondere bei Komplexen mit unterschiedlichen und/oder mehrzähnigen Liganden) Strukturen vorherzusagen, in welchen eine Strukturdeutung mit Hilfe der VB- oder LF-Theorie nicht oder nur schwer möglich ist.

2.1 Valenzstruktur-Theorie der Komplexe[49)]

Nach der von W. Heitler und F. London im Jahre 1927 entwickelten und insbesondere durch J.C. Slater und L. Pauling ausgebauten **Valenzstruktur-Theorie (Valence-Bond-Theorie**, „*VB-Theorie*", „*Elektronenpaar-Theorie*") beruht die chemische Bindung zwischen dem Metallzentrum und einem Liganden eines Komplexes ML_n ähnlich wie die zwischen zwei Nichtmetallatomen einer Molekülverbindung (S. 129) darauf, daß sich die *Bindungspartner gemeinsam in ein Elektronenpaar teilen*. Nur stammt das Elektronenpaar nicht – wie bei den Nichtmetallverbindungen – hälftig von beiden, sondern im Sinne der Formulierung $M \leftarrow L$ vollständig von einem Bindungspartner. Dieses Bindungsmodell, wonach Komplexe Produkte Lewis-sauer wirkender Metallatome oder -ionen M und Lewis-basisch wirkender Liganden :L mit *kovalenten* (*koordinativen, dativen*) ML-Bindungen darstellen, wurde stillschweigend vielen Ausführungen im vorstehenden Kapitel zugrunde gelegt (vgl. z.B. die Formeln (a) bis (y), S. 1208f).

Die Modellvorstellungen eines kovalenten Komplexbaus ermöglichen in vielen Fällen die Vorhersage der Komplexzusammensetzung und -stabilität (vgl. Abschnitt 2.1.1); auch bewähren sie sich bei der Deutung der Struktur und des magnetischen Komplexverhaltens (vgl. Abschnitt 2.1.2), jedoch nicht bei der Deutung der Farbe von Komplexen.

2.1.1 Zusammensetzung und Stabilität von Komplexen

Edelgasregel. Die Komplexbildungstendenz der Übergangsmetalle hängt ähnlich wie die Tendenz der Nichtmetalle zur Verbindungsbildung in entscheidender Weise mit dem Bestreben dieser Elemente zusammen, durch die Vereinigung mit Bindungspartnern Edelgas-Elektronenschalen zu erlangen (**„Edelgasregel"**). Dies ist in besonderem Maße bei den CO-, NO-, CN-, Phosphan-, Arsan-, Isonitril- und vergleichbaren Komplexen sowie bei den metallorganischen π-Komplexen der Fall, wie der Tab. 103 entnommen werden kann, welche Beispiele für die Erlangung von Edelgasschalen für Metalle der 1., 2. und 3. Übergangsreihe durch Komplexbildung enthält.

Beispielsweise benötigt etwa das Eisenatom in den Oxidationsstufen -2, 0, $+2$ bzw. $+6$ (28, 26, 24 bzw. 20 Elektronen) 8, 10, 12 bzw. 16 Elektronen zur Erreichung der Kryptonschale von 36 Elektronen. Dem entsprechen z.B. die Komplexe $[Fe^{-II}(CO)_4]^{2-}$, $Fe^{0}(CO)_5$, $[Fe^{II}(CN)_6]^{4-}$ bzw. $[Fe^{VI}O_4]^{2-}$, in welchen die benötigten Elektronen durch vier, fünf, sechs Zweielektronen- bzw. durch vier Vierelektronen-Liganden bereitgestellt werden. In analoger Weise müssen z.B. beim Rhenium (75 Elektronen) zwecks Erreichung der Radonschale (86 Elektronen) in den Oxidationsstufen -1, $+1$, $+3$, $+5$ bzw. $+7$ fünf, sechs, sieben, acht bzw. neun Koordinationsstellen besetzt werden, was z.B. bei den Komplexen $[Re^{-I}(CO)_5]^-$, $[Re^{I}(CO)_6]^+$, $[Re^{III}H(\pi\text{-}C_5H_5)_2]$, $[Re^{V}(CN)_8]^{3-}$ bzw. $[Re^{VII}H_9]^{2-}$ der Fall ist. Ganz allgemein erwartet man nach der Edelgasregel für Metallatome oder -ionen mit d^0-, d^2-, d^4-, d^6-, d^8- und d^{10}-Elektronenkonfiguration Komplexe mit 9, 8, 7, 6, 5, 4 einzähnigen Liganden (z.B. $[Re^{VII}H_9]^{2-}$, $[Mo^{IV}(CN)_8]^{4-}$, $[Mo^{II}(CN)_7]^{5-}$, $[Co^{III}(CN)_6]^{3-}$, $[Ni^{II}(CN)_5]^{3-}$, $[Zn^{II}(CN)_4]^{2-}$). Koordinationszahlen > 6 (hohe Koordinationszahlen) treten hiernach bei Metallzentren mit vier oder weniger d-Elektronen auf.

Man kann den Inhalt der Tab. 103 auch durch die sogenannte **„18-Elektronen-Regel"** zum Ausdruck bringen, wonach *die vor einem Edelgas stehenden Übergangselemente* (vgl. Langperiodensystem im vorderen inneren Buchdeckel) *bestrebt sind, durch Aufnahme von Elek-*

49 **Literatur.** L. Pauling (Übers.: H. Noller). „*Die Natur der chemischen Bindung*" Verlag Chemie, Weinheim 1976.

Tab. 103 Komplexe von Metallen der 1., 2. und 3. Übergangsreihe (Bildung einer Krypton-, Xenon-, Radonschale mit 36, 54 bzw. 86 Elektronen)

28 + 8 = 36 (10 + 8 = 18)[a)]	**26 + 10 = 36** (8 + 10 = 18)[a)]	**24 + 12 = 36** (6 + 12 = 18)[a)]	**22 + 14 = 36** (4 + 14 = 18)[a)]
$[Mn^{-III}(CO)(NO)_3]$ $[Fe^{-II}(CO)_4]^{2-}$ $[Fe^{-II}(PF_3)_4]^{2-}$ $[Fe^{-II}(CO)_2(NO)_2]$ $[Co^{-I}(CO)_4]^-$ $[Co^{-I}(PF_3)_4]^-$ $[Co^{-I}(CO)_3(NO)]$ $[Ni^0(CO)_4]$ $[Ni^0(PF_3)_4]$ $[Ni^0(CN)_3(NO)]^{2-}$ $[Ni^0(CN)_4]^{4-}$ $[Ni^0(CNR)_4]$ $[Cu^I(CN)_4]^{3-}$ $[Zn^{II}Cl_4]^{2-}$	$[Cr^{-II}(CO)_5]^{2-}$ $[Mn^{-I}(CO)_5]^-$ $[Mn^{-I}(PF_3)_5]^-$ $[Fe^0(CO)_5]$ $[Fe^0(PF_3)_5]$ $[Fe^0(CO)_4(NH_3)]$ $[Fe^0(CO)_4(\pi\text{-}C_2H_4)]$ $[Fe^0(CO)_3(PR_3)_2]$ $[Fe^0(CO)_2(\pi\text{-}C_5H_5)]^-$ $[Co^I(CNR)_5]^+$ $[Co^IH(CO)_4]$ $[Co^I(CO)_2(\pi\text{-}C_5H_5)]$ $[Co^IH(N_2)(PR_3)_3]$ $[Ni^{II}(CN)_5]^{3-}$	$[V^{-I}(CO)_6]^-$ $[Cr^0(CO)_6]$ $[Cr^0(\pi\text{-}C_6H_6)_2]$ $[Cr^0(dipy)_3]$ $[Mn^I(CO)_6]^+$ $[Mn^I(CN)_6]^{5-}$ $[Mn^I(CO)_3(\pi\text{-}C_5H_5)]$ $[Fe^{II}(CN)_6]^{4-}$ $[Fe^{II}(\pi\text{-}C_5H_5)_2]$ $[Fe^{II}(CN)_5(NO)]^{2-}$ $[Co^{III}(CN)_6]^{3-}$ $[Co^{III}(NO_2)_6]^{3-}$ $[Co^{III}(NH_3)_6]^{3+}$ $[Ni^{IV}F_6]^{2-}$	$[V^{-I}(CO)_4(\pi\text{-Ar})]^+$ $[Cr^{II}H_2(CO)_5]$ $[Cr^{II}H(CO)_3(\pi\text{-}C_5H_5)]$ $[Cr^{II}(CO)_2(diars)_2X]^+$ **20 + 16 = 36** (2 + 16 = 18[a)] $[Ti^{II}(CO)_2(\pi\text{-}C_5H_5)_2]$ $[Cr^{IV}O_4]^{4-}$ $[Mn^VO_4]^{3-}$ $[Fe^{VI}O_4]^{2-}$
46 + 8 = 54 (10 + 8 = 18)[a)]	**42 + 12 = 54** (6 + 12 = 18)[a)]	**40 + 14 = 54** (4 + 14 = 18)[a)]	**36 + 18 = 54** (0 + 18 = 18)[a)]
$[Ru^{-II}(CO)_4]^{2-}$ $[Rh^{-I}(CO)_4]^-$ $[Rh^{-I}(PF_3)_4]^-$ $[Rh^{-I}(PF_3)_3(NO)]$ $[Pd^0(PF_3)_4]$ **44 + 10 = 54** (8 + 10 = 18)[a)] $[Mo^{-II}(CO)_5]^{2-}$ $[Tc^{-I}(CO)_5]^-$ $[Ru^0(CO)_5]$ $[Ru^0(PF_3)_5]$ $[Ru^0(CO)_3(PR_3)_2]$ $[Rh^IH_5]^{4-}$ $[Pd^{II}(diars)_2Cl]^+$	$[Nb^{-I}(CO)_6]^-$ $[Mo^0(CO)_6]$ $[Mo^0(PF_3)_6]$ $[Mo^0(\pi\text{-}C_6H_6)_2]$ $[Mo^0(CO)_3(\pi\text{-}C_5H_5)]^-$ $[Te^IH(CO)_5]$ $[Ru^{II}(NH_3)_6]^{2+}$ $[Ru^{II}(\pi\text{-}C_5H_5)_2]$ $[Ru^{II}(dipy)_2]^{2+}$ $[Ru^{II}(N_2)(NH_3)_5]^{2+}$ $[Rh^{III}(NH_3)_6]^{3+}$ $[Rh^{III}(\pi\text{-}C_6H_6)_2]^{3+}$ $[Rh^{III}Cl_3(PR_3)_3]$ $[Pd^{IV}Cl_6]^{2-}$	$[Nb^I(CO)_4(\pi\text{-}C_5H_5)]$ $[Mo^{II}(CNR)_7]^{2+}$ $[Mo^{II}H(CO)_3(\pi\text{-}C_5H_5)]$ $[Mo^{II}(CO)_3(\pi\text{-}C_5H_5)Cl]$ $[Mo^{II}(CO)_4Br_2]_2$ **38 + 16 = 54** (2 + 16 = 18)[a)] $[Mo^{IV}(CN)_8]^{4-}$ $[Mo^{IV}(CN)_4(CNR)_4]$ $[Mo^{IV}H_4(PR_3)_4]$ $[Mo^{IV}H(\pi\text{-}C_5H_5)_2]$ $[Ru^{VI}O_4]^{2-}$	$[Nb^V(\pi\text{-}C_5H_5)_2Br_3]$ $[Mo^{VI}(\pi\text{-}C_5H_5)_2H_3]^+$ $[Mo^{VI}O_3N]^{3-}$ $[Tc^{VII}H_9]^{2-}$
78 + 8 = 86 (10 + 8 = 18)[a)]	**74 + 12 = 86** (6 + 12 = 18)[a)]	**72 + 14 = 86** (4 + 14 = 18)[a)]	**68 + 18 + = 86** (0 + 18 = 18)[a)]
$[Os^{-II}(CO)_4]^{2-}$ $[Os^{-II}(PF_3)_4]^{2-}$ $[Ir^{-I}(CO)_4]^-$ $[Ir^{-I}(PF_3)_4]^-$ $[Pt^0(PF_3)_4]$ **76 + 10 = 86** (8 + 10 = 18)[a)] $[W^{-II}(CO)_5]^{2-}$ $[Re^{-I}(CO)_5]^-$ $[Os^0(CO)_5]$ $[Os^0(PF_3)_5]$ $[Ir^IH(CO)(PR_3)_3]$ $[Ir^I(O_2)Cl(PR_3)_2(CO)]$ $[Pt^{II}(SnCl_3)_5]^{3-}$	$[Ta^{-I}(CO)_6]^-$ $[W^0(CO)_6]$ $[W^0(\pi\text{-}C_6H_6)_2]$ $[Re^I(CO)_6]^+$ $[Re^I(CN)_6]^{5-}$ $[Re^I(\pi\text{-}C_6H_6)_2]$ $[Os^{II}(CN)_6]^{4-}$ $[Os^{II}(\pi\text{-}C_5H_5)_2]$ $[Os^{II}(N_2)(NH_3)_5]^{2+}$ $[Ir^{III}Cl_6]^{3-}$ $[Ir^{III}(\pi\text{-}C_6H_6)_2]^{3+}$ $[Pt^{IV}(NH_3)_6]^{4+}$ $[Pt^{IV}(CN)_6]^{2-}$ $[Pt^{IV}Cl_6]^{2-}$	$[Ta^I(CO)_4(\pi\text{-}C_5H_5)]$ $[W^{II}(CNR)_7]^{2+}$ $[W^{II}H(CO)_3(\pi\text{-}C_5H_5)]$ $[W^{II}(CO)_4Br_2]_2$ $[Re^{III}H(\pi\text{-}C_5H_5)_2]$ $[Re^{III}(CN)_7]^{4-}$ $[Os^{IV}H_4(PR_3)_3]$ **70 + 16 = 86** (2 + 16 = 18)[a)] $[W^{IV}(CN)_8]^{4-}$ $[W^{IV}H_2(\pi\text{-}C_5H_5)_2]$ $[Re^V(CN)_8]^{3-}$ $[Re^VH_2(\pi\text{-}C_5H_5)_2]^+$ $[Os^{VI}O_4]^{2-}$	$[Ta^VH_3(\pi\text{-}C_5H_5)_2]$ $[Ta^VCl_3(\pi\text{-}C_5H_5)_2]$ $[W^{VI}H_3(\pi\text{-}C_5H_5)_2]^+$ $[Re^{VII}H_9]^{2-}$ $[Re^{VII}O_3N]^{2-}$ $[Os^{VIII}O_3N]^-$

a) Die Klammerausdrücke beziehen sich auf die 18-Elektronen-Regel.

tronen bei der Komplexbildung die abgeschlossene äußere 18er-Gruppierung (Oktadezett $d^{10}s^2p^6$) *dieses Edelgases zu erlangen.* Diese von N.V. Sidgwick (1923) für die Übergangselemente aufgestellte „18-Elektronen-Regel" entspricht ganz der von G.N. Lewis (1916) für die Hauptgruppenelemente ausgesprochenen „8-Elektronenregel" (S. 118), wonach die vor (nach) einem Edelgas stehenden Hauptgruppenelemente (vgl. Langperiodensystem im vorderen inneren Buchdeckel) die Tendenz besitzen, durch Aufnahme (Abgabe) von Elektronen bei der Verbindungsbildung die abgeschlossene äußere 8er-Gruppierung (Oktett s^2p^6) dieses Edelgases zu erreichen.

Neben den zahlreichen Beispielen für Komplexe mit „edelgasartigen" Metallzentren gibt es allerdings auch viele Komplexe, bei denen für das Zentralmetall die nächsthöhere Edelgasschale unter- oder überschritten wird. Der Grund hierfür kann u.a. daher rühren, daß das Komplexzentrum als solches eine ungerade Elektronenzahl aufweist oder daß das Zentralmetall – sterisch bedingt – nicht ausreichend viele Liganden binden kann bzw. – elektrostatisch bedingt – mehr Liganden als notwendig addiert. Vielfach kann man beobachten, daß Komplexe, deren mit Liganden koordinierte Zentren im Vergleich mit einem Edelgas ein Plus oder Minus von Elektronen aufweisen, chemisch reaktionsfreudiger als die zugehörigen „Edelgaskomplexe" sind und als Reduktions- bzw. Oxidationsmittel oder als Lewisbasen bzw. -säuren wirken (vgl. hierzu auch Redoxadditionen und -eliminierungen, S. 129).

Beispielsweise wirkt der oktaedrische Komplex $[Fe^{III}(CN)_6]^{3-}$ (23 Elektronen von Fe^{3+} + 12 Elektronen von $6CN^-$ = 35 Elektronen für ligandenkoordiniertes Fe^{III} bzw. 5 Valenzelektronen von Fe^{3+} + 12 Elektronen von $6CN^-$ = 17 Außenelektronen für ligandenkoordiniertes Fe^{III}) als Oxidationsmittel, da er sich das zur Kryptonschale noch fehlende Elektron zu beschaffen und in den oktaedrischen Komplex $[Fe^{II}(CN)_6]^{4-}$ (24 + 12 = 36 Elektronen bzw. 6 + 12 = 18 Außenelektronen) überzugehen sucht ($[Fe^{III}(CN)_6]^{3-} + \ominus \rightarrow [Fe^{II}(CN)_6]^{4-}$; $\varepsilon_0 = +0.36$ V). Umgekehrt besitzt der dem beständigen oktaedrischen Komplex $[Co^{III}(CN)_6]^{3-}$ (24 + 12 = 36 Elektronen bzw. 6 + 12 = 18 Außenelektronen) entsprechende Komplex $[Co^{II}(CN)_6]^{4-}$ (25 + 12 = 37 Elektronen bzw. 7 + 12 = 19 Außenelektronen) eine so starke Tendenz zur Abspaltung des überschüssigen Elektrons ($\varepsilon_0 = -0.83$ V), daß beim Versuch seiner Darstellung aus Co^{2+} und CN^- in wäßriger Lösung statt seiner der Komplex $[Co^{III}(CN)_6]^{3-}$ unter H_2-Entwicklung ($2H^+ + 2\ominus \rightarrow H_2$) entsteht. Ähnliches gilt für den Komplex $[Cu^{II}(CN)_4]^{2-}$ (29 + 8 = 37 Elektronen bzw. 9 + 8 = 17 Außenelektronen), der sich bei seiner Darstellung aus Cu^{2+} und CN^- in wäßriger Lösung spontan in den tetraedrischen Komplex $[Cu^{I}(CN)_4]^{3-}$ (28 + 8 = 36 Elektronen bzw. 10 + 8 = 18 Außenelektronen) umwandelt, indem er CN^--Ionen zu freiem Dicyan oxidiert ($2CN^- \rightarrow (CN)_2 + 2\ominus$). Auch ein größeres Elektronendefizit läßt sich leicht mit Elektronen ausfüllen, wie die Reduktionsmöglichkeit des Komplexes $[Ni^{II}(CN)_4]^{2-}$ (26 + 8 = 34 Elektronen bzw. 8 + 8 = 16 Außenelektronen) zum Komplex $[Ni^{0}(CN)_4]^{4-}$ (28 + 8 = 36 Elektronen bzw. 10 + 8 = 18 Außenelektronen), sowie die Akzeptormöglichkeit von $[Ni^{II}(CN)_4]^{2-}$ für eine Cyanidgruppe (Bildung von $[Ni^{II}(CN)_5]^{3-}$ mit 26 + 10 = 36 Elektronen bzw. 8 + 10 = 18 Außenelektronen) zeigt. Eine andere Möglichkeit des Ausgleichs eines Elektronendefizits wählt der Komplex $[Mn^{0}(CO)_5]$ (25 + 10 = 35 Elektronen bzw. 7 + 10 = 17 Außenelektronen), der sich das zur Edelgasschale fehlende Elektron durch Dimerisierung unter Ausbildung einer kovalenten MnMn-Einfachbindung erwirbt: $[(CO)_5Mn{-}Mn(CO)_5]$ (Entsprechendes gilt für den isoelektronischen Komplex $[Co^{II}(CN)_5]^{3-}$, der dimer in Form von $[(CN)_5CoCo(CN)_5]^{6-}$ existiert). Im Falle des Komplexes $[V^{0}(CO)_6]$ (23 + 12 = 35 Elektronen bzw. 5 + 12 = 17 Außenelektronen) unterbleibt eine entsprechende Dimerisierung aus sterischen Gründen (Entsprechendes gilt für den isoelektronischen Komplex $[Fe^{III}(CN)_6]^{3-}$).

Elektronenneutralitätsregel. Pro addiertem Ligand mit freiem Elektronenpaar wird einem Zentralatom oder -ion bei Ausbildung einer kovalenten Bindung eine negative Formalladung zugeführt, was insbesondere bei hochkoordinierten Metallatomen oder -ionen in niedriger Oxidationsstufe zu einer nach der **Elektroneutralitätsregel** (S. 132) ungünstigen *Anhäufung negativer Formalladungen* auf dem Metallzentrum führen kann. Diese Ladungsanhäufung kann im Sinne des auf S. 160 Besprochenen durch induktiven sowie mesomeren Ladungsausgleich verringert werden. So erfährt der Komplex $[Ni^{0}(CO)_4]$ (28 + 8 = 36 Elektronen bzw. 10 + 8 = 18 Außenelektronen), in welchem Ni^0 die Formalladung 4− zukommt, dadurch eine Stabilisierung, daß das Nickel aus dem Vorrat seiner freien 3d-Elektronenpaare (vgl. Tab. 105, S. 1249) an die C-Atome der CO-Moleküle gemäß folgender Mesomerieformel Elektronenpaare rückkoordiniert („**π-Rückbindung**“, „*Rückgabebindung*“, „*back donation*“; vgl. S. 1209)[50)]:

$$\left[\begin{array}{c}{:}\overset{1+}{O}{\equiv}C\searrow\;\;\swarrow C{\equiv}\overset{1+}{O}{:}\\ \overset{4-}{Ni}\\ {:}\underset{1+}{O}{\equiv}C\nearrow\;\;\nwarrow C{\equiv}\underset{1+}{O}{:}\end{array}\;\longleftrightarrow\;\begin{array}{c}\dot{O}{=}C\leftrightarrows\;\;\rightleftarrows C{=}\dot{O}\\ Ni\\ \dot{O}{=}C\rightleftarrows\;\;\leftrightarrows C{=}\dot{O}\end{array}\right]$$

Ganz allgemein sind aus dem genannten Grunde zur Komplexbildung mit Übergangsmetallen in niedrigen Oxidationsstufen (null und darunter) nur solche Liganden geeignet, die Elektronenpaare seitens des Zentralatoms aufzunehmen vermögen. Derartige „*π-Akzeptor-Liganden*“ sind Liganden mit umstrukturierbaren Mehrfachbindungen wie Cyanid $C{\equiv}N^-$, Kohlenoxid $C{\equiv}O$, Fulminat $C{\equiv}NO^-$, Isonitril $C{\equiv}NR$, Acetylenid $C{\equiv}C^{2-}$, Nitrosyl $N{\equiv}O^+$ (Bildung von $d_\pi p_\pi$-Bindungen, vgl. S. 348) oder Liganden mit Schalenerweiterungsmöglichkeit wie PF_3, PR_3, $AsCl_3$, AsR_3 (Bildung von $d_\pi d_\pi$-Bindungen; vgl. S. 1272). Dagegen findet man keine Komplexbildung von Übergangsmetallen in niedriger Oxidationsstufe mit Liganden wie H_2O, R_2O, NH_3, NR_3, bei denen diese Voraussetzung zur Komplexstabilisierung durch *mesomeren Ladungsausgleich* mangels verfügbarer d-Orbitale am Ligator fehlen. Wohl aber vermögen solche Liganden mit Metallkationen – insbesondere höherwertigen – stabile Komplexe zu bilden, da hier naturgemäß infolge der positiven Ladung des Zentralions kleinere negative Formalladungen des letzteren im Gesamtkomplex auftreten, die sich zudem durch *induktiven Ladungsausgleich* auffangen lassen.

In Umkehrung der vom Metallzentrum ausgehenden Rückkoordinierung von Elektronenpaaren erfolgt, falls *positive Formalladungen* am Zentralmetall zu beseitigen sind, eine zusätzliche Elektronenpaar-Koordinierung von Liganden aus, der dann als „*Donator-Ligand*“ wirkt. So erreicht etwa das Ferrat-Ion $[Fe^{IV}O_4]^{2-}$ (ebenso z. B. $Ru^{VI}O_4^{2-}$, $Os^{VI}O_4^{2-}$) und das Nitridoosmat-Ion $[Os^{VIII}O_3N]^-$ (ebenso z. B. $Mo^{VI}O_3N^{3-}$, $Re^{VII}O_3N^{2-}$) durch Ausbildung solcher „**π-Hinbindungen**“ Edelgasstruktur:

$$\left[\overset{2+}{Fe}(\overset{1-}{O})_4 \leftrightarrow \overset{2-}{Fe}(O)_4\right]^{2-}\qquad\left[\overset{4+}{Os}(\overset{1-}{O})_3(\overset{2-}{N}) \leftrightarrow \overset{1-}{Os}(O)_3(N)\right]^{-}$$

Isolobal-Konzept[51)]. Aus der Regel vom Bestreben der Atome zur Erzielung einer Edelgaselektronenschale durch Verbindungsbildung („8- bzw. 18-Elektronenregel“) läßt sich folgender Sachverhalt ableiten: *Nichtmetall-Molekülfragmente EX_n und Übergangsmetall-Komplexfragmente ML_n, in welchen den Verbindungszentren gleich viele Elektronen zur Erreichung der nächst-höheren Edelgasschale fehlen, weisen ähnliche chemische Eigenschaften auf.* Demgemäß stabilisieren sich die isoelektronischen Fragmente $[Mn(CO)_5]$ oder $[Co(CN)_5]^{3-}$ mit jeweils 17 Außenelektronen des Metalls ähnlich wie die – im weiteren Sinne isoelektronischen – Radikale Cl, OH, NH_2, CH_3 mit jeweils 7 Außenelektronen des Nichtmetalls durch Dimerisierung (Bildung von $[(CO)_5Mn{-}Mn(CO)_5]$, $[(CN)_5Co{-}Co(CN)_5]^{6-}$, Cl—Cl, HO—OH, $H_2N{-}NH_2$, $H_3C{-}CH_3$) oder durch Elektronenaufnahme (Bildung von $[Mn(CO)_5]^-$, $[Co(CN)_5]^{4-}$, Cl^-, OH^-, NH_2^-, CH_3^- mit mehr oder weniger großem Basencharakter), wodurch sie 18 bzw. 8 Außenelektronen („Elektronen-Oktadezett“ bzw. „-Oktett“) für ihre Verbindungszentren erlangen. Fragmentpaare wie $[Mn(CO)_5]$/Cl oder $[Mn(CO)_5]/CH_3$ mit 17/7 Elektronen bzw. $[Fe(CO)_4]$/O oder $[Fe(CO)_4]/CH_2$ mit 16/6 Elektronen bzw. $[Co(CO)_3]$/N oder $[Co(CO)_3]$/CH mit 15/5 Elektronen stellen demnach **elektronisch äquivalente Gruppen** dar[52)].

Die chemische Ähnlichkeit elektronisch äquivalenter Fragmente beruht im wesentlichen darauf, daß die Zentren der betreffenden Gruppen eine übereinstimmende Anzahl bindungsbereiter Orbitale („*Grenzorbitale*“) ähnlicher Gestalt aufweisen (z. B.: $Mn(CO)_5$, $Fe(CO)_4$, $Co(CO)_3$ ein, zwei, drei d^2sp^3-Hybridorbitale und CH_3, CH_2, CH ein, zwei, drei sp^3-Hybridorbitale). Die Regel von den elektronisch äqui-

---

50 CO ist eine schwache Lewis-Base gegenüber σ-Akzeptoren (Beispiel: $H_3B \leftarrow CO$). Die Stabilität der Metallcarbonyle beruht insbesondere darauf, daß CO in ihnen sowohl als σ-Donor als auch als π-Akzeptor wirkt.

51 **Literatur.** R. Hoffmann: „*Brücken zwischen Anorganischer und Organischer Chemie*“, Angew. Chem. **94** (1982) 725–808; Int. Ed. **21** (1982) 711; F. G. A. Stone: „*Metall-Kohlenstoff- und Metall-Metall-Mehrfachbindungen als Liganden in der Übergangsmetallchemie: Die Isolobalbeziehung*“, Angew. Chem. **96** (1984) 85–96; Int. Ed. **23** (1984) 89.

52 Aufgrund der elektronischen Äquivalenz von Fragmenten wie $[Mn(CO)_5]$ mit Halogenen bzw. von Fragmenten wie $[Fe(CO)_4]$ mit Chalkogenen spricht man im Falle der Fragmente auch von Pseudohalogenen bzw. von Pseudochalkogenen und bezeichnet etwa $[Mn(CO)_5]^-$ als Pseudohalogenid (S. 668), $[Fe(CO)_4]^{2-}$ als Pseudochalkogenid.

valenten Gruppen läßt sich dementsprechend auch als Regel von den **isolobalen Gruppen**[53] wie folgt zum Ausdruck bringen: *Zwei Fragmente sind isolobal, wenn Anzahl, Symmetrieeigenschaften, Energie, Gestalt und Elektronenbesetzung ihrer Grenzorbitale vergleichbar sind*[54]. Im einzelnen bestehen u.a. die in Tab. 104 wiedergegebenen isolobalen Analogien. Isolobal mit CH_3 sind hiernach die Fragmente $Mn(CO)_5$, $Mn(PR_3)_5$, $MnCl_5^{5-}$, $CpCr(CO)_3$, $CpFe(CO)_2$ (jeweils 17 Metallaußenelektronen), isolobal mit CH_2 (oder CH_3^+) die Fragmente $Cr(CO)_5$, $Fe(CO)_4$, $Re(CO)_4^-$, CpRh(CO) (jeweils 16 Valenzelektronen) und isolobal mit CH (oder CH_2^+, CH_3^{++}) die Fragmente $Co(CO)_3$, $CpCr(CO)_2$ (jeweils 15 Außenelektronen). Es ist allerdings immer zu berücksichtigen, daß isolobale Gruppen in ihren Eigenschaften bestenfalls graduell ähnlich sind; sowohl die Fragmente selbst als auch ihre Folgeprodukte weisen demzufolge häufig unterschiedliche thermodynamische und kinetische Stabilitäten auf. Beispielsweise dimerisiert sich etwa CH_2 zwecks Erreichung einer Kohlenstoff-Edelgasschale zu stabilem Ethylen $H_2C{=}CH_2$, während das Dimerisierungsprodukt des isolobalen Fragments $[Fe(CO)_4]$, der Dieisenkomplex $[(CO)_4Fe{=}Fe(CO)_4]$, sehr instabil ist (stabil ist der Trieisenkomplex $[Fe(CO)_4]_3$, S. 1629).

Tab. 104 Isolobale Analogien

Valenz-elektronen	**Nichtmetallfragmente** (dazu Gruppenhomologe)	**Isolobale Übergangsmetallfragmente** d^x-ML_{n-m} [a]			
		$n = 5$	6	7	8
7 bzw. **17**	CH_3, NH_2, OH, F	d^9-ML_4	d^7-ML_5	d^5-ML_6	d^3-ML_7
6 bzw. **16**	CH_2, NH, O	d^{10}-ML_3	d^8-ML_4	d^6-ML_5	d^4-ML_6
5 bzw. **15**	CH, N		d^9-ML_3	d^7-ML_4	d^5-ML_5

a) x = Anzahl der d-Elektronen von M nach heterolytischer Abspaltung der n-m Zweielektronen-Ligatoren: $ML_{n-m} \rightarrow M + (n-m)L$ mit L z. B. Cl^-, R_2S, PR_3, CO, CN^-; $C_5H_5^-$ oder C_6H_6 entspricht drei Ligatoren; n = Koordinationszahl der Übergangsmetalle, auf die sich die isolobale Analogie aufbaut (in ML_n hat M Edelgaskonfiguration).

2.1.2 Struktur und magnetisches Verhalten von Komplexen

Nach den auf der Valenzstruktur-Theorie fußenden Vorstellungen von Linus Pauling („*Paulingsche Theorie der Komplexe*") müssen zwei Arten von d-Elektronenkonfigurationen der Zentralmetalle in Übergangsmetallkomplexen berücksichtigt werden, deren Ursache durch die später (S. 1250) zu behandelnde Ligandenfeld-Theorie gedeutet wird:

(i) Die Einzelelektronen in den d-Orbitalen des Zentralatoms rücken paarweise zusammen (vgl. Fig. 260, untere Reihe). Hierdurch werden innere d-Orbitale frei, die – nach Hybridisierung mit unbesetzten s- und p-Orbitalen der nächsthöheren Schale (vgl. Tab. 47, S. 358) – die Ligandenelektronen aufnehmen; zugleich erniedrigt sich der durch die Anzahl ungepaarter Elektronen gegebene Paramagnetismus (vgl. S. 1300) auf einen möglichst kleinen Wert. Dieser

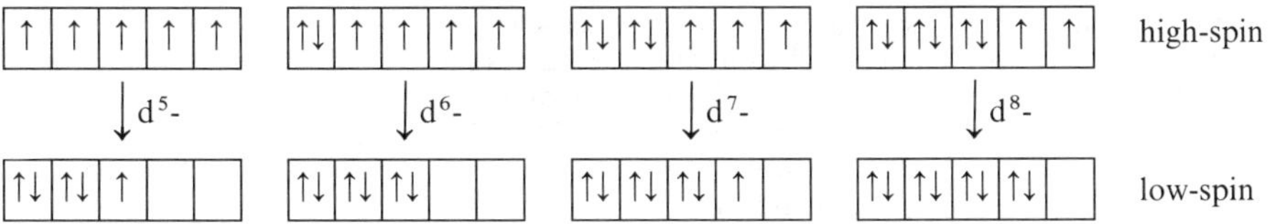

Fig. 260 Besetzung der fünf-d-Orbitale mit fünf bis acht Elektronen im high- bzw. low-spin Fall.

[53] lobos (griech.) bzw. lobe (engl.) = Lappen.

[54] **Geschichtliches.** Das im Jahre 1968 von J. Halpern erkannte Isolobal-Konzept (formal eine Erweiterung der Edelgasregel) wurde in der Folgezeit von L. F. Dahl, J. Ellis und anderen ausgearbeitet und schließlich von R. Hoffmann (Nobelpreis 1981) erweitert und verallgemeinert.

Fall liegt in der Tab. 105 etwa vor bei den Komplexen $[Fe^{II}(CN)_6]^{4-}$, $[Fe^{III}(CN)_6]^{3-}$, $[Fe^{III}(NH_3)_6]^{3+}$, $[Fe^0(CO)_5]$, $[Co^{II}(NO_2)_6]^{4-}$, $[Co^{III}(CN)_6]^{3-}$, $[Co^{III}(NH_3)_6]^{3+}$ und $[Ni^{II}(CN)_4]^{2-}$. Man bezeichnet Koordinationsverbindungen des erwähnten Typs als **low-spin-**, „*magnetisch-anomale*" oder „*inner-orbital*" Komplexe (früher auch: „*Durchdringungskomplexe*").

(ii) Es erfolgt keine Elektronenpaarbildung (kein Zusammenrücken von Elektronen) in den d-Orbitalen (vgl. Fig. 260, obere Reihe), so daß der normale Paramagnetismus der Metallzentren erhalten bleibt und gegebenenfalls äußere d-Orbitale für eine Hybridisierung und Aufnahme von Ligandenelektronen genutzt werden müssen. Dieser Fall liegt in der Tab. 105 etwa vor bei den Komplexen $[Fe^{II}(H_2O)_6]^{2+}$, $[Fe^{III}F_6]^{3-}$, $[Fe^{III}(H_2O)_6]^{3+}$, $[Co^{II}(H_2O)_6]^{2+}$, $[Co^{III}F_6]^{3-}$, $[Co^{III}(H_2O)_6]^{3+}$, $[Ni^{II}Cl_4]^{2-}$ und $[Ni^{II}(H_2O)_6]^{2+}$. Man bezeichnet Koordinationsverbindungen dieses Typs als **high-spin-**, „*magnetisch-normale*" oder „*outer-orbital*" Komplexe (früher auch „*Anlagerungskomplexe*").

Bei gegebener Anzahl von Liganden und bekannter Oxidationsstufe des Zentralmetalls lassen sich bei Berücksichtigung der Regeln (i) und (ii) sowie der Edelgasregel *Struktur und Magnetismus betrachteter Komplexe voraussagen und miteinander korrelieren.*

So erwartet man nach der Paulingschen Komplextheorie und der Regel, daß Zentralmetalle durch Ligandenkoordination Edelgasschalen exakt oder wenigstens angenähert erreichen, für Fe^{2+} (sechs d-Elektronen), Fe^{3+} (fünf d-Elektronen) und Co^{3+} (sechs d-Elektronen) eine *Sechsfachkoordination* ($6 + 12 = 18$ bzw. $5 + 12 = 17$ Außenelektronen) und zudem sowohl im low- als auch high-spin-Fall *gleichen* (nämlich oktaedrischen) Komplexbau. Im low-spin Fall liegt hierbei d^2sp^3-Hybridisierung vor (inner orbital Komplexe), und Fe^{II} sowie Co^{III} besitzen dann null, Fe^{III} ein ungepaartes Elektron, entsprechend einem Paramagnetismus von 0 bzw. ca. 2 Bohrschen Magnetonen, während sich im high-spin-Fall sp^3d^2-Hybridisierung ergibt (outer orbital Komplexe) und Fe^{II} sowie Co^{III} vier, Fe^{III} fünf ungepaarte Elektronen aufweisen, entsprechend einem Paramagnetismus von ca. 5 bzw. 6 Bohrschen Magnetonen (vgl. hierzu die low-spin Komplexe $[Fe^{II}(CN)_6]^{4-}$, $[Fe^{III}(CN)_6]^{3-}$, $[Co^{III}(CN)_6]^{3-}$ und die high-spin-Komplexe $[Fe^{II}(H_2O)_6]^{2+}$, $[Fe^{III}F_6]^{3-}$, $[Co^{III}F_6]^{3-}$ in Tab. 105).

Für *vierfach koordiniertes*, „ungesättigtes" Ni^{2+} ($8 + 8 = 16$ Außenelektronen) erwartet man andererseits nach der Paulingschen Theorie *unterschiedlichen* Komplexbau der magnetisch anomalen und -normalen Komplexe, nämlich diamagnetische, quadratisch-planare low-spin-Komplexe (dsp^2-Hybridisierung) und paramagnetische, tetraedrische high-spin-Komplexe (sp^3-Hybridisierung). Paulings „*magnetisches Kriterium der Bindungsart*" ließ sich wiederum experimentell bestätigen (vgl. $[Ni^{II}(CN)_4]^{2-}$ und $[Ni^{II}Cl_4]^{2-}$ in Tab. 105; man kennt Ni^{II}-Komplexe, die sowohl in der quadratisch-planaren, magnetisch-anomalen als auch in der tetraedrischen, magnetisch-normalen Form existieren; vgl. S. 1236). Vierzählige, „gesättigte" Ni^0-Komplexe ($10 + 8 = 18$ Außenelektronen) sind nach Pauling in Übereinstimmung mit dem Experiment ähnlich wie vierzählige Cu^+-Komplexe ($10 + 8 = 18$ Außenelektronen) nur tetraedrisch strukturiert (vgl. $[Ni^0(CO)_4]$ und $[Cu^I(CN)_4]^{3-}$ in Tab. 105). Auch sollte sechszähliges, „übersättigtes" Ni^{2+} ($8 + 12 = 20$ Außenelektronen) bei oktaedrischer Ligandenanordung ausschließlich high-spin Komplexe bilden (sp^3d^2-Hybridisierung, vgl. $[Ni^{II}(H_2O)_6]^{2+}$ in Tab. 105), da im low-spin-Fall die Zahl freier d-Orbitale nicht für eine d^2sp^3-Hybridisierung ausreicht. Letzteres ist in der Tat die Regel (die „*Lifschitzschen Salze*" $Ni^{II}en_2X_2$ liegen in Abhängigkeit von den Reaktionsbedingungen entweder als gelbe bis rote, magnetisch-anomale (diamagnetische), quadratisch-planare Komplexe des Typs $[Ni^{II}en_2]^{2+}2X^-$ oder als grüne bis blaue, magnetisch-normale (paramagnetische) oktaedrische Komplexe des Typs $[Ni^{II}en_2X_2]$ vor). Möglich ist bei low-spin Ni^{II}-Komplexen allerdings eine zu fünfzähligem, „gesättigtem" Ni^{2+} ($8 + 10 = 18$ Außenelektronen) führende dsp^3-Hybridisierung (trigonal-bipyramidale oder quadratisch-pyramidale Ligandenanordnung). Letztere wird etwa für $[Ni(CN)_5]^{3-}$ und auch im Falle von low-spin-Komplexen mit Fe^0 ($8 + 10 = 18$ Außenelektronen) aufgefunden (vgl. $[Fe(CO)_5]$ in Tab. 105; low-spin $[Ni^{II}(CN)_6]^{4-}$ existiert erwartungsgemäß nicht).

Aus ähnlichen Gründen wie bei sechsfach koordiniertem Ni^{2+} (s. oben) können auch für sechsfach koordiniertes Co^{2+} ($7 + 12 = 19$ Außenelektronen) nur oktaedrische high-spin-Komplexe existieren (vgl. $[Co^{II}(H_2O)_6]^{2+}$ in Tab. 105). Tatsächlich sind aber auch einige oktaedrische low-spin-Komplexe wie $[Co(NO_2)_6]^{4-}$ bekannt. Hierin zeigt sich eine von mehreren Schwächen[54a)] der Paulingschen Komplextheorie, da die von Pauling angebotene Erklärung einer – aus energetischen Gründen nicht sinnvollen – Überführung eines d-Elektrons in eine höhere Schale (vgl. Tab. 105) unbefriedigend ist. Entsprechendes

---

[54a] Eine weitere Schwäche der Pauling-Theorie besteht z. B. in der nicht ohne weiteres möglichen Berücksichtigung elektronisch angeregter Zustände von Komplexen. Als Folge hiervon läßt sich die Farbe von Komplexen nicht deuten.

Tab. 105 Elektronenkonfiguration von M in Komplexen ML_n und räumlicher Bau von ML_n [a)]

Komplexe ML_n^{p+}	Elektronenanordnung von M												Bau von ML_n	Magnetismus von M [f)]		
	3p	3d					4s	4p			4d			Art	$\mu_B^{gef.}$	$\mu_B^{ber.}$
Fe^{2+}		↑↓	↑	↑	↑	↑								para	5.2	4.90
Fe^{3+}		↑	↑	↑	↑	↑								para	5.9	5.92
$[Fe^{II}(H_2O)_6]^{2+}$		↑↓	↑	↑	↑	↑	↑↓	↑↓	↑↓	↑↓	↑↓	↑↓	oktaedrisch	para	5.0	4.90
$[Fe^{II}(CN)_6]^{4-}$		↑↓	↑↓	↑↓	↑↓	↑↓	↑↓	↑↓	↑↓	↑↓			oktaedrisch	dia	0.0	0.00
$[Fe^{III}F_6]^{3-}$ [b)]		↑	↑	↑	↑	↑	↑↓	↑↓	↑↓	↑↓	↑↓	↑↓	oktaedrisch	para	5.9	5.92
$[Fe^{III}(CN)_6]^{3-}$ [c)]		↑↓	↑↓	↑	↑↓	↑↓	↑↓	↑↓	↑↓	↑↓			oktaedrisch	para	2.3	1.73
$[Fe^0(CO)_5]$		↑↓	↑↓	↑↓	↑↓	↑↓	↑↓	↑↓	↑↓	↑↓			trigonal-bipyramidal	dia	0.0	0.00
Co^{2+}		↑↓	↑↓	↑	↑	↑								para	4.4	3.87
Co^{3+}		↑↓	↑	↑	↑	↑								para	5.2	4.90
$[Co^{II}(H_2O)_6]^{2+}$		↑↓	↑↓	↑	↑	↑	↑↓	↑↓	↑↓	↑↓	↑↓	↑↓	oktaedrisch	para	5.0	3.87
$[Co^{II}(NO_2)_6]^{4-}$		↑↓	↑↓	↑↓	↑↓	↑↓	↑↓	↑↓	↑↓	↑↓	↑		oktaedrisch	para	1.9	1.73
$[Co^{III}F_6]^{3-}$ [d)]		↑↓	↑	↑	↑	↑	↑↓	↑↓	↑↓	↑↓	↑↓	↑↓	oktaedrisch	para	5.3	4.90
$[Co^{III}(CN)_6]^{3-}$ [e)]		↑↓	↑↓	↑↓	↑↓	↑↓	↑↓	↑↓	↑↓	↑↓			oktaedrisch	dia	0.0	0.00
Ni^{2+}		↑↓	↑↓	↑↓	↑	↑								para	3.2	2.83
$[Ni^{II}(H_2O)_6]^{2+}$		↑↓	↑↓	↑↓	↑	↑	↑↓	↑↓	↑↓	↑↓	↑↓	↑↓	oktaedrisch	para	3.2	2.83
$[Ni^{II}Cl_4]^{2-}$		↑↓	↑↓	↑↓	↑	↑	↑↓	↑↓	↑↓	↑↓			tetraedrisch	para	3.2	2.83
$[Ni^{II}(CN)_4]^{2-}$		↑↓	↑↓	↑↓	↑↓	↑↓	↑↓	↑↓	↑↓				quadratisch	dia	0.0	0.00
$[Ni^0(CO)_4]$		↑↓	↑↓	↑↓	↑↓	↑↓	↑↓	↑↓	↑↓	↑↓			tetraedrisch	dia	0.0	0.00
Cu^+		↑↓	↑↓	↑↓	↑↓	↑↓								dia	0.0	0.00
Cu^{2+}		↑↓	↑↓	↑↓	↑↓	↑								para	1.8	1.73
$[Cu^I(CN)_4]^{3-}$		↑↓	↑↓	↑↓	↑↓	↑↓	↑↓	↑↓	↑↓	↑↓			tetraedrisch	dia	0.0	0.00
$[Cu^{II}(NH_3)_4]^{2+}$		↑↓	↑↓	↑↓	↑↓	↑↓	↑↓	↑↓	↑↓	↑			quadratisch	para	1.9	1.73
Kryptonschale		↑↓	↑↓	↑↓	↑↓	↑↓	↑↓	↑↓	↑↓	↑↓				dia	0.0	0.00

a) Jedes Orbital ist durch ein Kästchen dargestellt. Grau unterlegte Kästchen stellen die zur Komplexbildung herangezogenen Hybridorbitale dar. Die in den Kästchen eingetragenen Pfeile symbolisieren die in den Orbitalen enthaltenen Elektronen. – **b)** Analog: $[Fe(H_2O)_6]^{3+}$. – **c)** Analog: $[Fe(NH_3)_6]^{3+}$. – **d)** Analog: $[Co(H_2O)_3F_3]$. – **e)** Analog: $[Co(H_2O)_6]^{3+}$, $[Co(NH_3]_6]^{3+}$. – **f)** Vgl. Kapitel über Magnetismus, S. 1300.

gilt für die quadratisch-planar gebauten Komplexe von vierfach koordiniertem Cu^{2+} (9 + 8 = 17 Außenelektronen; vgl. $[Cu(NH_3)_4]^{2+}$ in Tab. 105), für die nach dem Valence bond Formalismus tetraedrische Struktur (sp^3-Hybridisierung) zu erwarten wäre.

2.2 Ligandenfeld-Theorie der Komplexe[55]

Die von H. Bethe sowie J.H. van Vleck um 1930 für *Übergangsmetallsalze* entwickelte **Kristallfeld-Theorie** („*CF-Theorie*"), welche durch die Arbeiten von F.E. Ilse und H. Hartmann (ab 1951) als **Ligandenfeld-Theorie** („*LF-Theorie*") Eingang zur bindungstheoretischen Behandlung der *Übergangsmetall-Komplexe* gefunden hat, betrachtet zwecks Deutung des magnetischen Verhaltens (Unterkapitel 2.2.1), der Struktur und Stabilität (2.2.2) und der Lichtabsortionseigenschaften (2.2.3) der Koordinationsverbindungen ML_n in erster Näherung ausschließlich die *elektrostatische Wirkung der als Punktladungen behandelten Liganden L auf den Energiezustand der äußeren d-Orbitale des Komplexzentrums M*[56]. Diese Wirkung ist, wie nachfolgend auseinandergesetzt wird, ganz verschieden, je nachdem ob es sich um ein oktaedrisches, tetraedrisches, quadratisches, trigonal-bipyramidales oder anderes **Ligandenfeld** handelt.

2.2.1 Energieaufspaltung der d-Orbitale im Ligandenfeld. Magnetisches Verhalten der Komplexe

Allgemeines. Da nach der Ligandenfeld-Theorie der chemische *Zusammenhalt* eines positiv geladenen *Metallzentrums* M^{m+} mit seinen n negativ geladenen oder polarisierten *Liganden L* – ähnlich wie der Zusammenhalt der Kationen und Anionen eines Salzes – auf *elektrostatischen* (*elektrovalenten, heteropolaren*) Ionen/Ionen- oder Ionen/Dipol-Beziehungen beruht, ergibt sich die im Zuge der *Komplexbildung* $M^{m+} + nL \rightarrow ML_n^{m+}$ insgesamt nach außen *abgeführte potentielle Energie* E_p – wie die der Salzbildung (S. 120) – als Summe zweier Energieanteile, nämlich dem auf *elektrostatischer Anziehung* zwischen M^{m+} und den n Liganden beruhenden *gewinnbaren Energieanteil* E'_p und dem auf *elektrostatischer Abstoßung* zwischen den Liganden untereinander sowie zwischen der Elektronenhülle von M^{m+} und den n Liganden beruhenden *aufzuwendenden Energieanteil* $E''_p = \varepsilon' + \varepsilon$ (vgl. Fig. 261).

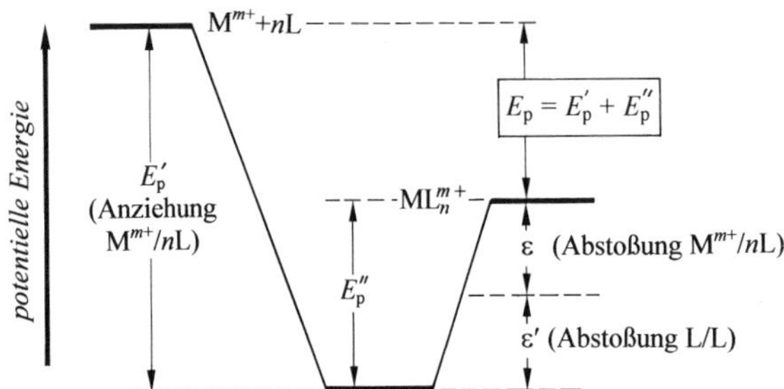

Fig. 261 Energie E_p sowie Energieanteile E'_p und $E''_p = \varepsilon' + \varepsilon$ der Bildung von Komplexen ML_n^{m+} aus positiv geladenen Metallzentren M^{m+} und n negativ geladenen oder polarisierten Liganden am Punkte minimaler Energie E_p (vgl. Fig. 47, S. 121 und bezüglich des ML_n^{m+}-Energieniveaus die Fig. 263–267).

[55] **Literatur.** B.N. Figgis: „*Ligand Field Theory*" in Comprehensiv Coord. Chem., Pergamon, Oxford 1987, S. 213–279; H.L. Schläfer, G. Gliemann: „*Einführung in die Ligandenfeldtheorie*", Akad. Verlagsges., Wiesbaden 1980 (vgl. auch: „*Basic Principles of Ligand Field Theory*", Wiley, New York 1969); J.K. Burdett: „*A New Look at Structure and Bonding in Transition Metal Complexes*", Adv. Inorg. Radiochem. **21** (1978) 113–146; F. Kober: „*Grundlagen der Komplexchemie*", Sauerländer, Frankfurt 1979; C.K. Jørgensen: „*Modern Aspects of Ligand Field Theory*", North-Holland Publ., Amsterdam 1971; T.M. Dunn, E.S. McClure, R.G. Pearson: „*Some Aspects of Ligand Field Theory*", Harper, New York 1965; C.J. Ballhausen: „*Introduction to Ligand Field Theory*", McGraw-Hill, New York 1962; J.K. Beattie: „*Dynamics of Spin Equilibria in Metal Complexes*", Adv. Inorg. Chem. **32** (1988) 2–53.

[56] Die Kristallfeld-Theorie betrachtet in analoger Weise den Einfluß des durch benachbarte (nächste, übernächste, überübernächste) Ionen verursachten „*Kristallfeldes*" auf die äußeren d-Elektronen eines herausgegriffenen Übergangsmetallkations. Vielfach wird die rein elektrostatische Bindungstheorie der Komplexe – in mißverständlicher Weise – ebenfalls als Kristallfeld-Theorie bezeichnet, und man spricht erst dann von Ligandenfeld-Theorie (oder erweiterter Kristallfeld-Theorie), wenn neben elektrostatischen auch gewisse kovalente Wechselwirkungen zwischen den Metallzentren und den Liganden berücksichtigt werden.

Beispielsweise betragen die errechneten Werte E'_p, ε' und ε für die Bildung von $Fe(H_2O)_6^{3+}$ aus Fe^{3+} und $6H_2O$ gleich -4974, 1206 und 1080 kJ/mol Komplex-Kation. Damit ergibt sich für die Komplexbildungsenergie: $E_p = E'_p + \varepsilon' + \varepsilon = -4974 + 1206 + 1080 = -2688$ kJ/mol (experimenteller Wert: -2916 kJ/mol).

Die Ligandenfeld-Theorie befaßt sich nun ausschließlich mit dem Energieanteil ε der Abstoßung zwischen der Elektronenhülle von M^{m+} und den n Liganden am Punkte minimaler Energie E_p (vgl. Fig. 45, S. 121) und untersucht die Wirkung der Liganden, die – in grober Vereinfachung – als punktförmige Ladungen behandelt werden, auf die äußeren d-Elektronen der Übergangsmetallkomplexzentren (die Ligandenwirkung auf Elektronen der inneren Schalen der Übergangsmetalle ist vernachlässigbar klein, die Wirkung auf äußere f-Elektronen mindestens 100mal kleiner als die auf äußere d-Elektronen).

Da die fünf d-Orbitale ($d_{x^2-y^2}$, d_{z^2}, d_{xy}, d_{xz}, d_{yz}) eines unkomplexierten, also ligandenfreien Zentralatoms energiegleich („*entartet*") sind, werden sie nach dem Prinzip der größten Multiplizität (1. Hundsche Regel, S. 99) zunächst einzeln mit Elektronen gleichen Spins, dann – unter Aufwendung der Spinpaarungsenergie (S. 1253) – doppelt mit Elektronen entgegengesetzten Spins besetzt:

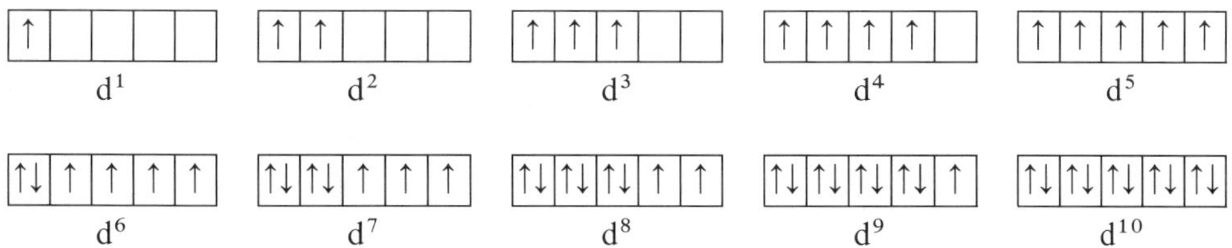

Das Einbringen des betreffenden Zentralatoms oder -ions in ein (hypothetisches) *kugelsymmetrisches Ligandenfeld* führt zu einer gleich großen Erhöhung der Energie jedes der fünf d-Orbitale um den Betrag ε. Damit bleiben die d-Zustände nach wie vor entartet. Letzteres ist jedoch bei Einwirkung eines *nicht-kugelsymmetrischen* (z. B. oktaedrischen, tetraedrischen, quadratischen) *Ligandenfeldes* keineswegs der Fall: die mehr oder weniger große abstoßende Wirkung des Ligandenfeldes auf Elektronen der Komplexzentren in unterschiedlichen d-Orbitalen führt hier dazu, daß einige der fünf Metall-d-Orbitale entsprechend der vorgegebenen Ligandenfeldsymmetrie energetisch stärker, andere energetisch weniger stark angehoben werden. Für die **Energieaufspaltung** der d-Orbitale gilt hier der **Energieschwerpunkt-Satz** (Satz von der „*Erhaltung der Summe der Orbitalenergien*"), wonach die *mittlere Energie der fünf d-Orbitale im nicht-sphärischen Ligandenfeld gleich der (entarteten) Energie dieser Orbitale in einem sphärischen Ligandenfeld gleicher Stärke* ist (vgl. z. B. Fig. 262).

Oktaedrisches Ligandenfeld. Art der d-Orbitalenergieaufspaltung. Nähern sich sechs negativ geladene (oder polarisierte) Liganden in Richtung der drei Raumkoordinaten x, y und z einem Zentralatom mit d-Orbitalen, so ist die von dem Liganden auf die d-Elektronen ausgeübte Abstoßungskraft wegen der räumlich verschiedenen Anordnung der fünf d-Orbitale (vgl. S. 331) verschieden. Da die Orbitale $d_{x^2-y^2}$ und d_{z^2} ihre *größte Elektronendichte längs der x-, y- und z-Achse* haben, werden die zugehörigen Elektronen durch die Liganden stärker abgestoßen und damit energiereicher als die Elektronen der Orbitale d_{xy}, d_{xz} und d_{yz}, deren *größte Elektronendichte zwischen den Koordinatenachsen* liegt und die daher von den Liganden weiter entfernt sind. Es kommt mit anderen Worten zur Aufspaltung der fünf energiegleichen d-Zustände in *zwei Gruppen von d-Orbitalen*, von denen die energiereichere Gruppe die (entarteten) Orbitale $d_{x^2-y^2}$ und d_{z^2} (e_g-Zustände[57]), die energieärmere die (entarteten) Orbitale d_{xy}, d_{xz} und d_{yz} (t_{2g}-Zustände[57]) umfaßt (Fig. 262). Die Energieaufspaltung zwischen beiden Gruppen beträgt $\Delta_0 \hat{=} 10$ Dq Energieeinheiten[58], wobei der Energiezuwachs der energierei-

57 Die Bezeichnungen e_g, t_{2g} bzw. e, t_2 (in der älteren Literatur auch d_γ und d_ε) stammen aus der Gruppentheorie.

58 Die Indizes o, q, t, c weisen darauf hin, daß es sich um eine Aufspaltung im oktaedrischen, quadratischen, tetraedrischen, kubischen Ligandenfeld handelt.

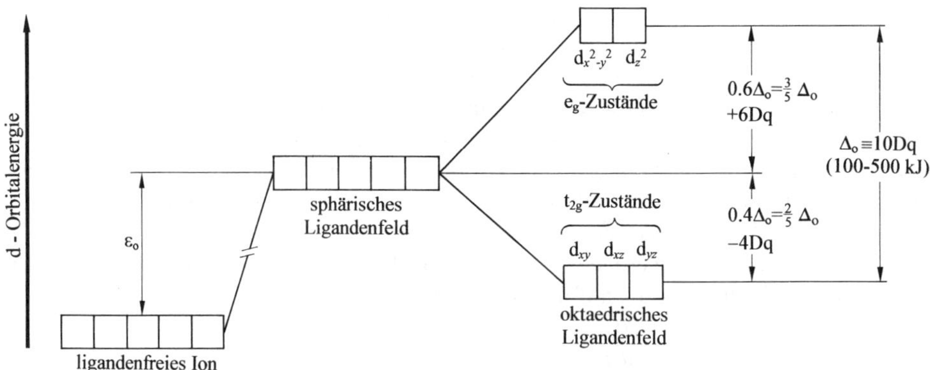

Fig. 262 Aufspaltung der fünf energiegleichen d-Zustände eines Zentralatoms oder -ions in zwei energieverschiedene d-Gruppen im oktaedrischen Ligandenfeld[57, 58] (vgl. Fig. 261).

cheren Zustände gegenüber dem Ausgangszustand (sphärisches Ligandenfeld) $\frac{3}{5}\Delta_0 = 0.6\,\Delta_0 \mathrel{\hat{=}} 6\,\mathrm{Dq}$ und der Energieabfall der energieärmeren Zustände $\frac{2}{5}\Delta_o = 0.4\,\Delta_o \mathrel{\hat{=}} 4\,\mathrm{Dq}$ beträgt. Die Koeffizienten $\frac{3}{5}$ und $\frac{2}{5}$ bzw. 0.6 und 0.4 bzw. 6 und 4 resultieren im vorliegenden Fall daraus, daß nach dem Energieschwerpunktsatz (s. oben) der *Energiegewinn gleich dem Energieverlust* sein muß und ersterer sich auf zwei, letzterer auf drei Orbitale verteilt ($\frac{3}{5} \times 2 = \frac{2}{5} \times 3$ bzw. $0.6 \times 2 = 0.4 \times 3$ bzw. $6 \times 2 = 4 \times 3$).

Größe der d-Orbitalaufspaltung. Das Ausmaß der zwischen 100 und 500 kJ/mol variierenden, u.a. aus optischen Spektren (S. 1264) oder Gitterenergien (S. 120) bestimmbaren Energieaufspaltung $\Delta_o = 10\,\mathrm{Dq}$ hängt von der Natur sowohl der Komplexzentren als auch Komplexliganden ab (darüber hinaus spielt die Zahl und geometrische Anordnung der Liganden – hier sechs, oktaedrisch – eine Rolle).

(i) *Komplexzentren*: Bei *gegebenen Liganden* und gleicher Oxidationsstufe der Übergangsmetalle sind die Änderungen von Δ_0 innerhalb einer *Übergangsmetall-Periode gering*, *innerhalb einer Übergangsmetall-Gruppe beachtlich*. Und zwar verhalten sich die Δ_0-Werte der ersten, zweiten und dritten Übergangsperiode bei vergleichbaren Koordinationsverbindungen etwa wie 1 : 1.5 : 2. Mit wachsender Oxidationsstufe des Zentralmetalls erhöht sich Δ_0 ebenfalls stark (z. B. beim Übergang $Cr^{2+}(d^4) \rightarrow Mn^{3+}(d^4)$ um 50 %), da in gleicher Richtung die Liganden wegen der stärkeren elektrostatischen Anziehung näher an das Metallzentrum herankommen, wodurch die Störung der d-Orbitale durch das Ligandenfeld steigt. Die Reihenfolge wachsender Orbitalenergieaufspaltung einiger Metalle in wichtigen Oxidationsstufen durch ein bestimmtes Ligandenfeld („*spektrochemische Reihe der Metallionen*") ist gegeben durch:

$$Mn^{2+} < Ni^{2+} < Co^{2+} < Fe^{2+} < V^{2+} < Fe^{3+} < Cr^{3+} < V^{3+} < Co^{3+} < Ti^{3+}$$
$$< Ru^{2+} < Mn^{4+} < Mo^{3+} < Rh^{3+} < Ru^{3+} < Pd^{4+} < Ir^{3+} < Re^{4+} < Pt^{4+}.$$

(ii) *Liganden*: Bei *gegebenem Zentralmetall* hängt die Energieaufspaltung Δ_0 in starkem Maße von der Art der Liganden ab. Und zwar erhöht sich Δ_o, wenn man bei gegebenem Komplexzentrum einen Liganden der nachfolgenden Reihe (**spektrochemische Reihe** im engeren Sinn; „*spektrochemische Reihe der Liganden*") durch einen rechts davon stehenden Liganden mit stärkerem Ligandenfeld ersetzt:

$$I^- < Br^- < S^{2-} < SCN^- < Cl^- < N_3^- < F^- < NCO^- < OH^- < \mathbf{O}NO^- < ox^{2-}$$
$$< H_2O < \mathbf{N}CS^- < \mathbf{N}C^- < py < NH_3 < en < dipy < phen < \mathbf{N}O_2^- < \mathbf{C}NO^- < CN^- < CO.$$

Die in der Reihe links stehenden Liganden erzeugen mithin ein *schwaches Ligandenfeld*, die rechts stehenden Liganden ein *starkes Ligandenfeld*.

Die Bezeichnung „*spektrochemische Reihe*" rührt daher, daß man die Größe Δ_0 z. B. aus spektroskopischen Ergebnissen ableiten kann. So absorbiert etwa das Titan-Ion Ti^{3+} (ein d-Elektron) im Komplex $[Ti(H_2O)_6]^{3+}$ bei Bestrahlung mit sichtbarem Licht Photonen der Energie $h\nu \approx \Delta_o$, die zum „Heben" des d-Elektrons vom energieärmeren t_{2g}- in den energiereichen e_g-Zustand dienen. Dies gibt Veranlassung zu einer Absorptionsbande im sichtbaren Bereich des Spektrums (490 nm ≙ 20300 cm^{-1}), die für die *violette Farbe* des Ions verantwortlich ist und einer Aufspaltungsenergie Δ_0 von 243 kJ/mol entspricht, also einer Energie von der Größenordnung chemischer Bindungsenergien. Die Tatsache, daß das *hellblaue* Kupfersulfat-Hydrat (Absorptionsmaximum bei 800 nm ≙ 12500 cm^{-1}) beim Auflösen in Ammoniak *tiefblau* (Absorption bei 600 nm ≙ 16600 cm^{-1}) und beim Entwässern *farblos* wird (Absorption bei 1000 nm), ist darauf zurückzuführen, daß sich die Absorptionsbande beim Übergang vom H_2O-Ligandenfeld zum stärkeren NH_3-Ligandenfeld ($[Cu(H_2O)_6]^{2+} \rightarrow [Cu(NH_3)_4(H_2O)_2]^{2+}$) nach kleineren, beim Übergang zum schwächeren SO_4^{2-}-Ligandenfeld nach größeren Wellenlängen (ins Infrarot hinein) verschiebt. Ganz allgemein verlagert sich eine Absorptionsbande nach kürzeren Wellenlängen, d. h. „*hypsochrom*", wenn man bei gegebenem Komplexzentrum einen Liganden der spektrochemischen Reihe durch einen rechts davon stehenden ersetzt, während in umgekehrter Reihenfolge der Liganden eine „*bathochrome*" Verschiebung der Absorptionsbande nach längeren Wellenlängen erfolgt (für Einzelheiten vgl. S. 1264).

Nachfolgend sind Δ_0-Werte (in kJ/mol) einiger typischer *Komplexe zwei-* bzw. *dreiwertigen Chroms, Mangans, Eisens, Cobalts* und *Iridiums* wiedergegeben (vgl. hierzu die oben wiedergegebenen spektrochemischen Reihen der Metallionen und Liganden):

$[Cr^{II}(H_2O)_6]^{2+}$	166	$[Cr^{III}(NH_3)_6]^{3+}$	258	$[Fe^{II}(CN)_6]^{4-}$	395	$[Co^{III}(NH_3)_6]^{3+}$	274
$[Cr^{III}Cl_6]^{3-}$	158	$[Mn^{II}(H_2O)_6]^{2+}$	93	$[Fe^{III}(H_2O)_6]^{3+}$	164	$[Co^{III}(CN)_6]^{3-}$	401
$[Cr^{III}F_6]^{3-}$	182	$[Mn^{III}(H_2O)_6]^{3+}$	251	$[Co^{II}(H_2O)_6]^{2+}$	111	$[Ir^{III}Cl_6]^{3-}$	299
$[Cr^{III}(H_2O)_6]^{3+}$	208	$[Fe^{II}(H_2O)_6]^{2+}$	124	$[Co^{III}(H_2O)_6]^{3+}$	218	$[Ir^{III}(NH_3)_6]^{3+}$	490

Ersichtlicherweise erhöht sich hiernach die Energieaufspaltung Δ_0 beim Auswechseln der anionischen Liganden Cl^-, F^- durch die Dipolmoleküle H_2O, NH_3 oder des Moleküls H_2O (größeres Dipolmoment) durch NH_3 (kleineres Dipolmoment), was bei ausschließlichem Vorliegen elektrostatischer Wechselbeziehungen zwischen Komplexzentren und Liganden unverständlich ist. Tatsächlich läßt sich die spektrochemische Reihe der Liganden nur bei Vorliegen gewisser kovalenter Bindungsanteile deuten (vgl. S. 1269). Demgemäß bewirken Liganden wie CO, CN^-, CNO^-, CCH^-, NO_2^-, die – im Sinne der VB-Theorie – Rückbindungen vom Metall zum Liganden (M ⇄ L) ausbilden können, eine stärkere Aufspaltung als Liganden wie I^-, Br^-, F^-, N_3^-, bei denen dies nicht der Fall ist oder bei denen – wie bei O^{2-}, NH_2^- – die zusätzliche Bindung umgekehrt vom Liganden zum Metall hin (M ⇇ L) erfolgt[59].

Magnetisch-normale und -anomale Komplexe. Je nachdem, ob die Energieaufspaltung $\Delta_0 = 10\,Dq$ im oktaedrischen Ligandenfeld klein oder groß ist, entspricht die Einordnung der d-Elektronen in die fünf d-Orbitale (**d-Elektronenkonfiguration**, „*Spinsystem*") der auf S. 1251 wiedergegebenen Weise (kleines Δ_o) oder weicht davon ab (großes Δ_o). Die Abweichungen können allerdings nur in den Fällen d^4, d^5, d^6 und d^7 auftreten, da bei $\mathbf{d^1}$, $\mathbf{d^2}$ und $\mathbf{d^3}$ (Besetzung der drei ersten d-Orbitale mit je einem Elektron) und bei $\mathbf{d^8}$, $\mathbf{d^9}$ und $\mathbf{d^{10}}$ (Elektronenpaarung in den drei letzten d-Orbitalen) die *Orbitalbesetzung unabhängig vom Energieinhalt beider Orbitalgruppen in gleicher Weise* erfolgen muß (vgl. Fig. 263, erste und letzte Spalte). In den Fällen $\mathbf{d^4}$, $\mathbf{d^5}$, $\mathbf{d^6}$ und $\mathbf{d^7}$ ist dagegen die *Orbitalbesetzung nur bei kleinem* Δ_0 *die gleiche wie beim ligandenfreien Ion, bei großem* Δ_0 *aber davon verschieden*, weil dann unter Spinpaarung zunächst die wesentlich energieärmeren t_{2g}- und erst anschließend die wesentlich energiereicheren e_g-Zustände besetzt werden (vgl. Fig. 263, zweite und dritte Spalte). Da die Spinpaarung Energie erfordert, erfolgt sie naturgemäß erst, wenn die Aufspaltungsenergie Δ_o größer ist als die „**Spinpaarungsenergie**" („*Paarbildungsenergie*") P[60].

---

59 Δ_0 ergibt sich nach C. K. Jørgensen näherungsweise als Produkt von Feldfaktoren g_M und f_L der Metallzentren M und Liganden L: $\Delta_0 = g_M f_L$. Will man Δ_0 in kJ erhalten dann beträgt: g_M = 96 (Mn^{2+}), 104 (Ni^{2+}), 120 (Co^{2+}), 144 (V^{2+}), 167 (Fe^{3+}), 208 (Cr^{3+}), 218 (Co^{3+}), 239 (Ru^{2+}), 294 (Mo^{3+}), 323 (Rh^{3+}), 283 (Ir^{3+}), 431 (Pt^{4+}); f_L = 0.72 (Br^-), 0.73 (**S**CN^-), 0.78 (Cl^-), 0.83 (N_3^-), 0.9 (F^-), 0.99 (ox^{2-}), 1.00 (H_2O), 1.02 (**N**CS^-), 1.15 (**N**C^-), 1.25 (NH_3), 1.7 (**C**N^-).

60 Die Spinpaarungsenergie P besteht aus zwei Anteilen: (i) der *natürlichen Abstoßung von zwei Elektronen* im gleichen Orbital sowie (ii) dem *Verlust an Elektronenaustauschenergie* im Zuge der Elektronenpaarung (Grundlage der 1. Hundschen Regel, S. 99). Typische Werte für P [kJ/mol] sind für ligandenfreie Ionen etwa folgende (in komplexierten Ionen erniedrigt sich P infolge kovalenter ML-Bindungsanteile um 15–30%):

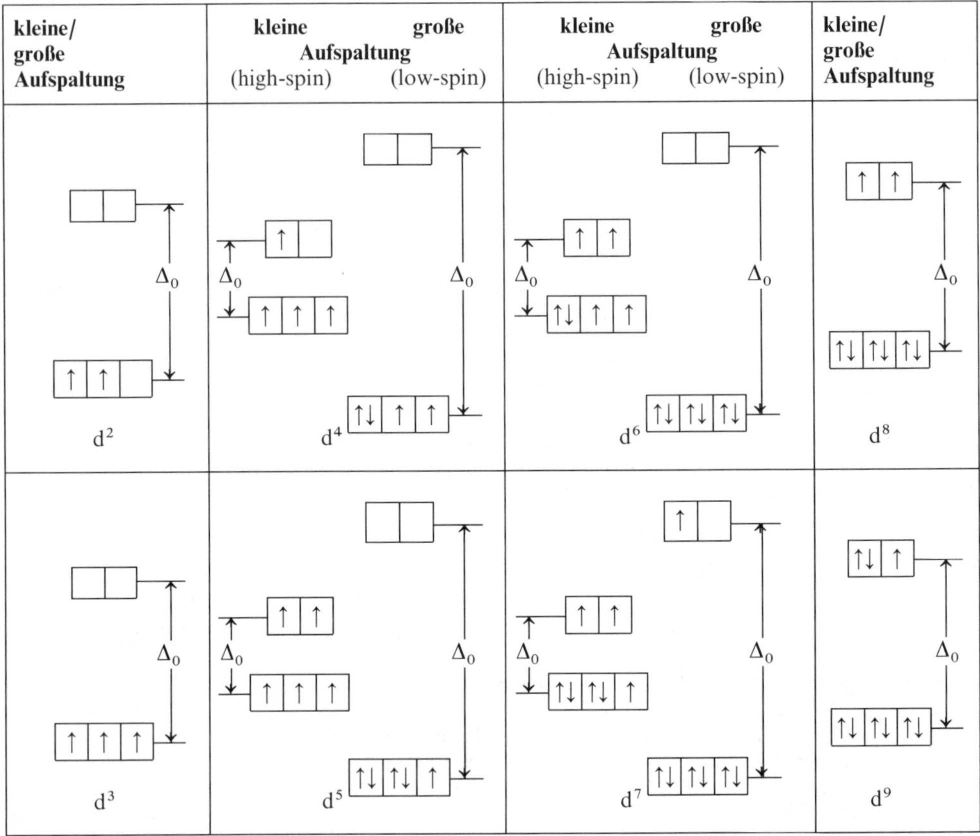

Fig. 263 Mögliche Konfigurationen von Metallzentren mit zwei bis neun d-Elektronen im oktaedrischen Ligandenfeld.

Die unterschiedliche d-Elektronenkonfiguration beeinflußt naturgemäß die **magnetischen Eigenschaften** der betreffenden Komplexe, da der Paramagnetismus von Verbindungen mit der Zahl ungepaarter Elektronen wächst (S. 1305). Bei schwacher energetischer Aufspaltung der d-Orbitale (größere Zahl ungepaarter Elektronen) erhält man daher Komplexe mit großem Elektronenspin („*magnetisch-normale*", „*high-spin*-"Komplexe), bei starker energetischer Aufspaltung (Paarung ungepaarter Elektronen) Komplexe mit kleinem Spin („*magnetisch anomale*", „*low-spin*-"Komplexe). Hinsichtlich der Zahl ungepaarter Komplex-Elektronen und dem damit verbundenen Paramagnetismus der Komplexe kommen hierbei die Ligandenfeld-Theorie und die Valenzstruktur-Theorie (vgl. Tab. 105, S. 1249) insgesamt zu vergleichbaren Ergebnissen.

Liganden am Anfang der spektrochemischen Reihe (schwache Ligandenfelder) erzeugen high-spin-, Liganden am Ende der Reihe (starke Ligandenfelder) low-spin-Komplexe. Hiernach bilden bei gegebenem Metall z. B. die Liganden „Halogeno", „Hydroxo", „Nitrito" und „Aqua" bevorzugt high-spin-, die Liganden „Carbonyl", „Cyano", „Nitro" und „Ammin" bevorzugt low-spin-Komplexe. Dabei erfolgt der Übergang vom high- zum low-spin-Komplex ML_6 für Liganden innerhalb der spektrochemischen

---

$P = 281$ (Cr^{2+}, d^4), 335 (Mn^{3+}, d^4), 305 (Mn^{2+}, d^5), 359 (Fe^{3+}, d^5),
211 (Fe^{2+}, d^6), 251 (Co^{3+}, d^6), 269 (Co^{2+}, d^7).

Ersichtlicherweise wächst P für isoelektronische Ionen mit deren Ladung, während P innerhalb einer Reihe gleichgeladener Ionen (Cr^{2+}, Mn^{2+}, Fe^{2+}, Co^{2+} bzw. Mn^{3+}, Fe^{3+}, Co^{3+}) bei d^5-Elektronenkonfiguration besonders groß ist (Grund für die auffallende Stabilität halbbesetzter d-Unterschalen).

Ligandenreihe relativ früh (spät), wenn das Metallzentrum am Anfang (am Ende) der spektrochemischen Metallionenreihe steht. So bildet etwa das am Anfang der Reihe stehende „zweiwertige Mangan" Mn^{2+} (fünf d-Elektonen) in der Regel high-spin-Komplexe, weil seine Ionenladung von 2+ keine starken Ligandenfelder erzeugt (kleines Δ_o) und seine Elektronenkonfiguration (halbbesetzte d-Unterschale) unter allen möglichen Elektronenbesetzungen die größte Spinpaarungsenergie (großes P) bedingt. Nur Liganden wie CN^- mit den stärksten Feldern führen hier zu low-spin-Komplexen. Das mit Mn^{2+} isoelektronische „dreiwertige Eisen" Fe^{3+} (fünf d-Elektronen) widerstrebt einer Spinpaarung noch stärker als Mn^{2+} [60], doch begünstigt die höhere Ionenladung von 3+ die Erzeugung stärkerer Ligandenfelder in solchem Maße, daß auch Liganden wie NH_3 mit mittleren Feldern zur Bildung von low-spin-Komplexen führen können ($[Fe(H_2O)_6]^{3+}$ liegt im Unterschied zu $[Fe(NH_3)_6]^{3+}$ noch in der high-spin-Form vor). Beim Übergang von Fe^{3+} zum benachbarten und gleichgeladenen „dreiwertigen Cobalt" Co^{3+} (sechs d-Elektronen) wächst die Tendenz zur Bildung von low-spin-Komplexen wegen der stark verminderten Spinpaarungsenergie[60] nochmals so drastisch an, daß umgekehrt high-spin-Komplexe zur Ausnahme werden und nur bei Liganden wie F^- mit sehr schwachem Feld entstehen ($[Co(H_2O)]^{3+}$ liegt im Unterschied zu $[CoF_6]^{3-}$ bzw. $[Co(H_2O)_3F_3]$ noch in der low-spin-Form vor). Da der Wechsel von Co^{3+} zum elektronenreicheren „zweiwertigen Cobalt" Co^{2+} (sieben d-Elektronen) sowohl mit einer Erhöhung der Spinpaarungsenergie[60] als auch einer Minderung der Tendenz zur Erzeugung starker Ligandenfelder (kleinere Ionenladung) verbunden ist, bildet Co^{2+} wiederum bevorzugt high-spin-Komplexe. Wegen der beachtlichen Erhöhung von Δ_0 beim Ersatz eines Komplexzentrums durch das „schwerere Gruppenhomologe" treten oktaedrische Komplexe von Metallen der zweiten und dritten Übergangsperiode – anders als jene von Metallen der ersten Übergangsperiode – auch im schwachen Ligandenfeld praktisch ausschließlich in der low-spin-Form auf.

Tetraedrisches Ligandenfeld. Auch im tetraedrischen Ligandenfeld tritt wie im oktaedrischen eine Aufspaltung der fünf energiegleichen d-Orbitale in *zwei energieverschiedene Gruppen von d-Orbitalen* auf, doch sind hier wegen der sich in diesem Fall tetraedrisch (zwischen den Koordinatenachsen) nähernden Liganden die d_{xy}-, d_{xz}- und d_{yz}-Orbitale (t_2-Zustände[57]) gemäß Fig. 264 energiereicher als die $d_{x^2-y^2}$- und d_{z^2}-Orbitale (e-Zustände[57]). Auch ist natürlich der Energiebetrag ε – d.h. die beim Überführen eines ligandenfreien Ions in ein kugelsymmetrisches Ligandenfeld aufzubringende Elektronenabstoßungsenergie – im tetraedrischen Feld von nur 4 Liganden kleiner als im oktaedrischen Feld von 6 Liganden ($\varepsilon_t < \varepsilon_0$).

Da die *d-Orbitalenergieaufspaltung* Δ_t[58] bei Gleichheit von Komplexzentren und Liganden im tetraedrischen Ligandenfeld weniger als halb so groß ist wie die im oktaedrischen ($\Delta_t = 4/9\ |\Delta_o| \triangleq 4.45$ Dq), kennt man bis jetzt noch kein gesichertes Beispiel eines tetraedrischen low-spin d^3-, d^4-, d^5- und d^6-Komplexes (nur bei d^3-, d^4-, d^5-, d^6-Elektronenkonfiguration könnte die Orbitalbesetzung mit Elektronen bei großer Energieaufspaltung Δ_t anders als im feldfreien Zustand sein[61]). Somit sind *nur magnetisch-normale (high-spin-)Komplexe mit Tetraedersymmetrie* zu berücksichtigen.

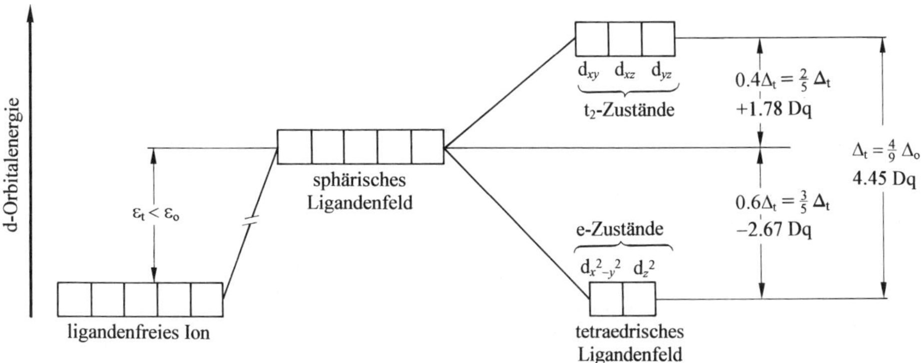

Fig. 264 Aufspaltung der fünf energiegleichen d-Zustände eines Zentralatoms oder -ions in zwei energieverschiedene d-Gruppen im tetraedrischen Ligandenfeld[57, 58] ($\Delta_o \triangleq 10$ Dq; vgl. auch Fig. 261).

61 Daß man tetraedrische low-spin-Komplexe selbst unter günstigsten Bedingungen (starkes Ligandenfeld, kleine Spinpaarungsenergie) nicht beobachtet, beruht u.a. darauf, daß dann andere Ligandenanordnungen bevorzugt werden.

Ein **kubisches Ligandenfeld** führt zur gleichen d-Orbitalenergieaufspaltung wie ein tetraedrisches, nur ist Δ_c[58] bei Gleichheit von Komplexzentrum und Liganden doppelt so groß wie im tetraedrischen Ligandenfeld ($\Delta_c = 2\Delta_t = 8/9\,|\Delta_o| \triangleq 8.50$ Dq). Dies rührt daher, daß eine kubische Koordination (Besetzung aller 8 Ecken eines Würfels mit Liganden) durch Entfernen der Hälfte der Liganden in eine tetraedrische Koordination (Besetzung jeder übernächsten Ecke eines Würfels mit Liganden) übergeht.

Quadratisches Ligandenfeld. Entfernt man aus einem oktaedrischen Komplex ML_6 zwei *trans*-ständige, auf der *z*-Achse lokalisierte Liganden, so gelangt man über *quadratisch-bipyramidale* Komplexe ML_6 (Liganden an den Ecken eines *tetragonal-verzerrten*, d.h. *gestreckten Oktaeders*) schließlich zu *quadratisch-planar* gebauten Koordinationsverbindungen ML_4. In gleicher Richtung erniedrigt sich gemäß Fig. 265 der Energieschwerpunkt der d-Orbitale ($\varepsilon_q < \varepsilon_o$; vgl. hierzu den Übergang vom Oktaeder zum Tetraeder), und es vergrößert sich die *d-Orbital-Energieaufspaltung* ($\Delta_q > \Delta_o$[58]), wobei die beiden Gruppen von d-Orbitalen im oktaedrischen Ligandenfeld (e_g- und t_{2g}-Zustände) jeweils zusätzlich in zwei Untergruppen aufspalten. Dies rührt daher, daß die elektrostatische Abstoßung für Elektronen in d-Orbitalen mit *z*-Komponente hinsichtlich der Liganden abnimmt, was eine Erniedrigung der Energie der d_{xz}- und d_{yz}-Orbitale (nunmehr entartete e_g-Zustände) und – in besonderem Maße – des d_{z^2}-Orbitals (a_{1g}-Zustand) zur Folge hat, während die Abstoßung der Elektronen im $d_{x^2-y^2}$-Orbital (b_{1g}-Zustand) sowie d_{xy}-Orbital (b_{2g}-Zustand) hinsichtlich der Liganden und damit die Energie der betreffenden d-Elektronen anwächst, weil 4 Liganden im quadratischen Komplex ML_4 dichter an das Metallzentrum heranrücken als 6 Liganden im oktaedrischen Komplex ML_6 (M und L jeweils gleich). Das Aufspaltungsschema der d-Orbitale im quadratischen Ligandenfeld veranschaulicht die Fig. 265 (Kästchen, rechte Seite).

Das *Ausmaß der Energieaufspaltung* Δ_q hängt wiederum von Art und Ladung des Metallions sowie von der Natur der Liganden ab. Die relative Energieaufspaltung des $d_{x^2-y^2}$ und d_{xy}-Orbitals ändert sich jedoch beim Übergang von oktaedrisch- zu quadratisch-gebauten Komplexen (M und L jeweils gleich) nicht. Dagegen ist die relative energetische Lage des d_{xz}-,

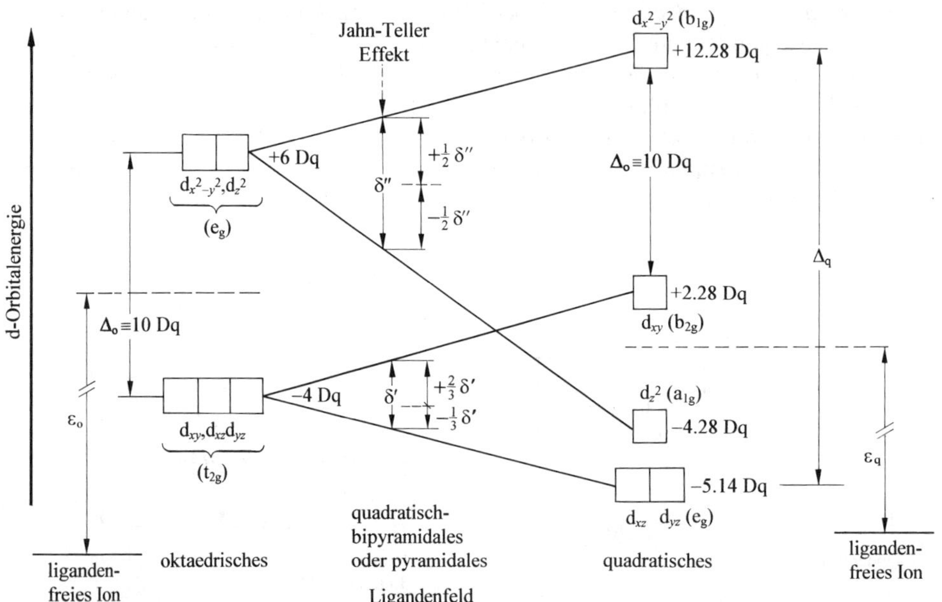

Fig. 265 Energieaufspaltung der d-Zustände eines Zentralatoms oder -ions beim Übergang vom oktaedrischen zum quadratisch-planaren Ligandenfeld (Zwischenzustand: gestreckt quadratisch-bipyramidales bzw. -pyramidales Ligandenfeld). Energieschwerpunkte der d-Orbitale gestrichelt[57, 58] (vgl. auch Fig. 262). Die Dq-Angaben beziehen sich auf Metalle der 1. Übergangsreihe und sind auch da nur Näherungswerte. (Bezüglich des *Jahn-Teller-Effekts* vgl. S. 1262)

d_{yz}- und d_{z^2}-Orbitals von der Art der Komplexpartner abhängig. Variables Energieverhalten kommt insbesondere dem d_{z^2}-Orbital zu, das bei quadratischem Ligandenfeld energetisch etwas höher (Regelfall), aber auch tiefer (z. B.: im Falle von $PtCl_4^{2-}$) als die entarteten d_{xz}- und d_{yz}-Orbitale liegen kann (vgl. hierzu Legende von Fig. 265).

Für Elektronenkonfigurationen d^5 bis d^8 der quadratisch strukturierten Komplexe sind jeweils Möglichkeiten der Elektronenanordung mit größerem oder kleinerem Gesamtspin denkbar (da die Energieaufspaltung der Zustände d_{xy}, d_{xz}, d_{yz}, d_{z^2} immer kleiner als die Spinpaarungsenergie ist, werden die betreffenden Orbitale zunächst mit bis zu vier ungepaarten Elektronen gefüllt; das fünfte d-Elektron kann dann unter Spinpaarung ein e_g-Orbital oder – ungepaart – das $d_{x^2-y^2}$-Orbital besetzen). Tatsächlich wurden bisher *nur magnetisch-anomale* (*low-spin*) *d^5- bis d^8-Komplexe mit quadratisch-planarer Symmetrie* aufgefunden[62].

Quadratisch-planare Komplexe werden insbesondere von Metallzentren mit d^8-Elektronenkonfiguration (Co/Rh/Ir(I), Ni/Pd/Pt(II), Cu/Ag/Au(III); S. 1228) gebildet. Beispiele sind etwa die Komplexe $[Ni(CN)_4]^{2-}$, $[PdCl_4]^{2-}$, $[Pt(NH_3)_4]^{2+}$, $AuCl_4^-$, die alle magnetisch anomales Verhalten aufweisen und dementsprechend diamagnetisch sind. In letzteren Fällen werden daher die zwei ungepaarten Elektronen der ligandenfeldfreien (paramagnetischen) Metallionen Ni^{2+}, Pd^{2+}, Pt^{2+}, Au^{3+} (vgl. S. 1251) bei Bildung der quadratischen (diagmagnetischen) Komplexe gepaart im energieärmeren d_{xy}-Orbital aufgenommen, so daß das energiereichste $d_{x^2-y^2}$-Orbital frei bleibt (die übrigen sechs d-Elektronen der Metallionen befinden sich gepaart in den drei energieärmsten Orbitalen: d_{xz}, d_{yz}, d_{z^2}).

Hinsichtlich des magnetischen Verhaltens von quadratisch- sowie tetraedrisch-gebauten d^8-Komplexen kommen somit die Valenzstruktur- und die Ligandenfeld-Theorie zu gleichen Ergebnissen, obwohl beide Theorien von völlig verschiedenen Voraussetzungen (kovalentes und elektrovalentes Bindungsmodell) ausgehen: Tetraedrische d^8-Komplexe sind paramagnetisch (zwei ungepaarte Elektronen), quadratische diamagnetisch (0 ungepaarte Elektronen), wobei die acht Elektronen bei quadratischer Koordination die Orbitale d_{xy}, d_{xz}, d_{yz}, d_{z^2} besetzen, und das $d_{x^2-y^2}$-Orbital in anderer Weise – als Teil einer dsp^2-Hybridisierung (VB-Theorie) oder als unbesetztes, auf die Liganden gerichtetes Orbital (LF-Theorie) – genutzt wird. Zum Unterschied von der VB-Theorie, die bei quadratischer Koordination ausschließlich diamagnetische Komplexe zuläßt, sind im Rahmen der LF-Theorie auch paramagnetische Komplexe denkbar[62].

Quadratisch-pyramidales sowie trigonal- oder pentagonal-bipyramidales Ligandenfeld. Oktaedrische Komplexe ML_6 können durch Abspaltung eines Liganden unter Änderung der *d-Orbitalenergieaufspaltung* des Metallzentrums sowohl in quadratisch-pyramidal- oder trigonal-bipyramidal-gebaute Komplexe, durch Anlagerung eines Liganden u. a. in pentagonal-bipyramidale Komplexe übergehen (vgl. Fig. 266). Überführt man hierbei den Oktaeder durch Entfernung eines auf der *z*-Achse lokalisierten Liganden in eine quadratische Pyramide, so erniedrigt sich die Energie des Metall d_{z^2}-Orbitals beachtlich (Verminderung der Elektronen-Ligand-Abstoßung in Richtung der *z*-Achse; vgl. hierzu auch Fig. 265), wandelt man ihn durch Abspaltung eines in der *xy*-Ebene lokalisierten Liganden in eine trigonale Bipyramide um, so erniedrigt sich insbesondere die Energie des Metall-$d_{x^2-y^2}$-Orbitals (Verminderung der Elektronen-Ligand-Abstoßung innerhalb der *xy*-Ebene), während sich in beiden Fällen die Energien der verbleibenden vier Metall-d-Orbitale weniger drastisch ändern. Gemäß Fig. 266 sind bei d^5, d^6-, d^7- und d^8-Elektronenkonfiguration des Metallzentrums *high-spin-* und *low-spin-Komplexe* zu erwarten; sie konnten experimentell realisiert werden. Überführt man andererseits einen Oktaeder durch Anlagerung eines Liganden in der *xy*-Ligandenebene in eine pentagonale Bipyramide, so verändert (erhöht) sich erwartungsgemäß die Energie des Metall-d_{xy}-Orbitals stärker (Erhöhung der Elektronen-Ligand-Abstoßung innerhalb der *xy*-Ebene). Wie der Fig. 266 entnommen werden kann, bedingen trigonal- und pentagonal-bipyramidale Ligandenfelder eine Aufspaltung der d-Orbitale in d-Orbitalgruppen, die sich hinsichtlich ihrer Art gleichen und hinsichtlich ihrer energetischen Lage unterscheiden. Die relative energetische Lage der einzelnen d-Orbitale hängt – bis auf den Energieabstand des $d_{x^2-y^2}$ und d_{xy}-Orbitals bei quadratisch-pyramidalem Ligandenfeld ($\hat{=}$ 10 Dq) – im Falle der diskutierten Ligandenanordnungen von der Art der Komplexpartner ab (vgl. hierzu Legende von Fig. 266). Die Gesamtenergieaufspaltung der d-Orbitale ändert sich gemäß Fig. 266 beim Übergang vom oktaedrischen zum trigonal- bzw. pentagonal-bipyramidalen Ligandenfeld nur unerheblich und beträgt mithin ca. 10 Dq. Der Übergang zum quadratisch-pyramidalen Ligandenfeld ist demgegenüber mit einer Vergrößerung der Energieaufspaltung verbunden.

---

[62] Daß man quadratische high-spin-Komplexe selbst unter günstigen Bedingungen (schwaches Ligandenfeld, große Spinpaarungsenergie) nicht beobachtet, beruht wohl darauf, daß dann andere Ligandenanordnungen bevorzugt werden. Immerhin liegt die Energie des quadratischen low-spin-Dithiolen-Komplexes $[Co^I(S_2C_2R_2)_2]^-$ (R = Tolyl) nur geringfügig (um 0.1 kJ/mol) unterhalb der Energie des entsprechenden high-spin-Komplexes, so daß dieser Komplex bei Raumtemperatur bereits teilweise im thermisch angeregten paramagnetischen Zustand vorliegt.

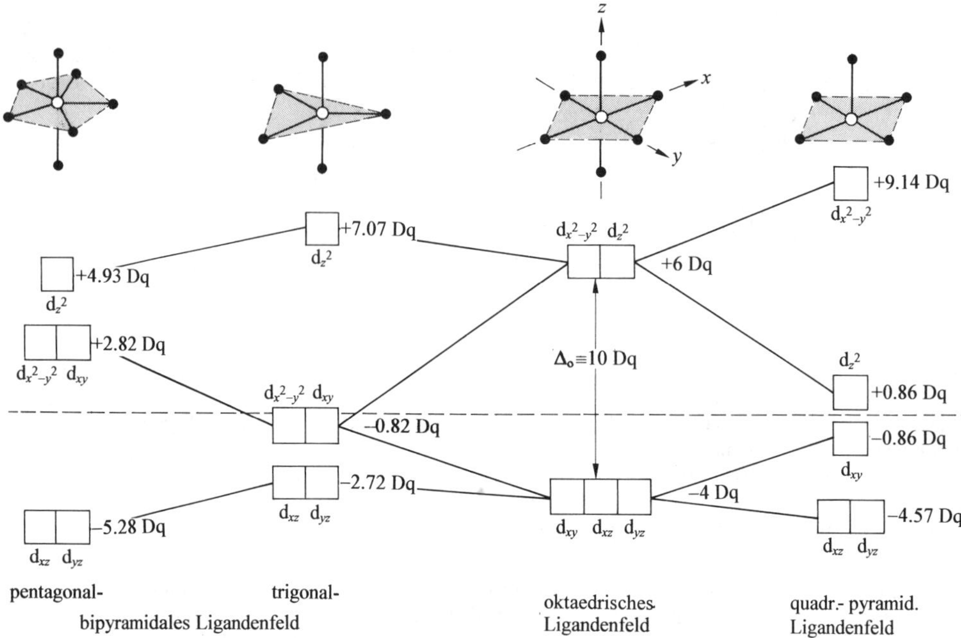

Fig. 266 Energieaufspaltung der d-Zustände eines Zentralatoms oder -ions beim Übergang vom oktaedrischen zum quadratisch-pyramidalen sowie trigonal- bzw. pentagonal-bipyramidalen Ligandenfeld (Veränderung der Lage des Energieschwerpunkts (gestrichelt) ist nicht berücksichtigt). Die Dq-Angaben beziehen sich auf Metalle der 1. Übergangsreihe und sind auch da nur Näherungswerte.

2.2.2 Ligandenfeldstabilisierungsenergie. Stabilität und Struktur der Komplexe

Allgemeines. Nach dem auf S. 1250 Besprochenen ist der Energieinhalt jedes äußeren d-Elektrons eines Metallzentrums im kugelsymmetrischen Ligandenfeld um den Wert ε gegenüber der d-Elektronenenergie des entsprechenden ligandenfreien Metallatoms oder -ions erhöht. Beim Übergang zu einem nicht-kugelsymmetrischen Ligandenfeld ist dieser Betrag wegen der d-Orbitalenergieaufspaltung (S. 1251) für einzelne d-Elektronen teils kleiner, teils größer als ε (vgl. Fig. 262–266), was – nach Addition der Energiebeträge für die einzelnen d-Elektronen – insgesamt zu einem Energiegewinn führen kann. Man bezeichnet diesen Gewinn an d-Elektronen-Ligand-Abstoßungsenergie beim Übergang vom sphärischen zum nichtsphärischen Ligandenfeld als **Ligandenfeldstabilisierungsenergie („LFSE“)**.

Beim Übergang vom sphärischen zum oktaedrischen Ligandenfeld wird etwa das d_{xy}-, d_{xz}- sowie d_{yz}-Orbital (t_{2g}-Zustände) energetisch um jeweils -4 Dq abgesenkt, das $d_{x^2-y^2}$- sowie d_{z^2}-Orbital (e_g-Zustände) um jeweils $+6$ Dq angehoben (vgl. Fig. 262). Damit beträgt die Ligandenfeldstabilisierungsenergie für Metallatome oder -ionen mit einem, zwei bzw. drei d-Elektronen (Besetzung der einzelnen t_{2g}-Zustände mit jeweils einem Elektron gleichen Spins; t_{2g}^1-, t_{2g}^2- bzw. t_{2g}^3-Elektronenkonfiguration) -4, -8 bzw. -12 Dq, während sich der Energiegewinn im Falle magnetisch-normaler (high-spin) Metallzentren mit vier bzw. fünf d-Elektronen (zusätzliche Besetzung der einzelnen e_g-Zustände mit jeweils einem ungepaarten Elektron; $t_{2g}^3e_g^1$- bzw. $t_{2g}^3e_g^2$-Elektronenkonfiguration) wie folgt berechnet: LFSE $= 3\text{x}(-4\,\text{Dq}) + 1\text{x}(+6\,\text{Dq}) = -6\,\text{Dq}$ bzw. LFSE $= 3\text{x}(-4\,\text{Dq}) + 2\text{x}(+6\,\text{Dq}) = 0\,\text{Dq}$. Somit führt eine mit fünf Elektronen halbbesetzte (und daher kugelsymmetrische) d-Unterschale im oktaedrischen Ligandenfeld (entsprechendes gilt für Felder anderer Symmetrie) ähnlich wie eine unbesetzte oder eine mit zehn Elektronen vollbesetzte d-Unterschale zu keiner Stabilisierung (Konsequenz des Energieschwerpunkt- Satzes). Das Ausbleiben einer Stabilisierung bei halbbesetzter d-Schale gilt allerdings nur für den high-spin-Fall. Für magnetisch-anomale (low-spin-) Metallzentren mit fünf d-Elektronen (Besetzung der t_{2g}-Zustände gemäß Fig. 263 unter Spinpaarung; t_{2g}^5-Elektronenkonfiguration) ergibt sich nämlich die Stabilisierungsenergie im oktaedrischen Ligandenfeld zu LFSE = 5x(– 4 Dq) + 2 P = – 20 Dq + 2 P (da der Übergang vom ligandenfreien Ion (fünf ungepaarte Elektronen) zum magnetisch anomalen Ion (ein ungepaartes Elektron) mit 2 Elektronenpaarungen verbunden ist, muß die aufzubringende Spinpaarungsenergie P[60)] 2mal berücksichtigt werden).

Eine Übersicht der sich für magnetisch-normale und anomale Metallzentren mit einem bis zehn äußeren d-Elektronen in oktaedrischen oder tetraedrischen Feldern ergebenden Ligandenfeldstabilisierungsenergien liefert die Tab. 106. Unter gewissen Voraussetzungen (z. B. bei den in Tab. 106 unterstrichenen Elektronenkonfigurationen) kann bei Komplexzentren zusätzlich zur besprochenen Ligandenfeldstabilisierung noch eine „*Jahn-Teller-Stabilisierung*" wirksam werden, deren Ursache weiter unten (S. 1262) diskutiert werden soll. Der Beitrag der „*Jahn-Teller-Stabilisierungsenergie*" zur LFSE ist aber prozentual klein (fett ausgeführte Konfigurationen in Tab. 106) bis vernachlässigbar klein (unterstrichene Konfigurationen).

Tab. 106 Ligandenfeldstabilisierungsenergie (LFSE) und Jahn-Teller-Effekt[a)] für high-spin und low-spin Metall-Zentren in oktaedrischen und tetraedrischen Ligandenfeldern ($\Delta_o \equiv 10$ Dq)

d^n	**Oktaedrisches Ligandenfeld**[a)] Konf.[b)] schwaches Feld	LFSE Δ_o	Konf.[b)] starkes Feld	LFSE Δ_o	**Tetraedrisches Ligandenfeld**[a)] Konf.[b)] schwaches Feld	LFSE Δ_t	Konf.[b)] starkes Feld[c)]	LFSE Δ_t
$\mathbf{d^0}$	(0)	0 Dq			(0)	0 Dq		
$\mathbf{d^1}$	$\underline{t_{2g}^1}$ (1)	– 4 Dq			$\underline{e^1}$ (1)	– 2.67 Dq		
$\mathbf{d^2}$	$\underline{t_{2g}^2}$ (2)	– 8 Dq			e^2 (2)	– 5.34 Dq		
$\mathbf{d^3}$	t_{2g}^3 (3)	– 12 Dq			$\underline{e^2t_2^1}$ (3)	– 3.56 Dq	$\underline{e^3}$ (1)	– 8.01 Dq + P
$\mathbf{d^4}$	$\underline{\mathbf{t_{2g}^3e_g^1}}$ (4)	– 6 Dq	$\underline{t_{2g}^4}$ (2)	– 16 Dq + P	$\underline{e^2t_2^2}$ (4)	– 1.78 Dq	e^4 (0)	– 10.68 Dq + 2P
$\mathbf{d^5}$	$t_{2g}^3e_g^2$ (5)	0 Dq	$\underline{t_{2g}^5}$ (1)	– 20 Dq + 2P	$e^2t_2^3$ (5)	0 Dq	$\underline{e^4t_2^1}$ (1)	– 8.90 Dq + 2P
$\mathbf{d^6}$	$\underline{t_{2g}^4e_g^2}$ (4)	– 4 Dq	t_{2g}^6 (0)	– 24 Dq + 2P	$\underline{e^3t_2^3}$ (4)	– 2.67 Dq	$\underline{e^4t_2^2}$ (2)	– 7.12 Dq + 2P
$\mathbf{d^7}$	$\underline{t_{2g}^5e_g^2}$ (3)	– 8 Dq	$\underline{\mathbf{t_{2g}^6e_g^1}}$ (1)	– 18 Dq + P	$e^4t_2^3$ (3)	– 5.34 Dq		
$\mathbf{d^8}$	$t_{2g}^6e_g^2$ (2)	– 12 Dq			$\underline{e^4t_2^4}$ (2)	– 3.56 Dq		
$\mathbf{d^9}$	$\underline{\mathbf{t_{2g}^6e_g^3}}$ (1)	– 6 Dq			$\underline{e^4t_2^5}$ (1)	– 1.78 Dq		
$\mathbf{d^{10}}$	$t_{2g}^6e_g^4$ (0)	0 Dq			$e^4t_2^6$ (0)	0 Dq		

a) Im Falle der unterstrichenen Elektronenkonfigurationen sind Jahn-Teller-Verzerrungen zu erwarten (Normaldruck = schwacher, Fettdruck = starker Jahn-Teller-Effekt). **b)** In Klammern hinter der Elektronenkonfiguration (Konf.) die Anzahl ungepaarter Elektronen. **c)** Tetraedrische low-spin-Komplexe wurden bisher nicht aufgefunden.

Nachfolgend sollen die Auswirkungen der LFSE auf die Stabilität und die Struktur der Komplexe besprochen werden.

LFSE und Komplexstabilität. Trägt man die im Zuge des Prozesses

$$M^{2+}(g) + 6\,H_2O(fl) \rightarrow [M(H_2O)_6]^{2+}(aq)$$

(Überführung gasförmiger Ionen M^{2+} in high-spin-Aquakomplexe) im Falle zweiwertiger Metalle der ersten Übergangsreihe (einschließlich Ca^{2+}) freigesetzten **Hydratationsenthalpien** $\Delta H_{Hydr.}$ (S. 161) in Abhängigkeit von der Anzahl der Metall-d-Elektronen auf, so ergibt sich der in Fig. 267 dargestellte, doppelhöckerige Kurvenverlauf. Läge keine LFSE vor, so sollten die Hydratationsenthalpien der M^{2+}-Ionen mit wachsender d-Elektronenzahl wegen der in gleicher Richtung abnehmenden Ionenradien (wachsenden Kernladung) näherungsweise auf einer ansteigenden Geraden liegen (gestrichelt in Fig. 267). Dies ist für $\Delta H_{Hydr.}$ der Ionen $Ca^{2+}(d^0)$, Mn^{2+}(high-spin-d^5) und $Zn^{2+}(d^{10})$, für die man keine LFSE erwartet, in der Tat der Fall, während $\Delta H_{Hydr.}$ der übrigen, LFSE-liefernden Ionen oberhalb dieser Geraden liegen. Entsprechend den aus Tab. 106 hervorgehenden Stabilisierungsenergien für high-spin-

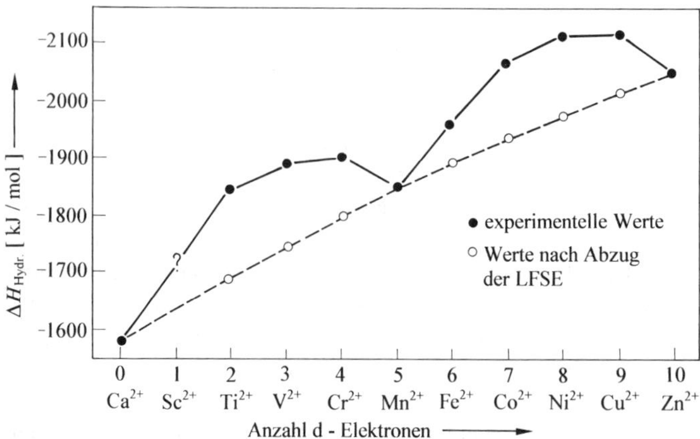

Fig. 267 Hydratationsenthalpien zweiwertiger Metallionen der 1. Übergangsreihe (einschließlich Ca^{2+}).

Metallzentren im oktaedrischen Ligandenfeld ist die Erhöhung der Hydratationsenthalpie im Falle von $V^{2+}(d^3)$ und $Ni^{2+}(d^8)$ besonders groß. Nach Abzug der zu erwartenden, nur einen kleineren Teil (ca. 5–10%; vgl. S. 1250) der gesamten Hydratationsenergie ausmachenden LFSE liegen die auf diese Weise korrigierten Werte von $\Delta H_{Hydr.}$ (offene Kreise in Fig. 267) in recht guter Näherung auf der gestrichelten Geraden. Dieser Sachverhalt spricht für die Gültigkeit der ligandenfeldtheoretischen Vorstellungen.

In analoger Weise wie die Hydratationsenthalpien nehmen die **Stabilitätskonstanten** (S. 1219) von Komplexen der zweiwertigen (high-spin) Ionen Mn^{2+} bis Zn^{2+} mit sauerstoff- oder stickstoffhaltigen Liganden wie folgt zu oder ab: $Mn^{2+} < Fe^{2+} < Co^{2+} < Ni^{2+} > Cu^{2+}$. Hiermit findet die auf S. 1221 vorgestellte *Irving-Williams-Reihe* ihre Erklärung. Höckerige Kurvenzüge wie die in Fig. 267 wiedergegebenen findet man auch für die **Gitterenergien** (S. 120) der *Halogenide MX_2* von zweiwertigen (high-spin) Metallen der 1. Übergangsperiode (einschließlich CaX_2). Die Abweichungen der gefundenen von den berechneten Gitterenergien (letztere sollten auf einer ansteigenden Geraden liegen) gehen wieder auf die LFSE zurück; sie wurden zum Teil umgekehrt zur Bestimmung von $\Delta_o = 10$ Dq genutzt.

Die Ligandenfeldstabilisierungsenergien vermögen nicht nur Komplex-Stabilitäten und -Labilitäten zu erklären (vgl. S. 1259, 1280), sondern sie beeinflussen – neben anderen Faktoren (z. B. Entropieeffekte, S. 1221) – wesentlich die **Redoxstabilitäten** der Komplexe. So wächst etwa die Reduktionskraft oktaedrischer high-spin-Komplexe des zweiwertigen Cobalts (sieben d-Elektronen; Übergang zu oktaedrischen low-spin-Komplexen des dreiwertigen Cobalts mit sechs d-Elektronen) mit wachsender Stärke des durch die 6 Liganden L erzeugten Feldes (z. B. $\varepsilon_0 = +1.84$, $+0.10$ bzw. -0.83 V für L = H_2O, NH_3 bzw. CN^-). Ursache hierfür ist u. a. der mit zunehmender d-Orbitalenergieaufspaltung in zunehmend starken oktaedrischen Ligandenfeldern wachsende Gewinn an LFSE beim Übergang von high-spin-Co^{II} (8 Dq laut Tab. 106) zu low-spin-Co^{III} (-24 Dq); die aufzuwendende Energie P für eine Spinpaarung beim Übergang high-spin-$d^7 \rightarrow$ low-spin-d^6 ist von der Stärke des Ligandenfeldes weniger abhängig und in jedem Redoxfalle vergleichbar groß.

LFSE und Komplexstruktur. Oktaedrische/tetraedrische Komplexe. Die relative Stabilität der oktaedrischen und tetraedrischen Koordination wird durch Faktoren wie die elektrostatische Anziehung zwischen den Komplexzentren und Liganden sowie die elektrostatische und sterische Abstoßung innerhalb der Ligandensphäre beeinflußt (vgl. S. 1250). Große, hochgeladene Metallionen und kleine, niedrig geladene Liganden führen zu einer Stabilisierung der oktaedrischen Koordination (das Umgekehrte gilt für die tetraedrische Koordination). Vielfach sind jedoch die Stabilitäten beider Koordinationsarten von vergleichbarer Größenordnung, so daß auch ein kleiner Effekt wie die LFSE die Präferenz eines Metallions für die oktaedrische oder tetraedrische Ligandenanordnung mitbestimmt. Wie der Tab. 107 entnommen werden kann, in welcher u. a. die Differenzen der LFSE für das oktaedrische und tetraedrische Ligandenfeld **(Oktaederplatzstabilisierungsenergien, „OPSE")** wiedergegeben sind, begünstigt die Ligandenfeldstabilisierung eine oktaedrische Koordination der Metall-

Tab. 107 Unterschiede der Ligandenfeldstabilisierungsenergie Δ LFSE von oktaedrischen und tetraedrischen, von quadratischen und tetraedrischen sowie von quadratischen und oktaedrischen Komplexen in schwachen und starken Ligandenfeldern

<table>
<tr><th rowspan="2">Struktur-änderung</th><th rowspan="2">Spin-übergang</th><th colspan="11">Δ LFSE [Dq-Einheiten][a, b, c)]</th></tr>
<tr><th>d^0</th><th>d^1</th><th>d^2</th><th>d^3</th><th>d^4</th><th>d^5</th><th>d^6</th><th>d^7</th><th>d^8</th><th>d^9</th><th>d^{10}</th></tr>
<tr><td rowspan="2">Tetraeder $\xrightarrow{b)}$ Oktaeder</td><td>high → high</td><td rowspan="2">0</td><td rowspan="2">− 1.3</td><td rowspan="2">− 2.8</td><td rowspan="2">− 8.5</td><td>− 4.2</td><td>0</td><td>− 1.3</td><td>− 2.7</td><td rowspan="2">− 8.5</td><td rowspan="2">− 4.2</td><td rowspan="2">0</td></tr>
<tr><td>high → low[c)]</td><td>− 14.2</td><td>− 20.0</td><td>− 21.3</td><td>− 12.7</td></tr>
<tr><td rowspan="2">Tetraeder → Quadrat</td><td>high → high</td><td rowspan="2">0</td><td rowspan="2">− 2.5</td><td rowspan="2">− 4.9</td><td rowspan="2">− 11.3</td><td rowspan="2">− 10.5</td><td>0</td><td>− 2.5</td><td>− 4.9</td><td>− 11.0</td><td rowspan="2">− 10.5</td><td rowspan="2">0</td></tr>
<tr><td>high → low[c)]</td><td>− 17.4</td><td>− 19.9</td><td>− 21.5</td><td>− 21.0</td></tr>
<tr><td rowspan="2">Oktaeder → Quadrat</td><td>high → high</td><td rowspan="2">0</td><td rowspan="2">− 1.1</td><td rowspan="2">− 2.3</td><td rowspan="2">− 2.6</td><td>− 6.3</td><td>0</td><td>− 1.1</td><td>− 2.3</td><td>− 2.6</td><td rowspan="2">− 4.5</td><td rowspan="2">0</td></tr>
<tr><td>low → low[c)]</td><td>+ 3.7</td><td>+ 2.6</td><td>+ 1.4</td><td>− 8.8</td><td>− 12.6</td></tr>
</table>

a) Zur Berechnung der Werte vgl. Dq-Angaben in Tab. 106 und Fig. 265; für weitere Δ LFSE-Werte vgl. Tab. 109, S. 1250. **b)** Δ LFSE (Tetraeder → Oktaeder) = **OPSE** (Oktaederplatzstabilisierungsenergie). Vgl. Anm.[63)]. **c)** Im Falle der Übergänge high-spin → low-spin und low-spin → low-spin sind noch Spinpaarungsenergien *P* zu berücksichtigen[60)], z. B. für den Wechsel Tetraeder → Oktaeder: $+P$ bei d^4 und d^7, $+2P$ bei d^5 und d^6.

ionen im Falle jeder Elektronenkonfiguration – mit Ausnahme von d^0, high-spin-d^5, d^{10} (OPSE = 0) – mehr oder weniger stark[63)].

Gibt man zwei- oder dreiwertigen high-spin-Metallen der 1. Übergangsperiode die Möglichkeit, in Cl^--haltigen **Salzschmelzen** Lücken mit oktaedrischer oder tetraedrischer Cl^--Begrenzung frei zu wählen, so bevorzugt das Ion Cr^{3+} (drei d-Elektronen) aufgrund seiner hohen, dreifachen Ladung und zugleich hohen OPSE ausschließlich Oktaederplätze, während die ebenfalls dreiwertigen Ionen Ti^{3+} und V^{3+} (ein und zwei d-Elektronen) wegen ihrer geringeren OPSE und das Ion V^{2+} (drei d-Elektronen, OPSE wie im Falle von Cr^{3+} hoch) wegen der geringeren Ionenladung sowohl oktaedrische als auch tetraedrische Lücken besetzen. Die Ionen Mn^{2+}, Fe^{2+}, Co^{2+} (fünf, sechs, sieben d-Elektronen) bevorzugen schließlich aufgrund ihrer niedrigen, zweifachen Ladung und kleinen OPSE ausschließlich Tetraederplätze. Aus gleichem Grunde sind von letzteren Ionen viele tetraedrische *Komplexe* mit größeren anionischen Liganden bekannt, während Cr^{3+} in der Regel oktaedrische Komplexe bildet. Entsprechendes gilt – und zwar wegen der sehr hohen OPSE in verstärktem Maße – für low-spin-Komplexe des Ions Co^{3+} (sechs d-Elektronen).

Spinelle MM'_2O_4 bestehen aus einer kubisch-dichtesten Packung von O^{2-}-Ionen, in welcher die zwei- und dreiwertigen Metallionen (high-spin bis auf Co^{3+}) wahlweise Lücken mit oktaedrischer oder tetraedrischer O^{2-}-Begrenzung besetzen können. Der energieärmste Zustand liegt dann vor, wenn die Metallionen die Hälfte der Oktaeder- und ein Achtel der Tetraederplätze einnehmen, wobei normalerweise – wie z. B. im Falle von $MgAl_2O_4$ – die niedriger geladenen Ionen M^{2+} die tetraedrische und die höher geladenen Ionen M^{3+} die oktaedrische O^{2-}-Koordination bevorzugen („*normale Spinelle*" $M^{II}(M^{III}M^{III})O_4$; vgl. S. 1083). In bestimmten Fällen kann jedoch eine hohe OPSE der zweiwertigen Metallionen bei vergleichsweise niedriger OPSE der dreiwertigen Ionen zu einem Austausch der Hälfte der oktaedrisch koordinierten M^{3+}- gegen M^{2+}-Ionen führen („*inverse Spinelle*" $M^{III}(M^{II}M^{III})O_4$, vgl. S. 1083). Als Beispiele inverser Spinelle seien die Verbindungen $NiFe_2O_4 = Fe^{III}(Ni^{II}Fe^{III})O_4$ und $Fe_3O_4 = Fe^{III}(Fe^{II}Fe^{III})O_4$ genannt (keine OPSE für high-spin Fe^{3+} (d^5), hohe bzw. bescheidenere OPSE für high-spin-Ni^{2+} (d^8) und high-spin-Fe^{2+} (d^6) von ca. − 95 bzw. − 16 kJ/mol; vgl. Tab. 107, Anm. c). Spinelle mit hoher OPSE der dreiwertigen Ionen liegen andererseits in der Normalstruktur vor (z. B. $M^{II}Cr_2O_4$, Mn_3O_4, Co_3O_4: OPSE für high-spin Cr^{3+} (d^3), high-spin-Mn^{3+} (d^4) und low-spin-Co^{3+} (d^6) ca. − 195, − 106, − 81 kJ/mol; vgl. Tab. 106, Anm. c).

---

[63] OPSE [kJ/mol] für $[M(H_2O)_6]^{n+}$: M = Ti^{3+}(d^1): − 32; V^{3+}(d^2): − 55; V^{2+}(d^3): − 132; Cr^{3+}(d^3): − 195; Cr^{2+}(d^4): − 71; Mn^{3+}(d^4): − 106; Mn^{2+}/Fe^{3+}(d^5): 0; Fe^{2+}(d^6): − 16; Co^{3+}(low-spin-d^6): − 81; Co^{2+}(d^7): − 9; Ni^{2+}(d^8): − 95; Cu^{2+}(d^9): − 65; Zn^{2+}(d^{10}): 0.

Tetraedrische/quadratische Komplexe. Weniger leicht als im Falle oktaedrischer und tetraedrischer Koordination läßt sich der LFSE-Unterschied im Falle der tetraedrischen und der – vom elektrostatischen Standpunkt energetisch benachteiligten – quadratischen Koordination abschätzen. Die – verglichen mit der Energieaufspaltung im tetraedrischen Ligandenfeld (Fig. 264) – hohe d-Orbitalenergieaufspaltung im quadratischen Ligandenfeld (Fig. 265) deutet allerdings auf die Möglichkeit einer ligandenfeldbedingten Stabilisierung beim Übergang vom tetraedrischen Ligandenfeld (high-spin) zum quadratischen (high-spin oder low-spin). Tatsächlich ist, wie aus Tab. 107 hervorgeht, ΔLFSE (Tetraeder → Quadrat; „**Quadratplatzstabilisierungsenergie**") teils null ($d^{0,10}$, high-spin-d^5) bis klein ($d^{1,2}$, high-spin-$d^{6,7}$), teils mittel ($d^{3,4,9}$, high-spin-d^8) bis groß (low-spin-$d^{5,6,7,8}$). Als Folge hiervon sind z. B. *high-spin-Komplexe* des Typs $[MCl_4]^{n-}$ mit M = $Ti^{4+}(d^0)$, $Mn^{2+}(d^5)$, $Fe^{3+}(d^5)$, $Fe^{2+}(d^6)$ und $Zn^{2+}(d^{10})$ regulär tetraedrisch, solche mit M = $Ni^{2+}(d^8)$ und $Cu^{2+}(d^9)$ in Richtung quadratischer Koordination verzerrt-tetraedrisch strukturiert ($CuCl_4^{2-}$ kann bei geeigneten Gegenionen sogar regulär-quadratisch gebaut sein). Die *low-spin-Komplexe* $[MCl_4]^{n-}$ mit M = Pd^{2+}, Pt^{2+}, Au^{3+} (jeweils d^8) sowie z. B. die low-spin-Verbindungen $[M(CN)_4]^{2-}$ mit M = $Co^{2+}(d^7)$ und $Ni^{2+}/Pd^{2+}/Pt^{2+}(d^8)$ haben quadratisch-planaren Bau (vgl. hierzu nachfolgenden Abschnitt).

Oktaedrische/quadratische Komplexe. Die oktaedrische Koordination ist aus elektrostatischen Gründen stabiler als die quadratische. Auch hinsichtlich der LFSE ist letztere nicht stark bevorzugt. Vergleichsweise günstig liegen die Verhältnisse nur im Falle der Bildung quadratischer low-spin-Komplexe aus vergleichbaren oktaedrischen low-spin-Komplexen, falls die Komplexzentren acht d-Elektronen aufweisen (vgl. Tab. 107). Dementsprechend sind von Co/Rh/Ir(I), Ni/Pd/Pt(II) und Cu/Ag/Au(III) eine Reihe diamagnetischer, quadratisch-planar gebauter Komplexe ML_4 bekannt (S. 1228), wobei die Tendenz zur Bildung der quadratischen Koordination innerhalb der Elementgruppen von oben nach unten (also mit wachsender d-Orbitalenenergieaufspaltung) steigt. Demgemäß bildet $[Ni(en)_2]Cl_2$ in Donorlösungsmitteln wie Pyridin oktaedrisch gebaute Komplex-Kationen $[Ni(en)_2D_2]^{2+}$, während die homologen Komplexe $[Pd(en)_2]Cl_2$ und $[Pt(en)_2]Cl_2$ quadratisch strukturierte Kationen $[M(en)_2]^{2+}$ enthalten. Bereits durch gelindes Erhitzen lassen sich aber paramagnetische Salze des Typs $[Ni(en)_2D_2]^{2+}2X^-$ in diamagnetische Verbindungen $[Ni(en)_2]^{2+}2X^-$ (Lifschitzsche Salze, S. 1584) umwandeln. Andererseits wächst die Tendenz der Elemente zur Bildung quadratisch-planarer d^8-Komplexe innerhalb einer Periode von links nach rechts. Low-spin-d^8-Komplexe mit Fe/Ru/Os(0), Mn/Te/Re(–I), Cr/Mo/W(–II) sind deshalb nicht mehr quadratisch-planar, sondern weisen Fünffachkoordination auf.

Statt eines vollständigen Übergangs in einen quadratischen Komplex beobachtet man, wie weiter unten gezeigt wird, unter bestimmten Voraussetzungen (Jahn-Teller-Effekt) auch einen Übergang der oktaedrischen Koordination in eine quadratisch-bipyramidale (tetragonale) Koordination.

Oktaedrische/pyramidale Komplexe. Aufgrund der sich berechnenden Ligandenfeld-Stabilisierungsenergie ist die quadratische Ligandenpyramide vergleichbar stabil (d^0, high-spin-d^5, d^{10}), oder etwas stabiler als die trigonale Ligandenbipyramide (vgl. Fig. 266, S. 1258). Rein elektrostatische Energiebetrachtungen führen zum entgegengesetzten Ergebnis. Bezüglich ΔLFSE (Oktaeder → quadratische Pyramide bzw. pentagonale Bipyramide) vgl. Tab. 109 auf S. 1280.

Jahn-Teller-Effekt und Komplexverzerrungen. Der von H. A. Jahn und E. Teller im Jahre 1937 entdeckte und interpretierte, als „*Jahn-Teller-Effekt*" bezeichnete Effekt läßt sich dann beobachten, wenn die weiter oben (S. 1250) besprochene Ligandenfeldaufspaltung der fünf d-Orbitale wie im Falle oktaedrischer oder tetraedrischer Ligandenfelder zu Gruppen von d-Zuständen führt, die entartet sind (vgl. Fig. 262, 264), und wenn darüber hinaus eine dieser Gruppen mit Elektronen weder halb noch ganz besetzt ist. (Das **Jahn-Teller Theorem** lautet exakt: „*Jedes nicht-lineare Molekülsystem ist in einem entarteten elektronischen Zustand instabil und spaltet den entarteten Zustand durch Erniedrigung der Symmetrie energetisch auf*).

Als Beispiel sei ein high-spin-Metallzentrum mit vier d-Elektronen betrachtet ($t_{2g}^3e_g^1$-Elektronenkonfiguration, vgl. Fig. 263). Das vierte d-Elektron kann hier wahlweise das $d_{x^2-y^2}$ oder das energiegleiche d_{z^2}-Orbital besetzen. In ersterem Falle werden durch das betreffende Elektron die in der *xy*-Ebene angeordneten vier Liganden, in letzterem Falle die beiden auf der *z*-Achse lokalisierten Liganden abgestoßen. Es kommt zu einer quadratisch-bipyramidalen Verzerrung des Ligandenoktaeders in Richtung eines *gestauchten* oder *gestreckten Ligandenoktaeders*. Bei Oktaederstauchung werden die mit der *x*- und *y*-Achse verknüpften Orbitale d_{xy} und $d_{x^2-y^2}$ energieärmer, die mit der *z*-Achse verbundenen Orbitale d_{xz}, d_{yz} und d_{z^2} energiereicher, bei Oktaederstreckung liegen die Verhältnisse entgegengesetzt (letzteren Fall veranschaulicht die Fig. 265 im linken Teil). Die Besetzung des energetisch abgesenkten $d_{x^2-y^2}$-Orbitals (gestauchter Oktaeder) bzw. d_{z^2}-Orbitals (gestreckter Oktaeder) t_{2g}^3-elektronenkonfigurierter Metallzentren mit einem vierten Elektron führt insgesamt zu einem Energiegewinn. Man bezeichnet diesen mit der Verzerrung oktaedrischer oder anderer Ligandenfelder verbundenen (nicht sehr großen) Gewinn an d-Elektronenenergie als **Jahn-Teller-Stabilisierungsenergie**.

Das Ergebnis des Jahn-Teller-Effekts läßt sich etwa im Falle gestreckt-oktaedrischer Ligandenfelder auch wie folgt veranschaulichen: Bewegt man die beiden auf der z-Achse lokalisierten Liganden eines oktaedrischen Komplexes in Achsenrichtung vom Komplexzentrum weg, so spalten die entarteten t_{2g}- und e_g-Zustände im Sinne der Fig. 265 (linke Seite) um δ'- bzw. δ''-Energieeinheiten auf. Und zwar wird hinsichtlich des Energieschwerpunktes der d_{xy}-, d_{xz}- und d_{yz}-Zustände sowohl das d_{xz}- wie das d_{yz}-Orbital energetisch um den Betrag $\frac{1}{3}\delta'$ abgesenkt, das d_{xy}-Orbital um $\frac{2}{3}\delta'$ angehoben, während sich die Energie des $d_{x^2-y^2}$-Orbitals hinsichtlich des Schwerpunktes der $d_{x^2-y^2}$ und d_{z^2}-Orbitale um $\frac{1}{2}\delta''$ erhöht, die Energie des d_{z^2}-Orbitals um $\frac{1}{2}\delta''$ erniedrigt (die Energieschwerpunkte der t_{2g}- und e_g-Zustände sinken gemäß Fig. 265 ihrerseits im Zuge der Oktaederstreckung ab). Damit führt der Übergang vom regulären zum gestreckten Oktaederfeld für d^1- und d^2-Metallzentren (d_{xz}^1- bzw. $d_{xz}^1 d_{yz}^1$-Elektronenkonfiguration) zu einer Jahn-Teller-Stabilisierung um $-\frac{1}{3}\delta'$ bzw. $-\frac{2}{3}\delta'$, für d^3-Metallzentren ($d_{xz}^1 d_{yz}^1 d_{xy}^1$-Elektronenkonfiguration) aber zu keiner derartigen Stabilisierung. In analoger Weise ergibt sich für d^4-high-spin- bzw. d^4- oder d^5-low-spin-Komplexe ($d_{xz}^1 d_{yz}^1 d_{xy}^1 d_{z^2}^2$- bzw. $d_{xz}^2 d_{yz}^1 d_{xy}^1$- bzw. $d_{xz}^2 d_{yz}^2 d_{xy}^1$-Elektronenkonfiguration) eine Stabilisierung von $-\frac{1}{2}\delta''$ bzw. $-\frac{1}{3}\delta'$ bzw. $-\frac{2}{3}\delta'$, während d^5- high-spin- oder d^6-low-spin-Komplexe keine derartige Stabilisierungsenergie erbingen usw.

Tatsächlich bleiben die Jahn-Teller-Aufspaltungen δ' und δ'' sehr klein, da der Jahn-Teller-Energiegewinn im Zuge der quadratisch-bipyramidalen Oktaederverzerrung durch den Energieverlust der elektrostatischen Anziehung zwischen Metallzentren und Liganden in gleicher Richtung schon nach geringfügiger Auslenkung kompensiert wird. Strukturelle Auswirkungen des Jahn-Teller-Effekts sind nur bei oktaedrischen – nicht jedoch tetraedrischen – Ligandenfeldern zu erwarten, und dann höchstens bei Besetzung der e_g-Zustände, nicht der t_{2g}-Zustände mit Elektronen ($\delta'' > \delta'$).

Eine Zusammenstellung der Elektronenkonfigurationen, für die bei oktaedrischen und tetraedrischen Ligandenfeldern Jahn-Teller-Stabilisierungen denkbar oder ausgeschlossen sind, gibt die Tab. 106 wieder. Allerdings läßt sich weder eine Aussage über die Richtung der Verzerrungen (Bildung gestauchter oder gestreckter Oktaeder), noch über deren absolute Größe machen. Beobachtet werden Jahn-Teller-Verzerrungen bei Komplexen im Grundzustand bei high-spin-d^4, low-spin-d^7- und insbesondere d^9-Metallzentren.

So weisen etwa Komplexe mit der Koordinationszahl 6 des *zweiwertigen Kupfers* Cu^{2+} (neun d-Elektronen) teils einen gestreckt-oktaedrischen (z. B. $Cu(NH_3)_6^{2+}$, $Cu(NO_2)_6^{4-}$ mit bestimmten Gegenionen), teils einen gestaucht-oktaedrischen (z. B. $Cu(NO_2)_6^{4-}$ mit bestimmten Gegenionen) oder einen zwischen gestreckt- und gestaucht-oktaedrisch fluktuierenden Bau auf (z. B. $Cu(py')_6^{2+}$ mit py' = Pyridinoxid). In entsprechender Weise kennt man einige sechszählige high-spin-Komplexe des *zweiwertigen Chroms* Cr^{2+} und *dreiwertigen Mangans* Mn^{3+} (jeweils vier d-Elektronen) mit quadratisch-bipyramidaler Ligandensphäre, wogegen *zweiwertiges Cobalt* Co^{2+} (sieben d-Elektronen) in der Regel keine low-spin-Komplexe bildet (vgl. S. 1255), welche für einen Jahn-Teller-Effekt Voraussetzung wären (der Cyanid-Komplex enthält zwar low-spin-Co^{2+}, hat aber die Zusammensetzung $Co(CN)_5^{3-}$).

Bei Vorliegen eines oktaedrischen Ligandenfeldes ist bei d^0-, d^3-, high-spin-d^5, low-spin-d^6-, d^8- und d^{10}-Elektronenkonfiguration keine Jahn-Teller Verzerrung, d. h. keine unterschiedliche Abstoßung einzelner Ligandengruppen zu erwarten. Gleichwohl kann aber hier die Besetzung von e_g-Zuständen, die direkt auf die Liganden gerichtet sind, eine gleichgroße Abstoßung aller Liganden, d. h. ein „Aufblähen" des Ligandenoktaeders bewirken. Innerhalb einer Übergangsperiode sollte der **Ionenradius** gleichgeladener Metalle zunehmender Ordnungszahl bei ausschließlicher Wirkung der Kernladung stetig abnehmen. Trägt man jedoch die M^{2+}-Radien von Metallen der ersten Übergangsperiode einschließlich Calcium gegen die d-Elektronenzahl auf (mittlere Radien bei Ionen mit Jahn-Teller-Verzerrung), so liegen die Radien von Ca^{2+} (d^0; 1.14 Å), high-spin-Mn^{2+} (d^5; 0.97 Å) und Zn^{2+} (d^{10}; 0.88 Å) näherungsweise auf einer nach unten geneigten Geraden, die Radien der übrigen Ionen mehr oder weniger unter dieser Geraden (vgl Fig. 246, S. 1201). Besonders große Abweichungen (vergleichsweise kleine Ionenradien) findet man im high-spin-Fall bei V^{2+}(d^3) und Ni^{2+}(d^8), im low-spin-Fall bei Fe^{2+}(d^6). Der Radienanstieg beim Übergang $V^{2+} \rightarrow Cr^{2+}$ (high-spin-d^4), $Ni^{2+} \rightarrow Cu^{2+}$ (high-spin-d^9), $Fe^{2+} \rightarrow Co^{2+}$ (low-spin-d^5) resultiert aus der zusätzlichen, zu einer „Aufblähung" des Ligandenoktaeders führenden Besetzung der e_g-Zustände mit einem Elektron. Entsprechendes gilt für die Radien der dreiwertigen Übergangsmetalle beim Übergang von high-spin-$d^3 \rightarrow d^4$, high-spin-$d^8 \rightarrow d^9$ und low-spin-$d^6 \rightarrow d^7$.

2.2.3 Energieaufspaltung von Termen im Ligandenfeld. Optisches Verhalten der Komplexe

Farbe von Komplexen

Allgemeines. Neben Struktur, Stabilität und Magnetismus stellt die Farbe eine besonders auffallende Eigenschaft der Komplexe dar (vgl. Tab. 98, S. 1206). Sie beruht darauf, daß die Verbindungen der Nebengruppenelemente anders als die überwiegend farblosen (im nicht-sichtbaren ultravioletten Bereich absorbierenden) Verbindungen der Hauptgruppenelemente vielfach sichtbares Licht zu absorbieren vermögen. Die absorbierte Lichtenergie dient, wie auf S. 1253 bereits angedeutet wurde, (i) zur Überführung eines d-Elektrons des Koordinationszentrums vom energieärmeren in einen energiereicheren d-Zustand (**„d→d-Übergang"**)[64], (ii) zur Überführung eines Elektrons vom Komplexzentrums zum Liganden bzw. vom Liganden zum Zentralmetall (**„Charge-Transfer- (CT-) Übergang"**), (iii) zur Überführung eines Ligandenelektrons in einen energiereichen Ligandenzustand (**„Innerligand-Übergang"**).

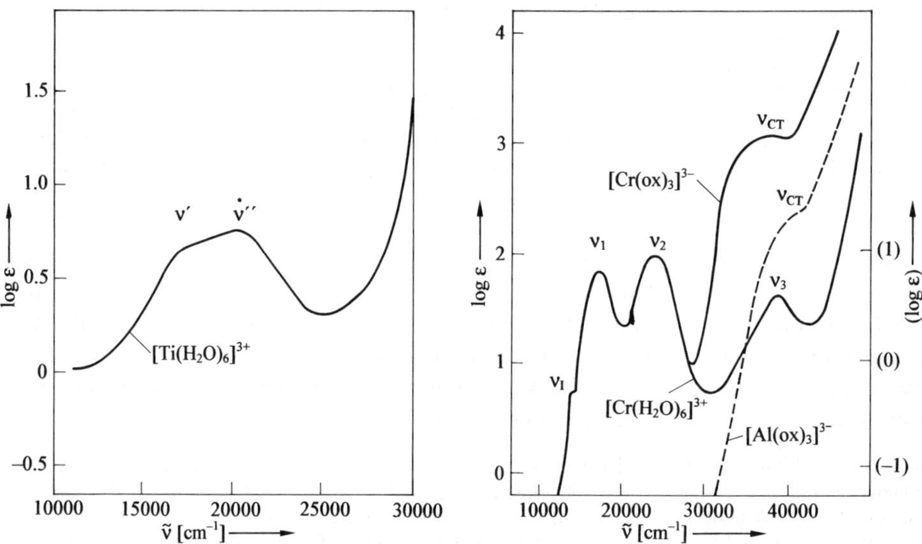

Fig. 268 UV-Spektren von $[Ti(H_2O)_6]^{3+}$ (ν', ν''), $[Cr(H_2O)_6]^{3+}$ (ν_I, ν_1, ν_2, ν_3; log ε in Klammern), $[Cr(ox)_3]^{3-}$ (ν_I, ν_1, ν_2, ν_{CT}) und $[Al(ox)_3]^{3-}$ (ν_{CT}, gestrichelte Linie) in wäßriger Lösung (log ε ohne Klammern).

[64] Im Unterschied zu den „sichtbaren" d→d-Übergängen der Übergangsmetallkomplexe führen die f→f-Übergänge von Komplexen der Lanthanoide und Actinoide zu Absorptionen im nicht-sichtbaren ultraroten Bereich, da energetische Aufspaltungen der f-Zustände im Ligandenfeld nur klein sind (vgl. S. 1784).

Beispielsweise beruht die *violette* Farbe des Ions $[Ti(H_2O)_6]^{3+}$, in welchem die d-Orbitale von „dreiwertigem Titan“ $Ti^{3+}(d^1)$ durch das oktaedrische Ligandenfeld in energieärmere t_{2g}- und energiereichere e_g-Zustände aufgespalten sind (S. 1252), auf dem Übergang des d-Elektrons vom t_{2g}- in den e_g-Zustand. Daß im UV-Spektrum (Fig. 268) tatsächlich zwei Banden, ν' und ν'', im sichtbaren Bereich erscheinen (eine Bande ist nur als Schulter angedeutet), ist eine Folge des Jahn-Teller-Effekts (S. 1262), der eine geringfügige energetische Aufspaltung des e_g-Zustands bedingt (Fig. 265, S. 1256), so daß das d-Elektron aus dem Grundzustand nach Lichtabsorption entweder in das d_{z^2}- oder das hiervon energieverschiedene $d_{x^2-y^2}$-Orbital übergehen kann. Zu mehreren Absorptionsbanden führt auch die Lichtabsorption bei oktaedrischen Komplexen der *violetten* Ionen $[Cr(H_2O)_6]^{3+}$ und $[Cr(ox)_3]^{3-}$ (Fig. 268); sie gehen auf d→d-Elektronenübergänge „dreiwertigen Chroms“ Cr^{3+} (d^3) zwischen dem t_{2g}- und e_g-Zustand sowie – gegebenenfalls – auf CT-Absorptionen zurück.

Die **Zuordnung der Absorptionsbanden** zu d→d-Übergängen („*Zentralionenbanden*“), zu CT-Übergängen („*Charge-Transfer-Banden*“) oder zu – hier nicht diskutierten – Innerligand-Übergängen („*Ligandenbanden*“) läßt sich über den *Wellenzahlenbereich* und über die *Intensitäten* der Banden treffen: d→d-Übergänge beobachtet man in der Regel als sehr schwache bis mittel schwache Absorptionen ($\log\varepsilon = 0-3$) im längerwelligen Spektralbereich ($\tilde{\nu}_{max} = 10000-40000\ cm^{-1}$; $\lambda_{max} = 1000-250$ nm), CT-Übergänge als mittel bis sehr intensive Banden ($\log\varepsilon = 3-5$) im kürzerwelligen Teil des Spektrums ($\tilde{\nu}_{max} = > 30000\ cm^{-1}$; $\lambda_{max} < 350$ nm). Z. B. erscheinen in den Absorptionsspektren von $[Cr(H_2O)_6]^{3+}$ und $[Cr(ox)_3]^{3-}$ (Fig. 268) jeweils vier sehr schwache bis schwache, auf d→d-Übergänge zurückgehende Banden ν_I, ν_1, ν_2, ν_3 unter denen ν_I nur als Schulter erscheint und ν_3 im Falle von $[Cr(ox)_3]^{3-}$ nicht beobachtbar ist, weil die Absorption von einer intensiven CT-Bande verdeckt wird (in $[Al(ox)_3]^{3-}$ fehlen d-Elektronen und demgemäß auch die Absorptionsbanden ν_I, ν_1, ν_2, ν_3, während die auf einem Elektronenübergang vom Liganden zum Komplexzentrum beruhende CT-Bande erwartungsgemäß erscheint).

Die unterschiedlichen molaren Extinktionen der Absorptionsbanden beruhen darauf, daß der Elektronenübergang zwischen zwei Zuständen unter bestimmten, in **Auswahlregeln** wie den folgenden zum Ausdruck gebrachten Zusammenhängen mehr oder weniger stark eingeschränkt ist:

(i) In Komplexen mit einem *Symmetriezentrum* sind *nur Übergänge zwischen Zuständen unterschiedlicher Parität erlaubt* und mithin alle d→d-Übergänge verboten („*Regel von Laporte*“, „*Paritätsverbot*“)[65]. Tatsächlich wird das Laporte-Verbot bei Komplexen mit Inversionszentren (z. B. oktaedrische Koordinationsverbindungen) wegen interelektronischer Wechselbeziehungen und Ligandenbewegungen (Komplexschwingungen) durchbrochen, doch bleiben die Intensitäten der d→d-Übergänge klein und unterscheiden sich damit von den hohen Intensitäten der ohne Einschränkung erlaubten CT-Übergänge bzw. auch von den mittleren Intensitäten der d→d-Übergänge bei Komplexen ohne Inversionszentrum (z. B. tetraedrische Koordinationsverbindungen).

(ii) *Jeder Übergang, bei dem sich der Gesamtspin der Komplexe ändert, ist verboten* („*Interkombinationsverbot*“). Dementsprechend sind bei den high-spin-Komplexen von d^5-Ionen alle denkbaren d→d-Übergänge verboten, da solche Übergänge zu einer Spinpaarung führen müßten (vgl. Fig. 263, S. 1254). Die d→d-Übergänge von oktaedrisch koordiniertem „zweiwertigem Mangan“ Mn^{2+} (d^5) oder „dreiwertigem Eisen“ Fe^{3+} (d^5) im high-spin-Zustand, für welche sowohl das Paritäts- als auch das strengere Interkombinationsverbot gilt, führen demgemäß zu äußerst schwachen Zentralionenbanden; die betreffenden Komplexe erscheinen – falls CT- oder Innerligandenbanden fehlen – fast farblos.

d→d-Übergänge

Allgemeines. Den bisherigen, mehr „qualitativen“ Betrachtungen von Struktur, Stabilität, Magnetismus und Farbe der Komplexe im Rahmen der Ligandenfeld-Theorie lag das *Einelektronen-Modell* (S. 95) zugrunde. Es gilt streng genommen nur im Falle sehr starker, real nie erreichbarer Ligandenfelder, für welche eine quantenmechanische Wechselbeziehung zwischen den einzelnen d-Elektronen verschwindet.

---

[65] Ein durch eine Wellenfunktion ψ charakterisierter Zustand hat die Parität g (von gerade) bzw. u (von ungerade), wenn Funktionswerte an den Stellen x, y, z und $-x, -y, -z$ gleich bzw. entgegengesetzt sind: $\psi(x, y, z) = +\psi(-x, -y, -z)$ bzw. $-\psi(-x, -y, -z)$. Die s- und d-Orbitale zählen zu ersterem, die p- und f-Orbitale zu letzterem Typ (vgl. Fig. 98, S. 333).

Eine „quantitative“ Deutung der Zentralionenbanden von Komplexen kann jedoch nur über ein *Mehrelektronen-Modell* (S. 99) erfolgen und erfordert eine Berücksichtigung der Elektron-Elektron-Wechselbeziehungen. Man kann hierzu entweder von den – durch das Ligandenfeld hervorgerufenen – „Einzelelektronen-d-Zuständen“ ausgehen (vgl. Fig. 262–266) und nachträglich Spin- und Bahnwechselwirkungen der d-Elektronen berücksichtigen („*Methode des starken Feldes*“), oder man kann – was letztendlich zum gleichen Ergebnis führt – zunächst Spin- und Bahnwechselwirkungen der d-Elektronen einschalten und mithin von Mehrelektronenzuständen („Termen“, vgl. S. 99) der Übergangsmetallkomplexzentren ausgehen und anschließend die Energieaufspaltung der Terme im Ligandenfeld studieren („*Methode des schwachen Feldes*“). Letzteres Vorgehen sei nachfolgend anhand oktaedrisch- und tetraedrisch-strukturierter Komplexe erläutert.

Art der Termenaufspaltung im Ligandenfeld und Zahl der d → d-Übergänge. Ein oktaedrisches Ligandenfeld, welches eine d-Orbital-Energieaufspaltung in t_{2g}- und e_g-Zustände bedingt (Fig. 262), ermöglicht im Falle von d^1-Komplexzentren zwei Einelektronenzustände mit den Konfigurationen $t_{2g}^1e_g^0$ (energieärmer) und $t_{2g}^0e_g^1$ (energiereicher). Da bei Vorliegen nur eines d-Elektrons in der fünffach energieentarteten d-Nebenschale (*fünf d-Orbitale*) die d-Elektronenwechselwirkung naturgemäß entfällt, muß die Energieaufspaltung des fünffachbahnentarteten ^{2}D-Terms, der als „*Russell-Saunders-* (*RS*-) *Grundterm*“ den energieärmsten Zustand einer d^1-Konfiguration charakterisiert (vgl. Tab. 10 auf S. 101), ebenfalls zu zwei Komponenten („*RS-Spalttermen*“) führen, nämlich zu einem $^2T_{2g}$-Spaltterm ($\triangleq t_{2g}^1e_g^0$-Konfiguration) und einem ^2E_g-Spaltterm ($\triangleq t_{2g}^0e_g^1$-Konfiguration). Anders als im Falle der fünf d-Orbitale bewirkt ein oktaedrisches Feld keine Energieaufspaltung der *drei p-Orbitale* (t_{1u}-Zustände im oktaedrischen Feld), während die *sieben f-Orbitale* im oktaedrischen Feld in einen nicht-entarteten a_{2u}-, einen dreifach-entarteten t_{2u}- und einen dreifach entarteten t_{1u}-Zustand aufspalten. Somit erwartet man bei oktaedrischen p^1-Komplexzentren nur einen, bei oktaedrischen f^1-Zentren aber drei Einelektronen-Zustände und demgemäß einen bzw. drei Mehrelektronen-Zustände ($^2T_{2u}$-Term bzw. $^2A_{2u}$-, $^2T_{2u}$-, $^2T_{1u}$-Spaltterme). In Tab. 108 sind alle möglichen Aufspaltungen der Terme freier Atome und Ionen in Spaltterme zusammengestellt; sie gelten nicht nur für die Grundterme, sondern auch für entsprechende Terme angeregter Elektronenzustände von Atomen und Ionen; sie gelten zudem nicht nur für das Oktaederfeld, sondern auch für das Tetraederfeld.

Tab. 108 Aufspaltung von Termen freier Atome oder Ionen (vgl. Tab. 10 auf S. 101) im Oktaeder- oder Tetraederfeld

Terme	S	P	D	F	G	H	I
Spaltterme[a)]	A_1	T_1	$E + T_2$	$A_2 + T_1 + T_2$	$A_1 + E + T_1 + T_2$	$E + T_1 + T_1 + T_2$	$A_1 + A_2 + E + T_1 + T_2 + T_2$

a) Nicht nach energetischen Gesichtspunkten geordnet. Spaltterme, die aus s^n- bzw. d^n- (aus p^n- bzw. f^n-) Konfigurationen hervorgehen, enthalten im Oktaederfeld zusätzlich den Index u (g).

Wegen des strengen Übergangsverbots zwischen Termen unterschiedlicher Multiplizität (vgl. Auswahlregeln) rühren die *beobachtbaren Zentralionenbanden* kleiner bis mittlerer Intensität meist von *Übergängen zwischen multiplizitätsgleichen Spalttermen* („spinerlaubte Übergänge“). In Fig. 270a–d sind alle möglichen, durch ein oktaedrisches oder tetraedrisches Ligandenfeld bedingten Spaltterme gleicher Multiplizität für die Elektronenkonfigurationen d^1, d^2, d^3, d^4, d^6, d^7, d^8 und d^9 wiedergegeben (ausgezogene Linien; vgl. Tab. 10 auf S. 101). Ersichtlicherweise vertauscht sich die energetische Reihenfolge der aus dem Grundterm hervorgehenden Spaltterme (i) bei gegebenem Oktaeder- bzw. Tetraederfeld als Folge des Übergangs von einer Konfiguration mit *n* äußeren d-Elektronen zu einer solchen mit *n* fehlenden d-Elektronen („*Lochmechanismus*“) und (ii) bei gegebener d-Elektronenzahl als Folge des Übergangs vom oktaedrischen zum tetraedrischen Feld. Gemäß Fig. 270a–d erwartet man etwa im Falle oktaedrisch gebauter Komplexe *einen* „spinerlaubten“ d → d-Übergang für Übergangsmetallionen M^{n+} bei high-spin-$d^1/d^4/d^6/d^9$-Konfiguration und *drei* derartige Banden für Zentren bei high-spin-$d^2/d^3/d^7/d^8$- Konfiguration. Das Experiment bestätigt diese Vorhersage, wie etwa aus den UV-Spektren oktaedrischer Aqua-Komplexe $[M(H_2O)_6]^{n+}$ im sichtbaren Bereich hervorgeht (die in nachfolgender Zusammenstellung wiedergegebenen Absorptionsmaxima $[cm^{-1}]$ der d → d-Banden können aufgrund des Jahn-Teller-Effekts verbreitert oder aufgespalten sein):

Ti^{3+} (d^1; *violett*)	**Cr^{3+} (d^3;** *violett*)	**Fe^{2+} (d^6;** *blaugrün*)	**Ni^{2+} (d^8;** *grün*)
$^2T_{2g} \rightarrow {}^2E_g$: 20300	$^4A_{2g} \rightarrow {}^4T_{2g}$: 17400	$^5T_{2g} \rightarrow {}^5E_g$: 10400	$^3A_{2g} \rightarrow {}^3T_{2g}$: 8500
V^{3+} (d^2; *grün*)	$\rightarrow {}^4T_{1g}$: 24500	**Co^{2+} (d^7;** *rosa*)	$\rightarrow {}^3T_{1g}$: 13800
$^3T_{1g} \rightarrow {}^3T_{2g}$: 17200	$\rightarrow {}^4T_{1g}$: 38600	$^4T_{1g} \rightarrow {}^4T_{2g}$: 8700	$\rightarrow {}^3T_{1g}$: 25300
$\rightarrow {}^3T_{1g}$: 25600	**Cr^{2+} (d^4;** *himmelblau*)	$\rightarrow {}^4A_{2g}$: 16000	**Cu^{2+} (d^9;** *hellblau*)
$\rightarrow {}^3A_{2g}$: 36000	$^5E_g \rightarrow {}^5T_{2g}$: 14000	$\rightarrow {}^4T_{1g}$: 19400	$^2E_g \rightarrow {}^2T_{2g}$: 12500

Die auf *Übergängen zwischen multiplizitätsverschiedenen Spalttermen* beruhenden, sehr schwachen Absorptionen („spinverbotene Übergänge"; „*Interkombinationsbanden*") sind von den intensiveren spinerlaubten Absorptionen in der Regel mehr oder weniger verdeckt. Als Beispiele seien oktaedrische Komplexe des „dreiwertigen Chroms" betrachtet: Über dem ^4F-Grundterm von $Cr^{3+}(d^3)$ liegt außer dem in Fig. 270c wiedergegebenen ^4P- noch ein ^2G-Term in energetischer Nähe. Aus ihm gehen im Oktaederfeld vier Spaltterme hervor, und zwar – geordnet nach steigender Energie – ^2E_g, $^2T_{1g}$, $^2T_{2g}$, $^2A_{1g}$ (weitere, aus Tab. 10, S. 101 zu entnehmende Terme spielen aus energetischen Gründen für das sichtbare Spektrum der Cr^{3+}-Komplexe keine Rolle). Die Interkombinationen $^4A_{1g} \rightarrow {}^2E_g$ und $^4A_{1g} \rightarrow {}^2T_{2g}$ lassen sich nunmehr gelegentlich als Schulter der spinerlaubten Bande ν_1 sowie als intensitätsschwache Bande zwischen den spinerlaubten Absorptionen ν_1 und ν_2 erkennen (für $\nu_1(^4A_{2g} \rightarrow {}^4T_{2g})$ und $\nu_2(^4A_{2g} \rightarrow {}^4T_{1g})$ vgl. Fig. 268). Sie sind vergleichsweise scharf und bilden im Falle des Rubins[66] die Grundlage des „*Rubin-Lasers*" (vgl. S. 868). Bei Komplexen mit high-spin-d^5-konfigurierten Zentren wie Mn^{2+} oder Fe^{3+}, für die keine spinerlaubten Übergänge existieren, sind naturgemäß die Interkombinationen als schwache Banden gut beobachtbar. Weder spinerlaubte noch -verbotene d → d-Absorptionen beobachtet man trivialerweise bei Komplexen mit d^0- bzw. d^{10}-konfigurierten Zentren; derartige Koordinationsverbindungen erscheinen infolgedessen *farblos*, sofern sie nicht zu CT- oder Innerligand-Absorptionen Veranlassung geben.

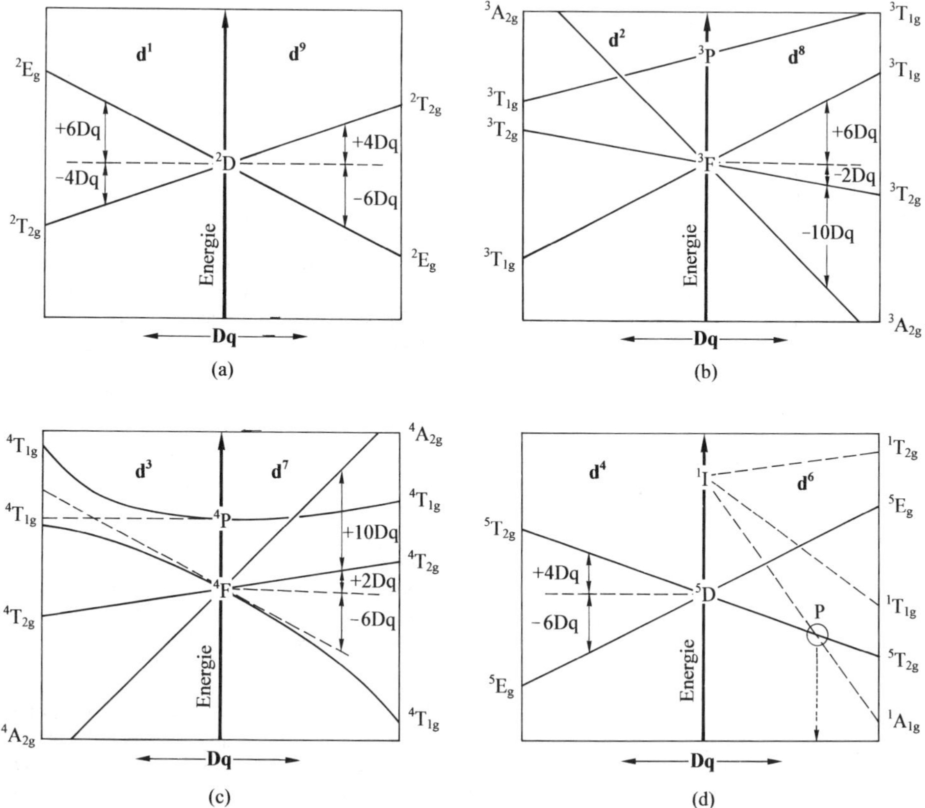

Fig. 270 Energieaufspaltung der Grundterme und multiplizitätsgleichen höheren Terme (**Orgeldiagramme**) für d^n-Elektronenkonfigurationen im *Oktaederfeld* (im Falle der d^5-Konfiguration existiert neben dem – nicht aufspaltbaren – ^6S-Grundterm kein Term der Multiplizität sechs). Für das *Tetraederfeld* ist antelle von d^n jeweils d^{10-n} zu setzen.

---

66 Rubin besteht aus α-Al_2O_3 (S. 1081), in welchem 1–8% der in oktaedrischen Lücken einer hexagonal-dichtesten O^{2-}-Packung eingelagerten Al^{3+}-Ionen durch Cr^{3+}-Ionen ersetzt sind. Er *absorbiert* gelbgrünes sowie violettes Licht ($\tilde{\nu}_1$ um 18000 cm^{-1}, $\tilde{\nu}_2$ um 24000 cm^{-1}) und ist *transparent* für einen Teil des blauen Lichts und für das gesamte rote Licht ($\tilde{\nu}$ um 21000 sowie < 14000 cm^{-1}), was die *tiefrote* Farbe des Rubins mit ihrem leichten Stich ins *Purpurne* bedingt. Darüber hinaus *phosphoresziert* Rubin im *rotem* Bereich (verbotener Übergang $^2E_g \rightarrow {}^4A_{1g}$ bei $\tilde{\nu} = 14200$ cm^{-1}; der ^2E_g-Zustand wird ausgehend vom angeregten $^4T_{1g}$-Zustand erreicht, der u.a. unter Abgabe von IR-Quanten in den ^2E_g-Zustand wechselt).

Größe der Termaufspaltungen und Lagen der d → d-Übergänge. Mit wachsender Stärke des Ligandenfeldes nimmt die Energieaufspaltung der Mehrelektronenzustände (Terme) ähnlich wie die der Einelektronenzustände zu, wobei die Aufspaltungen dem Energieschwerpunkt-Satz (S. 1251) gehorchen. Demgemäß sind die im oktaedrischen oder tetraedrischen Feld aus einem D-Term (5fach bahnentartet) gemäß Tab. 108 hervorgehenden Spaltterm E (2fach entartet) bzw. T_2 (3fach entartet) um 6 Dq bzw. 4 Dq hinsichtlich der Lage des D-Terms in entgegengesetzte Richtungen energetisch verschoben ($6 \times 2 = 3 \times 4$). Andererseits wandern die aus einem F-Term (7fach entartet) im Oktaeder- oder Tetraederfeld hervorgehenden Spaltterme A_2 (nicht entartet) um 12 Dq sowie T_2 (3fach entartet) um 2 Dq energetisch in eine Richtung, der Spaltterm T_1 (3fach entartet) um 6 Dq in die andere Richtung ($1 \times 12 + 3 \times 2 = 3 \times 6$). Die Fig. 270a–d geben diesen Sachverhalt für die Grundterme von d^n-Elektronenkonfigurationen wieder (D im Falle von d^1, d^4, d^6, d^9; F im Falle von d^2, d^3, d^7, d^8; S im Falle von d^0, d^5, d^{10}). Somit lassen sich aus den Wellenzahlen der gefundenen und zugeordneten Absorptionsmaxima Dq-Werte berechnen.

Beispielsweise beobachtet man in Elektronenspektren von *oktaedrischen Komplexen des „dreiwertigen Chroms"* Cr^{3+} (d^3) drei spinerlaubte Zentralionenbanden ν_1, ν_2 und ν_3 (s. oben), von denen die Bande ν_3 allerdings häufig durch eine intensivere CT-Absorption verdeckt ist (vgl. Fig. 268):

	$[CrF_6]^{3-}$ (*grün*)	$[Cr(H_2O)_6]^{3+}$ (*violett*)	$[Cr(ox)_3]^{3-}$ (*rotviolett*)	**Rubin**[66] (*rot*)	$[Cr(en)_3]^{3+}$ (*gelb*)	$[Cr(CN)_6]^{3-}$ (*gelb*)
$\tilde{\nu}_1(^4A_{2g} \rightarrow {}^4T_{2g})$	14900	17400	17500	18000	21900	26700 cm^{-1}
$\tilde{\nu}_2(^4A_{2g} \rightarrow {}^4T_{1g})$	22700	24500	23900	24600	28500	32200 cm^{-1}
$\tilde{\nu}_3(^4A_{2g} \rightarrow {}^4T_{1g})$	34400	38600	–	–	–	–

Die Energie des Übergangs ν_1 entspricht nun nach Fig. 270c exakt 10 Dq. Sie nimmt erwartungsgemäß mit wachsender Ligandenfeldstärke – also für $CrL_6^{3+/3-}$ etwa in der Reihe L = F^-, H_2O ≈ ox, en, CN^- – zu (vgl. spektrochemische Reihe, S. 1252). Demgemäß erscheinen Cr^{3+}-Komplexe (und Entsprechendes gilt für Komplexe anderer Metallionen) mit Liganden wie CO, CN^-, PR_3, die ein sehr starkes Ligandenfeld erzeugen, mehr oder weniger *farblos*, falls sie keine CT-Absorptionen aufweisen. Beachtenswert ist ferner die Farbverschiebung von *grün* nach *rot* beim Übergang von „Chrom(III)-oxid" Cr_2O_3 zum gleichstrukturierten „Rubin" $Al_2O_3 \cdot 4\%Cr_2O_3$[66]. Sie beruht darauf, daß die kleineren Al^{3+}-Ionen in „Korund" Al_2O_3 sowie im Rubin eine O^{2-}-Packung mit kleineren Oktaederlücken bedingen als die größeren Cr^{3+}-Ionen in Cr_2O_3, so daß also der Übergang Cr_2O_3 → Rubin, d.h. der Wechsel von Cr^{3+} in kleinere, oktaedrisch durch O^{2-} begrenzte Lücken mit einer Verstärkung des Ligandenfeldes und – als Folge hiervon – mit einer Farbänderung verbunden ist[67].

Kreuzung von Spalttermen und Konsequenzen für d → d-Übergänge. Vielfach überschneiden sich die aus Termaufspaltungen im Ligandenfeld hervorgehenden Spaltterme, was je nachdem, ob die sich kreuzenden Spaltterme gleiche oder ungleiche Bezeichnungen (Symmetrie) aufweisen, unterschiedliche Folgen haben kann:

(i) *Spaltterme ungleicher Symmetrie können sich überschneiden.* Als Beispiele sind in Fig. 270b–d *„Kreuzungen"* der Spaltterme eines höheren Terms (^3P, ^4P, ^1I) mit dem energieärmsten Spaltterm des Grundterms (^3F, ^4F, ^5D) wiedergegeben. Ersichtlicherweise bildet hierbei der $^1A_{1g}$-Spaltterm des ^1I-Terms von d^6-konfigurierten oktaedrischen Metallzentren, der mit wachsender Ligandenfeldstärke energetisch besonders stark abgesenkt wird, nach seiner Kreuzung mit dem Spaltterm $^5T_{2g}$ des Grundterms ^5D (Punkt P im Diagramm der Fig. 270d) den energieärmsten Zustand des Systems. Ganz im Sinne des auf S. 1253 im Rahmen des Einelektronenmodells Besprochenen führen somit d^6-Konfigurationen zu einem Quintett-Grundzustand im schwächeren oktaedrischen Feld (high-spin-Zustand mit 4 ungepaarten Elektronen) und zu einem Singulett-Grundzustand im stärkeren oktaedrischen Feld (low-spin-Zustand mit keinem ungepaarten Elektron). In analoger Weise verwandeln starke Oktaederfelder den ^5E_g-, $^6A_{1g}$- und $^4T_{1g}$-Grundspaltterm der d^4-, d^5- und d^7-Konfiguration in einen $^3T_{1g}$-, $^2T_{2g}$ und ^2E_g-Grundspaltterm kleinerer Multiplizität. Entspricht die Ligandenfeldstärke Dq der Liganden in d^6-Komplexen etwa dem Wert, der sich für den Kreuzungspunkt P ergibt (Fig. 270c), so existieren diese Komplexe nebeneinander in der high- und low-spin Form („Cross over" Komplexe; z.B. $[Fe^{II}(o\text{-Phenanthrolin})_2(NCS)_2]$.

[67] Im „Smaragd" ersetzt Cr^{3+} einen Teil der oktaedrisch von O^{2-}-Ionen umgebenen Al^{3+}-Ionen des Berylls $Be_3Al_2Si_6O_{18}$. Seine *grüne* Farbe beruht auf der *Transparenz* im blauen und grünen Bereich (*Absorption* im violetten sowie gelben und roten Bereich; *Phosphoreszenz* wie im Falle von Rubin[66] bei $\tilde{\nu}$ ($^2E_g \rightarrow {}^4A_{2g}$) = 14200 cm^{-1}). Die mit dem Übergang Rubin → Smaragd verbundene Farbänderung *rot* → *grün* beruht nicht auf einer Änderung des Cr^{3+}/O^{2-}-Abstandes, sondern auf einer Erhöhung des Kovalenzanteils der Bindung (s. unten).

Mit dem Wechsel der Multiplizität des Grundspaltterms ändert sich zugleich die Zahl zu erwartender spinerlaubter d→d-Übergänge, so daß umgekehrt aus der Zahl beobachtbarer Absorptionen auf den high- oder low-spin-Zustand von Komplexen geschlossen werden kann. Beispielsweise erwartet man laut Fig. 270d für oktaedrische Komplexe des „zweiwertigen Eisens" Fe^{2+} bzw. „dreiwertigen Cobalts" Co^{3+} (jeweils sechs d-Elektronen) im high-spin-Fall eine spinerlaubte Absorption im sichtbaren Bereich ($^5T_{2g} \rightarrow {}^5E_g$), im low-spin-Fall aber zwei derartige Absorptionen ($^1A_{1g} \rightarrow {}^1A_{1g}$, $^1A_{1g} \rightarrow {}^1T_{2g}$). In der Tat erscheint in den Elektronenspektren von $[Fe(H_2O)_6]^{2+}$, $[Fe(NH_3)_6]^{2+}$, $[CoF_6]^{3-}$ eine Bande, in jenen von $[Fe(CN)_6]^{4-}$, $[Co(H_2O)_6]^{3+}$, $[Co(NH_3)_6]^{2+}$ zwei Banden, was die aus magnetischen Messungen geschlossene high- und low-spin-Zuordnung der Komplexe bestätigt (im Falle von $[CoF_6]^{3-}$ ist die Absorption aufgrund des Jahn-Teller-Effekts aufgespalten).

(ii) *Spaltterme gleicher Symmetrie können sich nicht überschneiden* („*Kreuzungsverbot*"). Denn die im Falle gleicher Symmetrie mögliche quantenmechanische Termwechselwirkung, die den oberen Term energetisch anhebt, den unteren Term absenkt, wird umso größer, je weiter sich die betreffenden Terme energetisch annähern. Beispielsweise müßten sich bei d^3-konfigurierten Metallzentren der aus dem ^4F-Term im Oktaederfeld hervorgehende $^4T_{1g}$-Spaltterm mit dem $^4T_{1g}$-Spaltterm des ^4P-Terms kreuzen (Fig. 270c, gestrichelte Linien). Tatsächlich gehen sich aber die Termaufspaltungen „aus dem Wege" (Fig. 270c, ausgezogene Linien), so daß die energetische Anhebung des aus dem ^4F-Term im Oktaederfeld erzeugten $^4T_{1g}$-Spaltterms weniger als 6 Dq beträgt. Legt man infolgedessen der Energie $\tilde{\nu}_2$ des Übergangs $\nu_2(^4A_{2g} \rightarrow {}^4T_{1g})$ bei oktaedrischen Cr^{3+}-Komplexen den Wert 18 Dq zugrunde und berechnet die Energie $\tilde{\nu}_2 = 1.8\,\tilde{\nu}_1$ aus der Energie $\tilde{\nu}_1$ des Übergangs $\nu_1(^4A_{2g} \rightarrow {}^4T_{2g})$, welche 10 Dq beträgt, so ergeben sich zu große Werte (z. B. $\tilde{\nu}_2[CrF_6]^{3-} = 1.8 \times 14900 = 26820\ cm^{-1}$; gefunden $22700\ cm^{-1}$).

Berücksichtigung kovalenter Bindungsanteile. Neben einer Berücksichtigung der durch das Kreuzungsverbot bedingten Abweichung der Energie von Spalttermen erfordert eine quantitative Auswertung der Spektren häufig noch *Korrekturen*, welche die Abnahme der d-Elektron-Elektron-Wechselwirkungen beim Übergang von freien zu komplexierten Metallionen erfassen oder – gleichbedeutend – welche berücksichtigen, daß Metall-Ligand-Bindungen neben elektrovalenten auch kovalente Anteile aufweisen, entsprechend einer gewissen Delokalisation der d-Elektronen in Richtung Liganden. Die interelektronischen Wechselwirkungen der d-Elektronen werden in den „freien Metallionen" durch die **Racah-Parameter** B und C („*interelektronische Abstoßungsparameter*") erfaßt, welche ihrerseits aus den Spektren der freien Ionen erhältlich sind (B ca. $100\ cm^{-1}$; $C \approx 4B$). Ihr Wert nimmt als Folge der d-Elektronendelokalisation beim Übergang zu den „ligandenkoordinierten Ionen" ab („*nephelauxetischer Effekt*")[68]. Nach der Stärke des nephelauxetischen Effekts lassen sich Metallionen bzw. Liganden zu „*nephelauxetischen Reihen*" ordnen, z. B. $Mn^{2+} < Ni^{2+} < Fe^{3+} < Co^{3+}$ bzw. $F^- < H_2O < NH_3 < Cl^- < CN^- < Br^- < N_3^- < I^-$.

CT-Übergänge

Die CT-Übergänge, die zu intensiven, mit ihren Maxima meist im nichtsichtbaren UV-Bereich liegenden Absorptionsbanden führen (man „sieht" nur den langwelligen Bandenabfall), lassen sich – in grober Näherung (vgl. S. 171) – als Elektronenübergänge zwischen Zentren und Liganden der Komplexe veranschaulichen. Je nachdem ob hierbei das Elektron vom Liganden zum Metallzentrum oder vom Metallzentrum zum Liganden überwechselt, spricht man bei den im Elektronenspektrum beobachtbaren Absorptionen von „*Metallreduktions-*" oder „*Metalloxidationsbanden*".

Metallreduktionsbanden. Die Lage der Metallreduktionsbanden hängt von der für den Elektronenwechselprozeß $e_{Ligand} \rightarrow e_{Metallzentrum}$ aufzuwendenden Energie ab, wobei sich letztere in Richtung sinkender Ionisierungsenergie der Liganden und wachsender Elektronenaffinität der Metallzentren erniedrigt. So geben etwa „*Halogenid*"-Liganden in der Reihenfolge $F^- < Cl^- < Br^- < I^-$ zunehmend leichter ein Elektron ab, d. h. sie lassen sich in gleicher Richtung zunehmend leichter oxidieren. Dies hat zur Folge, daß die beiden CT-Absorptionen der Komplexe $[CrX(NH_3)_5]^{2+}$ (X = Halogen) in Richtung X = F, Cl, Br, I zunehmend langwelliger erscheinen (32000/42000 für X = Cl; 31000/41000 für X = Br; 26000/33000 cm^{-1} für X = I)[69]. Leichter als die einfach-geladenen Halogenide vermögen die entsprechenden zweifach-geladenen Chalkogenide O^{2-}, S^{2-}, Se^{2-}, Te^{2-} ein Elektron abzugeben. Demgemäß erscheinen Übergangsmetall-„*Oxide*" im Unterschied zu entsprechenden Fluoriden vielfach bereits farbig. Als Beispiele seien das intensiv *gelbe* Chromat CrO_4^{2-} und *violette* Permanganat MnO_4^- genannt, welche d^0-konfigurierte Metallzentren enthalten, so daß die Farbe keinesfalls auf d→d-Übergänge zurückgehen kann. In beiden Komplexen bietet zudem das hoch oxidierte und deshalb besonders leicht Elektronen-aufnehmende, also reduzierbare Metallzentrum eine ideale Voraussetzung für einen CT-Übergang. Das verglichen mit Oxid noch reduktionsfreudigere „*Sulfid*" bildet schließlich mit den meisten Übergangs-

---

68 nephele (griech.) = Nebel; auxesis (griech.) = Ausbreitung.

69 Langwelligstes Absorptionsmaximum der freien Liganden H_2O > 60000; NH_3: ca. 60000; Cl^-: 56000; OH^-: 54000; Br^-: 52000; I^-: 43000 cm^{-1}.

metallkationen *prächtig gefärbte* Verbindungen. Entsprechend der wachsenden Stabilität höherer Oxidationsstufen beim Wechsel von (späteren) *Übergangsmetallen* zu schwereren Gruppenhomologen beobachtet man bei vergleichbaren homologen Komplexen eine Verschiebung der CT-Absorptionen zu höheren Wellenzahlen (kleineren Wellenlängen) bei Ersatz eines Metallzentrums aus der 1. bzw. 2. Periode durch ein solches aus der 2. bzw. 3. Periode („Farbabnahme"). Beispiele sind etwa die Komplexe MnO_4^- (*violett*), TcO_4^- (*blaßgelb*), ReO_4^- (*farblos*).

Wegen der Intensität der CT-Absorptionen wurden Übergangsmetallverbindungen mit CT-Übergängen schon frühzeitig als rote bis gelbe **Farbpigmente** geschätzt. Beispiele bilden hierfür etwa die *gelben* bis *roten* Fe(III)-oxide ($Fe^{3+}O^{2-} \rightarrow Fe^{2+}O^-$; Ockerfarben der Böden, Venezianischrot Fe_2O_3), die *gelben* bis *roten* „Metallsulfide" ($M^{n+}S^{2-} \rightarrow M^{(n-1)+}S^-$; Cadmiumgelb CdS, Zinnoberrot HgS, Auripigment As_2S_3), das „Neapel*gelb*" $Pb_3(SbO_4)_2$ ($Sb^{5+}O^{2-} \rightarrow Sb^{4+}O^-$), das „Chrom*gelb*" $PbCrO_4$ ($Cr^{6+}O^{2-} \rightarrow Cr^{5+}O^-$) (vgl. hierzu S. 1313). Darüber hinaus wird die Bildung farbiger Komplexe mit CT-Banden in der analytischen Chemie genutzt. Als Beispiele für derartige **Farbreaktionen** seien die Bildung von *blutrotem* „Eisenrhodanid" aus Fe^{3+} und SCN^- (S. 1521) sowie von *orangefarbenen* „Peroxotitanylsulfat" aus $TiOSO_4$ und H_2O_2 (S. 1406) genannt.

Metalloxidationsbanden. Elektronenwechselprozesse des Typs $e_{Metallzentrum} \rightarrow e_{Ligand}$ sind dann möglich, wenn Liganden wie CO, CN^-, NO, PR_3, AsR_3, Heteroaromaten (z. B. py, bipy, phen) energetisch tiefliegende, elektronenunbesetzte π^*- oder d-Orbitale aufweisen, und die Metallzentren leicht oxidierbar sind. Bei polynuklearen Komplexen mit *Metallzentren in verschiedenen Oxidationsstufen* kann der durch Lichtenergieaufnahme hervorgerufene Elektronenübergang auch von Zentren kleinerer zu – anders koordinierten – Zentren höherer Oxidationsstufe erfolgen. Demgemäß zeigen viele Verbindungen bei Anwesenheit zweier Oxidationsstufen des gleichen Elements im Komplex intensive Farben. Als Beispiele seien genannt: *blaues* $[Fe^{II}Fe^{III}(CN)_6]^-$ („Berliner Blau", S. 1520), *rote* „Mennige" $[Pb_2^{II}Pb^{IV}O_2]$ (S. 982), „Molybdän"- und „Wolfram*blau*" (S. 1463), *blaues* „Cer(III,IV)-hydroxid", *blauschwarzes*" „Cäsiumantimon(III,V)-chlorid", *schwarzgrünes* „Fe(II,III)-hydroxid". Der Elektronenübergang erfolgt hier über die Liganden zwischen den Metallatomen (vgl. 1290).

2.3 Molekülorbital-Theorie der Komplexe[70)]

Valenzstruktur- und Ligandenfeld-Theorie sind lediglich spezielle Fälle der allgemeineren, von F. Hund und R. S. Mulliken um 1930 als Bindungsmodell für Moleküle entwickelten und etwas später (1935) von J. H. van Vleck zur Erklärung des Bindungszustands von Komplexen genutzten **Molekülorbital- (MO-) Theorie** („*Theorie der Molekülzustände*"). Im Rahmen dieser Theorie wird – im Sinne des auf S. 340f. Besprochenen – angenommen, daß sich die *Valenzelektronen* der Koordinationsverbindungen *im Felde der Atomrümpfe sowohl der Metallzentren als auch der Liganden* bewegen.

VB- und LF-Theorie stellen – genau genommen – anschaulich vereinfachte, „leicht handhabbare" Abarten der MO-Theorie dar, aus der sie unter Überbewertung gewisser Gesichtspunkte und Vernachlässigung anderer Fakten hervorgehen. So behandelt die VB-Theorie im wesentlichen nur die kovalenten Bindungsanteile der Komplexe im Grundzustand und untersucht die Folgen, die sich im Rahmen des gewählten (kovalenten) Bindungsmodells hinsichtlich Struktur, Stabilität und Magnetismus der Verbindungen ergeben (S. 1243). Dieses Vorgehen hat sich bei einer Reihe von Komplexen mit Liganden wie CO, CN^-, CNR, NO, PR_3, AsR_3, π-C_nH_m bewährt, kann aber bei Komplexen mit Liganden, die wie F^-, H_2O, NH_3 Koordinationsbindungen mit hohen elektrovalenten Anteilen ausbilden, zu falschen Eigenschaftsvorhersagen führen. Auch läßt sich naturgemäß das optische Verhalten der Komplexe nicht deuten (angeregte Zustände bleiben im Rahmen der einfachen VB-Theorie üblicherweise unberücksichtigt).

Die LF-Theorie stellt andererseits den elektrovalenten Anteil der Koordinationsbindungen in den Vordergrund und untersucht die elektrostatischen Wirkungen der als punktförmige Ladungen behandelten Liganden auf die Energie der d-Valenzelektronen von Komplexzentren (S. 1250). Dieses Vorgehen ermöglicht es, Fragen hinsichtlich Stabilität, Struktur, Magnetismus oder Farbe sehr vieler Komplexe – zumindest qualitativ – ohne großen Aufwand richtig zu beantworten. Tatsächlich sind aber Koordinationsbindungen keineswegs rein elektrostatischer Natur, sondern es spielen Kovalenzanteile vielfach eine erhebliche Rolle. Dies ergibt sich schon daraus, daß gerade der Ligand CO, der keine Ionenladung trägt und fast kein Dipolmoment aufweist, eine besonders starke, im Rahmen der LF-Theorie unerwartete

70 **Literatur.** Vgl. Anm.[1)], S. 1205.

Feldwirkung ausübt. Auch deuten die optischen Spektren (vgl. spektrochemische Reihe sowie Racah-Parameter, S. 1252, 1269) sowie ESR- und NMR-spektroskopische Studien in vielen Fällen auf eine Delokalisation der d-Elektronen des Koordinationszentrums über den gesamten Komplex. Demgemäß hat sich die LF-Theorie insbesondere im Falle von Komplexen mit stark gebundenen Liganden wie CO, CN^-, CNR, NO, PR_3, AsR_3, π-C_nH_m als weniger geeignet erwiesen.

Die Molekülorbital-Theorie ermöglicht derzeit die umfassendste Deutung der Eigenschaften von Komplexen, und zwar ungeachtet dessen, ob die koordinativen Bindungen mehr kovalenter oder mehr elektrovalenter Natur sind. Dem Gewinn einer besseren Annäherung an die wahren Bindungsverhältnisse steht aber der Verlust an Anschaulichkeit und ein beträchtliches Anwachsen der – mit modernen Computern allerdings leicht lösbaren – Rechenprobleme entgegen. Mit Hilfe vereinfachender Annahmen kommt man, wie nachfolgend anhand oktaedrisch gebauter Komplexe und auf S. 1456 sowie 1618 anhand von Clustern mit Metall-Metall-Bindungen gezeigt sei, auch im Rahmen der MO-Theorie ohne allzu großen Aufwand zu ersten, qualitativen Aussagen über Eigenschaften von Komplexen.

Molekülorbitale der Komplexe. Ähnlich wie im Falle des mehratomigen Moleküls Wasser (S. 352) lassen sich die Molekülorbitale der aus vielen Atomen bestehenden Komplexe im Rahmen der LCAO-MO-Methode (S. 343) näherungsweise über eine *lineare Kombination von Atomorbitalen* herleiten. Zur Vereinfachung des Problems geht man allerdings nicht von den Orbitalen aller Atome der Komplexe aus, sondern man berücksichtigt nur die d- und nächst höhere s- sowie p-Valenzschale des Komplexzentrums ($d_{x^2-y^2}$-, d_{z^2}-, d_{xy}-, d_{xz}-, d_{yz}-, s-, p_x-, p_y-, p_z-Orbitale; vgl. S. 328, 330, 331) und für jeden Liganden ein – das „freie" Elektronenpaar beherbergende – Orbital von σ-Symmetrie sowie – gegebenenfalls – weitere besetzte oder unbesetzte Ligandenorbitale von π-Symmetrie. Im Falle oktaedrischer Komplexe führt dann die positive oder negative Überlappung der aus den Metallorbitalen des Typs s (a_{1g}-Zustand), p_x, p_y, p_z (t_{1u}-Zustände) sowie $d_{x^2-y^2}$, d_{z^2} (e_g-Zustände) hervorgehenden sechs d^2sp^3-Hybridorbitale (S. 358) mit den Ligandenorbitalen von σ-Symmetrie (z. B. sp^3-, sp^2-, sp-Hybridorbitale im Falle von $:NH_3$, $:NO_2^-$, :CO; π-Molekülorbital im Falle von $CH_2{=}CH_2$) zu bindenden oder antibindenden σ-Molekülorbitalen, wie die Fig. 271a und b für eine einzige Metall-Ligand-Wechselbeziehung zum Ausdruck bringen (tatsächlich müssen bei oktaedrischen Komplexen alle sechs d^2sp^3-Hybridorbitale oder – gleichbedeutend – die a_{1g}-, t_{2u}- und e_g-Metallzustände mit den σ-Orbitalen der sechs Liganden in der weiter unten diskutierten Weise kombiniert werden). Die Fig. 271c und d veranschaulichen Beispiele bindender σ-Molekülorbitale einer koordinativen Metall-Carbonyl- bzw. Metall-Ethylen-Bindung.

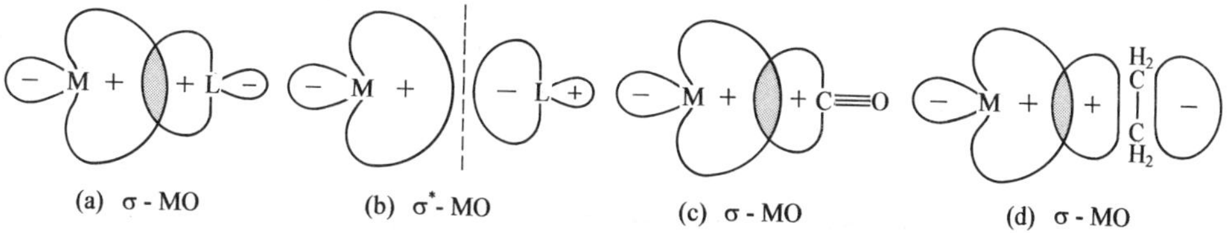

Fig. 271 *Bindende* σ-Molekülorbitale aus einem Metall-Hybridorbital und (a) einem Liganden-sp^n-Hybridorbital, (c) einem Carbonyl-sp-Hybridorbital, (d) einem Ethylen π-Molekülorbital sowie (b) *antibindendes* σ-Molekülorbital aus einem Metall- und Liganden-Hybridorbital.

In entsprechender Weise führt die positive und negative Interferenz der Metallorbitale d_{xy}, d_{xz}, d_{yz} (t_{2g}-Zustände) mit Ligandenorbitalen von π-Symmetrie zu bindenden und antibindenden π-Molekülorbitalen. Als Beispiele sind in den Fig. 272a–d bindende π-Molekülorbitale wiedergegeben, die aus einer positiven Überlappung eines d_{xy}-Metallorbitals mit einem p_y-Ligandenorbital (Fig. 272a; L z. B. F^-, O^{2-}, NH_2^-), einem d_{xy}-Ligandenorbital (Fig. 272b) einem Carbonyl-π^*-Molekülorbital (Fig. 272c) bzw. einem Ethylen-π^*-Molekülorbital (Fig. 272d) resultieren.

Energieniveau-Schema der Molekülorbitale oktaedrischer Komplexe. Zur Aufstellung eines Energieniveau-Diagramms oktaedrischer Komplexe verfährt man am besten in der Weise, daß man zunächst die sechs Ligandenorbitale vom σ-Typ miteinander zu sechs „Liganden-Symmetrieorbitalen" kombiniert, welche die für σ-Beziehungen mit geeigneten Metallorbitalen (a_{1g}-, t_{1u}-, e_g-Zustände bei oktaedrischen Komplexen, siehe oben) geforderte Symmetrie (a_{1g}, t_{2u}, e_g) aufweisen. Berücksichtigt man nunmehr, daß (i) die Energie der Metallorbitale in Richtung $d < s < p$ anwächst, (ii) die σ-Orbitale der Liganden energieärmer als die d-Orbitale des Metalls sind und (iii) die Metall- mit den Ligandenorbitalen in der Rei-

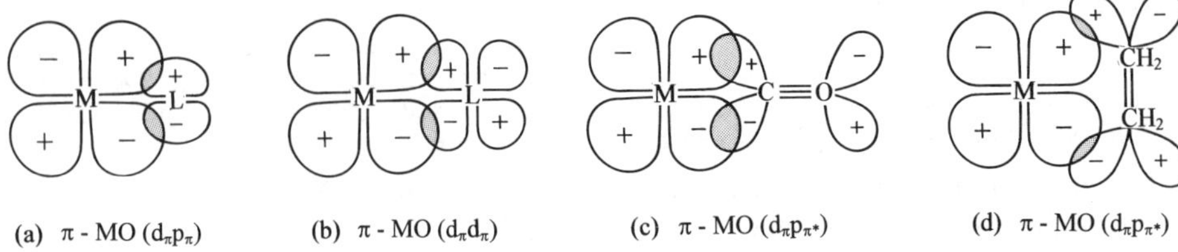

Fig. 272 Bindende π-Molekülorbitale aus einem Metall-d-Orbital und (a) einem Liganden-p-Atomorbital, (b) einem Liganden-d-Atomorbital, (c) einem Carbonyl-π^*-Molekülorbital, (d) einem Ethylen-π^*-Molekülorbital.

henfolge $e_g < t_{1u} < a_{1g}$ zunehmend besser überlappen, so erhält man das in Fig. 273a wiedergegebene, für oktaedrische Komplexe ohne π-Wechselwirkungen charakteristische Energieniveau-Schema. Es umfaßt die sieben unterschiedlichen Niveaus der insgesamt 15 Molekülorbitale, von denen 6 bindend (geordnet nach steigender Energie: a_{1g}-, t_{1u}-, e_g-Zustände), 3 nichtbindend (t_{2g}-Zustand) und 6 antibindend sind (e_g^*-, t_{1u}^*-, a_{1g}^*-Zustände). Bei Besetzung *aller bindenden* und *nichtbindenden* Molekülorbitale mit jeweils 2 Elektronen entgegengesetzten Spins erlangt das Komplexzentrum wie etwa dreiwertiges Cobalt Co^{3+} (d^6) im Komplex $[Co(NH_3)_6]^{3+}$ 18 Elektronen ($a_{1g}^2 t_{1u}^6 e_g^4 t_{2g}^6$-Elektronenkonfiguration) und mithin Edelgaskonfiguration. Dieser, die **Edelgasregel** bestätigende Sachverhalt gilt allgemein für Komplexe ML_n (L = Zweielektronen-Ligand; n = Koordinationszahl von M): von den 9 Valenzorbitalen des Kom-

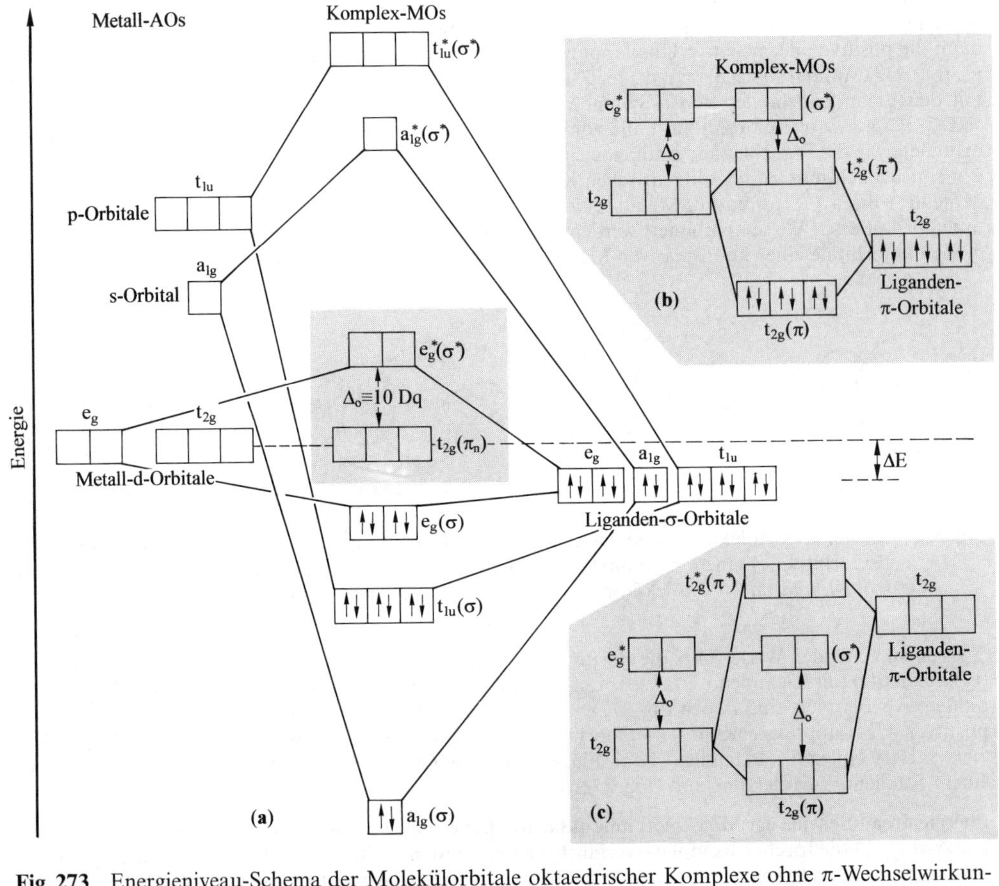

Fig. 273 Energieniveau-Schema der Molekülorbitale oktaedrischer Komplexe ohne π-Wechselwirkungen (a) bzw. mit π-Wechselwirkungen im Falle besetzter (b) oder unbesetzter (c) Ligandenorbitale vom π-Typ (AO, MO, LO = Atom-, Molekül-, Ligandenorbital). Nicht berücksichtigt in (b) und (c) sind π-Ligandenorbitale der Symmetrie t_{1g}, t_{1u}, t_{2u}, die nicht oder nur unerheblich mit Metall-Atomorbitalen interferieren[71].

plexzentrums (fünf d-, ein s-, drei p-Zustände) kombinieren n Orbitale mit den σ-Orbitalen der n Liganden zu n bindenden und n antibindenden Molekülorbitalen. Es verbleiben dann $9-n$ nichtbindende Molekülorbitale, welche zusammen mit den n bindenden Molekülorbitalen bei doppelter Elektronenbesetzung genau $[(9-n)+n]\ \text{x}2 = 18$ Elektronen aufzunehmen vermögen.

Die 6 freien Elektronenpaare der Liganden oktaedrischer Komplexe besetzen gemäß Fig. 273a die 6 bindenden Molekülorbitale des Typs a_{1g}, t_{1u} und e_g. An ihrer Bildung sind neben den 6 σ-Orbitalen der Liganden zwei d-, ein s- und drei p-Metall-Atomorbitale beteiligt oder – gleichbedeutend – sechs d^2sp^3-Metall-Hybridorbitale. Damit bringt in Fig. 273a der *untere Teil des Energieniveau-Schemas die Aussagen der VB-Theorie* zum Ausdruck (vgl. S. 1249). Die 6 bindenden Molekülorbitale weisen sowohl Metall- als auch Ligandencharakter auf, doch wächst der Liganden- auf Kosten des Metallcharakters mit zunehmendem Elektrovalenzanteil der Koordinationsbindungen (der Elektrovalenzanteil erhöht sich mit zunehmendem Unterschied der Elektronegativität des Metallzentrums und der Liganden; in gleicher Richtung vergrößert sich der Unterschied ΔE (vgl. Fig. 273a) der Energie von Metall-d- und Liganden-σ-Orbitalen).

Die Valenz-d-Elektronen des Zentrums oktaedrischer Komplexe besetzen gemäß Fig. 273a die Molekülorbitale des Typs t_{2g} (nicht-bindend) und e_g^* (mehr oder minder antibindend), die sich energetisch an die 6 bindenden Molekülorbitale anschließen. Die Energieaufspaltung $\Delta_o \triangleq 10\,Dq$ entspricht der analogen Ligandenfeld-Aufspaltung der d-Orbitale in energieärmere dreifach-entartete und energiereichere zweifach entartete d-Zustände. Damit bringt in Fig. 273a der *mittlere Teil des Energieniveau-Schemas die Aussagen der LF-Theorie* zum Ausdruck (vgl. S. 1250) mit allen Folgerungen hinsichtlich der magnetischen und optischen Komplexeigenschaften. Der Unterschied besteht allerdings darin, daß das energetisch höher liegende e_g^*-Molekülorbital nunmehr antibindend ist und einen gewissen Ligandencharakter aufweist, womit sich die experimentell beobachtete **Delokalisation** der d-Elektronen erklärt. Mit wachsendem Kovalenzanteil der Koordinationsbindungen, d.h. mit abnehmendem Unterschied ΔE (Fig. 273a) der Energie von Metall-d- und Liganden-σ-Orbitalen wächst der Ligandencharakter des e_g^*-Molekülorbitals (vgl. hierzu Fig. 112, S. 352). Somit wird die Größe $\Delta_o \triangleq 10\,Dq$ im Rahmen der MO-Theorie nicht wie im Falle der LF-Theorie ausschließlich durch elektrovalente, sondern zusätzlich durch kovalente Einflüsse bestimmt.

Die nicht-bindenden t_{2g}-Zustände sind reine Metall-Zustände, sofern die Liganden keine Orbitale vom π-Typ aufweisen. Ist letzteres jedoch der Fall, so ergeben sich zwei mögliche Situationen für oktaedrische Komplexe mit π-Wechselwirkungen: die aus Ligandenorbitalen mit π-Symmetrie durch Kombination hervorgehenden drei entarteten „Symmetrieorbitale" des Typs t_{2g}[71)] sind (i) mit Elektronen besetzt und energieärmer als die t_{2g}-Orbitale des Metalls (Beispiel: $[CoF_6]^{3-}$), (ii) nicht mit Elektronen besetzt und dann energiereicher als die t_{2g}-Orbitale des Metalls (Beispiel: $[Co(CN)_6]^{3-}$). Die Wechselwirkung der t_{2g}-Metall- und -Ligandenorbitale führt in ersterem Fall (π-Hinbindungen; $M \leftleftarrows L$) gemäß Fig. 273b zu einer Verringerung, in letzterem Fall (π-Rückbindungen; $M \leftrightarrows L$) gemäß Fig. 243c zu einer Vergrößerung der Energieaufspaltung $\Delta_0 \triangleq 10\,Dq$. Dieser Sachverhalt erklärt die Ligandenfolge in der **spektrochemischen Reihe**, d.h. die Stellung von Liganden wie F^-, Cl^-, Br^-, I^-, S^{2-} (π-Hinbindungen) am Anfang, von Liganden wie NO_2^-, CN^-, CO (π-Rückbindungen) am Ende der Reihe. Des weiteren wird der Befund verständlich, daß Komplexe wie $Cr(CO)_6$ mit Liganden des letzteren Typs häufig farblos sind, falls diese Liganden keine CT-Absorptionen verursachen, da eine größere Energieaufspaltung Δ_0 kürzerwellige **d→d-Übergänge** zur Folge hat. Schließlich ermöglichen Energieniveau-Schemata wie das der Fig. 273 auch ein besseres Verständnis der **CT-Absorptionen**. Diese rühren im Falle der Metallreduktionsbanden (Metalloxidationsbanden) von *Übergängen* der Elektronen aus energieärmeren, besetzten Molekülorbitalen mit vorwiegend *Ligandencharakter* (*Metallcharakter*) zu energiereicheren elektronenfreien Molekülorbitalen mit vorwiegend *Metallcharakter* (*Ligandencharakter*). Bei oktaedrischen Komplexen mit π-Wechselwirkungen können CT-Absorptionen etwa auf Elektronenübergängen aus besetzten nicht-bindenden π-Ligandenorbitalen[71)] in σ-Komplexorbitale des Typs t_{2g} oder e_g^* bzw. auf Elektronenübergängen aus σ-Komplexorbitalen des Typs t_{2g} oder e_g^* in unbesetzte nicht-bindende π-Ligandenorbitale[71)] beruhen.

Erfüllung der 18 Valenzelektronenregel. Die MO-Schemata der Komplexe ML_n mit ihren *n bindenden*, *(9 – n) nichtbindenden* und *n antibindenden Molekülorbitalen* liefern schließlich auch Erklärungen für die Beobachtung, daß die *Edelgasregel* in Abhängigkeit von der Art der Komplexliganden und -zentren *mehr oder minder streng befolgt* wird. Gemäß oben Besprochenem fordert die *18-Valenzelektronenregel* eine Auffüllung sowohl aller bindenden als auch aller nichtbindenden MOs der Komplexe mit Elektronen.

---

[71] Liganden weisen maximal 2 Orbitale vom π-Typ auf (z.B. p_y, p_z, falls p_x für σ-Bindungen genutzt wird), so daß also maximal $6 \times 2 = 12$ π-Ligandenorbitale zur Verfügung stehen. Sie kombinieren im Falle oktaedrischer Komplexe zu Symmetrieorbitalen des Typs t_{1g}, t_{2g}, t_{1u} und t_{2u} (jeweils dreifach entartet). Unter ihnen interferieren nur die t_{2g}-, nicht aber die t_{1u}-Zustände mit symmetriegleichen Metallzuständen, da die t_{1u}-Metallzustände bereits für σ-Bindungen (s. oben) genutzt werden. Für die t_{1g}- und t_{2u}-Ligandenorbitale stehen keine symmetriegleichen Metallorbitale zur Verfügung. t_{1g}-, und t_{2u}-Zustände stellen somit nicht-bindende Ligandenorbitale dar.

Sie ist immer dann *gut erfüllt*, wenn die nichtbindenden MOs als Folge der gewählten Komplexliganden und -zentren den antibindenden MOs energetisch fern und den bindenden MOs energetisch benachbart sind. Die Zahl von 18 Elektronen kann aber *unterschritten* bzw. *überschritten* werden, falls nichtbindende MOs energetisch vergleichsweise hoch bzw. antibindende MOs energetisch vergleichsweise tief liegen. Der Sachverhalt sei anhand *oktaedrisch koordinierter Komplexe* verdeutlicht, bei denen man wie auch bei anderen Komplexen drei Verbindungsklassen unterscheiden kann.

(i) Wie erwähnt, führen Liganden mit *π-Akzeptorcharakter* (z. B. CN^-, CO, CNR, PF_3, ungesättigte Kohlenwasserstoffe), d. h. *Liganden mit starkem Ligandenfeld* (vgl. S. 1252) bei Komplexzentren mit oktaedrischer Koordination zu einer großen Energiedifferenz $\Delta_o \triangleq 10$ Dq zwischen nichtbindenden und antibindenden MOs und zu einer starken Energieannäherung der nichtbindenden und bindenden MOs (vgl. Fig. 273a, c). Demgemäß strebt das Komplexzentrum die Ausbildung einer Edelgasschale an. In entsprechender Weise führen die betreffenden Liganden auch bei nicht-oktaedrischer Koordination in der Regel zu Komplexen, denen Zentren mit 18 Valenzelektronen zukommen (Beispiele: $[V^{-I}(CO)_6]^-$, $[Fe^{II}(CN)_6]^{4-}$, $[Fe^0(PF_3)_5]$, $[Ni^0(CNR)_4]$, $[CpMn^I(CO)_3]$, $[W(CN)_8]^{4-}$).

(ii) Andererseits führen *Liganden mit schwachem bis mittlerem Ligandenfeld* (z. B. Liganden mit *π-Donorcharakter* wie Halogenid, Chalkogenid, aber auch Liganden wie Amine; vgl. S. 1252) bei oktaedrisch koordinierten Metallen der 1. *Übergangsreihe* zu vergleichsweise kleinen Energiedifferenzen $\Delta_o \triangleq 10$ Dq (vgl. Fig. 273a, b). Als Folge hiervon können die nichtbindenden t_{2g}-Zustände (t_{2g}^*-Zustände bei Vorliegen von π-Hinbindungen) wahlweise bis zu 6, die energetisch nicht all zu hoch liegenden e_g^*-Zustände wahlweise bis zu 4 Elektronen aufnehmen, so daß auch Komplexe resultieren, denen Zentren mit weniger oder mehr als 18 Valenzelektronen zukommen (Beispiele: $[Ti^{IV}F_6^{2-}]$ mit 12 VE, $[V^{IV}Cl_6]^{2-}$ mit 13 VE, $[V^{III}(H_2O)_6]^{3+}$ mit 14 VE, $[Cr^{III}Cl_6]^{3-}$ mit 15 VE, $[Cr^{II}(H_2O)_6]^{2+}$ mit 16 VE, $[Fe^{III}F_6]^{3-}$ mit 17 VE, $[Co(H_2O)_6]^{2+}$ mit 19 VE, $[Ni(en)_3]^{2+}$ mit 20 VE, $[Cu(NH_3)_6]^{2+}$ mit 21 VE, $[Zn(en)_3]^{2+}$ mit 22 VE). Zu letzterer Klasse von Verbindungen, bei denen die Zusammensetzung im wesentlichen durch eine symmetrische Anordung der Liganden um das Metallzentrum bestimmt wird, zählen auch viele Komplexe mit tetraedrischer Koordination, die in der Regel zu vergleichsweise kleiner Energiedifferenz Δ_t führt (vgl. S. 1255; Beispiele: Metallate MO_4^{n-}).

(iii) Bei oktaedrisch mit Liganden schwachen bis mittleren Feldes koordinierten Metallen der 2. *und* 3. *Übergangsreihe* ist $\Delta_o \triangleq 10$ Dq insgesamt größer als bei entsprechend koordinierten Metallen der 1. Übergangsreihe. Als Folge hiervon können zwar die nichtbindenden t_{2g}-Zustände (t_{2g}^*-Zustände) wahlweise mit bis zu 6 Elektronen besetzt werden, während die nunmehr energetisch deutlich höher liegenden e_g^*-Zustände keine Tendenz zur Elektronenaufnahme aufweisen, so daß Komplexe gebildet werden, denen Zentren mit bis zu 18 Valenzelektronen zukommen (Beispiele $[W^{VI}Cl_6/W^VCl_6^-/W^{IV}Cl_6^{2-}]$ mit 12/13/14 VE bzw. $[Pt^{VI}F_6/Pt^VF_6^-/Pt^{IV}F_6^{2-}]$ mit 16, 17, 18 VE). Selbst im Falle der Koordination mit starken π-Akzeptor-Liganden (s. o.) läßt sich letzterer Verbindungstyp vielfach verifizieren, wobei die betreffenden Komplexe der *frühen bis mittleren Übergangsmetalle* dann eine mehr oder weniger hohe *Oxidationswirkung* aufweisen (Beispiele: $[V^0(CO)_6]$, $[Fe^{III}(CN)_6]^{3-}$ bzw. $[W^V(CN)_8]^{3-}$ mit 17 VE sowie $[Mn^{III}(CN)_6]^{3-}$ mit 16 VE). Bei den *späten Übergangsmetallen* (ab Cobaltgruppe) bilden sich sogar vergleichsweise stabile Komplexe, deren Zentren nur 16 oder gar nur 14 Außenelektronen aufweisen (Beispiele: $[Rh^I(CO)_2Cl_2]^-$ bzw. $[Ni^{II}(CN)_4]^{2-}$ mit 16 VE sowie $[Ag^I(CN)_2]^-$ bzw. $[Hg^{II}(CN)_2]$ mit 14 VE). Der Grund hierfür rührt daher, daß die Energien der d-Atomorbitale mit wachsender Ladung der Atomkerne stärker absinken als die der s- und p-Orbitale der nächst höheren Hauptschale, so daß die d-Elektronen von Übergangsmetallen hinsichtlich der betreffenden s- und p-Elektronen innerhalb einer Periode in zunehmendem Maße den Charakter von Rumpfelektronen annehmen und damit immer weniger für π-Rückbindungen zur Verfügung stehen. Beispielsweise bedingt der geringere π-Akzeptorcharakter von PR_3, verglichen mit dem von CO, daß $[Ni^0(PR_3)_4]$ (18 VE) anders als $[Ni^0(CO)_4]$ (18 VE) bei Raumtemperatur in Lösung den Liganden PR_3 reversibel unter Bildung von $[Ni^0(PR_3)_3]$ (16 VE) abgibt; der Cyanokomplex $[Ni^{II}(CN)_5]^{3-}$ (18 VE) zerfällt in wässeriger Lösung sogar weitgehend in $[Ni^{II}(CN)_4]^{2-}$ (16 VE) und den Liganden CN^-, wobei CN^- zwar einen ähnlichen π-Akzeptorcharakter wie CO aufweist, der Übergang von $[Ni^0(CO)_4]$ zu $[Ni^{II}(CN)_5]^{3-}$ jedoch mit einer Erhöhung der Ladung des Zentralmetalls verbunden ist (die Zunahme der positiven Atomladung bei gleicher Kernladung erniedrigt die d-Orbitalenergien stärker als die Zunahme der Kernladung bei gleicher Atomladung):

$$Ni(CO)_4 \xleftarrow{\mp CO} Ni(CO)_3; \quad Ni(PR_3)_4 \xrightleftharpoons{\mp PR_3} Ni(PR_3)_3; \quad Ni(CN)_5^{3-} \xrightarrow{\mp CN^-} Ni(CN)_4^{2-}.$$

Der Ligand Cl^-, dem ein schwächeres Feld als dem Liganden CN^- zukommt, addiert sich an Ni^{2+} ausschließlich zum Komplex $[Ni^{II}Cl_4]^{2-}$ (16 VE). Weisen d^{10}-Übergangsmetallionen wie Ag^+, Au^+, Hg^{2+} sowohl *hohe Kernladung* innerhalb einer Übergangsperiode als auch *positive Atomladungen* auf, so bilden sie gerne Komplexe mit nur 14 Valenzelektronen (s. o.).

3 Reaktionsmechanismen der Übergangsmetallkomplexe[72)]

Die chemische Reaktion, Teil IV[73)]

Reaktionen der Koordinationsverbindungen ML_n können – wie im Falle von *Ligandenaustauschreaktionen* und *-umlagerungen* – den gesamten Metallkomplex betreffen oder – wie im Falle von *Redoxvorgängen* und *Ligandenumwandlungen* – mehr die Komplexzentren bzw. die Ligandensphäre involvieren. Entsprechend dem Bau von ML_n aus elektrophilen Metallzentren und nucleophilen Liganden bestimmen hierbei nucleophile Substitutionsprozesse die Reaktivität der Komplexe in besonderem Maße. Nachfolgend sollen nunmehr in den Unterkapiteln 3.1, 3.2 und 3.3 Substitutions-, Umlagerungs- und Redoxprozesse der Komplexe eingehender besprochen werden für Reaktionen der Verbindungen von *Nicht-* und *Halbmetallen* vgl. S. 366).

3.1 Nucleophile Substitutionsreaktionen der Komplexe[72)]

Mechanismus, Stereochemie und Geschwindigkeit der Substitution eines Liganden (Nucleofugs) X in Metallkomplexen (Substraten) $L_{n-1}MX$ durch andere Liganden (Nucleophile) Nu gemäß

$$L_{n-1}MX + Nu \rightleftarrows L_{n-1}MNu + X \qquad (1)^{74)}$$

wird durch die reagierenden und nicht reagierenden Gruppen (Nu, M, X und L), das Reaktionsmedium sowie die Zahl und geometrische Anordnung aller Komplexliganden bestimmt. In *mechanistischer Sicht* kann der Prozess (1) sowohl auf dissoziativ- wie auf assoziativ-aktiviertem Wege ablaufen (vgl. S. 391), in *stereochemischer Sicht* sowohl stereospezifisch (ausschließlich Retention oder Inversion) als auch stereounspezifisch (teils Retention, teils Inversion) erfolgen (S. 415). Die *Geschwindigkeit* der Substitution (1) wird wesentlich durch die Energie mitbestimmt, die für die Abspaltung des Nucleofugs von M bzw. die Anlagerung des Nucleophils an M aufgebracht werden muß. Dieser Energiebetrag ist nach den Vorstellungen der Valence-Bond-Theorie (S. 1243) vergleichsweise klein, wenn es sich um outer-sphere-Komplexe handelt (dissoziative Prozesse) oder wenn das Zentrum der Komplexe ML_n noch „koordinativ ungesättigt" ist (assoziative Prozesse). Andererseits ist nach den Vorstellungen der Ligandenfeld-Theorie der betreffende Energiebetrag vergleichsweise groß, wenn der Wechsel der Koordinationszahl von M im Zuge einer dissoziativen oder assoziativen Substitution mit einer Abnahme der Ligandenfeldstabilisierungsenergie verbunden ist (Näheres vgl. S. 1280).

---

72 **Literatur.** G. Wilkinson, R. D. Gillard, J. A. McCleverty (Hrsg.): „*Reaction Mechanisms*", Comprehensive Coordination Chemistry **1** (1987) 281–384; M. L. Tobe: „*Reaktionsmechanismen der Anorganischen Chemie*", Verlag Chemie, Weinheim 1976; J. P. Candlin, K. A. Taylor, D. T. Thompson: „*Reactions of Transition-Metal Complexes*", Elsevier, London 1968; C. H. Langford, H. B. Gray: „*Ligand Substitution Processes*", Benjamin, New York 1965; R. G. Wilkins: „*The Study of Kinetics and Mechanisms of Reactions of Transition Metal Complexes*", Allyn and Bacon, Boston 1974; F. Basolo, R. G. Pearson: „*Mechanismen in der anorganischen Chemie*", Thieme, Stuttgart 1973; J. O. Edwards (Hrsg.): „*Inorganic Reaction Mechanisms*", Progr. Inorg. Chem. **13** (1970) 1–347; **17** (1972) 1–580; S. J. Lippard (Hrsg.): „*An Appreciation of Henry Taube*". Progr. Inorg. Chem. **30** (1983) 1–519; M. V. Twigg (Hrsg.): „*Mechanisms of Inorganic and Organometallic Reactions*". Plenum, New York, 6 Bände, 1983–1989; A. G. Sykes: „*Advances in the Mechanisms of Inorganic and Bioinorganic Reactions*", Academic, London 1982 (Bd. 1), 1983 (Bd. 2), 1985 (Bd. 3), 1986 (Bd. 4); G. A. Lawrance: „*Leaving Groups on Inert Metal Complexes with Inherent or Induced Lability*", Adv. Inorg. Chem. **34** (1989) 145–194. Vgl. auch Anm.[89)] auf S. 377.

73 Teil I: S. 48; Teil II: S. 179; Teil III: S. 366.

74 Ladungen der Substrate sowie der ein- und austretenden Gruppen blieben unberücksichtigt.

Substitutionen vom Typ (1) können – in *thermodynamischer Sicht* – mit kleinem bis großem Ausmaß erfolgen (vgl. S. 186). In ersterem Falle handelt es sich um einen hinsichtlich Nu *stabilen*, in letzterem Falle um einen *instabilen* Komplex. Andererseits bezeichnet man Koordinationsverbindungen als *inert* oder *labil*, wenn – in *kinetischer Sicht* – die Substitutionen (1) mit kleiner oder großer Geschwindigkeit ablaufen (S. 196). Hierbei können Komplexe bezüglich eines thermodynamisch möglichen X/Nu-Austausch – unabhängig von ihrer Hydrolyse-Stabilität oder -Instabilität inert bis labil sein. Beispielsweise erfolgt der $^{13}CN^-/^{14}CN^-$-Austausch in den sehr hydrolysestabilen Komplexen $[Ni(CN)_4]^{2-}$, $[Mn(CN)_6]^{3-}$ bzw. $[Cr(CN)_6]^{3-}$ mit Halbwertszeiten von ca. 0.5, 60 bzw. 35000 min; auch verläuft der bei niedrigen pH-Werten thermodynamisch mögliche NH_3/H_2O-Austausch in $[Co(NH_3)_6]^{3+}$ (K ca. 10^{25}) extrem langsam.

Nachfolgend werden nucleophile Substitutionen an *tetraedrischen, quadratisch-planaren* und *oktaedrischen* Metallzentren eingehender besprochen.

3.1.1 Nucleophile Substitution an tetraedrischen Zentren

Mechanismus, Stereochemie und Geschwindigkeit des Ligandenaustausch in tetraedrisch gebauten Metallkomplexen L_3MX (S. 1227) ist bisher aufgrund der vergleichsweise geringen Zahl bekannter Verbindungsbeispiele nur wenig eingehend untersucht worden. Offensichtlich gelten aber für die Substitutionsreaktionen ähnliche Prinzipien wie für den X/Nu-Austausch in entsprechenden tetraedrisch strukturierten Nicht- und Halbmetallverbindungen (vgl. S. 395). Insbesondere wickelt sich der X/Nu-Austausch in der Regel ebenfalls auf *assoziativaktiviertem* Wege ab (S_N2-Reaktion; vgl. S. 392)[75]. *Dissoziativ-aktivierte* Substitutionen beobachtet man andererseits nur bei einigen, „koordinativ gesättigten" 18 Elektronen-Komplexen, in welchen die Metallzentren zehn d-Elektronen aufweisen (S. 1248).

Beispielsweise erfolgt der *CO/Nu-Austausch* (Nu z. B. CO, PR_3) in Metallcarbonylen $[M(CO)_n]$, die wie $[Ni(CO)_4]$ in der Regel edelgas- und low-spin-konfiguriert sind, auf *dissoziativem Wege*. Daß hierbei die CO/CO-Austauschgeschwindigkeit für Metallcarbonyle in der Reihe $[Cr(CO)_6] < [Fe(CO)_5] < [Ni(CO)_4]$ drastisch wächst ($\tau_{1/2}$ ca. 250000 Jahre, 4 Jahre, 1 Minute), rührt daher, daß die Metallzentren den koordinativ ungesättigten Substitutionszwischenzustand mit wachsender d-Elektronenzahl zunehmend leichter tolerieren.

Rascher als im Falle von $[Ni(CO)_4]$ und zudem auf *assoziativem Wege* verläuft andererseits der CO/CO-Austausch im Falle der NO-haltigen, mit $[Ni(CO)_4]$ isoelektronischen Komplexe $[Co(CO)_3(NO)]$ und $[Fe(CO)_2(NO)_2]$. Der Grund rührt daher, daß der NO-Ligand zwei Elektronen des Komplexzentrums übernehmen kann ($:O{\equiv}N{-}\overset{-I}{Co}(CO)_3 \rightarrow \ddot{O}{=}\ddot{N}{-}\overset{+I}{Co}(CO)_3$), so daß dieses nunmehr „elektronisch ungesättigt" ist (16 Außenelektronen) und ein Nucleophil addieren kann:

$$[:O{\equiv}N{-}\overset{-I}{Co}(CO)_3] \xrightarrow{+\,{}^*CO} [\ddot{O}{=}\ddot{N}{-}\overset{+I}{Co}(CO)_3({}^*CO)] \xrightarrow{-\,CO} [:O{\equiv}N{-}\overset{-I}{Co}(CO)_2({}^*CO)].$$

Der CO-Austausch erfolgt also im Zuge einer zwischenzeitlichen Erhöhung der Oxidationsstufe des Substitutionszentrums. Dieser Sachverhalt gilt allgemein: *Substitutionen an edelgaskonfigurierten Komplexzentren erfolgen auf assoziativem Wege, wenn ein Komplexligand ein Elektronenpaar des Metallzentrums übernehmen kann* (**Regel von Basolo**). Außer NO wirken etwa auch koordinativ-gebundene organische π-Systeme substitutionsfördernd, indem sie ihre Haptizität in der Assoziations-Zwischenstufe durch „Zurseitegleiten" (engl. slip) erniedrigen („*Gleit-*" bzw. „*Slip-Mechanismus*", z. B. $[(\eta^5\text{-}C_5H_5)Co(CO)_2] + Nu \rightarrow [(\eta^3\text{-}C_5H_5)Co(CO)_2(Nu)] \rightarrow [(\eta^5\text{-}C_5H_5)Co(CO)(Nu)] + CO$).

3.1.2 Nucleophile Substitution an quadratisch-planaren Zentren

Unter den quadratisch-planar gebauten Komplexen, die in der Regel ein d^8-konfiguriertes Metall der Cobalt-, Nickel- oder Kupfergruppe enthalten (S. 1228), sind Pt(II)-Komplexe am eingehendsten hinsichtlich ihres Substitutionsverhaltens studiert worden. Untersucht wurden darüber hinaus Substitutionen an quadratischen Rh/Ir(I)-, Ni/Pd(II)- und Au(III)-Zentren.

---

75 Die Geschwindigkeit der Ligandensubstitution in Komplexen wie $[MHal_2(PR_3)_2]$ wächst in der Reihenfolge der Zentren M = Co(II) < Ni(II) < Fe(II). Bezüglich des Austauschs von Sauerstoff in Verbindungen wie VO_4^{3-}, CrO_4^{2-}, MnO_4^- mit dem Sauerstoff in Wasser vgl. S. 397.

Erschwert ist das Studium des Ligandenaustauschs in quadratischen Co(II)- sowie Cu/Ag(III)-Komplexen, da dieser immer von äußerst rasch ablaufenden Oxidations- und Reduktionsreaktionen begleitet ist.

Substitutionsmechanismen. Der nucleophile X/Nu-Austausch erfolgt an quadratisch-planaren d^8-Metallzentren M der in Solvenzien gelösten Substrate L_3MX (16 Außenelektronen) in der Regel auf *assoziativ-aktiviertem Wege* unter Zwischenbildung fünffach-koordinierter trigonal-bipyramidal-strukturierter, edelgaskonfigurierter Zwischenprodukte (*I_a- bzw. A-Mechanismus*, S. 394) und nur äußerst selten auf *dissoziativ-aktiviertem* Wege. Im Falle der S_N2-Reaktionen bilden sich die Substitutionsprodukte L_3MNu aus L_3MX sowohl *direkt* unter Verdrängung von X durch Nu als auch *indirekt* („*kryptosolvolytisch*“, S. 397) unter Austausch von X gegen Solvensmoleküle S und anschließend von S gegen Nu:

$$\boxed{L_3MX + Nu} \quad \xrightarrow{\quad k_2 \quad} \quad \boxed{L_3MNu + X} \qquad \left(\underset{\pm S}{\overset{k_1}{\rightleftarrows}} L_3MS + Nu + X \underset{-S}{\xrightarrow{\text{rasch}}} \right) \qquad (2)^{74)}$$

Verwendet man einen größeren Überschuß an Nucleophil ($c_{Nu} > c_x$), so ergeben sich *Geschwindigkeitsgesetze* des Typs $v_\rightarrow = k_1[L_3MX] + k_2[L_3MX][Nu] = (k_1 + k_2[Nu])[L_3MX]$ (vgl. S. 366). Bei sehr kleiner Nucleophilität des Solvens hinsichtlich M (z.B. Alkane, Benzol) verschwindet k_1 ($v_\rightarrow = k_2[L_3MX][Nu]$), bei sehr kleiner Nucleophilität von Nu hinsichtlich M (z.B. OH^-, F^-) oder hoher Sperrigkeit von X und Nu verschwindet k_2 ($v_\rightarrow = k_1[L_3MX]$). Die Konstante k_2 entfällt zudem beim Übergang zum S_N1-Mechanismus, der allerdings im Falle quadratisch-planarer Zentren praktisch nicht beobachtet wird.

Die relative *Stabilität der fünffach-koordinierten Substitutionszwischenstufe* erniedrigt sich bei Komplexen mit vergleichbarer Ligandensphäre in folgender Richtung der Komplexzentren: Ni(II) > Pd(II) > Pt(II) sowie Ir(I) > Pt(II) > Au(III). Demgemäß hat das Energieprofil von Substitutionen an Au(III)-Zentren nur eine sehr kleine Energiedelle (Bildung einer Übergangsstufe), während das von Substitutionen an Pt(II)-Zentren bereits eine deutliche Energiedelle aufweist (Bildung einer Zwischenstufe), und fünffach-koordinierte Ni(II)-Komplexe zum Teil wie etwa $Ni(CN)_5^{3-}$ als solche isolierbar sind (letzteres gilt in verstärktem Maße für die d^8-konfigurierten Zentren Co/Rh(I), Fe/Ru/Os(0), Mn/Tc/Re(−I), Cr/Mo/W(−II)).

Substitutionsgeschwindigkeit. Die Geschwindigkeit des assoziativ-aktivierten X/Nu-Austausches in quadratischen Komplexen L_3MX nimmt beim Ersatz des Zentrums M = Pt(II) durch Pd(II) bzw. Ni(II) bzw. Au(III) um den Faktor 10^5–10^6 bzw. 10^7–10^8 bzw. 10^3 bis 10^4 zu. Die betreffenden Zentren wirken als weiche Lewis-Säuren, weshalb zunehmende Weichheit der eintretenden Gruppen ($F^- < Cl^- < Br^- < I^-$; $R_2O < R_2S$; $R_3N < R_3P$; $Cl^- < R_2S < R_3P$) den X/Nu-Austausch erleichtert[76]. Die Reihenfolge der Nucleophile hängt hierbei etwas vom Metallzentrum und von der Ladung des Komplexes ab, jedoch fast nicht von der austretenden Gruppe, falls sterische Effekte ausgeschlossen werden. Die austretenden Gruppen verändern allerdings insgesamt die Substitutionsgeschwindigkeit; und zwar nimmt im Falle von $[Pt(dien)X]^{2+/1+}$ (dien = $H_2NCH_2CH_2NHCH_2CH_2NH_2$) die Geschwindigkeit des X/Nu-Austauschs für X in der Reihenfolge $H_2O > Cl^- > Br^- > I^- > N_3^-$ $> SCN^- > NO_2^- > CN^-$ ab.

Unter den Einflüssen der nicht reagierenden Gruppen auf die Geschwindigkeit der Substitution an quadratisch-planaren Zentren ist insbesondere der von I. Tschernjaew aufgefundene ***trans*-Effekt** eingehend untersucht worden, worunter man den *elektronischen Effekt eines nicht reagierenden Liganden versteht, den dieser auf die Geschwindigkeit eines Austauschs des*

[76] Der Wert $n_{Pt}^0 = \log k_2 c_{MeOH}/k_1 = \log k_2/k_1 + 1.41$ ist als Nucleophilität der eintretenden Gruppe hinsichtlich eines betrachteten Platin(II)-Komplexes bei Umsetzungen in Methanol (30 °C) definiert (c_{MeOH} = 24.9 mol/l). In entsprechender Weise sind n_{Au}^0- oder n_{Pd}^0-Werte festgelegt. Die n_{Pt}^0-Werte betragen etwa für die Standard-Reaktion *trans*-$[Ptpy_2Cl_2]$ + Nu → *trans*-$[Ptpy_2ClNu]$ + Cl^- für MeOH 0.00, F^- < 2.2, Cl^- 3.04, Br^- 4.18, I^- 5.46, SO_3^{2-} 5.79, $AsPh_3$ 6.89, $S_2O_3^{2-}$ 7.34, PPh_3 8.93.

trans zu ihm stehenden Liganden ausübt. Nach zunehmendem (Substitutionsgeschwindigkeits-erhöhendem) *trans*-Effekt geordnet, ergibt sich folgende Reihe *trans*-dirigierender Liganden[77]:

$$F^-, H_2O, OH^- < NH_3 < py < Cl^- < Br^- < I^-, SCN^-, NO_2^-, SC(NH_2)_2, Ph^- < SO_3^{2-} < PR_3, AsR_3, SR_2, CH_3^- < H^-, NO, CO, CN^-, C_2H_4.$$

Die Wirkung des *trans*-Effekts, der bei Substraten L_3MX für M in der Reihe Pt(II) > Pd(II) > Ni(II) abnimmt (Analoges gilt für andere Elementgruppen), zeigt sich z. B. im Falle von *trans*-$[Pt(PEt_3)_2LCl]$ darin eindrucksvoll, daß die Geschwindigkeit des Cl/Nu-Austauschs beim Übergang von Substraten mit L = Cl zu solchen mit L = H um einen Faktor von 100000 zunimmt. Eine Nutzanwendung des *trans*-Effekts besteht u. a. in der stereospezifischen Synthese geometrisch-isomerer Komplexe. Läßt man etwa Ammoniak auf $[PtCl_4]^{2-}$ bzw. Chlorwasserstoff auf $[Pt(NH_3)_4]^{2+}$ einwirken, so erhält man in ersterem Falle ausschließlich *cis*-$[PtCl_2(NH_3)_2]$, in letzterem Falle nur *trans*-$[PtCl_2(NH_3)_2]$, da in den zunächst gebildeten Monosubstitutionsprodukten $[PtCl_3(NH_3)]^-$ bzw. $[PtCl(NH_3)_3]^+$ der Chlor-Ligand stärker *trans*-dirigierende Wirkung zeigt als der Ammoniak-Ligand:

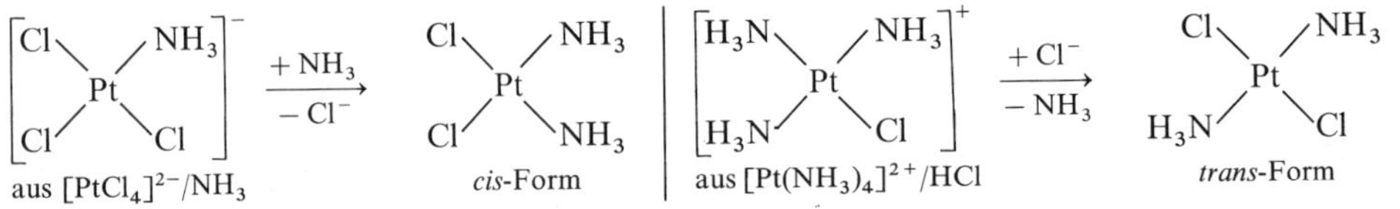

$[PtCl_3(NH_3)]^-$ (Cl, NH_3 / Cl, Cl) $\xrightarrow[-Cl^-]{+NH_3}$ Pt (Cl, NH_3 / Cl, NH_3)
aus $[PtCl_4]^{2-}/NH_3$ — *cis*-Form

$[PtCl(NH_3)_3]^+$ (H_3N, NH_3 / H_3N, Cl) $\xrightarrow[-NH_3]{+Cl^-}$ Pt (Cl, NH_3 / H_3N, Cl)
aus $[Pt(NH_3)_4]^{2+}$/HCl — *trans*-Form

In analoger Weise kann man die drei möglichen $[PtBrClpy(NH_3)]$-Stereoisomeren (S. 1236) dadurch gezielt gewinnen, daß $[PtCl_4]^{2-}$ der Reihe nach mit NH_3, Br^-, py bzw. mit py, Br^-, NH_3 bzw. mit $2NH_3$, py, Br^- umgesetzt wird. Zu berücksichtigen ist bei derartigen Synthesen allerdings in jedem Falle der neben dem *trans*-Effekt wirksame Einfluß des Nucleofugs auf die Substitutionsgeschwindigkeit[77].

Als Ursachen des trans-Effekts vermutet man σ- und π-Bindungseffekte mit unterschiedlicher Auswirkung auf die Stabilität der Ausgangsstufe („Grundzustand") und Zwischen- bzw. Übergangsstufe („Zwischenzustand") der assoziativ-aktivierten Substitution. Man geht davon aus, daß das Nucleofug X und ein *trans*-ständiger Ligand L im *Substitutionsgrundzustand* des Substrats L_3MX über M dadurch verknüpft sind, daß X- und L-Orbitale mit σ-Symmetrie (jeweils elektronenbesetzt) und gegebenenfalls π-Symmetrie (jeweils elektronenleer) in der in Fig. 274a und b veranschaulichten Weise mit einem elektronenleeren p-Metallorbital in ersterem bzw. einem elektronenbesetzten d-Metallorbital in letzterem Fall in konkurrierende Wechselbeziehung treten. Knüpft nunmehr der *trans*-Ligand stärkere σ-Bindungsbeziehungen (stärkere π-Bindungsbeziehungen) als das Nucleofug, dann führen Ladungsübertragungen im Sinne von $L \rightarrow M$ zu einer Erniedrigung (im Sinne von $L \leftarrow M$ zu einer Erhöhung) positiver Ladung am Metall. Dies hat eine Verringerung (eine Erhöhung) der elektrostatischen Anziehung des Nucleofugs X^-, verbunden mit einer MX-Bindungsverlängerung (-verkürzung) zur Folge. Man bezeichnet diese Wirkung des *trans*-Liganden als ***trans*-Einfluß** (auch: „*statischer trans-Effekt*"). Beispielsweise bedingen H^-, Me^- (starke σ-Bindung, keine π-Rückbindung) bzw. H_2O (schwache σ-Bindung, keine π-Rückbindung) bzw. $CH_2{=}CH_2$, CO, CN^- (starke σ- und π-Bindungen) als *trans*-Liganden vergleichsweise große bzw. vergleichsweise kleine bzw. mittlere MX-Abstände, d. h. der *trans*-Einfluß wächst in der Reihe $L = H_2O < C_2H_4, CO, CN^- < H^-, Me^-$.

Auch im *Substitutionszwischenzustand* L_3MXNu beeinflussen σ- und π-Bindungsbeziehungen des vordem *trans*-ständigen Liganden L die effektive Ladung des Metallzentrums. Man geht davon aus, daß *starke LM-σ-Bindungsbeziehungen* die MX-Bindung im Zwischenzustand *weniger stark destabilisieren*

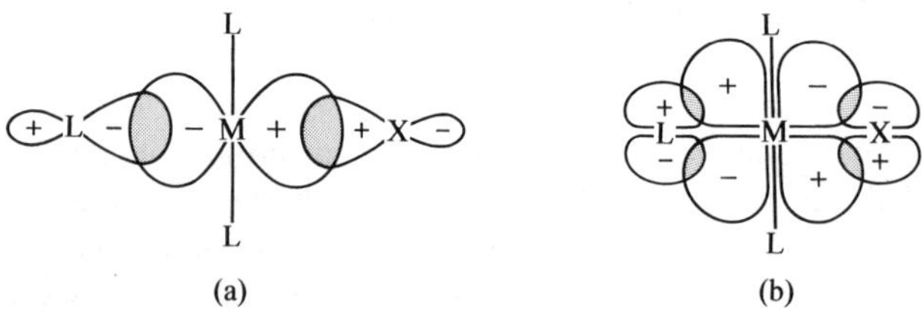

Fig. 274 σ-Bindungsverknüpfung (a) und π-Bindungsverknüpfung (b) von X, M und *trans*-ständigem L in quadratisch-planaren Komplexen L_3MX.

[77] Die Stärke des *trans*-Effekts (Entsprechendes gilt für den *cis*-Effekt) hängt u. a. von der Art des Nucleophils ab, so daß unterschiedliche Nucleophile eine Umkehr der Folge benachbarter Liganden in obiger Reihe bewirken können.

als im Grundzustand, während andererseits *starke LM-π-Bindungsbeziehungen* die MX-Bindung im Zwischenzustand *stärker stabilisieren* als im Grundzustand. Dies entspricht in beiden Fällen einer als **trans-Effekt** bezeichneten Verringerung der Substitutionsaktivierungsenergie (Erhöhung der Substitutionsgeschwindigkeit). Die beachtliche Wirkung der LM-π-Bindungsbeziehungen auf die Aktivierungsenergie hat zur Folge, daß Liganden wie C_2H_4, CO, CN^- mit nur mittlerem *trans*-Einfluß einen starken *trans*-Effekt ausüben.

Neben dem zu X *trans*-ständigen Liganden beeinflussen auch die beiden *cis*-ständigen Liganden durch *elektronische Effekte* die Geschwindigkeit des X/Nu-Austauschs in L_3MX, aber in weit geringerem Maße (***cis*-Effekt**). Darüber hinaus spielen *sterische Effekte* der nicht reagierenden Gruppen (insbesondere der *cis*-Liganden) eine geschwindigkeitsregulierende Rolle. Sie führen im Sinne des auf S. 396 Besprochenen zu einer sterischen Verzögerung der assoziativ-aktivierten und zu einer sterischen Beschleunigung der dissoziativ-aktivierten Substitution am quadratisch-planar-koordinierten Metallzentrum. Sehr sperrige Liganden könnten dementsprechend einen Wechsel vom S_N2- zum (bisher in keinem Fall sicher bewiesenen) S_N1-Mechanismus bewirken, falls die eintretenden Gruppen zudem vergleichsweise wenig nucleophil wären.

Stereochemie. Der *assoziativ-aktivierte* X/Nu-Austausch in quadratisch-planaren Komplexen L_3MX (Entsprechendes gilt für den X/S- oder S/Nu-Austausch, vgl. Gl. 2) erfolgt auf dem Wege über eine *trigonal-bipyramidale* Substitutionszwischen- oder -übergangsstufe in der Weise, daß ein- und austretende Gruppen zusammen mit dem „*trans*-Liganden" L äquatorial, die beiden *cis*-Liganden axial angeordnet sind. Mit der Annäherung des Nucleophils Nu auf einer der beiden Seiten des planaren Substrats und der Abspaltung des Nucleofugs X aus der zwischenzeitlich gebildeten trigonal-bipyramidalen Stufe ist hiernach eine Vergrößerung des Winkels $L_{trans}MNu$ von 90° (Edukt) über 120° (Zwischenstufe) auf 180° (Produkt) bzw. eine Verkleinerung des Winkels $L_{trans}MX$ von 180° (Edukt) über 120° (Zwischenstufe) auf 90° (Produkt) verbunden.

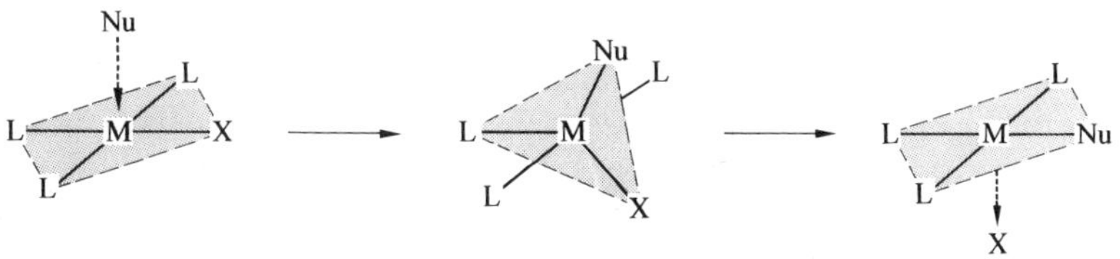

In „stereochemischer" Sicht (S. 415) verläuft die S_N2-Reaktion an quadratisch-planaren Zentren hiernach unter **Retention** der Konfiguration (*cis* → *cis*; *trans* → *trans*; vgl. hierzu *cis-trans*-Umlagerungen quadratisch-planarer Komplexe, S. 1287).

Der *dissoziativ-aktivierte* X/Nu-Austausch in quadratisch-planaren Komplexen L_3MX, dessen Existenz bisher noch nicht eindeutig bewiesen werden konnte, würde unter Abspaltung des Nucleofugs zu einem trigonal-planaren Substitutionszwischenprodukt L_3M führen, das sich mit dem Nucleophil Nu zu Produkten sowohl unter Erhalt als auch Umkehr der Substratkonfiguration vereinigen kann.

3.1.3 Nucleophile Substitution an oktaedrischen Zentren

Das Oktaeder ist die bei Metallen am häufigsten anzutreffende Geometrie der Ligandenkoordination (S. 1230). Dementsprechend sind nucleophile Substitutionen an Zentren oktaedrischer Metallkomplexe ML_6 eingehend untersucht worden. Wichtige Studienobjekte stellten bisher insbesondere Co(III) und Cr(III)-Komplexe, aber auch Ru(II,III), Rh/Ir(III)- und Pt(IV)-Komplexe dar, bei denen – wie bei Komplexen mit $d^{3,8}$- sowie low-spin-d^6-konfigurierten Metallzentren ganz allgemein – nucleophile Substitutionen vergleichsweise langsam erfolgen.

Substitutionsmechanismen. Der nucleophile X/Nu-Austausch kann an oktaedrischen Metallzentren M der in Solvenzien gelösten Substrate L_5MX sowohl auf *dissoziativ-* als auch *assoziativ-aktiviertem Wege* unter Zwischenbildung von fünffach-koordinierten, quadratisch-pyramidal- bzw. trigonal-bipyramidal strukturierten oder siebenfach-koordinierten, pentagonal-bipyramidal gebauten Zwischenprodukten erfolgen (vgl. S. 1257), wobei in der Regel dem eigentlichen X/Nu-Austausch die rasche reversible Bildung von outer-sphere-Komplexen bzw. Ionenpaaren vorgeschaltet ist (*I_d- bzw. I_a-Mechanismus*, vgl. S. 394):

$$L_5MX + Nu \rightleftharpoons [L_5MX, Nu] \underset{\text{rasch}}{\overset{\text{langsam}}{\rightleftharpoons}} \begin{bmatrix} L_5M, X, Nu \\ \text{(a)} \\ L_5MXNu \\ \text{(b)} \end{bmatrix} \xrightarrow{\text{rasch}} L_5MNu + X. \quad (3)^{74)}$$

Ähnlich wie im Falle der Substitutionen an quadratisch-planaren Zentren bilden sich die Substitutionsprodukte hierbei teils *direkt* unter Verdrängung von X durch Nu, teils *indirekt* („*kryptosolvolytisch*“, S. 397) unter Austausch von X gegen Solvensmoleküle S und anschließend von S gegen Nu.

Substitutionsgeschwindigkeit und Komplexzentren. Komplexe mit kleineren und/oder geringer positiv geladenen Zentren neigen zum dissoziativen X/Nu-Austausch (3a), Komplexe mit größeren und/oder höher positiv geladenen Zentren zum – kinetisch von (3a) nicht unterscheidbaren (S. 394, Anm.[127]) – assoziativen X/Nu-Austausch (3b). Darüber hinaus wird die Richtung *des Substitutionsmechanismus* auch durch elektronische und sterische Effekte der aus- und eintretenden sowie der nicht reagierenden Gruppen beeinflußt. Die *Substitutionsgeschwindigkeiten* überstreichen hierbei einen sehr weiten Bereich (nahezu zwanzig Zehnerpotenzen). Eine qualitative Abschätzung ihrer relativen Größe in Abhängigkeit vom *Komplexzentrum* ist nach F. Basolo und R. G. Pearson (1958) über *Ligandenfeld-* (LF-) Betrachtungen, nach H. Taube (1953) über *Valence-Bond-* (VB-) Betrachtungen möglich.

LF-Deutung der Substitutionsgeschwindigkeiten. In Tab. 109 sind die Unterschiede von Ligandenfeld-Stabilisierungsenergien ΔLFSE oktaedrischer und quadratisch-pyramidaler Komplexe (dissoziativer Substitutionsweg) bzw. oktaedrischer und pentagonal-bipyramidaler Komplexe (assoziativer Substitutionsweg) wiedergegeben. In jenen Fällen, in welchen sich positive Werte für ΔLFSE berechnen (insbesondere d^3, d^8, sowie low-spin d^6, darüber hinaus low-spin d^4), addiert sich zur Aktivierungsenergie des dissoziativen oder assoziativen X/Nu-Austauschs, zusätzlich eine – geschwindigkeitshemmende – **Ligandenfeld-Aktivierungsenergie**. Sie nimmt – laut Tab. 109 – in Richtung low-spin d^6-, low-spin d^4-, d^3-, d^8-, low-spin d^6-konfigurierter Metallzentren zu. Auch erhöht sie sich bei zunehmender Periodennummer gleichgeladener Metallzentren einer Elementgruppe wegen der in gleicher Richtung wachsenden d-Orbitalenergieaufspaltung (S. 1252)[78]. Insgesamt sind die LF-Vorhersagen relativer Geschwindigkeiten des X/Nu-Austauschs vergleichsweise gut, was bei der Komplexität des Ablaufs derartiger Substitutionen (vgl. S. 1286) verwundert.

Tab. 109 Unterschiede der Ligandenfeldstabilisierungsenergie Δ LFSE zwischen oktaedrischen und quadratisch-pyramidalen bzw. pentagonal-bipyramidalen Komplexen im schwachen oder starken Ligandenfeld. Zur Berechnung der Werte vgl. Dq-Angaben in Fig. 266, S. 1258.

Struktur-änderung	Spin-übergang	d^0	d^1	d^2	d^3	**Δ LFSE** [Dq-Einheiten] d^4	d^5	d^6	d^7	d^8	d^9	d^{10}
Okta-eder → quadr. Pyram.	high → high	0	−0.6	−1.1	+2.0	−3.1	0	−0.6	−1.1	+2.0	−3.1	0
	low → low					+1.4	−0.9	+4.0	−1.1			
Okta-eder → pent. Bipyr.	high → high	0	−1.3	−2.6	+4.3	+1.1	0	−1.3	−2.6	+4.3	+1.1	0
	low → low					+3.0	+1.7	+8.5	+5.3			

[78] Die abgeleiteten Schlußfolgerungen gelten ebenso für Übergänge von oktaedrischen zu trigonal-bipyramidalen (dissoziative Prozesse) bzw. überkappt-oktaedrischen Komplexen (assoziative Prozesse). Tatsächlich ist die trigonal-bipyramidale Koordination insgesamt stabiler als die quadratisch-pyramidale (das Umgekehrte folgt bei ausschließlicher Betrachtung von ΔLFSE).

Beispiele. In Fig. 275 sind Halbwertszeiten sowie Geschwindigkeitskonstanten für den Wasseraustausch $[M(H_2O)_n]^{m+} + H_2O^* \rightleftharpoons [M(H_2O)_{n-1}(H_2O^*)]^{m+} + H_2O$ (n meist = 6) von Aqua-Komplexen einiger Haupt- und Nebengruppenmetall-Kationen wiedergegeben (bezüglich des Sauerstoffaustauschs bei Verbindungen der Nichtmetalle mit Sauerstoff des Wassers vgl. S. 397). Ersichtlicherweise findet man in der Regel kleine bis sehr kleine Austausch-Halbwertszeiten (große bis sehr große Austauschgeschwindigkeiten). Bei vielen Hydraten wie den Alkalimetall- und schwereren Erdalkalimetall-Kationen ist die Wassersubstitution nahezu diffusionskontrolliert. Nur in Ausnahmefällen wie den Komplexen $[Cr(H_2O)_6]^{3+}$, $[Ru(H_2O)_6]^{2+}$, $[Co(H_2O)_6]^{3+}$ und $[Rh(H_2O)_6]^{3+}$ werden Halbwertszeiten > 1 s (Geschwindigkeitskonstanten $< 1\,s^{-1}$) aufgefunden.

Für die Aqua-Komplexe d^0- und d^{10}-konfigurierter Metallionen erniedrigt sich die Geschwindigkeit des *dissoziativen Wasseraustausches* erwartungsgemäß mit zunehmender Stärke der (elektrovalenten) Komplexbindungen, also in Richtung abnehmenden *Ionenradius gleichgeladener Metallzentren* ($Cs^+ > Rb^+ > K^+ > Na^+ > Li^+$; $Ba^{2+} > Sr^{2+} > Ca^{2+} > Mg^{2+} > Be^{2+}$; $In^{3+} > Ga^{3+} > Al^{3+}$; $Hg^{2+} > Cd^{2+} > Zn^{2+}$) sowie zunehmender *Ionenladung gleichgroßer Metallionen* ($Li^+ > Mg^{2+} > Ga^{3+}$; $Na^+ > Ca^{2+}$). Das Umgekehrte müßte für einen *assoziativen Wasseraustausch* zutreffen (vgl. H_2O-Austausch an Sc^{3+} und Y^{3+}; beim Übergang zu La^{3+} wechselt die Koordinationszahl, vgl. Fig. 275).

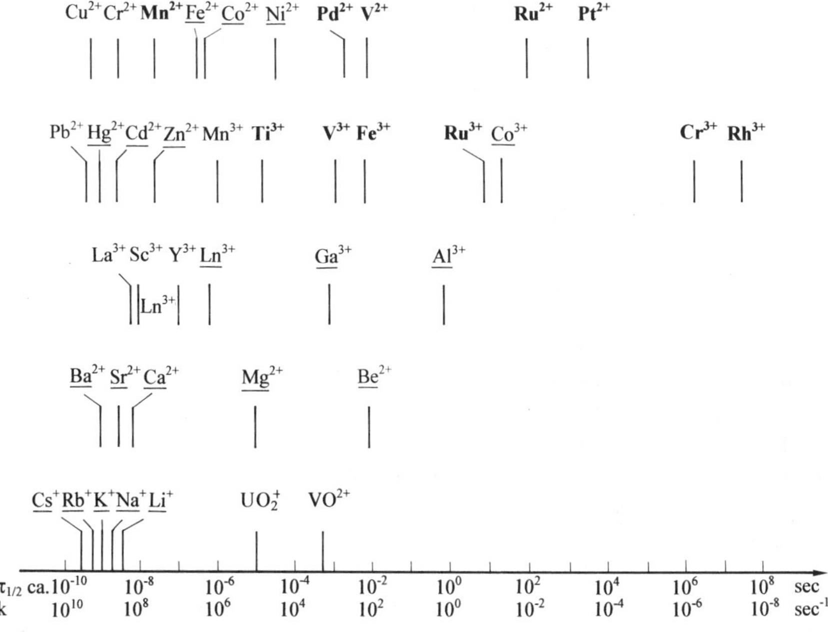

Fig. 275 Halbwertszeiten und Geschwindigkeitskonstanten des Wasseraustauschs von Aqua-Komplexen $[M(H_2O)_n]^{m+}$ (n in der Regel gleich 6, bei Be^{2+} 4, bei La^{3+} 9) einiger Haupt- und Nebengruppenmetalle bei 25 °C in Wasser (bezüglich der Halbwertszeiten anderer chemischer Vorgänge vgl. Fig. 125, S. 373). Nicht unterstrichene Elemente unterliegen einem noch unbekannten, einfach unterstrichene einem dissoziativen, fett ausgeführte einem assoziativen H_2O/H_2O^*-Austauschmechanismus.

Die besprochenen Zusammenhänge gelten auch für den Wasseraustausch im Falle von Aqua-Komplexen mit d^1-bis d^9-konfigurierten Metallzentren; nur ist hierbei zusätzlich die Wirkung der *Ligandenfeld-Aktivierungsenergie*, des *Jahn-Teller-Effekts* sowie des *Austausch-Mechanismus* auf die Substitutionsgeschwindigkeit zu berücksichtigen. So reagieren innerhalb der Reihe von Hydraten zweiwertiger bzw. dreiwertiger Übergangsmetalle alle Komplexe mit d^3-, low-spin-d^6- oder d^8-konfigurierten Zentren (Fig. 275: $[V(H_2O)_6]^{2+}(d^3)$, $[Ni(H_2O)_6]^{2+}(d^8)$, $[Cr(H_2O)_6]^{3+}(d^3)$, $[Co(H_2O)_6]^{3+}(d)^6$, $[Rh(H_2O)_6]^{3+}(d^6)$, $[Ru(H_2O)_6]^{2+}(d^6)$) vergleichsweise langsam unter H_2O-Austausch wegen der in diesen Fällen bedingten Ligandenfeld-Aktivierungsenergie (Tab. 109; $[Fe(H_2O)_6]^{2+}(d^6)$ verhält sich wegen seines high-spin-Zustandes weit weniger inert als gruppenhomologes $[Ru(H_2O)_6]^{2+}$ (low-spin-d^6); andererseits ist $[Rh(H_2O)_6]^{3+}$ (low-spin-d^6) wegen der größeren Ligandenfeld-Energieaufspaltung inerter als $[Co(H_2O)_6]^{3+}$ (low-spin-d^6)). Hydrate von $Cr^{2+}(d^4)$, $Cu^{2+}(d^9)$, $Mn^{3+}(d^4)$, welche Jahn-Teller-Verzerrungen aufweisen (S. 1262), sind vergleichsweise labil. Wie der Tab. 109 darüber hinaus entnommen werden kann, verläuft der Wasseraustausch teils auf assoziativem Wege (3b) (größere Elemente am Anfang einer Übergangsreihe), teils auf dissoziativem Wege (3a) (kleinere Elemente am Ende einer Übergangsreihe). Der Wechsel des Mechanismus erfolgt bei den zweiwertigen Ionen der 1. Übergangsperiode zwischen Mn^{2+} und Fe^{2+}, bei den kleineren, aber aufgrund höherer Ladung leichter assoziativ reagierenden dreiwertigen Ionen der gleichen Übergangsreihe sowie bei den größeren, aber gleichgeladenen gruppenhomologen Ionen der höheren Übergangsreihen später (z. B. zwischen Fe^{3+} und Co^{3+} bzw. zwischen Rh^{3+} und In^{3+}).

VB-Deutung der Substitutionsgeschwindigkeiten. Nach den Vorstellungen der VB-Theorie sind alle oktaedrischen outer-sphere Komplexe labil (gemäß Tab. 110 high-spin-d^{4-10}, low-spin-d^{7-10}; Möglichkeit zur dissoziativen Substitution)[78a]. Entsprechendes gilt für innersphere Komplexe mit elektronenleeren inneren d-Valenzorbitalen (d^{0-2}; Möglichkeit zur assoziativen Substitution durch Betätigung leerer d-Valenzorbitale seitens des Nucleophils). Die verbleibenden oktaedrischen Komplexe (d^3, low-spin-d^{4-6}; schraffiert in Tab. 110) verhalten sich inert. VB- und LF-Theorie kommen also im großen und ganzen zu übereinstimmenden Vorhersagen der Substitutionsgeschwindigkeiten. VB-Betrachtungen sind – neben LF-Betrachtungen – immer dann von Nutzen, wenn Geschwindigkeiten der Substitution an Metallzentren mit stark kovalent koordinierten Liganden wie CO, NO, CN^-, PR_3, π-C_nH_m beurteilt werden sollen.

Tab. 110 Elektronenkonfiguration von M labiler oder inerter oktaedrischer Komplexe ML_6 (Komplexe letzteren Typs sind durch Schraffierung hervorgehoben)[a)]

inner sphere											
	(n − 1)d					ns	np			nd	
d^0				○	○	○	○	○	○		
d^1	↑			○	○	○	○	○	○		
d^2	↑	↑		○	○	○	○	○	○		
d^3	↑	↑	↑	○	○	○	○	○	○		

inner sphere (low-spin)											
	(n − 1)d					ns	np			nd	
d^4	↑↓	↑	↑	○	○	○	○	○	○		
d^{55}	↑↓	↑↓	↑	○	○	○	○	○	○		
d^6	↑↓	↑↓	↑↓	○	○	○	○	○	○		

outer sphere (high-spin)											
	(n − 1)d					ns	np			nd	
d^4	↑	↑	↑	↑		○	○	○	○	○	○
d^5	↑	↑	↑	↑	↑	○	○	○	○	○	○
d^6	↑↓	↑	↑	↑	↑	○	○	○	○	○	○
$d^{>6}$	7–10 Elektronen					○	○	○	○	○	○

a) Die Pfeile symbolisieren die d-Valenzelektronen der Metalle, die Kreise die für die d^2sp^3- bzw. sp^3d^2-Hybridorbitale genutzten Elektronenpaare der Liganden.

Geschwindigkeit der Komplexbildung und -solvolyse. Substitutionen von Solvensmolekülen S solvatisierter Metallionen $[MS_n]^{m+}$ durch andere Komplexliganden (**Komplexbildung, Anation**; S ist vielfach Wasser, vgl. S. 1218)[79] sowie – umgekehrt – Verdrängungen von Komplexliganden durch Solvensmoleküle (**Komplexsolvolyse, Solvatation**; für S = H_2O: **Hydrolyse, Aquation**; wichtig ist insbesondere die **saure Hydrolyse**)[79] stellen wichtige und mechanistisch eingehend untersuchte Reaktionen der Koordinationsverbindungen dar. Da es sich bei der Mehrzahl der Metallionen-Solvate um oktaedrisch gebaute Komplexe handelt, wobei häufig der Austausch nur eines Moleküls S gegen einen anderen Donor (Nucleophil) Nu = Y untersucht wird, lassen sich Anationen und Solvatationen als Spezialfälle von Reaktionen des Typs (3) wie folgt formulieren:

$$[L_5MS] + Y \underset{\text{Solvatation}}{\overset{\text{Anation}}{\rightleftharpoons}} [L_5MY] + S. \qquad (4)^{74)}$$

Gleichgewichte des Typs (4) liegen teils auf der rechten, teils auf der linken Seite. Da das Solvens Wasser mit Übergangsmetallkationen häufig nur schwach verknüpft ist, erfolgt die Anation von Aquakomplexen vielfach mit hohem Ausmaß (vgl. Tab. 100, S. 1220). Das Anations-Gleichgewicht läßt sich zudem durch Entzug des Lösungsmittels, d.h. durch Austausch von S gegen ein Solvens ohne Koordi-

78a Gemäß der MO-Theorie (vgl. Fig. 273, S. 1272) werden – in Übereinstimmung hiermit – bei oktaedrischen d^{4-10}-high-spin- und d^{7-10}-low-spin-Komplexen *antibindende* e_g^*-Orbitale besetzt, was zu einer Schwächung der ML-Bindungen führt und mithin die dissoziativ-aktivierte Substitution erreicht. Z. B. wird aus diesem Grunde der H_2O-Ligand im d^6-high-spin Fe^{II}(Hämoglobin)-Komplex rasch durch O_2 oder CO substitutiert.

79 *An*ation, *Solvat*ation, *Aqua*tion deuten auf die Einführung von *An*ionen, *Solvens*molekülen, Wasser-(*Aqua*-)molekülen. Der Begriff Anation wird – unlogischerweise – auch für die Einführung von Neutral- und Kationliganden genutzt. Häufig wird Aquation mit *saurer Hydrolyse* gleichgesetzt. Dies rührt daher, daß Aquationen zur Vermeidung von Kondensationen der gebildeten Aqua-Komplexe im sauren Milieu durchgeführt werden. Bezüglich der *basischen Hydrolyse* vgl. S. 1284.

nationstendenz günstig beeinflussen. Andererseits liegt das Gleichgewicht (4) insbesondere im Falle Lewis-basischer Lösungsmittel auf der Seite des Solvats. Es kann aber auch dann, wenn es im Falle wenig basischer Solvenzien (wie z. B. H_2O) nicht beim Solvat liegt, eine Rolle bei nucleophilen X/Nu-Austauschprozessen des allgemeinen Typs (3) spielen, wenn letztere „kryptosolvolytisch" (S. 397) auf dem Wege über Solvatations-Zwischenprodukte rascher als auf direktem Wege ablaufen (vgl. Substitution an quadratisch-planaren Zentren, S. 1277).

Bei gegebenem Komplexzentrum und Solvens hängt die Geschwindigkeit der Anation im wesentlichen nur von der Art des Nucleophils und der nicht-reagierenden Gruppen, die der Solvatation vom Nucleofug und den nicht-reagierenden Gruppen ab. Die Reaktionen ermöglichen somit ein Studium des Einflusses von ein- und austretenden sowie nicht-reagierenden Gruppen auf die Geschwindigkeit der Substitution an oktaedrischen Zentren.

Eintretende Gruppen. Im Falle von Anationen wird die Geschwindigkeit des eigentlichen Substitutionsschritts von der Natur des Nucleophils *mäßig* (I_a-, I_d-Mechanismus) bis *verschwindend* (D-Mechanismus) *beeinflußt*[80]. Die Selektionsfähigkeit der I_d- und D-Zwischenstufen für Nucleophile nimmt hierbei mit wachsender Stabilität der Substitutionszwischenstufe zu (also in Richtung I_d-, D-Zwischenstufe), während der Einfluß des Nucleofugs auf die Selektionsfähigkeit der Substitutionszwischenstufe in gleicher Richtung abnimmt. Wachsende Nucleophilität und abnehmende Sperrigkeit der eintretenden Gruppen bewirken andererseits eine Verschiebung eines (durch die Natur des Substrats bestimmten) dissoziativ-aktivierten Mechanismus in Richtung eines assoziativ-aktivierten Mechanismus. Das Umgekehrte gilt für eintretende Gruppen abnehmender Nucleophilität und zunehmender Sperrigkeit.

Beispiele: (i) Im Solvens Wasser erfolgt der H_2O/Y-Austausch in $[Co(NH_3)_5(H_2O)]^{3+}$ nach einem I_d-Mechanismus, der in $[Co(CN)_5(H_2O)]^{2-}$ nach einem D-Mechanismus und – hinsichtlich des eigentlichen Substitutionsschritts – in beiden Fällen unabhängig vom Nucleophil mit vergleichbarer Geschwindigkeit[80, 81]. Der Wechsel des Mechanismus beruht darauf, daß einerseits Cyanidliganden die Zwischenstufe des dissoziativen Prozesses besser stabilisieren als Ammin-Liganden, und andererseits negativ geladene oder polarisierte Nucleophile mit dem positiv geladenen Komplex leichter outer-sphere-Komplexe bilden als mit dem negativ geladenen. Die Selektionsfähigkeit des Ammin-Komplexes für Nucleophile ist dementsprechend kleiner als die des Cyano-Komplexes. Sie erhöht sich in letzterem Falle zudem mit steigender Weichheit der Nucleophile (relative Reaktivitäten von Nu: $H_2O < Cl, Br < NH_3 < I^- < NCS^- < N_3^- < I_3^-$; die weichen Cyanid-Liganden verwandeln das Co^{3+}-Zentrum, welches – wie z. B. im Ammin-Komplex – hart ist, durch ihren synergetischen Effekt in ein weiches Zentrum, vgl. S. 246). Viel ausgeprägter als die Selektionsfähigkeit von $[Co(CN)_5(H_2O)]^{2-}$ für Nucleophile ist jene von $[Co(CN)_4(SO_3)]^{3-}$, was auf eine vergleichsweise höhere Stabilität der $[Co(CN)_4(SO_3)]^{3-}$-Substitutionszwischenstufe deutet. – (ii) Beim Übergang von $[Co(NH_3)_5(H_2O)]^{3+}$ zum gruppenhomologen Komplex $[Rh(NH_3)_5(H_2O)]^{3+}$ wechselt der H_2O/Y-Austauschmechanismus wegen der Vergrößerung des Metallzentrums vom Typ I_d zum Typ I_a (S. 394). Als Folge hiervon erlangen die Nucleophile einen gewissen Einfluß auf die Substitutionsgeschwindigkeit. Entsprechendes gilt im Falle anderer Komplexe wie $[V(H_2O)_6]^{3+}$, $[Cr(H_2O)_6]^{3+}$, $[Mo(H_2O)_6]^{3+}$, $[Mn(H_2O)_6]^{2+}$ oder $[Fe(H_2O)_6]^{3+}$, welche H_2O ebenfalls nach einem I_a-Mechanismus austauschen. – (iii) Der Me_2O/Me_2O-Austausch erfolgt in Komplexen $[MX_5(OMe_2)]$ (M = Nb, Ta; X = Cl, Br) auf dissoziativem Wege; andererseits verläuft der entsprechende Me_2S/Me_2S-, Me_2Se/Me_2Se- bzw. Me_2Te/Me_2Te-Austausch aufgrund der höheren Nucleophilität der eintretenden Gruppe auf assoziativem Wege.

Austretende Gruppen. Die Geschwindigkeit nucleophiler Substitutionen an oktaedrischen Zentren (z. B. die Geschwindigkeit von Solvatationen des Typs (4)) wird – unabhängig vom Substitutionsmechanismus – durch die Natur des Nucleofugs *wesentlich beeinflußt*. Die Austrittstendenz des Nucleofugs wächst für Komplexe mit hartem (weichem) Substitutionszentrum in Richtung zunehmender Weichheit (Härte) des Nucleofugs, also etwa in der Reihe $F^- < Cl^- < Br^- < I^-$ (in der Reihe $I^- < Br^- < Cl^- < F^-$). Wachsende Austrittstendenz und Sperrigkeit des Nucleofugs bewirken zudem eine Verschiebung assoziativer Mechanismen in Richtung dissoziativer Mechanismen und umgekehrt.

---

80 Ein der Substitution vorgeschaltetes Gleichgewicht der Bildung von outer-sphere-Komplexen hängt demgegenüber von der Natur des Nucleophils (insbesondere von seiner Ladung und Sperrigkeit) ab, so daß auch die Gesamtgeschwindigkeit der I_d-Prozesse von der Art der Nucleophile durchaus stärker beeinflußt werden kann (vgl. hierzu Anm.[127], S. 394).

81 Der H_2O/H_2O-Austausch erfolgt in $[Co(NH_3)_5(H_2O)]^{3+}$ ca. 6mal rascher als der H_2O/Y-Austausch, was damit erklärt werden kann, daß die outer-sphere-Komplexe im Durchschnitt auf sechs austauschbereite H_2O-Moleküle ein Molekül Y enthalten. Allgemein gilt, daß die S/S-Austauschgeschwindigkeit im Falle von D-Mechanismen gleich groß, im Falle von I_d- bzw. I_a-Mechanismen aber größer bzw. weniger groß ist als die S/Y-Austauschgeschwindigkeit.

Beispiele: Die Geschwindigkeit der sauren Hydrolyse von $[Co(NH_3)_5Y]^{2+/3+}$ (hartes Zentrum; I_d-Substitutionsmechanismus) bzw. von $[Cr(NH_3)_5Y]^{2+/3+}$ (hartes Zentrum; I_a-Substitutionsmechanismus) erfolgt in der Reihe der Komplexe mit $Y = N_3^- < F^- < H_2O < Cl^- < Br^- < I^-$ rascher. Im Falle von $[Co(CN)_5Y]^{2-/3-}$ (weiches Zentrum; D-Substitutionsmechanismus) bzw. $[Rh(NH_3)_5Y]^{2+/3+}$ (weiches Zentrum; I_a-Substitutionsmechanismus) nimmt die Geschwindigkeit der Aquation umgekehrt in der Reihe der Komplexe mit $Y = F^- > H_2O > Cl^- > Br^- > I^-$ ab ($[Co(CN)_5F]^{3-}$ ist wegen seiner hohen Hydrolysestabilität bisher nicht dargestellt worden). – (ii) Der TMP/TMP-Austausch (TMP = Trimethylphosphat $(MeO)_3PO$) erfolgt in Nitromethan im Falle von $[Al(TMP)_6]^{3+}$ und $[Ga(TMP)_6]^{3+}$ mit den kleineren Zentren Al^{3+} ($r = 0.51$ Å) und Ga^{3+} ($r = 0.62$ Å) auf dissoziativem Wege, im Falle von $[Sc(TMP)_6]^{3+}$ und $[In(TMP)_6]^{3+}$ mit den größeren Zentren Sc^{3+} ($r = 0.73$ Å) und In^{3+} ($r = 0.81$ Å) auf assoziativem Wege. Andererseits beobachtet man im Falle von $[Sc(TMH)_6]^{3+}$ (TMH = Tetramethylharnstoff $(Me_2N)_2CO$) dissoziativen TMH/TMH-Austausch, da TMH sperriger ist als TMP.

Nicht reagierende Gruppen. Der als ***trans*- und *cis-Effekt*** bezeichnete Einfluß einer nicht reagierenden Gruppe auf die Geschwindigkeit der nucleophilen Substitution eines in oktaedrischen Komplexen zu ihm *trans*- oder *cis*-ständigen Nucleofugs wird ähnlich wie dessen Einfluß auf die Substitutionsgeschwindigkeit im Falle quadratisch-planarer Komplexe (S. 1277) durch *σ*- und *π-Bindungseffekte* bestimmt. Allerdings ergibt sich bisher noch kein einheitliches Bild von Ursache und Wirkung der Effekte, da die *σ*- und *π*-Bindungseffekte nicht nur im Ausgangs- und Substitutionszwischenzustand unterschiedlich sind, sondern auch in verwickelter Weise vom Typ des Substitutionsmechanismus, von der Art des Komplexzentrums und dessen d-Elektronenkonfiguration, von der (*trans*- oder *cis*-) Stellung der nicht reagierenden Gruppe hinsichtlich des Nucleofugs sowie – gegebenenfalls – von den Einflüssen weiterer nicht reagierender Gruppen unterschiedlichen Typs abhängt.

Der für dissoziative und assoziative Substitutionen verschieden starke *trans*- und *cis*-Effekt kann zudem zu einer Verschiebung eines S_N1- (S_N2-)Mechanismus in Richtung eines S_N2- (S_N1-) Mechanismus führen. So nimmt man an, daß Amido-Liganden NR_2^- dissoziative Substitutionen an oktaedrischen Zentren in besonderem Maße erleichtern, weil sie die in Substraten $[L_4M(NR_2)Y]$ nach Abdissoziation von Y verbleibende „Elektronenlücke" über eine *π*-Hinbindung „auffüllen" können (Bildung von $L_4M{\leftleftarrows}NR_2$) und D-Substitutionszwischenstufen dadurch stabilisieren. Die Aquation von Pentaammin-Komplexen $[M(NH_3)_5Y]^{m+}$ im basischen Milieu (**basische Hydrolyse**) erfolgt infolgedessen um viele Zehnerpotenzen rascher als die entsprechende saure Hydrolyse (L nachfolgend NH_3; Y-Ladungen unberücksichtigt):

$$[L_5MY]^{m+} \underset{\mp H_2O}{\overset{\pm OH^-}{\rightleftharpoons}} [L_4M(NH_2)Y]^{n+} \underset{\mp Y}{\overset{\pm H_2O}{\longrightarrow}} [L_4M(NH_2)(H_2O)]^{n+} \underset{\mp OH^-}{\overset{\pm H_2O}{\rightleftharpoons}} L_5M(H_2O)]^{m+}. \quad (5)$$

Die Einflüsse nicht reagierender Gruppen auf die Substitutionsgeschwindigkeit sind bisher für Co(III)-Komplexe intensiv, für Cr(III)-Komplexe weniger eingehend und für Rh(III)-, Ir(III)-, Ru(II)- bzw. Ru(III)-Komplexe nur lückenhaft untersucht worden.

Beispiele: (i) Tab. 111 gibt relative Geschwindigkeiten sowie Ausbeuten an *cis*- bzw. *trans*-konfigurierten Produkten folgender Aquation wieder:

$$cis\text{- bzw. } trans\text{-}[Co(en)_2LCl]^{m+} + H_2O \rightarrow cis,\ trans\text{-}[Co(en)_2L(H_2O)]^{(m+1)+} + Cl^-. \quad (6)$$

Ersichtlicherweise haben die Liganden $L = OH^-, Cl^-, Br^-, CN^-$ und NO_2^- hinsichtlich $L = NH_3$ einen positiven, geschwindigkeitserhöhenden *cis*- bzw. *trans*-Effekt (NH_3 und en üben näherungsweise den gleichen Effekt auf die Geschwindigkeit des Cl^-/H_2O-Ersatzes aus, wie den vergleichbaren Werten der Substitutionsgeschwindigkeitskonstanten von 5.0×10^{-7} und $3.5 \times 10^{-7}\,s^{-1}$ für das *cis*- und *trans*-Edukt entnommen werden kann; $\tau_{1/2}$ ca. 25 Tage). Der *cis*-Effekt ist hierbei für Liganden, die wie OH^-, Cl^-, Br^-, NCS^-, $RCOO^-$ oder NR_2^- einen dissoziativ-aktivierten Substitutionszwischenzustand durch *π*-Hinbindungen stabilisieren können, größer als der *trans*-Effekt, während umgekehrt der *trans*-Effekt für solche Liganden, die wie CN^- oder NO_2^- starke *σ*-Hinbindungen und/oder starke *π*-Rückbindungen eingehen[82], größer ist als der *cis*-Effekt (letztere Liganden zeigen zudem einen „*trans*-Einfluß", vgl.

[82] Nach wachsendem *trans*-Effekt geordnet, ergibt sich folgende Ligandenreihe: $NO_2^- < I^- < CH_3SO_2^- < SO_3^{2-} < Me^-$.

Tab. 111 Relative Geschwindigkeiten sowie Produktausbeuten der Umsetzung (6) in saurem Milieu bei 25 °C (Substitutionsmechanismen an der I_a/I_d-Grenze)

cis-$[Co(en)_2LCl]^{m+}$ → $[Co(en)_2L(H_2O)]^{n+}$			
L	k_{rel}	% *cis*	% *trans*
OH^-	24000	84	16
Cl^-	480	76	24
Br^-	280	> 95	< 5
NH_3	≡1	100	0
CN^-	ca. 1	100	0
NO_2^-	220	100	0

trans-$[Co(en)_2LCl]^{m+}$ → $[Co(en)_2L(H_2O)]^{n+}$			
L	k_{rel}	% *cis*	% *trans*
OH^-	4700	75	25
Cl^-	120	26	74
Br^-	130	50	50
NH_3	≡1	0	100
CN^-	240	0	100
NO_2^-	2900	0	100

S. 1278). – (ii) Führt man die Aquation von $[Co(en)_2LCl]^{m+}$ oder von anderen Co(III)-Komplexen $[L_5MY]^{m+}$ (L = NH_3, NH_2R, NHR_2) mit deprotonierbaren Ammin-Liganden nicht im sauren, sondern basischen Milieu durch (basische Hydrolyse), so erhöht sich die Geschwindigkeit der Aquation um 5 bis 13 Zehnerpotenzen. Die Substitution verläuft hierbei entsprechend Gl. (5). Führt man hierbei die basische Hydrolyse in einem nicht komplexierenden Lösungsmittel in Anwesenheit eines weiteren Nucleophils Nu neben Wasser durch, so bilden sich erwartungsgemäß Konkurrenzabfangprodukte ($[L_5M(H_2O)]^{n+}$ und $[L_5MNu]^{n+}$); auch ist im Falle der OH^--katalysierten Umsetzung von $[L_5CoY]^{m+}$ mit Nucleophilen, die wie NCS^-, $S_2O_3^{2-}$, NO_2^- zwei verschiedene Ligatoren enthalten, das prozentuale Verhältnis gebildeter Produkte ($[L_5CoNCS]^{n+}/[L_5CoSCN]^{n+}$, $[L_5CoSSO_3]^{n+}/[L_5CoOSO_2S]^{n+}$, $[L_5CoNO_2]^{n+}/[L_5CoONO]^{n+}$) unabhängig vom Nucleofug.

Stereochemie. Nach bisherigen Studien verlaufen Substitutionen an oktaedrischen Zentren bei Vorliegen eines assoziativen oder dissoziativen Interchange-Mechanismus (*I_a-, I_d-Mechanismus*) meist **stereospezifisch** unter Erhalt der Konfiguration. Hierzu muß das Nucleophil Nu im outer-sphere Komplex, der sich zunächst aus dem Substrat L_5MX und Nu in rascher reversibler Reaktion bildet (S. 394), auf der gleichen Seite und in äquivalenter Position wie das Nucleofug X lokalisiert sein. Denkbar ist etwa der Nu-Eintritt in eine der vier LX-Kanten des Ligandenoktaeders unter Bildung einer verzerrt *pentagonal-bipyramidalen* Koordinationsverbindung, in welcher die reagierenden Gruppen zusammen mit drei nicht reagierenden Gruppen L äquatorial, zwei nicht reagierende Liganden axial angeordnet sind[78]. Der Substratrest L_5M behält hierbei in der Zwischenstufe seine *quadratisch-pyramidale* Struktur näherungsweise bei und ist mit X und Nu stärker (I_a) oder schwächer (I_d) verknüpft (S. 394).

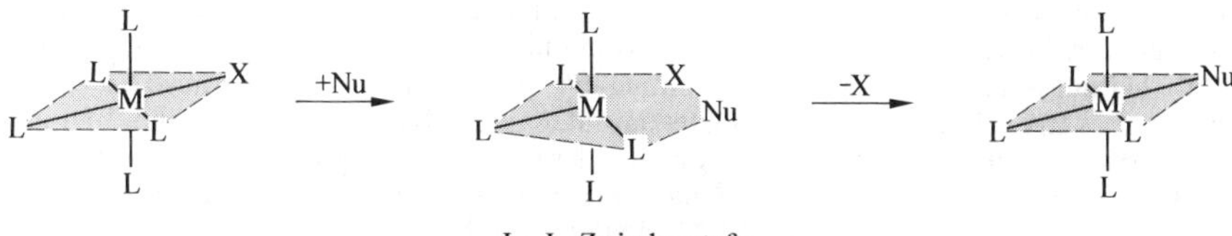

I_d-, I_a- Zwischenstufe

Einen **stereounspezifischen** Verlauf der Substitution an oktaedrischen Zentren (Konfigurationsumwandlung in mehr oder weniger großem Ausmaß) beobachtet man bei dissoziativen Prozessen, wenn der nach Abspaltung von X aus den Substraten L_5MX hervorgehende Rest L_5M vergleichsweise stabil, d. h. langlebig ist (*D-Mechanismus, I_d*-Mechanismus an der Grenze zum D-Mechanismus). Der Austritt von X wird in derartigen Fällen von der Aufeinander-Zubewegung zweier *trans*-ständiger Liganden, von denen jeder in *cis*-Stellung zur austretenden Gruppe angeordnet ist, begleitet. Nachfolgendes Schema verdeutlicht diesen Vorgang. Jeder oktaedrische Komplex kann hiernach in zwei unterschiedliche *trigonal-bipyramidal* gebaute Substitutionszwischenstufen (a) und (b) übergehen, welche sich unter Nu-Eintritt in eine der drei Kanten (c), (d), (e) bzw. (e), (f), (g) der Ligandenbasis beider Bipyramiden in die Substitutionsprodukte (c) – (g) umwandeln.

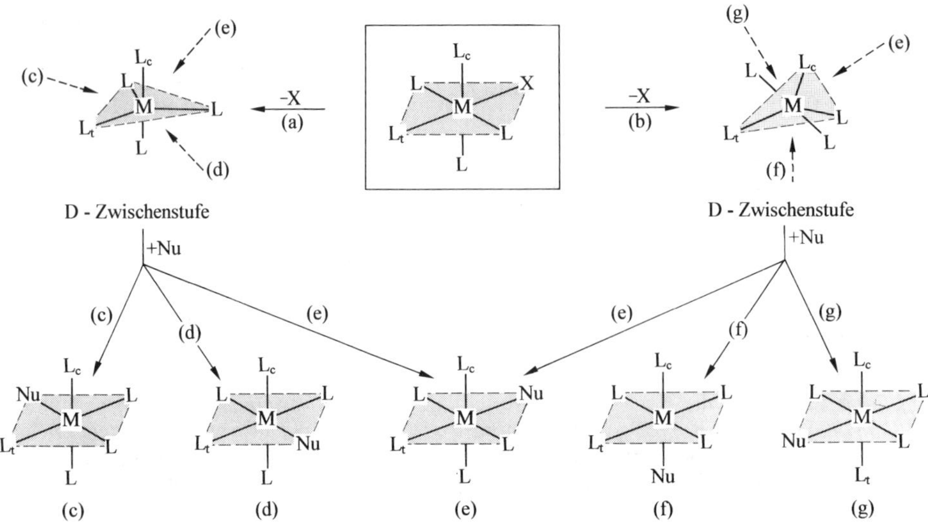

Enthält das Substrat fünf unterschiedliche Komplexliganden, so führen die sechs – in der Praxis mit unterschiedlichem Ausmaß beschritten – Produktbildungswege, wie leicht abzuleiten ist, zu fünf stereoisomeren Produkten, unter denen nur eines, nämlich das auf zwei Wegen gebildete Produkt (e), die Konfiguration des eingesetzten Edukts aufweist. Bei Verringerung der Zahl unterschiedlicher nicht reagierender Gruppen sinkt naturgemäß die Zahl an Produkten unterschiedlicher Konfiguration. Enthält demgemäß ein oktaedrischer Komplex neben dem Nucleofug und einem hierzu *trans*-ständigen Liganden L_t noch vier gleiche Liganden ($\mathbf{L_c} = \mathbf{L}$ im Schema), so erfolgt der X/Nu-Austausch auf dem Reaktionswege (e) unter Erhalt der *trans*-Konfiguration (Bildung des Produkts (e)), auf den Wegen (c), (d), (f), (g) unter Wechsel zur *cis*-Konfiguration (Bildung des isomeren Produkts (c) = (d) = (f) = (g)), enthält er andererseits das Nucleofug, einen *cis*-ständigen Liganden L_c und vier gleiche Liganden ($\mathbf{L_t} = \mathbf{L}$ im Schema), so verlaufen die Reaktionen (c), (d), (e), (g) unter Erhalt der *cis*-Konfiguration (Bildung des Produkts (c) = (d) = (e) = (f)), während nur ein Reaktionsweg (f) zum isomeren *trans*-konfigurierten Produkt (f) führt.

Beispiele: Die Stabilisierung trigonal-bipyramidaler Übergangsstufen bei Substitutionen an oktaedrischen Zentren erfolgt u.a. durch solche nicht reagierende Gruppen, die wie F^-, OH^-, NH_2^-, Cl^-, Br^-, NCS^-, $RCOO^-$ *π-Hinbindungen* im Sinne von M⇇L ausbilden (Liganden mit *cis*-Effekt; eine günstige Voraussetzung für starke π-Hinbindungen ist eine äquatoriale Stellung der betreffenden Liganden). Demgemäß führt die *saure Hydrolyse* von *cis*- bzw. *trans*-$[Co(en)_2LCl]^{m+}$ mit L = OH^-, Cl^-, Br^- nicht ausschließlich zu *cis*- bzw. *trans*-$[Co(en)_2L(H_2O])^{n+}$, sondern in mehr oder weniger großer Ausbeute zusätzlich zu *trans*- bzw. *cis*-$[Co(en)_2L(H_2O)]^{n+}$, während die analogen Umsetzungen mit Liganden, die wie CN^-, NO_2^- keine π-Hin- sondern π-Rückbindungen ausbilden (M⇆L) stereospezifisch verlaufen (vgl. Tab. 111 auf S. 1285). Daß in ersteren Fällen die Ausbeuten an *cis*- und *trans*-$[Co(en)_2L[H_2O)]^{n+}$ (jeweils gleiches L) eduktabhängig sind, deutet darauf, daß die Reaktionswege (a) und (b) unterschiedlich stark beschritten werden, je nachdem man von *cis*- oder *trans*-$[Co(en)_2LCl]^{m+}$ ausgeht. Auffallenderweise hat hierbei der *cis*-Produktanteil unabhängig von L immer die gleiche enantiomere Konfiguration wie der eingesetzte Komplex *cis*-$[Co(en)_2LCl]^{m+}$. Letzteres trifft allerdings nur für die saure, nicht jedoch für die *basische Hydrolyse* zu. Z. B. bilden sich aus Λ-*cis*-$[Co(en)_2Cl_2]^+$ im alkalischen Milieu 21% Λ-*cis*-, 16% Δ-*cis*- und 63% *trans*-$[Co(en)_2Cl(OH)]^+$ neben Cl^- (bezüglich Λ und Δ vgl. S. 1242).

3.2 Umlagerungsreaktionen der Komplexe

Übergangsmetallkomplexe sind vielfach *konstitutions*- oder *konfigurationslabil* und isomerisieren bei thermischer oder anderer (z. B. photochemischer) Aktivierung. Auch ändern sie ihre Struktur gegebenenfalls im Zuge von Substitutions- und Redoxreaktionen (vgl. Unterkapitel 3.1 und 3.3). Ursachen derartiger Komplexumlagerungen sind sowohl Prozesse, die unter Erhöhung oder Erniedrigung der Koordinationszahl des Metallzentrums erfolgen (*Assoziationen* und *Dissoziationen*) als auch solche, bei denen sich die Koordinationszahl nicht ändert (*Pseudorotationen*).

Assoziationen und Dissoziationen. Wichtige Fälle von Konstitutionsumwandlungen stellen insbesondere *Bindungsisomerisierungen* dar. Beispielsweise geht der *rote*, in der Kälte metastabile Nitrito-Komplex $[Co(NH_3)_5(ONO)]Cl_2$ beim Erhitzen in den thermodynamisch stabileren *gelben* Nitro-Komplex

$[Co(NH_3)_5(NO_2)]Cl_2$ über. Diesem Wechsel eines Bindungsisomeren in das andere liegt eine intramolekulare Wanderung des $Co(NH_3)_5$-Restes vom Sauerstoff der NO_2-Gruppe zum Stickstoff zugrunde. Die Umlagerungsübergangsstufe entspricht damit der weiter oben (S. 1285) wiedergegebenen siebenzähligen (pentagonal-bipyramidalen) Zwischenstufe nucleophiler I_a- bzw. I_d-Substitutionen an oktaedrischen Zentren:

$$[(NH_3)_5Co{-}ONO]^{2+} \rightarrow \left[(NH_3)_5CO\begin{matrix}\cdot^{O}\\ |\\ \cdot_{NO}\end{matrix}\right]^{2+} \rightarrow [(NH_3)_5Co{-}NO_2]^{2+}.$$

Stereochemische Umwandlungen gehen ähnlich wie konstitutionelle vielfach auf *Knüpfungen und Spaltungen von Metall-Ligand-Bindungen* zurück. So treten derartige Isomerisierungen mit Änderung der geometrischen und/oder enantiomeren Konfiguration unter gewissen Voraussetzungen als Folge der *dissoziativ-aktivierten* nucleophilen Substitution an oktaedrischen Zentren auf. Ein Beispiel bietet etwa die auf S. 1285 und 1286 besprochene saure Hydrolyse von *cis*- bzw. *trans*-$[Co(en)_2LCl]^{m+}$ (für Einzelheiten vgl. S. 1282). Eine *Konfigurationsisomerisierung* oktaedrischer Komplexe erfolgt allgemein immer dann, wenn die betreffenden Komplexe unter Erniedrigung der Koordinationszahl des Metallzentrums in trigonal-bipyramidale Komplexfragmente sowie Liganden dissoziieren, und die Fragmente den abgespaltenen Liganden an anderer Stelle des Koordinationspolyeders wieder addieren (Entsprechendes gilt z. B. auch für tetraedrische, in trigonal-planare Fragmente und Liganden dissoziierende Komplexe; vgl. S. 398). Beispiele für isomerisierende oktaedrische Koordinationsverbindungen stellen etwa die in Wasser konfigurationslabilen Aqua-Komplexe des Typs *cis*- bzw. *trans*-$[Co(en)_2L(H_2O)]^{m+}$ dar (L z. B. H_2O). Auch beobachtet man häufig *cis-trans*- sowie Spiegelbild-Isomerisierungen im Falle oktaedrischer Komplexe, die wie *cis*-$[Co(diars)_2Cl_2]^+$, *trans*-$[Co(en)_2(OH)(NH_3)]^{2+}$ oder Λ-$[Co(acac)_3]$ zweizähnige Liganden enthalten und unter Spaltung einer koordinativen Bindung des zweizähnigen Liganden in das geforderte trigonal-bipyramidal-strukturierte Zwischenprodukt übergehen können (für die betreffenden Verbindungsbeispiele konnte die zwischenzeitliche Abdissoziation eines einzähnigen Liganden ausgeschlossen werden).

Gestattet andererseits der vorliegende X/Nu-Austauschmechanismus wie der der *assoziativ aktivierten* nucleophilen Substitutionen an quadratisch-planaren Zentren (vgl. S. 1279) keine Konfigurationsänderung, so läßt sich eine stereochemische Komplexumwandlung wie folgt durch Hintereinanderschalten zweier Substitutionsreaktionen erzielen:

$$\begin{matrix} & L & \\ & | & \\ L'{-} & M & {-}L \\ & | & \\ & L' & \end{matrix} \quad \underset{\mp L}{\overset{\pm L'}{\rightleftarrows}} \quad \begin{matrix} & L & \\ & | & \\ L'{-} & M & {-}L' \\ & | & \\ & L' & \end{matrix} \quad \underset{\mp L'}{\overset{\pm L}{\rightleftarrows}} \quad \begin{matrix} & L & \\ & | & \\ L'{-} & M & {-}L' \\ & | & \\ & L & \end{matrix}$$

cis-Form — Zwischenprodukt — *trans*-Form

Im vorliegenden Falle katalysiert mithin der Ligand L′ die *cis-trans*-Isomerisierung des Komplexes *cis*-$[ML_2L'_2]$, indem er zunächst einen Liganden L unter Bildung des Zwischenprodukts $[MLL'_3]$ substituiert. Anschließend wird L′ durch L ersetzt und dadurch zurückgebildet. Bei diesem handelt es sich allerdings nicht um den in *cis*-Position zu L eingetretenen, sondern um einen in *trans*-Position zu L lokalisierten Liganden L′. In der besprochenen Weise wird etwa die *cis-trans*-Umlagerung von *cis*-$[Pd(NR_3)_2Cl_2]$, *cis*-$[Pt(Me_2S)_2Cl_2]$ bzw. *cis*-$[Pt(PMe_3)_2Cl_2]$ durch Amine NR_3, Dimethylsulfan Me_2S bzw. Trimethylphosphan PMe_3 katalysiert (die Zwischenprodukte $[Pt(Me_2S)_3Cl]Cl$ und $[Pt(PMe_3)_3Cl]Cl$ ließen sich unter geeigneten Bedingungen isolieren).

Pseudorotationen. Eine *cis-trans*-Isomerisierung quadratisch-planarer Komplexe kann auch *ohne Spaltung und Knüpfung von Metall-Ligand-Bindungen* durch *intramolekulare Ligandenumordnung* (Pseudorotation, vgl S. 657, 758) auf dem Wege über eine Zwischenstufe mit tetraedrischer Ligandenanordnung erfolgen (vgl. hierzu Fig. 253 auf S. 1228). Allerdings sind die Aktivierungsbarrieren für derartige Prozesse meist sehr hoch, so daß die Pseudorotationen nicht mit meßbarer Geschwindigkeit ablaufen. Nur im Falle einiger quadratisch-planarer Co(II)- und Ni(II)-Komplexe konnten bisher intermolekulare Ligandenumordnungen nachgewiesen werden (S. 1236). Andererseits erfolgen stereochemische Umwandlungen von Komplexen mit fünf-, sieben- und achtzähligem Zentrum in der Regel rasch (S. 1229, 1232, 1233).

Hohe Pseudorotations-Aktivierungsbarrieren weisen nicht nur Komplexe mit vierzähligem, sondern in der Regel auch solche mit sechszähligem Zentrum auf. Ein möglicher Weg für eine intramolekulare stereochemische Umwandlung auch im Falle tetraedrischer, quadratisch-planarer oder oktaedrischer

Komplexe besteht hier in deren Überführung in leicht pseudorotierende trigonal-bipyramidale Komplexe durch Ligandenassoziation oder -dissoziation. Allerdings sind derartige Zwischenstufen meist so kurzlebig, daß sich kein Pseudorotationsgleichgewicht einstellen kann. Beispielsweise führt die saure Hydrolyse von *cis*-$[Co(en)_2LCl]^{m+}$ zu einem anderen Produktverhältnis an *cis*- und *trans*-$[Co(en)_2L(H_2O)]^{n+}$ als die von *trans*-$[Co(en)_2LCl]^{m+}$ (jeweils gleiches L), was sich mit der Bildung unterschiedlich konfigurierter, trigonal-bipyramidaler Reaktionszwischenstufen $[Co(en)_2L]^{(m-1)+}$ erklären läßt (S. 1286), die sich offensichtlich wegen ihrer kurzen Lebensdauer nicht ineinander umwandeln.

3.3 Redoxreaktionen der Komplexe[72)]

Komplexreaktionen, die unter Änderung der Oxidationsstufe des Komplexzentrums ablaufen, sind äußerst zahlreich. Derartige Redoxprozesse können wie im Falle der nachfolgend aufgeführten Umsetzungen (7), (8) und (9) unter Übertragung (Transfer) von nicht bindenden (oder nahezu nicht bindenden) Elektronen eines Komplexzentrums zum Zentrum einer anderen Koordinationsverbindung erfolgen. Hierbei verbleiben die Redoxpartner teils ohne sichtbare chemische Änderung wie im Falle des „*Elektronenaustausches*" (7), teils unter Erhalt bzw. unter Umwandlung der Ligandensphäre wie im Falle der „*Elektronenübertragung*" (8) bzw. (9) als unabhängige Individuen, wobei sich die Koordinationszahlen der reagierenden Zentren in der Regel nicht ändern (s. u.). Vielfach beinhalten Redoxprozesse aber auch eine chemische Verknüpfung der Redoxpartner unter Bildung neuer chemischer Individuen und Änderung der Koordinationszahlen der reagierenden Zentren. Beispiele derartiger, als „*oxidative Additionen*" und „*reduktive Eliminierungen*" zu klassifizierende Umsetzungen (vgl. S. 384) bieten die nachfolgend wiedergegebenen Hin- und Rückreaktionen (10) und (11)[83)]:

$$[Fe^{II}(H_2O)_6]^{2+} + [\overset{*}{F}e^{III}(H_2O)_6]^{3+} \underset{\text{austausch}}{\overset{\text{Elektronen-}}{\rightleftharpoons}} [Fe^{III}(H_2O)_6]^{3+} + [\overset{*}{F}e^{II}(H_2O)_6]^{2+}; \quad (7)$$

$$[Fe^{II}(CN)_6]^{4-} + [Ir^{IV}Cl_6]^{2-} \underset{\text{übertragung}}{\overset{\text{Elektronen-}}{\rightleftharpoons}} [Fe^{III}(CN)_6]^{3-} + [Ir^{III}Cl_6]^{3-}; \quad (8)$$

$$[Co^{III}(NH_3)_5Cl]^{2+} + [Cr^{II}(H_2O)_6]^{2+} \xrightarrow[\text{Elektronen-übertragung}]{+5H_3O^+;\ -5NH_4^+} [Co^{II}(H_2O)_6]^{2+} + [Cr^{III}Cl(H_2O)_5]^{2+}; \quad (9)$$

$$[Pt^{II}Cl_4]^{2-} + Cl_2 \underset{\text{red. Elim.}}{\overset{\text{oxid. Add.}}{\rightleftharpoons}} [Pt^{IV}Cl_6]^{2-}; \quad (10)$$

$$[Ir^{I}Cl(CO)(PR_3)_2] + H_2 \underset{\text{red. Elim.}}{\overset{\text{oxid. Add.}}{\rightleftharpoons}} [Ir^{III}H_2Cl(CO)(PR_3)_2]. \quad (11)$$

Im Zusammenhang mit den Mechanismen von Komplex-Redoxreaktionen, deren eingehende Forschung wir u. a. dem Chemiker Henry Taube (Nobelpreis 1983) verdanken, sollen zunächst Elektronentransfer-Prozesse (Kapitel 3.3.1), dann Redoxadditionen und – eliminierungen (3.3.2) behandelt werden.

3.3.1 Elektronentransfer-Prozesse

Man unterscheidet Elektronentransfer-Prozesse, bei denen ein oder mehrere Elektronen zwischen zwei sich begegnenden Komplexen ohne Änderung der Koordinationssphären ausgetauscht werden („*outer sphere Mechanismen*"), und solche, bei denen der Elektronenaustausch erst nach Bildung eines zweikernigen Komplexes mit mindestens einem gemeinsamen Liganden in der ersten Koordinationssphäre erfolgt („*inner sphere Mechanismen*").

---

[83] Die Gleichgewichte (10) und (11) liegen auf der rechten Seite. Sie lassen sich durch „Herausfangen" von Cl_2 mit I^- ($\rightarrow ICl + Cl^-$) oder „Austreiben" von H_2 mit Stickstoffgas auf die linke Seite verschieben.

Outer sphere Redoxprozesse verlaufen stereoselektiv unter Konfigurationserhalt auf dem Wege über „*Kontaktpaare*", wie dies folgende, die wahren Verhältnisse etwas vereinfachende Gleichung (12) zum Ausdruck bringt:

$$[ML_n]^{m+} + [\overset{*}{M}L_n]^{p+} \rightleftharpoons \underset{\textit{Kontaktpaar}}{[ML_n, ML_n]} \rightleftharpoons [ML_n]^{p+} + [\overset{*}{M}L_n]^{m+}. \qquad (12)^{84)}$$

Die Tab. 112 gibt Geschwindigkeitskonstanten und Halbwertszeiten derartiger Austauschprozesse einiger Paare von Komplexen mit *gleichen Zentren* in unterschiedlichen Oxidationsstufen wieder. Ersichtlicherweise überstreichen diese einen sehr weiten Bereich (nahezu 15 Zehnerpotenzen). Die kleinsten, im Nanosekundenbereich liegenden Austauschhalbwertszeiten entsprechen hierbei diffusionskontrollierten, die größten im Monatsbereich angesiedelten Halbwertszeiten sehr langsamen chemischen Reaktionen (vgl. hierzu Fig. 125, S. 373).

Maßgebend für die Geschwindigkeiten thermoneutraler Redoxprozesse des Typs (12) ($\Delta G = 0$) ist die Größe der mit den Geschwindigkeitskonstanten bei gegebener Temperatur gemäß $k \approx \exp(G^{+}/RT)$ verknüpften *freien Aktivierungsenergien* ΔG^{+} (vgl. S. 183). Sie setzen sich im wesentlichen aus folgenden Anteilen zusammen: (i) Verlust an Bewegungsenergie der Redoxpartner und ihrer äußeren Solvathüllen bei der Bildung des Kontaktpaars, (ii) Zunahme an elektrostatischer Abstoßungsenergie bei der Bildung des Kontaktpaars, (iii) Erhöhung der inneren Energie der Redoxpartner im Zuge des Elektronenaustauschs. Da erstere Energieanteile wenig von der Art der Komplexpartner abhängen, gehen die beachtlichen Geschwindigkeitsunterschiede der Prozesse (12) auf letztere Energieanteile zurück, die daraus erwachsen, daß die Atomabstände während des rasch (in 10^{-15} s) erfolgenden Elektronenaustauschs praktisch gleich bleiben („*Frank-Condon-Prinzip*", vgl. S. 372). Unterscheiden sich demgemäß die ML-Bindungsabstände der Redoxpartner $[ML_n]^{m+}$ und $[ML_n]^{p+}$ stark, so führt der Elektronenaustausch zu hoch schwingungsangeregten Produkten $[ML_n^*]^{p+}$ und $[ML_n^*]^{m+}$. Die hierfür erforderliche große freie Aktivierungsenthalpie hat dann einen vergleichsweise langsamen Ablauf des Elektronenaustauschs zur Folge[85]. Beispielsweise sind die Unterschiede Δr der ML-Abstände im Falle der Redoxpartner $[M(CN)_8]^{4-}/[M(CN)_8]^{3-}$ (M = Mo, W) oder $[IrCl_6]^{3-}/[IrCl_6]^{2-}$ sehr klein; infolgedessen werden die Elektronen sehr rasch ausgewechselt (τ im Mikrosekundenbereich und darunter, vgl. Tab. 112). Andererseits nehmen die Abstandsunterschiede Δr und damit auch die Elektronenaustauschhalbwertszeiten τ in Richtung $[Ru(NH_3)_6]^{2+/3+}$ (Δr ca. 0.04 Å), $[Ru(H_2O)_6]^{2+/3+}$ (Δr ca. 0.09 Å), $[Fe(H_2O)_6]^{2+/3+}$ (Δr ca. 0.14 Å), $[Co(NH_3)_6]^{2+/3+}$ (Δr ca. 0.18 Å)[86] zu (vgl. Tab. 112).

Tab. 112 Geschwindigkeitskonstanten k und Halbwertszeiten τ einiger *outer sphere Elektronentransfer-Prozesse* in *Wasser* bei 25 °C[a, b, c]

Redox-partner	**k** $[M^{-1}s^{-1}]$	$\tau_{c=1}$ [ca.]	**Redox-partner**	**k** $[M^{-1}s^{-1}]$	$\tau_{c=1}$ [ca.]	**Redox-partner**	**k** $[M^{-1}s^{-1}]$	$\tau_{c=1}$ [ca.]
$[W(CN)_8]^{4-/3-}$	4×10^8	3 ns	$[MnO_4]^{2-/1-}$	7×10^2	1 ms	$[Co(H_2O)_6]^{2+/3+}$	$2 \times 10^{\circ}$	0.5 s
$[IrCl_6]^{3-/2-}$	2×10^5	5 µs	$[Fe(CN)_6]^{4-/3-}$	2×10^2	5 ms	$[Ag(H_2O)_6]^{1+/2+}$	$\approx 10^{-1}$	≈ 10 s
$[RuO_4]^{2-/1-}$	3×10^4	30 µs	$[Ru(H_2O)_6]^{2+/3+}$	2×10^1	50 ms	$[V(H_2O)_6]^{2+/3+}$	1×10^{-2}	100 s
$[Mo(CN)_8]^{4-/3-}$	3×10^4	30 µs	$[Ce(H_2O)_9]^{3+/4+}$	4×10^0	0.2 s	$[Cr(H_2O)_6]^{2+/3+}$	2×10^{-5}	56 h
$[Ru(NH_3)_6]^{2+/3+}$	8×10^2	1 ms	$[Fe(H_2O)_6]^{2+/3+}$	3×10^0	0.3 s	$[Co(NH_3)_6]^{2+/3+}$	8×10^{-6}	92 d

a) Hydrate in saurem, Oxometallate im basischen Milieu; $Ag^{1+/2+}$ bei 0 °C. – **b**) *Outer sphere Prozesse* in *MeCN*: $[Cr(bipy)_3]^{0/1+}$: $k = 2 \times 10^9 [M^{-1}s^{-1}]$ ($\tau = 0.5$ ns); $[Fe(bipy)_3]^{2+/3+}$: 4×10^6 (0.3 µs); $[Ru(bipy)_3]^{2+/3+}$: 8×10^6 (0.1 µs); $[Os(bipy)_3]^{2+/3+}$: 2×10^7 (0.05 µs). In *DMSO, DMF*: $[Cr(C_6H_6)_2]^{0/1+}$: 6×10^7 (17 ns); $[Fe(C_5H_5)_2]^{0/1+}$: 6×10^6 (0.2 µs). **c**) *Inner sphere Prozesse in* H_2O: VOH^{2+}/V^{2+}: $k = 0.003 [M^{-1}s^{-1}]$ ($\tau = 333$ s); $CrOH^{2+}/Cr^{2+}$: 0.66 (1.5 s); $CrCl^{2+}/Cr^{2+}$: 11 (0.09 s); $FeOH^{2+}/Fe^{2+}$: 1000 (0.001 s); $FeCl^{2+}/Fe^{2+}$: 9.7 (0.10 s).

In analoger Weise wie in Wasser ist auch ein outer sphere Elektronenaustausch zwischen Redoxpartnern in *anderen Medien* möglich (vgl. Tab. 112, Anm. b). Auch beobachtet man gelegentlich einen *Zweielektronenaustausch* (z. B. $Tl^+(aq) + Tl^{3+}(aq) \rightleftharpoons Tl^{3+}(aq) + Tl^+(aq)$; $k = 7 \times 10^{-5}$ $[M^{-1}s^{-1}]$, τ ca. 5.6 h).

[84] Entsprechende Gleichungen gelten für Redoxpartner mit unterschiedlichem M, L und *n*.

[85] Im günstigsten Falle (kleinst mögliches ΔG^{+}) verändern die Redoxpartner vor dem Elektronenaustausch zunächst ihre ML-Abstände unter Energieaufnahme auf gleiche mittlere Werte.

[86] Der Elektronenaustausch zwischen high-spin-$[Co(NH_3)_6]^{2+}$ und low-spin-$[Co(NH_3)_6]^{3+}$ ist mit einer großen Elektronenspinänderung verbunden. Sie macht sich aber, wie Berechnungen lehren, nicht in einer wesentlichen Erhöhung der freien Aktivierungsenthalpie bemerkbar.

Schließlich erfolgen Elektronenaustauschprozesse auch zwischen Komplexen mit *ungleichen Zentren*, dann allerdings mehr oder weniger nur in einer Richtung, da solche Redoxprozesse im allgemeinen eine von null verschiedene freie Reaktionsenthalpie ΔG aufweisen. Die Geschwindigkeiten letzterer Umsetzungen wachsen vielfach mit dem exergonischen Charakter der Prozesse; sie sind zudem meist größer als die des Elektronenaustauschs jedes einzelnen Redoxpartners für sich (z. B. $[Fe(CN)_6]^{4-} + [IrCl_6]^{2-} \rightarrow [Fe(CN)_6]^{3-} + [IrCl_6]^{3-}$: $k = 4 \times 10^5\ [M^{-1}s^{-1}]$, τ ca. 3 µs; für $[Fe(CN)_6]^{4-/3-}$ und $[IrCl_6]^{3-/2-}$ vgl. Tab. 112).

Neben Elektronentransfer-Prozessen, bei denen die Zentren der zu oxidierenden und reduzierenden Komplexe ihre Oxidationsstufe um die gleiche Zahl von Einheiten ändern („*komplementäre Reaktionen*"), existieren auch solche, bei denen dies nicht der Fall ist („*nicht komplementäre Reaktionen*"). *Beispiele* sind etwa: $Tl^{3+}(aq) + 2Fe^{2+}(aq) \rightarrow Tl^{+}(aq) + 2Fe^{3+}(aq)$; $Sn^{2+}(aq) + 2Fe^{3+}(aq) \rightarrow Sn^{4+}(aq) + 2Fe^{2+}(aq)$. Wegen der Unwahrscheinlichkeit von „Dreierstößen" muß sich in letzteren Fällen der Elektronentransfer in zwei Schritten unter Zwischenbildung eines Komplexes mit einem Zentrum in „ungewöhnlicher Oxidationsstufe" abwickeln (z. B. $Tl^{3+} + Fe^{2+} \rightarrow Tl^{2+} + Fe^{3+}$; $Tl^{2+} + Fe^{2+} \rightarrow Tl^{+} + Fe^{3+}$). Die durch nicht komplementäre Reaktionen erzeugten seltenen Oxidationsstufen lassen sich gegebenenfalls durch anwesende Reaktanden abfangen und dadurch eigenschaftsmäßig charakterisieren (z. B. reduziert Sn^{3+}, aber nicht Sn^{2+} den Komplex $[Co(ox)_3]^{3-}$ rasch zu $[Co(ox)_3]^{4-}$, wodurch sich die intermediäre Existenz von Sn^{3+} sichtbar machen läßt).

Inner sphere Redoxprozesse erfolgen stereospezifisch oder -unspezifisch gemäß folgender, die wahren Verhältnisse vereinfachenden Gleichung (13) über einen „*Zweikernkomplex*", der zunächst aus den Redoxpartnern im Zuge eines Substitutionsprozesses entsteht:

$$[ML_n]^{m+} + [\overset{*}{M}L_n]^{p+} \underset{+L}{\overset{-L}{\rightleftharpoons}} \underset{\textit{Zweikernkomplex}}{[L_{n-1}M{-}L{-}\overset{*}{M}L_{n-1}]^{(m+p)+}} \underset{-L}{\overset{+L}{\rightleftharpoons}} [\overset{*}{M}L_n]^{p+} + [ML_n]^{m+}. \qquad (13)^{84)}$$

Inner sphere Redoxprozesse wickeln sich neben outer sphere Prozessen ab, falls die Geschwindigkeit beider Prozesse vergleichbar ist. Ist sie wesentlich größer, so bestimmen inner sphere Prozesse den Redoxvorgang ausschließlich. Die Geschwindigkeitskonstanten der inner sphere Reaktionen umfassen dabei einen ähnlich großen Bereich wie jene der outer sphere Umsetzungen (vgl. hierzu Tab. 112, Anm. c).

Ein typisches Beispiel für einen inner sphere Redoxvorgang bietet etwa die Oxidation von $[Cr^{II}(H_2O)_6]^{2+}$ mit $[Co^{III}(NH_3)_5X]^{2+}$ ($X^- = Hal^-, NCS^-, N_3^-, SO_4^{2-}, PO_4^{3-}, CH_3COO^-$ usw.). Hier ermöglicht der substitutionslabile Aqua-Komplex des zweiwertigen Chroms (vgl. S. 1281) die rasche Bildung eines dinuklearen Komplexes, der – nach Elektronentransfer – einer sauren Hydrolyse am nunmehr zweiwertigen, substitutionslabilen Cobalt unterliegt:

$$[Cr^{II}(H_2O)_6]^{2+} + [Co^{III}(NH_3)_5X]^{2+} \xrightleftharpoons{\text{Anation}} [(H_2O)_5Cr^{II}{-}X{-}Co^{III}(NH_3)_5]^{4+} + H_2O$$

$$[(H_2O)_5Cr^{II}{-}X{-}Co^{III}(NH_3)_5]^{4+} \xrightleftharpoons[\text{Transfer}]{\text{Elektronen-}} [(H_2O)_5Cr^{III}{-}X{-}Co^{II}(NH_3)_5]^{4+}$$

$$[(H_2O)_5Cr^{III}{-}X{-}Co^{II}(NH_3)_5]^{4+} + 6H_2O \xrightleftharpoons[(5H^+)]{\text{Solvatation}} [Cr^{III}(H_2O)_5X]^{2+} + [Co^{II}(H_2O)_6]^{2+} + 5NH_4^+$$

Der Elektronenübergang von Cr(II) nach Co(III) ist im vorliegenden Falle mit einem Ligandenwechsel von Co(III) und Cr(II) verbunden. Ein derartiger Austausch stellt jedoch keine Voraussetzung für einen inner sphere Mechanismus dar. Auch sind Redoxprozesse bekannt, bei denen der Elektronentransfer mit der Bildung eines mehrfach verbrückten Komplexes verbunden ist (z. B. zwei Azidobrücken im Falle des Redoxpaares $[Cr(H_2O)_6]^{2+}/[Cr(N_3)_2(H_2O)_4]^{+}$).

Bei inner sphere Prozessen kann sowohl die Bildung oder Spaltung des Zweikernkomplexes *geschwindigkeitsbestimmend* sein als auch die Elektronenübertragung, welche ihrerseits zum Teil in einer Stufe (Elektronentransfer von Metall- zu Metallzentrum), zum Teil in zwei Stufen verläuft (Elektronentransfer vom Komplexzentrum zum Brückenliganden und dann weiter zum anderen Zentrum).

Ist die *Elektronenübertragung* geschwindigkeitsbestimmend wie im Falle der Oxidation von $[Cr(H_2O)_6]^{2+}$ mit $[Co(NH_3)_5X]^{2+}$ (s. oben), so hängt die Reaktionsgeschwindigkeit ähnlich wie bei outer sphere Prozessen von der Größe des Unterschieds Δr der ML-Abstände in den oxidierten und reduzierten Formen der Redoxpartner ab. Darüber hinaus spielt die Lewis-Basizität der Brückenliganden und die Lewis-Acidität der Metallzentren eine Rolle. Z.B. erfolgt die Oxidation von $[Cr(H_2O)_6]^{2+}$ (weiches Cr^{2+}) oder $[Co(CN)_5(H_2O)]^{3-}$ (sehr weiches Co^{3+}) mit $[Co(NH_3)_5X]^{2+}$ zunehmend langsamer wenn X = Halogen im Oxidationsmittel durch ein leichteres, d.h. härteres Halogen ersetzt wird. Hierbei ist die Geschwindigkeitsabstufung im zweiten Reaktionsfalle so drastisch, daß der Komplex $[Co(CN)_5(H_2O)]^{3-}$ von $[Co(NH_3)_5F]^{2+}$ bereits rascher nach einem outer sphere Mechanismus oxidiert wird. Andererseits sinkt die Geschwindigkeit der Oxidation von $[Fe(H_2O)_6]^{2+}$ (hartes Fe^{2+}) mit $[Co(NH_3)_5X]^{2+}$ umgekehrt bei Substitution von X = Halogen durch ein schwereres, d.h. weicheres Halogen.

Ist andererseits die *Bildung des dinuklearen Komplexes* wie im Falle der Oxidation von $[V(H_2O)_6]^{2+}$ mit $[Co(NH_3)_5X]^{2+}$ geschwindigkeitsbestimmend, dann sind die Redoxgeschwindigkeiten den Substitutionsgeschwindigkeiten des substitutionslabileren Komplexpartners ähnlich (für $[V(H_2O)_6]^{2+}$ gilt: $k_{redox} \approx k_{subst.} \approx 10^2\,s^{-1}$). Ist schließlich die *Spaltung des dinuklearen Komplexes* geschwindigkeitsbestimmend, so läßt sich der betreffende Zweikernkomplex gegebenenfalls sogar in Substanz isolieren (z.B. $[Co^{II}(CN)_5(H_2O)]^{3-} + [Fe^{III}(CN)_6]^{3-} \rightarrow [(CN)_5Co^{III}NCFe^{II}(CN)_5]^{6-} + H_2O$).

Inner sphere Redoxprozesse können für den raschen Ablauf von *Komplexsubstitutionen* von Bedeutung sein, wenn ein Komplex substitutionsinert, ein daraus erhältlicher Komplex anderer Oxidationsstufe aber substitutionslabil ist. Spuren letzterer Koordinationsverbindung wirken dann katalytisch. Ein Beispiel bietet etwa die durch $[Cr(H_2O)_6]^{2+}$ katalysierte saure Hydrolyse von $[Cr(NH_3)_5X]^{2+}$ (X = Halogen):

$$[Cr(NH_3)_5X]^{2+} + [Cr(H_2O)_6]^{2+} \xrightarrow{\text{Redoxprozeß}} [Cr(NH_3)_5(H_2O)]^{2+} + [Cr(H_2O)_5X]^{2+}$$
$$[Cr(NH_3)_5(H_2O)]^{2+} + 5\,H_3O^+ \xrightarrow{\text{Substitution}} [Cr(H_2O)_6]^{2+} + 5\,NH_4^+$$
$$\overline{[Cr(NH_3)_5X]^{2+} + 5\,H_3O^+ \longrightarrow [Cr(H_2O)_5X]^{2+} + 5\,NH_4^+}$$

3.3.2 Redoxadditionen und -eliminierungen

Unter Redoxadditionen bzw. –eliminierungen der Übergangsmetall-Komplexe versteht man im allgemeinen Reaktionen des Typs (14), nämlich α- (1,1-) Additionen („*oxidative Additionen*") von Verbindungen XY an das Zentrum eines Komplexes $[ML_n]$ unter Erhöhung der Oxidationsstufe und Koordinationszahl des Zentralmetalls bzw. α- (1,1-) Eliminierungen („*reduktive Eliminierungen*") von Verbindungen XY aus einem Komplex $[ML_nXY]$ unter Erniedrigung der Oxidationsstufe und Koordinationszahl des Zentralmetalls (p meist $= m + 2$):

$$[L_n\overset{+m}{M}] + XY \underset{\text{reduktive Eliminierung}}{\overset{\text{oxidative Addition}}{\rightleftharpoons}} [L_n\overset{+p}{M}XY] \qquad (14)$$

Nachfolgend sei auf Redoxreaktionen des Typus (14), welche bei vielen, durch Übergangsmetallkomplexe katalysierten Prozessen (z.B. Hydrierung oder Hydroformylierung von Olefinen) eine wichtige Rolle spielen, näher eingegangen.

Oxidative Additionen. Beispiele für Verbindungen X—Y, die sich gemäß (14) unter Spaltung der XY-Einfachbindung und Knüpfung neuer MX- und MY-Bindungen an $[ML_n]$ addieren (*Einschieben von* ML_n *in die σ-Bindung* von X—Y, vgl. S. 384) sind u.a. H—H, Hal—Hal, RS—SR, H—Y (Y z.B. Hal, OR, OAc, SR, NR_2, PR_2, CN, C_5H_5, SiR_3, B_5H_8), R—I, Ac—Cl, NC—CN, R_3Si—Cl, Ph_2B—Cl, Cl—HgCl. In analoger Weise lassen sich Verbindungen X=Y wie O=O, O=SO, S=CS, RN=CNR, $O{=}C(CF_3)_2$, $F_2C{=}CF_2$, RC≡CR′ an Komplexe ML_n unter Ausbildung eines Komplexes mit dreigliedrigem MXY-Ring addieren (*Einschieben von* ML_n *in die π-Bindung* von X=Y). Eingehender untersucht wurden Redoxprozesse des Typs (14) im Falle von Komplexen mit d^6-, d^8- und d^{10}-konfigurierten Zentren (insbesondere $Fe^0/Ru^0/Os^0(d^8)$, $Rh^I/Ir^I(d^8)$, $Pd^{II}/Pt^{II}(d^8)$, $Ni^0/Pd^0/Pt^0(d^{10})$). Als besonders wichtiges Studienobjekt sei hier der quadratisch gebaute, d^8-konfigurierte Ir(I)-Komplex *trans*-$[IrCl(CO)(PPh_3)_2]$ („*Vaska Komplex*") genannt, dessen Reaktionen mit molekularem Wasserstoff und Sauerstoff als Beispiele für oxidative Additionen nachfolgend formuliert sind:

CO, Cl, PPh_3, Ir, Ph_3P, H, H $\underset{(a)}{\overset{\pm H_2}{\rightleftarrows}}$ Cl, PPh_3, Ir, Ph_3P, CO $\underset{(b)}{\overset{\pm O_2}{\rightleftarrows}}$ CO, Cl, PPh_3, Ir, Ph_3P, O, O

Die Redoxadditionen verlaufen in der Regel so, daß das Metallzentrum des Reaktionsprodukts edelgaskonfiguriert ist (vgl. 18-Elektronenregel, S. 1243). Infolgedessen addieren quadratisch-planar koordinierte Komplexe ML_4 mit d^8-konfigurierten Zentren M (8 d-Elektronen + 8 Ligandenelektronen = 16 Außenelektronen) den Partner XY glatt unter Bildung von d^6-$[ML_4XY]$ (6 + 12 = 18 Außenelektronen), während sich vor (bzw. während bzw. nach) der Addition von XY an tetraedrisch koordinierte Komplexe $[ML_4]$ mit d^{10}-konfigurierten Zentren M (10 + 8 = 18 Außenelektronen) ein Ligand vom Komplex abspalten muß (Bildung von $[ML_3XY]$ mit 8 + 10 = 18 Außenelektronen des Komplexzentrums; die Ligandeneliminierung kann z. B. thermisch oder photochemisch induziert werden).

Ohne Ligandeneliminierung setzen sich etwa $[Ir^{I}Cl(CO)(PPh_3)_2]$ oder $[Rh^{I}Cl(PPh_3)_3]$ mit Oxidationsmitteln wie H_2, Br_2, I_2, O_2, HCl, HBr, MeI, MeCOCl, R_3SiH zu $[Ir^{III}ClXY(CO)(PPh_3)_2]$ oder $[Rh^{III}ClXY(PPh_3)_3]$ um (vgl. Gl. 15). Ligandeneliminierung beobachtet man andererseits bei der oxidativen Addition von I_2 an $[Ru^{0}(CO)_3(PPh_3)_2]$ (Bildung von $[Ru^{II}I_2(CO)_2(PPh_3)_2]$), von $HgCl_2$ an $[Mo^{0}(CO)_4(bipy)]$ (Bildung von $[Mo^{II}Cl(HgCl)(CO)_3(bipy)]$) oder von $(CF_3)_2C{=}O$ an $[Pt^{0}(PPh_3)_4]$ (Bildung von $[Pt^{II}((CF_3)_2CO)(PPh_3)_2]$).

Wie bereits an anderer Stelle (S. 385f) angedeutet wurde, können α-Additionen auf unterschiedlichen Reaktionswegen ablaufen. Im Falle oxidativer Additionen von XY an Übergangsmetallkomplexe sind insbesondere drei *Mechanismen* zu berücksichtigen.

(i) Konzertierte XY-Addition. Die Bildung von L_nMH_2 aus L_nM und H_2 erfolgt in der Regel auf dem Wege über ein Wasserstoffmolekül-Addukt (vgl. S. 1209). Seiner Bildung liegen Wechselwirkungen des elektronenbesetzten σ-Orbitals des Wasserstoffs mit einem elektronenleeren Orbital des Komplexzentrums sowie eines elektronenbesetzten Metall-d-Orbitals geeigneter Symmetrie mit dem elektronenleeren σ*-Orbital des Wasserstoffs zugrunde (vgl. S. 1609). Mit zunehmendem Transfer von Metallelektronen in letzteres Orbital wird die HH-Bindung in wachsendem Maße geschwächt und schließlich gespalten (vgl. hierzu Erhaltung der Orbitalsymmetrie, S. 399). Ein Beispiel für eine derartige „Hydrierung" bietet die Reaktion (15a). In analoger Weise wie H_2 vermögen sich andere Elementwasserstoff-Gruppen (z. B. H—Cl, H—NR_2, H—SiR_3) oder auch Element-Element-Gruppen, die nicht allzu elektronegativ sind, synchron an „ungesättigte" Komplexzentren zu addieren. Charakteristisch für konzertierte XY-Additionen ist die Bildung von Produkten, in welchen die Liganden X und Y stereoselektiv in *cis*-Stellung zueinander stehen. Auch erfolgt die oxidative Addition unter Retention der Konfiguration, falls XY ein asymmetrisches X- oder Y-Zentrum aufweist.

(ii) Nichtkonzertierte XY-Addition über Ionen. Setzt man $[IrCl(CO)(PPh_3)_2]$ mit HBr nicht in unpolaren, sondern polaren Medien um, in welchen Bromwasserstoff dissoziiert vorliegt, so verläuft die Produktbildung nicht unter konzertierter, sondern unter stufenweiser, stereounselektiver (*cis*- sowie *trans*-) HBr-Addition auf folgendem Wege:

$$[IrCl(CO)(PPh_3)_2] \xrightarrow{+\,HBr} [IrBrCl(CO)(PPh_3)_2]^- + H^+ \rightarrow [IrHBrCl(CO)(PPh_3)_2].$$

Vielfach wirken auch Komplexe hinsichtlich der Reaktanden XY nicht – wie im besprochenen Beispiel – als Elektrophile, sondern als Nucleophile. So reagiert beispielsweise $[IrCl(CO)(PPh_3)_2]$ mit MeI gemäß

$$[IrCl(CO)(PPh_3)_2] \xrightarrow{+\,MeI} [IrMeCl(CO)(PPh_3)_2]^+I^- \rightarrow [IrMeClI(CO)(PPh_3)_2].$$

Optisch aktive Alkylreste erfahren hierbei erwartungsgemäß (S. 398) eine Konfigurationsumkehr.

(iii) Nichtkonzertierte XY-Addition über Radikale. Man beobachtet ferner radikalische Additionen von Organylhalogeniden an Komplexe ML_n, wobei Radikalketten- sowie andere Mechanismen aufgefunden werden ($L_nM + R^\bullet \rightarrow L_nMR^\bullet$; $L_nMR^\bullet + RX \rightarrow L_nMRX + R^\bullet$ bzw. $L_nM + RX \rightarrow L_nMX^\bullet + R^\bullet \rightarrow L_nMXR$).

Reduktive Eliminierungen sind als Umkehrungen der oxidativen Additionen (S. 384) häufig mit einem Übergang koordinativ-gesättigter Komplexe in einen koordinativ ungesättigten Zustand verbunden und aus diesem Grunde thermodynamisch weniger begünstigt. Die Lage des Gleichgewichts (14) hängt im einzelnen von der Natur der abzuspaltenden Gruppe XY sowie von der Art des Zentralmetalls und der Liganden im verbleibenden Komplexfragment ML_n ab (auch das Reaktionsmedium spielt eine gewisse Rolle). Was die *abzuspaltenden Gruppen* XY betrifft, so erhöhen starke Bindungen zwischen X und Y die Tendenz für reduktive Eliminierungen. Infolgedessen sind viele oxidative Additionen u.a. von H_2 (σ-Bindungsenergie = 436 kJ/mol) oder von Sauerstoff (π-Bindungsenergie ca. 300 kJ/mol) reversibel (vgl. Gl. 15). Andererseits nimmt die Stabilität höherer Oxidationsstufen beim Übergang von den leichteren zu den schwereren *Übergangsmetallen* einer Elementgruppe zu, weshalb etwa Rh(III)-Komplexe leichter unter reduktiver Eliminierung zerfallen als Ir(III)-Komplexe. Schließlich erhöhen *Liganden*, welche Elektronen vom Metall abziehen oder die sehr sperrig sind, die Tendenz eines Komplexes L_nMXY zur reduktiven Eliminierung von XY; denn höher oxidierte bzw. höher koordinierte Zentren M in L_nMXY werden mit abnehmender Elektronendichte des Metalls und wachsendem Raumbedarf der Liganden destabilisiert.

Beispielsweise addiert sich Sauerstoff an $[IrI(CO)(PPh_3)_2]$ irreversibel, an $[IrCl(CO)(PPh_3)_2]$ jedoch reversibel (vgl. Gl. 15b), da der Halogenligand in letzterem Komplex elektronegativer, das Zentralmetall somit positivierter ist. Des weiteren erhöht sich die Tendenz zur reduktiven Eliminierung von HOAc aus $[IrHCl(OAc)(CO)(PR_3)_2]$ unter Bildung von $[IrCl(CO)(PR_3)_2]$ beim Ersatz von $PR_3 = PMe_3$ durch den elektronegativeren Liganden PPh_3 oder sperrigeren Liganden PEt^tBu_2.

Mechanistisch erfolgen die reduktiven Eliminierungen auf den gleichen Wegen wie die oxidativen Additionen (Prinzip der mikroskopischen Reversibilität, vgl. S. 183).

Kapitel XXI

Einige Grundlagen der Festkörperchemie[1)]

Unter **„Festkörperchemie"** versteht man die Lehre von der *Synthese*, der (räumlichen und elektronischen) *Struktur*, den (mechanischen, thermischen, elektrischen, magnetischen und optischen) *Eigenschaften* sowie der *Reaktivität* fester (kristalliner, amorpher oder glasartiger) Stoffe, deren Bausteine (Ionen, Atome, Moleküle) sich – im Prinzip *unbegrenzt* – in den drei Raumrichtungen aneinanderreihen. Im **engeren Sinne** befaßt sich hierbei die Festkörperchemie mit *kristallinen Stoffen*, die nach der vorherrschenden Bindungsart in *Salze* (S. 118), hochmolekulare *Atomverbindungen* (S. 129) sowie *Metalle* und intermetallische Phasen (*Legierungen*; S. 145) eingeteilt werden.

Als Folge der verschiedenartigen Verknüpfung der Stoffbestandteile in „*hochmolekularen Festkörpern letzteren Typus*" (ausschließlich chemische Bindungen) und in „*kristallisierten niedermolekularen Verbindungen*" (sowohl chemische wie van-der-Waals-Wechselwirkungen) unterscheidet sich die Chemie beider Stoffklassen („*Festkörperchemie*" einerseits, „*Molekülchemie*" andererseits; vgl. unten und S. 314) deutlich voneinander (die „*Komplexchemie*" weist je nach Verbindungstyp Wesenszüge der Molekül- und Festkörperchemie auf; vgl. S. 1205). So erfolgt die *Synthese* der Festkörper nach speziellen, bei Molekülen und Komplexen nicht angewandten Methoden (z. B. Produktkristallisation aus Schmelzen von Gemischen fester Edukte (s. u.), Stoffabscheidung aus der Gasphase im Zuge von Transportreaktionen (S. 910, 1076, 1401), Bildung neuer Phasen durch Reaktionen im festen Zustand). Des weiteren lassen sich die Ionen oder Atome in den Festkörpern meist mehr oder minder weitgehend durch andere Ionen, Atome oder sogar Lücken ersetzen (Bildung „*defekter Festkörper*"), ohne daß sich hierbei ihre *Struktur* ändert (es können sogar Ionen oder Atome zwischen den Gitterplätzen des Kristalls eingebaut werden). Infolgedessen stellen Festkörper – anders als die streng stöchiometrisch zusammengesetzten Moleküle und Komplexe – vielfach „*nichtstöchiometrische Verbindungen*" dar (S. 129), wobei die mechanischen, thermischen, elektrischen, magnetischen und optischen *Eigenschaften* der Festkörper sowie deren *Reaktivität* ganz entscheidend durch die erwähnten „*Kristalldefekte*" geprägt werden (vgl S. 1620; Leerstellen und Zwischengitterionen oder -atome treten bei endlicher Temperatur im thermodynamischen Gleichgewicht in allen Kristallen auf, da sie die Entropie des Systems erhöhen).

Während die Größe und Gestalt der Moleküle und Komplexe aus ihrer Zusammensetzung folgt, unterliegt die Art und Weise der dreidimensionalen „*Ausdehnung von Festkörpern*", welche ebenfalls die Stoffeigenschaften wesentlich mitbestimmt, *keiner Begrenzung*. So unterscheidet sich die Reaktivität der grobkörnigen Festkörper deutlich von der der fein- bis feinstkörnigen Materialien („*aktiver Materiezustand*", vgl. Anm.[128)] auf S. 1078) oder von der der noch stärker zerteilten Stoffe („*Kolloide*", vgl. S. 929). Für die Eigenschaften eines Festkörpers spielt allerdings nicht nur der *Zerteilungsgrad*, sondern auch die Art und Größe der *Oberflächenentwicklung* eine entscheidende Rolle (vgl. Anm.[5)], S. 835). Die Lehren von der Bildung, Struktur und Reaktivität „kolloidal" zerteilter Stoffe (**„Kolloidchemie"**) bzw. grenzflächenreicher Festkörper (**„Oberflächenchemie"**) stellen infolgedessen eigene Zweige der Chemie dar.

---

[1] **Literatur.** A. R. West: „*Solid State Chemistry and its Applications*", Wiley, Chichester 1989; „*Basic Solid State Chemistry*", Wiley, Chichester 1988; A. F. Wells: „*Structural Inorganic Chemistry*", 5. Aufl., Clarendon Press, Oxford 1984; U. Müller: „*Anorganische Strukturchemie*", Teubner, Stuttgart 1991; H. Krebs: „*Grundzüge der anorganischen Kristallchemie*", Enke Verlag, Stuttgart 1968; F. S. Galasso: „*Structure and Properties of Inorganic Solids*", Pergamon Press, Oxford 1970; N. N. Greenwood (Übersetzer H. G. von Schnering, B. Kolloch): „*Ionenkristalle, Gitterdefekte und Nichtstöchiometrische Verbindungen*", Verlag Chemie 1968; D. M. Adams: „*Inorganic Solids: An Introduction to Concepts in Solid-State Structural Chemistry*", Wiley, London 1974; C. N. R. Rao: „*Modern Concepts of Solid State Chemistry*", Plenum Press, New York 1970; P. P. Budnikov, A. M. Ginstling: „*Principles of Solid State Chemistry. Reactions in Solids*", Elsevier, Amsterdam 1968; D. J. Shaw: „*Introduction to Colloid and Surface Chemistry*", Butterworth, 3. Aufl., London 1989; K. Schmalzried: „*Festkörperreaktionen*", Verlag Chemie, Weinheim 1971; J. Maier: „*Defektchemie: Zusammensetzung, Transport und Reaktionen im festen Zustand – Teil I: Thermodynamik; Teil II: Kinetik*" Angew. Chem. **105** (1993) 333–354 und 558–571; Int. Ed. **32** (1993) 313 und 528.

Im Zusammenhang mit den Grundlagen der Festkörperchemie wurden an früherer Stelle bereits einfache Modelle der **elektronischen Struktur** von Salzen, Atomverbindungen und Metallen sowie von Festkörpern zwischen diesen „Grenzfällen" vorgestellt (vgl. S. 118-155), ferner einige wichtige **räumliche Strukturen** hochmolekularer Verbindungen abgeleitet (vgl. hierzu das Registerstichwort „*Struktur-Prototypen*" sowie auch „*nichtstöchiometrische Verbindungen*", S. 1620). Die **Festkörpersynthese** betreffend, befaßt sich das nachfolgende erste Unterkapitel mit *Schmelz-* und *Erstarrungsdiagrammen* („*Phasendiagrammen*") binärer Systeme. Zwei sich anschließende Unterkapitel gehen dann auf **magnetische** und **elektrische Phänomene** der Festkörper ein („*Ferro-*", „*Ferri-*" und „*Antiferromagnetismus*"; „*Ferro-*" und „*Antiferroelektrizität*"; „*Leiter*", „*Nichtleiter*" und „*Halbleiter*"; „*Supraleiter*") und ergänzen sowie vertiefen die Vorstellungen über den Bindungszustand der Festkörper. Bezüglich des **optischen Verhaltens** der Festkörper vgl. die Kapitel über die „*Farbe*" chemischer Stoffe (S. 171), über den „*Rubinlaser*" (S. 870), über die Anwendungen der „*Halbleiterdioden*" (S. 1314) und über den „*photographischen Prozeß*" (S. 1349).

1 Schmelz- und Erstarrungsdiagramme binärer Systeme („Phasendiagramme")

Wie auf S. 1339 im einzelnen besprochen wird, kann man nach dem Pattinson-Prozeß durch Abkühlen silberhaltigen Bleis das Silber bis zu einem Gehalt von 2.5% anreichern. Die Frage nun, ob und in welcher Weise und bis zu welchem Grade man ganz allgemein aus einem gegebenen Gemisch mehrerer Metalle einzelne Komponenten in reinem Zustand abscheiden kann, hängt von dem jeweiligen Typus des Schmelz- und Erstarrungsdiagramms des fraglichen Systems ab. Wir wollen uns daher im folgenden etwas mit einigen Grundtypen solcher Diagramme für den einfachsten Fall der binären Systeme befassen, wobei es für unsere Betrachtungen belanglos ist, ob das binäre flüssige System aus zwei geschmolzenen Metallen oder Salzen oder aus der wässerigen Lösung eines Salzes oder aus einer homogenen Mischung zweier Flüssigkeiten besteht.

Bei der Abkühlung eines solchen flüssigen binären Systems bestehen zwei Möglichkeiten: es können sich entweder reine Stoffe oder Mischkristalle abscheiden.

1.1 Abscheidung reiner Stoffe

1.1.1 Keine Verbindungsbildung

Löst man in einer Flüssigkeit A einen Stoff B auf, so wird der Gefrierpunkt von A erniedrigt (vgl. S. 41). Trägt man die Gefrierpunkte in Abhängigkeit von dem Gehalt an B in ein Koordinatensystem (Ordinate: Erstarrungspunkt; Abszisse: Molprozente A bzw. B) ein[2], so erhält man dementsprechend eine abfallende Kurve (Kurve AC in Fig. 276). Dasselbe ist der Fall, wenn man in flüssigem B steigende Mengen von A auflöst (Kurve BC in Fig. 276). Die beiden Kurven schneiden sich in einem tiefsten Punkt C („*eutektischer Punkt*"). Hier scheidet sich beim Abkühlen einer flüssigen Lösung der angegebenen Zusammensetzung C sowohl festes A als auch festes B in Form eines mikroskopischen Gemenges der reinen Kristalle beider Bestandteile (**„Eutektikum"**)[3] ab.

---

2 Die einzelnen Gefrierpunkte der Kurve AC werden durch Abkühlen von Schmelzen gegebener A/B-Zusammensetzung und Verfolgung der Temperatur (Ordinate) in Abhängigkeit von der Zeit (Abszisse) ermittelt, indem die Abkühlungskurve beim Erstarrungspunkt der Mischung infolge der dabei auftretenden Erstarrungswärme einen Knick aufweist und von da ab viel flacher (bei reinem A waagerecht, bei mehr oder minder großem Gehalt an B weniger flach) verläuft.

3 eutekos (griech.) = leicht schmelzbar.

Durch die genannten Kurven wird das Diagramm in verschiedene Zustandsfelder eingeteilt. Oberhalb der Kurven befindet sich das Gebiet der ungesättigten Lösungen. Hier können Temperatur und Zusammensetzung der Lösung weitgehend variiert werden, ohne daß es zur Bildung einer festen Phase kommt. Denn da wir hier ein Gleichgewicht zwischen nur 2 Phasen (Lösung unter dem eigenen Dampfdruck) bei 2 Bestandteilen haben, bestehen nach dem Phasengesetz von Gibbs (S. 544) 2 Freiheitsgrade (Zahl der Phasen + Zahl der Freiheitsgrade = Zahl der Bestandteile + 2 = 4). Erst dann, wenn beim Abkühlen solcher ungesättigter Lösungen die Temperaturen der Gefrierpunktskurven erreicht werden, kommt es zur Abscheidung von festem A oder B.

Kühlen wir z. B. eine Lösung von der Zusammensetzung des Punktes 1 (Fig. 276) ab, bewegen wir uns also in der Richtung des gestrichelten Pfeils abwärts, so scheidet sich bei der Temperatur des Schnittpunktes mit der Kurve AC festes A ab, da hier ja der Erstarrungspunkt von A erreicht ist. Dadurch wird die Lösung ärmer an A, was gemäß Kurve AC eine Erniedrigung des Gefrierpunktes bedingt. Wir bewegen uns damit auf der Kurve AC abwärts, bis schließlich beim Punkte C auch der Erstarrungspunkt von B erreicht ist und somit das Eutektikum ausfällt, das die primär ausgeschiedenen A-Kristalle umhüllt. In analoger Weise scheidet sich beim Abkühlen einer Lösung von der Zusammensetzung 2 zunächst reines B aus, das dann in das später ausfallende Eutektikum C eingebettet wird.

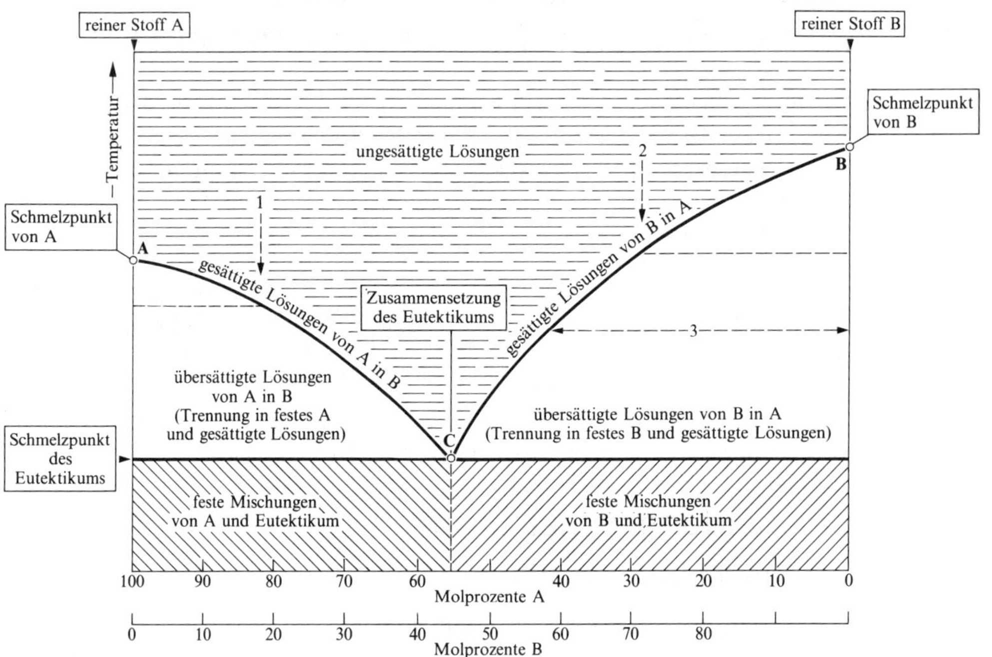

Fig. 276 Schmelzdiagramm: Abscheidung reiner Stoffe ohne Verbindungsbildung.

Die Kurven AC und BC geben das Gebiet der gesättigten Lösungen wieder. Hier haben wir 1 Freiheitsgrad weniger als bei den ungesättigten Lösungen, da sich hier eine weitere – die feste – Phase mit im Gleichgewicht befindet. Wir können daher entweder die Gefriertemperatur wählen, womit die Zusammensetzung der flüssigen Mischung gegeben ist, oder die Zusammensetzung vorgeben, was eine zwangsläufige Festlegung des Gefrierpunktes bedingt. Unterhalb der Kurven liegt das Gebiet der übersättigten Lösungen. Denn hier enthalten die Lösungen mehr A bzw. B, als dem durch die Kurven vorgeschriebenen Sättigungswert entspricht. Diese Lösungen sind dementsprechend instabil und zerfallen in festes B (bzw. A) und gesättigte Lösungen.

Z. B. scheidet sich aus einer Lösung der Zusammensetzung des Punktes 3 (Fig. 276) so lange festes B ab, bis ihre Zusammensetzung dem Schnittpunkt der gestrichelten Linie mit der Linie CB entspricht.

Besonders ausgezeichnet ist der Punkt C. Eine Lösung dieser Zusammensetzung und Temperatur erstarrt bei konstant bleibender Temperatur zu einem feinkristallinen Gemisch von festem A und festem B (Eutektikum). Entsprechend dem Phasengesetz von Gibbs besteht hier keine Wahlfreiheit mehr, da sich vier Phasen (Dampf, Lösung, festes A und festes B) miteinander im Gleichgewicht befinden („*Quadrupelpunkt*"). Unterhalb des konstanten Erstarrungspunktes liegen nur feste Mischungen vor, und zwar links von der Zusammensetzung des Eutektikums feste Mischungen von A und Eutektikum, rechts davon feste Mischungen von B und Eutektikum.

Beispiele für den durch Fig. 276 wiedergegebenen Typus von Schmelz- und Erstarrungsdiagrammen sind die Systeme Silber-Blei (vgl. S. 1339), Aluminiumoxid-Kryolith (vgl. S. 1064) und Wasser-Silbernitrat (S. 1346):

Komponente A		Komponente B		Eutektikum C	
Formel	Smp.	Formel	Smp.	Gew.-%	Smp.
Ag	961 °C	Pb	327 °C	2.5% Ag	304 °C
Al_2O_3	2045 °C	Na_3AlF_6	1009 °C	18.5% Al_2O_3	935 °C
$AgNO_3$	212 °C	H_2O	0 °C	47.1% $AgNO_3$	−7.3 °C

Sie lassen sich alle gemäß dem vorstehend Gesagten durch einfaches Erstarrenlassen der flüssigen Mischung in festes A (bzw. B) und Eutektikum trennen.

1.1.2 Bildung einer Verbindung

Bilden die beiden Komponenten A und B des binären Systems miteinander eine Verbindung, z. B. der Formel AB, so kann sowohl der Stoff A wie der Stoff B mit der Verbindung AB ein Diagramm vom Typus der Fig. 276 bilden. Fügen wir diese beiden Diagramme an der für beide gemeinsamen Ordinate zusammen, so entsteht ein Diagramm vom Typus der Fig. 277, in welcher die gestrichelte Ordinate in der Mitte die gemeinsame Ordinate darstellt.

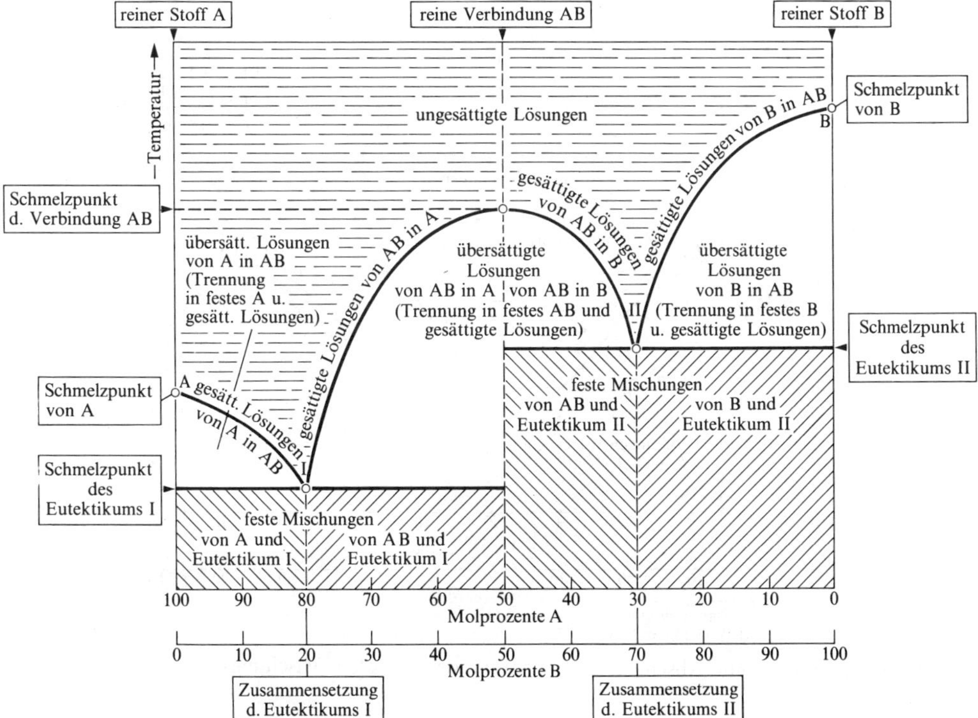

Fig. 277 Schmelzdiagramm: Abscheidung reiner Stoffe mit Verbindungsbildung.

Wie wir daraus ersehen, macht sich die **Bildung einer Verbindung** im Erstarrungsdiagramm durch das Auftreten eines Maximums in der Gefrierpunktskurve bemerkbar: Schmelzpunkt der Verbindung AB. Von dieser Tatsache macht man häufig zur Ermittlung der Zusammensetzung von Verbindungen Gebrauch. Beispielsweise hat man auf diesem Wege die Hydrate der Schwefelsäure (S. 585) nachgewiesen.

Man spricht im Falle von Fig. 277, bei dem Bodenkörper und Schmelze von AB die gleiche Zusammensetzung haben und ein scharfer Schmelzpunkt beobachtet wird, von einem „*kongruenten*"[4] Schmelzen der Verbindung AB. Existiert die Verbindung AB nur im festen Zustand und disproportioniert sie sich beim Schmelzen in einen Bodenkörper und eine davon verschieden zusammengesetzte Schmelze, so spricht man von einem „*inkongruenten*" Schmelzen der Verbindung AB (Schmelzpunktsintervall im „*Peritektikum*")[4].

Im übrigen liegen die Verhältnisse im hier behandelten Fall der Fig. 277 ganz analog wie bei Fig. 276. Auch hier lassen sich abgegrenzte Zustandsgebiete erkennen, deren Bedeutung aus der Beschriftung von Fig. 277 hervorgeht und deren Lage und Form die Trennung flüssiger Gemische in festes A (bzw. B) und AB ermöglicht.

1.2 Abscheidung von Mischkristallen

1.2.1 Lückenlose Mischungsreihe

Scheiden sich beim Abkühlen eines binären Systems keine reinen Stoffe, sondern Mischkristalle (S. 128) aus, so kommen zu den in Fig. 276 wiedergegebenen beiden Kurven AC und BC der gesättigten Lösungen (**„Liquiduskurven"**)[5] gemäß Fig. 278 noch zwei weitere

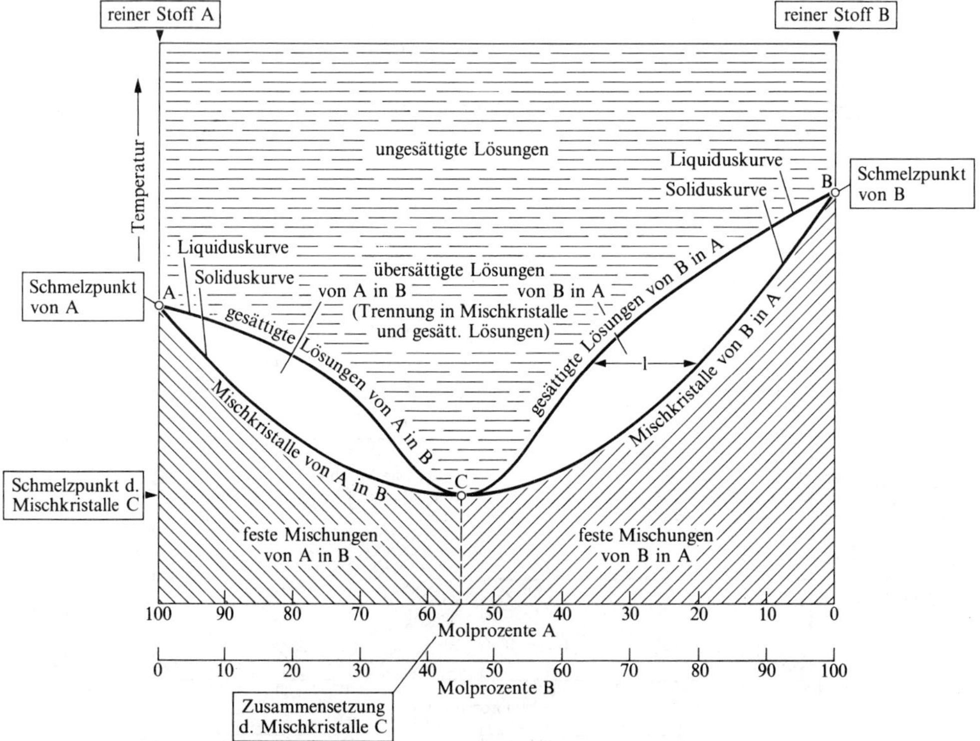

Fig. 278 Schmelzdiagramm: Abscheidung von Mischkristallen ohne Mischungslücke.

4 congruens (lat.) = übereinstimmend; peri (griech.) = ringsum; tektos (griech.) = schmelzbar.

5 liquidus (lat.) = flüssig; solidus (lat.) = fest.

Kurven AC und BC (**„Soliduskurven“**)[5)] hinzu, welche die Zusammensetzung der Mischkristalle angeben, die sich bei den verschiedenen Temperaturen mit den durch die Liquiduskurven gekennzeichneten gesättigten Lösungen im Gleichgewicht befinden. Denn im allgemeinen haben die aus einer gesättigten Lösung ausfallenden Mischkristalle eine andere Zusammensetzung als die Lösung. Wie ein Vergleich von Fig. 278 mit Fig. 276 zeigt, entsprechen bei ersterer die Soliduskurven den Ordinaten von Fig. 276. Dementsprechend scheiden sich im Falle eines Diagramms nach dem Typus von Fig. 278 die übersättigten Lösungen – wie an einer Lösung von der Zusammensetzung des Punktes 1 gezeigt ist – nicht in gesättigte Lösungen und festes A (bzw. B), sondern in gesättigte Lösungen und Mischkristalle.

Auch im Falle von Fig. 278 ist wie bei Fig. 276 eine Trennung des binären Systems in reines A (bzw. B) und Kristalle C möglich, jedoch bedarf es hierzu zum Unterschied von dort eines fraktionierenden Schmelzens und Erstarrens. Die Verhältnisse liegen dabei ganz analog wie bei dem früher schon behandelten Fall der Trennung von Sauerstoff-Stickstoff-Gemischen durch fraktionierende Destillation und Kondensation (S. 15). Wir brauchen nur an die Stelle der dort gebrauchten Begriffe Siedekurve, Taukurve, fraktionierende Destillation, fraktionierende Kondensation, flüssig, gasförmig, Verdampfen, Kondensieren usw. die Begriffe Soliduskurve, Liquiduskurve, fraktionierendes Schmelzen, fraktionierendes Erstarren, fest, flüssig, Schmelzen, Gefrieren usw. zu setzen. Genau wie dort werden auch hier die Schmelzpunktsverhältnisse nicht immer durch das etwas komplizierte Bild von Fig. 278, sondern häufig auch durch ein dem Zustandsdiagramm der Sauerstoff-Stickstoff-Gemische (Fig. 11, S. 15) analoges einfacheres Diagramm (entsprechend dem linken bzw. rechten Teil von Fig. 278) wiedergegeben. Als Beispiele für diesen Typus seien die Systeme Kupfer-Gold und Kaliumchlorid-Natriumchlorid angeführt.

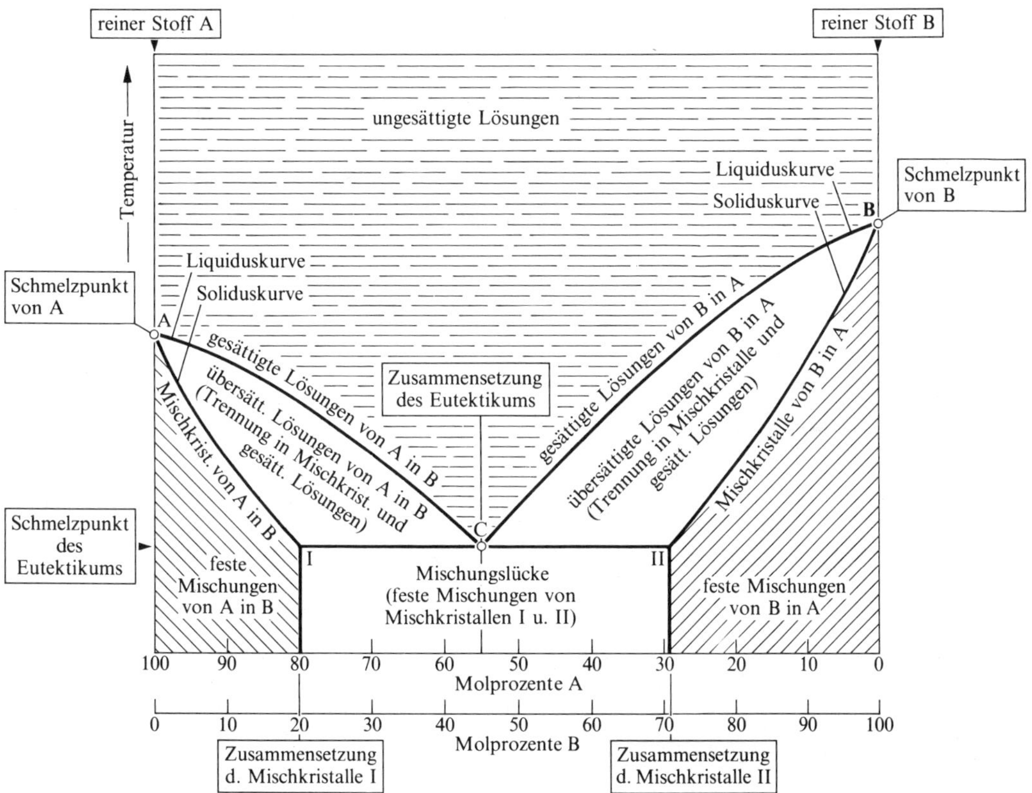

Fig. 279 Schmelzdiagramm: Abscheidung von Mischkristallen mit Mischungslücke.

1.2.2 Vorhandensein einer Mischungslücke

Nicht immer bilden die Komponenten A und B wie im Falle der in Fig. 278 wiedergegebenen Systeme eine lückenlose Reihe von Mischkristallen. Vielmehr kann in der Mischungsreihe auch eine mehr oder minder große Mischungslücke (S. 128) vorkommen. Dann geht Fig. 278 in Fig. 279 über. Der Unterschied zwischen beiden Fällen besteht darin, daß die gesättigten Lösungen im eutektischen Punkt C bei Fig. 278 in einheitliche Mischkristalle der gleichen Zusammensetzung, bei Fig. 279 in ein feinkristallines Gemenge von Mischkristallen der Zusammensetzung I und II übergehen. Im übrigen gilt für solche Systeme mit Mischungslücke das für Systeme ohne Mischungslücke Gesagte. Vgl. hierzu auch das System Eisen-Kohlenstoff, S. 1512.

2 Magnetische Eigenschaften der Festkörper („Magnetochemie")[6]

Wir hatten in den vorstehenden Abschnitten (S. 1202, 1249; vgl. auch S. 1784, 1801) Gelegenheit, auf die Bedeutung *magnetischer Messungen* für die Lösung *chemischer Probleme* hinzuweisen. Im folgenden wollen wir uns etwas näher mit diesem Spezialgebiet der Chemie befassen, das als „*Magnetochemie*" bezeichnet wird und dessen ersten Ausbau wir u. a. dem deutschen Chemiker Wilhelm Klemm verdanken. Hierbei sollen zunächst einige *magnetische Grundbegriffe* (Unterkapitel 2.1), dann der *Ferro-* und *Antiferromagnetismus* der Festkörper (2.2) besprochen werden.

2.1 Diamagnetismus und Paramagnetismus

2.1.1 Materie im Magnetfeld. Die magnetische Suszeptibilität

Bringt man einen Körper in ein *homogenes* Magnetfeld der *magnetischen Flußdichte* (*magnetischen Induktion, magnetischen Kraftflußdichte*) $\boldsymbol{B}$[7], welche durch die Dichte von Feldlinien, die durch ein Einheitsflächenelement hindurchtreten, veranschaulicht werden kann (vgl. Lehrbücher der Physik), so sind zwei Fälle möglich (Fig. 280): der Körper *verdichtet* die Feld-

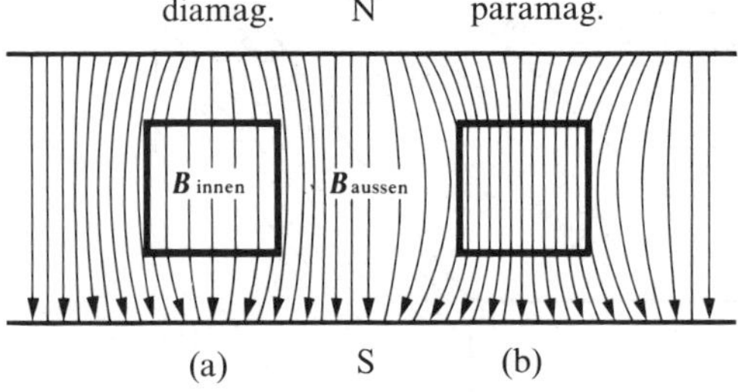

Fig. 280 Verhalten diamagnetischer und paramagnetischer Stoffe im homogenen Magnetfeld: (a) diamagnetischer Stoff, (b) paramagnetischer Stoff.

---

[6] **Literatur.** W. Klemm: „*Magnetochemie*", Akad. Verlagsges., Leipzig 1936; J. B. Goodenough: „*Magnetism and the Chemical Bond*", Wiley, New York 1966; A. Earnshaw: „*Introduction to Magnetochemistry*", Academic Press, New York 1968; L. W. Kirenski: „*Magnetismus*", Verlag Chemie, Weinheim 1969; A. Weiss, H. Witte: „*Magnetochemie, Grundlagen und Anwendungen*", Verlag Chemie, Weinheim 1973; M. Gerloch: „*A Local View in Magnetochemistry*", Progr. Inorg. Chem. **26** (1979) 1–43; C. J. O'Connor: „*Magnetochemistry–Advances in Theory and Experimentation*", Progr. Inorg. Chem. **29** (1982) 203–283; R. L. Carlin: „*Magnetism and Magnetic Transitions of Transition Metal Compounds at Low Temperatures*", Acc. Chem. Res. **9** (1976) 67–74; R. D. Shannon, H. Vincent: „*Relationship between Covalency, Interatomic Distances and Magnetic Properties in Halides and Chalkogenides*", Struct. Bond. **19** (1974) 1–44.

[7] Die magnetische Flußdichte wird in „*Tesla*" (Einheitszeichen T) gemessen ($1\,T = 1\,Vs\,m^{-2}$). Ein Magnetfeld wird darüber hinaus durch die *magnetische Feldstärke* (*magnetische Erregung*) $\boldsymbol{H}$ beschrieben (Dimension A/m). Im Vakuum gilt die Beziehung: $\boldsymbol{B} = \mu_0 \boldsymbol{H}$ (magnetische Feldkonstante $\mu_0 = 4\pi \times 10^{-7}\,VA^{-1}\,s\,m^{-1}$), im materieerfüllten Raum $\boldsymbol{B} = \mu \boldsymbol{H} = \mu_r \mu_0 \boldsymbol{H}$ (μ = *Permeabilität* $[VA^{-1}\,s\,m^{-1}]$, μ_r = *relative Permeabilität* [dimensionslose Zahl]).

linien in seinem Innern (b) oder er *drängt sie auseinander* (a). Im ersten Fall nennen wir ihn „*paramagnetisch*“[8], im zweiten „*diamagnetisch*“. Ihrem Bestreben nach Verdichtung bzw. Verdünnung der Feldlinien folgend werden *paramagnetische* Stoffe in einem *inhomogenen* Magnetfeld zur Stelle höchster Flußdichte und magnetischer Feldstärke[7] *hineingezogen*, während *diamagnetische* Stoffe eine *Abstoßung* zur Stelle niedrigster Induktion erfahren.

Gemäß Fig. 280 haben wir im Inneren eines magnetischen Körpers nicht mehr die *ursprüngliche Flußdichte* $\boldsymbol{B}_{\text{außen}}$, sondern die davon verschiedene neue Flußdichte:

$$\boldsymbol{B}_{\text{innen}} = \boldsymbol{B}_{\text{außen}} + \boldsymbol{B}'. \tag{1}$$

D.h., die ursprüngliche Zahl von $\boldsymbol{B}$ Feldlinien je Flächenelement nimmt um $\boldsymbol{B}'$ Feldlinien zu ($\boldsymbol{B}'$ positiv) bzw. ab ($\boldsymbol{B}'$ negativ).

Die dimensionslose Proportionalitätskonstante μ_r aus der Beziehung (2) wird die relative magnetische „*Permeabilität*“ (= Durchlässigkeit), die ebenfalls dimensionslose Proportionalitätskonstante χ_V magnetische „*Suszeptibilität*“ (= Aufnahmefähigkeit) eines Stoffs genannt[7]:

$$\boldsymbol{B}_{\text{innen}} = \mu_r \cdot \boldsymbol{B}_{\text{außen}}; \qquad \boldsymbol{B}' = \chi_V \cdot \boldsymbol{B}_{\text{außen}}. \tag{2}$$

Die Konstanten stellen gemäß (2) den Faktor dar, mit dem man die ursprüngliche Flußdichte multiplizieren muß, um die neue Flußdichte $\boldsymbol{B}_{\text{innen}}$ bzw. die hinzukommende oder wegfallende Flußdichte $\boldsymbol{B}'$ zu erhalten. Bei *diamagnetischen Stoffen* ($\boldsymbol{B}'$ negativ; $\boldsymbol{B}_{\text{innen}} < \boldsymbol{B}_{\text{außen}}$) ist die Permeabilität gemäß (2) stets < 1, die Suszeptibilität < 0, bei *paramagnetischen Stoffen* ($\boldsymbol{B}'$ positiv; $\boldsymbol{B}_{\text{innen}} > \boldsymbol{B}_{\text{außen}}$) ist $\mu_r > 1$, $\chi_V > 0$. Einsetzen von (2) in (1) ergibt den Zusammenhang[9]:

$$\chi_V = \mu_r - 1.$$

Die Suszeptibilität kann auf 1 cm³ (Volumensuszeptibilität χ_V) oder auf 1 g Stoff (*Gramm-* oder *Massensuszeptibilität* χ_g) bezogen werden, wobei $\chi_V = \chi_g \cdot d\,(d = \text{Dichte})$ ist. Durch Multiplikation von χ_V mit dem molaren Volumen V_m oder von χ_g mit der molaren Masse M erhält man die auf 1 Mol des Stoffes bezogene „*Molsuszeptibilität*“ χ_m:

$$\chi_V \cdot V_m = \chi_g \cdot M = \chi_m. \tag{3}$$

In dieser Form wird die Suszeptibilität vom Chemiker üblicherweise angegeben[10].

Die Volumen- und molaren Suszeptibilitäten dia- und paramagnetischer Stoffe liegen bei 300 K normalerweise in folgenden Bereichen:

diamag. Stoffe ($\mu_r < 1$)	*paramag. Stoffe* ($\mu_r > 1$)	*ferromag. Stoffe* ($\mu_r \gg 1$)
χ_V -10^{-5} bis -10^{-4}	$+10^{-5}$ bis $+10^{-3}$	$+10^{4}$ bis $+10^{5}$
χ_m -10^{-4} bis -10^{-2} cm³/mol	$+10^{-4}$ bis $+10^{-1}$ cm³/mol	$+10^{5}$ bis $+10^{7}$ cm³/mol.

8 Mit dem Paramagnetismus entfernt verwandt sind die wesentlich stärkeren Erscheinungen des *Ferro-* und *Ferrimagnetismus* sowie des *Antiferromagnetismus* (vgl. S. 1306). Alle Stoffe, bei denen derartige Erscheinungen beobachtet werden, sind *oberhalb* einer bestimmten Umwandlungstemperatur paramagnetisch.

9 Statt mit der hinzukommenden Flußdichte $\boldsymbol{B}'$ („*magnetische Polarisation*“, in Vs m^{-2}) arbeitet man im allgemeinen mit der *Magnetisierung* $\boldsymbol{M}$ (in A/m): $\boldsymbol{B}' = \mu_0 \cdot \boldsymbol{M}$ (μ_0 = magnetische Feldkonstante[7]). Mit $\boldsymbol{B}_{\text{außen}} = \mu_0 \cdot \boldsymbol{H}_{\text{außen}}$ (vgl. Anm.[7]) folgt somit nach Einsetzen in (2): $\boldsymbol{M} = \chi_V \cdot \boldsymbol{H}_{\text{außen}}$ oder: $\chi_V = \boldsymbol{M}/\boldsymbol{H}_{\text{außen}}$.

10 **a)** χ_V ist eine dimensionslose Zahl, χ_g wird üblicherweise in cm³/g und χ_m in cm³/mol bestimmt. Alle hier und folgend wiedergegebenen Suszeptibilitäten sind im verwendeten SI-System um den Faktor 4π größer als die früher benutzten, in der Literatur noch überwiegend zu findenden Suszeptibilitätswerte im CGS-System: $\chi\,(\text{SI}) = 4\pi\chi\,(\text{CGS})$.

b) Die **Messung der Suszeptibilität** erfolgt am einfachsten mit Hilfe der „*Faradayschen Magnetwaage*“, indem man mittels der scheinbaren Massenzunahme (paramagnetischer Stoff) bzw. -abnahme (diamagnetischer Stoff) einer gegebenen, angenähert punktförmigen Substanzprobe P auf einer analytischen Waage die anziehende bzw. abstoßende Kraft $\boldsymbol{K}$ ermittelt, die von einem inhomogenen Magnetfeld auf den Stoff P ausgeübt wird. Denn $\boldsymbol{K}$ wächst in gesetzmäßiger Weise mit der Suszeptibilität und dem Volumen des Stoffs sowie mit der Stärke und dem Gradienten des magnetischen Feldes. Es gilt $\boldsymbol{K} = \mu_0 \cdot \chi_V \cdot V \cdot \boldsymbol{H} \cdot (\mathrm{d}\boldsymbol{H}/\mathrm{d}x)$ (für μ_0 und $\boldsymbol{H}$ vgl. Anm.[7]; V = Volumen der Probe). Von der Substanzprobe hängen dabei nur die Größen χ_V und V ab, für die bei sonst unveränderter Meßapparatur gilt: $\boldsymbol{K} \sim \chi_V \cdot V$. Die Größe $\boldsymbol{H} \cdot (\mathrm{d}\boldsymbol{H}/\mathrm{d}x)$ (= Feldstärke × Feldgradient) hängt vom Spulenstrom sowie der Geometrie des Elektromagneten ab und wird normalerweise durch Eichung der Magnetwaage mit einer Substanz bekannter Suszeptibilität bestimmt.

Die Mehrzahl der anorganischen und praktisch alle organischen Verbindungen sind diamagnetisch. Zu den paramagnetischen Stoffen gehören u.a. Sauerstoff O_2, einige Nichtmetallverbindungen (z.B. NO, NO_2, ClO_2), eine Reihe von Metallen (z.B. Na, Al) sowie viele Verbindungen der Übergangsmetalle (vgl. Tab. 105 auf S. 1249)[11]. Bezüglich der ferro- und ferrimagnetischen Stoffe (χ_V ca. $+10^4$ bis $+10^5$) sowie auch der antiferromagnetischen Stoffe vgl. S. 1306.

2.1.2 Atomistische Deutung der magnetischen Suszeptibilität

Schickt man durch eine *Drahtspule* einen *elektrischen Strom*, so ist der *Raum* innerhalb und außerhalb der Spule gegenüber dem Normalzustand in charakteristischer Weise *verändert*, der Strom hat ein *Magnetfeld* erzeugt. Das Magnetfeld ist dabei ein besonderer *Zustand des Raumes*, der sich ausschließlich durch seine Wirkung erkennen läßt[12].

Hängt man eine stromdurchflossene Spule frei drehbar an einem dünnen Faden auf, so dreht sie sich im Magnetfeld der Erde mit einem Ende nach Norden. Demgemäß stellt sie einen „*magnetischen Dipol*" dar und weist ein **„magnetisches Moment"** (*magnetisches Dipolmoment*) $\boldsymbol{\mu}_{mag.}$ auf[13].

Läßt man etwa einen Strom der Stärke I eine Kreisbahn mit dem Radius r durchfließen, welche die Fläche $F = r^2 \cdot \pi$ umschließt (Fig. 281), so ist das magnetische Moment $\boldsymbol{\mu}_{mag.}$ des dieser Strombahn äquivalenten Magneten gleich dem *Produkt aus Stromstärke und umflossener Fläche*:

$$\boldsymbol{\mu}_{mag.} = I \cdot F = I \cdot r^2 \cdot \pi.$$

Hiernach ist die Einheit des magnetischen Moments gleich Stromstärke × Länge im Quadrat ($A \cdot m^2$).

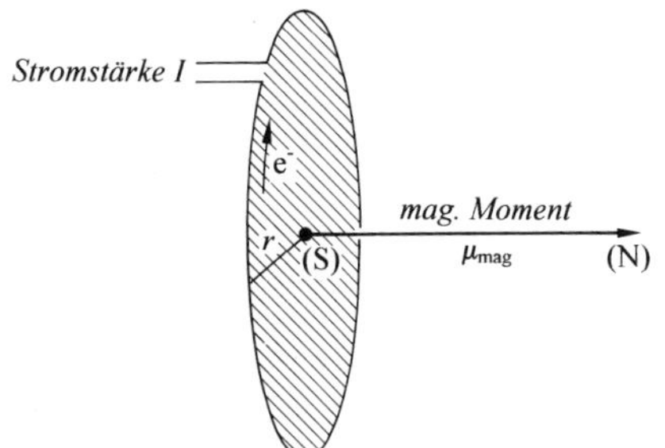

Fig. 281 Magnetische Wirkung eines elektrischen Kreisstroms (die Richtung des fettgedruckten Pfeils symbolisiert die Richtung des magnetischen Moments, seine Länge dessen numerische Größe).

Auch ein um einen *Atomkern* „umlaufendes" *Elektron* (vgl. hierzu S. 324) bedingt dementsprechend ein *magnetisches Feld* und besitzt ein *magnetisches Bahnmoment*, sofern ihm ein Bahndrehimpuls zukommt, was für p-, d-, f-, aber nicht für s-Elektronen zutrifft (vgl. S. 96). Darüber hinaus besitzt es aufgrund seines *Eigendrehimpulses* („Spins", S. 98) ein *magnetisches Spinmoment*. In Atomen, Ionen und Molekülen mit mehreren Elektronen koppeln die Bahn- und Spindrehimpulse der einzelnen Elektronen miteinander zu einem Gesamtdrehimpuls (vgl. S. 99f), welcher seinerseits ein *magnetisches Gesamtmoment* des Atoms, Ions oder Moleküls bedingt. Man mißt die magnetischen Momente von Atomen, Ionen und Molekülen in **„Bohrschen Magnetonen"** $\boldsymbol{\mu}_B$; wobei gilt $\boldsymbol{\mu}_B = 9.27 \times 10^{-24}\ A \cdot m^2$ ($\boldsymbol{\mu}_B$ ist eine Maßeinheit und nicht das mag. Moment eines Elektrons)[14].

---

11 Alle paramagnetischen Stoffe besitzen neben einem para- auch einen diamagnetischen Anteil, alle Metalle aus diamagnetischen Atomen weisen auch einen geringen Paramagnetismus („*Pauli-Paramagnetismus*") auf.

12 Läßt man z.B. die stromdurchflossene Spule ein mit *Eisenfeilspänen* bestreutes, waagerecht liegendes Kartenblatt durchqueren und klopft leicht gegen die Unterlage, so *ordnen* sich die Späne und machen dadurch den Verlauf der *Feldlinien* des Magnetfeldes sichtbar.

13 Die Energie E (in Joule), die aufgewendet werden muß, um einen magnetischen Dipol mit dem magnetischen Moment $\boldsymbol{\mu}_{mag.}$ (in $A \cdot m^2$) aus der Gleichgewichtslage parallel zum äußeren Feld eines Magneten der Flußdichte $\boldsymbol{B}$[7] in eine Stellung senkrecht zu den Feldlinien dieses Magneten zu drehen, beträgt: $E = \boldsymbol{\mu}_{mag.} \cdot \boldsymbol{B}$.

14 Das magnetische Spin- bzw. Bahnmoment eines p-Elektrons beträgt z.B. $+\sqrt{3}\,\boldsymbol{\mu}_B$ bzw. $-\sqrt{2}\,\boldsymbol{\mu}_B$. Ein negatives (positives) Vorzeichen des magnetischen Moments besagt, daß es entgegen der Richtung (in Richtung) des ihm zugeordneten Drehimpulses weist.

Das *Bohrsche Magneton* ist wie folgt definiert: $\mu_B = e \cdot \hbar/2\,m_e$ (e = Elementarladung, m_e = Elektronenmasse, $\hbar = h/2\pi$ mit h = Plancksches Wirkungsquantum). Es stellt gewissermaßen das *elektronische Elementarquantum des Magnetismus* dar und ist mit dem magnetischen Moment des Stromes identisch, den ein auf einer Kreisbahn mit dem *Bohrschen Radius* r_B (S. 327) umlaufendes Elektron mit dem *Bahndrehimpuls* $m_e \cdot v_e \cdot r_B$ (dem kleinsten für ein Atomelektron zulässigen Bahndrehimpuls, vgl. Anm.[21)] auf S. 93) verursacht[15)].

Diamagnetismus. *Diamagnetisch* sind alle Stoffe, deren Atome, Ionen oder Moleküle *abgeschlossene Elektronenschalen* besitzen. Denn in diesem Falle *heben sich die magnetischen Einzelmomente der Elektronen gegenseitig auf*, so daß nach außen hin kein magnetisches Gesamtmoment in Erscheinung tritt[11)]. So zeigen z. B. alle *Edelgase* und alle Stoffe mit *edelgasähnlichen Ionen* (K^+, Ca^{2+}, Cl^-, S^{2-} usw.) oder *edelgasähnlichen Atomen* (wie dies bei den meisten organischen Verbindungen der Fall ist) *Diamagnetismus*. Ähnliches gilt für das *Nebensystem* des Periodensystems, wobei die *Edelmetalle* die Rolle der Edelgase einnehmen. So sind z. B. die Kupfer(I)- und Cadmium(II)- Ionen, die den Alkalimetall- und Erdalkalimetall-Ionen des Hauptsystems entsprechen, diamagnetisch.

Das Zustandekommen des Diamagnetismus kann man sich anschaulich so vorstellen, daß beim Einbringen einer (diamagnetischen) Probe in ein äußeres Magnetfeld in den einzelnen Elektronenbahnen der Proben-Atome, -Ionen oder -Moleküle *Zusatzströme* induziert werden, deren Magnetfeld nach der „*Lenzschen Regel*" (vgl. Lehrbücher der Physik) dem äußeren Magnetfeld entgegengesetzt ist. Das auf diese Weise *induzierte magnetische Gesamtmoment* ist also dem erzeugenden Magnetfeld stets entgegen gerichtet. Da bei Vorliegen *abgeschlossener Elektronenschalen* andere magnetische Momente nicht in Erscheinung treten, heben sich infolgedessen die Feldlinien im Inneren des Körpers teilweise auf, und es ergibt sich in summa eine *Abnahme der Zahl der Feldlinien*: der Körper ist *diamagnetisch* (vgl. Fig. 280 a).

Der Betrag des induzierten magnetischen Moments wächst mit der *Induktion* des Magnetfeldes, mit der *Anzahl der Elektronen* pro Volumenelement und mit dem Quadrat des *durchschnittlichen Abstandes* der einzelnen Elektronen von ihrem zugehörigen Kern (vgl. S. 327). Da die mittleren Elektronenabstände praktisch unabhängig von der Temperatur sind, ist die *diamagnetische Suszeptibilität temperaturunabhängig*.

Anwendungen. Wie der französische Chemiker P. Pascal gezeigt hat, läßt sich die *diamagnetische Suszeptibilität* eines Moleküls in erster Näherung *additiv* aus empirischen *Einzelwerten* für die *Atome* (χ_{Atom}) und *Bindungen* ($\chi_{Bindung}$) des Moleküls zusammensetzen:

$$\chi_{dia} = \Sigma\chi_{Atom} + \Sigma\chi_{Bindung}. \tag{4}$$

Diese Regel ermöglicht es einerseits, bei mehreren möglichen Konstitutionen eines diamagnetischen Moleküls durch Vergleich der für die einzelnen Formeln berechneten Suszeptibilitäten mit dem experimentell ermittelten Wert die richtige Strukturformel zu finden, und gestattet es andererseits, bei *paramagnetischen Stoffen*, bei denen ja nur die *Gesamt*suszeptibilität χ_m (5) bestimmbar ist, den *diamagnetischen Anteil* χ_{dia} zu errechnen und damit auch den *paramagnetischen Anteil* χ_{para} zu erfassen. Ein dem Verfahren (4) verwandtes Verfahren erlaubt die Berechnung des Diamagnetismus bzw. diamagnetischen Anteils von diamagnetischen bzw. paramagnetischen Ionenverbindungen aus *Kationen*- und *Anionensuszeptibilitäten*:

$$\chi_{dia} = \chi_{Kation} + \chi_{Anion}.$$

Paramagnetismus. Der *diamagnetische Effekt* muß naturgemäß *bei allen Stoffen* auftreten. Über diesen Effekt kann sich aber in gewissen Fällen noch ein *zweiter Effekt* lagern, nämlich dann, wenn sich – wie etwa bei den meisten Ionen der Übergangselemente (vgl. S. 1247) oder allgemein bei Molekülen mit ungerader Elektronenzahl – die *magnetischen Einzelmomente* der Elektronen *nicht ausgleichen*, so daß die Atome, Ionen oder Moleküle nach außen hin ein *permanentes magnetisches Gesamtmoment* besitzen. Die so bedingten „*Molekularmagnete*" sind entsprechend der Temperaturbewegung *regellos verteilt*. Legt man aber ein äußeres magnetisches Feld an, so richten sich die Molekularmagnete aus, indem sich der Nordpol des Molekularmagneten dem Südpol des äußeren Magneten zukehrt und umgekehrt. Auf diese Weise entsteht ein *Magnetfeld*, das dem *äußeren Feld gleichgerichtet* ist. Die *Konzentration der Feldlinien* im Inneren des Körpers *nimmt* damit *zu*: der Körper ist *paramagnetisch* (Fig. 280 b).

---

[15] Viel kleiner als das *magnetische Spinmoment des Elektrons* ist das *magnetische Spinmoment des Protons* oder *Neutrons*. Mißt man es in **„Kernmagnetonen"** $\mu_K = e \cdot \hbar/2m_p = \mu_B/1836$ (m_p = Protonenmasse = $1836 \times m_e$), so beträgt es $+2.79\ \mu_K$ (Proton)[14)] bzw. $-1.91\ \mu_K$ (Neutron)[14)]. Wegen der sehr kleinen magnetischen Momente der Kernbausteine tragen die Atomkerne praktisch nichts zu den in der Magnetochemie beobachteten Formen des Magnetismus bei, zumal sich die magnetischen Momente in den aus vielen Nukleonen bestehenden Atomkernen gegenseitig zum Teil oder vollständig kompensieren (vgl. S. 1743). Für die durch die Suszeptibilitäten ausgedrückten *magnetischen Eigenschaften der Materie* sind also praktisch *nur die Elektronen verantwortlich*.

Die *molare Suszeptibilität* χ_m eines paramagnetischen Stoffs setzt sich dementsprechend aus zwei Einzelgliedern zusammen, einem *diamagnetischen Anteil* χ_{dia}, der bei *allen Stoffen* vorhanden ist, und einem *paramagnetischen Anteil* χ_{para}, der nur dann auftritt, wenn die Atome, Ionen oder Moleküle eines Stoffs ein *permanentes paramagnetisches Moment* besitzen:

$$\chi_m = \chi_{\text{dia}} + \chi_{\text{para}}. \tag{5}$$

Da der absolute Betrag des paramagnetischen Anteils meist wesentlich (10 bis 10^3 mal) größer als der des diamagnetischen Anteils ist, sind Stoffe mit magnetischen Momenten im allgemeinen paramagnetisch (χ_m positiv).

Das *diamagnetische Glied* χ_{dia} ist aus den oben erwähnten Gründen *temperaturunabhängig*. Dagegen ist die Temperatur von Einfluß auf das *paramagnetische* Glied χ_{para}, weil die Temperaturbewegung der Moleküle der Einstellung der Molekularmagnete in die Nord-Süd-Richtung des äußeren magnetischen Feldes entgegenwirkt. Und zwar muß der *Richtungseffekt um so geringer* sein, je *höher die Temperatur* ist. Im einfachsten Fall *ist die paramagnetische Suszeptibilität der absoluten Temperatur umgekehrt proportional* (**„Curiesches Gesetz"**):

$$\chi_{\text{para}} = \frac{C}{T}. \tag{6}$$

Vielfach tritt in (6) an die Stelle der absoluten Temperatur T eine um eine Temperatur Θ (*Weiss-Konstante*) verminderte absolute Temperatur („*Curie-Weissches Gesetz*"): $\chi_{\text{para}} = C/(T - \Theta)$[16].

Die *Konstante C* (Curie-Konstante) hängt mit dem *magnetischen Moment* $\boldsymbol{\mu}_{\text{mag}}$ des Stoffs durch die Beziehung

$$C = \frac{\mu_0 N_A}{3 k_B} \boldsymbol{\mu}_{\text{mag}}^2 \tag{7}$$

(μ_0 = magnetische Feldkonstante[7]), N_A = Avogadrosche Konstante, k_B = Boltzmannsche Konstante) zusammen. Durch Bestimmung der *Temperaturabhängigkeit* der paramagnetischen Suszeptibilität eines Stoffs kann man infolgedessen mittels (6) und (7) sein *magnetisches Moment* bestimmen[17]).

Anwendungen. Weit wichtiger als der Diamagnetismus ist der *Paramagnetismus* für die Lösung chemischer Konstitutionsfragen (z. B. Bestimmung der Wertigkeit bzw. Geometrie von Metallzentren in Komplexen). Sie erfolgt zweckmäßig so, daß man das *experimentell bestimmte magnetische Moment*[17]) mit den für die verschiedenen Strukturmöglichkeiten *berechneten Momenten* vergleicht. Allerdings ist die Vorausberechnung der magnetischen Momente recht kompliziert und gelingt meist nur in einfach gelagerten Fällen, da sich das *Gesamtmoment* eines kovalent oder ionisch gebauten Moleküls in verwickelter Weise aus *Einzelspin-* und *-bahnmomenten* zusammensetzt.

Verhältnismäßig leicht lassen sich die magnetischen Momente errechnen, wenn die Spin-Bahn-Kopplung (ausgedrückt durch die Spin-Bahn-Kopplungskonstante λ in Energieeinheiten cm^{-1}) für den Grundterm eines ungebundenen Ions im betrachteten Temperaturbereich *groß* bzw. *klein* gegen die Wärmeenergie $k_B T$ (k_B = Boltzmannsche Konstante) ist. Ersterer Fall liegt bei den *Lanthanoid-Ionen* vor (Näheres hierzu S. 1784 sowie bezüglich der *Actinoid-Ionen* S. 1801), während letzterer Fall näherungsweise für die *Ionen der ersten Übergangsperiode* gilt, deren magnetisches Moment sich gemäß folgender Gleichung berechnet (L = Gesamtbahnimpuls-Quantenzahl; S = Gesamtspin-Quantenzahl)[17a]):

$$\boldsymbol{\mu}_{\text{mag}} = \sqrt{L(L+1) + 4S(S+1)} \tag{8}$$

Tatsächlich findet man für komplexgebundene Ionen in der Regel kleinere als nach (8) errechnete magnetische Momente, da äußere elektrische Felder mit geringerer als der Kugelsymmetrie, wie sie von

[16] Trägt man $1/\chi_{\text{para}}$ gegen T auf, so erhält man gemäß (6) eine Gerade, die jedoch nicht in jedem Falle bei $T = 0$ K die Abszisse schneidet. Die Weiss-Konstante Θ, die zum Ausdruck bringt, daß die magnetischen Dipole ihre Orientierung im magnetischen Feld auch gegenseitig beeinflussen, verschiebt die Gerade in den Koordinatenursprung.

[17] Zur **Ermittlung des magnetischen Moments** mißt man zunächst die Volumensuszeptibilität χ_V eines Stoffs[10b]), woraus die molare Suszeptibilität χ_m gemäß (3) und aus letzterer die paramagnetische Molsuszeptibilität χ_{para} gemäß (5) berechnet wird. Aus (6) und (7) folgt dann: $\boldsymbol{\mu}_{\text{mag}} = \sqrt{3k_B/\mu_0 N_A} \cdot \sqrt{\chi_{\text{para}} \cdot T}$. Nach Einsetzen der Werte für k_B, μ_0 und N_A ergibt sich bei Berücksichtigung eines Umrechnungsfaktors die Beziehung $\boldsymbol{\mu}_{\text{mag}}$ (in Bohrschen Magnetonen) $= 0.7980 \sqrt{\chi_{\text{para}} \cdot T}$ (χ_{para} in cm^3/mol und T in Kelvin).

[17a] Aus den bekannten Grundtermen der freien Ionen mit 1–9 d-Elektronen (^{2}D für d^1, d^9; ^{3}F für d^2, d^8; ^{4}F für d^3, d^7; ^{5}D für d^4, d^6; ^{6}S für d^5) berechnet sich $\boldsymbol{\mu}_{\text{mag}}$ nach (8) in einfacher Weise mit $L \triangleq$ S, D, F = 0, 2, 3 und $S \triangleq$ im Falle von Dublett, Triplett, Quartett, Quintett, Sextett = 1/2, 2/2, 3/2, 4/2, 5/2 zu 2.00 (d^1, d^8), 5.20 (d^3, d^7), 5.48 (d^4, d^6), 4.18 (d^5).

Liganden in Komplexen der betreffenden Ionen erzeugt werden, den Bahnbeitrag zum magnetischen Moment mehr oder minder unterdrücken. Bei den komplexgebundenen Ionen der 1. Übergangsreihe kann also das *Gesamtbahnmoment* zunächst einmal *vernachlässigt* werden, so daß das magnetische Moment näherungsweise dem Gesamtspinmoment (9)

$$\mu_{mag} = \sqrt{4S(S+1)} \quad \text{(„spin-only-Werte")} \tag{9}$$

entspricht (diamagnetisch sind d^0- und d^{10}-Ionen, ferner *low-spin* d^6-Ionen wie Fe^{2+}, Co^{3+} oder das *low-spin*-d^8-Ion Ni^{2+}). Tatsächlich führen aber **Bahnbeiträge** zu den spin-only-Werten im Falle der Ionen von Elementen der *ersten Übergangsreihe* vielfach zu *etwas kleineren* bzw. *größeren* **effektiven magnetischen Momenten**, wie aus nachfolgender Zusammenstellung hervorgeht, während die μ_{mag}^{eff}-Werte der Ionen der *zweiten und dritten Übergangsreihe* deutlich unter den spin-only-Werten liegen. Aus einer Betrachtung der Größe und Richtung der Abweichungen des gemessenen Werts vom spin-only-Wert lassen sich dann strukturelle Fragen in Zusammenhang mit den betreffenden Komplexen beantworten.

	μ_{mag}^{ber}	μ_{mag}^{gef} (high-spin: steil; *low-spin: kursiv*) [BM]			
↑	1.73	Ti^{3+} 1.6–1.8	V^{4+} 1.7–1.8	Cu^{2+} 1.7–2.2	–
		Mn^{2+} 1.8–2.1	*Fe^{3+} 2.0–2.5*	*Co^{2+} 1.8–2.9*	*Ni^{3+} 1.7–2.1*
↑↑	2.83	V^{3+} 2.7–2.9	Ni^{2+} 2.8–4.0 |	*Cr^{2+} 3.2–3.3*	*Mn^{3+} um 3.2*
↑↑↑	3.87	V^{2+} 3.8–3.9	Cr^{3+} 3.7–3.9	Mn^{4+} 3.8–4.0	Co^{2+} 4.3–5.2
↑↑↑↑	4.90	Cr^{2+} 4.7–4.9	Mn^{3+} 4.9–5.0	Fe^{2+} 5.1–5.7	Co^{3+} um 4.3
↑↑↑↑↑	5.92	–	Mn^{2+} 5.6–6.1	Fe^{3+} 5.7–6.0	–

Wie sich zeigen läßt, hängt μ_{mag}^{eff} eines Komplexes aus Zentralion und Liganden u.a. von folgenden Einflüssen ab: (i) von der Größe der *Spin-Bahn-Kopplungskonstanten* λ (λ stellt ein Maß für die Stärke der Kopplung zwischen Gesamtspin- und Gesamtbahnmoment des freien Ions dar), (ii) von der *absoluten Temperatur T* (das magnetische Moment freier Ionen ist temperaturunabhängig), (iii) von der *Geometrie des Ligandenfeldes* (mit abnehmender Ligandenfeldsymmetrie werden Bahnmomentbeiträge zunehmend unterdrückt, (iv) von der Elektronenkonfiguration des Zentralions (s.u.). Im Falle oktaedrischer und tetraedrischer Komplexe werden etwa Bahnmomentbeiträge nur im Falle der Besetzung des *dreifachbahnentarteten Elektronenzustands* mit 1, 2, 4 oder 5 Elektronen wirksam, d.h. nur im Falle der nachfolgend **fett** ausgeführen Elektronenkonfigurationen:

	high-spin									low-spin			
d-Elektronen:	1	2	3	4	5	6	7	8	9	4	5	6	7
Oktaeder:	$^2\mathbf{T_{2g}}$	$^3\mathbf{T_{2g}}$	$^4A_{2g}$	^5E_g	$^6A_{2g}$	$^5\mathbf{T_{2g}}$	$^4\mathbf{T_{2g}}$	$^3A_{2g}$	^2E_g	$^3\mathbf{T_{2g}}$	$^2\mathbf{T_{2g}}$	$^1A_{1g}$	^2E_g
Tetraeder:	^2E	$^3A_2$	$^4\mathbf{T_1}$	$^5\mathbf{T_2}$	$^6A_2$	^5E	$^4A_2$	$^3\mathbf{T_1}$	$^2\mathbf{T_2}$	Komplexe unbekannt			

Der Sachverhalt läßt sich – übertragen auf *Mehrelektronenzustände* – auch wie folgt formulieren: *Für oktaedrische und tetraedrische Komplexe sind nur bei Vorliegen eines dreifach entarteten Mehrelektronenzustandes* (T-Term, vgl. obige Zusammenstellung sowie S. 100) *Bahnmomentbeiträge zum spin-only-Wert zu erwarten.* Eine quantenmechanische „Zumischung" von angeregten T-Zuständen zu E- oder A-Grundzuständen ermöglicht aber auch bei Vorliegen von E- bzw. A-Mehrelektronen-Grundsätzen *geringe* Bahnmomentbeiträge zum spin-only-Wert. Das effektive magnetische Moment ergibt sich dann zu:

$$\mu_{mag}^{eff} = \mu_{spin\text{-}only}\left(1 - \frac{4\lambda}{10\,Dq}\right). \tag{10}$$

Da die Spin-Bahn-Kopplungskonstanten λ für die Elektronenkonfigurationen $d^{<5}/d^5/d^{>5}$ positiv/null/negativ sind, ist $\mu_{mag}^{eff} < \mu_{spin\text{-}only}/= \mu_{spin\text{-}only}/> \mu_{spin\text{-}only}$, da andererseits die Dq-Werte für tetraedrische Komplexe kleiner als die für oktaedrische sind (gleicher Ligand, gleiches Zentrum), sind die Abweichungen von $\mu_{spin\text{-}only}$ im Tetraederfalle (E- oder A-Grundzustand) größer.

In Fig. 282 ist das berechnete effektive magnetische Moment für *oktaedrische Komplexe* mit 1 bis 5 Elektronen in t_{2g}-Zuständen des Zentralions als Funktion von k_BT/λ^* aufgetragen ($\lambda^* = n|\lambda|$ mit n = Zahl ungepaarter Elektronen[17b)]). Es lassen sich hierbei zwei Betrachtungsfälle unterscheiden: (i) μ_{mag}^{eff}

[17b] λ gilt – streng genommen – nur für Komplexe mit rein elektrostatischen Metall-Ligand-Bindungen. Tatsächlich weisen diese Bindungen immer Kovalenzanteile auf, was zu etwas anderen λ-Werten und folglich auch zu veränderten Kurvenverläufen in Fig. 282 führen kann.

von Komplexen bei Raumtemperatur (T = konstant; $k_BT \approx 200\ cm^{-1}$; λ variabel): Für Ionen der *1. Übergangsperiode* werden λ^*-Werte im Bereich $< 500\ cm^{-1}$, für solche der *2. und 3. Übergangsperiode* λ^*-Werte im Bereich $> 500\ cm^{-1}$ aufgefunden (λ^* wächst für Ionen von Metallen einer Nebengruppe mit zunehmender Ordnungszahl stark an). Die kT/λ^*-Werte oktaedrischer Komplexe dieser Ionen liegen im Bereich > 0.4 (Raster in Fig. 282) bzw. < 0.4. Man versteht hiernach, daß bei d^3-Komplexen (drei ungepaarte Elektronen) die experimentell bestimmten magnetischen Momente vergleichsweise gut mit den spin-only-Werten von 3.87 BM übereinstimmen (z. B. Cr^{3+}), während für low-spin-d^4- und -d^5-Komplexe (zwei bzw. ein ungepaartes Elektron) der 1. Übergangsreihe (z. B. Cr^{2+}, Fe^{3+}) höhere und bei entsprechenden Komplexen der 2. und 3. Übergangsreihe (z. B. Ru^{4+}, Os^{4+}) auffallend niedrigere Werte für das magnetische Moment als 2.83 bzw. 1.73 BM (spin-only-Werte) aufgefunden werden. (ii) Temperaturabhängigkeit von μ_{mag}^{eff} eines Ions (λ = konstant; T = variabel): Gemäß Fig. 282 erniedrigt sich das effektive magnetische Moment eines Ions mit sinkender Temperatur (abnehmender Wärmeenergie k_BT), sieht man vom t_{2g}^3-Falle im gesamten Temperaturbereich sowie vom t_{2g}^4-Falle bei höheren Temperaturen ab. Die Momentabnahme entspricht einer wachsenden entgegengesetzten *Kopplung* des Spin- und Bahnmoments in Richtung abnehmender Temperaturen. In Fällen, in welchen Bahnmomentbeiträge zum spin-only-Wert wirksam werden, ist gemäß Fig. 282 die Temperaturabhängigkeit von μ_{mag}^{eff} für oktaedrische Ionen im Bereich um Raumtemperatur teils klein (1. Übergangsreihe), teils beachtlich (2., 3. Übergangsreihe). In Fällen, in welchen Bahnbeiträge zum spin-only-Wert nur wegen einer Wechselwirkung von Grund- mit angeregten T-Termen (s. u.) möglich werden, beobachtet man nur eine sehr schwache Temperaturabhängigkeit von μ_{mag}^{eff}.

Bezüglich einiger Anwendungen des Besprochenen vgl. die Unterabschnitte über Komplexe bei den einzelnen Nebengruppenelementen.

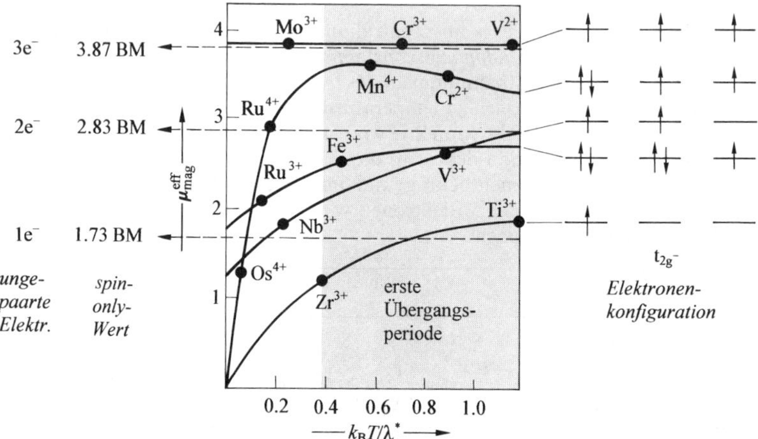

Fig. 282 Effektives magnetisches Moment für oktaedrische Komplexe als Funktion von k_BT/λ^* (die für einige oktaedrische Ionen eingetragenen Werte gelten für Raumtemperatur).

2.2 Ferromagnetismus, Ferrimagnetismus und Antiferromagnetismus[6,18)]

Bei der obigen Erörterung des Paramagnetismus wurden nur Stoffe mit *magnetisch isolierten Atomen, Ionen* oder *Molekülen* betrachtet, also Stoffe mit Teilchen ohne (bzw. praktisch ohne[16)]) gegenseitige Beeinflussung (Fig. 283a). Die Wechselwirkungen beruhten ausschließlich auf *Bahn-* und *Spindrehimpulskopplungen ein- und desselben* Atoms, Ions oder Moleküls (S. 99) sowie auf dem Einfluß des *Ligandenfeldes* in Komplexverbindungen auf die Elektro-

[18] **Literatur.** P. Day: „*New Transparent Ferromagnets*", Acc. Chem. Res. **12** (1979) 236–243; ULLMANN (5. Aufl.): „*Magnetic Materials*" **A 16** (1990) 1–51; H. Hibst: „*Hexagonale Ferrite aus Schmelzen und wäßrigen Lösungen, Materialien für magnetische Aufzeichnung*", Angew. Chem. **94** (1982) 263–274; Int. Ed. **21** (1982) 270; A. Tressaud, J. M. Dance: „*Ferrimagnetic Fluorides*", Adv. Inorg. Radiochem. **20** (1977) 133–188; J. Portier: „*Feststoffchemie ionischer Fluoride*", Angew. Chem. **88** (1976) 524–535; Int. Ed. **15** (1976) 475.

nenspinbahnkopplungen des Zentralions (vgl. high- und low-spin Komplexe, S. 1250). Unterhalb bestimmter Temperaturen treten jedoch auch Wechselwirkungen zwischen den Elektronenspins *individueller* paramagnetischer Stoffteilchen auf (**„kooperative“** bzw. **„kollektive“ magnetische Phänomene**), die entweder direkt benachbart („*direkte magnetische Wechselwirkung*“) oder über diamagnetische Teilchen miteinander verbunden sind („*indirekte Austauschwechselwirkung*“, „*Superaustausch*“; vgl. S. 1309, 1545) und zu einer Ausrichtung der Elektronenspins führen. Letztere bedingt eine entsprechende Ausrichtung der mit den Spins verknüpften magnetischen Momente und hat drei verschiedene Formen des kollektiven Magnetismus zur Folge (Fig. 283): Ferro-, Antiferro- und Ferrimagnetismus. „*Ferromagnetismus*“ tritt auf, wenn alle Elektronenspins innerhalb einer sogenannten „*Domäne*“ („*Weiss'scher Bereich*“) *parallel* zueinander ausgerichtet sind (Fig. 283b). Kommt es zu einer *antiparallelen* Einstellung der Elektronenspins in zwei *magnetischen Teilgittern*, so tritt bei *gleicher Größe* dieser magnetischen Momente „*Antiferromagnetismus*“ (Fig. 283c) und bei *verschiedener Größe* „*Ferrimagnetismus*“ (Fig. 283d) auf.

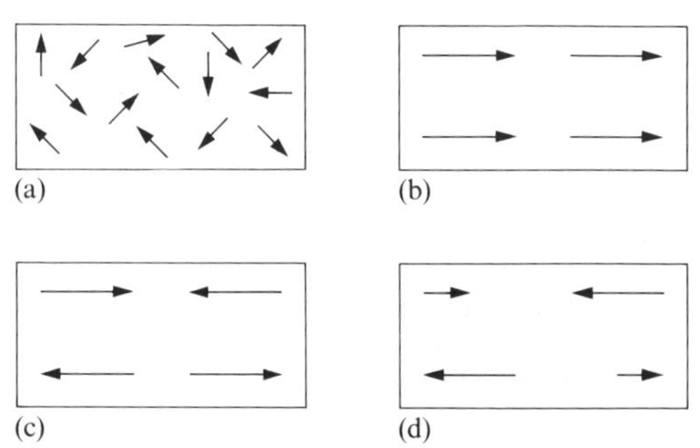

Fig. 283 Modelle für die verschiedenen Erscheinungsformen des kooperativen Magnetismus infolge permanenter magnetischer Momente: a) Paramagnetismus, b) Ferromagnetismus, c) Antiferromagnetismus, d) Ferrimagnetismus.

Ferromagnetismus. Ein *ferromagnetischer Stoff* wie Eisen oder Gadolinium, bei welchem sich die *magnetischen Spinmomente* der paramagnetischen Zentren unterhalb einer bestimmten Temperatur, der **„ferromagnetischen Curie-Temperatur“** T_C, (z. B. 770 °C im Falle von Fe, 16 °C im Falle von Gd), *spontan parallel* ausrichten, *erscheint* ohne magnetische Vorbehandlung auch bei Temperaturen $< T_C$ *unmagnetisiert.* Dies rührt daher, daß sich die Ordnung der Elektronenspins beim Unterschreiten von T_C zunächst nur auf kleine Stoffbezirke („*Weiss'sche Bereiche*“) erstreckt, innerhalb derer zwar alle magnetischen Momente parallel ausgerichtet sind und denen infolgedessen ein beachtliches magnetisches Moment zukommt; jedoch sind die *Richtungen der Magnetisierung* der einzelnen Weiss'schen Bereiche *statistisch im Raum* verteilt, so daß sich die magnetischen Momente zu einem *Gesamtmoment von Null* ergänzen. Eine *Magnetisierung* der Ferromagnetika (parallele Ausrichtung der Momente der Weiss'schen Bereiche) erfolgt erst im *Magnetfeld.*

Bringt man den ferromagnetischen Stoff in ein Magnetfeld, so richten sich die magnetischen Momente der Weiss'schen Bereiche parallel zum äußeren Feld aus; es erfolgt eine *Magnetisierung* des betreffenden Stoffs. Der Betrag $\boldsymbol{M}$ dieser Magnetisierung (vgl. Anm.[9)]) wächst mit der magnetischen Feldstärke $\boldsymbol{H}$ des Magneten[7)] solange, bis bei der Feldstärke $\boldsymbol{H}_S$ eine vollständige Elektronenspinausrichtung erreicht ist („Sättigungsmagnetisierung“ $\boldsymbol{M}_S$, vgl. die „Neukurve“ in Fig. 284). Läßt man anschließend die Erregerfeldstärke wieder bis auf Null sinken, so läuft die Magnetisierung nicht auf der ursprünglichen Neukurve zurück, sondern entlang der in Fig. 284 wiedergegebenen „*Hysterese-Schleife*“ in Pfeilrichtung. Bei $\boldsymbol{H} = 0$ verbleibt eine mehr oder weniger starke „Remanenzmagnetisierung“ $\boldsymbol{M}_R$; der ferromagnetische Stoff hat sich in einen „*Permanentmagneten*“ umgewandelt. Erst wenn die Feldstärke des äußeren Magneten in entgegengesetzter Richtung zur Magnetisierung der Substanz $(-\boldsymbol{H})$ die sogenannte „Koerzitivfeldstärke“ $-\boldsymbol{H}_C$ erreicht (Fig. 284), geht die Magnetisierung der Probe auf Null zurück, und die Substanz erscheint wieder unmagnetisiert. Bei weiter ansteigender Feldstärke $-\boldsymbol{H}$ wird schließlich beim Feld $-\boldsymbol{H}_S$ die negative Sättigungsmagnetisierung $-\boldsymbol{M}_S$ erreicht. Verringert man nun wieder die Feldstärke, dreht ihre Richtung um und vergrößert sie dann sukzessive, so verläuft die Magnetisierung des ferromagnetischen Stoffs gemäß Fig. 284 in Pfeilrichtung von $-\boldsymbol{M}_S$ wieder nach $+\boldsymbol{M}_S$[19)].

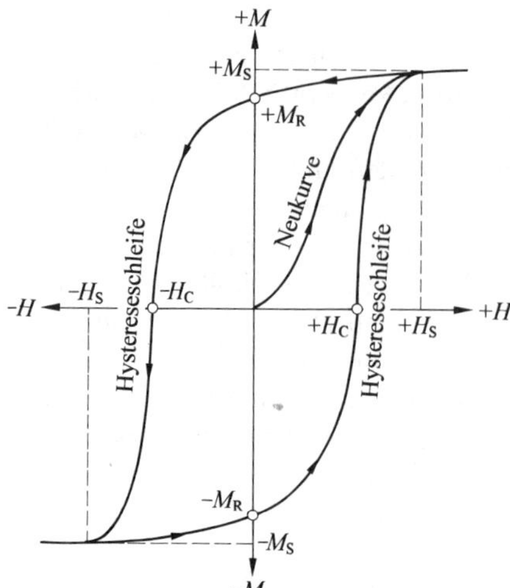

Fig. 284 Hysterese-Schleife eines ferromagnetischen (bzw. ferrimagnetischen) Stoffs.

Werden die ferromagnetischen Stoffe zu Beginn nicht bis zur Sättigung magnetisiert, so werden naturgemäß Hysterese-Schleifen mit kleineren Werten für die Remanenzmagnetisierung und Koerzitivfeldstärke durchlaufen (wichtig bei magnetischen Ton- und Videoaufnahmen). Die *Hysterese-Schleifen sind für das jeweilige Ferromagnetikum charakteristisch.* „Magnetisch harte" Werkstoffe wie Fe-Al-Ni-Co-Legierungen (u.a. „*Alnico*") und Ln-Co-Fe-Legierungen (u.a. $SmCo_5$, $Nd_2Fe_{14}B$) zeigen hohe Remanenzmagnetisierung und große Koerzitivfeldstärke (z.B. für Permanentmagnete), „magnetisch weiche" Werkstoffe wie Fe-Si-, Fe-Al- und Fe-Ni-Legierungen oder das Oxid $(Mn,Zn)Fe_2O_4$ geringe Remanenzmagnetisierung und kleine Koerzitivfeldstärke (z.B. für Transformatorenbleche).

Ferromagnetismus tritt bei Stoffen auf, die Atome bzw. Ionen mit nicht abgeschlossener d- oder f-Schale besitzen und bei denen das Verhältnis des kürzesten Abstandes der paramagnetischen Atome oder Ionen zum durchschnittlichen Radius der nicht abgeschlossenen Schalen ≥ 3 ist. Diese Bedingungen erfüllen Fe, Co, Ni, Gd, Dy sowie eine Reihe von Legierungen aus Kupfer, Aluminium und Mangan („*Heuslersche Legierungen*").

Die *Suszeptibilität* χ_{para} (S. 1304) der Ferromagnetika, die unterhalb T_C ca. 10^7 bis 10^{10}mal größer als die der normalen Paramagnetika ist, hat ihren *größten Wert* beim *absoluten Nullpunkt* $T = 0$ K. Mit *steigender Temperatur verringert sich* χ_{para} bei gegebener magnetischer Induktion, da sich die magnetischen Spinmomente innerhalb der Weiss'schen Bereiche unter Energieaufnahme zunehmend auch antiparallel zueinander orientieren[20]. *Oberhalb der Curie-Temperatur* brechen dann die Spinkopplungen zwischen den paramagnetischen Zentren zusammen (Erlöschen des kooperativen magnetischen Phänomens) und die betreffenden Stoffe verhalten sich *normal paramagnetisch,* d.h. die paramagnetische Suszeptibilität nimmt mit der Temperatur weiter ab, wobei die Suszeptibilitätsabnahme nunmehr aber dem Curieschen Gesetz (S. 1304) folgt.

Ferrimagnetismus. *Ferrimagnetische Stoffe* (z.B. $Fe_3O_4 \triangleq FeO \cdot Fe_2O_3$) enthalten *zwei Sorten paramagnetischer Zentren* (im Falle Fe_3O_4: Fe^{2+} und Fe^{3+}). Unterhalb der **„ferrimagnetischen Curie-Temperatur"** T_C (z.B. 585 °C im Falle von Fe_3O_4) richten sich innerhalb Weiss'scher Bereiche die *magnetischen Spinmomente gleichartiger Zentren spontan parallel* und *ungleichartiger Zentren antiparallel* zueinander aus. Sofern sich die antiparallel orientierten magnetischen Momente wie etwa im Falle von Fe_3O_4 *nicht kompensieren*[21], resultieren be-

---

19 Ersichtlicherweise ist somit der für Dia- und Paramagnetika geltende lineare Zusammenhang zwischen ***M*** und ***H*** ($M \sim H$; Proportionalitätskonstante: $1/\chi_V$, vgl. Anm.[7] und Anm.[9]) für Ferromagnetika nicht mehr gegeben.

20 Die parallele Spinorientierung ist nur geringfügig energieärmer als die antiparallele, so daß bereits kleine Energiemengen zur „Spinanregung" genügen.

21 Fe_3O_4 enthält pro Formeleinheit *ein* Fe^{2+}-Ion (4 ungepaarte Elektronen; magnetisches Moment pro Ion 5.2 BM) und *zwei* Fe^{3+}-Ionen (5 ungepaarte Elektronen; magnetisches Moment pro Ion 5.9 BM). Es sind die Fe^{3+}-Ionen auf Tetraederplätzen mit den Fe^{2+}- und Fe^{3+}- Ionen auf Oktaederplätzen des inversen Spinells Fe_3O_4 antiferromagetisch gekoppelt, so daß das magnetische Moment der Fe^{2+}-Ionen unkompensiert bleibt.

achtliche magnetische Momente für die einzelnen Weiss'schen Bereiche, die aber wegen ihrer statistischen Verteilung im Raum nach außen nicht in Erscheinung treten. Eine Magnetisierung der ferrimagnetischen Stoffe (parallele Ausrichtung der einzelnen Momente der Weiss'schen Bereiche) erfolgt ähnlich wie bei den ferromagnetischen Stoffen erst nach Einwirkung eines äußeren Magnetfeldes ausreichender Stärke.

Auch das sonstige magnetische Verhalten ferrimagnetischer Stoffe (z. B. Hysterese-Schleife, Suszeptibilitätsabnahme mit steigender Temperatur, Gültigkeit des Curieschen Gesetzes oberhalb T_C) ist jenem ferromagnetischer Stoffe ähnlich. Da Ferrimagnetika zum Unterschied von den Ferromagnetika meistens Nichtleiter sind (Ausnahme Fe_3O_4 oberhalb 120 K) und keine Metalle, sondern ionisch gebaute Stoffe darstellen, ist ihr Einsatz in der Hochfrequenztechnik möglich. Die bekanntesten Ferrimagnetika sind Ferrite des Typus $M^{II}O \cdot Fe_2O_3$ (M^{II} u.a. = Mn, Fe, Co, Ni, Cu, Zn, Mg, Cd). Unter ihnen ist der „*Magneteisenstein*" („*Magnetit*") Fe_3O_4 der älteste bekannte magnetische Werkstoff. Er gab als „*lithos magnetis*" (= Stein aus Magnesia) der Erscheinung des Magnetismus ihren Namen.

Die technische Bedeutung ferro- und ferrimagnetischer Werkstoffe in der Stark- und Schwachstromtechnik, in der Nachrichtentechnik und Elektronik und in der Tonaufzeichnungs- und Videotechnik ist so groß, daß sich in diesem Bereich der Magnetochemie eigene Arbeitsgebiete entwickelt haben.

Antiferromagnetismus. Bei *antiferromagnetischen* Stoffen richten sich die *magnetischen Spinmomente* der paramagnetischen Zentren unterhalb einer bestimmten Temperatur, der **„Neél-Temperatur"** T_N (z. B. 475 K (Cr), 95 K (Mn), 122 K (MnO), 198 K (FeO), 955 K (α-Fe_2O_3), ca. 80 K (FeF_2)), *spontan antiparallel* aus. Beim absoluten Nullpunkt ist die Ausrichtung vollkommen, so daß Antiferromagnetika bei dieser Temperatur nur den normalen Diamagnetismus aufweisen. Mit *steigender Temperatur* wird diese ideale Ausrichtung der magnetischen Momente infolge der zunehmenden Wärmebewegung mehr und mehr gestört, so daß der Stoff unter Beibehaltung seiner magnetischen Ordnung *zunehmend ferrimagnetischer* wird.

Dieser Sachverhalt läßt sich mit der Vorstellung erklären, daß das Kristallgitter aus *zwei magnetischen Untergittern* aufgebaut ist. Innerhalb jedes Untergitters stehen die Spins parallel zueinander, wobei die Kopplungen zwischen den Spins innerhalb eines Untergitters deutlich stärker sind als zwischen den Untergittern. Als Folge hiervon wird mit steigender Temperatur die antiparallele Ausrichtung der beiden Untergitter zueinander in wachsendem Maße gestört (Bildung eines „*verkanteten Antiferromagneten*" mit der Wirkung eines Ferrimagneten). *Oberhalb der Neél-Temperatur* brechen die Spinkopplungen zwischen den paramagnetischen Zentren zusammen (Erlöschen des kooperativen magnetischen Phänomens) und die betreffenden Stoffe verhalten sich dann *normal paramagnetisch* (Gültigkeit des Curieschen Gesetzes). Die *magnetische Suszeptibilität* der antiferromagnetischen Stoffe *durchläuft* somit bei T_N ein *Maximum*.

Der Antiferromagnetismus ist bei Übergangsmetall-Salzen, in welchen M-Atome gemäß MXM über elektronegative X-Atome wie F, O, N verknüpft sind, weit verbreitet und wird hier in vereinfachender Weise meist damit erklärt, daß eine *Kopplung ungepaarter* M-*Elektronen über* X *hinweg* (**„Superaustausch"**) zu einer *Spinpaarung* führt (vgl. S. 1545).

Ferro- und Antiferroelektrizität. Eine dem Ferromagnetismus phänomenologisch ähnliche Erscheinung ist die sogenannte „*Ferroelektrizität*", bei der permanente elektrische Dipole in „*Domänen*" eines ferroelektrischen Kristalls, die den Weiss'schen Bereichen beim Ferromagnetismus entsprechen, im gleichen Sinn ausgerichtet sind, so daß eine sogenannte „*spontane Polarisation*" des Kristalls im elektrischen Feld beobachtet werden kann. Dabei erreicht die Dielektrizitätskonstante ε sehr große Werte bis zu $\varepsilon = 10^4$. Die Abhängigkeit der Polarisation von der elektrischen Feldstärke folgt bei derartigen Substanzen einer *Hysterese-Schleife* mit *Sättigung*, *Remanenz*- und *Koerzitivfeldstärke* (vgl. Fig. 284). Diese Effekte zeigen sich unterhalb einer charakteristischen **„ferroelektrischen Curie-Temperatur"**, oberhalb der die Dielektrizitätskonstante einem Curie-Weiss'schen Gesetz gehorcht. Es gibt auch die dem Antiferromagnetismus entsprechende Erscheinung der „Antiferroelektrizität"[22].

Das Bariumtitanat $BaTiO_3$ (Perowskit-Struktur, S. 1406) ist die bekannteste und am besten untersuchte ferroelektrische Substanz. Sie wird unterhalb von 393 K ferroelektrisch und geht dabei von der kubischen in die tetragonale Struktur über. Hierbei verschieben sich die von 12 O^{2-}-Ionen koordinierten Ba^{2+}-Ionen und das oktaedrisch von 6 O^{2-}-Ionen koordinierte Ti^{4+}-Ion gegen ihre Oxidionen-Umgebung, so daß

[22] Die Namen Ferro- und Antiferroelektrizität wurden wegen der erwähnten Analogien zum Ferro- und Antiferromagnetismus gewählt. Tatsächlich haben die ferroelektrischen Kristalle nichts mit Eisen oder den Metallen der Eisengruppe zu tun. Auch bleiben die Analogien auf die makroskopischen Erscheinungen und ihre Beschreibung beschränkt; die Ursachen der Ferroelektrizität sind auch völlig anderer Natur (s. oben).

die erwähnte Symmetrieerniedrigung eintritt. $BaTiO_3$ findet wie das analog gebaute Oxid $Pb(Zr,Ti)O_3$ in der Hochfrequenztechnik Anwendung.

Ganz allgemein ist das Auftreten der Ferroelektrizität entscheidend von der Kristallstruktur abhängig: Alle bisher bekannten *Ferroelektrika* sind *Ionenkristalle* ohne Symmetriezentrum; sie erniedrigen unterhalb des Curie-Punkts ihre Kristallsymmetrie und ihre spontane Polarisation im elektrischen Feld weist in kristallographische Vorzugsrichtungen. Daraus folgt, daß die Ursache der Ferroelektrizität im wesentlichen auf einer „*Ionenpolarisation*" beruht, die in hohem Maße anisotrop ist[23)].

3 Elektrische Eigenschaften der Festkörper[6)]

Wie bei der Besprechung der physikalischen Eigenschaften der Tetrele bereits angedeutet wurde, unterscheiden sich die Elemente der IV. Hauptgruppe auffallend in ihrer *spezifischen elektrischen Leitfähigkeit*. Diese beträgt für *Diamant* $\ll 10^{-10}\,\Omega^{-1}\text{cm}^{-1}$, für reinstes *Silicium* $10^{-6}\,\Omega^{-1}\text{cm}^{-1}$, für *Germanium* $2\times10^{-2}\,\Omega^{-1}\text{cm}^{-1}$, für *β-Zinn* $9\times10^{4}\,\Omega^{-1}\text{cm}^{-1}$ und für *Blei* $5\times10^{4}\,\Omega^{-1}\text{cm}^{-1}$. Entsprechend der auf S. 153 getroffenen Unterteilung fester Stoffe in *elektrisch nicht leitende* Nichtmetalle (Leitfähigkeit $< 10^{-8}\,\Omega^{-1}\text{cm}^{-1}$), *elektrisch schlecht leitende* Halbleiter (Leitfähigkeit 10^{-6} bis $10^{1}\,\Omega^{-1}\text{cm}^{-1}$) und *elektrisch leitende* Halbmetalle sowie Metalle (Leitfähigkeit $> 10^{2}\,\Omega^{-1}\text{cm}^{-1}$) zählt somit Diamant zu den Nichtleitern, Silicium sowie Germanium zu den Halbleitern und β-Zinn sowie Blei zu den Leitern[24)].

Nachfolgend sei nun kurz auf die Ursachen der unterschiedlichen elektrischen Leitfähigkeit chemischer Stoffe eingegangen. Und zwar sollen zunächst *Leiter, Nichtleiter* und *Halbleiter* (Unterkapitel 3.1), dann *Supraleiter* (Unterkapitel 3.2) behandelt werden. Bezüglich der Ferro-, Antiferro- und Piezoelektrizität vgl. S. 1309.

3.1 Leiter, Nichtleiter, Halbleiter

3.1.1 Metalle. Elektronische Leiter

Energiebänder. Kombiniert man zwei Li-Atome zum Li_2-Molekül, so resultieren als Folge der Interferenz der s-Atomorbitale – ähnlich wie im Falle der Vereinigung von zwei H-Atomen zum H_2-Molekül (S. 343) – *zwei* Molekülorbitale, nämlich ein *energieärmeres*, mit zwei Elektronen entgegengesetzten Spins besetztes σ_s-Orbital und ein *energiereicheres*, elektronenleeres σ_s^*-Orbital (LiLi-Abstand des in der Gasphase existierenden Li_2-Moleküls = 2.67 Å; Dissoziationsenergie = 109 kJ/mol). Ganz entsprechend führt die Wechselwirkung der s-Atomorbitale von *drei, vier, fünf* ... *n* miteinander verknüpften Lithiumatomen zu *drei, vier, fünf* ... *n delokalisierten* Molekülorbitalen (Fig. 285a; LiLi-Abstand in Li_n-Metall = 3.03 Å; Atomisierungsenergie = 163 kJ/mol). Mit der Zahl kombinierter Lithiumatome nimmt der Abstand zwischen den Energien der einzelnen Molekülorbitale ab, um bei Vereinigung sehr vieler Lithiumatome außerordentlich klein zu werden (bei 1 mol = 10^{23} Atome ca. 10^{-23} eV). Der elektronische Zustand *metallischen Lithiums* ist infolgedessen durch ein **„Energieband"** aus *n* praktisch lückenlos aneinandergereihten Energieniveaus charakterisiert. Da jedes Molekülorbital mit maximal 2 Elektronen entgegengesetzten Spins besetzt werden kann (Pauli-Prinzip) und *n* Valenzelektronen zur Verfügung stehen (jedes Li-Atom steuert 1 Valenzelektron bei), ist das Energieband zur Hälfte elektronenbesetzt, zur Hälfte elektronenleer (Fig. 285a; vgl. S. 171)[25)].

---

[23] Alle Ferroelektrika sind auch „*piezoelektrisch*", d.h. sie werden durch mechanische Druck- oder Zugspannungen polarisiert bzw. ändern ihren Polarisationszustand unter mechanischer Belastung. Umgekehrt sind jedoch nicht alle Piezoelektrika ferroelektrisch.

[24] *Graphit* ist ein zweidimensionaler Leiter (Halbmetall) und eindimensionaler Halbleiter (vgl. S. 833). Die Leitfähigkeit von grauem *α-Zinn* (Halbmetall) liegt zwischen der von Germanium und metallischem *β*-Zinn.

[25] Alle Metalle weisen einen schwachen, temperaturunabhängigen Paramagnetismus auf („*Pauli-Paramagnetismus*"; vgl. Anm.[11)], S. 1302 sowie Lehrbücher der Physik).

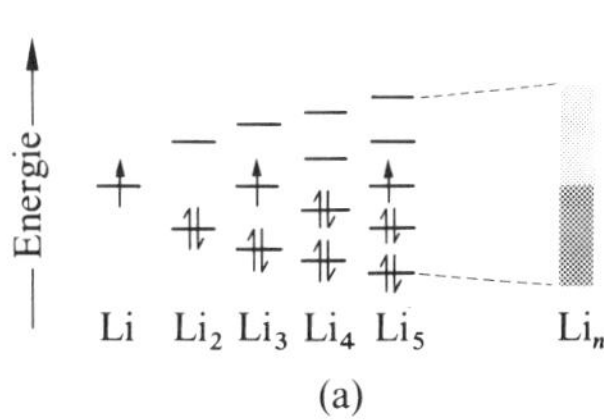

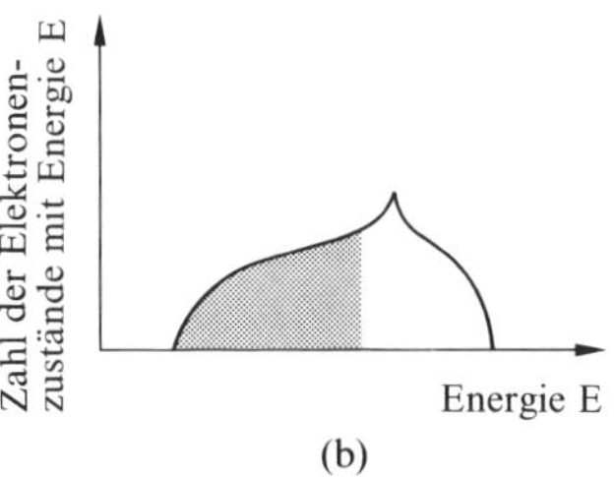

Fig. 285 Valenzband des Lithiummetalls: a) Bildung durch Interferenz von s-Orbitalen der Lithiumatome. b) Dichteverteilung der Elektronenzustände (elektronenbesetzte Teile des Valenzbandes sind schraffiert).

Eine charakteristische Eigenschaft des Lithiums wie auch anderer *Metalle* ist die – über das Elektronengasmodell verständliche – Fähigkeit, *Elektronen zu leiten*, d.h. Elektronen an einer beliebigen Stelle aufzunehmen und an einer anderen beliebigen Stelle wieder abzugeben. Offensichtlich lassen sich somit unbesetzte Elektronenzustände des Energiebandes eines Lithiumkristalls reversibel mit weiteren Elektronen „füllen" und – wegen der Ausdehnung der Molekülorbitale über den ganzen Kristall – an einer räumlich entfernten Stelle wieder „entleeren".

Wie sich theoretisch begründen läßt, ist die **elektrische Leitfähigkeit** chemischer Stoffe an die Existenz von *teilweise mit Elektronen besetzten Energiebändern* geknüpft[26]. Innerhalb *vollständig besetzter* oder *leerer* Energiebänder eines chemischen Stoffs ist auch bei Anlegen einer elektrischen Spannung *keine Elektronenleitung* möglich. Infolgedessen sollte der rechte Periodennachbar von Lithium, das Beryllium, entgegen der Erfahrung ein Nichtleiter sein, da dessen – ebenfalls aus *n* Elektronenzuständen zusammengesetztes – Energieband mit den 2*n* zur Verfügung stehenden Elektronen (jedes Be-Atom steuert 2 Valenzelektronen bei) vollständig besetzt ist. Tatsächlich weist jedoch Beryllium (Analoges gilt für Lithium) nicht nur ein, sondern zwei, sich energetisch teilweise überschneidende Energiebänder auf (Fig. 286), von denen das *energieärmere* Band (**„Valenzband"**; *n* Elektronenzustände) aus der Wechselwirkung der s-Atomorbitale, das *energiereichere* Band („*Leitungsband*"; 3*n* Elektronenzustände) aus der Interferenz der p-Atomorbitale resultiert. Die *Bänderüberlappung* führt zum Übertritt eines Teils energiereicher Valenzbandelektronen in energieärmere Zustände des Leitungsbandes; als Folge hiervon sind beide Energiebänder nur teilweise mit Elektronen besetzt und vermögen – im Sinne der obigen Regel – nunmehr Elektronen zu leiten.

Breite und Besetzungsdichte von Energiebändern. Die *Breite der Energiebänder* hängt nicht von der Größe der Metallkristalle, sondern vom Ausmaß der Interferenz der einzelnen Orbitale der Metallatome ab. Sie wächst u.a. mit der Energie der Atomorbitale sowie mit zunehmender Annäherung und Koordinationszahl der Atome. Breite Bänder sind naturgemäß eine gute Voraussetzung dafür, daß sich Bänder überlappen[27]. Die *Besetzungsdichte der Energiebänder* mit Elektronenzuständen ergibt sich als Funktion der energetischen Lage der betreffenden Zustände. Sie ist an den beiden Enden des Bandes im allgemeinen nahezu Null und weist im oberen Bandteil ein einziges Maximum auf (vgl. Fig. 285b). Eine *hohe Dichte leerer Elektronenzustände* in unmittelbarem Anschluß an elektronenbesetzte Molekülorbitale eines Energiebandes (z.B. als Folge guter Bänderüberlappung) hat eine *hohe elektrische Leitfähigkeit* zur Folge. Sie ist im Falle der Metalle der I. Nebengruppe (Cu, Ag, Au) besonders hoch (ca. $6 \times 10^5\,\Omega^{-1}\mathrm{cm}^{-1}$). Etwas kleinere Leitfähigkeit (um $2 \times 10^5\,\Omega^{-1}\mathrm{cm}^{-1}$) weisen die leichteren Metalle der I. und II. Haupt-

[26] Ein vollständig mit Elektronen gefülltes Band kann wegen des Pauli-Prinzips (S. 98), ein vollständig elektronenleeres Band trivialerweise nicht zum Stromtransport beitragen.

[27] Bei der Konzentrierung der Lösungen von Alkalimetallen in flüssigem Ammoniak (S. 1186) sowie bei der Kompression von überkritischem Quecksilberdampf steigt die elektrische Leitfähigkeit der Lösung bzw. des Dampfes als Folge der sich verbreiternden und damit überlappenden Bänder ab einer gewissen Konzentration oder Kompression sprunghaft an.

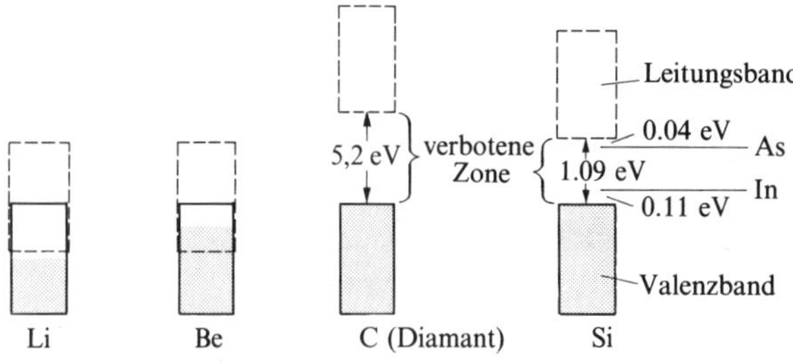

Fig. 286 Valenz- und Leitungsbänder im Falle von Li, Be, C, Si (elektronenbesetzte Teile der Bänder sind gerastert, nicht maßstabsgerecht).

und II. Nebengruppe (Li, Na, K, Be, Mg, Ca, Zn, Cd) sowie die Metalle Al, In, Mo, W, Ru, Os, Co, Rh und Ni auf. Die verbleibenden Metalle haben Leitfähigkeiten im Bereich 10^5 bis $10^4\,\Omega^{-1}\text{cm}^{-1}$.

Wegen der unmittelbaren Nachbarschaft von besetzten und leeren Elektronenzuständen in unvollständig besetzten Energiebändern lassen sich die Metallelektronen energetisch (durch Wärme, Licht usw.) leicht „anregen". Hieraus erklärt sich das hohe Absorptions- und Reflexionsvermögen der Metalle für sichtbares Licht, womit der typische *Metallglanz* zusammenhängt (vgl. S. 172). Auch die hohe *Wärmeleitfähigkeit* beruht auf der leichten Anregbarkeit der Metallelektronen, welche die Wärmeenergie an einer beliebigen Stelle in Form von Elektronenenergie aufzunehmen und an einer anderen Stelle in Form von Wärmeenergie wieder abzugeben vermögen.

3.1.2 Nichtmetalle. Elektronische Nichtleiter

Energiebandlücken. Auch im Falle der polyatomaren *Nichtmetalle* läßt sich der elektronische Zustand durch Energiebänder beschreiben. Zum Unterschied von den Metallen weisen die Nichtmetalle jedoch ein *vollständig mit Elektronen besetztes Valenzband* auf, das durch eine *breite Energiezone* („*Verbotene Zone*", **„Bandlücke"**) vom energiereicheren, *elektronenleeren Leitungsband* getrennt ist. So beinhalten etwa die Valenzbänder des Diamanten C_n jeweils $2n$ σ-Elektronenzustände. Da insgesamt $4n$ Valenzelektronen zur Verfügung stehen (jedes C-Atom steuert 4 Valenzelektronen bei), ist das Valenzband des Diamanten vollständig mit Elektronen gefüllt und steht somit – ebenso wie das durch eine 5,2 eV breite, verbotene Zone von ihm getrennte Leitungsband der σ-Elektronenzustände (vgl. Fig. 286) – nicht für eine Elektronenleitung zur Verfügung: Diamant ist – anders als Beryllium (s. oben) – ein typischer *Nichtleiter* („*Isolator*"). Entsprechend der Zunahme des metallischen Elementcharakters innerhalb der Reihe der Elemente der IV. Hauptgruppe nimmt die Breite der jeweils verbotenen Energiezone in Richtung C bis Pb ab (Si_n: 1.09 eV; Ge_n: 0.60 eV; α-Sn_n: 0.08 eV; Pb_n: 0 eV).

Bindungszustand von Nichtleitern. Meist läßt sich der *Bindungszustand* hochmolekularer Atomverbindungen durch eine *einzige Valenzformel* beschreiben (vgl. z. B. Diamant C_n, S. 837). Infolgedessen können die *delokalisierten* Zustände derartiger Moleküle in *lokalisierte* Molekülzustände umgewandelt werden (vgl. Regel auf S. 355). Letztere ergeben sich etwa im Falle des Diamanten direkt aus der Wechselwirkung von sp^3-Hybridorbitalen benachbarter Kohlenstoffatome (jedes C-Atom betätigt hierbei pro Bindung mit einem benachbarten C-Atom jeweils eines seiner vier, in die Richtung eines Tetraeders weisenden sp^3-Hybridorbitale).

3.1.3 Halbmetalle. Elektronische Halbleiter[28)]

Sind Valenz- und Leitungsband eines chemischen Stoffs durch eine *sehr breite* verbotene Energiezone $E_g > 4$ eV (Index g von engl. „gap" für Lücke) voneinander getrennt, so liegt – wie besprochen – ein elektrischer **Nichtleiter** („*Isolator*") vor. Sind andererseits die beiden Ener-

[28] **Literatur.** R. K. Willardson, H. L. Goering (Hrsg.): „*Compound Semiconductors*", Band 1: „*Preparation of III.–V. Compounds*", Reinhold, New York 1962; N. A. Goryunova: „*The Chemistry of Diamond-like Semiconductors*" Chapman and Hall, London 1965; N. Kh. Abrikosov: „*Semiconducting II–IV-, IV–VI-, and V–VI-Compounds*", Plenum Press, New York 1969; M. A. Hermann, H. Sitter: „*Molecular Beam Epitaxy*", Springer, Berlin 1989; H. Ibach,

giebänder durch eine *nicht allzu breite* Bandlücke $E_g < 4$ eV unterbrochen, so handelt es sich um einen elektrischen **Halbleiter** ($E_g = 4$ bis 1.5 eV: „*Photohalbleiter*"; $E_g = 1.5$ bis 0.1 eV: thermisch anregbarer Halbleiter oder „*Halbleiter*" im engeren Sinne). Sind schließlich die Energiebänder durch eine *sehr schmale* Zone $E_g < 0.1$ eV getrennt oder überlappen sich Valenz- und Leitungsband des Festkörpers, so bezeichnet man letzteren als elektrischen **Leiter** (s.u.). Man unterteilt hierbei die Leiter ihrerseits in **Halbmetalle** (sehr schmale Bandlücke bzw. nur geringfügige Bänderüberlappung) und **Metalle** (deutliche Bänderüberlappung).

Eigenhalbleiter. Bei Vorliegen eines Halbleiters lassen sich die Elektronen durch nicht allzu große *Energiezufuhr* (z.B. Wärmezufuhr) vom Valenz- in das Leitungsband überführen, womit dann unvollständig besetzte Energiebänder vorliegen, die – im Sinne obiger Regel[26)] – eine *Elektronenleitung* über „positive Elektronenlöcher" im Valenzband („*p-Leitung*") und zugleich „*negative Elektronen*" im Leitungsband („*n-Leitung*") ermöglichen. In den gängigen „reinen" (fremdstofffreien) Halbleitern (**„Eigenhalbleiter"**) wie Si, Ge, GaAs, CdS, in welchen naturgemäß ebenso viele Elektronenlöcher im Valenz- wie Elektronen im Leitungsband vorliegen (n = p) ist die *Konzentration* derartiger „*Ladungsträger*" aber noch äußerst klein (10^9 bis 10^{13} pro Kubikzentimeter); sie wächst jedoch mit zunehmender *Temperatur* (entsprechendes gilt für abnehmende Bandlückenbreite) exponentiell an. Dementsprechend sind *elektrische Halbleiter*" wie *Silicium* ($E_g = 1.09$ eV), *Germanium* ($E_g = 0.60$ eV), *Galliumarsenid* ($E_g = 1.43$ eV) oder *Cadmiumsulfid* ($E_g = 2.6$ eV) u.a. dadurch charakterisiert, daß ihre **elektrische Leitfähigkeit** mit *steigender Temperatur wächst* („*positiver Temperaturkoeffizient*"), während sie bei „*elektrischen Leitern*" als Folge der wachsenden Zahl von Zusammenstößen der Elektronen mit den – bei höheren Temperaturen stärker schwingenden – Atomrümpfen *sinkt* („*negativer Temperaturkoeffizient*"). Je breiter die verbotene Energiezone E_g ist, desto größere Energiemengen benötigt man naturgemäß, um bei einem Halbleiter eine bestimmte Leitfähigkeit zu erreichen. Dementsprechend muß man Silicium sehr stark erwärmen, damit es vergleichbar leitend wird wie Germanium bei Raumtemperatur.

Ist die *verbotene Energiezone* E_g eines chemischen Stoffs wie etwa die des *Diamanten* (5.2 eV) *sehr breit*, so kann die zur Elektronenanregung erforderliche Energie thermisch bei den zugänglichen Temperaturen nicht mehr aufgebracht werden; es liegt ein sehr guter Isolator vor. Bestrahlt man aber einen Diamanten mit Röntgenlicht, also sehr energiereicher Strahlung, so wird auch er elektrisch leitend. Ganz allgemein benötigt man bei Festkörpern mit einer Bandlücke $E_g > 3.1$ eV (z.B. *farbloses* TiO_2: 3.1 eV) nicht sichtbares ultraviolettes Licht und bei Festkörpern mit einer Bandlücke E_g im Bereich 1.6–3.1 eV (z.B. *gelbes* CdS: 2.6 eV; *rotes* HgS: 2.1 eV) sichtbares Licht, um sie elektrisch leitend zu machen, während die Elektronenanregung von Festkörpern mit Bandlücken $E_g < 1.6$ eV (z.B. *schwarzes* CdTe: 1.6 eV; *dunkelgrau-glänzendes* Si: 1.09 eV; *grauweiß-glänzendes* Ge: 0.60 eV) bereits thermisch erfolgen kann (bezüglich der optischen Eigenschaften von Festkörpern vgl. S. 171, weiter unten sowie Anm.[29)]).

Ist die *verbotene Energiezone* E_g eines chemischen Stoffs wie die von *α-Zinn* (0.08 eV) *sehr schmal* oder wie die von *Bismut verschwindend klein*, so weist er – wie oben angedeutet wurde – zunehmend metallische Eigenschaften auf. Dies zeigt sich u.a. darin, daß die elektrische Leitfähigkeit solcher „*entarteter Halbleiter*" („*Halbmetalle*") fast *temperaturunabhängig* ist oder mit der Temperatur sogar abnimmt. Da in letzteren Fällen die *Zustandsdichte* (Besetzungsdichte) an der Stelle der Bänderberührung (Fermi-Niveau) sehr klein ist (s.o.), ist die Leitfähigkeit der Halbmetalle zwar um Größenordnungen besser als die von Halbleitern wie Si, Sb, aber auch um Größenordnungen geringer als die von Metallen wie Cu, Zn, Al, Ni.

H. Lüth: „*Festkörperphysik*", Springer, Berlin 1988; C. Kittel: „*Festkörperphysik*", Oldenbourg, München 1988; K. Kopitzki: „*Einführung in die Festkörperphysik*" Teubner, Stuttgart 1988; K. Seeger: „*Semiconductor Physics*", Series in Solid State Sciences 40, Springer, Berlin 1985; K.J. Ebeling: „*Integrierte Optoelektronik*", Springer, Berlin 1989; D.A. Fraser: „*Halbleiterphysik*", Oldenbourg München 1981; M.X. Tan, P.E. Laibinis, S.T. Nguyen, J.M. Kesselman, C.E. Stanton, N.S. Lewis: „*Principles and Applications of Semiconductor Photoelectrochemistry*", Progr. Inorg. Chem. **41** (1994) 21–144; ULLMANN (5. Aufl.): „*Thermoelectricity*", **A 26** (1994).

29 Halbleiter mit Bandlücken $E_g = > 3.1/3.1-1.6/< 1.6$ eV ($\triangleq > 300/300-155/< 155$ kJ/mol) sind farblos (z.B. CuCl, ZnO, TiO_2)/*gelb* bis *tiefrot* (z.B. ZnSe, CdS, GaP, ZnTe, CdSe)/undurchsichtig *grau- bis schwarzglänzend* (z.B. CdTe, GaAs, Si, Ge, SnSb). Da steigende Temperatur zur Energiebandverbreiterung und damit zur Bandlückenverkleinerung führt, werden farblose Halbleiter mit E_g Werten kurz oberhalb 3.1 eV (z.B. ZnO, TiO_2) beim Erwärmen gelb bis rot.

Fremdhalbleiter. Ersetzt man im Silicium einige Siliciumatome (4 Außenelektronen) durch Atome von Elementen der III. Hauptgruppe (3 Außenelektronen) bzw. von Elementen der V. Hauptgruppe (5 Außenelektronen), so werden *Elektronenleerstellen* bzw. Stellen mit *überschüssigen Elektronen* geschaffen. Es bedarf bei derart mit Fremdatomen „*dotierten*" Siliciumkristallen nur einer geringen Energiezufuhr, um Elektronen aus dem Valenzband in die Elektronenleerstellen bzw. die überschüssigen Elektronen in das Leitungsband überzuführen (vgl. Fig. 286) und damit unvollständig besetzte Valenz- bzw. Leitungsbänder zu schaffen, die für die – gegenüber reinem Silicium – verbesserte Leitfähigkeit verantwortlich sind (z. B. bedingt eine Dotierung des Siliciums mit 1 Boratom pro 1 000 000 Siliciumatome einen Anstieg der Leitfähigkeit um etwa 10^6 auf den Wert $0.8\,\Omega^{-1}\text{cm}^{-1}$). In analoger Weise lassen sich auch andere Stoffe durch Dotierung (Einbau von Störstellen) in sogenannte **Fremdhalbleiter** verwandeln (selbst Diamant zeigt merkliche Leitfähigkeit, sofern er mit Bor dotiert vorliegt). Man unterteilt sie, je nachdem eine zu Elektronenleerstellen bzw. zu überschüssigen Elektronen führende Dotierung erfolgte, als „*Elektronendefekt-Halbleiter*" („*p-Leiter*", Leiter positiver Ladung) bzw. als „*Elektronenüberschuß-Halbleiter*" („*n-Leiter*", Leiter negativer Ladung).

Da für einen bestimmten Halbleiter das *Produkt der Konzentration positiver und negativer Ladungsträger* p bzw. n im thermodynamischen Gleichgewicht bei festgelegter Temperatur unabhängig von der Dotierungsart und -menge *konstant* bleibt ($p \times n = k$), führt die Erhöhung der Konzentration einer Ladungsträgersorte („*Majoritätsträger*") durch Dotierung des Halbleiters automatisch zur Erniedrigung der anderen Ladungsträgersorte („*Minoritätsträger*")[30]. Da zudem die Zahl der Defektstellen bzw. der überschüssigen Elektronen etwa der Konzentration der eingebauten Fremdatome entspricht, zeigt die elektrische Leitfähigkeit von Fremdhalbleitern nur noch eine geringe Temperaturabhängigkeit (wegen des geringen Energieunterschieds zwischen Donor-Niveau und Leitungsband bzw. Akzeptor-Niveau und Valenzband geben die für Dotierungen geeigneten Fremdatome ihre überzähligen Elektronen mehr oder minder vollständig in delokalisierte Zustände ab oder nehmen Elektronen vom Halbleiter auf; mit der Dotierung steigt insgesamt die Ladungsträgerkonzentration und damit die elektrische Leitfähigkeit an)[30].

Anwendungen. Gängige Halbleiter. Man kennt derzeit hunderte von Halbleitern. Beispiele sind etwa Silicium, Germanium, Selen, Kupfer(I)-oxid, Titandioxid oder Verbindungen E'E'' von Elementpaaren, deren eines Glied E' im Periodensystem um ebensoviele Gruppen *vor* C, Si, Ge, Sn (IV. Hauptgruppe bzw. 14. Gruppe des Periodensystems) steht wie das zweite Glied E'' *dahinter*, so daß die Summe der Außenelektronen beider Bindungspartner gleich 8 wie bei zwei C-, Si-, Ge-, Sn-Atomen des Diamants, Siliciums, Germaniums bzw. grauen Zinns ist. Bei Kombinationen von Elementen der III. und V. Hauptgruppe (13. und 15. Gruppe des Periodensystems; z. B. BN, AlN, AlP, GaN, GaP, GaAs, InSb) spricht man von **III/V-Verbindungen**, bei solchen von Elementen der II. und VI. Hauptgruppe (12. und 16. Gruppe des Periodensystems; z. B. ZnO, ZnS, CdS, CdSe, HgS, HgSe, HgTe) von **II/VI-Verbindungen** und im Falle solcher von Elementen der I. Nebengruppe und VII. Hauptgruppe (11. und 17. Gruppe des Periodensystems; z. B. CuCl, CuI, AgI, AuBr) von **I/VII-Verbindungen**. Sie sind ähnlich wie C, Si, Ge, Sn gebaut. Auch kommt ihnen ein ähnliches elektrisches und optisches Verhalten wie letzteren Elementen zu. Ihre technische Bedeutung liegt – wie die des **Siliciums** und **Germaniums** – vor allem in der *Nutzung als Halbleiter*[28], deren *Eigenschaften* (z. B. Größe der Bandlücken) durch Zusammenmischen von Elementen der 13., 12. bzw. 11. Gruppe mit solchen der 15., 16. bzw. 17. Gruppe zu binären, ternären oder quaternären undotierten bzw. dotierten Phasen durch Gastransport-Verfahren (z. B. Molekularstrahl- oder Dampfphasen-Epitaxie) naturgemäß *gezielt abgestimmt* werden können. Einige Anwendungsgebiete derartiger Halbleiter seien kurz skizziert:

Elektronik-Bauelemente (vgl. hierzu S. 880, 1098). Kontakte zwischen n- und p-dotierten Halbleitern führen an den Kontaktstellen zur Bildung von „*Verarmungszonen*" an Elektronen und Elektronenlöchern aufgrund einer Abwanderung der negativen bzw. positiven Ladungsträger in den p- bzw. n-Leiter. Sie sind in np-Richtung *hochohmig* und werden beim Anlegen einer negativen (einer positiven) Spannung an die n- und positiven (negativen) Spannung an die p-Seite elektrisch leitend (elektrisch noch weniger leitend), da zusätzliche Ladungsträger in die verarmten Zonen getrieben (aus den verarmten Zonen gezogen) werden. Derartige **„Halbleiter-Dioden"** besitzen also eine „*Stromdurchlaßrichtung*" und eine

---

[30] Der Sachverhalt erinnert an die „Ladungsträger" H^+ und OH^- des Wassers. Eine Zugabe von Säuren zu Wasser erhöht (erniedrigt) hier gemäß der Beziehung $c_{H^+} \times c_{OH^-} = K$ die H^+-Ionen (die OH^--Ionen), wobei die Protonenkonzentration etwa der Konzentration der Säure entspricht, falls diese stark ist. Analoges gilt für das Versetzen von Wasser mit Basen. Insgesamt wächst bei Säure- oder Basenzugabe zu Wasser die Ladungsträgerkonzentration an.

„*Stromsperrichtung*" und können als Diodengleichrichter genutzt werden. *Belichten* von Halbleiter-Dioden, gepolt in *Sperrichtung*, führt zur Ladungsträgervermehrung durch Lichtabsorption in der Verarmungszone, d.h. zur Ausbildung zusätzlicher lokalisierter Elektronen/Loch-Paare (*Bildung von „Excitonen"*). Die hervorgerufene „Photospannung" kann zur Lichtmessung und IR-Detektierung (Photodioden) sowie zur Stromgewinnung (Photoelemente bzw. Solarzellen) herangezogen werden (als IR-Detektor verwendet man z.B. InSb, für Solarzellen Si, GaAs, Cu_2S/CdS). Die in Photodioden und -elementen erfolgende „*photoelektrische Energieumwandlung*" läßt sich mit Halbleiter-Dioden, gepolt in *Durchlaßrichtung*, umkehren (*Vernichtung von „Excitonen"*) und so zu spontaner oder stimulierter Lichtemission in Luminiszenzdioden bzw. lichtemittierenden Dioden (LED) in der Optoelektronik für digitale Anzeigen bei Taschenrechnern, Uhren, elektronischen Geräten, aber auch als IR-Emitter, Photokathoden usw. nutzen. Unter den LEDs, deren ausgestrahlte Lichtwellenlängen durch die Größe der Bandlücke E_g bestimmt wird, dient etwa GaAs für *infrarotes* Licht ($E_g = 1.43$ eV ≙ 138 kJ/mol; $\lambda = 870$ nm), $GaAs_{1-x}P_x$ für *orangefarbenes bis rotes* Licht (z.B. $GaAs_{0.6}P_{0.4}$: $E_g = 1.91$ eV ≙ 184 kJ/mol; $\lambda = 650$ nm), GaP für *grünes* Licht ($E_g = 2.26$ eV ≙ 218 kJ/mol; $\lambda = 550$ nm), GaN oder SiC für *blaues* Licht (Halbleiter jeweils teils n- und teils p-dotiert). Auch zur Erzeugung von Laserlicht (Laserdioden; z.B. $Al_xGa_{1-x}As$; S. 1098) nutzt man die Umwandlung von Elektrizität in Licht in Halbleiter-Dioden.

Ein weiteres breites Anwendungsgebiet besitzen beidseitige Kontakte eines p-Leiters („*Basis*") mit zwei n-Leitern (Emitter und Kollektor) bzw. eines n-Leiters mit zwei p-Leitern. Derartige **„Halbleiter-Transistoren"** (npn- bzw. pnp-Leiter) lassen sich u.a. als Verstärker für elektronische Signale nutzen.

3.2 Supraleiter[6,28,31]

Mißt man den elektrischen Widerstand von Festkörpern in Abhängigkeit von der Temperatur, so macht man die überraschende Beobachtung, daß dieser in vielen Fällen bei niedrigen Temperaturen (z.B. 4.15 K im Falle von Quecksilber) innerhalb eines sehr kleinen Temperaturintervalls von wenigen hundertstel Kelvin verschwindet und unterhalb der betreffenden, stoffcharakteristischen „*kritischen Temperatur*" T_c (**„Sprungtemperatur"**) gleich null bleibt. Man nennt die Fähigkeit vieler Stoffe (fast aller Metalle und Legierungen, einiger Halbleiter und einiger Oxid-, Sulfid-, Tellurid-, Nitrid-, Carbidkeramiken), unterhalb von T_c den elektrischen Strom verlustfrei zu leiten „*Supraleitfähigkeit*", die Erscheinung des verschwindenden Widerstands **„Supraleitung"**.

Die Sprungtemperaturen der meisten bisher untersuchten supraleitenden Festkörper („*Niedrigtemperatur-Supraleiter*") liegen im Temperaturbereich zwischen 0 bis 40 K, also unterhalb des Siedepunkts von flüssigem Stickstoff (77 K). Es konnten allerdings in jüngerer Zeit (ab 1987) auch Stoffe („*Hochtemperatur-Supraleiter*") mit kritischen Temperaturen oberhalb 40 K und sogar oberhalb des N_2-Siedepunkts aufgefunden werden.

3.2.1 Konventionelle Supraleiter

Experimentelles. Die Sprungtemperaturen der *Metalle* liegen im Bereich 0.015 K (Wolfram) und 9.25 K (Niobium). Allerdings vermögen offensichtlich nur Metalle mit 2 bis 8 Valenzelektronen in den supraleitenden Zustand überzugehen. Besonders hohe kritische Temperaturen kommen nach B.T. Matthias *Legierungen* mit einer mittleren Valenzelektronenzahl der Legierungsbestandteile um 4.7 und 6.5 zu (z.B. Valenzelektronenzahl von $Nb_3Sn = (3 \times 5 + 4) : 4 = 4.75$). Unter den bis zum Jahre 1986 aufgefundenen Supraleitern zeichneten sich folgende durch besonders hohe Sprungtemperaturen aus: NbN ($T_c = 16$ K), $V_3Si/Nb_3Al/$

[31] **Literatur.** W. Buckel: „*Supraleitung. Grundlagen und Anwendungen*", 4. Aufl., Physik Verlag, Weinheim 1990; C.N. Rao: „*Chemistry of Oxide Superconductors*", Blackwell Scientific Publications, Oxford 1988; H. Müller-Buschbaum: „*Zur Kristallchemie der oxidischen Hochtemperatur-Supraleiter und deren kristallchemischen Verwandten*", Angew. Chem. **101** (1989) 1503–1524; Int. Ed. **28** (1989) 1472; H. Stuhl, B.M. Maple: „*Superconductivity in d- and f-Band Metals*", Acad. Press, New York 1980; S.V. Vonsovsky (Hrsg.): „*Superconductivity of Transition Metals. Their Alloys and Compounds*", Springer, Berlin 1982; ULLMANN (5. Aufl.): „*Superconductors*", **A 25** (1994); A. Simon: „*Supraleitung – ein chemisches Phänomen?*", Angew. Chem. **99** (1987) 602–606; Int. Ed. **26** (1987) 579; J.H. Perlstein: „*Organische Metalle – Die intermolekulare Wanderung der Aromatizität*", Angew. Chem. **89** (1977) 534–549; Int. Ed. **16** (1977) 519; J.M. Williams, K. Carneivo: „*Organic Superconductors: Synthesis, Structure, Conductivity, and Magnetic Properties*", Adv. Inorg. Chem. **29** (1985) 249–296.

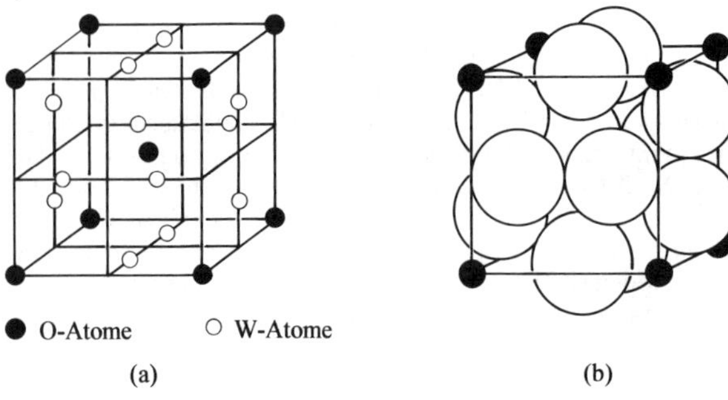

Fig. 287 Kristallstruktur von W_3O (analog gebaut sind V_3Si, Nb_3Al, Nb_3Sn, Nb_3Ge). (a) Ladungsschwerpunkte der Atome; (b) Raumerfüllung der W-Atome.

Nb_3Sn/Nb_3Ge ($T_c = 17.1/18.0/18.1/23.2$ K). Erstere Verbindung kristallisiert mit „*NaCl-Struktur*", während letztere Verbindungen die „*W_3O-Struktur*" („*β-Wolframstruktur*" bzw. „*V_3Si-Struktur*") einnehmen, in welcher die Si-, Al-, Sn-, Ge- bzw. O-Atome gemäß Fig. 287 ein kubisch innenzentriertes Gitter bilden und jeweils verzerrt-ikosaedrisch von 12 V-, Nb- bzw. W-Atomen umgeben sind (letztere Atome bilden ihrerseits Ketten in Richtung der drei Raumachsen).

Theoretisches. Die **BCS-Theorie**[32)], mit welcher die Supraleitung als ein makroskopisch erkennbares Quantenphänomen gedeutet wird, geht davon aus, daß die *Leitungselektronen* supraleitender Festkörper unterhalb der Sprungtemperatur paarweise über gequantelte Gitterschwingungen („*Phononen*") zu sogenannten „*Cooper-Paaren*" gekoppelt werden (vgl. hierzu die durch Elektronenaustausch hervorgerufene Kopplung zweier H-Atome zu einem H_2-Molekül). Die Cooper-Paare, deren beide antiparallel spinorientierte Elektronen relativ weit voneinander entfernt sein können (Kohärenzlänge = einige tausend Ångström), haben einen *Gesamtelektronenspin = null* und gehorchen daher nach den Gesetzen der Quantenphysik als „*Bosonen*" – anders als Teilchen mit halbzahligem Spin („*Fermionen*") – nicht der „*Fermi-*" sondern der „*Bose-Einstein-Statistik*". Hiernach gilt für sie kein Pauli-Verbot (S. 98), so daß die Paare alle einen einzigen Quantenzustand bestimmter Energie besetzen können. Dies hat zur Folge, daß kein Energieaustausch mit ihrer Umgebung stattfindet: bei Anlegen einer Spannung fließt elektrischer Strom demgemäß widerstandslos.

Erreicht die kinetische Energie bewegter Cooper-Paare ihre *Bindungsenergie*, so „brechen" sie auf, und es erfolgt ein Übergang von der verlustfreien zur normalen elektrischen Leitung. Infolgedessen findet die Supraleitung oberhalb einer „*kritischen Temperatur*" T_c und ab einer „*kritischen Stromdichte*" I_c ihr Ende. Da die *Konzentration* der ladungstransportierenden Cooper-Paare mit sinkender Temperatur wächst, steigt in gleicher Richtung auch die kritische Stromdichte[33)].

---

[32] **Geschichtliches.** Der Physiker Heike Kammerlingh-Onnes (1853–1926; Nobelpreis 1913; erstmalige Helium-Verflüssigung 1908) entdeckte im Jahre 1911 bei Untersuchungen zum Verhalten des elektrischen Widerstands von Metallen bei sehr tiefen Temperaturen, daß der elektrische Widerstand von **Hg** unterhalb 4.15 K abrupt auf einen unmeßbar kleinen Wert abfällt. In der Folgezeit wurden *Supraleiter* mit zunehmend höheren Sprungtemperaturen aufgefunden: 1930: **Nb** (T_c = 9.25 K); 1940; **NbN** (16 K); 1950: **Nb_3Sn** (18.1 K); 1973: **Nb_3Ge** (23.2 K); 1986: gesintertes **La/Ba/Cu-oxid** (30 K; J. G. Bednorz, K. A. Müller: Nobelpreise 1987); 1987: **$YBa_2Cu_3O_7$** (95 K; M. K. Wu aus Huntsville/Alabama und C. W. Chu aus Houston/Texas sowie unabhängig davon Z. X. Zhao aus Peking). Eine *theoretische Deutung der Supraleitung* gelang erstmals den Physikern J. **B**ardeen, L. N. **C**ooper und J. R. **S**chrieffer (Nobelpreise 1972) im Jahre 1957 („*BCS-Theorie*").

[33] Bestätigt wird die BCS-Theorie u. a. durch die Beobachtung, daß der magnetische Fluß (die magnetische Induktion S. 1300) einer stromdurchflossenen, supraleitenden Schleife (vgl. Fig. 281 auf S. 1302) nur in ganzzahligen Vielfachen eines *elementaren Flußquants* $\phi_0 = h/2e = 2 \times 10^{15}$ [Vs] verändert werden kann. Damit ist auch bewiesen, daß Träger der Ladung 2e den Strom bewirken. Darüber hinaus wird im Falle von Zinn unterschiedlicher Isotopenzusammensetzung Proportionalität von der Sprungtemperatur T_c mit der Wurzel $\sqrt{M}$ aus der *Isotopenmasse M* gefunden (T_c = 3.65 bis 3.85 K für $^{112}_{50}Sn$ bis $^{124}_{50}Sn$) und damit bewiesen, daß die Elektronenkopplung zu Cooper-Paaren über Gitterschwingungen erfolgt.

Supraleiter im Magnetfeld. Materie im supraleitenden Zustand *verdrängt* wie ein diamagnetischer Stoff (Fig. 280, S. 1300) von außen angelegte *Magnetfelder*. Tatsächlich ist der Supraleiter *perfekt diamagnetisch*: $\boldsymbol{M}$ (= Magnetisierung) = $-\boldsymbol{H}_{\text{außen}}$ (= magnetische Feldstärke)[7, 9]; der Supraleiter verdrängt im Inneren alle magnetischen Feldlinien, d.h. in einem Supraleiter existiert *kein Magnetfeld*. Man bezeichnet dieses für die Supraleitung charakteristische Verhalten nach den Entdeckern W. Meißner und R. Ochsenfeld (1933) als „*Meißner-Ochsenfeld-Effekt*". Erreicht die Energie der Ladungsträger im induzierten Kreisstrom bei der „*kritischen magnetischen Feldstärke* $\boldsymbol{H}_c$ die Bindungsenergie der Cooper-Paare, so wird die Supraleitung aufgehoben. Somit sinkt die Sprungtemperatur eines supraleitenden Festkörpers mit wachsender Feldstärke eines äußeren Magnetfelds oder – gleichbedeutend – es erniedrigt sich die kritische magnetische Feldstärke mit steigender Temperatur (Fig. 288). Ab einer gewissen Feldstärke $\boldsymbol{H}_0$ kann der betreffende Stoff selbst bei 0 K, ab einer gewissen Temperatur T selbst in äußerst schwachen (verschwindenden) Magnetfeldern nicht mehr in den supraleitenden Zustand überführt werden.

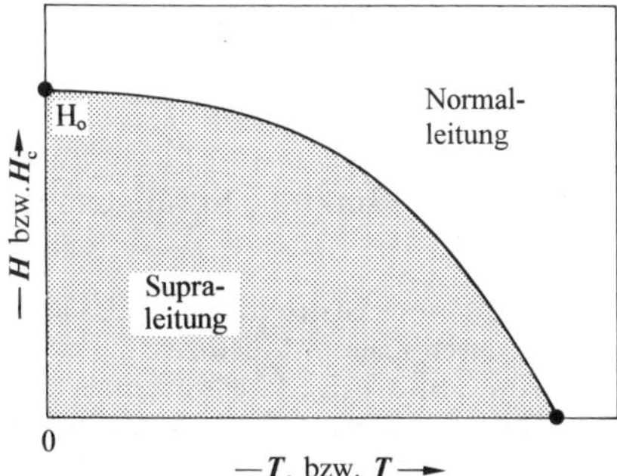

Fig. 288 Kritische Temperatur T_c als Funktion des äußeren Magnetfeldes $\boldsymbol{H}$ bzw. kritische Feldstärke $\boldsymbol{H}_c$ als Funktion der Temperatur T.

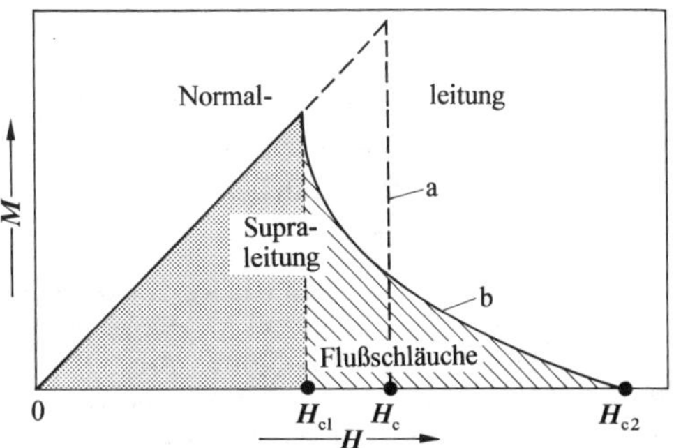

Fig. 289 Magnetisierung M als Funktion des äußeren Magentfeldes H. Gestrichelte Linie (a): Typ-I-Supraleiter; ausgezogene Linie (b): Typ-II-Supraleiter (die Flächen unter beiden Linien sind gleich groß).

Man unterscheidet *Supraleiter erster* und *zweiter Art*. Typ-I-Supraleiter, zu denen die meisten supraleitenden Metalle gehören, zeigen bis zur kritischen magnetischen Feldstärke $\boldsymbol{H}_c$ *perfektes Meißner-Ochsenfeld-Verhalten* ($\boldsymbol{M} = -\boldsymbol{H}$). Die große Mehrzahl der Supraleiter (Legierungen, Keramiken) stellen jedoch Typ-II-Supraleiter dar, bei denen oberhalb einer magnetischen Feldstärke $\boldsymbol{H}_{c1}$ des äußeren Magnetfeldes die Magnetisierung (die magnetische Induktion, der magnetische Fluß) des Supraleiters mit wachsendem Feld $\boldsymbol{H}$ monoton abnimmt, bis bei der magnetischen Feldstärke $\boldsymbol{H}_{c2}$ die Magnetisierung (abgesehen vom diamagnetischen Stoffanteil) und damit die Supraleitung verschwindet (Fig. 289). Im „*Mischzustand*" der Typ-II-Supraleiter zwischen $\boldsymbol{H}_{c1}$ und $\boldsymbol{H}_{c2}$ ist der magnetische Fluß nicht homogen über den Querschnitt des Supraleiters verteilt, sondern er tritt in einzelnen „*Flußschläuchen*" auf, die das Material nebeneinander durchziehen und deren Konzentration mit steigenden magnetischen Feldstärken anwächst. Der Suprastrom, der sich im Falle der Typ-I-Supraleiter nur innerhalb einer dünnen Oberflächenschicht bewegt, fließt bei den Typ-II-Supraleitern zudem um die Flußschläuche herum. Deshalb und wegen der höheren kritischen Feldstärke ($\boldsymbol{H}_{c2} > \boldsymbol{H}_c$; vgl. Fig. 289) eignen sich Supraleiter vom Typ II für praktische Anwendungen besser als solche vom Typ I (vgl. Anm.[34]).

---

[34] Wird ein elektrischer Strom senkrecht zu den Flußschläuchen durch den Supraleiter geschickt, so wirkt auf die Schläuche eine Kraft („Lorenz-Kraft"), die sie zum Wandern veranlaßt. Insgesamt geht hierdurch Energie verloren; es wird ein elektrischer Widerstand erzeugt. Durch Kristallfehler lassen sich jedoch die Flußschläuche in vielen Fällen fixieren, so daß man kaltverformte Supraleiter anders als getempertes („ausgeheiltes"), fast kristallfehlerfreies Material ohne Kristallfehler mit erheblichen Strömen belasten kann.

Anwendungen. Supraleitende Spulen werden insbesondere zur Herstellung starker magnetischer Felder verwendet, doch ist die erreichbare Feldstärke aus oben genannten Gründen begrenzt. Die Kosten des relativ teuren Spulenmaterials (praktische Bedeutung haben NbTi sowie Nb_3Sn mit $T_c = 9.6$ bzw. 18.1 K) und der Kühlung mit flüssigem Helium werden dadurch wettgemacht, daß die Spulen sehr kompakt sind sowie wenig Energie verbrauchen und daß keine Stromwärme abgeführt werden muß[35]. Der Verlust an flüssigem Helium ist in der Regel klein. *Supraleitende Magnetspulen* finden Anwendung in Hochleistungsgeräten zur Messung der *kernmagnetischen Resonanz*, in Kernspin-Tomographen zur *medizinischen Diagnostik*, in Teilchenbeschleunigern, Blasenkammern sowie Kernfusionsreaktoren der *Hochenergie-Physik* und in Josephson-Kontakten (Tunnel-Dioden) für hochempfindliche *Magnetfeldmessungen*. Noch nicht realisiert sind denkbare Anwendungen von Supraleitern im Bereich der Stromerzeugung und -übertragung, der Elektromotoren, der Energiespeicherung, der Transportsysteme (z. B. Magnetschwebebahn). Eine gewisse Bedeutung hat die Supraleitung aber bereits in der Mikroelektronik z. B. bei schnellen Computern erlangt.

3.2.2 Hochtemperatur-Supraleiter

Experimentelles. Während die höchste bisher aufgefundene Sprungtemperatur eines *Metalls* bzw. einer *Legierung* bei 9.25 K (Nb) bzw. 23.2 K (Nb_3Ge) liegt, lassen sich mit supraleitenden *Oxidkeramiken* wie $La_{1.8}Ba_{0.2}CuO_4$ bzw. $La_{1.85}Sr_{0.15}CuO_4$ bzw. $YBa_2Cu_3O_{7-x}$ ($x = 0$) kritische Temperaturen von 30 K bzw. 40 K bzw. 95 K realisieren[36]. Der Sauerstoffgehalt läßt sich im letztgenannten Oxid durch Tempern bei 385–400 °C in Sauerstoffatmosphäre unter verschiedenen O_2-Partialdrücken variieren (im Bereich $x = 0$ bis 0.5 sinkt die Sprungtemperatur von 95 auf 0 K)[36].

Die Strukturen der erwähnten Keramiken enthalten Elemente der Perowskitstruktur (vgl. S. 1406). $La_{2-x}M_x^{II}CuO_4$ kristallisiert mit „K_2NiF_4-*Struktur*" (vgl. Fig. 290a; durch Kalium-Ionen zusammengehaltene Schichten eckenverknüpfter NiF_6-Oktaeder). Das Mischoxid $YBa_2Cu_3O_7$ (auch nach der Y-, Ba-, Cu-Menge als „Einszweidreioxid" bezeichnet) baut sich aus Schichtpaketen auf. Jedes Schichtpaket wird gemäß Fig. 290b auf beiden Seiten von einem ebenen Netz aus CuO_4-Quadraten mit vier gemeinsamen Ecken (Zusammensetzung der Schicht: CuO_2) begrenzt. Zwischen diesen parallel übereinander angeordneten CuO_2-Netzen eines Pakets liegen Bänder aus CuO_4-Quadraten mit zwei gemeinsamen Ecken (Zusammensetzung: CuO_3) in parallel hintereinander angeordneten Ebenen, welche senkrecht zu den CuO_2-Netzebenen verlaufen. Die CuO_2-Netze sind hierbei so über und unter den CuO_3-Bändern

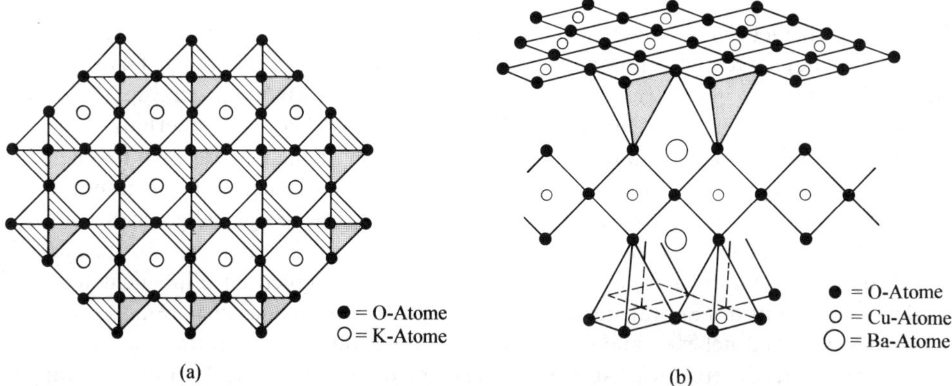

Fig. 290 Ausschnitte aus Kristallstrukturen: (a) K_2NiF_4 (die wiedergegebenen Oktaeder sind jeweils mit Ni^{2+}-Ionen zentriert); (b) $YBa_2Cu_3O_7$ (die wiedergegebenen Schichtpakete werden durch – nicht gezeigte – Y^{3+}-Ionen zusammengehalten).

[35] Die Erzeugung einer magnetischen Induktion von 10 Tesla in einem Volumen von 50 Kubikzentimetern erfordert bei konventionellen Elektromagneten eine elektrische Leistung von 2000 kW. Zur Abfuhr der erzeugten Wärme werden 4 Kubikmeter Kühlwasser pro Minute benötigt. Die Kosten eines derartigen Magneten sind damit etwa zehnmal höher als die einer leistungsgleichen, viel kleineren Spule aus Nb_3Sn-Draht.

[36] Weitere Supraleiter mit hohen Sprungtemperaturen sind etwa: $Tl_2Ba_2CuO_6$ ($T_c = 80$ K), $Bi_{2+x}Ca_{1-x}Sr_2Cu_2O_{8+x/2}$ (83 K), $Tl_2Ba_2CaCu_2O_8$ ($T_c = 110$ K), $Tl_2Ba_2Ca_2Cu_3O_{10}$ ($T_c = 125$ K).

angeordnet, daß nahezu quadratische CuO_5-Pyramiden entstehen. Die durch die Netze begrenzten Schichtpakete enthalten zudem die Barium-Ionen und werden durch die Yttrium-Ionen sowie über schwache Cu^{2+}/Cu^{2+}-Wechselbeziehungen (Überlappung der mit je einem Elektron besetzten d_{z^2}-Orbitale) miteinander verknüpft.

Theoretisches. Den besprochenen supraleitenden und anderen[36)] kupferhaltigen Oxidkeramiken gemeinsam sind die CuO_2-Netze, deren Sauerstoffatome meist ein wenig nach der einen oder abwechselnd nach der einen und der anderen Seite aus der Ebene der Kupferatome herausragen. Der Mechanismus der Kopplung der Cooper-Paare (Kohärenzabstände um 10 Å) in diesen Systemen ist noch nicht völlig geklärt. Beim Übergang in den supraleitenden Zustand wird das Kristallgefüge merklich verfestigt wie etwa aus dem Anstieg der Schallgeschwindigkeit in den Oxiden hervorgeht. Aus der Anisotropie der Strukturen folgt eine Anisotropie der kritischen Stromdichte (s. o.); sie ist parallel zu den CuO_2-Netzen größer als senkrecht dazu.

Anwendungen. Einer praktischen Anwendung der Hochtemperatur-Supraleiter stehen Schwierigkeiten ihrer Verarbeitung zu Drähten und Spulen entgegen. Es handelt sich um Typ-II-Supraleiter, deren magnetische Flußschläuche bisher nicht genügend fixiert werden konnten, was zu elektrischem Widerstand und damit zu Wärmeentwicklung bei hohen Strömen führt.

Kapitel XXII

Die Kupfergruppe

Zur *Kupfergruppe* (I. Nebengruppe bzw. 11. Gruppe des Periodensystems) gehören die (diamagnetischen) Metalle *Kupfer* (Cu), *Silber* (Ag), *Gold* (Au) und *Eka-Gold* (Element 111; nur künstlich in einzelnen Atomen erzeugbar). Man bezeichnet erstere drei Elemente auch als **„Münzmetalle“**[1], weil sie wegen ihrer Korrosionsbeständigkeit schon von alters her zur Herstellung von Geldmünzen dienten.

Zum Unterschied von den *unedlen* Alkalimetallen (I. Hauptgruppe bzw. 1. Gruppe des Periodensystems) sind die Münzmetalle *edle* Metalle. Dies findet seinen Ausdruck in den im Vergleich mit den Alkalimetallen viel *höheren ersten Ionisierungsenergien* der Münzmetalle gleicher Periode und den viel *positiveren Normalpotentialen* für den Übergang M/M^+ (vgl. Tafeln III und IV)[2]. Mit *wachsender Kernladung* des Münzmetalls *steigt* zudem dessen *edler Charakter*, während bei den Alkalimetallen in gleicher Richtung umgekehrt der unedle Charakter zunimmt. Insgesamt *unterscheiden* sich die einzelnen Münzmetalle *stärker* untereinander als die entsprechenden Alkalimetalle und auch stärker untereinander als die Elemente jeder der übrigen Nebengruppen. Vgl. hierzu auch S. 1354.

Am Aufbau der Erdhülle sind die Münzmetalle mit 5×10^{-3} (Cu), 7×10^{-6} (Ag) und 4×10^{-7} (Au) Gew.-% beteiligt, entsprechend einem Massenverhältnis von ca. 12000 : 18 : 1. Daß sie trotz dieses geringen Vorkommens schon seit den ältesten Zeiten bekannt sind, ist darauf zurückzuführen, daß sie wegen ihres edlen Charakters in der Natur *gediegen vorkommen* bzw. aus ihren Erzen schon bei verhältnismäßig *niedrigen Temperaturen gewonnen* werden können. Silber ist unter den 8 Edelmetallen (6 Platinmetalle + Ag + Au) das häufigste.

1 Das Kupfer[3]

1.1 Elementares Kupfer

Vorkommen

Kupfer findet sich als edles Metall ($\varepsilon_0 = +0.337$ V) in kleineren Mengen **gediegen** in Nordamerika, Chile und Australien. **Gebunden** kommt es in der *„Lithosphäre“* entsprechend seinem metallischen Charakter nur *kationisch*, und zwar hauptsächlich in Form von **Oxiden**, **Sulfiden** und **Carbonaten** vor.

---

1 **Literatur.** D. Krug: *„Metallische Münzwerkstoffe“*, Chemie in unserer Zeit **7** (1973) 65–74.

2 Da die Außenelektronen der Münzmetalle, verglichen mit denen der Alkalimetalle gleicher Periode (keine *d*-Elektronen in der zweitäußersten, keine f-Elektronen in der drittäußersten Hauptschale), aufgrund der *größeren Kernladungszahl* der Metalle und *geringeren Elektronenabschirmung* seitens der vorhandenen d- bzw. f-Elektronen *fester gebunden* sind, weisen Cu, Ag, Au neben höheren ersten Ionisierungsenergien und positiveren Normalpotentialen auch *kleinere Metallatom-* sowie *Ionenradien, stärkere*, auf s^1s^1-Wechselwirkungen zurückgehende *Metallbindungen* (d. h. höhere Schmelzpunkte, größere Härten), größere *Pauling-Elektronegativitäten* und *höhere Kovalenzanteile* der Bindungen (Folge: Unlöslichkeit der Chloride, Bromide, Iodide, Sulfide) als K, Rb, Cs auf. Da andererseits die *d-Elektronen* der zweitäußersten Schale der Münzmetalle *leichter abionisierbar* sind als die p-Elektronen der zweitäußersten Schale der Alkalimetalle gleicher Periode (vgl. Tafeln III, IV), treten erstere Elemente zum Unterschied von letzteren auch mit *Oxidationsstufen* > 1 auf. Vgl. hierzu auch relativistische Effekte, S. 338.

3 **Literatur.** A. G. Massey: *„Copper“*, Comprehensive Inorg. Chem. **3** (1973) 1–78; B. J. Hathaway: *„Copper“*, Comprehensive Coord. Chem. **5** (1987) 533–774; Ullmann (5. Aufl.): *„Copper“*, *„Copper Alloys“*, *„Copper Compounds“*, **A7** (1986) 471–593; Gmelin: *„Copper“*, Syst.-Nr. **60**, bisher 12 Bände. Vgl. auch Anm. 8, 9, 17.

Die wichtigsten sulfidischen Erze sind: „*Kupferkies*“ („*Chalkopyrit*“) $CuFeS_2$, „*Buntkupfererz*“ („*Bornit*“) Cu_5FeS_4, „*Cubanit*“ $CuFe_2S_3$ und „*Kupferglanz*“ („*Chalkosin*“) Cu_2S. Unter den oxidischen Erzen sind namentlich das rote „*Rotkupfererz*“ („*Cuprit*“) Cu_2O, der grüne „*Malachit*“ $Cu_2(OH)_2(CO_3)$ (= „$CuCO_3 \cdot Cu(OH)_2$“) und die blaue „*Kupferlasur*“ („*Azurit*“) $Cu_3(OH)_2(CO_3)_2$ (= „$2CuCO_3 \cdot Cu(OH)_2$“) zu nennen. Besonders reiche Lager von Kupfererzen finden sich in den USA, in Kanada, im asiatischen Rußland, in Chile, im Kongogebiet und in Simbabwe. Das meiste in Deutschland gewonnene Kupfer stammt aus spanischen Kiesen, ein kleinerer Teil wird aus dem Mansfelder Kupferschiefer (südöstlich vom Harz) gewonnen.

In der „*Biosphäre*“ kommt Kupfer in einem dem Blutfarbstoff ähnlich gebauten Komplex mit Cu statt Fe als Zentralmetall vor (z. B. im Blut einiger Schneckenarten und Krebse, wo es wie im Falle des Eisens im Hämoglobin von Säugetieren die Rolle der Sauerstoffübertragung im Organismus übernimmt). Vgl. hierzu Physiologisches.

Isotope (vgl. Anh. III). Das in der *Natur vorkommende* Kupfer besteht aus den Isotopen $^{63}_{29}Cu$ (69.17%) und $^{65}_{29}Cu$ (30.83%), die sich beide für *NMR-spektroskopische* Untersuchungen eignen. Die *künstlichen* Nuklide $^{64}_{29}Cu$ (β^-- und β^+-Strahler, Elektroneneinfang; $\tau_{1/2} = 12.9$ Stunden) und $^{67}_{29}Cu$ (β^--Strahler; $\tau_{1/2} = 30.83$ Stunden) werden als *Tracer* genutzt, ersteres Nuklid dient zudem in der *Medizin*.

Geschichtliches. Kupfer, das schon den ältesten Kulturvölkern (seit ca. 5000 v. Chr.) bekannt war, hat seinen *Namen* von „*aes cyprium*“ (lat.) = Erz aus Cypern, weil die auf Cypern vorkommenden Kupfererze schon im Altertum ausgebeutet wurden (Reduktion mit Holzkohle). Aus Cyprium wurde cuprum (lat.) = Kupfer, wovon sich das *Symbol* Cu für Kupfer ableitet. Um 3000 v. Chr. (Beginn der Bronzezeit) erkannte man in Indien, Mesopotamien und Griechenland die Verbesserung der Eigenschaften von Kupfer durch Zulegieren von Zinn (Bildung von *Bronze*).

Darstellung

Wichtige **Ausgangsmaterialien** zur Darstellung von Kupfer sind der weit verbreitete *Kupferkies* $Cu^IFe^{III}S_2$ (34.6 Gew.-% Kupfer), der *Buntkupferkies* $Cu^I_5Fe^{III}S_4$ (63.3 Gew.-% Kupfer) und der *Kupferglanz* Cu^I_2S (79.8 Gew.-% Kupfer)[4]. Allerdings ist der *Kupfergehalt* der bergmännisch gewonnenen und zur Verhüttung kommenden kupferhaltigen Erze infolge des Begleitgesteins („*Gangart*“) *häufig sehr gering* (0,4–2 Gew.-%). Durch „*Flotation*“ („*Schwimmaufbereitung*“) lassen sich die kupferarmen Gesteine aber meist in „angereicherte“ Erze („*Kupferkonzentrate*“) mit 20–30 Gew.-% Kupfer überführen.

Bei dem Verfahren der **Flotation** wird das feinzerteilte Ausgangsmaterial mit viel *Wasser* und etwas *Öl* (speziell Holzteeröl) angerührt, wobei sich das vom Öl benetzte *Kupfererz* in der stark *schäumenden Oberflächenschicht* ansammelt, während die – im Vergleich zum Erz zwar spezifisch leichtere, aber von Wasser benetzbare – *Gangart* zu Boden sinkt. Nach dem Abpressen des Öls erhält man so ein konzentriertes Erz.

Die **technische Gewinnung** des Kupfers aus den eisenhaltigen Kupfererzen erfolgt hauptsächlich (zu 75–80%) „schmelzmetallurgisch“ auf *trockenem Wege*, ferner auch „hydrometallurgisch“ auf *nassem Wege*. Im Falle des **schmelzmetallurgischen Verfahrens** *trennt* man erst die Kupfer- von der Eisenkomponente und *reduziert* dann das gebundene zu metallischem Kupfer. Hierbei macht man sich den Sachverhalt zu Nutze, daß die Einwirkung von *Sauerstoff* auf die Kupfereisensulfide bei erhöhter Temperatur („*Röstung*“) zunächst nur zu Eisenoxiden führt, welche mit Quarz SiO_2 Eisensilicat-Schlacken bilden, die sich in flüssigem Zustande nicht mit flüssigem Kupfersulfid mischen und infolgedessen abgetrennt werden können. Durch „*Röstreaktion*“ setzt man dann aus dem verbleibenden Kupfer(I)-sulfid bei erhöhter Temperatur metallisches **„Rohkupfer“** in Freiheit:

$$3Cu_2S + 3O_2 \rightarrow 6Cu + 3SO_2 + 652.3\,kJ\,.$$

4 In Industrieländern wird Kupfer zudem aus Kupfer-, Messing-, Bronze- und Rotguß-Schrott zurückgewonnen sowie aus kupferhaltigen Aschen, Zwischenprodukten und sonstigem Abfallmaterial in Freiheit gesetzt.

Das Verfahren entspricht der auf S. 974 bereits besprochenen Gewinnung von Blei aus Blei(II)-sulfid. Das zur Bleierzeugung ebenfalls angewandte Verfahren der „*Röstreduktion*" (s. dort) spielt andererseits für die Darstellung von Kupfer keine Rolle.

Aus *kupferarmen* Erzen und Abfallmaterialien (z. B. den bei der Schwefelsäurefabrikation anfallenden kupferhaltigen Pyritabbränden), deren Kupfergehalt durch Flotation nicht erhöht werden kann, wird das Kupfer zweckmäßig nach dem **hydrometallurgischen Verfahren** gewonnen, indem man aus diesen Ausgangsmaterialien – nötigenfalls nach vorherigem Rösten – das Kupfer durch „*Auslaugen*" herauslöst. So führt die Behandlung von Cu_2S-haltigen Materialien mit schwefelsaurem Eisen(III)-sulfat gemäß $Cu_2S + 2Fe_2(SO_4)_3 \rightarrow 2CuSO_4 + 4FeSO_4 + \frac{1}{8}S_8$ zu Lösungen von Kupfer(II)-sulfat (Lösedauer je nach Zerteilungsgrad der Ausgangsmaterialien Stunden bis Jahre), aus denen man metallisches Kupfer *elektrolytisch* an der Kupferkathode abscheidet („*Gewinnungselektrolyse*": $Cu^{2+} + 2\ominus \rightarrow Cu$)[5] oder durch Zugabe von *Eisenschrott* ausfällt („*Zementieren*": $Cu^{2+} + Fe \rightarrow Cu + Fe^{2+}$). Das entstehende Kupfer heißt in letzterem Falle **„Zementkupfer"**.

Nachfolgend sei auf Einzelheiten der *schmelzmetallurgischen* Gewinnung von „*Rohkupfer*" sowie auf die Reinigung („*Raffination*") des Rohkupfers (Überführung in **„Reinkupfer"**) näher eingegangen.

Gewinnung von Rohkupfer. Im Zuge des trockenen Verfahrens der Kupfergewinnung überführt man die Kupferkonzentrate (20–30 Gew.-% Kupfer) auf dem Wege über „*Kupferstein*" (30–70 Gew.-% Kupfer) in „*Rohkupfer*" (über 90 Gew.-% Kupfer).

Gewinnung von Kupferstein. Die Aufarbeitung der Kupferkonzentrate erfolgt in der Weise, daß man diese in einer *ersten Stufe* zur Beseitigung eines Teils des eisengebundenen Schwefels in „Röstöfen" (z. B. *Wirbelschichtöfen*, S. 582) bei 700–800 °C mit Sauerstoff umsetzt („*Röstprozeß*"). Anschließend verschmilzt man in einer *zweiten Stufe* das so erhaltene, zur Hauptsache aus Cu_2S, FeS und Fe_3O_4 bestehende „*Röstgut*" (**„Rohstein"**) zwecks Beseitigung des *Eisenoxids* in 1.5 m tiefen, 3–10 m breiten und 9 m hohen „*Wassermantel-Schachtöfen*" mit *Koks* und *kieselsäurehaltigen Zuschlägen* bei 1200–1500 °C unter *Sauerstoffzutritt* („*Schmelzprozeß*"). Die Verbrennung des Kokses durch den von unten in den Ofen strömenden Sauerstoff liefert hierbei die zum Schmelzen des Röstguts benötigte Wärme und das zur Überführung des Eisen(II,III)-oxids Fe_3O_4 in – verschlackbares – Eisen(II)-oxid FeO benötigte *Kohlenmonoxid* (bezüglich Einzelheiten vgl. Eisendarstellung, S. 1506):

$$6CuFeS_2 + 13O_2 \rightarrow 3Cu_2S + 2Fe_3O_4 + 9SO_2 \quad \textbf{(Rösten)}$$
$$2Fe_3O_4 + 2CO + 3SiO_2 \rightarrow 3Fe_2SiO_4 + 2CO_2 \quad \textbf{(Schmelzen)}$$

Das unter Entwicklung von Kohlenoxiden („Gichtgas") gebildete flüssige Reaktionsgemisch fließt durch Öffnungen in Vorherde, wo es sich in spezifisch leichtere *Eisensilicatschlacke* (d = 3.0–3.5 g/cm^3) und spezifisch schwereren **Kupferstein** (Cu_2S + variable Mengen FeS; d = 4–6 g/cm^3) auftrennt. Die Schlacke fließt über und kann bei geeigneter Zusammensetzung als Schotter für Bahn- und Wegebauten oder zur Herstellung von Pflastersteinen großer Härte und Festigkeit verwendet werden. Der Kupferstein wird von Zeit zu Zeit am Boden abgestochen.

Man verwendet für den Schmelzprozeß auch „*Flammöfen*", in welchen der Brennstoff (Koks, Öl, Gas) getrennt von der Beschickung verbrannt wird, und „*Elektroöfen*", in welchen die Wärme durch Stromdurchgang durch die Beschickung erzeugt wird; der Koks wirkt hierbei als Reduktionsmittel für Fe_3O_4. Auch läßt sich der Röst- und Schmelzprozeß in geeigneten Reaktoren kombinieren.

Gewinnung von Rohkupfer. Der flüssige Kupferstein wird in einen mit Magnesiasteinen ausgefütterten „*Konverter*" von 9 m Länge und 4 m Durchmesser (vgl. Eisenerzeugung) eingegossen, worauf man zwecks *Beseitigung des Eisensulfids* und *Entschwefelung des Kupfersulfids* Luft von der Seite her[6] durch 40–50 Winddüsen in die 1150–1250 °C heiße Steinschmelze einbläst („*Verblaserösten*"). In der *ersten Stufe* des Verblasens („*Schlackenblasen*") wird das Eisensulfid FeS des Kupfersteins zum Oxid FeO *abgeröstet* (1), welches mit zugeschlagenem Quarz *verschlackt* (2):

$$FeS + 1.5O_2 \rightarrow FeO + SO_2 + 468.5\,kJ \quad \textbf{(Schlackenblasen)} \quad (1)$$
$$2FeO + SiO_2 \rightarrow Fe_2SiO_4 \quad (2)$$

[5] An der Pb-, Pb/Ag/Sb- oder Cu/Si-Anode wird gegebenenfalls das Eisen(III)-sulfat bzw. Schwefelsäure regeneriert: $Fe^{2+} \rightarrow Fe^{3+} + \ominus$; $SO_4^{2-} + H_2O \rightarrow H_2SO_4 + \frac{1}{2}O_2 + 2\ominus$.

[6] Würde man die Luft wie beim Eisen-Thomas-Verfahren (S. 1509) von unten einblasen, so würde die frische Luft das auf dem Boden der Birne sich ansammelnde flüssige Kupfer zu stark, bis zum Erstarren, abkühlen.

Nach 40–60 Minuten ist die Verschlackung beendet, worauf man die Schlacke abgießt. Sie enthält einige Prozente Kupfer und wird beim Rohsteinschmelzen wieder zugeschlagen. In der *zweiten Stufe* des Verblasens („*Garblasen*") wird das verbliebene geschmolzene Kupfersulfid Cu_2S („*Sparstein*") teilweise (zwei Drittel) in Kupferoxid Cu_2O umgewandelt (3), welches sich mit unverändertem Kupfersulfid (restliches Drittel) unter Bildung von metallischem Kupfer umsetzt (4):

$$2\,Cu_2S + 3\,O_2 \rightarrow 2\,Cu_2O + 2\,SO_2 + 768.3\,kJ \qquad \textbf{(Garblasen)} \qquad (3)$$

$$116.0\,kJ + Cu_2S + 2\,Cu_2O \rightarrow 6\,Cu + SO_2 \qquad (4)$$

Die Reaktionen (1) und (3) liefern die Wärme für die beiden Stufen des Blaseprozesses; zu Beginn des Verblasens muß der Konverter stark angewärmt werden. Das durch das „*Röstreaktionsverfahren*" (3, 4) erhaltene Konvertkupfer heißt „*Rohkupfer*" („*Schwarzkupfer*", „*Blasenkupfer*", „*Blisterkupfer*").

Reinigung von Rohkupfer. Das Rohkupfer enthält etwa 94–97% Kupfer; die Beimengungen bestehen aus Zink, Zinn, Blei, Arsen, Antimon, Bismut, Eisen, Cobalt, Nickel, Schwefel, Tellur sowie gegebenenfalls aus den Edelmetallen Silber, Gold und Platin. Zur Befreiung von diesen Fremdstoffen wird das Rohkupfer (Entsprechendes gilt für Zementkupfer) zunächst einer *schmelzmetallurgischen* dann einer *elektrolytischen Raffination* unterworfen.

Die schmelzmetallurgische Raffination besteht aus einem zuerst *oxidierenden* und dann *reduzierenden Schmelzen*. Znächst wird in das in kleinen Flammöfen zusammen mit schlackenbildenden Zuschlägen bei 1200 °C geschmolzene Rohkupfer *Luft* eingeblasen, wobei sich Zink, Blei, Arsen sowie Antimon teilweise als Oxide *verflüchtigen* und teilweise – zusammen mit Zinn-, Eisen-, Cobalt- sowie Nickeloxid – *verschlacken*. Nach einigen Stunden wirkt entstandenes Kupferoxid auf noch vorhandenes Kupfersulfid gemäß (4) unter SO_2-Entwicklung ein. Zur Beseitigung von noch vorhandenem Kupferoxid sowie von überschüssigem Sauerstoff wird – nach Abtrennung von flüssiger Schlacke und gasförmigem Schwefeldioxid – anschließend mit *Erdgas* reduziert. Das so erhaltene **„Garkupfer"** („*Anodenkupfer*"; s.u.) besteht zu 99% und mehr aus Kupfer und enthält noch die gesamten Edelmetalle.

Zur elektrolytischen Raffination gießt man das Garkupfer in die Form großer, 3 cm dicker *Anodenplatten*, welche man in einer als Elektrolyt dienenden schwefelsauren *Kupfersulfatlösung* in der aus Fig. 291 ersichtlichen Weise mit *Kathodenplatten* aus Feinkupferblech zusammenschaltet. Beim Einschalten des Stromes (wenige Zehntel Volt Spannung, Stromdichte 150–240 A/m², Energieverbrauch 0.20–0.25 kWh je kg Kupfer) geht Kupfer an der *Anode* hauptsächlich in Form von Cu^{2+}, untergeordnet in Form von Cu^+, in Lösung, während sich an der *Kathode* aus der Kupfersulfatlösung *reines Kupfer* (**„Reinkupfer", „Elektrolytkupfer", „Kathodenkupfer"**; Reinheit 99.95%) als hochroter, dichter Niederschlag, der zu Platten verschmolzen wird, abscheidet:

$$Cu_{gar} \rightarrow Cu^{2+} + 2\ominus \qquad \text{(Anode)}$$

$$2\ominus + Cu^{2+} \rightarrow Cu_{rein} \qquad \text{(Kathode)}$$

$$\overline{Cu_{gar} \rightarrow Cu_{rein}}$$

Von den Beimengungen gehen die *unedleren* Metalle (wie Eisen, Nickel, Cobalt, Zink), die ein *negativeres* Potential als Kupfer besitzen, mit dem Kupfer anodisch in Lösung, ohne

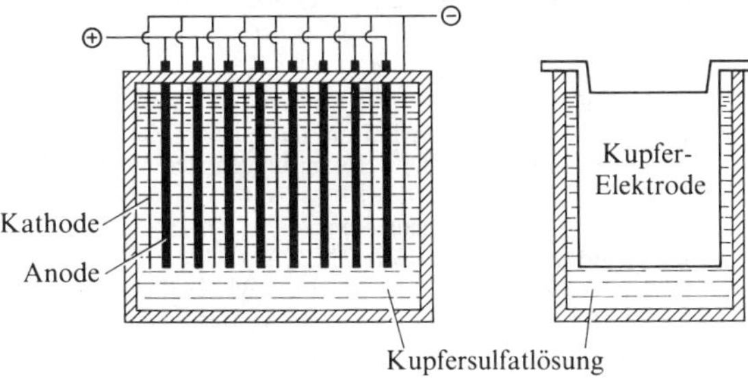

Fig. 291 Elektrolytische Kupfer-Raffination.

sich mit ihm kathodisch abzuscheiden, während die *edleren* Metalle (Silber, Gold, Platin), die ein *positiveres* Potential als Kupfer aufweisen, als Staub von der sich auflösenden Anode abfallen und mit anderen festen Abfallstoffen (z. B. dem durch Disproportionierung gemäß $2Cu^+ \rightarrow Cu + Cu^{2+}$ gebildeten elementaren Kupfer) den **„Anodenschlamm“** bilden, der als Ausgangsmaterial zur Gewinnung der enthaltenen *Edelmetalle* dient (vgl. S. 1340, 1353) und sich nicht mehr am elektrolytischen Vorgang beteiligt. Der Erlös für die Edelmetalle ist ein wesentlicher Aktivposten für die Kosten der Kupferraffination.

Physikalische Eigenschaften

Festes Kupfer stellt ein *hellrotes*[7], verhältnismäßig *weiches*, aber sehr *zähes*, *schmiedbares* und *dehnbares Metall* dar, welches sich zu sehr feinem Draht ausziehen und zu äußerst dünnen, grün durchscheinenden Blättchen ausschlagen läßt. Es kristallisiert wie viele andere Metalle in *kubisch-dichtester Packung* („*Cu-Typ*“) und besitzt nach dem Silber die beste *elektrische Leitfähigkeit* unter allen Metallen (bei 18 °C $5.959 \times 10^5\ \Omega^{-1}cm^{-1}$, also rund 60mal größer als bei Quecksilber). Die Dichte beträgt 8.92 g/cm^3, der Schmelzpunkt 1083.4 °C, der Siedepunkt 2595 °C. Kupferdampf enthält oberhalb des Siedepunktes Dimere Cu_2 (Dissoziationsenergie: 194 kJ/mol). Bezüglich weiterer Eigenschaften des Kupfers vgl. Tafel IV.

Physiologisches[8]. Kupfer ist in Form von *Kupfer-Ionen* für den Menschen, der ca. 3 mg pro kg enthält, *essentiell* (tägliche Cu-Aufnahme und -Abgabe insgesamt 0.5–2 mg; die Unfähigkeit zur Cu-Abgabe bezeichnet man als *Wilsonsche Krankheit*). Auch für höhere Tiere, für eine Reihe niederer Lebewesen und für viele Pflanzen wirkt kationisches (ein-, zwei- und in Ausnahmefällen sogar dreiwertiges) Kupfer *essentiell* (*Kupfer-Metall* wirkt dadurch physiologisch, daß es in saurer Lösung in Spuren Kupferverbindungen abgibt). Menschen und höhere Tiere benötigen Kupfer für den Aufbau von *Kupferproteinen* mit Enzymfunktion (Kupfermangel führt zur *Anämie*), Weichtiere und Krebse für den Aufbau von kupferhaltigem *Hämocyanin* als Atmungskatalysator (anstelle von Hämoglobin), Pflanzen für den Aufbau von kupferhaltigem *Plastocyanin* als Förderer der Chlorophyllbildung (Düngung mit Kupferverbindungen führt zu sattem Pflanzengrün). Die löslichen Kupferverbindungen sind für den *Menschen* und andere *höhere Organismen* nur *mäßig giftig* (eine tägliche Aufnahme von 0.5 mg Kupfer pro kg ist für den Menschen unbedenklich) und wirken erst in größeren Dosen als Brechmittel („Emetika“); auch kommt ihnen wohl ein gewisses mutagenes und carcinogenes Potential zu (MAK-Wert = 0.1 mg Rauch bzw. 1 mg Staub pro Kubikmeter). Dagegen stellen Kupferverbindungen für *niedere Organismen* (Algen, Kleinpilze, Bakterien) bereits in geringen Mengen ein *starkes Gift* dar. So sterben z. B. Bakterien und Fäulniserreger in Wasser, das sich in einem kupfernen Gefäß befindet, rasch ab. Daher halten sich auch Blumen in kupfernen Vasen besser als in gläsernen. In gleicher Weise wirkt eine in das Wasser gelegte blankgeriebene Kupfermünze günstig. An Kupfermünzen und Messinggriffen halten sich dementsprechend keine Bakterien. Andererseits tolerieren Thiobacillus-Arten, die u. a. zum Auslaugen kupferarmer Erze benutzt werden („*Bioleaching*“), bis zu 50 g pro Liter Wasser.

Chemische Eigenschaften

An der *Luft* oxidiert sich Kupfer oberflächlich langsam zu rotem Kupfer(I)-oxid Cu_2O, das an der Oberfläche fest haftet und dem Kupfer die bekannte rote Kupferfarbe verleiht (die also gar nicht die eigentliche Farbe des – hellroten – Metalls selbst ist). Bei Gegenwart von *Kohlendioxid* (in Städten), von *Schwefeldioxid* (in Industrienähe) oder von *chloridhaltigen* Sprühnebeln (an der Küste) bildet sich auf dem Kupfer allmählich ein Überzug von grünem basischem Carbonat $CuCO_3 \cdot Cu(OH)_2$, basischem Sulfat $CuSO_4 \cdot Cu(OH)_2$ oder basischem

---

[7] Kupfer ist neben Gold und (extrem reinem) Cäsium, Calcium, Strontium und Barium das einzige Metall, das das sichtbare Spektrum nicht fast vollständig reflektiert, sondern im grünen und teilweise im blauen Bereich absorbiert und deshalb farbig erscheint.

[8] **Literatur.** H. Beinert: „*Structure and Function of Copper Proteins*“, Coord. Chem. Rev. **23** (1977) 119–129; H. Sigel (Hrsg.): „*Metal Ions in Biological Systems. Copper Proteins*“, Bd. **13**, Marcel Dekker, New York 1981; N. Kitajama: „*Synthetic Approach of the Structure and Function of Copper Proteins*“, Adv. Inorg. Chem. **39** (1992) 1–77; M. N. Hughes: „*The Biochemistry of Copper*“, Comprehensive Coord. Chem. **6** (1987) 646–656; A. Messerschmidt: „*Blue Copper Oxidase*“, Adv. Inorg. Chem. **40** (1993) 121–185.

Chlorid $CuCl_2 \cdot 3\,Cu(OH)_2$, den man als „*Patina*" bezeichnet und der das darunterliegende Metall vor weiterer Zerstörung schützt.

Seiner Stellung in der Spannungsreihe entsprechend (ε_0 für Cu/Cu^{2+} + 0.340, für Cu/Cu^{+} + 0.521 und für Cu^{+}/Cu^{2+} + 0.159 V; vgl. Anh. VI) wird das Halbedelmetall Kupfer (ohne Wasserstoffentwicklung!) nur von *oxidierenden Säuren* (zum Beispiel Salpetersäure; $\varepsilon_0 = +0.959$ V), nicht dagegen – bei Abwesenheit von Sauerstoff – von *nichtoxidierenden Säuren* (z. B. Schwefelsäure; $\varepsilon_0 = \pm 0$ V) gelöst und aus seinen Salzlösungen durch *unedlere Metalle* wie Eisen, Magnesium abgeschieden („*Zementation*"). In Lösungen, die Kupferkomplexe (z. B. $Cu(NH_3)_2^+$ oder $Cu(CN)_2^-$) oder schwerlösliche Kupferverbindungen (z. B. Cu_2O oder Cu_2S) zu bilden vermögen (Herabsetzung der Kupferionen-Konzentration) ist Kupfer wesentlich unedler und daher bei Anwesenheit von Sauerstoff löslich (ε_0 für $Cu/Cu(NH_3)_2^+$ −0.100, für $Cu/Cu(CN)_2^-$ −0.44, für Cu/Cu_2O −0.358, für Cu/Cu_2S −0.89 V).

Verwendung von Kupfer. Das **Kupfermetall** (Weltjahresproduktion: einige zig Megatonnen; ca. $\frac{1}{3}$ aus Altmetall) dient wegen seiner ausgezeichneten „*elektrischen Leitfähigkeit*" zur Herstellung *elektrischer Leitungen*, wegen seiner „*Oxidationsbeständigkeit*" zu *Dachbedeckungen* und wegen seiner „*Wärmeleitfähigkeit*" zur Herstellung von *Koch-* oder *Kühlgeräten* (z. B. Kochgeschirr, Heizrohre, Kühlschlangen, Braupfannen, Wärmeaustauscher). Die leichte „*Polierfähigkeit*" wurde schon frühzeitig in der Drucktechnik für sogenannten „*Kupferstiche*" genutzt, Kupfer- (bzw. Messing- oder Bronze-)Flitter von wenigen Milli- oder Mikrometern Durchmesser werden in Lacken, Druckfarben oder Kunststoffen als *Metalleffektpigmente* eingesetzt.

Kupfer findet darüber hinaus in ausgedehntem Maße zur Herstellung von **Legierungen** Verwendung. Unter ihnen bezeichnet man solche mit *Zink* (und gegebenenfalls zusätzlichen anderen Metallen) als **Messing**, solche mit weniger als 40% *Zinn* bzw. anderen Metallen außer Zink (z. B. Pb, Al, Ni) als **Bronzen**.

Die Kupfer-Zink-Legierungen („*Messing*") unterteilt man je nach dem Zinkgehalt in Rot-, Gelb- und Weißmessing (vgl. Hume-Rothery-Phasen, S. 152). Das rötlich-goldähnliche „*Rotmessing*" („*Tombak*") enthält bis zu 20% Zink und ist sehr dehnbar, so daß man es zu feinsten Blättchen („*Blattkupfer*", „*unechtes Blattgold*", „*Bronzefarbe*") aushämmern kann. Vergoldet ist es unter dem Namen „*Talmi*" bekannt. Das „*Gelbmessing*" enthält 20–40% Zink und dient besonders zur Fertigung von Maschinenteilen. Das blaßgelbe „*Weißmessing*" enthält bis zu 80% Zink, ist spröde und kann wegen dieser Sprödigkeit nur gegossen werden. Eine Legierung von 45–67% Cu, 12–38% Zn und 10–26% Ni wird als „*Nickelmessing*" bzw. „*Neusilber*" (versilbert: „*Alpaka*", „*Argentan*") bezeichnet.

Die Kupfer-Zinn-Legierungen („*Zinnbronzen*", „*Bronzen*" im engeren Sinne) sind seit ältesten Zeiten bekannt („*Bronzezeit*"). So besteht z. B. die für besonders zähfeste Maschinenteile (z. B. Achsenlager) verwendete „*Phosphorbronze*" aus 92.5% Cu, 7% Sn und 0.5% Phosphor, welcher die Oxidbildung beim Guß verhindert und so die Dichtigkeit und Festigkeit erhöht. Ähnliche Zusammensetzung besaß die bis zur Einführung der Gußstahlrohre für Kanonenläufe verwendete „*Kanonenbronze*" („*Geschützbronze*"). Eine mechanisch besonders widerstandsfähige Bronze („*Siliciumbronze*") erhält man durch Zusatz von 1–2% Silicium, welches die elektrische Leitfähigkeit wenig verändert, das Material aber besonders fest, hart und widerstandsfähig macht, so daß es z. B. für die Herstellung der Oberleitungsdrähte und Schleifkontakte der Straßenbahnen geeignet ist. Die zum Glockenguß dienende „*Glockenbronze*" besteht aus 75–80% Kupfer und 25–20% Zinn. Die modernen Kunstbronzen („*Statuenbronze*") enthalten außer bis zu 10% Zinn zwecks Erhöhung der Gießbarkeit und Bearbeitungsfähigkeit noch etwas Zink und Blei. Die früheren deutschen Kupfermünzen enthielten 95% Cu, 4% Sn und 1% Zn.

Die Kupfer-Blei-Legierungen („*Bleibronzen*"; bis zu 28% Pb) dienen als Verbund- und Formenguß sowie als Gleitwerkstoffe (z. B. Lagermetall für Eisenbahnachsen mit 78% Cu, 7% Sn, 15% Pb).

Die Kupfer-Aluminium-Legierungen („*Aluminiumbronzen*" mit 5–12% Al) besitzen goldähnliche Farbe und Glanz, sind im Vergleich zum Kupfer zäher, härter und schmelzbarer und dienen wegen ihrer großen Festigkeit und Elastizität z. B. zur Herstellung von Waagebalken und Uhrfedern. Weiterhin bestanden früher die deutschen 5- und 10-Pfennigstücke aus Kupfer (91.5%) und Aluminium (8.5%).

Unter den Kupfer-Nickel-Legierungen („*Nickelbronzen*") ist auf das „*Konstantan*" (60% Cu, 40% Ni) hinzuweisen, dessen elektrischer Widerstand fast unabhängig von der Temperatur ist, was ihm seinen Namen gegeben hat. Die früheren deutschen Nickelmünzen enthielten 75% Cu und 25% Ni. Eine weitere wichtige Nickelbronze ist das fluorbeständige „*Monelmetall*" (bis zu 67% Ni einschließlich Co) sowie das oben erwähnte Neusilber.

Kupfer in Verbindungen

In seinen chemischen Verbindungen tritt das Kupfer mit den **Oxidationsstufen** **+1** (z. B. CuH, CuCl, Cu_2O) und vor allem **+2** auf (z. B. CuF_2, CuO). Doch sind auch Verbindungen mit Kupfer der Oxidationsstufe **0** (z. B. $Cu_2(CO)_6$, nur bei tiefen Temperaturen metastabil), **+3** (z. B. CuF_6^{3-}) und **+4** (z. B. CuF_6^{2-}) bekannt.

Als **Koordinationszahl** betätigt Kupfer(I) hauptsächlich *vier* (tetraedrisch in $\mathbf{Cu(CN)_4^{3-}}$, $\mathbf{Cu(py)_4^+}$), daneben *drei* (trigonal-planar in $\mathbf{Cu(CN)_3^{2-}}$) sowie *zwei* (linear in $\mathbf{CuCl_2^-}$, $\mathbf{Cu_2O}$) und Kupfer(II) insbesondere *vier* (tetraedrisch in $Cs_2\mathbf{CuCl_4}$, quadratisch-planar in $(NH_4)_2\mathbf{CuCl_4}$, **CuO**) bzw. *sechs* (tetragonal-verzerrt-oktaedrisch in $K_2\mathbf{CuF_6}$), daneben *fünf* (z. B. trigonal-bipyramidal in $\mathbf{CuI}(bipy)_2^+$) und größer *sechs*.

Bezüglich der *Elektronenkonfiguration*, der *Radien*, der *magnetischen* und *optischen Eigenschaften* von **Kupferionen** vgl. Ligandenfeld-Theorie (S. 1250) sowie Anh. IV, bezüglich eines **Eigenschaftsvergleichs** der Metalle der *Kupfergruppe* S. 1199f und 1354 sowie Anm.[2)].

1.2 Kupfer(I)-Verbindungen (d^{10})[3,9,10)]

Das mit dem Nickelatom Ni isoelektronische und wie dieses diamagnetische Ion Cu^+ der (*farblosen*) ionogenen Kupfer(I)-Salze Cu^+X^- (wie Cu_2SO_4) ist nur im *Ionenverband* existenzfähig, während es in *wässeriger Lösung* infolge der im Vergleich zum Cu^+-Ion weit höheren Hydratationsenergie des Cu^{2+}-Ions (Cu^+: 582, Cu^{2+}: 2100 kJ/mol) zu Cu und Cu^{2+} disproportioniert ($K = c_{Cu^{2+}}/c^2_{Cu^+} \approx 10^6$), wie dies auch durch die Potentiale der Vorgänge Cu/Cu^+ und Cu/Cu^{2+} in wässeriger Lösung zum Ausdruck gebracht wird:

$$\begin{array}{rcll}
Cu^+_{aq} & \rightleftarrows & Cu^{2+}_{aq} + \ominus + 6.91\,\text{kJ} & \varepsilon_0 = +0.159\,\text{V} \\
\ominus + Cu^+_{aq} & \rightleftarrows & Cu + 71.72\,\text{kJ} & \varepsilon_0 = +0.520\,\text{V} \\
\hline
2\,Cu^+_{aq} & \rightleftarrows & Cu + Cu^{2+}_{aq} + 78.63\,\text{kJ}^{11)} & E_{MK} = 0.361\,\text{V}
\end{array}$$

Nur *sehr schwerlösliche* Kupfer(I)-Verbindungen CuX (wie CuCl, Cu_2O, Cu_2S und CuCN) oder *stabile wasserlösliche* Kupfer(I)-Komplexe CuX_2^- und CuX_4^{3-} (wie $CuCl_2^-$, $Cu(NH_3)_2^+$ und $Cu(CN)_4^{3-}$) (sehr geringe Cu^+-Konzentrationen in Wasser, entsprechend einer Verschie-

---

[9] **Literatur.** R. Colton, J.H. Canterford: „*Copper*", in „Halides of the First Row Transition Metals", Wiley 1969, S. 485–574; R.J. Doedens: „*Structure and Metal-Metal Interactions in Copper(II) Carboxylate Complexes*", Progr. Inorg. Chem. **21** (1976) 209–231; H.S. Maslen, T.N. Waters: „*The Conformation of Schiff-base Complexes of Copper(II): A Stereoelectronic View*", Coord. Chem. Rev. **17** (1975) 137–176; D.W. Smith: „*Chlorocuprates(II)*", Coord. Chem. Rev. **21** (1976) 93–158; B.J. Hathaway: „*Stereochemistry and Electronic Properties of the Copper(II) Ion*"; Essays in Chemistry **2** (1971) 61–92; J.M. Lehn: „*Perspektiven der Supramolekularen Chemie – Von der molekularen Erkennung zur molekularen Informationsverarbeitung und Selbstorganisation*", Angew. Chem. **102** (1990) 1347–1362; Int. Ed. **29** (1990) 1304; H. Müller-Buschbaum: „*Zur Kristallchemie von Kupferoxometallaten*", Angew. Chem. **103** (1991) 741–761; Int. Ed. **30** (1991) 723; I.D. Salter: „*Heteronuclear Cluster Chemistry of Copper, Silver and Gold*" Adv. Organomet. Chem. **29** (1989) 249–343; S. Jagner, G. Helgesson: „*On the Coordination Number of the Metal in Crystalline Halogenocuprates(I) and Halogenoargentates(I)*", Adv. Inorg. Chem. **37** (1991) 1–47.

[10] Man kennt auch einige **niedrigwertige Kupferverbindungen** wie diamagnetisches „*Tetrakis(triphenylphosphan)-dikupfer(0)*" $(Ph_3P)_2CuCu(PPh_3)_2$ (Smp. 160 °C; gewinnbar durch Reduktion von $(Ph_3P)_3CuCl$ mit Hydrazin). Es geht beim Erhitzen in „*Tetrakis(triphenylphosphan)-tetrakupfer(0)*" $(Ph_3PCu)_4$ (Smp. 225 °C) über. Durch Tieftemperaturkondensation läßt sich aus gasförmigem Kupfer und Kohlenmonoxid unterhalb 10 K paramagnetisches „*Kupfer(0)-tricarbonyl*" $Cu(CO)_3$ erzeugen, das sich bei 30 K zu diamagnetischem „*Dikupfer(0)-hexacarbonyl*" $Cu_2(CO)_6$ dimerisiert und bei noch höheren Temperaturen in Kupfer und Kohlenmonoxid zerfällt (vgl. S. 1629f).

[11] Der *exotherme* Charakter der Disproportionierung gilt nur für die *wässerige Lösung*. Im *Gaszustand* ist beispielsweise die Disproportionierung $2\,Cu^+ \rightarrow Cu + Cu^{2+}$ wegen der hohen 2. Ionisierungsenergie des Kupfers mit 1214 kJ *endotherm*. Auch bilden sich in *Acetonitril* CH_3CN als Solvens, in welchem die wasserunlöslichen Kupferhalogenide CuX (X = Cl, Br, I) gut löslich sind, *stabile Kupfer(I)-Lösungen*, da die beim Übergang von Cu^+ (solv.) nach Cu^{2+} (solv.) freiwerdende Solvatationsenthalpie nicht zur Verschiebung des Gleichgewichtes $2\,Cu^+ \rightleftarrows Cu + Cu^{2+}$ nach rechts ausreicht. Da andererseits $H_2NCH_2CH_2NH_2$ (en) beständigere Komplexe mit Cu^{2+} als mit Cu^+ bildet, diproportionieren die Halogenide CuX in Anwesenheit von en, z. B. $2\,CuCl + 2\,en \rightarrow Cu(en)_2^{2+} + Cu + 2\,Cl^-$ ($K \approx 10^5$).

bung der obigen Gleichgewichte nach links) sind hiernach *wasserbeständig*[12], während lösliche Kupfer(I)-Verbindungen CuX (wie $CuClO_4$ oder Cu_2SO_4) oder Komplexbildner mit größerer Affinität zu Cu^{2+} als zu Cu^+ zu einer Disproportionierung in Cu(II) und Cu(0) führen (vgl. hierzu Potentialdiagramm auf S. 1332).

Die kovalenten Kupfer(I)-Verbindungen Cu—X, in denen das Kupferatom nur eine *Zweierschale* besäße, suchen durch kovalente Aufnahme von maximal 6 Elektronen (Polymerisation oder Adduktbildung) die Edelgasschale des *Kryptons* zu erreichen, wie etwa die (*farblosen*) zinkblendeanalogen Moleküle $(CuX)_x$ der Kupfer(I)-halogenide oder die (*farblosen*) Komplexe $Cu(CN)_4^{3-}$, $Cu(NH_3)_4^+$ und $Cu(CO)Cl(H_2O)_2$ zeigen, in denen Kupfer(I) die Koordinationszahl 4 (Tetraederanordnung) hat. Doch kommen daneben auch die niedrigeren Koordinationszahlen 2 (linear) und 3 (trigonal-planar) vor (s. u.).

Wasserstoffverbindungen. Ein **Kupfer(I)-hydrid CuH** („Wurtzit Struktur") bildet sich als binäres Hydrid durch Reduktion von *Kupfer(II)-sulfat* in Wasser mit *Phosphinsäure* (S. 767): $2Cu^{2+} + 3H_3PO_2 + 3H_2O \rightarrow 2CuH + 3H_3PO_3 + 4H^+$ als braunroter, mit Cu und Cu_2O verunreinigter, beim Erhitzen in Kupfer und Wasserstoff zerfallender Niederschlag. Darüber hinaus entsteht es in Form einer blutroten Lösung aus CuI und $LiAlH_4$ in Ether/Pyridin. Durch Zusatz von viel Ether läßt es sich hieraus als *rotbraunes*, mit Pyridin, LiI und CuI verunreinigtes Pulver fällen. Es dient als Reduktionsmittel, z. B. $CuH + PhCOCl \rightarrow CuCl + PhCHO$.

Unter den *Addukten* von CuH bildet sich das Phosphan-Addukt **CuH(PPh₃)** durch Reduktion der Komplexverbindung Ph_3PCuCl mit $Na[HB(OMe)_3]$ in Dimethylformamid. Er ist zum Unterschied vom *tetrameren* Ausgangsprodukt $[Ph_3PCuCl]_4$ (tetraedrische Anordnung von Cu(I), keine CuCu-Bindungen) *hexamer*: $[Ph_3PCuH]_6$ (verzerrt-oktaedrische Anordnung von Cu(I) zu einem Kupfer-*Atomcluster* mit schwachen CuCu-Bindungen; vgl. Formeln (a) und (c) auf S. 1328). Bezüglich der Boran-Addukte **$CuBH_4$** sowie $(Ph_3P)CuBH_4$ und $(Ph_3P)_2CuBH_4$ vgl. S. 1009, 1607.

Eine Bildung von Kupferhydrid *aus den Elementen*, d. h. aus *metallischem Kupfer* und *Wasserstoffmolekülen* oder *-atomen* erfolgt nicht. Allerdings vermag molekularer Wasserstoff oberhalb 450 °C durch sauerstofffreies Kupfer zu diffundieren. *Gasförmiges* Kupfer setzt sich demgegenüber mit Wasserstoff zu gasförmigem *monomerem „Kupfer(I)-hydrid"* CuH um (CuH-Abstand 1.463 Å; CuH-Dissoziationsenergie 281 kJ/mol). In analoger Weise läßt sich von *Silber* und *Gold*, die keine festen Hydride bilden, ein monomeres *„Silber(I)-hydrid"* AgH (r_{AgH} = 1.618 Å; DE = 226 kJ/mol) und ein monomeres *„Gold(I)-hydrid"* AuH (r_{AuH} = 1.524 Å; DE = 301 kJ/mol) in der Gasphase erzeugen.

Halogenverbindungen (vgl. Tab. 113). Unter den Kupfer(I)-halogeniden entsteht das **Kupfer(I)-chlorid CuCl** (Tab. 113) beim Erwärmen von *Kupfer(II)-chlorid* und metallischem *Kupfer*

Tab. 113 Halogenide, Oxide und Sulfide des Kupfers (vgl. S. 1344, 1358, 1611, 1620)[a)]

	Fluoride	Chloride	Bromide	Iodide	Oxide	Sulfide
Cu(I)	–	**CuCl**, *farbl.* 430/1490 °C ΔH_f − 137 kJ ZnS-Strukt., KZ = 4	**CuBr**, *farbl.* 504/1345 °C ΔH_f − 105 kJ ZnS-Strukt., KZ = 4	**CuI**, *farbl.* 606/1290 °C ΔH_f − 67.8 kJ ZnS-Strukt., KZ = 4	**Cu_2O**, *gelb* 1235/1800 °C/Z ΔH_f − 169 kJ Cu_2O-Strukt., KZ = 2	**Cu_2S**, *schwarz* Smp. 1127 °C ΔH_f − 79.5 kJ
Cu(II)	**CuF_2**, *farbl.* Smp. 785 °C ΔH_f − 543 kJ Rutil[b)], KZ = 6	**$CuCl_2$**, *braun* Zers. 300 °C ΔH_f − 220 kJ CdI_2-Strukt.[b)], KZ = 6	**$CuBr_2$**, *schwarz* 498/900 °C ΔH_f − 142 kJ CdI_2-Strukt.,[b)] KZ = 6	–	**CuO**, *schwarz* Smp. 1326 °C ΔH_f − 157 kJ CuO-Strukt., KZ = 4	**CuS**, *schwarz* Smp. 200 °C ΔH_f − 53.2 kJ $Cu^I_2Cu^{II}S(S_2)$[c)]

a) 2. Zeile: Smp./Sdp. – **b)** Jahn-Teller-verzerrt. – **c)** KZ = 4 (Cu^I), 3 (Cu^{II}). **CuS_2** = $Cu^{II}(S_2)$; NaCl-Struktur[b)], KZ = 6.

---

12 Zum Unterschied vom instabilen $Cu(H_2O)_4^+$, das in Cu und $Cu(H_2O)_6^{2+}$ disproportioniert, ist $Cu(NH_3)_2^+$ beständig und entsteht durch Komproportionierung aus $Cu(NH_3)_4^{2+}$ + Cu.

($CuCl_2 + Cu \rightarrow 2\,CuCl$) in konzentrierter Salzsäure als komplexe Säure $H[CuCl_2]$; beim Verdünnen der Lösung zerfällt diese Säure unter Abspaltung von Salzsäure und Bildung eines *weißen, schwerlöslichen* ($L_{CuCl} = 1.0 \times 10^{-6}$) Niederschlags von CuCl[13]. Im *trockenen* Zustand ist die Verbindung an der Luft *beständig*. Im *feuchten* Zustand oxidiert sie sich an der *Luft* leicht zu grünem basischem Kupfer(II)-chlorid:

$$2\,CuCl + \tfrac{1}{2}O_2 + H_2O \rightarrow 2\,Cu(OH)Cl.$$

Strukturen. **CuCl** besitzt im kristallisierten Zustande eine Diamant-analoge *Zinkblende*-Struktur ZnS (S. 1374), indem jedes Cu-Atom tetraedrisch von 4 Cl- und jedes Cl-Atom tetraedrisch von 4 Cu-Atomen in einem Abstand von 2.27 Å (berechnet für eine kovalente Cu—Cl-Einfachbindung: 2.27 Å) umgeben ist. Die gleiche Diamantstruktur findet sich häufig auch bei anderen kovalenten Verbindungen, wenn die beiden strukturbildenden Atome zusammen ebensoviele Valenzelektronen aufweisen wie zwei Kohlenstoffatome (vgl. III/V-, II/VI- und I/VII-Verbindungen, S. 1098).

Auf den *hochpolymeren* Charakter des mehr kovalent gebauten Kupfer(I)-chlorids ist seine *Schwerlöslichkeit* in Wasser (1.0×10^{-3} mol CuCl in 1 Liter Wasser) zum Unterschied von der Leichtlöslichkeit der ionisch gebauten Alkalichloride MCl zurückzuführen. Analoge kovalente Zinkblende-Struktur wie CuCl besitzen auch **CuBr** (Cu—Br-Abstand: gef. 2.46, ber. 2.42 Å) und **CuI** (Cu—I-Abstand: gef. 2.62, ber. 2.61 Å). **CuF** ist in reiner Form unbekannt; es liegt in einer CuF_2-Schmelze in Anwesenheit von Cu im Gleichgewicht vor und disproportioniert bei Abkühlen der Schmelze wieder zu $Cu + CuF_2$. Im *Gaszustande* bildet Kupfer(I)-chlorid *trimere* Moleküle $(CuCl)_3$.

Komplexe. In konzentrierter *Salzsäure* und in *Ammoniak* löst sich Kupfer(I)-chlorid farblos unter *Komplexbildung*: $CuCl + HCl \rightarrow H[CuCl_2]$[14] bzw. $CuCl + 2\,NH_3 \rightarrow [Cu(NH_3)_2]Cl$ (lineares, hydratisiertes $[Cu(NH_3)_2]^+$-Ion) und $CuCl + 4\,NH_3 \rightarrow [Cu(NH_3)_4]Cl$ (tetraedrisches $[Cu(NH_3)_4]^+$-Ion). Die Lösungen besitzen die Fähigkeit, unter Bildung einer Komplexverbindung der Formel $[Cu(CO)Cl(H_2O)_2]$ Kohlenoxid zu absorbieren, wovon man zur CO-Entfernung aus Konvertgasen (S. 255) oder zur quantitativen CO-Bestimmung in Gasgemischen Gebrauch machen kann (in 98 %iger H_2SO_4 bilden sich aus Cu^+ und CO unter Druck $Cu(CO)^+$, $Cu(CO)_3^+$ oder sogar $Cu(CO)_4^+$ (isoelektronisch mit $Ni(CO)_4$, vgl. S. 1629). An der Luft oxidieren sich die *farblosen* $[Cu(NH_3)_4]^+$-Lösungen leicht zu *blauen* $[Cu(NH_3)_4]^{2+}$-Lösungen. Wie AgCl ist CuCl auch in CN^-- und $S_2O_3^{2-}$-Lösungen unter Komplexbildung löslich (vgl. S. 1344).

Mit Donatoren (Liganden) L bildet CuCl (Analoges gilt für CuBr, CuI) Komplexe des Typus $[L_4Cu]^+Cl^-$ (L z. B. C_5H_5N, PR_3, R_3PO), $[L_3CuCl]$ (L z. B. PR_3, AsR_3), $[L_2CuCl]_2$ (L z. B. Ph_2NH; dimer über zwei Cl-Brücken) und $[LCuCl]_4$ (L z. B. PR_3, AsR_3; würfelartiger Bau (a) im Falle weniger sperriger, stufenartiger Bau (b) im Falle sperriger Liganden L). Die Reduktion von $(Ph_3P)_3CuCl$ mit N_2H_4 führt zu $(Ph_3P)_4Cu_2$ (vgl. Anm.[10]), die Reduktion von $[Ph_3PCuCl]_4$ mit $BH(OMe)_3^-$ zu $[Ph_3PCuH]_6$ (c).

Durch Einwirkung von R_2PSiMe_3, $RP(SiMe_3)_2$, $E(SiMe_3)_2$ mit E = S, Se, Te auf $[LCuCl]_4$ (L u. a. PMe_3, PEt_3, P^iPr_3, P^tBu_3, PPh_3) entstehen unter Me_3SiCl-Abspaltung eine Vielzahl farbiger Heterokupfercluster, z. B. $[Cu_5(PPh_2)_5(PMe_3)_3]$, $[Cu_{12}(PPh)_6(PPh_3)_6]$, $[Cu_{20}Se_{13}(PEt_3)_{12}]$, $[Cu_{29}Te_{16}(P^iPr_3)_{12}]$, die in der Regel einen mehrschaligen sphärischen Bau aufweisen.

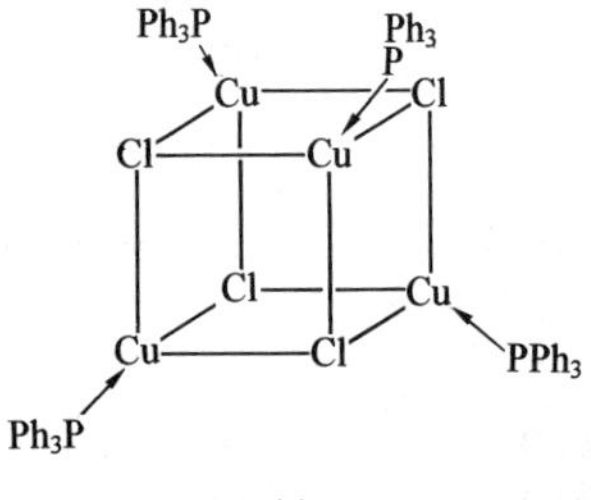

(a)

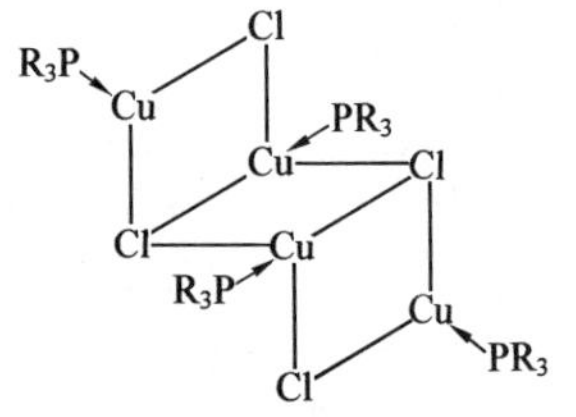

(b)

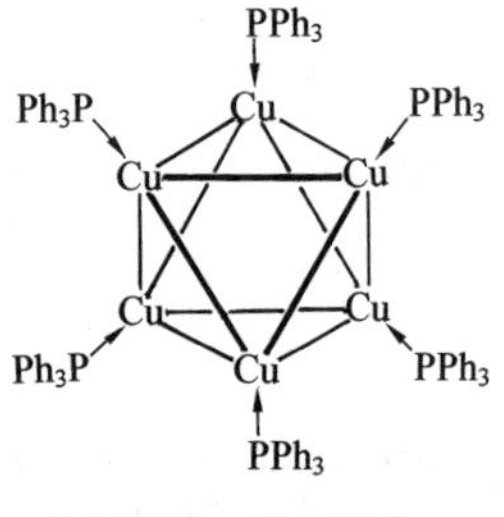

(c) 6H über Cu_3-Flächen bzw. Cu_2-Kanten

[13] Bei 178 °C wird das farblose CuCl tiefblau, bei 422 °C schmilzt es zu einer tiefgrünen Flüssigkeit.

[14] Von der Säure $H[CuCl_2]$ leiten sich Metallkomplexe $M[CuCl_2]$ (mit linearem $[CuCl_2]^-$-Ion) ab. Daneben gibt es auch – weniger beständige – Chlorokomplexe $M_2[CuCl_3]$ (Cl-verbrückte $CuCl_3^{2-}$-Ketten mit tetraedrischer $CuCl_4^-$-Gruppierung) und $M_3[CuCl_4]$ (tetraedrisches $[CuCl_4]^{3-}$-Ion).

Das **Kupfer(I)-bromid CuBr** (Smp. 504 °C, Sdp. 1345 °C; $\Delta H_f = -105$ kJ/mol; Struktur oben) entsteht u. a. beim Auflösen von *Kupfer* in etherischem *Bromwasserstoff*, wobei sich zunächst das Dietherat einer Bromosäure $HCuBr_2$ bildet (gelbes Öl), das bei der Zersetzung mit Wasser die Verbindung CuBr ($L_{CuBr} = 4.2 \times 10^{-8}$) als *farbloses*, kristallines Pulver ergibt. **Kupfer(I)-iodid CuI** (Smp. 606 °C, Sdp. 1290 °C; $\Delta H_f = -67.8$ kJ/mol; Struktur oben) bildet sich im Gemisch mit Iod als *bräunlich-weißer* Niederschlag ($L_{CuI} = 5.1 \times 10^{-12}$) beim Versetzen einer *Kupfer(II)-sulfatlösung* mit *Kaliumiodid*, da das zweiwertige Kupfer durch das Iodid unter Iodausscheidung zu einwertigem Kupfer reduziert wird, welches mit weiterem Iodid schwerlösliches, *weißes* Kupfer(I)-iodid bildet:

$$\begin{array}{lcl} Cu^{2+} + I^- & \rightarrow & Cu^+ + \tfrac{1}{2}I_2 \\ Cu^+ + I^- & \rightarrow & CuI \\ \hline Cu^{2+} + 2I^- & \rightarrow & CuI + \tfrac{1}{2}I_2. \end{array}$$

Aus diesem Grunde ist Kupfer(II)-iodid CuI_2 zum Unterschied von $CuBr_2$ und $CuCl_2$ (geringere Reduktionskraft von Br^- bzw. Cl^-) instabil (S. 1344) und zerfällt gemäß $CuI_2 \rightarrow CuI + \tfrac{1}{2}I_2 + 60.3$ kJ. Man benutzt die Reaktion zur „*quantitativen Bestimmung von Kupfer*", indem man das freigewordene Iod mit Natriumthiosulfatlösung titriert (vgl. S. 594).

Cyanoverbindungen (vgl. S. 1656). Das *farblose* **Kupfer(I)-cyanid CuCN** (Smp. 473 °C) kann auf analoge Weise wie Kupfer(I)-iodid durch Zusammengeben von *Kupfer(II)-sulfat*- und *Kaliumcyanidlösung* unter Dicyan-Entwicklung als Niederschlag erhalten werden:

$$Cu^{2+} + 2CN^- \rightarrow Cu(CN)_2 \rightarrow CuCN + \tfrac{1}{2}(CN)_2,$$

indem sich der – bei Vermeidung eines KCN-Überschusses – primär entstehende braungelbe Niederschlag von $Cu(CN)_2$ unter Abspaltung von Dicyan (Dicyandarstellung!) in weißes CuCN umwandelt. In Alkalicyanid-haltigem Wasser löst sich CuCN zu *farblosen*, sehr beständigen **Cyanokomplexen** auf:

$$CuCN \xrightarrow{+CN^-} [Cu(CN)_2]^- \xrightarrow{+CN^-} [Cu(CN)_3]^{2-} \xrightarrow{+CN^-} [Cu(CN)_4]^{3-}.$$

Daß wirklich *Komplexsalze* und nicht nur *Doppelsalze* CuCN · MCN, CuCN · 2MCN bzw. CuCN · 3MCN (vgl. S. 1085) entstanden sind, erkennt man hier wie in anderen Fällen daran, daß die Komplex-Ionen *keine der gewöhnlichen Reaktionen* ihrer Bestandteile (Cu^+ und CN^-) zeigen. So fällt z. B. beim Einleiten von Schwefelwasserstoff in die Komplexsalzlösung kein Kupfer(I)-sulfid Cu_2S aus, weil die Komplexe so beständig, d. h. so wenig in $Cu^+ + CN^-$ dissoziiert sind, daß das Löslichkeitsprodukt von Cu_2S nicht erreicht wird. Die Stabilität der Komplexe erkennt man auch daraus, daß sich Kupfer in KCN-Lösungen unter H_2-Entwicklung auflöst ($Cu + 2CN^- \rightarrow Cu(CN)_2^- + \ominus$; $\varepsilon_0 = -0.44$ V, entsprechend einer Erniedrigung des Kupferpotentials Cu/Cu^+ (+0.520 V) um 0.96 V infolge Verringerung der Cu^+-Konzentration durch Komplexbildung).

Strukturen (vgl. Formeln auf S. 1330). Das Kupfer(I)-cyanid CuCN bildet wie AgCN und AuCN ein *polymeres lineares* Molekül (d)[15] mit der Koordinationszahl **2** des Kupfers. Eine *trigonal-planare* Koordination des Kupfers mit Cyanogruppen (KZ = **3**) liegt dem *isolierten* Anion $[Cu(CN)_3]^{2-}$ (e) im kristallisierten Cyanokomplex $Na_2[Cu(CN)_3] \cdot 3H_2O$ (CN/CuC-Abstände 1.13/1.93 Å), dem *polymeren spiraligen* Anion $[Cu(CN)_2^-]_x$ (f)[16] im Cyanokomplex $Na[Cu(CN)_2] \cdot 2H_2O$ (CN/CuC/CuN-Abstände in der Kette 1.14/1.92/2.05 Å) bzw. dem *polymeren netzartigen* Anion $[Cu_2(CN)_3^-]_x$ (h) im Cyanokomplex $K[Cu_2(CN)_3] \cdot H_2O$ zugrunde. Die Koordinationszahl **4** weist Kupfer im Cyanokomplex $K_3[Cu(CN)_4]$ auf, der *isolierte tetraedrische* Anionen $[Cu(CN)_4]^{3-}$ (g) enthält.

---

[15] In analoger Weise wie Kupfer(I)-cyanid Cu—C≡N: sind auch die „*Kupfer(I)-acetylide*" Cu—C≡C—R *polymer*, nur daß hier die Verknüpfung über π-Bindungen erfolgt (vgl. Struktur von Au—C≡C—R, S. 1023). Man kennt auch ein explosives *Acetylid* Cu_2C_2, *Azid* CuN_3 und *Nitrid* Cu_3N.

[16] Die entsprechenden Cyanokomplexe $M(CN)_2^-$ des *Silbers* und *Goldes* enthalten zum Unterschied davon *isolierte lineare Anionen* [:N≡C → M—C≡N:]⁻.

—Cu—C≡N—Cu—C≡N—Cu—C≡N—

(d) $[CuCN]_x$

(e) $[Cu(CN)_3]^{2-}$

(f) $[Cu(CN)_2^-]_x$

:N≡C—Cu—C≡N:

(g) $[Cu(CN)_4]^{3-}$

(h) $[Cu_2(CN)_3^-]_x$

Chalkogenverbindungen (vgl. Tab. 113 sowie S. 1620). Versetzt man *Kupfer(I)-Salzlösungen* mit *Alkalilauge*, so entsteht ein *gelber* Niederschlag von **Kupfer(I)-oxid Cu_2O**, der beim Erwärmen in gröberkristallines *rotes*, auch durch Erhitzen von CuO erhältliches Kupfer(I)-oxid übergeht:

$$2Cu^+ + 2OH^- \rightarrow (2CuOH) \rightarrow Cu_2O + H_2O. \qquad (1)$$

Man benutzt diese charakteristische Fällung von rotem Kupfer(I)-oxid (Smp. 1230 °C, $\Delta H_f = -169$ kJ/mol) bei der „*Fehlingschen Probe*" zum Nachweis von Zucker, indem man die auf Zucker zu prüfende Lösung (z. B. Harn) mit einer alkalischen Komplexlösung von Kupfer(II)-sulfat und Seignettesalz („*Fehlingsche Lösung*", S. 1335) kocht, wobei der Zucker das zweiwertige Kupfer zum einwertigen reduziert, welches gemäß (1) reagiert und mit Seignettesalz zum Unterschied vom zweiwertigen Kupfer keinen Komplex bildet.

Struktur. Die Struktur von kristallisiertem Kupfer(I)-oxid baut sich aus zwei, sich durchdringenden, miteinander nicht verknüpften Systemen auf. Jedem System liegt die kubische, sehr offene Anticristobalit-Struktur SiO_2 zugrunde (SiOSi durch OCuO ersetzt), in welcher jedes O-Atom tetraedrisch von 4Cu- und jedes Cu-Atom linear von 2O-Atomen umgeben ist.

Eigenschaften. Im *feuchten* Zustand oxidiert sich Kupfer(I)-oxid an der Luft leicht zu *blauem Kupfer(II)-hydroxid* $Cu(OH)_2$: $Cu_2O + \frac{1}{2}O_2 + 2H_2O \rightarrow 2Cu(OH)_2$. Aus dem gleichen Grunde färbt sich eine farblose Lösung von Kupfer(I)-oxid in Ammoniak durch Sauerstoffabsorption rasch blau (vgl. unten). Im *trockenen* Zustand oxidieren sich Kupfer(I)-Verbindungen an der Luft nicht. Beim Erhitzen von Cu_2O mit K_2O bildet sich *farbloses „Cuprat(I)"* KCuO (enthält $Cu_4O_4^{4-}$ Ringe mit linearen OCuO-Gruppierungen).

Zum Unterschied vom instabilen Kupfer(I)-hydroxid CuOH, lassen sich „*Kupfer(I)-alkoholate*" CuOR durch Umsetzung von CuCl mit LiOR sowie „*Kupfer(I)-carboxylate*" CuOAc durch Reduktion von $Cu(OAc)_2$ gewinnen. Unter ihnen sind CuOMe und $Cu(O_2CMe)$ *polymer*, CuO^tBu (i) und $Cu(O_2CPh)$ (k) *tetramer* (in letzteren beiden Fällen ist Cu jeweils diagonal von 2O-Atomen umgeben). In dem vom *Kupfer(I)-thiophenolat* CuSPh abgeleiteten Komplex $[Cu_4(SPh)_6]^{2-}$ (l) besetzen die Cu-Atome die Ecken eines Tetraeders, deren Seiten von SPh-Gruppen überspannt werden. Ähnlich wie (k) sind „*Kupfer(I)-*

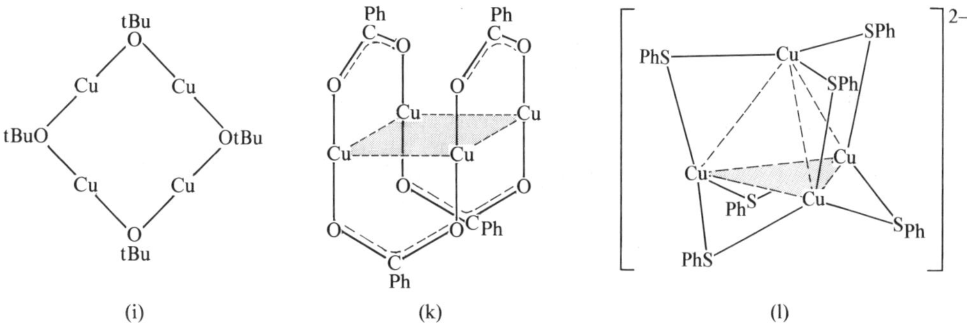

(i) (k) (l)

triazenide" $[CuX]_4$ ($X^- = RN\overset{...}{-}N\overset{...}{-}NR^-$) gebaut. Unter den weiteren Kupfer(I)-chalkogeniden seien genannt: metallisch *schwarzes* **Kupfer(I)-sulfid Cu_2S** (exakter: $Cu_{2-x}S$ mit $x = 0$ bis 0.2; gewinnbar beim Erhitzen von Kupfer in einer Schwefel- oder Schwefelwasserstoffatmosphäre; mehrere Modifikationen mit kubisch- oder hexagonal-dichtester Sulfidpackung und Cu^+ bzw. Cu^{2+} in tetraedrisch, trigonalen oder anderen Lücken) und *metallisch schwarzes* **Kupfer(I,II)-sulfid CuS** = $Cu^I_2Cu^{II}(S_2)S$ (vgl. S. 1336). Auch die Chalkogenide CuSe, Cu_3Se_2, $CuSe_2$, CuTe, Cu_3Te_2, $CuTe_2$ von metallischem Charakter enthalten einwertiges Kupfer.

Kupfer(I)-Salze von Oxosäuren. Das *ionisch* aufgebaute **Kupfer(I)-sulfat Cu_2SO_4** kann wegen der Empfindlichkeit des Cu^+-Ions gegenüber Wasser (S. 1326) nur unter Ausschluß von Wasser z. B. durch Erwärmen von Kupfer(I)-oxid Cu_2O mit Dimethylsulfat Me_2SO_4 auf 100 °C gemäß $Cu_2O + Me_2SO_4 \rightarrow Cu_2SO_4 + Me_2O$ dargestellt werden und disproportioniert in wässeriger Lösung sofort gemäß $Cu_2SO_4 \rightarrow Cu + CuSO_4$. Durch Komplexbildung mit *Ammoniak* läßt sich die Verbindung stabilisieren: $[Cu(NH_3)_4]_2SO_4$.

Organische Kupfer(I)-Verbindungen (vgl. S. 1628)[17]. Darstellung. Während bisher *keine „Kupfer(II)-organyle"* CuR_2 bekannt geworden sind (Zerfall unter Spaltung der CuR-Bindungen) lassen sich **Kupfer(I)-organyle CuR** durch *„Metathese"* aus *Kupfer(I)-halogeniden* CuX (man verwendet vielfach $[(Bu_3P)CuI]_4$) und *Lithiumorganylen* LiR oder *Grignardverbindungen* RMgBr bzw. *Zinkorganylen* ZnR_2 in Ethern gewinnen und gegebenenfalls mit überschüssigem Lithiumorganyl weiter zu *„Organocupraten"* $LiCuR_2$ (kein ionischer Aufbau $Li^+CuR_2^-$!) umsetzen:

$$CuX \xrightarrow[\text{Metathese}]{+LiR,\ -LiX} CuR \xrightarrow[\text{Addition}]{+LiR} LiCuR_2.$$

„Kupfer(I)-alkinyle" (*Kupferacetylide*) CuC≡CR und CuC≡CCu entstehen auch durch *„Metallierung"* von *Acetylenen* HC≡CR und HC≡CH mit *Kupfer(I)-Verbindungen* wie $Cu(NH_3)_2^+$ oder CuO^tBu. Mit *Kohlenmonoxid* oder *Alkenen* $>C{=}C<$ reagieren Kupfer(I)-Verbindungen wie CuCl oder $CuOSO_2CF_3$ darüber hinaus bereitwillig unter *„Addition"* und Bildung von Kupfercarbonylen Cu(CO)X (s. o.) oder π-Komplexen (vgl. S. 1684).

Eigenschaften. Unter den (luft- und feuchtigkeitsempfindlichen) Kupferorganylen CuR zersetzen sich die Verbindungen mit weniger sperrigen Alkylgruppen R mit Ausnahme des *leuchtend gelben*, polymer gebauten, in organischen Lösungsmitteln unlöslichen *„Kupfer(I)-methyls"* $[CuMe]_x$ (explosiv, Zers. oberhalb −15 °C) sehr rasch. Stabiler sind Kupfer(I)-alkyle mit sperrigen Alkylresten wie *farbloses* tetrameres *„Kupfer(I)-trimethylsilylmethyl"* $[CuCH_2SiMe_3]_4$ (Smp. 78 °C) oder Kupfer(I)-aryle wie *farbloses* polymeres *„Kupfer(I)-phenyl"* CuPh (Zers. 100 °C), tetrameres *„Kupfer(I)-pentafluorphenyl"* CuC_6F_5 (Zers. 220 °C) oder das monomere Phosphanaddukt von *„Kupfer(I)-cyclopentadienyl"* $Cu(C_5H_5)$ mit σ-gebundenem C_5H_5-Rest. Stabiler sind in der Regel auch **Organocuprate** wie *„Lithium-dimethylcuprat"* $LiCuMe_2$ (unter Normalbedingungen kinetisch stabil) oder $[Li(THF)_4][Cu\{C(SiMe_3)_2\}_3]$ bzw. das sehr beständige Cuprat (o).

---

[17] **Literatur.** J. G. Noltes: *„Copper and Silver"*, Comprehensive Organomet. Chem. **2** (1982) 709–763; W. Carruthers: *„Compounds of Zn, Cd, Hg, Cu, Ag, Au in Organic Synthesis"*, Comprehensive Organomet. Chem. **7** (1982) 661–729; Houben-Weyl: *„Organische Kupferverbindungen"*, **13/1** (1970); G. H. Posner: *„An Introduction to the Synthesis Using Organocopper Reagents"*, Wiley, New York 1980; J. F. Normant et al.: *„Organocopper Reagents for the Synthesis of Saturated and α,β-Ethylenic Aldehydes and Ketones"*, Pure Appl. Chem. **56** (1984) 91–98; J. F. Normant: *„Stoichiometric versus Catalytic Use of Copper(I)-Salts in the Synthetic Use of Main Group Organometallics"*. Pure, Appl. Chem. **50** (1978) 709–715; P. P. Power: *„The Structure of Organocuprates and Heteroorganocuprates and Related Species in Solution and in the Solid State"*, Progr. Inorg. Chem. **39** (1991) 75–112.

Strukturen. In den *tetrameren* Kupfer(I)-organylen (z.B. $CuCH_2SiMe_3$, CuC_6F_5, CuC_6H_4Me) liegen – anders als in den tetraedrisch gebauten tetrameren Lithiumorganylen (vgl. S. 1155) – achtgliederige Ringe (m) vor, in welchen Kupfer linear von zwei Organylgruppen koordiniert ist, welche ihrerseits jeweils zwei Cu-Atome durch Zweielektronendreizentrenbindungen verbrücken (vgl. Al_2R_6). Die *polymeren* Verbindungen sind wohl gemäß (n) strukturiert. Das *dimere* Cuprat $[LiCuMe_2]_2$ besitzt keine entsprechende Struktur wie $[LiMe]_4$ (Ersatz von 2 Li- durch Cu-Atome) mit trigonal-pyramidalem Kupfer, sondern eine Struktur analog $(CuR)_4$ mit linearem Kupfer (Ersatz von 2 Cu- durch Li-Atome). Hiermit in Übereinstimmung enthalten die aus CuCl und $LiC(SiMe_3)_3$ oder $Me_3P{=}CH_2$ gewinnbaren Cuprate $[Cu\{C(SiMe_3)_2\}]^-$ (monomer) und (o) lineare CCuC-Gruppen. Im *blaßgelben* Cuprat $[Li(THF)_4]^+$ $[Cu_5Ph_6]^-$ (gewinnbar aus CuBr und LiPh in Et_2O bei $-20\,°C$) bilden die Cu-Atome des Anions eine trigonale Bipyramide, deren geneigte Kanten durch Ph-Gruppen überbrückt sind. Bezüglich der Kupfer(I)-acetylide vgl. Anm.[15].

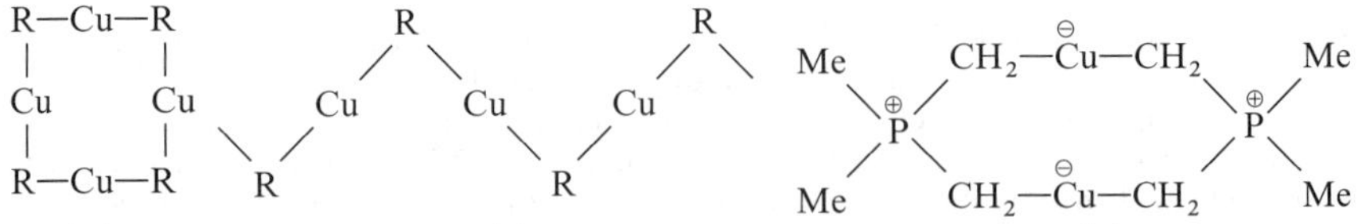

```
R—Cu—R              R               R             ⊖
|      |           / \             / \   Me   CH2—Cu—CH2    Me
Cu     Cu        Cu   Cu         Cu         \⊕/              \⊕/
|      |    \   /       \       /           P                P
R—Cu—R       R            R                 / \       ⊖      / \
                                         Me   CH2—Cu—CH2       Me
  (m)                (n)                            (o)
```

Reaktivität. *Organocuprate* $LiCuR_2$, die man in der Regel wegen ihrer höheren Beständigkeit statt der Kupfer(I)-organyle CuR einsetzt und vor ihrer Verwendung in situ erzeugt, haben vor den Lithiumorganylen LiR und Grignard-Verbindungen RMgX den Vorteil, daß die kupfergebundenen Organylgruppen *schwächer nucleophil* als die lithium- oder magnesiumgebundenen organischen Reste wirken, so daß „*nucleophile Kupplungen*" des Typs

$$LiCuR_2 + 2R'X \rightarrow R{-}R' + LiX + CuR$$

selektiver und *stereospezifischer erfolgen* (Geschwindigkeitsabstufungen für $R'X = AcCl > R'I > R'Br > R'Cl > AcOR$; R reagiert unter Retention, R' unter Inversion). Eine weitere wichtige Reaktion in der *organischen Synthese*, dem Hauptanwendungsbereich der Kupferorganyle, stellt die formal gemäß $2CuR \rightarrow 2Cu + R{-}R$ ablaufende „*oxidative Kupplung*" dar.

1.3 Kupfer(II)-Verbindungen (d^9)[3,9]

Das Cu^{2+}-Ion (isoelektronisch mit Co) ist wegen seiner hohen Hydratationsenthalpie in *wässeriger Lösung* in Form von $[Cu(H_2O)_6]^{2+}$-Ionen (*hellblau*)[18] die *stabilste* Wertigkeitsstufe des Kupfers.

Dieser Sachverhalt folgt in einfacher Weise aus den nachfolgend wiedergegebenen **Potentialdiagrammen** der Oxidationsstufen +3, +2, +1 und 0 des Kupfers für die pH-Werte 0 und 14, wonach sich Cu^+ in saurer (und neutraler) wässeriger Lösung in Cu und Cu^{2+} *disproportionieren* muß (vgl. hierzu S. 1320), während Cu^{2+} in diesem Medium nicht in Cu (bzw. Cu^+) und Cu^{3+} übergehen kann:

pH = 0 ($Cu^{2+} \rightarrow Cu$: $+0.340$)

$$\mathbf{Cu^{3+}} \xrightarrow{+1.8} \mathbf{Cu^{2+}} \xrightarrow{+0.159} \mathbf{Cu^{+}} \xrightarrow{+0.520} \mathbf{Cu}$$

blau — *hellblau* — *farblos*

pH = 14 ($Cu(OH)_2 \rightarrow Cu$: -0.219)

$$\mathbf{Cu(III)} \xrightarrow{?} \mathbf{Cu(OH)_2} \xrightarrow{-0.080} \mathbf{Cu_2O} \xrightarrow{-0.358} \mathbf{Cu}$$

blau — *hellblau* — *gelb*

Nur in solchen Fällen, in welchen Cu^+ mit anwesenden geladenen oder ungeladenen Liganden Kupfer(I)-*Salze* wie CuCl, CuBr, CuI, CuCN oder Kupfer(I)-*Komplexe* wie $Cu(NH_3)_2^+$, $Cu(CN)_2^-$ bildet, die unlöslicher als entsprechende Kupfer(II)-Salze bzw. stabiler als analoge Kupfer(II)-Komplexe sind, stellt einwertiges Kupfer in Wasser die stabilste Oxidationsstufe dar, z.B.:

---

[18] Das in Abhängigkeit von Liganden *blaue* bis *grüne* Cu^{2+}-Ion (d^9) liefert im sichtbaren Bereich meist eine (asymmetrische) Absorptionsbande mit einem Wellenzahlenmaximum zwischen $11000-16000\,cm^{-1}$ (vgl. Ligandenfeld-Theorie; S. 1264). Das Cu^+-Ion ist entsprechend seiner d^{10}-Elektronen-Konfiguration demgegenüber *farblos*, falls es keine leicht polarisierbaren Liganden wie S^{2-} koordiniert.

$Cu^{2+} \xrightarrow{+0.537} CuCl \xrightarrow{+0.137} Cu$	$Cu(NH_3)_4^{2+} \xrightarrow{+0.10} Cu(NH_3)_2^{+} \xrightarrow{-0.100} Cu$
$Cu^{2+} \xrightarrow{+0.641} CuBr \xrightarrow{+0.033} Cu$	$Cu(CN)_4^{2-} \xrightarrow{+0.12} Cu(CN)_2^{-} \xrightarrow{-0.44} Cu$
$Cu^{2+} \xrightarrow{+0.859} CuI \xrightarrow{-0.185} Cu$	

Ersichtlicherweise handelt es sich bei den betreffenden Liganden um *mittelweiche* bis *weiche Lewis-Basen*, die erwartungsgemäß eine große *Affinität* zum niedriger geladenen Kupfer(I)-Ion aufweisen, das unter den Kupferionen die weichste Lewis-Säure darstellt (S. 245). Das als Lewis-Säure härtere (verzerrt) *oktaedrisch* koordinierte Kupfer(II)-Ion bzw. noch härtere *quadratisch-planar* koordinierte Kupfer(III)-Ion (S. 1337) vereinigt sich lieber mit weniger weich wirkenden Liganden, wobei die Komplexstabilität durch Nutzung des Chelateffekts (S. 1221), der bei Kupfer(I) wegen seiner bevorzugten *diagonalen* Koordination weniger wirksam ist, weiter erhöht werden kann. So ist etwa in wässeriger NH_3-Lösung Cu^+ stabiler als Cu^{2+} und in wässeriger $H_2NCH_2CH_2NH_2$-Lösung Cu^+ instabiler als Cu^{2+}.

In dem in Wasser vorliegenden $[Cu(H_2O)_6]^{2+}$-Ion besetzen 4 der 6 H_2O-Moleküle um das Cu^{2+}-Ion die Ecken eines *Quadrats*[19]. Die verbleibenden 2 weiteren H_2O-Moleküle sind oberhalb und unterhalb der quadratischen Ebene – in größerem Abstand und schwächer gebunden – unter Bildung eines tetragonal verzerrten Oktaeders angelagert. Diese Verzerrung symmetrischer Strukturen ist eine Folge des „*Jahn-Teller-Effekts*" (S. 1262). Auch in vielen Kristallstrukturen von Kupfer(II)-Verbindungen (paramagnetisch; μ_{mag} 1.7–2.2 BM) strebt das Cu^{2+}-Ion ein solches verzerrtes, meist *gedehntes*, gelegentlich aber auch *gestauchtes* Liganden-Oktaeder an (4 + 2 bzw. 2 + 4 Koordination; letzter Fall liegt etwa in K_2CuF_4 vor).

Halogenverbindungen (vgl. Tab. 113, S. 1327). Unter den Kupfer(II)-halogeniden entsteht das **Kupfer(II)-chlorid $CuCl_2$** (Smp. 630 °C, Sdp. 993 °C; $\Delta H_f = -220$ kJ/mol) beim Auflösen von *Kupfer(II)-oxid* in *Salzsäure* und Eindampfen der Lösung als *grünes* Di- oder Tetrahydrat $CuCl_2(H_2O)_2$ und $CuCl_2(H_2O)_4$. Sehr *verdünnte* wässerige Lösungen des Chlorids sind *hellblau* gefärbt und enthalten wie alle verdünnten Kupfer(II)-Salzlösungen das Komplexion $[Cu(H_2O)_6]^{2+}$; die *grünbraune* Farbe *konzentrierter*, namentlich salzsaurer Lösungen ist wohl auf die Bildung hydratisierter komplexer Ionen des Typus $[CuCl_4]^{2-}$ zurückzuführen; *halbkonzentrierte* Lösungen zeigen die *grüne* Farbe des Tetrahydrats $[CuCl_2(H_2O)_4]$[20].

Beim Erhitzen auf 150 °C im Chlorwasserstoffstrom entsteht das *braungelbe*, *wasserfreie*, in Wasser leicht lösliche, auch aus den Elementen zugängliche Chlorid $CuCl_2$. Dieses wird in der Wärme durch *Sauerstoff* in *Chlor* und Kupferoxid übergeführt (1), welches sich durch *Chlorwasserstoff* wieder in das Chlorid zurückverwandeln läßt (2):

$$CuCl_2 + \tfrac{1}{2}O_2 \rightarrow CuO + Cl_2 \quad (1)$$
$$CuO + 2HCl \rightarrow CuCl_2 + H_2O \quad (2)$$
$$2HCl + \tfrac{1}{2}O_2 \rightarrow H_2O + Cl_2 \quad (3)$$

Auf dem Wechselspiel beider Reaktionen beruht z. B. die katalytische Wirkung des Kupferchlorids bei der Chlordarstellung aus Chlorwasserstoff und Luft (3) nach dem *Deacon-Verfahren* (S. 439).

---

[19] Auch in anderen koordinativ 4zähligen Komplexen wie $[Cu(NH_3)_4]^{2+}$ oder dem Chelatkomplex mit Acetylaceton weist das zentrale Cu^{2+}-Ion diese quadratisch-planare Anordnung auf, während das koordinativ 4zählige Cu^+-Ion im allgemeinen Tetraederstruktur besitzt (S. 1327).

[20] Im Kupfer(II)-chlorid-Dihydrat $CuCl_2 \cdot 2H_2O$ ist jedes Cu-Atom von 2 O-Atomen des Wassers (CuO-Abstand 2.01 Å) und 2 Cl-Atomen (CuCl-Abstand 2.31 Å), sowie in einem größeren Abstand (2.98 Å) von 2 Cl-Atomen benachbarter Moleküle unter Ausbildung eines verzerrten Oktaeders (s. oben) umgeben. Die quadratisch-ebenen Tetrachlorokomplexe $CuCl_4^{2-}$ vermögen durch Aufnahme von 2 H_2O-Molekülen in analoger Weise in eine solche verzerrt-oktaedrische Anordnung überzugehen.

Strukturen. **$CuCl_2$** hat im wasserfreien kristallisierten Zustande eine *polymere Kettenstruktur* mit quadratisch-ebenen $CuCl_4$-Einheiten (CuCl-Abstand 2.30 Å, berechnet für kovalente Einfachbindung 2.3 Å):

```
    Cl      Cl      Cl
  \ /  \  /  \  /  \
   Cu      Cu      Cu
  / \  /  \  /  \  /
 Cl      Cl      Cl
```

wobei die $(CuCl_2)_x$-Ketten zum Unterschied von ähnlichen polymeren Chloriden $(MCl_2)_x$ zweiwertiger Metalle (wie $PdCl_2$) so angeordnet sind, daß die Cl-Brückenatome jeweils die Cu-Atome zweier benachbarter Ketten in längerem CuCl-Abstand (2.95 Å) koordinativ zu (tetragonal verzerrten) Oktaedern ergänzen (s. o.). Auch **$CuBr_2$** besitzt diese zu Schichten verbrückte Kettenstruktur mit 4 kurzen (2.40 Å) und 2 langen (3.18 Å) CuBr-Abständen (**CuI_2** ist unbekannt; vgl. S. 1329), während **CuF_2** mehr *ionisch* nach einer verzerrten Rutil-Struktur mit tetragonal verzerrten CuF_6-Oktaedern (4 kurze CuF-Abstände von 1.93 Å, 2 lange CuF-Abstände von 2.27 Å) aufgebaut ist.

Komplexe. Durch geeignete Donoren D kann die $(CuCl_2)_x$-Kette unter Bildung von Verbindungen mit kleinerer Gliederzahl *depolymerisiert* werden, z. B.:

```
 D     Cl        D     Cl     Cl          D     Cl     Cl     Cl
  \   /           \   /  \   /             \   /  \   /  \   /
   Cu              Cu     Cu                Cu     Cu     Cu
  /   \           /  \   /  \              /  \   /  \   /  \
 Cl    D         Cl    Cl     D           Cl    Cl     Cl     D
```

(D z. B. H_2O) (D z. B. MeCN) (D z. B. MeCN)

Auch durch Einwirkung von Chlorid Cl^- läßt sich die $[CuCl_2]_x$-Kette *depolymerisieren* und gegebenenfalls *modifizieren*. Die Strukturen der aus Lösungen auskristallisierenden *Chlorokomplexe* werden hierbei wesentlich durch Art und Größe des Gegenions diktiert. So liegen dem Komplex $[AsPh_4]$ $[CuCl_3]$ *isolierte planare* Ionen $[Cu_2Cl_6]^{2-}$ (a), dem Komplex $Cs[CuCl_3]$ *polymere spiralförmige* Kettenionen $[CuCl_3^-]_x$ (e), dem Komplex [Methadonium] $[CuCl_4]$ *isolierte quadratisch-planare* Ionen $[CuCl_4]^{2-}$ (b), dem Komplex $Cs_2[CuCl_4]$ *isolierte tetraedrische* Ionen $[CuCl_4]^{2-}$ (d) und dem Komplex $[Cr(NH_3)_6]$ $[CuCl_5]$ *isolierte trigonal-bipyramidale* Ionen $[CuCl_5]^{3-}$ (c) zugrunde (man kennt auch Salze mit quadratisch-pyramidal gebautem Ion $CuCl_5^{3-}$).

```
     [Cl     Cl     Cl]2-        [Cl     Cl]2-
     [  \   /  \   /  ]          [  \   /  ]
 (a) [   Cu     Cu    ]      (b) [   Cu    ]
     [  /   \  /  \   ]          [  /   \  ]
     [Cl     Cl     Cl]          [Cl     Cl]

     [     Cl      ]3-           [     Cl      ]2-
     [ Cl  |       ]             [     |       ]
 (c) [    Cu—Cl    ]         (d) [     Cu      ]
     [ Cl  |       ]             [ Cl/ |  \Cl  ]
     [     Cl      ]             [     Cl      ]

 [ Cl     Cl          Cl     Cl               ]n-
 [   \   /              \   /                 ]
 [    Cu                 Cu                   ]
 [   /   \              /   \                 ]
 [ Cl     Cl          Cl     Cl               ]
 [/         \        /         \   /          ]
 [           Cu                 Cu            ]
 [          /  \               /  \           ]
 [        Cl    Cl           Cl    Cl         ]
                    (e)
```

Das **Kupfer(II)-fluorid CuF_2** (Smp. 785 °C; $\Delta H_f = -543$ kJ/mol; verzerrte Rutilstruktur, s. o.) entsteht aus Kupfer und Fluor bzw. Kupferoxid und Fluorwasserstoff bei 400 °C als kristalline, *farblose* Substanz. Die Verbindung verliert in der Schmelze (Smp. 950 °C) langsam elementares Fluor ($CuF_2 \rightleftarrows CuF + \frac{1}{2}F_2$; $2\,CuF \rightleftarrows CuF_2 + Cu$) und wirkt bei höheren Temperaturen als *Fluorierungsmittel* (z. B. $2\,Ta + 5\,CuF_2 \rightarrow 2\,TaF_5 + 5\,Cu$). Mit Fluorid bildet CuF_2 *Fluorokomplexe* CuF_3^-, CuF_4^{2-} und CuF_6^{4-} (in jedem Falle ist Cu^{2+} tetragonal-verzerrt oktaedrisch von F^- umgeben), mit Wasser ein *Dihydrat* $CuF_2(H_2O)_2$. **Kupfer(II)-bromid $CuBr_2$** (Smp. 498 °C; $\Delta H_f = -142$ kJ/mol; gewinnbar aus den Elementen, Struktur s. o.) ist *braunschwarz*, in Wasser leicht löslich und bildet mit Ammoniak ein Di-ammoniakat $CuBr_2(NH_3)_2$, mit NH_4Br einen oktaedrischen Bromokomplex $(NH_4)_2[CuBr_4(H_2O)_2]$. **Kupfer(II)-iodid CuI_2** ist unbeständig und zerfällt sofort in Kupfer(I)-iodid CuI und Iod (S. 1329). Analoges gilt für das braungelbe **Kupfer(II)-cyanid $Cu(CN)_2$** (Zerfall in CuCN und $(CN)_2$, S. 1329). Mit KCN bildet $Cu(CN)_2$ den *farblosen* Komplex $K_2[Cu(CN)_4]$, der sich in der Cyanidlösung gemäß $[Cu(CN)_4]^{2-} + CN^- \rightarrow [Cu(CN)_4]^{3-} + \frac{1}{2}(CN)_2$ zersetzt.

Alle Kupferhalogenide (die bei höherer Temperatur flüchtig sind) färben die Bunsenflamme intensiv *grün*. Diese Erscheinung verwendet man zum „*qualitativen Nachweis von Halogen*“ in organischen Verbindungen, indem man eine kleine Menge der zu untersuchenden Substanz an einen Kupferdraht bringt und diesen Draht in die Flamme hält. Schon sehr geringe Mengen Halogen geben sich dabei durch Grünfärbung der Flamme zu erkennen („*Beilstein-Probe*“).

Chalkogenverbindungen (vgl. Tab. 113, S. 1327, sowie S. 1620). Beim Erhitzen von metallischem *Kupfer* an der *Luft* auf Rotglut entsteht **Kupfer(II)-oxid CuO** als *schwarzes* Pulver:

$$Cu + \tfrac{1}{2}O_2 \rightleftarrows CuO + 157\,kJ.$$

Umgekehrt gibt es an reduzierende Substanzen wie Wasserstoff oder Kohlenoxid bei erhöhter Temperatur (250 °C) seinen Sauerstoff leicht wieder ab: $CuO + H_2 \rightarrow Cu + H_2O + 129\,kJ$, wovon man bei der „*organischen Elementaranalyse*“ zur *Bestimmung von Wasserstoff* (Verbrennung zu Wasser) und *Kohlenstoff* (Verbrennung zu Kohlendioxid) Gebrauch macht. Beim Erhitzen für sich geht CuO, das auch beim Erhitzen von Kupfer(II)-nitrat oder -carbonat gewonnen wird, bei 900 °C gemäß $146\,kJ + 2CuO \rightarrow Cu_2O + \tfrac{1}{2}O_2$ in Kupfer(I)-oxid über.

Die Struktur des Kupfer(II)-oxids CuO (4 : 4-Koordination) ist eigenartig und dadurch charakterisiert, daß je 4 O-Atome quadratisch-eben um 1 Cu-Atom und je 4 Cu-Atome tetraedrisch um 1 O-Atom angeordnet sind (CuO-Abstand 1.95 Å, ber. für kovalente Einfachbindung 1.94 Å).

Versetzt man eine *Kupfer(II)-Salzlösung* mit *Alkalilauge*, so scheidet sich **Kupfer(II)-hydroxid $Cu(OH)_2$** als flockiges, voluminöses, *hellblaues* Oxid-Hydrat ab:

$$Cu^{2+} + 2OH^- \rightarrow Cu(OH)_2.$$

Beim Kochen der Flüssigkeit – langsam auch schon bei gewöhnlicher Temperatur – färbt sich der Niederschlag unter Abspaltung von Wasser und Bildung von Kupfer(II)-oxid schwarz: $Cu(OH)_2 \rightarrow CuO + H_2O$. Beständiges, makrokristallines, himmelblaues, in starken Säuren leicht lösliches Hydroxid („*Bremerblau*“) erhält man, wenn man zuerst mit Ammoniak *basisches Kupfersalz* fällt und das gut ausgewaschene basische Salz dann mit Natronlauge behandelt. Da $Cu(OH)_2$ eine *schwache* Base ist, reagieren die *Kupfer(II)-Salze* in wässeriger Lösung *sauer*: $[Cu(H_2O)_6]^{2+} \rightleftarrows [Cu(OH)(H_2O)_5]^+ + H^+$ (vgl. S. 1079).

Bei Gegenwart von „*Seignettesalz*“[21] (Kalium-natrium-tartrat) $KNaC_4H_4O_6$, einem Salz der Weinsäure $C_4H_6O_6$, werden Kupfer(II)-Salze durch *Alkalilaugen nicht gefällt*; vielmehr entsteht in diesem Falle gemäß $2[C_4H_4O_6]^{2-} + Cu(OH)_2 \rightarrow [Cu(C_4H_3O_6)_2]^{4-} + 2H_2O$ eine *tiefblaue* Lösung, in welcher ein „*Kupfer-Tartrat-Komplex*“ nachstehender Konstitution (f) mit quadratisch koordiniertem Kupfer vorliegt:

```
⊕  ⊖                       ⊖ ⊕
Na O—C=O          O=C—O  K
     |  H              |
   H—C—O↘         ↗O—C—H
     |      Cu          |
   H—C—O↗         ↖O—C—H
⊕ ⊖  |              H  |  ⊖ ⊕
K  O—C=O          O=C—O  Na
```

(f)

Unter dem Namen **„Fehlingsche Lösung“**[22] dienen derartige alkalische Kupfersalzlösungen zum „*Nachweis reduzierender Stoffe*“ wie Zucker (S. 1330).

---

[21] Benannt nach Jehan Seignette, einem französischen Apotheker (1660–1719), der das Salz entdeckte. Das Monokaliumsalz der Weinsäure $KHC_4H_4O_6$ (Kalium-hydrogentartrat) wird als „*Weinstein*“ bezeichnet; es kristallisiert aus besseren Weinen beim längeren Lagern aus.

[22] Benannt nach Hermann v. Fehling (1812–1885), Professor der Chemie in Stuttgart (1848–1885). Da sich eine fertige Fehlingsche Lösung nicht lange hält, wird sie jedesmal vor Gebrauch frisch aus einer NaOH-haltigen Lösung von Seignettesalz („*Fehling I*“) und einer verdünnten Kupfer(II)-sulfat-Lösung („*Fehling II*“) bereitet.

In *konzentrierten Alkalilaugen* löst sich Kupfer(II)-hydroxid mit *tiefblauer* Farbe merklich unter Bildung von „*Cupraten(II)*" („*Cuprite*"): $Cu(OH)_2 + 2OH^- \rightleftarrows Cu(OH)_4^{2-}$. Ebenso ist Kupfer(II)-hydroxid im *Ammoniakwasser* mit intensiv kornblumenblauer Farbe als hydratisiertes *Komplexsalz* $[Cu(NH_3)_4](OH)_2$ löslich; die Lösung heißt „*Schweizers Reagens*" und besitzt die Eigenschaft, *Zellulose* (z. B. Watte) *aufzulösen*, wovon man bei der Herstellung der „*Kupferseide*" Gebrauch macht. In *starken Säuren* löst sich $Cu(OH)_2$ nach: $Cu(OH)_2 + 2H^+ + 4H_2O \rightleftharpoons Cu(H_2O)_6^{2+}$ auf (bei nicht zu niedrigem pH-Wert bildet sich auch das hydratisierte Isopolyoxo-Kation $[Cu_2(OH)_2]^{2+}$, vgl. S. 1079).

Leitet man *Schwefelwasserstoff* in eine Cu^{2+}-Lösung, so fällt *metallisch schwarzes* **Kupfer(II)-sulfid CuS** („*Corellit*") aus, das gemäß der Formulierung $Cu^I_2Cu^{II}(S_2)S$ in Wirklichkeit ein „*Kupfer(I,II)-sulfid*" darstellt (das Sulfid enthält tetraedrisch von S umgebenes Cu^I, trigonal-planar von S umgebenes Cu^{II} sowie Sulfid- und Disulfid-Ionen S^{2-} und S_2^{2-}). Beim Erhitzen von CuS mit Schwefel unter Druck bei 350 °C entsteht ein „*Kupfer(II)-disulfid*" $Cu(S_2)$ (verzerrte NaCl-Struktur; vgl. Pyrit FeS_2), das ausschließlich zweiwertiges Kupfer enthält. Ab 200 °C geht $Cu(S_2)$ unter Schwefelabgabe in Kupfer(I,II)-sulfid CuS über, das seinerseits ab 400 °C in Cu_2S zerfällt. *Kupfer(II)-selenide* und *-telluride* sind unbekannt.

Kupfer(II)-Salze von Oxosäuren. Das bekannteste unter den Kupfersalzen ist das **Kupfer(II)-sulfat $CuSO_4$**. Es entsteht beim Auflösen von *Kupfer* in heißer verdünnter *Schwefelsäure* bei *Luftzutritt* gemäß

$$Cu + \tfrac{1}{2}O_2 + H_2SO_4 \rightarrow CuSO_4 + H_2O$$

und kristallisiert aus der Lösung als *Pentahydrat* $CuSO_4 \cdot 5H_2O$ („*Kupfervitriol*") in Form großer, *blauer* durchsichtiger trikliner Kristalle aus[23)]. Von den fünf Molekülen Kristallwasser des Hydrats sitzen vier in komplexer, quadratisch-planarer Cu—O-Bindung am Kupfer[23)], das fünfte über H-Brücken am Sulfat-Ion (S. 1122): $[Cu(H_2O)_4]SO_4 \cdot H_2O$. Bei 100 °C getrocknet, verlieren die Kristalle – unter Zwischenbildung eines Trihydrats (S. 208) – vier Mol Wasser; das so gebildete Monohydrat $CuSO_4 \cdot H_2O$ gibt das letzte Mol Wasser erst oberhalb von 200 °C ab. Die wasserfreie Verbindung $CuSO_4$, die sich bei höherem Erhitzen in CuO + SO_3 spaltet, ist *weiß* und nimmt unter *Blaufärbung* leicht wieder Wasser auf. Man benutzt diese Farbänderung zum „*Nachweis kleiner Mengen Wasser*", z. B. im Alkohol.

Versetzt man Kupfersulfatlösungen (himmelblau) mit *Ammoniakwasser*, so bildet sich zunächst ein bläulicher Niederschlag von *basischem Sulfat*; dieser löst sich im *Ammoniaküberschuß* unter Bildung einer intensiv *kornblumenblauen* Lösung (empfindlicher Kupfernachweis!), aus der sich das kristalline *Komplexsalz* $[Cu(NH_3)_4]SO_4 \cdot H_2O$ isolieren läßt. Die tiefblaue Farbe kommt dem – in wässerigem Milieu mit zwei zusätzlichen H_2O-Molekülen komplexierten – „*Tetraamminkupfer(II)-Ion*" $[Cu(NH_3)_4]^{2+}$ (ungerade Elektronenzahl) zu, welches zum Unterschied vom entsprechenden tetraedrischen, farblosen Kupfer(I)-Komplex $[Cu(NH_3)_4]^+$ (gerade Elektronenzahl) quadratisch-eben aufgebaut ist. In sehr konzentrierter NH_3-Lösung entsteht auch das „*Hexaamminkupfer(II)-Ion*" $[Cu(NH_3)_6]^{2+}$, das dem hellblauen „*Hexaaquakupfer(II)-Ion*" $[Cu(H_2O)_6]^{2+}$ (s. oben) entspricht. Der Tetraammin-Komplex $[Cu(NH_3)_4]^{2+}$ ist nicht so stabil wie der erwähnte Tetracyano-Komplex $[Cu(CN)_4]^{3-}$ (vgl. S. 1334). Daher reicht die im Gleichgewicht befindliche Kupferionen-Konzentration ($Cu(NH_3)_4^{2+} \rightleftarrows Cu^{2+} + 4NH_3$) in diesem Falle dazu aus, um mit Schwefelwasserstoff schwerlösliches *Kupfersulfid* zu ergeben, und um die tiefblauen Lösungen durch Zugabe von CN^- zu *entfärben* (Bildung von $Cu(CN)_4^{3-}$).

---

[23] In wässeriger Lösung sind an das $[Cu(H_2O)_4]^{2+}$- bzw. $[Cu(NH_3)_4]^{2+}$-Ion noch 2 Moleküle H_2O mit größerem Abstand unter Bildung eines (tetragonal verzerrten) Oktaeders $[Cu(H_2O)_6]^{2+}$ bzw. $[Cu(NH_3)_4(H_2O)_2]^{2+}$ angelagert (vgl. S. 1333). In analoger Weise koordiniert das Kupfer im festen Kupfersulfat $[Cu(H_2O)_4]SO_4$ neben den planar angeordneten vier O-Atomen der vier H_2O-Moleküle noch zwei O-Atome von zwei SO_4-Ionen in axialer Stellung.

Kupfersulfatlösungen finden unter anderem in der **„Galvanoplastik"** zur Vervielfältigung von Kunst- und kunstgewerblichen Gegenständen, Münzen usw. Verwendung. Zu diesem Zwecke schaltet man die durch Überbürsten mit Graphit leitend gemachte, vertiefte Gips-, Wachs- oder Siliconkautschuk-*Matrize* als *Kathode* in einer *Kupfersulfatlösung* mit einer *Anodenplatte* aus reinem *Kupfer* zusammen. Bei gut geregelter Elektrodenspannung scheidet sich dann auf der Kathode eine leicht ablösbare, dünne Kupferschicht ab, die alle Einzelheiten der Matrize mit größter Genauigkeit wiedergibt. Zur haltbaren elektrolytischen „*Verkupferung*" dienen zweckmäßig Lösungen von Alkali-cyanocupraten(I).

Kupfer(II)-sulfat dient ferner als *Fungizid* (z. B. Kartoffelpflanzungen) sowie als *Algizid* bei der Wasseraufbereitung.

Hydratisiertes **Kupfer(II)-nitrat** $[Cu(H_2O)_6](NO_3)_2$ kristallisiert aus Lösungen von *Kupfer* in *Salpetersäure* nach weitgehendem Eindampfen in Form *blauer*, säulenförmiger, bei 26 °C in ihrem Kristallwasser schmelzender und an der Luft leicht zerfließender Prismen, die nicht ohne Zersetzung entwässert werden können (das Nitrat gehört wie das Perchlorat zu den wenigen Kupfer(II)-Salzen, die das Ion $Cu(H_2O)_6^{2+}$ enthalten). Das durch Auflösen von Cu in einer Essigesterlösung von N_2O_4 und durch Erhitzen der dabei entstehenden Verbindung $Cu(NO_3)_2 \cdot N_2O_4 = [NO]^+[Cu(NO_3)_3]^-$ auf 90 °C gebildete *blaue, wasserfreie* $Cu(NO_3)_2$ (Reinigung durch Sublimation im Hochvakuum bei 150–200 °C) besitzt in der Gasphase eine planare Struktur (g) mit dem Kupfer(II)-Atom zwischen den beiden kovalent gebundenen NO_3-Gruppen und ist sowohl im Dampf wie in organischen Lösungsmitteln (Dioxan, Essigester, Nitrobenzol) monomer. **Kupfer(II)-carbonat** ist nicht bekannt. Wohl aber kennt man *basische Carbonate* wechselnder Zusammensetzung, welche beim Versetzen von *Kupfer(II)-Salzlösungen* mit *Alkalicarbonaten* entstehen. Von den in der Natur vorkommenden basischen Carbonaten wurden bereits der als Halbedelstein geschätzte grüne Malachit $CuCO_3 \cdot Cu(OH)_2$ und die blaue Kupferlasur $2\,CuCO_3 \cdot Cu(OH)_2$ erwähnt (S. 1321). Das bei der Einwirkung von *Essigsäuredämpfen* auf *Kupferplatten* entstehende *basische* **Kupferacetat** ist unter dem Namen „*Grünspan*" bekannt und wird wie Malachit und Kupferlasur als Malerfarbe verwendet (andere grüne Kupfer-Malerfarben sind das „*Scheelesche Grün*", ein Gemisch von basischem und normalem Kupferarsenit, und das „*Schweinfurter Grün*", ein gemischtes Kupfer-arsenit-acetat $3\,Cu(AsO_2)_2 \cdot Cu(CH_3CO_2)_2$). *Reines* Kupfer(II)-acetat $Cu(CH_3CO_2)_2 \cdot H_2O$ bildet sich bei der Einwirkung von Essigsäure auf CuO bzw. $CuCO_3$. Die Verbindung ist dimer (h), wobei die beiden, über 4 Acetatgruppen, aber nicht chemisch miteinander verknüpften Kupfer(II)-Ionen (ein ungepaartes Elektron) antiferromagnetisch gekoppelt sind (S. 1309). Die Verbindung (Entsprechendes gilt allgemein für Carboxylate $Cu(RCO_2)_2$ sowie für Triazenide $Cu(RNNNR)_2$) ist infolgedessen bei 0 K diamagnetisch und wird mit steigender Temperatur zunehmend paramagnetisch (magnetisches Moment bei 25 °C 1.4 Bohrsche Magnetonen; Erwartungswert bei fehlender Kopplung, 1.78 BM): Von Interesse ist in diesem Zusammenhang der *blaue* Komplex $[Cu^{II}(Phthalocyanin)]$ (i), der in kristallisierter Form über schwache CuCu-Kontakte zu Stapeln verknüpft ist und sich unzersetzt bei 500 °C sublimieren läßt[24].

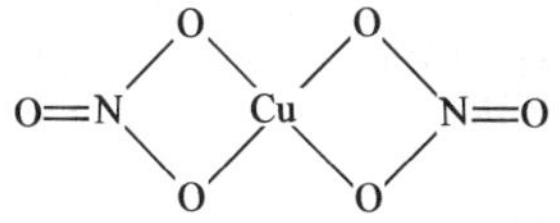

(g) 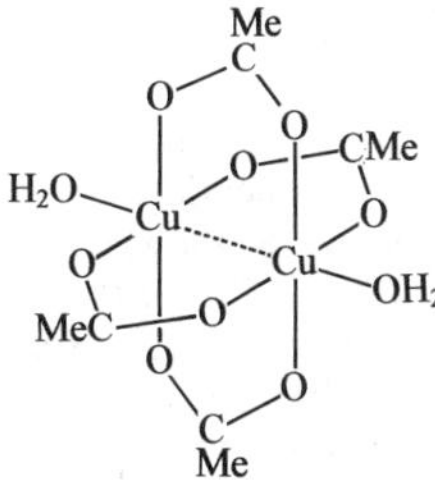 (h) 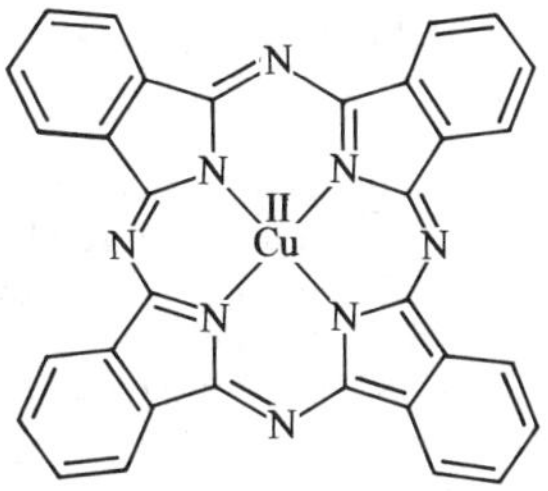 (i)

1.4 Kupfer(III)- und Kupfer(IV)-Verbindungen (d^8 und d^7)[3,9]

Die Oxidation von Cu(II) zu Cu(III) (*blaues* Cu^{3+} isoelektronisch mit Ni^{2+}, Co^+ und Fe) gelingt nur mit *starken Oxidationsmitteln* (ε_0 für $Cu^{2+}/CuO^+ = +1.8$ V, vgl. Potentialdiagramm, S. 1332). Allerdings ist Cu(III) in wässeriger Lösung wegen seiner *hohen Oxidationskraft* instabil und oxidiert das Reaktionsmedium (ε_0 für $H_2O/O_2 = +1.23$ V). In Anwesenheit von *Komplexliganden* kann sich das Redox-

[24] Auch viele andere Metalle (die meisten zwei- und dreiwertigen Hauptgruppen- und Nebengruppenmetalle) bilden sehr beständige Komplexe mit Phthalocyanin, die meist überraschend einfach aus Harnstoff, Metallsalz und Phthalsäure durch Zusammenschmelzen bei 180 °C zugänglich sind.

potential des dreiwertigen Kupfers allerdings beachtlich (bis auf Werte von + 0.45 V) *erniedrigen*. Dementsprechend hat man es – koordiniert an Peptide – sogar in *biologischen Systemen* aufgefunden. Auch eine Reihe *anorganischer* **Kupfer(III)-Komplexe** ist bekannt. So erhält man durch Oxidation eines Gemisches von KCl und $CuCl_2$ mit Fluor eine *blaßgrüne*, kristalline, *paramagnetische* (high-spin) *Fluoroverbindung* K_3CuF_6 mit oktaedrisch gebautem CuF_6^{3-}-Ion. Ein CuF_3 ist jedoch unbekannt. *Diamagnetische* (low-spin) Kupfer(III)-Salze der *Periodsäure* $IO(OH)_5$ und *Tellursäure* $Te(OH)_6$ wie $K_5[Cu(IO_6H)_2]$, $K_5[Cu(TeO_6H_2)_2]$ und $Na_5[Cu(TeO_6H_2)_2]$ (planare Anordnung der 4 O-Atome) entstehen durch Oxidation von Cu^{2+} mit Peroxodisulfat $S_2O_8^{2-}$ in stark alkalischen Lösungen von Salzen dieser Säuren:

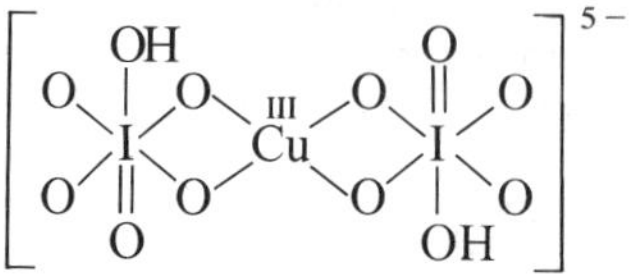

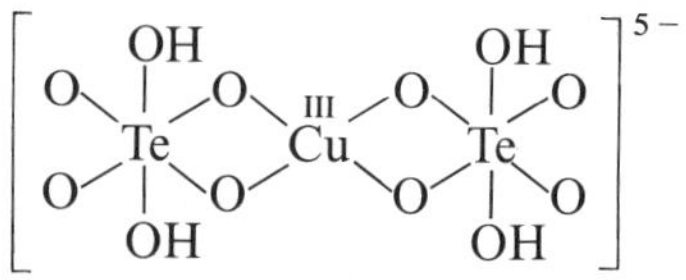

```
 ┌   OH           O    ┐5−        ┌   OH           OH   ┐5−
   O  |  O   III  O  || O            O  |  O   III  O  |  O
    \ | /  \     /  \ | /             \ | /  \     /  \ | /
      I      Cu       I                 Te     Cu       Te
    / || \  /    \  / | \             / | \  /    \  / | \
   O  |  O        O  |  O            O  |  O        O  |  O
 └    O          OH    ┘         └   OH           OH   ┘
```

Die Oxidation von blauen Cuprat(II)-Lösungen (d.h. von $Cu(OH)_2$-Lösungen in starken Laugen) mit Hypobromit oder von Metalloxid/CuO-Mischungen mit Sauerstoff führt zu *diamagnetischen* (low-spin) „*Cupraten(III)*" wie $Na[Cu(OH)_4]$ (*rotbraun*), $KCuO_2$ (*stahlblau*) und $Ba(CuO_2)_2$ (*rotbraun*). Ein Cu_2O_3 ist unbekannt.

Durch *Druckfluorierung* (350 bar) eines vorfluorierten Gemischs von CsCl und $CsCu^{II}Cl_3$ bei 410 °C erhält man mit $Cs_2[Cu^{IV}F_6]$ einen **Kupfer(IV)-Komplex**:

$$Cs_2[Cu^{II}F_4] + F_2 \rightarrow Cs_2[Cu^{IV}F_6]$$

in Form einer prächtig *orangeroten paramagnetischen* (low-spin), mit Wasser stürmisch unter Zersetzung reagierenden Verbindung.

2 Das Silber[25)]

2.1 Elementares Silber

Vorkommen

Silber Ag kommt als edles Metall ($\varepsilon_0 = +0.7991$ V) wie Kupfer in der Natur **gediegen** vor. In **gebundenem** Zustande findet es sich insbesondere in Form von **Sulfiden** in *sulfidischen Silbererzen* und *silberhaltigen Erzen*. Die hauptsächlichsten Silbererzlagerstätten liegen in Mexiko, Nevada (USA), Südamerika und Kanada.

Unter den sulfidischen Silbererzen (die allerdings meist nur wenige Prozent Silber enthalten) seien als wichtigste genannt: der dem Kupferglanz Cu_2S entsprechende „*Silberglanz*" („*Argentit*") Ag_2S, der „*Kupfersilberglanz*" („*Stromeyerit*") CuAgS (= „$Cu_2S \cdot Ag_2S$") sowie *Silberdoppelsulfide* mit Arsen- und Antimonsulfid, z.B. „*Fahlerz*" $(Cu,Ag)_3(Sb,As)S_3$, „*Proustit*" („*lichtes Rotgültigerz*") Ag_3AsS_3 (= „$3\,Ag_2S \cdot As_2S_3$"), „*Pyrargyrit*" (*dunkles Rotgültigerz*") Ag_3SbS_3 (= „$3\,Ag_2S \cdot Sb_2S_3$") und „*Silberantimonglanz*" („*Margyrit*") $AgSbS_2$ (= „$Ag_2S \cdot Sb_2S_3$"). In kleiner Menge tritt das Silber auch als Halogenid in Form von „*Hornsilber*" AgCl („*Chlorargyrit*") bzw. AgBr („*Bromargyrit*") auf.

Unter den silberhaltigen Erzen ist vor allem der *Bleiglanz* PbS zu nennen, welcher 0.01–1% Silber in Form von Silbersulfid Ag_2S enthält. Ebenso ist häufig der *Kupferkies* $CuFeS_2$ silberhaltig. Bei der Gewinnung von Blei und Kupfer aus diesen Erzen sammelt sich das Silber im *Rohblei* (S. 974) und *Rohkupfer* (S. 1323) an, aus denen es dann isoliert wird. Vielfach schlägt man beim Blei- und Kupfergewinnungsprozeß absichtlich Silbererze zu, um auf diese Weise das Silber in diesen Metallen anzureichern.

---

[25] **Literatur.** Allgemein. N.R. Thompson: „*Silver*", Comprehensive Inorg. Chem. **3** (1973) 79–128; ULLMANN (5. Aufl.): „*Silver and Silver alloys*", „*Silver Compounds*" **A 24** (1993); GMELIN: „*Silver*", Syst.-Nr. **61**, bisher 12 Bände. Anorganische Verb. J.H. Canterford, R. Colton: „*Silver and Gold*", in „Halides of the second and third row transition metals", Wiley 1968, S. 390–402; J.A. McMillan: „*Higher Oxidation States of Silver*", Chem. Rev. **62** (1962) 65–80; R.J. Lancashire: „*Silver*", Comprehensive Coord. Chem. **5** (1987) 775–859; I.D. Salter: „*Heteronuclear Cluster Chemistry of Copper, Silver and Gold*", Adv. Organomet. Chem. **29** (1989) 249–343; S. Jagner, G. Helgesson: „*On the Coordination Number of the Metal in Crystalline Halogenocuprates(I) and Halogenoargentates(I)*", Adv. Inorg. Chem. **37** (1991) 1–47. Organische Verb. J.G. Noltes: „*Copper and Silver*", Comprehensive Organomet. Chem. **2** (1982) 709–763; HOUBEN-WEYL: „*Organische Silberverbindungen*" **13/1** (1970). Vgl. Anm. 39.

Isotope (vgl. Anh. III). *Natürliches* Silber enthält die Isotope $^{107}_{47}Ag$ (51.83%) und $^{109}_{47}Ag$ (48.17%), die beide der *NMR-Spektroskopie* zugänglich sind. Die *künstlichen* Nuklide $^{111}_{47}Ag$ (β^--Strahler; $\tau_{1/2}$ = 7.5 Tage) und metastabiles $^{110m}_{47}Ag$ (β^--Strahler; $\tau_{1/2}$ = 253 Tage) werden als *Tracer* genutzt.

Geschichtliches. *Gediegenes Silber* war bereits den alten Kulturvölkern bekannt und wurde wohl ab ca. 3000 v. Chr. aus Silbererzen durch Reduktion mit Blei („Kupellieren", „Treibverfahren") gewonnen. Das *Symbol* Ag für Silber leitet sich von *argentum* (lat.) = Silber ab. Auch der *Argentit* hat daher seinen Namen. Die südamerikanischen Vorkommen von Silbererzen haben ihrerseits dem Lande *Argentinien* seinen Namen gegeben; es ist das einzige nach einem Element benannte Land, während der umgekehrte Fall der Bezeichnung eines Elementes nach einem Land viel häufiger ist (z. B. Californium, Francium, Gallium, Germanium, Polonium, Rhenium, Ruthenium, Scandium).

Darstellung

Ausgangsmaterialien für die **technische Gewinnung** von Silber stellen sowohl *Silbererze* als auch *silberhaltige Erze* insbesondere des Bleis und Kupfers dar.

Rohsilber aus Silbererzen. Die Gewinnung des Silbers aus seinen Erzen erfolgt meist auf *nassem Wege* durch die **„Cyanidlaugerei"**. Bei diesem Verfahren wird das zu feinem Schlamm zerkleinerte Material unter guter *Durchlüftung* mit 0.1–0.2%iger *Natriumcyanidlösung* ausgelaugt, wobei sowohl metallisches Silber wie Silbersulfid und Silberchlorid als Dicyanoargentat(I) in Lösung gehen:

$$2Ag + H_2O + \tfrac{1}{2}O_2 + 4NaCN \rightarrow 2Na[Ag(CN)_2] + 2NaOH \quad (1)$$
$$Ag_2S + 4NaCN \rightleftarrows 2Na[Ag(CN)_2] + Na_2S \quad (2)$$
$$2AgCl + 4NaCN \rightarrow 2Na[Ag(CN)_2] + 2NaCl. \quad (3)$$

Da die Reaktion (2) zu einem Gleichgewicht führt, muß bei der Auslaugung *sulfidischer Silbererze* das gebildete Natriumsulfid Na_2S durch Einblasen von Luft oxidiert ($2S^{2-} + 2O_2 + H_2O \rightarrow S_2O_3^{2-} + 2OH^-$) oder durch Zusatz von Bleisalz gefällt ($Pb^{2+} + S^{2-} \rightarrow PbS$) und so aus dem Gleichgewicht entfernt werden.

Aus den erhaltenen klaren Laugen fällt man das (edlere) Silber durch Eintragen von (unedlerem) *Zink-* oder *Aluminiumstaub* (vgl. S. 218) aus ($2Ag^+ + Zn \rightarrow 2Ag + Zn^{2+}$):

$$2Na[Ag(CN)_2] + Zn \rightarrow Na_2[Zn(CN)_4] + 2Ag,$$

filtriert dann die Aufschlämmung durch Filterpressen und schmilzt die so erhaltenen, zu 95% aus Silber bestehenden Preßkuchen ein. Die Reinigung dieses *Rohsilbers* erfolgt wie später (S. 1340) beschrieben.

Das für die Cyanidlaugerei erforderliche **Natriumcyanid** kann technisch durch Überleiten von *Ammoniakgas* über geschmolzenes *Natrium* und Glühen des gebildeten *Natriumamids* ($Na + NH_3 \rightarrow NaNH_2 + \tfrac{1}{2}H_2$; S. 651) mit *Kohle* gewonnen werden („*Castner-Kellner-Verfahren*"):

$$\underset{\text{Natriumamid}}{2NaNH_2} \xrightarrow[-2H_2]{+C} \underset{\text{Natriumcyanamid}}{Na_2CN_2} \xrightarrow{+C} \underset{\text{Natriumcyanid}}{2NaCN.}$$

Diese Art der Darstellung von NaCN ist aber rückläufig, weil man NaCN bequemer aus NaOH und HCN erhalten kann (industrielle Gewinnung von HCN durch katalytische Oxidation von CH_4 und NH_3 bei über 800 °C: $CH_4 + \tfrac{3}{2}O_2 + NH_3 \rightarrow HCN + 3H_2O$).

Rohsilber aus Bleierzen. Bei der Bleigewinnung aus Bleiglanz findet sich der Silbergehalt des Bleiglanzes (gewöhnlich 0.01–0.03, selten über 1%) im **Werkblei** (S. 974) wieder. Um das Silber aus diesem zu isolieren, muß es vorher durch „*Parkesieren*" bzw. – weniger gebräuchlich – „*Pattinsonieren*" angereichert werden.

Das Verfahren des **Parkesierens** (seit 1842; Erfinder A. Parkes) bedient sich der Tatsache, daß bei Temperaturen unterhalb von etwa 400 °C *Zink* und *Blei* praktisch *nicht miteinander* *mischbar* sind, so daß sich geschmolzene Zink-Blei-Mischungen beim Abkühlen unter 400 °C in zwei Schichten – eine flüssige Schicht von Blei (Smp. 327 °C) und eine darauf schwimmende, spezifisch leichtere Schicht von festem Zink (Smp. 419 °C) – trennen, wobei *Silber* in geschmolzenem *Zink leicht löslich* ist und sich beim Erstarren der Zinkschmelze in Form von *Zink-Silber-Mischkristallen* ausscheidet (vgl. S. 1295). Man kann dementsprechend das in geschmolzenem Blei enthaltene Silber gewissermaßen mit geschmolzenem Zink ($1-1\frac{1}{2}$% des Bleigewichts) in Form eines auf dem Blei schwimmenden „*Zinkschaums*" „ausschütteln".

Dieser silberhaltige, durch anhängendes entsilbertes Blei („*Armblei*") verunreinigte Zinkschaum wird nun in einem Seigerkessel vorsichtig bis über den Schmelzpunkt des Bleis erwärmt, wobei das anhängende Armblei ausseigert, das dann zum Armblei des Entsilberungskessels zurückgegeben wird. Der nach der Ausseigerung zurückbleibende Zinkschaum („*Reichschaum*") enthält rund 75 % Blei und bis zu 10 % Silber. Aus ihm wird durch Erhitzen das Zink (Sdp. 908 °C) abdestilliert. Das so gewonnene „*Reichblei*", das 8–12 % Silber enthält, geht zum „*Treibprozeß*" (s. unten).

Die theoretischen Grundlagen des **Pattinsonierens** (seit 1833; Erfinder H. L. Pattinson) ergeben sich aus dem Schmelzdiagramm der Silber-Blei-Legierungen (vgl. S. 1296). Nach diesem Diagramm scheidet sich beim Abkühlen von geschmolzenem silberhaltigem Blei so lange *reines Blei* ab, bis der Gehalt an Silber auf 2.5 % (entsprechend dem bei 304 °C schmelzenden Eutektikum) gestiegen ist. Läßt man daher geschmolzenes silberhaltiges Werkblei erkalten und schöpft die dabei sich ausscheidenden Bleikristalle laufend mit siebartigen Schöpflöffeln ab, so bleibt zum Schluß ein „*Reichblei*" zurück, welches bis zu 2.5 % Silber enthält.

Während beim Parkesieren etwa vorhandenes Bismut im Armblei zurückbleibt, wird beim Pattinsonieren auch das Bismut zusammen mit dem Silber entfernt. Daher wird das – gegenüber dem Zinkentsilberungsverfahren sonst ganz zurücktretende – Verfahren des Pattinsonierens bei der *Entsilberung bismuthaltigen Werkbleis* angewandt (vgl. S. 822).

Zur *Isolierung des angereicherten Silbers* wird das Reichblei der „*Treibarbeit*" („*Kuppellation*") unterworfen. Sie besteht darin, daß man auf das in einem Flammofen („*Treibherd*") geschmolzene Metall einen *Windstrom* leitet, wodurch das *Blei*, nicht aber das edlere Silber oxidiert wird. Die so gebildete *Bleiglätte* PbO wird laufend durch seitliche Rinnen flüssig (Smp. 884 °C) abgezogen; ein Teil der Glätte wird auch vom Ofenfutter aufgenommen oder dampft weg. Etwa vorhandenes Bismut reichert sich in der zuletzt gebildeten Glätte an. Gegen Ende des Prozesses bleibt auf dem flüssigen Silber nur noch ein feines Häutchen Bleiglätte zurück, das bald hier bald dort zerreißt und dabei die glänzende Oberfläche des geschmolzenen *Silbers* durchblicken läßt („*Silberblick*"). Das gewonnene Rohsilber enthält 95 % und mehr Silber und heißt „*Blicksilber*".

Rohsilber aus Kupfererzen. Bei der Kupferdarstellung aus Kupfererzen findet sich der Silbergehalt im **Anodenschlamm** der Kupferraffination (S. 1324). Zur Gewinnung des Silbers hieraus löst man zunächst die Hauptmenge des noch vorhandenen Kupfers durch Behandlung des Schlamms mit Schwefelsäure und Luft. Anschließend wird der so vorbehandelte Schlamm im Doré-Ofen mit Schlackenbildnern mehrere Tage oxidierend geschmolzen, wobei außer der Rohsilber-Fraktion („*Doré-Silber*") Silicat-, Selenit-, Tellurit- und Nitratschlacken entstehen, welche die unedlen Metalle sowie Arsen und Antimon enthalten.

Reinigung von Rohsilber. Die Reinigung des nach einem der vorstehend beschriebenen Verfahren gewonnenen Rohsilbers erfolgt zweckmäßig auf *elektrolytischem Wege* (**„Möbius-Verfahren"**). Zu diesem Zwecke vergießt man das Rohsilber zu etwa 1 cm starken *Anodenplatten*, die in analoger Weise wie bei der elektrolytischen Kupferraffination (vgl. Fig. 291, S. 1323) in einer als Elektrolyt dienenden salpetersauren *Silbernitratlösung* mit *Kathoden* aus dünn gewalztem *Feinsilberblech* zusammengeschaltet werden. Bei der Elektrolyse gehen an der Anode *Silber* und die unedleren Beimengungen an *Kupfer* und *Blei* in Lösung, während etwa vorhandenes edleres *Gold* und *Platin* als solches abfällt und sich zusammen mit anderen Resten als „*Anodenschlamm*" in einem „*Anodensack*" sammelt. An der *Kathode* scheidet sich reines **Elektrolytsilber** („*Feinsilber*") aus. Da die Abscheidung nicht in Form eines glatten, zusammenhängenden Überzugs, sondern in Form loser, verästelter Kristalle („*Dendriten*") erfolgt, sind zur Vermeidung eines zwischen Anode und Kathode auftretenden Kurzschlusses scherenförmige Abstreifer vorhanden, die sich während der Elektrolyse hin und her bewegen und die Silberkristalle in einen Einsatzkasten abstreifen. Der goldreiche *Anodenschlamm* wird mit Schwefelsäure oder Salpetersäure ausgekocht, eingeschmolzen und für die Goldelektrolyse zu 95–97%igen *Goldanoden* vergossen (S. 1353).

Physikalische Eigenschaften

Silber ist ein *weißglänzendes*[7)], in regulären Oktaedern (*kubisch-dichteste* Kugelpackung) kristallisierendes *Metall* der Dichte 10.491 g/cm^3, welches bei 961.9 °C schmilzt und bei 2215 °C unter Bildung eines mehratomigen, blauen Dampfes siedet (Dissoziationsenergie von Ag_2 = 159 kJ/mol). Es *leitet* die *Wärme* und *Elektrizität* am besten unter allen Metallen (spez. elektr. Leitf. bei 18 °C = $6.305 \times 10^5\ \Omega^{-1}\text{cm}^{-1}$) und läßt sich wegen seiner *Weichheit* und *Dehnbarkeit* leicht zu feinsten, blaugrün durchscheinenden Folien von nur $\frac{2}{1000}$ mm Dicke aushämmern und zu dünnsten, bei 2 km Länge nur 1 g wiegenden Drähten („*Filigrandraht*") ausziehen. Silber ist demnach ein besonders *duktiles* Metall. In geschmolzenem Zustande löst es leicht Sauerstoff, der dann beim Erstarren des Silbers unter Aufplatzen der Oberfläche („*Spratzen*") wieder entweicht. Bezüglich weiterer Eigenschaften von Silber vgl. Tafel IV.

Physiologisches. Silber wirkt als solches oder in Verbindungsform für den *Menschen*, der normalerweise *silberfrei* ist, weder *essentiell* noch *toxisch* (MAK-Wert: 0.01 mg/m^3), stellt aber für *Mikroorganismen* ein *starkes Gift* dar (Ag-Ionen blockieren die Wirkung der Thio-Enzyme). Bereits kleinste Mengen von kolloidem Silber machen Wasser keimfrei („*Silberung*"). Nimmt man lösliche Silberverbindungen über längere Zeiträume ein, so schwärzt sich die *Körperhaut* (aber auch die Leber, die Niere usw.) infolge der Abscheidung von unlöslichem Silbersulfid Ag_2S *dauerhaft schwarz* („*Argyrie*", „*Argyrose*"). Auch eine Berührung mit Silbernitrat führt zur Hautschwärzung.

Chemische Eigenschaften

Entsprechend seiner Stellung in der Spannungsreihe (S. 215) ist das Silber ein *edles Metall* (ε_0 für Ag/Ag^+ = +0.7991 V; vgl. Anh. VI). Als solches ist es weniger reaktiv als das homologe Kupfer und oxidiert sich auch bei höherer Temperatur nicht an der *Luft*. Erst bei Anwendung höherer Sauerstoffdrücke (15 bar) verbindet es sich in der *Wärme* (300 °C) mit *Sauerstoff* gemäß dem Gleichgewicht $2Ag + \frac{1}{2}O_2 \rightleftarrows Ag_2O + 29.8$ kJ. Wegen dieser *Luftbeständigkeit* werden Gebrauchs- und Ziergegenstände aus Kupfer oder Kupferlegierungen häufig mit einem *Silberüberzug* versehen.

Die **Versilberung** geschieht zweckmäßig auf „*elektrolytischem Wege*" („*galvanische Versilberung*"), indem man auf den Gegenständen das Silber *kathodisch* aus einer Lösung von Kaliumcyanoargentat(I) $K[Ag(CN)_2]$ niederschlägt, aus der sich das Silber nicht wie aus Silbernitratlösungen in gröberen Kristallen (s. oben), sondern in *zusammenhängender* und daher *leicht polierbarer Schicht* abscheidet. Dagegen erfolgt die Versilberung von *Glas* zur Herstellung von *Spiegeln* zweckmäßig auf „*chemischem Wege*" durch Aufgießen und Erwärmen einer mit einem geeigneten Reduktionsmittel (z. B. Seignettesalz, Hydrazin, Phosphonsäure) versetzten ammoniakalischen Silbernitratlösung.

Bei Metallen, die in der Spannungsreihe oberhalb des Silbers stehen (z. B. Kupfer oder Messing) ist eine Versilberung auch *ohne* elektrischen Strom durch einfaches Verreiben einer aus Silbernitrat, Thiosulfat und Schlämmkreide gewonnenen wässerigen Aufschlämmung auf der Oberfläche des zu versilbernden Gegenstandes möglich („*Anreibeversilberung*"): $2Ag^+ + Cu \rightarrow 2Ag + Cu^{2+}$.

Das schwärzliche „*Anlaufen*" des Silbers an der Luft beruht auf einer Reaktion mit dem in bewohnten Räumen stets spurenweise enthaltenen *Schwefelwasserstoff*, wobei sich schwarzes *Silbersulfid* Ag_2S bildet: $2Ag + H_2S + \frac{1}{2}O_2 \rightarrow Ag_2S + H_2O$, das z. B. durch Berühren mit Al-Folie in verd. Na_2CO_3-Lösung leicht wieder zu blankem Ag reduziert werden kann.

Nichtoxidierende Säuren wie Salzsäure greifen Silber nicht an. In *Salpetersäure* löst sich Silber leicht, in *konzentrierter Salpeter-* und *Schwefelsäure* erst bei erhöhter Temperatur (Bildung einer schwerlöslichen Schutzschicht von $AgNO_3$ bzw. Ag_2SO_4). Die Auflösung von

Silber in *Cyanidlösungen* bei Gegenwart von Sauerstoff (S. 1339) ist auf die starke Verschiebung des Silberpotentials (+0.80 V) um 1.11 V infolge der großen Komplexbildungstendenz zurückzuführen: $Ag + 2CN^- \rightarrow Ag(CN)_2^- + \ominus$; $\varepsilon_0 = -0.31$ V. Gegen *Ätzalkalien* ist Silber besonders widerstandsfähig, weshalb man im Laboratorium Ätzalkalischmelzen in Silbertiegeln durchführt, da Porzellan- und auch Platintiegel dabei angegriffen werden.

Verwendung von Silber. Silber (Weltjahresproduktion: einige zig Megatonnen) wird nicht in reinem Zustand verarbeitet, da es für die gewöhnlichen Zwecke zu *weich* ist. Durch **Legierung** mit *Kupfer* wird es härter, ohne den Silberglanz zu verlieren. Daher bestehen die meisten silbernen Gegenstände aus Silber-Kupfer-Legierungen. So enthalten z. B. die Silbermünzen[26] der meisten Staaten 90% Ag und 10% Cu, während die silbernen Gebrauchsgegenstände meist aus 80% Ag und 20% Cu bestehen. Man bezieht den Silbergehalt silberner Gegenstände gebräuchlicherweise auf 1000 Gewichtsteile und nennt den so sich ergebenden ‰-Gehalt „*Feingehalt*". Ein 80%iges Silber weist also beispielsweise einen Feingehalt von 800 auf. „Echte" Silberbestecke müssen nach den deutschen Vorschriften einen Feingehalt von mindestens 800 aufweisen; in den englisch sprechenden Ländern beträgt der Mindestfeingehalt 925 („*Sterling-Silber*"). Beträchtliche Mengen an **reinem Silber** werden weiterhin zum *Versilbern* von Gebrauchsgegenständen (s. oben) (Feingehalt des Silberüberzugs in diesem Falle angegeben in Gew.-% statt in Gew.-‰), zur Herstellung von *Spiegeln* und in der *Elektronik* verbraucht. Im chemischen Apparatebau wird zur Erhöhung der chemischen Widerstandsfähigkeit dünnes Silberblech porenfrei auf Stahlunterlagen aufgewalzt. Wie Kupfer wirkt auch Silber *keimtötend* (s. o.). Silberne Eßgeräte sind aus diesem Grunde nicht nur ästhetisch, sondern auch hygienisch[27]. Kolloide, proteinhaltige (Schutzkolloid-Wirkung) Lösungen von metallischem Silber („*Kollargol*", „*Protargol*"), Silberfolien, -salben und -tabletten dienen in der Medizin seit langem als bakterien- und pilztötende Mittel („*Antiseptika, Antimykotika*"). Die keimtötende Wirkung der Silber-Ionen ist noch in außerordentlich großer Verdünnung (bis etwa 2×10^{-11} mol/l) feststellbar („*oligo-dynamische Wirkung*"). Solche Spuren von Silber-Ionen gehen infolge der normalen Verunreinigungen des Silbers (Lokalströme) immer in Lösung[28]. Bezüglich der Verwendung von **Verbindungen** des Silbers (AgHal) in der *photographischen* Industrie vgl. S. 1349.

Silber in Verbindungen

Wie das Kupfer tritt auch das Silber in seinen chemischen Verbindungen mit den **Oxidationsstufen** **+1** (z. B. AgF, Ag_2O) und **+2** (z. B. AgF_2) auf. In diesem Fall ist aber die *einwertige* Stufe die *beständigere* (vgl. S. 1326); die *zweiwertige* Stufe läßt sich – abgesehen von Silber(II)-fluorid AgF_2 sowie Silber(II,III)-oxid Ag_3O_4 – nur bei Stabilisierung durch *Komplexbildung* erhalten. Auch einzelne Verbindungen mit Silber u. a. der Oxidationsstufe $+\frac{1}{2}$ (Ag_2F), $+\frac{2}{3}$ (Ag_3O), **+3** (z. B. AgF_4^-, Ag_2O_3) und **+4** (z. B. Cs_2AgF_6) sind bekannt.

Die vorherrschende **Koordinationszahl** von Silber(I) ist wie bei Au(I) und Hg(II) gleich *zwei* (linear in $\mathbf{Ag}(NH_3)_2^+$, $\mathbf{Ag}(CN)_2^-$), doch kommen auch die Koordinationszahlen *drei* (trigonal-planar in $\mathbf{Ag}I(PR_3)_2$), *vier* (tetraedrisch in $\mathbf{Ag}(PPh_3)_4^+$, $\mathbf{Ag}(SCN)_4^{3-}$), und *sechs* vor (oktaedrisch in **Ag**F, **Ag**Cl, **Ag**Br). In den Silber(II)-Verbindungen liegt wie im Falle der Cu(II)-Verbindungen eine quadratisch-planare Koordination von *vier* Liganden (z. B. $\mathbf{Ag}(py)_4^{2+}$) oder – selten – eine tetragonal-verzerrt-oktaedrische Koordination mit *sechs* Liganden vor (z. B. $\mathbf{Ag}(2,6\text{-Pyridinodicarboxylato})_2$). Auch Silber(III) existiert mit Koordinationszahlen *vier* (quadratisch-planar in $\mathbf{Ag}F_4^-$) und *sechs* (oktaedrisch in $\mathbf{Ag}F_6^{3-}$).

Bezüglich der *Elektronenkonfiguration*, der *Radien*, der *magnetischen* und *optischen Eigenschaften* von **Silberionen** vgl. Ligandenfeld-Theorie (S. 1250) sowie Anh. IV, bezüglich eines **Eigenschaftsvergleichs** der Metalle der Kupfergruppe S. 1199f und 1354 sowie Anm.[2].

---

26 Besonders erwähnenswert sind hier die zuerst in St. Joachimsthal (Böhmen) seit etwa 1515 geprägten Silbermünzen („*Thaler*", „*Taler*"), die von 1566–1750 die amtliche Währungsmünze des Deutschen Reiches darstellten und 1908 durch das *Dreimarkstück* ersetzt wurden. Den Namen Taler übernahmen früh auch andere Länder (z. B. USA seit 1792: „*Dollar*").

27 *Kupferne* Eßgeräte sind weniger empfehlenswert, weil sich an der Luft Spuren löslicher Kupferverbindungen bilden, die den Geschmack der Speisen stark beeinträchtigen.

28 *Reines* metallisches Silber hat keine desinfizierende Wirkung.

2.2 Silber(I)-Verbindungen (d^{10})[25,31]

Das mit dem Palladiumatom Pd isoelektronische Silber(I)-Ion Ag^+ (*farblos*) ist zum Unterschied vom homologen (ebenfalls farblosen) Kupfer(I)-Ion Cu^+ auch in *wässeriger Lösung beständig* und stellt die *stabilste* und beherrschende *Oxidationsstufe* des Silbers dar. In wässeriger Lösung liegt Ag^+ als $[Ag(H_2O)_4]^+$ vor; fast alle Silber(I)-Salze kristallisieren aber *wasserfrei* (Hydrate kennt man etwa von AgF und $AgClO_4$). Insgesamt bildet Ag^+, verglichen mit Cu^+, bereitwilliger die Koordinationszahl 2 und weit weniger bereitwillig die Koordinationszahl 4 aus.

Halogenverbindungen (Tab. 114). Unter den Silberhalogeniden kommt das **Silberchlorid AgCl** (Smp. 455 °C, Sdp. 1550 °C, $\Delta H_f = -127.15$ kJ/mol) in der Natur als *Hornsilber* vor und fällt als charakteristischer „käsiger", *weißer*, am Licht sich dunkel färbender (S. 1349) Niederschlag beim Versetzen einer *Silbernitratlösung* mit *Chlorid*-Ionen aus:

$$Ag^+ + Cl^- \rightarrow AgCl.$$

Diese Fällung von schwerlöslichem Silberchlorid dient sowohl zum „*qualitativen Nachweis*" wie zur „*quantitativen Bestimmung von Silber bzw. Chlorid*".

Die *quantitative Bestimmung* kann „*gravimetrisch*" („*gewichtsanalytisch*") durch Wägen des ausgefällten Silberchlorids oder „*titrimetrisch*" („*maßanalytisch*") durch Titration der Silbersalzlösung mit eingestellter Chloridlösung bzw. der Chloridlösung mit eingestellter Silbersalzlösung („*Argentometrie*") erfolgen („*Fällungsanalyse*"). Der Endpunkt bei der Titration macht sich durch ein plötzliches *Klarwerden* der über dem Niederschlag stehenden Lösung bemerkbar („*Klarpunkt*"). Solange die Lösung nämlich noch überschüssige Chlorid- oder Silber-Ionen enthält, wirken diese stabilisierend auf das bei der Fällung neben dem käsigen Niederschlag gebildete kolloide Silberchlorid ein (vgl. S. 926), so daß die Lösung über dem Niederschlag trübe erscheint. In dem Augenblick, in dem die letzte Menge des stabilisierenden Ions ausgefällt ist, flockt das Kolloid aus. Zur scharfen Erkennung und Bestimmung der Opaleszenz und des Klarpunktes bedient man sich bei Präzisionsanalysen eines Trübungsmessers („*Nephelometer*")[32].

1 Liter Wasser löst bei 25 °C nur 1.3×10^{-5} mol Silberchlorid auf ($L_{AgCl} = 1.7 \times 10^{-10}$). Auch in Salpetersäure ist Silberchlorid praktisch unlöslich. Sehr leicht löst es sich unter Komplexsalzbildung in Ammoniak-, Natriumthiosulfat- und Kaliumcyanidlösungen:

$$AgCl + 2NH_3 \rightarrow [Ag(NH_3)_2]^+ + Cl^- \quad (1a)$$
$$AgCl + 2S_2O_3^{2-} \rightarrow [Ag(S_2O_3)_2]^{3-} + Cl^- \quad (2a)$$
$$AgCl + 2CN^- \rightarrow [Ag(CN)_2]^- + Cl^-. \quad (3a)$$

wobei die Komplexstabilität in der angegebenen Reihenfolge zunimmt.

---

31 Man kennt auch **niedrigwertige Silberverbindungen**. „*Disilbermonofluorid*" $\mathbf{Ag_2F}$ (Silbersubfluorid) entsteht durch Reaktion von fein verteiltem Silber mit AgF in Fluorwasserstoff oder elektrolytisch aus AgF bei niedrigen Stromdichten an der Silberkathode als plättchenförmig kristallisierende, *bronzefarbene*, den *elektrischen Strom leitende*, oberhalb 100 °C in Ag und AgF zerfallende Verbindung (Tab. 114). In Ag_2F (anti-CdI_2-Struktur) wechseln sich Ag-Doppelschichten (metallische AgAg-Bindungen; Abstände 2.996 Å; zum Vergleich: in Ag-Metall 2.89 Å, AgAg-van-der-Waals-Kontakt 3.40 Å) mit F-Schichten ab (ionische AgF-Bindungen; Abstände 2.814 Å). Ähnlich wie in Ag_2F, einer Clusterverbindung des Silbers (vgl. hierzu Goldcluster, S. 1356), leitet auch „*Trisilberoxid*" $\mathbf{Ag_3O}$ (Silbersuboxid) den elektrischen Strom. Der durch Erhitzen von AgO in einem Ag-Gefäß in Anwesenheit von H_2O bei 80 °C und 4000 bar Druck gewinnbaren Verbindung kommt anti-BiI_3-Struktur zu (Sauerstoff in 2/3 der Oktaederlücken einer hexagonal-dichtesten Ag-Packung; AgO/AgAg-Abstände 2.29/um 2.88 Å). Schließlich enthält auch das aus Ag und GeO_2 bei hohen Sauerstoffdrücken gebildete „*Pentasilbergermanat*" $\mathbf{Ag_5GeO_4}$ = $[Ag_6]^{4+}[Ag_4(GeO_4)_2]^{4-}$ Silbercluster (Ag_6-Oktaeder mit AgAg-Abständen von 2.74–2.84 Å) neben Ag^+-Ionen; für die Stabilität der mit 2 Clusterelektronen besonders elektronenarmen Ag_6^{4+}-Oktaeder spielen möglicherweise zusätzliche $d^{10}d^{10}$-Wechselwirkungen eine Rolle; vgl. S. 1356). Analog Cu bildet Silber auch „*Silbercarbonyle*" $Ag(CO)_3$ und $Ag_2(CO)_6$, die allerdings nur bei tiefen Temperaturen (10 K bzw. 30 K) existieren (vgl. Anm.[10]).

32 nephele (griech.) = Nebel.

Tab. 114 Halogenide, Oxide und Sulfide des Silbers (vgl. S. 1327, 1358, 1611, 1620)[a]

	Fluoride	**Chloride**	**Bromide**	**Iodide**	**Oxide**	**Sulfide**
Ag(< I)	**Ag_2F**, *bronzef.* Zers. 100 °C ΔH_f − 212 kJ anti-$CdCl_2$-Str.	–	–	–	**Ag_3O**, *dunkel* anti-BiI_3-Str.	–
Ag(I)	**AgF**, *gelb* 435/1150 °C ΔH_f − 204 kJ NaCl-Strukt., KZ = 6	**AgCl**, *farbl.* 455/1550 °C ΔH_f − 127 kJ NaCl-Strukt., KZ = 6	**AgBr**, *hellgelb* 430/1533 °C ΔH_f − 100 kJ NaCl-Strukt., KZ = 6	**AgI**, *gelb* 558/1504 °C ΔH_f − 61.9 kJ ZnS-Strukt., KZ = 4	**Ag_2O**, *dunkel* Zers. > 200 °C ΔH_f − 30.7 kJ Cu_2O-Strukt. KZ = 2	**Ag_2S**, *dunkel* Zers. > 200 °C ΔH_f − 31.8 kJ Raumstrukt. KZ = 2, 3
Ag(II, III)	**AgF_2**, *braun* Smp. 690 °C ΔH_f − 365 kJ Rutil[b], KZ 6	–	–	–	**AgO**, *dunkel* **Ag_3O_4** *dunkel* **Ag_2O_3** *dunkel* Raumstrukt.[c]	–

a) Zweite Zeile: Smp./Sdp. – **b)** Jahn-Teller-verzerrt. – **c)** **AgO** ≙ $Ag^IAg^{III}O_2$ (Zers. > 100 °C in Ag + O_2) mit KZ = 2 (Ag^I) und KZ = 4 (Ag^{III}); **Ag_3O_4** ≙ $Ag^{II}Ag_2^{III}O_4$ (Zers. 63 °C in AgO + O_2) mit KZ = 4 (Ag^{II}, Ag^{III}); **Ag_2O_3** (Zers. > 20 °C) mit KZ = 4 (Au_2O_3-Strukt.).

In entsprechender Weise wie AgCl fällt **Silberbromid AgBr** (Tab. 114) beim Zusammengeben einer *Silbersalzlösung* und *Bromidlösung* als käsiger, *gelblichweißer*, lichtempfindlicher Niederschlag aus. Es ist in Wasser noch schwerer löslich als Silberchlorid ($L_{AgBr} = 5.0 \times 10^{-13}$) und löst sich in Ammoniak schwer, in Thiosulfat- und Cyanidlösung leicht auf. Das in Wasser noch schwerer lösliche *gelbe*, lichtempfindliche **Silberiodid AgI** ($L_{AgI} = 8.5 \times 10^{-17}$) löst sich weder in Ammoniak noch in Thiosulfatlösung, sondern nur noch in Cyanidlösung auf. Zum Unterschied von den übrigen Ag(I)-halogeniden ist *gelbes* **Silber(I)-fluorid AgF** (Tab. 114) nicht lichtempfindlich, in Wasser sehr leicht löslich (1800 g pro Liter bei 25 °C) und bildet Hydrate wie $AgF \cdot 4H_2O$ (stabil von − 14 bis + 18.7 °C) und $AgF \cdot 2H_2O$ (stabil bis 39.5 °C). AgF, das aus AgO und Fluorwasserstoff gewinnbar ist, wirkt als mildes Fluoridierungsmittel für Elementhalogenide. – Bezüglich der *Lichtempfindlichkeit* der Silberhalogenide vgl. S. 1349.

Strukturen. Unter den Silber(I)-halogeniden kristallisieren das Fluorid **AgF**, Chlorid **AgCl** und Bromid **AgBr** nicht mit ZnS-Struktur, wie bei Vorliegen einer „I/VII-Verbindung" (S. 1099) erwartet würde, sondern mit der *NaCl-Struktur*. Das Iodid **AgI** bildet demgegenüber sowohl eine kubische *Zinkblende-Struktur* (γ-AgI; bis 136 °C stabil) als auch eine hexagonale *Wurtzit-Struktur* aus (β-AgI; beständig zwischen 136–146 °C). Bei der bei 146 °C einsetzenden Phasenumwandlung von β-AgI in kubisches α-AgI bleibt das *Iodid-Teilgitter* – abgesehen von kleinen Lageänderungen der Anionen – starr, während das *Silber-Teilgitter* „schmilzt", was eine starke Erhöhung der *Ionenleitfähigkeit* von 3.4×10^{-4} auf 1.31 $\Omega^{-1}cm^{-1}$ zur Folge hat. In α-AgI mit kubisch-raumzentriertem Iodid-Teilgitter sind die Ag^+-Ionen auf insgesamt 42 Plätze statistisch verteilt (6/12/24 Plätze mit zwei/drei/vier Iodnachbarn in Abständen von 2.52/2.67/2.86 Å). Einen anderen derartigen „*Schnellionenleiter*" stellt etwa Ag_2HgI_4 dar.

Komplexe. Das unterschiedliche Verhalten der drei Silberhalogenide gegenüber Ammoniak, Thiosulfat und Cyanid ist darauf zurückzuführen, daß die Komplexionen (1a), (2a) und (3a), wenn auch nur *spurenweise*, so doch in der Richtung vom Ammoniak- zum Cyanidkomplex hin *merklich abnehmend* dissoziiert sind:

$$[Ag(NH_3)_2]^+ \rightleftarrows Ag^+ + 2NH_3 \qquad (1b)$$
$$[Ag(S_2O_3)_2]^{3-} \rightleftarrows Ag^+ + 2S_2O_3^{2-} \qquad (2b)$$
$$[Ag(CN)_2]^- \rightleftarrows Ag^+ + 2CN^-. \qquad (3b)$$

Daher überschreitet zwar die Silberionen-Konzentration einer gesättigten Lösung des leichter löslichen und in Lösung praktisch vollkommen dissoziierten *Silberchlorids* die Silberionen-Konzentration *aller drei* Komplexionen, so daß sich bei Zugabe von Ammoniak, Thiosulfat oder Cyanid zu einer Silberchlorid-Aufschlämmung die Gleichgewichte (1b), (2b) und (3b) nach links verschieben, entsprechend einer Auflösung des Chlorids. Dagegen reicht die wesentlich geringere Silberionen-Konzentration im Falle einer gesättigten *Silberbromidlösung* nur zur Verschiebung der Gleichgewichte (2b) und (3b), im Falle einer gesättigten *Silberiodidlösung* nur noch zur Verschiebung des Gleichgewichts (3b) nach links aus.

Die Tatsache, daß aus allen drei Silberkomplexsalz-Lösungen mit *Schwefelwasserstoff* schwarzes *Silbersulfid* Ag_2S ausgefällt wird, zeigt, daß die dem Löslichkeitsprodukt des Silbersulfids ($L_{Ag_2S} = 5.5 \times 10^{-51}$) entsprechende Silberionen-Konzentration noch kleiner als selbst die des Silbercyanidkomplexes ist. Damit ergibt sich für die genannten Silberverbindungen folgende Reihe abnehmender Silberionen-Konzentration:

$$AgCl > [Ag(NH_3)_2]^+ > AgBr > [Ag(S_2O_3)_2]^{3-} > AgI > [Ag(CN)_2]^- > Ag_2S.$$

Dieser Reihe entsprechend können aus den verschiedenen Komplexsalzlösungen durch Zusatz löslicher Halogenide bzw. durch Einleiten von Schwefelwasserstoff nur die *rechts*, nicht aber die *links* neben den Komplexen stehenden binären Silberverbindungen ausgefällt werden. Umgekehrt wird jedes Silberhalogenid nur von dem *rechts*, nicht von dem *links* stehenden Komplexbildner aufgelöst.

Analog den Kupfer(I)-halogeniden CuX (S. 1327) bilden auch die Silber(I)-halogenide AgX (X = Cl, Br, I) mit Phosphanen oder Arsanen L = PR_3, AsR_3 Komplexe des Typus $[L_3AgX]$, $[L_2AgX]_2$ und $[LAgX]_4$, in welchen dem Silber-Ion aber nicht wie in den weiter oben besprochenen Komplexen die Koordinationszahl 2, sondern 4 zukommt. Neben cubanartig gebautem $[LAgX]_4$ existieren auch stufenartig strukturierte $[LAgX]_4$-Komplexe mit der Koordinationszahl 3 der Ag-Atome (vgl. $[LCuX]_4$, S. 1328). Ferner kennt man Halogenoargentate wie $Ag_2Cl_4^{2-}$, $Ag_2Br_4^{2-}$, $Ag_3I_4^-$, $Ag_4I_8^{4-}$.

Cyanoverbindungen (vgl. S. 1656). Das beim Versetzen einer *Silbernitrat-Lösung* mit *Cyanid-Ionen* anfallende *farblose* **Silber(I)-cyanid AgCN** bildet wie CuCN und AuCN (s. dort) ein lineares Kettenmolekül (a) und ist damit zugleich ein Cyanid (AgCN) und ein Isocyanid (AgNC)[33].

$$—Ag—C{\equiv}N—Ag—C{\equiv}N—Ag—C{\equiv}N— \qquad N{\equiv}C—Ag—C{\equiv}N$$

(a) $[AgCN]_x$ (b) $[Ag(CN)_2]^-$

Da die AgC-Bindungen fester sind als die AgN-Bindungen, entstehen bei der Umsetzung von AgCN mit Alkylhalogeniden RX hauptsächlich Isonitrile RNC, während die entsprechende Umsetzung der salzartigen Alkalicyanide M^+CN^- hauptsächlich Nitrile RCN ergibt. Ähnlich wie AgCN ist auch der beim Auflösen von AgCN in Cyanid-Lösungen entstehende **Cyanokomplex** $\mathbf{[Ag(CN)_2]^-}$ (b) (Verwendung zur galvanischen Versilberung) linear aufgebaut.

Chalkogenverbindungen (Tab. 114). Unter den Silberoxiden fällt das **Silber(I)-oxid** $\mathbf{Ag_2O}$ beim Versetzen einer *Silbersalzlösung* mit *Laugen* als *dunkelbrauner* Niederschlag aus:

$$2Ag^+ + 2OH^- \rightarrow 2AgOH \rightleftarrows Ag_2O + H_2O.$$

Die Zwischenstufe AgOH kann aus alkoholischer Lösung gefällt werden. Ag_2O (Struktur wie Cu_2O, S. 1330) löst sich nur wenig in Wasser (0.2 mmol/l bei 25 °C); die Lösung reagiert infolge Anwesenheit von AgOH *basisch* und absorbiert aus der *Luft* CO_2 unter Bildung von Ag_2CO_3. Wegen des stark basischen Charakters von AgOH reagieren die *Silbersalze* zum Unterschied von den meisten anderen Schwermetallsalzen in wässeriger Lösung *neutral*, unterliegen also nicht wie diese der Hydrolyse. Beim Erhitzen auf über 160 °C unter Normaldruck zerfällt Ag_2O, das thermisch wesentlich instabiler als Cu_2O ist, vollständig in seine Elemente: $31.1\,kJ + Ag_2O \rightleftarrows 2Ag + \frac{1}{2}O_2$. Will man es daher bei erhöhter Temperatur aus den Elementen gewinnen, so muß man einen Sauerstoffdruck wählen, der höher als der Dissoziationsdruck ist (vgl. S. 1341). Reduktionsmittel wie Wasserstoff oder Wasserstoffperoxid reduzieren das Oxid leicht (wesentlich leichter als Cu_2O) zum Metall. In stark alkalischer Lösung bildet Ag_2O das Ion $Ag(OH)_2^-$. Die Behandlung wasserlöslicher Halogenide mit einer Ag_2O-Suspension ($MX_n + n\,AgOH \rightarrow M(OH)_n + n\,AgX$) stellt wegen der Unlöslichkeit der Silberhalogenide (S. 1343) eine bequeme Methode zur Darstellung von Hydroxiden dar.

---

[33] Das mit dem Silberpseudohalogenid AgCN verwandte Pseudohalogenid „*Silber(I)-rhodanid*" AgSCN bildet demgegenüber eine am S-Atom gewinkelte Kette —Ag—S—C≡N—Ag—S—C≡N—, während das (explosive) Silberpseudohalogenid „*Silber(I)-azid* AgN_3 Silber-Ionen enthält, die tetraedrisch von 4 Azidgruppen umgeben sind (jede N_3-Gruppe koordiniert ihrerseits 4 Ag^+-Ionen tetraedrisch).

Das beim Einleiten von *Schwefelwasserstoff* in *Silbersalz-Lösungen* als *schwarzer* Niederschlag ausfallende **Silber(I)-sulfid Ag_2S** ist das schwerstlösliche Silbersalz[34] ($L_{Ag_2S} = 5.5 \times 10^{-51}$). Das Sulfid (Ag mit 2 sowie 3 Schwefelnachbarn im Kristallgitter) bildet sich auch glatt *aus den Elementen* oder bei der Einwirkung von H_2S auf Silbermetall. Unter den weiteren „*Silber(I)-chalkogeniden*" seien genannt: AgSe, Ag_2Se_3, $AgSe_2$; Ag_5Te_3, AgTe, $AgTe_3$ (jeweils metallischer Charakter).

Silber(I)-Salze von Oxosäuren. Das wichtigste Silbersalz ist **Silber(I)-nitrat $AgNO_3$**. Es dient als Ausgangsmaterial für die Darstellung aller anderen Silberverbindungen. Man gewinnt es durch Auflösen von *Silber* in *Salpetersäure*:

$$3\,Ag + 4\,HNO_3 \rightarrow 3\,AgNO_3 + NO + 2\,H_2O$$

in Form *farbloser* rhombischer, bei 212 °C schmelzender Kristalle. Es löst sich, ohne hygroskopisch zu sein, in Wasser sehr leicht (215 g bei 20 °C, 910 g bei 100 °C in 100 g Wasser) und mit beträchtlicher Abkühlung zu einer neutral reagierenden Lösung. Auf die Haut wirkt festes Silbernitrat *oxidierend* und *ätzend*[35] unter Abscheidung von dunklem Silber ein. Daher dienen Stäbchen von Silbernitrat als „*Höllenstein*" („*Lapis infernalis*") in der Medizin zur Beseitigung von Wucherungen.

Das durch Lösung von Silber in heißer konzentrierter Schwefelsäure erhältliche **Silbersulfat Ag_2SO_4** löst sich in Wasser nur wenig. **Silberperchlorat $AgClO_4$** löst sich dagegen nicht nur leicht in Wasser, sondern auch in organischen Lösungsmitteln wie Benzol, Toluol und Nitromethan. *Hellgelbes* **Silbercarbonat Ag_2CO_3** wird aus $AgNO_3$-Lösungen durch K_2CO_3 gefällt.

Organische Silber(I)-Verbindungen (vgl. S. 1628) sind thermisch und photochemisch noch unbeständiger als Kupfer(I)- Organyle (S. 1331). So thermolysiert unter den **Silber(I)-organylen AgR** polymeres „*Silber(I)-methyl*" AgMe bereits bei −50 °C (CuMe bei −15 °C), polymeres „*Silber(I)-phenyl*" AgPh bei 74 °C (CuPh bei 100 °C). Stabiler sind „*Silber(I)-perfluoralkyle*" wie AgC_3F_7 oder polymere „*Silber(I)-acetylide*" AgC≡CR (Zers. bei 100–200 °C). Die Darstellung von AgR kann wie die von CuR durch „*Metathese*" erfolgen (z. B. $AgNO_3 + PbR_4 \rightarrow AgR + R_3PbNO_3$; $AgNO_3 + ZnPh_2 \rightarrow AgPh + PhZnNO_3$). Perfluoralkyle entstehen durch „*Argentofluorierung* (z. B. $AgF + CF_2{=}CF{-}CF_3 \rightarrow AgC_3F_7$), Acetylide durch „*Metallierung*" (z. B. $HC{\equiv}CR + Ag(NH_3)_2^+ \rightarrow AgC{\equiv}CR + NH_4^+ + NH_3$). Beim Einleiten von Acetylen in eine wässerige Ag^+-Lösung fällt explosives, oberhalb 120 °C zersetzliches *gelbes* „*Silber(I)-acetylid*" ($\Delta H_f = +243$ kJ/mol) aus: $2\,Ag^+ + C_2H_2 \rightarrow Ag_2C_2 + 2\,H^+$. Eigenschaften. Ähnlich wie die Cu(I)-Verbindungen nehmen auch Ag(I)-Verbindungen leicht Alkene unter π-Komplexbildung auf (vgl. S. 1684). Mit überschüssigen Lithiumorganylen bilden die Ag(I)-organyle polymere **Organoargentate $LiAgR_2$**: $AgX + 2\,LiR \rightarrow LiAgR_2 + LiX$ (vgl. hierzu Organocuprate S. 1331).

2.3 Silber(II)-Verbindungen (d^9)[25]

Wegen der vergleichsweise kleinen Hydratationsenergie von Ag^{2+} (isoelektronisch mit Rh) liegt das *Disproportionierungsgleichgewicht* $2\,Ag^+ \rightleftarrows Ag^{2+} + Ag$ in Wasser ganz auf der *linken Seite* ($K \approx 10^{-20}$; vgl. hierzu die Cu^+-Disproportionierung S. 1326). Zudem ist das Ag^{2+}-Ion in wässeriger Lösung, in welcher es wohl analog Cu^{2+} als Hexahydrat $[Ag(H_2O)_6]^{2+}$ (*orangefarben*)[36] mit verzerrt-oktaedrischer Koordination der H_2O-Moleküle vorliegt, instabil, weil es das Lösungsmittel Wasser zu Sauerstoff oxidiert. Demgemäß *existiert* es, wenn man es etwa durch Oxidation von Silber(I)-Salzen mit Ozon in stark saurer Lösung erzeugt, nur *vorübergehend.*

---

[34] Von der Ag_2S-Bildung macht man bei der „*Heparprobe*" zum qualitativen Nachweis von S in Schwefelverbindungen Gebrauch, indem man letztere bei Gegenwart eines Na_2CO_3-Überschusses mit Kohle zu Na_2S reduziert, welches mit Wasser befeuchtet auf einem Silberblech einen braunen Fleck von Ag_2S erzeugt. Da die gelbbraunen, schwefelhaltigen Alkalisulfide wegen ihres Aussehens auch als „*Schwefelleber*" bezeichnet werden: hepar (griech.) = Leber, bezeichnet man die Probe als Heparprobe.

[35] Beim Ätzvorgang wird Ag^+ durch die organische Substanz zu Ag reduziert, weshalb sich die Haut dabei schwarz färbt; gleichzeitig wird unter Mitwirkung von Feuchtigkeit Salpetersäure gebildet, auf der die Ätzwirkung beruht (schematisch: $AgNO_3 + H \rightarrow Ag + HNO_3$).

[36] Die Farbe von Ag^{2+}-Ionen (d^9) ist wie die von Cu^{2+} ligandenabhängig. Das Ag^+-Ion ist entsprechend seiner d^{10}-Elektronenkonfiguration wie Cu^+ farblos, falls es keine leicht polarisierbaren Liganden koordiniert.

Der besprochene Sachverhalt folgt in einfacher Weise aus **Potentialdiagrammen** der Oxidationsstufen +3, +2, +1 und 0 des Silbers für die pH-Werte 0 und 14, wonach Ag^+ – anders als Cu^+ (vgl. Potentialdiagramme des Kupfers auf S. 1332) – nicht zur null- und zweiwertigen Stufe *disproportionieren* kann. Darüber hinaus zeigt Ag^{2+} – analog Cu^{2+} – keine Tendenz zum Übergang in die ein- und dreiwertige Stufe, vermag aber – anders als Cu^{2+} – Wasser zu oxidieren (ε_0 für H_2O/O_2 = +1.229 V; vgl. hierzu auch Potentialdiagramme des Goldes S. 1361).

pH = 0

$$\mathbf{AgO^+} \xrightarrow{+2.1} \mathbf{Ag^{2+}} \xrightarrow{+1.980} \mathbf{Ag^+} \xrightarrow{+0.799} \mathbf{Ag} \qquad (\mathbf{Ag^{2+}} \rightarrow \mathbf{Ag}: +1.390)$$

gelbrot *orangefarben* *farblos*

pH = 14

$$\mathbf{Ag_2O_3} \xrightarrow{+0.887} \mathbf{AgO} \xrightarrow{+0.604} \mathbf{Ag_2O} \xrightarrow{+0.342} \mathbf{Ag} \qquad (\mathbf{AgO} \rightarrow \mathbf{Ag}: +0.473)$$

schwarz *schwarz* *dunkelbraun*

Insgesamt wirken ein-, zwei- und dreiwertiges Silber in Wasser weit stärker oxidierend als entsprechende Oxidationsstufen des Kupfers. So beträgt das Normalpotential für den Übergang Cu^+/Cu nur +0.520 V anstelle +0.799 V für den Prozeß Ag^+/Ag. In letzteren Fällen läßt sich das Potential allerdings durch Koordination der M^+-Ionen mit weichen Liganden erniedrigen, z. B. AgCl/Ag: +0.222; AgBr/Ag: +0.071; AgI/Ag: −0.152; $Ag(S_2O_3)_2^{3-}/Ag$: +0.017 V. In Anwesenheit geeigneter Komplexliganden für zweiwertiges oder dreiwertiges Silber können naturgemäß auch deren Redoxpotentiale deutlich erniedrigt werden (vgl. hierzu die Ausführungen bei Kupfer, S. 1332).

Von *nichtkomplexen Salzen* des zweiwertigen Silbers ist neben *Silber(II)-fluorosulfat* $Ag(OSO_2F)_2$ das **Silber(II)-fluorid AgF_2** (Tab. 114) bekannt. Es entsteht bei der Einwirkung von *Fluor* auf sehr *fein verteiltes Silber* („*molekulares Silber*") unter starker Wärmeentwicklung als eine im reinen Zustande *farblose*, antiferromagnetische Verbindung[37]:

$$Ag + F_2 \rightleftarrows AgF_2 + 365\,kJ.$$

Die mit *Wasser* reagierende Verbindung ist thermisch sehr beständig; ihr Dissoziationsdruck beträgt beim Schmelzpunkt (690 °C) erst 0.1 bar. Als gutes *Fluorierungsmittel* ($161\,kJ + AgF_2 \rightarrow AgF + \frac{1}{2}F_2$) kann es an Stelle von freiem Fluor benutzt werden, da bei seiner Verwendung die Schwierigkeiten wegfallen, welche die Verunreinigungen des elementaren Fluors – namentlich sein Sauerstoffgehalt – mit sich zu bringen pflegen. Die hervorragende katalytische Wirkung des Silbers bei der Umsetzung von Gasen mit Fluor dürfte ebenfalls auf die intermediäre Bildung von Silber(II)-fluorid zurückzuführen sein. Mit Fluorid bildet AgF_2 *Fluorokomplexe* AgF_3^-, AgF_4^{2-} (*blauviolett*) und AgF_6^{4-} (in jedem Falle ist Ag^{2+} tetragonal-verzerrt-oktaedrisch von F^- umgeben).

Die Zweiwertigkeit des Silbers der beiden vorgenannten Verbindungen wird durch magnetische Messungen (S. 1303) bestätigt. Das u. a. durch Oxidation von Ag_2O mit $S_2O_8^{2-}$ in alkalischer Lösung bei 90 °C gewinnbare *schwarze*, halbleitende, bis etwa 100 °C beständige **Silbermonoxid AgO** (Tab. 114) ist gemäß seinem Diamagnetismus kein Silber(II)-oxid (das paramagnetisch sein müßte) und auch kein Silber(I)-peroxid Ag_2O_2 (das beim Ansäuern H_2O_2 ergeben müßte), sondern ein Silber(I,III)-oxid $Ag^IAg^{III}O_2$ (jedes Ag^+ ist linear von 2, jedes Ag^{3+} quadratisch-eben von 4 O-Atomen umgeben)[38]. Beim Auflösen von AgO in starken Säuren wird intermediär $Ag(H_2O)_6^{2+}$ gebildet, während in alkalischer Lösung in Gegenwart komplexbildender Agentien Ag(III)-Komplexe erhalten werden. Anders als in Silbermonoxid liegt in **Trisilbertetraoxid Ag_3O_4** (Tab. 114) entsprechend der Formulierung $Ag^{II}Ag_2^{III}O_4$ auch zweiwertiges Silber vor. Es wird durch anodische Oxidation einer wässerigen Lösung von AgF bzw. $AgClO_4$ als kristalliner, bei 63 °C in AgO und O_2 zerfallender Feststoff erhalten (in Ag_3O_4 ist jedes Ag^{2+}- und Ag^{3+}-Ion quadratisch-planar von vier O-Atomen umgeben; die AgO_4-Quadrate bilden über gemeinsame Ecken und Kanten einen Raumnetzverband).

---

[37] Die Kristallstruktur unterscheidet sich von der des Kupfer(II)-fluorids, doch sind die Metallkationen in beiden Fällen tetragonalverzerrt-oktaedrisch von Fluorid umgeben.

[38] Folglich disproportioniert Ag^{2+} zwar nicht in einer Fluoridionen-, aber in einer Oxidionen-Umgebung in Ag^+ und Ag^{3+}.

Als geeignete Oxidationsmittel für die Bildung von **Silber(II)-Komplexen** aus Silber(I)-Salzen haben sich *Peroxodisulfate* ($S_2O_8^{2-} + 2e^- \rightarrow 2SO_4^{2-}$) und der *elektrische Strom* (anodische Oxidation), als *Komplexbildner* u. a. *Pyridin* C_5H_5N (a) *α,α'-Bipyridin* $C_{10}H_8N_2$ (b) und o-Phenanthrolin $C_{12}H_8N_2$ (c) bewährt (quadratisch-planare Anordnung der 4 N-Atome um das Ag^{2+}-Ion in allen drei Fällen).

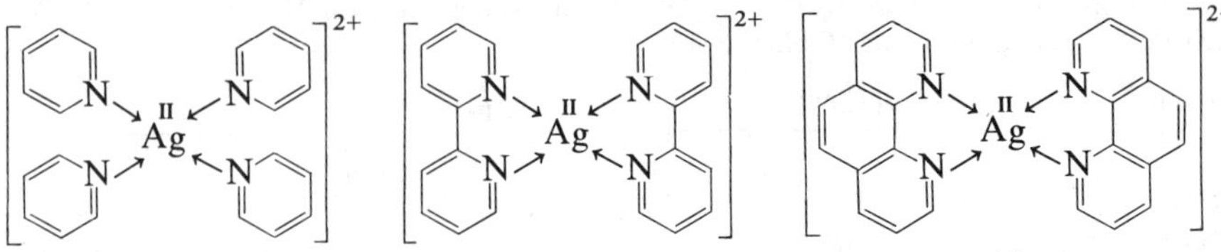

(a) (b) (c)

So erhält man z. B. durch Zufügen einer halb gesättigten Lösung von Kaliumperoxodisulfat zu einer Lösung von Silbernitrat und Pyridin C_5H_5N („py") prächtig *orangefarbene* Prismen des Peroxodisulfats $[Ag(py)_4]S_2O_8$ (a). Durch elektrolytische Oxidation einer Lösung von Silbernitrat und Pyridin ist das – gleichfalls in orangeroten Kristallen kristallisierende – Nitrat $[Ag(py)_4](NO_3)_2$ erhältlich. Bei der Oxidation einer Lösung von Silbernitrat und o-Phenanthrolin $C_{12}H_8N_2$ („phen") mit Ammoniumperoxodisulfat fällt das *schokoladebraune* Peroxodisulfat $[Ag(phen)_2]S_2O_8$ (c) aus, das sich in konzentrierter Salpetersäure durch Umsatz mit den entsprechenden Salzen in das Perchlorat, Chlorat, Nitrat und Sulfat überführen läßt. Die Salze bilden mit den analogen Verbindungen des zweiwertigen Kupfers und Cadmiums Mischkristalle und machen aus Iodidlösungen die berechnete Menge Iod frei: $Ag^{2+} + I^- \rightarrow Ag^+ + \frac{1}{2}I_2$. Durch Umsatz von Silbernitrat, α,α'-Bipyridin $C_{10}H_8N_2$ („bipy") und Kaliumperoxodisulfat kommt man zum *rötlich-braunen* Peroxodisulfat $[Ag(bipy)_2]S_2O_8$ (b), das sich durch doppelte Umsetzung mit anderen Salzen in das Nitrat, Chlorat, Perchlorat und Hydrogensulfat überführen läßt.

2.4 Silber(III)- und Silber(IV)-Verbindungen (d^8, d^7)[25)]

Die Oxidation von Ag(I) zu Ag(III) (Ag^{3+} isoelektronisch mit Pd^{2+} und Ru) gelingt ebenfalls nur mit *starken Oxidationsmitteln*, insbesondere in Anwesenheit von Komplexbildnern (ε_0 für $Ag^+/AgO^+ = \sim +2$ V; vgl. Potentialdiagramm, S. 1347). So erhält man etwa durch Oxidation von Ag^+ mit $S_2O_8^{2-}$ in stark alkalischen Lösungen von Salzen der *Periodsäure* $IO(OH)_5$ und *Tellursäure* $Te(OH)_6$ diamagnetische, *gelbe* **Silber(III)-Komplexe** dieser Säuren wie $K_5[Ag(IO_6H)_2]$ (a) und $Na_5[Ag(TeO_6H_2)_2]$ (planare Anordnung der 4 O-Atome (vgl. entsprechende Cu(III)-Verbindungen, S. 1338); auch bildet sich in Gegenwart von *Ethylendibiguanidiniumsulfat* ein *roter*, diamagnetischer, sehr beständiger Ag(III)-Komplex (b) (planare Anordnung der 4 N-Atome), der pro Ag erwartungsgemäß $2I^-$ zu I_2 oxidiert: $Ag^{3+} + 3I^- \rightarrow AgI + I_2$.

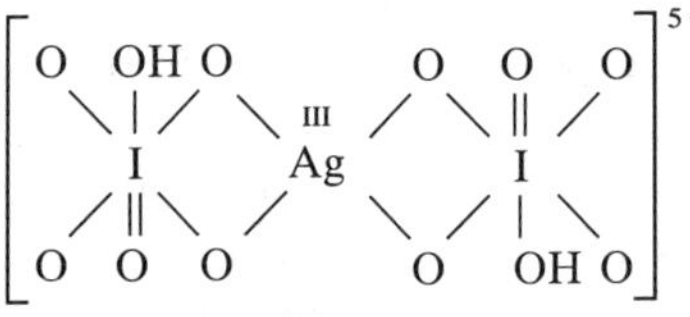

(a) 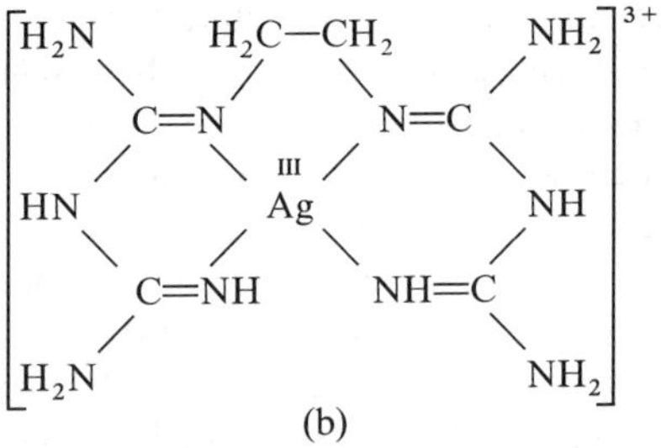 (b)

Das durch Oxidation einer Mischung von Kalium- und Silber(I)-halogenid mit Fluor in alkalischer Lösung entstehende, diamagnetische (low-spin), sehr feuchtigkeitsempfindliche, *gelbe „Kalium-tetrafluoroargentat(III)"* $KAgF_4$ (auch entsprechende gelbe Natrium- und Cäsiumsalze sind bekannt) enthält ein planares $[AgF_4]^-$-Ion. Ebenso kennt man gemischte Salze wie KCs_2AgF_6, mit oktaedrischem $[AgF_6]^{3-}$-Ion. Ein *„Silber(III)-fluorid"* AgF_3 existiert nicht.

Anodische Oxidation von Ag^+ in *neutraler* Lösung (Gegenionen ClO_4^-, BF_4^-, PF_6^-) führt zu *schwarzem*, metallisch glänzendem, bei 20 °C metastabilem und bei Raumtemperatur langsam unter O_2-Abgabe zerfallendem, säurezersetzlichem **Disilbertrioxid Ag_2O_3** (Tab. 114; isotyp mit Au_2O_3; im Falle des Kupfers nicht verwirklichbar; enthält quadratisch-planare AgO_4-Einheiten).

Durch Druckfluorierung entsteht aus einem Gemisch von CsCl und AgCl ein **Silber(IV)-Komplex**, nämlich das *„Cäsium-fluoroargentat(IV)"* $Cs_2[Ag^{IV}F_6]$ (vgl. die entsprechende Cu(IV)-Verbindung, S. 1338).

2.5 Der photographische Prozeß[39)]

Silberchlorid-, bromid und -iodid färben sich am *Licht* infolge photochemischer Zersetzung in *Silber* und *Halogen* langsam erst hell-, dann dunkelviolett und schließlich *schwarz*:

$$h \cdot \nu + AgX \rightarrow Ag + \tfrac{1}{2}X_2 \qquad (1)$$

Von dieser *Lichtempfindlichkeit*, namentlich des Silberbromids (100.4 kJ + AgBr → Ag + $\frac{1}{2}Br_2$), macht man bei der **„Photographie“**[40,41)] Gebrauch. Nachfolgend sei kurz auf die *Schwarz-Weiß-Photographie* eingegangen. Bezüglich der *Farbphotographie* vgl. die Anm.[40,46)].

Die lichtempfindliche Schicht. Zur Herstellung der lichtempfindlichen Schicht auf Platten, Filmen und Papieren wird eine wässerige Lösung von *Silbernitrat* in eine 40–90 °C warme wässerige Lösung von *Kaliumbromid*, die Gelatine und meist noch 3–5 Mol-% Kaliumiodid enthält, unter intensivem Rühren eingetragen (in die um 40 °C erwärmten Lösungen gibt man zusätzlich Ammoniak im Überschuß). Hierbei scheidet sich das „*Silberbromid*“ AgBr zusammen mit geringen Mengen „*Silberiodid*“ AgI ($AgNO_3 + KX \rightarrow AgX + KNO_3$) nicht wie bei der Vermischung entsprechender wässeriger Lösungen in flockiger Form, sondern in so *feiner Verteilung* („*Körnung*“) aus, daß es nur an einem schwachen Opaleszieren der beim Abkühlen erstarrenden Masse zu erkennen ist. Diese *kolloide* Verteilung des Silberbromids (meist als „Emulsion“, richtiger als „Dispersion“ bezeichnet) ist auf die *Schutzkolloidwirkung* der – zugleich auch als *Bindemittel* für die Schicht auf der Platten-, Film- oder Papierunterlage dienenden – *Gelatine* zurückzuführen. Die *frisch* bereitete „*Bromsilbergelatine*“ ist zunächst noch *wenig lichtempfindlich* und muß noch „*reifen*“, zu welchem Zwecke sie längere Zeit mit Thiosulfaten oder Polythionaten erwärmt und der Einwirkung von Ammoniak ausgesetzt wird. Hierbei wird sie undurchsichtig und weißgelb, weil sich die kolloiden Silberbromidteilchen zu *größeren Körnchen* von ca. 0.001 mm Durchmesser vereinigen (ca. 10^{12} Ag-Atome pro Korn); auch bilden sich Keime von „*Silbersulfid*“ Ag_2S („*Reifkeime*“) auf den Kornoberflächen, welche die Lichtempfindlichkeit beträchtlich erhöhen.

Neben der „*Bromsilbergelatine*“ (Normalfall) benutzt man für weniger empfindliche Platten, Filme und Papiere auch „*Chlorsilbergelatine*“ und für empfindlichere „*Iodsilbergelatine*“.

Das latente Bild. Bei der *Belichtung* der lichtempfindlichen Schicht im photographischen Apparat entstehen an der belichteten Stelle infolge der oben erwähnten photochemischen Zerset-

---

[39] **Literatur.** C.E.K. Mees, T.H. James: „*The Theory of the Photographic Process*“, Macmillan, New York 1966; M. Schellenberg, H.P. Schlunke: „*Die Silberfarbbleich-Farbphotographie*“, Chemie in unserer Zeit **10** (1976) 131–138; C.C. Van de Sande: „*Farbstoffdiffusionssysteme in der Farbphotographie*“, Angew. Chem. **95** (1983) 165–184; Int. Ed. **22** (1983) 191; J.F. Hamilton: „*The Photographic Process*“, Solid State Chem. **8** (1973) 167–188; H. Gernsheim, W.H. Fox: „*Talbot and the History of Photography*“, Endeavour **1** (1977) 18–22; ULLMANN (5. Aufl.): „*Photographie*“ **19** (1992) 1–159; D.D. Chapman, E.R. Schmitton: „*Photographic Applications*“, Comprehensive Coord. Chem. **6** (1987) 95–132; U. Nickel: „*Wie entstehen farbige Sofortphotographien?*“, Chemie in unserer Zeit **19** (1985) 1–10; J. Sýkora, J. Šima: „*Photochemistry of Coordination Compounds*“, Coord. Chem. Rev. **107** (1990).

[40] Von phos (griech.) = Licht und graphein (griech.) = schreiben. Photographie = Herstellung dauerhafter Abbildungen durch Einwirkung von Strahlung auf sich dadurch veränderndes Material.

[41] **Geschichtliches.** Die erstmalige Entwicklung eines latenten Silberbildes gelang im Jahre 1838 (*Geburtsjahr* der Photographie) durch Zufall dem französischen Maler Louis Jacques Mandé Daguerre (1787–1851), als er eine in einer „*camera obscura*“ belichtete, mit Ioddämpfen behandelte versilberte Kupferplatte (= mit AgI überzogene Platte) in einem dunklen Schrank aufhob, in welchem Quecksilber verspritzt war. Hierbei entwickelte sich das latente Bild von selbst, indem sich der Hg-Dampf bevorzugt an Stellen der durch die Belichtung entstandenen Silberkeime kondensierte. Die Bildfixierung erfolgte durch Herauslösen von unbelichtetem AgI mit einer Kochsalz- (später Thiosulfat)-Lösung. Nach dem Verfahren von Daguerre („*Daguerrotypie*“) ließen sich allerdings nur Unikate, keine Abzüge gewinnen. Die *Lichtempfindlichkeit* von Silbersalzen war vor Daguerre bereits durch J.R. Glauber (1658), die Möglichkeit der *Herstellung von Abbildungen* mittels Silberhalogeniden von J.H. Schulze (1727), H. Davy und T. Wedgewood (1802) sowie J.N. Niépce (1829: erste permanente Abbilder) erkannt worden. Nach Daguerre erfand W.H.F. Talbot (1841) ein Verfahren zur Erzeugung von *kopierbaren Negativen* („*Talbotypie*“; Einführung der Begriffe „Photographie“, „Negativ“, „Positiv“ durch Sir J. Herschel). Den Grundstein der später von H.W. Vogel (1873) entwickelten Farbphotographie legte der Physiker C. Maxwell (1861).

zung (1) des Silberbromids in Silber und Brom auf der Oberfläche der einzelnen AgBr-Körner Ansammlungen von einigen Silberatomen („*Silberflecke*“ bzw. „*Silberkeime*“ mit bis zu 10 Ag-Atomen bei hochempfindlichen, kurzbelichteten und mit bis zu 100 Ag-Atomen bei normalen lichtempfindlichen Schichten). Das gleichzeitig gebildete freie Brom wird durch die Gelatine gebunden. *Je intensiver* die Belichtung an einer Stelle ist, *umso größer* ist auch der Silberfleck und die Anzahl der an dieser Stelle gebildeten Körnchen mit Silberkeim. Die ausgeschiedene Silbermenge ist im ganzen genommen so gering, daß das auf diese Weise gewonnene Bild dem Auge *unsichtbar* ist („*latentes*[42] *Bild*“). Es muß daher erst noch zum sichtbaren Bild „entwickelt“ werden (s. u.).

Trifft nach den Theorien von Gurney und Mott (1938), von Hamilton (1968) sowie von Mitchell (1978) ein Photon ausreichender Energie auf ein Halogenid-Ion eines Silberchlorid-, -bromid- oder -iodid-Korns, so gibt es ein Elektron an das Leitungsband der I/VII-Verbindung AgX ab (2a) (Bildung eines Elektron/Loch-Paars oder Excitons; vgl. S. 1314). Es wandert rasch an die Kornoberfläche, wo es an der Stelle eines Reifkeims ein Silberion entladen kann (2b).

$$h\nu + X^- \xrightarrow{(a)} X + e^-; \qquad Ag^+ + e^- \xrightarrow{(b)} Ag. \tag{2}$$

Die Reifkeime wirken gewissermaßen als „Elektronenfallen“ (fehlerfreie AgX-Kristalle zeigen auch bei starker Bestrahlung keine Photolyse). Die wegen der Elektronenaufnahme (2b) negativ aufgeladenen Reifkeime ziehen ihrerseits Ag^+-Ionen zu sich, welche wiederum entladen werden können, so daß sich Ag-Atomaggregate („*Latentbildkeime*“) bilden. Wesentlich für das reibungslose Entstehen des Latentbildes ist hierbei das Vorhandensein besonders beweglicher Ag^+-Ionen auf Zwischengitterplätzen der AgX-Kristalle („*Frenkel-Defekte*“; vgl. S. 1621).

Das Entwickeln. Zur Intensivierung („*Entwicklung*“) des latenten Bildes behandelt man die lichtempfindliche Schicht in einer „*Dunkelkammer*“ bei rotem, auf die Schicht praktisch nicht einwirkendem Licht mit *reduzierenden* Lösungen (z. B. von Hydrochinon). Diese „*Entwickler*“ vermögen das *Silberbromid* zu *Silber* zu reduzieren:

$$AgX \xrightarrow{+H} Ag + HX. \tag{3}$$

Die Reduktion setzt aber nur von den Stellen aus ein, an denen sich bereits *Silberkeime* befinden; und zwar geht sie an *stark belichteten* und daher Silberkeim-reicheren Stellen *rascher* vor sich als an schwach belichteten, Silberkeim-armen Stellen. So kommt es, daß durch die Entwicklung das photographische Bild zum *sichtbaren* Bild verstärkt wird (bei vollständiger Reduktion eines Korns (10^{12} Ag^+-Ionen) mit 10 bis 100 entladenen Ag-Atomen beträgt der Faktor der Intensivierung 10^{10} bis 10^{11}!). Die *unbelichteten* (silberkeimfreien) Stellen der photographischen Schicht werden vom Entwickler erst bei sehr *langen Entwicklungszeiten* angegriffen: das Bild „*verschleiert*“.

Das Fixieren. Das durch die Entwicklung gewonnene sichtbare Bild kann noch nicht ans Tageslicht gebracht werden, da es noch *unverändertes Silberbromid* enthält, welches eine *Schwärzung* des ganzen Bildes im Licht hervorrufen würde. Daher muß erst das überschüssige AgBr *entfernt* werden. Die Operation („*Fixieren*“) erfolgt mit Hilfe von Ammonium- oder Natriumthiosulfat („*Fixiersalz*“), welches das unlösliche Silberbromid gemäß (4) in *lösliches Komplexsalz* umwandelt:

$$AgX + 2\,Na_2S_2O_3 \rightarrow Na_3[Ag(S_2O_3)_2] + NaX. \tag{4}$$

Das nach dem Fixieren und Auswaschen mit Wasser („*Wässern*“) vorliegende, lichtbeständige Bild heißt „*Negativ*“ und ist *lichtverkehrt*, d. h. dunkel an den hellbelichteten Stellen und umgekehrt.

[42] latens (lat.) = verborgen.

Das Kopieren. Zur Herstellung eines *wirklichkeitsgetreuen* Bildes („*Positiv*") wird das durchsichtige Negativ in der Dunkelkammer mit lichtempfindlichem Papier bedeckt und dieses Papier durch das Negativ hindurch *belichtet* (2) und dann in gleicher Weise wie vorher *entwickelt* (3) und *fixiert* (4). Da jetzt bei der Belichtung die *dunklen* Stellen des Negativs das Licht nur *wenig* durchlassen und umgekehrt, entsteht bei diesem Prozeß ein Papierbild („*Abzug*") mit *wirklichkeitsgetreuen* Schwarz-Weiß-Werten, ein Vorgang („*Kopieren*"[43]), der beliebig oft wiederholt werden kann.

Das gewonnene Positiv läßt sich durch **„Tonen"** noch im Farbton verschönern. Zu diesem Zwecke bringt man den Papierabzug in sehr verdünnte *Gold-* oder *Platinlösungen*, wobei entsprechend der Stellung der Metalle in der Spannungsreihe *Silber* in Lösung geht und *Gold* bzw. *Platin* an dessen Stelle tritt: $3Ag + Au^{3+} \rightarrow 3Ag^{+} + Au$.

Das Sensibilisieren. Wie schon an früherer Stelle (S. 106) betont wurde, können nur solche Lichtstrahlen gemäß (1) photochemisch wirksam sein, welche von dem photochemisch umzusetzenden Stoff *absorbiert* werden. Die gelbe Farbe des Silberbromids zeigt, daß AgBr im Bereich der Komplementärfarbe zu Gelb, nämlich in *Blau* absorbiert. Deshalb ist Silberbromid gerade gegenüber den Strahlen, die dem Auge am hellsten erscheinen, den *gelben* sowie *grünen* und erst recht natürlich den *roten, unempfindlich*. Um daher beim Photographieren eine dem Helligkeitsempfinden des menschlichen Auges[44] entsprechende Verteilung der photochemischen Einwirkung der verschiedenen Lichtwellenlängen zu erzielen („*orthochromatische*"[45], „*orthopanchromatische*"[45] Platten, Filme), muß das Silberbromid mit geeigneten Farbstoffen („*Sensibilisatoren*"[45]) angefärbt werden, welche rotes, gelbes und grünes Licht *absorbieren* und dessen Energie auf das Silberbromid *übertragen*[46]. Durch geeignete Sensibilisatoren kann man photographische Schichten selbst für Infrarotstrahlung bis zur Wellenlänge von ca. 1.3 µm empfindlich machen.

3 Das Gold[47]

3.1 Elementares Gold

Vorkommen

Gold Au findet sich als sehr edles Metall (ε_0 von $Au/Au^{3+} = +1.498$ V) in der Natur hauptsächlich in **gediegenem** Zustand (z. B. als goldhaltiger Quarz SiO_2 und goldhaltiger Pyrit FeS_2), daneben auch **gebunden** in Form von **Telluriden** als „*Schrifterz*" („*Sylvanit*") $AuAgTe_4$, als „*Blättererz*" („*Nagyagit*") (Pb,Au) $(S,Te,Sb)_{1-2}$ und als „*Calaverit*" („*Krennerit*") $AuTe_2$.

---

[43] copia (lat.) = große Zahl.

[44] Der Sehpurpur des Auges „sieht" im Bereich 400 (violett) bis 800 nm (dunkelrot) und absorbiert am stärksten im Gelbgrünen (560 nm; Komplementärfarbe: Purpur).

[45] orthos (griech.) = richtig; chroma (griech.) = Farbe; pan (griech.) = alles; sensibilis (lat.) = empfindlich.

[46] Durch geeignete Sensibilisatoren werden in Filmen für die **Farbphotographie** drei übereinander angeordnete AgBr-Schichten derart sensibilisiert, daß sie der Reihe nach die Komplementärfarbe von gelb, purpur und blaugrün, nämlich blau, grün und rot absorbieren. Die Verarbeitung des belichteten Materials (Entwicklung, Fixieren) erfolgt ähnlich wie im Falle der Schwarz-Weiß-Photographie. Bei der chromogenen Entwicklung werden die erwünschten *Farbstoffe* (blau, grün, rot) im Zuge des Entwickelns *aufgebaut*, und zwar durch Reaktion des oxidierten Entwicklers, der zuvor Ag^+ zu Ag reduziert hat, mit einer zugesetzten *Kupplungskomponente* („*Agfacolor*", „*Kodacolor*", „*Ektachrome*" „*Kodachrome*"). Bei der chromolytischen Entwicklung werden demgegenüber eingelagerte Farbstoffe durch Reduktion *abgebaut* („*gebleicht*"), und zwar durch das bei der Entwicklung freigesetzte Silber („*Cibachrome*").

[47] **Literatur.** Allgemein. B. F. G. Johnson: „*Gold*", Comprehensive Inorg. Chem. **3** (1974) 128–186; R. J. Puddephatt: „*The Chemistry of Gold*", Elsevier, Amsterdam 1978; H. Schmidbaur: „*Ist Gold-Chemie aktuell*", Angew. Chem. **88** (1976) 830–843; Int. Ed. **15** (1976) 728; R. J. Puddephatt: „*Gold Chemistry Today*", Endeavour **3** (1979) 78–81; R. J. Puddephat: „*Gold*", Comprehensive Coord. Chem. **5** (1987) 861–923; Ullmann (5. Aufl.): „*Gold, Gold Alloys, and Gold Compounds*", **A12** (1989) 499–533; Gmelin: „*Gold*", Syst.-Nr. **62**, bisher 4 Bände. Anorganische Verb. H. Schmidbaur, K. C. Dash: „*Compounds of Gold in Unusual Oxidation States*", Adv. Inorg. Radiochem. **25** (1982) 239–266; H. Schmidbaur: „*The Fascinating Implications of New Results in Gold Chemistry*", Gold Bull. **23** (1990) 11–21; H. Schmidbaur: „*Gold Chemistry is Different*", Interdisciplinary Science Rev. **17** (1992) 213–220; I. D. Salter:

Die bedeutendsten Goldvorkommen finden sich in Südafrika, Australien und Kalifornien. In Europa ist Siebenbürgen das Hauptgoldland.

Das natürlich vorkommende gediegene Gold ist nie chemisch rein, sondern meist ziemlich stark mit Silber sowie mit kleinen Mengen Kupfer, Platin und anderen Metallen verunreinigt. Das auf seiner *ursprünglichen Lagerstätte* (meist in Quarzschichten) gefundene silberhaltige Gold heißt „*Berggold*". Bei der *Verwitterung* der goldführenden Schichten wurde es vom Wasser *weggewaschen* und findet sich dann als silberarmes „*Seifengold*" oder „*Waschgold*" in den Flußsanden und Ablagerungen in Form von *Goldstaub* oder *Goldkörnern*.

Das „*Meerwasser*" enthält 0.001 bis 0.01 mg Gold je m^3, so daß der Goldgehalt aller Weltmeere (1370 Millionen km^3) zusammengenommen mehrere Millionen Tonnen beträgt; die Isolierung aus dem Meerwasser ist aber mit den bisher zur Verfügung stehenden Methoden wegen der großen Verdünnung praktisch unrentabel.

Isotope (vgl. Anh. III). *Natürliches* Gold besteht zu 100% aus dem Nuklid $^{197}_{79}Au$ (für *NMR-Untersuchungen*). Die *künstlichen* Nuklide $^{195}_{79}Au$ (Elektroneneinfang; $\tau_{1/2} = 183$ Tage), $^{198}_{79}$ (β^--Strahler; $\tau_{1/2} = 2.693$ Tage) und $^{199}_{79}Au$ (β^--Strahler; $\tau_{1/2} = 3.15$ Tage) werden als *Tracer* genutzt, $^{197}_{79}Au$ dient zudem in der *Medizin*.

Geschichtliches. Gold wurde schon in vorgeschichtlicher Zeit gesammelt, verarbeitet und als Zahlungsmittel genutzt. Die ältesten, in Mesopotamien gefundenen Goldgegenstände stammen aus dem 6. Jahrtausend v. Chr. Viele alte Völker (z. B. Ägypter, Azteken, Inkas) häuften beträchtliche Goldmengen an. Die Weltjahresproduktion an Gold lag vor 1849 um 12 Tonnen und erhöhte sich dann mit dem Auffinden neuer Lagerstätten stark (Zeitalter der „Goldräusche" in Kalifornien ab 1849, New-Süd-Wales/Australien ab 1851, Transvaal ab 1884, Klondike/Kanada ab 1896, Nome/Alaska ab 1900). Heute liegt der größte *Goldschatz* in den Tresoren der US Federal Reserve Bank in New York. Das *Symbol* für Gold leitet sich vom lat. *aurum* für Gold ab.

Darstellung

Gewinnung von Rohgold. Die *älteste Methode* der Goldgewinnung ist die **Goldwäsche**, bei der die zerkleinerten goldhaltigen Gesteine und Sande in *Wasser* aufgeschlämmt werden, wobei sich die Goldflitter und Goldkörnchen wegen ihrer großen Dichte (19.32 g/cm^3) rascher *absetzen* als die leichteren Begleitmaterialien. Das Verfahren ist primitiv und bringt nur einen Teil des Goldes aus.

Bei den *modernen Methoden* der **technischen Gewinnung** von Gold wird das *Golderz* in Steinbrechern zerkleinert oder in Pochwerken bzw. Naßgrießmühlen zu einem feinen Pulver vermahlen. Die hierdurch freigelegten Goldteilchen setzt man dann durch *Amalgambildung* oder durch *Cyanidlaugerei* in Freiheit.

Zur **Amalgambildung** *arbeitet* man das zerkleinerte Golderz gründlich mit *Wasser* und *Quecksilber durch*, wobei sich ein großer Teil des Goldes mit dem Quecksilber amalgamiert. Der gleichzeitig entstehende, immer noch goldhaltige grobteilige *Schlamm* („*Pochtrübe*") läuft dann über geneigt liegende *amalgamierte Kupferplatten*, welche einen weiteren Teil des Goldes zurückhalten. Das entstandene *Goldamalgam* kratzt man von den Platten mehrmals am Tage mit einem Schaber ab. Insgesamt lassen sich so über 60% des vorhandenen Goldes ausbringen. Aus dem Goldamalgam wird das Quecksilber durch Erhitzen *abdestilliert* und durch *Kondensation* in einem Kühlsystem wieder *zurückgewonnen*. Das zurückbleibende „*Rohgold*" schmilzt man in Graphittiegeln ein.

„*Heteronuclear Cluster Chemistry of Copper, Silver, and Gold*", Adv. Organomet. Chem. **29** (1989) 249–343; K. P. Hall, D. M. P. Mingos: „*Homo- and Heteronuclear Compounds of Gold*", Prog. Inorg. Chem. **31** (1984) 237–325; D. Michael, D. M. P. Mingos, M. J. Watson: „*Heteronuclear Gold Cluster Compounds*", Adv. Inorg. Chem. **39** (1992) 327–399. Vgl. auch Anm. 25. Organische Verb. R. J. Puddephatt: „*Gold*", Comprehensive Organomet. Chem. **2** (1982) 765–821; HOUBEN-WEYL: „*Organische Goldverbindungen*, **13/1** (1970): G. K. Anderson: „*The Organic Chemistry of Gold*", Adv. Organomet. Chem. **20** (1982) 39–114.

Zur Gewinnung des Goldes durch **Cyanidlaugerei** wird das aus Golderz oder aus der Pochtrübe (s. o.) durch Naßmahlen erhaltene goldhaltige Pulver in „*Agitatoren*" unter lebhafter Durchmischung und Durchlüftung mit *Preßluft* durch 0.1–0.25%ige *Kalium-* oder *Natriumcyanidlösung* ausgelaugt. Hierbei geht das Gold als farbloses *komplexes Cyanid* in Lösung:

$$2\,Au + H_2O + \tfrac{1}{2}O_2 + 4\,KCN \rightarrow 2\,K[Au(CN)_2] + 2\,KOH.$$

Zur Trennung der goldhaltigen Cyanidlösung von den Laugerückständen nutzt man das Verfahren der *Gegenstrom-Dekantation* (vgl. S. 1174). Die Fällung des Goldes aus den Cyanidlaugen erfolgt wie beim Silber (S. 1339) mit *Zinkstaub*: $2\,K[Au(CN)_2] + Zn \rightarrow K_2[Zn(CN)_4] + 2\,Au$, wobei sich das Gold als Schlamm abscheidet, der abfiltriert und zu „*Rohgold*" verschmolzen wird.

Außer Golderzen werden für die Goldgewinnung auch technische Nebenprodukte wie **Elektrolyseschlämme** (S. 1324 und 1340) aufgearbeitet.

Reinigung von Rohgold. Die Reinigung des Rohgoldes von Silber und anderen Verunreinigungen kann auf *chemischem Wege* (durch Behandeln mit konzentrierter Schwefelsäure, in welcher sich die Verunreinigungen lösen) oder durch *Elektrolyse* erfolgen. Bei der elektrolytischen Goldraffination werden *Anoden aus Rohgold* (S. 1341) in einer salzsauren *Goldchloridlösung* mit *Kathoden aus Feingoldblech* zusammengeschaltet (vgl. S. 1323 und S. 1340). Das entstehende **Elektrolytgold** ist 99.98%ig. Der gleichzeitig gebildete *Anodenschlamm* dient als Ausgangsmaterial für die Gewinnung der enthaltenen *Platinmetalle* (S. 1588).

Physikalische Eigenschaften

Reines Gold (*kubisch-dichteste* Packung) ist ein *rötlichgelbes* („*goldgelbes*")[8)] *weiches Metall* hoher Dichte ($d = 19.32\ g/cm^3$)[48)], welches bei 1064.4 °C zu einer grün leuchtenden Flüssigkeit schmilzt und bei 2660 °C siedet. Der Golddampf besteht oberhalb des Siedepunktes hauptsächlich aus Dimeren Au_2 (Dissoziationsenergie $E_D = 221.3$ kJ/mol; zum Vergleich: E_D (Cl_2) = 243 kJ/mol). Besonders charakteristisch für Gold ist seine *Dehn-* und *Walzbarkeit*, die die aller anderen Metalle übertrifft. So kann man Gold z. B. zu blaugrün durchscheinenden[49)], in der Aufsicht goldgelben Blättchen von nur 0.0001 mm Dicke ($\sim \frac{1}{10}$ der Wellenlänge von rotem Licht) ausschlagen („*Blattgold*"). *Elektrische* und *thermische Leitfähigkeit* betragen rund 70% der des Silbers. Bezüglich weiterer Eigenschaften des Goldes vgl. Tafel IV.

Physiologisches. Gold und Goldverbindungen sind für Lebewesen *weder essentiell, noch toxisch* (der Mensch enthält normalerweise kein Gold).

Chemische Eigenschaften

Gemäß seiner Stellung in der Spannungsreihe (ε_0 für $Au/Au^+ = +1.69$ V; für $Au/Au^{3+} = +1.50$ V; für $Au^+/Au^{3+} = +1.40$ V) stellt Gold einen typischen Vertreter der *edlen Metalle* dar. Da es positivere Potentiale als alle anderen Metalle aufweist, ist Gold gewissermaßen der „*König der Metalle*". Als solcher wirkt Gold naturgemäß weniger reaktiv als das homologe Silber und wird von *Luft* nicht angegriffen. Auch stellt es das einzige Metall dar, das sich nicht direkt mit *Schwefel* umsetzt. *Lösungsmittel* für Gold sind nur starke Oxidationsmittel wie *Chlorwasser* und *Königswasser* oder *Komplexbildener* wie KCN bei Luft-

---

[48] Daß die Dichte des Goldes doppelt so groß ist wie die des homologen Kupfers (8.92 g/cm^3) und Silbers (10.50 g/cm^3), ist auf die „*Lanthanoid-Kontraktion*" (S. 1781) der vorangehenden 14 Lanthanoidelemente (Auffüllung der 4f-Schale) sowie „*relativistische Effekte*" (S. 338) zurückzuführen.

[49] Die dünnen Goldplättchen sehen in der Durchsicht blaugrün aus, weil Gold aus dem durchfallenden Licht den gelben und roten Anteil absorbiert.

zutritt[50]. In nicht oxidierenden Säuren wie Salzsäuren oder Schwefelsäure löst sich Gold nicht auf.

Verwendung von Gold. Gold (Jahresweltproduktion: einige Kilotonnen) wird zur Herstellung von „*Schmuckstücken*" und Luxusgegenständen aller Art sowie zu „*Münzzwecken*" verwendet. Da es in reinem Zustande hierfür zu weich ist, **legiert** man es mit anderen Metallen[51], meist *Kupfer* oder *Silber*. So bestehen z. B. die Goldmünzen der meisten Staaten aus 90% Gold und 10% Kupfer. Wie beim Silber (S. 1342) gibt man auch hier gebräuchlicherweise den Feingehalt an Gold in Tausendsteln an. Früher rechnete man nach *Karat* und bezeichnete reines Gold als „24-*karätig*". Ein 18-karätiger goldener Gegenstand besitzt also einen Gold-Feingehalt von 750, d. h. er besteht zu 75% aus Gold. Eine Legierung aus Gold ($\frac{1}{3}$ bis $\frac{3}{4}$ des Gewichts), Kupfer, Nickel und Silber wird als „*Weißgold*" für Schmuckzwecke verwendet. Mit Goldlegierungen schweißplattierte Bleche (gewöhnlich auf Messingunterlage) bezeichnet man als „*Doublé*"; es dient hauptsächlich zur Herstellung billiger Schmuckwaren und von Uhrgehäusen. „*Dukatengold*" hat einen Feingoldgehalt von 986. Eine wichtige Rolle spielen Goldlegierungen mit 70% Au und mehr neben Pt-Metallen, Ag, Cu, Zn in der „*Dentaltechnik*" als Zahnersatz).

Genutzt wird **reines Gold** u. a. in der „*Glas*-" und „*Keramikindustrie*" (Herstellung dekorativer Überzüge), der „*Elektrotechnik*" (leitende Beschichtungen), der „*Elektronik*" (Trägermetall für Dotierungsstoffe, elektrische Kontaktierung von Halbleitern) und der „*Optik*" (hochwertige Spiegel, Zonenplatten in UV-Spektrometern usw.).

In Form von „*Cassiusschem Goldpurpur*"[52], einer beim Zusammengeben von *Goldsalzlösung* und *Zinn(II)-chloridlösung* entstehenden Adsorptionsverbindung von **kolloidem Gold** und *kolloidem Zinndioxid* ($2Au^{3+} + 3Sn^{2+} + 6H_2O \rightarrow 2Au + 3SnO_2 + 12H^+$) dient Gold zum Färben von Glasflüssen (vgl. S. 946) und Porzellan (vgl. S. 950). So stellt z. B. das prächtig rot gefärbte „*Goldrubinglas*" eine kolloide Lösung von Gold in Glas dar. Die Bildung von Cassiusschem Purpur ist ein sehr empfindlicher analytischer Nachweis auf Gold.

Gold in Verbindungen

In seinen Verbindungen tritt Gold hauptsächlich mit den **Oxidationsstufen +1** (z. B. AuCl, AuI, Au_2S) sowie **+3** (z. B. $AuCl_3$, Au_2O_3) auf und unterscheidet sich hierin von Kupfer bzw. Silber, die in Verbindungen hauptsächlich mit der Oxidationsstufe +1/+2 bzw. +1 vorliegen (s. unten). Es sind allerdings auch einzelne Verbindungen mit Gold in den Oxidationsstufen **−1** (z. B. CsAu, $Au(NH_3)_n^-$ in fl. NH_3), **0 bis +1** (z. B. Goldcluster, S. 1215f, 1359), **+2** (z. B. $Au[S_2C_2(CN)_2]_2^{2-}$) und **+5** (z. B. AuF_5) bekannt.

Die **Koordinationszahl** von Gold(I) ist hauptsächlich *zwei* (linear in $\mathbf{Au}(CN)_2^-$, $(\mathbf{AuI})_x$), daneben *drei* (trigonal-planar in $\mathbf{Au}Cl(PR_3)_2$ und *vier* (tetraedrisch in $\mathbf{Au}(diars)_2^+$, $\mathbf{Au}(PR_3)_4^+$), von Gold(II) *vier* (quadratisch-planar in $\mathbf{Au}\{S_2C_2(CN)_2\}^{2-}$) und von Gold(III) hauptsächlich *vier* (quadratisch-planar in $\mathbf{Au}Br_4^-$), ferner *fünf* (trigonal-bipyramidal in $\mathbf{AuI}(diars)_2^{2+}$, quadratisch-pyramidal in $\mathbf{Au}Cl_3$(Bichinolin)) sowie *sechs* (oktaedrisch in $\mathbf{AuI}_2(diars)_2^+$).

Bezüglich der *Elektronenkonfiguration*, der *Radien*, der *magnetischen* und *optischen* Eigenschaften von **Goldionen** vgl. Ligandenfeld-Theorie (S. 1250) sowie Anh. IV, bezüglich eines **Eigenschaftsvergleichs** der Metalle der Kupfergruppe untereinander und mit den Alkalimetallen S. 1199f, Anm.[2] und Nachfolgendes.

Gold und dessen *Verbindungen* weisen unter den benachbarten Elementen der 11. Gruppe Cu, Ag, **Au** sowie 6. Periode ..., Ir, Pt, **Au**, Hg, Tl, ... und deren Verbindungen eine Reihe **außergewöhnlicher Eigenschaften** auf. So besitzt das elektrisch gut leitende Gold unter allen Metallen das positivste *Redoxpotential* ($\varepsilon_0 = +1.50$ V für Au/Au^{3+}), die größte *Pauling-Elektronegativität* (EN = 2.4), die negativste *Elektronenaffinität* (EA = −2.31 eV) sowie – abgesehen von Zn und Hg – die positivste *Ionisierungsenergie* (IE = +9.22 eV; vgl. Tafel IV). Auch bildet es anders als die benachbarten Metalle im Periodensystem, die typischerweise

---

50 Das Potential Au/Au(I) des Goldes (+1.69 V) verschiebt sich in einer Cyanidlösung infolge Bildung des sehr stabilen Komplexes $Au(CN)_2^-$ um 1.49 V: $Au + 2CN^- \rightarrow Au(CN)_2^- + \ominus$; $\varepsilon_0 = +0.20$ V).

51 Unter diesen Legierungen finden sich viele intermetallische Verbindungen, die teilweise (wie AlAu oder NiAu) sogar im gasförmigen Zustand stabil sind.

52 Benannt nach dem Arzt Andreas Cassius (Leiden), der 1663 erstmals diese für die Glas- und Porzellanmalerei wichtige Farbe näher beschrieb.

nur als Kationen, aber nicht als Anionen existieren, ein Monoanion und verhält sich hierin „halogenanalog". Somit weist das Gold als „König der Metalle" (s. o.) nicht nur *metallisches* Verhalten (elektrische Leitfähigkeit, Bildung von Kationen), sondern auch *nichtmetallisches* Verhalten auf (Werte für EN, EA, IE sind gemäß Tafel III mit denen der schweren Halogene vergleichbar; Cs^+Au^- kristallisiert mit Cs^+I^--Struktur). Hervorgehoben sei ferner die – gelegentlich als „*Aurophilität*" bezeichnete – Tendenz des Goldes zur Ausbildung von *Gold-Gold-Wechselbeziehungen*. Sie dokumentiert sich etwa darin, daß elementares Gold Au_x unter den Münzmetallen eine vergleichsweise große *Atomisierungsenergie* (AE = 336 kJ/mol) und dimeres, in der Gasphase existierendes Gold Au_2 eine hohe *Dissoziationsenergie* aufweist (DE = 221 kJ/mol; vgl. Tafel IV); auch neigt Gold deutlich zur *Clusterbildung* (s. u.).

Die erwähnten und viele nicht erwähnten außergewöhnlichen Goldeigenschaften gehen u. a. darauf zurück, daß die Goldaußenelektronen *besonders hohen* **relativistischen Effekten** (S. 338) mit der Folge einer deutlichen 6s- und schwächeren 6p-*Orbitalkontraktion* (-*Energieabsenkung*) sowie einer 5d-*Orbitalexpansion* (-*Energieanhebung*) unterliegen[53)].

Infolgedessen *nimmt* der Metallatomradius gemäß nachfolgender Zusammenstellung zwar beim Übergang von Cu nach Ag aufgrund des größeren Kernabstands der 5s- gegenüber den 4s-Elektronen *zu*, beim Übergang von Ag nach Au wegen der relativistischen s-Orbitalkontraktion aber wieder *ab* (einen analogen Gang findet man in der Nickelgruppe, während in der Zinkgruppe die Atomradien einsinnig mit steigender Ordnungszahl der Elemente anwachsen[53)]; letzteres gilt verständlicherweise auch für die Radien der Monokationen Cu^+, Ag^+, Au^+ wegen des Fehlens von s-Außenelektronen). Aus gleichen Gründen *wächst* die Elektronenaffinität beim Übergang von Ag nach Au (Analoges gilt für den Übergang von Pd nach Pt) besonders *stark an* (Gold bildet deshalb in Verbindung mit Rb oder Cs sogar ein Monoanion Au^- mit abgeschlossener s-Schale; die Zinkgruppenelemente mit bereits abgeschlossenen s-Außenschalen zeigen keine Affinität für Elektronen).

Des weiteren *nimmt* gemäß folgender Zusammenstellung die *erste* Ionisierungsenergie ($M \rightarrow M^+ + e^-$) beim Übergang von Cu nach Ag aufgrund des größeren Kernabstands des 5s- gegenüber dem 4s-Elektron *ab* und beim Übergang von Ag nach Au wegen der relativistischen Energieabsenkung des 6s-Elektrons wieder *zu* (Gold ist daher deutlich edler als Silber; einen analogen Gang findet man in der Zinkgruppe; Palladium, dessen Außenschale anders als die von Nickel und Platin keine s-Elektronen aufweist, läßt sich nicht in die Betrachtung mit einbeziehen):

			Atomradien [Å]			*Elektronenaffinitäten* [eV]			1. *Ionisierungsenergien* [eV]		
Ni	**Cu**	Zn	1.246	**1.278**	1.335	− 1.15	**− 1.23**	≈ 0	7.635	**7.725**	9.393
Pd	**Ag**	Cd	1.376	**1.445**	1.489	− 0.62	**− 1.30**	≈ 0	8.34	**7.576**	8.992
Pt	**Au**	Hg	1.373	**1.442**	1.62	− 2.13	**− 2.31**	≈ 0	9.02	**9.22**	10.44

Die *zweite Ionisierungsenergie* ($M^+ \rightarrow M^{2+} + e^-$) erhöht sich umgekehrt beim Übergang von Cu (20.29 eV) nach Ag (21.48 eV) wegen der Zunahme der Kernladung und erniedrigt sich dann beim Übergang von Ag (21.48 eV) nach Au (20.52 eV) wegen der relativistischen Energieanhebung der 5d-Elektronen. Demgemäß ist die Tendenz zur Ausbildung höherer Wertigkeiten bei Kupfer und Gold größer als bei Silber, was sich etwa darin zeigt, daß die stabilsten *Oxidationsstufen* von Cu, Ag, Au in Wasser **+2**, **+1**, **+3** betragen[54)]. Allerdings spielen für die Stabilität einer Metallwertigkeit M^{n+} außer der Ionisierungsenergie des Vorgangs $M \rightarrow M^{n+} + ne^-$ auch die Hydratisierungsenergie von M^{n+} (wächst mit zunehmender Ladung und abnehmendem Ionenradius) eine Rolle[54)].

---

[53] Gemäß Fig. 101 auf S. 339 sind die relativistischen Effekte für die Außenelektronen des Goldes etwa vergleichbar denen für die Platinelektronen, aber erheblich größer als jene für die Iridium-, Quecksilber- und Thalliumelektronen. Die Silber- und insbesondere Kupferelektronen unterliegen nur geringen relativistischen Effekten. – Außer relativistischen Effekten bedingen auch die schlecht abschirmenden f-Elektronen der drittäußersten Schale von Elementen der 6. Periode eine 6s-Orbitalkontraktion (vgl. Lanthanoid-Kontraktion; Elemente der 5. Periode weisen noch keine f-Elektronen auf). Würden allerdings ausschließlich Abschirmungseffekte wirksam sein, so käme Gold bestenfalls der gleiche Metallatomradius wie Silber zu, aber kein kleinerer.

[54] Im Falle von Ag ist die 1. *Ionisierungsenergie* kleiner als die von Cu bzw. Au, im Falle von Kupfer die Summe der 1., 2. Ionisierungsenergie kleiner als die von Ag bzw. Au, im Falle von Gold die Summe der 1., 2. und 3. Ionisierungsenergie kleiner als die von Cu bzw. Ag (vgl. Tafel IV). Die *Ionenradien* wachsen in Richtung Cu^{n+}, Ag^{n+}, Au^{n+} und M^{3+}, M^{2+}, M^+. Die *Differenz der Hydratationsenthalpien* ist im Falle von Cu^+/Cu^{2+} (− 582/− 2100 kJ/mol) größer als im Falle von Ag^+/Ag^{2+} (− 486/− 1720 kJ/mol). Dreiwertigem Gold Au^{3+} kommt bei quadratischer Koordination eine hohe *Ligandenfeldstabilisierungsenergie* zu (S. 1258).

Der Sachverhalt, daß die äußeren d-Elektronen von Kupfer und Gold weniger fest, die äußeren s-Elektronen beider Elemente aber fester als die entsprechenden Elektronen des Silbers gebunden sind, zeigt sich auch in der Farbe der Münzmetalle. Die erwähnten Energielagen der d- und s-Elektronen bedingen eine energetische Annäherung des äußeren, mit Elektronen vollbesetzten d-Valenzbandes und des äußeren, mit Elektronen halbbesetzten s-Valenzbandes. Als Folge hiervon vergrößert sich der Energieabstand zwischen der Obergrenze des d- zur Obergrenze („Fermigrenze") des s-Valenzbandes beim Übergang von Cu (2.3 eV) bzw. Au (2.4 eV) zu Ag (3.5 eV) deutlich. Entsprechend des Energieunterschieds vermag Kupfer grüne und blaue, Gold blaue und violette Lichtanteile durch d → s-Anregung zu absorbieren, so daß nur orangefarbene bis rote bzw. rote bis gelbe Lichtanteile reflektiert werden, während Silber alles sichtbare Licht reflektiert und infolgedessen anders als hellrotes Kupfer oder rotgelbes Gold weiß erscheint.

Die Einbeziehung relativistischer Effekte ermöglicht schließlich auch ein tieferes Verständnis der *chemischen Bindungen* in Goldverbindungen. So läßt sich die bei *einwertigem Gold* zu beobachtende Dominanz der Koordinationszahl *zwei* mit der vergleichsweise großen 6s/6p-*Energieseparation* (starke 6s-, weniger starke 6p-Energieabsenkung) erklären, welche die Bildung von sp-Hybridorbitalen mit hohem s-Anteil (und gegebenenfalls d-Anteil) vor der von sp^2- bzw. sp^3-Hybridorbitalen begünstigt (analoge Verhältnisse beobachtet man beim isoelektronischen *zweiwertigen Quecksilber* oder *dreiwertigen Thallium*; die bevorzugte Koordinationszahl *einwertigen* Kupfers ist demgegenüber *vier*; das Koordinationsverhalten von *einwertigem Silber* liegt zwischen dem von Cu^+ und Au^+).

Ferner gelangen die 6s- bzw. 5d-Elektronen des Goldes durch die relativistische Orbitalkontraktion bzw. -expansion in Energiebereiche, welche die Bildung *starker kovalenter* Gold-Gold- und anderer Bindungen mit 6s-Elektronenbeteiligung in *ersteren* und *schwacher (metallischer)* Gold-Gold-Bindungen mit 5d-Elektronenbeteiligung in *letzterem* Falle ermöglichen. Ausgesprochen starke Gold-Gold-Kontakte, an denen 6s-Elektronen des Goldes beteiligt sind, liegen in elementarem Gold Au_x, in gasförmigem Gold Au_2 oder in Goldclustern (S. 1215f, 1359) vor. So *nimmt* die *Dissoziationsenergie* DE zwar beim Übergang von Cu_2 (202 kJ/mol) nach Ag_2 (163 kJ/mol) erwartungsgemäß[55] *ab*, beim Übergang von Ag_2 (163 kJ/mol) nach Au_2 (221 kJ/mol) wegen der relativistischen s-Orbitalkontraktion aber wieder *beachtlich zu* (einen entsprechenden DE-Gang findet man für gasförmiges CuH/AgH/AuH: DE = 281/226/301 kJ/mol; fast 50% der DE gehen im Falle von AuH auf relativistische Effekte zurück).

Daß sich an den Gold-Gold-Bindungen außer 6s- auch 5d-Elektronen beteiligen, folgt daraus, daß Komplexe AuL_2^+ des einwertigen und deshalb 6s-*elektronenfreien* Goldes Au^+ mit zwei ungeladenen oder geladenen Liganden L in kristallinem Zustande untereinander „nicht gerichtete" schwache Gold-Gold-Kontakte ausbilden ($d^{10}d^{10}$-Wechselwirkungen unter Beteiligung linearer 6p-Zustände) und bei großen Liganden als *Dimere* (a), bei kleinen Liganden als *Kettenpolymere* (b), *Ringe* oder gar *Schichtpolymere* vorliegen (AuAu-Abstände meist um 3.0 Å, d.h. deutlich kleiner als der van-der-Waals-Abstand; AuAu-Dissoziationsenergie von 30 kJ/mol, d.h. in der Größenordnung der Energie von Wasserstoffbrücken)[56]:

	Au_2	$Au^{II}-Au^{II}$	Au_x	$Au^I \ldots Au^I$	van-der-Waals
AuAu-Abstände [Å]	2.50	≈ 2.60	2.884	2.75–3.40	3.4

Anders als AuL_2^+ polymerisieren die analogen Komplexe AgL_2^+ und CuL_2^+ der leichteren Münzmetalle nicht über Metall-Metall-, sondern über Metall-Ligand-Bindungen (vgl. (c) sowie S. 1328, 1345):

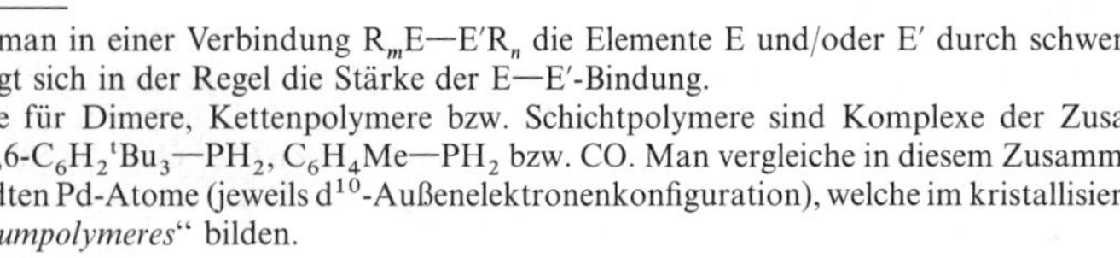

(a) (b) (c)

[55] Ersetzt man in einer Verbindung $R_mE—E'R_n$ die Elemente E und/oder E' durch schwerere Gruppenhomologe, so erniedrigt sich in der Regel die Stärke der E—E'-Bindung.

[56] Beispiele für Dimere, Kettenpolymere bzw. Schichtpolymere sind Komplexe der Zusammensetzung LAuCl mit L = 2,4,6-$C_6H_2{}^tBu_3$—PH_2, C_6H_4Me—PH_2 bzw. CO. Man vergleiche in diesem Zusammenhang die mit Au^+-Ionen verwandten Pd-Atome (jeweils d^{10}-Außenelektronenkonfiguration), welche im kristallisierten Zustand („Pd-Metall") ein „*Raumpolymeres*" bilden.

Schwache Gold-Gold-Kontakte ($d^{10}d^{10}$-Wechselwirkungen) stabilisieren offensichtlich auch Komplexe des Typus $E(AuL)_m^{n+}$, in welchen Nichtmetalle E mit oktaedrisch, trigonal-bipyramidal, tetraedrisch oder trigonal angeordneten Resten AuL ($m = 6,5,4,3$; L insbesondere PPh_3) „vergoldet" vorliegen, z. B.: $C(AuL)_6^{2+}$ (d), $C(AuL)_5^+$, $N(AuL)_5^{2+}$ (e), $N(AuL)_4^+$ (f), $P(AuL)_6^{3+}$, $P(AuL)_5^{2+}$, $O(AuL)_4^{2+}$, $O(AuL)_3^+$, $S(AuL)_4^{2+}$, $S(AuL)_3^+$ (vgl. S. 1358; in nachfolgenden Formeln blieben der Übersichtlichkeit halber einige AuAu-Kontakte unberücksichtigt):

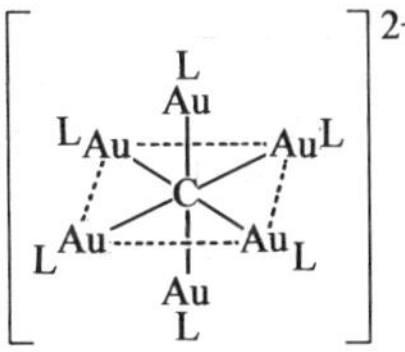

(d) 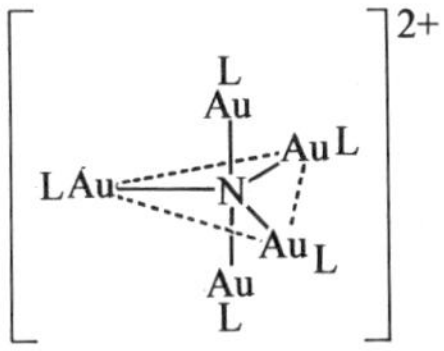 (e) 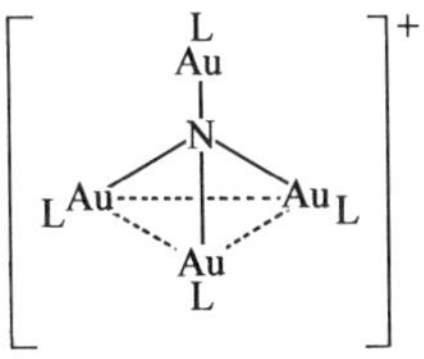 (f) 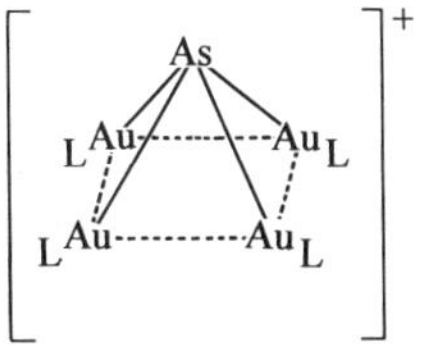 (g)

Im Falle des Arsenkomplexes $As(AuL)_4^+$ (Analoges gilt für $S(AuL)_4^{2+}$) mit vergleichsweise großem Zentralatom führt die AuAu-Wechselwirkung zur ungewöhnlichen quadratisch-pyramidalen Komplexstruktur (g), in welcher sich die Goldatome näher kommen als bei tetraedrischer Anordnung der AuL-Reste um das Arsenatom herum.

3.2 Gold(I)-Verbindungen (d^{10}) und niedrigwertige Goldverbindungen[47)]

Das (*farblose*) Gold(I)-Ion Au^+ (isoelektronisch mit dem Pt-Atom) tritt in wässeriger Lösung nicht auf, da es wie das Kupfer(I)-Ion Cu^+ (S. 1326) und im Gegensatz zum stabilen Silber(I)-Ion Ag^+ (S. 1343) eine große Neigung besitzt, zu *disproportionieren*:

$$\begin{array}{rcl@{\qquad}lcl} Au^+_{aq} & \rightleftarrows & Au^{3+}_{aq} + 2\ominus & \varepsilon_0 & = & +1.401\,V \\ 2\ominus + 2Au^+_{aq} & \rightleftarrows & 2Au & \varepsilon_0 & = & +1.691\,V \\ \hline 3Au^+_{aq} & \rightleftarrows & 2Au + Au^{3+}\,(aq) & E_{MK} & = & 0.290\,V \end{array}$$

Das Reduktionspotential Au^+/Au ist – anders als das von Cu^+/Cu und Ag^+/Ag – zudem positiver als das des Wassers ($H_2O/O_2 = 1.229$ V), so daß Gold(I) – falls es nicht rascher disproportionieren würde – aus H_2O Sauerstoff freisetzen könnte. Nur in Form *schwerlöslicher* Verbindungen AuX oder *stabiler* Komplexe AuX_2^-, die in Wasser eine sehr kleine Au^+-Konzentration ergeben (Verschiebung der vorstehenden Gleichgewichte nach links), ist die einwertige Oxidationstufe des Goldes *wasserbeständig*.

Gold(I) betätigt vorwiegend (bereitwilliger als Silber(I)) die Koordinationszahl 2 (*digonale* Ligandenanordnung) und nur selten die Koordinationszahlen 3 und 4 (*trigonal-planare* und *tetraedrische* Ligandenanordnung).

Halogenverbindungen (vgl. Tab. 115). Unter den Halogenverbindungen des Goldes entsteht **Gold(I)-chlorid AuCl** beim Erhitzen von Gold(III)-chlorid auf 150 °C ($AuCl_3 \rightarrow AuCl + Cl_2$) als *blaßgelbes*, in Wasser unlösliches Pulver.

Struktur. **AuCl** bildet wie auch **AuBr** und **AuI** polymere Zick-Zack-Ketten (a) mit kovalenten AuX-Bindungen (z. B. AuI 2.62 Å) und linearen XAuX-Gruppen:

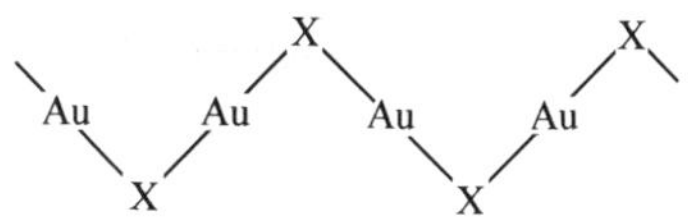

(a) 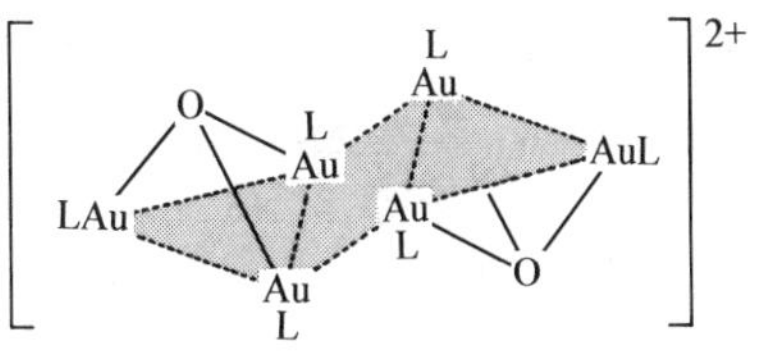 (b)

Tab. 115 Halogenide, Oxide und Sulfide des Goldes (vgl. S. 1327, 1344, 1611, 1620)

	Fluoride	Chloride	Bromide	Iodide	Oxide	Sulfide
Au(I)	–	**AuCl**, *hellgelb* metastabil[a)] ΔH_f −34 kJ Kette, KZ 2	**AuBr**, *hellgelb* metastabil[a)] ΔH_f −14 kJ Kette, KZ 2	**AuI**, *gelb* Zers. 100 °C ΔH_f +0.8 kJ Kette, KZ 2	Au_2O (?), *violett*	Au_2S, *schwarz* Zers. 197 °C
Au(III)	AuF_3, *golden* ΔH_f −348 kJ Spirale, KZ 4	$AuCl_3$, *rot*[b)] Smp. 200 °C ΔH_f −118 kJ Dimer, KZ 4	$AuBr_3$, *rotbraun* ΔH_f −54.4 kJ Dimer, KZ 4	– nur AuI_4^-	Au_2O_3, *braun* Zers. 160 °C ΔH_f −81 kJ	Au_2S_3, *schwarz* Zers. 197 °C
Au(V)	AuF_5, *rot*[c)]	–	–	–	–	–

a) Bei Raumtemperatur hinsichtlich Au und AuX_3. – **b)** Man kennt auch ein $AuCl_2$ ≙ $Au^I[Au^{III}Cl_4]$. – **c)** Kettenstruktur mit eckenverknüpften AuF_6-Oktaedern.

Beim Erwärmen zerfällt Goldmonochlorid leicht in seine Elemente ($AuCl \rightarrow Au + \frac{1}{2}Cl_2$). In Wasser disproportioniert es beim Erwärmen in Gold und Gold(III)-chlorid, während es in Anwesenheit von Liganden L wie Cl^- oder PR_3, AsR_3, SbR_3 **Gold(I)-Komplexe** LAuCl mit digonal-koordinierten Au-Atomen bildet, die vielfach über schwache AuAu-Bindungen oligo- oder polymerisiert vorliegen ($d^{10}d^{10}$-Wechselwirkungen; vgl. S. 1356):

$$3\,AuCl \xrightarrow[\Delta]{(H_2O)} 2\,Au + AuCl_3; \qquad AuCl + L \rightarrow LAuCl.$$

Phosphane, Arsane und *Stibane* ER_3 = L bilden mit AuX (X = Cl, aber auch Br, I) allerdings nicht nur *digonal-strukturierte* Komplexe des Typus **LAuX** und $\mathbf{L_2Au^+X^-}$, sondern auch *trigonal-planar* strukturierte Komplexe $\mathbf{L_2AuX}$ und $\mathbf{L_3Au^+X^-}$ sowie *tetraedrisch* strukturierte Komplexe $\mathbf{L_3AuX}$ und $\mathbf{L_4Au^+X^-}$[57]. Die Bildung dissoziierter Komplexformen wird hierbei durch *weniger weiche Lewis-Basen* X^- wie Cl^- (aber nicht Br^-, I^-) sowie insbesondere ClO_4^-, BF_4^-, PF_6^- begünstigt, die Bildung von Komplexformen mit der Koordinationszahl > 2 des Goldes erst durch *weniger sperrige Liganden* ER_3 ermöglicht.

Komplexe des Typs LAuCl (L insbesondere Phosphan) eignen sich für Aurierungen (Übertragungen der LAu-Gruppe). So bildet das aus LAuCl (L = Ph_3P) und $AgBF_4$ in Methanol zugängliche Salz $LAu^+BF_4^-$ ($LAuCl + AgBF_4 \rightarrow AgCl + LAuBF_4$) mit *Kalilauge* das bei 221 °C schmelzende, in $CHCl_3$ und CH_2Cl_2 lösliche und in Alkoholen bzw. Ethern sowie Kohlenwasserstoffen wenig bis nicht lösliche Salz $(LAu)_3O^+BF_4^-$. Es enthält das dimere Kation $[(LAu)_3O]_2^{2+}$ (b) (schwache $d^{10}d^{10}$-Wechselwirkungen; AuAu-Abstände im Bereich 3.03–3.21 Å). Das Monokation läßt sich offensichtlich weiter zum Dikation $(LAu)_4O^{2+}$ aurieren. Auch führt die Einwirkung von $(LAu)_3O^+BF_4^-$ auf *Ammoniak* zu $(LAu)_4N^+$ und $(LAu)_5N^{2+}$, die von LAuCl auf $C(BR_2)_4$ zu $(LAu)_5C^+$ und $(LAu)_6C^{2+}$ (vgl. Formelbilder auf S. 1357). Bezüglich der bei der Reduktion von Komplexen LAuCl (L insbesondere Phosphan) entstehenden *Goldcluster* siehe weiter unten.

Analog AuCl läßt sich **Gold(I)-bromid AuBr** durch Erhitzen von $AuBr_3$ gewinnen. *Gelbes* **Gold(I)-iodid AuI** entsteht analog dem Kupfer(I)-iodid (S. 1328) beim Versetzen einer Gold(III)-Salzlösung mit Kaliumiodid: $Au^{3+} + 3I^- \rightarrow AuI + I_2$, ferner aus den Elementen. Ein „*Gold(I)-fluorid*" AuF ist unbekannt.

Cyanoverbindungen (vgl. S. 1656). Das beim Auflösen von *Gold* in einer *Kalium-cyanid*-Lösung bei *Luftzutritt* entstehende **Kalium-dicyanoaurat(I)** $\mathbf{K[Au(CN)_2]}$ dient zur galvanischen Vergoldung und enthält linear gebaute $Au(CN)_2^-$-Anionen (d). Das durch Erwärmen mit Salzsäure daraus gebildete, unlösliche **Gold(I)-cyanid AuCN** stellt ein lineares Polymeres (c) dar:

$$—Au—C{\equiv}N—Au—C{\equiv}N—Au—C{\equiv}N— \qquad N{\equiv}C—Au—C{\equiv}N$$

$$\text{(c) } [AuCN]_x \qquad \text{(d) } [Au(CN)_2]^-$$

[57] Verbindungsbeispiele: Ph_3PAuCl, $(Ph_3P)_2Au^+X^-$ mit X = Tetracyanchinodimethan, $(Ph_3P)_2AuCl$, $(Ph_3P)_3Au^+BF_4^-$, $(Ph_3P)_3AuCl$, $(Ph_3P)_4Au^+BPh_4^-$.

Chalkogenverbindungen (vgl. Tab. 115). Unter den Goldchalkogeniden fällt *dunkelviolettes* **Gold(I)-hydroxid AuOH** bei Einwirkung von Kalilauge auf Gold(III)-Salzlösungen bei Gegenwart eines Reduktionsmittels (z. B. Schweflige Säure) aus: $Au^{3+} + 2\ominus + OH^- \rightarrow AuOH$. Es geht leicht in zersetzliches **Gold(I)-oxid** $\mathbf{Au_2O}$ über, das noch nicht eindeutig charakterisiert ist. Gut untersucht ist demgegenüber ein „Salz" des Hydroxids AuOH, nämlich **CsAuO** (isostrukturell mit KAgO; enthält $Au_4O_4^{4-}$-Ionen mit linearen OAuO-Gruppen).

Gold-Clusterverbindungen. *Reduziert* man die Gold(I)-Komplexe $[Ph_3PAuI]$ mit *Natrium-naphthalenid* $NaC_{10}H_8$ in Tetrahydrofuran (i) bzw. $[(p\text{-Tol})_3PAuX]$ ($X = NO_3^-$, PF_6^-, BF_4^-) mit *Natrium-boranat* $NaBH_4$ in Ethanol (ii) bzw. $[Ph_3PAuCl]$ mit *Diboran* B_2H_6 in Ether(iii), so resultieren *Goldclusterverbindungen*, die mit Phosphanliganden stabilisiert sind, und zwar im ersten Falle (i) der diamagnetische Komplex $\mathbf{Ph_3P{-}Au{-}Au{-}PPh_3}$ mit der *Oxidationsstufe* **0** der Goldatome (AuAu-Abstand 2.76 Å; AuAuP-Winkel erstaunlicherweise nicht 180°, sondern 129°), im zweiten Falle (ii) die diamagnetischen Komplexe $\mathbf{[Au_6(PR_3)_6]^{2+}2X^-}$ (*gelb*) und $\mathbf{[Au_9(PR_3)_8]^{3+}3X^-}$ (*grün*) mit der *Oxidationsstufe* $+\frac{1}{3}$ der Goldatome und den Clusterstrukturen (e) sowie (f), im dritten Falle (iii) der Komplex $\mathbf{[Au_{55}(PPh_3)_{12}Cl_6]}$ mit der *Oxidationsstufe* $\approx \frac{1}{10}$ der Goldatome und der in Fig. 250c (S. 1217) wiedergegebenen kuboktaedrischen Clusterstruktur.

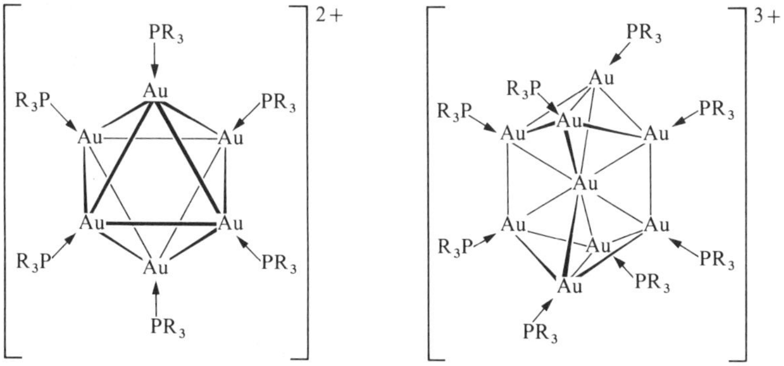

(e) (f)

In entsprechender Weise lassen sich Verbindungen mit Goldatomclustern Au_n anderer Größen n darstellen (n z. B. 3–13). Bei ihnen sind die Goldatome jeweils an den Ecken von Polyedern mit Drei- oder Viereckpolyederflächen lokalisiert und das Polyederzentrum ist ab 7 Goldatomen mit Gold zentriert (Näheres vgl. S. 1217). Die Größe und die Struktur der durch *Clusteraufbau* (Reduktion von Gold(I)-Verbindungen) oder durch *Clusterabbau* (Einwirkung von Liganden auf Gold-Clusterverbindungen) zugänglichen Komplexe hängt wesentlich von der Sperrigkeit und der Lewis-Basizität der clustergebundenen Liganden ab. So bilden sich in Anwesenheit kleinerer Liganden bevorzugt größere Cluster, in Anwesenheit sperriger Liganden bevorzugt kleinere Cluster. Auch können die Au-Atome z. B. eines 6atomigen Goldclusters $Au_6L_m^{p+}$ in Abhängigkeit vom Liganden an den Ecken eines Oktaeders (L z. B. $o\text{-Tol}_3P$; vgl. (e)), eines zweifach-kantenüberkappten Tetraeders (L z. B. $Ph_2PCH_2CH_2CH_2PPh_2$) oder eines Doppeltetraeders mit gemeinsamer Tetraederkante (L z. B. PPh_3) lokalisiert sein.

Die Goldcluster mit bis zu 7 Goldatomen leiten sich meist vom *Tetraeder*, der *trigonalen Bipyramide*, dem *Oktaeder* ab, solche mit 8–13 Goldatomen gemäß dem auf S. 1217 Besprochenen vom *Ikosaeder*, das mit einem Au-Atom zentriert ist (vgl. z. B. (f), dessen Au-Gerüst mit dem in Fig. 251e auf S. 1217 wiedergegebenen identisch ist), solche mit mehr als 13 Goldatomen vom *Kub-* oder *Antikuboktaeder* mit einem oder mehreren Au-Atomen im Zentrum (vgl. S. 1216). Z. B. liegt in $[Au_{55}(PPh_3)_{12}Cl_6]$ ein goldatomzentrierter 12atomiger Goldkub- oder Antikuboktaeder vor, der von weiteren 42 (teils mit Liganden koordinierten) Au-Atomen kub- bzw. antikuboktaedrisch umgeben ist.

Ein besonders großer *roter* Goldcluster entsteht dadurch, daß man die *äußere Schale* aus 42 Au-Atomen, 12 Ph_3P-Liganden und 6 Chlorid-Ionen von in Methylenchlorid gelöstem $[Au_{55}(PPh_3)_{12}Cl_6]$ an Pt-Elektroden bei 20 Volt Gleichspannung abbaut (Bildung von normalem Goldmetall, von $(Ph_3P)_2AuCl$ und freiem Liganden PPh_3). Bis zu 12 der verbleibenden „nackten" M_{13}-Cluster lagern sich dann um einen M_{13}-Ausgangscluster zu einem großen $(M_{13})_{13}$-*Clusteraggregat* mit kubisch dichtester Au-Atompackung herum (1. Überstruktur), das seinerseits weitere derartige Clusteraggregate zu einem *Supercluster* $[(M_{13})_{13}]_n$ mit ebenfalls kubisch-dichtester Au-Atompackung addieren kann (2. Überstruktur; n wiederum bestenfalls = 13). Die Überstrukturen letzterer Teilchen mit einem Durchmesser von ca. 2.5 nm = 25 Å werden zwischen 400–500 °C zerstört. In analoger Weise wie Au_{55}-Cluster lassen sich auch ligandenstabilisierte Ru_{55}-, Rh_{55}- und Pt_{55}-Cluster in Supercluster umwandeln.

Wasserlösliche, *tiefdunkelrote* ligandenstabilisierte *Goldcluster von kolloidalem Ausmaß* mit einem Durchmesser von ca. 18 nm = 180 Å lassen sich dadurch gewinnen, daß man eine wässerige Lösung von $H[AuCl_4]$ mit *Trinatriumcitrat* in der Siedehitze reduziert und die gebildete, nicht sehr stabile Lösung kolloidalen Golds durch Zugabe der wasserlöslichen Phosphane PPh_2R oder PR_3 (R = m-Phenylsulfonat $C_6H_4SO_3Na$) stabilisiert[58]. Das nach Ethanolzugabe zur Lösung ausfallende Goldkolloid enthält Au und PPh_2R im Molverhältnis von ca. 20 : 1; es ist in Wasser in fast beliebiger Konzentration löslich.

Auch die als *„flüssiges Gold"* bezeichneten, durch Behandlung von Gold(III)-Chlorokomplexen mit sulfurierten Terpenen gebildeten *goldhaltigen* Terpenlösungen enthalten wohl Gold-Clusterverbindungen. Die Lösungen zersetzen sich bereits bei niedrigen Temperaturen unter Goldausscheidung und werden deshalb zum *Vergolden* von Porzellan und Glas verwendet. Vgl. hierzu auch den „*Cassiusschen Goldpurpur*", S. 1354.

Gold-Anionen Au^- (Oxidationsstufe −1; $d^{10}s^2$-Elektronenkonfiguration) liegen in dem durch Zusammenschmelzen von Cäsium mit Gold erhaltenen festen **Cäsium-aurid CsAu** (CsCl-Struktur) vor, das bei 590 °C unter Bildung einer Cs^+- und Au^--haltigen Flüssigkeit schmilzt und unter Bildung eines CsAu-haltigen Dampfes siedet (CsAu-Dissoziationsenergie DE = 460 kJ/mol; zum Vergleich CsCl-Dampf: DE = 444 kJ/mol). Au^- liegt auch in den Verbindungen **KAu** und **RbAu** sowie – als Ammoniakat – in den aus Au und K, Rb bzw. Cs in flüssigem Ammoniak gebildeten Lösungen vor.

Organische Gold(I)-Verbindungen (vgl. S. 1628)[47]. Die thermische Stabilität der Monoorganyle MR der Münzmetalle nimmt in Richtung M = Cu > Ag > Au ab, so daß **Gold(I)-organyle AuR** bisher nur im Falle spezieller Reste R (z. B. Mesityl, Alkinyl) isoliert werden konnten. Stabiler und deshalb leichter gewinnbar sind demgegenüber **Organo-aurate** des Typus **LAuR** (L = Ligand wie R_3P, RNC) oder **AuR_2^-** (z. B. ist $Li(pmdta)^+AuMe_2^-$ mit pmdta = $Me_2NCH_2CH_2N(Me)CH_2CH_2NMe_2$ etwa bis 120 °C stabil).

Die Darstellung organischer Gold(I)-Verbindungen kann analog der von Kupfer(I)- und Silber(I)-organylen (S. 1331, 1346) durch *„Metathese"* aus *Gold(I)-Komplexen* wie R_3PAuX (X = Halogen) und *Lithiumorganylen* LiR erfolgen:

$$R_3PAuX \xrightarrow[\textit{Metathese}]{+\,LiR;\ -\,LiX} R_3PAuR \xrightarrow[\textit{Addition}]{+\,LiR;\ -\,PR_3} LiAuR_2$$

Auf entsprechendem Wege lassen sich bei Verwendung von *Lithiumsilylen* $LiSiR_3$ (R z. B. Ph, $SiMe_3$) komplexstabilisierte Gold(I)-silyle $R_3PAuSiR_3$ erzeugen. Auch das *Phosphorylid* $[Me_3P{=}CH_2 \leftrightarrow Me_3P^+{-}CH_2^-]$ vermag R_3PAuX im Zuge einer „Metathesereaktion" in komplexstabilisiertes Gold(I)-organyl zu verwandeln: $2R_3PAuCl + 4CH_2{=}PMe_3 \rightarrow 2[Au(CH_2PMe_3)_2]^+Cl^- + 2PR_3 \rightarrow [Me_2P(CH_2)_2Au]_2 + 2PMe_4^+Cl^- + 2PR_3$ (vgl. hierzu Formel (f) auf S. 1361). *Gold(I)-alkinyle* (Goldacetylide) $AuC{\equiv}CR$ und $AuC{\equiv}CAu$ bilden sich durch *„Metallierung"* von Acetylenen $HC{\equiv}CR$ und $HC{\equiv}CH$ mit $AuBr_2^-$ in Anwesenheit von Basen (z. B. Acetat) als wasserunlösliche, gelbe Niederschläge. Mit *Kohlenmonoxid* CO, *Isonitrilen* RNC oder *Alkenen* $>C{=}C<$ reagieren Gold(I)-Verbindungen unter *„Addition"* und Bildung von Goldcarbonylen Au(CO)X, Goldisonitrilen Au(CNR)X oder $[Au(CNR)_2]X$ sowie π-Komplexen. Näheres S. 1628f.

Strukturen. Unter den Gold(I)-organylen **AuR** ist *„Gold(I)-mesityl"* AuMes im Sinne von (g) *pentamer* (die Mesitylgruppen überbrücken jeweils AuAu-Gruppen unter Ausbildung von Zweielektronen-Dreizentrenbindungen), *„Gold(I)-phenylacetylid"* $AuC{\equiv}CPh$ *polymer* und *„Gold(I)-tert-butylacetylid"* $AuC{\equiv}C^tBu$ im Sinne von (h) *tetramer* (Verbrückung über π-Bindungen). Die Aurate **LAuR** wie R_3PAuR, $R_3PAuSiR_3$ oder AuR_2^- liegen andererseits *monomer* vor und weisen digonal strukturiertes Gold auf (i) ($AuMe_2^-$ ist isoelektronisch mit linearem $HgMe_2$, $TlMe_2^+$, $PbMe_2^{2+}$). In dem auf S. 1361 wiedergegebenen Diaurat (f) sind die beiden Goldatome durch schwache AuAu-Wechselwirkungen miteinander verknüpft (AuAu-Abstand 3.03 Å; vgl. S. 1356).

L—Au—R

L—Au—SiR₃

R—Au—R⁻

(g) R = Mesityl (h) R = *tert*-Butyl (i) R = Organyl

[58] Die Reduktion von $HAuCl_4$ mit Oxalsäure oder Hydroxylammonium-chlorid führt in siedendem Wasser zu *blauen* Gold-Kolloiden. Nach Versetzen der unstabilisierten kolloidalen Goldlösungen mit H_2PtCl_6 bzw. H_2PdCl_6 und Hydroxylammonium-chlorid (Reduktionsmittel) werden die Goldkolloidteilchen mit Pt-Atomclustern bzw. einer Pd-Atomschale bedeckt. Eine Stabilisierung der gebildeten *braun-schwarzen*, wasserlöslichen *„Bimetall-Kolloide"* mit Teilchendurchmessern von ca. 35 nm = 350 Å kann durch Zugabe von $p\text{-}H_2NC_6H_4SO_3Na$ erfolgen.

3.3 Gold(II)-Verbindungen (d^9)[47)]

Während das Kupfer(II)-Ion Cu^{2+} (*hellblau*) die stabilste Oxidationsstufe des Kupfers in wässeriger Lösung darstellt (S. 1332) und das Silber(II)-Ion Ag^{2+} (orangefarben) im Wasser immerhin noch stabil hinsichtlich der Disproportion $2Ag^{2+} \rightleftarrows Ag^+ + Ag^{3+}$ ist (S. 1346), wenn es auch wegen seiner – verglichen mit Cu^{2+} – viel stärkeren Oxidationskraft das Lösungsmittel H_2O zu oxidieren vermag, so daß es nur vorübergehend existiert, liegt das *Disproportionierungsgleichgewicht* des Gold(II)-Ions: $2Au^{2+} \rightleftarrows Au^+ + Au^{3+}$ auf der *rechten Seite*, wie aus nachfolgendem **Potentialdiagramm** der Oxidationsstufen +3, +2, +1 und 0 des Goldes in saurem Milieu hervorgeht:

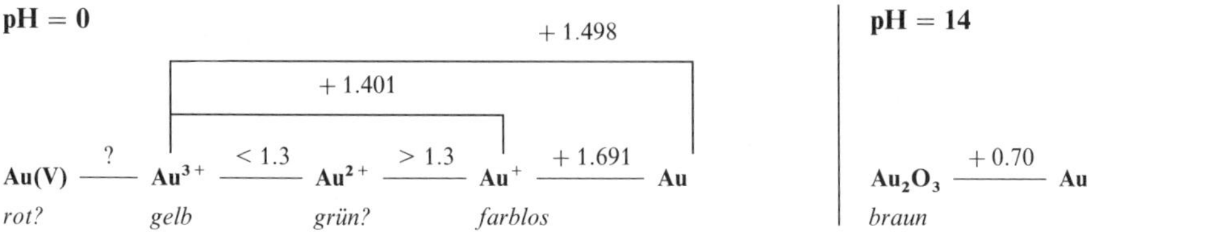

pH = 0

+1.498 (Au³⁺ → Au); +1.401 (Au³⁺ → Au⁺)

$$\mathbf{Au(V)} \xrightarrow{?} \mathbf{Au^{3+}} \xrightarrow{<1.3} \mathbf{Au^{2+}} \xrightarrow{>1.3} \mathbf{Au^{+}} \xrightarrow{+1.691} \mathbf{Au}$$

rot? *gelb* *grün?* *farblos*

pH = 14

$$\mathbf{Au_2O_3} \xrightarrow{+0.70} \mathbf{Au}$$

braun

Darüber hinaus vermag Au^{2+} (*grün*?) wegen seiner starken Oxidationskraft ähnlich wie Au^+ und Au^{3+} Sauerstoff zu oxidieren (ε_0 für H_2O/O_2 = 1.229 V; die Oxidationskraft von Au^{2+} ist kleiner als die von Ag^{2+}; vgl. hierzu relativistische Effekte, S. 338). Gold(II) betätigt vorwiegend die Koordinationszahl 4 (*quadratisch-planare* Ligandenkoordination).

Man kennt eine Anzahl von Verbindungen, die man auf Grund ihrer Zusammensetzung für Gold(II)-Verbindungen halten könnte. Alle Anzeichen (z. B. Paramagnetismus) sprechen aber dafür, daß es sich – als Folge der Disproportionierungstendenz von Au^{2+} – wie im Falle der Verbindung AgO (S. 1347) nicht um Verbindungen des zwei-, sondern um Doppelverbindungen des *ein-* und *dreiwertigen* Goldes handelt, z. B. $AuCl_2 \triangleq Au^IAu^{III}Cl_4$ (a), $CsAuCl_3 \triangleq Cs_2[Au^ICl_2][Au^{III}Cl_4]$ (b), $AuY \triangleq Au^IAu^{III}Y_2$ (Y = O, S, Se), $AuSO_4 \triangleq Au^IAu^{III}(SO_4)_2$. Nur wenige Formen echter **mononuklearer Gold(II)-Komplexe** sind bis jetzt bekannt geworden, z. B. in Gestalt von quadratisch-planar gebauten, *grünen Dithiomaleodinitril*"-Komplexe $[Au\{C_2S_2(CN)_2\}_2]^{2-}$ (c) oder in Form eines „*Phthalocyanin*"-Komplexes.

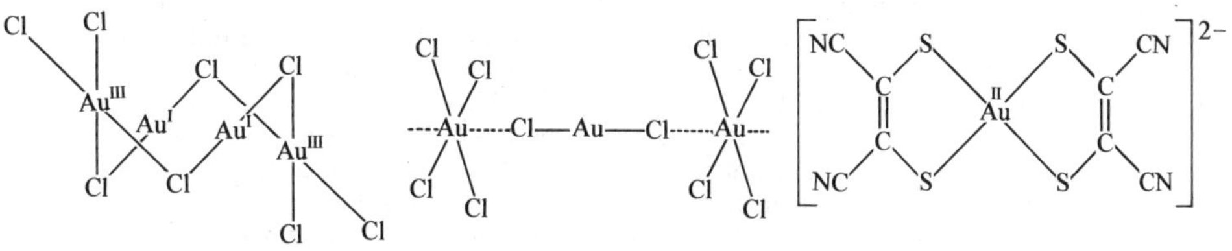

(a) (b) (c)

Ferner sind einige **dinukleare Gold(II)-Komplexe** wie (e) bzw. (g) bekannt, die sich etwa durch Oxidation der anorganischen bzw. organischen *Gold(I)-Komplexe* (d) und (f) (R = Me, Et, Pr, Bu, ᵗBu, Ph) mit Halogenen oder verwandten Verbindungen X_2 (z. B. Cl_2, Br_2, I_2, $(SCN)_2$, $(R_2NCS_2)_2$) bilden und lange AuAu-Abstände (ca. 2.6 Å) sowie quadratisch-planar koordinierte Au-Atome aufweisen.

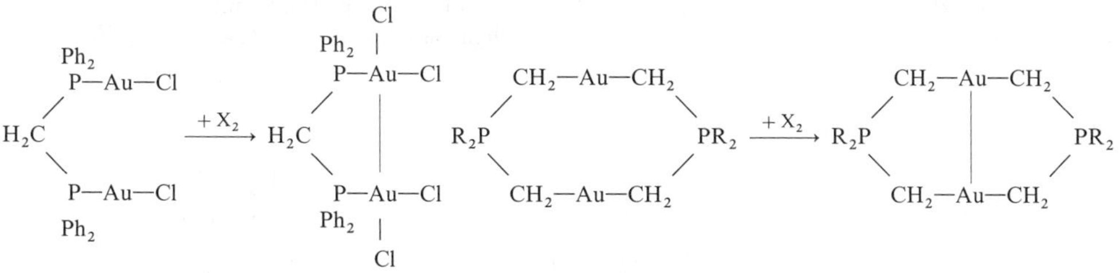

(d) (e) (f) (g)

3.4 Gold(III)-Verbindungen (d^8)[47)]

Das Gold(III)-Ion Au^{3+} (*gelb*; isoelektronisch mit Pt^{2+}, Os), das wie das Gold(I)-Ion ein starkes *Oxidationsmittel* ist (ε_0 für Au/Au^{3+} = 1.498 V; vgl. Potentialdiagramm, oben), tritt in wässeriger Lösung nie als solches, sondern wegen seiner starken *Komplexbildungstendenz* nur in Form von Komplexen meist mit der Koordinationszahl 4 (quadratisch-planare Ligandenkoordination) auf, z. B.: $AuCl_3(H_2O)$, $Au(N_3)_4^-$, $Au(NH_3)_4^{3+}$. Wasserfreie Au(III)-Verbindungen AuX_3 lassen sich nur dann in wässerigen Systemen gewinnen, wenn sie wasserunlöslich sind; anderenfalls muß die Darstellung unter Ausschluß von Wasser erfolgen.

Halogenverbindungen (vgl. Tab. 115, S. 1358). Unter den Goldverbindungen ist das **Gold(III)-chlorid $AuCl_3$** besonders wichtig. Es entsteht beim Überleiten von Chlor über feinverteiltes Gold bei 180 °C und bildet *rote* Nadeln ($\Delta H_f = -118$ kJ/mol), die unter erhöhtem Chlordruck[59] bei 288 °C schmelzen.

Strukturen. Sowohl im Kristall wie im Dampf ist **$AuCl_3$** (Gleiches gilt vom Bromid **$AuBr_3$**) *dimer* (a). Zum Unterschied von dimerem Aluminiumtrichlorid $AlCl_3$ liegen hier aber die beiden Chlorbrücken nicht oberhalb und unterhalb, sondern *innerhalb* der Papierebene; die über *gemeinsame Kanten* verknüpften Komplexeinheiten $AuCl_4$ sind mit anderen Worten nicht tetraedrisch, sondern *quadratisch-planar* (Abstände $AuCl_{exo}/AuCl_{endo} = 2.24/2.34$ Å). Damit unterscheiden sich $AuCl_3$ (und $AuBr_3$) strukturell vom Fluorid **AuF_3**, in welchem quadratisch-planare AuF_4-Einheiten über jeweils zwei *cis-ständige Ecken* untereinander zu einer *polymeren* spiralförmigen Kette verknüpft sind (b).

(a) 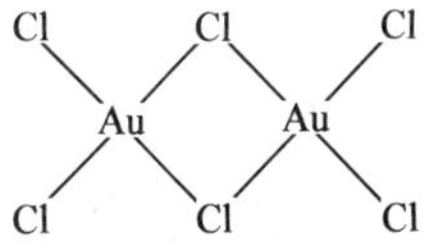 (b)

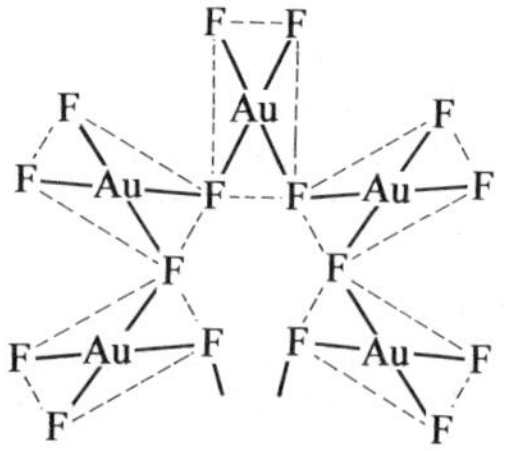

Eigenschaften. In *Wasser* löst sich das Chlorid mit gelbroter Farbe unter Bildung eines – auch durch Hydrolyse von $AuCl_4^-$ (s. u.) zugänglichen – Hydrats $AuCl_3(H_2O)$, das sich wie eine Säure $H[AuCl_3(OH)]$ verhält und beim Versetzen mit Silbernitrat ein schwer lösliches gelbes Silbersalz $Ag[AuCl_3(OH)]$ ergibt. In *Salzsäure* löst sich das Gold(III)-chlorid in analoger Weise mit hellgelber Farbe unter Bildung von **Tetrachlorogoldsäure $H[AuCl_4]$**, welche beim Einengen der Lösung als Trihydrat $H[AuCl_4] \cdot 3H_2O = [H_7O_3]^+AuCl_4^-$ in Form langer, *hellgelber*, sehr zerfließlicher Nadeln erhalten werden kann. Die Salze dieser Säuren („*Tetrachloroaurate*" $AuCl_4^-$; genutzt wird meist $K[AuCl_4]$) geben in wässeriger Lösung die gewöhnlichen Gold-Reaktionen, so daß man annehmen muß, daß das (quadratisch-planare) Komplex-Ion $AuCl_4^-$ nicht sehr beständig ist. Dementsprechend lassen sich Tetrachloro-aurate in andere *quadratisch-planare Aurate(III)* AuX_4^- (X^- z. B. Halogenid, Pseudohalogenid, Oxosäureanion), aber auch in *quadratisch-planare Gold(III)-Komplexkationen* AuL_4^{3+} (L z. B. NH_3, Pyridin, $H_2NCH_2CH_2NH_2$, α,α'-Bipyridin, o-Phenanthrolin) überführen. Erwähnt seien in diesem Zusammenhang etwa das „*Tetrathiocyanato-aurat*" $[Au(SCN)_4]^-$ mit S-gebundener Rhodanidgruppe (analog: $K[Au(CN)_2(SCN)_2]$; aber $NEt_4[Au(CN)_2(NCS)_2]$), das „*Tetranitrato-aurat*" $[Au(NO_3)_4]^-$ (c), in welchem die Nitrat-Gruppe – ausnahmsweise – als einzähniger Ligand wirkt, sowie das *Tetraammingold(III)-Kation* $[Au(NH_3)_4]^{3+}$, das als schwache Säure wirkt ($pK_S = 7.5$). Beispiele für Gold(III)-Verbindungen, in welchen Gold die Koordinationszahl *fünf* und *sechs* zukommt, stellen die Komplexe von $AuCl_3$ mit α,α'-Bichinolin (d) (quadratisch-pyramidal) und von AuI_3 mit 1,2-Bis(dimethylarsanyl)-benzol (e) (oktaedrisch) dar:

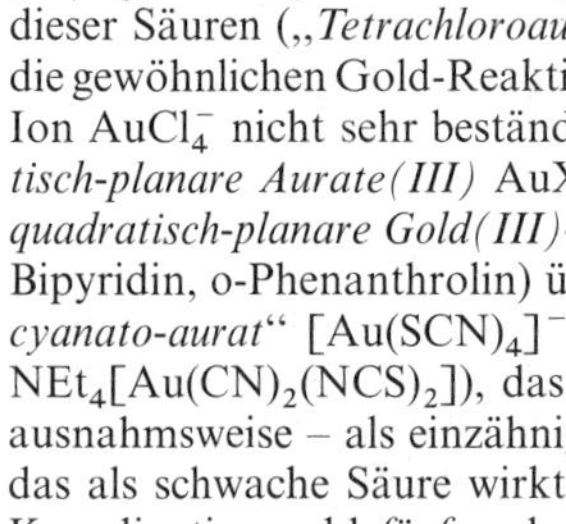

(c) 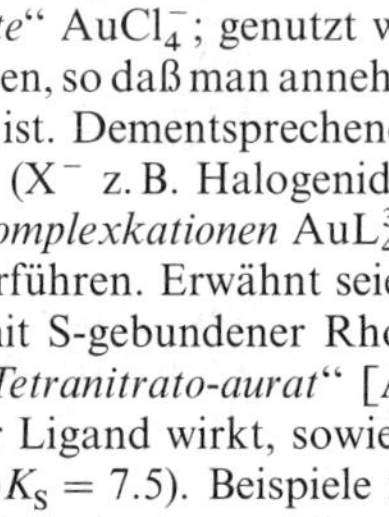 (d) 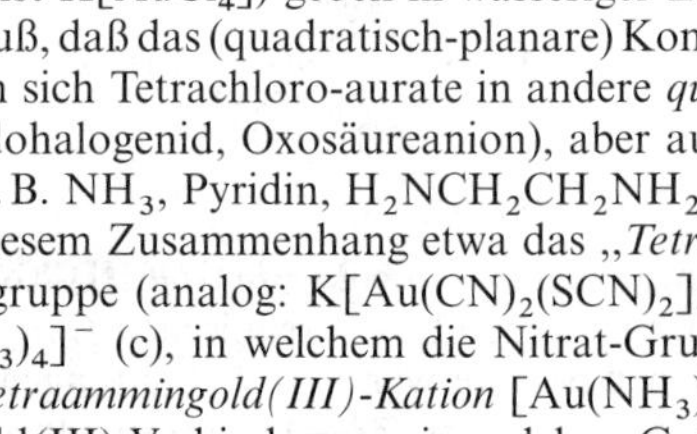 (e)

[59] Unter Normaldruck spaltet $AuCl_3$ bei 250 °C Chlor ab: $AuCl_3 \rightarrow AuCl + Cl_2$.

Durch Reduktionsmittel wie Wasserstoffperoxid, Hydroxylamin, Hydrazin, Schwefelsäure, Eisen(II)-Salze wird aus Gold(III)-Salzlösungen leicht elementares Gold als *brauner* bis *schwarzer* Niederschlag (zunächst Bildung eines blauen Kolloids) oder – in Anwesenheit von Liganden wie Gelatine, Albumin und anderen Peptiden, Polyvinylalkohol, Phosphanen wie sulfoniertem Triphenyl-phosphan – als *rotes* Kolloid abgeschieden (vgl. S. 1359).

Analog $AuCl_3$ bildet sich **Gold(III)-bromid $AuBr_3$** (Tab. 115) aus den Elementen. Es addiert Bromid zu quadratisch-planar gebautem „*Tetrabromo-aurat*" $[AuBr_4]^-$, das sich mit weiterem Bromid nicht – wie früher angenommen – zu oktaedrisch gebautem Hexabromo-aurat $[AuBr_6]^{3-}$, sondern zu $[AuBr_4]^-$ und Br_3^- vereinigt. Gold(III) weist ganz allgemein nur eine geringe Tendenz auf zur Erhöhung seiner Koordinationszahl über vier hinaus, so daß fünf- und sechszählige Gold(III)-Komplexe die seltene Ausnahme darstellen. Bei nucleophilen Substitionen wie dem Ersatz von Chlorid gegen Bromid in $[AuCl_4]^-$ bildet sich fünfzähliges Gold als reaktive Zwischenstufe: $[AuCl_4]^- + 4\,Br^- \rightleftarrows [AuBr_4]^- + 4\,Cl^-$ (das Gleichgewicht liegt auf der rechten Seite, da das Ion Br^- mit der weichen Säure Au^{3+} stabilere Komplexe bildet als das Ion Cl^-, welches eine weniger weiche Lewis-Base darstellt). Ein **Gold(III)-iodid AuI_3** existiert nicht (Zerfall in AuI und I_2), aber ein „*Tetraiodo-aurat*" $[AuI_4]^-$, z. B. in Form von $NEt_4[AuI_4]$ (gewinnbar aus $NEt_4[AuCl_4]$ mit wasserfreiem Iodwasserstoff). Das Gleichgewicht $[AuI_2]^- + I_2 \rightleftarrows [AuI_4]^-$ liegt in mit Iod gesättigter Lösung zu 25 % auf der rechten Seite. **Gold(III)-fluorid AuF_3** (Tab. 115; zur Struktur s. o.) entsteht u. a. durch Fluorierung von $AuCl_3$ bei 200 °C als *orangefarbener*, bis 500 °C beständiger kristalliner Festkörper. AuF_3 wirkt als starkes Fluorierungsmittel und reagiert mit Fluorid unter Bildung von quadratisch-planar gebautem „*Tetrafluoro-aurat*" $[AuF_4]^-$.

Cyanoverbindungen (vgl. S. 1656). Durch Zugabe von KCN werden die gelben Gold(III)-Salzlösungen unter Bildung des beständigen, *farblosen* „*Tetracyano-aurats*" $[Au(CN)_4]^-$ (quadratisch-planarer Bau) entfärbt. Ein „*Gold(III)-cyanid*" $Au(CN)_3$ ist unbekannt.

Chalkogenverbindungen (Tab. 115, S. 1358). Versetzt man die Lösung eines Tetrachloro-aurats $AuCl_4^-$ mit Alkalilauge, so fällt *gelbes* **Gold(III)-hydroxid $Au(OH)_3$** aus, das *amphoter* ist und sich in *Säuren* unter Bildung von „*Gold(III)-Salzen*" und im Überschuß von Alkalilauge MOH unter Bildung von „*Tetrahydroxo-auraten*" $[Au(OH)_4]^-$ löst. Es ist als solches nicht isolierbar, sondern geht beim Trocknen in der Wärme auf dem Wege über das braune Hydroxidoxid AuO(OH) in *braunes* wasserhaltiges **Gold(III)-oxid Au_2O_3** (Tab. 115) über, welches sich oberhalb von 160 °C unter O_2-Abgabe zu Au_2O und Au zersetzt.

Das *leuchtend gelbe*, diamagnetische **Aurat(III) $LaAuO_3$**, bildet sich aus $Au_2O_3 \cdot 2H_2O$ und La_2O_3 in Anwesenheit von Sauerstoff (2 kbar) und KOH bei 600 °C. In $LaAuO_3$ sind die O^{2}-Ionen wie die F^--Ionen in CaF_2 kubisch einfach gepackt, wobei $\frac{1}{3}$ der kubischen Lücken von La^{3+}, gemeinsame Flächen zweier benachbarter leerer Würfel von Au^{3+} zentriert werden (kubisches La^{3+}, quadratisch-planares Au^{3+}).

Organische Gold(III)-Verbindungen (vgl. S. 1628). Den unkomplexierten **Gold(III)-organylen AuR_3** kommt wie den donorfreien Gold(I)-organylen nur geringe Beständigkeit zu. Stabiler sind **Derivate** dieser Triorganyle des Typus **R_3AuL, R_2AuX** (stabilste Form der Gold(III)-organyle) und **$RAuX_2$**. Darstellung. Die erwähnten organischen Gold(III)-Verbindungen lassen sich wie die organischen Gold(I)-Verbindungen durch „*Metathese*" aus *Gold(III)-halogeniden* (z. B. $AuBr_3$) und *Lithiumorganylen* LiR oder *Grignard-Verbindungen* RMgX gewinnen:

$$AuBr_3 \xrightarrow[\textit{Metathese}]{+\,LiR;\ -\,LiBr} RAuBr_2 \xrightarrow[\textit{Metathese}]{+\,LiR;\ -\,LiBr} R_2AuBr \xrightarrow[\textit{Metathese}]{+\,LiR;\ -\,LiBr} AuR_3$$

Die doppelte Umsetzung von R_2AuBr mit Silbersalzen AgX führt in einfacher Weise zu weiteren Diorganylgold-Verbindungen. Verbindungen des Typs $ArAuCl_2$ entstehen auch beim Vereinigen von $AuCl_3$ mit Aromaten („*Aurierung*"), z. B.: $2\,AuCl_3 + C_6H_6 \rightarrow PhAuCl_2 + H[AuCl_4]$.

Eigenschaften, Strukturen. Während sich das in Lösung bereitete „*Goldtrimethyl*" $AuMe_3$ bereits oberhalb -40 °C zersetzt, ist das Triphenylphosphan-Addukt Ph_3PAuMe_3 (aus $LiAuMe_2$, MeI und Ph_3P) bis 115 °C stabil. Es bildet mit LiMe das „*Tetramethyl-aurat*" $Li[AuMe_4]$. In beiden Komplexen wie auch anderen Goldorganylen weist das Gold stets eine quadratisch-planare Ligandenkoordination auf. Demgemäß sind etwa das „*Phenylgolddichlorid*" $PhAuCl_2$, das „*Dimethylgoldbromid*" $MeAuBr_2$ (f) sowie -„*azid*" Me_2AuN_3 (g) *dimer*, das „*Dimethylgoldcyanid*" Me_2AuCN *tetramer* (h) (da in letztem Molekül die Brücken —C≡N— linear sind, ist das ganze Molekül planar aufgebaut).

```
 Me      Br      Me         Me        N≡N          Me       Me                    Me
   \    /  \    /              \     |   \     /            |                     |
    Au        Au                Au   N    Au             Me—Au—C≡N—Au—Me
   /    \  /    \              /   \ |  /    \              |           |
 Me      Br      Me         Me      N        Me             N           C
                                    |                       |||         |||
                                    N                       C           N
                                    |||                     |           |
                                    N                    Me—Au—N≡C—Au—Me
                                                            |           |
                                                            Me          Me
        (f)                          (g)                          (h)
```

In Anwesenheit von Silbernitrat geht Me_2AuBr in das hydratisierte „*Dimethylauronium-Kation*" $Me_2Au(H_2O)_2^+$ über, das sich durch außergewöhnliche Stabilität auszeichnet.

3.5 Gold(IV)- und Gold(V)-Verbindungen (d^7, d^6)[47)]

Bisher ist es nicht gelungen, **Gold(IV)-Verbindungen**[60)] zu isolieren. Man nimmt jedoch an, daß der in Anwesenheit von Sauerstoff bewirkte Zerfall des Aurats $[AuMe_4]^-$ in Gold und Ethan ($AuMe_4^- + O_2 \rightarrow Au + 2C_2H_6 + O_2^-$) auf dem Wege über „*Goldtetramethyl*" $AuMe_4$ als reaktives Reaktionszwischenprodukt verläuft.

Demgegenüber lassen sich **Gold(V)-Komplexe**[60)] in Substanz isolieren. So erhält man etwa das Salz $Cs[Au^{V}F_6]$ durch Druckfluorierung von $Cs[Au^{III}F_4]$ bei erhöhten Temperaturen:

$$Cs[Au^{III}F_4] + F_2 \rightarrow Cs[Au^{V}F_6].$$

Fluorierung von AuF_3 bei 400 °C in Gegenwart eines XeF_6-Überschusses ergibt ein analoges Komplexsalz $[Xe_2F_{11}]^+[Au^{V}F_6]^-$ (vgl. S. 427), das bei 110 °C mit CsF unter Entbindung von XeF_6 ebenfalls in das obige Cäsiumsalz $Cs[Au^{V}F_6]$ übergeht. Auch durch Reaktion von elementarem Gold mit KrF_2 bei 20 °C bzw. durch Umsetzung von Au mit einem O_2/F_2-Gemisch (1 : 3) bei 300–350 °C und 5 bar Druck erhält man Salze mit dem (oktaedrisch gebauten) AuF_6^--Ion, die ihrerseits durch Vakuumthermolyse in **Gold(V)-fluorid AuF_5** übergehen:

$$7KrF_2 + 2Au \xrightarrow[-5Kr]{} 2[KrF]^+[Au^{V}F_6]^- \xrightarrow[-2Kr,\ -F_2]{} 2AuF_5;$$

$$O_2 + 3F_2 + Au \longrightarrow O_2^+[Au^{V}F_6]^- \xrightarrow[-O_2,\ -\frac{1}{2}F_2]{} AuF_5.$$

Das Goldpentafluorid fällt in *dunkelroten*, diamagnetischen Kristallen an, die thermisch leicht in AuF_3 und F_2 übergehen. AuF_5 baut sich aus AuF_6-Oktaedern auf, die über gemeinsame Ecken zu Ketten verknüpft sind.

4 Das Eka-Gold (Element 111)[61)]

Am 8.12.1994 um 5 Uhr 49 gewann die Arbeitsgruppe um P. Armbruster, S. Hofmann und G. Münzenberg (GSI; Darmstadt) nach dreitägigem Beschuß von Bi-Folien mit beschleunigten Ni-Kernen das *erste* von *drei* Atomen des Elements 111 (**„Eka-Gold"**), das durch ein ausgesandtes K_α-*Röntgenquant* (vgl. S. 112) sowie durch den nach ca. 1,5 ms einsetzenden α-Zerfall charakterisiert wurde:

$${}^{209}_{83}Bi + {}^{64}_{28}Ni \rightarrow \{{}^{273}_{111}\text{Eka-Au}\} \xrightarrow[10^{-14}\,s]{-n} {}^{272}_{111}\textbf{Eka-Au} \xrightarrow[1.5\,ms]{-\alpha} {}^{268}_{109}\text{Eka-Ir}.$$

Das neue Teilchen stellt das *schwerste* aller bis Ende 1994 erzeugten Nuklide dar (vgl. S. 1392).

---

60 Gold betätigt in seinen einkernigen, isolierbaren Komplexen ähnlich wie ein Nichtmetall in seinen „mononuklearen" Verbindungen im wesentlichen nur Oxidationsstufen, die um jeweils 2 Einheiten differieren: −1, +1, +3, +5.

61 Vgl. S. 1392 und Anm. [16, 17)] auf S. 1418.

Kapitel XXIII

Die Zinkgruppe

Zur *Zinkgruppe* (II. Nebengruppe bzw. 12. Gruppe des Periodensystems) gehören die (diamagnetischen) Metalle *Zink* (Zn), *Cadmium* (Cd) und *Quecksilber* (Hg) (bzgl. *Eka-Quecksilber*, Element 112, vgl. S. 1392). Die Elemente Zn, Cd, Hg nehmen insofern eine Sonderstellung unter den Übergangselementen ein, als alle ihre Elektronenschalen in Analogie zu den Erdalkalimetallen (II. Hauptgruppe) eine *stabile Elektronenzahl* von $2n^2$ (2, 8, 18, 32) aufweisen (vollbesetzte s-, p-, d-, f-Unterschalen).

Im Unterschied zu den *unedlen* Erdalkalimetallen stellen die Metalle der Zinkgruppe *edle* Metalle dar, wie u. a. aus ihren *höheren ersten Ionsierungsenergien* und *positiveren Normalpotentialen* hervorgeht (vgl. Tafel III und IV)[1]. Mit *wachsender Kernladung* des Zinkgruppenmetalls *steigt* zudem wie im Falle der Kupfergruppenmetalle dessen *edler Charakter*, während bei den Erdalkalimetallen in gleicher Richtung der unedle Charakter zunimmt. Verglichen mit den Metallen der Kupfergruppe sind die der Zinkgruppe unedler, während umgekehrt die Erdalkalimetalle edleren Charakter zeigen als die Alkalimetalle. Innerhalb der II. Nebengruppe sind sich *Zink* und *Cadmium* chemisch sehr *ähnlich*; beide Elemente *unterscheiden* sich in ihren Eigenschaften aber deutlich vom *Quecksilber*. Vgl. hierzu auch S. 1381.

Am Aufbau der Erdhülle sind die Metalle der Zinkgruppe mit 0.007 (Zn), 2×10^{-5} (Cd) und 8×10^{-6} Gew.-% (Hg) beteiligt, entsprechend einem Massenverhältnis von rund 1800 : 5 : 2.

1 Das Zink und Cadmium[2]

1.1 Elementares Zink und Cadmium

Vorkommen

Zink und Cadmium kommen in der Natur nur **gebunden** vor. In der „*Lithosphäre*" finden sich beide Elemente *kationisch* vorwiegend in Form von **Sulfiden** und **Oxosalzen**. Das für die Verhüttung *wichtigste Zinkerz* ist das Zinksulfid ZnS, das in der Natur als kubische „*Zinkblende*" („*Sphalerit*") und als hexagonaler „*Wurtzit*" vorkommt. In zweiter Linie sind der „*Zinkspat*" („*edler Galmei*", „*Smithsonit*") $ZnCO_3$ und das „*Kieselzinkerz*" („*Kieselgalmei*",

---

1 Da die Außenelektronen der Zinkgruppenmetalle verglichen mit denen der Erdalkalimetalle (keine d-Elektronen in der zweit-, keine f-Elektronen in der drittäußersten Schale) aufgrund der *größeren Kernladungszahl* der Metalle und *geringeren Elektronenabschirmung* seitens der vorhandenen d- bzw. f-Elektronen *fester gebunden* sind, haben Zn, Cd, Hg neben höheren Ionisierungsenergien und positiveren Nomalpotentialen zudem kleinere *Metallatom-* sowie *Ionenradien, schwächere*, auf s^2-Wechselwirkungen beruhende *Metallbindungen, größere Pauling-Elektronegativitäten* und *höhere Kovalenzanteile* der Bindungen (Folge z. B. Unlöslichkeit der Oxide, Sulfide) als Ca, Sr, Ba. Auch betätigen die Zinkgruppenmetalle anders als die Kupfergruppenmetalle keine über die Gruppenzahl hinausgehende *Wertigkeit* (II bei Zn, Cd, Hg; I bei Cu, Ag, Au) da die d-Elektronen nach Abgabe der s-Außenelektronen im Falle von Zn^{2+}, Cd^{2+}, Hg^{2+} wegen der *höheren Kern-* und *Ionenladung* viel stärker gebunden werden als im Falle von Cu^+, Ag^+, Au^+. Vgl. hierzu auch relativistische Effekte, S. 338.

2 **Literatur.** B. J. Aylett: „*Group IIB*", Comprehensive Inorg. Chem. **3** (1973) 187–328; R. H. Prince: „*Zink and Cadmium*", Comprehensive Coord. Chem. **5** (1987) 925–1045; ULLMANN (5. Aufl.): „*Zinc, Zinc Alloys, Zinc Compounds*", **A28** (1995); „*Cadmium and Cadmium Compounds*", **A4** (1985) 499–514; GMELIN: „*Zinc*", Syst.-Nr. **32**, bisher 2 Bände; „*Cadmium*", Syst.-Nr. **33**, bisher 2 Bände; H. Vahrenkamp: „*Zink, ein langweiliges Element?*", Chemie in unserer Zeit **22** (1988) 73–84; D. M. Chizhikov; „*Cadmium*", Pergamon Press, Oxford 1966. Vgl. auch Anm. 4, 10.

„*Hemimorphit*“) $Zn_4(OH)_2[Si_2O_7] \cdot H_2O$ zu nennen. Die anderen Erze sind von untergeordneter Bedeutung. Die Hauptfundstätten der Zinkblende und des Zinkspats sind Polen (früheres Oberschlesien), Belgien, Frankreich, England, Australien, Kanada, Mexiko und die Vereinigten Staaten. Cadmium kommt in der Natur als „*Cadmiumblende*“ („*Greenockit*“) CdS und als „*Cadmiumcarbonat*“ („*Otavit*“) $CdCO_3$ vor, und zwar fast immer als Begleiter der Zinkblende ZnS und des Galmei $ZnCO_3$. Zink stellt ferner in der *Biosphäre*“ ein wichtiges Element vieler Enzyme dar (S. 1368).

Isotope (vgl. Anh. III). *Natürliches* Zink besteht aus 5, *natürliches* Cadmium aus 8 Isotopen:

$$^{64}_{30}Zn\ (48.6\%),\quad ^{66}_{30}Zn\ (27.9\%),\quad ^{67}_{30}Zn\ (4.1\%),\quad ^{68}_{30}Zn\ (18.8\%),\quad ^{70}_{30}Zn\ (0.6\%),$$
$$^{106}_{48}Cd\ (1.25\%),\quad ^{108}_{48}Cd\ (0.89\%),\quad ^{110}_{48}Cd\ (12.51\%),\quad ^{111}_{48}Cd\ (24.13\%),$$
$$^{112}_{48}Cd\ (24.13\%),\quad ^{113}_{48}Cd\ (12.22\%),\quad ^{114}_{48}Cd\ (28.72\%),\quad ^{116}_{48}Cd\ (7.47\%).$$

Die Nuklide $^{67}_{30}Zn$, $^{111}_{48}Cd$ und $^{113}_{48}Cd$ dienen für *NMR-Untersuchungen*, die *künstlichen* Nuklide $^{65}_{30}Zn$ (β^+-Strahler, Elektroneneinfang; $\tau_{1/2} = 243.6$ Tage), metastabiles $^{69m}_{30}Zn$ ($\tau_{1/2} = 13.9$ Stunden), $^{109}_{48}Cd$ (Elektroneneinfang; $\tau_{1/2} = 450$ Tage), $^{115}_{48}Cd$ (β^--Strahler; $\tau_{1/2} = 53.5$ Stunden) und metastabiles $^{115}_{48}Cd$ (β^--Strahler; $\tau_{1/2} = 43$ Tage) als *Tracer*.

Geschichtliches. In Europa hat erstmals der sächsische Naturforscher und Arzt Georg Bauer, bekannt als Georgius Agricola (1494–1555), durch Zufall metallisches Zink in Händen gehabt. Genauere Kenntnis des metallischen Zinks besitzt man erst seit dem 18. Jahrhundert. Eine Gewinnung von Zink durch Reduktion von ZnO mit Holzkohle bei 1000 °C erfolgte aber offensichtlich in Indien bereits im 13. Jahrhundert, die entsprechende Herstellung von Messing (Cu/Zn-Legierung) aus Cu/Zn-Erzmischungen bereits im Altertum. Als *Element* erkannt wurde Zink 1746 durch A. S. Marggraf. Der *Name* rührt daher, daß das Zinkmineral *Galmei* häufig *Zinken* (Zacken) aufweist. T. Paracelsus gebrauchte daher das Wort Zinck für dieses Mineral, eine Bezeichnung, die dann auf das daraus gewinnbare Metall übertragen wurde. Der *Name* Cadmium rührt her von dem griechischen Wort kadmeia, das für Mineralien gebraucht wurde, die wie der (cadmiumhaltige) Galmei (gleicher Wortstamm) beim Verarbeiten mit Kupfererzen Messing ergaben. *Entdeckt* wurde das Cadmium 1817 von Friedrich Stromeyer (1776–1835), Professor der Chemie in Göttingen als Vorgänger F. Wöhlers, bei der Untersuchung eines gelblichen (Cd-haltigen) Zinkoxids, das ihm anläßlich einer Apothekenrevision in die Hände gekommen war. *Elementares* Cadmium wurde dann durch Reduktion des Oxids mit Kienruß erhalten.

Darstellung

Zink. Die **technische Darstellung** von Zink kann auf *trockenem Wege* durch *Reduktion von Zinkoxid* mit Kohle oder – falls billiger Strom zur Verfügung steht – auf *nassem Wege* durch *Elektrolyse von Zinksulfatlösungen* erfolgen. Nach dem ersteren Verfahren werden etwa 60%, nach dem letzteren 40% der Welterzeugung gewonnen. Das erforderliche *Zinkoxid* wird aus der Zinkblende durch *Rösten* (S. 582) oder aus dem Zinkspat durch *Brennen* (S. 1133) erzeugt:

$$ZnS + 1\tfrac{1}{2}O_2 \rightarrow ZnO + SO_2 + 349.40\ kJ; \quad 71.05\ kJ + ZnCO_3 \rightarrow ZnO + CO_2.$$

Die *Zinksulfat*lösungen gewinnt man aus den so erhaltenen Zinkoxid-haltigen Produkten durch Behandeln mit Schwefelsäure:

$$ZnO + H_2SO_4 \rightarrow ZnSO_4 + H_2O.$$

Beim **trockenen Verfahren** wird die *geröstete Zinkblende* („*Röstblende*“) bzw. der *gebrannte Galmei* mit gemahlener *Kohle* im Überschuß vermischt und in geschlossenen Gefäßen („*Muffeln*“) aus feuerfestem Ton (Schamotte) oder – vorteilhafter – im Gebläseschachtofen auf 1100–1300 °C erhitzt[3]. Hierbei findet eine *Reduktion* des Oxids durch – zunächst aus ZnO und C gebildetes – *Kohlenmonoxid* zu elementarem Zink statt (1), worauf gebildetes CO_2 von überschüssigem Koks erneut in CO übergeführt wird (2):

---

[3] Das Verfahren wurde erstmals 1749 von Andreas Sigismund Marggraf (1709–1782), Direktor der Akademie der Wissenschaften (Berlin) unter Friedrich dem Großen, als technisches Verfahren eingeführt.

$$196.1\,\text{kJ} + \text{ZnO(f)} + \text{CO} \rightleftarrows \text{Zn(g)} + \text{CO}_2 \quad (1)$$
$$172.6\,\text{kJ} + \text{CO}_2 + \text{C} \rightleftarrows 2\text{CO} \quad \text{(Boudouard-Gleichgewicht)} \quad (2)$$
$$368.7\,\text{kJ} + \text{ZnO(f)} + \text{C} \rightleftarrows \text{Zn(g)} + \text{CO}$$

Wegen der hohen Temperatur entweicht das Zink (Sdp. 908.5 °C) *dampfförmig* und wird in *Vorlagen* aus Schamotte, die vor den Muffeln angebracht sind (Fig. 292), zu *flüssigem* Metall *kondensiert*. Die Reste des Zinkdampfes (5–13 %) schlagen sich in außen auf die Vorlagen aufgesteckten *Blechbehältern* („*Vorstecktuten*") als *Zinkstaub* nieder. Die Beheizung der Zink-Muffelöfen erfolgt in der Regel mit Generatorgas, wobei die Verbrennungsluft im *Gegenstrom* durch die heißen Verbrennungsabgase vorgewärmt wird (vgl. S. 1511).

Der geschilderte, *diskontinuierlich in liegenden Muffeln* (Fig. 292) oder besser *kontinuierlich in stehenden Muffeln* durchgeführte Prozeß ist der *unvollkommenste* aller Verhüttungsprozesse, da 10–15 % des im Erz ursprünglich enthaltenen Metalls verlorengehen, und zwar durch unvollständige Reduktion, durch Entweichen von Zinkdämpfen aus den Vorlagen und durch das Muffelmaterial sowie insbesondere durch *Oxidation der Zinkdämpfe* durch CO_2 während des Abkühlens (Umkehrung von (1)). Letztere Schwierigkeit läßt sich durch Vereinigung der Gase mit feinversprühten Bleiträpfchen („*Sprühkondensation*"; „*Bleitröpfchenschaum*") umgehen, wobei die hierdurch erzielte rasche Abkühlung (auf ca. 560 °C) nicht nur die Rückoxidation zurückdrängt, sondern auch die Bildung von Zinkstaub weitestgehend unterbindet. Nach letzterer Methode arbeitet in einem Gebläseschachtofen das „Imperial Smelting-Verfahren" (Zink-Schachtofen-Verfahren").

Das in den Vorlagen erhaltene *flüssige* **Rohzink** ist 97–98 %ig und enthält stets mehrere Prozente Blei und einige Zehntelprozente Eisen, sowie kleine Mengen von Cadmium und Arsen. Die *Reinigung* dieses Rohzinks erfolgt durch *fraktionierende Destillation*, wobei Zink (Sdp. 908.5 °C) und Cadmium (Sdp. 767.3 °C) zuerst übergehen, während Blei (Sdp. 1751 °C) und Eisen (Sdp. 3070 °C) im Rückstand zurückbleiben. Das blei- und eisenfreie Zink wird dann nochmals destilliert und kondensiert, wobei sich der größte Teil des Zinks als **Feinzink** (99.99 %) verflüssigt, während sich das flüchtigere Cadmium zusammen mit Zinkdampf als „*Cadmiumstaub*" (~ 40 % Cd) niederschlägt.

Der bei der Zinkerzverhüttung in den luftkalten Blechtuten sich ansammelnde *Zinkstaub* stellt ein feines, graublaues Pulver von Zinkmetall dar, dessen Partikelchen von extem dünnen Oxidhäutchen umhüllt sind, so daß der Staub nicht ohne weiteres zu Metall zusammengeschmolzen werden kann. Er enthält zusammen mit dem erwähnten Cadmiumstaub etwa 90 % des Cadmiumgehaltes der ganzen Beschickung und bildet das Ausgangsmaterial für die Cadmiumgewinnung (s. unten).

Bei dem **nassen Verfahren** werden die durch Extrahieren von gerösteter Zinkblende oder gebranntem Galmei mit Schwefelsäure erhaltenen *Zinksulfatlösungen* unter Verwendung von *Bleianoden* und *Aluminiumkathoden elektrolysiert*, wobei sich das Zink als **Elektrolytzink** auf dem Aluminium niederschlägt und alle 24 Stunden abgezogen und umgeschmolzen wird. Das so gewonnene „*Feinzink*" ist wie das nach dem Trockenverfahren erhaltene und gereinigte 99.99 %ig.

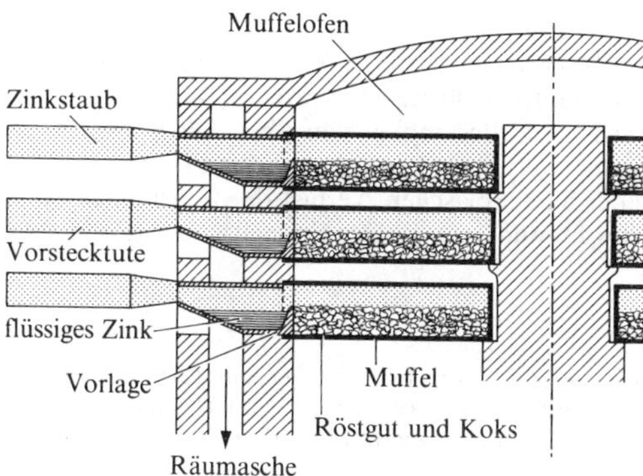

Fig. 292 Zink-Muffelofen.

Die Abscheidung des Zinks aus den sauren Lösungen wird trotz der im Vergleich zu den Zn^{2+}-Ionen leichteren Entladbarkeit der H^+-Ionen durch die hohe Überspannung des Wasserstoffs (S. 232) am Zink ermöglicht. Um eine glatte Abscheidung des Zinks zu erzielen, müssen allerdings die verwendeten Zinksalzlösungen *außerordentlich rein* sein, da nur dann die Überspannung auftritt. Die Reinigung erfordert *recht erhebliche Kosten* und *umfangreiche Anlagen*. Daher hat die Elektrolyse das Muffelverfahren noch nicht ganz verdrängt. Bei Verwendung von *Quecksilber* als Kathodenmaterial kann auf die Hochreinigung der Zinksalzlösungen verzichtet werden, da Zink dann durch Amalgambildung edler wird. Man erhält dabei auf dem Wege über das *Zinkamalgam* ein 99.999%iges, nur noch 0.001% Verunreinigungen enthaltendes **Feinstzink**.

Cadmium. Entsprechend seines gemeinsamen Vorkommens mit Zink erfolgt die **technische Darstellung** von Cadmium stets als *Nebenprodukt* der *Zinkgewinnung* – sowohl beim trockenen, wie beim nassen Verfahren.

Bei der trockenen Zinkgewinnung wird Cadmium als *edleres* ($\varepsilon_{Cd} = -0.4025$ V; $\varepsilon_{Zn} = -0.7626$ V) und *niedriger siedendes* ($Sdp._{Cd} = 767.3\,°C$; $Sdp._{Zn} = 908.5\,°C$) Metall in Form des bei der Röstung von Zinkblende mitentstehenden Cadmiumoxids CdO *leichter reduziert* und nach der Reduktion zum Metall *leichter verdampft*. Daher destilliert es bei der Reduktion der Zinkerze (s. oben) bevorzugt aus der Muffel ab und verbrennt in den Vorlagen mit brauner Flamme zu Cadmiumoxid. Der in den ersten Stunden übergegangene *Cadmiumoxid-haltige Zinkstaub* (3–4% Cd) wird dann mit *Koks* vermischt und in besonderen, kleineren Muffeln bei mittlerer Rotglut *destilliert*. Hierbei geht zuerst das *Cadmium* über und kondensiert sich in der Vorlage teils als *Metall*, teils als *Staub*. Der an Cadmium angereicherte Staub wird nochmals mit Koks bei etwas höherer Temperatur destilliert und liefert weiteres Metall mit 99.5% Cadmium, das in Form dünner Stangen aus **Feincadmium** in den Handel kommt.

Im Rahmen der nassen Zinkgewinnung verfährt man so, daß man aus den Zinksulfatlösungen das enthaltene *Cadmium* durch *Zinkstaub* fällt ($Zn + Cd^{2+} \rightarrow Zn^{2+} + Cd$), den so gewonnenen Cadmiumschwamm *oxidiert* ($Cd + \frac{1}{2}O_2 \rightarrow CdO$) und dann in *Schwefelsäure* auflöst ($CdO + H_2SO_4 \rightarrow CdSO_4 + H_2O$). Bei der *Elektrolyse* der auf diese Weise gewonnenen *Cadmiumsulfatlösung* unter Verwendung von *Aluminiumkathoden* und *Bleianoden* scheidet sich das Cadmium als sehr reines **Elektrolytcadmium** ab.

Physikalische Eigenschaften

Zink ist ein *bläulich-weißes Metall* der Dichte 7.140 g/cm^3 und bildet eine Art *hexagonal-dichtester* Kugelpackung, die in Richtung der sechszähligen Gitterachse gestreckt ist. Bei gewöhnlicher Temperatur ist es ziemlich *spröde*; bei 100–150°C wird es aber so weich und dehnbar, daß es zu dünnem Blech ausgewalzt und zu Draht gezogen werden kann; oberhalb von 200°C wird es wieder spröde. Der Schmelzpunkt liegt bei 419.6°C, der Siedepunkt bei 908.5°C. Zinkdampf ist nach der Dampfdichtebestimmung einatomig.

Cadmium (Bau wie Zink) ist ein *silberweißes*, ziemlich *weiches Metall* der Dichte 8.642 g/cm^3, welches bei 320.9°C schmilzt und bei 767.3°C unter Bildung eines einatomigen Dampfes siedet.

Physiologisches[4)]. Für Menschen, Tiere, Pflanzen und Mikroorganismen ist **Zink** essentiell (biologisch nach Eisen am wichtigsten). Der Mensch enthält durchschnittlich 40 mg Zink pro kg (Blut 6–12, Leber 15–93, Gehirn 5–15, Prostata 9000 mg pro kg), wobei Zink Bestandteil von über 200 Enzymen ist. *Zinkmangel* äußert sich bei Säugern u.a. in Wachstumsverzögerungen, Veränderungen an Haut und Knochenbau (arthritisähnliche Erkrankungen), Atrophie der Samenbläschen, Verlust der Geschmacksempfindung („Hypogensie"), Appetitmangel, Störungen des Immunsystems. Der Erwachsene benötigt etwa

[4] **Literatur.** R.H. Prince: „*Some Aspects of Bioinorganic Chemistry of Zinc*", Adv. Inorg. Radiochem. **22** (1979) 349–440; M.N. Hughes: „*The Biochemistry of Zinc*", Comprehensive Coord. Chem. **6** (1987), 598–613; J.H. Mennear: „*Cadmium Toxicity*", Dekker, New York 1979; E. Kimura: „*Macrocyclic Polymeric Zinc(II) Complexes as Advanced Models for Zinc(II) Enzymes*", Progr. Inorg. Chem. **41** (1994) 443–491.

22 mg Zn pro Tag, die im allgemeinen mit der Fleisch-, Milch-, Fisch-, Getreidenahrung problemlos zur Verfügung stehen. Einige Pflanzenkrankheiten wie Rosettenkrankheit, Zwergwuchs, Chlorophyll-Defekt lassen sich durch geringe Zn-Gaben heilen. *Zinküberschuß* durch orale Aufnahme von 1–2 g Zn-Salze führt beim Menschen zur vorübergehenden Übelkeit (Erbrechen, Durchfall), Schwindel, Kolik (Zn-Salze können sich z. B. bei der Aufbewahrung von Salaten, Früchten, Säften in verzinkten Behältern bilden). Einmaliges Einatmen von ZnO-Dämpfen verursacht das nach mehreren Stunden abklingende „*Grießfieber*". Chronische Zn-Vergiftungen sind nicht mit Sicherheit bekannt.

Zum Unterschied von Zink ist **Cadmium** *nicht essentiell* und ausgesprochen *giftig* für Lebewesen (MAK-Wert = 0.05 mg/m^3). Der Mensch enthält ca. 0.4 mg Cadmium pro kg (bei Rauchern ca. 0.8 mg) und nimmt mit der täglichen Nahrung ca. 0.03 mg auf (tolerierbarer Grenzwert ca. 0.07 mg; Cd-Ablagerung hauptsächlich in Leber und Nieren). Die *orale Aufnahme* von Cadmiumsalzen kann zum Erbrechen, zu Störungen im Gastrointestinaltrakt, Leberschädigungen und Krämpfen, die *Inhalation* von Cd-Dämpfen zu Reizungen der Luftwege und zu Kopfschmerzen führen. *Chronische Vergiftungen* haben Anosmie, Gelbfärbung der Zahnhälse, Anämie, Wirbelschmerzen und in fortgeschrittenen Stadien Knochenmarkschädigungen, Osteoporose und schwere Skelettveränderungen zur Folge (tödlich endende „Itai-Itai-Krankheit" in Japan).

Chemische Eigenschaften

An der *Luft* sind Zink und Cadmium beständig, da sie sich mit einer dünnen, festhaftenden *Schutzschicht* von Oxid und basischem Carbonat überziehen, die zum Unterschied von der entsprechenden grünen Kupfer- bzw. schwarzen Silberschutzschicht aus basischem Carbonat bzw. Sulfid farblos ist. Wegen dieser Luftbeständigkeit findet insbesondere Zink vielfach Verwendung für *Dachbedeckungen*[5] sowie zum „*Verzinken*" von Eisenblech und Eisendraht. Beim *Erhitzen* an der Luft oder in Form von *Zink-* bzw. *Cadmiumstaub* verbrennen beide Metalle mit grünlich-blauer Lichterscheinung unter Bildung eines farblosen ZnO- bzw. braunen CdO-Rauches:

$$\mathrm{Zn} + \tfrac{1}{2}\mathrm{O_2} \rightarrow \mathrm{ZnO} + 348.5\,\mathrm{kJ}; \qquad \mathrm{Cd} + \tfrac{1}{2}\mathrm{O_2} \rightarrow \mathrm{CdO} + 258.3\,\mathrm{kJ}.$$

Ebenso setzen sie sich mit *Halogenen, Schwefel* oder *Phosphor* um, während die Nichtmetalle *Wasserstoff, Stickstoff, Kohlenstoff* in der Wärme nicht mit Zink bzw. Cadmium reagieren.

Entsprechend ihrer Stellung in der Spannungsreihe entwickeln Zink ($\varepsilon_0 = -0.7626$ V) bzw. Cadmium ($\varepsilon_0 = -0.4025$ V) zum Unterschied vom links benachbarten edleren Kupfer ($\varepsilon_0 = +0.340$ V) bzw. Silber ($\varepsilon_0 = +0.799$ V) mit *Säuren* Wasserstoff:

$$\mathrm{M} + 2\,\mathrm{HX} \rightarrow \mathrm{MX_2} + \mathrm{H_2} + \text{Energie}, \tag{1}$$

wovon man im Falle des Zinks (M = Zn) zur H_2-Darstellung im Kippschen Apparat Gebrauch macht (S. 253).

In den **Trockenelementen** der Taschenlampenbatterien nutzt man die dabei freiwerdende *Energie* zur Erzeugung eines *elektrischen Stromes* aus ($\mathrm{M} \rightarrow \mathrm{M^{2+}} + 2\ominus$; $2\,\mathrm{H^+} + 2\ominus \rightarrow \mathrm{H_2}$). Die von Georges Leclanché (1839–1852) entdeckte Zink-Mangan-Zelle („*Leclanché-Element*") besteht hierbei aus einem Elektronen-abgebenden (also anodisch fungierenden) *Zinkblechzylinder*, der eine konzentrierte, durch saugfähige Stoffe eingedickte *Ammoniumchloridlösung* ($\mathrm{NH_4^+} \rightleftarrows \mathrm{NH_3} + \mathrm{H^+}$) und als Gegenelektrode einen mit grobfädigem Gewebe verschnürten, von Braunstein umgebenen *Graphitstab* („*Puppe*") enthält:

Negativer Pol:	Zn	$+ 2\,\mathrm{NH_4Cl}$	$\rightarrow [\mathrm{Zn(NH_3)_2Cl_2}] + 2\,\mathrm{H^+} + 2\ominus$
Positiver Pol:	$2\,\mathrm{MnO_2}$	$+ 2\,\mathrm{H^+} + 2\ominus$	$\rightarrow 2\,\mathrm{MnO(OH)}$

$$\mathrm{Zn} + 2\,\mathrm{NH_4Cl} + 2\,\mathrm{MnO_2} \rightarrow [\mathrm{Zn(NH_3)_2Cl_2}] + 2\,\mathrm{MnO(OH)}$$

Die Entwicklung von *Wasserstoff*, die zur Ausbildung einer *Gegenspannung* an der Kathode führen würde („*Polarisation*"), wird durch den *Braunstein* oder durch mit *Sauerstoff gesättigte aktive Kohle* ver-

[5] In *Industriegegenden* mit einem merklichen SO_2-Gehalt der Luft werden Zinkdächer allerdings ziemlich rasch infolge Bildung löslichen Zinksulfats zerfressen.

mieden, welche den Wasserstoff zu *Wasser* oxidieren („*Depolarisation*"). In den flachen Taschenlampenbatterien sind drei derartige Elemente (von je 1.5 bis 1.7 V Spannung) hintereinander geschaltet (4.5–5 V).

Das Funktionsprinzip der Alkali-Mangan-Zelle gleicht dem der Zink-Mangan-Zelle, nur arbeitet man in alkalischem statt schwach saurem Milieu (negativer Pol = Paste aus Zn/KOH: $Zn + 2OH^- \rightarrow ZnO + H_2O + 2\ominus$; positiver Pol = MnO_2/Graphit: $2MnO_2 + H_2O + 2\ominus \rightarrow Mn_2O_3 + 2OH^-$). In analoger Weise nutzt man Cadmium im wiederaufladbaren Nickel-Cadmium-Akkumulator (= „*Sekundärzelle*, statt der oben erwähnten „Primärzellen") zur Stromerzeugung (negativer Pol: $Cd + 2OH^- \rightarrow Cd(OH)_2 + 2\ominus$, positiver Pol: $NiO(OH) + H_2O + 2\ominus \rightarrow Ni(OH)_2 + OH^-$).

Daß Zink mit *Wasser* nicht ebenfalls gemäß (1) (X = OH) unter Wasserstoffbildung reagiert ($Zn + 2HOH \rightarrow Zn(OH)_2 + H_2$), ist auf die Bildung einer schützenden, schwerlöslichen *Hydroxidschicht* auf der Oberfläche zurückzuführen (S. 228). Diese kann sich in saurer Lösung naturgemäß nicht ausbilden (Bildung von „*Zinksalzen*"; $Zn(OH)_2 + 2H^+ \rightarrow Zn^{2+} + 2H_2O$). Gleiches ist in alkalischer Lösung (Bildung von Zinkaten) der Fall ($Zn(OH)_2 + 2OH^- \rightarrow Zn(OH)_4^{2-}$), weshalb Zink nicht nur mit *Säuren*, sondern auch mit *Laugen* H_2 entwickelt. Im Falle des Cadmiums ist dies nicht der Fall, weil Cadmium als stärker basisches Metall keine analogen „*Cadmate*" bildet, so daß es insbesondere in Säuren unter Bildung von „*Cadmiumsalzen*" löslich ist. In nichtoxidierenden Säuren wie verdünnter Salz- oder Schwefelsäure löst es sich hierbei schwerer, in oxidierenden Säuren wie verdünnter Salpetersäure leichter auf. Bei Vergrößerung der Zinkoberfläche wird die Einwirkung des Wassers merklicher; so zersetzt oxidschichtfreier *Zinkstaub* Wasser bereits bei gewöhnlicher Temperatur.

Sehr reines Zink entwickelt mit Säuren bei gewöhnlicher Temperatur fast *keinen Wasserstoff*. Dies rührt daher, daß die bei der Lösung von Zink gebildeten positiven Zink-Ionen ($Zn \rightarrow Zn^{2+} + 2\ominus$) eine Annäherung und Entladung der ebenfalls positiven Wasserstoff-Ionen ($2H^+ + 2\ominus \rightarrow H_2$) am Zink erschweren. Berührt man aber das sehr reine Zink mit einem *Platindraht*, so daß die Elektronen zum Platin abfließen und sich hier mit den Wasserstoff-Ionen vereinigen können, so geht das Zink – unter Wasserstoffentwicklung am Platin – in Lösung. Beim gewöhnlichen Handelszink spielen die *Verunreinigungen* an Kupfer usw. die Rolle des Platins. Man kann solche Fremdmetalle auch künstlich auf Zink niederschlagen. So dienen z. B. mit Kupfersulfatlösung behandelte Zinkgranalien ($Zn + Cu^{2+} \rightarrow Zn^{2+} + Cu$) als **„Zink-Kupfer-Paar"** zu Reduktionszwecken.

Auch sonst kommt den durch die Verunreinigung von Metallen mit anderen Metallen bedingten **„Lokalelementen"** hohe praktische Bedeutung zu; so z. B. bei der Erscheinung der **„Korrosion"**, d. h. der allmählichen Zerstörung metallischer Werkstoffe durch chemische Einwirkung von außen. Auch hier wird die Auflösung von Metallen in Flüssigkeiten durch die Anwesenheit von *Fremdmetallen* (als Verunreinigungen, als Überzüge usw.) häufig beschleunigt. So rostet z. B. ein mit *Zinn* überzogenes Eisenblech („*Weißblech*") bei einer *Beschädigung* der Zinnhaut *rascher als unverzinntes* Eisen, weil in dem bei Zutritt von Wasser entstehenden *Lokalelement* das Eisen die *elektronen-abgebende*, d. h. sich oxiderende Elektrode darstellt. Dagegen bildet *verzinktes* Eisen bei einer Beschädigung der Zinkschicht *keine Spur Eisenrost*, weil Zink in der Spannungsreihe über dem Eisen steht und in diesem Fall daher das Zink die negative, *sich auflösende* Anode darstellt.

Verwendung von Zink und Cadmium. Außer zur Erzeugung von **Zink-Legierungen**, unter denen die beim Kupfer (S. 1325) bereits besprochenen Zink-Kupfer-Legierungen („*Messing*") die wichtigsten sind, wird **Zink** (Weltjahresproduktion: Mehrere Megatonnen) zur „*Verzinkung*" von Eisenblech und -draht verwendet (Eintauchen in flüssiges Zink, Besprühen mit flüssigen Zink = Metallspritzverfahren, Erhitzen mit gepulvertem Zink, elektrolytische Verzinkung), ferner im „*Zinkdruckguß*", **Cadmium** (Weltjahresproduktion: einige zig Kilotonnen) für galvanisch abgeschiedene „*Cadmiumüberzüge*" (insbesondere auf Eisen) sowie in der Technologie der „*Kernreaktoren*" (Brenn- und Kontrollstäbe). **Verbindungen** beider Elemente nutzt man als „*Farben*" (z. B. *Zinkweiß* ZnO, *Cadmiumgelb* CdS) und zur Herstellung von „*Batterien*" (s. dort), Verbindungen des Cadmiums zudem bei „*Kunststoffen*" in Form von Stearat zur *Stabilisierung*, in Form von Dithiocarbamat als *Vulkanisationsbeschleuniger*.

Zink und Cadmium in Verbindungen

In ihren Verbindungen treten Zink und Cadmium praktisch nur mit der **Oxidationsstufe +2** auf (z. B. ZnH_2, $ZnCl_2$, ZnO, $CdBr_2$, CdS). Für die Oxidationsstufe **+1** gibt es im Falle des Zinks jedoch Hinweise, im Falle des Cadmiums einige wenige Verbindungsbeispiele (vgl. Anm. [7)]).

Als **Koordinationszahlen** betätigt das Zink(II) bevorzugt *vier* (tetraedrisch in **Zn**$(NH_3)_4^{2+}$, **Zn**$(CN)_4^{2-}$; planar in **Zn** $(Glycinyl)_2$) sowie – bei *hoher Ligandenkonzentration* oder in Anwesenheit *großer Gegenionen* – *sechs* (oktaedrisch in **Zn**$(H_2O)_6^{2+}$, **Zn**$(NH_3)_6^{2+}$) und das größere Cadmium(II) *sechs* (oktaedrisch in **Cd**$(NH_3)_6^{2+}$) sowie – bei Koordination *größerer Liganden* – *vier* (tetraedrisch in **Cd**Cl_4^{2-})[6]. Seltener beobachtet man die Koordinationszahlen *zwei* (digonal in **Zn**Me_2, **Cd**Et_2), *drei* (trigonal-planar in $[Me$**Zn**$NPh_2)_2]_2$), *fünf* (quadratisch-pyramidal in $[$**Zn**$(S_2CNEt_2)_2]_2$, $[$**Cd**$(S_2CNEt_2)_2]_2$; trigonal-bipyramidal in $[$**Zn**$(acac)_2(H_2O)]$, **Cd**Cl_5^{3-}) und *größer sechs* (z. B. verzerrt-dodekaedrisch in **Zn**$(NO_3)_4^{2-}$; pentagonal-bipyramidal in $[$**Cd**$(Chinolin)_2(NO_3)_2(H_2O)]$.

Die Zink- und Cadmiumsalze MX_2 (diamagnetisch; gerade Elektronenzahl: d^{10}) sind zum Unterschied von den benachbarten *blauen* Kupfer- bzw. *orangefarbenen* Silbersalzen MX_2 (paramagnetisch; ungerade Elektronenzahl: d^9) *farblos*, falls die Liganden X nicht zu leicht polarisierbar sind und zu charge-transfer-Absorptionen Veranlassung geben (aus letzterem Grunde sind insbesondere Cadmiumsalze häufiger farbig). Zinksalze ZnX_2 und auch Cadmiumsalze CdX_2 weisen viele Ähnlichkeiten mit den ebenfalls farblosen und diamagnetischen Magnesiumsalzen MgX_2 auf (z. B. Bildung isomorpher Verbindungen). Zn^{2+} ist als Lewis-Säure jedoch *deutlich weicher* als Mg^{2+} und bildet sowohl mit harten Basen (z. B. O-Donoren) und mittelharten Basen (z. B. N-Donoren) als auch mit weichen Basen (z. B. Cl^-, Br^-, I^-, S^{2-}, CN^-) stabile Komplexe. Analoges gilt für Cd^{2+}. Es wirkt jedoch als Lewis-Säure etwas weicher als Zn^{2+}, was sich etwa darin zeigt, daß in $[Zn(NCS)_4]^{2-}$ die Rhodanid-Liganden N-gebunden, in $[Cd(SCN)_4]^{2-}$ aber S-gebunden vorliegen.

Bezüglich der *Elektronenkonfiguration*, der *Radien*, der *magnetischen* und *optischen Eigenschaften* der **Zink-** und **Cadmiumionen** vgl. Ligandenfeld-Theorie (S. 1250) sowie Anh. IV, bezüglich eines **Eigenschaftsvergleichs** der Metalle der Zinkgruppe S. 1199f und 1381 sowie Anm.[1]).

1.2 Verbindungen des Zinks und Cadmiums[2])

In wässeriger Lösung existieren Zink und Cadmium nur in der *zweiwertigen* Stufe als Zn^{2+}-Ion (isoelektronisch mit Cu^+, Ni) und als Cd^{2+}-Ion (isoelektronisch mit Ag^+, Pd). Die Ionen liegen in Form des *farblosen* Hexahydrats $[M(H_2O)_6]^{2+}$ vor. Auch in ihren wasserfreien Verbindungen sind beide Metalle in der Regel zweiwertig. Die wenigen bekannt gewordenen Verbindungsbeispiele mit *einwertigem* Zink oder Cadmium weisen eine sehr große (Zn_2^{2+}, isoelektronisch mit Cu_2) bzw. große Neigung (Cd_2^{2+}; isoelektronisch mit Ag_2) zur *Disproportionierung* auf[7]).

Im Falle von Cadmium folgt letzterer Sachverhalt aus dem **Potentialdiagramm** der Oxiationsstufen + 2, + 1 und 0 in saurem Milieu, wonach Cd_2^{2+} in Wasser disproportionieren muß:

pH = 0			**pH = 14**		
$\mathbf{Zn^{2+}}$	– 0.7626	**Zn**	$\mathbf{Zn(OH)_4^{2-}}$	– 1.285	**Zn**
$\mathbf{Cd^{2+}}$	– 0.4025	**Cd**	$\mathbf{Cd(OH)_2}$	– 0.824	**Cd**
< – 0.6	Cd_2^{2+}	> – 0.2	?	$Cd_2(OH)_2$	?

Durch Komplexierung von Zn^{2+} bzw. Cd^{2+} mit geeigneten Liganden wie OH^-, CN^- oder NH_3 läßt sich die zweiwertige Stufe in Wasser zusätzlich stabilisieren (für OH^- vgl. Potentialdiagramm, pH = 14; ε_0 für $Zn(CN)_4^{2-}/Zn = -1.26$, für $Cd(CN)_4^{2-}/Cd = -1.09$, für $Cd(NH_3)_4^{2+}/Cd = -0.622$ V).

---

6 Alle Ionen mit d^{10}-Konfiguration (z. B. Zn^{2+}, Cd^{2+}; Cu^+, Ag^+) bilden bei 4 Liganden tetraedrische, bei 6 Liganden oktaedrische Komplexe, während Ionen mit d^9-Konfiguration (z. B. Cu^{2+}) bei 4 Liganden eine quadratisch-planare, bei 6 Liganden eine verzerrt-oktaedrische Anordnung ergeben (vgl. S. 1256, 1333).

7 **Zink(I)-Verbindungen.** Zink zeigt in Gegenwart von Zinkchlorid bei 285–350 °C eine erhöhte Flüchtigkeit, die gemäß $Zn + ZnCl_2 \rightarrow Zn_2Cl_2$ auf die Existenz eines *Zink(I)-chlorids* Zn_2Cl_2 (vgl. Hg_2Cl_2, S. 1383) hinweist, welches allerdings bei Raumtemperatur wieder in die Ausgangsstoffe Zn und $ZnCl_2$ disproportioniert. Bei der Umsetzung von Zn mit einer $ZnCl_2$-Schmelze bei 500–700 °C erhält man nach dem Abschrecken ein *gelbes, diamagnetisches* Glas, das nach Raman- und anderen Spektren Zn_2^{2+} in Form von Zn_2Cl_2 enthält. – **Cadmium(I)-Verbindungen.** Als Beispiel für die selten auftretende *Einwertigkeit* des Cadmiums sei die *diamagnetische* Verbindung $Cd_2[AlCl_4]_2$ angeführt, die sich beim Auflösen von Cd in geschmolzenem $CdCl_2$ ($Cd + CdCl_2 \rightarrow Cd_2Cl_2$) und Zugabe von $AlCl_3$ ($Cd_2Cl_2 + 2AlCl_3 \rightarrow Cd_2(AlCl_4)_2$ bildet und deren Cd_2^{2+}-Ion in Wasser sofort zu Cd und Cd^{2+} disproportioniert. Beim schwereren Homologen, dem Quecksilber, beobachtet man diese Einwertigkeit in Form von Hg_2X_2-Verbindungen weit häufiger (vgl. S. 1382).

Wasserstoffverbindungen. Bei der Umsetzung von *Lithium-* oder *Natriumhydrid* LiH bzw. NaH mit *Zinkbromid* oder *-iodid* ZnX_2 in Tetrahydrofuran fällt **Zinkdihydrid ZnH_2** als festes, *weißes* binäres Hydrid aus (LiBr bzw. NaI bleibt in Lösung):

$$2MH + ZnX_2 \rightarrow ZnH_2 + 2MX.$$

Das hochoxidable Hydrid zerfällt oberhalb von 90 °C – rasch bei 105 °C – in die Elemente. Wesentlich instabiler sind die homologen Verbindungen **CdH_2** und **HgH_2**, die sich bereits unterhalb bzw. weit unterhalb 0 °C zersetzen (vgl. hierzu auch S. 276, 1607).

Auch durch Reaktion von *Zinkdiiodid* ZnI_2 mit *Lithiumalanat* $LiAlH_4$ ist ZnH_2 in etherischer Lösung erhältlich ($ZnI_2 + 2LiAlH_4 \rightarrow ZnH_2 + 2LiI + 2AlH_3$; analog soll sich CdH_2 bzw. HgH_2 aus CdI_2 bzw. HgI_2 bei sehr tiefen Temperaturen bilden). Setzt man *Zinkate* Li_nZnMe_{n+2} mit $LiAlH_4$ um, so entstehen, neben ZnH_2 die ternären Hydride $LiZnH_3$, Li_2ZnH_4 und Li_3ZnH_5 als *farblose* Pulver. Analog Berylliumwasserstoff BeH_2 ist schließlich durch Einwirkung von *Diboran* $(BH_3)_2$ auf Dialkylzink R_2Zn oder Zinkdialkoxide $Zn(OR)_2$ der Zinkwasserstoff in Form eines Boran-Addukts als **Zinkboranat $Zn(BH_4)_2$** zugänglich (vgl. S. 1009):

$$ZnR_2 + 4BH_3 \rightarrow Zn(BH_4)_2 + 2BH_2R.$$

Halogenverbindungen. Gemäß Tab. 116a sind von Zink und Cadmium alle **Zink-** und **Cadmiumdihalogenide MX_2** bekannt. Ihre Darstellung kann *aus den Elementen*, durch Einwirkung von *Halogenwasserstoffen* auf Zink bzw. Cadmium bei erhöhter Temperatur oder durch Auflösen der Metalle bzw. Metallcarbonate in den *Halogenwasserstoffsäuren* erfolgen. Die im letzteren Falle gebildeten Hydrate lassen sich u.a. durch Thionylchlorid in der Wärme entwässern. Wichtig ist insbesondere **Zinkdichlorid $ZnCl_2$**.

Tab. 116a Halogenide, Oxide und Sulfide des Zinks sowie Cadmiums (vgl. S. 1384, 1611, 1620)[a]

	Fluoride	Chloride	Bromide	Iodide	Oxide[b]	Sulfide
ZnX_2	**ZnF_2**, *farbl.* 872/1500 °C $\Delta H_f = -765$ kJ Rutil, KZ 6	**$ZnCl_2$**, *farbl.* 290/732 °C $\Delta H_f = -415$ kJ $ZnCl_2$-Str., KZ 4	**$ZnBr_2$**, *farbl.* 394/650 °C $\Delta H_f = -329$ kJ $ZnCl_2$-Str.; KZ 4	**ZnI_2**, *farbl.* 446/624 °C $\Delta H_f = -208$ kJ $ZnCl_2$-Str., KZ 4	**ZnO**, *farbl.* Smp. 1975 °C $\Delta H_f = -349$ kJ Wurtzit, KZ 4	**ZnS**, *farbl.*[c] Sblp. 1180 °C $\Delta H_f = -206$ kJ Zinkblende, KZ 4
CdX_2	**CdF_2**, *farbl.* 1078/1748 °C $\Delta H_f = -701$ kJ Fluorit, KZ 8	**$CdCl_2$**, *farbl.* 568/970 °C $\Delta H_f = -392$ kJ $CdCl_2$-Str., KZ 6	**$CdBr_2$**, *hellgelb* 570/863 °C $\Delta H_f = -316$ kJ CdI_2-Str., KZ 6	**CdI_2**, *farbl.* 388/796 °C $\Delta H_f = -204$ kJ CdI_2-Str., KZ 6	**CdO**, *gelb* Sblp. 1559 °C $\Delta H_f = -258$ kJ NaCl-Str., KZ 6	**CdS**, *gelb* Sblp. 1000 °C $\Delta H_f = -162$ kJ ZnS-Str., KZ 4

a) Zweite Zeile: Smp./Sdp. – **b)** Man kennt auch Peroxide. – **c)** Zinkblende geht bei 1020 °C in Wurtzit über.

Eigenschaften. Unter den wasserfreien Salzen MX_2 lösen sich ZnF_2 und CdF_2 schlecht (1.62 bzw. 4.35 g pro 100 g H_2O bei 20 °C), die übrigen Dihalogenide gut in Wasser (ca. 400 g ZnX_2 bzw. 100 g CdX_2 in 100 g H_2O bei 20 °C; vgl. hierzu Magnesiumdihalogenide). Bis auf CdF_2 und CdI_2 bilden alle Dihalogenide *Hydrate*. **$ZnCl_2$** kristallisiert aus wässeriger Lösung als Tetrahydrat $ZnCl_2 \cdot 4H_2O$ aus (man kennt auch Hydrate $ZnCl_2 \cdot nH_2O$ mit $n = 1$, 1.5, 2.5, 3 sowie Ammoniakate wie $ZnCl_2(NH_3)_2$). *Wässerige Lösungen* von $ZnCl_2$ wirken *schwach* bis *stark sauer* (z. B. pH = 1 für $c = 6$ mol/l) und enthalten in *verdünntem* Zustande oktaedrisch gebaute $Zn(H_2O)_6^{2+}$-Ionen, in konzentrierter Form die *Säure* $H_2[ZnCl_2(OH)_2]$ (vgl. $H[AuCl_3(OH)]$ und $H_2[PtCl_4(OH)_2]$) sowie tetraedrisch gebaute $ZnCl_4^{2-}$-Ionen. Konzentrierte $ZnCl_2$-Lösungen vermögen Stärke, Cellulose und Seide aufzulösen und lassen sich deshalb nicht durch Papier filtrieren. Mit Halogenid bilden die Dihalogenide „*Halogenokomplexe*" MX_3^- und MX_4^{2-}. Große Kationen wie $[Co(NH_3)_6]^{3+}$ stabilisieren auch das trigonal-bipyramidal gebaute $CdCl_5^{3-}$-Ion.

Strukturen. Unter den wasserfreien Dihalogeniden kristallisieren **ZnF_2** mit Rutil-, **CdF_2** mit Fluorit-Struktur. Als Folge der Zunahme des Ionenradius in Richtung Zn^{2+}, Cd^{2+} erhöht sich in den Difluoriden somit die Koordinationszahl der Metallionen von 6 bei Zn^{2+} (oktaedrische Koordination) nach 8 bei

Cd^{2+} (kubische Koordination). In analoger Weise wächst bei den verbleibenden Dihalogeniden $\mathbf{MCl_2}$, $\mathbf{MBr_2}$ und $\mathbf{MI_2}$, die statt der salzartigen *Raumstruktur* weniger salzartige *Schichtstrukturen* einnehmen, die M^{2+}-Koordinationszahl von 4 bei Zn^{2+} auf 6 bei Cd^{2+}. Und zwar besetzen die Zn^{2+}- bzw. Cd^{2+}-Ionen jeweils tetraedrische bzw. oktaedrische Lücken jeder übernächsten Schicht hexgagonal- oder kubisch-dichtest gepackter X^--Ionen (vgl. „**$CdCl_2$-**" und „**CdI_2-Struktur**", S. 151). $ZnCl_2$ existiert auch in einer Raumstruktur („**α-$ZnCl_2$-Struktur**") mit Zn in $\frac{1}{4}$ der tetraedrischen Lücken einer kubisch-dichtesten Cl-Packung.

Verwendung. Mischungen von *Zinkoxid* und *konzentrierter $ZnCl_2$-Lösung* ergeben wie beim Magnesium (S. 1121) eine infolge Bildung von basischem Zinkchlorid Zn(OH)Cl erhärtende Masse, die man zu *Zahnfüllungen* verwenden kann. Da flüssiges $ZnCl_2$ viele Metalloxide zu lösen vermag, ist es in vielen metallurgischen *Flußmitteln* enthalten. So macht die beim *Löten* genutzte Mischung aus $ZnCl_2$ und NH_4Cl die Metalle blank, da sie die Metalloxid-Schicht entfernt: $ZnCl_2 + MO \rightarrow M[ZnCl_2O]$. Weiterhin kann $ZnCl_2$ als *Holzimprägnierungsmittel* verwendet werden, da das Zn^{2+}-Ion ein Gift für Mikroorganismen ist und daher die Fäulnis des Holzes unterbindet (noch wirksamer ist für diesen Zweck das Elementhomologe $HgCl_2$). Schließlich nutzt man $ZnCl_2$ in der *Textilverarbeitung*, z. B. um Textilien feuersicher zu machen.

Cyanoverbindungen (vgl. S. 1656). Bei Zugabe von *Cyanid* zu Zn- bzw. Cd-Salzlösungen fällt *farbloses* **Zinkdicyanid $Zn(CN)_2$** (anti-Cuprit-Struktur mit linearen Zn—C≡N—Zn-Gruppen und tetraedrisch koordiniertem Zn; Löslichkeit 0.5 mg pro 100 g Wasser bei 20 °C) und *farbloses* **Cadmiumdicyanid $Cd(CN)_2$** aus (Struktur analog $Zn(CN)_2$; Löslichkeit 1.7 g pro 100 g Wasser bei 15 °C). In Mineralsäuren lösen sich die Cyanide unter HCN-Entwicklung und in Ammoniak unter Komplexbildung. In wässeriger KCN-Lösung entstehen das stabile *farblose* **Tetracyanozinkat** und **-cadmat** $K_2M(CN)_4$ (Stabilitätskonstanten ca. 10^{17}), aber offensichtlich keine Penta- oder Hexacyanokomplexe. Es läßt sich aber das Ion $Cd_2(CN)_7^{3-}$ (Bau: $(NC)_3Cd—C≡N—Cd(CN)_3$ mit tetraedrisch koordiniertem Cd-Ion) als *farbloses* Salz $[PPh_4]_3$ $[Cd_2(CN)_7]$ isolieren. Die Tetracyanokomplexe spielen eine Rolle bei der elektrolytischen Abscheidung von Zink- oder Cadmiumüberzügen.

Chalkogenverbindungen (vgl. S. 1620). Man kennt alle Chalkogenide **MY** des Zinks und Cadmiums. Sie haben mit Ausnahme des Cadmiumoxids (NaCl-Struktur) als „*II/VI-Verbindungen*" (S. 1098) Wurtzit- oder Zinkblende-Struktur (s. u.). **Zinkoxid ZnO** (vgl. Tab. 116a), das praktisch wasserunlöslich ist, kommt in der Natur als „*Rotzinkerz*" bzw. „*Zinkit*" vor (die rote Farbe geht auf Eisen- oder Manganspuren zurück). Die technische Darstellung erfolgt in größerer Menge durch Verbrennen von *Zinkdampf* an der *Luft*, indem man Mischungen von oxidischem Zinkerz und Koks in einem Drehrohrofen bei Luftüberschuß der Flamme einer Kohlenstaubfeuerung entgegenschickt („*amerikanisches*" Verfahren):

$$Zn + \tfrac{1}{2}O_2 \rightarrow ZnO + 348.5\,\text{kJ}.$$

Die mit ZnO beladenen Reaktionsgase passieren eine Flugstaubkammer, in welcher sich das sogenannte „*Voroxid*" absetzt, das in den Drehrohrofen zurückkehrt. Das gewonnene Produkt („*Zinkoxid*") besteht zu 90–95% aus ZnO. Ein reineres Produkt („*Zinkweiß*") erhält man durch Verbrennen von dampfförmigem Reinzink („*französisches*" Verfahren). Schließlich läßt sich „*Zinkoxid*" auch „*naßchemisch*" durch Fällung des Zinks aus gereinigten Zink-Salzlösungen als Hydroxid, basisches Carbonat oder Carbonat und anschließendem „Calcinieren" der Fällung erzeugen.

Strukturen. Beim Erhitzen nimmt das *weiße* Zinkoxid **ZnO** (Wurtzit-Struktur; Halbleiter mit einer Bandlücke von 3.2 eV) ohne Änderung der äußeren Struktur zunehmend eine *gelbe* Farbe an, die beim Abkühlen an der Luft wieder verschwindet („*Thermochromie*", S. 1387). Die Farbänderung ist auf eine geringfügige Abgabe von Sauerstoff unter Bildung des Oxids $\mathbf{Zn_{1+x}O}$ (bei 800 °C: $Zn_{1+0.00007}O$) zurückzuführen. Die überzähligen Zinkatome des Defektoxids (n-Halbleiter) wandern dabei auf Zwischengitterplätze und bedingen die gelbe Stoffarbe durch Anregung der Zinkelektronen (vgl. S. 1620). Ferner lassen sich durch Erhitzen von ZnO mit Zinkdampf dotierte Kristalle $Zn_{1+x}O$ (x bis 0.03) erzeugen, deren Farben von *gelb* über *grün* und *braun* bis *rot* reichen. Beim Glühen mit *Cobaltoxid* CoO geht ZnO in ein schön *grünes* Pulver („*Rinmans-Grün*") $ZnCo_2O_4$ mit Spinell-Struktur über.

Verwendung. Zinkoxid ZnO wurde unter dem Namen „*Zinkweiß*" („*Chinesischweiß*") als weiße *Malerfarbe*, die zum Unterschied von „Bleiweiß" $2PbCO_3 \cdot Pb(OH)_2$ ungiftig, schwefelwasserstoff- und lichtbeständig ist, verwendet, ist aber heute weitestgehend vom besser deckenden (stärker lichtbrechenden) „Titanweiß" TiO_2 verdrängt. Man nutzt es heute hauptsächlich in der Gummiindustrie als *Vulkanisationsaktivator*. Weitere Anwendungsgebiete für ZnO: Zusatz zu *Gläsern* zur Erhöhung von deren chemischen Stabilität, Herstellung von *Seifen* (z. B. Zn-Stearat, -Palmitat für Farbtrockner, Kunststoffstabilisatoren, Fungizide), Erzeugung von *Ferriten* $Zn_xM_{1-x}Fe_2O_4$ (M = Mn, Ni; über den Zn-Gehalt lassen sich die magnetischen Eigenschaften des Ferrits steuern). Wegen der Fähigkeit, bei gewöhnlichen Temperaturen ultraviolettes Licht stark zu absorbieren, kann ZnO als Zusatz von *Sonnenschutz*-Salben verwendet werden. Auch in anderen Salben („*Zinksalben*") und Pflastern (z. B.: „*Leukoplast*") befindet sich ZnO als Bestandteil.

Beim Versetzen von *Zinksalzlösungen* mit *Alkalilaugen* fällt **Zinkdihydroxid $Zn(OH)_2$** (6 Modifikationen) als *weißer*, gelatinöser Niederschlag aus, der sich sowohl in Säuren wie in Basen löst, also *amphotere* Eigenschaften hat. Im ersteren Fall bilden sich (sauer reagierende) **Zinksalze** $[Zn(H_2O)_6]X_2$, im letzteren (basisch reagierende) **Zinkate** $M_2[Zn(OH)_4]$ (bei geringeren OH^--Konzentrationen: $M[Zn(OH)_3(H_2O)]$):

$$Zn(OH)_2 + 2H^+ \rightarrow Zn^{2+} + 2H_2O; \qquad Zn(OH)_2 + 2OH^- \rightarrow [Zn(OH)_4]^{2-}.$$

In *Ammoniak* ist Zinkhydroxid wie Kupferhydroxid $Cu(OH)_2$ (S. 1336) unter *Komplexsalzbildung* $[Zn(NH_3)_4]^{2+}$ (in konz. NH_3-Lösungen: $[Zn(NH_3)_6]^{2+}$) *farblos* löslich:

$$Zn(OH)_2 + 4NH_3 \rightarrow [Zn(NH_3)_4]^{2+} + 2OH^-.$$

Analog ZnO entsteht **Cadmiumoxid CdO** (Tab. 116a) beim Verbrennen von Cadmium an der Luft ($Cd + \frac{1}{2}O_2 \rightarrow CdO + 258$ kJ), beim Rösten des Sulfids sowie beim Erhitzen des Hydroxids, Nitrats oder Carbonats als *braunes*, amorphes, leicht reduzierbares Pulver, das sich bei starkem *Erhitzen in Sauerstoff*atmosphäre in *tiefrote*, kubische Kristalle von NaCl-Struktur umwandelt und beim Erhitzen für sich seine Farbe bis fast nach *Schwarz* hin variiert (vgl. die analoge Farbänderung beim ZnO, oben, sowie S. 1620). Das (größere) Cd^{2+}-Ion (Cd^{2+}-Ionen in den (größeren) oktaedrischen Lücken der kubisch-dichtesten Packung von O^{2-}-Ionen) weist also im Oxidgitter zum Unterschied vom (kleineren) Zn^{2+}-Ion (Zn^{2+}-Ionen in der Hälfte der (kleineren) tetraedrischen Lücken der kubisch-dichtesten Packung von O^{2-}-Ionen) kein 4:4-, sondern eine 6:6-Koordination auf. Man *verwendet* CdO zur Herstellung dekorativer Gläser und Emaillen, in Nickel-Cadmium-Zellen (S. 1370) sowie als Katalysator für Hydrierungs- und Dehydrierungsreaktionen.

Beim Versetzen von Cadmiumsalzlösungen mit Alkalilaugen bildet sich **Cadmiumhydroxid $Cd(OH)_2$** als weißer Niederschlag (kristallisiert: Brucit-Struktur, S. 1120). Es wirkt basischer als $Zn(OH)_2$ und ist in *Säuren* (Bildung von $[Cd(H_2O)_6]^{2+}$) sowie in sehr starken *Alkalilaugen* (Bildung von $[Cd(OH)_4]^{2-}$) löslich. In Ammoniak löst es sich wie Zinkhydroxid (s. oben) unter Komplexbildung: $Cd(OH)_2 + 4NH_3 + 2H_2O \rightarrow [Cd(NH_3)_4(H_2O)_2](OH)_2$ (in konzentrierten Ammoniaklösungen entstehen Hexaammin-Ionen $[Cd(NH_3)_6]^{2+}$; vgl. S. 1371).

Das **Zinksulfid ZnS** (Tab. 116a) kommt in der Natur als kubische *Zinkblende* (*Sphalerit*) und (weniger häufig) als hexagonaler *Wurtzit* vor (s. unten) und enthält als Mineral fast immer Fe und Cd als substitutionelle Verunreinigungen, daneben häufig seltenere Elemente wie In, Ga und Ge. Es fällt beim Einleiten von *Schwefelwasserstoff* in *Zinksalzlösungen* als amorpher *weißer* Niederschlag ($L_{ZnS} = 1.1 \times 10^{-24}$) aus:

$$Zn^{2+} + H_2S \rightleftarrows ZnS + 2H^+,$$

sofern man die dabei entstehende freie Säure bindet. Bei längerem Stehen *altert* (vgl. S. 923) der in Säuren leicht lösliche Niederschlag unter Bildung *höherpolymerer Produkte*, die sich in Säuren weniger leicht lösen und beim Erhitzen mit *wässerigem* H_2S unter Druck Zinkblende, beim Erhitzen mit *gasförmigen* H_2S Wurtzit ergeben.

Strukturen. Die *kubische* „**Zinkblende-Struktur**" bzw. *hexagonale* „**Wurtzit-Struktur**" leitet sich nach Fig. 293a bzw. b vom kubischen bzw. hexagonalen Diamantgitter ab (Fig. 178a bzw. b, S. 837; ● abwechselnd Zn und S). Beide Strukturen unterscheiden sich lediglich in der gegenseitigen Orientierung der einzelnen ZnS_4- und SZn_4-Tetraeder. Man kann die Struktur der Zinkblende und des Wurtzits auch

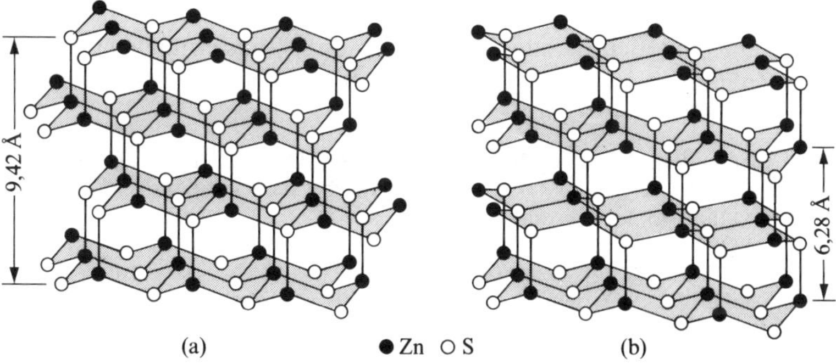

Fig. 293 Zinkblende- (a) und Wurtzit-Struktur (b) des Zinksulfids ZnS (Schraffur nur zur Strukturverdeutlichung).

als eine kubisch- bzw. hexagonal-dichteste Kugelpackung von S^{2-}-Ionen beschreiben, in der jeweils die Hälfte aller tetraedrischen Lücken mit Zn^{2+}-Ionen besetzt ist. Man findet die „*Zinkblende-Struktur*" (Schichtenfolge A, B, C; A, B, C usw.) und die „*Wurtzit-Struktur*" (Schichtenfolge A, B; A, B usw.), von denen beim ZnS die erstere die Nieder-, die letztere die Hochtemperaturform ist:

$$\text{Zinkblende} \xrightleftharpoons{1020\,^\circ\text{C}} \text{Wurtzit}$$

(ZnS-Abstände in beiden Fällen 2.35 Å), auch bei vielen anderen Verbindungen, insbesondere bei Verbindungen von Elementpaaren, deren eines Glied im Periodensystem um ebensoviele Gruppen *vor* den Elementen C, Si, Ge, Sn (IV. Gruppe) steht wie das zweite *dahinter*, so daß die Summe der Außenelektronen beider Bindungspartner gleich 8 wie bei zwei C-Atomen des Diamants ist (z. B. CuCl, CuBr, CuI, AgI; BeO, BeS, BeSe, BeTe, MgTe, ZnO, ZnS, ZnSe, ZnTe, CdS, CdSe, CdTe, HgS, HgSe, HgTe; BN, AlN, AlP, GaN, GaP, GaAs, InSb; vgl. I/VII-, II/VI-, III/V-Verbindungen, S. 1098f).

Ersetzt man in der Zinkblende die Zinkatome hälftig durch Cu und hälftig durch Fe, so kommt man zum *Kupferkies* $CuFeS_2$; ersetzt man in diesem Kupferkies die Hälfte der Eisenatome durch Sn, so erhält man den *Zinnkies* Cu_2FeSnS_4. Auch in diesen Fällen liegen also Kugelpackungen von S-Ionen vor, in deren Lücken in diesem Falle Cu-, Fe- bzw. Sn-Ionen eingebaut sind.

Verwendung. *Kristallisiertes* Zinksulfid, welches Spuren von Kupfer oder Silber ($\sim 0.01\%$) enthält, hat wie die Sulfide der Erdalkalimetalle (S. 1134) die Fähigkeit, nach *Belichtung* im Dunkeln *weiterzuleuchten*. Diese Lumineszenz-Erscheinung („*Phosphoreszenz*") tritt auch beim Bestrahlen mit *unsichtbaren Strahlen* (ultraviolettes Licht, Röntgenstrahlen, Kathodenstrahlen, radioaktive Strahlen) auf. Daher benutzt man aktivierte Zinkblende („*Sidotsche Blende*", benannt nach dem Entdecker T. Sidot) in dünner Schicht auf Plexiglas oder anderem durchsichtigem Material als *Leuchtschirm* zum Sichtbarmachen von Röntgenstrahlen und radioaktiven Zerfallsprodukten (S. 1730, 1234). Im Gemisch mit $BaSO_4$ dient ZnS als weiße *Malerfarbe* („*Lithopone*", S. 1142). Wegen seiner Ungiftigkeit kann es als Pigment zum Anfärben von Kinderspielzeug genutzt werden.

Beim Einleiten von Schwefelwasserstoff in alkalische oder mäßig saure Cadmiumsalzlösungen fällt **Cadmiumsulfid CdS** als schön *gelber*, amorpher Niederschlag aus ($L_{CdS} = 1.0 \times 10^{-28}$). Es kommt in der Natur sowohl mit Zinkblende- als auch Wurtzit-Struktur vor und dient in der Malerei unter dem Namen „*Cadmiumgelb*" als sehr dauerhafte gelbe *Farbe*. Die auf *gelbem* CdS bzw. auf CdS-Mischphasen (+ ZnS: *grünlich-gelb*; + HgS oder CdSe: *orange* bis *bordeaux-farben*) basierenden, praktisch unlöslichen und deshalb wenig giftigen Cd-Pigmente gehören zu den *thermostabilsten* und *brillantesten* anorganischen *Buntpigmenten*. Sie werden zum Einfärben von *Kunststoffen* mit hoher Verarbeitungstemperatur (Polystyrol, -ethylen, -propylen usw.), von *Lacken* und von *Gläsern* genutzt.

Zink- und Cadmiumsalze von Oxosäuren. Durch vorsichtiges oxidierendes *Rösten von Zinkblende* ($ZnS + 2O_2 \rightarrow ZnSO_4$) oder durch Behandeln *oxidischer Zinkerze* mit *Schwefelsäure* ($ZnO + H_2SO_4 \rightarrow ZnSO_4 + H_2O$) läßt sich **Zinksulfat $ZnSO_4$** gewinnen. Es kristallisiert aus Wasser in Form großer, *farbloser* Kristalle der Zusammensetzung $ZnSO_4 \cdot 7H_2O = [Zn(H_2O)_6]SO_4 \cdot H_2O$ als „*Zinkvitriol*" aus, welches mit anderen Vitriolen $MSO_4 \cdot 7H_2O$ (M z. B. Mg, Fe) isomorph ist, mit Alkalisulfaten Doppelsulfate vom Typus $M_2Zn(SO_4)_2 \cdot 6H_2O$ (isomorph mit den entsprechenden Doppelsalzen des Magnesiums) bildet und sich vom Kupfervitriol $CuSO_4 \cdot 5H_2O$ durch einen größeren Wassergehalt unterscheidet, da das

Zink-Ion 6 Moleküle H_2O koordinativ bindet (auch gegenüber NH_3 kann Zn^{2+} die Koordinationszahl 6 betätigen). Die bakterientötende Wirkung des Zn^{2+}-Ions ermöglicht die *Anwendung* sehr verdünnter $ZnSO_4$-Lösungen (0.1–0.5%) als *Augenwasser* bei Bindehautentzündungen (zum Teil im Gemisch mit Borwasser; S. 1037).

Andere *wasserlösliche Zinksalze* sind das Nitrat $\mathbf{Zn(NO_3)_2}$, das Sulfit $\mathbf{ZnSO_3}$, das Perchlorat $\mathbf{Zn(ClO_4)_2}$ und das Acetat $\mathbf{Zn(OAc)_2}$ (Ac = Acetylrest CH_3CO). Letzteres bildet bei der Destillation im Vakuum ein mit dem Oxoacetat des Berylliums (S. 1113) isomorphes „*Oxoacetat*" $Zn_4O(OAc)_6$. Beim Erhitzen auf 770 °C wird wasserfreies $ZnSO_4$ gemäß $ZnSO_4 \rightarrow ZnO + SO_2 + \frac{1}{2}O_2$ zersetzt. In analoger Weise zerfallen $ZnCO_3$ und $Zn(NO_3)_2$ bei 300 bzw. 140 °C: $ZnCO_3 \rightarrow ZnO + CO_2$; $Zn(NO_3)_2 \rightarrow ZnO + 2NO_2 + \frac{1}{2}O_2$. Dagegen ist das Diphosphat $\mathbf{Zn_2P_2O_7}$ sehr stabil, weshalb man es zur gravimetrischen Bestimmung von Zn verwendet. Ähnlich wie von Zink existiert auch von Cadmium ein wasserlösliches **Cadmiumsulfat** $\mathbf{CdSO_4}$, das als Vitriol $CdSO_4 \cdot 7H_2O$ aber auch als Hydrat der Zusammensetzung $3CdSO_4 \cdot 8H_2O$ isoliert werden kann. Darüber hinaus sind viele weitere Cadmiumsalze von Oxosäuren bekannt.

Feinkristalline Schichten aus **Zinkphosphat** $\mathbf{Zn_3(PO_4)_2 \cdot 4H_2O}$ („*Hopeit*") – zum Teil im Gemisch mit $Zn_2Fe(PO_4)_2 \cdot 4H_2O$ („*Phosphophyllit*") – dienen als **Korrosionsschutz** und „*Lackhaftgrund*" für Haushaltsgeräte (Kühlschränke, Waschmaschinen) und Autokarosserien. Sie werden durch Behandlung der stählernen Werkstücke mit einer wässerigen Lösung von „*Zinkdihydrogenphosphat*" $Zn(H_2PO_4)_2$ gebildet („*Phosphatierung*")[8, 9].

Die Ausfällung von Hopeit auf dem Werkstück erfolgt hierbei durch Reduktion der im Gleichgewicht (1) gebildeten Protonen nach (2) mit dem Eisen des Werkstückes („*Beizreaktion*"):

$$3Zn^{2+} + 2H_2PO_4^- + 4H_2O \rightleftarrows Zn_3(PO_4)_2 \cdot 4H_2O + 4H^+, \quad (1)$$

$$2Fe + 4H^+ \rightarrow 2Fe^{2+} + 2H_2. \quad (2)$$

Die entstehenden Fe^{2+}-Ionen werden zum Teil durch Phosphoryllit-Bildung, zum Teil durch Reaktion mit zugesetzten Oxidationsmitteln wie Nitrit, Nitrat, Chlorat (Bildung von unlöslichem $Fe^{III}PO_4$) verbraucht (die Oxidationsmittel oxidieren zudem nach (2) gebildeten Wasserstoff zu Wasser).

Organische Zink- und Cadmiumverbindungen (vgl. S. 1628)[10]. Die zinkorganischen Verbindungen sind deshalb von historischer Bedeutung, weil sie die *ersten* überhaupt dargestellten „*metallorganischen Verbindungen*" mit σ-Metall-Kohlenstoff-Bindung waren[11]. Sie wurden für synthetische Zwecke zwar weitgehend von den ein halbes Jahrhundert später (um 1900) entdeckten Grignard-Verbindungen (S. 1123) verdrängt, sind aber wegen ihres schonenden Reaktionsverhaltens gegenüber bestimmten organischen funktionellen Gruppen (s. u.) auch heute noch für selektive Alkylierungen und Arylierungen von Interesse. Cadmiumorganische Verbindungen wirken hierbei chemisch noch schonender.

Darstellung. Analog den magnesiumorganischen Verbindungen RMgX und MgR_2 (S. 1123) gewinnt man die **Organylzinkhalogenide RZnX** durch Einwirkung von *Organylhalogeniden* RX (R insbesondere Alkyl; X insbesondere I, aber auch Br) in Kohlenwasserstoffen unter Inertatmosphäre (N_2, CO_2) auf mit Kupfer aktiviertes *Zink* („*Direktverfahren*") und anschließend aus RZnX durch thermische „*Dismutation*" **Zinkdiorganyle** $\mathbf{R_2Zn}$ (die Methode ist zur RCdX- und R_2Cd-Gewinnung weniger geeignet). Darüber hinaus entstehen sowohl ZnR_2 als auch **Cadmiumdiorganyle** $\mathbf{R_2Cd}$ einerseits durch „*Metathese*" aus *Zink*- bzw.

---

8 Für einfachen Korrosionsschutz ist nicht die besprochene „schichtbildende", sondern nur eine „nichtschichtbildende" Phosphatierung durch Behandlung der Werkstücke mit einer Lösung von Alkalimetalldihydrogenphosphat MH_2PO_4 notwendig, wobei die Kationen der Korrosionsschutzschicht aus dem Werkstück stammen: $Fe + 2H_2PO_4^- \rightarrow FePO_4 + HPO_2^{2-} + 1.5H_2$.

9 Die aufgebrachten Schichten wirken – insbesondere in Verbindung mit Öl oder Metallseife – zugleich als „*anorganisches Schmiermittel*", die gegebenenfalls die Reibung zwischen Werkzeug und Werkstück mindern. Gleichzeitig wird durch die Schichten eine Korrosion während der Bearbeitung des Werkstücks verhindert.

10 **Literatur.** J. Boersma: „*Zinc and Cadmium*", Comprehensive Organomet. Chem. **2** (1982) 823–862; W. Carruthers: „*Compounds of Zn, Cd, Hg, Cu, Ag, Au in Organic Synthesis*", Comprehensive Organomet. Chem. **7** (1982) 661–729; HOUBEN-WEYL: „*Organische Verbindungen des Zinks und Cadmiums*" **13/2** (1973/74); B.J. Wakefield: „*Alkyl Derivatives of the Group II Metals*", Adv. Inorg. Radiochem. **11** (1968) 341–425; N.I. Sheverdina, K.A. Kocheskov: „*The Organic Compounds of Zinc and Cadmium*", North Holland, Amsterdam 1967; P.R. Jones, P.J. Desio: „*The Less Familiar Reactions of Organocadmium Reagents*", Chem. Rev. **78** (1978) 491–516.

11 **Geschichtliches.** Edward Frankland entdeckte die flüssigen *Zinkdialkyle* $ZnMe_2$ und $ZnEt_2$ im Jahre 1849 beim Versuch, aus Alkyliodiden mit Hilfe von Zink die Radikale Me˙ und Et˙ in Freiheit zu setzen, nachdem bereits zuvor „*halbmetallorganische Verbindungen*" mit σ-Arsen-Kohlenstoff-Bindungen ($Me_2AsOAsMe_2$: L.C. Cadet 1760; $Me_2AsAsMe_2$, Me_2AsX: R.W. Bunsen 1840) und „*metallorganische Verbindungen*" mit π-Platin-Kohlenstoff-Bindungen ($(C_2H_4)PtCl_3^-$: W.C. Zeise 1827) dargestellt worden waren.

Cadmiumdihalogeniden MX_2 und Lithiumorganylen LiR oder *Grignard-Verbindungen* RMgX, andererseits durch „*Transmetallierung*" aus *Zink* bzw. *Cadmium* und *Quecksilberdiorganylen* R_2Hg:

$$\text{Zn} \xrightarrow[\textit{Direktverfahren}]{+\text{RX}} \mathbf{RZnX} \xrightarrow[\textit{Dismutation}]{\times 2;\ -\text{ZnX}_2} \mathbf{R_2Zn};$$

$$\text{MX}_2 \xrightarrow[\textit{Metathese}]{+2\,\text{LiR};\ -2\,\text{LiX}} \mathbf{R_2M} \xleftarrow[\textit{Transmetallierung}]{+\text{HgR}_2;\ -\text{Hg}} \text{M}$$

Eigenschaften. Die Zink- sowie Cadmiumdiorganyle stellen *farblose*, in organischen Medien gut lösliche unpolare Flüssigkeiten oder niedrigschmelzende Feststoffe dar, z. B.:

„*Dimethylzink*"	Me_2Zn	Smp./Sdp.	$-29/46\,°C$	„*Dimethylcadmium*"	Me_2Cd	Smp./Sdp.	$-4.5/106\,°C$
„*Diethylzink*"	Et_2Zn	Smp./Sdp.	$-28/114\,°C$	„*Diethylcadmium*"	Et_2Cd	Smp.	$-21\,°C$
„*Diphenylzink*"	Ph_2Zn	Smp./Sdp.	$107/280\,°C$	„*Diphenylcadmium*"	Ph_2Cd	Smp.	$174\,°C$

Die Zinkorganyle sind vergleichsweise *thermostabil* und *lichtbeständig*, entzünden sich an der *Luft* zum Teil von selbst und reagieren mit *Wasser* stürmisch, die Cadmiumdiorganyle sind weniger temperaturbeständig als ihre Zinkanaloga, zersetzen sich am Licht, entzünden sich an Luft normalerweise nicht, reagieren aber mit Wasser. Mit *Donoren* D wie Ethern, Aminen, Organylanionen bilden die Diorganyle Komplexe des Typus R_2MD und R_2MD_2. Die „*Tetraorganylcadmiate*" CdR_4^{2-} sind hierbei instabiler als die „*Tetraorganylzinkate*" ZnR_4^{2-}.

Strukturen. Anders als die Magnesiumdiorganyle MgR_2 treten die weniger Lewis-aciden Zinkdiorganyle ZnR_2 und noch weniger Lewis-aciden Cadmiumdiorganyle CdR_2 (R = Alkyl, Aryl) stets monomer mit *linearem* Molekülbau R—M—R auf. Polymeren Bau weisen demgegenüber Acetylide $Zn(C{\equiv}CR)_2$ auf (a). Entsprechendes gilt für das Cyclopentadienid CpZnMe (b), in welchem der Cyclopentadienylrest pentahapto (η^5) an Zink geknüpft ist. In Cp_2Zn ist ein Cp-Rest π-, der andere σ-gebunden (monomer in der Gasphase und Lösung, polymer analog (b) in fester Phase.

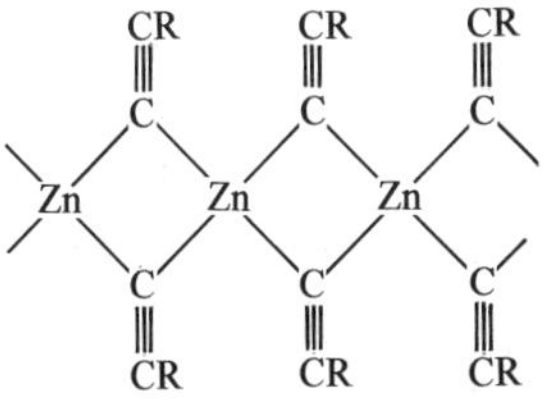

(a) 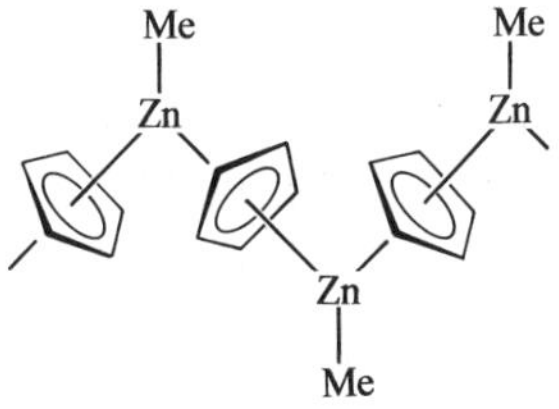 (b)

Die Donoraddukte R_2MD wie $Me_2Zn(OMe_2)$ weisen trigonal-planaren, die Donoraddukte R_2MD_2 wie $Bu_2Zn(Me_2NCH_2CH_2NMe_2)$ oder Me_4Zn^{2-} tetraedrischen Bau auf.

Reaktivität. *Zinkdiorganyle* werden anstelle von Lithium- und Magnesiumorganylen eingesetzt, wenn unter relativ milden und nichtbasischen Bedingungen organyliert werden soll (z. B. $NbCl_5 + Me_2Zn \rightarrow Me_2NbCl_3 + ZnCl_2$), die noch milder wirkenden *Cadmiumdiorganyle*, wenn Carbonsäurechloride in Ketone überführt werden sollen ($2R'COCl + R_2Cd \rightarrow 2\,R'COR + CdCl_2$; Cadmiumorganyle addieren sich anders als Magnesiumorganyle nicht an $>$C=O und verwandte Gruppen). Eine wichtige Rolle spielen wegen ihrer vergleichsweise hohen Stabilität darüber hinaus *Organozinkcarbenoide* wie ICH_2ZnI (aus CH_2I_2 + Zn) als Überträger von Carbenen auf organische Doppelbindungssysteme (Bildung von Cyclopropanen).

Derivate. Die durch Reaktion der Zink- bzw. Cadmiumdiorganyle R_2M mit ZnH_2, $ZnCl_2$, HOR oder HNR_2 gemäß $R_2M + MX_2 \rightarrow 2\,RMX$ bzw. $R_2M + HX \rightarrow RMX + RH$ zugänglichen Hydride **RZnH**, Halogenide **RMHal**, Alkoxide **RMOR**, Amide **RMNR₂** sind in der Regel über MXM-Brücken assoziiert und bilden z. B. Dimere (c), Trimere (d), Tetramere (e) oder Polymere:

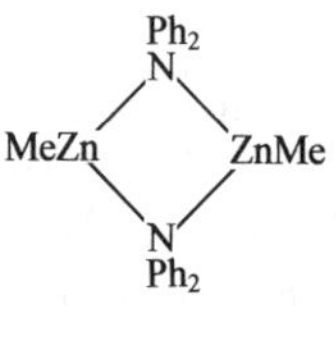

(c) 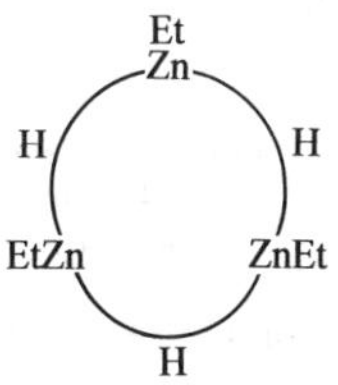 (d) (als Pyridinat) 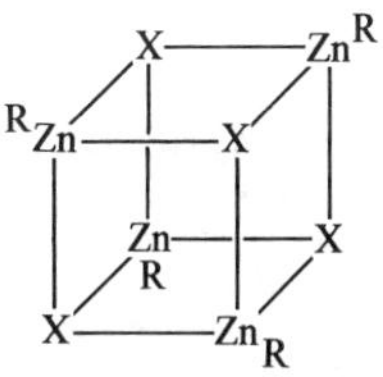 (e) (X = Hal, OR)

Niedrigwertige zink- und cadmiumorganische Verbindungen R—M—M—R sind unbekannt.

2 Das Quecksilber[12)]

2.1 Elementares Quecksilber

Vorkommen

Das Quecksilber kommt in der Natur hauptsächlich **gebunden** in Form von **Sulfiden** als „*Zinnober*" HgS und als „*Levingstonit*" $Hg[Sb_4S_7]$ (= „$HgS \cdot 2Sb_2S_3$"), seltener **gediegen** in Tröpfchen – eingeschlossen in Gesteinen – vor. Die europäischen Hauptfundorte sind Almadén (Spanien), Idria (Krain) und der Bezirk von Monte Amiata (Toscana). In Deutschland findet sich etwas Quecksilber in der Rheinpfalz.

Isotope (vgl. Anh. III). *Natürliches* Quecksilber besteht aus den 7 Isotopen ${}^{196}_{80}Hg$ (0.2%), ${}^{198}_{80}Hg$ (10.1%), ${}^{199}_{80}Hg$ (17.0%; für *NMR*), ${}^{200}_{80}Hg$ (23.1%), ${}^{201}_{80}Hg$ (13.2%; für *NMR*), ${}^{202}_{80}Hg$ (29.6%) und ${}^{204}_{80}Hg$ (6.8%). Die *künstlichen* Nuklide ${}^{197}_{80}Hg$ (Elektroneneinfang, $\tau_{1/2} = 65$ Stunden) und ${}^{203}_{80}Hg$ (β^--Strahler; $\tau_{1/2} = 46.59$ Tage) werden für *Tracerexperimente* und in der *Medizin* genutzt.

Geschichtliches. Das *Symbol* Hg für das Quecksilber leitet sich ab vom griechischen Namen Hydrargyrum = Wassersilber (flüssiges Silber): hydor (griech.) = Wasser, argyros (griech.) = Silber. Der deutsche *Name* Quecksilber (quick = beweglich) besagt dasselbe. Die im Englischen und Französischen gebräuchlichen Namen mercury und mercure für Quecksilber gehen zurück auf die Alchemistenzeit, in der man die Metalle mit den Planeten und der Mythologie verknüpfte und dem Quecksilber das Symbol des „beweglichen" Handelsgottes Merkur gab. *Elementares* Quecksilber war bereits den alten Ägyptern (als Cu- und Sn-Amalgam) bekannt, die alten Griechen und Römer verstanden bereits Hg aus HgO zu gewinnen).

Darstellung

Als *Ausgangsmaterial* für die **technische Gewinnung** von Quecksilber dient fast immer der *Zinnober*. Die zinnoberhaltigen Erze werden in Schachtöfen (großstückige Erze) oder in Schüttröstöfen (feinere Erzsorten) bei *Luftzutritt erhitzt*, wobei das entstehende *Quecksilber* zusammen mit dem gleichzeitig gebildeten Schwefeldioxid *dampfförmig* entweicht[13)]:

$$HgS + O_2 \rightarrow Hg + SO_2.$$

Die Quecksilberdämpfe werden dann in wassergekühlten Röhrenkondensatoren aus glasiertem Steinzeug *kondensiert*, wobei sich das *flüssige Quecksilber* in mit Wasser gefüllten, zementgefütterten Eisenkästen sammelt. Das auf diese Weise bei der Destillation gewonnene Quecksilber, das in schmiedeeisernen Flaschen in den Handel kommt, ist *sehr rein* und bedarf keiner Raffination mehr.

Ein Teil des Quecksilberdampfes kondensiert sich nicht zu flüssigem Metall, sondern zu einem aus Quecksilber, Quecksilbersalzen, Flugstaub, Ruß und Teer bestehenden *Staub* („*Stupp*"). Dieser – zu etwa 80% aus Quecksilber bestehende – Stupp wird durch eine eiserne Presse („*Stupp-Presse*") gepreßt, wobei 80% des Quecksilbergehaltes in einen Sammelbehälter ausfließen. Der Stupprückstand wird wieder den Röstöfen zugeführt.

Unreines Quecksilber wird zweckmäßig in der Weise **gereinigt**, daß man es durch ein mit 20%iger Salpetersäure gefülltes, senkrecht gestelltes, langes Glasrohr hindurchtropfen läßt, wobei die Salpetersäure die verunreinigenden Metalle herauslöst, und es dann nach dem Waschen und Trocknen im Vakuum destilliert.

---

12 **Literatur.** B. J. Aylett: „*Group II B*", Comprehensive Inorg. Chem. **3** (1973) 187–328; K. Brodersen, H.-U. Hummel: „*Mercury*", Comprehensive Coord. Chem. **5** (1987) 1047–1097; ULLMANN (5. Aufl.): „*Mercury, Mercury Alloys and Mercury Compounds*", **A16** (1990) 269–298; GMELIN: „*Mercury*", Syst.-Nr. **34**, bisher 6 Bände; H. L. Roberts: „*Some General Aspects of Mercury Chemistry*", Adv. Inorg. Radiochem. **11** (1968) 309–339; C. A. McAuliffe (Hrsg.): „*The Chemistry of Mercury*", Macmillan, London 1977; R. Winter: „*Flüssige Metalle*", Chemie in unserer Zeit **22** (1988) 185–192.

13 Beim weniger edlen Zink und Cadmium führt die Röstung zu den Oxiden ZnO und CdO (vgl. S. 1366 und 1368). Beim edleren Quecksilber ist das Oxid (das bereits oberhalb 400 °C zerfällt, S. 17) bei der Rösttemperatur nicht beständig.

Physikalische Eigenschaften

Quecksilber ist das einzige bei Zimmertemperatur *flüssige Metall*[14]. Es erstarrt bei − 38.84 °C (mit einer von der idealen *hexagonal-dichtesten* Kugelpackung noch mehr als Zn und Cd – und zwar in der umgekehrten Richtung – abweichenden Struktur) und siedet bei 356.6 °C unter Bildung eines einatomigen Dampfes. Wegen seiner *hohen Dichte*[15] (13.595 g/cm^3 bei 0 °C, 13.534 g/cm^3 bei 25 °C) dient das silberglänzende Metall zum Füllen von *Barometern* und *Manometern*[16]. Die *elektrische Leitfähigkeit* ist verhältnismäßig *gering*[17].

Der Dampfdruck des Quecksilbers beträgt bei Zimmertemperatur nur 0.0013 mbar. Immerhin enthält aber eine mit Hg-Dampf gesättigte Luft hiernach rund 15 mg Hg je m^3. Da die Quecksilberdämpfe *sehr giftig* sind, genügen die in *schlechtgelüfteten* chemischen und physikalischen *Laboratorien* aus verspritztem Quecksilber in die Luft gelangenden Quecksilberdampfmengen vielfach zur Hervorrufung chronischer *Quecksilbervergiftungen* (s. u.).

Durch *elektrische Entladungen* wird der Quecksilberdampf zu *intensivem Leuchten* angeregt, wobei er ein an *ultravioletten Strahlen* reiches Licht ausstrahlt, das bei Umhüllung des Lichtbogens mit *Quarz-* oder *Uviolglas* (gewöhnliches Glas absorbiert ultraviolettes Licht) großenteils nach außen austreten kann. Derartige „*Quecksilberlampen*“ dienen als Lichtquellen in der Reproduktionstechnik sowie zur Auslösung photochemischer Reaktionen und zu Heilzwecken („*künstliche Höhensonne*“). Das geisterbleiche Aussehen von Menschen im Quecksilberbogenlicht beruht darauf, daß Quecksilber im sichtbaren Bereich nur gelbe, grüne und blaue, aber keine roten Linien ausstrahlt (vgl. S. 421).

Physiologisches[18]. Quecksilber und Quecksilberverbindungen sind für Lebewesen *nicht essentiell* (der Mensch enthält normalerweise kein Quecksilber, s. u.), aber *stark toxisch*. Und zwar wirken *Quecksilberdämpfe* (MAK-Wert = 0.1 mg/m^3) viel giftiger als flüssiges Quecksilber, lösliche *Quecksilber-Verbindungen* viel giftiger als unlösliche (bei vergleichbarer Löslichkeit wächst die Giftigkeit in Richtung anorganischer Hg(I)-, anorganischer Hg(II)-, organischer Hg(II)-Verbindungen; MAK-Wert in letzterem Falle = 0.01 mg/m^3, ber. auf Hg). *Akute Quecksilbervergiftungen* geben sich in leichtem Bluten des Zahnfleischs, einem dunklen Saum von HgS im Zahnfleisch, Kopfschmerzen und Verdauungsstörungen, *chronische Quecksilbervergiftungen* anfangs durch ein feines Zittern der Hände („*Quecksilber-Zittern*“), schwere Magen- und Darmkoliken, Nierenversagen, Gedächtnisschwäche, später durch schwerste Schädigungen des zentralen Nervensystems und Verblödung sowie schließlich durch den Tod zu erkennen. Quecksilber sollte daher stets in geschlossenen Behältern aufbewahrt und nur in gut belüfteten Räumen gehandhabt werden, zumal Quecksilber nur sehr langsam im Harn ausgeschieden wird ($\tau_{1/2}$ = 80–100 Tage). Als Mittel („*Antidot*“) gegen Hg-Vergiftungen können Tierkohle (bindet Hg-Salze), Penicillamin (= 2-Amino-3-methyl-3-thiobuttersäure) oder Dimercaprol verabreicht werden.

Mit der *Giftwirkung* des Quecksilbers ist naturgemäß auch eine *Heilwirkung* verbunden. Daher wurden Hg und Hg-Verbindungen seit T. Paracelsus vielfach in der Medizin angewandt. Feinverteiltes Hg war z. B. in der „*grauen Salbe*“ enthalten, die bei Hautkrankheiten sowie als Spezifikum gegen Syphilis Anwendung fand. Gelbes HgO war Bestandteil einer „*gelben Salbe*“, die man bei der Entzündung der Augenlidränder benutzte. Die bei Hautaffektionen und in der Augenheilkunde verwendete „*Quecksilberpräcipitatsalbe*“ enthielt $Hg(NH_2)Cl$ als wirksame Komponente. Hg_2Cl_2 diente als Abführmittel ($HgCl_2$ läßt sich wegen seiner Giftigkeit nur äußerlich als Antiseptikum anwenden). Heute spielen Hg und Hg-Verbindungen in der Medizin kaum noch eine Rolle.

---

[14] Bei 30 °C sind auch noch die Metalle *Gallium* (Smp. 29.780 °C) und *Cäsium* (Smp. 28.45 °C) flüssig.

[15] Die im Vergleich zu Zink und Cadmium fast doppelt so hohe Dichte des Quecksilbers ist auf die „*Lanthanoid-Kontraktion*“ (S. 1781) der vor dem Hafnium eingeschobenen 14 Lanthanoide (Auffüllung der 4f-Schale) zurückzuführen. Aus diesem Grunde haben ganz allgemein alle Metalle der 6. Periode ab Hafnium wesentlich höhere Dichten als die entsprechenden homologen Gruppenmetalle der 4. und 5. Periode.

[16] Eine Quecksilbersäule von 76 cm hält dem normalen Luftdruck das Gleichgewicht; als Wassersäule sind dafür mehr als 10 m erforderlich.

[17] Der Widerstand einer Quecksilbersäule von 1 mm^2 Querschnitt und 106.300 cm Länge bei 0 °C (entsprechend 14.4521 g Hg) stellt die Einheit des elektrischen Widerstandes („*1 Ohm*“) dar (Kehrwert: „*1 Siemens*“ als Einheit der elektrischen Leitfähigkeit), benannt nach dem deutschen Physiker Georg Simon Ohm (1787–1854).

[18] **Literatur.** G. Tölg, I. Lorenz: „*Quecksilber – ein Problemelement für den Menschen*“, Chemie in unserer Zeit **11** (1977) 150–156; D. L. Rabenstein: „*The Aqueous Solution Chemistry of Methylmercury and its Complexes*“, Acc. Chem. Res. **11** (1978) 100–107; L. T. Friberg, J. J. Vostal: „*Mercury in the Environment*“, CRC Press, Cleveland 1972; S. Jensen, A. Jernelöv: „*Biological Methylation of Mercury in Aquatic Organisms*“, Nature **223** (1969) 753–754; D. L. Rabenstein: „*The Chemistry of Methylmercury Toxicology*“, J. Chem. Ed. **55** (1978) 292–296.

Besondere Bedeutung im *biogeochemischen Kreislauf* von Quecksilber, dessen Vorhandensein in der Umwelt zur Hälfte teils *natürliche Ursachen* (z. B. Vulkanismus, Gesteinsverwitterung), zur Hälfte *anthropogene Ursachen* hat (Gewinnung von Hg, Chloralkalielektrolyse, Fungizide, Verbrennung fossiler Brennstoffe), kommt der *biologischen Methylierung* von Hg(II)-Salzen zu löslichen $MeHg^+$-Salzen durch Mikroorganismen zu (vgl. S. 1392). Letztere Salze gelangen über die Nahrungskette (Meerestiere vermögen MeHgX gut zu speichern) in die menschliche Blutbahn, wo sich $MeHg^+$ an Zentren mit freien SH-Gruppen bindet und dadurch die Wirkung vieler *Enzyme blockiert* (möglicherweise erfolgt zudem Reaktion mit den N-Atomen von Uracil und Thymin der Gene, da MeHgX auch *mutagen* wirkt). Zu spektakulären Fällen chronischer Hg-Vergiftungen kam es insbesondere in Japan (Minamata, Niigata) als Folge des Einleitens von Hg-haltigen Industrieabwässern ins Meer und Verzehrens dadurch „verseuchter" Meeresfische und im Irak als Folge des Verzehrens von mit Ethylquecksilber-p-toluol-sulfonanilid gebeiztem Weizen. Auch andere Lebewesen werden naturgemäß durch aufgenommene MeHgX-Salze geschädigt (z. B. hemmt $MeHg^+$ bereits in äußerst geringen Konzentrationen die Photosynthese in Phytoplankton).

Chemische Eigenschaften

Reines, silberglänzendes Quecksilber verändert sich bei gewöhnlicher Temperatur an der *Luft* nicht, während sich unreines Quecksilber an der Luft mit einem Oxidhäutchen überzieht. Die durch die Oxidhaut bewirkte Veränderung der Oberflächenspannung des Quecksilbers hat z. B. zur Folge, daß Hg (das in reinem Zustande beim Schütteln in einem Glasgefäß die Wandungen nicht benetzt) nach dem Überleiten von Ozon (Bildung eines Oxidhäutchens) beim Schwenken des Gefäßes an der Glaswand unter Ausbildung eines silberglänzenden Hg-Spiegels haftet. Oberhalb von 300 °C vereinigt sich Quecksilber mit *Sauerstoff* zum Oxid HgO, das bei noch stärkerem Erhitzen (oberhalb von 400 °C) wieder in die Elemente zu zerfallen beginnt (S. 17)[19]. Mit *Halogenen* und mit *Schwefel* verbindet sich Quecksilber leicht, mit *Phosphor*, *Stickstoff*, *Wasserstoff* und *Kohlenstoff* nicht. In *Wasser* und *Salzlösungen* löst sich Quecksilber in Gegenwart von Luft spurenweise. Von *verdünnter Salz-* und *Schwefelsäure* wird es praktisch nicht, von *verdünnter Salpetersäure* ohne H_2-Entwicklung langsam angegriffen (vgl. S. 219, 717).

Viele *Metalle* lösen sich in Quecksilber unter Bildung von *Legierungen* auf, die man in diesem Falle als **„Amalgame"** bezeichnet. Sie sind bei kleineren Metallgehalten *flüssig*, bei größeren Metallgehalten *fest*. Natrium-Quecksilber-Legierungen sind bereits bei Gehalten von > 1.5% Na fest. Die Amalgambildung erfolgt bei einigen Metallen (z. B. Zinn) unter Wärmeverbrauch, meist aber unter merklicher *Wärmeentwicklung*. Besonders heftig ist die Reaktion bei der Natrium- und Kaliumamalgam-Bildung. Unter den Nebengruppenmetallen ergeben bevorzugt die schwereren Metalle Amalgame, während die leichteren mit Ausnahme von Mangan und Kupfer in Quecksilber unlöslich sind, weshalb man Hg auch in Eisenbehältern aufbewahren kann.

Strukturen. In den *festen Alkalimetallamalgamen* (alle luftempfindlich mit metallischen Eigenschaften) liegen, infolge Elektronentransfer vom elektropositiven Alkalimetall zum Quecksilber, partiell *negativ geladene Quecksilbercluster* mit typischen Hg—Hg-Abständen von etwa 3 Å vor. So enthalten z. B. die *goldfarbenen* Amalgame KHg, CsHg und Na_3Hg_2 isolierte Hg_4-*Quadrate*. Das *goldbronzefarbene* Amalgam NaHg weist kondensierte *Zick-Zack-Ketten* auf. Im ebenfalls *goldenen* $Rb_{15}Hg_{16}$ findet man Hg_4-Quadrate neben Hg_8-*Würfeln*. $NaHg_2$, KHg_2, K_5Hg_7, $RbHg_2$ und $CsHg_2$ ($NaHg_2$ *silbern*, alle anderen *schwarz* mit rötlichem Schimmer) enthalten dreidimensionale Quecksilber*netzwerke* auf der Basis ebener und gewellter Sechsringe. Extrem alkalimetallreiche Amalgame (z. B. *silbernes* Na_8Hg_3, Na_3Hg und Na_2Hg) sind dagegen durch isolierte, partiell negativ geladene Quecksilber*atome* (d_{Hg-Hg} > 5 Å) charakterisiert.

Verwendung von Quecksilber. Reines **Quecksilber** (Weltjahresproduktion: mehrere Kilotonnen) wird in großem Umfange für die „*Chloralkali-Elektrolyse*" nach dem Amalgamverfahren (S. 436) gebraucht, deren Investitionskosten es maßgeblich mitbestimmt. Weiterhin dient es zur Füllung von „*Thermometern*"

[19] Diese Fähigkeit des Quecksilbers zur Aufnahme und Abgabe von Sauerstoff war bei den ersten von Lavoisier und Priestley durchgeführten Versuchen über Sauerstoff von Bedeutung (vgl. S. 12).

und „*Hochvakuumpumpen*", für „*elektrische Kontrollinstrumente*", zur „*Goldherstellung*" sowie im *Labor*. Der Einsatz seiner **Verbindungen** als „*Farbmittel*" bzw. als „*Schädlingsbekämpfungsmittel*" ist wegen deren Giftigkeit stark zurückgegangen.

Unter den **Amalgamen** dienen Alkaliamalgame (wie auch amalgamiertes Zink) als „*Reduktionsmittel*" in wässerigen Lösungen. Da reines Natriumamalgam durch Wasser nur langsam zersetzt wird, katalysiert man bei der Chloralkali-Elektrolyse (S. 437) die Zersetzung durch Eisen oder Graphit. Von besonderer Wichtigkeit ist das Silberamalgam als „*Zahnfüllmasse*" („*Amalgamplomben*"). Es ist in frischbereitetem Zustande wie alle Amalgame *plastisch*[20], so daß es sich den Hohlräumen im Zahn gut anpaßt, und erhärtet nach einiger Zeit von selbst. Die früher vielfach als Zahnfüllmassen verwendeten billigeren Kupferamalgame wurden verlassen, da sie im Laufe der Zeit unter *Freiwerden von Quecksilber* angegriffen werden, was bei der *Giftigkeit* des Quecksilbers (s. oben) bedenklich ist. Aus dem gleichen Grunde ist man von der früher üblichen Belegung der Spiegel mit Zinnamalgam ganz abgekommen und benutzt jetzt nur noch Silberspiegel.

Quecksilber in Verbindungen

In seinen chemischen Verbindungen tritt Quecksilber mit den **Oxidationsstufen +1** (z. B. Hg_2Cl_2, $Hg_2(NO_3)_2$) und **+2** auf (z. B. $HgCl_2$, HgO, HgS). Die Verbindungen des *einwertigen* Quecksilbers sind immer *bimolekular*: Hg_2X_2, die des *zweiwertigen monomolekular*: HgX_2.

Die bevorzugte **Koordinationszahl** von Quecksilber ist *zwei* (linear in $\mathbf{Hg_2}Cl_2$, $\mathbf{Hg_2}Cl_2$, $\mathbf{Hg}(NH_3)_2^{2+}$). Es betätigt aber auch die Koordinationszahlen *drei* (trigonal-planar in $\mathbf{HgI_3^-}$), *vier* (tetraedrisch in $\mathbf{Hg}(SCN)_4^{2-}$), *fünf* (trigonal-bipyramidal in $\mathbf{Hg}$(terpy)Cl_2, quadratisch-pyramidal in $\mathbf{Hg}[N(C_2H_4NMe_2)_3]\mathbf{I}$), *sechs* (oktaedrisch in $\mathbf{Hg}[C_6H_4(AsMe_2)_2]_2(SCN)_2$) und *größer sechs* (z. B. verzerrt quadratisch-antiprismatisch in $\mathbf{Hg}(NO_2)_4^{2-}$). Die oktaedrische Geometrie ist in der Regel stark deformiert: man findet zwei kurze und vier lange Bindungen (2 + 4 Koordination).

Bezüglich der *Elektronenkonfiguration*, der *Radien*, der *magnetischen* und *optischen* Eigenschaften von **Quecksilberionen** Hg_2^{2+} und Hg^{2+} (beide *farblos* und *diamagnetisch*) vgl. Ligandenfeld-Theorie (S. 1250) sowie Anh. IV, bezüglich eines **Eigenschaftsvergleichs** der Metalle der Zinkgruppe untereinander und mit den Erdalkalimetallen vgl. S. 1199f, Anm.[1] und Nachfolgendes.

Quecksilber und dessen Verbindungen weisen (analog dem benachbarten Gold und dessen Verbindungen, S. 1354) eine Reihe **außergewöhnlicher Eigenschaften** auf, so daß sich das schwere Homologe Hg chemisch deutlich von den leichteren, sich chemisch gleichenden Homologen Cd und Zn unterscheidet. Z. B. ist Quecksilber unter allen Elementen das einzige *flüssige Metall.* Auch besitzt nur Quecksilber unter den Elementen der II. Nebengruppe ein *positives Redoxpotential* (vgl. Anh. VI) und ist damit viel edler als Zink und Cadmium. Seine *Pauling-Elektronegativität* (2.0) ist unter den Zinkgruppenmetallen am *höchsten*, seine *erste Ionisierungsenergie* (s. u.) unter allen Nebengruppenmetallen am *größten*. Schließlich neigt Quecksilber – anders als die leichteren Homologen – zur Ausbildung deutlich *kovalenter Bindungen*, wie sich etwa in der Bildung von Hg(I)-Verbindungen mit stabilen HgHg-Gruppen, in der Flüchtigkeit vieler Hg(II)-Verbindungen (z. B. $HgCl_2$ mit Molekülgitter) und der Hydrolyse- und Luftbeständigkeit von Quecksilberamiden und -imiden sowie organischer Quecksilberverbindungen zeigt.

Die erwähnten und nicht erwähnten außergewöhnlichen Quecksilbereigenschaften (vgl. Tafel IV) gehen wie beim Gold (S. 1354) u. a. darauf zurück, daß die d- und insbesondere s-Außenelektronen des Quecksilbers durch die f-Elektronen der drittinnersten Schale *schlecht abgeschirmt* werden und daß durch *relativistische Effekte* (S. 338) die s-Außenelektronen eine zusätzliche *Energieabsenkung* (≙ Orbitalkontraktion), die d-Außenelektronen eine schwache *Energieanhebung* (≙ Orbitalexpansion) erfahren. Demgemäß vergrößert sich der Metallatomradius beim Übergang von Cd nach Hg weniger stark (von 1.49 nach 1.62 um 0.13 Å) als beim Übergang von Zn nach Cd (von 1.33 nach 1.49 um 0.16 Å). Auch *steigt* die Ionisierungsenergie (Abionisierung eines s-Elektrons: $M \rightarrow M^+ + e^-$), die beim Übergang von Zn nach Cd aufgrund des größeren Kernabstands der 5s- gegenüber den 4s-Elektronen abnimmt, beim Übergang von Cd nach Hg aufgrund der relativistischen 6s-Energieabsenkung *sogar wieder an*. Analoges gilt für die 2. Ionisierungsenergie (Abionisierung des zweiten s-Elektrons: $M^+ \rightarrow M^{2+} + e^-$), während die 3. Ioni-

[20] Daher der Name Amalgam; von amalos (griech.) = weich und gamos (griech.) = Vereinigung, Hochzeit.

sierungsenergie (Abionisierung eines d-Elektrons: $M^{2+} \rightarrow M^{3+} + e^-$) wegen der relativistischen 5d-Energieanhebung in Richtung Zn, Cd, Hg einsinnig abnimmt:

[eV]			$M \rightarrow M^+ + e^-$			$M^+ \rightarrow M^{2+} + e^-$			$M^{2+} \rightarrow M^{3+} + e^-$		
Cu	**Zn**	Ga	7.725	**9.393**	5.998	20.29	**17.96**	20.51	36.84	**39.72**	30.71
Ag	**Cd**	In	7.576	**8.992**	5.786	21.48	**16.90**	18.87	34.83	**37.47**	28.02
Au	**Hg**	Tl	9.22	**10.44**	6.107	20.52	**18.76**	20.43	30.05	**34.20**	29.83

Die 1. Ionisierungsenergien der benachbarten Metalle der Kupfer-, Zink- und Galliumgruppe weisen bei der Zinkgruppe ein Maximum auf, was für die besondere Stabilität der abgeschlossenen s^2-Außenschale dieser Gruppe spricht (entfernt: Edelgascharakter). Diese „Helium"-Elektronenkonfiguration des Hg-Atoms wird auch von den nachfolgenden Hauptgruppenelementen Tl, Pb, Bi usw. in ihren gegenüber den Gruppennummern III, IV, V usw. um zwei Einheiten niedrigeren Wertigkeiten + 1, + 2, + 3 usw. erstrebt („*Effekt des inerten Elektronenpaars*"; vgl. hierzu das Goldanion Au^-).

Da die 1. Ionisierungsenergie in die Elektronegativität der Elemente mit eingeht, ist diese im Falle von Hg mit der Folge vergleichsweise *hoch*, daß die von Hg ausgehenden Bindungen *deutliche Kovalenzanteile* aufweisen.

Die große Beständigkeit der Wertigkeit II der Zinkgruppenelemente erklärt sich u.a. damit, daß die Summe der 1. und 2. Ionisierungsenergie vergleichsweise klein ist (kleiner als im Falle der entsprechenden Elemente der Kupfergruppe). Die Nichterreichbarkeit von Wertigkeiten > II wird andererseits dadurch verständlich, daß die Summe der 1., 2. und 3. Ionisierungsenergie der Zinkgruppenmetalle wegen der hohen 3. Ionisierungsenergien vergleichsweise hoch ist (höher als im Falle der entsprechenden Elemente der Kupfergruppe).

Die starke Bindung der d-Elektronen an die Zn-, Cd- und Hg-Kerne ist auch der Grund dafür, daß die M^{2+}-Ionen in der Regel keine Komplexe mit Liganden wie CO, NO oder Alkenen bilden, für deren Stabilität „*Rückbindungen*" vom Metall zum Liganden wesentlich sind. Da die polarisierende Wirkung der M^{2+}-Ionen in Richtung Mg^{2+}, Zn^{2+}, Cd^{2+}, Hg^{2+} zunimmt, vereinigen sich die Ionen in gleicher Richtung bevorzugt mit zunehmend weicheren Lewis-basischen Donoren. Bezüglich der Bevorzugung der Koordinationszahl *zwei* bei Hg(II)-Komplexen vgl. das bei Au(I)-Komplexen Besprochene (S. 1355).

Die starke Bindung der s-Außenelektronen an den Hg-Kern ist auch der Grund für die nur *schwachen* Quecksilber-Quecksilber-Kontakte im elementaren Quecksilber und für die *starken* HgHg-Kontakte in Hg(I)-Verbindungen[21]. Da – anders als im Falle von Gold – auch die d-Außenelektronen des Quecksilbers vergleichsweise fest an den Hg-Kern gebunden sind (Abnahme des relativistischen Effekts und Zunahme der Kernladung in Richtung Au, Hg), weist Hg wie Cd eine weißglänzende Farbe auf, während das benachbarte Element Au zum Unterschied von weißglänzendem Ag gelbglänzend ist (vgl. S. 1356).

2.2 Quecksilber(I)-Verbindungen[22,23]

In den Hg(I)-Verbindungen HgX *betätigt* das Hg-Atom wie in den Hg(II)-Verbindungen HgX_2 seine *beiden Valenzelektronen*. Das zweite dient dabei zur kovalenten Bindung eines zweiten Hg-Atoms im *dimeren Molekül* X—Hg—Hg—X. Hg(I)-Verbindungen enthalten so-

[21] Die *Atomisierungsenergien* betragen im Falle von Zn/Cd/Hg = 131/112/61 kJ/mol, die *Kraftkonstanten* im Falle von $Zn_2^{2+}/Cd_2^{2+}/Hg_2^{2+} = 0.6/1.1/2.5\,N\,cm^{-1}$.

[22] **Literatur.** D. Grdenic: „*The Structural Chemistry of Mercury*", Quart. Rev. **19** (1965) 303–328; P.A.W. Dean: „*The Coordination Chemistry of the Mercury Halides*", Progr. Inorg. Chem. **24** (1978) 109–178; J.D. Corbett: „*Homopolyatomic Ions of the Post-Transition Elements – Synthesis, Structure and Bonding*", Progr. Inorg. Chem. **21** (1976) 129–158; D. Breitinger, K. Brodersen: „*Entwicklung und Problematik der Chemie der Quecksilber-Stickstoff-Verbindungen*", Angew. Chem. **82** (1972) 379–389; Int. Ed. **9** (1972) 357; H.-J. Deiseroth: „*Alkalimetall-Amalgame*", Chemie in unserer Zeit **25** (1991) 83–86; L.H. Gade: „*Quecksilber, struktureller Baustein und Quelle lokalisierter Reaktivität in Metallclustern*", Angew. Chem. **105** (1993) 25–42; Int. Ed. **32** (1993) 24.

[23] Man kennt auch **niedrigwertige Quecksilberverbindungen**. Bei der Oxidation von Quecksilber mit Arsenpentafluorid in flüssigem SO_2 bilden sich gemäß $n\text{Hg} + 3\,AsF_5 \rightarrow Hg_n(AsF_6)_2 + AsF_3$ Salze $Hg_n(AsF_6)_2$, die positiv geladene Quecksilber*cluster* enthalten: *farbloses* $Hg_2(AsF_6)_2$ (enthält $Hg-Hg^{2+}$-Ionen, Oxidationsstufe von Hg = + 1.00; HgHg-Abstand 2.50 Å), *gelbes* $Hg_3(AsF_6)_2$ (enthält *lineare* $Hg-Hg-Hg^{2+}$-Ionen, Oxidationsstufe von Hg = + 0.67; HgHg-Abstand 2.52 Å), *dunkelrotes* $Hg_4(AsF_6)_2$ (enthält fast lineare $Hg-Hg-Hg-Hg^{2+}$-Ionen, Oxidationsstufe von Hg = + 0.50; HgHg-Abstände 2.57 Å (außen) und 2.70 Å (innen)) und *goldgelbes* $Hg_{5.7}(AsF_6)_2$ (enthält eindimensional unendliche, fast lineare Hg-Ketten, Oxidationsstufe von Hg = + 0.35, HgHg-Abstand im Mittel 2.64 Å). Das Hg_3^{2+}-Kation liegt auch den Salzen $Hg_3(Sb_2F_{11})_2$ (gewinnbar aus $Hg + SbF_5$ in flüssigem SO_2) und $Hg_3(AlCl_4)_2$ (gewinnbar aus $Hg + HgCl_2$ in geschmolzenem $AlCl_3$) zugrunde.

mit einen *Metallatom-Cluster*. Bezüglich der Beweise für die bimolekulare Natur der Hg(I)-Verbindungen vgl. das weiter unten bei den Verbindungen Hg_2Cl_2 und $Hg_2(NO_3)_2$ Gesagte.

Aus den Normalpotentialen für die Systeme Hg/Hg(I) und Hg(I)/Hg(II) geht gemäß nachfolgendem **Potentialdiagramm** hervor, daß sich aus Hg und Hg^{2+} in wässeriger Lösung bei den Einheiten der Ionenkonzentrationen Hg_2^{2+} bildet:

pH = 0

$$\mathbf{Hg^{2+}} \xrightarrow{+0.920} \mathbf{Hg_2^{2+}} \xrightarrow{+0.7889} \mathbf{Hg} \qquad (\mathbf{Hg^{2+}} \xrightarrow{+0.8545} \mathbf{Hg})$$

pH = 14

$$\mathbf{HgO} \xrightarrow{?} \mathbf{Hg_2(OH)_2} \xrightarrow{?} \mathbf{Hg} \qquad (\mathbf{HgO} \xrightarrow{+0.0977} \mathbf{Hg})$$

Dementsprechend können Hg(I)-Salze durch Einwirkung von Hg auf Hg(II)-Salze gewonnen werden ($K = c_{Hg_2^{2+}}/c_{Hg^{2+}} = 87$). Die Reaktion kehrt sich allerdings um (Zerfall von Hg(I)-Salzen in Hg und Hg(II)-Salze), wenn etwa infolge Schwerlöslichkeit (z. B. HgO, HgS) oder mangelnder elektrolytischer Dissoziation (z. B. $Hg(CN)_2$) die Konzentration von Hg^{2+} in merklich größerem Ausmaß herabgesetzt ist als die von Hg_2^{2+}, so daß sich das Gleichgewicht $Hg + Hg^{2+} \rightleftarrows Hg_2^{2+}$ nach der *linken Seite* verschiebt. Da dies sehr häufig der Fall ist, z. B.:

$$Hg_2^{2+} \xrightarrow[-H_2O]{+2OH^-} Hg_2O \longrightarrow Hg + HgO, \qquad Hg_2^{2+} \xrightarrow{+2NH_3} Hg_2(NH_3)_2^{2+} \longrightarrow Hg + Hg(NH_3)_2^{2+},$$

$$Hg_2^{2+} \xrightarrow[-2H^+]{+H_2S} Hg_2S \longrightarrow Hg + HgS, \qquad Hg_2^{2+} \xrightarrow{+2CN^-} Hg_2(CN)_2 \longrightarrow Hg + Hg(CN)_2,$$

sind stabile Hg(I)-Verbindungen auf solche Fälle beschränkt, in denen das Gleichgewicht $Hg + Hg^{2+} \rightleftarrows Hg_2^{2+}$ z. B. infolge Schwerlöslichkeit der Hg(I)-Verbindung (wie bei den Hg(I)-halogeniden und Hg(I)-sulfat) oder infolge Komplexbildung des Hg(I)-Ions (wie beim Hg(I)-nitrat und Hg(I)-perchlorat) umgekehrt nach der *rechten Seite* hin verschoben ist. Letzteres Verhalten spiegelt sich in Potentialdiagrammen, z. B.:

$$HgCl_{2(ges.)} \xrightarrow{+0.53} Hg_2Cl_2 \xrightarrow{+0.2676} Hg, \qquad HgI_4^{2-} \xrightarrow{+0.116} Hg_2I_2 \xrightarrow{-0.0405} Hg,$$

$$HgBr_4^{2-} \xrightarrow{+0.306} Hg_2Br_2 \xrightarrow{+0.1397} Hg, \qquad Hg_{(aq)}^{2+} \xrightarrow{+0.920} Hg_{2(aq)}^{2+} \xrightarrow{-0.7889} Hg.$$

Man nutzt eine Halbzelle mit Hg-Elektrode, die mit einer an Hg_2Cl_2 (Kalomel, s. u.) gesättigten KCl-Lösung in Kontakt steht (**„Kalomel-Elektrode“**, „*Kalomel-Halbzelle*“), anstelle einer Normalwasserstoffelektrode (S. 217) häufig zu *Potentialmessungen*: $2Hg + 2Cl^- \rightarrow Hg_2Cl_2 + 2\ominus$ ($\varepsilon_0 + 0.241$ V bei Vorliegen einer gesättigten KCl-Lösung).

Halogenverbindungen (vgl. Tab. 116b, S. 1384). Unter den Quecksilberhalogeniden kann **Quecksilber(I)-chlorid Hg_2Cl_2** (Tab. 116b, HgHg-Abstand 2.53 Å) durch Sublimieren eines äquivalenten Gemisches von *Quecksilber(II)-chlorid* und *Quecksilber* oder durch Versetzen einer *Quecksilber(I)-Salzlösung* mit Salzsäure oder einem löslichen *Chlorid* als AgCl-ähnlicher („käsiger“) Niederschlag erhalten werden:

$$HgCl_2 + Hg \rightleftarrows Hg_2Cl_2; \qquad Hg_2^{2+} + 2Cl^- \rightarrow Hg_2Cl_2.$$

Im sublimierten Zustande stellt es eine *weiße*, faserig-kristalline, bei 383 °C sublimierende, wasserunlösliche Substanz dar. Am *Licht* färbt sich Quecksilber(I)-chlorid wie Silberchlorid (S. 1349) infolge Abscheidung von Metall *dunkel*. Beim Übergießen mit *Ammoniak* wird es *schwarz*, da es sich dabei in ein Gemenge von weißem Quecksilber(II)-amid-chlorid $Hg(NH_2)Cl$ (S. 1386) und feinverteiltem, schwarzem metallischem Quecksilber verwandelt:

$$Hg_2Cl_2 + NH_3 \rightarrow Hg + Hg(NH_2)Cl + HCl \; (\xrightarrow{+NH_3} NH_4Cl).$$

Tab. 116b Halogenide, Oxide und Sulfide des Quecksilbers (vgl. S. 1372, 1611, 1620)[a)]

	Fluoride	**Chloride**	**Bromide**	**Iodide**	**Oxide**[b)]	**Sulfide**
$\mathbf{HgX_2}$	$\mathbf{HgF_2}$, *farblos* Zers. 645 °C $\Delta H_f = -294$ kJ Fluorit, KZ 8	$\mathbf{HgCl_2}$, *farblos* 280/303 °C $\Delta H_f = -224$ kJ Monomer, KZ 2	$\mathbf{HgBr_2}$, *farblos* 238/318 °C $\Delta H_f = -171$ kJ Monomer, KZ 2	$\mathbf{HgI_2}$, *rot*[c)] 257/351 °C $\Delta H_f = -106$ kJ Schicht, KZ 4	**HgO**, *rot*[d)] Zers. $\Delta H_f = -91$ kJ Kette, KZ 2	**HgS**, *rot*[e)] Smp. 850 °C $\Delta H_f = -56.9$ kJ Spirale, KZ 2 + 4
$\mathbf{Hg_2X_2}$	$\mathbf{Hg_2F_2}$, *gelb* Smp. 570 °C ΔH_f ca. -440 kJ Monomer, KZ 2	$\mathbf{Hg_2Cl_2}$, *farblos* Zers. 383 °C $\Delta H_f = -265$ kJ Monomer, KZ 2	$\mathbf{Hg_2Br_2}$, *farblos* Zers. 345 °C $\Delta H_f = -171$ kJ Monomer, KZ 2	$\mathbf{Hg_2I_2}$, *gelb* Smp. 290 °C $\Delta H_f = -106$ kJ Monomer, KZ 2	–	–

a) Zweite Zeile: Smp./Sdp. – **b)** Man kennt auch Peroxide. – **c)** *Rotes* HgI_2 geht bei 127 °C in *gelbes* HgI_2 (ΔH_f – 103 kJ) über; Monomer, KZ 2. – **d)** Orthorhombische Form mit Zick-Zack-Ketten geht bei 220 °C in eine metastabile, hexagonale, *gelbe* Form über (Spirale KZ = 2 + 4, ΔH_f – 90.5 kJ/mol). – **e)** α-Form ≙ verzerrte NaCl-Strukt.; geht bei 344 °C in *schwarzes* β-HgS mit Zinkblende-Struktur, KZ 4, über (ΔH_f – 53.6 kJ/mol).

Wegen dieser Schwarzfärbung trägt das Quecksilber(I)-chlorid auch den Namen „*Kalomel*"[24)]. Man benutzt die Reaktion, die schon den Alchemisten bekannt war, zum analytischen Nachweis von Hg(I), indem man das mit Salzsäure gefällte Hg_2Cl_2 mit Ammoniakwasser übergießt und durch die dabei auftretende Schwarzfärbung von AgCl unterscheidet.

Die Dampfdichte oberhalb von 400 °C entspricht einer rel. Molekülmasse von 237 und damit der Molekülformel HgCl ($M_r = 236.04$). Dies rührt aber daher, daß sich der Dampf bei dieser Temperatur aus einem äquimolekularen gasförmigen Gemisch von *Quecksilber* ($M_r = 200.59$) und *Quecksilber(II)-chlorid* ($M_r = 271.49$) zusammensetzt[25)]:

$$Hg_2Cl_2 \rightleftarrows Hg + HgCl_2.$$

Verhindert man die Dissoziation durch sorgfältige *Trocknung*, so entspricht die Dampfdichte der Formel Hg_2Cl_2 (der Dampf ist diamagnetisch; HgCl wäre paramagnetisch). In gleicher Weise stimmt die in geschmolzenem Quecksilber(II)-chlorid als Lösungsmittel gemessene *Gefrierpunktserniedrigung* mit der Formel Hg_2Cl_2 überein. Ebenso ergab eine röntgenographische Strukturbestimmung in festem Zustande ein aus (linearen) Cl—Hg—Hg—Cl-Molekülen aufgebautes tetragonales Gitter.

Noch schwerer löslich als Quecksilber(I)-chlorid sind **Quecksilber(I)-bromid** $\mathbf{Hg_2Br_2}$ (Tab. 116b; HgHg-Abstand 2.58 Å) und **Quecksilber(I)-iodid** $\mathbf{Hg_2I_2}$ (Tab. 116b; HgHg-Abstand 2.69 Å). Auch hier nimmt also wie bei den Silberhalogeniden die Löslichkeit mit steigender Atommasse des Halogens ab, was auch in der Wasserlöslichkeit von **Quecksilber(I)-fluorid** $\mathbf{Hg_2F_2}$ (Tab. 116b; wasserunbeständig; HgHg-Abstand 2.51 Å) und Silberfluorid zum Ausdruck kommt.

Chalkogenverbindungen. Beim Versetzen einer *Quecksilber(I)-nitratlösung* mit *Alkalilauge* bildet sich über das bei 0 °C einigermaßen haltbare **Quecksilber(I)-hydroxid** $\mathbf{Hg_2(OH)_2}$ hinweg gemäß $Hg_2(NO_3)_2 \rightarrow Hg_2(OH)_2 \rightarrow Hg_2O$ das **Quecksilber(I)-oxid** $\mathbf{Hg_2O}$, das in Quecksilber(II)-oxid und metallisches Quecksilber zerfällt: $Hg_2O \rightarrow Hg + HgO$.

Quecksilber(I)-Salze von Oxosäuren. Bei der Einwirkung von kalter verdünnter *Salpetersäure* auf überschüssiges *Quecksilber* (s. oben) oder bei der Einwirkung von *Quecksilber* auf *Quecksilber(II)-nitratlösung* entsteht **Quecksilber(I)-nitrat** $\mathbf{Hg_2(NO_3)_2}$:

$$Hg + Hg(NO_3)_2 \rightleftarrows Hg_2(NO_3)_2. \qquad (1)$$

Da es durch Wasser unter Abscheidung eines *gelben basischen Salzes* $Hg_2(OH)NO_3$ hydrolytisch gespalten wird: $Hg_2(NO_3)_2 + HOH \rightleftarrows Hg_2(OH)NO_3 + HNO_3$, ist es nur in verdünnter Salpetersäure ohne Zersetzung löslich. Aus der Lösung kristallisiert das Quecksilber(I)-nitrat in Form eines wasserlöslichen Dihydrats $Hg_2(NO_3)_2 \cdot 2H_2O$, welches das kovalente Ion $[H_2O—Hg—Hg—OH_2]^{2+}$ (HgHg-Abstand 2.508 Å) enthält, das dem Diammoniakat

[24] kalos (griech.) = schön: melas (griech.) = schwarz.

[25] Die Anwesenheit der Dissoziationsprodukte Hg und $HgCl_2$ im Dampf des Quecksilber(I)-chlorids wird unter anderem dadurch erhärtet, daß sich die beiden Bestandteile durch *Diffusion* trennen lassen und daß sich ein in den Dampf gebrachtes *Goldblättchen* infolge des Vorhandenseins von Quecksilberdampf sofort *amalgamiert*.

$[H_3N—Hg—NH_3]^{2+}$ des zweiwertigen Quecksilbers (etwa im schmelzbaren Präzipitat, S. 1386) entspricht.

Auch das (ebenfalls leichtlösliche) Dihydrat des **Quecksilber(I)perchlorats, $Hg_2(ClO_4)_2$** enthält das Ion $[H_2O—Hg—Hg—OH_2]^{2+}$. Weitere bekannte Hg(I)-Salze sind das schwerlösliche Sulfat **Hg_2SO_4** (HgHg-Abstand 2.500 Å), das Bromat **$Hg_2(BrO_3)_2$** (2.507 Å), das Acetat **$Hg_2(CH_3CO_2)_2$** (2.50 Å) und das Dihydrogenphosphat **$Hg_2(H_2PO_4)_2$** (2.499 Å). Ganz allgemein lassen sich schwerlösliche Hg(I)-Verbindungen wie die erwähnten Halogenide oder Salze von Oxosäuren bequem durch Zugabe der entsprechenden Anionen zu den Lösungen von Hg(I)-nitrat darstellen.

Daß dem Quecksilber(I)-nitrat analog zum Quecksilber(I)-chlorid (s. oben) die Formel $Hg_2(NO_3)_2$ zukommt, läßt sich u.a. durch quantitative *Verfolgung des obigen Gleichgewichts* (1) zeigen. Bei Annahme völliger elektrolytischer Dissoziation der Salze wird dieses Gleichgewicht gemäß dem Massenwirkungsgesetz durch die Beziehung (2a) wiedergegeben:

$$\text{(a)}\ \frac{a_{Hg_2^{2+}}}{a_{Hg^{2+}}} = K, \qquad \text{(b)}\ \frac{a^2_{Hg^+}}{a_{Hg^{2+}}} = K. \qquad (2)$$

Wäre aber das Quecksilber(I)-nitrat monomolekular ($HgNO_3$), so würde entsprechend der Reaktionsgleichung $Hg + Hg(NO_3)_2 \rightleftarrows 2HgNO_3$ das Gleichgewicht durch die Beziehung (2b) zum Ausdruck gebracht werden. Das Experiment zeigt, daß bei Variation der Konzentrationen (Aktivitäten a) von einwertigem und zweiwertigem Quecksilber-Ion nur die Gleichung (2a) zutrifft. Daher muß das Quecksilber(I)-Ion durch die Formel Hg_2^{2+} wiedergegeben werden.

Analoges ergibt sich bei der Messung der *elektromotorischen Kraft* E_{MK} von Hg/Hg(I)-Systemen: Überschichtet man etwa zwei Hg-Elektroden mit verdünnten Hg(I)-nitrat-Lösungen, von denen die eine zehnfach konzentrierter ist als die andere, so berechnet sich E_{MK} dieses „*Konzentrationselements*" gemäß dem auf S. 224 Gesagten nach

$$E_{MK} = \frac{0.059}{n} \cdot \log \frac{c_1}{c_2} = \frac{0.059}{n} \cdot \log 10 = \frac{0.059}{n},$$

worin n die Ladung des Hg(I)-Ions bedeutet. Da sich E_{MK} experimentell zu 0.029 V ergibt, ist $n = 2$, so daß das Ion die Formel Hg_2^{2+} haben muß. Gleiches gilt für die Konzentrationsabhängigkeit der *elektrischen Leitfähigkeit* von Hg(I)-nitrat, die der von zwei-ein-wertigen und nicht von ein-ein-wertigen Elektrolyten entspricht. Weiterhin bestätigt das *Ramanspektrum* einer wässerigen Hg(I)-nitrat-Lösung durch das Auftreten einer Hg—Hg-Valenzschwingung die diatomare Struktur Hg_2^{2+} des Hg(I)-Ions. Ebenso erweisen Röntgenstrukturuntersuchungen an Hg(I)-nitrat (oder an vergleichbaren Salzen wie Sulfat, Perchlorat) das Vorliegen diskreter Hg_2^{2+}-Ionen.

2.3 Quecksilber(II)-Verbindungen (d^{10})[22]

Das durch *Oxidation* von elementarem Quecksilber bzw. durch *Disproportionierung* von Quecksilber(I)-Ionen (vgl. S. 1383) gewinnbare farblose Quecksilber(II)-Ion Hg^{2+} weist insbesondere die Koordinationszahlen 2 (linear), 4 (tetraedrisch) und 6 (regulär oder verzerrt oktaedrisch) auf. So bildet es etwa ein digonal gebautes Dichlorid $HgCl_2$, ein tetraedrisch gebundenes Tetraammoniakat $[Hg(NH_3)_4]^{2+}$ (z.B. in $[Hg(NH_3)_4](ClO_4)_2$) und ein regulär-oktaedrisch gebautes Hexahydrat $[Hg(H_2O)_6]^{2+}$ (z.B. in $[Hg(H_2O)_6](ClO_4)_2$). Meist sind allerdings 6 Liganden verzerrt-oktaedrisch um das Hg^{2+}-Ion so angeordnet, daß 2 digonal-koordinierte Liganden kürzere, 4 quadratisch-koordinierte Liganden längere bis sehr lange Koordinationsbindungen ausbilden. In letzten Fällen betätigt Quecksilber näherungsweise die Koordinationszahl 2. Z.B. enthält $Hg(NH_3)_2Cl_2$ digonal gebautes $[Hg(NH_3)_2]^{2+}$ (s.u.).

Halogenverbindungen (vgl. Tab. 116b, S. 1384). Unter den Quecksilberhalogeniden sublimiert **Quecksilber(II)-chlorid $HgCl_2$** („*Sublimat*") bei der technischen Darstellung durch Erhitzen von *Quecksilbersulfat* und *Natriumchlorid* als *weiße*, zum Unterschied von Quecksilber(I)-chlorid in Wasser ziemlich leicht lösliche (6.6 g in 100 g H_2O), bei 280 °C schmelzende und bei 303 °C siedende Substanz ab:

$$HgSO_4 + 2NaCl \rightarrow HgCl_2 + Na_2SO_4,$$

welche durch Reduktionsmittel wie $SnCl_2$ leicht zu Hg(I)-chlorid (weiß) und darüber hinaus zu Hg (schwarz) reduzierbar ist. Mit Chloriden bildet $HgCl_2$ Chlorokomplexe u. a. der Zusammensetzung $HgCl_3^-$ und $HgCl_4^{2-}$. (Zur Bildung von $HgCl_2$-Addukten mit PR_3, SR_2 und anderen Donoren s. unten.)

Strukturen. **$HgCl_2$** besitzt *kovalente* Struktur und besteht sowohl im *Dampf* (HgCl-Abstand 2.28 Å) als auch in *fester Phase* (HgCl-Abstand 2.25 Å) und in der *wässerigen Lösung* aus linear gebauten, isolierten Molekülen Cl—Hg—Cl (zwischen den einzelnen Molekülen bestehen offensichtlich keine wesentlichen Wechselwirkungen, wie der äußerst lange intermolekulare HgCl-Abstand von 3.34 Å andeutet).

In den von $HgCl_2$ abgeleiteten Chlorokomplexen **$HgCl_3^-$** liegen – abhängig vom Gegenion – teils *polymere* $[HgCl_3^-]_x$-Ionen vor (z. B. $NH_4[HgCl_3]$: über gemeinsame Ecken zu zweidimensionalen Schichten verbrückte $HgCl_6$-Oktaeder mit kurzen axialen und langen äquatorialen Bindungen), teils auch *isolierte* $HgCl_3^-$-Ionen (z. B. $NMe_4[HgCl_3]$: planar-koordiniertes Hg), isolierte $Hg_2Cl_6^{2-}$-Ionen (z. B. $[Co(en)_2Cl_2]_2[Hg_2Cl_6]$: über eine gemeinsame Kante gemäß (a) verbrückte $HgCl_4$-Tetraeder) und andere Ionen. Auch die Chlorokomplexe **$HgCl_4^{2-}$** weisen teils *polymeren* (z. B. (b)), teils *isolierten* Bau auf (z. B. (c)). Von Interesse ist schließlich der Komplex $[Cr(NH_3)_6][HgCl_5]$, in welchem isolierte trigonal-bipyramidale **$HgCl_5^{3-}$**-Einheiten auftreten.

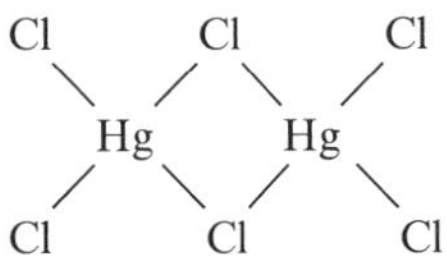

(a) $[HgCl_3^-]_2$ 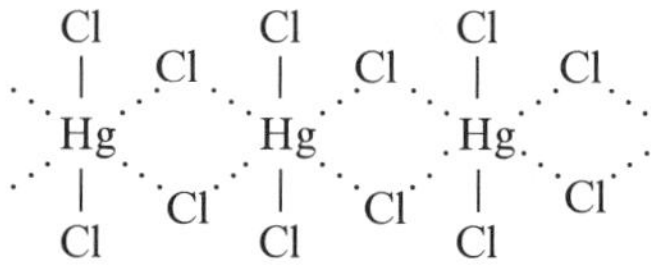 (b) $[HgCl_4^{2-}]_x$ 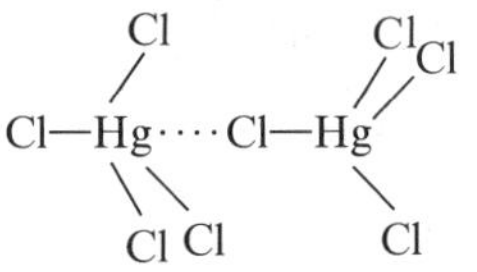 (c) $[HgCl_4^{2-}]_2$

Reaktion mit Wasser. Die wässerige Lösung von Quecksilber(II)-chlorid leitet den elektrischen Strom nur wenig, d. h. das Quecksilber(II)-chlorid ist in wässeriger Lösung nur *sehr wenig ionisiert*. Daher verhalten sich derartige Lösungen in mancher Hinsicht anders als normale Salzlösungen. Schüttelt man z. B. Quecksilberoxid mit einer Alkalichloridlösung, so wird die Lösung infolge Freiwerdens von Alkalihydroxid (Bildung von undissoziiertem $HgCl_2$) stark alkalisch:

$$2Cl^- + Hg(OH)_2 \rightleftarrows HgCl_2 + 2OH^-.$$

In Umkehrung dieses Gleichgewichts werden Quecksilber(II)-chlorid-Lösungen durch Alkalilaugen nur bei Anwendung eines beträchtlichen Überschusses an OH^- quantitativ hydrolysiert.

Reaktion mit Ammoniak. Bei der Einwirkung von *gasförmigem* oder *stark angesäuertem Ammoniak* geht $HgCl_2$ gemäß $HgCl_2 + 2NH_3 \rightarrow Hg(NH_3)_2Cl_2$ in das *weiße „schmelzbare Präzipitat“*[26] $[Hg(NH_3)_2]Cl_2$ (Smp. 300 °C) über, das sich aus *isolierten*, in saurer Lösung beständigen, *linearen Kationen* $[Hg(NH_3)_2]^{2+}$ (lineare Koordination am Hg, tetraedrische Koordination am N, freie Rotation der NH_3-Moleküle um die Hg—N-Achse):

$$H_3\overset{\oplus}{N}—Hg—\overset{\oplus}{N}H_3$$

aufbaut, wobei das Zentralmetall zusätzlich von vier Cl^--Ionen schwach koordiniert wird (kubisch-einfache Cl^--Packung mit Hg in der Mitte von Cl^--Quadraten und NH_3 in allen Würfeln).

Behandlung von $HgCl_2$ mit *wässerigem Ammoniak* gibt gemäß $HgCl_2 + 2NH_3 \rightarrow Hg(NH_2)Cl + NH_4Cl$ das *weiße „unschmelzbare Präzipitat“* $[HgNH_2]Cl$, das lange, *gewinkelte Kation-Ketten* $(HgNH_2^+)_x$ (lineare N—Hg—N-Gruppierungen):

[26] Von praecipitatum (lat.) = Niederschlag.

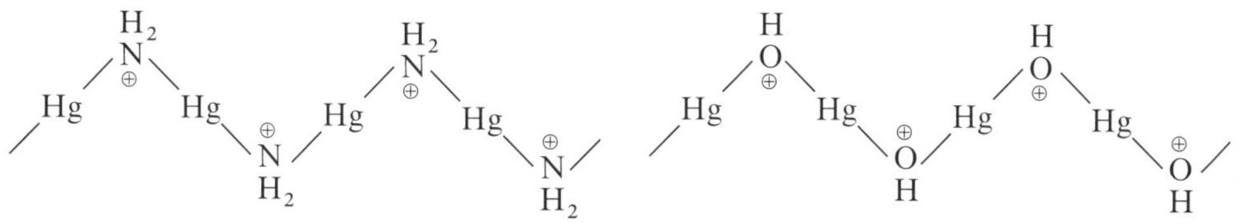

bildet, die den $(HgO)_x$-Ketten (s. u.) bzw. den $(HgOH^+)_x$-Ketten in basischen Hg(II)-Salzen entsprechen (O durch isoelektronisches NH_2^+ bzw. OH^+ ersetzt) und im Kristall (orthorhombische Struktur) durch die Cl^--Ionen zusammengehalten werden. Beim Kochen der Lösung geht dieses Präzipitat gemäß $2Hg(NH_2)Cl \rightarrow Hg_2NCl + NH_4Cl$ in eine Verbindung $[Hg_2N]Cl$ über, ein Chlorid der „*Millonschen Base*" $[Hg_2N]OH$, deren $[Hg_2N]^+$-Kationen ein kovalentes *dreidimensionales Netzwerk* von Cristobalit-Struktur (SiO_2) aufbauen, in dessen großen kanalförmigen Hohlräumen sich die Cl^--Ionen sowie auch Hydratwasser aufhalten (vgl. S. 912). Die HgN-Abstände sind in allen drei genannten Verbindungen ähnlich (~ 2.06 Å) und entsprechen kovalenten Einfachbindungen.

Verwendung. Sublimat ist ein *sehr starkes Gift*, das in Mengen von 0.2–0.4 g einen erwachsenen Menschen tötet. Wegen seiner *pilztötenden* Wirkung dient es als Imprägnierungsmittel zum Konservieren von Holz und wegen seiner *antiseptischen* Wirkung als Desinfektionsmittel bei der Behandlung kleiner Wunden. Zu diesem Zwecke kommt es in Form von „*Sublimatpastillen*" in den Handel.

Die Sublimatpastillen stellen kein reines Quecksilber(II)-chlorid dar, sondern bestehen aus einem Gemisch von *Sublimat* und *Natriumchlorid.* Der Natriumchloridgehalt verhindert eine *hydrolytische Spaltung* des Sublimats in wässeriger Lösung gemäß

$$HgCl_2 + HOH \rightleftarrows Hg(OH)Cl + HCl$$

und damit eine durch die hierbei gebildete Säure verursachte ätzende Wirkung der Lösung, da sich aus Natriumchlorid und Sublimat ein „*Chlorokomplex*" $Na_2[HgCl_4]$ bildet, der nicht der Hydrolyse unterliegt. Zugleich ist dieses Komplexsalz leichter löslich als das reine Quecksilber(II)-chlorid und wird auch nicht wie dieses durch Leitungswasser mit der Zeit unter Fällung von Oxidchloriden (Abfangen von HCl durch das Hydrogencarbonat des Leitungswassers: $H^+ + HCO_3^- \rightarrow H_2O + CO_2$) zersetzt.

Anders als das kovalent gebaute Quecksilber(II)-chlorid ist das *farblose* aus den Elementen oder durch Disproportionierung von Hg_2F_2 bis 450 °C zugängliche, als mildes Fluorierungsmittel wirkende **Quecksilber(II)-fluorid HgF_2** (Tab. 116b) *ionogen* aufgebaut (Fluorit-Struktur) und wird von Wasser als Salz einer schwachen Säure und sehr schwachen Base vollständig zersetzt. Andererseits ist die schon beim Quecksilber(II)-chlorid kaum noch ausgeprägte *Salznatur* beim **Quecksilber(II)-bromid $HgBr_2$** (Tab. 116b) und insbesondere beim **Quecksilber(II)-Iodid HgI_2** (Tab. 116b; beide Halogenide aus den Elementen erhältlich) *ganz verschwunden*, so daß sie mit verdünnter Alkalilauge bzw. Silbernitrat keine Reaktion auf Quecksilber- bzw. Halogenid-Ionen ergeben.

Das Diiodid kommt in zwei *enantiotropen Modifikationen*, einer *gelben* und einer *roten*, vor. Der *Umwandlungspunkt* liegt bei 127 °C, unterhalb dieser Temperaturen ist die rote, oberhalb die gelbe Form die beständigere („**Thermochromie**"):

$$HgI_{2\,\text{rot}} \xrightleftharpoons{127\,°C} HgI_{2\,\text{gelb}}\,.$$

Bei der Darstellung von Quecksilber(II)-iodid durch Verreiben der Elemente bei *Zimmertemperatur* erhält man die *rote* Modifikation; dagegen entsteht bei der Vereinigung von Quecksilberdampf und Ioddampf bei *erhöhter Temperatur* unter Leuchterscheinung die *gelbe* Form. Beim Versetzen einer Quecksilber(II)-Salzlösung mit Kaliumiodid fällt zuerst – der Ostwaldschen Stufenregel (S. 543) entsprechend – gelbes Quecksilber(II)-iodid aus, das aber bald rot wird.

Analoge Farbänderungen zeigen auch zwei Komplexverbindungen des *Quecksilber(II)-iodids* mit *Kupfer(I)*- bzw. *Silber(I)-iodid*:

$$Cu_2[HgI_4]_{rot} \xrightleftharpoons{71\,^\circ C} Cu_2[HgI_4]_{schwarz}, \qquad Ag_2[HgI_4]_{hellgelb} \xrightleftharpoons{35\,^\circ C} Ag_2[HgI_4]_{orange}.$$

Auch das einfache Quecksilber(II)-iodid HgI_2 gehört als „*autokomplexes Salz*" $Hg[HgI_4]$ zu dieser Reihe der komplexen Iodide. Wegen der verhältnismäßig großen Umwandlungsgeschwindigkeit kann man die obigen (und viele andere) Verbindungen als – *optische Thermometer* verwenden, um z. B. das Heißwerden von Apparaturteilen anzuzeigen.

Das in Wasser sehr schwer lösliche Quecksilber(II)-iodid (0.006 g in 100 g H_2O) löst sich im *Überschuß von Kaliumiodid* leicht unter Bildung einer *farblosen* Lösung von „*Kaliumtetraiodo-mercurat(II)*" auf:

$$HgI_2 + 2KI \rightarrow K_2[HgI_4],$$

dem wie in den voranstehenden Verbindungen ein tetraedrisches $[HgI_4]^{2-}$-Ion zugrunde liegt. Eine mit Kalilauge alkalisch gemachte Lösung dieses Komplexsalzes[27)] dient unter dem Namen **„Nesslers Reagens"** als außerordentlich empfindliches *Reagens auf Ammoniak*[28)], da bereits Spuren von Ammoniak die Lösung infolge Bildung von $[Hg_2N]I$, einem Iodid der Millonschen Base $[Hg_2N]OH$ (S. 1387, 1390), *orangebraun* färben, während größere Ammoniakmengen orangebraune bis tiefbraune *Fällungen* ergeben: $2HgI_2 + NH_4OH \rightarrow [Hg_2N]OH + 4HI$. Die Farbreaktion kann auch zur „*quantitativen Bestimmung kleiner Ammoniakmengen*" verwendet werden, da man aus der Intensität der Farbe durch Vergleich mit der durch eine bekannte Ammoniakmenge hervorgerufenen Färbung auf den Ammoniakgehalt der untersuchten Lösung schließen kann[29)].

Strukturen. Zum Unterschied von $HgCl_2$ (isolierte $HgCl_2$-Moleküle in Dampf und Kristall) bildet das Iodid **HgI_2** nur im *Dampfzustand* (HgI-Abstand 2.57 Å) *lineare Einzelmoleküle*, während im *Kristall* unterhalb 127 °C *eckenverknüpfte* HgI_4-*Tetraeder* (HgI-Abstand 2.78 Å) vorliegen, die dadurch zustandekommen, daß in einer kubisch-dichtesten Packung von I^--Ionen in die Hälfte der tetraedrischen Lücken zwischen alternierenden I^--Doppelschichten Hg^{2+}-Ionen eingebaut sind. Bei 127 °C geht rotes HgI_2 in eine gelbe Form über (s. oben) mit isolierten HgI_2-Molekülen. Das Bromid **$HgBr_2$** bildet insofern einen Übergang von der $HgCl_2$- zur HgI_2-Struktur, als darin zwar wie bei $HgCl_2$ isolierte lineare Moleküle Br—Hg—Br mit einem HgBr-Abstand von 2.48 Å (im Dampfzustand 2.40 Å) zu erkennen sind, daß aber vier weitere Br-Atome anderer $HgBr_2$-Moleküle in einem wesentlich größeren HgBr-Abstand von 3.23 Å nach Art der $CdCl_2$-Struktur die Koordinationsanordnung um das Hg^{2+}-Ion zu einem (verzerrten) Oktaeder $HgBr_6$ ergänzen. In *wässeriger Lösung* existieren die kovalenten Moleküle $HgCl_2$, $HgBr_2$ und HgI_2 praktisch ausschließlich in Form *undissoziierter* HgX_2-Moleküle.

Mit Donoren D wie R_2S oder R_3P erleidet HgI_2 (Analoges gilt für $HgBr_2$ und $HgCl_2$) wie $CuCl_2$ (S. 1334) *Depolymerisation* unter Bildung z. B. von:

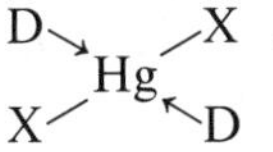

D↘ ↗X / Hg / X↙ ↖D (D z. B. = R_2S)

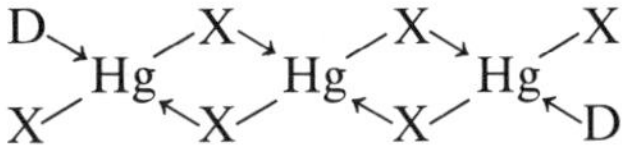

D↘ ↗X↘ ↗X / Hg Hg / X↙ ↖X↙ ↖D (D z. B. = R_2S)

D↘ ↗X↘ ↗X↘ ↗X / Hg Hg Hg / X↙ ↖X↙ ↖X↙ ↖D (D z. B. = R_3P)

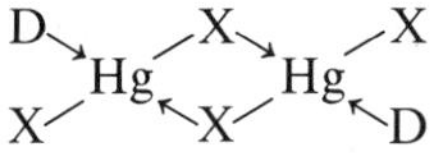

---

27 Aus der alkalisch gemachten K_2HgI_4-Lösung fällt kein HgO aus, weil das Gleichgewicht $HgI_4^{2-} + 2OH^- \rightleftharpoons HgO + 4I^- + H_2O$ ganz auf der linken Seite liegt, so daß man umgekehrt HgO in einer Iodid-Lösung unter Bildung des Tetraiodokomplexes auflösen kann.

28 Zum Beispiel in Trinkwasser, das kein Ammoniak (herrührend etwa von der Verwesung organischer eiweißhaltiger Substanz) enthalten soll.

29 Hier wie in anderen Fällen erfolgt dabei der Farbvergleich (**„Kolorimetrie"**; vom lat. color = Farbe) zweckmäßig in einem „*Kolorimeter*", welches es gestattet, festzustellen, bei welcher *Schichtdicke* der untersuchten farbigen Lösung *Farbgleichheit* mit der *Vergleichslösung* vorliegt. Dann sind in beiden – von oben betrachteten – Schichten gleichviele farbige Teilchen enthalten, so daß sich die Schichtdicken umgekehrt wie die Konzentrationen des farbigen Stoffs verhalten („*Beersches Gesetz*"; vgl. S. 168).

Cyano- und verwandte Verbindungen (vgl. S. 1656). Durch Erwärmen von *Quecksilber(II)-oxid* und Wasser mit irgendwelchen *Cyaniden* kann **Quecksilber(II)-cyanid $Hg(CN)_2$** gewonnen werden:

$$HgO + H_2O + M(CN)_2 \rightarrow Hg(CN)_2 + M(OH)_2.$$

Wegen seiner minimalen elektrolytischen Dissoziation zeigt es keine der gewöhnlichen Quecksilberreaktionen außer der Fällung von Quecksilbersulfid HgS, das ein extrem kleines Löslichkeitsprodukt (s. unten) besitzt. Es ist aus linearen Molekülen N≡C—Hg—C≡N aufgebaut (HgC-Abstand 1.986 Å) und bildet mit überschüssigem Cyanid tetraedrische Cyano-Komplexe $[Hg(CN)_4]^{2-}$. Wie Sublimat kann es in der Medizin als Antiseptikum verwendet werden, und zwar zum Unterschied von $HgCl_2$ auch zur Desinfektion metallischer Instrumente (Metalle wie Fe, Ni, Cu setzen aus $HgCl_2$ Quecksilber in Freiheit).

Aus $Hg(NO_3)_2$-Lösungen fällt bei Zusatz von Alkalithiocyanat **Quecksilber(II)-thiocyanat $Hg(SCN)_2$** als ziemlich schwer löslicher, *weißer*, kristalliner Niederschlag aus, der sich beim *Erhitzen* unter Hinterlassung eines sehr voluminösen, aus N, C und S bestehenden Rückstandes außerordentlich stark *aufbläht* („*Pharaoschlangen*"). Mit überschüssigem Thiocyanat bildet das kovalente, lineare $Hg(SCN)_2$-Molekül einen tetraedrischen Thiocyanatokomplex $[Hg(SCN)_4]^{2-}$.

Chalkogenverbindungen (vgl. Tab. 116b, S. 1384, sowie S. 1620). Unter den Quecksilberchalkogeniden entsteht **Quecksilber(II)-oxid HgO** in einer orthorhombischen Form beim *Erhitzen* von *Quecksilber* an der *Luft* auf 300–350 °C ($Hg + \frac{1}{2}O_2 \rightarrow HgO$; Wiederzerfall oberhalb 400 °C) sowie beim Erhitzen von Hg(I)-nitrat auf 350 °C ($Hg_2(NO_3)_2 \rightarrow 2\,HgO + 2\,NO_2$) und beim Versetzen einer Hg(II)-Salzlösung mit *heißer Sodalösung* ($Hg(NO_3)_2 + Na_2CO_3 \rightarrow HgO + 2\,NaNO_3 + CO_2$) als *rotes* kristallines Pulver, beim Versetzen von einer Hg(II)-Salzlösung mit *kalter Alkalilauge* ($Hg^{2+} + 2\,OH^- \rightarrow Hg(OH)_2 \rightarrow HgO + H_2O$) dagegen als *gelber* amorpher Niederschlag. Der Farbunterschied ist nicht auf eine verschiedene Struktur zurückzuführen, sondern wird hauptsächlich durch die verschiedene *Korngröße* der beiden Präparate bedingt (es spielen auch Gitterdefekte eine gewisse Rolle). Und zwar ist das gelbe Oxid ($\Delta H_f = -90.52$ kJ/mol) feiner verteilt als das rote ($\Delta H_f = -90.90$ kJ/mol), wie sich überhaupt ganz allgemein die Farbe einer Substanz mit zunehmendem Zerteilungsgrad der Probe aufhellt. Beim Erhitzen färbt sich das gelbe Oxid infolge Kornvergrößerung rot; die rote Farbe bleibt dann beim Abkühlen erhalten. Bei 220 °C wandelt sich *rotes orthorhombisches* in *gelbes hexagonales* HgO um, das auch beim Behandeln von K_2HgI_4 mit NaOH bei 50 °C als metastabile Modifikation entsteht. Mit $HgCl_2$ bildet HgO basische Chloride $HgCl_2 \cdot n\,HgO$, z. B. ein $HgCl_2 \cdot 2\,HgO$ (S. 474).

Strukturen. Kristallines Quecksilber(II)-oxid HgO baut sich aus *Zickzack-Ketten* auf (vgl. hierzu die isovalenzelektronischen Gold(I)-halogenide AuX, S. 1357)[30]. Der Abstand HgO beträgt 2.03 Å, was einer Einfachbindung (ber. 2.16 Å) entspricht; die OHgO-Gruppe ist linear, der Winkel am O-Atom ein Tetraederwinkel. Bei den basischen Chloriden $HgCl_2 \cdot n\,HgO$ ist die Kette an den Enden mit Cl abgesättigt:

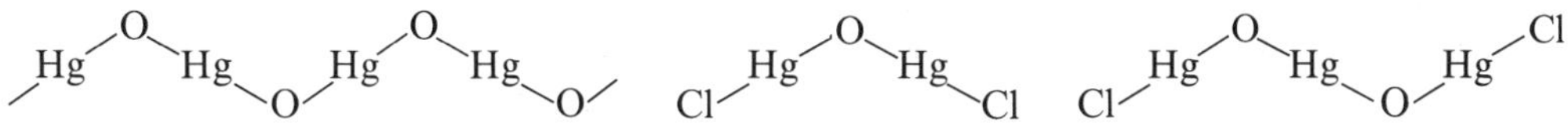

```
   O         O              O              O        Cl
Hg  Hg    Hg  Hg         Hg  Hg         Hg  Hg    Hg
      O         O      Cl      Cl    Cl       O
```

In Wasser löst sich HgO ein wenig (10^{-4} mol/l) zu einer Lösung, die man als Lösung von **Quecksilber(II)-hydroxid $Hg(OH)_2$** (extrem schwache Base, Basenkonstante 1.8×10^{-22}) anspricht, welches als solches aber nicht isolierbar ist.

In der *Natur* findet sich das **Quecksilber(II)-sulfid HgS** in *roten* hexagonalen Kristallen als „*Zinnober*"[31] (α-HgS) sowie – selten – in einer *schwarzen* Modifikation als „*Metacinnabarit*" (β-HgS). Letztere Form bildet sich beim Einleiten von *Schwefelwasserstoff* in *Quecksilber(II)-*

---

[30] Bei der orthorhombischen Form sind diese Ketten planar, bei der hexagonalen Form spiralig.

[31] Griech.: kinnabari; lat.: cinnabaris; altfranz.: cinobre; engl.: cinnabar; altdeutsch: zinober.

Salzlösungen als schwarzer, in Wasser und Säuren unlöslicher Niederschlag ($Hg^{2+} + S^{2-} \rightleftarrows HgS$; $L_{HgS} = 1.6 \times 10^{-54}$). Auch bei der Reaktion von wasserunlöslichem HgO (s. o.) mit H_2S entsteht wegen der hohen Affinität von Hg(II) zu Schwefel rasch HgS[32].

Da die *rote* Modifikation als die *beständigere* in Lösungsmitteln *schwerer löslich* als die unbeständige schwarze Form ist, gelingt es, das schwarze Quecksilbersulfid durch Erwärmen mit einer zur vollkommenen Auflösung unzureichenden Lösungsmittelmenge in roten Zinnober umzuwandeln, indem sich die schwarze Form in dem Maße nachlöst, in welchem die rote infolge Übersättigung der Lösung ausfällt. Als Lösungsmittel benutzt man in der Technik zur Herstellung derartigen „*künstlichen Zinnobers*", der wegen seiner prachtvollen roten Farbe für *Malereizwecke* dient, Natriumsulfidlösungen. Auch durch *Sublimation* von schwarzem Quecksilbersulfid kann Zinnober künstlich gewonnen werden, da letzterer einen *geringeren Dampfdruck* besitzt als ersteres.

Strukturen. Das *rote* Sulfid HgS (**α-HgS**) bildet wie hexagonales HgO eine *gewinkelte Kettenstruktur* (HgS-Abstand 2.36 Å). Diese $(HgS)_x$-Ketten sind im Kristall so angeordnet, daß jedes Hg-Atom in weiterem Abstand (3.10 bzw. 3.30 Å) von 2 Paaren weiterer S-Atome aus zwei benachbarten Ketten unter Ausbildung eines verzerrten HgS_6-Oktaeders umgeben ist (verzerrtes Steinsalzgitter). *Schwarzem* HgS (**β-HgS**) kommt wie dem Selenid **HgSe** und Tellurid **HgTe** eine Zinkblende-Struktur zu.

HgS vermag weiteres Sulfid unter Bildung von **Thiomercuraten** wie z. B. Na_2HgS_2 und K_2HgS_2 (isolierte lineare Anionen $SHgS^{2-}$), Ba_2HgS_3 (unendliche Ketten $[HgS_3^{4-}]_x$ aus eckenverknüpften HgS_4-Tetraedern) oder K_6HgS_4 und Rb_6HgS_4 (isolierte tetraedrische HgS_4^{6-}-Gruppen) aufzunehmen.

Quecksilber(II)-Salze von Oxosäuren. Hg(II)-Salze werden in Wasser wegen des schwach basischen Charakters der zugrunde liegenden Base $Hg(OH)_2$ leicht *hydrolysiert*. Solche Lösungen müssen daher angesäuert werden, um stabil zu sein, da ansonsten sehr leicht basische Salze u. a. der Formel Hg(OH)X ausfallen, die mehrkernige, hydroxoverbrückte Kationen $[HgOH^+]_x$ des auf S. 1387 wiedergegebenen Typs enthalten.

Unter den Hg(II)-Salzen wird **Quecksilber(II)-sulfat $HgSO_4$** durch Erhitzen von *Quecksilber* mit konzentrierter *Schwefelsäure* erhalten,

$$Hg + 2H_2SO_4 \rightarrow HgSO_4 + SO_2 + 2H_2O,$$

und aus schwefelsaurer Lösung auskristallisiert.

Mit den Sulfaten der Alkalimetalle bildet es *Doppelsalze* der Zusammensetzung $HgSO_4 \cdot M_2SO_4 \cdot 6H_2O$, welche mit den analog zusammengesetzten Doppelsalzen des Magnesiums, Eisens usw. isomorph sind. **Quecksilber(II)-nitrat $Hg(NO_3)_2$** kristallisiert aus der Lösung von *Quecksilber* in heißer *Salpetersäure* in großen, *farblosen*, rhombischen Kristallen der Zusammensetzung $Hg(NO_3)_2 \cdot 8H_2O$ aus. Bei hohen NO_3^--Konzentrationen bildet sich der Komplex $[Hg(NO_3)_4]^{2-}$ (verzerrt quadratisch-antiprismatische Koordination von Hg mit O-Atomen). Versetzt man Quecksilber(II)-nitrat-Lösungen mit *Ammoniak*, so erhält man nicht wie mit Alkalilaugen gelbes Quecksilberoxid, sondern ein unlösliches, gelblichweißes, von der „*Millonschen Base*" $[Hg_2N]OH$ abgeleitetes Salz $[Hg_2N]NO_3$ (vgl. S. 1387, 1388): $2Hg(NO_3)_2 + NH_3 \rightarrow [Hg_2N]NO_3 + 3HNO_3$. Auch viele andere Salze der Millonschen Base (die in freiem Zustande durch Einwirkung von wässerigem Ammoniak auf HgO gewonnen werden kann) sind bekannt, z. B. das Chlorid, Bromid, Iodid und Perchlorat. Die Anionen sind dabei wie im Falle des Chlorids (S. 1387) zusammen mit etwaigem Kristallwasser in den großräumigen Kanälen des SiO_2-analogen NHg_2-Netzwerks untergebracht. Sowohl die Millonsche Base selbst wie ihre Salze sind wenig beständig und explodieren teilweise in trockenem Zustande auf Stoß oder Schlag.

Organische Quecksilber(II)-Verbindungen (vgl. S. 1628)[33]. Die quecksilberorganischen Verbindungen wurden aufgrund ihrer Luft- und Wasserbeständigkeit vergleichsweise früh entdeckt (1852 durch

---

[32] In analoger Weise entstehen aus Mercaptanen RSH und HgO „*Quecksilber(II)-mercaptide*" $Hg(SR)_2$. Die Bezeichnung für RSH geht auf W. C. Zeise, dem Entdecker dieser Reaktion, zurück (1834): mercurium captans (lat.) = Quecksilber einfangend.

[33] **Literatur.** J. L. Wardell: „*Mercury*", Comprehensive Organomet. Chem. **2** (1982) 863–978; W. Carruthers: „*Compounds of Zn, Cd, Hg, Cu, Ag, Au in Organic Synthesis*", Comprehensive Organomet. Chem. **7** (1982) 661–729; Houben-Weyl: „*Organische Verbindungen des Quecksilbers*" **B/2** (1973/1974); B, J. Wakefield: „*Alkyl Derivatives of*

E. Frankland) und wegen ihrer pharmakologischen Wirkungen (Verwendung als Fungizide, Antiseptika, Bakterizide) sehr eingehend studiert[34]. Die Darstellung der **Quecksilberdiorganyle R_2Hg** kann wie die der Zink- und Cadmiumdiorganyle nach dem „*Direktverfahren*" aus *Natriumamalgam* Na_xHg und *Organylhalogeniden* RX erfolgen (auch zur Gewinnung von „*Quecksilberdisilylen*" $(R_3Si)_2Hg$ geeignet), ferner nach dem „*Metatheseverfahren*" aus *Quecksilberdihalogeniden* HgX_2 und *Lithiumorganylen* LiR oder *Grignardverbindungen* RMgX, wobei als isolierbare Zwischenstufen **Organylquecksilberhalogenide RHgX** entstehen, die auch gemäß $R_2Hg + HgX_2 \rightleftarrows 2RHgX$ ($K = 10^5$-10^{11}) erhältlich sind:

$$\mathrm{Hg} \xrightarrow[\text{Direktverfahren}]{+2\,\mathrm{Na},\ +\mathrm{RX};\ -2\,\mathrm{NaX}} \mathbf{R_2Hg} \xleftarrow[\text{Metathese}]{+\mathrm{LiR};\ -\mathrm{LiX}} \mathbf{RHgX} \xleftarrow[\text{Metathese}]{+\mathrm{LiR};\ -\mathrm{LiX}} \mathrm{HgX_2}.$$

Monoorganylquecksilber-Verbindungen RHgX lassen sich auch durch „*Mercurierung*" von Aromaten ArH in wässerigen Säuren wie $HClO_4$ sowie von Alkenen in Solventien HY wie H_2O, HOR, HOAc, HNR_2 mit Quecksilberdiacetat $Hg(OAc)_2$ oder -dinitrat $Hg(NO_3)_2$ gewinnen:

$$\mathrm{Hg(OAc)_2} \xrightarrow[\text{Mercurierung}]{+\mathrm{ArH};\ -\mathrm{HOAc}} \mathrm{ArHgOAc};\quad \mathrm{Hg(OAc)_2/HY} \xrightarrow[\text{Solvomercurierung}]{+\mathrm{RCH{=}CH_2};\ -\mathrm{HOAc}} \underset{\mathrm{Y}}{\mathrm{RCH}}\mathrm{{-}CH_2HgOAc}.$$

Wegen der Möglichkeit des Ersatzes der HgOAc-Reste durch Wasserstoff, Halogene oder andere Gruppen (Einwirkung von $NaBH_4$ oder Hal_2 usw.) ist die Mercurierung bedeutungsvoll für die synthetische organische Chemie (die Addition von YHgOAc erfolgt in Markownikov-Richtung; vgl. hierzu Hydroborierung, S. 1007).

Salzartige Hg(II)-Verbindungen wie $Hg(SbF_6)_2$ bilden mit Alkenen sowie Aromaten Komplexe, z. B.: $Hg(SbF_6)_2 + 2C_6H_6 \rightarrow (C_6H_6)_2Hg(SbF_6)_2$ (Medium: flüssiges SO_2; Benzol offensichtlich η^2-gebunden).

Eigenschaften. Die quecksilberorganischen Verbindungen **R_2Hg** stellen *farblose*, *toxisch* wirkende in Wasser schlecht lösliche Flüssigkeiten (z. B. „*Dimethylquecksilber*" Me_2Hg, Sdp. 92.5 °C, $r_{HgC} = 2.083$ Å) bzw. tiefschmelzende Feststoffe (z. B. „*Diphenylquecksilber*" Ph_2Hg, Sblp. 121.8 °C) dar, die *hydrolyse*- und *luftbeständig* sind, aber bei Einwirkung von *Wärme* oder *Licht* leicht unter Hg-Ausscheidung zerfallen, da die HgC-Bindungen in der Regel vergleichsweise schwach sind (Bindungsenthalpien um 60 kJ/mol; die MC-Bindungsstärke nimmt in Richtung ZnC, CdC, HgC ab). Daß R_2Hg trotzdem unter Normalbedingungen nicht mit Wasser und Sauerstoff reagiert, hängt damit zusammen, daß die HgO-Bindungen vergleichbar schwach wie die HgC-Bindungen sind (thermodynamischer Grund) und daß sich die Organyle R_2Hg hinsichtlich O-Donatoren äußerst schwach Lewis-acid verhalten (kinetischer Grund; die R_2M-Lewis-Acidität sinkt in Richtung R_2Zn, R_2Cd, R_2Hg).

Die quecksilberorganischen Verbindungen **RHgX** (X = Cl, Br, I, CN, SCN, OH, NO_3, ClO_4 usw.) stellen kristalline Feststoffe dar, unter denen Verbindungen mit kleinen Alkylresten R bei vermindertem Druck sublimierbar und Verbindungen mit harten X-Liganden wasserlöslich sind.

Strukturen. Die Moleküle R_2Hg und RHgX existieren in *monomerer* Form und sind *linear* gebaut (sp-Hybridisierung). Sie zeigen kovalenten Charakter, außer im Falle der Verbindungen RHgX mit harten Liganden X wie F, NO_3, $\frac{1}{2}SO_4$, die im Sinne von $RHg^{\delta+}X^{\delta-}$ ionisch strukturiert sind und in Wasser unter Bildung von $RHg(H_2O)^+$ und X^- dissozieren. In analoger Weise bildet RHg^+ mit vielen anderen Donoren D linear gebaute *Komplexe* $RHgD^+$ und mit einigen zweizähnigen Donoren D_2 wie α,α'-Bipyridin sogar planare Komplexe $RHgD_2^+$. Die Zweibindigkeit des Quecksilbers in den Diorganylen bleibt auch in „*Bis(cyclopentadienyl)quecksilber*" Cp_2Hg erhalten, in welchem die C_5H_5-Reste monohapto (η^1) an Quecksilber gebunden sind. Allerdings wandert (*fluktuiert*) Hg rasch im Zuge einer „*Haptotropie*" von einem zum nächsten C-Atom des Cp-Ring:

CpHg ⇄ CpHg ⇄ CpHg

Leichter als zweiwertiges Quecksilber betätigen zweiwertiges Zink und Cadmium Koordinationszahlen größer zwei; in Cp_2Zn und Cp_2Cd liegen demgemäß ein Cp-Rest pentahapto, der andere monohapto gebunden vor.

the Group II Metals", Adv. Inorg. Radiochem. **11** (1968) 341–425, L. G. Makarova, A. N. Nesmeyanov: „*The Organic Compounds of Mercury*", North Holland, Amsterdam 1967; R. C. Larock: „*Organoquecksilber-Verbindungen in der organischen Synthese*", Angew. Chem. **90** (1978) 28–38; Int. Ed. **17** (1978) 27.

34 Die organische Chemie des Quecksilbers ist auf die Oxidationsstufe +2, d. h. auf Verbindungen des Typus R_2Hg und RHgX beschränkt. Spezies R_2Hg_2 mit der Oxidationsstufe +1 des Quecksilbers konnten bisher nie eindeutig nachgewiesen werden. Allerdings kennt man Komplexe von Hg_2^{2+} mit Aromaten.

Reaktivität. Diorganoquecksilber-Verbindungen R_2Hg übertragen ihre Organylgruppen sehr leicht gemäß

$$\tfrac{n}{2}HgR_2 + M \rightarrow MR_n + \tfrac{n}{2}Hg$$

auf andere Metalle wie Alkali-, Erdalkalimetalle, Zn, Cd, Al, Ga, In, Tl, Sn, Pb, Sb, Bi, Se, Te, so daß man solche „*Transmetallierungen*" zur Herstellung anderer metallorganischer Verbindungen nutzen kann. Da R_2Hg andererseits thermisch oder photochemisch leicht unter homolytischer HgC-Spaltung zerfällt:

$$HgR_2 \xrightarrow{\text{Energie}} Hg + 2R^{\bullet},$$

verwendet man die quecksilberorganischen Verbindungen vielfach als „*Quellen für Radikale*" (R = Alkyl, Aryl, Silyl, Germyl usw.). Ferner wirken Quecksilberorganyle $RHgCHal_3$ mit einem Trihalogenmethylrest als „*Quellen für Carbene*" ($RHgCHal_3 \rightarrow RHgHal + CHal_2$; „*Seyferth-Reagens*"), die sich etwa mit Alkenen oder Alkinen unter Cyclopropan- oder Cyclopropenbildung abfangen lassen.

Von *chemischem* und *biologischem* Interesse sind schließlich Verbindungen MeHgX als „*Quellen für das Methylquecksilber-Kation*" $MeHg^+$. Es liegt in Wasser als Hydrat $MeHg(H_2O)^+$ vor (s. o.), welches seinerseits *sauer wirkt* und zur *Kondensation* neigt:

$$6H^+ + 6MeHgOH \rightleftarrows 6\mathbf{MeHg(OH_2)^+} \xrightarrow{\mp 3H_3O^+} 3(MeHg)_2OH^+ \xrightarrow{\mp H_3O^+} 2(MeHg)_3O^+.$$

$MeHg^+$ stellt eine weiche Säure dar. Infolgedessen nimmt die Dissoziation $MeHgX \rightleftarrows MeHg^+ + X^-$ in wässerigem Medium in der Reihenfolge MeHgSH < MeHgCN < MeHgI < MeHgBr < MeHgCl < $MeHgNO_2$ < MeHgF zu (Untersuchungen der Dissoziationsstabilität von MeHgX trugen wesentlich zur Entwicklung des Konzepts der harten und weichen Säuren und Basen bei; vgl. S. 245).

Die hohe *Toxizität* von Quecksilber-Verbindungen beruht, wie besprochen (S. 1380), darauf, daß HgX_2 von Mikroorganismen durch „*Methylcobalamin*" $CH_3[Cob]$, einem Derivat des Vitamin B_{12}-Coenzyms, gemäß $Hg^{2+}_{aq} + CH_3[Cob] \rightarrow CH_3Hg^+_{aq} + [Cob]^+_{aq}$ in wasserlösliches $MeHg^+$ verwandelt wird (vgl. S. 1561) und in dieser Form leicht in andere Organismen gelangt, wo $MeHg^+$ – wegen der hohen Affinität des Quecksilbers zu Schwefel – Thiolgruppen von Enzymen durch Mercurierung blockiert.

3 Das Eka-Quecksilber (Element 112)[35)]

Durch Beschuß von *Folien* aus $^{208}_{82}Pb$ sowie $^{209}_{83}Bi$ mit auf ca. 10 % der Lichtgeschwindigkeit beschleunigten *Chrom-*, *Eisen-* und *Nickelkernen* ($^{54}_{24}Cr$, $^{58}_{26}Fe$, $^{62}_{28}Ni$, $^{64}_{28}Ni$) wurden im Bereich Kernchemie II der **G**esellschaft für **S**chwer**i**onenforschung (GSI) in Darmstadt in den Jahren 1981 bis 1994 unter Leitung der Arbeitsgruppe um P. Armbruster, W. Hofmann und G. Münzenberg erstmals einige Atome der **Elemente 107 bis 111** erzeugt und durch ihren nach ca. 1 ms einsetzenden α-Zerfall in leichtere Elemente und deren weiteren α-Zerfall charakterisiert (vgl. S. 1503, 1547, 1574, 1604, 1364). Nachgewiesen wurden im Zuge des Elementauf- und -abbaus bisher folgende Nuklide der Elemente 107 bis 111 mit Massenzahlen im Bereich 261 bis 272 (in Klammern jeweils Zerfallshalbwertzeiten in [ms]).

	261	**262**	**263**	**264**	**265**	**266**	**267**	**268**	**269**	**270**	**271**	**272**
$_{107}$**Eka-Re**	11.8	8.0	–	440	–	–	–	–	–	–	–	–
$_{108}$**Eka-Os**	–	–	–	0.08	1.8	–	–	–	–	–	–	–
$_{109}$**Eka-Ir**	–	–	–	–	–	3.4	7.0	–	–	–	–	–
$_{110}$**Eka-Pt**	–	–	–	–	–	–	–	–	0.17	1.4	–	–
$_{111}$**Eka-Au**	–	–	–	–	–	–	–	–	–	–	–	1.5

(Für Nuklide der außer Eka-Re bis Eka-Au noch erzeugten Transactinoide $_{104}$**Eka-Hf**, $_{105}$**Eka-Ta** und $_{106}$**Eka-W** vgl. S. 1418, 1436 und 1478.) Es ist am GSI nunmehr geplant, das Element 112 (**Eka-Quecksilber**) durch Beschuß von *Bleifolien* mit *Zinkkernen* herzustellen, womit dann alle Nebengruppenelemente der 7. Periode bekannt wären und sich die Erzeugung der noch fehlenden Hauptgruppenelemente 113 bis 118 (Eka-Thallium bis Eka-Radon) der 7. Periode anschließen könnte. Nukliden des Elements 114 (Eka-Blei) sollen hierbei nach Berechnungen wieder vergleichsweise *hohe Stabilitäten* zukommen (in der 6. Periode sind $^{208}_{82}Pb$-Kerne aufgrund ihrer abgeschlossenen Protonen- und Neutronenschalen (vgl. S. 1744) besonders stabil, während die Hauptgruppen-Elementkerne höherer Protonenzahl wieder instabiler sind (vgl. S. 822, 635, 455, 419)).

[35] Vgl. Anm.[16,17)] auf S. 1418.

Kapitel XXIV

Die Scandiumgruppe

Zur *Scandiumgruppe* (III. Nebengruppe bzw. 3. Gruppe des Periodensystems) gehören die Elemente *Scandium* (Sc), *Yttrium* (Y), *Lanthan* (La) und *Actinium* (Ac). Die auf das Lanthan folgenden 14 Elemente der Atomnummern 58–71 („*Lanthanoide*"; Ausbau der 4f-Schale) und die auf das Actinium folgenden 14 Elemente der Atomnummern 90–130 („*Actinoide*"; Ausbau der 5f-Schale werden auf S. 1775 und 1793 behandelt.

Vom chemischen Standpunkt aus sind die (von seltenen Ausnahmen abgesehen nur dreiwertigen) Elemente der III. Nebengruppe den unmittelbar vorausgehenden Metallen der *II. Hauptgruppe* (2. Gruppe: Calcium, Strontium, Barium, Radium) ähnlicher als den Metallen der erst später folgenden *III. Hauptgruppe* (3. Gruppe: Gallium, Indium, Thallium) und schließen sich ganz den Eigenschaften des *Aluminiums* aus der III. Hauptgruppe an (vgl. S. 986). Elektrochemisch sind sie *unedler* als das leichtere Aluminium, wobei ihr *unedler Charakter* wie bei den – insgesamt unedleren – Elementen der II. Hauptgruppe mit steigender Atommasse *zunimmt*. Vgl. hierzu auch S. 1396.

Am Aufbau der Erdhülle sind die Elemente der Scandiumgruppe mit 2.1×10^{-3} (Sc), 3.2×10^{-3} (Y), 3×10^{-3} (La) und 6×10^{-14} (Ac) Gew.-% beteiligt, entsprechend einem Massenverhältnis von ca. $1:1:1:10^{-11}$.

1 Elementares Scandium, Yttrium, Lanthan und Actinium[1)]

Vorkommen

Das *Scandium, Yttrium* und *Lanthan* sind zwar ebenso häufig wie Blei, Cobalt oder Kupfer, kommen aber in der Natur so feinverteilt vor, daß sie für seltene Elemente gehalten werden. In den meisten Mineralien liegen sie – in *dreiwertiger* Form – an die Oxo-Anionen *Phosphat, Silicat* oder – seltener – *Carbonat* **gebunden** vor. Man kennt nur ein einziges **Scandium**-reiches Mineral, den in Norwegen und auf Madagaskar vorkommenden „*Thortveitit*" $(Sc,Y)_2[Si_2O_7]$ mit durchschnittlich 35 (Norwegen) bzw. 20 Gew.-% (Madagaskar) Sc_2O_3. **Yttrium** sowie **Lanthan** finden sich stets vergesellschaftet mit den *Lanthanoiden* Ln^{3+} (vgl. S. 1775) und zwar *Yttrium* mit den schweren Lanthanoiden („*Yttererden*") als „*Xenotim*" $(Ln,Y)PO_4$, „*Gadolinit*" $(Ln^{III},Y^{III})_2(Be^{II}Fe^{II})_3[Si_2O_{10}]$ oder „*Euxenit*" (einem Th- und Ca-haltigem Niobat, Titanat und Tantalat des Yttriums), *Lanthan* mit den leichteren Lanthanoiden („*Ceriterden*") als „*Monazit*" $(Ln,La,Th)[(P,Si)O_4]$, „*Bastnäsit*" $(Ln,La)[CO_3F]$ oder „*Cerit*" und „*Orthit*" (komplizierter zusammengesetzte Cersilicate). Ein an Yttrium reiches Mineral stellt der „*Thalenit*" $Y_2[Si_2O_7]$ dar, der dem Thortveitit (s. o.) entspricht. Das **Actinium** findet sich als radioaktives Zerfallsprodukt des

---

[1] **Literatur.** R. C. Vickery: „*Scandium, Yttrium and Lanthanum*", Comprehensive Inorg. Chem. **3** (1973) 329–353; F. A. Hart: „*Scandium, Yttrium and the Lanthanides*", Comprehensive Coord. Chem. **3** (1987) 1059–1127; T. J. Marks: „*Scandium, Yttrium and the Lanthanides and Actinides*", Comprehensive Organomet. Chem. **3** (1982) 173–270; GMELIN: „*Sc, Y, La-Lu; Rare Earth Elements*", Syst.-Nr. **39**, bisher 35 Bände; R. C. Vickery: „*The Chemistry of Yttrium and Scandium*", Pergamon, London 1960; C. T. Horovitz (Hrsg.): „*Scandium: Its Occurrence, Chemistry, Physics, Metallurgy, Biology and Technology*", Acad. Press, New York 1975; G. A. Melson, R. W. Stotz: „*The Coordination Chemistry of Scandium*", Coord. Chem. Rev. **7** (1971) 133–160; H. Gysling, M. Tsutsui: „*Organolanthanides and Organoactinides*", Adv. Organomet. Chem. **9** (1970) 361–395. Vgl. hierzu auch Anm.[1)] auf S. 1775 sowie Anm.[1)] auf S. 1793.

Urans (S. 1727) in sehr geringen Mengen (etwa 0.1% des Radiumgehaltes) in *Uranerzen* (0.15 mg Ac in 1000 kg Pechblende).

Isotope (vgl. Anh. III). Nachfolgende Zusammenstellung gibt Massenzahlen und Häufigkeiten der *natürlich* vorkommenden Isotope des Scandiums (1 Nuklid), Yttriums (1 Nuklid) und Lanthans (2 Nuklide) zusammen mit wichtigen *künstlich* hergestellten Isotopen dieser Elemente sowie Anwendungen der Nuklide in der *NMR-Spektroskopie* und der *Tracer-Technik* wieder. Alle bisher bekannten 24 Isotope des Actiniums (Massenzahlen 209–232; je zwei Kernisomere der Massenzahlen 216 und 222, drei Kernisomere der Massenzahl 217) sind radioaktiv und teils α-, teils β^--Strahler (Halbwertszeiten von 8 Nanosekunden bis zu 21.77 Jahren). *Natürlich* treten die Nuklide $^{227}_{89}Ac$ (β^--Strahler; $\tau_{1/2} = 21.77$ Jahre) und $^{228}_{89}Ac$ (β^--Strahler; $\tau_{1/2} = 6.13$ Stunden) in Spuren auf. Das Nuklid $^{227}_{89}Ac$ wird für NMR-Untersuchungen, das Nuklid $^{225}_{89}Ac$ (α-Strahler; $\tau_{1/2} = 10.0$ Tage) für Tracer-Experimente genutzt.

$_{21}Sc$	Gew.-%	$\tau_{1/2}$	Verw.	$_{39}Y$	Gew.-%	$\tau_{1/2}$	Verw.	$_{57}La$	Gew.-%	$\tau_{1/2}$	Verw.
^{44}Sc	*künstl.*	*3.92 h* (β^-)	*Tracer*	^{88}Y	*künstl.*	*106.6 d* (β^+)	*Tracer*	^{138}**La**	0.09	stabil	*NMR*
^{45}**Sc**	100	stabil	*NMR*	^{89}**Y**	100	stabil	*NMR*	^{139}**La**	99.91	stabil	*NMR*
^{46}Sc	*künstl.*	*83.80 d* (β^-)	*Tracer*	^{90}Y	*künstl.*	*64* h (β^-)	*Tracer*	^{140}La	*künstl.*	*40.22 h* (β^-)	*Tracer*
^{47}Sc	*künstl.*	*3.43 d* (β^-)	*Tracer*								

Geschichtliches. Das von Mendelejeff 1871 vorausgesagte „*Eka-Bor*" wurde 1879 von dem Schweden Lars Frederik Nilson im schwedischen Mineral *Gadolinit* und *Euxenit* als neue „Erde" (= Oxid) *entdeckt* und zu Ehren seines skandinavischen Vaterlandes Scandium genannt (vgl. Anm.[199)] auf S. 954). *Elementares* Scandium konnte erstmals 1937 durch Elektrolyse einer Schmelze aus Lithium-, Kalium- und Scandiumchlorid gewonnen werden. – Yttrium wurde im Jahre 1794 von dem Finnen Johann Gadolin in einem 7 Jahre zuvor bei Ytterby in Schweden aufgefundenen Mineral Ytterbit (später Gadolinit genannt) als Oxid („*Yttererde*") *entdeckt*. *Elementares* Yttrium erhielt erstmals F. Wöhler 1828 durch Reduktion des Trichlorids mit Kalium. Die *Namen* Yttrium (wie auch Erbium, Terbium, Ytterbium) leiten sich von dem Ort *Ytterby* ab, der Fundstätte der Yttererde (in den Schären nördlich von Stockholm). – Lanthan wurde 1839 von C. G. Mosander *entdeckt*, der in mehrjähriger, sehr mühsamer Arbeit die von seinem Lehrer J. J. Berzelius 1803 aus einem (später als „*Cerit*" bezeichneten) schwedischen Mineral isolierte Ceriterde in *Oxide* von Cer, Didym (= Neodym + Praseodym) und Lanthan trennen konnte (vgl. S. 1775). Da das im letztgenannten Oxid enthaltene Element infolge Fehlens spezifischer Reaktionen schwierig aufzufinden war, *nannte* er es *Lanthan* (von griech. lanthanein = verborgen sein). Durch Reduktion des von ihm erstmals gewonnenen Trichlorids mit Kalium gelang ihm auch die erstmalige Darstellung des *elementaren* Lanthans. In relativ reiner Form wurde Lanthan erst 1923 durch Elektrolyse einer Halogenidschmelze erhalten. – Actinium wurde 1899 von A. Debierne in Pechblenderückständen *entdeckt* und trägt wie das Radium seinen *Namen* nach seiner radioaktiven Strahlung (vom griech. aktinoeis = strahlend).

Darstellung

Die **technische Darstellung** der Elemente der Scandiumgruppe erfolgt hauptsächlich auf *chemischem Wege*, ferner – nur im Falle von Scandium – auch auf *elektrochemischem Wege*. Zur Gewinnung von **Scandium** geht man zum Teil von Thortveitit aus, der in Scandiumtrifluorid oder -trichlorid verwandelt wird, zum Teil von Sc-haltigen, im Zuge der Urangewinnung (S. 1795) anfallenden Nebenprodukten. Die eigentliche Darstellung erfolgt dann durch *Schmelzelektrolyse* einer Mischung von $ScCl_3$, KCl und LiCl an einer Zinkkathode oder durch *Reduktion* von ScF_3 mit Calcium in Gegenwart von Zink und LiF bei 1100 °C (Tantaltiegel, He-Atmosphäre). In beiden Fällen erhält man eine Sc/Zn-Legierung, aus der sich das Zink (Sdp. 909 °C) unterhalb des Sc-Schmelzpunktes (1539 °C) abdestillieren läßt. Eine Reinigung des Metalls kann durch Destillation im Hochvakuum bei 1700 °C erfolgen.

Als Ausgangsmaterial für die *technische Gewinnung* von metallischem **Yttrium** oder **Lanthan** dienen die Fluoride MF_3, die sich etwa aus Xenotimsand (Y) oder Monazitsand (La) durch Aufschluß mit Schwefelsäure, Abtrennung der dabei gebildeten Sulfate nach dem Ionenaustauschverfahren, Fällung von Yttrium oder Lanthan als Oxalat, Verglühen der Oxalate zu Oxiden und Fluoridierung der Oxide mit Fluorwasserstoff im Drehrohrofen gewinnen lassen (Näheres vgl. S. 1778). Die Reduktion der Fluoride YF_3 und LaF_3 zum Metall erfolgt mit Calcium, wobei Calciumlegierungen entstehen, aus denen im Hochvakuum Calcium bei 1000–1200 °C abdestilliert wird. Durch Schmelzen im Lichtbogen kann aus den verbleibenden Metallschwämmen kompaktes Yttrium und Lanthan gewonnen werden.

Die Darstellung des **Actiniums** erfolgt *künstlich* durch *Bestrahlung von Radium mit Neutronen*:

$$^{226}_{88}Ra + ^{1}_{0}n \rightarrow ^{227}_{88}Ra \xrightarrow[42.2\,\text{min}]{-\beta^-} ^{227}_{89}Ac.$$

Die größte bis jetzt so hergestellte Actiniummenge betrug 6 g $^{227}_{89}Ac$ (Bestrahlung von 300 g Ra als $RaCO_3$ im Reaktor). Das reine Metall, das wegen seiner Radioaktivität im Dunkeln leuchtet (β^--Strahler; $\tau_{1/2}$ = 21.77 Jahre), läßt sich aus dem Oxid nach Umwandlung in das Fluorid AcF_3 oder Chlorid $AcCl_3$ durch Reduktion mit Lithium oder Kalium gewinnen.

Physikalische Eigenschaften

Alle Glieder der Scandiumgruppenelemente sind *silbrig-weiße*, an Luft bleigrau anlaufende relativ *weiche* Metalle. Und zwar stellen *Scandium* (d = 2.985 g/cm^3) und *Yttrium* (d = 4.472 g/cm^3) *Leichtmetalle, Lanthan* (d = 6.162 g/cm^3) und *Actinium* (d = 10.07 g/cm^3) *Schwermetalle* dar, die mit *hexagonal-dichtester* (Sc, Y, La) bzw. *kubisch-dichtester* (Ac) Metallatompackung kristallisieren (Sc: kein Modifikationswechsel bis über 1000 °C; Y: Umwandlung bei 1478 °C in eine kubisch-raumzentrierte Metallatompackung; La: Umwandlung bei 310/868 °C in eine kubisch-dichteste/kubisch raumzentrierte Metallatompackung). Die Metalle lassen sich zu Folien sowie Blechen walzen und sind gegen Atmosphärilien bei Raumtemperatur wegen Bildung einer Oxidschutzschicht beständig. Die *Schmelz-/Siedepunkte* betragen für Scandium 1539/2832 °C, für Yttrium 1523/3337 °C, für Lanthan 920/3454 °C, für Actinium 1050/3300 °C, die *elektrischen Leitfähigkeiten* [Ω^{-1} cm^{-1}] 1.64×10^4 (Sc), 1.75×10^4 (Y), 1.75×10^5 (La), ? (Ac). Lanthan wird unterhalb −268 °C supraleitend. Bezüglich weiterer Eigenschaften vgl. Tafeln IV und V.

Physiologisches. Die Metalle der Scandiumgruppe sind für den Menschen und andere Organismen *nicht essentiell* (der Mensch enthält keines dieser Elemente). Yttrium gilt als *giftig* (MAK-Wert = 5 mg/m^3), Actinium ruft wegen seiner von ihm ausgehenden radioaktiven Strahlung Schädigungen hervor (vgl. S. 1813).

Chemische Eigenschaften

Die allgemeine Reaktionsfähigkeit (der *unedle Charakter*) der Elemente der Scandiumgruppe wächst mit steigender Ordnungszahl von Scandium über Yttrium bis Lanthan und sinkt dann – u. a. als Folge relativistischer Effekte (S. 338) – wieder zum Actinium hin ab, wie unter anderem aus den nachfolgend wiedergegebenen **Potentialdiagrammen** für den Übergang der Metalle in den dreiwertigen Zustand bei pH = 0 (erste Zeile) und 14 (zweite Zeile) hervorgeht:

$$\mathbf{Sc^{3+}} \xrightarrow{-2.03} \mathbf{Sc} \quad | \quad \mathbf{Y^{3+}} \xrightarrow{-2.37} \mathbf{Y} \quad | \quad \mathbf{La^{3+}} \xrightarrow{-2.38} \mathbf{La} \quad | \quad \mathbf{Ac^{3+}} \xrightarrow{-2.13} \mathbf{Ac}$$

$$\mathbf{Sc(OH)_3} \xrightarrow{-2.60} \mathbf{Sc} \quad | \quad \mathbf{Y(OH)_3} \xrightarrow{-2.85} \mathbf{Y} \quad | \quad \mathbf{La(OH)_3} \xrightarrow{-2.80} \mathbf{La} \quad | \quad \mathbf{Ac(OH)_3} \xrightarrow{-2.5} \mathbf{Ac}$$

Sie sind alle starke Reduktionsmittel (stärker als Aluminium: ε_0 für Al/Al^{3+} = −1.676 und −2.310 V für pH = 0 und 14). Sie werden deshalb an der *Luft* rasch matt (Bildung einer schützenden Oxidhaut) und verbrennen bei erhöhter Temperatur glatt zu Oxiden M_2O_3. Ferner reagieren sie mit *Halogenen* bereits bei Raumtemperatur, mit den meisten anderen Nichtmetallen in der Wärme. *Wasser* reduzieren sie in feinverteiltem Zustand oder beim Erhitzen unter Wasserstoffentwicklung; auch sind sie in *verdünnten Säuren* unter H_2-Entwicklung löslich.

Verwendung. Scandium hat bisher keine Anwendung gefunden. Andererseits stellt **Yttrium** ein großtechnisches Produkt dar und wird z. B. in der „*Reaktortechnik*" aufgrund seines *geringen Neutroneneinfangquerschnitts* für gezogene Rohre zur Aufnahme von Uranstäben sowie in Form von Kontrollstäben genutzt. Des weiteren dienen *Yttriumoxide* als „*Luminophore*"[2], nämlich mit Eu^{3+} aktiviertes Y_2O_3 (*rote* Fluoreszenz) für Fernsehbildröhren und Leuchtstofflampen, mit Tb^{3+} aktiviertes Y_2O_2S (*grüne* und *blaue* Fluoreszenz) für Fernsehbildröhren und Radarröhren, mit Ce^{3+} aktiviertes $Y_3Al_5O_{12}$ (*gelbe* Fluor-

---

[2] **Luminophore** („*Leuchtstoffe*") emittieren nach *Bestrahlung* die gespeicherte Energie augenblicklich („*Lumineszenz*") oder bis zu mehrere Stunden verzögert („*Phosphoreszenz*") in Form *sichtbaren Lichts*. Sie bestehen aus feinen, 1 bis 5 μm großen Teilchen aus farblosen Oxiden, Oxidsulfiden, Sulfiden, Phosphaten, Halogeniden vorwiegend der Erdalkalimetalle, des Zinks oder Yttriums, in welche *Aktivatoren* (Übergangsmetall, Lanthanoide) als *Leuchtzentren* und gegebenenfalls *Sensibilisatoren* (z. B. Sb^{3+}, Pb^{2+}, Ce^{3+}) in Konzentrationen von 10^{-2} bis 10^{-4} g/mol eingebaut sind (Gewinnung durch Glühen homogen vermahlener Rohstoffmischungen bei 1000 bis 1400 °C). Beispiele für Luminophore, die jeweils in dünner Schicht aufgebracht werden, sind neben den erwähnten Y-haltigen Stoffen $\mathbf{Y_2O_3}$, $\mathbf{Y_2O_2S}$ und $\mathbf{Y_3Al_5O_{12}}$ mit Mn^{4+} aktiviertes $\mathbf{Mg_2GeO_4 \cdot 1.5MgO \cdot 0.5MgF_2}$ (*rot*; Hg-Hochdrucklampen), mit Mn^{2+}/Sb^{3+} aktiviertes $\mathbf{Ca_5(PO_4)_3(Cl,F)}$ (*blau* und *gelborange*; Leuchstofflampen), $\mathbf{CaWO_4}$ ohne Aktivator (*blauviolett*; für Leuchtstofflampen), Sn^{2+} aktiviertes $\mathbf{(Sr,Mg)_3(PO_4)_2}$ (*rosarot*; für Leuchtstofflampen, Hg-Hochdrucklampen), mit Eu^{2+} aktiviertes **BaF(Cl,Br)** (*blau*, in der Röntgentechnik), mit Mn^{2+} aktiviertes $\mathbf{Zn_2SiO_4}$ (*grün*; für Oszillographen), mit Ag^+/Cl^- bzw. Cu^+/Cl^- aktiviertes **ZnS** (*grün*; für Radarröhren), mit Zn^{2+} aktiviertes **ZnO** (*grün*; für Lichtpunktabtaströhren).

eszenz) für Lichtpunktabtaströhren. Dichte „Y_2O_3-*Keramik*" (Smp. 2432 °C) zeichnet sich durch hervorragende Korrosionsbeständigkeit bei hohen Temperaturen aus. Eine Y/Co-Legierung ist zur Zeit eine der besten Materialien für „*Permanentmagnete*". Yttriumgranate $Y_3M_5O_{12}$ dienen als „*Mikrowellenfilter*" in Radarsystemen (M = Fe) sowie als „*Schmucksteine*" (M = Al; Diamantersatz), das Yttriumcuprat $YBa_2Cu_3O_7$ stellt einen „*Supraleiter*" mit einer Sprungtemperatur von 95 K dar. Unter den Legierungen von **Lanthan** wirken $LaCo_5$ als „*Dauermagnet*", $LaNi_5$ als „*Wasserstoffspeicher*". Hochreines La_2O_3 dient wegen seines hohen Brechungsindex als Additiv zu optischen „*Gläsern*" für Kameralinsen. Mit seltenen Erden dotierte La-Verbindungen *fluoreszieren* bei Elektronenstrahlanregung mit *roter* Farbe. In diesem Zusammenhang hat $LaCl_3$ in der Festkörperspektroskopie Bedeutung erlangt (beim Einbau kleiner Mengen von Actinoidtrichloriden in $LaCl_3$-Einkristalle lassen sich die Fluoreszenzspektren der betreffenden Actiniode bei tiefen Temperaturen anregen). **Actinium** findet in Verbindung mit Beryllium Verwendung zur „*Erzeugung von Neutronen*" für die Aktivierungsanalyse u. a. von Erzen, Legierungen.

Scandium, Yttrium, Lanthan und Actinium in Verbindungen

In ihren Verbindungen betätigen die Elemente der Scandiumgruppe praktisch nur die **Oxidationsstufe** **+ 3** (z. B. MF_3, M_2O_3, $M(OH)_3$). Zwar bilden die Metalle Verbindungen wie ScH_2, ScI_2, ScO, YH_2, YC_2, LaH_2, LaI_2, LaS, LaC_2, in denen sie *zweiwertig* zu sein scheinen. Diese Verbindungen sind aber metallische Leiter und dementsprechend als $M^{3+}[(H^-)_2e^-]$, $M^{3+}[(I^-)_2e^-]$, $M^{3+}[(O^{2-})e^-]$, $M^{3+}[(S^{2-})e^-]$ oder $M^{3+}[C{\equiv}C^{2-})e^-]$ mit *dreiwertigen* Metallionen zu formulieren. Es sind nur einige echte *niedrigwertige* Elementclusterhalogenide mit formalen Oxidationsstufen von M **kleiner + 3** bekannt. Somit verhalten sich die Scandiumgruppenmetalle als Übergangselemente *atypisch*, da man für letztere u. a. die Bildung der Oxidationsstufe + 2 (Abgabe der beiden s-Außenelektronen) erwartet.

Die bevorzugte **Koordinationszahl** von Scandium(III) ist *sechs* (oktaedrisch in $[\mathbf{Sc}F_6]^{3-}$, $[\mathbf{Sc}(OSMe_2)_6]^{3+}$, $[\mathbf{Sc}(bipy)_3]^{3+}$, $[\mathbf{Sc}(acac)_3]$ mit bipy = α,α'-Bipyridin, acac = Acetylacetonat). Es treten aber auch niedriger und höher koordinierte Komplexe des Scandiums auf (KZ z. B. *fünf* in $\mathbf{Sc}(CH_2SiMe_3)_3(THF)_2$ und *neun* in $[\mathbf{Sc}(NO_3)_5]^{2-}$). Bevorzugte Koordinationszahlen von Yttrium(III) und Lanthan(III) sind *acht* (quadratisch-antiprismatisch in $[\mathbf{Y}(H_2O)_8]^{3+}$, $\mathbf{Y}(acac)_3(H_2O)_2]$; dodekaedrisch in $[\mathbf{Y}(acac^F)_4]^-$ mit $acac^F = CF_3COCHCOCF_3^-$; kubisch in $[\mathbf{La}(bipyO_2)_4]^{3+}$ mit $bipyO_2$ = α,α'-Bipyridindioxid) und *neun* (dreifach-überkappt-trigonal-prismatisch in $[\mathbf{Y}(OH)_3]$, $[\mathbf{La}(H_2O)_9]^{3+}$, $\mathbf{La}Cl_3$). Man kennt jedoch auch Komplexe, in welchen dreiwertiges Yttrium und Lanthan Koordinationszahlen *kleiner acht* (z. B. *sechs* in $[\mathbf{M}(NCS)_6]^{3-}$ und *sieben* in $[\mathbf{Y}(acac)_3(H_2O)]$ mit oktaedrischem bzw. überkappt-oktaedrischem Bau) und *größer neun* aufweisen (z. B. *zehn* in $[\mathbf{Y}(NO_3)_5^{2-}$ und $[\mathbf{La}(EDTA)(H_2O)_4]$ mit EDTA = Ethylendiamintetraacetat; *zwölf* in $\mathbf{La_2}(SO_4)_3 \cdot 9H_2O$).

Die zu elektronegativeren Partnern ausgehenden **Bindungen** der Elemente der Scandiumgruppe sind im wesentlichen *elektrovalenter Natur*. Die **Metallionen** M^{3+} stellen hierbei harte Lewis-Säuren dar, die bevorzugt mit harten Lewis-Basen wie F^- oder O-haltigen Liganden Komplexe bilden, wobei die Stabilität der Komplexe ML_n für M^{3+} in Richtung Sc^{3+}, Y^{3+}, La^{3+} abnimmt (z. B. Stabilitätskonstanten der 1:1 Komplexe von M^{3+} und $EDTA^{4-} = 10^{23}$ (Sc), 10^{18} (Y), 10^{16} (La)). Insgesamt gleicht die Komplexchemie von Sc^{3+} mehr der von Al^{3+}, die Komplexchemie von Y^{3+} bzw. La^{3+} mehr der der Lanthanoid-Ionen Ln^{3+}, da die *Radien* von Sc^{3+} und Al^{3+} sowie die von Y^{3+}, La^{3+} und Ln^{3+} in ähnlichen Bereichen liegen (0.7–0.9 bzw. 1.0–1.2 Å; vgl. S. 1776 sowie Anh. IV).

Wie bereits erwähnt (S. 1393), *ähneln* die Metalle Sc, Y, La, Ac der III. Nebengruppe in ihren **Eigenschaften** vielfach mehr den *Anfangsgliedern* B und Al der III. Hauptgruppe, als dies die Endglieder Ga, In, Tl der III. Hauptgruppe tun (vgl. hierzu das auf S. 986 Gesagte). Dies betrifft allerdings nur die dreiwertigen Stufen M^{3+}, für welche die Außenelektronen im Falle von B^{3+}, Al^{3+}, Sc^{3+}, Y^{3+}, La^{3+}, Ac^{3+} übereinstimmend einer mit 8 Elektronen vollbesetzten s- und p-Unterschale angehören, während sich die Außenelektronen im Falle von Ga^{3+}, In^{3+}, Tl^{3+} in mit 18 Elektronen vollbesetzten s-, p- und d-Unterschalen befinden. So *nimmt* etwa in Richtung B, Al, Sc, Y, La (III. Haupt- und III. Nebengruppe) wie in Richtung Be, Mg, Ca, Sr, Ba der *unedle Charakter* der Elemente E sowie die *Basizität* der Hydroxide $E(OH)_3$ einsinnig *zu* und die *Wasserlöslichkeit* der Sulfate $E_2(SO_4)_3$ einsinnig *ab*, während in Richtung B, Al, Ga, In, Tl (III. Hauptgruppe) der unedle Elementcharakter ab Al abnimmt, die Basizität von $E(OH)_3$ beim Übergang von Al nach Ga hin sinkt und sich die Sulfatlöslichkeiten in Richtung E = Ga, In, Tl erhöhen.

In der nullwertigen Stufe befinden sich die drei Valenzelektronen von Ga, In und Tl andererseits wie die der leichteren Homologen B und Al in einer s- (2 Elektronen) und p-Nebenschale (1 Elektron), die betreffenden drei Elektronen von Sc, Y, La und Ac in einer s- (2 Elektronen) und einer d-Nebenschale (1 Elektron), weshalb man ja auch erstere Elemente zur III. Haupt-, letztere zur III. Nebengruppe rechnet. Naturgemäß kommen dem p-Außenelektron der Borgruppenelemente etwas andere Bindungseigenschaften als dem d-Außenelektron der Scandiumgruppenelemente zu, was sich in *unterschiedlichen Element-Eigenschaftsänderungen* beim Übergang von B und Al zu Sc, Y, La, Ac bzw. zu Ga, In, Tl äußert. So *nimmt* etwa die Atomisierungsenergie der Metalle in Richtung B, Al, Ga, In, Tl (563, 326, 277, 243,

182 kJ/mol) *einsinnig ab*, beim Übergang von Al (326 kJ/mol) zu Sc, Y, La (378, 421, 431 kJ/mol) aber *abrupt zu*. Offensichtlich führen also die Wechselwirkungen der d-Elektronen zu stärkeren Bindungen als die der p-Elektronen. Unterschiede zwischen den Elementen der III. Haupt- und Nebengruppen bestehen auch in der Beständigkeit von Zwischenwertigkeiten. So bilden Ga, In, Tl Verbindungen des Typs MX mit *einwertigen* Metallen (Abgabe des p-Außenelektrons), während Sc, Y, La solche des Typs MX_2 mit (formal) *zweiwertigen* Metallen (Abgabe der beiden s-Elektronen) anstreben.

2 Verbindungen des Scandiums, Yttriums, Lanthans und Actiniums[1)]

Wasserstoffverbindungen. Die Metalle Sc, Y, La und Ac nehmen Wasserstoff bei 200 °C und darunter unter Bildung elektrisch gut leitender, nicht-stöchiometrischer dunkelfarbiger, spröder binärer Hydride bis zur *Grenzstöchiometrie* $\mathbf{ScH_2}$, $\mathbf{YH_2}$, $\mathbf{LaH_2}$, $\mathbf{AcH_2}$ auf (S. 276, 1607), in welchen die H-Atome tetraedrische Lücken einer kubisch-dichtesten Packung von M^{3+}-Ionen besetzen (Abgabe eines Metallelektrons an das Leitungsband des Hydrids)[3)]. YH_2, LaH_2 und AcH_2 vermögen unter Abnahme der elektrischen Leitfähigkeit weiteren Wasserstoff bis zur Grenzstöchiometrie $\mathbf{YH_3}$, $\mathbf{LaH_3}$ und $\mathbf{AcH_3}$ (blauschwarze Stoffe) aufzunehmen, in welchen die H-Atome tetraedrische und oktaedrische Lücken einer kubisch-dichtesten (La, Ac) bzw. hexagonal-dichtesten Packung (Y) von M^{3+}-Ionen besetzen. Bezüglich der Boran-Addukte $\mathbf{M(BH_3)_3}$ vgl. S. 1009, 1607.

Halogenverbindungen. Von Scandium, Yttrium, Lanthan und Actinium ist jeweils ein Fluorid, Chlorid, Bromid und Iodid $\mathbf{MX_3}$ bekannt (bezüglich Farbe, Smp., Sdp., ΔH_f vgl. Tab. 117; von AcX_3 sind die Kenndaten noch nicht sicher bekannt). Ferner existieren niedrigwertige Chloride und Bromide der Zusammensetzung $\mathbf{MX_{<2}}$, sowie elektrisch-leitende Iodide $\mathbf{MI_2} = M^{3+}[(I^-)_2e^-]$. Die Darstellung der wasserfreien Halogenide MX_3 erfolgt mit Vorteil *aus den Elementen* (im Falle der Fluoride besser M_2O_3 + gasförmiges HF), die der Hydrate $MX_3 \cdot nH_2O$ durch Auflösen der *Oxide* M_2O_3 in *Halogenwasserstoffsäure* (die Entwässerung der Hydrate ist infolge Hydrolyse meist nur im HX-Strom möglich). Beim Zusammenschmelzen von MX_3 und M bilden sich die erwähnten Halogenide mit geringem Halogengehalt.

Strukturen. Wie im Falle der Erdalkalimetalldihalogenide wächst die Koordinationszahl der Metallionen der *Trihalogenide* von Elementen der Scandiumgruppe mit zunehmender Ordnungszahl des Metalls und – weniger einschneidend – mit abnehmender Ordnungszahl des Halogens (vgl. Tab. 117). Hierbei bilden die Fluoride MF_3 (einschließlich AcF_3), das Chlorid $LaCl_3$ und das Bromid $LaBr_3$ *Raumstrukturen*, die

Tab. 117 Halogenide und Oxide von Sc, Y, La (vgl. Anm.[4)] und S. 1611, 1620)

	Fluoride	**Chloride**[a)]	**Bromide**[a)]	**Iodide**[b)]	**Oxide**[b)]
Sc	$\mathbf{ScF_3}$, *weiß* Smp./Sdp. 1552/1607 °C – VF_3-Strukt., KZ 6	$\mathbf{ScCl_3}$, *weiß* Smp./Sdp. 968/1342 °C ΔH_f −925.7 kJ/mol $CrCl_3$-Strukt., KZ 6	$\mathbf{ScBr_3}$, *weiß* Smp. 970 °C ΔH_f −623.0 kJ/mol BiI_3-Strukt., KZ 6	$\mathbf{ScI_3}$, *gelb* Smp. 953 °C ΔH_f ca. −600 kJ/mol BiI_3-Strukt., KZ 6	$\mathbf{Sc_2O_3}$, *weiß* Smp. 2403 °C ΔH_f −1910 kJ/mol (vgl. Ln_2O_3-Strukt.)
Y	$\mathbf{YF_3}$, *weiß* Smp./Sdp. 1155/2230 °C ΔH_f −1720 kJ/mol YF_3-Strukt., KZ 9	$\mathbf{YCl_3}$, *weiß* Smp./Sdp. 721/1507 °C ΔH_f −1001 kJ/mol $CrCl_3$-Strukt., KZ 6	$\mathbf{YBr_3}$, *weiß* Smp./Sdp. 904/1470 °C – BiI_3-Strukt.? KZ 6	$\mathbf{YI_3}$, *gelb* Smp./Sdp. 997/1310 °C ΔH_f −599.5 kJ/mol BiI_3-Strukt., KZ 6	$\mathbf{Y_2O_3}$, *weiß* Smp. 2432 °C ΔH_f −1907 kJ/mol (vgl. Ln_2O_3-Strukt.)
La	$\mathbf{LaF_3}$, *weiß* Smp./Sdp. 1493/2330 °C – LaF_3-Strukt., KZ 11	$\mathbf{LaCl_3}$, *weiß* Smp./Sdp. 860/1730 °C ΔH_f −1104 kJ/mol UCl_3-Strukt., KZ 9	$\mathbf{LaBr_3}$, *weiß* Smp./Sdp. 783/1580 °C – UCl_3-Strukt., KZ 9	$\mathbf{LaI_3}$, *gelb* Smp./Sdp. 779/1405 °C ΔH_f −700.9 kJ/mol $PuBr_3$-Strukt., KZ 8	$\mathbf{La_2O_3}$, *weiß* Smp./Sdp. 2256/4200 °C ΔH_f −1918 kJ/mol (vgl. Ln_2O_3-Strukt.)

a) Man kennt auch *niedrigwertige Chloride* und *Bromide* von Sc, Y und La der Stöchiometrie $\mathbf{MX_{<2}}$ (z. B. $ScCl_{1.7}$, $ScCl_{1.6}$, $ScCl_{1.4}$, ScCl).
b) Man kennt auch *Iodide* der Stöchiometrie $\mathbf{MI_2} = M^{3+}[(I^-)_2e^-]$ (z. B. *metallisch blauschwarzes* ScI_2 und LaI_2; Smp. 892 und 820 °CC) und *Oxide* der Stöchiometrie $\mathbf{MO} = M^{3+}[(O^{2-})e^-]$ (z. B. *goldgelbes* LaO).

3 Man kennt auch nicht-stöchiometrische (interstitielle) Boride, Carbide, Nitride der Scandiumgruppenelemente (Elementeinbau in oktaedrische Lücken).

verbleibenden Halogenide *Schichtstrukturen* aus (vgl. Tab. 117 und Anm.[4]). Die *niedrigwertigen Iodide* kristallisieren mit CdI_2-Struktur (ScI_2) bzw. $MoSi_2$-Struktur (LaI_2), die *niedrigwertigen Scandiumchloride* (entsprechendes gilt für die Bromide) enthalten andererseits *Metallcluster* von Scandiumatomen: **ScCl** (*schwarz*; Schichtstruktur ... ClScScCl ... ClScScCl ... mit schwächeren ScSc-Bindungen innerhalb und stärkeren zwischen den Scandiumschichten), $\mathbf{Sc_7Cl_{10}}$ (parallele Ketten von Sc_6-Oktaedern mit gemeinsamen Ecken), $\mathbf{Sc_7Cl_{12}}$ = $Sc^{3+}Sc_6Cl_{12}^{3-}$ (der Bau des Anions entspricht dem von Nb_6Cl_{12} bzw. Ta_6Cl_{12}, S. 1434), $\mathbf{Sc_5Cl_8}$ = $[ScCl_2^+]_x[Sc_4Cl_6^-]_x$ (im Anion Ketten von Sc_6-Oktaedern mit gemeinsamen Kanten). Entsprechende Strukturen kommen wohl auch den niedrigwertigen Chloriden und Bromiden von Y und La (z. B. **YCl**, **YBr**, $\mathbf{Y_2Cl_3}$, $\mathbf{Y_2Br_3}$, **LaBr**) zu.

Eigenschaften. Die Fluoride MF_3 sind in Wasser schlecht, die übrigen Halogenide („zerfließlich") gut löslich. ScF_3 löst sich anders als YF_3 und LaF_3 in Anwesenheit von überschüssigem Fluorid unter Bildung von $[ScF_6]^{3-}$. Es sind auch andere *Halogenokomplexe* $[ScCl_6]^{3-}$, $[YF_4]^-$, $[LaF_4]^-$, $[LaF_6]^{3-}$, $[LaCl_6]^{3-}$ gewinnbar. Beim Erhitzen der Hydrate $MX_3 \cdot nH_2O$ bilden sich *Halogenidoxide* **MOX**. Bezüglich der Verwendung von $LaCl_3$ vgl. S. 1396).

Chalkogenverbindungen (vgl. S. 1620). Die *Oxide* $\mathbf{M_2O_3}$ (vgl. Tab. 117) bilden sich beim *Verbrennen* von Sc, Y, La, Ac an der *Luft* oder beim *Glühen* der Oxalate, Nitrate und anderer Salze als *weiße* Pulver (sechsfache Metallkoordination im Falle von Sc_2O_3 und Y_2O_3, siebenfache im Falle von La_2O_3). Bezüglich der Verwendung von Y_2O_3 u. a. als Luminophor und als Keramik vgl. S. 1395. Lanthanoxid La_2O_3 reagiert in frisch bereitetem Zustande mit Wasser so heftig, daß es sich ähnlich wie gebrannter Kalk löschen läßt; geglüht kann man es zu Tiegeln verarbeiten. Die Trihydroxide $\mathbf{M(OH)_3}$ erhält man durch Zugabe von *Alkalimetallhydroxid* zu den *Metallsalzlösungen* in Form gelatinöser Niederschläge (L für $Sc(OH)_3/Y(OH)_3/La(OH)_3 = 1\times10^{-23}/8\times10^{-23}/1\times10^{-20}$). $Sc(OH)_3$ ist eine schwache Base (schwächer als $Al(OH)_3$; Sc-Salze hydrolysieren in Wasser stark), $La(OH)_3$ eine starke Base ($La(OH)_3$ absorbiert an der Luft CO_2). $Y(OH)_3$ nimmt eine Mittelstellung hinsichtlich seiner Basizität ein. Mit Säuren reagieren die Trihydroxide unter „*Salzbildung*" (in saurer Lösung liegen neben hydratisiertem Sc^{3+} auch $Sc(OH)^{2+}$, $Sc(OH)_2^+$, $Sc_2(OH)_2^{4+}$, $Sc_3(OH)_4^{5+}$ und $Sc_3(OH)_5^{4+}$ vor):

$$M(OH)_3 + 3H^+ + nH_2O \rightarrow [Sc(H_2O)_6]^{3+}, [Y(H_2O)_8]^{2+}, [La(H_2O)_9]^{3+}.$$

Nur $Sc(OH)_3$ und Sc_2O_3 wirken auch als Säuren und setzen sich mit Alkalimetallhydroxiden bzw. Oxiden zu „*Scandaten*" um:

$$Sc(OH)_3 + 3OH^- \rightarrow [Sc(OH)_6]^{3-}; \quad Sc_2O_3 + nO^{2-} \rightarrow 2[ScO_2]^- \text{ bzw. } 2[ScO_3]^{3-}.$$

Bei der Reaktion von Sc, Y, La und Ac mit Schwefel-, Selen- oder Tellurdampf bilden sich Chalkogenide der Stöchiometrie **MY** bzw. $\mathbf{M_2Y_3}$.

Salze von Oxosäuren. Beim Auflösen der *Hydroxide* $M(OH)_3$ in verdünnter Schwefelsäure und Eindunsten der Lösungen kristallisieren die „*Sulfate*" $\mathbf{Sc_2(SO_4)_3 \cdot 6H_2O}$ (geht bei Entwässerung in ein Penta-, Tetra- und Dihydrat bzw. – bei 250 °C – in wasserfreies Sulfat über und bildet Doppelsulfate des Typus $MSc(SO_4)_2$ sowie $M_3Sc(SO_4)_3$), $\mathbf{Y_2(SO_4)_3 \cdot 8H_2O}$ (bildet Doppelsulfate) und $\mathbf{La_3(SO_4)_3 \cdot 6H_2O}$ aus. Die Löslichkeit der Sulfate nimmt wie im Falle der Sulfate der links benachbarten Erdalkalimetalle mit steigender Atommasse ab.

In analoger Weise wie die Sulfate lassen sich Salze anderer Oxosäuren („*Nitrate*", „*Carbonate*", „*Oxalate*", „*Phosphate*") der dreiwertigen Elemente der Scandiumgruppe durch Auflösen der Trihydroxide in den entsprechenden Säuren gewinnen. Die Schwerlöslichkeit der Oxalate kann zur Fällung der dreiwertigen Ionen genutzt werden. In einer wässerigen Oxalatlösung löst sich $Sc_2(ox)_3$ gut, $Y_2(ox)_3$ mittelmäßig und $La_2(ox)_3$ schlecht unter Komplexsalzbildung auf.

Organische Verbindungen (vgl. S. 1628)[1]. Unter den wenigen bisher gewonnenen Triorganylen des Scandiums, Yttriums und Lanthans seien genannt: „*Trialkylmetalle*" $\mathbf{R_3M}$ mit R = Me_3CCH_2, Me_3SiCH_2, $(Me_3Si)_2CH$; (die Trialkylmetalle bilden Tetrahydrofuranate $R_3M \cdot 2THF$ mit trigonal-bipyramidalem Bau), „*Triphenylmetalle*" $\mathbf{Ph_3M}$ (M = Sc, Y; für M = La in Form von $LiLaPh_4$ isoliert) und „*Tricyclopentadienylmetalle*" $\mathbf{Cp_3M}$ (M = Sc, Y, La; gewinnbar aus MCl_3 und NaCp in Tetrahydrofuran; im Falle von Cp_3Sc sind Cp_2Sc-Gruppen mit zwei pentahapto gebundenen Cp-Resten über monohapto gebundene Cp-Reste zu Ketten —Cp—ScCp$_2$—Cp—ScCp$_2$— verknüpft).

---

4 $\mathbf{VF_3}$**-Struktur** = verzerrte ReO_3-Struktur: oktaedrische Koordination (S. 1427); $\mathbf{YF_3}$**-Struktur** = verzerrte $\mathbf{UCl_3}$**-Struktur** (S. 1816) mit dreifach-überkappt-trigonal-prismatischer Koordination; $\mathbf{LaF_3}$**-Struktur:** fünffach-überkappt-trigonal-prismatische Koordination; $\mathbf{YCl_3}$**- (**$\mathbf{CrCl_3}$**-,** $\mathbf{AlCl_3}$**-)** bzw. $\mathbf{BiI_3}$**-Struktur:** Y bzw. Bi in oktaedrischen Lücken jeder übernächsten Schicht einer kubisch-dichtesten bzw. hexagonal-dichtesten Metallatompackung (S. 825, 1449); $\mathbf{PuBr_3}$**-Struktur** = UCl_3-Struktur: Schichtenstruktur mit Pu in zweifach überkappt-trigonal-prismatischen Lücken der Koordinationszahl 8.

Kapitel XXV

Die Titangruppe

Zur *Titangruppe* (IV. Nebengruppe bzw. 4. Gruppe des Periodensystems) gehören die Elemente *Titan* (Ti), *Zirconium* (Zr), *Hafnium* (Hf) und *Eka-Hafnium* (Element 104). Sie schließen sich, abgesehen von der um 1 Einheit erhöhten Wertigkeit, in ihren Eigenschaften an die unmittelbar vorausgehende III. Nebengruppe (3. Gruppe) an, treten allerdings in mehreren Oxidationsstufen auf und zeigen eine höhere Komplexbildungstendenz. Auch zu den Elementen der IV. Hauptgruppe (14. Gruppe) besteht noch eine gewisse Verwandtschaft, mit dem Unterschied, daß die Metalle der IV. Nebengruppe viel unedler sind.

Während Titan und Zirconium 4 Stellen nach einem Edelgas (Ar bzw. Kr) folgen, ist Hafnium um 18 Stellen von einem solchen (Xe) entfernt, weil sich hier noch die Gruppe der 14 Lanthanoide (Ausbau der 4f-Schale) einschiebt. Da mit diesem Einbau (Erhöhung der – von den f-Elektronen nur unvollkommen abgeschirmten – Kernladungszahl um 14 Einheiten) eine Kontraktion der Atome („*Lanthanoid-Kontraktion*“, S. 1781) verbunden ist, haben Zirconium und Hafnium trotz ihrer um den Faktor 2 verschiedenen Atommasse praktisch *gleiche Metallatom-* (Zr: 1.59, Hf: 1.56 Å) und *Ionenradien* (Zr^{IV}: 0.86, Hf^{IV}: 0.85 Å für KZ 6), was einerseits eine um den Faktor 2 größere Dichte des Hafniums (Zr: 6.51, Hf: 13.31 g/cm^3) und andererseits eine außerordentliche Ähnlichkeit der chemischen Eigenschaften von Zirconium und Hafnium zur Folge hat (vgl. S. 1413). Diese Ähnlichkeit war der Grund dafür, daß das Hafnium als geringfügiger Mineral-Begleiter des Zirconiums erst 134 Jahre nach letzterem entdeckt wurde (S. 1411).

Am Aufbau der Erdhülle sind die Elemente der Titangruppe mit 0.42 (Ti), 0.016 (Zr) und 0.0003 Gew.-% (Hf) beteiligt, entsprechend einem Massenverhältnis Ti : Zr : Hf von rund 1400 : 50 : 1.

1 Das Titan[1)]

1.1 Elementares Titan

Vorkommen

Titan gehört nicht zu den seltenen Elementen, sondern ist häufiger als selbst so wohlbekannte Elemente wie Stickstoff, Chlor, Kohlenstoff, Phosphor, Fluor, Mangan, Schwefel, Barium, Chrom, Zink, Nickel, Kupfer (vgl. S. 62) und steht in der Reihenfolge der Häufigkeit an 10. Stelle nach dem Magnesium und Wasserstoff. Da es aber in der Natur sehr verteilt und daher jeweils nur in kleinen Konzentrationen – und zwar nur in **gebundener** Form als **Oxid** – vorhanden ist, macht seine Anreicherung Schwierigkeiten. Besonders verbreitet ist das Titan in eisenhaltigen Erzen, namentlich im „*Ilmenit*“ $FeTiO_3$ (S. 1406; schwarzes, körniges, in USA, Kanada, Australien, Skandinavien, Malaysia abgebautes Material). Weiterhin kommt

---

[1] **Literatur.** R. J. H. Clark: *Titanium“*, Comprehensive Inorg. Chem. **3** (1973) 355–417; C. A. McAuliffe: *„Titanium“*, Comprehensive Coord. Chem. **3** (1987) 323–361; M. Bottrill, P. D. Gavens, J. W. Kelland, J. McMeeking: *„Titanium“* (5 Teilkapitel), Comprehensive Organomet. Chem. **3** (1982) 271–547; ULLMANN: (5. Aufl.): *„Titanium and Titanium Alloys“*, *„Titanium Compounds“*, **A27** (1995); GMELIN: *Titanium“*, Syst.-Nr. **41**, bisher 6 Bände; J. Barksdale: *„Titanium – Its Occurrence, Chemistry and Technology“*, Ronald, New York 1966; R. J. H. Clark: *„The Chemistry of Titanium and Vanadium“*, Elsevier, New York 1968; R. I. Jaffee, N. E. Promisel (Hrsg.): *„The Science, Technology and Applications of Titanium“*, Pergamon Press, New York 1970. Vgl. auch Anm. 7.

das Titan in der Natur als „*Titanit*“ $CaTiO[SiO_4]$, als „*Perowskit*“ $CaTiO_3$ (S. 1406) und vor allem als Titandioxid TiO_2 vor. Letzteres Mineral existiert in drei verschiedenen Kristallformen: gewöhnlich als tetragonaler „*Rutil*“[2)] (technisch wichtigstes vorwiegend in Australien gewonnenes Ti-Mineral neben Ilmenit), seltener als tetragonaler „*Anatas*“[2)] und rhombischer „*Brookit*“[2)]; S. 1406).

Isotope (vgl. Anh. III). *Natürliches* Titan besteht aus den 5 Isotopen $^{46}_{22}Ti$ (8.2 %), $^{47}_{22}Ti$ (7.4 %; für *NMR*), $^{48}_{22}Ti$ (73.8 %), $^{49}_{22}Ti$ (5.4 %; für *NMR*) und $^{50}_{22}Ti$ (5.2 %). Das *künstliche* Nuklid $^{44}_{22}Ti$ (Elektroneneinfang; $\tau_{1/2} = 48$ Jahre) wird in der *Tracertechnik* genutzt.

Geschichtliches. Titan wurde 1791 von dem Engländer William Gregor (in einem Eisensand aus Cornwall, der das Mineral Ilmenit enthielt) und 4 Jahre später (1795), unabhängig hiervon, von dem Deutschen Martin Heinrich Klaproth (im Mineral Rutil) *entdeckt*, der es nach den mythologischen *Titanen*, den ersten Söhnen der Erde, benannte. *Elementares* Titan wurde erstmals von J.J. Berzelius 1825 durch Reduktion von K_2TiF_6 mit Natrium als schwarzes Pulver gewonnen. Die erste technische Darstellung erfolgte 1938 durch W. Kroll (s. u.).

Darstellung

Die Darstellung des Titans kann nicht durch Reduktion des Oxids mit Kohlenstoff erfolgen, da sich hierbei *Carbid* TiC (Smp. 3070 °C) bzw. bei Anwesenheit von Luft zusätzlich noch *Nitrid* TiN (Smp. 2950 °C) – in Form kupferroter Mischkristalle $TiC \cdot 4TiN$ – bildet. Als *Titanschwamm* erhält man das Metall jedoch bei der *Reduktion von Titantetrachlorid* mit *Magnesium* („*Kroll-Prozeß*“). Die **technische Gewinnung** beinhaltet hiernach die Herstellung von $TiCl_4$ aus TiO_2, die Reduktion von $TiCl_4$ zu Ti[3)] sowie gegebenenfalls die Reinigung des erhaltenen Titans.

Herstellung von Titantetrachlorid aus Titanoxiden. $TiCl_4$ (S. 1403) entsteht beim Überleiten von Chlor über ein glühendes Gemenge von *Koks* und *Titandioxid* bei 800 °C:

$$TiO_2 + 2C + 2Cl_2 \rightarrow TiCl_4 + 2CO + 80.4\,kJ. \tag{1}$$

Wichtigster **technischer Rohstoff** für diesen Prozeß ist der Ilmenit $FeTiO_3$, der natürlich meist in Verbindung mit Fe_3O_4 vorkommt (normalerweise 42–60 % TiO_2 und 58–40 % Eisenoxide). Da der hohe Eisengehalt bei der Chlorierung stört, erfolgt zunächst eine *Anreicherung des TiO_2-Gehalts.*

Hierzu wird das $FeTiO_3/Fe_3O_4$-Gemisch im elektrischen Lichtbogenofen (S. 727) bei hohen Temperaturen mit Koks reduziert, wobei flüssiges Eisen entsteht, das sich am Boden des Ofens ansammelt und periodisch abgestochen wird. Abstechen der auf dem Eisen schwimmenden flüssigen Ti-haltigen Phase liefert eine *Titanschlacke* (80–87 % TiO_2), die gemahlen, mit Kokspulver vermischt und dann mit Chlor bei 800 °C umgesetzt wird (die Chlorierung erfolgt entweder stationär in einem Ofen oder nicht-stationär in einem, durch eine heiße Zone führenden Fließbett im Cl_2-Gegenstrom).

Das gebildete *rohe*, eisenhaltige Titantetrachlorid ($2FeTiO_3 + 7Cl_2 + 6C \rightarrow 2TiCl_4 + 2FeCl_3 + 6CO$) wird durch fraktionierende Destillation gereinigt.

Reduktion von Titantetrachlorid zu Titan. Das auf die oben beschriebene Weise gewonnene $TiCl_4$ leitet man in einen auf 900–1100 °C erhitzten, unter einer Helium- oder Argonatmosphäre stehenden Eisenbehälter, an dessen Boden sich ein Bad aus flüssigem Magnesium (Smp. 650 °C) befindet. Gemäß

$$TiCl_4 + 2Mg \rightarrow Ti + 2MgCl_2 + 479.8\,kJ$$

---

2 Rutil: von rutilus (lat.) = rötlich, nach der roten Farbe des natürlichen Rutils; Anatas: von anateinein (griech.) = emporstrecken; Brookit: nach dem engl. Kristallographen H. J. Brook (1771–1857).

3 Mit CaH_2 läßt sich TiO_2 auch direkt zu Ti bzw. Titanhydriden $TiH_{<2}$ reduzieren („*Hydrimet-Verfahren*“, S. 295). $TiO_2 + 2CaH_2 \rightarrow Ti + 2CaO + 2H_2$.

setzt sich hierbei das Titantetrachlorid mit dem Magnesium in exothermer Reaktion zu **Titanschwamm** sowie zu Magnesiumchlorid um, welches sich als Flüssigkeit (Smp. 714 °C) am Boden des Behälters ansammelt und periodisch abgestochen wird[4]. Die Aufbereitung des aus dem Reaktionsgefäß herausgespanten und vermahlenen Titanschwamms, der aus ca. 55–65% Ti, 25% $MgCl_2$ und 10–20% Mg besteht, erfolgt durch Auslaugen mit 10%iger Salzsäure bzw. mit Königswasser oder – besser – durch Abdestillation von $MgCl_2$ und Mg im Vakuum. Im letzteren Falle erhält man ein **Titan**, das im Mittel noch 0.0002% H, 0.05% O, 0.007% N, 0.07% Cl, 0.08% Mg, 0.13% Fe, 0.03% Si und 0.1% C enthält.

Statt mit Magnesium wird die Reduktion von $TiCl_4$ in der Technik auch mit Natrium im Temperaturbereich 801 °C (Smp. von NaCl) bis 881 °C (Sdp. von Na) durchgeführt: $TiCl_4 + 4Na \rightarrow Ti + 4NaCl + 810.3$ kJ. Die *Vorteile* dieses Verfahrens sind: niedrigerer Schmelzpunkt des Reduktionsmittels, höhere Reaktionsgeschwindigkeit, leichtere Auslaugung des Titanschwamms. Als *Nachteil* erweist sich, daß gebildetes NaCl wegen seines hohen Schmelzpunktes (801 °C) nicht abgestochen werden kann.

Auch durch Schmelzelektrolyse in Alkalimetallchloriden als Elektrolyt läßt sich $TiCl_4$ in Titan umwandeln. Elektrolytische Verfahren zur Gewinnung von Titan spielen insbesondere zur Aufarbeitung von *Titanschrott* (Anode) eine Rolle (Abscheidung von reinem Titan an einer Stahlkathode).

Reinigung von Titan. Sehr reines Titan ist durch *thermische Zersetzung des Tetraiodids* erhältlich:

$$376\,\text{kJ} + TiI_4 \rightarrow Ti + 2I_2.$$

Hierzu (vgl. Transportreaktionen, S. 910, 1076) erwärmt man nach dem „**Verfahren von van Arkel und de Boer**" in einem evakuierten, einer Wolfram-Glühlampe ähnlichen Gefäß eine Mischung von pulverförmigem *Titan* und wenig *Iod* auf 500 °C, wobei sich das *Tetraiodid* bildet, welches verdampft und sich an einem elektrisch auf 1200 °C *erhitzten*, sehr dünnen *Wolframdraht* zersetzt. Das Titan scheidet sich am Wolframdraht mit der Zeit in Form eines Stabes ab; das freiwerdende Iod bildet mit dem Titanpulver immer wieder von neuem Iodid[5]. Eine Ultrareinigung des gebildeten Titans kann durch „*Elektromigration*"[6] erfolgen.

Physikalische Eigenschaften

Reines Titan ist *silberweiß*, *duktil* und gut schmiedbar, schmilzt bei 1667 °C, siedet bei 3285 °C, *leitet* den *elektrischen Strom* sowie die *Wärme* sehr gut (besser als Scandium) und besitzt als „*Leichtmetall*" die Dichte 4.506 g/cm³ (vgl. Tafel IV). Unter Normalbedingungen kristallisiert es mit *hexagonal-dichtester* Metallatompackung (α-Ti), oberhalb 882.5 °C mit kubisch-innenzentrierter Packung (β-Ti).

Physiologisches. Titan ist für Organismen *nicht essentiell* (der Mensch enthält normalerweise kein Titan) und gilt als *nicht toxisch*.

Chemische Eigenschaften

Eine charakteristische Eigenschaft von Titan ist seine *Korrosionsbeständigkeit* gegen *Atmosphärilien* (Luft, Wasser usw.), die sich dadurch erklärt, daß es sich leicht durch Überziehen mit einer äußerst dünnen zusammenhängenden Oxidschutzhaut chemisch wie die Nachbar-

---

4 Das erhaltene $MgCl_2$ wird der Elektrolyse zur Gewinnung von Magnesium (S. 1115), das seinerseits wieder in den Kroll-Prozeß zurückgeht, zugeführt. Insgesamt wird somit Titantetrachlorid in Titan und Chlor übergeführt: $804.7\,\text{kJ} + TiCl_4 \rightarrow Ti + 2Cl_2$.

5 Dasselbe Prinzip liegt den sogenannten **„Halogenlampen"** zugrunde, bei denen sehr geringe (praktisch unsichtbare) Mengen an Iod durch laufenden Rücktransport des verdampften Metalls zum Faden eine beträchtliche Steigerung der Glühfadentemperatur und damit der Lichtausbeute ermöglichen.

6 Bei dem Verfahren der **„Elektromigration"** wird der metallene Aufwachsstab (z. B. Ti, Zr, Hf, V, Th) zwischen zwei massive Cu-Elektroden eingespannt und im Hochvakuum ($< 10^{-8}$ mbar) durch einen Gleichstrom auf eine ca. 50 °C unter dem Schmelzpunkt liegende Temperatur erhitzt. Dabei wandern die elektropositiven Verunreinigungen zur Kathode, die elektronegativen zur Anode, während das Mittelstück nach einiger Zeit mit einer Reinheit von > 99.99% hinterbleibt (vgl. das „*Zonenschmelzen*", S. 878).

elemente Sc, V, Cr *passiviert*. Beim Erhitzen verbrennt es andererseits lebhaft; in fein verteiltem Zustand ist es sogar *pyrophor*.

Setzt man eine frische Bruchfläche von Titan der Einwirkung von Sauerstoff von 25 bar bei Zimmertemperatur aus, so verbrennt das Metall spontan und vollständig zum Dioxid. Das Phänomen ist auf oberflächliches Schmelzen des Titans infolge der Reaktionswärme und schnelle Diffusion des gebildeten Oxids in das geschmolzene Metall zurückzuführen, wobei immer wieder eine neue Metalloberfläche für die weitere Verbrennung zur Verfügung steht. *Zirconium* verhält sich in dieser Hinsicht ganz analog, weil auch hier das Oxid im geschmolzenen Metall löslich ist, während *Magnesium* und *Aluminium*, bei denen dies nicht der Fall ist, keine analoge Erscheinung zeigen.

Ähnlich wie sich Titan bei Erwärmung mit *Sauerstoff* zu TiO_2 vereinigt, reagiert es mit den meisten anderen Nichtmetallen, z. B. mit *Wasserstoff* zu TiH_2 (reversibler Prozeß), mit *Stickstoff* zu TiN (Titan „brennt" in Stickstoff), mit *Halogenen* zu $TiHal_4$, mit *Schwefel* zu TiS_2, mit *Kohlenstoff* zu TiC, mit *Silicium* zu TiSi, mit *Bor* zu TiB. Bereits durch Spuren von H, O, N bzw. C wird das Metall *spröde*, was seine Verarbeitung erheblich erschwert.

Gemäß seinen Normalpotentialen (siehe Potentialdiagramme, unten) ist Titan ein *unedles* Metall (unedler als Zink, etwas edler als Scandium, vgl. Anh. VI). Trotzdem löst es sich wegen der erwähnten *Passivierung* meist nicht in *kalten Mineralsäuren* auf. In *heißer Salzsäure* bildet sich demgegenüber violettes $TiCl_3$, in *Flußsäure* – selbst in der Kälte – *farbloses* H_2TiF_6. Durch *wässeriges Alkali* wird Titan selbst beim Erhitzen *nicht angegriffen*.

Verwendung. Da **Titanmetall** (Weltjahresproduktion: über 100 Kilotonnen) die Qualität von Aluminiumlegierungen und von rostfreiem Stahl in sich vereinigt und weitere „*hervorragende Eigenschaften*" wie große *mechanische Festigkeit* bei *geringem Gewicht, hohem Schmelzpunkt, niedrigem thermischen Ausdehnungskoeffizienten, Korrosionsbeständigkeit* gegenüber Atmosphärilien, Meerwasser, Bleichlaugen, Salpetersäure, Königswasser besitzt, ist es seit 1945 als besonders vielseitig geeigneter – wenn auch vergleichsweise teurer – **Werkstoff** in den Mittelpunkt des Interesses gerückt. Technische Verwendung findet das Titan demgemäß in der Stahlindustrie zur Herstellung eines „*Titanstahls*", der besonders widerstandsfähig gegen Stöße und Schläge ist und daher u. a. zur Herstellung von *Eisenbahnrädern* und von *Turbinen* dienen kann. Ferner verwendet man Titan – gegebenenfalls mit geringen Mengen anderer Metalle wie Al, Sn legiert – als Werkstoff im *Flugzeug*- und *Schiffsbau*, in der *Raketen*- und der *Reaktor*-Technik, in der *Medizin* (Knochennägel, Prothesen, Nadeln) sowie für chemische *Industrieanlagen*. Auch sind *Kochtöpfe, Uhr-Armbänder, Modeschmuck* aus Titan im Handel. **Elektroden** aus mit Edelmetallen oder Edelmetalloxiden überzogenem Titan („*aktivierte Elektroden*") finden bei der Chloralkali-Elektrolyse, der Perchlorat-Herstellung, der Elektrodialyse, der Galvanotechnik usw. Anwendung. Unter den Titan-**Verbindungen** werden TiB, TiN, TiC als „*Hartstoffe*", TiO_2 als „*Weißpigment*" genutzt.

Titan in Verbindungen

In seinen Verbindungen betätigt Titan insbesondere die **Oxidationsstufe** $+$**4** (z. B. $TiCl_4$, TiO_2), ferner $+$**3** (z. B. $TiCl_3$, Ti_2O_3) sowie $+$**2** (z. B. $TiCl_2$, TiO). Man kennt allerdings auch Verbindungen mit Titan in den Oxidationsstufen $+$**1**, **0**, $-$**1** und $-$**2** (zum Beispiel $[Ti(NR_2)_2(N_2)]_2^-$ mit $R = SiMe_3$; $[Ti(bipy)_3]$, $[Ti(bipy)_3]^-$ mit bipy = α,α'-Bipyridin; $[Ti(CO)_6]^{2-}$). Während die Titan(II)-Verbindungen nur in *fester* Form, nicht dagegen *wassergelöst* beständig sind (Wasserstoffentwicklung), existieren die Titan(III)- und Titan(IV)-Verbindungen auch in *wässeriger Lösung*, und zwar Ti(III) als *violettes* Hexahydrat $[Ti(H_2O)_6]^{3+}$, Ti(IV) in saurer Lösung in Form *farbloser* hydratisierter Ionen $[Ti(OH)_2]^{2+}$ und $[Ti(OH)_3]^+$.

Die Instabilität der zweiwertigen Titanstufe in Wasser ergibt sich auch aus **Potentialdiagrammen** der Oxidationsstufen $+4$, $+3$, $+2$ und 0 des Titans für den sauren und alkalischen Bereich, wonach Ti^{2+} aus Wasser Wasserstoff freisetzen muß (Analoges gilt für elementares Titan; Ti^{3+} ist bei pH 14 instabil):

pH = 0

$Ti(OH)_2^{2+}$ (*farblos*) $\xrightarrow{+0.099}$ Ti^{3+} (*violett*) $\xrightarrow{-0.369}$ Ti^{2+} (*dunkel*) $\xrightarrow{-1.638}$ Ti

Ti^{3+} — -1.208 — Ti

$Ti(OH)_2^{2+}$ — -0.882 — Ti

pH = 14

TiO_2 (*weiß*) $\xrightarrow{-1.38}$ Ti_2O_3 (*schwarzblau*) $\xrightarrow{-1.95}$ TiO (*dunkel*) $\xrightarrow{-2.13}$ Ti

Ti_2O_3 — -2.07 — Ti

TiO_2 — -1.90 — Ti

Weder Ti^{2+} noch Ti^{3+} vermögen in Wasser in eine höhere und eine niedrigere Oxidationsstufe zu disproportionieren.

Die bevorzugte **Koordinationszahl** von Titan(IV) ist *sechs* (oktaedrisch in $\mathbf{TiF_6^{2-}}$, $\mathbf{TiO_2}$). Es betätigt aber auch die Zahlen *vier* (tetraedrisch in $\mathbf{TiCl_4}$), *fünf* (trigonal-bipyramidal in $[\mathbf{TiOCl_2}(NMe_3)_2]$, quadratisch-pyramidal in $\mathbf{TiOCl_4^{2-}}$, **TiO** (porphyrin)), *sieben* (pentagonal-bipyramidal in $[\mathbf{TiCl}(S_2CNMe_2)_3]$, überkappt-trigonal-prismatisch in $[\mathbf{Ti}(O_2)F_5]^{3-}$) und *acht* (dodekaedrisch in $\mathbf{Ti}(NO_3)_4$, $\mathbf{Ti}(S_2CNEt_2)_4$). Titan(III) tritt u.a. mit den Zähligkeiten *drei* (trigonal-planar in $\mathbf{Ti}[N(SiMe_3)_2]$), *fünf* (trigonal-bipyrimidal in $[\mathbf{TiBr_3}(NMe_3)_2]$) und *sechs* (oktaedrisch in $\mathbf{TiF_6^{3-}}$, $\mathbf{TiCl_3}(THF)_3$), Titan (II,I,0,-I) mit der Zähligkeit *sechs* auf (oktaedrisch in $\mathbf{TiCl_2}$, $[\mathbf{Ti}(bipy)_3]$, $[\mathbf{Ti}(bipy)_3^-]$. Die 6fach koordinierten Ti(-II)- und 7fach koordinierten Ti(0)-Verbindungen besitzen Edelgas-Elektronenkonfiguration.

Die **Bindungen** des besonders beständigen *vierwertigen* Titans weisen deutliche *kovalente Anteile* auf, weswegen z.B. $TiCl_4$ – anders als das höchstoxidierte Chlorid des Periodennachbarn Scandium – *molekular* gebaut und unter Normalbedingungen *flüssig* ist. Die vierwertige Titanstufe ähnelt dabei entfernt der vierwertigen Zinnstufe (Ionenradius Ti^{4+} 0.745, Sn^{4+} 0.830 Å für KZ = 6; Atomradius Ti(IV) 1.32, Sn(IV) 1.40 Å).

Bezüglich der *Elektronenkonfiguration* der *Radien*, der *magnetischen* und *optischen* Eigenschaften der **Titanionen** vgl. Ligandenfeld-Theorie (S. 1250) sowie Anh. IV, bezüglich eines **Eigenschaftsvergleichs** der Metalle der Titangruppe S. 1199f. und 1413.

1.2 Titan(IV)-Verbindungen (d^0)[1,7]

Wasserstoffverbindungen. Ein dem Silicium-, Germanium- und Zinntetrahydrid entsprechendes **Titantetrahydrid TiH_4** ließ sich bisher nicht gewinnen. Seine Existenz konnte jedoch in der Gasphase nachgewiesen werden. Mit *Lithiumalanat* $LiAlH_4$ reagiert *Titantetrachlorid* andererseits in etherischer Lösung bei $-110\,°C$ unter Bildung eines *farblosen*, festen, etherunlöslichen AlH_3-Addukts $\mathbf{Ti(AlH_4)_4} = TiH_4 \cdot 4AlH_4$ („*Titan(IV)-alanat*"), das oberhalb von $-90\,°C$ in Titan, Aluminium und Wasserstoff zu zerfallen beginnt.

Halogenverbindungen. Darstellung. Unter den Titanhalogeniden (Tab. 118) wird **Titantetrachlorid $TiCl_4$** großtechnisch durch „*Carbochlorierung*" von TiO_2 bei über 1200 °C gewonnen (vgl. S. 1400), analog entsteht das Tetrabromid $\mathbf{TiBr_4}$ durch „*Carbobromierung*" von TiO_2:

$$TiO_2 + 2C + 2X_2 \rightarrow TiX_4 + 2CO.$$

Die Darstellung des Tetrafluorids $\mathbf{TiF_4}$ und Tetraiodids $\mathbf{TiI_4}$ erfolgt andererseits durch „*Halogenidierung*" bei über 100 °C:

$$TiCl_4 + 4HF \rightarrow TiF_4 + 4HCl; \qquad 3TiO_2 + 4AlI_3 \rightarrow 3TiI_4 + 2Al_2O_3.$$

Eigenschaften (vgl. Tab. 118). $TiCl_4$ stellt wie $SnCl_4$ eine stechend riechende, wasserhelle, an feuchter Luft rauchende *farblose* Flüssigkeit dar, welche durch *Wasser* leicht unter Bildung von hydratisiertem Titandioxid zersetzt wird: $TiCl_4 + 2H_2O \rightarrow TiO_2 + 4HCl$ (durch Einwirkung von Salzsäure unterschiedlicher Konzentration lassen sich Hydrolysezwischenprodukte wie etwa $TiOCl_2$ gewinnen). Die Hydrolysetendenz wächst hierbei in Richtung TiF_4 (farblos), $TiCl_4$ (*farblos*), $TiBr_4$ (*orangefarben*), TiI_4 (*rotbraun*), so daß von TiF_4 sogar ein Hydrat $TiF_4 \cdot 2H_2O$ isoliert werden kann.

---

[7] **Literatur.** Anorganische Verb. T. Mukaiyama: „*Titantetrachlorid in der organischen Synthese*", Angew. Chem. **89** (1977) 858–866; Int. Ed. **16** (1977) 817; R. Colton, J. H. Canterford: „*Titanium*" in Halides of the First Row Transition Metals", Wiley 1969, S. 37–106. Organische Verb. G. P. Pez, J. N. Amor: „*Chemistry of Titanocene and Zirconocene*", Adv. Organomet. Chem. **19** (1981) 2–50; H. Sinn, W. Kaminsky: „*Ziegler-Natta Catalysis*", Adv. Organomet. Chem. **18** (1980) 99–149; J. Boor: „*Ziegler-Natta Catalysts and Polymerizations*". Acad. Press, New York 1979; G. Erker: „*Metallocen-Carbenkomplexe und verwandte Verbindungen des Titans, Zirkoniums und Hafniums*", Angew. Chem. **101** (1989) 411–426; Int. Ed. **28** (1989) 397; M.T. Reetz: „*Organotitanium Reagents in Organic Synthesis. Simple Means to Adjust Reactivity and Selectivity of Carbanions*", Topics Curr. Chem. **106** (1982) 1–54; HOUBEN-WEYL: „*Organische Titanverbindungen*" **13/7** (1975).

Tab. 118 Halogenide, Oxide und Sulfide des Titans (zweite Zeile Smp./Sdp.; vgl. S. 1414, 1611, 1620)

	Fluoride	Chloride	Bromide	Iodide	Oxide[a)]	Sulfide[b)]
Ti(II)	–	**$TiCl_2$**, *schwarz*[c)] 1035/1500 °C ΔH_f – 477 kJ CdI_2-Strukt., KZ 6	**$TiBr_2$**, *schwarz*[c)] Zers. 400 °C ΔH_f – 398 kJ CdI_2-Strukt., KZ 6	**TiI_2**, *schwarz* Zers. 400 °C ΔH_f – 255 kJ CdI_2-Strukt., KZ 6	**TiO**, *bronzef.* 1737/3227 °C ΔH_f – 517 kJ NaCl-Strukt., KZ 6	**TiS**, *goldbraun* Smp. 1927 °C NiAs-Strukt., KZ 6
Ti(III)	**TiF_3**, *violett* Dispr. 0/IV 950° ΔH_f – 1319 kJ ≈ VF_3-Strukt., KZ 6	**α-$TiCl_3$**, *violett*[d)] Dispr. II/IV 475 °C ΔH_f – 691 kJ BiI_3-Strukt., KZ 6	**$TiBr_3$**, *violett* Dispr. II/IV 400 °C ΔH_f – 553 kJ BiI_3-Strukt., KZ 6	**TiI_3**, *violett* Dispr. II/IV 350 °C ΔH_f – 335 kJ NbI_3-Strukt., KZ 6	**Ti_2O_3**, *schwarz* Smp. 2127 °C ΔH_f – 1537 kJ Korund-Str., KZ 6	**Ti_2S_3**, *schwarz* ≈ NiAs-Strukt., KZ 6
Ti(IV)	**TiF_4**, *weiß* Sblp. 284 °C ΔH_f – 1549 kJ SnF_4-Strukt., KZ 6	**$TiCl_4$**, *farblos* – 24.1/136.5 °C ΔH_f – 750.6 kJ T_d-Symmetrie, KZ 4	**$TiBr_4$**, *orangef.* 38.3/233.5 °C ΔH_f – 649 kJ T_d-Symmetrie, KZ 4	**TiI_4**. *rotbraun* 155/377 °C ΔH_f – 427 kJ T_d-Symmetrie, KZ 4	**TiO_2**, *weiß*[e)] Smp. 1843 °C ΔH_f – 945 kJ Rutil-Strukt., KZ 6	**TiS_2**, *bronzef.* CdI_2-Strukt., KZ 6

a) Man kennt ferner „*Suboxide*" Ti_2O, Ti_3O, Ti_6O (O in Lücken einer hexagonal-dichten Ti-Atompackung) sowie *Magnéli*-Phasen Ti_nO_{2n-1} mit Scherstruktur (n = 3–10, 20). **b)** Man kennt ferner Sulfide im Bereich TiS bis TiS_2 wie Ti_3S_4, Ti_4S_5, Ti_4S_8, Ti_8S_9 (Ti in oktaedrischen Lücken dichtester S-Atompackungen). **c)** Man kennt auch *schwarze*, hydrolyse- und sauerstoffempfindliche Chloride sowie Bromide Ti_7X_{16}, die im Sinne von $TiX_4 \cdot 6TiX_2$ zwei- und vierwertiges Titan enthalten, wobei die Ti^{2+}-Ionen an den Ecken eines Dreiecks lokalisiert sind. **d)** Man kennt auch *braunes* β-$TiCl_3$ (flächenverknüpfte Oktaeder), das bei ca. 300 °C in α-$TiCl_3$ übergeht. **e)** Außer Rutil (d = 4.27 g/cm³) kennt man *Anatas* (Smp. 1560 °C; d = 3.9 g/cm³; ΔH_f ca. – 955 kJ/mol) und *Brookit* (d = 4.17 g/cm³; Anatas und Brookit gehen beide beim Erhitzen in Rutil über).

Wie $SnCl_4$ bildet $TiCl_4$ mit vielen Donoren wie Ethern R_2O, Aminen NR_3, Phosphanen PR_3, Arsanen AsR_3, Phosphorylhalogeniden POX_3 stabile **Komplexe** wie etwa $[TiCl_4 \cdot 2PR_3]$ (R z. B. Et, Ph; oktaedrisch) oder $[TiCl_4(OPCl_3)_2]$ (oktaedrisch, $OPCl_3$-Liganden in *cis*-Stellung), $[TiCl_4(OPCl_3)]_2$ (zwei Cl-Brücken zwischen den beiden oktaedrisch koordinierten Ti-Atomen). Umsetzung von $TiCl_4$ mit *Alkoholen* ROH ergibt gemäß $TiCl_4 + 2HOR \rightarrow TiCl_2(OR)_2 + 2HCl$ und $TiCl_2(OR)_2 + 2HOR \rightarrow Ti(OR)_4 + 2HCl$ *Titansäureester* $TiCl_2(OR)_2$ und $Ti(OR)_4$, die durch ihre oligomere Natur charakterisiert sind. So ist etwa der Ethylester $Ti(OEt)_4$ in festem Zustand *tetramer* (a), in Benzollösung *trimer*. Koordinationszahlen *größer sechs* liegen etwa in dem aus $TiCl_4$ und o-Bis(dimethylarsanyl)benzol $(Me_2As)_2C_6H_4$ (*diars*) zugänglichen Komplex $[TiCl_4(diars)_2]$ (b) (antikubisch) und in dem aus $TiCl_4$ und N_2O_5 erhältlichen Tetranitrat $Ti(NO_3)_4$ (c) (dodekaedrisch) vor. Durch Anlagerung von Alkalichloriden an $TiCl_4$ entstehen die gelben „*Hexachlorotitanate*" $M^I_2[TiCl_6]$ mit oktaedrischem $TiCl_6^{2-}$-Ion. Auch TiF_4 und $TiBr_4$ bilden solche Halogenokomplexe TiX_6^{2-}, während TiI_4 dazu nicht befähigt ist.

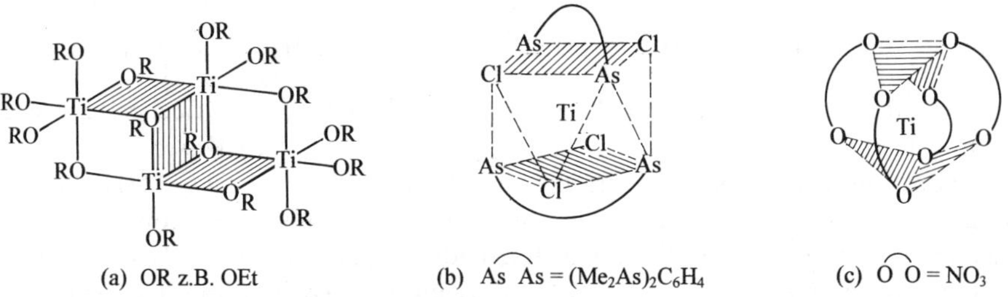

(a) OR z.B. OEt (b) $\widehat{As\ As} = (Me_2As)_2C_6H_4$ (c) $\widehat{O\ O} = NO_3$

Strukturen. In der Gasphase sind die Tetrahalogenide TiX_4 monomer und weisen tetraedrischen Bau auf (T_d-Molekülsymmetrie). TiF_4 liegt in fester Phase als fluoridverbrücktes Polymer mit TiF_6-Oktaedern vor (vgl. SnF_4, S. 970) während $TiCl_4$, $TiBr_4$, TiI_4 die TiX_4-Tetraederstruktur beibehalten und Molekülgitter bilden.

Verwendung. $TiCl_4$ kommt große Bedeutung als Zwischenprodukt bei der Herstellung von Titan (S. 1400), Titandioxid (s. u.) und Ziegler-Natta-Katalysatoren (S. 1089, 1409) zu. Ferner dient es als Edukt für die meisten technisch wichtigen titanorganischen Verbindungen (s. dort). Das Iodid TiI_4 spielt eine Rolle bei der Reinigung von Titan nach van Arkel und de Boer (S. 1401).

Chalkogenverbindungen (vgl. S. 1620). Unter den Titanoxiden (Tab. 118) existiert **Titandioxid TiO_2** in drei Modifikationen als *Rutil*, *Anatas* und *Brookit* (vgl. Anm.[2)]), unter denen erstere beiden Formen begehrte Weißpigmente sind (s. u.).

Darstellung. *Natürlich vorkommendes* TiO_2 ist meist mit Eisenoxiden verunreinigt und deshalb dunkel bis schwarz. Es muß vor seiner Verwendung als Weißpigment gereinigt werden. TiO_2 wird *technisch* darüber hinaus in großem Maße aus Ilmenit $FeTiO_3$ nach dem älteren *Sulfatverfahren* (ca. $\frac{2}{3}$ der Welterzeugung) sowie nach dem neueren *Chloridverfahren*, das auch zur Reinigung von TiO_2 genutzt wird, gewonnen.

Zur Herstellung von TiO_2 nach dem Sulfatverfahren behandelt man die aus Ilmenit $FeTiO_3$ durch Reduktion mit Koks bei über 1200 °C erhältliche *Titanschlacke* (vgl. Ti-Darstellung) mit konzentrierter Schwefelsäure bei 100–180 °C und behandelt den hierbei gewonnenen Aufschlußkuchen – gegebenenfalls unter Zusatz von Eisenschrott zur Reduktion von dreiwertigem Eisen ($2\,Fe^{3+} + Fe \rightarrow 3\,Fe^{2+}$; Fe^{3+} würde neben TiO_2 in störender Weise als braunes $Fe(OH)_3$ ausfallen) – mit Wasser bei Temperaturen unterhalb 85 °C, wobei Ti in Form von $TiOSO_4$ in Lösung geht. Nach Lösungsfiltration kristallisiert man dann durch Abkühlen $FeSO_4 \cdot 7\,H_2O$ („*Grünsalz*") aus, das abgetrennt und zum Teil auf dem Wege über SO_2 wieder in Schwefelsäure zurückverwandelt wird (vgl. S. 582). Anschließend *hydrolysiert* man gelöstes $TiOSO_4$ durch Erwärmen auf 95–110 °C und fällt durch gleichzeitiges Eindampfen der Lösung *Titandioxid-Hydrat* $TiO_2 \cdot x\,H_2O$ aus, welches in Drehrohröfen bei 800–1000 °C zu feinkörnigem *Anatas*, oberhalb 1000 °C zu grobkörnigem *Rutil* gebrannt wird (in Anwesenheit von Rutilkeimen entsteht bei 800–1000 °C feinkörniger Rutil).

Zur Erzeugung von TiO_2 nach dem Chloridverfahren führt man Ilmenit $FeTiO_3$ oder auch natürlichen Rutil mit Chlor und Koks bei 950 °C zunächst in Titantetrachlorid über (s. oben), welches nach seiner Reinigung durch Destillation mit *Wasserdampf* bei erhöhter Temperatur oder mit *Sauerstoff* bei 1000 bis 1400 °C zu feinkörnigem *Rutil* umgesetzt wird:

$$TiCl_4 + 2\,H_2O \rightarrow TiO_2 + 4\,HCl, \qquad TiCl_4 + O_2 \rightarrow TiO_2 + 2\,Cl_2 + 145\,kJ.$$

Letzteres Verfahren ist wegen der Rückbildung von Chlor, welches zur erneuten Chlorierung von Ilmenit bzw. TiO_2 verwendet werden kann, bevorzugt.

Der nicht als Weißpigment dienende *Brookit* läßt sich hydrothermal (S. 912) aus amorphem TiO_2 in Anwesenheit von Natriumhydroxid erzeugen.

Eigenschaften. *Rutil* (vgl. Tab. 118), die häufigste Form des Titandioxids in der Natur, ist eine *weiße*, in der *Hitze gelbe* bis *orangegelbe* bei rund 1843 °C unter merklichem O_2-Partialdruck schmelzende Verbindung (Zusammensetzung beim Smp. $TiO_{1.985}$; Smp. unter O_2-Druck: 1892 °C). Die ebenfalls *weißen* TiO_2-Modifikationen Anatas und Brookit (Tab. 118) verwandeln sich, ehe sie schmelzen, in Rutil. Eine besonders charakteristische, für die Verwendung als Weißpigment erwünschte Eigenschaft von Rutil und Anatas sind deren hohe *Brechungsindizes* von 2.80 und 2.55 (andere Weißpigmente zum Vergleich: 2.37/2.01/1.64 im Falle von Zinkblende ZnS/Zinkit ZnO/Baryt $BaSO_4$).

Bei hohen Temperaturen (900 °C und darüber) läßt sich Rutil mit *Wasserstoff* oder *Titan* zu den Oxiden $\mathbf{Ti_nO_{2n-1}}$ ($n = > 9$ bis 4: *Magnéli-Phasen*; $n = 3$: Ti_3O_5; $n = 2$: Ti_2O_3), $\mathbf{TiO_{0.7-1.3}}$, $\mathbf{TiO_{<0.5}}$ *reduzieren*. In ihnen hat Titan die *Oxidationsstufen* +4/+3, +3, +3/+2, +2, +2/0 (bezüglich der Strukturen s. weiter unten sowie S. 1620). In analoger Weise läßt sich Na_2TiO_3 (s. u.) mit Wasserstoff bei hohen Temperaturen zu *schwarzblauen*, metallisch-glänzenden, den elektrischen Strom leitenden, chemisch beständigen „*Titanbronzen*" $Na_{0.2-0.3}TiO_2$ reduzieren (vgl. Wolframbronzen, S. 1465).

TiO_2 besitzt sowohl *saure* wie *basische* Eigenschaften, wobei der saure Charakter schwächer, der basische stärker als beim Siliciumdioxid ausgeprägt ist. So löst es sich in starken Säuren unter Bildung von **„Titan-Salzen"**, z. B. konzentrierter Schwefelsäure unter Bildung von wasserzersetzlichem „*Titan(IV)-sulfat*" $Ti(SO_4)_2$ (*farblos*, auch gemäß $TiCl_4 + 6\,SO_3 \rightarrow Ti(SO_4)_2 + 2\,S_2O_5Cl_2$ zugänglich), in konzentrierter Salpetersäure unter Bildung von hydratisiertem „*Titan(IV)-nitrat*", das sich beim Behandeln mit N_2O_5 in die oben bereits erwähnte hydrolyseempfindliche wasserfreie Verbindung $Ti(NO_3)_4$ (c) (*farblos*, Smp. 58 °C) überführen läßt.

In schwefelsaurer Lösung liegt Ti(IV) in Form von $[Ti(OH)_2]^{2+}$ und $[Ti(OH)_3]^+$-Ionen vor, die zusätzlich komplexgebundenes Wasser und/oder Hydrogensulfat enthalten (z. B. $[Ti(OH)_2(HSO_4)]^+_{aq}$, $[Ti(OH)_3(HSO_4)]_{aq}$). Ein reines hydratisiertes Ti(IV)-Ion $[Ti(H_2O)_6]^{4+}$ existiert auch bei sehr kleinem pH-Wert der Lösung nicht. Aus den schwefelsauren Ti(IV)-Lösungen, die etwa beim Behandeln von Titan(IV)-sulfat $Ti(SO_4)_2$ mit Wasser entstehen, läßt sich das Titanoxidsulfat (Titanylsulfat) $TiOSO_4 \cdot H_2O$ gewinnen[8]. Eine schwefelsaure Lösung von Ti(IV) ist das beste „*Reagens auf Wasserstoffperoxid*" (und umgekehrt), da die vorliegenden *farblosen* hydratisierten Ti(IV)-Ionen in *orangegelbe* hydratisierte Ionen $[Ti(O_2)OH]^+$ übergeführt werden[9]:

$$[Ti(OH)_3]^+ + H_2O_2 \rightarrow [Ti(O_2)OH]^+ + 2H_2O.$$

Beim Schmelzen von Titandioxid mit Alkalihydroxiden oder -carbonaten bilden sich andererseits **„Titanate"** $M^I_4TiO_4$, $M^I_2TiO_3$, $M^I_2Ti_2O_5$ und $M^I_2Ti_3O_7$, die durch Wasser leicht wieder zu Titandioxid (hydratisiert) hydrolysiert werden: $Na_4TiO_4 + (2+x)H_2O \rightarrow 4NaOH + TiO_2 \cdot xH_2O$. Als weitere, durch Zusammenschmelzen von Metalloxiden und Titandioxid erhältliche Mischoxide der Zusammensetzung $\mathbf{M^{II}TiO_3}$ und $\mathbf{M^{II}_2TiO_4}$ seien $MgTiO_3$, $MnTiO_3$, $FeTiO_3$, $CoTiO_3$, $NiTiO_3$ mit *Ilmenit*-Struktur ($FeTiO_3$-Struktur), $CaTiO_3$, $SrTiO_3$ und $BaTiO_3$ mit *Perowskit*-Struktur ($CaTiO_3$-Struktur) sowie Mg_2TiO_4, Zn_2TiO_4, Mn_2TiO_4 mit *Spinell*-Struktur ($MgAl_2O_4$-Struktur) genannt.

Strukturen. Wie auf S. 151 angedeutet, kann man die „**Rutil-Struktur**" als eine (etwas verzerrte) hexagonal-dichteste Packung von O^{2-}-Ionen beschreiben, deren oktaedrische Lücken zur Hälfte so mit Ti-Ionen gefüllt sind, daß diese ihrerseits eine raumzentrierte tetragonale Elementarzelle bilden. Dabei ergeben sich in Richtung einer Gitterachse lange *Ketten* von TiO_6-Oktaedern, in denen jedes Oktaeder zwei (gegenüberliegende) *Kanten* mit zwei anderen Oktaedern gemeinsam hat und die untereinander über die sechs Oktaeder*ecken* zu einem dreidimensionalen Netzwerk verknüpft sind (vgl. Fig. 50, S. 124). Jedes Ti-Ion ist auf diese Weise oktaedrisch von 6 O- und jedes O-Ion trigonal-planar von 3 Ti-Ionen umgeben, was zur Zusammensetzung $TiO_{6/3} = TiO_2$ führt. Die Rutilstruktur wird bevorzugt von ionischen *Metalldioxiden* MO_2 und *-difluoriden* MF_2 eingenommen, bei denen das Ionenradienverhältnis eine oktaedrische Kationenkoordination begünstigt (vgl. S. 126), z. B. von TiO_2, VO_2, NbO_2, CrO_2, MoO_2, WO_2, MnO_2, RuO_2, OsO_2, IrO_2, GeO_2, SnO_2, PbO_2, TeO_2 und MnF_2, FeF_2, CoF_2, NiF_2, PdF_2, ZnF_2, MgF_2.

Der „**Brookit-**" und „**Anatas-Struktur**" liegt anders als der Rutil-Struktur eine kubisch-dichteste O-Atompackung zugrunde, deren oktaedrische Lücken so zur Hälfte mit Ti-Ionen gefüllt sind, daß jeder TiO_6-Oktaeder nicht nur *zwei* (Rutil), sondern *drei* (Brookit) oder sogar *vier Kanten* (Anatas) mit anderen TiO_6-Oktaedern gemeinsam hat.

In den „**Magnéli-Phasen**" sind Rutil-Blöcke mit einer Stärke von $n\,TiO_6$-Oktaedern in der Weise gegeneinander versetzt, daß TiO_6-Oktaeder an Flächen zusammenstoßender Blöcke vermehrt gemeinsame Kanten aufweisen. Durch eine derartige kristallographische „*Scherung*" nimmt naturgemäß das Molverhältnis von Sauerstoff zu Metall ab (vgl. S. 1464, 1620); die mit der O-Atomabnahme verbundene Verringerung der Ladung des Anionenteilgitters wird durch Ersatz einer entsprechenden Zahl vier- durch dreiwertige Ti-Atome ausgeglichen.

In der „**Perowskit-Struktur**" $CaTiO_3$ bilden die Ionen Ca^{2+} und O^{2-} zusammen eine kubisch-dichteste Packung, in deren O_6-Oktaeder-Lücken die kleinen Ti^{4+}-Ionen untergebracht sind. Man kann die Perowskit-Struktur aber auch von der ReO_3-Struktur (Fig. 302 auf S. 1499) ableiten, indem man in die Würfelmitten einer entsprechenden TiO_3-Anordnung die Ca-Atome einfügt. Andere Doppeloxide mit Perowskit-Struktur sind $SrTi^{IV}O_3$, $BaTi^{IV}O_3$, $CaZr^{IV}O_3$ und $CuSn^{IV}O_3$ sowie $YAl^{III}O_3$, $LaAl^{III}O_3$, $LaGa^{III}O_3$; $NaNb^VO_3$, NaW^VO_3; KI^VO_3. Die Perowskitstruktur tritt bei vielen ABO_3-Oxiden (Summe der Ladungen von A und B = 6) auf, bei denen eines der beiden Kationen eine dem O^{2-} vergleichbare Größe aufweist (KZ 12) und das andere wesentlich kleiner ist (KZ 6). Auch Doppelfluoride wie $KZnF_3$ oder $KNiF_3$ kristallisieren in der Perowskitstruktur.

Die „**Ilmenit-Struktur**" $FeTiO_3$ leitet sich von der des Korunds (α-Al_2O_3) dadurch ab, daß die Al-Atome des Korunds (etwas verzerrte hexagonal-dichteste Packung von O^{2-}-Ionen) abwechselnd gegen Ti- und Fe-Atome ausgetauscht sind (vgl. S. 1082). Auch viele andere Metalltitanate $M^{II}TiO_3$ kristallisieren in der Ilmenit-Struktur (M^{II} z. B. = Co, Ni, Mn, Cd, Mg). Die Ilmenitstruktur tritt bei vielen ABO_3-Oxiden auf, wenn beide Kationen A und B (Summe ihrer Ladungen gleich 6) annähernd gleich groß sind, z. B. bei $FeVO_3$, $LiNbO_3$, α-$NaSbO_3$, $CrRhO_3$, $FeRhO_3$, $NiMnO_3$, $CoMnO_3$.

Über die „**Spinell-Struktur**" (kubisch-dichteste Packung von O^{2-}-Ionen) wurde bereits auf S. 1083 berichtet.

---

8 In $TiOSO_4$ liegen –Ti–O–Ti–O–Ti–O-Zickzackketten vor, wobei die Titanatome zusätzlich mit Sulfat und Wasser in der Weise koordiniert sind, daß sich eine KZ = 6 für jedes Titanatom ergibt. Eine Ti=O-Gruppierung mit doppelt gebundenem Sauerstoff liegt in TiO(porphyrin) vor (TiO-Abstand 1.619 Å).

9 Die Peroxygruppe ist „side-on" (S. 506, 1623) an das Ti gebunden. Es lassen sich aus den Lösungen kristalline Titanperoxid-Salze (Peroxotitanyl-Salze) wie $[Ti(O_2)(SO_4)_2]^{2-}$, $[Ti(O_2)F_5]^{3-}$ fällen.

Verwendung. Rutil – und in geringerem Ausmaß – Anatas $\mathbf{TiO_2}$ (Weltjahresproduktion: mehrere Megatonnen) sind wegen ihrer außerordentlich *hohen, für großes Aufhellungs-* und *Brechungsvermögen* sorgenden *Brechungsindizes*, ihrer *Ungiftigkeit* und *chemischen Beständigkeit* die meistverwandten „*Weißpigmente*" (vgl. S. 946). Kaum ein weiß gefärbter oder hell getönter Gegenstand unserer Umwelt enthält keine TiO_2-Pigmente. So stellt man Lacke, Anstrichstoffe, Kunststoffe, Druckfarben, Fasern, Papiere, Baustoffe, Email, Keramik, Puder, Salben, Zahnpasten, Salamis (weiße Umhüllung), Zigarren (weiße Asche) unter Verwendung von TiO_2-Pigmenten in Form hochkonzentrierter, fließfähiger, pumpbarer und volumetrisch dosierbarer Suspensionen her. Durch eine Reihe von Maßnahmen (Dotierung des $TiOSO_4$-Hydrolysats mit Zn^{2+}, Al^{3+}, Zr(IV), Si(IV) vor dem Glühen, Auffällen farbloser Verbindungen wie SiO_2, ZrO_2, $Al(OH)_3$ auf die Pigmentteilchen) wird noch die Wetterstabilität und Dispergierbarkeit der TiO_2-Pigmente verbessert (insbesondere UV-bestrahlter Anatas führt auf dem Wege der Bildung von OH- und O_2H-Radikalen zum beschleunigten Abbau des organischen Pigmentbindemittels und zu einer – als Kreidung bezeichneten – Freilegung der TiO_2-Teilchen. Wegen guter dielektrischer Eigenschaften findet TiO_2 auch in der „*Elektroindustrie*" (z. B. in Kondensatoren), ferner wegen seines schönen Aussehens zur Herstellung von „*Schmuck*" Verwendung. Ferner stellt TiO_2 im Bereich der „*Buntpigmente*" für Keramik, Email, Lacke, Kunststoffe vielfach das Wirtsgitter für farbgebende Übergangsmetallionen dar[10], z. B. das von „*Chrom-Rutil-Gelb*" $(Ti,Cr,Sb)O_2$, von „*Nickel-Rutil-Gelb*" $(Ti,Ni,Sb)O_2$, von „*Mangan-Rutil-Braun*" $(Ti,Mn,Sb)O_2$, von „*Vanadium-Rutil-Schwarz*" $(Ti,V,Sb)O_2$ oder von „*Pseudobrookit-Gelb*" $Fe_2O_3 \cdot x TiO_2$. In gleicher Weise dienen die *blauschwarzen* „*Magnéli-Phasen*" Ti_nO_{2n-1} als Buntpigmente.

Das Bariumtitanat $\mathbf{BaTiO_3}$ (aus $BaCO_3$ und TiO_2 bei 1000 °C) zeichnet sich unter den Perowskiten durch außergewöhnliche dielektrische Eigenschaften aus (Dielektrizitätskonstante bis 10000; die ferro- und piezoelektrischen Eigenschaften von $BaTiO_3$ sind die Folge davon, daß die Ti^{4+}-Ionen für die in $BaTiO_3$ aufgeweiteten Oktaederlücken zu klein sind). Man verwendet es u. a. zur Herstellung von Kompaktkondensatoren und keramischen Umwandlern in Mikrophonen, Tonabnehmern usw.

Wegen der leichten Hydrolysierbarkeit der Titansäureester $\mathbf{Ti(OR)_4}$ („*organische Titanate*"; $Ti(OR)_4 + 2H_2O \rightarrow TiO_2 + 4HOR$) nutzt man diese zum Aufbringen wasserabweisender, dünner, transparenter, festhaftender TiO_2-Überzüge auf eine Reihe von Materialien (Textilien, Farben, Glas, Emaillen) sowie zur Herstellung nicht laufender („*thixotroper*") Farben.

Sonstige Chalkogenverbindungen. Bei der Umsetzung von *Titantetrachlorid* mit *Schwefelwasserstoff* bildet sich das diamagnetische, *bronzefarbene*, hydrolysestabile **Titandisulfid** $\mathbf{TiS_2}$ (Tab. 118), welches eine CdI_2-Schichtstruktur aufweist (Halbleiter vom n-Typ) und sich mit geeigneten Stoffen zu *Intercalationsverbindungen* vereinigt. Ein *schwarzes*, graphitähnliches **Titantrisulfid** $\mathbf{TiS_3}$ entsteht aus den Elementen bis 600 °C. In analoger Weise lassen sich Selenide $\mathbf{TiSe_2}$ (CdI_2-Struktur) und $\mathbf{TiSe_3}$ und das Tellurid $\mathbf{TiTe_2}$ (CdI_2-Struktur) gewinnen.

Organische Titan(IV)-Verbindungen (vgl. S. 1628)[7]. Im Unterschied zu den Elementen der IV. Hauptgruppe bilden die Metalle der IV. Nebengruppe nur vergleichsweise *hydrolyse-* und *oxidationsempfindliche* organische Verbindungen; auch sind sie vielfach thermolabil. Beispielsweise zerfällt unter den **Titantetraorganylen** $\mathbf{R_4Ti}$ das aus $TiCl_4$ und MeMgBr in Ether gewinnbare *gelbe*, flüssige „*Tetramethyltitan*" Me_4Ti bereits ab − 70 °C (Me_4Si ist bis über 500 °C stabil). Stabiler sind die *gelben* bis *roten* Addukte Me_4TiD und Me_4TiD_2 mit D = OR_2, NR_3, PR_3 (z. B. zersetzt sich eine Diethyletherlösung von Me_4Ti erst ab − 20 °C). *Gelbes*, kristallines „*Tetraphenyltitan*" Ph_4Ti thermolysiert in etherischer Lösung selbst bei Raumtemperatur nicht. Noch stabiler sind Tetraorganyle R_4Ti mit sperrigen Gruppen R wie CH_2Ph (*rote* Kristalle; Smp. 70 °C) oder CH_2SiMe_3 (*gelbgrüne* Flüssigkeit). Besonders thermostabil ist das aus $TiCl_4$ und NaCp gewinnbare, hydrolyse- und luftlabile *violette* bis *grünschwarze* „*Tetracyclopentadienyltitan*" Cp_4Ti (Smp. 128 °C), in welchem zwei Cp-Reste monohapto, die beiden anderen pentahapto gebunden vorliegen (rascher gegenseitiger Übergang: $\eta^5 \rightleftarrows \eta^1$; Wanderung von Titan um den monohapto gebundenen Ring). Thermostabiler als die Tetraorganyle sind auch deren **Derivate** $\mathbf{R_{4-n}TiX_n}$. Unter ihnen kommt den „*Dicyclopentadienyltitandihalogeniden*" $\mathbf{Cp_2TiX_2}$ (X = F, Cl, Br, I: Farbe = *gelb/rot/dunkelrot/schwarz*; Smp. = 280/291/313/317 °C) besondere Bedeutung zu. Das Halogen der aus $TiCl_4$ und NaCp gewinnbaren Verbindungen läßt sich leicht durch andere anionische Gruppen wie SCN, N_3, OR, SR, NR_2, S_5 ersetzen (die Cp-Reste sind jeweils pentahapto gebunden).

---

[10] Weitere wichtige Wirtsgitter für **Buntpigmente** sind außer dem erwähnten *Rutilgitter*, das auch den Pigmenten $(Zr,V)O_2$ (*gelb*), $(Sn,Cr)O_2$ (*violett*) und $(Sn,Sb)O_2$ (*grau*) zugrunde liegt, u. a. das *Spinellgitter* (vgl. S. 1083), das *Korundgitter* (z. B. *rot* bis *schwarzbraunes* $(Fe,Cr)_2O_3$, *rosafarbenes* $(Al,Mn)_2O_3$, *braunes* $(Fe,Mn)_2O_3$ und das *Zirkongitter* (z. B. *blaues* $(Zr,V)SiO_4$, *gelbes* $(Zr,Pr)SiO_4$, *rosafarbenes* $(Zr,Fe)SiO_4$).

1.3 Titan(III)-Verbindungen (d^1)[1,7]

Wasserstoffverbindungen. Ein **Titantrihydrid TiH_3** konnte ebenso wie das Tetrahydrid TiH_4 (S. 1403) bisher nicht isoliert werden. Man kennt aber ein *schwarzes* Addukt **TiH_3L_2** des Hydrids mit dem Liganden $L_2 = Me_2PCH_2CH_2PMe_2$ (gewinnbar aus $(PhCH_2)_4Ti$ und H_2 bei 200 bar in L_2-haltigem Benzol). Ferner wird das Trichlorid $TiCl_3$ – wie auch das Tetrachlorid $TiCl_4$ – durch Lithiumboranat in das BH_3-Addukt **$Ti(BH_4)_3$** $= TiH_3 \cdot 3BH_3$ („*Titan(III)-boranat*"; vgl. S. 276, 1607), die bisher flüchtigste Ti(III)-Verbindung, übergeführt: $TiCl_3 + 3LiBH_4 \rightarrow Ti(BH_4)_3 + 3LiCl$. Die BH_4-Gruppen des oberhalb 20 °C in TiB_2 zerfallenden Doppelhydrids wirken in festem $Ti(BH_4)_3$ offensichtlich als zweizähnige Liganden (TiH_6-Oktaeder), in gasförmigem $Ti(BH_4)_3$ als dreizähnige Liganden (TiH_9-Gerüst mit C_{3v}-Symmetrie). $Ti(BH_4)_3$ addiert in Monoglym $MeOCH_2CH_2OMe$ eine zusätzliche Boranatgruppe unter Bildung von $[Ti(BH_4)_4]^-$.

Halogenverbindungen (vgl. Tab. 118, S. 1404). Darstellung, Strukturen. Leitet man ein Gemisch von $TiCl_4$-Dampf und Wasserstoff durch ein auf 500 °C erhitztes Rohr, so entsteht *dunkelviolettes*, kristallines **Titantrichlorid α-$TiCl_3$** („BiI_3-Schichtstruktur" mit kantenverknüpften $TiCl_6$-Oktaedern). Wird andererseits $TiCl_4$ mit Aluminiumalkylen in inerten organischen Medien reduziert, so erhält man das *braune*, ebenfalls kristalline **β-$TiCl_3$** (Kettenstruktur mit flächenverknüpften $TiCl_6$-Oktaedern; „*ZrI_3-Struktur*"). In analoger Weise lassen sich das *violette* Fluorid **TiF_3** (aus $TiH_{<2}$ + HF bei 700 °C; „*VF_3-Struktur*" = verzerrte „ReO_3-Struktur"), das *schwarzviolette* Bromid **$TiBr_3$** („*BiI_3-Struktur*") und das *dunkelviolette* Iodid **TiI_3** („*BiI_3-Struktur*") gewinnen (vgl. hierzu auch S. 1611).

Eigenschaften (vgl. Tab. 118). Abgesehen von TiF_3 (magnetisches Moment = 1.75 BM, entsprechend dem Vorliegen einer d^1-Elektronenkonfiguration) weisen die Trihalogenide nur kleinen Paramagnetismus auf (antiferromagnetisches, auf Titan-Titan-Wechselwirkungen deutendes Verhalten; Neél-Temperaturen 217, 180 und 434 K für $TiCl_3$, $TiBr_3$, TiI_3). β-$TiCl_3$ *wandelt* sich ohne Lösungsmittel bei 250–300 °C und in inerten Medien bei 40–80 °C in stabiles α-$TiCl_3$ *um*, das seinerseits bei 475 °C in Titan(IV)- und Titan(II)-chlorid *disproportioniert*. In analoger Weise gehen $TiBr_3$ und TiI_3 beim Erhitzen in die zwei- und vierwertige, TiF_3 aber in die null- und vierwertige Stufe über (Tab. 118; im Vakuum lassen sich TiF_3 und $TiCl_3$ bei 930 bzw. 425 °C sublimieren). Unter den *sauerstoffempfindlichen* Trihalogeniden bildet $TiCl_3$ mit *Wasser* wie Chrom(III)-chlorid (S. 1449) Hydrate von *grüner* ($[Ti(H_2O)_4Cl_2]Cl$) und *violetter* Farbe ($[Ti(H_2O)_6]Cl_3$).

Komplexe des dreiwertigen Titans (μ_{mag} 1.6–1.8 BM, entsprechend einem ungepaarten Elektron) haben meist die Zusammensetzung TiL_6^{3+}, $TiX_2L_4^+$, TiX_3L_3 oder TiX_6^{3-}, sind oktaedrisch gebaut und weisen in Abhängigkeit vom Liganden L Farben (vgl. S. 1264) im Bereich *purpurrot* (z. B. $Ti(H_2O)_6^{3+}$) über *blau* (z. B. $TiCl_3(NCMe)_3$), *grün* (z. B. $TiCl_3(py)_3$), *blaugrün* (z. B. $TiCl_3(THF)_3$), *purpurfarben* (z. B. TiF_6^{3-}) und *orangefarben* (z. B. $TiCl_6^{3-}$) bis *dunkelviolett* auf (z. B. $Ti(NCS)_6^{3-}$).

Cyanoverbindungen (vgl. S. 1656). Läßt man auf TiX_3 in flüssigem Ammoniak Alkalimetallcyanide einwirken, so bilden sich *graugrüne* Komplexe der Zusammensetzung **$K_3Ti(CN)_6$** ($KZ_{Ti} = 6$) sowie **$M^I_4Ti(CN)_7$** (M^I = K, Rb, Cs, $KZ_{Ti} = 7$). Kalium-hexacyanotitanat(III) $K_3Ti(CN)_6$ läßt sich mit Kalium in *flüssigem Ammoniak* zu Kalium-tetracyanotitanat(II bzw. 0) *reduzieren*: **$K_4Ti(CN)_6$**, **$K_4Ti(CN)_4$**.

Chalkogenverbindungen (vgl. Tab. 118, S. 1404, sowie S. 1620). Intensiv *schwarzblaues* **Dititantrioxid Ti_2O_3** (*Titan-(III)-oxid*; „α-Al_2O_3-Struktur") bildet sich durch Reduktion von TiO_2 mit Wasserstoff bei 1000 °C oder mit Titan bei 1600 °C. In analoger Weise erhält man aus TiO_2 und H_2 bei 900 °C *schwarzblaues* **Ti_3O_5**. Beide Oxide stellen Halbleiter dar, die bei 200 °C (Ti_2O_3) bzw. 175 °C (Ti_3O_5) in einen metallisch-leitenden Zustand übergehen.

Das in Säuren schlecht lösliche Ti(III)-oxid verhält sich *basischer* als das Ti(IV)-oxid ($Ti_2O_3 + 6H^+ + 9H_2O \rightarrow 2Ti(H_2O)_6^{3+}$). Ganz allgemein enthalten die *violetten* Titan(III)-**Salzlösungen** das oktaedrisch gebaute, paramagnetische Hexaaqua-Ion $[Ti(H_2O)_6]^{3+}$. Auch in den Titanalaunen wie $CsTi^{III}(SO_4)_2 \cdot 12H_2O$ tritt das Hexaaqua-Ion auf. Wässerige $[Ti(H_2O)_6]^{3+}$-Lösungen wirken schwach *sauer* $[Ti(H_2O)_6]^{3+} \rightarrow [Ti(OH)(H_2O)_5]^{2+} + H^+$ (K_S ca. 5×10^{-3}; in konz. HCl liegt $[TiCl(H_2O)_5]^{2+}$ vor).

Sie lassen sich leicht zu solchen des vierwertigen Titans oxidieren und wirken daher reduzierend (ε_0 für $Ti^{3+}/Ti(OH)_2^{2+} = +0.099$ V), z. B. auf Fe^{3+} ($\rightarrow Fe^{2+}$) oder auf Sauerstoff ($\rightarrow H_2O$). Von dieser Reduktionswirkung macht man in der Maßanalyse Gebrauch (**„Titanometrie“**), etwa zur analytischen Bestimmung von Eisen.

Schwarzes **Dititantrisulfid Ti_2S_3** („*Titan(III)-sulfid*“; NiAs-Defektstruktur) entsteht beim Erhitzen von TiS_2 auf 1000 °C im Vakuum.

Organische Titan(III)-Verbindungen (vgl. S. 1628). Ähnlich wie die Titantetraorganyle sind auch die **Titantriorganyle R_3Ti** nur mit sperrigen Gruppen R wie $CH(SiMe_3)_2$ (*blaugrüne*, luftempfindliche Kristalle) oder mit Cyclopentadienylresten Cp (*grüne* Kristalle; zwei Cp-Reste pentahapto, einer dihapto gebunden) thermostabiler. **Derivate $R_{3-n}TiX_n$** wie z. B. „*Dicyclopentadienyltitanhalogenid*“ Cp_2TiX (Cp_2TiCl ist dimer mit zwei Halogenbrücken) zersetzen sich weniger leicht.

Das aus $TiCl_4$ und $AlEt_3$ in Heptan entstehende ethylgruppenhaltige β-$TiCl_3$ („*braune Suspension*“) ist ein bei Raumtemperatur heterogen wirksamer Katalysator aus der Gruppe der **„Ziegler-Natta-Katalysatoren“** zur *stereospezifischen*, *isotaktischen* bzw. *syndiotaktischen*[11] Polymerisation von Olefinen $H_2C{=}CHR$ (R = organischer Rest bzw. auch Wasserstoff). Die vielmalige Einschiebung der Olefine in TiC-Bindungen führt bei ihnen an der Oberfläche gemäß

$CH_2{=}CHR$; Cl, R′, Ti, Cl, Cl, Cl $\longrightarrow$ Ti–CH_2–CHRR′ $\xrightarrow{+nCH_2=CHR}$ Ti–$[CH_2–CHR]_n$R′ $\longrightarrow$ $-CH_2{=}CR[CH_2–CHR]_{n-1}R'$ + Ti–H $\xrightarrow{+CH_2=CHR}$ Ti–R′ $\xrightarrow{+CH_2=CHR}$

zu hochwertigen isotaktischen Polyolefinen mit Molmassen von 10^5–10^6 (die $AlEt_3$-katalysierte Ethylenpolymerisation erfolgt bei 1000 bis 3000 bar zu Polyethylen mit Molmassen von 10^3–10^4; vgl. S. 1089).

1.4 Titan(II)-Verbindungen (d^2)[1,7,12]

Wasserstoff- und verwandte Verbindungen. Titan *absorbiert* bei 300 °C Wasserstoff reversibel bis zur Grenzstöchiometrie eines **Titandihydrids TiH_2** (H in tetraedrischen Lücken einer kubisch-dichtesten Ti-Atompackung; vgl. S. 276, 1607). Das Hydrid fällt als *graues* Pulver an, das seinen Wasserstoff bei 1000 °C wieder vollständig verliert („*Wasserstoffspeicher*“). Matrixisoliertes monomeres TiH_2 ist linear gebaut.

Die u. a. aus den Elementen gewinnbaren, sehr stabilen, hochschmelzenden, metallisch leitenden **Hartstoffe TiB_2** (Smp. 2850 °C), **TiN** (Smp. 2950 °C), **TiC** (Smp. 3070 °C) und **$TiSi_2$** (Smp. 1545 °C) stellen wie TiH_2 *Einlagerungsverbindungen* dar (vgl. S. 1059, 642, 852, 889). TiC dient in Form von (Ti,W)C bzw. (Ti,Ta,W)C bzw. (Ti,Ta,Nb,W)C für widerstandsfähige Spitzen schnellaufender Werkzeuge. Aus TiN (Analoges gilt für ZrN) werden Tiegel für Schmelzen von Lanthan-Legierungen gefertigt. Dünne goldgelbe TiN-Beschichtungen dienen zur Erhöhung der Verschleißfestigkeit von Werkzeugen und zur Verschönerung von Schmuck. TiB_2 findet als Elektroden- und Tiegelmaterial bei elektrometallurgischen Prozessen Verwendung.

Halogenverbindungen (vgl. Tab. 118, S. 1404). *Schwarzes* **Titandichlorid $TiCl_2$** entsteht durch *Disproportionierung* von $TiCl_3$ bei 500 °C ($2TiCl_3 \rightarrow TiCl_2 + TiCl_4$; wegen seiner Flüchtigkeit ist $TiCl_4$ leicht abtrennbar). Entsprechend $TiCl_2$ erhält man das schwarze Bromid **$TiBr_2$** oder das *schwarzbraune* Iodid **TiI_2**. Die Dihalogenide („CdI_2-Struktur“; vgl. S. 1611), deren sehr kleiner Paramagnetismus wieder auf TiTi-Wechselwirkungen deutet, zersetzen *Wasser* als starkes Reduktionsmittel. $TiCl_2$ weist in $AlCl_3$-Schmelzen oder in NaCl-Kristallen – laut Elektronenspektren – oktaedrische Ti^{2+}-Umgebung und d^2-Elektronenkonfiguration auf.

Die Dihalogenide vermögen Liganden wie $Me_2NCH_2CH_2NMe_2$ (tmeda) unter Bildung von Komplexen zu addieren, z. B.: $TiCl_2 + 2\,tmeda \rightarrow TiCl_2(tmeda)_2$. Der nach Substitution eines Cl- gegen den NR_2-

---

[11] Bei *isotaktischen* Polymeren $-CH_2-CHR-CH_2-CHR-CH_2-CHR-$ befinden sich die Reste R alle auf der gleichen Seite der C-Kette, bei *syndiotaktischen* Polymeren alternierend auf beiden Seiten, während bei *ataktischen* Polymeren die Gruppen R eine Zufallsanordnung einnehmen.

[12] Man kennt zudem **niedrigwertige Titanverbindungen**. So ist Sauerstoff in elementarem Titan bis zu einer Zusammensetzung **$TiO_{0.5}$** (u. a. Ti_2O, Ti_3O, Ti_6O mit den Oxidationsstufen $+\frac{1}{2}$, $+\frac{1}{3}$, $+\frac{1}{6}$ des Titans) löslich. In diesen „*Titansuboxiden*“ besetzen O^{2-}-Ionen einen Teil der oktaedrischen Lücken der hexagonal-dichtesten Ti-Atompackung. Reduziert man $TiCl_4$ in Anwesenheit von α,α'-Bipyridin bipy in Tetrahydrofuran, so erhält man **$Ti(bipy)_3$** und **$Ti(bipy)_3^-$** (Oxidationsstufen von Titan formal 0, −1; d^4- bzw. d^5-Elektronenkonfiguration)

Liganden ($R = SiMe_3$) hieraus gemäß: $TiCl_2(tmeda)_2 + LiNR_2 \rightarrow TiCl(NR_2)(tmeda) + tmeda + LiCl$ erhältliche Komplex $TiCl(NR_2)(tmeda)$ lagert molekularen Stickstoff unter Bildung des *braunen* Komplexes (a) an (NN-Abstand des end-on gebundenen Stickstoffs 1.289 Å; fast lineare TiNNTi-Gruppierung; quadratisch-pyramidal koordiniertes Ti). Überschüssiges $LiNR_2$ verwandelt $TiCl_2(tmeda)_2$ in Anwesenheit von N_2 unter *Reduktion* des Titans von der zwei- zur einwertigen Stufe in den *purpurschwarzen* LTi(I,II)-Stickstoffkomplex (b) (NN-Abstand der side-on gebundenen Stickstoffmoleküle 1.379 Å; verzerrt trigonal-prismatische Ti-Koordination; vgl. S. 1667):

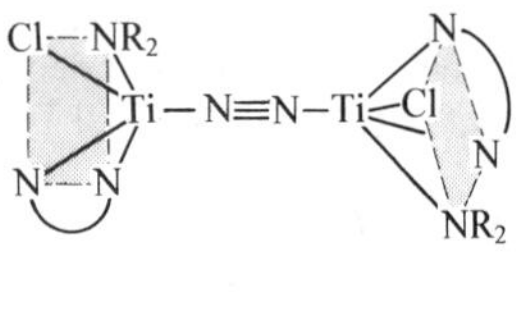

($NR_2 = N(SiMe_3)_2$, N⌒N $= Me_2NCH_2CH_2NMe_2$)

(a)

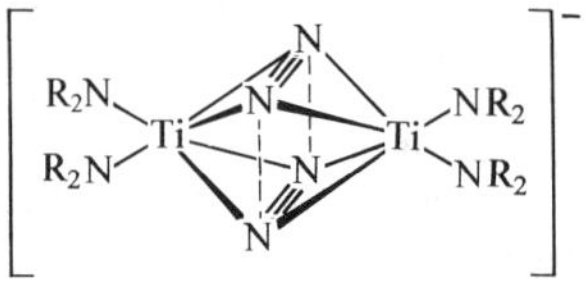

($NR_2 = N(SiMe_3)_2$)

(b)

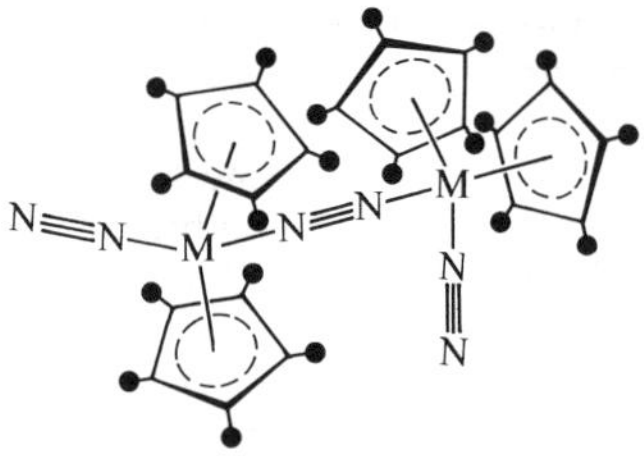

(● = CH_3)

(c)

Chalkogenverbindungen. Das aus Ti und TiO_2 bei 1500 °C zugängliche *bronzefarbene* **Titanmonoxid TiO** (verzerrte NaCl-Struktur; metastabil; vgl. Tab. 118) stellt eine nichtstöchiometrische Verbindung mit Leerstellen sowohl im Kationen- als auch Anionenteilgitter dar: $TiO_{0.7}$ bis $TiO_{1.3}$ (in den Oxiden $TiO_{0.86}/TiO_{1.00}/TiO_{1.20}$ sind z. B. 11/15/22% der Ti-Plätze und 23/15/6% der O-Plätze unbesetzt; vgl. S. 1620). Lösungen von TiO sind in verdünnter Salzsäure bei 0 °C kurze Zeit beständig und zersetzen sich dann unter H_2-Entwicklung ($Ti^{2+} + H^+ \rightarrow Ti^{3+} + \frac{1}{2}H_2$; $\varepsilon_0 = -0.369$ V).

Organische Titan(II)-Verbindungen (vgl. S. 1628). Aus der noch kleinen Gruppe der **Titandiorganyle R_2Ti** seien das *Phenyl*-Derivat Ph_2Ti (*schwarz*; gewinnbar durch thermische Zersetzung von Ph_4Ti bei 10 °C), das *Benzyl*-Derivat $(PhCH_2)_2Ti$: (gewinnbar durch Thermolyse von $(PhCH_2)_4Ti$) und das *Trimethylsilylmethyl*-Derivat $(Me_3SiCH_2)_2Ti$ (gewinnbar aus $TiCl_3$ und $LiCH_2SiMe_3$) genannt. Während andererseits sowohl ein Tetra- als auch ein Tricyclopentadienyltitan Cp_4Ti und Cp_3Ti zugänglich sind, existiert kein „*Dicyclopentdienyltitan*" Cp_2Ti. Dem durch *Reduktion* von Cp_2TiCl_2 mit Natrium oder durch Thermolyse von Cp_2TiMe_2 bzw. Cp_2TiPh_2 gebildeten *grünen* kristallinen Produkt der Stöchiometrie Cp_2Ti kommt nämlich die Struktur (d) zu; es enthält demnach nicht zwei-, sondern dreiwertiges Titan. Man kann aber ein *rotes*, kristallines Dicarbonyl-Addukt (e) des „*Titanocens*" Cp_2Ti durch Reduktion von Cp_2TiCl_2 in Anwesenheit von CO sowie ein kristallines Decamethyl-Derivat Cp_2^*Ti (f) durch Reduktion von $Cp_2^*TiCl_2$ mit Kalium in naphthalinhaltigem Tetrahydrofuran gewinnen. Das *gelbe* Cp_2^*Ti steht in Lösung bei Raumtemperatur mit dem *grünen*, durch intramolekulare Insertion von Ti in eine CH-Bindung gebildeten Isomer (g) im Gleichgewicht.

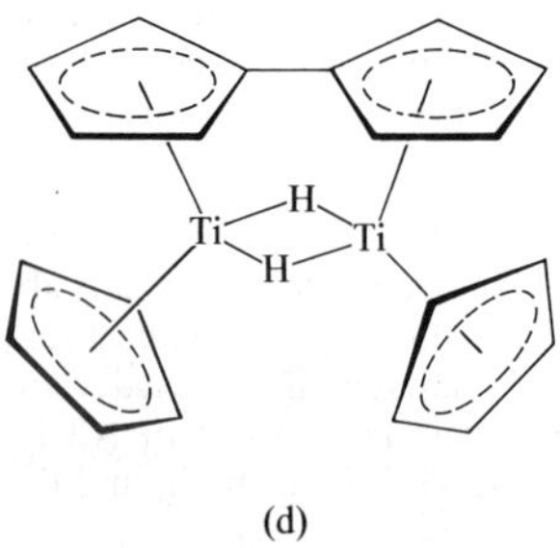

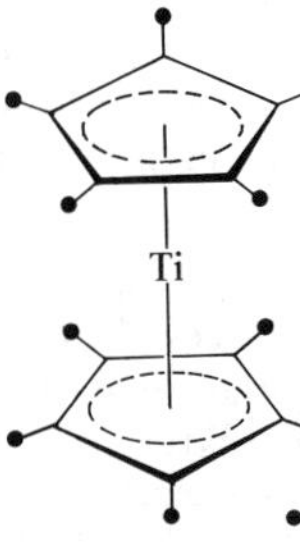

● = CH_3

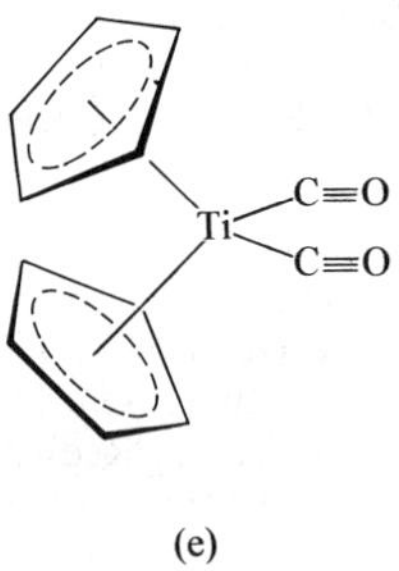

(d) (e) (f) (g)

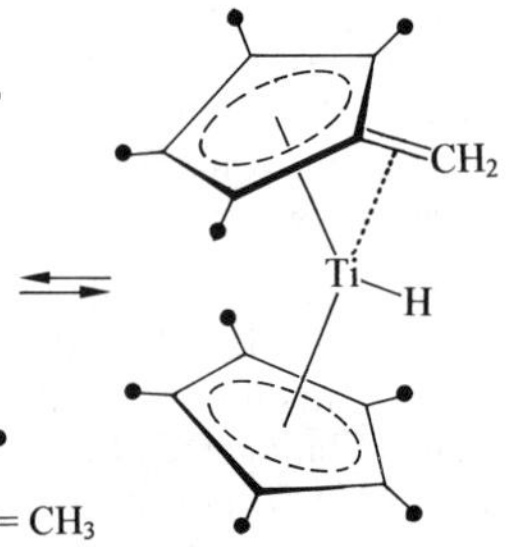

Das Titanocen Cp_2^*Ti bildet mit molekularem Stickstoff Komplexe des Typs $Cp_2^*Ti{-}N{\equiv}N{-}TiCp_2^*$ sowie $(Cp_2^*Ti)_2(N_2)_3$ (vgl. Formel (c), oben, sowie S. 1667). Bezüglich weiterer organischer Verbindungen des Titans (z. B. CO-, C_6H_6-Komplexe) vgl. S. 1629, 1673f.

2 Das Zirconium und Hafnium[13)]

2.1 Elementares Zirconium und Hafnium

Vorkommen

Das **Zirconium** kommt in der Natur nur **gebunden**, und zwar hauptsächlich als *Silicat* $ZrSiO_4$ („*Zirkon*", „*Alvit*") und als *Dioxid* ZrO_2 („*Zirkonerde*", „*Baddeleyit*") vor. Wichtige Fundstätten liegen in Australien, USA, Brasilien. Das **Hafnium** findet sich nicht in Form selbständiger Mineralien, sondern nur als *Begleiter des Zirconiums* mit Gehalten von 1–5 Gew.-% Hf (ca. 2% des Zr-Gehalts; in Alvit kann der Hf-Gehalt den von Zr übersteigen).

Isotope (vgl. Anh. III). *Natürliches* Zirconium besteht aus 5, natürliches Hafnium aus 6 Isotopen:

$^{90}_{40}Zr$ (51.45%), $^{91}_{40}Zr$ (11.32%), $^{92}_{40}Zr$ (17.19%), $^{94}_{40}Zr$ (17.28%), $^{96}_{40}Zr$ *(2.76%)*,

$^{174}_{72}Hf$ *(0.2%)*, $^{176}_{72}Hf$ (5.2%), $^{177}_{72}Hf$ (18.6%), $^{178}_{72}Hf$ (27.1%), $^{179}_{72}Hf$ (13.7%), $^{180}_{72}Hf$ (35.2%).

Unter ihnen sind die Nuklide $^{96}_{40}Zr$ (β^--Strahler; $\tau_{1/2} > 3.6 \times 10^{17}$ Jahre) und $^{174}_{72}Hf$ (α-Strahler; $\tau_{1/2} = 2 \times 10^{15}$ Jahre) schwach *radioaktiv*, die Nuklide $^{91}_{40}Zr$, $^{177}_{72}Hf$ und $^{179}_{72}Hf$ für *NMR-Untersuchungen* geeignet. Die *künstlichen* Nuklide $^{95}_{40}Zr$ (β^--Strahler; $\tau_{1/2} = 65$ Tage), $^{97}_{40}Zr$ (β^--Strahler; $\tau_{1/2} = 17$ Stunden), $^{172}_{72}Hf$ (Elektroneneinfang; $\tau_{1/2} \approx 5$ Jahre), $^{175}_{72}Hf$ (Elektroneneinfang; $\tau_{1/2} = 70$ Tage), $^{181}_{72}Hf$ (β^--Strahler; $\tau_{1/2} = 42.5$ Tage) und $^{182}_{72}Hf$ (β^--Strahler; $\tau_{1/2} = 9 \times 10^6$ Jahre) dienen für *Tracerexperimente*.

Geschichtliches. Das Zirconium wurde erstmals 1789 von M.H. Klaproth als *Dioxid* aus dem Mineral *Zirkon* $ZrSiO_4$ isoliert. Die erstmalige Darstellung *elementaren* Metalls gelang 1824 J.J. Berzelius durch Reduktion von K_2ZrF_6 mit Kalium. Reines Zr erhielten 1925 A.E. van Arkel und J.H. de Boer mit Hilfe des von ihnen entwickelten Iodidzerfallsprozesses (vgl. S. 1401). Hafnium ist in der Natur häufiger als Actinium, Quecksilber, Cadmium, Bismut, Silber, Gold und Platin, wird aber wegen der Gleichheit der Zr^{4+}- und Hf^{4+}-Ionenradien vom Zirconium so *getarnt*, daß es erst im 20. Jahrhundert aufgespürt wurde. Und zwar konnten G.v. Hevesy und D. Coster 1923 mit Hilfe der Röntgenspektroskopie zeigen, daß – wie Niels Bohr 1922 prophezeite – alle Zirconium-Mineralien das – fälschlicherweise zunächst bei den Lanthanoiden gesuchte – Element 72 enthielten. Hevesy *benannte* das neue Element nach *Hafniae* (lat.) = Kopenhagen, der Stadt, in der er es entdeckte und in der die Bohrsche Theorie entwickelt wurde, die den Weg seiner Auffindung wies (Hf ist das erste mit Hilfe der Röntgenspektroskopie entdeckte Element). Die Gewinnung *elementaren* Hafniums gelang dann Hevesy nach fraktionierender Kristallisation eines Gemischs komplexer Fluoride von Zr und Hf (z.B. Löslichkeiten von $(NH_4)_2[MF_6] = 1.050$ (M = Zr), 1.425 mol/l (Hf) bei 20 °C) mit anschließender Reduktion des Hafniumfluorids mit Natrium.

Darstellung

Die **technische Gewinnung** von **Zirconium** erfolgt analog der Gewinnung von Titan (S. 1400), indem man *Zirconiumdioxid* ZrO_2 (erhältlich mittels alkalischen Aufschlusses von $ZrSiO_4$) durch *Carbochlorierung* bzw. *Zirconiumcarbonitrid* Zr(C,N) (erhältlich aus ZrO_2 oder $ZrSiO_4$ mit Koks im Lichtbogenofen) durch *Chlorierung* in *Zirconiumtetrachlorid* $ZrCl_4$ überführt und dieses anschließend mit *Magnesium* in einer He-Atmosphäre bei erhöhter Temperatur (Kroll-Prozeß) zu *Zirconiumpulver reduziert*, das gegebenenfalls nach dem Verfahren von van-Arkel und de-Boer auf dem Wege der Bildung und des Zerfalls von Zirconiumtetraiodid *gereinigt* wird ($Zr + 2I_2 \rightleftarrows ZrI_4$; man erhält Aufwachsstäbe bis zu 5 cm Durchmesser und 25 kg Masse). Das so erzeugte, noch **hafniumhaltige Zirconium** wird in der Regel genutzt bzw. weiter verarbeitet.

In der Reaktor-Technik benötigt man andererseits **hafniumfreies Zirconium** (vgl. Verwendung). Die *Abtrennung des Hafniums* vom Zirconium erfolgt (i) durch Extraktionsverfahren

---

[13] **Literatur.** D.C. Bradley, P. Thornton: „*Zirconium and Hafnium*", Comprehensive Inorg. Chem. **3** (1973) 419–490; R.C. Fay: „*Zirconium and Hafnium*", Comprehensive Coord. Chem. **3** (1987) 363–451; D.J. Cardin, M.F. Lappert, C.L. Raston, P.I. Riley: „*Zirconium and Hafnium*" (3 Teilkapitel), Comprehensive Organomet. Chem. **3** (1982) 549–646; ULLMANN (5. Aufl.): „*Zirconium and Zirconium Compounds*", **A28** (1995); „*Hafnium and Hafnium Compounds*", **A12** (1989) 559–569; GMELIN: „*Zirconium*", Syst.-Nr. **42**, bisher 2 Bände; „*Hafnium*", Syst.-Nr. **43**, bisher 3 Bände. Vgl. auch Anm. 14.

(Nutzung der höheren Löslichkeit von Hafniumthiocyanat in organischen Phasen, der leichteren Adsorption von $HfCl_4$ an Silicagel); (ii) durch Ionenaustauscher (bevorzugte Eliminierung von Zr(IV) mit einer 0.09-molaren Zitronensäurelösung in 0.45-molarer Salpetersäure, vgl. S. 1780); (iii) durch fraktionierende Destillation der $POCl_3$-Komplexe von $ZrCl_4$ und $HfCl_4$. Die *Reduktion* von $HfCl_4$ mit *Magnesium* (Kroll-Prozeß) liefert dann elementares Hafnium, das gegebenenfalls nach dem Verfahren von van Arkel und de Boer *gereinigt* wird ($Hf + 2I_2 \rightleftarrows HfI_4$, Gefäßtemperatur 400–600 °C, W-Draht 1750 °C). *Technisch* fällt **Hafnium** derzeit nur als Nebenprodukt der Herstellung von Hf-freiem Zr („*reactor grade zirconium*") an.

Physikalische Eigenschaften

Reines **Zirconium** ist wie reines **Hafnium** ein verhältnismäßig *weiches*, biegsames, walz-, hämmer- und schmiedbares, den *elektrischen* Strom und die *Wärme* besser als der linke Periodennachbar *leitendes, silbrig-glänzendes Metall* (Zr ähnelt äußerlich rostfreiem Stahl). Beide Metalle kristallisieren unter Normalbedingungen mit *hexagonal-dichtester* Metallatompackung (α-Zr, α-Hf), bei erhöhter Temperatur (β-Zr: > 876 °C; β-Hf: > 1775 °C) mit *kubisch-raumzentrierter* Packung. Die *Schmelz-* und *Siedepunkte* beider Metalle liegen in vergleichbaren Bereichen (Zr: 1857/4200 °C; Hf: 2227/4450 °C). Entsprechendes gilt u. a. für die *Ionisierungsenergie, Atomradien, Ionenradien, Schmelz-* und *Verdampfungsenthalpien* (vgl. Tafel IV). Beide Elemente unterscheiden sich jedoch erheblich bezüglich ihrer *Dichten* ($d = 6.508$ und 13.31 g/cm^3), ihrer *Sprungtemperaturen* (0.55 und 0.08 K) und ihrer Fähigkeit zur *Neutronenabsorption* (bei Hf 600 mal größer).

Physiologisches. Das Zirconium ist für Organismen *nicht essentiell* (der Mensch enthält ca. 4 mg/kg) und gilt als *nicht toxisch*, wirkt aber möglicherweise cancerogen (MAK-Wert = 5 mg/m^3, ber. auf Zr). Zr(IV) wird, falls durch den menschlichen Verdauungstrakt resorbiert, an Plasmaproteine gebunden und in den Knochen gespeichert. Auch Hafnium ist für Organismen nicht *essentiell* (der Mensch enthält normalerweise kein Hf) und *nicht giftig*.

Chemische Eigenschaften

Ähnlich wie Titan sind auch das **Zirconium** und das **Hafnium** *korrosionsbeständige* Metalle, da sie sich wie dieses durch Überziehen mit einer äußerst dünnen zusammenhängenden Oxidschutzhaut vor dem Angriff von Atmosphärilien schützen. In *Pulverform* verbrennen die Metalle unterhalb Rotglut zu Oxiden MO_2, Nitriden MN und Nitridoxiden, während die *kompakteren* Metalle von *Sauerstoff* oder *Stickstoff* unter Atmosphärendruck erst bei Weißglut oxidiert werden (bei wesentlich niedrigeren Temperaturen erfolgt die Oxidation unter O_2-Druck; vgl. bei Titan). In analoger Weise reagieren Zr und Hf in der Wärme auch mit anderen Nichtmetallen wie *Wasserstoff* ($\rightarrow MH_2$), *Kohlenstoff* ($\rightarrow$ MC) oder *Halogen* ($\rightarrow MHal_4$; mit Chlorgas z. B. unter Feuererscheinung). Bereits Spuren von gebundenem H, O, N bzw. C machen die Metalle *spröde*.

Verwendung von Zirconium und Hafnium. *Metallisches* **Zirconium** (Weltjahresproduktion: einige Megatonnen) findet wegen seiner überaus hohen *Korrosionsbeständigkeit* in der chemischen Verfahrenstechnik zur Herstellung spezieller „*Apparateteile*" (Spinndüsen, Ventile, Pumpen, Rührer, Rohre, Verdampfer, Wärmeaustauscher) und in der Reaktortechnik beim Bau von „*Atomreaktoren*" sowie „*Brennelementumhüllungen*" Verwendung (in letzterem Falle muß Zr wegen des höheren Hf-Neutroneneinfangquerschnitts Hf-frei sein; meist nutzt man Legierungen mit 1.5 % Zinn oder anderen Metallen). Weiterhin dient es als „*Getter*" (Fangstoff) zur Beseitigung von Spuren Sauerstoff und Stickstoff aus Glühlampen sowie Ultrahochvakuumanlagen („*Getterpumpen*") und in der „*Metallurgie*" zur Beseitigung von Sauerstoff, Stickstoff sowie Schwefel aus Stahl. – **Zirconiumdioxid** dient u. a. zur Herstellung von „*Pigmenten*" (Druckfarben) und „*Feuerfestmaterialien*" (Keramik, Email, Glas). – **Hafnium** (Weltjahresproduktion: 100 Tonnenmaßstab) wird wegen seines *hohen Neutroneneinfangquerschnitts* (600 mal größer als bei Zr) als „*Neutronenabsorber*" in Reaktorkontroll- und -regelstäben sowie der Wiederaufbereitung von bestrahlten Kernbrennstoffen eingesetzt. Ferner dient es als „*Getter*" (s. o.) sowie als festigkeitssteigender Zusatz zu Legierungen von Nb, Ta, Mo, W.

Zirconium und Hafnium in Verbindungen

In ihren Verbindungen betätigen Zirconium und Hafnium bevorzugt die **Oxidationsstufe + 4** (z. B. ZrF_4, ZrO_2, $HfCl_4$, HfO_2). Doch treten beide Metalle auch in den Stufen **+ 3** (z. B. $ZrCl_3$, HfI_3) **+ 2** (z. B.

ZrF_2, ZrO, $HfCl_2$, HfS), **+1** (z.B. ZrCl, HfBr), **0** und **< 0** auf (z.B. $K[M(CN)_5]$, $[M(bipy)_3]$, $[M(Toluol)_2(PMe_3)]$, $[Zr(bipy)_3]^-$, $[Zr(bipy)_3]^{2-}$, $[Zr(CO)_6]^{2-}$).

Wie aus den *Normalpotentialen* hervorgeht (vgl. nachfolgende **Potentialdiagramme** für pH = 0 und 14), sind Zirconium und Hafnium wie Titan *unedle Metalle* (edler als Yttrium und Lanthan; vgl. Anh. VI), wobei der unedle Charakter in Richtung Ti, Zr, Hf zunimmt (vgl. wachsenden unedlen Charakter in Richtung Sc, Y, La, S. 1395).

pH = 0	$\mathbf{Ti(OH)_2^{2+}} \xrightarrow{-0.882}$ **Ti**		$\mathbf{Zr(IV)} \xrightarrow{-1.55}$ **Zr**		$\mathbf{Hf(IV)} \xrightarrow{-1.70}$ **Hf**	
pH = 14	$\mathbf{TiO_2(aq)} \xrightarrow{-1.90}$ **Ti**		$\mathbf{ZrO_2(aq)} \xrightarrow{-2.36}$ **Zr**		$\mathbf{HfO_2(aq)} \xrightarrow{-2.50}$ **Hf**	

Wegen ihrer Passivierung lösen sie sich aber wie Titan weder in kalten *Mineralsäuren* (Ausnahme: Flußsäure), noch in kalten wässerigen *Alkalien*. Anders als im Falle von Titan existiert *keine wässerige Chemie* des *dreiwertigen Zirconiums* und *Hafniums*, da sowohl Zr^{3+} als auch Hf^{3+} Wasser zu Wasserstoff *reduzieren*.

Häufig anzutreffende **Koordinationszahlen** von Zirconium(IV) und Hafnium(IV) sind *sechs* (oktaedrisch in $Li_2\mathbf{Zr}F_6$, $\mathbf{Zr}Cl_4$, $\mathbf{M}Cl_6^{2-}$, trigonal-prismatisch in $[\mathbf{Zr}(S_2C_6H_4)_3]^{2-}$), *sieben* (pentagonal-bipyramidal in $(NH_4)_3[\mathbf{Zr}F_7]$, überkappt-trigonal-prismatisch in $Ba_2\mathbf{Zr}_2F_{12}$) und *acht* (dodekaedrisch in $K_2\mathbf{Zr}F_6$, $[\mathbf{Hf}(SO_4)_4(H_2O)_2]^{4-}$, $[\mathbf{M}(ox)_4]^{4-}$, quadratisch-antiprismatisch in $\mathbf{Zr}(acac)_4$, $[Cu(H_2O)_6]_2[\mathbf{Zr}F_8]$, zweifach überkappt-trigonal-prismatisch in $Tl\mathbf{Zr}F_5$, $(N_2H_6)\mathbf{Zr}F_6$). Man kennt jedoch auch Verbindungen, in denen die Metalle die Zähligkeiten *fünf* (trigonal-bipyramidal in $[\mathbf{Zr}Cl_5]^-$) und *vier* aufweisen (tetraedrisch in $\mathbf{M}Cl[N(SiMe_3)_2]_3$ und in gasförmigem $\mathbf{M}Cl_4$).

Bezüglich der *Elektronenkonfigurationen*, der *Radien*, der *magnetischen* und *optischen* Eigenschaften der **Zirconium-** und **Hafniumionen** vgl. Ligandenfeld-Theorie (S. 1250) sowie Anh. IV, bezüglich eines **Eigenschaftsvergleichs** der Metalle der Titangruppe S. 1199f. und Nachfolgendes.

Ähnlich wie die Metalle der Scandiumgruppe (III. Nebengruppe) ähneln auch die Metalle der Titangruppe (IV. Nebengruppe) – wenn auch etwas weniger deutlich – in manchen Eigenschaften (z. B. wachsender unedler Charakter der Metalle sowie zunehmende Basizität der Tetrahydroxide; vgl. hierzu die Alkali- und Erdalkalimetalle sowie -hydroxide) mehr den Anfangsgliedern C und Si der zugehörigen Hauptgruppe, als dies die Endglieder der Hauptgruppe tun. In anderen Eigenschaften wie den Atomisierungsenergien, den Schmelz- und Siedepunkten, der Stabilität von Zwischenwertigkeiten schließen sich aber umgekehrt die schwereren Hauptgruppenelemente denen der leichteren an (vgl. hierzu S. 1396 und Tafel III sowie IV). So verstärkt das bei den Metallen der Titangruppe gegenüber den Metallen der Scandiumgruppe neu hinzukommende d-Elektron die Metallbindungen zusätzlich (vgl. S. 1460), und zwar in Richtung Ti, Zr, Hf in wachsend stärkerem Ausmaß. Infolgedessen steigen etwa die *Siedepunkte* sowie *Atomisierungsenergien* der Elemente beim Übergang von der 3. zur 4. Nebengruppe sowie von Ti über Zr nach Hf, während bei den Hauptgruppenelementen die betreffenden Kenndaten zwar beim Übergang von der 3. zur 4. Hauptgruppe zunehmen (zusätzliches p-Außenelektron), aber innerhalb der Kohlenstoffgruppe ähnlich wie im Falle der Alkali- und Erdalkalimetalle mit wachsender Ordnungszahl der Elemente abnehmen.

Bereits angesprochen wurde das ähnliche physikalische und chemische Verhalten von Zirconium und Hafnium (S. 1399, 1411), das auf die vergleichbaren Atom- und Ionradien beider Metalle im null- und vierwertigen Zustand zurückgeht. Die geringe Ausdehnung der Hf-Atome und -Ionen ist hierbei eine Folge der schlechten Abschirmung der Kernladung durch die 4f-Elektronenschale (zwischen La und Hf schieben sich 14 Lanthanoide mit ihren f-Elektronen ein), wodurch die 6s- und 5d-Außenelektronen der nullwertigen und die 5s- sowie 5p-Außenelektronen des vierwertigen Hafniums einer starken elektrostatischen Anziehung durch die positive Hf-Kernladung unterliegen (zwischen Y und Zr schieben sich keine f-Elemente ein, so daß bei Zr für die Zr-Außenelektronen diese zusätzliche Anziehung fehlt). Die radienvergrößernden und -verkleinernden relativistischen Effekte (6s-Orbitalkontraktion; 5d- und 4f-Orbitalexpansion; vgl. S. 338) heben sich im Falle von Hf gerade auf und tragen somit nichts zur sog. „*Lanthanoid-Kontraktion*“ im Falle nullwertigen Hafniums bei.

2.2 Verbindungen des Zirconiums und Hafniums[13,14]

Wasserstoff- und verwandte Verbindungen. Die bisher flüchtigsten Zr- und Hf-Verbindungen sind das **Zirconium-** und **Hafnium(IV)-boranat** $\mathbf{M(BH_4)_4}$, die sich aus MCl_4 und $LiBH_4$ in Diethylether als *farblose*, hydrolyse- und lichtinstabile, niedrig-schmelzende Verbindungen ($Zr(BH_4)_4$: Smp. 28.7°, Sdp. extrap.

[14] **Literatur.** E.M. Larsen: „*Zirconium and Hafnium Chemistry*“, Adv. Inorg. Radiochem. **13** (1970) 1–133; D.A. Miller, R.D. Bereman: „*The Chemistry of d^1-Complexes of Niobium, Tantalum, Zirconium and Hafnium*“, Coord.

123 °C) gewinnen lassen und sich in der Wärme unter MB_2-Bildung zersetzen. In den „fluktuierenden" Molekülen $M(BH_4)_4$ (T_d-Molekülsymmetrie) koordinieren die BH_4-Gruppen – jeweils über 3 H-Brücken – das Zentralmetall tetraedrisch (vgl. S. 1009, 1607). Die den Doppelhydriden („$MH_4 \cdot 4BH_3$") zugrundeliegenden Tetrahydride $\mathbf{MH_4}$ sind *unbekannt*.

Bei 100 °C *absorbieren* Zirconium und Hafnium Wasserstoff bis zur Grenzstöchiometrie eines **Zirconium-** und **Hafniumdihydrids** $\mathbf{MH_2}$ (H in tetraedrischen Lücken einer kubisch-dichtesten M-Atompakkung; vgl. S. 276, 1607). Bei 1000 °C geben die Hydride ihren Wasserstoff wieder vollständig ab.

Ähnlich wie MH_2 stellen die u. a. aus den Elementen gewinnbaren, sehr stabilen und hochschmelzenden metallisch leitenden Hartstoffe $\mathbf{MB_2}$ (Smp. 3040 und 3200 °C), **MC** (Smp. 3420 und 3930 °C), **MN** Smp. 2985 und 3390 °C) sowie $\mathbf{MSi_2}$ (Smp. 1550 und 1545 °C) nichtstöchiometrische Einlagerungsverbindungen dar (vgl. S. 1059, 852, 642, 889). Unter ihnen dienen ZrN und HfN, die Supraleiter mit vergleichsweise hohen Sprungtemperaturen von 16.8 bzw. 10.0 K sind, als Elektrodenmaterial für elektrische Röhren.

Halogenverbindungen. Wie aus Tab. 119 hervorgeht, kennt man von Zirconium und Hafnium – mit Ausnahme von ZrF, HfF_n (n = 1,2,3), HfI_n (n = 1, 2) – *alle* binären Halogenide $\mathbf{MX_4}$, $\mathbf{MX_3}$, $\mathbf{MX_2}$ und **MX**.

Tab. 119 Halogenide, Oxide und Sulfide von Zirconium und Hafnium[a)] (vgl. S. 1404, 1611, 1620)

	Fluoride	Chloride	Bromide	Iodide	Oxide	Sulfide
M(I)	–	**ZrCl**, *schwarz* ZrCl-Strukt., KZ 6	**ZrBr**, *schwarz* ZrCl-Strukt., KZ 6	**ZrI**, *schwarz*	–	–
	–	**HfCl**, *schwarz* ZrCl-Strukt., KZ 6	**HfBr**, *schwarz* ZrCl-Strukt., KZ 6	–	–	$\mathbf{Hf_2S}$ anti-NbS_2-Raumstrukt., KZ 6
M(II)	$\mathbf{ZrF_2}$, *schwarz* Dispr. 0/IV 800°	$\mathbf{ZrCl_2}$, *schwarz*[b)] Dispr. 0/IV 650 °C ΔH_f – 500 kJ Hexamer, KZ 5	$\mathbf{ZrBr_2}$, *schwarz* Dispr. 0/IV 400 °C ΔH_f – 410 kJ Hexamer, KZ 5	$\mathbf{ZrI_2}$, *schwarz* Dispr. 0/IV 600 °C ΔH_f – 280 kJ Hexamer, KZ 5	**ZrO** verzerrte NaCl-Strukt., KZ 6	**ZrS** verzerrte NaCl-Str., KZ 6
	–	$\mathbf{HfCl_2}$, *schwarz* Dispr. 0/IV 400 °C Hexamer? KZ 5	$\mathbf{HfBr_2}$, *schwarz* Dispr. 0/IV 400 °C Hexamer? KZ 5		**HfO**	**HfS**
M(III)	$\mathbf{ZrF_3}$, *blaugrau* Dispr. 0/IV 850° ReO_3-Strukt., KZ 6	$\mathbf{ZrCl_3}$, *dunkelblau*[c)] Dispr. II/IV 475 °C ΔH_f – 710 kJ ZrI_3-Strukt., KZ 6	$\mathbf{ZrBr_3}$, *dunkelblau* Dispr. II/IV 300 °C ΔH_f – 729 kJ ZrI_3-Strukt., KZ 6	$\mathbf{ZrI_3}$, *dunkelblau* Dispr. II/IV 275 °C ΔH_f – 524 kJ ZrI_3-Strukt., KZ 6	–	–
	–	$\mathbf{HfCl_3}$, *dunkelblau* Dispr. II/IV ΔH_f < – 475 kJ ZrI_3-Strukt.? KZ 6	$\mathbf{HfBr_3}$, *schwarz* Dispr. II/IV 350 °C ΔH_f < – 475 kJ ZrI_3-Strukt.? KZ 6	$\mathbf{HfI_3}$, *schwarz* Dispr. II/IV ΔH_f – 475 kJ ZrI_3-Strukt., KZ 6	–	–
M(IV)	$\mathbf{ZrF_4}$, *weiß* Smp. 932 °C ΔH_f – 1913 kJ Raumstr., KZ 8	$\mathbf{ZrCl_4}$, *weiß* Smp. 437 °C ΔH_f – 981.8 kJ Kette, KZ 6	$\mathbf{ZrBr_4}$, *weiß* Smp. 450 °C ΔH_f – 760 kJ Kette, KZ 6	$\mathbf{ZrI_4}$, *gelb* Smp. 500 °C ΔH_f – 485.3 kJ Kette, KZ 6	$\mathbf{ZrO_2}$, *weiß*[d)] 2710/4300 °C[f] ΔH_f – 1089 kJ Raumstr., KZ 7	$\mathbf{ZrS_2}$, *violett*[e)] CdI_2-Str., KZ 6
	$\mathbf{HfF_4}$, *weiß* Smp. 1025 °C ΔH_f – 1932 kJ Raumstr., KZ 8	$\mathbf{HfCl_4}$, *weiß* Smp. 434 °C ΔH_f – 992 kJ Kette? KZ 6	$\mathbf{HfBr_4}$, *weiß* Smp. 424.5 °C ΔH_f – 837 kJ Kette? KZ 6	$\mathbf{HfI_4}$, *gelb* Smp. 449 °C Kette, KZ 6	$\mathbf{HfO_2}$, *weiß*[d)] 2812/5100 °C[f] ΔH_f – 1146 kJ Raumstr., KZ 6	$\mathbf{HfS_2}$[e)], *violett*[e)] CdI_2-Str., KZ 6

a) Bezüglich der Strukturen vgl. auch Text. – **b)** Man kennt auch ein $ZrCl_{2.5} = Zr_6Cl_{15}$. – **c)** Man kennt auch eine weitere $ZrCl_3$-Modifikation mit „BiI_3-Struktur" – **d)** α-ZrO_2 (monoklin) $\rightleftarrows$ (1100 °C) $\rightleftarrows$ β-ZrO_2 (tetragonal) $\rightleftarrows$ (2300 °C) $\rightleftarrows$ γ-ZrO_2 (kubisch, CaF_2-Struktur); α-HfO_2 (monoklin) $\rightleftarrows$ (1790 °C) $\rightleftarrows$ β-HfO_2 (tetragonal) $\rightleftarrows$ (1900 °C) $\rightleftarrows$ γ-HfO_2 (kubisch). – **e)** Man kennt auch *orangefarbenes* ZrS_3 und HfS_3 – **f)** Smp./Sdp.

Chem. Rev. **9** (1972) 107–143; T.E. MacDermott: *„The Structural Chemistry of Zirconium Compounds"*, Coord. Chem. Rev. **11** (1973) 1–20; G. Erker: *„Metallocen-Carbenkomplexe und verwandte Verbindungen des Titans, Zirkoniums und Hafniums"*, Angew. Chem. **101** (1989) 411–426; Int. Ed. **28** (1989) 397; R.P. Ziebarth, J.D. Corbett: *„Centered Zirconium Chloride Clusters. Synthetic and Structural Aspects of a Broad Solid-State Chemistry"*, Accounts Chem. Res. **22** (1989) 256–262; P. Kleinschmidt: *„Zirkonsilicat-Farbkörper"*, Chemie in unserer Zeit **20** (1986) 182–190; J.H. Canterford, R. Colton: *„Zirconium and Hafnium"* in „Halides of the Second and Third Row Transition Metals", Wiley 1968, S. 110–144 (vgl. Anm.[15]).

Darstellung. Unter den „*Tetrahalogeniden*" stellt man nur die Chloride $ZrCl_4$ bzw. $HfCl_4$ und Bromide $ZrBr_4$ bzw. $HfBr_4$ mit Vorteil aus Zirconium- bzw. Hafniumdioxid MO_2, Chlor oder Brom X_2 und Koks bei hohen Temperaturen dar: $MO_2 + 2X_2 + 2C \rightarrow MX_4 + 2CO$ („*Carbochlorierung*" oder „*Carbobromierung*"), die Fluoride ZrF_4 bzw. HfF_4 und Iodide ZrI_4 bzw. HfI_4 durch Behandeln von MCl_4 mit HF sowie von MO_2 mit AlI_3 bei erhöhter Temperatur. Durch Reduktion der Tetrahalogenide mit Zirconium oder Hafnium bzw. mit Wasserstoff lassen sich unter geeigneten Bedingungen die „*Tri-*", „*Di-*" und „*Monohalogenide*" erzeugen.

Strukturen (vgl. Tab. 119 sowie S. 1611). In gasförmigem Zustande sind die „*Tetrahalogenide*" $\mathbf{MX_4}$ des Zirconiums und Hafniums wie die des Titans monomer und weisen tetraedrische Struktur auf (T_d-Molekülsymmetrie). In kondensierter Phase bilden die Tetrachloride, -bromide und -iodide eine kubisch-dichteste Halogenidpackung, in der $\frac{1}{4}$ der oktaedrischen Lücken in der Weise von Zr- bzw. Hf-Ionen besetzt sind, daß Zick-Zack-*Ketten* von ZrX_6-Oktaedern mit je 2 gemeinsamen, zueinander *gauche*-ständigen Kanten (vgl. S. 1613) zustandekommen. Den Tetrafluoriden liegt andererseits keine Ketten-, sondern eine Raumstruktur mit den Zr- bzw. Hf-Ionen in antikubischen Lücken einer Fluoridpackung zugrunde. In analoger Weise nehmen auch unter den „*Trihalogeniden*" $\mathbf{MX_3}$ die Trifluoride eine *Raumstruktur* („ReO_3-Struktur") ein, während die Trichloride, -bromide und -iodide *Ketten* (a) aus flächenverknüpften MX_6-Oktaedern bilden, die so zusammengelagert sind, daß die X-Atome in festem ZrX_3 eine hexagonal-dichteste Packung bilden (**„ZrI_3-Struktur"**). Die Zr-Atome besetzen somit in der hexagonal-dichtesten X-Atompackung alle Oktaederlücken jeder übernächsten „Röhre" (vgl. das auf S. 147f sowie S. 1613 Besprochene).

Unter den „*Dihalogeniden*" $\mathbf{MX_2}$ ist die Struktur von ZrF_2 noch unbekannt. Das Chlorid, Bromid und Iodid des Zirconiums (möglicherweise auch des Hafniums) bilden Hexamere Zr_6X_{12}, in welchen die 6 Zr-Atome gemäß (b) die Ecken eines Oktaeders und die 12 X-Atome die Plätze über den Oktaederkanten besetzen (**„ZrI_2-Struktur"**; vgl. hierzu S. 1614 $PdCl_2$-, $PtCl_2$-Struktur). Die Zr_6X_{12}-Cluster sind dabei so angeordnet, daß jeweils X-Atome benachbarter Zr_6X_{12}-Einheiten durch Addition die Koordinationszahl der Zr-Atome auf *Fünf* erhöhen (quadratisch-pyramidale Zr-Umgebung; in Zr_6Cl_{15} sind $Zr_6Cl_{12}^{3+}$-Einheiten über jeweils $\frac{6}{2}Cl^-$-Ionen verbrückt).

Die „*Monohalogenide*" **MX** schließlich enthalten gemäß (c) von Halogenid-Ionen eingehüllte Zr-Doppelschichten, die analog den Schichten im grauen Arsen (S. 795) strukturiert sind. Charakteristisch für die Chloride, Bromide und Iodide der drei-, zwei- und einwertigen Metalle sind gewisse *Metall-Metall-Wechselwirkungen* (z. B. ZrZr-Abstand in ZrCl 3.03 Å, in Zr-Metall 3.19 Å).

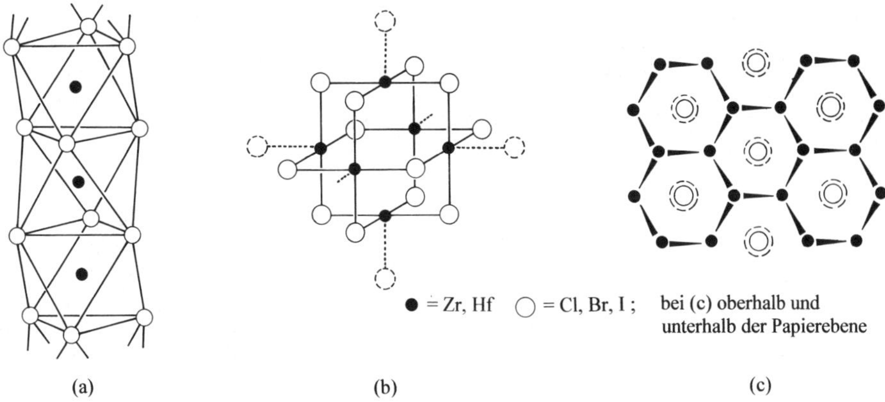

Eigenschaften. Unter den Zirconium- und Hafniumhalogeniden, deren physikalische Eigenschaften der Tab. 119 entnommen werden können, bildet *Zirconiumtetrachlorid* $ZrCl_4$, ein *weißes*, an der Luft rauchendes Pulver, das durch *Wasser* zu einem basischen Chlorid $ZrOCl_2$ hydrolysiert wird, dessen wasserlösliches Hydrat $ZrOCl_2 \cdot 8H_2O$ (Struktur s. u., Formel (e)) ein vielbenutztes Zirconiumsalz darstellt. In analoger Weise setzen sich die anderen Tetrachloride, -bromide und -iodide zu basischen Salzen um, während die Tetrafluoride mit Wasser u. a. Hydrate $MF_4 \cdot 3H_2O$ bilden (dodekaedrische Koordination von Zr bzw. Hf: $[(H_2O)_3F_3Zr(\mu\text{-}F)_2ZrF_3(H_2O)_3]$ und $[\cdots(\mu\text{-}F)_2HfF_2(H_2O)_2\cdots]_x \cdot xH_2O$). Die drei-, zwei- und einwertigen Zr- und Hf-Halogenide lösen sich andererseits in Wasser nur unter Wasserstoffentwicklung (Oxidation zur vierwertigen Stufe). Halogenid-Ionen werden von den Tetrahalogeniden MX_4 unter Bildung von Komplexen MX_{4+n}^{n-} addiert, deren Stabilitäten in Richtung Iodo-, Bromo-, Chloro-, Fluorometallate wachsen und in welchen Zirconium oder Hafnium die Koordinationszahlen *sechs*, *sieben* oder *acht* aufweisen, z. B. (in Klammern Koordinationsgeometrie): $M_2^IMX_6$ mit X = Cl, Br, I und Rb_2MF_6 (oktaedrisch), $Na_3ZrF_7/BaZrF_6$ (pentagonal-bipyramidal/überkappt-trigonal-prismatisch),

K_2ZrF_6/$[Cu(H_2O)_6]_2ZrF_8$/$TlZrF_5$ (dodekaedrisch/antikubisch/zweifach-überkappt-trigonal-prismatisch). Auch mit anderen Donoren (z. B. Ethern OR_2, Aminen NR_3, Phosphanen PR_3, Arsanen AsR_3, Acetylacetonat $acac^-$, Oxalat ox^{2-}) vereinigen sich die Tetrahalogenide zu Komplexen, z. B.: $[MCl_2(acac)_2]$ (oktaedrisch mit Cl in *cis*-Stellung), $[MCl(acac)_3]$ (pentagonal-bipyramidal), $[M(acac)_4]$ (antikubisch), $Na_4[M(ox)_4] \cdot 3H_2O$ (dodekaedrisch). Die Tendenz von Zr(IV) und Hf(IV) zur Bildung von Cyanokomplexen ist offensichtlich wie die von Ti(IV) nicht besonders groß.

Chalkogenverbindungen (vgl. Tab. 119, S. 1414, sowie S. 1620). Unter den Zr- und Hf-Chalkogeniden wurden **Zirconiumdioxid ZrO_2** (in der Natur als „*Baddeleyit*", „*Zirkonerde*") und **Hafniumdioxid HfO_2** (vergesellschaftet mit Baddeleyit) eingehend charakterisiert. Ihre Darstellung kann u. a. durch *Hydrolyse* der – im Zuge der Gewinnung von Zr und Hf anfallenden – Tetrachloride MCl_4 erfolgen. Die hierbei zunächst gebildeten Hydroxid-Hydrate gehen beim Glühen in Dioxide MO_2 über. Der Hauptrohstoff für ZrO_2 ist der Zirkon $ZrSiO_4$, aus dem nach Schmelzen mit Kalk und Koks (Reduktion von SiO_2) in der *Technik* reines ZrO_2 gewonnen wird.

Eigenschaften (Tab. 119). ZrO_2 und HfO_2 sind *weiße*, gegen Säuren und Alkalien sehr beständige Pulver, die sich erst bei sehr hohen Temperaturen zu glasartigen, dem Quarzglas ähnelnden Massen zusammenschmelzen lassen. Die aus sauren Zr(IV)- und Hf(IV)-Salzlösungen durch Ammoniak als voluminöse Niederschläge gefällten weißen **Tetrahydroxid-Hydrate** (s. u.) sind *stärker basisch* und *schwächer sauer* als die entsprechende Titanverbindung (wachsende Basizität und abnehmende Acidität in Richtung Titan-, Zirconium-, Hafniumdioxid-Hydrat) und sind infolgedessen in *Alkalilaugen unlöslich*. Als *Basen* lösen sie sich in starken *Säuren* wie Salzsäure, Schwefelsäure, Salpetersäure unter Bildung von **Salzen** auf, die u. a. in Form von „*Zirconiumdichloridoxid*" („*Zirconylchlorid*") $ZrOCl_2 \cdot 8H_2O$, „*Hafniumdichloridoxid*" $HfOCl_2 \cdot 8H_2O$, „*Zirconiumdisulfat*" $Zr(SO_4)_2 \cdot 4H_2O$, „*Hafniumdisulfat*" $Hf(SO_4)_2 \cdot 4H_2O$ (Löslichkeitsprodukt geringer als das des Zirconiumsulfats), „*basischem Zirconiumsulfat*" $Zr(OH)_2SO_4$, „*basischem Hafniumsulfat*" $Hf(OH)_2SO_4 \cdot H_2O$, „*basischem Zirconiumnitrat*" $Zr(OH)_2(NO_3)_2 \cdot 4H_2O$ auskristallisieren (aus MCl_4 und N_2O_5 erhält man die reinen Nitrate $M(NO_3)_4$).

Beim *Schmelzen* mit *Alkalimetallhydroxiden* oder *-oxiden* wirken ZrO_2 und HfO_2 als *Säuren* und gehen in **Zirconate** bzw. **Hafnate** über, die wie Na_2MO_3 und Na_4MO_4 durch Wasser leicht zersetzt werden und wie $CaMO_3$ und Ca_2MO_4 Doppeloxide mit Perowskit- bzw. Spinell-Struktur (S. 1406, 1083) darstellen.

Strukturen. Die unter normalen Bedingungen stabilen *monoklinen* MO_2-Modifikationen (α-$\mathbf{MO_2}$) des Zirconiums und Hafniums kristallisieren nicht wie TiO_2 im Rutilgitter ($KZ_{Ti} = 6$), sondern besitzen eine komplexere Struktur. Und zwar ist Zr(IV) sowie Hf(IV) jeweils von *sieben* O-Atomen umgeben ($KZ_M = 7$), von denen gemäß (d) vier O-Atome die Ecken einer Würfelfläche drei O-Atome eine Ecke und zwei Kantenmitten der gegenüberliegenden Fläche des Würfels mit Zr sowie Hf in der Würfelmitte besetzen; erstere vier O-Atome sind jeweils von vier M-Atomen tetraedrisch, letztere drei O-Atome von drei M-Atomen planar koordiniert. Bei 1100 °C (Zr) bzw. 1790 °C (Hf) verwandeln sich die α-Formen in tetragonales β-$\mathbf{MO_2}$, bei 2300 bzw. 1900 °C die β-Formen in kubisches γ-$\mathbf{MO_2}$ (CaF_2-Struktur; $KZ_M = 8$).

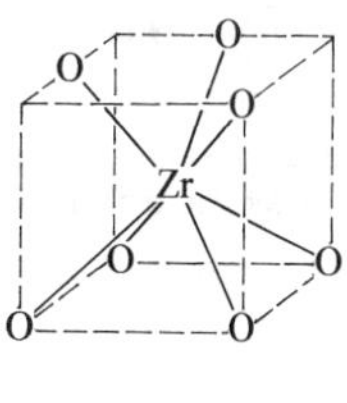

(d) 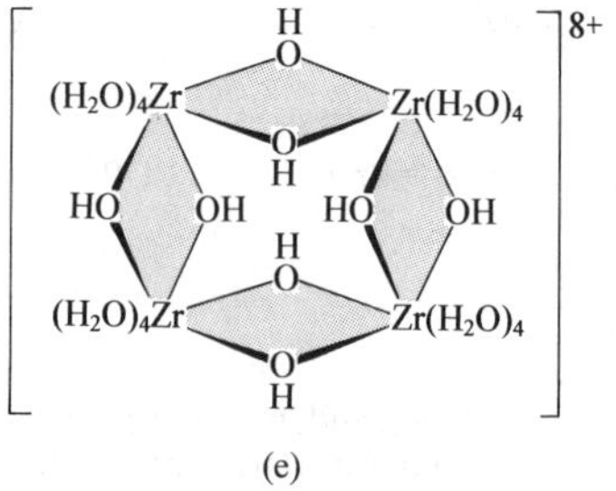 (e) 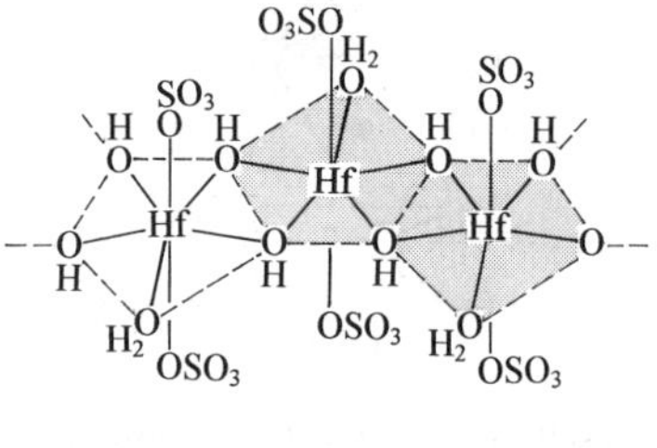 (f)

Das in Wasser lösliche Zirconylchlorid-Octahydrat $\mathbf{ZrOCl_2 \cdot 8H_2O}$ stellt strukturell näherungsweise einen Ausschnitt aus der Struktur von γ-ZrO_2 dar: es enthält gemäß $[Zr_4(OH)_8(H_2O)_{16}]^{8+}\,8Cl^- \cdot 12H_2O$ Kationen (e), in welchen Zr^{4+}-Ionen durch Paare von OH^--Ionen zu einem Ring verknüpft sind; jedes Zr-Atom ist dodekaedrisch-verzerrt antikubisch von $4OH^-$- und $4H_2O$-Liganden koordiniert ($KZ_{Zr} = 8$). Das Kation (e) liegt als solches oder in deprotonierter Form auch einigen anderen Zirconium-Salzen zugrunde. So stellt das bei NH_3-Zugabe zu Zr-Salzen zunächst ausfallende Tetrahydroxid-Hydrat $\mathbf{Zr(OH)_4 \cdot aq}$ offensichtlich $[Zr_4(OH)_8(OH)_8(H_2O)_8]$ dar (durch Alterung geht es in $ZrO(OH)_2 \cdot aq$, durch Erhitzen in ZrO_2 über). In $\mathbf{Zr(OH)_2SO_4}$ bzw. $\mathbf{Zr(OH)_2(NO_3)_2 \cdot 4H_2O}$ sind die Zr^{4+}-Ionen durch Paare von OH^--Ionen nicht zu Ringen, sondern zu unendlichen Zick-Zack-Ketten verknüpft, die durch Sulfat- bzw. Nitrat-Ionen verbunden werden. Jedes Zr-Atom ist dadurch antikubisch (Sulfat) oder dodekaedrisch (Nitrat) von 8 O-Atomen der Liganden OH^-, H_2O und SO_4^{2-} bzw. NO_3^- koordiniert. Nicht in jedem Falle gleichen die Strukturen von Zr- und Hf-Salzen einander. So ist etwa Hf in $Hf(OH)_2SO_4 \cdot H_2O$ nicht antikubisch, sondern gemäß (f) pentagonal-bipyramidal von 8 O-Atomen der Liganden OH^-, H_2O und SO_4^{2-} koordiniert.

Verwendung. **ZrO_2** (Jahresweltproduktion: einige Megatonnen) dient wie TiO_2 als „*Weißpigment*" (hauptsächlich für weißes Porzellan). Wegen seiner chemischen, thermischen und mechanischen Widerstandsfähigkeit findet es jedoch insbesondere als „*Keramik*" im Ofenbau zur Herstellung von *Schmelztiegeln* (z. B. Stahlindustrie), *Auskleidungen*, *Stranggußdüsen* und anderen chemischen Geräten Verwendung. Allerdings setzt man hierzu nicht monoklines α-ZrO_2 ein, dessen Umwandlung in tetragonales β-ZrO_2 bei 1000–1200 °C unter Sinterung zum Zerfall der ZrO_2-Keramik führen würde, sondern das durch Zusatz von 10–15% CaO oder MgO stabilisierte kubische γ-ZrO_2 (bis 2600 °C nutzbar). Die hohe elektrische Leitfähigkeit eines mit ca. 15% Y_2O_3 stabilisierten Zirconiumdioxids („*Nernst-Masse*") nutzte man früher bei „*Nernst-Lampen*", weil *Nernst-Stifte* aus ZrO_2/Y_2O_3 nach elektrischer Erwärmung auf 1000 °C ein *blendend-weißes Licht* ausstrahlen. Heute setzt man ZrO_2/Y_2O_3 noch als Lichtquelle in IR-Apparaten sowie als „*Widerstandsheizelemente*" und „*Feststoffelektrolyte*" (z. B. in Brennstoffzellen) ein. Bezüglich der Verwendung von ZrO_2/Y_2O_3 als λ-Sonde vgl. S. 695. Hf-freies ZrO_2 dient in der Reaktortechnik als „*Neutronenreflektor*". „*ZrO_2-Fasern*" nutzt man wegen ihrer Thermostabilität zur Wärmedämmung von Hochtemperaturanlagen.

Sonstige Chalkogenide (vgl. Tab. 119). Außer den Dioxiden sind von Zirconium und Hafnium Monoxide **MO** (NaCl-Struktur) bekannt, die beim Erhitzen von M und MO_2 bei 1550–1900 °C im Vakuum entstehen. ZrO findet Verwendung in Feuchtigkeitssensoren. Die aus Zr bzw. Hf und Schwefel zugänglichen Sulfide (Tab. 119) stellen nichtstöchiometrische Phasen dar. Unter ihnen haben die metallisch-glänzenden *violetten* Disulfide **MS_2** (CdI_2-Struktur) Halbleitereigenschaften.

Organische Zirconium- und Hafniumverbindungen (vgl. S. 1628)[15)]. Ähnlich wie die Titantetraorganyle sind auch die **Zirconium-** und **Hafniumtetraorganyle R_4M** normalerweise (R z. B. Me) instabil und nur mit sperrigen Organylgruppen (R z. B. $PhCH_2$, Me_3CCH_2, Me_3SiCH_2) oder mit Cyclopentadienylgruppen C_5H_5 isolierbar. Das „*Tetracyclopentadienylzirconium*" enthält dabei – anders als Cp_4Ti – drei pentahapto- und einen monohapto-gebundenen Cp-Rest, während „*Tetracyclopentadienylhafnium*" Cp_4Hf wie Cp_4Ti strukturiert ist (zwei η^5- und zwei η^1-gebundene Cp-Reste). Die wichtigsten Derivate der Tetraorganyle stellen die „*Dicyclopentadienylmetalldihalogenide*" und verwandte Verbindungen Cp_2MX_2 (X = Halogen, OR, SR, NR_2) dar. **Zirconium-** und insbesondere **Hafniumtri-** bzw. **-diorganyle R_nM** (n = 3, 2) sind weniger bekannt als solche des Titans und enthalten in der Regel Cyclopentadienyl-Liganden sowie hiermit verwandte Gruppen. „*Tri-*" und „*Dicyclopentadienylmetalle*" Cp_3M und Cp_2M lassen sich nicht gewinnen. Das Decamethylderivat Cp_2^*Zr von Cp_2Zr liegt offenbar vollständig in einer isomeren Form vor (vgl. Formel (g) auf S. 1410, Zr anstelle Ti). Nachgewiesen werden konnten Verbindungen des Typs Cp_2MR und $CpMR_2$ mit sperriger Alkylgruppe R sowie Donoraddukte einiger Tri- und Diorganylmetallverbindungen wie $[Cp_2ZrR(N_2)]$, $[Cp_2RZr{-}N{\equiv}N{-}ZrRCp_2]$ (R = CH_2SiMe_3), $[Cp_2^*Zr{-}N{\equiv}N{-}ZrCp_2^*]$, $[\{Cp_2^*Zr(N_2)\}_2(N_2)]$ (vgl. Formel (c) auf S. 1410).

Von technischer Bedeutung ist die Hydrozirconierung von Alkenen mit Cp_2ZrHCl, die zu – ihrerseits in Alkohole und andere Produkte überführbaren – „*Dicyclopentadienylalkylzirconiumchloriden*" führt: $Cp_2ZrHCl + CH_2{=}CHR \rightarrow Cp_2Zr(CH_2CH_2R)Cl$ (ZrC-Spaltung mit Halogen, H_2O_2 usw. zu XCH_2CH_2R, $HOCH_2CH_2R$). Ferner vermag das aus Cp_2ZrCl_2 und $(MeAlO)_n$ in Anwesenheit von Alkenen gebildete (solvatisierte) Kation Cp_2ZrMe^+ (Struktur des Gegenions unbekannt) als Katalysator der Alkenpolymerisation zu wirken, z. B.:

$$\underset{(H)}{Cp_2ZrMe^+} \xrightarrow[\text{über } \pi\text{-Komplex}]{+CH_2{=}CH_2} \underset{(H)}{Cp_2Zr(C_2H_4)Me^+} \xrightarrow[\text{über } \pi\text{-Komplexe}]{CH_2{=}CH_2} \underset{(H)}{Cp_2Zr(C_2H_4)_{n+1}Me^+} \xrightarrow[-CH_2{=}CH(C_2H_4)_nMe]{} \underset{(H)}{Cp_2ZrH^+}.$$

Gebildetes Cp_2ZrH^+ wirkt dann auf gleiche Weise als Polymerisationskatalysator (Ersatz von Me durch H in der Gleichung). Gute Katalysatoren R_2ZrMe^+ (R_2 z. B. über Ethylene verbrückte Cp-Derivate) vermögen Propylen in guter Ausbeute in – erwünschtes – isotaktisches Polypropylen umzuwandeln.

---

15 **Literatur.** Houben-Weyl: „*Organische Zirconium-, Hafnium-Verbindungen*", **13/7** (1975); D. J. Cardin, M. F. Lappert, C. L. Raston: „*Chemistry of Organo-Zirconium and -Hafnium Compounds*", Horwood, Chichester 1986.

3 Das Eka-Hafnium (Element 104)[16,17]

Im Jahre 1964 berichteten russische Forscher unter Leitung von G. N. Flerov im Kernforschungszentrum Dubna bei Moskau über die Darstellung eines „Eka-Hafniums" (Ordnungszahl 104), dem sie den Namen *Kurchatovium* (Ku) gaben[18]. Die Bildung des neuen Elements erfolgte beim Beschuß von Plutonium mit Neon-Kernen der Energie 115 MeV unter Ausstrahlung von Neutronen (n):

$$^{242}_{94}\mathrm{Pu} + {}^{22}_{10}\mathrm{Ne} \rightarrow {}^{260}_{104}\text{Eka-Hf} + 4\,\mathrm{n}.$$

Das Isotop $^{260}_{104}$Eka-Hf zerfällt mit einer Halbwertszeit von 80 Millisekunden spontan unter Bildung von Spaltprodukten.

1968/69 konnten dann A. Ghiorso und Mitarbeiter in Berkeley zwei weitere, α-strahlende Isotope des Elements 104 der Masse 257 und 259[19] durch Beschuß von Californium mit Kohlenstoffkernen (73 MeV) und später noch ein Isotop der Masse 261 durch Beschuß von Curium mit Sauerstoffkernen (90–100 MeV) gewinnen:

$$^{249}_{98}\mathrm{Cf} + {}^{12}_{6}\mathrm{C} \rightarrow {}^{257}_{104}\text{Eka-Hf} + 4\mathrm{n}, \quad ^{249}_{98}\mathrm{Cf} + {}^{13}_{6}\mathrm{C} \rightarrow {}^{259}_{104}\text{Eka-Hf} + 3\mathrm{n}, \quad ^{248}_{96}\mathrm{Cm} + {}^{18}_{8}\mathrm{O} \rightarrow {}^{261}_{104}\text{Eka Hf} + 5\mathrm{n}. \qquad (1)$$

Das Isotop $^{257}_{104}$Eka-Hf (α-Strahler, Halbwertszeit 4.3 Sekunden) wurde dabei durch seine Tochtersubstanz $^{253}_{102}$No (Halbwertszeit 1.6 Minuten), das Isotop $^{259}_{104}$Eka-Hf (α-Strahler, Halbwertszeit 3 Sekunden) durch seine Tochtersubstanz $^{255}_{102}$No (Halbwertszeit 1.4 Sekunden) und das (bis jetzt längstlebige) Isotop $^{261}_{104}$Eka-Hf (α-Strahler, Halbwertszeit 65 Sekunden) durch seine Tochtersubstanz $^{257}_{102}$No (Halbwertszeit 26 Sekunden) identifiziert:

$$^{257}_{104}\text{Eka-Hf} \rightarrow {}^{4}_{2}\mathrm{He} + {}^{253}_{102}\mathrm{No}, \quad ^{259}_{104}\text{Eka-Hf} \rightarrow {}^{4}_{2}\mathrm{He} + {}^{255}_{102}\mathrm{No}, \quad ^{261}_{104}\text{Eka-Hf} \rightarrow {}^{4}_{2}\mathrm{He} + {}^{257}_{102}\mathrm{No}. \qquad (2)$$

Einschließlich der erwähnten und weiterer gewonnener Isotope des Elements 104, für welches die amerikanischen Forscher den Namen **Rutherfordium (Rf)**, die IUPAC-Kommission[17] den Namen **Dubnium (Db)** vorschlagen, kennt man von $_{104}$**Eka-Hafnium** bisher *neun Nuklide* mit den Massenzahlen 254 ($\tau_{1/2} = 0.5$ ms), 255 ($\tau_{1/2} = 1.3$ s), 256 ($\tau_{1/2} = 7.4$ ms), 257 ($\tau_{1/2} = 4.3$ s), 258 ($\tau_{1/2} = 13$ ms), 259 ($\tau_{1/2} = 3$ s), 260 ($\tau_{1/2} = 21$ ms), 261 ($\tau_{1/2} = 65$ s), 262 ($\tau_{1/2} = 50$ ms; jeweils α-Zerfall).

Die *physikalischen* und *chemischen Eigenschaften* des Elements 104 sind wegen der winzigen bis jetzt erhaltenen Mengen naturgemäß noch nicht genauer erforscht, doch ist das Element nach den bisherigen Beobachtungen ein Eka-Hafnium, das entsprechend seiner Stellung in der IV. Nebengruppe ein festes, wie $HfCl_4$ sublimierbares *Tetrachlorid* (Verdampfungsenthalpie 88 kJ/mol) bildet.

---

16 **Literatur**. G. Herrmann: *„Synthese schwerster chemischer Elemente – Ergebnisse und Perspektiven"*, Angew. Chem. **100** (1988) 1471–1491; Int. Ed. **27** (1988) 1417; P. Armbruster, G. Münzenberg: *„Die schalenstabilisierten schwersten Elemente"*, Spektrum der Wissenschaft, Heft 9 (1988) 42–52; R. Bock, G. Hermann, G. Siegert: *„Schwerionenforschung – Beschleuniger, Atomphysik, Kernphysik, Kernchemie, Anwendungen"*, Wissenschaftliche Buchgesellschaft, Darmstadt 1993.

17 **Transactinoide** (vgl. S. 1392). Die auf *Actinium* und die *Actinoide* (Ordnungszahlen 89–103) folgenden Elemente der 7. Periode des Periodensystems werden als *„Transactinoide"* bezeichnet (leicht zu merken: Ordnungszahl der Transactinoide = 100 + Gruppennummer des Transactinoids). Die bisher bekannten Transactinoide der Ordnungszahlen 104 bis 111 (die Erzeugung des Elements 112 (Eka-Hg) ist im Jahre 1995 zu erwarten) sollen nach Empfehlungen der IUPAC-Kommission (**I**nternational **U**nion of **P**ure and **A**pplied **C**hemistry) vom 31. 8. 1994 folgende, vom IUPAC-Council bei dessen Treffen am 10. und 11. 8. 1195 noch zu ratifizierende Namen erhalten:

Gruppe	Ordnungszahl	Element	Name bisher		IUPAC-Empfehlung		Vgl.
4	104	Eka-Hf	Rutherfordium	Rf	Dubnium	Db	oben
5	105	Eka-Ta	Hahnium	Ha	Joliotium	Jl	S. 1436
6	106	Eka-W	Seaborgium	Sg	Rutherfordium	Rf	S. 1478
7	107	Eka-Re	Nielsbohrium	Ns	Bohrium	Bh	S. 1503
8	108	Eka-Os	Hassium	Hs	Hahnium	Hn	S. 1547
9	109	Eka-Ir	Meitnerium	Mt	Meitnerium	Mt	S. 1574
10	110	Eka-Pt	bisher nicht benannt				S. 1604
11	111	Eka-Au	bisher nicht benannt				S. 1364
12	112	Eka-Hg	Erzeugung 1995 zu erwarten				S. 1392

18 Benannt nach dem sowjetischen Physiker Igor Wassiljewitch Kurchatov (1903–1960), nach dem auch das Kurchatov-Institut für Atomenergie in Dubna bei Moskau benannt ist.

19 Das Isotop $^{259}_{104}$-Eka-Hf entstand auch beim Beschießen von Curium mit Sauerstoffkernen gemäß $^{248}_{96}\mathrm{Cm} + {}^{16}_{8}\mathrm{O} \rightarrow {}^{259}_{104}\text{Eka-Hf} + 5\mathrm{n}$.

Kapitel XXVI

Die Vanadiumgruppe

Zur *Vanadiumgruppe* (V. Nebengruppe bzw. 5. Gruppe des Periodensystems) gehören die Elemente *Vanadium* (V), *Niobium* (Nb), *Tantal* (Ta) und *Eka-Tantal* (Element 105).

Wie im Falle der links benachbarten *Titangruppe* (vgl. S. 1399) sind auch bei der Vanadiumgruppe wegen der vorher (nach dem Lanthan) erfolgten *Lanthanoid-Kontraktion* (S. 1781) die Atom- und Ionenradien (vgl. Anh. IV) und damit die chemischen Eigenschaften der beiden schweren Glieder, hier des Niobiums und Tantals, einander sehr *ähnlich* (wenn auch nicht ganz in demselben Ausmaß wie bei Zirconium und Hafnium), so daß die beiden Metalle in der Natur vergesellschaftet und schwer zu trennen sind. Dagegen weichen die Verbindungen des Niobiums und Tantals nach Formel und Struktur von denen des leichteren *Vanadiums* in bemerkenswerter Weise ab. Vgl. hierzu auch S. 1431.

Am Aufbau der Erdhülle sind die Elemente der Vanadiumgruppe mit 0.013 (V), 0.0019 (Nb) und 0.0002 Gew.-% (Ta) beteiligt, entsprechend einem Massenverhältnis 65 : 10 : 1.

1 Das Vanadium[1)]

1.1 Elementares Vanadium

Vorkommen

Spuren von Vanadium finden sich – ausschließlich in **gebundener** Form – in zahlreichen Eisenerzen, Tonen, Basalten und Ackerböden. Unter den ausgesprochenen Vanadiumerzen der „*Lithosphäre*" sind zu nennen: der in Peru vorkommende „*Patronit*" VS_4, der mit dem Apatit $Ca_5(PO_4)_3F$ isomorphe „*Vanadinit*" $Pb_5(VO_4)_3Cl$, der in Colorado vorkommende „*Roscoelit*" („*Vanadiumglimmer*") $K(Al,V)_2(OH,F)_2[AlSi_3O_{10}]$ und das Uranerz „*Carnotit*" $K(UO_2)(VO_4) \cdot 1.5\,H_2O$. Die wichtigsten Lagerstätten finden sich in Südafrika, China, in den GUS und USA. Auch in der „*Biosphäre*" ist Vanadium weit verbreitet (s. Physiologisches) und kommt als Folge hiervon in bestimmten Erdölsorten (vor allem den venezuelanischen und kanadischen) vor.

Isotope (vgl. Anh. III). *Natürlich* vorkommendes Vanadium besteht aus den Isotopen $^{50}_{23}V$ (0.250%; radioaktiv, Elektroneneinfang, $\tau_{1/2} = 6 \times 10^{15}$ Jahre; für *NMR-Untersuchungen*) und $^{51}_{23}V$ (99.750%; für *NMR*). Die *künstlich* erzeugten Nuklide $^{48}_{23}V$ (β^+-Strahler; $\tau_{1/2} = 16.0$ Tage) und $^{49}_{23}V$ (Elektroneneinfang; $\tau_{1/2} = 330$ Tage) dienen für *Tracerexperimente*.

Geschichtliches. Das Vanadium wurde 1801 von A. M. del Rio als Bestandteil eines mexikanischen Bleierzes *vermutet* und dann 1830 vom Schweden Nils Gabriel Selfström (1787–1845) in einem schwedischen Eisenerz *entdeckt*. Selfström *benannte* es wegen der Vielfalt seiner Verbindungsarten nach *Freya*, der nordischen Göttin der Schönheit, die den Beinamen *Vanadis* trug. *Elementares* Vanadium wurde erstmals 1867 von H. Roscoe durch Reduktion von Vanadiumdichlorid mit Wasserstoff gewonnen.

---

[1] **Literatur.** R. J. H. Clark: „*Vanadium*", Comprehensive Inorg. Chem. **3** (1973) 491–551; L. v. Boas, J. C. Pessoa: „*Vanadium*", Comprehensive Coord. Chem. **3** (1987) 453–583; N. G. Conelly: „*Vanadium*", Comprehensive Organomet. Chem. **3** (1983) 647–704; Ullmann (5. Aufl.): „*Vanadium and Vanadium Compounds*", **A27** (1995); Gmelin: „*Vanadium*", Syst.-Nr. **48**, bisher 5 Bände; R. J. H. Clark: „*The Chemistry of Titanium and Vanadium*", Elsevier, New York 1968; M. N. Hughes: „*Vanadium, Chromium and other Elements*", Comprehensive Coord. Chem. **6** (1987) 665–667. Vgl. auch Anm. 5.

Darstellung

Die **technische Darstellung** des Metalls erfolgt durch Reduktion von *Vanadiumpentaoxid* V_2O_5 mit *Aluminium*[2] oder *Ferrosilicium*[3] (Bildung von weniger reinem Vanadium) sowie mit *Calcium* (Bildung von reinem Vanadium):

$$V_2O_5 + 5\,Ca \xrightarrow{950\,°C} 2\,V + 5\,CaO$$

Statt V_2O_5 kann auch das aus diesem Oxid erhältliche *Vanadiumtrichlorid* VCl_3 mit *Magnesium* zu einem Vanadiumschwamm reduziert werden (vgl. Ti-Gewinnung, S. 1400).

Die als technische **Rohstoffe** für V_2O_5 benötigten *Vanadiumerze* (V-Gehalt normalerweise $< 12\%$) werden durch oxidierendes Rösten mit Alkalisalzen (meist NaCl oder Na_2CO_3) bei 850 °C, Auslaugen der hierbei gebildeten Alkalivanadate mit Wasser, Fällen von $V_2O_5 \cdot x\,H_2O$ aus der Vanadatlösung mit Schwefelsäure bei pH = 2–3 und Rösten von $V_2O_5 \cdot x\,H_2O$ bei 700 °C in schwarzes, pulverförmiges Divanadiumpentaoxid umgewandelt. V_2O_5 stellt darüber hinaus ein technisches Nebenprodukt der Uranaufbereitung dar (vgl. S. 1795).

Die **Reindarstellung** von Vanadium erfolgt nach dem *Verfahren von van Arkel und de Boer* (S. 1401) über die Sublimation und thermische Zersetzung des aus Vanadium und Iod zugänglichen *Vanadiumtriiodids* VI_3. Auch eine *elektrolytische Raffination* des Vanadiums ist möglich (V-Anoden, geschmolzenes NaCl als Elektrolyt, Ta- oder Mo-Kathoden).

In Form einer *Eisenlegierung* mit etwa 50% V („**Ferrovanadium**") wird Vanadium im elektrischen Ofen durch Reduktion von Vanadium- und Eisenoxid mit Kohle gewonnen und als Zusatz zur Fabrikation eines zähen, harten, schmiedbaren, schlagfesten *Spezialstahls* („*Vanadiumstahl*") verwendet.

Physikalische Eigenschaften

Reines Vanadium (*kubisch-raumzentriert*; Dichte 6.092 g/cm³) ist *stahlgrau-metallisch*, nicht brüchig, sehr *weich*[4], läßt sich kalt bearbeiten, schmilzt bei 1915 °C[4], siedet bei 3350 °C und ist in seinen Eigenschaften dem links benachbarten Titan sehr ähnlich.

Physiologisches. Vanadium bzw. dessen Verbindungen sind für Menschen, Tiere und Pflanzen *essentiell* und – in größeren Mengen – *giftig* (MAK-Wert = 0.05 mg V_2O_5 pro m³). Der Mensch enthält etwa 0.3 mg pro kg (hauptsächlich in den Zellkernen und Mitochondrien von Leber, Milz, Nieren, Hoden, Schilddrüsen) und sollte täglich 1–2 mg Vanadium zu sich nehmen (besonders V-reich sind linolsäurehaltige Öle). Seescheiden (Ascidien) reichern Vanadium im Meer bis zur 10^7fachen Konzentration an. Auch Fliegenpilze akkumulieren Vanadium. Vanadium greift einerseits in anionischer Form als Vanadat(V) kompetitiv zu Phosphat(V) in den biologischen P-Stoffwechsel ein (Inhibierung oder Stimulierung von Enzymen) und tritt andererseits in kationischer Form als VO_2^+, VO^{2+} und V^{3+} mit biogenen Liganden wie Proteinen in Wechselwirkung. Die längere Einnahme *überphysiologischer Mengen* an Vanadiumverbindungen führen zur grünschwarzen Verfärbung der Zunge, Asthma, Übelkeit, Krämpfen und gegebenenfalls Bewußtlosigkeit („*Vanadismus*"). Als *therapeutisch* wirksam erwiesen sich Peroxovanadate wie $[VO(O_2)_2(ox)]^{3-}$ oder $[VO(O_2)_2]_2^{2-}$ als Cytostatika für bestimmte Leukämie-Formen.

Chemische Eigenschaften

An der *Luft* bleibt Vanadium wochenlang blank infolge der Bildung einer sehr dünnen Oxidschutzschicht. Es wird aber in der Hitze von *Sauerstoff* unter Bildung von V_2O_5 angegriffen. Auch mit anderen Nichtmetallen reagiert es bei mehr oder minder hohen Temperaturen, so mit *Fluor* und *Chlor* bei Raum- und leicht erhöhter Temperatur zu VF_5 bzw. VCl_4, mit *Stickstoff* und *Kohlenstoff* bei Weißglut zu VN bzw. VC.

---

2 Zwischenbildung einer Al/V-Legierung, aus der Al im Vakuum bei 1700 °C abdestilliert wird.

3 Man setzt Kalk zu, um SiO_2 in Form von Calciumsilicat abtrennen zu können.

4 Geringe Mengen von eingelagertem H, C, N, O erhöhen den Schmelzpunkt und die Sprödigkeit von V, Nb, Ta beträchtlich; so schmilzt z. B. Vanadium mit 10% C bei etwa 2700 °C.

Von *nichtoxidierenden Säuren* wird es – abgesehen von Flußsäure – trotz seines unedlen Charakters (vgl. Potentialdiagramm, unten) wegen der erwähnten Passivierung bei Raumtemperatur nicht angegriffen, während es sich in *oxidierenden Säuren* (heißer Salpetersäure, konzentrierter Schwefelsäure, Königswasser) löst. Auch *Alkalischmelzen* wirken lösend.

Verwendung von Vanadium. Seine wichtigste Anwendung findet Vanadium (Weltjahresproduktion: um fünfzig Kilotonnen) in Form der **Legierung** Ferrovanadium (s. o.) als „*Stahlzusatz*" (Baustähle < 0.2%; Werkzeugstähle bis 0.5%, Schmelzdrehstähle bis 5% V). Der Zusatz führt zur V_4C_3-Bildung, wodurch der Stahl feinkörniger, verschleißfester und – bei hohen Temperaturen – zäher wird, so daß er sich gut für die Herstellung von mechanisch beanspruchten Werkzeugen oder Federn eignet. Einige Vanadiumlegierungen dienen als „*Hochtemperaturwerkstoffe*" (z. B. Legierungen mit Ti), als „*Magnetstähle*" (z. B. Legierungen mit Fe und Co) und als „*Hüllwerkstoffe für Kernbrennelemente*". Unter den **Verbindungen** des Vanadiums finden *Oxide* als „*heterogene Katalysatoren*" bei der *Schwefelsäureproduktion* (S. 581), bei der *Rauchgasentstickung* und bei der *Hydrierung* in organischen Medien, ferner lösliche *Komplexe* als „*homogene Katalysatoren*" bei zahlreichen organischen Prozessen (z. B. Ethylenpolymerisation) Verwendung.

Vanadium in Verbindungen

In seinen Verbindungen betätigt Vanadium insbesondere die **Oxidationsstufen** **+ 5**, **+ 4**, **+ 3** und **+ 2** (z. B. VF_5, V_2O_5, VCl_4, VO_2, VBr_3, V_2O_3, VI_2, VO). Man kennt jedoch auch Verbindungen, in welchen Vanadium die Oxidationsstufen **+ 1**, **0**, **− 1** und **− 3** aufweist (z. B. $[CpV(CO)_4]$, $[V(bipy)_3]^+$, $[V(CO)_6]$, $[V(bipy)_3]$, $[V(CO)_6]^-$, $[V(CN)_5(NO)]^{5-}$, $[Ph_3SnV(CO)_5]^{2-}$, $[V(bipy)_3]^{3-}$). Die *beständigste* und *wichtigste* Stufe ist neben der *vierwertigen* insbesondere die *fünfwertige*, die in ihren Eigenschaften nur geringe Ähnlichkeiten zur entsprechenden Stufe des Phosphors aufweist.

Reduziert man eine saure Vanadium(V)-Lösung, welche das Vanadium in Form von *farblosen* Kationen $[V^VO_2(H_2O)_4]^+$ enthält, so färbt sie sich unter Bildung von Salzen des vier-, drei- und zweiwertigen Vanadiums mit den Kationen $[V^{IV}O(H_2O)_5]^{2+}$, $[V^{III}(H_2O)_6]^{3+}$ und $[V^{II}(H_2O)_6]^{2+}$ zunächst *blau*, dann *grün* und schließlich *grauviolett* (vgl. unten). An der *Luft* werden diese niedrigen Oxidationsstufen wieder zur Stufe des *fünfwertigen* Vanadiums oxidiert. Der darin zum Ausdruck kommende leichte Wechsel der Oxidationsstufe, der dem Vanadium eigentümlich ist, bedingt seine Verwendbarkeit als sauerstoffübertragender *Katalysator* bei Oxidationsreaktionen (vgl. Verwendung von Vanadium).

Die Chemie der Salze des fünf- bis zweiwertigen Vanadiums wird in wässeriger Lösung (pH = 0 und 14) durch die in nachfolgenden **Potentialdiagrammen** wiedergegebenen Potentiale bestimmt:

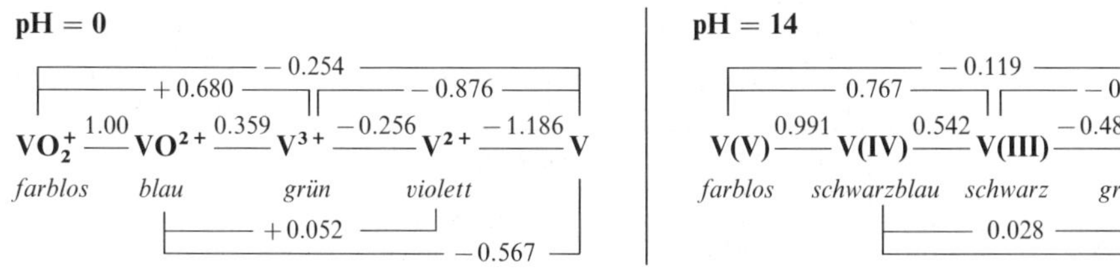

Die V^{2+}-Salze, die mit den Cr^{3+}-Salzen isoelektronisch sind, entwickeln hiernach in wässeriger Lösung Wasserstoff, wobei im sauren Milieu die violette Farbe nach Grün umschlägt. Zwischenoxidationsstufen sind – laut Potentialdiagramm – disproportionierungsstabil. Hingewiesen sei auf die hohe Tendenz fünfwertigen Vanadiums zum Übergang in vierwertiges Vanadium, das unter Normalbedingungen die stabilste Stufe des Systems darstellt (VO_2^+ oxidiert in stark saurer Lösung Cl^- zu Cl_2).

Die vorherrschende **Koordinationszahl** des Vanadiums in seinen Verbindungen ist *sechs* (oktaedrisch in $[V^VF_6]^-$, V^VF_5(f), $V^{IV}O_2$, $[V^{IV}Cl_4(bipy)]$, $V^{III}F_3$, $[V^{III}(NH_3)_6]^{3+}$, $[V^{III}(CN)_6]^{3-}$, $[V^{II}(H_2O)_6]^{2+}$, $[V^{II}(CN)_6]^{4-}$, $[V^I(bipy)_3]^+$, $[V^0(CO)_6]$, $[V^{-I}(CO)_6]^-$; trigonal-prismatisch in $V^{II}S$). Darüber hinaus beobachtet man bei V(II,IV,V)-Verbindungen aber auch die Koordinationszahlen *vier* (tetraedrisch in V^VOCl_3, $V^{IV}Cl_4$, $[V^{III}Cl_4]^-$) und *fünf* (trigonal-bipyramidal in V^VF_5(g), $[V^{IV}OCl_2(NMe_3)_2]$, $[V^{III}Cl_3(NMe_3)_2]$; quadratisch-pyramidal in $[V^VOF_4]^-$, $[V^{IV}O(acac)_2]$). Selten sind die Koordinationszahlen *drei* (z. B. trigonal-planar in $V^{III}[N(SiMe_3)_2]_3$, *sieben* (z. B. pentagonal-bipyramidal in $[V^VO(NO_3)_3(CH_3CN)]$, $[V^VO(S_2CNEt_2)_3]$, $[V^{III}(CN)_7]^{4-}$) und *acht* (z. B. dodekaedrisch in

$[V^{V}(O_2)_4]^{3-}$, $[V^{IV}Cl_4(diars)_2]$). Die 5fach koordinierten V(-III), 6fach koordinierten V(-I) und 7fach koordinierten V(I)-Komplexverbindungen besitzen Edelgas-Elektronenkonfiguration.

Bezüglich der *Elektronenkonfiguration*, der *Radien*, der *magnetischen* und *optischen* Eigenschaften von **Vanadiumionen** vgl. Ligandenfeld-Theorie (S. 1250) sowie Anh. IV, bezüglich eines **Eigenschaftsvergleichs** der Metalle der Vanadiumgruppe S. 1199f und 1431.

1.2 Vanadium(V)-Verbindungen (d^0)[1,5]

Halogenverbindungen. Von den binären Halogenverbindungen (vgl. Tab. 120) ist im Falle des *fünfwertigen* Vanadiums nur das aus den Elementen bei 300 °C darstellbare, *farblose*, viskose (vgl. SbF_5), in Wasser mit *rotgelber* Farbe lösliche, bei 19.5 °C in einen *weißen* Feststoff übergehende und bei 48.3 °C siedende **Vanadiumpentafluorid VF_5** bekannt (Gaszustand: trigonale Bipyramide mit D_{3h}-Molekülsymmetrie; Kristall: Ketten aus *cis*-eckenverknüpften VF_6-Oktaedern, vgl. S. 1613).

Von VF_5 sowie hypothetischen VCl_5 bzw. VBr_5 leiten sich hydrolyseempfindliche *Halogenokomplexe* **MVF_6** (VF_6^--Oktaeder; VCl_6^- und VBr_6^- sind unbekannt) sowie hydrolyseempfindliche *Oxidhalogenide* **VOX_3** und **VO_2X** (vgl. Tab. 120) ab: *gelbes* VOF_3 (im Dampf dimer, im Festzustand polymer), *braunes* VO_2F (polymer im Sinne $VO_2^+F^-$), *gelbes* $VOCl_3$ (tetraedrisch; VO/VCl-Abstände 1.57/2.14 Å), *orangefarbenes* VO_2Cl, *tiefrotes* $VOBr_3$ (tetraedrisch). Das *Vanadiumtrichloridoxid* $VOCl_3$ bildet mit Donoren wie NEt_3 oder MeCN Addukte des Typus $VOCl_3(NEt_3)_2$ und $VOCl_3(NCMe)_2$ (oktaedrisch).

Tab. 120 Halogenide, Oxide und Halogenidoxide[a)] von Vanadium (vgl. S. 1432, 1611, 1620)

	Fluoride	**Chloride**	**Bromide**	**Iodide**	**Oxide**
V(V)	**VF_5**, *farblos* Smp./Sdp. 19.5/48.3 °C $\Delta H_f = -1481$ kJ/mol Ketten-Strukt., KZ 6	–	–	–	**V_2O_5**, *orangefarben*[b)] Smp./Sdp. 677/1750 °C $\Delta H_f = -1552$ kJ/mol Raumstruktur, KZ 6
V(IV)	**VF_4**, *grün* Smp. 325 °C $\Delta H_f = -1340$ kJ/mol Schicht-Strukt., KZ 6	**VCl_4**, *rotbraun* Smp./Sdp. $-28/\approx 150°$ $\Delta H_f = -570$ kJ/mol T_d-Symmetrie, KZ 4	**VBr_4**, *purpurrot* Zers. -23 °C ΔH_f(g) $= -454$ kJ/mol T_d-Symmetrie, KZ 4	–	**VO_2**, *blauschwarz*[b)] Smp. 1967 °C $\Delta H_f = -714$ kJ/mol Rutil-Strukt., KZ 6
V(III)	**VF_3**, *gelbgrün* Smp. ca. 1400 °C Raum-Strukt., KZ 6	**VCl_3**, *rotviolett* Dispr. II/IV 400 °C $\Delta H_f = -581$ kJ/mol BiI_3-Strukt., KZ 6	**VBr_3**, *schwarz* Dispr. II/IV $\Delta H_f = -447$ kJ/mol BiI_3-Strukt., KZ 6	**VI_3**, *braunschwarz* Zers. 300 °C $\Delta H_f = -280$ kJ/mol BiI_3-Strukt., KZ 6	**V_2O_3**, *schwarz* Smp. 1970 °C $\Delta H_f = -1229$ kJ/mol Korund-Strukt., KZ 6
V(II)	**VF_2**, *blau* Rutil-Strukt., KZ 6	**VCl_2**, *blaßgrün* Smp. 1350 °C $\Delta H_f = -460$ kJ CdI_2-Strukt., KZ 6	**VBr_2**, *orangebraun* Sblp. 800 °C $\Delta H_f = -347$ kJ CdI_2-Strukt., KZ 6	**VI_2**, *rotviolett* Smp. ≈ 800 °C $\Delta H_f = -252$ kJ CdI_2-Strukt., KZ 6	**VO**, *grauschwarz* Smp. 950 °C $\Delta H_f = -431$ kJ NaCl-Strukt., KZ 6

a) Halogenidoxide. *Gelbes* **$V^{V}OF_3$** (Smp. 300 °C, Sdp. 480 °C; Schicht-Struktur), *braunes* **$V^{V}O_2F$** (Smp. 350 °C), *gelbes* **$V^{IV}OF_2$**; *gelbes* **$V^{V}OCl_3$** (Smp. -79.5, Sdp. 127 °C, ΔH_f -741 kJ/mol, tetraedrischer Bau), *orangefarbenes* **$V^{V}O_2Cl$** (Zers. 180 °C, pyramidaler Bau, ΔH_f -777 kJ/mol), *grünes* **$V^{IV}OCl_2$** (Ketten-Struktur, ΔH_f -691 kJ/mol), *gelbbraunes* **$V^{III}OCl$** (Sdp. 127 °C, Schicht-Struktur, ΔH_f -600 kJ/mol), *tiefrotes* **$V^{V}OBr_3$** (Smp. -59, Sdp. 170 °C, tetraedrischer Bau), *gelbbraunes* **$V^{IV}OBr_2$** (Zers. 180 °C, Ketten-Struktur), *violettes* **$V^{III}OBr$** (Zers. 480 °C, Schicht-Struktur). – **b)** Man kennt auch von V_2O_5 und VO_2 abgeleitete, sauerstoffärmere Phasen **V_nO_{2n+1}** (*n* z. B. 3, 4, 6) und **V_nO_{2n-1}** (Magnéli-Phasen; $n = 4$–9).

---

[5] **Literatur.** Anorganische Verb.: M. T. Pope, B. W. Dale: „*Isopoly-vanadates, -niobates, and -tantalates*", Quart. Rev. **22** (1968) 527–548; J. O. Hill, I. G. Worsley, L. G. Hepler: „*Thermochemistry and Oxidation Potentials of Vanadium, Niobium, and Tantalum*", Chem. Rev. **71** (1971) 127–137; K. F. Jahr, J. Fuchs: „*Neue Wege und Ergebnisse der Polysäureforschung*", Angew. Chem. **78** (1966) 725–735; Int. Ed. **5** (1966) 689; D. L. Kepert: „*Isopolyanions and Heteropolyanions*", Comprehensive Inorg. Chem. **4** (1973) 607–672; P. Hagenmuller: „*Tungsten Bronzes, Vanadium Bronzes and Related Compounds*", Comprehensive Inorg. Chem. **4** (1973) 541–605; A. Müller: „*Chemie der Polyoxometallate: Aktuelle Variationen über ein altes Thema mit interdisziplinären Zügen*", Angew. Chem. **103** (1991) 56–70; Int. Ed. **30** (1991) 34; R. Colton, J. H. Canterford: „*Vanadium*" in „Halides of the First Row Transition Metals", Wiley 1969, S. 107–160. – Organische Verb. HOUBEN-WEYL: „*Organische Vanadiumverbindungen*" **13/7** (1975).

Chalkogenverbindungen (vgl. S. 1620). Das – in Sauerstoffatmosphäre – beständigste der *Oxide* des Vanadiums (vgl. Tab. 120) ist das **Divanadiumpentaoxid V_2O_5**, das aber gleichwohl oxidierende Wirkung besitzt und beispielsweise mit konzentrierter Salzsäure Chlor entwickelt (Unterschied zu Diphosphorpentaoxid). Sonstige Vanadium(V)-chalkogenide sind unbekannt. Darstellung. V_2O_5 entsteht beim Verbrennen des feinverteilten Metalls in überschüssigem Sauerstoff und beim Glühen vieler Vanadiumverbindungen an der Luft (z.B. $2NH_4VO_3 \rightarrow V_2O_5 + 2NH_3 + H_2O$). In ersterem Falle ist V_2O_5 häufig durch „niedrigere" Oxide V_nO_{2n+1} verunreinigt, in letzterem Falle bildet sich „stöchiometrisches" V_2O_5.

Eigenschaften (Tab. 120). Das, wie besprochen, gewonnene V_2O_5 stellt ein *orangefarbenes* (charge-transfer-Übergang), in Wasser unter *saurer Reaktion* nur wenig lösliches, bei 677 °C unzersetzt schmelzendes und in Basen nicht lösliches Pulver dar, welches aus der Schmelze in *orangefarbenen, rhombischen Nadeln* auskristallisiert und leicht *kolloide Lösungen* mit stäbchenförmigen Ultramikronen (vgl. S. 927) bildet.

Beim Erhitzen gibt V_2O_5 in reversibler Reaktion leicht Sauerstoff unter Bildung *schwarzer* Oxide $\mathbf{V_nO_{2n+1}}$ (z. B. isoliert mit $n = 3, 4, 6$) ab. Als Folge hiervon wirkt das V_nO_{2n+1}-System (wichtig: V_6O_{13}) als *heterogener Katalysator* bei *Oxidationen* mit Luft oder Wasserstoffperoxid (z. B. Überführung von SO_2 in SO_3, Dehydrierung organischer Stoffe) sowie bei *Reduktionen* mit Wasserstoff (z. B. Hydrierung von Olefinen, Aromaten)[5a].

V_2O_5 besitzt sowohl *saure* wie *basische* Eigenschaften, wobei der *saure* Charakter überwiegt (wässerige V_2O_5-Suspensionen reagieren sauer). Demgemäß vereinigt sich das Pentaoxid in stark alkalischer Lösung analog P_2O_5 zu farblosen **Vanadaten(V)** M_3VO_4 wie $Na_3VO_4 \cdot 10H_2O$, die mit den entsprechenden Phosphaten(V), Arsenaten(V) und Manganaten(V) isomorph sind und das tetraedrisch gebaute Vanadat-Ion VO_4^{3-} enthalten. Bei Zusatz von Säure zu den Vanadatlösungen erfolgt auf dem Wege über die – nur in stark *verdünnten Lösungen* existenzfähigen – protonierten Formen des Vanadats HVO_4^{2-}, $H_2VO_4^-$ und H_3VO_4 („*Orthovanadium(V)-säure*") *Kondensation* unter Wasserabspaltung, wobei Salze von „*Oligo*"- und „*Polyvanadiumsäuren*" entstehen. Durch besondere Stabilität zeichnen sich dabei im pH-Bereich 13 bis 8 die *farblosen* „Monovanadate" HVO_4^{2-}, „Divanadate" $V_2O_7^{4-}$, „Meta-" und „Polyvanadate" $(VO_3^-)_n$ mit $n = 3, 4, x$ aus, während im pH-Bereich 6 bis 2 die *orangefarbenen* „Decavanadate" $V_{10}O_{28}^{6-}$, $HV_{10}O_{28}^{5-}$ und $H_2V_{10}O_{28}^{4-}$ sowie schließlich die hydratisierten **Dioxovanadium(V)-Salze** existent sind; schematisch[6]:

$$\begin{array}{ccccccccc} \mathbf{VO_4^{3-}} & \overset{\pm H^+}{\rightleftharpoons} & \mathbf{HVO_4^{2-}} & \overset{\pm H^+}{\rightleftharpoons} & \mathbf{H_2VO_4^-} & \overset{\pm H^+}{\rightleftharpoons} & \mathbf{H_3VO_4} & \overset{\pm H^+}{\rightleftharpoons} & \mathbf{VO_2^+ + 2H_2O} \\ & & \times 2 \updownarrow \mp H_2O & & \times n \updownarrow \mp nH_2O & & \times 10 \updownarrow \pm 7H^+;\ \pm 12H_2O & & \\ & & \mathbf{V_2O_7^{2-}} & & \mathbf{V_nO_{3n}^{n-}} & & \mathbf{HV_{10}O_{28}^{5-} + 12H_3O^+}. & & \end{array}$$

Letztere Salze enthalten das *blaßgelbe*, gewinkelte *Vanadyl(V)-Ion* VO_2^+, das in Form des Tetrahydrats $[VO_2(H_2O)_4]^+$ vorliegt (doppelt gebundener Sauerstoff). Beim längeren Erhitzen der Decavanadat-Lösungen fallen unlösliche Vanadate wie $Na_6V_{10}O_{28} \cdot 18H_2O$, KV_3O_8, $K_3V_5O_{14}$ oder KVO_3 aus, bei pH = 2 bildet sich ein (in Säuren und Basen löslicher) Niederschlag von hydratisiertem V_2O_5. Ein Beispiel für ein Vanadyl(V)-Salz ist $VO_2[NO_3]$, Beispiele für **Vanadyl(V)-Komplexe** sind $[VO_2(H_2O)_4]^+$ und $[VO_2(ox)_2]^{3-}$. Salze von V^{5+} mit Oxosäuren existieren nicht.

[5a] V_2O_5 läßt sich bei erhöhter Temperatur durch Alkali- und Erdalkalimetalle bzw. durch ein VO_4^{3-}/VO_2-Gemisch zu farbigen, metallisch leitenden „*Vanadiumbronzen*" M_xVO_y (Oxidationsstufe von Vanadium im Bereich + 5 bis + 4) reduzieren.

[6] Die Fähigkeit zur Bildung höherkondensierter Säuren ist nicht auf das Vanadium beschränkt, sondern findet sich auch bei verschiedenen anderen Metallen, z. B. Niobium, Tantal, Arsen, Molybdän, Wolfram. Man faßt diese höherkondensierten Säuren unter der Bezeichnung „*Isopolysäuren*", ihre deprotonierten Formen als „*Isopolysäureanione*" zusammen (vgl. S. 1464f).

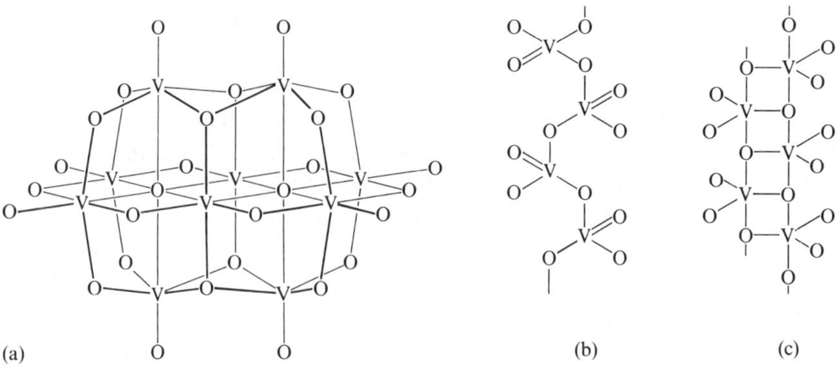

Fig. 294 Strukturen des Decavanadats $V_{10}O_{28}^{6-}$ (a) und Metavanadats $[VO_3^-]_x$ in KVO_3 (b) und $KVO_3 \cdot H_2O$ (c) (bezüglich $V_{10}O_{28}^{6-}$ vgl. auch Fig. 298d, S. 1466).

Strukturen. In $\mathbf{V_2O_5}$ sind quadratisch-pyramidale VO_5-Gruppen (VO-Abstände 1.54 Å (axiales O), 1.77–2.02 Å (O-Atome der Basis)) kanten- und eckenverknüpft zu Schichten vereinigt, die über lange Bindungen V ··· O-axial (2.81 Å) miteinander schwach verbunden sind. Jedes V-Atom ist damit verzerrt oktaedrisch von sechs O-Atomen umgeben. Die Phasen $\mathbf{V_nO_{2n+1}}$ leiten sich von V_2O_5 durch Scherung ab (vgl. S. 1464, 1620).

Die *Mono-*, *Di-* und *Metavanadate* $\mathbf{VO_4^{3-}}$, $\mathbf{V_2O_7^{4-}}$ und $\mathbf{V_4O_{12}^{4-}}$ sind wie die entsprechenden Phosphate PO_4^{3-}, $P_2O_7^{4-}$ und $P_4O_{12}^{4-}$ (S. 773, 780, 782) gebaut (*tetraedrische* Umgebung von Vanadium mit Sauerstoff). Auch im *Polyvanadat* KVO_3 liegen VO_4-Tetraeder vor, die über Ecken zu unendlichen Ketten verknüpft sind (Fig. 294b). Das *Decavanadat*-Ion $\mathbf{V_{10}O_{28}^{6-}}$ (z.B. in $Ca_3V_{10}O_{28} \cdot 18H_2O$) setzt sich aus zehn miteinander kondensierten VO_6-*Oktaedern* (kantenverknüpft; vgl. Fig. 294a), das Polyvanadat $KVO_3 \cdot H_2O$ aus miteinander kondensierten, *trigonal-bipyramidal* gebauten VO_5-Baugruppen (kantenverknüpft; vgl. Fig. 294c) zusammen (man kennt auch ein Ion $V_{12}O_{32}^{4-}$). Die Vanadate $K_3V_5O_{14}$ und KV_3O_8 enthalten schichtförmige Anionen (verzerrt oktaedrische Umgebung des Vanadiums mit Sauerstoff, vgl. V_2O_5). Das *Dioxovanadium(V)-Ion* $\mathbf{VO_2^+}$, das in Wasser als Tetrahydrat $[VO_2(H_2O)_4]^+$ vorliegt, ist gewinkelt und enthält V=O-Doppelbindungen.

Peroxoverbindungen (S. 1623). Bei der Zugabe von H_2O_2 zu sauren Vanadium(V)-Lösungen bilden sich Peroxoverbindungen, in welchen Wassermoleküle oder Oxogruppen durch „side-on" gebundene Peroxogruppen ersetzt sind, z.B. *gelbes* $\mathbf{[VO_2(O_2)_2]^{3-}}$ in neutraler bis alkalischer Lösung und *rotbraunes* $\mathbf{[V(O_2)_4]^{3-}}$ in stark saurer Lösung. Aus derartigen Lösungen konnten u.a. Salze mit den Anionen $[VO_2(O_2)_2]^{3-}$ (oktaedrische Anordnung der O-Atome), $[VO(O_2)_2(NH_3)]^-$ (pentagonal-pyramidal), $[VO(O_2)_2(ox)]^{3-}$ (pentagonal-bipyramidal), $[V(O_2)_4]^{3-}$ (dodekaedrisch) isoliert werden.

Sonstige Chalkogenverbindungen. Ähnlich wie mit den schwereren Halogenen (vgl. Tab. 120) bildet fünfwertiges Vanadium auch mit den schwereren Chalkogenen keine binären Verbindungen. Man kennt jedoch vom *gelben* Vanadat(V) VO_4^{3-} abgeleitete *rotviolette* **Thiovanadate(V)** $\mathbf{VS_4^{3-}}$ und *violette* **Selenovanadate(V)** $\mathbf{VSe_4^{3-}}$, die durch Festkörperreaktion *aus den Elementen* oder durch Reaktion einer wässerigen Vanadatlösung mit H_2S bzw. H_2Se gewinnbar sind (in letzterem Falle entstehen zunächst der Reihe nach die isolierbaren Anionen $VO_{4-n}Y_n^{3-}$ mit $n = 1-3$ und Y = S, Se, z.B. *orangegelbes* $VO_2S_2^{3-}$, *rotes* VOS_3^{3-}, *rotes* $VO_2Se_2^{3-}$, *rotviolettes* $VOSe_3^{3-}$).

1.3 Vanadium(IV)-Verbindungen (d^1)[1,5)]

Halogenverbindungen. Darstellung. Als höchste binäre Halogenide des Vanadiums lassen sich **Vanadiumtetrachlorid** und **-bromid** $\mathbf{VCl_4}$ und $\mathbf{VBr_4}$ *aus den Elementen* bei 300 °C oder durch Disproportionierung von VCl_3 bzw. VBr_3 oberhalb 300 °C gewinnen (wegen der Zersetzlichkeit des Bromids in fester Phase wird es durch Kondensation des VBr_4-Gases an auf −78 °C gekühlten Flächen isoliert). Durch Fluoridierung von VCl_4 mit HF in Trichlorfluormethan erhält man das **Vanadiumtetrafluorid** $\mathbf{VF_4}$. Ein *Tetraiodid* VI_4 ist unbekannt.

Außer Tetrahalogeniden existieren auch Dihalogenidoxide $\mathbf{VOF_2}$ (gewinnbar aus $VOBr_2$ + HF), $\mathbf{VOCl_2}$ (gewinnbar nach $V_2O_5 + 3VCl_3 + VOCl_3 \rightarrow 6VOCl_2$), $\mathbf{VOBr_2}$ (gewinnbar durch Thermolyse von $VOBr_3$).

Eigenschaften, Strukturen (vgl. Tab. 120). Während dem *grünen*, wenig flüchtigen und in unpolaren Lösungsmitteln unlöslichen, hygroskopischen, festen VF_4 eine Schichtstruktur zukommt (über Fluorid verbrückte VF_6-Oktaeder), liegt *rotbraunes*, öliges, in Wasser mit blauer Farbe als $VOCl_2$ lösliches, flüssiges VCl_4 und *purpurrotes*, zersetzliches VBr_4 auch in kondensierter Phase in Form tetraedrisch gebauter Moleküle vor (die gefundenen magnetischen Momente entsprechen der d^1-Elektronenkonfiguration). Beim Erhitzen disproportioniert VF_5 in das Tri- und Pentafluorid, während VCl_4 ab Raumtemperatur und VBr_4 oberhalb $-23\,°C$ in festes Trihalogenid und Halogen übergehen (in der Gasphase sind beide Halogenide disproportionierungsstabil). Die Tetrahalogenide wirken als Lewis-Säuren und bilden mit Donoren D eine Vielzahl *paramagnetischer* (μ_{mag} 1.7–1.8 BM) Komplexe, z.B. $[VX_6]^{2-}$ (X = F, Cl; oktaedrisch), $[VCl_4 \cdot 2D]$ (D z.B. Pyridin, Acetonitril; oktaedrisch), $[VCl_4(diars)_2]$ (dodekaedrisch).

Cyanoverbindungen (vgl. S. 1656). In Anwesenheit großer Kationen wie Cs^+ oder NMe_4^+ bildet sich aus $VOSO_4$ und NaCN in wässeriger Lösung das **Pentacyanooxovanadat(IV)** $\mathbf{[VO(CN)_5]^{3-}}$ (oktaedrischer Bau). Komplexe mit dem *Hexacyanovanadat(IV)* $[V(CN)_6]^{2-}$ sind unbekannt.

Chalkogenverbindungen (vgl. S. 1620). Beim Erhitzen mit gelinden *Reduktionsmitteln* wie mit *Kohlenoxid*, *Schwefeldioxid* oder *Oxalsäure* geht Divanadiumpentaoxid in das *schwarzblaue* **Vanadiumdioxid** $\mathbf{VO_2}$ (Tab. 120) über. Es wirkt wie TiO_2 *amphoter* und reagiert mit starken *Säuren* unter Bildung von **Vanadyl(IV)-Salzen** $[VO(H_2O)_5]^+$, mit starken Basen unter Bildung von **Vanadaten(IV)** $[VO(OH)_3]^-$.

Strukturen. $\mathbf{VO_2}$ besitzt eine verzerrte Rutilstruktur, welche durch Paare aneinander gebundener V-Atome charakterisiert ist. Bei 70 °C wandelt sich das Dioxid unter Aufbrechen der VV-Bindungen und starker Erhöhung des Paramagnetismus sowie der elektrischen Leitfähigkeit in eine Modifikation um, der ein unverzerrtes Rutilgitter zugrunde liegt. Analog TiO_2 läßt sich VO_2 bei erhöhten Temperaturen mit H_2, C oder CO zu Oxiden $\mathbf{V_nO_{2n-1}}$ (n = 9 bis 4: *Magnéli-Phasen*; n = 3: V_3O_5) reduzieren, denen Scherstrukturen wie den entsprechenden Phasen Ti_nO_{2n-1} zukommen (s. dort und S. 1620; Ti(IV) und Ti(III) durch V(IV) und V(III) ersetzt).

Das *blaue* **Oxovanadium(IV)-Ion** $\mathbf{VO^{2+}}$, das hydratisiert in Form von $\mathbf{[VO(H_2O)_5]}^{2+}$ in wässeriger Lösung und in Salzen wie $VO(SO_4) \cdot 5H_2O$, ferner nicht hydratisiert in Salzen **VOX** (X z.B. SO_4, MoO_4, Se_2O_5)[7] vorliegt, enthält zum Unterschied von TiO^{2+}, das nur in hydratisierter Form $Ti(OH)_2^{2+} \cdot aq$ oder in polymerer Form —Ti—O—Ti—O— auftritt (S. 1406), eine VO-Doppelbindung (VO-Abstand 1.57–1.68 Å). Dabei bildet $[VO(H_2O)_5]^{2+}$ eine quadratische $VO(H_2O)_4$-Pyramide mit dem O-Atom an der Pyramidenspitze; ein weiter entferntes H_2O-Molekül ergänzt die Pyramide zu einem verzerrten Oktaeder[8]. Bei Zusatz einer Base zu den Vanadyl(IV)-Lösungen erfolgt zunehmende Deprotonierung von $[VO(H_2O)_5]^{2+}$, verbunden mit einem Übergang in das **Oxovanadat(IV)-Ion** $\mathbf{[VO(OH)_3]^-}$, das formal ein Deprotonierungsprodukt der nicht existenten „*Vanadium(IV)-säure*" (Vanadiumtetrahydroxid") $H_4VO_4 = V(OH)_4$ darstellt (in nachfolgender Gleichung wurden die H_2O-Moleküle der Übersichtlichkeit halber weggelassen):

$$\underset{\textbf{pH}\quad <3}{2VO^{2+}} \xrightleftharpoons{\pm 2OH^-} \underset{3-6}{2VO(OH)^+ \rightleftharpoons (VO)_2(OH)_2^{2+}} \xrightleftharpoons{\pm 3OH^-} \underset{6-10}{(VO)_2(OH)_5^-} \xrightleftharpoons{\pm OH^-} \underset{>10}{2VO(OH)_3^-}$$

Aus den wässerigen Lösungen fällt im pH-Bereich 4–8 das Oxid VO_2 aus, während sich aus alkalischen Lösungen mit pH > 8 u.a. das **Isopolyvanadat(IV)-Ion** $\mathbf{V_{18}O_{42}^{12-}}$ z.B. in Form von $Na_{12}V_{18}O_{42} \cdot 24H_2O$ isolieren läßt[6].

Das Ion $V_{18}O_{42}^{12-}$ besteht aus 18 quadratisch-pyramidalen OVO_4-Baueinheiten, die im Sinne der Fig. 294a über gemeinsame Basissauerstoffatome unter Kantenverknüpfung (vgl. Fig. 294c) miteinander zu einer *kugelförmigen Clusterschale* kondensiert sind (kürzere O=V-, längere V—O—V-Abstände; die

---

7 In VOX bilden die VO^+-Ionen lineare ···V=O···V=O···Ketten (VO-Abstände 1.6 und 2.5 Å); jedes Vanadium ist zusätzlich mit 4 O-Atomen von X so umgeben, daß V eine quadratisch-pyramidale bzw. – bei Einbeziehung des entfernteren O-Atoms in der VO-Kette – eine verzerrt-oktaedrische Ligandenanordnung erhält.

8 Die Halbwertszeit für den O-Austausch in Wasser beträgt im Falle von $VO(H_2O)_5^{2+}$ für das O-Atom/die $4H_2O$-Moleküle/das zusätzliche H_2O-Molekül $2.4 \times 10^4/1.4 \times 10^{-3}/10^{-11}$ Sekunden.

Metallzentren sind antiferromagnetisch gekoppelt). Der große Hohlraum innerhalb des Ions (Abstand vom Clusterzentrum zu den O-Zentren bzw. V-Zentren der Peripherie: 3.675 bzw. 3.750 Å) ermöglicht den Einschluß von Anionen X^- wie Cl^-, Br^-, I^- oder EO_4^{n-} wie VO_4^{3-}, SO_4^{2-} im Zuge der Bildung der $V_{18}O_{42}^{12-}$-Kugelschale. So konnten wasserlösliche Salze mit den Anionen $[H_4V_{18}O_{42}(Br)]^{9-}$, $[H_4V_{18}O_{42}(I)]^{9-}$, $[H_9V_{18}O_{42}(VO_4)]^{6-}$ isoliert werden (vgl. hierzu Einschlußverbindungen von Teilchen in wasserunlöslichen oxidierten Festkörpern (z. B. Zeolithe, S. 939) oder von Kationen in Makrocyclen (S. 1184). Die Knüpfung der Ionen an $V_{18}O_{42}^{12-}$ erfolgt über lange schwache Bindungen zu den V(IV)-Ionen hin, deren quadratisch-pyramidale Koordination hierdurch zu einer verzerrt-oktaedrischen ergänzt wird (vgl. Struktur von $VO(H_2O)_5^{2+}$, oben).

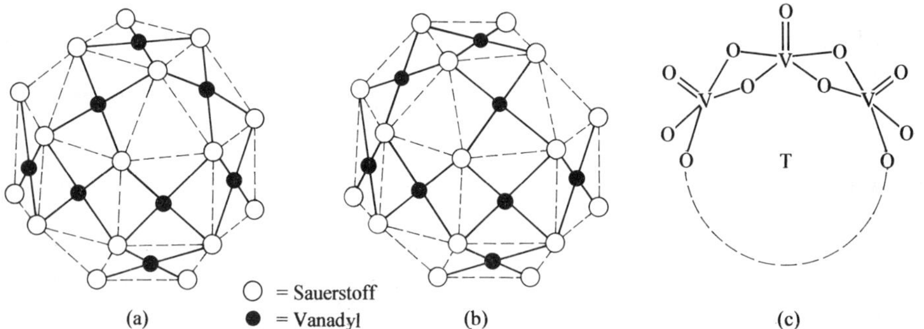

Fig. 295 $V_{18}O_{42}^{12-}$-Clusterschalen mit der T_d-Symmetrie des Antirhombenkuboktaeders (a) bzw. der D_{4d}-Symmetrie des Rhombenkuboktaeders (b) sowie Bildung von Clusterschalen aus quadratisch-pyramidalen OVO_4-Einheiten um ein Templat T.

Als Folge der schwachen aber endlichen Wirt-Gast-Beziehungen wirken die in $V_{18}O_{42}^{12-}$ eingeschlossenen Anionen als *Templat* (s. dort) für die Organisation der Hohlkugel. Sie führen etwa im Falle der kugelsymmetrischen Halogenid-Ionen zur Bildung einer $V_{18}O_{42}$-Clusterschale mit $D_{4d} = S_{8v}$-Symmetrie (O-Atome an den Ecken eines Antirhombenkuboktaeders; vgl. Fig. 295a), im Falle der tetraedrisch strukturierten VO_4^{3-}- und SO_4^{2-}-Ionen zur Bildung einer $V_{18}O_{42}$-Clusterschale mit T_d-Symmetrie (O-Atome an den Ecken eines Rhombenkuboktaeders; vgl. Fig. 295b)[9]. Andere Anionen (oder auch Kationen bzw. Moleküle) induzieren – insbesondere in Anwesenheit von Vanadium(V), das Vanadium(IV) teilweise ersetzen kann – zudem Polyvanadatschalen von anderer Größe und Form[10].

Der Grund dafür, daß Vanadat(IV) zu „*hohlen Clusterschalen*" kondensiert, die sogar Anionen einschließen können, beruht auf der singulären Bevorzugung des Vanadiums(IV) zur Ausbildung *tetragonal-pyramidal* strukturierter OVO_4-Gruppen in den Isopolyvanadaten(IV) (vgl. Fig. 295c) und der Tendenz von OVO_4 zur Wechselwirkung mit einem weiteren Donor. Da andererseits Vanadat(V), Molybdat(VI), Wolframat(VI) usw. in Polykondensaten eine *oktaedrische* MO_6-Koordination anstreben, bilden die Isopolyvanadate(V), -molybdate(VI), -wolframate(VI) usw. „*gefüllte Clusterschalen*" (vgl. hierzu S. 1424, 1465). Die beobachtete Strukturvielfalt der gemischten Polyvanadate(IV,V), geht andererseits darauf zurück, daß in ihnen (i) die V(IV)- und V(V)-Zentren in nahezu beliebigem Verhältnis vorliegen können und (ii) die V-Atome hierbei vielfältige Koordinationsgeometrien einnehmen (V(V): tetraedrisch, trigonal-bipyramidal, quadratisch-pyramidal, oktaedrisch; V(IV): quadratisch-pyramidal, oktaedrisch)[11].

---

9 Das Rhombenkuboktaeder sowie – als Grenzfall – das Antirhombenkuboktaeder gehören wie das Kub- sowie Antikuboktaeder (S. 1217), die Prismen sowie Antiprismen usw. zu den dreizehn (vierzehn) „*Archimedischen Körpern*", die sich von den fünf „*Platonischen Körpern*" (S. 161; äquivalente Flächen, Kanten, Ecken) dadurch unterscheiden, daß sie nur äquivalente Polyederecken aufweisen (allgemein gilt für Polyeder: Flächenzahl = Kantenzahl − Eckenzahl + 2). Beide Polyedergruppen gehören – mit Ausnahme des Antirhombenkuboktaeders („14. Archimedischer Körper", entdeckt 1930) zu den „*uniform konvexen Körpern*", worunter man Polyeder mit symmetrieäquivalenten Ecken versteht (man kennt darüber hinaus 92 „*nicht-uniform konvexe Körper*" mit mindestens zwei Arten von unterschiedlichen Ecken; im Antirhombenkuboktaeder sind die Ecken zwar nicht symmetrieäquivalent, aber insofern äquivalent, als an jeder Ecke 3 Quadrate und 1 Dreieck zusammenstoßen).

10 Beispiele sind Salze mit Anionen wie: $[V_{15}O_{36}(Cl)]^{6-}$ bzw. $[V_{15}O_{36}(CO_3)]^{7-}$ (D_{3h}-Symmetrie, acht V(IV)- und sieben V(V)-Zentren), $[V_{12}O_{32}(CH_3CN)]^{4-}$, $[H_2V_{18}O_{44}(N_3)]^{5-}$, $[HV_{22}O_{54}(ClO_4)]^{6-}$, $[V_{30}O_{74}(V_4^{IV}O_8)]^{10-}$. Gewinnbar durch Erhitzen von V_2O_5 in Wasser mit N_2H_4 und dem einzuschließenden Partner.

11 Z. B. besteht das – als Ellipsoid geformte – Clusterschalenanion des aus Amoniumvanadat in Wasser bei 70 °C nach Versetzen mit Hydraziniumsulfat langsam auskristallisierende *schwarze* $\mathbf{(NH_4)_8[V_{19}O_{41}(OH)_9] \cdot 11H_2O}$ aus zwölf $V^{IV}O_6$-Oktaedern, sechs V^VO_4-Tetraedern sowie einer zentralen V^VO_4-Einheit (D_3-Symmetrie ohne das Clusterzentrum).

Komplexe. Das *Vanadyl(IV)-Kation* VO^+ bildet als *harte* Lewis-Säure bevorzugt Komplexe mit Fluorid, Chlorid, O- oder N-haltigen Donoren, die *grün* bis *blaugrün* sind. Meist ist Vanadium in ihnen – wie oben und in Anm.[7)] bereits geschildert – verzerrt-oktaedrisch koordiniert (doppelt gebundenes O-Atom an der Spitze einer quadratischen Bipyramide). Man beobachtet jedoch gelegentlich auch trigonal-bipyramidale Koordination, z. B. $[VOCl_2(NMe_3)_2]$ (NMe_3-Liganden axial). Der Paramagnetismus der Komplexe entspricht einem ungepaarten d-Elektron. Bezüglich der Farbe der Komplexe vgl. Ligandenfeld-Theorie.

Sonstige Chalkogenverbindungen. Vanadium bildet keine dem Dioxid entsprechenden Sulfide, sondern nur die diamagnetische Verbindung $\mathbf{VS_4}$, in welcher Disulfidgruppen S_2^{2-} vorliegen (verzerrt kubische Koordination der V- mit S-Atomen, VV-Bindungen). Das Selenid $\mathbf{VSe_2}$ (CdI_2-Struktur) und das Tellurid $\mathbf{VTe_2}$ stellen elektrische Leiter dar.

1.4 Vanadium(III)- und Vanadium(II)-Verbindungen (d^2, d^3)[1,5,12)]

Wasserstoff- und verwandte Verbindungen. Vanadium *absorbiert* bei 300–400 °C bei Normaldruck Wasserstoff bis zur Grenzstöchiometrie eines **Vanadiumhydrids VH**, unter Wasserstoffdruck bis zur Grenzstöchiometrie $\mathbf{VH_2}$ (Wasserstoff in tetraedrischen Lücken einer kubisch-dichtesten V-Atompackung; vgl. S. 276). Bei sehr hohen Temperaturen wird H_2 wieder vollständig abgegeben. Bzgl. der *Addukte* $VH(PF_3)_5$ und $VH_2 \cdot 2BH_3$ vgl. u.a. Tab. 133, S. 1607.

Auch die aus den Elementen gewinnbaren, stabilen, hochschmelzenden, metallisch leitenden **Hartstoffe** $\mathbf{VB_2}$ (Smp. 2450 °C), **VC** (Smp. 2684 °C), **VN** (Smp. 2180 °C) und $\mathbf{VSi_2}$ (Smp. 1680 °C) stellen *Einlagerungsverbindungen* dar (vgl. S. 1059, 852, 642, 889). Unter ihnen wird das spröde Carbid VC als Kornwachstumsinhibitor in (W,Co)C-Legierungen verwendet.

Halogenverbindungen. Gemäß Tab. 120 (S. 1422) sind von Vanadium *alle* **Trihalogenide** $\mathbf{VX_3}$ und **Dihalogenide** $\mathbf{VX_2}$ bekannt. Ihre Darstellung erfolgt im Falle von VCl_3, VBr_3 und VI_3 *aus den Elementen*, im Falle von VF_3 durch *Fluoridierung* von VCl_3 mit HF und im Falle der Dihalogenide durch *Reduktion* der Trihalogenide.

Eigenschaften (vgl. Tab. 120). Unter den Tri- und Dihalogeniden, die alle *farbig* sind (vgl. Tab. 120 und Ligandenfeld-Theorie, S. 1264) ist VF_3 wasserunlöslich und luftstabil, während alle übrigen Halogenide hygroskopisch und oxidationsempfindlich sind. Sie lösen sich in Wasser unter Bildung der oktaedrisch gebauten Ionen $[V(H_2O)_6]^{3+}$ und $[V(H_2O)_6]^{2+}$. Auch die isolierbaren Hydrate $VX_2 \cdot 6H_2O$ (X = Br, I) enthalten das $[V(H_2O)_6]^{2+}$-Ion, wogegen die Hydrate $VX_3 \cdot 6H_2O$ (X = Cl, Br) nicht die Struktur $[V(H_2O)_6]X_3$, sondern den Aufbau *trans*-$[VX_2(H_2O)_4]X \cdot 2H_2O$ haben, den man auch bei entsprechenden Hydraten von Fe(III) (S. 1518) und Cr(III) (S. 1449) findet. Die Dihalogenide VX_2 (X insbesondere Cl) in wässerigen und nichtwässerigen Lösungsmitteln stellen kräftige, vielfach genutzte Reduktionsmittel für organische und anorganische Substrate dar (z. B. $2RX \rightarrow R{-}R$, $ArN_3 \rightarrow ArNH_2$, $R_2SO \rightarrow R_2S$, $H_2O_2 \rightarrow OH + OH^-$; $H_2O \rightarrow H_2$). In Anwesenheit von $Mg(OH)_2$ vermag V^{2+} sogar molekularen Stickstoff zu Hydrazin und – darüber hinaus – zu Ammoniak zu reduzieren.

Strukturen (vgl. S. 1611). Sowohl VF_3 als auch VF_2 bilden *Raumstrukturen* mit oktaedrischen VF_6-Baueinheiten aus, und zwar kristallisiert das Trifluorid mit „VF_3"-, das Difluorid mit „Rutil-Struktur". Die „$\mathbf{VF_3}$**-Struktur**" leitet sich von der in (a) wiedergegebenen, durch Eckenverknüpfung von MX_6-Oktaedern nach den drei Raumrichtungen zustandekommenden, z. B. auch von NbF_3 und TaF_3 (X = F) eingenommenen „$\mathbf{ReO_3}$**-Struktur**" (X = O; MOM- bzw. MFM-Winkel = 180°) durch gegenseitige Verkippung der MX_6-Oktaeder ab: (a) → (b) (jeweils Erweiterung der angedeuteten Oktaederverknüpfung nach den drei Raumrichtungen; MFM-Winkel um 150°). Ähnlich wie „*Metalltrifluoride*" MF_3 *unverzerrte kubische* und *ver-*

[12] Man kennt zudem **niedrigwertige Vanadiumverbindungen** mit Vanadium der Wertigkeiten −III, −II, −I, 0, +I (formal d^8- d^7-, d^6-, d^5-, d^4-Elektronenkonfiguration; vgl. S. 1629), z. B. $[\mathbf{V(bipy)_3}]^n$ (*n* = 1+, 0, 1−, 3−: gewinnbar durch Reduktion von $[\mathbf{V(bipy)_3}]^{2+}$ mit Alkalimetallen), $\mathbf{K_2V(CN)_2} \cdot 0.5NH_3$ (aus VBr_3, KCN und Kalium in fl. NH_3), $[\mathbf{V(CO)_6}]^n$ (*n* = 0, 1−), $[\mathbf{V^{-II}(NO)_2(CN)_4}]^{4-}$, $[\mathbf{V(N_2)_6}]_2$ (gewinnbar durch Cokondensation von V-Atomen und N_2-Molekülen bei tiefen Temperaturen), $[\mathbf{(diphos)(CO)_3V^I{\equiv}Y{\equiv}V^I(CO)_3(diphos)}]$ (VYV-Gruppe linear für Y = S, Se, gewinkelt für Y = Te (165.9 °C); kurze VY-Abstände von 2.172 (S), 2.298 (Se), 2.522 Å (Te); diphos = $Ph_2PCH_2CH_2PPh_2$; gewinnbar aus $[V(CO)_4(diphos)]^-$ und H_2S, SeO_3^{2-}, TeO_3^{2-}).

und *verzerrte Raumstrukturen* des Typus (a) und (b) bilden (der Endpunkt der Verzerrung liegt dann vor, wenn die F-Atome eine hexagonal-dichteste Packung wie in der „**RhF_3-Struktur**“ mit MFM-Winkeln von 132° einnehmen), existieren auch die mit *Schichtstruktur* kristallisierenden „*Metalltetrafluoride*“ MF_4 *unverzerrt* gemäß (a) („**SnF_4-Struktur**“; z. B. NbF_4) und *verzerrt* gemäß (b) („**VF_4-Struktur**“ z. B. VF_4, RuF_4; leicht gewellte Schichten; die Oktaederschichten ober- und unterhalb der Papierebene in (a) und (b) fehlen bei der MF_4-Struktur).

Die übrigen Tri- und Dihalogenide des Vanadiums weisen *Schichtstrukturen* auf, und zwar kristallisieren VCl_3, VBr_3 und VI_3 mit „BiI_3-Struktur“, VCl_2, VBr_2 und VI_2 mit „$CdCl_2$-Struktur“. Offensichtlich bestehen in letzteren Halogeniden Vanadium-Vanadium-Wechselwirkungen, da die magnetischen Verbindungsmomente kleiner sind, als bei Anwesenheit von zwei oder drei ungepaarten d-Elektronen zu erwarten wäre.

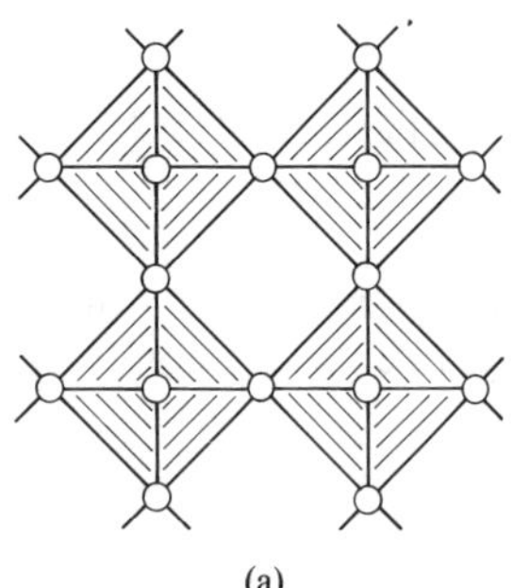

(a)

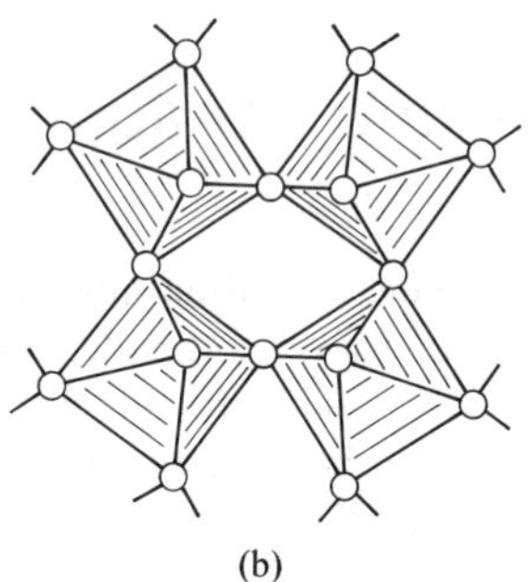

(b)

Veranschaulichung des Übergangs ReO_3-Struktur (z. B. NbF_3, TaF_3) → VF_3-Struktur (z. B. VF_3) (analoge Oktaederschichten liegen ober- und unterhalb der Papierebene; jeweils Eckenverknüpfung).

Komplexe des *dreiwertigen* Vanadiums (μ_{mag} 2.75–2.85 BM) weisen Zusammensetzungen wie VL_6^{3+}, $VX_2L_4^+$, VX_3L_3 oder VX_6^{3-} auf und sind *oktaedrisch* gebaut. Ihre Farben reichen von *blauviolett* (z. B. $V(H_2O)_6^{3+}$) über *grün* (z. B. $VCl_3(NCMe)_3$, VF_6^{3-}) sowie *orangefarben* (z. B. $VCl_3(THF)_3$) bis *violettrosa* (z. B. VCl_6^{3-}) und beruhen auf zwei Absorptionsbanden im sichtbaren Bereich, die auf d-d-Übergänge zurückgehen (eine dritte Bande liegt im Ultravioletten; Näheres S. 1264f). Neben oktaedrisch koordinierten V(III)-Komplexen existieren u. a. auch solche mit *tetraedrischem* Bau (z. B. VCl_4^-, VBr_4^-), mit *trigonal-bipyramidalem* Bau (z. B. $VCl_3(NMe_3)_2$, $VBr_3(NMe_3)_2$), mit *trigonal-planarem* Bau (z. B. $V[N(SiMe_3)_2]_3$ oder mit *pentagonal-bipyramidalem* Bau (z. B. $V(CN)_7^{4-}$, s. u.).

Analog den Komplexen des dreiwertigen Vanadiums sind auch die des *zweiwertigen* Vanadiums (μ_{mag} 3.8–3.9 BM) meist oktaedrisch strukturiert und z. B. vom Typus VL_6^{2+}, VX_2L_4. Die magnetischen und spektroskopischen Eigenschaften komplex-gebundenen Vanadiums(II) gleichen denen des isoelektronischen Chroms(III) (jeweils drei d-Elektronen; s. dort). Auch verlaufen Substitutionsreaktionen am V(II)-Zentrum ähnlich langsam wie am Cr(III)-Zentrum. Besonderes Interesse beansprucht der Komplex $V(form)_2$ mit form = Di-p-tolylformamidato Tol—N$\overset{\cdots}{-}$CH$\overset{\cdots}{-}$N—Tol$^-$, der nicht monomer, sondern im Sinne von $V(\mu\text{-form})_4V$ dimer gebaut ist, wobei die beiden Vanadium(II)-Atome durch eine *Dreifachbindung* V≡V sowie durch vier *brückenständige* form-Liganden miteinander verknüpft sind (VV-Abstand = 1.978 Å; zum Vergleich VV-Einfachbindung ca. 2.45 Å; vgl. hierzu S. 1617).

Cyanoverbindungen (vgl. S. 1656). Gibt man zu einer wässerigen Lösung von VCl_3 Kaliumcyanid, so bildet sich paramagnetisches **Heptacyanovanadat(III) $[V(CN)_7]^{4-}$** (zwei ungepaarte d-Elektronen; 16-Elektronensystem), in welchem Vanadium pentagonal-bipyramidal von sieben CN^--Gruppen umgeben ist. Der Komplex läßt sich durch Zink zum gelben, oktaedrisch gebauten **Hexacyanovanadat(II) $[V(CN)_6]^{4-}$** (drei ungepaarte d-Elektronen; 15-Elektronensystem) oder mit Kalium in fl. NH_3 zu polymerem **Dicyanovanadat(0) $[V(CN)_2]^{2-}$** reduzieren.

Chalkogenverbindungen (vgl. Tab. 120, S. 1422, sowie S. 1620). Beim Glühen im *Wasserstoffstrom* verwandelt sich das *Divanadiumpentaoxid* in das glänzend *schwarze*, hochschmelzende, basische, in Säuren unter Bildung von $[V(H_2O)_6]^{3+}$ lösliche **Divanadiumtrioxid V_2O_3** (Korund-Struktur, meist mit O-Defizit; vgl. S. 1620) und darüber hinaus in das *grauschwarze*, metallisch glänzende und leitende, basische, in Säuren unter Bildung von $[V(H_2O)_6]^{2+}$ lösliche, nichtstöchiometrische **Vanadiummonoxid VO** (verzerrte NaCl-Struktur; vgl. TiO).

Das *grüne*, sechsfach hydratisierte **Vanadium(III)-Ion $[V(H_2O)_6]^{3+}$**, das gemäß $2[V(H_2O)_6]^{3+} \rightleftarrows 2[V(OH)(H_2O)_5]^{2+} + 2H^+ \rightleftarrows [V_2(OH)_2(H_2O)_8] + 2H^+ + 2H_2O$ sauer wirkt, liegt außer in sauren wässerigen V(III)-Salzlösungen auch in den *Alaunen* $M^IV^{III}(SO_4)_2 \cdot 12H_2O$, das *violette* **Vanadium(II)-Ion $[V(H_2O)_6]^{2+}$** außer in wässerigen V(II)-Salzlösungen auch in den *Doppelsalzen* $M^I_2V^{II}(SO_4)_2 \cdot 6H_2O$

(„*Tuttonsche Salze*") vor. Versetzt man $[V(H_2O)_6]^{3+}$- bzw. $[V(H_2O)_6]^{2+}$-Lösungen mit Natronlauge, so fällt in ersterem Falle ab pH ca. 4 V_2O_3, in letztem Falle ab pH ca. 7 VO aus.

Vanadium bildet ferner **Sulfide**, **Selenide** und **Telluride** wie V_nY_{n+1} ($n = 2, 3, 7$), VY, V_5Y_4 (Y = S, Se, Te). Bezüglich eines V(III)-Komplexes mit zentraler $[V_3(\mu_3\text{-}S)(\mu\text{-}S_2)_3]^+$-Einheit vgl. S. 1472.

Organische Vanadiumverbindungen (vgl. S. 1628)[5]. Als Beispiele organischer Verbindungen mit zwei- und drei-, aber auch vier- und fünfwertigem Vanadium seien genannt: „*Alkylvanadium-Verbindungen*" wie $[V^VO(CH_2SiMe_3)_3]$ (tetraedrisch), $[V^{IV}(CH_2SiMe_3)_4]$ (tetraedrisch), $[V^{III}\{CH(SiMe_3)_2\}_3]$ (planar), ferner „*Cyclopentadienylvanadium-Verbindungen*" wie $Cp_2V^{IV}Cl_2$, $Cp_2V^{III}Cl$, Cp_2V^{II} (jeweils pentahaptogebundene Cp-Reste), „*Vanadiumcarbonyle*" wie $V(CO)_6$, $[V(CO)_6]^-$, $[V(CO)_6]^{3-}$ sowie „*Cyanovanadium-Verbindungen*" (s. o.).

2 Das Niobium und Tantal[13]

2.1 Elementares Niobium und Tantal

Vorkommen

In der Natur finden sich **Niobium** hauptsächlich als *Eisenniobat* $(Fe,Mn)(NbO_3)_2$ und **Tantal** als *Eisentantalat* $(Fe,Mn)(TaO_3)_2$ in dem gleichen Mineral, das nach dem jeweils überwiegenden Metall als „*Niobit*" („*Columbit*", „*Pyrochlor*") oder als „*Tantalit*" („*Tapiolith*", „*Mikrolith*", „*Thoreaulith*") bezeichnet wird.

Isotope (vgl. Anh. III). *Natürliches* Niobium besteht praktisch nur aus dem Nuklid $^{93}_{41}Nb$ (für *NMR*; enthält 10^{-11}% radioaktives $^{92}_{41}Nb$: β^--Strahler; $\tau_{1/2} = 2 \times 10^4$ Jahre), natürliches Tantal aus dem Nuklid $^{181}_{73}Ta$ (für *NMR*; enthält 0.012% radioaktives $^{180}_{73}Ta$: Elektroneneinfang, β^--Strahler; $\tau_{1/2}$ über 1×10^{12} Jahre). Das *künstliche* Nuklid $^{182}_{73}Ta$ (β^--Strahler; $\tau_{1/2} = 115.1$ Tage) dient für *Traceruntersuchungen*.

Geschichtliches. *Entdeckt* wurde Niobium 1801 durch den englischen Chemiker Charles Hatchett in einem in Columbien vorkommenden Mineral[14], Tantal 1802 durch den schwedischen Forscher Anders Gustaf Ekeberg in einem in Massachusetts aufgefundenen Mineral. Nachdem beide Elemente in der Folgezeit für identisch gehalten wurden, wies Heinrich Rose 1844 ihre unterschiedliche Natur nach. Der *Name* Tantal wurde von Ekeberg gewählt, weil Ta_2O_5 mit Säuren kein Salz bildet und daher unter der Säure „schmachten muß und seinen Durst nicht löschen kann wie Tantalus in der Unterwelt". Das Niobium (vielfach auch kurz: *Niob*), das in der Natur stets mit dem Tantal vergesellschaftet ist, wurde von Rose nach der Tantalustochter Niobe benannt. *Elementares Tantal* gewann erstmals J. J. Berzelius 1815 (Reduktion des Fluorids mit Kalium), *elementares Niobium* C. W. Bloomstrand 1864 (Reduktion des Chlorids durch Wasserstoff). *Reines* Niobium und Tantal erhielt W. von Bolton 1907 durch Reduktion der Fluorometallate mit Natrium.

Darstellung

Die freien Metalle erhält man **technisch** durch elektrochemische Reduktion (*Schmelzelektrolyse*) der komplexen Fluoride $K_2[NbOF_5]$ und $K_2[TaF_7]$ sowie durch chemische Reduktion dieser Fluoride mit *Natrium* bei 800 °C oder den aus ihnen zugänglichen Oxiden Nb_2O_5 und Ta_2O_5 mit *Kohlenstoff* bei 1700–2300 °C; schematisch:

$$MF_5 + 5Na \rightarrow M + 5NaF; \qquad M_2O_5 + 5C \rightarrow 2M + 5CO.$$

Die Gewinnung der benötigten Fluoride erfolgt aus den Nb- und Ta-haltigen *Erzen* am besten durch *Aufschluß* mit einem Gemisch von *konzentrierter Fluß-* und *Schwefelsäure* in der Siedehitze. Die Trennung von hierbei gebildeten komplexen Fluoriden $[NbOF_5]^{2-}$ und $[TaF_7]^{2-}$ gelingt durch „*fraktionierende*

---

[13] **Literatur.** D. Brown: „*The Chemistry of Niobium and Tantalum*", Comprehensive Inorg. Chem. **3** (1973) 553–622; L. G. Hubert-Pfalzgraf, M. Postel, J. G. Riess: „*Niobium and Tantalum*", Comprehensive Coord. Chem. **3** (1987) 585–697; ULLMANN (5. Aufl.): „*Niobium and Niobium Compounds*", **A17** (1991) 251–264; „*Tantalum and Tantalum Compounds*", **A26** (1994); GMELIN: „*Niobium*", Syst.-Nr. **49**, bisher 5 Bände; „*Tantalum*", Syst.-Nr. **50**, bisher 5 Bände; A. G. Quarrell: „*Niobium, Tantalum, Molybdenum, and Tungsten*", Elsevier, New York 1961. Vgl. auch Anm. 16.

[14] Im ausländischen Schrifttum wurde Niobium früher – nach einem Vorschlag von Ch. Hatchett – auch als *Columbium* (Cb) bezeichnet, nach dem in Columbien vorkommenden Columbit $(Fe,Mn)(NbO_3)_2$.

Kristallisation" der Dikalium-Salze, von denen das Nb-Salz in Wasser *leicht-*, das Ta-Salz in Wasser *schwerlöslich* ist (Verfahren von M.C. Marignac, 1866). Eine wesentliche Rolle spielt jedoch heute (ab 1955) nur noch die „*fraktionierende Extraktion*" beider komplexen Fluoride aus der verdünnten wässerigen HF-Phase mit Ketonen (z.B. Methylisobutylketon), wobei zunächst das Niobiumfluorid, anschließend – nach Absenken des pH-Werts – das Tantalfluorid in die organische Phase übergeht. Aus den wässerigen Phasen läßt sich durch Zusatz von KF sehr reines $K_2[NbOF_5]$ bzw. $K_2[TaF_7]$ oder durch Zusatz von Ammoniak Nb_2O_5- bzw. Ta_2O_5-Hydrat fällen und – wie oben besprochen – zu freiem **Niobium** bzw. **Tantal** reduzieren.

Auch durch „*fraktionierende Destillation*" der Pentachloride $NbCl_5$ und $TaCl_5$, die sich durch Chlorierung der Nb- und Ta-haltigen Erze mit Chlor in Anwesenheit von Koks bei hohen Temperaturen gewinnen lassen, können Nb und Ta getrennt werden. Die Reduktion der Chloride zu Metall kann dann mit Natrium bei 800 °C erfolgen.

In Form von Eisenlegierungen werden Niobium (**„Ferroniobium"**) und Tantal (**„Ferrotantal"**) durch Reduktion von Nb- und Ta-haltigen Erzen mit Aluminium gewonnen.

Physikalische Eigenschaften

Das *metallische, hellgrau glänzende*, bei 2468 °C schmelzende und bei 4758 °C siedende **Niobium** (*kubisch-raumzentriert*; $d = 8.581$ g/cm^3) gleicht an *Härte* dem *Schmiedeeisen*, läßt sich gut walzen[4)] und schweißen und ist in Säuren – selbst in Königswasser – unlöslich. Die gleiche chemische Widerstandsfähigkeit und *stahlähnliche Festigkeit* zeigt das **Tantal** (*kubisch-raumzentriert*; $d = 16.677$ g/cm^3; Smp. 3000 °C; Sdp. 5534 °C), das noch *dehnbarer* als das Niobium ist[4)] und einen weit höheren Schmelzpunkt als dieses besitzt. Wegen dieses *hohen Schmelzpunktes* wurde das Tantal eine Zeit lang als *Glühdraht* in den „*Tantallampen*" verwendet; heute dient für diese Zwecke das noch höher schmelzende Wolfram (Smp. 3410 °C).

Physiologisches. Das Niobium und Tantal sind *nicht essentiell* (der Mensch enthält ca. 0.8 mg Nb pro kg und kein Ta). Die Metalle verhalten sich gegen Körperflüssigkeiten völlig indifferent. Niobium-Verbindungen gelten als *toxisch* (physiologische Funktionen bisher wenig bekannt).

Chemische Eigenschaften

Wie Vanadium werden auch **Niobium** und **Tantal** von *Luft* bei Raumtemperatur wegen der Bildung einer dünnen, schützenden Oxidhaut nicht angegriffen, reagieren aber bei 300 °C mit *Sauerstoff* zu Pentaoxiden M_2O_5. Ebenso werden sie von anderen Nichtmetallen wie den *Halogenen* oder – bei sehr hohen Temperaturen – auch von *Stickstoff* oder *Kohlenstoff* oxidiert.

Verwendung von Niobium und Tantal. Das Niobium (Weltjahresproduktion: einige zig Kilotonnen) findet hauptsächlich als **Legierungsbestandteil** zur Herstellung von *temperaturbeständigen Werkstoffen* (FeNb-, FeNbTa-Stähle für Autos, Hochspannungsmasten, Rohrleitungen), *Supraleitern* (Nb_3Cu; Nb/Ti; Nb/Zr), *Kernbrennstabumhüllungen* (Zr/tantalfreies Nb), *Thermoelementen* (Nb/W für Temperaturen bis 2000 °C) Verwendung; ebenso ist Tantal (Weltjahresproduktion: einige Kilotonnen) ein temperaturbeständiger Werkstoff (Ta/Nb für den Triebwerksbau, Ta/W mit Hf-, Nb/Zr-, Nb-Zusätzen für den Raketenbau). Seine große *chemische Beständigkeit* (bei nicht zu hohen Temperaturen) macht das **elementare Tantal** als *Platinersatz* und *Werkstoff* zur Herstellung chemischer und anderer *Geräte* (Spatel, Schalen, Spinndüsen) sowie *zahnärztlicher* und *chirurgischer Instrumente* und *Materialien* (Knochennägel, Prothesen, Klammern, Kieferschrauben) geeignet. Erwähnungswert ist weiterhin die Verwendung von Tantal für *Auskleidungen* (z.B. Reaktionskessel), zur Herstellung von *Kondensatorplatten* sowie als *Fasermaterial.*

Niobium und Tantal in Verbindungen

Wie Vanadium treten auch Niobium und Tantal in ihren chemischen Verbindungen mit den **Oxidationsstufen** $+\mathbf{5}$, $+\mathbf{4}$, $+\mathbf{3}$, $+\mathbf{2}$, $+\mathbf{1}$, $\mathbf{0}$, $-\mathbf{1}$ und $-\mathbf{3}$ auf (z.B. MF_5, M_2O_5, MCl_4, MO_2, MBr_3, MO, $[CpM(CO)_4]$, $[M(bipy)_3]$, $[M(CO)_6]^-$, $[M(CO)_5]^{3-}$), wobei hier die fünfwertige Stufe die beständigste ist. Die Stabilität der mittleren Oxidationsstufe nimmt in der Reihenfolge V, Nb, Ta ab. Anders als im Falle von Vanadium existiert keine wässerige Kationenchemie des zwei- und dreiwertigen Niobiums und Tantals; dafür kennt man eine Reihe von Halogeniden und Metalloxidationsstufen im Bereich $+\mathbf{2}/+\mathbf{3}$ und $+\mathbf{1}/+\mathbf{2}$ (z.B. $MX_{1.83}$, $MX_{2.33}$, $MX_{2.67}$).

Wie den **Potentialdiagrammen** für pH = 0 entnommen werden kann, sind Niobium und Tantal *unedle Metalle*, wobei der unedle Charakter der Elemente der V. Nebengruppe geringer als der der benachbarten Elemente der IV. Nebengruppe ist, aber ähnlich wie der der Metalle der IV. und III. Nebengruppe in Richtung wachsender Ordnungszahlen zunimmt (S. 1395, 1421)[15]:

pH = 0

$$\mathbf{VO_2^+} \xrightarrow{+0.680} \mathbf{V^{3+}} \xrightarrow{-0.876} \mathbf{V} \qquad (\mathbf{VO_2^+} \rightarrow \mathbf{V}: -0.254)$$

$$\mathbf{Nb_2O_3} \xrightarrow{+0.038} \mathbf{Nb(III)} \xrightarrow{-1.099} \mathbf{Nb} \qquad (\mathbf{Nb_2O_3} \rightarrow \mathbf{Nb}: -0.644)$$

$$\mathbf{Ta_2O_3} \xrightarrow{?} \mathbf{Ta(III)} \xrightarrow{?} \mathbf{Ta} \qquad (\mathbf{Ta_2O_3} \rightarrow \mathbf{Ta}: -0.812)$$

Wegen ihrer Passivierung lösen sich Niobium und Tantal wie Vanadium nicht in *kalten Mineralsäuren* (Ausnahme Fluorwasserstoffsäure). *Heiße Mineralsäuren* wirken jedoch wie *Alkalischmelzen* auf die Metalle *oxidierend* ein.

Als **Koordinationszahlen** von Nb und Ta in M(V)-, M(IV)-, M(III)- und M(II)-Verbindungen findet man vielfach *sechs* (oktaedrisch in $[\mathbf{M}^{V}F_6]^-$, $[\mathbf{M}^{IV}Cl_6]^{2-}$, $[\mathbf{Nb}_2^{III}Cl_9]^{3-}$; trigonal-prismatisch in $[\mathbf{M}^{V}(S_2C_6H_4)_3]^-$, $Li\mathbf{Nb}^{III}O_2$). Selten beobachtet man auch die niedrigen Koordinationszahlen *fünf* (trigonal-bipyramidal in $\mathbf{M}^{V}F_5$ (g), quadratisch-pyramidal in $\mathbf{M}^{V}(NMe_2)_5$) und – bei Niobium – *vier* (tetraedrisch in $Sc\mathbf{Nb}^{V}O_4$, $\mathbf{Nb}^{IV}(NEt_2)_4$), häufiger die Koordinationszahlen *sieben* (pentagonal-bipyramidal in $K_3[\mathbf{Nb}^{V}OF_6]$, $[\mathbf{Ta}^{V}S(S_2CNEt_2)_3]$, $K_3[\mathbf{Nb}^{IV}F_7]$; überkappt-trigonal-prismatisch in $K_2[\mathbf{M}^{V}F_7]$; überkappt-oktaedrisch in $[\mathbf{Ta}^{I}H(CO)_2(dmpe)_2]$) und *acht* (dodekaedrisch in $[\mathbf{M}^{V}(O_2)_4]^{3-}$, $[\mathbf{Nb}^{IV}Cl_4(diars)_2]$, $[\mathbf{Nb}^{IV}(CN)_8]^{5-}$; antikubisch in $[\mathbf{M}^{V}\mathbf{F}_8]^{3-}$).

Bezüglich der *Elektronenkonfiguration*, der *Radien*, der *magnetischen* und *optischen* Eigenschaften von **Niobium-** und **Tantalionen** vgl. Ligandenfeld-Theorie (S. 1250) sowie Anh. IV, bezüglich eines **Eigenschaftsvergleichs** der Metalle der Vanadiumgruppe S. 1199f und Nachfolgendes.

Die Analogie der V. Neben- und Hauptgruppe beschränkt sich in der Hauptsache auf die maximale *Fünfwertigkeit* und den *sauren* Charakter der Pentaoxide. Während aber in der Stickstoffgruppe die Beständigkeit der fünfwertigen Stufen mit *steigender* Atommasse des Elements (im Mittel) vom Phosphor bis zum Bismut hin *abnimmt*, *steigt* sie bei der Vanadiumgruppe in gleicher Richtung, so daß die Vanadium(V)- zum Unterschied von den Tantal(V)-Verbindungen ziemlich leicht *reduzierbar* sind.

Das gegenüber den Titangruppenmetallen bei den Vanadiumgruppenmetallen neu hinzukommende d-Elektron verstärkt die Bindungen im Metall zusätzlich (vgl. S. 1413, 1460), so daß *Schmelz-* und *Siedepunkte* sowie *Atomisierungsenergien* bei letzteren Metallen höher als bei ersteren sind (Maximalwerte bei Vanadium innerhalb der 3. Nebenperiode); innerhalb beider Gruppen nehmen die betreffenden Kenndaten mit steigender Ordnungszahl des Elements zu (vgl. Tafel IV).

Wie eingangs bereits erwähnt, weicht das *leichteste* Glied der IV. Nebengruppe, das *Vanadium*, in seinen Eigenschaften (z. B. Sublimationsenthalpie, Atom- und Ionenradius, Elektronegativität, Normalpotential, Bindungsenthalpie von Verbindungen; vgl. Tafel IV) merklich von den *schwereren*, untereinander viel ähnlicheren Gliedern, dem *Niobium* und *Tantal*, ab.

2.2 Verbindungen des Niobiums und Tantals[13,16]

Wasserstoff- und verwandte Verbindungen

Hydride der Zusammensetzung $\mathbf{MH}_{>2}$ sind unbekannt, doch lassen sich einige Phosphan-Addukte der betreffenden Wasserstoffverbindungen herstellen. So kann etwa $TaCl_5$ mit H_2 in Gegenwart von $Me_2PCH_2CH_2PMe_2$ (= dmpe) in den Komplex $[TaH_5(dmpe)_2]$ umgewandelt werden, der seinerseits durch Reduktion mit $^tBu—O—O—^tBu$ in $[TaH_4(dmpe)_2]$ übergeht (vgl. Tab. 133, S. 1607).

---

[15] Hinsichtlich des Übergangs M/M(III) und M/M(V) werden die Potentiale in Richtung V, Nb, Ta negativer; dreiwertiges Tantal (ε_0 für Ta/Ta^{3+} negativ) würde Wasser zu H_2 reduzieren und wäre in Wasser – anders als Ti(III) und Nb(III) – zudem disproportionierungsinstabil.

[16] **Literatur.** Anorganische Verb. J. H. Canterford, R. Colton: „*Niobium and Tantal*" in „Halides of the Second and Third Row Transition Metals", Wiley 1968, S. 145–205; M. T. Pope, B. W. Dale: „*Isopoly-vanadates, -niobates, and tantalates*", Quart. Rev. **22** (1968) 527–548; J. O. Hill, I. G. Worsley, L. G. Hepler: „*Thermochemistry and Oxidation Potentials of Vanadium, Niobium, and Tantalum*", Chem. Rev. **71** (1971) 127–137; F. Fairbrother: „*The Chemistry of Niobium and Tantalum*", Elsevier, New York 1967; „*The Halides of Niobium and Tantalum*", in V. Gutman: „*Halogen Chemistry*" **3** (1967) 123–178 (Acad. Press, London); D. A. Miller, R. D. Boreman: „*The Chemistry of* d^1*-Complexes of Niobium, Tantalum, Zirconium, and Hafnium*", Coord. Chem. Rev. **9** (1972) 107–143; D. L. Kepert: „*Isopolyanions and Heteropolyanions*", Comprehensive Inorg. Chem. **4** (1973) 607–672; J. Köhler, G. Svensson, A. Simon: „*Reduzierte Oxoniobate mit Metallclustern*", Angew. Chem. **104** (1992) 1463–1483. Int. Ed. **3** (1992) 1437. – Organische Verb. J. A. Labinger: „*Niobium and Tantalum*", Comprehensive Organomet. Chem. **3** (1982) 705–782; HOUBEN-WEYL: „*Organische Niobium- und Tantalverbindungen*" **13/7** (1975).

Andererseits *absorbieren* Niobium und Tantal bei 300–400 °C unter Normaldruck Wasserstoff bis zur Grenzstöchiometrie **MH** und unter Druck bis zur Grenzstöchiometrie **MH_2** (nur für M = Nb verwirklichbar). Letztere binäre Hydride stellen Einlagerungsverbindungen dar (H in tetraedrischen Lücken einer tetragonal-flächenzentrierten ($MH_{<1}$) bzw. kubisch-flächenzentrierten M-Atompackung, vgl. S. 276, 1607). Bei hoher Temperatur wird Wasserstoff wieder vollständig abgegeben.

Auch die aus den Elementen gewinnbaren, stabilen, hochschmelzenden, metallisch leitenden **Hartstoffe** **NbB_2** (Smp. 3000 °C), **TaB_2** (Smp. 3150 °C), **NbC** (Smp. 3613 °C), **TaC** (Smp. 3985 °C), **NbN** (Smp. 2205 °C), **TaN** (Smp. 3095 °C), **$NbSi_2$** (Smp. 1950 °C) und **$TaSi_2$** (Smp. 2300 °C) gehören zur Klasse der *Einlagerungsverbindungen* (vgl. S. 1059, 852, 642, 889). NbC/TaC-Mischkristalle werden wegen ihrer Zunderbeständigkeit anstelle von TiC in Schneidstoffen verwendet, TaC nutzt man wie VC als Kornwachstumsinhibitor. NbN besitzt als Supraleiter eine vergleichsweise hohe Sprungtemperatur (16.8 K).

Halogenverbindungen

Pentahalogenide (Tab. 121). Niobium und Tantal bilden mit allen vier Halogenen „*Pentahalogenide*" **MX_5** (d^0), die u. a. *aus der Elementen* zugänglich sind. Sie stellen thermostabile, hydrolyseempfindliche, luftstabile im Vakuum sublimierbare Feststoffe dar, deren Schmelz- und Siedepunkte in Richtung MF_5, MCl_5, MBr_5, MI_5 ansteigen (vgl. Tab. 121; die Sublimation muß im Falle der Bromide und Iodide in Gegenwart von Halogenen erfolgen). In gleicher Richtung vertieft sich die *Verbindungsfarbe* und verkleinert sich die *Bildungsenthalpie* (die Halogenide NbX_5 sind jeweils farbiger und thermodynamisch weniger stabil als entsprechende Halogenide TaX_5; vgl. Tab. 121).

Strukturen (vgl. S. 1611). In den *Pentafluoriden* **MF_5** liegen $(MF_5)_4$-Einheiten des Typus (a) mit jeweils 4 zu einem Ring über F-Brücken verknüpften MF_5-Molekülen vor (oktaedrische Anordnung von je 6 F-Atomen um die an den Ecken eines Quadrats angeordneten Nb- bzw. Ta-Atome; nahezu lineare

Tab. 121 Halogenide, Oxide und Halogenidoxide[a)] von Niobium und Tantal (vgl. S. 1422, 1611, 1620)

	Fluoride	Chloride	Bromide	Iodide	Oxide
M(V)	**NbF_5**, *weiß* Smp./Sdp. 79/234 °C ΔH_f – 1810 kJ/mol Tetramer, KZ 6	**$NbCl_5$**, *gelb* Smp./Sdp. 203.4/247.4 °C ΔH_f – 796 kJ/mol Dimer, KZ 6	**$NbBr_5$**, *orangefarben* Smp./Sdp. 254/365 °C ΔH_f – 556 kJ/mol Dimer, KZ 6	**NbI_5**, *messingfarben* ΔH_f – 270 kJ/mol Dimer, KZ 6	**Nb_2O_5**, *weiß*[b)] ΔH_f – 1901 kJ/mol Raumstruktur, KZ 6
	TaF_5, *weiß* Smp./Sdp. 97/229 °C ΔH_f – 1902 kJ/mol Tetramer, KZ 6	**$TaCl_5$**, *weiß* Smp./Sdp. 215.9/232.9 °C ΔH_f – 857 kJ/mol Dimer, KZ 6	**$TaBr_5$**, *hellgelb* Smp./Sdp. 256/344 °C ΔH_f – 598 kJ/mol Dimer, KZ 6	**TaI_5**, *schwarz* Smp./Sdp. 496/543 °C ΔH_f – 293 kJ/mol Dimer, KZ 6	**Ta_2O_5**, *weiß* Smp. 1872 °C ΔH_f – 2047 kJ/mol Raumstrukt., KZ 6, 7
M(IV)	**NbF_4**, *schwarz* Dispr. < III/V 400 °C SnF_4-Strukt., KZ 6	**$NbCl_4$**, *violettschwarz* Dispr. III/V 800° ΔH_f – 695 kJ/mol Kette, KZ 6	**$NbBr_4$**, *dunkelbraun* Kette, KZ 6	**NbI_4**, *dunkelgrau* Smp. 503 °C ΔH_f – 260 kJ/mol Kette, KZ 6	**NbO_2**, *blauschwarz* ΔH_f – 797 kJ/mol Rutil-Strukt., KZ 6
	–	**$TaCl_4$**, *dunkelgrün* Dispr. III/V ΔH_f – 702 kJ/mol Kette, KZ 6	**$TaBr_4$**, *dunkelblau* Smp. 392 °C ΔH_f – 520 kJ/mol Kette, KZ 6	**TaI_4**, *dunkelgrau* Kette ? KZ 6	**TaO_2**, *dunkelgrau* Rutil-Strukt., KZ 6
M(III)	**NbF_3**, *schwarz* sauerstoffhaltig ReO_3-Strukt., KZ 6	**$NbCl_3$**, *schwarz* nichtstöchiometr.[c)] ΔH_f – 586 kJ/mol Nb_3Cl_8-Strukt., KZ 6	**$NbBr_3$**, *schwarz* nichtstöchiometr.[c)] Nb_3Cl_8-Strukt., KZ 6	**NbI_3**, *schwarz* Dispr. < III/IV 510 °C Nb_3Cl_8-Strukt., KZ 6	–
	TaF_3, *schwarz* sauerstoffhaltig ReO_3-Strukt., KZ 6	**$TaCl_3$**, *schwarz* nichtstöchiometr. ΔH_f – 540 kJ/mol Nb_3Cl_8-Strukt.? KZ 6	**$TaBr_3$**, *schwarz* nichtstöchiometr. Dispr. 220 °C Nb_3Cl_8-Strukt.? KZ 6	–	–
M(< III)	–	**Nb_3Cl_8**, *grün*[d)] ΔH_f – 538 kJ/mol Nb_3Cl_8-Strukt., KZ 6	**Nb_3Br_8**, *schwarz*[d)] Nb_3Cl_8-Strukt., KZ 6	**Nb_3I_8**, *schwarz*[d)] Nb_3Cl_8-Strukt., KZ 6	**NbO**, *grau* ΔH_f – 406 kJ/mol NaCl-Defektstr., KZ 6
	Nb_6F_{15}, *braun*[d)]	**$Nb_6Cl_{14(15)}$**, *dunkel*[d,e)] **Ta_6Cl_{15}**, *dunkel*[d,e)]	**$Nb_6Br_{14(15)}$**, *dunkel*[d)] **$Ta_6Br_{14(15)}$**, *dunkel*[d)]	**Nb_6I_{11}**, *dunkel*[d)] **$Ta_6I_{14(15)}$**, *dunkel*[d)]	**TaO**, *dunkel* NaCl-Defektstr., KZ 6

a) Halogenidoxide: **M^VOX_3** (mit Ausnahme von $TaOI_3$); **M^VO_2X** (mit Ausnahme von NbO_2Br); **$M^{IV}OX_2$** (mit Ausnahme von $TaOF_2$). – **b)** Sauerstoffärmere Phasen: **$Nb_{3n+1}O_{8n-2}$** (n = 5–8). – **c)** Phasenbreiten $NbCl_{2.67-3.13}$, $NbBr_{2.67-3.03}$. – **d)** $M_3X_8 \triangleq M_6X_{16} \triangleq$ **$MX_{2.67}$**; $M_6X_{15} \triangleq$ **$MX_{2.50}$**; $M_6X_{14} \triangleq$ **$MX_{2.33}$**; $M_6X_{11} \triangleq$ **$MX_{1.83}$**. Man kennt in Form von *Hydraten* auch $M_6X_{16} \triangleq$ **$MX_{2.67}$** (M = Nb, Ta; X = Cl, Br), so daß also $NbCl_{2.67}$ und $NbBr_{2.67}$ in unterschiedlichen Formen mit Nb_3- bzw. Nb_6-Cluster existiert. – **e)** ΔH_f für Nb_6CI_{14} sowie Ta_6Cl_{15} 475 kJ/mol.

M—F—M-Gruppierungen)[17]. Diese *tetrameren* Struktureinheiten bleiben in der (hochviskosen) Schmelze erhalten, während im Dampf *Monomere* (trigonal-bipyramidal) existieren. Die *Pentachloride*, *-bromide* und *-iodide* MX_5 (X = Cl, Br, I) sind zum Unterschied von den tetrameren Pentafluoriden in festem (und gelöstem) Zustand *dimer* (b), während sie im gasförmigen Zustande ebenfalls trigonal-bipyramidale *Monomere* MX_5 bilden.

Komplexe. Die *Pentafluoride* MF_5 bilden mit Donoren D monomere 1 : 1. Komplexe $MF_5 \cdot D$ (oktaedrisch; z. B. $[NbF_5(OEt_2)]$) und dimere 1 : 2 Komplexe $(MF_5 \cdot 2D)_2 = [MF_4 \cdot 4D]^+[MF_6^-]$. Mit Alkalimetallfluoriden M^IF erhält man *Fluorokomplexe* des Typus $M^I[MF_6]$ (oktaedrisches MF_6^--Ion), $M^I_2[MF_7]$ (überkappt-trigonal-prismatisches MF_7^{2-}-Ion) und $M^I_3[MF_8]$ (quadratisch-antiprismatisches MF_8^{3-}-Ion). In wässerigem *Fluorowasserstoff* bilden sich bei niedriger/hoher/sehr hoher HF-Konzentration die Ionen $[MOF_5]^{2-}/[MF_6^-]/[MF_7^{2-}]$. Die *Pentachloride* MCl_5 ergeben mit Donoren D die oktaedrisch gebauten, monomer löslichen Addukte $MCl_5 \cdot D$ (z. B. $[NbCl_6]^-$, $[NbCl_5(OR_2)]$, $[TaCl_5(SR_2)]$. Wie $AlCl_3$ sind sie wirksame Friedel-Crafts-Katalysatoren. Die Neigung zur Bildung von Addukten $MX_5 \cdot D$ nimmt in Richtung MF_5, MCl_5, MBr_5, MI_5 ab und ist bei den Pentaiodiden bereits sehr klein.

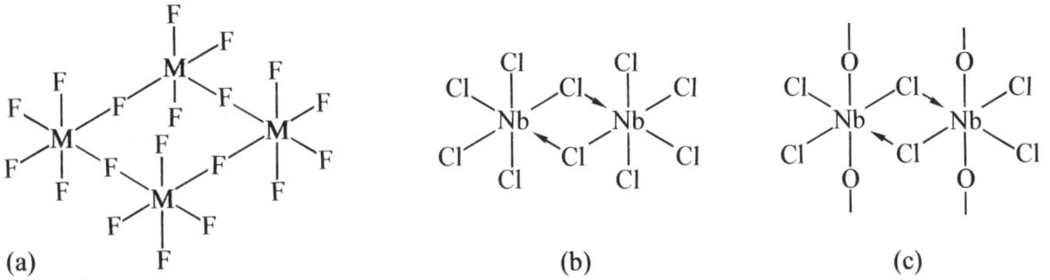

(a) (b) (c)

Halogenidoxide (Tab. 121). Die geringere Flüchtigkeit des *Niobiumtrichloridoxids* $NbOCl_3$ im Vergleich zum Niobiumpentachlorid $NbCl_5$ ist darauf zurückzuführen, daß hier im festen Zustand die planaren Nb_2Cl_6-Gruppen des Pentachlorids (b) gemäß (c) durch die senkrecht dazu angeordneten O-Atome zu langen Ketten verbrückt werden (im Gaszustand ist $NbOCl_3$ wie $NbCl_5$ monomer). Analoges gilt für die übrigen Halogenidoxide MOX_3. Die *Fluoriddioxide* MO_2F sind deshalb erwähnenswert, weil sie die gleiche Struktur besitzen wie das isoelektronische Rhenium(VI)-oxid ReO_3 (ReO_6-Oktaeder mit gemeinsamen O-Atomen zu anderen ReO_6-Oktaedern nach allen drei Richtungen des Raums; vgl. Fig. 302 auf S. 1499). Die *Trifluoridoxide* MOF_3 bilden sich bei der partiellen Hydrolyse von MF_5 bzw. der thermischen Zersetzung von $MF_3(SO_3F)_2$ bei 175 °C (Nb) oder 225 °C (Ta). Insbesondere $NbOF_3$ neigt zur Komplexbildung mit F^- ($\rightarrow NbOF_4^-$, $NbOF_5^{2-}$, $NbOF_6^{3-}$). Das Ion $NbOF_5^{2-}$ entsteht auch beim Lösen von Nb_2O_5 in Flußsäure (vgl. S. 1429).

Tetrahalogenide (Tab. 121). Mit Ausnahme von TaF_4 sind alle „*Tetrahalogenide*" $\mathbf{MX_4}$ (d^1) von Niobium und Tantal bekannt (Tab. 121). Das *Tetrafluorid* NbF_4 entsteht bei der Reduktion von NbF_5 mit Nb als *schwarzer*, nicht flüchtiger, sehr hygroskopischer, paramagnetischer Festkörper. Zum Unterschied von NbF_4 enthalten die durch Reduktion der entsprechenden Pentahalogenide erhaltenen *dunkelfarbigen*, hydrolyseempfindlichen, bei höheren Temperaturen disproportionierenden *Tetrachloride*, *-bromide* und *-iodide* von Nb und Ta Metall-Metall-Bindungen und sind infolgedessen diamagnetisch.

Strukturen. Während $\mathbf{NbF_4}$ eine Schichtstruktur (d) aufweist („SnF_4-Struktur"; über gemeinsame F-Atome in einer Ebene verbrückte NbF_6-Oktaeder), liegen in $\mathbf{MX_4}$ (X = Cl, Br, I) Kettenstrukturen (e) aus kantenverknüpften MX_6-Oktaedern vor, wobei sich kurze mit langen MM-Bindungen abwechseln (z. B. NbNb-Abstände in $NbCl_4$ = 3.029 und 3.794 Å).

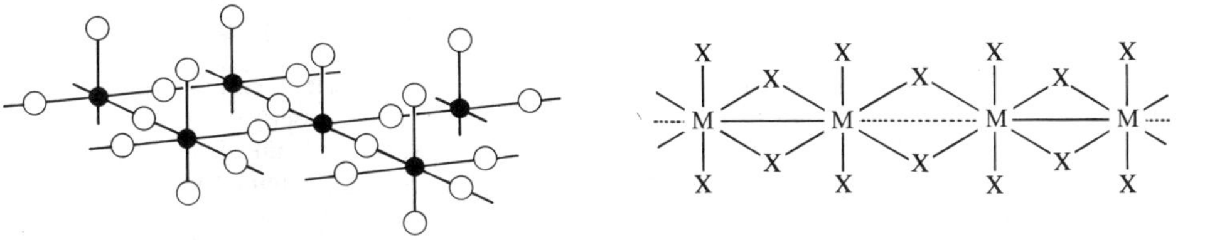

(d) ● = Nb ; ○ = F

(e) M = Nb, Ta ; X = Cl, Br, I

[17] Die tetramere „*NbF_5-Struktur*" kommt auch den Pentafluoriden MoF_5 und WF_5 zu. Die ein wenig davon verschiedene tetramere „*RuF_5-Struktur*", bei der das Quadrat der vier M-Atome zu einem Rhombus verzerrt ist und die M—F—M-Brücken nicht linear sind, findet sich bei allen Platinmetall-pentafluoriden. Verschieden davon ist die „*VF_5-Struktur*", bei der Ketten von *cis*-verknüpften MF_6-Oktaedern vorliegen und die auch bei den Pentafluoriden CrF_5, TcF_5 und ReF_5 gefunden wird (vgl. S. 1612).

Komplexe. Mit Fluorid bildet NbF_4 den *Halogenokomplex* $[NbF_7]^{3-}$ (pentagonal-bipyramidal), während MCl_4 und MBr_4 mit Chlorid und Bromid zu Addukten $[MX_6]^{2-}$ (oktaedrisch) zusammentritt. Höhere Koordinationszahlen erlangen die Metalle letzterer Halogenide mit Chelatliganden wie $(Me_2As)_2C_6H_4$ (= diars), z.B. $[MCl_4(diars)_2]$ (dodekaedrisch).

Trihalogenide (Tab. 121). Mit Ausnahme von TaI_3 kennt man alle „*Trihalogenide*" $\mathbf{MX_3}$ (d^2) von Niobium und Tantal (Tab. 121). Ihre Darstellung erfolgt durch *Reduktion* der Pentahalogenide MX_5 mit H_2, Al oder M bzw. durch *Disproportionierung* der Tetrahalogenide: $2MX_4 \rightarrow MX_5 + MX_3$. Bei den Trichloriden und -bromiden handelt es sich um nichtstöchiometrische Verbindungen mit MM-Bindungen (zur Struktur s.u.); NbI_3 ist stöchiometrisch gebaut, NbF_3 und TaF_3 konnten bisher nicht in reiner Form gewonnen werden). Mit Halogeniden bilden die Trihalogenide paramagnetische Komplexe der Zusammensetzung $[M_2X_9]^{3-}$ (X = Cl, Br, I; zwei MX_6-Oktaeder mit gemeinsamer Fläche; D_{3h}-Symmetrie), in welchen die Metallatome durch eine Doppelbindung miteinander verknüpft vorliegen (2 ungepaarte Elektronen). Als Beispiele für mononukleare Komplexe seien genannt: $[NbCl_3(py)_3]$, $[NbBr_3(PMe_2Ph)_3]$, $[TaX_3(PMe_3)_3]$ mit X = Cl, Br, I (oktaedrisch; jeweils 2 ungepaarte Elektronen).

Niedrigwertige Halogenide (Tab. 121). Zum Unterschied von den Trihalogeniden existieren von Niobium und Tantal *keine donorfreien „Dihalogenide"* $\mathbf{MX_2}$ (d^3), sondern nur Komplexe der Zusammensetzung $MX_2 \cdot 4D$ wie z.B. $[MCl_2(dmpe)_2]$ und $[MCl_2(PMe_3)_4]$ (oktaedrisch mit den Cl-Atomen in trans-Stellung)[18]. Statt der binären Halogenide MX_2 erhält man bei der weitestgehenden Reduktion höherwertiger Niobium- und Tantalhalogenide mit Niobium und Tantal gemäß Tab. 121 *dunkelfarbige „niedrigwertige Halogenide"* der Zusammensetzung $\mathbf{MX_{2.67/2.50/2.33/1.83}}$, die teils M_3-, teils M_6-Metallcluster enthalten (vgl. Anm.[22]).

Strukturen. Die Halogenide $\mathbf{Nb_3X_8} \mathrel{\hat{=}} NbX_{2.67}$ bilden Schichtstrukturen. Und zwar besetzen die Nb-Atome jeweils 3/4 der oktaedrischen Lücken zwischen jeder übernächsten Schicht hexagonal-dichtester Chlorid-, Bromid- bzw. Iodidpackungen in der Weise, daß Nb_3X_{13}-Einheiten (f) aus drei miteinander kantenverknüpften NbX_6-Oktaedern entstehen (die Nb_3X_{13}-Einheiten sind über gemeinsame X-Atome mit benachbarten Nb_3X_{13}-Einheiten verbrückt). Von den 15 der aus den drei Nb-Atomen stammenden Elektronen werden 8 von den X-Atomen ($\rightarrow X^-$) und 6 von den drei NbNb-Bindungen des dreigliederigen Nb-Rings verbraucht[19], während ein Elektron den Paramagnetismus der Verbindung bedingt. In oxidierten Formen des *Triniobiumoctahalogenids* Nb_3X_8 fehlen einige Nb-Atome; statt der Nb_3-Ringe liegen dann einige Nb_2-Einheiten wie in NbX_4 (e) vor. In diesem Sinne stellen die oben erwähnten *Niobiumtrihalogenide* NbX_3 nur einen beliebigen Punkt innerhalb einer breiten homogenen Phase dar, aus der sich – ab einer Grenzstöchiometrie (vgl. Tab. 121, Anm.[c]) – letztendlich die *Niobiumtetrahalogenide* NbX_4 abscheiden. Entsprechendes gilt offensichtlich auch für die nichtstöchiometrischen *Tantaltrihalogenide* TaX_3 (*Tritantaloctahalogenide* $Ta_3X_8 \mathrel{\hat{=}} TaX_{2.67}$ existieren nicht).

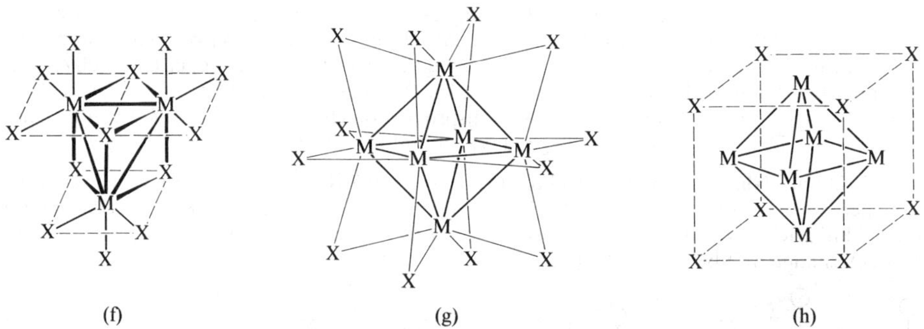

Die Halogenide $\mathbf{M_6X_{14}} \mathrel{\hat{=}} MX_{2.33}$ (M = Nb, X = Cl, Br; M = Ta, X = Br, I) enthalten gemäß der Formulierung $[M_6X_{12}]X_2$ (nur 2 der 14 Halogenid-Ionen lassen sich in wässerigen M_6X_{14}-Lösungen unmittelbar mit Ag^+ ausfällen) eine *diamagnetische* Kationeinheit $[M_6X_{12}]^{2+}$ mit „ZrI_2-Struktur", bei der sechs Nb- bzw. Ta-Atome *oktaedrisch* zu einem *Metallcluster* (S. 1214) vereinigt sind (16 Clusterelektronen; MM-Abstand in Nb_6Cl_{14} 2.89–2.96, in Ta_6I_{14} 2.80–3.08 Å), wobei jede der 12 Kanten des Oktaeders von einem X-Atom überspannt wird (g). Die Cluster $[M_6X_{12}]^{2+}$ liegen in festem M_6X_{14} über die beiden freien Halogenid-Ionen miteinander zu Schichten verknüpft vor: $M_6X_{14} = [M_6X_{12}]X_{4/2}$ (vier M-Atome von M_6X_{14} haben somit fünf, zwei M-Atome vier Halogenidnachbarn). Die freien *Ha-*

---

18 Man kennt ferner Komplexe $MX \cdot 6D$ der **Monohalogenide MX** (d^4), z.B. $[MX(CO)_2(dmpe)_2]$ (M = Nb, Ta; X = Cl, Br; dmpe = $Me_2PCH_2CH_2PMe_2$) und $[MCl(CO)_3(PMe_3)_3]$ (M = Nb, Ta); jeweils überkappt-trigonal-prismatisch.

19 Die Nb-Atome des Nb_3-Rings sind außer durch Einfachbindungen durch drei X-Brücken unterhalb der NbNb-Bindungen und durch ein X-Atom oberhalb der Nb_3-Fläche verknüpft (in (f) durch Fettdruck hervorgehoben).

logenid-Ionen lassen sich durch andere Anionen *ersetzen*. Mit *Wasser* bilden die Halogenide ferner Hydrate $M_6X_{14} \cdot 8H_2O$, mit *Halogeniden* Komplexe $[M_6X_{18}]^{4-}$, in welchen jedes M-Atom von $[M_6X_{12}]^{2+}$ zusätzlich mit einem H_2O-Molekül bzw. X^--Ion koordiniert vorliegt. Die *diamagnetischen* $[M_6X_{12}]^{2+}$-Ionen (*grün*) lassen sich in wässeriger Schwefelsäure durch Iod, Chlor, Sauerstoff, Vanadium(V), Cobalt(III) usw. zu *paramagnetischen* $[M_6X_{12}]^{3+}$-Ionen (*gelb*) und – darüber hinaus – *diamagnetischen* $[M_6X_{12}]^{4+}$-Ionen (*rotbraun*) ohne eingreifende Änderung der Cluster-Struktur (g) oxidieren. Eine Reduktion letzterer Ionen erfolgt umgekehrt mit Chrom(III) oder Vanadium(II)[20].

$$\underset{\text{grün}}{[M_6X_{12}]^{2+}} \rightleftarrows \underset{\text{gelb}}{[M_6X_{12}]^{3+}} + \ominus \rightleftarrows \underset{\text{rotbraun}}{[M_6X_{12}]^{4+}} + 2\ominus$$

Die *paramagnetische* Kationeinheit $[M_6X_{12}]^{3+}$ ist am Aufbau der Halogenide $[M_6X_{12}]X_3 = \mathbf{M_6X_{15}} \mathrel{\hat{=}} MX_{2.50}$ (M = Nb, X = Cl, Br; M = Ta, X = Cl, Br, I) beteiligt, in welcher (in fester Phase) Cluster $[M_6X_{12}]^{3+}$ (15 Clusterelektronen, 1 ungepaartes Elektron; NbNb-Abstand in Nb_6F_{15} 2.80 Å) über die drei freien Halogenid-Ionen miteinander zu einer Raumstruktur verknüpft sind $M_6X_{15} = [M_6X_{12}]X_{6/2}$ (alle M-Atome von M_6X_{15} haben fünf Halogenidnachbarn). Andererseits liegen die *diamagnetischen* Kationeinheiten $[M_6X_{12}]^{4+}$ (14 Clusterelektronen) u.a. den aus den Halogeniden $\mathbf{M_6X_{16}} = MX_{2.67}$ nach Addition von zwei Halogenid-Ionen oder von Wassermolekülen hervorgehenden Halogenokomplexen $[M_6X_{18}]^{2-} = [M_6X_{12}]^{4+}6X^-$ (isolierbar als NR_4^+-Salze) oder *Hydraten* $[M_6X_{12}]X_4 \cdot n\,H_2O$ zugrunde (M jeweils Nb, Ta; X = Cl, Br).

Niobium bildet keine Iodide Nb_6I_{14}, Nb_6I_{15} und Nb_6I_{16}, sondern die Verbindung $\mathbf{Nb_6I_{11}} \mathrel{\hat{=}} NbI_{1.83}$. Sie enthält im Sinne von $[Nb_6I_8]I_3$ eine *paramagnetische* Kationeinheit $[Nb_6I_8]^{3+}$ (19 Clusterelektronen, ein ungepaartes Elektron bei niedrigen, drei ungepaarte Elektronen bei hohen Temperaturen), welche aus einem Nb-Oktaeder besteht, dessen acht Flächen von I-Atomen überspannt werden (h). Die Verknüpfung der einzelnen Cluster erfolgt über die freien Iodid-Ionen zu einem Raumnetzverband: $Nb_6I_{11} = [Nb_6I_8]I_{6/2}$ (alle Nb-Atome haben fünf Iodidnachbarn). Bei 300 °C setzt sich Nb_6I_{11} mit *Wasserstoff* zu HNb_6I_{11} um (H in der Mitte des Nb_6-Oktaeders). Durch *Cäsium* läßt sich der dem Iodid Nb_6I_{11} zugrundeliegende Cluster $[Nb_6I_8]^{3+}$ *reduzieren*: $[Nb_6I_8]^{3+} + e^- \rightleftarrows [Nb_6I_8]^{2+}$.

Cyanoverbindungen

Cyanoverbindungen (vgl. S. 1656) sind von Niobium(V,IV,III) bekannt. Und zwar addiert Niobiumpentachlorid das Pseudohalogenid CN^- unter Bildung des Komplexes $\mathbf{[Nb^VCl_5(CN)]^-}$ (oktaedrisch), während die elektrochemische Reduktion von $NbCl_5$ in methanolischer Lösung in Gegenwart von Cyanid zum Cyanokomplex $\mathbf{[Nb^{III}(CN)_8]^{5-}}$ führt, der sich an Luft oder in Gegenwart von Wasserstoffperoxid zum lichtempfindlichen Cyanokomplex $\mathbf{[Nb^{IV}(CN)_8]^{4-}}$ oxidieren läßt (beide Komplex-Ionen sind in Salzen $K_{5(4)}[Nb(CN)_8] \cdot 2H_2O$ dodekaedrisch (D_{2d}-Symmetrie), in Lösung antikubisch (D_{4d}-Symmetrie) gebaut).

Chalkogenverbindungen

Sauerstoffverbindungen (vgl. S. 1620). Unter den Sauerstoffverbindungen des Niobiums und Tantals (Tab. 121, S. 1432) stellen die *aus den Elementen* bei hohen Temperaturen zugänglichen **Pentaoxide** $\mathbf{M_2O_5}$ (d^0) *weiße*, wasserunlösliche, luftstabile, relativ reaktionsträge Feststoffe mit vergleichsweise komplexen Strukturen dar (man kennt insbesondere von Nb_2O_5 viele Modifikationen). Als *saure Oxide* werden sie von *Säuren* nicht angegriffen. Eine Ausnahme bildet lediglich Fluorwasserstoff der M_2O_5 unter Bildung von *Fluorkomplexen* löst (vgl. Darstellung von Nb, Ta). *Basen* reagieren demgegenüber unter drastischen Bedingungen mit M_2O_5. Die durch Zusammenschmelzen mit *überschüssigen* Alkalimetallhydroxiden oder -carbonaten erhaltenen **Niobate** bzw. **Tantalate** lösen sich in Wasser in Form der „*Isopolyoxoanionen*" $[M_6O_{19}]^{8-}$, die oberhalb der pH-Werte 7 (Nb) bzw. 10 (Ta) stabil sind (bei pH-Werten < 11 geht $Nb_6O_{19}^{8-}$ in $HNb_6O_{19}^{7-}$ und $H_2Nb_6O_{19}^{6-}$ über). Unterhalb von pH = 7 bzw. 10 fallen aus den Lösungen die wasserhaltigen Pentaoxide aus, bei sehr hohen pH-Werten existieren möglicherweise auch diskrete Niobat- und Tantalat-Ionen MO_4^{3-}. Aus den *alkalischen Lösungen* lassen sich Salze wie $K_8M_6O_{19} \cdot 16H_2O$ auskristallisieren, welche Ionen $[M_6O_{19}]^{8-}$ enthalten, die aus sechs kantenverknüpften MO_6-Oktaedern aufgebaut sind (i) (bezüglich eines Polyedermodells vgl. Fig. 299, S. 1467).

Schmelzen aus Nb_2O_5 bzw. Ta_2O_5 und M^I_2O im Molverhältnis 1 : 1 sind anders als die oben beschrieben Schmelzen praktisch wasserunlöslich. Nach ihrer Extraktion mit Wasser hinterbleiben Niobate M^INbO_3 bzw. Tantalate M^ITaO_3, die keine isolierten NbO_3^- bzw. TaO_3^--Ionen enthalten, sondern *Doppeloxide* mit Perowskit-Struktur ($CaTiO_3$) darstellen. In analoger Weise sind Niobate $M^{II}(NbO_3)_2$ und Tantalate $M^{II}(TaO_3)_2$ zweiwertiger Metalle M wie Fe oder Mn Doppeloxide. Die Lanthanoidniobate und -tantalate $LnNbO_4$ und $LnTaO_4$ enthalten demgegenüber isolierte MO_4^{3-}-Ionen.

---

20 ε_0 für $[Nb_6Cl_{12}]^{2+/3+/4+} = 0.83/1.12$ V; für $[Ta_6Cl_{12}]^{2+/3+/4+} = 0.49/0.83$ V; für $[Ta_6Br_{12}]^{2+/3+/4+} = 0.59/0.89$ V.

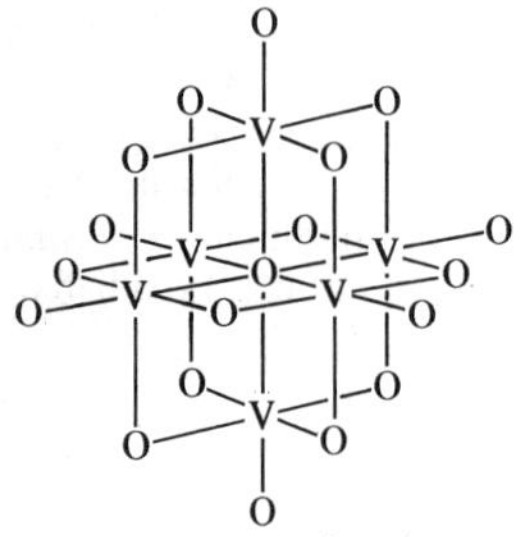

(i) 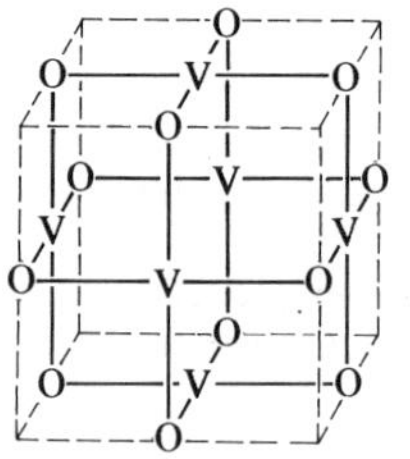 (k) V ≙ Nb,Ta

Die Pentaoxide Nb_2O_5 und Ta_2O_5 sind schwerer zu reduzieren als V_2O_5 und ergeben hierbei die in Tab. 121 ausgeführten, wasser- und säureunlöslichen **Dioxide MO_2** (d^1), denen eine verzerrte Rutil-Struktur zukommt, in welcher Paare von M-Atomen jeweils näher benachbart sind (vgl. hierzu VO_2)[21]. Weitergehende Reduktion führt zu den **Monoxiden MO** (d^3) mit defekter NaCl-Struktur (vgl. 1620): gemäß (k) fehlen in der NaCl-Elementarwürfelzelle (M besetzt Ecken und Flächenmitten, O Kantenmitten und das Würfelzentrum) alle M-Atome an den Ecken sowie das O-Atom im Würfelzentrum, das heißt $Nb_{0.75}O_{0.75}$. Die verbleibenden M-Atome in den Flächenmitten bilden einen oktaedrischen M_6-Cluster mit MM-Bindungen, dessen Kanten durch Sauerstoff überspannt werden (vgl. hierzu Formelbild (g), M = Nb und wohl auch Ta, X = O); die M_6-Cluster sind ihrerseits über gemeinsamen Ecken zu einem dreidimensionalen Netzwerk verknüpft[22]. Über O-Atome verbrückte Nb_6O_{12}-Einheiten bzw. Aggregate dieser Einheiten mit isolierten bzw. über gemeinsame Ecken verknüpften Nb_6-Cluster liegen auch niedrigwertigen Niobaten zugrunde, z. B. $Mg_3Nb_6O_{11}$ (diskrete Nb_6O_{12}-Einheiten mit Nb_6-Oktaeder), $K_2Al_2Nb_{11}O_{21}$ (diskrete $Nb_{11}O_{30}$-Einheiten mit Nb_{11}-Cluster aus zwei kondensierten Nb_6-Oktaedern), $BaNb_4O_6$ (Schichten mit zweidimensional kondensierten Nb_6-Oktaedern, die von O-Atomen umhüllt sind)[16].

Sonstige Chalkogenverbindungen. Niobium und Tantal bilden eine große Anzahl von **Sulfiden**, **Seleniden** und **Telluriden**, z. B. MY_4 (Y = Se, Te; vgl. VS_4), MY_3 (Y = S, Se), MY_2 (Y = S, Se, Te; strukturverwandt mit MoS_2; CdI_2, $CdCl_2$), MY (Y = S, Se, Te; NiAs-Struktur).

Organische Niobium- und Tantalverbindungen[16]

Beispiele für organische Niobium- und Tantalverbindungen sind u. a.: „*Pentamethylniobium*" und -„*tantal*" **Me_5M** (M = Nb: sehr instabil; M = Ta: explosiv; stabiler sind die Addukte Me_5M(dmpe) mit dmpe = $Me_2PCH_2CH_2PMe_2$). Sie sind anders als trigonal-bipyramidales Me_5Sb und Me_5Bi quadratisch pyramidal gebaut (C_{4v}-Molekülsymmetrie mit TaC_{ax}/TaC_{ba}-Abständen = 2.18/2.11 Å). Als weitere metallorganische Verbindungen seien genannt: „*Cyclopentadienylmetall-Verbindungen*" wie **Cp_4M** (zwei Cp-Ringe η^5-, zwei η^1-gebunden), **$(\eta^5\text{-Cp})_2MX_3$**, **$(\eta^5\text{-Cp})_2MX_2$** (X jeweils Cl, Br), **Cp_2Nb** (= $[(\eta^5\text{-}C_5H_5)(\eta^5\text{-}C_5H_4)NbH]_2$) und **$(\eta^5\text{-Cp})_2(Me)Ta{=}CH_2$**, ferner „*Metallcarbonylate*" $M(CO)_6^-$, „*Cyanoverbindungen*". Näheres S. 1628f.

---

[21] Im Falle von Niobium existieren zwischen Nb_2O_5 und NbO_2 noch Phasen der Zusammensetzung $Nb_{3n+1}O_{8n-2}$ mit n = 5–8. Auch erhält man durch Einwirkung von Alkali- bzw. Erdalkalimetallen auf M_2O_5 farbige, metallisch leitende „*Niobium*"- und „*Tantalbronzen*".

[22] In der Ausbildung von Clusterstrukturen bei niedrigwertigen Vanadium- und Tantalhalogeniden bzw. -oxiden dokumentiert sich die hohe NbNb- bzw. TaTa-Bindungsenergie der Metalle Nb und Ta, die auch hohe Sublimationsenthalpien der Elemente zur Folge hat. Aufgrund der deutlich niedrigeren VV-Bindungsenergie in Vanadiummetall vermag VO noch ein NaCl-entsprechendes Ionengitter ohne VV-Bindungen auszubilden.

3 Das Eka-Tantal (Element 105)[23]

In analoger Weise wie das Eka-Hafnium (Ordnungszahl 104)[23] (S. 1069) wurde auch das Eka-Tantal (Ordnungszahl 105) 1967 von den russischen Forschern unter Leitung von G. N. Flerov durch Beschuß von Americium mit Neon-Kernen in Form kurzlebiger Isotope der Masse 260 und 261 gewonnen:

$$^{243}_{95}\mathrm{Am} + {}^{22}_{10}\mathrm{Ne} \rightarrow {}^{260}_{105}\text{Eka-Ta} + 5\,\mathrm{n} \qquad {}^{243}_{95}\mathrm{Am} + {}^{22}_{10}\mathrm{Ne} \rightarrow {}^{261}_{105}\text{Eka-Ta} + 4\,\mathrm{n},$$

die unter α-Strahlung in $^{256}_{103}\mathrm{Lr}$ bzw. $^{257}_{103}\mathrm{Lr}$ übergehen. Sie schlugen für das Element 105 zu Ehren von Niels Bohr den Namen „*Nielsbohrium*" vor.

Von A. Ghiorso und Mitarbeitern (1970/71) konnten die russischen Befunde in dieser Form bis jetzt noch nicht bestätigt werden (bei den von den russischen Forschern erzeugten Nukliden handelt es sich wohl um solche des Elements Eka-Re). Es gelang ihnen aber, durch Beschuß von Californium mit Stickstoffkernen bzw. von Berkelium mit Sauerstoffkernen gemäß

$$^{249}_{98}\mathrm{Cf} + {}^{15}_{7}\mathrm{N} \rightarrow {}^{260}_{105}\text{Eka-Ta} + 4\,\mathrm{n} \qquad {}^{250}_{98}\mathrm{Cf} + {}^{15}_{7}\mathrm{N} \rightarrow {}^{261}_{105}\text{Eka-Ta} + 4\,\mathrm{n}$$

$$^{249}_{97}\mathrm{Bk} + {}^{16}_{8}\mathrm{O} \rightarrow {}^{261}_{105}\text{Eka-Ta} + 4\,\mathrm{n} \qquad {}^{249}_{97}\mathrm{Bk} + {}^{18}_{8}\mathrm{O} \rightarrow {}^{262}_{105}\text{Eka-Ta} + 5\,\mathrm{n}$$

je Stunde etwa 6 Atome dreier Isotope des Elements 105 mit den Massenzahlen 260, 261 und 262 darzustellen, die als α-Strahler mit Halbwertszeiten von 1.6 s, 1.8 s bzw. 35 s in $^{256}_{103}\mathrm{Lr}$, $^{257}_{103}\mathrm{Lr}$ bzw. $^{258}_{103}\mathrm{Lr}$ übergehen und durch die Halbwertszeiten und α-Aktivitäten dieser Tochterkerne (vgl. S. 1418) identifiziert werden konnten. Einschließlich der erwähnten und weiterer gewonnener Isotope des Elements 105, für welches die amerikanischen Forscher den Namen **Hahnium (Ha)**, die IUPAC-Kommission[23] den Namen **Joliotium (Jl)** vorschlagen[24], kennt man von $_{105}$**Eka-Tantal** bisher *sechs Nuklide* mit den Massenzahlen 256 ($\tau_{1/2} = 2.6$ s), 257 (($\tau_{1/2} = 1.4$ s), 258 ($\tau_{1/2} = 4.3$ s), 260 ($\tau_{1/2} = 1.6$ s), 261 ($\tau_{1/2} = 1.8$ s) und 262 ($\tau_{1/2} = 35$ s; jeweils α-Zerfall).

Entsprechend seiner Stellung in der V. Nebengruppe des Periodensystems bildet Eka-Ta ein Pentachlorid, das weniger flüchtig als $NbCl_5$ und flüchtiger als $HfCl_4$ ist.

---

[23] Vgl. S. 1392 sowie Anm.[16, 17] auf S. 1418.

[24] Zu Ehren von Otto Hahn, dem Altmeister der Kernchemie bzw. zu Ehren von Jean Frédéric Joliot, dem Entdecker der künstlichen Radioaktivität (zusammen mit seiner Frau Irène Joliot-Curie).

Kapitel XXVII

Die Chromgruppe

Zur *Chromgruppe* (VI. Nebengruppe bzw. 6. Gruppe des Periodensystems) gehören die Elemente *Chrom* (Cr), *Molybdän* (Mo), *Wolfram* (W) und *Eka-Wolfram* (Element 106).

Wie bei den vorausgehenden Nebengruppen (vgl. S. 1399 und 1419) sind sich auch hier aus den dort schon erörterten Gründen (praktisch gleiche Atom- und Ionenradien infolge der Lanthanoid-Kontraktion, S. 1781) die beiden *schwereren* Glieder (Molybdän und Wolfram) hinsichtlich ihres Vorkommens, ihrer Häufigkeit, ihrer Metallurgie und ihrer Eigenschaften sehr ähnlich, während das *leichte* Glied (Chrom) in seinem Verhalten etwas stärker von den beiden höheren Homologen abweicht (vgl. S. 1460).

Am Aufbau der Erdhülle sind die Metalle der Chromgruppe mit 1.2×10^{-2} (Cr), 1.4×10^{-4} (Mo) und 6.4×10^{-4} (W) beteiligt, entsprechend einem Massenverhältnis von rund 100 : 1 : 1.

1 Das Chrom[1)]

1.1 Elementares Chrom

Vorkommen

Chrom kommt in der „*Lithosphäre*" nur **gebunden**, und zwar hauptsächlich als „*Chromeisenstein*" („*Chromit*") $FeCr_2O_4$ (Fe^{2+} meist teilweise durch Mg^{2+} ersetzt, Cr^{3+} durch Al^{3+} und Fe^{3+}; vgl. S. 1083), seltener als „*Rotbleierz*" („*Krokoit*") $PbCrO_4$ (S. 974) und Chromocker Cr_2O_3 (S. 1451) vor. Die Hauptfundorte sind Südafrika, die Philippinen und Kleinasien. Bezüglich Chrom in der „*Biosphäre*" vgl. Physiologisches.

Isotope (vgl. Anh. III). *Natürliches* Chrom besteht aus den Isotopen $^{50}_{24}Cr$ (4.35%), $^{52}_{24}Cr$ (83.79%), $^{53}_{24}Cr$ (9.50%, für *NMR*) und $^{54}_{24}Cr$ (2.36%). Das *künstliche* Nuklid $^{51}_{24}Cr$ (Elektroneneinfang; $\tau_{1/2} = 27.8$ Tage) wird als *Tracer* und in der *Medizin* genutzt.

Geschichtliches. Im Rotbleierz wurde das Chrom im Jahre 1797 von dem französischen Chemiker Louis Nicolas Vauquelin *entdeckt*. Er erzeugte 1798 durch Reduktion eines aus dem Erz zunächst gewonnenen Chromoxids mit Kohlenstoff erstmals (mit C verunreinigtes) *elementares* Chrom. *Reines* Chrom wurde von Hans Goldschmidt 1894 aluminothermisch gewonnen. Der *Name* Chrom leitet sich von der für das Element charakteristischen Vielfalt der Farben seiner Verbindungen ab: chroma (griech.) = Farbe.

Darstellung

Rohstoffe. Zur Gewinnung von Chrom und Chromverbindungen (insbesondere Chromate, Chromoxide) geht man ausschließlich von *Chromeisenstein* (*Chromit*) $Fe^{II}Cr^{III}O_4$, einem schwarzen Spinell aus. Er enthält als *Nebenbestandteile* gemäß der Formulierung $(Fe^{II}, Mg)(Cr,Al,Fe^{III})_2O_4$ außer Eisen und Chrom vor allem Magnesium und Aluminium, ferner kleine Mengen Calcium, Silicium sowie (gegebenenfalls) Vanadium und wird hauptsächlich

---

[1] **Literatur.** C.L. Rollinson: „*Chromium*", Comprehensive Inorg. Chem. **3** (1973) 624–700; L.F. Larkworthy, K.B. Nolan: „*Chromium*", Comprehensive Coord, Chem. **3** (1987) 699–969; ULLMANN (5. Aufl.): „*Chromium and Chromium Alloys*", „*Chromium Compounds*" **A7** (1986) 43–97; GMELIN: „*Chromium*", Syst.-Nr. **52**, bisher 5 Bände. Vgl. auch Anm. 6.

in Südafrika (ca. 75%) und Simbawe-Rhodesien (ca. 20%), aber auch in Albanien, Brasilien, Finnland, Indien, Iran, Madagaskar, Philippinen, Türkei und der GUS gefördert (Weltjahresproduktion: Zig Megatonnenmaßstab). Etwa drei Viertel der Förderung dienen zur Herstellung von *Ferrochrom* (s. u.), je ein Achtel zur Erzeugung von *Feuerfestprodukten* (s. dort) und von metallischem *Chrom* sowie anderen *Chromverbindungen*.

Die **technische Darstellung** von **„metallischem Chrom"** erfolgt sowohl auf *chemischem Wege* aus Chrom(III)-oxid Cr_2O_3 als auch auf *elektrochemischem Wege* aus Chrom(III)- bzw. Chrom(VI)-Salzlösungen.

Herstellung von Chrom auf chemischem Wege. Zur Gewinnung des für die *chemische Darstellung* von Chrom benötigten Chrom(III)-oxids *aus Chromeisenstein* muß *Eisen abgetrennt* werden. Hierzu führt man das enthaltene Eisen(II)-oxid durch *Oxidation mit Sauerstoff* in *wasserunlösliches* Eisen(III)-oxid, das Chrom(III)-oxid zugleich auf dem Wege über *wasserlösliches Chromat(VI)* Na_2CrO_4 in *Dichromat(VI)* $Na_2Cr_2O_7$ über, schematisch:

$$Cr_2O_3 + 1\tfrac{1}{2}O_2 \xrightarrow[-2CO_2]{+2Na_2CO_3} 2Na_2CrO_4 \xrightarrow[-Na_2SO_4]{+H_2SO_4} Na_2Cr_2O_7 + H_2O. \quad (1)$$

Gewonnenes Dichromat wird dann durch Koks, Schwefel oder Ammoniumchlorid zu *Dichromtrioxid* und letzteres anschließend mit Aluminium oder Kohlenstoff zu *Chrom* reduziert:

$$Cr_2O_3 + 2Al \rightarrow 2Cr + Al_2O_3 + 536\,kJ; \qquad 809\,kJ + Cr_2O_3 + 3C \rightarrow 2Cr + 3CO \quad (2)$$

Zur Gewinnung von **Ferrochrom**, einer Chromeisenlegierung, reduziert man direkt Chromeisenstein mit Koks.

Herstellung von Dichromat aus Chromeisenstein. In der Technik werden 100 Teile feingemahlener *Chromeisenstein* $Fe^{II}Cr_2^{III}O_4$ (FeO-/ Cr_2O_3-/MgO-/Fe_2O_3-/Al_2O_3-/SiO_2-Gehalte meist 8–22/40–55/9–15/3–8/9–16/2–6%) mit 60–75 Teilen fein gemahlener *Soda* sowie 50–200 Teilen eines *Magerungsmittels* (meist Fe_2O_3) gut gemischt und unter reichlicher Luftzufuhr in Drehrohr- oder Ringherdöfen bei 1000–1100 °C erhitzt[2]:

$$4FeCr_2O_4 + 8Na_2CO_3 + 7O_2 \rightarrow 2Fe_2O_3 + 8Na_2CrO_4 + 8CO_2.$$

Der Fe_2O_3-Zuschlag verhindert das Zusammenschmelzen von Soda und Natriumchromat (Smp. 792 °C) und hält auf diese Weise die Masse porös, so daß die Luft ungehindert als Oxidationsmittel hinzutreten kann. Das entstehende, in Naßrohr-Mühlen gemahlene Röstgut wird mit Wasser ausgelaugt, wobei nur Natriumchromat Na_2CrO_4 (gegebenenfalls etwas Natriumvanadat) in Lösung gehen, während Eisen(III), Aluminium, Silicium, Magnesium und geringe Mengen Chrom(VI) als unlösliche Oxide bzw. Hydroxide zurückbleiben und mit Dreh- oder Bandfiltern abgetrennt werden[3]. Die filtrierte Lösung mit ca. 500 g Na_2CrO_4 pro Liter wird zwecks Bildung des chromreicheren Natriumdichromats $Na_2Cr_2O_7$ noch heiß mit konzentrierter *Schwefelsäure* versetzt (bis zum pH-Wert 3; vgl. Gl. (1)) und anschließend teilweise eingedampft. Hierbei fällt praktisch alles gebildete Natriumsulfat aus[4]. Nach weiterem Konzentrieren der Lösung auf ca. 1600 g $Na_2Cr_2O_7$ pro Liter kristallisiert beim Erkalten **Natriumdichromat** als Dihydrat $Na_2Cr_2O_7 \cdot 2H_2O$ je nach Schnelligkeit der Abkühlung in feinen orangeroten Nadeln oder in großen Kristallen aus. Es stellt das wichtigste Chromat dar, das in andere technisch wichtige Chromverbindungen überführt wird, u.a. in das zur Gewinnung von metallischem Chrom wichtige Chrom(III)-oxid Cr_2O_3.

---

[2] Heizmaterialien sind Schweröl, Erdgas oder Braunkohlenstaub. Die Aufschlußmischung ($FeCr_2O_4$, Na_2CO_3) und die Heizgase (überschüssige Luft, Brennstoffe) werden im Gegenstrom geführt. Die Verweilzeit der Aufschlußmischung beträgt im Ofen rund 4 Stunden. Die austretenden Gase enthalten bis zu 10% der Aufschlußmischung als Staub, der durch elektrostatische *Gasreinigung* zurückgehalten wird.

[3] Der *Rückstand* wird entweder – nach Trocknung – der Aufschlußmischung als Magerungsmittel wieder zugeführt oder zur Abtrennung von restlichem Chromit mit Reduktionsmitteln wie $FeSO_4$ oder SO_2 behandelt.

[4] $Na_2Cr_2O_7$ bildet sich auch durch Einpressen von CO_2 in die Na_2CrO_4-Lösung bei 7–15 bar: $2Na_2CrO_4 + 2CO_2 + H_2O \rightleftarrows Na_2Cr_2O_7 + 2NaHCO_3$. Das ausfallende $NaHCO_3$ kann durch Calcinieren oder durch NaOH-Zusatz in Soda verwandelt werden, die in den Aufschluß zurückgeführt wird.

Herstellung von Chrom(III)-oxid aus Dichromat. Die *Reduktion* von $Na_2Cr_2O_7$ zu Cr_2O_3 kann durch Erhitzen des Dichromats mit *Kohlenstoff* (in Form organischer Stoffe, Holzkohle), *Schwefel* oder *Ammoniumchlorid* bei 800–1000 °C erfolgen:

$$2Na_2Cr_2O_7 + 3C \rightarrow 2Cr_2O_3 + 2Na_2CO_3 + CO_2;$$
$$Na_2Cr_2O_7 + S \rightarrow Cr_2O_3 + Na_2SO_4;$$
$$Na_2Cr_2O_7 + 2NH_4Cl \rightarrow Cr_2O_3 + 2NaCl + 4H_2O + N_2.$$

Das nach letzterem Verfahren gewonnene **Dichromtrioxid** ist – anders als das nach der ersten bzw. zweiten Methode gewonnene Produkt – schwefelarm und wird (da für Anwendungen meist schwefelarmes Chrom benötigt wird) bevorzugt zur Chrom-Darstellung eingesetzt.

Reduktion von Chrom(III)-oxid zu Chrom. Zur Erzeugung von Chrom durch Reduktion von Cr_2O_3 mit Aluminium gemäß (2) („*aluminothermischer Prozeß*", „*Thermitverfahren*") zündet man ein Gemisch aus *Dichromtrioxid*, *Aluminiumgrieß*, gebranntem *Kalk* (zur Schlackenbildung) und *Oxidationsmitteln* wie $K_2Cr_2O_7$, CrO_3, $KClO_4$, BaO_2 (zur Gewinnung zusätzlicher, zum Schmelzen von Chrom benötigter Wärme) in Behältern, die mit feuerfestem Material ausgekleidet sind. Die Reaktion ist nach ca. 10 Minuten beendet. Während des Abkühlens der Reaktionsprodukte trennt sich die spezifisch leichtere Schlacke von spezifisch schwererem, 97–99%igem, *flüssigem* **Chrommetall** (Hauptverunreinigungen: Si, Al, Fe), das nach Erstarren als Block entnommen wird[5].

Schwieriger als die Reduktion von Cr_2O_3 mit Aluminium gestaltet sich die Reduktion mit Kohlenstoff, da bei der erforderlichen hohen Temperatur der stark endothermen Reaktion (2) Carbide gebildet werden. Ein vergleichsweise *kohlenstoffarmes Chrom* erhält man beim 4–5tägigen Erhitzen von Briketts aus Chrom(III)-oxid und der berechneten Menge Kohlenstoff im rohrförmigen *Vakuumofen* auf 1275–1400 °C (Graphitabheizelemente) bei Drücken von 0.3 mbar („*Simplex-Prozeß*"). Das gemäß (2) gebildete Kohlenoxid wird hierbei abgepumpt.

Herstellung von Ferrochrom. Das zur Herstellung chromhaltiger, nicht rostender Spezialstähle dienende Chrom wird nicht als solches, sondern als **Ferrochrom** mit ca. 60% Cr zugesetzt. Letzteres erhält man durch Erhitzen von Briketts oder Pellets aus $FeCr_2O_4$, Koks und Quarz im elektrischen Ofen auf 1600–1700 °C. Das hierbei neben Gichtgas (CO) zunächst gebildete Chromeisencarbid $(Fe,Cr)C_x$ („*Ferrochrom carburé*; x ca. 0.4) muß noch im *Sauerstoffkonverter* (vgl. Eisendarstellung) durch Einblasen von O_2 in das flüssige Carbid entkohlt werden („*Ferrochromsuraffiné*").

Herstellung von Chrom auf elektrochemischem Wege. Die zur Gewinnung von *kompaktem* Chrom auf elektrolytischem Wege benötigten Chrom(III)-Salzlösungen erhält man durch Auflösen von Chrom(III)-oxid (s.o.) oder – vorteilhafter – von Ferrochrom (s.o.) in *Schwefelsäure*. In letzterem Falle wird das neben Cr^{3+} gebildete Fe^{2+} durch Zusatz von Ammoniumsulfat zur Lösung als – in der Kälte auskristallisierendes – Ammoniumeisensulfat $(NH_4)_2Fe(SO_4)_2 \cdot 6H_2O$ (s. dort) abgetrennt. Anschließend kristallisiert man den Chromalaun $NH_4Cr(SO_4)_2 \cdot 12H_2O$ aus, löst ihn wieder auf und scheidet aus der Lösung elektrochemisch **Elektrolytchrom** ab (Diaphragmazelle, Edelstahlkathode). Es muß durch einen Entgasungsprozeß noch von „eingelagertem" Wasserstoff befreit werden.

Zur elektrochemischen Erzeugung von **Chromüberzügen** (z.B. auf Stahl) taucht man den betreffenden – meist vorher elektrolytisch vernickelten – Gegenstand als Kathode in eine schwefelsaure Lösung von *Chrom(VI)-säure* ein (sollte ca. 300 g CrO_3 pro Liter enthalten):

$$Cr_2O_7^{2-} + 14H^+ + 12\ominus \rightarrow 2Cr + 7H_2O.$$

Die auf diese Weise „*galvanisch verchromten*" Gegenstände sind wesentlich widerstandsfähiger gegen Luft und mechanische Beanspruchungen als vernickelte und zeigen einen schönen bläulichen, jedoch etwas kalt wirkenden Metallglanz.

Reinigung von Chrom. Die Reinigung von Chrom erfolgt nach dem Verfahren von van Arkel und de Boer (S. 1401) auf dem Wege über Chrom(II)-iodid CrI_2 (Bildung bei 900 °C, Zerfall bei 1000–1300 °C).

---

[5] Ein aluminothermischer Ansatz von 1560 kg Cr_2O_3, 662 kg Al, 25 kg CaO, 340 kg $K_2Cr_2O_7$ liefert ca. 1060 kg Cr und 1450 kg Schlacke (für feuerfeste Steine oder Schleifmittel).

Physikalische Eigenschaften

Chrom (α-Cr: *kubisch-raumzentriert*; β-Cr: *hexagonal-dichtest*) ist ein *silberglänzendes*, im reinen Zustande *zähes, dehn-* und *schmiedbares*, bei Verunreinigung mit H oder O hartes, sprödes *Metall* der Dichte 7.14 g/cm^3, das bei 1903 °C schmilzt und bei etwa 2640 °C siedet. Bezüglich weiterer Kenndaten vgl. Tafel IV.

Physiologisches. Chrom bzw. dessen Verbindungen sind für den Menschen, der etwa 0.03 mg pro kg enthält, *essentiell* (täglicher Bedarf: 0.05–0.5 mg Cr). Sie haben für ihn und Säugetiere, zusammen mit dem Insulin, Bedeutung für den Glucoseabbau im Blut. Von *toxikologischer* Bedeutung sind nur die Chrom(VI)-Verbindungen (CrO_3, CrO_4^{2-}, $Cr_2O_7^{2-}$), die – auf die Haut oder Schleimhäute gebracht – zu schlecht heilenden Geschwüren und – oral aufgenommen – zu Magen-/Darmentzündungen, Durchfall, Kollaps, Leber- und Nierenschäden führen. Chrommetall sowie Chrom(III)-Verbindungen sind demgegenüber weder hautreizend noch mutagen oder cancerogen.

Chemische Eigenschaften

Chrom oxidiert sich bei *gewöhnlichen Temperaturen* weder an der *Luft* noch unter *Wasser*. Deshalb werden vielfach andere Metalle durch Überziehen mit einer dünnen (0.3 µm) starken *Chromschicht* („*Verchromen*“) vor der *Oxidation* geschützt (s. o.). Bei *erhöhten Temperaturen* reagiert Chrom mit den meisten Nichtmetallen, so mit *Chlor* (→ $CrCl_3$), *Sauerstoff* (→ Cr_2O_3), *Schwefel* (→ Sulfide wie CrS), *Stickstoff* (→ Nitride wie CrN), *Kohlenstoff* (→ Carbide wie CrC), *Silicium* (→ Silicide wie CrSi), *Bor* (→ Boride wie CrB).

Das Verhalten des Chroms gegen *Säuren* hängt von seiner *Vorbehandlung* ab. Taucht man Chrom in *starke Oxidationsmittel* wie Salpetersäure oder Chromsäure oder macht man das Metall in einer wässerigen Lösung zur *Anode*, so löst es sich nach dem Herausnehmen nicht in verdünnten Säuren auf. Sein Normalpotential beträgt in diesem „*passiven*“ Zustand + 1.33 V, entsprechend einer Stellung in der Spannungsreihe zwischen den edlen Metallen Quecksilber (+ 0.86 V) und Gold (+ 1.50 V). Macht man das passive Chrom aber zur *Kathode* oder taucht man es in eine *reduzierende Lösung*, so löst sich das so behandelte Chrom in verdünnten Säuren unter Wasserstoffentwicklung auf, da es in diesem „*aktiven*“ Zustand (in welchem es z. B. Cu, Sn und Ni aus den wässerigen Lösungen ihrer Salze zu verdrängen vermag) ein Normalpotential von nur – 0.74 V besitzt, entsprechend einer Stellung in der Spannungsreihe zwischen den unedlen Metallen Zink (– 0.76 V) und Eisen (– 0.44 V).

Man erklärt diese Erscheinung in Analogie zum Aluminium (S. 1066) durch die Annahme einer äußerst dünnen, zusammenhängenden *Chrom(III)-oxid-Schutzhaut* auf dem passiven Metall, welche bei der chemischen oder anodischen *Oxidation gebildet* und bei der chemischen oder kathodischen *Reduktion wieder entfernt* wird, entsprechend einem Potential ε_0 von + 1.33 V für das passive (Vorgang Cr(III) → Cr(VI) + 3⊖) und von – 0.74 V für das aktive Metall (Vorgang Cr → Cr(III) + 3⊖). Unter bestimmten Bedingungen (Gegenwart katalytisch wirkender dritter Substanzen) kann die Schutzschicht periodisch gebildet und zerstört werden. Dann beobachtet man in verdünnten Säuren eine rhythmische – d. h. abwechselnd zu- und abnehmende – Wasserstoffentwicklung.

Verwendung von Chrom. Chrom (Jahresweltproduktion: einige zig Kilotonnen) ist ein wichtiger **Legierungsbestandteil** und z. B. in Form des Ferrochroms (wichtigstes *Legierungselement* für die Herstellung nichtrostender und hitzebeständiger Stähle) oder in Form von eisenfreien, hitzebeständigen Chrom-Nickel- und Chrom-Cobalt-Legierungen. **Metallisches Chrom** dient in geringem Umfange zur Herstellung von Turbinenschaufeln und von Metallkeramiken („*Cermets*“, z. B. aus 77 % Cr und 23 % Al_2O_3). Bezüglich des „*Verchromens*“ s. oben.

Chrom in Verbindungen

In seinen chemischen Verbindungen tritt Chrom hauptsächlich mit den **Oxidationsstufen** + **2**, + **3** und + **6** auf (z. B. $CrCl_2$, $CrCl_3$, Cr_2O_3, CrO_3, CrO_2Cl_2), doch existieren auch Verbindungen mit den Oxidationsstufen + **4** und + **5** (z. B. $CrCl_4$, CrO_2, CrF_5) sowie + **1**, **0**, – **1** und – **2** (z. B. $Cr(CNR)_6^+$, $Cr(PF_3)_6$, $Cr_2(CO)_{10}^{2-}$, $Cr(CO)_5^{2-}$). Die wichtigsten Verbindungen neben den Chrom(III)-Verbindungen sind die von sechswertigem Chrom abgeleiteten Chromate und Dichromate, welche in ihrer Zusammensetzung den Sulfaten und Disulfaten der VI. Hauptgruppe entsprechen und auch in der Natur vorkommen (Rotbleierz). In der niedrigen *zweiwertigen* Stufe besitzt das Chrom rein *basischen* Charakter (Kationenbildung) und starke *Reduktionskraft*, in der hohen *sechswertigen* Stufe ist es rein *sauer* und von großem *Oxidationsvermögen*; die mittlere, besonders *stabile dreiwertige* Oxidationsstufe ist sowohl hinsichtlich ihres Säure-Base- wie ihres Redox-Verhaltens *amphoter*.

Die Verbindungen des dreiwertigen Chroms Cr^{3+} sind sehr *beständig* gegen Oxidation und Reduktion in *saurer* Lösung, so daß die *Chromate(VI)* bei ihrer *Oxidations*wirkung und die *Chrom(II)-Salze* wie auch das *elementare Chrom* bei ihrer *Reduktions*wirkung in *Chrom(III)*-Verbindungen übergehen. In *alkalischer* Lösung ist die Oxidationswirkung der Chromate viel geringer, die Reduktionswirkung des elementaren Chroms viel höher. Dieser Sachverhalt läßt sich den nachfolgend wiedergegebenen **Potentialdiagrammen** einiger Oxidationsstufen des Chroms bei pH = 0 und 14 entnehmen (vgl. Anh. V), wonach die Tendenz zur *Komproportionierung* von Cr(VI) und Cr(O) unter Bildung von Chrom(III) im sauren Milieu größer, im alkalischen Milieu kleiner ist, und Cr(III) *keinerlei* Neigung zur *Disproportionierung* in irgendeine höhere und tiefere Oxidationsstufe aufweist:

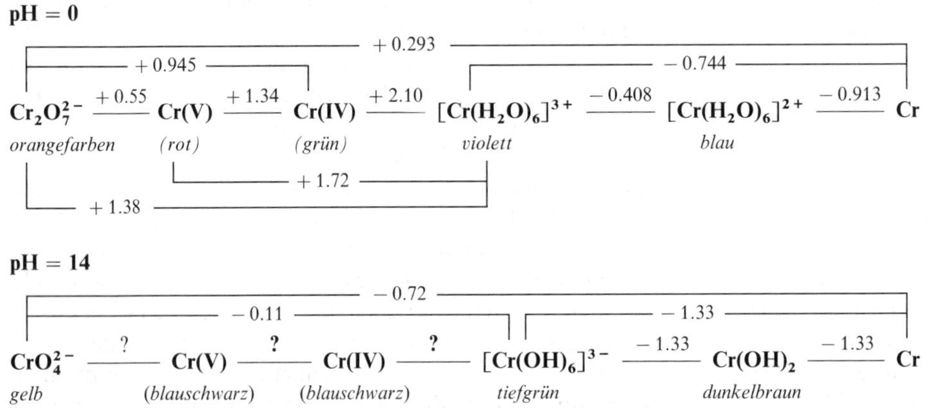

In der Übergangsreihe Ti^{3+}, V^{3+}, Cr^{3+}, Mn^{3+}, Fe^{3+}, Co^{3+} sind die beiden vor Cr^{3+} stehenden Ionen Reduktionsmittel, die drei nach Cr^{3+} folgenden Ionen Oxidationsmittel (vgl. Potentialdiagramme bei den betreffenden Elementen), da Ti^{3+} und V^{3+} durch Abgabe von Elektronen eine Edelgasschale (Ar) zu erreichen suchen, während Mn^{3+}, Fe^{3+} und Co^{3+} durch Aufnahme von Elektronen ihre – bereits stärker an den Atomrumpf gebundene – 3d-Schale aufzufüllen bestrebt sind (vgl. hierzu S. 1460).

In saurer Lösung stellt Chrom(VI) hinsichtlich Cr(III) ein starkes *Oxidationsmittel* dar (zum Vergleich: ε_0 für SO_4^{2-}/SO_2 bzw. SeO_4^{2-}/H_2SeO_3 = + 0.158 bzw. + 1.15 V für pH = 0), während Cr(III) in alkalischer Lösung hinsichtlich Cr(VI) eher schwach reduzierende Eigenschaften aufweist (zum Vergleich SO_4^{2-}/SO_3^{2-} bzw. SeO_4^{2-}/SeO_3^{2-} = − 0.936 bzw. + 0.03 V bei pH = 14).

Von einer Chemie des Chroms(V) und des Chroms(IV) in *wässeriger Lösung* kann man wegen der leichten *Disproportionierung* von Cr(V) bzw. Cr(IV) zu Cr(III) und Cr(VI) nicht sprechen. Demgegenüber ist Chrom(II) in saurer Lösung disproportionierungsstabil (vgl. Potentialdiagramm), wird allerdings durch Luftsauerstoff zu Cr(III) oxidiert (ε_0 für O_2/H_2O = + 1.229 V).

Die vorherrschende **Koordinationszahl** von Chrom(VI) ist *vier* (tetraedrisch in $\mathbf{Cr}^{VI}O_3$, $\mathbf{Cr}^{VI}O_4^{2-}$, $\mathbf{Cr}^{VI}O_2Cl_2$), von Chrom(III) *sechs* (oktaedrisch in $[\mathbf{Cr}^{III}(NH_3)_6]^{3+}$, $[\mathbf{Cr}^{III}(acac)_3]$; pentagonal-pyramidal in $[\mathbf{Cr}^{VI}O(O_2)_2(py)]$ und von Chrom(II) *sechs, fünf, vier* (low-spin: oktaedrisch in $[\mathbf{Cr}^{II}(CN)_6]^{4-}$; high-spin: verzerrt-oktaedrisch in $[\mathbf{Cr}^{II}(en)_3]^{2+}$, quadratisch-pyramidal in $[\mathbf{Cr}^{II}(NH_3)_4(H_2O)]^{2+}$, planar in $[\mathbf{Cr}^{II}(S_2C_2H_4)_2]^{2-}$). Man kennt aber auch Verbindungen des sechswertigen Chroms mit den Koordinationszahlen *sechs* und *sieben* (oktaedrisch in $[\mathbf{Cr}^{VI}O_2F_4]^{2-}$, pentagonal-bipyramidal in $[\mathbf{Cr}O(O_2)_2(bipy)]$ und des dreiwertigen Chroms mit den Koordinationszahlen *drei*, *vier* und *fünf* (trigonal-planar in $[\mathbf{Cr}^{III}(N^iPr_2)_3]$, tetraedrisch in $[\mathbf{Cr}^{III}Cl_4]^-$, trigonal-bipyramidal in $[\mathbf{Cr}^{III}Cl_3(NMe_3)_2]$). Chrom(IV,V) betätigt die Koordinationszahlen *vier* bis *acht* (tetraedrisch in $\mathbf{Cr}^{IV}Cl_4$, $\mathbf{Cr}^{V}O_4^{3-}$; quadratisch-pyramidal in $[\mathbf{Cr}^{V}OCl_4]^-$, trigonal-bipyramidal in $\mathbf{Cr}^{V}F_5$; oktaedrisch in $[\mathbf{Cr}^{IV}F_6]^{2-}$, $[\mathbf{Cr}^{V}OCl_5]^{2-}$; pentagonal-bipyramidal in $[\mathbf{Cr}^{IV}(O_2)_2(NH_3)_3]$; dodekaedrisch in $[\mathbf{Cr}^{IV}H_4(diphos)_2]$, $[\mathbf{Cr}^{V}(O_2)_4]^{3-}$), Chrom(I,0,-I) die Koordinationszahl *sechs* (oktaedrisch in $[Cr^{I}(CNR)_6]^+$, $[\mathbf{Cr}^{0}(bipy)_3]$, $[\mathbf{Cr}_2^{-I}(CO)_{10}]^{2-}$). Die 5fach koordinierten Cr(-II)-, 6fach koordinierten Cr(0)- und 7fach koordinierten Cr(II)-Komplexverbindungen besitzen die Elektronenfiguration des Kryptons.

Bezüglich der *Elektronenkonfiguration*, der *Radien*, der *magnetischen* und *optischen* Eigenschaften von **Chromionen** vgl. Ligandenfeld-Theorie (S. 1250) sowie Anh. IV, bezüglich eines **Eigenschaftsvergleichs** der Metalle der Chromgruppe S. 1199f und 1460.

1.2 Chrom(VI)-Verbindungen (d^0)[1,6]

Im *sechswertigen* Zustand bildet Chrom nur *Chromate*(VI) wie M_2CrO_4, $M_2Cr_2O_7$ und – davon abgeleitet – ein *Chrom(VI)-oxid* CrO_3, *Chrom(VI)-halogenidoxide* wie $CrOF_4$, CrO_2Cl_2 (Tab. 122, S. 1418) und einige Derivate, ferner *Peroxochromate(VI)* wie $CrO(O_2)_2$, $MHCrO_2(O_2)_2$, aber *keine Hexahalogenide* (vgl. Tab. 122, Anm.[c]).

Chromate. Die technische Gewinnung von **Chromaten CrO_4^{2-}** und **Dichromaten $Cr_2O_7^{2-}$** erfolgt durch *oxidierenden Aufschuß* des *Chromeisensteins* $FeCr_2O_4$ mit Soda und Luft, wobei auf dem Wege über „*Natriumchromat*" Na_2CrO_4 hygroskopisches „*Natriumdichromat*" $Na_2Cr_2O_7 \cdot 2H_2O$ erhalten wird (Näheres S. 1439). Durch Umsetzung mit Kaliumchlorid kann es in nicht-hygroskopisches „*Kaliumdichromat*" $K_2Cr_2O_7$, durch Reaktion mit Ammoniumchlorid in „*Ammoniumdichromat*" $(NH_4)_2Cr_2O_7$ umgewandelt werden:

$$Na_2Cr_2O_7 + 2\,KCl \text{ bzw. } 2\,NH_4Cl \rightarrow 2\,NaCl + K_2Cr_2O_7 \text{ bzw. } (NH_4)_2Cr_2O_7.$$

Große technische Bedeutung hat auch die *Regenerierung von Chromat* aus den in den Farbstoff-Fabriken anfallenden schwefelsauren *Chrom(III)-sulfat-Lösungen* (vgl. S. 1092). Sie erfolgt ausschließlich auf elektrolytischem Wege durch *anodische Oxidation*:

$$2\,Cr^{3+} + 7\,H_2O \rightleftarrows Cr_2O_7^{2-} + 14\,H^+ + 6\ominus. \qquad (1)$$

Man verwendet *Blei-Elektroden*: Kathoden- und Anodenraum sind durch ein Diaphragma voneinander getrennt. Im *Kathodenraum* erfolgt bei der Chromsäure-Regenerierung eine Wasserstoffentwicklung, also *Abnahme der Säure-Konzentration* ($6\,H^+ + 6\ominus \rightarrow 3\,H_2$), im *Anodenraum* dagegen gemäß (1) eine *Zunahme der Wasserstoffionen-Konzentration*. Daher verfährt man in der Praxis so, daß man jeweils nur die säurereiche Anodenflüssigkeit zu neuen Oxidationszwecken benutzt, während die an Säure verarmte Kathodenflüssigkeit anschließend in den Anodenraum und die ausgebrauchte Chromatlösung des Oxidationsbetriebes in den Kathodenraum übergeführt werden usw.

Im Laboratorium benutzt man zur Oxidation von Chrom(III)-oxid zu Chromat *Salpeter* als Oxidationsmittel, wobei die Gelbfärbung der „*Oxidationsschmelze*" als „*Nachweis für Chrom(III)-Verbindungen*" genutzt wird:

$$\overset{+3}{Cr_2}O_3 + 2\,Na_2CO_3 + 3\,K\overset{+5}{N}O_3 \rightarrow 2\,Na_2\overset{+6}{Cr}O_4 + 3\,K\overset{+3}{N}O_2 + 2\,CO_2.$$

Unter den Eigenschaften der Chromate seien das *Kondensations-*, *Redox-* und *Säure-Base-Verhalten* besprochen:

Kondensations-Verhalten. Säuert man die *verdünnte* Lösung eines **Chromats CrO_4^{2-}** mit *verdünnter* Säure an, so schlägt die *gelbe* Farbe der Chromatlösung in die *orangene* Farbe des **Dichromats $Cr_2O_7^{2-}$** um, da das beim Ansäuern primär entstehende Hydrogenchromat ($CrO_4^{2-} + H^+ \rightarrow HCrO_4^-$) nicht wie das entsprechende Hydrogensulfat HSO_4^- erst in der Hitze

---

[6] **Literatur.** Anorganische Verb. R. Colton, J.H. Canterford: *„Chromium"* in „Halides of the First Row Transition Metals", Wiley 1969, S. 161–211; A. Bakac, J.H. Espenson: *„Chromium Complexes Derived from Molecular Oxygen"*, Acc. Chem. Res. **26** (1993) 519–523; S.A. Connor, E.A.V. Ebsworth: *„Peroxy-Compounds of Transition Metals"*, Adv. Inorg. Radiochem. **6** (1964) 279–381; J.E. Fergusson: *„Halide Chemistry of Chromium, Molybdenum, and Tungsten"*, in V. Gutmann (Hrsg.) „Halogen Chemistry" **3** (1968) 227–302. – Organische Verb. S.W. Kirtley: *„Chromium Compounds with η^1-Carbon Ligands"* und R. Davis, L.A.P. Kane-Maguire: *„Chromium Compounds with η^2–η^8-Liganden"*, Comprehensive Organomet. Chem. **3** (1982) 783–1077; Gmelin: *„Organochromium Compounds"*, New Suppl. Ser. Vol. **3**, Houben-Weyl: *„Organische Chromverbindungen"* **13/7** (1975); J.H. Espenson: *Chemistry of Organochromium (III) Complexes"* Acc. Chem. Res. **25** (1992) 222–227.

und bei Wasserausschluß, sondern bereits in wässeriger Lösung und bei Zimmertemperatur Wasser abspaltet ($2\,HCrO_4^- \rightleftarrows H_2O + Cr_2O_7^{2-}$; $K = 10^{2.2}$):

$$\underset{gelb}{2\,CrO_4^{2-}} + 2\,H^+ \rightleftarrows \underset{orange}{Cr_2O_7^{2-}} + H_2O. \qquad (2a)$$

Entsprechend diesem Gleichgewicht (2a) enthält jede Chromatlösung auch Dichromat-Ionen $Cr_2O_7^{2-}$ und jede Dichromatlösung auch Chromat-Ionen CrO_4^{2-}. Durch Vergrößerung und Verkleinerung der Wasserstoffionen-Konzentration (Zusatz von Säure oder Base) kann das Gleichgewicht nach rechts und links verschoben[7] und auf diese Weise z. B. das Massenwirkungsgesetz demonstriert werden (S. 200).

Von dieser Gleichgewichtsverschiebung macht man zur „*Trennung von Barium und Strontium*" Gebrauch, indem man in einer Dichromatlösung durch Einstellung eines bestimmten pH-Wertes (mit Natriumacetat abgestumpfte essigsaure Lösung) eine Chromationen-Konzentration erzeugt, die zur Ausfällung des schwerer löslichen Bariumchromats ($L_{BaCrO_4} = 8.5 \times 10^{-11}$), nicht aber zur Überschreitung des größeren Löslichkeitsprodukts von Strontiumchromat ($L_{SrCrO_4} = 3.6 \times 10^{-5}$) ausreicht.

In *konzentrierter* und *stärker saurer* Lösung findet eine *Kondensation* über die Stufe des Dichromats hinaus unter Bildung von „*Trichromat*" $Cr_3O_{10}^{2-}$ ($Cr_2O_7^{2-} + CrO_4^{2-} + 2\,H^+ \rightleftarrows Cr_3O_{10}^{2-} + H_2O$), „*Tetrachromat*" $Cr_4O_{13}^{2-}$ ($2\,Cr_2O_7^{2-} + 2\,H^+ \rightleftarrows Cr_4O_{13}^{2-} + H_2O$) und noch höheren **Polychromaten** $[\mathbf{Cr}_n\mathbf{O}_{3n+1}]^{2-}$ statt (vgl. etwa die analoge Kondensation der Kieselsäure, Phosphorsäure oder Schwefelsäure); allgemein:

$$2\,Cr_nO_{3n+1}^{2-} + 2\,H^+ \rightarrow Cr_{n'}O_{3n'+1}^{2-} + H_2O \quad (n' = 2n). \qquad (2b)$$

Parallel damit verschiebt sich die Farbe der Lösung von ursprünglich *gelb* über *orange* nach *hochrot*. Versetzt man schließlich eine *konzentrierte* Chromatlösung mit *konzentrierter* Schwefelsäure, so erhält man das intensiv rote, polymere *Chromsäure-Anhydrid* $(CrO_3)_x$ (s. u.).

Redox-Verhalten. Die charakteristischste Eigenschaft der Chromate ist ihre starke *oxidierende Wirkung*, da sie ein großes Bestreben haben, bei Zugabe oxidierbarer Stoffe (z. B. H_2SO_3, HNO_2) in die Stufe des *dreiwertigen* (*grünen*) Chroms überzugehen:

$$CrO_4^{2-} + 8\,H^+ + 3\ominus \rightarrow Cr^{3+} + 4\,H_2O, \qquad (3a)$$

$$Cr_2O_7^{2-} + 14\,H^+ + 6\ominus \rightarrow 2\,Cr^{3+} + 7\,H_2O. \qquad (3b)$$

Die Oxidationswirkung ist in *saurer* Lösung besonders stark (vgl. Potentialdiagramm auf S. 1442). Daher finden schwefelsaure Dichromatlösungen in der *Analytik* für *Redox-Titrationen* (**Dichromatometrie**; z. B. zur Fe-Bestimmung) und in der *Technik* (z. B. in Farbstoff-Fabriken) Verwendung zu *Oxidationszwecken*. Im *Laboratorium* benutzte man konzentrierte „*Chromschwefelsäure*" wegen ihrer starken Oxidationswirkung zum Reinigen verschmutzter Glasgeräte[8].

Säure-Base-Verhalten. Die den normalen Chromaten zugrunde liegende **Chromsäure $\mathbf{H_2CrO_4}$**, die zum Unterschied von der (stärkeren) Schwefelsäure H_2SO_4 nur in verdünnter wässeriger Lösung bekannt ist, ist in *erster* Stufe ($H_2CrO_4 \rightleftarrows H^+ + HCrO_4^-$) *stark* ($pK_1 = -0.61$), in *zweiter* Stufe ($HCrO_4^- \rightleftarrows H^+ + CrO_4^{2-}$) dagegen nur *wenig dissoziiert* ($pK_2 = 6.488$). Dementsprechend reagieren die Alkalichromate in wässeriger Lösung alkalisch:

$$CrO_4^{2-} + HOH \rightleftarrows HCrO_4^- + OH^-.$$

Die **Hydrogenchromate $\mathbf{HCrO_4^-}$**, die zum Unterschied von den Hydrogensulfaten HSO_4^- nur in wässeriger Lösung bekannt sind und bei pH-Werten von 2–6 mit den Dichromaten $Cr_2O_7^{2-}$ im Gleichgewicht stehen (s. oben), reagieren in rein wässeriger Lösung schwach sauer.

---

7 pH > 8: CrO_4^{2-}; pH 2–6: $HCrO_4^-$ und $Cr_2O_7^{2-}$ im Gleichgewicht; pH < 1: $Cr_nO_{3n+1}^{2-}$.

8 Beim längeren Stehen scheidet sich aus Chromschwefelsäure *rotes*, nadelförmiges CrO_3 sowie *braunes*, pulverförmiges CrO_2SO_4 aus. Es läßt sich auch $CrO_2(HSO_4)_2$ isolieren.

Die – ebenfalls nur in verdünnter Lösung existierende – **Dichromsäure $H_2Cr_2O_7$** ist stärker sauer (pK_1 = groß; $pK_2 = 0.07$) als die Chromsäure H_2CrO_4.

Isolierbare **Salze** der Chromsäure enthalten die Ionen CrO_4^{2-} (tetraedrischer Bau mit Doppelbindungscharakter der CrO-Bindungen; CrO-Abstände = 1.66 Å), $Cr_2O_7^{2-}$ (zwei CrO_4-Tetraeder mit gemeinsamem O-Atom: $O_3Cr{-}O{-}CrO_3$; CrO-Abstände = 1.63 und 1.79 Å (Brücke); CrOCr-Winkel = 126°), $Cr_3O_{10}^{2-}$ und $Cr_4O_{13}^{2-}$ (Kette aus CrO_4-Tetraedern mit gemeinsamen Ecken; CrOCr-Winkel um 120°). Dichromate sind jeweils leichter löslich als Monochromate. Vergleichsweise gut lösen sich die Alkalimetallchromate. Das schwerstlösliche Chromat ist das *rote „Quecksilber(I)-chromat"* Hg_2CrO_4. Es löst sich zum Unterschied von allen anderen schwerlöslichen Chromaten (z. B. *„Bleichromat"* $PbCrO_4$, *„Bariumchromat"* $BaCrO_4$, *„Silberchromat"* Ag_2CrO_4) auch nicht in verdünnter Salpetersäure und wird zur *„quantitativen Fällung und Bestimmung von Chrom"* benutzt, da es beim Glühen in das direkt wiegbare Chrom(III)-oxid Cr_2O_3 übergeht.

Verwendung. Wie erwähnt, werden Chromate in der organischen Chemie (z. B. in Farbstoff-Fabriken) als starke *„Oxidationsmittel"* eingesetzt. Auch dienen sie als *„Korrosionsschutzpigmente"* (z. B. $SrCrO_4$, basisches $ZnCrO_4$ bzw. basisches $3ZnCrO_4 \cdot K_2CrO_4$) und stellen *„Ausgangsmaterialien"* für *Gerbstoffe, Cr(III)-Salze, Holzimprägnierungsmittel* dar. Einige *Bleichromate* sind wegen ihrer brillanten Farbtöne, ihrer hohen Farbstärke sowie Lichtechtheit, ihrem großen Deckvermögen und ihrer chemischen Beständigkeit geschätzte *„Buntpigmente"* für Lacke, Druckfarben, Keramiken, Kunststoffe, so etwa *„Chromgelb"* (in Form von goldgelbem $PbCrO_4$ (frühere Postwagenfarbe) oder hellgelbem monoklinem bzw. grünstichig gelbem orthorhombischen $Pb(Cr,S)O_4$), *„Molybdatorange"* bzw. *„Molybdatrot"* $Pb(Cr,Mo,S)O_4$ und *„Chromorange"* bzw. *„Chromrot"* $PbCrO_4 \cdot PbO$. Man stellt die Pigmente durch Mischfällungsreaktionen her und verbessert die Lichtechtkeit, Temperaturbeständigkeit und Chemikalienresistenz durch geeignete chemische Nachbehandlung. Durch Abmischen von Chromgelb mit Berliner Blau oder Phthalocyaninblau entstehen die *„Chromgrün-Pigmente"*. Wegen des Blei- und Chromatgehalts sind die erwähnten Farben allerdings giftig.

Chrom(VI)-oxid (vgl. S. 1620). Darstellung, Eigenschaften. Das den Chromaten zugrunde liegende und aus ihnen durch Zusatz konzentrierter Schwefelsäure (s. oben) gewinnbare[9], äußerst *giftige* (schleimhautkrebserregende) **Chrom(VI)-oxid CrO_3** bildet lange, *dunkelrote*, in Wasser leicht lösliche, bei 197 °C schmelzende Nadeln, die sich in viel Wasser mit gelber Farbe zu Chromsäure H_2CrO_4, in wenig Wasser mit gelblichroter bis roter Farbe zu Polychromsäuren $H_2Cr_nO_{3n+1}$ lösen (s. o.). Mit Halogeniden bildet CrO_3 leichthydrolysierbare *„Halogenochromate"* $[CrO_3X]^-$. Es zersetzt sich ab 220 °C über Zwischenstufen (Cr_3O_8, Cr_2O_5, Cr_5O_{12}, CrO_2; vgl. Tab. 122) leicht in Chrom(III)-oxid Cr_2O_3 und Sauerstoff nach

$$39\,\text{kJ} + 2CrO_3 \rightarrow Cr_2O_3 + 1\tfrac{1}{2}O_2$$

und stellt wegen der leichten Sauerstoffabgabe ein *sehr kräftiges Oxidationsmittel* dar.

So kann man beispielsweise eine wässerige Lösung nicht durch Papierfilter filtrieren, da diese oxidiert werden. Methanol entzündet sich beim Auftropfen auf CrO_3 von selbst. Leitet man trockenes Ammoniak über CrO_3-Kristalle, so wird es unter Feuererscheinung zu Stickstoff oxidiert:

$$2NH_3 + 2CrO_3 \rightarrow N_2 + Cr_2O_3 + 3H_2O + 726.4\,\text{kJ}. \qquad (4)$$

Erhitzt man daher einen großen *Ammoniumdichromat*-Kristall an einer Stelle: $(NH_4)_2Cr_2O_7 \rightarrow 2NH_3 + 2CrO_3 + H_2O$, so schreitet die gemäß (4) beginnende Reaktion unter lebhaftem Glühen und Rauschen (Stickstoffentwicklung) und unter Bildung von lockerem, grünem Cr_2O_3-Pulver durch die ganze Masse hindurch fort.

Struktur. $(CrO_3)_x$ ist ähnlich wie $(SO_3)_x$ aus einer Kette von CrO_4-Tetraedern aufgebaut (vgl. S. 572), die je zwei Tetraederecken mit anderen CrO_4-Tetraedern teilen, so daß jedes Cr von vier O und die Hälfte dieser O von zwei Cr umgeben ist, entsprechend einer Zusammensetzung $CrO_2O_{2/2} = CrO_3$. Die CrO-Bindungen innerhalb der Kette (CrO-Abstand 1.748 Å) entsprechen Einfachbindungen, die terminalen CrO-Bindungen (CrO-Abstand 1.599 Å) Doppelbindungen. Andere Struktur (oktaedrische Umgebung) besitzen MoO_3 und WO_3 (vgl. S. 1463).

Verwendung Man nutzt CrO_3 zur galvanischen Verchromung, als Oxidationsmittel, im Holzschutz, zur Herstellung von CrO_2 sowie Cr-haltiger Katalysatoren.

---

9 In der Technik erhitzt man eine Mischung von $Na_2Cr_2O_7 \cdot 2H_2O$ und H_2SO_4 bis auf 200 °C und trennt anschließend spezifisch schwereres, flüssiges CrO_3 (Smp. 197 °C) von spezifisch leichterem, flüssigem $NaHSO_4$ (Smp. 170 °C).

Chrom(VI)-halogenidoxide. Als Chlorid der Chromsäure kann das (lichtempfindliche) **Chromylchlorid CrO_2Cl_2** (Tetraeder-Struktur) durch Einwirkung von *Salzsäure* auf *Chromsäure* gewonnen werden:

$$O_2Cr\begin{matrix} \diagup OH + HCl \\ \diagdown OH + HCl \end{matrix} \rightleftarrows O_2Cr\begin{matrix} \diagup Cl + HOH \\ \diagdown Cl + HOH \end{matrix} \tag{5}$$

Da die Reaktion *umkehrbar* ist, und das Chromylchlorid durch Wasser leicht wieder rückwärts in Chromsäure und Salzsäure zerlegt wird, muß man bei der Darstellung das entstehende Wasser durch konzentrierte Schwefelsäure binden. Dementsprechend erhitzt man ein Gemisch von *Kaliumchromat* (oder -dichromat) und *Kaliumchlorid* mit *konzentrierter Schwefelsäure*. Das stark oxidierend wirkende Chromylchlorid destilliert dabei als *dunkelrote* Flüssigkeit vom Siedepunkt 116.7 °C und Erstarrungspunkt − 96.5 °C.

In analoger Weise entsteht aus *Kaliumchromat* und *wasserfreier Flußsäure* das gasförmige, rotbraune, sehr stabile **Chromylfluorid CrO_2F_2**, das sich bei 30 °C zu einem *tiefvioletten* Feststoff (Smp. 31.6 °C) kondensieren läßt. In beiden Fällen treten als Zwischenstufen der Chromylhalogenid-Bildung starke einbasige „*Halogeno-chromsäuren*" der Formel $CrO_2(OH)X$ auf (X = F, Cl), deren Salze $M[CrO_3X]$ sich wohlkristallisiert isolieren lassen. Auch ein durch Fluorierung von Cr gewinnbares **Chromtetrafluoridoxid $CrOF_4$** ist bekannt.

In der analytischen Chemie macht man von der umkehrbaren Reaktion (5) zum „*Nachweis von Chloriden*" neben Bromiden und Iodiden Gebrauch, indem man die auf Chloride zu prüfende Substanz nach Zusatz von *Dichromat* mit *konzentrierter Schwefelsäure* (Verschiebung des Gleichgewichts (5) nach rechts) erhitzt und die entstehenden Dämpfe in *Natronlauge* (Verschiebung des Gleichgewichts (5) nach links) einleitet. Die Anwesenheit von Chloriden gibt sich dabei durch die Bildung von gelbem Chromat zu erkennen, das als solches nachgewiesen werden kann. *Bromide* und *Iodide* gehen bei der Reaktion zum Unterschied von den Chloriden in elementares *Brom* und *Iod* über.

Peroxochromate(VI) (vgl. S. 1623). Durch vorsichtiges Zugeben von 30%igem *Wasserstoffperoxid* zu *sauren Chromatlösungen* unter Eiskühlung werden **Peroxochromate(VI) $MHCrO_6$** gewonnen:

$$HCrO_4^- + 2H_2O_2 \rightarrow HCrO_6^- + 2H_2O.$$

Sie bilden *blauviolette*, *diamagnetische* Kristalle und unterscheiden sich in ihrem Aufbau dadurch von den Chromaten, daß zwei Sauerstoffatome des Chromat-Ions (a) unter *Erhalt der Sechswertigkeit* des Chroms durch O_2-Gruppen (Peroxo-Gruppen) ersetzt sind (b):

$$\text{(a)}\begin{bmatrix} & O & \\ O & \mathbf{Cr} & O \\ & O & \end{bmatrix}^{2-} \quad \text{(b)}\begin{bmatrix} & O_2 & \\ O & \mathbf{Cr} & O \\ & O_2 & \end{bmatrix}^{2-} \quad \text{(c)}\begin{bmatrix} & O_2 & \\ O_2 & \mathbf{Cr} & O_2 \\ & O_2 & \end{bmatrix}^{2-} \quad \text{(d)}\begin{bmatrix} & O \\ O & \mathbf{Cr} \\ & O \end{bmatrix}_x \quad \text{(e)}\begin{bmatrix} & O_2 \\ O & \mathbf{Cr} \\ & O_2 \end{bmatrix}$$

Produkte einer vollständigen Substitution der Sauerstoffatome in CrO_4^{2-} (a) durch Peroxogruppen, die *Peroxochromate(VI)* CrO_8^{2-} (c), entstehen möglicherweise als Zwischenprodukte der zu *roten, paramagnetischen Peroxochromaten(V)* CrO_8^{3-} führenden Einwirkung von 30%igem Wasserstoffperoxid auf *alkalische Chromatlösungen* (s. u.).

Die blauen, wässerigen Lösungen der Peroxochromate(VI) CrO_6^{2-} zersetzen sich leicht unter *Sauerstoffentwicklung* und Rückbildung der ursprünglichen Chromate: $HCrO_6^- \rightarrow HCrO_4^- + O_2$. Bei gleichzeitiger Gegenwart von Wasserstoffperoxid erfolgt in saurer Lösung darüber hinaus eine Reduktion bis zur Stufe des grünen dreiwertigen Chroms ($2HCrO_6^- + 3H_2O_2 + 8H^+ \rightarrow 2Cr^{3+} + 8H_2O + 5O_2$).

Man kann das Peroxochromat-Ion $HCrO_6^- = CrO_5(OH)^-$ der Peroxochromate(VI) $M[HCrO_6]$ (M z. B. = K, NH_4, Tl(I)) auch als Additionsverbindung eines Peroxids CrO_5 an OH^- ansehen, wobei sich dieses Peroxid CrO_5 (e) vom Chromoxid CrO_3 (d) durch Ersatz zweier Sauerstoffatome durch Peroxogruppen ableitet. Schüttelt man wässerige blaue *Peroxochromat-Lösungen* mit *Ether* aus, so läßt sich dieses **Chrom(VI)-peroxid CrO_5** als beständige *blaue* „*Ether-Anlagerungsverbindung*" $CrO_5(OR_2)$ in den Ether überführen:

$$CrO_5(OH)^- + OR_2 \rightleftarrows CrO_5(OR_2) + OH^-. \tag{6}$$

Hiervon macht man zum analytischen „*Nachweis von Chromaten und Dichromaten*" Gebrauch, indem man eine mit Ether versetzte schwefelsaure Wasserstoffperoxidlösung mit der auf Chromat zu prüfenden Lösung schüttelt; die Anwesenheit von Chromat macht sich dann durch eine *intensive Blaufärbung* der – spezifisch leichteren und daher auf der wässerigen Lösung schwimmenden – *Etherschicht* bemerkbar.

Durch bloße Zugabe von *Hydroxid* OH^- kann das Peroxid $CrO_5(OR_2)$ in Umkehrung von (6) wieder in die Peroxochromate $CrO_5(OH)^-$ *rückverwandelt* werden. Bei Zufügen von *Pyridin* (py) zur etherischen Lösung von $CrO_5(OR_2)$ läßt sich das diamagnetische, in Benzol monomer lösliche Pyridinat CrO_5 (py) erhalten: $CrO_5(OR_2) + py \rightarrow CrO_5(py) + OR_2$, dessen Moleküle (Analoges gilt für $CrO_5(OR_2)$ und $CrO_5(OH)^-$) eine pentagonale Pyramide mit einem O-Atom an der Spitze bilden (f). Das aus $CrO_5(OH_2)$ und *α,α'-Bipyridin* (bipy) zugängliche Addukt $Cr(O_5)$(dipy) weist andererseits einen pentagonal-bipyramidalen Bau (g) auf, während das als Zwischenprodukt der Umsetzung von H_2O_2 mit alkalischen CrO_4^{2-}-Lösungen postulierte Peroxochromat CrO_8^{2-} wohl verzerrt-dodekaedrische Struktur (h) besitzt (O_2-Gruppen in den Ecken eines Tetraeders).

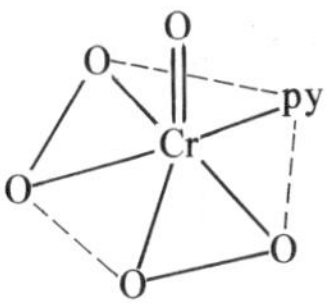

(f) 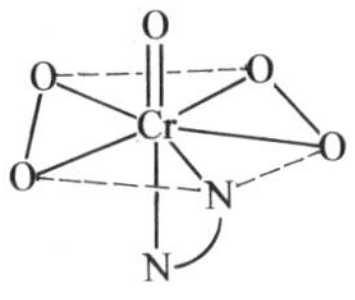 (g) N‿N=bipy 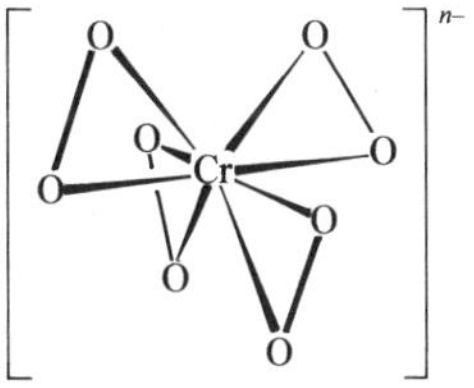 (h)

1.3 Chrom(V)- und Chrom(IV)-Verbindungen (d^1, d^2)[1,6)]

Man kennt von *fünfwertigem* ähnlich wie von sechswertigem Chrom außer einem *Oxid* und einigen *Chromaten*, *Peroxochromaten* sowie *Halogenidoxiden* nur wenige Verbindungen (z. B. ein *Hexafluorid*). *Vierwertige* Chromverbindungen sind zwar etwas zahlreicher und beständiger aber doch noch *relativ* selten. Für beide Oxidationsstufen existiert *keine wässerige* Chemie; allerdings treten sie bei vielen Redoxreaktionen in Wasser als Reaktionszwischenprodukte auf.

Halogenverbindungen. Unter den Chromhalogeniden des fünfwertigen Chroms (Tab. 122) ist das **Chrompentafluorid CrF_5** die einzige *binäre* Verbindung. Es stellt einen *karmesinroten*, stark oxidierend wirkenden, flüchtigen Feststoff dar, der durch direkte Einwirkung von Fluor auf Chrom bei 400 °C und 200 bar gewonnen werden kann. CrF_5 liegt wie VF_5 in der Gasphase monomer (trigonal-bipyramidal), in kondensierter Phase polymer vor (*cis*-verknüpfte CrF_6-Oktaeder; vgl. S. 1611) und bildet den „*Fluorokomplex*" CrF_6^- (oktaedrisch). Die zugehörigen hydrolyseempfindlichen, stark oxidierend wirkenden **Chrom(V)-halogenidoxide $CrOF_3$** und **$CrOCl_3$** (Tab. 122; $CrOCl_3$ disproportioniert oberhalb 0 °C in Cr(VI) und Cr(III)) ergeben mit Halogenid „*Halogenokomplexe*" $CrOX_4^-$ (für X = Cl: trigonal-bipyramidal) und $CrOX_5^{2-}$ (oktaedrisch). Von vierwertigem Chrom sind alle *binären* **Chromtetrahalogenide CrX_4** bekannt (Tab. 122). CrF_4 ist ein *grünschwarzer*, durch Einwirkung von F_2 auf CrF_3, $CrCl_3$ oder Cr bei 300–350 °C gewinnbarer, bei 100 °C sublimierender, leicht hydrolysierender Feststoff; $CrCl_4$, $CrBr_4$ und CrI_4 existieren nicht als Feststoffe, sondern nur im Dampfphasengleichgewicht des Trihalogenids mit Halogen ($2CrX_3 + X_2 \rightarrow 2CrX_4$). Mit Fluoriden bildet CrF_4 „*Fluorokomplexe*" CrF_5^- (CrF_6-Oktaederkette mit gemeinsamen F-Atomen), CrF_6^{2-} (oktaedrisch) und CrF_7^{3-}. Bezüglich Strukturen vgl. S. 1611.

Sauerstoffverbindungen. Als reine Oxoverbindungen des fünfwertigen Chroms sind **Chromate(V)** wie **Na_3CrO_4** und **$Ba_3(CrO_4)_2$** bekannt, *schwarze* oder *blauschwarze*, hygroskopische Feststoffe, die unter Disproportionierung in Cr(VI) und Cr(III) hydrolysieren und *paramagnetische*, isolierte CrO_4^{3-}-Ionen von Tetraedergestalt enthalten. Die Verbindung KCr_3O_8 enthält kein Cr(V), wie man aus der Zusammensetzung schließen könnte, sondern ist ein *Kalium-chrom(III)-chromat(VI)* $KCr(CrO_4)_2$. Bezüglich des „*Dichrompentaoxids*" Cr_2O_5 s. unten.

Die *roten* **Peroxochromate(V) M_3CrO_8** (vgl. S. 1623) entstehen bei der Einwirkung von 30%igem *Wasserstoffperoxid* auf *alkalische Chromatlösungen* unter Eiskühlung. Bei dieser Umsetzung wären eigentlich diamagnetische Peroxochromate(VI) der Zusammensetzung M_2CrO_8 mit *sechswertigem Chrom* zu erwarten (1). *Diese sind aber nicht faßbar und gehen als starke Oxidationsmittel* – formal unter Oxidation von OH^- zu H_2O_2 ($2OH^- \rightarrow H_2O_2 + 2\ominus$) gemäß (2) – in *paramagnetische* Peroxochromate(V) M_3CrO_3 mit *fünfwertigem Chrom* über ($CrO_8^{2-} + \ominus \rightarrow CrO_8^{3-}$)[10]:

$$2CrO_4^{2-} + 8H_2O_2 \rightarrow 2CrO_8^{2-} + 8H_2O \quad (1)$$
$$2CrO_8^{2-} + 2OH^- \rightarrow 2CrO_8^{3-} + H_2O_2 \quad (2)$$
$$2CrO_4^{2-} + 7H_2O_2 + 2OH^- \rightarrow 2CrO_8^{3-} + 8H_2O.$$

Die Reaktion verläuft über das oben (S. 1446) erwähnte Peroxochromat $HCrO_6^-$, welches mit weiterem Wasserstoffperoxid zum Peroxochromat CrO_8^{3-} reagiert: $HCrO_6^-$ (violett) + $1\frac{1}{2}H_2O_2 \rightleftarrows CrO_8^{3-}$ (rot) + $2H^+ + H_2O$. Das wiedergegebene Gleichgewicht ist reversibel.

Im (quasi-dodekaedrischen) Peroxochromat-Ion CrO_8^{3-} (vgl. Formel (h) auf S. 1446) sind die Sauerstoffatome O des CrO_4^{3-}-Ions durch Peroxogruppen O_2 ersetzt (tetraedrische Anordnung der vier O_2-Zentren um das Cr-Atom unter Ausbildung einer Dodekaeder-Struktur von acht O-Atomen).

Unter den Verbindungen mit vierwertigem Chrom besitzt das durch *thermischen Abbau* von *Chromtrioxid* CrO_3 unter Sauerstoffatmosphäre auf dem Wege über fünfwertiges „*Dichrompentaoxid*" $\mathbf{Cr_2O_5}$ erhältliche, ferromagnetische, metallisch leitende, für Ton- und Videobänder als *Magnetpigment*[11] verwendete **Chromdioxid CrO_2** Rutil-Struktur (Tab. 122; vgl. S. 1620). Von ihm leiten sich **Chromate(IV)**

Tab. 122 Halogenide, Oxide und Halogenidoxide[a)] von Chrom (vgl. S. 1462, 1611, 1620)

	Fluoride	**Chloride**	**Bromide**	**Iodide**	**Oxide**[b)]
Cr(VI)	–[c)]	–	–	–	**CrO_3**, *tiefrot* Smp. 197 °C ΔH_f – 590 kJ Kette, KZ 4
Cr(V)	**CrF_5**, *blutrot* Smp./Sdp. 30/117 °C Kettenstr. KZ 6	–	–	–	**Cr_2O_5**, *schwarz* Zers. 200 °C b)
Cr(IV)	**CrF_4**, *dunkelgrün* Smp. 277 °C ΔH_f – 1248 kJ/mol Kette, KZ 6	**$CrCl_4$**, *braun* Zers. – 28 °C stabile Gasphase T_d-Symmetrie, KZ 4	**($CrBr_4$)** nur in der Gasphase stabil T_d-Symmetrie, KZ 4	**(CrI_4)** nur in der Gasphase stabil T_d-Symmetrie, KZ 4	**CrO_2**, *schwarz* Zers. > 200 °C ΔH_f – 599 kJ/mol Rutil-Strukt., KZ 6
Cr(III)	**CrF_3**, *grün* Smp. 1404 °C ΔH_f – 1160 kJ/mol VF_3-Strukt., KZ 6	**$CrCl_3$**, *violettrot* Smp. 1152 °C ΔH_f – 557 kJ/mol $CrCl_3$-Strukt., KZ 6	**$CrBr_3$**, *dunkelgrün* Smp. 812 °C BiI_3-Strukt.?, KZ 6	**CrI_3**, *dunkelgrün* Zers. 500 °C ΔH_f – 205 kJ/mol BiI_3-Strukt., KZ 6	**Cr_2O_3**, *grün* Smp. 2275 °C ΔH_f – 1140 kJ/mol Korund-Strukt., KZ 6
Cr(II)	**CrF_2**, *blaugrün* Smp. 894 °C ΔH_f – 703 kJ/mol Rutil-Strukt.[d)], KZ 6	**$CrCl_2$**, *weiß* Smp./Sdp. 815/1120 °C ΔH_f – 396 kJ/mol Rutil-Strukt.[d)], KZ 6	**$CrBr_2$**, *weiß* Smp. 842 °C ΔH_f – 302 kJ/mol CdI_2-Strukt.[d)], KZ 6	**CrI_2**, *rotbraun* Smp. 868 °C ΔH_f – 157 kJ/mol CdI_2-Strukt.[d)], KZ 6	**CrO**, *schwarz* Dispr. Cr/Cr(III) NaCl-Strukt.[d)], KZ 6

a) Man kennt eine Reihe von **Chromhalogenidoxiden**: *rotes* $\mathbf{Cr^{VI}OF_4}$ (Smp. 55 °C), *violettes* $\mathbf{Cr^{VI}O_2F_2}$ (Smp. 32 °C), *rotes* $\mathbf{Cr^{VI}O_2Cl_2}$ (Smp. – 96.5 °C, Sdp. 117 °C, ΔH_f = – 580 kJ/mol), *rotes* $\mathbf{CrO_2Br_2}$ (Zers. unterhalb Raumtemp.), *purpurfarbenes* $\mathbf{Cr^{V}OF_3}$ (Zers. 500 °C; Raumstruktur), *dunkelrotes* $\mathbf{Cr^{V}OCl_3}$, *grünes* $\mathbf{Cr^{III}OCl}$ und $\mathbf{Cr^{III}OBr}$. – **b)** Neben den aufgeführten Oxiden kennt man ferner *farbige* **Peroxide** $\mathbf{CrO_5}$ = $CrO(O_2)_2$ und $\mathbf{CrO_4}$ = $Cr(O_2)_2$ (nur in Form von Donoraddukten isolierbar: *blaues* $CrO_5 \cdot D$ und *braunes* $CrO_4 \cdot 3D$), *schwarze* **III/VI- und II/III-Oxide** wie $\mathbf{Cr_2O_5}$ = $Cr_2^{III}Cr_4^{VI}O_{15}$, $\mathbf{Cr_5O_{12}}$ = $Cr_2^{III}Cr_3^{VI}O_{12}$ (kantenverknüpfte $Cr^{III}O_6$-Oktaeder, welche mit $Cr^{VI}O_4$-Tetraedern eckenverknüpft sind) und $Cr_3\mathbf{O_4}$ = $Cr^{II}Cr_2^{III}O_4$ (vgl. Spinelle). – **c)** $\mathbf{CrF_6}$ soll neben $CrOF_4$ und CrF_5 (*tiefrote* Feststoffe) bei der Fluorierung von Chrom mit Fluor bei 400 °C und 350 bar als sehr unbeständiges, *zitronengelbes*, im Vakuum oberhalb etwa – 100 °C in CrF_5 übergehendes Pulver entstehen. Tatsächlich handelt es sich aber wohl um CrO_2F_2/HF. – **d)** Strukturen jeweils Jahn-Teller-verzerrt.

---

10 Auch andere Metalle, z. B. *Titan, Zirconium, Vanadium, Niobium, Tantal, Molybdän, Wolfram, Mangan* und *Uran* sind imstande, Peroxoverbindungen der allgemeinen Zusammensetzung $[M(O_2)_4]^{n-8}$ zu bilden, wobei n meist die höchstmögliche Wertigkeitsstufe (= Gruppennummer), gelegentlich (z. B. Cr, Mn) auch eine niedrigere Wertigkeit des Zentralatoms darstellt.

11 Die *magnetische Informationsspeicherung* auf Bändern, Trommeln, Platten usw. beruht auf der Magnetisierung nadelförmiger, in organischen Bindemitteln verteilten **Magnetpigmenten** (Länge 0.15–0.1 µm, Durchmesser 0.03–0.1 µm) aus ferromagnetischem $\mathbf{CrO_2}$ sowie **Fe** bzw. ferrimagnetischem $\boldsymbol{\gamma}$-$\mathbf{Fe_2O_3}$ sowie $\mathbf{Fe_3O_4}$. Durch Form und Größe der Nadeln sowie Füllgrad des Bandes bestimmt man die Magneteigenschaften im Speichermedium, nämlich die „*Koerzitivkraft*" (Widerstand des Bandes gegen eine Um- oder Entmagnetisierung; erwünschte Werte zwischen 300–1500 Oersted ≈ 4–20 A/m) und die „*Remanenz*" (verbleibende Magnetisierung nach Abschalten des magnetisierenden Feldes; erwünschte Werte zwischen 1200–3200 Gauß = 0.12–0.32 Tesla).

wie $\mathbf{Ba_2CrO_4}$ und $\mathbf{Sr_2CrO_4}$ als *blauschwarze*, luftbeständige, *paramagnetische* Verbindungen ab, welche isolierte, tetraedrische CrO_4^{4-}-Ionen enthalten und unter Disproportionierung in Cr(VI) und Cr(III) hydrolysieren. Darüber hinaus ist ein **Chrom(IV)-peroxid $\mathbf{CrO_4}$** $= Cr(O_2)_2$ bekannt (Tab. 122). Es entsteht in Form eines *braunen* Triammoniakats $[CrO_4(NH_3)_3]$ (pentagonale Bipyramide mit $2\,NH_3$-Molekülen an den beiden Spitzen und einem NH_3-Molekül in der Äquatorebene) gemäß $2(NH_4)_3CrO_8 \rightarrow 3\,H_2O + 2\,[CrO_4(NH_3)_3] + 2\tfrac{1}{2}O_2$ beim Erhitzen von $(NH_4)_3CrO_8$ auf 50 °C und geht bei gelindem Erwärmen mit einer KCN-Lösung gemäß $[CrO_4(NH_3)_3] + 3\,CN^- \rightarrow [CrO_4(CN)_3]^{3-} + 3\,NH_3$ in einen „*Cyanokomplex*" des Peroxids CrO_4 über.

Sonstige Chrom(IV)-Verbindungen. Erwähnenswerte Chrom(IV)-Verbindungen sind noch **Alkoxide $\mathbf{Cr(OR)_4}$** und **Amide $\mathbf{Cr(NR_2)_4}$** (R jeweils Alkylrest) sowie **organische Verbindungen $\mathbf{CrR_4}$** (R z. B. ^tBu, CH_2SiMe_3, Adamantyl), überraschend stabile, flüchtige, monomere, tetraedrisch gebaute, *blaue, paramagnetische* Substanzen.

1.4 Chrom(III)-Verbindungen (d^3)[1,6]

Halogenverbindungen. Vom dreiwertigen Chrom kennt man alle (aus den Elementen gewinnbaren) Halogenide $\mathbf{CrX_3}$ (vgl. Tab. 122). Unter ihnen sublimiert *wasserfreies* **Chromtrichlorid $\mathbf{CrCl_3}$** beim Erhitzen von metallischem *Chrom* oder von *Chrom(III)-oxid* und *Koks* im *Chlorstrom* oberhalb von 1200 °C ab und kondensiert sich in Form glänzender, *violettroter* Kristallblättchen, welche im Chlorstrom bei 600 °C sublimieren und in Abwesenheit von Chlor bei gleicher Temperatur in $CrCl_2 + Cl_2$ zerfallen.

Strukturen. Die schuppige Form der $CrCl_3$-Kristalle ist durch die *Struktur* (**„$CrCl_3$-", „$AlCl_3$-", „YCl_3-Struktur"**) bedingt: *kubisch-dichteste* Packung von Cl-Ionen, in der $\tfrac{2}{3}$ der oktaedrischen Lücken zwischen jeder übernächsten Cl-Doppelschicht mit Cr-Ionen ausgefüllt sind. Dadurch besitzt der Kristall eine ausgeprägte Spaltbarkeit zwischen den nicht mit Cr-Ionen besetzten, nur durch van der Waalssche Kräfte zusammengehaltenen Cl-Doppelschichten. Die $CdCl_2$-Schichtenstruktur (S. 151) ist insofern mit der $CrCl_3$-Struktur verwandt, als beim $CdCl_2$ nicht $\tfrac{2}{3}$, sondern alle Oktaederlücken zwischen alternierenden Cl-Doppelschichten mit Metall-Ionen ausgefüllt sind. Eine ähnliche Struktur wie $CrCl_3$ besitzt $CrBr_3$ und die unter ca. -30 °C stabile „Tieftemperaturform von $CrCl_3$", nur daß die Halogenid-Ionen hier wie in der CdI_2-Schichtenstruktur in einer *hexagonal-dichtesten* Kugelpackung angeordnet sind („BiI_3-Struktur", S. 825). CrF_3 hat eine dreidimensionale Raumstruktur („*RhF_3-Struktur*"; vgl. S. 1566).

Eigenschaften. In reinem Zustande ist $CrCl_3$ in Wasser *unlöslich*. In Gegenwart von *Spuren Chrom(II)-Salz* oder – einfacher – von Spuren eines Reduktionsmittels löst es sich dagegen unter starker Wärmeentwicklung leicht als **Hexahydrat $\mathbf{CrCl_3 \cdot 6\,H_2O}$** mit *dunkelgrüner* Farbe auf[12]. Beim Stehen färbt sich die Lösung langsam heller *blaugrün*, um schließlich eine *violette* Farbe anzunehmen. Dieser *Farbwechsel* beruht auf einer „*Hydratations-Isomerie*" (S. 1235), indem das beim Lösen primär *komplexgebundene Chlor* allmählich im Austausch gegen Wasser in *ionogen gebundenes* Chlor übergeht:

$$\underset{\textit{dunkelgrün}}{[CrCl_3(H_2O)_3]\cdot 3\,H_2O} \rightleftarrows \underset{\textit{dunkelgrün}}{[CrCl_2(H_2O)_4]Cl\cdot 2\,H_2O} \rightleftarrows \underset{\textit{hellblaugrün}}{[CrCl(H_2O)_5]Cl_2\cdot H_2O} \rightleftarrows \underset{\textit{violett}}{[Cr(H_2O)_6]Cl_3}.$$

Beim *Erwärmen* der violetten Lösung spielt sich der umgekehrte Vorgang ab, so daß die Lösung wieder grün wird; nach dem Erkalten färbt sich die Lösung allmählich (im Laufe von Wochen) von neuem violett usw.[13] (die handelsübliche Form ist $[CrCl_2(H_2O)_4]\cdot 2\,H_2O$ mit Cl in *trans*-Stellung).

Die drei letztgenannten Chrom(III)-chlorid-Hydrate $CrCl_3 \cdot 6\,H_2O$ der obigen Komplexreihe, die sich mit Thionylchlorid $SOCl_2$ (S. 580) leicht zum wasserfreien Chrom(III)-chlorid entwässern lassen, können einzeln *isoliert* werden. Ihre *Konstitution* geht eindeutig aus dem Verhalten gegenüber *Silbernitratlösung* und beim vorsichtigen *Entwässern* im Exsiccator hervor, da jeweils nur die *ionogen gebundenen* (außerhalb

---

[12] Diese Erscheinung wird dadurch bedingt, daß durch Elektronenübergang vom gelösten Cr^{2+} ($Cr^{2+} \rightarrow Cr^{3+} + \ominus$) zum ungelösten Cr^{3+} ($\ominus + Cr^{3+} \rightarrow Cr^{2+}$) das Cr^{2+} als Cr^{3+} in Lösung verbleibt, und das leichter lösliche und deshalb in Lösung gehende Cr^{2+} seinerseits in gleicher Weise auf Cr^{3+} (Kristall) einwirkt usw.

[13] Auch das Bromid $CrBr_3$ bildet zwei Hydrat-Isomere, ein *violettes* $[Cr(H_2O)_6]Br_3$ und ein *grünes* $[Cr(H_2O)_4Br_2]Br\cdot 2H_2O$.

der eckigen Klammer geschriebenen) Chloratome als *Silberchlorid fällbar* sind und die als *Kristallwasser* gebundenen (außerhalb der eckigen Klammer geschriebenen) Wassermoleküle *leichter* als die komplex gebundenen *abgegeben* werden. Auch folgt die Konstitution der einzelnen „*Hydrat-Isomeren*" aus dem *elektrischen Leitvermögen* (S. 69) und aus der *Gefrierpunktserniedrigung* (S. 68) der Lösung, da Leitfähigkeit und Gefrierpunktserniedrigung bei gleicher molarer Konzentration naturgemäß mit der Zahl der Ionen wachsen, in die das Salz dissoziiert. Aus der Tatsache, daß in den mittleren Chrom(III)-chlorid-Hydraten der obigen Reihe die Zahl der locker gebundenen H_2O-Moleküle mit der Zahl der komplex gebundenen Cl-Atome übereinstimmt, kann man schließen, daß letztere die Hydratwasser-Moleküle binden.

Mit Ethern wie Tetrahydrofuran (THF) oder Alkoholen wie Ethanol (EtOH) bildet $CrCl_3$ „*Ether-*" bzw. „*Alkoholaddukte*" des Typus $CrCl_3(THF)_3$ (*violett*) bzw. $CrCl_3(EtOH)_3$, mit Chloriden „*Chlorokomplexe*" $CrCl_6^{3-}$ (Oktaeder) und $Cr_2Cl_9^{3-}$ (*dunkelblau*) = $Cl_3CrCl_3CrCl_3$ (zwei $CrCl_6$-Oktaeder mit gemeinsamer Oktaederfläche)[14]. Auch „*Aminaddukte*" des Typus $CrCl_3(NMe)_2$ (trigonale Bipyramide mit axialen NMe_3-Molekülen) sind bekannt.

Cyanoverbindungen (vgl. S. 1656). Gibt man *Chromtriacetat* $Cr(O_2CCH_3)_3$ (gewinnbar aus CrO_3 und H_2O_2 in Eisessig) zu einer wässerigen Lösung von KCN, so entsteht wasserlösliches, *gelbes* **Hexacyanochromat(III)** $\mathbf{[Cr(CN)_6]^{3-}}$ (oktaedrisch) als Kaliumsalz. Das in saurem Medium langsam über Zwischenstufen zu $[Cr(H_2O)_6]^{3+}$ hydrolysierende Anion läßt sich mit Kalium in flüssigem Ammoniak zu $[Cr(CN)_6]^{n-}$ (n = 4, 5, 6) reduzieren (ε_0 für $Cr^{III}(CN)_6^{3-}/Cr^{II}(CN)_6^{4-} = -1.28$ V).

Sauerstoffverbindungen. Beim Versetzen einer *Chrom(III)-Salzlösung* mit *Ammoniak* fällt **Chromtrihydroxid** $\mathbf{Cr(OH)_3}$ als *bläulich-graugrüner*, wasserreicher Niederschlag aus. Als *amphoteres Hydroxid* löst es sich wie Aluminiumhydroxid $Al(OH)_3$ sowohl in Säuren wie in Basen auf. Im ersteren Falle entstehen oxidationsstabile **Chrom(III)-Salze** Cr^{3+} (in wässeriger Lösung *grün* oder *violett*; vgl. S. 1452), im letzteren leicht (z. B. mit Br_2) zu gelben Chromatlösungen oxidierbare **Chromate(III)** („*Chromite*") $Cr(OH)_6^{3-}$ (*tiefgrün*):

$$[Cr(H_2O)_6]^{3+} \xleftarrow{+3H^+,\ +3H_2O} \mathbf{Cr(OH)_3} \xrightarrow{+3OH^-} [Cr(OH)_6]^{3-}.$$

Das Hexaaqua-Ion $[Cr(H_2O)_6]^{3+}$ ist regulär-oktaedrisch gebaut und reagiert in wässeriger Lösung sauer ($pK_S = 3.95$). Das bei der Dissoziation auftretende Kation $[Cr(OH)(H_2O)_5]^{2+}$ kondensiert leicht über Hydroxobrücken auf dem Wege über $[(H_2O)_5Cr(\mu\text{-}OH)Cr(H_2O)_5]^{4+}$ (CrOCr-Winkel ca. 165°) zu $[(H_2O)_4Cr(\mu\text{-}OH)_2Cr(H_2O)_4]^{4+}$ (a):

$$2[Cr(H_2O)_6]^{3+} \underset{+2H^+}{\overset{-2H^+}{\rightleftarrows}} 2[Cr(OH)(H_2O)_5]^{2+} \underset{+H_2O}{\overset{-2H_2O}{\rightleftarrows}} [(H_2O)_4Cr(\mu\text{-}OH)_2Cr(H_2O)_4]^{4+}. \quad \text{(a)}$$

Bei weiterer Basezugabe bilden sich dann aus dem zweikernigen Komplex höherkernige Hydroxokomplexe wie etwa $[Cr_3(OH)_4(H_2O)_9]^{5+}$ (b) und $[Cr_4(OH)_6(H_2O)_{12}]^{6+}$ (c) und schließlich dunkelgrüne Chrom(III)-hydroxid-Gele (s. oben). Im Komplex $[(H_2O)_4Cr(OH)_2Cr(H_2O)_4]^{4+}$ (oktaedrische Sauerstoffanordnung um jedes Cr-Ion) beträgt der Chrom-Chrom-Abstand > 3 Å, so daß keine Metall-Metall-Bindung (kein Metall-Cluster, S. 1455) vorliegt. Die Cr^{3+}-Ionen stoßen sich sogar ab und liegen demgemäß nicht in der Mitte des jeweiligen Sauerstoffoktaeders, sondern sind in Richtung der 4O-Atome der H_2O-Liganden verschoben. Man beobachtet jedoch antiferromagnetische Spinwechselwirkungen zwischen den ungepaarten Elektronen beider Cr-Ionen („*Superaustausch*"; S. 1309, 1545). Sauerstoff kann nicht nur zwei Cr-Atome wie in (a), sondern auch drei Chrom(III)-Einheiten wie im Komplex $[Cr_3(OH)_4(H_2O)_9]^{5+}$ (b) oder im Komplex $[Cr_3O(OAc)_6(H_2O)_3]^+$ (Ac = CH_3CO) (d) verknüpfen (trigonal-planare Anordnung von Cr um O; 2 Ac-Gruppen verbinden jeweils 2 – zusätzlich mit je einem H_2O koordinierte – Cr-Ionen des Cr_3O-Sterns) (d). Im Komplex $[Cr_4(OH)_6(H_2O)_6\,(H_2O)_{12}]^{6+}$ (c) werden durch OH-Gruppen sogar vier Cr(III)-Gruppen verbrückt.

---

[14] $Cr_2Cl_9^{3-}$ enthält wie $[Cr_2(OH)_2(H_2O)_8]^{4+}$ (s. unten) und zum Unterschied von $W_2Cl_9^{3-}$ (S. 1473) keine Metall-Metall-Bindung.

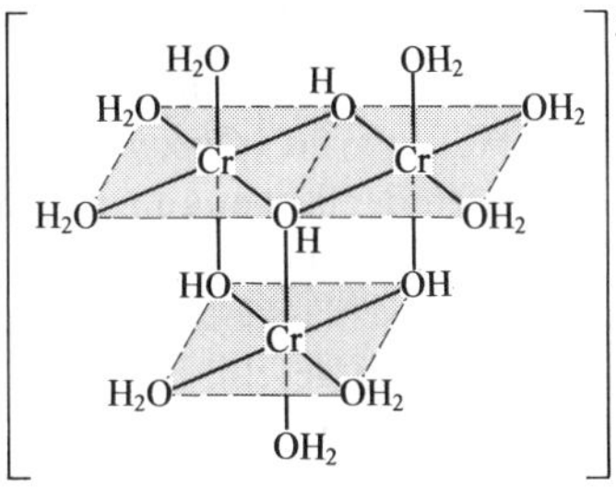

(b) $[Cr_3(OH)_4(H_2O)_9]^{5+}$ 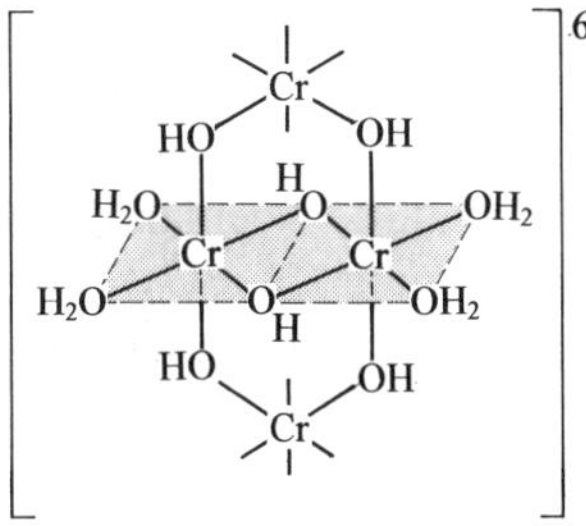 (c) $[Cr_4(OH)_6(H_2O)_{12}]^{6+}$ 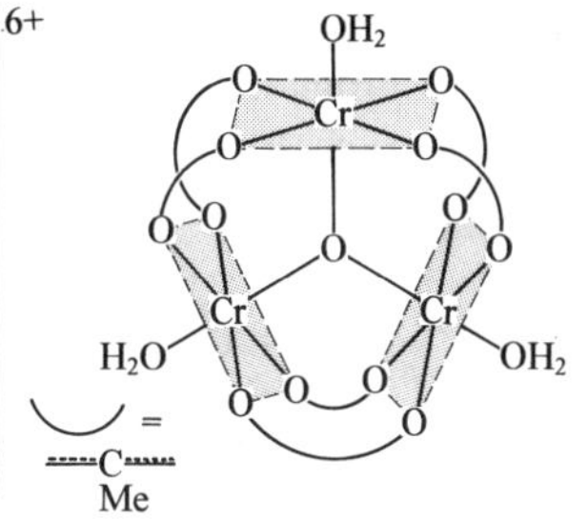 (d) $[Cr_3O(OAc)_6(H_2O)_3]^+$

Beim Erwärmen geht das Chrom(III)-hydroxid unter Wasserabspaltung über CrO(OH) in das **Chrom(III)-oxid Cr_2O_3** (vgl. S. 1620) über: $2Cr(OH)_3 \rightarrow Cr_2O_3 + 3H_2O$. Dieses hinterbleibt ganz allgemein beim Glühen höherer Sauerstoffverbindungen des Chroms (z.B. von $(NH_4)_2Cr_2O_7$, S. 1445) als graugrüner, in Wasser, Säuren und Alkalilaugen unlöslicher Rückstand und entsteht auch beim Verbrennen des Metalls im Sauerstoffstrom als eine bei 2275 °C schmelzende Verbindung von Korund-Struktur (vgl. Tab. 122, S. 1448), die als Halbleiter wirkt und unterhalb 35 °C antiferromagnetisch ist (bezüglich der Gewinnung durch Reduktion von Chromat mit Koks oder Schwefel vgl. bei Chromdarstellung):

$$39\,kJ + 2CrO_3 \rightarrow Cr_2O_3 + 1\tfrac{1}{2}O_2; \qquad 2Cr + 1\tfrac{1}{2}O_2 \rightarrow Cr_2O_3 + 1140\,kJ.$$

Entsprechend seiner *amphoteren* Natur geht es beim Abrauchen mit *Schwefelsäure* in *Chrom(III)-sulfat* und beim Verschmelzen mit *Alkalihydroxiden* bei Luftabschluß in *Chromite* bzw. in oxidierendem Medium in *Chromate* über (S. 1443), während beim Zusammenschmelzen mit den Oxiden einer Reihe zweiwertiger Metalle wohlkristallisierte Doppeloxide $MO \cdot Cr_2O_3 = MCr_2O_4$ („*Chromitspinelle*"; vgl. S. 1083) entstehen.

Verwendung. Dichromtrioxid Cr_2O_3 (Jahresweltproduktion: 50 Kilotonnenmaßstab) wird als *grünes*, hitze- und chemisch beständiges „*Buntpigment*" für Anstrichstoffe, Kunststoffe, Baustoffe, Email, Glasflüsse genutzt (mit wachsender Teilchengröße geht die Farbe von Grün nach Grünblau, durch Auffällen von Al- bzw. Ti-hydroxiden auf Cr_2O_3 von Grün nach Gelbgrün über). Cr_2O_3 dient darüber hinaus als „*Feuerfestkeramik*" in Form von Chromoxidsteinen (95% Cr_2O_3) für spezielle Bedürfnisse und in Form von Chromkorundsteinen (5–10% Cr_2O_3 neben Al_2O_3) für Hochofenteilbereiche. Ferner nutzt man Cr_2O_3-Pulver als „*Poliermittel*". In großer Menge wird das Oxid zur „*Herstellung von Chrom*" benötigt. Schließlich bildet Cr_2O_3 mit Al_2O_3 Mischkristalle (Ionenradien von Al^{3+} 0.675, von Cr^{3+} 0.755 Å für KZ = 6), die mit geringerem Cr_2O_3-Gehalt als *rosafarbene „Rubine"* in der Natur vorkommen und auch synthetisch hergestellt werden (zur Farbe vgl. S. 1267). Die synthetischen Rubine spielen nicht nur als Edelsteine, sondern auch in der „*Lasertechnik*" (vgl. S. 868) eine Rolle, da große Rubin-Einkristalle bei Bestrahlung mit Licht geeigneter Frequenzen und bei bestimmter Versuchsanordnung (S. 870) zur Emission extrem intensiver, monochromatischer Strahlung angeregt werden, die im Nachrichtenwesen und als Energiequelle Verwendung finden kann.

Sonstige Chalkogenverbindungen. Beim Erhitzen von gepulvertem *Chrom* mit *Schwefel* oder von *Chromtrichlorid* bzw. *Dichromtrioxid* mit gasförmigem *Schwefelwasserstoff* bildet sich als „höchstes" Chromsulfid halbleitendes **Dichromtrisulfid Cr_2S_3**, („*Chromsesquisulfid*" $CrS_{1.50}$), das beim Erhitzen über metallisch leitende intermediäre Phasen der ungefähren Zusammensetzung Cr_3S_4, Cr_5S_6, $Cr_7S_8 \triangleq CrS_{1.33}$, $CrS_{1.20}$, $CrS_{1.14}$) letztendlich in Chrom(II)-sulfid CrS (Halbleiter) übergeht. Beim Erhitzen von Cr_2S_3 unter Schwefeldruck entsteht andererseits $Cr_5S_8 = CrS_{1.60}$. Die Strukturen von CrS_n ($n = 1.14$–1.60) leiten sich von der „*NiAs-Struktur*" (Ni in allen oktaedrischen Lücken einer hexagonal-dichtesten As-Atompackung) ab. Und zwar fehlen in jeder übernächsten Schicht hexagonal-dichtest gepackter S-Atome mehr oder weniger viele Cr-Atome (z.B. $\frac{2}{3}$ in Cr_2S_3, $\frac{1}{2}$ in Cr_3S_4, $\frac{1}{3}$ in Cr_5S_6, $\frac{1}{4}$ in Cr_7S_8; bei – nicht erreichbarer – Entfernung aller Cr-Atome jeder übernächsten Schicht würde die Zusammensetzung CrS_2 mit CdI_2-Struktur resultieren). In Richtung $Cr_2S_3 \rightarrow Cr_7S_8$ werden Cr(II)-Atome in das Sulfid-Gitter eingebaut, wobei zur Ladungsneutralisation einige vorhandene drei- durch zweiwertige Cr-Atome ausgetauscht werden müssen. In den Cr(III)/Cr(II)-sulfiden liegen CrCr-Metallbindungen vor.

Ähnliche Zusammensetzung und Struktur weisen auch die **Selenide** (Cr_7Se_{12}, Cr_5Se_8, **Cr_2Se_3**, Cr_3Se_4, Cr_7Se_8, CrSe) sowie **Telluride** auf ($CrTe_{\sim 2}$, Cr_5Te_8, **Cr_2Te_3**, Cr_3Te_4, Cr_5Te_6, Cr_7Te_8, CrTe).

Chrom(III)-Salze von Oxosäuren. Chrom(III) bildet mit allen Oxosäuren stabile Salze. Unter ihnen ist **Chrom(III)-sulfat $Cr_2(SO_4)_3$** besonders wichtig. Es kommt in Form gelatineartiger, *tiefdunkelgrüner* Blätter („*in lamellis*") in den Handel, entsteht beim Auflösen von *Chrom(III)-hydroxid* in *Schwefelsäure* und kristallisiert bei längerem Stehenlassen der Lösung in Form *violetter* Kristalle der Zusammensetzung $Cr_2(SO_2)_3 \cdot 12H_2O$ aus, welche die Konstitution $[Cr(H_2O)_6]_2(SO_4)_3$ besitzen. Die *violette* Farbe der wässerigen Lösung schlägt beim Erwärmen in *grün* um, da hierbei – in Analogie zu der beim Chrom(III)-chlorid geschilderten Erscheinung – komplex gebundenes Wasser durch Sulfatgruppen ersetzt wird. „*Chromalaun*" $KCr(SO_4)_2 \cdot 12H_2O$ kristallisiert aus den mit *Kaliumsulfat* versetzten *Chrom(III)-sulfatlösungen* in Form großer, *dunkelvioletter* Oktaeder von bis zu mehreren Zentimetern Kantenlänge (unter geeigneten Kristallisationsbedingungen sogar in Form kilogrammschwerer Kristalle) aus (vgl. S. 1085). Er dient wie das Chrom(III)-sulfat und das „*basische Chromsulfat*" $Cr(OH)SO_4$ (gewinnbar durch Reduktion von $Na_2Cr_2O_7$ mit Anthracen, Melasse oder Schwefeldampf) zur Gerbung von Leder („*Chromgerbung*", „*Chromleder*")[15].

Chrom(III)-Komplexe. Die Cr^{3+}-Ionen zeichnen sich durch eine hohe Tendenz zur Bildung von *kationischen, neutralen* oder *anionischen* **klassischen Komplexen** aus, von denen Tausende bekannt sind und in denen das Chrom fast immer *sechsfach* (oktaedrisch) koordiniert ist[16]. Am besten untersucht ist hier die Klasse der Komplexe mit *Ammoniak* NH_3 („*Amminkomplexe*"). In dem „Grenz-Ion" $[Cr(NH_3)_6]^{3+}$ kann hierbei Ammoniak ganz oder teilweise durch *Amine* RNH_2, R_2NH, NR_3 („*Aminkomplexe*"), *Wasser* („*Aquakomplexe*"), Alkohole ROH, Ether OR_2, *Säurereste* X^- („*Acidkomplexe*": X^- z. B. F^-, Cl^-, NCS^-, SCN^-, CN^-, N_3^-) und/oder *mehrzähnige Liganden* L—L („*Chelatkomplexe*"; L—L z. B. Oxalat $^-$O—CO—CO—O$^-$, Ethylendiamin $H_2N—CH_2—CH_2—NH_2$, α,α'-Bipyridin, o-Phenanthrolin, β-Diketonate O=CR—CH=CR—O$^-$ (z. B. acac), Aminosäureanionen $H_2N—CHR—CO—O^-$) ersetzt sein, z. B. $[Cr(NH_3)_{6-n}(H_2O)_n]^{3+}$, $[Cr(NH_3)_{6-n}X_n]^{(3-n)+}$ ($n = 0–6$), $[Cr(L—L)_3]^{(3-n)+}$ ($n = 3, 0, -3$).

Als Beispiele wurden vorstehend bereits einige einkernige-Komplexe des dreiwertigen Chroms mit gleichen und unterschiedlichen Liganden wie $CrCl_6]^{3-}$, $[Cr(CN)_6]^{3-}$, $[Cr(H_2O)_6]^{3+}$, $[Cr(OH)_6]^{3-}$, $[CrCl_2(H_2O)_4]^+$ (*trans*-ständiges Chlor), $[Cr(OH)(H_2O)_5]^{2+}$ erwähnt. Ein gemischtes mononukleares, NH_3-haltiges Cr(III)-Komplexion weist etwa das „*Reinecke-Salz*" $NH_4[Cr(NH_3)_2(NCS)_4] \cdot H_2O$ auf, in welchem die beiden NH_3-Moleküle zwei gegenüberliegende Oktaederecken einnehmen und das man zur Salzbildung mit großen (organischen wie anorganischen) Kationen zwecks deren Reinabscheidung benutzt. Beispiele für mehrkernige Komplexe des dreiwertigen Chroms sind die bereits erwähnten Kationen $[Cr_2(OH)_2(H_2O)_8]^{4+}$ (Formel (a)), $[Cr_3(OH)_4(H_2O)_9]^{5+}$ (b), $[Cr_4(OH)_6(H_2O)_{12}]^{6+}$ (c) und $[Cr_3O(OAc)_6(H_2O)_3]^+$ (d), ferner das System $[(NH_3)_5Cr(\mu\text{-}OH)Cr(NH_3)_5]^{5+}$ (*rot*) $\rightleftarrows$ $[(NH_3)_5CrOCr(NH_3)_5]^{4+}$ (*blau*) + H^+ (Winkel CrOHCr/CrOCr = 166/≈ 180°). Beispiele für Chelatkomplexe sind etwa $[Cr(ox)_3]^{3-}$, $[Cr(acac)_3]$, $[Cr(en)_3]^{3+}$, $[(en)_2Cr(\mu\text{-}OH)_2Cr(en)_2]^{4+}$.

Ein Charakteristikum der oktaedrischen Cr(III)-Komplexe ist ihre kinetische Stabilität hinsichtlich einer Substitution und Umlagerung von Liganden, wodurch in vielen Fällen eine Isolierung thermodynamisch instabiler Komplexe erst ermöglicht wird (vgl. hierzu Ligandenfeld-Theorie, S. 1250)[17]. Wegen des sehr langsam erfolgenden Substituententauschs stellt die Umsetzung eines Cr(III)-Komplexes wie z. B. $[Cr(H_2O)_6]^{3+}$ mit Liganden in Wasser häufig keine gute Methode zur Synthese eines ligandenhaltigen Cr(III)-Komplexes dar (vgl. hierzu $CrCl_3$-Hydrate, oben). Zum erwünschten Cr(III)-Komplex gelangt man vielfach leichter durch Luftoxidation wässeriger $[Cr(H_2O)_6]^{2+}$-Lösungen oder durch Reduktion wässeriger $Cr_2O_7^{2-}$-Lösungen in Anwesenheit der betreffenden Liganden. Auch durch direkte Einwirkung der Liganden auf die Trihalogenide CrX_3 unter Wasserausschluß in der Wärme (z. B. CrX_3 + NH_3; CrX_3-Schmelze + MX) lassen sich Cr(III)-Komplexe gewinnen.

---

[15] Im Zuge der Chromgerbung werden die –COOH-Gruppen des Kollagens der Tierhaut vernetzt (→ z. B. $-COO-Cr(H_2O)_4-OOC-$), was zu einer Erhöhung der Temperaturstabilität und Verringerung der Quellbarkeit des Materials führt.

[16] *Dreifach* (trigonal-planar) koordiniert ist Cr^{3+} etwa in $[Cr(N^iPr_2)_3]$. *vierfach* (verzerrt-tetraedrisch) in $[PCl_4^+][CrCl_4^-]$ und $[Cr(CH_2SiMe_3)_4]^-$, *fünffach* (trigonal-bipyramidal) in $[CrCl_3(NMe_3)_2]$.

[17] Neben Cr^{3+} bilden vor allem Co^{3+}, Ru^{2+}, Ru^{3+}, Rh^{3+}, Ir^{3+} und Pt^{4+} kinetisch beständige und vielseitig zusammengesetzte Komplexe.

Die *einkernigen* oktaedrischen Cr(III)-Komplexe weisen entsprechend der vorhandenen drei ungepaarten d-Elektronen des Chroms einen *temperaturunabhängigen* Magnetismus von ca. 3.87 BM auf (vgl. S. 1305) auf. In *mehrkernigen* Komplexen beobachtet man als Folge antiferromagnetischer Spinwechselwirkungen der Cr(III)-Ionen („*Superaustausch*") *kleinere* und zudem *temperaturabhängige* magnetische Momente (z. B. $\mu_{mag.}$ für $[(NH_3)_5Cr—O—Cr(NH_3)]^{4-}$ = 1.3 BM bei 293 K und 0 bei 100 K, für $[Cr_3O(OAc)_6(H_2O)_3]^+$ = 2 BM bei 293 K). Als Folge von d → d-Elektronebübergängen weisen oktaedrische Cr(III)-Komplexe in Abhängigkeit von den Liganden Farben von *violett* (z. B. $K_3[Cr(ox)_3] \cdot 3H_2O$) über *purpur* (z. B. $K_3[Cr(NCS)_6] \cdot 4H_2O$) bis *gelb* (z. B. $[Cr(NH_3)_6]^{3+}$, $[Cr(CN)_6]^{3-}$) auf, die auf drei Absorptionsbanden im sichtbaren Bereich zurückgehen (die hochfrequente dritte Bande ist häufig von einer charge-transfer-Bande überdeckt; Näheres S. 1268).

Organische Chrom(III)-Verbindungen (vgl. S. 1628 f). Die Alkyle des dreiwertigen Chroms $\mathbf{R_3Cr}$ sind recht unbeständig und werden durch Komplexbildung (z. B. $Li_3[CrMe_6]$) etwas stabilisiert. Erheblich stabiler sind die Komplexe der Chrom(III)-aryle wie $CrPh_3 \cdot 3THF$, die durch Einwirkung von Grignardverbindungen auf $CrCl_3 \cdot 3THF$ gewinnbar sind.

1.5 Chrom(II)-Verbindungen (d^4)[1, 6, 18]

Da die Chrom(II)-Verbindungen eine sehr große Neigung zeigen, in Chrom(III)-Verbindungen überzugehen und daher starke (und schnell wirkende) *Reduktionsmittel* darstellen (vgl. Potentialdiagramm, S. 1442), lassen sie sich umgekehrt aus Chrom(III)-Verbindungen nur durch Einwirkung *starker* Reduktionsmittel gewinnen. Die in einigen Fällen auch durch Oxidation von elementarem Chrom erhältlichen Verbindungen des zweiwertigen Chroms weisen – anders als die höheren Wertigkeiten – eine deutliche Tendenz zur *Clusterbildung* auf.

Wasserstoff- und verwandte Verbindungen. Hydride der Zusammensetzung $\mathbf{CrH_{>2}}$ sind unbekannt, doch lassen sich Phosphan-Addukte von Chromwasserstoffen mit bis zu 4 H-Atomen pro Cr-Atom gewinnen. Beispielsweise kann $CrCl_2$ in Gegenwart von $Me_2PCH_2CH_2PMe_2$ (dmpe) durch molekularen Wasserstoff in das *diamagnetische* „*Chromtetrahydrid*" $\mathbf{[CrH_4(dmpe)_2]}$ (Smp. 130 °C, dodekaedrischer Bau; D_{2d}-Molekülsymmetrie) und in Gegenwart von $P(OR)_3$ durch Hydrid in das „*Chromdihydrid*" $\mathbf{[CrH_2\{P(OR)_3\}_5]}$ verwandelt werden (vgl. Tab. 133, S. 1607). Beispiele für Boran- und Carbonyl-Addukte des Dihydrids sind $\mathbf{Cr(BH_4)_2}$ = $CrH_2 \cdot 2BH_3$ (als Ditetrahydrofuranat; aus $CrCl_3 + B_2H_6$ in Tetrahydrofuran) und $\mathbf{CrH_2(CO)_5}$ (nur in Lösung; vgl. S. 1649).

Andererseits bilden sich im Zuge der elektrolytischen Abscheidung von Chrom aus schwefelsauren CrO_3-Lösungen binäre Hydride bis zur Grenzstöchiometrie $\mathbf{CrH_{<1}}$ (anti-NiAs-Struktur; hexagonal-dichteste M-Packung) bzw. $\mathbf{CrH_{<2}}$ (anti-Li_2O-Struktur; kubisch-dichteste M-Packung), die bei hohen Temperaturen in Chrom und Wasserstoff zerfallen (vgl. Cr-Darstellung sowie S. 276).

Ähnlich wie $CrH_{<1/<2}$ stellen auch die aus den Elementen zugänglichen, stabilen, hochschmelzenden, metallisch leitenden **Hartstoffe CrB** (Smp. 2050 °C), $\mathbf{CrB_2}$ (Smp. 2150 °C), $\mathbf{Cr_3C_2}$ (Smp. 1810 °C), **CrN** (Zers. 1500 °C), $\mathbf{Cr_2N}$ (Smp. 1590 °C) und $\mathbf{CrSi_2}$ (Smp. 1520 °C) *Einlagerungsverbindungen* dar (vgl. hierzu S. 1059, 852, 642, 889). Unter ihnen nutzt man CrB, CrB_2 und Cr_3C_2 für *Verschleißschutzschichten* und *zunderbeständige Verbundwerkstoffe*.

Halogenverbindungen (vgl. S. 1611). Unter den *Chrom(II)-halogeniden* (Tab. 122, S. 1448) läßt sich *wasserfreies* **Chromdichlorid** $\mathbf{CrCl_2}$ (verzerrte „Rutilstruktur"; CrCl-Abstände = 4 × 2.39 und 2 × 2.90 Å) durch Reduktion von wasserfreiem *Chromtrichlorid* mit *Wasserstoff* bei 600 °C oder durch Oxidation von *Chrom* mit *Chlorwasserstoff* bei 1000 °C darstellen; Analoges gilt für die Gewinnung von $\mathbf{CrF_2}$ (verzerrte „Rutilstruktur"), sowie für $\mathbf{CrBr_2}$ (verzerrte „CdI_2-Struktur"), während $\mathbf{CrI_2}$ (verzerrte „CdI_2-Struktur") aus den Elementen gewonnen wird, z. B.:

$$Cr + 2HCl \rightarrow CrCl_2 + H_2; \qquad CrCl_3 + \tfrac{1}{2}H_2 \rightarrow CrCl_2 + HCl.$$

Wasserhaltiges $CrCl_2$ erhält man andererseits durch Reduktion einer salzsauren Cr(III)-chlorid-Lösung mit *Zink* bei Luftausschluß, wobei die gebildete Lösung mit dem *himmelblauen*

[18] Man kennt zudem **niedrigwertige Chromverbindungen** (vgl. 1629 f) mit Chrom in den Wertigkeiten −II, −I, 0, +I (formal d^8-, d^7-, d^6-, d^5-Elektronenkonfiguration) wie $\mathbf{[Cr(bipy)_3]^n}$ ($n = 1+, 0$; gewinnbar durch Reduktion von $\mathbf{[Cr(dipy)_3]^{2+}}$ mit Na in THF), $\mathbf{K_6[Cr^0(CN)_6]}$ (gewinnbar aus $K_6[Cr(CN)_6]$ durch Reduktion mit K in fl. NH_3), $\mathbf{[Cr(CNR)_6]^n}$ ($n = 1+, 0$; gewinnbar durch Reduktion von $Cr(OAc)_3$ in THF mit Na in Anwesenheit von RNC), $\mathbf{[Cr^0(CO)_6]}$, $\mathbf{[Cr_2^{-I}(CO)_0]^{2-}}$ sowie $\mathbf{[Cr^{-II}(CO)_5]^{2-}}$, $\mathbf{[Cr^0(N_2)_2(dmpe)_2]}$ (dmpe = $Me_2PCH_2CH_2PMe_2$), $\mathbf{[Cr(NO)_4]}$.

$[Cr(H_2O)_6]^{2+}$-Ion (Absorptionsbande bei 700 nm) viel schneller als irgendein anderes Absorptionsmittel Sauerstoff aufnimmt, aber auch bei Ausschluß von Sauerstoff in der salzsauren Lösung in Anwesenheit katalytisch aktiver Verunreinigung unter Wasserstoffentwicklung wieder in grünes Cr(III)-chlorid $[Cr(H_2O)_5Cl]^{2+}$ übergeht (ε_0 für $Cr^{2+}/Cr^{3+} = -0.408$, für H_2/H^+ in neutraler Lösung $= -0.000$ V):

$$2Cr^{3+} + Zn \rightarrow 2Cr^{2+} + Zn^{2+}; \qquad Cr^{2+} + H^+ \rightarrow Cr^{3+} + \tfrac{1}{2}H_2.$$

Dagegen sind *sehr reine* (aus reinstem Elektrolytchrom und Säuren herstellbare), *neutrale* Cr(II)-Salzlösungen unter *Luftabschluß* unbegrenzt haltbar (ε_0 für H_2/H^+ in neutraler Lösung $= -0.414$ V).

Die hygroskopischen Chromdihalogenide nehmen leicht *Wasser* unter Bildung von $[Cr(H_2O)_6]^{2+}$ oder gasförmiges *Ammoniak* unter Bildung von $[Cr(NH_3)_6]^{2+}$ auf und reagieren mit Alkali- und Erdalkalimetallhalogeniden zu „*Halogenokomplexen*" u.a. des Typus $\mathbf{M^ICrF_3}$ (*hellblau*; ferromagnetisch; Perowskitstruktur mit tetragonal-gestauchten CrF_6-Oktaedern), $\mathbf{M^ICrX_3}$ (X = Cl, Br, I; *gelb* bis *braun*; antiferromagnetisch; polymere Kette aus flächenverknüpften CrX_6-Oktaedern), $\mathbf{M^I_2CrX_4}$ (X = Cl, Br; *grün* bis *braun*, ferromagnetisch; K_2NiF_4-Struktur mit Schichten aus eckenverknüpften, tetragonalgedehnten CrX_6-Oktaedern), $\mathbf{(R_3NH)_2CrX_4}$ (X = Cl, Br; *gelb* bis *grün*, antiferromagnetisch; Inseln aus drei flächenverknüpften CrX_6-Oktaedern: $X_3CrX_3CrX_3CrX_3$), $\mathbf{Tl_4CrI_6}$ (Inseln aus CrI_6-Oktaedern). Chromdichlorid bildet in Toluol mit $Me_2PCH_2CH_2PMe_2$ (dmpe) den *gelbgrünen* Komplex $\mathbf{[CrCl_2(dmpe)_2]}$ (Smp. 270 °C; oktaedrisch; Cl in trans-Stellung), der mit Methyllithium in Diethylether unter *Substitution* von Chlorid in den *orangeroten* Komplex $[Cr^{II}Me_2(dmpe)_2]$ (Smp. 195 °C; oktaedrisch; Me in trans-Stellung), mit Natriumamalgam in THF und Anwesenheit von N_2 oder CO unter *Reduktion* in die *orangeroten* Komplexe $[Cr^0(N_2)_2(dmpe)_2]$ und $[Cr^0(CO)_2(dmpe)_2]$ (oktaedrisch; N_2 und CO in *trans*-Stellung) sowie mit Wasserstoff in Anwesenheit von BuLi unter *Oxidation* in *gelbes* $[Cr^{IV}H_4(dmpe)_2]$ (Smp. 130 °C; dodekaedrisch) übergeht.

Cyanoverbindungen (vgl. S. 1656). Bei Zugabe von Cyanid zu einer neutralen wässerigen Cr(II)-Salzlösung fällt *dunkelgrünes* $Cr(CN)_2 \cdot 2H_2O$ aus, das sich im Vakuum bei 100 °C zu *hellbraunem* **Chromdicyanid** $\mathbf{Cr(CN)_2}$ entwässern läßt und mit überschüssigem Cyanid zum **Hexacyanochromat(II)** $\mathbf{[Cr(CN)_6]^{4-}}$ reagiert. Das *blaue* Natrium- bzw. *grüne* Kaliumsalz läßt sich mit Natrium bzw. Kalium in flüssigem NH_3 zu *dunkelgrünem* $M_6[Cr(CN)_6]$ reduzieren.

Chalkogenverbindungen. Das mit Natronlauge aus Cr(II)-Salzlösungen fällbare **Chromdihydroxid** $\mathbf{Cr(OH)_2}$ ist *dunkelbraun* und geht auch bei vorsichtigstem Wasserentzug unter H_2-Entwicklung teilweise in Cr_2O_3 über. Schwarzes **Chromoxid CrO** (vgl. Tab. 122, S. 1448, sowie S. 1620) entsteht bei der thermischen Zersetzung von $Cr(CO)_6$ (S. 1629) bei 250–550 °C im Vakuum und disproportioniert bei höheren Temperaturen in Cr und Cr_2O_3. Das kubische **Chrom(II,III)-oxid** $\mathbf{Cr_3O_4}$ = „$CrO \cdot Cr_2O_3$" („*Chromitspinell*") erhält man neben Chrom aus $CrCl_2$ und Li_2O in LiCl/KCl-Schmelzen bei 400 °C.

Man kennt auch ein dem CrO entsprechendes Sulfid **CrS**, Selenid **CrSe** und Tellurid **CrTe** mit Halbleitereigenschaften, von denen letztere beiden Chalkogenide mit NiAs-Struktur kristallisieren, während CrS eine in Richtung PtS-Struktur verzerrte NiAs-Struktur einnimmt.

Chrom(II)-Salze von Oxosäuren. Die einfachen, hydratisierten Cr(II)-Salze der Oxosäuren lassen sich in einfacher Weise durch Reaktion der betreffenden verdünnten (nicht oxidierend wirkenden) Säuren mit reinem Chrommetall unter strengem Sauerstoffausschluß gewinnen. Verhältnismäßig beständig ist das leichtlösliche *blaue* **Chrom(II)-sulfat** $\mathbf{CrSO_4 \cdot 5H_2O}$ (isotyp mit $CuSO_4 \cdot 5H_2O$) und das *grüne* **Chrom(II)-oxalat** $\mathbf{CrC_2O_4 \cdot 2H_2O}$, während sich ein *Chrom(II)-nitrat* $Cr(NO_3)_2$ wegen seiner Zersetzlichkeit (intramolekulare Redoxprozesse) nicht isolieren läßt. Bezüglich des dimeren, schwerlöslichen, *roten* **Chrom(II)-acetats** $\mathbf{Cr_2(OAc)_4 \cdot 2H_2O}$ s. unten.

Chrom(II)-Komplexe. Von zweiwertigem Chrom sind ähnlich wie von dreiwertigem Chrom sehr viele Komplexe bekannt (s. oben), welche zum Teil einen *hohen* Paramagnetismus (klassische „*high-spin-Komplexe*"), zum Teil einen *mittleren* Paramagnetismus (klassische „*low-*

spin-Komplexe") oder praktisch *keinen* Paramagnetismus („*Dichrom(II)-Clusterkomplexe*") aufweisen.

Klassische high-spin-Komplexe. Liganden wie Wasser, Alkohole, Ether, Ammoniak (und dessen Derivate), Halogenid und Oxid (schwaches Ligandenfeld) bedingen im allgemeinen *high-spin-Komplexe* des Chroms(II) (vier ungepaarte Elektronen $\mu_{mag.} \approx 4.9$ BM, vgl. S. 1305). Der in diesem Fall wirksame Jahn-Teller Effekt (S. 1262) führt zu einer *tetragonalverzerrt-oktaedrischen* Anordnung von 6 Liganden (z. B. in $[Cr(H_2O)_6]^{2+}$, $[Cr(NH_3)_6]^{2+}$, $[C(ren)_3]^{2+}$, $CrCl_2$, $[CrCl_4]^{2-}$) und im Grenzfall zu einer *quadratisch-planaren* Anordnung von 4 Liganden (z. B. in $[Cr(acac)_2]$, $[Cr(NR_2)_2(THF)_2]$ mit R = $SiMe_3$)[19]. Die Komplexe sind meist *blau* bis *grün* (2 Absorptionsbanden im Bereich von 16000–10000 cm^{-1})[19a].

Klassische low-spin-Komplexe. Mit Liganden wie Cyanid, α,α'-Bipyridin (bipy) und $(Me_2As)_2C_6H_4$ (diars) bilden sich *low-spin-Komplexe* des Chroms(II) (zwei ungepaarte Elektronen, $\mu_{mag.} = 3.2$–3.3 BM, vgl. S. 1305). Als Beispiele letzteren Komplextyps seien $[Cr(CN)_6]^{4-}$, $[Cr(bipy)_3]^{2+}$ und $[CrCl_2(diars)_2]$ genannt (jeweils oktaedrische Ligandenanordnung).

Nichtklassische Komplexe („*Metallcluster*"; vgl. S. 1617). Die *zweikernigen* Chrom(II)-Komplexe $Cr_2(RCO_2)_4 \cdot 2\,L$ wie z. B. das oben erwähnte Chrom(II)-acetat (a) sind zum Unterschied von den besprochenen *blauen* bis *grünen, paramagnetischen einkernigen* Komplexen *rot* und *diamagnetisch* (null ungepaarte Elektronen) und weisen eine kurze Cr—Cr-Bindung auf (2.3–2.5 Å; im Cr-Metall 2.58 Å). Noch kürzer ist der CrCr-Abstand im gasförmigen Cr(II)-acetat ohne axiale H_2O-Liganden (1.97 Å) oder in den ebenfalls diamagnetischen, ligandenärmeren Komplexen (b) $Cr_2Me_8^{4-}$ (1.98 Å) und (c) $Cr_2(Me_2P(CH_2)_2)_4$ (1.89 Å) (kleinste CrCr-Abstände um 1.83 Å):

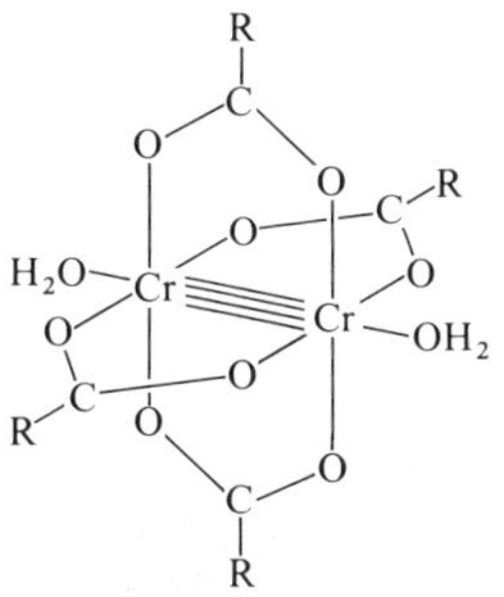

(a) 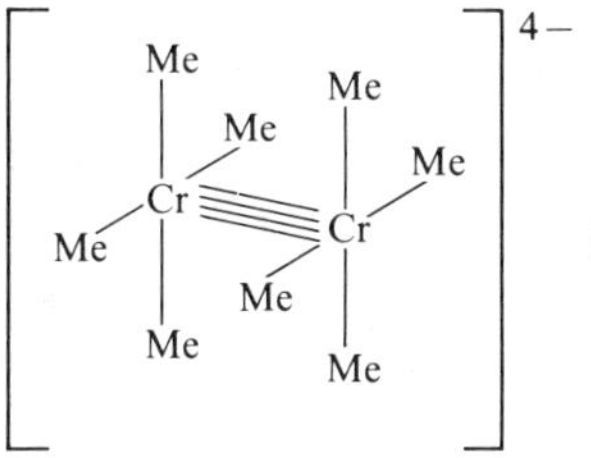 (b) 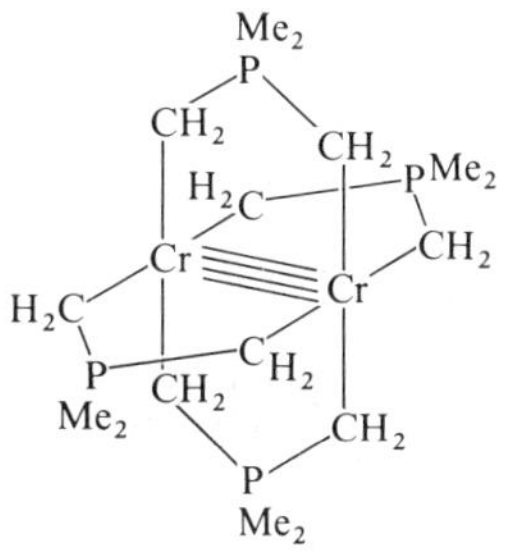 (c)

In den dinuklearen Cr(II)-Verbindungen sind die beiden Cr-Atome durch eine *Vierfachbindung* Cr≣Cr miteinander verknüpft, an welcher die insgesamt acht d-Elektronen (= 4 Elektronenpaare) beider Cr-Atome beteiligt sind und die – im Falle des Vorliegens kurzer CrCr-Bindungen eine σ-, zwei π- und eine δ-Bindung (S. 347, 1456) beinhalten ($\sigma^2\pi^4\delta^2$-Elektronenkonfiguration)[20]. Jedes Cr-Atom besitzt somit in den Komplexen des Typus (a) 4

[19] Gelegentlich beobachtet man auch eine *verzerrt-tetraedrische Vierer-Koordination* (z. B. in $[CrCl_2(CH_3CN)_2]$) und eine *trigonal-bipyramidale Fünfer-Koordination* (z. B. in $[CrLBr]^+$ mit L = $N(CH_2CH_2NMe_2)_3$).

[19a] Für high-spin-d^4-Komplexe erwartet man nur einen d → d-Übergang: ${}^5E_g \rightarrow {}^5T_{2g}$ (S. 1267). Tatsächlich spaltet der Grund- und angeregte Zustand wegen des wirksamen, zur tetragonalen Komplexverzerrung führenden Jahn-Teller-Effekts in jeweils zwei Zustände (${}^5B_{1g}/{}^5A_{1g}$ bzw. ${}^5B_{2g}/{}^5E_g$) auf, wobei die beiden Absorptionen den Übergängen ${}^5B_{1g} \rightarrow {}^5A_{1g}$ sowie den sich überlagernden Übergängen ${}^5B_{1g} \rightarrow {}^5B_{2g}$ bzw. ${}^5E_g$ zugeordnet werden.

[20] Die Existenz von Metall-Metall-Bindungen und ihre Ordnung ergibt sich u.a. aus dem Metall-Metall-*Bindungsabstand*. So liegen etwa die Cr(II)-Atome im Komplex (a) nicht in der Mitte des durch die 5 Liganden sowie einem Cr-Atom gebildeten Oktaeders, sondern sind in Richtung aufeinander verschoben (vgl. hierzu das entgegengesetzte Verhalten der Cr-Atome im Falle des dinuklearen (keine CrCr-Bindung enthaltenden) Cr(III)-Komplexes $[Cr_2(OH)_2(H_2O)_8]^{4+}$, S. 1450). Das Verhältnis von Bindungslänge zum doppelten Metalleinfachbindungsradius (**f**ormal **s**hortness- oder **FS**-Verhältnis) liegt im Falle von Cr(II)-Clustern im Bereich (1.83–2.53)/2.58 = 0.70–0.98 (z. B. 0.89/0.76/0.73 im Falle von (a), (b), (c)). Darüber hinaus zeichnen sich Metall-Metall-Mehrfachbindungen durch hohe *Bindungsenergien* (bis über 450 kJ/mol) und hohe *Kraftkonstanten* aus.

Metall-Metall-Bindungselektronenpaare sowie 5 Ligandenelektronenpaare und erzielt hierdurch eine abgeschlossene 18er Außenschale (Kryptonschale). Im Falle der Komplexe (b) und (c) erreichen die Cr-Atome mit 16 Elektronen fast eine Edelgasschale.

Die Bindungsverhältnisse lassen sich im Sinne der „*Theorie der lokalisierten Molekülorbitale*" (S. 355) wie folgt beschreiben: Jedes Chromatom betätigt *sechs*, aus der Hybridisierung von $d_{x^2-y^2}$-, d_{z^2}-, s-, p_x-, p_y- und p_z-Atomorbitalen resultierende d^2sp^3-Hybridorbitale, von denen jeweils fünf mit Ligandenorbitalen überlappen (in den Komplexen (b) und (c) entfällt der fünfte Ligand), während das sechste Hybridorbital des Cr-Atoms mit einem entsprechenden Hybridorbital des benachbarten Cr-Atoms in Wechselwirkung tritt (Fig. 296a). Insgesamt resultieren aus dieser Orbitalinterferenz neben *sechs* (bzw. fünf) *antibindenden σ^*-Molekülorbitalen sechs* (bzw. fünf) *bindende lokalisierte σ-Molekülorbitale* für die fünf (bzw. vier) Ligandenelektronenpaare sowie eines der insgesamt vier Elektronenpaare der beiden Cr^{2+}- Ionen. Die beiden lokalisierten, bindenden π-Molekülorbitale sowie das δ-Molekülorbital für die verbleibenden drei d-Elektronenpaare der Cr^{2+}-Ionen ergeben sich dann (neben zwei π^* und einem δ^*-MO; jeweils unbesetzt und antibindend) durch Interferenz der nicht in die Hybridisierung mit einbezogenen d_{yz}-Orbitale (→ π-MO; Fig. 296c), d_{xz}-Orbitale (→ π-MO; Fig. 296d) und d_{xy}-Orbitale (→ δ-MO; Fig. 296b). Aus der *oktaedrischen* Orientierung der sechs d^2sp^3-Hybridorbitale längs der drei Raumachsen und der

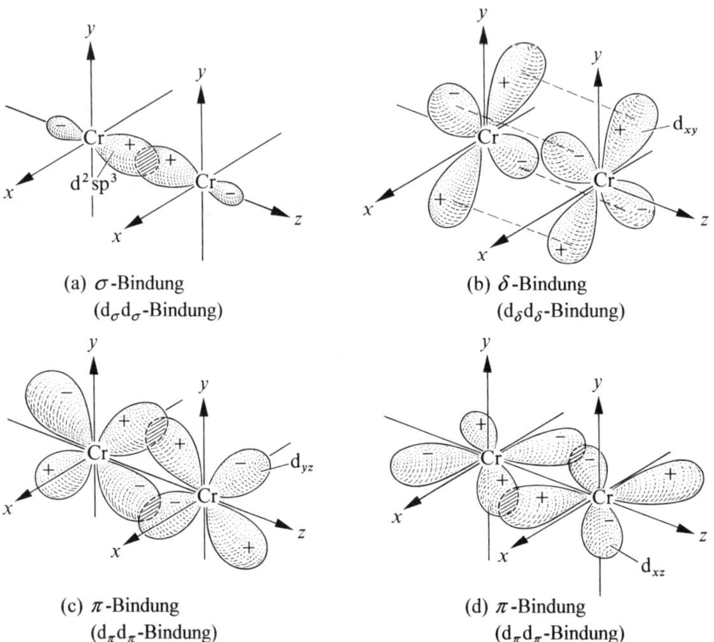

Fig. 296 Bindungsverhältnisse in zweikernigen Chrom(II)-Komplexen.

Orientierung des d_{xy}-Atomorbitals längs der Winkelhalbierenden im *xy*-Achsenkreuz folgt damit, daß die in Richtung der *x*- und *y*-Achse angeordneten Liganden zweikerniger Chrom(II)-Komplexe eine ekliptische und nicht die sterisch günstigere gestaffelte Konformation (S. 664) einnehmen (vgl. z. B. $Cr_2Me_8^{4-}$ (b); läge nur eine $\sigma^2\pi^4$-Dreifachbindung vor, so würde eine gestaffelte Konformation eingenommen, vgl. $(Me_2N)_3Mo{\equiv}Mo(NMe_2)_3$ auf S. 1477).

Zum gleichen Ergebnis führt eine Betrachtung der Bindungsverhältnisse der dinuklearen Cr(II)-Komplexe im Sinne der „*Ligandenfeldtheorie*" (S. 1250): Umgibt man ein Cr^{2+}-Ion, das sich im Ursprung eines Koordinatenkreuzes befinden solle, in der Weise quadratisch mit 4 Liganden, daß diese auf der *x*- und *y*-Achse liegen, so spalten die fünf entarteten d-Atomorbitale in ein besonders energiearmes d_{z^2}-Orbital sowie energiereichere d_{xz}- und d_{yz}-Orbitale, ein noch energiereicheres d_{xy}-Orbital und ein besonders energiereiches $d_{x^2-y^2}$-Orbital auf (S. 1256). Bei der Vereinigung zweier derartiger Komplexeinheiten zu einem dinuklearen Molekül interferieren jeweils nur d-Orbitale gleicher Sorte (vgl. hierzu S. 347f), wobei die Orbitalwechselwirkung mit steigender Energie der d-Orbitale abnimmt und im Falle der $d_{x^2-y^2}$-Orbitale praktisch verschwindet. Somit resultiert aus der Interferenz d_{z^2}/d'_{z^2} ein energieärmeres σ-Molekülorbital (starke σ-Bindung; Fig. 296a), aus der Interferenz d_{xz}/d'_{xz} bzw. d_{yz}/d'_{yz} je ein weniger energiearmes π-Molekülorbital (schwache π-Bindung; Fig. 296c, d) und aus der Interferenz d_{xy}/d'_{xy} ein energiereiches δ-Molekülorbital (sehr schwache δ-Bindung; Fig. 296b). Bei Koordination der Cr-Atome mit je einem weiteren auf der *z*- Achse lokalisierten Liganden nimmt die Energie der d_{z^2}-Atomorbitale und damit die des σ-Molekülorbitals zu. Als Folge hiervon sinkt die Stärke der σ-Bindung und damit die der CrCr-Bindung, was eine CrCr-Abstandsvergrößerung bedingt.

Organische Chrom(II)-Verbindungen[6]. Die Organyle des zweiwertigen Chroms $\mathbf{R_2Cr}$ sind ähnlich wie die des dreiwertigen Chroms R_3Cr nicht sehr beständig. Etwas stabiler sind derartige Verbindungen nur mit *sperrigen Alkylresten* (R z. B. CH_2SiMe_3) oder mit Arylresten (R z. B. Ph, Tol; polymere gelbe Substanzen). Auch die Komplexbildung führt zu einem Stabilitätsgewinn (z. B. $[CrPh_2(PEt_3)_2]$ mit 4 ungepaarten Elektronen; vgl. auch dimeres $Li_2[CrMe_4]$, Formel (b), ohne ungepaarte Elektronen). Als weitere (zum Teil auch niedrigwertigere) chromorganische Verbindungen seien genannt: $[Cr^{II}(CN)_6]^{4-}$ (s. o.), $[Cr^0(CO)_6]$, $[Cr^I(CNR)_6]^+$, $(C_5H_5)_2Cr$ (η^5-gebundene Cyclopentadienyl-Reste), $(C_6H_6)_2Cr$ (η^6-gebundene Benzol-Reste), $[Cp^*CrH]_4$ ($Cp^* = C_5Me_5$; Cr_4H_4-Cubanstruktur). Näheres vgl. S. 1628f.

2 Das Molybdän und Wolfram[21]

2.1 Elementares Molybdän und Wolfram

Vorkommen

In der „*Lithosphäre*" finden sich Molybdän und Wolfram nur **gebunden**, und zwar insbesondere als **Oxide** (Mo, W) bzw. davon abgeleiteten Molybdaten und Wolframaten, ferner als **Sulfid** (Mo). Molybdän ist darüber hinaus in der „*Biosphäre*" weitverbreitet (vgl. Physiologisches).

Das wichtigste Erz des **Molybdäns** ist der „*Molybdänglanz*" („*Molybdänit*") MoS_2, der sich hauptsächlich in Nordamerika (Colorado) und in Norwegen, aber auch in Kanada, Chile und Deutschland (Erzgebirge) findet. Ferner kommt „*Gelbbleierz*" („*Wulfenit*") $PbMoO_4$ in geringen Mengen vor (z. B. in Kärnten, Oberbayern). Sehr selten ist „*Powellit*" $Ca(Mo,W)O_4$. Die wichtigsten Erze des **Wolframs** sind der „*Wolframit*" $(Mn,Fe^{II})WO_4$ (eine isomorphe Mischung von „*Hübnerit*" $MnWO_4$ und „*Ferberit*" $FeWO_4$), der „*Scheelit*" („*Tungstein*", „*Scheelspat*") $CaWO_4$, das „*Scheelbleierz*" („*Stolzit*") $PbWO_4$ und der „*Wolframocker*" („*Tuneptit*") $WO_3 \cdot H_2O$. Die Hauptfundstätten liegen in China und Nordamerika. Man findet Wolframerze ferner in Südkorea, Bolivien, Portugal, Deutschland (Erzgebirge), der GUS.

Isotope (vgl. Anh. III). *Natürliches* Molybdän besteht aus den 7 Isotopen $^{92}_{42}Mo$ (14.84%), $^{94}_{42}Mo$ (9.25%), $^{95}_{42}Mo$ (15.92%; für *NMR*), $^{96}_{42}Mo$ (16.86%), $^{97}_{42}Mo$ (9.55%; für *NMR*), $^{98}_{42}Mo$ (24.13%) und $^{100}_{42}Mo$ (9.63%), natürliches Wolfram aus den 5 Isotopen $^{180}_{74}W$ (0.10%), $^{182}_{74}W$ (26.3%), $^{183}_{74}W$ (14.3%; für *NMR*), $^{184}_{74}W$ (30.7%) und $^{186}_{74}W$ (28.6%). Die *künstlich* gewonnenen Nuklide $^{99}_{42}Mo$ (β^--Strahler; $\tau_{1/2}$ = 66,69 Stunden), $^{185}_{74}W$ (β^--Strahler; $\pi_{1/2}$ = 75 Tage) und $^{187}_{74}W$ (β^--Strahler; $\tau_{1/2}$ = 23.9 Stunden) nutzt man für *Tracerexperimente*.

Geschichtliches. *Elementares* Molybdän gewann erstmals P. J. Hjelm 1782 durch Reduktion des von K. W. Scheele 1778 aus Molybdänglanz bei Behandlung mit Salpetersäure erhaltenen Oxids („Wasserbleyerde" MoO_3) mit Kohlenstoff. Das griechische Wort *molybdos* für Blei, das ursprünglich für Bleiglanz und andere wie Blei abfärbende Minerale (z. B. Graphit, Molybdänglanz) gebraucht wurde, ist im *Namen* des Elements Molybdän erhalten geblieben, obwohl die Metalle Blei und Molybdän sonst wenig miteinander gemeinsam haben. – *Elementares* Wolfram wurde erstmals von den Brüdern J. J. und F. d'Elhuyar 1783 durch Reduktion eines aus Wolframit durch K. W. Scheele isolierten Oxids (WO_3) mit Kohlenstoff *dargestellt*. Schon bei G. Agricola findet sich für das heute als Wolframit bezeichnete Mineral der *Name* lupi spuma (lat.) = Wolf-Schaum, Wolf-Rahm, weil der häufig in Zinnerzen vorkommende Wolframit das Erschmelzen des Zinns erschwerte, indem er dieses verschlackte, es gleichsam „auffraß". Aus Wolf-Rahm wurde dann der Name Wolfram für das darin enthaltene Metall. Vom Namen Tungstein (schwedisch = schwerer Stein) leitet sich der im Englischen und Französischen gebräuchliche Name Tungsten für Wolfram ab.

---

[21] **Literatur.** C. L. Rollinson: „*Molybdenum*", „*Tungsten*", Comprehensive Inorg. Chem. **3** (1973) 700–742, 742–769; A. G. Sykes, G. J. Leigh, R. L. Richards, C. D. Garner, J. M. Charnock, E. I. Stiefel: „*Molybdenum*" (6 Teilkapitel), Comprehensive Coord. Chem. **3** (1987) 1229–1444; Z. Dori: „*Tungsten*", Comprehensive Coord. Chem. **3** (1987) (973–1022; ULLMANN (5. Aufl.): „*Molybdenum and Molybdenum Compounds*" **A16** (1990) 655–698; „Tungsten, Tungsten Alloys and Tungsten Compounds" **A27** (1995); GMELIN: „*Molybdenum*", Syst.-Nr. **53**, bisher 14 Bände; „*Tungsten*", Syst.-Nr. **54**, bisher 14 Bände; G. D. Rieck: „*Tungsten and its Compounds*", Pergamon, New York 1967; S. W. H. Yih, C. T. Wang: „*Tungsten: Sources, Metallurgy, Properties and Applications*", Plenum Press, New York 1979; E. Pink, L. Bartha (Hrsg.): *The Metallurgy of Doped/Non-Sag Tungsten*", Elsevier, London 1979. Vgl. auch Anm. 23, 24.

Darstellung

Die reinen Metalle **Molybdän** und **Wolfram** gewinnt man **technisch** durch Reduktion der *Trioxide* mit *Wasserstoff* bei 1000 bzw. 800 °C in Stufen (über MO_2) als stahlgraue Pulver:

$$MoO_3 + 3H_2 \xrightarrow{1000\,°C} Mo + 3H_2O + 112\,kJ; \quad WO_3 + 3H_2 \xrightarrow{800\,°C} W + 3H_2O + 14\,kJ,$$

welche man in feste Stücke preßt und zu kompaktem Metall in einer Wasserstoffatmosphäre *schmilzt* oder *elektrisch sintert*.

Die **Gewinnung der benötigten Oxide MoO_3 und WO_3** erfolgt durch *oxidierendes Rösten* von *Molybdänglanz* MoS_2 bei 400–650 °C mit *Luft*: $MoS_2 + 3\frac{1}{2}O_2 \rightarrow 2SO_2 + MoO_3$ („*Rösterz*") bzw. von Wolfram-Mineralien (insbesondere *Wolframit* $(Mn,Fe)WO_4$) mit *Soda* bei 800–900 °C. Das in letzterem Falle gebildete wasserlösliche Natriumwolframat Na_2WO_4 (z.B. $3MnWO_4 + 3Na_2CO_3 + \frac{1}{2}O_2 \rightarrow Mn_3O_4 + 3Na_2WO_4 + 3CO_2$) läßt sich durch *Ansäuern* des wässerigen, Na_2WO_4-haltigen Röstgut-Extrakts in das Oxid-Hydrat $WO_3 \cdot H_2O$ verwandeln. Konzentrate von Scheelit $CaWO_4$ mit mehr als 65% WO_3 können bei 80 °C auch mit konzentrierter Salzsäure aufgeschlossen werden: $CaWO_4 + 2HCl \rightarrow CaCl_2 + WO_3 \cdot H_2O$ (Abfiltration des unlöslichen Oxid-Hydrats). Zur *Reinigung* der Trioxide laugt man das MoO_3-Rösterz bzw. das WO_3-Hydrat mit *Ammoniak-Lösung* aus und fällt dann Molybdän(VI) bzw. Wolfram(VI) als *Paramolybdat* $(NH_4)_6[Mo_7O_{24}] \cdot 4H_2O$ sowie *Parawolframat* $(NH_4)_{10}[H_2W_{12}O_{42}] \cdot 4H_2O$, welche man durch Erhitzen auf 600 °C in die Trioxide MoO_3 und WO_3 umwandelt. Reines MoO_3 läßt sich auch aus dem Rösterz absublimieren.

Zur Herstellung von **Wolfram-Glühdrähten** wird *Wolframtrioxid* oder *Wolframblauoxid* (aus Parawolframat und H_2 bei 450 °C erhaltenes Gemenge aus Wolframbronze und Wolframsuboxiden) nach Zusatz der „Dopingelemente" K, Si und Al in Form von Kaliumsilicat- sowie Aluminiumsalz-Lösung mit Wasserstoff in 2 Stufen zu α-Wolframpulver reduziert, welches nach Verpressung zu Stäben unter Schutzgas bei 1100–1300 °C „*vorgesintert*" und dann durch Stromdurchgang unter H_2-Gas bei 3000 °C „*dichtgesintert*" wird. Hierbei dampfen die zugegebenen Dopingelemente vollständig, Spurenverunreinigungen teilweise ab (Dichte des erhaltenen Wolframs 17–18 g/cm^3, statt theoretisch 19.3 g/cm^3 wegen des Verbleibs einer Restporosität). Die Sinterstäbe werden bei erhöhter Temperatur durch Hämmern und Walzen und dann durch mehrstufiges Ziehen zu Drähten weiterverarbeitet. Da die Duktilität der Wolframstäbe mit abnehmendem Durchmesser zunimmt, kann die Verarbeitungstemperatur von zunächst 1600 °C kontinuierlich gesenkt werden.

Das zur Herstellung von „*Molybdänstahl*" dienende Molybdän (kleinere Zusätze von Mo erhöhen die Härte und Zähigkeit des Stahls) wird dem Eisen nicht als solches, sondern in Form von **„Ferromolybdän"**, eine durch Zusammenschmelzen von Molybdän- und Eisenoxid mit Koks im elektrischen Ofen entstehende Legierung mit 50–85% Mo, zugesetzt. In analoger Weise entsteht **Ferrowolfram** mit 60–80% W durch Zusammenschmelzen von Wolfram- und Eisenerz mit Koks im elektrischen Ofen.

Physikalische Eigenschaften

Molybdän und **Wolfram** stellen *weißglänzende*, *harte*, in reinem Zustand *dehnbare Metalle* von großer *mechanischer Festigkeit* dar (Dichten 10.28 bzw. 19.26 g/cm^3), welche bei 2620 bzw. 3410 °C schmelzen und bei 4825 bzw. ca. 5700 °C sieden (Wolfram besitzt – abgesehen von Kohlenstoff – den *höchsten Schmelzpunkt* aller Elemente). Beide Metalle kristallisieren *kubisch-raumzentriert* („*α-W-Typ*", S. 151). Neben der α-Form existiert Wolfram noch in einer metastabilen *β*-Form mit speziellem kubischen Gitter („V_3*Si-Struktur*", S. 1316), die sich – abhängig von der Art stabilisierender Zusätze – bei 520–820 °C irreversibel in die stabilere α-Form verwandelt (tatsächlich handelt es sich bei *β*-Wolfram um das Oxid W_3O). Bezüglich weiterer Kenndaten von Molybdän und Wolfram vgl. Tafel IV.

Physiologisches[22]. Molybdän ist für Menschen und Tiere *essentiell*. Der Mensch enthält ca. 0.07 mg Mo pro kg und sollte täglich etwa 2 μg pro kg zu sich nehmen. Höhere Mo-Aufnahmen können zu Durchfall und Wachstumsstörungen führen (MAK-Wert: 5 mg lösliche bzw. 15 mg unlösliche Mo-Verbindungen pro m^3, jeweils bezogen auf Mo). Biologisch wirken die im Körper gebildeten organischen Molybdän-

[22] **Literatur.** M.N. Hughes: „*The Biochemistry of Molybdenum*", Comprehensive Coord. Chem. **6** (1987) 656–665; E.I. Stiefel: „*The Coordination and Bioinorganic Chemistry of Molybdenum*", Progr. Inorg. Chem. **22** (1977) 1–223; M. Coughlin (Hrsg.): „*Molybdenum and Molybdenum Containing Enzymes*", Pergamon Press, Oxford 1980; G.E. Callis, R.A.D. Wentworth: „*Tungsten vs. Molybdenum in Models for Biological Systems*", Bioinorg. Chem. **7** (1977) 57–70.

verbindungen als *Atmungskatalysatoren*. Molybdän begünstigt ferner die Karies-schützende Fluorid-Einlagerung in Zahnschmelz. Darüber hinaus ist Molybdän als Bestandteil der Enzyme *Nitrogenase* und *Nitratreduktase* an der *Stickstoff-Fixierung* durch Blaualgen und Knöllchenbakterien sowie der Nitratassimilation und -dissimilation in grünen Pflanzen und Bakterien beteiligt. *Molybdändüngung* bewirkt aus diesem Grunde Ertragssteigerungen.

Das Wolfram ist für Menschen und Tiere *nicht essentiell* (der Mensch enthält normalerweise kein Wolfram), aber *toxisch* (MAK-Werte in USA: 1 mg lösliche bzw. 5 mg unlösliche W-Verbindungen pro m^3, jeweils bezogen auf W). Wolfram stellt in biologischer Sicht einen Antagonisten des Molybdäns dar, der einen Aktivitätsverlust der molybdänhaltigen Atmungskatalysatoren bewirkt.

Chemische Eigenschaften

Die Elemente **Molybdän** und **Wolfram** sind an der *Luft* infolge Passivierung sehr beständig; bei Rotglut verbrennen sie mit *Sauerstoff* zu den Trioxiden MoO_3 und WO_3. Auch mit vielen anderen Nichtmetallen reagieren sie in der Wärme, so mit *Fluor* ($\rightarrow MoF_6$, WF_6), *Chlor* ($\rightarrow MoCl_5$, WCl_6), *Brom* ($\rightarrow MoBr_3$, WBr_6) sowie mit *Bor*, *Kohlenstoff*, *Silicium*, *Stickstoff*. Von *nichtoxidierenden Säuren* werden beide Elemente nicht gelöst (Passivierung). *Oxidierende Säuren* wie heiße konzentrierte Schwefelsäure oder Königswasser greifen Molybdän *lebhaft*, Wolfram nur sehr *langsam* an; dagegen löst sich Wolfram rasch in Wasserstoffperoxid oder in einem Gemisch aus Salpeter- und Flußsäure. Beim oxidierenden Schmelzen mit *Alkalimetallhydroxiden* gehen Molybdän in Molybdate und Wolfram in Wolframate über.

Verwendung von Molybdän und Wolfram. Die hauptsächlichste Anwendung finden Molybdän und Wolfram in Form von *Ferromolybdän* und *-wolfram* bei der Herstellung **legierter Stähle** (vgl. S. 1514). Reines **Molybdän** (Jahresweltproduktion: einige 100 Kilotonnen) wird u.a. als Material für *Elektroden* sowie für *Katalysatoren* (petrochemische Prozesse) verbraucht. Reines **Wolfram** (Jahresweltproduktion: über 50 Kilotonnen) findet wegen seines „*hohen Schmelzpunktes*" überall dort Verwendung, wo bei hohen Temperaturen noch hohe Festigkeit verlangt wird, so für Lampen- und Röhren-*Glühdrähte* (2–4% der Weltproduktion), als *Anodenmaterial* in Röntgenröhren, als *Heizleiter* in Hochtemperaturöfen, für *Raketendüsen* und *Hitzeschilde* bei Raumkapseln. Wegen seiner „*hohen Dichte*" wird Wolfram auch dort benutzt, wo große Massen auf möglichst kleinem Raum untergebracht werden müssen (z.B. Trimmgewichte bei *Schwungmassen* in Armbanduhren). Durch besonders „*hohe Härte*" zeichnet sich „*Widiametall*", ein Sinterwerkstoff aus Wolframcarbid und 10% Cobalt aus, das so hart *wie Dia*-mant ist.

Molybdän und Wolfram in Verbindungen

In ihren Verbindungen treten Molybdän und Wolfram wie Chrom in den **Oxidationsstufen** **+2**, **+3**, **+4**, **+5**, **+6** auf (z.B. MCl_2, MCl_3, MO_2, MF_5, MF_6, MO_3). Die *wichtigsten* und *beständigsten* Verbindungen sind die des sechswertigen Molybdäns und Wolframs. Allerdings ist der für Chrom gut definierte zweiwertige Zustand für Molybdän und insbesondere Wolfram weniger vorherrschend, und die große Stabilität des dreiwertigen Chroms hat kein vergleichbares Gegenstück in der Mo- und W-Chemie. Die niedrigen Oxidationsstufen **+1**, **0**, **−1**, und **−2** des Molybdäns und Wolframs sind etwa in den Verbindungen $[(C_6H_6)_2M]^+$, $[M(CO)_6]$, $[M_2(CO)_{10}]^{2-}$ und $[M(CO)_6]^{2-}$ realisiert.

Wie aus nachfolgenden **Potentialdiagrammen** einiger Oxidationsstufen von Mo und W für pH = 0 und 14 hervorgeht (vgl. auch Anh. V), sind Molybdän und Wolfram – ähnlich wie Chrom (vgl. Diagramm auf S. 1442) – *unedle Metalle*, wobei der unedle Charakter (der negative Wert des Potentials) der Elemente der VI. Nebengruppe ähnlich wie der der – insgesamt unedleren – Elemente der V. Nebengruppe in Richtung wachsender Ordnungszahlen und in Richtung steigender pH-Werte zunimmt (gilt nicht für alle W-Oxidationsstufen).

pH = 0

$$\mathbf{Mo^{VI}O_3} \xrightarrow{+0.50} \mathbf{Mo_2^{V}O_4^{2+}} \xrightarrow{+0.15} \mathbf{Mo^{IV}O_2} \xrightarrow{-0.008} \mathbf{Mo^{3+}} \xrightarrow{-0.20} \mathbf{Mo}$$

$Mo^{VI}O_3 \rightarrow Mo^{IV}O_2$: +0.646; $Mo^{IV}O_2 \rightarrow Mo$: −0.152; $Mo^{VI}O_3 \rightarrow Mo$: ±0.0

$$\mathbf{W^{VI}O_3} \xrightarrow{-0.029} \mathbf{W_2^{V}O_5} \xrightarrow{-0.031} \mathbf{W^{IV}O_2} \xrightarrow{-0.15} \mathbf{(W^{3+})} \xrightarrow{-0.11} \mathbf{W}$$

$W^{VI}O_3 \rightarrow W^{IV}O_2$: −0.030; $W^{IV}O_2 \rightarrow W$: −0.119; $W^{VI}O_3 \rightarrow W$: −0.090

pH = 14

$$\mathbf{Mo^{VI}O_4^{2-}} \xrightarrow{-0.780} \mathbf{Mo^{IV}O_2} \xrightarrow{-0.980} \mathbf{Mo}$$

$Mo^{VI}O_4^{2-} \rightarrow Mo$: −0.913

$$\mathbf{W^{VI}O_4^{2-}} \xrightarrow{-1.259} \mathbf{W^{IV}O_2} \xrightarrow{-0.982} \mathbf{W}$$

$W^{VI}O_4^{2-} \rightarrow W$: −1.074

Molybdän weist hierbei analog Chrom eine *ausgeprägte wässerige Chemie* auf, wobei im Wasser unterhalb pH = 2 folgende, nur Wasser, Hydroxid und/oder Oxid enthaltende ein- und mehrkernige Kationen existieren (im Falle von Mo(VI) liegen im pH-Bereich > 7 Anionen MoO_4^{2-}, im pH-Bereich 2–7 Anionen $Mo_2O_7^{2-}$, $Mo_7O_{24}^{6-}$, $Mo_8O_{26}^{4-}$ u.a. vor):

$[Mo_2^{II}(H_2O)_8]^{4+}$	$[Mo^{III}(H_2O)_6]^{3+}$	$[Mo_2^{III}(OH)_2(H_2O)_8]^{4+}$	$[Mo_3^{IV}O_4(H_2O)_9]^{4+}$	$[Mo_2^{V}O_4(H_2O)_6]^{2+}$	$[Mo^{VI}O_2(H_2O)_4]^{2+}$
rot	*blaßgelb*	*grün*	*rot*	*gelb*	*farblos*

Allerdings sind die zwei- und dreiwertigen Stufen nur unter *extremem Sauerstoffanschluß* beständig. Im Falle des Wolframs ließen sich niedrige Wertigkeiten in Wasser nicht mit Sicherheit nachweisen; auch enthalten höhere Wertigkeiten neben den Elementen des Wassers zusätzlich immer andere Donoren.

Die **Koordinationszahlen** der zwei- bis sechswertigen Metalle Mo und W reichen von *vier* (tetraedrisch in $[\mathbf{M}_2^{III}X_6]$ mit X = OR, NR_2, $[\mathbf{Mo}^{IV}(NMe_2)_4]$, $[\mathbf{M}^{VI}O_4]^{2-}$) und *fünf* (quadratisch-pyramidal in $[\mathbf{M}_2^{IV}X_8]^{4-}$, trigonal-bipyramidal in $\mathbf{M}^{V}Cl_5$ (g)), über *sechs* (oktaedrisch in $[\mathbf{M}^{II}(diars)_2I_2]$, $[\mathbf{M}_2^{III}Cl_9]^{3-}$, $[\mathbf{M}^{V}F_6]^-$, $\mathbf{M}^{VI}F_6$; trigonal-prismatisch in $\mathbf{M}^{IV}S_2$, $[\mathbf{M}^{VI}(S_2C_2H_2)_3]$) und *sieben* (überkappt-trigonal-prismatisch in $[\mathbf{Mo}^{II}(CNR)_7]^{2+}$, pentagonal-bipyramidal in $[\mathbf{W}^{VI}OCl_4(diars)]$ bis *acht* (dodekaedrisch in $[\mathbf{Mo}^{III}(CN)_7(H_2O)]^{4-}$, $[\mathbf{M}^{V}(CN)_8]^{3-}$) sowie *höher*. In seinen *niedrigwertigen* Verbindungen haben Mo und W meist die Koordinationszahl *sechs*. Die 5fach koordinierten M(-II)-, 6fach koordinierten M(0)-, 7fach koordinierten M(II)-, 8fach koordinierten M(IV)- und 9fach koordinierten M(VI)-Komplexverbindungen haben Xenon- bzw. Radonelektronenkonfigurationen.

Bezüglich der *Elektronenkonfiguration*, der *Radien*, der *magnetischen* und *optischen* Eigenschaften von **Molybdän-** und **Wolframionen** vgl. Ligandenfeld-Theorie (S. 1250) sowie Anh. IV, bezüglich eines **Eigenschaftsvergleichs** der Metalle der Chromgruppe S. 1199f und Nachfolgendes.

Zwischen der VI. Neben- und Hauptgruppe gibt es außer der *maximalen Sechswertigkeit* und *stöchiometrischen Analogien* (z.B. SF_6/WF_6, SO_4^{2-}/MoO_4^{2-}) keine engere Verwandtschaft. Zudem sinkt in der Sauerstoffgruppe die Beständigkeit der sechswertigen Stufe ab Schwefel mit *steigender* Atommasse des Elements (im Mittel) von oben nach unten hin, während sie in der Chromgruppe in gleicher Richtung zunimmt, so daß etwa die Chromate zum Unterschied von den Wolframaten starke Oxidationsmittel sind (Sulfate wirken im Gegensatz zu Bismutaten als schwache Oxidationsmittel) und im Falle der Fluoride die Sechswertigkeit zwar bei Schwefel, aber nicht bei Chrom erreichbar ist. Dafür nimmt in Richtung Cr, Mo, W die Stabilität der *Dreiwertigkeit* ab, so daß die Komplexchemie des dreiwertigen Chroms vor der des dreiwertigen Wolframs besonders ausgedehnt und vielseitig ist.

Chrom, Molybdän und Wolfram sind hochschmelzende und -siedende Schwermetalle. Die *Schmelz-* und *Siedepunkts*kurve der Übergangsmetalle erreicht in der 3. Periode bei Vanadium, in der 4. und 5. Periode bei Molybdän bzw. Wolfram ihr Maximum (vgl. Tafel IV). Aus dem Abfall des Schmelz- und Siedepunktes (Abnahme der *Atomisierungsenergie*) beim Übergang von Vanadium zum Chrom und darüber hinaus zu Mangan, Eisen usw. bzw. von Molybdän sowie Wolfram zu Technetium sowie Rhenium und darüber hinaus zu Ruthium sowie Osmium usw. ist zu schließen, daß die 3d-Elektronen ab Chrom, die 4d- sowie 5d-Elektronen ab Technetium sowie Rhenium zunehmend wirkungsvoller an den Atomrumpf gebunden werden und somit als „innere Elektronen" trotz ihrer wachsenden Anzahl weniger zur Bildung von Metallbindungen zur Verfügung stehen. Dementsprechend erniedrigt sich auch die stabilste Oxidationsstufe beim Übergang von Vanadium über Chrom zu Mangan von +4 über +3 nach +2, während im Falle der Übergänge Nb, Mo, Tc und Ta, W, Re die Stabilität der höchsten Oxidationsstufen (+5, +6, +7) erst zu- und dann wieder abnimmt.

Die zwischen *Molybdän* und *Wolfram* bei den Elementen La bis Lu erfolgende *Lanthanoid-Kontraktion* bedingt, wie angedeutet (S. 1439), daß Mo und W in ihren Eigenschaften (Sublimationsenthalpien, Atom- und Ionenradien, Elektronegativität, Normalpotentiale, Bildungsenthalpien von Verbindungen) sehr *ähnlich* sind, während sich das leichtere *Chrom* von ihnen merklich *unterscheidet* (vgl. Tafel IV).

Die Tendenz zur Bildung von **Metallclustern** wächst mit *zunehmender Ordnungszahl* und *abnehmender Wertigkeit* des Chromgruppenelements. So bildet Chrom ausschließlich in der zweiwertigen Stufe mit speziellen Liganden (insbesondere Carboxylat- und verwandte Chelatliganden), Molybdän und Wolfram zudem in der drei-, vier- und fünfwertigen Stufe mit verschiedensten Liganden Metallcluster. Da die Metallzentren der M^V-, M^{IV}-, M^{III}- und M^{II}-Komplexe 1, 2, 3 bzw. 4d-Außenelektronen aufweisen, kann es bei den betreffenden Komplexen zu Clustern M_2^V, M_2^{IV}, M_2^{III} bzw. M_2^{II} mit Ein-, Zwei-, Drei- bzw. Vierfachbindung kommen (z.B. $[Mo_2^VCl_4(OR)_6]$, $[Mo_2^{IV}(OR)_8]$, $[M_2^{III}(OR)_6]$, $[M_2^{II}Cl_8]^{4-}$ oder zu Clustern M_3^{IV}, M_4^{III} bzw. M_6^{II} mit trigonal-planarem, tetraedrischem bzw. oktaedrischem Metallgerüst (zwei, drei, vier von M ausgehende MM-Einfach-Bindungen; z.B. $[Mo_3^{IV}O_4(H_2O)_9]^{4+}$, $[Mo_4^{III}S_4(CN)_{12}]^{8-}$, $[M_6^{II}Cl_8]^{4+}$). Die MM-Abstände [Å] betragen rund (Abweichung ±0.05 bis ±0.1 Å; der CrCr-Abstand bezieht sich auf Cr_2^{4+} mit 8 Liganden):

	–		–		–	Cr≣Cr	1.9 Å
Mo—Mo	2.7 Å	Mo═Mo	2.4 Å	Mo≡Mo	2.2 Å	Mo≣Mo	2.1 Å
W—W	2.7 Å	W═W	2.6 Å	W≡W	2.3 Å	W≣W	2.2 Å

2.2 Molybdän(VI)- und Wolfram(VI)-Verbindungen (d^0)[21,23]

Wasserstoffverbindungen

Binäre Hydride $\mathbf{MH_6}$ des sechswertigen Molybdäns und Wolframs sind unbekannt, doch lassen sich *Phosphan-Addukte* der Hexahydride gewinnen, und zwar $\mathbf{[MoH_6(PR_3)_3]}$ durch Reaktion von $MoCl_4(THF)_2$ mit $Na[AlH_2(OR)_2]$ in Tetrahydrofuran bei $-80\,°C$, $\mathbf{[WH_6(PR_3)_3]}$ durch Reaktion von WMe_6 mit molekularem Wasserstoff jeweils in Anwesenheit von Phosphanen PR_3 (vgl. Tab. 133, S. 1607).

Halogenverbindungen[23]

Die Oxidationsstufe sechs ist im **Molybdän-** und **Wolframhexafluorid** $\mathbf{MoF_6}$ und $\mathbf{WF_6}$ (oktaedrisch; Tab. 123) vertreten, die beim schwachen Erwärmen von Mo oder W im Fluorstrom als *farblose*, hydrolyseempfindliche, diamagnetische Substanzen entstehen (MoF_6 wird unterhalb 17.4 °C fest, WF_6 oberhalb 17.1 °C gasförmig) und mit Fluoriden „*Fluorokomplexe*" MF_7^- (überkappt-oktaedrisch) und MF_8^{2-} bilden. Die Existenz eines **Molybdänhexachlorids** $\mathbf{MoCl_6}$ (aus $MoO_3 + SO_2Cl_2$) ist noch unsicher. Das *dunkelblaue* **Wolframhexachlorid** $\mathbf{WCl_6}$ (Tab. 123) entsteht bei dunkler Rotglut aus den Elementen und stellt eine *schwarzviolette*, bei 275 °C schmelzende und bei 337 °C siedende Masse dar (der Dampf besteht aus WCl_6-Molekülen). Das Chlorid läßt sich leicht durch andere Reste substituieren. So reagiert WCl_5 etwa mit SCN^- oder N_3^- zu „*Wolframhexathiocyanat*" $W(NCS)_6$ bzw. „*Wolframazidpentachlorid*" WCl_5N_3, mit Me_3SiOR oder $LiNMe_2$ zu „*Wolframhexaalkoxid*" $W(OR)_6$ (R = Me, Et, ${}^iPr$, Ph usw.) bzw. „*Wolframhexadimethylamid*" $W(NMe_2)_6$, mit $N(SiMe_3)_3$ zu „*Wolframtrichloridnitrid*" $WNCl_3$, und mit LiMe zu „*Hexamethylwolfram*" WMe_6. *Dunkelblaues* **Wolframhexabromid** $\mathbf{WBr_6}$ (Tab. 123) bildet sich bei der Reaktion von $W(CO)_6$ mit Brom. Bezüglich der **Halogenidoxide** $\mathbf{MOX_4}$ und $\mathbf{MO_2X_2}$ vgl. Tab. 123.

Sauerstoffverbindungen[23]

Molybdän(VI)- und Wolfram(VI)-oxide (vgl. S. 1620). Darstellung Das beim Rösten vieler Molybdän- und Wolframverbindungen hinterbleibende pulverförmige *weiße* **Molybdäntrioxid** $\mathbf{MoO_3}$ bzw. *zitronengelbe* **Wolframtrioxid** $\mathbf{WO_3}$ (Tab. 123) schmilzt bei 795 °C bzw. 1473 °C

---

23 **Literatur.** Halogenverb. J. E. Fergusson: „*Halide Chemistry of Chromium, Molybdenum and Tungsten*" in V. Gutmann (Hrsg.): „Halogen Chemistry" **3** (1968) 227–302; M. Binnewies: „*Chemie in Glühlampen*", Chemie in unserer Zeit **20** (1986) 141–145; J. H. Canterford, R. Colton: „*Molybdenum and Tungsten*", in Halides of the Second and Third Row Transition Metals", Wiley 1968, S. 206–271. – Sauerstoffverb. M. T. Pope: „*Isopolyanions and Heteropolyanions*", Comprehensive Coord. Chem. **3** (1987) 1023–1058; „*Heteropoly and Isopoly Oxometallates*", Springer, Berlin 1983; D. L. Kepert: „*Isopolyanions and Heteropolyanions*", Comprehensive Inorg. Chem. **4** (1973) 607–672; K.-H. Tytko, O. Glemser: „*Isopolymolybdates and Isopolytungstates*", Adv. Inorg. Radiochem. **19** (1976) 239–315; G. A. Tsigdinos: „*Heteropoly Compounds of Molybdenum and Tungsten*", Topics Curr. Chem. **76** (1978) 1–64; A. Müller: „*Chemie der Polyoxometallate: Aktuelle Variationen über ein altes Thema mit interdisziplinären Zügen*", Angew. Chem. **103** (1991) 56–70; Int. Ed. **30** (1991) 34; M. T. Pope: „*Molybdenum Oxygen Chemistry: Oxides, Oxo Complexes, and Polyoxoanions*", Progr. Inorg. Chem. **39** (1991) 181–258; H. J. Lunck, S. Schönherr: „*Struktur, Eigenschaften und Anwendungen von Heteropolyverbindungen*", Z. Chem. **27** (1987) 157–170; P. Hagenmuller: „*Tungsten Bronzes, Vanadium Bronzes and Related Compounds*", Comprehensive Inorg. Chem. **4** (1973) 541–605; G. A. Ozin, S. Özkar, R. A. Prokopowicz: „*Smart Zeolites: New Forms of Tungsten and Molybdenum Oxides*", Acc. Chem. Res. **25** (1992) 553–560. – Schwefelverb. G. A. Tsigdinos: „*Inorganic Sulfur Compounds of Molybdenum and Tungsten – Their Preparation, Structure, and Properties*", Topics Curr. Chem. **76** (1978) 65–105; T. Shibakava: „*Cubane and Incomplete Cubane-Type Molybdenum and Tungsten Oxo/Sulfido Clusters*", Adv. Inorg. Chem. **37** (1991) 143–147; A. Müller: „*Coordination Chemistry of Mo- and W-S Compounds and Some Aspects of Hydrodesulfurization*", Polyhedron **5** (1986) 323–340; A. Müller, E. Diemann: „*Polysulfide Complexes of Metals*", Adv. Inorg. Chem. **31** (1987) 89–122; A. Müller, E. Diemann, R. Jostes, H. Bögge: „*Thioanionen der Übergangsmetalle: Eigenschaften und Bedeutung für die Komplexchemie und Bioanorganische Chemie*", Angew. Chem. **93** (1981) 957–977; Int. Ed. **20** (1981) 934. – Stickstoffverb. K. Dehnicke, J. Strähle: „*Nitrido-Komplexe von Übergangsmetallen*", Angew. Chem. **104** (1992) 978–1000; Int. Ed. **31** (1992) 955; „*Die Übergangsmetall-Stickstoff-Mehrfachbindung*", Angew. Chem. **93** (1981) 451–564; Int. Ed. **20** (1981) 413. - Komplexe. S. J. Lippard: „*Seven and Eight Coordinate Molybdenum Complexes, and Related Molybdenum(IV) Oxo Complexes with Cyanide and Isocyanide Ligands*", Progr. Inorg. Chem. **21** (1976) 91–103; R. V. Parish: „*The Coordination Chemistry of Tungsten*", Adv. Inorg. Radiochem. **9** (1966) 315–354; Z. Dori: „*The Coordination Chemistry of Tungsten*", Progr. Inorg. Chem. **28** (1981) 239–307; R. Colton: „*Molybdenum and Tungsten*", Coord. Chem. Rev. **90** (1988) 29–109. – Cluster. M. H. Chisholm: „*Die $\sigma^2\pi^4$-Dreifachbindung zwischen Molybdän- und Wolframatomen – eine anorganische funktionelle Gruppe*", Angew. Chem. **97** (1985) 21–30; Int. Ed. **24** (1985) 56; „*The Coordination Chemistry of Dinuclear Molybdenum(III) and Tungsten(III): d^3-d^3-Dimers*", Acc. Chem. Res. **23** (1990) 419–425.

Tab. 123 Halogenide, Oxide und Halogenidoxide[a)] von Molybdän und Wolfram (vgl. S. 1448, 1611, 1620)

	Fluoride	Chloride	Bromide	Iodide	Oxide
M(VI)	$\mathbf{MoF_6}$, *farblos* Smp./Sdp. 17.4/35 °C ΔH_f − 1587 kJ/mol O_h-Symmetrie, KZ 6	$\mathbf{MoCl_6}$ (?), *schwarz* O_h-Symmetrie, KZ 6	–	–	$\mathbf{MoO_3}$, *weiß*[b)] Smp. 795 °C ΔH_f − 746 kJ/mol Schichtstruk., KZ 6
	$\mathbf{WF_6}$, *hellgelb* Smp./Sdp. 1.9/17.1 °C ΔH_f − 1749 kJ/mol O_h-Symmetrie, KZ 6	$\mathbf{WCl_6}$, *dunkelblau* Smp./Sdp. 275/337 °C ΔH_f − 603 kJ/mol O_h-Symmetrie, KZ 6	$\mathbf{WBr_6}$, *dunkelblau* Smp. 309 °C O_h-Symmetrie, KZ 6	–	$\mathbf{WO_3}$, *zitronengelb* Smp. 1473 °C ΔH_f − 843 kJ/mol ReO_3-Strukt., KZ 6
M(V)	$\mathbf{MoF_5}$, *gelb* Smp. 67 °C Dispr. VI/IV 165 °C Tetramer, KZ 6	$\mathbf{MoCl_5}$, *schwarzgrün* Smp./Sdp. 204/268 °C ΔH_f − 528 kJ/mol Dimer, KZ 6	$\mathbf{MoBr_5}$, *dunkelblau* Dimer, KZ 6	–	„$\mathbf{Mo_2O_5}$“, *dunkelblau*[c)]
	$\mathbf{WF_5}$, *gelb* Dispr. VI/IV 20 °C Tetramer, KZ 6	$\mathbf{WCl_5}$, *dunkelgrün* Smp./Sdp. 248/286 °C Dimer, KZ 6	$\mathbf{WBr_5}$, *dunkelbraun* Smp./Sdp. 276/333 °C Dimer, KZ 6	–	„$\mathbf{W_2O_5}$“, *dunkelblau*[c)]
M(IV)	$\mathbf{MoF_4}$, *blaßgrün*[d)] Dispr. Schichtstrukt., KZ 6	$\mathbf{MoCl_4}$, *braunschwarz* Dispr. III/V ΔH_f − 481 kJ/mol Kette, KZ 6	$\mathbf{MoBr_4}$, *schwarz* Zers. $MoBr_3/Br_2$ ΔH_f − 322 kJ/mol Kette, KZ 6	$\mathbf{MoI_4}$, *schwarz* Zers. 100 °C Kette? KZ 6	$\mathbf{MoO_2}$, *braunviolett* ΔH_f − 589 kJ/mol Rutil-Strukt., KZ 6
	$\mathbf{WF_4}$, *rotbraun* Dispr. 800 °C Raumstrukt.? KZ 6	$\mathbf{WCl_4}$, *schwarz* Dispr. II/V 300 °C ΔH_f − 469 kJ/mol Kette, KZ 6	$\mathbf{WBr_4}$, *schwarz* ΔH_f − 348 kJ/mol Kette? KZ 6	$\mathbf{WI_4}$, *schwarz*	$\mathbf{WO_2}$, *braun* Smp./Sdp. 1500/1730 °C ΔH_f − 590 kJ/mol Rutil-Strukt., KZ 6
M(III)	$\mathbf{MoF_3}$, *gelbbraun* Smp. > 600 °C VF_3-Strukt., KZ 6	$\mathbf{MoCl_3}$, *schwarzrot* Dispr. II/IV 500 °C ΔH_f − 387 kJ/mol verzerrt $CrCl_3$, KZ 6	$\mathbf{MoBr_3}$, *dunkelgrün* Smp. 977 °C ZrI_3-Strukt., KZ 6	$\mathbf{MoI_3}$, *schwarz* Smp. 927 °C	$\mathbf{Mo_2O_3}$
	–	$\mathbf{WCl_3}$, *dunkelrot* Smp. 550 °C Dispr. II/V 50 °C $[M_6X_{12}]X_6$-Strukt.	$\mathbf{WBr_3}$, *schwarz* Zers. > 90 °C zu WBr_2 ΔH_f − 172 kJ/mol $[M_6X_8]X_6$-Strukt.[f)]	$\mathbf{WI_3}$ Zers. Raumtemp.	
M(II)	–	$\mathbf{MoCl_2}$, *gelb*[g)] Zers. > 530 °C ΔH_f − 282 kJ/mol $[M_6X_8]X_4$-Strukt.	$\mathbf{MoBr_2}$, *gelbrot*[g)] Smp. 842 °C ΔH_f − 261 kJ/mol $[M_6X_8]X_6$-Strukt.	$\mathbf{MoI_2}$[g)] $[M_6X_8]X_4$-Strukt.	$\mathbf{MoO}$, *schwarz* NaCl-Strukt., KZ 6
	–	$\mathbf{WCl_2}$, *grau* Zers. 0/IV 500 °C $[M_6X_8]X_4$-Strukt.	$\mathbf{WBr_2}$, *gelb* $[M_6X_8]X_4$-Strukt.	$\mathbf{WI_2}$, *braun* $[M_6X_8]X_4$-Strukt.	–

a) Von den **Halogenidoxiden** seien genannt: $\mathbf{MoOF_4}$ (*weiß*; aus $MoO_3 + F_2$; Smp./Sdp. 97/186 °C; über F verbrückte $MoOF_5$-Oktaederketten bildet $MoOF_5^-$), $MoOCl_4$ (*grün*; aus $MoO_3 + SOCl_2$; Smp./Sdp. 103/159 °C), $\mathbf{WOF_4}$ (*weiß*; Smp./Sdp. 101/186 °C; bildet WOF_5^-), $\mathbf{WOCl_4}$ (*rot*; Smp./Sdp. 211/233 °C), $\mathbf{WOBr_4}$ (*dunkelbraun*; Smp. 277 °C). – $\mathbf{MoO_2F_2}$ (*weiß*; aus MoO_2Cl_2 + HF; Sblp. 270 °C; bildet $MoO_2F_4^{2-}$), $\mathbf{MoO_2Cl_2}$ (*blaßgelb*; aus $MoO_2 + Cl_2$; Smp./Sdp. 175/250 °C), $\mathbf{MoO_2Br_2}$ (*rotbraun*), $\mathbf{WO_2F_2}$ (*weiß*; bildet $WO_2F_4^{2-}$), $\mathbf{WO_2Cl_2}$ (*blaßgelb*; Smp. 265 °C), $\mathbf{WO_2Br_2}$ (*rot*; Dispr. $WO_3/WOBr_4$ ab 200 °C), $\mathbf{WO_2I_2}$ (*dunkelbraun*). – $\mathbf{MoOCl_3}$ (*schwarz*; Zers. > 200 °C; bildet $MoOCl_5^{2-}$), $\mathbf{MoOBr_3}$ (*schwarz*, Sblp. 270 °C im Vakuum), $\mathbf{WOCl_3}$ (*olivgrün*), $\mathbf{WOBr_3}$ (*dunkelbraun*). – $\mathbf{MoO_2Cl}$ (*blauschwarz*). – **b)** α-Form. Metastabiles *gelbes* β-MoO_3 mit ReO_3-Struktur. – **c)** Zufällige Zusammensetzung von Oxiden $\mathbf{MO_{2\text{-}3}}$ (meist M_nO_{3n-1} oder M_nO_{3n+2}: Mo_4O_{11}, Mo_5O_{14}, Mo_8O_{23}, Mo_9O_{26}, $Mo_{10}O_{29}$, $Mo_{13}O_{38}$; $W_{10}O_{29}$, $W_{20}O_{58}$, $W_{40}O_{119}$, $W_{50}O_{148}$). – **d)** Man kennt auch ein *grünes* $\mathbf{Mo_2F_9}$ das beim Erhitzen in MoF_4 und MoF_5 disproportioniert. – **e)** α-Form. β-$MoCl_4$ enthält Hexamere aus sechs miteinander kantenverknüpften $MoCl_6$-Oktaedern. – **f)** $[W_6Br_8]^{6+} \cdot 2Br^- \cdot 2(Br_4)^{2-}$. – **g)** α-Formen. Bezüglich der β-Formen vgl. Anm.[39)]; man kennt zudem $[Mo_5Cl_{13}]^{2-}$ und $[Mo_4I_{11}]^{2-}$, die sich von Halogeniden der Zusammensetzung $[Mo_5Cl_{11}] = MoCl_{2.20}$ und $[Mo_4I_9] = MoI_{2.25}$ ableiten.

unter Bildung einer *tiefgelben* Flüssigkeit (der Smp. des homologen Chromtrioxids CrO_3 liegt mit 197 °C deutlich niedriger). MoO_3 ist zudem im guten Vakuum um 800 °C sublimierbar, wobei der Dampf u. a. die Moleküle Mo_3O_9, Mo_4O_{12} und Mo_5O_{15} enthält (ab 1000 °C zersetzt sich MoO_3, ab 1300 °C WO_3 unter Sauerstoffabgabe).

Säuert man andererseits wässerige Lösungen von Molybdat MoO_4^{2-} oder Wolframat WO_4^{2-} (s. u.) kräftig an, so fallen *gelbes* **Molybdäntrioxid-Dihydrat** $\mathbf{MoO_3 \cdot 2H_2O}$ oder *gelbes* **Wolframtrioxid-Dihydrat** $\mathbf{WO_3 \cdot 2H_2O}$ aus, die bei gelindem Erwärmen in „*Monohydrate*“ (*gelbes* *monoklines* $MoO_3 \cdot H_2O$ bzw. $WO_3 \cdot H_2O$; *farbloses* triklines $MoO_3 \cdot H_2O$) und bei stärkerem Erhitzen über Zwischenstufen hinweg (z. B. farbloses monoklines $MoO_3 \cdot \frac{1}{2}H_2O$; farbloses orthorhombisches $MoO_3 \cdot \frac{1}{3}H_2O$) in die wasserfreien Trioxide MO_3 übergehen. Die Hydrate – insbesondere $MO_3 \cdot H_2O = H_2MO_4$ – werden häufig als „*Molybdän*"- bzw. „*Wolframsäure*" bezeichnet.

Beim Erhitzen von MoO_3 bzw. WO_3 mit *Molybdän* bzw. *Wolfram* (ca. 700 °C), *Wasserstoff* (Mo: < 470 °C; W: 800 °C) oder ohne Reaktionspartner (Mo: > 1000 °C; W: > 1300 °C) gehen die Trioxide über *violette* bis *blauschwarze*, metallisch leitende Phasen $\mathbf{MO_{3\text{-}2}}$ schließlich in die Dioxide MO_2 über (Tab. 123), die ihrerseits von Wasserstoff bei höheren Temperaturen (Mo: > 470 °C; W: 1000 °C) weiter zum Metall reduziert werden (vgl. Darstellung von Mo und W). Behandelt man andererseits frisch gefälltes *Trioxid-Hydrat* $MO_3 \cdot nH_2O$ oder MoO_3-Suspensionen mit *Reduktionsmitteln* wie Zinn(II), Zink in Salzsäure, Schwefelwasserstoff, Schweflige Säure oder Hydrazin, so erhält man gemäß $MO_3 + xH \rightarrow MO_{3-x}(OH)_x$ *tiefblaue*, kolloide Lösungen von hydratisierten Mischoxiden des sechs- bis fünfwertigen Molybdäns bzw. Wolframs ($x = 0$ bis 1; **„Molybdänblau"**, **„Wolframblau"**), die zum Teil M_3-Metallcluster enthalten. Die Reaktionen dienen als „*empfindliche Nachweise von Molybdän- und Wolframsäuren bzw. von Reduktionsmitteln*".

Strukturen. Das Trioxid $\mathbf{MoO_3}$ bildet eine selten anzutreffende *Schichtstruktur*, welche sich aus stark verzerrten MoO_6-Oktaedern aufbaut, die über gemeinsame *cis*-gelegene *Oktaederkanten* zu Zick-Zack-Ketten verknüpft sind (vgl. Fig. 297c), wobei die Ketten ihrerseits über gemeinsame *trans*-ständige Ecken der MoO_6-Oktaeder (in Fig. 297c durch ◉ symbolisiert) untereinander zu Schichten verbunden sind (MoO-Abstände = 1.671, 1.734, 1.948, 2.251 und 2.332 Å)[24]. Neben dieser normalen *farblosen* Modifikation (α-MoO_3) existiert zusätzlich eine *gelbe* Form (β-MoO_3), die sich z. B. durch Entwässern des Hydrats $MoO_3 \cdot \frac{1}{3}H_2O$ bei 300 °C im Sauerstoffstrom herstellen läßt. Sie besitzt analog dem Trioxid $\mathbf{WO_3}$ eine *ReO_3-Struktur* (nach den 3 Raumrichtungen eckenverknüpfte ReO_6-Oktaeder, vgl. Fig. 297a)[25].

Die *gelben* monoklinen Monohydrate $\mathbf{MO_3 \cdot H_2O}$ („*Molybdänsäure*" bzw. „*Wolframsäure*") bilden im Sinne der Formulierung $[MO_{4/2}O(H_2O)]$ Schichten eckenverknüpfter MO_6-Oktaeder (vgl. Fig. 297a), wobei jedes Mo von 4 O-Atomen, die jeweils zwei MO_6-Oktaedern gleichzeitig angehören, einem isolierten O-Atom sowie einem dazu *trans*-ständigen H_2O-Molekül umgeben ist. In den Dihydraten $\mathbf{MO_3 \cdot 2H_2O}$ ist das zweite Wassermolekül zwischen den betreffenden Schichten eingelagert. Der Ersatz der M-gebundenen H_2O-Moleküle einer Schicht durch die endständigen O-Atome der benachbarten Schicht führt auf dem Wege über H_2O-ärmere Trioxide schließlich zu den wasserfreien *gelben* Trioxiden β-MoO_3 bzw. WO_3 mit ReO_3-Struktur. Das *weiße* trikline Monohydrat $MoO_3 \cdot H_2O$ bildet im Sinne der Formulierung $[MoO_{3/3}O_2(H_2O)]$ Zick-Zack-Ketten *cis*-kantenverknüpfter MO_6-Oktaeder (vgl. Fig. 297c und α-MoO_3), wobei jedes Mo von 3 O-Atomen, die jeweils drei MoO_6-Oktaedern gleichzeitig angehören, zwei isolierten O-Atomen sowie einem H_2O-Molekül umgeben ist.

Die Strukturen der Phasen $\mathbf{MO_{3\text{-}2}}$ (z. B. Mo_8O_{23}, Mo_9O_{26}, $W_{20}O_{58}$, $W_{24}O_{70}$, $W_{25}O_{73}$, $W_{40}O_{118}$) leiten sich von der ReO_3-Struktur (Fig. 297a) durch Versetzung benachbarter, sich über den gesamten Kristall erstreckender, blockartiger Bereiche um jeweils eine Oktaederkante ab (Fig. 297b). Hierdurch resultiert aus der ReO_3-Struktur eine „*Scherstruktur*" mit Schichten aus Oktaedern, die nicht wie im Falle der ReO_3-Struktur nur ecken-, sondern auch teilweise *kantenverknüpft* sind (Übergang von der ReO_3-artigen MO_3- in die TiO_2-artige MO_2-Struktur; vgl. hierzu S. 1620). Durch die „Scherung" der ReO_3-Struktur nimmt das Molverhältnis von Sauerstoff zu Metall ab. Die mit der Sauerstoffabnahme verbundene Verringerung der Ladung des Anionenteilgitters wird durch Ersatz einer entsprechenden Zahl sechs- durch fünfwertiger Metallatome kompensiert, wobei die M(V)-Atome ihr d-Außenelektron in ein Leitungsband abgeben. Die Strukturen anderer Phasen $MO_{3\text{-}2}$ weisen neben MO_6-Oktaedern auch MO_4-Tetraeder (z. B. Mo_4O_{11}) bzw. pentagonale MO_7-Bipyramiden auf (z. B. Mo_5O_{14}, $Mo_{17}O_{47}$, $W_{18}O_{49}$).

Eigenschaften. Die Trioxide MoO_3 sowie WO_3 sind in *Wasser* (saure Reaktionen) praktisch nicht, in *Alkalilauge* dagegen gut unter Bildung von „*Molybdat*" MoO_4^{2-} sowie „*Wolframat*" WO_4^{2-} löslich (beide Ionen tetraedrisch; die in kleiner Konzentration bei niedrigeren pH-Werten vorliegende protonierten Formen HMO_4^- und H_2MO_4 mit $pK_S = 3.9$ und 3.7 (Mo) bzw. 4.6 und 3.5 (W) enthalten wohl oktaedrisch koordinierte M-Atome $[MO_2(OH)_3(H_2O)]^-$

---

[24] Bei Vernachlässigung der beiden langen MoO-Abstände (≈ 2.30 Å) läßt sich die MoO_3-Struktur auch als Anordnung aus verzerrten MoO_4-Tetraedern beschreiben, wobei jeder Tetraeder mit zwei unmittelbar benachbarten Tetraedern eckenverknüpft ist. MoO_3 (Koordinationszahl von Mo = 4 + 2) ist somit strukturell zwischen CrO_3 (KZ = 4) und WO_3 (KZ = 6) angesiedelt.

[25] Es existieren eine Reihe polymorpher WO_3-Modifikationen, denen aber allen eine (mehr oder minder verzerrte) ReO_3-Struktur zugrunde liegt.

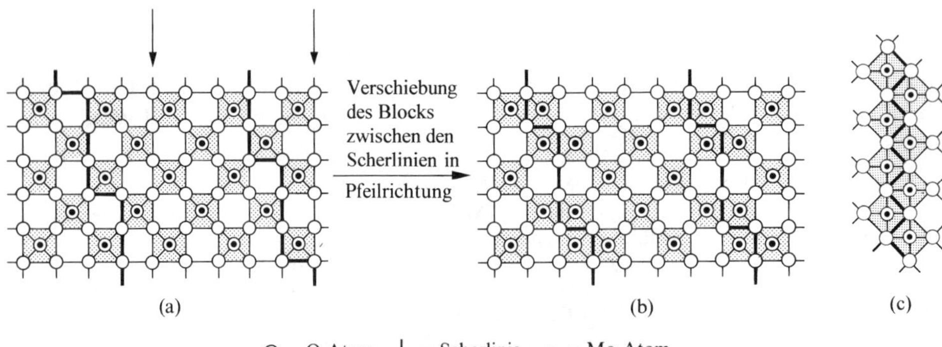

Fig. 297 Veranschaulichung einer Scherung: Übergang der ReO_3-Struktur (a) in die Mo_8O_{23}-Scherstruktur (b) (unter- und oberhalb der gezeichneten Oktaederschicht (Aufsicht) liegen entsprechende Schichten; die Oktaeder der einzelnen Schichten haben gemeinsame Ecken). (c) *cis*-kantenverknüpfte MoO_6-Oktaeder.

und $[MO_2(OH)_2(H_2O)_2]$). MoO_3 ist – anders als WO_3 – deutlich *amphoter* und löst sich in starken *Säuren* unter Bildung von **Salzen** wieder auf, welche das gewinkelte „*Molybdänyl-Ion*" MoO_2^{2+} in *hydratisierter* Form $[MoO_2(H_2O)_4]^{2+}$ enthalten. Möglicherweise bildet WO_3 in stark saurem Milieu ein entsprechendes Kation in kleiner Konzentration:

$$MO_3 + 2OH^- \rightleftarrows MO_4^{2-} + H_2O; \qquad MoO_3 + 2H^+ \rightleftarrows MoO_2^{2+} + H_2O.$$

Molybdate(VI) und Wolframate(VI). Die durch Zugabe von MoO_3 sowie WO_3 zu Alkalilaugen gebildeten **Molybdate** und **Wolframate** haben in alkalischer bis neutraler Lösung oder in fester Form die Formeln $\mathbf{M_2MoO_4}$ sowie $\mathbf{M_2WO_4}$ und enthalten diskrete, tetraedrisch gebaute MO_4^{2-}-Ionen (MoO-Abstände in K_2MoO_4 1.76 Å; WO-Abstände in WO_4^{2-} vergleichbar lang). Ihre Oxidationskraft ist deutlich geringer als die der homologen Chromate CrO_4^{2-} (vgl. Potentialdiagramme auf S. 1442 und 1459). Sie gehen beim *Ansäuern* unter *Kondensation* letztendlich in die Trioxide MO_3 über, bilden bei Zugabe geeigneter Liganden *Komplexe* (s. u.) und lassen sich bei erhöhter Temperatur zu *Molybdän-* und *Wolframbronzen* (s. u.) reduzieren.

Kondensationsreaktionen. Beim *Ansäuern* wandelt sich in Wasser gelöstes MoO_4^{2-} bzw. WO_4^{2-} ab pH ca. 7 sehr rasch (Mo) bzw. recht langsam (W) in ein Gleichgewichtsgemisch aus *Polymolybdaten* bzw. *Polywolframaten* um, und zwar insbesondere in nicht- oder teilprotoniertes Hepta-, Octa- und Oligomolybdat (letzteres 36-kernig) bzw. Tetra-, Deca- und Dodecawolframat (neben dem aufgeführten Wolframat $H_2W_{12}O_{40}^{6-}$ entsteht auch $H_2W_{12}O_{42}^{10-}$; als niedermolekulare Isopolysäureanionen lassen sich noch Dimolybdat $[Mo_2O_7]^{2-}$ und Tetrawolframat $[W_4O_{16}]^{8-}$ nachweisen)[26]:

$$7[MoO_4]^{2-} \underset{-4H_2O}{\overset{+8H^+}{\rightleftarrows}} [Mo_7O_{24}]^{6-} \underset{-2H_2O}{\overset{+MoO_4^{2-},\ +4H^+}{\rightleftarrows}} [Mo_8O_{26}]^{4-} \underset{-10H_2O}{\overset{+28MoO_4^{2-},\ +52H^+}{\rightleftarrows}} [Mo_{36}O_{112}(H_2O)_{16}]^{8-};$$

$$7[WO_4]^{2-} \underset{-4H_2O}{\overset{+8H^+}{\rightleftarrows}} [W_7O_{24}]^{6-} \underset{-4H_2O}{\overset{+3WO_4^{2-},\ +8H^+}{\rightleftarrows}} [W_{10}O_{32}]^{4-} \overset{+2WO_4^{2-},\ +2H^+}{\rightleftarrows} [H_2W_{12}O_{40}]^{6-}.$$

Die gebildeten **Isopolymolybdate** und **-wolframate** leiten sich von sehr starken „*Isopolysäuren*" ab und weisen in der Regel oktaedrisch koordinierte Metallzentren auf (Näheres zur Struktur s. unten). Noch stärkeres Ansäuern führt bei pH-Werten < 2 schließlich zur *teilweisen Ausfällung* der hochmolekularen *Trioxid-Hydrate* $MO_3 \cdot nH_2O$ (s. oben) und im Falle von $MoO_3 \cdot nH_2O$ schließlich zur *Wiederauflösung* des Niederschlags bei pH-Werten < 0.

---

[26] Außer Mo(VI) und W(VI) zeigen insbesondere V(V), V(IV), Nb(V), Ta(V) sowie U(VI) ein ähnliches Verhalten. Bei Cr(VI) bricht die Kondensation zunächst bei $Cr_2O_7^{2-}$ ab.

Komplexbildungsreaktionen. Eine Reihe von Donoren reagieren mit Molybdat MoO_4^{2-} und Wolframat WO_4^{2-} unter Substitution von Sauerstoff und Komplexbildung. Es können hierbei ein, zwei, drei oder alle vier O^{2-}-Ionen durch Liganden ersetzt werden, wobei Komplexe mit der MO_3-Gruppe (faciale Anordnung der O-Atome), der MO_2-Gruppe (*cis*-ständige Anordnung der O-Atome), der MO-Gruppe und der M(VI)-Ionen selbst entstehen (jeweils kurze, für Doppelbindungen sprechende MO-Abstände zwischen M und terminalen O-Atomen um 1.75 Å). So erhält man aus MoO_4^{2-} mit 6- bzw. 12molarer *Salzsäure* oder mit *Flußsäure* die „*Halogenokomplexe*" $[MoO_2Cl_2(H_2O)_2]$ bzw. $[MoO_2Cl_4]^{2-}$ (oktaedrisch) oder $[MoO_3F]^-$, $[MoO_3F_2]^{2-}$, $[MoO_3F_3]^{3-}$, mit *Wasserstoffperoxid* „*Peroxomolybdate*" (s. unten), mit *Schwefelwasserstoff* „*Thiomolybdate*" $[MoO_{4-n}S_n]^{2-}$ (s. unten) und mit mehrzähnigen Liganden wie Oxalat, dien (= $H_2NCH_2CH_2NHCH_2CH_2NH_2$), Ethylendiamintetraacetat (S. 1210) oder *ortho*-Aminomercaptobenzol o-$C_6H_4(NH_2)(SH)$ „*Chelatkomplexe*" wie z. B. $[MoO_3(dien)]$ (oktaedrisch) oder $[Mo(C_6H_4NHS)_3]$ (trigonal-prismatisch). Das $[MoO_2(oxinat)]$ von MoO_2^{2+} mit 8-Hydroxychinolin spielt eine wichtige Rolle bei der „*gravimetrischen Mo-Bestimmung*". In analoger Weise leiten sich von WO_4^{2-} Halogenokomplexe wie $[WO_3X]^-$ (X = F, Cl), $[WO_3F_2]^{2-}$, $[WO_3F_3]^{2-}$, Peroxokomplexe (s. u.), Thiokomplexe $[WO_{4-n}S_n]^{2-}$ (s. u.) und Chelatkomplexe wie $[WO_3(dien)]$ ab.

Molybdän- und Wolframbronzen. Durch teilweise chemische oder elektrochemische Reduktion von geschmolzenen Alkalimetallmolybdaten oder -wolframaten mit Wasserstoff, Zink, Molybdän, Wolfram oder Strom kommt es zu intensiv gefärbten, als Deckfarben geschätzten *Mischverbindungen* (**„Molybdän-"** bzw. **„Wolfram-Bronzen"**) der Zusammensetzung $\mathbf{M_xMoO_3}$ bzw. $\mathbf{M_xWO_3}$ (x = 0 bis 1, in der Praxis 0.3 (*blauviolett*) bis 0.9 (*goldgelb*); M = Alkalimetall, Erdalkalimetall oder Lanthanoid), welche den elektrischen Strom leiten, metallisches Aussehen besitzen und niedrige paramagnetische Suszeptibilitäten aufweisen (Wolframbronzen sind leichter zugänglich und chemisch beständiger als Molybdänbronzen). Den *Strukturen* der Bronzen liegt ein dreidimensionales Gerüst aus allseitig ecken- und kantenverknüpften MoO_6- bzw. WO_6-Oktaedern zugrunde (vgl. ReO_3-Struktur, Fig. 297a). Die Käfige oder Tunnel dieser Netzwerke sind in unterschiedlichem Ausmaße mit Kationen besetzt. Es existieren vier strukturelle Grundtypen: Bronzen vom kubischen Perowskit-Typ ($CaTiO_3$) mit Metalleerstellen, tetragonale Bronzen, hexagonale Bronzen sowie Verwachsungs-Bronzen. Die metallische Leitfähigkeit der Bronzen M_xMoO_3 und M_xWO_3 beruht darauf, daß die x Überschußelektronen an ein Leitungsband abgegeben werden, so daß also alle Mo- und W-Atome kristallographisch äquivalent und sechswertig sind.

Peroxomolybdate und Peroxowolframate (vgl. S. 1623). Die Einwirkung von *Wasserstoffperoxid* auf wässerige Lösungen von Molybdat- und Wolframat MO_4^{2-} führt analog der Einwirkung von H_2O_2 auf CrO_4^{2-} je nach den Reaktionsbedingungen zu Peroxometallaten $\mathbf{[M(O_2)_4]^{2-}}$ (a) (dodekaedrische Koordination von M mit O-Atomen; tetraedrische Koordination von M mit O_2-Gruppen) oder $\mathbf{[MO(O_2)_2(H_2O)_2]}$ (b) (pentagonal-bipyramidale Koordination von M mit O-Atomen; trigonal-bipyramidale Koordination von M mit 1O-, $2H_2O$-, $2O_2$-Gruppen). Allerdings wächst die Stabilität von $[M(O_2)_4]^{2-}$ hinsichtlich intramolekularer Redoxdisproportionierungen in Richtung M = Cr, Mo, W, so daß sich $[Mo(O_2)_4]^{2-}$ – anders als $[Cr(O_2)_4]^{2-}$ – bereits als (zersetzliches) *braunrotes* Zinksalz $[Zn(NH_3)_4][Mo(O_2)_4]$ isolieren läßt (Abstände MoO/OO = 1.97/1.55 Å). Auch bedingt die Tendenz von Mo(VI) und W(VI) zur Ausbildung höherer Koordinationszahlen, daß $[MO(O_2)_2]$ in wässerigem Milieu für M = Cr als Monohydrat, für M = Mo, W aber als Dihydrat vorliegt, wobei sich das komplex gebundene Wasser jeweils durch andere Liganden ersetzen läßt (im Falle von $CrO(O_2)_2$ ergeben nur Chelatliganden die Struktur (b)). Schließlich enthalten H_2O_2/MO_4^{2-}-Lösungen für M = Mo, W gegebenenfalls auch dinukleare Peroxometallate $[M_2O_3(O_2)_4(H_2O)_2]^{2-}$ (c) und $[M_2O_2(O_2)_4(O_2H)_2]^{2-}$ (d).

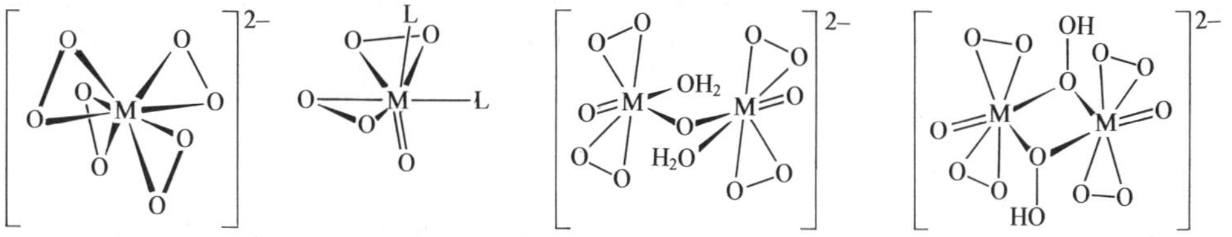

(a) (b) (c) (d)

Isopolymolybdate und -wolframate[23]. Darstellung. Aus angesäuerten wässerigen Molybdat- und Wolframatlösungen lassen sich eine Reihe von „*Isopolymolybdaten*" kristallisieren, denen *gute Wasserlöslichkeit*, *geringe Basizität*, Strukturen mit *dichten O-Atompackungen* und *Reduzierbarkeit* zu „*Isopolyblau*" (vgl. Mo- und W-Blau) gemeinsam sind. Der Kondensationsgrad und die Anordnung der Metallate in den isolierten Isopolymetallaten wird im wesentlichen durch die anwesenden Gegenkationen, die Metallatkonzentration, das Alter der Lösung und die Fällungstemperatur bestimmt. Die Strukturen der gelösten und gefällten Isopolymetallate gleichen sich zum Teil (z. B. $[Mo_7O_{24}]^{6-}$, $[Mo_{36}O_{112}(H_2O)_{16}]^{8-}$, $[H_2W_{12}O_{40}]^{6-}$, $[H_2W_{12}O_{42}]^{10-}$), zum Teil aber auch nicht. Die aus organischen Lösungsmitteln oder aus Schmelzen präparierten Isopolymetallate besitzen generell einen anderen Aufbau als die in Wasser gelösten Spezies.

Strukturen. Die Anionen der isolierten Isopolymolybdate bzw. -wolframate bilden sowohl oligomere Inselstrukturen als auch polymere ein-, zwei- bzw. dreidimensionale Ketten-, Schicht- und Raumstrukturen. Die oligomeren Spezies existieren ihrerseits in Form kompakter Anordnungen aus vorrangig *kantenverknüpften* MO_6-Oktaedern, ferner (bei Isopolymolybdaten) in Form weniger dichter Anordnungen aus vorrangig eckenverknüpften MO_6-Oktaedern (von den sechs mit M verknüpften O-Atomen sind in der Regel maximal zwei O-Atome endständig).

Unter den Isopolymolybdaten kommt dem in Form von Natrium-, Kalium-, Ammonium- und anderen Salzen aus wässeriger Lösung isolierbaren *Heptamolybdat* $\mathbf{[Mo_7O_{24}]^{6-}}$ („*Paramolybdat*") die in Fig. 298a wiedergegebene „gewinkelte" Struktur zu, die einen Ausschnitt (7/10) der Struktur des Decavanadats $= [V_{10}O_{28}]^{6-}$ (Fig. 298d) darstellt. Die ursprünglich von Anderson für $[Mo_7O_{24}]^{6-}$ vorgeschlagene „planare" Struktur (Fig. 298b) erwies sich nur für Heteromolybdate $[EMo_6O_{24}]^{n-12}$ aus E^{n+}-Kationen und dem Hexamolybdat $[Mo_6O_{24}]^{12-}$ (Fig. 298b ohne mittleres Mo(VI)) als zutreffend (s.u.). Das ebenfalls aus Wasser isolierbare *β-Octamolybdat* **β-**$\mathbf{[Mo_8O_{26}]^{4-}}$ mit der in Fig. 298c wiedergegebenen Struktur kann ebenfalls als Ausschnitt (8/10) aus der Decavanadatstruktur (Fig. 298d) interpretiert werden, während sich das aus nichtwässerigem Milieu isolierte α-Octamolybdat **α-**$\mathbf{[Mo_8O_{26}]^{4-}}$ von der in Fig. 298b wiedergegebenen $[Mo_7O_{24}]^{6-}$-Struktur durch Herausnahme des Mo-Atoms aus der Mitte und Hinzufügen zweier MoO_4-Tetraeder ableitet, die oberhalb und unterhalb der Scheibenmitte lokalisiert sind und jeweils drei gemeinsame O-Atome mit der Mo_6O_{24}-Einheit haben.

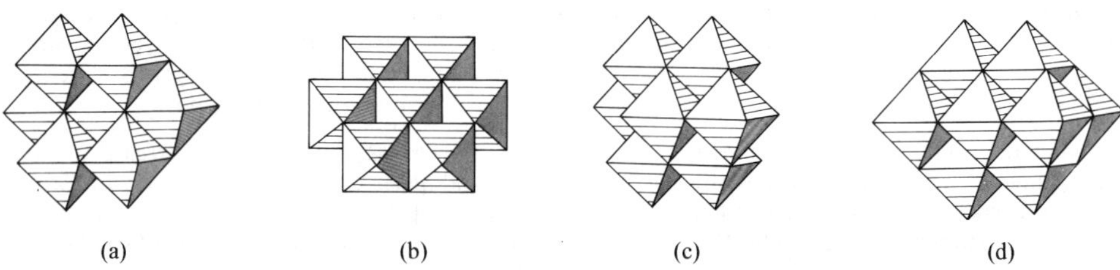

Fig. 298 Polyedermodelle: (a) des Heptamolybdats und -wolframats $[M_7O_{24}]^{6-}$, (b) des bisher nur als Heteropolymetallat („Anderson-Evans-Ion") nachgewiesenen Heptamolybdats und -wolframats $[M_7O_{24}]^{6-}$, (c) des β-Octamolybdats $[Mo_8O_{26}]^{4-}$ und (d) des Decavanadats $[V_{10}O_{28}]^{6-}$.

Unter nicht-wässerigen Bedingungen lassen sich ferner Mo(VI)-Salze mit dem farblosen *Hexamolybdat-Ion* $\mathbf{[Mo_6O_{19}]^{2-}}$ isolieren, das analog $[Nb_6O_{19}]^{8-}$ bzw. $[Ta_6O_{19}]^{8-}$ aufgebaut ist (vgl. Fig. 299a) und zu *gelben* Anionen $[Mo_6O_{19}]^{3-}$ und $[Mo_6O_{19}]^{4-}$ reduziert werden kann. Das aus Wasser kristallisierbare $(NH_4)_2Mo_2O_7$ enthält das polymere *Dimolybdat* $\mathbf{[Mo_2O_7]^{2-}}$[27], das aus Acetonitril gewonnene $(NBu_4)_2Mo_2O_7$ isolierte $Mo_2O_7^{2-}$-Ionen (Struktur analog $Cr_2O_7^{2-}$). Das einigen, aus Wasser kristallisierbaren Salzen zugrunde liegende Isopolymolybdat $\mathbf{[Mo_{36}O_{112}(H_2O)_6]^{8-}}$ enthält neben miteinander kondensierten MoO_6-Oktaedern überraschenderweise auch pentagonale MoO_7-Bipyramiden.

Unter den Isopolywolframaten besitzt das in $Na_6[W_7O_{24}] \cdot 21\,H_2O$ vorliegende *Heptawolframat* $\mathbf{[W_7O_{24}]^{6-}}$ („*Parawolframat A*") die gleiche Struktur wie Paramolybdat $[Mo_7O_{24}]^{6-}$ (Fig. 298a)[27a], während das in $Na_{10}[H_2W_{12}O_{42}] \cdot 27\,H_2O$ anzutreffende *Dodecawolframat* $[H_2W_{12}O_{42}]^{10-}$ („*Parawolframat B*") die in Fig. 299b wiedergegebene Struktur aufweist (s.u.). Weitere, aus wässeriger Lösung in Form von Salzen isolierte Dodecawolframate haben die Zusammensetzung $\mathbf{[H_2W_{12}O_{40}]^{6-}}$ („*Metawolframate*") und existieren in einer α- und einer β-Form. Die Metawolframat-Gruppierungen (nach dem Entdecker auch „*Keggin-Strukturen*" genannt) stellen hierbei eine hohle „Kugelschale" aus 12 verknüpf-

[27] Ketten aus Mo_2O_6-Oktaederpaaren (gemeinsame Kante) und MoO_4-Tetraedern. Jede Mo_2O_6-Einheit ist mit 4 MoO_4-Einheiten, jede MoO_4-Einheit mit 2 Mo_2O_6-Einheiten eckenverknüpft.

[27a] Es läßt sich aus schwach alkalischen Wolframat-Lösungen mit hoher WO_4^{2-}-Konzentration $Na_5[H_3W_6O_{22}] \cdot 18H_2O$ ausfällen. Das mit $[W_7O_{24}]^{6-}$ in wässeriger Lösung im Gleichgewicht stehende *Parawolframat* $[H_3W_6O_{22}]^{5-}$ leitet sich von der in Fig. 298a wiedergegebenen Struktur durch Wegfall eines äußeren Oktaeders der mittleren Reihe ab.

ten WO_6-Oktaedern dar. Wie Fig. 299c im einzelnen zeigt, lassen sich in α-Metawolframat 4 Gruppen von je 3 WO_3-Oktaedern erkennen. In jeder der vier Gruppen gehört 1 O-Atom allen 3 Oktaedern gemeinsam an, wobei diese 4 O-Atome die Ecken eines zentralen *Tetraeders* bilden, in dessen Mitte sich in Heteropolymetallaten (s. u.) ein zusätzliches Atom befindet. Innerhalb jeder Oktaeder-Dreiergruppe ist jeder Oktaeder durch 2 gemeinsame *Kanten* mit den beiden anderen Oktaedern verbunden, während die Bindung jeder Dreiergruppe mit den 3 anderen Dreiergruppen durch 2 gemeinsame *Ecken* jedes Oktaeders erfolgt, so daß bei jedem Oktaeder eine Ecke unverbunden bleibt. Die zwei (nicht austauschbaren) H-Atome des Ions $[\alpha\text{-}H_2W_{12}O_{40}]^{6-}$ befinden sich im zentralen O_4-Tetraeder (H—H-Abstand 1.92 Å).

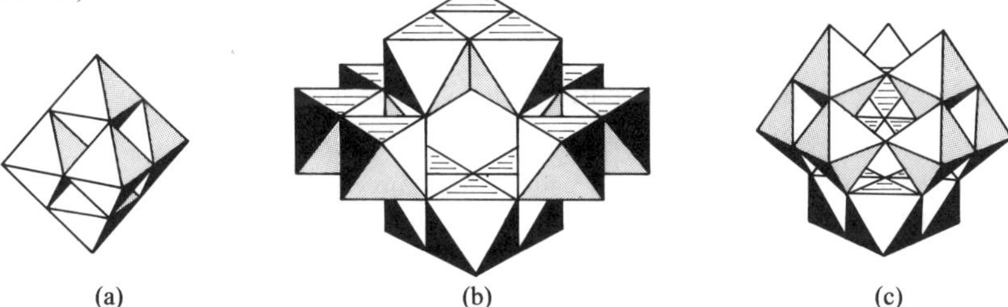

Fig. 299 Polyedermodelle: (a) des Hexaniobats, -tantalats, -molybdats und -wolframats $[M_6O_{19}]^{n-}$, (b) des Dodecawolframats (Parawolframats-B) $[H_2W_{12}O_{42}]^{10-}$, (c) des Dodecawolframats (Metawolframats) $\alpha\text{-}[H_2W_{12}O_{40}]^{6-}$ (gefüllt: „Keggin-Ion“).

Im Anion $[\beta\text{-}H_2W_{12}O_{40}]^{6-}$ ist eine der drei Dreiergruppen im Anion $[\alpha\text{-}H_2W_{12}O_{40}]^{6-}$ um die dreizählige Achse um 60° gedreht, wodurch sich die Gesamtsymmetrie des Ions von T_d auf C_{3v} erniedrigt. Parawolframat-B $[H_2W_{12}O_{42}]^{10-}$ bildet wie Metawolframat $[H_2W_{12}O_{40}]^{6-}$ gemäß Fig. 299b eine Hohlkugel aus 12 kondensierten WO_6-Oktaedern, wobei wiederum 4 Dreiergruppen erkennbar sind, von denen zwei den ringförmigen Bau der Dreiergruppen des Metawolframats (obere und untere Ebene) und zwei einen kettenförmigen Bau aufweisen (mittlere Ebene). Die nicht austauschbaren H-Atome sind wiederum im Käfiginneren lokalisiert (H—H-Abstand 2.24 Å). Schließlich seien noch genannt: das *Hexawolframat* $[\mathbf{W_6O_{19}}]^{2-}$, dem die Struktur des $[Nb_6O_{19}]^{8-}$-Ions zukommt (Fig. 299a), das *Decawolframat* $[\mathbf{W_{10}O_{32}}]^{4-}$, das ein Dimeres des um eine WO-Ecke verkleinerten $[W_6O_{19}]^{2-}$-Ions darstellt (die beiden $W_5O_{18}^{2-}$-Einheiten haben 4 gemeinsame O-Atome; vgl. Fig. 299a und 300b) und das *Tetrawolframat* $[\mathbf{W_4O_{16}}]^{8-}$ (Fig. 300a), dem eine Anordnung von 4 kantenverknüpften WO_6-Oktaedern zugrunde liegt, deren Zentren die Ecken eines Tetraeders einnehmen (das $W_4O_{16}^{8-}$-Ion entspricht dem $Mo_2O_7^{2-}$-Ion, dessen Zentren allerdings tetraedrisch koordiniert sind).

Heteropolymolybdate und -wolframate[23]. Darstellung. Säuert man wässerige Lösungen von *Molybdat* bzw. *Wolframat* an, die zugleich noch *Element-Kationen* oder *Elementsauerstoffsäuren* enthalten, so entsteht in vielen Fällen unter Einbau der betreffenden Elemente E („*Hetero-Atome*“) in die sich bildenden Isopolymolybdate bzw. -wolframate Mischverbindungen, die man als **Heteropolymolybdate** bzw. **-wolframate** $[E_aM_bO_c]^{d-}$ bezeichnet. Beispielsweise entsteht aus Molybdat in stark salpetersaurer Lösung mit *Phosphorsäure* H_3PO_4 ein *gelber*, kristalliner Niederschlag der Zusammensetzung $(NH_4)_3[PMo_{12}O_{40}]$ („*Triammonium-dodecamolybdatophosphat*“)[28], der sich von der Heteropolysäure $H_3[PMo_{12}O_{40}]$ („*Dodecamolybdatophosphorsäure*“)[28] ableitet und für den analytischen „*Nachweis von Phosphor bzw. Molybdän*“ wichtig ist. In entsprechender Weise bildet sich aus sauren Lösungen von Wolframat und *Phosphorsäure* H_3PO_4 oder *Kieselsäure* H_4SiO_4 das „*Dodecawolframatophosphat*“ $[PW_{12}O_{40}]^{2-}$ bzw. „*-silicat*“ $[SiW_{12}O_{40}]^{4-}$ oder aus sauren Lösungen von Molybdat sowie Wolframat und *Periodsäure* H_5IO_6 oder *Tellursäure* H_6TeO_6 „*Hexamolybdato-*“ sowie *Hexawolframatoperiodat*“ $[IMo_6O_{24}]^{5-}$ sowie $[IW_6O_{24}]^{5-}$ oder „*Hexamolybdato-*“ sowie „*Hexawolframatotellurat*“ $[TeMo_6O_{24}]^{6-}$ sowie $[TeW_6O_{24}]^{6-}$, z. B.:

[28] **Nomenklatur.** Bei den *Heteropolysäuren* und *-säureanionen* werden in *einfacher Weise* zuerst die Anzahl und dann die Art der „Polyatome“ (Mo, W, V, Nb, Ta) und schließlich das „*Heteroatom*“ mit der Endung „at“ (deprotonierte Anionen) oder „säure“ (protonierte Anionen) genannt. Die exakte, von der IUPAC-Nomenklaturkommission ausgearbeitete Nomenklatur der Verbindungen ist umständlich, lang und wenig durchsichtig.

$$12\,MO_4^{2-} + PO_4^{3-} + 24\,H^+ \rightarrow [PM_{12}O_{40}]^{3-} + 12\,H_2O,$$
$$6\,MO_4^{2-} + IO_6^{5-} + 12\,H^+ \rightarrow [IM_6O_{24}]^{5-} + 6\,H_2O.$$

Wie ein Vergleich dieser Heteropolysäure-Anionen mit den entsprechenden Isopolysäure-Anionen $[M_{12}O_{40}]^{8-}$ und $[M_6O_{24}]^{12-}$ zeigt, kommen erstere formal dadurch zustande, daß in das Anion der Isopolysäuren die den genannten Nichtmetallsäuren formal zugrundeliegenden Kationen P^{5+}, Si^{4+}, I^{7+} bzw. Te^{6+} eingebaut werden, z.B.:

$$[Mo_6O_{24}]^{12-} + Te^{6+} \rightarrow [TeMo_6O_{24}]^{6-}; \qquad [W_{12}O_{40}]^{8-} + Si^{4+} \rightarrow [SiW_{12}O_{40}]^{4-}.$$

Rund 70 Elemente des Periodensystems können auf diese Weise in unterschiedlichen Heteropolymolybdaten und -wolframaten als Heteroatome fungieren.

Strukturen. Die Strukturen der Heteropolymolybdate und -wolframate, aber auch der Heteropolyvanadate, -niobate und -tantalate $[E_aM_bO_c]^{d-}$ lassen sich anschaulich durch Ecken-, Kanten- und Flächenverknüpfung von MO_6-*Oktaedern* untereinander und mit EO_m-*Polyedern* darstellen, wobei die Heteroatome E *tetraedrisch, oktaedrisch, quadratisch-antiprismatisch* oder *ikosaedrisch* von Sauerstoff koordiniert sein können ($m = 4, 6, 8, 12$). Es ergeben sich hierbei Strukturen, die Fragmenten von dicht oder dichtest gepackten Oxidgittern ähneln. Vielfach enthält ein Isopolysäureanion nur ein einziges Heteroatom; man kennt aber auch Heteropolysäureanionen mit zwei und mehr Heteroatomen[29].

Besonders gut untersucht sind die – meist wasserlöslichen – *Heterododecametallate* $\mathbf{[EM_{12}O_{40}]^{n-8}} \mathrel{\hat{=}} [(EO_4)M_{12}O_{36}]^{n-8}$ („*Keggin-Anionen*"; n = Wertigkeit des Heteroatoms) mit tetraedrisch koordiniertem Heteroatom. Dem Isopolysäureanion $[M_{12}O_{40}]^{8-}$ liegt hierbei vielfach die α-Keggin-Hohlkugelstruktur (Fig. 299c) zugrunde, in deren Mitte das Heteroatom lokalisiert ist (vgl. das weiter oben Besprochene). Gelegentlich beobachtet man aber auch die β-Struktur oder davon abgeleitete Strukturen. Unter den *wolframhaltigen* Verbindungen ist die $[\alpha\text{-}EW_{12}O_{40}]^{n-8}$-Struktur für die Heteroatome B^{III}, Al^{III}, Ga^{III}, C^{IV}, Si^{IV}, Ge^{IV}, P^V, As^V, Fe^{III}, Co^{II}, Co^{III}, Cu^{II} und Zn^{II} gesichert. Wichtige Beispiele sind insbesondere „*α-Dodecawolframatophosphat*" $[PW_{12}O_{40}]^{3-}$, „*-silicat*" $[SiW_{12}O_{40}]^{4-}$ und „*-borat*" $[BW_{12}O_{40}]^{5-}$. Die analogen *molybdänhaltigen* Verbindungen sind für die Heteroatome Si^{IV}, Ge^{IV}, P^V, As^V und Sb^V bekannt[30].

In allen Keggin-Ionen $[EM_{12}O_{40}]^{n-8}$ ist das Heteroatom E vergleichsweise klein und weist daher die Koordinationszahl 4 auf. Ist E größer, so tritt u.a. der *Heterohexametallat-Typus* $\mathbf{[EM_6O_{24}]^{n-12}} \mathrel{\hat{=}} [(EO_6)M_6O_{18}]^{n-12}$ („*Anderson-Evans-Anionen*"; n = Wertigkeit des Heteroatoms) auf, dem die in Fig. 298b veranschaulichte Struktur zugrunde liegt und in welchem das zentrale Heteroatom oktaedrisch von sechs O-Atomen umgeben ist. Unter den *molybdänhaltigen* Verbindungen ist die $[EM_6O_{24}]^{n-12}$-Struktur für die Heteroatome Te^{VI}, I^{VII}, Cr^{III} und Ni^{II}, unter den *wolframhaltigen* Verbindungen für Te^{VI}, I^{VII}, Mn^{IV}, Ni^{II}, Ni^{IV}, Pt^{IV} bekannt.

Die Struktur des *Heterodecawolframats* $\mathbf{[EW_{10}O_{36}]^{n-12}} \mathrel{\hat{=}} [(EO_8)W_{10}O_{28}]^{n-12}$ („*Weakly-Anionen*"; n = Wertigkeit des Heteroatoms) mit quadratisch-antiprismatisch koordiniertem Heteroatom ist für die *dreiwertigen* Ionen Y, La, Ce, Pr, Nd, Sm, Eu, Gd, Ho, Er, Yb und Am sowie die *vierwertigen* Ionen Zr, Ce, Th, U und Np gesichert. Die Fig. 300b gibt das Polyedermodell des Heteropolyanions wieder, dessen Isopolyanionen-Teil aus zwei $W_5O_{18}^{6-}$-Einheiten aufgebaut ist, die ihrerseits durch Entfernen eines W-Atoms sowie des zugehörigen endständigen Sauerstoffatoms aus $W_6O_{19}^{2-}$ (vgl. Fig. 299a) entstehen.

Die Fig. 300c gibt das Polyedermodell des *Heterododecamolybdats* $\mathbf{[EM_{12}O_{42}]^{n-12}} \mathrel{\hat{=}} [(EO_{12})Mo_{12}O_{30}]^{n-12}$ („*Dexter-Silverton-Anionen*"; n = Wertigkeit des Heteroatoms) wieder, in welchem das Heteroatom ikosaedrisch von 12 Sauerstoffatomen umgeben ist und welches *flächenverknüpfte* MoO_6-Oktaeder als Besonderheit aufweist. Dieser mit den Heteroatomen Zr^{IV}, Ce^{IV}, Ce^{III}, Th^{IV}, U^{IV}, U^V und Np^{IV} realisierbare Struktur-Typus konnte bisher nicht für Wolfram als Polyatom realisiert werden.

Anwendungen. Die Bildung von Heteropolymetallaten wird seit langem zum *qualitativen Nachweis*, zur *quantitativen Bestimmung* und zur *Trennung* von Elementen in der *analytischen Chemie* und *Medizin* genutzt (es können rund 25 Elemente auf gravimetrischem Wege bzw. über die Farbe der Heteropoly-

---

29 Z.B. enthält das cyclisch gebaute Heteropolymolybdat-Anion des Salzes $(NH_4)_{12}[Te_6Mo_{12}O_{60}] \cdot 8H_2O$ neben 12 Mo(VI)-Atomen noch 6 Te(VI)-Atome und läßt sich als Mischkondensat aus cyclisch gebauter Hexatellursäure $(H_4TeO_5)_6$ mit Dimolybdänsäure $H_6Mo_2O_9$ (flächenverknüpfte O_6-Oktaeder mit Mo im Oktaederzentrum) beschreiben. Weitere Heteroatom-reiche Molybdate sind etwa $[Se_2^{IV}MoO_8]_n^{2n-}$ (Kettenstruktur) und $[Se^{IV}S_3^{VI}Mo_6O_{33}]^{8-}$ (Ringstruktur). Vgl. auch Anm.[30].

30 Aus Wolframatlösungen bilden sich in Anwesenheit eines großen Überschusses an Phosphat oder Arsenat EO_4^{3-} *zitronengelbe* Ionen der Formel $\mathbf{[E_2W_{18}O_{62}]^{6-}}$ („*Dawson-Ionen*"), die im Sinne der Formulierung $[(EO_4)_2W_{18}O_{54}]^{6-}$ zwei tetraedrisch koordinierte Elementatome enthalten. Das $W_{18}O_{62}$-Teilchen besteht aus zwei identischen Hälften, die sich von $[\alpha\text{-}W_{12}O_{40}]^{8-}$ durch Weglassen je eines WO_6-Oktaeders aus drei der vier Dreiergruppen von Oktaedern ableitet (C_{3v}-Molekülsymmetrie).

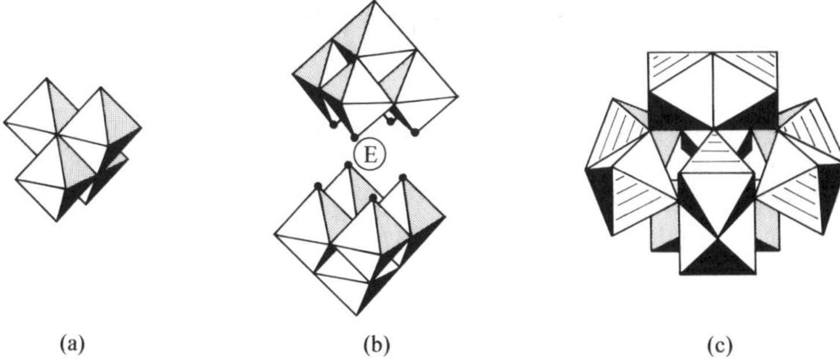

Fig. 300 Polyedermodelle: (a) des Tetrawolframats $[W_4O_{16}]^{8-}$, (b) des Heterodecawolframats $[EW_{10}O_{36}]^{n-12}$ („Weakly-Ion") und (c) des Heterododecamolybdats $[EMo_{12}O_{42}]^{n-12}$ („Dexter-Silverton-Ion"; E im Käfiginneren nicht sichtbar).

metallate oder daraus durch Reduktion hervorgehender „Heteropolyblau-Verbindungen" bestimmt werden). Wegen ihrer Redox- und Säure-Base-Eigenschaften eignen sich die Heteropolymetallate ferner als *Oxidations-* und *Säurekatalysatoren*, wegen ihrer Elektronenleitereigenschaften als *Elektrolyte* in Brennstoffzellen. Unlösliche Molybdatophosphate werden als Materialien für *Ionenaustauscher* verwendet. Schließlich erweisen sich Heteropolymetallate als *biologisch aktiv* (hochselektive Inhibierung von Enzymfunktionen, antitumorale und antivirale Wirkungen z. B. gegenüber den Erregern der Tollwut oder der Traberkrankheit, antiretrovirale Wirkungen z. B. gegen HIV-Erkrankungen).

Sonstige Molybdän(VI)- und Wolfram(VI)-Verbindungen

Schwefelverbindungen. Hydratisiertes **Molybdäntrisulfid MoS_3** und **Wolframtrisulfid WS_3** entstehen beim Einleiten von H_2S in schwach saure Molybdat- und Wolframat-Lösungen als braune Niederschläge, die zu MS_3 entwässert werden können und sich in wässerigem Alkalisulfid unter Bildung von braunrotem **Thiomolybdat(VI) MoS_4^{2-}** und **Thiowolframat(VI) WS_4^{2-}** lösen, deren Ammoniumsalze $(NH_4)_2MS_4$ ihrerseits zu den Trisulfiden MS_3 thermisch zersetzt werden können. Die Thiometallate MS_4^{2-} (M = Mo, W)[31] neigen anders als die Metallate MO_4^{2-} nicht zur Bildung von Isopolysäureanionen. Auch enthalten Heterothiometallate fast ausschließlich nur einkernige Metallat-Liganden (z. B. $[Ni^{II}(WS_4)_2]^{2-}$, $[Co^{I}(MoS_4)_2]^{3-}$; Komplexe u. a. mit Mo, W, Fe, Ru, Co, Ni, Pd, Pt, Cu, Ag, Au, Zn, Cd, Hg, Sn, Pb). Schließlich geht Mo(VI) und W(VI) unter intramolekularer Oxidation von Sulfid zu Polysulfid leicht in niedrigere Wertigkeiten über (z. B. zersetzt sich $W^{VI}S_4^{2-}$ beim Erhitzen in $[W^{IV}S(W^{VI}S_4)_2]^{2-}$).

Stickstoffverbindungen. Molybdän und Wolfram bilden Nitride der Grenzstöchiometrie **MoN** und **WN_2**, die man den Einlagerungsverbindungen zurechnet. Durch Reaktion von Molybdän oder Wolfram wie auch von Chrom mit einer Li_3N-Schmelze bzw. mit Barium und Stickstoff bei 900 °C im Autoklaven lassen sich *blaßgelbe* bis *rotbraune* **Lithium-** bzw. **Bariumtetranitridometallate Li_6MN_4** (M = Cr, Mo, W; kubisch-dichteste N-Atompackung, Li und M in tetraedrischen Lücken) bzw. **Ba_3MN_4** synthetisieren (isolierte, tetraedrisch gebaute Tetranitridometallat-Anionen $[MN_4]^{6-}$). $Ba_3[MoM_4]$ kann durch Schmelzen mit LiCl in $BaCl_2$-haltiges $LiBa_4[Mo_2N_7]$ mit diskreten Heptanitridodimolybdat-Anionen $[Mo_2N_7]^{9-}$ umgewandelt werden (MoNMo-Winkel 174°).

Als weitere stickstoffhaltige Mo- und W-Verbindungen seien die **Metalltrihalogenidnitride $X_3M{\equiv}N$** genannt, die sich u. a. aus $Mo(CO)_6$ und NCl_3 ($\rightarrow Cl_3MoN$), $MoBr_4$ und IN_3 ($\rightarrow Br_3MoN$), WCl_6 und $N(SiMe_3)_3$ ($\rightarrow Cl_3WN$) oder WBr_6 und $[Hg_2N]Br$ ($\rightarrow Br_3WN$) gewinnen lassen und über nahezu lineare $M{\equiv}N\cdots M$-Brücken (Abstände $M{\equiv}N/M\cdots N$ um 1.65/2.15 Å) zu Tetrameren verknüpft sind (M an den Quadratecken, N auf den Quadratkanten). Letztere sind ihrerseits über Halogenobrücken schichtförmig aneinandergelagert. *Donoren* vermögen die Verbindungen zu depolymerisieren, z. B.: polymeres $Cl_3MoN + OPCl_3 \rightarrow$ tetrameres $(Cl_3PO)Cl_3MoN$ (verzerrt oktaedrisches Mo), $+ Cl^- \rightarrow$ kettenpolymeres Cl_4MoN^-. Das Halogenid X^- kann durch andere Substituenten wie OR^- oder N_3^- ersetzt werden. Das hierbei resultierende Azid $(N_3)_3MoN$ (verzerrt-tetraedrisches Mo) stellt formal ein Decanitrid **MoN_{10}** des Molybdäns dar. In analoger Weise wie Mo und W bilden viele andere Nebengruppenmetalle (insbesondere Ti, V, Nb, Ta, Tc, Re, Ru, Os) Halogenidnitride und davon abgeleitete Derivate.

---

[31] Man kennt auch **Oxothiometallate** $MO_nS_{4-n}^{2-}$ und **Oxoselenate** $MO_nSe_{4-n}^{2-}$.

2.3 Molybdän(V,IV)- und Wolfram(V,IV)-Verbindungen (d^1, d^2)[21,23]

Wasserstoffverbindungen. *Binäre Hydride* der Zusammensetzung $\mathbf{MH_5}$ und $\mathbf{MH_4}$ (M = Mo, W) existieren nicht als solche, sondern nur in Form von *Phosphan-Addukten*, z.B. $[MH_4(PR_3)_4]$ (vgl. Tab. 133 S. 1607; die Wolfram-Verbindung läßt sich zu $[WH_5(PR_3)_4]^+$ protonieren).

Halogenverbindungen (vgl. S. 1611 sowie Tab. 123, S. 1462). Die *gelben*, u.a. aus *Molybdän* bzw. *Wolfram* mit verdünntem *Fluor* zugänglichen, flüchtigen **Pentafluoride** $\mathbf{MoF_5}$ und $\mathbf{WF_5}$ sind im festen Zustand analog NbF_5 *tetramer*, die **Tetrafluoride** $\mathbf{MoF_4}$ (*blaßgrün*, gewinnbar durch Erhitzen von MoF_6 mit Benzol bei 110 °C) und $\mathbf{WF_4}$ (*rotbraun*; gewinnbar durch Disproportionierung von WF_5) analog NbF_4 *polymer* (s. dort). Bei der Fluorierung von $Mo(CO)_6$ entsteht bei − 75 °C zunächst das gemischt-valente **Dimolybdännonafluorid** $\mathbf{Mo_2F_9}$, das bei 150 °C in MoF_4 und MoF_5 zerfällt. Die Penta- und Tetrafluoride bilden mit Fluorid die *Fluorokomplexe* $M^VF_6^-$, $M^VF_8^{3-}$, $M^{IV}F_6^{2-}$ und $M^{IV}F_7^{3-}$. Die paramagnetischen, leicht hydrolysierbaren, benzollöslichen, flüchtigen **Pentachloride** $\mathbf{MoCl_5}$ und $\mathbf{WCl_5}$ (*dunkelgrüne* Substanzen, gewinnbar aus den Elementen unter sorgfältig kontrollierten Bedingungen) bilden im festen Zustand wie $NbCl_5$ *dimere* chlorverbrückte, im Gaszustand *monomere* Moleküle. Erstere enthalten oktaedrisch-koordinierte Metallatome, die nicht durch MM-Brücken verknüpft sind ($\mu_{mag.}$ um 1.6 BM entsprechend 1 d-Elektron), letztere trigonal-bipyramidale Metallatome. Sie ergeben mit Chloriden grüne *Chlorokomplexe* MCl_6^- (oktaedrisch). Die diamagnetischen, äußerst hydrolyse- und oxidationsempfindlichen **Tetrachloride** $\boldsymbol{\alpha}$-$\mathbf{MoCl_4}$ (*braunschwarz*; erhältlich durch Disproportionierung von $MoCl_3$) und $\mathbf{WCl_4}$ (*schwarz*, gewinnbar durch Reduktion von WCl_6 mit Al oder P_4) bilden Ketten aus *trans*-kantenverknüpften MCl_6-Oktaedern und weisen MM-Wechselbeziehungen auf (Paarung des Elektronenspins; abwechselnd kurze und lange MM-Bindungen; vgl. S. 1433), das aus α-$MoCl_4$ bei 250 °C hervorgehende $\boldsymbol{\beta}$-$\mathbf{MoCl_4}$ (Ringe aus sechs *cis*-kantenverknüpften $MoCl_6$-Oktaedern) dagegen nicht ($\mu_{mag.}$ ca. 2.4 BM; gleich lange MoMo-Abstände). WCl_4 disproportioniert beim Erhitzen gemäß $3WCl_4 \rightarrow WCl_2 + 2WCl_5$. Die Tetrachloride bilden mit Chlorid „*Chlorokomplexe*" $MoCl_6^{2-}$ (*dunkelgrün*, oktaedrisch) und WCl_6^{2-} (*rot*, oktaedrisch). Von MCl_4 leiten sich „*Alkoxide*" $M(OR)_4$ ab, denen die dimere Struktur $[(RO)_3Mo(\mu\text{-}OR)_2Mo(OR)_3]$ (MoMo-Doppelbindung; MoMo-Abstand 2.52 Å) und die tetramere Struktur $[W_4(\mu\text{-}OR)_4(\mu_3\text{-}OR)_2(OR)_{10}]$ zukommt (WW-Einfachbindungen; WW-Abstand rund 2.7 Å). Bezüglich der Pentabromide $\mathbf{MBr_5}$, der Tetrabromide $\mathbf{MBr_4}$, der Tetraiodide $\mathbf{MI_4}$ sowie der **Halogenidoxide** $\mathbf{MOX_3}$ und $\mathbf{MO_2X}$ vgl. Tab. 123 (S. 1462).

Cyanoverbindungen (vgl. S. 1656). Bei der Luftoxidation wässeriger Mo(III)- bzw. W(III)-Salzlösungen entsteht in Anwesenheit von Cyanid *gelbes*, *diamagnetisches* **Octacyanomolybdat(IV)-** bzw. **wolframat(IV)** $\mathbf{[M(CN)_8]^{4-}}$, dessen Salze in Abhängigkeit vom Gegenkation teils dodekaedrisch, teils quadratisch-antiprismatisch strukturierte Anionen enthalten. In *Wasser* hydrolysieren die Cyanokomplexe nur bei Bestrahlung (Bildung oktaedrischer Komplexe $[MO_2(CN)_4]^{4-}$). Durch Oxidation lassen sich die Anionen $[M(CN)_8]^{4-}$ in **Octacyanomolybdat(V)-** bzw. **-wolframat(V)** $\mathbf{[M(CN)_8]^{3-}}$ (dodekaedrisch sowie quadratisch-antiprismatisch) überführen.

Sauerstoffverbindungen (vgl. S. 1620). Darstellung. Bei der Reduktion von Molybdän- bzw. Wolframtrioxid mit Wasserstoff unterhalb 470 °C (Mo) bzw. 800 °C (W) bildet sich auf dem Wege über „*Mischoxide*" $\mathbf{MO_{3\text{-}2}}$ (vgl. S. 1463) *braunviolettes* **Molybdändioxid** $\mathbf{MoO_2}$ bzw. *braunes* **Wolframdioxid** $\mathbf{WO_2}$ (vgl. Tab. 123, S. 1462). Die diamagnetischen, metallisch leitenden Festsubstanzen sind in nichtoxidierenden *Säuren* unlöslich, werden von konzentrierter *Salpetersäure* unter Oxidation zu den Trioxiden aufgelöst und disproportionieren beim Erhitzen:

$$MO_2 \underset{+H_2;\ -H_2O}{\overset{+HNO_3;\ -HNO_2}{\rightleftharpoons}} MO_3; \qquad 3MO_2 \xrightarrow{T} M + 2MO_3.$$

Strukturen. Molybdän- und Wolframdioxid $\mathbf{MO_2}$ kristallisieren mit Rutilstruktur, die allerdings dadurch verzerrt ist, daß M-Atome paarweise zusammenrücken und durch MM-Bindungen (MoMo/WW-Abstände = 2.51/2.49 Å) verknüpft sind. Bezüglich der Strukturen von $\mathbf{MO_{3\text{-}2}}$ vgl. S. 1463. Mit Metalloxiden wie ZnO ergibt MoO_2 Oxoverbindungen $M_2^{II}Mo_3^{IV}O_8$ (s. unten).

Eigenschaften. Gibt man zu einer wässerigen Mo(VI)-Lösung Mo^{3+} in verdünnter Trifluormethansulfonsäure CF_3SO_3H, so erhält man das *Molybdänyl(V)-Ion* MoO_2^+ in dimerer Form als *diamagnetisches*, *gelbes*, hydratisiertes **Tetraoxodimolybdän(V)-Ion** $\mathbf{Mo_2O_4^{2+}}$ (b), welches bei weiterer Zugabe von Mo^{3+} in das *Molybdänyl(IV)-Ion* MoO^{2+} übergeht, das in trimerer

Form als *diamagnetisches*, *dunkelrotes*, hydratisiertes **Tetraoxotrimolybdän(IV)-Ion $Mo_3O_4^{4+}$** (a) vorliegt. Ersteres Ion enthält einen Cluster aus zwei, letzteres Ion einen Cluster aus drei einfach miteinander zu einer Mo_2-Gruppe bzw. einem Mo_3-Dreiring verknüpften Mo^V- bzw. Mo^{IV}-Ionen (die $2 \times 1 = 2$ Außenelektronen der zwei Mo^V-Ionen ergeben 1 Zweielektronenbindung, die $3 \times 2 = 6$ Außenelektronen der drei Mo^{IV}-Ionen 3 Zweielektronenbindungen). Die beiden Mo-Atome in $Mo_2O_4^{2+}$ werden zusätzlich durch zwei O-Atome verbunden (zwei O-Atome sind endständig), während die drei Mo-Atome in $Mo_3O_4^{4+}$ zusätzlich durch vier O-Atome verknüpft werden, von denen drei jeweils zwei Mo-Atomen zugeordnet sind und eines allen drei Mo-Atomen gemeinsam angehört (alternativ läßt sich die Struktur von $Mo_3O_4^{4+}$ von einem Mo_4O_4-Würfel, in dessen Ecken abwechselnd Mo- und O-Atome lokalisiert sind, dadurch ableiten, daß man eine Mo-Ecke entfernt). Entsprechende hydratisierte Ionen $W_2O_4^{2+}$ und $W_3O_4^{4+}$ des homologen Wolframs in fünf- und vierwertigem Zustand existieren nicht. Man kennt jedoch Komplexe dieser Ionen, so z. B. $[W_2O_4F_6]^{4-}$ mit dem zentralen **Tetraoxodiwolfram(V)-Ion $W_2O_4^{2+}$** (WW-Abstand 2.62 Å) oder die durch Reaktion von $W(CO)_6$ (vgl. S. 1629) mit Carbonsäuren erhältlichen, luftbeständigen Komplexe $[W_3O_2(O_2CR)_6(H_2O)_3]^{2+}$ (a), die das *gelbe* **Dioxotriwolfram(IV)-Ion $W_3O_2^{8+}$** enthalten. Letzteres weist einen W_3-Dreiringcluster mit WW-Einfachbindungen auf, dessen W-Atome zusätzlich durch jeweils ein O-Atom oberhalb und unterhalb der Ringebene verknüpft werden.

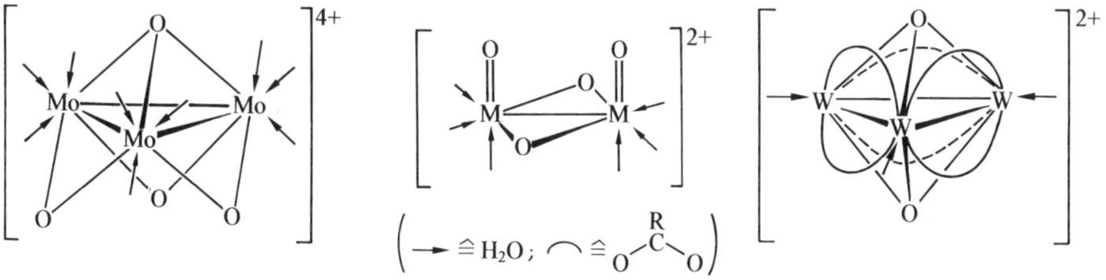

$[Mo_3^{IV}O_4(H_2O)_9]^{4+}$ (a)

$[Mo_2^{V}O_4(H_2O)_6]^{2+}$ (b)

$[W_3^{IV}O_2(O_2CR)_6(H_2O)_3]^{2+}$ (c)

Vom Mo(V)-Kation (b) leiten sich wie vom homologen W(V)-Kation (s. o.) Komplexe ab, in denen Wassermoleküle durch andere Liganden ersetzt sind, z. B. $[Mo_2^VO_4(ox)_2(H_2O)_2]^{2-}$ (H_2O in der Molekülebene). Ferner stellen viele M(V)-Komplexe Substitutionsprodukte der aus dem Ion (b) unter Spaltung einer oder beider O-Brücken z. B. gemäß $[Mo_2O_4(H_2O)_6]^{2+} + 4H^+ + 2H_2O \rightleftarrows [Mo_2O_3(H_2O)_8]^{4+} + 2H^+ + H_2O \rightleftarrows 2[MoO(H_2O)_5]^{3+}$ gebildeten Kationen dar (z. B. $[Mo_2^VO_3(S_2COEt)_4]$, $[Mo^VOCl_4(H_2O)]^-$, $[Mo^VOX_5]^{2-}$ mit X = Cl, Br, NCS und $[W^VOX_5]^{2-}$ mit X = Cl, Br). Während die zweikernigen Komplexe alle *diamagnetisch* sind, also deutliche MM-Wechselwirkungen aufweisen, verhalten sich die einkernigen Komplexe *paramagnetisch* (1 ungepaartes Elektron).

Vom Mo(IV)-Kation (a) leiten sich ebenfalls eine Reihe von Substitutionsprodukten ab wie etwa die bei Zugabe von Oxalat, Fluorid oder Cyanid zu einer $[Mo_3O_4(H_2O)_9]^{4+}$-Lösung entstehenden Komplexe $[Mo_3O_4(ox)_3(H_2O)_3]^{2-}$, $[Mo_3O_4F_9]^{5-}$ und $[Mo_2O_4(CN)_9]^{5-}$. In analoger Weise läßt sich das Anion $[W_3O_4F_9]^{5-}$ synthetisieren. Die weiter oben erwähnte Oxoverbindung $Zn_2Mo_3^{IV}O_8$ enthält ebenfalls – durch 9 Oxid-Ionen ergänzte – Mo_3O_4-Untereinheiten.

Schwefelverbindungen. Darstellung. Unter den Schwefelverbindungen des Molybdäns und Wolframs sind das *schwarze* **Molybdändisulfid MoS_2** und **Wolframdisulfid WS_2**, deren weiche, sich fettig anfühlende, auf Papier grau abfärbende Blättchen äußerlich dem Graphit ähneln und die in der Natur als „*Molybdänglanz*" (wirtschaftlich bedeutendste Mo-Quelle) bzw. „*Tungstenit*" vorkommen, die wichtigsten und bei höheren Temperaturen beständigsten Verbindungen, in die die schwefelreichen Sulfide beim Erhitzen im Vakuum übergehen. Man gewinnt sie durch Erhitzen von MoO_2, WO_2, MoO_3, WO_3 bzw. $(NH_4)_6[Mo_7O_{24}] \cdot 4H_2O$ im H_2S-Strom. Hydratisiertes **Dimolybdänpentasulfid Mo_2S_5** scheidet sich andererseits beim Einleiten von H_2S aus Mo(V)-Lösungen aus[32]. Man verwendet MoS_2 wie Graphit als ausgezeichnetes *Schmiermittel* („*Molykote*") besonders bei hohen Temperaturen und zwar sowohl im Trockenzustand als auch als Suspension in Öl, ferner als Katalysator bei Hydrierungsreaktionen.

---

[32] Man kennt auch **Selenide** und **Telluride MY_2** (Struktur analog MS_2; diamagnetischer Halbleiter) sowie **Mo_2Se_5**.

Strukturen. Die bemerkenswert leichte *Spaltbarkeit* und hohe *Schmierfähigkeit* von MoS_2 ist auf seine *Schichtenstruktur* zurückzuführen, bei der jede Schicht von Mo-Atomen auf beiden Seiten sandwichartig von je einer Schicht aus S-Atomen eingehüllt ist. Längs der Dreierschichten ··· | SMoS | SMoS | ··· besteht zwischen den nicht mit Mo-Atomen ausgefüllten, nur durch van-der-Waalssche Kräfte zusammen gehaltenen S-Doppelschichten naturgemäß leichte Spalt- und Verschiebbarkeit, ähnlich wie beim Graphit (vgl. S. 832). Die Schwefelschichtfolge lautet: ··· AABBAABB ···; die Mo(IV)-Atome besetzen hierbei trigonal-prismatische Lücken zwischen gleichgelagerten Schichten AA bzw. BB. Entsprechende Strukturen weisen $MoSe_2$, $MoTe_2$, WS_2, WSe_2 bzw. WTe_2 auf.

Man kennt eine Reihe kationischer und anionischer Teilchen, die fünf- bzw. vierwertiges Molybdän oder Wolfram neben Schwefel enthalten. Nach ähnlichen Methoden wie die Kationen $Mo_2^{V}O_4^{2+}$ und $Mo_3^{IV}O_4^{4+}$ lassen sich etwa die Thiomolybdän-Kationen $\mathbf{Mo_2^{V}S_4^{2+}}$ (Struktur analog (b)) sowie $\mathbf{Mo_3^{IV}S_4^{4+}}$ (z. B. $[Mo_3S_4(H_2O)_9]^{4+}$; Struktur analog (a)) synthetisieren. Beispiele für Thiomolybdate(V,IV) bzw. Thiowolframate(V) sind $[Mo_2^{V}(S_2)_6]^{2-}$ (d), $[M_2^{V}S_4(S_2)(S_4)]^{2-}$ (e) mit M = Mo, W und $[Mo_3^{V}S(S_2)_6]^{2-}$ (f):

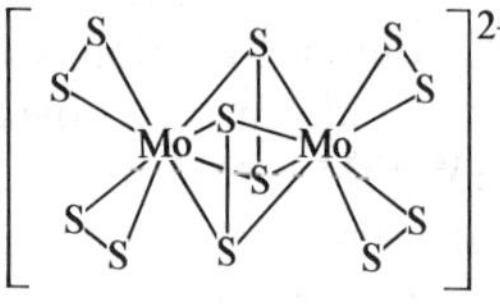

(d) 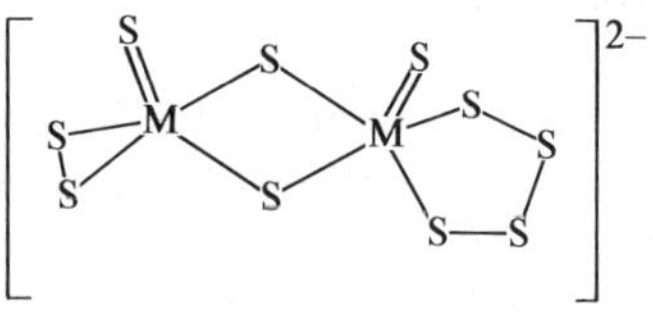 (e) 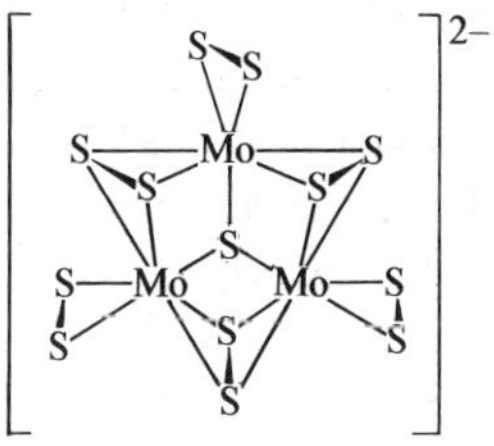 (f)

Auch gemeinsam mit anderen Metallen bildet Molybdän Thiomolybdate. Die Verbindungen $[Mo_2Fe_6S_8]$ (g) und $[Mo_2Fe_6S_{11}(SR)_6]^{3-}$ (h) mit $[MoFe_3S_4]$-Würfeln als Strukturmerkmalen mögen als Beispiele dienen (sind die Fe-Atome in (g) dreiwertig, so liegt vierwertiges Mo vor).

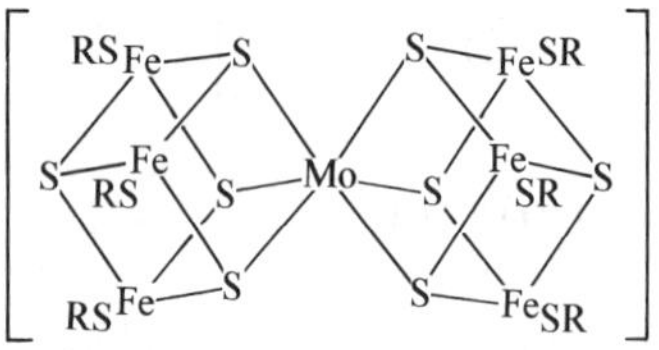

(g) 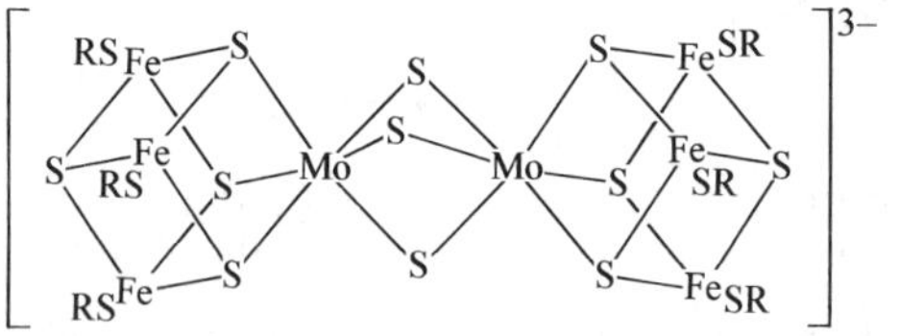 (h)

In allen Mo-haltigen *Enzymen* spielen Thiomolybdate eine wesentliche Rolle, so in der **Nitrogenase**, welche die Bindung des *Luftstickstoffs* unter Bildung von Ammoniak bewirkt[33, 34].

$$N_2 + 8\ominus + 8H^+ \rightarrow 2NH_3 + H_2$$

2.4 Molybdän(III,II)- und Wolfram(III,II)-Verbindungen (d^3, d^4)[21, 23, 35]

Wasserstoff- und verwandte Verbindungen. Anders als die linken Periodennachbarn bilden Molybdän und Wolfram *keine Einlagerungsverbindungen* mit Wasserstoff der Grenzstöchiometrie **MH** und $\mathbf{MH_2}$. Es lassen sich jedoch *Phosphan-Addukte* beider Hydride präparieren (z. B. $[MoH_2(PMe_3)_5]$; vgl. S. 1607). Von Interesse ist in diesem Zusammenhang der *klassische* Wasserstoffkomplex $[WH_2(CO)_3(PR_3)_2]$ mit zwei Hydridliganden (R = Cyclohexyl C_6H_{11}),

---

33 **Literatur.** Vgl. Anm.[7] auf S. 641.

34 Näheres vgl. S. 1532.

35 Man kennt auch **niedrigwertige Molybdän-** und **Wolframverbindungen** mit Metallen der Wertigkeiten −II, −I, 0, +I (formal d^8-, d^7-, d^6-, d^5-Elektronenkonfiguration; vgl. S. 1629), z. B. $\mathbf{M^0(CO)_6}$ (S. 1629), $\mathbf{M^0(PR_3)_6}$ (aus $M(CO)_6$ + PR_3), $\mathbf{[M^I(CO)_2(bipy)_2]^+}$ (gewinnbar durch Oxidation von $M(CO)_6$ mit I_2 in Anwesenheit von α,α'-Bipyridin) und $\mathbf{[M^0(N_2)_2(PR_3)_4]}$ mit *trans*- oder auch *cis*-ständigen N_2-Liganden. Letztere Verbindungen sind z. B. durch Einwirkung von N_2 und PR_3 auf MCl_5 in Tetrahydrofuran in Anwesenheit von Natriumamalgam erhältlich ($MCl_5 + 2N_2 + 4PR_3 + 5Na \rightarrow M(N_2)_2(PR_3)_4 + 5NaCl$) und liefern bei Säureeinwirkung ($+H^+$) möglicherweise auf folgendem Wege Ammoniak: $[M^0{-}N{\equiv}N] \rightarrow [M^I{-}N{=}NH]^+ \rightarrow [M^{II}{=}N{-}NH_2]^{2+} \rightarrow [M^{III}{-}NH{-}NH_2]^{3+} \rightarrow [M^{IV}{=}NH]^{4+} + NH_3 \rightarrow [M^{VI}]^{6+} + 2NH_3$. Mit N_2 läßt sich $[Mo(N_2)_2(PR_3)_4]$ in $[Mo(N_2)_3(PR_3)_3]$ überführen.

der im – langsam sich einstellenden – Gleichgewicht mit dem *nichtklassischen* Wasserstoffkomplex $[W(H_2)(CO)_3(PR_3)_2]$ mit η^2-gebundenem H_2-Molekül steht (HH-Abstand 0.86 Å):

$$W^{II}H_2(CO)_3(PR_3)_2] \rightleftarrows [W^0(H_2)(CO)_3(PR_3)_2]$$

G. J. Kubar et al. entdeckten in diesem Zusammenhang erstmals die Existenz nichtklassischer Hydride (vgl. S. 1608).

Die Metalle Mo und W bilden nicht nur mit H sondern auch mit B, C, Si und N *Einlagerungsverbindungen*. Sie können als hochschmelzende, chemisch reaktionsträge **Hartstoffe** durch direkte Synthese aus den Elementen bei hohen Temperaturen unter Schutzgasatmosphäre gewonnen werden. U. a. kennt man *Boride* $\mathbf{M_2B}$ und **MB** (Smp. MoB = 2350 °C, WB = 2400 °C), *Carbide* $\mathbf{M_2C}$ und **MC** (Smp. β-Mo_2C ca. 2500 °C, WC ca. 2750 °C), *Nitride* $\mathbf{M_2N}$ und **MN** sowie *Silicide* $\mathbf{M_3Si}$, $\mathbf{M_5Si_3}$ und $\mathbf{MSi_2}$ (Smp. $MoSi_2$ = 2030 °C, WSi_2 = 2165 °C; Näheres vgl. S. 1059, 852, 642, 889). Man verwendet das Molybdäncarbid β-Mo_2C in $TiC/Mo_2C/Ni$-Werkstoffen (für Schmiedearbeiten) und das Wolframcarbid WC (wichtigstes Carbid der Hartstoffmetallurgie[36]) in WCCo-Werkstoffen mit 75–96% WC (zur Bearbeitung kurzspanender Werkstoffe, zur spanlosen Formgebung, zur Bearbeitung von Bohrplatten für Schlagbeanspruchung) und mit 65–85% WC (dazu Ti-, Ta-, Nb-carbid; zur Bearbeitung langspanender Werkstoffe sowie für Mehrzwecknutzungen).

Halogenverbindungen (vgl. Tab. 125, S. 1462). Unter den Halogeniden der Zusammensetzung MX_3 und MX_2 (M = Mo, W) kennt man nur ein *Fluorid* (MoF_3), jedoch alle *Chloride*, *Bromide* und *Iodide*. *Gelbbraunes* **Molybdäntrifluorid** $\mathbf{MoF_3}$ erhält man hierbei aus MoF_6 und Mo bei 400 °C. Es bildet „*Fluorokomplexe*" $[MoF_6]^{3-}$ (oktaedrisch), z. B. K_3MoF_6. Durch Reduktion von $MoCl_5$ mit H_2 oder Mo bzw. Oxidation von WCl_2 mit Cl_2 bei 400 °C entstehen andererseits die *dunkelroten* Halogenide **Molybdäntrichlorid** $\mathbf{MoCl_3}$ und **Wolframtrichlorid** $\mathbf{WCl_3}$. Beide Verbindungen ergeben mit Chlorid und anderen Donoren „*Chlorokomplexe*" $[MCl_6]^{3-}$ (oktaedrisch) und $[M_2Cl_9]^{3-}$ (s. u.) sowie „*Donoraddukte*" des Typus *mer*-$MoCl_3 \cdot 3D$ (D z. B. Pyridin, Tetrahydrofuran). Das durch elektrolytische Reduktion aus MoO_3 in 11-molarer Salzsäure in Anwesenheit von KCl erhältliche, in trockener Luft beständige, hydrolyse- und oxidationsempfindliche Komplexsalz $K_3[MoCl_6]$ stellt ein wichtiges Ausgangsprodukt der Mo(III)-Chemie dar. Sein Chlorid läßt sich durch andere Liganden substituieren, u. a. durch *Wasser* ($\rightarrow [Mo(H_2O)_6]^{3+}$), *Cyanid* ($\rightarrow [Mo(CN)_7]^{4-}$), *Thiocyanat* ($\rightarrow [Mo(NCS)_6]^{3-}$). Gelbes **Molybdändichlorid** $\mathbf{MoCl_2}$ und *graues* **Wolframdichlorid** $\mathbf{WCl_2}$ lassen sich durch Disproportionierung der Tetrachloride MCl_4 oder durch Chlorierung von Mo mit Phosgen $COCl_2$ bei 750 °C gewinnen.

Strukturen (vgl. S. 1611). MoF_3 besitzt die „VF_3-Schichtenstruktur". Sowohl $MoCl_3$ als auch $[M_2Cl_9]^{3-}$ enthalten – anders als $CrCl_3$ und $[Cr_2Cl_9]^{3-}$ – Mo_2- bzw. W_2-Metallcluster. In $\mathbf{MoCl_3}$ liegt eine kubisch-dichteste Cl^--Packung vor, in welcher Mo(III)-Atome paarweise benachbarte oktaedrische Lücken besetzen (verzerrte „$CrCl_3$-Struktur"; MoMo-Abstände 2.76 Å), in $\mathbf{[M_2Cl_9]^{3-}}$ sind zwei MCl_6-Oktaeder über einer gemeinsamen Fläche miteinander verknüpft (MoMo-/WW-Abstände = 2.67/2.41 Å; letzterer Abstand entspricht einer WW-Dreifachbindung[37]). $\mathbf{WCl_3}$ hat demgegenüber eine hexamere Struktur $[W_6Cl_{12}]Cl_6$, wobei das vorliegende $[W_6Cl_{12}]^{6+}$-Kation mit „ZrI_2-Struktur" isostrukturell mit dem $[M_6Cl_{12}]^{n+}$-Cluster von Nb und Ta ist (vgl. Fig. 301 a). Die Strukturen von $\mathbf{CrBr_3}$ (BiI_3-Schichtstruktur), $\mathbf{MoBr_3}$ (ZrI_3-Kettenstruktur; gewinnbar aus $MoBr_4$ und Mo) und $\mathbf{WBr_3}$ ($\hat{=} [W_6Br_8]^{6+}[Br^-]_2[Br_4^{2-}]_2$, s. u.; gewinnbar aus WBr_2 und Br_2) unterscheiden sich nicht nur untereinander, sondern auch von den – ebenfalls nicht übereinstimmenden – Strukturen von $CrCl_3$ ($CrCl_3$-Schichtstruktur), $MoCl_3$ (s. oben) und WCl_3 (s. oben).

$\mathbf{MoCl_2}$ und $\mathbf{WCl_2}$ besitzen wie $\mathbf{MoBr_2}$ und $\mathbf{MoI_2}$ (gewinnbar aus $MoCl_2$ und NaBr bzw. NaI) sowie $\mathbf{WBr_2}$ und $\mathbf{WI_2}$ (gewinnbar durch Disproportionierung von WBr_4 bzw. durch Reaktion von W mit I_2 bei Rotglut) und zum Unterschied von polymeren $CrCl_2$ die sechsfache Molmasse M_6X_{12}. Die Verbindungen enthalten gemäß der Formulierung $[M_6X_8]X_4 \hat{=} [M_6X_8]X_2X_{4/2}$ über Halogenid in zwei Raumrichtungen verbrückte $[M_6X_8]^{4+}$-*Metallcluster* (4 der 12 X^--Ionen sind mit Ag^+ fällbar und können gegen andere Anionen, z. B. OH^-, ausgetauscht werden). Die 8 X^--Ionen von $M_6X_8^{4+}$ besetzen die

[36] Unter **Hartmetallwerkstoffen** (engl. *cemented borides, carbides* usw.) versteht man Sinterlegierungen aus hochschmelzenden metallischen Boriden, Carbiden usw. und niedrig-schmelzenden Metallen der Eisengruppe (vor allem Cobalt) als Bindemittel.

[37] Wegen der hohen Bildungstendenz von $[W_2Cl_9]^{3-}$ bereitet die Synthese von $[WCl_6]^{3-}$ Schwierigkeiten.

Ecken eines Würfels, in dessen Flächenmitte die 6 Mo^{2+}-Ionen angeordnet sind, welche so einen Oktaeder bilden (Fig. 301 b; MoMo-Abstände 2.62–2.64 Å). Die Summe der Bindungselektronen im $[M_6X_8]^{4+}$-Cluster beträgt 6×6 (M) + 8×1 (X) − 4 (positive Ladungen) = 40 Elektronen. Zieht man hiervon $8 \times 2 = 16$ Elektronen für die 8 Bindungen zu den Halogenid-Ionen ab, so verbleiben für den Mo_6-Metallkäfig – wie gefordert – 24 Elektronen, die sich auf die 12 MM-Bindungen des M_6-Oktaeders verteilen.

Der $[Mo_6X_8]^{4+}$-Cluster ist gegen Oxidation stabil ($MoCl_2$ wird von Königswasser nicht angegriffen), wogegen der $[W_6X_8]^{4+}$-Cluster leicht oxidiert werden kann, so daß er ein wirksames Reduktionsmittel darstellt, das z. B. Wasser unter Freiwerden von Wasserstoff angreift. Die Reaktion von $[W_6Cl_8]Cl_4 \mathrel{\hat{=}} WCl_2$ mit Chlor bei 150 °C führt hierbei zu einem Produkt der Zusammensetzung WCl_3, das im Sinne der Formulierung $[W_6Cl_{12}]Cl_6$ den Cluster $[W_6Cl_{12}]^{6+}$ (Fig. 301 a) enthält. Die Reaktion von $[W_6Br_8]Br_4 \mathrel{\hat{=}} WBr_2$ mit Brom führt andererseits zu Produkten der Zusammensetzung W_6Br_{14}, W_6Br_{16} und W_6Br_{18} ($\mathrel{\hat{=}} WBr_{2.33}$, $WBr_{2.67}$, WBr_3), die im Sinne der Formulierungen $[W_6Br_8]Br_6$, $[W_6Br_8]Br_4(Br_4)$ und $[W_6Br_8]Br_2(Br_4)_2$ den Cluster $[W_6Br_8]^{6+}$ enthalten (Br^-- bzw. Br_4^{2-}-Gegenionen). Die $[M_6X_8]X_4$-Cluster vermögen ihrerseits unter Addition von zwei *Halogenid* in die „*Halogenokomplexe*" $[M_6X_{14}]^{2-}$ überzugehen. In entsprechender Weise bilden sich unter Addition von *Wasser* bei gleichzeitigem Tausch der 4 labilen X^--Ionen „*Hydrate*" $[M_6X_8(H_2O)_6]^{4+}$. Eine Substitution der 8 Halogenid-Ionen des Käfigs $[M_6Cl_8]^{4+}$ ist u. a. durch Iodid I^- und Sulfid S^{2-} sowie Selenid Se^{2-} möglich. In ersterem Falle entsteht etwa aus $MoCl_2$ oder WCl_2 in einer KI/LiI-Schmelze MoI_2 bzw. WI_2, in letzteren Fällen gelangt man zu den Clusterionen $[Mo_6S_8]^{4-}$ sowie $[Mo_6Se_8]^{4-}$, die leicht oxidiert werden können (→ $[Mo_6Y_8]^{2-}$) und die in den – auch in starken Magnetfeldern – bei tiefen Temperaturen supraleitend wirkenden „*Chevrel-Phasen*" $M_xMo_6S_8$ (z. B. $Pb^{II}Mo_6S_8$, $Sn^{II}Mo_6S_8$) vorliegen. Ausschnitte aus den $[Mo_6X_8]^{4+}$-Clustern stellen schließlich die „*Halogenokomplexe*" $[Mo_5Cl_{13}]^{2-}$ und $[Mo_4I_{11}]^{2-}$ dar (z. B. gewinnbar aus $Mo_2(OAc)_4$ und HX), welche einen quadratisch-pyramidalen bzw. einen verzerrt tetraedrischen Cluster aus fünf bzw. vier Mo-Atomen enthalten. Bezüglich der Halogenokomplexe $[M_2X_8]^{4-}$ (X = Cl, Br; M = Mo, W) s. unten.

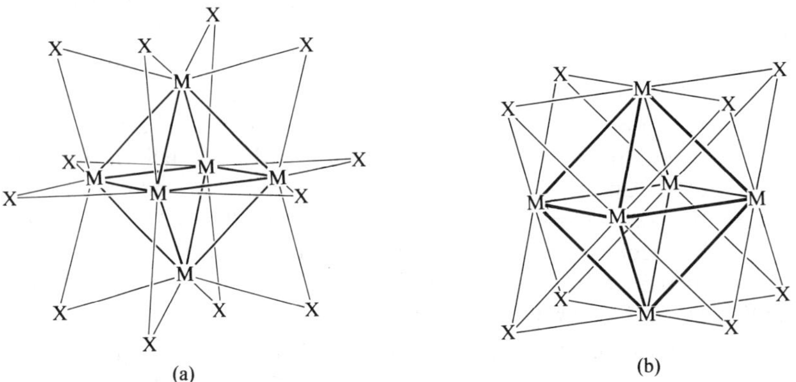

Fig. 301 Strukturen (a) der Clustereinheit $[M_6X_{12}]^{6+}$ in WCl_3 und (b) der Clustereinheit $[M_6X_8]^{4+}$ in MX_2 (M = Mo, W; X = Cl, Br, I) sowie $[M_6X_8]^{6+}$ in WBr_3 und WI_3 (?).

Cyanoverbindungen (vgl. S. 1656). In Anwesenheit von Cyanid wandelt sich $[MoCl_6]^{3-}$ in *schwarzes Heptacyanomolybdat(III)* $\mathbf{[Mo(CN)_7]^{4-}}$ (pentagonal-bipyramidal) um, das sich zu *Heptacyanomolybdat(II)* $\mathbf{[Mo(CN)_7]^{5-}}$ (pentagonal-bipyramidal) reduzieren läßt. *Heptacyanowolframat(II)* $\mathbf{[W(CN)_7]^{5-}}$ (pentagonal-bipyramidal) bildet sich aus $[W_2Cl_9]^{3-}$ in Anwesenheit von CN^-; es addiert als Base leicht ein Proton (→ $[HW(CN)_7]^{4-}$). Erwähnt sei auch das schwefelhaltige Dodecacyanomolybdat $[Mo_4S_4(CN)_{12}]^{8-}$ (Mo_4-Tetraeder, dessen Dreiecksflächen mit S überspannt sind; jedes Mo ist oktaedrisch von 3 Mo und 3 CN^- koordiniert). Der der Verbindung zugrundeliegende $[Mo_4S_4]^{4+}$-Käfig liegt (in oxidierter Form) auch dem Komplex $[Mo_4S_4(H_2O)_{12}]^{5+}$ zugrunde.

Sauerstoffverbindungen. Das *blaßgelbe* **Hexaaquamolybdän(III)**-Ion $[Mo(H_2O)_6]^{3+}$ (oktaedrisch; paramagnetisch mit $\mu_{mag.} = 3.69$ Bohrsche Magnetonen, entsprechend 3 ungepaarten d-Elektronen) entsteht langsam (in Tagen) durch Hydrolyse von $[MoCl_6]^{3-}$ oder rasch (in Minuten) durch Hydrolyse von $[Mo(HCO_2)_6]^{3-}$. Es ist in verdünnter CF_3SO_3H-Lösung (pH < 2) unter Sauerstoffausschluß beständig und liegt auch dem *gelben Alaun* $CsMo(SO_4)_2 \cdot 12H_2O$ zugrunde. Von Sauerstoff wird es in Wasser rasch zu *gelbem* $[Mo_2^VO_4(H_2O)_6]^{2+}$ oxidiert ($2Mo^{3+} + O_2 + 2H_2O \rightarrow Mo_2O_4^{2+} + 4H^+$). Die assoziativ-aktivierte Substitution der H_2O-Moleküle durch andere Liganden erfolgt im Falle von $[Mo(H_2O)_6]^{3+}$ rund 10^5mal so rasch wie die entsprechende Substitution im Falle von $[Cr(H_2O)_6]^{3+}$ (kleineres Zentralmetall, vgl. S. 1452). Nach Zugabe von Hydroxid zu einer $[Mo(H_2O)_6]^{3+}$-Lösung fällt das *Hydroxid* $\mathbf{Mo(OH)_3}$ aus, das sich zum *Sesquioxid* $\mathbf{Mo_2O_3}$ (vgl. S. 1620) entwässern läßt.

Die Bildung von $Mo(OH)_3$ erfolgt wohl auf dem Wege über eine Deprotonierungs- und Kondensationsreaktion des hydratisierten Mo(III)-Ions: $2[Mo(H_2O)_6]^{3+} \rightleftarrows 2[Mo(OH)(H_2O)_5]^{2+} + 2H^+ \rightleftarrows [(H_2O)_4Mo(\mu\text{-}OH)_2Mo(H_2O)_4]^{4+} + 2H_2O + 2H^+$ (vgl. das Verhalten von $[Cr(H_2O)_6]^{3+}$). Letzterer Komplex, das *grüne* **Octaaquadi-μ-hydroxydimolybdän(III)-Ion** $\mathbf{[Mo_2(OH)_2(H_2O)_8]^{4+}}$ (b), gewinnt man durch Reduktion von $Mo^{VI}O_4^{2-}$ oder $[Mo_2^VO_4(H_2O)_6]^{2+}$ mit Zink in saurem Medium. Es weist verzerrt-oktaedrisch von 2OH und $4H_2O$ koordiniertes Molybdän und eine MoMo-Dreifachbindung auf (s. u.).

Ein dem verzerrt-oktaedrisch gebauten Ion $[Cr(H_2O)_6]^{2+} \triangleq [Cr(H_2O)_4(H_2O)_2]^{2+}$ (tetragonale Jahn-Teller-Verzerrung) entsprechendes Ion $[Mo(H_2O)_6]^{2+}$ existiert wohl wegen der Neigung des zweiwertigen Molybdäns zur Ausbildung von MoMo-Clustern mit einer Metall-Metall-Vierfachbindungen (s. unten) nicht: $2[Mo(H_2O)_4(H_2O)_2]^{2+} \rightarrow 2H_2O + [(H_2O)(H_2O)_4Mo{\equiv}Mo(H_2O)_4(H_2O)]^{4+}$. Das diamagnetische *rote* **Octadimolybdän(II)-Ion** $\mathbf{[Mo_2(H_2O)_8]^{4+}}$ (vgl. Formel (f) auf S. 1476) läßt sich durch Hydrolyse des Sulfatokomplexes $[Mo(SO_4)_4]^{4+}$ (s. u.) gewinnen. Es ist unter Sauerstoff- und Lichtausschluß in verdünnter CF_3SO_3H-Lösung ($pH < 2$) haltbar (an Licht tritt Oxidation zu $[Mo_2(OH)_2(H_2O)_8]^{4+}$ unter H_2-Entwicklung ein). Jedes Mo-Atom ist im Komplex von einem Mo-Atom und vier H_2O-Molekülen quadratisch-pyramidal koordiniert; ein fünftes, sehr schwach mit Mo verknüpftes H_2O-Molekül ergänzt die Koordinationssphäre zum stark verzerrten Oktaeder. Die H_2O-Moleküle lassen sich durch andere Liganden wie z. B. SCN^- oder CrO_4^{2-} substituieren.

Eine wässerige Chemie des *drei-* und *zweiwertigen* Wolframs existiert nicht.

Molybdän(III,II)- und Wolfram(III,II)-Komplexe. *Drei-* und *zweiwertiges* Molybdän bzw. Wolfram bilden wie drei- und zweiwertiges Chrom (S. 1452, 1455) *paramagnetische* **klassische Komplexe** (*drei* bzw. *zwei* ungepaarte Elektronen; low-spin im Falle von M(II), z. B. $[M^{III}Cl_6]^{3-}$ (oktaedrisch), $[M^{III}Cl_3(py)_3]$ (oktaedrisch), $[Mo^{III}(acac)_3]$ (oktaedrisch, flüchtig), $[Mo^{III}(CN)_7]^{4-}$ (pentagonal-bipyramidal), $[M^{II}(CN)_7]^{5-}$ (pentagonal-bipyramidal), $[M^{II}(CNR)_7]^{2+}$ (überkappt-trigonal-prismatisch), *trans*-$[Mo^{II}Cl_2(PR_3)_4]$ (oktaedrisch), $[Mo^{II}H_2(PR_3)_5]$ (pentagonal-bipyramidal), $[W^{II}Br_3(CO)_4]^-$ (überkappt-oktaedrisch), $[W^{II}(CO)_4(diars)]^+$ (überkappt-trigonal-prismatisch)).

Darüber hinaus kennt man *diamagnetische* **nichtklassische Komplexe** („*Metallcluster*"; vgl. S. 1617) von *dreiwertigem* Mo und W (MM-*Dreifachbindung*; bei dreiwertigem Chrom unbekannt) sowie von *zweiwertigem* Mo und W (MM-*Vierfachbindung*; bei zweiwertigem Chrom ebenfalls bekannt) (bezüglich der Komplexe $[M_6X_8]^{4+/6+}$ und $[W_6X_{12}]^{6+}$ siehe bei Halogeniden). Die *Bindungsordnungen* ergeben sich gemäß dem bei den Dichromkomplexen (S. 1456) sowie an anderen Stellen (S. 1504, 1545, 1571, 1600) Besprochenen aus der Zahl der elektronenbesetzten bindenden bzw. antibindenden σ-, π_x-, π_y- und δ-Molekülorbitale der M_2-Gruppen. Es folgt dann für Mo_2- und W_2-Clusterionen mit *zwei-* bis *fünfwertigem* M:

Ion (Außenelektronen)	$M_2^{4+}(8e^-)$	$M_2^{5+}(7e^-)$	$M_2^{6+}(6e^-)$	$M_2^{8+}(4e^-)$	$M_2^{10+}(2e^-)$
Elektronenkonfiguration	$\sigma^2\pi^2\delta^2$	$\sigma^2\pi^4\delta^1$	$\sigma^2\pi^4$	$\sigma^2\pi^2$ (od. δ^2)	σ^2
Bindungsordnung	4.0	3.5	3.0	2.0	1.0
Beispiele	$[M_2(O_2CR)_4]$	$[Mo_2(SO_4)_4]^{3-}$	$M_2(OR)_6$	$[Mo_2(OR)_8]$	$[Mo_2X_4(OR)_6]$
	$[M_2X_8]^{4-}$	$[W_2Cl_9]^{2-}$	$M_2(NR_2)_6$	$[W_2S_2\{S_2P(OR)_2\}_4]$	$[W_2(OR)_6(O_2C_2R_2)_2]$

Dimolybdän(II)- und Diwolfram(II)-Cluster[23]. Läßt man Essigsäure HOAc in Diglyme auf $Mo(CO)_6$ (S. 1629) einwirken, so bildet sich in über 80 %iger Ausbeute eine *gelbe*, thermisch stabile und praktisch luftunempfindliche Molybdän(II)-Verbindung der Zusammensetzung $Mo_2^{II}(OAc)_4$. Sie enthält gemäß (c) einen Cluster aus zwei Mo-Atomen, die durch eine **Vierfachbindung** und zusätzlich vier zweizähnige Acetatgruppen OAc = O—CMe—O miteinander verknüpft sind (MoMo-Abstand 2.093 Å; zum Vergleich: MoMo-Abstand in $[Mo_6Cl_8]^{4+}$ 2.63 Å; bezüglich der Bindungsverhältnisse vgl. $Cr_2(OAc)_4$ S. 1456). In analoger Weise bilden andere Carbonsäuren Komplexe $Mo_2(O_2CR)_4$ (MoMo-Abstände 2.01–2.24 Å). Die Reaktion von $W(CO)_6$ mit Carbonsäuren führt demgegenüber zu Komplexen $[W_3^{IV}O_2(O_2CR)_6(H_2O)_3]$, die einen W_3-Cluster enthalten (vgl. S. 1471)[38]. Es sind jedoch Verbindungen des Typus $[W_2(O_2CR)_4]$ bzw. $[W_2(O_2CR)_4L_2]$ (R z.B. Me, Ph, CF_3, ${}^tBu$) auf anderen Wegen zugänglich (WW-Abstände 2.18–2.25 Å).

Durch Reaktion mit konzentrierter Salzsäure können die OAc-Gruppen unter *Erhalt des Mo_2-Clusters* durch *Chlorid* substituiert werden: $Mo_2(OAc)_4 + 8\,HCl \rightarrow 4\,HOAc + 4\,H^+ + [Mo_2Cl_8]^{4-}$ (d) (MoMo-Abstand 2.14 Å; man kennt auch $[Mo_2Br_8]^{4-}$)[39]. In analoger Weise gelingt der OAc-Ersatz in $[Mo_2(OAc)_4]$ oder der Chlorid-Ersatz in $[Mo_2Cl_8]^{4-}$ durch viele andere Liganden wie etwa *Acetylacetonat* ($\rightarrow [Mo_2(OAc)_2(acac)_2]$ mit einem MoMo-Abstand von 2.13 Å), *Sulfat* ($\rightarrow [Mo_2(SO_4)_4]^{4-}$ mit einem MoMo-Abstand von 2.11 Å; läßt sich zu $[Mo_2(SO_4)_4]^{3-}$ mit MoMo-Abstand 2.17 Å oxidieren)[40], *Glycin* ($\rightarrow [Mo_2(gly)_4]^{4+}$), *Methyl* ($\rightarrow [Mo_2Me_8]^{4-}$ (e); MoMo-Abstand 2.15 Å) und Wasser ($\rightarrow [Mo_2(H_2O)_8]^{4+}$ (f)). An den freien axialen Positionen läßt sich jeweils noch ein Ligand wie H_2O, Me_2SO, THF, R_3PO, py, PR_3 ohne wesentliche Verlängerung der MoMo-Bindung addieren. Das dem $[Mo_2Cl_8]^{4-}$-Ion entsprechende, oxidationsempfindlichere Ion $[W_2^{II}Cl_8]^{4-}$ (WW-Abstand 2.25 Å) kann man durch Reduktion von $[W_2Cl_6(THF)_4]$ (s.u.) mit Natriumamalgam darstellen. Es oxidiert sich leicht zu $[W_2^{III}Cl_9^{3-}]$ und kann in Derivate wie $[W_2Cl_4(PMe_3)_4]$ (WW-Abstand 2.26 Å) oder $[W_2Me_8]^{4-}$ (e; WW-Abstand 2.264 Å), die wiederum 2 zusätzliche Liganden zu addieren vermögen, überführt werden.

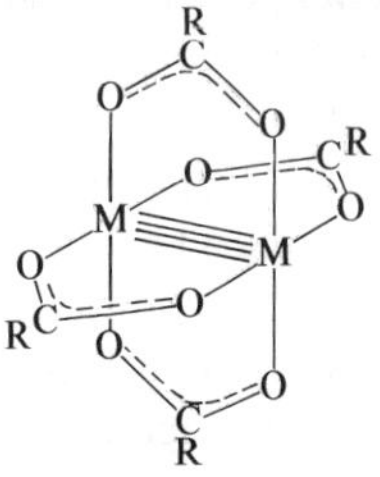

(c) 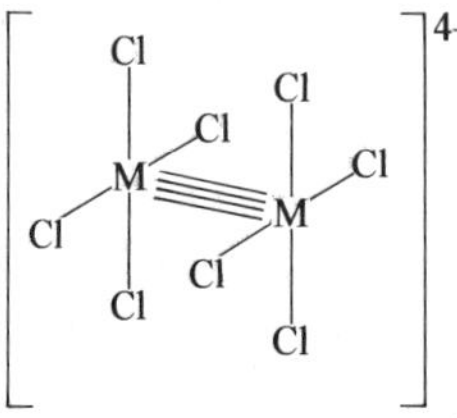 (d) 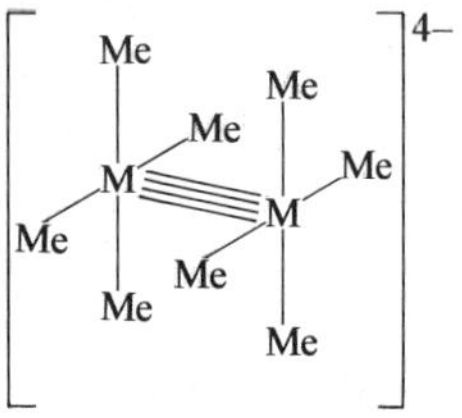 (e) 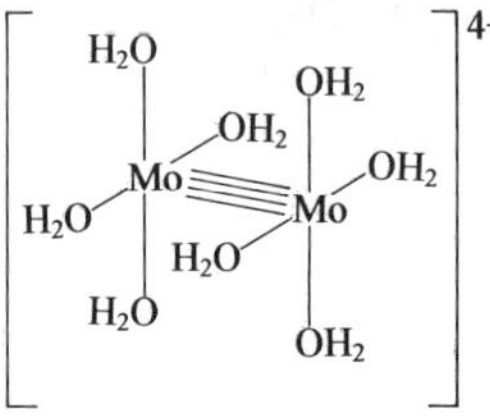 (f)

Einige *dinukleare* Cluster $M_2X_4L_4$ (X = Halogen; L = neutraler Ligand, insbesondere PR_3) dimerisieren sich unter Abgabe von L zu *tetranuklearen* Clustern $M_4X_8L_4$ (z.B. bildet sich $Mo_4Cl_8(PR_3)_4$ durch Erhitzen von $Mo_2Cl_8^{4-}$ und PR_3 in Methanol). Ihnen liegen planare M_4-Ringe zugrunde mit abwechselnd MM-Drei- und -Einfachbindungen (z.B. $M_4Cl_8(PR_3)_4$ mit MoMo- bzw. WW-Abständen von 2.226 und 2.878 bzw. 2.309 und 2.840 Å; die beiden langen MM-Bindungen werden zusätzlich mit jeweils 2 Cl-Brücken überspannt).

Dimolybdän(III)- und Diwolfram(III)-Cluster[23]. Bei der Umsetzung von $MoCl_3$ bzw. WCl_4 mit $LiNMe_2$ entstehen u.a. Verbindungen der Zusammensetzung $M_2(NMe_2)_6$ (g), die ebenfalls Cluster aus zwei Mo- bzw. W-Atomen enthalten. Für diesen Fall sind die Metallatome jedoch durch eine **Dreifachbindung** miteinander verknüpft (MoMo-/WW-Abstände = 2.214/2.292 Å), wobei die beiden $M(NMe_3)_3$-Verbindungshälften zueinander eine gestaffelte Konformation einnehmen. Dies rührt daher, daß die $\sigma^2\pi^4$-Elektronenkonfiguration (S. 1456) der MM-Dreifachbindung – anders als im Falle einer $\sigma^2\pi^4\delta^2$-Elektronenkonfiguration (S. 1456) der MM-Vierfachbindung – eine Rotation der $M(NMe_2)_3$-Hälfte um die MM-Bindung erlaubt, und die gestaffelte Konformation aufgrund sterischer Abstoßung der Aminogruppen am energieärmsten ist. Auch hier lassen sich die M-gebundenen Liganden unter *Erhalt des M_2-Clusters* durch andere Gruppen ersetzen, z.B. durch *Alkoxygruppen* ($\rightarrow [M_2(OR)_6]$; R z.B. ${}^tBu$; MoMo-/WW-Abstände ca. 2.21/2.20 Å), *Chlorid* ($\rightarrow [MCl_2(NMe_2)_4]$; MoMo-/WW-Abstände 2.201/2.285 Å), *Trimethylsilylmethyl* ($\rightarrow [Mo_2(CH_2SiMe_3)_6]$; MoMo/WW-Abstände 2.167/2.255 Å). Die Cluster M_2X_6 mit 12 Valenzelektronen vermögen noch zwei Liganden ohne wesentliche Änderung des MM-Abstandes zu addieren, wobei die *tetraedrische* M-Koordination von (g) (KZ = 4) in eine *quadratisch-pyramidale* M-Koordination (KZ = 5) übergeht (gestaffelte Konformation der beiden MX_3L-Hälften; z.B. $[M_2(OR)_6(NR_3)_2]$, $[M_2(OR)_6(PR_3)_2]$). Stellen einige Reste X in M_2X_6-Clustern Chelatliganden dar, so kann sich eine *oktaedrische* M-Koordination (KZ = 6) ausbilden. So liegt etwa dem *purpurfarbenen* Ion $[Mo_2(HPO_3)_4(H_2O)_2]^{2+}$ (gewinnbar aus wässeriger $[Mo_2Cl_8]^{4-}$-Lösung mit HPO_4^{2-} an der Luft) die Struktur (h) mit ekliptischer Konformation zugrunde. In den weiter oben erwähnten Halogenokom-

---

38 $Mo(CO)_6/W(CO)_6$-Gemische liefern mit Essigsäure $[MoW(OAc)_4]$.

39 Die Einwirkung von gasförmigen Halogenwasserstoffen HX (X = Cl, Br, I) auf $Mo_2(OAc)_4$ führt bei 300 °C zu Dihalogeniden β-MoX_2, deren Struktur sich von der der oben beschriebenen Halogenide α-MoX_2 unterscheidet und die MoMo-Cluster mit MoMo-Vierfachbindungen enthalten.

40 Die Reaktion mit Hydrogenphosphat führt nicht zu $[Mo_2^{II}(HPO_4)_4]$, sondern unter Oxidation zu $[Mo_2^{III}(HPO_4)_4(H_2O)_2]$.

plexen $[M_2X_9]^{3-}$ (X = Cl, Br; flächenverknüpfte MX_6-Oktaeder) kommt den *überkappt-oktaedrisch-koordinierten* M-Atomen sogar die Koordinationszahl 7 zu (i). Allerdings sprechen die MM-Abstände in letzteren Ionen nur im Falle M = W für eine *Dreifachbindung* (WW-Abstand in $W_2Cl_9^{3-}$ 2.418 Å), im Falle M = Mo aber für eine *Einfachbindung* (MoMo-Abstand in $Mo_2Cl_9^{3-}$ 2.655 Å), im Falle M = Cr für *keine* MM-Bindung. Mit Pyridin läßt sich in $W_2Cl_9^{3-}$ eine Chlorbrücke aufspalten und es entsteht unter gleichzeitiger Substitution von $3\,Cl^-$ durch Pyridin und WW-Bindungsverlängerung der Komplex $[W_2Cl_6py_4]$ mit der Struktur (k) (2 brücken- und 2 endständige Chlorid-Liganden, 4 endständige Pyridin-Liganden; WW-Abstand 2.737 Å). Strukturen des Typus (k) weisen auch die Komplexe $[W_2Cl_6(PMe_3)_4]$, $[W_2Cl_6(THF)_4]$ und höchstwahrscheinlich $[Mo_2(OH)_2(H_2O)_8]^{4+}$ auf (OH in Brückenpositionen).

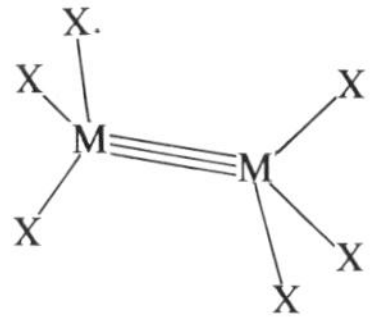

X = OR; NO_2; CH_2R
(g)

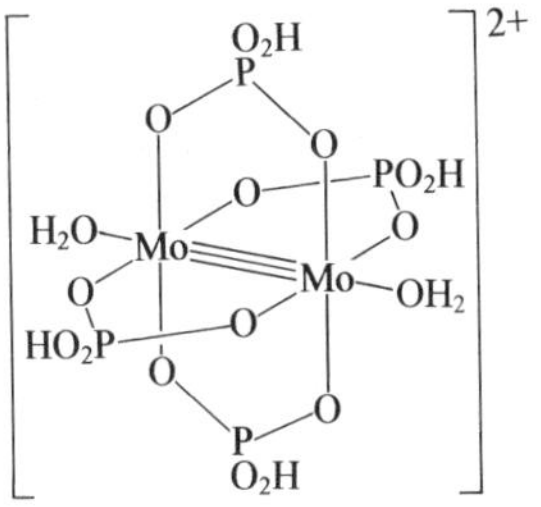

(h)

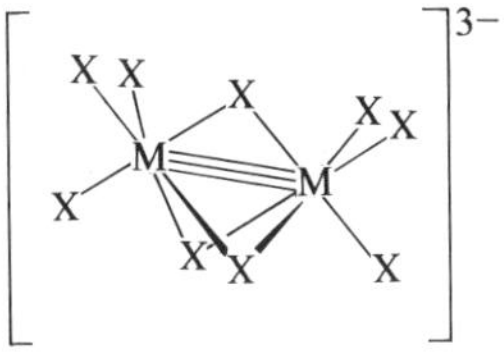

z.B. $[Mo_2Cl_9]^{3-}$; $[W_2Cl_9]^{3-}$
(i)

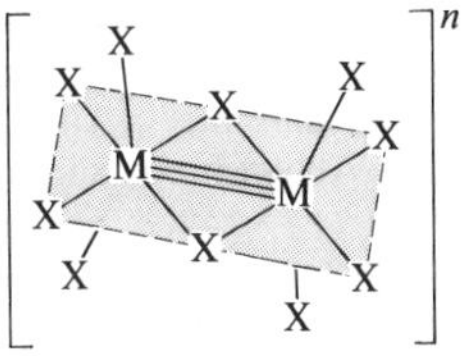

z.B. $[Mo_2(OH)_2(H_2O)_8]^{4+}$
(k)

Die Metall-Metall-Mehrfachbindungen gehen ähnliche Reaktionen wie die Mehrfachbindungen zwischen Nichtmetallen ein. So beobachtet man etwa eine zu $[Mo_2(OR)_6(CO)]$ (l) bzw. $[Mo_2(OR)_8]$ (m) bzw. $[Mo_2(OR)_6Cl_4]$ (n) führende „*oxidative Addition*" von CO bzw. ROOR bzw. Cl_2 an $[Mo_2(OR)_6]$, eine zu $[Mo_2(O_2CNR_2)_4]$ (c) führende „*reduktive Eliminierung*" von 2 Ethylgruppen bei der Einwirkung von CO_2 auf $[Mo_2Et_2(NR_2)_4]$ oder eine zu $(RO)_3W{\equiv}N$ und $(RO)_3W{\equiv}C^tBu$ führende „*Spaltung*" der WW-Dreifachbindung in $(RO)_3W{\equiv}W(OR)_3$ (R = ^tBu) durch $^tBuC{\equiv}N$. Die MM-Bindung läßt sich auch durch „*Redoxprozesse*" verändern. So wird etwa $W_2Cl_9^{3-}$ (i) durch Oxidation (z. B. mit Cl_2) in $[W_2Cl_9]^{2-}$ übergeführt: WW-Abstand 2.540 Å; vgl. auch die erwähnte Oxidation von $[Mo_2(SO_4)_4]^{4-}$ zu $[Mo_2(SO_4)_4]^{3-}$). Schließlich vermag $W_2(O^iPr)_6$ reversibel zum Cluster $W_4(O^iPr)_{12}$ zu „*dimerisieren*". Er weist einen W_4-Ring mit abwechselnd WW-Drei- und -Einfachbindungen auf (alle Bindungen mit 1 O^iPr überspannt). Tetranukleare Cluster enthalten auch die Mo-Verbindungen $Mo_4X_4(O^iPr)_8$ (X = Cl, Br, I).

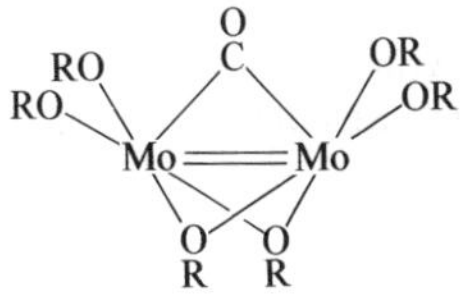

(l) 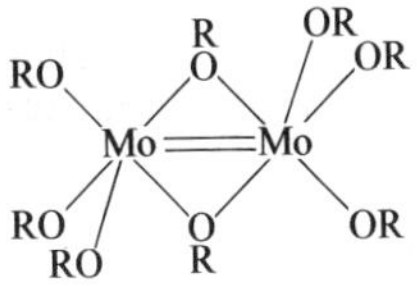 (m) 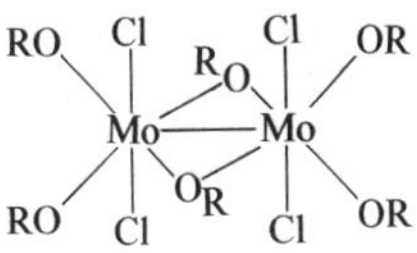 (n)

Organische Molybdän- und Wolframverbindungen[41]. Metallorganyle. Einfache Molybdän- und Wolframorganyle R_nM mit Alkyl- und Arylresten R wurden bereits erwähnt: (i) das aus WCl_6 und MeLi oder Al_2Me_6 zugängliche *dunkelrote*, an der Luft explosive „*Hexaorganyl*" $\mathbf{Me_6W}$, welches LiMe zum Komplex Li_2WMe_8 addiert (anders als oktaedrisches Me_6Te ist Me_6W in der Gasphase trigonal-prismatisch gebaut; D_{3h}-Symmetrie mit WC-Abständen = 2.146 Å); (ii) die aus $MoCl_3$ bzw. WCl_4 und Me_3SiCH_2Li resultierenden „*Triorganyle*" $\mathbf{(Me_3SiCH_2)_3M}$ (M = Mo, W), die im Sinne der Formulierung $(Me_3SiCH_2)_3M{\equiv}M(CH_2SiMe_3)_3$ dimer sind; (iii) die „*Diorganyle*" $\mathbf{Me_2M}$, welche nur in Form der Addukte $[MMe_4]^{2-}$ als Dimere existieren: $[Me_4M{\equiv}MMe_4]^{4-}$. Als weitere Mo- sowie W-Organyle seien genannt: „*Carbonylkomplexe*" wie $[M(CO)_6]$, $[M_2(CO)_{10}]^{2-}$, „*Carben-*" und „*Carbinkomplexe*" wie $[(R_3P)_2W(CH_2{}^tBu)({=}CH^tBu)({\equiv}C^tBu)]$, „*Cyclopentadienylkomplexe*" wie $[\eta^5\text{-}Cp_2M]$ oder wie $[\eta^5\text{-}CpM(CO)_3]_2$, „*Aromatenkomplexe*" wie $[\eta^6\text{-}(C_6H_6)_2M]$, $[\eta^6\text{-}(C_6H_6)M(CO)_3]$. Näheres vgl. S. 1628 f.

41 **Literatur.** S. W. Kirtley: „*Molybdenum Compounds with η^1-Carbon Ligands*", „*Tungsten Compounds with η^1-Carbon Ligands*", Comprehensive Organomet. Chem. **3** (1982) 1079–1148, 1255–1319; R. Davis, L. A. P. Kane-Maguire: „*Molybdenum Compounds with η^2-η^8-Carbon Ligands*", „*Tungsten Compounds with η^2-η^8 Carbon Ligands*", Comprehensive Organomet. Chem. **3** (1982) 1149–1253, 1321–1384; GMELIN: „*Organomolybdenum Compounds*", Syst.-Nr. **53**, bisher 2 Bände; HOUBEN-WEYL: „*Organische Molybdän- und Wolframverbindungen*", **13/7** (1975); M. H. Chisholm, D. Clark, M. J. Hampden-Smith, D. M. Hollman: „*Organometallchemie mit Molybdän- und Wolframalkoxidclustern: Vergleich mit Carbonylclustern der späten Übergangsmetalle*", Angew. Chem. **101** (1989) 446–458; Int. Ed. **28** (1989) 432.

Alkenmetathese mit Mo- und W-Verbindungen[42]. Systeme wie $Mo(CO)_6/Al_2O_3$ (heterogene Reaktionsführung) oder WCl_6/R_2AlCl in Alkoholen (homogene Reaktionsführung) katalysieren die „*Alkenmetathese*", worunter man den kreuzweisen Austausch von CR_2- gegen CR'_2-Gruppen in Alkenen $R_2C{=}CR'_2$ versteht[43]:

$$\begin{matrix} R_2C{=}CR'_2 \\ + \\ R_2C{=}CR'_2 \end{matrix} \rightleftharpoons \begin{matrix} R_2C & & CR'_2 \\ \| & + & \| \\ R_2C & & CR'_2 \end{matrix}$$

(z.B. läßt sich auf diese Weise Propen $CH_2{=}CH{-}CH_3$ in Ethen $CH_2{=}CH_2$ und Buten $CH_3{-}CH{=}CH{-}CH_3$ verwandeln). Der eigentliche Katalysator der homogen geführten Reaktion ist ein *Metallcarbenkomplex* (Bildung z.B. gemäß $WCl_6/Me_2AlCl \rightarrow Cl_4WMe_2 \rightarrow Cl_4W{=}CH_2 + CH_4$; vgl. S. 1678), der das Edukt-Alken unter Bildung eines [2 + 2]-Cycloaddukts anlagert. Letzteres spaltet seinerseits das Produkt-Alken unter [2 + 2]-Cycloreversion und Rückbildung des Katalysators ab („*Chauvin-Mechanismus*"; Anlagerung und Abspaltung der Alkene erfolgen jeweils über die Zwischenbildung von π-Alkenkomplexen; vgl. S. 1684), schematisch für $2\,ab \rightleftarrows a_2 + b_2$:

$$M{=}a \underset{}{\overset{\pm a=b}{\rightleftharpoons}} \begin{matrix} M{-}a \\ | \quad | \\ b{-}a \end{matrix} \overset{\mp a=a}{\rightleftharpoons} \begin{matrix} M \\ \| \\ b \end{matrix} \overset{\pm a=b}{\rightleftharpoons} \begin{matrix} M{-}a \\ | \quad | \\ b{-}b \end{matrix} \overset{\mp b=b}{\rightleftharpoons} M{=}a.$$

In analoger Weise vermögen einige *Metallcarbinkomplexe* die „*Alkinmetathese*" $2\,RC{\equiv}CR' \rightleftarrows RC{\equiv}CR + R'C{\equiv}CR'$ zu katalysieren[42].

3 Das Eka-Wolfram (Element 106)[44]

Die russische Arbeitsgruppe um G.N. Flerov in Dubna berichtete 1974 über ein Nuklid des Elements Eka-Wolfram (Ordnungszahl 106), das beim Beschuß von Blei mit beschleunigten Chromkernen $^{54}_{24}Cr$ entsteht: $_{82}Pb + {}_{24}Cr \rightarrow {}_{106}$Eka-W und innerhalb von 4–10 Millisekunden spontan zerfällt.

Im gleichen Jahr gelang, unabhängig davon, der amerikanischen Arbeitsgruppe um A. Ghiorso in Berkeley die Darstellung eines Isotops $^{263}_{106}$Eka-W durch Beschuß von Californium $^{249}_{98}Cf$ mit Sauerstoffkernen $^{18}_{8}O$ gemäß

$$^{249}_{98}Cf + {}^{18}_{8}O \rightarrow {}^{263}_{106}\text{Eka-W} + 4n.$$

$^{263}_{106}$Eka-W ist ein α-Strahler und zerfällt mit einer Halbwertszeit von 0.9 Sekunden in $^{259}_{104}$Eka-Hf (α-Strahler, Halbwertszeit 3 Sekunden) und darüber hinaus in $^{255}_{102}No$ (α-Strahler, Halbwertszeit 3.1 Minuten):

$$^{263}_{106}\text{Eka-W} \xrightarrow[0.9\,s]{-\alpha} {}^{259}_{104}\text{Eka-Hf} \xrightarrow[3\,s]{-\alpha} {}^{255}_{102}No \xrightarrow[3.1\,m]{-\alpha} \ldots,$$

wobei die Halbwertszeit und α-Aktivitäten der beiden Tochtersubstanzen $^{259}_{104}$ Eka-Hf (S. 1418) und $^{255}_{102}No$ (S. 1797) zur Identifizierung des Isotops $^{263}_{106}$Eka-W dienten. Einschließlich der erwähnten und weiterer gewonnener Isotope des Elements 106, für welches A. Ghiorso den Namen **Seaborgium (Sg)** (zu Ehren von Glenn Theodore Seaborg, Nobelpreis 1951), die IUPAC-Kommission den Namen **Rutherfodium (Rf)** vorschlagen[44], kennt man von $_{106}$**Eka-Wolfram** bisher *vier Nuklide* mit den Massenzahlen 259 ($\tau_{1/2} = 0.48\,s$), 260 ($\tau_{1/2} = 3.6\,ms$), 261 ($\tau_{1/2} = 0.26\,s$) und 263 ($\tau_{1/2} = 0.9\,s$; jeweils α-Zerfall).

42 **Literatur.** N. Calderon, E.A. Ofstead, W.A. Judy: „*Mechanistische Aspekte der Olefin-Metathese*", Angew. Chem. **88** (1976) 433–442; Int. Ed. **15** (1976) 401; H. Weber: „*Die Olefin-Metathese*", Chemie in unserer Zeit **11** (1977) 22–27; R.H. Grubbs: „*Alkene and Alkyne Metathesis Reactions*", Comprehensive Organomet. Chem. **8** (1982) 499–551; T.J. Katz: „*The Olefin Metathesis Reaction*", Adv. Organomet. Chem. **16** (1976) 283–317; N. Calderon, J.P. Lawrence, E.A. Ofstead: *Olefin Metathesis*", Adv. Organomet. Chem. **17** (1977) 449–492.

43 Unter **Metathese** (vom griech. metathesis = Umstellung, Versetzung) versteht man ganz allgemein einen kreuzweisen Gruppenaustausch: $ab + cd \rightleftarrows ac + bd$. Neben der Alken- und Alkinmetathese sei in diesem Zusammenhang insbesondere noch auf die Bildung von Metallorganylen gemäß der Metathesereaktion: $EX_n + n\,RLi \rightarrow ER_n + n\,LiX$ verwiesen.

44 Vgl. S. 1437 sowie Anm.[16, 17] auf S. 1418).

Kapitel XXVIII

Die Mangangruppe

Die *Mangangruppe* (VII. Nebengruppe bzw. 7. Gruppe des Periodensystems) umfaßt die Elemente *Mangan* (Mn), *Technetium* (Tc), *Rhenium* (Re) und *Eka-Rhenium* (Element 107; nur künstlich in einzelnen Atomen erzeugbar).

Wie im Falle der vorausgehenden Nebengruppen (S. 1399, 1419, 1438) besitzen dabei die beiden *schweren* Glieder Tc und Re wegen der *Lanthanoid-Kontraktion* praktisch gleiche Atom- und Ionenradien (S. 1781) und sind sich daher in ihren – vom *leichten* Gruppenglied Mn deutlich abweichenden – Eigenschaften sehr ähnlich. Die Analogie der Metalle mit den Nichtmetallen der VII. Hauptgruppe beschränkt sich darauf, daß sie wie letztere maximal elektropositiv-siebenwertig aufzutreten vermögen (z. B. $HMnO_4$/$HClO_4$). Im übrigen ähneln die Metalle der VII. Nebengruppe mehr den Nachbarmetallen der VI. und VIII. Nebengruppe, so daß z. B. das Mangan in der Natur mit dem Eisen, das Rhenium mit dem Molybdän vergesellschaftet ist. Vgl. hierzu auch S. 1493.

Am Aufbau der Erdhülle sind die Metalle Mn und Re mit 9.1×10^{-2} bzw. $\sim 10^{-7}$ Gew.-% beteiligt (von den Schwermetallen ist nur Fe häufiger als Mn), während Tc in der Natur nur in Spuren als radioaktives Spaltprodukt des Urans vorkommt.

1 Das Mangan[1)]

1.1 Elementares Mangan

Vorkommen

Mangan ist in der Natur (in **gebundener** Form) recht verbreitet und am Aufbau der Erdhülle mit 0.091 % beteiligt, also etwa ebenso häufig wie Phosphor und Kohlenstoff (dreizehnthäufigstes Element, dritthäufigstes Übergangselement nach Eisen und Titan). Die nutzbaren Manganvorkommen in der „*Lithosphäre*" sind durch Verwitterung primärer Silicatsedimente entstanden und leiten sich im wesentlichen von **Manganoxiden** ab. Bezüglich Mangan in der „*Biosphäre*" vgl. Physiologisches.

Wichtige Manganerze sind: der „*Braunstein*" (z. B. „*Pyrolusit*")[2)] $MnO_{1.7-2.0}$, der dem Roteisenstein Fe_2O_3 entsprechende *Braunit* Mn_2O_3 und seine eisenhaltige Abart, der „*Bixbyit*" $(Mn^{III}, Fe^{III})_2O_3$, weiterhin der dem Goethit FeO(OH) entsprechende „*Manganit*" MnO(OH) (= „$Mn_2O_3 \cdot H_2O$"), der in seiner Zusammensetzung dem Magneteisenstein Fe_3O_4 entsprechende „*Hausmannit*" Mn_3O_4 (= „$MnO \cdot Mn_2O_3$"), der „*schwarze Glaskopf*" („*Psilomelan*"[3)]; ein Na-, K- und Ba-haltiges, amorphes MnO_2), der mit dem Spateisenstein $FeCO_3$ isomorphe „*Manganspat*" („*Himbeerspat*", „*Rhodochrosit*")[4)] $MnCO_3$ und der „*Rhodonit*"[4)] $MnSiO_3$. Meist finden sich diese Erze in *Gesellschaft von Eisenerzen*.

---

1 **Literatur.** R. D. W. Kemmitt: „*Manganese*", Comprehensive Inorg. Chem. **3** (1973) 772–876; B. Chiswell, E. D. McKenzie, L. F. Lindoy: „*Manganese*", Comprehensive Coord. Chem. **4** (1987) 1–122; ULLMANN (5. Aufl.): „*Manganese and Manganese Alloys*", „*Manganese Compounds*" **A16** (1990) 77–143; GMELIN: „*Manganese*", Syst.-Nr. **56**, bisher 20 Bände. Vgl. auch Anm. 5, 68.

2 Der Name Braunstein rührt daher, daß das – meist *schwarzgraue* – Mineral auf Tonerden *braune* Glasuren bildet. Die Bezeichnung Pyrolusit leitet sich von seiner Verwendung als „Glasseife" (Entfärbung eisenhaltiger grüner Gläser, S. 946) ab: pyr (griech.) = Feuer, louein (griech.) = waschen.

3 Eigentlich: schwarzer Glatzkopf (nach seinem Aussehen): psilos (griech. = kahl; melas (griech.) = schwarz.

4 rhodeios (griech.) = rosenrot.

Reiche Lagerstätten liegen an der Ostküste des Schwarzen Meeres, in Indien, in Brasilien, in Australien, in China und in Südafrika. Deutschland ist arm an Manganerzen.

Große Mengen von Mangan finden sich in den Manganknollen der Tiefsee, die durch *Agglomeration von Metalloxidkolloiden* entstanden sind und 15–20% Mn, ferner Fe und kleinere Mengen Co, Ni, Cu enthalten (die Kolloide haben sich ihrerseits bei der Verwitterung primärer Silicatsedimente gebildet und wurden ins Meer gespült.

Isotope (vgl. Anh. III). *Natürliches* Mangan besteht zu 100% aus dem Nuklid $^{55}_{25}Mn$ (für *NMR-Untersuchungen*). Die *künstlich* gewonnenen Nuklide $^{54}_{25}Mn$ (Elektroneneinfang; $\tau_{1/2} = 303$ Tage) und $^{56}_{25}Mn$ (β^--Strahler; $\tau_{1/2} = 2.576$ Stunden) dienen als *Tracer*.

Geschichtliches. Der *Name* Mangan rührt von Braunstein MnO_2 her, den man früher mit dem bei der kleinasiatischen Stadt Magnesia vorkommenden *Magnetit* Fe_3O_4 oder Magneteisenstein „*Magnes*" (*Lithos magnetis* = Stein aus Magnesia) verwechselte. Der Name Magnes wurde später, als man die Eigenschaften des Braunsteins, eisenhaltiges Glas zu entfärben, erkannte, in *Manganes* umgeändert, wohl in Anklang an das griechische Wort manganizein = reinigen. Als dann C. W. Scheele 1774 nachwies, daß der Braunstein kein Eisenerz sei, sondern ein bis dahin noch unbekanntes Metall enthalte, isolierte im gleichen Jahr Johann Gottlieb Gahn auf Scheeles Anregung erstmals (verunreinigtes) *elementares* Mangan durch Reduktion von MnO_2 mit einer Mischung aus Tierkohle und Öl. Das neue Element erhielt zunächst den Namen „*Manganesium*" (daher französisch heute noch manganèse), der schließlich zur Vermeidung einer Verwechslung mit dem inzwischen entdeckten Magnesium in „*Mangan*" („*Manganium*") umgeändert wurde.

Darstellung

Elementares **Mangan** kann nicht wie das im Periodensystem rechts benachbarte Eisen durch Reduktion seiner Oxide mit Kohle gewonnen werden, da man hierbei wie im Falle des Chroms nur zu *Carbiden* kommt. Die beste **technische Darstellungsmethode** ist die *Elektrolyse* von $MnSO_4$-Lösungen (Kathoden aus rostfreiem Stahl):

$$MnSO_4 + H_2O \xrightarrow{\text{Elektrolyse}} Mn + H_2SO_4 + \tfrac{1}{2}O_2\,.$$

Weiterhin ist es auf *alumino-* und *silicothermischem* Wege aus Mangan(II)-oxid MnO, das bei den Reduktionstemperaturen aus den höheren Manganoxiden unter O_2-Abgabe entsteht, erhältlich: $3\,MnO + 2\,Al \rightarrow 3\,Mn + Al_2O_3 + 518$ kJ; $2\,MnO + Si \rightarrow 2\,Mn + SiO_2 + 140$ kJ. Beide Verfahren haben aber keine große technische Bedeutung, da das reine Metall nur wenig verwendet wird.

Von technischer Bedeutung sind dagegen die *Eisen-Mangan-Legierungen* mit einem Mangangehalt von 2–5% (**Stahleisen**), 5–30% (**Spiegeleisen**) und 30–80% (**Ferromangan** bzw. bei zusätzlichem Si-Gehalt: **Silicomangan**). Sie werden aus einem Gemisch von *Koks, Mangan-* und *Eisenoxiden* sowie Kalk (zur Schlackenbildung) im Hochofen bzw. elektrischen Ofen gewonnen (vgl. S. 1506, 727).

Physikalische Eigenschaften

Mangan existiert in vier verschiedenen Modifikationen (α-, β-, γ-, δ-**Mangan**), von denen das α-Mangan (*verzerrt-kubisch-dichte* Metallatompackung) die bei Raumtemperatur stabile Form darstellt. Letztere ist *silbergrau, hart* und sehr *spröde* und ähnelt im übrigen weitgehend dem im Periodensystem rechts benachbarten Eisen. Es schmilzt bei 1244 °C, siedet bei 2030 °C und besitzt die Dichte 7.44 g/cm^3.

Physiologisches[5]. Mangan ist ein *essentielles Spurenelement*, das – in Verbindungsform – in allen lebenden Zellen vorkommt. Der menschliche Körper enthält ca. 0.3 mg pro kg (hauptsächlich in Mitochondrien, Zellkernen, Knochen) und sollte täglich mindestens 3 mg Mn aufnehmen (manganreich sind Vollkornprodukte, Nüsse, Keimlinge, Kakao, manganarm ist z. B. Milch). Das in zahlreichen Enzymen enthaltene

---

[5] **Literatur.** M. N. Hughes: „*Coordination Compounds in Biology. – Magnesium, Manganese and Calcium*", Comprehensive Coord. Chem. **6** (1987) 562–598.

Mangan wird im Menschen und in Tieren zum Aufbau von Cholesterin, Mucopolysacchariden und Blutgerrinnungsfaktoren sowie für Atmungskettenphosphorylierungen benötigt. *Manganmangel* kann u.a. Sterilität hervorrufen, *Manganüberschuß* (MAK-Wert = 5 mg Mn-Staub pro m^3, 0.1 mg pro Liter Trinkwasser) führt zur Reizung der Atemwege und der Haut, zu Bronchitiden und schließlich zu Schädigungen des Nervensystems mit Sprach- und Bewegungsstörungen („*Manganismus*"). In Pflanzen spielt Mn eine wichtige Rolle bei der Photosynthese. Manganmangel bewirkt hier eine Minderung des Wachstums (Gegenmaßnahmen: Mn-Düngung).

Chemische Eigenschaften

Mangan ist etwas reaktionsfähiger als seine benachbarten Metalle Cr, Tc und Fe im Periodensystem. In *kompakter* Form wird es von *Sauerstoff* nur oberflächlich angegriffen, doch reagiert es in *feinverteiltem* Zustand mit *Luft* unter Feuererscheinung zu Mn_3O_4. Auch ist es gegenüber anderen Nichtmetallen bei Raumtemperatur noch einigermaßen inert, setzt sich aber mit diesen Elementen bei erhöhter Temperatur heftig um. So verbrennt es in *Chlor*-Strom zu $MnCl_2$, reagiert mit *Fluor* zu MnF_2 und MnF_3, brennt oberhalb 1200 °C in *Stickstoff* ($\rightarrow Mn_3N_2$) und vereinigt sich ferner mit B, C, Si, P, As, S, dagegen nicht mit H_2.

Da Mangan in der Spannungsreihe oberhalb des Wasserstoffs steht (vgl. Potentialdiagramm, S. 1482), also ein unedles Metall ist, wird es von *Säuren* (langsam auch schon von Wasser) unter *Wasserstoffentwicklung* angegriffen (keine passivierende Oxidhaut wie bei Chrom).

Verwendung von Mangan. Mangan (Jahresweltproduktion: 10 Megatonnenmaßstab) hat bisher nur in Verbindung mit anderen Elementen größere praktische Bedeutung gefunden. Unter den **Legierungen** dient *Ferromangan, Spiegeleisen* und *Silicomangan* (vgl. Darstellung) als „*Desoxidations*-" und „*Entschwefelungsmittel*" bei der Erzeugung von Stahl, Nickel und Kupfer (Nutzung von 90% des gewonnenen Mangans), darüber hinaus als *Zusatz zu Stahl* (Erhöhung der Härte; z.B. schlag- und verschleißfester *Hadfield-Stahl* mit 13% Mn für Baumaschinen, Eisenbahnweichen usw.), *Aluminium, Magnesium* (jeweils Erhöhung der Korrosionsbeständigkeiten), *Bronzen.* Da „*Manganin*" (84% Cu, 12% Mn, 4% Ni) praktisch keine Temperaturabhängigkeit des elektrischen Widerstands aufweist, nutzt man es für *elektrische Instrumente.* Die **Verbindungen** des Mangans (hergestellt werden insbesondere die Oxide MnO, Mn_2O_3, Mn_3O_4, MnO_2, das Permanganat $KMnO_4$, das Chlorid $MnCl_2$ und die Salze $MnSO_4$, $MnCO_3$) finden u.a. Verwendung zur Herstellung von „*Pigmenten*", „*Metallseifen*", „*Magneten*", „*Trockenbatterien*", im „*Korrosionsschutz*" (Manganphosphate), als Zusatz zu „*Futter*-" und „*Düngemitteln*" und als „*Oxidationsmittel*" (org. Synthese, Wasseraufbereitung, Abluftreinigung, Oxidimetrie, Medizin).

Mangan in Verbindungen

In seinen chemischen Verbindungen tritt Mangan hauptsächlich mit den **Oxidationsstufen** **+2, +3, +4** und **+7** auf (z.B. $MnCl_2$, MnF_3, MnO_2, Mn_2O_7), doch existieren auch Verbindungen mit den Oxidationsstufen **+5** und **+6** (z.B. MnO_4^{3-}, MnO_4^{2-}) sowie **+1, 0, −1, −2** und **−3** (z.B. $Mn^{I}(CN)_6^{5-}$, $Mn_2^{0}(CO)_{10}$, $Mn^{-I}(CO)_5^-$, Mn^{-II}(Phthalocyanin)$^{2-}$, $Mn^{-III}(NO_3)(CO)$). Wichtige Oxidationsstufen sind die des zwei- und siebenwertigen Mangans. Die *Basizität* der Oxide in *Wasser* nimmt mit *steigender Wertigkeit* des Mangans ab, ihre *Acidität* zu. So ist das Mangan(II)-oxid ein ausgesprochenes *Base-Anhydrid,* das Mangan(VII)-oxid Mn_2O_7 dagegen ein ausgesprochenes *Säure-Anhydrid,* während das Mangan(IV)-oxid MnO_2 *amphoter* ist. Wie die Acidität nimmt auch die *Oxidationskraft* der Oxide mit steigender Wertigkeit des Mangans zu. Das Mangan(II)-Ion Mn^{2+} (halbbesetzte 3d-Schale), die wichtigste Oxidationsstufe des Mangans (isoelektronisch mit Fe^{3+}), zeichnet sich in saurer Lösung durch besondere *Stabilität* gegen Oxidation und Reduktion aus.

Dieser Sachverhalt läßt sich den nachfolgend wiedergegebenen **Potentialdiagrammen** einiger Oxidationsstufen des Mangans bei pH = 0 und 14 entnehmen, wonach Mn(II) keine Neigung zur *Disproportionierung* in eine niedrigere und höhere Oxidationsstufe zeigt, während Mangan(VII) in saurer Lösung hinsichtlich Mangan(IV) bzw. Mangan(II) ein starkes Oxidationsmittel darstellt. Mn^{2+} ist insgesamt oxidationsbeständiger als die Nachbarelemente Cr^{2+} und Fe^{2+} (Folge der halbbesetzten d-Außenschale).

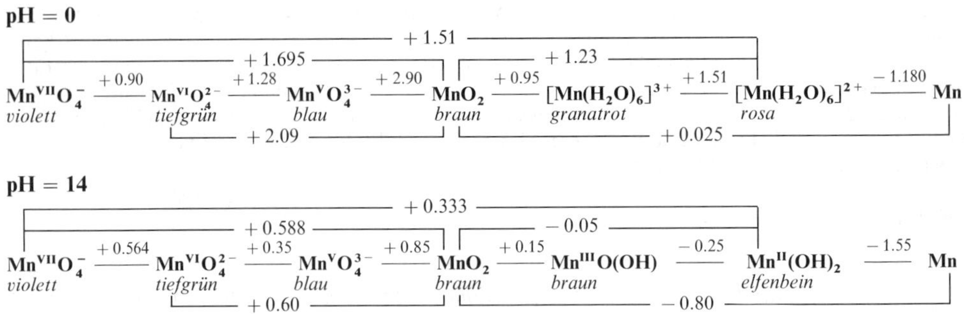

Das Mangan(II) existiert mit den **Koordinationszahlen** *vier* bis *acht* (tetraedrisch in $[\mathbf{Mn}Br_4]^{2-}$, quadratisch-planar in [**Mn**(Phthalocyanin), trigonal-bipyramidal in $[\mathbf{Mn}Br(pmdta)]^+$ mit pmdta $= MeN(CH_2CH_2NMe_2)_2$, oktaedrisch unter anderem in $[Mn(H_2O)_6]^{2+}$, überkappt-trigonal-prismatisch in $[\mathbf{Mn}(edta)(H_2O)]^{2-}$ mit edta $= [(O_2CCH_2)_2NCH_2CH_2N(CH_2CO_2)_2]^{4-}$, dodekaedrisch in $[\mathbf{Mn}(NO_3)_4]^{2-}$), Mangan(III) u.a. mit den Koordinationszahlen *fünf* bis *sieben* (quadratisch-pyramidal in $[\mathbf{Mn}Cl_5]^{2-}$, oktaedrisch in $[\mathbf{Mn}(CN)_6]^{3-}$, pentagonal-bipyramidal in $[\mathbf{Mn}(NO_3)_3(bipy)]$). Mangan(IV,I,0) tritt im wesentlichen mit der Koordinationszahl *sechs* auf (oktaedrisch in $[\mathbf{Mn}^{IV}F_6]^{2-}$, $[\mathbf{Mn}^{I}(CN)_6]^{5-}$, $[\mathbf{Mn}_2^0(CO)_{10}]$), Mangan(V,VI,VII) mit der Koordinationszahl *vier* (tetraedrisch in $\mathbf{Mn}^{V}O_4^{3-}$, $\mathbf{Mn}^{VI}O_4^{2-}$, $\mathbf{Mn}^{VII}O_4^-$). Die Koordinationszahl *vier* findet sich auch bei Mangan(−I, −II, −III) (quadratisch-planar in $[\mathbf{Mn}^{-I/-II}(Phthalocyanin)]^{1-/2-}$, tetraedrisch in $[\mathbf{Mn}^{-III}(NO)_3(CO)]$), die Koordinationszahl *fünf* bei Mangan(−I) (trigonal-bipyramidal in $[\mathbf{Mn}^{-I}(CO)_5]$). Die 4fach koordinierten Mn(−III)-, 5fach koordinierten Mn(−I)- und 6fach koordinierten Mn(I)-Verbindungen haben Kryptonelektronenkonfiguration.

Bezüglich der *Elektronenkonfiguration*, der *Radien*, der *magnetischen* und *optischen* Eigenschaften von **Manganionen** vgl. Ligandenfeld-Theorie (S. 1250) sowie Anh. IV, bezüglich eines **Eigenschaftsvergleichs** der Metalle der Mangangruppe S. 1199f und 1493.

1.2 Mangan(II)-Verbindungen (d^5)[1, 6, 7]

Wasserstoff-Verbindungen. Mangan bildet wie einige im Periodensystem benachbarte Elemente (Molybdän, Wolfram, Technetium, Rhenium, Eisen, Ruthenium, Osmium, Cobalt, Rhodium, Iridium, Platin, Silber, Gold) *keine binären Verbindungen* mit Wasserstoff, die unter Normalbedingungen isolierbar wären („*Wasserstofflücke*"). Das **Dihydrid MnH_2** konnte jedoch in einer Ar- bzw. N_2-Matrix bei tiefen Temperaturen isoliert werden. Auch lassen sich *Donoraddukte* dieses Hydrids (z.B. $MnH_2 \cdot 2BH_3 = \mathbf{Mn(BH_4)_2}$, $MnH_2 \cdot 2AlH_3 = \mathbf{Mn(AlH_4)_2}$) wie auch des **Monohydrids MH** (z.B. **$MnH(CO)_5$**), jedoch – anders als beim linken und rechten Periodennachbarn Chrom (vgl. S. 1453) und Eisen (S. 1516) – nicht solche der höheren Manganhydride herstellen (vgl. Tab. 133, S. 1607).

Halogenverbindungen (vgl. S. 1611). Alle vier binären Halogenide des zweiwertigen Mangans sind bekannt (vgl. Tab. 124). **Mangandichlorid $MnCl_2$** kristallisiert aus wässeriger Lösung (gewinnbar durch Lösen von Mn oder $MnCO_3$ in Salzsäure) als *blaßrotes Tetrahydrat* $MnCl_2 \cdot 4H_2O$ (oktaedrisch; *cis*-ständige H_2O-Moleküle) aus. Es kann zum Dihydrat

---

[6] **Literatur.** T.A. Zordan, L.G. Hepler: „*Thermochemistry and Oxidation Potentials of Manganese and its Compounds*", Chem. Rev. **68** (1968) 737–745; M.B. Robin, P. Day: „*Mixed Valence Chemistry – A Survey and Classification*", Adv. Inorg. Radiochem. **10** (1967) 248–422; R. Colton, J.H. Canterford: „*Manganese*", in „Halides of the First Row Transition Metals", Wiley 1969, S. 212–270.

[7] Man kennt zudem **niedrigwertige Manganverbindungen** mit Mangan der Wertigkeiten −III, −II, −I, 0, +I (formal d^{10}-, d^9-, d^8-, d^7-, d^6-Elektronenkonfiguration), in welchen Mangan mit Liganden wie *Kohlenoxid* (z.B. $[Mn^{-I}(CO)_5]^-$, $Mn_2^0(CO)_{10}$), *Cyanid* (z.B. $[Mn^{I}(CN)_6]^{5-}$), *Stickoxid* (z.B. $[Mn^{-I}(CN)_4(NO)_2]^{3-}$, $[Mn^{-III}(CO)(NO)_3]$), *Organylgruppen* koordiniert wird. Näheres hierzu vgl. S. 1628f. Bezüglich der **Boride, Carbide, Silicide** und **Nitride** des Mangans, denen weniger der Charakter von Einlagerungsverbindungen (Hartstoffen), sondern mehr von salzartigen Verbindungen zukommt, vgl. S. 1059, 852, 889, 642.

Tab. 124 Halogenide, Oxide und Halogenidoxide[a)] von Mangan (vgl. S. 1496, 1611, 1620)

	Fluoride	**Chloride**	**Bromide**	**Iodide**	**Oxide**[b)]
Mn(II)	**MnF_2**, *blaßrosa* Smp. 920 °C ΔH_f − 791 kJ/mol Rutil-Strukt., KZ6	**$MnCl_2$**, *rosa* Smp. 652 °C ΔH_f − 482 kJ/mol $CdCl_2$-Strukt., KZ6	**$MnBr_2$**, *rosa* Smp. 695 °C ΔH_f − 385 kJ/mol CdI_2-Strukt., KZ6	**MnI_2**, *rosa* Smp. 613 °C ΔH_f − 331 kJ/mol CdI_2-Strukt., KZ6	**MnO**, *graugrün* Smp. 1850 °C ΔH_f − 385 kJ/mol NaCl-Strukt., KZ6 **Mn_3O_4**[b)], **Mn_5O_8**[b)]
Mn(III)	**MnF_3**, *rotviolett* ΔH_f − 996 kJ/mol VF_3-Strukt.[c)], KZ6	**$MnCl_3$**, *schwarz* Zers. − 40 °C	–	–	**Mn_2O_3**, *braun* Smp. ca. 880 °C ΔH_f − 960 kJ/mol Raumstrukt.[c)], KZ6
Mn(IV)	**MnF_4**, *blau* Zers. Raumtemp.	–	–	–	**MnO_2**, *grauschwarz*[d)] Zers. > 527 °C ΔH_f − 529 kJ/mol Rutil-Strukt., KZ6
Mn(> IV)	–	–	–	–	**Mn_2O_7**[b)], *grün*

a) Man kennt folgende, molekular gebaute **Manganhalogenidoxide:** *grünes*, oberhalb 0 °C zersetzliches, flüssiges **Mn^VOCl_3** (C_{3v}-Molekülsymmetrie; MnO/MnCl-Abstände 1.56/2.12 Å); *braunes*, oberhalb − 30 °C zersetzliches, flüssiges **$Mn^{VI}O_2Cl_2$** (C_{2v}-Molekülsymmetrie); *dunkelgrünes*, bei Raumtemperatur zersetzliches, flüssiges **$Mn^{VII}O_3F$** (gewinnbar aus $KMnO_4$ und HF; Smp. − 38.2 °C; C_{3v}-Molekülsymmetrie; MnO/MnF-Abstände 1.586/1.724 Å); *dunkelgrünes*, oberhalb 0 °C zersetzliches, flüssiges **$Mn^{VII}O_3Cl$** (gewinnbar aus $KMnO_4$ und HCl; Smp. ~ − 68 °C; C_{3v}-Molekülsymmetrie; MnO/MnCl-Abstände 1.586/2.10 Å). – **b)** *Rotviolettes* **Mn_3O_4** = $Mn^{II}Mn_2^{III}O_4$ (ΔH_f − 1389 kJ/mol; Spinell-Struktur[c)] mit $Mn^{III}O_4$-Tetraedern und $Mn^{II}O_6$-Oktaedern); *schwarzes* **Mn_5O_8** ≙ $Mn_2^{II}Mn_3^{IV}O_8$ (verzerrte $Mn^{IV}O_6$-Oktaeder und trigonale $Mn^{II}O_6$-Prismen); *grünes* **Mn_2O_7** (Smp. 5.9 °C (Zers.), explodiert bei 95 °C; MnO_4-Tetraeder mit gemeinsamer Ecke). – **c)** Jahn-Teller-verzerrt. – **d)** β-Form.

$MnCl_2 \cdot 2H_2O$ (polymere Ketten aus eckenverknüpften *trans*-$[MnCl_2(H_2O)_4]$-Oktaedern) entwässert werden. Das wasserfreie *rosafarbene* Chlorid $MnCl_2$ („$CdCl_2$-Struktur“) läßt sich aus den Hydraten nur durch Erhitzen im HCl-Strom *entwässern*, da sonst Hydrolyse unter Chlorwasserstoffbildung erfolgt. Mit Chloriden bildet $MnCl_2$ *Chlorokomplexe* $MnCl_3^-$ (oktaedrisch mit Cl-Brücken; M^IMnCl_3 kommt „Perowskitstruktur“ zu), $MnCl_4^{2-}$ (teils tetraedrisch ohne, teils oktaedrisch mit Cl-Brücken) und $MnCl_6^{4-}$ (oktaedrisch). *Technisch* wird $MnCl_2$ aus *Ferromangan* und *Chlor* bzw. aus *Manganoxiden* MnO, MnO_2 und *Chlorwasserstoff* gewonnen. Es *dient* zur Herstellung von Manganlegierungen, zum Färben von Ziegelsteinen und für Trockenbatterien.

Das **Mangandifluorid MnF_2** („Rutilstruktur“) fällt aus HF-haltigen Mn(II)-Salzlösungen als *blaßrosa*, wasserunlösliches, *antiferromagnetisches* Salz aus (Néel-Temperatur 72–75 °C), das mit Alkalifluoriden *Fluorokomplexe* M^IMnF_3 (Perowskitstruktur) und $M_2^IMnF_4$ bildet.

Cyanoverbindungen (vgl. S. 1656). Das binäre Cyanid $Mn(CN)_2$ existiert nur in Form von Addukten mit Donoren (z. B. $[Mn(CN)_2(OSMe_2)]$). In wässerigen Mn^{2+}-Salzlösungen bildet sich in Anwesenheit überschüssigen Cyanids *gelbes* **Hexacyanomanganat(II) $[Mn(CN)_6]^{4-}$** (oktaedrisch). Es läßt sich in Form von Salzen wie $Na_4[Mn(CN)_6] \cdot 12H_2O$ oder $K_4[Mn(CN)_6]$ isolieren. In Abwesenheit von CN^- setzt sich $[Mn(CN)_6]^{4-}$ in Wasser zu $[Mn(CN)_n(H_2O)_{6-n}]^{(n-2)-}$ ($n = 1$–5) und $[Mn_2(CN)_{11}]^{7-}$ ($Mn(CN)_6$-Oktaeder mit gemeinsamer Mn—C≡N—Mn-Einheit) um. Das aus derartigen „hydrolisierten“ Lösungen auskristallisierende $KMn(CN)_3$ besitzt den Bau $K_2Mn^{II}[Mn^{II}(CN)_6]$. Die Oxidation $[Mn(CN)_6]^{4-} \rightleftarrows [Mn(CN)_6]^{3-} + \ominus$ ($\varepsilon_0 = -0.22$ V) zu *rotem* **Hexacyanomanganat(III) $[Mn(CN)_6]^{3-}$** erfolgt wesentlich leichter, als die Oxidation $[Mn(H_2O)_6]^{2+} \rightleftarrows [Mn(H_2O)_6]^{3+} + \ominus$ ($\varepsilon_0 = +1.51$ V; vgl. die Verhältnisse bei $[Fe(CN)_6]^{4-/3-}$ S. 1224), die Reduktion $[Mn(CN)_6]^{4-} + \ominus \rightleftarrows [Mn(CN)_6]^{5-}$ zu *gelbem*, stark reduzierend wirkendem **Hexacyanomanganat(I)** $[Mn(CN)_6]^{5-}$ erfordert starke Reduktionsmittel wie Alkalimetallamalgame.

Sauerstoffverbindungen (Tab. 124 sowie S. 1620). Das **Manganmonoxid MnO**, das in der Natur als *graugrüner „Manganosit“* („Steinsalz-Struktur“) vorkommt, hinterbleibt beim Glühen der höheren Manganoxide im H_2-Strom oder bei der thermischen Zersetzung von Mangan(II)-carbonat oder -oxalat in H_2- oder N_2-Atmosphäre als *grasgrünes* bis *graues* Pulver $MnO_{1.00-1.15}$ (*antiferromagnetisch*; Néel-Temperatur $-155\,°C$), welches sich nicht in Wasser, dagegen leicht in Säuren mit schwacher Rosafarbe unter Bildung von Mangan(II)-Salzen (s. u.) löst und sich beim Erhitzen an der Luft auf 250–300 °C in Mn_2O_3, bei 1000 °C in Mn_3O_4 umwandelt. Man *nutzt* das *technisch* aus *Mangandioxid* und *Koks* bei 400–1000 °C gewonnene MnO zur Herstellung von *Mn(II)-Salzen*, als Zusatz zu *Düngemitteln* sowie zur Herstellung von *Oxidkeramiken*. Das dem Monoxid entsprechende **Mangan(II)-hydroxid $Mn(OH)_2$**, das man in der Natur als *farblosen*, blättrigen *„Pyrochroit“* (Brucit-Struktur) findet, fällt beim Versetzen von Mangan(II)-Salzlösungen mit Alkalilaugen unter *Luftabschluß* als *elfenbeinfarbener* Niederschlag aus, der sich zum Mangan(II)-oxid MnO entwässern läßt: $Mn(OH)_2 \rightarrow MnO + H_2O$, während MnO durch Wasseranlagerung nicht umgekehrt wieder in das Hydroxid übergeht. Nimmt man die Fällung des Hydroxids an der *Luft* vor, so färbt sich der weiße Niederschlag infolge Oxidation zu Mangan(III)- und Mangan(IV)-oxid-Hydrat rasch *braun* (vgl. Potentialdiagramm, S. 1482). $Mn(OH)_2$ wirkt *basisch*: $Mn(OH)_2 + 2H^+ + 4H_2O \rightleftarrows [Mn(H_2O)_6]^{2+}$ (Bildung von **Mangan(II)-Salzen** mit dem *blaßrosafarbenen*, oktaedrisch gebauten Hexaaqua-Ion $[Mn(H_2O)_6]^{2+}$; high-spin). Gegenüber sehr starken Basen entwickelt es aber auch *saure* Eigenschaften: $Mn(OH)_2 + OH^- + 3H_2O \rightarrow [Mn(OH)_3(H_2O)_3]^-$ ($K \approx 10^{-5}$; Bildung von **Manganaten(II)**).

Sonstige Chalkogenide. Das beim Versetzen von Mn(II)-Salzlösungen mit Ammoniumsulfidlösung ausfallende, in Säuren leicht lösliche, wasserstoffhaltige **Manganmonosulfid MnS** ($L_{MnS} = 7.0 \times 10^{-16}$; „NaCl-Struktur“) besitzt eine charakteristische *Fleischfarbe*, welche sonst keinem anderen Sulfid eigen ist. Es geht sehr langsam in die wasserfreie *grüne* Modifikation („NaCl-Struktur“, *antiferromagnetisch*: Néel-Temp. $-121\,°C$) über, die auch beim Erhitzen des aus Mn^{2+} und S_2^{2-}-Ionen zusammengesetzten **Mangandisulfids MnS_2** („Pyrit-Struktur“) entsteht (Mn-sulfide mit einer Mn-Oxidationsstufe > 2 sind unbekannt). Daneben existiert noch eine metastabile *orangefarbene* MnS-Form. Den Sulfiden vergleichbar sind die Selenide **$Mn^{II}Se_2$** („Pyrit-Struktur“) und **MnSe** („NaCl-Struktur“; *antiferromagnetisch*; Néel-Temp. $-100\,°C$).

Salze von Oxosäuren. Manganhydroxid reagiert mit vielen Säuren zu wasserlöslichen Salzen (weniger löslich verhält sich das *Carbonat* und das *Phosphat*). Technisch wichtig ist insbesondere das **Mangan(II)-sulfat $MnSO_4$**, das beim *Abrauchen aller Manganoxide* mit *Schwefelsäure* bis zur beginnenden Rotglut als *weißer* Rückstand hinterbleibt, der aus wässeriger Lösung je nach der Temperatur als monoklines Heptahydrat („*Mallardit*“) $MnSO_4 \cdot 7H_2O$ (< 9 °C), triklines Pentahydrat („*Manganvitriol*“) $MnSO_4 \cdot 5H_2O$ (9–26 °C), rhombisches Tetrahydrat $MnSO_4 \cdot 4H_2O$ (26–27 °C) oder monoklines Monohydrat $MnSO_4 \cdot H_2O$ (> 27 °C) auskristallisiert und im wasserfreien Zustand, wie andere wasserfreie Mn(II)-Salze, ein Hexaammoniakat $[Mn(NH_3)_6]^{2+}$ bildet. Das Mangansulfat des Handels (*technisch* gewonnen u. a. aus MnO und H_2SO_4) stellt ein beim Eindunsten von $MnSO_4$-Lösungen um 35 °C auskristallisierendes, metastabiles, monoklines Tetrahydrat dar. Mangan(II)-sulfat bildet mit den Alkalisulfaten *Doppelsalze* vom Typus $K_2Mn(SO_4)_2 \cdot 6H_2O$ (= „$K_2SO_4 \cdot MnSO_4 \cdot 6H_2O$“), welche mit den entsprechenden Verbindungen des Magnesiums (S. 1121), Zinks (S. 1375), Eisens (S. 1225) usw. isomorph sind und wie $MnSO_4 \cdot 7H_2O$ ein *blaßrosafarbenes* Hexaaqua-Ion $[Mn(H_2O)_6]^{2+}$ enthalten.

Man *benutzt* Mangansulfat z. B. zum Anreichern manganarmer Böden (*Düngung*) sowie zur Herstellung von elementarem *Mangan* durch Elektrolyse sowie von nahezu allen *Mn-Chemikalien*. Analoge Anwendungen findet **Mangan(II)-carbonat $MnCO_3$** (gewonnen aus $MnSO_4$ durch Fällung mit Na_2CO_3 oder $(NH_4)HCO_3$).

Mangan(II)-Komplexe. Die meisten Mangan(II)-Verbindungen stellen high-spin-Komplexe dar mit 5 ungepaarten Elektronen und einem *magnetischen Moment* von ca. 5.9 BM. Hierbei ergibt sich *keine Kristallfeldstabilisierungsenergie* (vgl. S. 1258), weshalb von Mn^{2+} auch *keine speziellen Koordinationsgeometrien* bevorzugt werden. Die Stereochemie der Mn^{2+}-Ionen ist demzufolge sehr vielfältig. Als Beispiele für Mn(II)-Koordinationsverbindungen seien genannt: $[MX_4]^{2-}$ (X = Cl, Br, I; tetraedrischer Bau), $[MnX_2L_2]$ (L = NR_3, PR_3, AsR_3; tetraedrischer bzw. oktaedrischer Bau), [Mn(Phthalocyanin)] (quadratisch-planarer Bau; Manganporphyrine spielen bei der Photosynthese eine wichtige Rolle), $[Mn(S_2CNEt_2)]$ (quadratisch-planarer Bau), $[Mn(H_2O)_6]^{2+}$ (oktaedrischer Bau; blaßrosa), $[Mn(EDTA)(H_2O)]^{2+}$ (überkappt-trigonal-prismatischer Bau; $EDTA^{4-} = \{CH_2N(CH_2COO^-)_2\}_2$), $[Mn(NO_3)_4]^{2-}$ (dodekaedrischer Bau). Die *Farbe* der Mn(II)-Komplexe geht auf d → d-Übergänge in der d-Außenschale zurück. Da diese verboten sind – und zwar im Falle der meist *blaßrosafarbenen* oktaedrischen Komplexe strenger als im Falle der meist *grün-gelbfarbenen* tetraedrischen (vgl. S. 1265) – sind die Lichtabsorptionen sehr schwach, die Farben demgemäß sehr blaß (die Absorptionen von $[Mn(H_2O)_6]^{2+}$ liegen etwa bei 18600, 22900, 24900, 25150, 27900, 29700 cm^{-1})[7a]. Low-spin-Komplexe (μ_{mag} 1.8–2.1 BM; ein ungepaartes Elektron) erhält man nur mit den stärksten Liganden, die wie CN^- oder CNR zu einer hohen Ligandenfeldaufspaltung führen (z. B. $[Mn(CN)_6]^{4-}$, $[Mn(CNR)_6]^{2+}$). Wegen der vorhandenen π-Rückbindungen wirken solche Komplexe als Reduktionsmittel. Bezüglich niedrigwertiger Komplexe ohne oder mit Manganclustern vgl. Anm.[7] sowie S. 1629.

Organische Manganverbindungen[8]. Bei der Reaktion von *Mangandichlorid* und *Grignard-Verbindungen* in Ethern entstehen gemäß $MnCl_2 + 2RMgBr \rightarrow R_2Mn + 2MgBrCl$ *blaßgelbe*, luft- und hydrolyseempfindliche **Mangandiorganyle R_2Mn** (R z. B. Me, Et, Pr, Bu, ^iPr, ^tBu, CH_2CMe_3, CH_2SiMe_3), die – falls möglich – leicht unter β-Eliminierung in MnH-haltige Spezies thermolysieren und nur bei Vorliegen sperriger Reste R stabiler sind; z. B. tetrameres „*Bis(neopentyl)mangan*“ $(Me_3CCH_2)_2Mn$; polymeres bei 150 °C im Vakuum sublimierendes „*Bis(trimethylsilylmethyl)mangan*“ $(Me_3SiCH_2)_2Mn$; bis 80 °C stabiles, dimeres „*Bis(*1,1,1-*phenyldimethylethyl)mangan*“ $(PhMe_2CCH_2)_2Mn$. Die Verbrückung der Mn-Atome erfolgt wie die der Al-Atome in Al_2R_6 über zwei MRM-Brücken. Eine Depolymerisation und Stabilisierung der Verbindungen ist durch Donoraddition möglich (z. B. Bildung von $Li_2MnMe_4 \cdot 0.5\,Et_2O$, $R_2Mn(Me_2NCH_2CH_2NMe_2)$). Unter den weiteren manganorganischen Verbindungen seien genannt: polymeres „*Dicyclopentadienylmangan*“ **Cp_2Mn** (Smp. 172 °C; Halbsandwich-Struktur mit η^5- und η^2-gebundenen C_5H_5-Resten; gewinnbar aus $MnCl_2$ und C_5H_5Na in THF), das offensichtlich 5 ungepaarte Elektronen in fester Phase (*antiferromagnetisch*; Néel-Temp. 134 °C), aber nur 1 ungepaartes Elektron in verdünnter Lösung aufweist (die d^5-Halbbesetzung in Mn^{2+} ist vergleichsweise stabil, so daß selbst der starke Ligand Cp^- gerade noch keinen low-spin-Zustand des Mangans in festem Cp_2Mn erzeugen kann); dimeres „*Pentacarbonylmangan*“ **$Mn_2(CO)_{10}$** (low-spin; gewinnbar durch Reduktion von MnI_2 mit $LiAlH_4$ in Anwesenheit von CO); das „*Bis(aryl)mangan-Kation*“ $[(C_6H_6)(C_6Me_6)Mn]^+$ (z. B. als PF_6^--Salz; Sandwich-Struktur mit η^6-gebundenen Arenresten; im mit $LiAlH_4$ reduzierten neutralen Produkt $[(C_6H_7)(C_6Me_6)]Mn$ ist C_6H_7 η^5-gebunden). Näheres vgl. S. 1628f.

7a Die d → d-Übergänge für high-spin-d^5-Ionen sind unausweichlich mit einem Multiplizitätswechsel verbunden (führt zu starkem Übergangsverbot), d. h., außer dem nicht aufspaltbaren ^6S-Grundterm (liefert im Oktaederfeld den Spaltterm $^6A_{1g}$) existiert kein höherer Term der Multiplizität sechs. Unter Berücksichtigung des aus dem energiereicheren ^4G-Term im oktaedrischen Feld hervorgehenden $^4T_{1g}$-, $^4T_{2g}$-, ^4E_g- und $^4A_{1g}$- sowie aus dem energiereicheren ^4D-Term hervorgehenden $^4T_{2g}$- und ^4E_g-Spalttermen ergeben sich dann folgende d → d-Übergänge, geordnet nach steigender Energie:

Oktaeder: $^6A_{1g}(S) \rightarrow {}^4T_{1g}(G)$; $\rightarrow {}^4T_{2g}(G)$; $\rightarrow {}^4Eg(G)$; $\rightarrow {}^4A_{1g}(G)$; $\rightarrow {}^4T_{2g}(D)$; $\rightarrow {}^4E_g(D)$.

8 **Literatur.** P. M. Treichel: „*Manganese*“, Comprehensive Organomet. Chem. **4** (1982) 1–159; Houben-Weyl: „*Organische Manganverbindungen*“, **13/9** (1984/86).

1.3 Mangan(III)- und Mangan(IV)-Verbindungen (d^4, d^3)[1,6,7]

Halogenverbindungen (vgl. S. 1611). Entsprechend der abnehmenden Tendenz des Mangans zur Ausbildung höherer Wertigkeiten, kennt man nur noch *zwei Mangan(III)-halogenide* MnX_3 und *ein Mangan(IV)-halogenid* MnX_4, während von fünf- bis siebenwertigem Mangan keine binären Halogenide existieren (vgl. Tab. 124). Offensichtlich fehlen Halogenide MnX_5, MnX_6 und MnX_7 aber auch deshalb, weil fünf- bis siebenwertiges Mangan aus sterischen Gründen Koordinationszahlen > 4 nur ungern ausbildet. Demgemäß existieren immerhin einige *Mangan(V)-, Mangan(VI)-* und *Mangan(VII)-halogenidoxide* ($MnOCl_3$, MnO_2Cl_2, MnO_3F, MnO_3Cl; vgl. Anm.[a] der Tab. 124), in welchen Mangan jeweils die Zähligkeit *vier* zukommt.

Unter den binären Halogeniden des drei- und vierwertigen Mangans kristallisiert *rotviolettes* **Mangantrifluorid MnF_3** (gewinnbar aus MnF_2 und F_2; Schichten eckenverknüpfter MnF_6-Oktaeder; vgl. Tab. 124) aus wässerigen Lösungen in *rubinroten* Kristallen als Dihydrat aus und bildet mit Fluoriden *dunkelrote Fluorokomplexe* MnF_4^- und MnF_5^{2-} (polymer; oktaedrisch). Das *schwarze*, oberhalb $-40\,°C$ zu $MnCl_2$ und Cl_2 zerfallende **Mangantrichlorid $MnCl_3$** ist nur in Form *dunkelroter Chlorokomplexe* $MnCl_5^{2-}$ stabil (quadratisch-pyramidal mit dem Gegenion $[bipyH_2]^{2+}$). Von *Mangantribromid* und *-iodid* lassen sich selbst Halogenokomplexe nicht gewinnen, da Br^-- und I^--Ionen das Mn^{3+}-Ion zu Mn^{2+} reduzieren. Instabiler als MnF_3 ist das *blaugraue*, feste, sehr reaktionsfreudige, flüchtige, sich bei Raumtemperatur langsam in MnF_3 und F_2 zersetzende **Mangantetrafluorid MnF_4** (gewinnbar aus den Elementen), welches mit Fluoriden stabile *Fluorokomplexe* MnF_6^{2-} (oktaedrisch) bildet. Auch von *Mangantetrachlorid* $MnCl_4$, das wohl als – nicht isolierbares – Zwischenprodukt der Umsetzung von Braunstein mit HCl-Gas entsteht ($MnO_2 + 4HCl \rightarrow MnCl_4 + 2H_2O$; $MnCl_4 \rightarrow MnCl_2 + Cl_2$; vgl. Deaconverfahren der Chlordarstellung), existieren isolierbare *Chlorokomplexe* wie K_2MnCl_6 ($MnCl_6$-Oktaeder).

Cyanoverbindungen (vgl. S. 1656). Mangan(III)-cyanid $Mn(CN)_3$ und Mangan(IV)-cyanid $Mn(CN)_4$ sind unbekannt. *Rotes* **Hexacyanomanganat(III) $[Mn(CN)_6]^{3-}$** (oktaedrisch; z. B. isoliert als Kaliumsalz) bildet sich leicht beim Einleiten von *Luft* in eine Mn^{3+}- und CN^--haltige wässerige Lösung. Es hydrolysiert u. a. zu $[Mn_2O(CN)_{10}]^{6-}$ ($MnO(CN)_5$-Oktaeder mit gemeinsamem O-Atom; lineare MnOMn-Gruppierung) und bildet in Perchlorsäure das *grüne* Cyanid $Mn(CN)_3 \cdot nH_2O$, das entsprechend der Formulierung $Mn^{II}[Mn(CN)_6] \cdot nH_2O$ (Struktur analog Berliner-Blau; S. 1519) **Hexacyanomanganat(IV) $[Mn(CN)_6]^{2-}$** enthält. Das *gelbe* Ion (oktaedrisch; low-spin) bildet sich als solches durch *Oxidation* von $[Mn(CN)_6]^{3-}$ in Dimethylformamid mit NOCl; es hydrolysiert in Wassr rasch zu MnO_2.

Sauerstoffverbindungen (Tab. 124 sowie S. 1620). Darstellung. Sowohl Mangan(III)- als auch Mangan(IV)-oxide werden technisch hergestellt. Beim Erhitzen von Braunstein MnO_2 an Luft auf über 550 °C entsteht **Dimangantrioxid Mn_2O_3** (*Mangansesquioxid*) in seiner *α-Form* als *braunes* Pulver und geht – wie alle anderen Manganoxide – bei noch stärkerem Erhitzen auf über 900 °C in das *rotbraune* **Trimangantetraoxid Mn_3O_4** („*Mangan(II,III)-oxid*" $Mn^{II}Mn_2^{III}O_4$) über, welches sich auch in der Natur als „*Hausmannit*" findet. Die *schwarze* γ-Form von Mangan(III)-oxid läßt sich durch Oxidation von frisch gefälltem $Mn(OH)_2$ an der Luft mit anschließender Dehydratisierung des gebildeten Hydrats $Mn_2O_3 \cdot xH_2O$ oberhalb 500 °C gewinnen. Als Dehydratisierungszwischenprodukt bildet sich bei 100 °C **Manganhydroxidoxid MnO(OH)** ($= Mn_2O_3 \cdot H_2O$), das in der Natur als „*Manganit*" vorkommt und als Bestandteil der Malerfarbe „*Umbra*" eine Rolle spielt. Bei 300–500 °C geht MnO(OH) an der Luft in **Mn_5O_8** über (auch durch Erhitzen von Mn_3O_4 an Luft auf 250–550 °C erhältlich).

Die beständigste und wichtigste Mangan(IV)-Verbindung ist das **Mangandioxid MnO_2**. Es kommt natürlich in reiner Form (β-MnO_2) als *grauschwarzer* „*Pyrolusit*" vor, der auch eine wichtige Komponente der sogenannten „*Braunsteine*" darstellt, welche neben β-MnO_2 u. a. noch wasser- und kationenhaltige „*Manganomelane*" („α-MnO_2") sowie „*Ramsdellite*" („γ-MnO_2") enthalten. Die *technische Darstellung* von MnO_2 erfolgt (i) durch *Nachbehandlung* von *Natur-Braunstein* mit *Schwefelsäure*" (Oxidation von in MnO_2 enthaltenem Mn^{3+}:

$Mn_2O_3 + H_2SO_4 \rightarrow MnO_2 + MnSO_4 + H_2O$) oder mit *nitrosen Gasen* (thermische Zersetzung des zunächst aus MnO_2 nach $MnO_2 + N_2O_4 \rightarrow Mn(NO_3)_2$ gebildeten Nitrats: $Mn(NO_3)_2 \rightarrow MnO_2 + N_2O_4$), (ii) durch *Oxidation* von Mangan(II)-carbonat zunächst mit Luft ($\rightarrow MnO_{1.85}$), dann mit Natriumchlorat in H_2SO_4, (iii) durch *anodische Oxidation* von *Mangan(II)-sulfat* in Wasser an Pb-, Ti- oder Graphit-Anoden bei 90–95 °C.

Strukturen. Die strukturellen Beziehungen zwischen Mn_3O_4 und γ-Mn_2O_3 entsprechen denen zwischen Fe_3O_4 und γ-Fe_2O_3 (vgl. S. 1522): Dem Mangan(II,III)-oxid $\mathbf{Mn^{II}Mn_2^{III}O_4}$ kommt die normale Spinellstruktur zu (Mn^{2+} auf tetraedrischen Mn^{3+} auf doppelt so vielen „Jahn-Teller"-verzerrt-oktaedrischen Plätzen einer kubisch-dichtesten O^{2-}-Ionenpackung), dem Mangan(III)-oxid γ-$\mathbf{Mn_2O_3}$ demgemäß eine hiervon abgeleitete Struktur (statistische Verteilung von $21\frac{1}{3}Mn^{3+}$-Ionen auf jeweils 8 tetraedrische und 16 oktaedrische, im Falle von Mn_3O_4 mit Mn^{2+} und Mn^{3+} besetzte Lücken). α-$\mathbf{Mn_2O_3}$ (unterhalb −230 °C *ferromagnetisch*) besitzt – wohl aus Gründen des beim oktaedrisch-koordinierten Mn^{3+}-Ion wirksamen Jahn-Teller-Effekts – nicht die normale Struktur mit regelmäßigen, sondern die C-Sesquioxid-Struktur mit verzerrten MO_6-Oktaedern (vgl. S. 1790; die Struktur läßt sich als kubisch-dichte Mn^{3+}-Ionenpackung mit O-Atomen in $\frac{3}{4}$ der tetraedrischen Lücken beschreiben). Dem u.a. durch sorgfältig kontrollierten Zerfall von $Mn(NO_3)_2$ zugänglichen β-$\mathbf{MnO_2}$ (Phasenbreite $MnO_{1.93-2.00}$ unterhalb −181 °C antiferromagnetisch) kommt die *Rutilstruktur* zu, wogegen die durch Fällen von Mn(IV) aus wässeriger Lösung erhältlichen Formen des Mangan(IV)-oxids (z.B. α, γ-MnO_2) offenere Strukturen aufweisen, deren Kanäle durch Wassermoleküle und – darüber hinaus – vielfach durch Kationen besetzt sind (Mn(IV)-Niederschläge lassen sich nicht ohne geringen Sauerstoffverlust, d.h. ohne Bildung von Mn^{3+}-Spuren entwässern). In $\mathbf{Mn_5O_8}$ = $Mn_2^{II}Mn_3^{IV}O_8$ liegen dicht-gepackte O^{2-}-Schichten mit der Folge ABBAAB ... vor. Mn(IV) besetzt hierbei $\frac{3}{4}$ der oktaedrischen Lücken zwischen A und B bzw. B und A, Mn^{2+} $\frac{1}{2}$ der trigonal-prismatischen Lücken zwischen A und A bzw. B und B.

Eigenschaften. Von konz. Schwefelsäure, Phosphorsäure, Salzsäure usw. wird *Mangansesquioxid* Mn_2O_3 unter Bildung *rotvioletter* leicht hydrolysierender **Mangan(III)-Salze** gelöst:

$$Mn_2O_3 + 6H^+ + 9H_2O \rightleftarrows 2[Mn(H_2O)_6]^{3+}$$

(*granatrotes*, oktaedrisches Hexaaqua-Ion; high-spin), die oxidierend wirken und gemäß

$$2Mn^{3+} + 2H_2O \rightarrow Mn^{2+} + MnO_2 + 4H^+$$

leicht in Mn(II)-Salze und Mn(IV)-oxid disproportionieren (stabiler sind Komplexe des dreiwertigen Mangans z.B. mit O-Donorliganden wie Oxalat, Acetylacetonat, Acetat (s.u.).

Moosgrüne **Manganate(III)** der Zusammensetzung $M_3^IMn(OH)_6$ erhält man, wenn man *Hydroxomanganate(II)* mit *starker Alkalilauge* erwärmt:

$$2Na_2Mn(OH)_4 + 2NaOH + \tfrac{1}{2}O_2 + H_2O \rightarrow 2Na_3Mn(OH)_6\,.$$

Durch Umsetzung des Natriumsalzes mit Strontium- und Bariumsalzen entstehen die entsprechenden Strontium- und Bariumverbindungen.

Mangandioxid MnO_2 beginnt oberhalb 527 °C merklich in Sauerstoff und das Oxid Mn_2O_3 zu dissoziieren, das seinerseits bei höheren Temperaturen unter O_2-Abgabe auf dem Wege über Mn_3O_4 in MnO übergeht (vgl. Darstellung):

$$MnO_2 \xrightarrow[-\frac{1}{4}O_2]{>527\,°C} \tfrac{1}{2}Mn_2O_3 \xrightarrow[-\frac{1}{12}O_2]{>900\,°C} \tfrac{1}{3}Mn_3O_4 \xrightarrow[-\frac{1}{6}O_2]{>1172\,°C} MnO\,.$$

Als *amphoteres* Oxid setzt sich MnO_2 sowohl mit *Säuren* als auch mit *Basen* um. Im ersteren Falle entstehen sehr unbeständige und daher meist nicht isolierbare **Mangan(IV)-Salze** (z.B. $2MnO_2 + 2H_2SO_4 \rightarrow 2MnSO_4 + O_2 + 2H_2O$), im letzteren Falle **Manganate(IV)** („*Manganite*"), die sich von einer – für sich nicht existierenden – „*Manganigen Säure*" H_4MnO_4 bzw. H_2MnO_3 ableiten (z.B. $MnO_2 + Ca(OH)_2 \rightarrow CaMnO_3 + H_2O$).

Verwendung. Die Oxide $\mathbf{Mn_nO_m}$ des zwei- und dreiwertigen Mangans dienen als Ausgangsmaterial für die „*Herstellung von Mangan*" (aluminothermisches Verfahren), „*Magnetwerkstoffen*" (z.B. $Mn^{II}Fe_2O_4$ für Fernsehgeräte) und „*Halbleitern*". $\mathbf{MnO_2}$ (Jahresweltproduktion: mehrere hundert Kilotonnen) verwendet man zudem als „*Depolarisator*" in *Trockenbatterien* (insbesondere Zink-Mangan-Batterien von Leclanché, S. 1369), als „*Farbmittel*" für Ziegel (*rot* über *braun* bis *grau*), als „*Oxidationsmittel*" (z.B.

Gewinnung von Hydrochinon aus Anilin, Herstellung von Polysulfidkautschuken), als „*Katalysator*" zur Sauerstoffübertragung, zur Herstellung von „*Mangan(II)-Salzen*" wie $MnSO_4$ (s. o.) und als „*Glasmacherseife*" (Entfärbung von eisenhaltigem, *grünen* Glas). Die Wirkung als Glasmacherseife beruht darauf, daß MnO_2 mit Glas ein *violettes* Silicat des dreiwertigen Mangans bildet (Absorption im *Grüngelb*), das die Komplementärfarbe zum *Grün* von Eisen(II)-silicat (Absorption im *Violettrot*) darstellt, so daß dem durch das Glas hindurchgehenden Licht zwei Komplementärfarben fehlen, was ein *Farblos* ergibt[9].

Salze von Oxosäuren. Unter den Salzen des dreiwertigen Mangans sei **Mangan(III)-sulfat $Mn_2(SO_4)_3$** erwähnt, das mit Alkalimetallsulfiden *Alaune* $(M^IMn(SO_4)_2 \cdot 12H_2O$ bildet (besonders stabil $CsMn(SO_4)_2 \cdot 12H_2O)$, die das *granatrote* Hexaaqua-Ion $[Mn(H_2O)_6]^{3+}$ enthalten. Das durch Oxidation von Mangan(II)-acetat mit Permanganat in heißem Eisessig entstehende *dunkelrote* **Mangan(III)-acetat**[10] hat nicht – wie früher angenommen – die Zusammensetzung $Mn(OAc)_3$, sondern **$Mn_3O(OAc)_7$** (das O-Atom verknüpft in der Verbindung entsprechend der Formulierung $[Mn_3O(OAc)_6]^+OAc^-$ drei Mn-Atome, wobei die OAc-Gruppen paarweise je zwei Mn-Atome überbrücken).

Mangan(III,IV)-Komplexe. Die Mangan(III)-Verbindungen enthalten vielfach oktaedrisch-koordiniertes Mangan und stellen wie die Mangan(II)-Verbindungen meistens high-spin-Komplexe dar (4 ungepaarte Elektronen mit einem *magnetischen Moment* von ca. 4.9 BM), welche entsprechend der Chrom(II)-Komplexe (4 ungepaarte Elektronen) zu Jahn-Teller-Verzerrungen neigen (z. B. MnF_3, Mn_3O_4, Mn_2O_3, $[Mn(C_2O_4)_3]^{3-}$, $[Mn(acac)_3]$; eine Ausnahme bildet das Kation $[Mn(H_2O)_6]^{3+}$ im Alaun $CsMn(SO_4)_2 \cdot 12H_2O$, dessen MnO_6-Oktaeder nicht merklich verzerrt ist). Ein Beispiel eines low-spin-Komplexes ist das Ion $[Mn(CN)_6]^{3-}$. Bezüglich der Peroxokomplexe vgl. S. 1623.

Während eine große Anzahl von Mn(III)-Komplexen bekannt sind, existieren nur verhältnismäßig wenige Mangan(IV)-Komplexe und praktisch keine Komplexe mit Mangan der Wertigkeit > 4. Als Beispiele seien etwa die Komplexe K_2MnX_6 (X = F, Cl, CN, IO_3) genannt.

1.4 Mangan(V)-, Mangan(VI)- und Mangan(VII)-Verbindungen (d^2, d^1, d^0)[1,6,7]

Im fünf-, sechs- und siebenwertigen Zustand bildet Mangan nur *Manganate* MnO_4^{n-} (n = 3, 2, 1), ein *Manganoxid* Mn_2O_7 sowie *Manganhalogenidoxide* $MnOCl_3$, MnO_2Cl_2, MnO_3F (vgl. Tab. 124, S. 1483). In jedem Falle ist Mangan *tetraedrisch* von Sauerstoff (bzw. Sauerstoff und Halogen) koordiniert (MnO-Abstand in MnO_4^{2-}: 1.659, in MnO_4^-: 1.629 Å).

Manganate. Darstellung. Beim Eintragen von *Braunstein* MnO_2 und *Natriumoxid* Na_2O in eine *Natriumnitrit-Schmelze* $NaNO_2$ wird MnO_2 zu *blauem*, paramagnetischem **Manganat(V) MnO_4^{3-}** („*Hypomanganat*") in Form von „*Natriumhypomanganat*" Na_3MnO_4 mit fünfwertigem Mangan *oxidiert:*

$$2\overset{+4}{Mn}O_2 + 3\,Na_2O \xrightarrow{+O} 2\,Na_3\overset{+5}{Mn}O_4\,.$$

Auch durch *Reduktion* von Manganat(VII) oder Manganat(VI) (s. u.) in 25–30%iger Natronlauge mit Na_2SO_3 bei 0 °C kann Natriumhypomanganat gewonnen werden (vgl. Potentialdiagramm, S. 1482). Die in wässeriger NaOH schwer-, in wässeriger KOH leichtlösliche Verbindung kristallisiert aus konzentrierter Natronlauge als NaOH-haltiges Decahydrat $Na_3MnO_4 \cdot 10H_2O \cdot 0.25\,NaOH$ in Form *hellblauer* Prismen aus und bildet mit Na_3PO_4, Na_3AsO_4 und Na_3VO_4 *Mischkristalle*. „*Erdalkalihypomanganate*" $M_3^{II}(MnO_4)_2$ lassen sich in erdalkalischer Lösung durch vorsichtige *Reduktion* von *Kaliumpermanganat* (s. u.) mit Alkohol oder durch *Oxidation* von *Erdalkalimanganiten* (s. o.) mit Luftsauerstoff gewinnen.

Das *tiefgrüne*, paramagnetische **Manganat(VI) MnO_4^{2-}** („*Manganat*") wird technisch als Zwischenprodukt der Kaliumpermanganatgewinnung (s. u.) durch Erhitzen von Braunstein und Ätzkali an der *Luft* und Behandeln des Produkts mit Wasser oder – besser – durch

---

9 Im Laufe der Zeit werden die mit MnO_2 entfärbten Gläser infolge Oxidation des grünlichen Eisen(II)-silicats zu schwachgelblichem Eisen(III)-silicat, dessen Farbe sich nicht mehr mit der violetten Farbe des Mangan(III)-silicats auslöscht, *violett*. Man sieht solches schwachviolettes Glas gelegentlich in den Fensterrahmen sehr alter Häuser.

10 Es bildet sich ein Hydrat. Die wasserfreie Verbindung entsteht durch Einwirkung von Acetanhydrid auf hydratisiertes Mangan(III)-nitrat.

Erhitzen von MnO_2 in konz. KOH unter Luftzutritt bei 200–260 °C in Form einer *grünen Lösung* von „*Kaliummanganat*“ K_2MnO_4 erhalten:

$$MnO_2 + \tfrac{1}{2}O_2 + 2KOH \rightarrow K_2MnO_4 + H_2O\,.$$

Zur Darstellung im Laboratorium fügt man dem Schmelzgemisch zweckmäßigerweise ein geeignetes *Oxidationsmittel* wie Salpeter oder Kaliumchlorat zu (die Grünfärbung dieser „*Oxidationsschmelze*“ ist ein empfindlicher „*Nachweis auf Manganverbindungen*“). Bei Verdunsten der wässerigen Lösungen im Vakuum kristallisiert K_2MnO_4 in Form *dunkelgrüner*, metallglänzender, rhombischer Kristalle aus, welche mit K_2SO_4 oder K_2CrO_4 isomorph sind.

Will man die durch Oxidationsschmelze aus Braunstein gewonnenen grünen K_2MnO_4-Lösungen *quantitativ* in Lösungen des *violetten*, diamagnetischen **Manganats(VII) MnO_4^-** („*Permanganat*“) überführen, so muß man ein *Oxidationsmittel* zugeben:

$$MnO_4^{2-} \rightarrow MnO_4^- + \ominus\,.$$

Früher benutzte man *Chlor* ($Cl_2 + 2\ominus \rightarrow 2Cl^-$) oder *Ozon* ($O_3 + 2H^+ + 2\ominus \rightarrow O_2 + H_2O$; *Sauerstoff* vermag MnO_4^{2-} nicht in MnO_4^- überzuführen; vgl. Potentialdiagramme; S. 1482). Heute erfolgt die Oxidation in der Technik ausschließlich durch anodische Oxidation an Nikkel- oder Monel-Elektroden in ca. 15 %iger KOH. Im Zuge der Elektrolyse kristallisiert hierbei „*Kaliumpermanganat*“ $KMnO_4$ in Form *tiefpurpurfarbener*, metallisch glänzender, in Wasser mit violetter Farbe löslicher Prismen aus, welche mit $KClO_4$ isomorph sind. Das an der Kathode (Stahl) gleichzeitig gebildete *Ätzkali* ($2H_2O + 2\ominus \rightarrow H_2 + 2OH^-$) wird durch Eindampfen der Lösungen isoliert und dient zu neuem Aufschluß von Braunstein. Auch Mangan(II)-Salze lassen sich (z. B. im Laboratorium) in Permanganat überführen, wenn man sie mit konz. Salpetersäure und Bleidioxid kocht; wegen der intensiven *Violettfärbung* ist dies eine „*empfindliche Reaktion auf Manganverbindungen*“.

Eigenschaften. Hypomanganat **MnO_4^{3-}** steht mit der *vier-* und *sechswertigen* Stufe des Mangans im „*Disproportionierungs-Gleichgewicht*“:

$$2\overset{+5}{Mn}O_4^{3-} \rightleftarrows \overset{+6}{Mn}O_4^{2-} + \overset{+4}{Mn}O_4^{4-} \quad (\xrightarrow{+2H_2O} MnO_2 + 4OH^-).$$

Dieses liegt in stark alkalischer Lösung auf der linken Seite und verschiebt sich beim Verdünnen, schwachem Ansäuren oder Erhitzen nach rechts, so daß die *blaue* Farbe der Hypomanganat-Lösung unter gleichzeitiger Ausscheidung von Braunstein in die *grüne* Farbe des Manganats MnO_4^{2-} umschlägt (vgl. Potentialdiagramme, S. 1482).

In analoger Weise schlägt die *grüne* Farbe des Manganats **MnO_4^{2-}** in die *violette* Farbe des Permanganats MnO_4^- um, wenn man MnO_4^{2-}-Lösungen ansäuert („*mineralisches Chamäleon*“):

$$3\overset{+6}{Mn}O_4^{2-} \rightleftarrows 2\overset{+7}{Mn}O_4^- + \overset{+4}{Mn}O_4^{4-} \quad (\xrightarrow{+2H_2O} MnO_2 + 4OH^-).$$

In alkalischer Lösung bleibt die Disproportionierung aus (vgl. Potentialdiagramme, S. 1482), weil das wiedergegebene Gleichgewicht dann auf der linken Seite liegt. Daher sind Manganate in Natrium- oder Kalilauge *unzersetzt* löslich.

Das Permanganat-Ion **MnO_4^-** stellt – auch in verdünnter Lösung – ein sehr starkes „*Oxidationsmittel*“ dar (wesentlich stärker als $KClO_4$) und geht bei Oxidationsreaktionen in *stark alkalischer* Lösung in *Manganat* MnO_4^{2-}, in *weniger alkalischer* Lösung in *Braunstein*[11] MnO_2 und in *saurer* Lösung in *Mangan(II)-Salze* Mn^{2+} über (vgl. Potentialdiagramme auf S. 1482)[12]:

$$MnO_4^- + \ominus \rightleftarrows MnO_4^{2-} \qquad (pH = 14{:}\ \varepsilon_0 = +0.564\ V) \qquad (1)$$

$$MnO_4^- + 4H^+ + 3\ominus \rightleftarrows MnO_2 + 2H_2O \qquad (pH = 14{:}\ \varepsilon_0 = +0.588\ V) \qquad (2)$$

$$MnO_4^- + 8H^+ + 5\ominus \rightleftarrows Mn^{2+} + 4H_2O \qquad (pH = 0{:}\ \varepsilon_0 = +1.51\ V) \qquad (3)$$

[11] Die Braunfärbung der Finger bei Berührung mit einer Permanganatlösung beruht auf einer Reduktion des Permanganats durch die organische Substanz der Haut zu Braunstein; sie kann durch Schweflige Säure leicht wieder beseitigt werden (schematisch: $MnO_2 + SO_2 \rightarrow MnSO_4$).

[12] Bei Überschuß an MnO_4^- entsteht auch in *saurer* Lösung MnO_2, da MnO_4^- das Mn^{2+}-Ion gemäß $2MnO_4^- + 3Mn^{2+} + 2H_2O \rightarrow 5MnO_2 + 4H^+$ zu MnO_2 oxidiert und dabei selbst zu MnO_2 reduziert wird.

Da bei Oxidationsreaktionen in *saurer* Lösung (3) die *intensiv violette* Farbe des Permanganats durch die sehr *schwache* Farbe des Mn^{2+}-Ions ersetzt wird, kann man mit Permanganat in saurer Lösung ohne Indikator titrieren (**„Manganometrie“**) und auf diese Weise *Eisen(II)-sulfat* ($Fe^{2+} \rightarrow Fe^{3+} + \ominus$), *Oxalsäure* ($C_2O_4^{2-} \rightarrow 2CO_2 + 2\ominus$), *Salpetrige Säure* ($HNO_2 + H_2O \rightarrow HNO_3 + 2H^+ + 2\ominus$), *Schweflige Säuren* ($H_2SO_3 + H_2O \rightarrow H_2SO_4 + 2H^+ + 2\ominus$) oder *Wasserstoffperoxid* ($H_2O_2 \rightarrow O_2 + 2H^+ + 2\ominus$) manganometrisch bestimmen[13]. Seltener führt man Titrationen mit Permanganat in neutraler Lösung (2) oder gar stark alkalischer Lösung (1) durch.

Wie aus Vorstehendem hervorgeht, kann das Tetraoxomanganat-Ion in verschiedenen Oxidationsstufen als *Permanganat, Manganat, Hypomanganat* und *Manganit* auftreten:

$\overset{+7}{Mn}O_4^-$	$\overset{+6}{Mn}O_4^{2-}$	$\overset{+5}{Mn}O_4^{3-}$	$\overset{+4}{Mn}O_4^{4-}$
violett	*grün*	*blau*	*braun*

Sehr schön lassen sich diese verschiedenen Wertigkeitsstufen des Mangans hintereinander beobachten, wenn man Kaliumpermanganat mit Perborat (S. 1040) reduziert. Innerhalb von 1–2 Minuten werden dann die Farbtöne *rotviolett – tiefgrün – himmelblau – braungelb* durchlaufen. Bei Verwendung geeigneter Redoxsysteme läßt sich Mn(VII) selektiv zu Mn(VI), Mn(V) oder Mn(IV) reduzieren und Mn(IV) umgekehrt selektiv zu Mn(V), Mn(VI) oder Mn(VII) oxidieren (vgl. die Potentiale auf S. 1482). So geht etwa MnO_2 – wie oben erwähnt – beim Verschmelzen mit $NaNO_2$ und Na_2O in Mn(V), beim Verschmelzen mit $NaNO_3$ und NaOH in Mn(VI) und beim Kochen mit konz. HNO_3 und PbO_2 in Mn(VII) über.

Die – zum Unterschied von H_3PO_4, H_2SO_4 und $HClO_4$ in freiem Zustande nicht isolierbaren[14] – *„Säuren“* H_3MnO_4 (*„Hypomangansäure“*), H_2MnO_4 (*„Mangansäure“*) und $HMnO_4$ (*„Permangansäure“*) wirken *sehr schwach* bis *stark sauer* (pK_S für $HMnO_4$ -2.25). Demgemäß sind die Hypomanganate und Manganate in wässeriger Lösung weitgehend *hydrolysiert*, während die Permanganate *neutrale* Reaktionen zeigen.

Oxide (vgl. Tab. 124, S. 1483, sowie S. 1620). Anhydride der Hypomangan- bzw. Mangansäure sind unbekannt. Das Anhydrid der Permangansäure, das **Dimanganheptaoxid Mn_2O_7** läßt sich durch vorsichtige Einwirkung von konz. H_2SO_4 auf trockenes, gepulvertes Permanganat auch bei Raumtemperatur in freiem Zustande gewinnen: $2MnO_4^- + 2H^+ \rightarrow Mn_2O_7 + H_2O$. Es stellt ein flüchtiges, in der Aufsicht *grün-metallisch* glänzendes, in der Durchsicht *dunkelrotes* Öl von eigenartigem Geruch dar (Smp. 5.9 °C; $d = 2.396$ g/cm^3), das molekular aufgebaut ist (MnO_4-Tetraeder mit gemeinsamer Ecke; MnO-Abstände 1.585/1.77 Å; MnOMn-Winkel 120.7 °C), das unterhalb -10 °C im Vakuum sublimiert werden kann und in CCl_4 löslich ist. Beim *Erwärmen* zersetzt sich das Oxid ab -10 °C langsam, ab 95 °C explosionsartig gemäß $2Mn_2O_7 \rightarrow 4MnO_2 + 3O_2$. Mit überschüssigem *Wasser* bildet es eine Lösung von *„Permanganat“* MnO_4^- und mit der *starken Säure* H_2SO_4 *„Permanganyl-hydrogensulfat“* $MnO_3(HSO_4)$ (auch direkt aus $KMnO_4$ und H_2SO_4 zugänglich), das formal ein mit CrO_3 isoelelektronisches, *grünes Trioxomangan-Ion* **MnO_3^+** enthält.

2 Das Technetium und Rhenium[15]

2.1 Elementares Technetium und Rhenium

Vorkommen

Das **Technetium** kommt in der Natur praktisch nicht vor. Es finden sich allenfalls Spuren als kurzlebige Produkte des Spontanzerfalls von Uran (in den Sternen ließ sich Tc als Bestandteil nachweisen). Das **Rhenium** ist in der Natur so häufig wie Rh und Ru, kommt aber stets nur verstreut in sehr geringer Konzentration (< 0.001 %) und ausschließlich **gebunden**

[13] Permanganate zerfallen in saurer Lösung langsam, im Licht schneller, gemäß $4MnO_4^- + 4H^+ \rightarrow 4MnO_2 + 2H_2O + 3O_2$ unter O_2-Entwicklung und MnO_2-Bildung. In neutraler Lösung verläuft diese Zersetzung im Dunkeln unmeßbar langsam, weshalb man Permanganat-Normallösungen zur Erhaltung ihres Titers in dunklen Flaschen aufbewahren soll.

[14] Bei tiefer Temperatur ist die *violette* „Heteropolysäure“ $(H_3O)_2[Mn^{IV}(Mn^{VII}O_4)_6] \cdot 11H_2O$ erhältlich.

[15] **Literatur.** R. D. Peacock: *„Technetium“, „Rhenium“*, Comprehensive Inorg. Chem. **3** (1973) 877–903, 905–978; K. A. Conner, R. A. Walton; *„Rhenium“*, Comprehensive Coord. Chem. **4** (1987) 125–213; ULLMANN (5. Aufl.): *„Rhenium and Rhenium Compounds“*, **A23** (1993); GMELIN: *„Technetium“*, Syst.-Nr. **69**, bisher 3 Bände; *„Rhenium“*, Syst.-Nr. **70**, bisher 3 Bände; R. D. Peacock: *„The Chemistry of Technetium and Rhenium“*, Elsevier, Amsterdam 1966; R. Colton: *„The Chemistry of Rhenium and Technetium“*, Wiley, New York 1966; K. B. Lebedev; *„Chemistry of Rhenium“*, Plenum Press, New York 1962; K. Schwochau: *„The Analytical Chemistry of Technetium“*, Topics Curr. Chem. **96** (1981) 109–147. Vgl. auch Anm. 17, 24.

vor. Verhältnismäßig *rheniumreich* sind Molybdänerze wie der *Molybdänglanz* MoS_2 (S. 1471). Andere rheniumhaltige Mineralien sind „*Columbit*“ $(Fe,Mn)([NbO_3]_2$, „*Gadolinit*“ („*Ytterbit*“) $Y_2(Fe^{II}, Mn^{II})Be_2O_2[SiO_4]_2$ und *Alvit* $ZrSiO_4$.

Isotope (vgl. Anh. III). In der *Natur* treten Nuklide des Technetiums praktisch nicht auf (s. o.). Unter den *künstlich* gewonnenen Nukliden verwendet man das Nuklid $^{99}_{43}Tc$ (β^--Strahler; $\tau_{1/2} = 2.12 \times 10^5$ Jahre) für *NMR-Untersuchungen*, das metastabile Nuklid $^{99m}_{43}Tc$ (γ-Strahler; $\tau_{1/2} = 6.049$ Stunden) als *Tracer* und in der *Medizin*. Natürliches Rhenium besteht aus den Isotopen $^{185}_{75}Re$ (37.40%; für *NMR*) und $^{187}_{75}Re$ (62.60%; β^--Strahler; $\tau_{1/2} = 4.3 \times 10^{10}$ Jahre; für *NMR*). Die *künstlich* erzeugten Nuklide $^{186}_{75}Re$ (β^--Strahler; $\tau_{1/2} = 88.9$ Stunden) und $^{188}_{75}Re$ (β^--Strahler; $\tau_{1/2} = 16.7$ Stunden) dienen als *Tracer*.

Geschichtliches. Im Jahre 1925 hatten Walther Noddack und Ida Tacke (später Frau Noddack) auf der Suche nach den – bereits früher vorausgesagten – Elementen 43 und 75 in Anreicherungsfraktionen von aufgearbeitetem Columbit $(Fe, Mn)[NbO_3]_2$ und Tantalit $(Fe, Mn)[TaO_3]_2$ röntgenspektroskopisch nachweisbare Mengen der beiden Elemente erhalten und ihnen nach ihren Heimatländern (Masurenland und Rheinland) die *Namen* „*Masurium*“ (Ma) und „*Rhenium*“ (Re) gegeben. Im Einklang mit der Mattauchschen Isobarenregel (S. 90) gelang es allerdings nicht, das natürliche Vorkommen von Masurium präparativ zu stützen. Das Element 43 („*Eka-Mangan*“) wurde dann im Jahre 1937 von den italienischen Forschern C. Perrier und E. Segré als Reaktionsprodukt der Bestrahlung von Molybdän mit Deuteronen *entdeckt* und erhielt 1947 auf Vorschlag der Entdecker den *Namen* Technetium (Tc), da es nur künstlich darstellbar ist (von griech. *technetos* = künstlich). Die Entdeckung des Rheniums ließ sich andererseits bestätigen. Bei der Anreichung und *Isolierung* des Elements aus einer Gadolinit-Probe im Jahre 1926 diente W. Noddack, I. Tacke und O. Berg die röntgenspektroskopische Methode als wertvolles Hilfsmittel.

Darstellung

Das **Rhenium** reichert sich beim Rösten von *Molybdänsulfiderzen* (s. dort) in Form von Re_2O_7 in der Flugasche an und wird daraus nach Überführung in NH_4ReO_4 durch *Reduktion* mit H_2 bei höheren Temperaturen gewonnen.

Die längstlebigen Isotope des **Technetiums** sind $^{97}_{43}Tc$ ($\tau_{1/2} = 2.6 \times 10^6$ Jahre), $^{98}_{43}Tc$ ($\tau_{1/2} = 4.2 \times 10^6$ Jahre) und $^{99}_{43}Tc$ ($\tau_{1/2} = 2.12 \times 10^5$ Jahre). Unter ihnen läßt sich das besonders wichtige Nuklid $^{99}_{43}Tc$ industriell als Spaltprodukt des Urans in Kernreaktoren mit über 6%iger Spaltungsausbeute gewinnen. Zu seiner *Isolierung* extrahiert man die durch Oxidation erhaltenen, einige Jahre gelagerten (Abbau hochradioaktiver Spezies), von U und Pu befreiten wässerigen Pertechnat-Lösungen mit Methylpyridinen, wobei TcO_4^- in die organische Phase übergeht, aus der sich die Methylpyridine durch Wasserdampfdestillation abtrennen lassen (eine Isolierung von TcO_4^- gelingt außer durch *Lösungsmittelextraktionen* auch durch *Ionenaustausch*). Das Metall selbst kann dann durch *Reduktion* von NH_4TcO_4 oder – daraus darstellbarem – Tc_2S_7 mit *Wasserstoff* bei hohen Temperaturen gewonnen werden. Möglich ist ferner die Abscheidung von Tc aus TcO_4^--Lösungen durch *kathodische Reduktion* oder durch *Zink*. Das Nuklid $^{99}_{43}Tc$, das sich wegen seiner langen Halbwertszeit wie ein gewöhnliches stabiles Element verhält, ist käuflich[16].

Man kennt bis heute bereits 21 künstliche Nuklide, deren Massenzahlen von 90 bis 110 (je 2 Kernisomere der Massenzahlen 90, 91, 93, 94, 95, 96, 97, 99 und 102) und deren Halbwertszeiten von 0.83 Sekunden bis zu 4.2×10^6 Jahren variieren. Einige von ihnen seien im folgenden angeführt (^mTc = metastabiles Kernisomeres; K = Elektroneneinfang):

$^{93m}_{43}Tc \xrightarrow[43.5\,m]{\gamma} {}^{93}_{43}Tc$	$^{95}_{43}Tc \xrightarrow[20\,h]{K} {}^{95}_{42}Mo$	$^{98}_{43}Tc \xrightarrow[4.2 \times 10^6\,a]{\beta^-} {}^{98}_{44}Ru$
$^{93}_{43}Tc \xrightarrow[2.75\,h]{\beta^+} {}^{93}_{42}Mo$	$^{96m}_{43}Tc \xrightarrow[52\,m]{\gamma} {}^{96}_{43}Tc$	$^{99m}_{43}Tc \xrightarrow[6.01\,h]{\gamma} {}^{99}_{43}Tc$
$^{94m}_{43}Tc \xrightarrow[52\,m]{\beta^+} {}^{94}_{42}Mo$	$^{96}_{43}Tc \xrightarrow[4.28\,d]{K} {}^{96}_{42}Mo$	$^{99}_{43}Tc \xrightarrow[2.13 \times 10^5\,a]{\beta^-} {}^{99}_{44}Ru$
$^{94}_{43}Tc \xrightarrow[4.88\,h]{K} {}^{94}_{42}Mo$	$^{97m}_{43}Tc \xrightarrow[90\,d]{\gamma} {}^{97}_{43}Tc$	$^{100}_{43}Tc \xrightarrow[15.8\,s]{\beta^-} {}^{100}_{44}Ru$
$^{95m}_{43}Tc \xrightarrow[61\,d]{K} {}^{95}_{42}Mo$	$^{97}_{43}Tc \xrightarrow[2.6 \times 10^6\,a]{K} {}^{97}_{42}Mo$	$^{101}_{43}Tc \xrightarrow[14.2\,m]{\beta^-} {}^{101}_{44}Ru$

[16] Uranreaktoren mit einer Leistung von 100 MW ($\sim$ 100000 kJ/s) produzieren täglich etwa 4 g $^{99}_{43}Tc$. In Anbetracht der steigenden Anzahl von Reaktoren und des sehr geringen Re-Anteils der Erdrinde könnte man an sich den Vorrat an synthetischem Tc leicht größer machen als den an natürlich vorkommendem Re.

Sie lassen sich hauptsächlich durch Einwirkung von Neutronen, Protonen, Deuteronen oder α-Teilchen auf das Nachbarelement *Molybdän* ($_{42}Mo$) sowie durch die *Urankernspaltung* (S. 1761) gewinnen und gehen beim radioaktiven Zerfall entweder (niedere Massenzahlen) unter β^+-Strahlung (bzw. *K*-Einfang; S. 1758) in Molybdän ($_{42}Mo$) oder (höhere Massenzahlen) unter β^--Strahlung in Ruthenium ($_{44}Ru$) über.

Physikalische Eigenschaften

Die Elemente **Technetium** und **Rhenium** (*hexagonal-dichteste* Metallatompackungen) stellen *weißglänzende*, *harte*, luftbeständige, im Aussehen dem Palladium und Platin ähnelnde *Metalle* von hohen Dichten (11.49 bzw. 21.03 g/cm³) und hohen Schmelzpunkten (2172 bzw. 3180 °C) sowie Siedepunkten dar (4700 bzw. 5870 °C). Rhenium besitzt unter den Metallen den *zweithöchsten Schmelzpunkt* nach Wolfram.

Physiologisches. Technetium ist als radioaktives Element mehr oder weniger *giftig* für Organismen. Rhenium stellt ein für lebende Organismen *nicht essentielles* Element dar und zählt bisher zu den arbeitshygienisch unbedenklichen Stoffen.

Chemische Eigenschaften

Technetium und **Rhenium** sind weniger reaktionsfähig als Mangan und in kompakter Form gegen *Luft* stabil. In *Sauerstoff* verbrennen beide Metalle aber oberhalb 400° zu den flüchtigen Oxiden M_2O_7 und bilden beim Erhitzen mit *Fluor, Chlor* bzw. *Schwefel* TcF_5/TcF_6, ReF_6/ReF_7, MCl_6, MS_2. *Oxidierende Schmelzen* führen die Metalle rasch in Technate bzw. Rhenate MO_4^{2-} über. Von *Fluor-* und *Chlorwasserstoff* werden Tc und Re nicht angegriffen. Beide Elemente lösen sich aber leicht in *oxidierenden Säuren* wie HNO_3, konz. H_2SO_4 (für Potentialdiagramme vgl. S. 1493).

Verwendung von Technetium und Rhenium. Bisher gibt es für **Technetium** – außer seinem Einsatz in „*Radiopharmaka*“ – noch kein besonderes Verwendungsgebiet. Denkbar wäre eine Nutzung als Korrosionsinhibitor für Eisen (einsetzbar in Form von TcO_4^-), als Katalysator für Hydrierungen und Dehydrierungen, als β^--Strahler (zur Eichung von β^--Detektoren), zur Herstellung von Hochtemperatur-Thermoelementen. Als Radionuklid für die medizinische Diagnose ist das kurzlebige $^{99m}_{43}Tc$ (γ-Strahler) besonders wichtig geworden. Es entsteht zu 86% aus dem Mutternuklid $^{99}_{42}Mo$. Für die Anwendung in der Klinik dient eine mit diesem beladene Al_2O_3-Säule als Generator. $^{99m}_{43}Tc$ wird daraus jeweils mit einer Natriumchlorid-Lösung als $NaTcO_4$ eluiert. Da **Rheniummetall** (Weltjahresproduktion: um zehn Kilotonnen) im Hochvakuum auch bei hohen Temperaturen keine Neigung zum Zerstäuben zeigt, eignet es sich z. B. als „*Glühkathode*“ in elektronenerzeugenden Systemen (z. B. Massenspektrometer). „*Spiegel*“ aus Rhenium zeigen große Beständigkeit und hohes Reflexionsvermögen. **Rheniumlegierungen** mit Ta, Nb, W, Fe, Co, Ni, Rh, Ir, Pt und Au sind in Säuren sehr schwer löslich und an der Luft auch beim Erhitzen sehr stabil. Besonders vorteilhaft ist die Verwendung von Rhenium bei der Herstellung von „*Thermoelementen*“ (z. B. Pt/Re gegen Pt, Pd oder Rh; Rh/Re gegen Pt), die bis nahezu 900 °C anwendbar sind und deren Thermokraft 3–4mal größer als die der gebräuchlichen Edelmetallkombinationen ist; sie finden z. B. Verwendung in der Raumfahrttechnik. Einige **Rheniumverbindungen** eignen sich als „*Katalysatoren*“ für Hydrierungen und Dehydrierungen.

Technetium und Rhenium in Verbindungen

Wie Mangan treten Technetium und Rhenium in ihren chemischen Verbindungen mit den **Oxidationsstufen −3 bis +7** auf (z. B. $[M^{-III}(CO)_4]^{3-}$, $[M^{-I}(CO)_5]^-$, $[M_2^0(CO)_{10}]$, $[M^I(CN)_6]^{5-}$, $[M^{II}Cl_2(diars)_2]$, $[M^{III}(CN)_7]^{4-}$, $M^{IV}O_2$, M^VF_5, $M^{VI}F_6$, $M_2^{VII}O_7$), doch sind die *niedrigeren* Oxidationsstufen *unbeständiger* (die beim Mn besonders beständige zweiwertige Stufe ist bei Tc und Re fast unbekannt), die *höheren beständiger* als die entsprechenden des Mangans.

Dies geht aus einer Gegenüberstellung der in nachfolgenden **Potentialdiagrammen** einiger Oxidationsstufen von Tc und Re bei pH = 0 und 14 (vgl. Anh. V) wiedergegeben Normalpotentiale mit entsprechenden Potentialen von Mn (S. 1482) hervor.

pH = 0

$$\overbrace{Tc^{VII}O_4^- \xrightarrow{+0.569} Tc^{VI}O_4^{2-} \xrightarrow{+0.825} Tc^{IV}O_2}^{+0.738} \xrightarrow{?} Tc^{III} \xrightarrow{?} Tc \quad (Tc^{IV}O_2 \to Tc: +0.28)$$

blaßgelb — *purpurf.* — *schwarz*

$Tc^{VII}O_4^- \to Tc$: +0.48

$$\overbrace{Re^{VII}O_4^- \xrightarrow{+0.768} Re^{VI}O_4^{2-} \xrightarrow{+0.63} Re^{IV}O_2}^{+0.60} \xrightarrow{+0.2} Re^{III} \xrightarrow{+0.3} Re \quad (Re^{IV}O_2 \to Re: +0.276)$$

farblos — *grün* — *schwarz* — *schwarz*

$Re^{VII}O_4^- \to Re$: +0.415

pH = 14

$$Tc^{VII}O_4^- \xrightarrow{?} Tc^{VI}O_4^{2-} \xrightarrow{?} Tc^{IV}O_2 \xrightarrow{?} Tc^{III} \xrightarrow{?} Tc$$

blaßgelb — *purpurf.* — *schwarz*

$$\overbrace{Re^{VII}O_4 \xrightarrow{-0.890} Re^{VI}O_4^{2-} \xrightarrow{-0.446} Re^{IV}O_2}^{-0.594} \xrightarrow{-0.88} Re_2^{III}O_3 \xrightarrow{-0.333} Re \quad (Re^{IV}O_2 \to Re: -0.552)$$

farblos — *grün* — *schwarz*

$Re^{VII}O_4 \to Re$: −0.570

Technetium und Rhenium, deren *wässerige Chemie* weit weniger ausgeprägt ist als die des Mangans (M^{2+}- und M^{3+}-Kationen existieren in Wasser nicht), weisen insgesamt einen edleren Charakter als ihre linken Periodennachbarn, Molybdän und Wolfram, auf (vgl. Potentialdiagramme auf S. 1459; die Potentiale von Tc und Re sind weniger negativ bzw. positiver als die von Mo und W).

Die drei- bis siebenwertigen Metalle Tc und Re bevorzugen höhere **Koordinationszahlen** als drei- bis siebenwertiges Mangan. Sie reichen von *vier* (tetraedrisch in $[\mathbf{M}^{VI}O_4]^{2-}$, $[\mathbf{M}^{VII}O_4]^-$) über *fünf* (zum Beispiel quadratisch-pyramidal in $[\mathbf{Re}^{III}Cl_5]^{2-}$, $[\mathbf{Re}^{V}OBr_4]^-$, $[\mathbf{Re}^{VI}NCl_4]^-$; trigonal-bipyramidal in $\mathbf{Re}^{V}F_5$, *cis*-$[Me_3\mathbf{Re}^{VII}O_2]$ und *sechs* (oktaedrisch in $[\mathbf{M}^{III}Cl_2(diars)_2]^+$, $[\mathbf{M}^{IV}I_6]^{2-}$, $[\mathbf{M}^{V}(NCS)_6]^-$, $[\mathbf{Re}^{VI}OCl_4(H_2O)]$, $[\mathbf{Re}^{VII}O_3Cl_3]^{2-}$; trigonal-prismatisch in $[\mathbf{Re}^{VI}(S_2C_2Ph_2)_3]$, $[\mathbf{Re}^{VII}(HNC_6H_4S)_3]^+$) bis *sieben* (pentagonal-bipyramidal in $[\mathbf{M}^{III}(CN)_7]^{4-}$, $[\mathbf{Re}^{VI}F_7]^-$, $\mathbf{Re}^{VII}F_7$), *acht* (z. B. dodekaedrisch in $[\mathbf{M}^{IV}Cl_4(diars)_2]$, $[\mathbf{Re}^{VI}Me_8]^{2-}$; quadratisch-antiprismatisch in $[\mathbf{Re}^{VI}F_8]^{2-}$, $[\mathbf{Re}^{VII}F_8]^-$) und *neun* (dreifach-überkappt-trigonal-prismatisch in $[\mathbf{M}^{VII}H_9]^{2-}$). In den Wertigkeiten zwei bis null haben Tc und Re die Koordinationszahlen *sechs* (oktaedrisch in $[\mathbf{M}^{II}Cl_2(diars)_2]$, $[\mathbf{M}^{I}(CN)_6]^{5-}$, $[\mathbf{M}_2^{0}(CO)_{10}]$), in den Wertigkeiten kleiner null die Koordinationszahlen *kleiner sechs* (trigonal-bipyramidal in $[\mathbf{M}^{-I}(CO)_5]^-$, tetraedrisch in $[\mathbf{M}^{-III}(CO)_4]^{3-}$. Die 5fach koordinierten M(−I)-, 6fach koordinierten M(I)-, 7fach koordinierten M(III)-, 8fach koordinierten M(V)- und 9fach koordinierten M(VII)-Komplexverbindungen besitzen Xenon- bzw. Radonelektronenkonfiguration.

Bezüglich der *Elektronenkonfiguration*, der *Radien*, der *magnetischen* und *optischen* Eigenschaften von **Technetium-** und **Rheniumionen** vgl. Ligandenfeldtheorie (S. 1250) sowie Anh. IV, bezüglich eines **Eigenschaftsvergleichs** der Metalle der Mangangruppe S. 1199f und Nachfolgendes.

Die Verwandtschaft der VII. Neben- und Hauptgruppe beschränkt sich auf die *maximale Siebenwertigkeit* und den *Säurecharakter* dieser Wertigkeitsstufe. Im übrigen sind die *Metalle* der Mangangruppe von den Nichtmetallen der Halogengruppe ganz verschieden (vgl. hierzu die entsprechenden Verhältnisse im Falle der VI. Neben- und Hauptgruppe, S. 1460). Tatsächlich ähnelt etwa Mangan mehr dem links benachbarten Chrom und rechts benachbarten Eisen, mit dem Unterschied, daß es über deren Sechswertigkeit hinaus auch in der Oxidationsstufe sieben auftreten kann.

Im Mn-Atom sind die äußeren d-Elektronen infolge ihrer nicht allzu großen Entfernung vom positiven Atomkern fester gebunden als im Tc- bzw. Re-Atom (größere Entfernung der äußeren d-Elektronen vom Atomkern) sowie im Cr-Atom (kleinere Ladung des Atomkerns), so daß sie *schwerer abgegeben* und *leichter aufgenommen* werden als die letzterer Atome. Dem entspricht die große *Stabilität* des zweiwertigen Mangans bzw. siebenwertigen Technetiums und Rheniums und die starke *Oxidationswirkung* des siebenwertigen Mangans bzw. *Reduktionswirkung* des zweiwertigen Technetiums und Rheniums. Auch erniedrigen sich beim Übergang Cr → Mn die Stabilitäten entsprechender Oxidationsstufen (besonders stabil +3 bei Cr, +2 bei Mn; höchste Fluoride: CrF_5, MnF_4), ferner die Kräfte, welche die Atome im Metall zusammenhalten (Abnahme von Schmelz- und Siedepunkten, Atomisierungsenergien).

Die zwischen Technetium und Rhenium bei den Elementen La bis Lu erfolgende *Lanthanoid-Kontraktion* bedingt, daß Tc und Re in ihrem physikalischen und chemischen Eigenschaften sehr ähnlich sind (vgl. S. 1479). So kommen etwa Technetium und Rhenium fast gleiche Ionenradien zu; auch läßt sich Technetium analog dem Rhenium und zum Unterschied vom Mangan aus stark salzsaurer Lösung mit H_2S quantitativ fällen.

Die Tendenz zur Bildung von **Metallclustern** wächst mit *zunehmender Ordnungszahl* und *abnehmender Wertigkeit* des Mangangruppenelements (vgl. hierzu das bei den Chromgruppenelementen Gesagte). Element-Element-Vierfachbindungen wurden bisher nur im Falle von Tc und Re, nicht im Falle von Mn aufgefunden. Demgemäß erniedrigt sich also in Übereinstimmung mit der Abnahme der Bindungskräfte im Metall (s.o.) beim Übergang vom Chrom (Vierfachbindungen aufgefunden) zum Mangan die Clusterbildungstendenz, während diese für Tc und Re etwa der von Mo und W entspricht. Die MM-Abstände [Å] betragen rund (Abweichung ± 0.05 bis ± 0.1 Å):

Tc—Tc	2.6 Å	Tc=Tc	2.4 Å	Tc≡Tc	2.1 Å	Tc≣Tc	2.1 Å
Re—Re	2.6 Å	Re=Re	2.4 Å	Re≡Re	2.2 Å	Re≣Re	2.2 Å

2.2 Verbindungen des Technetiums und Rheniums[15,17)]

Wasserstoffverbindungen

Ähnlich wie von Mangan kennt man von Technetium und Rhenium *keine binären Hydride*. Es existieren aber *Donoraddukte* der betreffenden **Technetium- und Rheniumhydride MH**$_n$ ($n = 7, 5, 4, 3, 2, 1$). So bildet sich bei der Hydrierung von Perrhenaten ReO_4^- mit kräftigen Reduktionsmitteln (z.B. Natrium oder Kalium in wässerigem Ethylendiamin) das diamagnetische komplexe Hydrid $[\mathbf{ReH_9}]^{2-}$, dem im Sinne der Formulierung $ReH_7 \cdot 2H^-$ *Rheniumheptahydrid* ReH_7 mit formal siebenwertigem Rhenium zugrunde liegt. Ein analoger Hydridokomplex $[\mathbf{TcH_9}]^{2-}$ wird von Technetium gebildet. Die Salze $K_2[MH_9]$ können ohne Zersetzung auf 200 °C erhitzt werden, zeigen in wässeriger Lösung (in der sehr langsame hydrolytische Zersetzung erfolgt) stark reduzierende Eigenschaften und entwickeln bei der Behandlung mit Säuren unter Metallabscheidung Wasserstoff. Die H^--Ionen können in MH_9^{2-} durch Phosphane PR_3 und Arsane AsR_3 (R = Et, Bu, Ph) substituiert werden. Und zwar entstehen die Komplexe $[\mathbf{ReH_8(PR_3)}]^-$ durch Reaktion von $[ReH_9]^{2-}$ mit PR_3 in 2-Propanol, die Komplexe $[\mathbf{ReH_7(PR_3)_2}]$ u.a. durch Hydrierung von $[ReCl_4(PR_3)_2]$ mit $LiAlH_4$ in Ether. Im Falle des *Rheniums* kennt man ferner Phosphanaddukte $\mathbf{ReH_5(PR_3)_3}$, $\mathbf{ReH_4(PR_3)_2}$ (dimer), $\mathbf{ReH_3(PR_3)_4}$, $\mathbf{ReH_2(PR_3)_3}$ (dimer) und $\mathbf{ReH(PR_3)_5}$ des *Rheniumpenta-*, *-tetra-*, *-tri-*, *-di-* bzw. *-monohydrids* ReH_5, ReH_4, ReH_3, ReH_2 und ReH mit formal *fünf-* bis *einwertigem* Rhenium (vgl. Tab. 133, S. 1607).

Synthese. Die Adduktdarstellung erfolgt u.a. durch *Hydrierung* von Rheniumhalogeniden oder -halogenidoxiden mit $LiAlH_4$ (z.B. $ReOCl_3/PR_3 \rightarrow ReH_5(PR_3)_3$, $ReCl_3(PR_3)_3/PR_3 \rightarrow PH_3(PR_3)_4$, $ReCl(PR_3)_5 \rightarrow ReH(PR_3)_5$) oder mit H_2 (z.B. $ReH(PR_3)_5 \rightarrow ReH_3(PR_3)_4$) in An- oder Abwesenheit von PR_3 bzw. durch *thermische Dehydrierung* (z.B. $ReH_7(PR_3)_2 \rightarrow ReH_5(PR_3)_3 \rightarrow ReH_4(PR_3)_2 \rightarrow ReH_3(PR_3)_4$). Ähnlich wie von den Hydriden des Rheniums existieren von einigen Hydriden des *Technetiums* Phosphankomplexe. Ferner läßt sich $Mg_3ReH_7 \triangleq MgH_2 \cdot Mg_5(ReH_6)_2$ *aus den Elementen* bei 150–155 bar und 510–520 °C synthetisieren (enthält formal $\mathbf{ReH_6^{5-}}$). Bezüglich K_2MH_9 s. oben.

Strukturen. In den Ionen $\mathbf{MH_9^{2-}}$ der ternären Hybride K_2MH_9 kommen den Zentralmetallen 36 (Tc^{7+}) bzw. 68 (Re^{7+}) + 18 ($9H^-$) = 54 bzw. 86 Elektronen (Xenon bzw. Radon), d.h. 18 Außenelektronen zu, die alle verfügbaren neun Außenorbitale (fünf d-, ein s-, drei p-Orbitale) des Tc- und Re-Atoms besetzen (*Edelgaselektronenkonfiguration*). Entsprechendes gilt für die Addukte $MH_8(PR_3)^-$ und $MH_7(PR_3)_2$ (Substitution von Hydrid H^- in MH_9^{2-} durch PR_3). Sechs der neun H-Atome in MH_9^{2-} befinden sich gemäß Formel (a) an den Ecken eines trigonalen Prismas um das im Mittelpunkt des

[17] **Literatur**. R. Colton, R.D. Peacock: „*An Outline of Technetium Chemistry*", Quart. Rev. **16** (1962) 299–315; A.A. Woolf, „*An Outline of Rhenium Chemistry*", Quart Rev. **15** (1961) 372–391; J.H. Canterford, R. Colton: „*Technetium and Rhenium*", in „Halides of the Second and Third Row Transition Metals", Wiley 1968, S. 272–321; R.A. Walton: „*Ligand-Induced Redox Reactions of Low Oxidation State Rhenium Halides and Related Systems in Nonaqueous Solvents*", Prog. Inorg. Chem. **21** (1976) 105–127; K. Schwochau: „*The Chemistry of Technetium*", Topics Curr. Chem. **96** (1981) 109–147; M.J. Clarke, P.H. Fackler: „*The Chemistry of Technetium*": *Toward Improved Diagnostic Agents*", Struct. Bond. **50** (1982) 57–78; G. Rouschias: „*Recent Advances in the Chemistry of Rhenium*", Chem. Rev. **74** (1974) 531–566; M. Melnik, J.E. van Liev: „*Analysis of Structural Data of Technetium Compounds*", Coord. Chem. Rev. **77** (1987) 277–324; M.C. Chakravorti: „*The Chemistry of Coordinated Perrhenate* (ReO_4^-)", Coord. Chem. Rev. **106** (1990) 205–225; J. Baldas: „*The Coordination Chemistry of Technetium*", Adv. Inorg. Chem. **41** (1994) 1–123.

Prismas lokalisierte M-Atom. Die drei übrigen sind senkrecht zu den drei Prismenflächen in äquatorialer Stellung um das M-Atom angeordnet, so daß also M *dreifach-überkappt-trigonal-prismatisch* von H koordiniert ist. Allerdings verhält sich die Gruppierung MH_9^{2-} nicht starr, sondern *fluktuierend* (S. 758). In $MgH_2 \cdot Mg_5(ReH_6)_2$ sind ReH_6^{5-}-Oktaeder (Edelgaskonfiguration) kubisch von 8 Mg^{2+}-Ionen (vgl. Mg_2MH_6 mit M = Ru, Os; S. 1537) und H^--Ionen trigonal-bipyramidal von 5 Mg^{2+}-Ionen koordiniert.

In den Phosphan-Addukten $[MH_8(PR_3)]^-$ und $[MH_7(PR_3)_2]$ nehmen die Liganden PR_3 mit R = Alkyl äquatoriale Stellungen ein. Analoges gilt für $[ReH_7(Ph_2PCH_2CH_2PPh_2)]$. Andererseits stellt $[ReH_7(PR_3)_2]$ mit R = Aryl im Sinne der nicht-klassischen Formulierung $[ReH_5(H_2)(PR_3)_2]$ einen Komplex des fünfwertigen Rheniums mit η^2-gebundenem Diwasserstoff dar (HH-Abstand im Bereich 1.3 Å; vgl. S. 1608). Rhenium ist in ihm dodekaedrisch von fünf H-Atomen, einem H_2- und 2 PR_3-Molekülen koordiniert (hierbei zählt der Mittelpunkt des H_2-Liganden als eine Koordinationsstelle). Die ebenfalls fluktuierenden, aber klassisch gebauten Hydride $\mathbf{ReH_4(PR_3)_3}$, $\mathbf{ReH_3(PR_3)_4}$ und $\mathbf{ReH(PR_3)_5}$ (jeweils Edelgaselektronenkonfiguration des Rheniums) sind wie $MH_7(PR_3)_2$ monomer und weisen *zweifach-überkappt-oktaedrische* (bzw. dodekaedrische), *pentagonal-bipyramidale* und *oktaedrische* Koordination von M auf, während die fluktuierenden Hydride $\mathbf{ReH_4(PR_3)_2}$ und $\mathbf{ReH_2(PR_3)_2}$ über vier bzw. drei Wasserstoffbrücken dimerisiert vorliegen (b, c). Hierdurch erreichen die Re-Atome Schalen von 17 Außenelektronen. Tatsächlich sprechen die ReRe-Abstände in beiden Verbindungen (z. B. 2.538 Å in $Re_2H_8(PEt_2Ph)_4$) für eine zusätzliche ReRe-Bindung. Bezüglich der Carbonyl-Addukte $\mathbf{MH(CO)_5}$ vgl. S. 1649.

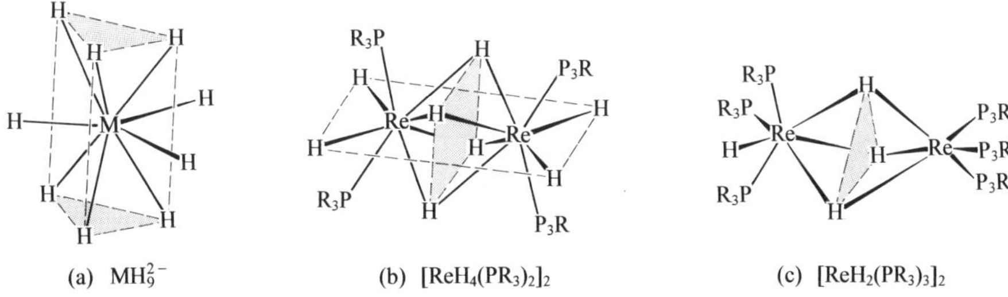

(a) MH_9^{2-} (b) $[ReH_4(PR_3)_2]_2$ (c) $[ReH_2(PR_3)_3]_2$

Halogenverbindungen

Wie aus Tab. 125 folgt, hat man bisher nur *drei* **Technetiumhalogenide** (TcF_6, TcF_5, $TcCl_4$; $TcCl_6$ und $TcBr_4$ sind fraglich) charakterisiert, während andererseits *dreizehn* **Rheniumhalogenide** (ReF_7, ReF_6, ReF_5, ReF_4; $ReCl_6$, $ReCl_5$, $ReCl_4$, $ReCl_3$; $ReBr_5$, $ReBr_4$, $ReBr_3$, ReI_4, ReI_3) existieren. Die *Hepta-, Hexa-* und *Pentahalogenide* werden hierbei bis auf ReF_5 aus den Elementen, die *Tetra-* und *Trihalogenide* sowie ReF_5 durch Reduktion höherer Wertigkeiten *gewonnen*. Die Halogenide, deren Kenndaten die Tab. 125 wiedergibt (bezüglich Strukturen vgl. unten und S. 1611), sind alle mehr oder minder *hydrolyseempfindlich*, wobei mit *Wasser* auf dem Wege über **Halogenidoxide** (vgl. Tab. 125, Anm.[a)]) letztendlich – und vielfach unter *Disproportionierung* – Oxide bzw. deren wasserlösliche Formen entstehen (z. B. $3\,ReF_6 + 10\,H_2O \rightarrow ReO_2 + 2\,HReO_4 + 18\,HF$).

Das höchste bekannte Halogenid der Mangangruppenelemente ist das beim Erwärmen von *Rhenium* und *Fluor* auf 400 °C unter leichtem Druck gebildete **Rheniumheptafluorid** $\mathbf{ReF_7}$ mit siebenwertigem Rhenium (d^0-Außenelektronenkonfiguration)[18)], eine *hellgelbe* Substanz (fluktuierend, pentagonal-bipyramidal), die mit Fluoriden den *Fluorokomplex* ReF_8^- (antikubisch) und mit Fluoridakzeptoren (z. B. SbF_5) das *Kation* ReF_6^+ (oktaedrisch) bildet. Als Halogenide der sechswertigen Metalle (d^1) bilden sich die sehr flüchtigen, jeweils oktaedrisch gebauten, *blaßgelben* Verbindungen **Technetium-** und **Rheniumhexafluorid** $\mathbf{MF_6}$ aus den Elementen bei 400 bzw. 125 °C (TcF_6 läßt sich nicht weiter zu TcF_7 fluorieren; es bildet wie ReF_6 *Fluorokomplexe* MF_7^- und MF_8^{2-} mit pentagonal-bipyramidalem bzw. antikubischem Bau). Die Existenz des als *grüngelb* beschriebenen **Technetium-** bzw. **Rheniumhexachlorids** $\mathbf{MCl_6}$ ist noch nicht ganz gesichert. Von den fünfwertigen Metallen (d^2) leiten sich ab: *gelbes* **Technetiumpentafluorid** $\mathbf{TcF_5}$ (gewinnbar aus den Elementen; Ketten aus *cis*-eckenverknüpften TcF_6-Oktaedern wie in VF_5; bildet Fluorokomplexe TcF_6^-), *grünes* **Rheniumpentafluorid** $\mathbf{ReF_5}$ (gewinnbar durch Reduktion von ReF_6 an 600 °C heißem W-Draht; Bau analog TcF_5; bildet Fluorokomplexe ReF_6^-), *dunkelbraunes* bis *schwarzes* **Rheniumpentachlorid** $\mathbf{ReCl_5}$ und **-bromid** $\mathbf{ReBr_5}$ (gewinnbar aus den Elementen bei 500 bzw. 650 °C; dimer:

[18] Höchste Mn- und Tc-Halogenide sind MnF_4 und TcF_6. Als einzige Heptafluoride kennt man bis jetzt ReF_7, OsF_7 und IF_7. Noch höhere Fluoride existieren nicht.

Tab. 125 Halogenide, Oxide und Halogenidoxide[a)] von Technetium und Rhenium (vgl. S. 1483, 1611, 1620, zweite Zeile Smp./Sdp.).

	Fluoride		**Chloride**		**Bromide, Iodide**		**Oxide**	
M(VII)	–	$\mathbf{ReF_7}$, *gelb* 48.3/73.7 °C Monomer D_{5h}-Symm., KZ7	–	–	–	–	$\mathbf{Tc_2O_7}$, *gelb* 120/311 °C Monomer, KZ4	$\mathbf{Re_2O_7}$, *gelb* 300/360 °C ΔH_f −1128 kJ Schichtstrukt. KZ4,6
M(VI)	$\mathbf{TcF_6}$, *gelb* 37.4/55.3 °C Monomer, O_h-Symm. KZ6	$\mathbf{ReF_6}$, *gelb* 18.5/33.7 °C Monomer, O_h-Symm. KZ6	$\mathbf{TcCl_6}$? *grün*	$\mathbf{ReCl_6}$, *grüngelb* Smp. 29 °C Monomer, O_h-Symmetrie KZ6	–	–	$\mathbf{TcO_3}$, *purpur*	$\mathbf{ReO_3}$, *rot* Zers. 400 °C ΔH_f − 605 kJ Raumstrukt. KZ6
M(V)	$\mathbf{TcF_5}$, *gelb* Smp. 50 °C Zers. 60 °C Kette, KZ6	$\mathbf{ReF_5}$, *grün* Smp. 48 °C Sdp. 220 °C Kette, KZ6	–	$\mathbf{ReCl_5}$, *schwarz* Smp. 261 °C ΔH_f − 373 kJ Dimer, KZ6	–	$\mathbf{ReBr_5}$, *schwarz* Zers. 110 °C Dimer, KZ6	–	$\mathbf{Re_2O_5}$, *dunkelblau* Zers. > 200 °C
M(IV)	– nur TcF_6^{2-}	$\mathbf{ReF_4}$, *blau* Smp. 124.5 °C Sblp. > 300 °C Kette ? KZ6	$\mathbf{TcCl_4}$ *rot* Kette, KZ6	$\mathbf{ReCl_4}$, *schwarz* Zers. 300 °C Kette, KZ6	$\mathbf{TcBr_4}$?	$\mathbf{ReBr_4/ReI_4}$ *schwarzrot* Kette? KZ6	$\mathbf{TcO_2}$, *schwarz* Zers. > 1100 °C Rutilstrukt.	$\mathbf{ReO_2}$, *schwarz* Zers. > 900° Rutilstrukt.
M(III)	–	– nur $Re_2F_8^{2-}$	– nur $Tc_2Cl_8^{2-}$	$\mathbf{(ReCl_3)_3}$, *rot* Sblp. 450° ΔH_f − 264 kJ Schicht, KZ7	– nur $Tc_2Br_8^{2-}$	$\mathbf{(ReBr_3)_3/(ReI_3)_3}$ *schwarz* ΔH_f − 167/? kJ Schicht/Kette	–	$\mathbf{Re_2O_3 \cdot 3H_2O}$ *schwarz* Zers. > 500 °C ΔH_f − 621 kJ
M(II)	–	–	–[b)]	–[b)]	–[b)]	–[b)]	–	–

a) Man kennt folgende **Technetium-** und **Rheniumhalogenidoxide:** $\mathbf{TcOF_5}$ wie TeF_7 unbekannt; $\mathbf{TcO_2F_3}$; *gelbes* $\mathbf{TcO_3F}$ (Smp. 18.3 °C, Sdp. ~ 100 °C; C_{3v}-Molekülsymmetrie); *farbloses* $\mathbf{TcO_3Cl}$ (C_{3v}-Molekülsymmetrie); *orangefarbenes* $\mathbf{ReOF_5}$ (Smp. 43.8 °C, Sdp. 73.0 °C; C_{4v}-Molekülsymmetrie; ReO/ReF-Abstände 1.642/1.81 Å; FReO-Winkel 93.1°; bildet den pentagonal-bipyramidal gebauten Komplex $ReOF_6^-$ mit O in axialer Position); *gelbes* $\mathbf{ReO_2F_3}$ (Smp. 90 °C, Sdp. 185.4 °C; polymer); *weißes* $\mathbf{ReO_3F}$ (Smp. 147 °C, Sdp. 164 °C; polymer); *farbloses* $\mathbf{ReO_3Cl}$ (Smp. 4.5 °C, Sdp. 131 °C; C_{3v}-Molekülsymmetrie; Bildung des *Chlorokomplexes* $ReO_3Cl_3^{2-}$); *farbloses* $\mathbf{ReO_3Br}$ (Smp. 39.5 °C). – *Blaues* $\mathbf{TcOF_4}$ (Smp. 134 °C, Sdp. 165 °C; Kettenstruktur); *blaues* $\mathbf{TcOCl_4}$; *blaues* $\mathbf{ReOF_4}$ (Smp. 107.8 °C; Sdp. 171 °C; Kettenstruktur; Bildung des *Fluorokomplexes* $ReOF_5^-$); *dunkelblaues* $\mathbf{ReOCl_4}$ (Smp. 30.0 °C, C_{4v}-Molekülsymmetrie; Bildung des *Chlorokomplexes* $ReOCl_5^-$); *blauschwarzes* $\mathbf{ReOBr_4}$ (Zers. > 80 °C; C_{4v}-Molekülsymmetrie). – *Schwarzes* $\mathbf{TcOCl_3}$; $\mathbf{TcOBr_3}$; *schwarzes* $\mathbf{ReOF_3}$ (polymer; Bildung des *Fluorokomplexes* $ReOF_4^-$), $\mathbf{ReOCl_3}$ (Bildung von quadratisch-pyramidalen und oktaedrischen *Chlorokomplexen* $ReOCl_4^-$, $ReOCl_5^{2-}$ sowie von *trans*-Addukten $ReOCl_3(PR_3)_2$); $\mathbf{ReOBr_3}$ (Bildung des quadratisch-pyramidalen Bromokomplexes $ReOBr_4^-$). – **b)** Neutrale Tc(II)- und Re(II)-Halogenide sind unbekannt. Es existieren aber *Donoraddukte* von $(MX_2)_2$ (X = Cl, Br), z. B.: $[Tc_2Cl_6]^{2-}$, $[Tc_2Br_6]^{2-}$, $[Re_2Cl_4(PR_3)_2]$, $[Re_2Br_4(PR_3)_2]$.

kantenverknüpfte ReX_6-Oktaeder *ohne* ReRe-Bindungen). Vierwertiges Metall (d^3) ist enthalten in *rotem* **Technetiumtetrachlorid $\mathbf{TcCl_4}$** (gewinnbar aus Tc + HCl-Gas, wichtigstes Tc-Halogenid; Kette aus *gauche*-kantenverknüpften $TcCl_6$-Oktaedern *ohne* TcTc-Bindungen), in *blauem* **Rheniumtetrafluorid $\mathbf{ReF_4}$** (gewinnbar durch Reduktion von ReF_6 mit H_2, SO_2, Re, Zn, Al), in *dunkelrotem* bis *schwarzem* **Rheniumtetrachlorid $\mathbf{ReCl_4}$, -bromid $\mathbf{ReBr_4}$** bzw. **-iodid $\mathbf{ReI_4}$** (gewinnbar aus Re + $SbCl_5$ bzw. $HReO_4$ + HBr oder + HI; Ketten aus eckenverknüpften Re_2X_9-Einheiten, welche ihrerseits aus flächenverknüpften ReX_6-Oktaedern (d) bestehen; ReRe-Abstand in $ReCl_4$ 2.728 Å). Von den isolierten und nicht isolierbaren Tetrahalogeniden leiten sich *Halogenokomplexe* MX_6^{2-} (oktaedrisch) (M = Tc, Re; X = F, Cl, Br, I) sowie $Re_2X_9^-$ (flächenverknüpfte ReX_6-Oktaeder, ReRe-Abstand in $Re_2Cl_9^-$ 2.70 Å) ab. Die Tetrahalogenide bilden zudem Phosphanaddukte des Typus $MX_4(PR_3)_2$ (M = Re: X = Cl, Br, I; M = Tc: X = Cl, Br).

Besonders interessant sind die Strukturen der durch *thermische Zersetzung* höherer Halogenide ($ReCl_5$, $ReBr_5$, ReI_4) darstellbaren dreiwertigen Halogenide (d^4), nämlich des **Rheniumtrichlorids $\mathbf{ReCl_3}$** (*dunkelrot*), **-bromids $\mathbf{ReBr_5}$** und **-iodids $\mathbf{ReI_3}$** (*schwarz*). Gemäß (e) (ohne L) kommt $ReCl_3$ die trimere Formel zu, wobei die Re_3Cl_9-Baueinheiten Metallclusterionen Re_3^{2+} enthalten, in welchen jedes Re-Atom von zwei Re-Atomen, zwei brückenständigen und zwei endständigen Halogenatomen koordiniert ist. Die ReRe-Bindungen (Abstand 2.489 Å) sind stark und entsprechen „*Zweifachbindungen*" (s. u.). In analoger Weise liegen das Tribromid und Triiodid in trimerer Form vor. Die sehr beständigen, selbst bei 600 °C in der *Gasphase* noch bestehenden Re_3X_9-Einheiten sind in *fester Phase* über 6 gemeinsame Cl bzw.

Br-Atome zu Schichten bzw. über zwei gemeinsame I-Atome zu Ketten verknüpft[19]. Jedes Re-Atom in Re_3X_9 kann noch ein Halogenid X^- unter Bildung von Halogenokomplexen $Re_3X_{10}^-$, $Re_3X_{11}^{2-}$, $Re_3X_{12}^{2-}$ aufnehmen (Formel (e) mit $L = X^-$)[19]. In analoger Weise werden andere Liganden L wie Wasser H_2O, Tetrahydrofuran C_4H_8O, Pyridin C_5H_5N, Phosphane PR_3, Arsane AsR_3 unter Bildung von Komplexen $Re_3X_9L_3$ addiert (e)[19]. Technetium-Komplexe dieses Typus sind bislang unbekannt.

Schmilzt man das *Chlorid* $(ReCl_3)_3$ mit Diethylammoniumchlorid Et_2NH_2Cl zusammen, so entsteht ein Salz des **Octachlorodirhenats(III) $Re_2Cl_8^{2-}$**, das im Sinne der Formulierung $[Cl_4Re{\equiv}ReCl_4]^{2-}$ ein Re_2^{6+}-Metallclusterion mit einer „*Vierfachbindung*" enthält (ReRe-Abstand 2.237 Å; ekliptische Konformation; Näheres s. u. bei Komplexen). Es bildet ein Dihydrat (z. B. $K_2Re_2Cl_8 \cdot 2H_2O$) und Addukte mit anderen Donoren[19]. Auch ein *Fluorokomplex* **$Re_2F_8^{2-}$** (ReRe-Abstand 2.188 Å), ein *Bromokomplex* **$Re_2Br_8^{2-}$** (ReRe-Abstand 2.228 Å) und ein *Iodokomplex* **$Re_2I_8^{2-}$** (ReRe-Abstand 2.245 Å; Darstellung s. u.) sowie ein analoger Chlorokomplex des Technetiums, **Octachloroditechnetat(III) $Tc_2Cl_8^{2-}$** (gewinnbar durch Reduktion von $TcCl_6^{2-}$ mit Zn in Salzsäure; TcTc-Abstand 2.044 Å) sind bekannt. Der Chlorokomplex $Re_2Cl_8^{2-}$ läßt sich elektrochemisch und chemisch *ohne Spaltung* der ReRe-Bindung zu $Re_2Cl_8^{3-}$ „*reduzieren*" bzw. zu $Re_2Cl_8^-$ „*oxidieren*", wobei letzteres Ion leicht Chlorid zum – seinerseits zu $Re_2Cl_9^-$ (s. o.) oxidierbarem – Chlorokomplex $Re_2Cl_9^{2-}$ addiert:

$$\overset{+2.5}{[Re_2Cl_8]^{3-}} \xrightarrow{-0.87} \underset{blau}{\overset{+3.0}{[\mathbf{Re_2Cl_8}]^{2-}}} \xrightarrow{+1.22} \underset{dunkelblau}{\overset{+3.5}{[Re_2Cl_8]^-}} \xrightarrow{+Cl^-} \underset{violett}{\overset{+3.5}{[Re_2Cl_9]^{2-}}} \xrightarrow{+0.51} \underset{dunkelgrün}{\overset{+4.0}{[Re_2Cl_9]^-}}$$

Noch leichter als $Re_2Cl_8^{2-}$ läßt sich *grünes* $Tc_2Cl_8^{2-}$ zu $Tc_2Cl_8^{3-}$ reduzieren ($\varepsilon_0 = +0.12$ V). Das Halogenid in $Re_2X_8^{2-}$ kann durch andere Gruppen „*substituiert*" werden, z. B. $Re_2Cl_8^{2-}$ + Fluorid, Bromid, Iodid, Carbonsäuren, Sulfat → $Re_2F_8^{2-}$, $Re_2Br_8^{2-}$, $Re_2I_8^{2-}$, $[Re_2(O_2CR)_4Cl_2]$, $[Re_2(SO_4)_4(H_2O)_2]^{2-}$. In analoger Weise läßt sich $Tc_2Cl_8^{2-}$ derivatisieren, z. B. $Tc_2Cl_8^{2-}$ + Bromid, Carbonsäuren, Sulfat → $Tc_2Br_8^{2-}$, $[Tc_2(O_2CR)_4Cl_2]$, $[Tc_2(SO_4)_4(H_2O)_2]^{2-}$. Unter „*Spaltung*" der ReRe-Bindung verläuft demgegenüber die Umsetzung mit Acetonitril: $Re_2Cl_8^{2-} + 4MeCN \rightarrow 2[ReCl_4(NCMe)_2]^-$. Auch bei der Einwirkung von Phosphanen PR_3 auf $Re_2Cl_8^{2-}$ entstehen (meist untergeordnet)[20] *einkernige Komplexe* $ReCl_3(PR_3)_3$ des Rheniumtrichlorids, die in guter Ausbeute gemäß $ReOCl_3(PR_3)_2 + 2PR_3 \rightarrow ReCl_3(PR_3)_3 + R_3PO$ dargestellt werden können.

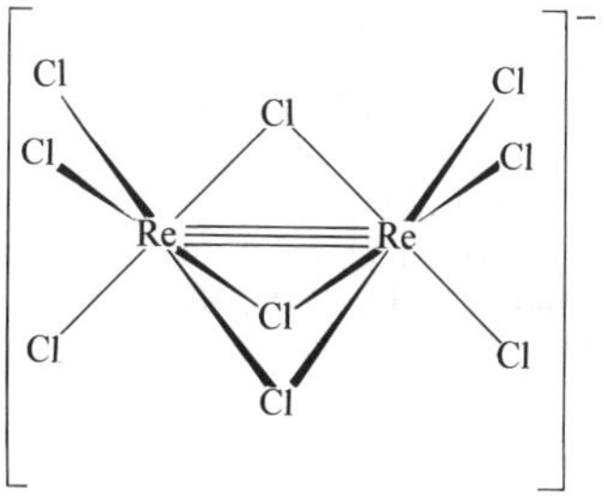

(d) $[Re_2Cl_9]^-$ 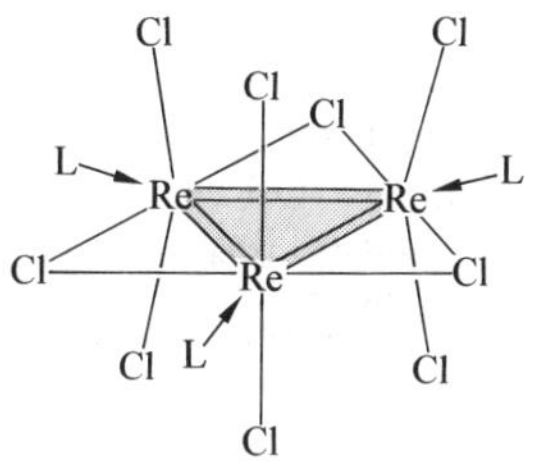 (e) $[ReCl_3L]_3$ 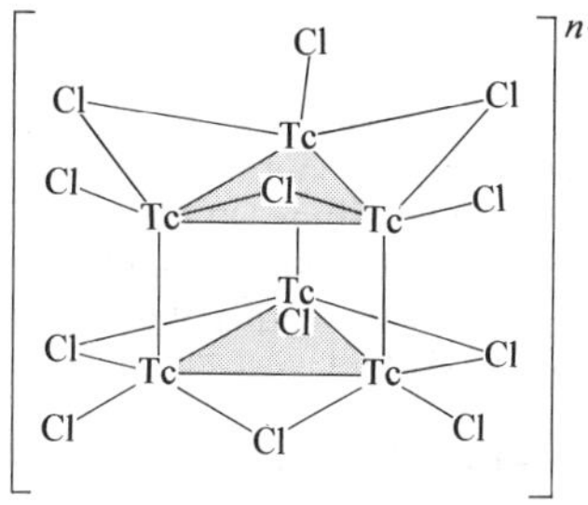 (f) $[Tc_6Cl_{12}]^{n-}$

Der Übergang des Clusterions Re_2^{6+} der Komplexe $Re_2X_8^{2-}$ mit $2 \times 4 = 8$ Clusteraußenelektronen in das Clusterion Re_3^{9+} der Komplexe $Re_3X_{12}^{3-}$ mit $3 \times 4 = 12$ Clusteraußenelektronen (jeweils dreiwertiges Rhenium) ist erwartungsgemäß mit einem Erhalt der Zahl 4 der ReRe-Bindungen verbunden, nur daß sich diese Bindungen in letzterem Falle auf zwei Re-Nachbarn verteilen. Entsprechendes ist von einem Übergang der *trigonalen* Clusterionen Re_3^{9+} in *oktaedrische* Clusterionen Re_6^{18+} zu erwarten (jeweils „*Einfachbindungen*" zu den vier Re-Nachbarn jedes Re-Atoms). Allerdings sind bisher Komplexe der Zusammensetzung $M_6X_{12}^{6+}$ und davon abgeleitete neutrale Trihalogenide $(MX_3)_6 = M_6X_{18}$ unbekannt (M = Tc, Re; vgl. hierzu die hexameren Dihalogenide des Molybdäns und Wolframs, S. 1473). Es existieren jedoch Chalkogenide mit den M_6^{18+}-Clustern (s. u.). Auch lassen sich durch Reduktion von TcO_4^-

[19] In den Re_3X_9-Einheiten erreicht das Rhenium nicht ganz die Radonelektronenkonfiguration von 86 Elektronen: 72 (Re^{3+}) + 4 (zwei doppelt gebundene Re-Atome) + 8 (vier X^--Liganden) = 84 Elektronen. Durch Koordination eines weiteren Liganden :L (z. B. ein :X-Ligand einer anderen Re_3X_9-Einheit oder ein :PR_3-Ligand) werden die zur Vervollständigung der Radonschale je Re-Atom erforderlichen 86 Elektronen geliefert. In analoger Weise erreicht Re in $Re_2X_8^{2-}$ nur 72 (Re^{3+}) + 4 (Vierfachbindung) + 8 ($4X^-$) = 84 Elektronen und bildet dementsprechend Addukte $Re_2X_8L_2^{2-}$.

[20] Mit überschüssigem Phosphan kann $Re_2Cl_8^{2-}$ gemäß $Re_2Cl_8^{2-} + 5PR_3 \rightarrow Re_2Cl_4(PR_3)_4 + R_3PCl_2 + 2Cl^-$ sogar zu einem Phosphankomplex, der in Substanz nicht erhältlichen **Rheniumdihalogenide ReX_2** mit zweiwertigem Rhenium reduziert werden (der ReRe-*Dreifachbindungsabstand* in $Re_2Cl_4(PR_3)_4$ beträgt 2.23–2.25 Å). Der Phosphankomplex $ReCl(PMe_3)_5$ eines **Rheniummonohalogenids ReX** mit einwertigem Re entsteht durch Reduktion von $ReCl_4(THF)_2$ mit Na/Hg in Anwesenheit von PMe_3.

mit Wasserstoff in konzentrierten Halogenwasserstoffsäuren unter geeigneten Bedingungen Halogenokomplexe der Clusterionen $Tc_6^{10+/11+/12+}$, $Tc_8^{12+/13+}$ und Tc_2^{4+} mit zweiwertigem (d^5) oder nahezu zweiwertigem Technetium darstellen: $[Tc_6X_{12}]^{2-/1-/0}$, $[Tc_8X_{12}]^{0/1+}$, und $Tc_2X_6^{2-}$ (X = Cl, Br). Die ebenfalls für zweiwertiges Rhenium zugänglichen $[M_6X_{12}]^{n-}$-Cluster enthalten *trigonal-prismatische* Metallcluster-Ionen (f), in welchen jedes M-Atom mit einem exoständigen und zwei μ_2-brückenständigen X-Atomen verknüpft ist. Die TcTc-Abstände betragen in $[Tc_6Cl_{12}]^-$ 2.16 Å für die Bindungen zwischen den Tc_3-Dreiecken bzw. 2.70 Å für die Bindungen innerhalb der Tc_3-Gruppen, was einer Verknüpfung von drei Tc_2-Einheiten mit TcTc-Dreifachbindungen über Einfachbindungen zu $(Tc_2)_3$-Clusterionen entspricht. In analoger Weise lassen sich die Komplexe mit Tc_8-Clusterionen, welche rhombisch-prismatisch strukturiert sind (trigonale Tc_6-Prismen mit gemeinsamer Rechteckfläche) im Sinne der Formulierung $(Tc_2)_4$ interpretieren (TcTc-Abstände 2.14/2.69/2.52 Å für die Rhomboederverknüpfung/Rhomboederkanten/kurze Rhomboederdiagonale). In $Tc_2X_6^{2-}$ liegen über gemeinsame X-Atome verknüpfte Tc_2X_8-Einheiten vor (gestaffelte Konformation), in deren zentralen Metallclusterionen Tc_2^{6+} die Tc-Atome durch eine *Dreifachbindung* miteinander verknüpft sind (TcTc-Abstand in $Tc_2Cl_6^{2-}$ 2.044 Å; Näheres vgl. unten bei Komplexen).

Cyanoverbindungen

Wie im Falle des Mangans existieren auch von Technetium und Rhenium keine binären Cyanide, sondern nur Cyanokomplexe (vgl. S. 1656). So reagieren wässerige $ReCl_6^{2-}$-Lösungen mit Cyanid zu *blaßgelbem*, diamagnetischem **Heptacyanorhenat(III) $[Re(CN)_7]^{4-}$** (low-spin d^4; pentagonal-bipyramidal; z. B. isolierbar als $K_4Re(CN)_7 \cdot 2H_2O$), in welchem Rhenium formal eine *Edelgaselektronenkonfiguration* (Radon) zukommt. In Anwesenheit von Boranat BH_4^- führt die Umsetzung von $ReCl_6^{2-}$ mit CN^- zu *grünem*, diamagnetischem **Hexacyanorhenat(I) $[Re(CN)_6]^{5-}$** (low-spin d^2; oktaedrisch, z. B. isolierbar als $K_5Re(CN)_6$), das ebenfalls eine Radonelektronenkonfiguration des Zentralmetalls aufweist. Es existieren auch ein analoges *grünes* Technetat **$[Tc(CN)_6]^{5-}$** und – möglicherweise – ein Technetat $[Tc(CN)_7]^{4-}$.

Radonelektronenkonfigurierte Cyanokomplexe der Zusammensetzung $[M^V(CN)_8]^{3-}$ sowie $[M^{VII}(CN)_9]^{2-}$ sind unbekannt. Es läßt sich aber der *orangefarbene* Komplex **$[Re^VO_2(CN)_4]^{3-}$** (oktaedrisch: lineare O=Re=O Gruppierung mit einem ReO-Abstand von 1.78 Å) durch Reduktion von ReO_4^- mit Hydrazin in Anwesenheit von Cyanid gewinnen. In saurem Milieu wandelt sich $[ReO_2(CN)_4]^{3-}$ auf dem Wege über $[ReO(OH)(CN)_4]^{2-}$ in $[Re_2^VO_3(CN)_8]^{4-}$ um (oktaedrisches Re; lineare Gruppierung O=Re—O—Re=O mit Re=O/Re—O-Abständen von 1.698/1.915 Å). Man kennt ferner schwefelhaltige Cyanokomplexe: *rotbraunes* $[Re_4^{IV}(\mu_3\text{-}S)_4(CN)_{12}]^{4-}$ (vierfach mit S überkapptes Re_4-Tetraeder = Re_4S_4-Würfel; ReRe-Abstand = 2.755 Å) und *blaugrünes* **$[Re_2^{IV}(\mu_2\text{-}S)_2(CN)_8]^{4-}$** ($ReS_2(CN)_4$-Oktaeder mit gemeinsamer Kante; ReRe-Abstand 2.60 Å).

Sauerstoffverbindungen

Gemäß Tab. 125 (S. 1496, vgl. auch S. 1620) kennt man bisher 3 **Oxide** des Technetiums (Tc_2O_7, TcO_3, TcO_2) und 5 des Rheniums (Re_2O_7, ReO_3, Re_2O_5, ReO_2, Re_2O_3). Noch wenig eingehend charakterisiert ist hierbei *purpurfarbenes* TcO_3 (Zwischenprodukt der Tc_2O_7-Thermolyse), *blaues* Re_2O_5 (Zwischenprodukt der elektrolytischen Reduktion von ReO_4^- in saurem Milieu) und *schwarzes* Re_2O_3 (als Trihydrat; Hydrolyseprodukt von $ReCl_3$ mit NaOH). Von den isolierbaren und unbekannten Oxiden des sieben-, sechs- und fünfwertigen Technetiums und Rheniums leiten sich **Halogenidoxide** ab (vgl. Tab. 125, Anm.[a]).

Siebenwertige Stufe. Das *beständigste* Oxid des Rheniums ist das *gelbe*, hygroskopische **Dirheniumheptaoxid Re_2O_7**. Es entsteht beim Erhitzen von Rheniumpulver oder niederen Rheniumoxiden an der Luft, schmilzt bei 300.3 °C und kann unzersetzt destilliert werden (Sdp. 360.3 °C), ist also viel *stabiler* als das *explosive* Mangan(VII)-oxid Mn_2O_7. Das dem Oxid entsprechende *hellgelbe* **Ditechnetiumheptaoxid Tc_2O_7** (Tab. 125) läßt sich wie jenes *verflüchtigen*; dies muß aber – da es beim Erhitzen auf 200–300 °C in niedere Oxide übergeht – im Sauerstoffstrom erfolgen, während für die Überführung von Re_2O_7 in niederwertige Oxide elementares Rhenium benötigt wird. In *Wasser* lösen sich die Heptaoxide unter Bildung der starken **Pertechnetiumsäure $HTcO_4$** (isolierbar in *dunkelroten* Kristallen $HTcO_4$) bzw. sehr starken **Perrheniumsäure $HReO_4$** (isolierbar in *blaßgelben* Kristallen $2HReO_4 \cdot H_2O$), deren

Salze, die **Pertechnetate(VII) TcO_4^-** bzw. **Perrhenate(VII) ReO_4^-**, auch bei der Umsetzung von Tc- bzw. Re-Verbindungen mit Oxidationsmitteln wie H_2O_2 oder HNO_3 entstehen und die zum Unterschied vom *violetten* und oxidationsfreudigen „*Permanganat*" MnO_4^- *blaßgelb* bis *farblos* sind und viel schlechtere Oxidationsmittel darstellen. In *Alkalilauge* lösen sich die Perrhenate unter Bildung von Orthoperrhenaten $[ReO_4(OH)_2]^{3-}$ (vgl. $[IO_4(OH)_2]^{3-}$); dementsprechend kennt man neben den *Metaperrhenaten* M^IReO_4 auch *Mesoperrhenate* $M^I_3ReO_5$ und *Orthoperrhenate* $M^I_5ReO_6$, die sich durch Zusammenschmelzen von ReO_4^- mit basischen Oxiden gewinnen lassen (Analoges gilt für TcO_4^-). Mit $MeN(CH_2CH_2NMe_2)_2$ = pmdta reagiert Re_2O_7 zu $[ReO_3(pmdta)]^+ReO_4^-$ mit dem donorstabilisierten ReO_3^+-Ion. Mit *Tetraphenylarsoniumchlorid* Ph_4AsCl bilden die Pertechnetate und -rhenate MO_4^- schwerlösliche Niederschläge $Ph_4As[MO_4]$, was zur „*gravimetrischen Bestimmung von Tc oder Re*" dienen kann, durch konzentrierte *Schwefelsäure* werden sie in die Heptaoxide M_2O_7 übergeführt.

Das Metapertechnetat- und -rhenation MO_4^- ist wie das Permanganation MnO_4^- tetraedrisch strukturiert (in den Meso- und Orthoformen liegt möglicherweise oktaedrisches Tc und Re vor). Die feste Pertechnetiumsäure $HTcO_4$ weist tetraedrisch koordiniertes Tc auf, während die feste Perrheniumsäure $2HReO_4 \cdot H_2O$ im Sinne der Formulierung $[O_3Re—ReO_3(OH_2)_2]$ zweikernige Moleküle mit tetra- und oktaedrisch koordinierten Re-Atomen enthält. (Eine Tendenz zur Bildung von Isopolysäuren wie bei Molybdän und Wolfram besteht nicht.) In entsprechender Weise sind im festen Re_2O_7 abwechselnd ReO_4-Tetraeder und ReO_6-Oktaeder über gemeinsame Ecken zu Doppelschichten verknüpft, während Tc_2O_7 in fester Phase in Form von $O_3Tc—O—TcO_3$-Molekülen mit tetraedrischen Tc-Atomen vorliegt. In der Gasphase bilden sowohl Tc_2O_7 als auch Re_2O_7 Moleküle aus zwei MO_4-Tetraedern mit gemeinsamer Ecke (MOM-Winkel 180°).

Daß sich die auf charge-transfer-Übergänge zurückgehende (S. 1269) *Farbe* von MO_4^- in Richtung MnO_4^-, TcO_4^-, ReO_4^- „aufhellt", beruht darauf, daß in gleicher Richtung die Oxidationstendenz der siebenwertigen Zentralmetalle abnimmt (Verschiebung des CT-Absorptionsmaximums in den nicht sichtbaren UV-Bereich). Hierbei setzt die CT-Absorption von TcO_4^- in Abhängigkeit von äußeren Einflüssen (z. B. Lokalsymmetrie) teils vor, teils nach der Grenze des sichtbaren Bereichs ein, so daß Pertechnetium-Verbindungen *rot* (z. B. festes $HTcO_4$) bis *farblos* erscheinen.

Sechswertige Stufe. Beim Schmelzen mit *Alkalihydroxiden* gehen die Perrhenate in *grüne* **Rhenate(VI) ReO_4^{2-}** über, die sich in wässeriger Lösung leichter als die Manganate MnO_4^{2-} unter Bildung von Perrhenaten und Rheniger Säure *disproportionieren*: $3Re^{VI}O_4^{2-} + 4H^+ \rightleftarrows 2Re^{VII}O_4^- + H_2Re^{IV}O_3 + H_2O$. Das den Rhenaten(VI) zugrunde liegende, elektrisch leitende *rote* **Rheniumtrioxid ReO_3** (Zersetzung 400°C), das sich zum Unterschied vom homologen Mangantrioxid isolieren läßt, kann durch Reduktion des *Heptaoxids* mit metallischem *Rhenium* bei 250°C erhalten werden. Es reagiert nicht mit *Wasser* sowie verdünnten *Säuren* oder *Alkalien*, disproportioniert aber beim Erhitzen in Re(VII)- und Re(IV)-oxid ($3ReO_3 \rightarrow Re_2O_7 + ReO_2$ bzw. beim Kochen mit konz. Alkali: $3ReO_3 + 2OH^- \rightarrow 2ReO_4^- + ReO_2 + H_2O$) und bei noch stärkerem Erhitzen in Re_2O_7 und Re.

Die *Struktur* des Rhenium(VI)-oxids (**ReO_3-Struktur**) ist sehr einfach und besteht aus lauter ReO_6-Oktaedern, die gemäß Fig. 302a über gemeinsame Ecken nach allen drei Richtungen des Raums hin mit anderen ReO_6-Oktaedern verknüpft sind. Die Struktur geht aus der des Perowskits $CaTiO_3$ hervor, wenn man aus letzterem die Ca^{2+}-Ionen entfernt, die sich jeweils im Mittelpunkt des in Fig. 302a wiedergegebenen Würfels zwischen den 8 MO_6-Oktaedern befinden.

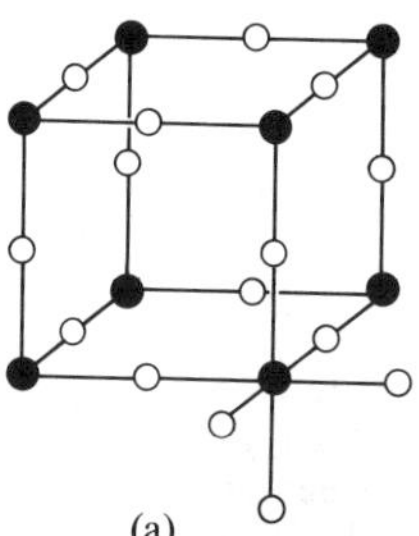

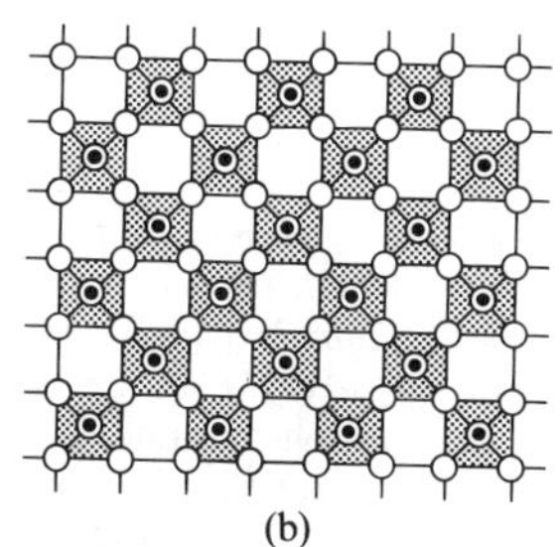

○ = Sauerstoff ● = Rhenium

Fig. 302 Rheniumtrioxid-Struktur. (a) Räumlicher Ausschnitt (jedes Re-Atom ist – wie rechts unten angedeutet – oktaedrisch von O-Atomen umgeben). (b) Sicht auf eine Oktaederschicht (entsprechende Schichten liegen unter- und oberhalb der gezeichneten Schicht; die Schichten sind über gemeinsame Oktaederecken verknüpft).

Vierwertige Stufe. Das *schwarze* leicht aus TcO_4^- und Zn/HCl zugängliche **Technetiumdioxid TcO_2** entsteht als stabilstes Oxid beim Erhitzen aller Tc-oxide auf genügend hohe Temperaturen an der Luft, wogegen das *braunschwarze*, wasserlösliche, durch Umsetzung von Re_2O_7 mit Re bei 600 °C gewinnbare **Rheniumdioxid ReO_2** beim Erhitzen auf 900 °C in Umkehrung seiner Bildung in Re_2O_7 und Re zerfällt. Beide Oxide weisen analog MoO_2 eine verzerrte Rutilstruktur auf. Beim Schmelzen mit *Alkalihydroxiden* geht ReO_2 in **Rhenate(IV) ReO_3^{2-}** („*Rhenite*") über. Auch bildet es mit Metalloxiden $M^{II}O$ Doppeloxide $M^{II}ReO_3$ von Perowskitstruktur.

Schwefel-, Selen- und Stickstoffverbindungen

Technetium und Rhenium bilden *schwarze* **Heptasulfide** und **-selenide M_2Y_7**, die beim Einleiten von *Schwefel-* bzw. *Selenwasserstoff* in saure Pertechnetat- und Perrhenatlösungen ausfallen, ferner *schwarze* **Disulfide** und **-selenide MY_2**, die sich bei der thermischen Zersetzung der Heptasulfide und -selenide bzw. beim Erhitzen der Elemente mit Schwefel oder Selen als stabilste Schwefel- und Selenverbindungen bilden. In TcS_2, $TcSe_2$, und ReS_2 liegen die Metallatome in trigonal-prismatischen Lücken zwischen Schwefelatomschichten AA oder BB (Schichtenfolge AABBAABB...; jede Schicht dichtest-gepackt), in $ReSe_2$ sind die Re-Atome oktaedrisch von Se-Atomen koordiniert.

Leitet man H_2S in neutrale Rhenatlösungen, so bildet sich auf dem Wege über das *gelbe* ReO_3S^--Ion, das *orangefarbene* $ReO_2S_2^-$-Ion und das *rote* $ReOS_3^-$-Ion letztendlich das *rotviolette* **Thiorhenat(VII) ReS_4^-** (analoge Ionen existieren wohl vom siebenwertigen Tc).

Von Interesse sind ferner die durch Reaktion von ReO_4^- mit Re und ReS_2 in Anwesenheit von $SrCO_3$ oder $BaCO_3$ entstehenden *roten, diamagnetischen* **Thiorhenate(III) $M_2^{II}Re_6^{III}S_{11}$**, welche $[Re_6S_8]^{2+}$ Einheiten (g) mit Re_6-Oktaedern enthalten (ReRe-Abstände um 2.6 Å; vgl. W_6Br_8-Einheit in WBr_3, S. 1174). Letztere sind über Sulfid S^{2-} nach allen drei Raumrichtungen miteinander verknüpft, was der Formulierung $\{[Re_6(\mu_3\text{-}S)_8](\mu_2\text{-}S)_{6/2}\}^{4-}$ entspricht. Da der Re_6^{18+}-Metallcluster $6 \times 4 = 24$ Valenzelektronen aufweist, kommen jeder der 12 ReRe-Bindungen 2 Elektronen zu; die Außenelektronenzahl jedes Re-Atoms entspricht dann: $4(Re^{3+}) + 4$ (vier Re-Nachbarn) $+ 8$ ($4\ \mu_3$-S) $+ 2$ (μ_2-S) $= 18$. Zwei bzw. vier der S^{2-}-Ionen, welche die $[Re_6S_8]$-Einheiten verbinden, lassen sich durch Disulfid S_2^{2-} ersetzen, was zu Formeln **$Re_6S_{12}^{4-}$** bzw. **$Re_6S_{13}^{4-}$** führt. Man kennt auch entsprechende *schwarze* **Thiotechnetate(III) $[Tc_6S_{12}]^{4-}$** und **$[Tc_6S_{13}]^{4-}$**. Als Beispiele für *polysulfidhaltige Thiorhenate* seien genannt: $[Re_4^{III}S_4(S_3)_6]^{4-}$ (h) und $[Re^VS(S_4)_2]^-$ (i).

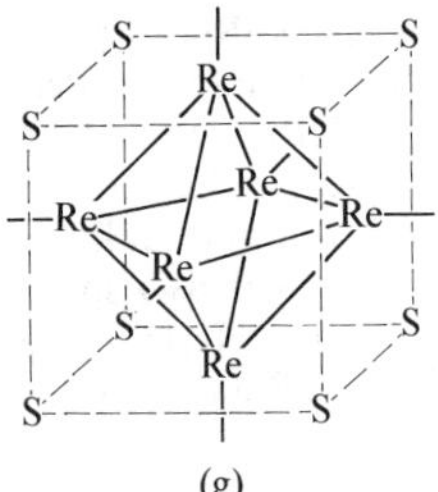

(g)

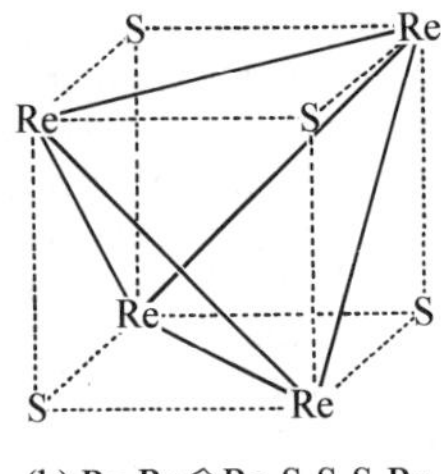

(h) Re-Re ≙ Re-S-S-S-Re

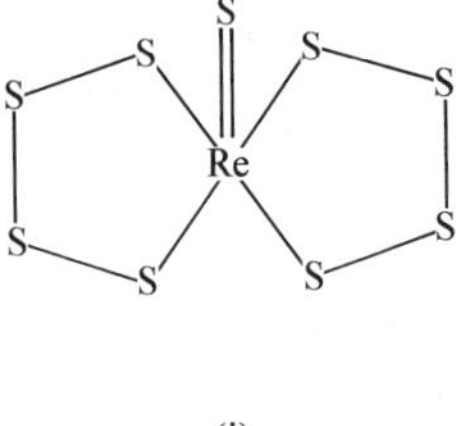

(i)

Technetium und Rhenium bilden eine Reihe von Verbindungen, in denen die Elemente mit Stickstoff einfach, zweifach und sogar dreifach verknüpft sind. So entsteht bei der Einwirkung von KNH_2 auf Re_2O_7 in flüssigem Ammoniak das **Nitridorhenat(VII) $[N{\equiv}ReO_3]^{2-}$** (tetraedrischer Bau)[21], und bei der Umsetzung von $ReCl_5$ mit NCl_3 *Rheniumtetrachloridnitrid* **$N{\equiv}ReCl_4$** (quadratisch-pyramidaler Bau). ReN-Doppelbindungen enthalten z.B. das PPh_3-Addukt von **$ArN{=}ReCl_3$** oder **$Tc_2({=}NAr)_6$** (TcTc-Bindung).

Technetium- und Rheniumkomplexe

Klassische Komplexe. Komplexe des Technetiums und Rheniums ohne Metallclusterzentren sind nicht sehr zahlreich und beschränken sich bei den *höheren Oxidtionsstufen* (> 3) im wesentlichen auf einige *Hydridokomplexe* (vgl. z.B. $M^{VII}H_9^{2-}$), *Halogenokomplexe* (vgl. z.B. $Re^{VII}F_8^-$, $M^{IV}X_6^{2-}$), *Cyanokomplexe* (vgl. z.B. $Re^{IV}(CN)_7^{3-}$) und *Oxokomplexe* (vgl. MO_4^{n-}). Ferner kennt man gemischte Komplexe wie $[Re^VOCl_5]^{2-}$ (oktaedrisch), $[Re^VOX_4]^-$ (quadratisch-pyramidal), $[Cl_5Re^{IV}{-}O{-}Re^{IV}Cl_5]^{4-}$ (ReORe-Winkel = 180 °C). Bemerkenswert ist, daß höherwertiges (insbesondere fünfwertiges) Rhenium zu Sauerstoff vielfach *doppelte* Bindungen ausbildet und in Form der donorstabilisierten linearen Gruppen $[Re{=}O]^{3+}$, $[O{=}Re{=}O]^+$ oder $[O{=}Re{-}O{-}Re{=}O]^{4+}$ vorliegt. Bezüglich der donorstabilisierten

---

21 In den Komplexen $[NMo^{VI}O_3]^{3-}$, $[NRe^{VII}O_3]^{2-}$ und $[NOs^{VIII}O_3]^-$ weisen die Zentralatome Edelgaskonfiguration auf (Xe bzw. Rn).

Re≡N- und Re=N-Gruppen s. oben, bezüglich der Frage der Oxidationsstufe von Re in *Dithiolatkomplexen* $[Re(S_2C_2R_2)_3]$ S. 1212. In den *niedrigeren Oxidationsstufen* (≤ 3) existieren zudem viele *Phosphan-, Arsan-, Isonitril-* und *Cyanokomplexe* (vgl. S. 1492). Erwähnt seien in diesem Zusammenhang auch Komplexe mit end-on gebundenem *molekularem Stickstoff* wie z.B. $[Re^{I}Cl(PR_3)_4(N_2)]$, $[Re^{II}Cl(PR_3)_4(N_2)]^+$ oder $[Re^{III}H_2(PR_3)_4(N_2)]^+$.

Nichtklassische Komplexe („*Metallcluster*", vgl. S. 1617). Von *zwei- bis vierwertigem* Technetium und Rhenium sind viele Komplexe mit Clustern aus zwei, drei, sechs und sogar acht Metallatomen bekannt. Die M_3-, M_6-, und M_8-Clusterverbindungen wurden bereits im Zusammenhang mit den Halogenverbindungen eingehender besprochen. Die beiden Metallatome der **Ditechnetium-** und **Dirheniumcluster** $\mathbf{M_2^{n+}}$ können einfach, doppelt, dreifach oder vierfach aneinander gebunden sein. Und zwar ergibt sich die *Bindungsordnung* gemäß dem auf S. 1617 und 1456 im Zusammenhang mit der LCAO-Methode und den Dichrom(II)-Komplexen Besprochenen aus der Zahl der besetzten bindenden σ-, π_x-, π_y- und δ- sowie antibindenden σ^*-, π_x^*-, π_y^*- und δ^*-Molekülorbitale der M_2-Gruppe (jedes Elektron in einem bindenden bzw. antibindenden MO führt zu einer halben Bindung bzw. zum Abzug einer halben Bindung). Es folgt dann für Tc_2- und Re_2-Clusterionen unterschiedlicher Oxidationsstufen (vgl. auch S. 1475, 1545, 1571, 1600):

Ion (Außenelektronen)	$M_2^{4+}(10e^-)$	$M_2^{5+}(9e^-)$	$M_2^{6+}(8e^-)$	$M_2^{8+}(6e^-)$
Elektronenkonfiguration	$\sigma^2\pi^4\delta^2\delta^{*2}$	$\sigma^2\pi^4\delta^2\delta^{*1}$	$\sigma^2\pi^4\delta^2$	$\sigma^2\pi^4$
Bindungsordnung	3.0	3.5	4.0	3.0
Beispiele	$[Re_2Cl_4(PR_3)_4]$	$[Re_2Cl_5(PR_3)_3]$	$[Re_2Cl_8]^{2-}$	$[Re_2Cl_9]^-$

Die Komplexe des Typs $[Re_2^{II}Cl_4(PR_3)_4]$ bzw. $[Re_2^{II}Cl_4(R_2PCH_2CH_2PR_2)_2]$ mit einer **Dreifachbindung** weisen hierbei die im Formelbild (k) bzw. (l) wiedergegebene *ekliptische* bzw. *gestaffelte* Konformation auf. Auf Lücke stehen auch die Cl-Atome im Chlorokomplex $Tc_2^{II}Cl_6^{2-}$, der sich aus Tc_2Cl_8-Einheiten mit gemeinsamen Cl-Atomen aufbaut (TcTc-Abstand = 2.044 Å). Bezüglich der Struktur des Komplexes $[Re_2^{IV}X_9]^-$ mit ReRe-Dreifachbindung vgl. Formelbild (d)[22]. Komplexe des Typs $[M_2^{III}X_8]^{2-}$ (M = Tc, Re; X = Halogen, Methyl) oder $[M_2^{III}(O_2CR)_4X_2]$ mit einer **Vierfachbindung** (ReRe-Abstände ≈ 2.24 Å bzw. TcTc-Abstände ~ 2.17 Å)[23] haben ausschließlich die ekliptische Konfiguration (m) bzw. (n).

(k) (l) (m) (n)

Organische Technetium- und Rheniumverbindungen[24]

Rhenium bildet anders als Mangan nicht nur in der *zweiwertigen*, sondern auch in der *drei-* bis *siebenwertigen* Stufe organische Verbindungen, die zudem im Unterschied zu den blaßgelben Manganorganylen vielfach *farbenprächtig* sind. Analoges gilt wohl auch für Technetium, doch wurden dessen organische Verbindungen bisher noch wenig intensiv studiert. Vgl. hierzu S. 1628f.

---

22 Bei Vorliegen einer $\sigma^2\pi^4$- bzw. $\sigma^2\pi^4\delta^2\delta^{*2}$-Elektronenkonfiguration sind die ML_n-Hälften der Verbindungen M_2L_{2n} anders als bei Vorliegen einer $\sigma^2\pi^4\delta^2$-Elektronenkonfiguration frei gegeneinander verdrehbar, so daß sterische Effekte die Konformation der Komplexe maßgeblich beeinflussen.

23 Daß sich die Bindungsabstände beim Übergang von M≡M nach M≣M nicht deutlich verkürzen (Re) bzw. sogar verlängern (Tc), hängt damit zusammen, daß die Erhöhung der Metallatomladung (hier von M^{2+} nach M^{3+}) allgemein mit einer Schwächung der σ- und/oder π-Bindungen verbunden ist (vgl. die Länge der ReRe-Bindung in $Re_2^{IV}Cl_9^-$ von 2.70 Å). Eine Schwächung der δ-Bindung ist in der Regel die Folge der Addition zusätzlicher Liganden an $[M_2X_8]^{2-}$ ($\rightarrow [M_2X_8L_2]^{2-}$), da deren Elektronenpaare u.a. mit den δ^*-MOs in Wechselwirkung treten und diese mit Elektronen „füllen".

24 **Literatur.** N.M. Boag, H.D. Kaesz: „*Technetium and Rhenium*", Comprehensive Organomet. Chem. **4** (1982) 161–242; GMELIN: „*Organorhenium Compounds*", Syst.-Nr. **70**, bisher 2 Bände; HOUBEN-WEYL: „*Organische Rheniumverbindungen*", **13/9** (1984/86); G. Bandoli et al.: „*Crystal Structures of Technetium Compounds*", Coord. Chem. Rev. **44** (1982) 191–227; W.A. Herrmann: „*Organometallchemie in hohen Oxidationsstufen, eine Herausforderung*

Rheniumorganyle. Organische Verbindungen des zweiwertigen Rheniums, die **Rheniumdiorganyle R_2Re**, existieren offensichtlich nur in Form von Addukten mit geeigneten Donoren. Beispielsweise läßt sich ein *Phosphankomplex* $Ph_2Re(PR_3)_2$ (polymer) und ein *Stickstoffkomplex* $\{(Me_3SiCH_2)_2Re\}_2N_2$ (*purpurfarben*) gewinnen. Selbst ein *Cyclopentadienylkomplex* Cp_2Re ist nicht als solcher, sondern bisher nur in Form des Hydrids Cp_2ReH mit dreiwertigem Rhenium zugänglich (zueinander geneigte η^5-gebundene Cp-Ringe; man kennt einen entsprechenden Tc-Komplex Cp_2TcH)[25]. **Rheniumtriorganyle R_3Re** (z. B. *rotes*, diamagnetisches „*Trimethylrhenium*" Me_3Re) bilden sich auf dem Wege über R_2ReCl (z. B. *blaues*, diamagnetisches „*Dimethylrheniumchlorid*" Me_2ReCl) durch Reaktion von RLi oder RMgX mit Rheniumtrichlorid. Die Verbindungen liegen ähnlich wie $ReCl_3$ in *trimeren Formen* (o) vor. Das sich von Me_3Re ableitende „*Tetramethylrhenat(III)*" $ReMe_4^-$ (gewinnbar durch Reaktion von $ReCl_5$ und MeLi) ist analog $ReCl_4^-$ dimer: $[Me_4Re{\equiv}ReMe_4]^{2-}$ (*rot, diamagnetisch*, vgl. Formel (m)). Die Einwirkung von R_2Mg auf $ReCl_4(THF)_2$ führt zu *dunkelbraunen*, schwach *paramagnetischen* **Rheniumtetraorganylen R_4Re** (trimer), die Einwirkung von Me_3Al auf Me_4ReO (s. u.) zum *grünen, paramagnetischen* **Rheniumhexaorganyl Me_6Re** (explosiv)[26]. *Rheniumpentaorganyle* R_5Re (vgl. Reaktion von $ReCl_5$ mit MeLi) sowie *Rheniumheptaorganyle* R_7Re sind unbekannt.

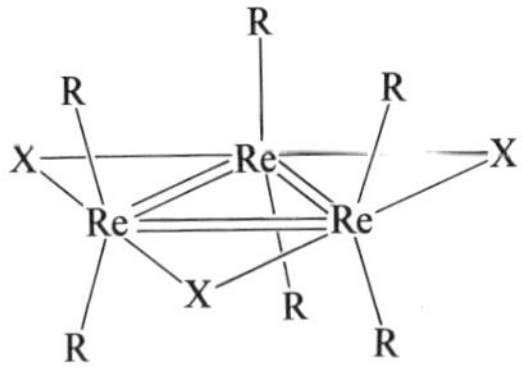

(o) (X z.B. Cl, R) 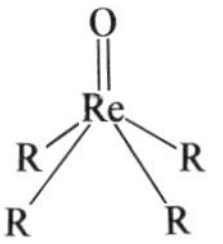 (p) 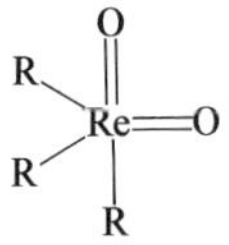 (q) 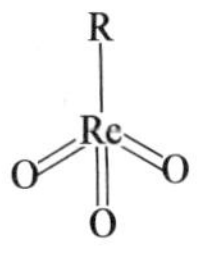 (r)

Oxoderivate. Kinetisch stabiler als die erwähnten rheniumorganischen Verbindungen verhalten sich deren *Oxoderivate*. So ist etwa das Methylderivat unter den „*Tetraorganylrheniummonoxiden*" **R_4ReO** (p) (gewinnbar aus $ReOCl_4$ und RLi), das sich von *zersetzlichem* Me_6Re durch Ersatz zweier Me-Gruppen gegen ein O-Atom ableitet, bis 200 °C *stabil*; auch lassen sich stabile „*Triorganylrheniumdioxide*" **R_3ReO_2** (q) sowie „*Organylrheniumtrioxide*" **$RReO_3$** (r) der in Substanz unbekannten Heptaorganyle R_7Re z. B. durch Oxidation von R_4ReO (R = Me) gewinnen[27].

Die Darstellung der *farblosen* **Organylrheniumtrioxide** (man kennt auch $RTcO_3$) kann bequem durch *Organylierung* von Re_2O_7 mit R_4Sn oder R_2Zn erfolgen, z. B.:

$$Re_2O_7 \xrightarrow[-\,Me_3SnOReO_3]{+\,Me_4Sn} MeReO_3; \qquad 2\,Re_2O_7 \xrightarrow[-\,Zn(ReO_4)_2]{+\,Cp_2Zn} 2(\eta^5\text{-}C_5H_5)ReO_3$$

Noch effizienter verläuft die Umsetzung von Ac^FOReO_3 (aus Re_2O_7 und Ac^F_2O in 99% Ausbeute; $Ac^F = CF_3CO$) mit Zinntetraorganylen: $Ac^FOReO_3 + RSnBu_3 \rightarrow RReO_3 + Ac^FOSnBu_3$.

Besonders charakteristisch für $RReO_3$ ist die Lewis-Acidität der Verbindungen. So löst sich „*Methylrheniumtrioxid*" $MeReO_3$ (*farblos*; luftstabil; sublimierbar bei 25 °C im Vakuum; in organischen Medien löslich; Zers. > 200 °C) in *Wasser* mit saurer Reaktion (s)[28], in *Basen* unter Methanentwicklung ($CH_3ReO_3 + OH^- \rightarrow [CH_3ReO_3(OH)]^- \rightarrow CH_4 + ReO_4^-$), in *Wasserstoffperoxid* unter Bildung eines Diperoxids (t), in *Pyridin* unter Koordination des Donors (u). Weniger Lewis-acid als $MeReO_3$ wirkt

– *das Beispiel Rhenium*", Angew. Chem. **100** (1988) 1269–1286; Int. Ed. **27** (1988) 1297; „*The Methylene Bridge: A Challenge to Synthetic, Mechanistic and Structural Organometallic Chemistry*", Pure and Appl. Chem. **54** (1982) 65–82; „*The Methylene Bridge*", Adv. Organomet. Chem. **20** (1982) 159–263; „*Low and High Oxidation States in Organometallic Chemistry*", Comments on Inorg. Chem. **7** (1988) 73–107; „*Stand und Aussichten der Rhenium-Chemie in der Katalyse*", J. Organomet. Chem. **383** (1990) 1–18.

25 **Niedrige Oxidationsstufen** nehmen Tc und Re u. a. in *Cyanokomplexen* (s. dort), *Carbonylkomplexen* sowie *Isonitrilkomplexen* ein, z. B. $[M^I(CN)_6]^{5-}$, $[M^0_2(CO)_{10}]$, $[M^I(CNR)_6]^+$. Näheres vgl. S. 1629.

26 Als einzige Hexamethyle kennt man bisher Me_6W, Me_6Re und Me_6Tc. Ladungsneutrale metallorganische Verbindungen mit mehr als sechs Organylgruppen existieren nicht; allerdings ist das Anion $[Me_8Re]^{2-}$ mit quadratisch-antiprismatischer Struktur bekannt.

27 Die *kinetische Stabilisierung* metallorganischer Verbindungen mit Metallen in hohen Wertigkeiten durch O-Liganden beruht auf deren σ- und π-Donorwirkung: $[M \leftarrow \ddot{O}: \leftrightarrow M \leftrightarrows \ddot{O}: \leftrightarrow M \Lleftarrow O:]$ (Verringerung der positiven Metallladung). Da die NR-Gruppe einen besseren π-Donator als das O-Atom darstellt: $[M \leftrightarrows \ddot{N}R \leftrightarrow M \Lleftarrow NR]$, ist die kinetische Stabilität von **Imidoderivaten $RRe(NR)_3$** höher als die der Oxoderivate $RReO_3$ (z. B. zerfällt $EtReO_3$ oberhalb 0 °C, $EtRe(NR)_3$ mit $R = 2,6\text{-}C_6H_3{}^iPr_2$ bis 200 °C nicht). Anders als σ-/π-Donorliganden stabilisieren σ-Donor/π-Akzeptorliganden wie CO, CN^-, CNR niedrige Metallwertigkeiten[25].

28 Aus $MeReO_3$-Lösungen fällt langsam *blauviolettes*, unter Druck depolymerisierendes $(MeReO_3)_x$, das Spuren Re(VI) enthält, aus (unlöslich in organischen Medien, elektrischer Leiter).

„*Cyclopentadienylrheniumtrioxid*“ $CpReO_3$ (*gelb*; luftstabil; sublimierbar bei 50 °C im Vakuum; in organischen Medien löslich; Zers. > 130 °C) infolge der π-Donorbindung durch den η^5-gebundenen Cp-Rest.

(s) (t) (u)

Verwendung. *Methylrheniumtrioxid* $MeReO_3$ (gegebenenfalls auf sauren Trägern wie Al_2O_3/SiO_2 verankert) wirkt unter milden Bedingungen in CH_2Cl_2 oder C_6H_5Cl als *Katalysator* bei der **Olefinmetathese** (1), der **Olefinepoxidation** (2) und der **Aldehydolefinierung** (3), z. B.:

$$2H_2C{=}CHX \xrightleftharpoons[\text{COOR, CN}]{\text{X z.B. R, CH}_2\text{Hal, CH}_2\text{OR}} H_2C{=}CH_2 + XHC{=}CHX \qquad (1)$$

$$R_2C{=}CR_2 \xrightarrow{(H_2O_2)} R_2C\overset{O}{\diagup\diagdown}CR_2 \xrightarrow{(H_2O)} HO{-}CR_2{-}CR_2{-}OH \qquad (2)$$

$$RHC{=}O + N{=}N{=}CR'_2 \xrightarrow[-N_2,\; -R''_3PO]{+PR''_3} RHC{=}CR'_2 \qquad (3)$$

Die Bildung der Epoxide (2), die sich in *trans*-1,2-Dihydroxyalkane umwandeln lassen[29], verläuft über den Diperoxo-Komplex (t), der mit $R_2C{=}CR_2$ zu Epoxiden und einen – seinerseits mit H_2O_2 in (t) zurückverwandelbaren – Monoperoxo-Komplex abreagiert.

3 Das Eka-Rhenium (Element 107)[30]

Die deutsche Arbeitsgruppe um P. Armbruster und G. Münzenberg aus dem Bereich Kernchemie II der Gesellschaft für Schwerionenforschung (GSI) in Darmstadt berichtete 1981 über ein Nuklid des Elements *Eka-Rhenium* (Ordnungszahl 107), das beim Beschuß von *Bismutfolie* mit *Chromkernen* gemäß

$$^{209}_{83}\text{Bi} + ^{54}_{24}\text{Cr} \rightarrow \{^{263}_{107}\text{Eka-Re}\} \xrightarrow{10^{-14}\,\text{s}} {}^{262}_{107}\text{Eka-Re} + \text{n}$$

entsteht. Bei einwöchigem Beschuß wurden auf diese Weise *sechs Atome* des neuen Elements erzeugt[31]. $^{262}_{107}$Eka-Re ist ein α-Strahler und zerfällt in durchschnittlich 8.0 Millisekunden in $^{258}_{105}$Eka-Ta (α-Strahler, Halbwertszeit 4.3 s):

$$^{262}_{107}\text{Eka-Re} \xrightarrow[13\,\text{ms}]{-\alpha} {}^{258}_{105}\text{Eka-Ta} \xrightarrow[3.65\,\text{s}]{-\alpha} {}^{254}_{103}\text{Lr}\,.$$

$^{254}_{103}$Lr verwandelt sich im Zuge weiterer α- und γ-Zerfälle schließlich in $^{246}_{89}$Cf (S. 1797). Einschließlich des erwähnten und weiterer gewonnener Nuklide des Elements 107, das zu Ehren von Niels Bohr auf Vorschlag des Darmstädter Forscherteams bzw. der IUPAC-Kommission **Nielsbohrium (Ns)** bzw. **Bohrium (Bh)** heißen soll[30], kennt man von **$_{107}$Eka-Rhenium** bisher *drei Isotope* mit den Massenzahlen 261 ($\tau_{1/2}$ = 11.8 ms), 262 ($\tau_{1/2}$ = 8.0 sowie 102 ms) und 264 ($\tau_{1/2}$ = 0.44 s; jeweils α-Zerfall).

29 Isovalenzelektronisches OsO_4 wirkt anders als $MeReO_3$ nach einem Cycloadditionsmechanismus und führt Olefine in *cis*-1,2-Dihydroxyalkane über (vgl. S. 1541).

30 Vgl. S. 1392 sowie Anm.[16,17] auf S. 1418.

31 Möglicherweise sind einige Atomkerne des Elements 107 schon zuvor durch Y. T. Oganessian in Dubna gewonnen worden; die Entdeckung der russichen Arbeitsgruppe ist aber außerhalb Rußlands umstritten.

Kapitel XXIX

Die Eisengruppe

Die *Eisengruppe* (8. Gruppe bzw. 1 Spalte der VIII. Nebengruppe des Periodensystems) umfaßt die Elemente *Eisen* (Fe), *Ruthenium* (Ru), *Osmium* (Os) und *Eka-Osmium* (Element 108; nur künstlich in einzelnen Atomen erzeugbar). Am Aufbau der *Erdhülle* sind die Metalle Fe, Ru und Os mit 4.7 bzw. 1×10^{-6} bzw. 5×10^{-7} Gew.-% beteiligt (Massenverhältnis rund $10^7 : 2 : 1$).

Man faßt die auf die Mangangruppe (Mn, Tc, Re, Eka-Re) folgenden drei vertikalen Spalten der Elemente, nämlich die *Eisengruppe* (Fe, Ru, Os, Eka-Os; ohne Eka-Os: *Eisentriade*), *Cobaltgruppe* (Co, Rh, Ir, Eka-Co; ohne Eka-Co: *Cobalttriade*) und *Nickelgruppe* (Ni, Pd, Pt, Eka-Pt; ohne Eka-Pt: *Nickeltriade*) zur **VIII. Nebengruppe** des Periodensystems zusammen und ordnet sie damit der **VIII. Hauptgruppe** zu. Allerdings haben VIII. Haupt- und Nebengruppe nur noch insofern eine gewisse Beziehung zueinander, als erstere die *Edelgase* (He, Ne, Ar, Kr, Xe, Rn), letztere die *Edelmetalle* (Ru, Os, Rh, Ir, Pd, Pt) enthält. Im übrigen sind aber die Eigenschaften der beiden Elementfamilien ganz *verschieden*, da es sich bei der VIII. Hauptgruppe um gasförmige *Nichtmetalle*, bei der VIII. Nebengruppe um feste *Metalle* handelt, unter denen die jeweiligen Kopfelemente sogar *unedlen Charakter* aufweisen (das Kopfelement der VIII. Hauptgruppe, Helium, ist besonders edel!).

Wegen vieler Ähnlichkeiten der Elemente in den horizontalen Reihen der VIII. Nebengruppe (z. B. Dichten, Smp., Sdp., Radien, Atomisierungsenergien; vgl. Tafel IV) faßt man vielfach auch diese zu Elementgruppen zusammen und bezeichnet sie als *Eisengruppe* (Fe, Co, Ni), Gruppe der *leichteren Platinmetalle* (Ru, Rh, Pd; *d* ca. 12 g/cm^3) und Gruppe der *schwereren Platinmetalle* (Os, Ir, Pt; *d* ca. 22 g/cm^3). Die sechs Edelmetalle Ru, Os, Rh, Ir, Pd, Pt werden in ihrer Gesamtheit zu den *Platinmetallen* gezählt (der sinnvollere Name „Eisenmetalle“ für die drei Elemente Fe, Co, Ni ist unüblich; die senkrechten Gruppen der Platinmetalle werden auch als Osmium-, Iridium- und Platingruppe bezeichnet).

	Eisengruppe (bzw. *-triade*)	**Cobaltgruppe** (bzw. *-triade*)	**Nickelgruppe** (bzw. *-triade*)	
Eisengruppe	Fe	Co	Ni	**Eisenmetalle**
Leichte Platinmetalle	Ru	Rh	Pd	**Platinmetalle**
Schwere Platinmetalle	Os	Ir	Pt	
	8. Gruppe	**9. Gruppe**	**10. Gruppe**	
		(VIII. Nebengruppe)		

1 Das Eisen[1)]

1.1 Elementares Eisen

1.1.1 Vorkommen

Das Eisen ist nach dem Aluminium das *zweithäufigste Metall* und am Aufbau der *Erdhülle* als *vierthäufigstes Element* überhaupt mit 4.7 Gew.-% beteiligt (S. 62). Es tritt in der *„Lithosphäre“* meist **gebunden** in Form von **Oxiden, Sulfiden** und **Carbonaten** auf. Und zwar enthalten die aus dem *Magma* (S. 1776) abgeschiedenen Gesteine das Eisen in der Regel in *zweiwertiger Form*, während die *Verwitterungsprodukte* meist *dreiwertiges* Eisen aufweisen. Die *roten*, *braunen* und *gelben* Farbtöne des Erdbodens rühren von Fe_2O_3 bzw. $Fe_2O_3 \cdot xH_2O$ her. In **gediegenem** Zustande findet sich Eisen auf der Erde nur selten (z. B. in „*Eisenmeteoriten*" neben etwas Ni und anderen Metallen). Dagegen besteht der „*Erdkern*" (S. 63) mit einem Radius von 3500 km (mehr als die Hälfte des gesamten Erdradius) aus etwa 86% Fe (besonders beständiges Element nach der Bindungsenergie-Kurve, S. 1235) neben 7% Ni, 1% Co, 6% S. Ebenso enthalten die „*Fixsterne*" nach ihren Spektren viel Eisen, und auch die vielen Eisenmeteoriten zeugen davon, daß das Metall im gesamten Sonnensystem häufig vorkommt. Wichtig ist ferner das Vorkommen des Eisens in der „*Biosphäre*" (vgl. Physiologisches).

Die wichtigsten Erze[2] auf der Erde sind: (i) Der dem Chromeisenstein $FeCr_2O_4$ (= „$FeO \cdot Cr_2O_3$") entsprechende **Magneteisenstein Fe_3O_4** (= „$FeO \cdot Fe_2O_3$"; „*Magnetit*"). Er enthält bei den wirtschaftlich nutzbaren Erzen 45–70% Eisen und kommt in riesigen Lagern in Nord- und Mittelschweden, in Norwegen, im Ural, in Nordafrika und in den Vereinigten Staaten vor. Da die Bundesrepublik Deutschland nur wenig Magneteisenstein besitzt, führt sie große Mengen aus Schweden ein. – (ii) Der **Roteisenstein Fe_2O_3** enthält bei den wirtschaftlich genutzten Erzen 40–65% Eisen und kommt in verschiedenen Erscheinungsformen als „*Eisenglanz*", „*roter Glaskopf*"[3], „*Hämatit*" und eigentlicher „*Roteisenstein*" vor. Das größte Roteisensteinlager findet sich am Oberen See in Nordamerika und liefert $\frac{3}{4}$ des Erzbedarfs für die amerikanische Eisenerzeugung. In der Bundesrepublik Deutschland kommen größere Roteisensteinlager in den Gebieten an der Lahn und Dill vor. Größere Mengen exportieren auch Spanien und Nordamerika. Der **Brauneisenstein $Fe_2O_3 \cdot xH_2O$** (x ca. 1.5) ist das verbreitetste Eisenerz und enthält bis zu 60% Eisen. Wichtige Brauneisensteinlager liegen in Lothringen in der Gegend von Metz und Diedenhofen und zeichnen sich durch einen hohen Gehalt an *Phosphor* aus (in der „*Minette*" z. B. enthalten als „*Vivianit*" $Fe_3(PO_4)_2 \cdot 8H_2O$). Zwei deutsche Lager liegen bei Salzgitter und Peine in der Gegend von Hildesheim. Hüttenmännisch wichtige Abarten des Brauneisensteins sind z. B. der „*Limonit*"[4] und der „*braune Glaskopf*"[5]. – (iii) Der **Spateisenstein $FeCO_3$** („*Siderit*") enthält 25–40% Eisen und findet sich in Deutschland vor allem im Siegerland. Eine Besonderheit bildet der Erzberg bei Eisenerz in der Obersteiermark, an dem ein Spateisenstein mit 40% Eisen im Tagebau gewonnen wird. Abarten des Spateisensteins sind der „*Toneisenstein*" (Gemenge von Spateisenstein, Ton und Mergel) und der „*Kohleneisenstein*" (kohlendurchsetzer Spateisenstein). – (iv) Der **Eisenkies FeS_2** („*Schwefelkies*", „*Pyrit*") wird bei uns namentlich aus Spanien eingeführt und dient hauptsächlich zur Gewinnung von Schwefelsäure (S. 582). Die dabei anfallenden, 60–65% Eisen enthaltenden „*Kiesabbrände*" stellen ein Material zur Eisengewinnung dar. Eine seltenere FeS_2-Form ist der unbeständigere „*Markasit*", der sich an der Luft verhältnismäßig leicht zu $FeSO_4$ oxidiert. – (v) Der **Magnetkies $Fe_{1-x}S$** („*Pyrrhotin*", vgl. „*Wüstit*" $Fe_{1-x}O$, S. 1521), der fast immer Cobalt- und Nickel-haltig ist und daher für die Cobalt und Nickelgewinnung von Bedeutung ist. – (vi) Die kupferhaltigen Eisenerze **Kupferkies $CuFeS_2$** („*Chalkopyrit*") und **Buntkupfererz Cu_3FeS_3** („*Bornit*").

Isotope (vgl. Anh. III). *Natürliches* Eisen besteht aus den Isotopen $^{54}_{26}Fe$ (5.8%), $^{56}_{26}Fe$ (91.7%), $^{57}_{26}Fe$ (2.2%; für *NMR-Untersuchungen*) und $^{58}_{26}Fe$ (0.3%). Die *künstlichen* Nuklide $^{52}_{26}Fe$ (β^+-Strahler, Elektroneneinfang: $\tau_{1/2} = 8.2$ Stunden), $^{55}_{26}Fe$ (Elektroneneinfang: $\tau_{1/2} = 2.6$ Jahre), $^{59}_{26}Fe$ (β^-Strahler, $\tau_{1/2} = 45.1$ Tage) werden als *Tracer*, $^{55}_{26}Fe$ und $^{59}_{26}Fe$ zudem in der *Medizin* genutzt.

Geschichtliches. Das Eisen war schon in den ältesten historischen Zeiten (vor ca. 6000 Jahren) als Meteoreisen *bekannt* und wird schon seit 3000 v. Chr. wie heute durch Erhitzen von Eisenerzen mit Kohle dargestellt (erste Hochöfen im 14. Jahrhundert). Die Kunst des Eisenschmelzens und der Eisenverarbeitung war den Hethitern in Kleinasien wohl seit 3000 v. Chr. bekannt und wurde als Geheimnis gehütet. Mit dem Verfall des hethitischen Reichs ab ca. 1200 v. Chr. konnte sich das Wissen über Eisen ausbreiten; es begann die „*Eisenzeit*". Der *Name* Eisen leitet sich von der gotischen Bezeichnung „isarn" für festes Metall (im Gegensatz zur weichen Bronze) ab, das *Symbol* Fe vom lateinischen Namen „ferrum" für Eisen.

---

1 **Literatur.** D. Nicholls: „*Iron*", Comprehensive Inorg. Chem. **3** (1973) 979–1051; GMELIN: „*Iron*", Syst.-Nr. **59**, bisher 19 Bände (ohne organische Verb.); GMELIN-DURRER: „*Metallurgy of Iron*", bisher 13 Bände; ULLMANN (5. Aufl.): „*Iron Compounds*", **A14** (1989) 461–610; „*Ferroalloys*", **A10** (1987) 305–307; „*Steel*", **A25** (1994); P. N. Hawker, M. V. Twigg: „*Iron(II) and Lower States*", S. M. Nelson: „*Iron(III) and Higher States*", Comprehensive Coord. Chem. **4** (1987) 1179–1288, 217–276. Vgl. auch Anm. 21, 24, 44.

2 Die nach heutigen Methoden abbauwürdigen Weltvorräte an Eisenerz werden auf 85 Milliarden Tonnen geschätzt, wovon auf Asien 28, auf Südamerika 20, auf Nordamerika 14 und auf Europa 16 Milliarden Tonnen entfallen.

3 Rotglänzende, traubenförmige Aggregate mit glatter Oberfläche. Daher der Name Glaskopf (verballhornt zu Glatzkopf).

4 Hauptbestandteile des Limonits sind der nadelige *Goethit* (*Nadeleisenerz*) FeO(OH)(= „$Fe_2O_3 \cdot H_2O$") und der tafelige *Rubinglimmer* (*Lepidokrokit*) von gleicher Formel (vgl. S. 1523).

5 „*Schwarzer Glaskopf*" ist zum Unterschied vom roten und braunen Glaskopf *kein Eisenerz*, sondern ein *Manganmineral*, das auch als *Psilomelan* (S. 1479) bezeichnet wird.

1.1.2 Darstellung

Die **technische Darstellung** von Eisen[6] ist im Prinzip einfach und besteht in der *Reduktion von oxidischen Eisenerzen mit Koks*[7] im Hochofen[8]. Das dabei entstehende Eisen enthält durchschnittlich 4% *Kohlenstoff* und wird „*Roheisen*" genannt, wobei man ganz allgemein unter der Bezeichnung Roheisen Eisensorten mit einem Kohlenstoffgehalt > 1.7% versteht. Roheisen ist spröde, daher nicht schmiedbar und schmilzt beim Erhitzen plötzlich. Durch Verringerung seines Kohlenstoffgehaltes kann man es in den schmiedbaren und beim Schmelzen allmählich erweichenden „*Stahl*" (< 1.7% C) überführen. Dementsprechend unterscheidet man bei der Eisengewinnung die Erzeugung von *Roheisen* (> 1.7% C) und die Gewinnung von *Stahl* (< 1.7% C).

Erzeugung von Roheisen

Die Roheisenerzeugung durch Reduktion oxidischer Eisenerze[9] mit Koks erfolgt nahezu ausschließlich in hohen *Gebläse-Schachtöfen* („*Hochöfen*"). Lediglich in Ländern mit billigen Wasserkräften und teurer Kohle spielt die Erzeugung in elektrischen Öfen eine begrenzte Rolle.

Hochofen. Ein heutiger Hochofen (Fig. 303) besitzt im allgemeinen eine Höhe von 25–30 m bei einem Durchmesser von rund 10 m und einem Rauminhalt von 500–800 m^3 und vermag jährlich etwa 1 Million Tonnen Eisen aus durchschnittlich 3.5 Millionen Tonnen festem Rohmaterial zu erzeugen (täglich über 10000 t Eisen; s.u.). Er besteht im Prinzip aus zwei mit den breiten Enden zusammenstoßenden, abgestumpften Kegeln (von kreisrundem Querschnitt) aus feuerfesten, dichten Schamottesteinen). Der *obere Kegel* („*Schacht*"), der etwa

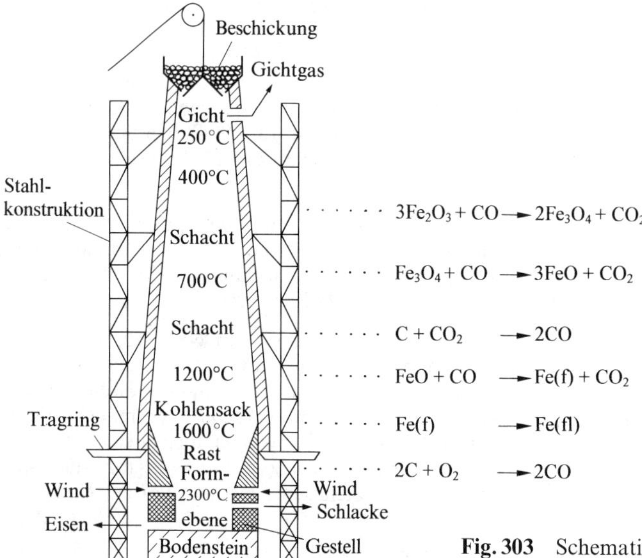

Fig. 303 Schematische Darstellung eines Hochofens zur Eisenerzeugung.

[6] Im **Laboratorium** läßt sich *chemisch reines* Eisen durch *Reduktion* von reinem Eisenoxid (gewonnen durch thermische Zersetzung von Eisen(II)-oxalat, -carbonat oder -nitrat) mit *Wasserstoff* bei 400–700 °C, durch *elektrolytische* Abscheidung aus wässerigen Eisensalzlösungen oder durch *Pyrolyse* von Eisencarbonyl $Fe(CO)_5$ gewinnen.

[7] A. Darby entwickelte – angesichts der Knappheit des Holzes und der daraus erzeugten, für die Fe-Darstellung benötigten Holzkohle – um 1773 ein Gewinnungsverfahren für *Koks*. Sein „*Einsatz*" zur Reduktion von Eisenoxiden, verbilligte die Stahlherstellung und eröffnete das Zeitalter der modernen Eisenindustrie.

[8] Die Reduktion von Eisenerzen kann auch im *Wirbelschichtverfahren* mit H_2, CO, CH_4 oder Erdgas erfolgen.

[9] *Sulfidische* Eisenerze müssen vorher geröstet werden (S. 582).

drei Fünftel der gesamten Höhe ausmacht und dessen oberes Ende „*Gicht*“ genannt wird, ruht getrennt vom unteren auf einem Tragring, der von einer Stahlkonstruktion gehalten wird. Der *untere Kegel* („*Rast*“) sitzt auf einem 3 m hohen und 4 m weiten zylindrischen Teil („*Gestell*“) auf, das seinerseits auf einer aus feuerfestem Material bestehenden Unterlage („*Bodenstein*“) ruht. Die Wandstärke der beiden Kegel beträgt etwa 70 cm, die des Gestells 100–150 cm. Der breiteste Teil des Ofens („*Kohlensack*“) hat einen Durchmesser von rund 10 m; der „Rastwinkel“ (gemessen gegen eine im Kohlensack gedachte Horizontale) beträgt durchschnittlich 75°, der „Schachtwinkel“ 85°. Eine gerade Zylinderform (Winkel von 90°) ist für den Hochofen nicht möglich, weil die Beschickung während des Niedergehens (Zunahme der Temperatur) anschwillt und ein „*Hängen*“ des Hochofens verursachen würde, falls man nicht durch Verbreiterung des Durchmessers nach unten dieser Volumenvergrößerung Rechnung trüge. Im unteren Teil des Hochofens ist wiederum eine Verkleinerung des Durchmessers möglich, da hier wegen der noch höheren Temperatur die Beschickung unter Volumenverminderung zum Schmelzen kommt. Rast und Gestell werden mit *Wasser*, der Schacht dagegen nur mit *Luft gekühlt*.

Hochofenprozeß. Die **Beschickung** des Hochofens erfolgt in der Weise, daß man das mittels eines Schrägaufzugs nach oben beförderte Ausgangsmaterial durch die Gicht in den Ofen einfüllt, und zwar wird zuerst – ohne strenge Schichtung – eine Schicht *Koks* („*Koksgicht*“), dann eine Schicht *Eisenerz mit Zuschlag* („*Erzgicht*“, „*Möller*“), dann wieder eine Schicht Koks, darauf wieder eine Schicht Eisenerz mit Zuschlag usw. eingebracht. Die mit dem Erz aufgegebenen „*Zuschläge*“ dienen dazu, die Beimengungen des Erzes („*Gangart*“) während des Hochofenprozesses in leicht schmelzbare *Calcium-aluminium-silicate* $x\mathrm{CaO} \cdot y\mathrm{Al_2O_3} \cdot z\mathrm{SiO_2}$ („*Schlacke*“) überzuführen. Handelt es sich z. B. um *Tonerde-* und *Kieselsäure-haltige* Gangarten ($Al_2O_3 + SiO_2$), was meist der Fall ist, so schlägt man dementsprechend *kalkhaltige*, d. h. basische Bestandteile (z. B. Kalkstein, Dolomit) zu; im Falle kalkhaltiger Gangarten (CaO) werden umgekehrt *Tonerde-* und *Kieselsäure-haltige*, d. h. saure Zuschläge (z. B. Feldspat, Tonschiefer) zugegeben.

Um die **Eisenreduktion** in Gang zu setzen, wird die *unterste Koksschicht entzündet*. Die erforderliche, zweckmäßig mit Sauerstoff angereicherte Verbrennungsluft („*Wind*“), die man in „*Winderhitzern*“ auf 900–1300 °C vorgewärmt hat und deren Menge durchschnittlich 5400 t je 1000 t Eisen beträgt, wird durch 6–12 in einer waagerechten Ebene („*Formebene*“) über den oberen Umfang des Gestells gleichmäßig verteilte „*Windformen*“ mit leichtem Überdruck eingeblasen. Durch die *Verbrennung der Kohle* gemäß

$$2\mathrm{C} + \mathrm{O_2} \rightarrow 2\mathrm{CO} + 221.2\ \mathrm{kJ}$$

steigt die *Temperatur* im unteren Teil des Hochofens bis auf 1600 °C (an der Einblasstelle sogar bis auf 2300 °C). Das gebildete heiße *Kohlenstoffmonoxid* gelangt, da der angeblasene Hochofen wie ein Schornstein zieht, in die darauffolgende *Eisenoxidschicht*, die an dieser Stelle (s. unten) neben kleineren Anteilen Hämatit Fe_2O_3 und Magnetit Fe_3O_4 hauptsächlich Wüstit FeO enthält, *reduziert dort das Oxid zum Metall* und wird dabei selbst zu *Kohlenstoffdioxid* oxidiert:

$$3\mathrm{Fe_2O_3} + \mathrm{CO} \rightarrow 2\mathrm{Fe_3O_4} + \mathrm{CO_2} + 47.3\ \mathrm{kJ} \quad (1\,\mathrm{a})$$
$$36.8\ \mathrm{kJ} + \mathrm{Fe_3O_4} + \mathrm{CO} \rightarrow 3\mathrm{FeO} + \mathrm{CO_2} \quad (1\,\mathrm{b})$$
$$\mathrm{FeO} + \mathrm{CO} \rightarrow \mathrm{Fe} + \mathrm{CO_2} + 17.2\ \mathrm{kJ} \quad (1\,\mathrm{c})$$

In der anschließenden heißen Koksschicht wandelt sich das *Kohlenstoffdioxid* gemäß dem *Boudouard-Gleichgewicht* (S. 864) wieder in *Kohlenstoffmonoxid* um (2), das von neuem gemäß (1 a–c) als Reduktionsmittel wirkt usw. In summa erfolgt somit eine *Reduktion* der Eisenoxide durch den *Kohlenstoff* (stark endotherme „*direkte Reduktion*“), wobei sich Eisen als Endprodukt bildet, z. B. (analoge Gleichungen gelten für die Fe_2O_3- und Fe_3O_4-Reduktion):

$$\begin{array}{rll} 172.6\,\text{kJ} + CO_2 + C & \rightarrow & 2\,CO \\ 2\,FeO + 2\,CO & \rightarrow & 2\,Fe + 2\,CO_2 + 34.4\,\text{kJ} \\ \hline 138.2\,\text{kJ} + 2\,FeO + C & \rightarrow & 2\,Fe + CO_2 \end{array} \quad (2)$$

In den *weniger heißen*, höheren Schichten (500–900 °C) der „*Reduktionszone*" stellt sich das Boudouard-Gleichgewicht nicht mehr mit ausreichender Geschwindigkeit ein, so daß die Reduktion der Eisenoxide nur durch das im aufsteigenden CO/CO_2-Gasgemisch enthaltene Kohlenstoffmonoxid erfolgt (schwach exotherme bis endotherme „*indirekte Reduktion*" mit Kohlenstoff). Hierbei bildet sich FeO gemäß (1a) und (1b), welches sich nur zum kleinen Teil nach (1c) in Eisen verwandelt, bevor es in die heißeren, tieferen Schichten (> 900 °C) gelangt, um dort durch direkte Reduktion in Eisen verwandelt zu werden. Durch zusätzliche *Aufnahme von Kohlenstoff in Eisen sinkt der Schmelzpunkt des reduzierten Eisens*, der beim reinen Eisen 1535 °C beträgt, bis auf 1100–1200 °C, so daß das Eisen in der unteren heißen „*Schmelzzone*" (1300–1600 °C) tropfenförmig durch den glühenden Koks läuft und sich im Gestell *unterhalb* der spezifisch leichteren, aus Gangart und Zuschlag entstandenen *flüssigen Schlacke ansammelt*. Auf diese Weise wird es durch die Schlacke gegen die oxidierende Einwirkung der Gebläseluft geschützt. In den oberen *kälteren* Teilen des Schachts (250–400 °C) erfolgt *keine Reduktion* mehr. Das Kohlenstoffoxid-Kohlenstoffdioxid-Gemisch wärmt hier nur die frische Beschickung vor („*Vorwärmzone*") und entweicht durch die Gicht als „*Gichtgas*".

Hochofenprodukte. Die Erzeugnisse des Hochofenprozesses sind: *Roheisen*, *Schlacke* und *Gichtgas*. Und zwar erhält man durchschnittlich auf 1 t Eisen (zu deren Gewinnung 2 t Erz, 1 t Koks, $\frac{1}{2}$ t Zuschlag und $5\frac{1}{2}$ t „Wind" erforderlich sind) 1 t Schlacke und 7 t Gichtgas.

Das sich im Gestell ansammelnde flüssige **Roheisen** wird von Zeit zu Zeit durch ein „*Stichloch*" abgestochen und entweder flüssig dem Stahlwerk (s. unten) zugeführt oder zu Roheisenblöcken vergossen. Es enthält im allgemeinen 2.5–4 % *Kohlenstoff*, sowie wechselnde Mengen *Silicium* (0.5–3 %), *Mangan* (0.5–6 %), *Phosphor* (0–2 %) und Spuren *Schwefel* (0.01–0.05 %). Nimmt man die *Abkühlung* des Roheisens *sehr langsam*, z. B. in Sandformen („*Masselbetten*") vor, so scheidet sich der gelöste Kohlenstoff als *Graphit* aus[10] und man erhält das sogenannte „*graue Roheisen*" mit grauer Bruchfläche (Smp. ~ 1200 °C). Mitbedingend für diese Ausscheidung des Kohlenstoffs als Graphit ist ein *Überwiegen des Siliciumgehalts* gegenüber dem Mangangehalt (> 2 % Si; < 0.2 % Mn). Bei *rascherer Abkühlung*, z. B. in Eisenschalen („*Kokillen*"), verbleibt der Kohlenstoff als *Eisencarbid* Fe_3C („*Cementit*"), so daß ein „*weißes Roheisen*" mit weißer Bruchfläche (Smp. ~ 1100 °C) entsteht. Hier ist ein *Überwiegen des Mangangehalts* (< 0.5 % Si; > 4 % Mn) mitbedingend, der der Graphitausscheidung entgegenwirkt. Daß in ersterem Falle der Cementit nicht erhalten wird, beruht darauf, daß er als endotherme Verbindung ($21.8\,\text{kJ} + 3\,Fe + C \rightarrow Fe_3C$) nur bei hoher Temperatur stabil ist und bei ausreichend langsamem Abkühlen dementsprechend in seine Bestandteile Eisen und Graphit zerfällt (vgl. Anm.[19]). Das siliciumhaltige *graue Roheisen* wird wegen seiner dünnflüssigen Beschaffenheit vorzugsweise zu *Gußwaren* verarbeitet und zu diesem Zwecke nochmals umgeschmolzen („*Gußeisen*"). Das manganhaltige *weiße Roheisen* dient zur Herstellung von *Stahl*[11] (s. unten).

Stark manganhaltiges Eisen kann besonders viel Kohlenstoff aufnehmen und heißt bei 2–5 % Mn „*Stahleisen*" (3.5–4.5 % C), bei 5–30 % Mn „*Spiegeleisen*" (4.5–5.5 % C) und bei 30–80 % Mn „*Ferromangan*" (6–8 % C; vgl. S. 1480). Solche Eisenmangane dienen als Zusatz zu anderen Eisensorten, als Desoxidationsmittel und zur Rückkohlung von entkohltem Eisen (s. unten).

---

[10] Zum Teil liegt er zusätzlich in Form von *Cementit* Fe_3C vor.

[11] Über 80 % des in der Welt erschmolzenen Roheisens werden zu *Stahl* weiterverarbeitet.

Die **Schlacke** fließt durch eine unterhalb der Formebene befindliche wassergekühlte Öffnung („*Schlackenform*") ständig ab. Sie stellt ein Calcium-aluminium-silicat dar und wird je nach ihrer Zusammensetzung als *Straßenbaumaterial* oder zur Herstellung von *Mörtel, Bausteinen* bzw. *Eisenportlandzement* oder *Hochofenzement* (S. 1146) verwendet. Die anfallende Menge ist etwa so groß wie die des Roheisens.

Das aus dem Hochofen kommende **Gichtgas**[12)] wird vom mitgeführten Staub befreit und dient zum Betrieb der für das Hochofenverfahren erforderlichen Winderhitzer, Gebläse, Pumpen, Beleuchtungs-, Gasreinigungs- und Transportvorrichtungen. Der Überschuß wird für den Stahlwerksbetrieb oder sonstige industrielle Zwecke verwendet. Die Zusammensetzung des Gases schwankt in den Grenzen 50–55% N_2, 25–30% CO, 10–16% CO_2, 0.5–5% H_2, 0–3% CH_4 (Heizwert etwa 4000 kJ/m^3).

Gewinnung von Stahl

Das *Roheisen* ist wegen seines verhältnismäßig hohen Kohlenstoffgehaltes (bis 4%) *spröde* und erweicht beim Erhitzen nicht allmählich, sondern plötzlich. Es kann daher *weder geschmiedet noch geschweißt* werden. Um es in schmiedbares Eisen (**„Stahl"**) überzuführen, muß man es bis zu einem Gehalt von < 1.7% C „*entkohlen*".

Beträgt der Kohlenstoffgehalt 0.4–1.7%, so läßt sich das Eisen durch Erhitzen auf etwa 800 °C und darauffolgendes sehr rasches Abkühlen („*Abschrecken*") „*härten*". Solchen *härtbaren Stahl* nennt man auch „*Werkzeugstahl*" („*Stahl*" im engeren Sinne), während der *nichthärtbare Stahl* mit < 0.4% C häufig als „*Baustahl*" („*Schmiedeeisen*") davon unterschieden wird. Die Härtung beruht darauf, daß die im gewöhnlichen Stahl vorliegende *feindisperse Mischung von α-Eisen und Cementit* Fe_3C beim Erhitzen in eine *feste Lösung von Kohlenstoff in γ-Eisen* („*Austenit*") übergeht, die bei sehr raschem Abkühlen unter Umwandlung von γ- in α-Eisen als *metastabile Phase* großenteils erhalten bleibt („*Martensit*") und in dieser Form die im Vergleich mit Schmiedeeisen erhöhte *Härte* und *Elastizität* des Stahls bedingt, während sie sich bei *langsamem Abkühlen* unter Ausscheidung von Cementit wieder *entmischt*, wodurch der Stahl seine ursprüngliche Härte und Schmiedbarkeit zurückerlangt[13)]. Durch Erhitzen des gehärteten Stahls auf verschiedene Temperaturen („*Anlassen*") können *Zwischenzustände* zwischen dem *stabilen* und *metastabilen* Zustand des Stahls erhalten werden („*Sorbit*"), denen ganz bestimmte Härte- und Zähigkeitseigenschaften zukommen („*Vergüten*"). Vgl. hierzu das Fe/C-Zustandsdiagramm auf S. 1512.

Die *Entkohlung* des Roheisens bis zum Kohlenstoffgehalt des Stahls („*Frischen*") kann entweder so erfolgen, daß man zuerst vollkommen entkohlt und dann nachträglich wieder rückkohlt, oder so, daß man gleich von vornherein bis zum gewünschten Kohlenstoffgehalt entkohlt. Der erste Weg wird beim „*Windfrischverfahren*", der zweite beim „*Herdfrischverfahren*" eingeschlagen.

Windfrischverfahren. Beim Windfrischverfahren wird der Kohlenstoff des Eisens zusammen mit den übrigen Verunreinigungen (Silicium, Phosphor, Mangan) durch *Einpressen von Luft* in das geschmolzene Roheisen (u.a. *Thomas*[14)]*-Verfahren*) und neuerdings durch *Aufblasen*

12 Das Gichtgas besteht im wesentlichen aus den Umsetzungsprodukten des Kokses mit dem „*Wind*" sowie den Eisenoxiden. Dabei wird der mit dem Wind reagierende Koksanteil als „*Heizkohlenstoff*" („*Heizkoks*"), der mit den Eisenoxiden reagierende Anteil als „*Reduktionskohlenstoff*" bezeichnet.

13 Durch Zulegierung kleiner Mengen Ni, Mn, Cr, Mo oder W kann die kritische Abkühlgeschwindigkeit so stark herabgesetzt werden, daß bereits bei normaler Luftabkühlung der Austenit-Zerfall (Fe_3C-Ausscheidung) unterbleibt, so daß der metastabile Martensit („*martensitischer Stahl*") oder sogar der metastabile Austenit („*austenitischer Stahl*") erhalten wird (in letzterem Falle unterbleibt auch die Umwandlung von γ- in α-Eisen).

14 **Thomas-Verfahren** (entwickelt 1879): Benannt nach Sidney Gilchrist Thomas (1850–1885), einem Gerichtsschreiber, der nebenher Chemie studierte und mit 35 Jahren an Tuberkulose starb. **Bessemer-Verfahren** (entwickelt 1855): Benannt nach Sir Henry Bessemer (1813–1898), dem Begründer des „Iron and Steel Institute".

von Sauerstoff mit 7–10 bar auf das geschmolzene Roheisen (u.a. „*LD*[15]-*Verfahren*") oxidiert, wobei man eine *Oxidschlacke* und *reines Eisen* erhält, da die Verunreinigungen rascher verbrennen als das Eisen. Man verwendet hierbei große, kippbare, feuerfest ausgekleidete, eiserne Gefäße („**Konverter**"[16], „*Birnen*", „*Tiegel*") (Fig. 304). Bei *phosphorhaltigen* Eisensorten muß die feuerfeste Auskleidung aus *basischen* Stoffen wie Calcium- und Magnesiumoxid bestehen („*basisches Futter*") und mit dem Roheisen ein *Kalkzuschlag* zugegeben werden, um das beim Frischen gebildete Phosphorpentaoxid als Calciumphosphat zu binden und so vor der Rückreduktion durch Eisen zu Phosphor zu bewahren. *Phosphorfreie* Eisensorten dagegen können auch in Konvertern mit „*saurem Futter*" (Quarz-Ton-Material) verblasen werden (heute kaum noch praktiziertes „Bessemer"-Verfahren[14]).

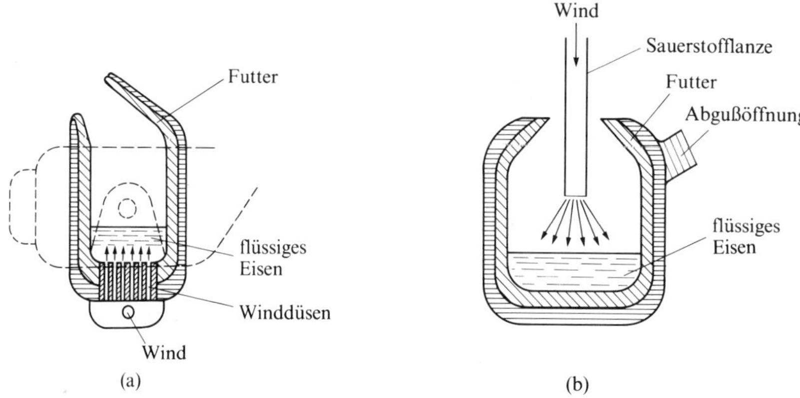

Fig. 304 Schematische Darstellung der Tiegel zur Stahlerzeugung: (a) Thomas-Verfahren, (b) LD-Verfahren.

Das Füllen der Konverter erfolgt durch Eingießen des (gegebenenfalls vorentschwefelten) flüssigen, 1300 °C heißen Roheisens (bis zu 400 t im Falle des LD-Verfahrens). Der Füllungsgrad liegt etwa bei $\frac{1}{7}$. Dann wird *Luft* entweder durch hunderte von *Bodenöffnungen* (Thomas-Verfahren; Fig. 304a) oder durch eine in ihrer Höhe verstellbare *Sauerstofflanze* (LD-Verfahren; Fig. 304b) eingepreßt. Die bei der Verbrennung von Silicium, Phosphor, Kohlenstoff, Mangan, Eisen, Schwefel *freiwerdende Wärme*:

$$\mathrm{Si} + \mathrm{O_2} \rightarrow \mathrm{SiO_2} + 911.6\,\mathrm{kJ} \qquad \mathrm{Mn} + \tfrac{1}{2}\mathrm{O_2} \rightarrow \mathrm{MnO} + 385.5\,\mathrm{kJ}$$
$$\mathrm{P} + 1\tfrac{1}{4}\mathrm{O_2} \rightarrow \tfrac{1}{2}\mathrm{P_2O_5} + 746.5\,\mathrm{kJ} \qquad \mathrm{Fe} + \tfrac{3}{4}\mathrm{O_2} \rightarrow \tfrac{1}{2}\mathrm{Fe_2O_3} + 412.4\,\mathrm{kJ}$$
$$\mathrm{C} + \mathrm{O_2} \rightarrow \mathrm{CO_2} + 393.8\,\mathrm{kJ} \qquad \mathrm{S} + \mathrm{O_2} \rightarrow \mathrm{SO_2} + 297.0\,\mathrm{kJ}$$

gleicht den durch das Einblasen des kalten Windes auftretenden *Wärmeverlust* mehr als aus und verhindert so ein *Erstarren* des flüssigen Eisens. Die Hauptwärmelieferanten sind *Silicium* und *Phosphor*. Daher ist ein ausreichender Siliciumgehalt (1.5–2 %) und/oder Phosphorgehalt (1.0–2.5 %) erforderlich. Der *Eisenabbrand* beträgt etwa 10–12 %.

Zuerst verbrennen *Silicium* und *Mangan*, dann folgt der *Kohlenstoff*. Die Verbrennung des Kohlenstoffs macht sich durch eine lange, blendend weiße, mit donnerndem Geräusch brennende Flamme bemerkbar. *Phosphor* und *Schwefel* verbrennen in Gefäßen mit alkalischer Auskleidung nach dem Kohlenstoff („*Nachblasen*"), in Gefäßen mit saurer Auskleidung nicht. Nach etwa $\frac{1}{4}$ Stunde ist der Prozeß beendet. Man kippt dann die Birne und fügt nach Abgießen der Schlacke zur „*Rückkohlung*" eine entsprechende Menge kohlenstoffhaltiges *Spiegeleisen* oder *Ferromangan* zu. Der Mangangehalt des Spiegeleisens (Ferromangan) wirkt dabei gleichzeitig als *Desoxidationsmittel* zur Entfernung des im Eisen gelösten Eisenoxids ($\mathrm{FeO} + \mathrm{Mn} \rightarrow \mathrm{Fe} + \mathrm{MnO}$), welches den Stahl brüchig machen würde[17]. Man erhält auf diese Weise den „*Thomasstahl*" (Thomas-Verfahren) und den „*Blasstahl*" (LD-Verfahren).

---

15 *Linz-Donauwitzer-Verfahren.*

16 convertere (lat.) = umwenden, umkippen.

17 Als Desoxidationsmittel dient auch Aluminium. Darüber hinaus werden Titan, Zirconium, Chrom und Silicium in Form von Ferrotitan, Ferrozirconium, Ferrochrom und Ferrosilicium verwendet.

Die beim Windfrischen phosphorhaltiger Eisensorten anfallende „*Thomas-Schlacke*", die wegen ihres *hohen Phosphorgehalts* (10–25%) ein wichtiges *Düngemittel* darstellt, kommt in feingemahlenem Zustande („*Thomas-Mehl*") direkt in den Handel. Ihr Hauptbestandteil ist das – eine erhebliche Phasenbreite aufweisende – Phosphatsilicat $Ca_5(PO_4)_2[SiO_4]$ (= „$5CaO \cdot P_2O_5 \cdot SiO_2$").

Herdfrischverfahren. Beim Herdfrischverfahren („*Siemens-Martin-Verfahren*")[18] erfolgt die Oxidation des Kohlenstoffs im Roheisen wesentlich *langsamer* als beim Windfrischverfahren, so daß man durch Unterbrechung des Prozesses zu gegebener Zeit bereits während des Frischens auf einen gewünschten Kohlenstoffgehalt des Stahls („*Siemens-Martin-Stahl*") hinarbeiten kann. Die Oxidation wird in diesem Falle durch *sauerstoffhaltige*, über das 1500 °C heiße flüssige Roheisen streichende *Flammengase* bewirkt und durch den *Sauerstoffgehalt* von gleichzeitig zugegebenem „*Schrott*", d.h. altem verrostetem Eisen, das dabei zu metallischem Eisen regeneriert wird („*Schrott-Verfahren*"), oder von oxidischem Eisenerz („*Roheisen-Erzprozeß*") unterstützt. Als Ofen dient beim Siemens-Martin-Verfahren ein basisch gefütterter, kippbarer, 100–500 t fassender, eiserner Trog („**Herd**"). In diesen kommen als Ausgangsmaterial beim „*Schrottverfahren*" Roheisen (20–35%) und Schrott (80–65%), beim „*Roheisen-Erzprozeß*" Roheisen (80%), Schrott und Rot- oder Magneteisenstein (20%), sowie in beiden Fällen – zur Beseitigung des Phosphorgehaltes – Kalk.

Zum Unterschied vom Windfrischverfahren setzt man beim Herdfrischverfahren nicht flüssiges, sondern *festes* Eisen ein, welches zunächst *geschmolzen* werden muß. Um die für diesen Schmelzprozeß erforderlichen *hohen Temperaturen* zu erzielen, müssen Heizgas (Generatorgas, Erdgas, Erdöl) und Verbrennungsluft, die zur Erzeugung der Flammengase dienen, vor ihrer Vereinigung und Verbrennung hoch erhitzt werden. Dies geschieht in „*Wärmespeichern*", in denen die *Verbrennungsgase* jeweils ihre Wärme auf die frischen *Ausgangsgase* übertragen („**Siemenssche Regenerativfeuerung**"[18]). Statt durch chemische Verbrennung kann die Wärme auch auf elektrischem Wege erzeugt werden (u.a. „*Elektrolichtbogenverfahren*"). Der in diesem Falle gewonnene Stahl wird als „*Elektrostahl*" bezeichnet.

Außer dem Windfrisch- und Herdfrischverfahren gibt es noch eine Anzahl seltener angewandte Methoden zur Entkohlung von Roheisen. Erwähnt sei hier z.B. der **„Puddelprozeß"**, bei dem das Roheisen in mit Eisenoxid gefütterten Flammöfen bis nahe an seinen Schmelzpunkt erhitzt und durch Umrühren mit Stangen der Einwirkung des Sauerstoffs der Verbrennungsgase und des Ofenfutters ausgesetzt wird. Das in dieser Weise im *halbfesten Zustande* entkohlte Eisen heißt „*Schweißstahl*", zum Unterschied von dem im *flüssigen Zustande* entkohlten Eisen, das „*Flußstahl*" genannt wird.

Weiterhin kann man aus kohlenstoffreichem Eisen gegossene Gegenstände wie Schlüssel, Fenster- und Türbeschläge usw. nachträglich durch **„Tempern"** in kohlenstoffarmen schmiedbaren Stahl verwandeln, indem man sie mit *Eisenoxid umpackt* und 4–6 Tage bei 850–1000 °C in besonderen Öfen glüht, wobei der *Kohlenstoff verbrennt*. Auf diese Weise wird bei Massenartikeln die mühsame Einzelschmiedung von Hand vermieden. Die *Umkehrung* des Temperns ist die **„Cementation"**, bei der kohlenstoffarmes Eisen durch *Erhitzen in Kohlepulver* oberflächlich oder vollkommen in Stahl verwandelt wird.

Ähnliche Eigenschaften wie Stahl besitzt das „*Sphäroeisen*" (Gußeisen mit Kugelgraphit = „*Sphärographit*" im Gefüge).

1.1.3 Physikalische Eigenschaften

Chemisch reines Eisen ist ein *silberweißes*, verhältnismäßig *weiches*, *dehnbares*, recht reaktionsfreudiges *Metall* der Dichte 7.873 g/cm³, welches bei 1535 °C schmilzt und bei 3070 °C siedet (für weitere Eigenschaften vgl. Tafel IV). Es kommt in drei enantiotropen Modifikationen als α- (*kubisch-raumzentriert, ferromagnetisch*), γ- (*kubisch-dichtest, paramagnetisch*) und δ-Eisen (*kubisch-raumzentriert, paramagnetisch*) vor, deren Umwandlungspunkte bei 906 °C und 1401 °C liegen:

$$\alpha\text{-Eisen} \xrightleftharpoons{906\,^\circ\text{C}} \gamma\text{-Eisen} \xrightleftharpoons{1401\,^\circ\text{C}} \delta\text{-Eisen} \xrightleftharpoons{1535\,^\circ\text{C}} \text{geschmolzenes Eisen}\,.$$

---

[18] Friedrich und Wilhelm Siemens lösten 1856 das Problem der Erzeugung hoher Temperaturen durch ihre „*Regenerativfeuerung*", die Gebrüder Emile und Pierre Martin wandten diese Regenerativfeuerung erstmals 1864 zur Stahlerzeugung an.

Das α-Eisen ist wie Cobalt und Nickel *ferromagnetisch* (S. 1307). Bei 768 °C („*Curie-Temperatur*") verliert es seine ferromagnetischen Eigenschaften und wird *paramagnetisch*. Früher nahm man irrtümlich an, daß sich bei 768 °C eine andere Modifikation des Eisens („β-Eisen") bilde. Der Magnetismus des *reinen* α-Eisens verliert sich wieder bei Entfernung des äußeren magnetischen Feldes, ist also nur *temporär*; dagegen besitzt *kohlenstoffhaltiges* Eisen, besonders Stahl, *permanenten* Magnetismus, der auch nach Entfernung des magnetischen Feldes erhalten bleibt.

Die *Löslichkeit* von **Kohlenstoff** in *α-Eisen* ist sehr gering und beträgt maximal 0.018 % (bei 738 °C), wie aus dem in Fig. 305 wiedergegebenen Ausschnitt aus dem **Zustandsdiagramm des Systems Eisen-Kohlenstoff** hervorgeht (schraffiertes Gebiet links unten). Wesentlich mehr Kohlenstoff (bis zu 2.1 % bei 1153 °C) vermag sich in *γ-Eisen*, der zweiten festen Fe-Modifikation, zu lösen (gerastertes Gebiet, Mitte links). In *geschmolzenem Eisen* beträgt die Löslichkeit von Kohlenstoff bei 1153 °C ca. 4.3 %. Sie nimmt mit steigender Temperatur noch zu (gestrichelte Linie rechts oben).

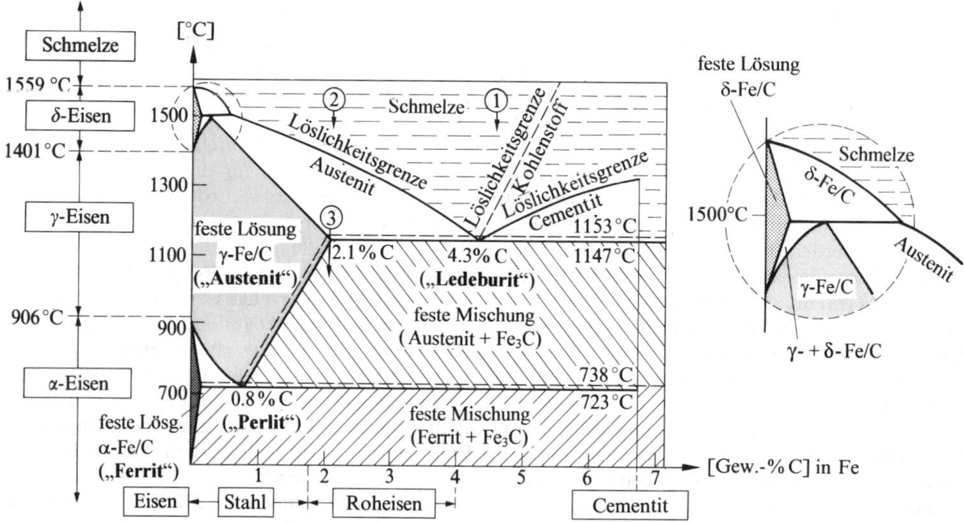

Fig. 305 Ausschnitt aus dem Zustandsdiagramm Eisen-Kohlenstoff (die ausgezogenen Linien gelten für die Fe_3C-Ausscheidung, die gestrichelten für die C-Ausscheidung).

Kühlt man eine *Eisenschmelze* mit einem C-Gehalt *über* 4.3 % (Punkt 1 in Fig. 305) *sehr langsam* ab, so scheidet sich aus ihr bis zu einem C-Gehalt von 4.3 % *Graphit* aus (Fig. 305, gestrichelte Linie rechts oben). Dann erstarrt sie bei 1153 °C unter Bildung eines Eutektikums aus C-haltigem γ-Eisen und Kohlenstoff (gestrichelte Linie bei 1153 °C). Allerdings ist die *Kohlenstoffausscheidung* mit Annäherung an den Erstarrungspunkt des Eutektikums zunehmend *gehemmt*, so daß sich leicht C-übersättigte Eisenlösungen bilden, aus denen neben oder statt Kohlenstoff **Cementit** Fe_3C ausfällt (Fig. 305; ausgezogene Linie rechts oben)[19]. Eine *nicht zu langsam abgekühlte* Fe/C-Schmelze (C-Gehalt > 4.3 %) liefert demgemäß Cementit, und zwar so lange, bis sie einen C-Gehalt von 4.3 % aufweist. Dann erstarrt sie unter Bildung eines als **„Ledeburit"** bezeichneten Eutektikums aus C-haltigem γ-Eisen und Cementit (Fig. 305, ausgezogene Linie bei 1147 °C). Kühlt man andererseits eine Eisenschmelze mit einem C-Gehalt *unter* 4.3 % (Punkt 2 in Fig. 305) ab, so kristallisiert aus ihr so lange eine *feste Lösung* von γ-Eisen und Kohlenstoff (**„Austenit"**), bis sie wiederum 4.3 % C enthält und dann bei 1147 °C in Ledeburit übergeht (Fig. 305).

Kühlt man andererseits C-gesättigten, 2.1 % C enthaltenden *Austenit* unter 1147 °C ab, so kristallisiert gemäß Fig. 305 (Punkt 3) Cementit unter Erniedrigung des C-Gehalts von Austenit aus. Beträgt der C-Gehalt nur noch 0.8 %, so wandelt sich Austenit in eine feste lamellenartig strukturierte, perlmutt-

---

19 Cementit Fe_3C ist als endotherme Verbindung bei hohen Temperaturen stabil, bei mittleren instabil und bei niedrigen metastabil. Das Carbid wird infolgedessen zweckmäßig durch Eingießen einer mit Kohlenstoff gesättigten Eisenschmelze in Wasser und anschließendem Weglösen des überschüssigen Eisens von der verfestigten Schmelze mittels verdünnter Säuren gewonnen.

glänzende und deshalb als **„Perlit"** bezeichnete Mischung von C-haltigem α-Eisen (**„Ferrit"**) und Cementit um (vgl. Fig. 305; ausgezogene Linie bei 723 °C). Bei sehr *raschem Abkühlen* (100 °C pro Sekunde) läßt sich die Fe_3C-Ausscheidung aus Austenit verhindern, so daß Austenit unter Umwandlung von γ- in tetragonal-verzerrtes α-Eisen (vgl. hierzu Anm.[13]) in eine metastabile, als **„Martensit"** bezeichnete feste Lösung von Kohlenstoff in α-Eisen übergeht[20].

Physiologisches[21]. Eisen ist als Fe^{2+} bzw. Fe^{3+} *essentiell* für *alle Organismen*. Der *Mensch* enthält ca. 60 mg pro kg (täglicher Bedarf 5–9 mg für Männer, 14–28 mg für Frauen im gebärfähigen Alter). Die tägliche Aufnahme über die Nahrung beträgt um 20 mg (besonders reich an Fe sind Schnittlauch, Kakao, Kaviar mit ca. 12 mg/100 g, durchschnittlichen Fe-Gehalt weisen Eier, Teigwaren, Nüsse, Spinat, Fleisch mit ca. 3 mg/100 g auf, arm an Fe sind Fette und Milchprodukte mit ca. 0.3 mg/100 g). Das Eisen wird aus der Nahrung durch die Magensäure herausgelöst (HCl-Mangel kann daher zu Bleichsucht führen), teilweise durch den Darm resorbiert, dann als *„Plasmaeisen"* (*„Transferrin"*) ins Blut transportiert und zum Aufbau von *Hämoglobin* (Bildung im Knochenmark; enthält 75 % des menschlichen Eisens), *Ferritin* (in der Leber; 16 % des Gesamteisens), *Myoglobin* (im Muskel; 3 % des Gesamteisens), *Cytochrom* (im Muskel; 0.1 % des Gesamteisens), *Catalase* (0.1 % des Gesamteisens) und anderen Enzymen genutzt, die wichtige Funktionen in *Atmungs-* und anderen *Sauerstofftransport-Vorgängen* ausüben (vgl. S. 1530). In *Pflanzen* beeinflussen Fe-haltige Enzyme die *Photosynthese* sowie die *Chlorophyllbildung* (vgl. S. 1122). Wichtig ist Fe neben Mo auch in der für die *Stickstoffixierung* verantwortlichen Nitrogenase (vgl. S. 1532).

1.1.4 Chemische Eigenschaften

An *trockener Luft* und in *luft-* und *kohlendioxidfreiem Wasser* sowie auch in *Laugen* verändert sich kompaktes Eisen nicht. Diese Beständigkeit rührt wie im Falle etwa des Aluminiums oder Chroms von der Anwesenheit einer zusammenhängenden *Oxid-Schutzhaut* her. Die Bildung einer derartigen dünnen Deckschicht bedingt auch die Unangreifbarkeit des Eisens durch konzentrierte *Schwefelsäure* und konzentrierte *Salpetersäure* (*„Passivität"*; vgl. S. 228), so daß man zum Transport konzentrierter Schwefel- und Salpetersäure eiserne Gefäße verwenden kann. An *feuchter, kohlendioxidhaltiger Luft* oder in *kohlendioxid-* und *lufthaltigem Wasser* wird Eisen unter Bildung von *Eisen(III)-oxid-Hydrat* FeO(OH) = „$Fe_2O_3 \cdot H_2O$" angegriffen (**„Rosten"**), indem sich zunächst Eisencarbonate bilden, die dann der Hydrolyse unterliegen (besonders aggressiv verhält sich elektrolythaltiges Meerwasser oder SO_2-haltiges Wasser in Industriegebieten). Die auf diesem Weg gebildete Oxidschicht stellt keine zusammenhängende festhaftende Haut dar, sondern springt in Schuppen ab und legt dabei frische Metalloberflächen frei, so daß der *Rostvorgang* weiter in das Innere des Eisens fortschreiten kann.

Der durch Rosten eisenhaltiger Materialien verursachte Schaden stellt ein weltweites Problem, der **Rostschutz** somit ein allgemeines Anliegen dar. Die Haltbarkeit des Eisens gegenüber feuchter Luft läßt sich durch *Anstriche* (z. B. eine Mennige-Grundierung mit 1 oder 2 Deckanstrichen) oder durch *Überziehen* mit Zink (*„verzinktes Eisenblech"*) oder Zinn (*„Weißblech"*) erhöhen. Die rostschützende Wirkung der *Mennige* Pb_3O_4 beruht auf Passivierung durch oxidative Bildung eines Eisenoxid-Überzuges. Das unedlere *Zink* bildet mit dem edleren Eisen ein galvanisches Element, bei welchem das Eisen Kathode ist, so daß kein Rost gebildet wird (S. 1370). Das edlere *Zinn* schützt das Eisen vor dem Rosten, solange

[20] Austenit besteht aus γ-Eisen, in welchem die oktaedrischen Lücken teilweise durch C-Atome besetzt sind. Bei langsamem Abkühlen diffundiert Kohlenstoff aus lamellenartigen Austenitbereichen in benachbarte lamellenartige Bereiche; erstere gehen hierbei in Ferrit, letztere in Cementit über. Bei raschem Abkühlen unterbleibt die C-Diffusion wegen der hohen Geschwindigkeit der Umwandlung von kubisch-flächenzentriertem γ-Eisen in kubisch-raumzentriertes α-Eisen (der Übergang einer kubisch-flächen- in eine -innenzentrierte Kugelpackung ist, wie auf S. 150 erläutert, nur mit einer geringen Kugelverschiebung verbunden; nach Bildung eines Martensitkeims wächst dieser in ca. 10^{-7} s zum endgültigen Kristall). Man nennt Festkörperreaktionen wie die besprochene *„martensitische Umwandlungen"*. Da eine kubisch-raumzentrierte Kugelpackung nur „gestauchte" oktaedrische Lücken enthält, und der in diese Lücken eingelagerte Kohlenstoff eine unverzerrte oktaedrische Koordination mit Fe-Atomen anstrebt, liegt dem Martensit eine tetragonal-verzerrte kubisch-innenzentrierte Fe-Packung zugrunde.

[21] **Literatur.** M. N. Hughes: *„The Biochemistry of Iron – A Survey of Iron-Containing Active Sites"*, *„Transport and Storage of Transition Metals"*, *„Dioxygen in Biology"*, *„Elektron-Transfer-Reactions"*, *„The Nitrogen Cycle"*, Comprehensive Coord. Chem. **6** (1987) 614–636, 667–681, 681–711, 711–717, 717–728; H. Vahrenkamp: *„Metalle in Lebensprozessen"*, Chemie in unserer Zeit **7** (1973) 97–103; D.O. Hall, R. Cammack, K.K. Rao: *„Chemie und Biologie der Eisen-Schwefel-Proteine"*, Chemie in unserer Zeit **71** (1977) 165–173; H. Sigel (Hrsg.): *„Iron in Model and Natural Compounds"*, Dekker, New York 1978.

der Überzug unverletzt ist; tritt allerdings an einer Stelle erst einmal das Eisen zutage; so erfolgt infolge der Ausbildung eines Lokalelements (S. 1370) eine rasche oxidative Zerstörung des als Anode fungierenden Eisens. Eiserne Kochtöpfe können durch einen Überzug von *Emaille* (S. 946) vor dem Rosten geschützt werden. Stahllegierungen mit einem Gehalt an *Chrom* und *Nickel* rosten nicht (s. u.).

Als unedles Metall *verbrennt* Eisen in *fein verteiltem* Zustand beim Einblasen in eine Bunsenbrennerflamme zu Oxid. In *gittergestörter Form* wird es schon bei gewöhnlicher Temperatur durch den *Sauerstoff* der Luft unter lebhafter Wärmeentwicklung und Verglimmen oxidiert („*pyrophores Eisen*“; vgl. S. 1078). In *nichtoxidierenden Säuren* wie Salzsäure oder verdünnter Schwefelsäure löst sich Eisen entsprechend seiner Stellung in der Spannungsreihe ($\varepsilon_0 = -0.440$ V) leicht unter *Wasserstoff*entwicklung und Bildung von Fe(II) (bei Abwesenheit von Luftsauerstoff):

$$Fe + 2HCl \rightleftarrows FeCl_2 + H_2 .$$

Auch von *Wasser* wird es oberhalb von 500 °C in umkehrbarer Reaktion zersetzt[22]:

$$3Fe + 4H_2O \rightleftarrows Fe_3O_4 + 4H_2 .$$

(Bezügl. der Reaktivität gegen Wasser bei Normaltemperatur, gegen Laugen sowie gegen oxidierende Säuren s. o.) Beim Erhitzen vereinigt es sich leicht mit *Chlor* und vielen anderen *Nichtmetallen* wie S, P, C, Si, B[23]. Trockenes Chlor greift Eisen bei Raumtemperatur zum Unterschied von feuchtem Chlor nicht an, so daß man zum Aufbewahren von flüssigem Chlor Stahlflaschen verwenden kann. Gleiches gilt für konzentrierte (unverdünnte) *Schwefelsäure*.

Verwendung von Eisen. Chemisch **reines Eisen** besitzt im Gegensatz zum kohlenstoffhaltigen Eisen (s. u.) nur eine untergeordnete technische Bedeutung und wird etwa als Material für *Katalysatoren* u. a. des *Haber-Bosch-Verfahrens* oder der *Fischer-Tropsch-Synthese* genutzt (die Weltjahresproduktion von C-freiem und C-haltigem Eisen beträgt zusammengenommen über 1000 Megatonnen). Viele **Verbindungen** des Eisens haben etwa als *Arzneimittel* („Eisenpräparate“), *chemische Reagenzien* (s. u.), *Pigmente* (bezüglich der „Magnetpigmente“ vgl. bei Eisenoxiden, bezüglich der „Buntpigmente“ bei Eisenoxiden und -cyaniden) erhebliche Bedeutung.

Wichtige **kohlenstoffhaltige Eisensorten** sind: das spröde, gießbare, aber nicht schmiedbare, beim Erstarren sich nicht zusammenziehende **Gußeisen** (graphithaltiger „*Grauguß*“; cementithaltiger „*Weiß-*“ bzw. „*Hartguß*“; im Kern graphithaltiger, in der Schale graphitfreier „*Schalenguß*“) mit 2–4% Kohlenstoff (vgl. S. 1508), welches sich zur Herstellung maßgenauer Formguß-Stücke eignet (Ofen- und Herdplatten, Maschinenteile, Rohre, Kessel usw.), sowie die mehr oder weniger elastisch harten und schmiedbaren **Eisenstähle** mit < 1.7% Kohlenstoff (vgl. S. 1509), nämlich die **Werkzeugstähle** mit 0.4–1.7% (für Werkzeuge zum Sägen, Spanen, Bohren, Fräsen, zur Kalt- und Warmverformung, zur Kunststoffverarbeitung) und die **Baustähle** mit < 0.4% C. Beispiele aus letzterer Stahlgruppe sind u. a. Grund- und Qualitätsstähle als *allgemeine Baustähle* mit mehr oder minder großer Zugfestigkeit, Zähigkeit, Schweißeignung; Vergütungs-, Nitrier-, Einsatzstähle für Maschinen-, Getriebe-, Automobilbau usw.; Sonderstähle für *Walzlager* (in Fahrzeugen, Triebwerken, Steuer- und Meßgeräten), *Federn, schwere Schmiedestücke* (wie Wellen, Achsen, Stangen, Zahnkränze, Walzen, Apparate in der Kerntechnik) oder mit anderen *Sondereigenschaften* (nichtmagnetisierbar, weichmagnetisch, geringe Wärmeausdehnung); Nichtrostende Stähle für Anwendungen im Haushalt, Behälterbau, Bauwesen, Chemie; Schienen-, Schiffsbau-, Automatenstähle (letztere sind leicht spanbar und eignen sich deshalb für automatisch arbeitende Drehbänke).

Im allgemeinen verwendet man keine **„unlegierten Stähle“**, mit einem Gehalt an Si/Mn/Al/Ti/Cu/S/P von maximal 0.5/0.8/0.1/0.1/0.25/0.06/0.09%, sondern **„legierte Stähle“**, die durch Metall- oder Nichtmetallzusätze zum Stahl gewonnen werden und deren Eigenschaften in gewünschter Weise positiv verändern. Zusätze sind in alphabethischer Reihenfolge: Al, Cr, Mn, Mo, N, Nb, Ni, S, Si, Ti, V, W.

Ein Zusatz von Nickel erweitert den Austenitbereich und verzögert die Umwandlungsgeschwindigkeit, so daß Austenit vor dem Abschrecken (es genügt Luftkühlung) länger im unterkühlten Bereich gehalten werden kann, wodurch thermische Spannungen beim Abschmelzen vermindert werden. Auch sind **Nickelstähle** sehr *zäh* (Stücke einer Legierung mit 25% Ni können, ohne zu zerreißen, auf die doppelte Länge ausgezogen werden). Nickelstahl mit 36% Ni („*Invarstahl*“) dehnt sich beim Erwärmen praktisch nicht aus und wird daher vielfach für Präzisionsinstrumente benutzt.

---

22 Bei *Raumtemperatur* wird Eisen von neutralem, luftfreiem Wasser oder luftfreien verdünnten Laugen nur wenig angegriffen, wohl aber von siedenden konzentrierten NaOH-Lösungen (Bildung von Ferraten(II), S. 1526).

23 Die Carbid- und Silicidphasen spielen in der technischen Metallurgie des Eisens eine bedeutende Rolle (vgl. S. 1512).

Ein Zusatz von Chrom unterdrückt als starker Carbidbildner die Ausscheidung von Cementit mehr oder minder stark. Die anstelle von Fe_3C gebildeten Cr-carbide setzen die kritische Abkühlungsgeschwindigkeit herab (Lufthärtung möglich), die Anlaßbeständigkeit herauf; ferner erhöhen sie die Härte, die Warmfestigkeit und die Resistenz des Stahls gegenüber korrosiv wirkenden Stoffen. **Chromstähle** mit 6–20 % Cr sind bis 1000 °C, solche mit 20–28 % bis 1200 °C hitzebeständig (Bildung einer nicht abplatzenden Schutzschicht). Die Beständigkeit gegenüber korrosiven Medien kann durch Nickelzusatz zum Chromstahl wesentlich gesteigert werden. Der **Chromnickelstahl** mit 18 % Cr und 8 % Ni (aus der Gruppe der „*Nirosta*"-Stähle) stellt einen besonders wichtigen rost- und säurebeständigen Stahl (s. o.) dar.

Zusätze von Vanadium, Molybdän und Wolfram schränken das Austenitgebiet ein und bilden beständige, sehr harte Carbide. Vanadium wird deshalb in Bau- und Werkzeugstählen zur Verbesserung der Zähigkeit, Molybdän in Stählen für den Dampfkessel- und Turbinenbau, Wolfram in Schnelldrehstählen verwendet. Als Zusatz zu nichtrostenden Stählen erhöht Molybdän die Korrosionsbeständigkeit. Gewisse Wolframstähle mit Zusatz von Cobalt zeichnen sich durch besonders gute *magnetische* Eigenschaften aus und dienen daher zur Herstellung von Permanentmagneten. Silicium dient als Desoxidationsmittel und ist deshalb in vielen Stählen mit 0.2–0.5 % enthalten. Es führt (wie Aluminium oder Chrom) zu festhaftenden Zunderschichten und ist deshalb in hitzebeständigen Stählen mit bis zu 3 % enthalten.

1.1.5 Eisen in Verbindungen

In seinen chemischen Verbindungen tritt Eisen hauptsächlich mit den **Oxidationsstufen + 2, + 3**, ferner **+ 6** auf (z. B. $FeCl_2$, FeF_3, FeO, Fe_2O_3, FeO_4^{2-}), doch existieren auch Verbindungen mit den Oxidationsstufen **− 2, − 1** und **0** (z. B. $[Fe(CO)_4]^{2-}$, $[Fe_2(CO)_8]^{2-}$, $Fe(CO)_5$) sowie **+ 1, + 4** und **+ 5** (z. B. $[Fe(NO)(H_2O)_5]^{2+}$, $[FeCl_2(diars)_2]^{2+}$, FeO_4^{3-}). In keiner Verbindung tritt das Eisen – zum Unterschied vom homologen Ruthenium und Osmium – in der seiner Nebengruppennummer VIII entsprechenden Oxidationsstufe + 8 auf (in Richtung Sc → Zn der ersten Übergangsreihe erreicht erstmals Fe nicht die Gruppenwertigkeit). Selbst Verbindungen mit Eisen der Oxidationsstufe + 7 sind unbekannt. Die Verbindungen des (*sauer* und *stark oxidierend* wirkenden) *sechswertigen* Eisens, die in KOH-Schmelze bei 300–400 °C in Gegenwart von Sauerstoff die stabilsten Phasen darstellen, sich aber in Wasser zersetzen, sind von geringer praktischer Bedeutung. Wichtig sind demgegenüber die – leicht ineinander überführbaren – auch in *wässerigem Milieu* beständigen *zwei-* und *dreiwertigen* Stufen, in welchen Eisen vorwiegend *basischen Charakter* aufweist (Fe^{2+} basischer als Fe^{3+}); Salze des dreiwertigen Eisens sind demnach stärker hydrolytisch gespalten als solche des zweiwertigen Eisens.

Wie aus nachfolgenden **Potentialdiagrammen** einiger Oxidationsstufen des Eisens bei pH = 0 und 14 hervorgeht, liegt ε_0 für das Redoxsystem Fe^{2+}/Fe^{3+} so, daß molekularer Sauerstoff in *saurer* Lösung (ε_0 für O_2/H_2O = + 1.229 V) Fe(II)- in Fe(III)-Salze überführen kann. So oxidiert sich z. B. eine $FeSO_4$-Lösung an Luft leicht zu $Fe(OH)SO_4$, und Eisensäuerlinge scheiden ihr gelöstes $Fe(HCO_3)_2$ mit der Zeit als FeO(OH) aus. Viel leichter erfolgt die Oxidation in *alkalischer* Lösung (ε_0 für O_2/OH^- = + 0.401 V), so daß z. B. frisch gefälltes, weißes $Fe(OH)_2$ an der Luft rasch in rotbraunes FeO(OH) übergeht. Schneller als mit O_2 erfolgt die Oxidation mit *Oxidationsmitteln* wie Cl_2, Br_2, HNO_3. Umgekehrt kann Fe(III) durch geeignete *Reduktionsmittel* leicht zu Fe(II) reduziert werden. So erhält man aus sauren Fe(III)-Lösungen mit Sn(II), Fe, Mg oder Zn Lösungen von Fe(II), die völlig frei von Fe(III) sind (keine Rotfärbung mit SCN^-), was man zur „*quantitativen Bestimmung von Eisen(III)*" verwenden kann (Titration von gebildetem Fe^{2+} mit MnO_4^-). Zweiwertiges Eisen ist in saurem, luftfreiem Wasser stabil, da weder Oxidation unter H_2-Entwicklung (ε_0 = 0.414 V) noch Reduktion unter O_2-Entwicklung (ε_0 = + 0.815 V) möglich ist.

pH = 0

(− 0.036, von $Fe(H_2O)_6^{3+}$ nach Fe)

$\mathbf{FeO_4^{2-}} \xrightarrow{+2.20} \mathbf{Fe(H_2O)_6^{3+}} \xrightarrow{+0.771\ V} \mathbf{Fe(H_2O)_6^{2+}} \xrightarrow{-0.440} \mathbf{Fe}$

fast farblos ($Fe(H_2O)_6^{3+}$), *farblos* ($Fe(H_2O)_6^{2+}$)

pH = 14

(− 0.81, von FeO(OH) nach Fe)

$\mathbf{FeO_4^{2-}} \xrightarrow{+0.55} \mathbf{FeO(OH)} \xrightarrow{-0.69} \mathbf{Fe(OH)_2} \xrightarrow{-0.877} \mathbf{Fe}$

rot (FeO_4^{2-}), *rotbraun* (FeO(OH)), *weiß* ($Fe(OH)_2$)

Die Größe des Redox-Potentials für den Übergang Fe^{3+}/Fe^{2+} hängt entscheidend vom pH-Wert der wässerigen Lösung ab, wobei die beim Übergang von pH = 0 zu pH = 14 zu beobachtende besonders starke *Verschiebung zu negativen Werten* auf die vergleichsweise *geringe Löslichkeit* der Fe(III)-hydroxide in alkalischem Milieu zurückgeht. Darüber hinaus beeinflussen anwesende *Liganden* die Lage des Fe^{3+}/Fe^{2+}-Redoxpotentials entscheidend. So wirken etwa die Systeme $[Fe(phen)_3]^{3+/2+}$ ($\varepsilon_0 = +1.12$ V; phen = o-Phenanthrolin) und $[Fe(bipy)_3]^{3+/2+}$ ($\varepsilon_0 = +0.96$ V; bipy = o,o′-Bipyridin) *stärker oxidierend* als $[Fe(H_2O)_6]^{3+/2+}$, die Systeme $[Fe(CN)_6]^{3-/4-}$ ($\varepsilon_0 = +0.361$ V), $[Fe(ox)_3]^{3-/4-}$ ($\varepsilon_0 = 0.02$ V; ox = Oxalat) und $[Fe(EDTA)]^{1-/2-}$ ($\varepsilon_0 = -0.12$ V; $EDTA^{4-}$ = Ethylendiamintetraacetat) *schwächer*.

Das Eisen(II) weist insbesondere die **Koordinationszahlen** *vier* bis *sechs* auf (z. B. tetraedrisch in $[\mathbf{Fe}Cl_4]^{2-}$, trigonal-bipyramidal in $[\mathbf{Fe}Br(N_4)]^+$ mit $N_4 = N(CH_2CH_2NMe_2)_3$, oktaedrisch in $[\mathbf{Fe}(H_2O)_6]^{2+}$), Eisen(III) die Koordinationszahlen *drei* bis *acht* (z. B. trigonal-planar in $[\mathbf{Fe}(NR_2)_3]$ mit R = $SiMe_3$, tetraedrisch in $[\mathbf{Fe}Cl_4]^-$, quadratisch-pyramidal in $[\mathbf{Fe}Cl(acac)_2]$ bzw. $[\mathbf{Fe}Cl(S_2CNR_2)_2]$, oktaedrisch in $[\mathbf{Fe}(H_2O)_6]^{3+}$, pentagonal-bipyramidal in $[\mathbf{Fe}(EDTA)(H_2O)]^-$, dodekaedrisch in $[\mathbf{Fe}(NO_3)_4]^-$). Eisen(-II) besitzt die Zähligkeit *vier* (z. B. tetraedrisch in $[\mathbf{Fe}(CO)_4]^{2-}$, $[\mathbf{Fe}(CO)_2(NO)_2]$), Eisen(0) die Zähligkeiten *fünf* bis *sieben* (z. B. trigonal-bipyramidal in $[\mathbf{Fe}(CO)_5]$, $[\mathbf{Fe}(PF_3)_5]$, oktaedrisch in $[\mathbf{Fe}(bipy)_3]$, überkappt-oktaedrisch in $[\mathbf{Fe_2}(CO)_9]$), Eisen(I,IV) meist die Zähligkeit *sechs* (oktaedrisch in $[\mathbf{Fe^I}(H_2O)_5(NO)]^{2+}$, $[\mathbf{Fe^{IV}}Cl_2(diars)_2]^{2+}$), Eisen(V,VI) die Zähligkeit *vier* (tetraedrisch in $\mathbf{Fe}O_4^{3-}$, $\mathbf{Fe}O_4^{2-}$). Die 4fach koordinierten Fe(-II)-, 5fach koordinierten Fe(0)- und 6fach koordinierten Fe(II)-Verbindungen besitzen Kryptonelektronenkonfiguration. Es existieren von Eisen neben Verbindungen mit *keinem* ungepaarten Elektron (low-spin-Fe(II) z. B. in $[Fe(CN)_6]^{4-}$) solche mit *einem* bis *fünf* ungepaarten Elektronen: (↑): low-spin-Fe(III) z. B. in $[Fe(CN)_6]^{3-}$, low-spin-Fe(I) z. B. in $[FeI(CO)_2(diars)]$; (↑↑): low-spin-Fe(IV) z. B. in $[FeCl_2(diars)_2]^{2+}$; (↑↑↑): low-spin-Fe(III) bei quadratisch-pyramidalem Ligandenfeld z. B. in $[FeCl(S_2CNR_2)_2]$; (↑↑↑↑): high-spin-Fe(II) z. B. in $[Fe(H_2O)_6]^{2+}$; (↑↑↑↑↑): high-spin-Fe(III) z. B. in $[Fe(acac)_3]$.

Bezüglich der *Elektronenkonfiguration*, der *Radien*, der *magnetischen* und *optischen* Eigenschaften von **Eisenionen** vgl. Ligandenfeld-Theorie (S. 1250) sowie Anh. IV, bezüglich eines **Eigenschaftsvergleichs** der Metalle der Eisengruppe S. 1199f und 1536.

1.2 Eisen(II)- und Eisen(III)-Verbindungen (d^6,d^5)[1,24,25]

Wasserstoffverbindungen

Eisen bildet als Element der „*Wasserstofflücke*" ähnlich wie Mo, W, Mn, Tc, Re, Ru, Os, Co, Rh, Ir, Pt, Ag, Au *keine* unter Normalbedingungen stabilen *binären Hydride*, wirkt aber als *Hydrierungskatalysator* (vgl. z. B. NH_3-Synthese nach Haber-Bosch) und bekundet damit eine Affinität zu Wasserstoff. Es existieren demgemäß – wie bei vielen anderen Elementen der Wasserstofflücke – *ternäre Hydride* wie $\mathbf{Mg_2FeH_6} = 2\,MgH_2 \cdot FeH_2$ und *Donoraddukte* wie $[\mathbf{FeHL_4}]$, $[\mathbf{FeH_2L_4}]$, $[\mathbf{FeH_4L_3}]$ sowie ein *Bis(boranat)* $\mathbf{Fe(BH_4)_2}$, welche Eisenwasserstoffe der Zusammensetzung **FeH**, $\mathbf{FeH_2}$ und $\mathbf{FeH_4}$ enthalten. Vgl. hierzu Tab. 133, S. 1607.

Strukturen. Das aus den Elementen zugängliche *dunkelgrüne* ternäre Hydrid Mg_2FeH_6 kristallisiert im K_2PtCl_6-Typ, wobei oktaedrisch gebaute FeH_6^{4-}-Komplexanionen (Fe im Oktaederzentrum) die Positionen einer kubisch dichtesten Kugelpackung, die Mg^{2+}-Kationen die Positionen aller tetraedrischen

---

24 **Literatur.** R. Colton, J. H. Canterford: „*Iron*" in „Halides of the First Row Transition Metals", Wiley 1969, S. 271–326; A. Ludi: „*Berliner Blau*", Chemie in unserer Zeit **22** (1988) 123–127; K. S. Murray: „*Binuclear Oxo-bridged Iron(III) Complexes*", Coord. Chem. Rev. **12** (1974) 1–35; B. Krebs, G. Henkel: „*Übergangsmetallthiolate – Von molekularen Fragmenten sulfidischer Festkörper zu Modellen aktiver Zentren in Biomolekülen*", Angew. Chem. **103** (1991) 785–804; Int. Ed. **30** (1991) 769; A. V. Xavier, J. J. Moura, I. Moura: „*Novel Structures in Iron Sulfur Proteins*", Struct. Bond. **43** (1981) 187–213; B. A. Averill: „*Fe–S and Mo–Fe–S Clusters as Models for the Active Site of Nitrogenase*", Struct. Bond. **53** (1983) 59–104; R. H. Holm: „*Metal Clusters in Biology: Quest for a Synthetic Representation of the Catalytic Site of Nitrogenase*", Chem. Soc. Rev. **10** (1981) 455–490; P. Zanello: „*Electrochemistry of Metal-Sulfur Clusters: Stereochemical Consequences of Thermodynamically Characterized Redox Changes. Part I. Homometal Clusters. Part II. Heterometal Clusters*", Coord. Chem. Rev. **83** (1988) 190–275, **87** (1988) 1–54; mehrere Autoren: „*Iron-Sulfur Proteins*", Adv. Inorg. Chem. **38** (1992) 1–470; D. C. Rees, M. K. Chan, J. Kim: „*Structure and Function of Nitrogenase*", Adv. Inorg. Chem. **40** (1993) 89–119.

25 Man kennt zudem eine Reihe **niedrigwertiger Eisenverbindungen**, in welchen Eisen der Wertigkeiten −2, −1, 0, +1 (d^{10}-, d^9-, d^8-, d^7-Elektronenkonfiguration) mit Liganden koordiniert, ist wie *Kohlenoxid* (z. B. $[Fe^{-II}(CO)_4]^{2-}$, $[Fe_2^{-I}(CO)_8]^{2-}$, $Fe^0(CO)_5$), *Cyanid* (z. B. $[Fe^I(CN)_5]^{4-}$, *Stickoxid* (z. B. $[Fe^{II}(CO)_2(NO)_2]$, $[Fe^I(CN)_5(NO)]^{3-}$, $[Fe^I(H_2O)_5(NO)]^{2+}$), *α,α-Bipyridin* (z. B. $[Fe^{-I}(bipy)_3]^-$, $[Fe^0(bipy)_3]$), *Phosphane* (z. B. $[Fe^0(PF_3)_5]$, $[Fe^0(CO)_3(PR_3)_2]$, $[Fe^IX(Ph_2PCH_2CH_2PPh_2)]$ mit X = H, Cl, Br, I), *Organylgruppen* (z. B. $[(C_5H_5)(C_6Me_6)Fe^I]$). Näheres vgl. S. 1629. Bezüglich der **Boride, Carbide, Silicide, Nitride** von Eisen vgl. S. 1528.

Lücken besetzen. Die Mg^{2+}-Ionen sind hiernach wie die F^--Ionen im CaF_2 („Fluorit-Struktur") bzw. die Na^+-Ionen im Na_2O („Antifluorit-Struktur") kubisch-einfach gepackt. Das formal *zweiwertige* Eisen (d^6-Elektronenkonfiguration; low-spin) weist im Komplexanion 6 (Fe^{2+}) + 12 (6H^-) + 2 (Ionenladung) = 18 Elektronen auf und hat mithin Edelgaskonfiguration (Krypton).

In entsprechender Weise kommt dem Eisen der oktaedrisch gebauten Phosphan-Addukte $[FeH_2(PR_3)_4]$ (R z. B. F, Me) Edelgaskonfiguration zu (Ersatz von $4H^-$ in FeH_6^{4-} durch $4PR_3$). Andererseits stellen die Komplexe $[FeH_4(PR_3)_3]$ im Sinne der Formulierung $[FeH_2(H_2)(PR_3)_3]$ nicht solche des vier-, sondern des *zweiwertigen* Eisens dar, das oktaedrisch von zwei H^--Ionen, einem η^2-gebundenen H_2-Molekül und drei Phosphanliganden koordiniert ist und $6(Fe^{2+}) + 4(2H^-) + 2(H_2) + 6(3PR_3) = 18$ Außenelektronen (Kryptonschale) aufweist (vgl. S. 1608). Kein Oktadezett kommt dem Eisen im Phosphanaddukt $[FeH(dppe)_2]$ mit dppe = $Ph_2PCH_2CH_2PPh_2$ sowie im Boran-Addukt $Fe(BH_4)_2$ zu. Bezüglich des Carbonyl-Addukts $FeH_2(CO)_4$ vgl. S. 1648.

Halogenverbindungen

Eisen bildet gemäß Tab. 126 binäre **Halogenide** der Formeln $\mathbf{FeX_2}$ und $\mathbf{FeX_3}$ (X = F, Cl, Br, I). Wichtiger unter ihnen sind insbesondere $FeCl_2$ und $FeCl_3$. Überraschenderweise kennt man von Eisen keine Halogenide (selbst keine Fluoride) der Oxidationsstufen größer +2. Tab. 126 informiert ferner über **Halogenidoxide** des Eisens.

Tab. 126 Halogenide, Oxide und Halogenidoxide[a)] von Eisen (vgl. S. 1538, 1611, 1620).

	Fluoride	Chloride	Bromide	Iodide	Oxide
Fe(II)	$\mathbf{FeF_2}$, *weiß* Smp. 1020 °C Rutil-Strukt., KZ6	$\mathbf{FeCl_2}$, *weiß* Smp./Sdp. 676/1012 °C ΔH_f − 342 kJ/mol $CdCl_2$-Strukt., KZ6	$\mathbf{FeBr_2}$, *gelbbraun* Smp. 684 °C ΔH_f − 250 kJ/mol CdI_2-Strukt., KZ6	$\mathbf{FeI_2}$, *dunkelviolett* Smp. 177 °C ΔH_f − 113 kJ/mol CdI_2-Strukt., KZ6	**FeO**, *schwarz*[b)] Smp. 1368 °C ΔH_f − 266.4 kJ NaCl-Strukt., KZ6 $\mathbf{Fe_3O_4}$, *schwarz*[c)]
Fe(III)	$\mathbf{FeF_3}$, *blaßgrün* Smp. 1000 °C VF_3-Strukt., KZ6	$\mathbf{FeCl_3}$, *dunkelgrün* Smp. 306 °C ΔH_f − 400 kJ/mol BiI_3-Strukt., KZ6	$\mathbf{FeBr_3}$, *rotbraun* Zers. Fe(II) > 120 °C ΔH_f − 268 kJ/mol BiI_3-Strukt., KZ6	$\mathbf{FeI_3}$, *schwarz* zersetzlich	$\mathbf{Fe_2O_3}$, *rotbraun*[d)] Smp. 1565 °C ΔH_f − 824.8 kJ Korund-Str., KZ6

a) *Rotes* **FeOCl** (aus $FeCl_3 + Fe_2O_3$; ΔH_f − 377 kJ/mol; Schichtstruktur); **FeOF** (Rutil-Struktur). – b) Nichtstöchiometrisch: $Fe_{0.84-0.95}O$. – c) Zers. 1538 °C in Fe_2O_3; ΔH_f − 1119 kJ/mol; inverse Spinell-Struktur., KZ6 – d) α-Form (rhomboedrisch); γ-$\mathbf{Fe_2O_3}$ (kubisch) geht bei 300 °C/O_2-Druck, β-$\mathbf{Fe_2O_3}$ bei 500 °C in α-Fe_2O_3 über.

Darstellung. Beim Auflösen von *Eisen* in *Salzsäure* entsteht **Eisendichlorid** $\mathbf{FeCl_2}$ ($Fe + 2HCl \rightarrow FeCl_2 + H_2$). Es kristallisiert aus der Lösung als *Hexahydrat* $FeCl_2 \cdot 6H_2O$ in Form *blaßgrüner* monokliner Prismen aus, die kein Hexaaqua-Ion $Fe(H_2O)_6^{2+}$, sondern den *trans*-Chlorokomplex $[FeCl_2(H_2O)_4] \cdot 2H_2O$ enthalten. Das *wasserfreie* Salz erhält man als weiße, sublimierbare Masse beim Erhitzen von *Eisen* in *trockenem Chlorwasserstoff* (mit Cl_2 entsteht $FeCl_3$, s. u.) oder durch Reduktion von $FeCl_3$ mit H_2 oder Fe. In analoger Weise gewinnt man $\mathbf{FeF_2}$ und $\mathbf{FeBr_2}$ aus Fe und HX, während $\mathbf{FeI_2}$ aus Fe und I_2 zugänglich ist. **Eisentrichlorid** $\mathbf{FeCl_3}$ entsteht beim Einleiten von *Chlor* in eine wässerige *Eisendichlorid-Lösung* ($2FeCl_2 + Cl_2 \rightarrow 2FeCl_3$) oder bei der *Oxidation* von $FeCl_2$ mit *Schwefeldioxid* in Salzsäure ($4FeCl_2 + SO_2 + 4HCl \rightarrow 4FeCl_3 + 2H_2O + \frac{1}{8}S_8$) und kristallisiert aus den Lösungen je nach der Temperatur in Form verschiedener isomerer Hydrate $FeCl_3 \cdot 6H_2O$ mit den Strukturen $[FeCl_n(H_2O)_{6-n}]Cl_{3-n} \cdot nH_2O$ (*farblos* für $n = 0$, intensiv *gelb* für $n = 1, 2, 3$) aus. Beim *Entwässern* durch Erhitzen zersetzen sich die Hydrate großenteils unter HCl-Abgabe und Zwischenbildung von FeOCl (*rote* Nädelchen; vgl. Tab. 126). *Wasserfreies* $FeCl_3$ erhält man durch Erhitzen von *Eisen-* oder *Eisen(III)-oxid* im *Chlorstrom* in Form *grünlich metallglänzender* (*rotbraun* durchscheinender) Kristalle. Analog $FeCl_3$ sind $\mathbf{FeF_3}$ und $\mathbf{FeBr_3}$ aus den Elementen zugänglich (mit Br_2-Unterschuß entsteht $\mathbf{Fe_3Br_8} \mathrel{\hat{=}} FeBr_2 \cdot 2FeBr_3$; bildet tieffarbige Bromokomplexe $Fe_3Br_9^-$), während $\mathbf{FeI_3}$ aufgrund seiner Zersetzlichkeit ($2FeI_3$

$\rightleftarrows 2\,FeI_2 + I_2$) nicht auf diese Weise, sondern aus $Fe(CO)_5$ und I_2 durch Bestrahlung bei $-20\,°C$ gewonnen wird. In *wässeriger* Lösung reagieren Fe^{3+} und I^- demgemäß *quantitativ* nach

$$Fe^{3+} + I^- \rightarrow Fe^{2+} + \tfrac{1}{2}I_2,$$

was man zur „*Bestimmung von Eisen(III)*" verwenden kann (Titration des ausgeschiedenen Iods mit Thiosulfat; vgl. Fe-Potentialdiagramme auf S. 1515; ε_0 für $I^-/I_2 = +0.5355\,V$).

Eigenschaften. Einige Kenndaten und die Strukturen der Eisenhalogenide gibt Tab. 126 wieder (vgl. auch S. 1611). Die Thermostabilität der Verbindungen ist bis auf die von $FeBr_3$ (Zerfall oberhalb 200 °C in $FeBr_2$) und FeI_3 (nicht rein erhältlich) recht groß. $FeCl_3$ läßt sich schon oberhalb 120 °C sublimieren. Bei 400 °C entspricht die Dampfdichte der Formel Fe_2Cl_6 (vgl. Al_2Cl_6, S. 1074); oberhalb 800 °C sind nur $FeCl_3$-Moleküle stabil. Die Löslichkeit der Halogenide in Wasser ist bis auf die von FeF_3 (auch als *blaßrosafarbenes* Hydrat $FeF_3 \cdot 4.5\,H_2O$ erhältlich) gut.

Komplexe der Eisenhalogenide. Mit Donoren bilden die Eisenhalogenide eine Reihe von *Komplexen* (Näheres vgl. weiter unten). Z. B. entstehen aus $\mathbf{FeCl_2}$ mit KCl, NH_4Cl oder NMe_4Cl gut kristallisierende *Chlorokomplexe* $[FeCl_4]^{2-}$ (z. B. $K_2[FeCl_4(H_2O)_2]$: oktaedrische Fe-Koordination, $(NMe_4)_2[FeCl_4]$: tetraedrische Koordination), mit NH_3 das *Hexaammoniakat* $FeCl_2 \cdot 6\,NH_3 \mathrel{\hat=} [Fe(NH_3)_6]Cl_2$ (s. u.), mit Phosphanen PR_3 oder $R_2PCH_2CH_2PR_2$ (= diphos) *Phosphankomplexe* $[FeCl_2(PR_3)_4]$ oder *trans*-$[FeCl_2(diphos)_2]$. Aus letzteren lassen sich etwa durch Hydrierung mit $LiAlH_4$ in THF die *Hydridokomplexe trans*-$[FeHCl(diphos)_2]$ und *trans*-$[FeH_2(diphos)_2]$ gewinnen (s. o.), welche durch Luft *nicht oxidiert* werden und gute *thermische* Beständigkeit besitzen. Ähnlich wie $FeCl_2$ bildet $\mathbf{FeCl_3}$ wasserunbeständige *Chlorokomplexe* u. a. des Typus $[FeCl_4]^-$ (tetraedrisch; aus konz. HCl in Anwesenheit von NR_4^+ isolierbar), $[FeCl_4(H_2O)_2]^-$ (oktaedrisch), $[FeCl_6]^{3-}$ (oktaedrisch) und $[Fe_2Cl_9]^{3-}$ (zwei $FeCl_6$-Oktaeder mit gemeinsamer Fläche; vgl. die analogen Chlorokomplexe von Cr(III), S. 1449). Der aus $FeCl_3$ und diars zugängliche Komplex $[Fe^{III}Cl_2(diars)_2]^+$ läßt sich mit HNO_3 zu $[Fe^{IV}Cl_2(diars)_2]^{2+}$, einem der seltenen Komplexe mit Eisen in einer Oxidationsstufe größer +3, oxidieren. Die von $\mathbf{FeF_3}$ abgeleiteten *Fluorokomplexe* sind in Wasser recht beständig, wobei $[FeF_6]^{3-}$ in diesem Medium überwiegend als $[FeF_5(H_2O)]^{2-}$ vorliegt.

Verwendung. $FeCl_3$ ist ein wichtiges *Ätzmittel* (u. a. zur *Kupferätzung* bei der Herstellung gedruckter elektronischer Schaltkreise) und wird als *Koagulationsmittel* bei der Wasseraufbereitung genutzt.

Cyano- und verwandte Verbindungen

Cyanoferrate (vgl. S. 1656). Unter den *komplexen Eisenverbindungen* gehören die *Cyanokomplexe* („*Hexacyanoferrate*") zu den beständigsten. Sie entstehen beim Zusammengeben von *Eisen-* und *Cyanid-Ionen* und haben je nach der Oxidationsstufe des Eisen-Ions die Formel $M^I_4[Fe^{II}(CN)_6]$ bzw. $M^I_3[Fe^{III}(CN)_6]$:

$$Fe^{2+} + 6\,CN^- \rightarrow [Fe(CN)_6]^{4-} + 359\,kJ\,,$$
$$Fe^{3+} + 6\,CN^- \rightarrow [Fe(CN)_6]^{3-} + 293\,kJ\,.$$

$Fe(CN)_6^{4-}$ ist dabei thermodynamisch und auch kinetisch stabiler als $Fe(CN)_6^{3-}$, da es zum Unterschied von letzterem eine Edelgaskonfiguration aufweist (vgl. S. 1245). Besonders charakteristische Vertreter der beiden Verbindungstypen sind das „*gelbe*" und das „*rote Blutlaugensalz*" (zum Namen vgl. unten).

Darstellung, Eigenschaften. Versetzt man eine *Eisen(II)-Salzlösung mit einer Kaliumcyanid-Lösung*, so bildet sich – wohl auf dem Wege über **Eisendicyanid** $\mathbf{Fe(CN)_2}$ (= $Fe^{II}[Fe^{II}Fe^{II}(CN)_6]$, das in Form eines *blaßgrünen* Feststoffs durch Thermolyse von $(NH_4)_4[Fe(CN)_6]$ bei 320 °C gewonnen werden kann (zur Struktur siehe unten) – *blaßgelbes* **Kaliumhexacyanoferrat(II)** $\mathbf{K_4[Fe(CN)_6]}$ („*gelbes Blutlaugensalz*"):

$$\begin{array}{lll} Fe^{2+} + 2\,CN^- & \rightarrow & Fe(CN)_2 \\ Fe(CN)_2 + 4\,CN^- & \rightarrow & [Fe(CN)_6]^{4-} \\ \hline Fe^{2+} + 6\,CN^- & \rightarrow & [Fe(CN)_6]^{4-}\,. \end{array}$$

Beim Eindampfen der Lösung kristallisiert das Salz in Form großer, *schwefelgelber*, monokliner Kristalle der Formel $K_4[Fe(CN)_6] \cdot 3H_2O$ (oktaedrisches $Fe(CN)_6^{4-}$-Ion) aus. Sein Name rührt daher, daß es früher u.a. durch Erhitzen von *Blut* (Fe-, C- und N-haltig) mit Kaliumcarbonat und Auslaugen der dabei erhaltenen Schmelze mit Wasser gewonnen wurde. Zu einer Erzeugung kann man von verbrauchter *Gasreinigungsmasse* („*Luxmasse*", „*Lautamasse*" der Kokereigasreinigung = getrockneter „Rotschlamm", S. 1062) ausgehen, welche infolge des Cyanwasserstoffgehaltes des rohen Heizgases bereits Cyanverbindungen des Eisens enthält. Heute gewinnt man die Verbindung *technisch* aus $Ca(OH)_2$, HCN und $FeCl_2$ gemäß $FeCl_2 + 6HCN + 3Ca(OH)_2 \rightarrow Ca_2[Fe(CN)_6] + CaCl_2 + 6H_2O$ als Calciumsalz, aus der durch Umsetzung mit Alkalicarbonat die Alkalisalze entstehen.

Die „*Dissoziation*" des Komplex-Ions $[Fe(CN)_6]^{4-}$ (Kryptonschale des Eisens von 36 Elektronen) in wässeriger Lösung gemäß $[Fe(CN)_6]^{4-} \rightleftarrows Fe^{2+} + 6CN^-$ ist so *gering*, daß alle gewöhnlichen Fe^{2+} und CN^--*Reaktionen ausbleiben*. So gibt die Lösung z.B. mit Natronlauge oder Ammoniumsulfid keine Fällung von $Fe(OH)_2$ bzw. FeS und mit Silbernitrat keine Fällung von AgCN, sondern von $Ag_4[Fe(CN)_6]$. Bei Zugabe *verdünnter* Salzsäure entsteht unter „*Assoziation*" eine *wässerige Lösung* der starken, vierbasigen „*Hexacyanoeisen(II)-Säure*" $H_4Fe(CN)_6$, die beim Kochen *Cyanwasserstoff* entwikkelt ($4HCN + Fe(CN)_2$) und sich durch Zugabe von Ether R_2O als R_2OH^+-Salz ausfällen läßt, das bei Entfernung des Ethers die freie Säure $H_4[Fe(CN)_6]$ als *weißes* wasserlösliches, sich an Luft *blaufärbendes* Pulver hinterläßt (Bindung der Protonen an die Stickstoffatome der CN-Gruppen). Die Säure löst sich in flüssigem Fluorwasserstoff unter Bildung des Protonenaddukts $[Fe(CNH)_6]^{2+}$. Die *elektrolytische* „*Reduktion*" einer wässerigen $Fe(CN)_6^{4-}$-Lösung in Anwesenheit von CN^- ergibt *farbloses* „*Cyanoferrat(I)*" $[Fe(CN)_5]^{4-}$ bzw. $[HFe(CN)_5]^{3-}$, die „*Oxidation*" *rotes* „*Cyanoferrat(III)*" $[Fe(CN)_6]^{3-}$ (s.u.).

Mit Fe^{2+} setzt sich gelbes Blutlaugensalz zu $\mathbf{K_2[Fe^{II}Fe^{II}(CN)_6]^{2-}}$, mit Cu^{2+} reagiert es unter Bildung eines *Kupfersalzes* $Cu_2Fe(CN)_6 = Cu[CuFe(CN)_6]$ (s. unten). Die durch Fällung von $[Fe(CN)_6]^{4-}$ mit Fe^{2+} enthaltene weiße Masse („*Weißteig*") wird in der Technik durch *Oxidation* mit Chloraten oder Dichromaten in *Eisen-Blaupigmente* übergeführt (s.u., Berliner Blau).

Behandelt man eine Lösung von *gelbem Blutlaugensalz* mit *Chlor*- oder *Bromwasser* oder *oxidiert* man eine solche Lösung *anodisch* ($\varepsilon_0 = +0.361$ V), so entsteht eine rötlichgelbe Lösung, aus der sich *dunkelrote* Prismen von **Kalium-hexacyanoferrat(III)** $\mathbf{K_3[Fe(CN)_6]}$ („*rotes Blutlaugensalz*"; oktaedrisches $Fe(CN)_6^{3-}$-Ion) gewinnen lassen:

$$[Fe(CN)_6]^{4-} + \tfrac{1}{2}Cl_2 \rightarrow [Fe(CN)_6]^{3-} + Cl^-,$$
$$[Fe(CN)_6]^{4-} \rightarrow [Fe(CN)_6]^{3-} + \ominus .$$

Die wässerige Lösung, die mit SCN^- keine Rotfärbung und mit Ag^+ kein AgCN, sondern $Ag_3[Fe(CN)_6]$ ergibt, ist viel *unbeständiger* als die des gelben Blutlaugensalzes (siehe oben) und wirkt zum Unterschied von letzterer infolge spurenweiser Abgabe von Blausäure HCN (Übergang von $Fe(CN)_6^{3-}$ in $[Fe(CN)_5(H_2O)]^{2-}$) *giftig*[26]. Sie wird bisweilen als *Oxidationsmittel* benutzt, da das Eisen im $Fe(CN)_6^{3-}$-Ion (effektive Elektronenzahl 35) durch Aufnahme eines Elektrons die beständige Edelgasschale des Kryptons (effektive Elektronenzahl 36) zu erreichen sucht (vgl. S. 1245):

$$[Fe(CN)_6]^{3-} + \ominus \rightarrow [Fe(CN)_6]^{4-}$$

($\varepsilon_0 = +0.361$ V). Die dem Salz zugrunde liegende freie „*Hexacyanoeisen(III)-säure*" $H_3Fe(CN)_6$ kristallisiert in *braunen* Nadeln und ist sehr *unbeständig*.

Mit Fe^{3+} reagiert $[Fe(CN)_6]^{3-}$ unter Bildung von *braunem* **Eisentricyanid** $\mathbf{Fe(CN)_3}$ $= Fe^{III}[Fe^{III}(CN)_6]$. Es läßt sich leicht in *grünes* $Fe(CN)_3$ („*Berlinergrün*") verwandeln, welches sich von der braunen Form durch den Gehalt einer geringen Menge an Fe^{2+} unterscheidet und als „*Reagens auf Reduktionsmittel*" dienen kann (Bildung von „*Berliner-Blau*", s.u.).

Versetzt man eine Lösung des *gelben Blutlaugensalzes* mit *Eisen(III)-Salz* oder eine Lösung des *roten Blutlaugensalzes* mit *Eisen(II)-Salz*, so entsteht in beiden Fällen bei Anwendung

[26] Die Giftigkeit von HCN und CN^- beruht darauf, daß beide mit schwermetallhaltigen Enzymen des menschlichen Organismus sehr stabile Komplexe bilden und diese Fermente dadurch unwirksam machen.

eines Molverhältnisses 1 : 1 infolge des ganz auf der rechten Seite liegenden Gleichgewichts $Fe^{2+} + Fe^{III}(CN)_6^{3-} \rightleftarrows Fe^{3+} + Fe^{II}(CN)_6^{4-}$ das gleiche, *kolloid gelöste* **lösliche Berliner-Blau** $\mathbf{K[Fe^{III}Fe^{II}(CN)_6]}$ („*lösliches Turnbullsblau*")[27]:

$$K^+ + Fe^{3+} + Fe^{II}(CN_6)^{4-} \rightarrow K[Fe^{III}Fe^{II}(CN)_6].$$

Die *intensive Farbe* ist dabei hier wie in vielen anderen Fällen (z. B. rote Mennige, Molybdän- und Wolframblau, blaues Cer(III, IV)-hydroxid, blauschwarzes Cäsium-antimon(III,V)-chlorid, schwarzgrünes Eisen(II, III)-hydroxid) auf die gleichzeitige Anwesenheit *zweier Wertigkeitsstufen des gleichen Elements* in ein und demselben komplexen Molekül zurückzuführen (vgl. hierzu *farbloses* $K_2[Fe^{II}Fe^{II}(CN)_6]$ sowie S. 171).

Bei Zugabe *überschüssiger* Eisen(III)- bzw. Eisen(II)-Ionen zu Hexacyanoferrat(II bzw. III) $Fe^{II}(CN)_6^{4-}$ bzw. $Fe^{III}(CN)_6^{3-}$ entstehen *blaue Niederschläge*, die als **unlösliches Berliner-Blau** $Fe^{III}[Fe^{III}Fe^{II}(CN)_6]_3$ („*unlösliches Turnbulls-Blau*") bezeichnet werden:

$$4Fe^{3+} + 3Fe^{II}(CN)_6^{4-} \rightarrow Fe^{III}[Fe^{III}Fe^{II}(CN)_6]_3.$$

Strukturen. Die Strukturen der $[FeFe(CN)_6]$-Gruppierungen in den verschiedenen Verbindungen $[Fe^{II}Fe^{II}(CN)_6]^{2-}$ (*farblos*), $[Fe^{III}Fe^{II}(CN)_6]^-$ (*blau*) und $[Fe^{III}Fe^{III}(CN)_6]$ (*braun*) leitet sich von einem einfachen *Würfelgitter* ab, in welchem die *Würfelecken* von Fe-Ionen und die *Würfelkanten* zwischen den Fe-Ionen von längs dieser Kante angeordneten CN-Ionen $[:C{\equiv}N:]^-$ besetzt sind. Letztere sind mit den beiden Fe-Ionen auf der *einen* Seite über C (stärkere Bindung), auf der *anderen* Seite über N (schwächere Bindung) verknüpft, so daß jedes Fe-Ion oktaedrisch von sechs CN und jedes CN digonal von zwei Fe-Ionen umgeben ist (Fig. 306), was einer Zusammensetzung $Fe(CN)_{6/2} = Fe(CN)_3$ bzw. $\frac{1}{2}[FeFe(CN)_6]$ entspricht. Im Falle des Vorhandenseins von Fe(II) und Fe(III) ist das weichere Lewis-basische Kohlenstoffende von CN^- mit dem weicheren Lewis-sauren Fe^{2+}, das härtere Lewis-basische Stickstoffende mit dem härteren Lewis-sauren Fe^{3+} verknüpft.

Allerdings findet sich die besprochene Struktur im Falle der *komplexen Eisencyanide* – wenn überhaupt – nur bei Eisen(II)-cyanid $Fe^{II}[Fe^{II}Fe^{II}(CN)_6]$ ideal verwirklicht, in welchem die *Hälfte* aller kubischen Lücken der $[Fe^{II}Fe^{II}(CN)_6]$-Teilstruktur (Fig. 306a) durch Fe^{2+}-Ionen besetzt sind (Fig. 306b). Vielen *anderen komplexen Cyaniden* liegt demgegenüber, wie sich durch Röntgenstrukturanalyse beweisen ließ, die ideale in Fig. 306a veranschaulichte Struktur zugrunde, z. B. den eisenhaltigen Cyanokomplexen $Cs_2[MgFe^{II}(CN)_6]$ und $Cs_2[LiFe^{III}(CN)_6]$ (○ = Fe; ● = Mg oder Li in Fig. 306a; *alle kubischen Lücken* sind mit Cs-Ionen *besetzt*) oder den Hexacyanopalladaten bzw. -platinaten $[M^{II}Pd^{IV}(CN)_6]$ bzw. $[M^{II}Pt^{IV}(CN)_6]$ (○ = Mn, Fe, Co, Ni, Zn, Cd, Hg und ● = Pd, Pt in Fig. 306a; die *kubischen Lücken* sind *leer*, können aber von Fremdatomen oder -molekülen besetzt werden; vgl. S. 1596).

Die Struktur des *unlöslichen Berliner-Blaus*, das immer als Hydrat $Fe_4^{III}[Fe^{II}(CN)_6]_3 \cdot 14$ bis $16\,H_2O$ erhalten wird, leitet sich von der in Fig. 306a veranschaulichten Struktur dadurch ab, daß $\frac{1}{4}$ der Fe^{2+}-Plätze (gefüllte Kreise) – also etwa das Zentrum der wiedergegebenen Elementarzelle – frei bleiben und daß darüber hinaus $\frac{3}{4}$ der Fe^{3+}-Ionen (leere Kreise) – also etwa alle Flächenmitten der wiedergegebenen Elementarzelle – von nur 4 Cyanogruppen und dafür 2 Wassermolekülen koordiniert sind: $[Fe^{III}(NC)_4(H_2O)_2]$, wobei die H_2O-Moleküle in das (leere) Innere der Elementarzellen weisen. Die

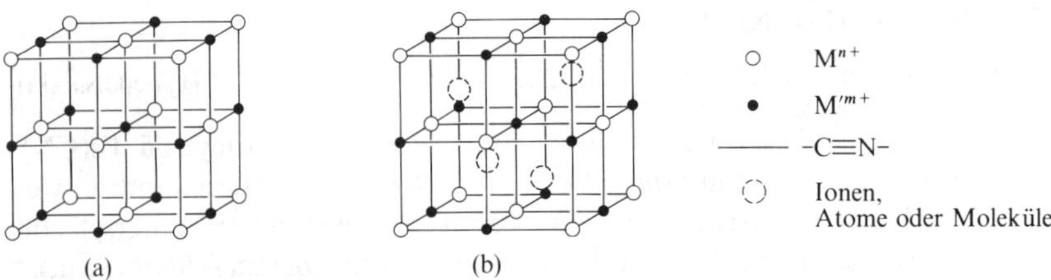

Fig. 306 Zur Struktur komplexer Cyanide des Eisens und anderer Metalle: (a) „Leere" kubische Elementarzelle. (b) Halbbesetzte kubische Elementarzelle.

[27] K kann auch durch Na und Rb, nicht aber durch Li und Cs ersetzt sein.

Die verbleibenden Fe^{3+}- und alle Fe^{2+}-Ionen haben die erwartete Koordination: $[Fe^{III}(NC)_6]$ und $[Fe^{II}(CN)_6]$. Die Oktanden der Elementarzellen sind zusätzlich mit Wassermolekülen gefüllt. Analoge Strukturen kommen auch den anderen komplexen Eisencyaniden zu.

Verwendung. „*Eisen-Blaupigmente*" $M^I[Fe^{II}Fe^{III}(CN)_6]$ (früher auch als „Berliner-", „Turnbulls-", „Preussisch-", „Milori-Blau" bezeichnet; M^I = Na, K, NH_4) sind extrem *farbstark* (fast schwarz bis hellblau je nach Partikeldurchmesser im Bereich 0.01 bis 0.20 µm) und kurzfristig bis 180 °C *thermostabil*. Man nutzt sie für *Druckfarben* (insbesondere Tiefdruck), *Lacke* (insbesondere Automobile), *Buntpapiere* (u.a. auch Blaupausen), *Tinten*. In Form von „Wäscheblau" dienen sie zum Weißen von Wäsche, da ihre Farbe als Komplementärfarbe den oft gelblichen Ton der Wäsche zu Weiß ergänzt. Mischungen von Eisen-Blaupigmenten mit Chromgelb oder Zinkgelb finden als „*Chromgrün*" oder „*Zinkgrün*" in Lacken und Druckfarben Verwendung. Hexacyanoferrate dienen darüber hinaus als milde „*Sauerstoff-überträger*", vor allem in der Farbstoffchemie. $K_4[Fe(CN)_6]$ ist zur „*Weinschönung*" zugelassen, da es durch Ausfällung von Eisen-Ionen deren Farbe und Aussehen verbessert. $K_3[Fe(CN)_6]$ hat ein spezifisches Einsatzgebiet bei der „*Farbfilmentwicklung*" gefunden. $Cu_2Fe(CN)_6$ kann zur Herstellung von „*semipermeablen Membranen*" in osmotischen Zellen dienen.

Prussiate. Komplexionen $\mathbf{[Fe(CN)_5X]^{n-}}$, bei denen eine Cyanogruppe des $Fe(CN)_6$-Ions durch andere Gruppen ersetzt ist, heißen „*Prussiate*" (rationell: *Pentacyanoferrate*). Erwähnt seien hier zum Beispiel: das „*Natrium-nitrosyl-prussiat*" $Na_2[Fe^{II}(CN)_5NO]$ (NO ist in dieser aus HNO_3 und $Fe(CN)_6^{4-}$ zugänglichen Verbindung als Kation $:N{\equiv}O:^+$ enthalten), das „*Natrium-carbonyl-prussiat*" $Na_3[Fe^{II}(CN)_5CO]$, das „*Natrium-ammin-prussiat*" $Na_3[Fe^{II}(CN)_5NH_3]$, und das „*Natrium-nitro-prussiat*" $Na_4[Fe^{II}(CN)_5NO_2]$ und das „*Natrium-sulfito-prussiat*" $Na_5[Fe^{II}(CN)_5SO_3]$ sowie das „*Natrium-thionitro-prussiat*" $Na_4[Fe^{II}(CN)_5NOS]$. Die Bildung letzterer *roten* Verbindung aus wässerigen Nitro-prussiat-Lösungen und Sulfid dient zum „*qualitativen Nachweis für Schwefel*". Bei der Oxidation mit *Brom* gehen die Eisen(II)-prussiate in Eisen(III)-prussiate über: $[Fe^{II}(CN)_5X]^{n-} + \frac{1}{2}Br_2 \rightarrow [Fe^{III}(CN)_5X]^{(n-1)-} + Br^-$.

Eisenrhodanide. Beim Zusammengehen einer *Eisen(III)*- und *Thiocyanat-Salzlösung* wird **Eisentrithiocyanat** $\mathbf{Fe(SCN)_3}$ („*Eisentrirhodanid*") in Form einer *blutroten Lösung* erhalten:

$$\underset{\textit{schwachgelb}}{[Fe(H_2O)_6]^{3+}} + \underset{\textit{farblos}}{3\,SCN^-} \rightleftarrows \underset{\textit{blutrot}}{[Fe(SCN)_3(H_2O)_3]} + 3\,H_2O\,.$$

Die von den Komplexen $[Fe(SCN)(H_2O)_5]^{2+}$, $[Fe(SCN)_2(H_2O)_4]^+$ und $[Fe(SCN)_3(H_2O)_3]$ herrührende Farbe ist so intensiv, daß selbst „*geringste Spuren von Eisen(III)-Ionen*" auf diese Weise „*analytisch nachgewiesen*" werden können. Bei Verdünnen der Lösung (Zunahme der elektrolytischen Dissoziation; Verschiebung des obigen Gleichgewichts nach links) geht die *blutrote* in eine *schwachgelbe* Lösung über, welche sich bei Zusatz von Fe^{3+}- oder SCN^--Ionen (Verschiebung des obigen Gleichgewichts nach rechts) wieder *blutrot* färbt (vgl. S. 200). Auch durch Zusatz von F^--Ionen (Bildung von farblosem $[FeF_6]^{3-}$ bzw. $[FeF_5(H_2O)]^{2-}$) läßt sich eine Eisen(III)-thiocyanat-Lösung entfärben, was zum „*Nachweis von Fluorid*" dienen kann.

Sauerstoffverbindungen

Eisen bildet die drei (nicht stöchiometrisch zusammengesetzten) „*Oxide*" **FeO**, $\mathbf{Fe_3O_4}$ = $FeO \cdot Fe_2O_3$ und $\mathbf{Fe_2O_3}$ (vgl. Tab. 126, S. 1517, sowie S. 1620), ferner die „*Hydroxide*" $\mathbf{Fe(OH)_2}$, $\mathbf{Fe(OH)_3}$ und **FeO(OH)**. Sie wirken *basisch* und nur hinsichtlich sehr starker Basen auch *sauer* (Bildung von „*Eisensalzen*" und „*Ferraten*").

Eisenoxide (Tab. 126). Darstellung, Eigenschaften. *Reduziert* man Eisen(III)-oxid mit trockenem *Kohlenoxid* bzw. *Wasserstoff* ($Fe_2O_3 + H_2 \rightarrow 2\,FeO + H_2O$) oder *oxidiert* man Eisen mit *Sauerstoff* unter vermindertem Partialdruck ($Fe + \frac{1}{2}O_2 \rightarrow FeO + 266\,kJ$) bzw. mit *Wasserdampf* oberhalb 560 °C (s. u.), so erhält man **Eisenmonoxid FeO** („*Eisen(II)-oxid*") als *schwarzes* Produkt $Fe_{1-x}O$ („*Wüstit-Phase*"; *antiferromagnetisch*, Neél-Temperatur 198 K), das einen mehr oder minder großen *Eisenunterschuß* gegenüber der Formel FeO aufweist (normale Zusammensetzung $Fe_{0.84}O$ bis $Fe_{0.95}O$)[28]. FeO ist nur oberhalb 560 °C stabil; unterhalb dieser Temperatur neigt es zur *Disproportionierung* gemäß $4\,FeO \rightleftarrows Fe + Fe_3O_4$, so daß man es nur durch *Abschrecken* der Hochtemperaturprodukte oder durch Synthese bei nicht allzu hohen Temperaturen (z. B. Thermolyse von Eisen(II)-oxalat im Vakuum: $FeC_2O_4 \rightarrow FeO + CO + CO_2$) als bei Raumtemperatur *metastabiles* Oxid erhalten kann. Wegen seiner *leichten Oxidierbarkeit* (das durch FeC_2O_4-Pyrolyse gewonnene FeO-Pulver ist pyrophor) kommt FeO in der Natur nicht vor.

Oxidiert man Eisen mit *Wasserdampf* nicht oberhalb, sondern unterhalb 560 °C, so entsteht anstelle von Eisenmonoxid **Trieisentetraoxid Fe_3O_4** („*Eisen(II, III)-oxid*"), als *schwarzes*, thermostabiles Oxid (*ferrimagnetisch*):

$$(\Delta H_f = +50\,\text{kJ})\,\mathbf{3FeO} \xleftarrow[>560\,^\circ C]{+3H_2O(g),\,-3H_2} \boxed{\mathbf{3Fe}} \xrightarrow[<560\,^\circ C]{+4H_2O(g),\,-4H_2} \mathbf{Fe_3O_4}\ (\Delta H_f = +151\,\text{kJ}).$$

Es findet sich in der Natur als „*Magneteisenstein*" („*Magnetit*") und entsteht u. a. beim kräftigen Glühen von α-Fe_2O_3 sowie als „*Hammerschlag*" beim Verbrennen der beim Schmieden von glühendem Eisen abspringenden Eisenteilchen ($3\,Fe + 2\,O_2 \rightarrow Fe_3O_4 + 1119\,kJ$). Das Oxid zeichnet sich durch große *Säure-* und *Base-* sowie *Chlor-Beständigkeit* aus.

Das in der Natur in verschiedenen Formen vorkommende **Dieisentrioxid Fe_2O_3** („*Eisen(III)-oxid*", vgl. S. 1505) existiert in *drei Modifikationen*, und zwar als *rotbraunes*, rhomboedrisches **α-Fe_2O_3** („*Hämatit*"; *antiferromagnetisch*, Neél-Temp. 955 K; vgl. S. 1309), das durch *Oxidation* von Eisen mit *Sauerstoff* unter Druck ($2\,Fe + 1\tfrac{1}{2}O_2 \rightarrow Fe_2O_3 + 825\,kJ$), durch *Erhitzen* von Eisen(III)-Salzen flüchtiger Säuren oder durch *Entwässern* von Eisen(III)-hydroxid oberhalb 200 °C gewinnbar ist, ferner als *paramagnetisches*, kubisches **β-Fe_2O_3**, das man durch *Hydrolyse* von $FeCl_3 \cdot 6\,H_2O$ oder bei der chemischen Gasabscheidung von Fe_2O_3 erhält, und schließlich als *ferromagnetisches*, kubisches *schwarzes* **γ-Fe_2O_3**, das bei vorsichtigem *Oxidieren* von Fe_3O_4 mit Sauerstoff entsteht. Letztere (metastabile) γ-Form läßt sich bei 200 °C im Vakuum wieder in Fe_3O_4 zurückverwandeln und geht beim Erhitzen auf über 300 °C unter Sauerstoffdruck in die stabile α-Form über, welche sich ihrerseits beim Erhitzen auf 1000 °C im Vakuum oder auf über 1200 °C an der Luft unter O_2-Abspaltung in Fe_3O_4 umwandelt (metastabiles β-Fe_2O_3 verwandelt sich bei 500 °C in α-Fe_2O_3):

$$\tfrac{2}{3}Fe_3O_4 \xleftarrow[200\,^\circ C,\ \text{Vakuum}]{-\frac{1}{6}O_2} \gamma\text{-}Fe_2O_3 \xrightarrow[300\,^\circ C]{} \alpha\text{-}Fe_2O_3 \quad (\alpha\text{-}Fe_2O_3 \xrightarrow{-\frac{1}{6}O_2,\ 1200\,^\circ C} \tfrac{2}{3}Fe_3O_4)$$

Die „*Säurebeständigkeit*" und die „*Härte*" des durch Entwässerung von $Fe(OH)_3$ gebildeten α-Eisen(III)-oxids hängt wie die des Aluminium(III)-oxids (S. 1081) weitgehend von der *Vorbehandlung* ab. So löst sich z. B. sehr *schwach* erhitztes α-Fe_2O_3 schon bei Raumtemperatur langsam in *verdünnten* Säuren, wogegen sehr *stark* geglühtes α-Fe_2O_3 auch in *heißen konzentrierten* Säuren nahezu unlöslich ist. Während sich *frisch gefälltes* Oxid-Hydrat *schwammig* und *weich* anfühlt, ist das geglühte Oxid *hart*. Je nach der Korngröße des Materials kann man dabei Farben erzielen, die zwischen *Hellrot* und *Purpurviolett* variieren.

Strukturen. Die *Struktur* des idealen stöchiometrischen *Eisen(II)-oxids* **FeO** entspräche einer kubisch-dichtesten Packung von O^{2-}-Ionen mit Fe^{2+}-Ionen in allen oktaedrischen Lücken („NaCl-Struktur"). Ersetzt man in diesem FeO je drei Fe^{2+}-Ionen durch die ladungsäquivalente Zahl von zwei Fe^{3+}-Ionen und verteilt jeweils $21\tfrac{1}{3}Fe^{3+}$-Ionen auf alle in Spinellen besetzten 8 tetra- und einen Teil der 16 oktaedrischen Lücken, so kommt man zur Struktur des **Eisen(III)-oxids γ-Fe_2O_3** ($\triangleq$ „$Fe_{0.67}O$"). Nimmt man diesen Austausch von je drei Fe^{2+} gegen zwei Fe^{3+} nur mit $\tfrac{3}{4}$ der Fe^{2+}-Ionen vor, so gelangt man zum Eisen(II,III)-oxid **Fe_3O_4** ($\triangleq$ „$Fe_{0.75}O$" $\triangleq$ „$Fe^{II}_{0.25}Fe^{III}_{0.50}O$"), dem eine *inverse Spinell-Struktur* zukommt (kubisch-dichteste Packung von O^{2-}-Ionen; Fe^{2+} in oktaedrischen, Fe^{3+} zur Hälfte in okta-

[28] Stöchiometrisch zusammengesetztes FeO bildet sich aus $Fe_{1-x}O$ und Fe bei 770 °C und einem Sauerstoffdruck von 50 kbar. Es ist um ca. 0.4% weniger dicht als „normales" $Fe_{1-x}O$.

edrischen, zur Hälfte in tetraedrischen Lücken; vgl. S. 1083 und wegen des Grundes für die inverse Spinellstruktur Anm.[36)]). Die Neigung aller drei Oxide FeO, Fe_3O_4 und Fe_2O_3 zu nicht-stöchiometrischer Zusammensetzung ist auf diese enge Verwandtschaft ihrer Struktur zurückzuführen[29)]. So entspricht etwa die oben erwähnte Zusammensetzung $Fe_{0.95}O$ des Eisen(II)-oxids einem Zwischenzustand zwischen FeO und Fe_2O_3, bei dem nicht wie im Eisen(II,III)-oxid Fe_3O_4 75%, sondern nur 15% der Fe^{2+}-Ionen des Eisen(II)-oxids durch eine ladungsäquivalente Zahl von Fe^{3+}-Ionen ersetzt sind („$Fe_{0.95}O$" $\triangleq$ „$Fe^{II}_{0.85}Fe^{III}_{0.10}O$"). Die Struktur des Eisen(III)-oxids **α-Fe_2O_3** leitet sich schließlich vom *Korund* ab (hexagonal-dichteste Packung von O^{2-}-Ionen mit Verteilung der Fe^{3+}-Ionen auf $\frac{2}{3}$ der vorhandenen oktaedrischen Lücken). Vgl. hierzu auch S. 1620f.

Verwendung. *Eisenoxide* (Weltjahresproduktion an natürlichem bzw. synthetischem Material: über 500 bzw. 100 Kilotonnen) sind ein wichtiges Ausgangsmaterial für die „*Eisengewinnung*" und stellen die mit Abstand wichtigste und billigste Gruppe der „*Buntpigmente*" („*Eisenoxid-Pigmente*") dar, welche im wesentlichen die Farben *Rot* (α-Fe_2O_3), *Braun* (γ-Fe_2O_3), *Schwarz* (Fe_3O_4), *Gelb* (α-FeOOH) und *Orangegelb* (γ-FeOOH) sowie *Braun* (Eisenoxid-Mischungen) umfaßt[30)]. Das *Deckvermögen* (Streuvermögen) und der *Farbton* der durch „Echtheit" ausgezeichneten Farben (farbige Höhlenmalereien von 15000 v. Chr. bestehen noch heute) läßt sich durch die Teilchengröße der Oxide variieren (Teilchendurchmesser um 0.02 μm: Deckkraft der Pigmente am größten; Durchmesser < 0.01 μm: Pigmente werden transparent). In der *Technik* gewinnt man die Eisen-Pigmente hauptsächlich durch *oxidative Abröstung* oder durch *Hydrolyse* von *Eisen(II)-sulfat* ($6FeSO_4 + \frac{3}{2}O_2 \rightarrow 3Fe_2O_3 + 6SO_3$; $2FeSO_4 + 4NaOH + \frac{1}{2}O_2 \rightarrow 2FeOOH + 2Na_2SO_4 + H_2O$), durch *Oxidation* von Eisen mit Nitrobenzol (z. B. $4PhNO_2 + 9Fe + 4H_2O \rightarrow 4PhNH_2 + 3Fe_3O_4$; zugleich zur Anilinerzeugung) sowie durch *Calcinieren* von FeOOH oder Fe_3O_4. Man nutzt sie für Baustoffeinfärbungen (Beton-, Pflastersteine, Dachpfannen, Asbestzement, Mörtel, Bitumen, Fassadenputze), *Kunststoffeinfärbungen*, zur Herstellung von *Farben* und *Lacken* (transparente Pigmente für Metallic-Lacke; billige natürliche Pigmente für Grundierungen, Schiffs- und Hausanstriche).

Die Eisenoxide γ-Fe_2O_3 und Fe_3O_4 werden darüber hinaus als „*Magnetpigmente*" in Audiocassetten, Ton- und Videobändern, sowie als Edukte für die Herstellung von ferrimagnetischen *Hart-* und *Weichferriten* (vgl. S. 1308) verwendet. Geglühtes Fe_2O_3 dient wegen seiner Härte zum „*Polieren*" („*Polierrot*", „*Englischrot*") von Glas, Metallen und Edelsteinen, Fe_3O_4 wegen seiner Säure-, Base- und Chlor-Beständigkeit zur Herstellung von „*Elektroden*" („*Magnetitelektroden*")[31)].

Eisenhydroxide. Darstellung. Aus Eisen(II)-Salzlösungen fällt auf Zusatz von Alkalilauge bei Luftabschluß **Eisendihydroxid $Fe(OH)_2$** („*Eisen(II)-hydroxid*", „Brucit-Struktur" $\triangleq$ „CdI_2-Struktur") als *weißer*, flockiger Niederschlag aus: $Fe^{2+} + 2OH^- \rightarrow Fe(OH)_2$. An der Luft ($\varepsilon_0$ für $O_2/OH^- = +0.401$ V) oxidiert sich dieser Niederschlag außerordentlich leicht und geht dabei über *graugrüne*, *dunkelgrüne* und *schwärzliche* Fe^{2+}- und Fe^{3+}-haltige Zwischenstufen schließlich in *rotbraunes* **Eisentrihydroxid $Fe(OH)_3$** („*Eisen(III)-hydroxid*") über: $2Fe(OH)_2 + H_2O + \frac{1}{2}O_2 \rightarrow 2Fe(OH)_3$ (vgl. Potentialdiagramm, S. 1515). Langsam oxidiert sich $Fe(OH)_2$ in Anwesenheit von Wasser auch bei O_2-Ausschluß unter H_2-Entwicklung (Bildung von Fe_3O_4). Eisen(III)-hydroxid fällt zudem beim Versetzen einer Eisen(III)-Salzlösung mit Alkalilauge als wasserreiches *Hydrogel* der Formel $Fe_2O_3 \cdot xH_2O$ („*Eisen(III)-oxid-Hydrat*") aus. Durch *Trocknen* bei Raumtemperatur geht es allmählich – schneller beim Erwärmen – in kristallisierten „*Hämatit*" α-Fe_2O_3 (s. o.) über. Die Existenz eines definierten Trihydroxids läßt sich bei dieser Entwässerung nicht erkennen.

Beim Behandeln des frisch gefällten „Eisen(III)-hydroxids" mit überhitztem Wasserdampf bildet sich die α-Form von **Eisenhydroxidoxid FeO(OH)** („*Goethit*", „*Rubinglimmer*"), die sich auch in der Natur als *dunkelbraunes* „*Nadeleisenerz*" findet. Beim Erhitzen von α-FeO(OH) auf 220 °C entsteht infolge weiterer Wasserabspaltung *rotbraunes* α-Fe_2O_3 („*Hämatit*"; s. o.). Eine unbeständige γ-Form des Hydroxidoxids ist der *rote* „*Lepidokrokit*", der bei der Wasserabspaltung zunächst in das γ-Fe_2O_3 und dann in das beständigere α-Fe_2O_3 übergeht (s. o.). Der bei der Oxidation des Eisens an feuchter Luft sich bildende „*Rost*" (S. 1513) besteht aus solchem γ-FeO(OH).

29 Bei der vorsichtigen Oxidation von Fe_3O_4 mit O_2 lagern sich neue kubisch-dichtest gepackte Sauerstoffschichten unter Elektronenaufnahme aus Fe^{2+} an die Fe_3O_4-Kristalle, in die dann Eisenionen aus dem Kristall einwandern.

30 Natürliche Eisenoxid-Pigmente: für Gelb: „*Limonit*", „*gelber Ocker*"; für Rot: „*Persischrot*", „*Spanischrot*", „*Venezianischrot*", „*Pompejanischrot*", „*roter Ocker*", „*Siderit*", „*Siene*"; Braun: „*Umbra*", „*Siderit*", „*Siena*"; für Schwarz: „*Magnetit*".

31 Die elektrische Leitfähigkeit von Fe_3O_4 ist millionenmal größer als die von Fe_2O_3

Der *Mechanismus* der Niederschlagsbildung von Eisenhydroxidoxid („Schichtstruktur") ist noch weitgehend ungeklärt. Aus Studien der Kondensation von ligandenstabilisiertem $Fe(OH)_3$ folgt jedoch, daß die Kondensation von $Fe(OH)_3$ über kugelförmige Teilchen aus ecken- und kantenverknüpften FeL_6-Oktaedern ($L = H_2O, OH^-, O^{2-}$) wie (a), (b), (c), (d) erfolgt, in welchen Sauerstoff von einem, zwei, drei, vier oder gar sechs Eisenatomen koordiniert wird.

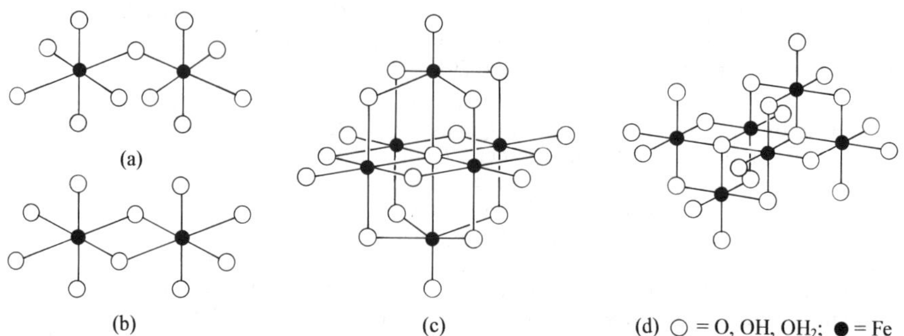

Eigenschaften. Bezüglich des *Redoxverhaltens* der Eisenhydroxide $Fe(OH)_2/Fe(OH)_3$ vgl. das oben auf S. 1523 Besprochene. Beide Verbindungen sind vorwiegend *basisch* und lösen sich leicht in *Säuren* unter Bildung von Eisen(II)- bzw. Eisen(III)-Salzen mit dem *blaßblauen „Hexaaquaeisen(II)-Ion"* $[Fe(H_2O)_6]^{2+}$ bzw. dem fast *farblosen „Hexaaquaeisen(III)-Ion"* $[Fe(H_2O)_6]^{3+}$ (jeweils oktaedrisch), während die *sauren* Eigenschaften der Hydroxide wenig ausgeprägt sind, so daß sie sich in siedenden konzentrierten Laugen nur geringfügig unter Bildung von *blaugrünem „Hexahydroxoferrat(II)"* $[Fe(OH)_6)]^{4-}$ bzw. farblosem *„Tetra-"* sowie *„Hexahydroxoferrat(III)"* $[Fe(OH)_4]^-$ und $[Fe(OH)_6]^{3-}$ lösen[32]:

$$Fe(OH)_2 + 2H^+ \rightleftarrows Fe^{2+} + 2H_2O, \qquad Fe(OH)_3 + 3H^+ \rightleftarrows Fe^{3+} + 3H_2O;$$
$$Fe(OH)_2 + 4OH^- \rightleftarrows [Fe(OH)_6]^{4-}, \qquad Fe(OH)_3 + 3OH^- \rightleftarrows [Fe(OH)_6]^{3-}.$$

Eisen(III)-hydroxid ist deutlich weniger sauer als Aluminium(III)-hydroxid (amphoter) und löst sich daher zum Unterschied von diesem nicht in konzentrierten Laugen, was man zur Trennung von Fe und Al bei der Gewinnung von Al_2O_3 aus eisenhaltigem Bauxit ausnutzt (S. 1062).

Das Ion $[Fe(H_2O)_6]^{3+}$ (pK_S 3.05) ist nur bei pH-Werten < 0 stabil und geht bei pH $= 0-2$ in *gelbbraunes* $[Fe(OH)(H_2O)_5]^{2+}$ (pK_S 3.26),

$$[Fe(H_2O)_6]^{3+} \underset{}{\overset{\mp H^+}{\rightleftarrows}} [Fe(OH)(H_2O)_5]^{2+} \overset{\mp H^+}{\rightleftarrows} [Fe(OH)_2(H_2O)_4]^+,$$

bei pH $= 2-3$ in den *gelbbraunen* zweikernigen Eisenkomplex $[(H_2O)_4Fe(\mu\text{-}OH)_2Fe(H_2O)_4]^{4+}$ bzw. $[(H_2O)_5Fe{-}O{-}Fe(H_2O)_5]^{4+}$ und bei pH $= 3-5$ in mehrkernige Isopolyoxo-Kationen über (vgl. S. 1080)[33], bis schließlich – bei weiterer Zugabe von Base – amorphes *„Eisen(III)-hydroxid"* $Fe_2O_3 \cdot xH_2O$ in Form einer *rotbraunen*, gallertartigen Masse ausfällt. Durch Zusatz von Salpetersäure wird das Kondensationsgleichgewicht nach links verschoben, so daß die *braune* Farbe wieder verschwindet. Beim *Kochen* der Fe(III)-hydroxid-Lösung vertieft sich andererseits die Farbe infolge Zunahme der endothermen Hydrolyse und Kondensation (Umkehrung der Neutralisation von $Fe(OH)_3$ mit Säuren); beim *Abkühlen* hellt sie sich wieder auf.

Eisenkomplexe mit O- und N-Donatoren. In *konzentriertem Ammoniak* verwandelt sich der *„Hexaquakomplex"* $[Fe(H_2O)_6]^{6+}$ von Eisen(II) in das *„Hexaammineisen(II)-Ion"*: $[Fe(H_2O)_6]^{2+} + 6NH_3 \rightleftarrows [Fe(NH_3)_6]^{2+} + 6H_2O$. Die Reaktion ist umkehrbar, so daß beim Verdünnen der betreffenden

---

32 Beim Kochen von Fe^{3+}-Salzen in konzentrierter $Sr(OH)_2$- bzw. $Ba(OH)_2$-Lösung entstehen die Hexahydroxoferrate(III) $M_3^{II}[Fe(OH)_6]_2$ als kristalline Pulver.

33 Es lassen sich auf diese Weise ziemlich konzentrierte *kolloide* „Fe(III)-hydroxid-Lösungen" mit hochmolekularen Isopolyoxo-Kationen gewinnen. Das kolloide Fe(III)-hydroxid bleibt bei der Dialyse zurück.

Lösungen mit Wasser wieder $[Fe(H_2O)_6]^{2+}$ entsteht. Stabilere Komplexe bilden sich mit mehrzähnigen Aminliganden wie Ethylendiamin (en) oder o-Phenanthrolin (phen) als **stickstoffhaltige Liganden:** $[Fe(en)(H_2O)_4]^{2+}$, $[Fe(en)_2(H_2O)_2]^{2+}$, $[Fe(en)_3]^{2+}$, $[Fe(phen)(H_2O)_4]^{2+}$, $[Fe(phen)_2(H_2O)_2]^{2+}$, $[Fe(phen)_3]^{2+}$. Vergleichsweise stabil ist auch der *braune*, aus $[Fe(H_2O)_6]^{2+}$ und NO leicht entstehende und zum „*Nachweis von Nitrit und Nitrat*" genutzte Komplex $[Fe(H_2O)_5NO]^{2+}$ (vgl. S. 692), der allerdings kein *zwei-*, sondern *einwertiges* Eisen enthält (NO ist als NO^+ gebunden; $\mu_{mag} = 3.9$ BM entsprechend 3 ungepaarten Elektronen).

Die Affinität von Eisen(III) für *Ammoniak* ist gering, so daß sich beim Versetzen von $[Fe(H_2O)_6]^{3+}$ mit NH_3 *kein* „*Hexaammineisen(III)-Ion*" $[Fe(NH_3)_6]^{3+}$, sondern nur Fe(III)-hydroxid bildet. Sind stickstoffhaltige Liganden aber *mehrzähnig*, so vermögen sie auch Fe^{3+} zu koordinieren. So bildet sich mit zweizähnigen o-Phenanthrolin das *tiefblaue* Komplexion $[Fe(phen)_3]^{3+}$, das allerdings in Wasser langsam zu hydroxogruppenhaltigen Fe(III)-Spezies hydrolysiert (*tiefrotes* $[Fe(phen)_3]^{2+}$ ist demgegenüber in Wasser unbegrenzt haltbar). Besonders stabil ist der mit dem sechszähnigen Liganden $EDTA^{4-}$ gebildete, pentagonal-bipyramidale Fe(III)-Komplex $[Fe(EDTA)(H_2O)]^-$ mit der Koordinationszahl 7 des Eisens (man vgl. hierzu auch das Hämoglobin, S. 1531).

Eine große Affinität zeigt Fe^{3+} außer für F^-, SCN^- und CN^- insbesondere für **sauerstoffhaltige Liganden** (z. B. Bildung von stabilem *tiefrotem* oktaedrischem $[Fe(acac)_3]$, *grünem* oktaedrischem $[Fe(ox)_3]^{3-}$ bzw. analog $[Cr_3O(OAc)_6(H_2O)_3]^+$ gebautem $[Fe_3O(OAc)_6(H_2O)_3]^+$ mit acac = Acetylacetonat, ox = Oxalat, OAc = Acetat). Bei dem mit Fe^{3+} verwandten Cr^{3+} ist die Affinität für N- und O-Donatoren vergleichbar groß. Bezüglich der Peroxokomplexe vgl. S. 1531 und 1623.

Bezüglich der *Redoxpotentiale* der Systeme Fe(II)/Fe(III) vgl. S. 1515. Das System $[Fe(phen)_3]^{2+}$ (*rot*) $\rightleftarrows$ $[Fe(phen)_3]^{3+}$ (*blau*) + $\ominus$ („*Ferroin*") findet als „*Redoxindikator*" Verwendung.

Eisensalze von Oxosäuren. Zwei- und dreiwertiges Eisen bilden fast mit jeder Oxosäure Salze, von denen die Fe^{2+}-Salze (*grünlich*) den Mg^{2+}-, die Fe^{3+}-Salze (*gelblich*) den Al^{3+}-Salzen ähneln und mit ihnen isomorph sind (vgl. häufige Vergesellschaftung von Al^{3+} und Fe^{3+} z. B. in Bauxit). Entsprechend dem leicht erfolgenden Übergang $Fe^{2+} \rightleftarrows Fe^{3+} + \ominus$ wirken die Fe(II)-Salze als *Reduktions-*, die Fe(III)-Salze als *Oxidationsmittel*, entsprechend der Zunahme der *Hydrolyseneigung* mit wachsender Wertigkeit eines Metalls sind die Fe(III)-Salze stärker hydrolytisch gespalten als die Fe(II)-Salze[34]. Nachfolgend seien nur die Sulfate und Carbonate eingehender besprochen.

Unter den Fe(II)-Salzen wird **Eisen(II)-Sulfat $FeSO_4$** technisch durch Lösen von *Eisenabfällen* in *Schwefelsäure* ($Fe + H_2SO_4 \rightarrow FeSO_4 + H_2$) oder durch *Oxidation* von teilweise geröstetem *Pyrit* an der *Luft* ($FeS + 2O_2 \rightarrow FeSO_4$) oder als *Nebenprodukt* bei der Fällung von *Zementkupfer* (S. 1322) aus *Kupfersulfatlösungen* ($CuSO_4 + Fe \rightarrow FeSO_4 + Cu$) gewonnen. Es kristallisiert aus wässeriger Lösung in Form großer, *hellgrüner*, monokliner Prismen der Zusammensetzung $FeSO_4 \cdot 7H_2O$ („*Eisenvitriol*"), welche mit den entsprechenden Vitriolen des Magnesiums, Mangans, Cobalts, Nickels und Zinks isomorph sind und das (*blaßgrüne*) Hexaaqua-Ion $Fe(H_2O)_6^{2+}$ enthalten. An trockener Luft verwittert das Hydrat unter Verlust von Wasser und Gelbbraunfärbung (Oxidation zu Fe(III)). Die infolge Hydrolyse sauer reagierende Lösung *oxidiert* sich an der Luft leicht unter teilweiser Abscheidung von basischem Eisen(III)-sulfat: $2FeSO_4 + H_2O + \frac{1}{2}O_2 \rightarrow 2Fe(OH)SO_4$.

Wesentlich luftbeständiger ist das *Doppelsalz* mit *Ammoniumsulfat* $(NH_4)_2Fe(SO_4)_2 \cdot 6H_2O$ („*Mohrsches Salz*"). Es eignet sich daher zum Unterschied von $FeSO_4 \cdot 7H_2O$ gut zur Herstellung von Fe(II)-Normallösungen und zur Einstellung von Permanganatlösungen: $2MnO_4^- + 10Fe^{2+} + 16H^+ \rightarrow 2Mn^{2+} + 10Fe^{3+} + 8H_2O$. Beim Erhitzen von $FeSO_4 \cdot 7H_2O$ auf 300 °C unter Luftabschluß hinterbleibt das wasserfreie, weiße Sulfat $FeSO_4$. Mit NO bildet $FeSO_4$ in wässeriger Lösung ein *braunes Addukt* $[Fe(H_2O)_5NO]SO_4$, was man u. a. zum „*Nachweis von Salpetersäure*" verwendet (Reduktion von HNO_3 zu NO durch Fe^{2+}, S. 692). Eisenvitriol findet zahlreiche technische Verwendungen, z. B. zur *Tintenfabrikation*, in der *Färberei* und zur *Unkrautvernichtung*.

Das **Eisen(III)-sulfat $Fe_2(SO_4)_3$** entsteht beim Abrauchen von *Eisen(III)-oxid* mit konzentrierter *Schwefelsäure* als *weißes*, wasserfreies Salz: $Fe_2O_3 + 3H_2SO_4 \rightarrow Fe_2(SO_4)_3$ +

---

[34] Von der leichteren Hydrolysierbarkeit der höheren Wertigkeitsstufe macht man bei der „*Natriumacetatmethode zur Trennung zwei- und dreiwertiger Metalle*" Gebrauch. Beim Kochen eines solchen Salzgemisches mit neutraler Natriumacetatlösung fallen die dreiwertigen Metalle als Oxid-Hydrate aus, während die zweiwertigen in Lösung bleiben.

$3H_2O$. In Wasser löst es sich unter *starker Hydrolyse* mit *gelbbrauner* Farbe (Bildung u.a. von $[Fe(OH)(H_2O)_5]^{2+}$, $[(H_2O)_4Fe(\mu\text{-}OH)_2Fe(H_2O)_4]^{2+}$, s.o.). Beim Kochen wässeriger Lösungen fallen demgemäß *basische Sulfate* aus. Die gelbbraunen wässerigen $Fe_2(SO_4)_3$-Lösungen werden beim Versetzen mit *Phosphorsäure* aufgrund der Bildung stabiler *Phosphatokomplexe* $[Fe(PO_4)_3]^{6-}$ und $[Fe(HPO_4)_3]^{3-}$ *entfärbt*. Bei niedrigen pH-Werten läßt sich das Fe(III)-sulfat in Form fast *farbloser Hydrate* $Fe_2(SO_4)_3 \cdot nH_2O$ ($n = 3, 6, 7, 9, 10, 12$) auskristallisieren. Mit *Alkalisulfaten* bildet es *blaßrotviolette* „*Eisenalaune*" $M^IFe^{III}(SO_4)_2 \cdot 12H_2O$, die mit den entsprechenden Alaunen von Al und Cr isomorph sind und das nahezu *farblose* Hexaaqua-Ion $[Fe(H_2O)_6]^{3+}$ enthalten (s.o.). Man verwendet $Fe_2(SO_4)_3$ als „*Koagulationsmittel*" u.a. bei der *Trinkwasseraufbereitung* und der *Industriewasserentsorgung*. Die Eisenalaune dienen wie die Chromalaune als „*Beizmittel*" bei *Färbeprozessen*.

Das **Eisen(II)-carbonat $FeCO_3$** kommt in der Natur als „*Eisenspat*" („*Siderit*") vor (S. 1505) und fällt aus *Eisen(II)-Salzlösungen* beim Versetzen mit *Alkalicarbonat* unter *Luftabschluß* als *weißer*, amorpher Niederschlag aus, der sich an der Luft infolge Oxidation unter Abgabe von Kohlendioxid bald in rotbraunes Eisen(III)-hydroxid verwandelt. Ähnlich den Erdalkalicarbonaten löst sich auch Eisen(II)-carbonat in kohlendioxidhaltigem Wasser unter Bildung von „*Eisen(II)-hydrogencarbonat*" auf: $FeCO_3 + H_2O + CO_2 \rightarrow Fe(HCO_3)_2$.

Als solches kommt es in manchen *Mineralwässern* („*Eisensäuerlinge*", „*Eisenwässer*") vor, die zur Bekämpfung der *Anämie* Verwendung finden, sowie in *Mooren* (als „*Weißeisenerz*"). An der Luft scheiden solche Eisenwässer *Eisen(III)-oxid-Hydrat* aus. In dieser Weise sind die als „*Eisenocker*" (in Form von „*Ocker*" als billige *gelbbraune Maler-* und *Anstrichfarbe* viel verwendet), „*Raseneisenerz*" und „*Sumpferz*" bekannten Ablagerungen entstanden, aus denen wohl auch das *Brauneisenerz* hervorgegangen ist. Die *Reinigung* von eisenhaltigen Wässern für *Trink-* und *Waschzwecke* erfolgt durch Sättigung mit *Luft* (Ausfällung des Eisens als Eisen(III)-hydroxid).

Ein **Eisen(III)-carbonat $Fe_2(CO_3)_3$** ist wegen der geringen Basizität des dreiwertigen Eisens *instabil*: $Fe_2(CO_3)_3 \rightarrow Fe_2O_3 + 3CO_2$.

Ferrate. Beim Vereinigen der *Hydroxide* $Fe(OH)_2$ und $Fe(OH)_3$ mit Alkali- und Erdalkalimetallhydroxiden entstehen – wie oben bereits angedeutet wurde – „*Hydroxoferrate(II)*" $[Fe(OH)_6]^{4-}$ und „*Hydroxoferrate(III)*" $[Fe(OH)_6]^{3-}$ (vgl. Anm.[32)]), beim Zusammenschmelzen von Metalloxiden M^I_2O oder $M^{II}O$ „*Ferrate(II)*" wie z.B. Na_4FeO_3 mit trigonal-planaren FeO_3^{4-}-Ionen und „*Ferrate(III)*" sehr unterschiedlicher Zusammensetzung (bezüglich der „Ferrate(IV,V,VI)" vgl. S. 1533).

Die **Ferrate(III) (Ferrite)** enthalten vielfach FeO_4-*Tetraeder*, welche entsprechend den Silicaten (S. 931) und Aluminaten (S. 1084) isoliert vorkommen oder über gemeinsame Sauerstoffecken zu Anionen mit begrenzter sowie unbegrenzter Größe verknüpft sein können. Hiervon abweichend existieren aber auch Ferrite mit kantenverknüpften FeO_4-Tetraedern sowie mit ecken-, kanten- und flächenverknüpften FeO_6-Oktaedern.

Strukturen. Beispiele für *Insel-*, *Gruppen-*, *Ketten-*, *Band-* und *Schichtferrite* vom Silicat-Typ stellen etwa die Verbindungen Na_5FeO_4 (isoliert FeO_4^{5-}-Tetraeder), $Na_8Fe_2O_7$ (Gruppen aus zwei eckenverknüpften FeO_4-Tetraedern), K_3FeO_3 (Ketten aus unendlich vielen eckenverknüpften FeO_4-Tetraedern), $Na_{14}Fe_6O_{16}$ (zwei so über FeO_4-Tetraederecken verknüpfte $[FeO_3]$-Ketten, daß ein Band aus anellierten $[FeO_3]_n$-Ringen entsteht, wobei n abwechselnd gleich 4 und 6 ist), $Na_4Fe_2O_5$ (Schichten aus unendlich vielen eckenverknüpften FeO_4-Tetraedern). Als Beispiele für Ferrite mit silicatfremden Strukturen seien genannt: $K_3FeO_3 \triangleq K_6Fe_2O_6$ (Gruppen aus zwei kantenverknüpften FeO_4-Tetraedern), $Ca_2Fe_2O_5$ (Raumstruktur; Fe-Ionen teils in Oktaeder-, teils in Tetraederlücken einer O^{2-}-Ionenpackung), $M_3^{III}Fe_5O_{12}$ (**„Eisengranate"**, M^{III} z.B. Y; Raumstruktur vom Typ des auf S. 931 besprochenen „Granats" mit Fe-Ionen teils in Oktaeder-, teils in Tetraederlücken einer O^{2-}-Ionenpackung[35)]).

---

[35] Wie auf S. 931 besprochen, stellen **Granate** Orthosilicate $M_3^{II}M_2^{III}(SiO_4)_3$ mit M^{II} z.B. Mg, Ca, Fe und M^{III} z.B. Al, Cr, Fe dar, in welchen M^{II}, M^{III} bzw. Si dodekaedrische, oktaedrische bzw. tetraedrische Lücken einer O-Atompackung besitzen (jeder $M^{III}O_6$-Oktaeder ist hierbei über SiO_4-Tetraeder mit sechs $M^{III}O_6$-Oktaedern, jeder SiO_4-Tetraeder über $M^{III}O_6$-Oktaeder mit vier SiO_4-Tetraedern verknüpft). Analogen Granataufbau haben Oxide, in welche Si durch M^{III} und dafür M^{II} durch ein anderes M^{III}-Ion ersetzt ist, z.B. $Mg_3^{II}Fe_2^{III}Si_3^{IV}O_{12} \rightarrow Y_3^{III}Fe_5^{III}O_{12}$.

Vielen Ferriten kommen darüber hinaus Strukturen vom Typ des auf S. 881 besprochenen Spinells $M^{II}M_2^{III}O_4$ mit M^{III} = Fe zu, die man ebenfalls nicht bei Silicaten, wohl aber bei den Aluminaten (M^{III} = Al) auffindet. Einige unter diesen **Ferritspinellen** nehmen hierbei die *normale Spinellstruktur* ein (z. B. $MnFe_2O_4$, $ZnFe_2O_4$), die meisten haben jedoch die *inverse Spinellstruktur* (z. B. $FeFe_2O_4 = Fe_3O_4$, $CoFe_2O_4$, $NiFe_2O_4$, $CuFe_2O_4$, $MgFe_2O_4$)[36].

Eine weitere technisch wichtige und deshalb gut untersuchte Gruppe von Ferriten stellen die **„hexagonalen Ferrite"** wie $BaFe_{12}O_{19}$, $BaFe_{15}O_{23}$, $BaFe_{18}O_{27}$ dar. In ihnen liegt eine hexagonal-dichteste O^{2-}-Ionenpackung vor, in welcher in einigen Schichten (z. B. jeder fünften Schicht in $BaFe_{12}O_{19}$) $\frac{1}{4}$ der O^{2-}-Ionen durch Ba^{2+}-Ionen ersetzt sind, und in der die Fe^{3+}-Ionen tetraedrische O_4- und oktaedrische O_6-Lücken besetzen.

Verwendung. Die *„ferrimagnetischen Ferritspinelle"* und *„hexagonalen Ferrite"* (s. o.) werden als *„Magnete"* (*„Hart"*- und *„Weichferrite"*) u. a. in der Radio-, Fernseh- und Fernmeldetechnik, ferner als Klebemagneten, in Dynamos, in Gleichstrommotoren und in Hochfrequenz-Öfen sowie -Transformatoren verwendet[37]. Der *„Yttriumeisengranat"* $Y_3Fe_5O_{12}$ (s. o.) dient u. a. als Mikrowellenfilter in Radarsystemen).

Sonstige Eisen(II)- und Eisen(III)-Verbindungen

Sulfide. Vorkommen, Struktur. Eisen bildet die *binären* Sulfide $Fe^{II}S$, $Fe^{II}S_2$ (enthält Fe^{2+} und S_2^{2-}) sowie $Fe_2^{III}S_3$, von denen FeS in Form von *„Magnetkiesen"* („NiAs-Struktur") und FeS_2 in Form von *„Pyrit"* (verzerrte „NaCl-Struktur" mit $Cl^- \triangleq S_2^{2-}$, diamagnetisch, low-spin-d^6) in Form von *„Markasit"* (verzerrte „Rutil-Struktur" mit S_2 an Stellen der verbrückten Oktaederkanten; vgl. S. 124) natürlich vorkommen. Wie im Falle von FeO ist bei „irdischem" FeS entsprechend der Formulierung $Fe_{1-x}S$ ein Unterschuß an Fe gegenüber der Formel FeS zu beobachten (10 % im Mineral *„Pyrrhodin"*), während „kosmisches" FeS (*„Troilit"*) in Steinmeteoriten stöchiometrisch zusammengesetzt ist.

Darstellung. Beim Versetzen einer *Eisen(II)-Salzlösung* mit *Ammoniumsulfid* entsteht **Eisenmonosulfid FeS** (*„Eisen(II)-sulfid"*) als *grünlich-schwarzer*, in Säuren leicht löslicher Niederschlag, der sich in feuchtem Zustande an der Luft zu Eisen(III)-hydroxid und Schwefel oxidiert. In analoger Weise fällt aus gekühlten wässerigen Fe(III)-Salzlösungen bei Zusatz von Sulfid *schwarzes*, in Wasser unlösliches und in Säure lösliches **Dieisentrisulfid Fe_2S_3** (*„Eisen(III)-sulfid"*) aus, das oberhalb 20 °C in FeS und S_8 bzw. FeS_2 zerfällt ($Fe_2S_3 \rightarrow 2FeS + \frac{1}{8}S_8$ bzw. $FeS + FeS_2$). Technisch wird FeS durch Zusammenschmelzen von *Eisenabfällen* mit *Schwefel* ($Fe + \frac{1}{8}S_8 \rightarrow FeS$) oder *Pyrit* ($Fe + FeS_2 \rightarrow 2FeS$) als kristalline, *braunschwarz-metallglänzende*, bei 195 °C schmelzende Masse erhalten, während man **Eisendisulfid FeS_2** (*„Eisen(II)-disulfid"*), das beim Erhitzen im Vakuum in FeS und S_8, beim Erhitzen an der Luft in Fe_2O_3 und SO_2 übergeht, durch Abbau natürlicher Vorkommen gewinnt. Synthetisch läßt sich FeS_2 durch Erhitzen von Fe_2O_3 in H_2S-Gas erzeugen.

Verwendung. **FeS** dient u. a. zur Herstellung von *Keramiken*, *Pigmenten* sowie *Elektroden*, ferner zur Erzeugung von *Schwefelwasserstoff* in Laboratorien, **FeS_2** findet u. a. Verwendung in *Batterien*, *Kathoden*, *Solarzellen* und wird zur technischen Gewinnung von *Schwefelsäure* eingesetzt.

Eisen-Schwefel-Cluster. Behandelt man $FeCl_4^-$ mit Sulfid S^{2-} und geeigneten Mercaptiden RS^-, so bilden sich unter bestimmten Bedingungen Eisen-Schwefel-Cluster u. a. der Typen (a) und (b):

---

36 Wie im Zusammenhang mit der Ligandenfeldstabilisierungsenergie auf S. 1258 sowie den Spinellen auf S. 1083 auseinandergesetzt wurde, führt eine *hohe* Oktaederplatzstabilisierungsenergie OPSE für M^{III} (z. B. Mn^{3+}; low-spin-Co^{3+}) bei gleichzeitig *kleiner* OPSE für M^{II} (z. B. Mn^{2+}, Co^{2+}) zur *normalen* Spinellstruktur (z. B. Mn_3O_4, Co_3O_4), eine *kleine* OPSE für M^{III} (z. B. Fe^{3+}) und *größere* OPSE für M^{II} (z. B. Fe^{2+}, Co^{2+}, Ni^{2+}, Cu^{2+}) zur inversen Spinellstruktur (z. B. Fe_3O_4, $CoFe_2O_4$, $NiFe_2O_4$, $CuFe_2O_4$). *Verschwindet* die OPSE für M^{III} und M^{II}, so bilden sich sowohl normale Strukturen (z. B. $MgAl_2O_4$, $MnFe_2O_4$, $ZnFe_2O_4$) als auch inverse Strukturen (z. B. $MgFe_2O_4$). Aus elektrostatischer Sicht alleine ist die normale Spinellstruktur $M^{II}M_2^{III}O_4$ stabiler.

37 Die magnetischen Eigenschaften beruhen hierbei darauf, daß sämtliche Kationen in Tetraederlücken einerseits und Oktaederlücken andererseits untereinander magnetisch koppeln (parallele Einstellung der Spins ungepaarter Elektronen), wobei die Elektronenspins der vorliegenden magnetischen Untergitter antiparallel zueinanderstehen. Gleicht sich der Magnetismus der Untergitter nicht aus, so wirkt der betreffende Ferrit ferrimagnetisch (S. 1308), ansonsten antiferromagnetisch.

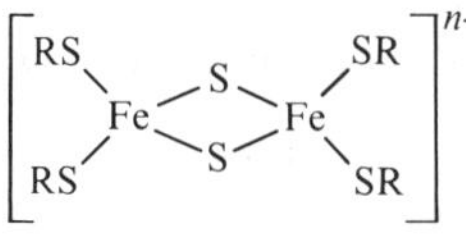

(a) 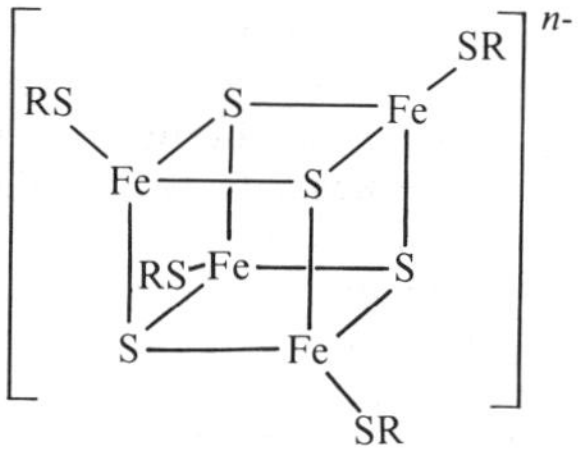 (b)

Sie lassen sich unter Erhalt der Clusterstrukur leicht oxidieren und reduzieren, z. B.:

$$[Fe_4^{II}S_4(SR)_4]^{4-} \underset{+\ominus}{\overset{-\ominus}{\rightleftarrows}} [Fe_4^{II/III}S_4(SR)_4]^{3-} \underset{+\ominus}{\overset{-\ominus}{\rightleftarrows}} [Fe_4^{II/III}S_4(SR)_4]^{2-} \underset{+\ominus}{\overset{-\ominus}{\rightleftarrows}} [Fe_4^{II/III}S_4(SR)_4]^{-},$$

wobei auch in Clustern mit formal zwei- und dreiwertigem Eisen alle Fe-Atome *gleichartig* sind („*Elektronendelokalisation*" infolge von FeFe-Wechselwirkungen). Sie ähneln strukturell den aktiven Zentren vieler Redoxenzyme in lebenden Organismen (vgl. S. 1530).

Als weitere Eisen-Schwefel-Cluster seien das beim Durchleiten von NO durch eine Suspension von Eisen(II)-sulfid in verdünnter Alkalisulfidlösung entstehende „*rote Roussinsche Salz*" $M_2^I[Fe_2(NO)_4S_2]$ (c) sowie das „*schwarze Roussinsche Salz*" $M^I[Fe_4(NO)_7S_3]$ (d) und die Verbindung $[Fe_4(NO)_4S_4]$ (e) genannt, in welchem die Fe-Atome tetraedrisch von NO und S koordiniert sind (diamagnetisch mit FeFe-Wechselwirkungen).

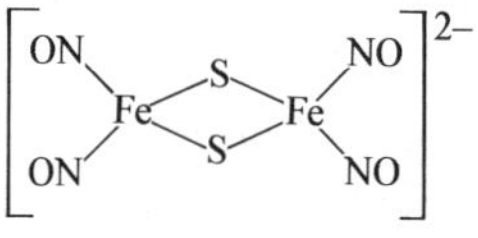

(c) 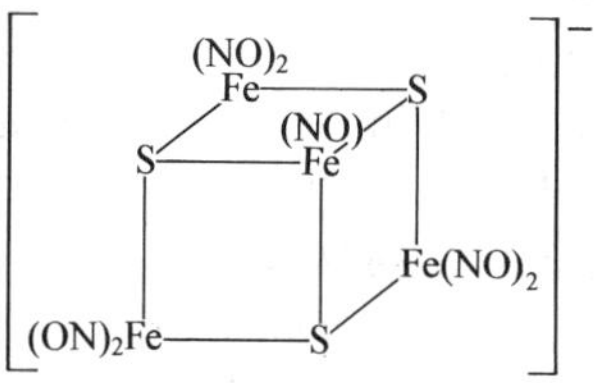 (d) 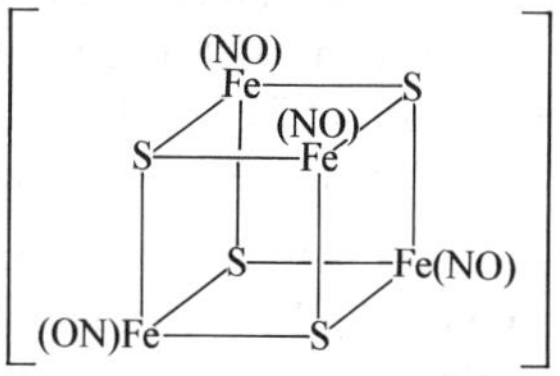 (e)

Selenide, Telluride. Analog FeS lassen sich luftstabile, wasserunlösliche, *schwarz-metallglänzende „Monochalkogenide"* **FeSe** und **FeTe** („NiAs-Struktur" mit Fe-Defekten; Halbleiter) aus den Elementen und ebenfalls *schwarz-metallglänzende „Dichalkogenide"* **$FeSe_2$** und **$FeTe_2$** („verzerrte NaCl-Struktur" mit Fe^{2+}- und Se_2^{2-}/Te_2^{2-}-Ionen) aus $FeCl_3$ und H_2Se/H_2Te bei erhöhter Temperatur synthetisieren.

Pentelide. Bei der Einwirkung von *elementarem Stickstoff* auf *Eisen* bilden sich bei erhöhter Temperatur eine Reihe von *dunkelfarbigen* **Eisennitriden Fe_nN** vom Typus der „Einlagerungsverbindungen" (vgl. S. 642). Und zwar besetzen die Stickstoffatome oktaedrische Lücken einer *kubisch-dichtesten* (n = 10, 8, 4) bzw. *hexagonal-dichtesten* (n = 3, 2) Eisenatom-Packung. Die *eisenreichen* Phasen bilden sich bei der – zur „*Stahlhärtung*" durchgeführten – Nitridierung von Eisen, die *eisenärmeren* Phasen dienen zudem als „*Magnetmaterial*" für Tonbänder. Führt man die Nitridierung von Eisen in Anwesenheit von Alkali- oder Erdalkalimetallnitriden durch, so bilden sich „*Nitridoferrate(III)*", welche komplexe Anionen enthalten (in ersterem Falle: Ketten aus kantenverknüpften FeN_4-Tetraedern, in letzterem Falle: Inseln aus trigonal-planaren FeN_3-Einheiten).

Aus der Klasse der binären, aus den Elementen zugänglichen **„Eisenphosphide, -arsenide** und **-antimonide** seien genannt: **Fe_3P/Fe_2P** (dienen als *Stahlzusatz*), **FeP/FeAs/FeSb** („NiAs-Struktur") und **$FeP_2/FeAs_2/FeSb_2$** („Markasit-(FeS_2)-Struktur").

Carbide, Silicide, Boride des Eisens haben große Bedeutung für die „*Stahlherstellung*". Bezüglich des *dunkelgrauen*, luftempfindlichen **Trieisencarbids Fe_3C** („*Cementit*": Smp. 1837 °C; C in trigonal-prismatischen Lücken einer hexagonal-dichtesten Fe-Atompackung; Cementit gelöst in Eisen: „*Austenit*", „*Martensit*", „*Sorbit*", „*Pearlit*"; man kennt ferner die Carbide Fe_5C_2, Fe_7C_3, Fe_2C) vgl. S. 852, bezüglich der Boride und Silicide (Fe_3B mit Fe_3C-Struktur, Fe_2B, FeB, FeB_2, Fe_3Si mit Fe_3Al-Struktur, FeSi, $FeSi_2$) S. 1059 und 889.

Eisen(III)- und Eisen(II)-Komplexe

Wie aus den voranstehenden Unterabschnitten u. a. über Halogen- und Sauerstoffverbindungen hervorgeht, weisen Fe(III) und Fe(II) eine *hohe Komplexbindungstendenz* auf. Demgemäß sind von *drei-* und *zweiwertigem* Eisen viele klassische *Koordinationsverbindungen* bekannt, und selbst die *lebende Natur* bedient sich vielfach komplexierter Eisenionen als *Wirkstoffzentren*, wie nachfolgend kurz erläutert sei (bezüglich der niedrigwertigen Eisenkomplexe ohne bzw. mit Eisenclusterzentren vgl. Anm.[25] bzw. S. 1629, bezüglich der π-Komplexe des Eisens S. 1684).

Eisen(III)-Komplexe (d^5) enthalten in der Regel *high-spin-Metallzentren*, die eine stabile halbbesetzte d-Unterschale aufweisen ($t_{2g}^3 e_g^2$-Elektronenkontiguration; *fünf* ungepaarte Elektronen mit μ_{mag} um 5.9 BM; vgl. S. 1305). Die *oktaedrische* Koordination stellt hierbei die häufigste Anordnung dar, es werden aber auch viele *andere Koordinationsgeometrien* angetroffen (KZ = 3 bis 8; vgl. S. 1316). Nur mit den stärksten Liganden wie CN^-, o-Phenanthrolin (= phen), o,o'-Bipyridin (= bipy) bilden sich *oktaedrisch* gebaute Komplexe mit *low-spin-Metallzentren* (t_{2g}^5-Elektronenkonfiguration; *ein* ungepaartes Elektron mit μ_{mag} um 2.3 BM; vgl. S. 1305).

Komplexstabilitäten. Eine *high-spin* d^5-Elektronenkonfiguration liefert unabhängig von der Zahl und Anordnung der Liganden *keine Ligandenfeldstabilisierungsenergie* (S. 1258), so daß auch keine spezielle Komplexgeometrie bevorzugt ist, sofern andere Einflüsse unberücksichtigt bleiben, und es erklärt sich so die Vielfältigkeit der Stereochemie von Fe(III). High-spin-Fe^{3+} ist eine härtere Lewis-Base als high-spin-Fe^{2+} und koordiniert deshalb lieber härtere Lewis-Basen (u. a. sauerstoffhaltige, weniger stickstoffhaltige Liganden). Anders als die high-spin- liefert die low-spin-d^5-Elektronenkonfiguration Ligandenfeldstabilisierungsenergie (S. 1258), so daß Fe(III)-Komplexe mit „starken", einen low-spin-Zustand ermöglichenden Liganden eine zusätzliche Stabilisierung erfahren. Demgemäß bildet dreiwertiges Eisen zwar nicht mit einzähnigen, wohl aber mit mehrzähnigen stickstoffhaltigen Liganden noch vergleichsweise stabile oktaedrische Komplexe.

Magnetisches Verhalten. Im Falle *oxoverbrückter* high-spin-Komplexe des dreiwertigen Eisens (z. B. $[Fe_3O(OAc)_6(H_2O)_3]$) liegen die magnetischen Momente vielfach deutlich unterhalb des erwarteten Werts von 5.9 BM, da zum Teil eine Kopplung der Eisen-Elektronenspins in mehrkernigen Komplexen über das Brückensauerstoffatom erfolgt („*Superaustausch*"). Auch bei einigen anderen, oxobrückenfreien Komplexen von Fe(III) (z. B. *Dialkylthiocarbamato-Komplexen* $[Fe(S_2CNR_2)_3]$) beobachtet man bei Raumtemperatur magnetische Momente, die zwischen denen der high- und low-spin-Komplexe liegen und zudem mit sinkender Temperatur bis auf ca. 2.3 BM abnehmen. Der auch bei einigen anderen Komplexen (z. B. Fe(II)-, Co(III)-Komplexen) beobachtete Effekt beruht hier auf **„Spingleichgewichten"** von d-Elektronen, und zwar führen bei derartigen Komplexen die Feldstärken der Liganden gerade noch zu einem low-spin-Zustand des Zentralmetalles. Dieser liegt aber energetisch so wenig (um einige hundert Wellenzahlen) unterhalb des high-spin-Zustandes, daß bereits geringe Wärmeenergien genügen, um einen Teil der Komplexmoleküle in den angeregten high-spin-Zustand zu überführen (etwa gleich häufige Besetzung der Niveaus für den low- und high-spin-Zustand bei Raumtemperatur).

Optisches Verhalten. Da die Anregung von d $\rightarrow$ d-Übergängen durch Licht im Falle von high-spin-Fe^{3+} ähnlich wie die von isoelektronischem high-spin-Mn^{2+} streng verboten ist, da er nur unter Spinumkehr eines Elektrons erfolgen kann, sollten die *Farben* von high-spin-Fe(III)-Komplexen ähnlich blaß wie die von high-spin-Mn(II)-Komplexen sein. Tatsächlich ist das Ion $[Fe(H_2O)_6]^{3+}$ *fast farblos*. Daß andererseits hydroxo- und oxogruppenhaltige Fe(III)-Komplexe anders als entsprechende Mn(II)-Komplexe *kräftige Farben* aufweisen (*rot* bis *braun*; vgl. Verwendung von Fe_2O_3 oder FeOOH als Farbpigmente), geht auf die Erhöhung der positiven Ladung beim Übergang von Mn^{2+} nach Fe^{3+} und der damit verbundenen bathochromen Verschiebung von Ligand $\rightarrow$ Metall-CT-Absorptionen in den sichtbaren Bereich zurück.

Eisen(II)-Komplexe (d^6) enthalten in der Regel *oktaedrisches*, seltener *tetraedrisches* und nur ausnahmsweise *fünfzähliges* Eisen (S. 1516). Die oktaedrisch gebauten Fe^{2+}-Komplexe stellen häufig, die tetraedrisch gebauten durchwegs high-spin-Komplexe dar ($t_{2g}^4 e_g^2$- bzw. $e^3 t_2^3$-Elektronenkonfiguration mit *vier* ungepaarten Elektronen und μ_{mag} um 5.2 BM; vgl. S. 1305). Beispiele für oktaedrisch gebaute low-spin-Komplexe von Fe(II) (t_{2g}^6-Elektronenkonfiguration; *kein* ungepaartes Elektron) sind $[Fe(CN)_6]^{4-}$, $[Fe(CNR)_6]^{2+}$, $[Fe(phen)_3]^{2+}$, $[Fe(bipy)_3]^{2+}$ (phen = o-Phenanthrolin; bipy = o,o'-Bipyridin).

Komplexstabilitäten. High-spin-Fe^{2+} ist eine weichere Lewis-Base als high-spin-Fe^{3+} und koordiniert deshalb lieber weichere Lewis-Basen (u. a. stickstoffhaltige, weniger sauerstoffhaltige Liganden). Da die *Ligandenfeldstabilisierungsenergie* im oktaedrischen Falle für die *low-spin*-d^6-Elektronenkonfiguration wesentlich größer ist als für die *high-spin*-d^6-Elektronenkonfiguration, erfahren oktaedrische Fe(II)-Komplexe mit „starken", zum low-spin-Zustand führenden Liganden eine zusätzliche Stabilisierung. Demgemäß bildet sich etwa bei der Zugabe von o-Phenanthrolin zu einer $[Fe(H_2O)_6]^{2+}$-haltigen Lösung auf dem Wege über $[Fe(H_2O)_4(phen)]^{2+}$ (high-spin) und $[Fe(H_2O)_2(phen)_2]^{2+}$ (high-spin) direkt $[Fe(phen)_3]^{2+}$ (low-spin).

Magnetisches Verhalten. Ähnlich wie im Falle oktaedrischer Fe(III)-Komplexe (s. o.) liegt der low-spin-Zustand auch im Falle einer Reihe von Fe(II)-Komplexen energetisch nur wenig unterhalb des high-spin-Zustandes, so daß bereits geringe Änderungen im Ligandenbereich einen Übergang vom low- zum high-spin-Zustand herbeiführen können. Substituiert man etwa o-Phenanthrolin in low-spin-$[Fe(phen)_3]^{2+}$ durch 2-Methylphenanthrolin, so erhält man bereits einen high-spin-Komplex, da sich letzterer Ligand dem Fe^{2+} aus räumlichen Gründen weniger annähert und infolgedessen eine etwas kleinere d-Orbitalenergieaufspaltung bewirkt. In analoger Weise führt der Ersatz von einem phen in $[Fe(phen)_3]^{2+}$ durch weniger „starke" H_2O-Liganden zum Multiplizitätswechsel des Komplexes (s. o.). Auch weist der Komplex $[Fe(phen)_2(ox)]$ (ox = Oxalat) mit einem verzerrt-oktaedrischen Ligandenfeld (S. 1256) zwei ungepaarte Elektronen auf ($\mu_{mag} = 3.90$ BM). Und schließlich beobachtet man bei einer Reihe von oktaedrischen Fe(II)-Komplexen (z. B. $[Fe(phen)_2X_2]$ mit X = NCS, NCSe) wie im Falle einiger oktaedrischer Fe(III)-Komplexe (s. o.) *„d-Elektronen-Spingleichgewichte"* (bei tieferen Temperaturen: diamagnetisch $\mathrel{\hat{=}}$ low-spin-Zustand; bei höheren Temperaturen: paramagnetisch $\mathrel{\hat{=}}$ Mischung aus low-spin/high-spin-Zuständen).

Optisches Verhalten. Die für oktaedrische bzw. tetraedrische high-spin-Fe(II)-Komplexe jeweils mögliche *eine* d → d-Absorption ($^5T_{2g} \rightarrow {}^5E_g$ bzw. $^5E_g \rightarrow {}^5T_2$; vgl. S. 1267), liegt in ersterem Falle im gerade noch sichtbaren Bereich um 11000 cm^{-1} (*blaugrün*; z. B. *blaßblaugrünes* $Fe(H_2O)_6^{2+}$) und in letzterem Falle im unsichtbaren Bereich um 4000 cm^{-1}. Bei zusätzlich auftretenden Metall → Ligand-CT-Übergängen sind allerdings auch Fe(II)-Komplexe kräftig farbig (vgl. z. B. *rotes* Hämoglobin, *blaues* $[Fe(phen)_3]^{2+}$). Die beiden möglichen d → d-Absorptionen der oktaedrischen low-spin-Komplexe ($^1A_{1g} \rightarrow {}^1T_{1g}$ bzw. $^1T_{2g}$ vgl. S. 1267) finden sich im nichtsichtbaren ultavioletten Bereich. Allerdings sind etwa $[Fe(phen)_3]^{2+}$ und $[Fe(bipy)_3]^{2+}$ aufgrund von zusätzlichen Metall → Ligand-CT-Übergängen *prächtig rot*.

Eisenkomplexe in der Biosphäre[24]. Eisen übt unter allen Elementen besonders viele Funktionen in der lebenden Natur aus und ist in Organismen in Form von *„Eisenproteinen"* wesentlich am **Sauerstofftransport** sowie an **Elektronenübertragungsreaktionen** (*„Elektronentransfer"*) beteiligt. Man unterteilt die Eisenproteine in *„Hämproteine"*, welche Eisen-Porphin-Komplexe enthalten (vgl. Chlorophyll, S. 1122), sowie in *„Nichthämproteine"*, welche Eisen-Schwefel-Cluster (S. 1527) oder reine Eisen-Protein-Komplexe aufweisen. Die *Wirkstoffe* (*Enzyme* bei katalytischer Funktion) aus der Häm- und Nichthämreihe haben im einzelnen die in Tab. 127 wiedergegebenen Funktionen.

Tab. 127 Eisenhaltige Wirkstoffe der Biosphäre

Hämproteine		**Nichthämoproteine**	
Eisenporphinproteine	**Funktion**	**Eisenschwefelproteine**	**Funktion**
Hämoglobin	tierischer O_2-Transport	Rubridoxine	Elektronentransfer (B)[a)]
Myoglobin	tierische O_2-Speicherung	Ferredoxine[c)]	Elektronentransfer (T, B, P)[a)]
Cytochrome	Elektronentransfer (T, B, P)[a)]	Nitrogenasen	N_2-Redukt. zu NH_3 (B, P)[a)]
Oxygenasen	Oxygenierungen mit O_2[c)]	**Eisenproteine**	**Funktion**
Oxidasen	O_2-Redukt. zu O_2^-, O_2^{2-}, O^{2-}		
Peroxidasen	Oxidation mit H_2O_2	Transferrine	tierischer Eisentransport
Catalasen	H_2O_2-Dispr. zu H_2O/O_2	Ferritine	Eisenspeicherung (T, B, P)[a)]

a) Tierische (T), bakterielle (B) und pflanzliche (P) Funktionen. – **b)** Ferredoxine sind in Kombination mit anderen Enzymen u. a. an der *„Stickstoffixierung"*, der *„Photosynthese"*, der *„Atmung"* in den Zellmitochondrien, der *„Kohlendioxidfixierung"* beteiligt. – **c)** Einführung von O-Atomen aus O_2-Molekülen in Biosubstrate (Monooxygenierungen: $O_2 \rightarrow O$ (inkorporiert) + H_2O; Dioxygenierungen: $O_2 \rightarrow 2O$ (inkorporiert).

Nachfolgend sei auf *Hämoglobin, Cytochrome, Ferredoxine, Nitrogenasen, Transferrine* und *Ferritine* kurz eingegangen:

Hämoglobin der *roten Blutkörperchen* (*„Erythrocyten"*) bewerkstelligt den *Sauerstofftransport* von der Lunge zum ortsfesten *„Myoglobin"* in den Muskeln, das den Sauerstoff bei Bedarf zur *Energiegewinnung* durch metabolische Oxidation von Glucose freisetzt (**„Atmung“**). Das im Zuge letzteren Prozesses gebildete CO_2 wird durch Hämoglobin umgekehrt vom Muskel zur Lunge befördert. In *sauerstofffreiem* Hämoglobin (**„Desoxyhämoglobin“**) ist high-spin-Fe^{2+} *quadratisch-pyramidal* mit einem Porphinliganden („*Protoporphyrin*“; Fig. 307a) und einem Imidalzolrest aus dem zugehörigen Protein („*Globin*“; Molmasse rund 64500) gebunden, wobei das Eisen ca. 0.8 Å oberhalb der Porphinebene lokalisiert ist (Fig. 307b)[38]:

$$\text{Hämoglobin} = \text{Häm} + \text{Globin} = Fe^{2+} + \text{Protoporphyrin} + \text{Globin}$$

Mit der „end-on-Addition“ von molekularem Sauerstoff an Eisen(II) (Bildung von **„Oxyhämoglobin“**) geht letzteres unter Verkleinerung des Ionenradius in einen *oktaedrischen* low-spin-Zustand über und ist nunmehr in der Porphinebene lokalisiert (Fig. 307c)[39]. Das Globin umhüllt die Häm-Gruppierung[40] und schützt Fe(II) vor der Oxidation mit O_2 zu Fe(III) (andere Mittel vermögen Desoxyhämoglobin allerdings zu Fe(III)-haltigem „*Methämoglobin*“ zu oxidieren, während Fe^{2+}-haltiges proteinfreies Häm andererseits auch durch O_2 zu „*Hämatin*“ oxidiert wird und deshalb keine O_2-Transportfähigkeit besitzt). Die *Giftwirkung* von Substanzen wie CN^-, CO, PF_3 beruht u.a. auf ihrer starken Bindung an das Hämoglobineisen, wodurch ein O_2-Transport unmöglich wird.

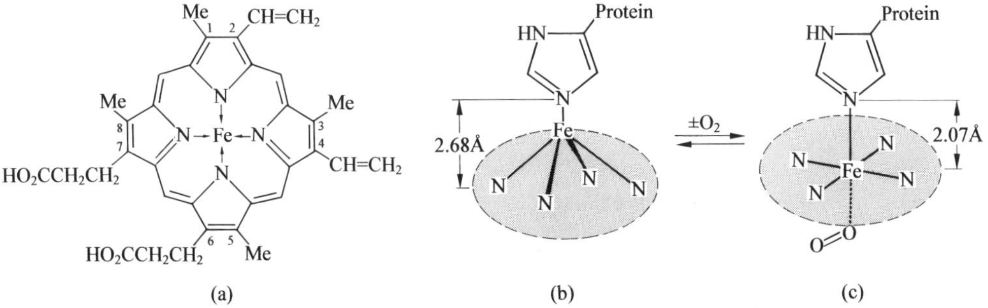

Fig. 307 Struktur von Hämoglobin. (a): Häm-Gruppe; (b, c): Hämoglobin in O_2-unbeladenem (b) und -beladenem (c) Zustand (der Übersichtlichkeit halber ist die Häm-Gruppe in (b, c) nur angedeutet).

Cytochrome (Tab. 127) existieren in zahlreichen, meist nur wenig voneinander unterschiedenen Arten und dienen der Elektronen- und damit der Energieübertragung in lebenden Zellen. Beispielsweise wird die Energie aus der Glucoseoxidation über Cytochrome letztendlich in Form von Adenosintriphosphat (vgl. S. 784) gespeichert. Als gemeinsames Merkmal weisen Cytochrome ein low-spin-Fe(II)- bzw. -Fe(III)-Atom auf, das oktaedrisch an einen Porphinliganden sowie an ein Imidazol-N- und ein Methionin-S-Atom des zugehörigen Proteins (Molmasse rund 12400) gebunden ist, wobei der Elektronentransfer über den leicht erfolgenden Übergang $Fe^{2+} \rightleftarrows Fe^{3+} + \ominus$ bewerkstelligt wird. Das sechszählige Eisen weist keine Sauerstoffaffinität auf, so daß Cytochrome keinen O_2-Transport übernehmen können, aber auch nicht durch CN^-, CO, PF_3 „vergiftbar“ sind. Eine Ausnahme bildet nur „*Cytochromoxidase*“, die neben Fe auch Cu enthält, und deren Eisen O_2 anlagert und demgemäß auch CN^-, CO, PF_3 (die Giftigkeit von CN^- geht wesentlich auf eine Blockierung von Cytochromoxidase zurück).

---

38 Die Porphine der verschiedenen Eisenporphinproteine unterscheiden sich in der Art der in Position 1–8 gebundenen Reste (Fig. 307) und sind anders als Protoporphyrin im Hämoglobin zum Teil auch direkt über eine derartige Position mit dem Protein verknüpft.

39 In der Lunge mit einem O_2-Partialdruck von ca. 100 mbar tritt fast vollständige, in den Muskelzellen mit einem O_2-Partialdruck von ca. 40 mbar etwa 60%ige Sättigung des Hämoglobins mit O_2 ein[40] (die Sättigung von Myoglobin beträgt unter Zellbedingungen über 90%).

40 Hämoglobin setzt sich aus vier tetraedrisch angeordneten und durch Ionenbindungen verknüpften Untereinheiten zusammen, von denen jede Einheit aus einer gefalteten, an der Außenseite hydrophilen Polypeptidhelix aus kondensierten Aminosäuren mit einer taschenartigen hydrophoben Öffnung besteht, in der die Häm-Gruppe gehalten wird. Die Anlagerung eines O_2-Moleküls und die damit verbundene Störung der Salzbrücken bewirkt eine Öffnung der Taschen der drei verbleibenden Untereinheiten, verbunden mit einer Affinitätszunahme der betreffenden Häm-Gruppen für O_2 (Verschiebung des O_2-Additionsgleichgewichts auf die Sättigungsseite durch das Phänomen der „*Kooperativität*“). Umgekehrtes gilt für die O_2-Abspaltung, wobei das durch Muskeltätigkeit freigesetzte CO_2 und die damit verbundene pH-Erniedrigung die O_2-Abgabetendenz zusätzlich erhöht, so daß also mit der Muskelaktivität auf dem Wege einer erhöhten CO_2-Freisetzung die zur Deckung des Energiebedarfs notwendige O_2-Übertragung von Oxyhämoglobin auf Myoglobin (besteht nur aus einer Eisenporphinprotein-Einheit) unterstützt wird.

Ferredoxine (Tab. 127) sind wie die Cytochrome an Elektronentransferreaktionen beteiligt, z. B. im Zusammenhang mit der Stickstoffixierung (s. u.), Photosynthese (S. 1122), Glucoseoxidation (hier: den Cytochromen vorangesetzt). In ihnen liegen Eisen-Schwefel-Cluster vom bereits erwähnten Typus $Fe_2S_2(SR)_2$ und $Fe_4S_4(SR)_4$ vor (vgl. Formeln (a) sowie (b) auf S. 1528), in welchen high-spin-Fe(II,III) tetraedrisch von Sulfid-Schwefel („säurelabiler Schwefel", da zu H_2S protonierbar) und Schwefel aus Cystein (SR in (a), (b) = $SCH_2CH(NH_2)COOH$) des zugehörigen Proteins koordiniert ist (Rubridoxine enthalten gemäß der Formulierung $Fe(SR)_4$ keinen labilen Schwefel). Die Eisen-Schwefel-Cluster fungieren als Einelektronenüberträger, z. B. $[Fe_4S_4(SR)_4]^{3-} \rightleftarrows [Fe_4S_4(SR)_4]^{2-} + \ominus$.

Nitrogenasen[41] (Tab. 127) bewirken die Reduktion von *Luftstickstoff* zu *Ammoniak*, wobei die N_2-Reduktion in Anwesenheit der – besonders eingehend untersuchten – „*FeMo-Nitrogenase*"[42] stets gleichzeitig zur Bildung von 1 mol H_2 pro 1 mol NH_3 führt. Diese u. a. von Bakterien an Wurzelknöllchen von Hülsenfrüchten betriebene **„Stickstoffixierung"** („Stickstoffassimilation"; S. 640) ist neben der „*Photosynthese*" („*Kohlendioxidassimilation*"; S. 1122) der wichtigste Elementarprozeß für das Leben auf der Erde (biologische Jahresweltproduktion von NH_3 aus N_2: 100 Kilotonnenmaßstab). Die FeMo-Nitrogenase besteht aus zwei separaten Proteinen, von denen ein Protein nur *Eisen* („*Eisenprotein*"), das andere sowohl *Eisen* als auch *Molybdän* enthält („*Eisenmolybdänprotein*"). Das Fe-Protein ist ein Dimer aus identischen Untereinheiten, die über Cysteinschwefel des Proteins (Molmasse rund 60000) durch einen $[Fe_4S_4]$-Cubancluster verbrückt werden (vgl. rechte Hälfte der Fig. 308a sowie S. 1527). Es wirkt unter gleichzeitiger Mg^{2+}-katalysierter Hydrolyse von Adenosintri- zu Adenosindiphosphat als *spezifischer Einelektronenüberträger* für das FeMo-Protein, das N_2 bindet, aktiviert und reduziert (kein anderes Ferredoxin vermag die Rolle des „Fe-Proteins" zu übernehmen):

$$N_2 + 8H^+ + 8\ominus \xrightarrow[-16ADP^{3-},\ -16H_2PO_4^-]{+16ATP^{4-},\ +16H_2O} 2NH_3 + H_2.$$

Das *braune*, luftempfindliche FeMo-Protein (Molmasse rund 220000) ist tetramer mit zwei Paaren verschiedener Untereinheiten. Es enthält zwei sogenannte „*P-Cluster*" des in Fig. 308a wiedergegebenen Typus mit insgesamt 2×8 Fe + 2×8 S = 16 Eisen- und 16 Schwefelatomen sowie zwei „*FeMo-Cofaktoren*" des in Fig. 308b wiedergegebenen Typus mit insgesamt 2×7 Fe + 2×1 Mo + 2×8 S = 14 Eisen-, 2 Molybdän- und 16 Schwefelatomen (Summe: 30 Fe-, 2 Mo-, 32 S-Atome). Abweichend von den oben behandelten Ferredoxinen enthält der „P-Cluster", über den wohl der Elektronentransfer vom Fe-Protein zum FeMo-Cofaktor erfolgt, auch ein *fünfzähliges* Fe-Atom, der „FeMo-Cofaktor" – außer oktaedrisch koordiniertem Mo(IV) – nur *dreizählige*, trigonal-planare Fe-Atome. Die Art der N_2-Koordination an den FeMo-Cofaktor (möglicherweise end- oder side-on an zwei Fe-Atome) sowie der Weg der Reduktion koordinierten Stickstoffs (möglicherweise $N_2 \rightarrow N_2H_2 \rightarrow N_2H_4 \rightarrow 2NH_3$) ist bisher ungeklärt.

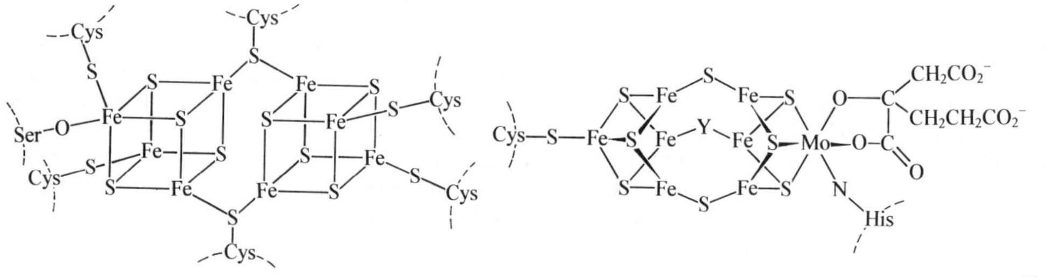

(a) (b)

Fig. 308 Strukturen der „P-Cluster" (a) und „FeMo-Cofaktoren" (b) in FeMo-Nitrogenase (HOSer = Serin $HOCH_2CH(NH_2)COOH$; HSCys = Cystein $HSCH_2CH(NH_2)COOH$; NHis = Histidin $(C_3N_2H_3)CH_2CH(NH_2)COOH$; der Rest $CH_2(COOH)CHOH(COOH)CH_2CH_2(COOH)$ am Molybdän = Homocitronensäure; Y noch nicht sicher, aber wahrscheinlich Sulfid).

Transferrine (Tab. 127) stellen Proteine für den Transport von Fe(III) dar. Sie enthalten in der Regel zwei für den Einbau von Eisen geeignete Zentren, in welchen Fe(III) oktaedrisch von zwei Tyrosinat- und zwei Imidazol-Liganden aus dem Protein (Molmasse rund 80000) sowie Carbonat (bzw. Bicarbonat)

[41] **Literatur.** Vgl. Anm.[7] auf S. 641.

[42] Man kennt auch eine FeV- sowie eine FeFe-Nitrogenase.

und Wasser (bzw. Hydroxid) koordiniert vorliegt. Das durch den Zwölffingerdarm in die Blutbahn gelangende Fe(II) muß hierbei vor seinem Einbau in das „*Serumtransferrin*“ enzymatisch oxidiert werden[43]. Eisenbeladene Transferrine geben ihr Eisen an vielen Stellen im Organismus wieder ab, insbesondere an Ferritin (im Knochenmark).

Ferritine (Tab. 127) bestehen aus Proteinen („*Apoferritine*“, Molmasse rund 450000) sowie gespeichertem Fe(III). Die Apoferritine bewahren das schlecht lösliche aber unentbehrliche dreiwertige Eisen davor, auszuflocken, und bestehen aus 24 nicht notwendigerweise identischen Untereinheiten, die sich zu einer Kugelschale zusammenlagern. In dem dadurch entstehenden, durch Kanäle von außen erreichbaren Hohlraum können bis zu 4500 Fe(III)-Ionen in Form von übereinander liegenden, am Rande miteinander verknüpften und teilweise mit Phosphaten veresterten FeO(OH)-Schichten gespeichert werden (oktaedrische Koordination von Fe(III) mit O-Atomen). Die Eisenspeicherung erfolgt auf dem Wege über Fe(II), welches sich auf der Oberfläche des Ferritin-gebundenen FeO(OH)-Kristalls anlagert und dann durch O_2 oxidiert wird. In analoger Weise erfolgt eine Reduktion von Ferritin-gebundenem Fe(III) zu Fe(II) vor seiner Freisetzung, z. B. für die Synthese von Hämoglobin im Knochenmark.

Organische Eisenverbindungen[44]

Eisen bildet nur vergleichsweise wenige „einfache“ Organylverbindungen R_nFe mit Alkyl- und Arylresten R, aber eine Reihe von Verbindungen mit π-gebundenen R-Resten. Beispiele für erstere Verbindungen sind die aus MeLi und $FeCl_3$ in Diethylether bei $-20\,°C$ oder durch Oxidation von K_4FeR_6 (R = Alkinyl —C≡CR) mit Sauerstoff erhältlichen Komplexe Li_2FeMe_4 und K_3FeR_6, denen die **Eisendiorganyle R_2Fe** und **Eisentriorganyle R_3Fe** zugrunde liegen. Ein besonders wichtiges Verbindungsbeispiel des zweiten Typus ist das sehr stabile „*Dicyclopentadienyleisen*“ Cp_2Fe („*Ferrocen*“) mit η^5-gebundenen Cp-Resten. Als Beispiele für Eisen(II)-Carbonyle seien genannt: $FeH_2(CO)_4$, $FeCl_2(CO)_4$. Näheres S. 1628f.

Eine höhere Oxidationsstufe als +3 kommt Eisen in dem aus 1-Norbornyllithium $C_7H_{11}Li$ = RLi und $FeCl_3$ in Pentan erhältlichen *diamagnetischen, purpurfarbenen*, monomeren **Eisentetraorganyl R_4Fe** (d^4-Elektronenkonfiguration) zu. Es zerfällt bei Raumtemperatur ($\tau_{1/2}$ = 30 Stunden bei 23 °C) und reagiert langsam mit Sauerstoff sowie verdünnter Säure. Als Beispiel für Organyle mit Eisen in einer Oxidationsstufe kleiner +2 seien genannt: *gelbes* „*Eisenpentacarbonyl*“ $Fe(CO)_5$ und *Bis(benzol)eisen* $(C_6H_6)_2Fe$ (sehr instabil). Näheres S. 1628f.

1.3 Eisen(VI, V, IV)-Verbindungen (d^2, d^3, d^4)[1,24]

Eisen(VI). Durch *chemische Oxidation* von Eisen(III)-hydroxid mit *Chlor* in konzentrierter Alkalilauge oder durch *elektrochemische Oxidation* von metallischem Eisen entstehen *purpurrote*, mit den entsprechenden Sulfaten SO_4^{2-} und Chromaten CrO_4^{2-} isomorphe, *paramagnetische* (2 ungepaarte Elektronen) **Ferrate(VI) FeO_4^{2-}** (tetraedrisch) wie Na_2FeO_4, K_2FeO_4 und $BaFeO_4$ (vgl. Potentialdiagramme, S. 1515):

$$Fe^{3+} + 4H_2O \rightleftarrows FeO_4^{2-} + 8H^+ + 3\ominus \qquad (\varepsilon_0 = +2.20\ V);$$
$$Fe + 4H_2O \rightleftarrows FeO_4^{2-} + 8H^+ + 6\ominus \qquad (\varepsilon_0 = +1.08\ V).$$

Sie sind in *alkalischer* Lösung einigermaßen *beständig*, zerfallen aber in *neutraler* oder *saurer* Lösung unter Oxidation von *Wasser* zu Sauerstoff und Bildung von Fe(III):

$$2FeO_4^{2-} + 10H^+ \rightarrow 2Fe^{3+} + \tfrac{3}{2}O_2 + 5H_2O.$$

In analoger Weise oxidieren sie *Ammoniak* zu Stickstoff. Ihre Oxidationskraft übertrifft selbst die der Permanganate MnO_4^- (s. dort).

---

43 Die Stabilität der Transferrin-Eisen-Komplexe ist hoch, so daß Transferrin selbst Fe(III) aus Phosphat- oder Citratkomplexen im Blutplasma wirkungsvoll abfängt.

44 **Literatur.** GMELIN: „*Organoiron Compounds*“, Syst.-Nr. **59**, bisher 36 Bände; D. F. Shriver, K. H. Whitmire, M. D. J. Johnson, A. J. Deeming, W. P. Fehlhammer, H. Stolzenberg, J. L. Davidson: „*Iron-Carbonyls, Mono-, Di-, Polynuclear Compounds with Hydrocarbon Ligands*“, Comprehensive Organometal. Chem. **4** (1982), 243–649; P. J. Vergamini, G. J. Kubas: „*Synthesis, Structure and Properties of Some Organometalic Sulfur Cluster Compounds*“, Progr. Inorg. Chem. **21** (1976) 261–282; A. J. Pearson; „*Organoiron Compounds in Stoichometric Organic Synthesis*“, Comprehensive Organomet. Chem. **8** (1982) 939–1011; HOUBEN-WEYL: „*Organoiron Compounds*“ **1319** (1984/86).

Eisen(V,IV). Auch **Ferrate(V)** $\mathbf{FeO_4^{3-}}$ (tetraedrisch) sind bekannt. Dagegen enthalten die **Ferrate(IV)** wie Sr_2FeO_4 und Ba_2FeO_4 kein isoliertes FeO_4^{4-}-Ion, sondern sind *Doppeloxide* von „Spinell-Struktur" (tetraedrische Koordination von Fe^{IV}). *Fünfwertiges* Eisen stellt in Form des hydratisierten *„Oxoeisen(V)-Ions"* $\mathbf{FeO^{3+}}$ möglicherweise ein Zwischenprodukt der katalytischen Zersetzung von Wasserstoffperoxid mit Fe^{3+} in H_2O und O_2 dar ($Fe^{3+} + H_2O_2 \rightarrow FeO^{3+} + H_2O$; vgl. S. 534); *vierwertiges* Eisen ist in Form des hydratisierten *„Oxoeisen(IV)-Ions"* $\mathbf{FeO^{2+}}$ ein Zwischenprodukt der katalytischen Zersetzung von Ozon ($Fe^{2+} + O_3 \rightarrow FeO^{2+} + O_2$[45]); die Oxidation von Fe^{2+} mit H_2O_2 führt nicht zu Fe(IV), sondern gemäß $Fe^{2+} + H_2O_2 \rightarrow FeOH^{2+} + OH$ („*Fentons Reagens*") zu Fe(III)). Erwähnenswert sind auch die durch Oxidation von $[Fe(diars)_2X_2]^+$ (X = Cl, Br; diars = o-$C_6H_4(AsMe_2)_2$) mit konz. HNO_3 erhältlichen *Komplexe* $[Fe(diars)_2X_2]^{2+}$ mit vierwertigem Eisen (*trans*-ständige X-Liganden; tetragonalverzerrt-oktaedrisch) sowie das Eisenorganyl R_4Fe (R = 1-Norbornyl; vgl. S. 1533).

„Perferrate" $Fe^{VII}O_4^-$ und *„Eisentetraoxid"* $Fe^{VIII}O_4$ sind *unbekannt* (vgl. hierzu RuO_4 und OsO_4).

2 Das Ruthenium und Osmium[46]

2.1 Elementares Ruthenium und Osmium

Vorkommen

Die Edelmetalle **Ruthenium** und **Osmium** werden in der Regel vergesellschaftet mit den übrigen *„Platinmetallen"* Rhodium, Iridium, Palladium und Platin aufgefunden, und zwar sowohl in **gediegener** Form als auch in **gebundenem** Zustand (hier zusammen mit Fe-, Cr-, Ni- und Cu-Erzen; Näheres siehe bei Platin, dem häufigsten Platinmetall). Ruthenium findet sich in der Natur zudem als *„Laurit"* RuS_2, dem Homologen des Pyrits FeS_2.

Isotope (vgl. Anh. III). *Natürliches* Ruthenium besteht aus den 7 Isotopen $^{96}_{44}Ru$ (5.52 %), $^{98}_{44}Ru$ (1.88 %), $^{99}_{44}Ru$ (12.7 %; für *NMR-Untersuchungen*), $^{100}_{44}Ru$ (12.6 %), $^{101}_{44}Ru$ (17.0 %; für *NMR-Untersuchungen*), $^{102}_{44}Ru$ (31.6 %), $^{104}_{44}Ru$ (18.7 %), *natürliches* Osmium aus den 7 Isotopen $^{184}_{76}Os$ (0.020 %), $^{186}_{76}Os$ (1.58 %; sehr schwach radioaktiv), $^{187}_{76}Os$ (1.6 %; für *NMR-Untersuchungen*), $^{188}_{76}Os$ (13.3 %), $^{189}_{76}Os$ (16.1 %; für *NMR-Untersuchungen*), $^{190}_{76}Os$ (26.4 %), $^{192}_{76}Os$ (41.0 %). Die *künstlich* gewonnenen Nuklide $^{97}_{44}Ru$ (Elektroneneinfang; $\tau_{1/2}$ = 2.88 Tage), $^{103}_{44}Ru$ (β^--Strahler; $\tau_{1/2}$ = 39.6 Tage), $^{106}_{44}Ru$ (β^--Strahler; $\tau_{1/2}$ = 367 Tage), $^{185}_{76}Os$ (Elektroneneinfang: $\tau_{1/2}$ = 96.6 Tage), $^{191}_{76}Os$ (β^--Strahler; $\tau_{1/2}$ = 15.0 Tage) nutzt man für *Tracerexperimente*, das Nuklid $^{106}_{44}Ru$ dient zudem in der *Medizin*.

Geschichtliches. Das Ruthenium wurde als letztes Glied aller Platinmetalle im Jahre 1844 durch den russischen Chemiker Carl E. Claus *entdeckt* und nach seinem Heimatland, dem Lande der Ruthenen (= Klein-Russen), *benannt*. Die *Entdeckung* von Osmium erfolgt 1804 durch den Engländer Smithon Tennant. Es erhielt seinen *Namen* nach dem stark riechenden Tetraoxid OsO_4: osme (griech.) = Geruch.

Darstellung

Die **technische Gewinnung** der einzelnen Platinmetalle ist eine schwierige, zeitraubende Operation, die sich zur Hauptsache auf unterschiedliche *Oxidierbarkeit*, *Flüchtigkeit*, *Löslichkeit*, und *Beständigkeit* der verschiedenen Wertigkeiten gründet.

Im einzelnen *gewinnt* man beide Elemente wie folgt: (i) Gewinnung des *Rohplatins* (= *Platinkonzentrat* der Elemente Ru, Os, Rh, Ir, Pd, Pt und gegebenenfalls Ag, Au) u. a. aus den Anodenschlämmen der elektrolytischen Reinigung des Nickels oder Goldes (Näheres S. 1587) und *Abtrennung* zunächst von Ag, Au, Pt sowie Pd (Näheres S. 1588), dann von Rh und Ir (Näheres S. 1563). – (ii) *Verflüchtigung* der verbliebenen Mischung aus **Ru(VI)** und **Os(VIII)** durch *chlorierende Röstung* als $\mathbf{RuO_4}$ und $\mathbf{OsO_4}$. – (iii) *Trennung* des Oxidgemischs $\mathbf{MO_4}$ durch Behandlung mit *Salzsäure* (→ $\mathbf{H_3RuCl_6}$-Lösung) sowie alkoholischer *Natronlauge* (→ $\mathbf{OsO_2(OH)_4^{2-}}$-Lösung). – (iv) *Komplexierung* der gebildeten **Metallate** mit *Ammoniumchlorid* (→ $\mathbf{(NH_4)_3[RuCl_6]}$ bzw. $\mathbf{[OsO_2(NH_3)_4]Cl_2}$). – (v) *Reduktion* der **Komplexe** mit *Wasserstoff* zu **metallischem Ruthenium**[47] bzw. **Osmium**.

45 Der Zerfall von FeO^{2+} erfolgt in Anwesenheit von *überschüssigem Eisen(II)* nach $FeO^{2+} + Fe^{2+} + 2H^+ \rightarrow 2Fe^{3+} + H_2O$, in Anwesenheit von *überschüssigem Ozon* nach: $FeO^{2+} + H_2O \rightarrow Fe^{3+} + OH + OH^-$; $FeO^{2+} + OH + H^+ \rightarrow Fe^{3+} + H_2O_2$; $FeO^{2+} + H_2O_2 \rightarrow Fe^{3+} + HO_2 + OH^-$; $FeO^{2+} + HO_2 \rightarrow Fe^{3+} + O_2 + OH^-$.

46 **Literatur.** S.E. Livingstone: *„The Platinium Metals"*, *„Ruthenium"*, *„Osmium"*, Comprehensive Inorg. Chem. **3** (1973) 1163–1189, 1189–1209, 1209–1233; GMELIN: *„Ruthenium"*, Syst.-Nr. **63**, 2 Bände; *„Osmium"*, Syst.-Nr. **66**, 2 Bände; W.P. Griffith: *„The Chemistry of the Rarer Platinum Metals: Os, Ru, Ir, Rh"*, Wiley, New York 1968; W.P. Griffith: *„Osmium and its Compounds"*, Quart. Rev. **19** (1965) 254–273; M. Schröder, T. Stephenson: *„Ruthenium"*, W.P. Griffith: *„Osmium"*, Comprehensive Coord. Chem. **4** (1987) 277–518, 519–633. Vgl. Anm. 48, 65.

Physikalische Eigenschaften

Die Elemente **Ruthenium** und **Osmium** stellen *spröde, silberweiße* (Ru) bzw. *graublaue Metalle* der Dichten 12.45 bzw. 22.61 g/cm^3 dar, die bei 2310 bzw. 3045 °C schmelzen sowie bei 4150 bzw. 5020 °C sieden und mit *hexagonal-dichtester* Metallatompackung kristallisieren (für weitere Eigenschaften vgl. Tafel IV).

Physiologisches. Ruthenium ist weder *essentiell* noch toxisch (giftiges RuO_4 bildet sich unter normalen Bedingungen nicht), Osmium *nicht essentiell*, aber etwas *toxisch* (Bildung von giftigem OsO_4 aus feinverteiltem Os bereits bei Raumtemperatur in Spuren).

Chemische Eigenschaften

Die Elemente **Ruthenium** und **Osmium** unterscheiden sich in ihren Eigenschaften deutlich vom leichteren Homologen Eisen und sind als typische Vertreter der *edlen* Metalle vergleichsweise *reaktionsträge*. So werden sie von *Mineralsäuren* (einschließlich Königswasser) unterhalb 100 °C nicht angegriffen; beste *Lösungsmittel* sind für beide Elemente *alkalische Oxidationsschmelzen* (z. B. NaOH-Schmelze mit Na_2O_2). Sauerstoff greift Ru und Os bei Rotglut unter Bildung von RuO_2 und OsO_4 an (feinverteiltes Os riecht an Luft nach OsO_4, das sich in Spuren bildet). Auch *Fluor* und *Chlor* reagieren mit beiden Metallen (Bildung von MF_6, MCl_3).

Verwendung von Ruthenium und Osmium. Ruthenium, das seltenste unter den Platinmetallen, dient zum *Härten* von Platin und Palladium; ebenso wird Osmium zur Herstellung harter **Legierungen** genutzt (z. B. für Gelenke und Lager von Instrumenten). Beide Elemente (Jahresweltproduktion: einige Tonnen) sowie geeignete **Verbindungen** vermögen als „*Hydrierungskatalysatoren*" zu wirken und werden diesbezüglich bisweilen verwendet. Osmium diente wegen seines *hohen Schmelzpunktes* früher zur Herstellung von *Glühlampenfäden* (wurde zunächst durch Tantal, dann durch Wolfram verdrängt; der aus Osmium und Wolfram gebildete Name „*Osram*" deutet auf diese Entwicklung hin).

Ruthenium und Osmium in Verbindungen

Die maximale **Oxidationsstufe** von Ru und Os beträgt in Verbindungen **+ 8** (z. B. MO_4). Als Beispiele für Verbindungen mit den Oxidationsstufen **+ 7** bis **− 2** von Ru und Os seien genannt: $[Ru^{VII}O_4]^-$, $Os^{VI}F_6$, $[Ru^{VI}O_4]^{2-}$, $[Os^{VI}NCl_4]^-$, $[M^{V}Cl_6]^-$, $[M^{IV}Cl_6]^{2-}$, $[M^{III}Cl_6]^{3-}$, $[M^{II}(CN)_6]^{4-}$, $[Os^{I}(NH_3)_6]^+$, $[M^0(CO)_5]$, $[M^{-II}(CO)_4]^{2-}$. Die am häufigsten angetroffenen Oxidationsstufen sind für Ru **+ 3** und für Os **+ 4**. Während *Ruthenium* in seinen niedrigen Oxidationsstufen analog Eisen eine *Kationenchemie* in *Wasser* aufweist, findet sich keine entsprechende Chemie des Osmiums. In den höheren Oxidationsstufen existiert im Gegensatz zu Eisen von *beiden Elementen* gleichermaßen eine wässerige *Anionenchemie*.

Über die Potentiale einiger Redoxvorgänge des Rutheniums und Osmiums bei pH = 0 informieren folgende **Potentialdiagramme**:

pH = 0

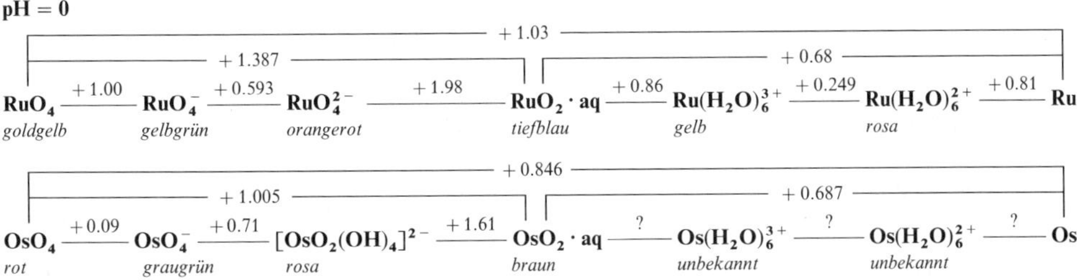

[47] Ruthenium tritt in den Kernspaltungsprodukten von Uran mit hoher Ausbeute auf (S. 1770, „*Spaltruthenium*"). Infolge seines chemischen Verhaltens ist es nur schwer von unverändertem Uran und gebildetem Plutonium abzutrennen und dementsprechend eines der lästigen Beiprodukte bei der Aufarbeitung der Spaltprodukte.

Hiernach kann sich M in saurem Milieu nicht auflösen; auch vermag M(IV) nicht in höhere und tiefere Oxidationsstufen zu disproportionieren (analoges gilt für Ru^{3+}), während M(VI) thermodynamisch disproportionierungsstabil ist.

Die **Koordinationszahlen** von zwei- bis siebenwertigem Ru und Os liegen im Bereich von *vier* bis *sechs* (z. B. tetraedrisch in $[\mathbf{Ru}^{VI}O_4]^{2-}$, $[\mathbf{Ru}^{VII}O_4]^-$, $\mathbf{M}^{VIII}O_4$; quadratisch-pyramidal in $[\mathbf{Ru}^{II}Cl_2(PR_3)_3]$, $[\mathbf{Os}^{VI}NCl_4]^-$; oktaedrisch in $[\mathbf{M}^{II}(CN)_6]^{4-}$, $[\mathbf{M}^{III}Cl_6]^{3-}$, $[\mathbf{M}^{IV}Cl_6]^{2-}$, $[\mathbf{M}^{V}Cl_6]^-$, $[\mathbf{Os}^{VI}O_2(OH)_4]^{2-}$, $[\mathbf{Os}^{VII}OF_5]$, $[\mathbf{Os}^{VIII}O_4(OH)_2]^{2-}$). Osmium strebt häufig höhere Koordinationszahlen an als Ruthenium (z. B. $[RuO_4]^{2-}$ und $[OsO_2(OH)_4]^{2-}$) und vermag sogar siebenzählig aufzutreten (pentagonal-bipyramidal in $\mathbf{Os}^{VII}F_7$). 4fach koordinierte M(-II)-, 5fach koordinierte M(0)- sowie 6fach koordinierte M(II)-Komplexe haben Edelgaselektronenkonfiguration (Xe bzw. Rn).

Bezüglich der *Elektronenkonfiguration*, der *Radien*, der *magnetischen* und *optischen* Eigenschaften von **Ruthenium**- und **Osmiumionen** vgl. Ligandenfeld-Theorie (S. 1250) sowie Anh. IV, bezüglich eines **Eigenschaftsvergleichs** der Metalle der Eisengruppe S. 1199f und Nachfolgendes.

Im Fe-Atom sind die äußeren d-Elektronen fester an den Atomkern gebunden als im homologen größeren Ru- oder noch größeren Os-Atom bzw. im benachbarten Mn-Atom mit geringerer Kernladung. Infolgedessen erniedrigt sich die *maximal erreichbare Wertigkeit* beim Übergang von Ru/Os bzw. Mn zu Fe von VIII bzw. VII nach VI. Auch sinkt die Zahl der maximal gebundenen F-Atome in gleicher Richtung ($OsF_7 \rightarrow RuF_6 \rightarrow FeF_3 \leftarrow MnF_4$). Die am *häufigsten angetroffenen Oxidationsstufen* sind $+2/+3$ für Fe, $+3/+4$ für Ru und $+4$ für Os. Demgemäß bilden sich beim Erhitzen der Eisengruppenmetalle mit Sauerstoff Fe_3O_4/Fe_2O_3, RuO_2 bzw. OsO_4. Daß die Schmelzpunkte und damit die Bindungskräfte der Metalle in Richtung Mn → Fe bzw. Tc → Ru nicht abnehmen, sondern zunehmen (vgl. Tafel IV), hängt möglicherweise mit der besonderen Stabilität der d^5-Elektronenkonfiguration (halbbesetzte d-Außenschale) zusammen und der Delokalisation von nur 2 Elektronen im Falle von metallischem Fe, Ru. In der Reihe W → Re → Os nimmt der Schmelzpunkt einsinnig ab.

Ähnlich wie die Nebengruppenmetalle bis zur 7. Gruppe zeigen auch die der 8. Gruppe eine Tendenz zur Bildung von **Metallclustern**. Von Ruthenium und Osmium sind z. B. Dimetallcluster M_2^{n+} mit Bindungen der Ordnung 2 ($n = 4$), 2.5 ($n = 5$) und 3 ($n = 6$) und Bindungsabständen von 2.3 Å ($\pm$ 0.05 bis 0.1 Å) bekannt.

2.2 Verbindungen des Rutheniums und Osmiums[46,48]

Wasserstoffverbindungen[49]

Ähnlich wie von Eisen kennt man von Ruthenium und Osmium, die beide als Hydrierungskatalysatoren fungieren, *keine binären Hydride*, wohl aber *ternäre Hydride* wie $\mathbf{Mg_2RuH_6}$ (analog: Ca_2RuH_6, Sr_2RuH_6, Ba_2RuH_6), $\mathbf{Mg_2RuH_4}$, $\mathbf{Mg_3RuH_3}$, $\mathbf{Mg_2OsH_6}$, wobei die komplexen Hexahydride im Sinne der Formulierung $2\,MgH_2 \cdot MH_2$ *Dihydride* $\mathbf{MH_2}$ mit formal *zweiwertigem* Ruthenium und Osmium (d^6-Elektronenkonfiguration) enthalten. Es existieren darüber hinaus *Donoraddukte* des Dihydrids sowie auch des *Tetra-* und *Hexahydrids* $\mathbf{MH_4}$ und $\mathbf{MH_6}$ mit formal *vier-* und *sechswertigen Metallen* (d^4- und d^2-Elektronenkonfiguration, z. B. $[MH_2(PR_3)_4]$, $[MH_4(PR_3)_3]$, $[MH_6(PR_3)_2]$; vgl. hierzu Tab. 133, S. 1607).

Strukturen. Die aus den Elementen zugänglichen ternären Hydride Mg_2MH_6, Ca_2RuH_6, Sr_2RuH_6 und Ba_2RuH_6 kristallisieren wie Mg_2FeH_6 im K_2PtCl_6-Typ, wobei oktaedrisch gebaute MH_6^{4-}-Anionen (O_h-Symmetrie: M im Oktaederzentrum mit insgesamt 18 Außenelektronen) die Position einer kubisch-dichtesten Packung einnehmen. Die Erdalkalimetall-Kationen besetzen hierin alle tetraedrischen Lücken. Die Struktur läßt sich gemäß Fig. 309a auch ausgehend vom „Flußspat“ CaF_2 beschreiben, in welchem man die F^--Positionen durch Erdalkalimetallkationen, die Ca^{2+}-Positionen durch MH_6^{4-}-Anionen substituiert. Die Baueinheit RuH_4^{4-} und RuH_3^{6-} der ternären Hydride Mg_2RuH_4 (*dunkelrot*) und Mg_3RuH_3 (*dunkelgrau*) leiten sich von der Gruppierung RuH_6^{4-} gemäß Fig. 309b und c durch Entfernen zweier *cis*- bzw. dreier *mer*-ständiger H-Atome ab und weisen demgemäß näherungsweise wippen- bzw. T-förmigen Bau auf (C_{2v}-Symmetrie). Die Rutheniumzentren, denen in RuH_4^{4-} und RuH_3^{6-} 16 bzw. 17 Außenelektronen zukommen, vervollständigen offensichtlich über lange RuRu-Wechselwirkungen ihr Elektro-

---

48 **Literatur.** M. Schröder: „*Osmium Tetraoxide: Cis Hydroxylation of Unsaturated Substrates*“, Chem. Rev. **80** (1980) 187–213; P. A. Lay, W. D. Harman: „*Recent Advances in Osmium Chemistry*“, Adv. Inorg. Chem. **37** (1991) 219–380; Ch.-M. Che., V. W.-W. Yam: „*High-Valent Complexes of Ruthenium and Osmium*“, Adv. Inorg. Chem. **39** (1992) 233–325; F. Bottomley: „*Nitrosyl Complexes of Ruthenium*“, Coord. Chem. Rev. **26** (1978) 7–32; J. H. Canterford, R. Colton; „*Ruthenium and Osmium*“ in „Halides of the Second and Third Row Transition Metals“, Wiley 1968, S. 322–345.

49 Bezüglich der **Boride, Carbide** und **Nitride** von Ru und Os vgl. S. 1059, 852, 642.

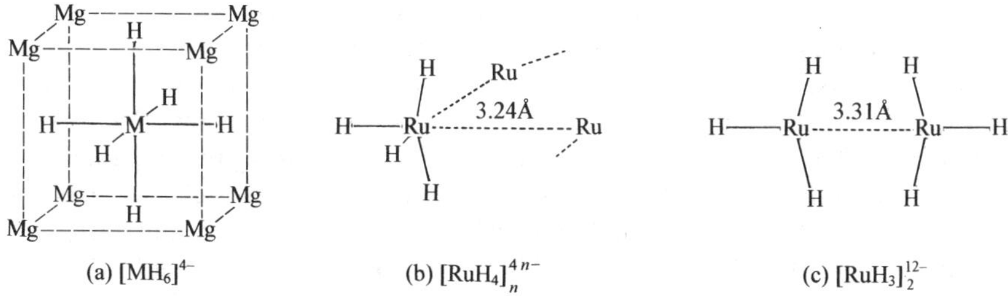

Fig. 309 Ternäre Ruthenium- und Osmiumhydride

nenoktadezett. Demgemäß liegen in Mg_2RuH_4 polymere Einheiten $[RuH_4]_n^{4n-}$ mit ··· RuRuRu ··· -Zick-Zack-Ketten (Fig. 309b), in Mg_3RuH_3 dimere Einheiten $[RuH_3]_2^{12-}$ (Fig. 309c) vor.

Unter den Phosphan-Addukten haben die Komplexe $[MH_2(PR_3)_4]$ der Dihydride (gewinnbar durch Hydrierung von $MCl_2(PR_3)_4$ oktaedrischen Bau mit (meist) *cis*-ständigen H-Atomen. Sie *dissoziieren* in Lösung teilweise in PR_3 und $[MH_2(PPh_3)_3]$ (dimer über zwei H-Bindungen), lassen sich zu $[MH_3(PR_3)_4]^+ = [MH(H_2)(PR_3)_4^+]$ mit η^2-gebundenen H_2-Molekülen protonieren (vgl. S. 1608) und können mit starken Basen zu $[MH(PR_3)_4]^+$ *deprotoniert* werden. Die Tetrahydride $[MH_4(PR_3)_3]$ haben für M = Ru im Sinne der Formulierung $[RuH_2(H_2)(PR_3)_3]$ wohl vielfach oktaedrischen Bau (zwei η^1-gebundene H-Atome, ein η^2-gebundenes H_2-Molekül, drei Phosphanliganden; formal zweiwertiges Ruthenium mit 18 Valenzelektronen; vgl. S. 1608), für M = Os pentagonal-bipyramidalen Bau (vier η^1-gebundene H-Atome in äquatorialen Positionen, drei Phosphanliganden in einer äquatorialen und beiden axialen Positionen; formal vierwertiges Osmium mit 18 Valenzelektronen). Unter den Hexahydriden $[MH_6(PR_3)_2]$ nimmt nach Berechnungen die Ru-Verbindung eine nicht-klassische Struktur mit η^2-gebundenen H_2-Molekülen, die Os-Verbindung die klassische Struktur mit sechs η^1-gebundenen H^--Ionen ein (vgl. S. 1608). Bezüglich der Carbonyl-Addukte $MH_2(CO)_4$ vgl. S. 1648.

Halogenverbindungen

Tab. 128 gibt alle von Ruthenium und Osmium gebildeten *binären* **Halogenide**, nachfolgende Zusammenstellung die höchst- und niedrigstwertigen Halogenide beider Elemente wieder (Zwischenglieder jeweils bekannt):

RuF_6	$RuCl_4$	$RuBr_3$	RuI_3	OsF_7	$OsCl_5$	$OsBr_4$	OsI_3
RuF_3	$RuCl_2$	$RuBr_2$	RuI	OsF_4	$OsCl_3$	$OsBr_3$	OsI

Hiernach nimmt die *Stabilität* der Verbindungen mit Metallen hoher Oxidationsstufen in Richtung Ru → Os sowie I → Br → Cl → F zu und in umgekehrter Richtung ab. Die fehlenden *Hepta-, Hexa-, Penta-* und *Trihalogenide* existieren selbst als *Halogenokomplexe* nicht, während von den unbekannten *Tetrahalogeniden* ($RuBr_4$, RuI_4, OsI_4) derartige Komplexe bekannt sind ($RuBr_6^{2-}$, OsI_6^{2-}). Die *Di-* und *Monohalogenide* sind schlecht bis nicht charakterisiert. Man kennt jedoch viele Donoraddukte der Dihalogenide, z. B. oktaedrische Phosphankomplexe $[MX_2(PR_3)_4]$ (oktaedrisch), in welchen M ein Elektronenoktadezett zukommt. Die Tab. 128 informiert ferner über die von Ru und Os gebildeten **Halogenidoxide.**

Wichtiger unter den in Tab. 128 aufgeführten Verbindungen ist insbesondere „*Rutheniumtrichlorid*" $RuCl_3$, das in Form des handelsüblichen, in Wasser, Alkohol, Aceton usw. löslichen, *dunkelroten* Komplexes $RuCl_3 \cdot 3H_2O = [RuCl_3(H_2O)_3]$ (oktaedrisch) als Ausgangsmaterial für die Darstellung der meisten Ru-Verbindungen und -Komplexe dient.

Darstellung. Ruthenium sowie Osmium gehen bei der *Fluorierung* unter Druck und erhöhter Temperatur in *braunes* **Ruthenium-** sowie *zitronengelbes* **Osmiumhexafluorid MF_6** (d^2-Elektronenkonfiguration) über. OsF_6 läßt sich unter *drastischen* Bedingungen (400 bar, 600 °C) darüber hinaus zu *gelbem*, unter Normalbedingungen zersetzlichem **Osmiumheptafluorid OsF_7** (d^1) fluorieren (ReF_7 und instabileres OsF_7 stellen die *höchstwertigen* Halogenide der Übergangselemente dar; vgl. IF_7 bei den Hauptgruppenelementen). Unter normalen oder leicht erhöhtem Druck werden Ru und Os in der Hitze nur zu *dunkelgrünem* **Ruthenium-** sowie *blaugrünem* **Osmiumpentafluorid MF_5** (d^3) fluoriert (die Pentafluoride entstehen auch als Produkte der thermischen Zersetzung der Hexafluoride). Sie lassen sich mit *Iod* bzw. *Wasserstoff* bzw. *Wolframhexacarbonyl* zu *ockergelbem* **Ruthenium-** sowie *gelbem* **Osmiumtetrafluorid MF_4** (d^4), RuF_5 mit I_2 bei 250 °C zudem zu *braunem* **Rutheniumtrifluorid RuF_3** (d^5) *reduzieren.*

Unter den übrigen *dunkelroten* bis *schwarzen* Halogeniden (Tab. 128) entsteht sehr zersetzliches **Osmiumpentachlorid $OsCl_5$** (d^3) durch Einwirkung von *Bortrichlorid* auf OsF_6 bei − 196 °C, **Ruthenium-** sowie **Osmiumtetrachlorid MCl_4** bzw. **Osmiumtetrabromid $OsBr_4$** (d^4) *aus den Elementen* unter Druck bei erhöhter Temperatur. **Rutheniumtrichlorid $RuCl_3$** (d^5) ist ebenfalls aus den Elementen darstellbar, und zwar bildet sich aus metallischem Ruthenium und *Chlor* (mit CO verdünnt) bei 330 °C *dunkelbraunes* β-$RuCl_3$, das beim Erhitzen in einer Cl_2-Atmosphäre bei 450 °C in *schwarzes* α-$RuCl_3$ übergeht. Andererseits erhält man beim

Tab. 128 Halogenide, Oxide und Halogenidoxide[a] von Ruthenium und Osmium (vgl. S. 1529, 1611, 1620).

	Fluoride		Chloride		Bromide		Iodide		Oxide	
M(VIII)	–		–	–			–	–	**RuO_4**[b)] *gelb* 25 °C − 239 kJ T_d (4)	**OsO_4**[b)] *gelb* 40 °C − 386 kJ T_d (4)
M(VII)	–	**OsF_7** *gelb* Zers. D_{5h} (7)	–	–	**Verbindung** Farbe Smp.*) ΔH_f Struktur (KZ)*		–	–		
M(VI)	**RuF_6**[b)] *braun* 54 °C O_h (6)	**OsF_6**[b)] *gelb* 34 °C O_h (6)	–	–	*) Z = Zersetzung Tetr. = Tetramer Dim. = Dimer		–	–	**RuO_3** nur in Gasphase	**OsO_3** nur in Gasphase
M(V)	**RuF_5**[b)] *grün* 86.5 °C Tetr. (6)	**OsF_5**[b)] *braun* 70 °C Tetr. (6)	–	**$OsCl_5$** *schwarz* 160 °C Dim. (6)	–	–	–	–	–	–
M(IV)	**RuF_4** *rot* ? VF_4 (6)	**OsF_4** *gelb* 230 °C IrF_4 (6)	**$RuCl_4$** *rot* − 30 °C ? (6)	**$OsCl_4$**[b)] *rot* ? ? (6)	– nur $RuBr_6^{2-}$	**$OsBr_4$** *schwarz* 350 °C ? (6)	–	– nur OsI_6^{2-}	**RuO_2** *blau* − 305 kJ TiO_2 (6)	**OsO_2** *gelb* ? TiO_2 (6)
M(III)	**RuF_3** *braun* 650 °C ? VF_3 (6)	–	**$RuCl_3$**[c)] *dunkel* 730° (Z) − 250 kJ $CrCl_3$ (6)	**$OsCl_3$** *dunkel* 450° (Z) − 190 kJ $CrCl_3$ (6)	**$RuBr_3$** *dunkel* 500° (Z) − 184 kJ ZrI_3 (6)	**$OsBr_3$** *dunkel* 340 °C − 98 kJ ZrI_3 (6)	**RuI_3** *schwarz* ? (Z) − 159 kJ ZrI_3 (6)	**OsI_3** *schwarz* ? ? ZrI_3 (6)	**Ru_2O_3** nur als Hydrat	–
M(II)	–	–	**($RuCl_2$)**[d)] *braun*	–[d)]	**($RuBr_2$)**[d)] *schwarz*	–[d)]	**(RuI_2)**[d)] *dunkel*	**OsI_2** *dunkel*	–	–
M(I)	–	–	–[d)]	–	–[d)]	–	–[d)]	**OsI**[e)]	–	–

a) Von den **Halogenidoxiden** seien genannt: *orangefarbenes* **$Os^{VIII}O_3F_2$** (molekulare α-Form mit D_{3h}-Symmetrie; polymere β-Form; Smp. 170 °C); *burgunderrotes* **$Os^{VIII}O_2F_4$**; (C_{2v}-Symmetrie, Smp. 90 °C); **$Os^{VIII}OF_6$**; *gelbgrünes* **$Os^{VII}O_2F_3$** (D_{3h}-Symmetrie; Zers. 60 °C); **$Ru^{VI}OF_4$** (schlecht charakterisiert); *blaugrünes* **$Os^{VI}OF_4$** (C_{4v}-Symmetrie; Smp. 82 °C); *dunkelbraunes* **$Os^{VI}OCl_4$** (Smp. 32 °C, Sdp. 200 °C; schwach assoziierte quadratische $OsOCl_4$-Pyramiden). – **b)** **RuO_4/OsO_4**: Sdp. 40/130 °C; **RuF_6**: Zers. 200 °C in RuF_5; **OsF_6**: Sdp. 47.5 °C; **RuF_5**: Sdp. 227 °C, ΔH_f − 843 kJ/mol; **OsF_5**: Sdp. 233 °C; **$OsCl_4$**: ΔH_f: − 255 kJ/mol. – **c)** α-Form; β-**$RuCl_3$** (*dunkelbraun*, „ZrI_3-Struktur"; Zers. 450 °C in α-$RuCl_3$). – **d)** Die Halogenide **RuX_2** und **RuX** (X = Cl, Br, I) sollen sich als Zwischenprodukte der Reduktion von RuX_3 mit H_3PO_2 bilden. **MX_2** existiert in Form vieler Donoraddukte wie $[MX_2(PR_3)_4]$; einfache **MX**-Donoraddukte sind unbekannt. – **e)** Metallisch grau.

Eindampfen einer Lösung von RuO_4 in Salzsäure *dunkelrotes* $RuCl_3 \cdot 3H_2O$ (s. o.). *Schwarzes* **Rutheniumtribromid $RuBr_3$** bzw. **-triiodid RuI_3** (d^5) bildet sich wie $RuCl_3$ aus den Elementen bzw. aus RuO_4 und HX. Die in Tab. 128 zudem aufgeführten Halogenide **OsX_3** (X = Cl, Br, I; gewinnbar durch thermische Zersetzung von $OsCl_4$, $OsBr_4$ bzw. $(H_3O)_2OsI_6$), **RuX_2** (X = Cl, Br, I) und **OsI**, stellen schlecht charakterisierte, *graue* bis *schwarze* Feststoffe dar.

Reduziert man salzsaure Lösungen von $RuCl_3$ *elektrochemisch* oder *chemisch* (mit Ti^{3+} oder H_2/Pt-Schwamm), so entstehen *tintenblaue* Lösungen, die zweiwertiges Ruthenium in Form hydratisierter Chlorokomplexe enthalten und zur Präparation von Ru(II)-Komplexen genutzt werden. Sie lassen sich durch Zugabe von $AgBF_4$ (Fällung von Cl^- als AgCl) in Lösungen des *rosafarbenen* Ions $[Ru(H_2O)_6]^{2+}$ verwandeln (s. u.).

Eigenschaften. Einige Kenndaten der Ruthenium- und Osmiumhalogenide sind in der Tab. 128 wiedergegeben.

Strukturen (vgl. Tab. 128 sowie S. 1611). Während die Halogenide **MX_7** und **MX_6** auch in kondensierter Phase als *Monomere* vorliegen (D_{5h}- bzw. O_h-Molekülsymmetrie), bilden die Halogenide **MX_5** *Tetramere* bzw. *Dimere* (Tab. 128), die Halogenide **MX_4** *Raumstrukturen* (OsF_4 mit „IrF_4-Struktur"), *Schichtstrukturen* (RuF_4 mit „VF_4-Struktur") bzw. *Kettenstrukturen* ($OsCl_4$ mit *trans*-kantenverknüpften $OsCl_6$-Oktaedern; Strukturen von $RuCl_4$ und $OsBr_4$ unbekannt) und die Halogenide **MX_3** *Raumstrukturen* (RuF_3 mit „VF_3-Struktur"), *Schichtstrukturen* (α-$RuCl_3$, $OsCl_3$ mit „$CrCl_3$-Struktur") und *Kettenstrukturen* (β-$RuCl_3$, $RuBr_3$, RuI_3 mit „ZrI_3-Struktur" und abwechselnd kurzen sowie langen RuRu-Bindungen von ca. 2.7 und 3.1 Å; Strukturen von $OsBr_3$ und OsI_3 wohl analog).

Reaktivität. Die Thermostabilität von MX_n sinkt, wie oben bereits erwähnt, mit wachsendem n und in Richtung X = F > Cl > Br > I. Demgemäß geht das Heptafluorid OsF_7 leicht in das Hexafluorid OsF_6 über, und selbst die Hexafluoride MF_6 zerfallen beim gelinden Erwärmen noch leicht in die Pentafluoride MF_5, welche ihrerseits aber unzersetzt verdampfbar sind (die farblosen Dämpfe enthalten monomere, trigonal-bipyramidale Moleküle MF_5). Die höchsten Chloride, $RuCl_4$ bzw. $OsCl_5$, zersetzen sich bereits bei tiefen Temperaturen in $RuCl_3$ bzw. $OsCl_4$, die Tetrahalogenide $OsCl_4$, $OsBr_4$ bzw. OsI_4 (nur als OsI_6^{2-} bekannt) beim mehr oder minder starken Erwärmen in OsX_3. Die Hydrolyseneigung ist bei den höherwertigen Halogeniden MF_5 und insbesondere MF_6 sehr groß, während die dreiwertigen Halogenide – aus kinetischen Gründen – wasserbeständiger sind. So enthält eine frisch bereitete Lösung von $[RuCl_3(H_2O)_3]$ kein freies Chlorid (keine Fällung von AgCl bei Zusatz von Ag^+). Mit der Zeit – insbesondere in verdünnter Salzsäure – erfolgt jedoch Hydrolyse unter Bildung von Chlorid sowie der *gelben* Komplexe *cis*- und *trans*-$[RuCl_2(H_2O)_4]^+$, $[RuCl(H_2O)_5]^{2+}$ und schließlich $[Ru(H_2O)_6]^{3+}$ (bezüglich des Substitutionsmechanismus vgl. S. 1279). Aufgrund der nur sehr langsam erfolgenden Substitution von Halogenid gegen Wasser ist die Löslichkeit von RuX_3 (X = Cl, Br, I; Analoges gilt für OsX_3) „augenscheinlich" gering.

Komplexe der Ru- und Os-Halogenide. In *konzentrierter Salzsäure* bildet sich aus $[RuCl_3(H_2O)_3]$ auf dem Wege über *dunkelgrünes trans*-$[RuCl_4(H_2O)_2]^-$ und *rotes* $[RuCl_5(H_2O)]^{2-}$ der *rote* M(III)-Komplex $[RuCl_6]^{3-}$ (die Hydrolysegeschwindigkeit der *Chlorokomplexe* $[RuCl_n(H_2O)_{6-n}]^{(3-n)+}$ nimmt mit n zu und beträgt für $RuCl_6^{3-}$ in H_2O nur wenige Sekunden, für $RuCl(H_2O)_5^{2+}$ ca. 1 Jahr). Die erwähnten Chlororuthenate(III) *katalysieren* die Reduktion von Fe^{3+} durch H_2O_2 und die Wasseranlagerung an Acetylen. Als weitere *Halogenokomplexe* der Ruthenium(III)- und Osmium(III)-halogenide seien genannt: $[RuF_6]^{3-}$, $[MCl_6]^{3-}$, $[MBr_6]^{3-}$ und $[OsI_6]^{3-}$. Man kennt auch das Ion $[Ru_2^{III}X_9]^{3-}$ (X = Cl, Br; RuX_6-Oktaeder mit gemeinsamer Fläche und kurzem, für eine RuRu-Bindung sprechenden RuRu-Abstand von 2.72 bzw. 2.86 Å, das zu $Ru_2^{II/III}Cl_9^{4-}$ reduzierbar und zu $Ru_2^{III/IV}Cl_9^{2-}$ sowie $Ru_2^{IV}Cl_9^-$ oxidierbar ist, ferner das Ion $[Os_2^{III}X_8]^{2-}$ (X = Cl, Br) mit einer OsOs-Dreifachbindung (s. u.). Es ist auch eine Reihe von Addukten der Trihalogenide mit neutralen Donoren, z. B. $[MX_3(PR_3)_3]$ (X = Cl, Br, I) bekannt. Beispiele für M(V)- und M(IV)-Komplexe sind die von MX_5 sowie MX_4 abgeleiteten oktaedrischen *Halogenokomplexe* $[MF_6]^-$, $[OsCl_6]^-$ sowie $[MF_6]^{2-}$, $[MCl_6]^{2-}$, $[MBr_6]^{2-}$, $[OsI_6]^{2-}$ ($RuBr_4$ und OsI_4 existieren nur in Form derartiger Komplexe, welche sich durch Oxidation HX-saurer MX_3-Lösungen mit Halogen gewinnen lassen).

Von Ru- und Os-Halogeniden sind darüber hinaus sehr viele M(II)-Komplexe bekannt. So setzt sich etwa $RuCl_3 \cdot 3H_2O$ mit *Triphenylphosphan* in Ethanol zur *rotbraunen* Verbindung $[RuCl_2(PPh_3)_3]$ (quadratisch-pyramidal) um, die mit $NaBH_4$ in Anwesenheit von PPh_3 in den Komplex $[RuH_2(PPh_3)_4]$

(oktaedrisch; nimmt N_2 zu $[RuH_2(N_2)(PPh_3)_3]$ auf), mit H_2 in den Komplex $[RuHCl(PPh_3)_3]$ (trigonal-bipyramidal) überführbar ist. Letzterer Komplex ist einer der aktivsten *Hydrierungskatalysatoren* (vgl. S. 1572). Behandelt man andererseits eine alkoholische $RuCl_3 \cdot 3H_2O$-Lösung mit PPh_3 in Anwesenheit von CO, so entsteht die Verbindung $[RuCl_2(CO)(PPh_3)_2]$, die sich mit Zink in Anwesenheit von CO zu $[Ru(CO)_3(PPh_3)_2]$ reduzieren läßt. Aus der Reihe der Os(II)-Komplexe seien genannt: $[OsCl_2(PR_3)_4]$, $[OsCl_2(PPh_3)_3]$, $[OsCl_2(N_2)(PR_3)_2]$, $[OsH_2(PR_3)_4]$.

Cyanoverbindungen

Binäre Cyanide sind nur von Ruthenium bekannt, und zwar soll sich bei Zugabe von KCN zur oben erwähnten „*blauen* $RuCl_2$-Lösung" das Dicyanid $\mathbf{Ru(CN)_2}$, bei der Oxidation von $[Ru(NH_2Me)_6]^{2+}$ mit Luftsauerstoff das hydratisierte Tricyanid $\mathbf{Ru(CN)_3}$ bilden. Ruthenium und Osmium bilden ferner *farblose* **Hexacyanometallate(II)** $\mathbf{[M(CN)_6]^{4-}}$ und *gelbe* **Hexacyanometallate(III)** $\mathbf{[M(CN)_6]^{3-}}$ (jeweils oktaedrisch; mit 18- bzw. 17-Außenelektronen für M; vgl. hierzu S. 1656)[50]. Die Verbindungen $K_4[Ru(CN)_6]$ und $K_4[Os(CN)_6]$ entstehen etwa beim Kochen wässeriger Lösungen von K_2RuO_4, $K_2[OsO_2(OH)_4]$ oder von $RuCl_3$ mit KCN, die Verbindungen $K_3[Ru(CN)_6]$ und $K_3[Os(CN)_6]$ bei der Oxidation von $K_4[M(CN)_6]$ mit MnO_4^-, H_2O_2 oder Ce(IV). Die Redoxsysteme $[M(CN)_6]^{4-}/[M(CN)_6]^{3-}$ wirken hierbei *stärker oxidierend* (ε_0 für die Ru- bzw. Os-Verbindungen = + 0.860 bzw. + 0.634 V) als das vergleichbare System $[Fe(CN)_6]^{4-}/[Fe(CN)_6]^{3-}$ (ε_0 = + 0.361 V; vgl. S. 1519). Analog $[Fe(CN)_6]^{4-}$ lassen sich die Cyanoruthenate(II) und -osmate(II) $[M(CN)_6]^{4-}$ zu $H_4M(CN)_6$ *protonieren* (enthalten MCNH-Gruppen) und zu $[M(CNMe)_6]^{2+}$ *methylieren*. Auch führt die Einwirkung von Fe(III) ebenfalls zu *farbigen* Produkten („*Ruthenium-Purpur*" $Fe_4^{III}[Ru^{II}(CN)_6]_3$, $Fe^{III}[Os^{II}(CN)_6]^-$; vgl. „Berliner Blau"). Schließlich lassen sich Prussiat-analoge Komplexe wie $[Ru(CN)_5NO]^{2-}$, $[Ru(CN)_5NO_2]^{4-}$ synthetisieren.

Sauerstoffverbindungen

Ruthenium und Osmium bilden die *binären* „*Oxide*" $\mathbf{MO_4}$, $\mathbf{MO_3}$ und $\mathbf{MO_2}$ (MO_3 nur in der Gasphase; vgl. Tab. 128, S. 1538, sowie S. 1620)[51], Ruthenium ferner ein „*Hydroxid*" $\mathbf{Ru_2O_3 \cdot xH_2O}$. Auch existieren von einigen Oxidationsstufen beider Elemente „*Salze*" bzw. „*Metallate*" (formal Produkte der Umsetzung von isolierten bzw. nicht isolierbaren Oxiden mit Säuren bzw. Basen).

Ruthenium- und Osmiumoxide. Darstellung. Starke *Oxidationsmittel* wie HNO_3, $KMnO_4$, HIO_4, Ce(IV) oder Cl_2 oxidieren zwei- bis siebenwertiges, in Wasser gelöstes Ruthenium bzw. Osmium zu *goldgelbem* **Ruthenium-** bzw. **Osmiumtetraoxid** $\mathbf{MO_4}$. Die (flüchtigen) Verbindungen, welche die *höchstwertigen* Oxide der Übergangselemente darstellen (vgl. XeO_4 bei den Hauptgruppenelementen), lassen sich durch Absublimieren, Ausblasen mit inerten Gasen oder Extrahieren mit CCl_4 von der wässerigen Lösung trennen. Auch beim Erhitzen von metallischem Ru und Os im Sauerstoffstrom auf 800 bzw. 300 °C verflüchtigen sich die Metalle als MO_4, während bei höheren Temperaturen (1200 °C) und niedrigem Sauerstoffdruck die Verflüchtigung im wesentlichen als **Ruthenium-** bzw. **Osmiumtrioxid** $\mathbf{MO_3}$ (nur in der Gasphase stabil) erfolgt. Beim Erhitzen von Ru mit Sauerstoff im abgeschlossenen System auf 1000 °C bzw. von Os mit OsO_4 oder NO auf 600–650 °C entsteht andererseits *tiefblaues*[52] **Ruthenium-** bzw. *dunkelbraunes* **Osmiumdioxid** $\mathbf{MO_2}$. Hydratisiertes, nicht entwässerbares **Dirutheniumtrioxid** $\mathbf{Ru_2O_3 \cdot xH_2O}$ bildet sich beim Versetzen einer wässerigen $RuCl_3 \cdot 3H_2O$-Lösung mit NaOH als *schwarzes* Produkt (vgl. $Fe_2O_3 \cdot xH_2O$).

---

[50] **Pentacyanometallate(I)** $\mathbf{[M(CN)_5]^{4-}}$ sollen durch Röntgenbestrahlung von $K_4[Ru(CN)_6]$ bzw. Elektronenbeschuß von $K_4[Os(CN)_6]$ in KCl entstehen.

[51] Die aus den Elementen zugänglichen dunklen, diamagnetischen **Sulfide, Selenide** und **Telluride** von Ruthenium und Osmium haben die Zusammensetzung $\mathbf{MY_2}$ (verzerrte „NaCl-Struktur" analog Pyrit FeS_2; Halbleiter) und enthalten M^{2+}- sowie Y_2^{2-}-Ionen.

[52] Die blaue Farbe von RuO_2 geht möglicherweise auf die Anwesenheit von Ru^{3+} bzw. Ru^{2+} in Spuren zurück.

Eigenschaften. Die Tab. 128 (S. 1538) gibt einige *Kenndaten* der Ru- und Os-Oxide wieder. Die Dioxide $\mathbf{MO_2}$ („Rutil-Struktur") verflüchtigen sich erst bei hohen Temperaturen und sind *wasser-* und *säureunlöslich*. Die *gelben* flüchtigen Tetraoxide $\mathbf{MO_4}$ (tetraedrisch; RuO/OsO-Abstände = 1.705/1.711 Å) *riechen* nach Ozon (Ru) bzw. Chlordioxid (Os), *lösen* sich in *Wasser* mäßig, in verdünnten *Säuren* (H_2SO_4) gut (Ru) bzw. mäßig (Os), in *Alkalilaugen* gut (Bildung von Metallaten, s. u.), in CCl_4 sehr gut, *schmelzen* bei niedrigen Temperaturen (25 bzw. 40 °C) und *sieden* bei 40 bzw. 130 °C unter Bildung *gelber*, die Atmungsorgane empfindlich angreifender *giftiger* Dämpfe (OsO_4 verursacht gefährliche Augenerkrankungen). Beide Tetraoxide besitzen *saure* Eigenschaften und wirken als sehr kräftige (Ru) bzw. kräftige *Oxidationsmittel* (vgl. Potentialdiagramm, S. 1535). Demgemäß zerfällt RuO_4 beim gelinden Erhitzen – zum Teil explosionsartig – in RuO_2 und O_2, wogegen OsO_4 gegen Zerfall thermostabiler ist. Auch löst sich RuO_4 in verdünnter bzw. konzentrierter KOH-Lösung bei 0 °C unter Reduktion zu Ruthenat(VII) bzw. Ruthenat(VI):

$$4\,RuO_4 \xrightarrow[-2H_2O,\ -O_2]{+4OH^-} 4\,RuO_4^- \xrightarrow[-2H_2O,\ -O_2]{+4OH^-} 4\,RuO_4^{2-},$$

während sich OsO_4 in Alkalilaugen ohne Reduktion zu Osmat(VIII) unter Bildung von $[OsO_4(OH)_2]^{2-}$ auflöst. Verdünnte HCl reduziert RuO_4 zu *tiefrotem* $[Ru^{VI}O_2Cl_4]^{2-}$ bzw. zu $[Ru_2^{IV}OCl_{10}]^{4-}$ (lineare RuORu-Gruppe), konzentrierte HCl greift auch OsO_4 an (Bildung von $[Os^{IV}Cl_6]^{2-}$).

Verwendung. Osmiumtetraoxid dient in der organischen Chemie als Oxidationsmittel. Und zwar reagiert es in organischen Lösungsmitteln (Ether, Benzol) mit Olefinen unter Bildung von 1,2-Diolato-Komplexen, z. B.:

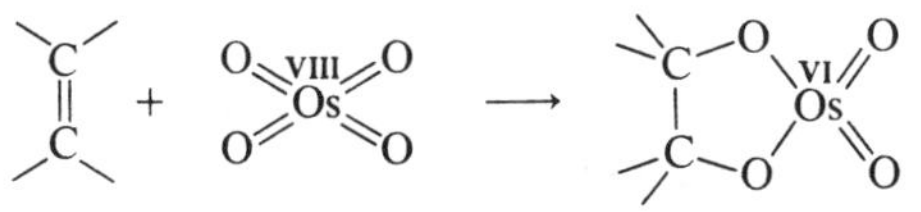

$$>C{=}C< \; + \; O_4Os^{VIII} \longrightarrow \; >C(-O-)\,C<\!\!-O-\,Os^{VI}O_2 \text{ (Ring)}$$

die hydrolytisch in organische *cis*-Diole $>$COH—COH$<$ und Osmat(VI) gespalten werden können. Da sich letzteres durch H_2O_2 oder ClO_3^- wieder zu OsO_4 oxidieren läßt, können Alkene in Anwesenheit von H_2O_2 oder ClO_3^- durch OsO_4 als Katalysator in *cis*-Diole überführt werden.

Ruthenate und Osmate (Oxokomplexe von Ru, Os). Aus den beim Auflösen von OsO_4 in starken *Alkalilaugen* entstehenden *roten* Lösungen des diamagnetischen **Osmats(VIII)** $\mathbf{[OsO_4(OH)_2]^{2-}}$ (d^0-Elektronenkonfiguration; „*Perosmat*") lassen sich *rote* Alkalimetallsalze wie $M_2^I[OsO_4(OH)_2]$ (M^I = Alkalimetall oder $\frac{1}{2}$ Erdalkalimetall; oktaedrisches Anion mit *cis*-ständigen OH-Gruppen) isolieren. In *Fluorid*-haltigem Wasser entsteht analog gebautes, *gelbes* „*Fluoroosmat(VIII)*" *cis*-$[OsO_4F_2]^{2-}$. Bei Einwirkung von konzentriertem *Ammoniak* geht Osmat(VIII) andererseits in *orangefarbenes* „*Nitridoosmat(VIII)*" $[OsO_3N]^-$ (tetraedrisch; isolierbar z. B. als Kaliumsalz) über, das eine kovalente Os≡N-Dreifachbindung enthält (OsO-/OsN-Abstände 1.78/1.63 Å)[53].

Den Osmaten(VIII) analoge „*Ruthenate(VIII)*" sind unbekannt[54]. Wie oben bereits angedeutet, bildet sich beim Auflösen von RuO_4 in *Alkalilaugen* das mit Permanganat MnO_4^- formelgleiche **Ruthenat(VII)** $\mathbf{RuO_4^-}$ (d^1; „*Perruthenat*"; *paramagnetisch*, tetraedrisch gebautes Ion), das auch beim Behandeln von Ruthenium mit einer Salpeter-haltigen Alkalischmelze

53 Die Reduktion von $[OsO_3N]^-$ mit HX (X = Cl, Br, I) führt zu *roten* diamagnetischen „*Halogenonitrido-osmaten(VI)*": $[OsNX_5]^{2-}$ (oktaedrisch; isolierbar mit kleinen Kationen; X *trans*-ständig zu N schwächer gebunden: OsN-/$OsCl_{cis}$-/$OsCl_{trans}$-Abstände = 1.614/2.361/2.605 Å) und $[OsNX_4]^-$ (quadratisch-pyramidal; isolierbar mit großen Kationen; OsN-/OsCl-Abstände = 1.604/2.310 Å). Man kennt auch entsprechende Ionen $[RuNX_5]^{2-}$ und $[RuNX_4]^-$.

54 Es soll Donoraddukte $RuO_4 \cdot D$ mit D = Amin geben, die möglicherweise analogen Bau wie $OsO_4 \cdot D$ (trigonal-bipyramidal) aufweisen.

sowie durch Oxidation von Ruthenat(VI)-Lösungen mit der stöchiometrischen Menge Chlor ($RuO_4^{2-} + \frac{1}{2}Cl_2 \rightarrow RuO_4^- + Cl^-$) und anderen starken Oxidationsmitteln (z. B. ClO^-, Br_2) entsteht. Es wirkt wie RuO_4 stark oxidierend und wird z. B. von *Alkalilauge* (s. o.) oder *Iodid* ($RuO_4^- + I^- \rightarrow RuO_4^{2-} + \frac{1}{2}I_2$) zu *orangefarbenem* alkalistabilem **Ruthenat(VI) RuO_4^{2-}** (d^2, *paramagnetisches*, tetraedrisches Ion), welches in Form von Salzen wie $M_2^I[RuO_4]$ oder $Ba[RuO_3(OH)_2]$ (trigonal-bipyramidales Ion mit *trans*-ständigen OH-Gruppen) isolierbar ist.

Anders als bei Ru(VIII) läßt sich die Reduktion von Os(VIII) nur schwer auf der siebenwertigen Stufe aufhalten. *Graugrünes* **Osmat(VII) OsO_4^-** (d^1, *paramagnetisch*) läßt sich etwa aus OsO_4 durch Reduktion mit I^- in Anwesenheit großer Kationen gewinnen (Bildung von $Ph_4As[OsO_4]$; man kennt auch $M_5^I[OsO_6]$ mit M^I = Li, Na). Die meisten Reduktionsmittel wie Nitrit oder Alkohol führen Osmat(VIII) in wässeriger Lösung in *diamagnetisches rosafarbenes* **Osmat(VI) $[OsO_2(OH)_4]^{2-}$** (d^2, oktaedrisch; *trans*-ständige O-Atome) über, das sich z. B. in Form des *dunkelvioletten*, diamagnetischen Salzes $K_2OsO_4 \cdot 2H_2O = K_2[OsO_2(OH)_4]$ auskristallisieren läßt. Das Kaliumosmat(VI) entsteht auch aus metallischem Osmium beim Schmelzen mit KOH/KNO_3. Die OH^--Gruppen in $[OsO_2(OH)_4]^{2-}$ lassen sich durch andere Donatoren (z. B. Cl^-, Br^-, CN^-, NO_2^-, $\frac{1}{2}C_2O_4^{2-}$) unter Bildung *orangefarbener* bis *roter* Komplexionen $[OsO_2X_4]^{2-}$ („*Osmylverbindungen*" mit linearer O=Os=O-Gruppe; OsO-Abstände um 1.75 Å) austauschen. Auch Ethylendiamin wirkt substituierend ($\rightarrow [OsO_2(en)_2]^{2+}$). Man kennt auch einige wenige analog gebaute *rotviolette* Ruthenium(VI)-Komplexe wie $[RuO_2Cl_4]^{2-}$ (aus RuO_4 + HCl, s. o.).

Oxometallate mit Ru und Os in den Oxidationsstufen V (d^3) und IV (d^4) (**Ruthenate(V, IV)** bzw. **Osmate (V, IV)**) lassen sich offensichtlich in Mischoxiden stabilisieren (z. B. $M_2^ILn^{III}Ru^VO_6$, $M^{II}Ru^{IV}O_3$; Ln = Lanthanoid). Ferner existieren *diamagnetische rote „Halogenooxometallate(IV)"* des Typus $[M_2^{IV}OX_{10}]^{4-} = [X_5M{-}O{-}MX_5]^{4-}$ (X = Cl, Br; oktaedrische M-Koordination, lineare MOM-Gruppierung; MO-/MX_{cis}-/M_{trans}-Abstände z. B. 1.778/2.370/2.433 Å), die aus HX-sauren Lösungen in Anwesenheit von Alkalimetallhalogenid MX entstehen (im Falle M = Os muß $FeSO_4$ als Reduktionsmittel zugegeben werden)[55].

Aqua- und verwandte Komplexe von Ru, Os. „*Hexaaquaruthenium(IV)*"- und „*-osmium(IV)-Ionen*" $[M(H_2O)_6]^{4+}$ sind unbekannt. Es sollte sich jedoch ein Hexahydroxo-Komplex $[Os(OH)_6]^{2-}$ des *vierwertigen* Osmiums gewinnen lassen.

Wässerige $RuCl_3 \cdot 3H_2O$-Lösungen lassen sich elektrochemisch oder chemisch (z. B. H_2/Pt) in Lösungen des oktaedrischen, *rosafarbenen* **Hexaaquaruthenium(II)-Ions $[Ru(H_2O)_6]^{2+}$** (d^6, *diamagnetisch*) überführen, welches an Luft rasch zum oktaedrischen, *gelben* **Hexaaquaruthenium(III)-Ion $[Ru(H_2O)_6]^{3+}$** (d^6, *paramagnetisch*) oxidiert wird. In Abwesenheit von Sauerstoff erfolgt die Oxidation langsam bereits durch Wasser (H_2-Entwicklung). Ru(II) ist damit in wässeriger Lösung ein stärkeres Reduktionsmittel als das leichtere Homologe Fe(II) (vgl. Potentialdiagramme auf S. 1515 und 1535). Die Aquaionen lassen sich z. B. als Tosylate oder Perchlorate $[Ru(H_2O)_6]X_n$ (X^- = $TolSO_3^-$, ClO_4^-; n = 2, 3) isolieren[56]. Entsprechende „*Hexaaquaosmium-Ionen*" $[Os(H_2O)_6]^{n+}$ sind unbekannt, doch sollte sich ein „*Hexahydroxoosmat(III)*" $[Os(OH)_6]^{3-}$ darstellen lassen[56].

Ammin- und verwandte Komplexe. Ähnlich wie von Fe^{2+} und im Gegensatz zu Fe^{3+} (S. 1528) lassen sich sowohl von Ru^{2+} sowie Ru^{3+} als auch von Os^{2+} sowie Os^{3+} Hexaammoniakate gewinnen[57]. Das *orangefarbene*, oktaedrische **Hexammin-ruthenium(II)-Ion $[Ru(NH_3)_6]^{2+}$** (d^6, *diamagnetisch*) bildet sich bei der Reduktion einer stark ammoniakalischen, NH_4Cl-haltigen Ruthenium(III)-chlorid-Lösung mit

---

[55] Man kennt auch entsprechende diamagnetische Nitridokomplexe $[M_2^{IV}NX_{10}]^{5-} = [X_5M{\cdots}N{\cdots}MX_5]^{5-}$ (Ersatz von O^{2-} durch N^{3-}), in welchen der Unterschied der MX_{cis}-/MX_{trans}-Abstände größer ist und die demgemäß leicht zu $[(H_2O)X_4M{\cdots}N{\cdots}MX_4(H_2O)]^{3-}$ hydrolysiert werden (hiervon abgeleitete NH_3-Komplexe: $[(NH_3)_4XM{\cdots}N{\cdots}MX(NH_3)_4]^{3+}$ mit vierwertigem M).

[56] Als weitere Komplexe mit **sauerstoffhaltigen Liganden** seien erwähnt: $[Ru^{II}(OSMe_2)_6]^{2+}$, $[Ru^{III}(ox)_3]^{3-}$, $[Ru^{III}(acac)_3]$, $[Ru_3O(OAc)_6(H_2O)_3]^+$, $[Os^{II}(SO_3)_3]^{4-}$, $[Os^{III}(SO_3)(NH_3)_4Cl]$. Vgl. hierzu auch die Carboxylato-Komplexe $[M_2(OAc)_4]^{n+}$ mit MM-Bindungen. Bezüglich der Peroxokomplexe vgl. S. 1623.

[57] Auch aromatische Amine werden von Ru^{2+} bzw. Ru^{3+} komplex gebunden. So kennt man etwa Komplexe mit Pyridin wie $[Ru(py)_6]^{2+}$ und mit o,o'-Bipyridin wie $[Ru(bipy)_3]^{2+}$. Der Komplex $[Ru(bipy)_3]^{2+}$ vermag im photochemisch angeregten Zustand, in welchem ein Elektron von Ru^{2+} auf den Liganden bipy übertragen vorliegt, seine Energie an andere Moleküle (z. B. $[Ni(CN)_4]^{2-}$) abzugeben bzw. andere Ionen zu reduzieren (z. B. $[Co(NH_3)_5py]^{3+}$) oder zu oxidieren (z. B. Eu^{2+}). Es wird untersucht, ob entsprechende Derivate möglicherweise Wasser zu H_2 reduzieren und damit Sonnenenergie in Wasserstoff umwandeln können.

Zinkstaub (isolierbar als Dichlorid)[57]. Es wird von Wasser langsam unter Bildung des „*Pentaamminaquaruthenium(II)-Ions*" $[Ru(NH_3)_5(H_2O)]^{2+}$ angegriffen, welches seinerseits Ausgangsprodukt für die Gewinnung vieler Komplexe des Typs $[Ru(NH_3)_5L]^{2+}$ ist[58]. So führt etwa die Einwirkung von *Distickstoffoxid* N_2O zu $[Ru(NH_3)_5(N_2O)]^{2+}$ (lineare RuNNO-Gruppierung), von *Cyaniden* RCN zu $[Ru(NH_3)_5(NCR)]^{2+}$, von *Kohlenoxid* CO zu $[Ru(NH_3)_5(CO)]^{2+}$ und ferner von *Stickstoff* zu $[Ru(NH_3)_5(N{\equiv}N)]^{2+}$ und weiter zu $[(NH_3)_5Ru{-}N{\equiv}N{-}Ru(NH_3)_5]^{4+}$. Mit $[Ru(NH_3)_5(N_2)]^{2+}$ wurde 1965 erstmals ein „*Distickstoffkomplex*" aufgefunden (vgl. S. 1167). Er läßt sich, außer wie erwähnt, auch durch Reduktion von $[Ru(NH_3)_5(N_2O)]^{2+}$ mit Cr^{2+}, durch thermische Zersetzung von $[Ru(NH_3)_5(N_3)]^{2+}$ sowie durch Einwirkung von NO auf eine alkalische $[Ru(NH_3)_6]^{3+}$-Lösung gewinnen:

$$[Ru(NH_3)_5(N_2O)]^{2+} + 2Cr^{2+} + 2H^+ \rightarrow [Ru(NH_3)_5(N_2)]^{2+} + 2Cr^{3+} + H_2O\,,$$
$$[Ru(NH_3)_5(N_3)]^{2+} \rightarrow [Ru(NH_3)_5(N_2)]^{2+} + \tfrac{1}{2}N_2\,,$$
$$[Ru(NH_3)_6]^{3+} + NO + OH^- \rightarrow [Ru(NH_3)_5(N_2)]^{2+} + 2H_2O\,.$$

$[Ru(NH_3)_6]^{2+}$ läßt sich leicht zum *farblosen* **Hexaamminruthenium(III)-Ion $[Ru(NH_3)_6]^{3+}$** (d^5, *paramagnetisch*) oxidieren (vgl. Potentialdiagramm, S. 1535)[57], das ähnlich wie $[Ru(NH_3)_6]^{2+}$ unter NH_3/L-Austausch in Komplexe des Typs $[Ru(NH_3)_5L]^{3+}$ übergeführt werden kann[58]. So entsteht etwa mit *Wasser* (sehr langsam) $[Ru(NH_3)_5(H_2O)]^{3+}$, mit *Azid* N_3^- $[Ru(NH_3)_5(N_3)]^{2+}$, mit *Cyaniden* RCN $[Ru(NH_3)_5(NCR)]^{3+}$ und mit *Stickstoffmonoxid* NO in saurer Lösung $[Ru(NH_3)_5(NO)]^{2+}$[59]. Setzt man eine ammoniakalische Ru(III)-Lösung mehrere Tage der Luft aus, so bildet sich eine rote Lösung, aus welcher der Komplex $[Ru_3O_2(NH_3)_{14}]Cl_6 \cdot 4H_2O$ („*Ruthenium Rot*") auskristallisiert werden kann. Er enthält das Kation $[(NH_3)_5Ru^{III}{-}O{-}Ru^{IV}(NH_3)_4{-}O{-}Ru^{III}(NH_3)_5]^{6+}$ mit linearer RuORuORu-Gruppierung, das sich mit Ce^{4+} zum Kation $[Ru_3O_2(NH_3)_{14}]^{7+}$ oxidieren läßt und als empfindlicher „*Indikator für Oxidationsmittel*" Verwendung findet.

Das *farblose* **Hexaamminosmium(III)-Ion $[Os(NH_3)_6]^{3+}$** (d^5, *paramagnetisch*) bildet sich etwa durch Reduktion von $[OsCl_6]^{2-}$ in wässerigem Ammoniak mit Zinkstaub und setzt sich mit Donoren L unter NH_3/L-Substitution zu $[Os(NH_3)_5L]^{3+}$ um (L z. B. H_2O, Cl^-, Br^-, I^-). Es läßt sich zum **Hexaamminosmium(II)-Ion $[Os(NH_3)_6]^{2+}$** (d^6, *diamagnetisch*) reduzieren, von dem sich ebenfalls Substitutionsprodukte wie die Stickstoffkomplexe $[Os(NH_3)_5(N_2)]^{2+}$ und *cis*-$[Os(NH_3)_4(N_2)_2]^{2+}$ ableiten.

Ruthenium- und Osmiumkomplexe

Die Elemente Ruthenium und Osmium zeichnen sich durch eine besonders große *Vielfalt an Oxidationsstufen* aus, die sie bei Koordination mit geeigneten Liganden in Komplexen erreichen können (Oxidationsstufenspannweite −2 bis +8 mit Elektronenkonfigurationen d^{10} bis d^0)[60]. Hierbei sind Komplexe beider Elemente in *hohen* und *niedrigen Oxidationsstufen* (> 4 und < 2) *nicht sehr zahlreich*. Zur Stabilisierung der betreffenden Wertigkeiten bedarf es kleiner *π-Donorliganden* wie F^-, O^{2-} und N^{3-} in ersteren und starker *π-Akzeptorliganden* wie NO^+, PR_3, CO, CN^-, CNR in letzteren Fällen. Eine *reichhaltige Komplexchemie* beobachtet man insbesondere für Ru und Os in *mittleren Oxidationsstufen* (2 bis 4), wobei Komplexe sowohl *ohne* als auch *mit Metallcluster-Zentren* existieren, wie nachfolgend nun erläutert sei (bezüglich der π-Komplexe vgl. S. 1684). Anwendungen haben Ru- und Os-Verbindungen bisher nur vereinzelt gefunden. Erwähnt sei die Verwendung von Oxokomplexen insbesondere des Osmiums in hohen Oxidationsstufen als *Oxidationskatalysator* (S. 1541), ferner einige katalytische Prozesse mit Ammin- und -Phosphorkomplexen von Ru(II) (hierzu sind etwa Studien zur Photochemie und -physik von $[M(bipy)_3]^{2+}$ und verwandten Systemen mit dem Ziel zu zählen, Katalysatoren für die sonnenlichtenergetische *Freisetzung von Wasserstoff* aus Wasser aufzufinden; vgl. S. 1542).

---

[58] Während die Gruppe $M(NH_3)_5^{2+}$ ein guter π-Donor ist, stellt der Rest $M(NH_3)_5^{3+}$ einen guten π-Akzeptor dar. Dementsprechend liegt die CN-Valenzfrequenz von $[(NH_3)_5\ddot{R}u \leftarrow N{\equiv}C{-}R \leftrightarrow (NH_3)_5Ru \rightleftarrows N{=}\ddot{C}{-}R]^{2+}$ niedriger, von $[(NH_3)_5Ru \leftarrow N{\equiv}C{-}R]^{3+}$ höher als in freiem RCN.

[59] Man kennt auch einen entsprechenden Aquakomplex $[Ru(H_2O)_5(NO)]^{2+}$ (vgl. $[Fe(H_2O)_5(NO)]^{2+}$, S. 1524). Ganz allgemein bildet Ruthenium gerne Nitrosokomplexe. Als weitere Beispiele seien genannt: $[RuCl_5(NO)]^{2-}$, $[RuCl(NH_3)_4(NO)]^{2+}$, $[RuCl(bipy)_2(NO)]^{2+}$.

[60] Oxidationsstufenvielfalt findet man unter den Übergangselementen zudem bei Mn, Tc, Re (VII. Nebengruppe) und – weniger ausgeprägt – bei Cr, Mo, W (VI. Nebengruppe).

Klassische Komplexe wurden in den vorstehenden Unterkapiteln bereits besprochen (vgl. *Hydrido-, Cyano-, Oxo-, Aqua-, Amminkomplexe* usw.). Folgendes sei hierzu noch nachgetragen:

Metall(VIII,VII)-Komplexe (d^0, d^1) beschränken sich, wie oben angedeutet, auf einige Fluoro-, Oxo- und Nitridokomplexe, z. B. $[M^{VIII}O_4]$ (tetraedrisch, MO-Doppelbindungen), $[Os^{VIII}O_3N]^-$ (tetraedrisch; MN-Dreifachbindung), $[Os^{VIII}O_4F_2]^{2-}$ (oktaedrisch; *cis*-ständige F-Atome), $Os^{VII}F_7$ (trigonal-bipyramidal), $[M^{VII}O_4]^-$ (tetraedrisch), $Os^{VII}OF_5$ (oktaedrisch). Die M(VIII)-Komplexe sind *diamagnetisch*, die M(VII)-Komplexe *paramagnetisch* (ein ungepaartes Elektron).

Metall(VI)-Komplexe (d^2). Sechswertiges Ru und Os bilden *paramagnetische tetraedrische* und *regulär-oktaedrische* Komplexe (RuO_4^{2-}, MF_6; zwei ungepaarte Elektronen) sowie diamagnetische *tetragonal-verzerrt-oktaedrische* Komplexe ($[MO_2X_4]^{2-}$, $[MNX_5]^{2-}$ mit MO-Doppel- bzw. MN-Dreifachbindungen), ferner einen *trigonal-bipyramidalen* Rutheniumkomplex ($[RuO_3(OH)_2]^{2-}$ mit *trans*-ständigen OH-Gruppen, nur in Salzen) sowie *quadratisch-pyramidale* Komplexe ($[MOX_4]$, $[MNX_4]^-$ mit MO-Doppel- bzw. MN-Dreifachbindungen).

Als charakteristische Strukturmerkmale enthalten die diamagnetischen „*Ruthenyl-Komplexe*" $[RuO_2X_4]^{2-}$ (nicht sehr zahlreich; X^- z. B. Cl^-, $\frac{1}{2}SO_4^{2-}$) und „*Osmyl-Komplexe*" $[OsO_2X_4]^{2-}$ (zahlreich; X^- z. B. Cl^-, Br^-, CN^-, OH^-, $\frac{1}{2}C_2O_4^{2-}$, NO_2^-, en) *linear gebaute* **Ruthenyl-** bzw. **Osmyl-Dikationen** $\mathbf{MO_2^{2+}}$, die entsprechend der Formulierung O=M=O kurze, für Doppelbindungen sprechende MO-Abstände aufweisen (z. B. 1.75 Å In $K_2OsO_4Cl_4$ und 1.77 Å in $K_2OsO_2(OH)_4$; zum Vergleich: 1.72 Å in OsO_4) und von vier weiter entfernten X-Liganden so umgeben werden, daß eine *gestauchte oktaedrische* M-Koordination resultiert[61].

Der aufgefundene Diamagnetismus der Komplexe erklärt sich hierbei wie folgt: Die *Streckung* oder *Stauchung* eines Ligandenoktaeders führt gemäß dem auf S. 1256 Besprochenen zu einer energetischen Aufspaltung der im *regulär-oktaedrischen* Ligandenfeld entarteten d_{xy}-, d_{xz}- sowie d_{yz}-Orbitale einerseits und $d_{x^2-y^2}$- sowie d_{z^2}-Orbitale andererseits in energieärmere und -reichere Orbitale (vgl. Fig. 310a, b, c). Wegen des nicht ausreichenden Energieabstandes des d_{xy}-Orbitals von den entarteten d_{xz}-/d_{yz}-Orbitalen bei Vorliegen eines gestaucht-oktaedrischen Ligandenfelds müßten diese von den beiden d-Elektronen der Ru(VI)- bzw. Os(VI)-Zentren wie bei regulär-oktaedrischen Ligandenfeldern einzeln mit je einem ungepaarten Elektron besetzt werden (Fig. 310b, c). Tatsächlich führt die π-Wechselwirkung der p_x- und

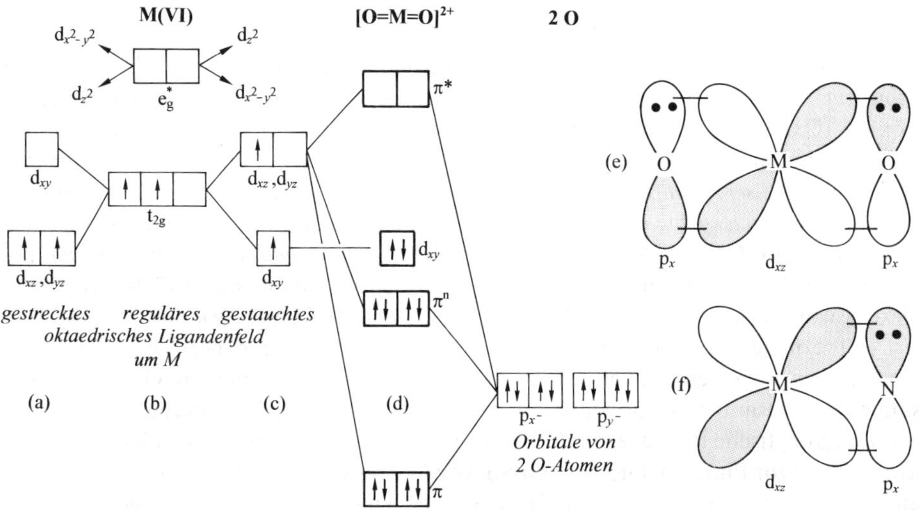

Fig. 310 Bindung in MO_2^{2+}- und MN^{3+}-haltigen Komplexen (M = Ru, Os). (a, b, c, d): Ausschnitt des MO-Schemas für $[MO_2X_4]^{2-}$ (*z*-Achse gleich OMO-Achse; vgl. Fig. 267, 265 auf S. 1251, 1256). (e, f): π-Bindungen der MO_2- und MN-Gruppe in $[MO_2X_4]^{2-}$, $[MNX_5]^{2-}$, $[MNX_4]^-$ (entsprechende Wechselwirkungen von p_y mit d_{yz} führen zu einer weiteren π-Bindung; *z*-Achse = OMO- bzw. MN-Achse).

[61] Analog koordiniert ist Re(V) in den mit $[OsO_2X_4]^{2-}$ isoelektronischen Komplexen $[ReO_2X_4]^{3-}$ (X^- z. B. Hal^-, CN^-, NH_3, en, py, PR_3). Auch einige andere Nebengruppenelemente enthalten Kationen MO_2^{n+} mit doppelt gebundenen, aber *cis*-ständig orientierten O-Atomen, nämlich fünfwertiges Vanadium in „*Vanadyl-Komplexen*" wie $[VO_2(H_2O)_4]^+$ sowie sechswertiges Chrom und Molybdän in „*Chromyl*"- und „*Molybdänyl-Komplexen*" wie CrO_2X_2 (X = Halogen, Oxosäureanion), $[MoO_2(H_2O)_4]^{2+}$.

p_y-Orbitale beider an M(VI) geknüpften O-Atome mit den energiereichen d_{xz}- und d_{yz}-Orbitale von M(VI) zu einer so beachtlichen Anhebung der d_{xz}- und d_{yz}-Orbitale, daß nunmehr das eine Elektron aus letzteren Orbitalen unter Spinpaarung in das energieärmere d_{xy}-Orbital wandert (Fig. 310d). Insgesamt führt die betreffende Wechselwirkung zu jeweils zwei bindenden π, nichtbindenden π^n- und antibindenden π^*-MOs, von denen die π- und π^n-MOs entsprechend dem Vorliegen von zwei $d_\pi p_\pi$-Dreizentren-Vierelektronenbindungen vollständig mit Elektronen besetzt sind (Fig. 310d, e). Gemäß dem MO-Schema enthält somit das Kation MO_2^{2+} zwei π-Bindungen: O=M=O. Entsprechende Überlegungen gelten für Komplexe des Typus $[MNX_5]^{2-}$ (oktaedrisch) und $[MNX_4]^-$ (quadratisch-pyramidal) und erklären den Diamagnetismus sowie die Dreifachbindung der Komplexe (vgl. Fig. 310f; MN-Abstände z.B. 1.614/1.604 Å in $K_2[OsNCl_5]$/$(Ph_4As)[OsNCl_4]$). Auf die vergleichsweise schwache Bindung des *trans* zu N stehenden Liganden X in $[MNX_5]^{2-}$ („statischer *trans*-Effekt") wurde bereits hingewiesen (S. 1541).

Metall(V)-Komplexe (d^3) sind in Lösung wenig stabil und werden nur selten angetroffen, z.B. MF_6^- (*oktaedrisch*; *paramagnetisch* mit drei ungepaarten Elektronen; $\mu_{mag.}$ um 3.2 BM).

Metall(IV)-Komplexe (d^4) spielen insbesondere beim Osmium eine größere Rolle. Sie besitzen meist *oktaedrische* bzw. *verzerrt-oktaedrische* Strukturen (z.B. $[MX_6]^{2-}$ bzw. $[M_2OX_{10}]^{4-}$, $[M_2NX_{10}]^{5-}$ mit X z.B. Halogen). Die *paramagnetischen* Hexahalogenometallat(IV)-Ionen $\mathbf{[MX_6]^{2-}}$ (low-spin[62]; zwei ungepaarte Elektronen) weisen andererseits ein ungewöhnliches magnetisches Verhalten auf. Ihre magnetischen Momente verringern sich mit abnehmender Temperatur sehr stark. Die Ursache sind Spin-Bahn-Kopplungen, die für Elemente innerhalb einer Nebengruppe allgemein mit wachsender Ordnungszahl zunehmen und bei low-spin-d^4-Ionen besonders stark sind (vgl. S. 1305). Die entgegengesetzte Kopplung der etwa gleich großen Gesamtspin- mit den Gesamtbahnmomenten führt in letzteren Fällen zu einem Verschwinden des nach außen wirksamen Paramagnetismus bei sehr tiefen Temperaturen. Mit der bei der Temperaturerhöhung erfolgenden Entkopplung beider Momente wächst das magnetische Moment an und erreicht schließlich bei erhöhten Temperaturen (im Falle von Ru(IV) früher als im Falle von Os(IV)) den für zwei ungepaarte Elektronen zu erwartenden Wert von rund 3.6 BM, der sich aus dem spin-only-Wert (2.83 BM) und einem bestimmten Bahnmomentbeitrag zusammensetzt (gefunden bei Raumtemperatur für Ru(IV)-/Os(IV)-Komplexe: 2.9/1.5 BM; vgl. S. 1306)[63].

Anders als die besprochenen paramagnetischen Komplexe $[MX_6]^{2-}$ verhalten sich die Komplexe $\mathbf{[X_5M{\cdots}O{\cdots}MX_5]^{4-}}$ und $\mathbf{[X_5M{\cdots}N{\cdots}MX_5]^{5-}}$ (lineare MOM- bzw. MNM-Gruppierungen, vgl. S. 1542) *diamagnetisch*, ein Sachverhalt, der sich ähnlich wie im Falle von $[MO_2X_4]^{2-}$-Komplexen durch die Ausbildung von π-Bindungen zwischen M(IV) und Sauerstoff erklärt (vgl. Fig. 310 und Anm. [64]) und der dem Phänomen des **Superaustauschs** zugerechnet wird.

Metall(III,II)-Komplexe enthalten fast ausschließlich *oktaedrisch* koordinierte low-spin-Zentren und sind im Falle von M(III) *paramagnetisch* mit einem Elektron, im Falle von M(II) *diamagnetisch*. Für Beispiele vgl. u.a. bei Halogen-, Cyano- und Sauerstoffverbindungen, oben.

Niedrigwertige M-Komplexe. Als Beispiel für Komplexe von Ruthenium und Osmium mit Wertigkeiten *kleiner zwei* seien genannt *Kohlenoxid-Komplexe* (z.B. $[M^{-II}(CO)_4]$, $[M^0(CO)_5]$), *Stickoxid-Komplexe* (Os- und insbesondere Ru bilden mehr NO-Komplexe als alle anderen Übergangsmetalle, z.B. $[M^{-II}(NO)_2(PR_3)_2]$, $[M^{-I}(NO)(depe)_2]$, $[M^0Cl(NO)(PR_3)_2]$), *Bipyridin-Komplexe* (z.B. $M(bipy)_3^{-/0/+}$), *Phosphan-Komplexe* (z.B. $[M^0(PF_3)_5]$, $[M^0\{P(OMe)_3\}_5]$), *Organyl-Komplexe* (s.u.). Näheres vgl. S. 1628f.

Nichtklassische Komplexe („*Metallcluster*"; vgl. S. 1617). Von ein- bis dreiwertigem Ruthenium und Osmium kennt man eine Reihe von Komplexen mit **Diruthenium-** und **Diosmium-Clustern $\mathbf{M_2^{m+}}$**, deren Stabilitäten in Richtung $Ru_2^{5+} > Ru_2^{4+} > Ru_2^{6+}$ bzw. $Os_2^{6+} > Os_2^{5+} > Os_2^{4+}$ abnehmen (Ru_2^{2+} tritt selten, Os_2^{2+} nicht auf) und die gemäß folgender Zusammenstellung *Einfach-* bis *Dreifachbindungen* enthalten (vgl. hierzu S. 1475, 1501, 1571, 1600):

---

62 Die Tendenz zur Bildung von low-spin-Komplexen wächst mit zunehmender Ordnungszahl eines Elements einer Nebengruppe (vgl. S. 1252), weil in gleicher Richtung die Kernladung und die d-Orbitalausdehnung der Elemente zunimmt (stärkere Anziehung der Liganden führt zu stärkerem Ligandenfeld; größerer Aufenthaltsraum der Elektronen führt zu geringerer interelektronischer Abstoßung nach Spinpaarung).

63 μ_{mag} für low-spin-d^4-Komplexe des Chroms (Cr^{2+}) und Mangans (Mn^{3+}) bei Raumtemperatur rund 3.6 BM.

64 Die low-spin-Konfiguration von M(IV) (d^4) mit gestaucht-oktaedrischem Ligandenfeld lautet gemäß Fig. 310c: $d_{xy}^2 d_{xz}^1 d_{yz}^1$. Die Wechselwirkung von zwei d_{xz}- bzw. d_{yz}-Orbitalen (jedes M(IV) steuert ein d_{xz}- und ein d_{yz} bei) mit dem p_x- bzw. p_y-Orbital vom Sauerstoff führt wieder zu jeweils zwei π-, π^n- und π^*-MOs (vgl. Fig. 310d), wobei die π- und π^n-MOs paarweise mit 4 (ungepaarte Elektronen von M(IV)) + 4 (p_x- und p_y-Elektronen von O) = 8 Elektronen besetzt werden (die elektronenbesetzten d_{xy}-AOs der beiden Metallzentren gehen gemäß Fig. 310 keine Wechselwirkungen mit den Sauerstofforbitalen ein).

Ion (Außenelektronen)	M_2^{2+} (14e⁻)	M_2^{4+} (12e⁻)	M_2^{5+} (11e⁻)	M_2^{6+} (10e⁻)
Elektronenkonfiguration	$\sigma^2\pi^4\delta^2\delta^{*2}\pi^{*4}$	$\sigma^2\pi^4\delta^2\delta^{*2}\pi^{*2}$	$\sigma^2\pi^4\delta^2(\delta^*\pi^*)^3$	$\sigma^2\pi^4\delta^2\delta^{*2}$
Bindungsordnung	1.0	2.0	2.5	3.0
Beispiele	$[Ru_2Cl_2(PMe_3)_4]$	$[Ru_2(O_2CR)_4]$	$[Ru_2(O_2CR)_4]^+$	Ru_2R_6
	–	$[Os_2(porph)_2]$	$[Os_2(O_2CR)_4]^+$	$[Os_2X_8]^{2-}$

Erwärmt man etwa eine Lösung von $RuCl_3 \cdot 3H_2O$ mit $AcOH/Ac_2O$ (Ac = Acylrest RCO mit R z.B. Me, Et, Pr), so bilden sich *rot*- bis *dunkelbraune paramagnetische* Verbindungen $Ru_2(OAc)_4Cl$, in welchen $Ru_2(OAc)_4^+$-Ionen (vielfach ekliptisch, aber auch gestaffelt) mit Ru_2^{5+}-Clustern (Bindungsordnung BO = 2.5; RuRu-Abstände 2.24–2.30 Å; drei ungepaarte Elektronen) über gemeinsame Chlorid-Ionen zu Ketten verknüpft sind (≙ (a) mit 2.5fach Bindung und positiver Ladung, L = $\frac{1}{2}Cl^-$; die Cl^--Ionen lassen sich durch andere schwach gebundene Liganden L wie THF ersetzen). Die Reduktion der Cluster $[Ru_2(OAc)_4]^+$ führt zu ligandenstabilisierten *paramagnetischen* Komplexen $[Ru_2(OAc)_4]$ (a) mit Ru_2^{4+}-Clustern (BO = 2.0; zwei ungepaarte Elektronen). Daß sich hierbei die RuRu-Abstände nur wenig ändern; läßt sich damit erklären, daß im Zuge der Reduktion von $Ru_2(OAc)_4^+$ ein δ^*-Elektron eingebaut wird. Eine Oxidation von $[Ru_2(OAc)_4]^+$ zu $[Ru_2(OAc)_4]^{2+}$ gelingt nicht. Man kennt jedoch ligandenstabilisierte *paramagnetische*, *purpurfarbene* bis *dunkelblaue* Os-Komplexe des Typus $[Os_2(OAc)_4]^{2+}$ (b) mit Os_2^{6+}-Clustern (BO = 3; Elektronenkonfiguration $\sigma^2\pi^4\delta^2\pi^{*2}$ bei OsOs-Abständen von 2.35–2.47 Å und Elektronenkonfiguration $\sigma^2\pi^4\delta^2\delta^{*2}$ bei OsOs-Abständen von 2.27–2.31). Die Komplexe lassen sich durch Umsetzung von $[OsCl_6]^{2-}$ mit $AcOH/Ac_2O$ gewinnen und zu ligandenstabilisierten *paramagnetischen* Komplexen $[Os_2(OAc)_4]^+$ mit Os_2^{5+}-Clustern (BO = 2.5) reduzieren. Von Ru (nicht aber Os) existieren darüber hinaus gestaffelt konformierte, *dunkelblaue* Cluster des Typus Ru_2R_6 (c) (R z.B. CH_2CMe_3, CH_2SiMe_3; BO = 3, RuRu-Abstände 2.31 Å; s.u.), von Os (nicht aber Ru) gestaffelt konformierte, *grüne* bis *dunkelgrüne*, *diamagnetische* Cluster des Typus $[Os_2X_8]^{2-}$ (d) (X = Halogen; BO = 3; OsOs-Abstände um 2.20 Å). Letztere bilden sich u.a. aus $Os_2(OAc)_4^{2+}$ und gasförmigem HX (X = Cl, Br, I). Schließlich liegen auch einigen mehrkernigen Ru- und Os-Komplexen mit kanten- oder flächenverknüpften ML_6-Baueinheiten (z.B. $[Ru_2Cl_9]^{3-}$) M_2-Cluster zugrunde. Vgl. hierzu Ruthenium- und Osmiumcarbonyle (S. 1629).

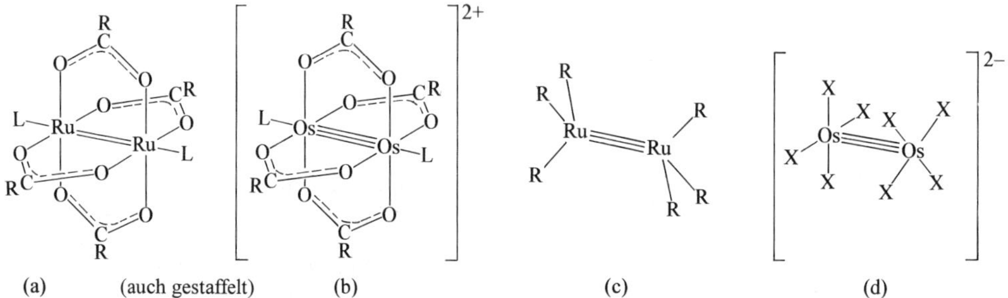

(a) (auch gestaffelt) (b) (c) (d)

Ru_2^{2+}-Cluster (BO = 1.0) liegen Komplexen wie $[Ru_2Cl_2(PMe_3)_4]$ (Ligandenanordnung wie in (c) mit tetraedrischem Ru) und $[Ru_2(OAc)_2(CO)_6]$ (Ligandenanordnung wie in (a); 2OAc und 2L durch 6CO ersetzt; oktaedrisches Ru) zugrunde. Letztere Verbindung bildet sich aus $Ru_3(CO)_{12}$ in siedenden Carbonsäuren unter CO-Druck (50 bar) und stellt einen *Katalysator* z.B. für die „*Isomerisierung von Alkenen*" dar.

Organische Ruthenium- und Osmiumverbindungen[65]

Nur von Ruthenium existieren bisher *homoleptische* Metallorganyle, nämlich die oben bereits erwähnten, dimer gebauten, *dunkelblauen* luftinstabilen „*Triorganyle*" $\mathbf{[R_3Ru]_2}$ mit der Struktur (c) (gewinnbar aus $Ru_2(OAc)_4Cl + 6RMgBr$) sowie ein Derivat eines „*Tetraorganyls*" $\mathbf{R_4Ru}$ (vgl. mittleres Ru-Atom in Formel (f)). Man kennt jedoch eine Reihe *heteroleptischer* Ru- und Os-Organyle mit ligandenstabilisierten „*Diorganylen*" $\mathbf{MR_2}$, z.B. oktaedrisches *cis*-$[Me_2Os(R_2PCH_2CH_2PR_2)_2]$ (*orangegelbe* Kristalle), oktaedrisches *cis*-$[Ph_2Ru(PMe_3)_4]$, oktaedrisches *cis*-$[Me_2Os(CO)_4]$. Von Interesse sind in diesem Zusammenhang die Verbindungen (e) mit Ru^{III} und (f) mit Ru^{II}/Ru^{IV} (*orangerot* und *dunkelrot*), die sich u.a.

[65] **Literatur.** M.I. Bruce, M.A. Bennett, T.W. Matheson: „*Ruthenium*", „*Catalysis*" und R.D. Adams: „*Osmium*", in Comprehensive Organomet. Chem. **4** (1982) 651–965, 967–1064; Houben-Weyl: „*Ruthenium, Osmium*", **13/9** (1984/86); A.J. Deeming: „*Triosmium Clusters*", Adv. Organomet. Chem. **26** (1986) 1–96.

bei der Einwirkung von Me_2Mg auf $[Ru_3O(OAc)_6(H_2O)_3]^+$ in Anwesenheit von PMe_3 neben anderen Verbindungen bilden und kurze, für RuRu-Einfachbindungen sprechende RuRu-Abstände aufweisen (2.650 bzw. 2.637 Å).

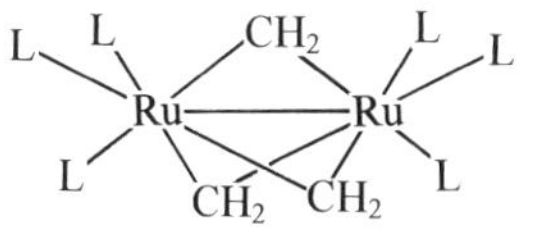

(e) 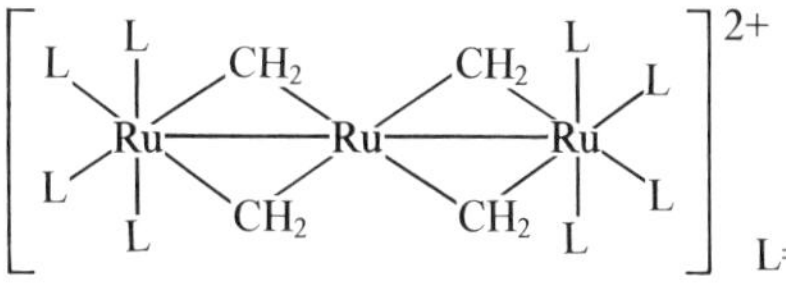 (f) L=PMe_3

Stabiler als organische Ru- und Os-Verbindungen mit σ-gebundenen Alkyl- und Arylgruppen sind solche mit Carbonylliganden oder π-gebundenen Organylresten, z. B.: $M(CO)_5$, $MX_2(CO)_4$, Cp_2M (näheres S. 1628f). Die Verwendung von Rutheniumcarbonylhydriden als Katalysatoren für die CO-Konvertierung ist in Erprobung.

3 Das Eka-Osmium (Element 108)[66)]

Im Jahre 1984 konnte die Arbeitsgruppe um P. Armbruster und G. Münzenberg am GSI in Darmstadt durch Beschuß von *Bleifolie* mit auf 10 % der Lichtgeschwindigkeit beschleunigten *Eisenkernen* erstmals Atome des Elements *Eka-Osmium* (Ordnungszahl 108) herstellen (vgl. S. 1503):

$$^{208}_{82}\text{Pb} + ^{58}_{26}\text{Fe} \rightarrow \{^{266}_{108}\text{Eka-Os}\} \xrightarrow{10^{-14}\,\text{s}} {}^{265}_{108}\text{Eka-Os} + \text{n}\,.$$

Sie wurden durch ihren nach ca. 1.8 ms einsetzenden *α-Zerfall* in Eka-W

$$^{265}_{108}\text{Eka-Os} \xrightarrow[1.8\,\text{ms}]{-\alpha} {}^{261}_{106}\text{Eka-W}$$

und dessen weiteren Zerfall charakterisiert. Man kennt bisher vom Element $_{108}$**Eka-Osmium**, das nach Vorschlag der Darmstädter Gruppe **Hassium (Hs)** (zu Ehren des Landes Hessen), nach Vorschlag der IUPAC-Kommission **Hahnium (Hn)** (zu Ehren von Otto Hahn) heißen soll[66)], *zwei Isotope* mit den Massenzahlen 264 ($\tau_{1/2} = 0.08$ ms) und 265 ($\tau_{1/2} = 1.8$ ms; jeweils α-Zerfall).

[66] Vgl. S. 1392 sowie Anm. 16, 17 auf S. 1418.

Kapitel XXX

Die Cobaltgruppe

Die *Cobaltgruppe* (9. Gruppe bzw. 2. Spalte der VIII. Nebengruppe des Periodensystems; vgl. S. 1504) umfaßt die Elemente *Cobalt* (Co), *Rhodium* (Rh), *Iridium* (Ir) und *Eka-Iridium* (Element 109; nur künstlich in einzelnen Atomen erzeugbar). Am Aufbau der *Erdhülle* sind die Metalle Co, Rh und Ir mit 2.4×10^{-3} bzw. 5×10^{-7} bzw. 1×10^{-7} Gew.-% beteiligt (Massenverhältnis rund $10^4 : 5 : 1$).

1 Das Cobalt[1)]

1.1 Elementares Cobalt

Vorkommen

Cobalt findet sich **gediegen** (legiert mit Eisen) in „*Eisenmeteoriten*" (zu ca. 0.6%) sowie im „*Erdkern*" (zu ca. 1%) und kommt in der „*Lithosphäre*" **gebunden** in Form von **Cobalterzen** sowie **cobalthaltigen Erzen** vor. Ferner spielt es in der „*Biosphäre*" eine bedeutende Rolle.

Der größte Teil der Weltproduktion an Cobalt wird aus den in Katanga (Zaire) vorkommenden Kupfererzen und aus dem in Ontario (Kanada) gefundenen kupferhaltigen *Magnetkies* (*Pyrrhotin*) $Fe_{1-x}S$ (S. 1505) gewonnen. Die bekanntesten Cobalterze sind der „*Speiscobalt*" („*Smaltit*") $CoAs_{2-3}$, der „*Cobaltglanz*" („*Cobaltit*") CoAsS und der „*Cobaltkies*" („*Linneit*") Co_3S_4. Sie finden sich u. a. in geringeren Mengen im sächsichen Erzgebirge. Ganz allgemein kommt das Cobalt in der Natur als *Begleiter des Nickels* vor (es ist etwa dreimal weniger häufig als dieses, S. 62).

Isotope (vgl. Anh. III). *Natürliches* Cobalt besteht zu 100% aus dem Nuklid $^{59}_{27}Co$, das für *NMR-Untersuchungen* dient. Die *künstlich* hergestellten Nuklide $^{56}_{27}Co$ (β^+-Strahler, Elektroneneinfang; $\tau_{1/2} = 77$ Tage), $^{57}_{27}Co$ (Elektroneneinfang; $\tau_{1/2} = 270$ Tage), $^{58}_{27}Co$ (β^+-Strahler, Elektroneneinfang; $\tau_{1/2} = 71.3$ Tage) und $^{60}_{27}Co$ (β^--Strahler; $\tau_{1/2} = 5.26$ Jahre) werden als *Tracer* und bis auf $^{56}_{27}Co$ auch in der *Medizin* genutzt.

Geschichtliches. Cobalt und Nickel verdanken ihre *Namen* den bösen Erdgeistern Kobold und Nickel, die man dafür verantwortlich machte, daß die zugehörigen Erze (z. B. CoAs, NiAs), die ein schönes, vielversprechendes Aussehen besaßen, beim Rösten einen üblen, Knoblauch-ähnlichen Geruch entwickelten (Arsengehalt!) und daß sich aus den Rückständen in den damaligen Zeiten kein wertvolles Metall – etwa Kupfer – gewinnen ließ. Das Metall Cobalt wurde zum ersten Mal 1735 von dem schwedischen Chemiker Georg Brandt *dargestellt* und als neues Element erkannt.

Darstellung

Zur **technischen Darstellung** von Cobalt werden die Nickel-Cobalt-Kupfer-Erze in der beim Nickel (S. 1575) geschilderten Weise aufgearbeitet, wobei man einen **Rohstein** („*Speise*") erhält, der das Nickel, Cobalt und Kupfer in Form von *Sulfiden* und *Arseniden* enthält. Dieses Rohmaterial wird dann mit *Soda* und *Salpeter* abgeröstet, wobei Schwefel und Arsen teils entweichen, teils zusammen mit den Oxiden von Kupfer, Nickel und Cobalt als Sulfat und

1 **Literatur**. D. Nicholls: „*Cobalt*", Comprehensive Inorg. Chem. **3** (1973) 1052–1107; R.S. Young (Hrsg.): „*Cobalt, Its Chemistry, Metallurgy and Use*", Amer. Chem. Soc. Monograph No. 149, Reinhold, New York 1960; GMELIN: „*Cobalt*", Syst.-Nr. **58**, bisher 8 Bände; ULLMANN (5. Aufl.): „*Cobalt and Cobalt Compounds*" **A7** (1986) 281–313; D. Buckingham, C.R. Clark: „*Cobalt*", Comprehensive Coord. Chem. **4** (1987) 635–900. Vgl. auch Anm. 2, 4, 18.

Arsenat im Röstgut zurückbleiben. Sulfat und Arsenat lassen sich mit Wasser auslaugen. Die beim Auslaugen ungelöst bleibenden *Metalloxide* werden in heißer Salzsäure oder Schwefelsäure gelöst und mit *Kalkmilch* und *Chlorkalk* fraktionierend gefällt. Hierbei resultiert schließlich **Cobalt(II,III)-oxid Co_3O_4**, das mit *Koks* oder *aluminothermisch* zu **metallischem Cobalt** reduziert wird.

Physikalische Eigenschaften

Cobalt ist ein *stahlgraues, glänzendes, ferromagnetisches* (Curie-Temperatur 1150 °C) bei 1495 °C schmelzendes und bei 3100 °C siedendes, *hartes Metall* (härter als Fe) der Dichte 8.89 g/cm^3 (α-Co: *hexagonal-dichteste*, β-Co: *kubisch-dichteste* Metallpackung; der Übergang $\alpha \rightleftharpoons \beta$ erfolgt – langsam – bei 417 °C). Bezüglich weiterer Eigenschaften vgl. Tafel IV.

Physiologisches[2]. Cobalt ist ein *essentielles* Spurenelement für den Menschen, der ca. 0.03 mg pro kg enthält (Tagesbedarf ca. 0.1 µg). Es wird hauptsächlich zur Bildung von Vitamin B_{12} benötigt (vgl. S. 1560), das seinerseits an der Erneuerung roter Blutkörperchen beteiligt ist. Widerkäuer in Regionen mit Co-armen Böden werden von Mangelkrankheiten wie der Hinsch-Krankheit befallen (Gegenmaßnahme: Gabe von Co(II)-Salzen). Kleine Dosen von Co-Verbindungen sind für den Menschen nur wenig giftig, größere Dosen (25–30 mg pro Tag) führen zu Haut- und Lungenerkrankungen, Magenbeschwerden, Leber-, Herz-, Nierenschäden, Krebsgeschwüren.

Chemische Eigenschaften

Cobalt ist *oxidationsbeständiger als Eisen* und unterscheidet sich in seiner Reaktionsfähigkeit weniger deutlich von den schwereren Homologen als dieses. Wie Nickel wird es von feuchter *Luft* nicht, *von nichtoxidierenden Säuren* nur langsam, von *verdünnter Salpetersäure* leicht angegriffen, während es von *konzentrierter Salpetersäure* analog Eisen und Nickel passiviert wird. In der Hitze setzt es sich mit *Sauerstoff* (Bildung von Co_3O_4, bei 900 °C von CoO), mit *Halogenen, Schwefel, Phosphor, Arsen, Kohlenstoff, Bor*, aber nicht mit *Wasserstoff* oder *Stickstoff* um.

Verwendung von Cobalt. Ein Teil des Cobalts (Weltjahresproduktion: einige Kilotonnen) wird zu **Verbindungen** verarbeitet. So dient es in Form von „*Smalte*" (gepulvertes Kalium-cobaltsilicat) zur *Blaufärbung* farbloser Glasflüsse (→ „*Cobaltblau*", „*Cobaltglas*") oder zur *Entfärbung* eisenhaltiger und deshalb *gelber* Glasflüsse in der *Keramik*- und *Glasindustrie*. Einige Verbindungen des Cobalts wirken als *Katalysatoren* für die *Oxosynthese* (z. B. Hydroformylierung) oder für *Hydrierungs*- und *Dehydrierungsreaktionen*. Einen weiteren Teil von Cobalt nutzt man als **Legierungsbestandteil**, z. B. zur Herstellung *korrosionsbeständiger* Legierungen oder von Legierungen für *Permanentmagnete* (z. B. Al- und Ni-haltiges „*Alnico*"). Eine Legierung von 50–60 % Co, 30–40 % Cr und 8–20 % W („*Stellit*") wird zur Herstellung von Meißelspitzen benutzt, da sie wie der Schnelldrehstahl (s. d.) ihre Härte bis über 600 °C beibehält. Ein Sinterwerkstoff aus Wolframcarbid WC und 10 % Co dient als „*Wiedia*" (hart *wie Dia*mant) zur Herstellung von Schneidwerkzeugen und anstelle von Diamanten für Gesteinbohrer. Das **Nuklid** ${}^{60}_{27}Co$ wird als *Quelle für γ-Strahlen* in der *Medizin* genutzt.

Cobalt in Verbindungen

In seinen Verbindungen tritt Cobalt hauptsächlich mit den **Oxidationsstufen +2** und **+3** auf (z. B. $CoCl_2$, CoF_3, CoO, Co_2O_3; Co^{2+} ist das einzige häufiger vorkommende d^7-Ion). Darüber hinaus sind aber auch Verbindungen von Cobalt der Oxidationsstufen **−1, 0, +1, +4** und **+5** bekannt (z. B. $[Co(CO)_4]^-$, $[Co_2(CO)_8]$, $[Co(NCMe)_5]^+$, $[CoF_6]^{2-}$, $[CoO_4]^{3-}$). Im Gegensatz zum homologen Rhodium und Iridium und zum linken Periodennachbarn Eisen tritt Cobalt in keiner Verbindung mit der Oxidationsstufe +6 auf (die maximale Oxidationsstufe des rechten Periodennachbarn Nickel beträgt +4).

---

[2] **Literatur**. M. V. Hughes: „*The Biochemistry of Cobalt*", Comprehensive Coord. Chem. **6** (1987) 637–643; G. N. Schrauzer: „*Neuere Entwicklungen auf dem Gebiet des Vitamins B_{12}: Reaktionen am Cobaltatom in Corrin-Derivaten und Vitamin B_{12}-Modell-Verbindungen*", Angew. Chem. **88** (1976) 465–475; Int. Ed. **15** (1976) 417; R. S. Young: „*Cobalt in Biology and Biochemistry*", Acad. Press, London 1979.

In *Wasser* ist die *zweiwertige* Stufe wesentlich beständiger als die *dreiwertige*[3], wie sich aus nachfolgenden **Potentialdiagrammen** einiger Oxidationsstufen des Cobalts für pH = 0 und 14 ergibt:

pH = 0

$$\overbrace{\mathbf{Co^{IV}O_2} \xrightarrow{>+1.8} \mathbf{Co(H_2O)_6^{3+}} \xrightarrow{+1.808} \mathbf{Co(H_2O)_6^{2+}} \xrightarrow{-0.277} \mathbf{Co}}^{+0.414\ (\mathrm{Co(H_2O)_6^{3+}} \to \mathrm{Co})}$$

schwarz — *blau* — *rosa*

pH = 14

$$\overbrace{\mathbf{CoO_2} \xrightarrow{+0.7} \mathbf{Co(OH)_3} \xrightarrow{+0.170} \mathbf{Co(OH)_2} \xrightarrow{-0.733} \mathbf{Co}}^{+0.432\ (\mathrm{Co(OH)_3} \to \mathrm{Co})}$$

schwarz — *braun* — *blaßrot*

Hiernach lassen sich Co^{3+}-Salze mit dem low-spin-Ion $[Co(H_2O)_6]^{3+}$ nur durch starke Oxidationsmittel (Ozon, elektrochemisch) aus Co^{2+}-Salzen mit den high-spin Ion $[Co(H_2O)_6]^{2+}$ darstellen und oxidieren Wasser in saurer Lösung unter Übergang in Co^{2+}-Salze zu O_2 (ε_0 für $H_2O/O_2 = +1.229$ V). Wie im Falle des Redoxsystems Fe(III)/Fe(II) verschiebt sich das Potential auch für das Redoxsystem Co(III)/Co(II) beim Übergang von pH = 0 zu pH = 14 auffallend zu weniger positiven Werten wegen der geringen Löslichkeit der dreiwertigen Stufe im alkalischen Milieu, so daß frisch mit NaOH gefälltes *blaßrosa* $Co(OH)_2$ an der Luft analog $Fe(OH)_2$ zu *braunem* CoO(OH) oxidiert wird (ε_0 für $O_2/OH^- = +0.401$ V). Viele Komplexpartner wie Ammoniak, mehrzähnige Liganden oder Liganden mit π-Akzeptorcharakter stabilisieren die dreiwertige low-spin-Stufe zusätzlich, so daß etwa die – aus entsprechenden Co^{2+}-Komplexen durch Oxidation leicht gewinnbaren – Ammoniak- und Cyanokomplexe von Co^{3+} weniger oxidierend und in Wasser beständig sind (ε_0 für $[Co(ox)_3]^{3-/4-} = +0.57$ V; für $[Co(EDTA)]^{1-/2-} = +0.37$ V; für $[Co(bipy)_3]^{3+/2+} = +0.31$ V; für $[Co(en)_3]^{3+/2+} = +0.18$ V; für $[Co(NH_3)_6]^{3+/2+} = +0.058$ V; für $[Co(CN)_6]^{3-}/[Co(CN)_5]^{3-} = -0.83$ V; jeweils pH = 0).

Das Cobalt(II) betätigt in seinen Verbindungen hauptsächlich die **Koordinationszahlen** *vier* bis *sechs* (z. B. tetraedrisch in $[\mathbf{Co}Cl_4]^{2-}$, quadratisch-planar in [**Co**(Phthalocyanin)], quadratisch-pyramidal in $[\mathbf{Co}(CN)_5]^{3-}$, trigonal-bipyramidal in $[\mathbf{Co}Br(N_4)]^+$ mit $N_4 = N(CH_2CH_2NMe_2)_3$, oktaedrisch in $[\mathbf{Co}(H_2O)_6]^{2+}$), selten kleinere (*zwei, drei*) und größere (*acht*) Koordinationszahlen (linear in $[\mathbf{Co}(NR_2)_2)]$, trigonal-planar in $[\mathbf{Co}(NR_2)_2(PR_3)]$ mit R jeweils $SiMe_3$, dodekaedrisch in $[\mathbf{Co}(NO_3)_4]^{2-}$. Cobalt(III) ist insbesondere *sechs*-zählig (oktaedrisch in $[\mathbf{Co}(H_2O)_6]^{3+}$ und unzähligen anderen Komplexen), selten *vier*-zählig (z. B. tetraedrisch in $[\mathbf{Co}W_{12}O_{40}]^{5-}$. Cobalt(-I) existiert mit der Zähligkeit *vier* (tetraedrisch in $[\mathbf{Co}(CO)_4]^-$, $[\mathbf{Co}(CO)_3(NO)]$), Cobalt(0) mit *vier* und *sechs* (tetraedrisch in $[\mathbf{Co}(PMe_3)_4]$, oktaedrisch in $[\mathbf{Co_2}(CO)_8]$), Cobalt(I) mit *fünf* bis *sechs* (tetraedrisch in $[\mathbf{Co}(CN)_3(CO)]^{2-}$, trigonal-bipyramidal in $[\mathbf{Co}(CNMe)_5]^+$, oktaedrisch in $[\mathbf{Co}(bipy)_3]^+$), Cobalt(IV) mit *sechs* (oktaedrisch in $[\mathbf{Co}F_6]^{2-}$, Cobalt(V) mit *vier* (tetraedrisch in $\mathbf{Co}O_4^{3-}$). Die 4fach koordinierten Co(-I)-, 5fach koordinierten Co(I)- und 6fach koordinierten Co(III)-Komplexe haben Kryptonelektronenkonfiguration.

Bezüglich der *Elektronenkonfiguration*, der *Radien*, der *magnetischen* und *optischen* Eigenschaften von **Cobaltionen** vgl. Ligandenfeld-Theorie (S. 1250) sowie Anh. IV, bezüglich eines **Eigenschaftsvergleichs** der Metalle der Cobaltgruppe S. 1199f. und 1564.

1.2 Cobalt(II)- und Cobalt(III)-Verbindungen (d^7, d^6)[1,4,5]

Wasserstoffverbindungen

Cobalt bildet ähnlich wie eine Reihe benachbarter Metalle (Mo, W, Mn, Tc, Re, Fe, Ru, Os, Rh, Ir, Pt, Ag, Au) unter Normalbedingungen *keine binäre Wasserstoffverbindung* („*Was-*

---

3 Vgl. hierzu die Verhältnisse bei Fe^{2+}/Fe^{3+} (S. 1515) und Ni^{2+}/Ni^{3+} (S. 1577).

4 **Literatur.** T. D. Smith, J. R. Pilbrow: „*Recent Developments in the Studies of Molecular Oxygen Adducts of Cobalt(II) Compounds and Related Systems*", Coord. Chem. Rev. **39** (1981) 295–383; A. G. Sykes, J. A. Weil; „*The Formation, Structure and Reactions of Binuclear Complexes of Cobalt*", Progr, Inorg. Chem. **13** (1970) 1–106; R. Colton, J. H. Canterford: „*Cobalt*" in „Halides of First Row Transition Metals, Wiley 1969, S. 327–405.

5 Man zählt Verbindungen mit ein-, null- und minus-einwertigem Cobalt (d^8-, d^9-, d^{10}-Elektronenkonfiguration) zu den **niedrigwertigen Cobaltverbindungen** (vgl. hierzu S. 1629f). Da Co unter den Metallen der ersten Übergangsperiode noch vergleichsweise leicht einwertige Komplexverbindungen bildet (z. B. durch Reduktion von Co(II)-Verbindungen;

serstofflücke"), vermag aber Hydrierungen zu katalysieren. Auch existieren – wie bei den benachbarten Metallen - *Donoraddukte* einiger Hydride, nämlich des Mono-, Di- und Trihydrids **CoH, CoH_2** und **CoH_3** (vgl. Tab. 133, S. 1607).

So läßt sich von Cobalt – wie im Falle von Tc, Re, Fe, Ru, Os, Rh, Ir, Ni, Pd, Pt (vgl. S. 1607) mit **Mg_2CoH_5** ein ternäres Hydrid synthetisieren, welches analog der Eisenverbindung Mg_2FeH_6 (S. 1516; K_2PtCl_6-Struktur) aufgebaut ist. Statt der FeH_6^{4-}-Oktaeder sind allerdings tetragonale CoH_5^{4-}-Pyramiden (Co(I) mit low-spin d^8-Konfiguration in der Pyramidenbasis) in die kubisch-einfache Mg^{2+}-Ionenpackung eingelagert (Co kommt in CoH_5^{4-}-Edelgaskonfiguration zu; anders als von den Elementen Fe, Rh und Ir ließ sich von Co bisher kein ternäres Hydrid mit MH_6-Baueinheiten synthetisieren).

Gemäß der Formulierung $2MgH_2 \cdot CoH$ stellt Mg_2CoH_5 ein Hydrid-Addukt des *Cobaltmonohydrids* dar, von dem darüber hinaus viele Addukte mit neutralen Donoren existieren, z. B. Phosphan-Addukte **$[CoH(PR_3)_4]$** (R u.a. F, Alkyl, Aryl, OR; verzerrtes CoP_4-Tetraeder mit Co im Tetraederzentrum und H fluktuierend über den Tetraederflächen). $CoH(PR_3)_4$ läßt sich zu Kationen $[CoH_2(PR_3)_4]^+$ protonieren, in welchen die beiden H-Atome in Abhängigkeit vom Phosphan und vom Gegenion teils η^1 als H^- teils η^2 als H_2-Molekül gebunden vorliegen (vgl. S. 1608). Beispiele für Addukte des *Cobaltdihydrids* und *-trihydrids* sind: **$[CoH_2(PPh_3)_2]$, $[CoH_3(PR_3)_3]$** (R = Et, Ph, O^iPr). Bezüglich des Boran-Addukts **$Co(BH_4)_2$** = $CoH_2 \cdot 2BH_3$ vgl. S. 276 und 1009, bezüglich des Carbonyl-Addukts $CoH(CO)_4$ S. 1648.

Halogenverbindungen

Cobalt bildet die *binären* **Halogenide CoX_2** (X = F, Cl, Br, I) und **CoF_3** (vgl. Tab. 129). Die Trihalogenide CoX_3 (X = Cl, Br, I) existieren nicht, da *dreiwertiges* Cobalt aufgrund seiner hohen *Oxidationskraft* (vgl. Potentialdiagramm) die Halogenid-Ionen mit Ausnahme von F^- zu elementaren Halogenen zu oxidieren vermag. Auch Monohalogenide CoX sind unbekannt. Es lassen sich aber *Donoraddukte* von CoX (X = Cl, Br, I), z. B. Phosphankomplexe $[CoX(PR_3)_3]$ (d^8, tetraedrisch, 16-Außenelektronen) gewinnen. **Halogenidoxide** konnten bisher nicht eindeutig charakterisiert werden.

Darstellung. *Blaues* **Cobaltdichlorid $CoCl_2$** läßt sich *aus den Elementen* und durch *Entwässerung* von *blaßrosafarbenem „Hexaaquacobalt(II)-chlorid"* $[Co(H_2O)_6]Cl_2$ gewinnen. Die Wasserabspaltung gelingt schon bei 35 °C, und die Farbe einer wässerigen $CoCl_2$-Lösung variiert demgemäß mit steigender Temperatur und Konzentration von *Rosa* nach *Blau.*

Schreibt man daher mit einer verdünnten Cobalt(II)-chlorid-Lösung einen Brief, so sind die Schriftzüge bei gewöhnlicher Temperatur fast nicht zu sehen, während sie bei leichtem Erwärmen schön blau erscheinen (*„sympathetische Tinte"*)[6]. An feuchter Luft färbt sich das wasserfreie blaue Cobalt(II)-Salz infolge Wasseraufnahme wieder rosa. Auf dem gleichen Vorgang beruht der Farbumschlag von blauem Silicagel (*„Blaugel"*), der anzeigt, daß das Trocknungsvermögen des Silicagels erschöpft ist und das nunmehr rosafarbene Trockenmittel durch Erhitzen (Wasserabgabe unter Rückkehr der blauen Farbe) wieder regeneriert werden muß.

Rosafarbenes **CoF_2** bildet sich bei der Fluoridierung von $CoCl_2$ mit HF und *grünes* **$CoBr_2$** sowie *blauschwarzes* **CoI_2** ebenso wie *braunes* **CoF_3** durch direkte Vereinigung der Elemente (in letzterem Falle muß auf 300–400 °C erhitzt werden). Die *Hydrate* der Dihalogenide lassen sich besonders bequem durch Reaktion von *Cobalt, Cobaltoxid* bzw. *Cobaltcarbonat* mit den entsprechenden *Halogenwasserstoffsäuren* gewinnen (aus den Lösungen kristallisieren die Hexahydrate).

---

noch leichter entstehen Cu(I)-Verbindungen), werden die betreffenden Komplexe (z. B. $[(R_3P)_3CoCl]$, $[(R_3P)_4CoH]$, $[(R_3P)_4CoMe]$, $[(R_3P)_2(CO)_2CoCl]$, $[(R_3P)_3(N_2)CoH]$, $[(R_3P)_5Co]^+$, $[(RNC)_5Co]^+$ zum Teil zusammen mit den Co(II)- und Co(III)-Verbindungen abgehandelt. Die Zahl der Co(I)-Verbindungen ist – verglichen mit den M(I)-Komplexen der homologen Elemente Rh und Ir im einwertigen Zustand – allerdings eher bescheiden. Verbindungsbeispiele für Null-, minus-ein- und minus-zweiwertige Komplexverbindungen sind etwa die *Carbonyle* $[Co_2^0(CO)_8]$, $[Co^{-I}(CO)_4]^-$, die *Cyanide* und *Nitrosyle* $[Co_2^0(CN)_8]^{8-}$, $[Co^{-I}(CN)_3(NO)]^{3-}$, die *Amine* $[Co^0(terpy)_3]^-$ und $[Co^{-I}(terpy)_3]$, die *Phosphane* $[Co^0(PMe_3)_4]$, $[Co^{-I}(PMe_3)_4]^{-1}$ sowie $[Co^{-II}(N_2)(PMe_3)_4]^{2-}$ und $[Co_2^0(PMe_3)_8]$ und die *organische Verbindung* $[Co^0(C_6Me_6)_2]$. Bezüglich der **Boride, Carbide** und **Nitride** des Cobalts vgl. S. 1059, 852, 642.

[6] Von Sympatheia (griech.) = Zuneigung, Sympathie.

Tab. 129 Halogenide und Oxide von Cobalt (vgl. S. 1566, 1611, 1620)

	Fluoride	**Chloride**	**Bromide**	**Iodide**	**Oxide**
Co(I)	–	–[a)]	–[a)]	–[a)]	–
Co(II)	**CoF_2**, *rosa* Smp. ~1200 °C ΔH_f −692 kJ Rutil-Strukt., KZ6	**$CoCl_2$**, *blau* Smp. 724 °C ΔH_f −313 kJ $CdCl_2$-Strukt., KZ6	**$CoBr_2$**, *grün* Smp. 678 °C ΔH_f −221 kJ CdI_2-Strukt., KZ6	**CoI_2**, *dunkelblau* Smp. 515 °C ΔH_f −89 kJ CdI_2-Strukt., KZ6	**CoO**, *olivgrün* Smp. 1935 °C ΔH_f −238 kJ NaCl-Strukt., KZ6
Co(>II)	**CoF_3**, *hellbraun* Zers. 350 °C ΔH_f −811 kJ VF_3-Schicht, KZ6	–	–	–	**Co_3O_4**, *schwarz*[b)] Smp. 895 °C ΔH_f −892 kJ Spinell-Strukt., KZ6 **Co_2O_3**[c)], **CoO_2**[c)]

a) Man kennt von **CoX** (X = Cl, Br, I) u. a. Phosphan-Komplexe $[CoX(PR_3)_3]$ tetraedrisch. – **b)** $Co_3O_4 \triangleq Co^{II}Co_2^{III}O_4$. **c)** Nur in unreiner, hydratisierter Form bekannt.

Eigenschaften. Einige Kenndaten und die Strukturen der Cobalthalogenide gibt Tab. 129 wieder (vgl. S. 1611). Die Wasserlöslichkeit von CoF_2 ist schlecht, die der übrigen Halogenide gut. Das Trifluorid CoF_3, eines der wenigen einfachen Co(III)-Salze, stellt ein starkes Oxidationsmittel dar und wird demgemäß von *Wasser* augenblicklich unter O_2-Entwicklung zu Co(II) reduziert (vgl. hierzu die Nichtexistenz von $CoCl_3$, $CoBr_3$ und CoI_3, oben). Es dient in der organischen Chemie als *Fluorierungsmittel.*

Komplexe der Cobalthalogenide. Während vom Co(III)-halogenid CoF_3 außer einem *paramagnetischen*, oktaedrischen high-spin-*Fluorokomplex* $[CoF_6]^{3-}$ (μ_{mag} ca. 5.8 BM) nur noch wenige Komplexe bekannt sind (z. B. *diamagnetisches* low-spin-$[CoF_3(H_2O)_3]$), bilden die Co(II)-halogenide eine große Zahl von Donoraddukten (vgl. S. 1557). So entstehen aus $CoCl_2$ mit Chloriden tetraedrisch gebaute, *blaue Chlorokomplexe* $[CoCl_4]^{2-}$. Neutrale Donatoren D bilden tetraedrische *Addukte* $CoCl_2 \cdot 2D$, die sich in Anwesenheit von D leicht zu – ihrerseits chemisch umwandelbaren – Addukten $CoCl \cdot 3D$ von Cobaltmonochlorid CoCl *reduzieren* lassen (z. B. $[CoCl(PR_3)_3]$, $[CoH(PR_3)_4]$, $[CoMe(PR_3)_4]$, $[CoCl(CO)_2(PR_3)_2]$, $[CoH(N_2)(PR_3)_3]$, $[Co(PR_3)_5]^+$, $[Co(CNR)_5]^+$). Ammoniak schließlich addiert sich leicht zum *Hexaammoniakat* $CoCl_2 \cdot 6NH_3 = [Co(NH_3)_6]^{2+}$ (d^7, oktaedrisch), das leicht zu $[Co(NH_3)_6]^{3+}$ (d^6) *oxidiert* werden kann (s. u.).

Cyanoverbindungen

Versetzt man eine Cobalt(II)-Salzlösung mit der doppelt äquivalenten Menge an Kaliumcyanid, so fällt hydratisiertes **Cobaltdicyanid $Co(CN)_2$** aus, das sich zu einer *blauen*, polymeren Verbindung entwässern läßt. Mit einem Überschuß von KCN bildet sich eine *grüne* Lösung des *paramagnetischen*, hydratisierten Ions **Pentacyanocobaltat(II) $[Co(CN)_5]^{3-}$**, aus der das *rotviolette* Komplexsalz $K_6[Co_2^{II}(CN)_{10}]$ ausfällt (vgl. hierzu auch S. 1656)[7)]. Es enthält wie das Bariumsalz $Ba_3[Co_2(CN)_{10}] \cdot 13H_2O$ das zweikernige, diamagnetische Metallclusterion **Decacyanodicobaltat(II) $[Co_2(CN)_{10}]^{6-}$** $= [(CN)_5CoCo(CN)_5]^{6-}$ (oktaedrische Koordination (b) des Cobalts; D_{4d}-Symmetrie). Die CoCo-Beziehung ist nicht sehr stark (CoCo-Abstand 2.794 Å im Ba-Salz) und fehlt im *gelben* Komplexsalz $[NEt_2^iPR_2]_3[Co(CN)_5]$ vollständig (quadratisch-pyramidale Koordination (a) des Cobalts; C_{4v}-Symmetrie; low-spin, ein ungepaartes Elektron)[8)]. Die zunächst gebildete *grüne* Lösung vermag *Wasserstoff, Sauerstoff,*

[7] Eine dem gelben Blutlaugensalz $K_4[Fe(CN)_6]$ entsprechende Verbindung $K_4[Co(CN)_6]$ existiert nicht.

[8] $[Ph_3PNPPh_3]_2[Co(CN)_4] \cdot DMF$ enthält das *paramagnetische* low-spin-Ion $[Co(CN)_4]^{2-}$ (quadratisch-planar mit schwacher Koordination von Dimethylformamid; C_{4v}-Symmetrie; low-spin, ein ungepaartes Elektron).

Ethylen und viele andere kleinere Moleküle unter *Oxidation* des Cobalts(II) zu Cobalt(III) zu addieren:

$$2[Co^{II}(CN)_5]^{3-} + H_2 \rightarrow 2[Co^{III}(CN)_5H]^{3-}$$
$$2[Co^{II}(CN)_5]^{3-} + O_2 \rightarrow [(NC)_5Co^{III}—O—O—Co^{III}(CN)_5]^{6-}$$
$$2[Co^{II}(CN)_5]^{3-} + C_2H_4 \rightarrow [(NC)_5Co^{III}—CH_2—CH_2—Co^{III}(CN)_5]^{6-}.$$

KCN-haltige $[Co(CN)_5]^{3-}$-Lösungen gehen bei Luftabschluß unter Wasserstoffentwicklung und an der Luft ohne eine solche in die mit dem roten Blutlaugensalz $K_3[Fe(CN)_6]$ isomorphe, extrem stabile, *hellgelbe* Verbindung $K_3[Co(CN)_6]$, die das *gelbe diamagnetische* Ion **Hexacyanocobaltat(III)** $[Co^{III}(CN)_6]^{3-}$ (oktaedrisch, O_h-Symmetrie) enthält, über:

$$[Co_2(CN)_{10}]^{6-} + 2CN^- + 2H^+ \rightarrow 2[Co(CN)_6]^{3-} + H_2$$
$$[Co_2(CN)_{10}]^{6-} + 2CN^- + 2H^+ + \tfrac{1}{2}O_2 \rightarrow 2[Co(CN)_6]^{3-} + H_2O$$

(letztere Reaktion verläuft über das oben wiedergegebene peroxogruppenhaltige Ion $[(NC)_5Co—O—O—Co(CN)_5]^{6-}$. Die Stabilitätsverhältnisse liegen also im Falle der *Cyanocobaltate* gerade umgekehrt (Co^{III}-Komplexe beständiger als Co^{II}-Komplexe) wie bei den entsprechenden *Cyanoferraten* (Fe^{II}-Komplexe beständiger als Fe^{III}-Komplexe), was durch die unterschiedliche Elektronenkonfiguration [Fe^{2+} und Co^{3+}: gerade, Fe^{3+} und Co^{2+}: ungerade Elektronenzahlen) bedingt wird (S. 1248).

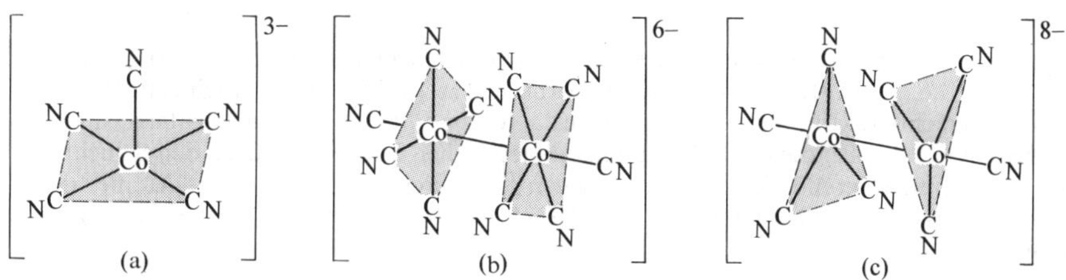

Die *Reduktion* von $K_3[Co(CN)_6]$ mit Kalium in flüssigem Ammoniak führt zum luftempfindlichen, *braunvioletten* Komplex $K_8[Co_2^0(CN)_8]$, welcher das Ion **Octacyanodicobaltat(0)** $[Co_2(CN)_8]^{8-}$ (trigonal-bipyramidale Koordination (c) des Cobalts; D_{3d}-Symmetrie) enthält. Das Ion **Pentacyanocobaltat(I)** $[Co(CN)_5]^{4-}$, in welchem dem Co^I ein Elektronenoktadezett zukommt, ist als Zwischenprodukt der elektronischen Reduktion von $[Co(CN)_5]^{3-}$ beobachtbar. Es wird von *Wasser* zu $[CoH(CN)_5]^{3-}$ protoniert.

Sauerstoffverbindungen

Cobalt bildet gemäß Tab. 129 die „*Oxide*" **CoO, Co_3O_4** $\hat{=}$ $CoO \cdot Co_2O_3$, **Co_2O_3** (nicht rein erhältlich) und **CoO_2** (Existenz der nicht rein erhältlichen Verbindung noch unsicher), ferner die „*Hydroxide*" **$Co(OH)_2$, $Co(OH)_3$** und **CoO(OH)**. Sie wirken wie die entsprechenden Sauerstoffverbindungen des Eisens *basisch* und nur hinsichtlich starker Basen auch *sauer* (Bildung von „*Cobaltsalzen*" und „*Cobaltaten*").

Cobaltoxide (Tab. 129 sowie S. 1620). Darstellung, Eigenschaften. Beim starken Erwärmen von *Cobalt(II)-hydroxid, -nitrat* oder *-carbonat* sowie beim kräftigen Erhitzen von *Cobalt* in *Luft* auf 1100 °C entsteht **Cobaltmonoxid CoO** („*Cobalt(II)-oxid*"; unterhalb 16 °C *antiferromagnetisch*) *als olivgrünes*, in trockenem Zustande beständiges Pulver. In feuchtem Zustande oxidiert es sich leicht zu *braunem* CoO(OH) (s. u.), beim Erhitzen mit Sauerstoff auf 400–500 °C zu *schwarzem* **Tricobalttetraoxid Co_3O_4** („*Cobalt(II;III)-Oxid*").

Letztere Verbindung vermag noch weiteren Sauerstoff aufzunehmen, wobei das in reiner Form unbekannte, auch durch sanftes Erhitzen von Cobalt(II)-nitrat ($2Co(NO_3)_2 \rightarrow Co_2O_3 + 4NO_2 + \tfrac{1}{2}O_2$) als *braunschwarzes* Pulver gewinnbare **Dicobaltrioxid Co_2O_3** („*Cobalt(III)-oxid*") entsteht. Es geht bei stärkerem Glühen in das *schwarze* Oxid Co_3O_4 und schließlich oberhalb 900 °C in das *olivfarbene* Oxid CoO über. Bezüglich Cobalt(IV)-oxid vgl. S. 1562).

Strukturen. Cobalt(II)-oxid **CoO** (d^7-Elektronenkonfiguration) kristallisiert wie FeO (S. 1522) mit „NaCl-Struktur"; auch weist es wie FeO meist einen geringen Co-Unterschuß auf. Cobalt(II,III)-oxid $\mathbf{Co_3O_4}$ kommt anders als Fe_3O_4 (inverse Spinell-Struktur) eine „normale Spinell-Struktur" zu, da die Oktaederplatz-Stabilisierungsenergie des vorliegenden low-spin-Co(III) vergleichsweise hoch ist (vgl. hierzu Anm.[36] auf S. 1526), so daß Co^{3+} anstelle der Al^{3+}-Ionen auf oktaedrische, Co^{2+} anstelle der Mg^{2+}-Ionen auf tetraedrische Plätze des gewöhnlichen Spinells $MgAl_2O_4$ (S. 1083) tritt.

Cobalthydroxide. Darstellung. Beim Versetzen einer Co(II)-Salzlösung mit Alkalilauge bei 0 °C entsteht **Cobaltdihydroxid** $\mathbf{Co(OH)_2}$ („*Cobalt(II)-hydroxid*") zuerst als unbeständiger *blauer* Niederschlag, der beim Erwärmen in eine beständigere *blaßrote* Form übergeht ($L_{Co(OH)_2} = 2.5 \times 10^{-6}$). Letztere oxidiert sich bei Luftzutritt langsam zu *braunem* „*Cobalt(III)-oxid-Hydrat*" $Co_2O_3 \cdot xH_2O$ (vgl. $Fe(OH)_2$-Oxidation). Schneller erfolgt die Oxidation bei Zugabe von starken Oxidationsmitteln wie ClO^-, Cl_2, Br_2, H_2O_2, wobei sie teilweise bis zu *schwarzem* „*Cobalt(IV)-oxid-Hydrat*" $CoO_2 \cdot xH_2O$ fortschreitet (S. 1562). **Cobalttrihydroxid** $\mathbf{Co(OH)_3}$ („*Cobalt(III)hydroxid*") fällt beim Versetzen von Co(III)-Salzlösungen mit Laugen als *brauner* Niederschlag aus, der sich nur unter besonderen Bedingungen bei 150 °C – ähnlich wie das oben erwähnte Cobalt(III)-oxid-Hydrat – auf dem Wege über **Cobalthydroxidoxid CoO(OH)** zum Co(III)-oxid Co_2O_3 entwässern läßt, wobei vor der völligen Abgabe des Wassers schon Sauerstoffabspaltung unter Bildung von sauerstoffärmeren Produkten (vielfach Co_3O_4) erfolgt.

Strukturen. Dem Hydroxid $\mathbf{Co(OH)_2}$ kommt wie anderen Dihydroxiden $M(OH)_2$ (M = Mg, Ca, Mn, Fe, Ni, Cd) die „Brucit-Struktur" = „CdI_2-Struktur" zu (S. 151, 1120). Auch dem Hydroxid CoO(OH) liegt eine Schichtstruktur zugrunde, und zwar lautet die Folge dichtest-gepackter Oxidionen-Schichten: AABBCCAA..., wobei die Co^{3+}-Ionen alle oktaedrischen Lücken zwischen den Schichtpaaren AB, BC und CA besetzen, während die Protonen zwischen den übereinanderliegenden O-Atomen der Schichtpaare AA, BB, CC asymmetrisch lokalisiert sind (OHO-Abstände 2.47 Å). In entsprechender Weise ist CrO(OH) gebaut.

Eigenschaften. Bezüglich des *Redoxverhaltens* der Cobalthydroxide $Co(OH)_2/Co(OH)_3$ vgl. das im Zusammenhang mit den Co-Potentialdiagrammen (S. 1515) und das oben bei der Darstellung der Oxide und Hydroxide Besprochene. Beide Hydroxide verhalten sich vorwiegend *basisch* (vgl. $Fe(OH)_2$, $Fe(OH)_3$). $Co(OH)_2$ bildet mit Säuren Cobalt(II)-Salze mit dem *roten*, oktaedrischen „*Hexaaquacobalt(II)-Ion*" $[Co(H_2O)_6]^{2+}$ (high-spin), welches in geringem Ausmaß mit dem tetraedrischen „*Tetraaquacobalt(II)-Ion*" $[Co(H_2O)_4]^{2+}$ (high-spin) im Gleichgewicht steht. Das als Produkt der Umsetzung von $Co(OH)_3$ mit Säuren zu erwartende *blaue*, oktaedrische „*Hexaaquacobalt(III)-Ion*" $[Co(H_2O)_6]^{3+}$ (low-spin), das in wässeriger Lösung teilweise gemäß $[Co(H_2O)_6]^{3+} \rightleftarrows [Co(OH)(H_2O)_5]^{2+} + H^+$ dissoziiert ist, läßt sich – wie erwähnt – durch elektrolytische oder O_3-Oxidation von $[Co(H_2O)_6]^{2+}$ gewinnen. Die *sauren* Eigenschaften der Hydroxide sind weniger ausgeprägt, doch bildet $Co(OH)_2$ in starken Basen *tiefblaue* „*Cobaltate(II)*" $[Co(OH)_4]^{2-}$ und $[Co(OH)_6]^{4-}$:

$$Co(OH)_2 + 2H^+ \rightleftarrows Co^{2+} + 2H_2O, \qquad Co(OH)_3 + 3H^+ \rightleftarrows Co^{3+} + 3H_2O;$$
$$Co(OH)_2 + 4OH^- \rightleftarrows [Co(OH)_6]^{4-}, \qquad Co(OH)_3 + 3OH^- \rightleftarrows [Co(OH)_6]^{3-}.$$

Cobalt-Komplexe mit O- und N-Donatoren. Während sich das *Hexaaquacobalt(III)-Ion*" $[Co(H_2O)_6]^{3+}$. in Wasser unter Sauerstoffentwicklung zum „*Hexaaquacobalt(II)-Ion*" $[Co(H_2O)_6]^{2+}$ *reduziert*, wird das in konzentriertem *Ammoniak* aus $[Co(H_2O)_6]^{2+}$ hervorgehende *rote*, oktaedrische „*Hexaammincobalt(II)-Ion*" $[Co(NH_3)_6]^{2+}$ mit dem **stickstoffhaltigen Liganden** NH_3 von Sauerstoff umgekehrt zum *orangefarbenen*, oktaedrischen „*Hexaammincobalt(III)-Ion*" $[Co(NH_3)_6]^{3+}$ *oxidiert*[9]. Hierbei ist $[Co(NH_3)_6]^{2+}$ *thermodynamisch* wesentlich instabiler ($K_B = 10^{4.4}$) als der Komplex $[Co(NH_3)_6]^{3+}$

---

[9] Führt man die Oxidation mit H_2O_2 durch, so bildet sich das oktaedrische „*Pentaamminaquacobalt(III)-Ion*" $[Co(NH_3)_5(H_2O)]^{3+}$, dessen H_2O-Molekül durch andere Liganden X^- wie Cl^-, Br^-, SCN^-, N_3^-, NO_2^- substituierbar ist: Bildung von „*Acidopentaammincobalt(III)-Ionen*" $[Co(NH_3)_5X]^{2+}$.

($K_B = 10^{35.1}$) und hydrolysiert in Wasser in Umkehrung seiner Bildung zu $[Co(H_2O)_6]^{2+}$ (auch in ammoniakalischer Lösung liegen in gewissem Ausmaß $[Co(NH_3)_5(H_2O)]^{2+}$ und $[Co(NH_3)_4(H_2O)_2]^{2+}$ vor). Stabilere Komplexe bilden sich erwartungsgemäß mit mehrzähnigen stickstoffhaltigen Liganden wie Ethylendiamin (en), o,o'-Bipyridin (bipy), o-Phenanthrolin (phen) oder Ethylendiamintetraacetat ($EDTA^{4-}$), so daß etwa die oktaedrischen Komplexe $[Co(en)_3]^{2+}$, $[Co(bipy)_3]^{2+}$, $[Co(phen)_3]^{2+}$ und $[Co(EDTA)(H_2O)]^{2-}$ ($EDTA^{4-}$ hier ausnahmsweise nur 5zählig) sogar weniger leicht oxidierbar sind als $[Co(NH_3)_6]^{2+}$.

Der Co(III)-Komplex $[Co(NH_3)_6]^{3+}$ wird erst in *stark saurem* Milieu, in welchem abhydrolysiertes NH_3 als NH_4^+ gebunden wird, *thermodynamisch instabil*. Da sich aber oktaedrische Co(III)-Zentren analog oktaedrischen Cr(III)-, Ru(II)-, Ru(III)-, Rh(III)-, Ir(III)- und Pt(IV)-Zentren auffallend *substitutionsinert* verhalten (vgl. S. 1280), ist $[Co(NH_3)_6]^{3+}$ auch unter sauren Bedingungen *kinetisch* vergleichsweise stabil. So verwundert es nicht, daß von Co(III) eine reichhaltige wässerige Komplexchemie bekannt ist und sich etwa amidogruppenhaltige zweikernige Komplexe wie (a), (b), (c) oder der Vierkernkomplex (d) in Wasser synthetisieren lassen (vgl. hierzu auch S. 1552, 1557).

$[(NH_3)_5Co\text{-}NH_2\text{-}Co(NH_3)_5]^{5+}$

(a)

$[(NH_3)_4Co(\mu\text{-}NH_2)(\mu\text{-}OH)Co(NH_3)_5]^{4+}$

(b)

$[(NH_3)_3Co(\mu\text{-}NH_2)(\mu\text{-}OH)_2Co(NH_3)_3]^{3+}$

(c)

$[Co\{(\mu\text{-}OH)_2Co(NH_3)_4\}_3]^{6+}$

(d)

Die Co(III)-Komplexe mit **sauerstoffhaltigen Liganden** sind thermodynamisch vielfach weniger stabil als analog gebaute Komplexe mit stickstoffhaltigen Liganden (die Affinität von Cr(III) ist für O- und N-Donatoren vergleichbar groß, die von Fe(III) für O-Donatoren größer als für N-Donatoren). Stabiler sind wiederum oktaedrische Komplexe mit mehrzähnigen Liganden wie Acetylacetonat ($acac^-$) oder Oxalat (ox^{2-}): Bildung von *dunkelgrünem* $[Co(acac)_3]$ bzw. $[Co(ox)_3]^{3-}$. Analoges gilt für Co(II)-Komplexe: Bildung von *orangefarbenem* $[Co(acac)_2(H_2O)_2]$ mit *trans*-ständigen H_2O-Molekülen, das sich zu $[Co(acac)_2]_4$ entwässern läßt (vgl. $[Ni(acac)_2]_3$, S. 1584).

Von besonderem Interesse sind in diesem Zusammenhang **Superoxo-** („*Hyperoxo-*") und **Peroxo-Cobaltkomplexe** (vgl. hierzu S. 1623). So erfolgt die Oxidation von $[Co(NH_3)_6]^{2+}$ mit Sauerstoff auf dem Wege einer reversiblen Addition von O_2 an Co(II) unter Bildung eines (nicht isolierbaren) *η^1-Superoxokomplexes* mit der Gruppierung (e), welcher unter Addition eines weiteren $Co(NH_3)_5$-Komplexions in einen *braunen* zweikernigen *η^1,η^1-Peroxokomplex des dreiwertigen Cobalts* mit der Gruppierung (f) übergeht[10]: $2[Co^{II}(NH_3)_6]^{2+} + O_2 \rightleftarrows [(NH_3)_5Co^{III}—O\overset{...}{—}O]^{2+} + NH_3 + [Co^{II}(NH_3)_6]^{2+} \rightarrow [(NH_3)_5Co^{III}—O—O—Co^{III}(NH_3)_5]^{4+} + 2NH_3$ (OO-Abstand in letzterem Komplex 1.473 Å; CoOOCo-Diederwinkel 146°). In analoger Weise entsteht aus $[Co^{II}(CN)_5(H_2O)]^{3-}$ auf dem Wege über den isolierbaren Superoxokomplex $[(NC)_5Co^{III}—O\overset{...}{—}O]^{3-}$ (OO-Abstand = 1.240 Å; CoOO-Winkel 120°) der Peroxokomplex $[(NC)_5Co^{III}—O—O—Co^{III}(CN)_5]^{6-}$ (OO-Abstand = 1.447 Å; CoOOCo-Diederwinkel 180°). Beide Peroxokomplexe lassen sich durch Oxidation in *grüne η^1,η^1-Superoxokomplexe* $[L_5Co^{III}—O\overset{...}{—}O—Co^{III}L_5]^{5+/5-}$ (L = NH_3 bzw. CN^-; OO-Abstand 1.317 bzw. 1.26 Å; CoOOCo-Diederwinkel 180 bzw. 166°) mit der Gruppierung (g) umwandeln:

(η^1-Superoxo) (e) (η^1, η^1-Peroxo) (f) (η^1, η^1-Superoxo) (g) (η^2-Peroxo) (h)

η^1,η^1-Peroxo- und Superoxogruppen verknüpfen in vielen Fällen zwei Co-Atome neben einer weiteren Brücke. So entsteht etwa bei der Einwirkung von wässeriger Kalilauge auf den Peroxokomplex $[(NH_3)_5Co(\mu\text{-}O_2)Co(NH_3)_5]^{4+}$ der *braune* Peroxokomplex $[(NH_3)_4Co(\mu\text{-}O_2)(\mu\text{-}NH_2)Co(NH_3)_4]^{n+}$ ($n = 3$), der sich zu einem analog gebauten *grünen* Superoxokomplex ($n = 4$) oxidieren läßt. Letzterer

---

10 Bei einigen Co-Komplexen mit geeigneten Liganden erfolgt nur die reversible O_2-Aufnahme, so daß diese als O_2-Speicher zu wirken vermögen. Als Beispiele seien genannt: $[Co^{II}(salen)]$ mit salen = Bis(salicylat)ethylendiamin (vgl. S. 1210) und $[Co^{II}(his)_2]$ mit his = Histidin (letzterer Komplex absorbiert O_2 in wässeriger Lösung und gibt O_2 bei Temperaturerhöhung oder Druckerniedrigung wieder ab).

Komplex entsteht neben *rotem* $[(NH_3)_4Co(\mu\text{-}OH)(\mu\text{-}NH_2)Co(NH_3)_4]^{4+}$ auch bei der Oxidation ammoniakalischer Lösungen von Cobalt(II)-nitrat mit Luftsauerstoff und nachträglicher Neutralisation mit Schwefelsäure als Sulfat („*Vortmannsche Sulfate*"). In der Regel ist die Disauerstoffgruppe an Cobalt end-on und nur sehr selten side-on-gebunden. Als Beispiel für letzteren Fall sei der η^2-Peroxo-Komplex *cis*-$[Co(diars)_2(O_2)]^+$ mit der Gruppierung (h) genannt (anders als an Co ist O_2 an Cr in der Regel side-on gebunden).

Cobaltsalze von Oxosäuren. *Zweiwertiges* Cobalt bildet mit praktisch allen Oxosäuren einfache Salze, die als Hydrate leicht aus wässeriger Lösung auskristallisieren und das *rosarote* Ion $[Co(H_2O)_6]^{2+}$ enthalten, während *dreiwertiges* Cobalt, das wegen seiner hohen Oxidationskraft in Wasser instabil ist (s. o.), nur mit einigen, hinsichtlich einer Oxidation stabilen Oxosäuren wie H_2SO_4-Salze mit dem *blauen* Ion $[Co(H_2O)_6]^{3+}$ liefert.

Unter den Sulfaten bildet **Cobalt(II)-sulfat $CoSO_4 \cdot 7H_2O$** *dunkelrote* Prismen, die mit Eisen(II)-sulfat und anderen *Vitriolen* isomorph sind und mit Alkalisulfaten *Doppelsalze* des Typus $K_2Co(SO_4)_2 \cdot 6H_2O$ ergeben. *Blaues* **Cobalt(III)-sulfat $Co_2(SO_4)_3 \cdot 18H_2O$** entsteht in der Kälte bei anodischer oder chemischer Oxidation (mit O_3 oder F_2) von Co(II)-sulfat in konz. Schwefelsäure: $2CoSO_4 + SO_4^{2-} \rightleftarrows Co_2(SO_4)_3 + 2\ominus$. Es wird von Wasser unter O_2-Entwicklung zersetzt und ergibt mit Kaliumsulfat einen den anderen Alaunen (s. dort) entsprechenden *dunkelblauen, diamagnetischen*, ebenfalls wasserzersetzlichen „*Cobaltalaun*" $KCo(SO_4)_2 \cdot 12H_2O$. Unter den Nitraten kristallisiert **Cobalt(II)-nitrat $Co(NO_3)_2 \cdot 12H_2O$** aus wässeriger Lösung in Form *roter* monokliner Tafeln. Einwirkung von N_2O_3 auf CoF_3 bei $-70\,°C$ führt zu **Cobalt(III)-nitrat $Co(NO_3)_3$**. Zur „*Abtrennung des Cobalts vom Nickel*" sowie zum „*Nachweis von Cobalt*", ferner zur „*quantitativen*" *Fällung von Kalium*" eignet sich das *orangegelbe*, kristalline, schwerlösliche **Kalium-hexanitrocobaltat(III) $K_3[Co(NO_2)_6]$**, das beim Versetzen essigsaurer Co(II)-Salzlösungen mit überschüssigem Nitrit in Anwesenheit von K^+ ausfällt: $Co^{2+} + NO_2^- + 2H^+ \rightarrow Co^{3+} + NO + H_2O$; $Co^{3+} + 6NO_2^- \rightarrow [Co(NO_2)_6]^{3-}$ (beim Versetzen mit Fluorid verwandelt sich $K_3[Co(NO_2)_6]$ in $K_3[CoF_6]$). *Rotes*, aus $Co(OH)_2$ und Essigsäure zugängliches **Cobalt(II)-acetat $Co(OAc)_2 \cdot 4H_2O$** ($Ac = CH_3CO$) verwendet man zur Herstellung von *Katalysatoren* für Oxidationen in der organischen Chemie und ferner als *Trockenmittel* für Ölfarben und Lacke.

Grenzfälle von Cobaltsalzen stellen die aus Cobaltoxid mit *sauren* Oxiden wie SiO_2, B_2O_3 bzw. Al_2O_3 erhältlichen Verbindungen dar. So löst sich CoO in Phosphat-, Silicat-, Borat- und Aluminat-Schmelzen mit schön *blauer* Farbe unter Bildung derartiger „Salze". Auch *blaues Glas* ist gewöhnlich durch CoO gefärbt. Da solches **Cobaltglas** sehr stark *gelbes Licht* absorbiert, verwendet man es in der „*Spektroskopie* zum Erkennen der „*Flammenfärbung des Kaliums neben der des Natriums*". In gepulvertem Zustande dient Cobaltglas als *blaue Malerfarbe*.

Erhitzt man Co(II)-nitrat mit Aluminiumsulfat, so entsteht aus den den beiden Salzen zugrundeliegenden Oxiden ein *blauer* **Cobalt(II)-Aluminatspinell $CoAl_2O_4$** („*Thenards Blau*"), der weniger zu den Salzen als vielmehr zu den Mischoxiden des Cobalts zu zählen ist. Seine *Blaufärbung* ist so intensiv, daß man sie zum „*Nachweis von Aluminium*" verwenden kann. Co(II)-haltige Spinelle dienen wegen ihrer kräftigen Farbe zudem als *Buntpigmente* (*blau:* $CoAl_2O_4$; *grünstichig blau:* $Co(Al,Cr)O_4$; *grün:* $(Co,Ni,Zn)_2TiO_4$).

Cobaltate. Erhitzt man CoO mit der doppelt äquivalenten Menge Na_2O im abgeschlossenen Rohr auf 550 °C, so bildet sich das leuchtend *rote* **Cobaltat(II) Na_4CoO_3**, welches trigonal-planare, carbonatähnliche Ionen CoO_3^{4-} mit kurzem CoO-Abstand von 1.86 Å enthält (vgl. das analog gebaute Ferrat(II) Na_4FeO_3). Es läßt sich ferner ein *rotglänzendes „Tetracobaltat(II)"* $Na_{10}Co_4O_9$ mit dem Ion $O_2Co{-}O{-}CoO{-}O{-}CoO{-}O{-}CoO_2^{10-}$ (jeweils trigonal-planares Co) gewinnen. Glüht man andererseits Co(II)-nitrat mit Zinkoxid in Gegenwart von *Sauerstoff* bei 800–900 °C, so entsteht ein *grüner* **Zink-Cobaltatspinell $ZnCo_2O_4$**, der formal „Cobaltat(III)" CoO_2^- enthält. Man nutzt die beim Schmelzvorgang auftretende *Grünfärbung* zum „*Nachweis von Zink*".

Sonstige Chalkogenverbindungen

Sulfide. Darstellung, Eigenschaften. Die *aus den Elementen* oder durch Einwirkung von *Schwefelwasserstoffgas* auf *Co-Pulver* bei erhöhten Temperaturen gewinnbaren binären **Sulfide** des Cobalts haben die Zusammensetzung **CoS** (*rot*, nicht stöchiometrisch; Smp.: > 1116 °C), $\mathbf{CoS_2}$ (*metallisch glänzend*; in der Natur als „*Linneit*") und $\mathbf{Co_3S_4}$ (*metallisch glänzend*; nicht stöchiometrisch; Zerfall ab 650 °C in CoS_2 und CoS). *Schwarzes, amorphes* **Hydrogensulfid** $\mathbf{Co(OH,SH)_2}$ („α-CoS"; OH/SH-Verhältnis variabel) bildet sich andererseits durch Zugabe von ammoniakalischer *Ammoniumsulfid-Lösung* zu Co(II)-Salzlösungen unter *Luftabschluß*. Es löst sich im frisch gefällten Zustande in kalter verdünnter Salzsäure leicht unter H_2S-Entwicklung:

$$\alpha\text{-CoS} + 2HCl \rightarrow CoCl_2 + H_2S,$$

in gealtertem Zustande jedoch nicht mehr. Im Zuge der Alterung geht es in *kristallines*, teils aus $Co_{1-n}S$, teils aus $Co_{1+x}S$ (Co_9S_8) bestehendes Co(II)-sulfid „β-CoS" über. Unter *Luftzutritt* oxidiert sich α-CoS in alkalischem Milieu rasch zu *säurelöslichem* basischem Co(III)-sulfid Co(OH)S:

$$2\,\alpha\text{-CoS} + \tfrac{1}{2}O_2 + H_2O \rightarrow 2\,Co(OH)S,$$

das bei Gegenwart von überschüssigem Ammoniumsulfid in *säureunlösliche*, Co(III)-haltige Sulfide übergeht.

Strukturen. Dem Sulfid $\mathbf{Co^{II}S}$ mit Co-*Unterschuß* kommt die „NiAs-Struktur" zu, während $\mathbf{Co^{II}S_2}$ mit „Pyrit-Struktur" kristallisiert und $\mathbf{Co_3^{II,III}S_4}$ eine „Spinell-Struktur" mit großer Phasenbreite aufweist, da die Möglichkeit zum Ersatz von $3Co^{2+}$ durch $2Co^{3+}$ und umgekehrt wie im Falle von Fe_3O_4 besteht. Die untere Grenzstöchiometrie liegt bei $\mathbf{Co_9S_8}$ ($\frac{8}{9}$ der Co-Atome auf tetraedrischen, $\frac{1}{9}$ auf oktaedrischen Plätzen der kubisch-dichtesten S-Atompackung), die obere nahezu bei $\mathbf{Co_2S_3}$.

Verwendung. (i) Auf dem Übergang des säurelöslichen in das oxidierte säureunlösliche Cobaltsulfid in alkalischer Lösung (Analoges gilt für das Nickel, S. 1582) beruht die Möglichkeit der analytischen „*Abtrennung des Cobalts und Nickels von den Elementen der Schwefelwasserstoff- und Ammoniumsulfidgruppe*" (S. 559), indem CoS und NiS beim Fällen der Schwefelwasserstoffgruppe aus *saurer Lösung* infolge ihrer Leichtlöslichkeit nicht ausfallen, während sie beim Fällen der Ammoniumsulfidgruppe aus *ammoniakalischer Lösung* infolge des Übergangs in säureunlösliche Sulfide leicht von den säurelöslichen übrigen Sulfiden dieser Gruppe zu trennen sind (Behandlung des Ammoniumsulfid-Niederschlags mit verdünnter Salzsäure). – (ii) Das oben erwähnte *basische* Cobalt(III)-sulfid Co(OH)S (Analoges gilt vom basischen Nickel(III)-sulfid Ni(OH)S ist ein Oxidationsmittel und vermag im feuchten Zustande beispielsweise CO zu CO_2 zu oxidieren ($2Co(OH)S + CO \rightarrow 2\alpha\text{-CoS} + CO_2 + H_2O$). Ist dem Kohlenstoffoxid Luft oder Sauerstoff beigemischt, so geht die Reaktion infolge dauernder Regeneration des basischen Sulfids weiter, so daß feuchtes Co(OH)S die Oxidation des CO zu CO_2 durch Luftsauerstoff *katalysiert*[11)].

Selenide, Telluride. Analog Schwefel bilden Selen und Tellur mit Cobalt binäre Verbindungen der Zusammensetzung **CoY** („NiAs-Struktur") und $\mathbf{CoY_2}$ („Markasit-Struktur", vgl. FeS_2).

Cobalt(II)- und Cobalt(III)-Komplexe

Zwei- und *dreiwertiges* Cobalt weisen ähnlich wie zwei- und dreiwertiges Eisen (s. dort) eine hohe *Komplexbildungstendenz* auf und treten auch in der *lebenden Natur* als Wirkstoffzentren in *klassischen Komplexen* auf, wie nachfolgend kurz erläutert sei (bezüglich der niedrigwertigen Cobalt-Komplexe[12)] ohne oder mit Metallcluster-Zentren vgl. Anm.[5)] sowie S. 1629, bezüglich der π-Komplexe S. 1684).

---

[11] Die Katalyse ist nicht unbegrenzt fortsetzbar, da das Cobaltsulfid CoS infolge teilweiser Selbstoxidation zu Cobaltsulfat $CoSO_4$ allmählich verbraucht wird.

[12] **Cobalt(I)-Komplexe** liegen meist mit quadratisch-pyramidaler Co(I)-Koordination vor (z. B. $[Co(CNR)_5]^+$).

Cobalt(III)-Komplexe (d^6). Die Zahl der *kationischen, neutralen* sowie *anionischen ein-* und *mehrkernigen Ammin-, Aqua-* und *Acido-Komplexe* von Co^{3+}, von denen einige in den vorstehenden Unterkapiteln über Halogen- und Sauerstoffverbindungen des dreiwertigen Cobalts besprochen wurden, ist außerordentlich groß. Man kennt allein etwa 2000 Ammoniak-Komplexe („*Cobaltammine*", „*Cobaltiake*"). Ein Großteil unseres Wissens über Isomerieverhältnisse, allgemeine Eigenschaften und Reaktionsweisen sowie -mechanismen oktaedrischer Komplexe fußt auf Untersuchungen an Co^{3+}-Komplexen (vgl. Grundlagen der Komplexchemie, S. 1205). Co^{3+} (isoelektronisch mit Fe^{2+}) bildet in der Regel *oktaedrische low-spin*-Komplexe (*kein* ungepaartes Elektron; t_{2g}^6-Elektronenkonfiguration), da nur so eine besonders hohe *Ligandenfeldstabilisierungsenergie* erzielbar ist. Oktaedrische *high-spin*-Komplexe sind die Ausnahme; sie entstehen nur mit den „schwächsten" Liganden (Fluorid): $[CoF_6]^{3-}$, $[CoF_3(H_2O)_3]$ (dem Ion $[Co(H_2O)_6^{3+}]$ liegt bereits ein low-spin-Zustand zugrunde). Die Co(III)-Komplexe sind also hinsichtlich Geometrie und Elektronenkonfiguration eher eintönig.

Wie oben bereits erwähnt wurde, stellt die kinetische Stabilität der oktaedrischen Co(III)-Komplexe hinsichtlich eines Ligandenersatzes ein Charakteristikum der Verbindungsklasse dar. Sie beruht u. a. auf dem Verlust von Ligandenstabilisierungsenergie im Zuge assoziativ- bzw. dissoziativ-aktivierter Substitutionsreaktionen (Übergang vom sechszähligen Co^{3+} in sieben- bzw. fünfzähliges Co^{3+}; vgl. S. 1279). Die Synthese der Co(III)-Komplexe erfolgt deshalb mit Vorteil durch Oxidation geeigneter Co(II)-Salze in Gegenwart der erwünschten Liganden (Co(II)-Komplexe sind wesentlich substitutionslabiler als Co(III)-Komplexe). Oxidationsmittel ist häufig Sauerstoff; schneller wirken allerdings andere Reaktanden wie etwa Wasserstoffperoxid. Daß oktaedrische Co^{3+}-Komplexe in magnetischer Sicht meist im low-spin-Zustand vorliegen, während oktaedrische Komplexe des isoelektronischen Fe^{2+}-Ions meist den high-spin-Zustand bevorzugen, beruht auf der mit der Ladungszunahme beim Übergang $Fe^{2+} \rightarrow Co^{3+}$ einhergehenden Vergrößerung der Ligandenfeldaufspaltung Δ_0 (S. 1251). In optischer Sicht beeindrucken die Co(III)-Komplexe durch ihre *Farbenvielfalt*, und in der Tat wurden die betreffenden Komplexe früher häufig nach ihren Farben *benannt* (vgl. S. 1206). Die Farben der oktaedrischen low-spin-Co(III)-Komplexe gehen im wesentlichen auf die zwei möglichen, dem d → d-Übergang $t_{2g}^6e_g^0 \rightarrow t_{2g}^5e_g^1$ zuzuordnenden Absorptionen in den Wellenzahlenbereichen 16000–33000 cm^{-1} bzw. 23000–39000 cm^{-1} zurück ($^1A_{1g} \rightarrow {}^1T_{1g}$; $^1A_{1g} \rightarrow {}^1T_{2g}$; vergleiche S. 1267[12a]). Sie überdecken den Farbbereich von *Blau* (z. B. $[Co(H_2O)_6]^{3+}$), *Dunkelgrün* (z. B. $[Co(ox)_3]^{3-}$, *cis*-$[CoCl_2(NH_3)_4]^+$) und *Blauviolett* (z. B. *cis*-$[CoCl_2(NH_3)_4]^+$) über *Rot* (z. B. $[CoCl(NH_3)_5]^{2+}$, $[Co(H_2O)(NH_3)_5]^{3+}$) und *Orangegelb* (z. B. $[Co(NH_3)_6]^{3+}$, $[Co(en)_3]^{3+}$) bis *Gelb* (z. B. $[Co(CN)_6]^{3-}$).

Cobalt(II)-Komplexe (d^7). Die Zahl der Co^{2+}-Komplexe ist geringer als die der Co^{3+}-Komplexe. Da jedoch in ersteren Fällen bei oktaedrischer Koordination nur viel geringere Ligandenfeldstabilisierungsenergien als in letzten Fällen erzielt werden können, sind die (bei Koordination mit „starken" Liganden *oxidationsempfindlichen*) Co(II)-Komplexe zwar *substitutionslabiler* als die Co(III)-Komplexe, weisen aber zugleich eine größere Vielfalt hinsichtlich ihrer Geometrien und Elektronenkonfigurationen auf. Besonders häufig findet man *oktaedrische high-spin*-Co(II)-Komplexe (*drei* ungepaarte Elektronen mit $\mu_{mag} = 4.8-5.2$ BM). Nur mit den stärksten Donatoren wie CN^- oder mehrzähnigen Liganden (diars, salen usw.) entstehen auch *low-spin* Co(II)-Komplexe (*ein* ungepaartes Elektron mit $\mu_{mag} = 2.1-2.9$ BM), die allerdings aufgrund des wirksamen starken Jahn-Teller-Effekts (S. 1262) *verzerrt-oktaedrisch, quadratisch-pyramidal* oder *quadratisch-planar* gebaut sind (s. u.). *Tetraedrische high-spin*-Co(II)-Komplexe (*drei* ungepaarte Elektronen; $\mu_{mag} = 4.4-4.8$ BM) findet man demgegenüber fast so häufig wie entsprechende oktaedrische Komplexe[13]. Tatsächlich sind von Co^{2+} mehr tetraedrische Komplexe als von jedem anderen Übergangselement mit einer von

---

[12a] Eine gelegentlich zu beobachtende Bande bei 11000–14000 cm^{-1} geht auf den spinverbotenen Übergang $^1A_{1g} \rightarrow {}^3T_{1g}$ zurück. Auch spalten die entarteten Zustände $^1T_{1g}$ und $^1T_{2g}$ bei der mit der teilweisen Substitution von L in CoL_6-Oktaedern durch andere Liganden L' einhergehende Symmetrieerniedrigung energetisch in zwei bzw. drei Zustände auf.

[13] Daß die μ_{mag}^{eff}-Werte für die oktaedrischen high-spin-Komplexe deutlich höher als für die tetraedrischen high-spin-Komplexe liegen, rührt daher, daß der Bahnmomentbeitrag zum „spin-only-Wert" in ersterem Falle wegen des dreifach entarteten Grundzustandes ($^4T_{2g}$) groß, in letzterem Falle wegen des nicht entarteten Grundzustandes ($^4A_2$) klein ist. In ersteren Fällen ist demzufolge auch die Temperaturabhängigkeit des effektiven magnetischen Moments deutlich (vgl. S. 1306).

0, 5 und 10 verschiedenen Zahl an d-Elektronen bekannt, da die Oktaederplatzstabilisierungsenergie (S. 1260) im Falle von high-spin-d^7-Ionen vergleichsweise klein ist. Nur unter besonderen Koordinationsbedingungen bilden sich Co(II)-Komplexe mit anderen als den aufgeführten Geometrien (z. B. *trigonal-bipyramidales* Cobalt(II) in $[CoBrL_4]^+$ (a) mit $L_4 = N(CH_2CH_2NMe_2)_3$).

Komplexstabilitäten. Weniger polarisierbare Liganden mit Fluor, Sauerstoff oder Stickstoff als Donoratomen führen in der Regel zu oktaedrischen, polarisierbare Liganden wie Cl^-, Br^-, I^-, SCN^-, PR_3, AsR_3 zu tetraedrischen high-spin-Co(II)-Komplexen. Demgemäß ist die Substitution von Wasser im *rosafarbenen* $[Co(H_2O)_6]^{2+}$ durch Chlorid (Bildung von *blauem* $[CoCl_4]^{2-}$) mit einem Wechsel von der oktaedrischen zur tetraedrischen Co(II)-Koordination verbunden:

$$[Co(H_2O)_6]^{2+} + 4Cl^- \rightleftarrows [CoCl_4]^{2-} + 6H_2O.$$

Gelegentlich existieren Co(II)-Komplexe sowohl mit oktaedrischem als auch tetraedrischem Bau. So wurde bereits erwähnt, daß neben $[Co(H_2O)_6]^{2+}$ in Wasser in geringer Gleichgewichtskonzentration auch $[Co(H_2O)_4]^{2+}$ vorliegt; ferner kristallisiert $[CoCl_2(py)_2]$ in einer *blauen* Form mit tetraedrischem Co^{2+} und einer (stabileren) *violetten* Form mit oktaedrischem Co^{2+} (Chlorid-Brücken).

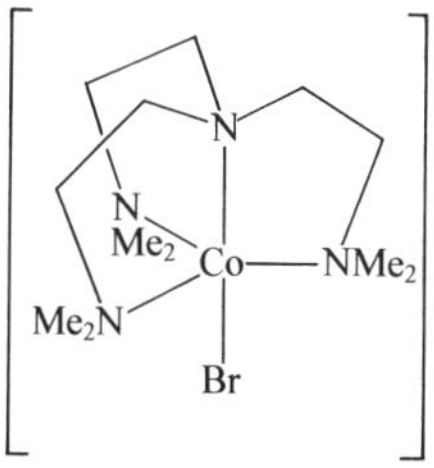

(a) 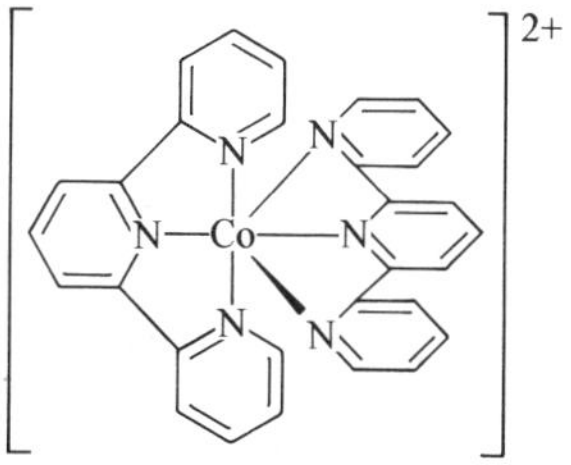 (b) 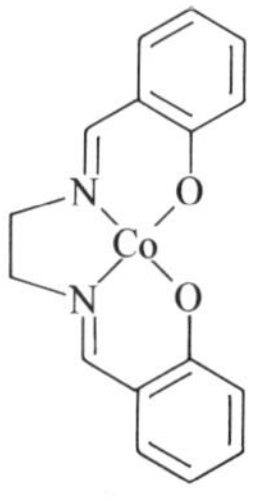 (c) 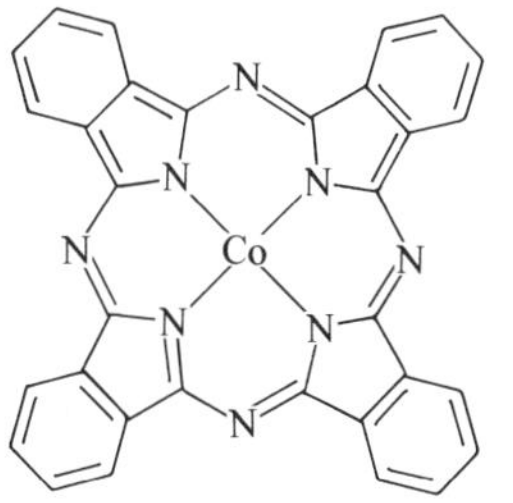 (d)

Magnetisches Verhalten. Während der *zweizähnige* Ligand o,o'-*Bipyridin* einen *high-spin*-Co(II)-Komplex $[Co(bipy)_3]^{2+}$ bildet (μ_{mag} um 5.0 BM), führt die Koordination von Co^{2+} mit dem *dreizähnigen Liganden Terpyridin* zum Komplex $[Co(terpy)_2]^{2+}$ (b), dessen Zentralion bei Raumtemperatur in Abhängigkeit vom Gegenion teils im high-, teils im low-spin-Zustand existiert (vgl. „*Spingleichgewichte*", S. 1529; μ_{mag} bei Anwesenheit der Gegenionen $ClO_4^-/Cl^-/NCS^-/Br^- = 4.65/4.49/4.00/2.96$ BM). Anders als bipy und terpy addiert sich der stärkere Ligand Cyanid an Co^{2+} nicht mehr unter Bildung eines 6-, sondern maximal unter Bildung eines 5zähligen, *paramagnetischen*, low-spin-Komplexes $[Co(CN)_5]^{3-}$ (abhängig vom Gegenion quadratisch-pyramidal oder trigonal-bipyramidal). Er bindet in wässeriger Lösung noch ein H_2O-Molekül schwach und steht zudem im Gleichgewicht mit seinem *diamagnetischen* Dimeren $[(CN)_5Co{-}Co(CN)_5]^{6-}$ (Paarung des *einen* ungepaarten low-spin-Co(II)-Elektrons durch Ausbildung einer CoCo-Bindung; vgl. S. 1553). In analoger Weise bildet Co^{2+} mit Isonitrilen quadratisch-pyramidale Komplexe $[Co(CNR)_5]^{2+}$. In Komplexen [Co(salen)] (c) und [Co(pc)] (d) mit den ebenfalls sehr starken, vierzähnigen Liganden Bis(salicylat)ethylendiamin und Phthalocyanin ist Co^{2+} sogar nur 4zählig (quadratisch-planar; Analoges gilt für den *tiefroten* Dimethylglyoxim-Komplex, S. 1583). Letztere Komplexe vermögen Sauerstoff unter gleichzeitiger Addition eines basischen Lösungsmittelmoleküls L mehr oder minder reversibel unter Ausbildung oktaedrischer low-spin-Superoxo-Komplexe $[(salen)LCo{-}O{\overset{..}{-}}O]$ und $[(pc)LCo{-}O{\overset{..}{-}}O]$ aufzunehmen (S. 1555, 1623; in den Komplexen liegt O_2 in der Singulettform und Co – entsprechend dem durch L geregelten Ausmaße des Transfers eines Elektrons auf O_2 – als Co(II) bzw. Co(III) vor). Die Addition von NO an [Co(salen)] unter Bildung des *schwarzen, diamagnetischen*, quadratisch-pyramidalen Komplexes $[(salen)Co{-}N{=}O]$ (CoNO-Winkel 127°) führt ebenfalls zu einer Oxidation von Co(II) zu Co(III) (NO als NO^- gebunden).

Optisches Verhalten. Oktaedrische high-spin-Co(II)-Komplexe wie $[Co(H_2O)_6]^{2+}$ oder $[Co(NH_3)_6]^{2+}$ erscheinen vielfach *rosa* bis *violett*, tetraedrische Co(II)-Komplexe wie $[CoCl_4]^{2-}$ oder $[Co(NCS)_4]^{2-}$ *blau*. Die Farben gehen in ersteren Fällen auf eine Hauptabsorption um 20000 cm^{-1} ($^4T_{1g} \rightarrow {^4T_{2g}}$ (P))[14]

[14] Die energetische Reihenfolge der aus einem Grundterm (für d^7-Co^{2+}: ^4F-Grundterm) hervorgehenden Spaltterme vertauscht sich gemäß dem auf S. 1267 Besprochenen beim Übergang vom Oktaederfeld (für d^7-Co^{2+}: $^4T_{1g}$, $^4T_{2g}$, $^4A_{2g}$) zum Tetraederfeld (für d^7-Co^{2+}: $^4A_2$, $^4T_2$, $^4T_1$). Unter Berücksichtigung des aus dem energiereicheren ^4P-Term von d^7-Co^{2+} im oktaedrischen und tetraedrischen Feld hervorgehenden $^4T_{1g}$- bzw. $^4T_1$-Term ergeben sich folgende d → d-Übergänge, geordnet nach steigender Energie (Fettdruck = λ_{max} im sichtbaren Bereich; Normaldruck = λ_{max} im infraroten Bereich):

Oktaeder:	$\mathbf{^4T_{2g}}$ **(F):**	$\rightarrow {^4T_{2g}}$ (F);	$\rightarrow \mathbf{^4A_{2g}}$ **(F);**	$\rightarrow \mathbf{^4T_{1g}}$ **(P)**
Tetraeder:	$\mathbf{^4A_2}$ **(F):**	$\rightarrow {^4T_2}$ (F);	$\rightarrow {^4T_1}$ (F);	$\rightarrow \mathbf{^4T_1}$ **(P)**

mit einer Schulter bei kleineren Wellenzahlen zurück ${}^4T_{1g} \rightarrow {}^4A_{2g}$ (F))[14], in letzteren Fällen auf eine Absorption um 13000 cm^{-1} (${}^4A_2 \rightarrow {}^4T_1$ (P))[14]. Ist allerdings der Ligand vergleichsweise schwach wie Cl^- in $CoCl_2$ („$CdCl_2$-Struktur“, *blau*), so verschiebt sich die farbgebende Absorption oktaedrischer Co(II)-Komplexe bis in den für tetraedrische Co(II)-Komplexe typischen Wellenzahlenbereich, so daß sie dann analog letzteren *blaue* Farbe annehmen.

Cobaltkomplexe in der Biosphäre[2]. Spuren von Cobalt (2.5 mg im erwachsenen Menschen) haben im lebenden Organismus in Form des mit verschiedenen Apoenzymen gekoppelten Coenzyms[15] „*Adenosylcobalamin*“ (s. u.), einem dem Chlorophyll (Mg-Komplex, S. 1122) oder Hämoglobin (Fe-Komplex, S. 1531) verwandten Co(III)-Komplex mit hydriertem, leicht verändertem Porphin-Liganden („*Corrin-Ligand*“) eine Reihe von Funktionen bei der **Erythrocytenbildung** im Knochenmark, ferner bei der **Nervenleitung** und beim **Wachstum**. Da das Cobalaminsystem von Menschen und Tieren nicht selbst erzeugt werden kann, muß es u. a. in Form von „*Vitamin B_{12}*“ (s. u.) von außen zugeführt werden[16]. Der Mangel an Cobalt (menschlicher Tagesbedarf rund 0.1 µg) führt beim Menschen zur „*perniziösen Anämie*“, verbunden mit einer zu nervösem Kribbeln, zu Gefühlsstörungen und Lähmungen führenden Rückenmarksveränderung (da Pflanzen so gut wie kein Vitamin B_{12} enthalten, können Cobalamin-Mangelerscheinungen u. a. bei Vegetariern sowie auch bei Rindern und Schafen auftreten).

Nachfolgend sei kurz auf die Struktur, Reaktivität und Wirkungsweise von Cobalamin und Modellverbindungen des Cobalamins eingegangen.

Struktur von Cobalaminen. Im *orangefarbenen*, diamagnetischen **Adenosylcobalamin** ist low-spin-Cobalt(III) oktaedrisch von 5 N- und einem C-Atom umgeben (vgl. Fig. 311 a, b). Und zwar ist Co^{3+} in der Mitte eines vierzähnigen Makrocyclus (substituiertes Corrin) quadratisch-planar an vier N-Atome koordiniert, die gemäß —N=C—C=C—N=C—C=C—N=C—C=C—N$^{\ominus}$— miteinander *elektronisch konjugiert* sind. In den axialen Positionen dieses quadratisch-planaren Komplexes koordiniert Co(III) zusätzlich ein Benzimidazol einer Corrin-Seitenkette (Fig. 311b), ferner ein Ribosekohlenstoffatom von 5′-Desoxyadenosin (Fig. 311c). Letzteres Teilchen spielt – in einer in 5-Stellung hydroxylierten Form – als **Adenosintriphosphat (ATP;** Fig. 311d) eine große Rolle in Organismen als Energiespeicher (vgl. S. 784)[17]. Das **Vitamin B_{12}** leitet sich von Adenosylcobalamin (Fig. 311b) durch Ersatz des Restes

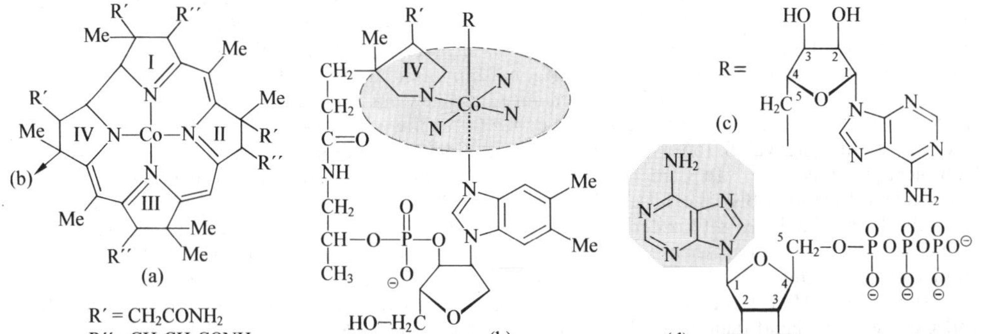

R′ = CH_2CONH_2
R″ = $CH_2CH_2CONH_2$

Fig. 311 Strukturen von Adenosylcobalamin (a, b), 5′-Desoxyadenosin (c) und Adenosintriphosphat (d) (der Übersichtlichkeit halber ist in (a) der oberhalb/unterhalb von Co^{3+} koordinierte R-Ligand/Corrin-Seitenkettenligand weggelassen, in (b) der Corrin-Ligand nur angedeutet).

[15] Die als spezifische „*Biokatalysatoren*“ zur Umwandlung von „*Substraten*“ in der Biosphäre wirksamen **Enzyme** (von griech. en zyme = in der Hefe, im Sauerteig) stellen „*Proteine*“ dar, die teils als solche wirken, teils als „*Apoenzyme*“ (von griech. apo = entstehend aus) nur in Anwesenheit von „*Cofaktoren*“ (chemisch an das Protein gebundene „*prosthetische Gruppen*“ bzw. nicht chemisch an das Protein gebundene „*Coenzyme*“ bzw. „*Metallionen*“) aktiv werden: Cofaktor + Apoenzym = „*Holoenzym*“.

[16] Zur Synthese von Vitamin B_{12} sind nur Mikroorganismen, z. B. die der Darmflora von Weidetieren, in der Lage.

[17] **ATP** stellt einen Adenosinester des Triphosphats (S. 781) dar, wobei *Adenosin* seinerseits aus *Adenin* (gerasterter Teil von Fig. 311d; mit H abgesättigt) und *Ribose* (zwischen Adenin und Triphosphat; in 1- und 5-Stellung des Rings jeweils OH) besteht. Desoxyribose leitet sich von Ribose durch Ersatz von OH in 2- oder 5-Stellung des Rings gegen H ab (2′- bzw. 5′-Desoxyribose).

R^- gegen CN^- ab. Man erhält es bei den üblichen Isolierungstechniken des Coenzyms im Zuge mikrobiologischer Gewinnungsmethoden.

Reaktivität von Cobalaminen. Der Rest R in Adenosylcobalamin läßt sich leicht gegen andere organische Gruppen wie den Methylrest („*Methylcobalamin*"; bewirkt Methylierungen von Schwermetallen in Organismen) oder die Cyanogruppe („*Cyanocobalamin*" = Vitamin B_{12}), ferner gegen anorganische Gruppen wie das Wassermolekül („*Aquacobalamin*"; wirkt z. B. als Mittel gegen Cyanidvergiftungen) ersetzen. Auch können die Cobalamine (R = variabel; z. B. *pupurfarbenes* Hydroxycobalamin) zu analog gebauten, aber R-freien Komplexen des Cobalts(II) (*braunes* Vitamin B_{12r}) oder sogar des Cobalts(I) (*blaugrünes* Vitamin B_{12s}, starkes Reduktionsmittel und starkes Nucleophil, das etwa von MeX unter Übergang von Co(I) nach Co(III) methyliert wird) reduziert werden. Überraschend ähnlich verhalten sich chemisch einfach gebaute Modellverbindungen der Cobalamine wie etwa [Co(salen)] (c) oder $[Co(glyoxymato)_2]$ mit einem axial gebundenen Organylrest R (z. B. Me) und einer Base (z. B. H_2O).

Wirkungsweise von Adenosylcobalamin. Adenosylcobalamin $[Co^{III}—R]$ ist in vivo wesentlich an Redoxreaktionen sowie insbesondere Gruppenaustauschreaktionen beteiligt. Erstere Reaktionen werden mit Hilfe des Ferrodoxins bewerkstelligt. Letztere Reaktionen des allgemeinen Typus

$$\begin{array}{c} \mathrm{H}\ \ \mathrm{X} \\ |\ \ \ | \\ —\mathrm{C}—\mathrm{C}— \\ |\ \ \ | \end{array} \rightleftarrows \begin{array}{c} \mathrm{X}\ \ \mathrm{H} \\ |\ \ \ | \\ —\mathrm{C}—\mathrm{C}— \\ |\ \ \ | \end{array}$$

(z. B. Isomerisierung der Glutaminsäure: $HOOC—CH(NH_2)—CH_2—CH_2—X \rightarrow HOOC—CH(NH_2)—CHX—CH_3$ mit X = COOH) werden wohl durch eine homolytische CoC-Bindungsspaltung, gesteuert durch das Apoenzym und das Substrat, eingeleitet: $[Co^{III}—R] \rightarrow [Co^{II}] + \cdot R$. Das gebildete Adenosyl-Radikal ·R entreißt dann dem Substrat unter Bildung von R—H ein H-Atom. Schließlich sättigt sich das Substrat-Radikal nach seiner Umlagerung durch H-Abstraktion aus R—H und Rückbildung des Adenosyl-Radikals, das sich mit [Co(II)] vereinigt, ab.

Organische Cobaltverbindungen[18)]

Cobaltorganyle. Einfache Cobaltorganyle CoR_n mit Alkyl- oder Arylgruppen R existieren nicht als solche, sondern nur in Form von Addukten mit Donoren, welche vielfach – aber nicht notwendigerweise – π-Akzeptoreigenschaften aufweisen. So kennt man eine Reihe von *gelb* bis *orangefarbenen* Komplexen $RCoL_4$ des **Monoorganylcobalts RCo** (L z. B. CO, PR_3, $N(CH_2CH_2PR_2)_3$), ferner Komplexe des **Diorganylcobalts R_2Co** wie $[CoMe_4]^{2-}$ (*blau*, aus $CoCl_2$ + MeLi in Anwesenheit von $Me_2NCH_2CH_2NMe_2$), $[Co(C{\equiv}CR)_6]^{4-}$ (*orangefarben*), $[CoMe_2(PMe_3)_3]$ (*orangebraun*) und Komplexe des **Triorganylcobalts R_3Co** wie $[Co(C{\equiv}CR)_6]^{3-}$ (*gelb* bis *grün*), $[CoMe_3(PMe_3)_3]$ (*orangegelb*; aus $Co(acac)_3$ + MeLi in Anwesenheit von PMe_3), $[CoMe_2X(PR_3)_3]$ (X = Hal; *rot*), [Methylcobalamin] (s. oben). Als Cobaltorganyle mit π-gebundenen Organylresten oder Carbonylgruppen seien genannt: *Purpurschwarzes, paramagnetisches*, luftempfindliches „*Bis(cyclopentadienyl)cobalt(II)*" Cp_2Co („*Cobaltocen*"; bildet das *gelbgrüne* Kation Cp_2Co^+) mit η^5-gebundenen C_5H_5-Resten und *dunkelbraunes* „*Bis(hexamethylbenzol)cobalt(0)*" $[(C_6Me_6)_2Co]$ mit η^6-gebundenen C_6Me_6-Resten (bildet ein Dikation: $[(C_6Me_6)_2Co]^{2+}$), *orangefarbenes* „*Octacarbonyldicobalt(0)*" $Co_2(CO)_8$, „*Tetracarbonyl-cobalt(I)-hydrid*" $HCo(CO)_4$ und *schwarzes* „*Dodecacarbonyltetracobalt*" $Co_4(CO)_{12}$. Näheres S. 1628f.

Hydroformylierung (Oxosynthese) mit $Co_2(CO)_8$ als Katalysator. Unter der katalytischen Wirkung von $Co_2(CO)_8$ lassen sich H_2 und CO in Form von Formaldehyd H—CHO an Alkene bei 90–250 °C und 100–400 bar Druck addieren:

$$CH_2{=}CH_2 + CO + H_2 \rightarrow CH_3—CH_2—CH{=}O.$$

Durch die von O. Roelen im Jahre 1938 entdeckte „*Hydroformylierung*" („*Oxosynthese*") werden in der Technik Aldehyde $C_nH_{2n+1}CHO$ (n = 3–15) produziert, welche Edukte für die Erzeugung technisch wichtiger Amine, Alkohole (insbesondere Butanol und 2-Ethylhexanol) sowie Carbonsäuren darstellen (Weltjahresproduktion an Aldehyden: über 5 Megatonnen). Im Zuge der Katalyse lagert sich Alken an den aus $Co_2(CO)_8$ gemäß $\frac{1}{2}Co_2(CO)_8 + \frac{1}{2}H_2 \rightarrow HCo(CO)_4 \rightleftarrows HCo(CO)_3 + CO$ in situ gebildeten eigentlichen Katalysator $HCo(CO)_3$ zu einem π-Alkenkomplex (a) an. Dieser verwandelt sich dann in einen Alkylkomplex (b), welcher CO in die CoC-Bindung unter Bildung des Acylkomplexes (c) einschiebt. Letzterer wird von H_2 unter Bildung von Aldehyd und Rückbildung des Katalysators $HCo(CO)_3$ hydrierend gespalten (die Insertion von Kohlenoxid sowie die hydrierende Spaltung erfolgt wohl auf dem

[18] **Literatur.** GMELIN: „*Organocobalt Compounds*", Syst.-Nr. **58**, bisher 2 Bände: R. D. W. Kemmitt, D. R. Russel: „*Cobalt*", Comprehensive Organomet. Chem. **5** (1982) 1–276; HOUBEN-WEYL: „*Organocobalt Compounds*" **13/9** (1984/1986)

Wege einer Addition von CO bzw. H_2 an das Co-Atom, verbunden mit einer Erhöhung der Co-Koordinationszahl von 4 auf 5 bzw. von 4 auf 6; die Addition von H_2 ist offensichtlich der geschwindigkeitsbestimmende Schritt der Katalyse); schematisch:

$$+H_2;\ -\text{H—}\overset{\text{O}}{\overset{\|}{\text{C}}}\text{—}\overset{|}{\underset{|}{\text{C}}}\text{—}\overset{|}{\underset{|}{\text{CH}}}$$

$$\text{OC—}\underset{\text{CO}}{\overset{\text{CO}}{\text{Co}}}\text{—H} \xrightarrow{+\,>\text{C=C}<} \underset{(a)}{(\text{OC})_2\underset{>\text{C=C}<}{\overset{\text{CO}}{\text{Co}}}\text{—H}} \rightarrow \underset{(b)}{\text{OC—}\underset{\text{CO}}{\overset{\text{CO}}{\text{Co}}}\text{—}\overset{|}{\underset{|}{\text{C}}}\text{—}\overset{|}{\underset{|}{\text{CH}}}} \xrightarrow{+\,\text{CO}} \underset{(c)}{\text{OC—}\underset{\text{CO}}{\overset{\text{CO}}{\text{Co}}}\text{—}\overset{\text{O}}{\overset{\|}{\text{C}}}\text{—}\overset{|}{\underset{|}{\text{C}}}\text{—}\overset{|}{\underset{|}{\text{CH}}}}$$

Nachteile des Verfahrens sind (i) die drastischen Reaktionsbedingungen, (ii) Verluste des leicht flüchtigen Katalysators $HCo(CO)_4$, (iii) Alkenverluste aufgrund der hydrierenden CoC-Spaltung von $RCo(CO)_3$ vor der CO-Insertion, (iv) die Bildung von verzweigten Aldehydmolekülen (vgl. hierzu Hydroformylierung mit $[RhH(CO)(PPh_3)_3]$ als Katalysator; S. 1574).

Alkenisomerisierungen mit $CoH(CO)_4$ als Katalysator. Ligandenstabilisierte *Cobalt-* oder auch *Nickelmonohydride* wie $CoH(CO)_4$ oder $NiH(PR_3)_2$ *katalysieren die Alken-Doppelbindungsverschiebung*:

$$-\overset{|}{\underset{|}{\text{C}}}-\overset{|}{\underset{|}{\text{C}}}-\overset{|}{\text{C}}=\text{C}< \rightleftarrows -\overset{|}{\underset{|}{\text{C}}}-\overset{|}{\text{C}}=\overset{|}{\text{C}}-\overset{|}{\underset{|}{\text{C}}}-$$

Die Reaktionen verlaufen auf dem Wege einer *β-Addition* von $L_nM—H$ an die Doppelbindung (H addiert sich gemäß Markownikow an das H-reichere ungesättigte C-Atom). Das Addukt unterliegt anschließend einer β-Eliminierung von $L_nM—H$ und Bildung des Alkenisomerisierungsprodukts, z. B.: Allylalkohol $CH_2{=}CH—CH_2OH + HCo(CO)_3$ (aus $HCo(CO)_4$) → $CH_3—CH\{Co(CO)_3\}—CH_2OH$ → $CH_3—CH{=}CH—OH + HCo(CO)_3$ → Propionaldehyd $CH_3—CH_2—CH{=}O + HCo(CO)_3$.

Bezüglich eines *weiteren Isomerisierungsmechanismus* vgl. S. 1693.

1.3 Cobalt(IV,V)-Verbindungen (d^5,d^4)[1, 4)]

Cobalt(IV). *Vierwertiges* Cobalt findet sich z. B. im *paramagnetischen* **Hexafluorocobaltat(IV) CoF_6^{2-}** (Cs^+-Salz; oktaedrisch, ein ungepaartes Elektron mit $\mu_{mag} = 2.46$ BM, gewinnbar durch Fluorierung von $CoCl_4^{2-}$). Ferner liegt es im *paramagnetischen* **Tetraoxocobaltat(IV) CoO_4^{4-}** (z. B. Na^+- oder Ba^{2+}-Salz; tetraedrisch; gewinnbar durch Oxidation von Co_3O_4 mit Na_2O_2 bzw. $Co(OH)_2/Ba(OH)_2$ mit Sauerstoff bei 1050 °C) vor. Auch das durch Oxidation alkalischer Co^{2+}-Lösungen mit Cl_2 oder O_3 erhältliche, wasserhaltige *schwarze* Produkt enthält offensichtlich Cobalt in der Oxidationsstufe +4 („*Cobaltdioxid*" CoO_2?).

Cobalt(V). Erhitzt man die Cobaltoxide CoO bzw. Co_3O_4 zusammen mit Alkalimetalloxiden M^I_2O und mit Sauerstoff unter erhöhtem Druck, so bilden sich Oxokomplexe $M^I_3CoO_4$ des *fünfwertigen Cobalts*, die das stark oxidierend wirkende tetraedrische **Tetraoxocobaltat(V) CoO_4^{3-}** enthalten.

2 Das Rhodium und Iridium[19)]

2.1 Elementares Rhodium und Iridium

Vorkommen

Analog Ruthenium und Osmium sowie Palladium und Platin werden die Elemente **Rhodium** und **Iridium** meist zusammen mit den anderen „*Platinmetallen*" angetroffen und zwar sowohl **gediegen** als **gebunden** in Cr-, Fe-, Ni- und Cu-Erzen (Näheres siehe bei Pt, dem häufigsten Platinmetall). Allerdings enthalten die einzelnen Vorkommen unterschiedliche Mengen der

[19] **Literatur**. S. E. Livingstone: „*The Platinum Metals*", „*Rhodium*", „*Iridium*", Comprehensive Inorg. Chem. **3** (1973) 1163–1189, 1233–1253, 1254–1274; Gemlin: „*Rhodium*", Syst.-Nr. **64**, bisher 5 Bände; „*Iridium*", Syst.-Nr. **67**, bisher 3 Bände; W. P. Griffith: „*The Chemistry of the Rarer Platinum Metals: Os, Ru, Ir, Rh*", Wiley, New York 1968; P. S. Sheridan: „*Rhodium*", N. Serpone, M. A. Jamieson: „*Iridium*", Comprehensive Coord. Chem. **4** (1987) 901–1096, 1097–1177. Vgl. auch Anm. 20, 25.

einzelnen Metalle. Relativ *Rhodium-reich* sind einige *Nickelkupfersulfide* in Südafrika und Kanada (bei Sudbury), relativ *Iridium-reich* gediegenes in Südafrika und Alaska aufgefundenes „*Osmiridium*" (~ 50% Ir) und „*Iridosmium*" (~ 70% Ir).

Isotope (vgl. Anh. III). *Natürliches* Rhodium besteht zu 100% aus dem Nuklid $^{103}_{45}Rh$, *natürliches* Iridium aus den Isotopen $^{191}_{77}Ir$ (37.3%) und $^{193}_{77}Ir$ (62.7%). Alle drei Nuklide können für *NMR-Untersuchungen* genutzt werden. Die *künstlich* gewonnenen Nuklide $^{105}_{45}Rh$ (β^--Strahler; $\tau_{1/2} = 35.88$ Stunden) und $^{192}_{77}Ir$ (β^--Strahler; $\tau_{1/2} = 74.2$ Tage) werden als *Tracer*, letzteres Nuklid zudem in der *Medizin* genutzt.

Geschichtliches. Die *Entdeckung* von Rhodium erfolgte 1803 durch die Engländer William Hyde Wollaston, die von Iridium 1804 durch den Engländer Smithon Tennant. Rhodium enthielt seinen *Namen* von der rosaroten Farbe vieler seiner Verbindungen: rhodeos (griech.) = rosenrot, Iridium nach der Vielfarbigkeit seiner Verbindungen: iridios (griech.) = regenbogenfarbig.

Darstellung

Zur **technischen** Isolierung der einzelnen, miteinander im „*Rohplatin*" (= *Platinkonzentrate* der Elemente Ru, Os, Rh, Ir, Pd, Pt und gegebenenfalls Ag, Au) vergesellschafteten „*Platinmetalle*" (zur Gewinnung des Rohplatins vgl. S. 1587) nutzt man die unterschiedliche *Oxidierbarkeit* der einzelnen Metalle sowie die unterschiedliche *Löslichkeit* geeigneter Komplexsalze aus. Ausgangsmaterial für Rhodium sind häufig Nickelkupfersulfide (s. o.), für Iridium Iridosmium oder Osmiridium (s. o.).

Im einzelnen *gewinnt* man beide Elemente wie folgt: (i) Nach Weglösen von Pt, Pd und Au mit Königswasser und von hierbei gebildetem AgCl als $AgNO_3$ (Erhitzen mit $PbCO_3$ und Lösen mit HNO_3) *schmilzt* man den Rh-, Ir-, Pd- und Pt-haltigen Rückstand mit *Natriumhydrogensulfat* $NaHSO_4$ und trennt durch *Auslaugen* mit Wasser lösliches $\mathbf{Rh_2(SO_4)_3}$ ab. – (ii) Der verbleibende Ir-, Pd- und Pt-haltige Rückstand wird mit *Natriumperoxid verschmolzen*. Nach Auslaugen des Schmelzkuchens mit Wasser (RuO_4^- und $OsO_4(OH)_2^{2-}$ gehen in Lösung und werden zu Ru und Os weiterverarbeitet, vgl. S. 1534) verbleibt unlösliches $\mathbf{IrO_2}$. – (iii) $\mathbf{Rh_2(SO_4)_3}$ wird auf dem Wege über unlösliches $Rh(OH)_3$ (Fällung des Sulfats mit NaOH), lösliches H_3RhCl_6 (Aufnehmen des Hydroxids in Salzsäure), unlösliches $(NH_4)_3[Rh(NO_2)_6]$ (Versetzen des Chlorokomplexes mit $NaNO_2$ und NH_4Cl) in lösliches $\mathbf{(NH_4)_3[RhCl_6]}$ (Digerieren des Nitritokomplexes mit Salzsäure) überführt, $\mathbf{IrO_2}$ in unlösliches $\mathbf{(NH_4)_3[IrCl_6]}$ (Lösen des Oxids in Königswasser, Zugabe von NH_4Cl zur Lösung). – (iv) Die *Reduktion* der beiden Komplexe $\mathbf{(NH_4)_3[MCl_6]}$ mit Wasserstoff liefert **metallisches Rhodium** bzw. **Iridium**.

Physikalische Eigenschaften

Die Elemente **Rhodium** und **Iridium** stellen *silberweiße, dehnbare* (Rh) bzw. *spröde* (Ir) Metalle der Dichten 12.41 bzw. 22.65 g/cm^3 dar (Ir besitzt die *größte Dichte* aller Elemente), die sehr *hart* sind (härter als Co), bei 1966 bzw. 2410 °C schmelzen sowie bei 3670 bzw. 4530 °C sieden und mit *kubisch-dichtester* Metallatompackung kristallisieren (bezüglich weiterer Eigenschaften von Rh und Ir vgl. Tafel IV).

Physiologisches. Rhodium und Iridium sind für Lebewesen *nicht essentiell*, aber in gewissem Umfange *toxisch*.

Chemische Eigenschaften

Ähnlich wie Ruthenium und Osmium sind auch **Rhodium** und **Iridium** (das *chemisch inaktivste Platinmetall*) in *kompakter* Form gegen *Säuren* beständig (*Königswasser* sowie *konzentrierte Schwefelsäure* vermögen allerdings *feinstgepulvertes* Rh und Ir sehr langsam zu lösen). Die Auflösung beider Metalle erfolgt am besten in konzentrierter $NaClO_3$-haltiger *Salzsäure* bei 125–150 °C. Möglich ist auch eine Auflösung von Rh bzw. Ir in konzentrierter Salzsäure unter O_2-Druck, sowie von Rh in einer *Natriumhydrogensulfatschmelze* $NaHSO_4$ bzw. von Ir in einer *alkalischen Oxidationsschmelze* (z. B. Na_2O_2 oder KOH/KNO_3). *Sauerstoff* greift Rh und Ir bei Rotglut unter Bildung von Rh_2O_3 und IrO_2 an (geschmolzenes Rhodium löst Sauerstoff, der beim Erstarren unter Spritzen wieder abgegeben wird). *Fluor* reagiert in der Hitze zu RhF_6 und IrF_6, *Chlor* zu $RhCl_3$ und $IrCl_3$ bzw. $IrCl_4$.

Verwendung von Rhodium und Iridium. Sowohl Rhodium als auch Iridium (Weltjahresproduktion: einige Tonnen) finden vorwiegend in Form von **Legierungen** Anwendung. Wichtig sind *Platinlegierungen* mit einem Gehalt von 1–10% Rh als *Katalysatoren* bei der *Ammoniakverbrennung* (s. dort; Rh/Pt zeichnet sich vor Pt durch erhöhte NO-Ausbeute und gute Haltbarkeit aus), bei der *Autoabgasreinigung* (s. dort) und bei *Hydrierungs-* sowie *Hydroformylierungsreaktionen*. Erwähnt sei auch die Verwendung von Rh/Pt-Legierungen in „*Thermoelementen*" (Rh/Pt-Plusschenkel, Pt-Minusschenkel). Platinlegierungen mit 10–20% Ir dienen wegen ihrer großen *Härte* und chemischen Widerstandsfähigkeit zur Herstellung „*chemischer Geräte*" (Tiegel, Schalen, Instrumentenzapfen), langlebigen „*Elektroden*" (z. B. für Zündkerzen). Auch der in Sevre bei Paris aufbewahrte Normalstab („*Urmeter*") und Normalzylinder („*Urkilogramm*") bestehen aus einer Legierung mit 10% Ir/90% Pt. **Rhodiummetall** kann wegen seiner Korrosionsbeständigkeit zum Überzug von *Gewichtssätzen*, wegen seines hohen Reflexionsvermögens als Belagmaterial hochwertiger *Spiegel* genutzt werden. Geeignete **Rhodiumverbindungen** (Phosphankomplexe) katalysieren *Hydrierungen* und *Hydroformylierungen* wirksamer als Cobaltverbindungen.

Rhodium und Iridium in Verbindungen

Die maximale **Oxidationsstufe** von Rh und Ir beträgt in Verbindungen **+6** (z. B. MF_6^-; maximale Oxidationsstufen der linken und rechten Periodennachbarn +8 (Ru, Os), +5 (Pd) und +6 (Pt), des leichteren Homologen +5 (Co)). Die der Nebengruppennummer VIII entsprechende Wertigkeit wird also von Rh und Ir nicht erreicht. Als Beispiel für Verbindungen mit Rh und Ir in den Oxidationsstufen **+5** bis **−1** seien genannt: $[M^{V}F_6]^-$, $[M^{IV}Cl_6]^{2-}$, $[M^{III}Cl_6]^{3-}$, $[Rh^{II}Cl_2(PR_3)_2]$, $[Rh^{I}Cl(PR_3)_3]$, $[Ir^{I}Cl(CO)(PR_3)_2]$, $[M_4^0(CO)_{12}]$ ferner $[Rh^{-I}(CO)_4]^-$, $[Ir^{-I}(CO)_3(PR_3)_3]^-$. Die am häufigsten angetroffenen Oxidationsstufen sind für Rh **+3** und für Ir **+3** sowie **+4**. *Rhodium* weist in seinen wichtigen Oxidationsstufen wie Cobalt eine *wässerige Kationenchemie* auf.

Über die Potentiale einiger Redoxvorgänge des Rhodiums und Iridiums bei pH = 0 in nichtkomplexierenden Säuren bzw. in Salzsäure informieren folgende **Potentialdiagramme**:

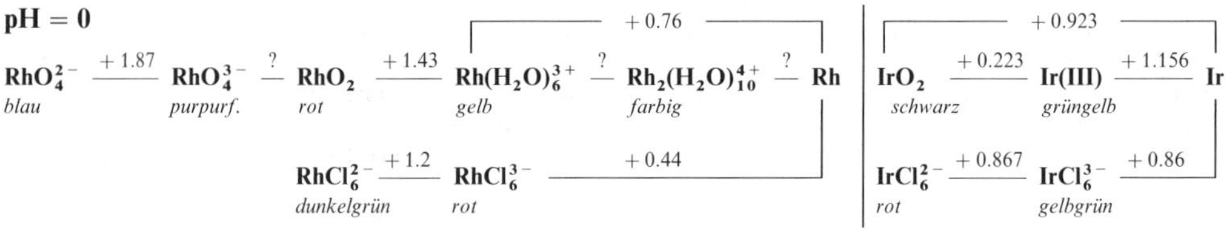

pH = 0

$$\underset{\textit{blau}}{RhO_4^{2-}} \xrightarrow{+1.87} \underset{\textit{purpurf.}}{RhO_4^{3-}} \xrightarrow{?} \underset{\textit{rot}}{RhO_2} \xrightarrow{+1.43} \underset{\textit{gelb}}{Rh(H_2O)_6^{3+}} \xrightarrow{?} \underset{\textit{farbig}}{Rh_2(H_2O)_{10}^{4+}} \xrightarrow{?} Rh$$

$$Rh(H_2O)_6^{3+} \xrightarrow{+0.76} Rh$$

$$\underset{\textit{dunkelgrün}}{RhCl_6^{2-}} \xrightarrow{+1.2} \underset{\textit{rot}}{RhCl_6^{3-}} \xrightarrow{+0.44} Rh$$

$$\underset{\textit{schwarz}}{IrO_2} \xrightarrow{+0.223} \underset{\textit{grüngelb}}{Ir(III)} \xrightarrow{+1.156} Ir$$

$$IrO_2 \xrightarrow{+0.923} Ir$$

$$\underset{\textit{rot}}{IrCl_6^{2-}} \xrightarrow{+0.867} \underset{\textit{gelbgrün}}{IrCl_6^{3-}} \xrightarrow{+0.86} Ir$$

Während bei Cobalt in Wasser die zweiwertige Stufe als stabilste Wertigkeit nur durch starke Oxidationsmittel in die dreiwertige Stufe übergeführt werden kann und Co(III) Wasser unter O_2-Entwicklung zersetzt, ist umgekehrt bei Rhodium die dreiwertige Stufe auf Grund der viel größeren Ligandenfeldaufspaltung im oktaedrischen Feld und der somit gewinnbaren hohen Ligandenfeldstabilisierungsenergie viel beständiger als zweiwertiges Rhodium, das als starkes Reduktionsmittel leicht mit Luftsauerstoff reagiert (Rh(III) ist wasserstabil). Ir(III) kann – laut Potentialdiagramm – nicht zu Ir(IV) oxidiert werden, Ir(IV) leicht zu Ir(III) reduziert werden.

Die **Koordinationszahlen** von *zwei-* und *dreiwertigem* Rh und Ir liegen im Bereich *vier* bis *sechs* (z. B. quadratisch-planar in $[\mathbf{Rh^{II}}Cl_2(PR_3)_2]$, quadratisch-pyramidal in $[\mathbf{Rh^{II}}(O_2CMe)_4]$, trigonal-bipyramidal in $[\mathbf{Ir^{III}}H_3(PR_3)_2]$, oktaedrisch in $[\mathbf{M}Cl_6]^{3-}$). Die *einwertigen* Metalle weisen Zähligkeiten im Bereich von *drei* bis *fünf* auf (z. B. T-förmig in $[\mathbf{Rh^{I}}(PR_3)_3]^+$, quadratisch-planar in $[\mathbf{Rh^{I}}Cl(PR_3)_3]$, $[\mathbf{Ir^{I}}Cl(CO)(PPh_3)_2]$, trigonal-biypramidal in $\mathbf{Rh^{I}}H(PF_3)_4]$, $[\mathbf{Ir^{I}}H(CO)(PR_3)_3]$), die *nullwertigen* Metalle die KZ *sechs* (oktaedrisch in $[\mathbf{M}_4^0(CO)_{12}]$), die negativ einwertigen Metalle die KZ *vier* auf (tetraedrisch in $[\mathbf{Rh^{-I}}(CO)_4]^-$, $[\mathbf{Ir^{I}}(CO)_3(PPh_3)]$). Die Metalle im *vier-* bis *sechswertigen* Zustand (z. B. $[\mathbf{M^{IV}}Cl_6]^{2-}$, $[\mathbf{M^{V}}F_6]^-$, $[\mathbf{M^{VI}}F_6]$) sind oktaedrisch gebaut.

Bezüglich der Elektronenkonfiguration, der *Radien*, der *magnetischen* und *optischen* Eigenschaften von **Rhodium-** und **Iridiumionen** vgl. Ligandenfeld-Theorie (S. 1250) sowie Anh. IV, bezüglich eines **Eigenschaftsvergleichs** der Metalle der Cobaltgruppe S. 1199f und Nachfolgendes.

Die wachsende Bindung der d-Außenelektronen an die Atomkerne der Übergangsmetalle innerhalb einer Periode aufgrund der zunehmenden Kernladung führt selbst in der zweiten und dritten Periode ab Ru und Os zu einer Erniedrigung der *maximal erreichbaren Oxidationsstufe* beim Übergang zu den rechten Periodennachbarn (innerhalb der Gruppe erhöht sich die maximal erreichbare Oxidationsstufe wegen des zunehmenden Abstands der d-Außenelektronen vom Kern):

Mn +7	**Fe** +6	**Co** +**5**	**Ni** +4	Cu +4
Tc +7	**Ru** +8	**Rh** +**6**	**Pd** +5	Ag +4
Re +7	**Os** +8	**Ir** +**6**	**Pt** +6	Au +5

Aus gleichem Grunde sind die Oxidationsstufen + 4 bei Co, + 4 und + 5 bei Rh sowie + 5 bei Ir selten. Auch erniedrigen sich die *Schmelz- und Siedepunkte* beim Übergang von Fe, Ru, Os zu Co, Rh, Ir (vgl. Tafel IV) als Folge der Abnahme der Bindungstendenz der d-Elektronen in den Metallen, und es nimmt die Tendenz der Metalle zur Bildung von Oxokomplexen ab (die Stärke von MO-Bindungen beruht auf der π-Rückkoordination seitens des Sauerstoffs; man kennt zwar $[Co^{II}O_3]^{4-}$ und $[Co^{V}O_4]^{3-}$, aber keine Oxokomplexe von Rh und Ir).

Die Metalle Co, Rh und Ir tendieren wie die vorangehenden Elemente zur Bildung von **Metallatomclustern.** Von Co, Rh bzw. Ir sind Dimetallclusterionen M_2^{4+} mit Bindungen der Ordnung 1 und Bindungsabständen von rund 2.3, 2.4 bzw. 2.8 Å (jeweils ± 0.05 bis 0.1 Å) bekannt, von Rhodium auch Clusterionen Rh_2^{5+} (Bindungsordnung 1.5).

2.2 Verbindungen des Rhodiums und Iridiums[19,20)]

Wasserstoffverbindungen

Rhodium und Iridium bilden wie das leichtere Homologe Cobalt *keine* unter Normalbedingungen isolierbaren *binären Hydride*[21)], obwohl beide Metalle Hydrierungen katalysieren. Man kennt jedoch *ternäre Hydride* der Zusammensetzung $\mathbf{Li_3RhH_4}$, $\mathbf{Ca_2MH_5}$ (M = Rh, Ir; analog: Sr_2MH_5) und $\mathbf{Na_3MH_6}$ (M = Rh, Ir; analog: Li_3IrH_6), die im Sinne der Formulierungen $3LiH \cdot RhH$, $2CaH_2 \cdot MH$, $2SrH_2 \cdot MH$, $3LiH \cdot IrH_3$, $3NaH \cdot MH_3$ *Mono-* und *Trihydride* **MH** und $\mathbf{MH_3}$ des Rhodiums und Iridiums enthalten. Es existieren von beiden Hydriden mit *ein-* und *dreiwertigen Metallen* (d^8- und d^6-Elektronenkonfiguration) zudem *Addukte* mit neutralen Donoren wie $\mathbf{[MH(PR_3)_4]}$ (R = F, OR′, Organyl) und $\mathbf{[MH_3(PR_3)_3]}$ (vgl. Tab. 133, S. 1607; von Rh sind bisher nur Komplexe des Typs $MH_2X(PR_3)_3$ mit X = Cl, Br, I bekannt). Schließlich kennt man mit $\mathbf{[IrH_5(PMe_3)_2]}$ ein Addukt des Pentahydrids $\mathbf{IrH_5}$ mit fünfwertigem Ir (d^4).

Strukturen. Die aus den Elementen zugänglichen ternären Hydride enthalten im Falle der *farblosen* Verbindungen Li_3IrH_6 und Na_3MH_6 MH_6^{3-}-Oktaeder (M im Oktaederzentrum), im Falle der *farblosen* Verbindungen Ca_2MH_5 und Sr_2MH_5 tetragonale MH_5^{4-}-Pyramiden und im Falle von *metallisch-glänzenden* Li_3RhH_4 planare RhH_4^{3-}-Einheiten. Unter den Phosphan-Addukten sind die Verbindungen $[MH(PR_3)_4]$ analog $[CoH(PR_3)_4]$ struktuiert (MP_4-Tetraeder mit M im Tetraederzentrum und H fluktuierend über den Tetraederflächen), die Verbindungen $[IrH_3(PR_3)_3]$ mit *mer-* und *fac*-ständigen H-Atomen. $[IrH_5(PMe_3)_2]$ stellt ein fluktuierendes Molekül dar. Bezüglich der Carbonyl-Addukte vgl. S. 1648.

Halogenverbindungen

Wie aus Tab. 130 hervorgeht, existieren als *binäre* **Halogenide** von *sechs-, fünf-* und *vierwertigem* Rhodium und Iridium ausschließlich Fluoride $\mathbf{MF_6}$, $\mathbf{MF_5}$ und $\mathbf{MF_4}$ (die Existenz von $IrCl_4$ ist unsicher; man kennt jedoch die Halogenokomplexe $\mathbf{MCl_6^{2-}}$ und $\mathbf{IrBr_6^{2-}}$ der unbekannten Tetrahalogenide MCl_4 und $IrBr_4$). RhF_6 und RhF_5 stellen die einzigen binären sechs- und fünfwertigen Rh-Verbindungen dar. Andererseits kennt man *alle dreiwertigen* Halogenide $\mathbf{MX_3}$ der Elemente, während *Di-* und *Monohalogenide* $\mathbf{MX_2}$ und **MX** nur in Form von Donoraddukten wie $[RhX_2(PR_3)_2]$ und $[MX(PR_3)_3]$ isolierbar sind (jeweils quadratisch; X = Cl, Br, I; die Existenz von IrBr und IrI ist unsicher). Wie von Co sind auch von Rh und Ir keine **Halogenidoxide** eindeutig charakterisiert. Wichtige Ru- und Os-Halogenide stellen insbesonders $RhCl_3$ und $IrCl_3$ in Form der Trihydrate $\mathbf{MCl_3 \cdot 3H_2O}$ ≙ $[M(H_2O)_3Cl_3]$ dar. Sie dienen als Ausgangsmaterial für die Darstellung vieler Rh- und Ir-Verbindungen.

---

[20] **Literatur.** T.R. Felthouse: „*The Chemistry, Structure, and Metal-Metal-Bonding in Compounds of Rhodium(II)*", Prog. Inorg. Chem. **29** (1982) 73–166; J.H. Canterford, R. Colton: „*Rhodium and Iridium*" in „Halides of the Second and Third Row Transition Metals", Wiley 1968, S. 346–357.

[21] Bezüglich der **Boride, Carbide, Nitride** von Rh und Ir vgl. S. 1059, 852, 642.

Darstellung. Erhitzt man Rhodium und Iridium in einer *Fluoratmosphäre*, so gehen sie in schwarzes **Rhodium-** sowie *gelbes* **Iridiumhexafluorid** $\mathbf{MF_6}$ (d^3-Elektronenkonfiguration) über. Beide Fluoride müssen wegen ihrer Zersetzlichkeit aus dem Reaktionsgas „ausgefroren" werden und lassen sich durch kontrollierten *thermischen Abbau* in *dunkelrotes* **Rhodium-** sowie *gelbes* **Iridiumpentafluorid** $\mathbf{MF_5}$ (d^3) überführen, welche ihrerseits durch Rh- oder Ir-Schwarz bei erhöhter Temperatur (400 °C) zu *purpurrotem* **Rhodium-** sowie *braunem* **Iridiumtetrafluorid** $\mathbf{MF_4}$ (d^5) reduzierbar sind (RhF_4 wird auch durch Fluorierung von $RhBr_3$ mit BrF_3, MF_4 aus den Elementen bei 250 °C gewonnen). Alle **Rhodium-** sowie **Iridiumtrihalogenide** $\mathbf{MX_3}$ (d^6) bilden sich *aus den Elementen* (RhI_3 durch Einwirkung wässeriger KI-Lösungen auf $RhBr_3$). Die Hydrate $\mathbf{MX_3 \cdot 3H_2O}$ (M = Rh, X = Cl, Br; M = Ir, X = Cl, Br, I) erhält man durch Lösen von wasserhaltigem M_2O_3 in den betreffenden Halogenwasserstoffsäuren; sie bleiben beim Eindunsten der sauren Lösungen zurück.

Tab. 130 Halogenide und Oxide von Rhodium und Iridium (vgl. S. 1552, 1611, 1620)

	Fluoride		**Chloride**		**Bromide**		**Iodide**		**Oxide**	
M(VI)	$\mathbf{RhF_6}$ *schwarz* 70 °C O_h (6)	$\mathbf{IrF_6}$ [a)] *gelb* 44 °C O_h (6)	–	–	**Verbindung** Farbe Smp. Struktur (KZ)*) *) Tetr. = Tetramer		–	–	$\mathbf{RhO_3}$ nur in Gasphase	$\mathbf{IrO_3}$ nur in Gasphase
M(V)	$\mathbf{RhF_5}$ *rot* 95,5 °C Tetr. (6)	$\mathbf{IrF_5}$ *gelb* 104,5 °C Tetr. (6)	–	–			–	–	–	
M(IV)	$\mathbf{RhF_4}$ *rot* IrF_4 (6)	$\mathbf{IrF_4}$ *braun* IrF_4 (6)	– nur $RhCl_6^{2-}$	$\mathbf{IrCl_4}$? sicher $IrCl_6^{2-}$	–	– nur $IrBr_6^{2-}$	–	–	$\mathbf{RhO_2}$ *schwarz* TiO_2 (6)	$\mathbf{IrO_2}$ [c)] *schwarz* TiO_2 (6)
M(III)	$\mathbf{RhF_3}$ *rot* RhF_3 (6)	$\mathbf{IrF_3}$ *schwarz* RhF_3 (6)	$\mathbf{RhCl_3}$ [d)] *braun* $CrCl_3$ (6)	$\mathbf{IrCl_3}$ [d)] *rot* $CrCl_3$ (6)	$\mathbf{RhBr_3}$ *rotbraun* $CrCl_3$ (6)	$\mathbf{IrBr_3}$ *rotbraun* $CrCl_3$ (6)	$\mathbf{RhI_3}$ *dunkel* $CrCl_3$ (6)	$\mathbf{IrI_3}$ *dunkel* $CrCl_3$ (6)	$\mathbf{Rh_2O_3}$ [c)] *dunkel* Al_2O_3 (6)	$\mathbf{Ir_2O_3}$ *dunkel* [b)]
M(II,I)	–	–	– [e)]	–	– [e)]	**IrBr** [f)]	– [e)]	**IrI** [f)]	–	–

a) $\mathbf{IrF_6}$: Sdp. 53.6 °C; ΔH_f – 580 kJ/mol; – **b)** Nicht wasserfrei isolierbar. – **c)** ΔH_f für $\mathbf{IrO_2/Rh_2O_3}$ = – 274/– 343 kJ/mol. – **d)** ΔH_f für $\mathbf{RhCl_3/IrCl_3}$ = – 299/– 246 kJ/mol. – **e)** Man kennt von $\mathbf{MX_2}$ und **MX** (X = Cl, Br, I) u. a. Phosphankomplexe $RhX_2(PR_3)_2$ und $MX(PR_3)_3$. – **f)** *Rotbraunes* **IrBr** und **IrI** sollen sich beim Erhitzen von IrX_3 auf 440 bzw. 330 °C im HX-Strom bilden.

Eigenschaften. Einige Kenndaten der Rhodium- und Iridiumhalogenide sind in der Tab. 130 wiedergegeben.

Strukturen (vgl. Tab. 130 sowie S. 1611). Rh und Ir weisen in den Halogeniden MX_n oktaedrische X-Koordination auf. Während die Halogenide $\mathbf{MF_6}$ auch in kondensierter Phase als *Monomere* vorliegen (O_h-Symmetrie), bilden die Halogenide $\mathbf{MF_5}$ *Tetramere*, die Halogenide $\mathbf{MF_4}$ und $\mathbf{MF_3}$ *Raumstrukturen* (s. u.) und die Halogenide $\mathbf{MCl_3}$, $\mathbf{MBr_3}$, $\mathbf{MI_3}$ *Schichtstrukturen* mit „$CrCl_3$-Struktur" (s. dort). Mit der Struktur von IrF_4, die auch RhF_4 zukommt, wurde erstmals für ein Tetrafluorid eine „Raumstruktur" aufgefunden. Die **„$\mathbf{IrF_4}$-Struktur"** unterscheidet sich von der auf S. 1428 besprochenen „SnF_4"- und „VF_4"-Struktur durch eine Verknüpfung der MF_6-Oktaeder mit vier benachbarten MF_6-Oktaedern in der Weise, daß nicht zwei *trans*-, sondern zwei *cis*-ständige Fluorid-Ionen unverbrückt bleiben. Es resultiert näherungsweise eine Raumstruktur vom Rutil-Typ (vgl. S. 124), wobei alternierende M-Positionen der Bänder aus kantenverbrückten TiO_6-Oktaedern unbesetzt bleiben. In der auch für IrF_3 zutreffenden **„$\mathbf{RhF_3}$-Struktur"** besetzen die Rh-Ionen $\frac{1}{3}$ der oktaedrischen Lücken einer hexagonal-dichtesten Fluorid-Packung.

Reaktivität. Die Thermostabilität der Halogenide MX_n von Rh und Ir nimmt ähnlich wie die der Halogenide von Ru und Os (S. 1539) beim Übergang vom schwereren zum leichteren Element sowie mit wachsendem n ab. Demgemäß zerfallen die *Hexafluoride* (und hier hauptsächlich RhF_6) leicht unter *Fluorabgabe* in die *Pentafluoride*, welche einigermaßen thermostabil sind. Flüchtiges IrF_5 (doch nicht RhF_5) entsteht sogar bei 400 °C als Folge der Disproportionierung: $2MF_4 \rightarrow MF_3 + MF_5$. Entsprechend der geringen Thermostabilität haben IrF_6 und insbesondere RhF_6 eine hohe Oxidationskraft (in H_2O entwickelt RhF_6 Sauerstoff).

Die Hydrolyseneigung der *höherwertigen* Rh- und Ir-Halogenide ist wie die der höherwertigen Ru- und Os-Halogenide groß, so daß es sich bei den Penta- und insbesondere Hexafluoriden um äußerst *reaktionsfähige*, ätzende Verbindungen handelt. RhF_6 setzt sich als instabiles Halogenid selbst mit sorgfältig getrocknetem Glas um. Demgegenüber sind die *dreiwertigen* Rh- und Ir-Halogenide – aus kinetischen Gründen – *wasserbeständig* und weisen demgemäß nur geringe Löslichkeiten auf. Man gewinnt die leichter löslichen Trihydrate $RhCl_3 \cdot 3H_2O$ (*dunkelrot*) und $IrCl_3 \cdot 3H_2O$ (*dunkelgrün*) aus diesem Grunde durch direkte Methoden („Naßmethoden"; s.o.). Darüber hinaus läßt sich das Hydrat $RhCl_3 \cdot 3H_2O$ durch Erhitzen in trockenem HCl-Strom auf 180 °C zu einem reaktionsfähigen, in Wasser und Tetrahydrofuran löslichen Produkt $RhCl_3$ entwässern.

Komplexe der Rh- und Ir-Halogenide. Behandelt man die M(III)-Komplexe $MCl_3 \cdot 3H_2O \triangleq [MCl_3(H_2O)_3]$ (M = Rh bzw. Ir; d^6-Elektronenkonfiguration) mit kochendem *Wasser* oder *Mineralsäuren*, so bilden sich auf dem Wege über $[MCl_2(H_2O)_4]^+$ und $[MCl(H_2O)_5]^{2+}$ die *„Hexaaquametall(III)-Ionen"* $[M(H_2O)_6]^{3+}$ (*gelb* bzw. *gründgelb*), digeriert man sie mit *Alkalilauge*, so fallen *dunkelfarbige „Metall(III)-Oxid-Hydrate"* $M_2O_3 \cdot xH_2O$ (nicht entwässerbar) aus, versetzt man sie mit *konzentrierter Salzsäure*, so entstehen auf dem Wege über $[MCl_4(H_2O)_2]^-$ und $[MCl_5(H_2O)]^{2-}$ die *„Hexahalogenokomplexe"* $[MCl_6]^{3-}$ (*rot* bzw. *olivgrün*). Letztere bilden gut kristallisierende Alkalimetall- sowie Ammoniumsalze[22] und hydrolysieren in Wasser langsam über *„Aquachlorokomplexe"* $[MCl_n(H_2O)_{6-n}]^{(3-n)+}$ (n = 5, 4, 3, 2, 1) zu $[M(H_2O)_6]^{3+}$ (es wird jeweils Cl^- in *cis*-Stellung zu H_2O leichter substituiert, so daß die Hydrolyse über *cis*-$[MCl_4(H_2O)_2]^-$ und *fac*-$[MCl_3(H_2O)_3]$ führt; Ligandensubstitutionen verlaufen aber an Ir(III)-Komplexen erheblich langsamer ab als an Rh(III)-Komplexen; vgl. S. 1280). In analoger Weise reagiert *Ammoniak* mit $[MCl_6]^{3-}$ bzw. $[MCl_3(H_2O)_3]$ zu *„Amminchlorokomplexen"* $[MCl_n(NH_3)_{6-n}]^{(3-n)+}$. Man kennt auch analog $[MCl_6]^{3-}$ gebaute Halogenokomplexe $[RhF_6]^{3-}$, $[RhF_5]^{2-}$, $[MBr_6]^{3-}$ und $[IrI_6]^{3-}$ (jeweils ein ungepaartes Elektron; μ_{mag} 1.6–1.7 BM). Typische Formeln für weitere, häufig *gelb-* bis *orangefarbene* Rh(III)- und Ir(III)-Komplexe sind $[MCl_3L_3]$ (L z.B. = py, PR_3, AsR_3, SR_2, CO usw.), $[MCl_4L_2]^-$ (L z.B. py = Pyridin), $[MCl_2L_4]^+$ (L_2 z.B. en = Ethylendiamin).

Beispiele für M(V)-Komplexe von Rh und Ir sind die *Halogenokomplexe* $[MF_6]^-$ (d^4; oktaedrisch; 2 ungepaarte Elektronen; μ_{mag} 1.25 BM), Beispiele für M(IV)-Komplexe die Verbindungen $[MX_6]^{2-}$ (d^5; X = F, Cl, Br; oktaedrisch; ein ungepaartes Elektron; μ_{mag} 1.6–1.8 BM). Die zuletzt angesprochenen Hexahalogenometallate(IV) lassen sich durch Oxidation von MX_6^{3-} mit Chlor bzw. von $[IrBr_6]^{3-}$ mit Brom bei 0 °C gewinnen. Besondere Bedeutung kommt dem **Hexachloroiridat(IV) $[IrCl_6]^{2-}$** zu. Man stellt es bequem durch Chlorierung von Ir-Pulver oder Eintragen von IrO_2 in konzentrierte Salzsäure jeweils in Anwesenheit von Alkalimetallchlorid dar. *„Natrium-hexachloroiridat(IV)"* Na_2IrCl_6 wird als Ausgangsmaterial für die Darstellung anderer Ir(IV)-Verbindungen wie etwa $[IrCl_3(H_2O)_3]^+$, $[IrCl_4(H_2O)_2]$, $[IrCl_5(H_2O)]^-$ (vgl. Tab. 130 sowie S. 1569) genutzt. $[IrCl_6]^{2-}$ zersetzt sich in alkalischer Lösung unter O_2-Entwicklung: $2[IrCl_6]^{2-} + 2OH^- \rightleftharpoons 2[IrCl_6]^{3-} + \frac{1}{2}O_2 + H_2O$. In starker Säure wird $[IrCl_6]^{3-}$ umgekehrt durch Sauerstoff zu $[IrCl_6]^{2-}$ oxidiert. $[IrCl_6]^{2-}$ wirkt nicht nur bezüglich OH^-, sondern auch bezüglich Iodid, Oxalat, Ethanol und einer Reihe organischer Substanzen als Oxidationsmittel.

Die M(II)-Komplexe des Rhodiums und Iridiums sind im Gegensatz zu den Co(II)-Verbindungen sehr selten (deutliche Abnahme der Tendenz zur Bildung von Komplexen der zweiwertigen Metalle in Richtung Co(II) > Rh(II) > Ir(II)). Isolierbar sind im Falle der Rhodiumdihalogenide *paramagnetische*, quadratische Komplexe des Typs $[RhX_2(PR_3)_2]$ mit sperrigen Phosphanliganden (z.B. R = Cyclohexyl C_6H_{11}) sowie *diamagnetische* Komplexe mit RhRh-Clustern (s.u.). Andererseits deuten ESR-Studien an einem durch Elektronenbestrahlung von $[IrCl_6]^{3-}$ in Kochsalz erhältlichen Produkt auf die Anwesenheit des paramagnetischen Chlorokomplexes $[IrCl_6]^{4-}$.

Die M(I)-Komplexe des Rhodiums und Iridiums enthalten in der Regel immer π-Akzeptor-Liganden. So existiert das *„Rhodium(I)-chlorid"* RhCl bzw. *„Iridium(I)-chlorid"* IrCl nicht als solches, sondern nur in Form *gelber* bis *roter* Addukte mit Triphenylphosphan, Ethylen, Kohlenoxid usw. Besondere Bedeutung hat hier das *diamagnetische* **Chlorotris(triphenylphosphan)rhodium(I) $[RhCl(PPh_3)_3]$** (*rotviolette* sowie *orangefarbene* Kristalle; *rote* Benzollösung; 16 Außenelektronen) als Katalysator für *Hydrierungen* sowie *Hydroformylierungen* von Alkenen in homogener Lösung erlangt (*„Wilkinsons Katalysator"*, s.u.). Es läßt sich durch Reduktion einer alkoholischen Lösung von $RhCl_3 \cdot 3H_2O$ in Anwesenheit von PPh_3 gewinnen und ist quadratisch gebaut (geringfügige Verzerrung in Richtung tetraedrischer Koordination). Man kennt auch einen entsprechenden Iridiumkomplex $[IrCl(PPh_3)_3]$. In Benzol beobachtet man im Falle der Rhodium-, nicht jedoch der Iridium-Verbindung das Dissoziationsgleichgewicht:

$$RhCl(PPh_3)_3 \rightleftharpoons RhCl(PPh_3)_2 + PPh_3,$$

[22] $(NH_4)_3[RhCl_6]$ läßt sich zur *Abscheidung* von Rh(III), schwerer lösliches $[RhCl(NH_3)_5]Cl_2$ zur *Abtrennung* des dreiwertigen Rhodiums von Ir(III) nutzen.

das allerdings weitgehend auf der linken Seite liegt ($K = 1.4 \times 10^{-4}$, stabiler ist $[RhCl(PR_3)_2]$ mit sperrigen PR_3-Liganden). Das Spaltungsprodukt „*Chlorobis(triphenylphosphan)rhodium*" (KZ = 3, nur 14 Außenelektronen!), das zum Teil über Chlorbrücken dimer vorliegt ($2RhCl(PPh_3)_3 \rightleftharpoons (Rh_3P)_2RhCl_2Rh(PPh_3)_2 + 2PPh_3$; $K = 3 \times 10^{-4}$), vermag seinerseits eine Reihe von π-Akzeptorliganden L wie Kohlenstoffoxid, Sauerstoff, Ethylen zu addieren, so daß sich also $RhCl(PPh_3)_3$ mit den betreffenden Liganden insgesamt wie folgt umsetzt:

$$RhCl(PPh_3)_3 + L \rightleftharpoons \textit{trans}\text{-}RhClL(PPh_3)_2 + PPh_3.$$

Die Phosphangruppen stehen in $RhCl(CO)(PPh_3)_2$ (*gelb*; quadratischer Bau) in *trans*-Stellung. Die Verbindung, die auch aus $RhCl_3 \cdot 3H_2O$ und Formaldehyd (Lsm.: Alkohol), sowie $[RhCl(CO)_2]_2$ und PPh_3 zugänglich ist, läßt sich mit $NaBH_4$ in Anwesenheit von PPh_3 in den gelben, kristallinen Hydridokomplex $RhH(CO)(PPh_3)_3$ (trigonal-bipyramidal) verwandeln. Behandelt man $RhCl(PPh_3)_3$ mit Thalliumperchlorat in Aceton, so läßt sich statt des Triphenylphosphanliganden Chlorid unter Bildung des T-förmig gebauten Tris(triphenylphosphan)rhodium(I)-Ions $Rh(PPh_3)_3^+$ abspalten (entsprechende Komplexe des Iridiums haben die Zusammensetzung $[Ir(PR_3)_4]^+$:

$$RhCl(PPh_3)_3 + TlClO_4 \rightarrow Rh(PPh_3)_3^+ClO_4^- + TlCl.$$

Wasserstoff wird von $RhCl(PPh_3)_3$ unter oxidativer Addition (S. 384) addiert. Das hierbei entstehende „*Chlorodihydridotris(triphenylphosphan)rhodium(III)* $RhH_2Cl(PPh_3)_3$ (oktaedrisch; *mer*- $(PPh_3)_3$- sowie *cis*-H_2-Anordnung) vermag reversibel Triphenylphosphan unter Bildung von „*Chloro-dihydridobis(triphenylphosphan)rhodium(III)*" $RhH_2Cl(PPh_3)_2$ (trigonal-bipyramidal; Cl sowie 1 H axial gebunden) abzuspalten:

$$Rh^{I}Cl(PPh_3)_3 + H_2 \rightleftharpoons Rh^{III}H_2Cl(PPh_3)_3 \rightleftharpoons Rh^{III}H_2Cl(PPh_3)_2 + PPh_3.$$

Auch $[IrCl(PPh_3)_3]$ addiert Wasserstoff unter Bildung von $[IrClH_2(PPh_3)_3]$. Da letztere Verbindung nicht unter Abspaltung von PPh_3 zerfällt, eignet sie sich im Gegensatz zu $[RhClH_2(PPh_3)_3]$ nicht als Katalysator für Hydrierungen von Alkenen (vgl. S. 1572).

Besonders bekannt geworden ist unter den Ir(I)-Verbindungen *gelbes, diamagnetisches* ***trans*-Carbonylchlorobis(triphenylphosphan)** $\mathbf{[IrCl(CO)(PPh_3)_2]}$ („*Vaskas Komplex*"; 16 Außenelektronen), das man durch Rückflußkochen einer Lösung von Triphenylphosphan und Hexchloroiridat(III) $IrCl_6^{3-}$ in Diethylenglycol in einer Kohlenmonoxid-Atmosphäre darstellen kann. Es addiert in einem vom CO-Druck abhängigen Gleichgewicht

$$\textit{trans}\text{-}[IrCl(CO)(PPh_3)_2 + CO \rightleftharpoons [IrCl(CO)_2(PPh_3)_2]$$

ein weiteres Molekül Kohlenstoffmonoxid unter Bildung des Komplexes $[IrCl(CO)_2(PPh_3)_2]$ (trigonal-bipyramidal; 18 Außenelektronen), der von $NaBH_4$ in Alkohol in das Hydrid $[IrH(CO)_2(PPh_3)_2]$ überführt wird. Letztere Verbindung wirkt – wie die weniger stabile Rhodiumverbindung $[RhH(CO)(PPh_3)_2]$ – als Katalysator für die *Alkenformylierung*. Besonders charakteristisch für Vaskas Komplex ist seine Neigung zur oxidativen Addition von Molekülen wie H_2, O_2, N_2, SO_2, Alkenen, z. B.:

$$\textit{trans}\text{-}[IrCl(CO)(PPh_3)_2] + H_2 \rightarrow \textit{trans}\text{-}[IrClH_2(CO)(PPh_3)_2].$$

Weitere Ir(I)-Halogenokomplexe sind etwa: $[IrCl(C_2H_4)_4]$, $[IrCl(CNR)_4]$, $[IrCl(NO)(PPh_3)_2]^+$.

Verwendung. Besondere Bedeutung haben „*Wilkinsons Katalysator*" $[RhCl(PPh_3)_3]$ bzw. „*Vakas Komplex*" *trans*-$[IrCl(CO)(PPh_3)_2]$ als Katalysator für *Hydrierungen* und *Hydroformylierungen* von Alkenen in homogener Lösung erlangt (vgl. S. 1572, 1574).

Cyanoverbindungen

Binäre Cyanide existieren nur von Rh(III) und Ir(III): $\mathbf{M(CN)_3}$ (gewinnbar durch Einwirkung von KCN auf $RhCl_3 \cdot 3H_2O$ bzw. durch Thermolyse von $(NH_4)_3[Ir(CN)_6]$). Von ihnen leiten sich die *diamagnetischen*, oktaedrischen **Hexacyanometallate(III)** $\mathbf{[M(CN)_6]^{3-}}$ ab (vgl. $Co(CN)_6^{3-}$), die bei Zugabe von Kaliumcyanid zu einer $RhCl_3 \cdot 3H_2O$- bzw. $(NH_4)_3[IrCl_6]$-Lösung als *diamagnetische, farblose* Teilchen (18 Außenelektronen; vgl. S. 1656) entstehen und in Form von $K_3[M(CN)_6]$ auskristallisieren. Durch Photolyse lassen sich die Komplexe $[M(CN)_6]^{3-}$ in Wasser in die Ionen $[M(CN)_5(H_2O)]^{2-}$ überführen, die ihrerseits leicht in $[M(CN)_5X]^{n-}$ (X = Halogenid, OH^-, NCR) umwandelbar sind. **Tetracyanorhodat(I)** $[Rh(CN)_4]^{3-}$ (16 Außenelektronen; vgl. S. 1656) bildet sich als Produkt der Reaktion von CN^- mit $[RhCl(CO)_2]_2$; es addiert leicht HCN zum „*Pentacyanohydridorhodat(III)*" $[RhH(CN)_5]^{3-}$.

Sauerstoffverbindungen

Rhodium und Iridium bilden die *binären „Oxide“* $\mathbf{MO_3}$, $\mathbf{MO_2}$ und $\mathbf{M_2O_3}$ (MO_3 nur in der Gasphase, vergleiche Tabelle 130, S. 1566)[23)], ferner schlecht charakterisierte *„Hydroxide“* $M_2O_3 \cdot xH_2O$. Auch existieren von einigen Oxidationsstufen beider Elemente *„Salze“* und *„Metallate“* (formal Umsetzungsprodukte der isolierten bzw. nicht isolierten Oxide mit Säuren bzw. Basen).

Rhodium- und Iridiumoxide (vgl. Tab. 130, S. 1566, sowie S. 1620). Im Gegensatz zu Ru und Os bilden Rhodium und Iridium *keine* flüchtigen *„Tetraoxide“* MO_4. Ein *grünes*, durch Oxidation von Rh(III)-sulfat z. B. mit O_3 oder mit elektrischem Strom erhältliches Hydrat $RhO_2 \cdot xH_2O$ des **Rhodiumdioxids** $\mathbf{RhO_2}$ (*„Rhodium(IV)-oxid“*) zersetzt sich beim Entwässern unter Sauerstoffabgabe zu Rh_2O_3. Das wasserfreie, *schwarze* Dioxid läßt sich aber durch Erhitzen von Rh_2O_3 in Sauerstoff unter erhöhtem Druck gewinnen. Andererseits läßt sich das beim vorsichtigen Versetzen einer $IrCl_6^{2-}$-Lösung mit Alkali ausfallende *blauschwarze* Hydrat $IrO_2 \cdot xH_2O$ des **Iridiumdioxids** $\mathbf{IrO_2}$ (*„Iridium(IV)-oxid“*) in wasserfreies – auch direkt durch Erhitzen von Iridium in Sauerstoff erhältliches – Dioxid verwandeln. Beide Verbindungen („Rutil-Struktur“) verflüchtigen sich bei hohen Temperaturen als *Rhodium-* und *Iridiumtrioxide* $\mathbf{MO_3}$ (RhO_3: Bildung bei 850 °C, Zerfall bei 1050 °C in Rh und O_2; IrO_3: Bildung aus Ir und O_2 bei 1200 °C), die sich allerdings nicht in die kondensierte Phase überführen lassen. Versetzt man andererseits eine wässerige Rh(III)-Salzlösung mit Alkali, so fällt ein *gelbes*, nicht entwässerbares Hydrat $Rh_2O_3 \cdot xH_2O$ des **Dirhodiumtrioxids** $\mathbf{Rh_2O_3}$ („Rhodium*(III)-oxid“*) aus. Es entsteht in wasserfreier, *dunkelgrauer* Form („Korund-Struktur“) beim Erhitzen von Rh oder $RhCl_3$ in Sauerstoff auf 600 °C bzw. durch thermisches Zersetzen von Rh(III)-sulfat. Das *grüne* bis *blauschwarze* Hydrat $Ir_2O_3 \cdot xH_2O$ des **Diiridiumtrioxids** $\mathbf{Ir_2O_3}$ (*„Iridium(III)oxid“*) fällt langsam aus einer alkalischen Lösung von $[IrCl_6]^{3-}$ aus. Es soll in wasserfreier Form beim Erhitzen von $K_3[IrCl_6]$ mit Na_2CO_3 entstehen.

Rhodate, Iridate (Oxokomplexe von Rh, Ir). Bei der Oxidation alkalischer Lösungen von Rh(III)-Salzen mit ClO^-, BrO^-, $S_2O_8^{2-}$ bzw. von RhO_2 in konz. KOH-Lösung mit Cl_2 oder in verdünnter $HClO_4$-Lösung mit elektrischem Strom bilden sich *brilliant-blaue* Lösungen des **Rhodats(VI)** $\mathbf{RhO_4^{2-}}$ (wohl tetraedrisch). Der Paramagnetismus des Ba^{2+}-Salzes entspricht einem ungepaarten Elektron, wonach RhO_4^{2-} (d^3) eine – bei Vorliegen eines tetraedrischen Ligandenfeldes – ungewöhnliche low-spin-(e^3-)Elektronenkonfiguration besäße. Gibt man zu alkalischen Rh(III)-Salzlösungen weniger Oxidationsmittel, so erhält man *orangegelbe* Lösungen des **Rhodats(V)** $\mathbf{RhO_4^{3-}}$, das in sauerer Lösung gemäß $3RhO_4^{3-} + 5H^+ \rightarrow 2RhO_4^{2-} + Rh(OH)_3 + H_2O$ disproportioniert (ε_0 für $RhO_4^{2-}/RhO_4^{3-} = 1.87$ V). Analoge *„Iridate(IV,V)“* sind bisher unbekannt. Beim Schmelzen von Rhodium bzw. Iridium mit Natriumcarbonat an Luft entstehen andererseits sowohl **Rhodat(IV)** als auch **Iridat(IV)** $\mathbf{MO_3^{2-}}$ in Form der Natriumsalze („Na_2SnO_3-Struktur“ im Falle von Na_2RhO_3).

Aqua- und verwandte Komplexe von Rh, Ir. Aquakomplexe. *„Hexaaquarhodium(IV)“*- und *„-iridium(IV)“*-Ionen $[M(H_2O)_6]^{4+}$ sind unbekannt. Es existieren nur die hydratisierten Metalldioxide $MO_2 \cdot xH_2O$ (s. o.) sowie von Iridium ein durch Behandlung von $Na_2[IrCl_6]$ mit KOH gewinnbares **Hexahydroxoiridat(IV)** $\mathbf{[Ir(OH)_6]^{2-}}$ (isolierbar als Zn^{2+} bzw. Cd^{2+}-Salz)[24)].

---

[23] Die aus den Elementen zugänglichen, halbleitenden oder metallartigen **Sulfide, Selenide** und **Telluride** haben folgende Zusammensetzung: **MY** (RhTe mit „NiAs-Struktur“, IrS), $\mathbf{MY_2}$ (M = Rh, Ir; Y = S, Se, Te; „Pyrit-Struktur“), $\mathbf{M_2Y_3}$ (Rh_2Te_3, Ir_2S_3, Ir_2Se_3), $\mathbf{IrY_3}$ (Y = S, Se, Te; reaktionsträge, lösen sich selbst in Königswasser praktisch nicht), $\mathbf{M_2S_5}$ (M = Rh).

[24] Als weitere Ir(IV)-Komplexe seien die Verbindungen $[Ir_3O(O_2CR)_6(py)_3]^{2+}$, $[Ir_3O(SO_4)_9]^{10-}$ und $[Ir_3N(SO_4)_6(H_2O)_3]^{4-}$ genannt, die durch Kochen von Na_2IrCl_6 mit Pyridin in Essigsäure oder mit K_2SO_4 bzw. $(NH_4)_2SO_4$ in konz. H_2SO_4 entstehen und Strukturen analog $[Cr_3O(O_2CR)_6(H_2O)_3]^+$ (S. 1451) aufweisen (Kanten eines O- bzw. N-zentrierten Ir_3-Rings jeweils doppelt mit RCO_2^- oder SO_4^{2-} überbrückt; jedes Ir-Atom koordiniert zusätzlich py, SO_4^{2-} bzw. H_2O als exocyclischen Liganden). Rein formal enthält der erste und zweite Komplex 1 Ir(IV) und 2 Ir(III), der dritte Komplex 2 Ir(IV) und 1 Ir(III). Der erste Komplex läßt sich leicht zu $[Ir_3O(O_2CR)_6(py)_3]^+$ reduzieren (in $[M_3O(O_2CR_2)_6L_3]^+$ sind die Zentralmetalle M = Cr, Fe, Ru, Ir ausschließlich dreiwertig).

Beim Kochen einer wässerigen $RhCl_3 \cdot 3H_2O$-Lösung bildet sich das *gelbe* – auch beim Auflösen von $Rh_2O_3 \cdot xH_2O$ in Mineralsäure erhältliche – **Hexaaquarhodium(III)-Ion** $\mathbf{[Rh(H_2O)_6]^{3+}}$, welches als Säure wirkt:

$$„Rh(OH)_3" + 3H^+ + 3H_2O \rightleftarrows [Rh(H_2O)_6]^{3+} \rightleftarrows [Rh(OH)(H_2O)_5] + H^+$$

(pK_S ca. 3.3; undissoziiertes $[Rh(H_2O)_6]^{3+}$ existiert nur bei pH-Werten < 1). Beim Versetzen einer Lösung des Hexaaquarhodium(III)-Ions, das auch im wasserhaltigen Perchlorat $Rh(ClO_4)_3 \cdot 6H_2O$ (*gelb*), im Sulfat $Rh_2(SO_4)_3 \cdot nH_2O$ (*gelb*: $n = 12$; *rot*: $n = 6$) sowie im Alaun $M^IRh(SO_4)_2 \cdot 12H_2O$ vorliegt, mit Alkali fällt $Rh_2O_3 \cdot xH_2O$ aus (s. o.). Weniger leicht bildet sich das **Hexaaquairidium(III)-Ion** $\mathbf{[Ir(H_2O)_6]^{3+}}$; es liegt in Lösungen von $Ir_2O_3 \cdot xH_2O$ in starken Mineralsäuren sowie analog $[Rh(H_2O)_6]^{3+}$ in Form von Perchlorat, Sulfat und Alaunen vor. Wie im Falle des Rutheniumkomplexes $[Ru(H_2O)_6]^{3+}$ läßt sich auch im Falle des Rhodiumkomplexes $[Rh(H_2O)_6]^{3+}$ ein Wassermolekül durch andere Liganden L ersetzen:

$$[Rh(H_2O)_6]^{3+} + L \rightleftarrows [Rh(H_2O)_5L] + H_2O\,.$$

Derartige „*Anationen*" (L z. B. Cl^-, Br^-, NCS^-, NH_3) verlaufen allerdings langsam (vgl. S. 1282). Das „*Pentaaquachlororhodium(III)-Ion* kann seinerseits durch das Hexaaquachrom(II)-Ion zum *blauen* **Decaaquadirhodium(II)-Ion** $\mathbf{[Rh_2(H_2O)_{10}]^{4+}}$ reduziert werden (vgl. S. 1572):

$$2[Rh(H_2O)_6Cl]^{2+} + [Cr(H_2O)_6]^{2+} \xrightarrow[-3H_2O]{} [Rh_2(H_2O)_{10}]^{4+} + [Cr(H_2O)_5Cl]^{2+}\,.$$

Die Isolierung eines Salzes dieses Kations mit einer RhRh-Bindung (s. u.) scheiterte bisher. Ein analoger Aquakomplex von Ir(II) ist unbekannt.

Als weitere Rh(III)- und Ir(III)-Komplexe mit **sauerstoffhaltigen Liganden** seien die sehr stabilen, aus Rh(III)-Salzen bzw. dem Iridium(III)-Komplex $[IrCl_6]^{3-}$ mit Oxalat oder Acetylacetonat gewinnbaren *roten* Verbindungen $[M(ox)_3]^{3-}$ sowie $[M(acac)_3]$ genannt. Ir(III) bildet auch mit vielen Oxosäureanionen Komplexe wie $[Ir(SO_4)_3]^{3-}$, $[Ir(NO_3)_6]^{3-}$. Beispiele für Rh(II)-Komplexe mit O-haltigen Liganden sind etwa die durch Erhitzen von $RhCl_3 \cdot 3H_2O$ mit Carbonsäure-Salzen (z. B. Natriumacetat) in Methanol zugänglichen Ionen $[Rh_2(O_2CR)_4]^+$ bzw. die aus $[Rh_2(H_2O)_{10}]^{4+}$ und Sulfat sowie Carbonat erhältliche Ionen $[Rh_2(SO_4)_4]^{4-}$ sowie $[Rh_2(CO_3)_4]^{4-}$ (jeweils RhRh-Bildung; s. u.). Von Ir(II) sind keine einfachen Komplexe mit sauerstoffhaltigen Liganden bekannt.

Ammin-Komplexe. Erhitzt man $RhCl_3 \cdot 3H_2O$ bzw. $Na_3[IrCl_6]$ in konzentriertem Ammoniak mehrere Tage im abgeschlossenen Rohr auf 100 bzw. 140 °C, so bilden sich die Komplexe $[M(NH_3)_6]Cl_3$, welche das farbige **Hexaamminrhodium(III)-Ion** $\mathbf{[Rh(NH_4)_6]^{3+}}$ bzw. **Hexaamminiridium(III)-Ion** $\mathbf{[Ir(NH_4)_6]^{3+}}$ (oktaedrisch) enthalten. In beiden Ionen läßt sich – in langsamen Reaktionen bei Raumtemperatur – ein NH_3-Molekül gegen Chlorid unter Bildung von „*Pentaamminchlorometall(III)-Ionen*" $[MCl(NH_3)_5]^{2+}$ ersetzen, welche auch aus $RhCl_3 \cdot 3H_2O$ bzw. $[IrCl_6]^{3-}$ und Ammoniak direkt zugänglich sind und in Komplexe des Typus $[ML(NH_3)_5]^{n+}$ (L z. B. Br^-, I^-, NCS^-, $\frac{1}{2}SO_4^{2-}$, N_3^-, $\frac{1}{2}C_2O_4^{2-}$, H_2O) überführbar sind (vgl. bezüglich des Substitutionsmechanismus S. 1279). $[RhCl(NH_3)_5]^{2+}$ läßt sich im wässerigen Medium durch Zink in „*Pentaamminhydridorhodium*" $[RhH(NH_3)_5]^{2+}$ verwandeln, das als *farbiges*, luftstabiles Sulfat isolierbar ist und Alkene wie $CH_2{=}CH_2$ unter Bildung stabiler Alkylrhodiumverbindungen (z. B. $[Rh(C_2H_5)(NH_3)_5]^{2+}$) addiert.

Superoxo- und Peroxokomplexe (vgl. S. 1623). Ähnlich wie von Co(III) sind auch von Rh(III) und Ir(III) eine Reihe von Komplexen mit den *Disauerstoff-Liganden* bekannt. Alle Ir-Komplexe enthalten O_2 als side-on- (η^2-)gebundenen Peroxo-Rest mit OO-Abständen von 1.4–1.5 Å (vgl. Formel (h) auf S. 1555; Co(III)-Komplexe mit side-on gebundenem O_2-Rest stellen die Ausnahme dar). Sie bilden sich u. a. durch Addition von O_2 an Vaskas und ähnliche Komplexe (S. 1568) sowie der Komplex $[Ir(PR_3)_4]^+$: *trans*-$[IrX(CO)(PR_3)_2] + O_2 \rightarrow$ *trans*-$[IrX(CO)(O_2)(PR_3)_2]$; $[Ir(PR_3)_4]^+ + O_2 \rightarrow [Ir(O_2)(PR_3)_4]^+$. Die O_2-Aufnahme ist vielfach *reversibel*. Z. B. nimmt der Vaska-Komplex $[IrCl(CO)(PR_3)_2]$ Sauerstoff reversibel unter Farbwechsel von *gelb* nach *orangefarben* auf, während der verwandte Komplex $(IrI(CO)(PR_3)_2]$ O_2 irreversibel addiert, was man durch den geringeren Elektronenzug des Iods hinsichtlich Iridium erklären kann, das seine Elektronen deshalb bereitwilliger für die IrO_2-Bildung zur Verfügung stellt und diese Bindung dadurch stärkt. Ähnlich gebaute Komplexe existieren auch von Rh(III), das aber zudem auch Superoxokomplexe sowie Komplexe mit end-on-(η^1-)gebundenem Sauerstoff bildet (zum Beispiel $[(porph)Rh^{III}\text{-}O\overset{..}{-}O]$, $[(py)_4ClRh{-}O{-}O{-}RhCl(py)_4]^{n+}$ ($n = 3, 2$).

Rhodium- und Iridiumkomplexe

Das Ausmaß der mit geeigneten Liganden erreichbaren Oxidationsstufen-Spannweite nimmt beim Übergang von Ruthenium und Osmium (− 2 bis + 8) zu Rhodium und Iridium deutlich ab (− 1 bis + 6 mit Elektronenkonfigurationen d^{10} bis d^3). Zudem beschränken sich die Komplexe der *sechs-* und *fünfwertigen* Metalle im wesentlichen auf MF_6, RhO_4^{2-}, MF_6 und RhO_4^{3-}. Eine reichhaltige Komplexchemie weisen demgegenüber die *drei-* und *einwertigen* Metalle auf (die Tendenz zur Bildung einwertiger Verbindungen des Gruppenhomologen (Cobalt) bzw. der Periodennachbarn Ru und Os ist geringer bzw. sehr klein), ferner – weniger ausgeprägt – *zweiwertiges* Rhodium und *vierwertiges* Iridium. Von beiden Elementen kennt man hierbei Komplexe *ohne* und *mit Metallclusterzentren* wie nachfolgend kurz erläutert wird (bezüglich der π-Komplexe vgl. S. 1684). Anwendungen haben insbesondere Rh(I)-Komplexe als *Hydrierungs-* und *Formylierungskatalysatoren* gefunden (vgl. S. 1572f).

Klassische Komplexe fanden bereits in den vorstehenden Unterkapiteln Erwähnung (vgl. *Hydrido-, Halogeno-, Cyano-, Oxo-, Aqua-, Amminkomplexe* usw.).

Metall(IV)-Komplexe (d^5). Vierwertiges Rh und Ir bilden *paramagnetische, oktaedrische* low-spin-Komplexe (t_{2g}^5-Elektronenkonfiguration; ein ungepaartes Elektron mit μ_{mag} von 1.8 BM; vgl. S. 1306).

Metall(III)-Komplexe (d^6). Den zahlreichen Komplexen des dreiwertigen Rh und Ir liegt im allgemeinen ein *oktaedrischer* Bau zugrunde. Meist handelt es sich dabei um *diamagnetische* low-spin-Komplexe mit der stabilen t_{2g}^6-Elektronenkonfiguration (hohe Ligandenfeldstabilisierungsenergie, vgl. S. 1258; beim leichteren Homologen Co sind in der dreiwertigen Stufe vereinzelt noch high-spin-Komplexe bekannt, z. B. CoF_6^{3-}). Die „*Farbe*“ der Komplexe geht wie die der analogen Co(III)-Komplexe auf zwei, am hochfrequenten Ende des sichtbaren Spektrums liegende Absorptionsbanden zurück, die $t_{2g}^6e_g^0 \rightarrow t_{2g}^5e_g^1$-Übergängen zuzuordnen und für die *gelben* bei *roten* Komplexfarben verantwortlich sind ($^1A_{1g} \rightarrow {}^1T_{1g}$ bzw. $^1T_{2g}$; vgl. S. 1267). CT-Banden führen insbesondere bei Ir(III)-Komplexen auch zu anderen Farben. Die Rh(III)- und Ir(III)-Komplexe zeichnen sich wie die Co(III)-Komplexe durch mehr oder minder große „*Stabilität*“ in *kinetischer* Sicht aus; in *thermodynamischer* Sicht erhöht sich die Stabilität der M(III)-Komplexe hinsichtlich weicher Donoren (z. B. CO, PR_3, AsR_3, SR_2) in Richtung Co(III), Rh(III), Ir(III), während sie bezüglich harter Liganden in gleicher Richtung abnimmt (SCN^- ist etwa an Co(III) über N, an Rh(III) und Ir(III) über S koordiniert; unter den Halogenokomplexen MX_6^{3-} bildet Co ausschließlich Fluorokomplexe, Rh alle bis auf den Iodokomplex und Ir keine Fluorokomplexe).

M(II)-Komplexe (d^7). Die Tendenz zur Bildung von M(II)-Komplexen nimmt in Richtung Co(II), Rh(II), Ir(II) stark ab und ist bei Rh und Ir zudem an die Anwesenheit von Liganden mit π-Akzeptorcharakter gebunden. Demgemäß lassen sich von den – in Substanz unbekannten – Dihalogeniden nur die Rh, nicht jedoch die Ir-Verbindungen durch Phosphanaddition stabilisieren (Bildung von $RhX_2(PR_3)_2$). Einkernige Ir(II)-Komplexe sind in der Tat nur in Ausnahmefällen gewinnbar. Man findet in der Regel *paramagnetische quadratisch-planare* low-spin-M(II)-Komplexe (ein ungepaartes Elektron, μ_{mag} 2.0–2.3 BM), deren „*Farbe*“ variabel ist (*grün, rot, blau*).

Niedrigwertige M-Komplexe. Komplexe mit Rh und Ir in Oxidationsstufen kleiner + II enthalten immer π-Akzeptorliganden wie CO, PR_3, AsR_3, aromatische Systeme. Rh und Ir bilden hierbei vergleichsweise viele, häufig *quadratisch-planare* (z. B. $MX(PR_3)_3$; Analoges gilt für andere d^8-Ionen wie Co^+, Ni^{2+}, Pd^{2+}, Pt^{2+}, Au^{3+}), selten *trigonal-bipyramidale*, aber immer *diamagnetische* M(I)-Komplexe. In den quadratischen Komplexen kommen Rh und Ir – einschließlich der Ligandenelektronenpaare – 16 Außenelektronen, in der trigonal-bipyramidalen 18 Außenelektronen (Edelgasschale) zu. Als Beispiele für M(0)- und M(−I)-Komplexe seien genannt: *Kohlenoxid-Komplexe* (z. B. $M_4^0(CO)_{12}$, $[Rh^{-I}(CO)_4]^-$, $[Ir^{-I}(CO)_3(PPh_3)]^-$), *Stickoxid-Komplexe* (z. B. $[Ir^0(NO)(CO)(PPh_3)_2]^+$, $[Ir^{-I}(NO)(PPh_3)_3]$), *Phosphan-Komplexe* (z. B. $[Rh^0(diphos)_2]$, $[Rh^{-I}(PF_3)_4)$, *Organyl-Komplexe* (s. u.). Näheres S. 1629f.

Nichtklassische Komplexe („*Metallcluster*“; vgl. S. 1617). Von Rhodium und Iridium kennt man eine Reihe von Komplexen mit **Dirhodium-** und **Diiridium-Clusterionen** $\mathbf{M_2^{n+}}$ (M = Rh: n = 4, 5, 6; M = *Ir*: n = 2, 4; vgl. S. 1475, 1501, 1545, 1600):

Ion (Außenelektronen)	M_2^{2+} (16e⁻)	M_2^{4+} (14e⁻)	M_2^{5+} (13e⁻)	M_2^{6+} (12e⁻)
Elektronenkonfiguration	?	$(\sigma\pi\delta)^8\delta^{*2}\pi^{*4}$	$(\sigma\pi\delta)^8\delta^{*2}\pi^{*3}$	$(\sigma\pi\delta)^8\delta^{*2}\pi^{*2}$
Bindungsordnung		1.0	1.5	2.0

Beispiele für Verbindungen mit M_2^{4+}-Zentren sind die bereits erwähnten, u.a. aus $RhCl_3 \cdot 3H_2O$ und $RCOO^-$ in Alkoholen zugänglichen, *diamagnetischen grünen* Komplexe $[Rh_2(O_2CR)_4]$ mit einer RhRh-Einfachbindung (RhRh-Abstände = 2.35–2.45 Å). Sie enthalten immer im Sinne der Formulierung $[Rh_2(O_2CR)_4L_2]$ (a) zwei zusätzliche Liganden L wie H_2O, THF, py, PR_3, DMF, Me_2SO in axialen Positionen (in ligandenfreien $[Rh_2(O_2CR)_4]$ übernehmen O-Atome benachbarter Moleküle die Funktionen der Liganden). Entsprechende Carboxylate des zweiwertigen Cobalts enthalten keine Co_2^{4+}-Cluster. Carboxylate des zweiwertigen Iridiums ließen sich bisher nicht synthetisieren. Liganden-brükkenfreies $[Rh_2(H_2O)_{10}]^{4+}$ bildet sich bei der Reduktion von $[RhCl(H_2O)_5]^{2+}$ mit Cr^{2+}; es läßt sich mit Sulfat bzw. Carbonat in $[Rh_2X_4(H_2O)_2]^{4-}$ verwandeln (anstelle von $RCOO^-$ in (a) SO_4^{2-} bzw. CO_3^{2-}). Bei Einwirkung von Acetonitril auf den Sulfatokomplex wird dieser in das Ion $[Rh_2(NCMe)_{10}]^{10+}$ (b) mit gestaffelter L-Konformation umgewandelt (L = NCMe; analog gebaut ist wohl der Aquakomplex, L = H_2O). Die Oxidation der Dirhodiumkomplexe führt unter Erhöhung der Bindungsordnung um 0.5 Einheiten zu Komplexen des Typs $[Rh_2(O_2CR)_4L_2]^+$, $[Rh_2X_4(H_2O)_2]^{3-}$ (Abstandskürzung im Falle der Oxidation von $[Rh_2(O_2CMe)_4(H_2O)_2]$ z.B. um 0.103 Å von 2.419 Å auf 2.316 Å). Einige Studien weisen auf die Möglichkeit einer weiteren Oxidation der oxidierten Spezies zu solchen mit Rh_2^{6+}-Clustern (RhRh-Bindungsordnung 2.0).

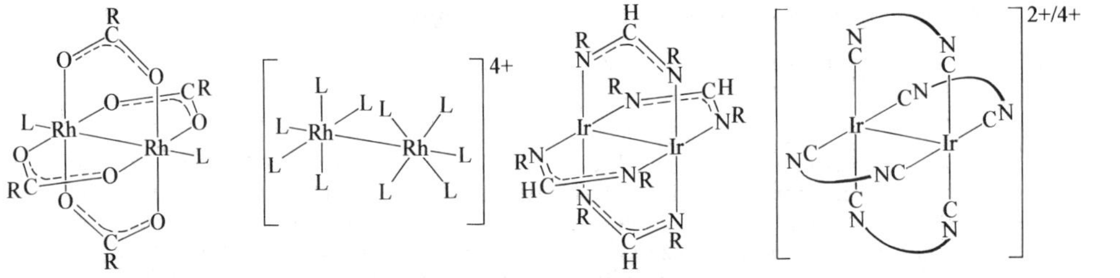

(a) (b) (c) (R=p-Tol) (d)

Weniger eingehend untersucht sind bisher die Ir_2-Clusterkomplexe. Beispiele für Ir-Komplexe, die analog $[Rh_2(O_2CR)_4]$ vier gleichartige Bindungsliganden aufweisen, sind der Komplex $[Ir_2(form)_4]$ (c) mit form = (p-Tol)N$\overset{\text{--}}{\text{--}}CH\overset{\text{--}}{\text{--}}$N(p-Tol)$^-$ (IrIr-Einfachbindung; IrIr-Abstand 2.524 Å) sowie der Octaisonitrilkomplex (d) $[Ir_2L_4X_2]^{2+}$ mit L = 2.5-Diisonitrilcyclohexan ($\frown$ = C_6H_{10}), der durch Oxidation von $[Ir_2L_4]^{2+}$ (einwertiges Iridium) mit X_2 (X = Cl, Br, I) entsteht.

Organische Rhodium- und Iridiumverbindungen[25)]

Rhodium- und Iridiumorganyle. Einfache Rhodium- und Iridiumorganyle MR_n mit Alkyl- und Arylgruppen R existieren wie die analogen Cobaltorganyle CoR_n nur in Form von Addukten mit π-Akzeptor-Donatoren. Als Folge der Instabilität der zwei-, vier- und höherwertigen Stufen lassen sich nur ligandenstabilisierte **Mono- und Triorganylmetalle RM** und **R_3M** gewinnen. Beispielsweise entsteht in Ethern aus $[RhCl(PPh)_3]$ und MeMgBr luft- und wasserinstabiles *orangefarbenes* $[MeRh(PR_3)_3]$ (quadratisch-planar), aus $[Rh_2(OAc)_4]$ und Me_2Mg in Gegenwart von PMe_3 *fac*-$[Me_3Rh(PMe_3)_3]$ (oktaedrisch), aus $[IrCl(CO)(PPh_3)_2]$ und MeLi $[MeIr(CO)(PPh_3)_2]$ (quadratisch-planar) und aus $[IrCl_3(PEt_3)_3]$ und MeMgBr *fac*-$[Me_3Ir(PEt_3)_3]$ (oktaedrisch). Als Metallorganyle mit π-gebundenen Organylresten sowie Carbonylgruppen seien genannt: das „*Bis(cyclopentadienyl)-rhodium(III)-Ion*“ $[Cp_2Rh]^+$ mit η^5-gebundenen C_5H_5-Resten, das Phosphanaddukt von „*Cyclopentadienyldichloro-iridium(III)*“ $[CpIrCl_2(PPh_3)]$ mit η^5-gebundenem C_5H_5-Rest, das „*Bis(hexamethylbenzol)rhodium(II)-Ion*“ $[(C_6Me_6)_2Rh]^{2+}$ mit η^6-gebundenen C_6Me_6-Resten, das „*Pentamethylcyclopentadienyl-hexamethylbenzol-iridium(III)-Ion*“ $[(C_5Me_5)(C_6Me_6)Ir]^{2+}$ mit η^5- sowie η^6-gebundenen C_5Me_5- und C_6Me_6-Resten sowie das „*Octacarbonyldirhodium*“ und *-diiridium*“ $M_2(CO)_8$. Näheres S. 1628f. Die Darstellung der Rh- und Ir-Organyle erfolgt durch „*Metathese*“, „*oxidative Addition*“ ($M + RX \rightarrow RMX$; X = Hal, H), „*Kohlenoxid-*“ oder „*Alkeninsertion*“ (M—R + CO → M—COR; M—H + CH_2=CHR → M—CH_2—CH_2R) erfolgen, wobei letztere Reaktionen von einiger Bedeutung für die nachfolgend besprochenen technischen Prozesse sind.

Alken- und Alkinhydrierungen mit Rh(I) als Katalysator. Da das aus **$[RhCl(PPh_3)_3]$** („*Wilkinsons Katalysator*“) durch H_2-Addition und PPh_3-Abspaltung hervorgehende $[RhH_2Cl(PPh_3)_2]$ (trigonal-bipyramidal; vgl. S. 1567) *Alkene* unter Übergang in $[RhCl(PPh_3)_2]$ zu *Alkanen hydriert* (1) und das gebildete

[25] **Literatur.** B.R. James: „*Hydrogenation Reactions Catalyzed by Transition Metal Complexes*“, Adv. Organomet. Chem. **17** (1979) 319–405; R.L. Pruett: „*Hydroformylation*“, Adv. Organomet. Chem. **17** (1979) 1–60; R.P. Hughes: „*Rhodium*“, G.L. Leigh, R.L. Richards: „*Iridium*“, Comprehensive Organomet. Chem. **5** (1982) 277–540, 541–628; HOUBEN-WEYL: „*Rhodium, Iridium*“, **13/9** (1984/86).

$[RhCl(PPh_3)_2]$ seinerseits leicht H_2 unter Rückbildung zu $[RhH_2Cl(PPh_3)_2]$ oxidativ addiert (2), wirkt $[RhH_2Cl(PPh_3)_2]$ bzw. dessen Vorstufe $[RhCl(PPh_3)_3]$ insgesamt als *Hydrierungskatalysator* (wirksam bei 25 °C und 1 bar H_2):

$$[RhH_2Cl(PPh_3)_2] + {>}C{=}C{<} \rightarrow [RhCl(PPh_3)_2] + {>}HC{-}CH{<} \quad (1)$$
$$[RhCl(PPh_3)_2] + H_2 \rightarrow [RhH_2Cl(PPh_3)_2] \quad (2)$$
$$\overline{\quad {>}C{=}C{<} + H_2 \rightarrow {>}HC{-}CH{<} \quad} \quad (3)$$

Die Wasserstoffübertragung vom Hydridokomplex (a) auf das Alken (Analoges gilt für Alkine) erfolgt auf dem Wege über einen π-Alken-Komplex (b), der sich unter Wanderung eines H-Atoms in einen Alkylkomplex (c) verwandelt. Letzterer zerfällt unter *reduktiver Eliminierung* von Alkan in den Komplex (d), welcher wiederum unter *oxidativer Addition* von H_2 in den Ausgangskomplex (a) zurückverwandelt wird (bezüglich der oxidativen Addition und reduktiven Eliminierung vgl. S. 384):

+H₂
(a) $[Rh^{III}H_2Cl(PPh_3)_2]$ $\xrightleftharpoons{\pm{>}C=C{<}}$ (b) $[Rh^{III}H_2Cl(PPh_3)_2({>}C{=}C{<})]$ $\rightleftharpoons$ (c) $[Rh^{III}HCl(PPh_3)_2(C{<})]$ $\xrightarrow{-{>}HC-CH{<}}$ (d) $[Rh^{I}Cl(PPh_3)_2]$

(a) (b) (c) (d)

Da die Geschwindigkeit der Wasserstoffübertragung wesentlich von den räumlichen Verhältnissen der Alkene abhängt, verlaufen die *homogenen* Hydrierungen bei Verbindungen mit mehreren hydrierfähigen Doppelbindungen in einem Molekül *selektiv* an einer Doppelbindung (es werden sowohl 1- als auch 2-Alkene hydriert).

Außer $RhH_2Cl(PPh_3)_2$ kennt man eine Reihe anderer Verbindungen, welche die Hydrierung von Alkenen katalysieren. Man benötigt hierzu ganz allgemein koordinativ ungesättigte Komplexe, welche unter Erhöhung der Koordinationszahl und gegebenenfalls Erhöhung der Oxidationsstufe um *zwei* Einheiten Liganden addieren können. So wirkt etwa das Hydrid **$[RhH(CO)(PPh_3)_3]$** (trigonal-bipyramidal) über das mit ihm im Gleichgewicht stehende PPh_3-ärmere $[RhH(CO)(PPh_3)_2]$(e) auf dem Wege über einen π-Alken-Komplex (f) und dem hieraus unter Wanderung eines H-Atoms entstehenden Alkylkomplex (g), der seinerseits von Wasserstoff unter Bildung von Alkan und Rückbildung des Ausgangskomplexes (e) gespalten wird, als Hydrierungskatalysator:

+H₂ − ${>}HC{-}CH{<}$ bzw. − $HC(=O){-}C{-}CH{<}$

(e) $[Rh^{I}H(CO)(PPh_3)_2]$ $\xrightleftharpoons{\pm{>}C=C{<}}$ (f) $[Rh^{I}H(CO)(PPh_3)_2({>}C{=}C{<})]$ $\rightleftharpoons$ (g) $[Rh^{I}(CO)(PPh_3)_2(C{<})]$ $\xrightleftharpoons{\pm CO}$ (h) $[Rh^{I}(CO)(PPh_3)_2(C(=O){-}C{<})]$

(e) (f) (g) (h)

Es werden hierbei – sterisch bedingt – nur 1-Alkene $CH_2{=}CHR$, nicht dagegen 2-Alkene $CH_3{-}CH{=}CHR$ hydriert.

Weitere Katalysatoren für die Alkenhydrierung sind Rh(I)-Komplexe des Typus $[RhL_2S_2]^+$(i) (L_2 = Diphosphan wie $Ph_2PCH_2CH_2PPh_2$), die in situ aus $[(COD)RhL_2]^+$ (COD = 1,5-Cyclooctadien) in Solvenzien S wie Tetrahydrofuran oder Acetonitril gebildet werden. Die Katalyse verläuft hierbei auf folgendem Wege: Alkenaddition an den Katalysator (k); oxidative Addition von H_2 (l); Insertion des Alkens in eine RhH-Bindung (m); Eliminierung von Alkan mit Rückbildung des Katalysators:

$-CH_3{-}CH_3$

(i) $[L_2RhS_2]^+$ $\xrightarrow[-S]{+\text{Alken}}$ (k) $[L_2RhS(CH_2{=}CH_2)]^+$ $\xrightarrow{+H_2}$ (l) $[L_2RH_2S(CH_2{=}CH_2)]^+$ $\xrightarrow{+S}$ (m) $[L_2RhHS_2(CH_2{-}CH_3)]^+$

(i) (k) (l) (m)

Verwendet man chirale Phosphane wie „diop“ (vgl. S. 1211), so lassen sich prochirale Alkene zu chiralen Produkten hoher optischer Reinheiten hydrieren (z. B. wichtig für die Synthese der bei der Parkinsonschen Krankheit verwendeten Aminosäure L-Dopa).

Hydroformylierung (Oxosynthese) mit $[RhH(CO)(PPh_3)_3]$ als Katalysator. Arbeitet man im Falle der Hydrierung von 1-Alkenen in Anwesenheit von $[RhH(CO)(PPh_3)_3]$ als Hydrierungskatalysator mit einem äquimolaren Gemisch von Wasserstoff und Kohlenstoffoxid, so lagert das Reaktionszwischenprodukt (g) zunächst CO in die RhC-Bindung unter Bildung des Acylkomplexes (h) ein, ehe dieser in den Ausgangskomplex (e) und $H{-}CO{-}CH_2CH_2R$ hydrierend gespalten wird. Insgesamt haben sich somit – unter der katalytischen Wirkung von $[RhH(CO)(PPh_3)_3]$ – Wasserstoff und Kohlenoxid in Form von Formaldehyd H—CHO an das Alken addiert („*Hydroformylierung*“ oder „*Oxosynthese*“):

$$>C{=}C< \xrightarrow[(\hat{=}\,H-CHO)]{+H_2,\ +CO} -\underset{H}{\overset{|}{\underset{|}{C}}}-\underset{CHO}{\overset{|}{\underset{|}{C}}}-$$

Die Oxosynthese mit dem Rh(I)-Katalysator umgeht einige Nachteile der Hydroformylierung mit dem Co(I)-Katalysator (S. 1561). So arbeitet das Verfahren bei milden Bedingungen (100 °C, 10–20 bar); auch entstehen nur unverzweigte Aldehyde, die sich in einer Folgereaktion zu technisch vielseitig nutzbaren unverzweigten Alkoholen reduzieren lassen (hydriert werden vielfach langkettige 1-Alkene).

Methanolcarbonylierung mit $[RhI_2(CO)_2]^-$ als Katalysator. Methanol läßt sich mit Kohlenstoffoxid in Anwesenheit von *cis*-$[RhI_2(CO)_2]^-$ (n) als Katalysator bei 180 °C und 30 bar in Essigsäure umwandeln, welche sich ihrerseits nach Überführung in den Methylester katalytisch weiter zu Acetanhydrid carbonylieren läßt (Weltjahresproduktion: Megatonnenmaßstab):

$$CH_3OH \xrightarrow[{[Kat]}]{+CO} CH_3COOH \xrightarrow[-HOH]{+MeOH} CH_3COOCH_3 \xrightarrow[{[Kat]}]{+CO} (CH_3CO)_2O\,.$$

Die Essigsäurebildung verläuft hierbei wie folgt: oxidative Addition von MeI, gebildet nach $MeOH + HI \rightarrow MeI + H_2O$, an den Katalysator (o); Insertion von CO in die RhC-Bindung (p); Addition von CO an das Rhodium (q); Rückbildung des Katalysators unter Abspaltung von Acetyliodid, das gemäß $CH_3COI + H_2O \rightarrow CH_3COOH + HI$ zu Essigsäure und Iodwasserstoff hydrolysiert:

$$\underset{(n)}{[RhI_2(CO)_2]^-} \xrightarrow{+MeI} \underset{(o)}{[RhMeI_3(CO)_2]^-} \longrightarrow \underset{(p)}{[RhI_3(COMe)(CO)]^-} \xrightarrow{+CO} \underset{(q)}{[RhI_3(COMe)(CO)_2]^-} \quad (q) \xrightarrow{-MeCOI} (n)$$

3 Das Eka-Iridium (Element 109)[26]

Nach der gleichen Methode wie das Eka-Rhenium (Ordnungszahl 107; vgl. S. 1503) im Jahre 1981 wurde im Jahre 1982 von der Arbeitsgruppe um P. Armbruster und G. Münzenberg am GSI in Darmstadt erstmals ein Nuklid des *Eka-Iridiums* (Ordnungszahl 109) durch Beschuß von *Bismutfolie* mit *Eisenkernen* gewonnen:

$$^{209}_{83}Bi + ^{58}_{26}Fe \longrightarrow \{^{267}_{109}\text{Eka-Ir}\} \xrightarrow{10^{-14}s} ^{266}_{109}\text{Eka-Ir} + n.$$

Auf diese Weise bildete sich am 29.8.1982 nach einwöchigem Beschuß *ein Atom*, das durch seinen nach ca. 3.4 ms einsetzenden *α-Zerfall* in Eka-Re:

$$^{266}_{109}\text{Eka-Ir} \xrightarrow[3.4\,ms]{-\alpha} ^{262}_{107}\text{Eka-Re}$$

und über den weiteren, bereits bekannten Zerfall von $^{262}_{107}$Eka-Re (S. 1503) charakterisiert wurde. Man kennt bisher vom Element $_{109}$**Eka-Osmium**, das auf Vorschlag der Darmstädter Gruppe und IUPAC-Kommission **„Meitnerium“ (Mt)** heißen soll[26], *zwei Isotope* mit den Massenzahlen 266 ($\tau_{1/2} = 3.4$ ms) und 268 ($\tau_{1/2} = 70$ ms; jeweils α-Zerfall).

[26] Vgl. S. 1392 sowie Anm.[16, 17] auf S. 1418.

Kapitel XXXI

Die Nickelgruppe

Die *Nickelgruppe* (10. Gruppe bzw. 3. Spalte der VIII. Nebengruppe des Periodensystems; vgl. S. 1504)) umfaßt die Elemente *Nickel* (Ni), *Palladium* (Pd), *Platin* (Pt) und *Eka-Platin* (Element 110; nur künstlich in einzelnen Atomen erzeugbar). Am Aufbau der *Erdhülle* sind die Metalle Ni, Pd und Pt mit 7.2×10^{-3}, 1×10^{-6} und 1×10^{-6} Gew.-% beteiligt (Massenverhältnis rund 1000:1:1).

1 Das Nickel[1)]

1.1 Elementares Nickel

Vorkommen

Nickel findet sich wie Cobalt **gediegen** (legiert mit Eisen) in „*Eisenmeteoriten*" (zu ca. 9 %) und im „*Erdkern*" (zu ca. 7 %) und kommt in der „*Lithosphäre*" **gebunden** in **Nickelerzen** sowie **nickelhaltigen Erzen** vor. Ferner spielt es in der „*Biosphäre*" eine wichtige Rolle (vgl. Physiologisches).

Etwa 70 % der Weltproduktion an Nickel werden aus dem insbesondere in Kanada, aber auch in der GUS, Skandinavien, Simbabwe und Australien vorkommenden kupfer- und nickelhaltigen *Magnetkies* (*Pyrrhotin*) $Fe_{1-x}S$ erzeugt. Er enthält Kupfer als *Kupferkies* $CuFeS_2$ und Nickel als eisenhaltigen „*Pentlandit*" $(Ni, Fe)_9S_8$ sowie Spuren von *Gold, Silber* und *Platinmetallen*. Weiterhin ist für die Nickelgewinnung das Nickelerz *Garnierit* $(Mg, Ni^{II})_3(OH)_4[Si_2O_5]$ wichtig, das sich vor allem in Neukaledonien findet. Von sonstigen Nickelerzen sind zu erwähnen: der „*Gelbnickelkies*" („*Nickelblende*", „*Millerit*") NiS, der „*Rotnickelkies*" („*Nickelit*") NiAs, der „*Weißnickelkies*" („*Chloanthit*") $NiAs_{2-3}$, der „*Arsennickelkies*" („*Gersdorffit*") NiAsS, der „*Breithauptit*" („*Antimonnickel*") NiSb und der „*Antimonnickelglanz*" („*Ullmannit*") NiSbS. Insgesamt ist Nickel in der Erdrinde etwa 3mal häufiger als Cobalt.

Isotope (vgl. Anh. III). *Natürliches* Nickel bsteht aus den 5 Isotopen $^{58}_{28}Ni$ (68.27 %), $^{60}_{28}Ni$ (26.10 %), $^{61}_{28}Ni$ (1.13 %; für *NMR-Untersuchungen*), $^{62}_{28}Ni$ (3.59 %) und $^{64}_{28}Ni$ (0.91 %). Das *künstlich* gewonnene Nuklid $^{63}_{28}Ni$ (β^--Strahler; $\tau_{1/2} = 92$ Jahre) dient als *Tracer*.

Geschichtliches. Nickel wurde erstmals 1751 von dem Schweden Alexander F. Cronsted als neues Metall *aufgefunden* (isoliert aus schwedischen Erzen) und 1775 von dem Schweden Tornbern Bergmann (1735–1784) näher charakterisiert. Zur *Namens*gebung von Nickel vgl. bei Cobalt (S. 1548).

Darstellung

Die **technische Darstellung** des Nickels aus den kanadischen Magnetkiesen erfolgt analog der Kupfergewinnung (S. 1321) in der Weise, daß man das – zur Entfernung eines Teils des Schwefels vorgeröstete – Material, das zur Hauptsache aus NiS, Cu_2S, FeS und Fe_2O_3 besteht, mit *kieselsäurehaltigen* Zuschlägen und *Koks* verschmilzt. Hierbei verschlackt das *Eisenoxid* nach Reduktion zu FeO großenteils zu *Eisensilicat*, welches ständig aus dem Ofen abfließt,

[1] **Literatur.** D. Nicholls: „*Nickel*", Comprehensive Inorg. Chem. **3** (1973) 1109–1161; GMELIN: „*Nickel*", Syst.-Nr. **57**, bisher 11 Bände; ULLMANN (5. Aufl.): „*Nickel Alloys*", „*Nickel Compounds*", **A17** (1991) 157–249; L. Sacconi, F. Mani, A. Bencini: „*Nickel*", Comprehensive Coord. Chem. **5** (1987) 1–347. Vgl. auch Anm. 2, 3, 10.

während der gleichzeitig gebildete, hauptsächlich aus NiS, Cu_2S und FeS bestehende, spezifisch schwerere **Kupfer-Nickel-Rohstein** periodisch abgestochen wird und zur weiteren Abtrennung des Eisens in den *Konverter* gelangt. Hier wird das *Eisensulfid* durch eingeblasene Luft *oxidiert* und mit zugesetztem SiO_2 *verschlackt*. Zurück bleibt der zur Hauptsache aus NiS und Cu_2S bestehende **Kupfer-Nickel-Feinstein** mit 80% Cu + Ni und 20% S. Er wird in Formen gegossen und zerkleinert. Die *Konvertergase* dienen zur Schwefelsäuregewinnung.

Die Weiterverarbeitung des zerkleinerten *Kupfer-Nickel-Feinsteins* kann in verschiedener Weise erfolgen. Entweder verzichtet man auf eine Trennung von Kupfer und Nickel und röstet den Feinstein bei etwa 1100 °C zu einem Gemisch von Nickel- und Kupferoxid ab, welches sich mit Kohlenstoff in Flammöfen zu einer *Kupfer-Nickel-Legierung* mit durchschnittlich 70% Ni und 30% Cu (**Monelmetall**) reduzieren läßt, oder man verschmilzt den Feinstein mit *Natriumsulfid* Na_2S (Natriumsulfat und Koks), wobei nur das Kupfersulfid ein leicht schmelzendes Doppelsulfid bildet, so daß sich das flüssige Schmelzgemisch in *zwei scharf* getrennte *Schichten* – den aus *Nickelsulfid* bestehenden „*Boden*" und den das *Kupfersulfid* enthaltenden „*Kopf*" – trennt; die „*Böden*" werden dann zu **Nickeloxid** geröstet und mit *Kohlenstoff* zu metallischem Nickel (**Rohnickel**) reduziert, das zur weiteren Reinigung schließlich noch (unter gleichzeitiger Gewinnung von Silber, Gold und Platinmetallen, s. dort) *elektrolytisch* zu **Reinnickel** *raffiniert* wird.

Ein wesentlich *reineres Nickel* (**Reinstnickel**; 99.90–99.99%) läßt sich aus dem Feinstein nach dem **„Mond-Verfahren"** gewinnen, das auf der *Bildung und Zersetzung von Nickeltetracarbonyl* (S. 1637) beruht:

$$Ni + 4CO \rightleftarrows Ni(CO)_4 + 162 \text{ kJ}.$$

Dieser „*Mondsche Nickelprozeß*" verläuft im einzelnen so, daß man den bei 700 °C totgerösteten *Feinstein* in 10 m hohen und 2 m weiten Türmen bei etwa 400 °C mit *Wassergas reduziert* ($NiO + CO \rightarrow Ni + CO_2$) und das reduzierte Material in ähnlichen Türmen („*Verflüchtiger*") bei 80 °C einem von unten aufsteigenden *Kohlenstoffoxidstrom* entgegenführt. Das hierbei gebildete und anschließend von Flugstaub befreite *Nickeltetracarbonyl* gelangt dann in gußeiserne, übereinander angeordnete, mit Nickelkügelchen von 2–5 mm Durchmesser gefüllte und auf 180 °C angeheizte Zersetzungskammern („*Zersetzer*"), in welchen sich *Nickel* auf den Kugeln mit einer Reinheit von 99.9% abscheidet. Das freigewordene *Kohlenstoffoxid* kehrt wieder in den Prozeß zurück. Etwa vorhandenes *Cobalt* gibt mit CO schwerflüchtige, leichter zerfallende Carbonyle.

Physikalische Eigenschaften

Nickel ist ein *silberweißes, zähes, dehnbares*, bei 1453 °C schmelzendes und bei 2730 °C siedendes schwach *ferromagnetisches* (Curie-Temp. 375 °C), passivierbares *Metall* (α-Ni: *hexagonal-dichtest*; β-Ni-: *kubisch-dichtest*) der Dichte 8.908 g/cm^3, das sich ziehen, walzen, schweißen und schmieden läßt und die *Wärme* und den *elektrischen Strom gut leitet* (etwa 15% der Leitfähigkeit des Silbers). Wegen seiner Polierbarkeit und Widerstandsfähigkeit gegenüber Luft und Wasser (Passivität) werden Haus- und Küchengeräte vielfach *galvanisch vernickelt* oder mit *Nickelblech verschweißt* („*Plattierung*").

Physiologisches[2)]. Nickel ist für den Menschen und viele andere Lebewesen *essentiell*. Der Mensch enthält ca. 0.014 mg Ni pro kg (Blut ca. 0.003 mg/l, Haare ca. 0.22 mg/kg). Es scheint am Kohlenhydrat-Stoffwechsel beteiligt zu sein. Stäube mit Nickel oder Nickelverbindungen sind stark *toxisch* sowie *krebserzeugend* und lösen bei empfindlichen Personen Dermatitis aus. Schwefelbakterien tolerieren andererseits Konzentrationen bis 50 g Ni pro Liter. Manche Pflanzen reichern Ni aus dem Boden an (Kiefern z.B. bis auf das 700fache).

---

[2] **Literatur.** M.N. Hughes: „*The Biochemistry of Nickel*", Comprehensive Coord. Chem. **6** (1987) 643–648; J.R. Lancaster: „*The Bioinorganic Chemistry of Nickel*", Verlag Chemie, Weinheim 1988; A.F. Kolodziej: „*The Chemistry of Nickel-Containing Enzymes*", Progr. Inorg. Chem. **41** (1994) 493–597.

Chemische Eigenschaften

Von *nichtoxidierenden Säuren* wird Nickel bei Raumtemperatur nur langsam, von *verdünnter Salpetersäure* leicht gelöst, während es von *konzentrierter Salpetersäure* wegen Passivierung nicht angegriffen wird. Gegenüber *Alkalihydroxiden* ist Nickel selbst bei 300–400 °C beständig; deshalb lassen sich Nickeltiegel in Laboratorien gut zum Schmelzen von Natrium- und Kaliumhydroxid gebrauchen. *Luft* macht *kompaktes* Nickel beim Erhitzen matt. Bei erhöhter Temperatur verbrennt es in *Sauerstoff*; allerdings kann *feinverteiltes* Nickel sogar *pyrophor* sein, weshalb man feinkörnige Nickelkatalysatoren von Luft fernhalten sollte. In der Hitze reagiert Nickel auch mit anderen *Nichtmetallen*, so mit *Halogenen, Schwefel, Phosphor, Silicium, Bor*, allerdings setzt sich *Fluor* mit Nickel langsamer als mit vielen anderen Metallen um.

Verwendung von Nickel. Die Hauptmenge des erzeugten Nickels (Weltjahresproduktion: einige Megatonnen) findet in Form von **Legierungen** Anwendung und wird insbesondere von der Stahlindustrie verbraucht, da durch Zusatz einiger Prozente Nickel zum Stahl dessen *Härte, Zähigkeit* und *Korrisionsbeständigkeit* stark erhöht wird (**Nickelstahl**), insbesondere bei gleichzeitiger Anwesenheit von *Chrom* (**Chromnickelstahl**: siehe bei Eisen). Die **Kupfernickel**-Legierungen zeichnen sich durch große *Korrosionsbeständigkeit* aus und werden deshalb in Form von „*Monelmetall*“ (68 % Ni, 32 % Cu, Spuren Mn, Fe) für Apparaturen zum *Arbeiten mit Fluor*, in Form von „*Neusilber*“ (10–35 % Ni, 55–65 % Cu, Rest Zn) für *Eßbestecke* und in Form von „*Cupronickel*“ (bis 80 % Cu) für *Münzen* genutzt. Für die **Nickelchrom**-Legierung „*Nichrom*“ ist wie für das „*Konstantan*“ (40 % Ni, 60 % Cu) ein sehr *kleiner Temperaturkoeffizient des elektrischen Widerstands* charakteristisch. Erwähnenswert ist schließlich die **Nickeltitan**-Legierung NiTi („*Nitinol*“), die z. B. als Draht in beliebige Formen gebogen und zu wirren Knäueln zusammengerollt werden kann und beim Eintauchen in heißes Wasser wieder in ihre ursprüngliche, gestreckte Form zurückschnellt. **Reines Nickel** dient in *feinverteilter Form* als technischer „*Hydrierungs-Katalysator*“ (z. B. bei der Fetthärtung), in kompakter Form zur Herstellung von *Gebrauchsgegenständen* und *Münzen*. Erwähnt seien auch „*Nickel-Akkumulatoren*“, z. B. die Ni/Fe-Batterien.

Nickel in Verbindungen

In seinen chemischen Verbindungen betätigt Nickel hauptsächlich die **Oxidationsstufe + 2** (z. B. $NiCl_2$, NiO). Man kennt jedoch auch Verbindungen mit Nickel der Oxidationsstufen **− 1, 0, + 1** (z. B. $[Ni_2(CO)_6]^{2-}$, $[Ni(CN)_4]^{4-}$, $[NiCl(PR_3)_3]$), ferner **+ 3, + 4** (z. B. NiO(OH), NiO_2). Die *wässerige Chemie* des Nickels beschränkt sich im wesentlichen auf die *zweiwertige* Stufe.

Dieser Sachverhalt folgt auch aus **Potentialdiagrammen** einiger Oxidationsstufen des Nickels bei pH = 0 und 14, wonach sich Ni(II) in *saurer Lösung* sowohl aus Ni(0) unter *Wasserstofffreisetzung* (ε_0 für H_3O^+/H_2 = 0 V) als auch aus Ni(IV) (Entsprechendes gilt für Ni(III)) unter *Sauerstofffreisetzung* aus dem Wasser (ε_0 für H_3O^+/O_2 = + 1.229 V) bilden kann:

pH = 0

$$\underset{schwarz}{\mathbf{NiO_2 \cdot aq}} \xrightarrow{+1.678} \underset{grün}{\mathbf{Ni(H_2O)_6^{2+}}} \xrightarrow{-0.257} \mathbf{Ni}$$

pH = 14

$$\underset{schwarz}{\mathbf{NiO_2}} \xrightarrow{+0.490} \underset{grün}{\mathbf{Ni(OH)_2}} \xrightarrow{-0.72} \mathbf{Ni}$$

In *alkalischer* Lösung ist die Oxidationskraft von Ni(IV) (Analoges gilt für Ni(III)) kleiner, doch kann Wasser auch unter diesen Bedingungen oxidiert werden (ε_0 für OH^-/O_2 = + 0.401 V). Bei Gegenwart von Komplexbildnern wie Ammoniak, die stärker basisch als Wasser sind, ist das Potential Ni^{2+}/Ni, wie zu erwarten, negativer (ε_0 für $[Ni(NH_3)_6]^{2+}/Ni$ = − 0.476 V).

Das Nickel(II) weist in seinen Verbindungen im wesentlichen die **Koordinationszahlen** *vier* (z. B. tetraedrisch in $[\mathbf{Ni}Cl_4]^{2-}$, quadratisch-planar in $[\mathbf{Ni}(CN)_4]^{2-}$), *fünf* (z. B. quadratisch-pyramidal in $[\mathbf{Ni}(CN)_5]^{3-}$, trigonal-bipyramidal in $[\mathbf{Ni}(CN)_2(PR_3)_3]$), *sechs* (z. B. oktaedrisch in $[\mathbf{Ni}(H_2O)_6]^{2+}$, trigonal-prismatisch in **Ni**As) auf. Nickel(0) existiert mit den Koordinationszahlen *drei* und *vier* (trigonal-planar in $[\mathbf{Ni}(PR_3)_3]$ mit sperrigem Rest R, tetraedrisch in $[\mathbf{Ni}(CO)_4]$, $[\mathbf{Ni}(CN)_4]^{4-}$, $[\mathbf{Ni}(PF_3)_4]$), Nickel(I) mit der Zähligkeit *vier* (tetraedrisch in $[\mathbf{Ni}Br(PR_3)_3]$) und *fünf* (trigonal-bipyramidal in $\mathbf{Ni}I(np_3)$ mit $np_3 = N(CH_2CH_2PR_2)_3$), Nickel(III) mit den Zähligkeiten *fünf* und *sechs* (trigonal-bipyramidal in $[\mathbf{Ni}Br_3(PR_3)_2]$, oktaedrisch in $[\mathbf{Ni}F_6]^{3-}$), Nickel(IV) mit der Zähligkeit *sechs* (oktaedrisch in $[\mathbf{Ni}F_6]^{2-}$). Die 4fach koordinierten Ni(0)-, 5fach koordinierten Ni(II)- und 6fach koordinierten Ni(IV)-Komplexe besitzen Kryptonelektronenkonfiguration.

Bezüglich der *Elektronenkonfiguration*, der *Radien*, der *magnetischen* und *optischen* Eigenschaften von **Nickelionen** vgl. Ligandenfeld-Theorie (S. 1250) sowie Anh. IV, bezüglich eines **Eigenschaftsvergleichs** der Metalle der Nickelgruppe S. 1199f und 1590.

1.2 Nickel(II)- und Nickel(III)-Verbindungen (d^8, d^7)[1, 3, 4]

Wasserstoffverbindungen

Nickel *absorbiert* Wasserstoff bei Raumtemperatur nur unter hohem Druck (3400 bar und darüber) bis zur Grenzstöchiometrie eines **Nickelhydrids NiH** (Struktur wohl analog PdH_x mit Wasserstoff in tetraedrischen und oktaedrischen Lücken einer kubisch-dichtesten Ni-Atompackung; vgl. S. 276). Eine weitere H_2-Aufnahme unter Bildung von NiH_2 wird *nicht* beobachtet. Das (nichtstöchiometrische) binäre Hydrid $\mathbf{NiH_x}$ ist wesentlich instabiler als das – unter Normalbedingungen erhältliche – Hydrid PdH_x des Palladiums (vgl. S. 1590; H_2-Dissoziationsdruck für PdH_x rund 10^5mal geringer als für NiH_x).

Nickel bildet – wie Tc, Re, Fe, Ru, Os, Rh, Ir, Pd, Pt (vgl. S. 1607) – mit $\mathbf{Mg_2NiH_4}$ ein ternäres Hydrid, das analog der Eisenverbindung Mg_2FeH_6 und der Cobaltverbindung Mg_3CoH_5 (S. 1516, 1550; jeweils K_2PtCl_6-Struktur) aufgebaut ist, wobei anstelle der FeH_6^{4-}-Oktaeder bzw. tetragonalen CoH_5^{4-}-Pyramiden allerdings NiH_4^{4-}-Tetraeder in die kubischen Lücken einer verzerrt-kubisch-einfachen Mg^{2+}-Ionenpackung eingelagert sind (Ni kommt in NiH_4^{4-}, einem Hydridaddukt von $\mathbf{NiH_2}$, Edelgaselektronenkonfiguration zu). Wie Mg_2FeH_6 und Mg_2CoH_6 stellt Mg_2NiH_4 somit eine „salzartige Verbindung" (mit Halbleitereigenschaften) dar; doch nimmt der salzartige Charakter in gleicher Richtung ab, wie u.a. daraus folgt, daß die Energielücken zwischen Valenz- und Leitungsband abnehmen (1.8, 1.92 bzw. 1.36 eV), und daß der Wasserstoff des Hydrids Mg_2NiH_4 bereits wie bei typischen metallartigen Hydriden reversibel abgespalten werden kann, weshalb das (vergleichsweise leichte) Hydrid als potentieller Wasserstoffspeicher (z.B. für H_2-getriebene Automobile) gilt.

Von den Hydriden des Nickels existieren ferner – wie von den Hydriden benachbarter Elemente (vgl. S. Tab. 133, S. 1607) – einige Addukte mit *Neutraldonatoren*, z.B. Boran- und Phosphan-Addukte. So enthält der aus $[NiCl_2(PR_3)_2]$ (R = Cyclohexyl C_6H_{11}) und $NaBH_4$ zugängliche Komplex $[NiH(\mu_2\text{-}BH_4)(PR_3)_2]$ (trigonal-bipyramidal; PR_3 axial) im Sinne der Formulierung $NiH_2 \cdot BH_3 \cdot 2PR_3$ Nickeldihydrid $\mathbf{NiH_2}$. Als erste Produkte der Hydrierung von $[NiX_2(PR_3)_2]$ (X = Halogen, R variabel) entstehen hierbei Hydride des Typs $[NiHX(PR_3)_2]$ (*diamagnetisch*; quadratisch-planar). Als Beispiele für Addukte des Nickelmonohydrids **NiH** seien genannt: $[Ni(BH_4)(PPh_3)_3]$, $[NiH(dppe)]$ mit dppe = $Ph_2PCH_2CH_2PPh_2$ (beide Komplexe dimer).

Halogenverbindungen

Nickel bildet gemäß Tab. 131 die binären **Halogenide** $\mathbf{NiX_2}$ (X = F, Cl, Br, I) und $\mathbf{NiF_3}$ (NiF_4 existiert in Form des Halogenokomplexes $\mathbf{NiF_6^{2-}}$; vgl. S. 1586). Trihalogenide NiX_3 (X = Cl, Br, I) sowie Monohalogenide NiX (X = F, Cl, Br, I) sind wie im Falle des linken Periodennachbarn, Cobalt, unbekannt. Es existieren aber Donoraddukte von NiX_3 (X = Cl, Br; vgl. S. 1585) und NiX (X = Cl, Br, I), z.B. *dunkelfarbige* Phosphankomplexe $[NiX_3(PR_3)_2]$ (d^7; trigonal-bipyramidal; 17 Außenelektronen) und *gelbe* bis *orangefarbene* Komplexe $[NiX(PR_3)_3]$ (d^9; tetraedrisch; 17 Außenelektronen). **Halogenidoxide** des Nickels sind unbekannt.

Darstellung. Das Hexahydrat $NiCl_2 \cdot 6H_2O$ = *trans*-$[NiCl_2(H_2O)_4] \cdot 2H_2O$ kristallisiert aus wässerigen $NiCl_2$Lösungen (gewinnbar z.B. aus $Ni(OH)_2$ + Salzsäure) in Form *grüner*, monokliner Prismen aus und läßt sich nur im Chlorwasserstoffstrom zu wasserfreiem, *gelbem*

---

[3] **Literatur.** R. Colton, J.H. Canterford: „*Nickel*" in „Halides of the First Row Transition Metals", Wiley, London 1969, S. 406–484.

[4] Man kennt zudem eine Reihe **niedrigwertiger Nickelverbindungen**, in welchen Nickel mit Liganden koordiniert ist wie *Kohlenoxid* (z.B. $[Ni^0(CO)_4]$), $[Ni_2^{-I}(CO)_6]^{2-}$), *Cyanid* (z.B. $[Ni^0(CN)_4]^{4-}$, $[Ni_2^I(CN)_6]^{4-}$), *Stickoxid* (z.B. $[Ni^0(CN)_3(NO)]^{2-}$), *Amine* (z.B. $[Ni^I(bipy)_3]^+$), *Phosphane, Arsane* und *Stibane* (z.B. $Ni^0(ER_3)_4$ und $Ni^IX(ER_3)_3$ mit X = Halogen, E = P, As, Sb und R = Halogen, Organyl, OR), *Organylgruppen* (z.B. $[Ni^0(C_2H_4)(PR_3)_2]$). Näheres S. 1629f. Bezüglich der **Boride, Carbide** und **Nitride** des Nickels vgl. S. 1059, 852, 642.

Tab. 131 Halogenide und Oxide von Nickel (vgl. S. 1592, 1611, 1620).

	Fluoride	**Chloride**	**Bromide**	**Iodide**	**Oxide**
Ni(II)	$\mathbf{NiF_2}$, *gelb* Smp. 1450 °C ΔH_f −652 kJ ≈ Rutilstr., KZ 6	$\mathbf{NiCl_2}$, *gelb* Smp. 1001 °C ΔH_f −305.5 kJ $CdCl_2$-Strukt., KZ 6	$\mathbf{NiBr_2}$, *gelb* Smp. 963 °C ΔH_f −212 kJ CdI_2-Strukt., KZ 6	$\mathbf{NiI_2}$, *schwarz* Smp. 797 °C ΔH_f −78 kJ CdI_2-Strukt.? KZ 6	**NiO**, *grün* Smp. 1984 °C ΔH_f −240 kJ NaCl-Strukt., KZ 6
Ni(III)	$\mathbf{NiF_3}$, *schwarz*[b)]	–[a)]	–[a)]	–	$\mathbf{Ni_2O_3}$, *schwarz*[c)]
Ni(IV)	–[b)]	–	–	–	$\mathbf{NiO_2}$, *schwarz*[c)]

a) Ni(I)- und Ni(III)-Halogenide **NiX** (X = Cl, Br, I) und $\mathbf{NiX_3}$ (X = Cl, Br) sind u. a. in Form von Phosphanaddukten $NiX(PR_3)_3$ (tetraedrisch) und $NiX_3(PR_3)_2$ (trigonal-bipyramidal) bekannt. – **b)** $\mathbf{NiF_3}$ zersetzt sich langsam bei Raumtemperatur. $\mathbf{NiF_4}$ existiert nur in Form des Fluorokomplexes NiF_6^{2-}. – **c)** $\mathbf{Ni_2O_3}$: $\Delta H_f = -490$ kJ/mol. Es soll auch ein schwarzes $\mathbf{Ni_3O_4}$ existieren. $\mathbf{NiO_2}$: nur als Hydrat erhältlich.

Nickeldichlorid $NiCl_2$ entwässern. Es kann wie *gelbes* $\mathbf{NiF_2}$ und *gelbes* $\mathbf{NiBr_2}$ auch *aus den Elementen* in der Hitze synthetisiert werden (z. B. NiF_2 bei 550 °C; NiF_2 wird auch aus Ni + HF sowie $NiCl_2 + F_2$ gewonnen). Zur Darstellung von $\mathbf{NiI_2}$ *iodiert* man $NiCl_2$ mit Natriumiodid. **Nickeltrifluorid NiF_3** entsteht bei der Umsetzung von K_2NiF_6 (vgl. S. 1586) mit AsF_5 in HF in unreiner Form als *schwarzer* Festkörper.

Eigenschaften. Über einige Kenndaten und Strukturen der Nickel(II)-halogenide, die bis auf NiF_2 (bildet ein Trihydrat) in Wasser gut als Hexahydrate löslich sind, informiert Tab. 131 (vgl. auch S. 1611). Von den Dihalogeniden sind viele Komplexe bekannt (vgl. S. 1582). So bildet etwa $NiCl_2$ mit Chloriden *Chlorokomplexe* $NiCl_3^-$ (stabil mit großen Kationen wie Cs^+; flächenverknüpfte $NiCl_6$-Oktaeder wie im Falle von ZrI_3, S. 1415) NiF_2 mit Fluoriden *Tetrafluorokomplexe* NiF_4^{2-} (eckenverknüpfte NiF_6-Oktaeder wie im Falle von SnF_4: „$\mathbf{K_2NiF_4}$**-Struktur**"; vgl. S. 1616). Ammoniak führt es – wie der deutsche Chemiker Heinrich Rose (1795–1864) bereits 1830 feststellte – in das *blauviolette Ammoniakat* $NiCl_2 \cdot 6NH_3$ (oktaedrisches $[Ni(NH_3)_6]^{2+}$-Ion; d^8) über. Andere neutrale Donatoren D wie PR_3, AsR_3, OPR_3, $OAsR_3$ bilden mit den Dihalogeniden tetraedrisch und zum Teil auch quadratisch-planar konformierte Addukte $NiX_2 \cdot 2D$, z. B. $[NiX_2(PR_3)_2]$ (vgl. hierzu S. 1582). Das Trihalogenid NiF_3 lagert *Alkalifluoride* zum stark oxidierend wirkenden, *violetten Fluorokomplex* NiF_6^{3-} (oktaedrisch, Jahn-Teller-verzerrt) an. Man erhält M_3NiF_6 zweckmäßig durch Fluorierung von Ni(II)-Salzen bei 350–400 °C in Anwesenheit von Alkalimetallchloriden.

Cyanoverbindungen

Beim Versetzen einer Ni(II)-Salzlösung mit Cyanid fällt *graublaues, polymeres, hydratisiertes* **Nickeldicyanid $Ni(CN)_2$** aus, in welchem Ni(II) gemäß (a) an den Schnittpunkten eines quadratischen Netzes lokalisiert ist und durch Cyanid verbrückt vorliegt (quadratische $Ni(CN)_4$- und oktaedrische $Ni(NC)_4(OH_2)_2$-Gruppen, L = H_2O). In *Ammoniak* bildet sich ein analoges Ammoniakat des Nickeldicyanids (L = NH_3 in (a)). $Ni(CN)_2$ löst sich im Überschuß von KCN unter Bildung der *gelben* Komplexverbindung $K_2[Ni(CN)_4]$ (Komplexbildungskonstante ca. 10^{30}). Das in ihr enthaltene *diamagnetische*, quadratisch-planare Ion **Tetracyanonickelat(II) $[Ni(CN)_4]^{2-}$** (16 Außenelektronen; vgl. S. 1656) wird schon durch Salzsäure unter Wiederabscheidung von $Ni(CN)_2$ zerlegt und mit konzentrierter Cyanidlösung in das *diamagnetische rote* Ion **Pentacyanonickelat(II) $[Ni(CN)_5]^{3-}$** (18 Außenelektronen; vgl. S. 1656) überführt, das im Salz $[Cr(NH_3)_6][Ni(CN)_5]$ quadratisch-pyramidal gebaut ist (b) und im hydratisierten Salz $[Cr(en)_3][Ni(CN)_5]$ sowohl mit quadratisch-pyramidaler als auch trigonal-bipyramidaler Struktur (c) vorliegt (vgl. S. 1656). $K_2[Ni(CN)_4]$ läßt sich mit Kalium in flüssigem Ammoniak zum *diamagnetischen, dunkelroten* Ion **Hexacyanodinickelat(I) $[Ni_2(CN)_6]^{4-}$** ≙ $[(CN)_3Ni{-}Ni(CN)_3]^{4-}$ (NiNi-Abstand 2.32 Å; quadratisch-ebene Ni-Koordination; vgl. (d)) und darüber hinaus zum luft- und wasserlabilen *diamagnetischen gelben* Ion **Tetracyanonickelat(0) $[Ni(CN)_4]^{4-}$** (tetraedrisch; 18 Außenelektronen; in Wasser H_2-

Entwicklung) *reduzieren*. Hydrazin führt $[Ni(CN)_4]^{2-}$ in stark alkalischem Milieu in das sehr reaktive *paramagnetische* Ion **Tetracyanonickelat(I)** $[Ni(CN)_4]^{3-}$ (19 Außenelektronen; vgl. S. 1656) über.

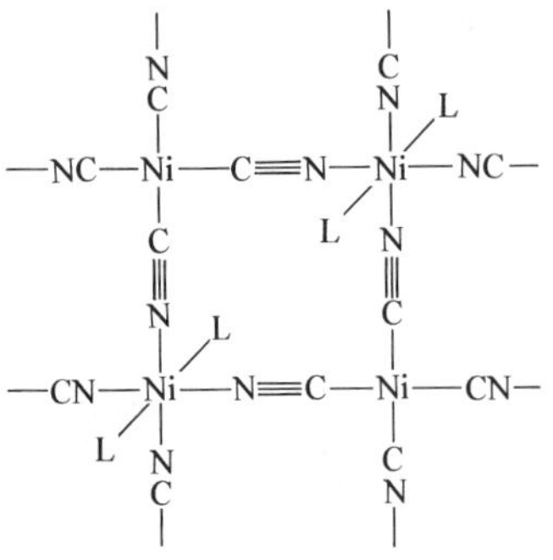

(a) 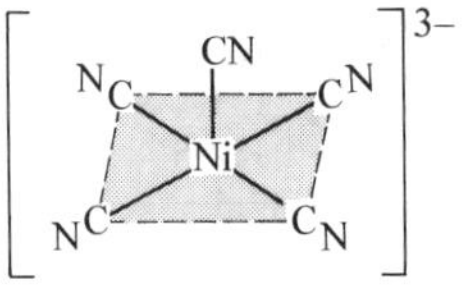 (b) 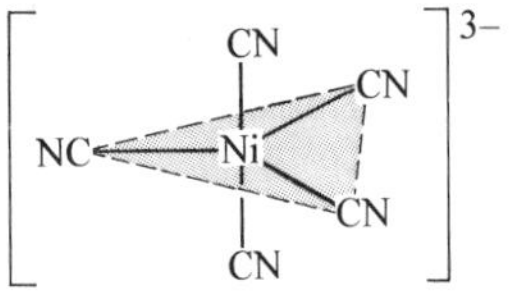 (c) 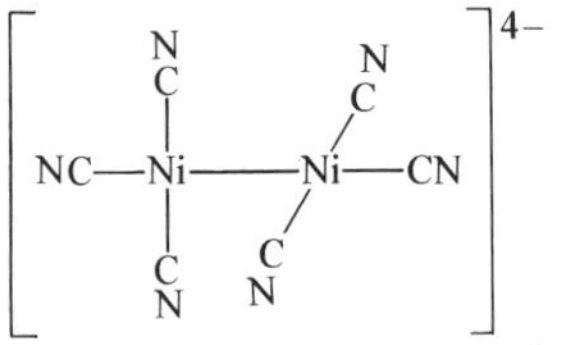 (d)

Sauerstoffverbindungen

Gemäß Tab. 131 bildet Nickel ähnlich wie Cobalt die „*Oxide*" **NiO**, $\mathbf{Ni_3O_4}$ (nicht rein erhältlich), $\mathbf{Ni_2O_3}$ (nicht rein erhältlich) und $\mathbf{NiO_2}$ (Existenz der als Hydrat erhältlichen Verbindungen noch unsicher), ferner die „*Hydroxide*" $\mathbf{Ni(OH)_2}$ und **NiO(OH)**. Sie wirken wie die analogen Cobaltoxide und -hydroxide *basisch* und nur bezüglich sehr starker Basen auch *sauer* (Bildung von „*Nickel-Salzen*" und „*Nickelaten*"). Nachfolgend werden Ni(II)- und Ni(III)-Sauerstoffverbindungen besprochen; bezüglich der Ni(IV)-Oxide vgl. S. 1586.

Nickeloxide (vgl. Tab. 131 sowie S. 1620). Darstellung, Eigenschaften. Beim Glühen von *Nickel(II)-hydroxid, -nitrat, -carbonat, -oxalat* hinterbleibt **Nickelmonoxid NiO** („*Nickel(II)-oxid*"; *antiferromagnetisch*; „NaCl-Struktur", nicht stöchiometrisch) als *grünlich-graues*, in Wasser unlösliches, in Säure leicht lösliches, thermisch stabiles Pulver (vgl. Tab. 131; NiO ist in reiner Form aus den Elementen schlecht zugänglich). Es wird – in feinverteilter Form – von *Sauerstoff* in der Hitze zu „*höheren Oxiden*" variabler Zusammensetzung *oxidiert* (vgl. unten) und beim Überleiten von *Wasserstoff* bei 200 °C zu *feinverteiltem Nickel reduziert*. Als ein Produkt der Oxidation von NiO soll das *schwarze* Oxid $\mathbf{Ni_3O_4}$ („Spinellstruktur?"), als Produkt der Thermolyse von *Nickeldinitrat* $Ni(NO_3)_2$ bei 250 °C das *schwarze* Oxid $\mathbf{Ni_2O_3}$ entstehen. Beide Oxide wirken stark oxidierend und setzen z. B. aus Chlorwasserstoff Chlor wieder in Freiheit. Man verwendet NiO zur Herstellung von *Keramiken, Gläsern, Elektroden* sowie – nach Reduktion mit H_2 – als *Katalysator* für Hydrierungen organischer Verbindungen.

Nickelhydroxide. Darstellung, Eigenschaften. *Grünes* **Nickeldihydroxid** $\mathbf{Ni(OH)_2}$ („*Nickel(II)-hydroxid*"; „CdI_2-Struktur") fällt aus Ni(II)-Salzlösungen bei Zusatz von Alkalilauge als voluminöser, an der Luft beständiger Niederschlag aus, der bei längerem Stehen kristallisiert. Bei der *Oxidation* mit BrO^- im alkalischen Milieu (Brom + Kalilauge) geht $Ni(OH)_2$ in *schwarzes*, säureunlösliches **Nickelhydroxidoxid NiO(OH)** (zwei Formen mit „CdI_2-" bzw. „$CdCl_2$-Struktur") über. Die Oxidation mit ClO^- oder $S_2O_8^{2-}$ führt darüber hinaus zu *schwarzem* $NiO_2 \cdot xH_2O$ (vgl. S. 1586). Das Dihydroxid wirkt als *Base* und löst sich leicht in Säuren unter Bildung des *grünen* „*Hexaaquanickel(II)-Ions*", das – bei nicht allzu kleinem pH-Wert – mit dem „*Isopolyoxo-Kation*" $[Ni(OH)]_4^{4+}$ (Ni und OH besetzen abwechselnd die Ecken eines Würfels) im Gleichgewicht steht. Die *sauren* Eigenschaften von $Ni(OH)_2$ sind nur sehr schwach ausgeprägt; so daß nur im äußerst basischen Medium „*Hydroxokomplexe*" entstehen (im alkalischen Milieu ist $Ni(OH)_2$ unlöslich):

$$4Ni(OH)_2 \underset{\mp 4H_2O}{\overset{\pm 4H^+}{\rightleftharpoons}} [NiOH]_4^{4+} \underset{\mp 4H_2O}{\overset{\pm 4H^+}{\rightleftharpoons}} 4Ni^{2+}; \qquad Ni(OH)_2 \overset{\pm 4OH^-}{\rightleftharpoons} [Ni(OH)_6]^{4-}.$$

NiO(OH) oxidiert in saurem Milieu Wasser zu Sauerstoff; ein denkbares „*Hexaaquanickel(III)-Ion*" sowie „*Nickel(III)-Salze*" existieren demgemäß nicht ($[Ni(H_2O)_6]^{3+}$ wirkt wohl stärker oxidierend als $[Co(H_2O)_6]^{3+}$). Man kennt jedoch „*Nickelate(III)*" (s. u.).

Man nutzt den Übergang $Ni(OH)_2 \rightarrow NiO(OH) + H^+ + \ominus$ zur Stromerzeugung in *Akkumulatoren*. Und zwar bestand der alte „*Edison-Akkumulator*" (Eisen-Nickel-Akkumulator) aus einer Fe- und einer NiO(OH)-Elektrode in Kalilauge als Elektrolyt. Die Energielieferung (Spannung von 1.3 V) erfolgt unter diesen Bedingungen gemäß: $Fe + 2NiO(OH) + 2H_2O \rightarrow Fe(OH)_2 + 2Ni(OH)_2$ (vereinfacht: $Fe + 2Ni^{3+} \rightarrow Fe^{2+} + 2Ni^{2+}$). Der Vorgang kehrt sich beim Aufladen wieder um. Die Eigenschaften des Akkumulators konnten dadurch verbessert werden, daß man das Eisen durch Cadmium ersetzte („*Jungner-Akkumulator*").

Nickel(II)-Komplexe mit O- und N-Donatoren. *Grünes* $Ni(OH)_2$ bzw. $[Ni(H_2O)_6]^{2+}$ löst sich in wässerigem Ammoniak mit *blauer* Farbe unter Bildung des Ammoniakats $Ni(OH)_2 \cdot 6NH_3$ mit dem *blauen* „Hexaamminnickel(II)-Ion" $[Ni(NH_3)_6]^{2+}$ (oktaedrisch). In analoger Weise verdrängen andere neutrale oder anionische **stickstoffhaltige Liganden** wie Ethylendiamin (en), o,o'-Bipyridin (bipy), Phenanthrolin (phen), Rhodanid SCN^-, Azid N_3^- oder Nitrit NO_2^- Wassermoleküle in $[Ni(H_2O)_6]^{2+}$, unter Bildung *paramagnetischer* (2 ungepaarte Elektronen), oktaedrischer Komplexe: $[Ni(bipy)_3]^{2+}$, $[Ni(phen)_3]^{2+}$, $[Ni(en)_3]^{2+}$, $[Ni(NCS)_6]^{4-}$, $[Ni(N_3)_6]^{4-}$, $[Ni(NO_2)_6]^{4-}$. Zu einem *diamagnetischen*, quadratisch-planaren, *scharlachroten* Komplex (a), „*Bis(dimethylglyoximato)nickel(II)*", führt demgegenüber die Umsetzung von $[Ni(H_2O)_6]^{2+}$ mit Dimethylglyoxim (Diacetyldioxim; „*Tschugaeffs Reagens*") HON=CMe—CMe=NOH. Er dient als schwerlösliche, im Festzustand über NiNi-Bindungen (Abstände 3.25 Å) zu Molekülstapeln (b) verknüpfte Chelatverbindung zur „*analytischen Bestimmung von Nickel*" und zu seiner „*Abtrennung von Cobalt(II)*, das einen analogen, aber löslichen Komplex bildet. Im kristallinen Komplex (b) ist hiernach die Koordination von Nickel eher als oktaedrisch anzusehen; in festem Bis(diethylglyoximato)nickel(II), das sich von (a) durch Ersatz der Methyl- gegen Ethylgruppen ableitet, liegen aber auch in fester Phase isolierte quadratisch-planare Moleküle vor (NiNi-Abstände 4.75 Å). Ein aus Ni^{2+} und N-Methylsalicylaldimin gebildeter *roter* Komplex (vgl. (a) auf S. 1583) stellt ein weiteres Beispiel für quadratisch-planare Ni-Koordination dar.

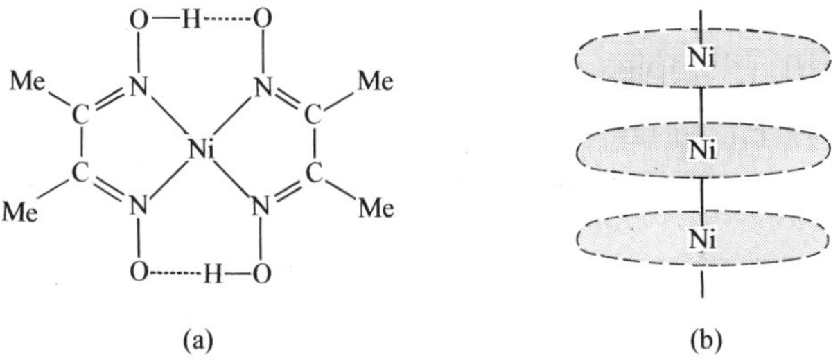

(a) (b)

Ni(II)-Komplexe mit **sauerstoffhaltigen Liganden** sind vielfach thermodynamisch weniger stabil als analog gebaute Komplexe mit stickstoffhaltigen Liganden (man vergleiche $Ni(H_2O)_6^{2+}$ und $Ni(NH_3)_6{}^{2+}$). Höhere Stabilitätskonstanten haben insbesondere Komplexe mit mehrzähnigen O-haltigen Liganden (vgl. entsprechende Co(II)-Komplexe). So bildet sich etwa mit Acetylaceton in wässerigem Ethanol der *paramagnetische* Komplex $[Ni(acac)_2(H_2O)_2]$ mit *trans*-ständigen H_2O-Molekülen, der sich zu paramagnetischem *grünen* $[Ni(acac)_2]_3$ entwässern läßt (jeweils oktaedrische Koordination; vgl. Formel (f) auf S. 1584). Bezüglich eines *diamagnetischen*, quadratisch-planaren O-haltigen Komplexes vgl. Formel (b) auf S. 1584. Superoxo- und peroxogruppenhaltige Ni(II,III)-Verbindungen sind unsicher (vgl. S. 1623).

Nickelsalze von Oxosäuren. *Zweiwertiges* Nickel bildet mit praktisch allen Oxosäuren einfache Salze, die aus Wasser als Hydrate auskristallisieren und das *grüne* Ion $[Ni(H_2O)_6]^{2+}$ enthalten. Als typisches Salz sei das **Nickel(II)-sulfat $NiSO_4$** genannt, das sich aus wässerigen Lösungen in Form eines *smaragdgrünen* Heptahydrats $NiSO_4 \cdot 7H_2O$ („*Nickelvitriol*") gewinnen läßt. Letzteres ist mit Vitriolen analoger Zusammensetzung isomorph, bildet wie diese *Doppelsalze*, wie etwa $K_2Ni(SO_4)_2 \cdot 6H_2O$. Weitere Beispiele für Ni(II)-Salze sind; $Ni(NO_3)_2 \cdot 6H_2O$, $Ni(ClO_4)_2 \cdot 6H_2O$. Vom *dreiwertigen* Nickel sind bisher keine Salze bekannt.

Nickelate. Während beim Kochen von $Ni(OH)_2$ mit $Sr(OH)_2$- bzw. $Ba(OH)_2$-Lösungen „*Hexahydroxonickelate(II)*" $M[Ni(OH)_6]$ entstehen (man kennt auch $Na_2[Ni(OH)_4]$) bildet sich beim Zusammenschmelzen von NiO mit BaO das „*Nickelat(II)*" Ba_3NiO_4. Von Ni_2O_3 leiten sich andererseits „*Nickelate(III)*" $MNiO_2$ (M = Li, Na) ab, die aus MOH, Ni und O_2 bei 800 °C gewinnbar sind ($LiNiO_2$ hat „α-$NaFeO_2$-Struktur"). Bezüglich der Nickelate(IV) vgl. S. 1586.

Sonstige binäre Nickel(II)-Verbindungen

Sulfide. *Schwarzes* **Nickelmonosulfid NiS** („NiAs-Struktur"; nicht stöchiometrisch) läßt sich aus Ni(II)-Salzlösungen nicht im sauren Milieu durch Schwefelwasserstoff, aber in *ammoniakalischer Lösung* mit Hilfe von Ammoniumsulfid niederschlagen und löst sich dann nach Alterung in verdünnter Säure nicht mehr auf. Wie CoS kann man auch NiS mit Sauerstoff in Anwesenheit von Polysulfid auf dem Wege über Ni(OH)S zu säureunlöslichen, Ni(III)-haltigen Sulfiden oxidieren. Ein *dunkelgraues, antiferromagnetisches* **Nickeldisulfid NiS_2** („Pyrit-Struktur") mit Ni^{2+}- und S_2^{2-}-Ionen bildet sich aus $NiCO_3$, K_2CO_3 und Schwefel, das *grauschwarze* **Trinickeltetrasulfid Ni_3S_4** („Spinell-Struktur") findet sich in der Natur als „*Polydymit*". Es existieren darüber hinaus viele metallische Phasen im Bereich NiS bis Ni_3S_2.

Selenide, Telluride. Von den *binären* Verbindungen des Nickels mit Se und Te seien die *aus den Elementen* gewinnbaren *dunkelgrauen Monochalkogenide* **NiY** erwähnt, denen wie NiS eine „NiAs-Struktur" zukommt.

Pentelide. Von den binären, aus den Elementen gewinnbaren Verbindungen des Arsens mit Elementen der Sticktoffgruppe seien als *legierungsartige* Phasen *rotes* **NiAs** (Smp. 968 °C; in der Natur als „*Rotnickelkies*", „*Nickelit*"), *kupferrotes* **NiSb** (Smp. 1158 °C; in der Natur als „*Breithauptit*") und **NiBi** genannt, denen „**Nickelarsenid-Struktur**" zukommt. Letztere baut sich aus einer hexagonal-dichtesten As-Atompackung auf mit Ni in allen Oktaederlücken. Anders als die sich abstoßenden und deshalb versetzt angeordneten Na^+-Ionen in NaCl (S. 123) kommen die chemisch miteinander verknüpften Ni-Atome (S. 1581) hierdurch in eine „Linie". Die NiAs-Struktur wird bei vielen Chalkogeniden (z. B. NiY, CoY, FeY, CrY, VY, TiY mit Y = S, Se, Te; MnTe, NbS, RhTe, PdTe, ZrTe) und intermetallischen Phasen (z. B. MSn mit M = Au, Cu, Ir, Ni, Pd, Pt, Rh; MSb mit M = Cu, Cr, Fe, Ir, Mn, Ni, Pd, Pt) aufgefunden.

Nickel(II)- und Nickel(III)-Komplexe

Zweiwertiges Nickel (isoelektronisch mit Co^+) bildet eine sehr große, *dreiwertiges* Nickel (isoelektronisch mit Co^{2+}) nur eine *bescheidene* Zahl von *klassischen Komplexen*; auch ist die Vielfalt von Geometrien von Ni(II)-Komplexen viel größer als die von Ni(III)-Komplexen; wie nachfolgend kurz demonstriert sei (bezüglich der *niedrigwertigen Nickel-Komplexe* sowie der Komplexe mit Metallclusterzentren vgl. Anm.[4, 5] sowie S. 1644, bezüglich der π-Komplexe S. 1684). Beide Wertigkeiten des Nickels treten auch in der *lebenden Natur* als Komplexzentren von Wirkstoffen wie *Ureasen* und *Hydrogenasen*[6] auf.

Nickel(II)-Komplexe (d^8). Besonders zahlreich findet man *paramagnetische* Ni(II)-Komplexe, und zwar *oktaedrische high-spin* Ni(II)-Komplexe (*zwei* ungepaarte Elektronen; μ_{mag} 2.9–3.3 BM) mit der Koordinationszahl $KZ_{Ni} = 6$ des Nickels, ferner *quadratisch-pyramidale* und

---

5 **Ni(0)-Komplexe** (*diamagnetisch*) bzw. **Ni(I)-Komplexe** (*paramagnetisch* mit einem ungepaarten Elektron; μ_{mag} = 1.7–2.4 BM) sind häufig *tetraedrisch*, im Falle von Ni(I) auch *trigonal-bipyramidal* gebaut. Einen besonderen Fall stellt das aus $NiCl_2$ + $P_3{}^tBu_3$ zugängliche „*Cyclohexaphosphannickel(0)*" $Ni(P_6{}^tBu_6)$ dar, in welchem Nickel der Koordinationszahl 6 in der Mitte eines leicht gewellten, sechsgliedrigen $P_6{}^tBu_6$-Rings lokalisiert ist. In einigen Fällen enthalten niedrigwertige Ni-Komplexe **Metall-Metall-Bindungen**, so Ni(I) in $[Ni_2(CN)_6]^{4-}$ (S. 1580; formal Ni_2^{2+}-Zentren) und Ni(−I) in $[Ni_2(CO)_6]^{2-}$ (S. 1601; formal Ni_2^{2-}-Zentren). Ferner bildet Ni(II) schwache NiNi-Bindungen, z. B. in festem Bis(dimethylglyoximato)nickel (vgl. (a) auf S. 1581; formal Ni_2^{2-}-Zentren) oder in $[Ni_2(S_2CMe)_4]$ bzw. $[Ni_2(form)_4(H_2O)_2]$ mit form = (p-Tol)N $\doteq$ CH $\doteq$ N(p-Tol)$^-$. Die in letzteren Komplexen enthaltenen Ni_2^{4+}-Ionen mit sehr schwachen NiNi-Beziehungen (2.564 bzw. 2.485 Å) lassen sich zu Komplexen $[Ni_2(S_2CMe)_4]^+$ bzw. $[Ni_2(form)_4]^+$, die Ni_2^{5+}-Ionen mit etwas stärkeren NiNi-Beziehungen (NiNi-Abstände 2.514 bzw. 2.418 Å; 0.5fache Bindung) enthalten, oxidieren.

6 Das Protein der aus gewöhnlichen Bohnen isolierten, der Hydrolyse von Harnstoff zu NH_3 und CO_2 dienenden **Urease** besteht aus 6 Untereinheiten mit jeweils zwei Ni-Atomen. Die in einigen Bakterien aufgefundenen Ni-haltigen **Hydrogenasen** katalysieren Redoxprozesse wie die Oxidation von Wasserstoff zu Wasser, die Reduktion von Sulfat, die Bildung von Methan. Sowohl Ni(II) als auch Ni(III) beteiligen sich an der Enzymwirkung.

– in Anwesenheit geeigneter mehrzähniger Liganden – *trigonal-bipyramidale high-spin*-Ni(II)-Komplexe (*zwei* ungepaarte Elektronen; μ_{mag} 3.2–3.4 BM) mit $KZ_{Ni} = 5$ sowie – seltener – *tetraedrische high-spin*-Ni(II)-Komplexe (*zwei* ungepaarte Elektronen; μ_{mag} 3.3–4.0 BM)[7)] mit $KZ_{Ni} = 4$. Nur mit den stärkeren Donatoren oder mit mehrzähnigen Liganden bildet Ni(II) *diamagnetische low-spin*-Komplexe, in denen Nickel ausschließlich die Koordinationszahl 5 (*quadratisch-pyramidal* und *trigonal-bipyramidal*) sowie 4 (*quadratisch-planar*), aber nicht 6 besitzt.

Komplexstabilitäten, Spinmultiplizitäten. Unter den einzähnigen Liganden führen die Halogenid-Anionen sowie solche mit N- oder O-Donoratomen (Ligatoren) zu high-spin, solche mit C-, P-, As-, S-, Se-Ligatoren zu low-spin-Komplexen, wobei die größeren oder sperriger substituierten Ligatoren – insbesondere wenn sie negativ geladen sind – niedrige Koordinationszahlen des Nickels bedingen. Demgemäß ist die Substitution von Wasser in *grünem* high-spin-$[Ni(H_2O)_6]^{2+}$ durch Trimethylarsanoxid bzw. Chlorid-Ionen mit einem *Wechsel* der oktaedrischen zur quadratisch-pyramidalen bzw. zur tetraedrischen Ni(II)-*Koordination* verbunden (ein Multiplizitätswechsel erfolgt hierbei nicht):

$$\underset{(quadratisch\text{-}pyramidal)}{\text{high-spin-}[Ni(OAsMe_3)_5]^{2+}} \xrightleftharpoons[\mp 6H_2O]{\pm 5Me_3AsO} \underset{(oktaedrisch)}{\textbf{high-spin-}[\mathbf{Ni(H_2O)_6}]^{2+}} \xrightleftharpoons[\mp 6H_2O]{\pm 4Cl^-} \underset{(tetraedrisch)}{\text{high-spin-}[NiCl_4]^{2-}}.$$

Andererseits führt der Ersatz von Wasser im Hexaaquanickel(II) durch Cyanid zu einem *Wechsel* sowohl der *Spinmultiplizität* (paramagnetisch → diamagnetisch) als auch der oktaedrischen in die quadratische bzw. – bei CN^--Überschuß – in die quadratisch-pyramidale Ni(II)-*Koordinationsgeometrie*:

$$\underset{(oktaedrisch)}{\textbf{high-spin-}[\mathbf{Ni(H_2O)_6}]^{2+}} \xrightleftharpoons[\mp 6H_2O]{\pm 4CN^-} \underset{(quadratisch\text{-}planar)}{\text{low-spin-}[Ni(CN)_4]^{2-}} \xrightleftharpoons{\pm CN^-} \underset{(quadratisch\text{-}pyramidal)}{\text{low-spin-}[Ni(CN)_5]^{3-}}$$

(in $[Cr(en)_3][Ni(CN)_5]$ liegt das Pentacyanonickelat(II) mit quadratisch-pyramidalem und trigonal-bipyramidalem Bau vor; S. 1579). Der Übergang vom oktaedrischen high-spin-Zustand des zweiwertigen Nickels zum quadratisch-pyramidalen bzw. tetraedrischen high-spin-Zustand ist hierbei mit einem *Verlust*, der vom oktaedrischen high-spin-Zustand zum quadratisch-pyramidalen bzw. quadratisch-planaren low-spin-Zustand mit einem *Gewinn* an *Ligandenfeldstabilisierungsenergie* verbunden (vgl. S. 1258).

Unter den mehrzähnigen Liganden bewirken solche, die eine quadratisch-planare Koordination des Metallzentrums ermöglichen, einen low-spin-Zustand von Ni(II) (vgl. (a) mit R = Me, (e) mit R = CMe_3, sowie Glyoximato-Komplexe, S. 1581), während solche, die zu quadratisch-pyramidal oder trigonal-bipyramidal gebauten Ni(II)-Komplexen führen, teils einen high-spin-, teils einen low-spin-Zustand bedingen, je nachdem, ob die Liganden harte oder weiche Ligatoren aufweisen. So liegt etwa $[NiBrL]^+$ mit L = $Me_2AsCH_2CH_2CH_2As(Ph)CH_2As(Ph)CH_2CH_2CH_2AsMe_2$ in der quadratisch-pyramidalen low-spin-Form (b), mit L = $N(CH_2CH_2NMe_2)_3$ in der trigonal-bipyramidalen high-spinForm (c) und mit L = $N(CH_2CH_2PMe_2)_3$ in der trigonal-bipyramidalen low-spin-Form (d) vor:

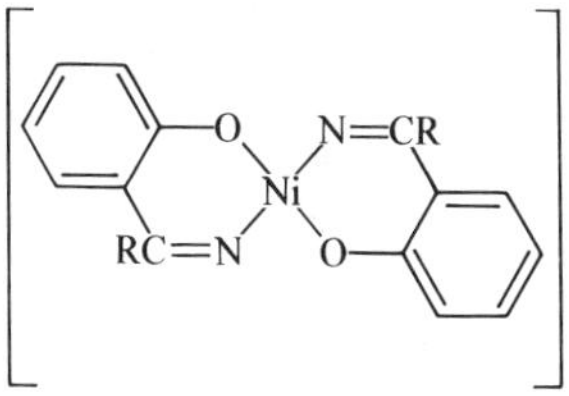

(a) 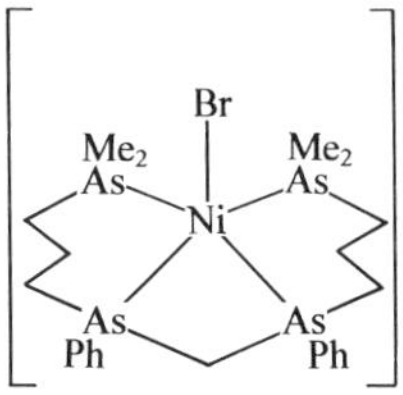 (b) 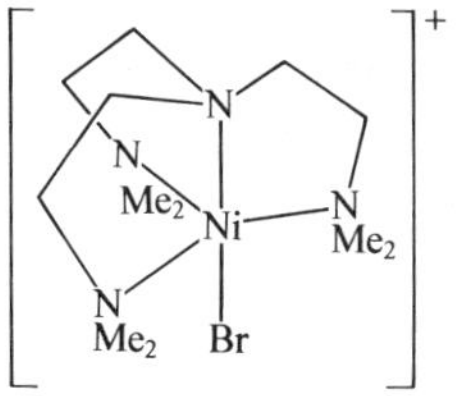 (c) 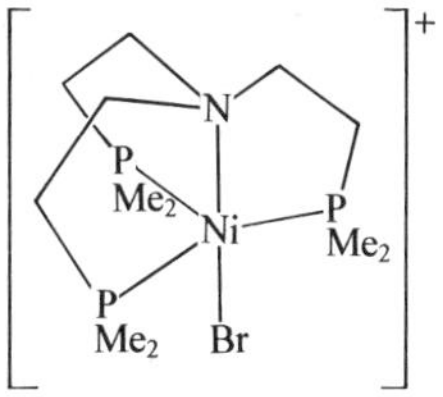 (d)

In einer Reihe von Fällen beobachtet man Ni(II)-Komplexe mit variablen Geometrien. So existiert etwa im Falle der „*β-Ketoenolatkomplexe*" NiL_2 mit L = $[O\!\cdots\!CR\!\cdots\!CH\!\cdots\!CR\!\cdots\!O]^-$ ein *Gleichgewicht* (1) zwischen den *diamagnetischen roten* NiL_2-Monomeren (e) (*quadratisch-planare* Ni(II)-Koordination) und seinen **Polymerisations-Isomeren**, den *paramagnetischen grünen* NiL_2-Trimeren (f) (*oktaedrische* Ni(II)-Koordination). Das Gleichgewicht liegt bei Raumtemperatur, falls R sperrig ist (z. B. CMe_3), vollständig auf der linken Seite (e), falls R jedoch klein ist (z. B. H, Me), vollständig auf der rechten

[7] Daß die μ_{mag}-Werte für die tetraedrischen high-spin-Komplexe deutlich höher als die für die oktaedrischen high-spin-Komplexe liegen, rührt daher, daß der Bahnbeitrag zum „spin-only-Wert" des magnetischen Moments in ersterem Falle wegen des dreifach entarteten Grundzustandes ($^3T_1$) groß, in letzterem Falle wegen des nicht entarteten Grundzustandes ($^3A_{2g}$) klein ist. In ersteren Fällen ist demzufolge auch die Temperaturabhängigkeit von μ_{mag} deutlich (vgl. S. 1306).

Seite (f). Stellt R einen Substituenten mittlerer Sperrigkeit dar, so beobachtet man in *unpolaren Lösungsmitteln* ein temperatur- und konzentrationsabhängiges Gleichgewicht (e) ⇄ (f) zwischen der *roten* monomeren und *grünen* dimeren Form (in sehr verdünnter Lösung ist selbst $Ni(acac)_2$ (R = Me) gemäß (e) monomer). In analoger Weise liegt das *diamagnetische „Bis(N-methylsalicylaldiminato)nickel(II)“* (a) (R = Me) in Benzol oder Chloroform mit seinem Dimeren im Gleichgewicht ($KZ_{Ni} > 4$).

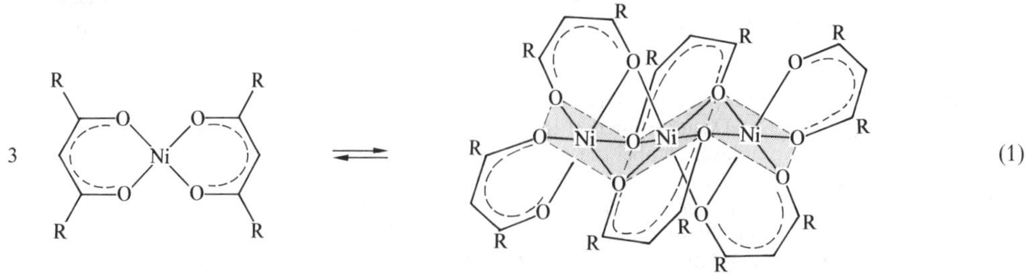

3 ⇄ (1)

(e) (*quadratisch-planar*) (f) (*oktaedrisch*)

Löst man *diamagnetische*, quadratisch-planare, *rote „Bis(ketoenolat)nickel(II)-Komplexe"* NiL_2 (e) in *polaren Lösungsmitteln* D wie Wasser, Alkohol, Ether, Pyridin, so bilden sich unter **Koordinationserweiterung** *paramagnetische*, oktaedrische, monomere, *grüne* Addukte $NiL_2 \cdot 2D$ (in entsprechender Weise bilden sich aus $(NiL_2)_3$ unter Depolymerisation Addukte $NiL_2 \cdot 2D$):

$$[NiL_2] \; (\textit{quadratisch-planar}) + 2D \rightleftarrows [NiL_2D_2] \; (\textit{oktaedrisch}). \qquad (2)$$

Beim Erwärmen der Addukte werden die Donormoleküle leicht wieder abgegeben. Auch Bis(salicylaldiminato)nickel (a) oder Bis(glyoximato)nickel (vgl. Formel (a) auf S. 1581) vermögen Lewis-Basen unter Änderung der Komplex-Multiplizität und der -Geometrie zu addieren. Gleichgewichte zwischen quadratisch-planaren und oktaedrischen Ni(II)-Komplexen beobachtet man auch im Falle der *„Lifschitzschen Salze“* NiL_2X_2 (L = substituiertes Ethylendiamin; X = Monoanion), welche – abhängig vom Lösungsmittel und der Temperatur – teils im Sinne von $[NiL_2]^{2+}2X^-$ *diamagnetisch, quadratisch* und *gelb*, teils im Sinne von $[NiL_2X_2]$ *paramagnetisch, oktaedrisch* und *blau* sind (S. 1262). Man vergleiche in diesem Zusammenhang auch die Verbindungen $[Ni(CN)_2 \cdot L]_x$ mit L = H_2O, NH_3, die sowohl quadratisch-planare als auch oktaedrische Zentren enthalten (S. 1580).

Im Falle der Phosphanaddukte $NiX_2(PR_3)_2$ (X = Cl, Br) existiert schließlich ein Gleichgewicht zwischen meist *gelben* bis *roten, diamagnetischen, quadratisch-planaren* Formen und ihren **Allogon-Isomeren** (S. 412, 1236), den meist *grün* bis *blauen, paramagnetischen, tetraedrischen* Formen:

$$[NiX_2(PR_3)_2] \; (\textit{quadratisch-planar}) \rightleftarrows [NiX_2(PR_3)_2] \; (\textit{tetraedrisch}). \qquad (3)$$

Es liegt bei Raumtemperatur z. B. im Falle R = Aryl und X = Cl vollständig auf der linken Seite, im Falle R = Alkyl und X = I vollständig auf der rechten Seite und im Falle R = Aryl und Alkyl in der Mitte ($\tau_{1/2}$ der gegenseitigen Umwandlung ca. 10^{-5} bis 10^{-6} s). Gelegentlich lassen sich die Konformationsisomeren in kristalliner Form getrennt isolieren (z. B. $NiBr_2(PEtPh_2)_2$ als *diamagnetische, quadratische, braune* sowie als *paramagnetische, tetraedrische, grüne* Form). In analoger Weise bilden Bis(salicylaldiminato)nickel-Komplexe (a) mit sperrigen Gruppen R (z. B. ^iPr, ^tBu) in nicht komplexbildenden Lösungsmitteln Mischungen aus tetraedrischen und planaren Allogon-Isomeren.

Magnetisches Verhalten (vgl. hierzu Anm.[7]). Da sich an den Gleichgewichten wie (1), (2) oder (3) sowohl high- als auch low-spin-Komplexe beteiligen, beobachtet man im Falle der betreffenden Systeme *magnetische Momente* im Bereich zwischen 0 (diamagnetische low-spin-Komplexe) und 4 (paramagnetische high-spin-Komplexe mit zwei ungepaarten Elektronen). Dieses Verhalten wurde früher als *„anomal“* bezeichnet („**anomale Ni(II)-Komplexe**“). Von Interesse ist weiterhin der high-spin-Komplex $[Ni(acac)_2]_3$ (f), dessen für zwei ungepaarte Ni-Elektronen sprechender Paramagnetismus $\mu_{mag} = 3.2$ BM bei tiefen Temperaturen (ab −200 °C) bis auf $\mu_{mag} = 4.3$ BM (bei −270 °C) anwächst, was mit ferromagnetischer Elektronenkopplung erklärbar ist.

Optisches Verhalten. Oktaedrische high-spin-Ni(II)-Komplexe erscheinen vielfach *grün* (z. B. $Ni(H_2O)_6^{2+}$ bis *blau* (bei stärkerem Ligandenfeld; z. B. $Ni(NH_3)_6^{2+}$, $Ni(en)_3^{2+}$), tetraedrische high-spin-Ni(II)-Komplexe *blau* (z. B. NiX_4^{2-} mit X = Cl, Br, I), selten *grün*. Die Farben gehen in ersteren Fällen auf Absorptionen im Bereich 13000–19000 cm^{-1} ($^3A_{2g} \rightarrow {}^3T_{1g}(F)$)[8] sowie 24000 bis über 26000 cm^{-1} ($^3A_{2g} \rightarrow {}^3T_{1g}(P)$)[8],

8 Die energetische Reihenfolge der aus einem Grundterm (für d^8-Ni^{2+}: ^3F-Grundterm) hervorgehenden Spaltterme vertauscht sich gemäß dem auf S. 1266 Besprochenen beim Übergang vom Oktaederfeld (für d^8-Ni^{2+}: $^2A_{2g}$, $^3T_{2g}$, $^3T_{1g}$)

in letzteren Fällen auf eine Absorption im Bereich 14000–16000 cm^{-1} ($^3T_1 \rightarrow {}^3T_1$ (P))[8] zurück. Die tetraedrischen Komplexe führen hierbei zu intensiveren Banden (die d → d-Übergänge sind im Falle der Symmetrie T_d ohne Inversionszentrum weniger stark verboten als im Falle der Symmetrie O_h mit Inversionszentrum). Bandenaufspaltungen (-schultern) rühren von schwachen, durch Spin-Bahn-Kopplung[7] ermöglichten Triplett-Singulett-Übergängen.

Die quadratischen low-spin-Ni(II)-Komplexe sind meist *gelb* bis *rot* (z. B. *orangefarbenes* $Ni(CN)_4^{2-}$, *rotes* Bis(glyoximato)nickel). Die Farben gehen hier auf eine Absorption im *blauen* bis *gelben* Wellenzahlenbereich (17000–22000 cm^{-1}) zurück. Metall → Ligand-CT-Banden verursachen aber auch andere Farben (z. B. *grünes* $NiI_2(Chinolin)_2$).

Nickel(III)-Komplexe (d^7). Die meisten der – nicht sehr zahlreich – isolierbaren Komplexe des *dreiwertigen* Nickels weisen F-, O- oder N-Donoratome auf (z. B. $[NiF_6]^{3-}$, $[Ni(bipy)_3]^+$, $[Ni(phen)_3]^{3+}$, Komplexe mit Oximen, Aminosäuren)[9] und stellen *paramagnetische, oktaedrische* (Jahn-Teller-verzerrte) *low-spin*-Komplexe dar (ein ungepaartes Elektron; μ_{mag} 1.7 bis 2.1 BM). Man kennt allerdings auch einige durch weiche Liganden wie PR_3 oder o-$(R_2As)_2C_6H_4$ (diars) stabilisierte low-spin-Komplexe der Nickel(III)-halogenide wie $[NiX_3(PR_3)_2]$ (X = Cl, Br; *trigonal-bipyramidal*) oder $[NiCl_2(diars)_2]^+$ (*oktaedrisch*).

Organische Nickelverbindungen[10]

Nickelorganyle. Einfache **Nickeldiorganyle R_2Ni** (Entsprechendes gilt für RNiX) mit Alkyl- oder Arylresten R sind in der Regel instabil und nicht isolierbar. Ein Verbindungsbeispiel ist „*Dimesitylnickel*“ Mes_2Ni, das durch Abkondensieren des mit $Mes_2Ni(PR_3)_2$ im Gleichgewicht stehenden Phosphans PR_3 im Hochvakuum zugänglich ist. Stabiler sind Addukte von R_2Ni mit zwei Organylanionen, noch stabiler – und deshalb sehr zahlreich – solche mit zwei neutralen Donoren wie PR_3. Als Beispiele seien genannt: $[NiMe_4]^{2-}$ (planar; aus Ni(II)-Komplexen + MeLi in THF; gewinnbar als $[Li(THF)_2]^+$-Salz), $[Ni(C{\equiv}CR)_4]^{2-}$ (planar; aus $Ni(CN)_4^{2-}$ + KC≡CR), $[Me_2Ni(PMe_3)_2]$ (planar), $[Me_2Ni(PMe_3)_3]$. Bezüglich des „*Nickeltetracarbonyls*“ $Ni(CO)_4$ vgl. S. 1629. Nickelorganyle mit *π-gebundenen* Organylgruppen (vgl. S. 1684) stellen etwa die Sandwich-Komplexe („Doppel-“ und „Tripeldecker“) „*Bis(cyclopentadienyl)nickel*“ Cp_2Ni („*Nickelocen*“; *grün*; Monokation: *orangefarben*) und „*Tris(cyclopentadienyl)dinickel*“ $[Cp_3Ni_2]^+$ = $CpNiCpNiCp^+$ mit η^5-gebundenen C_5H_5-Resten sowie „*Bis(pentafluorphenyl)(toluol)nickel* $[(C_6F_5)_2(C_6H_5CH_3)Ni]$ mit η^1-gebundenen C_6F_5-Resten und η^6-gebundenem Toluol dar. π-Komplexe des Nickels spielen eine Rolle bei einigen technischen Prozessen, auf die nachfolgend kurz eingegangen sei:

Alkinoligomerisation mit Ni(II)-Katalysatoren. *Nickel(II)* bewirkt in Tetrahydrofuran oder Dioxan bei erhöhter Temperatur (80–100 °C) – in Verbindung mit O-haltigen Liganden wie Acetylacetonat oder Salicylaldehyd – eine *Tetramerisierung* oder – in Verbindung mit P-haltigen Liganden wie PPh_3 – eine *Trimerisierung* von *Acetylen* (15 bar Druck) oder von *monosubstituierten Alkinen* (**„Reppe-Prozess“** der BASF; disubstituierte Alkine reagieren nicht), z. B.:

$$\xleftarrow{\times 3} \quad HC{\equiv}CH \quad \xrightarrow{\times 4}$$

Der Mechanismus dieser klassischen Katalysereaktion ist noch unklar; doch erfolgt die Oligomerisierung der Alkine wohl auf dem Wege über π-Alkinkomplexe am Ni(II)-Zentrum.

Butadienoligomerisation mit $Ni(allyl)_2$ als Katalysator. „*Diallylnickel*“ $Ni(C_3H_5)_2$ ermöglicht die *Cyclotrimerisierung* bzw. – in Anwesenheit von Phosphanen wie PPh_3 – die *Cyclodimerisierung von Butadien* („**Wilke-Prozess**“):

---

zum Tetraederfeld (für d^8-Ni^{2+}: $^3T_1$, $^3T_2$, $^3A_2$). Unter Berücksichtigung des aus dem energiereicheren ^3P-Term von d^8-Ni^{2+} im oktaedrischen und tetraedrischen Feld hervorgehenden $^3T_{1g}$- bzw. $^3T_1$-Term ergeben sich folgende d → d-Übergänge, geordnet nach steigender Energie (Fettdruck = sichtbarer Bereich; Normaldruck = infraroter Bereich):

Oktaeder: $\mathbf{^3A_{2g}}$ **(F)** → $^3T_{2g}$ (F); → $\mathbf{^3T_{1g}}$ **(F)**; → $\mathbf{^3T_{1g}}$ **(P)**;
Tetraeder: $\mathbf{^3T_1}$ **(F)** → $^3T_2$ (F); → $^3A_2$ (F); → $\mathbf{^3T_1}$ **(P)**.

9 Während Co^{2+} im Komplex CoF_6^{4-} einen high-spin-Zustand einnimmt, hat isoelektronisches Ni^{3+} wegen seiner hohen Ionenladung in NiF_6^{3+} einen low-spin-Zustand. Der Dublett-Zustand von NiF_6^{3-} (*ein* ungepaartes Elektron) liegt allerdings energetisch nur um 700 cm^{-1} unter dem Quartett-Zustand (*drei* ungepaarte Elektronen).

10 **Literatur.** GMELIN: „*Organonickel Compounds*“, Syst. Nr. **57**, bisher 3 Bände; P. W. Jolly: „*Nickel*“, Comprehensive Organometal. Chem. **6** (1982) 1–231; P. W. Jolly: „*Organonickel Compounds in Organic Synthesis*“ Comprehensive Organomet. Chem. **8** (1982) 613–797; HOUBEN-WEYL: „*Organonickel Compounds*“, **13/9** (1984/86); P. W. Jolly, G. Wilke: „*The Organic Chemistry of Nickel*“, Acad. Press, London 1974, 1975.

$$\text{Cyclooctadien} \xleftarrow{\times 2} CH_2{=}CH{-}CH{=}CH_2 \xrightarrow{\times 3} \text{Cyclododecatrien}$$

Im Zuge dieser Katalyse lagert das aus $Ni(C_3H_5)_2$ (a) durch Verdrängung von C_3H_5 gegen Butadien hervorgehende $Ni(C_4H_6)_2$ (b) unter Butadienverknüpfung ein weiteres Molekül Butadien bzw. ein Molekül Phosphan an. Die gebildeten Komplexe (c) verwandeln sich dann in die Verbindung (d) bzw. (e), aus welchen „*trans,trans,trans-1,5,9-Cyclododecatrien*" bzw. „*1,5-Cyclooctadien*" gegen Butadien unter Rückbildung von (b) verdrängt werden[10a]:

(a) $\xrightarrow[-\text{Diallyl}]{+2C_4H_6}$ (b) $\xrightarrow[(C_4H_6 \text{ od. } PR_3)]{+L}$ (c) $\longrightarrow$ (d) oder (e)

Alken- und Alkin-Carbonylierung mit $Ni(CO)_4$ als Katalysator. *Nickeltetracarbonyl* $Ni(CO)_4$ katalysiert wie *Eisenpentacarbonyl* $Fe(CO)_5$ oder *Cobalthydridtetracarbonyl* $HCo(CO)_4$ die Carbonylierung von Alkenen und Alkinen bei gleichzeitiger Addition von protonenaktiven Teilchen HX wie ROH, z. B.:

$$HC{\equiv}CH + CO + ROH \rightarrow H_2C{=}CH{-}COOR.$$

Hierbei lagert der in situ aus $Ni(CO)_4$ und HX hervorgehende eigentliche Katalysator $[NiHX(CO)_2]$ zunächst C_2H_2 (Analoges gilt für Alkene) in die NiH-, dann CO in die NiC-Bindung des gebildeten Komplexes ein:

$$[HNiX(CO)_2] \xrightarrow[+C_2H_2]{} [CH_2{=}CH{-}NiX(CO)_2] \xrightarrow[+CO]{} [CH_2{=}CH{-}CO{-}NiX(CO)_2].$$

(Rückführung: $+HX, \ -CH_2{=}CH{-}COX$)

Letzterer Komplex reagiert mit HX unter Eliminierung des Katalysators $[NiHX(CO)_2]$ zum Produkt $CH_2{=}CH{-}COX$ (z. B. Acrylsäureester für X = OR) ab. In Abwesenheit von CO erfolgt unter geeigneten Bedingungen auch eine katalytische HX-Addition an Alkene (z. B. „*Hydrocyanierung*" von *Butadien* in Anwesenheit von $Ni(PR_3)_4$ mit R = OEt zu *Adiponitril* $NC(CH_2)_4CN$, einem Vorprodukt des Polyamidbausteins $H_2N(CH_2)_6NH_2$).

Alkenisomerisierungen mit $NiH(PR_3)_2$ als Katalysator. Vgl. S. 1562.

1.3 Nickel(IV)-Verbindungen (d^6)[1, 3]

Vierwertiges Nickel liegt u. a. im *diamagnetischen roten Fluorokomplex* $\mathbf{M_2NiF_6}$ (M = Na, K, Rb, Cs, $\frac{1}{2}$Sr, $\frac{1}{2}$Ba) des in Substanz unbekannten Tetrafluorids NiF_4 vor (gewinnbar aus Ni(II)-Salzen + F_2 bei hohen Drücken und über 400 °C) sowie im Dioxid $\mathbf{NiO_2 \cdot xH_2O}$ (gewinnbar durch Oxidation von $Ni(OH)_2$ mit $S_2O_8^{2-}$). Von NiO_2 leiten sich „*Nickelate(IV)*" wie $\mathbf{MNiO_3}$ (M = Sr, Ba; flächenverknüpfte NiO_6-Oktaeder) ab. Ein *stickstoffhaltiger* Ligand, der Ni(IV) in Form des Komplexes $\mathbf{[NiL_2]^{2+}}$ zu stabilisieren vermag, ist $H_2N{-}CH_2{-}CH_2{-}N{=}CMe{-}CMe{=}N{-}O^-$. In allen Komplexen liegt das mit Co(III) isoelektronische Ni(IV) erwartungsgemäß im *diamagnetischen low-spin*-Zustand vor.

[10a] Mit $TiCl_4/R_3Al_2Cl_3$ läßt sich Butadien zu „*cis, trans,trans*-1,5,9-*Cyclododecatrien*" trimerisieren (Firma Hüls), einer Vorstufe des Polyamid-Bausteins $HOOC-(CH_2)_{10}-COOH$.

2 Das Palladium und Platin[11)]

2.1 Elementares Palladium und Platin

Vorkommen

Platin und **Palladium** kommen in der „*Lithosphäre*" nur vergesellschaftet mit den übrigen „*Platinmetallen*" *Ruthenium, Osmium, Rhodium* und *Iridium* sowie den „*Münzmetallen*" *Silber* und *Gold* vor, wobei die einzelnen Platinmetalle mit 10^{-6} bis 10^{-7} Gew.-% am Aufbau der „*Erdhülle*" beteiligt sind (Mengenverhältnis Ru:Os:Rh:Ir:Pd:Pt ca. 10:5:5:1:10:10). Größere Mengen an Platinmetallen sollen sich im „*Erdkern*" aus Eisen und Nickel befinden.

Bei dem Vorkommen der **Platinmetalle** muß man zwischen primären und sekundären Lagerstätten unterscheiden. Der *Platingehalt* der primären Lagerstätten (Eisen-, Chrom-, Nickel-, Kupfererze) ist gering. Die wichtigsten derartigen Platinmetallvorkommen sind die kanadischen Kupfer-Nickel-Eisen-Kiese in Ontario (Sudbury-Becken) und die südafrikanischen bzw. sibirischen Kupfer-Nickel-Chrom-Kiese bei Bushfeld bzw. im Ural, in welchen die Platinmetalle **gebunden** als *Sulfide* ferner als *Selenide, Telluride* enthalten sind. Durch Verwitterung solcher primären Lagerstätten und durch einen durch fließende Gewässer bedingten natürlichen Schwemmprozeß haben sich die Platinmetalle, dank ihrer hohen Dichten, an bestimmten – von den primären Stätten nicht allzu weit entfernten – Stellen angereichert. Derartige sekundäre Lagerstätten („*Seiten*") finden sich vor allem am Ost- und Westabhang des Urals sowie in Kolumbien, Äthiopien und Borneo. Sie enthalten die Platinmetalle u.a. auch in **gediegenem** Zustande z.B. in Form von „*Osmiridium*" (80% Os neben Ir und anderen Platinmetallen), „*Iridosmium*" (77% Ir neben Osmium und anderen Platinmetallen), oder „*Ferroplatin*" (mit bis zu 95% Pt neben Fe; im Ural wurde 1843 ein 12kg schwerer Pt-Brocken aufgefunden). Als **Platin-** und **Palladiumerze** seien genannt: der „*Sperrlith*" $PtAs_2$, der „*Cooperit*" PtS und der „*Braggit*" (Pt,Pd,Ni)S. Sie entsprechen den Nickelmineralien $NiAs_2$ und NiS (s. dort).

Isotope (vgl. Anh. III). *Natürliches* Palladium besteht aus den 6 Isotopen $^{102}_{46}Pd$ (1.02%), $^{104}_{46}Pd$ (11.14%), $^{105}_{46}Pd$ (22.33%; für *NMR-Untersuchungen*) $^{106}_{46}Pd$ (27.33%), $^{108}_{46}Pd$ (26.46%) und $^{110}_{46}Pd$ (11.72%), *natürliches* Platin aus den 6 Isotopen $^{190}_{78}Pt$ (0.010%; α-Strahler; $\tau_{1/2} = 6.9 \times 10^{11}$ Jahre), $^{192}_{78}Pt$ (0.79%; α-Strahler; $\tau_{1/2} = 10^{15}$ Jahre), $^{194}_{78}Pt$ (32.9%), $^{195}_{78}Pt$ (33.8%; für *NMR-Untersuchungen*), $^{196}_{78}Pt$ (25.3%) und $^{198}_{78}Pt$ (7.2%). Die *künstlich* erzeugten Nuklide $^{103}_{46}Pd$ (Elektroneneinfang; $\tau_{1/2} = 17$ Tage), $^{109}_{46}Pd$ (β^--Strahler; $\tau_{1/2} = 13.47$ Stunden), $^{195m}_{78}Pt$ (γ-Strahler; $\tau_{1/2} = 4.1$ Tage) und $^{197}_{78}Pt$ (β^--Strahler; $\tau_{1/2} = 18$ Stunden) werden als *Tracer* genutzt.

Geschichtliches. Während das erste Glied der Platinmetalle, Ruthenium, als letztes Metall dieser Elementgruppe aufgefunden wurde (s. dort), ist das letzte Glied der Platinmetalle, Platin, am längsten bekannt. Man fand es gediegen im Sand der Flüsse Kolumbiens und *bezeichnete* es nach seiner dem Silber ähnlichen, nur etwas matteren Farbe als Platin[12)] von plata (spanisch) = Silber bzw. platina = Silberchen. Die mittleren Glieder der Platinmetalle – Os, Rh, Ir, Pd – wurden nach der Entdeckung der ausgedehnten Platinlagerstätten im Ural alle in der kurzen Zeitspanne von 1803 bis 1804 entdeckt, und zwar Palladium im Jahre 1803 von dem Engländer William Hyde Wollaston. Es erhielt seinen *Namen* nach dem kurz vorher (1802) entdeckten Planetoiden Pallas.

Darstellung

Für die **technische Gewinnung** der Platinmetalle in Form des – durch Komplexbildungs- und Redoxprozesse weiter in die einzelnen Platinelemente (hier: **Palladium, Platin**) aufgetrennten – **„Rohplatins"** dienen heute vorwiegend Erze aus primären Lagerstätten. Ausgebeutet werden hierzu insbesondere die Mercusky-Ader (Südafrika; über 50% der Jahresweltproduktion an Platinmetallen), ferner Lagerstätten im Ural (Rußland) und im Sudbury-Becken (Kanada). Eine wichtige zusätzliche Quelle für Rohplatin („*Scheidegut*") stellen *Edelmetallabfälle* („*Gekrätz*") wie Fotopapiere, Fixierbäder, Batterien, ferner *Edelmetallaltmaterialien* wie Schmuck,

11 **Literatur.** S.E. Livingstone: „*The Platinium Metals*", „*Palladium*", „*Platin*", Comprehensive Inorg. Chem. **3** (1973) 1163–1189, 1274–1329, 1330–1370; GMELIN: „*Palladium*", Syst.-Nr. **65**, bisher 3 Bände, „*Platinum*", Syst.-Nr. **68**, bisher 16 Bände; M.J.H. Russell, C.F.J. Barnard, A.T. Hutton, C.P. Morley: „*Palladium*", D.M. Roundhill: „*Platinum*", Comprehensive Coord. Chem. **5** (1987) 1099–1170, 351–531. Vgl. auch Anm. 14, 18, 26.

12 Man nannte das Metall seinerzeit in Europa auch das „*achte Metall*", da es die damals – schon seit dem Altertum – allein bekannten sieben Metalle Ag, Au, Hg, Cu, Fe, Sn und Pb um ein weiteres Glied bereicherte.

gebrauchte Katalysatoren der Kraftwagen oder der Ammoniakverbrennung sowie Elektrolyseschlämme (S. 1353) dar.

Die **Gewinnung des Rohplatins** geschieht bei den *gediegenden Vorkommen* durch Wasch- und Sedimentationsprozesse (Trennung der spezifisch schweren Rohplatinteilchen vom spezifisch leichteren Sand und Geröll) und bei den *gebundenen Vorkommen* im Zuge der Erzaufarbeitung auf *Kupfer* (S. 1321) bzw. *Nickel* (S. 1576) wobei sich das Rohplatin bei der *elektrolytischen Reinigung* der Metalle im *Anodenschlamm*, bei der *Reinigung nach dem Mond-Verfahren* im *Rückstand der CO-Behandlung* ansammelt. Im Falle stark silber- und goldhaltigen Rohplatins erfolgt anschließend zunächst eine elektrolytische Abtrennung von Silber (S. 1340) und Gold (S. 1353). Die in „*Scheideanstalten*"[13] durchgeführte, arbeitsintensive **Trennung des Rohplatins** und die **Gewinnung der einzelnen Platinmetalle**, die auf der *Bildung* und *Reduktion* der *Komplexe* $(NH_4)_3[RuCl_6]$, $[OsO_2(NH_3)_4]Cl_2$, $(NH_4)_3[RhCl_6]$, $(NH_4)_3[IrCl_6]$, $Pd(NH_3)_2Cl_2]$ und $(NH_4)_2[PtCl_6]$ beruht, kann u.a. nach folgenden beiden Verfahren erfolgen:

(i) Man *löst* aus den Platinkonzentraten mit *Königswasser* nur *einen Teil* der Elemente, nämlich die leichter oxidierbaren Metalle Au, Pd und Pt *heraus* (der Ru-, Os-, Rh-, Ir- und AgCl-haltige Rückstand dient zur Gewinnung von Ru, Os, Rh und Ir; vgl. S. 1534 und 1563) und *fällt* aus der Lösung zunächst elementares Gold durch Zugabe eines Reduktionsmittels wie $FeCl_2$, dann gelöstes Pt durch Zusatz von *Ammoniumchlorid* als $\mathbf{(NH_4)_2[PtCl_6]}$ und schließlich gelöstes Pd durch Zusatz von *Ammoniak* und anschließend *Salzsäure* als $\mathbf{[Pd(NH_3)_2Cl_2]}$ *aus*. Letztere beiden Fällungen werden durch wiederholtes Lösen (Zugabe von Königswasser bzw. Ammoniak) und Fällen (Zusatz von NH_4Cl bzw. Salzsäure) *gereinigt*. Die *thermische Zersetzung* führt $(NH_4)_2[PtCl_6]$ bzw. $[Pd(NH_3)_2Cl_2]$ in *schwammartiges*, die *Reduktion* mit *Hydrazin* in *pulverförmiges* **metallisches Platin** und **Palladium** über.

(ii) Anders als unter (i) besprochen, können die Platinkonzentrate zunächst durch Behandlung mit *Königswasser* in der Hitze bzw. durch Schmelzen mit *Natriumperoxid* oder KOH/KNO_3 bzw. mit anderen stark oxidierend wirkenden Agentien *vollständig gelöst* werden. Man *trennt* aus der Lösung dann die *Unedelmetalle* ab (z. B. durch Kationenaustauscher), *fällt* die *Edelmetalle* Ag und Au *aus* (z. B. als AgCl bzw. Au) und *sublimiert* Ru und Os als Tetraoxide *ab* (vgl. S. 1535). Zur Trennung von gelöstem Rh, Ir, Pd und Pt nutzt man die *Schwerlöslichkeit* der *Hexachlorometallate* und die Möglichkeit zur *selektiven Oxidation* der Metalle mit Chlor aus (zunächst wird Pt dann Ir und schließlich Pd zur vierwertigen Stufe oxidiert und als $(NH_4)_2[MCl_6]$ gefällt; zum Abschluß fällt man Rh(III) als $(NH_4)_3[RhCl_6]$). Die erhaltenen Komplexe $\mathbf{(NH_4)_2[PdCl_6]}$ und $\mathbf{(NH_4)_2[PtCl_6]}$ werden wie unter (i) beschrieben gereinigt und thermisch oder durch Reduktion in **Pd** bzw. **Pt** umgewandelt.

Eine gute, in *Technik* und *Laboratorium* durchgeführte Methode zur Gewinnung von feinverteiltem Palladium oder Platin besteht in der Reduktion von MCl_2 mit *Ethanol* oder *Hydrazin* in warmer wässeriger KOH-Lösung (→ „**Palladiummohr**", „**Palladiumschwarz**", „**Platinmohr**", „**Platinschwarz**"). Führt man die Reduktion in Gegenwart von Asbest durch, so schlägt sich das feinverteilte Pd bzw. Pt auf dem oberflächenreichen Asbest nieder („*Palladiumasbest*", *Platinasbest*"). Bezüglich des durch Erhitzen von $(NH_4)_2[MCl_6]$ gebildeten „**Palladiumschwamms**" bzw. „**Platinschwamms**" siehe oben.

Physikalische Eigenschaften

Die Elemente **Palladium** und **Platin** stellen *dehnbare silberweiße* (Pd) bzw. *grauweiße* (Pt) *Metalle* der Dichten 12.02 bzw. 21.45 g/cm³ dar, die *nicht sehr hart* sind, bei 1554 bzw. 1772 °C schmelzen sowie bei 2930 bzw. 3830 °C sieden und in mit *kubisch-dichtester* Metallatompakkung kristallisieren. *Palladium* weist unter allen Platinmetallen die *geringste Dichte* sowie den *niedrigsten Schmelzpunkt* auf und ist etwas härter und zäher als Platin. Bezüglich weiterer Eigenschaften von Pd und Pt vgl. Tafel IV.

Physiologisches[14]. Palladium und Platin sind für Lebewesen *nicht essentiell* und *toxikologisch unbedenklich*, doch können Pt-Verbindungen (Analoges gilt wohl für Pd-Verbindungen) bei exponierten Personen Allergien auslösen (MAK-Wert für Pt = 0.002 mg/m³). Pharmakologisch ist „*Cisplatin*" $[PtCl_2(NH_3)_2]$ von großer Bedeutung für die *Krebstherapie*.

Chemische Eigenschaften

Reaktiver als Ru, Os, Rh und Ir sind **Palladium** (das *chemisch aktivste* Platinmetall) und **Platin**. Pd reagiert mit konzentrierter *Salpetersäure* unter Bildung von $[Pd^{IV}(NO_3)_2(OH)_2]$ (Pt ist in HNO_3 bis 100 °C beständig); ferner lösen sich beide Metalle in *Königswasser* und

[13] Zum Beispiel *Degussa* = *D*eutsche *G*old- *u*nd *S*ilber-*S*cheide-*A*nstalt.

[14] **Literatur.** S. J. Lippard: „*Platinum Complexes: Probes of Polynucleotide Structure and Antitumor Drugs*", Acc. Chem. Res. **11** (1978) 211–217; E. Wiltshaw: „*Cisplatin in the Treatment of Cancer*", Platinum Metals Rev. **23** (1979) 90–98.

selbst in *Salzsäure* bei Gegenwart von *Luft* unter Bildung von $Pd^{II}Cl_4^{2-}$, $Pt^{II}Cl_4^{2-}$ und $Pt^{IV}Cl_6^{2-}$ (vgl. Potentialdiagramme, unten). Von geschmolzenen *Hydroxiden, Cyaniden* und *Sulfiden* der Alkalimetalle wird Pt und Pd wegen der großen Neigung zur Komplexbildung ebenfalls aufgelöst; diese Stoffe dürfen daher in Platintiegeln nicht erhitzt werden.

Sauerstoff oxidiert Palladium bei dunkler Rotglut zu PdO, während Platin bei starkem Erhitzen an der Luft nur in geringem Umfange PtO_2 bildet, das sich verflüchtigt (PtO_2 zerfällt bei 560 °C in Pt und O_2). Pd und Pt setzen sich darüber hinaus mit vielen *anderen Elementen* wie Si, P, As, Sb, S, Se, Pb (sowie anderen Schwermetallen) um, so daß sie nicht in Platinschalen geschmolzen werden dürfen. Eine sehr charakteristische Eigenschaft des Palladiums und des heißen Platins ist es, große Mengen von *Wasserstoff* zu absorbieren.

So löst das *kompakte* Metall bei Raumtemperatur rund das 600fache, *feinverteiltes* Pd (Palladiumschwamm) das 850fache, eine wässerige Suspension von *feinstverteiltem* Pd (Palladiummohr) das 1200fache und eine *kolloidale* Pd-Lösung sogar das 3000fache Volumen Wasserstoff (vgl. S. 257, 1590). Der in Palladium gelöste Wasserstoff ist besonders *reaktionsfähig* und läßt sich zur *Hydrierung* z. B. von organischen Mehrfachbindungen nutzen. Durch ein heißes Palladiumblech diffundiert Wasserstoff im Gegensatz zu anderen Gasen (z. B. N_2) so leicht hindurch, als ob überhaupt keine Trennungswand vorhanden wäre, weshalb man auf diese Weise Wasserstoff reinigen kann. Auch die feinverteilten Pt-Formen (s. o.) dienen als Katalysatoren bei *Hydrierungen.* Allerdings absorbiert Pt unter Normalbedingungen Wasserstoff nur untergeordnet; auf Rotglut erhitztes Pt ist aber für H_2 merklich durchlässig.

Verwendung von Palladium und Platin. Sowohl **Platin-** als auch **Palladiummetall** (Weltjahresproduktion an Pt: um die hundert Tonnen, an Pd: weitaus geringere Mengen) werden vornehmlich als „*Katalysatoren*" eingesetzt: Palladium und Platin dienen in feinstverteilter Form *in Laboratorien* für *Hydrierungsreaktionen*, Pt in der Technik zur *Ammoniakoxidation* (S. 714) und zur Herstellung von Kunststoff-, Gummi-, Textil-, Waschmittel-, Lebensmittelprodukten aus den Rohstoffen Erdöl sowie Erdgas („Petrochemie"), ferner in der *Autoabgasreinigung* (S. 695). Weiterhin sind „*Elektroden*" aus Pt für manche technische Elektrolysen unersetzlich. Wegen seines hohen Schmelzpunkts und seiner chemischen Wiederstandsfähigkeit dient Pt zur Herstellung „*chemischer Geräte*" (Tiegel, Schalen, Anoden, Heizdrähte)[15]. Große Mengen Pt werden auch in der „*Schmuckindustrie*" und in der „*Zahntechnik*" verarbeitet. Da Pt und Glas fast denselben Ausdehnungs-Koeffizienten haben, lassen sich leicht „*Glaseinschmelzungen*" von Pt-Draht herstellen (in der Glühlampenindustrie verwendet man hierzu Chromnickelstahl bestimmter Zusammensetzung). Genutzt werden des weiteren auch **Legierungen** von Pt mit anderen Edelmetallen wegen ihrer Härte und chemischen Resistenz (vgl. bei anderen Platinmetallen). Z. B. bilden *Platin-Gold-Legierungen* den besten Werkstoff für *Spinndüsen* zur Herstellung von Zellwolle und Kunstseide. Bezüglich der **Verbindung** $PdCl_2$ als *Katalysator* der *Olefinoxidation* („*Wacker-Verfahren*") vgl. S. 1603.

Palladium und Platin in Verbindungen

Die wichtigsten **Oxidationsstufen** von Pd und Pt sind **+2** (z. B. MCl_2, MO) und **+4** (z. B. MF_4, MO_2; insbesondere bei Pt häufig anzutreffende Wertigkeit). Beide Elemente bilden auch eine Reihe von Verbindungen mit der Oxidationsstufe **0** (z. B. $[M(PR_3)_4]$), **+1** (z. B. $[M_2(CNMe)_6]^{2+}$, $[M_2X_2(Ph_2PCH_2PPh_2)_2]$), **+3** (selten bei Pd, z. B. $[Pd\{S_2C_2(CN)_2\}]$; häufiger bei Pt, z. B. $[Pt(Diphenylglyoximato)_2]^+$, $[Pt_2(SO_4)_4(H_2O)_2]^{2-}$)[16] und – selten – **+5** (z. B. $[MF_6]^-$). Zudem sind Verbindungen des Platins mit der Oxidationsstufe **+6** (PtF_6, PtO_3) bekannt.

Aquakomplex-Kationen sind wie im Falle der übrigen Metalle der VIII. Nebengruppe nur von den ersten beiden, nicht vom dritten Element der drei Untergruppen (Fe-, Co-, Ni-Gruppe) bekannt (Rh(II) liegt nicht als $Rh(H_2O)_6^{2+}$, sondern als $[Rh_2(H_2O)_{10}]^{4+}$ vor):

$[Fe(H_2O)_6]^{2+/3+}$ (*farblos*) $[Co(H_2O)_6]^{2+/3+}$ (*rosa/blau*) $[Ni(H_2O)_6]^{2+}$ (*grün*)
$[Ru(H_2O)_6]^{2+/3+}$ (*rosa/gelb*) $[Rh(H_2O)_6]^{2+/3+}$ (*farbig/gelb*) $[Pd(H_2O)_4]^{2+}$ (*braun*)

Wasserbeständige *Oxokomplex-Anionen* werden von Pd und Pt nicht gebildet (vgl. S. 1565; Oxokomplex-Anionen spielen für Elemente der VI., VII. und VIII. Gruppe eine bedeutende Rolle).

---

[15] Man darf Platingeräte nicht auf rußender Flamme erhitzen, weil sich dabei Pt mit *Kohlenstoff* verbindet und brüchig wird. Schmelzende Alkalien lösen bei Gegenwart von *Sauerstoff* Pt unter Bildung von Platinaten auf, weshalb man für Alkalischmelzen Ag-Tiegel verwendet.

[16] Verbindungen wie MF_3 oder MCl_3 (M = Pd, Pt) sind keine M(III), sondern M(II,IV)-Verbindungen.

Über die Potentiale einiger Redoxvorgänge des Palladiums und Platins bei pH = 0 in nichtkomplexierenden Säuren bzw. in Salzsäure informieren folgende **Potentialdiagramme**:

pH = 0

$$\mathbf{PdO_2} \cdot aq \xrightarrow{+1.194} \mathbf{Pd(H_2O)_4^{2+}} \xrightarrow{+0.915} \mathbf{Pd}$$

dunkelrot — *braun*

$$\mathbf{PdCl_6^{2-}} \xrightarrow{+1.47} \mathbf{PdCl_4^{2-}} \xrightarrow{+0.62} \mathbf{Pd}$$

rot — *gelb*

$$\mathbf{PtO_2} \cdot aq \xrightarrow{+1.045} \mathbf{PtO} \cdot aq \xrightarrow{+0.980} \mathbf{Pt}$$

dunkelbraun — *schwarz*

$$\mathbf{PtCl_6^{2-}} \xrightarrow{+0.726} \mathbf{PtCl_4^{2-}} \xrightarrow{+0.758} \mathbf{Pt}$$

gelb — *rot*

Ersichtlicherweise vermag sich weder Pd noch Pt (Analoges gilt für die anderen Platinmetalle, s. dort) in Säure unter *H_2-Entwicklung* zu lösen, auch ist weder eine *Disproportionierung* von Pd(II) und Pt(II) in die vier und nullwertige Stufe, noch eine *Oxidation* von Wasser seitens Pd(IV) und Pt(IV) unter *O_2-Entwicklung* möglich. Die *Oxidationstendenz* der den sauerstoffhaltigen Verbindungen entsprechenden Chlorokomplexe von M(II) und M(IV) ist geringer.

Die **Koordinationszahl** von *zweiwertigem* Pd und Pt ist in der Regel *vier* (quadratisch-planar, z. B. $[MCl_4]^{2-}$), die von *vierwertigem* Pd und Pt *sechs* (oktaedrisch, z. B. $[MCl_6]^{2-}$; man kennt auch oktaedrisch gebautes zweiwertiges Pd, z. B. $[PdCl_2(diars)_2]$). Die *nullwertigen* Metalle haben meist die Zähligkeit *vier* (tetraedrisch in $M(PR_3)_4$), seltener *drei* (trigonal-planar in $M(PR_3)_3$), die *einwertigen* Metalle *vier* (quadratisch-planar in $[M_2(NCMe)_6]^{2+}$). Die *drei-*, *fünf-* und *sechswertigen* Metalle sind meist *sechszählig* (oktaedrisch). Die 4fach koordinierten M(0)-, 5fach koordinierten M(II)- und 6fach koordinierten M(IV)-Komplexe haben Edelgaselektronenkonfiguration (Xe bzw. Rn).

Bezüglich der *Elektronenkonfiguration*, der *Radien*, der *magnetischen* und *optischen* Eigenschaften von **Palladium-** und **Platinionen** vgl. Ligandenfeld-Theorie (S. 1250) sowie Anh. IV, bezüglich eines **Eigenschaftsvergleichs** der Metalle der Nickelgruppe S. 1199f und Nachfolgendes.

Die zunehmenden Anziehungskräfte der Atomkerne auf die äußeren d-Elektronen innerhalb einer Übergangsperiode mit steigender Ordnungszahl (wachsender Kernladung) und innerhalb der Elementgruppen mit abnehmender Ordnungszahl (sinkende Abstände) verringern die Beständigkeit hoher Wertigkeiten in gleicher Richtung. Demgemäß erniedrigt sich beim Übergang Co → Ni und Rh → Pd die *Maximalwertigkeit* um eine Einheit (vgl. Rh, Ir, S. 1564); auch nimmt die Beständigkeit der Hexafluoride der Platinmetalle in der Richtung von links nach rechts ($RuF_6 > RhF_6 >$ unbekanntes PdF_6; $OsF_6 > IrF_6 > PtF_6$)[17] und von unten nach oben ab ($OsF_6 > RuF_6$; $IrF_6 > RhF_6$; $PtF_6 >$ unbekanntes PdF_6).

Auch von den Metallen Ni, Pd, Pt sind – wie von den vorausgehenden Metallen – **Metallatomcluster** Dimetallionen M_2^{4+} (M = Ni, Pd, Pt) und Pt_2^{6+} bekannt (MM-Abstände 2.60 ± 0,15 Å, entsprechend MM-Einfachbindungen).

2.2. Verbindungen des Palladiums und Platins[11, 18)]

Wasserstoffverbindungen

Anders als Nickel *absorbiert festes Palladium* bereits unter Normalbedingungen Wasserstoff bis zur Grenzstöchiometrie $PdH_{0.7}$ (vgl. S. 276, 1607). Unter Druck wird weiterer Wasserstoff unter Bildung binärer Hydride der Grenzstöchiometrie **PdH** oder gar **PdH_2** aufgenommen[19)]. Der Wasserstoff der Phase $PdH_{<1}$ besetzt bei niedrigen Temperaturen (4.2 K) tetraedrische, bei Raumtemperatur oktaedrische Lücken einer kubisch-dichtesten Pd-Atompackung. *Festes Platin* zeigt keine Neigung zur Absorption von Wasserstoff, doch katalysiert es (wie Pd) Hydrierungen und wird, auf Rotglut gebracht, für H_2 *durchlässig* (S. 1589).

Sowohl Palladium als auch Platin bilden – analog den linken Periodennachbarn (vgl. S. 1607) – ternäre Hydride und zwar der Zusammensetzung **Na_2PdH_2** (analog: Li-, Cs-Salz), **K_3PdH_3**, **Na_2PtH_4** (analog:

---

[17] Dies gilt auch für die vorangehenden Gruppen. So nimmt die Beständigkeit in der Reihenfolge $WF_6 > ReF_6 > OsF_6$ ab.

[18] **Literatur.** F. A. Lewis: „*The Palladium Hydrogen System*", Acad. Press, London 1967; F. R. Hartley: „*The Chemistry of Platinum and Palladium*", Appl. Science Publishers, London 1973; J. H. Canterford, R. Colton: „*Palladium and Platinum*" in „Halides of the Second and Third Row Transition Metals", Wiley 1968, S. 358–389; K. Umakoshi, Y. Sasaki: „*Quadruply Bridged Dinuclear Complexes of Platinum, Palladium, and Nickel*", Adv. Inorg. Chem. **40** (1993) 187–239.

[19] Bezüglich der **Boride, Carbide** bzw. **Nitride** von Pd und Pt vgl. S. 1059, 852, 642.

K-, Rb-, Cs-Salz), $\mathbf{K_3PtH_5}$ (analog: Rb-, Cs-Salz), $\mathbf{Li_5Pt_2H_9}$ und $\mathbf{K_2PtH_6}$. Sie lassen sich aus MH (M = Alkalimetall) Pd bzw. Pt und H_2 unter Druck bei höheren Temperaturen (z.B. 1500–1800 bar bei 500 °C im Falle von K_2PtH_6 mit „K_2PtCl_6-Struktur") gewinnen und enthalten von **Pd**, $\mathbf{PtH_2}$ und $\mathbf{PtH_4}$ abgeleitete lineare PdH_2^{2-}, quadratische PtH_4^{2-}- quadratisch-pyramidale PtH_5- und oktaedrische PtH_6^{2-}-Baueinheiten ($Pt_2H_9^{5-}$: zwei PtH_5-Einheiten mit gemeinsamem axialem H; das überschüssige H^- in K_3PdH_3 und K_3PtH_5 ist wie im binären Kaliumhydrid KH oktaedrisch von K^+ umgeben).

Vom Dihydrid $\mathbf{PtH_2}$ existieren ferner Phosphan-Addukte wie *cis*- und *trans*-$[PtH_2(PR_3)_2]$ (planar), die u.a. durch Hydrierung von $PtCl_2(PR_3)_2$ mit $NaBH_4$ auf dem Wege über $[PtHCl(PR_3)_2]$ gewinnbar sind. Unter einem Druck von 1 bar D_2 tauscht $[PtH_2(PR_3)_2]$ seine H-Atome möglicherweise auf dem Wege über ein Donoraddukt des dideuterierten Tetrahydrids $\mathbf{PtH_4}$ gegen D-Atome aus (vgl. Tab. 133, S. 1607). Palladium bildet weder H^-- noch Phosphanaddukte eines hypothetischen Dihydrids PdH_2.

Halogenverbindungen

Gemäß Tab. 132 bildet nur Platin, nicht aber Palladium im *sechs-* und *fünfwertigen* Zustande *binäre* **Halogenide**, nämlich die *Fluoride* $\mathbf{PtF_6}$ sowie $\mathbf{PtF_5}$ (von Pd(V) kennt man den *Fluorokomplex* $\mathbf{PdF_6^-}$). Von den möglichen Halogeniden der *vierwertigen* Metalle existiert im Falle des Palladiums nur das Fluorid $\mathbf{PdF_4}$, von Platin sowohl das Fluorid, als auch das Chlorid, Bromid und Iodid $\mathbf{PtX_4}$ (von Pd(IV) kennt man alle Halogenokomplexe $\mathbf{PdX_6^{2-}}$). Von den *drei-* und *zweiwertigen* Stufen sind bis auf PtF_2 alle Halogenide $\mathbf{MX_3}$ und $\mathbf{MX_2}$ bekannt (die M(III)-Halogenide stellen tatsächlich M(II,IV)-Mischhalogenide dar). Als Ausgangsprodukte für andere Pd- und Pt-Verbindungen sind $PdCl_2$ und $PtCl_4$ bzw. daraus zugängliches $[PdCl_4]^{2-}$, $[PdCl_2(NCPh)_2]$ sowie $[PtCl_6]^{2-}$ wichtig. Von den **Halogenidoxiden** ist bisher nur $PtOF_3$ eindeutig charakterisiert worden.

Darstellung. Durch kontrollierte *Fluorierung* von Pt und Pd mit Fluor in der Wärme und gegebenenfalls unter Druck entstehen *tiefrotes* **Platinhexafluorid** $\mathbf{PtF_6}$ (d^4-Elektronenkonfiguration) und **-pentafluorid** $\mathbf{PtF_5}$ (d^5) sowie *rotes* **Palladiumtetrafluorid** $\mathbf{PdF_4}$ (d^6) und **-trifluorid** $\mathbf{PdF_3}$ (d^6/d^4). Der Fluorokomplex $[PdF_6]^-$ von $\mathbf{PdF_5}$ (d^5) läßt sich durch *Oxidation* von PdF_4 mit KrF_2 in Anwesenheit von flüssigem HF sowie gelöstem NaF synthetisieren (Bildung von $NaPdF_5$), *braunes* **Platintetrafluorid** $\mathbf{PtF_4}$ (d^6) durch Einwirkung von BrF_3 auf $PtCl_2$ bei 200 °C. Die übrigen, *dunkelfarbenen Tetrahalogenide* $\mathbf{PtX_4}$ (d^6) sowie die *dunkelgrünen* bis *schwarzen* **Platintrihalogenide** $\mathbf{PtX_3}$ (d^6/d^4; X jeweils Cl, Br, I) lassen sich *aus den Elementen* in der Hitze gewinnen. Von den **Palladium-** und **Platindihalogeniden** erhält man *blaßviolettes* $\mathbf{PdF_2}$ (d^8) durch Reduktion von PdF_4 mit Pd bei 930 °C bzw. von PdF_3 mit SeF_4 bei 100 °C, die übrigen *dunkelroten* Halogenide $\mathbf{PdX_2}$ und $\mathbf{PtX_2}$ (d^8; X jeweils Cl, Br, I) *aus den Elementen* (oberhalb 550 °C bildet sich *rotes* α-$PdCl_2$ und durch dessen Umwandlung unterhalb 550 °C *schwarzrotes* β-$PdCl_2$; aus Pt + Cl_2 entsteht *schwarzrotes* α-$PtCl_2$ und durch Thermolyse von $(H_3O)_2[PtCl_6]$ bei 250–300 °C *graugrünes* β-$PtCl_2$, das sich durch Tempern bei 500 °C in α-$PtCl_2$ umwandelt). Aus halogenidhaltigen wässerigen Pd(II)-Salzlösungen lassen sich $[PdCl_2(H_2O)_2]$, $[PdBr_2(H_2O_2)_2]$ und PdI_2 (unlöslich) auskristallisieren bzw. fällen.

Strukturen (vgl. Tab. 132 sowie S. 1611). Die isolierbaren Hexa-, Penta- und Tetrahalogenide des Palladiums und Platins kristallisieren wie die analogen Halogenide der linken Periodennachbarn, Rhodium und Iridium, in Form von *Monomeren* (PtF_6 mit O_h-Symmetrie), *Tetrameren* (PtF_5 mit „VF_5-Struktur"), *Raumstrukturen* (PdF_4, PtF_4 mit „IrF_4-Struktur") und *Kettenstrukturen* ($PtCl_4$, $PtBr_4$, PtI_4; über gemeinsame *gauche*-ständige Kanten zu Zick-Zack-Ketten verknüpfte PtX_6-Oktaeder). Unter den Trihalogeniden nimmt *paramagnetisches* „PdF_3" die „RhF_3-Raumstruktur" ein, wobei die in $\frac{1}{3}$ der oktaedrischen Lücken einer hexagonal dichtesten F^--Packung lokalisierten Metallatome im Sinne der Formulierung $Pd^{II}[Pd^{IV}F_6]$ abwechselnd *zwei-* und *vierwertig* sind[20]. In analoger Weise enthalten die *diamagnetischen* Platintrihalogenide „PtX_3" (X = Cl, Br, I) gemäß der Formulierung $PtX_2 \cdot PtX_4$ *zwei-* und *vierwertiges* Metall. Im „$PtCl_3$" bildet etwa der $PtCl_4$-Teil *polymere* Ketten kantenverknüpfter $PtCl_6$-Oktaeder und der $PtCl_2$-Teil *hexamere* Baueinheiten $(PtCl_2)_6$ (s.u.). Unter den Dihalogeniden kristallisiert (*paramagnetisches*) PdF_2 mit einer *Raumstruktur* („Rutil-Struktur"), während die übrigen (*diamagnetischen*) Dihalogenide PdX_2 und PtX_2 (X = Cl, Br, I) sowohl *Ketten-* als auch *Inselstrukturen* aufweisen. Und zwar

[20] Das enthaltene Pd(IV) ist *diamagnetisch*, Pd(II) *paramagnetisch* (zwei ungepaarte Elektronen, $\mu_{mag} = 2.88$ BM).

bildet α-$PdCl_2$ und $PdBr_2$ ebene *Bänder* mit quadratisch-planarer Anordnung der Halogen- um die M-Atome (Fig. 312a), β-$PdCl_2$, β-$PtCl_2$ und $PtBr_2$ hexamere Moleküle $[MCl_2]_6$ mit quadratisch-ebener X-Koordination der M-Atome (Fig. 312b; vgl. „ZrI_2-Struktur“).

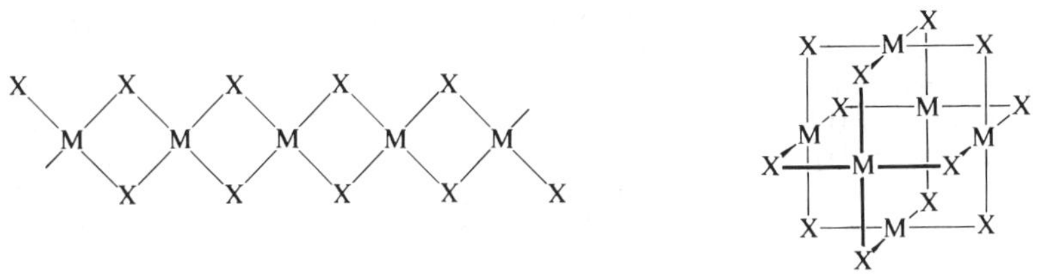

(a) (b)

Fig. 312 Strukturen von α-$PdCl_2$ und $PdBr_2$ (a) sowie von β-$PdCl_2$, β-$PtCl_2$ und $PtBr_2$ (b).

Eigenschaften. Einige Kenndaten der Halogenide des Palladiums und Platins sind in Tab. 132 wiedergegeben. Die Thermostabilität der *höheren* Halogenide MX_n der „Platinmetalle“ (Ru/Os; Rh/Ir; Pd/Pt) *sinkt* mit wachsendem n, mit zunehmender Ordnungszahl des Halogens und für M in Richtung von links unten nach rechts oben. Hiernach stellt PdF_6 das instabilste Hexafluorid eines Platinmetalls dar. Tatsächlich läßt es sich (wie auch noch PdF_5) nicht synthetisieren, so daß RhF_6 das am wenigsten stabile, PtF_6 das zweitinstabilste Hexafluorid hinsichtlich eines „*Zerfalls*“ unter F_2-Abspaltung in die Elemente darstellt. Daß PtF_5 thermisch unbeständiger als PtF_6 ist, rührt daher, daß sich das Pentafluorid unter „*Disproportionierung*“ in stabiles PtF_4 und flüchtiges PtF_6 umwandeln kann. Entsprechend der Stabilitätsabnahme in Richtung Fluorid, Chlorid, Bromid, Iodid zersetzen sich $PtCl_4$/$PtBr_4$/PtI_4 um 370/180/130 °C in PtX_2, während sich PtF_4 auf über 600 °C unzersetzt erhitzen läßt.

Tab. 132 Halogenide, Oxide und Halogenidoxide[a)] von Palladium und Platin (vgl. S. 1579, 1611, 1620)

	Fluoride		**Chloride**		**Bromide**		**Iodide**		**Oxide**	
M(VI)	–	**PtF_6**[b)] *tiefrot* 61.3 °C	–	–	**Verbindung** Farbe*) Smp.*) Struktur (KZ)*) *) Z = Zersetzung d = dunkel Hex = Hexamer Tetr = Tetramer		–	–	–	**PtO_3** *braun-rot*
M(V)	– nur PdF_6^-	**PtF_5**[b)] *tiefrot* 80 °C Tetr (6)	–	–			–	–	–	–
M(IV)	**PdF_4** *rot* ? IrF_4 (6)	**PtF_4** *braun* 600 °C IrF_4 (6)	– nur $PdCl_6^{2-}$	**$PtCl_4$** *d'rot* 370 °C Kette (6)	– nur $PdBr_6^{2-}$	**$PtBr_4$** *d'braun* 180 °C Kette (6)	– nur PdI_6^{2-}	**PtI_4** *dunkel* 130 °C Kette (6)	**PdO_2** *dunkel* 200° (Z) ?	**PtO_2**[c)] *dunkel* 450 °C $CaCl_2$ (6)
M(III)	**„PdF_3“** *orangef.* $Pd^{II/IV}$ d)	–	–	**„$PtCl_3$“** *d'grün* 435° (Z) $Pt^{II/IV}$ d)	–	**„$PtBr_3$“** *d'grün* 200° (Z) $Pt^{II/IV}$ d)	–	**„PtI_3“** *dunkel* 310° (Z) $Pt^{II/IV}$ d)	–[e)]	**„Pt_2O_3“**[e)] *d'braun* $Pt^{II/IV}$
M(II)	**PdF_2** *blaß-violett* TiO_2 (6)	–	**α-$PdCl_2$**[f)] *rot* 600° (Z) Kette (4)	**β-$PtCl_2$**[g)] *grün* 581° (Z) Hex (4)	**$PdBr_2$** *dunkel* Zers.? Kette (4)	**$PtBr_2$** *dunkel* 250° (Z) Hex (4)	**PdI_2** *schwarz* Zers.?	**PtI_2** *schwarz* 360° (Z)	**PdO** *schwarz* 870 °C PtS (4)	**PtO** *schwarz-violett* PtS (4)

a) Von den **Halogenidoxiden** ist **Pt^VOF_3** (starkes Oxidationsmittel) sicher nachgewiesen, **$Pt^{VI}OF_4$** noch unsicher. – **b)** **PtF_6:** Sdp. 69.1 °C; O_h-Symmetrie, KZ 6; **PtF_5:** Sdp. ca. 300 °C. – **c)** β-Form. **α-PtO_2**: Struktur noch unbekannt. – **d)** **PdF_3**-Struktur: hexagonal-dichteste F-Packung mit Pd(II) und Pd(IV) in $\frac{1}{3}$ der oktaedrischen Lücken; bezüglich PtX_3-Strukturen vgl. Text. – **e)** Man kennt auch **$Na_xM_3O_4$** ($x < 1$; für M = Pt auch $x = 0$). **f)** **β-$PdCl_2$** (*schwarzrot*) enthält M_6Cl_{12}-Einheiten („β-$PtCl_2$-Struktur“). – **g)** Die Struktur von **α-$PtCl_2$** (*schwarzrot*) ist noch unbekannt.

Redoxreaktionen. Das Hexafluorid PtF_6 ist eines der stärksten *Oxidationsmittel*:

$$PtF_6 + \ominus \rightleftarrows PtF_6^-$$

und kann selbst Xenon zu XeF_2 sowie O_2 zu O_2^+ (S. 507) oxidieren. PtF_5 weist ebenfalls stark oxidierende Eigenschaften auf und vermag Wasser noch zu O_2 zu oxidieren. Aufgrund des edlen Charakters von Pd und Pt stellen aber selbst die zweiwertigen Metalle Oxidationsmittel dar. So läßt sich $PdCl_2$ in wässeriger Lösung sehr leicht zu metallischem, feinverteiltem Palladium reduzieren, wovon man zum „*Nachweis von Kohlenoxid und Wasserstoff*" Gebrauch macht (vgl. S. 261, 866):

$$PdCl_2 + H_2O + CO \rightarrow Pd + 2HCl + CO_2; \quad PdCl_2 + H_2 \rightarrow Pd + 2HCl.$$

In analoger Weise entsteht feinverteiltes Platin, wenn man eine wässerige Lösung von $PtCl_4$ (eingesetzt in Form von H_2PtCl_6, s. u.) mit Reduktionsmitteln umsetzt (vgl. „Pd-" und „Pt-Mohr", „-Schwarz", „-Asbest", S. 1588).

Säure-Base-Reaktionen. Während PtF_6, PtF_5, PtF_4 und PdF_4 mit Wasser heftig reagieren (in ersteren beiden Fällen unter Redoxreaktion), ist die *Hydrolyse* der Tetrahalogenide $PtCl_4$, $PtBr_4$ und PtI_4 (analoge Pd-Halogenide sind unbekannt) kinetisch gehemmt, so daß das Tetrachlorid sogar aus Wasser *umkristallisiert* werden kann ($PtBr_4$ und PtI_4 sind *wasserunlöslich*). $PtCl_4$ löst sich in *Wasser* analog dem rechts benachbarten $AuCl_3$ zu einer „*Chlorohydroxosäure*" $PtCl_4 \cdot 2H_2O \triangleq H_2[PtCl_4(OH)_2]$ und in *Salzsäure* unter Bildung der hydratisierten **Hexachloroplatin(IV)-säure $H_2[PtCl_6]$**, die auch beim Lösen von Platin in *Königswasser* entsteht. Sie läßt sich aus der wässerigen Lösung in Form *gelber* Kristalle der Zusammensetzung $H_2[PtCl_6] \cdot 6H_2O \triangleq (H_7O_3)_2[PtCl_6]$ auskristallisieren, welche bis zum Dihydrat der Formel $H_2[PtCl_6] \cdot 2H_2O \triangleq (H_3O)_2[PtCl_6]$ entwässert werden können. Eine der Hexachloroplatin(IV)-säure entsprechende, nicht isolierbare, hydratisierte **Hexachloropalladium(IV)-säure $H_2[PdCl_6]$**, die sich beim Auflösen von feinverteiltem Palladium in Königswasser bildet, ist sehr instabil (Übergang in $H_2[PdCl_4]$ unter Cl_2-Abgabe).

Die komplexe Natur der *sehr starken* Säure $(H_3O)_2[PtCl_6]$ (Smp. 60 °C) ergibt sich daraus, daß Silbernitrat *kein Silberchlorid*, sondern ein *gelbes* Silbersalz $Ag_2[PtCl_6]$ fällt. Unter den **Salzen** sind die in Form *goldgelber* Oktaeder kristallisierenden „*Hexachloroplatinate(IV)*" $(NH_4)_2[PtCl_6]$, $K_2[PtCl_6]$, $Rb_2[PtCl_6]$ und $Cs_2[PtCl_6]$ (oktaedrisches $PtCl_6^{2-}$-Ion, s. u.) im Gegensatz zum entsprechenden Li- und Na-Salz sowie der ebenfalls als „Salz" beschreibbaren Verbindung $(H_3O)_2[PtCl_6]$ in Wasser schwer löslich, so daß sie zur Trennung der schwereren Alkalimetalle von den leichteren benutzt werden können. In analoger Weise bildet $[PdCl_6]^{2-}$ (oktaedrisch, gewinnbar aus $PdCl_4^{2-}$ und Cl_2) schwerlösliche „*Hexachloropalladate(IV)*" $(NH_4)_2[PdCl_6]$ und $M_2[PdCl_6]$ (M = K, Rb, Cs; oktaedrisches $PdCl_6^{2-}$-Ion, s. u.). Erhitzt man die Hexachloroplatin(IV)-säure auf 250–300 °C bzw. auf 400 °C bzw. auf schwache Rotglut, so erfolgt ein Zerfall unter Bildung von Platintetrachlorid bzw. von Platindichlorid bzw. von metallischem Platin in Form einer grauen, locker zusammenhängenden Masse („Pt-Schwamm"):

$$(H_3O)_2[PtCl_6] \xrightarrow[-2H_2O,\,-2HCl]{300\,°C} PtCl_4 \xrightarrow[-Cl_2]{\text{ab } 370\,°C} PtCl_2 \xrightarrow[-Cl_2]{\text{Rotglut}} Pt.$$

Die thermolabilere Hexachloropalladium(IV)-säure zerfällt viel leichter; demgemäß geben die Hexachloropalladate(IV) bereits beim *Kochen* Chlor unter Übergang in $[PdCl_4]^{2-}$ ab. Das Ammonium-Salz läßt sich wie das der Hexachloroplatin(IV)-säure thermisch bis zum Metall zersetzen (vgl. Darstellung von Pd, Pt).

Beim Versetzen einer wässerigen Lösung von Platintetrachlorid bzw. von Hexachloroplatin(IV)-säure mit *Alkalilauge* werden die Chlorid-Ionen stufenweise durch Hydroxid-Ionen unter Bildung von $[PtCl_{6-n}(OH)_n]^{2-}$ ersetzt. Die als Endstufe ($n = 6$) entstehenden *blaßgelben* „*Hexahydroxoplatinate(IV)*" $[Pt(OH)_6]^{2-}$ gehen beim Entwässern der angesäuerten Lösungen in fast wasserfreies PtO_2 über (s. u.). In analoger Weise bildet sich beim Versetzen von $[PdCl_6]^{2-}$ mit Alkalilauge wasserhaltiges PdO_2.

Unter den Dihalogeniden hydrolysiert PdF_2 bereits an feuchter Luft, während PdX_2 und PtX_2 analog PtX_4 (X jeweils Cl, Br, I) – kinetisch bedingt – nicht mit *Wasser* reagieren. Nur α-$PdCl_2$ ist in Wasser unter Bildung von *dunkelrotem* $[PdCl_2(H_2O)_2]$, das *auskristallisiert* werden kann, *löslich*, die übrigen Dihalogenide stellen *wasserunlösliche* Verbindungen dar (es lassen sich aber Benzollösungen erhalten). Beim Versetzen von MX_2 (X = Cl, Br, I) mit den entsprechenden *Halogenwasserstoffsäuren* HX lösen sich die Dihalogenide unter Bildung hydratisierter **Tetrahalogenometall(II)-säuren $H_2[MX_4]$** auf, die beim Behandeln mit *Alkalilaugen* in der Wärme in unlösliches, wasserhaltiges PdO und PtO übergeführt werden (s. u.).

Von der „*Tetrachloropalladium(II)-säure*" $H_2[PdCl_4]$, welche sich auch beim Auflösen von feinverteiltem Palladium in heißem Königswasser bildet (in der Kälte entsteht $H_2[PdCl_6]$), und von der „*Tetrachloroplatin(II)-säure*" $H_2[PtCl_4]$ existieren *gelbbraune* bzw. *rote* Alkalimetall**salze** (auch durch Reduktion von $[MCl_6]^{2-}$ mit Hydrazin oder Oxalsäure erhältlich; quadratisch-planare $[MCl_4]^{2-}$-Ionen). Sie hydrolysieren in Wasser zum Teil gemäß:

$$[MCl_4]^{2-} \underset{\mp Cl^-}{\overset{\pm H_2O}{\rightleftharpoons}} [MCl_3(H_2O)]^- \underset{\mp Cl^-}{\overset{\pm H_2O}{\rightleftharpoons}} [MCl_2(H_2O)_2].$$

Metallhalogenid-Komplexe. Mit Halogenid-Ionen bilden die Palladium- und Platinhalogenide unter „Depolymerisation" eine Reihe von Halogenokomplexen, so die „*Pentahalogenide*" PtF_5 und das nicht existierende PdF_5 Fluorokomplexe $[MF_6]^-$ (d^5, oktaedrisch), existierende und nicht existierende „*Tetrahalogenide*" MX_4 Halogenokomplexe $[MX_6]^{2-}$ (d^6; oktaedrisch; aus $[MX_4]^{2-} + X_2$ bzw. $[PdCl_6]^{2-}$ + CsI; M = Pd/Pt: *orangef./gelb* (X = F), *dunkelrot/dunkelgelb* (Cl), *schwarz/dunkelrot* (Br), *schwarz/schwarz* (I); bezüglich der **K_2PtCl_6-Struktur** vgl. Anm.[20a]) und die „*Dihalogenide*" MX_2 Halogenokomplexe $[MX_4]^{2-}$ (d^8; quadratisch; M = Pd/Pt: *gelb/rot* (X = Cl), *dunkelrot/dunkelrot* (Br), *schwarz/schwarz* (I))[21] sowie $[M_2X_6]^{2-}$ (M = Pd/Pt; X = Cl, Br, I; nur mit großen Gegenionen wie NR_4^+ stabil; kantenverknüpfte MX_4-Quadrate ohne MM-Bindungen; vgl. (a) mit $D = X^-$).

Des weiteren bilden die *vier-* und *zweiwertigen* Halogenide Addukte mit *anderen Donoren* D (Amine, Phosphane, Sulfane, Kohlenstoffmonoxid, Alkene, Pseudohalogenide usw.) gemischte Donorkomplexe. So existiert unter den „*Tetrahalogeniden*" MX_4 das Palladiumchlorid außer als $[PdCl_6]^{2-}$ z. B. auch als *tieforangefarbenes* Pyridinaddukt $[PdCl_4py_2]$ (oktaedrisch), das an feuchter Luft rasch Chlor abgibt. PtX_4 bildet sogar – in ausgeprägtem Gegensatz zum homologen Palladium – eine *sehr große* Zahl beständiger, *diamagnetischer*, oktaedrischer Komplexe, die sich von $[PtX_6]^{2-}$ durch Ersatz von X^- durch D ableiten: $[PtX_5D]^-$, *cis-* und *trans-*$[PtX_4D_2]$, *mer-* und *fac-*$[PtX_3D_3]^+$, *cis-* und *trans-*$[PtX_2D_4]^{2+}$, $[PtXD_5]^{3+}$ und $[PtD_6]^{4+}$ (X^- außer Halogenid z. B. auch OH^-, SCN^-, NO_2^-, zum Teil H^-)[22]. In analoger Weise können in den von den „*Dihalogeniden*" abgeleiteten *diamagnetischen*, quadratisch-planaren M(II)-Komplexen $[MX_4]^{2-}$ Halogenid-Ionen durch geeignete Donoren ersetzt sein: $[MX_3D]^-$, *cis-* und *trans-*$[MX_2D_2]$, $[MXD_3]^+$, $[MD_4]^{2+}$ (X^- außer Halogenid z. B. auch OH^-, SCN^-, NO_2^-, zum Teil H^-)[22], wobei die Komplexe unter Beibehaltung ihrer quadratischen Konfiguration durch Anlagerung von Halogenen in oktaedrische Pt(IV)-Komplexionen überführbar sind. Die Addukte $[MX_2D_2]$ (b) entstehen etwa durch Einwirkung von D auf MX_2 (M = Pd, Pt) unter *Depolymerisation* des Halogenids auf dem Wege über $[MX_2D]_2$ (a) mit ebenfalls quadratisch-ebener Ligandenanordnung:

$$[MX_2D]_2 \text{ (a)} \xrightarrow{+2D} 2\ trans\text{-}[MX_2D_2] \rightleftharpoons 2\ cis\text{-}[MX_2D_2] \text{ (b)}$$

(a) (b)

trans *cis*

[20a] In der K_2PtCl_6-Struktur besetzen die $PtCl_6$-Anionen (oktaedrischer Bau) jede übernächste kubische Lücke eines von den K-Kationen gebildeten einfachen Würfelgitters („anti-CaF_2-Struktur"). Die Struktur läßt sich auch als kubisch-dichteste Packung von $PtCl_6$-Baueinheiten beschreiben, deren tetraedrische Lücken durch Kalium besetzt sind.

[21] $PdCl_4^{2-}$ addiert in konzentrierter wässeriger Cl^--Lösung bis zu einem Gleichgewicht noch ein weiteres, $PdBr_4^{2-}$ in Br^--Lösung noch zwei weitere Halogenidionen unter Bildung von $PdCl_5^{3-}$ bzw. $PdBr_6^{4-}$.

[22] Mit $LiAlH_4$ lassen sich phosphanhaltige Komplexe $[MX_4(PR_3)_2]$ und $[MX_2(PR_3)_2]$ zu *Hydridokomplexen* wie *cis,cis-* $[PtH_2Cl_2(PR_3)_2]$, $[PtHCl(PEt_3)_2]$ (destillierbar im Vakuum bei 130 °C), $[PdHCl(PEt_3)_2]$ (nicht sehr stabil) umwandeln (ein $[NiHCl(PEt_3)_2]$ existiert nicht).

In (a) kann wiederum Halogenid X^- durch andere Säurereste und auch neutrale Donatoren ersetzt sein. Die Tendenz von Liganden X′, die bei gemischten Komplexen $[Pt_2X_4X'_2]^{2-}$ die Brückenstellung einnehmen, wächst in der Reihenfolge $X^- = SnCl_3^- < Cl^- < Br^- < I^- < SR^- < PR_2^-$.

Die zunächst durch Spaltung von (a) erhältlichen *trans*-konfigurierten Komplexe (b) isomerisieren sich gegebenenfalls in *cis*-konfigurierte Komplexe. Der *Konfigurationswechsel* wird hierbei durch Basen (= Donoren oder Lösungsmittel) katalysiert (bezüglich des Isomerisierungsmechanismus vgl. S. 1287)[23]. *Cis*- und *trans*-Formen lassen sich aber auch gezielt synthetisieren. Z. B. erhält man *cis*-$[PtCl_2(NH_3)_2]$, wenn man in dem von $[PtCl_4]^{2-}$ abgeleiteten Komplex $[PtCl_3(NH_3)]^-$ ein weiteres Cl^- durch NH_3 ersetzt, während *trans*-$[PtCl_2(NH_3)_2]$ entsteht, wenn man umgekehrt in dem von $[Pt(NH_3)_4]^{2+}$ abgeleiteten Komplex $[PtCl(NH_3)_3]^+$ ein weiteres NH_3 durch Cl^- substituiert (vgl. hierzu *trans*-Effekt, S. 1278).

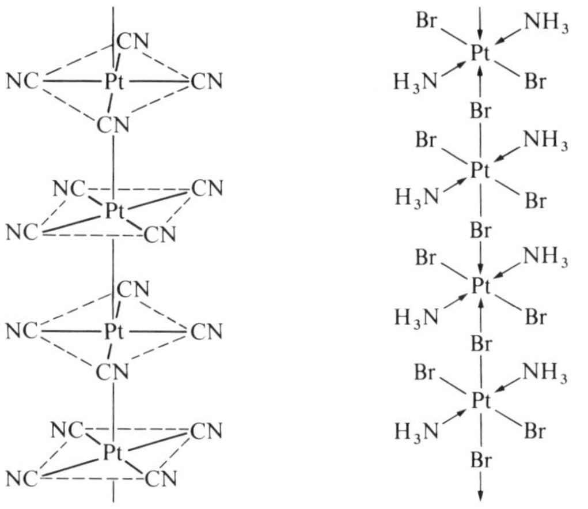

(a) (b)

Fig. 313 Strukturen von (a) $[Pt(CN)_4]^{2-}$ in $K_2[Pt(CN)_4] \cdot 3H_2O$ (analoger Bau: $[PtCl_4]^{2-}$ in $K_2\,[PtCl_4]$ und (b) $PtBr_3 \cdot 2NH_3$.

Die quadratisch-planaren Baueinheiten der Pt(II)-Komplexe sind vielfach parallel übereinander geschichtet, so daß die Pt-Atome in einer Reihe liegen. Als Beispiel ist in Fig. 313 die Stapelung der $[Pt(CN)_4]^{2-}$-Ionen im Komplexsalz $K_2[Pt(CN)_4] \cdot 3H_2O$ veranschaulicht (die K^+-Ionen verknüpfen im Kristall die einzelnen $[Pt(CN)_4]^{2-}$-Stapel miteinander über ionische Bindungen). Der relativ große PtPt-Abstand von 3.48 Å spricht dabei gegen wesentliche Bindungsbeziehungen zwischen den einzelnen Pt-Atomen (die längs der PtPt-Achse ausgerichteten d_{z^2}-Orbitale sind mit je 2 Elektronen besetzt). In analoger Weise wie $[Pt(CN)_4]^{2-}$ ist z. B. auch $[PtCl_4]^{2-}$ in $K_2[PtCl_4]$ übereinander geschichtet. Auch bei vielen anderen Komplexen der d^8-Ionen (Co^+, Rh^+, Ir^+, Ni^{2+}, Pd^{2+}) wie z. B. $[Rh(CO)_2(acac)]$ oder $[(Dimethylglyoximato)_2Ni]$ (vgl. Formel (a) auf S. 1581) ist das Bauprinzip verwirklicht. Erwähnenswert ist in diesem Zusammenhang das mit dem „*Reisetschen Salz*“ $[PtCl_2(NH_3)_2]$ (s. o.) isomere „*grüne Magnussche Salz*“ $[Pt(NH_3)_4][PtCl_4]$ („$PtCl_2 \cdot 2NH_3$“), das 1828 von Gustav Magnus beschrieben wurde und den ältestbekannten Amminkomplex des Platins darstellt. In ihm sind alternierend die quadratisch-ebenen Kationen $Pt(NH_3)_4^{2+}$ und Anionen $PtCl_4^{2-}$ übereinander geschichtet (PtPt-Abstände 3.25 Å), ein Bauprinzip, das sich auch bei vielen anderen Verbindungen $[MD_4]^{2+}[M'X_4]^{2-}$ wiederfindet (M = Pd, Pt, Cu; M′ = Pd, Pt; D = NH_3, NH_2Me; X = Cl, SCN, CN).

Gemischte Komplexe der „*Trihalogenide*“ wie etwa $PtBr_3 \cdot 2NH_3$ enthalten in der Regel wie MX_3 keine dreiwertigen, sondern *zwei*- und *vierwertige* Metalle. Demgemäß baut sich die Verbindung $PtBr_3 \cdot 2NH_3$ gemäß dem in Fig. 313b veranschaulichten Strukturbild aus planaren $PtBr_2(NH_3)_2$- und oktaedrischen $PtBr_4(NH_3)_2$-Einheiten auf.

Verwendung. $PdCl_2$ hat in Verbindung mit Kupferchlorid besondere Bedeutung als homogener Katalysator für die technisch durchgeführte Luftoxidation von Alkenen zu Aldehyden und Ketonen erlangt, z. B. $CH_2{=}CH_2 + \frac{1}{2}O_2 \rightarrow CH_3{-}CH{=}O$ („*Wacker-Hoechst-Prozess*“ von J. Smidt und Mitarbeitern; Näheres S. 1603). *Cis*-$[Pt(NH_3)_2Cl_2]$ („**Cisplatin**“) verhindert im Organismus die Teilung von Zellen – insbesondere von Krebszellen – und hat deshalb große Bedeutung als „*Antitumormittel*“ erlangt (die *trans*-Verbindung ist wirkungslos). Ein großes medizinisches Problem stellt allerdings die hohe *Toxizität* der Verbindung dar.

---

[23] Die photochemische Isomerisierung erfolgt über einen 4fach koordinierten tetraedrischen Zwischenzustand (vgl. hierzu auch anomale Ni(II)-Komplexe, S. 1584).

Cyanoverbindungen

Versetzt man Pd^{2+}- bzw. $PtCl_4^{2-}$-Salzlösungen mit $Hg(CN)_2$ so erhält man *gelbe* Niederschläge von polymerem **Palladium- und Platindicyanid $M(CN)_2$** (das Dicyanid $Pt(CN)_2$ ist auch durch Erhitzen von $(NH_4)_2Pt(CN)_4$ oder aus $K_2Pt(CN)_4$ + HCl zugänglich). Sie lösen sich in Anwesenheit von KCN unter Bildung der *diamagnetischen farblosen* **Tetracyanometallat(II)-Ionen $[M(CN)_4]^{2-}$** (16 M-Außenelektronen; vgl. S. 1656), welche aus Wasser in Form von Salzen wie $K_2[Pd(CN)_4] \cdot 3H_2O$ (*weiß*, der Komplex geht bei 100 °C in das Monohydrat über), $K_2[Pt(CN)_4] \cdot 3H_2O$ (*gelbgrün*; kann zum *gelben* Monohydrat entwässert werden), $Cs_2[Pt(CN)_4] \cdot H_2O$ (*hellblau*), $Ba[Pt(CN)_4] \cdot 4H_2O$ (*gelbgrün*, fluoresziert grüngelblich bei Einwirkung von Kathoden-, Röntgen- sowie radioaktiven Strahlen und dient zum „*Nachweis dieser Strahlen*") auskristallisieren.

Wie oben erwähnt, liegen in „*Tetracyanoplatinaten(II)*" Stapel von quadratisch-planaren $Pt(CN)_4^{2-}$-Ionen vor (Fig. 313a), die durch die Kationen verknüpft sind (analogen Bau weisen wohl die „*Tetracyanopalladate(II)*" auf). Durch *Oxidation* mit Chlor oder Brom läßt sich *weißes* $K_2[Pt(CN)_4] \cdot 3H_2O$ (Oxidationsstufe von Pt: +2) in *bronzefarbenes* $K_2[Pt(CN)_4]X_{0.3} \cdot 3H_2O$ (Oxidationsstufe von Pt: +2.3) verwandeln. Die Verbindung („*Krogmanns Salz*") hat noch die gleiche Struktur wie nichtoxidiertes $K_2[Pt(CN)_4] \cdot 3H_2O$ (die Halogenid-Ionen besetzen mit den Kalium-Ionen Lücken zwischen den $[Pt(CN)_4]^{2-}$-Stapeln, Fig. 313a), die PtPt-Abstände haben sich jedoch von 3.48 Å im Ausgangsprodukt auf 2.87 Å verkürzt (PtPt-Abstand im Pt-Metall: 2.775 Å), so daß also nunmehr PtPt-Wechselwirkungen bestehen (teilweiser Elektronenabzug aus den d_{z^2}-Orbitalen). Die Verbindung stellt nun gewissermaßen ein „eindimensionales Metall" dar und wirkt dementsprechend als *eindimensionaler elektrischer Leiter* (elektrische Leitfähigkeit ca. $400\,\Omega^{-1}\,cm^{-1}$; zum Vergleich $K_2[Pt(CN)_4] \cdot 3H_2O$: $5 \times 10^{-7}\,\Omega^{-1}\,cm^{-1}$ Pt: $9.4 \times 10^4\,\Omega^{-1}\,cm^{-1}$). Analoge „lineare" Metalle liegen etwa in $[Pt(CN)_4]^{1.75-}$, $[Ptox_2]^{1.64-}$, $[Ir(CO)_2Cl_2]^{1.75-}$ vor.

Die Oxidation von $K_2[Pt(CN)_4]$ mit Chlor, Brom oder Iod X_2 führt über teilhalogenierte Stufen (s. o.) letztendlich zu $K_2[Pt(CN)_4X_2]$, einem Cyanokomplex des *vierwertigen* Platins. Die *farblosen, diamagnetischen*, oktaedrischen **Hexacyanometallat(IV)-Ionen $[M(CN)_6]^{2-}$** (18 M-Außenelektronen; vgl. S. 1656) bilden sich andererseits durch Einwirkung von KCN auf $[PdCl_6]^{2-}$ (in Anwesenheit von $S_2O_8^{2-}$) bzw. $[PtF_6]^{2-}$.

Von Interesse sind eine Reihe von *Hexacyanoplatinaten*(IV) $M^{II}[Pt(CN)_6]$ (M^{II} = Mn, Fe, Co, Ni, Zn, Cd, Hg), die beim Vereinigen wässeriger Lösungen von $K_2[Pt(CN)_6]$ und $M(NO_3)_2$ als kristalline Stoffe ausfallen und – falls die Fällung in Anwesenheit von Gasen wie Ar, Kr, Xe, N_2, O_2, CO, CH_4, CH_3F, CH_2F_2, H_2S unter Druck vorgenommen wurde – Gasmoleküle in ihre Kristallstruktur einschließen (ähnlich verhalten sich die Palladate $M^{II}[Pd(CN)_6]$). In den Kristallen liegen die Gasmoleküle hierbei *maximal so verdichtet* vor, wie in freien Gasen erst bei Drücken um 240 bar und Normaltemperatur (die Gasdichte hängt von den Gitterkonstanten, d. h. von der Art der zweiwertigen Kationen ab). Zerstört man derartige *Einschlußverbindungen* („*Clathrate*", vgl. S. 421) durch Erhitzen, Zermahlen oder Auflösen, so entweichen pro 1 cm^3 Einschlußverbindung maximal 227.6 cm^3 Gas unter Normalbedingungen. Den „Wirtskristallen" kommt hierbei die in Fig. 306a, S. 1520 veranschaulichte Struktur zu; die „Gastgasmoleküle" besetzen die kubischen Lücken (der Wirtskristall kann gemäß Fig. 306a maximal 8 Gasmoleküle pro Elementarzelle beherbergen; in Fig. 306b ist eine halbbesetzte Elementarzelle wiedergegeben).

Chalkogenverbindungen

Mit *Sauerstoff* bilden Palladium und Platin gemäß Tab. 132 (S. 1592) die *binären* Verbindungen **PtO_3** (schlecht charakterisiert), **MO_2, Pt_2O_3** (H_2O-haltig), **M_3O_4** (Na-haltig) und **MO**, ferner **$M(OH)_2$** (schlecht charakterisiert), von *Schwefel, Selen* und *Tellur* kennt man u. a. die Verbindungen **MX_2** und **MY**.

Palladium- und Platinoxide sowie „-hydroxide" (vgl. Tab. 132, S.1592, sowie S. 1620). Darstellung, Eigenschaften. Fügt man zu einer wässerigen $PdCl_6^{2-}$ bzw. $PtCl_6^{2-}$-Lösung verdünnte *Natronlauge* (z. B. in Form von Na_2CO_3), so scheidet sich *dunkelrotes*, wasserhaltiges **Palladiumdioxid PdO_2** („*Palladium(IV)-oxid*"; nach Trocknung *schwarz* und *säure-* sowie *alkaliunlöslich*) bzw. *gelbes*, wasserhaltiges **Platindioxid PtO_2** („*Platin(IV)-oxid*"; nach Entwässerung *schwarz* und *alkaliunlöslich*; auch aus $PtCl_4^{2-}$ + $NaNO_3$ zugänglich) ab. Beide Dioxide wirken als starke *Oxidationsmittel* (vgl. Potentialdiagramm, S. 1590) und *zerfallen* ab 200 °C (PdO_2) bzw. über 400 °C (PtO_2) rasch in Sauerstoff und die Monoxide (PdO_2 gibt bereits bei Raumtemperatur langsam Sauerstoff ab). Bei der *anodischen Oxidation* von PtO_2 in KOH entsteht *rotbraunes* **Platintrioxid PtO_3** („*Platin(VI)-oxid*"), das als *starkes Oxidationsmittel* u.a. HCl in Cl_2 überführt.

Beim Erhitzen von Pd auf 600 °C bzw. von Pt auf 430 °C bildet sich in einer *Sauerstoffatmosphäre* (im Falle von Pt unter 8 bar Druck) *schwarzes*, in Säure unlösliches **Palladiummonoxid PdO** („*Palladium(II)-oxid*"; auch durch Schmelzen von $PdCl_2 + NaNO_3$ bei 600 °C erhältlich) bzw. in Säuren unlösliches *schwarzviolettes* **Platinmonoxid** PtO („*Platin(II)-oxid*"; bei längerer O_2-Einwirkung auf Pt soll **Pt_3O_4** entstehen). Versetzt man andererseits Pd(II)- und Pt(II)-haltige Lösungen mit Natronlauge, so fällt säurelösliches, *gelbbraunes* „Pd(II)-" und *schwarzes* „Pt(II)-oxid-Hydrat" $MO \cdot xH_2O \approx$ **„$M(OH)_2$"** aus. Ersteres Hydrat läßt sich zum Unterschied von letzterem nicht ohne geringfügige Sauerstoffabgabe zu MO *entwässern*, letzteres Hydrat wird im Gegensatz zu ersterem von Luftsauerstoff zu hydratisiertem **Pt_2O_3** oxidiert. Beide Monoxide stellen *Oxidationsmittel* dar (PdO wird bereits bei Raumtemperatur von H_2 unter Aufglühen zum Metall reduziert) und *zerfallen* ab 875 °C (PdO) bzw. ab 950 °C (PtO) in die Elemente.

Von den M(II)- und M(IV)-Sauerstoffverbindungen wirken *erstere* als *Basen*, *letztere* als *Säuren* und – wenig ausgeprägt – auch als *Basen*. So bilden sich beim Lösen von Pd(II)- und Pt(II)-oxid-Hydrat in starker wässeriger *Perchlorsäure* die „*Tetraaquametall(II)-Ionen*" $[M(H_2O)_4]^{2+}$ (quadratisch-planar; zur Gewinnung von $[Pt(H_2O)_4]^{2+}$ setzt man wässerige Lösungen von $[PtCl_4]^{2-}$ mit Ag^+-Salzen um: $PtCl_4^{2-} + 4Ag^+ + 4H_2O \rightarrow Pt(H_2O)_4^{2+} + 4AgCl$), während sich Pd(IV)- und Pt(IV)-oxid-Hydrat in starker *Natronlauge* zu „*Hexahydroxometallaten(IV)*" $[M(OH)_6]^{2-}$ umsetzen (oktaedrisch; zur Gewinnung setzt man wässerige Lösungen von $[MCl_6]^{2-}$ mit OH^- um):

$$„M(OH)_2" + 2H^+ \rightleftarrows M^{2+} + 2H_2O; \qquad MO_2 + 2OH^- + 2H_2O \rightarrow [M(OH)_6]^{2-}.$$

Bei der – ebenfalls möglichen – Auflösung der hydratisierten Dioxide in *Salzsäure* entstehen gemäß $MO_2 + 6HCl \rightarrow H_2MCl_6 + 2H_2O$ „*Hexachlorometallate(IV)*" $[MCl_6]^{2-}$.

Strukturen. **PdO** und wohl auch **PtO** kristallisieren anders als viele Monoxide nicht mit der NaCl-, sondern mit der „PtS-Struktur" (s. u. sowie Fig. 314c). Demgegenüber weist **PtO_2** die für Dioxide übliche „Rutil-Struktur" auf, allerdings in einer verzerrten Form („$CaCl_2$-Struktur"). Der Bau von **PdO_2** ist noch *unbekannt*. Eine ungewöhnliche Struktur besitzt schließlich **Pt_3O_4**. Sie leitet sich von der $Na_xM_3O_4$-Struktur (M = Pd, Pt; $x < 1$) ab. Und zwar bilden die O-Atome in $NaPt_3O_4$ eine kubisch-einfache Pakkung, deren kubische Lücken zu $\frac{1}{4}$ mit Na^+ besetzt sind, während die Pt-Atome jeweils zwei gegenüberliegende Flächen von Na-freien O_8-Würfeln zentrieren (vgl. Fig. 314a). Die Pt-Atome bilden demgemäß eine lineare Kette (PtPt-Abstände 2.79 Å) und sind quadratisch-bipyramidal von vier O- und zwei Pt-Atomen koordiniert (vgl. Fig. 314b). Im Falle von $Na_xPt_3O_4$ – aber nicht $Na_xPd_3O_4$ – existiert das MO-Gerüst auch in Abwesenheit von Natrium. Man nutzt PdO sowie PtO_2 („Adams" Katalysator) als *Katalysatoren* bei *Hydrierungen*.

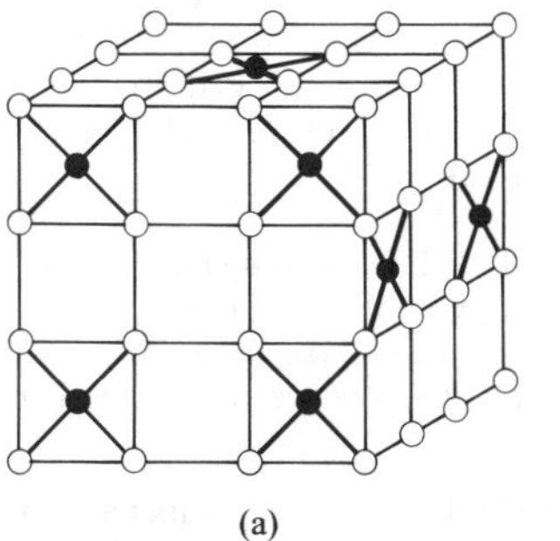

(a)

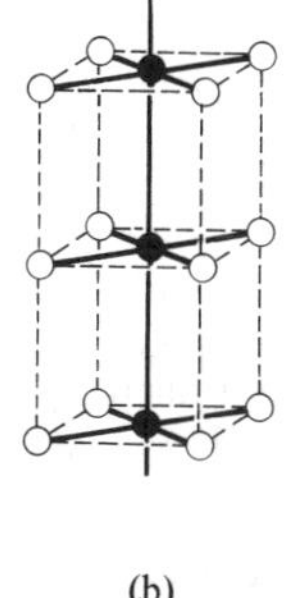

(b)

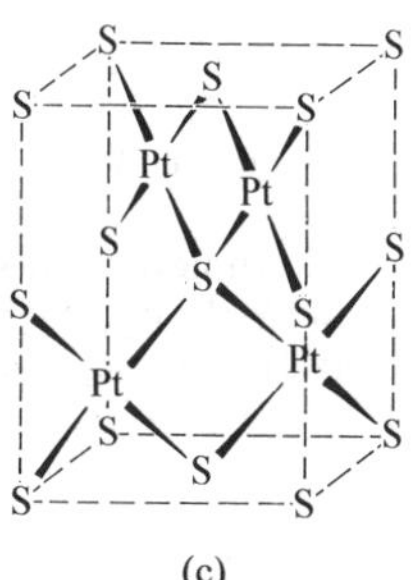

(c)

Fig. 314 (a, b) Ausschnitt aus der Struktur von Pt_3O_4 (meist Na-haltig); o = O-Atome; ● = Pt-Atome; die Pt-Atome durchziehen in einer linearen Kette (b) den Kristall. – (c) Ausschnitt aus der PtS-Struktur.

Dampft man die Lösung von $PdO \cdot xH_2O$ in Säuren wie Schwefel-, Salpeter-, Essigsäure ein, so hinterbleiben kristalline **Salze von Oxosäuren** des zweiwertigen Metalls, z. B. *rotbraunes „Palladium(II)-sulfat“* $PdSO_4 \cdot 2H_2O$ (*olivgrünes* Monohydrat), *braunes „Palladium(II)-nitrat“* $Pd(NO_3)_2 \cdot 2H_2O$ bzw. *braunes „Palladium(II)-acetat“* $Pd(OAc)_2$. Letzteres Salz ist *trimer*, und zwar werden in ihm gemäß Formel (a) Pd-Atome, die an den Ecken eines gleichseitigen Dreiecks lokalisiert sind, paarweise durch jeweils zwei Acetatreste verbunden (die PdPd-Abstände von 3.15 Å sprechen gegen Metallkontakte). Das analoge *„Platin(II)-acetat“* $Pt(OAc)_2$ ist *tetramer*. In ihm werden gemäß Formel (b) die Pt-Atome, welche hier die Ecken eines Quadrats besetzen, ebenfalls paarweise durch jeweils zwei Acetatreste verknüpft (die PtPt-Abtände von 2.495 Å deuten auf PtPt-Wechselwirkungen). Als Beispiele für Salze der vierwertigen Metalle seien $[Pd(OH)_2(NO_3)_2]$ und $[Pt(SO_3F)_4]$ genannt.

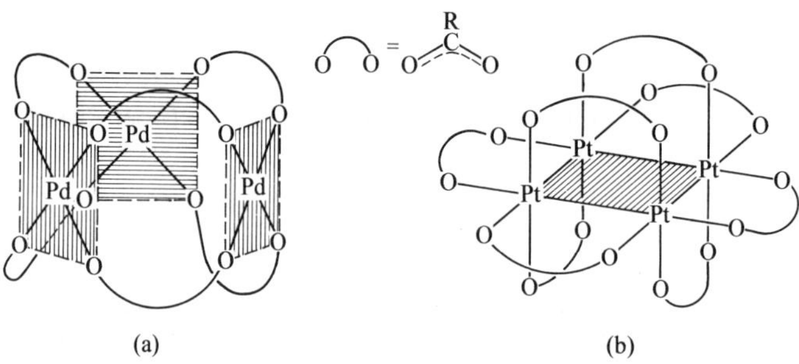

(a) (b)

Da die Neigung der Bildung von Übergangs-**Metallaten** mit wachsender Ordnungszahl eines Metalls innerhalb der Perioden abnimmt, verwundert es nicht, daß bisher nur vergleichsweise wenige Metallate des Palladiums und Platins bekannt geworden sind, z. B. $Na_xM_3O_4$ (vgl. Fig. 314a, b), $Na_2Pd(OH)_6$ (*rotbraun*, Zerfall > 170 °C; analog: K-, Cs-Salz), $BaPt(OH)_6$ (*gelb*), $BaPtO_3$ (aus $BaPt(OH)_6$), $SrPtO_6$.

Aqua- und verwandte Komplexe. *„Hexaaquapalladium(IV)-“* und *„-platin(IV)-Ionen“* $[M(H_2O)_6]^{4+}$ sind unbekannt; es existieren nur die hydratisierten Metalldioxide $MO_2 \cdot xH_2O$ (s. o.). Demgegenüber lassen sich die *sauer* wirkenden **Tetraaquapalladium(II)- und -platin(II)-Ionen $[M(H_2O)_4]^{2+}$** gewinnen (s. o.), welche bisher nicht in Form von Salzen kristallisiert werden konnten. Als weitere M(II)- und M(IV)-Komplexe mit **sauerstoffhaltigen Liganden** seien folgende, aus M(II)-Salz- bzw. wässerigen MX_6^{2-}-Lösungen mit Oxosäureanionen hervorgehenden *„Acidokomplexe“* genannt: $[M^{II}(ox)_2]^{2-}$, $[M^{II}(NO_2)_4]^{2-}$, $[Pt^{IV}(NO_2)_6]^{2-}$, $[Pt^{IV}(NO_3)_6]^{2-}$. Von besonderem Interesse ist in diesem Zusammenhang der gemäß $2Pt(PPh_3)_3 + 3O_2 \rightarrow 2(Ph_3P)_2PtO_2 + 2Ph_3PO$ zugängliche *„Peroxokomplex“* $(Ph_3P)_2PtO_2$, in welchem O_2^{2-} side-on an zweiwertige Pt gebunden ist (die beiden P- und O-Atome liegen mit Pt in einer Ebene; vgl. S. 1623) und der mit vielen ungesättigten Verbindungen X=Y wie SO_2, CO_2, R_2CO, $R_2C{=}C(CN)_2$ unter Einschiebung von XY in die PtO-Bindung (Ausbildung fünfgliedriger PtOOXY-Ringe) abreagiert.

Ammin- und verwandte Komplexe. Löst man *Hexahalogenoplatinate(IV)* $[PtX_6]^{2-}$ (X = Cl, Br, I) in flüssigem Ammoniak[24], so entsteht auf dem Wege über $[PtX_n(NH_3)_{6-n}]^{(4-n)+}$ ($n = 5-1$) letztendlich das **Hexaamminplatin(IV)-Ion** $[Pt(NH_3)_6]^{4+}$ (oktaedrisch; isolierbar z. B. als Halogenid, als Sulfat). Die Ammoniakate $Pd(NH_3)_6]^{4+}$ (bisher unbekannt) und $[Pt(NH_3)_6]^{4+}$ sind isoelektronisch mit $[M(NH_3)_6]^{3+}$ mit M = Rh, Ir (vgl. S. 1570) sowie $[M(NH_3)_6]^{2+}$ mit M = Ru, Os (S. 1542). Dementsprechend bildet $[Pt(NH_3)_6]^{4+}$ wie letztere mit Liganden L Monosubstitutionsprodukte $[PtL(NH_3)_5]^{n+}$ (L z. B. H_2O, Cl^-, Br^-, I^-, NCS^-, NO_2^-, SO_3^{2-}). Zu ihrer Bildung geht man u. a. von $[PtCl(NH_3)_5]^{3+}$ (gewinnbar aus $PtCl_6^{2-}$ und NH_3) aus, dessen Chlorid sich in langsamer Reaktion durch L substituieren läßt.

Unter den weiteren Komplexen mit **stickstoffhaltigen Liganden** seien die **„Tetraamminpalladium(II)“** sowie **„-platin(II)-Ionen $[M(NH_3)_4]^{2+}$“** erwähnt, die sich durch Einwirkung von NH_3 auf $[MCl_4]^{2-}$ gewinnen und u. a. als Halogenide oder Nitrate isolieren lassen (vgl. auch *„Magnussches Salz“* $[Pt(NH_3)_4][PtCl_4]$, S. 1595). Analog NH_3 bildet $H_2NCH_2CH_2NH_2$ mit den zweiwertigen Metallen Komplexe $[M(en)_2]^{2+}$.

Palladium- und Platinsulfide. Beim Erwärmen von Pd oder Pt mit Schwefel bilden sich die in Salpetersäure unlöslichen, aber in $(NH_4)_2S$ löslichen *„Metallmonosulfide“* **MS** und – darüber hinaus – die in HNO_3

---

24 PtX_6^{2-} liefert mit flüssigem NH_3 bei Raumtemperatur $[(NH_3)_4Pt(\mu\text{-}NH_2)_2Pt(NH_3)_4]^{6+}$, mit Kaliumamid KNH_2 $[Pt(NH_2)_6]^{2-}$.

löslichen „*Metalldisulfide*" **MS_2** als *braune* (PdS), *grüne* (PtS) sowie *stahlgraue* Pulver (PdS_2, PtS_2). Das Sulfid PdS läßt sich auch in Form *blauer*, das in der Natur als „*Cooperit*" vorkommende Sulfid PtS in Form *stahlgrauer* Kristalle erhalten. Strukturen. Den *Disulfiden*, die oberhalb 600 °C (PdS_2) bzw. 225 °C (PtS_2) zerfallen, liegt im Falle von PdS_2 (quadratisch-planares Palladium) die „Pyrit-Struktur" mit zweiwertigem Pd und Disulfid-Anionen S_2^{2-}, im Falle von PtS_2 (oktaedrisches Platin) „CdI_2-Struktur" mit vierwertigem Pt und Monosulfid-Anionen S^{2-} zugrunde, während PdS und PtS nicht die für Monosulfide typische NiAs-Struktur, sondern die **„PtS-Struktur"** einnehmen. Gemäß Fig. 314c liegen hierbei planare Bänder aus *trans*-kantenverknüpften PtS_4-Quadraten parallel nebeneinander. Sie sind auf beiden Seiten über gemeinsame Schwefelatome mit entsprechenden Bändern, die senkrecht zu ersteren verlaufen, verknüpft. Platin ist hiernach planar von 4 S-Atomen, Schwefel verzerrt tetraedrisch von vier Pt-Atomen koordiniert (PtSPt-Winkel je zweimal 97.5° und 115°, SPtS-Winkel je zweimal 82.5° und 97.5°). PdO und PtO sind analog, CuO und AgO ähnlich wie PdS und PtS gebaut (die zwei Sätze von Bändern verlaufen bei CuO und AgO nicht senkrecht zueinander).

Neben MS und MS_2 sind einige Polysulfidokomplexe von zweiwertigem Palladium und Platin von Interesse, die aus MX_4^{2-} sowie MX_6^{2-} und Polysulfiden zugänglich sind. Erwähnt seien das „*Tetrasulfidopentasulfidopalladat(II)*" $[Pd(S_4)(S_5)]^{2-}$ (c), das „*Tetrakis(heptasulfido)dipalladat(II)*" $[Pd_2(S_7)_4]^{4-}$ (e), das „*Bis(pentasulfido)platinat(II)*" $[Pt(S_5)_2]^{2-}$ (d) und das „*Tris(pentasulfido)platinat(IV)*" $[Pt(S_5)_3]^{2-}$ (f) (analog: $[Pt(S_6)_3]^{2-}$), in denen M(II) quadratisch-planar von 4 bzw. M(IV) oktaedrisch von 6 S-Atomen umgeben ist (in letzteren Fällen Edelgaselektronenkonfiguration).

(c) 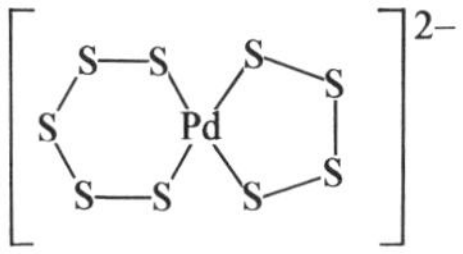 (d) 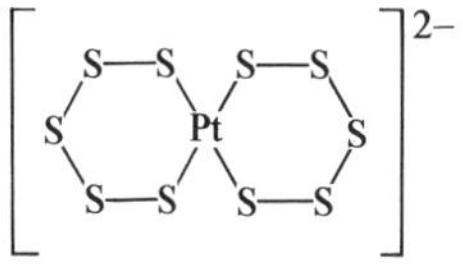 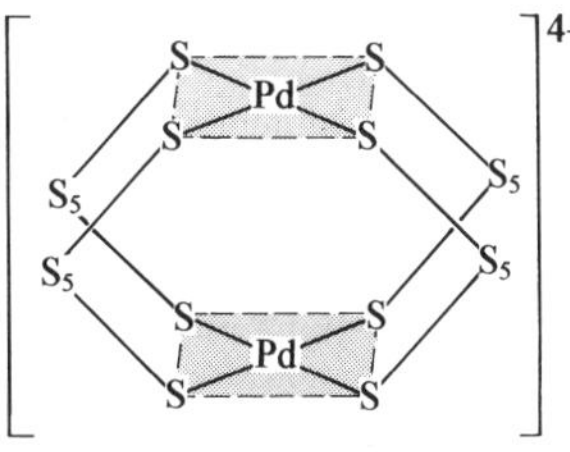 (e) 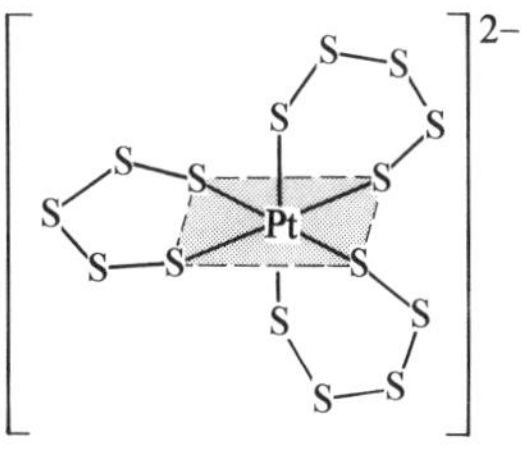 (f)

Selenide und Telluride. Von den aus den Elementen zugänglichen Chalkogeniden **MX** und **MY_2** (M = Pd, Pt; Y = Se, Te) haben PdTe bzw. PtTe „NiAs-Struktur", $PdSe_2$ „Pyrit-Struktur" und $PdTe_2$ bzw. $PtTe_2$ „CdI_2-Struktur".

Palladium- und Platinkomplexe

Ähnlich wie im Falle des Übergangs von Ru/Os zu Rh/Ir (vgl. S. 1543) sinkt die Oxidationsstufenspannweite beim Übergang von Rh/Ir zu Pd/Pt, wenn auch weniger einchneidend von −1 bis +6 auf 0 bis +5/+6 mit d^{10}- bis $d^{5/4}$-Elektronenkonfiguration. Auch nimmt die Zahl der Komplexe der *sechs*- und *fünfwertigen* Metalle in gleicher Richtung deutlich ab, so daß man von Pd(VI) bisher keinen, von Pd(V) nur einen Komplex (PdF_6^-) kennt, und selbst im Falle von Platin, das wie alle schwereren Übergangsmetall-Homologen noch leichter hohe Oxidationsstufen bildet, existieren nur wenige Verbindungsbeispiele der Wertigkeiten VI und V (PtF_6, PtO_3?, $PtOF_4$?, PtF_5, $PtOF_3$). Eine reichhaltige Komplexchemie weisen insbesondere die *null-*, *zwei-* und *vierwertigen* Metalle auf, wobei die Bildungstendenz der vierwertigen Stufe beim Platin erwartungsgemäß stärker als beim Palladium ausgeprägt ist. Komplexe der *ein-* und *dreiwertigen* Metalle weisen andererseits in der Regel *Metall-Metall-Bindungen* auf. Anwendung haben u. a. Pd(II)-Komplexe als Katalysatoren für die *Alkenoxidation* („*Wakker-Prozess*"; vgl. S. 1603), ferner als Katalysatoren für die *Olefinorganylierung* (S. 1604) gefunden. Nachfolgend sei kurz auf *klassische* sowie *Metallcluster-Komplexe* eingegangen (bezüglich der π-Komplexe von Pd und Pt vgl. S. 1603, 1684).

Klassische Komplexe fanden bereits in den vorstehenden Unterkapiteln Erwähnung (vgl. *Hydrido-*, *Halogeno-*, *Cyano-*, *Aqua-*, *Amminkomplexe* usw.).

Metall(IV)-Komplexe (d^6). Alle Komplexe mit *vierwertigem* Palladium oder Platin sind *diamagnetisch* (low-spin; t_{2g}^6-Elektronenkonfiguration) und weisen *oktaedrischen* Bau auf. Die Pt(IV)-Komplexe sind thermodynamisch *stabiler* und kinetisch *inerter* als die Pd(IV)-Komplexe (bezüglich der Substitutionsgeschwindigkeiten und -mechanismen vgl. S. 1279).

Metall(III)-Komplexe (d^7). Klassische Komplexe des dreiwertigen Palladiums und Platins konnten bis heute nicht mit Sicherheit nachgewiesen werden. Wo die *stöchiometrische Zusammensetzung* M(III)-Verbindungen nahelegt, handelt es sich in der Regel um Pt(II,IV)-Verbindungen (vgl. z. B. die Trihalogenide MX_3 sowie das Addukt $PtBr_3 \cdot 2NH_3$; S. 1595). Und wo sowohl die Zusammensetzung als auch die *Gleichartigkeit* aller Metallzentren wie im Falle der durch Einelektronen-Oxidation von M(II)-1,2-Dithiolatkomplexen erzeugbaren Verbindungen auf eine Dreiwertigkeit der Metalle weisen,

$$\left[(R_2C_2S_2)\overset{+2}{M}(S_2C_2R_2)\right]^{2-} \underset{(M = Pd,\ Pt;\ R = CN,\ CF_3,\ Ph)}{\overset{\mp\ominus}{\rightleftharpoons}} \left[(R_2C_2S_2)\overset{+3?}{M}(S_2C_2R_2)\right]^{-}$$

deuten ESR-spektroskopische Untersuchungen darauf, daß im wesentlichen eine Oxidation der Liganden und nur untergeordnet eine solche der Metallzentren erfolgt. Analoges gilt auch noch für $[M(S_2C_2R_2)_2]$. Am ehesten ist dreiwertiges Platin noch in $[Pt(C_6Cl_5)_4]^-$ verwirklicht. Komplexe mit Pt_2^{6+}-Clusterionen mit dreiwertigem Pt treten demgegenüber häufig auf (s. u.).

Metall(II)-Komplexe (d^8). Die – sehr zahlreichen – Komplexe des zweiwertigen Palladiums und Platins, welche den homologen Ni(II)-Verbindungen ähneln, aber thermodynamisch *stabiler* und kinetisch *inerter* als letztere sind (vgl. hierzu S. 1277), weisen im allgemeinen einen *quadratisch-planaren* Bau auf und sind *diamagnetisch* ($e_g^4a_{1g}^2b_{2g}^2$-Elektronenkonfiguration; vgl. S. 1256). Der im Falle von d^8-Ionen wirksame Jahn-Teller Effekt und die Tatsache, daß bei den Elementen der 2. und insbesondere 3. Übergangsreihe die Aufspaltung der d-Atomorbitale im oktaedrischen Ligandenfeld stärker als bei den Elementen der 1. Übergangsreihe ist (S. 1252), hat also bei Pd(II) und Pt(II) im Normalfalle eine vollständige Abdissoziation zweier *trans*-ständiger Liganden des Ligandenoktaeders zur Folge. Man kennt aber auch *diamagnetische* M(II)-Komplexe mit *oktaedrischem*, *quadratisch-pyramidalem* oder *trigonal-bipyramidalem* Bau wie $[PdCl_2(diars)_2]$, $[PdClL]^+$ und $[MIL']^+$ (diars = o-$(Me_2As)_2C_6H_4$, L' = As(o-$Ph_2AsC_6H_4)_3$, L = o-(o-$Me_2AsC_6H_4AsMe)_2C_6H_4$). Ferner werden fünffach koordinierte Zwischenstufen bei nucleophilen Substitutionsreaktionen an quadratisch-planaren Pd(II)- und Pt(II)-Komplexen durchlaufen (S. 1277).

Niederwertige M-Komplexe. Man kennt eine Reihe *diamagnetischer* und *tetraedrisch* gebauter M(0)-Komplexe (d^{10}) des Palladiums und Platins, so etwa „*Phosphankomplexe*" wie $M(PF_3)_4$ (S. 1671) bzw. $M(PR_3)_4$ (*gelb*, gewinnbar aus MCl_4^{2-} + PR_3 durch Reduktion mit Hydrazin oder $NaBH_4$ in H_2O/EtOH). Die Triorganylphosphankomplexe geben in Lösung bei Raumtemperatur PR_3 in einer Gleichgewichtsreaktion ab, z. B.: $M(PPh_3)_4 \rightleftarrows M(PPh_3)_3 + PPh_3 \rightleftarrows M(PPh_3)_2 + 2PPh_3$. Die Neigung zur Abspaltung von Phosphanmolekülen wächst mit deren Sperrigkeit. So läßt sich $Pt(PR_3)_2$ mit den sperrigen Resten R = Cyclohexyl sogar in Substanz isolieren. Die wichtigsten Reaktionen von $M(PR_3)_4$ (R insbesondere Ph) sind *oxidative Additionen* der nach PR_3-Abspaltung enstehenden „ungesättigten" M(0)-Komplexe. So wird etwa $Pt(PPh_3)_4$ mit HCl in $PtHCl(PPh_3)_2$, mit CO in $Pt(CO)(PPh_3)_3$, mit O_2 in $Pt(O_2)(PPh_3)_2$, mit S_8 in $Pt(S_4)(PPh_3)_2$, mit C_2H_4 in $Pt(C_2H_4)(PPh_3)_2$ und mit CY_2 (Y = O, S) in $Pt(CY_2)(PPh_3)_2$ überführt (es existieren analoge Pd-Komplexe). Näheres S. 1629f.

Im Unterschied zu M(0,II,IV)-Komplexen und in Analogie zu M(III)-Komplexen existieren M(I)-Komplexe (d^9) des Palladiums und Platins in der Regel nur in nicht-klassischer, diamagnetischer Form mit Metallclusterzentren (s. u.).

Nichtklassische Komplexe („*Metallcluster*"). Von Palladium und Platin kennt man ähnlich wie von den linken Periodennachbarn Rh/Ir, Ru/Os, Tc/Re und Mo/W (vgl. S. 1571, 1545, 1501, 1475) eine Reihe von Komplexen mit **Dipalladium-** und **Diplatin-Clusterionen** $\mathbf{M_2^{n+}}$ ($n \leq 6$) z. B.:

Ion (Außenelektronen)	M_2^{2+} ($18e^-$)	M_2^{4+} ($16e^-$)	M_2^{5+} ($15e^-$)	M_2^{6+} ($14e^-$)
Elektronenkonfiguration		$(\sigma\pi\delta)^8(\sigma\pi\delta)^{*8}$	$(\sigma\pi\delta)^8(\sigma\pi\delta)^{*7}$	$(\sigma\pi\delta)^8\delta^{*2}\pi^{*4}$
Bindungsordnung	1	„0"	0.5	1.0
Beispiele[a)]	$[Pd_2Cl_2(dppm)_2]$	$[Pd_2(form)_4]$	$[Pd_2(form)_4]^+$	$[Pd_2Cl(pyS)_4]^+$
	$[Pt_2Cl_2(dppm)_2]$	$[Pt_2(pop)_4]^{4-}$	$[Pt_2Br(pop)_4]^{4-}$	$[Pt_2(SO_4)_4(H_2O)_2]^{2-}$
PdPd-Abstände [Å]	2.6 ± 0.1	> 3.0	?	?
PtPt-Abstände [Å]	2.7 ± 0.1	2.9 ± 0.1	≈ 2.8	2.60 ± 0.15

a) dppm = $Ph_2PCH_2PPh_2$; pop = Pyrophosphit $H_2P_2O_5^{2-}$; form = Bis(tolyl)formamid(p-Tol)N$\stackrel{...}{-}$CH$\stackrel{...}{-}$N(p-Tol)$^-$; pySH = 2-Mercatopyridin.

Läßt man auf $[Pt(NO_2)_4]^{2-}$ Schwefelsäure einwirken, so bildet sich das Ion $[Pt_2(SO_4)_4(H_2O)_2]^{2-}$ (a) mit einem Pt_2^{6+}-Komplexzentrum (PtPt-Einfachbindung; PtPt-Abstand 2.461 Å)[25)]. Die axialen H_2O-

Moleküle des Komplexes lassen sich leicht durch andere Liganden wie Me_2SO, NH_3, Cl^-, Br^-, CN^-, NO_2^- oder OH^- austauschen; auch existieren Komplexe, in denen die Sulfatreste in (a) durch Hydrogenphosphat HPO_4^{2-}, Pyrophosphit $H_2P_2O_5^{2-} \mathrel{\hat{=}} O_2PH{-}O{-}HPO_2^{2-}$, Carboxylat RCO_2^- und ähnliche Liganden substituiert sind. Das durch Reaktion von $[PtCl_4]^{2-}$ mit Pyrophosphoriger Säure erhältliche Ion $[Pt_2(H_2P_2O_5)_4]^{4-}$ läßt sich etwa mit Halogenen X_2 auf dem Wege über $[Pt_2X(H_2P_2O_5)_4]^{4-}$ (Pt_2^{5+}; PtPt-Abstand 2.793 Å für X = Br) zu $[Pt_2X_2(H_2P_2O_5)_4]^{4-}$ oxidieren (Pt_2^{6+}; PtPt-Abstand 2.723 Å für X = Br). In analoger Weise führt die Oxidation von $[Pd_2(form)_4]$ mit form = (p-Tol)N⋯CH⋯N(p-Tol) zu $[Pd_2(form)_4]^+$ (Pd_2^{5+}), die von $[Pd_2(pyS)_4]$ mit pyS^- (= Anion von 2-Mercaptopyridin) in Anwesenheit von Cl^- über $[Pd_2(pyS)_4]^+$ zu $[Pd_2Cl(pyS)]^+$ (Pd_2^{6+}).

Die zweiwertigen Ionen der Nickelgruppenelemente sollten keine M_2^{4+}-Gruppen mit MM-Bindungen bilden, da sowohl alle bindenden als auch antibindenden σ-, π-, und δ-Molekülorbitale mit den vorhandenen $2 \times 8 = 16$-Außenelektronen der beiden M^{2+}-Ionen besetzt wird. Tatsächlich bilden jedoch einige quadratisch-planar koordinierte M^{2+}-Komplexe wie Bis(glyoximato)nickel(II) (S. 1581) oder Tetracyanoplatinat(II) (S. 1595) in fester Phase Stapel mit schwachen MM-Bindungen (MM-Abstände > 3 Å). Analoge schwache Bindungsbeziehungen liegen wohl auch in den oben erwähnten Komplexen $[Pt_2(H_2P_2O_5)_4]^{4-}$, $[Pd_2(form)_4]$ oder $[Pd_2(pyS)_4]$ vor. In jedem Falle führt eine Oxidation zur deutlichen MM-Bindungsverstärkung in den betreffenden Komplexen (s. oben und „Krogmanns Salz", S. 1596). Eine besondere Tendenz zur Ausbildung von MM-Bindungen zeigt das zweiwertige Platin, wie aus der tetrameren Struktur von $Pt(OAc)_2$ mit einem Pt_4^{8+}-Zentralcluster (quadratisch, kurze PtPt-Bindungen von 2.495 Å; vgl. S. 1598) hervorgeht.

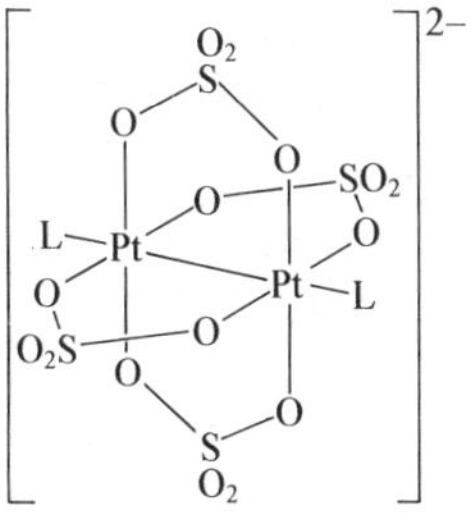

(a) 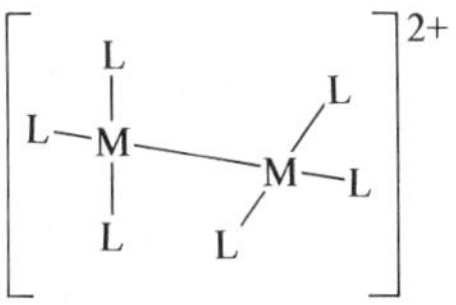 | (L=MeNC) (b) | (c) 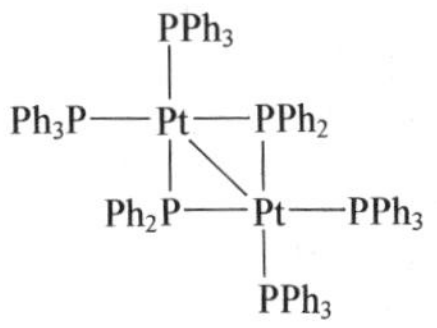 | (d)

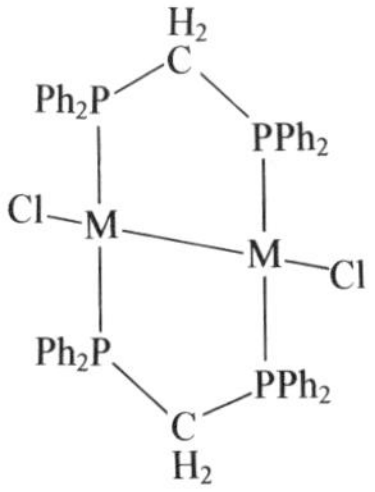

Ersetzt man die härteren O- und N-haltigen Donatoren durch weichere C-, P-, As- und S-haltige Liganden, so bilden sich Metallcluster-Komplexe auch mit einwertigem Palladium und Platin. So lassen sich etwa durch Einwirkung von Methylisonitril auf die Chlorokomplexe $[MCl_4]^{2-}$ gemäß $2MCl_4^{2-} + 8MeNC + 2H_2O \rightarrow [M_2(CNMe)_6]^{2+} + 8Cl^- + CO_2 + 2MeNH_3^+$ „*Hexakis(isonitril)dimetall(I)-Ionen*" $[M_2(CNMe)_6]^{2+}$ (b) gewinnen (quadratisches Pd(I) bzw. Pt(I); PdPd-Abstand 2.531 Å; man kennt auch einen entsprechend gebauten Komplex $[Ni_2(CO)_6]^{2-}$ des minus einwertigen Nickels). Als weitere Beispiele seien die Komplexe $[M_2Cl_2(dppm)_2]$ (c) (quadratisch-planares Pd(I) bzw. Pt(I); PdPd-Abstand 2.652 Å) und $[Pt_2(PPh_3)_2(dppm)_2]^{2+}$ genannt.

Liganden wie CO, CNR oder PR_3 stabilisieren zudem Cluster mit mehr als zwei einwertigen oder geringerwertigen Pd- bzw. Pt-Atomen. So entsteht z. B. bei der Reaktion von $[Pd_2(CNMe)_6]^{2+}$ (b) mit $[Pd(CNMe)_2]$ das Ion $[Pd_3(CNMe)_8]^{2+} = L_3Pd{-}PdL_2{-}PdL_3^{2+}$ (L = CNMe; jeweils quadratisch-planare Pd-Koordination, gestaffelte Anordnung der MeNC-Liganden wie in (b)). Andererseits bildet sich beim Kochen einer Benzollösung von $Pt(PPh_3)_4$ neben (d) (PtPt-Abstand 2.60 Å) der Komplex (e) (PtPt-Abstand 2.79 Å), beim Kochen von $[PdCl(PPh_3)_3]^+$ unter reduzierenden Bedingungen und in Anwesenheit von PEt_3 der Komplex (f) (PdPd-Abstand 2.90 Å).

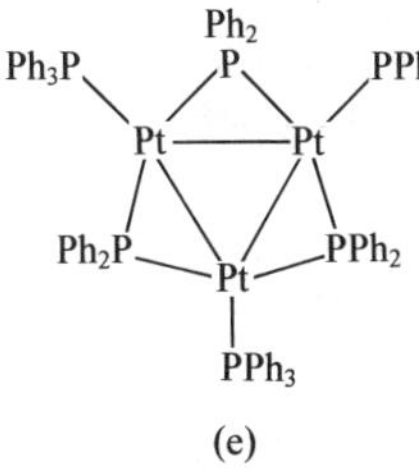

(e) 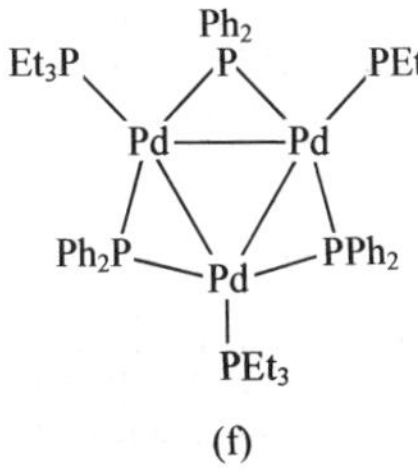 | (f) 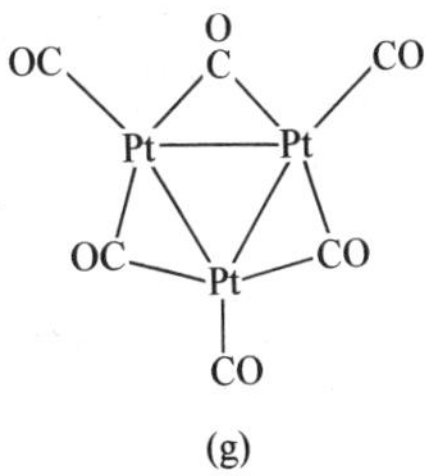 | (g)

[25] $[Pt_2(SO_4)_4(H_2O)_2]^{2-}$ entspricht dem Ion $[Rh_2(SO_4)_4(H_2O)_2]^{4-}$ (Pt_2^{6+} ist isoelektronisch mit Rh_2^{4+}). Vgl. hierzu auch $[Re_2(SO_4)_4(H_2O)_2]^{2-}$ sowie $[Mo_2(SO_4)_4(H_2O)_2]^{4-}$ mit Re_2^{6+}- und Mo_2^{4+}-Clusterionen; jeweils MM-Vierfachbindung.

Als weitere Verbindungen mit Pd- und Pt-Clustern seien genannt: $[Pd_2(CO)_2Cl_4]^{2-}$ (gewinnbar aus $PdCl_4^{2-} + CO$; $Cl_2Pd(\mu\text{-}CO)_2PdCl_2$-Struktur mit PdPd-Bindung), $[Pt_2(CO)_2Cl_4]^{2-}$ (Struktur analog Pd-Verbindung; PtPt-Abstand 2.58 Å; gewinnbar aus $PtCl_4^{2-} + CO$) und $[Pt_3(CO)_6]_n^{2-}$ ($n = 2 - 6$; gewinnbar aus $[Pt_2(CO)_2Cl_4]^{2-}$ + Alkalimetall + CO). In letzteren Verbindungen sind *n* Baueinheiten des Typs (g) übereinander geschichtet und durch PtPt-Bindungen untereinander verknüpft (vgl. Fig. 322, S. 1646). Beim Kochen von $[Pt_9(CO)_{18}]^{2-}$ in Acetonitril bildet sich der Komplex $[Pt_{19}(CO)_{22}]^{4-}$, dessen Pt_{19}^{4-}-Cluster die Struktur eines doppelt-zentrierten Doppelikosaeders hat (vgl. Fig. 322, S. 1646, sowie dreifach zentriertes Tripelikosaeder, Fig. 251c auf S. 1217).

Organische Palladium- und Platinverbindungen[26)]

Palladium- und Platinorganyle (vgl. S. 1628f). „*Einfache*" Palladium- und Platinorganyle R_nM mit Alkyl- oder Arylgruppen R existieren wie die homologen einfachen Nickelorganyle nicht als solche, sondern nur in Form von Addukten mit Donoren, welche aber nicht notwendigerweise π-Akzeptorcharakter haben müssen. Quadratisch-planare „*Organyl-Addukte*" MR_4^{2-} der **Diorganylmetalle R_2M** entstehen in einigen Fällen durch Einwirkung von Organylanionen auf $[R_2ML_2]$, so $[Pd(C_6F_5)_4]^{2-}$ (als NBu_4^+-Salz) und $[PtMe_4]^{2-}$ (als Lithiumsalz). Stabiler und deshalb zahlreicher sind aber quadratisch-planare, durch Metathese aus Dihalogeniden MX_2 und Organylierungsreagenzien wie RLi oder RMgBr in Anwesenheit von Liganden L wie organisch substituierten Phosphanen, Arsanen, Sulfanen, Selenanen und – seltener – Aminen, Ethern zugängliche „*Donor-Addukte*" $[R_2ML_2]$, $[RMXL_2]$ oder $[RMXL]_2$ (R = Alkyl, Aryl; X z. B. Halogen; Dimerisierung über zwei Halogenbrücken)[27)]. Donoraddukte der **Tri- und Tetraorganylmetalle R_3M** und **R_4M** existieren selten (z. B. $[NBu_4][Pt(C_6Cl_5)_4]$, $Li_2[PtMe_6]$, $[Me_4Pt(PMePh_2)_2]$). Analoges gilt für Halogenderivate **$R_{4-n}PdX_n$** der Palladiumtetraorganyle (z. B. $[(C_6F_5)_2PdCl_2(en)]$, $[(C_6F_5)PdCl_3(en)]$; oktaedrisch).

Demgegenüber kennt man eine große Anzahl von *sehr stabilen* Derivaten **$R_{4-n}PtX_n$** der Platinorganyle, die vielfach *oligomer* sind und stets *oktaedrisches* Pt enthalten. So besitzt etwa das aus $PtCl_4$ oder $PtCl_6^{2-}$ mit Methylmagnesiumiodid neben $MePtI_3$ und Me_2PtI_2 gemäß $PtCl_4 + 3\,MeMgI \rightarrow Me_3PtI + 2\,MgCl_2 + MgI_2$ zugängliche *orangefarbene* „*Trimethylplatiniodid*" Me_3PtI „*tetramere*" Struktur: $[Me_3PtI]_4$ und bildet gemäß (a) Würfelmoleküle, in welchen die an den vier Ecken des Würfels sitzenden Pt-Atome oktaedrisch von drei endständigen Methylgruppen und drei I-Brücken umgeben sind. Analogen Aufbau haben die aus $[Me_3PtI]_4$ durch Einwirkung von MeMgCl, MeMgBr oder Ag_2O erhältlichen Verbindungen $[Me_3PtX]_4$ (X = Cl, Br, OH; auch Me_2PtI_2 und $MePtI_3$ sind tetramer[28)]), während die durch Einwirkung neutraler Liganden L wie Wasser oder Ammoniak gebildeten oktaedrischen Komplexe $[Me_3PtL_3]$ „*monomer*" gebaut sind ($[Me_3Pt(H_2O)_3]^+$ ist sehr beständig; man kennt auch $[Me_3PtX_3]^{2-}$ mit X u. a. Cl, Br, I, CN, SCN, NO_2, OH sowie Me_3PtIL_2 mit L_2 z. B. en, bipy, $2\,NH_3$, 2py). „*Dimer*" sind etwa die β-Diketonate (b) wie $[Me_3Pt(acac)]_2$ oder das Diselenan-Addukt an Me_3PtBr (c) (jeweils oktaedrisches Pt). Platin(IV) läßt sich auch in ringförmige Kohlenwasserstoffe einbauen, z. B. $[(CH_2)_nPtCl_2L_2]$ (n = 3, 4)[29)].

---

[26] **Literatur.** U. Belluco: „*Organometallic and Coordination Chemistry of Platinum*", Acad. Press, London 1974; P. M. Maitlis: „*The Organic Chemistry of Palladium*", Acad. Press, London 1971/1975; J. Smidt, W. Hafner, R. Jira, R. Sieber, J. Sedlmeier, A. Sabel: „*Olefinoxydation mit Palladiumchlorid-Katalysatoren*", Angew. Chem. **74** (1962) 93–102; A. Aguló: „*Olefin Oxidation with Palladium(II) Catalysis in Solution*", Adv. Organomet. Chem. **5** (1967) 321–352; P. M. Maitlis, M. J. H. Russell: „*Palladium*", F. R. Hartley: „*Platinum*", Comprehensive Organomet. Chem. **6** (1982) 233–469, 471–762; B. M. Trost, T. R. Verhoeven: „*Organopalladium Compounds in Organic Synthesis and in Catalysis*", Comprehensive Organomet. Chem. **8** (1982) 799–938; HOUBEN-WEYL: „*Palladium, Platinum*", **13/9** (1984/86); V. K. Jain, G. S. Rao, L. Jain: „*The Organic Chemistry of Platinum(IV)*", Adv. Organomet. Chem. **27** (1987) 113–168; L. J. Farrugia: „*Heteronuclear Clusters Containing Platinum and the Metals of the Iron, Cobalt, and Nickel Triads*", Adv. Organomet. Chem. **31** (1990) 301–391.

[27] In Abwesenheit von Donoren oder Anwesenheit schlecht koordinierender Donoren wie Et_2O erfolgt Zerfall der gebildeten Diorganyle, z. B. $PdCl_2 + 2EtMgBr \rightarrow Pd + C_2H_4 + C_2H_6 + 2MgBrCl$ (Lsm. = Et_2O).

[28] Ein Umsetzungsprodukt von $[Me_3PtI]_4$ mit NaMe (H. Gilman im Jahre 1938), das zunächst als Tetramethylplatin Me_4Pt gehalten wurde, erwies sich als Hydrolyseprodukt $[Me_3PtOH]_4$ (Me_3PtI wurde zunächst – 1938 – als $Me_3Pt-PtMe_3$, später – 1949 – als $Pt_{12}Me_{38}$ angesehen. Tatsächlich sind Me_4Pt und Me_6Pt_2 bis heute unbekannt; Me_4Pt konnte indes in Form von $[PtMe_6]^{2-}$ stabilisiert werden.

[29] Das Platincyclobutanderivat $PhCH-CH_2-CH_2-PtCl_2py_2$ (Ring) lagert sich bei 50 °C – wohl auf dem Wege über das pyridinärmere Zwischenprodukt $PhC_3H_5PtCl_2py$ mit einem PtC_3-Tetraeder – in $CH_2-CHPh-CH_2-PtCl_2py_2$ (Ring) um (Blockierung der Isomerisierung durch Pyridinüberschuß).

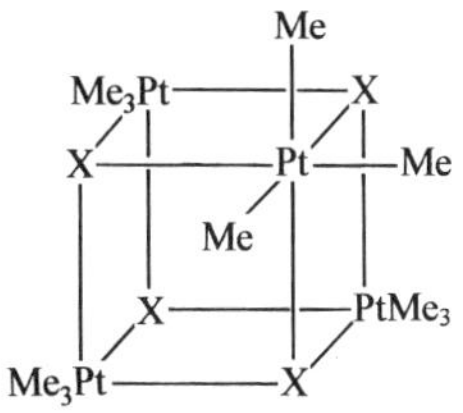

(a) 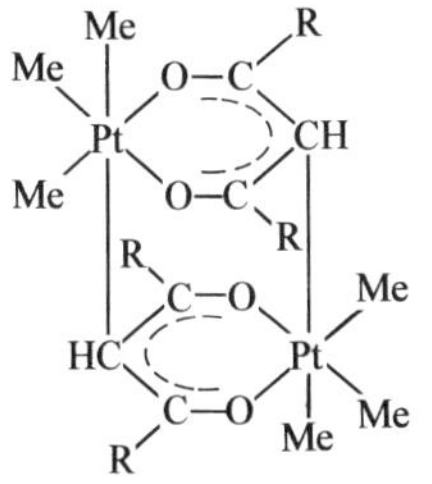 (b) 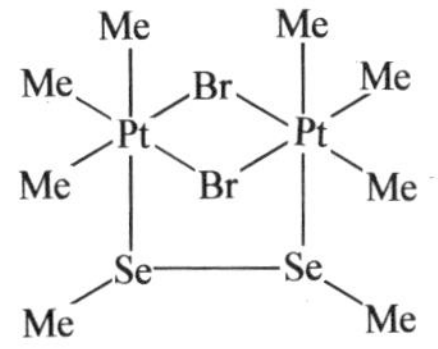 (c)

Als Beispiele für Metallorganyle mit π-gebundenen Organylresten (S. 1684) oder mit Carbonylgruppen (S. 1629) seien genannt: $[C_2H_4PtCl_3]^-$ mit η-gebundenem Ethylen ($K[Pt(C_2H_4)Cl_3] \cdot H_2O$ = „*Zeisesches Salz*"), „*Cyclopentadienyl(phosphan)metallhalogenide*" $[Cp(PR_3)MX]$, „*Cyclopentadienyl-allylmetalle*" $[Cp(C_3H_5)M]$, „*Cyclopentadienyl-trimethylplatin*" $[CpPtMe_3]$ mit η^5-gebundenem C_5H_5- bzw. η^3-gebundenem C_3H_5-Rest sowie *Dicarbonylmetalldihalogenide*" $[MX_2(CO)_2]$ (Verbindungen des Typs Cp_2M und $M(CO)_4$ existieren unter normalen Bedingungen nicht). Die Bildung von π-Komplexen spielt auch eine Rolle bei einigen mit Pd-Verbindungen katalysierten technischen Prozessen.

Olefinoxidation mit $PdCl_2$ als Katalysator. Palladiumdichlorid hat – in Verbindung mit Kupferchlorid – besondere Bedeutung als homogener Katalysator für die *technisch* durchgeführte *Luftoxidation von Alkenen zu Aldehyden und Ketonen* bzw. zu *Vinylacetat, -methylether* und *-chlorid* erlangt (**„Wacker-Hoechst-Prozess"**)[30]. So läßt sich etwa *Ethylen* in $PdCl_2$- und $CuCl_2$-haltiger verdünnter Salzsäure *rasch* und *quantitativ* durch *Luftsauerstoff* gemäß (4) in *Acetaldehyd* überführen, schematisch:

$$CH_2{=}CH_2 + PdCl_2 + H_2O \rightarrow CH_3{-}CH{=}O + Pd + 2\,HCl \quad (1)$$
$$Pd + 2\,CuCl_2 \rightarrow PdCl_2 + 2\,CuCl \quad (2)$$
$$2\,CuCl + 2\,HCl + \tfrac{1}{2}O_2 \rightarrow 2\,CuCl_2 + H_2O \quad (3)$$
$$CH_2{=}CH_2 + \tfrac{1}{2}O_2 \rightarrow CH_3{-}CH{=}O \quad (4)$$

Die Teilreaktion (1) erfolgt hierbei in der Weise, daß das in Salzsäure vorliegende Tetrachloropalladat $PdCl_4^{2-}$ unter Substitution zunächst von einem Cl^- durch ein Molekül C_2H_4, dann von einem zweiten Cl^- durch ein Molekül H_2O in den π-Ethylenkomplex (d) übergeht, welcher sich durch nucleophilen Angriff eines weiteren H_2O-Moleküls an ein Ethylenkohlenstoffatom in den Hydroxyethyl-Komplex (e) verwandelt ((e) ist formal das Ergebnis einer „*Hydroxypalladiierung*" von C_2H_4). Der Komplex (e) eliminiert Cl^- unter Bildung eines Komplexes (f), in welchem Pd nur 14 Valenzelektronen zukommen (geschwindigkeitsbestimmender Schritt der Katalyse). Der hieraus durch H-Wanderung hervorgehende π-Hydroxyethylen-Komplex (g) zerfällt anschließend unter Protonenverschiebung in der angedeuteten Weise in Acetaldehyd $CH_3{-}CH{=}O$, Palladium, Chlorwasserstoff und Wasser:

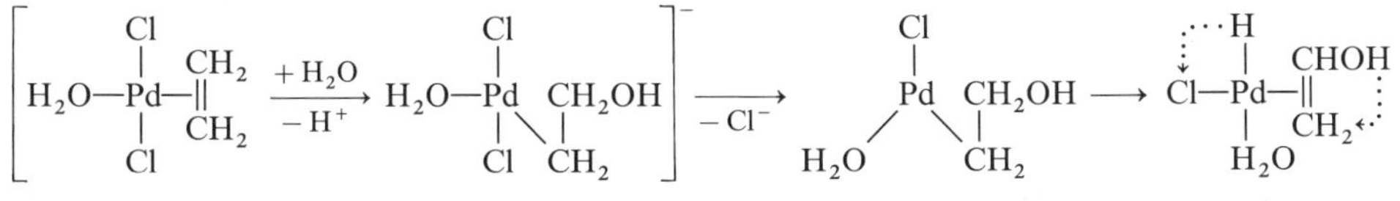

$$\left[H_2O{-}PdCl_2(\eta^2\text{-}CH_2{=}CH_2) \xrightarrow[-H^+]{+H_2O} H_2O{-}PdCl_2{-}CH_2CH_2OH \right]^- \xrightarrow{-Cl^-} (H_2O)ClPd{-}CH_2CH_2OH \longrightarrow Cl{-}Pd(H)(H_2O)(\eta^2\text{-}CHOH{=}CH_2)$$

(d) (e) (f) (g)

Der Mechanismus der Teilreaktion (2) ist noch ungeklärt. Die Teilreaktion (3) spielt sich wahrscheinlich auf folgendem Wege ab: $CuCl + O_2 + HCl \rightarrow CuCl(O_2) + HCl \rightarrow CuCl_2 + HO_2$; weitere Oxidation von CuCl durch HO_2. Analog (1)–(3) lassen sich Olefine $RHC{=}CH_2$ bzw. $RHC{=}CHR'$ durch katalytische Oxidation in wässerigem Milieu in Aldehyde $RH_2C{-}CHO$ bzw. Ketone $RH_2C{-}CO{-}R'$ verwandeln (z. B. Propen → Aceton). Führt man die Luftoxidation von Ethylen nicht in Wasser, sondern in Methanol bzw. in Essigsäure bzw. in inerten Medien durch, so bildet sich nicht Acetaldehyd, sondern Vinylmethylether bzw. Vinylacetat bzw. Vinylchlorid (Reaktion von CH_3OH, CH_3COOH bzw. HCl anstelle von H_2O mit $PdCl_4^{2-}$ sowie mit dem π-Ethylenkomplex). Die Addition von Wasser, Alkoholen, Carbonsäuren, Chlorwasserstoff an Ethylen läßt sich technisch kostengünstiger als die der betreffenden Verbindungen an Acetylen (frühere Verfahren) bewerkstelligen.

[30] Der Wacker-Hoechst-Prozeß wurde hauptsächlich von J. Smidt und Kollegen entwickelt und von J. E. Baeckvall und Mitarbeitern mechanistisch aufgeklärt.

Olefinorganylierung mit $Pd(OAc)_2/PPh_3$ als Katalysator. *Palladiumdiacetat/Triphenylphosphan* bewirkt – in Verbindung mit tertiären Aminen – bei erhöhter Temperatur (100 °C) die *Vinylierung*, *Benzylierung* bzw. *Arylierung* von $CH_2{=}CHR$ mit Vinyl-, Benzyl- bzw. Arylhalogeniden R′X (**„Heck-Reaktion"**; R′X z.B. $Me_2C{=}CHX$, $PhCH_2X$, PhX):

$$R'X + CH_2{=}CHR + NR_3 \rightarrow R'CH{=}CHR + R_3NHX.$$

Hierbei reagiert R′X zunächst mit dem aus $Pd(OAc)_2$ in situ mit PPh_3 als Liganden gebildeten Pd(0)-Katalysator $[PdL_2]$ unter oxidativer Addition zum quadratisch-planaren Pd(II)-Komplex (h), der $CH_2{=}CHR$ in die PdC-Bindung unter Bildung des quadratisch-planaren Pd-Komplexes (i) einschiebt. Letzterer zerfällt unter Eliminierung von $R'CH{=}CHR$ in den Pd(II)-Komplex (k), welcher durch NR_3-induzierte HX-Eliminierung (Bildung von R_3NHX) in den Pd(0)-Ausgangskomplex $[PdL_2]$ zurückverwandelt wird.

$$PdL_2 \xrightarrow{+R'X} \underset{\text{(h)}}{L_2Pd(R')(X)} \xrightarrow{+CH_2=CHR} \underset{\text{(i)}}{L_2Pd(CHR{-}CH_2R')(X)} \xrightarrow{-R'CH=CHR} \underset{\text{(k)}}{L_2Pd(H)(X)} \xrightarrow{+NR_3;\ -R_3NHX} PdL_2$$

Besäße R′ in (h) ein β-H-Atom wie der organische Rest in (i), so würde bereits (h) unter Alkeneliminierung zerfallen. R′ darf demgemäß wie in $R'X = R_2C{=}CHX$, $ArCH_2X$ oder ArX kein abspaltbares β-H-Atom enthalten.

3 Das Eka-Platin (Element 110)[31]

Nach der bei der Herstellung des Eka-Rheniums bewährten Methode (vgl. S. 1503) wurde 1994 von der Gruppe um P. Armbruster, S. Hofmann und G. Münzenberg an der GSI in Darmstadt erstmals ein Nuklid des *Eka-Platins* (Ordnungszahl 110) durch Beschuß von *Bleifolien* mit *Nickelkernen* gewonnen:

$$^{208}_{82}Pb + ^{62}_{28}Ni \rightarrow \{^{270}_{110}\text{Eka-Pt}\} \xrightarrow{10^{-14}s} {}^{269}_{110}\text{Eka-Pt} + {}^{1}_{0}n.$$

Auf diese Weise bildete sich am 9.11.1994 um 16.39 Uhr nach zweitägigem Beschuß das *erste* von *vier Atomen*, die durch ihren nach ca. 0.17 ms einsetzenden *α-Zerfall* in $^{265}_{108}$Eka-Os:

$$^{269}_{110}\text{Eka-Pt} \xrightarrow[0.17\,ms]{} {}^{265}_{108}\text{Eka-Os} + \alpha$$

und über den weiteren, bereits bekannten Zerfall von $^{265}_{108}$Eka-Os (S. 1547) charakterisiert wurden. Man kennt bisher vom Element $_{110}$**Eka-Platin** *zwei Isotope* mit den Massenzahlen 269 ($\tau_{1/2} = 0.17$ ms) und 271 ($\tau_{1/2} = 1.4$ ms; jeweils α-Zerfall).

---

[31] Vgl. S. 1392 sowie Anm.[16,17] auf S. 1418.

Kapitel XXXII

Zusammenfassender Überblick über wichtige Verbindungsklassen der Übergangsmetalle

Zur Vertiefung der Kenntnisse über die chemischen Eigenschaften von Übergangsmetallen empfiehlt es sich in vielen Fällen, nicht nur *unterschiedliche Verbindungsklassen* (Wasserstoff-, Halogen-, Chalkogenverbindungen usw.) *eines bestimmten Metalls*, sondern darüber hinaus auch *bestimmte Verbindungstypen* (Wasserstoff-, Sauerstoff-, Carbonyl-, π-Organyl-Komplexe usw.) *aller Übergangselemente* zusammenfassend zu betrachten. Ersteres Verfahren wurde in den vorstehenden Kapiteln XXI–XXXI praktiziert, während das anstehende Kapitel XXXII letzterer Vorgehensweise folgt und einen *Überblick über wichtige Klassen anorganischer sowie organischer Übergangsmetallverbindungen* vermittelt[1)].

1 Einige Klassen anorganischer Übergangsmetallverbindungen

Die nachfolgenden Unterkapitel geben kurze Überblicke über die Verbindungen des *Wasserstoffs*, der *Halogene* und des *Sauerstoffs* mit den Übergangsmetallen und behandeln im Zusammenhang mit diesen Verbindungsklassen *σ-Komplexe, Metallcluster* sowie *nichtstöchiometrische Verbindungen* der betreffenden Metalle. Bezüglich der Nitride, Carbide, Silicide und Boride von Übergangsmetallen vgl. S. 642, 852, 889, 1059.

1.1 Übergangsmetallhydride. σ-Komplexe[2,3)]

Wie die Tabelle 133 veranschaulicht, bilden die Übergangsmetalle M mit Wasserstoff eine Reihe nichtstöchiometrisch zusammengesetzter *binärer Hydridphasen* $\mathbf{MH}_n$ (vgl. S. 276) sowie stöchiometrisch zusammengesetzter *ternärer Hydride* $\mathbf{M^I_mMH_{n+m}}$ (M^I = Alkali- bzw. $\frac{1}{2}$ Erdalkalimetall; vgl. bei den einzelnen Übergangsmetallen), ferner *Boranate* $\mathbf{M(BH_4)_n}$ (S. 1009)

---

1 Außer den in diesem Kapitel XXXII behandelten Komplexen mit den *anorganischen Liganden* $\mathbf{H_2}$, $\mathbf{Hal^-}$ und $\mathbf{O_2}$ (einschließlich O_2^-, O_2^{2-}; vgl. Unterkapitel 1) bzw. **CO**, $\mathbf{CN^-}$, **NO**, $\mathbf{N_2}$, $\mathbf{PX_3}$ (vgl. Unterkapitel 2) sowie einer Reihe *organischer Liganden* wie **Alkane**, **Alkene**, **Alkine**, **Aromaten**, **Organyle**, **Carbene**, **Carbine** (vgl. Unterkapitel 2) findet man an anderen Stellen des Lehrbuchs Hinweise über das Komplexverhalten folgender Liganden: $\mathbf{ClO_4^-}$ (S. 481), $\mathbf{IO_6^{5-}}$ (S. 488), $\mathbf{H_2O}$ einschließlich OH^-, O^{2-} (vgl. bei den betreffenden Metallen), $\mathbf{S_n/S_n^{2-}}$ einschließlich H_2S, SH^- (vgl. S. 551, 557, 561), $\mathbf{SO_n}$ (S. 570, 574), $\mathbf{SO_4^{2-}}$ (S. 586), $\mathbf{S_2O_3^{2-}}$ (S. 594), $\mathbf{S_nN_m}$ einschließlich kationischer und anionischer Spezies (S. 602, 606, 608), $\mathbf{Se_n/Se_n^{2-}}$ (S. 617), $\mathbf{NH_3}$ einschließlich NH_2^-, NH^{2-}, N^{3-} sowie Derivaten dieser Liganden (vgl. S. 652 sowie bei den einzelnen Elementen), $\mathbf{N_2H_4/NH_2OH}$ (S. 662, 704), $\mathbf{N_2O}$ (S. 690), $\mathbf{NO_2^-/NO_3^-}$ (S. 708, 718), $\mathbf{P_n/P_n^{m-}}$ einschließlich PH_3, PH_2^-, PH^{2-} (S. 733, 744), $\mathbf{PO_4^{3-}}$ (S. 733), $\mathbf{CO_2/CO_3^{2-}}$ (S. 863).

2 **Literatur.** E.L. Muetterties: „*Transition Metal Hydrides*", Dekker, New York 1974; J.C. Green, M.L.H. Green: „*Transition Metal Hydrogen Compounds*", Comprehensive Inorg. Chemistry **4** (1973) 355–452; R.H. Crabtree: „*Hydrogen and Hydrides as Ligands*", Comprehensive Coord. Chem. **2** (1987) 689–714; „*An Übergangsmetalle koordinierte*

und verwandte Verbindungen (vgl. Alanate, S. 1072). Darüber hinaus existieren sehr viele *Hydridokomplexe* $\mathbf{MH}_n\mathbf{L}_m$ (L = neutraler Ligand wie PR_3, $R_2PCH_2CH_2PR_2$, CO; H^- kann teilweise durch Anionoliganden wie F^-, Cl^-, Br^-, I^-, CN^-, NO^-, Cp^- ersetzt sein), die teils ausschließlich metallgebundenen *Monowasserstoff*, teils zusätzlich metallgebundenen *Diwasserstoff* enthalten, wie nachfolgend besprochen sei.

1.1.1 Monowasserstoffkomplexe

Der Tab. 133, welche neben den *binären* und *ternären Hydriden* sowie *Boranaten* Beispiele für Donoraddukte **einkerniger Hydridokomplexe** der Übergangsmetalle wiedergibt, ist zu entnehmen, daß (i) im wesentlichen solche Elemente, von denen keine binären H-Verbindungen existieren („*Wasserstofflücke*"), *Hydridokomplexe* bilden, (ii) *die Zahl der ligandenstabilisierten Hydride* $\mathbf{EH}_n$ mit unterschiedlichem H-Gehalt *n* beim Fortschreiten von einem zum nächsten Element E einer Periode zunächst bis zur VII. Nebengruppe zu-, dann wieder abnimmt, (iii) sich die *Oxidationsstufen der einkernigen Hydride* eines bestimmten Übergangselements jeweils um zwei Einheiten unterscheiden und (iv) die *Zentralmetalle* in den Hydridokomplexen in der Regel *Edelgaselektronenkonfiguration* aufweisen (Ausnahmen: binäre Metallhydride, Metallboranate, Hydridoplatinate(II)). Man kennt auch eine Reihe von Nebengruppenelementhydriden, deren Zentralmetalle „*Zwischenoxidationsstufen*" einnehmen; es liegen aber dann nicht mehr ein-, sondern **zwei-** oder **mehrkernige Hydridokomplexe** vor (vgl. z. B. dimeres $[ReH_4(PR_3)_2]$ oder $[ReH_2(PR_3)_3]$; S. 1495).

Die Liganden L der Hydride MH_nL_m (n = Wertigkeit von M) weisen wie etwa PR_3, AsR_3, CO, CNR, CN^-, NO^- in der Regel π-Akzeptorcharakter auf. Beispiele für die seltener anzutreffenden, ebenfalls meist edelgaskonfigurierten Verbindungen mit anderen Liganden stellen etwa die „homoleptischen" Hydridokomplexe $[MH_{n+m}]^{m-}$ (vgl. Tab. 133) sowie der stabile Komplex $[RhH(NH_3)_5]^{2+}$ und der instabile Komplex $[CrH(H_2O)_5]^{2+}$ dar. Vielfach lassen sich die Wasserstoffanionen H^- in MH_nL_m teilweise durch andere Anionen wie Halogenid X^- oder Cyclopentadienid $C_5H_5^-$ ersetzen (zum Beispiel $[PtClH(PR_3)_2]$, $[Cp_2ReH]$). Auch in letzteren Komplexen kommt dem Zentralmetall meist *Edelgaselektronenkonfiguration* zu. Beispiele für selten anzutreffende *paramagnetische Hydridokomplexe* sind $[TaH_2Cl_2(Me_2PCH_2CH_2PMe_2)_2]$ und $[IrH_2Cl_2(P^iPr_3)_2]$ (jeweils 17 Außenelektronen).

Strukturen und Bindungsverhältnisse. Bezüglich der Strukturen *binärer* Übergangsmetallhydride sowie der Übergangsmetall-*Boranate* vgl. S. 276, 1009. In den einkernigen Hydridokomplexen MH_nL_m der Übergangsmetalle, die häufig fluktuierend sind, betätigt das Metallatom laut Tab. 133 u. a. folgende Koordinationszahlen: *vier* (planar), *fünf* (verzerrt-trigonal-bipyramidal), *sechs* (oktaedrisch), *sieben* (pentagonal-bipyramidal), *acht* (dodekaedrisch), *neun* (dreifach-überkappt-trigonal-prismatisch), wobei der Wasserstoff

---

σ-Bindungen", Angew. Chem. **105** (1993) 828–845; Int. Ed. **32** (1993) 789; P. G. Jessop, R. H. Morris: „*Reactions of Transition Metal Dihydrogen Complexes*", Coord. Chem. Rev. **121** (1992) 155–284; R. G. Jessop, D. M. Heinekey, W. J. Oldham, jr.: „*Coordination Chemistry of Dihydrogen*", Chem. Rev. **93** (1993) 913–926; W. Bronger: „*Komplexe Übergangsmetallhydride*", Angew. Chem. **103** (1991) 776–784; Int. Ed. **30** (1991) 759; M. Y. Darensbourg, C. E. Ash: „*Anionic Transition Metal Hydrides*", Adv. Organomet. Chem. **27** (1987) 1–50; R. G. Pearson: „*The Transition-Metal-Hydrogen-Bond*", Chem. Rev. **85** (1985) 41–49; ULLMANN (5. Aufl.): „*Hydrides*", **A13** (1989) 199–226.

[3] **Geschichtliches.** Nachdem von den Nebengruppenelementen lange Zeit hindurch nur wenige, chemisch recht eintönige *binäre Hydridphasen* sowie zwei *Hydridokomplexe*, nämlich $[FeH_2(CO)_4]$ und $[CoH(CO)_4]$ (W. Hieber, 1930), bekannt geworden waren, nahm man in der 1. Hälfte des 20. Jahrhunderts an, daß den betreffenden Elementen – anders als den Hauptgruppenelementen – keine besondere Wasserstoffaffinität zukomme. Diese Vorstellung mußte in der 2. Hälfte des 20. Jahrhunderts (ab 1955 mit der Entdeckung und Strukturklärung von Cp_2ReH), in welcher sich die Chemie der Hydridokomplexe stürmisch entwickelte, revidiert werden: Man fand zunächst, daß sich *ligandenstabilisierte Übergangsmetalle* sehr gerne mit *Wasserstoffatomen* vereinigen (End- und Brückenstellung), dann, daß Übergangsmetalle wie etwa Wolfram im Komplex $[W(H_2)(CO)_3(P^iPr_3)_2]$ (G. G. Kubas, 1984) zudem *Wasserstoffmoleküle* side-on zu binden vermögen (analoge „*σ-Komplexe*" bilden auch Moleküle mit EH-Gruppen; E z. B. N, P, C, Si, Ge, B) und schließlich, daß Übergangsmetall-Hydridokomplexe wichtige Funktionen *katalytischer* – und möglicherweise auch *enzymatischer* – Prozesse (z. B. Alkenhydrierung, -hydroformylierung, -isomerisierung; biologische H_2-Bindung bzw. -Freisetzung mit Ni-haltiger Hydrogenase) übernehmen können. Nach heutigen Erkenntnissen ist Wasserstoff in Übergangsmetallkomplexen fast allgegenwärtig. Seine Nichtbeachtung hat in den vergangenen Jahren häufig zu falschen Schlußfolgerungen hinsichtlich vorliegender Komplexstrukturen geführt.

Tab. 133 Einkernige *Übergangsmetall-Hydridokomplexe* MH_nL_m[a)]; ferner (grau unterlegt) *binäre* Übergangsmetall-Hydride MH_n (bis auf CuH, ZnH_2, CdH_2 nichtstöchiometrisch), *ternäre Übergangsmetall-Hydride* $M^I_mMH_{n+m}$ sowie *Übergangsmetall-Boranate* $M(BH_4)_n$

Hydridokomplexe MH_nL_m[a)]						
4	5	6	7	8	9	10
IV	V	VI	VII	VIII		
MH_2 (d^2) – – –	**MH** (d^4) $VH(PF_3)_6$ – –	**MH_2** (d^4) *CrH_2L_5* *MoH_2L_5* *WH_2L_5*	**MH** (d^6) $MnH(PF_3)_5$ $TcHL_5$ (?) $ReHL_5$	**MH_2** (d^6) FeH_2L_4 RuH_2L_4 OsH_2L_4	**MH** (d^8) $CoHL_4$ $RhHL_4$ $IrHL_4$	**MH_2** (d^8) *NiH_2L_3*[b)] – *PtH_2L_2*
MH_4 (d^0) $TiH_4 \cdot 4AlH_3$ $ZrH_4 \cdot 4BH_3$[b)] $HfH_4 \cdot 4BH_3$[b)]	**MH_3** (d^2) – – –	**MH_4** (d^2) CrH_4L_4 MoH_4L_4 *WH_4L_4*	**MH_3** (d^4) – TcH_3L_4 (?) *ReH_3L_4*	**MH_4** (d^4) *FeH_4L_3* *RuH_4L_3* *OsH_4L_3*	**MH_3** (d^6) *CoH_3L_3* *RhH_3L_3*[b)] *IrH_3L_3*	**MH_4** (d^6) – – PtH_4L_2[c)]
Binäre Hydride ScH_2 TiH_2 VH_2 YH_3 ZrH_2 NbH_2 LaH_3 HfH_2 TaH	**MH_5** (d^0) – – TaH_5L_4	**MH_6** (d^0) – *MoH_6L_3* *WH_6L_3*	**MH_5** (d^2) – TcH_5L_3 (?) *ReH_5L_3*	**MH_6** (d^2) *RuH_6L_2* *OsH_6L_2*	**MH_5** (d^4) – – *IrH_5L_2*	**Binäre Hydride** CrH_2 NiH CuH Mo PdH ZnH_2 W Pt CdH_2
Ternäre Hydride $M^I_mMH_{n+m}$[d)] TcH_9^{2-} | FeH_6^{4-} – | CoH_5^{4-} RhH_4^{3-} ReH_9^{2-} | RuH_6^{4-} RuH_4^{4-} | RhH_5^{4-} RhH_6^{3-} ReH_6^{5-} | OsH_6^{4-} RuH_3^{6-} | IrH_5^{4-} IrH_6^{3-}		NiH_4^{4-} PdH_2^{2-} PtH_4^{2-} PtH_6^{2-}	**MH_7** (d^0) – TcH_7L_2 *ReH_7L_2*	**Boranate $MH_n \cdot nBH_4$** $Sc(BH_4)_3$ | $Ti(BH_4)_3$ | $V(BH_4)_2$ $Fe(BH_4)_2$ $CuBH_4$ $Y(BH_4)_3$ | $Zr(BH_4)_4$ | $Cr(BH_4)_2$ $Co(BH_4)_2$ $Zn(BH_4)_2$ $La(BH_4)_3$ | $Hf(BH_4)_4$ | $Mn(BH_4)_2$ $Ni(BH_4)_2$		

a) L meist ER_3 oder $R_2ECH_2CH_2ER_2$ (E = P, As), aber auch CO (vgl. S. 1648) usw.; die H^--Liganden lassen sich in MH_nL_m (bekannt oder unbekannt) teilweise durch Anionoliganden wie F^-, Br^-, Cl^-, I^-, CN^-, NO^-, Cp^- ersetzen; im Falle der *kursiv gedruckten Komplexe* (meist substituierte Formen) wurde zudem die Existenz von *Diwasserstoffkomplexen* $[MH_{n-2x}(H_2)_xL_m]$ mit M der Oxidationsstufe $n - 2x$ nachgewiesen bzw. wahrscheinlich gemacht. – **b**) Unsicher; aber $NiH_2L_2 \cdot BH_3$ und RhH_2XL_3 mit X = Cl, Br, I. – **c**) $PtH_2D_2L_2$ ist wohl Zwischenprodukt des H/D-Austauschs: $PtH_2L_2 + D_2 \rightleftarrows PtHDL_2 + HD \rightleftarrows PtD_2L_2 + H_2$. – **d**) M^I = Alkali- bzw. $\frac{1}{2}$ Erdalkalimetall. Man kennt auch ZnH_3^-, ZnH_4^{2-}, ZnH_5^{3-}.

teils als Atom η^1-, teils als Molekül η^2-gebunden vorliegt (für Einzelheiten vgl. bei den betreffenden Elementen sowie weiter unten). In den mehrkernigen Hydridokomplexen können 2 Metallatome gemäß (a, b, c, d) durch ein, zwei, drei oder gar vier gewinkelte H-Brücken (MHM-Winkel 75–125°) bzw. 3 Metallatome gemäß (e) durch eine H-Brücke verknüpft sein (vgl. S. 1208). Man kennt darüber hinaus Hydridokomplexe, in denen Wasserstoff ein Metalloktaeder (f) (z. B. in $[HCo_6(CO)_{15}]^-$) oder gar einen M_{13}-Cluster zentriert (z. B. in $[Rh_{13}H(CO)_{24}]^-$). Die Metallatome der mehrkernigen Hydridokomplexe sind fast immer durch zusätzliche MM-Bindungen miteinander verknüpft.

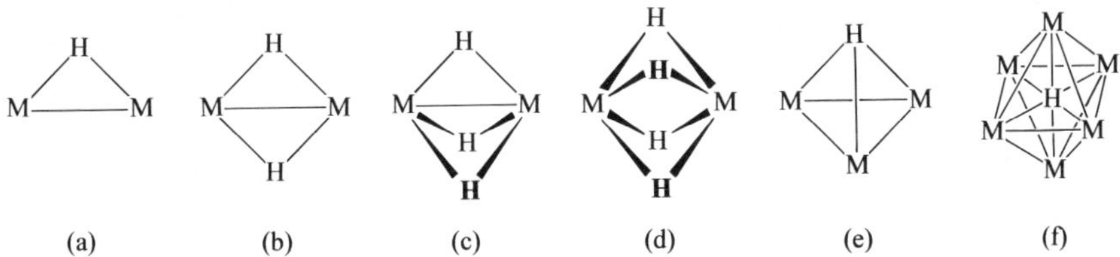

(a) (b) (c) (d) (e) (f)

Darstellung. Die Übergangsmetall-Hydridokomplexe MH_nL_m lassen sich wie die binären Metallhydride MH_n (vgl. S. 276) durch *Hydridolyse, Protolyse* und *Hydrogenolyse*, ferner durch *Dehydrometallierung* (β-Eliminierung) gewinnen. Zur Hydridolyse setzt man meist *Halogenokomplexe* MX_nL_m in geeigneten Lösungsmitteln (z. B. Ethern) mit *Hydridlieferanten* wie LiH, $NaBH_4$, $LiAlH_4$, aber auch mit Ethylat $CH_3CH_2O^-$ ($\rightarrow CH_3CHO + H^-$) oder Übergangsmetallhydridokomplexen um, z. B.:

$$[FeI_2(CO)_4] + 2NaBH_4 \rightarrow [FeH_2(CO)_4] + 2NaI + B_2H_6;$$
$$[PtCl_2(PR_3)_2] + OEt^- \rightarrow [PtHCl(PR_3)_2] + CH_3CHO + Cl^-;$$
$$[AuCl(PR_3)] + [CrH(CO)_5]^- \rightarrow [(R_3P)Au(\mu\text{-}H)Cr(CO)_5] + Cl^-.$$

Durch Protolyse können andererseits *Anionen* ML_n^{m-} und zum Teil auch *Neutralkomplexe* ML_n in Hydridokomplexe übergeführt werden, z. B.:

$$[Co(CO)_4]^- + H^+ \rightleftarrows [HCo(CO)_4]; \quad [Cp_2MoH_2] + H^+ \rightleftarrows [Cp_2MoH_3]^+.$$

Die Protolysereaktionen erfolgen häufig im Zuge einer *oxidativen Addition* (zum Beispiel $[PtCl_2(PR_3)_2] + HCl \rightleftarrows [PtHCl_3(PR_3)_2]$).

Typische Beispiele der Hydrogenolyse stellen die *hydrierende Spaltung* von MM- und MC-Bindungen sowie die *oxidative Addition* von H_2 an ein Metallzentrum dar, z. B.:

$$[Mn_2(CO)_{10}] + H_2 \xrightarrow{200\text{ bar; }200\,^\circ C} 2[MnH(CO)_5]; \quad [RhCl(PPh_3)_3] + H_2 \rightleftarrows [RhH_2Cl(PPh_3)_3];$$

$$[Cp_2ZrMe_2] + 2H_2 \xrightarrow[-2CH_4]{60\text{ bar; }80\,^\circ C} [Cp_2ZrH_2]; \quad [WMe_6] + 5H_2 \xrightarrow[-6CH_4]{+4PMe_3} [WH_4(PMe_3)_4].$$

Die Umkehrung der Hydrogenolyse, die (thermisch oder photolytisch induzierte) *Dehydrogenolyse* führt wasserstoffreichere Hydridokomplexe in Anwesenheit geeigneter Liganden in wasserstoffärmere Komplexe über (z. B. $[ReH_7(PR_3)_2] + PR_3 \rightarrow [ReH_5(PR_3)_3] + H_2$).

Schließlich sind Hydridokomplexe in einigen Fällen durch Dehydrometallierung aus geeigneten Vorstufen zugänglich, z. B.:

$$[(CO)_4Fe\text{—}COOH]^- \xrightarrow[-CO_2]{\Delta} [(CO)_4FeH]^-; \quad [(R_3P)CuCH_2CH_2R] \xrightarrow[-CH_2{=}CHR]{\Delta} [(R_3P)CuH].$$

Eigenschaften. Übergangsmetall-Hydridokomplexe vermögen als Brönsted- und Lewis-Säuren sowie -Basen Protonen bzw. Hydridionen sowohl abzugeben als auch aufzunehmen. Die Neigung zur Protonenabgabe von MH_nL_m wächst mit dem π-Akzeptorvermögen der Liganden L und nimmt etwa in Richtung Cp_2ReH (sehr schwache Säure), $[CoH(CO)_3(PPh_3)]$ (pK_S ca. 7), $[CoH(CO)_4]$ (sehr starke Säure) zu. Umgekehrt zeigen elektronenreichere Hydridokomplexe mit Liganden von geringerem π-Akzeptorcharakter *Protonenaufnahmetendenz*, z. B.: $[Cp_2ReH] + H^+ \rightarrow [Cp_2ReH_2]^+$; $[IrH_3(PR_3)_3] + H^+ \rightarrow [IrH_4(PR_3)_3]^+$; $[WH_4(PR_3)_4] + H^+ \rightarrow [WH_5(PR_3)_4]^+$. Beispiele für *Hydridabspaltungen* stellen die Umsetzungen $[RuH_2(PR_3)_4] + Ph_3C^+ \rightarrow [RuH(PR_3)_4]^+ + Ph_3CH$ sowie $[WH_6(PMe_3)_3] + 2H^+ + MeCN \rightarrow [WH_2(NCMe)(PMe_3)_3]^{2+} + 2H_2$ dar ($[CpTaH_4(PR_3)_2]$ hydrolysiert sogar in MeOH unter Bildung von H_2 und $[CpTa(OMe)_4]$). Die *Einwirkung von Hydrid* auf einen Hydridokomplex führt vielfach zur Deprotonierung, z. B.: $[Cp_2ReH] + H^- \rightarrow [Cp_2Re]^- + H_2$; $[WH_6(PMe_3)_3] + H^- \rightarrow [WH_5(PMe_3)_3]^- + H_2$.

Eine weitere charakteristische Eigenschaft der Hydridokomplexe besteht in ihrer Fähigkeit zur Insertion ungesättigter Moleküle in die MH-Bindungen. So erfolgt die Addition von *Alkenen* $CH_2{=}CHR$, *Alkinen* $RC{\equiv}CR$, *Isonitrilen* $RN{\equiv}C$, *Kohlenstoffdioxid* CO_2 oder *Sauerstoff* unter Bildung von Alkylkomplexen $M\text{—}CH_2\text{—}CH_2R$, Vinylkomplexen $M\text{—}CR{=}CHR$, Carbenkomplexen $M{=}C\text{—}NHR$, Formiaten MOOCH oder Peroxiden MOOH.

1.1.2 Diwasserstoff- und andere σ-Komplexe[2,3]

Wie oben bereits angedeutet wurde, ist der Wasserstoff der Hydridokomplexe MH_nL_m teils in Form von *Hydrid* über das freie n-Elektronenpaar von H^-, teils in Form von *Diwasserstoff* H_2 „side-on" über das gebundene σ-Elektronenpaar von H_2 an ein Übergangsmetall koordiniert. Man bezeichnet erstere, zu den n-*Komplexen* (S. 1209) zu zählende Verbindungen als „*klassische Wasserstoffkomplexe*", letztere, zu den σ-*Komplexen* zu zählende Verbindungen als „*nichtklassische Wasserstoffkomplexe*". In den nichtklassischen Komplexen besetzt das H_2-Molekül formal *eine* Koordinationsstelle des Metallzentrums, so daß also dem Rhenium im klassischen Komplex $[ReH_7L_2]$ ($L_2 = Ph_2PCH_2CH_2PPh_2$) die Koordinationszahl *neun* (dreifach-überkappt-trigonal-prismatischer Bau) und im ähnlich zusammengesetzten nichtklassischen Komplex $[ReH_5(H_2)L_2]$ ($L_2 = 2\,PPh_3$) die Koordinationszahl *acht* zukommt (dodekaedrischer Bau; es zählt der Mittelpunkt des H_2-Liganden).

Nachfolgend sei kurz auf die *Bindungsverhältnisse* in nichtklassischen Hydridokomplexen eingegangen, die ihrerseits die Grundlage zur Erklärung von deren *thermischem* Verhalten, und ihren *Redox-* sowie *Säure-Base-Eigenschaften* bilden.

Struktur und Bindungsverhältnisse. Die bisher nachgewiesenen Diwasserstoffkomplexe sind alle entweder *neutral* oder *kationisch* und weisen vielfach einen *oktaedrischen* Bau auf. Sehr häufig kommen Komplexe mit d^6-*Elektronenkonfiguration* des Zentralmetalls vor; man findet aber auch Komplexe mit d^8-, d^4- und d^2-Elektronenkonfiguration von M. Eine η^2-Koordination von H_2 an M^{n+} stellt hierbei den einfachsten Fall eines *Metall-σ-Komplexes* bzw. eines Komplexes mit *„side-on"* gebundenen Liganden dar. In ihm fungiert das – die HH-Bindung repräsentierende – elektronenbesetzte Wasserstoff-σ-Molekülorbital im Sinne der Fig. 315a als Zweielektronen-Donator hinsichtlich eines elektronenleeren Orbitals des als Lewis-Säure wirkenden Metallions. Die resultierende *„σ-Hinbindung"* (*„Dreizentren-Zweielektronen-Bindung"*; vgl. Borwasserstoffe, S. 999) erfährt durch *„π-Rückbindung"* dadurch zusätzliche Verstärkung, daß ein elektronenbesetztes Metall-d-Orbital von π-Symmetrie hinsichtlich H_2 eine Wechselbeziehung mit dem elektronenleeren σ^*-Molekülorbital des H_2-Moleküls eingeht (vgl. Fig. 315b).

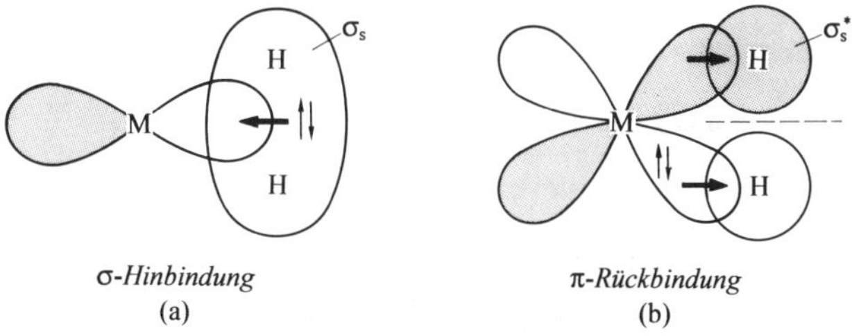

Fig. 315 Veranschaulichung der Bindungsverhältnisse in nichtklassischen Wasserstoffkomplexen: (a) σ-Donator-Bindung, (b) π-Akzeptor-Bindung (jeweils hinsichtlich des Liganden gesehen; dunkle und helle Orbitalbereiche deuten auf unterschiedliche Orbitalphasen).

Mit zunehmender π-Rückkoordination der Metallelektronen in das antibindende σ^*-MO des Diwasserstoffs H_2 wächst der HH-Abstand und zudem die Stärke der MH-Bindung. Schließlich geht der *nichtklassische* in einen *klassischen* Hydridokomplex über:

$$M + \begin{matrix}H\\|\\H\end{matrix} \rightleftharpoons M\cdots\begin{matrix}H\\|\\H\end{matrix} \rightleftharpoons M\begin{matrix}\cdot\!\cdot H\\ \vdots\\ \cdot\!\cdot H\end{matrix} \rightleftharpoons M\begin{matrix}/H\\ \\ \backslash H\end{matrix}$$

Die Tendenz zur Bildung eines nichtklassischen H_2-Komplexes MH_nL_m nimmt umgekehrt mit *sinkender Neigung* des Zentralmetalls zur *Elektronenabgabe* an H_2 zu, also etwa mit *steigender „Wertigkeit"* n der Metalle ($[ReH_5(PR_3)_3]$ = klassisch; $[ReH_7(PPh_3)_2] = [Re(H_2)H_5(PPh_3)_2]$ = nicht-klassisch; s.u.) bzw. mit *abnehmender Ordnungszahl* eines Gruppenmetalls ($[OsH_4(PR_3)_3]$ = klassisch; $[FeH_4(PR_3)_3] = [Fe(H_2)H_2(PR_3)_3]$ = nichtklassisch), ferner mit *wachsendem π-Akzeptorcharakter* (*sinkendem σ-Donatorcharakter*) der Liganden L ($[ReH_7(Ph_2PCH_2CH_2PPh_2)]$ = klassisch; $[ReH_7(PPh_3)_2] = [Re(H_2)H_5(Ph_3)_2]$ = nichtklassisch). Vielfach lassen sich sogar klassische und nichtklassische Formen im Gleichgewicht als *„Tautomere"* nebeneinander nachweisen, z. B. (Cy = Cyclohexyl C_6H_{11}; depe = $Et_2PCH_2CH_2PEt_2$)[4]:

$$[W(H_2)(CO)_3(PCy_3)_2] \rightleftarrows [WH_2(CO)_3(PCy_3)_2]; \quad [Os(H_2)H(depe)_2]^+ \rightleftarrows [OsH_3(depe)_2]^+.$$

4 Ersteres Gleichgewicht stellt sich langsamer ein (größere Aktivierungsenergie von fast 50 kJ/mol) als letzteres, da im Zuge der Gleichgewichtseinstellung teils eine zusätzliche *Ligandenumorientierung* so erfolgt, daß die beiden aus dem H_2-Molekül hervorgehenden H-Atome im klassischen Komplex $[WH_2(CO)_3(P(Cy_3)_2]$ nicht mehr benachbart vor-

Die experimentell aufgefundenen HH-Abstände der Diwasserstoffkomplexe liegen entweder im Bereich 0.8–0.9 Å (HH-Abstand im H_2-Molekül = 0.74 Å) oder im Bereich 1.1–1.6 Å. Man spricht in ersterem Falle von nichtklassischen Komplexen im eigentlichen Sinne („*Diwasserstoffkomplexe*"; z. B. $[W(H_2)(CO)_3(PR_3)_2]$) in letzterem Falle von nichtklassischen Komplexen mit verlängerter HH-Bindung („*gestreckte Diwasserstoffkomplexe*"; z. B. $[Re(H_2)H_5(PAr_3)_2]$), während Verbindungen mit HH-Abständen um 1.7 Å und darüber zu den „*klassischen Wasserstoffkomplexen*" gezählt werden (z. B. $[ReH_7((Ph_2PCH_2CH_2PPh_2)]$). Der HH-Abstand in gestreckten H_2-Komplexen reagiert anders als der der normalen H_2-Komplexe empfindlich auf elektronische Ligandeneinflüsse und wächst etwa im Falle von $[Re(H_2)H_5(PR_3)_2]$ beim Ersatz von R = p-$C_6H_4CF_3$ (1.24 Å) durch stärker elektronenschiebende Reste R = p-$C_6H_4CH_3$ (1.36 Å) oder insbesondere R = p-C_6H_4OMe (1.42 Å) stark an[4a].

Eigenschaften. Thermisches Verhalten. Eine wichtige Reaktion der „*Diwasserstoffkomplexe*" ist die chemisch (oder photochemisch) induzierte *Wasserstoffeliminierung*, durch welche Komplexe mit Koordinationslücken gebildet werden, die sich durch anwesende andere Liganden besetzen lassen (vgl. katalytische Prozesse mit Hydridokomplexen), z. B.:

$$[Ru(H_2)HL]^+ \xrightarrow[E_a = 53\,kJ]{-H_2} [RuHL]^+ \xrightarrow[L = P(CH_2CH_2PPh_2)_3]{+RC{\equiv}CR} [(\pi\text{-}RC{\equiv}CR)RuHL]^+.$$

Insbesondere die nicht gestreckten Diwasserstoffkomplexe geben H_2 thermisch leicht ab (z. B. $[W(H_2)(CO)_3(PCy_3)_2]$ bei 60 °C), während gestreckte und insbesondere klassische H_2-Komplexe thermostabiler sind ($[ReH_7(Ph_2PCH_2CH_2PPh_2)]$ zerfällt selbst bei 120 °C nicht). Einige H_2-Komplexe mit kurzem HH-Abstand sind derart zersetzlich, daß man sie nur unter H_2-Druck gewinnen kann (z. B. $[Cr(H_2)(CO)_3(P(Cy_3)_2]$ bei 60 bar). Enthalten Komplexe neben Di- auch Monowasserstoff, so erfolgt ein gegenseitiger Austausch der H-Atome – zumindest in einigen Fällen – auf dem Wege über „*Triwasserstoffkomplexe*":

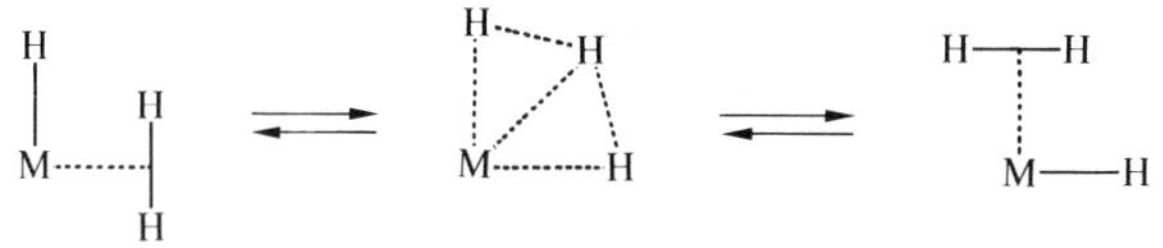

Säure-Base-Verhalten. Mit der Addition von H_2 an ein Metallzentrum zu einem nicht-klassischen H_2-Komplex wächst die *Acidität* und *Elektrophilie* des H_2-Moleküls beträchtlich an (**„Aktivierung von molekularem Wasserstoff"**). So kann die Bildung eines σ-Komplexes mit kurzer HH-Bindung zu einer Erniedrigung des pK_S-Werts von H_2 (ca. 35) auf 10 bis −2 führen. Geringer ist die pK_S-Erniedrigung im Zuge der Bildung eines σ-Komplexes mit langer HH-Bindung[5]. Somit ist (paradoxerweise) die H_2-Aktivierung insbesondere bei schwacher Koordination des H_2-Liganden an das Metallzentrum groß.

Liegt ein klassischer H_2-Komplex mit einem nichtklassischen H_2-Komplex im Gleichgewicht, z. B. (L = $Me_2PCH_2CH_2PMe_2$):

$$\{[CpRuH_2L]^+ \rightleftarrows [CpRu(H_2)L]^+\} \rightleftarrows [CpRuHL] + H^+,$$

so ist die Hauptgleichgewichtskomponente die schwächere Säure ($CpRu(H_2)L^+$ mit $pK_S = 17.5$ in Acetonitril), da beide Tautomeren die gleiche konjugierte Base haben. Es läßt sich in solchen Fällen nachweisen, daß die *Deprotonierungsgeschwindigkeit* des nichtklassischen Komplexes wesentlich größer als die des klassischen Komplexes ist. Umgekehrt führt demnach die Protonierung eines klassischen Hydridokomplexes rascher zu einem nichtklassischen Diwasserstoff-Komplex, der sich dann gegebenenfalls langsamer in einen klassischen Hydridokomplex umlagert, falls dieser thermodynamisch stabiler ist. Z. B. wird $[Cp^*FeHL]$ bei −80 °C zum Komplex $[Cp^*Fe(H_2)L]^+$ protoniert, der sich dann bei −40 °C in $[Cp^*FeH_2L]^+$ umlagert ($Cp^* = C_5Me_5$; L = $Ph_2PCH_2CH_2PPh_2$).

---

liegen, während sie in $[OsH_3(depe)]^+$ benachbarte Positionen einnehmen. Eine hohe Isomerisierungsbarriere ermöglicht etwa die Isolierung des metastabilen nichtklassischen Komplexes $[CpRu(H_2)(PPh_3)_2]^+$, der sich erst beim Erhitzen in den klassischen Komplex $[CpRuH_2(PPh_3)_2]^+$ umlagert (Cp begünstigt als starker σ-Donator meist die Bildung von klassischen H-Komplexen).

4a Entsprechend der nicht sehr großen π-Rückbindungsanteile in nicht gestreckten H_2-Komplexen sind die H_2-*Rotationsbarrieren* (hervorgerufen durch die π-Rückbindung, vgl. Fig. 315) klein (5–8 kJ/mol). H_2-Rotation erfolgt aber auch noch in gestreckten H_2-Komplexen, während naturgemäß keine Rotation zweier H-Atome um ihre gemeinsame Achse in klassischen Hydridokomplexen erfolgt.

5 Die Bildung eines n-Komplexes mit Wasser ist sogar nur mit einer pK_s-Erniedrigung von H_2O um ca. 6 Einheiten verbunden.

Redox-Verhalten. Mit dem Übergang eines klassischen in einen nichtklassischen Komplex vermindert sich die Oxidationsstufe des Zentralmetalls eines Hydridokomplexes um 2 Einheiten, mit der Protonierung des Zentrums erhöht sie sich andererseits um 2 Einheiten, schematisch (z = Oxidationsstufe):

$$\overset{z}{\mathrm{M}}\mathrm{H}_n \rightleftarrows [\overset{z-2}{\mathrm{M}}\mathrm{H}_{n-2}(\mathrm{H}_2)]; \qquad \overset{z}{\mathrm{M}}\mathrm{H}_n + \mathrm{H}^+ \rightleftarrows [\overset{z+2}{\mathrm{M}}\mathrm{H}_{n+1}]^+$$

Hiernach lassen sich klassische d^0-Komplexe, wie etwa $[WH_6(PR_3)_3]$, die sich ja nicht mehr weiter oxidieren lassen, nur unter gleichzeitiger Umwandlung in den nichtklassischen Zustand protonieren (da für die Stabilität eines H_2-Komplexes eine gewisse π-Rückkoordination notwendig ist, enthält das aus $[WH_6(PR_3)_3]$ zugängliche Monoprotonierungsprodukt wohl mindestens zwei side-on gebundene H_2-Gruppen). Man versteht auch, daß der Hydridokomplex $[IrH_6(PCy_3)_2]^+$ kein siebenwertiges Ir enthält (die höchste erreichbare Ir-Oxidationsstufe stellt +6 dar), sondern im Sinne der Formulierung $[Ir(H_2)_2H_2(PCy_3)_2]^+$ dreiwertiges Ir aufweist.

Andere σ-Komplexe. Analog H—H vermögen sich Moleküle H—X mit E—H-Gruppierungen (E z. B. N, P, C, Si, Ge, B) „*side-on*" an Metallzentren geeigneter Komplexfragmente unter Bildung von σ-Komplexen $M(HX)L_m$ zu addieren. Hierbei erfolgt wiederum eine „*Aktivierung*" *der betreffenden Moleküle*, d. h. eine Erhöhung der Acidität sowie Elektrophilie von HX. Auch führen starke π-Rückbindungen zum Bruch der HX-Bindungen, d. h. zum Übergang der nichtklassischen in klassische Komplexe $MXHL_m$ (bezüglich nichtklassischer Alkan- und Silankomplexe vgl. S. 1681).

1.2 Übergangsmetallhalogenide. Metallcluster vom Halogenid-Typ

Jedes Übergangsmetall bildet mindestens *ein* binäres Fluorid, Chlorid, Bromid und Iodid (vgl. nachfolgende Zusammenstellungen und die Tabellen 134–136). Charakteristika dieser, bei den einzelnen Nebengruppenelementen (Kapitel XXI–XXXI) bereits eingehend besprochenen Verbindungen sind u. a. ihr meist *polymerer Bau*, die Möglichkeit zu ihrer *Depolymerisation* durch Halogenid-Addition (Bildung von *Halogenokomplexen*) sowie die Tendenz ihrer Metallbestandteile zu gegenseitigen Wechselbeziehungen (Bildung von *Metallclustern*). Anders als der Diwasserstoff (vgl. S. 1608) bilden die Dihalogene aufgrund ihrer hohen Elektronegativität *keine* σ-Komplexe.

Nachfolgend sei zusammenfassend auf *Strukturen, Darstellung* und *Eigenschaften* der Übergangsmetallhalogenide und -halogenokomplexe sowie auf die *Metallcluster* eingegangen.

1.2.1 Halogenide und Halogenokomplexe[6]

Struktur- und Bindungsverhältnisse

Typisch für die Strukturen fast aller **Fluoride** und vieler **Chloride, Bromide** sowie **Iodide** MX_n ist eine oktaedrische Koordination der Metall-Kationen M^{n+} mit Halogenid-Anionen X^-.

Diese Anordnung wird bei den Halogeniden $MX_{<6}$ dadurch erreicht, daß einige oder alle X-Anionen gleichzeitig zwei oder mehreren M-Kationen angehören, daß also benachbarte MX_6-Oktaeder im Sinne von (a), (b) oder (c) gemeinsame *Ecken, Kanten* oder *Flächen* aufweisen. Bei den Fluoriden tritt hierbei bevorzugt die *Ecken-*, ferner die *Kanten-*, nicht aber die Flächenverknüpfung, bei den Chloriden, Bromiden und Iodiden bevorzugt die *Kanten-*, ferner die *Flächen-*, nicht aber die Eckenverknüpfung auf. Auch tendieren die Fluoride mehr zur Ausbildung von *Raumstrukturen* mit hohen Ionenanteilen der MX-Bindungen, die schwereren Halogenide zur Ausbildung von *Schicht-* und *Kettenstrukturen* mit deutlichen MX-Kovalenzanteilen. In den überwiegenden Fällen bevorzugen die Halogenid-Anionen im Festkörper dichteste Packungen.

[6] **Literatur.** R. Colton, J. H. Canterford: „*Halides of the First Row Transition Metals*", „*Halides of the Second and Third Row Transition Metals*", Wiley, London 1969, 1968; A. F. Wells: „*Halides of Metals*" und „*Complex Halides*" in „Structural Inorganic Chemistry", Clavendon Press, Fifth Ed. 1984, S. 408–444; K. J. Edwards: „*Halogens as Ligands*", Comprehensive Coord. Chem. **2** (1987) 675–688.

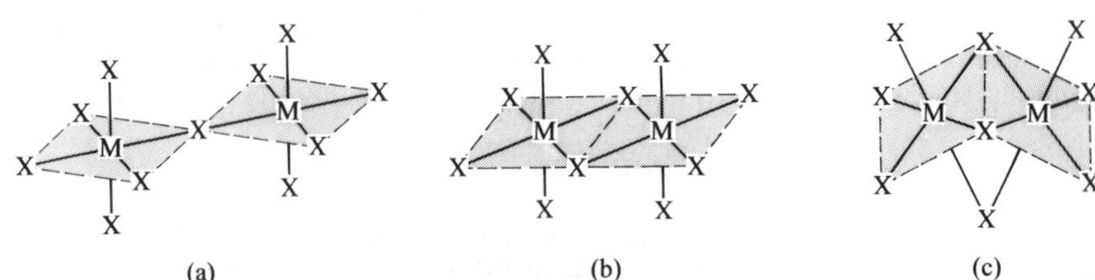

(a) (b) (c)

Strukturen mit anderer Koordination der Metallkationen haben im Falle der *Fluoride*[7] häufig Metallzähligkeiten > 6 und selten < 6, im Falle der *übrigen Halogenide*[8] häufig Metallzähligkeiten < 6 und selten > 6. Die Bildung solcher Strukturen ohne MX_6-Oktaeder beruht zum Teil auf dem gegebenen großen bzw. kleinen *Ionenradienverhältnis* r_M/r_X (schwerere frühe Übergangsmetalle Y, La, Zr, Hf bzw. leichtere späte Übergangsmetalle Cu, Zn), zum Teil auf einem speziellen *Koordinationsverhalten* der Metallzentren (schwerere späte Übergangsmetalle mit der Neigung zur Bildung quadratisch-planarer (Pd^{II}, Pt^{II}, Au^{III}) oder digonaler Koordination (Au^I, Hg^{II})).

Ein strukturbestimmender Faktor ist darüber hinaus für viele Übergangsmetallchloride, -bromide und -iodide die Neigung ihrer Metallkonstituenten zur Bildung von **Metallclustern**[9], wodurch die Metallkationen meist ungewöhnliche Koordinationszahlen erlangen (Fluoride enthalten – abgesehen von Ag_2F und Hg_2F_2 – keine Metallcluster). Auch hat die Metallclusterbildung vielfach von der Ganzzähligkeit abweichende Oxidationsstufen der Metallatome zur Folge (unterschiedliche Metallwertigkeiten treten, wenn man von PdF_3 und PtX_3 absieht, in ein und demselben Halogenid normalerweise nicht auf).

Heptahalogenide MX_7. Als einzige Nebengruppenelemente bilden Rhenium und Osmium Heptahalogenide (Octahalogenide sind unbekannt):

MX_7: ReF_7, OsF_7 .

Ihnen kommt wie dem Hauptgruppenfluorid IF_7 *pentagonal-bipyramidale* Struktur zu, die auch in fester Phase (Molekülgitter) erhalten bleibt.

Hexahalogenide MX_6. Folgende Verbindungsbeispiele für Hexahalogenide konnten verifiziert werden:

MX_6:	M = Mo/W	Tc/Re	Ru/Os	Rh/Ir	Pt
Beispiele:	MF_6, MCl_6, WBr_6	MF_6, MCl_6	MF_6	MF_6	PtF_6

Sie bilden auch in fester Phase wie SF_6, SeF_6, TeF_6, PoF_6 ein Molekülgitter mit *oktaedrischen* MX_6-Inseln.

Pentahalogenide MX_5 enthalten in fester Phase stets MX_6-*Oktaeder*, die für X = F über jeweils *zwei* gemeinsame Ecken zu *Ringen* (d, e) oder *Ketten* (g), für X = Cl, Br, I über jeweils *zwei* gemeinsame *Kanten* zu *Dimeren* (b) verknüpft sind. Die Ringe bestehen stets aus *vier* MF_5-Molekülen mit MFM-Winkeln von 180° (d) (Folge der kubisch dichtesten Fluorid-Packung) bzw. um 140 °C (e) (Folge der

---

[7] **Metallclusterfreie Fluoride ohne MF_6-Oktaeder:** Die Fluoride **AcF_3, LaF_3** sowie **YF_3** bilden Raumstrukturen mit den Metallzähligkeiten *elf* (Ac, La) sowie *neun* (Y), **ZrF_4, HfF_4, CdF_2** und **HgF_2** solche der Metallzähligkeiten *acht* (eckenverknüpfte MF_8-Antiwürfel (Zr, Hf), kantenverknüpfte MF_8-Würfel (Cd, Hg) = „CaF_2-Struktur"). **ReF_7** und **OsF_7** sind monomer und pentagonal-bipyramidal (KZ = 7). **AuF_3** besitzt Kettenspiralstruktur mit KZ_M = *vier*.

[8] **Metallclusterfreie Halogenide ohne MX_6-Oktaeder** (X = Cl, Br, I): **AuX:** digonal (KZ = 2; Zick-Zack-Ketten); **HgX_2:** digonal (KZ = 2; Monomere), **TiX_4, VX_4:** tetraedrisch (KZ = 4; Monomere); **CuX, AgI:** tetraedrisch (KZ = 4; „ZnS-Struktur"); **ZnX_2:** tetraedrisch (KZ = 4; Raumstruktur); **PdX_2, PtX_2:** quadratisch-planar (KZ = 4; Ketten sowie Hexamere); **AuX_3:** quadratisch-planar (KZ = 4; Dimere); **LaX_3:** zweifach- bzw. dreifach-überkappt-trigonal-prismatisch (KZ = 9, 8; Raumstruktur).

[9] **Metallclusterhaltige Halogenide ohne MX_6-Oktaeder.** M_x-Cluster **$ScX_{<2}/YX_{<2}/LaX_{<2}$** (X = Cl, Br; S. 1398), **ZrX/HfX** (X = Cl, Br, I; S. 1415), **Ag_2F** (S. 1343). – M_6-Cluster des Typus (o): **ZrX_2** (X = Cl, Br, I; **HfX_2** möglicherweise analog gebaut; S. 1415), **$NbX_{2.33/2.50}$** (X = Cl, Br; S. 1434), **$TaX_{2.33/2.50}$** (X = Cl, Br, I; S. 1434), **WCl_3** (S. 1473). – M_6-Cluster des Typus (p): **$NbI_{1.81}$** (S. 1435), **MoX_2** (X = Cl, Br, I; S. 1473), **WX_2** (X = Cl, Br, I; S. 1473), **WBr_3** (S. 1473). – M_3-Cluster: **ReX_3** (X = Cl, Br, I; S. 1497). – M_2-Cluster: **Hg_2X_2** (X = F, Cl, Br, I; S. 1384). Bezüglich der metallclusterhaltigen Halogenide (TcX_4, MoX_4, WX_4, $ReCl_4$, MoX_3, RuX_3 (X = Cl, Br, I) vgl. Haupttext.

hexagonal-dichtesten Fluorid-Packung); in den Ketten liegt immer eine *cis*-Oktaederverknüpfung (g) mit MFM-Winkeln um 150° vor (T bzw. *T* = Tetramere (d) bzw. (e); K = Ketten (g); D = Dimere)[10]:

MF_5:	M = V/Cr	Nb/Ta	Mo/W	Tc/Re	Ru/Os	Rh/Ir	Pt/Au
Beispiele:	MF_5(K)	MF_5(T) MX_5 (D)	MF_5(T) MCl_5, MBr_5(D)	MF_5(K) $ReCl_5$, $ReBr_5$(D)	MF_5(*T*) $OsCl_5$(D)	MF_5(*T*) –	MF_5(*T*) –

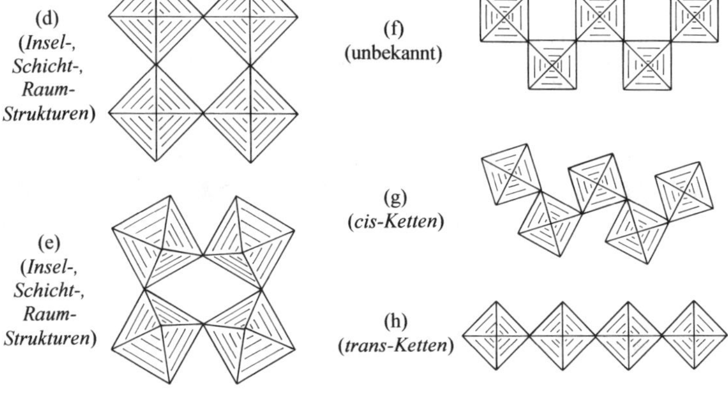

Tetrahalogenide MX_4. Bei den Tetrahalogeniden führt die *Eckenverknüpfung* der MF_6-Oktaeder mit jeweils *vier* MF_6-Oktaedern unter Verbleib von zwei unverbrückten F-Atomen in *trans-* bzw. *cis*-Stellung zu *planaren* oder *leicht gewellten* Schichten (d), (e) im ersteren Falle bzw. zu *Raumstrukturen* (vgl. „IrF_4-Struktur" S. 1566) im letzteren Falle, während die *Kantenverknüpfung* der MX_6-Oktaeder (X = Cl, Br, I) mit *zwei* MX_6-Oktaedern unter Verbleib von zwei unverbrückten X-Atomen in *trans-* bzw. *cis*-Stellung *lineare Ketten* (i) bzw. *Zick-Zack-Ketten* (k) zur Folge hat (vgl., Tab. 134). Die Tetrahalogenide mit *trans*-kantenverknüpften MX_6-Oktaedern (i) weisen zum Teil (NbX_4, TcX_4, MoX_4, WX_4, $ReCl_4$; X = Cl, Br, I) **Dimetallcluster** auf (abwechselnd kurze und lange MM-Bindungen).

Tab. 134 MX_4-Strukturen[a)]

MX_4	Ti	V	Zr/Hf	Nb/Ta	Mo/W	Tc/Re	Ru/Os	Rh/Ir	Pd/Pt
F	S	*S*	[7)]	S/–	?	?	S/R	R	R
Cl	[8)]	[8)]	*K*	K	K[c)]	*K*/K[c)]	?/K	–	–/*K*
Br	[8)]	[8)]	*K*	K	K	?/?	–/?	–	–/*K*
I	[8)]	[8)]	[b)]	K	?	–/?	–	–	–/*K*

a) S, *S* = planare bzw. gewellte Schichten (d), (e); R = IrF_4-Raumstruktur; K, *K* = lineare bzw. Zick-Zack-Ketten (i), (k); ? = Struktur unsicher. – **b)** In ZrI_4 und HfI_4 liegen die Verknüpfungsarten (i) und (k) zugleich vor. – **c)** α-$MoCl_4$ und α-$ReCl_4$; **β-$MoCl_4$**: Cyclische Hexamere ohne MoMo-Bindungen; **β-$ReCl_4$**: Flächenverknüpfte Dimere des Typs (c) mit ReRe-Bindungen, welche über gemeinsame Ecken zu Ketten verknüpft sind.

Trihalogenide MX_3. In den Trihalogeniden liefert die *Eckenverknüpfung* von MF_6-Oktaedern mit jeweils *sechs* MF_6-Oktaedern für MFM-Winkel von 180° bzw. um 150° bzw. von 132° die *kubische* „ReO_3-Raumstruktur" (d) bzw. eine *verzerrte* „ReO_3-Struktur" = „VF_3-Raumstruktur" (e) bzw. die *hexagonale* „RhF_3-Raumstruktur" (vgl. S. 1499, 1427, 1566), während die *Kantenverknüpfung* von MX_6-Oktaedern (X = Cl, Br, I) mit *drei* MX_6-Oktaedern zur kubischen „$CrCl_3$-" sowie hexagonalen „BiI_3-Schichtstruktur" (m) und die *Flächenverknüpfung* von MX_6-Oktaedern mit *zwei* MX_6-Oktaedern zur „ZrI_3-Kettenstruktur" (l) führt (Tab. 135).

[10] *Ketten* aus *cis-* oder *trans*-verknüpften MF_6-Oktaedern (f) oder (h) mit MFM-Winkeln von 180° werden bei neutralen Übergangsmetallfluoriden nicht aufgefunden (die Struktur (h) liegt den Pentafluoriden BiF_5 und α-UF_5 sowie dem Fluorokomplex CrF_5^{2-} zugrunde).

Tab. 135 MX_3-Strukturen[a, b)]

MX_3	Sc	Ti	V	Cr	Mn	Fe	Co	Y/La	Zr/Hf	Nb/Ta	Mo/W	Tc/Re	Ru/Os	Rh/Ir
F	*R*	*R*	*R*	*R*	*R*	*R*	*R*	[7)]	*R*/–	*R*	*R*/–	–	*R*/–	*R′*
Cl	S	*S*[c)]	*S*	S	?	*S*	–	S/[8)]	K	*S*	*S*[9)]	–/[9)]	S[c)]	S
Br	*S*	*S*	*S*	*S*	–	*S*	–	*S*/[8)]	K	*S*	*K*[9)]	–/[9)]	K	S
I	*S*	*S*	*S*	*S*	–	*S*	–	*S*/[8)]	K	*S*/–	*K*/?	–/[9)]	K	S

a) R, *R*, *R′* = ReO_3-, VF_3-, IrF_3-Raumstruktur; S, *S* = $CrCl_3$-, BiI_3-Schichtstruktur, K = ZrI_3-Kettenstruktur (l); ? = Struktur unsicher. – **b)** Die $\mathbf{NiF_3}$-Struktur ist unbekannt. $\mathbf{PdF_3}$: IrF_3-Struktur mit Pd^{2+} und Pd^{4+} abwechselnd in oktaedrischen Lücken. Auch $\mathbf{PtCl_3}$, $\mathbf{PtBr_3}$ und $\mathbf{PtI_3}$ enthalten zwei und vierwertige Metalle. $\mathbf{AuF_3}$: vgl. Anm.[7)] – **c)** α-Form; β-Form besitzt die ZrI_3-Struktur (l).

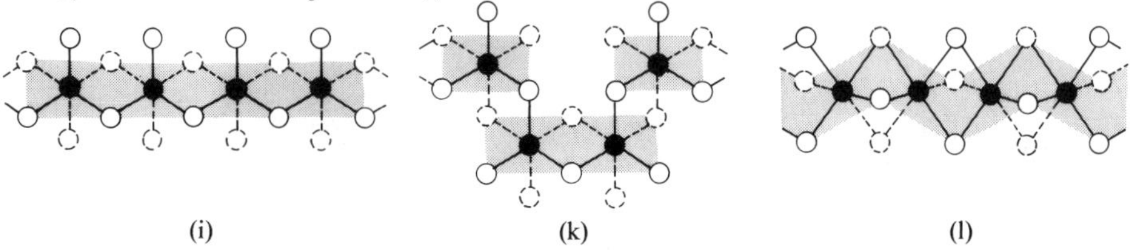

● = M; ○/◌ = X oberhalb/unterhalb Papierebene

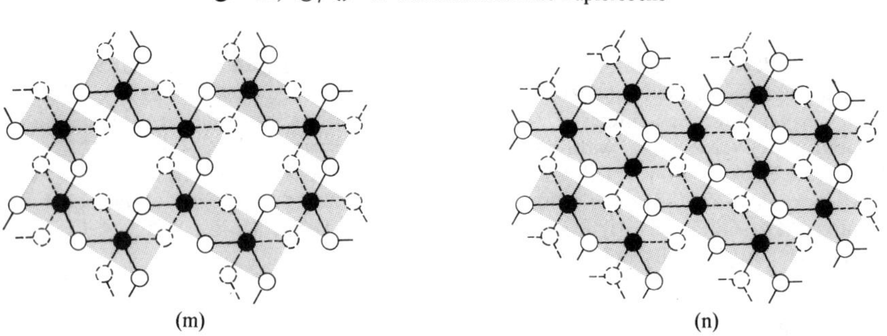

Die Trihalogenide mit flächenverknüpften MX_6-Oktaedern (l) weisen zum Teil (MoX_3, RuX_3) **Metallcluster** aus zwei M-Atomen auf (abwechselnd kurze und lange MM-Bindungen). M_2- und M_3- Cluster liegen auch den nichtstöchiometrischen Halogeniden NbX_3 und TaX_3 ($MX_{2.67-4.00}$) zugrunde, während die Halogenide WX_3 bzw. ReX_3 Baueinheiten des Typs (o), (p), (r) enthalten[9)] (vgl. S. 1434, 1474).

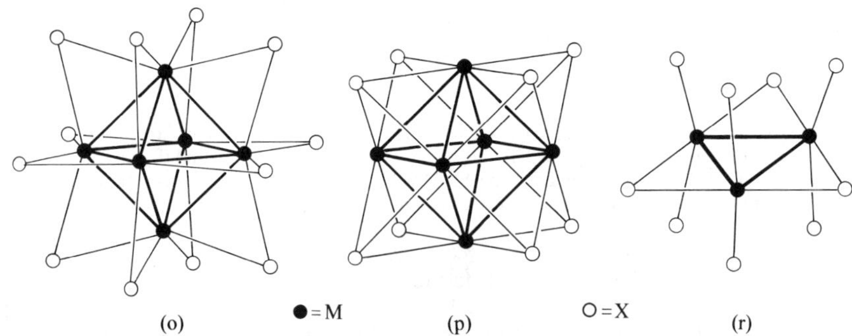

Dihalogenide MX_2. Unter den Dihalogeniden mit oktaedrisch koordinierten Metallatomen nehmen die Difluoride MF_2 die „Rutil-Raumstruktur" mit kantenverknüpften Baueinheiten des Typs (i) (vgl. S. 124)[11)], die Dihalogenide MX_2 (X = Cl, Br, I) die kubische „$CdCl_2$-" bzw. hexagonale „CdI_2-Schichtstruktur" mit Baueinheiten des Typs (n) ein, wobei im Falle von CrX_2, CuX_2 und AgF_2 Strukturverzerrungen aufgrund des wirksamen Jahn-Teller-Effekts (S. 1262) beobachtet werden (vgl. Tab. 136). Die schweren Dihalogenide der schweren Metalle der 4.–10. Gruppe des Periodensystems enthalten **Metallcluster**, welche in der Regel aus M_6-Baueinheiten bestehen[9)].

---

[11] In den Difluoriden MX_2 mit Rutilstruktur sind MF_6-Oktaeder über sechs Ecken und zwei Kanten mit *sechs* MF_6-Oktaedern verknüpft.

Tab. 136 MX_2-Strukturen[a, b]

MX_2	Ti	V	Cr	Mn	Fe	Co	Ni	Cu	Zn	Zr/Hf	Nb/Ta	Mo/W	Pd/Pt	Ag/Au	Cd/Hg
F	–	R	R	R	R	R	R	R	R	?/–	–	–	R/–	R/–	[7]
Cl	*S*	*S*	R	S	S	S	S	S	[8]	[9]	[9]	[9]	[9]	–	S/[8]
Br	*S*	*S*	*S*	*S*	*S*	*S*	*S*	*S*	[8]	[9]	[9]	[9]	[9]	–	*S*/[8]
I	*S*	*S*	*S*	*S*	*S*	*S*	*S*	–	[8]	*S*	[9]	[9]	[9]	–	*S*/[8]

a) R = Rutil-Raumstruktur; S, *S* = $CdCl_2$-, CdI_2-Schichtstruktur; ? = Struktur unsicher – **b)** Jahn-Teller-Verzerrungen im Falle der Cr-, Cu- und Ag-Verbindungen.

Monohalogenide MX. Von den bisher bekannt gewordenen Monohalogeniden:

MX:	M = Sc/Y/La	Zr/Hf	Cu, Ag, Au	Hg
Beispiele:	$MCl_{<2}$, $MBr_{<2}$	MCl, MBr, ZrI	AgF, MCl, MBr, MI	Hg_2X_2

enthalten die Verbindugen von Sc, Y, La, Zr, Hf und Hg **Metallcluster**, während von den verbleibenden *Münzmetallhalogeniden* nur AgF, AgCl und AgBr („NaCl-Struktur") MX_6-Oktaeder aufweisen (vgl. Anm.[8, 9]).

Darstellung und Eigenschaften

Wie an früherer Stelle bereits besprochen wurde (vgl. Kapitel XXI–XXXI), erfolgt die Gewinnung der Übergangsmetallhalogenide MX_n durch „*Halogenierung*" der Metalle M (*Erhöhung* der Metalloxidationsstufe), durch „*Halogenidierung*" von Metallverbindungen MY_n (*Erhalt* der Metalloxidationsstufe) bzw. durch „*Dehalogenierung*" von Metallhalogeniden MX_{n+m} (*Erniedrigung* der Metalloxidationsstufe); schematisch:

$$\mathrm{M} \xrightarrow[\textit{Halogenierung}]{+\frac{n}{2}\mathrm{X}_2} \mathrm{MX}_n; \quad \mathrm{MY}_n \xrightarrow[\textit{Halogenidierung}]{+n\mathrm{X}^-;\ -n\mathrm{Y}^-} \mathrm{MX}_n; \quad \mathrm{MX}_{n+m} \xrightarrow[\textit{Dehalogenierung}]{-\frac{m}{2}\mathrm{X}_2} \mathrm{MX}_n.$$

Wie des weiteren besprochen wurde (vgl. Eigenschaften), „*thermolysieren*" die Metallhalogenide vielfach unter *Halogeneliminierung* oder *Verbindungsdisproportionierung*. Auch wirken niedrigere bzw. höhere Metallhalogenide häufig als „*Redoxmittel*" (*Reduktionsmittel* bzw. *Oxidationsmittel*) und schließlich stellen die Halogenide meist „*Lewis-Säuren*", dar, welche neutrale oder anionische Donatoren zu addieren vermögen (z. B. Bildung von *Halogenokomplexen*).

Nachfolgend sei auf die *Darstellung der Halogenide* sowie auf *Bildung und Strukturen der Halogenkomplexe* etwas näher eingegangen.

Halogenierungen von Übergangsmetallen mit Halogenen X_2 oder Halogenierungsmitteln wie HX, XeF_2, ClF_3, BrF_3, CoF_3, BiF_5 usw. spielen für die Gewinnung von MX_n eine große Rolle. Häufig erhält man mit den elementaren Halogenen (schärfere Halogenierungsmittel) höhere, mit den Halogenwasserstoffen (mildere Halogenierungsmittel) niedrigere Halogenide, z. B.

$$\mathrm{Cr} + 1.5\,\mathrm{Cl}_2 \xrightarrow{600\,^\circ\mathrm{C}} \mathrm{CrCl}_3; \qquad \mathrm{Cr} + 2\mathrm{HCl} \xrightarrow{600\,^\circ\mathrm{C}} \mathrm{CrCl}_2 + \mathrm{H}_2.$$

Setzt man die Übergangsmetalle mit Fluor bei 400–600 °C um, so resultieren folgende Übergangsmetallfluoride:

ScF_3	TiF_4	VF_5	$CrF_{4/5}$	$MnF_{3/4}$	FeF_3	CoF_3	NiF_2	CuF_2	ZnF_2
YF_3	ZrF_4	NbF_5	MoF_6	TcF_6	$RuF_{5/6}$	$RhF_{5/6}$	$PdF_{3/4}$	AgF_2	CdF_2
LaF_3	HfF_4	TaF_5	WF_6	ReF_7	OsF_6	IrF_6	$PtF_{5/6}$	AuF_3	HgF_2

Der hierdurch erreichbare Fluorierungsgrad veranschaulicht den bekannten Sachverhalt, daß die Bindungsbereitschaft der d-Elektronen innerhalb der Nebenperioden in Richtung höherer Gruppen und innerhalb der Gruppen in Richtung niedrigerer Perioden abnimmt.

Die *niedrigeren Halogenide* lassen sich vielfach auch in *Wasser* bereiten (z. B. $Fe + 2HCl(aq) \rightarrow [Fe(H_2O)_6]Cl_2 + H_2$; $Cr + 2HCl(aq) \rightarrow [Cr(H_2O)_6]Cl_2 + H_2$). Doch müssen sie – da sie dann meist als Hydrate anfallen – *thermisch* oder *chemisch* (z. B. mit $SOCl_2$) *entwässert* werden, falls man „reine" Halogenide benötigt. Ferner halogeniert man in einigen Fällen die betreffenden *Metalloxide* (Oxidation des enthaltenen O^{2-} zu O_2), wobei man zur Unterstützung der Bildung der Chloride und insbesondere der Bromide Kohlenstoff zur O_2-Bindung verwendet („*Carbochlorierung*", „*Carbobromierung*"; z. B. $TiO_2 + 2Cl_2 + C$ (1200 °C) $\rightarrow TiCl_4 + CO_2$; $2Ta_2O_5 + 10Br_2 + 5C$ (500 °C) $\rightarrow 4TaBr_5 + 5CO_2$). Zur Darstellung *höchster Halogenide* setzt man in der Regel die Übergangsmetalle in der *Hitze* mit *Halogenen* unter *Druck* um.

Halogenidierungen lassen sich wie Halogenierungen im „Trockenen" oder im „Nassen" durchführen. Man setzt hierzu *Oxide* sowie *Halogenide* mit gasförmigen Halogenwasserstoffen bzw. mit Elementhalogeniden in der Hitze um oder Oxide, Hydroxide, Carbonate, Nitrate mit wässerigen Halogenwasserstoffsäuren, z. B.:

$$3TaCl_5 + 5AlI_3 \xrightarrow{400\,°C} 3TaI_5 + 5AlCl_3; \qquad AgNO_3(aq) + HCl(aq) \rightarrow AgCl + HNO_3.$$

Dehalogenierungen von MX_n werden vielfach mit den betreffenden Metallen M oder mit deren Carbonylen durchgeführt, es lassen sich aber auch andere Reduktionsmittel wie Fremdmetalle sowie Wasserstoff oder ganz einfach die Wärme einsetzen, z. B.:

$$2IrF_6 + Ir \xrightarrow{170\,°C} 3IrF_4; \qquad MoI_3 \xrightarrow{100\,°C} MoI_2 + \tfrac{1}{2}I_2;$$

$$3WBr_5 + 2Al \xrightarrow{450-250\,°C} 3WBr_3 + 2AlBr_3; \qquad AuCl_3 \xrightarrow{160\,°C} AuCl + Cl_2.$$

Halogenokomplexe (vgl. hierzu auch S. 458). Durch Addition von Halogenid lassen sich die polymeren Übergangsmetallhalogenide mehr oder minder weitgehend *depolymerisieren*. Die *Strukturen* der resultierenden **metallclusterfreien Halogenokomplexe** entsprechen – hinsichtlich ihrer Konstitution (aber nicht Konfiguration) – vielfach den neutralen Halogeniden mit gleicher Anzahl von Halogenatomen. So weisen die von MX_5, MX_4 bzw. MX_3 durch Addition von 1, 2 bzw. $3X^-$ hervorgehenden Komplexe MX_6^{n-} *oktaedrische* Struktur auf. Die als direkte Vorstufen der vollständigen Depolymerisation von MX_n mit X^--Anionen auftretenden *zweikernigen* Komplexe (*Dimere*) bestehen dann für X = F erwartungsgemäß aus zwei eckenverknüpften MF_6-Oktaedern (z. B. $Nb_2F_{11}^-$) bzw. für X = Cl, Br, I aus zwei kanten- oder flächenverknüpften MX_6-Oktaedern (z. B. $Ti_2Cl_{10}^{2-}$, $Cr_2Cl_9^{3-}$, $Mo_2Br_9^{3-}$). Es lassen sich vielfach auch *höherkernige* Vorstufen der vollständigen Depolymerisation mit X^- gewinnen. So besitzen etwa die aus CrF_3 bzw. NiF_2 bzw. $NiCl_2$ hervorgehenden Komplexe CrF_5^{2-} *Kettenstruktur* (*cis*-Verknüpfung (g) der CrF_6-Oktaeder in Rb_2CrF_5, *trans*-Verknüpfung (h) in $CaCrF_5$) bzw. NiF_4^- *Schichtstruktur* (Verknüpfung (d) der NiF_6-Oktaeder in K_2NiF_4) bzw. $NiCl_3^-$ *Kettenstruktur* (Verknüpfung (l) der $NiCl_6$-Oktaeder in $CsNiCl_3$)[12].

Allerdings können die Halogenokomplexe auch Strukturen aufweisen, die von denen der neutralen Halogenide konstitutionell abweichen. So erfolgt etwa die Verknüpfung der CrF_4^--Anionen in $CsCrF_4$ unter Ausbildung eines polymeren Anions, in welchem drei (und nicht vier!) CrF_6-Oktaeder über *cis*-ständige F-Atome zu Ringen verknüpft sind, welche ihrerseits über gemeinsame *trans*-ständige F-Atome *kettenförmige Stapel* bilden. Auch leitet sich die Struktur des Anions in $RbCdCl_3$ nicht von der Schichtstruktur (m), sondern von der *Kettenstruktur* (i) ab (Kantenverknüpfung zweier Ketten (i) zu einem Band). Ferner baut sich $Fe_2F_9^{3-}$ aus zwei FeF_6-Oktaedern mit – bei neutralen Fluoriden unbekannter – *Flächenverknüpfung* auf. Und schließlich konnten in einigen Fällen höhere Halogenide, die in neutraler Form unbeständig sind, durch Bildung von Halogenokomplexen MX_6^{n-} stabilisiert werden (z. B. $RhCl_6^{2-}$, $IrCl_6^{2-}$, NiF_6^{2-}, PdF_6^-, CuF_6^{2-}, AgF_6^{2-}).

Auch die **metallclusterhaltigen Halogenide** lassen sich depolymerisieren, und zwar vielfach unter Erhalt der Metall-Metall-Wechselbeziehungen (z. B. Bildung von $Mo_2X_8^{4-}$, $W_2X_8^{4-}$, $Tc_2X_8^{4-}$, $Re_2X_8^{2-}$, $Os_2X_8^{2-}$ mit X = Cl, Br, I; Stabilisierung von nicht zugänglichem ReF_3 in Form von $Re_2F_8^{2-}$ mit MM-Bindung möglich). Metallcluster-Halogenide und -Halogenokomplexe weisen hierbei häufig einen kleineren Pa-

---

[12] Ersichtlicherweise enthalten die *Oktaederschichten* (m) und (n) (= Ausschnitte aus dichtesten Halogenid-Packungen) die Strukturelemente der *Oktaederinseln*, der kantenverbrückten *Oktaederdimeren* (*b*) *sowie der trans-* bzw. *gauche*-kantenverknüpften *Oktaederketten* (i) bzw. (k) und die *Oktaederketten* (l) (= Ausschnitte aus hexagonal dichtesten Halogenid-Packungen) die flächenverknüpften *Oktaederdimeren* (c).

ramagnetismus auf, als er sich aufgrund der d-Elektronenzahl des Metalls (high-spin-Zustand) berechnen würde, da die „*direkte Wechselwirkung*" der M-Atome (Ausbildung von MM-Bindungen) eine Elektronenspinpaarung bewirkt (s. u.). Auch im Falle der metallclusterfreien Halogenide (insbesondere Fluoride) beobachtet man gelegentlich aufgrund einer „*indirekten Wechselwirkung*" der M-Atome über verbrückende Halogenid-Ionen als Vermittler zu kleinen Paramagnetismus („*Super-Austausch*"; vgl. S. 1309, 1545).

1.2.2 Metallcluster-Komplexe vom Halogenid-Typ[13)]

Wie aus dem vorstehenden Unterabschnitt hervorgeht, enthalten die Halogenide MX_n sowie Halogenokomplexe MX_{n+m}^{m-} (X = Chlor, Brom, Iod; selten Fluor) folgender Übergangsmetalle Metallcluster:

	Sc/Y/La	Zr/Hf	Nb/Ta	Mo/W	Tc/Re	Ru/Os	Pd/Pt	Hg
Oxidationsstufen:	+1 bis +2	+1 bis +3	+1.8 bis +4	+2 bis +4	+3 bis +4	+3	(+2)	+1

In entsprechender Weise bilden viele Derivate dieser und anderer Halogenverbindungen (X z. B. OR, OAc, SR, NR_2 anstelle der Halogene; jeweils π-Donatorcharakter) derartige **Metallcluster vom Halogenid-Typ** (vgl. S. 1215). Eine weitere große Gruppe von metallclusterhaltigen Verbindungen, die **Metallcluster vom Carbonyl-Typ** (S. 1215), enthalten Metallatome in Oxidationsstufen kleiner +1 (häufig um null) sowie Liganden, die wie CO, CNR, PR_3, Cp^- (jeweils π-Akzeptorcharakter) in der spektroskopischen Reihe auf der Seite der sehr starken Liganden stehen.

Strukturverhältnisse. Die Metallzentren M_p^{n+} der hier zu behandelnden *Metallcluster vom Halogenid-Typ* bestehen häufig aus *zwei Metallatomen* ($p = 2$), die durch eine *Ein-, Zwei-, Drei-* oder *Vierfachbindung* (es treten auch halbzahlige Bindungsordnungen auf) miteinander verknüpft sind (vgl. Tab. 137). Außer von benachbarten M-Atomen werden die Metallatome der Dimetallcluster zusätzlich von Liganden koordiniert, die gemäß (a) die Ecken einer quadratischen Pyramide oder eines Quadrats (ohne *L*) bzw. gemäß (b) die Ecken eines Dreiecks bzw. gemäß (c) und (d) die Ecken eines Oktaeders besetzen, wobei die Liganden in (a) und (b) sowohl gestaffelt als auch ekliptisch konformiert vorkommen und ferner in (a) bis (d) sowohl ein- als auch mehrzähnig sein können. *Mehr als zwei Metallatome* sind in Metallclustern vom Halogenid-Typ meist durch *Einfachbindungen* verknüpft. Es treten bevorzugt M_3-, M_6- und M_x-Cluster mit trigonal-planarem, oktaedrischem und ketten- bzw. schichtförmigem Bau auf. Bezüglich der Zentren der *Metallcluster vom Carbonyl-Typ*, die variabler hinsichtlich ihrer Größe und Strukturen sind, vgl. S. 1629.

Tab. 137 Beispiele für Dimetallclusterkomplexe vom Halogenid-Typ mit M_2^{4+}- und M_2^{6+}-Zentren (die Komplexe enthalten meist zwei zusätzliche Liganden)[a)]

	V	Cr	Mo, W[b)]	Tc, Re[c)]	Ru, Os[d)]	Rh
$\mathbf{M_2^{4+}}$	$[V_2(form)_4]$	$[Cr_2(OAc)_4]$	$[M_2Cl_8]^{4-}$	$[M_2Cl_6]^{2-}$	$[Ru_2(OAc)_4]$	$[Rh_2(OAc)_4]$
(BO, EZ)	(3, 6e)	(4, 8e)	(4, 8e)	(3, 10e)	(2, 12e)	(1, 14e)
$\mathbf{M_2^{6+}}$	–	–	$[M_2(OR)_6]$	$[M_2Cl_8]^{2-}$	$[Os_2Cl_8]^{2-}$	$[Rh_2(form)_4]^{2+}$
(BO, EZ)			(3, 6e)	(4, 8e)	(3, 10e)	(2, 12e)

a) $form^- = RN{\cdots}CH{\cdots}NR^-$; $AcO^- = RCOO^-$; BO = Bindungsordnung; EZ = Elektronenzahl – **b)** Auch $[M_2(OAc)_4]$ (BO = 4), $[M_2(NR_2)_6]$ (BO = 3). – **c)** Statt $[Re_2Cl_6]^{2-}$ bisher nur $[Re_2Cl_4(PR_3)_2]$ (BO = 3). – **d)** Auch $[Os_2(OAc)_4]^{2+}$ (BO = 3).

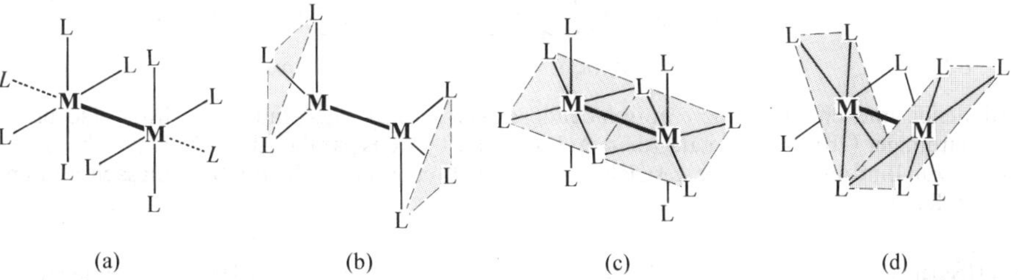

[13] **Literatur**. Vgl. Anm.[13] auf S. 1214.

Während Metallcluster vom Carbonyl-Typ in der Regel die 18-*Elektronen-Abzählregel* befolgen, trifft Entsprechendes nicht für die Metallcluster vom Halogenid-Typ zu (vgl. hierzu S. 1273). So kommt zwar dem Cr_2-Cluster in $[Cr_2(OAc)_4]$ mit einer CrCr-Vierfachbindung wie gefordert 2×6 (Cr) $+ 4 \times 3$ (OAc) + 4 (Cr′) = 28 Elektronen zu (jedes Cr-Atom hat in Cr≣Cr 8 gebundene sowie (28–8) : 2 = 10 freie Elektronen, also insgesamt 8 + 10 = 18 Elektronen). $[Cr_2(OAc)_4]$ addiert aber leicht zwei zusätzliche Liganden. Auch weist etwa der Nb_6-Cluster im Komplex $[Nb_6Cl_{18}]^{4-}$ statt der geforderten $6 \times 18 - 12 \times 2$ (NbNb-Bindungen) = 84 Elektronen nur 6×5 (Nb) + 18 (Cl) + 4 (e^-) = 52 Elektronen auf.

Bindungsverhältnisse in Dimetallclustern vom Halogenid-Typ. Während man zur Veranschaulichung der Bindungsverhältnisse einfacher Metallcluster vom Carbonyl-Typ M_pL_m (L = CO, PR_3, Cp^- usw.; Ladungen nicht berücksichtigt) meist von Fragmenten ML_r ausgeht, um diese dann – nach den Verknüpfungsregeln *isolobaler* Fragmente der Hauptgruppenelemente – zum Cluster zusammenzufügen (S. 1632, beschreitet man zur Deutung der Bindungsverhältnisse einfacher Metallcluster vom Halogenid-Typ M_pL_m (L = Cl, Br, OAc, NR_2 usw.; Ladungen nicht berücksichtigt) den umgekehrten Weg und baut die Komplexe aus den Metallzentren M_p^{m+}, deren Bindungsbeziehungen über eine MO-Betrachtung erklärt werden, und den vorliegenden *m* Liganden L auf. Nachfolgend seien Dimetallcluster vom Halogenid-Typ eingehender behandelt:

Da Atome der Nebengruppenelemente neben s- und p- auch d-Orbitale in der Valenzschale aufweisen, muß im Falle *zweiatomiger Übergangsmetalle*, die sich u. a. durch Verdampfen der betreffenden Elemente bei hohen Temperaturen gewinnen lassen, auch die Möglichkeit zur positiven und negativen Überlappung von d- mit d-Orbitalen berücksichtigt werden. Die betreffenden Interferenzen führen im Prinzip wieder zu ähnlichen Ergebnissen, wie die auf S. 343 und 347 besprochenen Wechselwirkungen von s- mit s- sowie p- mit p-Atomorbitalen. Dementsprechend kombinieren etwa d_{z^2}- mit d_{z^2}-Atomorbital zu bindenden und antibindenden σ_{z^2}-Molekülorbitalen, d_{xz}- bzw. d_{yz}- mit d_{xz}- bzw. d_{yz}-Atomorbital zu bindenden und antibindenden π_{xz}- bzw. π_{yz}-Molekülorbitalen und d_{xy}- bzw. $d_{x^2-y^2}$ mit d_{xy}- bzw. $d_{x^2-y^2}$-Atomorbital zu bindenden und antibindenden δ_{xy}- bzw. $\delta_{x^2-y^2}$-Molekülorbitalen (vgl. Fig. 316 sowie Fig. 296 auf S. 1456).

Die Fig. 317a veranschaulicht die Bildung der Molekülorbitale des **Dimolybdäns Mo_2**. Hiernach erhält man aus den *zehn* 4d-Atomorbitalen sowie *zwei* 5s-Atomorbitalen der Valenzschale der beiden Mo-Atome *sechs* bindende und sechs energiereichere antibindende Molekülorbitale[14]. Das σ_{z^2}-Molekülorbital hat die niedrigste Energie. Es schließen sich – in energetischer Reihenfolge – das elektronenbesetzte bindende π_{xz}- bzw. π_{yz}, das δ_{xy}- bzw. $\delta_{x^2-y^2}$- und das σ_s-Molekülorbital an. Hiernach enthält Mo_2 eine *Sechsfachbindung*. Allerdings tragen die diffusen Molekülorbitale des Typs δ_{xy}, $\delta_{x^2-y^2}$ und σ_s wenig zur Bindung bei, so daß die experimentell gefundene Bindungslänge bzw. -energie (1.94 Å; 423 kJ/mol) den Werten einer MoMo-Dreifachbindung entspricht. Mit der vierfachen Ionisierung von Mo_2 erhöht sich der Ener-

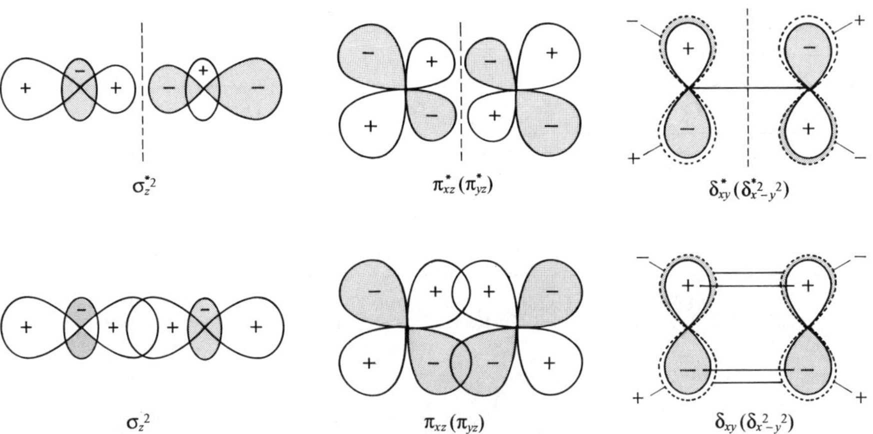

Fig. 316 Bindende und energiereichere antibindende σ_{z^2}-, π_{xz}-, π_{yz}-, δ_{xy}- und $\delta_{x^2-y^2}$-Molekülorbitale zweiatomiger Übergangsmetalle (die *z*-Achse verläuft jeweils parallel, die *x*- bzw. *y*-Achse senkrecht zur Bindungsachse; die gestrichelte Linie stellt eine senkrecht zur Bindungsachse orientierte Knotenebene dar).

[14] Die durch Überlappung der sechs 5p-Atomorbitale resultierenden diffusen Molekülorbitale tragen nur insofern zur Bindung bei, als sie durch Wechselwirkung mit elektronenbesetzten bindenden Molekülorbitalen diese (z. B. σ_{z^2}) energetisch absenken.

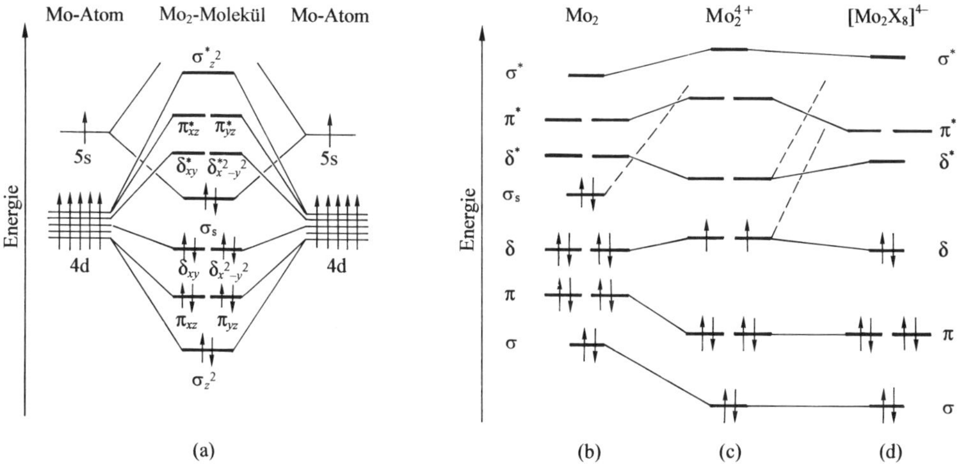

Fig. 317 Energieniveaus (a) der Bildung der σ-, π- und δ-Molekülorbitale des Mo_2-Moleküls aus den d-AOs von Mo-Atomen und (b), (c), (d) der $[Mo_2X_8]^{4-}$-Komplexe aus Mo_2-Molekülen über Mo_2^{4+}-Kationen (schematisch und nicht maßstabgerecht).

gieabstand zwischen 4d- und 5s-AO deutlich und damit auch die Energie des σ_s-MO so weitgehend (vgl. Fig. 317b und c), daß diesem Molekülorbital nicht mehr bindende Funktionen im Ion Mo_2^{4+} zukommen. Nähert man nunmehr dem Mo_2^{4+}-Ion 8 Liganden in Richtung der x- und y-Achse, so wird die Entartung der Molekülorbitale des Typs δ_{xy} und $\delta_{x^2-y^2}$ aufgehoben, da sie hinsichtlich der betreffenden Achsen eine unterschiedliche Lage aufweisen (in Achsenrichtung bzw. zwischen den Achsen, vgl. Fig. 317d). Während das δ_{xy} Molekülorbital nach wie vor an der MM-Bindung beteiligt ist, gilt Entsprechendes dann nicht mehr für das $\delta_{x^2-y^2}$ Molekülorbital. Vielmehr interferieren die zugrundeliegenden $d_{x^2-y^2}$-Atomorbitale mit den 8 Ligandenorbitalen. Somit sind die MoMo-Atome in $[Mo_2Cl_8]^{4-}$ und Derivaten durch eine Vierfachbindung miteinander verknüpft (Besetzung der σ_{z^2}-, π_{xz}-, π_{yz}- und δ_{xy}-MOs mit den vorhandenen 8 Clusterelektronen, vgl. Tab. 137). Allerdings trägt das δ_{xy}-MO nach wie vor nur wenig (ca. 10%) zur MoMo-Bindung bei, ist aber für die meist vorliegende ekliptische Konformation der betreffenden Verbindungen verantwortlich[15)].

In entsprechender Weise wie die Mo_2^{4+}-Ionen in $[Mo_2Cl_8]^{4-}$ sind die Metallatome von Dimetallclustern wie Cr_2^{4+}, W_2^{4+}, Tc_2^{6+}, Re_2^{6+} mit 8 Clusterelektronen (vgl. Tab. 137) in Komplexen des Strukturtyps (a) durch eine *Vierfachbindung* verknüpft, während solche mit 6 bzw. 10 Clusterelektronen (z. B. V_2^{4+}, Tc_2^{4+}, Re_2^{4+}, Os_2^{6+}; Tab. 137) eine *Dreifachbindung*, solche mit 4 oder 12 Clusterelektronen (z. B. Ru_2^{4+}, Rh_2^{6+}) eine *Zweifachbindung* und solche mit 2 oder 14 Clusterelektronen (z. B. Rh_2^{4+}, Pt_2^{6+}) eine *Einfachbindung* enthalten, weil ein, zwei oder drei der bindenden MOs elektronenleer bzw. ein, zwei oder drei der antibindenden MOs elektronenbesetzt vorliegen[16)]. Die Verhältnisse lassen sich auf Dimetallclusterkomplexe des Strukturtyps (b) übertragen (z. B. M_2Y_6 mit Mo_2^{6+}- oder W_2^{6+}-Clustern, Tab. 137), während sich in (c) und (d) die Zahl und energetische Lage der MM-Molekülorbitale aufgrund der vorhandenen Brückenliganden von der in (a) und (b) unterscheidet (z. B. in (c) nur ein bindendes und antibindendes π-MO; Beitrag des π-und δ-MOs zur MM-Bindung wesentlich geringer als der des σ-MOs).

Bildungstendenzen. Im allgemeinen wächst die Neigung zur Clusterbildung der Nebengruppenmetalle innerhalb einer Gruppe mit *wachsender Ordnungszahl* und *abnehmender Wertigkeit*. Demgemäß bildet etwa Tc bzw. Re zum Unterschied von Mn, ferner Cr(II) zum Unterschied von Cr(III) Dimetallcluster (bei Elementen der III. und IV. Hauptgruppe wächst umgekehrt die Metallclusterbildungstendenz mit abnehmender Ordnungszahl des Gruppenelements; vgl. $Cl_2C{=}CCl_2$ und $:SnCl_2$). Auch die Liganden des clusterbildenden Übergangsmetalls beeinflussen dessen *Tendenz* zur Clusterbildung. So liegen z. B. in $[Cr(O_2CCH_3)_2]$, aber nicht in $CrCl_2$ Dichromcluster vor[16a)].

---

15 Da die zur Molekülverdrillung aufzuwendenden Kräfte klein sind, können sich aus sterischen Gründen auch gestaffelte Konformationen ausbilden.

16 Das δ^*-MO kann wie in Os_2^{6+} energetisch über, aber auch wie in Ru_2^{4+} unter dem π^*-MO liegen.

16a Letzterer Sachverhalt läßt sich dadurch veranschaulichen, daß die Acetatreste die Cr-Atome in $Cr_2(OAc)_4$ gewissermaßen „zusammenklammern“ (eine entsprechende Klammer reicht zur Stabilisierung von V_2- bzw. Mn_2-Clustern (Dreifachbindung!) offensichtlich noch nicht aus.

1.3 Übergangsmetalloxide. Nichtstöchiometrie

Wie aus der Tabelle 138 hervorgeht, bildet jedes Übergangsmetall mindestens *ein* binäres Oxid. Charakteristika dieser, bei den einzelnen Nebengruppenmetallen (Kapitel XXI–XXXI) bereits eingehend besprochenen Verbindungen sind u.a.: (i) ihr *polymerer Bau* (molekular treten nur Mn_2O_7, Tc_2O_7, RuO_4, OsO_4 auf), (ii) ihre auf der Anwesenheit unterschiedlicher Metallwertigkeiten beruhende *nichtstöchiometrische* Zusammensetzung in vielen Fällen (vgl. *Kursivdruck* in Tab. 138; die verwandten Fluoride sind in der Regel stöchiometrisch zusammengesetzt), (iii) ihre Tendenz zur Bildung *ternärer Phasen* mit anderen Metalloxiden (vgl. Spinelle, Ilmenite, Perowskite) sowie (iv) ihr *elektrisches* und *magnetisches* Verhalten in vielen Fällen (Wirkung als Nichtleiter, Halbleiter, Leiter sowie Ferro-, Ferri-, Antiferromagnetika oder -elektrika). Die erwähnten Eigenschaften haben zu zahlreichen technischen *Anwendungen* der Oxide geführt (z.B. als Hochtemperatur-Werkstoffe, als Grundstoffe in der Elektrotechnik, Informationsspeicherung und Datenverarbeitung, als Magnete, in der Katalyse, als Buntpigmente, als Ionenleiter u.v.m.; vgl. bei den einzelnen Elementen).

Der Sauerstoff wird von den Übergangsmetallen, wie nachfolgend näher erläutert sei, sowohl als *Mono-* wie als *Disauerstoff* gebunden (Bildung von *Oxiden* im engeren Sinne bzw. von *Peroxiden* und *Superoxiden*). Sauerstoff verhält sich in dieser Beziehung ähnlich dem Wasserstoff und unähnlich dem Fluor.

1.3.1 Oxide der Übergangsmetalle und ihr nichtstöchiometrisches Verhalten[17)]

Struktur- und Bindungsverhältnisse. Die Metallkationen der Oxide MO_n bevorzugen wie die der Fluoride MF_n eine oktaedrische Koordination ($KZ_M = 6$; vgl. Tab. 138), die dadurch erreicht wird, daß benachbarte MO_6-Oktaeder über gemeinsame *Ecken*, *Kanten* oder – selten – *Flächen* zu *Raumstrukturen* mit hohen Ionenanteilen der MO-Bindungen verknüpft sind (vgl. Formelbilder (a), (b), (c) auf S. 1612). *Schichtstrukturen* mit MO_6-Oktaedern bilden nur α-MoO_3 und Re_2O_7. *Ketten-* und *Inselstrukturen* mit MO_6-Baueinheiten treten nicht auf.

Strukturen mit anderer Koordination der Metallkationen haben sowohl Metallzähligkeiten > 6 (La_2O_3, ZrO_2, HfO_2, Ta_2O_5) als auch < 6 (CrO_3, Mn_2O_7, Tc_2O_7, Re_2O_7, RuO_4, OsO_4, Oxide von Pd, Pt, Cu, Ag, Au, Zn, Hg; vgl. Tab. 138). Ursache hierfür ist wie bei den Fluoriden (S. 1612) das Vorliegen eines ausreichend großen oder kleinen *Ionenradienverhältnisses* r_M/r_O bzw. eines speziellen *Koordinationsverhaltens* der Metallzentren. Ferner neigen die Übergangsmetalle in ihren Oxiden stärker als in ihren Fluoriden zur Bildung von Metallclustern, was Strukturverzerrungen zur Folge hat (z.B. Bildung von Dimetallclustern in VO_2, NbO_2, TaO_2, MoO_2, WO_2, von Polymetallclustern in TiO, VO, NbO). Auch liegen einer Reihe von Oxiden, wie erwähnt, unterschiedliche Metallwertigkeiten zugrunde, was zu *nichtstöchiometrischen Phasen* führen kann (vgl. *Kursivdruck* in Tab. 138)[18)].

Nichtstöchiometrische Verbindungen. Unter **Nichtstöchiometrie** versteht man die Erscheinung einer Abweichung der Festkörperzusammensetzung von der nach dem *Daltonschen Gesetz* zu erwartenden Verbindungsstöchiometrie („*nichtstöchiometrische Verbindungen*" = „*nichtdaltonide Verbindungen*" = „*Ber-*

[17] **Literatur.** A.F. Wells: „*Binary Metal Oxides*", „*Complex Oxides*", „*Metal Hydroxides, Oxyhydroxides and Hydroxy-Salts*", „*Water and Hydrates*" in „Structural Inorganic Chemistry", Clavedon Press, Fifth Ed. 1984, S. 531–574, 575–625, 626–652, 653–698; N.N. Greenwood: *Ionic Crystals, Lattice Defects, and Nonstoichiometry*", Butterworth, London 1968; D.J.M. Beran: „*Non-stoichiometric Compounds: An Introductory Essay*", Comprehensive Inorg. Chem. **4**, (1973) 453–540; T. Sørensen: „*Nonstoichiometric Oxides*", Acad. Press, New York 1981; P. Hagenmuller: „*Tungsten Bronzes, Vanadium Bronzes and Related Compounds*", Comprehensive Inorg. Chem. **4** (1973) 541–605.

[18] Gewisse Eigenschaftsähnlichkeiten weisen die Oxide der nebenstehenden Übergangsmetalle in dem abgegrenzten Bereich auf (vgl. allgemeinen Text).

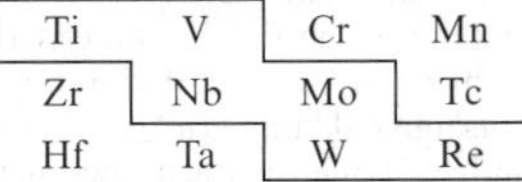

Ti	V	Cr	Mn
Zr	Nb	Mo	Tc
Hf	Ta	W	Re

Tab. 138 Strukturen der Übergangsmetalloxide MO_x (bei *nichtstöchiometrischem* Verhalten *Kursivdruck*)[a, b]

	Ti	V	Cr	Mn	Fe	Co	Ni	Cu	Zn	Zr / Hf	Nb / Ta	Mo / W	Tc / Re	Ru / Os	Rh / Ir	Pd / Pt	Ag / Au	Cd / Hg
$\mathbf{MO_{<1}}$	Ti_nO	V_2O	Cr_3O	–	–	–	–	Cu_2O	–	–	Ta_4O	M_3O	–	–	–	–	Cu_2O	–
MO	*N*[c]	*N*[c]	N?	*N*	*N*	*N*	*N*	C	W	N	*N*[c]	N[a]	–	–	–	*C*	C	N[d]
$\mathbf{M_3O_4}$	–	–	*S*	*S*	ⁱ*S*	*S*	*S*?	–	–	–	–	–	–	–	–	Pt_3O_4	Ag_3O_4	–
$\mathbf{M_2O_3}$	K	K	K	L[e]	K[e]	K?	K?	–	–	–	–	K?[a]	–	–	K	–	Ag_2O_3	–
$\mathbf{MO_2}$	*R*	*R*[c]	R	*R*	–	R?	R?	–	–	F[c]	R[c]	R[c]	R[c]	R	R	R	R	–
$\mathbf{MO_{>2}}$	–	–	$CrO_{<3}$	–	–	–	–	–	–	–	–	–	ReO_3	–	–	–	–	–
	–	V_2O_5	CrO_3	Mn_2O_7	–	–	–	–	–	–	M_2O_5	MO_3[g]	M_2O_7	MO_4	–	–	–	–

Strukturen (KZ_M)[b, h]: **C** = Cooperit PtS (4); **K** = Korund Al_2O_3 (6); **N** = NaCl (6); **W** = Wurtzit ZnS (4); **F** = Fluorit CaF_2 (8); **R** = Rutil TiO_2 (6); **S** = Spinell $MgAl_2O_4$ (4, 6; i = invers); **L** = C-Ln_2O_3-Struktur (6).

a) Man kennt zudem $\mathbf{Sc_2O_3/Y_2O_3}$ (C-Ln_2O_3-Strukt.), $\mathbf{La_2O_3}$ (A-Ln_2O_3-Strukt.), **LaO** (NaCl-Strukt.). Es existiert kein WO, W_2O_3, AuO. – **b)** Bezüglich der wiedergegebenen Strukturen vgl. bei den betreffenden Elementen. Alle Oxide bilden *Raumstrukturen* bis auf α-MoO_3/Re_2O_7 (*Schichtstrukturen*), CrO_3 (*Kettenstruktur*), $Mn_2O_7/Tc_2O_7/RuO_4/OsO_4$ (*Inselstrukturen*). – **c)** Metallcluster-haltig. – **d)** CdO; HgO bildet Zick-Zack-Ketten mit $KZ_{Hg} = 2$. – **e)** α-Form; γ-Form = Spinell. – **f)** γ-Form $\approx$ β-Form; α-Form = komplex mit $KZ_M = 7$. – **g)** ReO_3-Strukturen im Falle von β-MoO_3 und WO_3; α-MoO_3 = komplex mit $KZ_{Mo} = 6$. – **h)** Strukturen zum Teil verzerrt; z. B. im Falle von Cr(II), Mn(III) aufgrund des Jahn-Teller-Effekts, bei anderen Oxiden aufgrund von MM-Bindungen.

thollide"). Sie ist unter den Übergangsmetallverbindungen MX_n weit verbreitet[19] und bewegt sich in der Regel – ausgehend von einer bestimmten Wertigkeit des Übergangsmetalls (z. B. Cu_2O, Fe_2O_3) – bevorzugt in Richtung einer nahegelegenen anderen stabilen Metallwertigkeit (z. B. CuO, Fe_3O_4). Ist letztere größer als erstere (z. B. $Cu_2O \rightarrow CuO$), so liegt der betrachteten ionisch gebauten nichtstöchiometrischen Phase ein *Kationendefizit* $M_{1-x}X_n$ oder ein *Anionenüberschuß* MX_{n+x}, andernfalls (z. B. $Fe_2O_3 \rightarrow Fe_3O_4$) ein *Kationenüberschuß* $M_{1+x}X_n$, oder ein *Anionenunterschuß* MX_{n-x} im Teilgitter des Gegenions zugrunde. Zum Ladungsausgleich nehmen in der nichtstöchiometrischen Ionenverbindung ausreichend viele Kationen den nächst höheren bzw. niedrigeren stabilen Oxidationszustand ein.

In diesem Zusammenhang sei darauf hingewiesen, daß das der Betrachtung zugrunde gelegte „*stöchiometrische*" *Metalloxid* wie jeder andere Kristall nur am absoluten Temperaturnullpunkt eine vollständig „*geordnete Idealstruktur*" einnehmen kann. Bei Temperaturen über 0 K bilden aber alle Kristalle unter *Erhöhung* der *inneren Energie* und zugleich unter Vermehrung der *Entropie* als vorgangsauslösendem Faktor „*ungeordnete Realstrukturen*" mit *Gitterfehlern* („*Gitterdefekten*"). Diese Defekte, deren Zahl mit wachsender Temperatur zunimmt, entstehen in einem Ionenkristall gemäß Fig. 318a sowie b sowohl durch gleichzeitige Wanderung von *Kationen und Anionen* an die Kristalloberfläche unter Zurücklassen von *Kationen- und Anionenleerstellen* (Bildung von **Schottky-Fehlstellen**) als auch durch Wanderung ausschließlich von *Kationen* bzw. *Anionen* auf *Zwischengitterplätze* unter Zurücklassen von *Kationen-* bzw. *Anionenleerstellen* (Bildung von **Frenkel-Fehlstellen**). Letzterer Typ von Defekten spielt erwartungsgemäß in Kristallen, die wie ZnS, $MgAl_2O_4$, CaF_2 unbesetzte tetraedrische, oktaedrische, kubische Lücken usw. aufweisen, eine große Rolle, während ersterer Typ von Gitterfehlern bevorzugt in Kristallen mit Strukturen auftritt, die keine geeigneten Lücken für eine Besetzung mit den betreffenden Kationen oder Anionen aufweisen (z. B. Alkalimetallhalogenide, Erdalkalimetalloxide).

Nachfolgend seien einige nichtstöchiometrische Oxide näher betrachtet. Von den nichtstöchiometrischen Monoxiden (Tab. 138) verhalten sich die Verbindungen der frühen, mittleren und späten Übergangsmetalle jeweils unterschiedlich. Das Oxid **ZnO** (*weiß*, ZnS-Struktur), das sich beim Erhitzen unter Abdiffusion von etwas Sauerstoff *gelb* färbt, bietet ein Beispiel für das Vorliegen eines „*Kationenüberschusses*", das Oxid **CdO** (*gelb*, „NaCl-Struktur"), welches ebenfalls in der Wärme unter *Farbvertiefung* etwas Sauerstoff abgibt, ein Beispiel für das Vorliegen eines „*Oxidionenunterschusses*". Im gebildeten nichtstöchiometrischen $Zn_{1+x}O$ ($x = 7 \times 10^{-5}$ bei 800 °C) besetzen Zn-Atome tetraedrische Zwischen-

[19] Im Prinzip ist jeder polymere Festkörper, der mit dem Dampf einer seiner Komponenten in Kontakt steht – zumindest zu einem sehr kleinen Prozentsatz – nichtstöchiometrisch. *Größere Abweichungen von der Stöchiometrie* werden vielfach bei den Übergangsmetall-*Hydriden, -Chalkogeniden, -Penteliden, -Carbiden, -Siliciden, -Boriden* aufgefunden. Auch bei Verbindungen dieser binären Systeme untereinander (→ *ternäre* Systeme usw.) tritt vielfach Nichtstöchiometrie auf (vgl. z. B. M'_xMO_3 mit M' = Alkalimetall, Cu, Ag, Ti, Pb usw., M = Ti, Nb, Ta, Mo, W usw., siehe bei den Wolframbronzen).

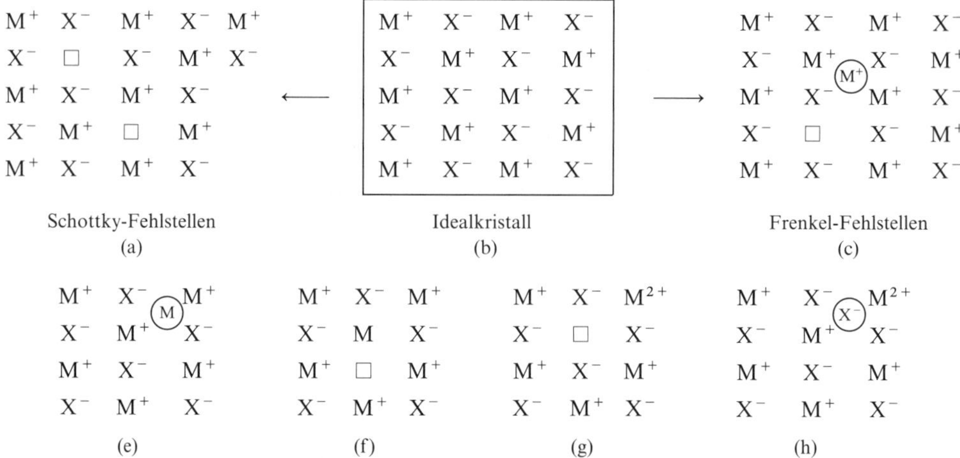

Fig. 318 Bildung (a) von Schottky-Fehlstellen, (c) von Frenkel-Fehlstellen, (e, f, g, h) von nichtstöchiometrischen Verbindungen mit M-Überschuß (e), X-Unterschuß (f), M-Unterschuß (g), X-Überschuß (h) (der Übersichtlichkeit halber ist jeweils nur eine M- sowie X-Ladung berücksichtigt).

gitterplätze (Fig. 318e), im nichtstöchiometrischen CdO_{1-x} ($x = 5 \times 10^{-4}$ bei 650 °C) finden sich – da oktaedrische Zwischengitterplätze für Cd^{2+} fehlen – Leerstellen im Oxidgitter (Fig. 318f). Andererseits bildet das mit NaCl-Struktur kristallisierende *schwarze* Oxid **FeO** (Analoges gilt für die Monoxide der benachbarten Übergangselemente) wegen des leicht erfolgenden Übergangs des Eisens von der Zwei- in die Dreiwertigkeit Phasen mit „*Kationenunterschuß*": $Fe_{1-x}O$ (Fig. 318g; Ersatz von jeweils drei Fe^{2+} durch zwei Fe^{3+})[20]. Tatsächlich läßt sich stöchiometrisch zusammengesetztes FeO (anders als CrO, MnO, CoO, NiO) unter normalen Bedingungen überhaupt nicht gewinnen: FeO existiert nur als nichtstöchiometrische („Wüstit"-)Phase $FeO_{0.84-0.95}$, deren Fe^{2+}-Leerstellen und Fe^{3+}-Ionen im NaCl-Gitter zudem geordnete Positionen einnehmen (Bildung von Bereichen mit defekter NaCl-Struktur, in denen alle Kationenpositionen leer und die verbliebenen O_4-Tetraeder mit Fe^{3+}-Ionen zentriert sind). Ein Übergangsmetall-Monoxid mit „*Oxidionenüberschuß*" (Fig. 318h) ist *unbekannt*[21].

Die **TiO**-Phase (*bronzefarben*, „NaCl-Struktur") besitzt andererseits eine sehr große Eigenfehlordnung (Schottky-Fehlstellen, Fig. 318a). Selbst bei vorliegender idealer Stöchiometrie $TiO_{1.00}$ haben deshalb im Sinne der Formulierung $Ti_{1-x}O_{1-x}$ (x ca. 0.15) nur etwa 1/3 der Ti^{2+}-Ionen sechs O^{2-}-Nachbarn, der Rest weniger[22]. Die Ursache dieser auch bei **VO** und **NbO**, aber nicht bei den Monoxiden der späteren Übergangsmetalle beobachteten hohen Eigenfehlordnung ist in den ausgedehnten d-Valenzorbitalen der frühen, niedrig geladenen Übergangsmetalle zu suchen, welche – bevorzugt über O^{2-}-ionenfreie Stellen – mit entsprechenden d-Orbitalen benachbarter Metallionen wechselwirken[22]. Die Bildung derartiger, sich über den Kristall ausdehnender Metallcluster erklärt die hohe metallische Leitfähigkeit von TiO, VO und NbO. Zudem kann der Sauerstoffgehalt der Oxide als Folge einer ungleichen Anzahl von Kationen- und Anionen-Leerstellen in gewissen Grenzen variieren ($TiO_{0.64-1.27}$, $VO_{0.86-1.27}$, $NbO_{0.980-1.008}$). Die dann vorliegenden nichtstöchiometrischen Phasen $M_{1-x}O_{1-y}$ besitzen für $MO_{<1}$ ($x < y$) bzw. $TiO_{>1}$ ($x > y$) einen Oxidionen- bzw. einen Kationenunterschuß (Bildung von überwiegend O- bzw. überwiegend M-Leerstellen im Falle von $TiO_{0.6}$ bzw. $TiO_{1.3}$ sowie von ausreichend vielen Ionen $Ti^{<2+}$ bzw. Ti^{3+} aus Ti^{2+}.

Nichtstöchiometrische Sesquioxide. Die γ-Form des Oxids $\mathbf{Fe_2O_3}$ kann im Sinne der Formulierung $Fe_{2+x}O_3$ geringen *Metallionenüberschuß* (vgl. Fig. 318e) aufweisen. Die Abweichung der Stöchiometrie erfolgt hierbei in Richtung Fe_3O_4 (Abgabe von Oberflächensauerstoff bei gleichzeitigem Übergang von Fe^{3+} in Fe^{2+}; Eindiffusion von Fe^{2+} in den Kristall). Entsprechendes gilt für Mn_2O_3.

---

20 Cu_2O bildet aus gleichen Gründen (leicht erfolgender Übergang $Cu^+ \rightarrow Cu^{2+}$) nichtstöchiometrische Phasen $Cu_{2-x}O$.

21 Das Oxid $\mathbf{UO_2}$ („CaF_2-Struktur") bildet bei 1150 °C mit Sauerstoff nichtstöchiometrisches UO_{2+x} (x bis 0.25) mit Oxidionenüberschuß (O^{2-} in kubischen Lücken).

22 Oberhalb 900 °C sind die jeweils 15% Leerstellen im Kationen- und Anionenteilgitter statistisch verteilt, bei Raumtemperatur sind sie ähnlich wie in NbO (je 25% Leerstellen, S. 1436) geordnet. Die nichtstöchiometrischen TiO-Phasen sind bei Raumtemperatur nur metastabil (beim Tempern Disportionierung in Ti_nO mit $n = 2, 3, 6$ und TiO bzw. in Ti_2O_3 und TiO).

Nichtstöchiometrische Dioxide. Die Oxide $\mathbf{TiO_2}$ und $\mathbf{VO_2}$ bilden eine Reihe von *sauerstoffärmeren* Phasen $MO_{2-x} = M_nO_{2n-1}$ ($n > 3$), deren Sauerstoffdefizit in der vorliegenden Rutilstruktur dadurch „ausgeheilt" wird, daß kleine Rutilblöcke untereinander über eine vermehrte Anzahl von gemeinsamen MO_6-Oktaederkanten oder auch -flächen miteinander verknüpft sind („*Scherstrukturen*"). Ferner existieren im Falle des Vanadiums einige *sauerstoffreichere* Phasen V_nO_{2n+1} ($n = 3, 4, 6$). Bezüglich des Oxids β-ZrO_2 (weiß; verzerrte „CaF_2-Struktur"; Frenkel-Fehlstellen mit O^{2-} in kubischen Lücken) und seiner Verwendung in der λ-Sonde der Autoabgaskatalysatoren vgl. S. 696.

Nichtstöchiometrische Trioxide. Von den Oxiden $\mathbf{MoO_3}$, $\mathbf{WO_3}$ und $\mathbf{ReO_3}$ existieren eine Reihe sauerstoffärmerer Phasen MO_{3-x} (Mo: $x = 0.12$–0.25; W: $x = 0.05$–0.28; Re: $x = 0.14$–0.21; Formeln vielfach M_nO_{3n-1} und M_nO_{3n-2} für M = Mo, W), deren Strukturen sich von der ReO_3-Struktur durch Scherung ableiten (s. o. und S. 1499). Man vgl. auch die Übergangsmetall-Bronzen M'_xMO_3 (M' z. B. Alkalimetalle; M = Nb, Ta, Mo, W, Re; s. u.).

Darstellung und Eigenschaften. Die bei den einzelnen Elementen bereits ausführlich geschilderte Gewinnung von Übergangsmetalloxiden (s. dort) erfolgt im Prinzip wie die der Halogenide durch „*Oxygenierung*" (z. B. *Verbrennung* der Elemente, *Rösten* von Sulfiden, vgl. Bildung von Oxidschichten auf Metallen an Luft), durch „*Oxidierung*" (z. B. Erhitzen von Hydroxiden, Säuren oder leicht zersetzlichen Sauerstoffverbindungen wie Carbonaten, Nitraten) sowie „*Deoxygenierung*" (z. B. Reaktion der Metalloxide mit Wasserstoff oder mit den betreffenden Übergangsmetallen). Beim Vergleich der durch Oxygenierung gebildeten und sicher nachgewiesenen höchsten Oxide in kondensierter Phase mit entsprechenden höchsten Fluoriden:

CrF_5	MnF_4	FeF_3	CoF_3	NiF_2	CuF_2	CrO_3	Mn_2O_7	Fe_2O_3	Co_2O_3	NiO	CuO
MoF_6	TcF_6	RuF_6	RhF_6	PdF_4	AgF_2	MoO_3	Tc_2O_7	RuO_4	RhO_2	PdO	Ag_2O_3
WF_6	ReF_7	OsF_7	IrF_6	PtF_6	AuF_5	WO_3	Re_2O_7	OsO_4	IrO_2	PtO_2	Au_2O_3

fällt auf, daß die mittleren Übergangsmetalle mit einer deutlichen Zahl freier d-Valenzorbitale von Sauerstoff weitgehender oxidiert werden können als von Fluor (vgl. Mn, Tc, Ru, Os; Sauerstoff wirkt als stärkerer π-Donator), während die späteren Übergangsmetalle (ausgenommen Ag) mit fast vollständiger Elektronenbesetzung der d-Valenzorbitale umgekehrt mit Fluor höhere Wertigkeiten als mit Sauerstoff bilden (vgl. Rh, Ir, Pd, Pt, Au; Fluor ist das elektronegativere Element).

Ebenfalls an früheren Stellen (s. dort) wurden bereits die Eigenschaften der Übergangsmetalloxide besprochen. So „*thermolysieren*" die Oxide bei ausreichend hohen Temperaturen unter *Sauerstoffabspaltung* (z. B. $V_2O_5 \rightarrow V_2O_{5-x} + \frac{x}{2}O_2$) oder unter *Disproportionierung* (z. B. $3\,ReO_3 \rightarrow Re_2O_7 + ReO_2$). Ferner wirken sie als „*Redoxmittel*" und lassen sich *oxidieren* und *reduzieren*. Man vgl. hierzu etwa die Bildung von *farbigen* nichtstöchiometrischen „Titanbronzen" M_xTiO_2, „Vanadiumbronzen" $M_xV_2O_5$, „Niobium-" und „Tantalbronzen" M_xNbO_3, M_xTaO_3, „Manganbronzen" M_xMnO_2, „Rheniumbronzen" M_xReO_3, „Palladium-" und „Platinbronzen" $M_xPd_3O_4$, $M_xPt_3O_4$ oder von nichtstöchiometrischen „Molybdän-" bzw. „Wolframblau" MoO_{3-x}, WO_{3-x} z. B. durch Reduktion von Oxiden mit Alkali- oder Erdalkalimetallen M bzw. mit Wasserstoff sowie von Alkali- oder Erdalkalimetallaten mit Ti, V, Nb, Ta, Re, usw. Schließlich wirken die Oxide als „*Säuren*" bzw. „*Basen*" (vgl. hierzu S. 1199) und bilden mit Alkalihydroxiden bzw. Elementsauerstoffsäuren Salze oder mit geeigneten Metalloxiden ternäre Oxide wie Spinelle, Ilmenite, Perowskite usw.

1.3.2 Disauerstoffkomplexe[23)]

Für viele chemische Prozesse in Organismen spielt „*Disauerstoff*" eine wesentliche Rolle. Tatsächlich stellt O_2 das Substrat für über 200 *Enzyme* und andere Stoffe der Lebewesen dar. Die betreffenden Wirkstoffe *transportieren* den Sauerstoff (z. B. „*Hämoglobin*", „*Myoglobin*", „*Hämerythrin*", „*Hämcyanin*") bzw. *katalysieren* die Inkorporierung von Sauerstoffatomen aus O_2 in Biomaterie („*Oxygenasen*") sowie die Reduktion von O_2 zu O_2^-, O_2^{2-} usw.

[23] **Literatur.** J. S. Valentine: „*The Dioxygen Ligand in Mononuclear Group VIII Transition Metal Complexes*", Chem. Rev. **73** (1973) 235–245; G. Henrici-Olivié, S. Olivié: „*Die Aktivierung molekularen Sauerstoffs*", Angew. Chem. **86** (1974) 1–12; Int. Ed. **13** (1974) 29; L. Vaska: „*Dioxygen-Metal Complexes. Toward a Unified View*", Acc. Chem. Res. **9** (1976) 175–183; R. W. Erskine, B. O. Field: „*Reversible Oxygenation*", Struct. Bond **28** (1976) 1–50; G. M. McLendon, A. E. Martell: „*Inorganic Oxygen Carriers as Models for Biological Systems*", Coord. Chem. Rev. **19**

(„*Oxidasen*"). Als Wirkstoffzentren fungieren hierbei immer *Übergangsmetallionen* (vielfach Fe^{2+}, Cu^+), die auf dem Wege der Bildung von **Disauerstoffkomplexen** Sauerstoffmoleküle *reversibel binden* oder *chemisch aktivieren* (als Folge des Prinzips der Spinerhaltung bei chemischen Reaktionen ist normaler „Triplettsauerstoff" (S. 350) hinsichtlich organischer Moleküle im Singulettzustand inert, was den Organismen ein Leben in Sauerstoffatmosphäre erst ermöglicht; keine Barrieren bezüglich einer Reaktion mit O_2 bestehen demgegenüber für Metallzentren mit ungepaarten Elektronen[24]).

Nachfolgend sei auf *Darstellung, Struktur-* und *Bindungsverhältnisse* sowie *Eigenschaften* von Disauerstoffkomplexen („*Superoxide*", „*Peroxide*") der Übergangsmetalle, auf deren Existenz bereits an anderer Stelle (S. 506) hingewiesen wurde, zusammenfassend eingegangen (vgl. hierzu u. a. auch S. 1446, 1555, 1570, 1598).

Darstellung. Man unterscheidet gemäß nachfolgendem Schema Disauerstoffkomplexe mit *einfach reduzierten* O_2-Liganden („*Superoxo-*" bzw. „*Hyperoxokomplexe*") von solchen mit *doppelt reduzierten* O_2-Donatoren („*Peroxo-Komplexe*"), wobei in beiden Fällen sowohl *einkernige* Addukte („η^1-*Superoxokomplexe*", „η^2-*Peroxokomplexe*") als auch *zweikernige* Verbindungen („μ-*Superoxokomplexe*", „μ-*Peroxokomplexe*") existieren. Die Gewinnung von O_2-Komplexen der VIII. Nebengruppe erfolgt meist durch Einwirkung von molekularem Sauerstoff auf geeignete Komplexpartner ML_m (vgl. Schema). Hierbei bilden Komplexe ML_m mit Zentren, die wie Fe^{II} oder Co^{II} leicht einer *Einelektronenoxidation* unterliegen, η^1-Superoxokomplexe bzw. bei ML_m-Überschuß μ-Peroxokomplexe (letztere lassen sich für M = Co^{III} zu μ-Superoxokomplexen reduzieren), Komplexe ML_m mit Zentren, die wie $Ru^{0/II}$, $Os^{0/II}$, Co^I, Rh^I, Ir^I, Ni^0, Pd^0, Pt^0 zur *Zweielektronenoxidation* tendieren, η^2-Peroxokomplexe. Die von den Elementen der IV.–VII. Nebengruppe in ihrer jeweils höchsten Oxidationsstufe existierenden η^2-Peroxokomplexe stellt man andererseits durch Einwirkung von Peroxid (z. B. in Form von H_2O_2) auf die betreffenden Oxometallate dar (Substitution von Oxid O^{2-} gegen Peroxid O_2^{2-}). In der Regel bleibt hierbei die Oxidationsstufe des Komplexzentrums erhalten, im Falle von Cr^{VI} kann aber auch eine Reduktion zur fünfwertigen Stufe eintreten ($Mn^{>IV}$ wird von H_2O_2 immer zu Mn^{IV} reduziert). Schließlich konnten durch Einwirkung von Su-

$$\text{O—O}^{2-} \;\underset{}{\overset{\pm 2e^-}{\rightleftarrows}}\; \boxed{\text{O}\div\text{O}} \;\overset{\pm e^-}{\rightleftarrows}\; \text{O}\dot{-}\text{O}^-$$

Peroxid (1.49 Å) — *Disauerstoff* (1.21 Å) — *Super-(Hyper-)oxid* (1.33 Å)

Peroxid $\rightleftarrows$ ($\pm \overset{n+2}{\mathbf{M}}$); Disauerstoff $\rightleftarrows$ ($\pm \overset{n}{\mathbf{M}}$)

$$\overset{n+2}{\mathbf{M}}(\text{O}_2) \;\rightleftarrows\; \overset{n+1}{\mathbf{M}}\text{—O—O}^{\bullet} \;\overset{\pm \overset{n}{M}}{\rightleftarrows}\; \overset{n+1}{\mathbf{M}}\text{—O—O—}\overset{n+1}{\mathbf{M}} \;\overset{\pm e^-}{\rightleftarrows}\; \overset{n+1}{\mathbf{M}}\text{—O—O}^{\bullet}\text{—}\overset{n+1}{\mathbf{M}}$$

(r_{OO} = 1.4–1.5 Å) η^2-*Peroxokomplexe*	(1.15–1.26 Å) η^1-*Superoxokomplexe*	(1.4–1.5 Å) μ-*Peroxokomplexe*	(1.26–1.36 Å) μ-*Superoxokomplexe*
Ti^{IV} V^V $Cr^{VI/V}$ Mn^{IV} – Co^{III} Ni^{II}	Fe^{III} Co^{III}	(Fe^{III}) Co^{III} (Ni^{II}) (Cu^{II})	Co^{III}
Zr^{IV} Nb^V Mo^{VI} – $Ru^{II/IV}$ Rh^{III} Pd^{II}	– Rh^{III}	– $Rh^{I/III}$ Pd^{II} –	Rh^{III}
Hf^{IV} Ta^V W^{VI} – $Os^{II/IV}$ Ir^{III} Pt^{II}	– –	– Pt^{II} – –	–

Schema. Bildung und Strukturen von Disauerstoffkomplexen der Übergangsmetalle (**M** = ML_m; n = Oxidationsstufe von M; Komplexladung nicht berücksichtigt; in Klammern OO-Abstände).

(1976) 1–39; R. D. Jones, D. A. Summerville, F. Basolo: „*Synthetic Oxygen Carriers Related to Biological Systems*", Chem. Rev. **79** (1979) 139–179; H. Taube: „*Interaction of Dioxygen Species and Metal Ions – Equilibrium Aspects*", Progr. Inorg. Chem. **34** (1986) 607–625; K. D. Karlin, Y. Gultneh: „*Binding and Activation of Molecular Oxygen by Copper Complexes*", Progr. Inorg. Chem. **35** (1987) 219–327; H. A. O. Hill: „*Dioxygen, Superoxide and Peroxide*", Comprehensive Coord. Chem. **2** (1987) 315–333; H. Mimoun: „*Metal Complexes in Oxidation*", M. N. Hughes: „*Dioxygen in Biology*", Comprehensive Coord. Chem. **6** (1987) 317–410, 681–711.

24 Als Folge der hohen Spin-Bahn-Kopplung von Elektronen insbesondere der schweren Übergangsmetalle und der dadurch ermöglichten teilweisen Aufhebung des Spinerhaltungssatzes reagieren selbst Metallkomplexe ohne ungepaarte Elektronen mit Triplettsauerstoff, z. B. $[Pt(PR_3)_2] + O_2 \rightarrow [(R_3P)_2Pt(O_2)]$.

peroxid (z. B. in Form von KO_2) auf Halogenokomplexe von Metallen der VIII. Nebengruppe in einigen Fällen Superoxokomplexe synthetisiert werden.

Strukturverhältnisse. Die weitaus größte Klasse von Disauerstoff-Komplexen bilden die – meist *diamagnetischen* – η^2-Peroxokomplexe, in welchen der O_2-Ligand jeweils „side-on" an die Komplexzentren gebunden vorliegt (vgl. Schema)[25]. Der OO-Abstand beträgt in den *dreigliederigen* MOO-Ringen 1.4–1.5 Å (zum Vergleich: r_{OO} in O_2^{2-} 1.49 Å); die beiden MO-Bindungslängen unterscheiden sich häufig. Die η^2-Peroxokomplexe der frühen Übergangsmetalle sind vielfach verzerrt-tetraedrisch (z. B. $[CrO_2(O_2)_2]^{2-}$, $[CrO(O_2)_2(py)]$) und verzerrt-trigonal-bipyramidal (z. B. $[CrO(O_2)_2(bipy)]$), die der VIII. Nebengruppe verzerrt-oktaedrisch (z. B. $[Rh(O_2)(PR_3)_5]^+$) und verzerrt-trigonal-planar (z. B. $[(Pt(O_2)(PR_3)_2])$ gebaut (es zählt jeweils der Mittelpunkt des O_2-Liganden). Die η^1-Superoxokomplexe (z. B. Oxyhämoglobin oder $[Co(O_2)(CN)_5]^{3-}$) enthalten den O_2-Ligand „end-on" an die Metallzentren koordiniert (vgl. Schema); die OO-Abstände liegen im Bereich 1.15–1.26 Å (zum Vergleich: r_{OO} in O_2^- = 1.33 Å), die MOO-Winkel betragen 115–137°. In den μ-Peroxokomplexen (z. B. $[Co_2(O_2)(CN)_{10}]^{6-}$, $[Rh_2(O_2)Cl_2(py)_8]^{2+}$) sind die beiden Metallzentren immer an *unterschiedliche* O-Atome der O_2-Gruppe gebunden (vgl. Schema). Allerdings kann die Protonierung des O_2-Liganden gemäß (a) → (b) zu einer Isomerisierung der MO_2M-Gruppierung führen. Ferner kennt man μ-Peroxokomplexe, in welchen ein – oder beide – O-Atome wie in (c) oder (d) eine zusätzliche schwache Koordination eingehen[26].

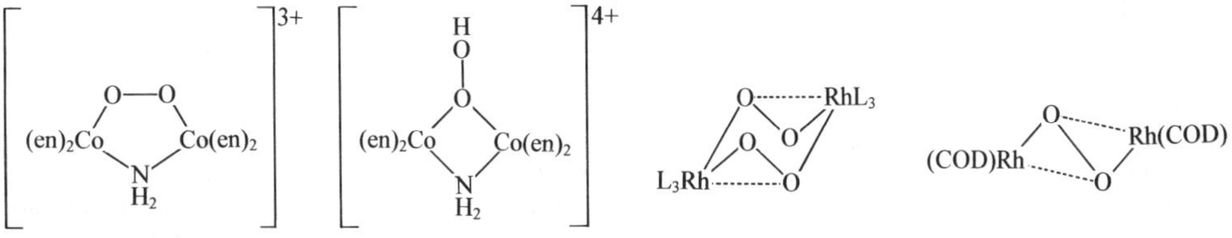

(a) (b) (c) ($RhL_3 = Rh(CO)(PR_3)_2$) (d) (COD = Cyclooctadien)

Der OO-Abstand der μ-Peroxokomplexe $L_mM—O—O—ML_m$, deren ML_m-Fragmente in der Regel nicht mit O_2 in einer Ebene liegen ($\measuredangle$ MOOM $\neq$ 0°, 180°) beträgt 1.4–1.5 Å. Der reduktiv erfolgende Übergang in μ-Superoxokomplexe ist von einer OO-Abstandsverkürzung sowie einer mehr oder minder starken Einebnung des MOOM-Gerüsts begleitet (vgl. Schema).

Bindungsverhältnisse. Valence-Bond-Betrachtung. Unter der vereinfachenden Annahme, daß *Disauerstoff* in den nach

$$L_mM + O_2 \rightleftarrows L_mM \cdot O_2 \qquad (1)$$

gebildeten Disauerstoffkomplexen aufgrund seiner hohen Elektronegativität im wesentlichen als *Elektronenakzeptor* hinsichtlich des Ein- oder Zweielektronendonators L_mM wirkt (s. oben), lassen sich die Komplexe $L_mM \cdot O_2$ als Addukte der Lewis-Säuren L_mM^+ bzw. L_mM^{2+} mit Lewis-basischem Superoxid O_2^- bzw. Peroxid O_2^{2-} beschreiben[27]. Betrachtet man zudem – und wiederum in grober Vereinfachung – die O-Atome des Superoxids als sp^2-, die des Peroxids als sp^3-hybridisiert, wobei jeweils ein Hybridorbital für die Disauerstoff-σ-Zweielektronenbindung, zwei bzw. drei Hybridorbitale für die freien Elektronenpaare und die verbleibenden p-Atomorbitale im Falle von O_2^- für die Disauerstoff-π-Einelektronenbindung genutzt werden:

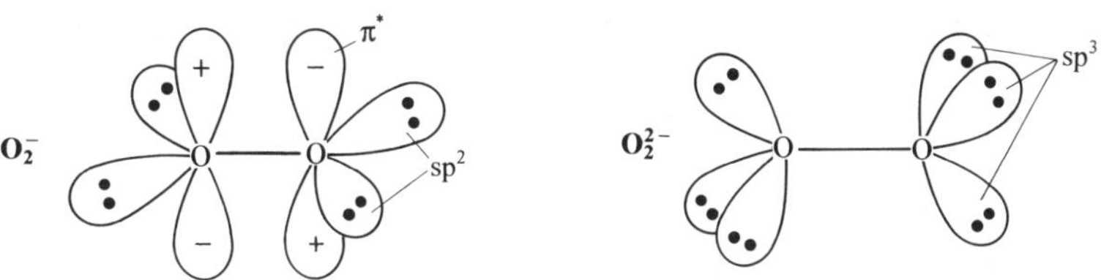

[25] **Geschichtliches.** Der μ-Peroxokomplex $[Co_2(O_2)(NH_3)_{10}]^{4+}$ ist seit 1893 durch A. Werner, der η^2-Peroxokomplex $[IrCl(O_2)(CO)(PPh_3)_2]$ seit 1963 durch L. Vaska bekannt.

[26] Im Komplex $[La_2(O_2)(NR_2)_2(OPPh_3)]$ mit R = $SiMe_3$ besetzen La und O abwechselnd die Ecken einer Raute, deren kurze Diagonale mit 1.65 Å einem sehr langen OO-Abstand entspricht.

[27] Die Frage nach dem Charakter der Metall-Sauerstoff-Bindung (kovalent oder ionisch; Ausmaß der σ-Hin- und π-Rückbindung) ist bis heute nicht eindeutig geklärt worden. So sollte sich mit wachsender π-Rückbindung von d-Elektronen in ein π^*-MO des Sauerstoffs der OO-Abstand in Disauerstoffkomplexen vergrößern. Tatsächlich liegen aber z. B. alle OO-Abstände der zahlreichen η^2-Peroxokomplexe $L_mM \cdot O_2$ unabhängig von der Art des Zentralmetalls M und der Komplexliganden L im Bereich 1.4–1.5 Å.

so folgen die Strukturen der Disauerstoffkomplexe (vgl. Schema) zwanglos, indem man ein oder zwei Elektronenpaare von O_2^- bzw. O_2^{2-} mit den Komplexzentren M koordiniert. Eine Auskunft darüber, welche Bindungsart der Disauerstoff („end-on" oder „side-on") in den Komplexen einnehmen wird, liefert diese VB-Betrachtungsweise der Komplexbindung nicht.

Molekülorbital-Betrachtung. Einen Einblick in die Konfiguration der Komplexe $L_mM \cdot O_2$ vermittelt eine „*qualitative MO-Betrachtung*" der Komplexbildung (1) unter der näherungsweise zutreffenden Annahme, daß von den O_2-Molekülorbitalen (vgl. S. 350) nur die π^*-MOs, nicht aber die deutlich energieärmeren σ_{sp}- und π-MOs bzw. das energiereichere σ_{sp}^*-MO mit den d-Valenzorbitalen des Komplexzentrums wechselwirken (Energie: $\pi^* \approx$ d; Methode von J. H. Enemark und R. D. Feltham, verallgemeinert durch R. Hoffmann, D. M. P. Mingos et al.). Wie sich der Fig. 319 (linke Seite) leicht entnehmen läßt, vermögen von den d-Atomorbitalen, deren Energieinhalt bei Vorliegen quadratisch-pyramidaler oder -bipyramidaler Komplexe $L_mM \cdot O_2$ ($m = 4, 5$; O_2 als einzähliger Ligand gerechnet) in Richtung $d_{xz}, d_{yz} < d_{xy} < d_{z^2} < d_{x^2-y^2}$ anwächst (vgl. Ligandenfeld-Theorie, S. 1256), nur die d_{xz}- und d_{yz}-AOs, im Zuge der gegenseitigen Annäherung von M und O_2 in der angedeuteten Richtung **(a)** bzw. **(b)** (Bildung eines Komplexes mit end- bzw. side-on gebundenem Disauerstoff) wirkungsvoll mit den O_2-Molekülorbitalen des Typs π_x^* und π_y^* zu bindenden und antibindenden ($d_{xz} \pm \pi_x^*$)- sowie ($d_{yz} \pm \pi_y^*$)-Molekülorbitalen zu kombinieren. Die Fig. 319 (rechte Seite) gibt ferner schematisch den Energieverlauf der betreffenden Kombinationen beim Übergang von Disauerstoffkomplexen mit linearer zu solchen mit cyclischer MO_2-Gruppierung wieder („*Walsh-Diagramm*"; vgl. S. 353). Das d_{z^2}-Atomorbital interferiert für α um 180° bzw. 60° schwach mit dem σ_{sp}-MO (um 180°) bzw. deutlicher mit dem π-MO (um 60°) von O_2, wodurch das σ_{sp}- bzw. π-MO energetisch schwach bis deutlich abgesenkt, das d_{z^2}-AO schwach bis deutlich angehoben wird, während es mit dem π^*-MO, wie sich leicht ableiten läßt, nur im Zwischenbereich (180° > α > 60°) wechselwirken kann und dort energetisch abgesenkt wird. Das $d_{x^2-y^2}$-Atomorbital beeinflußt die Bindungsverhältnisse der MO_2-Gruppierung näherungsweise nicht. Ähnliche Walsh-Diagramme gelten für andere Komplexe $L_mM \cdot XY$ (XY z. B. CO, NO, NN, vgl. hierzu S. 1664).

Um zu Aussagen über die „*Struktur der MO_2-Gruppe*" in Disauerstoffkomplexen zu kommen, müssen die einzelnen Energieniveaus der Reihe nach mit den in L_mM vorliegenden d-Außenelektronen des Metalls sowie den in O_2 vorhandenen beiden π^*-Elektronen aufgefüllt werden. Man gibt hierbei die Summe z der d- und π^*-Elektronen in Komplexen $L_mM \cdot XY$ durch das Symbol $\{MXY\}^z$ wieder, z. B. $\{MOO\}^4$, $\{MOO\}^6$ bzw. $\{MOO\}^{10}$ bei Disauerstoffkomplexen mit 2, 4 bzw. 8 Metall-d-Außenelektronen in L_mM und jeweils 2 Disauerstoff-π^*-Elektronen. Sind insgesamt 4 Elektronen (zwei d- und zwei π^*-Elektronen) zu berücksichtigen, so führt die Besetzung der beiden unteren Energieniveaus der *rechten* Spalte des Walsh-Diagramms mit je zwei Elektronen zu einer niedrigeren Systemenergie als die der beiden unteren Energieniveaus der *linken* Spalte. Dementsprechend liegt „side-on"gebundener Sauerstoff vor (zum Beispiel $[Mo^{IV}OF_4]^{2-} + O_2 \rightarrow [MoOF_4(O_2)]^{2-}$). Wie sich weiter ergibt, enthalten Komplexe $L_mM \cdot O_2$ mit 6 bis 9 d- + π^*-Elektronen „end-on" gebundenen Disauerstoff (zum Beispiel $[Fe^{II}(porph)] + O_2 \rightarrow [Fe(porph)(O_2)]$; $[Co^{II}(CN)_5]^{3-} + O_2 \rightarrow [Co(CN)_5(O_2)]^{3-}$) und Komplexe mit 10 d- + π^*-Elektronen wiederum „side-on" gebundenen Disauerstoff (zum Beispiel $[Ir^ICl(CO)(PR_3)_2] + O_2 \rightarrow [IrCl(CO)(O_2)(PR_3)_2]$). Natürlich bestimmen das Zentralmetall und die Liganden in $L_mM \cdot O_2$ we-

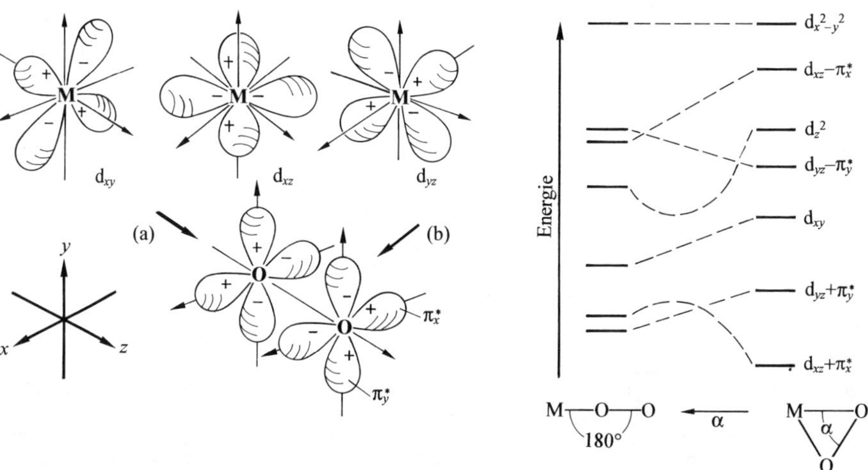

Fig. 319 Walsh-Diagramm (schematisch) des Übergangs von „end-on" zu „side-on" gebundenem O_2 in Disauerstoffkomplexen $L_mM \cdot O_2$ (quadratisch-pyramidal bzw. -dipyramidal; $m = 4, 5$).

sentlich die relative Lage der MOs und damit die Geometrie der MO_2-Gruppierung (s. oben). Auch sollten nach dem in Fig. 319 wiedergegebenen, für Komplexe mit vier bzw. fünf Liganden L abgeleiteten Walsh-Diagramm Komplexe $L_mM \cdot O_2$ mit 12 d- + π^*-Elektronen instabil sein (Besetzung aller bindenden und antibindenden MOs mit Elektronen); tatsächlich führt hier – wie sich zeigen läßt – eine Reduktion der Ligandenzahl zur Bildung stabiler Komplexe mit „side-on" gebundenem Disauerstoff (z.B. $[Ni(NCR)_2] + O_2 \rightarrow [Ni(O_2)(NCR)_2]$; $[Pt(PR_3)_2] + O_2 \rightarrow [Pt(O_2)(PR_3)_2]$). Auskünfte über den bevorzugten Aufenthaltsort der Elektronen (Metall oder Disauerstoff) folgen aus dieser einfachen MO-Betrachtung aber nicht.

Eigenschaften. Die Bildung von Disauerstoffkomplexen auf dem Wege (1) erfolgt *reversibel* bis *irreversibel* und ist insgesamt mit einer *Aktivierung molekularen Sauerstoffs* verbunden. Beide Tatbestände sind von herausragender Bedeutung für *biochemische Prozesse* sowie für *technische Oxidationsprozesse*.

Reversible Disauerstoffkomplexbildung. Mit abnehmender Elektronendichte am Zentrum der Komplexe $L_mM \cdot O_2$ verschiebt sich das Gleichgewicht (1) in wachsendem Ausmaße auf die Seite der Edukte L_mM und O_2. Dementsprechend dissoziieren die η^2-Peroxokomplexe $[IrX(O_2)(CO)(L_2)]$ (S. 1570) zunehmend stärker in $[IrX(CO)L_2]$ und O_2 für X in Richtung I, Br, Cl und für L in Richtung PPh_2Et, PPh_3 (z.B nimmt $[IrCl(CO)(PPh_3)_2]$ Disauerstoff unter Normalbedingungen reversibel, $[IrI(CO)(PPh_3)_2]$ nur irreversibel auf). Auch geben Komplexe $L_mM \cdot O_2$ bei wachsender Oxidationsstufe des Zentralmetalls zunehmend leicht Sauerstoff ab, weshalb zwar η^2-Dioxokomplexe von Ti^{IV} und V^V unter Normalbedingungen stabil sind, während solche von stärker oxidierend wirkendem Cr^{VI} leicht unter O_2-Abgabe zerfallen ($Cr^{VI} \rightarrow Cr^V$) und solche von sehr stark oxidierend wirkendem Mn^{VII} unbekannt sind ($Mn^{VII} \rightarrow Mn^{IV}$). Bezüglich der Bedeutung der reversiblen Bildung von η^1-Superoxokomplexen für den Sauerstofftransport in Lebewesen (vgl. S. 1530).

Aktivierung molekularen Sauerstoffs. Mit der Bildung von Disauerstoff-Komplexen wächst die Basizität und Nucleophilie von O_2 als Folge des Übergangs von O_2 in O_2^- bzw. O_2^{2-} und damit die Reaktivität hinsichtlich saurer und elektrophiler Edukte. So reagieren etwa „*Peroxokomplexe*" mit H^+ unter Bildung von Mono- oder Diyhdrogenperoxid (z. B. Komplex (a) + H^+ → (b); $2[Pt(O_2)(PPh_3)_2] + H_2O + H^+ \rightarrow$ (e) + H_2O_2) oder mit SO_2 bzw. CO unter Bildung von (f) bzw. (g) (die leicht erfolgende Einschiebung in die OO-Bindung entspricht einer – mit elementarem Sauerstoff unter Normalbedingungen nicht erfolgenden – Oxidation von SO_2 bzw. CO; vgl. S. 1598)[28].

$[L_mM(O{-}O)(OH)ML_m]^+$ (e) (M = Pt)

$L_mM(O)_2SO_2$ (f) (M = Ru, Rh, Ir, Ni, Pd, Pt)

$L_mM(O)_2CO$ (g) (M = Rh, Ni, Pd, Pt)

Auch die *Oxidation vieler Übergangsmetallionen* wie Fe^{2+} oder Cu^+ in wässerigem oder anderem Milieu mit molekularem Sauerstoff erfolgt wohl auf dem Wege über Peroxokomplexe der oxidierten Ionen (z.B. Fe^{3+}, Cu^{2+}), welche unter weiterer Reduktion ihres komplexierten Sauerstoffs ihrerseits die vorhandenen Übergangsmetallionen oxidieren ($\mathbf{M} = L_mM$):

$$\overset{0}{O_2} \xrightarrow{+2\overset{n}{\mathbf{M}}} \overset{n+1}{\mathbf{M}}-\overset{-1}{O}-\overset{-1}{O}-\overset{n+1}{\mathbf{M}} \xrightarrow{+2\overset{n}{\mathbf{M}}} 2\overset{n+1}{\mathbf{M}}-\overset{-2}{O}-\overset{n+1}{\mathbf{M}}$$

Der Lewis-basische Charakter der „*η^1-Superoxokomplexe*" zeigt sich u.a. in der leicht erfolgenden Addition Lewis-sauer wirkender Komplexe unter Bildung von μ-Peroxokomplexen (vgl. S. 1155). Eine spezifische Reaktion einiger dieser Verbindungen mit dem Superoxid-Liganden O_2^- (ein ungepaartes Elek-

---

[28] Auch viele andere „Elektrophile" wie NO, NO_2, CO_2, CS_2, CNR, RCHO, R_2CO, PR_3 reagieren mit Peroxokomplexen.

tron) stellt ferner die Möglichkeit zur H-Abstraktion aus der chemischen Umgebung dar (Bildung von Radikalen R · aus RH).

Verwendung. In der *Technik* werden Übergangsmetallverbindungen sowohl zur *heterogen* als auch zur *homogen katalysierten* Oxidation anorganischer sowie organischer Verbindungen mit elementarem Sauerstoff genutzt (Weltjahresumsätze: Megatonnenmaßstab). Als Beispiele seien etwa die Schwefeldioxidoxidation („*Kontaktverfahren*"; Vanadium-Katalysatoren; vgl. S. 583, 1423), die Ethylencarbonylierung („*Wacker-Prozess*"; $PdCl_2/CuCl_2$-Katalysatoren; S. 1603) und die Epoxidation genannt („*Shell-Prozess*"; Ti^{IV}- oder Mo^{VI}-Katalysatoren; vgl. hierzu auch Oxidationen mit $MeReO_3$ und OsO_4 als Katalysatoren, S. 1503, 1541). Bezüglich der für *Organismen* wichtigen Oxidationsprozesse mit Oxygenasen oder Oxidasen als Katalysatoren vgl. Lehrbücher der Biochemie.

2 Einige Klassen organischer Übergangsmetallverbindungen[29)]

Zu den **metallorganischen Verbindungen** rechnet man alle Moleküle mit Metall-Kohlenstoff-Bindungen, also auch solche, die wie die *Metallcarbonyle* $M(CO)_n$ oder die *Cyanokomplexe* $M(CN)_n^{m-}$ metallkoordinierte anorganische Liganden (CO, CN^-) enthalten. Diese große *Variationsbreite* der kohlenstoffhaltigen Liganden, verbunden mit der Möglichkeit der Metallzentren zur *Ausbildung unterschiedlicher Ligandenkoordinationen*, zum *Wechsel* ihrer *Oxidationsstufen* und *Koordinationszahlen* sowie zur *Bildung* von *Clustern* begründet die faszinierende Vielfalt der **Organoübergangsmetallchemie**.

Man teilt die aus Lewis-sauren Zentren L_mM (L = Ligand *ohne* C-Ligator) und Lewis-basischen Liganden R (= Ligand *mit* C-Ligator) zusammengesetzten metallorganischen Verbindungen L_mMR_n zweckmäßig hinsichtlich des vom Liganden R für eine Koordinationsbindung bereitgestellten Elektronenpaars ein und unterscheidet – je nachdem es sich hierbei um ein freies n-, ein gebundenes σ- oder ein gebundenes π-Elektronenpaar handelt – zwischen n-, σ- und π-Komplexen[30)]:

$\mathbf{L_mMR_n}$	**n-Komplexe**			**σ-Komplexe**		**π-Komplexe**		
R z. B.	$\geqslant C:^{1-}$	$>C:^{2-}$	$-C:^{3-}$	$\geqslant C{-}H$	$\geqslant C{-}C\leqslant$	$>C{=}C<$	$-C{\equiv}C-$	Aromaten

Die aufgeführten Liganden R können mit einem einzigen Komplexzentrum oder mit mehreren Zentren gleichzeitig verknüpft sein. Auch bilden die R-Liganden über die erwähnte σ-Bindungsbeziehung hinaus vielfach zusätzliche π-Wechselbeziehungen aus (π-Hinbindungen im Falle der Alkyliden- und Alkylidin-Anionen $>C^{2-}$ und $-C^{3-}$, π-Rückbindungen im Falle der Alkene, Alkine, Aromaten; Bindungsbezie-

[29] **Literatur.** Bücher. G. Wilkinson, F. G. A. Stone, E. W. Abel: „*Comprehensive Organometallic Chemistry*", 9 Bände, Pergamon Press, Oxford 1982; G. E. Coates, M. L. H. Green, K. Wade: „*Organometallic Compounds*", 2 Bände, Methuen, London 1967/1968; „*Einführung in die metallorganische Chemie*", Enke Verlag, Stuttgart 1972; I. Haiduc, J. J. Zuckerman: „*Basic Organometallic Chemistry*", Walter de Gruyter, Berlin 1985; P. Powell: „*Principles of Organometallic Chemistry*", Chapman and Hall, London 1988; A. W. Parkins, R. C. Poller: „*An Introduction to Organometallic Chemistry*", Macmillan, London 1986; A. Yamamoto: „*Organotransition Metal Chemistry*", Wiley, New York 1986; A. J. Pearson: „*Metallo-Organic Chemistry*", Wiley, New York 1985; P. L. Pauson: „*Organometallic Chemistry*", Arnold, London 1968; F. R. Hartley, S. Patai: „*The Chemistry of Metal-Carbon Bond*", 4 Bände, 1982–1986; S. G. Davies: „*Organotransition Metal Chemistry: Applications to Organic Synthesis*", Pergamon Press, Oxford 1982; H. Alper: „*Transition Metal Organometallics in Organic Synthesis*", 2 Bände, Academic Press, New York 1976/1978; Ch. Elschenbroich, A. Salzer: „*Organometallchemie*", Teubner, Stuttgart 1988. – Zusammenfassende Überblicke. M. R. Churchill, R. Mason: „*The Structural Chemistry of Organo-Transition Metal Complexes: Some Recent Developments*", Adv. Organomet. Chem. **5** (1967) 93–135; F. G. A. Stone, R. West: „*Advances in Organometallic Chemistry*", bisher 36 Bände, Acad. Press, New York 1964–1994; H. Werner: „*Metallorganische Komplexchemie – ein zentrales Gebiet chemischer Forschung*", Chemie in unserer Zeit **3** (1969) 152–158; P. L. Timms, T. W. Turney: „*Metal Atom Synthesis of Organometallic Compounds*", Adv. Organomet. Chem. **15** (1977) 53–112; M. Herberhold: „*Komplexchemie mit nackten Metallatomen*", Chemie in unserer Zeit **10** (1976) 120–129; U. Zenneck: „*Die Chemie freier Metallatome*", Chemie in unserer Zeit **27** (1993) 208–219; B. L. Shaw, N. I. Tucker: „*Organo-Transition Metal Compounds and Related Aspects of Homogeneous Catalysis*", Comprehensive Inorg. Chem. **4** (1973) 781–994.

[30] Früher – vor der Entdeckung von „echten" σ-Komplexen – bezeichnete man n-Komplexe auch als σ-Komplexe.

hung jeweils vom Liganden aus gesehen). Wie bereits an früherer Stelle (S. 1212) angedeutet wurde, beschreibt man die n-Komplexe mit Alkyliden- und Alkylidin-Anionen vielfach auch als n-Komplexe mit neutralen Carben- und Carbin-Liganden >C: und —C⁝, wobei man dann π-Rückbindungen vom Metall zum Liganden berücksichtigen muß.

Nachfolgend (2.1) werden zunächst *Metallcarbonyle und verwandte Komplexe* besprochen:

CO-,	**CY-,**	**CN^--,**	**CNR-,**	**NO-,**	**N_2-,**	**PF_3-Komplexe.**
(S. 1629f)	(S. 1655)	(S. 1656)	(S. 1658)	(S. 1661)	(S. 1667)	(S. 1671)

Dann sei auf sonstige *metallorganische n-Komplexe* (2.2; S. 1673), auf *metallorganische σ-Komplexe* (2.3; S. 1681), *metallorganische π-Komplexe* (2.4; S. 1684) und schließlich auf *katalytische Prozesse mit Metallorganylen* (2.5; S. 1716) eingegangen.

2.1 Metallcarbonyle und verwandte Komplexe[29, 31]

Metallcluster vom Carbonyl-Typ

Unter der Bezeichnung **Metallcarbonyle** faßt man eine Reihe von Kohlenoxid-Verbindungen $M(CO)_n$ (und im weiteren Sinne $L_mM(CO)_n$) der Übergangsmetalle M zusammen. Verwandt mit den Metallcarbonylen sind Komplexe, in welchen die CO-Liganden (10 Außenelektronen) durch isovalenz-elektronische Gruppen wie CN^-, NO^+, NN, CS ersetzt sind.

2.1.1 Die Metallcarbonyle[31, 32]

Grundlagen

Zusammensetzung. Die Tabellen 139 und 140 geben die Stöchiometrien bisher bekannter *binärer* („*homoleptischer*“[32a]) Übergangsmetallverbindungen mit Kohlenmonoxid wieder. Un-

---

31 **Literatur** (vgl. auch Anm.[43, 46]). Übersichten. E. W. Abel: „*The Metal Carbonyls*“, Quart. Rev. **17** (1963) 133–159; W. Hieber: „*Metal Carbonyls, Fourty Years of Research*“, Adv. Organomet. Chem. **8** (1970) 1–28; J. Grobe: „*Metallcarbonyle*“, Chemie in unserer Zeit **5** (1971) 50–56; W. P. Griffith: „*Carbonyls, Cyanides, Isocyanides and Nitrosyls*“, Comprehensive Inorg. Chem. **4** (1973) 105–195; H. Behrens: „*Four Decades of Metal Chemistry in Liquid Ammonia: Aspects and Prospects*“, Adv. Organomet. Chem. **18** (1980) 1–53; W. A. Herrmann: „*100 Jahre Metallcarbonyle*“, Chemie in unserer Zeit **22** (1988) 113–122; H. Werner: „*Komplexe von CO und seinen Verwandten: Eine Klasse metallorganischer Verbindungen feiert Geburtstag*“, Angew. Chem. **102** (1990) 1109–1121; Int. Ed. **29** (1990) 1077. Spezielle Aspekte. T. A. Manuel: „*Lewis-Base Metal-Carbonyl-Complexes*“, Adv. Organomet. Chem. **3** (1965) 181–261; G. R. Dobson, I. W. Stolz, R. K. Sheline: „*Substitution Products of the Group VI B Metal Carbonyls*“, Adv. Inorg. Radiochem. **8** (1966) 1–82; W. Strohmeier: „*Kinetik und Mechanismus von Austausch- und Substitutionsreaktionen an Metallcarbonylen*“, Fortschr. Chem. Forsch. **10** (1968) 306–346; E. W. Abel, F. G. A. Stone: „*The Chemistry of Transition-Metal Carbonyls – Synthesis and Reactivity*“, Quart. Rev. **24** (1970) 498–552; P. Chini, G. Longoni, V. G. Albano: „*High Nuclearity Metal Carbonyl Clusters*“, Adv. Organomet. Chem. **14** (1976) 285–344; F. A. Cotton: „*Metal Carbonyls: Some New Observations in an Old Field*“, Progr. Inorg. Chem. **21** (1976) 1–28; I. Wender, P. Pino: „*Organic Synthesis via Metal Carbonyls*“, Interscience, New York 1977; R. D. Adam, I. T. Horváth: „*Novel Reactions of Metal Carbonyl Cluster Compounds*“, Prog. Inorg. Chem. **33** (1985) 127–181; M. D. Vargas, J. N. Nicholls: „*High-Nuclearity Carbonyl Clusters: Their Synthesis and Reactivity*“, Adv. Inorg. Radiochem. **30** (1986) 123–222; D. J. Sikova, D. W. Macomber, M. D. Rausch: „*Carbonyl Derivates of Titanium, Zirconium and Hafnium*“, Adv. Organomet. Chem. **25** (1986) 318–379.

32 **Geschichtliches**. Das erste binäre Metallcarbonyl, Nickeltetracarbonyl $Ni(CO)_4$, synthetisierten im Jahre 1890 L. Mond, C. Langer und F. Quincke aus Ni-Metall und CO, nachdem zuvor (1868) von M. P. Schützenberger mit $[PtCl_2(CO)_2]$ erstmals ein Komplex des Kohlenmonoxids gewonnen werden konnte ($Fe(CO)_5$ wurde 1891 von Mond et al. gewonnen). Die Zufallsentdeckung von Mond setzte eine Entwicklung in Gang, die in der ersten Hälfte des 20. Jahrhunderts entscheidend durch Walter Hieber (1895–1976) geprägt wurde (Studien zur Synthese sowie Reaktivität der Metallcarbonyle). Frühzeitig erkannte man auch die Bedeutung der Metallcarbonyle als Katalysatoren für organische Prozesse wie Olefinhydrierung mit Ni-Katalysatoren (P. Sabatier, 1897), Kokshydrierung zu Flüssigbenzin Zn mit Fe/Co-Katalysatoren (F. Fischer, H. Tropsch; 1922), Oxosynthese mit Co-Katalysatoren (O. Roelen; 1938), Carbonylierungsreaktion sowie Alkinoligomerisierung mit Ni-, Co-, Fe-Katalysatoren (W. Reppe; ab 1940).

32a Als **homoleptisch** (**heteroleptisch**) bezeichnet man Komplexe, in denen *gleichartige* (*ungleichartige*) Liganden an ein bestimmtes Zentralmetall gebunden sind. **Isoleptische** Komplexe enthalten unterschiedliche Metalle, aber gleichviele gleichartige Liganden.

Tab. 139 Einkernige Metallcarbonyle

4	5	6	7	8	9	10	11
IV	V	VI	VII	VIII			I
($Ti(CO)_6$)[a)] *grün* Matrix < 10 K	**$V(CO)_6$**[b)] *schwarzblau* Zers. 70 °C	**$Cr(CO)_6$** *farblos* Zers. 150 °C	Mn	**$Fe(CO)_5$** *gelb* – 20.5/103 °C[c)]	Co	**$Ni(CO)_4$** *farblos* – 19.3/42.1 °C[c)]	Cu
Zr	Nb	**$Mo(CO)_6$** *farblos* Zers. 180 °C	Tc	**$Ru(CO)_5$** *farblos* Smp. – 22 °C	Rh	**($Pd(CO)_4$)** ? Matrix < 80 K	Ag
Hf	Ta	**$W(CO)_6$** *farblos* Zers. 180 °C	Re	**$Os(CO)_5$** *farblos* Smp. – 15 °C	Ir	**($Pt(CO)_4$)** ? Matrix < 80 K	Au

a) Erwartete Zusammensetzung $Ti(CO)_7$; in Form des Substitutionsprodukts $Ti(CO)_5L_2$ mit $L_2 = Me_2PCH_2CH_2PMe_2$ bekannt. – **b)** Erwartete Zusammensetzung: $V_2(CO)_{12}$; vgl. Tab. 140. – **c)** Smp./Sdp.

ter ihnen sind die **einkernigen Metallcarbonyle $M(CO)_n$** (Tab. 139) vergleichsweise *flüchtig*. Sie werden – abgesehen von Vanadium – ausschließlich von den Metallen mit *gerader Ordnungszahl* – also den Elementen *Chrom, Eisen, Nickel* und ihren *Homologen* – gebildet. Offensichtlich sind hier die Formeln – wie bei vielen anderen Komplexverbindungen (vgl. S. 1243) – eine Folge des Bestrebens der Metalle, durch Einbau freier Elektronenpaare anderer Atome die Elektronenzahl des *nächsthöheren Edelgases* zu erlangen. Gemäß dieser 18-*Elektronenregel* benötigen die Metalle Cr, Mo, W der 6. Gruppe (VI. Nebengruppe; 6 Außenelektronen) 12, die Metalle Fe, Ru, Os der 8. Gruppe (VIII. Nebengruppe; 8 Außenelektronen) 10 und die Metalle Ni, Pd, Pt der 10. Gruppe (VIII. Nebengruppe; 10 Außenelektronen) 8 Elektronen bis zur Erreichung der Achtzehnerkonfiguration, d.h. 6, 5 bzw. 4 CO Moleküle (Formeln: $M(CO)_6$, $M(CO)_5$, $M(CO)_4$). Nur die Zusammensetzung des Vanadiumcarbonyls $V(CO)_6$, in welchem die Elektronenkonfiguration des Vanadiums ($5 + 6 \times 2 = 17$ Elektronen) der des Eisens in $Fe(CN)_6^{3-}$ entspricht (V^0 und Fe^{3+} sind isoelektronisch), weicht von dieser Bauregel ab (s.u.).

Bei den weniger bis nichtflüchtigen **mehrkernigen Metallcarbonylen $M_m(CO)_n$** (Tab. 140) erreicht die auf jedes Metallatom entfallende *Gesamtelektronenzahl* nicht ganz die Elektronenzahl des nächsten Edelgases. Denn während die *einkernigen* Typen (mit Ausnahme von $V(CO)_6$) die Zusammensetzung $M(CO)_n$ besitzen (wobei $2n$ die zur nächsten Edelgasschale fehlende Elektronenzahl des Metalls M bedeutet), kommt den *zweikernigen* Gliedern die Bruttozusammensetzung $M(CO)_{n-0.5}$ (z. B. „$Fe(CO)_{4.5}$“), den *dreikernigen* die Bruttozusammensetzung $M(CO)_{n-1}$ (z.B. „$Fe(CO)_4$“) und den *vierkernigen* die Bruttozusammensetzung $M(CO)_{n-1.5}$ (z.B. „$Co(CO)_3$“) zu:

$M(CO)_{n-0}$	$M(CO)_{n-0.5}$	$M(CO)_{n-1}$	$M(CO)_{n-1.5}$
einkernig	*zweikernig*	*dreikernig*	*vierkernig*

Da jedes Kohlenoxidmolekül *ein Elektronenpaar* beisteuert, fehlen hier also den einzelnen Metallatomen in obigen Formeln *ein* (zweikernige Carbonyle), *zwei* (dreikernige Carbonyle) bzw. *drei* (vierkernige Carbonyle) Elektronen bis zur nächsten Edelgasschale, was die *Zusammenlagerung* zu *größeren* (diamagnetischen) *Molekülverbänden* mit Metallclustern bedingt.

Strukturverhältnisse. Der CO-Ligand ist in den „*Metallcarbonylen*“ stets „end-on“, über das C-Atom mit dem Metallzentrum verbunden, wobei er, wie auf S. 867 bereits besprochen wurde, in mehrkernigen Carbonylen sowohl *nichtverbrückend* mit einem Zentrum (a) (lineare MCO-Gruppierung) als auch *zweifach* (μ_2) oder sogar *dreifach* (μ_3) *verbrückend* mit zwei oder drei Metallatomen (b, c) (nicht-lineare MCO-Gruppierung) verknüpft sein kann (die M-Atome sind in letzteren Fällen zusätzlich untereinander ver-

Tab. 140 Mehrkernige Metallcarbonyle[a)]

7	8	9	10	11
VII	VIII			I
$Mn_2(CO)_{10}$, *goldgelb* Smp. 155 °C (Subl. Vak.)	**$Fe_2(CO)_9$**, *goldgelb* Smp. 100 °C (Zers.)	**$Co_2(CO)_8$**, *orangefarben* Smp. 100 °C (Zers.)	Ni	**($Cu_2(CO)_6$)** Matrix 30 K
–	**$Fe_3(CO)_{12}$**, *tiefgrün* Smp. 140 °C (Zers.)	**$Co_4(CO)_{12}$**, *schwarz* Smp. 60 °C (Zers.)		
–	–	**$Co_6(CO)_{16}$**, *schwarz* Smp. 105 °C (Zers.)		
$Tc_2(CO)_{10}$, *farblos* Smp. 160 °C (Subl. Vak.)	**$Ru_2(CO)_9$** Zers. > – 40 °C	**$Rh_2(CO)_8$** Zers. – 48 °C	Pd	**($Ag_2(CO)_6$)** Matrix 30 K
–	**$Ru_3(CO)_{12}$**, *orangerot* Smp. 155 °C	**$Rh_4(CO)_{12}$**, *dunkelrot* Smp. 150° (Zers.)		
–	–[b)]	**$Rh_6(CO)_{16}$**, *schwarz* Smp. 220 °C (Zers.)		
$Re_2(CO)_{10}$, *farblos* Smp. 177 °C (Subl. Vak.)	**$Os_2(CO)_9$**, *orangegelb* Smp. 67 °C (Zers.)	**($Ir_2(CO)_8$)** Matrix < 40 K	Pt	Au
–	**$Os_3(CO)_{12}$**, *hellgelb* Smp. 224 °C (Subl. Vak.)	**$Ir_4(CO)_{12}$**, *kanariengelb* Smp. 210 °C (Zers.)		
–	**$Os_5(CO)_{16}$, $Os_6(CO)_{18}$** **$Os_7(CO)_{21}$, $Os_8(CO)_{23}$**[c)]	**$Ir_6(CO)_{16}$**, *rotbraun*		

a) Es gibt auch gemischte mehrkernige Metallcarbonyle wie $(CO)_5MnRe(CO)_5$, $(CO)_5MnCo(CO)_4$, $(CO)_5ReCo(CO)_4$, $FeMn_2(CO)_{14}$, $Co_2Rh_2(CO)_{12}$ – **b)** Man kennt ein $Ru_6C(CO)_{17}$ (früher als $Ru_6(CO)_{18}$ formuliert: *rot*, Smp. 235 °C, Zers.). – **c)** Die vier festen Osmiumcarbonyle sind *rosa, braun, orangefarben, gelborangefarben.*

bunden). In „*Metallcarbonyl-Derivaten*" tritt CO gelegentlich im Sinne der Formeln (d), (e), (f) und – selten – auch als zweizähniger (η^2-)Ligand (g) auf:

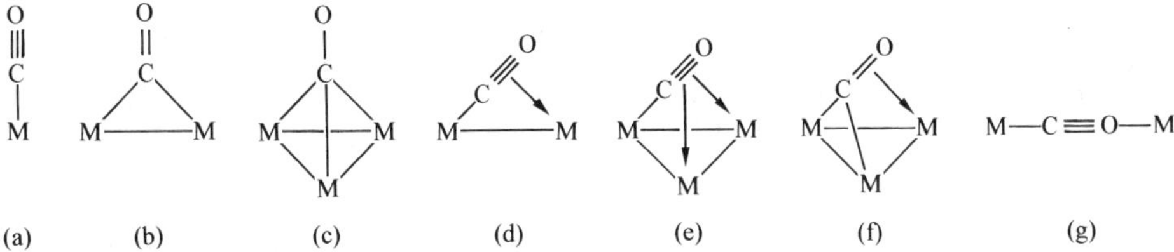

Einkernige Metallcarbonyle (vgl. Tab. 139). Für die Carbonyle **$M(CO)_6$** (M = Ti, V, Cr, Mo, W) ist eine Anordnung der CO-Moleküle an den sechs Ecken eines regulären *Oktaeders*, für die Carbonyle **$M(CO)_4$** (M = Ni, Pd, Pt) eine solche an den Ecken eines regulären *Tetraeders* nachgewiesen (vgl. Fig. 320, S. 1633; O_h- bzw. T_d-Molekülsymmetrie; jeweils 6 oder 4 gleiche MC-Abstände von 1.92, 2.06, 2.07, 1.84 Å im Falle von $Cr(CO)_6$, $Mo(CO)_6$, $W(CO)_6$, $Ni(CO)_4$; der CO-Abstand beträgt rund 1.15 Å). Die Carbonyle **$M(CO)_5$** (M = Fe, Ru, Os) besitzen die Konfiguration einer *trigonalen Bipyramide* (vgl. Fig. 320; D_{3h}-Molekülsymmetrie), wobei die beiden axialen MC-Abstände in $Fe(CO)_5$ (1.806 Å) etwas kürzer sind als die drei äquatorialen (1.833 Å). Die Strukturen lassen sich wie folgt über eine **Hybridisierungs-Betrachtung** (L. Pauling; vgl. S. 1247) deuten: Nach der paarigen Besetzung von 3, 4 bzw. 5 d-Außenatomorbitalen mit 6, 8 bzw. 10 Außenelektronen der Chrom-, Eisen- bzw. Nickelgruppenelemente (der CO-Ligand führt immer zu low-spin Komplexen) verbleiben noch 2, 1 bzw. 0 elektronenleere d-Orbitale, welche mit den unbesetzten s- und p-Außenorbitalen der betreffenden Metalle oktaedrisch ausgerichtete d^2sp^3-, trigonal-bipyramidal ausgerichtete dsp^3- bzw. tetraedrisch ausgerichtete sp^3-Hydridorbitale für 6, 5 bzw. 4 CO-Liganden bilden:

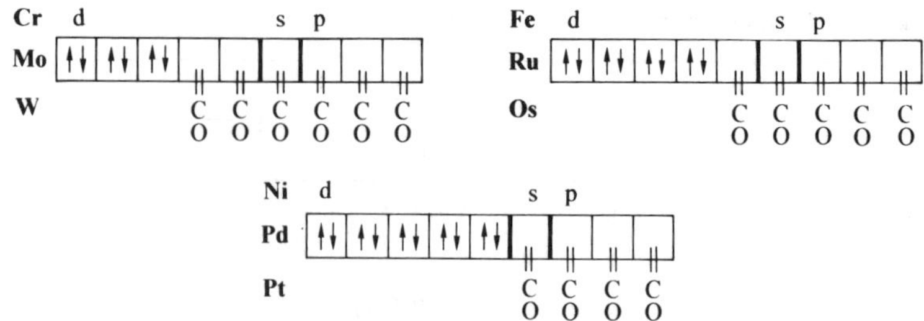

Im Falle von $V(CO)_6$ bzw. $Ti(CO)_6$ verbleibt ein d-Orbital halb- bzw. unbesetzt[33].

Zwei-, drei- und vierkernige Metallcarbonyle (vgl. Tab. 140). Die Metallatome der hypothetischen *einkernigen Pentacarbonyle* $M(CO)_5$ der Mangangruppe, der *einkernigen Tetracarbonyle* $M(CO)_4$ der Cobaltgruppe und der *einkernigen Tricarbonyle* $M(CO)_3$ der Kupfergruppe weisen ähnlich wie Vanadium in $V(CO)_6$ ein halbbesetztes d-Orbital und damit insgesamt nur 17 Außenelektronen auf. Durch Kombination zweier derartiger Fragmente unter Ausbildung einer MM-Elektronenpaarbindung erlangen die Metallatome jeweils ein Elektronenoktadezett. Demgemäß sind in den Carbonylen $\mathbf{M_2(CO)_{10}}$ (M = Mn, Tc, Re), $\mathbf{M_2(CO)_8}$ (M = Co, Rh, Ir) und $\mathbf{M_2(CO)_6}$ (M = Cu, Ag) beide Metallatome *oktaedrisch, trigonal-bipyramidal* bzw. *tetraedrisch* von fünf, vier bzw. drei CO-Liganden und einem $M(CO)_n$-Rest ($n = 5$, 4 bzw. 3) umgeben[33], d.h. man hat sich gemäß der Formulierung $(CO)_nM—M(CO)_n$ zwei Oktaeder, trigonale Bipyramiden bzw. Tetraeder mit gemeinsamer Spitze vorzustellen (vgl. Fig. 320 für $M_2(CO)_{10}$ und $M_2(CO)_8$; CO-Gruppen jeweils auf Lücke entsprechend einer D_{4d}- und D_{3d}-Molekülsymmetrie; MnMn/TcTc/ReRe-Abstände = 2.977/3.04/3.02 Å; CoCo-Abstand 2.88 Å)[34]. $Co_2(CO)_8$ existiert zusätzlich in einer um ca. 26 kJ/mol energieärmeren Form, welche sich von der besprochenen Form durch einen Übergang zweier end- in brückenständige CO-Liganden ableitet (vgl. Fig. 320; C_{2v}-Molekülsymmetrie; CoCo-Abstand = 2.52 Å)[35]:

O
C
M——M ⇌ M—M (mit zwei brückenständigen C=O)
C
O

Im Zuge dieses Übergangs ändert sich naturgemäß nichts an der Zahl der M-Außenelektronen (in der linken Formel liefert jedes CO einem Metallatom jeweils zwei, in der rechten Formel zwei Metallatomen jeweils ein Elektron). Im Festzustand liegt ausschließlich das energieärmste, in Lösung und in der Gasphase zusätzlich das energiereichere Isomer vor[35]. Einzelheiten über die Strukturen von $Rh_2(CO)_8$, $Ir_2(CO)_8$, $Cu_2(CO)_6$ sowie $Ag_2(CO)_6$ sind noch unbekannt.

Die Strukturen der erwähnten zweikernigen Metallcarbonyle folgen – wie die der drei- und vierkernigen – auch aus einer **Isolobal-Betrachtung** (R. Hoffmann): Gemäß dem auf S. 1246 Besprochenen bestehen nämlich zwischen den Fragmenten d^7-ML_5 (M = Mn, Tc, Re), d^8-ML_4 (M = Fe, Ru, Os), d^9-ML_4 bzw. d^9-ML_3 (M = Co, Rh, Ir) und CH_3, CH_2 sowie CH folgende Isolobalbeziehungen (L hier CO):

d^7-$M(CO)_5$ (M = Mn, Tc, Re) | d^9-$M(CO)_4$ (M = Co, Rh, Ir) | CH_3 | d^8-$M(CO)_4$ (M = Fe, Ru, Os) | CH_2 | d^9-$M(CO)_3$ (M = Co, Rh, Ir) | CH

[33] Daß $V(CO)_6$ nicht wie $Mn(CO)_5$ oder $Co(CO)_4$ dimerisiert, und die Formel des Ti-Carbonyls nicht $Ti(CO)_7$ lautet, hat wohl sterische und elektronische Gründe (die Anzahl rückkoordinierbarer Metallelektronen pro CO-Ligand ist in $V_2(CO)_{12}$ bzw. $Ti(CO)_7$ geringer).

[34] Die Metallatome gewinnen in $M_2(CO)_{10}$ mit 7 (Mn, Tc, Re) + 5 × 2 (CO) + 1 (M') = 18, in $M_2(CO)_9$ mit 8 (Fe, Ru, Os) + 4.5 × 2 (CO) + 1 (M') = 18, in $M_2(CO)_8$ mit 9 (Co, Rh, Ir) + 4 × 2 (CO) + 1 (M') = 18, in $M_2(CO)_6$ mit 11 (Cu, Ag) + 3 × 2 (CO) + 1 (M') = 18, in $M_3(CO)_{12}$ mit 8 (Fe, Ru, Os) + 4 × 2 (CO) + 2 (M') = 18 und in $M_4(CO)_{12}$ mit 9 (Co, Rh, Ir) + 3 × 2 (CO) + 3 (M') = 18 Außenelektronen jeweils eine Edelgasschale (Krypton, Xenon bzw. Radon).

[35] Ferner existiert ein zweites unverbrücktes, energiereicheres Isomer, in welchem die Cobaltatome quadratisch-pyramidal von 4 CO-Liganden und einem $Co(CO)_4$-Rest (Pyramidenspitze) umgeben sind (Molekülsymmetrie: D_{4h}).

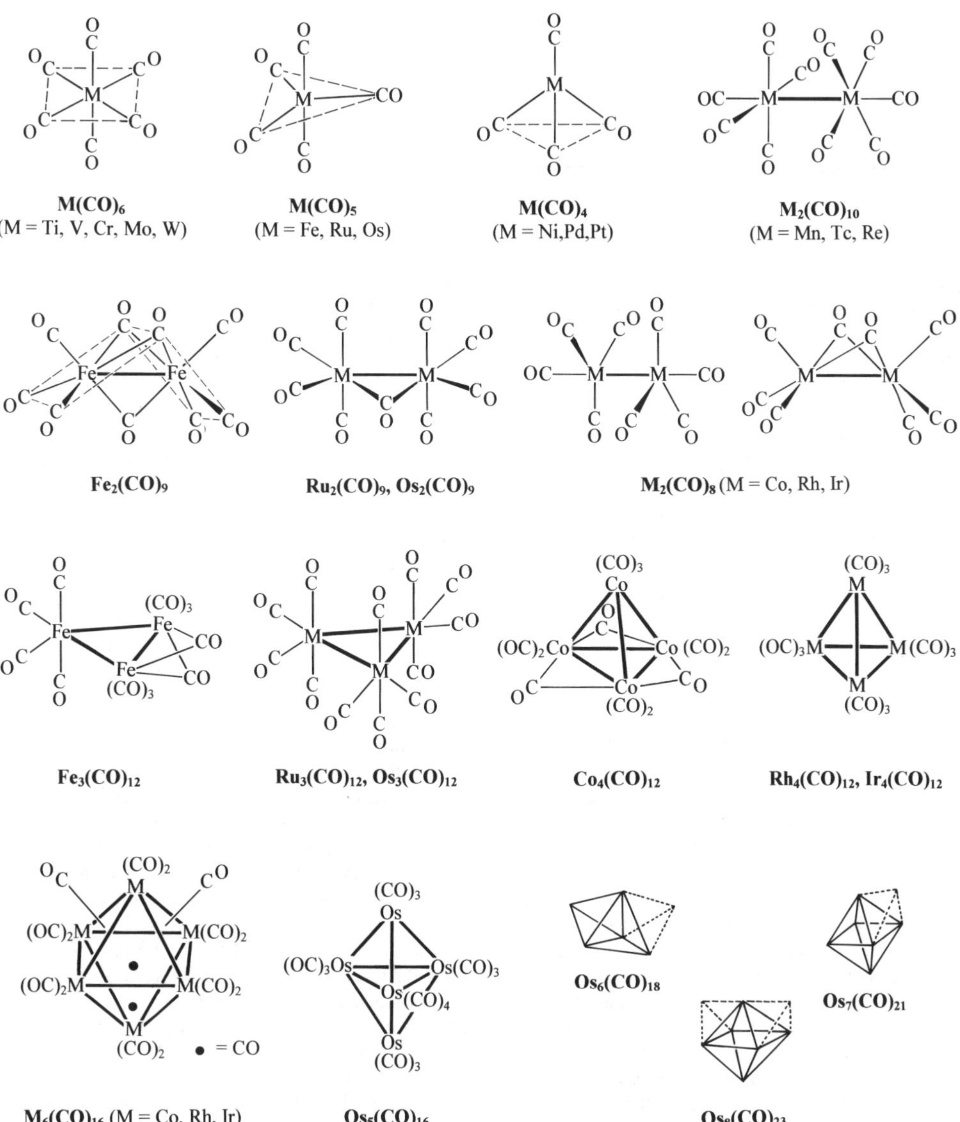

Fig. 320 Strukturen ein- und mehrkerniger Metallcarbonyle (der Übersichtlichkeit halber wurde in $M_6(CO)_{16}$ die CO-Gruppe über der vorderen und hinteren unteren M_3-Fläche weggelassen; die Ecken der höheren Os-Carbonyle stellen $Os(CO)_3$-Gruppen dar, die mittlere obere Ecke in $Os_8(CO)_{23}$ steht für $Os(CO)_2$).

Da die Strukturen anorganischer, organischer und metallorganischer Moleküle, wie ebenfalls auf S. 1246 angedeutet wurde, aus einer Vereinigung isolobaler Fragmente hervorgehen, entsprechen die zweikernigen Carbonyle $(CO)_nM—M(CO)_n$ der Mangan- und Cobaltgruppe (n = 5, 4) dem Ethan $H_3C—CH_3$ (man kennt auch „gemischte" Verbindungen wie $(CO)_nM—CH_3$ oder $(CO)_nM—M'(CO)_m$), z. B.:

$$(CO)_5Mn—Mn(CO)_5 \leftarrow\!\circ\!\rightarrow (CO)_5Mn—CH_3 \leftarrow\!\circ\!\rightarrow H_3C—CH_3 .$$

Die Fragmente $M(CO)_4$ der Eisengruppe sowie $M(CO)_3$ der Cobaltgruppe treten andererseits analog den Teilchen Methylen CH_2 bzw. Methylidin CH, die u.a. in Form von Cyclopropan $(CH_2)_3$ bzw. von Derivaten des Tetrahedrans $(CH)_4$ existieren, zu Trimeren $\mathbf{M_3(CO)_{12}}$ (M = Fe, Ru, Os) bzw. Tetrameren $\mathbf{M_4(CO)_{12}}$ (M = Co, Rh, Ir) zusammen, wobei jeweils die leichtesten Glieder einer homologen Gruppe neben end- auch brückenständige CO-Liganden aufweisen[34)] (vgl. Fig. 320; wieder existieren auch „gemischte" Verbindungen wie $(CH_2)_2Fe(CO)_4$, $(CH_2)Fe_2(CO)_8$, $(RC)Co_3(CO)_9$, $(RC)_2Co_2(CO)_6$, $(RC)_3Co(CO)_3$), z. B.:

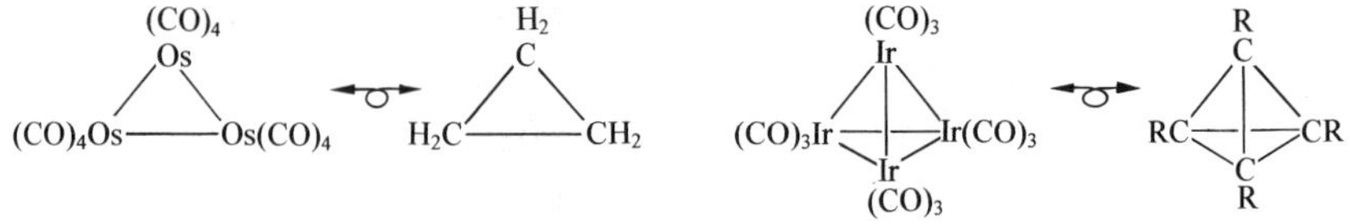

$$(CO)_4Os_3(CO)_8 \;[\text{Dreiring } Os(CO)_4] \longleftrightarrow H_2C\text{–}CH_2\text{–}CH_2 \;[\text{Cyclopropan}] \qquad (CO)_3Ir_4(CO)_9 \;[\text{Tetraeder}] \longleftrightarrow (RC)_4 \;[\text{Tetraeder}]$$

In $Ru_3(CO)_{12}/Os_3(CO)_{12}$ bzw. $Rh_4(CO)_{12}/Ir_4(CO)_{12}$ bilden die Metallatome demgemäß ein gleichseitiges Dreieck (C_{3h}-Molekülsymmetrie) bzw. ein Tetraeder (T_d-Molekülsymmetrie), wobei jedes Metallatom verzerrt oktaedrisch von vier bzw. drei CO-Gruppen und zwei bzw. drei anderen Metallatomen umgeben ist, während die Metallatome in $Fe_3(CO)_{12}$ bzw. $Co_4(CO)_{12}$ an den Ecken eines gleichschenkeligen Dreiecks (C_{2v}-Symmetrie) bzw. einer trigonalen Pyramide (C_{3v}-Symmetrie) lokalisiert sind (FeFe-Abstände einmal 2.56 Å, zweimal 2.68 Å; CoCo-Abstände im Mittel 2.49 Å).

Dem Ethylen $H_2C{=}CH_2$ bzw. Acetylen $HC{\equiv}CH$ entsprechende Carbonyle $(CO)_4M{=}M(CO)_4$ der Eisengruppe bzw. $(CO)_3M{\equiv}M(CO)_3$ der Cobaltgruppe existieren unter Normalbedingungen nicht. Allerdings wurde das Carbonyl $(CO)_4Fe{=}Fe(CO)_4$ bzw. eine Variante mit CO-Brücken in einer Tieftemperaturmatrix beobachtet (man kennt auch die „gemischte" Verbindung $R_2C{=}Fe(CO)_4$). Es bildet unter Aufnahme von CO leicht das stabile Molekül $Fe_2(CO)_9$, ein zweikerniges Carbonyl der allgemeinen Zusammensetzung $\mathbf{M_2(CO)_9}$ (M = Fe, Ru, Os). Letztere Metallcarbonyle stellen Isolobale des Cyclopropanons dar, das sich allerdings nicht spontan aus Ethylen und Kohlenstoffmonoxid bildet:

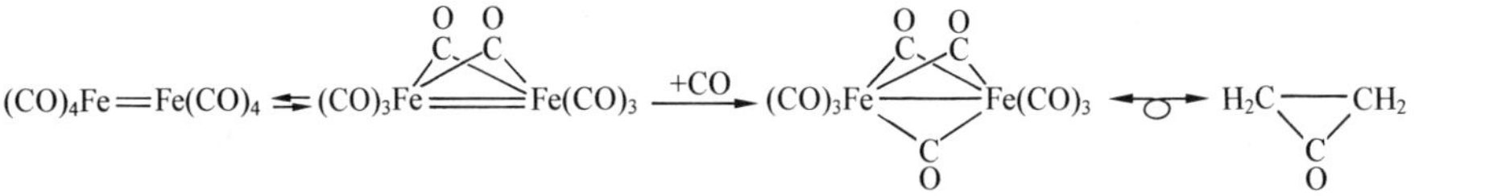

$$(CO)_4Fe{=}Fe(CO)_4 \rightleftarrows (CO)_3Fe(\mu\text{-}CO)_2{=}Fe(CO)_3 \xrightarrow{+CO} (CO)_3Fe(\mu\text{-}CO)_3Fe(CO)_3 \longleftrightarrow H_2C\text{–}CH_2\text{–}C{=}O$$

Den Verbindungen $Ru_2(CO)_9$ und $Os_2(CO)_9$ liegt in der Tat ein dreigliederiger Dimetallacyclopropanonring zugrunde (Fig. 320; C_{2v}-Molekülsymmetrie), während das leichtere Homologe $Fe_2(CO)_9$ noch zwei zusätzliche CO-Brücken enthält (vgl. Fig. 320)[34)]. In letzterem Molekül ist mithin das Eisen verzerrt oktaedrisch von drei end- und drei brückenständigen CO-Liganden koordiniert, d. h. die Verbindung setzt sich aus zwei $M(CO)_6$-Oktaedern mit gemeinsamer Fläche zusammen. Zusätzlich sind die Metallatome noch durch eine Metall-Metall-Bindung (2.523 Å in $Fe_2(CO)_9$) miteinander verknüpft.

Analog den einkernigen Carbonylen befolgen auch die zwei-, drei- und vierkernigen die **18-Elektronen-Abzählregel**, wie sich leicht durch einen Vergleich der für einen Metallcluster geforderten Anzahl von $(18n-2m)$ Elektronen („*magische Elektronenanzahl*"; n = Anzahl der M-Atome, m = Zahl der MM-Bindungen) mit der tatsächlich vorhandenen Zahl von Elektronen, die sich für den betreffenden Metallcluster bei Berücksichtigung der von den Liganden gelieferten Elektronen errechnet, ergibt (bei Clustern mit Haupt- und Nebengruppenelementen beträgt die magische Elektronenzahl $8n_H + 18n_N - 2m$). So errechnen sich für zwei-, drei- und vierkernige Metallcarbonyle mit digonalen M_2-, trigonal-planaren M_3- und tetraedrischen M_4-Gruppierungen die magischen Zahlen von 34, 48 und 60 Elektronen (tatsächliche Elektronenzahl für $Mn_2(CO)_{10}$: $2 \times 7 + 10 \times 2 = 34$, für $Fe_3(CO)_{12}$: $3 \times 8 + 12 \times 2 = 48$, für $Co_4(CO)_{12}$: $4 \times 9 + 12 \times 2 = 60$ Elektronen). Enthalten die Metallcluster zudem Mehrfachbindungen, so verringern sich die magischen Elektronenzahlen um jeweils 2 pro zusätzliche π-Bindung (z. B. $Fe_2(CO)_8$ mit FeFe-Doppelbindung: gefordert 32 Elektronen; laut Elektronenabzählung: 2×8 (Fe) $+ 8 \times 2$ (CO) $= 32$ Elektronen; $Cp_2Cr_2(CO)_4$ mit CrCr-Dreifachbindung: gefordert 30 Elektronen; laut Elektronenabzählung: 2×6 (Cr) $+ 2 \times 5$ (Cp) $+ 4 \times 2$ (CO) $= 30$ Elektronen).

Fünf-, sechs-, sieben- und achtkernige Metallcarbonyle (vgl. Tab. 140). Die in den höheren Osmiumcarbonylen sowie in $M_6(CO)_{16}$ (M = Co, Rh, Ir) u. a. enthaltenen Fragmente $Os(CO)_3$ bzw. $M(CO)_2$ sind isolobal mit einer BH-Gruppe bzw. einem B-Atom. Folglich führt die Fragment-Zusammenlagerung zu Molekülen mit Elektronenmangelbindungen (vgl. S. 999), so daß naturgemäß die 18-Elektronenregel nicht mehr zuverlässig arbeitet. Zur Strukturdeutung führt man hier mit Vorteil eine **Skelettelektronen-Betrachtung** (K. Wade, D. M. P. Mingos, S. 997) durch, wonach einem Übergangsmetallcluster aus n Atomen, der durch $(2n+2)$, $2n$ oder $(2n-2)$ Elektronen zusammengehalten wird, eine Polyederstruktur ohne fehlende Ecke (*closo*-Struktur) bzw. mit *einer überkappten* oder mit *zwei überkappten Flächen* zukommt. Dabei steuert jedes Übergangsmetall $(v + l - 12)$ Gerüstelektronen bei (v = Anzahl der Valenzelektronen des Metalls, l = Anzahl der koordinativ betätigten Ligandenelektronen), so daß den Clustern insgesamt $(V + L - 12n)$ Gerüstelektronen zukommen ($V = n \times v$; $L = n \times l$; vgl. S. 997)[36)]. Entsprechend

[36] Ersichtlicherweise bedient man sich zur Ableitung der Strukturen von Metallcarbonylen noch keiner einheitlichen Methode, sondern man deutet die Struktur der einkernigen Metallcarbonyle über die *Paulingsche Hybridisierungstheorie*, die der zwei- bis vierkernigen Carbonyle über das *Hofmannsche Isolobalprinzip* und die der fünf- bis zehn-

dieser **Skelettelektronen-Abzählregel** enthalten die Metallcarbonyle $Os_5(CO)_{16}$ sowie $M_6(CO)_{18}$ ($2n + 2$)-, die Carbonyle $Os_6(CO)_{18}$ sowie $Os_7(CO)_{21}$ ($2n$)- bzw. das Carbonyl $Os_8(CO)_{23}$ ($2n - 2$)-Käfigelektronen und bilden demgemäß Cluster mit einer trigonalen Os_5-Bipyramide, einem M_6-Oktaeder (M = Co, Rh, Ir), einer einfach-überkappten trigonalen Os_5-Bipyramide, einem einfach-überkappten Os_6-Oktaeder bzw. einem zweifach-überkappten Os_6-Oktaeder (vgl. Fig. 320)[37]. Im Falle von $M_6(CO)_{18}$ (M = Co, Rh, Ir) trägt jedes an einer Oktaederecke lokalisierte M-Atom zwei endständige CO-Liganden; die restlichen $16 - (6 \times 2) = 4$ CO-Moleküle sitzen über vier der acht Dreiecksflächen des Oktaeders, so daß jeweils drei M-Atome zusätzlich über einen CO-Liganden untereinander verbunden sind (vgl. Fig. 320).

Bindungsverhältnisse. Für die relativ hohe *Stabilität* der MC-Bindung in Übergangsmetall*carbonylen* $M(CO)_n$ im Vergleich zur *Instabilität* der MC-Bindung in vielen Übergangsmetall*alkylen* (vgl. S. 1673) ist im Rahmen der **Valence-Bond-Betrachtung** des Bindungszustandes vor allem die Möglichkeit der Carbonylgruppe CO zur Aufnahme von Metallelektronen durch *π-Rückbindungen* verantwortlich; denn wie schon auf S. 1245 erwähnt, zieht der Carbonyl-Ligand im Sinne der Mesomerie

$$[:M \leftarrow C{\equiv}O: \leftrightarrow M \rightleftarrows C{=}\ddot{\underset{..}{O}}]$$

freie d-Elektronenpaare des Zentralmetalls ab und verstärkt auf diese Weise die Bindung zwischen M und C durch eine zusätzliche π-Bindung. Die rechte Grenzformel trägt überdies dazu bei, das zentrale Atom der Metallcarbonyle von seiner energetisch ungünstigen *negativen Ladung* zu entlasten (Nebengruppenelemente besitzen nur geringe Elektronegativität). Damit sind die Beiträge der Hin- und Rückbindung naturgemäß voneinander abhängig („*Synergismus*", vgl. Alkenkomplexe, S. 1684). Erst die Doppelbindungsbildung im Zuge der wiedergegebenen Resonanz führt zu relativ stabilen Metall-Kohlenstoff-Bindungen[38].

Die Rückbindung von Elektronen zum Kohlenoxid hin bedingt Änderungen der Bindungsabstände, nämlich eine Verkürzung des MC-Abstands im Vergleich zur Einfachbindung (erwartete MC-Bindungsordnung im Bereich 1–2) und eine Verlängerung des CO-Abstandes im Vergleich zur Dreifachbindung (erwartete CO-Bindungsordnung im Bereich 3–2). *Experimentell* findet man für MCO-Gruppierungen mit endständigem Kohlenoxid in ein- und mehrkernigen Metallcarbonylen MC-Abstände, die um 0.3 bis 0.4 Å kürzer als normale MC-Einfachbindungen sind[39], und CO-Abstände von rund 1.15 Å (zum Vergleich freies CO: 1.13 Å; der CO-Abstand ändert sich im Zwei- bis Dreifachbindungsbereich nur wenig). Etwas längere CO-Abstände weisen in μ_2-CO-Gruppen (z. B. $Co_2(CO)_8$: 1.21 Å), noch längere μ_3-CO-Gruppen auf.

Die Abnahme der CO-Bindungsordnung in Richtung verbrückender CO-Gruppen geht besonders anschaulich aus der Erniedrigung der Frequenzen bzw. der hiermit proportionalen Wellenzahlen der Valenzschwingungen der CO-Gruppen hervor:

	freies CO	terminales CO	μ_2-CO	μ_3-CO
Valenzschwingungsbereich	2143	2120–1850	1850–1750	1730–1620 cm^{-1}

So zeigt z. B. das Infrarotspektrum des CO-brückenfreien Osmiumcarbonyls $Os_3(CO)_{12}$ in Übereinstimmung mit der in Fig. 320 wiedergegebenen Struktur keine Banden in der Brückengruppenregion, während das entsprechende Eisencarbonyl $Fe_3(CO)_{12}$, welches 10 end-on und 2 brückenständige CO-Moleküle enthält, Absorptionsbanden in beiden Regionen aufweist[40].

Zu analogen und darüber hinaus gehenden Aussagen verhilft eine **Molekülorbital-Betrachtung** des Bindungszustandes von Übergangsmetall-Carbonylen. Die Fig. 321 (linke Seite) veranschaulicht in Form eines Energieniveauschemas die Bildung der Molekülorbitale des freien Kohlenoxids aus den Atomorbitalen der Valenzschale des Kohlenstoff- und Sauerstoffatoms. Ersichtlicherweise stellt unter den aus den 8 Atomorbitalen resultierenden 8 Molekülorbitalen[41] ein σ_s^*-MO das HOMO und ein π^*-MO-Paar

---

kernigen Carbonyle mittels der – durch D. M. P. Mingos erweiterten – *Wadeschen Regeln*, während die Strukturen der Metallcluster von noch höherkernigen Carbonylmetallaten häufig aus *dichtesten Metallatompackungen* hergeleitet werden.

37 $Os_4(CO)_{13}$ (?) ist mit $2n + 2$ Käfigelektronen ebenfalls eine *closo*-Verbindung (Os_4-Tetraeder), während $M_4(CO)_{12}$ (M = Co, Rh, Ir) $2n + 4$ Käfigelektronen aufweist und somit formal eine *nido*-Verbindung darstellt (trigonale M_5-Bipyramide mit fehlender Ecke).

38 Auch Cyanid, Isonitrile, das Nitrosylkation oder Verbindungen wie PR_3, AsR_3 mit zur Schalenerweiterung neigenden Elementen als Ligatoren sind aus dem gleichen Grunde bevorzugte Komplexliganden für niedrigwertige Metallzentren.

39 Z. B. ber. für MoC-Einfachbindung aus Mo- und C-Atomradien: $1.61 + 0.73 = 2.34$ Å; gef. in $Mo(CO)_6$: 2.06 Å.

40 Aus der Zahl der im IR-Spektrum beobachtbaren CO-Valenzschwingungen läßt sich auf die Symmetrie und die Zahl der CO-Gruppen des vorliegenden Metallcarbonyls schließen.

41 Hiervon vier bindende + ein antibindendes MO mit je 2 Elektronen besetzt. Es verbleiben nach Abzug des elektronenbesetzten antibindenden MO von den vier bindenden MOs insgesamt drei bindende, mit Elektronen besetzte

das LUMO des Systems dar (vgl. hierzu O_2 bzw. N_2 mit π^* bzw. σ_p als HOMO und σ_p^* und π^* als LUMO; S. 350).

Was koordiniertes Kohlenoxid betrifft, so führt, wie Fig. 321 (rechte Seite) veranschaulicht, die Wechselwirkung des HOMO von CO mit einem symmetriegerechten elektronenleeren AO des Metalls zu einer σ-Hinbindung, die – weniger wichtige – Interferenz der beiden π-MOs von CO mit geeigneten elektronenleeren AOs von M zu π-Hinbindungen und die – z. B. zum Ladungsausgleich – wichtige Überlappung der π^*MOs von CO mit symmetriegerechten elektronenbesetzten d-AOs von M zu π-Rückbindungen.

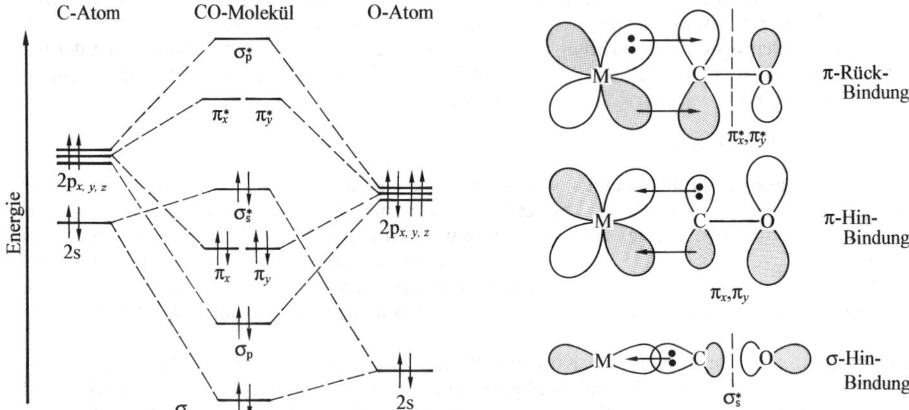

Fig. 321 Energieniveauschema der Bildung der σ- und π-Molekülorbitale des CO-Moleküls (links); Bindungsmechanismus der MCO-Gruppe (rechts; die gestrichelten Linien deuten Knotenebenen an).

Der Übergang vom Fragment MCO zum vollständigen Metallcarbonyl $M(CO)_n$, der sich bei Berücksichtigung der Molekülsymmetrie mathematisch erleichtern läßt, führt zu keinen prinzipiell neuen Aspekten. Ganz allgemein sind im *Oktaederfall* (z. B. $Cr(CO)_6$) die elektronenbesetzten d_{xy}-, d_{xz}- und d_{yz}-, im *Tetraederfall* (z. B. $Ni(CO)_4$) die elektronenbesetzten $d_{x^2-y^2}$- und d_{z^2}-Orbitale der Zentralmetalle infolge ihrer räumlichen Lage befähigt, π-Rückbindungen durch Überlappung mit π^*-MOs des Kohlenoxids auszubilden. Das heißt aber, daß der Doppelbindungsanteil pro Metall-Kohlenstoff-Bindung im Falle sowohl sechs- als auch vierfacher Koordination vergleichbar groß ist. Entsprechendes gilt auch für den Fall der fünffachen Koordination (z. B. $Fe(CO)_5$), wie sich schon daraus ergibt, daß der CO-Abstand in $Cr(CO)_6$, $Fe(CO)_5$ und $Ni(CO)_4$ gleich groß ist. Das Ausmaß der π-Rückbindung wächst allerdings entscheidend mit der negativen Ladung des Metallcarbonyl-Zentrums, wie sich etwa aus der Erniedrigung der Wellenzahlenlage der CO-Valenzschwingungen in gleicher Richtung ergibt[42]. Entsprechendes bewirken elektronenschiebende Liganden in Metallcarbonylen des Typs $L_mM(CO)_n$. Folgende Reihe abnehmender ***π*-Akzeptortendenz** wurde für Liganden L (einschließlich CO) aus der CO-Valenzschwingungsfrequenz von $L_mM(CO)_n$ abgeleitet (Ligator jeweils fett):

NO > **C**O > **C**NR > **P**F$_3$ > **P**Cl$_3$ > **P**(OR)$_3$ > **P**R$_3$ > **N**CR > **N**H$_3$.

Darstellung

Metallcarbonyle $M(CO)_n$ werden (i) unter *Erhalt der Metalloxidationsstufe* aus Metall und Kohlenoxid sowie durch energetische Zersetzung von Metallcarbonylen, (ii) unter *Erniedrigung der Metalloxidationsstufe* durch Reduktion von Metallverbindungen in Anwesenheit

MOs, entsprechend einer Ordnung = 3 für die CO-Bindung. Wegen des antibindenden Charakters des HOMO führt die Ionisierung des CO-Moleküls zu einer Verkürzung der CO-Bindung (von 1.13 auf 1.11 Å), während sich die Bindung nach Anregung eines Elektrons in das stark antibindende π^*-MO verlängert (von 1.13 auf über 1.20 Å).

42 Freies CO: $\tilde{\nu} = 2143\,cm^{-1}$. **Wellenzahlenerniedrigung** wegen π-Rückbindung (IR-Spektren): d^6-Ionen $Mn(CO)_6^+$/$Cr(CO)_6$/$V(CO)_6^-$: $\tilde{\nu} = 2096/1988/1859\,cm^{-1}$; d^{10}-Ionen $Ni(CO)_4$/$Co(CO)_4^-$/$Fe(CO)_4^{2-}$/-$Cr(CO)_4^{4-}$: $\tilde{\nu} = 2155/2044/1883/1788/1670/1462\,cm^{-1}$. **Wellenzahlenerhöhung** wegen fehlender π-Rückbindung (IR-Spektren): d^8-Ionen $Pd(CO)_4^{2+}$/$Pt(CO)_4^{2+}$: $\tilde{\nu} = 2248/2244\,cm^{-1}$; d^{10}-Ionen $Ag(CO)_2^+$/$Au(CO)_2^+$/$Hg(CO)_2^{2+}$: $\tilde{\nu} = 2200/2217/2278\,cm^{-1}$. Man vgl. auch $H_3B \leftarrow CO$: $\tilde{\nu} = 2164\,cm^{-1}$.

von Kohlenoxid oder (iii) unter *Erhöhung der Metalloxidationsstufe* durch Oxidation von Carbonylmetallaten gewonnen.

Erhalt der Metalloxidationsstufe. Die *klassische Darstellung* der Metallcarbonyle beruht auf der direkten Einwirkung von Kohlenoxid auf Metall. Das Metall muß dabei in „aktiver Form", d.h. in genügend *feiner Zerteilung* vorliegen. So wird „*Nickeltetracarbonyl*" $\mathbf{Ni(CO)_4}$ technisch durch Überleiten von CO bei 80 °C und Atmosphärendruck über ein bei 400 °C durch Reduktion des Oxids mit Wassergas gewonnenes *Nickelpulver* dargestellt[32]. In analoger Weise gewinnt man „*Eisenpentacarbonyl*" $\mathbf{Fe(CO)_5}$ technisch durch Erhitzen von *feinverteiltem Eisen* mit CO unter 100 bar Druck auf 150–200 °C (reines Eisen ohne Oxidschicht reagiert mit CO bereits bei Raumtemperatur unter Normaldruck).

Auch die Carbonyle $Mo(CO)_6$, $Ru(CO)_5$ und $Co_2(CO)_8$ lassen sich in dieser Weise gewinnen, werden aber mit Vorteil auf anderem Wege dargestellt (s.u.). Weitere Metallcarbonyle lassen sich durch Abschrecken von Metalldampf zusammen mit CO und Inertgasen auf rund 10 K in Form einer *Tieftemperaturmatrix* erhalten und in dieser Form IR-spektroskopisch identifizieren[40]. Beispiele sind die Carbonyle $\mathbf{Ti(CO)_6}$, $\mathbf{Rh_2(CO)_8}$, $\mathbf{Ir_2(CO)_8}$, $\mathbf{Pd(CO)_4}$, $\mathbf{Pt(CO)_4}$, $\mathbf{Cu_2(CO)_6}$, $\mathbf{Ag_2(CO)_6}$. Neben $Ti(CO)_6$ konnten durch Matrixtechnik eine Reihe anderer einkerniger Carbonyle ohne Elektronenoktadezett der Metallzentren erzeugt werden, zum Beispiel $Ta(CO)_5$, $M(CO)_5$ (M = Mn, Tc, Re; → $M_2(CO)_{10}$), $Fe(CO)_4$ (→ $Fe_2(CO)_8$ → $Fe_2(CO)_9$), $Fe(CO)_3$ (→ $Fe_3(CO)_{12}$), $Co(CO_4)$ (→ $Co_2(CO)_8$), $Co(CO)_3$ (→ $Co_4(CO)_{12}$), $M(CO)_3$ (M = Cu, Ag; → $M_2(CO)_6$).

Eine weitere *klassische Darstellungsmethode* beruht auf der Umwandlung von Metallcarbonylen. So gehen die *niederkernigen* Metallcarbonyle bei Energiezufuhr (z.B. in Form von Licht oder Wärme) unter „CO-*Abspaltung*" vielfach in die *höherkernigen* Typen über, die ihrerseits bei noch höherem Erhitzen in Metall und CO zerfallen (s.u.). Beispielsweise verwandelt sich $Fe(CO)_5$ am Sonnenlicht allmählich in „*Dieisenenneacarbonyl*" $\mathbf{Fe_2(CO)_9}$: $2\,Fe(CO)_5 \rightarrow Fe_2(CO)_9 + CO$.

Besonders thermolyse- und lichtempfindlich sind $Ru(CO)_5$ und $Os(CO)_5$ hinsichtlich ihrer Umwandlung in die zweikernigen Verbindungen $\mathbf{Ru_2(CO)_9}$ und $\mathbf{Os_2(CO)_9}$ sowie die dreikernigen Verbindungen $\mathbf{Ru_3(CO)_{12}}$ und $\mathbf{Os_3(CO)_{12}}$. Analoges gilt für die zweikernigen Carbonyle $Rh_2(CO)_8$ und $Ir_2(CO)_8$, die bereits bei > 225 bzw. > 40 K in die vierkernigen Carbonyle $\mathbf{Rh_4(CO)_{12}}$ und $\mathbf{Ir_4(CO)_{12}}$ übergehen. Ferner lassen sich durch Thermolyse von $Os_3(CO)_{12}$ oberhalb 100 °C die höherkernigen Verbindungen $\mathbf{Os_5(CO)_{16}}$, $\mathbf{Os_6(CO)_{18}}$, $\mathbf{Os_7(CO)_{21}}$ und $\mathbf{Os_8(CO)_{23}}$ erzeugen. Es gelingt auch, *höherkernige* Metallcarbonyle durch „*CO-Anlagerung*" in *niederkernige* Metallcarbonyle zu verwandeln, so z.B. $Ru_3(CO)_{12}$ bei 180 °C unter 200 bar CO-Druck in $Ru(CO)_5$ oder $Rh_4(CO)_{12}$ bei −19 °C unter 490 bar CO-Druck in $Rh_2(CO)_9$.

Erniedrigung der Metalloxidationsstufe. Die Methoden zur Darstellung von Metallcarbonylen durch *Reduktion* von Metallsalzen in CO-Anwesenheit sind äußerst zahlreich und je nach Art der Metallverbindung und des Reduktionsmittels jeweils nur zur Synthese bestimmter Carbonyle geeignet. Mit Erfolg verwendet man hierbei vielfach Kohlenstoffoxid als Reduktionsmittel, indem man dieses bei erhöhter Temperatur und unter Druck auf Metallverbindungen einwirken läßt. So reagieren etwa die *Oxide* von Mo, Tc, Re, Ru, Os, Co, Ir, die *Halogenide* von W, Re, Fe, Ru, Os, Ir, Ni sowie die *Sulfide* von Mo, Re mit CO unter Bildung der entsprechenden Metallcarbonyle, wobei CO zu CO_2, COX_2 (X = Halogen) bzw. COS oxidiert wird. Beispielsweise entstehen „*Triruthenium-*" und „*Triosmiumdodecacarbonyl*" $\mathbf{Ru_3(CO)_{12}}$ und $\mathbf{Os_3(CO)_{12}}$ neben „*Ruthenium-*" sowie „*Osmiumpentacarbonyl*" $\mathbf{Ru(CO)_5}$ und $\mathbf{Os(CO)_5}$ bei der Umsetzung von $RuCl_3$ bzw. OsO_4 mit CO bei erhöhter Temperatur und höherem Druck (> 100 °C, > 100 bar) und „*Ditechnetium*"- sowie „*Dirheniumdecacarbonyl*" $\mathbf{Tc_2(CO)_{10}}$ und $\mathbf{Re_2(CO)_{10}}$ bei der Reaktion von CO mit Tc_2O_7, Re_2O_7 bzw. Re_2S_7. Besonders bewährt hat sich eine mit 90 %iger Ausbeute verlaufende Darstellung von „*Chromhexacarbonyl*" $\mathbf{Cr(CO)_6}$, bei der wasserfreies $CrCl_3$ in Benzol mit Aluminium – in Anwesenheit von $AlCl_3$ als Katalysator – bei 140 °C unter gleichzeitigem Einpressen von CO (300 bar) reduziert wird:

$$CrCl_3 + Al + 6\,CO \rightarrow Cr(CO)_6 + AlCl_3\,.$$

Auch beim Arbeiten in *flüssiger Phase* kann das Kohlenoxid selbst als Reduktionsmittel fungieren, wie die Darstellung von „*Nickeltetracarbonyl*“ $\mathbf{Ni(CO)_4}$ aus CO und wässerig-ammoniakalischen Ni^{2+}-Lösungen bei 180 °C und 150 bar:

$$[Ni(NH_3)_6]^{2+} + 5CO + 2H_2O \rightarrow Ni(CO)_4 + (NH_4)_2CO_3 + 2NH_4^+ + 2NH_3$$

und die Bildung von $\mathbf{Rh_6(CO)_{16}}$ sowie $\mathbf{Ir_4(CO)_{12}}$ durch Umsetzung von $RhCl_3$ bzw. $IrCl_3$ mit CO bei 60 °C und 40 bar in Methanol-Lösung zeigt.

Häufig läßt sich eine wesentliche Erhöhung der Ausbeute an Metallcarbonyl dadurch erzielen, daß man dem Reaktionsgemisch zusätzlich ein Beimetall als Reduktionsmittel zumischt, welches den an das carbonylbildende Metall gebundenen Säurerest aufzunehmen vermag. So läßt sich z. B. die Ausbeute an $Co_2(CO)_8$ bei der Einwirkung von CO auf $CoBr_2$ bei 200 bar und 250 °C durch Zugabe von Cu, Ag oder Zn auf ein Mehrfaches steigern. In gleicher Weise wirkt die Anwesenheit von Metallen, besonders Cu, bei der technischen Darstellung von $Ni(CO)_4$ und $Fe(CO)_5$ aus sulfidhaltigem Metall vorteilhaft.

Technische Bedeutung für die Synthese von Metallcarbonylen haben ferner Umsetzungen von Metallverbindungen mit CO in Anwesenheit von Triethylaluminium oder Wasserstoff als Reduktionsmittel erlangt. So lassen sich etwa „*Molybdän-*“ und „*Wolframhexacarbonyl*“ $\mathbf{Mo(CO)_6}$ und $\mathbf{W(CO)_6}$ sowie „*Dimangandecacarbonyl*“ $\mathbf{Mn_2(CO)_{10}}$ durch Einwirkung von CO und Et_3Al auf $MoCl_5$, WCl_6 bzw. $Mn(OAc)_2$ bei leicht erhöhter Temperatur unter CO-Druck in Benzol bzw. Ether gewinnen, z. B.:

$$\begin{aligned} &WCl_6 + 2Et_3Al + 6CO \rightarrow W(CO)_6 + 2AlCl_3 + 3C_4H_{10};\\ &6Mn(OAc)_2 + 4Et_3Al + 30CO \rightarrow 3Mn_2(CO)_{10} + 4Al(OAc)_3 + 6C_4H_{10}. \end{aligned}$$

Ein wichtiger technischer Einstufenprozeß zur Darstellung von „*Dicobaltoctacarbonyl*“ $\mathbf{Co_2(CO)_8}$ besteht ferner in der Umsetzung von $Co(OAc)_2$ in Essigsäureanhydrid Ac_2O mit H_2 und CO im Molverhältnis 1 : 4 bei 160–180 °C; in analoger Weise läßt sich „*Trirutheniumdodecacarbonyl*“ $\mathbf{Ru_3(CO)_{12}}$ aus $Ru(acac)_3$ (acac = Acetylacetonat) herstellen:

$$\begin{aligned} &2Co(OAc)_2 + H_2 + 8CO \rightarrow Co_2(CO)_8 + 2AcOH;\\ &3Ru(acac)_3 + \tfrac{3}{2}H_2 + 12CO \rightarrow Ru_3(CO)_{12} + 3acacH. \end{aligned}$$

Auch Lithiumalanat $LiAlH_4$ in Ether wurde mit Erfolg als Reduktionsmittel für Halogenide von Mo, W, Co, Rh eingesetzt. Entsprechendes gilt für Dithionit, das etwa alkalische Ni^{2+}-Lösungen in Gegenwart von CO praktisch quantitativ in $Ni(CO)_4$ verwandelt:

$$Ni^{2+} + S_2O_4^{2-} + 4OH^- + 4CO \rightarrow Ni(CO)_4 + 2SO_3^{2-} + 2H_2O.$$

Erhöhung der Metalloxidationsstufe. Gelegentlich sind die „*Carbonylmetallate*“ $M(CO)_n^{m-}$ (S. 1644) leichter zugänglich als die zugehörigen Metallcarbonyle, so daß letztere zweckmäßig über erstere und deren anschließende Oxidation dargestellt werden. So läßt sich das Anion $Co(CO)_4^-$ (z. B. gewinnbar nach $Co^{2+} + 1\tfrac{1}{2}S_2O_4^{2-} + 6OH^- + 4CO \rightarrow Co(CO)_4^- + 3SO_3^{2-} + 3H_2O$) bzw. das Anion $V(CO)_6^-$ (gewinnbar nach $VCl_3 + 4Na + 6CO + 2$ diglyme $\rightarrow [Na(diglyme)_2]^+ [V(CO)_6]^- + 3NaCl$; diglyme = $MeOCH_2CH_2OCH_2CH_2OMe$) leicht mit konzentrierter Phosphorsäure bei Raumtemperatur unter H_2-Entwicklung in „*Dicobaltoctacarbonyl*“ $\mathbf{Co_2(CO)_8}$ bzw. „*Vanadiumhexacarbonyl*“ $\mathbf{V(CO)_6}$ (bisher bester Zugang) überführen:

$$2[Co(CO)_4]^- \xrightarrow{+2H^+} 2[HCo(CO)_4] \xrightarrow{-H_2} Co_2(CO)_8;\ [V(CO)_6]^- \xrightarrow{+H^+} [HV(CO)_6] \xrightarrow{-\frac{1}{2}H_2} V(CO)_6.$$

Durch milde Oxidationsmittel (z. B. $FeCl_3$) lassen sich ferner die Anionen $M_6(CO)_{15}^{2-}$ (M = Co, Rh, Ir) im wässerigen Medium in $\mathbf{M_6(CO)_{16}}$ umwandeln.

Durch Umsetzung von Metallcarbonylhalogeniden (S. 1641) als Oxidationsmittel mit Carbonylmetallaten als Reduktionsmittel ist darüber hinaus die **Darstellung gemischter Metallcarbonyle** möglich, z. B.:

$$Na[Mn(CO)_5] + [ReCl(CO)_5] \text{ bzw. } [CoCl(CO)_4] \rightarrow [(CO)_5MnRe(CO)_5] \text{ bzw. } [(CO)_5MnCo(CO)_4] + NaCl.$$

Auch bei der thermischen Zersetzung von Metallcarbonyl-Salzen wie $[(CO)_6Re]^+[Mn(CO)_5]^-$ oder $[(CO)_6Mn]^+[Co(CO)_4]^-$ bilden sich in einer intramolekularen Redoxreaktion die beiden wiedergegebenen gemischt-zweikernigen Metallcarbonyle.

Eigenschaften[29, 43]

Die physikalischen Eigenschaften der einzelnen Metallcarbonyle gehen aus den Tabellen 139 und 140 (S. 1630, 1631) hervor. Ihnen ist u.a. zu entnehmen, daß die höherkernigen Metallcarbonyle $M_m(CO)_n$ (Entsprechendes gilt für Carbonylmetallate) trotz der Edelgaskonfiguration ihrer Metallatome *farbig* sind, was auf nahe benachbarte elektronenbesetzte und -leere Energieniveaus – einem Charakteristikum der elementaren Metalle (S. 1310) – hindeutet. Die Metallcarbonyle $M(CO)_n$ brennen leicht an Luft, und die Flüssigkeiten $Fe(CO)_5$ und $Ni(CO)_4$ sollten wegen ihrer *toxischen Eigenschaften* und der Bildung *explosiver Gemische* mit Luft vorsichtig gehandhabt werden. Die chemischen Eigenschaften der – heute auch *technisch* immer wichtiger werdenden – Verbindungen (vgl. S. 1643) lassen sich in *Thermolyse-* bzw. *Photolyse-*, in *Substitutions-, Oxidations-, Reduktions-* und *Additionsreaktionen* unterteilen. Bezüglich der *Insertion* von CO in Metall-Kohlenstoff-Bindungen vgl. S. 1561, 1574, 1586.

Thermolyse, Photolyse. Alle Metallcarbonyle zersetzen sich thermisch bei mehr oder minder hohen Temperaturen letztendlich in Metalle und Kohlenoxid. Beispielsweise zerfallen $Ti(CO)_6$, $Pd(CO)_4$, $Pt(CO)_4$, $Cu_2(CO)_6$, $Ag_2(CO)_6$ auf diese Weise bereits bei sehr tiefen Temperaturen (vgl. Tab. 139), $Ni(CO)_4$ rasch bei 120 °C (vgl. Ni-Reinigung nach dem Mondverfahren), $Fe(CO)_5$ bei 150 °C (Bildung von „*Carbonyleisen*“), $Ru_3(CO)_{12}$ bei rund 230 °C (das Beständigkeitsmaximum liegt bei den Carbonylen von Metallen der VI. Nebengruppe). Vielfach erfolgt die Thermolyse (Analoges gilt für die Photolyse) auf dem Wege über höherkernige Metallcarbonyle (vgl. hierzu das bei der Darstellung Gesagte).

Der erste Schritt der Thermolyse und Photolyse der Metallcarbonyle besteht meist in einer M—CO-Bindungsspaltung So geht tetraedrisch gebautes „*Nickeltetracarbonyl*“ in einer Tieftemperaturmatrix (15 K) beim Bestrahlen unter CO-Eliminierung in $Ni(CO)_3$ über, das sich zu *instabilem* $Ni_2(CO)_6$ dimerisieren soll. In analoger Weise führt offensichtlich die thermische Zersetzung von $Ni(CO)_4$ auf dem Wege über CO-Eliminierungen und „Verclusterung“ der gebildeten Nickelcarbonyl-Fragmente zu elementarem Nickel. Das aus einer Photolyse von „*Eisenpentacarbonyl*“ hervorgehende Fragment $Fe(CO)_4$ (verzerrt-tetraedrisch; C_{2v}-Molekülsymmetrie) lagert sich an unzersetztes $Fe(CO)_5$ unter Bildung von „*Dieisenenneacarbonyl*“ $Fe_2(CO)_9$ an, das sich in einer Tieftemperaturmatrix unter CO-Eliminierung zu $Fe_2(CO)_8$ (unverbrückte und isomere CO-verbrückte Form; vgl. $Co_2(CO)_8$) photolysieren läßt. Die Thermolyse von $Fe_2(CO)_9$ führt – wohl auf dem Wege über $Fe_2(CO)_8$ – zu $Fe_3(CO)_{12}$.

Neben der M—CO-Spaltung kann bei mehrkernigen Metallcarbonylen zudem eine M—M-Bindungsspaltung eintreten. So soll die thermische Belastung von „*Dimangandecacarbonyl*“ u.a. zur Bildung von $Mn(CO)_5$-Radikalen führen (Entsprechendes trifft für $Tc_2(CO)_{10}$ und $Re_2(CO)_{10}$ zu). Der in vielen Fällen unter CO-Druck mögliche Clusterabbau höherkerniger Metallcarbonyle *muß* naturgemäß unter MM-Spaltung ablaufen. So bildet sich etwa „*Tetracobaltdodecacarbonyl*“ reversibel aus „*Dicobaltoctacarbonyl*“:

$$2\,Co_2(CO)_8 \rightleftarrows Co_4(CO)_{12} + 4\,CO + 123\,kJ.$$

Der erste Schritt des Übergangs von $Co_4(CO)_{12}$ in $Co_2(CO)_8$ besteht hier in einem reversiblen Aufbrechen einer CoCo-Bindung des Co_4-Tetraeders, gefolgt von der Spaltung einer zweiten CoCo-Bindung und der Aufnahme von Kohlenmonoxid. Umgekehrt leitet eine CO-Eliminierung den Übergang von $Co_2(CO)_8$ in $Co_4(CO)_{12}$ ein.

---

43 **Literatur.** D. F. Shriver, H. D. Kaesz (Hrsg.): „*The Chemistry of Metall Cluster Complexes*“, VCH, Weinheim 1990. – Carbidokomplexe. M. Tachikawa, E. L. Muetterties: „*Metal Carbide Clusters*“, Progr. Inorg. Chem. **28** (1981) 203–238. – Substitutionsreaktionen. A. E. Stiegmann, D. R. Tyler: „*Reactivity of Seventeen- and Nineteen-Valence Electron Complexes in Organometallic Chemistry*“, Comments Inorg. Chem. **5** (1986) 215–245. Vgl. auch Anm.[72] auf S. 1275. – Oxidationsreaktionen. F. Calderazzo: „*Halogeno Metal Carbonyls and Related Compounds*“ in V. Gutmann: „Halogen Chemistry“, Band **3** (1967) 383–483. – Reduktionsreaktionen. Vgl. Anm.[46]. – Additionsreaktionen. W. Beck: „*Addition des Azid-Ions und anderer N-Nucleophile an koordinierte Kohlenmonoxid- und CO-ähnliche Liganden und verwandte Reaktionen der Azido- und Isocyanato-Carbonyl-Metallkomplexe*“, J. Organomet. Chem. **383** (1990) 143–160.

Unter besonderen Bedingungen erfolgt die thermische Metallcarbonyl-Clusterbildung unter Einbau von C-Atomen. Erhitzt man etwa $Ru_3(CO)_{12}$ 6 Stunden in Dibutylether auf 142 °C, so bildet sich u.a. in 30 %iger Ausbeute der *tiefrote* **Carbidokomplex** $[Ru_6C(CO)_{17}]$ mit der Struktur (b), während beim Erhitzen von $Fe_3(CO)_{12}$ in Kohlenwasserstoff/Alkin-Gemischen der *schwarze* Cluster $[Fe_5C(CO)_{15}]$ (a) entsteht. Als weitere Beispiele für Carbidokomplexe seien genannt: $[Ru_5C(CO)_{15}]$ (*rot*), $[Os_5C(CO)_{15}]$ (*orangefarben*), $[Os_8C(CO)_{21}]$ (*purpurrot*), $[Rh_8C(CO)_{19}]$ (*schwarz*), $[Rh_{12}C_2(CO)_{25}]$ (*schwarz*; enthält C_2-Einheiten)[44]. Den Carbidokomplexen, die als molekulare Ausschnitte aus Metallcarbiden anzusehen sind, lassen sich entsprechende „*Nitridokomplexe*" wie etwa $[Fe_5N(CO)_{14}]^-$ (c) an die Seite stellen (bezüglich des „*Hydridokomplexes*" $[HCo_6(CO)_{15}]^-$ mit H im Zentrum eines Co_6-Oktaeders vgl. S. 1649f).

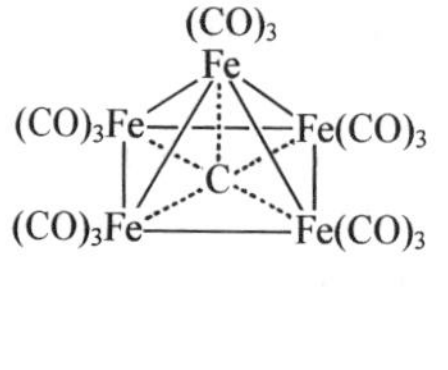

(a) $[Fe_5C(CO)_{15}]$ 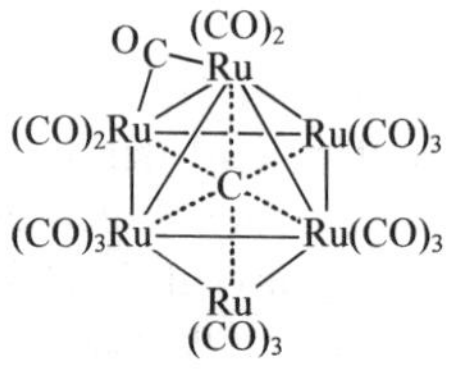 (b) $[Ru_6C(CO)_{17}]$ 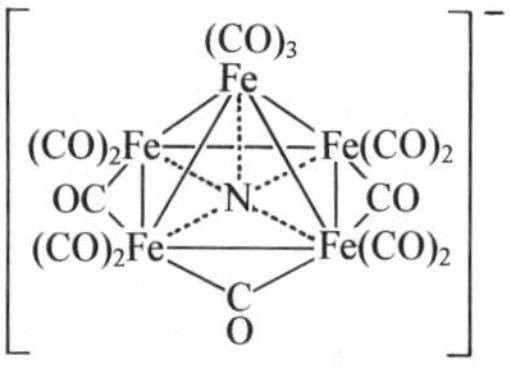 (c) $[Fe_5N(CO)_{14}]^-$

Die *Strukturen der Carbidocluster* lassen sich mit Hilfe der *Skelettelektronen-Abzählregeln* (Wadesche Regeln) unter der Annahme deuten, daß das Kohlenstoffatom 4 Elektronen zum Cluster beisteuert. Somit ergeben sich – da jedes Metallatom $(v + l - 12)$ Gerüstelektronen liefert (S. 1634) – für (a) insgesamt 5×8 (Fe) + 4 (C) + 15×2 (CO) – $5 \times 12 = 14$ Gerüstelektronen, für (b) insgesamt 6×8 (Ru) + 4 (C) + 17×2 (CO) – $6 \times 12 = 14$ Gerüstelektronen, was im ersteren Falle einer *nido*-Struktur mit $(2n + 4)$ Elektronen, im letzteren Falle einer *closo*-Struktur mit $(2n + 2)$ Elektronen (n = Anzahl der Metallatome im Cluster) entspricht.

Substitutionsreaktionen[43]. In vielen Fällen ist es möglich, die Kohlenoxid-Liganden in den Metallcarbonylen in der Wärme bzw. bei Lichteinwirkung teilweise oder – in einigen Fällen – ganz durch *andere Donoren* wie CNR, PX_3, PR_3, NO, SR_2, OR_2 usw. zu ersetzen, z.B.:

$$Fe_2(CO)_9 + 4NO \rightarrow 2Fe(CO)_2(NO)_2 + 5CO; \quad Co_2(CO)_8 + 2NO \rightarrow 2Co(CO)_3(NO) + 2CO.$$

Derartige Substitutionsreaktionen, die eine Standardmethode zur Synthese von niedrigwertigen Metallkomplexen darstellen, wurden hauptsächlich mit solchen Donoren untersucht, deren freies, die komplexe Bindung eingehendes Elektronenpaar sich am Kohlenstoff (IV. Hauptgruppe) oder an einem Element der V. bzw. VI. Hauptgruppe befindet.

Substitutionsprodukte. Als Beispiele seien **Amine, Phosphane, Arsane** und **Stibane** betrachtet (für **andere Liganden** vgl. S. 1656, 1658, 1661, 1667). Ihre Substitutionsfreudigkeit nimmt ganz allgemein in folgender Reihe ab (E = P, As, Sb; X = Halogen):

$$PF_3 > ECl_3 > EH_3 > ER_3 > NR_3 \quad \text{und} \quad PX_3 > AsX_3 > SbX_3 .$$

So bilden sich bei der Einwirkung von PX_3 auf $Ni(CO)_4$ diamagnetische, in organischen Lösungsmitteln lösliche „*Tetrakis(trihalogenphosphan)nickel-Komplexe*" $[Ni(PX_3)_4]$ (X = F: *farblose* Flüssigkeit; X = Cl: *blaßgelbe* Kristalle; X = Br: *orangerote* Kristalle). Mit den homologen Chloriden $AsCl_3$ und $SbCl_3$ lassen sich nur noch partiell substituierte Derivate wie $[Mo(CO)_3(AsCl_3)_3]$, $[Ni(CO)_3(SbCl_3)]$ und $[Fe(CO)_3(SbCl_3)_2]$ isolieren. Analoges gilt für die Donatoren PPh_3, $AsPh_3$, $SbPh_3$ (z.B. $[Fe(CO)_3(PPh_3)_2]$, $[Ni(CO)_2(PPh_3)_2]$. Die besonders eingehend untersuchten „*Trifluorphosphan*"-Komplexe werden auf S. 1671 näher besprochen[45].

---

[44] Man kennt auch eine Reihe **anionischer Carbidokomplexe** wie $[Fe_5C(CO)_{14}]^{2-}$ (*schwarzrot*), $[Fe_7C(CO)_{16}]^{2-}$ (*schwarz*), $[Os_7C(CO)_{19}]^{2-}$ (*braun*), $[Ru_6C(CO)_{16}]^-$, $[M_{10}C(CO)_{24}]^{2-}$ (M = Ru, Os), $[Co_6C(CO)_{14}]^-$ (*dunkelbraun*), $[Co_6C(CO)_{15}]^{2-}$ (*rotbraun*), $[Co_8C(CO)_{18}]^{2-}$ (*braun*), $[Rh_6C(CO)_{13}]^{2-}$ (*rotbraun*), $[Rh_6C(CO)_{15}]^{2-}$ (*gelb*), $[Rh_{12}C_2(CO)_{24}]^{2-}$ (*schwarz*), $[Rh_{15}C_2(CO)_{28}]^-$ (*braun*). Beispiele für **anionische Nitridokomplexe** sind neben $[FeN(CO)_{14}]^-$ (c) etwa $[Ru_6N(CO)_{16}]^-$, $[Ru_{10}N(CO)_{24}]^-$.

[45] Als Beispiele für Komplexe mit „*Monophosphan*" PH_3 (stärkerer σ-Donator, schwächerer π-Akzeptor als CO) und „*Monoarsan*" AsH_3 seien genannt: $[CpV(CO)_3(PH_3)]$ (*rotbraun*, Smp. 110 °C), $[Cr(CO)_5(PH_3)]$ (*blaßgelb*, Smp. 116 °C), $[Cr(CO)_4(PH_3)_2]$ (*gelb*, Smp. 124 °C), $[CpMn(CO)_2(PH_3)]$ (*rotbraun*, Smp. 72 °C), $[Fe(CO)_4(PH_3)]$ (*hellgelb*, Smp. 36 °C), $[CpMn(CO)_2(AsH_3)]$ (*gelb*).

Maßgebend für die Substitutionsmöglichkeit ist neben anderen Faktoren die Stärke der Elektronenakzeptor- und -donator-Wirkung der Liganden. Der Stickstoff in den zu den Phosphanen gruppenhomologen Aminen hat anders als Phosphor keine zur Bildung von π-Rückbindungen heranziehbaren Orbitale. Die Einwirkung von Aminen auf Metallcarbonyle führt daher vielfach nicht zur Substitution, sondern zur Valenzdisproportionierung (s. u.). Es sind jedoch einige Beispiele für *teilweise* Substitution bekannt. So ersetzt *Ammoniak* drei CO-Gruppen in $Cr(CO)_6$ und eine CO-Gruppe in $Fe(CO)_5$ unter Bildung von $[Cr(CO)_3(NH_3)_3]$ bzw. $[Fe(CO)_4(NH_3)]$ (auch Wasser vermag CO-Moleküle in $Cr(CO)_6$ zu substituieren).

Liganden wie NH_3 und H_2O sowie deren Derivate sind weniger fest als CO-Gruppen gebunden, so daß sie sich leicht substituieren lassen. Man macht sich diesen Sachverhalt dadurch zu Nutze, daß man in Metallcarbonyle intermediär labil gebundene Liganden auf photochemischem Wege einführt. Beispiele für derartige **Metallcarbonylüberträger** sind etwa $[Cr(CO)_5(CH_2Cl_2)]$, $[Cr(CO)_3(CH_3CN)_3]$, $[Mo(CO)_5(THF)]$, $[Fe(CO)_3(Cyclooocten)_2]$.

Substitutionsmechanismus. Die Substitution der CO-Gruppen der Metallcarbonyle mit 18 Valenzelektronen der Metallatome erfolgt auf dissoziativ-aktiviertem Wege, z. B. (DE = Dissoziationsenergie der M—CO-Bindung):

$$Cr(CO)_6 + L \underset{}{\overset{\text{langsam}}{\rightleftharpoons}} Cr(CO)_5 + CO + L \xrightarrow{\text{rasch}} Cr(CO)_5L + CO \quad (DE = 155\,kJ/mol),$$

$$Ni(CO)_4 + L \rightleftharpoons Ni(CO)_3 + CO + L \longrightarrow Ni(CO)_3L + CO \quad (DE = 105\,kJ/mol).$$

Hierbei wächst die Substitutionsgeschwindigkeit in Richtung $Cr(CO)_6 < Fe(CO)_5 < Ni(CO)_4$ (Geschwindigkeitsverhältnis rund $10^0 : 10^5 : 10^{10}$) bzw. $Cr(CO)_6$, $W(CO)_6 < Mo(CO)_6$ an. Demgegenüber werden die CO-Gruppen von Metallcarbonylen mit 17 Valenzelektronen der Metallatome auf assoziativ-aktiviertem Wege unter Bildung eines 19-Valenzelektronen- Komplexes substituiert[43]), z. B.:

$$V(CO)_6 + L \overset{\text{langsam}}{\rightleftharpoons} V(CO)_6L \xrightarrow{\text{rasch}} V(CO)_5L + CO$$

(Geschwindigkeitsverhältnis für $Cr(CO)_6$ und $V(CO)_6$ rund $10^0 : 10^{10}$). Man nutzt den Effekt der leichten Substitution von Liganden in 17-Valenzelektronen-Komplexen in der **Elektronentransfer-Katalyse**, indem man etwa katalytische Mengen von $M(CO)_n$ (18-Valenzelektronen) in Kationen $M(CO)_n^+$ (17-Valenzelektronen) überführt, die mit Liganden L rasch zu Substitutionsprodukten $M(CO)_{n-1}L^+$ abreagieren, welche dann ihrerseits unter Bildung von $[M(CO)_{n-1}L]$ Eduktmoleküle $M(CO)_n$ zu $M(CO)_n^+$ oxidieren usw. Auch die CO-Substitution in $M_2(CO)_{10}$ (M = Mn, Tc, Re) verläuft möglicherweise auf dem Wege über $M(CO)_5$ (17-Valenzelektronen).

Oxidationsreaktionen[43]). Unter den Oxidationsreaktionen der Metallcarbonyle ist besonders die Einwirkung von *Halogenen* X_2 interessant, da sie zu der wichtigen Klasse der **Metallcarbonylhalogenide $M(CO)_nX_m$** führt, die die *Edelgaskonfiguration* besitzen und ihrerseits Ausgangsverbindungen für weitere Synthesen wie etwa die der *gemischten Metallcarbonyle* darstellen (vgl. S. 1638; bezüglich der Bildung von „*Metallcarbonyl-Kationen*“ vgl. S. 1654). Da die Zentralatome in den Carbonylhalogeniden formal positiv geladen sind, also weniger Elektronen für π-Rückbindungen zur Verfügung stellen können als in den reinen Carbonylen, wird das Beständigkeitsmaximum, das bei den Metallcarbonylen in der VI. Nebengruppe liegt, für die Metallcarbonylhalogenide um eine oder zwei Gruppen im Periodensystem nach rechts zu den elektronenreicheren Metallen hin verschoben. Dementsprechend treten bei den Metallen Pd und Pt der VIII. Nebengruppe, die keine beständigen Carbonyle bilden, die stabilen Carbonylhalogenide $M(CO)_2X_2$ in den Vordergrund (Entsprechendes gilt für die Elemente der I. Nebengruppe), während von Chrom der VI. Nebengruppe nur das wenig beständige, paramagnetische Carbonylhalogenid $Cr(CO)_5I$ (17-Valenzelektronen) bekannt ist. Die im Vergleich mit den reinen Metallcarbonylen schwächere M—CO-Bindung der Carbonylhalogenide ermöglicht naturgemäß einen besonders leichten Austausch der CO-Moleküle gegen Liganden L wie PR_3, CNR usw. So sind eine Vielzahl von *Derivaten* $M(CO)_nX_mL_p$ der Metallcarbonylhalogenide bekannt, deren Zentralatome ebenfalls Edelgaskonfiguration besitzen.

Besonders zahlreich sind die Verbindungen in der Eisengruppe Fe, Ru, Os. So lassen sich bei Einwirkung von Chlor, Brom oder Iod auf Eisenpentacarbonyl $Fe(CO)_5$ bei tiefen Temperaturen (−35, −10 bzw. 0 °C) auf dem Wege über CO-abspaltende Eisenpentacarbonyldihalogenide $[Fe(CO)_5X_2]$, „*Eisentetracarbonyldihalogenide*" $[Fe(CO)_4X_2]$ (X = Cl, Br, I) isolieren (*braune* Feststoffe, die sich bei 10, 55 bzw. 75 °C zersetzen). In diesen Verbindungen hat das (formal) positiv zweiwertige Eisen Edelgaskonfiguration (Fe^{2+} besitzt 24 Elektronen; hinzu kommen $6 \times 2 = 12$ Elektronen der Liganden, so daß dem Eisen insgesamt $24 + 12 = 36$ Elektronen angehören). Mit zunehmender Temperatur verlieren die Eisencarbonylhalogenide $[Fe(CO)_4X_2]$ erst ein, dann zwei CO unter Bildung von $[Fe(CO)_3X_2]$ und $[Fe(CO)_2X_2]$. Die Edelgaskonfiguration des Eisens bleibt in diesen Verbindungen dadurch erhalten, daß die Eisenatome über Halogenbrücken Fe—X—Fe miteinander verbunden sind. Die „*Ruthenium-*" und „*Osmiumcarbonylhalogenide*" sind stabiler als die entsprechenden Eisenverbindungen. Hier wurden z. B. die Verbindungen $[Ru(CO)_4X_2]$, $[Ru(CO)_2X_2]_n$, $Os(CO)_4X_2$, $[Os(CO)_4X]_2$, $[Os(CO)_3X_2]_2$ und $[Os(CO)_2X_2]_n$ isoliert.

In den zweikernigen Carbonylen $M_2(CO)_{10}$ der Mangangruppe (M = Mn, Tc, Re) ist eine *oxidative* Öffnung der Metall-Metall-Bindung durch Halogen möglich; es bilden sich dabei Verbindungen des Typus $[Mn(CO)_5X]$ und $[Re(CO)_5X]$ (d), die Edelgaskonfiguration besitzen ($24 + 6 \times 2 = 36$ bzw. $74 + 6 \times 2 = 86$ Elektronen) und thermisch zu dimeren Verbindungen $[M^I(CO)_4X]_2$ zersetzt werden können, in denen die Verbrückung zwischen den Metallatomen M gemäß (e):

(d) 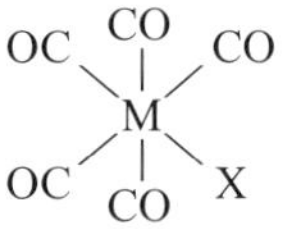 M mit Liganden OC, CO, CO (oben), OC, CO, X (unten)   (e) 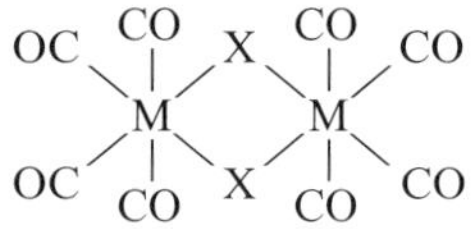 M(μ-X)₂M mit je vier CO-Liganden (OC, CO, CO, CO / OC, CO, CO, CO)

über Halogenbrücken erfolgt, so daß ebenfalls Edelgasstruktur vorliegt. Durch Einwirkung von Pyridin können die dimeren Verbindungen (e) unter Erhaltung der Edelgaskonfiguration zu monomeren Verbindungen $M(CO)_3(py)_2X$ depolymerisiert werden; z. B.: $[Mn(CO)_4I]_2 + 4py \rightarrow 2[Mn(CO)_3(py)_2I] + 2CO$.

Auch die zu den Carbonylhalogeniden $[M(CO)_5X]$ der Mangangruppe isoelektronischen und daher einfach negativ geladenen Carbonyliodide der Chromgruppe, $[M(CO)_5I]^-$ (M = Cr, Mo, W), sind bekannt. Weiterhin entstehen durch Behandlung der Hexacarbonyle $M(CO)_6$ (M = Mo, W) mit Halogen X_2 (X = Br, I) bei UV-Bestrahlung die Carbonylhalogenide $[M(CO)_4X_2]_2$, in denen das Zentralatom M 7fach koordiniert ist und deshalb Edelgaskonfiguration besitzt.

Die Einwirkung von Halogenen X_2 bei Raumtemperatur auf die Carbonyle der Metalle der Cobalt- und Nickelgruppe führt zur vollständigen Zersetzung der Carbonyle; es entstehen die entsprechenden Metallhalogenide MX_n. Bei *tiefer* Temperatur konnten die Carbonylhalogenide $[Co(CO)_4X]$ (Kr-Elektronenkonfiguration des Cobalts von $26 + 10 = 36$ Elektronen) nachgewiesen werden (stabil sind davon abgeleitete Phosphanderivate $[Co(CO)_2(PR_3)_2X]$). Im Falle von Co, Rh, Ir, Pd und Pt kann man umgekehrt in die Metallhalogenide MX_n Kohlenstoffmonoxid einführen und erhält so $[Co(CO)X_2]$, $[Rh(CO)_2X]_2$, $[Ir(CO)_2X_2]$, $[Pd(CO)X_2]_2$, $[Pt(CO)X_2]_2$, $[Pt(CO)_2X_2]$. Für Elemente der Kupfergruppe gilt Entsprechendes (z. B. Bildung von $[Cu(CO)Cl]_2$ oder von $[Cu(en)(CO)]Cl$).

Reduktionsreaktionen[43]. Die *Reduktion* der Metallcarbonyle mit *Alkalimetallen* in flüssigem Ammoniak, mit *Natriumamalgam* in Ether usw. führt zu den **Carbonylmetallaten $M(CO)_n^{m-}$**, die weiter unten (S. 1644) eingehend behandelt werden sollen. Ihre hohe Bildungstendenz folgt u. a. daraus, daß in einigen Fällen sogar das in den Carbonylen gebundene *Kohlenoxid* als Reduktionsmittel wirkt, wenn man die Carbonyle mit *starken Basen* zur Umsetzung bringt (**Basenreaktion** der Carbonyle). Läßt man z. B. „*Eisenpentacarbonyl*" $Fe(CO)_5$ oder „*Chromhexacarbonyl*" $Cr(CO)_6$ auf eine $Ba(OH)_2$-Lösung einwirken, so wird eines der fünf bzw. sechs CO-Moleküle hydrolytisch als Kohlensäure abgespalten und als Bariumcarbonat $BaCO_3$ gefällt:

$$Fe(CO)_5 + 2OH^- \rightarrow Fe(CO)_4^{2-} + H_2CO_3 \; (\xrightarrow{+2OH^-} CO_3^{2-} + 2H_2O);$$

$$Cr(CO)_6 + 2OH^- \rightarrow Cr(CO)_5^{2-} + H_2CO_3 \; (\xrightarrow{+2OH^-} CO_3^{2-} + 2H_2O).$$

Ganz entsprechend bilden sich aus den mehrkernigen Eisencarbonylen $Fe_2(CO)_9$ und $Fe_3(CO)_{12}$ die mehrkernigen Carbonylmetalle $Fe_2(CO)_8^{2-}$ bzw. $Fe_3(CO)_{11}^{2-}$ (bezüglich des Bildungsmechanismus vgl. weiter unten).

Verwendet man *schwache Basen* wie Ammoniak, Ethylendiamin (en), Pyridin (py), o-Phenanthrolin, Alkohole usw., so bilden sich die Carbonylmetallate unter **Valenzdisproportionierung** des Zentralmetalls, z. B. nach $2\,Fe^0 \rightarrow Fe^{2+} + Fe^{2-}$ oder $3\,Co^0 \rightarrow Co^{2+} + 2\,Co^-$. Läßt man etwa „en" auf $Fe_3(CO)_{12}$ einwirken, so entstehen je nach der Temperatur drei-, zwei- bzw. einkernige Carbonylferrate:

$$4[\overset{0}{Fe_3}(CO)_{12}] \underset{+9en,\ -15CO\ (40\,°C)}{\rightarrow} 3[\overset{+2}{Fe}(en)_3][\overset{-2/3}{Fe_3}(CO)_{11}] \underset{+3en,\ -CO\ (90\,°C)}{\rightarrow} 4[\overset{+2}{Fe}(en)_3][\overset{-1}{Fe_2}(CO)_8] \underset{+6en,\ -8CO\ (145\,°C)}{\rightarrow} 6[\overset{+2}{Fe}(en)_3][\overset{-2}{Fe}(CO)_4]$$

Mit „py" kann in reversibler Reaktion sogar ein vierkerniges Carbonylferrat aufgebaut werden:

$$5\overset{0}{Fe_3}(CO)_{12} + 18\,py \underset{(85\,°C)}{\rightleftharpoons} 3[\overset{+2}{Fe}(py)_6][\overset{-1/2}{Fe_4}(CO)_{13}] + 21\,CO.$$

Dicobaltoctacarbonyl reagiert mit *Ammoniak* im wässerigen Medium gemäß: $3\,Co_2(CO)_8 + 12\,NH_3 \rightarrow 2[Co(NH_3)_6][Co(CO)_4]_2 + 8\,CO$. Die Disproportionierung ist hier sogar mit *Hydroxid*-Ionen OH^- als Base möglich; in diesem Falle verläuft jedoch gleichzeitig noch die oben erwähnte Basenreaktion:

$$3\overset{0}{Co_2}(CO)_8 + 12\,H_2O \xrightarrow[\text{Disproportionierung}]{} 2[\overset{+2}{Co}(H_2O)_6][\overset{-1}{Co}(CO)_4]_2 + 8\,CO;$$

$$\overset{0}{Co_2}(CO)_8 + 4\,OH^- + \overset{+2}{CO} \xrightarrow[\text{Basenreaktion}]{} 2\overset{-1}{Co}(CO)_4^- + \overset{+4}{CO}{}_3^{2-} + 2\,H_2O.$$

Additionsreaktionen[43]**.** Bei einer Reihe von Reaktionen der Metallcarbonyle mit basischen Agentien erfolgt eine Addition an Kohlenstoff eines CO-Liganden. So wird die „*Basenreaktion*" der Metallcarbonyle mit Laugen (S. s. oben) durch einen Angriff eines *Hydroxidions* OH^- auf eine CO-Gruppe eingeleitet, z. B.:

$$[Fe(CO)_5] \xrightarrow{+OH^-} (CO)_4Fe{=}C\langle^{\overline{O}|^-}_{OH} \xrightarrow{-CO_2} [(CO)_4FeH]^- \xrightarrow[-H_2O]{+OH^-} [Fe(CO)_4]^{2-}.$$

Bei der Reaktion von $W(CO)_6$ mit *Azid* N_3^- wird nach entsprechendem Mechanismus ein CO-Ligand in *Isocyanat* CNO^- übergeführt:

$$[W(CO)_6] \xrightarrow{+N_3^-} (CO)_5W{=}C\langle^{\overline{O}|^-}_{N_3} \xrightarrow{-N_2} (CO)_5W{=}C\langle^{\overline{O}|^-}_{N} \longrightarrow [(CO)_5W{-}N{=}C{=}O]^-.$$

Bei der Umsetzung von Metallcarbonylen wie $M(CO)_6$ (M = Cr, Mo, W) mit *Organyl-Anionen* R^- (z. B. CH_3^-, $C_6H_5^-$) lassen sich die Additionsprodukte sogar als solche isolieren; sie können in „*Carbenkomplexe*" (Näheres S. 1678) umgewandelt werden, welche ihrerseits in einigen Fällen in „*Carbinkomplexe*" (Näheres S. 1680) überführbar sind, z. B.:

$$[Cr(CO)_6] \xrightarrow{+R^-} (CO)_5Cr{=}C\langle^{\overline{O}|^-}_{R} \xrightarrow[+CH_2N_2,\ -N_2]{+H^+} (CO)_5Cr{=}C\langle^{OMe}_{R} \xrightarrow[-BCl_2OMe]{+BCl_3} [(CO)_4ClCr{\equiv}C{-}R].$$

Verwendung. Wegen vieler struktureller und bindungsbezogener Ähnlichkeiten zwischen katalytisch wirksamen *Metalloberflächen* und *Metallclustern* hat man höherkernige Metallcarbonyle bzw. *Carbonylmetallate* eingehend hinsichtlich ihres katalytischen Potentials studiert. Tatsächlich weisen letztere vielfach homogenkatalytische Aktivitäten auf (z. B. $Rh_{12}(CO)_{34}^{2-}$ bezüglich der Fischer-Tropsch-Synthese), haben aber aufgrund ihrer zu geringen Stabilität als Katalysatoren bisher keine praktische Bedeutung erlangt. Auch ist ihre katalytische Aktivität wegen der koordinativen Sättigung der Clusteroberflächen meist geringer als die der nur mäßig mit Liganden belegten Metalloberflächen (Clusteroberflächen müssen durch Ligandenablösung erst aktiviert werden). Andererseits spielen einkernige Komplexe einiger Übergangsmetalle M die neben anderen Liganden auch koordiniertes CO aufweisen, eine wichtige Rolle als „*Katalysatoren*" bei einer Reihe organischer Synthesen (vgl. S. 1715), z. B. der *Alken-* und *Alkincarbo-*

nylierung (M = Ni, Co, Fe), der *Hydroformylierung* (M = Co), der *Alkenisomerisierung* (M = Co), der *Alkinoligomerisierung* (M = Ni), der *Methancarbonylierung* (M = Rh), der *Alkenmetathese* (M = Mo). Ferner finden Metallcarbonyle zur „*Metall-Reindarstellung*" (besonders wichtig: Ni-Reinigung nach dem *Mondverfahren*) sowie zur „*CO-Entfernung*" aus Gasen Verwendung (Bildung von $[Cu(CO)Cl]_2$ bzw. $[Cu(NH_3)_2(CO)]^+$ bei der Einwirkung von Konvertgas auf $CuCl_2^-$- oder $Cu(NH_3)_n^+$-haltige Lösungen; S. 255). Früher setzte man Metallcarbonyle auch als *Antiklopfmittel* ein.

2.1.2 Die Metallcarbonyl-Anionen, -Hydride und -Kationen[46]

Wegen des hohen π-Elektronenakzeptor-Charakters von Kohlenstoffmonoxid vermag der CO-Ligand Übergangsmetall-*Anionen* in besonderer Weise zu stabilisieren, während er umgekehrt weniger zur Komplexbildung mit Übergangsmetall-*Kationen* tendiert. Hydride, Halogenide und verwandte Verbindungen MX_n mit M der Oxidationsstufen + 1 oder + 2 komplexieren in einigen Fällen CO (vgl. unten und S. 1641). Demgemäß ist die Zahl und Clustervielfalt von „*Metallcarbonyl-Anionen*" („*Carbonylmetallate*") bzw. der davon abgeleiteten *protonierten Spezies* („*Metallcarbonylhydride*", „*Metallcarbonylwasserstoffe*") viel größer als die der bisher bekannten *neutralen* Metallcarbonyle, die Zahl der „*Metallcarbonyl-Kationen*" („*Metallcarbonyl-Salze*") eher bescheiden[47].

Carbonylmetallate[46]

Zusammensetzung. Wie die Tab. 141 lehrt, bilden die Übergangsmetalle einfach, zweifach und auch mehr als zweifach geladene **ein-** sowie **mehrkernige Carbonylmetallate**. In ihnen wird fast immer eine *Edelgaskonfiguration* des Zentralatoms erreicht (s. u.), weshalb die Anionen in der Regel *diamagnetisch* sind. Die Formeln der Carbonylmetallate leiten sich dementsprechend wie folgt von den Formeln der neutralen diamagnetischen Metallcarbonyle (Tab. 139, 140) ab: (i) durch Ersatz einer CO-Gruppe gegen zwei Elektronen bzw. – in Ausnahmefällen – von zwei CO-Gruppen gegen vier Elektronen (z. B. $Fe(CO)_5 \rightarrow Fe(CO)_4^{2-}$; $Cr(CO)_6 \rightarrow Cr(CO)_5^{2-} \rightarrow Cr(CO)_4^{4-}$); (ii) durch Ersatz von MM-Bindungen durch jeweils ein Elektron (z. B. $Mn_2(CO)_{10} \rightarrow 2\,Mn(CO)_5^-$; $Co_2(CO)_8 \rightarrow 2\,Co(CO)_4^-$); (iii) durch Ersatz des Zentralmetalls M' in $M'_m(CO)_n$ gegen ein *n*-fach negativ geladenes, *n* Gruppen links von M' im Periodensystem stehendes Metallanion M^{n-} (*isovalenzelektronische Metallcarbonyle*; zum Beispiel $Ni(CO)_4 \rightarrow Co(CO)_4^- \rightarrow Fe(CO)_4^{2-} \rightarrow Mn(CO)_4^{3-} \rightarrow Cr(CO)_4^{4-}$; $Mn_2(CO)_{10} \rightarrow Cr_2(CO)_{10}^{2-}$; $Fe_3(CO)_{12} \rightarrow Mn_3(CO)_{12}^{3-}$). Die durch Anwendung dieser Regeln in umgekehrtem Sinne aus den Carbonylmetallaten folgenden neutralen Metallcarbonyle existieren allerdings in vielen Fällen nicht (z. B. $Fe_4(CO)_{13}^{2-} \nrightarrow Fe_4(CO)_{14}$; $2\,V(CO)_6^- \nrightarrow V_2(CO)_{12}$).

Strukturen. Die einkernigen Carbonylmetallate (Tab. 141) sind analog den mit ihnen *isovalenzelektronischen* Metallcarbonylen strukturiert (vgl. Fig. 320, S. 1633). Demgemäß besitzen $M(CO)_6^{2-}$ (M = Ti, Zr, Hf) sowie $M(CO)_6^-$ (M = V, Nb, Ta) wie $M(CO)_6$ (M = Cr, Mo, W) *oktaedrischen* Bau, $M(CO)_5^{3-}$

---

[46] **Literatur.** Carbonylmetallate. W. Hieber, W. Beck, G. Braun: „*Anionische Kohlenoxid-Komplexe*", Angew. Chem. **72** (1960) 795–802; R. B. King: „*Reactions of Alkali Metal Carbonyls and Related Compounds*", Adv. Organomet. Chem. **2** (1964) 157–256; M. I. Bruce, F. G. A. Stone: „*Nucleophile Reaktionen von Carbonylmetall-Anionen mit Fluorkohlenstoffverbindungen*", Angew. Chem. **80** (1968) 835–841; Int. Ed. **7** (1968) 747; P. Chini, G. Longoni, V. G. Albano: „*High Nuclearity Metal Carbonyl Clusters*", Adv. Organomet. Chem. **14** (1976) 285–344; M. Y. Darensbourg: „*Ion Pairing Effects on Transition Metal Carbonyl Anions*", Progr. Inorg. Chem. **33** (1985) 221–274; J. E. Ellis: „*Highly Reduced Metal Carbonyl Anions: Synthesis, Characterisation and Chemical Properties*", Adv. Organomet. Chem. **31** (1990) 1–51. – Metallcarbonylhydride. R. Bau, R. G. Teller, S. W. Kirtley, T. F. Koetzle: „*Structures of Transition-Metal-Hydride Complexes*", Acc. Chem. Res. **12** (1979) 176–183; R. G. Pearson: „*The Transition-Metal Hydrogen Bond*", Chem. Rev. **85** (1985) 41; A. P. Humphries, H. D. Kaesz: „*The Hydrido-Transition Metal Cluster Complexes*", Progr. Inorg. Chem. **25** (1979) 145–222. – Metallcarbonylkationen. E. W. Abel, S. P. Tyfield: „*Metal Carbonyl Cations*", Adv. Organomet. Chem. **8** (1970) 117–165; W. Beck, K. Sünkel: „*Metal Complexes of Weakly Coordinating Anions. Precursors of Strong Cationic Organometallic Lewis Acids*", Chem. Rev. **88** (1988) 1405–1421.

[47] Die Verstärkung der MC-Bindung, ausgedrückt durch die prozentuale Zunahme des Gewichts der Grenzstruktur M=C=O an der Mesomerie [M—C≡O↔M=C=O] (S. 1635) offenbart sich sehr schön in IR-Spektren durch eine Wellenzahlenerniedrigung der CO-Valenzschwingung (vgl. Anm[42]). Die Stabilisierung der Anionen ist so groß, daß viele mehrkernige Carbonylmetallate existieren, zu denen keine isoelektronischen Metallcarbonyle bekannt sind.

Tab. 141 Carbonylmetallate (m = Nuklearität)[a)]

m	**Ti, Zr, Hf**	**V, Nb, Ta**	**Cr, Mo, W**	**Mn, Tc, Re**	**Fe, Ru, Os**	**Co, Rh, Ir**	**Ni, Pd, Pt**
1[b)]	$M(CO)_6^{2-}$ $M(CO)_5^{4-}$ [c)]	$M(CO)_6^-$ $M(CO)_5^{3-}$	$M(CO)_5^{2-}$ $M(CO)_4^{4-}$	$M(CO)_5^-$ $M(CO)_4^{3-}$	$M(CO)_4^{2-}$ – [d)]	$M(CO)_4^-$ $M(CO)_3^{3-}$	– [e)] – [e)]
2 **3**	– –	– –	$M_2(CO)_{10}^{2-}$ $M_3(CO)_{14}^{2-}$	$M_2(CO)_9^{2-}$ $M_3(CO)_{12}^{3-}$ [f)]	$Fe_2(CO)_8^{2-}$ $Fe_3(CO)_{11}^{2-}$	– [g)] $Co_3(CO)_{10}^-$	$Ni_2(CO)_6^{2-}$? $Ni_3(CO)_8^{2-}$?
4 **5**	– –	– –	$Mo_4(CO)_{17}^{2-}$? $Mo_5(CO)_{19}^{2-}$?	$Re_4(CO)_{16}^{2-}$ –	$M'_4(CO)_{13}^{2-}$ [h)] $Os_5(CO)_{15}^{2-}$	$M'_4(CO)_{11}^{2-}$ [i)] $Rh_5(CO)_{15}^{2-}$	– $Ni_5(CO)_{12}^{2-}$
6	– –	– –	– –	– –	$Ru_6(CO)_{18}^{2-}$ $Os_6(CO)_{18}^{2-}$	$M_6(CO)_{15}^{2-}$ $M'_6(CO)_{14}^{4-}$ [k)]	$Ni_6(CO)_{12}^{2-}$ $Pt_6(CO)_{12}^{2-}$
> 6	$Ru_{10}(CO)_{25}^{4-}$	$Os_n(CO)_{2n+6}^{2-}$ (n = 7–10) $Os_{17}(CO)_{36}^{2-}$ $Os_{20}(CO)_{40}^{2-}$	$Rh_7(CO)_{16}^{3-}$ $Rh_{12}(CO)_{30}^{2-}$ $Rh_{13}(CO)_{24}^{5-}$ $Rh_{14}(CO)_{26}^{2-}$	$Rh_{14}(CO)_{25}^{4-}$ $Rh_{15}(CO)_{27}^{3-}$ $Rh_{22}(CO)_{37}^{4-}$	$Ir_8(CO)_{20}^{2-}$ $Ir_8(CO)_{22}^{2-}$	$[Ni_3(CO)_6]_x$ $Ni_{12}(CO)_{21}^{4-}$ (x = 2–5, (y = 2–6)	$[Pt_3(CO)_6]_y^{2-}$ $Pt_{19}(CO)_{22}^{4-}$ $Pt_{26}(CO)_{32}^{2-}$ $Pt_{38}(CO)_{44}^{2-}$

a) Man kennt auch eine Reihe **gemischter Carbonylmetallate** $[\mathbf{M_m M'_m (CO)_n}]^{p-}$, ferner **Heterocarbonylmetallate** $[\mathbf{M_m(CO)_n E_o}]^{p-}$ mit Heteroatomen E in Metallatomkäfigen M_m, z. B. Nitrido- und Carbidocarbonylmetallate (vgl. Anm.[44)]). – **b)** Die in der 2. Reihe stehenden Anionen werden zu den **hochreduzierten Metallcarbonylanionen** („*Ellis-Carbonylate*") gezählt. – **c)** In Form von Stannylderivaten $(R_3Sn)_pM(CO)_5^{p-4}$ bekannt. – **d)** In Form von $M(CO)_3^{4-}$ zu erwarten. – **e)** In Form von $M(CO)_3^{2-}$ bzw. $M(CO)_2^{4-}$ zu erwarten. – **f)** Man kennt auch $Mn_3(CO)_{14}^-$. – **g)** In Form von $M_2(CO)_7^{2-}$ zu erwarten. – **h)** M' = Fe, Ru; man kennt auch $Ru_4(CO)_{12}^{4-}$. – **i)** M' = Rh, Ir. – **k)** M' = Co, Rh.

(M = V, Nb, Ta), $M(CO)_5^{2-}$ (M = Cr, Mo, W) sowie $M(CO)_5^-$ (M = Mn, Tc, Re) wie $M(CO)_5$ (M = Fe, Ru, Os) *trigonal-bipyramidalen* Bau und $M(CO)_4^{4-}$ (M = Cr, Mo, W), $M(CO)_4^{3-}$ (M = Mn, Tc, Re), $M(CO)_4^{2-}$ (M = Fe, Ru, Os) sowie $M(CO)_4^-$ (M = Co, Rh, Ir) wie $M(CO)_4$ (M = Ni, Pd, Pt) *tetraedrischen* Bau. Für die Strukturen der zwei- und dreikernigen Carbonylmetallate gilt Analoges: $M_2(CO)_{10}^{2-}$ (M = Cr, Mo, W) ≙ $M_2(CO)_{10}$ (M = Mn, Tc, Re); $M_2(CO)_9^{2-}$ (M = Mn, Tc, Re) ≙ $M_2(CO)_9$ (M = Fe, Ru, Os); $Mn_3(CO)_{12}^{3-}$ ≙ $Fe_3(CO)_{12}$; $Ni_2(CO)_6^{2-}$ ≙ $Cu_2(CO)_6$ (dem Carbonylat $Mn_3(CO)_{14}^-$ kommt Kettenstruktur $(CO)_5Mn—Mn(CO)_4—Mn(CO)_5^-$ zu). Allerdings können sich isovalenzelektronische Verbindungen in der Zahl brückengebundener CO-Liganden unterscheiden. So enthält $Fe_2(CO)_8^{2-}$ im Gegensatz zu $Co_2(CO)_8$ in fester Phase (zwei verbrückende CO-Gruppen) nur endständige CO-Moleküle.

Auch der Übergang neutraler Metallcarbonyle $M_m(CO)_n$ in verwandte, CO-ärmere Di- oder Tetraanionen $M_m(CO)_{n-1}^{2-}$ bzw. $M_m(CO)_{n-2}^{4-}$ ist in der Regel mit einer Umgruppierung von CO-Liganden verbunden. Z. B. weist $Fe_3(CO)_{12}$ (Fig. 320) neben endständigen nur μ_2-gebundene, $Fe_3(CO)_{11}^{2-}$ (Fig. 322) aber zusätzlich μ_3-gebundene CO-Gruppen auf (vgl. hierzu auch $M_4(CO)_{12}/M_4(CO)_{11}^{2-}$ mit M = Rh, Ir und $M_6(CO)_{16}/M_6(CO)_{15}^{2-}/M_6(CO)_{14}^{4-}$ mit M = Co, Rh, Ir). Die Struktur von $Co_3(CO)_{10}^-$ (Fig. 322) läßt sich aus der von $Co_4(CO)_{12}$ herleiten, indem man eine $Co(CO)_3^+$-Ecke durch ein hiermit isolobales CO ersetzt. Die Carbonylmetallate $Fe_3(CO)_{11}^{2-}$ und $Co_3(CO)_{10}^-$ enthalten hierbei alle bei Metallcarbonylen auftretenden Strukturmerkmale: Metall-Metall-Bindungen, endständige CO-Liganden, CO-Brükken zwischen zwei sowie zwischen drei Metallatomen.

Den vier- bis zehnkernigen Carbonylmetallaten (Tab. 141) kommen die in Fig. 322 wiedergegebenen Strukturen zu. Der Clusterbau läßt sich hier wie im Falle der neutralen Metallcarbonyle (s. dort) über die **Skelettelektronen-Abzählregel** veranschaulichen[36)]. Gemäß dieser schon häufiger angewandten Regeln von Wade und Mingos (S. 997, 1634) nehmen Cluster aus n Übergangsmetallatomen bei Vorliegen von $(2n + 2m)$ Clusterelektronen ($m = \cdots 3, 2, 1, 0, -1, -2 \cdots$) die nachfolgend wiedergegebenen Strukturen ein; die Clusterelektronenzahl Z ergibt sich hierbei als Summe der Valenzelektronen V aller M-Atome sowie der Summe der von den Metallatomen bereitgestellten Ligandenelektronen L, zuzüglich der negativen Ladungen e^- und abzüglich von 12 Elektronen für jedes der n-Clusteratome:

$Z = V + L + e^- - 12n =$	$(2n+6)$	$(2n+4)$	$(2n+2)$	$(2n)$	$(2n-2)$	$(2n-4)$	$(2n-6)$
Polyeder[48)]	zweifach	einfach entkappt	unver- ändert	einfach	zweifach	dreifach überkappt	vierfach
Struktur[48)]	*arachno*	*nido*	*closo*	*einfach*	*zweifach*	*dreifach* *überkappt-closo*	*vierfach*

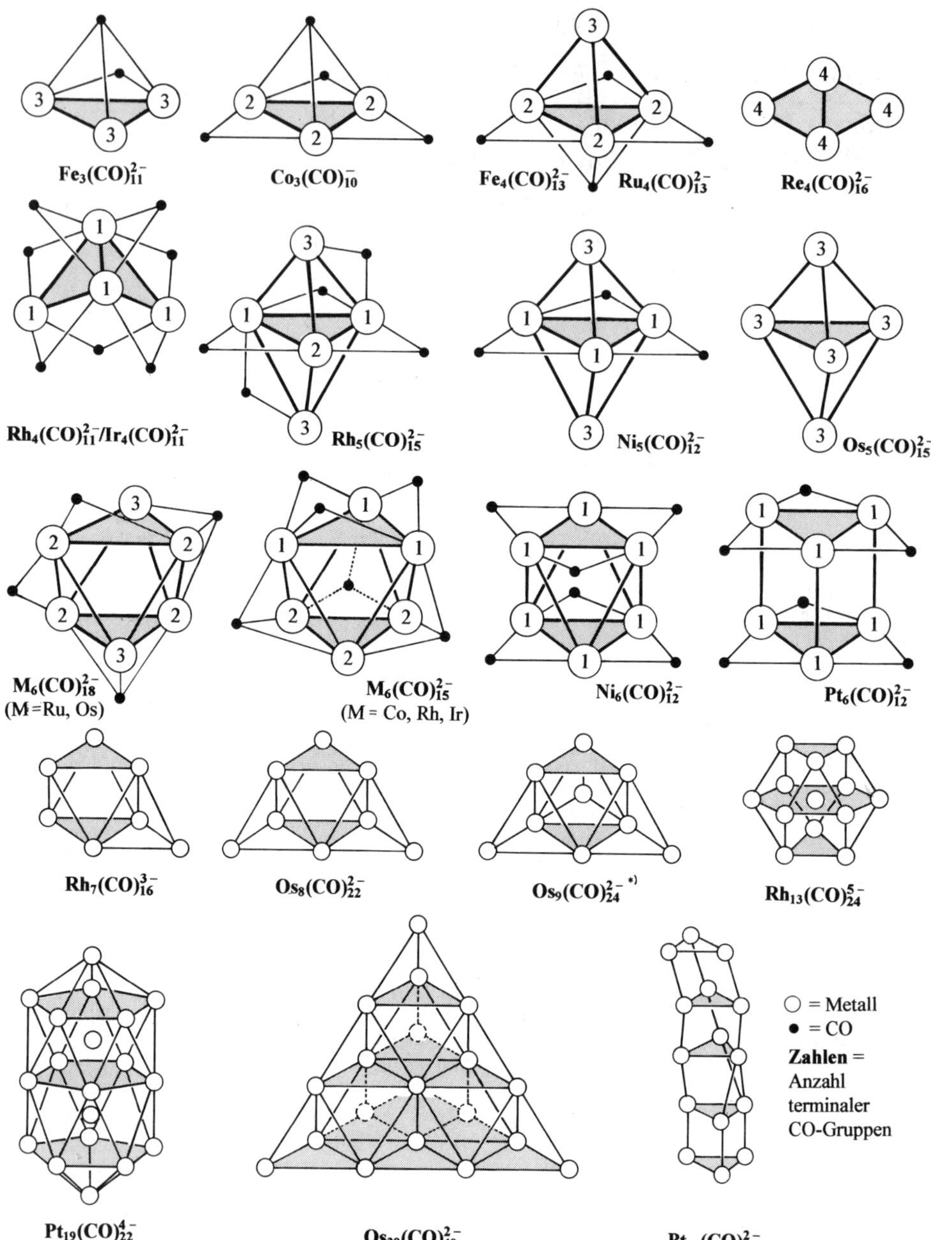

Fig. 322 Strukturen mehrkerniger Carbonylmetallate.
*) In $Os_{10}(CO)_{26}^{2-}$ ist eine Fläche des dem zentralen Oktaeder von $Os_9(CO)_{24}^{2-}$ angegliederten Tetraeders, in $Os_{10}C(CO)_{24}^{2-}$ bzw. $Ru_{10}N(CO)_{24}^{-}$ die obere Fläche des C- und N-zentrierten Oktaeders von $Os_9(CO)_{24}^{2-}$ überkappt.

Hiernach liegt dem Metallgerüst von $Re_4(CO)_{16}^{2-}$ ($Z = 14 \mathrel{\hat{=}} 2n + 6$) ein zweifach entkappter Oktaeder, dem von $Fe_4(CO)_{13}^{2-}/Ru_4(CO)_{13}^{2-}/Rh_4(CO)_{11}^{2-}/Ir_4(CO)_{11}^{2-}$ ($Z = 12 \mathrel{\hat{=}} 2n + 4$) eine einfache entkappte trigonale Bipyramide, dem von $Os_5(CO)_{15}^{2-}$ ($Z = 12 \mathrel{\hat{=}} 2n + 2$) eine trigonale Bipyramide und dem von $Ru_6(CO)_{18}^{2-}/Os_6(CO)_{18}^{2-}/Co_6(CO)_{15}^{2-}/Rh_6(CO)_{15}^{2-}/Ir_6(CO)_{15}^{2-}$ ($Z = 14 \mathrel{\hat{=}} 2n + 2$) ein Oktaeder zugrunde, während die zentralen Gerüste von $Rh_7(CO)_{16}^{3-}/Os_8(CO)_{22}^{2-}/Os_9(CO)_{24}^{2-}/Os_{10}(CO)_{26}^{2-}$ ($Z = 14 \mathrel{\hat{=}} 2n$ bzw. $2n - 2$ bzw. $2n - 4$ bzw. $2n - 6$) einfach/zweifach/dreifach/vierfach überkappt oktaedrisch gebaut sind (vgl. Fig. 322)[49]. Die Strukturen der Komplexe $Rh_5(CO)_{15}^{2-}/Ni_5(CO)_{12}^{2-}$ (trigonal bipyramidal),

$Ni_6(CO)_{12}^{2-}$ (oktaedrisch) und $Pt_6(CO)_{12}^{2-}$ (trigonal-prismatisch) lassen sich allerdings nicht mittels der Mingos-Wadeschen Regeln herleiten. Gelegentlich weisen Carbonylmetallate *conjuncto*-Strukturen (S. 998) auf, so im Falle von $Ir_8(CO)_{20}^{2-}$ und $Rh_{12}(CO)_{30}^{2-}$ (zwei über eine MM-Bindung verknüpfte tetraedrische $Ir_4(CO)_{10}$- bzw. $Rh_6(CO)_{14}$-Einheiten; in letzterem Falle erfolgt die Verknüpfung über zwei zusätzliche μ_2-CO-Liganden).

Die Metallgerüste der höherkernigen Carbonylmetallate lassen sich in vielen Fällen auch als (zum Teil verzerrte) Ausschnitte **dichtester Metallatompackungen** deuten (vgl. Fig. 322)[36)]. So enthalten etwa die Komplexe $Rh_7(CO)_{16}^{3-}$, $Os_8(CO)_{22}^{2-}$, $Os_9(CO)_{24}^{2-}$ sowie $Os_{10}(CO)_{26}^{2-}$ *zwei* dichtest gepackte, übereinander angeordnete Schichten aus 4 + 3 bzw. 5 + 3 bzw. 6 + 3 bzw. 7 + 3 Metallatomen, die Komplexe $Rh_{13}(CO)_{24}^{5-}$, $Rh_{14}(CO)_{26}^{2-}$, $Ru_{14}(CO)_{25}^{4-}$ sowie $Pt_{26}(CO)_{32}^{2-}$ *drei* Schichten aus 3 + 7 + 3 bzw. 3 + 7 + 4 bzw. 7 + 12 + 7 Metallatomen und die Komplexe $Os_{20}(CO)_{40}^{2-}$, $Rh_{22}(CO)_{37}^{4-}$ sowie $Pt_{38}(CO)_{44}^{2-}$ *vier* Schichten aus 10 + 6 + 3 + 1 bzw. 6 + 7 + 6 + 3 bzw. 7 + 12 + 12 + 7 Metallatomen. Der Bau von $Rh_{13}(CO)_{24}^{5-}$ läßt sich auch als innenzentriert kubooktaedrisch (Fig. 322), der von $Ni_{12}(CO)_{21}^{4-}$ als kubooktaedrisch und der von $Rh_{14}(CO)_{26}^{2-}/_{25}^{4-}$ bzw. von $Rh_{15}(CO)_{27}^{3-}$ als einfach bzw. zweifach überkappt innenzentriert antikubooktaedrisch beschreiben (in letzteren Fällen liegen quadratisch überkappte Flächen vor). In den Carbonylmetallaten $[Ni_3(CO)_6]_x^{2-}$ ($x = 2$ bis 5) und $[Pt_3(CO)_6]_y$ ($y = 2$ bis 6) sind $M_3(CO)_6$-Einheiten mit M an den Ecken eines gleichschenkeligen Dreiecks zu Stapeln gepackt (vgl. $Pt_{15}(CO)_{30}^{2-}$ in Fig. 322), wobei aufeinanderfolgende $M_6(CO)_{30}^{2-}$-Einheiten Strukturen zwischen einem M_6-Oktaeder und einem trigonalen M_6-Prisma einnehmen. Keine dichteste Metallatompackung weist schließlich der Komplex $Pt_{19}(CO)_{22}^{4-}$ auf, dessen Struktur die Elemente innenzentrierter Ikosaeder aufweist.

Darstellung. Der klassische Zugang zu den Carbonylmetallaten besteht in der Basenreaktion (vgl. S. 1642), z. B.:

$$Fe_2(CO)_9 + 4OH^- \rightarrow Fe_2(CO)_8^{2-} + CO_3^{2-} + 2H_2O;$$
$$2Ru_3(CO)_{12} + 4OH^- \rightarrow Ru_6(CO)_{18}^{2} + CO_3^{2-} + 2H_2O + 5CO.$$

Ferner führt in einigen Fällen die Valenzdisproportionierung (S. 1643) zu Carbonylmetallaten, z. B.:

$$3Co_2(CO)_8 \xrightarrow{[OH^-]} 2Co^{2+} + 4Co(CO)_4^-;$$
$$Os_6(CO)_{18}, Os_7(CO)_{21}, Os_8(CO)_{23} \xrightarrow[\text{u.a.}]{} Os^{4+} + Os_5(CO)_{15}^{2-}, Os_6(CO)_{18}^{2-}, Os_7(CO)_{20}^{2-}.$$

Besonders wichtig ist die Darstellung der Carbonylmetallate durch Reduktion neutraler Metallcarbonyle mit *Alkalimetallen* in flüssigem Ammoniak, Tetrahydrofuran sowie ähnlichen Medien oder mit *Natriumamalgam* in Ethern. Z. B. läßt sich $Fe(CO)_5$ durch Natrium in NH_3(fl) leicht in *„Tetracarbonylferrat(–II)"* $Fe(CO)_4^{2-}$ verwandeln: $Fe(CO)_5 + 2\ominus \rightarrow Fe(CO)_4^{2-} + CO$. Das *„Hexacarbonylvanadat*(–I)" $V(CO)_6^-$ (Analoges gilt für die Homologen $Nb(CO)_6^-$ und $Ta(CO)_6^-$) wird in Diglyme $MeOCH_2CH_2OCH_2CH_2OMe$ aus Na und VCl_3 (bzw. $NbCl_3$, $TaCl_5$) und CO bei 90–120 °C, das *„Hexacarbonyltitanat(–II)"* $Ti(CO)_6^{2-}$ (Analoges gilt für die Homologen $Zr(CO)_6^{2-}$ und $Hf(CO)_6^{2-}$) in entsprechender Weise aus K, $M(CO)_4L$ ($L = MeC(CH_2PMe_2)_3$; M = Ti bzw. Zr, Hf) und CO in Anwesenheit von Naphthalin und Cryptanden dargestellt ($Ti(CO)_6^{2-}$ und $Zr(CO)_6^{2-}$ sind auch aus K, MCl_4 und Co zugänglich).

Vielfach können die einkernigen Carbonylmetallate bzw. Derivate $M(CO)_nL_m$ mit Alkalimetallen in flüssigem Ammoniak weiter in **hochreduzierte Carbonylmetallate** überführt werden. So bilden sich etwa gemäß der allgemeinen Gleichung

$$M(CO)_n^{p-} + 3\ominus \rightarrow M(CO)_{n-1}^{(p+2)-} + \tfrac{1}{2}\ {}^-O{-}C{\equiv}C{-}O^-$$

die Anionen $V(CO)_5^{3-}$, $Nb(CO)_5^{3-}$, $Ta(CO)_5^{3-}$, $Mn(CO)_4^{3-}$, $Tc(CO)_4^{3-}$, $Re(CO)_4^{3-}$, $Co(CO)_3^{3-}$, $Rh(CO)_3^{3-}$ und $Ir(CO)_3^{3-}$. Nicht auf diese Weise reduzierbar sind die Carbonylmetallate $M(CO)_5^{2-}$

[48] Eine Aussage darüber, welche *Ecke* im Polyeder *entkappt* bzw. welche *Fläche* eines Polyeders *überkappt* wird, macht die Mingos-Wadesche Regel nicht.

[49] $Rh_7(CO)_{16}^{3-}$ enthält 7 terminale, 6 μ_2 und 3 μ_3 CO-Liganden, $Os_8(CO)_{22}^{2-}$ 20 terminale und 2 μ_2 CO-Liganden, $Os_{10}(CO)_{26}^{2-}$ 24 terminale und 2 μ_2 CO-Liganden.

(M = Cr, Mo, W). Die Anionen $Cr(CO)_4^{4-}$, $Mo(CO)_4^{4-}$ und $W(CO)_4^{4-}$ erhält man jedoch bei der Reaktion von Natrium mit $M(CO)_4$(tmeda) (tmeda = $Me_2NCH_2CH_2NMe_2$).

Die Reduktion von Metallcarbonylen kann sowohl unter *Abbau* als auch *Aufbau* von Metallclustern verlaufen. So lassen sich viele *mehrkernige Metallcarbonyle* leicht durch Einwirkung von Natrium reduktiv an der Metall-Metall-Bindung spalten: $[M(CO)_n]_m + 2m$ Na $\rightarrow 2m$ $Na[M(CO)_n]$ (M = Mn, Tc, Re, Fe, Ru, Os, Co, Rh, Ir), z. B.:

$$[Mn(CO)_5]_2 + 2\ominus \rightleftarrows 2Mn(CO)_5^- \quad (\varepsilon_0 = -0.68\ \mathrm{V});$$
$$[Fe(CO)_4]_3 + 6\ominus \rightleftarrows 3Fe(CO)_4^{2-} \quad (\varepsilon_0 = -0.74\ \mathrm{V});$$
$$[Co(CO)_4]_2 + 2\ominus \rightleftarrows 2Co(CO)_4^- \quad (\varepsilon_0 = -0.4\ \mathrm{V}).$$

Andererseits wird $Ni(CO)_4$ von Natrium in flüssigem Ammoniak in protoniertes $Ni_2(CO)_6^{2-}$ und in THF in $Ni_5(CO)_{12}^{2-}$, $Ni_6(CO)_{12}^{2-}$ und höhere „*Carbonylnickelate*" überführt. In analoger Weise gelangt man durch Reduktion von $PtCl_6^{2-}$ mit Alkalimetallen in einer CO-Atmosphäre zu „*Carbonylplatinaten*" $[Pt_3(CO)_6]_x$ (x = 2 bis 6). Interessanterweise ist es bisher unmöglich, analoge Carbonylpalladate zu synthetisieren.

Auch durch Thermolyse von Carbonylmetallaten lassen sich in einigen Fällen neue Carbonylmetallate gewinnen. So wandelt sich etwa $Pt_9(CO)_{18}^{2-}$ beim Kochen in Acetonitril in $Pt_{19}(CO)_{22}^{4-}$ um.

Eigenschaften. Bezüglich der Farbigkeit der mehrkernigen Carbonylmetallate vgl. S. 1639. Die Thermolyse der Carbonylmetallate kann zu neuen Carbonylmetallaten bzw. zu Carbidocarbonylmetallaten führen (vgl. Thermolyse von Metallcarbonylen). Die thermische Umwandlung von $Pt_9(CO)_{18}^{2-}$ in $Pt_{19}(CO)_{22}^{4-}$ wurde bereits erwähnt. Die gemäß

$$2Os_{10}(CO)_{26}^{2-} \xrightarrow{T} Os_{20}(CO)_{40}^{2-} + 10CO + C_2O_2^{2-}(?) \quad \text{bzw.} \quad Os_{10}(CO)_{26}^{2-} \xrightarrow{T} Os_{10}C(CO)_{24}^{2-} + CO_2$$

verlaufende Thermolyse von $Os_{10}(CO)_{26}^{2-}$ stellt ein weiteres Beispiel dar (bei 230 °C betragen die Ausbeuten an $Os_{20}(CO)_{40}^{2-}/Os_{10}C(CO)_{24}^{2-}$ 5/85 %, bei 300 °C 60/25 %; für Strukturen vgl. Fig. 322). Die CO-Liganden der Carbonylmetallate sind wegen ihrer vergleichsweise festen Bindung an das Zentralatom in der Regel weniger leicht durch Substitution austauschbar als die der zugehörigen neutralen Metallcarbonyle. Eine besonders charakteristische Eigenschaft der Carbonylmetallate ist ihr basisches (nucleophiles) Verhalten. So lassen sie sich *alkylieren, acylieren, silylieren, stannylieren* usw. (z. B. Bildung von $Me_2Fe(CO)_4$ oder $MeRe(CO)_5$ aus $Fe(CO)_4^{2-}$ oder $Re(CO)_5^-$ und Methyliodid MeI, von $(Ph_3Sn)_3Cr(CO)_4^-$ $(Ph_3Sn)_2Ti(CO)_5^{2-}$ aus $Cr(CO)_4^{4-}$ oder „$Ti(CO)_5^{4-}$" und Stannylchlorid Ph_3SnCl). Auch vermögen sie Halogenid in Elementhalogeniden zu verdrängen wie etwa die Umsetzung $InCl_3 + 3Mn(CO)_5^- \rightarrow In[Mn(CO)_5]_3 + 3Cl^-$ lehrt (mit dem Carbonylat $Mn_3(CO)_{12}^{3-}$ reagiert $InCl_3$ u. a. zu $In[Mn(CO)_5]_5^{2-}$ mit pentagonal-planarem In). Die interessanteste Reaktion der Carbonylmetallate ist die mit *Säuren* unter Bildung von *Metallcarbonylhydriden*. So lassen sich aus den alkalischen $Fe(CO)_4^{2-}$- und $Co(CO)_4^-$-Lösungen nach Ansäuern mit Phosphorsäure die zersetzlichen Metallcarbonylwasserstoffe $H_2Fe(CO)_4$ und $HCo(CO)_4$ abdestillieren (s. u.). Da dem Wasserstoff in den Carbonylhydriden definitionsgemäß die Oxidationsstufe −1 zukommt, sind die betreffenden Protonierungen als Oxidationsreaktionen zu klassifizieren. Tatsächlich wirkt der Wasserstoff in den Metallcarbonylhydriden sowohl *hydridisch* als auch *inert* oder *protisch* (s. u.). Da die Protonierung zumindest zu einer teilweisen Oxidation der Metallzentren führt, kann sie unter Normalbedingungen von einer H_2-Entwicklung begleitet sein, z. B. $2Co(CO)_4^- + 2H^+ \rightarrow Co_2(CO)_8 + H_2$; $V(CO)_5^{3-} + 2NH_4^+ \rightarrow [V(CO)_5NH_3]^- + NH_3 + H_2$. Ganz allgemein sind alle Carbonylmetallate oxidationsempfindlich und vermögen in Umkehrung der Bildungsreaktion in neutrale Metallcarbonyle überzugehen. Dementsprechend sind sogar die *Valenzdisproportionierungen* mit schwachen Basen unter CO-Druck *reversibel*.

Verwendung. Bezüglich der Anwendungen von Carbonylmetallaten vgl. bei den Metallcarbonylen. Besondere Verwendung hat $Na_2Fe(CO)_4$ als „*Collman's Reagens*" in der organischen Synthese zur *Funktionalisierung* von Organyl- oder Acylhalogeniden erlangt, z. B. $Fe(CO)_4^{2-} + RI + CO \rightarrow [RFe(CO)_4]^- + I^- + CO \rightarrow [RCOFe(CO)_4]^- + I^-$ $(+ R'OH \rightarrow RCOOR' + HFe(CO)_4^- + I^-)$.

Metallcarbonylwasserstoffe[46)]

Zusammensetzung. Die in Tab. 142 wiedergegebenen, bisher bekannt gewordenen *neutralen* sowie *anionischen farblosen* **ein-** und *farbigen* **mehrkernigen Metallcarbonylwasserstoffe** („*Me-*

Tab. 142 Neutrale (Fettdruck) und anionische Metallcarbonylhydride (m = Nuklearität)[a)]

m	Cr, Mo, W	Mn, Tc, Re	Fe, Ru, Os	Co, Rh, Ir	Ni
1	**$H_2Cr(CO)_5$** Nicht isoliert **$H_2Mo(CO)_5$** Nicht isoliert **$H_2W(CO)_5$** Nicht isoliert	**$HMn(CO)_5$**, *farblos* Smp. $-20\,^\circ C$, Zers. $\approx 50\,^\circ C$ **$HTc(CO)_5$**, *farblos* Nicht rein isoliert **$HRe(CO)_5$**, *farblos* Smp. $12.5\,^\circ C$; Zers. $\approx 100\,^\circ C$	**$H_2Fe(CO)_4$**, *farblos* Smp. $-70\,^\circ C$; Zers. $\approx -10\,^\circ C$ **$H_2Ru(CO)_4$**, *farblos* Smp. $-63\,^\circ C$; Zers. $\approx 20\,^\circ C$ **$H_2Os(CO)_4$**, *farblos* Smp. $-38\,^\circ C$; stabil	**$HCo(CO)_4$**, *hellgelb* Smp. $-26\,^\circ C$; Zers. $\approx -20\,^\circ C$ **$HRh(CO)_4$** Nur unter CO/H_2-Druck **$HIr(CO)_4$** Nur unter CO/H_2-Druck	–
	$HM(CO)_5^-$	$H_2Re(CO)_4^-$	$HM(CO)_4^-$	–	
2	$HM_2(CO)_{10}^-$ $H_2W_2(CO)_8^{2-}$	**$H_2Mn_2(CO)_9$?**, **$H_2Re_2(CO)_8$** $HM_2(CO)_9^-$, $H_3Re_2(CO)_6^-$	**$H_2Fe_2(CO)_8$?**, **$H_2Os_2(CO)_8$** $HFe_2(CO)_8^-$	–	b)
3	–	**$H_3M_3(CO)_{12}$**, **$HRe_3(CO)_{14}$** $H_{3-n}Re_3(CO)_{12}^{n-}$, $H_{3-n}Re_3(CO)_{10}^{n-}$	**$H_2Os_3(CO)_{10}$**, **$H_2M_3(CO)_{11}$** **$H_2M'_3(CO)_{12}$**[c)], $HM_3(CO)_{11}^-$	**$HCo_3(CO)_9$**	b)
4	–	**$H_4Re_4(CO)_{12}$**, $H_6Re_4(CO)_{12}^{2-}$ $H_4Re_4(CO)_{13}^{2-}$, $H_4Re_4(CO)_{15}^{2-}$	**$H_2M_4(CO)_{13}$**, **$H_4M'(CO)_{12}$**[c)] $HM_4(CO)_{13}^-$, $H_{4-n}M'_4(CO)_{12}^{n-}$	**$H_2Ir_4(CO)_{11}$** $HIr_4(CO)_{11}^-$, $H_2Ir_4(CO)_{10}^{2-}$	–
5 6	–	–	**$H_2Os_5(CO)_{15/16}$**, $HOs_5(CO)_{15}^-$ **$H_2M'_6(CO)_{18}$**, $HM'_6(CO)_{18}^-$[c)]	– $HCo_6(CO)_{15}^-$, $HRh_6(CO)_{15}^-$	–
> 6	–	–	**$H_2Os_n(CO)_{2n+6}$**($n = 7, 8, 9$) $HOs_n(CO)_{2n+6}^-$, $H_4Os_{10}(CO)_{24}^{2-}$	$H_{5-n}Rh_{13}(CO)_{24}^{n-}$, $HRh_{14}(CO)_{25}^{3-}$ $H_xRh_{22}(CO)_{35}^{4-}$, $H_xRh_{22}(CO)_{35}^{5-}$	b)

a) Man kennt auch **gemischte Metallcarbonylhydride** wie $HMnOs_3(CO)_{12}$, $HFeCo_3(CO)_{12}$, $HReOs_3(CO)_{16}$, $H_2FeRu_3(CO)_{13}$, $H_3MnOs_3(CO)_{13}$, $H_4FeOs_3(CO)_{12}$, $H_2Re_2Os_3(CO)_{19/20}$. – **b)** **$H_2Ni_2(CO)_6$?**, $HNi_2(CO)_6^-$, **$H_2Ni_3(CO)_8$?**, $H_2Ni_{12}(CO)_{21}^{2-}$, $HNi_{12}(CO)_{21}^{3-}$. – **c)** M' = Ru, Os.

tallcarbonylhydride", „*Hydridocarbonylmetallate*") stellen in vielen Fällen *Protonierungsprodukte* der in Tab. 141 zusammengestellten Carbonylmetallate dar (die Verbindungen lassen sich zum Teil auch aus Metallcarbonylen durch Austausch von Kohlenoxid CO gegen Hydrid H^- herleiten). Allerdings ließen sich von einigen Carbonylmetallaten bisher keine Protonenaddukte und umgekehrt von einigen Metallcarbonylwasserstoffen keine protonenfreien Produkte isolieren. Bezüglich der *kationischen* Metallcarbonylwasserstoffe vgl. Anm.[52)].

Strukturen. Der H-Ligand kann in den Metallcarbonylwasserstoffen wie der CO-Ligand sowohl *nichtverbrückend* mit einem Zentrum (a) als auch *zweifach* (μ_2) oder *dreifach* (μ_3) *verbrückend* mit zwei oder drei Metallatomen (b, c) verknüpft sein. In höherkernigen Carbonylwasserstoffen überspannt er gemäß (d, e) in einigen Fällen sogar *vier* (μ_4) oder *sechs* (μ_6) Metallatome:

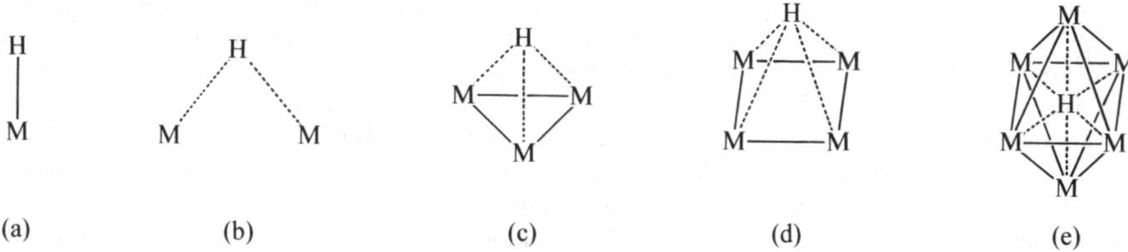

In den einkernigen Metallcarbonylwasserstoffen nehmen die Wasserstoffatome eine *normale Koordinationsstelle* am Metall ein. Demgemäß besitzen $HM(CO)_5^-$ (M = Cr und wohl auch Mo, W), $HM(CO)_5$ (M = Mn, Tc, Re), *cis*- bzw. *trans*-$H_2Re(CO)_4^-$ sowie *cis*-$H_2M(CO)_4$ (M = Fe, Ru, Os) *oktaedrischen* und $HM(CO)_4$ (M = Co und wohl auch Rh, Ir) *trigonal-bipyramidalen* Bau. Andererseits weisen in den zweikernigen Metallcarbonylwasserstoffen nur $HRe_2(CO)_9^-$ (analog gebaut möglicherweise $HTc_2(CO)_9^-$, $HMn_2(CO)_9^-$) sowie $H_2Os_2(CO)_8$ ausschließlich endständig gebundenen Wasserstoff auf. Die Verbindungen leiten sich von $Re_2(CO)_{10}$ und $Os_2(CO)_9$ (Tab. 140, S. 1631) durch Ersatz einer CO-Gruppe gegen H^- ab (hierbei resultierendes $HOs_2(CO)_8^-$ liegt dann in protonierter Form vor). Sie enthalten Metallatome mit oktaedrischer Ligandenumgebung: $(CO)_4HRe—Re(CO)_5^-$ bzw. $(CO)_4HOs—OsH(CO)_4$ (H jeweils äquatorial gebunden). In den anderen zweikernigen Carbonylhydriden liegen brückenständige

H-Atome vor. So resultiert etwa $HCr_2(CO)_{10}^-$ (f) aus einer Protonierung der CrCr-Bindung in $Cr_2(CO)_{10}^{2-}$ (Tab. 141, S. 1645):

$$[(CO)_5Cr{-}Cr(CO)_5]^{2-} \xrightarrow{H^+} [(OC)_5Cr\overset{H}{\wedge}Cr(CO)_5]^- \mathrel{\hat{=}} [(OC)_5\overset{}{Cr}\overset{H}{\frown}Cr(CO)_5]^-$$

(f)

Die beiden Cr-Atome sind in $HCr_2(CO)_{10}^-$ durch eine anionische Wasserstoffbindung (Zweielektronen-Dreizentrenbindung; vgl. Borwasserstoffe) miteinander verknüpft. Die Verbindung läßt sich als σ-Komplex sowohl zwischen H^+ und $(OC)_5Cr{-}Cr(CO)_5^{2-}$ als auch zwischen $(OC)_5Cr$ und $H{-}Cr(CO)_5^-$ beschreiben. Entsprechend $HCr_2(CO)_{10}^-$ sind $HMo_2(CO)_{10}^-$ und $HW_2(CO)_{10}^-$ aufgebaut (CrCr-/MoMo-/WW-Abstände rund 3.37/3.41/3.4 Å; HCr-/HMo-/HW-Abstände rund 1.7/1.8/1.9 Å; CrHCr-/MoHMo-WHW-Winkel rund 158/133/130°). $HFe_2(CO)_8^-$ (g) leitet sich von $Fe_2(CO)_8^{2-}$ (Tab. 141) durch Protonierung der FeFe-Einfachbindung ab, während $H_2Re_2(CO)_8$ (h) bzw. $H_3Re_2(CO)_6^-$ (i) das Di- bzw. Triprotonierungsprodukt einer ReRe-Zwei- bzw. -Dreifachbindung in hypothetischem $(OC)_4Re{=}Re(CO)_4^{2-}$ bzw. $(OC)_3Re{\equiv}Re(CO)_3^{4-}$ darstellt.

$[(CO)_3Fe(\mu\text{-}H)(\mu\text{-}CO)_2Fe(CO)_3]^-$ (g) $[(CO)_4Re(\mu\text{-}H)_2Re(CO)_4]$ (h) $[(CO)_3Re(\mu\text{-}H)_3Re(CO)_3]^-$ (i)

Die dreikernigen Metallcarbonylwasserstoffe müssen nach der **18-Elektronen-Abzählregel** $18n - 2m$ Gesamtaußen-Elektronen aufweisen, (n = Anzahl der M-Atome = 3; m = Anzahl der MM-Bindungen), d.h. bei *acyclischem* Bau M—M—M ($m = 2$) bzw. bei cyclischem Bau M—M—M ($m = 3$) bzw. bei einfach-ungesättigtem cyclischem Bau M=M—M ($m = 4$) 50 bzw. 48 bzw. 46 Elektronen. Tatsächlich besitzen $HRe_3(CO)_{14}$ und $H_2Os_3(CO)_{12}$ mit jeweils 50 Außenelektronen bzw. $H_3M_3(CO)_{12}$ (M = Mn, Tc, Re) und $HM_3(CO)_{11}^-/H_2M_3(CO)_{11}$ (M = Fe, Ru, Os) mit jeweils 48 Außenelektronen die erwarteten Strukturen (vgl. Fig. 323, erste und zweite Reihe). Die Doppelbindung ist hierbei in $H_4Re_3(CO)_{10}^-$ und $H_2Os_3(CO)_{10}$ lokalisiert und zweifach-protoniert, während das π-Elektronenpaar in $HCo_3(CO)_9$ über den Co_3-Ring delokalisiert und einfach-protoniert ist. Ersichtlicherweise kann der Übergang eines Carbonylmetalls in seine verschiedenen protonierten Zustände mit einer Änderung von Zahl und Art brückenständiger CO-Gruppen begleitet sein (vgl. z.B. $Fe_3(CO)_{11}^{2-}/HFe_3(CO)_{11}^-$ bzw. $HRu_3(CO)_{11}^-/H_2Ru_3(CO)_{11}$). Interessehalber sei noch erwähnt, daß die Protonierung von $HM_3(CO)_{11}^-$ (M = Fe, Ru, Os) zunächst am Sauerstoff der CO-Brücke unter Bildung des Produkts $HM_3(CO)_{10}(COH)$ erfolgt, das sich in $H_2M_3(CO)_{11}$ umlagert (die Fe-Verbindung zerfällt bei −40 °C).

Unter den vierkernigen Metallcarbonylwasserstoffen enthalten alle Verbindung mit 60 Gesamtaußenelektronen in Übereinstimmung mit der 18-Elektronen-Abzählregel tetraedrische M_4-Cluster mit MM-Einfachbindungen (Ausnahme: $HFe_4(CO)_{13}^-$!), solche mit 64 Außenelektronen ($H_4Re_4(CO)_{15}^{2-}$) ein an zwei Seiten geöffnetes M_4-Tetraeder und solche mit 56 Außenelektronen ($H_4Re_4(CO)_{12}$) ein doppelt ungesättigtes M_4-Tetraeder (Fig. 323, dritte und vierte Reihe). Den fünfkernigen Metallcarbonylwasserstoffen $HOs_5(CO)_{15}^-$ (72 Außenelektronen) und $H_2Os_5(CO)_{16}$ (74 Außenelektronen) liegt andererseits ein trigonal-bipyramidaler bzw. ein einseitig geöffneter trigonal-bipyramidaler M_5-Cluster zugrunde (Fig. 323, fünfte Reihe). Interessanterweise besitzt jeder der bekannten sechskernigen Metallcarbonylwasserstoffe eine andere Struktur. Die **Skelettelektronen-Abzählregel** (Clusterelektronenzahl = Zahl der Valenz- und der koordinierenden Elektronen abzüglich 12 Elektronen pro Metallatom) führt hier in jedem Falle zu $2n + 2$ Clusterelektronen, also zu einer *closo*-Struktur. Tatsächlich enthalten alle Verbindungen bis auf eine Ausnahme ($H_2Os_6(CO)_{18}$) oktaedrische M_6-Cluster, die teils ausschließlich endständige CO-Liganden, teils zusätzlich μ_2- bzw. μ_3-brückenständige CO-Gruppen aufweisen (vgl. Fig. 323; fünfte und sechste Reihe). Die H-Atome sind teils endständig, teils μ_2-, μ_3- oder μ_6-brückenständig gebunden. Das Metallcarbonylhydrid $H_2Os_6(CO)_{18}$ enthält eine einfach überkappte quadratische M_5-Pyramide, d.h. einen überkappten *nido*-Metallcluster, dem nach der Skelettelektronen-Abzählregel ebenfalls $2n + 2$ Clusterelektronen zukommen sollten.

Die sieben- bis zehnkernigen Metallcarbonylwasserstoffe (Tab. 142) lassen sich als einfach-, zweifach-, dreifach- bzw. vierfach-überkappte Oktaeder deuten (vgl. Fig. 322, S. 1646), wobei die Struktur der Decaosmiumverbindung $H_4Os_{10}(CO)_{24}^{2-}$ der des in Fig. 322 wiedergegebenen Carbonylmetallats $Os_{20}(CO)_{40}^{2-}$ – abzüglich der unteren Schicht – entspricht (zwei der vier H-Atome überspannen als μ_3-Brücke die nicht überkappten Flächen des zentralen Oktaeders, die verbleibenden zwei H-Atome bilden μ_2-Brücken aus). Somit liegt diesem Hydridocarbonylmetallat eine dichteste Metallatompackung zugrun-

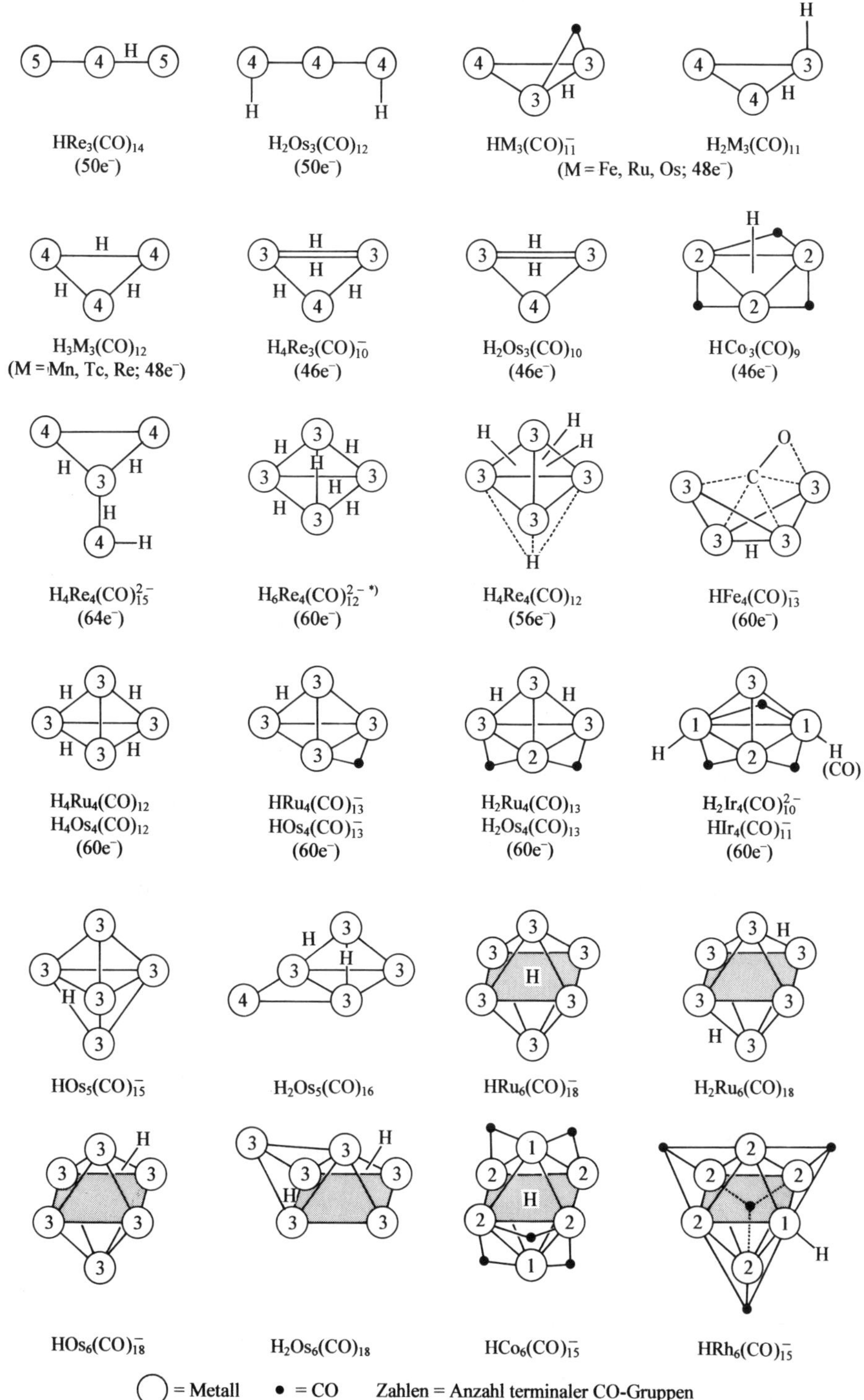

Fig. 323 Strukturen mehrkerniger Metallcarbonylhydride und Hydridocarbonylmetallate.
*) $H_4Re_4(CO)_{13}^{2-}$ leitet sich von $H_6Re_4(CO)_{12}^{2-}$ ab: es fehlen zwei H-Brücken, und das Re-Atom an der Spitze trägt 4 terminale CO-Gruppen.

de. Analoges gilt auch für die höherkernigen Metallcarbonylwasserstoffe mit Rh- und Ni-Atomclustern (Tab. 142). Z. B. enthält $H_{5-n}Rh_{13}(CO)_{24}^{n-}$ einen zentrierten Rh_{12}-Kubooktaeder (vgl. Fig. 322), dessen H-Atome Rh_4-Quadrate überspannen.

Darstellung. Die Metallcarbonylwasserstoffe lassen sich aus geeigneten Vorstufen durch *Protolyse*, *Hydridolyse* sowie *Hydrogenolyse* gewinnen (vgl. Darstellung der Elementwasserstoffe S. 284), ferner in einigen Fällen durch *Carbonylierungs-* und *Decarbonylierungsreaktionen*. Besonders häufig wird die Protonierung von Carbonylmetallaten genutzt, z. B. (in Klammern jeweils M):

$M(CO)_5^- + H^+ \underset{(Mn, Tc, Re)}{\rightleftarrows} HM(CO)_5$	$Fe_2(CO)_8^{2-} + H^+ \rightleftarrows HFe_2(CO)_8^-$
$M(CO)_4^{2-} + 2H^+ \underset{(Fe, Ru, Os)}{\rightleftarrows} H_2M(CO)_4$	$Co_3(CO)_{10}^- + H^+ \rightleftarrows HCo_3(CO)_{10}$
$M(CO)_4^- + H^+ \underset{(Co, Rh, Ir)}{\rightleftarrows} HM(CO)_4$	$M_6(CO)_{18}^{2-} + H^+ \underset{(Ru, Os)}{\rightleftarrows} HM_6(CO)_{18}^-$

In entsprechender Weise werden $Fe_3(CO)_{11}^{2-}$ in $HFe_3(CO)_{11}^-$, $M_3(CO)_{12}^{3-}$ in $H_3M_3(CO)_{12}$ (M = Mn, Tc, Re), $M_2(CO)_{10}^{2-}$ in $HM_2(CO)_{10}^-$ (M = Co, Rh) oder $Os_n(CO)_{2n+6}^{2-}$ in $H_2Os_n(CO)_{2n+6}$ ($n = 6, 7, 8$) überführt. Vielfach kombiniert man die Synthese der Carbonylmetallate durch *Basenreaktion* (S.1642) mit der Protonierung von $M_m(CO)_n^{p-}$, z. B. $M_3(CO)_{12} \rightarrow HM_3(CO)_{11}^-$ (M = Fe, Ru, Os), $Ir_4(CO)_{12} \rightarrow HIr_4(CO)_{11}^- \rightarrow H_2Ir_4(CO)_{10}^{2-}$. Dabei kann sowohl die Protonierung als auch die Basenreaktion unter bestimmten pH-Bedingungen zudem mit einer Veränderung der Clustergröße verbunden sein: $+\mathbf{H^+}$: z. B. $M(CO)_5^- \rightarrow HM(CO)_5$, $H_3M_3(CO)_{12}$, $HRe_3(CO)_{14}$ (M = Mn, Tc, Re); $HRu_3(CO)_{11} \rightarrow H_2Ru_3(CO)_{11}$, $H_2Ru_4(CO)_3$, $H_4Ru_4(CO)_{12}$, $HRu_6(CO)_{18}^-$; $Mn_2(CO)_{10} \rightarrow H_3Mn_3(CO)_{12}$. – $+\mathbf{OH^-}$: z. B. $Re_2(CO)_{10} \rightarrow HRe(CO)_4^-$, $H_4Re_4(CO)_{15}^{2-}$; $Ru_3(CO)_{12} \rightarrow H_4Ru_4(CO)_{12}$, $H_6Ru_4(CO)_{13}$; $Os_6(CO)_{18} \rightarrow HOs_5(CO)_{15}^-$.

Zur Gewinnung der Metallcarbonylwasserstoffe durch Hydridolyse von Metallcarbonylen nutzt man in der Regel Natriumboranat $NaBH_4$, welches unter H^--Übertragung auf das Metallzentrum oder einen CO-Liganden des Carbonyls $M_m(CO)_n$ reagiert. Die hierbei gebildete Formylverbindung $M_m(CO)_{n-1}(CHO)^-$ eliminiert dann mehr oder minder rasch Kohlenmonoxid und geht in $HM_m(CO)_{n-1}^-$ über, z. B.:

$2M(CO)_6 + H^- \xrightarrow[(Cr, Mo, W)]{} HM_2(CO)_{10}^- + 2CO$	$Os_6(CO)_{18} + H^- \rightarrow HOs_6(CO)_{18}^- + CO$
$M_3(CO)_{12} + H^- \xrightarrow[(Ru, Os)]{} HM_3(CO)_{11}^- + CO$	$HW_2(CO)_{10}^- + H^- \rightarrow H_2W_2(CO)_8^{2-} + 2CO$

Durch Protonierung der gebildeten Hydridocarbonylmetallate lassen sich weitere Wasserstoffverbindungen erhalten (z. B. $M_2(CO)_{10} \rightarrow M_2(CO)_9^{2-} \rightarrow HM_2(CO)_9^- \rightarrow H_2M_2(CO)_9$ mit M = Mn, Tc, Re). Die Hydridolyse kann wie die Protolyse zu einer *Clustergrößenveränderung* führen (z. B. $Re_2(CO)_{10} \rightarrow HRe_2(CO)_9^-$, $HRe_3(CO)_{12}^{2-}$, $H_6Re_4(CO)_{12}^{2-}$; $M_3(CO)_{12} \rightarrow HM_3(CO)_{11}^-$, $H_3M_4(CO)_{12}^-$, $HM_4(CO)_{13}^-$ mit M = Ru, Os).

Beispiele für Hydrogenolysen von Metallcarbonylen, die meist mit *Veränderungen der Clustergröße* einhergehen, sind etwa folgende, unter H_2-Druck in der Hitze ablaufende Umsetzungen:

$\mathbf{Re_2(CO)_{10}} \xrightarrow{H_2} H_2Re_2(CO)_8$, $H_3Re_3(CO)_{12}$, $H_4Re_4(CO)_{12}$	$\mathbf{Ru(CO)_5} \xrightarrow{H_2} H_2Ru(CO)_4$, $H_2Ru_3(CO)_{11}$, $H_4Ru_4(CO)_{12}$	$\mathbf{Os_3(CO)_{12}} \xrightarrow{H_2} H_2Os(CO)_4$, $H_2Os_3(CO)_{10}$, $H_4Os_4(CO)_{12}$	$\mathbf{Rh_{12}(CO)_{30}^{2-}} \xrightarrow{H_2} HRh_6(CO)_{15}^-$, $H_3Rh_{13}(CO)_{24}^{2-}$

Bei sehr hohem H_2-Druck bilden sich vielfach die einkernigen Carbonylwasserstoffe, z. B. $HCo(CO)_4$ bei 30 bar aus $Co_2(CO)_8$ oder $HMn(CO)_5$ bei 200 bar aus $Mn_2(CO)_{10}$. Auch im Zuge der thermischen Carbonylierungen und Decarbonylierungen erfolgen in der Regel *Veränderungen der Metallcarbonyl-Clustergrößen*, z. B.:

$\mathbf{ReH_9^{2-}} \xrightarrow[CO]{\Delta} H_3Re_2(CO)_6^-$	$\mathbf{H_2M(CO)_4} \xrightarrow[(Ru, Os)]{\Delta} H_2M_3(CO)_{12}$, $H_4Os_4(CO)_{12}$	$\mathbf{Os_3(CO)_{10}(NCMe)_2} \xrightarrow[(ROH)]{\Delta, \text{u. a.}^{50)}} HOs_9(CO)_{24}^-$, $H_4Os_{10}(CO)_{24}^{2-}$
$\mathbf{Ni_5(CO)_{12}^{2-}} \xrightarrow[(ROH)]{\Delta} HNi_2(CO)_6^-$		

Ohne Clustergrößenveränderung verlaufen etwa die Carbonylierung von $H_2Os_3(CO)_{10}$ zu $H_2Os_3(CO)_{11}$ oder die von $H_2Os_5(CO)_{15}$ zu $H_2Os_5(CO)_{16}$. Eine Kombination von *Hydrogenolyse und Carbonylierung* stellt die Totalsynthese von $HCo(CO)_4$ aus Cobaltmetall, Wasserstoff (50 bar) und Kohlenoxid (200 bar) bei 200 °C dar: $Co + \frac{1}{2}H_2 + 4CO \rightarrow HCo(CO)_4$.

Eigenschaften. Thermolyse. Die Metallcarbonylwasserstoffe sind zum Teil wesentlich unbeständiger als die zugehörigen Anionen (die für die starken π-Bindungen in den Carbonylmetallaten verantwortlichen freien „Anion"-Elektronenpaare sind ja bei den Carbonylwasserstoffen durch Wasserstoff gebunden). Demgemäß unterliegen die *einkernigen Carbonylwasserstoffe* leicht der Selbstzersetzung unter Abspaltung von Wasserstoff:

$$2HMn(CO)_5 \overset{\mp H_2}{\rightleftharpoons} Mn_2(CO)_{10};\quad 3H_2Fe(CO)_4 \overset{\mp 3H_2}{\rightleftharpoons} Fe_3(CO)_{12};\quad 2HCo(CO)_4 \overset{\mp H_2}{\rightleftharpoons} Co_2(CO)_4.$$

Hierbei sinkt die (kinetische) Stabilität in gleicher Reihenfolge. So ist $HMn(CO)_5$ noch bis 50 °C beständig, während sich $H_2Fe(CO)_4$ um -10 °C und $HCo(CO)_4$ bereits um -20 °C zersetzen. Unter erhöhtem Wasserstoffdruck werden allerdings umgekehrt die Carbonylwasserstoffe (thermodynamisch) stabil und entstehen aus den betreffenden Metallcarbonylen. Bei den unter sich gruppenhomologen Verbindungen $H_2Fe(CO)_4$, $H_2Ru(CO)_4$ und $H_2Os(CO)_4$ steigt die thermische Beständigkeit mit zunehmender Atommasse des Metalls, während das Umgekehrte für die gruppenhomologen Carbonylwasserstoffe $HCo(CO)_4$, $HRh(CO)_4$ und $HIr(CO)_4$ gilt[51)]. Unter den letztgenannten Verbindungen ist demgemäß $H_2Os(CO)_4$ ein – auch gegen Sauerstoff und Licht – sehr stabiles Carbonylhydrid. Die Carbonylwasserstoffe $H_2M(CO)_6$ (M = Ti, Zr, Hf), $HM(CO)_6$ (M = V, Nb, Ta) und $H_2M(CO)_5$ (M = Cr, Mo, W) lassen sich andererseits wegen ihrer hohen Instabilität überhaupt nicht fassen. Beispiele instabiler *mehrkerniger Carbonylwasserstoffe* sind etwa $H_2Fe_3(CO)_{11}$ und $H_2Fe_4(CO)_{13}$, die bereits um -40 °C zerfallen.

Säure-Base-Verhalten. Auffallend ist die starke „*Acidität*" des einkernigen Cobalt- und Eisencarbonylwasserstoffs; zum Unterschied davon reagieren die einkernigen Carbonylwasserstoffe des Mangans, Rheniums und Osmiums weit weniger sauer:

	$HMn(CO)_4$	**$H_2Fe(CO)_4$**	**$HFe(CO)_4^-$**	**$HCo(CO)_4$**	**$HRe(CO)_5$**	**$H_2Os(CO)_4$**
pK_S	7 ($\approx H_2S$)	4.7 ($\approx CH_3COOH$)	14 ($\approx H_2O$)	1 ($\approx HNO_3$)	21.1	12.8

Die Acidität neutraler einkerniger Metallcarbonylwasserstoffe $H_mM(CO)_n$ wächst hiernach für M innerhalb einer Periode von links nach rechts, innerhalb einer Gruppe von unten nach oben.

Insbesondere die Hydridocarbonylmetallate weisen zudem „*Basizität*" auf. Die Protonenaddition erfolgt hierbei in einer Reihe von Fällen zunächst an einem brückenständigen CO-Liganden unter Bildung eines „Carbin-Komplexes", der sich in einen Komplex mit MH-Gruppierung umlagern kann; schematisch:

$$M{=}C{=}O^- + H^+ \rightleftarrows M{\equiv}C{-}OH \rightleftarrows HM{=}C{=}O$$

Als Beispiele seien $HFe_3(CO)_{11}^-$, $HFe_4(CO)_{13}^-$ und $HRu_3(CO)_{11}^-$ genannt. Von Interesse ist in diesem Zusammenhang die Möglichkeit der einfachen und zweifachen Protonierung von $H_2Os_2(CO)_{10}$ unter Bildung von $H_3Os_3(CO)_{10}^+$ und $H_4Os_3(CO)_{10}^{2+}$ (isoelektronisch und wohl auch isoster mit $H_4Re_3(CO)_{10}^-$; vgl. Fig. 323, S. 1651, sowie Anm.[52)], S. 1654).

Verwendung. Bezüglich der Anwendungen von Carbonylkomplexen vgl. bei den Metallcarbonylen. Die Möglichkeit einer Nutzung von Hydridocarbonylferraten und -ruthenaten als Katalysatoren der CO-Konvertierung $CO + H_2O \rightarrow CO_2 + H_2$ wird derzeit untersucht. Cobalttetracarbonylhydrid $HCo(CO)_4$ spielt eine Rolle als Katalysator für *Alkenisomerisierungen* (S. 1562) sowie für *Hydroformylierungen* (S. 1561, 1574). Schließlich stellen große Hydridocarbonylmetallate wie $H_4Os_4(CO)_{24}^{2-}$ ideale Modellsysteme zum Studium der *Chemisorption* von H_2 und CO (Synthesegas) an der Oberfläche größerer oder kolloider Metallpartikel dar.

50 Weitere Produkte: $Os_5(CO)_{16}$, $Os_6(CO)_{18}$, $Os_7(CO)_{21}$, $Os_8(CO)_{23}$, $Os_{10}(CO)_{26}^{2-}$, $Os_{10}C(CO)_{24}^{2-}$, $Os_{17}(CO)_{36}^{2-}$, $Os_{20}(CO)_{40}^{2-}$ (vgl. Fig. 320/322 auf S. 1633/1646).

51 Die Thermolyse von $H_2Ru(CO)_4$ und $H_2Os(CO)_4$ führt zu mehrkernigen Carbonylwasserstoffen (vgl. Gewinnung).

Metallcarbonyl-Kationen[46)]

Zusammensetzung, Strukturen. Die Formeln der *homoleptischen Metallcarbonyl-Kationen* $M(CO)_n^{m+}$ leiten sich von den neutralen Metallcarbonylen $M'(CO)_n$ durch Ersatz der Zentralmetalle M' gegen *m*-fach positiv geladene, *m* Gruppen rechts von M' im Periodensystem stehenden Metallkationen M^{m+} ab (z.B. $Cr(CO)_6 \rightarrow Mn(CO)_6^+ \rightarrow Fe(CO)_6^{2+}$; $Ni(CO)_4 \rightarrow Cu(CO)_4^+$; vgl. S. 1644) oder von den Cyanometallaten $M(CN)_n^{m-n}$ durch Ersatz aller CN^--Liganden gegen CO-Gruppen (z.B. $Pt(CN)_4^{2-} \rightarrow Pt(CO)_4^{2+}$; $Au(CN)_2^- \rightarrow Au(CO)_2^+$). Allerdings kennt man von den möglichen Kationen $M(CO)_n^{m+}$ bisher nur einige Verbindungsbeispiele, weil die CO-Moleküle als starke π-Akzeptoren weniger zur Koordination mit Metallkationen neigen, denen ja geringere π-Donortendenz zukommt als neutralen Metallatomen oder gar Metallanionen (vgl. hierzu Anm.[42)]). Als Beispiele seien genannt: $M(CO)_6^+$ (M = Mn, Tc, Re; oktaedrisch), $Fe(CO)_6^{2+}$?, $M(CO)_4^{2+}$ (M = Pd, Pt; quadratisch-planar), $Cu(CO)_4^+$ (tetraedrisch; nur unter CO-Druck), $M(CO)_2^+$ (M = Ag, Au; linear), $Hg(CO)_2^{2+}/Hg_2(CO)_2^{2+}$ (linear). Bezüglich der *Metallcarbonylwasserstoff-Kationen* vgl. Anm.[52)].

Darstellung. Die Kationen $M(CO)_6^+$ (M = Mn, Tc, Re) und $Fe(CO)_6^{2+}$ (?) können durch *Entzug von Chlorid* aus den *Carbonylchloriden* $M(CO)_5Cl$ bzw. $Fe(CO)_4Cl_2$ mit Hilfe von Chlorid-Akzeptoren wie $AlCl_3$, $FeCl_3$ oder $ZnCl_2$ und Eintritt von Kohlenmonoxid unter Druck in die entstehenden Metallkoordinationslücken erhalten werden[53)], z.B.:

$$[Mn(CO)_5Cl] + AlCl_3 + CO \rightarrow [Mn(CO)_6]^+[AlCl_4]^- . \quad (1)$$

Eine weitere Gewinnungsmethode besteht in der *Spaltung von Carbalkoxy-metallcarbonylen* mit Halogenwasserstoff[53)], z.B.:

$$[Mn(CO)_5(COOR)] + HCl \rightarrow [Mn(CO)_6]^+Cl^- + ROH \quad (2)$$

(das Edukt läßt sich in einfacher Weise aus $Mn(CO)_5^-$ und ClCOOR synthetisieren).

Führt man die Enthalogenidierung gemäß (1) in Abwesenheit von Kohlenoxid durch, so gelangt man zu *stark Lewis-aciden Metallcarbonyl-Kationen* mit nur *schwach gebundenen Anionen*[54)], z.B.:

$$[M(CO)_5Cl] + AgBF_4 \xrightarrow[\text{Mn, Tc, Re}]{\text{M =}} [M(CO)_5^+ \cdots F_4B^-] + AgCl. \quad (3a)$$

In analoger Weise läßt sich H^- oder Me^- aus $HM(CO)_5$ oder $MeM(CO)_5$ mit Hilfe von starken Säuren H^+ ($\rightarrow H_2$, MeH) oder von Ph_3C^+-Salzen ($\rightarrow Ph_3CH$) eliminieren[53)], z.B.:

$$[HM(CO)_5] + Ph_3C^+AsF_6^- \xrightarrow[\text{Mn, Tc, Re}]{\text{M =}} [M(CO)_5^+ \cdots F_6As^-] + Ph_3CH. \quad (3b)$$

Die Einwirkung von CO auf die nach (3) gebildeten Produkte $[M(CO)_5^+ \cdots X^-]$ führt unter Substitution von $X^- = BF_4^-$ bzw. AsF_6^- gegen CO zu den Kationen $M(CO)_6^+$. Auch aus Salzen $[M^+ \cdots X^-]$ von Pd^{2+}, Pt^{2+}, Cu^+, Ag^+, Au^+, Hg^{2+} bzw. Hg_2^{2+} mit schwach koordinierenden Anionen[54)] läßt sich X^- gegen CO verdrängen. So bilden sich in 98%iger *Schwefelsäure* aus Cu^+ und *Kohlenstoffmon-*

52 $H_3Os_3(CO)_{10}^+$ und $H_4Os_3(CO)_{10}^{2+}$ sind wie $HFe(CO)_5^+$, $HRu_3(CO)_{12}^+$, $HOs_3(CO)_{12}^+$ sowie $H_2Ir_4(CO)_{12}^{2+}$ Beispiele der noch kleinen Klasse der **Metallcarbonylwasserstoff-Kationen**. Letztere bilden sich durch *Protonierung von Metallcarbonylen* ($Fe(CO)_5$, $Ru_3(CO)_{12}$, $Os_3(CO)_{12}$, $Ir_4(CO)_{12}$) oder *Metallcarbonylhydriden* ($H_2Os(CO)_{10}$).

53 Auf den Wegen (1)–(3) lassen sich auch substituierte Metallcarbonyl-Kationen synthetisieren. So erwies sich etwa für die Darstellung von Phosphanderivaten wie $[Mn(CO)_4(PR_3)_2]^+$ oder $[Co(CO)_3(PR_3)_2]^+$ die drucklose Umsetzung von CO mit einer Benzolsuspension von $AlCl_3$ und $[Mn(CO)_3(PR_3)_2Cl]$ bzw. $[Co(CO)_2(PR_3)_2Cl]$ als besonders günstig, z.B.: $[Co(CO)_2(PR_3)_2Cl] + AlCl_3 + CO \rightarrow [Co(CO)_3(PR_3)_2]^+[AlCl_4]^-$. Auch gemäß (2) sind derartige Substitutionsprodukte zugänglich, z.B.: $3[Mn(CO)_4(PR_3)(COOR)] + 4BF_3 \rightarrow 3[Mn(CO)_5(PR_3)]^+[BF_4]^- + B(OR)_3$. Durch Eliminierung von Cl^-, H^-, Me^- nach (3) lassen sich andererseits Verbindungen wie $[CpMo(CO)_3^+ \cdots X^-]$, $[CpW(CO)_3^+ \cdots X^-]$, $[CpFe(CO)_2^+ \cdots X^-]$, ferner $[CpCr(NO)_2^+ \cdots X^-]$, $[CpW(NO)_2^+ \cdots X^-]$ gewinnen ($X^- = BF_4^-$, PF_6^-, AsF_6^- usw.)

54 *Schwach koordinierende Anionen* (auch als „**nichtkoordinierende Anionen**" bezeichnet) sind – geordnet nach abnehmender *Koordinationsfähigkeit* – ClO_4^-, $OTeF_5^-$ > BF_4^-, PF_6^-, AsF_6^-, SbF_6^-, CH_2Cl_2 > BPh_4^-, $CB_{11}H_{12}^-$ > $B(OTeF_5)_4^-$, $Nb(OTeF_5)_6^-$. Mit ihnen kann man Kationenzustände approximieren, bei denen die chemische Umgebung zu vernachlässigen ist (als Lösungsmittel derartiger Salze empfehlen sich Alkane oder perfluorierte Alkane). Nur schwach mit Anionen koordinierte Kationen weisen zum Teil unerwartete Reaktivitäten auf. So vermögen Pd^{2+}, Pt^{2+}, Ag^+, Au^+, Hg^{2+}, Hg_2^{2+} CO-Moleküle zu binden (die σ-Bindung resultiert hier aus *polaren* und *rela-*

oxid unter Druck die Kupfercarbonyl-Kationen $[Cu(CO)_n]^+$ ($n = 1$ bis 4). Auch führt die Einwirkung von CO auf $Cu[AsF_6]$ zu $[Cu(CO)][AsF_6]$, die von CO auf $Ag[B(OTeF_5)_4]$ zu $[Ag(CO)][B(OTeF_5)_4]$ – sowie unterhalb –15 °C – zu $[Ag(CO)_2][B(OTeF_5)_4]$ und die von CO auf $Pd(SO_3F)_2$, $Pt(SO_3F)_2$, $Au(SO_3F)$, $Hg(SO_3F)_2$ bzw. $Hg_2(SO_3F)_2$ in flüssigem SbF_5 zu $[Pd(CO)_4][Sb_2F_{11}]_2$ (Smp. 155 °C unter Zersetzung), $[Pt(CO)_4][Sb_2F_{11}]_2$ (Smp. 200 °C, Zers.), $[Au(CO)_2][Sb_2F_{11}]$ (Smp. 156 °C, Zers.), $[Hg(CO)_2][Sb_2F_{11}]_2$ (Smp. 160 °C, Zers.) und $[Hg_2(CO)_2][Sb_2F_{11}]_2$ (Zers. Raumtemp.).

Eigenschaften[42]. Im Falle von $M(CO)_6^+$ (M = Mn, Tc, Re) konnte keine Substitution von CO gegen CO nachgewiesen werden. Substitutionsprodukte von X^- bilden sich andererseits sehr leicht bei Verwendung von Salzen $[M(CO)_5^+ \cdots X^-]$ mit schwach koordinierenden Anionen. So erhält man etwa mit *Wasser* Hydrate $[M(CO)_5(H_2O)]^+$, mit *Ammoniak* Ammoniakate $[M(CO)_5(NH_3)]^+$, mit *stärker koordinierenden Anionen* Y^- wie SCN^-, ReO_4^-, NO_3^- Acidokomplexe $[M(CO)_5Y]$, mit *Carbonylmetallaten* gemischte Metallcarbonyle (vgl. S. 1638) oder mit *Ethylen* π-Komplexe $[M(CO)_5(C_2H_4)]^+$, welche ihrerseits mit Carbonylmetallaten $M(CO)_5^-$ zu $[(CO)_5M—CH_2—CH_2—M(CO)_5]$ abreagieren. Die CO-Gruppen von $Pd(CO)_4^{2+}$, $Pt(CO)_4^{2+}$, $Au(CO)_2^+$, $Hg(CO)_2^{2+}$ und $Hg_2(CO)_2^{2+}$ lassen sich leicht durch stärkere Liganden austauschen, z. B.: $Au(CO)_2^+ + 2MeCN \rightarrow Au(NCMe)_2^+ + 2CO$.

Die Additionen von Lewis-Basen wie H_2O, OH^-, OR^-, SH^-, NH_3, NR_2^-, N_3^-, N_2H_4 erfolgen am C-Atom einer CO-Gruppe von $M(CO)_6^+$ (M = Mn, Re) wesentlich leichter als am C-Atom einer solchen von $M(CO)_n$. So lagert sich Hydroxid OH^- rasch und reversibel unter Bildung von $M(CO)_5(COOH)$ an $M(CO)_6^+$ an (Austausch von ^{16}O der Carbonylgruppen gegen ^{18}O beim Auflösen von $M(CO)_6^+$ in $^{18}OH_2$); gebildetes $[M(CO)_5(COOH)]$ zerfällt dann langsam unter CO_2-Entwicklung in $HM(CO)_5$:

$$[M(CO)_6]^+ \xrightleftharpoons{\pm OH^-} (CO)_5M—C\begin{matrix}\diagup OH \\ \diagdown\!\!\diagdown O\end{matrix} \rightarrow (CO)_5MH + CO_2 .$$

In entsprechender Weise entstehen mit *Alkoxid* OR^- oder *Dialkylamid* NR_2^- Komplexe des Typs $[M(CO)_5(COOR)]$ bzw. $[M(CO)_5(CONR_2)]$. Bei der Reaktion mit Azid N_3^- wird eine CO- in eine NCO-Gruppe umgewandelt (vgl. S. 1643).

2.1.3 Die Verwandten der Metallcarbonyle

Thio-, Seleno- und Tellurocarbonyl-Komplexe[31, 55]

Zusammensetzung, Strukturen. Bisher konnten keine unter Normalbedingungen stabilen *binären* Metallkomplexe mit den CO-verwandten, aber nicht isolierbaren Teilchen CS, CSe bzw. CTe gewonnen werden. Ein bei Raumtemperatur nicht haltbares „*Nickeltetrathiocarbonyl*" $Ni(CS)_4$ entsteht allerdings bei der Kokondensation von – intermediär erzeugten – CS-Molekülen mit Nickelatomen in einer Argonmatrix bei 10 K. Ferner existieren einige *gemischte* CO/CS- sowie CO/CSe-Komplexe:

$$[Cr(CO)_5(CS)], \qquad [Cr(CO)_5(CSe)], \qquad [Fe(CO)_4(CS)],$$

die bei Normalbedingungen thermostabil, flüchtig sowie luftempfindlich und analog den Stammverbindungen $M(CO)_n$ strukturiert sind[55a].

Des weiteren kennt man eine Reihe von Verbindungen, die neben CO und CS, CSe bzw. CTe noch andere Liganden (Phosphane, Cyclopentadienyl) enthalten. So gelang etwa die Synthese von $[OsCl_2(PPh_3)_2(CO)(CY)]$ (a) mit Y = O, S, Se bzw. Te. Der Thiocarbonyl-Ligand kann hierbei, wie ebenfalls gefunden wurde, ähnlich wie der Carbonyl-Ligand sowohl *endständig* mit einem Metallatom (b) als auch μ_2- bzw. μ_3-*brückenständig* (c, d) mit zwei oder drei Metallatomen verknüpft sein.

---

tivistischen Anteilen). Auch fungieren kationische Organylkomplexe von Ti, Zr, Hf als hervorragende Katalysatoren für die Olefinpolymerisation (vgl. S. 1409, 1417).

55 **Literatur.** I. S. Butler: „*Transition Metal Thiocarbonyls and Selenocarbonyls*", Acc. Chem. Res. **10** (1977) 359–365; P. V. Yaneff: „*Thiocarbonyl and Related Complexes of the Transition Metals*", Coord. Chem. Rev. **23** (1977) 183–220; P. V. Broadhurst: „*Transitionmetal Thiocarbonyl Complexes*", Polyhedron **4** (1985) 1801–1846; H. Werner: „*Novel Coordination Compounds Formed from CS_2 and Heteroallenes*", Coord. Chem. Rev. **43** (1982) 165–185.

55a Im Unterschied zu CS-, CSe- und CTe-Komplexen (Ersatz von Sauerstoff in CO durch die Gruppenhomologen S, Se, Te) kennt man bisher keine SiO-, GeO-, SnO-Komplexe (Ersatz von Kohlenstoff durch die Gruppenhomologen Si, Ge, Sn).

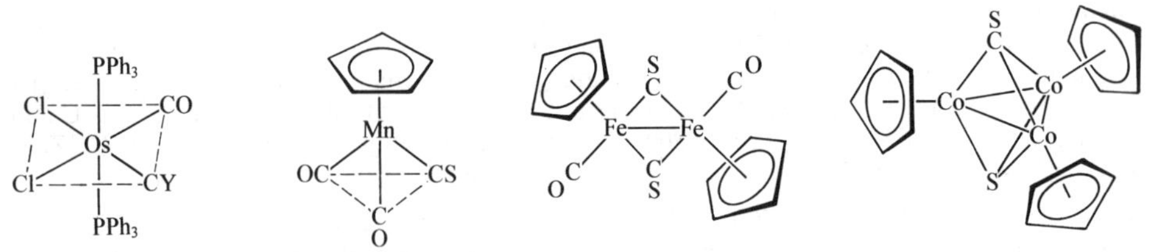

(a) Y = O,S,Se,Te (b) (c) (d)

Thiocarbonyl wirkt in Metallkomplexen als stärkerer π-Akezptor als Carbonyl, d.h. im Falle von CS haben die zweite und dritte Grenzformel der Mesomerie

$$[L_nM{-}C{\equiv}Y \leftrightarrow L_nM{=}C{=}Y \leftrightarrow L_nM{\equiv}C{-}Y]$$

mehr Gewicht als im Falle von CO. Als Folge hiervon sind (i) die M—CS-Abstände in gemischten CO/CS-Komplexen wie (a) oder (b) kürzer als die M—CO-Abstände, nehmen (ii) in gemischten zweikernigen Komplexen wie (c) die CS- vor den CO-Liganden die Brückenpositionen ein und vermögen (iii) komplexgebundene CS-Liganden leichter als CO-Liganden, Lewis-Säuren an ein Chalkogenatom zu addieren (z.B. Bildung von $[(\text{Toluol})(CO)_2Cr{-}C{\equiv}S{-}Cr(CO)_5]$).

Darstellung. In jedem Falle wird der CS-, CSe- bzw. CTe-Ligand am Metallkomplexzentrum erzeugt. Hierzu geht man u.a. von CY_2-, CYOR- oder CCl_2-haltigen Komplexen aus und eliminiert Y, OR^- bzw. $2Cl^-$, z.B.:

$$[(Ph_3P)_2Rh(CS_2)] + Ph_3P \rightarrow [(Ph_3P)_2Rh(CS)] + Ph_3PS;$$
$$[CpFe(CO)_2(CSOR)] + HCl \rightarrow [CpFe(CO)_2(CS)]^+Cl^- + HOR;$$
$$[(R_3P)_2OsCl_2(CO)(CCl_2)] + HY^- \rightarrow [(R_3P)_2OsCl_2(CO)(CY)] + HCl + Cl^-.$$

Cyano-Komplexe[31, 56)]

Zusammensetzung. Das „*Cyanid-Ion*" ist *isoelektronisch* mit dem Kohlenmonoxid-Molekül (jeweils 10 Außenelektronen):

$$:C{\equiv}O: \qquad :C{\equiv}N:^-$$

Zugleich stellt es ein typisches *Pseudohalogenid* dar. Demgemäß bildet CN^-, wie bei den einzelnen Nebengruppenelementen (Kapitel XXI–XXXI) bereits eingehend erörtert wurde, – analog Hal^- – mit jedem Übergangsmetall mindestens eine Verbindung und ergänzt – analog CO – die Außenelektronenzahl der Metallzentren vielfach zu einer Edelgasschale. So besitzen etwa die Zentralmetalle folgender *einkerniger* **Cyanometallate** der *ersten Übergangsreihe* 18 Außenelektronen (**X** = **CN**):

18e⁻: $Cr^0X_6^{6-}$ $Mn^IX_6^{5-}$ $Fe^{II}X_6^{4-}$ $Co^IX_5^{4-}$ $Ni^{II}X_5^{3-}$ $Cu^IX_4^{3-}$ $Zn^{II}X_4^{2-}$,

während von den Metallen der *zweiten und dritten Übergangsreihe* folgende Cyanokomplexe mit Oktadezett des Zentrums gebildet werden:

$Nb^{III}X_8^{5-}$ $Mo^{II}X_7^{5-}$ $Mo^{IV}X_8^{4-}$ $Tc^IX_6^{5-}$ $Tc^{III}X_7^{4-}$ $Ru^{II}X_6^{4-}$ $Rh^{III}X_6^{3-}$ $Pd^{IV}X_6^{2-}$ $Cd^{II}X_4^{2-}$
$Ta^{III}X_8^{5-}$? $W^{II}X_7^{5-}$ $W^{IV}X_8^{4-}$ $Re^IX_6^{5-}$ $Re^{III}X_7^{4-}$ $Os^{II}X_6^{4-}$ $Ir^{III}X_6^{3-}$ $Pt^{IV}X_6^{2-}$ $Hg^{II}X_4^{2-}$

[56] **Literatur.** A.G. Sharpe: „*Cyanides and Fulminates*", Comprehensive Coord. Chem. **2** (1987) 7–14; „*The Chemistry of Cyano Complexes of the Transition Metals*", Acad. Press, London 1976; W.P. Griffith: „*Cyanide Complexes of Transition Metals*", Quart. Rev. **16** (1962) 188–207; B.M. Chadwick, A.G. Sharpe: „*Transition Metal Cyanides and their Complexes*", Adv. Inorg. Radiochem. **8** (1966) 83–176; J.G. Leipoldt, S.S., Basson, A. Roodt: „*Octacyano and Oxo- and Nitridotetracyano Complexes of Second and Third Series Early Transition Metals*", Adv. Inorg. Chem. **40** (1993) 241–322.

Ersichtlicherweise stabilisiert CN^- also im Unterschied zu CO (S. 1644) bevorzugt Metalle mit positiven Oxidationsstufen, was auf die negative Ligandenladung, d.h. den *höheren σ-Donorcharakter* der CN^--Gruppe zurückgeht[57]. Zugleich kommt CN^- ein *geringerer π-Akzeptor-* und *größerer π-Donorcharakter* als CO mit der Folge zu, daß die 18 Elektronenregel von Cyanokomplexen weniger streng als von Carbonylkomplexen befolgt wird. So existieren neben den erwähnten „elektronengesättigten" Cyanometallaten auch mehrere einkernige Komplexe, in welchen die Zentralmetalle 16 Außenelektronen besitzen:

16e⁻:	–	$Cr^{II}X_6^{4-}$	–	$Mn^{II}X_6^{4-}$	–	$Co^{III}X_6^{3-}$	$Ni^{II}X_4^{2-}$	$Cu^{I}X_3^{2-}$
	$Nb^{III}X_8^{5-}$	$Mo^{III}X_7^{4-}$	$Mo^{IV}X_8^{4-}$	–	–	–	$Pd^{II}X_4^{2-}$	–
	$Ta^{III}X_8^{5-}$?	$W^{III}X_7^{4-}$	$W^{IV}X_8^{4-}$	–	–	–	$Pt^{II}X_4^{2-}$	$Au^{III}X_4^-$

Ferner bilden die Metalle – insbesondere die der ersten Übergangsreihe – einige Komplexe mit 17, 15, 14 und 12 Außenelektronen des Metallzentrums:

17e⁻: $Cr^{I}X_6^{5-}$ $Mn^{II}X_6^{4-}$ $Fe^{III}X_6^{3-}$ $Co^{II}X_5^{3-}$ $Ni^{I}X_4^{3-}$ $Cu^{II}X_4^{2-}$; $Ru^{III}X_6^{3-}$ $Os^{III}X_6^{3-}$;
15e⁻: $Ti^{III}X_7^{4-}$ $V^{II}X_6^{4-}$ $Cr^{III}X_6^{3-}$; **14e⁻:** $Ti^{II}X_6^{4-}$ $Zr^{0}X_5^{5-}$ $Ag^{I}X_2^-$ $Au^{I}X_2^-$; **12e⁻:** $Ti^{0}X_4^{4-}$.

Cyanokomplexe, deren Zentren mehr als 18 Elektronen aufweisen, werden in der Regel nicht aufgefunden.

Mehrkernige Cyanometallate trifft man – anders als mehrkernige Metallcarbonyle – vergleichsweise selten an. Beispiele hierfür sind die *binären* Verbindungen $[Co^0(CN)_4^{4-}]_2$, $[Co^{II}(CN)_5^{3-}]_2$, $[Ni^I(CN)_3^{2-}]_2$ und $[Cu^I(CN)_2^-]_x$ sowie einige *gemischte Komplexe* wie etwa $[CoFe(CN)_{11}]^{6-}$ und $[FeRu(CN)_{11}]^{6-}$. Polymeren Bau weisen – mit Ausnahme von $Hg(CN)_2$ – auch alle neutralen **Metallcyanide** auf. Allerdings bilden nicht alle Übergangselemente derartige Verbindungen:

Fe/Ru	**Co**	**Rh/Ir**	**Ni/Pd/Pt**	**Cu/Ag/Au**	**Zn/Cd/Hg**
MX_2, MX_3	MX_2	MX_3	MX_2	MX	MX_2

Unter allen aufgeführten Cyanokomplexen haben ersichtlicherweise nur drei Verbindungen ein isoelektronisches Metallcarbonyl-Analogon: $Cr(CN)_6^{6-} \mathrel{\hat{=}} Cr(CO)_6$, $Co_2(CN)_8^{8-} \mathrel{\hat{=}} Co_2(CO)_8$ und $Ni(CN)_4^{4-} \mathrel{\hat{=}} Ni(CO)_4$. Die ebenfalls denkbaren Cyanometallate $Mn_2(CN)_{10}^{10-} \mathrel{\hat{=}} Mn_2(CO)_{10}$ und $Fe(CN)_5^{5-} \mathrel{\hat{=}} Fe(CO)_5$ sind bisher unbekannt. Es existieren aber eine Reihe gemischter „*Carbonylcyanometallate*" wie $[V_2(CO)_8(CN)_4]^{4-} \mathrel{\hat{=}} [V(CO)_6]_2$ und – da CN^- nicht nur mit CO, sondern auch mit Hal^- verwandt ist – gemischte „*Cyanohalogenometallate*".

Strukturen. Der Cyanid-Ligand ist in den einkernigen Cyanometallaten wie der CO-Ligand in den einkernigen Metallcarbonylen stets „*end-on*" über den *Kohlenstoff* mit den Metallzentren *verbunden* (a). *Verbrückend* wirkt CN^- – anders als CO – als λ^2-Ligand über sein *Kohlenstoff-* und *Stickstoffatom* unter Ausbildung *linearer* Gruppierungen des Typs (b)[58].

(a) M—C≡N (b) M—C≡N—M

Sind die Metallatome der Verbindungen mit CN-Brücken, die von einigen Cyanometallaten wie $[Cu(CN)_2^-]_x$, vielen gemischten Komplexen $MM'(CN)_n^{p-}$ und allen Metallcyaniden gebildet werden, unterschiedlich, so koordiniert das weichere (härtere) Metallzentrum mit dem Kohlenstoff (dem Stickstoff) des Liganden CN^-, z.B.: $[(CN)_5Ru^{II}—C{\equiv}N—Fe^{III}(CN)_6]^{6-}$ (vgl. hierzu Berliner Blau, S. 1520). Entsprechend dem geringeren π-Akzeptorcharakter von CN^- verlängert sich der CN-*Abstand* bzw. verkleinert sich die Wellenzahl der CN-*Valenzschwingung* nach Ligandenkoordination weniger deutlich als nach Koordination von CO (CN^--Abstand = 1.16 Å; $\tilde{\nu}(CN^-)$ = 2080 cm^{-1}). Ein guter Hinweis auf die π-Akzeptortendenz von CN^- ist die MC-Abstandsverkürzung beim Übergang von $Fe^{III}(CN)_6^{3-}$ (1.93 Å) nach $Fe^{II}(CN)_6^{4-}$ (1.90 Å) als Folge der wachsenden π-Rückbindung bei abnehmender Metallatomladung (beim Übergang $Fe(H_2O)_6^{3+} \rightarrow Fe(H_2O)_6^{2+}$ wächst der FeO-Abstand).

---

[57] Da die *Stabilität höherer Oxidationsstufen* und die *Größe der Ionenradien* mit wachsender Ordnungszahl des Elements einer Nebengruppe zunimmt, enthalten die zugänglichen „elektronengesättigten Cyanometallate" *niedriger oxidierte* Metalle der *ersten* und *höher oxidierte* Metalle der *zweiten* und *dritten* Übergangsreihe.

[58] Über das C-Atom der Cyanogruppe sollen die beiden V-Atome in $[(CO)_4(CN)V(\mu\text{-}CN)_2V(CN)(CO)_4]^{4-}$ verbrückt sein, während in $[CuCN{\cdot}NH_3]$ jeweils zwei Cu^I-Ionen mit C und zugleich ein Cu^I-Ion mit N einer Cyanogruppe und in $[Cp_2Mo_2(CO)_4(CN)]^-$ ein Mo-Atom mit C und das andere mit einer π-Bindung der Cyanogruppe verknüpft vorliegt.

Metallzentrum. Cyanometallate $M(CN)_n^{p-}$ (immer *low-spin Zustand*) weisen in Abhängigkeit von der „*Koordinationszahl*" *n* des Metallzentrums folgende *Geometrien* auf:

n =	2	3	4	5	6	7	8
	digonal	*trigonal*	*tetraedrisch, quadratisch*	*trigonal-bipyramidal, quadratisch-pyramidal*	*oktaedrisch*	*pentagonal-bipyramidal*	*dodekaedrisch, antikubisch*

Hierzu ist nachzutragen, daß unter den Cyanometallaten mit $n = 4$ nur die d^8-Verbindungen $M(CN)_4^{2-}$ (M = Ni, Pd, Pt) sowie $Au(CN)_4^-$ (jeweils 16 Außenelektronen einschließlich der Elektronenpaare der CN-Liganden) quadratisch-planar, alle anderen tetraedrisch gebaut sind, während Cyanometallate mit $n = 5$ sowie 8 in Abhängigkeit vom Gegenkation unterschiedlich strukturiert sein können (Näheres vgl. bei den betreffenden Elementen). „*Metall-Metall-Bindungen*" beobachtet man bei Cyanometallaten im Unterschied zu Carbonylmetallaten nur selten, zum Beispiel: $[(CN)_4Co{-}Co(CN)_4]^{8-}$, $[(CN)_5Co{-}Co(CN)_5]^{6-} \rightleftarrows 2[Co(CN)_5]^{3-}$, $[(CN)_3Ni{-}Ni(CN)_3]^{4-}$, $[M(CN)_4^{2-}]_x$ (M = Ni, Pd, Pt; vgl. hierzu S. 1552, 1579, 1596).

Darstellung, Eigenschaften. Wegen der meist sehr großen Bildungskonstanten der Cyanokomplexe lassen sich letztere in der Regel durch Zugabe von Cyanid-Ionen zu einer *wässerigen Lösung* der betreffenden Metallionen gewinnen und sind vielfach selbst in saurem Milieu beständig (CN^- wird – wegen der geringen Dissoziationskonstanten von HCN – schon in kleinster Konzentration von Protonen „abgefangen")[59]. Wegen der *reduzierenden Wirkung* von Cyanid ($2CN^- \rightleftarrows (CN)_2 + 2\ominus$) ist die Bildung von Cyanokomplexen in einigen Fällen mit einer Metallreduktion verbunden, so z. B.: $Cu^{2+} + 2CN^- \rightarrow CuCN + \frac{1}{2}CN$. In analoger Weise entstehen aus Mo, W, Re in höher oxidiertem Zustande bei Cyanidanwesenheit Cyanokomplexe von Mo(IV), W(II) bzw. Re(III). Das Anion CN^- wirkt zudem *oxidierend*, doch sind die Redoxvorgänge wie $CN^- + 3H^+ + 2\ominus \rightarrow H_2C{=}NH$ kinetisch gehemmt, so daß man Cyanokomplexe höher oxidierter Metalle durch Zugabe von Cyanid zu wässerigen Metallionen-Lösungen in Anwesenheit von Luftsauerstoff synthetisiert, z. B.: Mn(II) → Mn(III), Co(II) → Co(III), W(III) → W(IV). Zur Gewinnung von Cyanokomplexen mit Metallen in besonders *niedrigen* oder *hohen* Oxidationsstufen verwendet man *Amalgame* in Wasser (z. B. Synthese von V(II)-, Mn(I)-, Ni(I)-cyanid), *Alkalimetalle* in Ammoniak, *Peroxodisulfat* in Wasser (z. B. Synthese von Pd(IV)-cyanid) oder eine Anode.

Die Bildung gemischter „*Carbonyl-Cyano-Komplexe*" kann sowohl durch Einwirkung von CN^- auf Metallcarbonyle (z. B. $Ni(CO)_4 \rightarrow Ni(CO)_3(CN)^- \rightarrow Ni(CO)_2(CN)_2^{2-} \rightarrow Ni(CO)(CN)_3^{3-}$) als auch – in seltenen Fällen – durch Einwirkung von CO auf Cyanometallate erfolgen. In analoger Weise gelangt man zu gemischten „*Halogeno-Cyano-Komplexen* durch Substitution sowohl von Halogenid gegen Cyanid in Metallhalogeniden als auch durch Ersatz von Cyanid gegen Halogenid in Cyanometallaten.

Isocyano-(Isonitril-)Komplexe[31, 60]

Zusammensetzung. Das „*Isocyanid-Molekül*" („*Isonitril-Molekül*") CNR ist im weiteren Sinne *isoelektronisch* mit dem Kohlenstoffmonoxid-Molekül CO (NH verhält sich nach dem Grimmschen Hydridverschiebungssatz zu O *hydridisoster*):

$$:C{\equiv}O \qquad :C{\equiv}N{-}R \qquad (R = H, \text{Organyl usw.})$$

Demgemäß sind viele **neutrale Isocyanokomplexe** analog den Metallcarbonylen zusammen-

[59] Die Bildungstendenz von Cyanokomplexen der elektropositiven dreiwertigen Übergangsmetalle Sc, Y, La, Ac ist in Wasser gering. Es ließen sich in diesen Fällen $Y(CN)_3$ und $La(CN)_3$ durch Kochen von MBr_3 mit LiCN in Tetrahydrofuran gewinnen.

[60] **Literatur.** L. Malatesta, F. Bonati: „*Isocyanide Complexes of Metals*", Wiley, New York 1969; P. M. Treichel: „*Transition Metal-Isocyanide Complexes*", Adv. Organomet. Chem. **11** (1973) 21–86; Y. Yamamoto: „*Zerovalent Transition Metal Complexes of Organic Isocyanides*", Coord. Chem. Rev. **32** (1980) 193–233; S.J. Lippard: „*Seven and Eight Coordinate Molybdenum Complexes, and Related Molybdenum (IV) Oxo Complexes, with Cyanide and Isocyanide Ligands*", Progr. Inorg. Chem. **21** (1976) 91–103; E. Singleton, H. E. Oosthuizen: „*Metall Isocyanide Complexes*", Adv. Organomet. Chem. **22** (1983) 209–310; F. E. Hahn: „*Koordinationschemie mehrzähniger Isocyanid-Liganden*", Angew. Chem. **105** (1993) 681–696; Int. Ed. **32** (1993) 650.

gesetzt; doch existieren auch Komplexe ohne Carbonylanaloga und umgekehrt, wie folgende Übersicht lehrt (**X = CNR**):

Cr/Mo/W	**Mn/Tc/Re**	**Fe/Ru/Os**	**Co/Rh/Ir**	**Ni**	**Pd/Pt**
MX_6	–	MX_5	Co_2X_8	NiX_4	M_3X_6
–	–	M_2X_9	–	Ni_4X_7	Pt_7X_{12}

Den Metallzentren kommt wie denen der Metallcarbonyle Edelgaskonfiguration zu.

Die σ-Donator- und π-Akzeptorfähigkeit der Isocyanide liegt zwischen der des CO-Liganden (schwächerer σ-Donor, stärkerer π-Akzeptor) und der des CN^--Liganden (stärkerer σ-Donor, schwächerer π-Akzeptor). Demgemäß bildet CNR – verglichen mit CO – nicht nur leichter Pd-, Pt-, Cu-, Ag-, Au-, sondern auch leichter **kationische Isocyanokomplexe:**

VX_6^+	**CrX_7^{2+}**	**MnX_6^+**	**FeX_6^{2+}**	**$CoX_5^{+/2+}$**	**NiX_4^{2+}**	**CuX_4^+**
–	$CrX_6^{+/2+}$	–	–	$Co_2X_{10}^{2+}$	–	–
	MoX_7^{2+}	**TcX_6^+?**	**$Ru_2X_{10}^{2+}$**	**RhX_4^+**	**PdX_4^{2+}**	**AgX_2^+**
	–	–	–	$Rh_2X_8^{2+}$	$Pd_2X_6^{2+}$*)	–
	WX_7^{2+}	**ReX_6^+**	**$Os_2X_{10}^{2+}$**	**IrX_4^+**	**PtX_4^{2+}**	**AuX_2^+**
	–	–	–	$Ir_2X_8^{2+}$	$Pt_2X_6^{2+}$	–

*) Auch $Pd_3X_8^{2+}$

In ihnen nehmen die Metallzentren in der Regel Edelgaskonfiguration mit 18 Außenelektronen ein; insbesondere die schweren späten Übergangsmetalle bilden aber auch Komplexe mit weniger Metall-Außenelektronen (vgl. Übersicht). Die Neigung von CNR zum Aufbau **anionischer Isocyanokomplexe** (Beispiel: CoX_4^-) ist gering.

Außer den besprochenen *binären* Isocyanokomplexen kennt man auch eine große Anzahl von *gemischten* Verbindungen, die neben CNR andere Liganden wie CO, CN^-, NO^+, PR_3 usw. enthalten.

Strukturen. Der Isocyanid-Ligand ist in den *einkernigen* Komplexen wie der CO-Ligand stets „end-on" über das C-Atom an das Metallzentrum gebunden. In *mehrkernigen*, stets metallclusterhaltigen Isocyanokomplexen kann er sowohl *nichtverbrückend* mit einem (a) als auch *verbrückend* mit zwei bzw. drei Metallatomen verknüpft sein, wobei in letzteren Fällen sowohl ausschließlich das C-Atom (b) als auch das C- und N-Atom (c, e) Brückenfunktionen ausüben können.

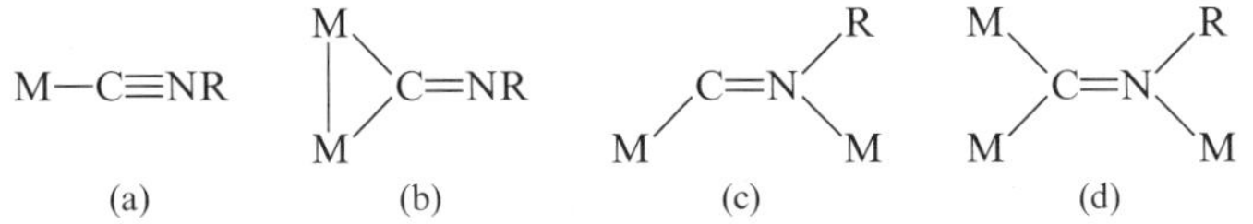

M—C≡NR (a)

M(—M)>C=NR (b)

M—C=N(R)—M (c)

(M)(M)>C=N(R)—M (d)

Die MCNR-Gruppe ist in (a) teils linear, teils am N-Atom gewinkelt strukturiert.

Die zwei- bis achtzähligen (n-zähligen) Metallzentren der „*einkernigen Komplexe*" $M(CNR)_n^{p+}$ ($p = 0, 1, 2$) sind *digonal* ($n = 2$), *tetraedrisch* ($n = 4$; bei d^{10}-Elektronenkonfiguration) bzw. *quadratisch-planar* ($n = 4$; bei d^8-Elektronenkonfiguration), *trigonal-bipyramidal* ($n = 5$) bzw. *quadratisch-pyramidal* ($n = 5$; bei geeignetem Gegenion von CoX_5^+, CoX_5^{2+}), *oktaedrisch* ($n = 6$), verzerrt *überkappt-prismatisch* ($n = 7$) und *dodekaedrisch* ($n = 8$; z.B. in Form von $M(CN)_4(CNR)_4$ mit M = Mo, W) gebaut. Unter den „*zweikernigen Komplexen*" besitzen $M_2(CNR)_{10}^{2+}$ (M = Co, Ru, Os) einen $M_2(CO)_{10}$-ähnlichen Bau (Liganden auf Deckung; oktaedrische M-Atome; vgl. Fig. 320, S. 1633), $M_2(CNR)_9$ (M = Fe, Ru, Os?) einen $M_2(CO)_9$-analogen Bau (2 CNR-Brücken des Typs (b) in Fe-Komplexen), $Co_2(CNR)_8$ einen $Co_2(CO)_8$-analogen Bau (2 CNR-Brücken des Typs (b)) und $M_2(CNR)_8^{2+}$ (M = Rh, Ir) sowie $M_2(CNR)_6^{2+}$ (M = Pd, Pt) einen von $Mn_2(CO)_{10}$ abgeleiteten Bau (fehlende axiale Liganden in erstem, fehlende äquatoriale Liganden in letztem Falle; Liganden jeweils auf Lücke; quadratisch-pyramidale bzw. quadratische Metallatome). In den „*höherkernigen Komplexen*" $Ni_4(CNR)_7$, $Pd_3(CNR)_8^{2+}$ und $Pt_3(CNR)_6$ liegen die Ni-Atome an Tetraederecken (e), die Pd-Atome auf einer Geraden (f) und die Pt-Atome an den Ecken eines gleichseitigen Dreiecks (g) (alle Metallatome tragen endständige CNR-Gruppen (a); zudem sind die Ni- bzw. Pt-Atome teilweise gemäß (c) bzw. (b) verbrückt). Der Cluster $Pt_7(CNR)_{12}$ weist einen komplexen Bau mit Brücken des Typs (d) auf.

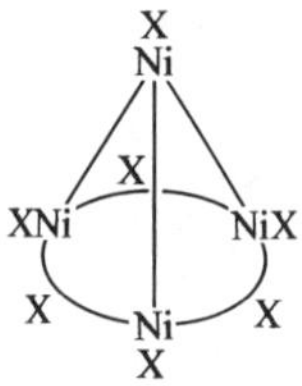

(X-Brücke vom Typ c)
(e)

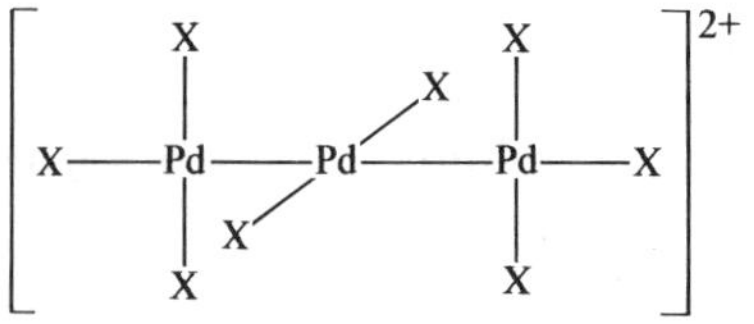

X = CNR
(f)

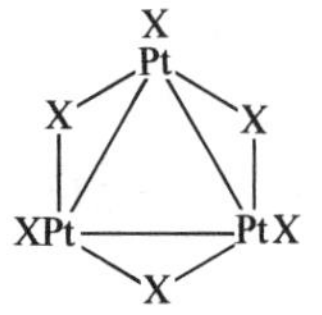

(X-Brücke vom Typ b)
(g)

Darstellung. Reine oder ligandenhaltige Isocyanokomplexe $M_m(CNR)_n$ oder $M_mL_p(CNR)_n$ (Komplexladung nicht berücksichtigt) gewinnt man in der Regel durch *Substitution* aller oder einiger Liganden wie CO oder Hal^- in Übergangsmetallkomplexen gegen Isonitrile.

Substitution von Kohlenoxid. Da CNR ein stärkerer σ-Donor als CO ist, werden bei der Einwirkung von Isonitrilen auf Metallcarbonyle Isocyanokomplexe gebildet:

$$M_m(CO)_{p+n} + nCNR \rightleftarrows M_m(CO)_p(CNR)_n + nCO$$

So führt z.B. die Umsetzung von $Ni(CO)_4$ mit Methylisonitril CNMe zum *blaßgelben „Monocarbonyltris(methylisocyano)nickel(0)“* $Ni(CO)(CNMe)_3$, während bei der entsprechenden Einwirkung von Phenylisonitril CNPh *„Tetrakis(phenylisocyano)nickel(0)“* $Ni(CNPh)_4$ entsteht, das in prächtigen *kanariengelben*, in Chloroform leicht löslichen Prismen kristallisiert. Die *Ersetzbarkeit von Kohlenoxid* durch Isonitrile nimmt in der Reihenfolge Cr, Mn, Fe, Co, Ni zu. Nur beim Nickelcarbonyl $Ni(CO)_4$ und – langsamer – beim Cobaltcarbonyl $Co_2(CO)_8$ entstehen mit Isonitrilen beim Rückflußkochen in hochsiedenden organischen Lösungsmitteln die total substituierten Produkte $Ni(CNR)_4$ und $Co_2(CNR)_8$, während die gleiche Behandlung der Carbonyle $Fe(CO)_5$, $Mn_2(CO)_{10}$ und $Cr(CO)_6$ zu Carbonylisocyanokomplexen führt, die im Falle des Eisens und Mangans wenigstens noch 3, und im Falle des Chroms noch 5 CO-Moleküle pro Metallatom enthalten (Bildung von $Fe(CO)_3(CNR)_2$, $Mn_2(CO)_6(CNR)_4$, $Cr(CO)_5(CNR)$). Doch lassen sich in Gegenwart eines *heterogenen Katalysators* wie $CoCl_2$, Aktivkohle oder Platinmetall auf einem oxidischen Träger auch alle CO-Liganden in $Fe(CO)_5$ bzw. $M(CO)_6$ (M = Cr, Mo, W) ersetzen (Bildung von $Fe(CNR)_5$, $M(CNR)_6$). Auch in mehrkernigen Carbonylen kann die Ersetzbarkeit von CO gegen CNR (3 CO in $M_3(CO)_{12}$ der Eisengruppe oder 4 CO in $M_4(CO)_{12}$ der Cobaltgruppe) durch heterogene Katalyse erhöht werden (z.B. Bildung von $M_4(CO)_5(CNR)_7$).

Substitution anderer Liganden. Kationische Isocyanokomplexe lassen sich in einigen Fällen auch durch Substitution von komplexgebundenem *Wasser* (z.B. $Cr(H_2O)_6^{2+} + 6(7)CNR \rightarrow Cr(CNR)_{6(7)}^{2+} + 6H_2O$; $Co(H_2O)_6^{2+} + 5CNR \rightarrow Co(CNR)_5^{2+} + 6H_2O$) oder *Halogenid* (z.B. $MCl_4^{2-} + 4CNR \rightarrow M(CNR)_4^{2+} + 4Cl^-$; M = Pd, Pt) gewinnen. Ferner kann die Einwirkung von Isonitrilen auf *Metallcarbonylhalogenide* (z.B. $[MCl(CO)_2]_2 + 8CNR \rightarrow 2M(CNR)_4^+ + 4CO + 2Cl^-$; M = Rh, Ir) oder auf *Metall-π-Komplexe* zu Isocyanokomplexen führen (z.B. bildet sich aus $M(COD)_2$ und CNR u.a. $Ni_4(CNR)_7$, $Pd_3(CNR)_6^{2+}$, $Pt_3X_6^{2+}$, $Pt_3(CNR)_6^{2+}$; COD = Cyclooctadien). Wichtig sind schließlich Umsetzungen von Acetaten des Typs $M_2(OAc)_4^{n+}$ mit Isonitrilen, die unter OAc/CNR-Austausch und Spaltung der MM-Mehrfachbindungen zu einkernigen Isocyanokomplexen führen können (z.B. $Mo_2(OAc)_4 + 14CNR \rightarrow 2Mo(CNR)_7^{2+} + 4OAc^-$).

Umwandlung von Isocyanokomplexen. Die durch Substitutionsreaktion gewonnenen Isocyanokomplexe lassen sich auf verschiedenste Weise in andere Komplexe umwandeln, wie folgende Beispiele lehren: (i) Die *„Photolyse“* von $Fe(CNR)_5$ führt zu $Fe_2(CNR)_9$ (vgl. Bildung von $Fe_2(CO)_9$). – (ii) Die *„Gleichgewichte“* $2\,Co(CNR)_5^+ \rightleftarrows Co_2(CNR)_{10}^{2+}$ und $2\,M(CNR)_4^+ \rightleftarrows M_2(CNR)_8^{2+}$ (M = Rh, Ir) liegen in Anwesenheit sperriger (wenig sperriger) CNR-Liganden auf der linken (rechten) Seite. Auch führt die H_2O-Einwirkung auf $M(CNR)_4^+$ zu $M_2(CNR)_6^{2+}$ (M = Pd, Pt). – (iii) Durch *„Reduktion“* läßt sich $Cr(CNR)_6^{2+}$ in $Cr(CNR)_6^+$ sowie $Cr(CNR)_6$ und $Co(CNR)_5^{2+}$ in $Co(CNR)_5^+$ sowie $Co_2(CNR)_8$ überführen. – (iv) Eine Umwandlung in weiterem Sinne stellt auch die *„Protonierung“* von Cyano-Komplexen dar, die zu den Muttersubstanzen der Isocyanokomplexe führen kann, z.B.: $Fe(CN)_6^{4-} + 6H^+ \rightarrow Fe(CNH)_6^{2+}$.

Eigenschaften. Die chemischen Eigenschaften der Isocyanokomplexe lassen sich wie die der Carbonylkomplexe in „*Thermolysereaktionen*“ (vgl. z. B. Spaltung von $Rh_2(CNR)_8^{2+}$ in $Rh(CNR)_4^+$, oben), in „*Substitutionsreaktionen*“ (z. B. $Co(CNR)_5^+ + PR_3 \rightarrow Co(CNR)_4(PR_3)^+ + CNR$), in „*Redoxreaktionen*“ (z. B. $Co(CNR)_5^+ \rightarrow Co(CNR)_5^{2+} + e^-$; s. o.) und „*Additionsreaktionen*“ unterteilen. Unter letzteren sind die – zum Teil recht leicht erfolgenden – Additionen von Alkoholen oder Aminen an Isocyanokomplexe u. a. des Eisens, Rutheniums, Osmiums, Rhodiums, Nickel, Palladiums, Platins, Golds als Syntheseweg zu *Carbenkomplexen* (S. 1678) von großem Interesse.

$$L_nM{=}C\begin{matrix}OR'\\NHR\end{matrix} \xleftarrow{+HOR'} \mathbf{L_nM{-}C{\equiv}NR} \xrightarrow{+HNR'_2} L_nM{=}C\begin{matrix}NR'_2\\NHR\end{matrix}$$

Nitrosyl-Komplexe[61, 62]

Zusammensetzung. Bisher kennt man nur drei **homoleptische Nitrosylkomplexe $M(NO)_n$**, nämlich $Cr(NO)_4$, $Fe(NO)_4$ und $Co(NO)_3$, wobei eine eindeutige Existenzbestätigung für $Fe(NO)_4$ und $Co(NO)_3$ noch aussteht (letztere Verbindungen enthalten neben Nitrosyl- wohl auch Hyponitrit-Liganden, s. u.). Es sind jedoch zahlreiche ein- und mehrkernige **heteroleptische Nitrosylkomplexe $L_mM(NO)_n$** und **$L_mM_p(NO)_n$** mit *gleichartigen* oder auch *unterschiedlichen* Liganden L wie etwa H_2O, NH_3, Hal^-, SR^-, PR_3, CO, CN^-, CNR, π-Organyle bekannt[63].

Als Beispiele seien genannt der *Nitrosylaqua*-Komplex $[Fe(H_2O)_5(NO)]^{2+}$, der *Nitrosylammin*-Komplex $[Co(NH_3)_5(NO)]^{2+}$, die *Nitrosylhalogeno*-Komplexe $[FeCl_3(NO)]^-$, $[FeCl(NO)_2]_2$ und $[FeCl(NO)_3]$, die *Nitrosylsulfido*-Komplexe $[Fe(SR)(NO)_2]_2$ und $[Co(S_2CNR_2)_2(NO)]$ (vgl. hierzu auch die *Roussinschen Salze*, S. 1528), der *Nitrosylphosphan*-Komplex $[Rh(PR_3)_3(NO)]$, der *Nitrosylcarbonyl*-Komplex $[Mn(CO)_4(NO)]$, der *Nitrosylcyano*-Komplex $[Fe(CN)_5(NO)]^{2-}$, der *Nitrosylcyclopentadienyl*-Komplex [CpNi(NO)].

Der Einbau des „*Stickstoffmonoxid-Moleküls*“ **NO** in einen Übergangsmetall-Komplex führt zu valenzchemischen Besonderheiten, die dadurch bedingt werden, daß NO *ein Elektron mehr* als CO besitzt und dementsprechend auch ein Elektron mehr als dieses, insgesamt also *drei Elektronen*, zur effektiven Elektronenzahl des zentralen Metallatoms beisteuern kann (Wirkungsweise als **Dreielektronendonator**). Infolge des zusätzlichen Elektrons vermag ja NO im Gegensatz zu CO und in Analogie zu den Alkalimetallen *Salze* wie $NO[BF_4]$, $NO[ClO_4]$, $NO[AsF_6]$, $NO[SbCl_6]$, $(NO)_2[PtCl_6]$ zu bilden, in denen die NO-Gruppe das Kation darstellt (S. 710). Tritt demgemäß ein „*Stickstoffmonoxid-Molekül*“ NO als Bestandteil in einen Komplex ein, so kann es das überzählige Elektron an das Zentralmetall abgeben, um sich

61 **Literatur.** B. F. G. Johnson, J. A. McCleverty: „*Nitric Oxide Compounds of Transition Metals*“, Progr. Inorg. Chem. **7** (1966) 277–359; W. P. Griffith: „*Organometallic Nitrosyls*“, Adv. Organometal. Chem. **7** (1968) 211–239; N. G. Conelly: „*Recent Developments in Transition Metal Nitrosyl Chemistry*“, Inorg. Chim. Acta Rev. **6** (1972) 47–89; J. H. Enmark, R. D. Feltham: „*Principles of Structure, Bonding and Reactivity for Metal Nitrosyl Complexes*“, Coord. Chem. Rev. **13** (1974) 339–406; K. G. Caulton: „*Synthetic Methods in Transition Metal Nitrosyl Chemistry*“, Coord. Chem. Rev. **14** (1975) 317–355; R. Eisenberg, C. D. Meyer: „*The Coordination Chemistry of Nitric Oxide*“, Acc. Chem. Res. **8** (1975) 26–34; F. Bottomley: „*Electrophilic Behavior of Coordinated Nitric Oxide*“, Acc. Chem. Res. **17** (1978) 158–163; J. A. McCleverty: „*Reactions of Nitric Oxide Coordinated to Transition Metals*“, Chem. Rev. **79** (1979) 53–76; W. L. Gladfelter: „*Organometallic Metal Clusters Containing Nitrosyl and Nitrido Ligands*“, Adv. Organometal. Chem. **24** (1985) 41–86; B. F. G. Johnson, B. L. Haymore, J. R. Dilworth: „*Nitrosyl Complexes*“, Comprehensive Coord. Chem. **2** (1987) 100–118; G. B. Richter-Addo, P. Legzdins: „*Recent Organometallic Nitrosyl Chemistry*“, Chem. Rev. **88** (1988) 991–1010; D. M. P. Mingos, D. J. Sherman: „*Transition Metal Nitrosyl Complexes*“, Adv. Inorg. Chem. **34** (1989) 293–377; F. Bottomley: „*Reactions of Nitrosyls*“ in P. S. Braterman: „Reactions of Coordinated Ligands“ **2** (1989) 115–222; G. B. Richter-Addo, P. Legzdins: „*Metal Nitrosyls*“, Oxford University Press, New York 1992.

62 **Geschichtliches.** Der erste Nitrosylkomplex, das Kation $[Fe(H_2O)_5(NO)]^{2+}$, wurde 1790 von J. Priestley, der zweite Nitrosylkomplex, das Anion $[Fe(CN)_5(NO)]^{2-}$, 1849 von K. L. Playfair *entdeckt*. F. Seel fand dann 1942 den „*Nitrosylverschiebungssatz*“. Die ersten *Strukturuntersuchungen* wurden an $[Co(NO)(S_2CNMe_2)_2]$ (Alderman, Owston, Rowe; 1962) und an $[IrCl(CO)(NO)(PPh_3)_2]^+$ (Hodgson, Ibers; 1968) durchgeführt.

63 Man kennt auch eine Reihe von „*Thionitrosyl-Komplexen*“ **$L_mM(NS)_n$** (Ersatz von Sauerstoff in NO durch gruppenhomologen Schwefel; vgl. S. 603), aber bisher nur sehr wenige „*Phosphoryl-Komplexe*“ **$L_mM(PO)_n$** (Ersatz von Stickstoff in NO durch gruppenhomologen Phosphor).

dann als „*Nitrosyl-Kation*“ **NO⁺** mit Hilfe seines freien Stickstoff-Elektronenpaars an das Metall in ganz analoger Weise wie das *isoelektronische Kohlenoxid* oder das ebenfalls *isoelektronische Cyanid* anzulagern:

	$:C\equiv N:^-$	$:C\equiv O:$	$:N\equiv O:^+$
Beispiele:	$[Fe^{II}(CN)_5CN]^{4-}$	$[Fe^{II}(CN)_5CO]^{3-}$	$[Fe^{II}(CN)_5NO]^{2-}$

Ersetzt man daher z. B. im $Ni(CO)_4$ *ein* oder *zwei* oder *drei* oder *vier* CO-Moleküle durch eine entsprechende Zahl von NO-Molekülen, so muß man – falls man zu *analog zusammengesetzten* und *isoelektronischen* **Nitrosylcarbonyl-Komplexen** kommen will – gleichzeitig das Ni-Atom durch Co bzw. Fe bzw. Mn bzw. Cr (welche *ein* bzw. *zwei* bzw. *drei* bzw. *vier* Elektronen *weniger* besitzen) ersetzen, um der durch den Eintritt des Stickstoffmonoxids bedingten Vermehrung der effektiven Elektronenzahl des Zentralmetalls Rechnung zu tragen („*Nitrosyl-Verschiebungssatz*“)[62]:

[**Ni**(CO)$_4$]	[**Co**(CO)$_3$(NO)]	[**Fe**(CO)$_2$(NO)$_2$]	[**Mn**(CO)(NO)$_3$]	[**Cr**(NO)$_4$]
farblos	*rot*	*tiefrot*	*tiefgrün*	*dunkelbraun*
Smp. $-19.3\,°C$	Smp. $-1\,°C$	Smp. $18.4\,°C$	Smp. $27\,°C$	Smp. $39\,°C$
Sdp. $43\,°C$	Sdp. $79\,°C$	Sdp. $110\,°C$		

Weitere Beispiele bilden die Verbindungspaare $Fe(CO)_5/Mn(CO)_4(NO)$, $Fe_2(CO)_9/Mn_2(CO)_7(NO)_2$ und $Cr(CO)_6/V(CO)_5(NO)$.

Will man andererseits in einem Metallcarbonyl CO-Moleküle ohne Wechsel des Zentralmetalls gegen NO-Moleküle vertauschen, so muß man – falls das betreffende Metall seine Edelgasschale beibehalten soll – die Ladung der Verbindung pro CO/NO-Tausch um eine positive Einheit erhöhen (z. B. $Ni(CO)_4 \rightarrow [Ni(CO)_3(NO)]^+$). Man kann aber auch je 3 CO-Moleküle (Lieferant von $3 \times 2 = 6$ Elektronen) durch 2 NO-Moleküle (Lieferant von $2 \times 3 = 6$ Elektronen) ersetzen. So entsprechen sich etwa die Verbindungspaare $Cr(CO)_6/Cr(NO)_4$, $Mn(CO)_4(NO)/Mn(CO)(NO)_3$, $Fe(CO)_5/Fe(CO)_2(NO)_2$ und $Co(CO)_3(NO)/Co(NO)_3$, die alle Kryptonelektronenkonfiguration besitzen und dementsprechend diamagnetisch sind.

Verwandt mit den Nitrosylcarbonyl-Komplexen sind die **Nitrosylcyano-Komplexe** („*Nitrosyl-Prussiate*“ im weiteren Sinne; vgl. S. 1521), deren effektive Elektronenzahl vielfach ebenfalls der eines Edelgases entspricht. Z. B. kommt den Metallen folgender diamagnetischer Komplexe:

$[\overset{+1}{\mathbf{V}}(CN)_5NO]^{3-}$	$[\overset{0}{\mathbf{Cr}}(CN)_5NO]^{4-}$	$[\overset{+1}{\mathbf{Mn}}(CN)_5NO]^{3-}$	$[\overset{+2}{\mathbf{Fe}}(CN)_5NO]^{2-}$	$[\overset{-1}{\mathbf{Co}}(CN)_3NO]^{3-}$	$[\overset{0}{\mathbf{Ni}}(CN)_3NO]^{2-}$
orangefarben	*blau*	*blaurot*	*rot*	*tiefviolett*	*tiefviolett*

Kryptonelektronenkonfiguration zu. Wie auf S. 1657 besprochen wurde, vermag aber CN^- – anders als CO – auch als Ligand in Komplexen zu fungieren, deren effektive Elektronenzahl nicht ganz an die eines Edelgases herankommt. Demgemäß lassen sich etwa $[Cr^0(CN)_5NO]^{4-}$ und $[Mn^I(CN)_5NO]^{3-}$ zu paramagnetischem *grünem* $[Cr^I(CN)_5NO]^{3-}$ und *gelbem* $[Mn^{II}(CN)_5NO]^{2-}$ *oxidieren* ($\mu_{mag} = 1.87$ BM bzw. 1.73 BM ≙ ein ungepaartes Elektron), während $[Fe(CN)_5NO]^{2-}$ zu paramagnetischem *goldbraunem* $[Fe(CN)_5NO]^{3-}$ bzw. CN^--ärmerem *blauem* $[Fe(CN)_4NO]^{2-}$ *reduziert* werden kann (μ_{mag} in beiden Fällen ca. 1.75 BM).

Das NO-Molekül läßt sich nicht nur mit dem CO-, sondern auch mit dem O_2-Molekül vergleichen, von dem es sich dadurch unterscheidet, daß es *ein Elektron weniger* besitzt. Beim Einbau von NO in Übergangsmetall-Komplexe kann demnach das Stickstoffmonoxid-Molekül im Prinzip auch ein Elektron vom Zentralmetall aufnehmen, um sich dann als „*Nitroxyl-Anion*“ **NO⁻** („*Oxonitrat(I)*“) mit Hilfe seines freien Stickstoff-Elektronenpaars an das Metall in analoger Weise wie der *isoelektronische Sauerstoff* anzulagern:

	$\ddot{\underset{..}{O}}=\ddot{\underset{..}{O}}$	$\ddot{\underset{..}{N}}=\ddot{\underset{..}{O}}^-$
Beispiele[64]:	$[Co^{III}(NH_3)_5(O_2)]^{2+}$	$[Co^{III}(NH_3)_5(NO)]^{2+}$

Insgesamt trägt NO in diesem Falle also nur *ein Elektron* zur effektiven Elektronenzahl des Metallatoms bei (Wirkungsweise als **Einelektronendonator**).

---

[64] Disauerstoff liegt im Cobalt-Komplex nicht als O_2, sondern als O_2^- vor, so daß sowohl der Disauerstoff- als auch der Nitrosyl-Komplex dreiwertiges Cobalt enthalten.

Strukturverhältnisse. Der NO-Ligand ist in den einkernigen Komplexen stets „end-on“ über das N-Atom an das Metallzentrum gebunden, wobei die MNO-Gruppierung – anders als die MCO-Gruppierung – sowohl *linear* (a) bis fast linear als auch *gewinkelt* (b) strukturiert sein kann (vgl. Tab. 143). Entsprechendes gilt in der Regel auch für einkernige Komplexe mit *mehreren Nitrosylliganden*; doch liegen die NO-Gruppen in solchen Verbindungen auch ausnahmsweise gemäß (c) in dimerer Form als Hyponitrit-Liganden vor. In mehrkernigen Komplexen kann NO über Stickstoff zudem *zweifach (d) oder sogar dreifach verbrückend* (e) mit zwei oder drei Metallatomen koordiniert sein. Auch tritt er gelegentlich im Sinne der Formel (f) als Brückenligand auf. In Fig. 324 sind einige Strukturen von Nitrosylkomplexen wiedergegeben.

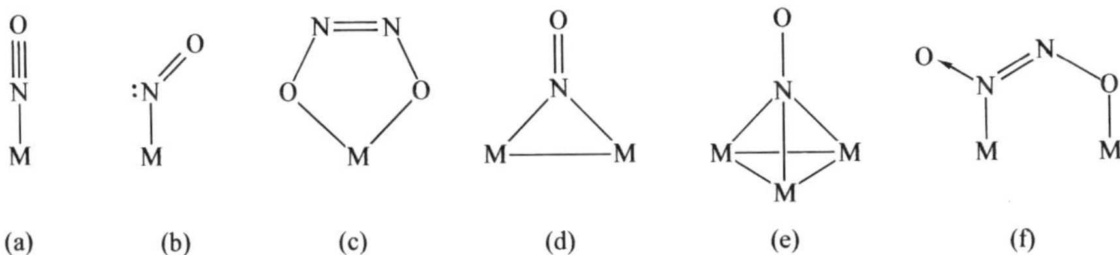

Hinsichtlich des Baus der MNO-Gruppierung in Nitrosylkomplexen mit endständigen NO-Liganden gelten folgende Regeln: Die MN- und NO-*Abstände* sind vergleichsweise *kurz* (Abstand für komplexgebundenes NO rund 1.16 Å, für freies NO^+ = 1.06 Å, für freies NO = 1.14 Å); die MNO-Winkel liegen im Bereich 180–110°, betragen aber häufig rund 180 bzw. 120°. Das Ausmaß der MNO-Abwinkelung in $L_mM(NO)_n$ hängt hierbei u.a. von den Liganden L, der Geometrie der Komplexe und der Stellung von NO im Koordinationspolyeder ab (vgl. Tab. 143; Fig. 324). Von Einfluß ist ferner die Zahl der d-Außenelektronen des Zentralmetalls (s. unten) und die Art des Zentralmetalls.

Tab. 143 Nitrosylkomplexe[a)]: Geometrie **G**[b)], Elektronenzahl $\{MNO\}^Z$, MNO-Winkel ∢ **MNO**

	G	Z	∢MNO		G	Z	∢MNO		G	Z	∢MNO
$Cr(CN)_5NO^{3-}$	O	5	176°	$Co(L'_2)_2NO$	QP_{ax}	8	135°	$Mn(CO)_4NO$	$TB_{äq}$	8	180°
$RuCl_3L_2NO$	O	6	180°	$RuClL_2(NO)_2^+$	QP_{ax}	8	136°	$Os(CO)_2L_2NO$	$TB_{äq}$	7	177°
$Co(NH_3)_5NO^{2+}$	O	8	119°		$QP_{äq}$		178°	$Co(CO)_3NO$	T	10	180°
$Ru(L'_2)_2NO$	QP_{ax}	6	170°	$IrHL_3NO^+$	QP_{ax}	8	175°	IrL_3NO	T	10	180°
$IrCl(CO)L_2NO^+$	QP_{ax}	8	124°					CpNiNO	(T)	10	180°

a) L = PPh_3, $L'_2 = S_2CNR_2$, Cp = C_5H_5. **b) O** = oktaedrische, **QP** = quadratisch-pyramidale, **TB** = trigonal-bipyramidale, **T** = tetraedrische Koordination; **ax** = axiale, **äq** = äquatoriale Stellung von NO.

Bindungsverhältnisse. Valenz-Bond-Betrachtung. Die Stabilität der Nitrosylkomplexe beruht wie die der Carbonylkomplexe auf der Möglichkeit des Liganden zur Aufnahme von Metallelektronen durch π-Rückbindungen, d.h. zur Ausbildung folgender *Mesomerie*:

$$[:\overset{z}{\underset{..}{M}} \leftarrow \overset{+3}{N}{\equiv}O: \;\leftrightarrow\; :M \rightleftarrows N{=}\underset{..}{O}: \;\leftrightarrow\; M \overset{\rightarrow}{\rightleftarrows} N{-}\underset{..}{\ddot{O}}:] \qquad (1)$$

(z = Oxidationsstufe von M). Wachsende π-Rückbindung führt zu einer *Verstärkung* der MN-Bindung, einer *Schwächung* der NO-Bindung[65)] und gegebenenfalls einer *Abwinkelung* der NO-Gruppe (das π-Akzeptorvermögen von NO^+ ist größer als das von CO). Letzterer Sachverhalt läßt sich damit erklären, daß der NO^+-Ligand den Charakter eines NO^--Liganden annimmt:

$$[:\overset{z+2}{M} \leftarrow \overset{+1}{\dot{N}}{=}\underset{..}{O}: \;\leftrightarrow\; M \rightleftarrows \ddot{N}{-}\underset{..}{\ddot{O}}:] \qquad (2)$$

[65] Wie im Falle der Carbonylkomplexe führen die π-Rückbindungen auch im Falle der Nitrosylkomplexe zu keiner wesentlichen Änderung der NO-Abstände (Bereich 1.1–1.2 Å sowohl für NO^+- wie für NO^--Komplexe; Abstand im NO-Molekül = 1.14 Å). Die Abnahme des Bindungsgrades der NO-Bindungen infolge der Rückkoordination (1) läßt sich wie die im Falle der CO-Bindung in CO-Komplexen an der im Vergleich zur Schwingungswellenzahl $\tilde{\nu}$ in NO^+ wesentlich niedrigeren Schwingungswellenzahl in den Nitrosylkomplexen erkennen: $\tilde{\nu}(NO^+) = 2250\,cm^{-1}$; $\tilde{\nu}(NO) = 1878\,cm^{-1}$; $\tilde{\nu}(NO^+\text{-Komplexe}) = 1950–1600\,cm^{-1}$; $\tilde{\nu}(NO^-\text{-Komplexe}) = 1720–1520\,cm^{-1}$; $\tilde{\nu}(\mu_2\text{-}, \mu_3\text{-NO-Komplexe}) = 1600–1350\,cm^{-1}$.

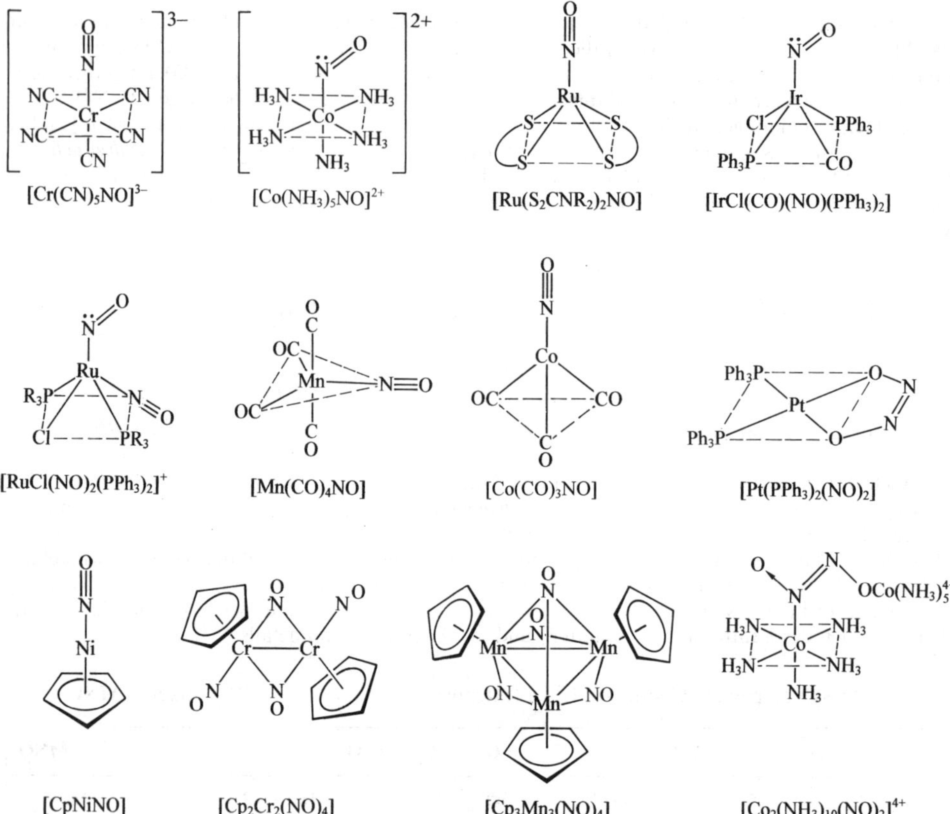

Fig. 324 Strukturen einiger Nitrosylkomplexe.

Der Übergang (1) → (2) entspricht formal einer Oxidation von M und einer Reduktion von N um jeweils zwei Einheiten. Die realen Verhältnisse liegen zwischen den Grenzsituationen (1) und (2).

Über eine Valence-Bond-Betrachtung läßt sich bei Berücksichtigung der Edelgasregel in vielen Fällen auf einfache Weise die „*Geometrie*" der MNO-Gruppierung („linear" oder „gewinkelt") in Nitrosylkomplexen vorhersagen. So kommt etwa Mangan in $[Mn(CO)_4NO]$ oder Cobalt in $[Co(NH_3)_5NO]^{2+}$ nur dann die effektive Elektronenzahl eines Edelgases zu, falls NO in ersterem Falle als Drei-, in letzterem Falle als Einelektronendonator wirkt: $7(Mn) + 4 \times 2(CO) + 3(NO) = 18$ bzw. $7(Co^{2+}) + 5 \times 2 (NH_3) + 1 (NO) = 18$ Außenelektronen. Folglich weist $[Mn(CO)_4NO]$ (NO^+-Ligand) eine lineare, $[Co(NH_3)_5NO]^{2+}$ (NO^--Ligand) eine gewinkelte MNO-Gruppierung auf (vgl. Tab. 143). Da das Metallatom in der linken Grenzformel der Mesomerie (1) mehr freie Elektronenpaare aufweist als in den übrigen, stabilisieren Liganden L in $L_mM(NO)$ mit *π-Akzeptorcharakter* diese Grenzformel und damit einen *linearen* MNO-Bau. Umgekehrt erhöhen Liganden mit *π-Donatorcharakter* wie Hal^-, SR^- das Gewicht der rechten Grenzformel der Mesomerie (1) und erleichtern damit die *Abwinkelung* der MNO-Gruppierung. So enthalten etwa $[IrCl_4(NO)]^{2-}$ und $[Co(S_2CNR_2)_2(NO)]$ gewinkelte MNO-Baueinheiten, obwohl die Metallzentren zur Erzielung einer Edelgaselektronenkonfiguration NO als Dreielektronendonator benötigen: $7\ (Ir^{2+}, Co^{2+}) + 4 \times 2\ (Cl^-, S_2(NR_2^-)) + 3\ (NO) = 18$ Außenelektronen.

Molekülorbital-Betrachtung. Nach der MO-Theorie beruht die π-Rückbindung in Nitrosylkomplexen auf einer mehr oder minder starken Wechselwirkung von d-Außenelektronen der Metallzentren mit den beiden entarteten π*-Molekülorbitalen der NO-Gruppe[66]. Um – unabhängig von Betrachtungen der Metalloxidationsstufen – zu Aussagen über die Struktur der MNO-Gruppe in Nitrosylkomplexen zu kommen, müssen – wie auf S. 1626 allgemein für Komplexe $L_mM \cdot XY$ (XY z. B. CO, NO, NN) abgeleitet

[66] Die Energieniveau-Schemata der Bildung der σ- und π-MOs des NO^+-Kations und des N_2-Moleküls (S. 350) gleichen einander. Im NO-Molekül bzw. NO^--Anion sind die π*-MOs mit einem bzw. zwei Elektronen besetzt.

wurde – nur die in der d-Außenschale des Metalls M sowie in den π^*-Molekülorbitalen des Liganden XY vorhandenen Elektronen $\{MXY\}^z$ berücksichtigt und in die einzelnen Energieniveaus eines Walsh-Diagramms für MXY der Reihe nach eingefüllt werden (z entspricht für Nitrosylkomplexe der d-Außenelektronenzahl des Metalls, vermehrt um je ein Elektron für jede komplexgebundene NO-Gruppe). Wie dort bereits angedeutet wurde, spielen für die MXY-Geometrie *quadratisch-pyramidaler* bzw. *-bipyramidaler* Komplexe $L_mM \cdot XY$ nur die Orbitale d_{xy}, d_{xz}, d_{yz} und d_{z^2} eine Rolle. Da sich die Energie ersterer drei Metallorbitale bei MNO-Abwinkelung durch Wechselwirkung mit dem π^*-Orbital von NO zunächst *erhöht*, und die Orbitale d_{xy}, d_{xz} und d_{yz} energetisch unter dem d_{z^2}-Orbital liegen, bevorzugen Nitrosylkomplexe des Typus $\{MNO\}^{\leq 6}$ *linearen* MNO-Bau (vgl. Tab. 143). Andererseits führt die Interferenz des d_{z^2}- mit dem π^*-Orbital im Zuge der MNO-Abwinkelung zu einer *Erniedrigung* der Orbitalenergie, so daß die MNO-Geometrie von Komplexen des Typus $\{MNO\}^{7 \text{ bzw. } 8}$ davon abhängt, ob die d_{z^2}-Energieabsenkung bei MNO-Abwinkelung größer oder kleiner als die Energieanhebung der übrigen d-Orbitale ausfällt. Tatsächlich enthalten *quadratisch-bipyramidale* Komplexe sowie *quadratisch-pyramidale* Komplexe mit *axialem* NO für $\{MNO\}^{7 \text{ bzw. } 8}$ *gewinkelte* MNO-Gruppen, während *quadratisch-pyramidale* Komplexe mit *äquatorialem* NO für $\{MNO\}^{7 \text{ bzw. } 8}$ *lineare* MNO-Gruppen bevorzugen; der lineare Bau gilt auch für *tetraedrische* $\{MNO\}^{10}$-Komplexe (vgl. Tab. 143).

Die relative, durch eine Wechselwirkung mit dem π^*-Orbital bedingte Erhöhung bzw. Erniedrigung der d-Orbitalenergien im Zuge der MXZ-Abwinkelung hängt naturgemäß auch von der Energie der π^*-Orbitale der XY-Gruppen ab: abnehmender Energieinhalt der π^*-MOs begünstigt insgesamt die MXY-Abwinkelung. So ist etwa in einkernigen Komplexen die Gruppierung MCO bzw. MNN (hohe Energie der π^*-MOs von CO, N_2) stets linear, die Gruppierung MOO (niedrige Energie der π^*-MOs von O_2) stets gewinkelt strukturiert, während die Gruppe MNO (mittlere Energie der π^*-MOs von NO) sowohl linear als auch gewinkelt gebaut sein kann[67].

Darstellung. Nitrosylkomplexe $L_mM(NO)_n$ werden einerseits durch *Einführung stickstoffhaltiger Liganden* (NO, NO^+, NO^-) in einen Komplex, andererseits durch *Umwandlung stickstoffhaltiger Liganden* (NO_2^-, NO_3^-) am Komplex erzeugt.

Einwirkung von NO. Vielfach gewinnt man Nitrosylkomplexe $L_mM(NO)_n$ aus solchen Vorstufen, welche NO unter *Addition* bzw. unter *Substitution von Liganden* (gegebenenfalls unter gleichzeitiger Oxidation oder Reduktion des Zentralmetalls) aufnehmen, z. B.:

$[CoCl_2(PR_3)_2] + NO \rightarrow [CoCl_2(NO)(PR_3)_2]$
$Fe(CO)_5 + 2NO \rightarrow [Fe(CO)_2(NO)_2] + 3CO$
$[Cr(CNR)_6]^{2+} + NO \rightarrow [Cr(CNR)_5(NO)]^{2+} + CNR$
$[Mn(CO)_5I] + 3NO \rightarrow [Mn(CO)(NO)_3] + 4CO + \frac{1}{2}I_2$
$MoCl_5 + 5NO \rightarrow \frac{1}{x}[MoCl_2(NO)_2]_x + 3NOCl$
$[Fe(H_2O)_6]^{2+} + NO \rightarrow [Fe(H_2O)_5(NO)]^{2+} + H_2O$

Letztere Reaktion, die Bildung von *braunem* $[Fe(H_2O)_5(NO)]^{2+}$, wird zum qualitativen Nachweis von NO_2^- und NO_3^- genutzt (vgl. S. 1525). Genannt sei in diesem Zusammenhang auch die Bildung des *roten* bzw. *schwarzen Roussinschen Salzes* $[Fe_2S_2(NO)_4]^{2-}$ bzw. $[Fe_4S_3(NO)_7]^-$ durch Einleiten von NO in eine Suspension von FeS in einer verdünnten Natriumsulfidlösung (S. 1528), sowie die Möglichkeit der Substitution π-gebundener organischer Gruppen durch NO (z. B. Bildung von $[CpV(NO)_2]_2$ aus Cp_2V und NO).

Einwirkung von NO^+. Des weiteren werden Nitrosylkomplexe häufig aus NO^+ und geeigneten Edukten synthetisiert, wobei man NO^+ in Form von *Salzen* $[NO]^+X^-$ oder potentiellen NO^+-Lieferanten NOX wie *Salpetriger Säure* NO(OH) und ihren *Derivaten* (Halogeniden NOCl, Estern NOOR, Amiden $NONR_2$ usw.) einsetzt, z. B.:

$[Co(CO)_4]^- + NO^+ \rightarrow [Co(CO)_3(NO)] + CO$
$[Rh(NO)(PR_3)_3] + NO^+ \rightarrow [Rh(NO)_2(PR_3)_2]^+ + PR_3$
$[FeH_2(CO)_4] + 2HNO_2 \xrightarrow{-2H_2O} [Fe(CO)_2(NO)_2] + 2CO$
$[PtCl_4]^{2-} + NOCl \longrightarrow [PtCl_5(NO)]^{2-}$

Es lassen sich sogar Nitrosylkomplexe als NO^+-Überträger nutzen. So bildet sich etwa durch Einwirkung von $[CoBr(NO)_2]_2$ auf $[CpV(CO)_4]$ die Verbindung $[CpV(CO)(NO)_2]$.

[67] Für Nitrosylkomplexe besteht vielfach die Möglichkeit eines – formal mit einer Oxidation des Zentralmetalls verbundenen – reversiblen Übergangs von Nitrosyl- in Nitroxylkomplexe. Die komplexgebundene NO-Gruppe kann deshalb als „*Elektronenpaarreservoir*" fungieren und als solche unerwartete Reaktionen an Metallzentren ermöglichen (vgl. S. 1276).

Einwirkung von NO^-. Schließlich können Nitrosylkomplexe durch Einwirkung von NO^- auf geeignete Reaktionspartner hergestellt werden, wobei man NO^- durch Reduktion von HNO_2 bzw. Oxidation von NH_2OH gewinnt. So sind z. B. NO-Komplexe in einfacher Weise durch Einwirkung von *Hydroxylamin* auf Cyanokomplexe in alkalischer Lösung darstellbar, wobei eine der eintretenden NO-Menge äquivalente Menge Ammoniak entbunden wird:

$$[Ni(CN)_4]^{2-} \xrightarrow[-NH_3,\ -2H_2O,\ -CN^-]{+2NH_2OH,\ +OH^-} [Ni(CN)_3(NO)]^{2-};\quad [Cr(CN)_6]^{3-} \xrightarrow[-NH_3,\ -2H_2O,\ -CN^-]{+2NH_2OH,\ +OH^-} [Cr(CN)_5NO]^{3-}$$

Hierbei wirkt NH_2OH im Sinne von $2NH_2OH \rightarrow NH_3 + H_3O^+ + NO^-$ in Anwesenheit von Base als NO^--Quelle. Die Bildung der *violetten* Verbindung $[Ni(CN)_3(NO)]^{2-}$ dient als qualitativer Nachweis für intermediär gebildetes NO^-.

Umwandlung von komplexgebundenem NO_2^- und NO_3^-. In einigen Fällen lassen sich *Nitritokomplexe* durch Säure unter Erhalt der Oxidationsstufe des Stickstoffs, in anderen Fällen *Nitratokomplexe* z. B. durch Kohlenoxid unter Erniedrigung der Oxidationsstufe des Stickstoffs in Nitrosylkomplexe umwandeln, z. B.:

$$[Fe(CN)_5(NO_2)]^{4-} \xrightarrow[-H_2O]{+2H^+} [Fe(CN)_5(NO)]^{2-};\quad [Ni(NO_3)_2(PR_3)_2] \xrightarrow[-2CO_2]{+2CO} [Ni(NO_3)(NO)(PR_3)_2]$$

Eigenschaften. Wegen der im Vergleich mit der koordinativen Bindung des Kohlenstoffmonoxids größeren Festigkeit der koordinativen Bindung des Stickstoffmonoxids nimmt es nicht wunder, daß bei Substitutionen von Liganden etwa in Nitrosylcarbonyl-Komplexen gegen PR_3, NR_3, CNR usw. stets das CO, nicht das aber NO ersetzt wird. Der L/CO-Austausch erfolgt hierbei *rascher* als in vergleichbaren reinen Carbonylkomplexen und zudem auf *assoziativem Wege*, weil der NO-Ligand als „*Elektronenpaarspeicher*" wirkt[67)], so daß der assoziativ-aktivierte CO-Austausch unter zwischenzeitlicher Erhöhung der Oxidationsstufe des Substitutionszentrums ablaufen kann.

Auch die Redoxreaktionen der Nitrosylkomplexe unterscheiden sich vielfach von denen der Carbonylkomplexe (S. 1641, 1642). So führt *Sauerstoff* viele NO-Komplexe in Anwesenheit von Basen oder bei Bestrahlung unter „*Oxidation*" in Nitro- oder Nitrato-Komplexe über, z. B.:

$$[Ir(NO)_2(PR_3)_2]^+ \xrightarrow{+O_2} [Ir(NO_3)(NO)(PR_3)_2]^+;\quad [Pt(NO)(NO_3)(PR_3)_2] \xrightarrow{+O_2} [Pt(NO_3)_2(PR_3)_2],$$

während die CO-Komplexe unter entsprechenden Bedingungen hinsichtlich einer Überführung der CO- in CO_2- und CO_3^{2-}-Liganden vergleichsweise stabil sind. Die Oxidationsreaktionen beruhen wohl darauf, daß komplexgebundenes NO^+ im Zuge der Addition von Basen am Komplexzentrum M bzw. nach Bestrahlung des Komplexes „M—N≡O" in komplexgebundenes NO^- übergeht (Oxidation des Zentrums bzw. Reduktion von N um jeweils 2 Einheiten[67)]). Koordiniertes NO^- addiert dann O_2 unter Bildung von komplexgebundenem Peroxonitrit, das sich in komplexgebundenes Nitrat oder – nach Addition eines Eduktmoleküls – in komplexgebundenes Nitrit verwandelt, schematisch:

$$:M{-}N{\equiv}O \rightarrow M{-}\ddot{N}{=}O \xrightarrow{+O_2} \underset{\displaystyle \downarrow \atop \displaystyle M{-}ONO_2}{M{-}N(O{-}O){=}O} \xrightarrow{+M-\ddot{N}=O} \underset{\displaystyle \downarrow \atop \displaystyle 2M{-}NO_2}{M{-}N(O){-}O{-}O{-}N(O){-}M}$$

Komplexgebundenes NO läßt sich andererseits durch „*Reduktion*" auch in komplexgebundenes NH_2OH oder NH_3 umwandeln. Von Interesse ist in diesem Zusammenhang die Überführbarkeit der Nitrosyl- in Nitrido-Komplexe durch Abspaltung des Nitrosylsauerstoffs mit Kohlenstoffmonoxid. So ergeben etwa $[M(CO)_3(NO)]^-$ (M = Fe, Mn) in Anwesenheit von $M_3(CO)_{12}$ die Komplexe $[M_4N(CO)_{12}]^-$. Erwähnenswert ist weiterhin die katalytische Aktivität einiger Nitrosylkomplexe wie $[M(NO)_2(PPh_3)_2]^+$ (M = Rh, Ir) hinsichtlich der Reaktion:

$$2NO + CO \xrightarrow{(Kat.)} N_2O + CO_2 + \text{Energie}.$$

Offensichtlich verwandelt sich hier der Komplex $[M(NO)_2(PR_3)_2]^+$ nach CO-Addition intermediär in den Komplex $[M(CO)(N_2O_2)(PR_3)_2]^+$ (vgl. Fig. 324), der mit CO unter Bildung von N_2O, CO_2 und $[M(CO)(PR_3)_2]$ abreagiert, schematisch:

$$\mathrm{M}\begin{matrix}\diagup \mathrm{NO} \\ \diagdown \mathrm{NO}\end{matrix} \xrightarrow{+\mathrm{CO}} \mathrm{(CO)M}\begin{matrix}\diagup \mathrm{NO} \\ \diagdown \mathrm{NO}\end{matrix} \longrightarrow \mathrm{(CO)M}\begin{matrix}\diagup \mathrm{O}-\mathrm{N} \\ \| \\ \diagdown \mathrm{O}-\mathrm{N}\end{matrix} \xrightarrow[-\mathrm{CO_2},\ -\mathrm{N_2O}]{+\mathrm{CO}} \mathrm{(CO)M} \quad (+2\mathrm{NO} \text{ zurück zu } \mathrm{(CO)M(NO)_2})$$

Schließlich gehen Nitrosylkomplexe Säure-Base-Reaktionen ein. So addieren sich vielfach „*Nucleophile*" wie Hydroxid oder Sulfid an den *Nitrosylstickstoff*, z.B. an den des Eisennitrosylprussiats, unter Bildung eines Nitro- oder Thionitro-Komplexes:

$$[\mathrm{Fe(CN)_5(NO_2)}]^{4-} \xleftarrow[-\mathrm{H_2O}]{+2\mathrm{OH^-}} [\mathrm{Fe(CN)_5(NO)}]^{2-} \xrightarrow[-\mathrm{H_2S}]{+2\mathrm{SH^-}} [\mathrm{Fe(CN)_5(NOS)}]^{4-}.$$

Die Bildung von *violettem* $[Fe(CN)_5(NOS)]^{4-}$ dient etwa zum qualitativen Nachweis von Sulfid. Die Addition von „*Elektrophilen*" kann ebenfalls am *Nitrosylstickstoff* erfolgen, z.B.:

$$[\mathrm{OsCl(CO)(NO)(PR_3)_2}] \xrightarrow{+\mathrm{HCl}} [\mathrm{OsCl_2(CO)(HNO)(PR_3)_2}]$$

Bezüglich der „*Insertion*" von NO-Gruppen in Metall-Kohlenstoff-Bindungen vgl. S. 1677.

Distickstoff-Komplexe[68, 69]

Zusammensetzung. Auch das mit dem *Kohlenstoffmonoxid*-Molekül sowie dem *Nitrosyl*-Kation und *Cyanid*-Anion *isoelektronische Distickstoff*-Molekül:

$$:\mathrm{N{\equiv}O}:^+ \qquad \mathbf{:C{\equiv}O:} \qquad :\mathrm{C{\equiv}N}:^-$$
$$:\mathrm{N{\equiv}N}:$$

(Ersatz sowohl von C in CO durch isoelektronisches N^+ als auch von O durch isoelektronisches N^-) kann als Komplexligand auftreten[69] und – trotz seiner sehr geringen Brönsted-Basizität – sogar andere Liganden aus ihrer Bindung mit einem Metallatom verdrängen (s. u.), so daß man bis heute viele solche „*Distickstoffkomplexe*" kennt. Allerdings existieren von N_2 unter Normalbedingungen – anders als von CO – *keine* **homoleptischen Komplexe $\mathbf{M(N_2)_n}$**. Letztere bilden sich aber beim Abschrecken von Metallatom/N_2-Gasmischungen auf Temperaturen um 10 K als in der Tieftemperaturmatrix metastabile, beim Erwärmen unter N_2-Abgabe zerfallende Produkte, z.B.: $Ti(N_2)_6$ (*gelbrot*, Zers. ab 40 K), $V(N_2)_6$, $Cr(N_2)_6$, $Rh(N_2)_4$, $Ni(N_2)_4$, $Pd(N_2)_3$, $Pt(N_2)_3$, $Cu(N_2)_x$. Demgegenüber sind zahlreiche *ein-* und *zweikernige* **heteroleptische Komplexe $\mathbf{L_mM(N_2)_n}$** bzw. **$\mathbf{L_mM_2(N_2)_n}$** mit bis zu drei N_2-Liganden je Metallatom und verschiedenartigsten Liganden L oder Ligandenkombinationen bei Raumtemperatur und darüber isolierbar (L z.B. H_2O, NH_3, H^-, Hal^-, PR_3, CO, CN^-, π-Organyle).

---

[68] **Literatur.** A.D. Allen, R.O. Harris, B.R. Loescher, J.R. Stevens, R.N. Whiteley: „*Dinitrogen Complexes of the Transition Metals*", Chem. Rev. **73** (1973) 11–20; D. Sellmann: „*Distickstoff-Übergangsmetall-Komplexe: Synthese, Eigenschaften und Bedeutung*", Angew. Chem. **86** (1974) 692–702; Int. Ed. **13** (1974) 639; W.-G. Zumft: „*The Molecular Basis of Biological Dinitrogen Fixation*", Struct. Bond **29** (1976) 1–65; J. Chatt, L.M. da Camâra Pina, R.L. Richards: „*New Trends in the Chemistry of Nitrogen Fixation*", Acad. Press, London 1980; P. Pelikán, R. Boča: „*Geometric and Electronic Factors of Dinitrogen Activation of Transition Metal Complexes*", Coord. Chem. Rev. **55** (1984) 55–112; R.A. Henderson, G.J. Leigh, C.J. Pickett: „*The Chemistry of Nitrogen Fixation and Models for the Reactions of Nitrogenase*", Adv. Inorg. Radiochem. **27** (1983) 197–292; M. Hidai, Y. Mizobe: „*Reactions of Coordinated Dinitrogen and Related Species*" in P.S. Braterman (Hrsg.): „Reactions of Coordinated Ligands" **2** (1989) 53–114; G.J. Leigh: „*Protonation of Coordinated Dinitrogen*", Acc. Chem. Res. **25** (1992) 177–181; J.R. Dilworth, L.R. Richards: „*Reactions of Dinitrogen Promoted by Transition Metal Compounds*", Comprehensive Organomet. Chem. **8** (1982) 1073–1106.

[69] **Geschichtliches.** Nachdem die *Existenz* von Distickstoffkomplexen aufgrund der isoelektronischen Verwandtschaft von N_2 mit CO und der – lange bekannten – biologischen Stickstoffixierung bereits in der ersten Hälfte des 19. Jahrhunderts *vermutet* wurde, gelang es A.D. Allen und C.V. Senoff im Jahre 1965, mit $[Ru(NH_3)_5(N_2)]^{2+}$ erstmals eine derartige Koordinationsverbindung zu isolieren und strukturell zu charakterisieren. Die Zahl neuer identifizierter N_2-Komplexe stieg in der Folgezeit sehr rasch an. Die ersten Reaktionen an koordiniertem N_2 (Acylierung, Protonierung) fanden 1972 J. Chatt, G.A. Heath und G.J. Leigh.

Man kennt bisher von allen Nebengruppenelementen bis auf Pd, Pt sowie den Elementen der Sc-, Cu- und Zn-Gruppe N_2-Komplexe, die sich bei Raumtemperatur *isolieren* lassen. Charakteristische Verbindungsbeispiele der betreffenden Elemente gibt die Tab. 144 wieder (vgl. hierzu auch das bei den einzelnen Elementen Besprochene). In fast jedem Falle erreicht dabei das Zentralelement durch Komplexbildung eine Edelgasschale (Krypton-, Xenon-, Radonschale). Eine Ausnahme bildet unter den N_2-Komplexen der Tab. 144 einerseits die Verbindung $Cp_2^*Ti{-}N{\equiv}N{-}TiCp_2^*$, in welcher jedem Ti-Atom die effektive Elektronenzahl $4(Ti) + 2 \times 5\,(Cp^*) + 2(N_2) = 16$ zukommt. Daß auch hier eine gewisse Tendenz zur Ausbildung einer Edelgaselektronenschale besteht, folgt daraus, daß jedes Ti-Atom unterhalb $-78\,°C$ nochmals ein N_2-Molekül unter Bildung von $\{Cp_2^*Ti(N_2)\}_2N_2$ zu binden vermag[70]. Eine effektive Zahl von weniger als 18 Elektronen findet man nicht nur bei N_2-Komplexen der leichten *frühen*, sondern andererseits auch bei den schweren *späten* Übergangsmetallen (vgl. $MXL_2(N_2)$, worin M = Rh, Ir nur 16 Gesamtelektronen aufweisen)[71].

Tab. 144 Beispiele für Distickstoffkomplexe von Elementen der 4.–9. Gruppe des Periodensystems[a, b]

4	5	6	7	8	9
$[\{Cp_2^*\mathbf{Ti}\}_2N_2]$	$[\mathbf{V}L_4(N_2)]^-$	$[Bz\mathbf{Cr}(CO)_2(N_2)]$	$[Cp\mathbf{Mn}(CO)_2(N_2)]$	$[\mathbf{Fe}H_2L_3(N_2)]$	$[\mathbf{Co}HL_3(N_2)]$
$[\{Cp_2^*\mathbf{Zr}(N_2)\}_2N_2]$	$[\{\mathbf{Nb}X_3L_2\}_2N_2]$	$[\mathbf{Mo}L_{6-n}(N_2)_n]$	$[\mathbf{Tc}XL_4(N_2)]$?	$[\mathbf{Ru}(NH_3)_5(N_2)]^{2+}$	$[\mathbf{Rh}XL_2(N_2)]$
$[\{Cp_2\mathbf{Hf}(N_2)\}_2N_2]$	$[\{\mathbf{Ta}X_3L_2\}_2N_2]$	$[\{\mathbf{W}L_3(N_2)_2\}_2N_2]$	$[\mathbf{Re}XL_4(N_2)]$	$[\mathbf{Os}(NH_3)_4(N_2)_2]^{4+}$	$[\mathbf{Ir}XL_2(N_2)]$

a) Man kennt auch N_2-Komplexe des Nickels, z. B. $[\mathbf{Ni}L_3(N_2)]$, $[\{\mathbf{Ni}L_2\}_2N_2]$. – **b**) $Cp = C_5H_5$; $Cp^* = C_5Me_5$; $L = PR_3$ bzw. $\frac{1}{2}R_2PCH_2CH_2PR_2$; X = Cl, Br; $Bz = C_6H_6$; $n = 1, 2, 3$.

Strukturverhältnisse. Der N_2-Ligand ist in den ein- und zweikernigen Komplexen in der Regel „end-on" an ein oder zwei Metallzentren unter Ausbildung *linearer* oder nahezu linearer Komplexbaueinheiten (a) oder (b) und nur ausnahmsweise „side-on" gemäß (c) an zwei Metallzentren geknüpft. Zweikernige N_2-Komplexe, in welchen ein N-Atom des N_2-Liganden an zwei Metallzentren koordiniert vorliegt (vgl. Metallcarbonyle), sind bisher ebenso unbekannt wie einkernige N_2-Komplexe mit side-on koordiniertem N_2-Molekül:

M—N≡N (a)   M—N≡N—M (b)   M⋯(N≡N)⋯M (c)

Die NN-Abstände liegen für Komplexe des Typs (a) im Bereich 1.10–1.13 Å, für Komplexe des Typs (b) im Bereich 1.12–1.30 Å (NN-Abstand in molekularem N_2 = 1.098 Å), die MNN-Winkel für beide Komplextypen im Bereich 172–180°. Komplexe des Typs (c) weisen NN-Abstände im Bereich < 1.4 Å und Winkel zwischen den beiden MNN-Ebenen im Bereich ≤ 180 °C auf. Der Fig. 325, welche Strukturen einiger Distickstoffkomplexe wiedergibt, ist hierbei zu entnehmen, daß die N_2-Komplexe sowohl *oktaedrisch* (Fig. 325 a; häufigste Koordinationsgeometrie) als auch *trigonal-bipyramidal* (Fig. 325 b), *quadratisch-planar* (Fig. 325 c) oder *tetraedrisch* (Fig. 325 d) gebaut sein können (in $(R_3P)_2Ni{-}N{\equiv}N{-}Ni(PR_3)_2$ ist Ni *trigonal-planar* von Liganden umgeben). Des weiteren erkennt man, daß (i) zwei oder drei end-on-gebundene N_2-Liganden unterschiedliche Oktaederpositionen einnehmen können (vgl. Fig. 325 e, f g; *fac*-$Mo(PR_3)_3(N_2)_3$ ist bisher noch unbekannt), (ii) end-on-gebundene N_2-Liganden in einem Komplex end- und gleichzeitig brückenständig koordiniert sein können (Fig. 325 h, i, l), (iii) zwei Komplexfragmente sowohl über eine als auch über zwei side-on-gebundenen N_2-Liganden verknüpft sein können (Fig. 325 k, m) und (iv) auch innere Übergangsmetalle N_2-Komplexe bilden (Fig. 325 k).

Bindungsverhältnisse. Distickstoff N_2 stellt einen sehr schwachen σ-Donor dar (schwächer als Kohlenstoffmonoxid CO), der seine Donorwirkung bevorzugt gegenüber *starken* Akzeptoren wie dem O-Atom oder dem NH-Radikal entfaltet: Bildung von Distickstoffoxid $N{\equiv}N \rightarrow O$ bzw. Stickstoffwasserstoffsäure $N{\equiv}N \rightarrow NH$. Daß er mit geeigneten Fragmenten L_mM zu stabilen, zum Teil bis 300 °C haltbaren N_2-Komplexen zusammentreten kann, läßt wie in den Metallcarbonylen auf eine komplexstabilisierende

---

[70] Oberhalb −42 °C werden die beiden N_2-Moleküle, oberhalb 0 °C auch das dritte N_2-Molekül abgegeben: $\{Cp_2^*TiN_2\}_2N_2 \rightleftharpoons \{Cp_2^*Ti\}_2N_2 + 2N_2 \rightleftharpoons 2Cp_2^*Ti + 3N_2$.

[71] Z. B. besitzen die Ti-Atome in $LL'ClTi{-}N{\equiv}N{-}TiClLL'$ ($L = N(SiMe_3)_2$; $L' = Me_2NCH_2CH_2NMe_2$) formal nur 4 (Ti) + 1 (Cl) + 1 (L) + 4 (L') + 2 (N_2) = 12 Elektronen, die Ni-Atome in $(R_3P)_2Ni{-}N{\equiv}N{-}Ni(PR_3)_2$ 10 (Ni) + 2 × 2 (PR_3) + 2 (N_2) = 16 Elektronen.

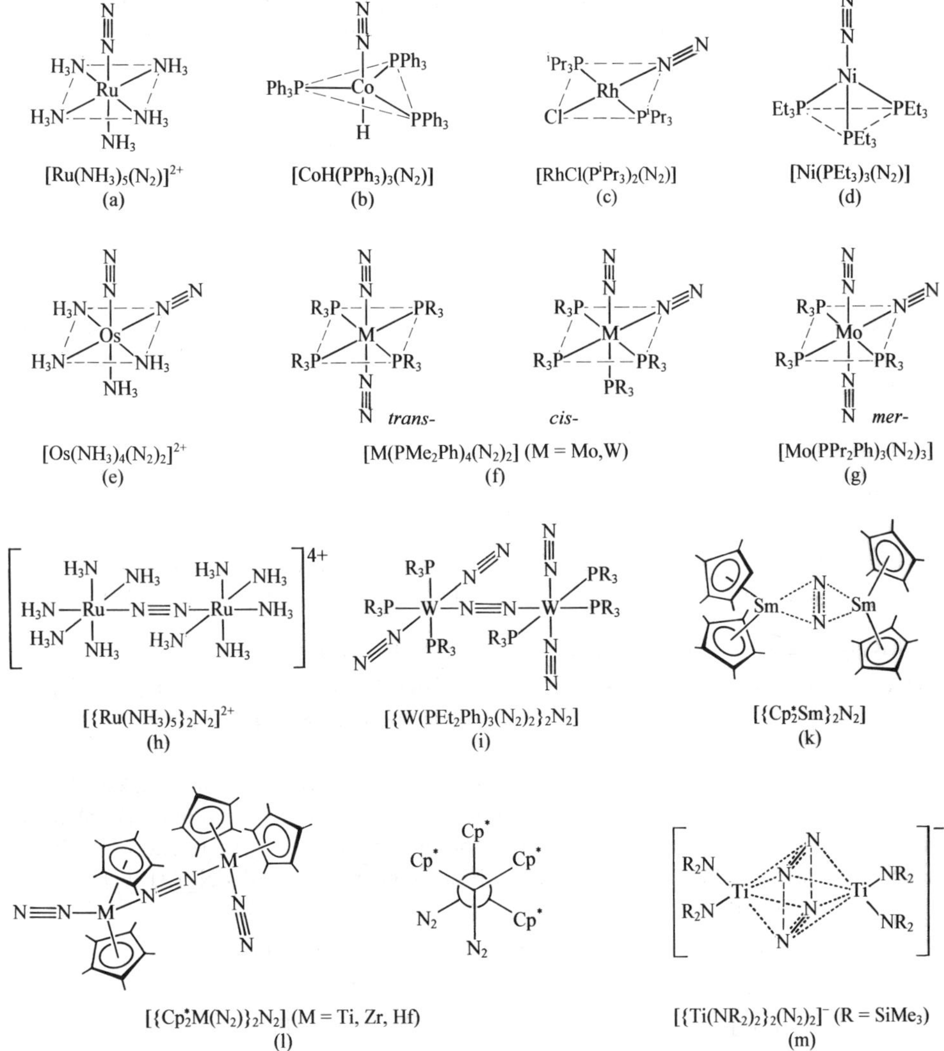

Fig. 325 Strukturen ein- und zweikerniger Distickstoffkomplexe (Formel l gibt den N_2-Komplex zusammen mit seiner Newman-Projektion wieder).

π-Rückbindung schließen. Dieser Sachverhalt kann im Rahmen einer Valence-Bond-Betrachtung gemäß (d) zum Ausdruck gebracht werden:

$$\text{(d)}\quad [:\overset{\ominus}{M} \leftarrow \overset{\oplus}{N}{\equiv}N: \;\leftrightarrow\; M \rightleftarrows \overset{\oplus}{N}{=}\overset{\ominus}{N}].$$

Wegen der erforderlichen Stabilisierung durch Rückkoordination von Metall-d-Elektronen bilden sich N_2-Komplexe wie im Falle der CO-Komplexe bevorzugt mit den mittleren Übergangsmetallen in niedrigen Oxidationsstufen, die über eine ausreichende Zahl nicht zu fest an den Atomkern gebundener d-Elektronen verfügen (die π-Akzeptortendenz von N_2 ist allerdings etwas kleiner als die von CO). Die auf die π-Rückkoordination (d) zurückgehende NN-*Abstandsverlängerung* ist in der Regel sehr klein[72)].

---

[72] Etwas anschaulicher geht die durch π-Rückkoordination (d) bedingte NN-*Bindungsschwächung* aus der Erniedrigung der Wellenzahlen der NN-Valenzschwingung hervor: $\tilde{\nu}(N_2) = 2331\ \text{cm}^{-1}$; $\tilde{\nu}$ (N_2-Komplexe) $= 2200-1900\ \text{cm}^{-1}$.

Im Rahmen einer Molekülorbital-Betrachtung läßt sich der Bindungszustand der MN_2-Gruppierung in einkernigen Komplexen mit end- und side-on gebundenem N_2 durch (e) und (f) veranschaulichen:

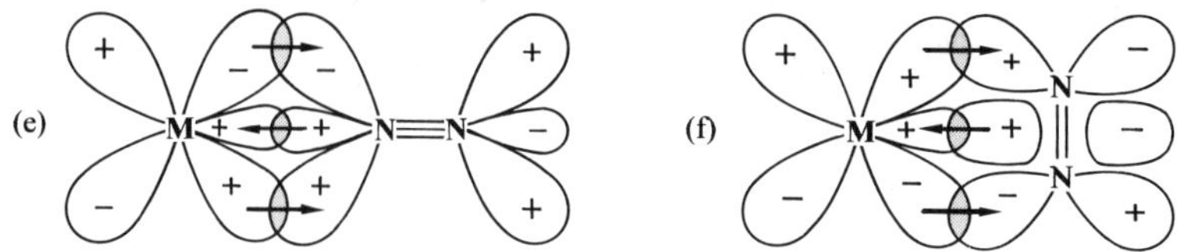

Darstellung. N_2-Komplexe gewinnt man durch N_2-*Addition* an Komplexzentren, ferner durch *Ligandensubstitution* gegen N_2 oder *Ligandenumwandlung* in N_2. Distickstoffaddition. Die Bildung von *homoleptischen* N_2-Komplexen durch Abschrecken von Metallatom/Stickstoff-Gasgemischen wurde bereits erwähnt. Eine *direkte Addition* von N_2 an Metallzentren ist häufig auch an „elektronenungesättigte" Koordinationsverbindungen möglich, z. B.:

$$2[Cp_2^*Ti] + N_2 \rightleftharpoons [\{Cp_2^*Ti\}_2N_2];$$
$$[Mo(CO)L_2] + N_2 \rightleftharpoons [\textit{trans}\text{-}Mo(CO)(N_2)L_2] \quad (L = Ph_2PCH_2CH_2PPh_2);$$
$$[RuH_2L_2] + N_2 \rightleftharpoons [RuH_2(N_2)L_2] \quad (L = PPh_3).$$

Vielfach erzeugt man die „ungesättigten" Komplexfragmente durch Reduktion höherwertiger Metallverbindungen in Anwesenheit geeigneter Liganden und molekularem Stickstoff, z. B.:

$$[MCl_4(PR_3)_2] + 2N_2 + 2PR_3 + 4Na \rightarrow [M(N_2)_2(PR_3)_4] + 4NaCl;$$
$$6[Ni(acac)_2] + 3N_2 + 12PR_3 + 4AlMe_3 \rightarrow 3[\{Ni(PR_3)_2\}_2N_2] + 4Al(acac)_3 + 6C_2H_6;$$
$$2[Cp_2^*ZrCl_2] + 3N_2 + 4Na \rightarrow [\{Cp_2^*Zr(N_2)\}_2N_2] + 4NaCl.$$

Ligandensubstitution. Auch durch Einwirkung von molekularem Stickstoff auf $[Ru(NH_3)_5(H_2O)]^{2+}$, $[Mo(N_2)_2(PR_3)_2]$ oder auf $[CoH_3(PR_3)_3]$ können in reversiblen Reaktionen unter Ligandenaustausch die N_2-Komplexe $[Ru(NH_3)_5N_2]^{2+}$ (isolierbar z. B. als Chlorid, Bromid, Iodid, Fluoroborat, Fluorophosphat) $[Mo(N_2)_3(PR_3)_4]$ und $[CoH(N_2)(PR_3)_3]$ gewonnen werden:

$$[Ru(NH_3)_5(H_2O)]^{2+} + N_2 \rightleftarrows [Ru(NH_3)_5(N_2)]^{2+} + H_2O;$$
$$[Mo(N_2)_2(PR_3)_4] + N_2 \rightleftarrows [Mo(N_2)_3(PR_3)_3] + PR_3;$$
$$[CoH_3(PR_3)_3] + N_2 \rightleftarrows [CoH(N_2)(PR_3)_3] + H_2.$$

In analoger Weise sind viele andere Stickstoffkomplexe zugänglich.

Ligandenumwandlung. Beispiele für die Umwandlung komplexgebundener stickstoffhaltiger Liganden wie NH_3, N_2H_4 oder N_3^- in N_2 sind etwa:

$$[Os(NH_3)_5(N_2)]^{2+} + HNO_2 \rightarrow [Os(NH_3)_4(N_2)_2]^{2+} + 2H_2O;$$
$$[CpMn(CO)_2(N_2H_4)] + 2H_2O_2 \rightarrow [CpMn(CO)_2(N_2)] + 4H_2O;$$
$$[Ru^{III}(NH_3)_5(N_3)]^{2+} \rightarrow [Ru^{II}(NH_3)_5(N_2)]^{2+} + \tfrac{1}{2}N_2.$$

Eigenschaften. Edelgaskonfigurierte N_2-Komplexe sind vielfach *farblos* bis *rot* (man vergleiche hierzu den *blauen* 16 Elektronenkomplex $\{Cp_2^*Ti\}_2N_2$). Sie „*thermolysieren*" in einigen Fällen unter reversibler N_2-Eliminierung (z. B. $Ti(N_2)_6$ bei 40 K, $\{Cp_2^*M\}_2N_2$ mit M = Ti, Zr Sm oder $Mo(CO)(N_2)L_2$ mit $L = Ph_2PCH_2CH_2Ph_2$ um Raumtemperatur) und sind in anderen Fällen aber vergleichsweise zersetzungsstabil. Da der N_2-Ligand in der Regel nur schwach an das Metallzentrum gebunden ist, läßt er sich vielfach leicht durch andere Liganden „*substituieren*". Beispielsweise wird $[Mo(N_2)_2L_2]$ ($L = Ph_2PCH_2CH_2PPh_2$) durch H_2, NH_3, CNR, RCN bzw. CO in $[MoH_4L_2]$, $[Mo(N_2)(NH_3)L_2]$, $[Mo(CNR)_2L_2]$, $[Mo(N_2)(NCH)L_2]$

bzw. $[Mo(CO)_2L_2]$ überführt. Des weiteren kann man an einige einkernige N_2-Komplexe, für welche die rechte Grenzformel der Mesomerie (d) größeres Gewicht hat, Lewis-Säuren an das äußere N-Atom der N_2-Gruppe „*addieren*", z. B. $2L_4ClRe—N{\equiv}N + MoCl_4(THF)_2 \rightarrow L_4ClRe—N{\equiv}N—MoCl_4—N{\equiv}N—ReClL_4 + 2THF$ (L = PMe_2Ph).

Besonders eingehend studierte man – im Hinblick auf das Verständnis der biologischen Stickstoffixierung (S. 1532) – die „*Reduktion*" komplexgebundener N_2-Liganden zu Hydrazin bzw. Ammoniak. Es wurde gefunden, daß der Stickstoff ein- und zweikerniger N_2-Komplexe des Titans, Zirconiums, Vanadiums, Niobiums, Tantals, Molybdäns, Wolframs und Rheniums durch Protonierung teilweise in N_2H_4 bzw. NH_3 überführt werden kann; als Reaktionszwischenprodukte sollen sich hierbei 1,1- und 1,2-Diazenidokomplexe bilden:

$$[M]—N{\equiv}N \xrightarrow{+2H^+} \left[[M]{=}N—N{<}^{H}_{H}\right]^{2+} \xrightarrow{+H^+} \left[{}^{[M]}_{H}{>}N—N{<}^{H}_{H}\right]^{3+} \xrightarrow{+H^+} [M]{=}NH^{4+} + NH_3$$

$$[M]—N{\equiv}N—[M] \xrightarrow{+2H^+} \left[{}^{[M]}_{H}{>}N{=}N{<}^{H}_{[M]}\right]^{2+} \xrightarrow[-[M]^{2+}]{+H^+} \left[{}^{[M]}_{H}{>}N—N{<}^{H}_{H}\right]^{+} \xrightarrow[-[M]^{2+}]{H^+} N_2H_4$$

Trifluorphosphan-Komplexe[73)]

Allgemeines. *Trifluorphosphan* PF_3 stellt formal ein Fluoroderivat des Phosphoryls PO^+ dar (Ersatz des dreifach gebundenen Sauerstoffs gegen drei einfach gebundene Fluoratome)[74)], das als Homologes des Nitrosyls NO^+ isovalenzelektronisch mit Kohlenmonoxid CO ist:

$$:C{\equiv}O: \qquad :N{\equiv}O:^+ \qquad :P{\equiv}O:^+ \qquad :P\begin{matrix}-F\\-F\\-F\end{matrix}$$

Somit ist das Molekül PF_3, von welchem – anders als von PO^+ – sehr viele Metallkomplexe bekannt sind, nur entfernter verwandt mit CO. Trotzdem weist PF_3 viele CO-ähnliche Eigenschaften auf. Vergleichbar sind inbesonders der *σ-Donorcharakter* beider Moleküle (Protonenaffinität ≈ 660 kJ/mol für PF_3, ≈ 600 kJ/mol für CO) und der *π-Akzeptorcharakter* (vgl. Reihe der π-Akzeptorstärken von Liganden, S. 1636)[75)]. Als Folge hiervon bilden PF_3 und CO viele homoleptische Metallkomplexe, die sich sowohl in ihrer *Zusammensetzung* als auch in ihren *Strukturen* und *physikalischen Eigenschaften* ähneln (vgl. Tab. 145 sowie Tab. 140/141 auf S. 1630 und 1631). Die insgesamt etwas höhere σ-Donor- und geringere π-Akzeptortendenz des PF_3-Liganden äußert sich etwa in der Stabilität von $Pd(PF_3)_4$ und $Pt(PF_3)_4$ (die Carbonyle $Pd(CO)_4$ und $Pt(CO)_4$ sind nur in der Matrix unterhalb 80 K faßbar) sowie in der Instabilität von $Mn_2(PF_3)_{10}$ und $Co_2(PF_3)_8$ (bisher im Gegensatz zu $Mn_2(CO)_{10}$ und $Co_2(CO)_8$ nicht isoliert) und anderen polynuklearen Komplexen (anders als im Falle der CO-Komplexe $M_m(CO)_n$ konnte bisher kein PF_3-Komplex mit mehr als zwei M-Atomen mit Sicherheit nachgewiesen werden). Andererseits kennt man ähnlich viele heteroleptische Metallkomplexe $L_mM(PF_3)_n$ des PF_3- wie solche des CO-Moleküls (z. B. L = H, Hal, CO, CN^-, CNR, NO, PR_3, π-Organyle usw.). Eine Besonderheit der Fluorphosphangruppe besteht darin, daß sie auch in Form von PF_2 eine Brückenfunktion einnehmen kann (vgl. Tab. 145).

Darstellung. Die Darstellungsweisen für PF_3-Komplexe entsprechen denen der CO-Komplexe. So läßt sich z. B. $Ni(PF_3)_4$ bei 50 bar und 100 °C quantitativ aus *Nickel-Pulver* und PF_3 synthetisieren ($Ni + 4PF_3 \rightarrow Ni(PF_3)_4$), während die anderen Metallverbindungen zweckmäßig durch Einwirkung von PF_3 auf *Metall(0)-Komplexe* wie Metallcarbonyle oder Aromatenkomplexe (z. B. gemäß $(C_6H_6)_2Cr$

---

73 **Literatur.** Th. Kruck: „*Trifluorphosphin-Komplexe von Übergangsmetallen*", Angew. Chem. **79** (1967) 27–43; Int. Ed. **6** (1967) 53; J. F. Nixon: „*Recent Progress in the Chemistry of Fluorophosphines*", Adv. Inorg. Radiochem. **13** (1970) 364–469; „*Trifluorphosphine Complexes of Transition Metals*", Adv. Inorg. Radiochem. **29** (1985) 41–141.

74 Genau genommen wird der *Vierelektronendonator* Sauerstoff in PO^+ durch zwei Fluoratome (jeweils *Einelektronendonatoren*) und ein Fluoridion (*Zweielektronendonator*) substituiert.

75 Die π-Akzeptororbitale des PF_3-Moleküls haben – nach neueren Berechnungen – hauptsächlich s- und p-Charakter (durch Kombination von s- und p-Atomorbitalen gebildete antibindende σ-Molekülorbitale) und weniger d-Charakter. Das homologe NF_3-Molekül tritt mangels energetisch geeigneter, besetzbarer leerer Molekülorbitale zum Unterschied von PF_3 nicht als Komplexligand auf.

Tab. 145 Trifluorphosphan-Komplexe[a, b)]

5	6	7	8	9	10
V	VI	VII	VIII		
$V(PF_3)_6$ *braunrot* Sblp. 20 °C/Vak. Zers. ab − 25 °C	**$Cr(PF_3)_6$** *farblos* Smp. 193 °C Sblp. 30 °C/Vak. Zers. ab 300 °C	–	**$Fe(PF_3)_5$** *hellgelb* Smp. 45 °C Sblp. 30 °C/Vak. Zers. ab. 270 °C	–	**$Ni(PF_3)_4$** *farblos* Smp. − 55 °C Sdp. 70.5 °C Zers. ab 155 °C
–	**$Mo(PF_3)_6$** *farblos* Smp. 196 °C Sblp. 20 °C/Vak. Zers. ab 250 °C	**$Tc_2(PF_3)_{10}$** *farblos ?*	**$Ru(PF_3)_5$** *farblos* Smp. 30 °C Sblp. 25 °C/Vak. Zers. ab 155 °C	**$Rh_2(PF_3)_8$**[d)] *orangerot* Smp. 92.5 °C Sblp. 20 °C/Vak. Zers. ab 100 °C	**$Pd(PF_3)_4$** *farblos* Smp. − 41 °C Zers. ab. − 20 °C
–	**$W(PF_3)_6$**[c)] *farblos* Smp. 214 °C Sblp. 40 °C/Vak. Zers. ab 320 °C	**$Re_2(PF_3)_{10}$** *farblos* Smp. 182 °C Sblp. 70 °C/Vak. Zers. ab 228 °C	**$Os(PF_3)_5$** *farblos*	**$Ir_2(PF_3)_8$** *gelb* Smp. 116 °C Sblp. 20 °C/Vak.	**$Pt(PF_3)_4$** *farblos* Smp. − 15 °C Sdp. ca. 90 °C Zers. ab 90 °C

a) **Trifluorphosphanwasserstoffe** (alle *farblos*): **$HV(PF_3)_6$** (Sblp. 60 °C/Vak.; Zers. ab 135 °C); **$HM(PF_3)_5$** (M = Mn/Tc?/Re; Smp. 18.5/?/42 °C; Sblp. im Vak. ?/?/20 °C; Zers. ab ?/?/160 °C); **$H_2M(PF_3)_4$** (M = Fe/Ru/Os; − 71/− 76/− 72 °C; Sdp. 87/?/? °C; Zers. ab 220/290/340 °C); **$HM(PF_3)_4$** (M = Co/Rh/Ir; Smp. − 51/− 40/− 39 °C; Sdp. (730 mbar) 80/89/95 °C; Zers. ab. 250/140/245 °C). – **b)** Man kennt auch PF_2-brückenhaltige Komplexe: **$M_2(PF_2)_2(PF_3)_6$** ≙ $[(PF_3)_3M(\mu\text{-}PF_2)_2M(PF_3)_3]$ (M = Fe: *rot*, Smp. 34 °C; M = Co: Smp. 25 °C, Sblp. 50 °C/Vak.). – **c)** Man kennt auch **$U(PF_3)_6$**. – **d)** Die Existenz von **$Rh_4(PF_3)_{12}$** wird vermutet.

$+ 6PF_3 \rightarrow Cr(PF_3)_6 + 2C_6H_6$) oder auf *Metallsalze in Gegenwart von Beimetallen* unter Druck und bei erhöhten Temperaturen (z. B. gemäß $FeI_2 + 2Cu + 5PF_3 \rightarrow Fe(PF_3)_5 + 2CuI$) dargestellt werden.

Eigenschaften. Substitutionsreaktionen. Die komplexgebundenen PF_3-Moleküle sind durch *andere Donoren* wie NR_3, PR_3, CNR, CO ersetzbar, wobei eine um so größere Zahl von PF_3-Liganden ausgetauscht wird, je höher die Anlagerungstendenz des eintretenden Substituenten ist, wie aus folgenden Endprodukten der Substitution an $Ni(PF_3)_4$ hervorgeht: $Ni(PF_3)_2(PPh_3)_2$, $Ni(PF_3)\{P(OPh)_3\}_3$, $Ni(CO)_4$. Der PF_3- und der CO-Ligand können sich in den Metall(0)-Komplexen *uneingeschränkt* und *reversibel* vertreten. Der Charakter der **Carbonyltrifluorphosphan-Komplexe** $M(PF_3)_{n-n'}(CO)_{n'}$ ändert sich dabei im Vergleich mit den Endgliedern $M(PF_3)_n$ ($n' = 0$) und $M(CO)_{n'}$ ($n' = n$) praktisch nicht, so daß etwa die Komplexe $Ni(PF_3)_3(CO)$, $Ni(PF_3)_2(CO)_2$ und $Ni(PF_3)(CO)_3$ wie $Ni(PF_3)_4$ und $Ni(CO)_4$ *farblose*, destillierbare Flüssigkeiten und alle gemischten Molybdänverbindungen $Mo(PF_3)_{6-n}(CO)_n$ ($n = 0$ bis 6; 10 Verbindungen einschließlich der Strukturisomeren) *farblose*, flüchtige Festkörper darstellen.

Auch der NO-Ligand läßt sich als Dreielektronendonator in die Trifluorphosphan-Komplexe unter Bildung von **Nitrosyltrifluorphosphan-Komplexen** einführen, wobei sich dieselben Besonderheiten wie bei den Nitrosyl-Komplexen (S. 1661) ergeben. Dies zeigen etwa nachfolgende isoelektronische Reihen, in denen alle Metalle Edelgaskonfiguration (Kr bzw. Xe) besitzen:

$[\mathbf{Ni}(PF_3)_4]$	$[\mathbf{Co}(PF_3)_3(NO)]$	$[\mathbf{Fe}(PF_3)_2(NO)_2]$	$[\mathbf{Pd}(PF_3)_4]$	$[\mathbf{Rh}(PF_3)_3(NO)]$
farblos	*orangefarben*	*rot*	*farblos*	*orangefarben*
Smp. − 55 °C	Smp. − 92 °C	Smp. − 72 °C	Smp. − 41 °C	Smp. − 86 °C

Reduktionsreaktionen. Durch Einwirkung u. a. von Alkalimetallen auf Trifluorphosphankomplexe bzw. auf Halogenotrifluorphosphan-Komplexe kann man diamagnetische, gegen Oxidationsmittel ungewöhnlich beständige **Trifluorphosphanmetallate** des Typus $[M(PF_3)_5]^-$ (M = Mn, Tc, Re), $[M(PF_3)_4]^{2-}$ (M = Fe, Ru, Os) und $[M(PF_3)_4]^-$ (M = Co, Rh, Ir) erhalten, z. B.:

$$[Rh_2(PF_3)_8] + 2K \rightarrow 2K[Rh(PF_3)_4]; \qquad [Fe(PF_3)_5] + 2K \rightarrow K_2[Fe(PF_3)_4] + PF_3.$$

Durch Ansäuern mit Schwefel- oder Phosphorsäure lassen sich die Metallate in **Metalltrifluorphosphanwasserstoffe** umwandeln (z. B. gemäß $Fe(PF_3)_4^{2-} + 2H^+ \rightarrow H_2Fe(PF_3)_4$), die auch durch reduktive Trifluorphosphanierung von Metallsalzen in Gegenwart von Wasserstoff (z. B. gemäß $CoI_2 +$

$2Cu + 4PF_3 + \frac{1}{2}H_2 \rightarrow HCo(PF_3)_4 + 2CuI$) darstellbar sind und bei Einwirkung von Natriumamalgam unter H_2-Entwicklung wieder in die Trifluorphosphanmetallate zurückgeführt werden. Bezüglich einiger Eigenschaften von $H_mM(PF_3)_n$ vgl. Tab. 145.

Man kennt *substituierte Trifluorphosphanwasserstoffe* wie z. B. *hellgelbes* $[HCo(PF_3)_3(CO)]$ (Smp. −67 °C), *farbloses* $[HCo(PF_3)_3(PPh_3)]$ (Smp. 175 °C), *orangefarbenes* $[HFe(PF_3)_3(NO)]$ (Smp. −89 °C). Ihnen liegt ein trigonal-bipyramidaler Bau mit den drei PF_3-Molekülen an den Ecken der Basisfläche zugrunde. Letztgenannter Komplex ist ein Beispiel der noch wenig untersuchten Klasse komplexer Nitrosylmetallwasserstoffe. Unter den von den Trifluorphosphanwasserstoffen durch Ersatz von H gegen Halogen abgeleiteten **Halogenotrifluorphosphan-Komplexen** seien genannt: die *farblose* aus $ReCl_5 + Cu + PF_3$ gewinnbare Re-Verbindung $[ReCl(PF_3)_5]$, die aus $Fe(PF_3)_5$ und Halogen darstellbaren Fe-Verbindungen $[FeX_2(PF_3)_4]$ (X = Cl/Br/I: *gelb/orangefarben/tiefrot*) und die bei der Iodierung von $HCo(PF_3)_4$ bzw. $Ir_2(PF_3)_4$ entstehende *braune* Co-Verbindung $[CoI(PF_3)_4]$ bzw. *gelbe* Ir-Verbindung $[IrI(PF_3)_4]$.

2.2 Sonstige organische n-Komplexe der Übergangsmetalle

Ersetzt man in Methan CH_4 bzw. dessen Derivaten ein, zwei bzw. drei Wasserstoffatome durch ein *einziges* Metallkomplexfragment ML_m, so gelangt man zu den Metallorganylen, den Alkylidenkomplexen (Carbenkomplexen) bzw. den Alkylidinkomplexen (Carbinkomplexen)

$L_mM—C\lessgtr$	$L_mM{=}C\lessdot$	$L_mM{\equiv}C—$
Metallorganyle	**Alkylidenkomplexe**	**Alkylidinkomplexe**
„*Carbankomplexe*"[76]	*Carbenkomplexe*	*Carbinkomplexe*
(S. 1673)	(S. 1678)	(S. 1680)

2.2.1 Metallorganyle[29, 77]

Zusammensetzung. Je nach der Art des organischen Restes R (Alkyl mit sp^3-, Alkenyl bzw. Aryl mit sp^2- oder Alkinyl mit sp-hybridisiertem metallgebundenem C-Atom) unterscheidet man:

$L_mM—C\lessgtr$	$L_mM—C{=}C\lessdot$	$L_mM—C_6H_5$ (Aryl)	$L_mM—C{\equiv}C—$
Metallalkyle	*Metallalkenyle*	*Metallaryle*	*Metallalkinyle*

Hierbei können an ein Kohlenstoffatom einer Organylgruppe *mehrere Komplexfragmente* zugleich gebunden sein: $(L_mM)_2C\lessdot$, $(L_mM)_3C—$, $(L_mM)_4C$ (vgl. hierzu die Formeln (b) und (c)). Zudem kann natürlich ein Metallatom mit *mehreren Organylgruppen* verknüpft sein, ähnlich wie es auch mehrere CN^--, CNR-, CO-Liganden koordiniert (vgl. vorstehende Unterkapitel). Metallalkinyle des letzteren Typus (z. B. $M(C_2H)_n^{m-}$, $M(C_2R)_n^{m-}$ weisen hierbei, da der Ligand $C{\equiv}CH^-$ („*Acetylid*") mit dem Liganden CN^- isoelektronisch (hydridisoster) ist, vielfach sogar vergleichbare Eigenschaften (Stöchiometrien, Farben, magnetische Eigenschaften) wie Cyanokomplexe $M(CN)_n^{m-}$ auf.

---

[76] Bezeichnung unüblich.

[77] **Literatur.** P. J. Davidson, M. F. Lappert, R. Pearce: „*Metal σ-Hydrocarbyls, MR_n. Stochiometry, Structures, Stabilities and Thermal Decomposition Pathways*", Chem. Rev. **76** (1976) 219–242; R. R. Schrock, G. W. Parshall: „*σ-Alkyl and σ-Aryl Complexes of Group 4–7 Transition Metals*", Chem. Rev. **76** (1976) 243–368; W. Beck, B. Niemer, M. Wieser: „*Methoden zur Synthese von (μ-Kohlenwasserstoff)-Übergangsmetall-Komplexen ohne Metall-Metall-Bindung*", Angew. Chem. **105** (1993) 969–996; Int. Ed. 32 (1993) 923. Vgl. auch Literaturangaben bei den einzelnen Elementen (Unterkapitel: Organische Elementverbindungen).

Von jedem Übergangsmetall sind **homoleptische Metallorganyle MR_n** (gegebenenfalls durch Donoren stabilisiert) und **Organylmetallate MR_{n+m}^{m-}** bekannt, wie aus der Tab. 146 von Alkylverbindungen der Metalle der I.–VIII-Nebengruppe hervorgeht.

Wegen der vielfach leicht erfolgenden β-Eliminierung (z. B. $L_mM—CH_2—CH_3 \rightarrow L_mM—H + CH_2{=}CH_2$) nutzt man zur Synthese von Metallalkylen mit Vorteil β-wasserstofffreie Alkylgruppen $CH_{3-n}R'_n$ ($n = 0$ bis 3; R′ z. B. CMe_3, $SiMe_3$, Ph) oder käfigartige Alkylgruppen wie 1-Norbornyl C_7H_{11}. Entsprechende Vorsichtsmaßnahmen sind im Falle der Synthese von Metallalkenylen, -arylen und -alkinylen nicht notwendig.

Außer den homoleptischen kennt man eine große Anzahl **heteroleptischer Metallorganyle** $R_{n-m}MX_m$ (X z. B. H, Hal, CN, OR, NR_2 usw.), welche sowohl als neutrale als auch geladene Spezies existieren und zudem donorfrei oder donorhaltig sein können.

Struktur- und Bindungsverhältnisse. Monomere Metallorganyle (vgl. Tab. 146). Unter den homoleptischen Metallorganylen MR_n weisen die Diorganyle der Zn-Gruppe *digonalen*, die Triorganyle der Sc-Gruppe sowie von Ti, V, Cr *trigonal-planaren*, die Tetraorganyle der Ti-Gruppe sowie von V, Cr, Fe, Co *tetraedrischen*, die Pentamethyle von Nb, Ta *quadratisch-pyramidalen* und die Hexamethyle von W, Re? *trigonal-prismatischen* Bau auf (für MR^t_4 vgl. Formel (g)). Die monomeren Addukte MR_nL_m ($L = R^-$, PR_3, CO usw.) sind für $n + m = 2, 4, 6, 7, 8$ *digonal* (MRL mit M = Cu, Ag, Au), *tetraedrisch* (MR_2L_2 mit M = Zn, Cd, Mn, Fe?), *quadratisch-planar* (MRL_3 mit M = Co, Rh, Ir; MR_2L_2 mit M = Co, Ni, Pd, Pt; MR_3L mit M = Pt), *trigonal-prismatisch* ($ZrMe_6^{2-}$, $HfMe_6^{2-}$?), *überkappt-oktaedrisch* ($NbMe_7^{2-}$, $TaMe_7^{2-}$) bzw. *quadratisch-antiprismatisch* (WMe_8^{2-}) strukturiert.

Die – den Nyholm-Gillespie-Regeln widersprechende – *quadratisch-pyramidale Konfiguration* von $NbMe_5$ sowie $TaMe_5$ und *trigonal-prismatische Konfiguration* von WMe_6, also von Komplexen mit d^0-Zentralmetallen ist – nach ab initio Berechnungen – begünstigt, wenn starke, nicht allzu polare Bindungen von M zu wenig sperrigen Liganden ohne π-Donortendenz ausgebildet werden. Demgemäß ist auch $ZrMe_6^{2-}$ trigonal-prismatisch, während WX_6 (X = NMe_2, OMe, F) mit recht polaren MX-Bindungen oktaedrischen Bau zeigt. Daß $SbMe_5$ sowie $BiMe_5$ anders als $NbMe_5$ sowie $TaMe_5$ trigonal-bipyramidal und $TeMe_6$ anders als WMe_6 oktaedrisch konfiguriert sind, geht darauf zurück, daß die d-Atomorbitale von Sb, Bi und Te nicht an der Hybridisierung des Zentralelements mitwirken (vgl. S. 361), von Nb, Ta und W aber schon (begünstigte Bildung von trigonal-prismatisch bzw. quadratisch-pyramidal orientierten sp^2d^3- bzw. $sp^{1,2}d^{3,2}$-Hybridorbitalen vor oktaedrisch bzw. trigonal-bipyramidal orientierten sp^3d^2- bzw. sp^3d-Hybridorbitalen). Komplexe ML_7 mit d^0-Übergangsmetallen weisen sowohl bei weniger elektronegativen Liganden wie Me (z. B. $NbMe_7^{2-}$, $TaMe_7^{2-}$), als auch bei stärker elektronegativen Liganden wie F^- (z. B. MoF_7^-, WF_7^-) – anders als entsprechende pentagonal-bipyramidal gebaute Hauptgruppenelementkomplexe (z. B. TeF_7^-, IF_7) – *überkappt-oktaedrische Konfiguration* auf.

Oligomere Metallorganyle (vgl. Tab. 146). Die *Zusammenlagerung von Nebengruppenmetallorganylen* zu di-, tri-, tetra-, … polynuklearen Komplexen kann sowohl über Metall-Organyl-Metall-*Dreizentrenbin-*

Tab. 146 Einige Metallalkyle (1.–5. Reihe), Alkylmetallate (6.–8. Reihe) und donorstabilisierte Metallalkyle (9.,10. Reihe)[a)]

3	4	5	6	7	8	9	10	11	12
III	IV	V	VI	VII	VIII			I	II
–	$TiMe_4$	VR^t_4	CrR^t_4	MnR^t_4	FeR^t_4	CoR^t_4	–	–	–
$ScMe_3^{**}$	$TiMe_3^{**}$	VMe_3^{**}	$CrMe_3^{**}$	–	–	–	–	–	–
–	$(TiMe_2^*)_x$	$(VMe_2^*)_x$	$(CrMe_2^*)_x$?	$(MnMe_2^*)_x$	–	–	–	$(CuMe)_x$	$ZnMe_2$
$M'Me_3^{**}$	$M'Me_4$	$M'Me_5$	WMe_6 b)	$ReMe_6$ b)	–	–	–	$(M'Me)_x$	$M'Me_2$
–	–	–	$(M'Me_3^*)_2$	$(ReMe_3)_3$	$(RuMe_3^*)_2$	–	–	$(AuMe_3)_2$	–
–	$TiMe_5^-$	– c)	$(CrMe_4^{2-})_2$ d)	$MnMe_4^{2-}$	$FeMe_4^{2-}$	$CoMe_4^{2-}$	$NiMe_4^{2-}$	$CuMe_2^-$	$ZnMe_4^{2-}$
–	$ZrMe_6^{2-}$	$NbMe_7^{2-}$	$(M'Me_4^{2-})_2$	$(ReMe_4^-)_2$	–	–	$PtMe_4^{2-}$	$M'Me_2^-$	$CdMe_4^{2-}$
–	$ZrMe_4^{*2-}$	$TaMe_7^{2-}$	WMe_8^{2-}	$ReMe_8^{2-}$	–	–	$PtMe_6^{2-}$	$AuMe_4^-$	–
$MMe_3^*L_2$	$TiMe_4L_2$	VMe_4L_2?	$CrMe_3L_3$	$MMeL_5$	MMe_2L_4	MMe_3L_3	MMe_2L_3	$MMeL$	$ZnMe_2L_2$
	$M'Me_4L_2$	$M'Me_5L_2$	$CrMe_2L_4$	$ReMe_3L_2$ b)	–	$MMeL_3$	$PtMe_4L_2$	$AuMe_3L$	$CdMe_2L_2$

a) M = Metall der 1., 2., 3., M′ = Metall der 2., 3. Übergangsperiode; Me* = CH_2SiMe_3, Me** = $CH(SiMe_3)_2$, R^t = 1-Norbornyl mit tertiärem Alkylkohlenstoffatom (vgl. Formel (g)); L = PR_3, CO usw. – **b)** Man kennt auch WMe_5, WMe_4^*, $(ReMe_4)_4$, $Me_2^*Re—N{\equiv}N—ReMe_2^*$. – **c)** Von VPh_2 leitet sich das Vanadat VPh_6^{4-} ab. – **d)** Von $CrMe_3$, $CrPh_3$ und $CrPh_2$ leiten sich folgende Chromate ab: $CrMe_6^{3-}$, $CrPh_6^{3-}$, $CrPh_5^{2-}$, $CrPh_4^-$, $CrPh_4^{2-}$, $(CrPh_3^-)_2$.

dungen (a) erfolgen (nicht zu verwechseln mit den Verknüpfungen (b) oder (c)[79]) als auch über Metall-Metall-*Zweizentrenbindungen* (d), (e) (entsprechende Verknüpfungen von *Hauptgruppenmetallorganylen* liegen etwa in $(AlMe_3)_2 \mathrel{\hat{=}} Me_2Al(\mu\text{-}Me)_2AlMe_2$ sowie $(SiR_2)_2 \mathrel{\hat{=}} R_2Si{=}SiR_2$ vor). Beispiele für den Strukturtyp (a) bieten die „*Kupfer(I)*"- sowie „*Mangan(I)-organyle*". So enthält $[CuCH_2SiMe_3]_4$ einen achtgliederigen Ring $(\text{-CuC-})_8$ mit gewinkelten CuCCu- und linearen CCuC-Baueinheiten (vgl. S. 1332 sowie auch Ag(I)- und Au(I)-organyle), während die Mn-Atome in $[Mn(CH_2CMe_2Ph)_2]_2$ und $[Mn(CH_2CMe_3)_2]_x$ – anders als die Cu-Atome mit je einer Organylbrücke zwischen Cu-Atompaaren – jeweils über zwei Organylbrücken miteinander verbunden sind und damit in ersterem Falle trigonal-planar, im letzteren tetraedrisch koordiniert vorliegen (vgl. Formel (h) sowie S. 1485). Die Strukturtypen (d), (e) und (f) wurden in anderem Zusammenhang bereits eingehend besprochen. Als Beispiele für (d) seien $M_2(CH_2SiMe_3)_6$ (M = Mo, W, Ru), für (e) $M_2Me_8^{4-}$ (M = Cr, Mo, W) sowie $Re_2Me_8^{2-}$ und für (f) Re_3Me_9 (enthält neben ReRe-Bindungen zusätzlich ReMeRe-Brücken) genannt.

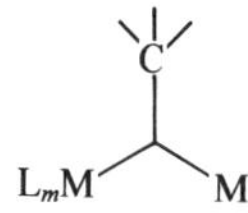

μ_2-*Alkyl-Verknüpfung* (a) — μ_2-*Alkyliden-Verknüpfung* (b) — μ_3-*Alkylidin-Verknüpfung* (c)

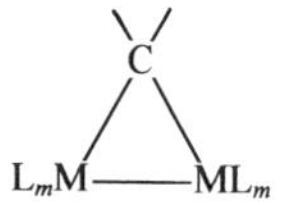

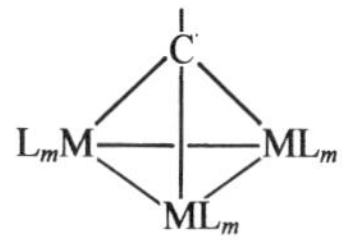

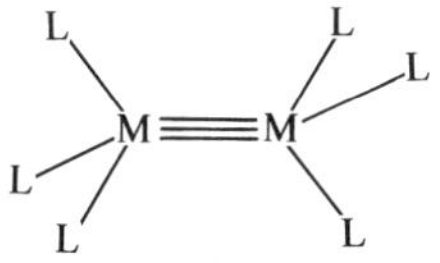

MM-*Verknüpfung* (d) — MM-*Verknüpfung* (e) — MM-*Verknüpfung* (f)

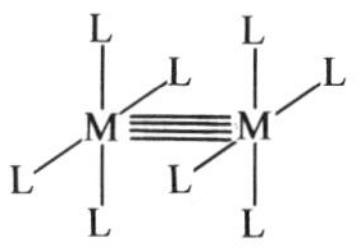

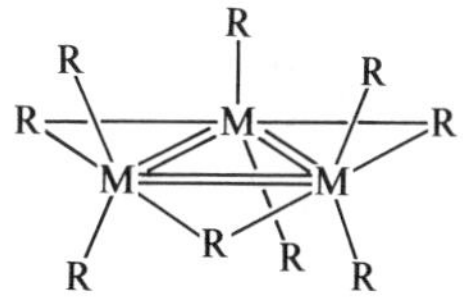

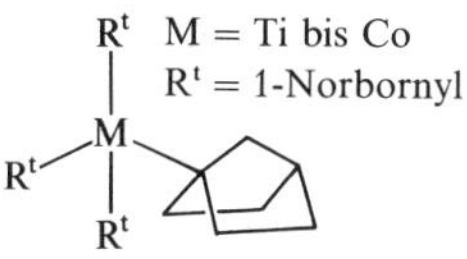

M = Ti bis Co; R^t = 1-Norbornyl

$[M(1\text{-Norbornyl})_4]$ (g) — $[Mn(CH_2SiMe_3)_2]_x$ (h) — $[CuC{\equiv}CR]_x$ (i)

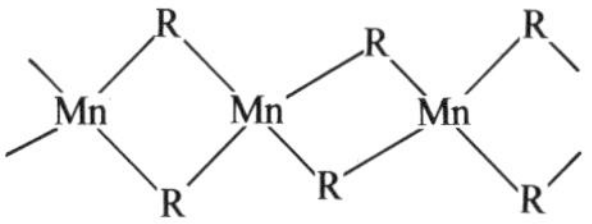

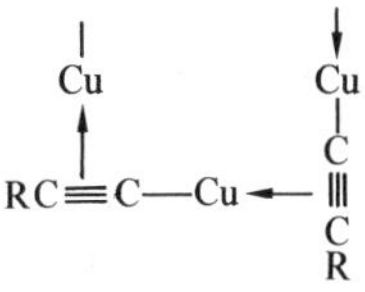

Die Metall-Kohlenstoff-*Bindungsabstände* entsprechen in allen Metallorganylen näherungsweise *Einfachbindungen*. Dies gilt nicht nur für die Metallalkyle, sondern auch für die Metallalkenyle, -aryle und -alkinyle, in welchen sich aufgrund vorhandener π^*-MOs der Organylreste im Prinzip π-Rückbindungen ausbilden könnten. Tatsächlich kommt aber letzteren nur geringe Bedeutung zu, so daß Metallaalkenyle, -aryle und -alkinyle weder verkürzte MC-, noch verlängerte CC-Bindungen aufweisen[80]. Auch wirken die komplexgebundenen ähnlich wie die metallfreien Organylreste als gute π-Liganden. Genannt seien etwa die Kupferalkinyle $CuC{\equiv}CR$, die einen polymeren Bau mit π-Alkin-Kupfer-Brücken aufweisen (vgl. Formel (i) sowie auch Goldalkinyle, S. 1360).

Darstellung. Die Organyle der Nebengruppenelemente werden wie die der Hauptgruppenelemente bevorzugt durch Metathese aus (gegebenenfalls ligandenkoordinierten) *Übergangsmetallhalogeniden, -acetaten, -alkoxiden* MX_n und *Metallorganylen* wie LiR, RMgBr, AlR_3, ZnR_2 in organischen Medien (Ethern, Kohlenwasserstoffen) gewonnen, z. B. (Me = Methyl CH_3; Ph = Phenyl C_6H_5; Vi = Vinyl $CH{=}CH_2$; C_2R = Alkinyl $C{\equiv}CR$; $Li_2(CH_2)_4$ = $LiCH_2CH_2CH_2CH_2Li$; $Pt(CH_2)_4$ = Baueinheit mit fünfgliederigem PtC_4-Ring):

79 Beispiele für die Komplexarten (b) und (c) sind etwa $(CO)_8Fe_2(\mu_2\text{-}CR_2)$ und $(CO)_9Co_3(\mu_3\text{-}CR)$.

80 Z. B. gef. PtC-Abstände in *trans*-$PtClR(PMe_2Ph)_2$ mit R = $CH_2SiMe_3/CH{=}CH_2/C{\equiv}CPh$: 2.08/2.03/1.98 Å; ber. aus Kovalenzradien 2.08/2.04/2.01 Å (r_c für $sp^3/sp^2/sp$-hybridisierten Kohlenstoff = 0.77/0.73/0.70 Å, für r_{Pt} = 1.31 Å).

WCl_6	$+6LiMe$	→ WMe_6	$+6LiCl$	$NbCl_5$	$+ZnMe_2$	→	$[Me_2NbCl_3]$	$+ZnCl_2$
$TiCl_4$	$+4LiPh$	→ $TiPh_4$	$+4LiCl$	$[PtCl_2(PR_3)_2]$	$+2LiR$	→	$[PtR_2(PR_3)_2]$	$+2LiCl$
$ZnCl_2$	$+2LiVi$	→ $ZnVi_2$	$+2LiCl$	$[PtCl_2(PR_3)_2]$	$+Li_2(CH_2)_4$	→	$[Pt(CH_2)_4(PR_3)_2]$	$+2LiCl$
$CuCl$	$+KC_2R$	→ CuC_2R	$+ KCl$	$2CuI$	$+K_2C_2$	→	Cu_2C_2	$+2KI$

Wegen der vergleichsweise hohen Basizität des Acetylid-Ions $C{\equiv}CR^-$ lassen sich Alkinylkomplexe $M(C_2R)_n^{m-}$ anders als Cyanokomplexe $M(CN)_n^{m-}$ nur durch Zugabe des Liganden zu einer Lösung des betreffenden (komplexierten) Metallions in *flüssigem Ammoniak* herstellen (in *Wasser* erfolgt Hydrolyse gemäß $C_2R^- + H_2O \rightarrow HC_2R + OH^-$), z.B. $Cr(CN)_6^{3-} + 6C_2H^- \rightarrow Cr(C_2H)_6^{3-} + 6CN^-$.

Die Darstellung von Übergangsmetallorganylen kann in einigen Fällen – falls komplexierte *Übergangsmetallanionen* existieren – auch umgekehrt durch Reaktion dieser Anionen mit *Organyl-* oder *Arylhalogeniden* erfolgen, zum Beispiel $NaMn(CO)_5 + MeI \rightarrow MeMn(CO)_5 + NaI$; $NaMn(CO)_5 + MeCOCl \rightarrow MeCOMn(CO)_5 + NaCl \rightarrow MeMn(CO)_5 + CO + NaCl$. Letzteres Verfahren wird mit Vorteil zur Synthese von Metallperfluororganylen genutzt.

Weitere Zugänge zu Übergangsmetallorganylen sind u.a. die Hydrometallierung ($L_mM{-}H + {>}C{=}C{<} \rightarrow L_mM{>}C{-}CH{<}$) und die oxidative Addition ($L_mM + RX \rightarrow L_mMXR$):

$[(R_3P)_2PtClH] + CH_2{=}CH_2$	→ $[(R_3P)_2PtCl{-}CH_2{-}CH_3]$	Zn	$+MeCl$	→	$[MeZnCl]$
$[(R_3P)_2IrBr(CO)] + MeBr$	→ $[(R_3P)_2IrBr_2Me(CO)]$	$Fe(CO)_5$	$+CF_3I$	→	$[CF_3FeI(CO)_4] + CO$

Weniger bedeutungsvoll für die Übergangsmetallorganyl-Gewinnung ist die Direktsynthese ($2M + nRX \rightarrow R_xMX_y + R_yMX_x$ mit $x + y = n$).

Eigenschaften. Die Übergangsmetallorganyle zeichnen sich vielfach durch charakteristische *Farben* (z.B. *gelbes* $TiMe_4$, *dunkelrotes* WMe_6, *grünes* $ReMe_6$, *orangegelbes* $CoMe_4^{2-}$), durch *Hydrolysestabilität* sowie *Luftempfindlichkeit* aus. Ihre thermische Stabilität ist teils sehr *klein* (z.B. zerfällt AuMe bereits bei sehr tiefen Temperaturen, $TiMe_4$ langsam bereits ab $-70\,°C$), teils vergleichsweise *groß* (z.B. $ZnMe_2$). Die *Bindungen* zwischen Kohlenstoff und den Nebengruppenelementen sind hierbei nicht – wie man früher annahm – deutlich schwächer als die zwischen Kohlenstoff und den Hauptgruppenelementen, sondern von vergleichbarer Stärke (Bindungsenergiebereich: 120–350 kJ/mol)[81]. Die Zersetzlichkeit vieler Übergangsmetallorganyle hat demzufolge weniger *thermodynamische* als vielmehr *kinetische Ursachen*[81].

Der letztendlich zu den Übergangsmetallen selbst oder zu C- und H-haltigen, wenig flüchtigen Übergangsmetallverbindungen führende thermische Zerfall von MR_n bzw. L_mMR_n beruht auf Eliminierungen. Besonders leicht erfolgt hierbei eine β-Eliminierung von [M]—H ([M] = Komplexfragment) unter Bildung von Alkenen (1a), weniger leicht eine β-Eliminierung von R—H unter Bildung von Carbenkomplexen (1b) oder eine α-Eliminierung von R—R unter Bildung von organylärmeren metallorganischen Verbindungen (1c); die primären Zersetzungsprodukte können anschließend weiter zerfallen, z.B. unter intramolekularer (1c) oder intermolekularer (1d)-Eliminierung von R—H:

$$\text{(a)}:\ [M]{-}\overset{|}{\underset{|}{C}}{-}\ /\ H{-}\overset{|}{\underset{|}{C}}{-} \longrightarrow [M]{-}H + {>}C{=}C{<} \qquad \text{(c)}:\ [M]{<}^{R}_{R(H)} \longrightarrow [M] + R{-}R(H)$$

$$\text{(b)}:\ [M]{-}\underset{R}{C}{-}H \longrightarrow [M]{=}C{<} + R{-}H \qquad \text{(d)}:\ [M]{-}R + [M]{-}H \longrightarrow [M]{-}[M] + R{-}H \qquad (1)$$

[81] Die MC-Bindungsenergie wächst innerhalb einer Gruppe mit zunehmender Ordnungszahl des Nebengruppenelements und abnehmender Ordnungszahl des Hauptgruppenelements, z.B.: $TiR_4/ZrR_4/HfR_4$ mit $R = CH_2SiMe_3$: 188/227/224 kJ/mol; $SiR_4/GeR_4/SnR_4/PbR_4$ mit R = Et: 287/243/195/130 kJ/mol. Die Zersetzungsaktivierungsenergien sind für Organyle der Übergangsmetalle meist kleiner als für vergleichbare Hauptgruppenelemente. Während demgemäß $TiMe_4$ ab $-70\,°C$ thermolysiert, zersetzt sich $SiMe_4$ erst ab ca. 500 °C und $PbMe_4$ – trotz kleinerer PbC-Bindungsenergie – erst oberhalb 200 °C.

Gelegentlich lassen sich die „*primären Zersetzungsprodukte*“ fassen. So wandelt sich etwa *trans*-$[(R_3P)_2PtClEt]$ beim Erhitzen auf 180 °C unter Ethylenabspaltung gemäß (1a) in *trans*-$[(R_3P)_2PtClH]$ um. Auch erhält man bei der Einwirkung von überschüssigem Neopentyllithium $LiCH_2{}^tBu$ auf $TaCl_5$ nicht das Pentaorganyl $Ta(CH_2{}^tBu)_5$, sondern dessen nach (1b) zu erwartendes Zersetzungsprodukt $({}^tBuCH_2)_3Ta{=}CH{}^tBu$ neben Neopentan $CH_3{}^tBu$. Und schließlich zerfällt $TiPh_4$ bei Raumtemperatur im Sinne von (1c) unter Bildung von $TiPh_2$ und Biphenyl Ph-Ph. Eingeleitet werden die Eliminierungen (1a) und (1b) vielfach durch eine β- bzw. α-Wasserstoffatom-*Übertragung* (2) auf das Zentralmetall unter Bildung eines π-Alken- bzw. eines Carbenkomplexes, aus dem dann das Alken austritt bzw. ein Alken gemäß (1c) eliminiert wird (Näheres vgl. S. 1681):

$$[M]{-}C{-}C{-}H_\beta \xrightarrow{(\beta)} [M]{\cdots}\|(C{=}C) \text{ mit } [M]{-}H_\beta \qquad [M]{-}C(H_\alpha){-} \xrightarrow{(\alpha)} [M](H_\alpha){=}C\langle \tag{2}$$

Voraussetzung für beide Übertragungsreaktionen, die ja mit einer Erhöhung der Koordinationszahl des Metalls verbunden sind, stellen freie Koordinationsstellen am Metallzentrum dar, d.h. die effektive Elektronenzahl der Zentralmetalle muß < 18 sein. Andererseits verlaufen die Eliminierungen (1c) und (1d) teils *einstufig* (Näheres vgl. S. 1684), teils *mehrstufig* über Radikale: $[M]{-}R \rightarrow [M]^{\cdot} + R^{\cdot}$. Hiernach läßt sich eine „*kinetische Stabilisierung*“ von Übergangsmetallorganylen u.a. durch *Organylgruppen ohne β-Wasserstoffatom* (Alkenbildung nach (1a) unmöglich), durch *koordinative Absättigung des Zentralmetalls* (α- bzw. β-Wasserstoffumlagerung behindert) bzw. durch *sperrige Organylgruppen* (Alkanbildung nach (1c) bzw. (1d) behindert) erreichen. So ist etwa $TiEt_4$ – anders als $TiMe_4$ – selbst bei sehr tiefen Temperaturen nicht isolierbar und das α,α'-Bipyridin-Addukt von $TiMe_4$ thermostabiler als $TiMe_4$; auch zersetzt sich das sperrige $Ti(CH_2{}^tBu)_4$ erst um 105 °C und das sterisch noch stärker behinderte TiR^t_4 mit R^t = 1-Norbornyl (vgl. Formel (g)) erst bei sehr hohen Temperaturen[82].

Typische Reaktionen der Übergangsmetallorganyle stellen neben den Eliminierungen die – vielfach reversiblen – Insertionen ungesättigter Moleküle wie Kohlenstoffmonoxid (3a), Stickstoffmonoxid (3b), Alkene (3c), Schwefeldioxid (3d) in eine MC-Bindung dar:

$$\begin{array}{ll} [M]{-}R + CO \overset{(a)}{\rightleftarrows} [M]{-}C({=}O){-}R & [M]{-}R + \rangle C{=}C\langle \overset{(c)}{\rightleftarrows} [M]{-}\overset{|}{\underset{|}{C}}{-}\overset{|}{\underset{|}{C}}{-}R \\ [M]{-}R + NO \overset{(b)}{\rightleftarrows} [M]{-}N({=}O){-}R & [M]{-}R + SO_2 \overset{(d)}{\rightleftarrows} [M]{-}O{-}S({=}O){-}R \end{array} \tag{3}$$

Allerdings bildet sich etwa bei Einwirkung von CO auf $[MeMn(CO)_5]$ der Acylkomplex $[MeCOMn(CO)_5]$ in der Weise, daß der in sehr kleiner Konzentration mit dem 18-Elektronenkomplex $[MeMn(CO)_5]$ im Gleichgewicht stehende 16-Elektronenkomplex $[MeCOMn(CO)_4]$ durch die Base CO (analog wirken andere Liganden L wie PR_3, I^-) herausgefangen wird:

$$[MeMn(CO)_5] \rightleftarrows [MeCOMn(CO)_4] \xrightarrow{+L} [MeCOMn(CO)_4L]$$

Entsprechendes gilt für CO-Insertionen (3a) in andere MC-Bindungen, die demgemäß folgerichtig als „*Organylwanderungen*“ zu klassifizieren sind. Die Umwandlungen von Alkyl- in Acylkomplexe nehmen bei einer Reihe technischer, durch Übergangsmetallkomplexe katalyisierter Prozesse Schlüsselstellungen des Reaktionsablaufs ein (vgl. hierzu S. 1561, 1574). Anders als die CO-Insertionen in MC-Bindungen sind solche in MH-Bindungen thermodynamisch meist nicht bevorzugt und verlaufen demgemäß in umgekehrter Richtung.

---

82 Die im Falle einer MR^t-Gruppe im Prinzip mögliche β-Eliminierung unter Alkenbildung ist aus energetischen Gründen (vgl. Bredtsche Regeln der Organischen Chemie) behindert. Der 1-Norbornylrest stabilisiert demgemäß vergleichsweise hohe Oxidationsstufen wie V(IV), Cr(IV), Mn(IV), Fe(IV), Co(IV). Auch Metallorganyle *perfluorierter Organylliganden* sind vielfach stabiler als solche mit entsprechenden Kohlenwasserstoffliganden (z.B. zerfällt $CH_3Co(CO)_4$ bei −30 °C, während sich $CF_3Co(CO)_4$ bei 91 °C unzersetzt destillieren läßt.

Die *Stickstoffmonoxid-Insertionen* (3b) in MC-Bindungen erfolgen analog den CO-Insertionen und werden daher ebenfalls durch Basen ausgelöst, z. B. $[CpCoR(NO)] + PR_3 \rightarrow [Cp(R_3P)CoN(O)R]$. Die *Sauerstoffinstabilität* vieler Metallorganyle beruht offensichtlich ebenfalls auf der leicht erfolgenden Insertion von O_2 in die MC-Bindung. Bezüglich der *Alkeninsertion* sowie der *Hydrogenolyse* von MC-Bindungen ($[M]{-}R + H_2 \rightarrow [M]{-}H + HR$) vgl. S. 1681.

2.2.2 Alkylidenkomplexe (Carbenkomplexe)[29, 83, 84)]

Zusammensetzung. Alkyliden- (Carben-) Komplexe[85)] des Typs $\mathbf{L_mM{=}CXY}$ (a) werden von den *Übergangsmetallen* M der 4.–10. Gruppe (IV.–VIII. Nebengruppe) des Periodensystems gebildet. Die *Substituenten* X und Y (z. B. H, R, OR, SR, NR_2) können hierbei ebenso wie die *Liganden* L (z. B.

$$L_mM{=}C\begin{matrix}X\\Y\end{matrix} \quad (a) \qquad L_mM{=}C{=}\cdots{=}C\begin{matrix}X\\Y\end{matrix} \quad (b) \qquad L_mM{=}C{=}M'L_p \quad (c) \qquad L_mM{=}C{=}\cdots{=}C{=}M'L_p \quad (d)$$

CO, NO, PR_3, Hal^-, OR^-, SR^-, NR_2^-, R^-) gleich- oder ungleichartig sein. *Homoleptische* Alkylidenkomplexe wie $[Pt({=}CX_2)_4]^{2+}$ (X = NHMe) wurden bisher nur in Ausnahmefällen aufgefunden. Beispiele für *heteroleptische* Alkylidenkomplexe sind etwa die Verbindungen (e)–(h).

(e) $Cp_2Ta(CH_3)({=}CH_2)$ (f) $CpCr(NO)(CO)({=}CPh_2)$ (g) $(CO)_5Cr{=}C(Me)OMe$ (h) $Os(NO)Cl(PR_3)_2({=}CH_2)$

Außer dem Komplextyp (a) kennt man Komplexe des Typs (b), (c), (d), z. B. (tpp = Tetraphenylporphyrin, {Mn} = $CpMn(CO)_2$, {Re} = Cp*Re(NO)(CO), Cp* = Pentamethylcyclopentadienyl):

[{Mn}=C=CHPh] [{Mn}=C=C=C^tBu_2] [(tpp)Fe=C=Fe(tpp)]
$[\{Mn\}{=}C{=}C{=}C{=}\{Re\}]^+$ $[\{Re\}{=}C{=}C{=}C{=}C{=}\{Re\}]^+$ $[\{Mn\}{=}C{=}C{=}C{=}C{=}C{=}\{Re\}]^+$

Auch die Gruppenhomologen des Kohlenstoffs vermögen Verbindungen vom Typus (a) bzw. (c) zu bilden, z. B.: $[(CO)_5Cr{=}GeR_2]$ mit $R = CH(SiMe_3)_2$, $[Cp(CO)_2Mn{=}Pb{=}Mn(CO)_2Cp]$, $[(CO)_5Cr{=}Tl{=}Cr(CO)_5]^-$ (Tl^- ist isoelektronisch mit Pb).

83 **Literatur** (vgl. auch Anm.[42)], S. 1108). D. J. Cardin, B. Cetinkaya, M. F. Lappert: „*Transition Metal-Carbene Complexes*", Chem. Rev. **72** (1972) 545–574; D. J. Cardin, B. Cetinkaya, M. J. Doyle, M. F. Lappert: „*The Chemistry of Transition Metal Carbene Complexes and their Role as Reaction Intermediate*", Chem. Soc. Rev. **2** (1973) 99–144; F. Cotton, C. M. Lukehart: „*Transition Metal Complexes Containing Carbenoid Ligands*", Prog. Inorg. Chem. **16** (1974) 487–613; E. O. Fischer: „*On the Way to Carbene and Carbyne Complexes*", Adv. Organomet. Chem. **14** (1976) 1–32; „*Auf dem Weg zu Carben- und Carbin-Komplexen*" (Nobelvortrag), Angew. Chem. **86** (1974) 651–663; F. J. Brown: „*Stoichiometric Reactions of Transition Metal Carbene Complexes*", Progr. Inorg. Chem. **27** (1980) 1–122; R. R. Schrock: „*Alkylidene Complexes of Niobium and Tantalum*", Acc. Chem. Res. **12** (1979) 98–104; H. Fischer, F. R. Kreissl, U. Schubert, P. Hofmann, K. H. Dötz, K. Weiss: „*Transition Metal Carbene Complexes*", Verlag Chemie, Weinheim 1984; M. Brookhart, W. B. Studebaker: „*Cyclopropanes from Reactions of Transition-Metal-Carbene Complexes with Olefins*", Chem. Rev. **87** (1987) 411–432; W. A. Nugent, J. M. Mayer: „*Metal Ligand Multiple Bonds*", Wiley, New York 1988; M. A. Gallop, W. R. Roper: „*Carbene and Carbyne Complexes of Ruthenium, Osmium and Iridium*", Adv. Organomet. Chem. **25** (1986) 129–198; J. Feldman: „*Recent Advances in the Chemistry of d^0 Alkylidene and Metallacyclobutane Complexes*", Progr. Inorg. Chem. **39** (1991) 1–74; J. R. Bleeke: „*Metallabenzene Chemistry*", Acc. Chem. Res. **24** (1991) 271–277.

84 **Geschichtliches.** Die ersten Carbenkomplexe, $(CO)_4M{=}CMe(OMe)$ (M = Cr, Mo, W), wurden 1964 von E. O. Fischer und A. Maasböl synthetisiert.

85 **Alkylidenkomplexe (Carbenkomplexe)** $\mathbf{L_mM{\equiv}CXY}$ (a) leiten sich von Metallcarbonylen durch Ersatz des CO-Liganden gegen Carbene CXY ab. Man nannte sie deshalb *Carbenkomplexe*. Sie werden, da der Name Carben dem freien Teilchen CXY vorbehalten bleiben soll, neuerdings ausschließlich als *Alkylidenkomplexe* bezeichnet. Gelegentlich unterscheidet man auch „*Fischer-Carbenkomplexe*" (Carbenkomplexe im engeren Sinne), die niedriger oxidierte Metalle mit einer 18er Elektronenschale enthalten (X und/oder Y meist Heterosubstituenten) und „*Schrock-Carbenkomplexe*" (Alkylidenkomplexe im engeren Sinne), die höher oxidierte Metalle mit einer ≤ 18er Elektronenschale aufweisen (X, Y = H, R). Entsprechendes gilt für **Alkylidinkomplexe (Carbinkomplexe)** $\mathbf{L_mM{\equiv}CX}$ (vgl. S. 1680).

Struktur- und Bindungsverhältnisse. In den Alkylidenkomplexen $L_mM{=}CXY$ ist das Zentralmetall vielfach *tetraedrisch* von vier oder *oktaedrisch* von sechs Liganden umgeben (vgl. z. B. (e), (f), (g), aber auch $[(^tBuCH_2)_3Ta{=}CH^tBu]$, $[Cp(CO)_2Mn{=}CMe_2]$, $[Cp(CO)_2Re{=}CHSiR_3]$, $[(CO)_5Cr{=}C(OR)_2]$), ferner *trigonal-bipyramidal* von fünf oder *quadratisch-planar* von vier Liganden (vgl. (h) sowie $[(PR_3)Cl_2Pt{=}C(NHMe)_2]$). Das Carbenkohlenstoffatom ist aber in jedem Falle näherungsweise sp^2-hybridisiert und *trigonal-planar* von drei Bindungsnachbarn koordiniert. Dabei führen π-Rückbindungen zwischen dem Metall und dem Carbenkohlenstoff bzw. zwischen X/Y und dem Carbenkohlenstoff (falls X und/oder Y freie Elektronenpaare aufweisen) zu einer Stabilisierung der Alkylidenkomplexe:

$$\left[L_m\ddot{M} \leftarrow C\begin{matrix}\diagup \ddot{X} \\ \diagdown Y\end{matrix} \;\leftrightarrow\; L_mM \rightleftarrows C\begin{matrix}\diagup \ddot{X} \\ \diagdown Y\end{matrix} \;\leftrightarrow\; L_m\ddot{M} \leftarrow C\begin{matrix}\diagup\!\!\diagup X \\ \diagdown Y\end{matrix} \right]$$

(i) (k) (l)

Als Folge der Mesomerie (i) ↔ (k) sind die Bindungen zwischen M und einem Carbenkohlenstoffatom kürzer als die zwischen M und einem Alkylkohlenstoffatom (z. B. 2.03/2.24 Å für $TaCH_2/TaCH_3$ in $[Cp_2Ta(CH_3)(CH_2)]$). Der π-Akzeptorcharakter von Carbenliganden ist aber deutlich schwächer als der von Kohlenoxid-Liganden. Dies trifft in besonderem Maße für Alkylidenkomplexe zu, in welchen X und/oder Y ein freies zur Mesomerie (i) ↔ (l) geeignetes Elektronenpaar besitzen (z. B. 2.13/1.85 Å für CrCXY/CrCO in $[(CO)_5Cr{=}C(OMe)(NMe_2)]$). Für das Gewicht der Grenzformel (l) spricht neben dem verkürzten CX- bzw. CY-Abstand auch, daß etwa die beiden Methylgruppen in $(CO)_5Cr{=}CMe(OMe)$ (f) eine *trans*-Stellung zueinander einnehmen, was auf eine gehinderte Rotation hindeutet (Rotationsbarriere ca. 52 kJ/mol).

Darstellung. Alkylidenkomplexe lassen sich – wie bereits erwähnt wurde (S. 1643, 1661) – ausgehend von Carbonyl- bzw. Isocyanokomplexen mit Lithiumorganylen bzw. protonenaktiven Verbindungen gemäß (1) bzw. (2) gewinnen, ferner u. a. durch Spaltung elektronenreicher Olefine mit Metallkomplexen (3) sowie durch Eliminierung (4) bzw. X^--Entzug (5) aus geeigneten Komplexverbindungen[86].

$$[(CO)_5Cr{-}C{\equiv}O] \xrightarrow{+R^-} [(CO)_5Cr{=}CR{-}O]^- \xrightarrow[-Me_2O]{+Me_3O^+} [(CO)_5Cr{=}CR(OMe)] \quad (1)$$

$$[(R_3P)Cl_2Pt{-}C{\equiv}NR] \xrightarrow{+RNH_2} [(R_3P)Cl_2Pt{=}C(NHR)_2] \quad (2)$$

$$[(R_3P)_3Cl_2Ru] \xrightarrow{+2X_2C=CX_2,\,-3R_3P} [Cl_2Ru({=}CX_2)_4] \quad (X_2 = {-}RNCH_2CH_2NR{-}) \quad (3)$$

$$[(^tBuCH_2)_3ClTa{-}CH_2{}^tBu] \xrightarrow{+LiR,\,-LiCl,\,-RH} [(^tBuCH_2)_3Ta{=}CH^tBu] \quad (4)$$

$$[Cp(CO)_2Fe{-}CHPh(OMe)] \xrightarrow{+H^+,\,-HOMe} [Cp(CO)_2Fe{=}CHPh]^+ \quad (5)$$

Eigenschaften. In den *niedriger-valenten* Alkylidenkomplexen[85], die sich insgesamt vergleichsweise reaktionsträge verhalten, wirkt das Carbenkohlenstoffatom *elektrophil* und reagiert mit vielen Nucleophilen unter X/Nu- bzw. Y/Nu-Austausch (z. B. $(CO)_5Cr{=}CMe(OMe) + NH_2R \rightarrow (CO)_5Cr{=}CMe(NHR) + HOMe$; $(CO)_5W{=}CPh(OMe) + PhLi \rightarrow (CO)_5W{=}CPh_2 + LiOMe$). Wesentlich reaktiver sind die *höher-valenten* Alkylidenkomplexe[85], in welchen das Kohlenstoffatom *nucleophil* wirkt (z. B. $Cp_2MeTa{=}CH_2 + \frac{1}{2}Al_2Me_6 \rightarrow Cp_2MeTa{-}CH_2 \rightarrow AlMe_3$). Die unterschiedlichen Polaritäten der C-Atome in niedriger- und höher-valenten Alkylidenkomplexen zeigen sich auch im inversen Verhalten der Verbindungen hinsichtlich Wittig-analoger Reaktionen (vgl. S. 744): Sie wirken in ersteren Fällen (7) wie die Ketonkomponente, in letzteren Fällen (8) wie die Alkylidenphosphorankomponente der Wittig-Reaktion (6).

$$Ph_2C{=}O \quad + Ph_3P{=}CH_2 \xrightarrow{\text{Wittig-Reaktion}} Ph_2C{=}CH_2 \quad + Ph_3P{=}O \quad (6)$$

$$Ph_2C{=}W(CO)_5 \quad + Ph_3P{=}CH_2 \longrightarrow Ph_2C{=}CH_2 \quad + Ph_3P{=}W(CO)_5 \quad (7)$$

$$Ph_2C{=}O \quad + R_3Ta{=}CH^tBu \xrightarrow[R\,=\,^tBuCH_2]{} Ph_2C{=}CH^tBu \quad + \tfrac{1}{x}[R_3Ta{=}O]_n \quad (8)$$

[86] Fe^{II}-Porphyrine reagieren mit perhalogenierten Kohlenwasserstoffen unter Bildung von halogenierten Alkylidenkomplexen. Z. B. bildet $tppFe^{II}$ mit CCl_4 $[tppFe{=}CCl_2]$. Derartige Reaktionen sind wohl für die Giftigkeit der perhalogenierten Kohlenwasserstoffe verantwortlich.

Verwendung. Präparativ findet das gemäß $Cp_2TiCl_2 + Al_2Me_6 \rightarrow Cp_2Ti{=}CH_2 \cdot Me_2AlCl + Me_2AlCl + CH_4$ in Toluol gewinnbare „*Reagens von Tebbe*" $Cp_2Ti{=}CH_2 \cdot Me_2AlCl \rightleftarrows Cp_2Ti{=}CH_2 + Me_2AlCl$ für „*Methylentransfer-Reaktionen*" dann Anwendung, wenn Wittig-Reagenzien versagen (z. B. Überführung von PhCOOR in $PhC(OR){=}CH_2$; anstelle von $Cp_2TiCH_2 \cdot Me_2AlCl$ mit einem viergliederigen TiAlC-Ring läßt sich auch das hieraus durch Umsetzung mit $MePrC{=}CH_2$ gewinnbare [2 + 2]-Cycloaddukt von $Cp_2Ti{=}CH_2$ und $MePrC{=}CH_2$ mit einem viergliederigen TiCCC-Ring nutzen). Einige Übergangsmetall-Carbenkomplexe spielen ferner eine wichtige Rolle als Zwischenprodukte der „*Alkenmetathese*", die technisch in größerem Maßstabe durchgeführt wird (vgl. S. 1478, 1503).

2.2.3 Alkylidinkomplexe (Carbinkomplexe)[29, 87, 88]

Zusammensetzung. Alkylidin- (Carbin-) Komplexe[85] des Typs $\mathbf{L_mM{\equiv}CX}$ werden von den *Übergangsmetallen* M der 5.–8. Gruppe (V.–VIII. Nebengruppe, erste Spalte) gebildet. Typische Beispiele sind (a)–(d).

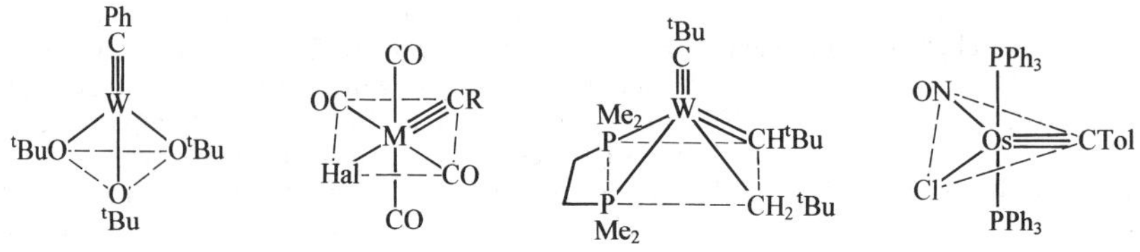

(Cr, Mo, W; Cl, Br, I)

(a) (b) (c) (d)

Struktur- und Bindungsverhältnisse. In den Alkylidinkomplexen $L_mM{\equiv}CX$ ist das Zentralmetall wie in den Alkylidenkomplexen $L_nM{=}CXY$ vielfach *tetraedrisch* von vier oder *oktaedrisch* von sechs Liganden koordiniert (vgl. z. B. (a), (b), aber auch $[Cp(Me_3P)ClTa{\equiv}C^tBu]$, $[Cp(CO)_2Mn{\equiv}CR]^+$, $[(R_3P)_4ClMo{\equiv}CPh]$ mit R = OMe, $[(Me_3P)_4ClW{\equiv}CH]$), ferner *quadratisch-pyramidal* oder *trigonal-bipyramidal* von fünf Liganden (vgl. (c), (d), aber auch $[Cp^*(Me_3P)_2ClTa{\equiv}CPh]$, $[Me_3^*ClRe{\equiv}CSiMe_3]$ mit $Me^* = CH_2SiMe_3$, $[(Ph_3P)(CO)_3Fe{\equiv}CN^iPr_2]$). Das Carbinkohlenstoffatom ist vielfach näherungsweise sp-hybridisiert, die MCX-Achse also *linear* bis näherungsweise linear; man beobachtet aber auch deutliche Abweichungen von der Linearität (z. B. MCX-Winkel = 175.8° in (a), 180° in $CrCl(CO)_4(CPh)$ (b), 162° in $WI(CO)_4(CPh)$ (b), 175.3° in (c), 165° in (d)). Die MC-Abstände sind in den Alkylidin-Komplexen erwartungsgemäß kürzer als in den Alkylidenkomplexen. Einen direkten Vergleich erlaubt die Verbindung (c), in welcher die W—C/W=C/W≡C-Abstände 2.25/1.94/1.78 Å betragen.

Darstellung, Eigenschaften. Alkylidinkomplexe können – wie bereits besprochen wurde (S. 1643) – ausgehend von Carbenkomplexen $(CO)_5M{=}CR(OMe)$ durch OMe^--Entzug mit Bortrihalogeniden $BHal_3$ gemäß (1) gewonnen werden, darüber hinaus u. a. durch Eliminierung (2) oder durch Metathese mit Alkinen (3).

$$[(CO)_5M{=}CR(OMe)] + BHal_3 \xrightarrow[(Cr, Mo, W)]{} [(CO)_5HalM{\equiv}CR] + BHal_2(OMe) \quad (1)$$

$$[CpCl_2Ta{=}CHR] + Ph_3PCH_2 \xrightarrow[+PMe_3]{} [Cp(Me_3P)ClTa{\equiv}CR] + [Ph_3PCH_3]Cl \quad (2)$$

$$[(^tBuO)_3W{\equiv}W(O^tBu)_3] + RC{\equiv}CR \longrightarrow 2[(^tBuO)_3W{\equiv}CR] \quad (3)$$

Durch Addition geeigneter Metallkomplexfragmente ML_m an Alkylidenkomplexe lassen sich u. a. Metallcluster gewinnen, in welchen ein Ring aus drei Metallatomen von einer μ_3-gebundenen CR-Gruppe überspannt wird (Tetraeder mit drei M-Atomen und einem C-Atom an den Ecken).

---

87 **Literatur.** R. R. Schrock: „*High-Oxidation-State Molybdenum and Tungsten Alkylidyne Complexes*", Acc. Chem. Res. **19** (1986) 342–348; E. O. Fischer: „*On the Way to Carbene and Carbyne Complexes*", Adv. Organomet. Chem. **14** (1976) 1–32; W. A. Nugent, J. A. Mayer: „*Metal Ligand Multiple Bonds*", Wiley, New York 1988; M. A. Gallop, W. R. Roper: „*Carbene and Carbyne Complexes of Ruthenium, Osmium and Iridium*", Adv. Organomet. Chem. **25** (1986) 129–198; H. P. Kim, R. J. Angelici: „*Transition Metal Complexes with Terminal Carbyne Ligands*", Adv. Organomet. Chem. **2** (1987) 51–111.

88 **Geschichtliches.** Die ersten Carbinkomplexe $(CO)_4XM{\equiv}CR$ (X = Hal, M = Cr, Mo, W) wurden 1973 von E. O. Fischer et al. synthetisiert.

2.3 Organische σ-Komplexe der Übergangsmetalle[89]

Entsprechend dem molekularen Wasserstoff H—H (vgl. S. 1608) vermögen sich Moleküle H—EX_m (E z. B. Element der III.–VI. Hauptgruppe) „*side-on*" über ihre H—E-Bindung an geeignete *elektronenungesättigte Zentren* von Metallkomplexen ML_n unter Bildung von **σ-Komplexen** (a) mit **„agostischen"** MH-Wechselwirkungen (S. 1209) zu addieren, wobei die betreffenden EH-Gruppen zugleich eine „*chemische Aktivierung*" erfahren:

$$L_nM + H{-}EX_m \rightleftharpoons \underset{\text{(a)}}{L_nM\cdots(H\cdots EX_m)} \rightleftharpoons L_nM(H)(EX_m) \quad (1)$$

In analoger Weise können sich offensichtlich auch Moleküle $X_mE—E'Y_p$ über E-E-Bindungen an Fragmente ML_n zu σ-Komplexen anlagern ($E'Y_p$ anstelle H in Formel (a)). Die Komplexe (a) sind in einer Reihe von Fällen als solche isolierbar; vielfach spielen sie aber nur die Rolle von reaktiven Zwischenprodukten oder von Übergangsstufen im Zuge der *oxidativen Addition* von H—EX_m an ML_n oder der *reduktiven Eliminierung* von H—EX_m aus $L_nMH(EX_n)$ gemäß (1). Letzteres trifft in der Regel auch für die σ-Komplexe von $X_mE—E'Y_p$ mit ML_n zu.

Nachfolgend sei kurz auf die η^2-Koordination von C—H-, C—C- und verwandten Gruppierungen eingegangen.

2.3.1 Alkankomplexe

Allgemeines. Im Zuge der Bildung eines Alkankomplexes (a) (exakter: CH-Alkankomplex) aus L_nM und Alkanen (E = C in (1)) nähert sich – nach ab initio Rechnungen – eine CH-Bindung des Alkans „end-on" dem Metallzentrum unter Ausbildung einer MH-Bindungsbeziehung (b). Danach rotiert die CH-Bindung so, daß sich das Kohlenstoffatom im Sinne von (c) und (d) auf das Metallatom hin zubewegt, die CH-Bindung also hinsichtlich M eine „side-on" Stellung einnimmt. Schließlich geht der gebildete „*nichtklassische*" Alkankomplex – falls er nur Zwischenprodukt einer oxidativen Alkanaddition ist – in einen „*klassischen*" Hydridoorganylkomplex (e) über:

$$L_nM + H{-}C\lessgtr \rightleftharpoons \underset{\text{(b)}}{L_nM\cdots H{-}C\lessgtr} \rightleftharpoons \underset{\text{(c)}}{L_nM\cdots(H, C\lessgtr)} \rightleftharpoons \underset{\text{(d)}}{L_nM\cdots(H, C\lessgtr)} \rightleftharpoons \underset{\text{(e)}}{L_nM(H)(C\lessgtr)}$$

In den σ-Komplexen fungiert das – die CH-Bindung repräsentierende – elektronenbesetzte σ-Molekülorbital im Sinne der Fig. 326a als Zweielektronen-Donator hinsichtlich eines elektronenleeren Orbitals des als Elektronenakzeptor wirkenden Metallatoms (Bildung einer „*σ-Hinbindung*"; „*Dreizentren-Zweielektronen-Bindung*"). Im Falle side-on koordinierter CH-Gruppen kann die Bindung zwischen CH und M gemäß Fig. 326b durch „*π-Rückbindung*" eines Metallelektronenpaars in das σ*-Molekülorbital der CH-Bindung noch verstärkt werden. Allerdings führt die π-Rückbindung, deren Gewicht in Richtung (b), (c), (d) anwächst unter Schwächung (Verlängerung) der CH-Bindung von „*ungestreckten*" nichtklassischen Komplexen über „*gestreckte*" nichtklassische Komplexe letztendlich zu Komplexen ohne H/C-Wechselbeziehung (vgl. H_2-Komplexe, S. 1608).

---

[89] **Literatur.** R. H. Crabtree: „*An Übergangsmetalle koordinierte σ-Bindungen*", Angew. Chem. **105** (1993) 828–845; Int. Ed. **32** (1993) 789; M. Brookhart, M. L. H. Green, L.-L. Wong: „*Carbon-Hydrogen-Transition Metal Bonds*", Progr. Inorg. Chem. **36** (1988) 1–124; U. Schubert: „*η^2-Coordination of Si–H σ-Bonds to Transition Metals*", Adv. Organomet. Chem. **30** (1990) 151–187; „*Bildung und Bruch von Si–E-Bindungen (E = C, Si) durch reduktive Eliminierung bzw. oxidative Addition*", Angew. Chem. **106** (1994) 435–437; Int. Ed. **33** (1994) 419.

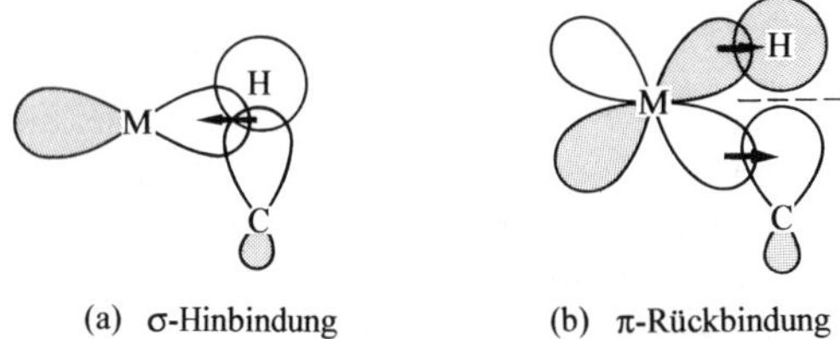

Fig. 326 Veranschaulichung der Bindungsverhältnisse in nichtklassischen Alkankomplexen: (a) σ-Donorbindung. (b) π-Akzeptorbindung (jeweils hinsichtlich des Alkanliganden gesehen; dunkle und helle Orbitalbereiche symbolisieren unterschiedliche Orbitalphasen).

Spezielles. Das Zentrum eines bestimmten Metallkomplexes bindet Alkane über eine seiner CH-Bindungen schwächer (Bindungsenergien im Bereich 30–45 kJ/mol) als molekularen Wasserstoff über seine HH-Bindung. Dies beruht möglicherweise auf dem geringeren Donorcharakter und der stärkeren sterischen Abschirmung der CH-Bindung. Demgemäß ließ sich bisher *kein* σ-Komplex eines Alkans unter Normalbedingungen isolieren, doch bilden sich offensichtlich CH_4-Komplexe nach photochemischer Freisetzung von $M(CO)_5$ aus $M(CO)_6$ (M = Cr, Mo, W) in einer Methan/Edelgas-*Tieftemperaturmatrix*. Ferner ließen sich Alkankomplexe als *Reaktionszwischenstufen* nachweisen (z. B.: $[Cp(CO)Rh] + CMe_4 \rightleftarrows [Cp(CO)Rh(H{-}CH_2{}^tBu) \rightleftarrows [Cp(CO)RhH(CH_2{}^tBu)$; Enthalpie der σ-Komplexbildung ≈ 20 kJ/mol; Aktivierungsenergie des σ-Komplexzerfalls in das Produkt ≈ 19 kJ/mol).

Viele der beobachteten „*oxidativen Additionen*" von Kohlenwasserstoffen verlaufen wohl über Alkankomplexe des Typs (b)–(d), so die Addition *schwacher CH-Säuren* wie $HC{\equiv}CR$, H_3CCN, $HC(CN)_3$, H_3CNO_2, HCp an einige Übergangsmetallkomplexe (z. B. $L_4ClIr + H_3CCN \rightarrow L_4ClIrH(CH_2CN)$ mit $L_2 = R_2PCH_2CH_2PR_2$), die Addition von *Benzol* an photochemisch aus Cp_2WH_2 generiertes Cp_2W ($Cp_2W + HPh \rightarrow Cp_2WH(Ph)$) sowie die Addition von *Methan* und anderen Alkanen an photochemisch aus $Cp^*Re(PMe_3)_3$ generiertes $Cp^*Re(PMe_3)_2$ ($Cp^*Re(PMe_3)_2 + CH_4 \rightarrow Cp^*ReH(CH_3)(PMe_3)_2$). Analoges gilt für „*reduktive Eliminierungen*" von Kohlenwasserstoffen, wie sie etwa im Zuge der *Thermolyse* von Metallorganylen (S. 1676) oder im Zuge der *Hydrogenolyse* von MC-Bindungen ($L_nMR + H_2 \rightleftarrows L_nM(H_2)R \rightleftarrows L_nMH(HR) \rightleftarrows L_nMH + HR$) beobachtet werden.

Auch der durch bestimmte Metallkomplexe katalysierbare *Austausch von Wasserstoff* bzw. *von Organyl* in Alkanen H—R kann auf dem Wege über σ-CH-Komplexe verlaufen. Ein Beispiel stellt der rasche Austausch von H gegen D in Alkanen in Anwesenheit von $PtCl_4^{2-}$ und DCl dar ($R{-}H + D^+ \rightleftarrows R{-}D + H^+$). Der katalytische Effekt beruht hier auf der mit der CH-Komplexierung verknüpften starken Aciditätserhöhung der CH-Gruppe (pK_S-Erniedrigung um viele Einheiten; vgl. H_2-Komplexe). Da diese **CH-Aktivierung** aus sterischen Gründen in der Reihe primäres > sekundäres > tertiäres C-Atom abnimmt, ist der H/D-Austausch insbesondere am tertiären C-Atom nicht begünstigt (die Selektivität nimmt bei unkatalysierten Alkanreaktionen umgekehrt in der Reihe tertiäres > sekundäres > primäres C-Atom ab). Ein weiteres Beispiel für einen Wasserstoff- bzw. Organylaustausch ist die durch Komplexe wie $Cp_2^*MCH_3$ (M etwa Lu) katalysierte Reaktion $Cp_2^*MCH_3 + {}^{14}CH_4 \rightleftarrows Cp_2^*M^{14}CH_3 + CH_4$. Im Sinne einer *CH-Alkanmetathese* wandelt sich diesmal der primär gebildete σ-Komplex $[M]CH_3(H{-}{}^{14}CH_3)$ reversibel in den σ-Komplex $[M](H{-}CH_3)({}^{14}CH_3)$ um, der CH_4 eliminiert.

Eine Möglichkeit zur *Isolierung von Alkankomplexen* besteht in der Nutzung des *Chelateffekts*: σ-Komplexe komplexgebundener Alkylliganden des Typus (f) mit **agostischen MH-Wechselwirkungen**, wie sie etwa dem aus $(Cy_3P)_2(CO)_2W(H_2)$ (S. 1609) nach H_2-Eliminierung vorliegenden Komplex (g) oder den Komplexen (h) und (i) zugrundeliegen, enthalten – laut Röntgenstrukturanalyse – „nichtgestreckte" CH-Bindungen (1.13–1.19 Å; CH-Abstand in ungebundenem CH_4: 1.08 Å).

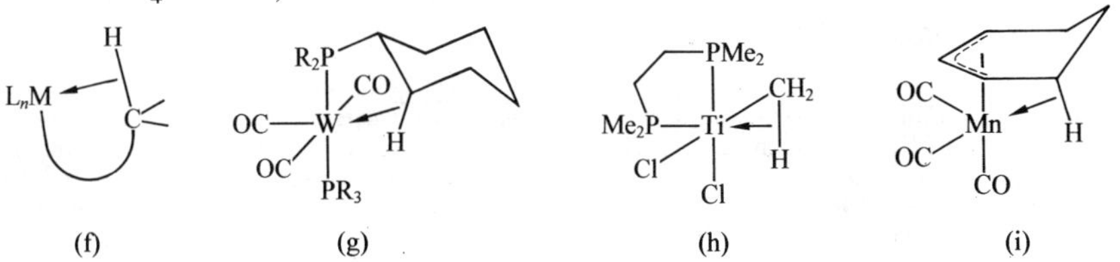

(f) (g) (h) (i)

Komplexe des Typus (f) werden auch als Zwischenprodukte vieler metallorganischer Reaktionen durchlaufen. Von besonderer Bedeutung (z. B. für die Bildung von Metallorganylen oder für katalytische Prozesse, S. 1715) ist hier die „*β-Alkeneliminierung*“ bzw. – als Umkehrung dieser Reaktion – die *β-Alkeninsertion*“ in MH-Bindungen, die im Sinne der Reaktionsgleichung (2) über die Zwischenprodukte (k) und (l) abläuft (gelegentlich schließt sich der Alkeninsertion in die MH-Bindung eine solche in die MC-Bindung des nach (2) gebildeten Produkts (m) an; vgl. Alkenpolymerisation). Die Zwischenprodukte (k) und (l) lassen sich nur in Ausnahmefällen als solche isolieren, z. B. *trans*-$[P^iPr_3)_2RhH(C_2H_4)]$ (die C_2H_4-Insertion erfolgt hier erst nach thermischer oder photochemischer Isomerisierung des Komplexes in *cis*-$[(P^iPr_3)_2RhH(C_2H_4)]$) und $[Cp^*(R_3P)Co(H—CH_2CH_3)]$ (Grundzustand des Reaktionssystems (2)). Die Insertion von 1-Alkenen $CH_2{=}CHR$ erfolgt gemäß (2) aus sterischen Gründen ca. 50mal rascher als die von 2-Alkenen $CH_3—CH{=}CHR$. Die 1-Alkene können hierbei im Sinne einer Markownikow- oder einer anti-Markownikow-Reaktion zu $[M]—CH_2—CH_2R$ oder $[M]—CHR—CH_3$ führen. Die Umkehrung ersterer Insertion führt stets zum eingesetzten 1-Alken zurück (bei Verwendung von $L_nM—D$ entsteht naturgemäß auch $CH_2{=}CDR$), die Umkehrung letzterer Insertion zudem auch zu $R'CH{=}CH—CH_3$ ($R = CH_2R'$ in obiger Formel). Somit vermögen Hydridokomplexe $L_nM—H$ (z. B. $HCo(CO)_4$, $HRh(CO)(PPh_3)_2$) gegebenenfalls die Verschiebung von Doppelbindungen in Alkenen zu katalysieren (vgl. S. 1562).

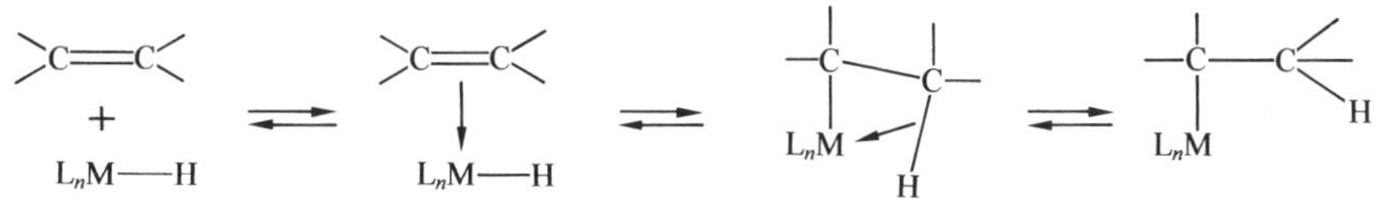

$>C{=}C< + L_nM—H \rightleftharpoons$ (k) $\rightleftharpoons$ (l) $\rightleftharpoons$ (m) (2)

(k) (l) (m)

Neben der *β*-H-Umlagerung (m) ⇄ (l) ⇄ (k) spielt für Metallorganyle auch die „*α-H-Umlagerung*“ eine Rolle, die häufig über *σ*-Komplexe abläuft. So kann sich etwa im Zuge der Thermolyse von Methylverbindungen $CH_3—[M]—CH_3$ durch *α*-H-Umlagerung der Komplex $CH_3—[M]H{=}CH_2$ bilden (vgl. Formel (h)), der dann unter $CH_3—H$-Eliminierung (s. o.) in $[M]{=}CH_2$ zerfällt.

Wichtige, über die Zwischenbildung von *σ*-Alkan-Komplexen führende Reaktionen stellen weiterhin die „*Cyclometallierungen*“ dar, bei denen im Sinne der Reaktionsgleichung (3) Komplexe des Typs (n) auf dem Wege über (o) unter Insertion des Metallzentrums in *β*-, *γ*-, *σ*, oder *ε*-ständige CH-Bindungen in Komplexe des Typs (p) mit 3-, 4-, 5- oder 6-gliederigen Ringen übergehen (der Komplex (p) kann gegebenenfalls noch HX unter Bildung des Komplexes (q) eliminieren. Beispiele bieten die Übergänge (m) → (k), $(Me_3P)_5Fe$ → (r) + $2PMe_3$, $(Ph_3P)_3IrCl$ → (s) (= „*Orthometallierung*“; (s) spaltet HCl ab), $L_nMCH_2SiMe_3$ → (t), $(R_3P)_2Pt(o\text{-}Xylyl)_2$ → (u) (das im Vorprodukt von (u) an Pt gebundene H und o-Xylyl wird als Xylol abgespalten.

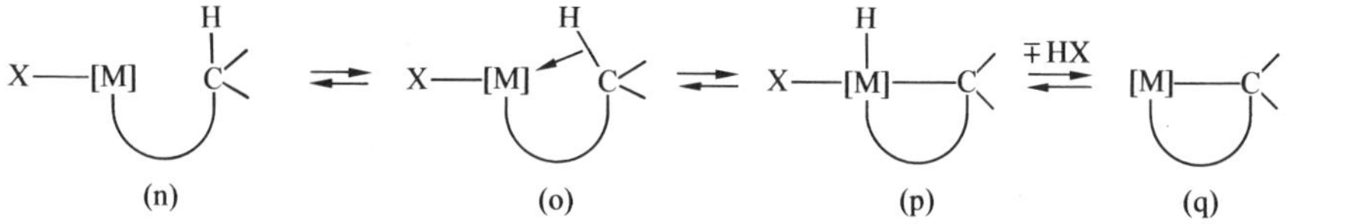

(n) ⇄ (o) ⇄ (p) $\overset{\mp HX}{\rightleftharpoons}$ (q) (3)

(n) (o) (p) (q)

(r) $(Me_3P)_3Fe(H)(CH_2PMe_2)$ (s) $(R_3P)_2IrHCl(C_6H_4PPh_2)$ (t) $L_nMH(CH_2SiMe_2CH_2)$ (u) $(R_3P)_2Pt(CH_2)_2C_6H_4$

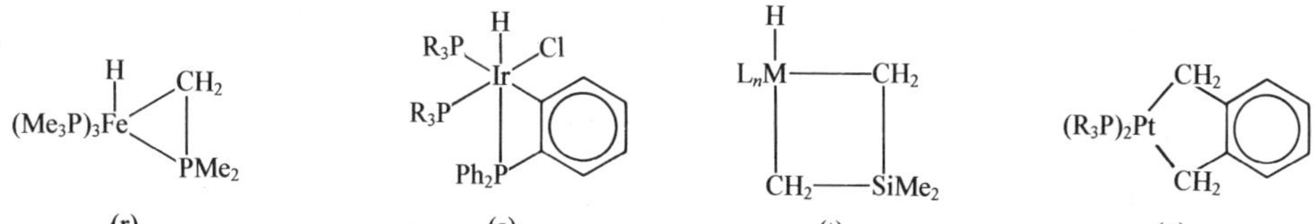

(r) (s) (t) (u)

2.3.2 *σ*-Komplexe mit E—H- sowie E—E-Bindungen

Element-Wasserstoff-Komplexe. Die Stärke der EH-Wechselwirkung eines Elementwasserstoffs X_mEH wird durch den Energieinhalt der *σ*- und *σ**-Molekülorbitale von EH mitbestimmt: Ein energiereiches *σ*-MO entspricht einer Lewis-basischen EH-Bindung, die zu starken M(HE)-Hinbindungen führt, ein energiearmes *σ**-MO einer Lewis-sauren EH-Bindung, die ihrerseits starke M(HE)-Rückbindungen und verlängerte EH-Bindungen bedingt (vgl. Fig. 326). Da *Silane*, verglichen mit Alkanen, energiereichere *σ*- und energieärmere *σ**-MOs aufweisen, nimmt es nicht wunder, daß **Silankomplexe** – anders als Alkankomplexe – in der Regel gestreckte EH-Bindungen aufweisen (Abstände gebundener SiH-Gruppen:

1.70–1.85 Å, freier SiH-Gruppen: 1.48 Å; Summe der van der Waals-Radien von Si und H: 3.1 Å)[90]. Auch verkürzt sich die MSi-Bindung bzw. verlängert sich die SiH-Bindung in Silankomplexen $L_mM(HSiR_3)$ mit wachsendem *Elektronenakzeptorcharakter* der siliciumgebundenen Reste R und wachsendem Elektronendonorcharakter der metallgebundenen Liganden L (z. B. $[Cp'(CO)_2LMn(HSiR_3)]$ mit $Cp' = C_5H_4Me$: $r_{SiH} = 2.364/2.254$ Å für $HSiHPh_3/HSiCl_3$ und L = CO bzw. $r_{SiH} = 2.052/1.91/1.88$ Å für $L = CO/PPh_3/PMe_3$ und $HSiR_3 = HSiHPh_2$). In gleicher Richtung erschwert sich die thermische Abspaltung der Silane aus den Komplexen[91]. Ähnliches wie für Silankomplexe, nur in verstärktem Maße, gilt für **Stannankomplexe** (z. B. r_{SnH} in $[Cp'(CO)_2Mn(HSnPh_3)] = 2.16$ Å; in ungebundenem Ph_3SnH: 1.6 Å).

Als starke Elektronendonatoren wirken auch die BH-Bindungen in **Borankomplexen**, die somit sehr stabil sind. So bildet etwa das mit Methan CH_4 isoelektronische Boranat BH_4^- – anders als CH_4 – viele stabile Komplexe mit Übergangsmetallen, in welchen BH_4^- über ein, zwei oder drei seiner H-Atome an ein Metallzentrum unter Ausbildung gewinkelter MHB-Bindungen gebunden sein kann (Näheres S. 1009). Entsprechendes trifft für Alanat AlH_4^- in **Alankomplexen** zu.

Man kennt darüber hinaus auch einige **Azan-, Phosphan-** und **Sulfankomplexe** mit agostischen MH-Bindungen. Allerdings bilden Amine, Phosphane und Sulfane über ihre freien Elektronenpaare mit Übergangsmetallen in der Regel nur starke MN-, MP-, MS-Koordinationsbindungen aus.

Element-Element-Komplexe. $X_mE—E'Y_p$-Bindungen bilden aus sterischen Gründen meist nur sehr schwache σ-Wechselbeziehungen mit den Zentren von Metallkomplexen aus. Demgemäß ließen sich naturgemäß bisher keine CC-Alkankomplexe isolieren. Doch treten letztere wohl als Reaktionszwischenstufen bei einigen Reaktionen der Metallorganyle auf, wie der thermischen *Alkeneliminierung* aus MR_n (vgl. S. 1676), der *Alkylumlagerung* (z. B. $[(1,1\text{-}C_5H_4Me_2)Ir(PR_3)_2]^+ \rightarrow [(C_5H_4Me)IrMe(PR_3)_2]^+$), der *Alkeninsertion* in MC-Bindungen (vgl. S. 1409). Die silylhaltigen Verbindungen $[(Me_3P)_3IrH(CH_3)(SiEt_3)]$ und *mer*-$[(CO)_4Fe(CH_3)(SiR_3)]$ eliminieren in erstem Falle CH_4 und CH_3SiEt_3, in letztem Falle CH_3SiR_3.

Ganz allgemein werden *oxidative Additionen* von Alkanen $\geqslant C—C \leqslant$ oder Silanen $\geqslant Si—Si \leqslant$ an Komplexe L_nM durch *schwere Übergangsmetalle* (die leichter zu oxidieren sind), durch eine durch L steuerbare *hohe Elektronendichte* am Metallzentrum, durch *sterisch anspruchslose Liganden L* sowie durch elektronegative Substituenten an den C- bzw. Si-Atomen begünstigt. Des weiteren können oxidative Additionen gefördert werden (i) durch *Strukturverzerrungen* der Komplexe L_nM (z. B. addiert LPt mit dem kleinen Chelatliganden $L = {}^tBu_2PCH_2P^tBu_2$ Tetramethylsilan bereits unter sehr milden Bedingungen zu $[LPt(Me)(SiMe_3)]$), (ii) durch *Chelateffekte* (z. B. lagern sich Komplexe $[L_nM—SiR_2SiR_3]$ in $[L_nM(=SiR_2)(SiR_3)]$, Komplexe $[L_nM—CH_2SiR_2SiR_3]$ in $[L_nM(\eta^2\text{-}CH_2{=}SiR_2)(SiR_3)]$ um, falls L_nM ein elektronisch ungesättigtes Metallfragment ist).

2.4 Organische π-Komplexe der Übergangsmetalle

Wie auf den S. 1209 bereits angedeutet wurde, vermögen Metall-Komplexzentren *ungesättigte organische Moleküle „side-on“* unter Bildung von **π-Komplexen** zu koordinieren, ein Vorgang, der eine zentrale Rolle bei einer Reihe von Katalysen mit Übergangsmetallkomplexen spielt (vgl. S. 1715). Nachfolgend seien derartige Komplexe näher besprochen; und zwar sollen zunächst *Alkenkomplexe* (einschließlich der Komplexe mit *acyclischen konjugierten* Oligoolefinen), dann *Alkinkomplexe* und schließlich *Aromatenkomplexe* (einschließlich der Komplexe mit *cyclischen aromatenähnlichen* Ligandensystemen) besprochen werden.

2.4.1 Alkenkomplexe (Olefinkomplexe)[29, 92]

Wichtige Alkenliganden für Übergangsmetalle sind folgende *π-Elektronendonatoren* und deren *Derivate*[93]:

[90] Die EH-Verlängerung beträgt in vergleichbaren σ-Komplexen für H–H ca. 11 %, für C–H ca. 10 % und für Si–H ca. 20 %. Nichtgestreckte Silankomplexe sollten sich dann bilden, wenn das Metallkomplexfragment L_mM nicht als π-Donor wirkt.

[91] Die mit der σ-Komplexbildung einhergehende **Aktivierung der Silane** nutzt man etwa bei *Hydrosilylierungen* (Katalysator z. B. Pt-Komplexe) oder bei der *Silanalkoholyse* (wirksamster Katalysator $[(R_3P)_2IrH_2(HOMe)_2]^+$).

[92] **Literatur.** M. A. Bennett: *„Olefin and Acetylene Complexes of Transition Metals“*, Chem. Rev. **62** (1962) 611–652; R. G. Guy, B. L. Shaw: *„Olefin, Acetylene, π-Allylic Complexes of Transition Metals“*, Adv. Inorg. Radiochem. **4** (1962) 77–131; G. Wilke: *„Cyclooligomerisation von Butadien und Übergangsmetall-π-Komplexen“*, Angew. Chem. **75** (1963) 10–20; M. L. H. Green, P. L. I. Nagy: *„Allyl Metal Complexes“*, Adv. Organomet. Chem. **2** (1965) 325–363;

Ethylen $CH_2{=}CH_2$ (2e-Donator) *Allyl* $CH_2{=}CH{-}CH_2^{\bullet}$ (3e–Donator) *Butadien* $CH_2{=}CH{-}CH{=}CH_2$ (4e–Donator)

Komplexe mit Ethylen und seinen Derivaten

Zusammensetzung. Von fast jedem Übergangsmetall kennt man eine große Anzahl von π-Komplexen mit Alkenen des Typus $>C{=}C<$. Zu derartigen „Enen" zählen etwa das *Monoolefin „Ethylen"* und dessen *Derivate* $C_2H_{4-n}X_n$ ($n = 0$–4), ferner die nachfolgend wiedergegebenen *„nichtkonjugierten Di-* und *Triolefine"* „1,5-Cyclooctadien", „Norbornadien", „Dewar-Benzol", *„trans-trans-trans-"* und *„cis-cis-cis-*1,5,9-Cyclododecatrien" (auch konjugierte Oligoolefine sind gelegentlich nur über eine, meist jedoch über mehrere π-Bindungen an ein Komplexzentrum geknüpft; s. S. 1688, 1713):

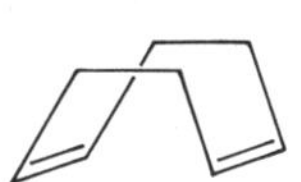

1,5-*Cyclooctadien*

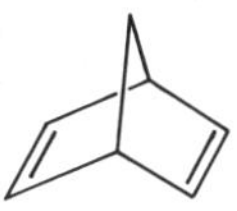

Norbornadien

Dewar-Benzol

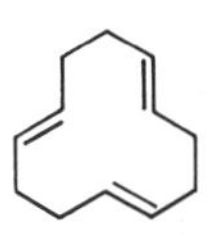

trans-trans-trans-

cis-cis-cis-

1,5,9-*Cyclododecatrien*

Außer mit den erwähnten Olefinen bilden Übergangsmetalle auch mit *„Heteroethylenen"* wie $>C{=}O$, $>C{=}S$, *„Allen"* $H_2C{=}C{=}CH_2$ und *„Heterokumulenen"* wie $O{=}C{=}O$, $S{=}C{=}S$ π-Komplexe.

Olefine können einem Komplexzentrum je Doppelbindung zwei Elektronen zur Verfügung stellen. Demgemäß leitet sich die Verbindung $[PtCl_3(C_2H_4)]^-$ (b) durch Austausch eines Cl^--Ions im planaren $[PtCl_4]^{2-}$ (a) gegen ein Ethylenmolekül ab[94]. In entsprechender Weise lassen sich im planaren dimeren Komplex $[PtCl_3^-]_2 \mathrel{\hat{=}} [Cl_2Pt(\mu\text{-}Cl)_2PtCl_2]^{2-}$ zwei Cl^--Liganden und im planaren dimeren Komplex $[RhCl(CO)_2]_2 \mathrel{\hat{=}} [(CO)_2Pt(\mu\text{-}Cl_2)_2Pt(CO)_2]$ sogar vier CO-Liganden durch Ethylen unter Bildung der Komplexe (c) und (d) austauschen.

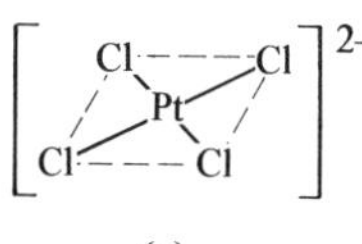
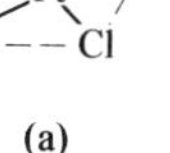

(a)

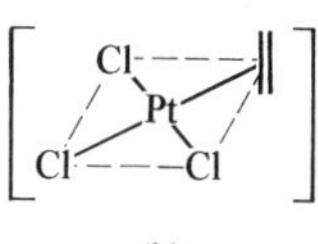

(b)

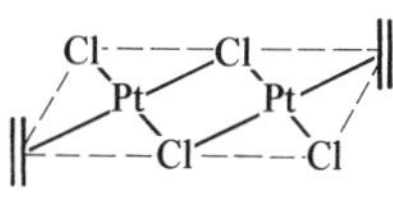

(c)

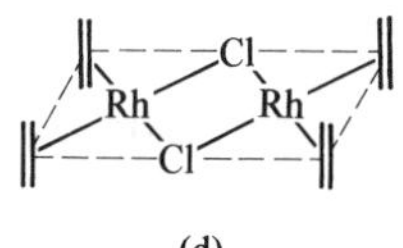

(d)

Beispiele für – weniger häufige – *homoleptische* Olefinkomplexe sind $[M(C_2H_4)_3]$ mit M = Ni, Pt (e)[95], $[Ag(C_2H_4)_2]^+NO_3^-$, [Ni(*trans-trans-trans*-1,5,9-Cyclododecatrien)] (f) und $[M(1{,}5\text{-Cyclooctadien})_2]$ mit M z. B. Fe, Ni (g), Beispiele aus der mächtigen Verbindungsklasse der *heteroleptischen* Olefinkomplexe die Verbindungen (b)–(d) und (h)–(m). Dewar-Benzol und [*cis-cis-cis*-1,5,9-Cyclodecatrien] liegen den Komplexen $[Cr(CO)_4(C_6H_6)]$

G. Wilke et. al.: *„Allyl-Übergangsmetall-Systeme"*, Angew. Chem. **78** (1966) 157–172; Int. Ed. **5** (1966) 151; E. O. Fischer, H. Werner, M. Herberhold: *„Metal-π-Complexes"*, Band **1** (1966): „Complexes with Di- and Oligo-Olefinic Ligands", Band **2** (1972/74): „Complexes with Mono-Olefinic Ligands", Elsevier, Amsterdam; J. Jones: *„Metal π-Complexes with Substituted Olefins"*, Chem. Rev. **68** (1968) 785–806; H. W. Quinn, J. H. Tsai: *„Olefin Complexes of the Transition Metals"*, Adv. Inorg. Radiochem. **12** (1969) 217–373; F. R. Hartley: *„Olefin and Acetylene Complexes of Platinum and Palladium"*, Chem. Rev. **69** (1969) 799–844; L. D. Pettit, D. S. Barnes: *„The Stability and Structures of Olefin and Acetylene Complexes of Transition Metals"*, Fortschr. Chem. Forsch. **28** (1972) 85–139; P. Powell: *„Acyclic Pentadienyl Metal Complexes"*, Adv. Organomet. Chem. **26** (1986) 125–164; T. A. Albright: *„Rotational Barriers and Conformations in Transition-Metal Complexes"*, Acc. Chem. Res. **15** (1982) 149–155; R. D. Ernst: *„Metal Pentadienyl Chemistry"*, Acc. Chem. Res. **18** (1985) 56–62; G. Deganello: *„Transition Metal Complexes of Cyclic Polyolefins"*, Acad. Press, New York 1979.

93 In den Formelbildern sind jeweils nur die Bindungen zwischen den – aus Gründen der Übersichtlichkeit weggelassenen – C-Atomen wiedergegeben.

94 **Geschichtliches.** Der erste Alkenkomplex, das Zeisesche Salz $K[PtCl_3(C_2H_4)]{\cdot}H_2O$, wurde 1827 von dem dänischen Apotheker W. C. Zeise durch Reaktion von K_2PtCl_4 mit Ethanol C_2H_5OH ($\rightarrow C_2H_4 + H_2O$) synthetisiert.

95 Weitere Ethylenkomplexe wie $Co(C_2H_4)_2$, $Pd(C_2H_4)_3$, $Cu(C_2H_4)_3$, $Au(C_2H_4)$ bilden sich nur in der *Tieftemperaturmatrix* als metastabile Verbindungen aus Metallatomen und Ethylen.

und $[Mo(CO)_3(C_9H_{12})]$ zugrunde. Die Formelbilder (n) und (o) veranschaulichen einen Allen- und einen Formaldehyd-Komplex. Die Metallzentren erhalten durch die Ligandenkoordination in einigen Fällen wie (g) mit Ni anstelle Fe, (k), (l) oder (m) eine *18-Elektronenaussenschale*, während das Oktadezett in anderen Fällen wie $Ag(C_2H_4)_2^+$, (b), (i) *nicht ganz erreicht* wird.

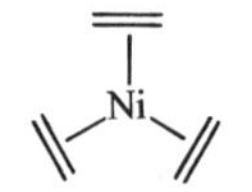

(e) 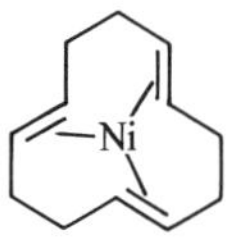 (f) 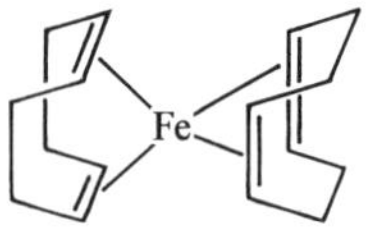 (g) 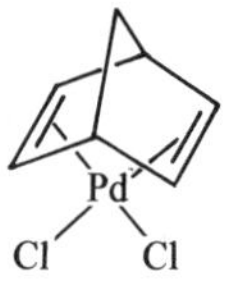 (h) 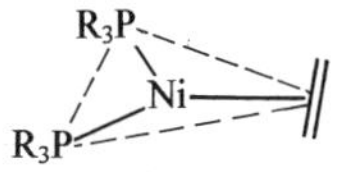 (i)

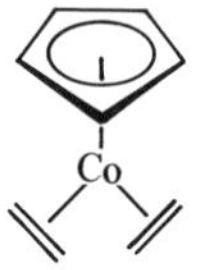

(k) 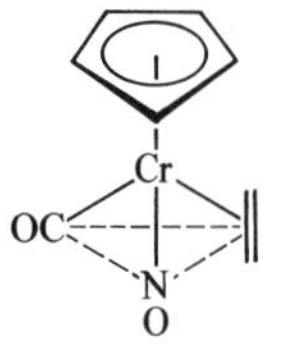 (l) 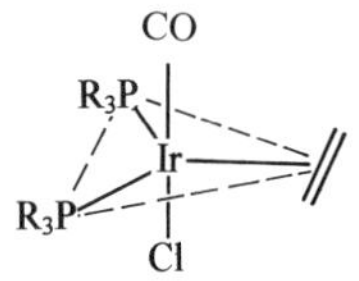 (m) 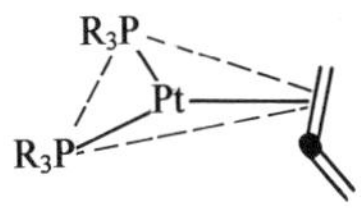 (n) 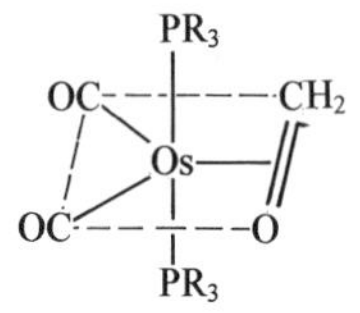 (o)

Strukturverhältnisse. In den Komplexen mit Alkenen ist die Koordinationsgeometrie der Liganden teils *digonal* wie im $Ag(C_2H_4)_2^+$ oder *trigonal-planar* wie in (e), (f), (i), (k), teils *tetraedrisch* wie in (g), (h), (l), *quadratisch-planar* wie in (b), (c), (d) oder *trigonal-bipyramidal* wie in (m) (es zählt jeweils der Mittelpunkt der Alken- bzw. Cyclopentadienyl-Gruppierung). Die CC-*Achse* von $>C{=}C<$ verläuft teils in der Ligandenebene wie in (e), (f), teils senkrecht hierzu wie in (b), (c), (d).

Mit der Koordination eines Alkens $X_2C{=}CX_2$ verlängert sich dessen CC-*Abstand* geringfügig (z. B. von 1.35 Å in freiem C_2H_4 auf 1.37 Å in (b)). Auch geht bei der Koordination die *Planarität des Alkens verloren*: Die Doppelbindungssubstituenten bewegen sich gemäß (1) aus der Alkenebene in Richtung der metallabgewandten Seite, d. h. der Winkel zwischen den X_2C-Ebenen (*Interplanarwinkel*) wird $< 180°$,

$$L_nM + C{=}C \longrightarrow L_nM{-}\|\ \alpha \qquad (1)$$

der Winkel α zwischen den X_2C-Flächennormalen $> 0°$. So beträgt etwa der Interplanarwinkel im Komplex (b) 146° (α = 34°). In analoger Weise erfolgt in Komplexen mit Kumulenen wie $CH_2{=}C{=}CH_2$, $H_2C{=}C{=}O$, $O{=}C{=}O$, $S{=}C{=}S$ eine Abwinkelung des doppelt gebundenen Substituenten am zentralen Kohlenstoff (CCC-Winkel in (n) = 142°; CC-Abstand der komplexierten/unkomplexierten Bindung gleich 1.48/1.31 Å). Während die Alkengruppe in der Regel eine zentrische oder nahezu zentrische Stellung über dem Metall einnimmt, gilt Analoges nicht für Heteroalkene wie $>C{=}E$ (E = O, S, Se, Te). Beispielsweise ist Formaldehyd in $[Cp_2V(O{=}CH_2]$ „side-on" mit kürzerer VO- und längerer VC-Bindung an Vanadium(II), Aceton in $[Cp_2V(O{=}CMe_2)]^+$ „end-on" an das – weniger zu π-Rückbindungen befähigte – Vanadium(III) gebunden.

Bindungsverhältnisse. In den Alkenkomplexen fungiert im Sinne der Fig. 327a das elektronenbesetzte π-Molekülorbital der „side-on" gebundenen $>C{=}C<$-Gruppe als Zweielektronen-Donator hinsichtlich eines elektronenleeren Metallorbitals geeigneter Symmetrie (Hybridorbital mit d_{z^2}-, $d_{x^2-y^2}$-, s-, p_z-Komponente; *z*-Achse = M-Alken-Bindungsachse). Die resultierende *σ-Hinbindung* („*Dreizentren-Zweielektronen-Bindung*") erfährt nach diesem Bindungsmodell (M. J. S. Dewar, J. Chatt; 1953) im Sinne der Fig. 327b durch *π-Rückbindung* von Elektronen aus einem elektronenbesetzen Metallorbital geeigneter Symmetrie (d_{xz}- bzw. d_{yz} und p_x- bzw. p_y-AO) in das elektronenleere π*-MO des Alkens zusätzliche Verstärkung. Die Beiträge der σ-Hin- und π-Rückbindung sind – als Folge der Wahrung des Elektroneutralitätsprinzips – nicht unabhängig voneinander **(Synergismus)**: mit dem „Anwachsen" einer Bindungskomponente wächst „synergetisch" auch die andere Bindungskomponente an. Insbesondere die π-Rückbindung führt zu einer Schwächung und damit Verlängerung der CC-Bindung. Mit wachsendem Elektronenflow geht der *Alkenkomplex* unter sukzessiver Verlängerung der CC-Bindung und Verkleinerung des Interplanarwinkels (Vergrößerung von α) in einen *Metallacyclopropan-Komplex* mit verzerrt

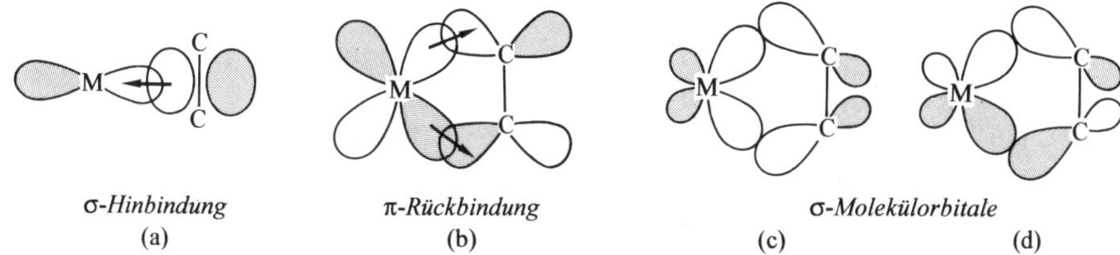

Fig. 327 Veranschaulichung der Bindungsverhältnisse in *Alken-Komplexen* mit σ-Donator-Bindung (a) und π-Akzeptorbindung (b) (jeweils hinsichtlich des Liganden gesehen) sowie in *Metallacyclopropan-Komplexen* mit den beiden elektronenbesetzten σ-Molekülorbitalen (c) und (d) der MC-Bindungen (dunkle und helle Orbitalbereiche deuten unterschiedliche Orbitalphasen an).

tetraedrischen C-Atomen über (bezüglich der Bindungsverhältnisse vgl. Fig. 327c und d; ersichtlicherweise korrelieren (a) mit (c) und (b) mit (d)).

Die π-Rückbindung ist in den Alkenkomplexen für die behinderte Alkenrotation um die Metall-Alken-achse verantwortlich. Haben etwa die Metallorbitale d_{xz} und d_{yz} wie in den Komplexen (b)–(e), (i) *unterschiedlichen* Energieinhalt, so wechselwirken sie unterschiedlich stark mit dem π^*-MO des Alkens. Das Alken nimmt dann hinsichtlich der anderen Komplexliganden eine *bevorzugte Konformation* ein, und die *Rotationsbarrieren* sind vergleichsweise hoch (50 kJ/mol und mehr). Sind andererseits die Orbitale d_{xz} und d_{yz} *energieentartet* wie etwa in $[(CO)_4Fe(C_2H_4)]$, so besteht keine *elektronische*, sondern nur noch eine *sterische* Rotationshinderung. Die Rotationsbarrieren sind dann vergleichsweise *klein* (< 40 kJ/mol).

Das Ausmaß der σ-Hin- und π-Rückbindung hängt in $[L_nM(X_2C{=}CX_2)]$ von der Art des *Metallzentrums* M, der metallgebundenen *Liganden* L und der ethylengebundenen *Substituenten* X ab: (i) *Eine hohe Elektronenaffinität* der „*Metallzentren*" M fördert die σ-Hinbindungen, eine *niedrige Elektronenanregungsenergie* die π-Rückbindungen. Gemäß der nachfolgend wiedergegebenen Reihen:

Elektronenaffinität	Hg^{II}, Cd^{II}, Zn^{II}, Pt^{II}, Pd^{II} > Au^{I}, Ag^{I}, Cu^{I}, Ir^{I}, Rh^{I} > Pt^{0} > Pd^{0}, Ni^{0}
Anregungsenergien	Ni^{0}, Rh^{I} < Pt^{0}, Pt^{II}, Pd^{II} < Pd^{0} < Cu^{I}, Au^{I} < Ag^{I} < Hg^{II} < Cd^{II}, Zn^{II}

ist etwa Hg^{II} ein starker σ-Elektronenakzeptor und schwacher π-Elektronendonator, Ni^0 ein schwacher σ-Elektronenakzeptor und starker π-Elektronendonator, während Pd^{II} sowohl als guter σ-Akzeptor als auch π-Donator wirkt (tatsächlich bildet Hg^{II}, da die π-Rückbindung wesentlich für die Stabilität von Alkenkomplexen ist, keine isolierbaren Olefin-π-Komplexe)[96]. – (ii) *Elektronenabziehende „Metalliganden L"* wie CO oder Cl^- stärken die σ-Alkenhin- und schwächen die π-Alkenrückbindungen hinsichtlich *elektronenliefernder* Liganden wie Cp^- oder CN^-[96]. – (iii) Alkene mit *elektronenabziehenden „Alkensubstituenten"* X wie F, CN, COOH wirken als schlechte σ-Donatoren sowie gute π-Akzeptoren, solche mit *elektronenliefernden* Substituenten wie SiR_3 umgekehrt als gute σ-Donatoren und schlechte π-Akzeptoren. Da der CC-Abstand insbesondere auf π-Rückbindungen anspricht, weist demgemäß das komplexgebundene C_2H_4 in $[CpRh(C_2H_4)(C_2F_4)]$ eine kürzere Doppelbindung auf als das komplexgebundene C_2F_4 (1.35 gegenüber 1.40 Å); auch ist die Rotationsbarriere in ersterem Falle (Interplanarwinkel 138°; $\alpha = 42°$) niedriger als im letzteren (Interplanarwinkel 106°; $\alpha = 74°$)[97]. Komplexe mit C_2F_4 und $C_2(CN)_4$ zählt man aufgrund ihrer Geometrie besser zu den *Metallacyclopropan-Komplexen*.

Darstellung. Metallkomplexe mit Mono- und nichtkonjugierten Oligoolefinen werden vielfach durch Ligandensubstitution gewonnen. So kann etwa der *Halogenid/Olefin*-Austausch im Zuge der Einwirkung von Olefinen auf Metallhalogenide bei *Druck* und *Temperatur* (1) oder in Anwesenheit von *Lewissäuren* wie $AlHal_3$ oder Ag^+ (2) erzwungen werden. Der *Kohlenoxid/Olefin*-Austausch läßt sich *thermisch* oder *photochemisch* bewerkstelligen (3), während für den *Olefin/Olefin*-Austausch häufig die Einwirkung eines Überschusses des einzuführenden Olefins auf einen Alkenkomplex genügt (4). Ein weiteres Darstellungsverfahren besteht in

[96] Wachsende M-Alken-Bindungsstärke bedingt – insbesondere als Folge starker π-Rückbindungen – zunehmende CC-Bindungsabstände und damit abnehmende Wellenzahlen der C=C-Valenzschwingung: z. B. freies C_2H_4: $\tilde{\nu} = 1623\ cm^{-1}$; $[Ag(C_2H_4)_2]^+$: $\tilde{\nu} = 1584\ cm^{-1}$; $[Fe(CO)_4(C_2H_4)]$: $\tilde{\nu} = 1551\ cm^{-1}$; $[PdCl_2(C_2H_4)]_2$: $\tilde{\nu} = 1525\ cm^{-1}$; $[PtCl_3(C_2H_4)]^-$: $\tilde{\nu} = 1516\ cm^{-1}$; $[CpRh(C_2H_4)_2]$: $\tilde{\nu} = 1493\ cm^{-1}$.

[97] Hybridorbitale mit hohem p-Anteil eines Hauptgruppenelements bilden sich nach der „*Regel von Bent*" mit wachsender Elektronegativität der Elementsubstituenten (vgl. planares CH_3, pyramidales CF_3).

der Olefinaddition an elektronenungesättigte Komplexe, die unter Normalbedingungen *existieren* (vgl. (5) und $AgNO_3 + 2$ Olefin → $[Ag(Olefin)_2]NO_3$) oder durch *Reduktion* geeigneter Vorstufen wie Metallhalogenide (6) oder Cyclopentadienylkomplexe (7) intermediär *erzeugt werden*. Bei Verwendung von konjugierten Dienen kann es hierbei zu einer *Polymerisation* am Metallzentrum kommen, wie die Umsetzung von $NiCl_2$ in Anwesenheit von Butadien C_4H_6 und AlR_3 als Reduktionsmittel zu (f) lehrt. Auch die *direkte Vereinigung* von Metallatomen und Olefinen führt vielfach zum Ziel (vgl. hierzu Anm.[95]). Schließlich sei noch die Hydridabstraktion (8) erwähnt. Sie spielt auch bei der über σ-Alkankomplexe führenden Umwandlung von Metallalkylen mit β-Alkylwasserstoff in Alkenkomplexe eine Rolle (vgl. S. 1683)[98].

$$[PtCl_4]^{2-} + C_2H_4 \xrightarrow{60\ bar} [PtCl_3(C_2H_4)]^- + Cl^- \quad (1)$$

$$[CpFeCl(CO)_2] + Ag^+ + C_2H_4 \longrightarrow [CpFe(CO)_2(C_2H_4)]^+ + AgCl \quad (2)$$

$$[Fe(CO)_5] + C_8H_{12} \xrightarrow[vgl.\,(c)]{h\nu} [Fe(CO)_3(C_8H_{12})] + 2CO \quad (3)$$

$$[Ni(C_{12}H_{18})] + 3C_2H_4 \xrightarrow[vgl.\,(b)]{} [Ni(C_2H_4)_3] + C_{12}H_{18} \quad (4)$$

$$[IrCl(CO)(PR_3)_2] + C_2H_4 \rightleftharpoons [IrCl(CO)(PR_3)_2(C_2H_4)] \quad (5)$$

$$NiCl_2 + Mn + 2C_8H_{12} \xrightarrow[vgl.\,(c)]{} [Ni(C_8H_{12})_2] + MnCl_2 \quad (6)$$

$$[Cp_2Co] + K + 2C_2H_4 \longrightarrow [CpCo(C_2H_4)_2] + KCp \quad (7)$$

$$[CpFe(CO)_2(CHMe_2)] + CPh_3^+ \longrightarrow [CpFe(CO)_2(CH_2CHMe)]^+ + HCPh_3 \quad (8)$$

Eigenschaften. Insbesondere die Monoolefinkomplexe sind thermisch vergleichsweise *labil*. So zersetzen sich etwa $[Ni(C_2H_4)_3]$, $[Fe(CO)_4(C_2H_4)]$ oder $[CpCo(C_2H_4)_2]$ bereits langsam bei Raumtemperatur unter Olefinabgabe und stellen demgemäß bewährte Überträger für Ni^0, $Fe^0(CO)_4$ bzw. $CpCo^I$ dar. Etwas stabiler sind meist Komplexe mit zweizähnigen, nichtkonjugierten Diolefinen wie 1,5-Cyclooctadien oder Norbornadien, doch fungieren selbst die Alkenkomplexe (g) und (h) noch als gute Quellen für Fe^0 oder Pd^{II}. Andererseits ist der Komplex (f) mit dem mehrzähnigen Ligand *trans-trans-trans*-1,5,9-Cyclododecatrien wegen der gespannten Koordinationsbindungen extrem reaktiv. Er wird demgemäß auch als „nacktes Nickel" bezeichnet und reagiert leicht unter Ligandenaustausch zum Beispiel mit Ethylen zu (e) bzw. mit 1,5-Cyclooctadien zu (g) (Ni anstelle von Fe). In analoger Weise lassen sich die Olefine vieler Alkenkomplexe durch andere Liganden ersetzen (zum Beispiel $[(R_3P)_2Ni(C_2H_4)] + O_2 \rightarrow [(R_3P)_2Ni(O_2)] + C_2H_4$). Eine weitere wichtige Reaktion der Alkenkomplexe stellt die Basenaddition am ungesättigten Komplexliganden dar, z.B. $[PdCl_3(C_2H_4)]^- + OR^- \rightarrow \{[PdCl_3C_2H_4OR]^{2-}\} \rightarrow Pd + 2Cl^- + HCl + CH_2{=}CHOR$ (R = H, Alkyl, Acyl); $[CpFe(CO)_2(C_2H_4)]^+ + R^- \rightarrow [CpFe(CO)_2(C_2H_4R)]$. Man vgl. hierzu auch die über Alkenkomplexe führende Einschiebung von Olefinen in MH-Bindungen (S. 1683).

Komplexe mit Butadien und seinen Derivaten

Zusammensetzung. Ähnlich wie die Alkene $>C{=}C<$ bilden auch die 1,3-Alkadiene des Typus $>C{=}\overset{|}{C}{-}\overset{|}{C}{=}C<$ mit fast jedem Übergangsmetall π-Komplexe. Typische derartige „Diene" stellen neben Butadien C_4H_6 und seinen Derivaten etwa „*Cyclopentadien*", „*Heterocyclopentadiene*" und „*Cyclohexadien*" dar (auch Kohlenwasserstoffe mit mehr als zwei konjugierten Doppelbindungen sind in einigen Fällen nur über ein 1,3-Diensystem an Komplexzentren geknüpft):

[98] Die Bildung von **Heteroalken-Komplexen** erfolgt in der Regel durch Aufbau des Heteroalkens am Komplexzentrum, z.B. $[Cp_2ZrH_2] + CO\ (150\ bar) \rightarrow [Cp_2Zr(CH_2{=}O)]$ sowie $[(R_3P)_3OsHCl(CS)] + 2CO \rightarrow [(R_3P)_2(CO)_2OsCl(HCS)] + PR_3$; $[(R_3P)_2(CO)_2OsCl(HCS)] + H^- \rightarrow [(R_3P)_2(CO)_2Os(H_2CS)] + Cl^-$. Die homologe, aus $[(R_3P)_3Os(CO)_2]$ und CH_2O erhältliche Verbindung $[(R_3P)_2(CO)_2Os(H_2CO)]$ zerfällt thermisch über $[(R_3P)_2(CO)_2OsH(HCO)]$ in $[(R_3P)_2Os(CO)_3]$ und H_2.

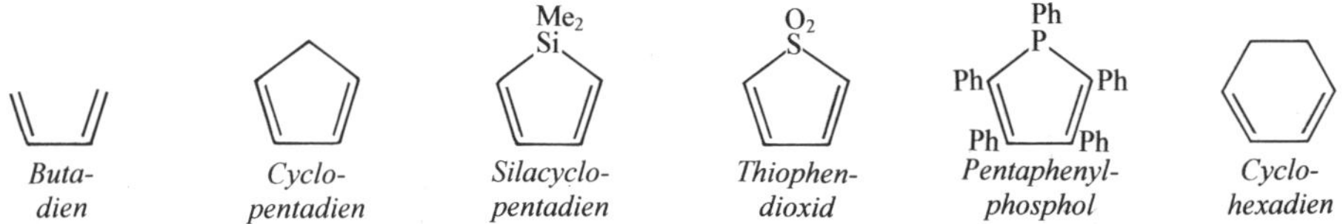

Butadien *Cyclopentadien* *Silacyclopentadien* *Thiophendioxid* *Pentaphenylphosphol* *Cyclohexadien*

1,3-Diene können 4 Elektronen (zwei π-Elektronenpaare) pro Molekül einem Komplexzentrum zur Verfügung stellen. Dementsprechend leitet sich die Verbindung $[Fe(CO)_4(C_4H_6)]$ (a) durch Austausch zweier CO-Gruppen in $Fe(CO)_5$ gegen ein Butadienmolekül ab[99]. In analoger Weise lassen sich 4CO-Gruppen in $Fe(CO)_5$ durch $2C_4H_6$-Moleküle substituieren, wobei der verbleibende CO-Ligand im resultierenden Komplex (b) durch viele andere Liganden ersetzt werden kann, u.a. durch Butadien, das dann allerdings im Sinne von (c) nur η^2-gebunden vorliegt. Weitere – sehr selten beobachtete – *homoleptische* Dienkomplexe stellen die Verbindungen $[M(C_4H_6)_3]$ mit M = Mo, W (d) dar (von $M(CO)_6$ mit M = Cr, Mo, W leiten sich auch Komplexe des Typus $[M(CO)_4(C_4H_6)]$ und $[M(CO)_2(C_4H_6)_2]$ ab). Beispiele für *heteroleptische* Dien-Komplexe sind außer (a) und (b) die Verbindungen (e)–(h)[93]. Cyclopentadien und Cyclohexadien liegen etwa den Komplexen $[Fe(CO)_3(C_5H_6)]$ und $[Fe(CO)(C_6H_8)_2]$, Dimethylsilacyclopentadien, Thiophendioxid und Pentaphenylphosphid den Komplexen $Fe(CO)_3L$ (L = betreffender Ligand) zugrunde. Wie im Falle der En-Komplexe erreichen die Metallzentren auch im Falle der Dien-Komplexe das Elektronenoktadezett teils vollständig (vgl. (a)–(d) und (f)–(h)), teils nicht vollständig (vgl. (e)).

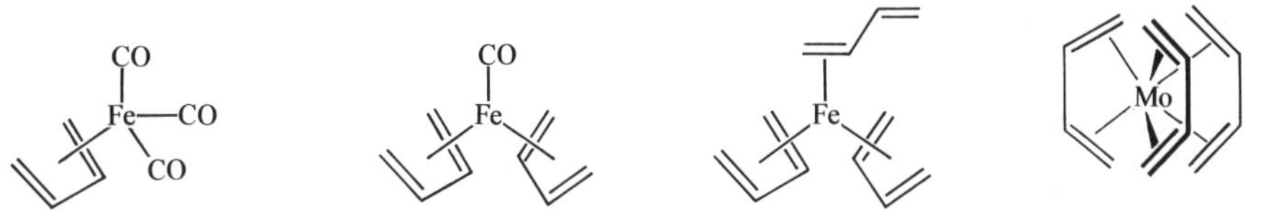

(a) (b) (c) (d)

(e) (f) (g) (h)

Strukturverhältnisse. In den Komplexen mit Alkadienen findet man u.a. *trigonale* (f), *tetraedrische* (g, h) *quadratisch-bipyramidale* (a, b, c, e) und *oktaedrische* (d) Koordinationsgeometrie (es zählt die En- bzw. Cyclopentadienylgruppierung). Allerdings sind Komplexe wie (a) fluktuierend, d.h. „*konformationslabil*". In der Regel werden Butadien und seine Derivate in ihrer *cis-Konformation* in der Weise gebunden, daß die vier zentralen C-Atome des Diens in einer Ebene liegen, deren Normale der Bindungsachse Metall-Dien entspricht (vgl. Formeln (a)–(g)). Nur in Ausnahmefällen beobachtet man bei frühen Nebengruppenelementen auch die Koordination von Dienen in ihrer – thermodynamisch günstigeren – *trans*-Form, wobei allerdings dann die C-Atome nicht mehr exakt in einer Ebene angeordnet sind (vgl. (h))[100]. Mit der Koordination von *cis*-konformierten Dienen verlängern sich die terminalen CC-Abstände und verkürzt sich die mittlere CC-Einfachbindung geringfügig (z.B. von 1.36/1.45 Å in C_4H_6 nach 1.46/1.46 Å in (a) bzw. 1.45/1.40 Å in (g)), so daß also die resultierenden CC-Bindungslängen in Dienkomplexen mehr oder weniger ausgeglichen sind. Auch bewegen sich die terminalen Doppelbindungssubstituenten im Zuge der Komplexbildung aus der Dien-Ebene in Richtung der metallabgewandten Seite, die zentralen Doppelbindungssubstituenten in Richtung des Metalls. Die Abstände der Metallzentren zu den endstän-

[99] **Geschichtliches.** Der Komplex (a) wurde von H. Reilein et al. im Jahre 1930 als erster Butadienkomplex durch Einwirkung von C_4H_6 auf $Fe(CO)_5$ bei 135 °C im Autoklaven synthetisiert.

[100] Man kennt ferner Komplexe, in welchen das Dien in seiner *cis*- oder *trans*-Form Dimetall-Cluster überspannen.

digen C-Atomen der *cis*-konformierten Diene sind länger als jene zu den mittelständigen C-Atomen, während für Komplexe mit *trans*-konformierten Dienen das Umgekehrte gilt[101].

Bindungsverhältnisse. In den Komplexen mit *cis*-Alkadienen bilden von den vier durch Wechselwirkung der vier p_z-Orbitalen der C_4-Kette erzeugten π-Molekülorbitalen (zwei elektronenbesetzte bindende und zwei elektronenleere antibindende) eines eine σ- und eines eine *π-Hinbindung* mit elektronenleeren Metallorbitalen geeigneter Symmetrie (Hybridorbitale mit d_{z^2}-, p_z- und s-Komponente in ersterem, mit d_{yz}- und p_y-Komponente in letzterem Falle; *z*-Achse = M-Dien-Bindungsachse; vgl. Fig. 328a und b), während die verbleibenden elektronenleeren π^*-Molekülorbitale eine π- bzw. *σ-Rückbindung* mit dem elektronenbesetzten d_{xz}- oder p_x-Orbital bzw. d_{xy}-Orbital eingehen (vgl. Fig. 328c und d sowie *synergetisches Bindungsmodell* von Dewar und Chatt, S. 1686). Insbesondere die π-Rückbindung führt zu einer Schwächung,

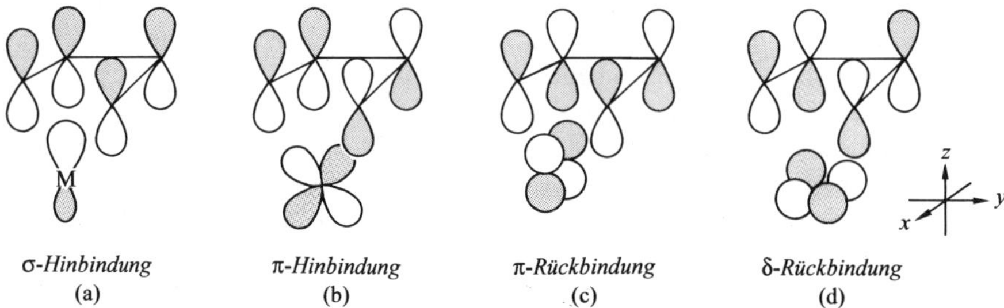

Fig. 328 Veranschaulichung der Bindungsverhältnisse in Butadienkomplexen mit σ-Donator- (a), π-Donator- (b), π-Akzeptor- (c) und δ-Akzeptor-Bindung (d) (jeweils hinsichtlich des Liganden gesehen; dunkle und helle Bereiche deuten unterschiedliche Orbitalphasen an).

d. h. Verlängerung, der terminalen und Stärkung, d. h. Verkürzung, der zentralen CC-Bindung des Diens. Mit wachsendem Elektronenflow gehen die *Dienkomplexe* (i) unter Verlängerung der terminalen und Verkürzung der mittleren CC-Bindung letztendlich in *Metallacyclopenten-Komplexe* (k) über, in welchen die terminalen CC-Bindungen der C_4-Einheit länger als die mittlere CC-Bindung sind und die terminalen C-Atome über σ-Bindungen, die mittleren C-Atome über eine π-Bindung mit dem Metallzentrum koordinieren (vgl. Ethylenkomplexe, Fig. 327, S 1687). Hierbei weisen die Strukturmerkmale der Dienkomplexe früher (später) Übergangsmetalle auf den Butadien- (den Metallacyclopenten-) Beschreibungstypus. Die π-Hin-, π-Rück- und δ-Rückbindung ist in den Dienkomplexen für die starke *Rotationsbehinderung* um die M-Dien-Bindungsachse verantwortlich. Dementsprechend sind chirale Metallkomplexe aus prochiralen Dienen wie $CH_2{=}CR{-}CR{=}CH_2$ und chiralen Metallkomplexfragmenten „*konfigurationsstabil*" und lassen sich in Enantiomere trennen, falls sie nicht vom Metallacyclopenten-Komplextypus sind. In letzteren Fällen erfolgt zwar ebenfalls keine Dien-Rotation, aber eine Dien-Inversion an beiden metallgebundenen C-Atomen des komplexgebundenen Diens gemäß (k) $\rightleftarrows$ (l).

L_mM (i) L_mM (k) $\rightleftarrows$ L_mM (l)

Darstellung, Eigenschaften. Butadien-Komplexe lassen sich wie Ethylen-Komplexe u. a. durch Ligandenaustausch (vgl. z. B. Anm.[99]) oder durch Olefinaddition an elektronenungesättigte Komplexe gewinnen, die durch Reduktion geeigneter Vorstufen als reaktive Intermediate erhalten werden (z. B. M-Atome + 3 Butadien $\rightarrow$ $M(C_4H_6)_3$ mit M = Mo, W; $MnCl_2 + 2\,C_4H_6 + PMe_3 + Mg \rightarrow$ (e) + $MgCl_2$). Metallkoordinierte Butadiene verhalten sich vergleichsweise *reaktionsträge* und unterliegen weder katalytischen Hydrierungen noch Diels-Alder-Reaktionen. Sie vermögen aber vielfach *Elektrophile* E^+ an ein terminales C-Atom unter Bildung metallkoordinierter Allyle zu addieren (vgl. weiter unten), wobei das mit der Addition entstehende elektronenungesättigte Metallatom durch Donoren im Komplex selbst (z. B. Bildung agostischer MH-Beziehungen; vgl. S. 1682) oder durch zugefügte Liganden stabilisiert wird (z. B. $[Fe(CO)_3(C_4H_6)] + H^+ + CO \rightarrow [Fe(CO)_4(C_4H_7)]^+$). Auch eine Addition von *Nucleophilen* Nu^- an einem C-Atom des komplexierten Diens ist im Falle einiger Dien-Komplexe möglich (Näheres s. u.).

[101] Bei Raumtemperatur liegen (g) und (h) mit fast gleichen Mengen im thermischen Gleichgewicht vor. 1,4-Substitution des C_4H_6-Liganden fördert die Gleichgewichtsform (h), 2,3-Substitution die Form (g).

Komplexe mit Allyl und seinen Derivaten

Zusammensetzung. Das *„Allylradikal“* $CH_2{=}CH{-}CH_2^{\bullet}$ leitet sich vom Ethylen $CH_2{=}CH_2$ durch Ersatz eines Wasserstoffs gegen eine Methylengruppe CH_2 ab. Anders als *Ethylen* oder auch *Butadien*, welche als Donoren an Metallzentren eine *gerade Zahl* von Elektronen (2 bzw. 4; vgl. S. 1685, 1688) abgeben, sind die Radikale *„Allyl“* C_3H_5 (3 Elektronendonator) und dessen Vinylogen *„Pentadienyl“* C_5H_7 (5 Elektronendonator) sowie *„Heptatrienyl“* C_7H_9 (7 Elektronendonator) Lieferanten einer *ungeraden Zahl* von Elektronen. Ein Spezialfall stellt schließlich das Diradikal *„Trimethylenmethyl“* C_4H_6 (4 Elektronendonator; Isomer von Butadien) dar, das sich vom Ethylen durch Ersatz zweier an ein C-Atom gebundener H-Atome gegen CH_2-Gruppen ableitet[93]:

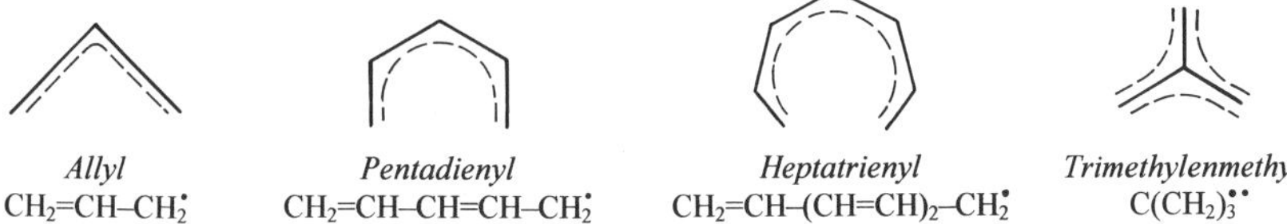

„Allyl“ und seine *Derivate* bilden mit fast allen Übergangsmetallen Komplexe. So kennt man etwa vom Grundkörper folgende *homoleptischen* Verbindungen: $[M(C_3H_5)_2]$ (a) mit M = Ni, Pd, Pt, ferner $[M(C_3H_5)_3]$ (b) mit M = V, Cr, Fe, Co, Rh und $[M(C_3H_5)_4]$ (c) mit M = Zr, Nb, Ta, Mo, W. Beispiele für *heteroleptische* Komplexe des Allyls bieten die Verbindungen (d)–(g)[102], Beispiele für Komplexe mit *„Pentadienyl“*, *„Heptatrienyl“* und *„Trimethylenmethyl“* die Verbindungen (h), (i), (k).

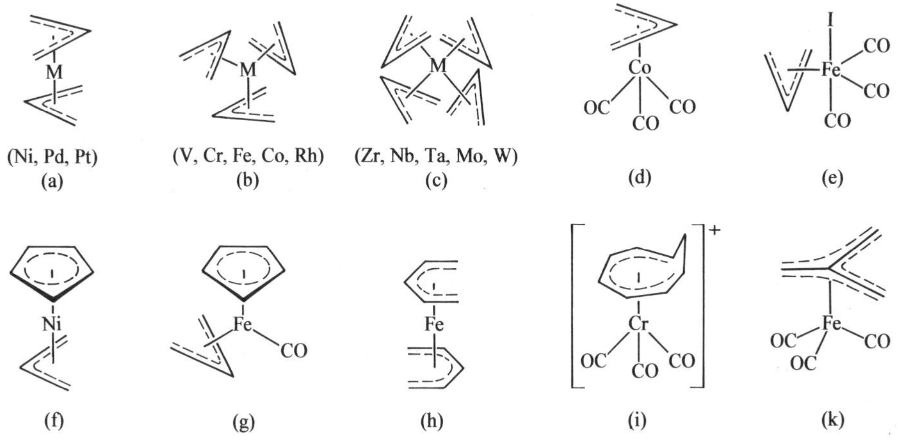

Strukturverhältnisse. Die Zentren mit komplexgebundenem Allyl sind u. a. *digonal* (a, f), *trigonal-planar* (b, g), *tetraedrisch* (c, d) oder *trigonal-bipyramidal* (e) mit Liganden umgeben (es zählt jeweils der Mittelpunkt der Allyl- und Cyclopentadienylgruppierung). Die beiden CC-Abstände sind in Allylkomplexen *gleich* lang (um 1.35 Å), die Abstände zwischen M und dem terminalen/zentralen C-Atom *ungleich* lang (z. B. 2.06/2.10 Å in $[PdCl(C_3H_5)]_2$). Die Allylsubstituenten liegen außerhalb der C_3-Ebene und weisen vom Metallzentrum weg (terminale Substituenten) bzw. zum Metallzentrum hin (zentraler Substituent). Komplexgebundene Pentadienyle zeichnen sich durch *Planarität* und ausgeglichene CC-Abstände aus. Da die beiden Dienylreste in Bis(pentadienyl)-Metallkomplexen (z. B. (h)) zudem wie in den Bis(cyclopentadienyl)-Metallkomplexen, d. h. den *Metallocenen*, näherungsweise parallel zueinander angeordnet sind (*„Sandwich-Struktur“*), bezeichnet man erstere Komplexe gelegentlich auch als *„offene Metallocene“* (ein Beispiel für einen *„Halbsandwich“* ist etwa $[Mn(CO)_3(C_5H_7)]$). Auch in den komplexgebundenen

---

[102] Als weitere Allylderivate treten u. a. *Cyclopentenyl* und *-hexenyl, Cycloheptadienyl, -trienyl, Benzyl* und sogar *Cyclopentadienyl*, aber auch *Heteroallyle* wie $O{=}CR{-}CR_2^{\bullet}$, $RN{=}CR{-}CR_2^{\bullet}$ oder $RP{=}CR{-}PR^{\bullet}$ in Komplexen auf. Auch kennt man Komplexe, in welchen der Allylligand Dimetallcluster überspannt.

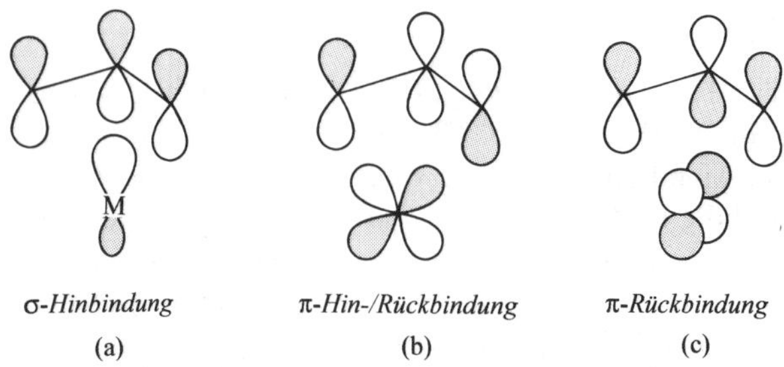

Fig. 329 Veranschaulichung der Bindungsverhältnisse in Allylkomplexen mit σ-Donator (a), π-Donatorakzeptor- (b) und π-Akzeptor-Bindung (c).

Heptatrienylen (z. B. (i)) liegen die durch sechs vergleichbar lange Bindungen verknüpften C-Atome des Trienylsystems in einer Ebene. Analoges gilt für das System Trimethylenmethyl in Komplexen. Dementsprechend ist z. B. in (k) der Metallabstand zum zentralen C-Atom (1.93 Å) kürzer als zu den terminalen C-Atomen (2.12 Å).

Bindungsverhältnisse. In den Allylkomplexen bilden von den drei (aus einer Interferenz der p_z-Orbitale der Allyl-C-Atome hervorgehenden) π-Molekülorbitalen des Allyl-Liganden das mit 2 Elektronen besetzte bindende π-MO eine σ-Hinbindung mit elektronenleeren Metallorbitalen geeigneter Symmetrie (Hybridorbitale mit d_{z^2}-, p_z- und s-Komponente; z-Achse in Richtung der C_3-Flächennormalen; vgl. Fig. 329a), das mit 1 Elektron besetzte nichtbindende π^n-MO eine π-Hin-/Rückbindung mit einem halbbesetzten d_{yz}- bzw. p_y-Metallorbital (Fig. 329b) und das elektronenleere antibindende π^*-MO eine π-Rückbindung mit einem elektronenbesetzten d_{xz}- bzw. p_x-Metallorbital (Fig. 329c; vgl. hierzu *synergetisches Bindungsmodell*, S. 1686). Die π-Hin/Rückbindung hat ersichtlicherweise eine Verstärkung der M-Bindungen mit den terminalen C-Atomen des Allylliganden zur Folge. Auch sorgt sie für eine Behinderung der Allyl-Rotation um die Allylfächennormale. Diese Rotation führt durch zwei Energieminima, bei welchen der Ligand die in Fig. 329 wiedergegebene Konformation einnimmt oder um 180° verdreht vorliegt (1a). Demgemäß bildet etwa der Komplex (e) zwei Konformere, die sich zwar bei Raumtemperatur nicht getrennt isolieren, aber immerhin NMR-spektroskopisch nebeneinander beobachten lassen. Außer durch Rotation fluktuieren Allyliganden bei erhöhter Temperatur – insbesondere in Anwesenheit von Basen – zudem im Sinne des Vorgangs (**1b**) (gemäß (**1b**) verläuft etwa die thermische Isomerisierung des Komplexes $[Co(CO)_3(\eta^3\text{-}CH_2\text{⋯}CH\text{⋯}CHCH_3)]$ mit *cis*-konformierter in einen solchen mit *trans*-konformierter C_4-Kette).

$$[M]\text{-allyl} \underset{}{\overset{(a)}{\rightleftharpoons}} [M]\text{-allyl} \qquad [M]\text{-allyl} \overset{(b)}{\rightleftharpoons} [M]\text{—}CH_2CH{=}CH_2 \qquad (1)$$

Die Bindungsverhältnisse in Pentadienyl-, Heptatrienyl- und Trimethylenmethyl-Komplexen lassen sich ähnlich wie die der Allylkomplexe über Hin- und Rückbindungen beschreiben (vgl. bzgl. der Pentadienylkomplexe die Bindungsverhältnisse in Metallocenen, S. 1701).

Darstellung. Da die *Radikale* Allyl, Pentadienyl, Heptatrienyl und Trimethylenmethyl als solche unter Normalbedingungen nicht existieren, *entfällt* als Darstellungsmethode von Komplexen der erwähnten Radikale der zur Gewinnung von Ethylen- und Butadienkomplexen genutzte Weg des *Ligandenaustauschs* sowie der *Ligandenaddition*. Andererseits hat man mit *Metallsalzen* wie C_3H_5MgBr, $C_5H_7SnMe_3$ oder *Halogeniden* wie C_3H_5Hal, $CH_2{=}C(CH_2Cl)_2$ Quellen *anionischer* bzw. *kationischer* Formen der betreffenden Radikale in Händen, die sich etwa gemäß

$$[M]\text{—}Hal + C_3H_5MgBr \xrightarrow[-\,MgBrHal]{(\mathbf{a})} \mathbf{[M](\eta^3\text{-}C_3H_5)} \xleftarrow[-\,Hal^-]{(\mathbf{b})} [\ddot{M}]^- + C_3H_5Hal \qquad (\mathbf{2})$$

durch eine Reaktion der Quellen mit *Übergangsmetallhalogeniden* oder *nucleophilen Übergangsmetallkomplexen* auf dem Wege einer Metathese an Metallzentren freisetzen lassen (vielfach bildet sich zunächst der η^1-Komplex $[M]\text{—}CH_2\text{—}CH{=}CH_2$, der sich – gegebenenfalls unter Änderung der Ligandensphäre des Komplexfragments [M] – in den erwünschten η^3-Komplex umlagert). Beispiele für (**2a**): $MHal_n + nC_3H_5MgBr \rightarrow$ (a), (b), (c) + MgBrHal; $FeCl_2 + 2C_5H_5Me_2Li \rightarrow$ (h) + 2 LiCl. – Beispiele für (**2b**): $Mn(CO)_5^- + C_3H_5Cl \rightarrow [Mn(CO)_5(\eta^1\text{-}C_3H_5)] + Cl^- \rightarrow [Mn(CO)_4(\eta^3\text{-}C_3H_5)] + Cl^- + CO$; $[CpCo(CO)_2] + C_3H_5I \rightarrow [CpCoI(C_3H_5)] + 2CO$; $Fe_2(CO)_9 + C_4H_6Cl_2 \rightarrow$ (k) + $FeCl_2$ + 6CO.

Die Allyl-, Pentadienyl- und Heptatrienylkationen und -anionen lassen sich auch am Komplexzentrum aus geeigneten Alken- bzw. Alkadien-Komplexvorstufen durch Hydrid- oder Protonen-Abstraktion bzw. -Addition erzeugen, z. B. R in **3a,b** bzw. **3c,d** gleich H bzw. CH_3):

$$[M](\eta^2\text{-}CH_2{=}CH{-}CH_3) \underset{(\mathbf{b})\,-\,H^+}{\xrightarrow{(\mathbf{a})\,-\,H^-}} \mathbf{[M](\eta^3\text{-}C_3H_5R)^{\pm}} \underset{(\mathbf{d})\,+\,H^-}{\xleftarrow{(\mathbf{c})\,+\,H^+}} [M](\eta^4\text{-}CH_2{=}CH{-}CH{=}CH_2) \quad (3)$$

In analoger Weise funktioniert die Abspaltung oder Addition von Nucleophilen oder Elektrophilen. Zur *Hydridabstraktion* nutzt man mit Vorteil Ph_3C^+ (z. B. als BF_4^--Salz: $Ph_3C^+ + H^- \rightarrow Ph_3CH$), gelegentlich auch das Metallzentrum selbst, zur *X^--Abspaltung* bzw. zur *Protonierung* starke Säuren wie HBF_4, zur *Deprotonierung* Basen wie CO_3^{2-} und zur *Hydridaddition* Hydridokomplexe wie BH_4^-. Beispiele für (**3a**): $[CpMn(CO)_2(CH_2{=}CMe{-}CH_2OH)] \rightarrow [CpMn(CO)_2(C_3H_4Me)]^+ + OH^-$; $[Cr(CO)_3L] \rightarrow$ (i) $+ H^-$ mit L = 1,3,5-Cyclooctatrien. – Beispiele für (**3b**): $[PdCl_3(CH_2{=}CH{-}CH_3)]^- \rightarrow \frac{1}{2}[PdCl(C_3H_5)]_2 + H^+ + 2Cl^-$; $[L_2RuH_4] + 2CH_2{=}CHMe \rightarrow [L_2Ru(CH_2CHMe)_2] + 2H_2 \rightarrow [L_2RuH_2(C_3H_5)_2] + 2H_2 \rightarrow [L_2Ru(C_3H_5)_2] + 3H_2$. – Beispiele für (**3c**): $[Fe(CO)_3(CH_2{=}CH{-}CH{=}CH_2) + H^+Cl^- \rightarrow [Fe(CO)_3Cl(C_3H_4Me)]$; $[CpIr(CH_2{=}CMe{-}CMe{=}CH_2)] + H^+ + CO \rightarrow [CpIr(CO)(C_3H_2Me_3)]^+$; $[CpCoL] + H^+ \rightarrow [CpCo(LH)]^+$ mit L = 1,3,5-Cyclooctatrien. – Beispiele für (**3d**): $[Mn(CO)_3(C_6H_6)]^+ + H^- \rightarrow [Mn(CO)_3(C_6H_7)]$; $[Fe(CO)_3(CH_2{=}CH{-}CH{=}CH_2)] + Me^- \rightarrow [Fe(CO)_3(C_3H_4Et)]^-$.

Eine weitere Methode zur Darstellung von Allylkomplexen stellt schließlich die Hydrometallierung von Butadienen dar, z. B. $[HCo(CO)_4] + CH_2{=}CH{-}CH{=}CH_2 \rightarrow [Co(CO)_4(CH_2{-}CH{=}CH{-}CH_3)] \rightarrow [Co(CO)_3(C_3H_4Me)] + CO$. Auch lassen sich Pentadienylkomplexe gelegentlich durch Umwandlung in Allylkomplexe überführen, z. B. $[Mn(CO)_3(\eta^5\text{-}C_5H_7)] + PMe_3 \rightarrow [Mn(CO)_3(PMe_3)(\eta^3\text{-}C_3H_4Vi)]$.

Eigenschaften. Mit der Komplexierung von Alkenen wie Ethylen, Butadien, Allyl nimmt deren Bereitschaft zur Addition von Nucleophilen – insbesondere bei Vorliegen *kationischer Metallzentren* – wegen der Ladungsübertragung von den Alkenen auf das Komplexzentrum deutlich zu, so daß man Allyl- oder Pentadienyl-Komplexe in der organischen Synthese zu *elektrophilen Allylierungen* oder *Pentadienylierungen* nutzen kann, wie etwa folgende durch PdL_4 (L = PPh_3) katalysierte, stereospezifisch unter Konfigurationserhalt erfolgende Substitution: $CH_2{=}CH{-}CH_2OAc + Nu^- \rightarrow CH_2{=}CH{-}CH_2Nu + OAc^-$ lehrt (Analoges gilt für Derivate von $CH_2{=}CH{-}CH_2OAc$):

$$PdL_4 \xrightleftharpoons{\mp 2L} PdL_2 \xrightarrow{+\,C_3H_5OAc} [L_2Pd(OAc)(C_3H_5)] \underset{-\,OAc^-}{\xrightarrow{+\,Nu^-}} C_3H_5Nu$$

Sind *zwei* Alkene mit *unterschiedlicher* π-Elektronenzahl an ein Metallzentrum koordiniert, so reagieren offene Oligoolefinliganden mit Nucleophilen rascher als geschlossene und Liganden mit einer geraden π-Elektronenanzahl (Nu^--Angriff immer am terminalen Ende eines offenen π-Systems) rascher als solche mit einer ungeraden π-Elektronenanzahl (Nu^--Angriff meist in der Mitte eines offenen π-Systems). Demgemäß führt die H^--Addition an $[Cp_2W(C_3H_5)]^+$ zu $[Cp_2W(C_3H_6)]$ mit Metallacyclobutanring $W(CH_2)_3$ und die an $[(C_6H_6)Mo(C_3H_5)(C_4H_6)]^+$ zu $[(C_6H_6)Mo(C_3H_5)(C_3H_4Me)]$.

Allylkomplexe können auch Zwischenprodukte der durch einige Übergangsmetallkomplexe katalysierten Alkenisomerisierung sein. So kann sich das thermisch aus $Fe_3(CO)_{12}$ bildende $Fe(CO)_4$ mit Alkenen $CH_2{=}CH{-}CH_2R$ zu *Ethylenkomplexen* $[Fe(CO)_4(CH_2{=}CH{-}CH_2R)]$ vereinigen, welche unter H^--Verschiebung vom Alken zum Eisen und wieder zurück zum Alken bei gleichzeitiger CO-Eliminierung und -Addition auf dem Wege über *Allylkomplexe* $[HFe(CO)_3(CH_2{\overset{...}{-}}CH{\overset{...}{-}}CHR)]$ in *isomere Ethylenkomplexe* $[Fe(CO)_4(CH_3{-}CH{=}CHR)]$ übergehen, die ihrerseits unter CO-Aufnahme und Rückbildung des Katalysators $Fe(CO)_4$ Alkene $CH_3{-}CH{=}CHR$ abspalten (bezüglich eines weiteren Isomerisierungsmechanismus vgl. S. 1562). Auch bei katalytischen Olefindimerisierungen können Allylkomplexe als Zwischenstufen auftreten, z. B.:

$$LNi(CO)_3 \underset{-3CO}{\xrightarrow{+(CH_2CH{=}CHCH_2Br)_2}} L{\rightarrow}Ni(\text{bis-allyl}) \underset{+3CO}{\xrightarrow{L\,=\,PR_3}} \text{4-Vinylcyclohexen}$$

(Vgl. hierzu auch S. 1688.)

2.4.2 Alkinkomplexe (Acetylenkomplexe)[29, 103)]

Zusammensetzung. Alkine des Typus —C≡C— bilden mit den Metallen der 4.–10. Gruppe (IV.–VIII. Nebengruppe) π-Komplexe. Zu derartigen „Inen" zählen das „*Acetylen*" und dessen *Derivate* $C_2H_{2-n}X_n$ ($n = 0, 1, 2$), ferner auch Alkine, die sich wie „*Cyclohexin*" oder „*Benz-in*" in freiem Zustande nur als reaktive Zwischenstufen nachweisen lassen sowie schließlich meta- und instabile „*Heteroalkine*" wie etwa „Phosphaalkine" (die homologen „Nitrile" R—C≡N: bilden meist nur n-Komplexe $L_nM \leftarrow N{\equiv}CR$, während die Phosphaalkine R—C≡P: in der Regel π-Komplexe liefern):

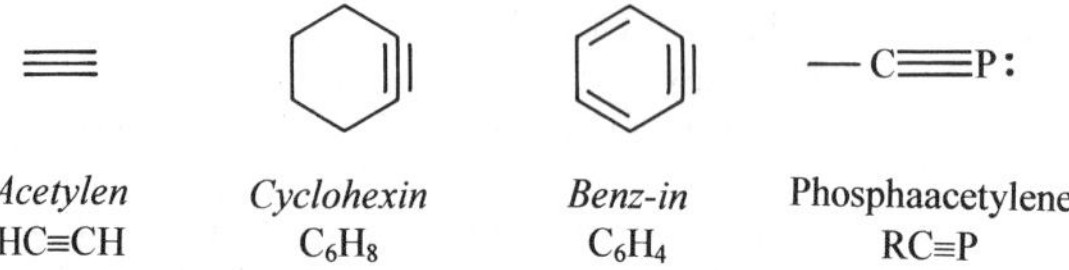

Acetylen	*Cyclohexin*	*Benz-in*	Phosphaacetylene
HC≡CH	C_6H_8	C_6H_4	RC≡P

Acetylene vermögen einem Komplexzentrum *zwei* oder *vier* Elektronen zur Verfügung zu stellen. So leitet sich der Komplex $[Fe(CO)_4(C_2{}^tBu_2)]$ (i) von $Fe(CO)_5$ durch Austausch einer CO-Gruppe (2 Elektronendonator) gegen das Alkin $^tBuC{\equiv}C^tBu$, der Komplex $[CpMoCl(CO)(C_2Ph_2)]$ von $[CpMoCl(CO)_3]$ durch Austausch zweier CO-Gruppen gegen das Alkin PhC≡CPh ab. Da andererseits im Komplex $[W(CO)(C_2Et_2)_3]$ (g) 5 CO-Gruppen des Hexacarbonyls $W(CO)_6$ gegen 3 Alkinliganden EtC≡CEt ersetzt sind, wirken in (g) zur Erreichung einer effektiven Elektronenzahl von 18 für das Zentralmetall formal ein Alkinmolekül als 2-, zwei Alkin-Moleküle als 4-Elektronendonatoren (da die drei Liganden C_2Et_2 in (f) gleichartig gebunden sind, muß der Bindungszustand des Komplexes durch Mesomerie von drei Grenzstrukturen beschrieben werden, in welcher jeweils ein anderes Alken als 2-Elektronendonator wirkt).

Nur in Ausnahmefällen lassen sich Komplexe wie (b) oder (l) mit dem *Grundkörper der Alkine*, dem Acetylen, gewinnen (stabiler sind insbesondere Komplexe mit sperrig substituierten Alkinen, s.u.). Auch stellen *homoleptische* Alkinkomplexe wie (a) die Ausnahme dar. Einige Beispiele aus der großen Verbindungsklasse der *heteroleptischen Alkinkomplexe* mit „einfachem" Metallzentrum bieten die Substanzen (b)–(k). Sie enthalten meist *niedriger-valente* und nur selten (vgl. (k)) *höher-valente* Metalle. Die Komplexzentren können hierbei mit *ein, zwei* oder gar *drei* Alkinliganden koordiniert sein (vgl. (e), (f), (g)). Als Beispiele für Komplexe mit den *instabilen Alkinen* Benz-in und Cyclohexin seien die Verbindungen (c) und (h), als Beispiel für einen Komplex mit dem *Heteroalkin tert*-Butylphosphaacetylen die Verbindung (d) genannt. Außer Komplexen mit einfachen Metallzentren kennt man ferner solche wie (l) und (m) mit Metallclusterzentrum. Analogen Bau wie (l) haben andere Co-Komplexe $[Co_2(CO)_6(C_2R_2)]$, aber auch Ni- und Pd-Komplexe $[Cp_2M_2(C_2R_2)]$ sowie Fe-Komplexe $[Fe_2(CO)_6(C_2R_2)]$ und $[Fe_2(CO)_4(C_2R_2)_2]$ (C_2R_2 ober- und unterhalb der FeFe-Bindung; jeweils FeFe-Doppelbindung), analogen Bau wie (m) die Ru- und Os-Komplexe $[M_3(CO)_{12}(C_2R_2)]$, $[M_3(CO)_9(C_2R_2)_2]$ (Alkinliganden auf beiden M_3-Flächenseiten) und $[Ru_4(CO)_{12}(C_2Ph_2)]$ (C_2Ph_2 über einer Ru_4-Tetraederfläche).

Strukturverhältnisse. Die Metallzentren der Alkinkomplexe sind teils *digonal* wie in (a), *trigonal-planar* wie in (b), (c), (d) oder *quadratisch-planar* wie in (e), teils *tetraedrisch* wie in (f), (g), (h), *trigonal-bipyramidal* wie in (i) oder *oktaedrisch* wie in (k) strukturiert (es zählt jeweils der Mittelpunkt der Alkin- bzw. Cyclopentadienyl-Gruppierung). Die CC-Achse von —C≡C— verläuft teils in der Ligandenebene (vgl. (b), (c), (i)), teils senkrecht hierzu (vgl. (e), (f), (g), (h)). In Komplexen mit Dimetallclustern sind die

---

[103] **Literatur.** M.A. Bennett: „*Olefin and Acetylene Complexes of Transition Metals*", Chem. Rev. **62** (1962) 611–652; R.G. Guy, B.L. Shaw: „*Olefin, Acetylene, π-Allylic Complexes of Transition Metals*", Adv. Inorg. Radiochem. **4** (1962) 77–131; F.R. Hartley: „*Olefin and Acetylene Complexes of Platinium and Palladium*" Chem. Rev. **69** (1969) 799–844; L. Pettit, D.S. Barnes: „*The Stability and Structures of Olefin and Acetylene Complexes of Transition Metals*", Fortschr. Chem. Forsch. **28** (1972) 85–139.

(a)

(b)

(c)

(d)

(e)

(f)

(g)

(h)

(i)

(k)

(l)

(m)

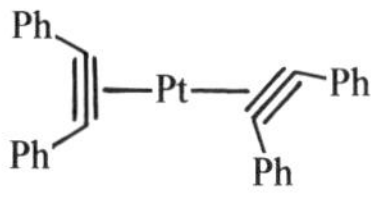

MM- und CC-Achsen, in Trimetallclustern die M_3-Fächennormalen und die CC-Achse senkrecht zueinander ausgerichtet (vgl. (l), (m)).

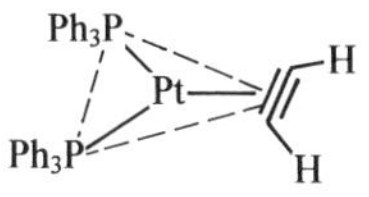

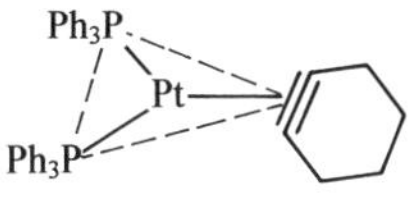

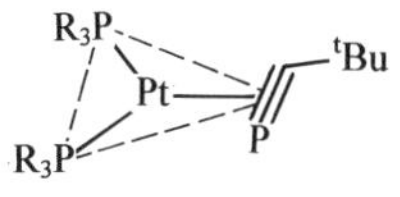

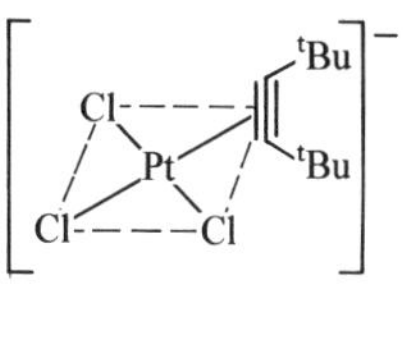

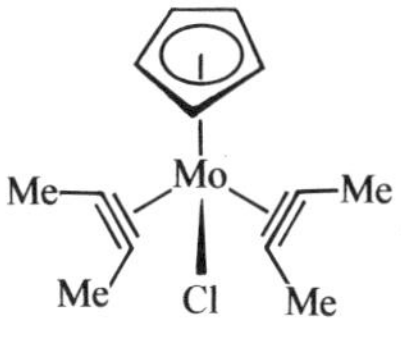

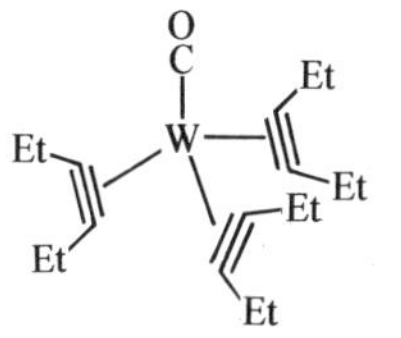

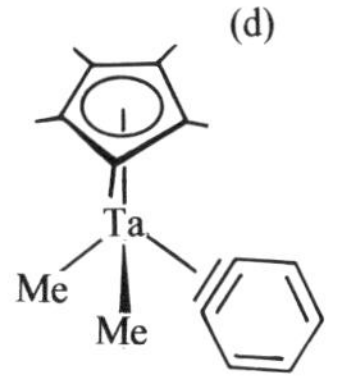

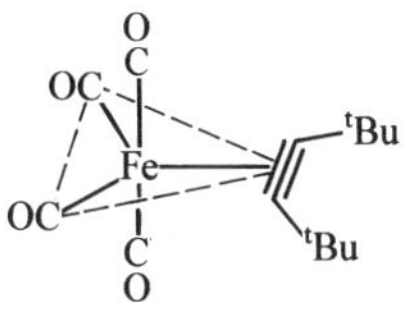

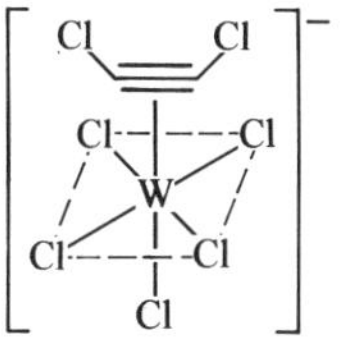

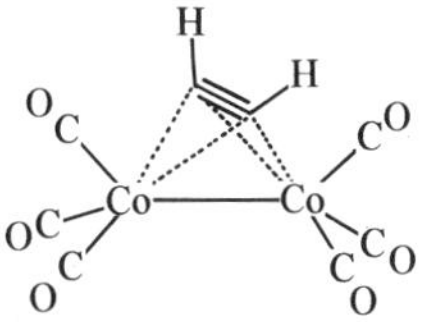

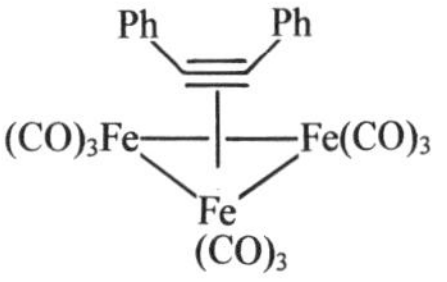

Mit der Koordination eines Alkins X—C≡C—X verlängert sich dessen CC-*Abstand* von 1.20 Å in HC≡CH teilsweise bis auf über 1.35 Å (z. B. 1.24 Å in $[PtCl_2(NH_2Tol)(C_2{}^tBu_2)]$, 1.28 Å in (a) und (k), 1.297 Å in (c), 1.32 Å in $[Pt(PPh_3)_2(C_2Ph_2)]$, 1.36 Å in (h), 1.46 Å in (l)). Auch geht bei der Koordination die *Linearität des Alkins verloren*: die Substituenten X bewegen sich in Richtung der metallabgewandten Seite, d.h. der Winkel CCX wird < 180° (z.B. 165° in $[PtCl_2(NH_2Tol)(C_2{}^tBu_2)]$, 153° in (a), 144° in (k), 140° in $[Pt(PPh_3)_2(C_2Ph_2)]$. Hierbei entspricht eine CC-Abstandsverlängerung in der Regel einer CCX-Winkelverkleinerung.

Bindungsverhältnisse. In den Alkinkomplexen fungiert das elektronenbesetzte π_z-Molekülorbital der „side-on" gebundenen Gruppe —C≡C— als Zweielektronen-Donator hinsichtlich eines elektronenleeren Metallorbitals geeigneter Symmetrie (Hybridorbital mit d_{z^2}-, $d_{x^2-y^2}$, s-, p_z-Komponente; z-Achse = M-Alkin-Bindungsachse; vgl. Fig. 330a). Die resultierende *σ-Hinbindung* („*Dreizentren-Zweielektronen-Bindung*") erfährt wie im Falle der Alkenkomplexe (S. 1686) durch *π-Rückbindung* von Elektronen aus einem elektronenbesetzten Metallorbital geeigneter Symmetrie (d_{xz}, p_x) in das elektronenleere π_z^*-MO des Alkins zusätzlich Verstärkung (Fig. 330b). Darüber hinaus kann das elektronenbesetzte π_x-MO des Alkins eine *π-Hinbindung* mit elektronenleeren AOs des Metalls geeigneter Symmetrie (z. B. d_{xz}, p_x; x-Achse senkrecht zur Papierebene; vgl. Fig. 330c), das elektronenleere π_x^*-MO des Alkins eine – meist weniger wichtige – *δ-Rückbindung* mit dem elektronenbesetzten d_{xy}-AO des Metalls ausbilden (Fig. 330d). Insbesondere die π-Rückbindung führt zu einer Schwächung und damit Verlängerung der CC-Bindung. Mit wachsendem Elektronenflow geht der *Alkin-Komplex* unter sukzessiver Verlängerung der CC-Bindung und Verkleinerung des CCX-Winkels in einen *Metallacyclopropen-Komplex* über (CC-Abstände in HC≡CH 1.20 Å,

σ-Hinbindung mit π_z (a) | **π-Rückbindung mit π_z^*** (b) | **π-Hinbindung mit π_x** (c) | **δ-Rückbindung mit π_x^*** (d)

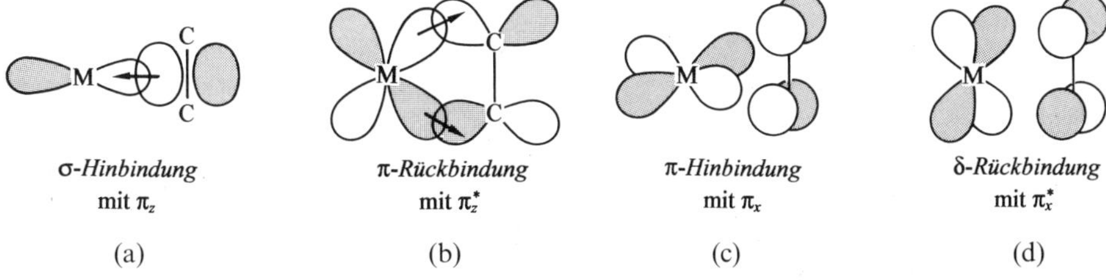

Fig. 330 Veranschaulichung der Bindungsverhältnisse in Acetylenkomplexen mit σ-Donator- (a), π-Akzeptor- (b), π-Donator- (c) und δ-Akzeptor-Bindung (d) (jeweils hinsichtlich des Liganden gesehen; dunkle und helle Bereiche symbolisieren unterschiedliche Orbitalphasen).

in $H_2C{=}CH_2$ 1.35 Å)[104]. Analoges gilt in besonderem Maße für *Alkin-Metallcluster-Komplexe*, so daß etwa die Formulierung der Verbindung (l) als Alkin-Komplex etwas willkürlich ist; man könnte sie ebenso als *Dimetalltetrahedran-Komplex* bezeichnen.

Darstellung. Die Alkinkomplexe gewinnt man wie die Alkenkomplexe durch Ligandensubstitution (z. B. Austausch von Halogenid, Kohlenstoffmonoxid, Alkenen gegen Alkine) (1, 2) sowie durch Alkinaddition an elektronenungesättigte Komplexe, die unter Normalbedingungen *existieren* (3) oder durch Reduktion geeigneter Vorstufen *erzeugt werden* (4). Der Komplex (c) wird andererseits durch Abfangen des *Intermediats* der Enthalogenierung von Dibromcyclohexen mit Natrium (5), der Komplex (h) durch *thermische Methaneliminierung* (6) hergestellt.

$$[(Ph_3P)_2Pt(C_2H_4)] + C_2H_2 \text{ bzw. } {}^tBuCP \rightarrow (c) \text{ bzw. } (d) + C_2H_4 \quad (1)$$
$$[CpMoCl(CO)_3] + 2\,C_2Me_2 \rightarrow (f) + 3\,CO \quad (2)$$
$$[Co_2(CO)_8] + C_2H_2 \rightarrow (l) + 2\,CO \quad (3)$$
$$2\,WCl_6 + 6\,C_2Cl_4 \rightarrow [WCl_4(C_2Cl_2)]_2 + 4\,C_2Cl_6 \quad (4)$$
$$[(Ph_3P)_3Pt] + C_6H_8Br_2 + 2\,Na \rightarrow (c) + Ph_3P + 2\,NaBr \quad (5)$$
$$[Cp^*TaMe_3Ph] \xrightarrow{\Delta} (h) + CH_4 \quad (6)$$

Eigenschaften. Alkinkomplexe spielen eine wesentliche Rolle als Zwischenprodukte der – auch technisch durchgeführten (vgl. S. 1585) – *Oligomerisierung von Alkinen* zu Cyclobutadienen, Benzolderivaten, Cyclooctatetraenen bzw. – unter Beteiligung von Kohlenoxid oder Nitrilen – zu Cyclopentadienonen, Chinonen, Pyridinen usw. Tatsächlich lassen sich vielfach nur Alkinkomplexe $[L_mM(C_2X_2)]$ mit sperrigen Substituenten X isolieren, da anderenfalls rasche Folgereaktionen zu Komplexen der betreffenden Oligomeren führen. So erhält man etwa bei der Reaktion von $[CpCo(C_2H_4)_2]$ mit C_2Me_2 den Benzolkomplex (n), bei der Reaktion von $Fe(CO)_5$ mit C_2Ph_2, C_2H_2 bzw. C_2Me_2 den Cyclobutadien, Cyclopentadienon- bzw. Chinonkomplex (o), (p) bzw. (q). Als Reaktionszwischenprodukt mit C_2H_2 entsteht hierbei der Komplex (r). Als Folge der Reaktion von $[Cp(CO)_2M{\equiv}M(CO)_2Cp]$ (M = Cr, Mo) mit $RC{\equiv}CR$ lassen sich sogar der Reihe nach Komplexe mit einem Alkinliganden vom Typ (l) und mit zwei, drei sowie vier miteinander verknüpften Alkinliganden vom Typ (s), (t) sowie (u) isolieren.

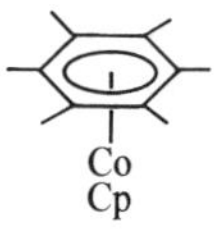

Co Cp (n) | Ph Ph Ph Ph Fe $(CO)_3$ (o) | O Fe $(CO)_3$ (p) | O O Fe $(CO)_3$ (q)

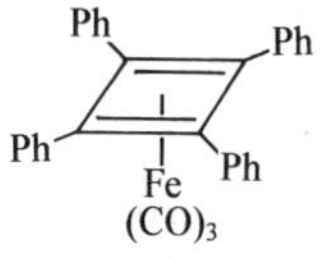

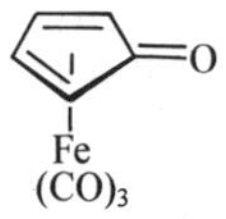

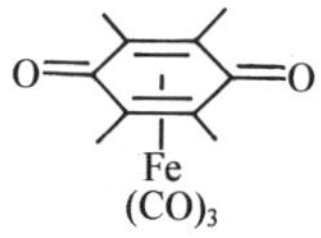

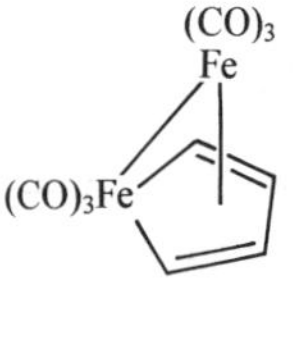

$(CO)_3$Fe $(CO)_3$Fe (r) | CpM MCp C O (s) | CpM MCp (t) | CpM MCp (u)

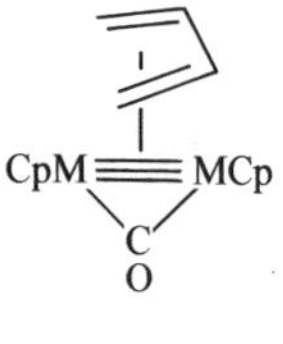

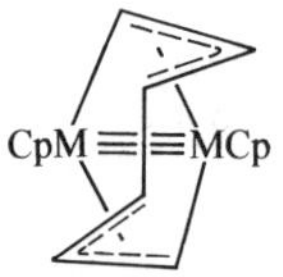

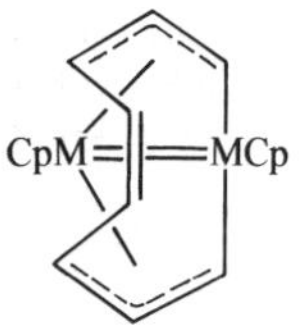

2.4.3 Aromatenkomplexe[29, 105]

Ungesättigte cyclische Kohlenwasserstoffe mit der *magischen Zahl* von $(4n + 2)$ konjugierten (delokalisierten) π-Elektronen zählt man zur Verbindungsklasse der „*Aromaten*" (S. 853). Sie

[104] Die Schwingungszahlen der CC-Valenzschwingungen von Alkinkomplexen liegen im Bereich zwischen $\tilde{\nu}$ für freies Acetylen (2100 cm^{-1}) und freies Ethylen (1623 cm^{-1}).

[105] **Literatur.** Allgemein. G. Wilkinson, F. A. Cotton: „*Cyclopentadienyl and Arene Metal Complexes*", Progr. Inorg. Chem. **1** (1959) 1–124; E. O. Fischer, H.-P. Fritz: „*π-Komplexe benzoider Systeme mit Übergangsmetallen*", Angew.

bilden ähnlich wie die „*Alkene*" (S. 1684) und „*Alkine*" (S. 1694) mit Übergangsmetallen bzw. Metallkomplexfragmenten π-Komplexe, die sich häufig durch besonders hohe Stabilität auszeichnen. Wichtige derartige – teils neutrale, teils geladene – Aromaten C_nH_n mit 2, 6 und 10 π-Elektronen ($n = 0, 1, 2$ in obiger Gleichung) sind nachfolgend wiedergegeben[93]. Von ihnen leiten sich durch Anknüpfung bzw. Angliederung aromatischer Systeme sowie durch Substitution eines oder mehrerer C- gegen Heteroatome weitere Aromaten ab (s. u.).

Cyclopropenylium $C_3H_3^+$ (2π)

Cyclobutendiid $C_4H_4^{2-}$ (6π)

Cyclopentadienid $C_5H_5^-$ (6π)

Benzol C_6H_6 (6π)

Tropylium $C_7H_7^+$ (6π)

Cyclooctatriendiid $C_8H_8^{2-}$ (10π)

Zur Ermittlung der *effektiven Elektronenzahl* des Komplexzentrums eines Aromatenkomplexes (häufig 18 Elektronen) geht man meist von *neutralen* Metallatomen und Ringsystemen aus. Man berücksichtigt also anstelle der wiedergegebenen Aromaten mit 2-, 6- bzw. 10 π-Elektronen den 3e-Donator „*Cyclopropyl*" $C_3H_3^{\bullet}$, den 4e-Donator „*Cyclobutadien*" C_4H_4, den 5e-Donator „*Cyclopentadienyl*" $C_5H_5^{\bullet}$, den 6e-Donator „*Benzol*" C_6H_6, den 7e-Donator „*Cycloheptatrienyl*" („*Tropyl*") $C_7H_7^{\bullet}$ und den 8e-Donator „Cyclooctatetraen" C_8H_8. Für das Fe-Atom in Bis(cyclopentadienyl)eisen („*Ferrocen*") $(C_5H_5)_2Fe = Cp_2Fe$ errechnet sich hiernach die effektive Elektronenzahl zu 8 (Fe) + 2 × 5 (Cp) = 18.

Nachfolgend sollen zunächst die besonders wichtigen *Cyclopentadienyl-*, dann die *Benzol-* und schließlich *sonstige Aromaten-Komplexe* der Übergangsmetalle behandelt werden.

Metallocene und ihre Derivate.[29, 105, 106)] Homoleptische Cyclopentadienyl-Metallkomplexe

Zusammensetzung. „*Cyclopentadienid*" $C_5H_5^-$ (Cp^-) bildet mit *jedem Übergangsmetall* Komplexe (Entsprechendes trifft auch für fast alle anderen Elemente zu; s. dort). Die hier zu behandelnden *homoleptischen* Cyclopentadienyl-Übergangsmetallkomplexe weisen, wie aus

---

Chem. **73** (1961) 353–364; K. Plesske: „*Ringsubstitutionen und Folgereaktionen an Aromaten-Metall-π-Komplexen*", Angew. Chem. **74** (1962) 301–316, 347–352; P. L. Pauson; „*Aromatic Transition-Metal Complexes – The First* 25 *Years*", Pure Appl. Chem. **49** (1977) 839–855; H. Werner: „*Elektronenreiche Halbsandwich-Komplexe – Metall-Basen par excellance*", Angew. Chem. **95** (1983) 932–954; Int. Ed. **22** (1983) 927. – Cyclopentadienyl-Komplexe. W. F. Little: „*Metallocenes*", Survey Progr. Chem. **1** (1963) 133–210; J. M. Birmingham: „*Synthesis of Cyclopentadienyl-Metal Compounds*", Adv. Organomet. Chem. **2** (1964) 365–413; M. Rosenblum: „*Chemistry of the Iron Group Metallocenes: Ferrocene, Ruthenocene, Osmocene*", Wiley, New York 1965; K. Schlögl: „*Stereochemie von Metallocenen*", Fortschr. Chem. Forsch. **6** (1966) 479–514; A. Haaland: „*Molecular Structures and Bonding in the* 3*d Metallocenes*", Acc. Chem. Res. **12** (1979) 415–422; M. J. Winter: „*Unsaturated Dimetal Cyclopentadienyl Carbonyl Complexes*", Adv. Organomet. Chem. **29** (1989) 101–162; C. B. Hunt: „*Metallocenes – The First* 25 *Years*", Educ. Chem. **14** (1977) 110–113; K. Jonas: „*Reactive Organometallic Compounds from Metallocenes*", Angew. Chem. **97** (1985) 292–307; Int. Ed. **24** (1985) 295. – Aren-Komplexe. E. L. Muetterties, J. R. Bleeke, E. J. Wucherer, T. A. Albright: „*Structural, Stereochemical, and Electronic Features of Arene-Metal Complexes*", Chem. Rev. **82** (1982) 499–525; M. J. Glinchey: „*Slowed Tripodal Rotation in Arene Chromium Complexes: Steric and Elektronic Barrieres*", Adv. Organomet. Chem. **34** (1992) 285–325; H. Wadepohl: „*Benzol und seine Derivate als Brückenliganden in Übergangsmetallkomplexen*", Angew. Chem. **104** (1992) 253–268; Int. Ed. **31** (1992) 247; W. E. Silverthorn: „*Arene Transition Metal Chemistry*", Adv. Organomet. Chem. **13** (1975) 47–137. – Sonstige Aromaten Komplexe. P. M. Maitlis: „*Cyclobutadiene-Metal Complexes*", Adv. Organomet. Chem. **4** (1964) 95–143; M. A. Bennet: „*Metal π-Complexes Formed by Seven-membered and Eight-Membered Carbonylic Compounds*", Adv. Organomet. Chem. **4** (1966) 353–387; H. Werner: „*Neue Varietäten von Sandwichkomplexen*", Angew. Chem. **89** (1977) 1–10; Int. Ed. **16** (1977) 1–9; A. Efraty: „*Cyclobutadiene Metal Complexes*", Chem. Rev. **77** (1977) 691–744. – Heteroaromaten-Komplexe. N. Grimes: „*Metal Sandwich Complexes of Cyclic Planar and Pyramidal Ligands Containig Boron*", Coord. Chem. Rev. **28** (1979) 47–96; G. Herberich, H. Ohst: „*Borabenzene Metal Complexes*", Adv. Organomet. Chem. **24** (1985) 199–236; W. Siebert: „2,3-*Dihydro*-1,3-*diborol-Metallkomplexe mit aktivierten CH-Bindungen, Bausteine für viellagige Sandwichverbindungen*", Angew. Chem. **97** (1985) 924–936; Int. Ed. **24** (1985) 924; W. Siebert: „*Di- and Trinuclear Metal Complexes of Diboraheterocycles*", Adv. Organomet. Chem. **35** (1993) 187–210.

106 **Geschichtliches.** Nach erstmaliger Gewinnung einer Cyclopentadienyl-Metallverbindung, C_5H_5K, aus C_5H_6 und K durch Thiele (1901), konnten S. A. Miller, J. A. Tebboth et al. sowie – unabhängig – T. J. Kealy, P. L. Pauson mit $(C_5H_5)_2Fe$ (gewonnen nach: C_5H_5 + Fe bei 300 °C in der Gasphase bzw. $C_5H_5MgBr + FeCl_3$ bei 25 °C in Lösung) im Jahre 1951 erstmals einen Übergangsmetall-Aromatenkomplex synthetisieren, deren „*Doppelkegel-*" bzw, „*Sandwich-Struktur*" im Jahre 1952 von E. O. Fischer (Nobelpreis 1973), basierend auf röntgenstrukturanalytischen Studien, und – unabhängig – von G. Wilkinson (Nobelpreis 1973), basierend auf spektroskopischen Studien, erkannt wurde.

Tab. 147 Homoleptische Cyclopentadienylkomplexe der Übergangsmetalle (jeweils dritte/vierte Reihe: Smp./μ_{mag}).

3	4	5	6	7	8	9	10	11	12
III	IV	V	VI	VII	VIII			I	II
$(Cp_3Sc)_x$ *farblos* 240 °C diamag.	**$(Cp_2Ti)_2$**[a] *grün* 200 °C (Z) 0.84 BM	**Cp_2V** *purpurf.* 167 °C 3.84 BM	**Cp_2Cr** *rot* 173 °C 3.20 BM	**$(Cp_2Mn)_x$** *braun* 173 °C 5.81 BM	**Cp_2Fe** *orangef.* 173 °C diamag.	**Cp_2Co** *schwarz* 173 °C 1.76 BM	**Cp_2Ni**[b] *grün* 173 °C 2.86 BM	**$(CpCu)_x$**[c] – – –	**Cp_2Zn** *farblos* Zers. diamag.
$(Cp_3Y)_x$ *farblos* 295 °C diamag.	**$(Cp_2Zr)_x$**[a] *dunkelrot* Zers. diamag.	**$(Cp_2Nb)_2$**[d] *gelb* – diamag.	**$(Cp_2Mo)_2$**[e] *schwarz* – –	**$(Cp_2Tc)_2$** – – –	**Cp_2Ru** *cremef.* 201 °C diamag.	**Cp_2Rh**[f] *schwarz* – paramag.	**$(Cp_2Pd)_2$**[d] *rot* – diamag.	**$(CpAg)_x$**[f] – – –	**Cp_2Cd** *farblos* Zers. diamag.
$(Cp_3La)_x$[g] *farblos* 320 °C diamag.	**$(Cp_2Hf)_x$**[a] *dunkelrot* Zers. diamag.	**$(Cp_2Ta)_2$**[d]	**$(Cp_2W)_2$**[e] *grüngelb* – –	**$(Cp_2Re)_2$** – – –	**Cp_2Os** *farblos* 230 °C diamag.	**Cp_2Ir**[f] *dunkel* – paramag.	**$(Cp_2Pt)_2$**[d] *grün* – diamag.	**$(CpAu)_x$**[f] *gelb* explosiv diamag.	**Cp_2Hg** *farblos* – diamag.

a) Jeweils mehrere isomere Formen (vgl. Text). Man kennt auch **Cp_3Ti** (*grün*, μ_{mag} ca. 2 BM), **Cp_4Ti** (*blauschwarz*, Smp. 128 °C, diamag.), **Cp_4Zr** (diamag.), **Cp_4Hf** (diamag). – **b)** Man kennt auch **$(CpNi)_6$**. – **c)** CpCu und CpAg nur in Form von Addukten wie $CpM(PPh_3)$ isolierbar. $(CpAu)_x$ läßt sich mit PPh_3 in stabiles $CpAu(PPh_3)$ (Zers. 100 °C) verwandeln. – **d)** Man kennt auch **Cp_4Nb** und **Cp_4Ta.** – **e)** Jeweils mehrere isomere Formen (vgl. Text). – **f)** Nur bei tiefen Temp. metastabil. Unter Normalbedingungen dimer. – **g)** Alle *Lanthanoide* bilden Cp-Verbindungen der Form **Cp_3M**, viele *Actinoide* solche der Form **Cp_3M** und **Cp_4M**.

Tab. 147 hervorgeht, meist die Formel **Cp_2M** auf und werden bei Vorliegen dieser Zusammensetzung allgemein als **Metallocene**, speziell als „*Ferrocen*" (M = Fe), „*Cobaltocen*" (M = Co) usw. bezeichnet[107]. In einigen Fällen existieren aber auch – zusätzlich oder ausschließlich – Komplexe der Stöchiometrie **CpM** (M = Ni, Cu, Ag, Au), **Cp_3M** (M = Sc, Y, La, Ac, Ti) und **Cp_4M** (M = Ti, Zr, Hf, Nb, Ta). Wie der Tab. 147 ferner zu entnehmen ist, liegen die Metallocene teils *monomer*, teils *di-*, *oligo-* und *polymer* vor. In letzteren Fällen enthalten sie in der Regel einen strukturveränderten Cp-Liganden (s. u.) und stellen also – im strengen Sinne – keine Metallocene mehr dar. Es konnten aber viele dieser „aggregierten" Komplexe bei tiefen Temperaturen in Lösung, in der Tieftemperaturmatrix oder in der Gasphase in Form „echter" monomerer Metallocene isoliert bzw. nachgewiesen werden.

Außer Cyclopentadienid bilden auch sehr viele H-Substitutionsprodukte von $C_5H_5^-$ metallocenanaloge Komplexe. Substituenten in derartigen „*Derivaten*" sind u.a. Me, Ph, Cp, Hal, OR, SR, NR_2, PR_2, COOR, CRO, SiR_3, $B(OR)_2$, Li, HgHal (R jeweils H, Organyl). Besonderes Interesse beanspruchen hierbei Komplexe Cp_2^*M mit dem „*Pentamethylcyclopentadienid-Liganden*" C_5Me_5 (Cp*), weil diese wegen der Sperrigkeit von Cp* meist auch in jenen Fällen, in welchen unter Normalbedingungen keine monomeren Metallocene Cp_2M existieren, monomeren Bau aufweisen. Ferner ist das – formal gemäß $2C_5H_5^- \rightarrow C_5H_4{-}C_5H_4^{2-} + H_2$ gebildete – Fulvalendienyl-Dianion $C_{10}H_8^{2-}$ als π-Ligand, der gleichzeitig zwei Metallatome metallocenartig zu koordinieren vermag (s. u.), von Interesse.

Da der Cyclopentadienyl-Ligand C_5H_5 (Cp) einem Komplexzentrum 5 Elektronen zur Verfügung stellen kann, kommen nur den Zentralmetallen Fe, Ru und Os in Metallocenen Cp_2M mit η^5-gebundenem Cp Außenschalen mit 8 (Fe, Ru, Os) + 2 × 5 (Cp) = 18 Elektronen zu, während die Zentren der Komplexe Cp_2M mit Metallen *vor* (*nach*) der Eisengruppe Außenschalen mit *weniger* (*mehr*) als 18 Elektronen aufweisen. Als Folge hiervon tritt vielfach die

107 Die Namensbildung des „*Ferrocens*" für $(C_5H_5)_2Fe$ aus ferrum (lat.) = Eisen und bezene (engl.) = Benzol deutet auf den aromatischen Charakter der Cyclopentadienid-Liganden in dieser Eisen(II)- (Ferro-) Verbindung hin. Wie Fe bilden andere Übergangsmetalle solche **„Metallocene"** Cp_2M (z. B. „*Chromocen*", „*Manganocen*", „*Nickelocen*", „*Ruthenocen*", „*Osmocen*").

oben erwähnte Aggregation der Cp_2M-Moleküle ein. In *heteroleptischen* Cyclopentadienid-Komplexen, die Gegenstand des nächsten Unterkapitels sind, weisen die Metallzentren andererseits meist eine Edelgaselektronenkonfiguration auf.

Strukturverhältnisse. Monomere Cp-Komplexe. Im „*Ferrocen*" $\mathbf{Cp_2Fe}$ ist das Metallatom zwischen den beiden *parallel* angeordneten η^5-gebundenen Ring-Molekülen eingebettet („*Sandwich-Struktur*"; Fig. 331a erste Formel), wobei die zwei fünfgliederigen Ringe so angeordnet sind, daß sie exakt „auf Deckung" liegen (*ekliptischer* Molekülbau, D_{5h}-Molekülsymmetrie; stabil im Kristall oberhalb $-109\,°C$ und in der Gasphase) bzw. um 9° von dieser ekliptischen Form abweichen (D_5-Molekülsymmetrie; stabil im Kristall unterhalb $-109\,°C$). Demgegenüber stehen die fünfgliederigen Ringe im „*Decamethylferrocen*" $\mathbf{Cp_2^*Fe}$ sowohl im Kristall als auch in der Gasphase „auf Lücke" (*gestaffelter* Molekülbau, D_{5d}-Molekülsymmetrie). Analog Ferrocen sind „*Ruthenocen*" $\mathbf{Cp_2Ru}$ und „*Osmocen*" $\mathbf{Cp_2Os}$ strukturiert, während „*Cobaltocen*" $\mathbf{Cp_2Co}$ und „*Nickelocen*" $\mathbf{Cp_2Ni}$ die Cp_2^*Fe-Struktur einnehmen. Sandwich-Strukturen bilden des weiteren auch „*Vanadocen*" $\mathbf{Cp_2V}$, „*Chromocen*" $\mathbf{Cp_2Cr}$ sowie gasförmiges „*Manganocen*" $\mathbf{Cp_2Mn}$[108] und – möglicherweise – bei tiefen Temperaturen erzeugtes „*Rhodocen*" $\mathbf{Cp_2Rh}$ sowie „*Iridocen*" $\mathbf{Cp_2Ir}$ (bei höheren Temperaturen dimer). Typische MC-Abstände in Metallocenen sind (f = fester, g = gasförmiger Zustand): Cp_2V: 2.25 (f), 2.28 Å (g); Cp_2Cr: 2.13 (f), 2.169 Å (g); Cp_2Mn: 2.433 (g, high spin), 2.144 Å (g, low spin); Cp_2Fe: 2.04 (f), 2.064 Å (g); Cp_2Co: 2.10 (f), 2.119 Å (g); Cp_2Ni: 2.18 (f), 2.196 Å (g).

Einen Sandwich-Komplexbau findet man meist auch bei „*Decamethylmetallocenen*" Cp_2^*M, die wegen der sperrigen Liganden – anders als die Metallocene Cp_2M – nicht zur Dimerisierung neigen (s. o.) So besteht etwa das „*Decamethyltitanocen*" $\mathbf{Cp_2^*Ti}$ im Unterschied zu dimerem Titanocen Cp_2Ti (s. u.) bei Raumtemperatur aus einem Gleichgewichtsgemisch einer paramagnetischen *gelben*, gestaffelt konformierten Sandwich-Form (a) sowie einer diamagnetischen *grünen* Form (b), welche aus ersterer durch Einschiebung von Ti in die CH-Bindung einer Methylgruppe entsteht (vgl. hierzu organische σ-Komplexe, S. 1681):

Ti ⇄ ($K = 0.5$) Ti—H

(a) (b)

Anders als die erwähnten monomeren Metallocene Cp_2M enthalten die ebenfalls monomeren Komplexe $\mathbf{Cp_2Hg}$ (Fig. 331i), $\mathbf{Cp_3Ti}$ (Fig. 331l) und $\mathbf{Cp_4M}$ (M = Ti, Zr, Hf, Nb, Ta; Fig. 331m und n) ausschließlich oder teilweise η^1-gebundene Cp-Reste; auch liegen die η^5-koordinierten Cp-Reste hier nicht mehr parallel, sondern *schräg* zueinander. (Ausschließliche η^5-Koordination von vier Cp-Liganden an ein Zentralmetall liegt z. B. in Cp_4U vor.) Als Beispiele für Sandwich-Komplexe mit dem Fulvalendienyl-Liganden $C_5H_4{-}C_5H_4^{2-}$ seien $(C_{10}H_8)_2Fe_2$ und $(C_{10}H_8)_2Cr_2$ (Fig. 331o) genannt.

Dimere und oligomere Cp-Komplexe. Die Verknüpfung zweier Metallocenmoleküle Cp_2M zu Di- und Oligomeren erfolgt auf unterschiedliche Weise:

(i) So resultiert die Verknüpfung von „*Niobocen*" $\mathbf{Cp_2Nb}$ zu Dimeren durch gegenseitiges Einschieben der Metallzentren eines Moleküls in eine CH-Bindung des anderen Moleküls bei gleichzeitiger Ausbildung einer NbNb-Einfachbindung (vgl. Fig. 331e)[109]. Somit koordinieren die Nb-Atome in $(Cp_2Nb)_2$ jeweils einen H^--Liganden, ein Nb-Atom sowie drei Cp-Systeme, die η^5-, η^5- und η^1-gebunden vorliegen. Die Nb-Atome, die in monomerem Cp_2Nb nur eine effektive Zahl von 5 (Nb) + 2 × 5 (Cp) = 15 Außenelektronen hätten, erlangen auf diese Weise 5(Nb) + 1 (H) + 1 (Nb′) + 2 × 5 (η^5-Cp) + 1 (η^1-Cp) = 18 Außenelektronen. Analog Cp_2Nb ist wohl dimeres „*Tantalocen*" $\mathbf{Cp_2Ta}$ strukturiert. Auch zwei der *vier*

[108] Cp_2Mn ist in der Gasphase und in Lösung (z. B. in C_6H_6) monomer, im Kristall polymer. Sein 5 ungepaarten Elektronen entsprechendes magnetisches Moment nimmt mit sinkender Temperatur aufgrund zunehmender kooperativer Wechselwirkungen im Festkörper (*antiferromagnetisches Verhalten*) ab.

[109] Die experimentell gefundenen Strukturen für Metallocene mit *Elektronenmangel* lassen sich durch folgenden hypothetischen Reaktionsweg veranschaulichen: Cp_2M dimerisiert unter Ausbildung einer MM-Bindung zum Produkt $Cp_2M{-}MCp_2$ vom Typus der Fig. 331k das durch Insertion erst eines –, dann des anderen M-Atoms in CH-Bindungen in Produkte vom Typus der Fig. 331f und e übergehen, wobei sich die doppelten Insertionsprodukte unter MC-Spaltung und CC-Knüpfung gegebenenfalls noch in Produkte vom Typus der Fig. 331b umwandeln. Metallocene mit *Elektronenüberschuß* dimerisieren andererseits durch CC-Verknüpfung zweier Cp-Reste, die sich hierdurch von 5- in 4-Elektronendonatoren verwandeln.

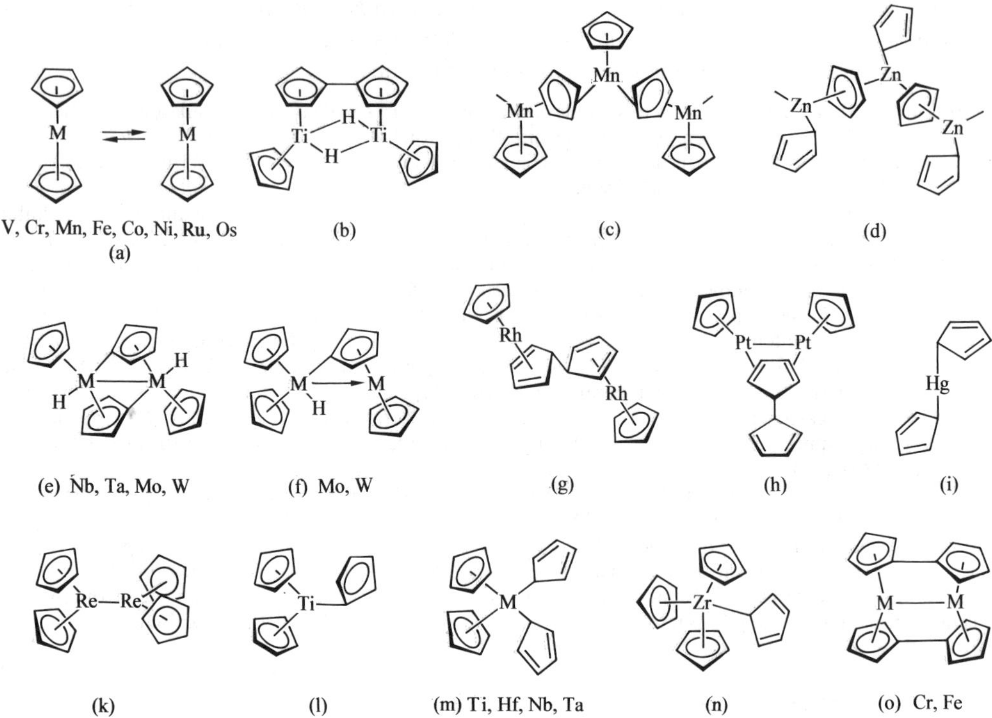

Fig. 331 Strukturen homoleptischer Cyclopentadienyl-Komplexe der Übergangsmetalle (a–m) sowie von Komplexen des Fulvalens (n) und Pentamethylcyclopentadienyls (o).

Formen des dimeren „*Molybdenocens*" $\mathbf{Cp_2Mo}$ sowie „*Wolframocens*" $\mathbf{Cp_2W}$ weisen den $(Cp_2Nb)_2$-Bau mit *cis*- und *trans*-konfigurierten H-Atomen auf (MM-Bindung?). Einer dritten Form von $(Cp_2Mo)_2$ und $(Cp_2W)_2$ kommt die in Fig. 331f wiedergegebene Struktur zu[109]. Beide Metallatome erlangen in ihr – wie sich leicht errechnen läßt – ein Elektronenoktadezett. Die Struktur der vierten Form von $(Cp_2Mo)_2$ und $(Cp_2W)_2$ leitet sich von der $(Cp_2Ti)_2$-Struktur (Fig. 331b; s.u.) dadurch ab, daß die H-Atome keine Brücken-, sondern terminale Stellungen einnehmen und daß eine MM-Bindung vorliegt[109].

(ii) In einer von mehreren Formen des dimerern „*Titanocens*" $\mathbf{Cp_2Ti}$ sind die beiden Ti-Atome durch zwei H-Brücken sowie einen doppelt η^5-gebundenen Fulvalendienyl-Brückenliganden verknüpft (Fig. 331b; vgl. hierzu Fig. 331o)[109]. Die Ti-Atome, die in monomerem Cp_2Ti nur eine effektive Zahl von 4 (Ti) + 2 × 5 (Cp) = 14 Außenelektronen besäßen, erlangen auf diese Weise 4 (Ti) + 5 (Fulvalendienyl) + 5 (Cp) + 2 (H) = 16 Außenelektronen. Einer anderen Form von $(Cp_2Ti)_2$ kommt möglicherweise die Struktur 331f zu[109].

(iii) Die Verknüpfung von „*Rhodocen*" $\mathbf{Cp_2Rh}$ zu Dimeren erfolgt durch Ausbildung einer CC-Einfachbindung zwischen Cp-Ringen unterschiedlicher Metallocenmoleküle (vgl. Fig. 331g). Die Rh-Atome, die in monomerem Cp_2Rh eine effektive Zahl von 9 (Rh) + 2 × 5 (Cp) = 19 Außenelektronen aufweisen würden, erlangen auf dem Wege dieser Dimerisierung[109] eine Außenschale mit 18 Elektronen. Entsprechend $(Cp_2Rh)_2$ ist auch dimeres „*Iridocen*" $\mathbf{Cp_2Ir}$ strukturiert.

(iv) Dem dimeren „*Platinocen*" $\mathbf{Cp_2Pt}$ kommt eine in Fig. 331h wiedergegebene Struktur zu, die sich von der $(Cp_2Rh)_2$-Struktur (Fig. 331g) durch Umlagerung der Cp-haltigen Liganden sowie Knüpfung einer PtPt-Bindung ableitet. In ihr hat Pt eine Außenschale mit 10 (Pt) + 5 (Cp) + 2 (CpCp) + 1 (Pt′) = 18 Elektronen. Entsprechend $(Cp_2Pt)_2$ ist möglicherweise dimeres „*Palladocen*" $\mathbf{Cp_2Pd}$ strukturiert.

(v) *Metall-Metall-Bindungen*, wie sie den in Fig. 331e, f, h wiedergegebenen Spezies zukommen, liegen auch dem dimeren „*Rhenocen*" $\mathbf{Cp_2Re}$ zugrunde (Fig. 331k; Cp-Gruppen gestaffelt)[109]. Analog $(Cp_2Re)_2$ ist möglicherweise dimeres „*Technetocen*" $\mathbf{Cp_2Tc}$ gebaut. Einen verzerrt oktaedrischen Ni_6-Metallcluster weist schließlich der Komplex $\mathbf{(CpNi)_6}$ mit η^5-koordinierten Cp-Resten auf (der Cp-Ligand neigt weniger als der CO-Ligand zur Stabilisierung großer Metallcluster).

Polymere Cp-Komplexe. In polymerem „*Manganocen*" $\mathbf{Cp_2Mn}$[108] sind CpMn-Einheiten über C_5H_5-Brückenliganden zu Ketten verknüpft (Fig. 331c), wobei die Bindungen der Cp-Brückenliganden (η^2-Koordination) und der terminalen Cp-Liganden (η^5-Koordination) offensichtlich deutliche Ionenanteile aufweisen (in $Cp^-Mn^{2+}Cp^-$ kommt Mn^{2+} eine mit 5 Elektronen halbbesetzte Unterschale zu). Analoges gilt wohl auch für polymeres „*Zinkocen*“ $\mathbf{Cp_2Zn}$, in welchem CpZn-Einheiten (η^1-Koordination) über beidseitig η^5 mit Zn verknüpften Brückenliganden zu Ketten verbunden sind (Fig. 331 d). Entsprechend ist möglicherweise $\mathbf{Cp_2Cd}$ gebaut. Auch $\mathbf{Cp_3Sc}$ weist eine Kettenstruktur auf, worin Cp_2Sc-Einheiten (η^5-Koordination von Cp) über zwei C_5H_5-Brücken mit benachbarten Cp_2Sc-Einheiten verknüpft sind (die brückenständigen Cp-Liganden sind η^1 an die Sc-Atome koordiniert). Auch die Homologen der Scandiumverbindung, $\mathbf{Cp_3Y}$ und $\mathbf{Cp_3La}$ weisen polymeren Bau auf, ebenso „*Zirconocen*“ $\mathbf{Cp_2Zr}$ und „*Hafnocen*“ $\mathbf{Cp_2Hf}$.

Bindungsverhältnisse. MO-Beschreibung. In Komplexen mit dem Cyclopentadienid-Liganden bilden von den fünf aus der Interferenz der fünf p_z-Orbitale des C_5-Rings hervorgehenden π-Molekülorbitalen (drei elektronenbesetzt, zwei elektronenleer) eines eine σ- und zwei eine *π-Hinbindung* mit elektronenleeren Metallorbitalen geeigneter Symmetrie (Hybridorbital mit d_{z^2}, p_z- und s-Komponente im ersten, mit d_{z^2}- und p_y-Komponente im zweiten und mit d_{xz}- und p_x-Komponente im dritten Falle; z-Achse = M-Cp-Bindungsachse; vgl. Fig. 332 a, b und c), während die verbleibenden elektronenleeren π^*-MOs zwei *δ-Rückbindungen* mit den elektronenbesetzten d_{xy}- bzw. $d_{x^2-y^2}$-Orbitalen von M eingehen (vgl. Fig. 332 d

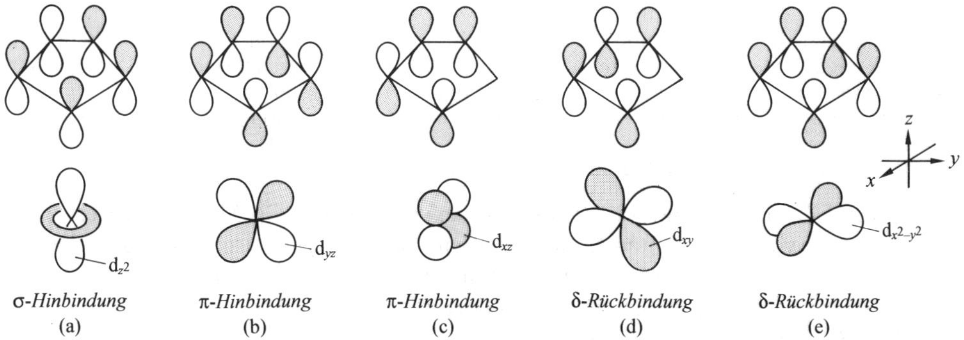

Fig. 332 Veranschaulichung der Bindungsverhältnisse in $C_5H_5^-$-Komplexen mit σ-Donator- (a), π-Donator- (b, c) und δ-Akzeptor-Bindung (d, e) (jeweils hinsichtlich des Liganden gesehen; dunkle und helle Bereiche charakterisieren unterschiedliche Orbitalphasen).

und e sowie *synergetisches Bindungsmodell* von Dewar und Chatt, S. 1686). Rotationsbarrieren. Wie sich aus dem MO-Bindungsschema ableiten läßt, ist die Bindungsenergie nahezu rotationsinvariant[110)], d. h. die Bevorzugung der ekliptischen oder gestaffelten Konformation der Cp-Ringe in Metallocenen ist im wesentlichen nur durch Gitterkräfte oder elektronische bzw. sterische Abstoßungskräfte der Cyclopentadienid-Substituenten geprägt. Die Rotationsbarrieren sind demgemäß sehr klein (z. B. 4 kJ/mol im Falle von Ferrocen Cp_2Fe).

LF-Beschreibung. Bei Berücksichtigung der Wechselwirkung aller zehn π-MOs der beiden Cp-Liganden in Cp_2M mit den fünf d-, einem s- und drei p-AOs des Zentralmetalls resultiert ein (wenig durchsichtiges) Energieniveau-Schema mit insgesamt 18 Metallocen-Molekülorbitalen. Häufig genügt jedoch für die Lösung einfacher Bindungsprobleme eine *Ligandenfeld*-Betrachtung: Im elektrostatischen Feld zweier parallel angeordneter negativer Ladungsschleifen spalten die fünf Metall-d-Orbitale gemäß Fig. 333 in drei Orbitalgruppen unterschiedlicher Energie auf ($d_{x^2-y^2}$-, d_{xy}-AOs mit Elektronenausdehnung parallel zu den Cp-Ringen, d_{z^2}-AO mit Elektronenausdehnung in Richtung der Cp-Ringe, d_{xz}-, d_{yz}-AOs mit Elektronenausdehnung parallel zu und in Richtung der Cp-Ringe).

Die Besetzung der d-Orbitale der Fig. 333 mit den vorhandenen Außenelektronen der Metallzentren M^{2+} der Metallocene Cp_2M (3, 4, 5, 6 Elektronen im Falle M = V, Cr, Mn, Fe) kann in Abhängigkeit von der Größe der Energieaufspaltung E′ und E″ zu high- oder low-spin-Komplexen führen (vgl. S. 1253). Gemäß der aus den magnetischen Momenten (Tab. 147, S. 1698) ableitbaren Zahl ungepaarter Elektronen von Cp_2M (3, 2, 5, 0 für M = V, Cr, Mn, Fe) werden die d-Orbitale im Falle von Cp_2V und Cp_2Mn einzeln mit ungepaartem Spin besetzt (high-spin-Komplexe), während im Falle von Cp_2Cr und Cp_2Fe die ener-

[110] Ersichtlicherweise ist die σ-Hinbindung (Fig. 332a) rotationssymmetrisch, und Entsprechendes gilt für die Kombination der beiden energieentarteten π-Hinbindungen (Fig. 332b, c). Man kann sich letzteren Sachverhalt wie folgt veranschaulichen: ein Energieverlust einer π-Hinbindung beim Drehen des Cp-Restes um die Flächennormale führt zu einem entsprechend großen Energiegewinn der anderen π-Hinbindung und umgekehrt.

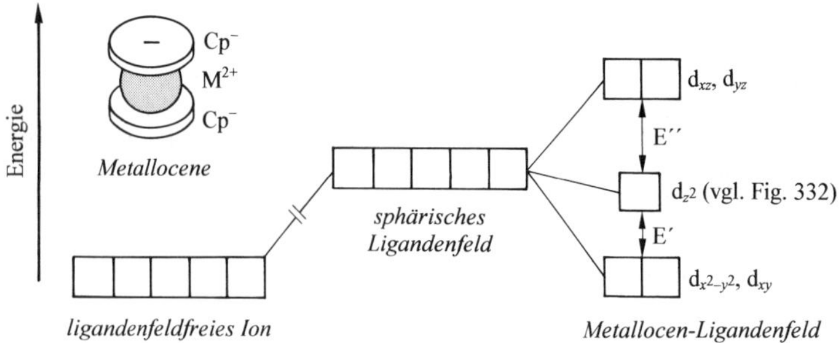

Fig. 333 Aufspaltung der energiegleichen d-Zustände eines Zentralatoms oder -ions in drei energieverschiedene Gruppen von d-Orbitalen im Ligandenfeld zweier negativ geladener Cp-Ringschleifen.

giereichen Orbitale d_{xz} und d_{yz} unbesetzt bleiben (low-spin-Komplexe). Im Falle von Cp_2^*Ti, Cp_2Co und Cp_2Ni mit 2, 7 oder 8 d-Elektronen ist nur eine Besetzungsart der Orbitale möglich. Der high-spin-Zustand mit halbbesetzter d-Schale liegt für Cp_2Mn[108] nur wenige kJ/mol unterhalb, für Cp_2^*Mn energetisch bereits oberhalb des low-spin-Zustandes. Demgemäß besteht gasförmiges Cp_2Mn aus einem Gemisch von high- und low-spin-Molekülen, während Cp_2^*Mn auch bei niedrigen Temperaturen im Festkörper einen low-spin-Zustand (1 ungepaartes Elektron) einnimmt.

Darstellung. Die Gewinnung von Cyclopentadienylkomplexen Cp_nM auf direktem Wege durch Reaktion von Cyclopentadien mit Übergangsmetallen gelingt nur bei hohen Temperaturen oder mit Metallen hoher Reduktionskraft und ist demgemäß höchstens zur Herstellung des besonders thermostabilen Ferrocens oder von salzartigen Metallcyclopentadieniden möglich, z.B.[111]:

$$Fe + 2C_5H_6 \xrightarrow{500\,°C} [(C_5H_5)_2Fe] + H_2;$$
$$Na + C_5H_6 \xrightarrow{25\,°C} C_5H_5Na + \tfrac{1}{2}H_2.$$

Leichter als durch „Reduktionsmittel“ ($C_5H_6 + \ominus \rightarrow C_5H_5^- + \frac{1}{2}H_2$) läßt sich Cyclopentadien C_5H_6 durch „Basen“ in $C_5H_5^-$ überführen ($C_5H_6 + B^- \rightarrow C_5H_5^- + HB$). Demgemäß stellt man die Komplexe Cp_nM in der Regel durch Metathese aus Metallverbindungen MX_x (X = Hal, OAc usw.) und C_5H_6 in Anwesenheit von *Hilfsbasen* wie Aminen oder – vorteilhafter – mit *salzartigen* Cyclopentadienylmetallen wie CpNa, CpK, CpMgBr, Cp_2Mg in organischen Lösungsmitteln her, z.B.:

$$FeCl_2 + C_5H_6 + 2Et_2NH \longrightarrow [(C_5H_5)_2Fe] + 2Et_2NH_2Cl;$$
$$MCl_2 + 2NaC_5H_5 \xrightarrow[(V, Cr, Mn, Fe, Co)]{} [(C_5H_5)_2M] + 2NaCl;$$
$$MCl_5 + 5NaC_5H_5 \xrightarrow[(Nb, Ta)]{} [(C_5H_5)_4M] + \tfrac{1}{2}C_{10}H_{10} + 5NaCl.$$

Schließlich gelingt es in vielen Fällen, Metallocene durch *chemische* oder *thermische* Eliminierung von Liganden X und/oder Y aus heteroleptischen Komplexen des Typus Cp_2MXY zu erzeugen, z.B.:

111 C_5H_6 liegt normalerweise als dimeres Diels-Alder-Addukt $(C_5H_6)_2$ vor und muß vor Gebrauch durch eine Retro-Diels-Alder-Reaktion bei 180 °C in das Monomere überführt werden (das Thermolysegaskondensat des Monomeren dimerisiert bei Raumtemperatur nur langsam).

$$[Cp_2MCl_2] + 2\,Na \xrightarrow[(Ti, Zr, Hf, V)]{} Cp_2M + 2\,NaCl;$$

$$[Cp_2MCl] + Na \xrightarrow[(Rh, Ir)]{} Cp_2M + NaCl;$$

$$[Cp_2ZrH(Tol)] \xrightarrow[\Delta]{} Cp_2Zr + HTol.$$

Gelegentlich führen unterschiedliche Methoden zu unterschiedlich strukturierten Cp_2M-Dimeren bzw. -Polymeren. So bildet sich etwa aus $TiCl_2$ + CpNa bzw. Cp_2TiCl_2 + Na *grünes* $(Cp_2Ti)_2$ mit der in Fig. 331 b wiedergegebenen Struktur, während die thermische H_2-Eliminierung aus Cp_2TiH_2 bzw. polymerem Cp_2TiH ein *dunkelfarbiges* Produkt anderer Struktur (Fig. 331 f?) liefert. Auch lassen sich Eliminierungen vielfach zur Darstellung monomerer Metallocene – falls diese Aggregationsneigung besitzen – nutzen, indem man die Na-Reduktion bei sehr tiefen Temperaturen in geeigneten Medien durchführt (z. B. Bildung von monomerem Rhodocen bzw. Iridocen) oder Metallocene aus thermischen Eliminierungen zusammen mit Inertgas abschreckt bzw. photochemisch in der Tieftemperaturmatrix erzeugt.

Eigenschaften. Die Metallocene zeichnen sich durch charakteristische *Farben* (vgl. Tab. 147, S. 1698) sowie vergleichsweise hohe, in großen MCp-*Dissoziationsenergien* zum Ausdruck kommenden *Thermostabilitäten* aus und weisen hinsichtlich *Luftsauerstoff* und *Feuchtigkeit* recht unterschiedliche Reaktivitäten auf (bzgl. *magnetischer Momente* vgl. Tab. 147):

	Cp_2V	Cp_2Cr	Cp_2Mn	Cp_2Fe	Cp_2Co	Cp_2Ni
DE_{MCp} [kJ/mol]	145	178	201	260	237	285
Reaktivität: O_2	mittel	groß	sehr groß	sehr klein	groß	mittel
Reaktivität: H_2O	klein	groß	sehr groß	sehr klein	sehr klein	sehr klein

Redoxreaktionen. Der Cp-Ligand neigt weniger als der CO-Ligand zur Stabilisierung negativer Ladungen, sondern vielmehr wie der CNR-Ligand zur Stabilisierung positiver Ladungen. Demgemäß lassen sich die Metallzentren von Ferrocen, Ruthenocen und Osmocen Cp_2M (M = Fe, Ru, Os), obwohl diese edelgaskonfiguriert sind, *elektrochemisch* bzw. *chemisch* (z. B. mit I_2, Fe^{3+}, Cu^{2+}, Ag^+) leicht zu „*Monokationen*“ Cp_2M^+ (Ferricinium, Ruthenicinium, Osmicinium) und – für M = Ru, Os – darüber hinaus zu Dikationen *oxidieren*, wogegen nur sehr starke Reduktionsmittel Ferrocen (nicht jedoch Cp_2Ru, Cp_2Os) zu Cp_2Fe^- zu reduzieren vermögen (ε_0 für Cp_2Fe/Cp_2Fe^+ = + 0.33 V, für Cp_2Fe^-/Cp_2Fe = − 2.95 V):

$$Cp_2M^- \underset{(Fe)}{\overset{\mp\ominus}{\rightleftharpoons}} Cp_2M \underset{(Fe, Ru, Os)}{\overset{\mp\ominus}{\rightleftharpoons}} Cp_2M^+ \underset{(Ru, Os)}{\overset{\mp\ominus}{\rightleftharpoons}} Cp_2M^{2+}.$$

Die mit Cp_2Tc und Cp_2Re isoelektronischen Ionen Cp_2Ru^+ und Cp_2Os^+ liegen wie erstere Metallocene als Dimere $[Cp_2M{-}MCp_2^{2+}]$ vor, während *blaurotes* Cp_2Fe^+ (1 ungepaartes Elektron, low-spin; vgl. Fig. 333) oder auch $Cp_2^*Ru^+$ und $Cp_2^*Os^+$ aus sterischen Gründen nicht dimerisieren.

Entsprechend der leicht erfolgenden Oxidation von Cp_2Fe (18 Valenzelektronen) zu Cp_2Fe^+ (17 Valenzelektronen) nimmt es nicht wunder, daß Manganocen Cp_2Mn (17 Valenzelektronen) schwer reduzierbar ist. Demgegenüber konnten Decamethylmanganocen und -rhenocen Cp_2^*M (M = Mn, Re) mit Alkalimetallen in Monoanionen $Cp_2^*M^-$ überführt werden.

Die Neigung von Ti, V und Cr, hohe Oxidationsstufen auszubilden, zeigt sich darin, daß Titanocen, Vanadocen und Chromocen zu Cp_2Ti^+ (1 ungepaartes Elektron), Cp_2V^+ bzw. Cp_2V^{2+} (2 bzw. 1 ungepaartes Elektron) sowie Cp_2Cr^+ (3 ungepaarte Elektronen; high-spin; vgl. Fig. 333) oxidiert werden können. Sie reagieren demgemäß auch heftig mit Halogenen unter Bildung von Cp_2TiHal_2, Cp_2VHal_2, Cp_2CrI.

Cobaltocen, Rhodocen und Iridocen Cp_2M (M = Co, Rh, Ir; 19 Valenzelektronen) lassen sich leicht zu sehr stabilen[112] Monokationen Cp_2M^+ (Cobalticinium, Rhodicinium, Iridicinium mit 18 Valenzelektronen) oxidieren. Z. B. führen sogar Organylhalogenide Cp_2Co in Cp_2Co^+ (diamagnetisch; low-spin; vgl. Fig. 333) über: $Cp_2Co + RHal \rightarrow Cp_2Co^+Hal^- + R^\bullet$; $Cp_2Co + R^\bullet \rightarrow (Cp)(CpR)Co$ (vgl. Formelbild (c)). Cobaltocen läßt sich darüber hinaus durch starke Reduktionsmittel zu stark basisch wirkenden Monoanionen Cp_2Co^- (20 Valenzelektronen) reduzieren:

$$Cp_2M^- \underset{(Co)}{\overset{\mp\ominus}{\rightleftharpoons}} Cp_2M \underset{(Co, Rh, Ir)}{\overset{\mp\ominus}{\rightleftharpoons}} Cp_2M^+.$$

In analoger Weise kann Nickelocen Cp_2Ni (20 Valenzelektronen) zu Cp_2Ni^+ (1 ungepaartes Elektron; 19 Valenzelektronen) und Cp_2Ni^{2+} (diamagnetisch; 18 Valenzelektronen) oxidiert und zu Cp_2Ni^- (21 Valenzelektronen) reduziert werden:

$$Cp_2Ni^- \underset{(-1.6\,V)}{\overset{\mp\ominus}{\rightleftharpoons}} Cp_2Ni \underset{(0.1\,V)}{\overset{\mp\ominus}{\rightleftharpoons}} Cp_2Ni^+ \underset{(0.74\,V)}{\overset{\mp\ominus}{\rightleftharpoons}} Cp_2Ni^{2+}.$$

Säure-Base-Reaktionen. Im Unterschied zu Benzol tragen die C_5H_5-Ringe in Ferrocen Cp_2Fe negative Partialladungen, weshalb etwa eisengebundenes $C_5H_4NH_2$ eine stärkere Base als Anilin $C_6H_5NH_2$ und eisengebundenes C_5H_4COOH eine schwächere Säure als Benzoesäure C_6H_5COOH ist; auch wird der Wasserstoff in eisengebundenem C_5H_5 ca. 1 Million mal rascher elektrophil substituiert[113] als der des Benzols C_6H_6. Dementsprechend läßt sich Ferrocen auch leicht lithiieren:

$$[(C_5H_5)_2Fe] \xrightarrow{+\,BuLi,\ -\,BuH} [(C_5H_4Li)(C_5H_5)Fe] \xrightarrow{+\,BuLi,\ -\,BuH} [(C_5H_4Li)_2Fe].$$

Während Ferrocen Cp_2Fe Protonen sehr *starker Säuren* wie HBF_4 am Eisen anlagert ($Cp_2Fe + H^+ \rightarrow Cp_2Fe{-}H^+$), addiert Nickelocen Cp_2Ni Protonen umgekehrt am C_5H_5-Liganden. Das sich bildende Addukt (c) (R = H), welches mit dem H-Atom-Addukt von Cp_2Co isoelektronisch ist, läßt sich allerdings nicht isolieren (stabil ist nur das Decamethylderivat); es geht unter C_5H_6-Eliminierung in das Kation $[Cp_3Ni_2]^+$ (d), einer Verbindung aus der Klasse der **Mehrfachdecker-Sandwichkomplexe**, über. Weitere Beispiele für derartige „*Tripeldecker*" sind etwa das aus Cp_2^*Ru und $Cp^*Ru(NCMe)_3^+$ resultierende Kation (e) oder die durch Thermolyse von $[Co(CO)_2(Methylborol)]_2$ erhältliche ungeladene Verbindung (f) mit dem B-Methylderivat des Borols C_4BH_5 (Ersatz von CH_2 in Cyclopentadien C_5H_6 (4e-Donor) durch BH) als Liganden, Beispiele für „*Oligo-*" und „*Polydecker*" die Verbindungen $M_{n-1}(C_3B_2Me_5)_n$ (M = Ni, Rh; $n = 2, 3, 4, 5, 6, x$) mit pentamethyliertem 2,3-Dihydro-1,3-diborolyl $C_3B_2H_5$ (Ersatz von $2CH_2$ in Dihydrocyclopentadienyl C_5H_7 durch 2BH) als Liganden (vgl. z. B. (g)).

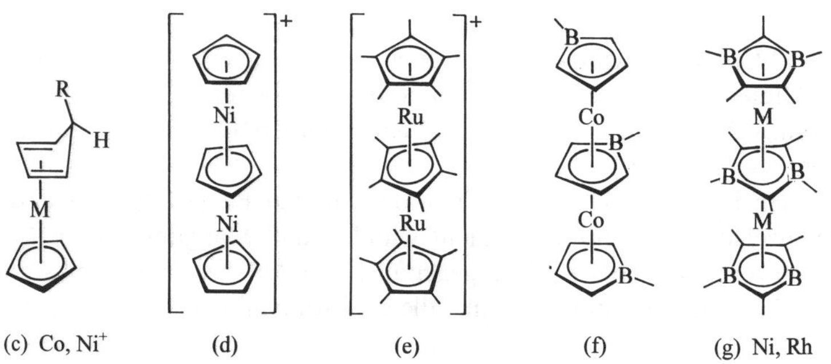

(c) Co, Ni⁺ (d) (e) (f) (g) Ni, Rh

112 Z. B. läßt sich $(C_5H_4Me)_2Co^+$ mit HNO_3 zu $(C_5H_4COOH)_2Co^+$ oxidieren.

113 Z. B. Acylierung mit $MeCOCl/AlCl_3$ zu eisengebundenem $C_5H_4CO(Me)$, Aminomethylierung mit $HCHO/HNMe_2$ (Mannich-Reaktion) zu eisengebundenem $C_5H_4CH_2NMe_2$.

Heteroleptische Cyclopentadienyl-Metallkomplexe[29,105]

Man kennt eine große Anzahl *heteroleptischer* Komplexe Cp_nML_m, welche neben Cyclopentadienid noch andere Liganden L wie H^-, Hal^-, CO, NO enthalten. Auch existieren eine Reihe von Verbindungen Cp'_nML_m mit Cyclopentadienid-haltigen anellierten Aromaten Cp′ wie dem „*Indenyl-Anion*", dem „*Fluorenyl-Anion*", dem „*Azulen*" oder mit heteroatomsubstituierten Cyclopentadieniden Cp′ wie dem „*Pyrrol*", dem „*Phosphol*" oder dem „*Borol-Dianion*" anstelle von Cyclopentadienid Cp:

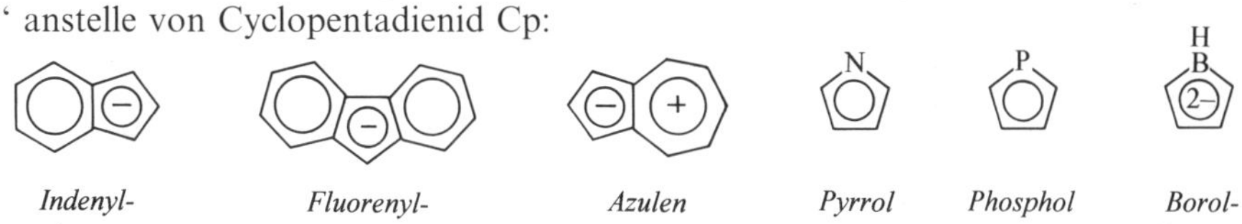

Indenyl-Anion *Fluorenyl-Anion* *Azulen* *Pyrrol* *Phosphol* *Borol-Dianion*

Verbindungsbeispiele sind etwa $[(Indenyl)Cr(CO)_3]^-$, $[(Fluorenyl)Mn(CO)_3]$, $[(Azulen)Ru(CO)_3]$, $[(Pyrrol)Mn(CO)_3]$, $[(Methylborol)Co(CO)_2]_2$. Es existieren von den betreffenden Liganden auch Sandwich-Komplexe wie etwa $[(Indenyl)_2Fe]$, $[CpFe(Indenyl)]$, $[CpFe(Pyrrol)]$, $[(C_6H_6)(Azulen)Mo]$, $[(Phosphol)_2Fe]$, $[(Methylborol)_3Co_2]$ (vgl. Formel (g) auf S. 1704); auch kennt man Komplexe wie $[Cp^*Fe(P_5)]$ mit einem „*Pentaphosphacyclopentadienid-Ring*" (S. 733) sowie Komplexe mit Carboran-Anionen (S. 1026).

Nachfolgend sei auf *Cyclopentadienylmetallhydride, -halogenide, -carbonyle* und *-nitrosyle* kurz eingegangen.

Cyclopentadienylmetallhydride. Zusammensetzung, Strukturen. Während den Zentren der Metallocene der Eisengruppe Edelgaskonfiguration zukommt, *fehlen* den Zentren von Metallocenen der Mangan-, Chrom- und Vanadiumgruppe *ein, zwei* bzw. *drei Elektronen* zum Oktadezett (s. o.). Durch Addition von *einem, zwei* bzw. *drei Wasserstoffatomen* erlangen aber auch letztere Metallocene 18-Elektronenaußenschalen. Tatsächlich bilden die betreffenden 4d- und 5d-Metalle isolierbare Verbindungen dieses Typs $\mathbf{Cp_2MH_n}$: $Cp_2Tc^{III}H/Cp_2Re^{III}H$ (d), $Cp_2Mo^{IV}H_2/Cp_2W^{IV}H_2$ (c) und Cp_2NbH_3/Cp_2TaH_3 (b). Entsprechende Komplexe der 3d-Metalle Mn, Cr, V neigen demgegenüber zur *Wasserstoffeliminierung* (Bildung der zugrundeliegenden Metallocene), da sie – mit Wasserstoff verknüpft – weniger leicht die Oxidationsstufen III, IV bzw. V verwirklichen als ihre schwereren Homologen. Wegen der Maximalwertigkeit von IV in der vierten Nebengruppe können die Metallocene der Titangruppe höchstens zwei H-Atome unter Bildung von Verbindungen Cp_2MH_2 aufnehmen, in welchen den Komplexzentren 16-Elektronenaußenschalen zukommen. Wiederum ist das leichte Homologe Cp_2TiH_2 vergleichsweise instabil und zerfällt auf dem Wege über Cp_2TiH (dimere *violette* Form (a) und polymere *graugrüne* Form) in dimeres Cp_2Ti (s. o.), während die schwereren Homologen Cp_2ZrH_2 und Cp_2HfH_2 thermostabiler sind und – zum Ausgleich ihres Elektronendefizits – über H-Brücken polymerisieren.

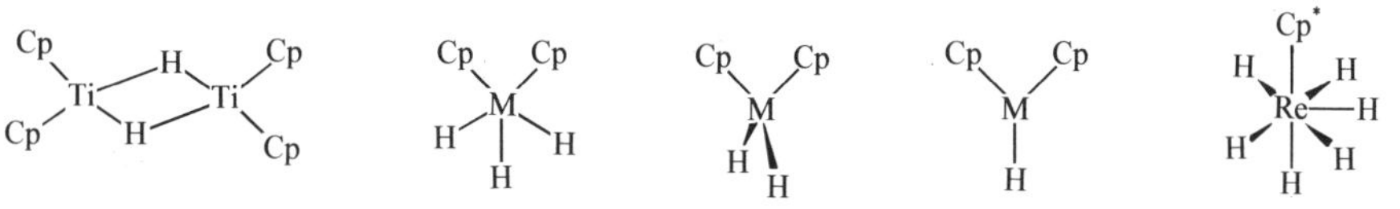

(a) (b) Nb, Ta (c) Mo, W (d) Tc, Re (e)

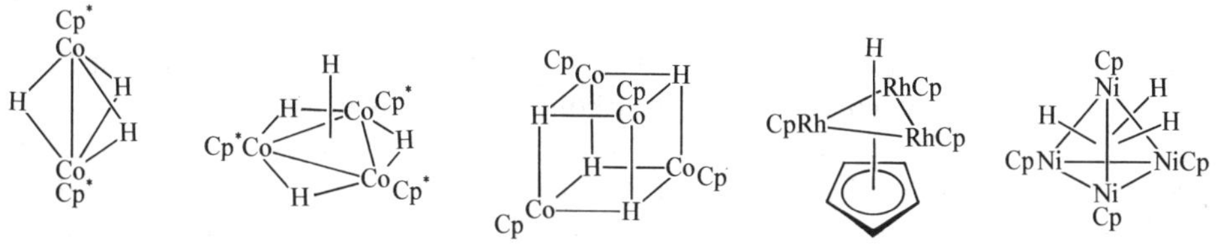

(f) (g) (h) (i) (k)

Da die Zentren von Metallocenen der Cobalt- und Nickelgruppe mit 19 bzw. 20 Außenelektronen bereits einen Elektronenüberschuß aufweisen, zeigen sie natürlich keine Tendenz zur Aufnahme von Wasserstoff (tatsächlich erfolgt hier die H-Addition zur Minderung des Elektronenüberschusses nur am Cp-Ring; s. o.). Demgemäß liegen den Hydridkomplexen dieser Metalle weniger als 2 Cp-Reste pro M-Atom zugrunde, und ihre Formeln lauten u. a. $\mathbf{CpMH}_n$. Als Beispiele für letzteren – meist mehrkernigen – Verbindungstyp seien $[(Cp^*Co)_2H_3]$, $[(Cp^*CoH)_3H]$, $[CpCoH]_4$, $[Cp_4Rh_3H]$ und $[(CpNi)_4H_3]$ mit den Strukturen (f)–(k) genannt ($Cp^* = C_5Me_5$). Auch die frühen Übergangsmetalle bilden derartige Cyclopentadienylmetallhydride, wie aus der Existenz der Verbindungen $[Cp^*ReH_6]$ (e) sowie $[Cp^*CrH]_4$ (Struktur analog (h); Cp* anstelle von Cp) hervorgeht.

Darstellung, Eigenschaften. Zur Gewinnung der Cyclopentadienylmetallhydride *hydriert* man in der Regel Cyclopentadienylmetallhalogenide (bzw. $MHal_n$/CpNa-Gemische) mit *komplexen Hydriden* wie $NaBH_4$ sowie $LiAlH_4$ oder – seltener – Cyclopentadienylmetallalkyle mit *molekularem Wasserstoff* z. B.:

$$[Cp_2MCl_3] + 3H^- \longrightarrow [Cp_2MH_3] + 3Cl^- \qquad (M = Nb, Ta);$$
$$MCl_5 + 2Cp^- + 3H^- \longrightarrow [Cp_2MH_2] + 5Cl^- + \tfrac{1}{2}H_2 \qquad (M = Mo, W);$$
$$2[Cp_2TiMe_2] + 3H_2 \longrightarrow [Cp_2TiH]_2 + 4MeH.$$

Von den Eigenschaften der – bei mehr oder minder hohen Temperaturen unter H_2-Abgabe *thermolysierenden* – Cyclopentadienylmetallhydriden seien nur das *saure* Verhalten von Cp_2MH_2 (M = Ti, Zr, Hf) sowie das *basische* Verhalten von Cp_2MH_2 (M = Mo, W) und Cp_2MH (M = Tc, Re) erwähnt (Cp_2MH_3 mit M = Nb, Ta wirkt weder sauer noch basisch). So bildet die Titanverbindung mit Donoren Addukte wie $Cp_2TiH(PR_3)$ oder mit Diboran das Boranat Cp_2TiBH_4 (analog (a) gebaut mit BH_2 anstelle einer $TiCp_2$-Gruppe), während leztere Hydride mit Brönstedsäuren Salze $Cp_2MH_3^+$ (M = Mo, W) sowie $Cp_2MH_2^+$ (M = Tc, Re) und mit der Lewis-Säure BF_3 Addukte wie etwa $Cp_2WH_2(BF_3)$ bilden. Cp_2ReH ist eine Base von der Stärke des Ammoniaks.

Cyclopentadienylmetallhalogenide. Zusammensetzung, Strukturen. Den Cyclopentadienylmetallhalogeniden, die sich formal von den Cyclopentadienylmetallhydriden durch Ersatz von Hydrid gegen Halogenid ableiten, und – abgesehen von η^1-CpHgX – η^5-gebundene Cp-Ringe enthalten, kommen die Formeln $\mathbf{Cp_2MX}_n$ (n = 1–3) sowie $\mathbf{CpMX}_n$ (n = 1–4) zu.

Unter den „*Monohalogeniden*“ Cp_2MX (M = Ti, W, Cr, Fe, Co) und CpMX (X = Pd, Hg) sind die Ti- und Pd-Verbindungen *dimer* (vgl. Struktur (a) für Cp_2TiCl), die V- und Cr-Verbindungen *monomer* (pseudo-trigonal-planar, falls nur der Mittelpunkt des Cp-Rings gezählt wird), die Fe- und Co-Verbindungen im Sinne von $Cp_2M^+X^-$ *salzartig*, die Verbindung CpHgX im Sinne von C_5H_5—Hg—X *kovalent* (digonal) gebaut. Den „*Dihalogeniden*“ (Cp_2MX_2 (M = Sc, Y, La, Ti, Zr, Hf, V, Nb, Mo, W) kommt die monomere, pseudotetraedrische Struktur (c) mit X anstelle von H, den Dihalogeniden $CpMX_2$ dimerer (Cr) bzw. polymerer (Rh) Bau zu. Sowohl die „*Trihalogenide*“ Cp_2MX_3 (M = Nb, Ta; vgl. Formel (b)) sowie $CpMX_3$ (M = Ti, V; pseudotetraedrisch) als auch die „*Tetrahalogenide*“ $CpMX_4$ (M = Mo; pseudo-quadratisch-pyramidal) sind *monomer* strukturiert.

Darstellung, Eigenschaften. Die Gewinnung der Cyclopentadienylmetallhalogenide erfolgt durch „*Metathese*“ aus *Metallhalogeniden* und CpNa bzw. durch „*Halogenierung*“ von *Metallocenen* oder *Metallocenhydriden* z. B.:

$$TiCl_4 + 2Cp^- \rightarrow Cp_2TiCl_2 + 2Cl^-;$$
$$Cp_2V + Cp_2VCl_2 \rightarrow 2Cp_2VCl;$$
$$Cp_2MoH_2 + CCl_4 \rightarrow Cp_2MoCl_2 + CH_2Cl_2.$$

Die betreffenden Verbindungen stellen wertvolle Edukte zur Synthese anderer Cyclopentadienyl-Verbindungen (z. B. Cyclopentadienylorganylmetallen) dar. Praktische Bedeutung hat insbesondere das durch Hydrierung von Cp_2ZrCl_2 und $LiAlH_4$ zugängliche Hydridchlorid Cp_2ZrHCl („*Schwartz-Reagens*“) in der organischen Synthese für *Olefinhydrierungen* sowie das durch Reaktion von Cp_2ZrCl_2 mit $(MeAlO)_n$ gebildete Kation Cp_2ZrMe^+ als Katalysator für *Olefinpolymerisationen* erlangt (vgl. S. 1417).

Cyclopentadienylmetallcarbonyle. Zusammensetzung, Strukturen. Gemäß Tab. 148 mit Formeln bisher bekannter Cyclopentadienylmetallcarbonyle existieren nur von der Titangruppe „Metallocencarbonyle“ $\mathbf{Cp_2M(CO)}_n$, in welchen den Zentralmetallen M = Ti, Zr, Hf für $n = 2$ insgesamt 4 (M) + 10 (Cp) + 4 (CO) = 18 Außenelektronen zukommen. Zwar besäßen auch die Zentren M = Cr, Mo, W für $n = 1$ Edelgaskonfiguration, doch kennt man bisher keine Verbindungen dieser Zusammensetzung. Möglicherweise erbringt hier die CO-Koor-

Tab. 148 Cyclopentadienylmetallcarbonyle

Ti, Zr, Hf	V, Nb, Ta	Cr, Mo, W	Mn, Tc, Re	Fe, Ru, Os	Co, Rh, Ir	Ni, Pd, Pt	Cu, Ag, Au
$[Cp_2M(CO)_2]$	$[CpM(CO)_4]$	–	$[CpM(CO)_3]$	–	$[CpM(CO)_2]$	–	$[CpCuCO]$
–	–	$[CpM(CO)_3]_2$	–	$[CpM(CO)_2]_2$	–	$[CpMCO]_2$	–
–	$[CpV(CO)_3]_3$ [a)]	$[CpM(CO)_2]_2$	–	$[CpFeCO]_4$	$[CpMCO]_3$ [b)]	–	–
$[Cp_3Nb_3(CO)_7]$	$[Cp_2V_2(CO)_5]$	–	$[Cp_2Re_2(CO)_5]$	–	$[Cp_2M_2(CO)_3]$ [c)]	$[Cp_3Ni_3(CO)_2]$	–

a) Es soll auch ein $[CpV(CO)]_4$ existieren. – **b)** Man kennt auch $[CpCoCO]_2$. – **c)** Man kennt auch $Cp_3Ir_3(CO)_2$.

dination nicht genügend Energie für die bei CO-Addition notwendige Abwinkelung der beiden Cp-Liganden aus ihrer parallelen Lage in den Metallocenen. Bezüglich der Struktur von $Cp_2M(CO)_2$ mit M = Ti, Zr, Hf vgl. (l)

Alle anderen Cyclopentadienylmetallcarbonyle weisen laut Tab. 148 nur einen Cp-Rest pro Metallatom auf und haben demgemäß die allgemeine Formel **CpM(CO)$_n$** (n = ganze und gebrochene Zahlen). Nur die Vanadium-, Mangan-, Cobalt- und Kupfergruppe, d. h. Metalle mit einer *ungeraden* Zahl (5, 7, 9, 11) von Außenelektronen bilden „*einkernige Komplexe*" (sogenannte „*Halbsandwich*"-Verbindungen) mit Edelgaskonfiguration der betreffenden Metalle (vgl. Tab. 148, erste Reihe, sowie die Formeln (m) bis (p)). Die Außenschalen von Metallen mit einer *geraden* Zahl (6, 8, 10) von Außenelektronen erlangen nach Koordination von 1 Cp-Rest (5 Elektronendonator) sowie von 3, 2, 1 CO-Liganden (2 Elektronendonator) nur

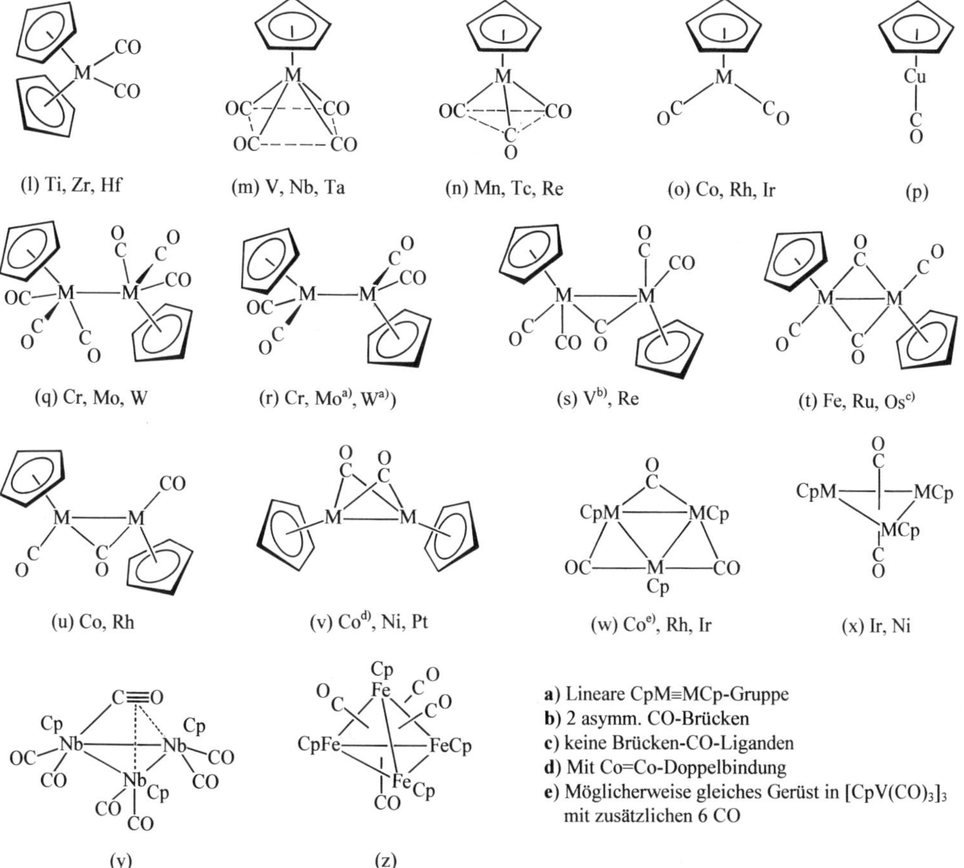

(l) Ti, Zr, Hf (m) V, Nb, Ta (n) Mn, Tc, Re (o) Co, Rh, Ir (p)

(q) Cr, Mo, W (r) Cr, Mo[a)], W[a)]) (s) V[b)], Re (t) Fe, Ru, Os[c)]

(u) Co, Rh (v) Co[d)], Ni, Pt (w) Co[e)], Rh, Ir (x) Ir, Ni

(y) (z)

a) Lineare CpM≡MCp-Gruppe
b) 2 asymm. CO-Brücken
c) keine Brücken-CO-Liganden
d) Mit Co=Co-Doppelbindung
e) Möglicherweise gleiches Gerüst in $[CpV(CO)_3]_3$ mit zusätzlichen 6 CO

17 Elektronen und bilden demgemäß „*zweikernige Komplexe*" mit einer MM-Einfachbindung (vgl. Tab. 148, zweite Reihe, sowie die Formeln (q), (t) (v); denkbare Komplexe der Zusammensetzung $[CpM(CO)_5]_2$ mit M = Ti, Zr, Hf existieren – u. a. wohl aus sterischen Gründen – nicht). Wie im Falle der dimeren Metallcarbonyle sind die CO-Moleküle jeweils terminal und/oder brückenständig mit den beiden Metallzentren verknüpft; auch beobachtet man Gleichgewichte zwischen Isomeren mit end- und brückenständigem Kohlenstoffmonoxid.

Entfernt man aus den erwähnten ein- oder zweikernigen Komplexen eine CO-Gruppe pro Metallatom, so muß das M-Atom zur Erhaltung seiner 18-Elektronenaußenschale zwei zusätzliche MM-Bindungen eingehen. Dies wird im Falle des Übergangs $[CpM(CO)_3]_2 \rightarrow [CpM(CO)_2]_2$ (M = Cr, Mo, W) bzw. $[CpCo(CO)_2] \rightarrow [CpCoCO]_2$ gemäß (r) und (v) durch Ausbildung einer M≡M-Dreifach- bzw. Co=Co-Doppelbindung erreicht, während der Übergang $[CpV(CO)_4] \rightarrow [CpV(CO)_3]_3$, $[CpFe(CO)_2] \rightarrow [CpFeCO]_4$ bzw. $[CpM(CO)_2] \rightarrow [CpMCO]_3$ mit M = Co, Rh gemäß (w), (z) und (w) mit der Bildung „*mehrkerniger Komplexe*" verbunden ist (vgl. hierzu auch Tab. 148, dritte Reihe). Weniger einsichtig lassen sich die Strukturen jener Komplexe erklären, in welchen die Zahl der CO-Moleküle kein ganzes Vielfaches der M-Atome ist (vgl. Tab. 148, vierte Reihe, sowie die Formeln (s), (u), (x), (y))[114].

Darstellung. Die Gewinnung von Cyclopentadienylmetallcarbonylen erfolgt entweder „*aus Metallcarbonylen*" durch Einführung des *Cyclopentadienylrestes* (vgl. Gl. 1, 2, 3) oder „*aus Metallocenen*" durch Einführung von *Kohlenstoffmonoxid* (vgl. 4, 5, 6)[114].

$$2\,Fe(CO)_5 + 2\,CpH \longrightarrow [CpFe(CO)_2]_2 + 6\,CO + H_2 \quad (1)$$

$$Na[V(CO)_6] + CpHgCl \longrightarrow [CpV(CO)_4] + 2\,CO + Hg + NaCl \quad (2)$$

$$[RhCl(CO)_2]_2 + 2\,CpTl \longrightarrow 2\,[CpRh(CO)_2] + 2\,TlCl \quad (3)$$

$$Cp_2Mn + 3\,CO \xrightarrow{\text{Druck, T}} [CpMn(CO)_3] + \tfrac{1}{2}Cp_2 \quad (4)$$

$$Cp_2Ni + Ni(CO)_4 \longrightarrow [CpNiCO]_2 + 2\,CO \quad (5)$$

$$Cp_2TiCl_2 + Zn + 2\,CO \longrightarrow [Cp_2Ti(CO)_2] + ZnCl_2 \quad (6)$$

Ferner lassen sich Cyclopentadienylmetallcarbonyle vielfach auf *thermischem* oder *photochemischem* Wege in andere Cyclopentadienylmetallcarbonyle „*umwandeln*". So geht etwa $[CpCo(CO)_2]$ bei Bestrahlung unter CO-Eliminierung in instabiles [CpCoCO] über, das zu $[CpCoCO]_2$ dimerisiert (thermisch in $[CpCoCO]_3$ umwandelbar) oder mit unzersetztem $[CpCo(CO)_2]$ zu $[Cp_2Co_2(CO)_3]$ abreagiert. Auch kann $[CpV(CO)_4]$ photochemisch leicht in den Komplex $[Cp_2V_2(CO)_5]$ übergeführt werden, der sich beim Rückflußkochen in THF in $[CpV(CO)_4]$, $[CpVCO]_4$ und $[CpV(CO)_3]_3$ umwandelt[114].

Eigenschaften. Auf die „*Thermolyse*" und „*Photolyse*" der Cyclopentadienylmetallcarbonyle wurde im Zusammenhang mit der Darstellung bereits eingegangen. Ähnlich wie im Falle der Metallcarbonyle lassen sich auch bei Cyclopentadienylmetallcarbonylen CO-Gruppen durch *nucleophile* „*Substitution*" austauschen, z. B.: $[CpMn(CO)_3] + L \rightarrow [CpMn(CO)_2L] + CO$; $[CpCo(CO)_2] + 2\,L \rightarrow [CpCoL_2] + 2\,CO$; L z. B. PR_3, Alkene. Anders als bei den Metallcarbonylen ist bei den Cyclopentadienylmetallcarbonylen aber zudem eine *elektrophile* Substitution von Ringwasserstoffatomen wie in den zugrundeliegenden Metallocenen möglich (s. dort). Unter den „*Redoxreaktionen*" sind insbesondere die Umwandlungen der Cyclopentadienylmetallcarbonyle sowohl in *Kationen* wie $[Cp_2V(CO)_2]^+$ (isoelektronisch mit $[Cp_2Ti(CO)_2]$, $[CpM(CO)_4]^+$ (M = Cr, Mo, W; isoelektronisch mit $[CpM(CO)_4]$, M = V, Nb, Ta) und $[CpFe(CO)_3]^+$ (isoelektronisch mit $[CpMn(CO)_3]$) als auch in *Anionen* wie $[CpV(CO)_3]^{2-}$ (isoelektronisch mit $[CpMn(CO)_3]$), $[CpM(CO)_3]^-$ (M = Cr, Mo, W; isoelektronisch mit $[CpM(CO)_3]$, M = Mn, Tc, Re), $[CpFe(CO)_2]^-$ (isoelektronisch mit $[CpCo(CO)_2)]$ und $[CpNiCO]^-$ (isoelektronisch mit [CpCuCO]) zu erwähnen, z. B.:

---

[114] $[Cp^*Re(CO)_3]$ bildet sich nach $[Cp^*ReO_3] + 6\,CO \rightarrow [Cp^*Re(CO)_3] + 3\,CO_2$ und geht bei der *Photolyse* in $[Cp^*{}_2Re_2(CO)_3]$ mit einer Re≡Re-Dreifachbindung und 3 Brücken-CO-Molekülen, bei der Einwirkung von *Wasserstoffperoxid* wieder in $[Cp^*ReO_3]$ über (vgl. S. 1502).

$[CpFe(CO)_2Cl] + AlCl_3 \rightarrow [CpFe(CO)_2]^+AlCl_4^-$; $[CpCr(CO)_3]_2 + 2\ominus \rightleftarrows 2[CpCr(CO)_3]^-$;
$\frac{1}{2}[CpFe(CO)_2]_2 + Ag^+ + CO \rightarrow [CpFe(CO)_3]^+ + Ag$; $[CpFe(CO)_2]_2 + 2\ominus \rightleftarrows 2[CpFe(CO)_2]^-$.

Die Anionen lassen sich ihrerseits zu „*Cyclopentadienyl-metallcarbonylhydriden*" wie z.B. $[CpWH(CO)_3]$ *protonieren*. Letztere sind gegebenenfalls auch durch Einwirkung von *Wasserstoff* auf Cyclopentadienylmetallcarbonyle zugänglich. Die Einwirkung von *Halogenen* kann andererseits zu „*Cyclopentadienyl-metallcarbonylhalogeniden*" führen, z.B.: $[CpFe(CO)_2]_2 + Cl_2 \rightarrow 2[CpFe(CO)_2Cl]$; $[CpCo(CO)_2] + Br_2 \rightarrow [CpCo(CO)Br_2] + CO$[114].

Cyclopentadienylmetallnitrosyle. Zusammensetzung, Strukturen. Wie auf S. 1661 bereits näher ausgeführt wurde, leiten sich Nitrosyl- von Carbonyl-Komplexen sowohl durch Ersatz von 3CO- gegen 2NO-Molekülen wie durch Ersatz einer CO-Gruppe + ein Metallelektron gegen einen NO-Liganden ab. Somit entsprechen sich etwa die Verbindungspaare $CpV(CO)(NO)_2/CpV(CO)_4$, $CpCr(CO)_2NO/CpMn(CO)_3$ und $CpMn(CO)_2(NO)^+/CpMn(CO)_3$. Die Cyclopentadienylmetallnitrosyle enthalten hierbei wie die Metallnitrosyle end- und brückenständige NO-Gruppen (vgl. z.B. die auf S. 1664 wiedergegebenen Verbindungen [CpNiNO], $[CpCr(NO)_2]_2$ und $[Cp_3Mn_3(NO)_4]$), wobei endständige NO-Gruppen linear oder gewinkelt mit den Metallzentren verknüpft sein können.

Darstellung, Eigenschaften. Die Gewinnung der Cyclopentadienylmetallnitrosyle erfolgt vielfach durch Einwirkung von NO oder NO^+-haltigen Verbindungen auf Metallocene oder Cyclopentadienylmetallcarbonyle, z.B.: $2Cp_2Ni + 2NO \rightarrow 2[CpNiNO] + C_{10}H_{10}$; $2[CpCo(CO)_2] + 2NO \rightarrow [CpCoNO)]_2 + 4CO$; $[CpMn(CO)_3] + NO^+ \rightarrow [CpMn(CO)_2NO]^+ + CO$. In letzterer Verbindung läßt sich durch Einwirkung von Phosphanen PR_3 ein CO-Molekül (nicht aber das stärker koordinierte NO-Molekül) substituieren: $[CpMn(CO)_2(NO)]^+ + PR_3 \rightarrow [CpMn^*(CO)(NO)(PR_3)]^+$. Man erhält ein Kation mit *chiralem* pseudotetraedrischem Metallzentrum, das sich durch Addition von optisch aktivem Alkoholat OR^- in ein Gemisch neutraler Diastereomerer $[CpMn^*(COOR^*)(NO)(PR_3)]$ überführen und als solches in die – für mechanistische Untersuchungen bedeutungsvollen – Komponenten auftrennen läßt (S. 1236).

Bis(benzol)metallkomplexe und verwandte Sandwichverbindungen[29, 105, 115]

Zusammensetzung. Im Chromhexacarbonyl $Cr(CO)_6$ wird die Elektronenzahl des *Chroms* (= 24) durch die 6 × 2 = 12 Elektronen der sechs CO-Moleküle zur Elektronenzahl des *Kryptons* ergänzt (S. 1629). Wie nun der deutsche Chemiker E.O. Fischer zeigte[115], kann diese Auffüllung der Chrom- zur Kryptonschale auch durch die sechs π-Elektronenpaare von zwei Molekülen „*Benzol*" (S. 853) erfolgen. Demgemäß läßt sich ein *Dibenzolchrom* $[(C_6H_6)_2Cr]$ gewinnen. Ebenso existieren, wie aus Tab. 149 hervorgeht, *Dibenzolmolybdän* $[(C_6H_6)_2Mo]$ und *Dibenzolwolfram* $[(C_6H_6)_2W]$ (jeweils 18 Valenzelektronen des Komplexzentrums), während bei den Elementen der auf die Chromgruppe folgenden, höheren Nebengruppen die Dibenzolverbindungen wegen der hohen Elektronenzahl des Zentralatoms naturgemäß nur als *Kationen* auftreten: $[(C_6H_6)_2M]^+$ mit M = Mn, Tc, Re und $[(C_6H_6)_2M]^{2+}$ mit M = Fe, Ru, Os (die Existenz von Kationen $[(C_6H_6)_2M]^{3+}$ mit M = Co, Rh, Ir ist fraglich). Allerdings wird die Edelgasregel von den *homoleptischen* Benzolmetallkomplexen nicht sehr streng befolgt, wie schon aus der hohen Luftempfindlichkeit von $[(C_6H_6)_2M]$ mit M = Cr, Mo, W hervorgeht. Tatsächlich bilden letztere π-Komplexe stabile Monokationen $[(C_6H_6)_2M]^+$ (17 Valenzelektronen). Auch lassen sich von den Elementen vor der Chromgruppe Neutralkomplexe $[(C_6H_6)_2M]$ mit M = V, Nb (17 Valenzelektronen) und Ti, Zr, Hf (16 Valenzelektronen) synthetisieren (vgl. Tab. 149).

Außer Benzol bilden viele H-Substitutionsprodukte von C_6H_6 Metall-π-Komplexe. Unter derartigen „*Benzolderivaten*" $C_6H_{6-n}X_n$ mit Substituenten X wie Me, Ph, Hal, OR, SR, NR_2, COOR, SiR_3, $B(OR)_2$, Li (R jeweils H, Organyl) führen *Mesitylen* 1,3,5-$C_6H_6Me_3$ und insbesondere *Hexamethylbenzol* C_6Me_6 zu vergleichsweise stabilen Verbindungen, so daß in einigen Fällen zwar keine Dibenzolmetallkomplexe aber deren Dodecamethylderivate $(C_6Me_6)_2M$ existieren (z.B. M = Re, Fe, Ru, Co, Rh^{2+}, Ni^{2+}; vgl. Tab. 149). Weitere, zur Bildung homoleptischer Komplexe geeignete, benzolähnliche Liganden stel-

[115] **Geschichtliches.** Der erste η^6-Aren-Sandwichkomplex, das Dibenzolchrom $(C_6H_6)_2Cr$, wurde im Jahre 1955 von E.O. Fischer (Nobelpreis 1973) und W. Hafner synthetisiert, nachdem F. Hein bereits 1919 durch Umsetzung von $CrCl_3$ mit PhMgBr derartige Verbindungen erhielt, aber nicht als Sandwichkomplexe erkannt hatte.

Tab. 149 Homoleptische Benzol- bzw. Hexamethylbenzolkomplexe[a)] der Übergangsmetalle

4	5	6	7	8	9	10
IV	V	VI	VII	VIII		
$[(C_6H_6)_2Ti]$ *tiefrot* – diamag.	$[(C_6H_6)_2V]$ *schwarz* Smp. 227 °C $\mu_{mag.}$ 1.68 BM	$[(C_6H_6)_2Cr]$[b)] *braun* Smp. 284 °C diamag.	$[(C_6H_6)_2Mn]^+$ *blaßrosa* – diamag.	$[(C_6Me_6)_2Fe]$[c)] *schwarz* – $\mu_{mag.}$ 3.88 BM	$[(C_6Me_6)_2Co]$[d)] *dunkelbraun* – $\mu_{mag.}$ 1.86 BM	$[(C_6Me_6)_2Ni]^{2+}$ – – $\mu_{mag.}$ 3.00 BM
$[(C_6H_6)_2Zr]$ in Lösung bei tiefen T. –	$[(C_6H_6)_2Nb]$ *purpurrot* Zers. 90 °C paramag.	$[(C_6H_6)_2Mo]$ *grün* Smp. 115 °C diamag.	$[(C_6H_6)_2Tc]^+$ – – diamag.	$[(C_6Me_6)_2Ru]$[e)] *orangefarben* – diamag.	$[(C_6Me_6)_2Rh]^{2+}$ – – paramag.	–[f)]
$[(C_6H_6)_2Hf]$ in Lösung bei tiefen T. –	–	$[(C_6H_6)_2W]$ *grüngelb* Smp. 160 °C diamag.	$[(C_6Me_6)_2Re]_2$[g)] – – diamag.	$[(C_6H_6)_2Os]^{2+}$ – – diamag.	–[h)]	–

a) Falls nur diese gut charakterisiert sind. – **b)** Stabiler ist $[(C_6H_6)_2Cr]^+$ ($\mu_{mag.}$ = 1.77 BM). – **c)** $[(C_6H_6)_2Fe]$ zersetzt sich bei −50 °C explosionsartig; stabiler ist das Mono- und insbesondere Dikation $[(C_6H_6)_2Fe]^+$ ($\mu_{mag.}$ = 1.89 BM) und $[(C_6H_6)_2Fe]^{2+}$ (diamag.). – **d)** Man kennt auch das Monokation $[(C_6Me_6)_2Co]^+$ ($\mu_{mag.}$ = 2.95 BM) und das Dikation $[(C_6Me_6)_2Co]^{2+}$ $\mu_{mag.}$ = 1.73 BM); die Bildung des sehr instabilen Trikations $[(C_6Me_6)_2Co]^{3+}$ wird als Zwischenprodukt der Disproportionierung von $[(C_6Me_6)_2Co]^{2+}$ in neutraler bzw. saurer Lösung postuliert. – **e)** Man kennt auch das Kation $[(C_6H_6)_2Ru]^{2+}$ (diamag.). – **f)** Instabiles $[(C_6Me_6)(C_3H_4Me)Pd]^+$ mit C_3H_4Me = methyliertes Allyl gibt sehr leicht C_6Me_6 ab. – **g)** Paramagnetisches Monomeres nur bei sehr tiefer Temperatur nachweisbar; man kennt $[(C_6H_6)_2Re]^+$ (diamag.). – **h)** Man kennt Monoarenkomplexe des Typus: $[(\eta^6\text{-}C_6H_6)(\eta^4\text{-}C_8H_{12})Ir]^+$ mit C_8H_{12} = Cyclooctadien sowie $[(\eta^6\text{-}C_6Me_6)(\eta^5\text{-}C_5Me_5)Ir]$.

len auch „*anellierte Arene*" wie *Naphthalin, Phenanthren* sowie „*Heteroarene*" wie *Pyridin, Phospha-, Arsa-, Stiba-, Boratabenzol* sowie *Borazol* dar:

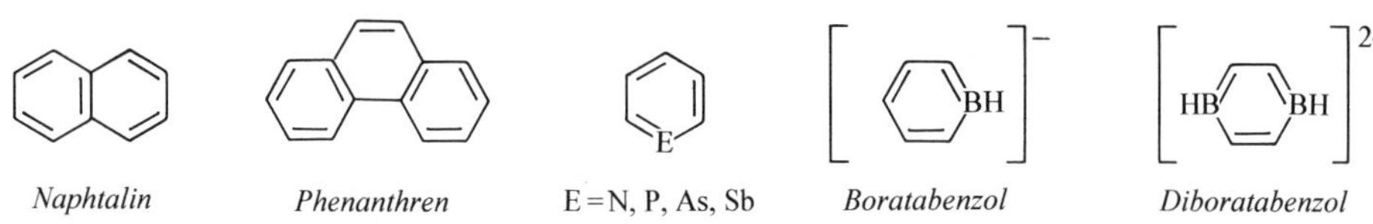

Naphtalin *Phenanthren* E = N, P, As, Sb *Boratabenzol* *Diboratabenzol*

Strukturverhältnisse. Benzolkomplexe. Im „*Dibenzolchrom*" $[(C_6H_6)_2Cr]$ (a) ist das Metallatom wie im Ferrocen $[(C_5H_5)_2Fe]$ zwischen den beiden *parallel* angeordneten η^6-gebundenen Ringmolekülen eingelagert („*Sandwich-Struktur*"), wobei die zwei sechsgliederigen Ringe exakt „auf Deckung" liegen („*ekliptischer*" Komplexbau, D_{6h}-Molekülsymmetrie; CrC-Abstand 2.13 Å, Ringabstand 3.22 Å). Analog gebaut sind alle in Tab. 149 wiedergegebenen Spezies bis auf die Komplexe $[(C_6Me_6)_2Re]$ (dimer) und $[(C_6Me_6)_2Ru]$, welche – zur Erreichung der 18-Außenelektronenschale ihrer Komplexzentren – im Sinne von (b) und (l) nur einen C_6Me_6-Ring η^6-, den anderen aber η^5- bzw. η^4-gebunden enthalten. Als weitere Beispiele für Sandwich-Komplexe seien genannt: Arenkomplexe wie „*Bis(diphenyl)dichrom*" (c) (bildet paramagnetische Mono- und Dikationen; vgl. „*Bis(fulvalendienyl)dieisen*", S. 1700), „*Bis(phenanthren)chrom*" (d) (im Falle höher anellierter Arene werden immer die äußeren C_6-Ringe von M komplexiert), „*Paracyclophanchrom*" (e) (der Ringabstand des „komprimierten Sandwichkomplexes" beträgt nur 2.90 Å) und „*Benzol-cyclopentadienylmangan*"; Heteroarenkomplexe wie „*Bis(pyridin)chrom*" (f) (thermisch labiler als $[(C_6H_6)_2Cr)]$), „*Bis(arsabenzol)chrom*" (g) $[(C_5H_5As)_2Cr]$ (thermisch stabiler als $[(C_5H_5N)_2Cr]$) oder „*Bis(boratabenzol)metalle*" (h) (M = V, Cr, Fe, Co, Ru, Os sind aus der Ringmitte etwas von B weggerückt); *homo-* und *heteroleptische* Tripeldeckerkomplexe wie (m)–(p) (Hexaphosphabenzol ist nur komplexgebunden erhältlich).

Bindungsverhältnisse. Die Beschreibung der Bindungen in π-Komplexen mit Benzol als Liganden gleicht der der Bindungsverhältnisse in Cp-Komplexen (vgl. S. 1701). Allerdings kommt den δ-Rückbindungen stärkeres Gewicht zu. Demgemäß tragen die *Benzolliganden* in Bis(benzol)metallkomplexen *negative*, die *Metallzentren positive* Partialladungen (z. B. −0.35 und +0.70 in $[(C_6H_6)_2Cr]$). Die Metall-Aren-Bindungen sind in Arenmetallkomplexen insgesamt etwas schwächer als die Metall-Cyclopentadienyl-

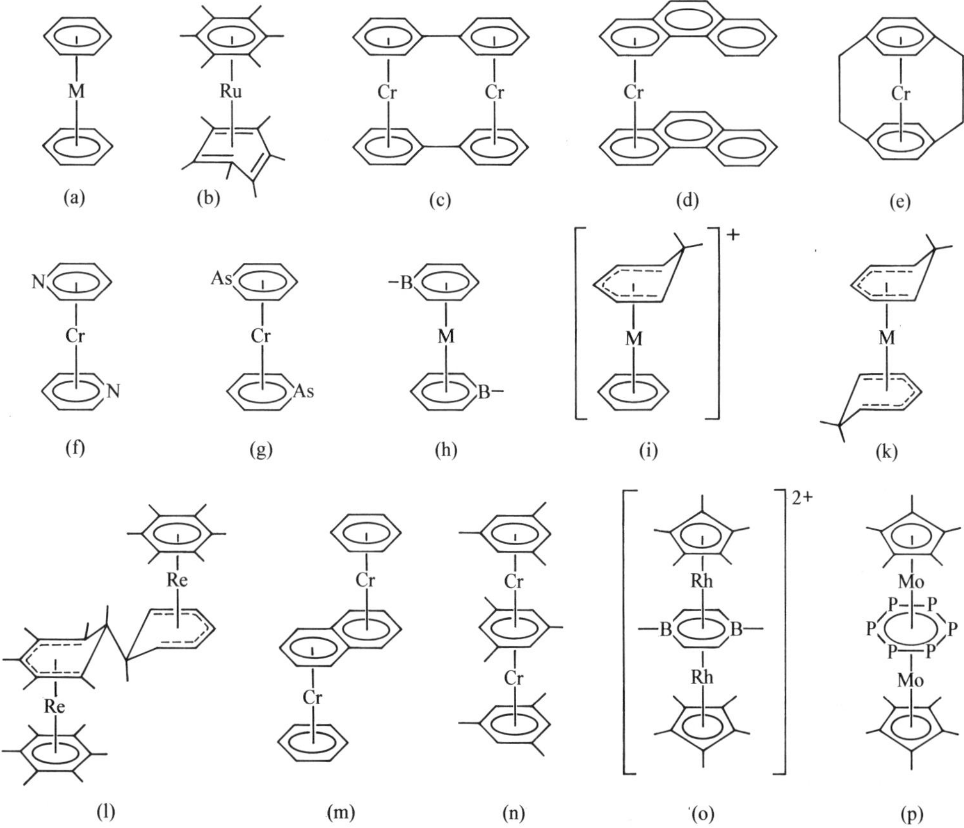

Bindungen in vergleichbaren Cp-Metallkomplexen (mittlere Metall-Ring-Dissoziationsenergie in $[(C_6H_6)_2Cr]$ und $[(C_5H_5)_2Fe]$ = 170 und 260 kJ/mol).

Darstellung. Die Gewinnung von Arenmetallkomplexen auf direktem Wege gelingt nur durch „Abschrecken" von Gasgemischen aus Metallatomen (erzeugt bei hohen Temperaturen) und den betreffenden Arenen auf tiefe Temperaturen („*Kokondensationsmethode*"):

$$M + 2\ \text{Aren} \rightarrow [(\text{Aren})_2M]$$

Auf diese Weise konnten etwa Verbindungen wie $[(C_6H_6)_2M]$ oder $[(C_6H_3Me_3)_2M]$ (M jeweils Ti, Zr, Hf, Nb) sowie $[(C_6H_5Cl)_2M]$ oder $[(C_6H_5NMe_2)_2M]$ (M jeweils Cr, Mo), $[(2,6\text{-}R_2C_5H_3N)_2Cr]$ (R z.B. Me, $SiMe_3$), $[(C_5H_5As)_2Cr]$, ferner Sandwichkomplexe mit anellierten Arenen erhalten werden.

Eine besonders wichtige und vielseitig anwendbare Methode zur Synthese von „*Bis(aren)metallkationen*" besteht in der *Reduktion von Metallhalogeniden* mit Aluminium in Anwesenheit von $AlCl_3$ im betreffenden Aren als Reaktionsmedium (Fischer-Hafner-Synthese). Die Kationen lassen sich gegebenenfalls zu neutralen Bis(aren)metallkomplexen reduzieren. So bildet sich etwa aus $CrCl_3/Al/AlCl_3$ in Benzol das *gelbe* Kation $[(C_6H_6)_2Cr]^+$, das mit Dithionit in $[(C_6H_6)_2Cr]$ überführbar ist:

$$3\,CrCl_3 + 2\,Al + AlCl_3 + 6\,C_6H_6 \rightarrow 3[(C_6H_6)_2Cr]^+AlCl_4^-;$$
$$2[(C_6H_6)_2Cr]^+ + S_2O_4^{2-} + 2\,OH^- \rightarrow 2[(C_6H_6)_2Cr] + 2\,HSO_3^-.$$

Das *Metall* läßt sich im Falle der Fischer-Hafner-Synthese in weiten Grenzen variieren (M = V, Cr, Mo, W, Tc, Re, Fe, Ru, Os, Co, Rh, Ir, Ni). Analoges gilt für den *Arenliganden*, der allerdings gegen $AlCl_3$ chemisch inert sein muß, also etwa keine basischen Substituenten aufweisen darf. Haben die Zentren der gebildeten Komplexkationen 18 oder mehr als 18 Außenelektronen, so lassen sich aus ihnen durch *Reduktion* meistens keine neutralen Bis(aren)metallkomplexe gewinnen: die Systeme versuchen dann nämlich durch Molekül-Umlagerung ihre 18 Außenelektronenschale zu bewahren oder ein Elektronenoktadezett zu erlangen. So bilden sich bei der Reaktion der Sandwichkomplexe $[(C_6H_6)_2Re]^+$ und $[(C_6Me_6)_2Fe]^{2+}$ mit Alkalimetallen (z.B. in fl. NH_3) die Komplexe (l) und (b; Fe statt Ru), während etwa die Reduktion von $[(C_6H_6)_2Ru]^{2+}$ mit $NaBH_4$ u.a. auf dem Wege über (i) zu (k) führt.

Eine Methode zur *Umwandlung* von Bis(aren)komplexen besteht in der Ringderivatisierung. So läßt sich etwa die aus $[(C_6H_6)_2Cr]$ durch Einwirkung von BuLi erhältliche Lithiumverbindung $[(C_6H_5Li)_2Cr]$ (s.u.) mit MeSSMe in $[(C_6H_5SMe)_2Cr]$ und LiSMe überführen. Auch kann $[(C_5H_5N)_2Cr]$ (f) aus $[(2,6\text{-}R_2C_5H_3N)_2Cr]$ durch Substitution von R = $SiMe_3$ gegen H gewonnen werden. Ein Spezialfall stellt die Synthese von *Bis(boratabenzol)metallkomplexen* dar; hier führt u.a. die Metathese zum Ziel: $MCl_2 + 2NaC_5H_5BR \rightarrow [(C_5H_5BR)_2M] + 2NaCl$ (M = V, Cr, Fe, Co, Ru, Os; R z.B. Me, Ph).

Eigenschaften. Die neutralen Bis(aren)metallkomplexe weisen wie die Metallocene charakteristische *Farben* und *magnetische Momente* auf (vgl. Tab. 149). Ihre Thermostabilität ist teils sehr klein (z.B. $[(C_6H_6)_2M]$ mit M = Ti, Zr, Hf), teils beachtlich (z.B. $[(C_6H_6)_2M]$ mit M = Cr, Mo, W). In der Regel verhalten sie sich *sauerstoffempfindlich* (O_2-stabil ist etwa $[(C_6H_5Cl)_2Cr]$ mit dem elektronenziehenden Substituenten Cl; auch können Kationen wie $[(C_6H_6)_2Cr]^+$ oder $[(C_6Me_6)_2Ru]^{2+}$ inert gegen O_2 sein). Wegen der Oxidationsempfindlichkeit verbieten sich *elektrophile Substitutionen* an den Arenringen. Starke *Basen* wie Organylanionen vermögen Arene zu metallieren (η^6-gebundenes C_6H_6 wird rascher metalliert als freies Benzol); z.B. läßt sich $[(C_6H_6)_2Cr]$ mit BuLi in Anwesenheit von $Me_2NCH_2CH_2NMe_2$ in $[(C_6H_5Li)(C_6H_6)Cr]$ und $[(C_6H_5Li)_2Cr]$ überführen. Kationen $[(Aren)_2M]^{n+}$ addieren andererseits Organylanionen vielfach am Arenring (z.B. Bildung von Produkten mit den Gerüsten (i) und (k) bei der Umsetzung von $[(C_6H_3Me_3)_2Fe]^{2+}$ und R^-).

Mono(benzol)metallkomplexe und verwandte Halbsandwichverbindungen

Zusammensetzung, Strukturen. Man kennt eine große Zahl *heteroleptischer* Arenkomplexe $[(Aren)ML_m]$, welche neben Benzol, Benzolderivaten, anellierten Arenen, Heteroarenen (vgl. S. 1710) noch andere Liganden enthalten und vielfach Zentren mit Edelgaskonfiguration aufweisen. Als Beispiele für derartige „*Halbsandwichkomplexe*" seien genannt: „*Arenmetallorganyle*" wie (q), „*Arenmetallhalogenide*" wie (r), (s), (t) (letztere Verbindungen haben gewisse Ähnlichkeiten mit Arenkomplexen von Hauptgruppenelementhalogeniden (S. 1103); doch sind die Arenliganden in letzteren Verbindungen nur sehr schwach an die Metalle gebunden), „*Arenmetallcarbonyle*" wie (u) (auch als Monokation mit Mn, Tc, Re bekannt), „*Arenmetallphosphankomplexe*" wie (x) und „*Heteroarenmetallcarbonyle*" wie (v) und (w). Schließlich vermögen Arenliganden wie in (y) Metallcluster aus zwei oder drei M-Atomen zu überspannen.

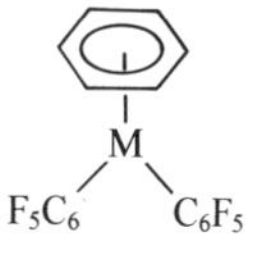

(q) Co, Ni 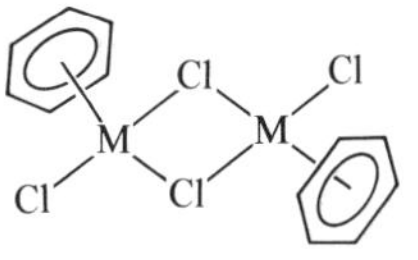 (r) Ru, Os 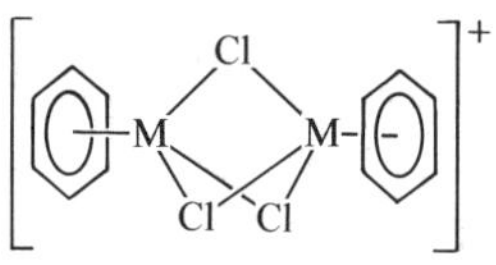 (s) Ru, Os 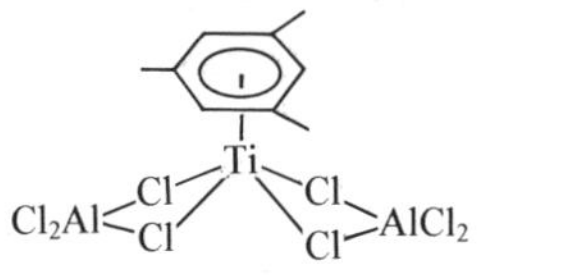 (t)

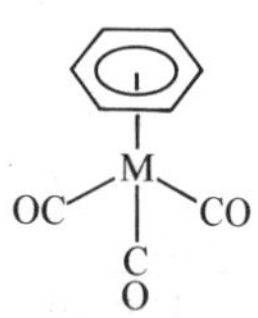

(u) Cr, Mo, W 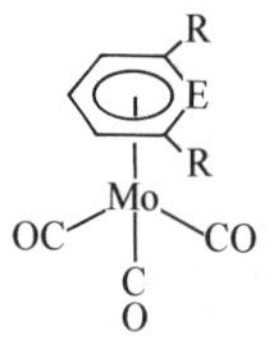 (v) E = N, P, As, Sb 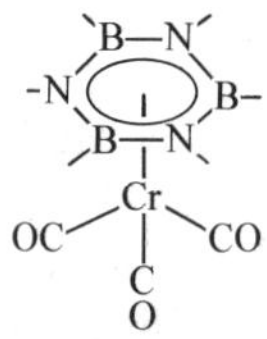 (w) 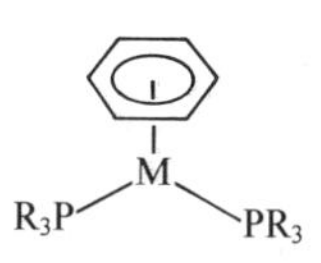 (x) Fe, Ru, Os 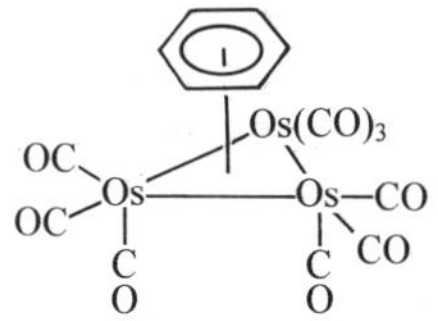 (y)

Darstellung, Eigenschaften. Arenmetallhalogenide lassen sich u.a. durch Reaktion geeigneter *Metallhalogenide* mit Arenen oder teilhydrierten Arenen gewinnen, z.B.: $RuCl_3$ + Cyclohexadien → (r); $TiCl_4$ + Mesitylen in Anwesenheit von Et_2AlCl → (t). Die Verbindungen des Typs (r) lassen sich durch Cl^--Abstraktion (z.B. mit $AlCl_3$) in die Kationen (s), durch Einwirkung von $AgBF_4$ in Anwesenheit von Aceton in die Kationen $[C_6H_6M(OCMe_2)_3]^{2+}$ verwandeln, wobei letztere als Überträger für die Halbsandwicheinheiten $[C_6H_6M]^{2+}$ wirken (z.B. Bildung von (x) mit M = Ru, Os durch Reaktion mit PR_3).

Aren- und Heteroarenmetallcarbonyle lassen sich durch „*Austausch von Kohlenstoffmonoxid*" in *Metallcarbonylen* gegen Arene (1, 2), durch „*Austausch schwach koordinierter Donoren*" in *donorhaltigen Metallcarbonylen* (3, 4) oder durch „*Austausch von Arenen*" in *Arenmetallcarbonylen* gegen andere Arene (5) gewinnen.

$$M(CO)_6 + C_6H_6 \xrightarrow[(Cr, Mo, W)]{} [(C_6H_6)M(CO)_3]\,(u) + 3CO \qquad (1)$$

$$[MCl(CO)_5] + C_6H_6 + AlCl_3 \xrightarrow[(Mn, Te, Re)]{} [(C_6H_6)M(CO)_3]^+AlCl_4^- + 2CO \qquad (2)$$

$$[Mo(CO)_5(THF)] + 2{,}6\text{-}R_2C_5H_3E \xrightarrow[(N, P, As, Sb)]{} [(2{,}6\text{-}R_2C_5H_3E)Mo(CO)_3]\,(v) + 2CO + THF \qquad (3)^{116)}$$

$$[Cr(CO)_3(NCMe)_3] + B_3N_3Me_6 \longrightarrow [(B_3N_3Me_6)Cr(CO)_3]\,(w) + 3MeCN \qquad (4)$$

$$[(Aren)Cr(CO)_3] + Aren^* \longrightarrow [(Aren^*)Cr(CO)_3] + Aren \qquad (5)$$

In den Komplexen (u), (v), (w), (y) sind die Arene und das Fragment $M(CO)_3$ bzw. $Os_3(CO)_3$ gestaffelt hinsichtlich $(CO)_3$ bzw. Os_3 angeordnet (in (y) koordiniert formal jedes Os-Atom mit einer Doppelbindung des Benzols; für (w) vgl. S. 1046). Wegen der negativen Partialladungen der Benzolliganden in Arencarbonylkomplexen verhalten sich Komplexe des Typus (u) bezüglich *elektrophiler* Ring-Substitutionen *weniger reaktiv*, bezüglich *nucleophiler* Ring-Substitutionen *reaktiver* als die freien Ringliganden. Z. B. läßt sich Chlorid in $[(C_6H_5Cl)Cr(CO)_3]$ leicht durch Alkoholat OR^- substituieren. Reaktionszwischenstufen (gegebenenfalls isolierbar) sind hierbei Addukte vom Typus (i) (negative anstelle der positiven Ladung bei Verwendung anionischer Nucleophile).

Sonstige Aromatenkomplexe[29, 105, 117]

Zusammensetzung. Ähnlich wie die 6π-Aromaten „*Cyclopentadienid*" sowie „*Benzol*" sollten auch der 2π-Aromat „*Cyclopropenylium*", die 6π-Aromaten „*Cyclobutendiid*" sowie „*Tropylium*" und der 10π-Aromat „*Cyclooctatriendiid*" (vgl. S. 1697) zur Ausbildung homoleptischer Sandwichkomplexe $[(Aromat)_2M]$ befähigt sein. Ihnen müßten – bei Berücksichtigung der 18-Elektronenregel – u. a. folgende Formeln zukommen[118]:

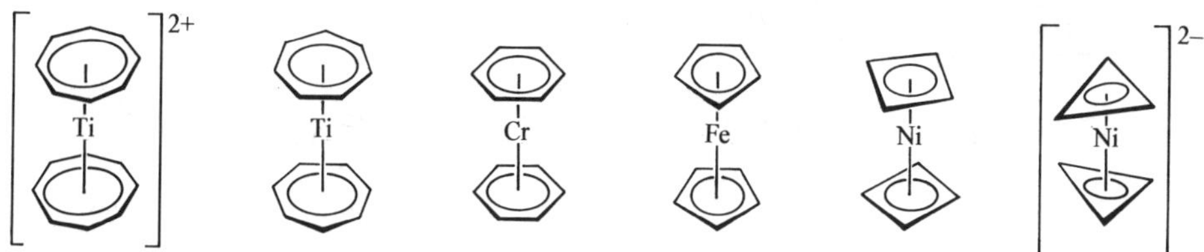

Tatsächlich wird die *Edelgasregel* von derartigen Komplexen *nicht streng befolgt*, worauf schon bei den *Metallocenen* (S. 1697) und *Bis(aren)metallen* (S. 1709) hingewiesen wurde. Demgemäß kennt man zwar kein $[(C_7H_7)_2Ti]$ (18 Valenzelektronen), aber ein Dikation $[(C_7H_7)_2V]^{2+}$ (17 Valenzelektronen). Auch sind Aromaten vielfach nur über einen *Teil ihres π-Systems* mit einem Komplexzentrum *koordiniert*, weshalb vom Titan die Neutralverbindung $[(C_8H_8)_2Ti]$ existiert (s. u.). Ein Dikation $[(C_8H_8)_2Ti]^{2+}$ ist andererseits unbekannt. Unbekannt sind bisher $[(C_4H_4)_2Ni]$ (bekannt ist das Octaphenylderivat) und $[(C_3H_3)_2Ni]^{2-}$.

---

[116] Die Basizität der Heteroarene C_5H_5E (R = H in Gl. (3)) nimmt in Richtung $C_5H_5N > C_5H_5P > C_5H_5As > C_5H_5Sb$ ab. Als Folge hiervon liefern nur letztere beiden Liganden η^6-Komplexe, während erstere beiden zu Komplexen $C_5H_5E \rightarrow Mo(CO)_5$ mit η^1-gebundenen Heteroarenen führen. Erst bei sterischer Abschirmung von E durch Substituenten R wie Me, Et, Ph in 2- und 6-Stellung erhält man mit Pyridin und Phosphabenzolen η^6-Komplexe.

[117] **Geschichtliches.** Erster Cyclopropenyl-/Cyclobutadien-Komplex: $[(C_3Ph_3)NiBr(CO)]_2/[(C_4Me_4)NiCl_2]_2$ (Kettle 1965/Criegee 1959).

[118] Wie auf S. 1697 bereits angedeutet wurde, geht man zur Ermittlung der effektiven Elektronenzahl des Zentrum eines Komplexes ML_n mit Vorteil von neutralen Atomen M und Liganden L aus. Für die wiedergegebenen Sandwich-Komplexe berechnet sich hiernach die Außenelektronenzahl der Metalle zu 4, 4, 6, 8, 10 bzw. 10 (Ti, Ti, Cr, Fe, Ni, Ni) + 2 × 8 bis 2 × 3 (acht bis dreigliederiger Aromat mit 8, 7, 6, 5, 4 bzw. 3 π-Elektronen) − 2 bzw. + 2 (Ladungen: erster bzw. letzter Komplex) = 18. Zur Ermittlung der Oxidationsstufe des Zentrums eines Komplexes ML_n geht man andererseits von den Liganden in chemisch sinnvollen Ladungsformen aus (z. B. Hal^-, CO, Aromaten mit 2π, 6π, 10π-Elektronen; s. o.). Die Metalle der wiedergegebenen Sandwichkomplexe haben dann der Reihe nach die Oxidationsstufen Ti^{II}, Ti^0, Cr^0, Fe^{II}, Ni^0, Ni^{-II}.

Für die heteroleptischen Sandwichkomplexe [(Aromat)M(Aromat*)] gilt Analoges wie für die homoleptischen. Als Beispiele des Verbindungstyps mit planaren, zentrisch gebundenen Aromaten, von denen meist einer ein Cyclopentadienid-Ligand ist, seien genannt (in Klammern jeweils Valenzelektronenzahl und Isomere):

$[\mathrm{Cp}\mathbf{Ti}\mathrm{C_8H_8}]$	$[\mathrm{Cp}\mathbf{Cr}\mathrm{C_8H_8}]$	$[\mathrm{Cp}\mathbf{Cr}\mathrm{C_7H_7}]$	$[\mathrm{Cp}\mathbf{V}\mathrm{C_7H_7}]$	$[\mathrm{Cp}\mathbf{Mn}\mathrm{C_6H_6}]$
(17)	(19)	(18; $(C_6H_6)_2Cr$)	(17; $(C_6H_6)_2V$	(18)
$[\mathrm{C_7H_7}\mathbf{Mo}\mathrm{C_6H_6}]^+$	$[\mathrm{Cp}\mathbf{M}\mathrm{C_6H_6}]^+$	$[\mathrm{Cp}\mathbf{M}\mathrm{C_4H_4}]^+$	$[\mathrm{Cp}\mathbf{Ni}\mathrm{C_3H_3}]$	
(18)	(18); Fe, Ru	(18); Co, Rh	(18); nur Derivate	

(Für Beispiele mit teilgebundenen Aromaten s.u.) Zur Klasse der heteroleptischen Komplexe zählen auch die in großer Zahl bekannten Halbsandwichkomplexe $[(\mathrm{Aromat})ML_n]$ (L z.B. Hal^-, PR_3, CO). Von Interesse sind ferner Heteroaromaten-Sandwich- und -Halbsandwichkomplexe, in welchen zum Teil sogar heteroaromatische, in freier Form nicht existierende Systeme an Metalle koordiniert vorliegen.

Struktur- und Bindungsverhältnisse. Während der Cyclopropenylium-Ligand in Komplexen an das Zentrum teils *symmetrisch* (z.B. $[(Ph_3C_3)NiCp]$, $[(Ph_3C_3)Co(CO)_3]$ (a)), teils *asymmetrisch* mit einer kurzen und zwei längeren Bindungen (z.B. $[(Ph_3C_3)Ni(PPh_3)_2]$) bzw. einer langen und zwei kurzen Bindungen (z.B. $[(Ph_3C_3)Pt(PPh_3)_2]$) koordiniert sein kann, nimmt der Cyclobutadien und Tropylium-Ligand immer eine *zentrische* Lage bezüglich des Metalls ein und ist *planar* konformiert (z.B. $[(C_4Ph_4)_2Ni]$, $[C_4H_4Fe(CO)_3]$ (b), $[C_7H_7VCp]$, $[C_7H_7V(CO)_3]$ (c), $[C_7H_7M(CO)_3]^+$ mit M = Cr, Mo, W). Der Cyclooctatetraen-Ligand ist demgegenüber in Komplexen sowohl als planarer achtgliederiger Ring mit seinem gesamten π-System (z.B. in $[C_8H_8TiCp]$, $[C_8H_8CrCp]$ (d)) als auch – häufiger – als *nichtplanarer* Ring über einen Teil seines π-Systems mit dem Komplexzentrum verknüpft. Beispielsweise wirkt er in $[C_8H_8CrCp]$ (e), das im Gleichgewicht mit der η^8-Verbindung (d) steht, und in $[C_8H_8Mo(CO)_3]$ als η^6-Ligand ($[C_8H_8CrCp]$ bildet leicht ein Monokation mit Edelgaskonfiguration), in $[(C_8H_8)_2Ti]$ (f) als η^8- und η^4-Ligand, in $[(C_8H_8)_2Fe]$ (g) als η^6- und η^4-Ligand und in $[C_8H_8Fe(CO)_3]$ (h) sowie $[C_8H_8CoCp]$ als η^4-Ligand. Der C_8H_8-Ligand vermag auch Brückenpositionen wie in $[(C_8H_8)_3Ti]$ (i), $[(C_8H_8)_3M_2]$ (M = Cr, Mo, W) (k), $[C_8H_8(MCp)_2]$ (M = V, Cr) (k) oder $[C_8H_8(RhCp)_2]^{2+}$ (i) einzunehmen; auch kann er ähnlich wie der C_7H_7-Ligand zwei Metallatome überbrücken (l, m).

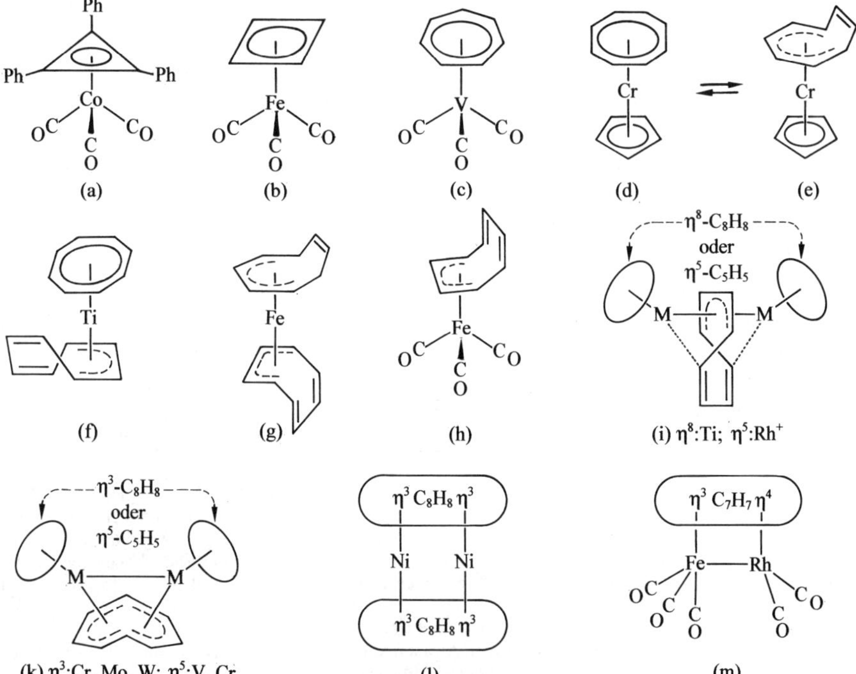

Darstellung, Eigenschaften. Die Gewinnung von Cyclopropenylium- und Cyclobutadien-Komplexen erfolgt u.a. über eine „*Ligandensubstitution*" (1, 2) oder „-*übertragung*" (3) durch Einwirkung der betreffenden freien oder koordinativ gebundenen Liganden auf geeignete Komplexe (im Falle des unter Normalbedingungen instabilen Cyclobutadiens C_4H_4 und seiner Derivate geht man von halogenierten Vorprodukten $C_4H_4X_2$ aus). Zu Cyclobutadienkomplexen kann man zudem durch „*Metathese*" (4) oder „*Alkindimerisierung*" am Komplexzentrum (5) gelangen.

$$[(C_2H_4)Ni(PR_3)_2] + C_3Ph_3^+ \rightarrow [(C_3Ph_3)Ni(PR_3)_2]^+ + C_2H_4 \quad (1)$$
$$Fe_2(CO)_9 + C_4H_4Cl_2 \rightarrow [(C_4H_4)Fe(CO)_3] + FeCl_2 + 6CO \quad (2)$$
$$Fe(CO)_5 + [(C_4Ph_4)PdBr_2] \rightarrow [(C_4Ph_4)Fe(CO)_3] + PdBr_2 + 2CO \quad (3)$$
$$NiBr_2 + C_4Ph_4SnMe_2 \rightarrow \tfrac{1}{2}[(C_4Ph_4)NiBr_2]_2 + \tfrac{1}{x}(Me_2Sn)_x \quad (4)$$
$$[CpCo(CO)_2] + 2C_2R_2 \rightarrow \text{u.a. } [CpCo(C_4R_4)] + 2CO \quad (5)$$

Diamagnetisches „*Cyclobutadieneisentricarbonyl*" $[C_4H_4Fe(CO)_3]$ (Smp. 26 °C) gibt in Anwesenheit von Ce(IV) C_4H_4 ab und dient so als Quelle für freies Cyclobutadien, das sich als reaktives „Intermediat" durch geeignete Reaktionspartner „abfangen" läßt (z. B. $C_4H_4 + HC{\equiv}CR \rightarrow C_6H_5R$ mit Dewar-Benzol-Struktur).

Auch Tropylium- und Cyclooctatetraenkomplexe lassen sich durch „*Ligandensubstitution*" synthetisieren (6, 8, 9), wobei aus den mit C_7H_8 zunächst gebildeten Cycloheptatrienkomplexen gegebenenfalls noch H^- durch Ph_3C^+ abgespalten werden muß (7). Ferner kommt man zu Cyclooctatetraenkomplexen durch „*Metathese*" von Metallhalogeniden und $C_8H_8K_2$ (10) oder auf „*direktem Wege*" aus Metallatomen – erzeugt bei hohen Temperaturen bzw. durch Reduktion von Metallverbindungn (z. B. mit Magnesium, Aluminiumorganylen, ^iPrMgCl) – und C_8H_8 (11, 12).

$$V(CO)_6 + C_7H_8 \rightarrow [(C_7H_7)V(CO)_3] + \tfrac{1}{2}H_2 + 3CO \quad (6)$$
$$[(C_7H_8)_2V] + 2Ph_3C^+ \rightarrow [(C_7H_7)_2V]^{2+} + 2Ph_3CH \quad (7)$$
$$Fe(CO)_5 + C_8H_8 \rightarrow [(C_8H_8)Fe(CO)_3] + 2CO \quad (8)$$
$$[(C_{12}H_{18})Ni] + C_8H_8 \rightarrow \tfrac{1}{2}[(C_8H_8)_2Ni_2] + \text{1,5,9-Cyclododecatrien} \quad (9)$$
$$MHal_n + mC_8H_8K_2 \rightarrow \text{u.a. } [(C_8H_8)_2M], [(C_8H_8)_3M_2] \text{ (vgl. f, g, i, k)} \quad (10)$$
$$HfCl_4 + 2Mg + 2C_8H_8 \rightarrow [(C_8H_8)_2Hf] + 2MgCl_2 \quad (11)$$
$$FeCl_2 + 2{}^iPrMgCl + 2C_8H_8 \rightarrow [(C_8H_8)_2Fe] + 2MgCl_2 + 2CH_2CHMe + H_2 \quad (12)$$

Insbesondere kationische Tropyliumkomplexe addieren sehr leicht Nucleophile am C_7H_7-Ring unter Bildung von Cycloheptatrienkomplexen mit einem C_7H_7Nu-Liganden.

2.5 Katalytische Prozesse unter Beteiligung von Metallorganylen[119)]

Viele Übergangsmetallkomplexe mit *freien Koordinationsstellen* vermögen kinetisch gehemmte, aber thermodynamisch mögliche Reaktionen zu katalysieren, indem sie die betreffenden Reaktionspartner durch Koordination an ein Komplexzentrum einerseits in *räumliche Nähe* bringen und andererseits in einen *aktivierten Zustand* versetzen. Man führt die Katalyse vielfach in *homogener Phase* durch; doch wird die Katalysatorrückgewinnung dadurch sehr vereinfacht, daß man den betreffenden Katalysator auf einen *polymeren Träger*, der in der Reaktionsmischung unlöslich ist, fixiert oder daß man im *Zweiphasensystem* aus Wasser und einem wasserunlöslichen Medium arbeitet, wobei der Katalysator durch geeignete Liganden wie sulfoniertes PPh_3 wasserlöslich gemacht wird (der Katalysator läßt sich dann leicht durch Extraktion der organischen Phase, welche die Reaktionsprodukte enthält, mit Wasser abtrennen).

Die technisch durchgeführten katalytischen Prozesse betreffen im wesentlichen *Umwandlungen, Hydrierungen* und *Carbonylierungen* von *Alkenen* und *Alkinen*, wie der Tab. 150 entnommen werden kann, welche wichtige katalytische Prozesse unter Beteiligung von Metallorganylen sowie die eingesetzten Prozeßkatalysatoren zusammenfaßt. Auch verweist sie auf Stellen im Lehrbuch, wo nähere Einzelheiten hinsichtlich der betreffenden Katalyseprozesse zu finden sind.

---

[119] **Literatur.** Vgl. die in Tab. 150 wiedergegebenen Seitenhinweise; G. Süss-Fink, G. Meister: „*Transition Metal Clusters in Homogenous Catalysis*", Adv. Organomet. Chem. **35** (1993) 41–134; R. P. A. Sneeden, I. Tkatchenko, B. J. James, W. Keim, A. Behr, M. Röper, H. B. Kagan, R. H. Grubbs, C. U. Pittman, jr.: „Verschiedene Beiträge zu katalytischen Prozessen unter Betätigung von Metallorganylen", Comprehensive Organomet. Chem. **8** (1982) 1–611.

Tab. 150 Katalytische Prozesse unter Beteiligung von Metallorganylen.

Prozeß	Prozeßkatalysatoren	Näheres
Alken-, Alkinumwandlungen		
Alkenpolymerisation	$TiCl_4/Et_3Al$, $Cp_2ZrCl_2/(MeAlO)_n$	S. 1409, 1417
Butadienoligomerisation	$(Allyl)_2Ni$, $TiCl_4/R_3Al_2Cl_3$	S. 1585
Alkinoligomerisation	Ni(II)	S. 1585
Alkenmetathese	$Mo(CO)_6/Al_2O_3$, WCl_6/R_2AlCl, $MeReO_3$	S. 1478, 1503
Alkenisomerisierung	$HCo(CO)_4$, $HNi(PR_3)_2$, $Fe_3(CO)_{12}$	S. 1562, 1693
Hydrierungen		
Alkenhydrierung	u. a. $RhCl(PPh_3)_3$, $HRh(CO)(PPh_3)_3$	S. 1572
CO-Konvertierung	$HCo(CO)_4$, $HFe(CO)_4^-$, $HRu(CO)_4^-$	Erprobung
Oxidation		
Alkenepoxidation	$MeReO_3$	S. 1503
Olefindiolation	OsO_4	S. 1541
Alkenoxidation	$PdCl_2/CuCl_2$	S. 1603
Carbonylierungen		
Hydroformylierung	$Co_2(CO)_8$, $HRh(CO)(PPh_3)_2$	S. 1561, 1574
Alken-, Alkincarbonylierung	$Ni(CO)_4$, $Fe(CO)_5$, $HCo(CO)_4$	S. 1586
Methanolcarbonylierung	*cis*-$[RhI_2(CO)_2]^-$	S. 1574
Sonstige Prozesse		
Alkenorganylierung	$Pd(OAc)_2/PPh_3$	S. 1604
Hydrocyanierung	$Ni(PR_3)_4$	S. 1586

Teil D

Lanthanoide und Actinoide

57 La S. 1393	58 Ce S. 1775	59 Pr S. 1775	60 Nd S. 1775	61 Pm S. 1775	62 Sm S. 1775	63 Eu S. 1775	64 Gd S. 1775
64 Gd S. 1775	65 Tb S. 1775	66 Dy S. 1775	67 Ho S. 1775	68 Er S. 1775	69 Tm S. 1775	70 Yb S. 1775	71 Lu S. 1775

89 Ac S. 1393	90 Th S. 1793	91 Pa S. 1793	92 U S. 1793	93 Np S. 1793	94 Pu S. 1793	95 Am S. 1793	96 Cm S. 1793
96 Cm S. 1793	97 Bk S. 1793	98 Cf S. 1793	99 Es S. 1793	100 Fm S. 1793	101 Md S. 1793	102 No S. 1793	103 Lr S. 1793

Kapitel XXXIII

Lanthanoide und Actinoide (Innere Übergangsmetalle)

Periodensystem (Teil IV[1]) und vergleichende Übersicht[2] über die Lanthanoide und Actinoide

In der auf S. 1194 wiedergegebenen Tab. 96 für die Elektronenanordnungen der Übergangselemente und in dem daraus abgeleiteten Periodensystem (S. 1195) wurden nach dem Lanthan (Ordnungszahl 57) und dem Actinium (Ordnungszahl 89) je 14 Elemente mit den Ordnungszahlen 58–71 (**Lanthanoide Ln**) bzw. 90–103 (**Actinoide An**) ausgelassen. Wie damals schon angedeutet, erfolgt bei diesen Elementen der 6. bzw. 7. Periode ein Ausbau der noch nicht gesättigten *drittäußersten* (4. bzw. 5.) Schale durch *vierzehn* f-Elektronen von 18 auf 32 Elektronen („*f-Block-Elemente*")[3]. Im folgenden wollen wir uns etwas näher mit *Elektronenkonfigurationen* dieser „*inneren*" *Übergangselemente*, sowie mit ihrer *Einordnung in das Periodensystem*, zusammen mit *Trends einiger ihrer Eigenschaften* befassen.

1 Elektronenkonfigurationen der Lanthanoide und Actinoide

Die Elektronenanordnungen der Lanthanoide („4f-*Metalle*") und Actinoide („5f-*Metalle*"), die alle der III. Nebengruppe des Periodensystems angehören, sind in der Tab. 151 wiedergegeben. Ersichtlicherweise besitzen alle Elemente *zwei* s-Elektronen in der *äußersten* (6. bzw. 7.) Schale. Die *zweitäußerste* (5. bzw. 6.) Schale enthält neben jeweils zwei s- und sechs p-Elektronen *kein* d-Elektron (Pr, Nd, Pm, Sm, Eu, Tb, Dy, Ho, Er, Tm, Yb bei den Lanthanoiden bzw. Pu, Am, Bk, Cf, Es, Fm, Md, No bei den Actinoiden), *ein* d-Elektron (La, Ce, Gd, Lu bei den Lanthanoiden bzw. Ac, Pa, U, Np, Cm, Lr bei den Actinoiden) oder *zwei* d-Elektronen (Th bei den Actinoiden). Die mit steigender Ordnungszahl der Lanthanoide

---

1 Teil I: S. 56, Teil II: S. 299, Teil III: S. 1192.

2 **Literatur.** Vgl. Anm.[2] im Kapitel IX (S. 299).

3 **Superschwere Elemente.** In der **8. und 9. Periode** entsprächen dem Actinium der 7. Periode die hypothetischen Elemente 121 („Eka-Actinium") bzw. 171 („Dwi-Actinium"), denen in beiden Fällen als „*innerste*" Übergangselemente 18 „*Octadecaniden*" 123–140 bzw. 173–190 (Ausbau der *viertinnersten* 5 g- bzw. 6 g-Unterschale; „*g-Block-Elemente*") und als „*innere*" Übergangselemente 14 „*Eka-Actinoide*" 122, 141–153 bzw. „*Dwi-Actinoide*" 172, 191–203 (Ausbau der *drittinnersten* 6f- bzw. 7f-Unterschale) nachfolgten. Hieran schlössen sich dann die „*äußeren*" Übergangselemente 154–162 bzw. 204–212 (Ausbau der *zweitinnersten* 7d- bzw. 8d-Unterschale) und die Hauptgruppenelemente 163–168 bzw. 213–218 (Ausbau der *äußersten* 8s- und 8p- bzw. 9s- und 9p-Unterschale) an. Die 8. und 9. Periode umfaßt damit zum Unterschied von der 6. und 7. Periode (insgesamt je 32 Elemente) eine Gesamtzahl von je 50 Elementen (Ordnungszahlen 119–168 bzw. 169–218). Die Aussicht, Elemente mit so hohen Kernladungszahlen („*superschwere Elemente*") synthetisieren zu können, ist nicht besonders groß. Erhöhte Stabilität soll insbesondere Elementen mit Kernladungszahlen um 114 und den magischen Neutronenzahlen 126 und 184 zukommen (vgl. S. 1392, 1418). **Literatur.** G. T. Seaborg: „*Das Periodensystem der Zukunft*", Chemie in unserer Zeit, **3** (1969) 131–139; B. Fricke, W. Greiner: „*Superschwere Elemente*", Physik in unserer Zeit, **1** (1970) 21–30; Struct. Bonding, **21** (1975) 89.

und Actinoide neu hinzukommenden Elektronen werden in der *drittäußersten* (4. bzw. 5.) Schale – gegebenenfalls zusammen mit einem d-Elektron aus der zweitäußersten (5. bzw. 6.) Schale – als f-Elektronen eingebaut. Eine Ausnahme bildet nur das Thorium, dessen neu eingebautes Elektron ein d-Elektron ist. Die neu hinzukommenden Elektronen sind in der Spalte „Elektronenkonfiguration“ der Tab. 151 durch fetteren Druck hervorgehoben (bezüglich einer Erläuterung der Spalte „Elektronenkonfiguration“ vgl. S. 96 und 99).

Ähnlich wie bei den äußeren Übergangsmetallen, bei welchen vielfach ein s-Außenelektron (im Falle von Pd sogar zwei s-Elektronen) in die nächstinnere d-Unterschale übergeht, wechselt somit bei einem inneren Übergangsmetalle das d-Elektron der zweitäußersten Schale häufig in die nächstinnere f-Unterschale über (bei Thorium wechselt umgekehrt ein f-Elektron in die nächstäußere d-Unterschale). Ein Faktor, der u.a. diesen Elektronenwechsel bedingt, ist wieder die Tendenz zur bevorzugten Ausbildung *nicht-, halb-* bzw. *vollbesetzter* Unterschalen. So führt etwa die Übernahme des d-Elektrons als f-Elektron in der drittäußersten Schale bei „Europium“ (Ordnungszahl 63) und „Americium“ (Ordnungszahl 95) zu einer halb-, bei „Ytterbium“ (Ordnungszahl 71) und „Nobelium“ (Ordnungszahl 102) zu einer vollbesetzten Schale, während die Übernahme des f-Elektrons als d-Elektron in der zweitäußersten Schale im Falle des „Thoriums“ (Ordnungszahl 90) eine nicht besetzte f-Unterschale bedingt. Andererseits führt die Aufnahme des d-Elektrons in die nächstinnere f-Unterschale jeweils zu einer nicht besetzten d-Unterschale. Ausnahmen bilden die Elemente „Cer“, „Protactinium“, „Uran“, „Neptunium“, „Berkelium“, für welche weder die f-, noch die d-Unterschale nicht-, halb- bzw. vollbesetzt ist. Die Ursache des Übergangs eines 6d-Elektrons des „Lawrenciums“ in die 7p-Unterschale ist relativistischer Art (vgl. S. 338).

Tab. 151 Aufbau der Elektronenhülle der Lanthanoide und Actinoide im Grundzustand

	Elemente E			Elektronenkonfiguration		Schalenaufbau				
	Nr.	E	Name	Symbol	Term	1s + 2sp + 3spd	4spdf	5spdf	6spd	7sp
(La + Lanthanoide)	57	**La**	Lanthan	$[Xe]\ 5d^1 6s^2$	$^2D_{3/2}$	2 + 8 + 18	18 + **0**	8 + 1	2	
	58	**Ce**	Cer	$[Xe]\ 4f^1 5d^1 6s^2$	$^3H_4$	2 + 8 + 18	18 + **1**	8 + 1	2	
	59	**Pr**	Praseodym	$[Xe]\ 4f^3 6s^2$	$^4I_{9/2}$	2 + 8 + 18	18 + **3**	8	2	
	60	**Nd**	Neodym	$[Xe]\ 4f^4 6s^2$	$^5I_4$	2 + 8 + 18	18 + **4**	8	2	
	61	**Pm**	Promethium	$[Xe]\ 4f^5 6s^2$	$^6H_{5/2}$	2 + 8 + 18	18 + **5**	8	2	
	62	**Sm**	Samarium	$[Xe]\ 4f^6 6s^2$	$^7F_0$	2 + 8 + 18	18 + **6**	8	2	
	63	**Eu**	Europium	$[Xe]\ 4f^7 6s^2$	$^8S_{7/2}$	2 + 8 + 18	18 + **7**	8	2	
	64	**Gd**	Gadolinium	$[Xe]\ 4f^7 5d^1 6s^2$	$^9D_2$	2 + 8 + 18	18 + 7	8 + **1**	2	
	65	**Tb**	Terbium	$[Xe]\ 4f^9 6s^2$	$^6H_{15/2}$	2 + 8 + 18	18 + **9**	8	2	
	66	**Dy**	Dysprosium	$[Xe]\ 4f^{10} 6s^2$	$^5I_8$	2 + 8 + 18	18 + **10**	8	2	
	67	**Ho**	Holmium	$[Xe]\ 4f^{11} 6s^2$	$^4I_{15/2}$	2 + 8 + 18	18 + **11**	8	2	
	68	**Er**	Erbium	$[Xe]\ 4f^{12} 6s^2$	$^3H_6$	2 + 8 + 18	18 + **12**	8	2	
	69	**Tm**	Thulium	$[Xe]\ 4f^{13} 6s^2$	$^2F_{7/2}$	2 + 8 + 18	18 + **13**	8	2	
	70	**Yb**	Ytterbium	$[Xe]\ 4f^{14} 6s^2$	$^1S_0$	2 + 8 + 18	18 + **14**	8	2	
	71	**Lu**	Lutetium	$[Xe]\ 4f^{14} 5d^1 6s^2$	$^2D_{5/2}$	2 + 8 + 18	18 + **14**	8 + **1**	2	
(Ac + Actinoide)	89	**Ac**	Actinium	$[Rn]\ 6d^1 7s^2$	$^2D_{3/2}$	2 + 8 + 18	32	18 + **0**	8 + 1	2
	90	**Th**	Thorium	$[Rn]\ 6d^2 7s^2$	$^3F_2$	2 + 8 + 18	32	18 + 0	8 + **2**	2
	91	**Pa**	Protactinium	$[Rn]\ 5f^2 6d^1 7s^2$	$^4K_{11/2}$	2 + 8 + 18	32	18 + **2**	8 + 1	2
	92	**U**	Uran	$[Rn]\ 5f^3 6d^1 7s^2$	$^5L_6$	2 + 8 + 18	32	18 + **3**	8 + 1	2
	93	**Np**	Neptunium	$[Rn]\ 5f^4 6d^1 7s^2$	$^6L_{11/2}$	2 + 8 + 18	32	18 + **4**	8 + 1	2
	94	**Pu**	Plutonium	$[Rn]\ 5f^6 7s^2$	$^7F_0$	2 + 8 + 18	32	18 + **6**	8	2
	95	**Am**	Americium	$[Rn]\ 5f^7 7s^2$	$^8S_{7/2}$	2 + 8 + 18	32	18 + **7**	8	2
	96	**Cm**	Curium	$[Rn]\ 5f^7 6d^1 7s^2$	$^9D_2$	2 + 8 + 18	32	18 + 7	8 + **1**	2
	97	**Bk**	Berkelium	$[Rn]\ 5f^9 7s^2$	$^6H_{15/2}$	2 + 8 + 18	32	18 + **9**	8	2
	98	**Cf**	Californium	$[Rn]\ 5f^{10} 7s^2$	$^5I_8$	2 + 8 + 18	32	18 + **10**	8	2
	99	**Es**	Einsteinium	$[Rn]\ 5f^{11} 7s^2$	$^4I_{15/2}$	2 + 8 + 18	32	18 + **11**	8	2
	100	**Fm**	Fermium	$[Rn]\ 5f^{12} 7s^2$	$^3H_6$	2 + 8 + 18	32	18 + **12**	8	2
	101	**Md**	Mendelevium	$[Rn]\ 5f^{13} 7s^2$	$^2F_{7/2}$	2 + 8 + 18	32	18 + **13**	8	2
	102	**No**	Nobelium	$[Rn]\ 5f^{14} 7s^2$	$^1S_0$	2 + 8 + 18	32	18 + **14**	8	2
	103	**Lr**	Lawrencium	$[Rn]\ 5f^{14} 6d^1 7s^2$	$^2D_{5/2}$	2 + 8 + 18	32	18 + 14	8	2 + **1**

2 Einordnung der Lanthanoide und Actinoide in das Periodensystem

Da sich, wie aus Tab. 151 hervorgeht, die Lanthanoide Ln (Ordnungszahlen 58–71) und Actinoide An (Ordnungszahlen 90–103) voneinander im wesentlichen nur im Bau der *drittäußersten* (4. bzw. 5.) Elektronenschale unterscheiden, welche nur von *sehr geringem Einfluß* auf die chemischen Eigenschaften ist, sind sich die „inneren Übergangselemente" untereinander *chemisch viel ähnlicher* als die „äußeren Übergangselemente" (Ausbau der zweitäußersten Elektronenschale; vgl. S. 1195) oder als die „Hauptgruppenelemente" (Ausbau der äußersten Elektronenschale; vgl. S. 301). Man beobachtet aber auch hier beim Fortschreiten von einem zum nächsten Element noch eine gewisse, für die Lanthanoide und Actinoide in der Regel analoge und im Falle der Actinoide stärker als im Falle der Lanthanoide ausgeprägte *Änderung der Eigenschaften.* Dieser Gang im Verhalten der beiden Elementgruppen läßt sich durch folgende Anordnung der inneren Übergangselemente zum Ausdruck bringen:

58 Ce	59 Pr	60 Nd	61 Pm	62 Sm	63 Eu	64 Gd	65 Tb	66 Dy	67 Ho	68 Er	69 Tm	70 Yb	71 Lu	**Ln**
90 Th	91 Pa	92 U	93 Np	94 Pu	95 Am	96 Cm	97 Bk	98 Cf	99 Es	100 Fm	101 Md	102 No	103 Lr	**An**

Im **Langperiodensystem** (Tafel I) sind die auf das Lanthan und Actinium folgenden und mit diesen beiden Elementen chemisch verwandten Lanthanoide und Actinoide durch einen gestrichelten Pfeil ersetzt und unterhalb des Systems getrennt aufgeführt.

Hinsichtlich einiger ihrer Eigenschaften weisen Lanthan und die Lanthanoide (Ordnungszahl 59–71) sowie Actinium und die Actinoide (Ordnungszahlen 89–103) darüber hinaus eine – allerdings nur schwach ausgeprägte – *doppelte Periodizität* auf, die es rechtfertigt, die beiden Gruppen innerer Übergangselemente gleich den äußeren Übergangselementen oder den Hauptgruppenelementen in ein eigenes Periodensystem einzuordnen, dem zweckmäßigerweise die *dreiwertigen Ionen* zugrunde gelegt werden (vgl. das **kombinierte Periodensystem**, Tafel VI):

Lanthanoide Ln^{3+} ($4f^x5d^06s^0$)

La^{3+} (f^0)	Ce^{3+} (f^1)	Pr^{3+} (f^2)	Nd^{3+} (f^3)	Pm^{3+} (f^4)	Sm^{3+} (f^5)	Eu^{3+} (f^6)	Gd^{3+} (f^7)
Gd^{3+} (f^7)	Tb^{3+} (f^8)	Dy^{3+} (f^9)	Ho^{3+} (f^{10})	Er^{3+} (f^{11})	Tm^{3+} (f^{12})	Yb^{3+} (f^{13})	Lu^{3+} (f^{14})

Actinoide An^{3+} ($5f^x6d^07s^0$)

Ac^{3+} (f^0)	Th^{3+} (f^1)	Pa^{3+} (f^2)	U^{3+} (f^3)	Np^{3+} (f^4)	Pu^{3+} (f^5)	Am^{3+} (f^6)	Cm^{3+} (f^7)
Cm^{3+} (f^7)	Bk^{3+} (f^8)	Cf^{3+} (f^9)	Es^{3+} (f^{10})	Fm^{3+} (f^{11})	Md^{3+} (f^{12})	No^{3+} (f^{13})	Lr^{3+} (f^{14})

Entsprechend dieser Einordnung in ein Periodensystem, in welchem die Ionen La^{3+}, Gd^{3+} und Lu^{3+} bzw. Ac^{3+}, Cm^{3+} und Lr^{3+} als „Edelionen" die Stelle der Edelgase oder Edelmetalle des Haupt- oder Nebensystems einnehmen, vermögen die nach La^{3+} und Gd^{3+} bzw. Ac^{3+} und Cm^{3+} stehenden Ionen unter *Elektronenabgabe*, die vor Gd^{3+} und Lu^{3+} bzw. Cm^{3+} und Lr^{3+} stehenden Ionen unter *Elektronenaufnahme* in den La^{3+}-, Gd^{3+}-, Lu^{3+}- bzw. Ac^{3+}-, Cm^{3+}-, Lr^{3+}-analogen Zustand überzugehen. Die besondere Stabilität von La^{3+} („Xenon-Struktur"), Ac^{3+} („Radon-Struktur"), Lu^{3+} und Lr^{3+} erklärt sich hierbei aus der *Vollbesetzung* aller vorhandenen Elektronenunterschalen (Tab. 151); die Stabilität des Gd^{3+}- und Cm^{3+}-Ions rührt – wie schon erwähnt – daher, daß der in diesem Falle vorhandenen 4f- bzw. 5f-Unterschale von 7 Elektronen (Tab. 151) als einer „*halbbesetzten*" Unterschale eine bevorzugte Beständigkeit zukommt.

Bezüglich der bis zum Jahre 1941 üblichen Einordnung der Elemente Th, Pa und U als schwerste Endglieder der IV.-, V.- und VI. Nebengruppe (Eka-Hf, -Ta, -W) vgl. S. 1810.

3 Trends einiger Eigenschaften der Lanthanoide und Actinoide (Tafel V)[2)]

Die Eigenschaften von Lanthan und den Lanthanoiden bzw. von Actinium und den Actinoiden sind vielfach *aperiodischer* Natur, d.h. sie ändern sich stetig und gleichlaufend beim Fortschreiten von einem zum nächsten Glied. Doch läßt sich in manchen Eigenschaften – wie oben bereits erwähnt – auch ein schwach ausgeprägter *periodischer* Verlauf erkennen.

Aperiodische Eigenschaften. Unter den aperiodischen Eigenschaften ist die sogenannte **„Lanthanoid-Kontraktion"**, d.h. die *Abnahme der* Ln^{3+}*-Ionenradien* der Lanthanoide Ln mit *steigender Atommasse* von 1.172 (La^{3+}) bis 1.001 Å (Lu^{3+}), eine der wichtigsten (Koordinationszahl jeweils 6; vgl. S. 1781). Ihr entspricht die **„Actinoid-Kontraktion"**, also die *Abnahme der* – bis jetzt ermittelten – An^{3+}*-Ionenradien* der Actinoide An in gleicher Richtung von 1.26 (Ac^{3+}) bis 1.09 (Cf^{3+}) (vgl. S. 1801). Sie erklärt sich durch die Zunahme der positiven Kernladung von 57 (La^{3+}) bzw. 89 (Ac^{3+}) bis 71 (Lu^{3+}) bzw. 103 (Lr^{3+}) und die dadurch bedingte festere Bindung der Elektronenunterschalen an den Kern (vgl. hierzu auch relativistische Effekte, S. 338; die Außenelektronenkonfiguration der Ionen Ln^{3+} ändert sich kontinuierlich von $4f^0$ für La^{3+} bis $4f^{14}$ für Lu^{3+}; Entsprechendes gilt im Falle der Ionen An^{3+}).

Die Lanthanoid- und Actinoid-Kontraktion ist für einen großen Teil der mit dem *Vorkommen* und der *Gewinnung* der inneren Übergangselemente zusammenhängenden Fragen bedeutungsvoll (S. 1776, 1778, 1794). Auch bestimmt sie jene Eigenschaften, die wie die *Hydratations-Enthalpien* der dreiwertigen Ionen von den Ln^{3+}- bzw. An^{3+}-Radien *abhängen.* ($-\Delta H_{Hydr.}$ wächst etwa gemäß Tafel V mit abnehmendem Ionenradius). Schließlich ist sie dafür verantwortlich, daß die auf die Lanthanoide in der sechsten Periode folgenden Elemente „Hafnium", „Tantal", „Wolfram" usw. nahezu die gleichen Radien für M^{3+} aufweisen wie ihre leichten Homologen „Zirconium", „Niobium", „Molybdän" usw. in der vorhergehenden (fünften) Periode (vgl. S. 1399, 1419, 1438), während sonst die Ionenradien innerhalb einer senkrechten Gruppe des Periodensystems mit steigender Atommasse wachsen.

Periodische Eigenschaften. Unter den periodischen Eigenschaften von Lanthan und den Lanthanoiden bzw. Actinium und den Actinoiden ist vor allem die **Wertigkeit** zu nennen. So gehen die eine Stelle nach den „Edelionen" La^{3+} und Gd^{3+} im Periodensystem der Lanthanoide stehenden Ionen Ce^{3+} und Tb^{3+} unter *Abgabe* je eines Elektrons leicht in den La^{3+}- und Gd^{3+}-analogen *vierwertigen*, die eine Stelle vor den „Edelionen" Gd^{3+} und Lu^{3+} stehenden Ionen Eu^{3+} und Yb^{3+} unter *Aufnahme* je eines Elektrons leicht in den Gd^{3+}- und Lu^{3+}-analogen *zweiwertigen* Zustand über. Mit zunehmender Entfernung von den Randgliedern La^{3+}, Gd^{3+} und Lu^{3+} schwindet allerdings bei den Lanthanoiden diese Neigung zum Übergang in die La^{3+}-, Gd^{3+}- und Lu^{3+}-analoge Elektronenkonfiguration mehr und mehr. So kommen außer „Cer" und „Terbium" nur noch „Praseodym", „Neodym" und „Dysprosium" in *vierwertiger*, „Samarium" und „Thulium" in *zweiwertiger* Form vor. Die *beständigste Oxidationsstufe* ist in jedem Falle die *dreiwertige*:

La	Ce	Pr	Nd	Pm	Sm	Eu	Gd	Tb	Dy	Ho	Er	Tm	Yb	Lu
3	3–4	3–4	3–4	3	2–3	2–3	3	3–4	3–4	3	3	2–3	2–3	3

Die Actinoide unterscheiden sich von den Lanthanoiden hinsichtlich ihres Wertigkeitsverhaltens hauptsächlich dadurch, daß ihre 5f-Elektronen *weniger fest* gebunden sind als die entsprechenden (weiter innen als bei den Actinoiden lokalisierten und deshalb gegen ihre Umgebung besser abgeschirmten) 4f-Elektronen der Lanthanoide, so daß sie valenzmäßig ganz (bis „Neptunium") oder teilweise (ab „Plutonium") beansprucht werden können. Die Actinoide betätigen somit außer den beiden äußersten 7s-Elektronen, die die *Zweiwertigkeit* der Elemente als niedrigste Wertigkeit bedingen („Americium" und „Nobelium" erzielen hierdurch die Konfiguration der „Edelionen" Cm^{3+} und Lr^{3+}), und dem dritten Valenzelektron in der 6d-Schale (*Dreiwertigkeit*) teilweise auch noch die über die beständige $5s^2p^6d^{10}$-Achtzehnerschale hinausgehenden f-Elektronen der 5. Schale, so daß „Thorium" maximal *vierwertig*, „Protactinium" maximal *fünfwertig*, „Uran" maximal *sechswertig* ist (die dadurch in allen Fällen erreichte Ac^{3+}-Konfiguration entspricht der des Radons). Bei den darauffolgenden Elementen werden die 5f-Elektronen wegen der wachsenden positiven Kernladung zunehmend fester gebunden, so daß beispielsweise „Plutonium" die Achtwertigkeit praktisch nicht mehr erreicht (es bestehen Anzeichen für *achtwertiges* Pu) und auch „Americium" nicht über die *Siebenwertigkeit*, „Curium" nicht über die *Vierwertigkeit* als maximale Oxidationsstufe hinauskommt (Cm(V) und Cm(VI) ist noch fraglich). Die dann folgenden Elemente „Berkelium" und „Californium" sind maximal *vierwertig* (Bk erreicht hierdurch die Konfiguration des „Edelions" Cm^{3+}), die Elemente „Einsteinium" bis „Lawrencium" maximal *dreiwertig*. In ihren *beständigsten Oxidationsstufen* sind Th 4-, Pa 5-, U 6-, Np 5-, Pu 4-, Am – Md 3-, No 2-, Lr 3-wertig:

Ac	Th	Pa	U	Np	Pu	Am	Cm	Bk	Cf	Es	Fm	Md	No	Lr
3	3–4	3–5	3–6	3–7	3–7	2–7	3–6?	3–4	2–4	2–3	2–3	2–3	2–3	3

Der periodische Verlauf der Wertigkeiten ist ebenso wie der aperiodische Verlauf der Radienkontraktion (s.o.) für das *Vorkommen* und die *Gewinnung* der Lanthanoide und Actinoide von Bedeutung. Auch bestimmt er jene Eigenschaften, die wie die *Atomvolumina*, *Schmelzpunkte*, *Dichten*, *Verdampfungsenthalpien*, *Ionisierungspotentiale*, *magnetischen Momente*, *Farben* in einer Beziehung mit der Wertigkeit der inneren Übergangselemente stehen (vgl. hierzu S. 1781, 1801 sowie Tafel V).

Unabhängig vom aperiodischen oder periodischen Eigenschaftsverlauf innerhalb der Lanthanoide bzw. Actinoide beobachtet man hinsichtlich aller inneren Übergangselemente eine *Periodizität* vieler Eigenschaften. Unter den Fakten, die diese **Analogie zwischen Lanthanoiden und Actinoiden** zum Ausdruck bringen, seien nur einige herausgegriffen: (i) die sowohl für die Lanthanoide wie für die Actinoide charakteristische *Dreiwertigkeit*, (ii) die der besprochenen *Lanthanoid-Kontraktion* entsprechende *Actinoid-Kontraktion*, (iii) die *Isomorphie* der Trichloride, Dioxide sowie vieler Salze und Komplexsalze der Lanthanoide mit den entsprechenden Verbindungen der Actinoide, (iv) der parallele Kurvenverlauf der *magnetischen Momente* der Lanthanoid- und Actinoid-Ionen M^{3+} (vgl. Fig. 356 auf S. 1783), (v) die bemerkenswerten Ähnlichkeiten der *Absorptionsspektren* entsprechender Lanthanoid- und Actinoid-Ionen (z. B. Nd^{3+}/U^{3+}; Sm^{3+}/Pu^{3+}; Eu^{3+}/Am^{3+}), (vi) das analoge Verhalten der Lanthanoide bei der *Trennung durch das Ionenaustauschverfahren*, bei dem in beiden Fällen die Elemente mit zunehmender Atommasse schwerer adsorbiert und leichter eluiert werden (vgl. Fig. 349 und 350 auf S. 1780). Die angesprochene Analogie zwischen Lanthanoiden und Actinoiden besteht allerdings nicht in allen Eigenschaften. So weisen etwa einige Actinoide zum Teil andere Konfigurationen der Außenelektronen auf als entsprechende Lanthanoide (vgl. Tab. 151). Auch unterscheiden sich die *Höchstwertigkeiten* einer Reihe von Actinoiden von denen der homologen Lanthanoide (s. o.).

Die 28 Lanthanoide + Actinoide machen allein etwa 25 % des gesamten Periodensystems der bis jetzt bekannten rund 110 Elemente aus und gehören zusammen mit den schon besprochenen vier Stammelementen Sc, Y, La, Ac alle der III. Nebengruppe (3. Gruppe des Langperiodensystems) an, die damit als umfangreichste Gruppe des Periodensystems insgesamt 32 Elemente, d. h. etwa 30 % des gesamten Periodensystems umfaßt. Bevor wir uns nun der Besprechung der **28 Lanthanoide und Actinoide** zuwenden, sei noch ein Kapitel über die **Grundlagen der Kernchemie** vorausgeschickt, da das Lanthanoid Promethium und alle Actinoide *radioaktiv* sind und abgesehen von den Anfangsgliedern der Actinoide (Ac, Th, Pa, U) in der Natur nicht oder nur in Spuren vorkommen, so daß sie synthetisch gewonnen werden müssen.

Kapitel XXXIV

Grundlagen der Kernchemie[1)]

Wie aus den Ausführungen über den Bau der Atomkerne (S. 89) hervorgeht, ist *jedes Element* durch eine *bestimmte Anzahl von Protonen* im Kern seiner Atome charakterisiert. Soll sich daher ein Element in ein anderes verwandeln, so muß die *Zahl der Kernprotonen verändert* werden. Dies geschieht in der Natur bei einer Reihe von Elementnukliden *freiwillig* („*natürliche Elementumwandlung*", vgl. nachfolgendes Unterkapitel 1) und läßt sich bei praktisch allen Nukliden durch „Hineinschießen" von Protonen in den Nuklidkern oder „Herausbombardieren" von Kernprotonen mit „Geschossen" (Elementarteilchen oder Atomkerne) *erzwingen* („*künstliche Elementumwandlung*"; vgl. Unterkapitel 2, S. 1746).

1 Die natürliche Elementumwandlung[1,2)]

Alle Nuklide mit höherer Kernladungszahl als der des Bismuts (Po, At, Rn, Fr, Ra, Ac, Th, Pa, U, Np, Pu, Am, Cm, Bk, Cf, Es, Fm, Md, No, Lr, Eka-Hf, Eka-Ta, Eka-W, Eka-Re, Eka-Os, Eka-Ir, Eka-Pt, Eka-Au, ...) sind unbeständig und „*zerfallen radioaktiv*". Dieser natürliche radioaktive Zerfall geht vom *Atomkern*, nicht von der Elektronenhülle des Atoms aus und führt demzufolge zu einer *Elementumwandlung*. Er verläuft nach dem Schema $A \rightarrow B$ bzw. $A \rightarrow B + C$ (s. u.) und entspricht damit einer monomolekularen Reaktion (S. 366). Die „*Zerfalls-Halbwertszeiten*", d. h. die Zeiten, nach denen die betreffenden radioaktiven Elemente noch zur Hälfte vorliegen, sind infolgedessen wie im Falle monomolekularer Reaktionen (S. 370) *unabhängig* von der *Menge* bzw. *Konzentration* der betrachteten „Radionuklide" (vgl. S. 1738).

Wir wollen uns im folgenden zunächst mit dem *natürlichen radioaktiven Zerfall* selbst beschäftigen (Abschnitt 1.1) und Kenntnisse über *spontane Kernreaktionen* und *natürliche Radionuklide* erwerben, um dann näher auf die *Energie* (1.2), die *Geschwindigkeit* (1.3) sowie den *Mechanismus* (1.4) des radioaktiven Zerfalls einzugehen.

1.1 Natürlicher radioaktiver Zerfall

Die Erscheinung des natürlichen radioaktiven Kernzerfalls findet sich insbesondere bei den Elementen mit *hoher Kernladungszahl* (> 83), da offenbar die Anhäufung von *sehr vielen positiven Ladungen* den Atomkern *instabil* macht. Der Zerfall äußert sich in der Regel so, daß aus den Atomkernen des betreffenden Elementnuklids einzelne *Bausteine herausge-*

---

1 **Literatur.** G. Friedlander, S. W. Kennedy, J. M. Miller: „*Nuclear- and Radiochemistry*", Wiley, New York 1964; K. H. Lieser: „*Einführung in die Kernchemie*", 3. Aufl., Verlag Chemie, Weinheim 1991; C. Keller: „*Radiochemie*", 2. Aufl., Sauerländer, Frankfurt 1981; L. Herforth, H. Koch: „*Praktikum der Radioaktivität und der Radiochemie*", Birkhäuser, Basel 1981.

2 **Literatur.** G. R. Choppin: „*Kerne und Radioaktivität*", Benjamin, New York 1964; M. Haissinsky, J. P. Adolff: „*Radiochemical Survey of the Elements: Principal Characteristics and Applications of Elements and their Isotopes*", Elsevier, Amsterdam 1965.

schleudert werden. Da der Nuklidkern aus *Protonen* und *Neutronen* besteht (S. 74, 78) und durch wechselseitige Umwandlung der letzteren auch *Negatronen* und *Positronen* entstehen können (S. 92), wäre beim radioaktiven Elementzerfall prinzipiell eine Emission von Protonen und Neutronen (bzw. irgendwelcher Kombinationen beider Bausteine) sowie von negativen und positiven Elektronen möglich. Die Erfahrung zeigt aber in Übereinstimmung mit energetischen Betrachtungen (S. 1737), daß die **„spontanen Kernreaktionen“** hauptsächlich nur zwei dieser verschiedenen Wege wählen: Aus dem Atomkern wird entweder ein aus 2 Protonen und 2 Neutronen bestehender *positiver* Heliumkern He^{2+} („*α-Teilchen*“, „*Helion*“) oder ein *negatives* Elektron e^- („*β^--Teilchen*“, „*Negatron*“) herausgeschleudert. Im ersteren Falle einer „*spontanen Kernspaltung*“ spricht man von einem **„α-Zerfall“** („*α-Radioaktivität*“), im letzteren Falle von einer „*spontanen Kernumwandlung*“ von einem **„β^--Zerfall“** („*β^--Radioaktivität*“).

Die freiwillige Abspaltung *anderer Kombinationen aus Protonen und Neutronen* (z. B. ^{14}C-, ^{24}Ne- oder massenreichere Kerne) ist ebenfalls möglich, aber meist weit *weniger wahrscheinlich*. Man bezeichnet derartige – vielfach unter gleichzeitiger Emission von *Neutronen* ablaufende – Fragmentierungsprozesse als **„spontane asymmetrische“** sowie als **„spontane superasymmetrische Spaltungen“** (Näheres s. S. 1729).

Zum Unterschied von Elektronen (β^--Zerfall) und Neutronen werden *Positronen* („**β^+-Zerfall**“) und *Protonen* („**p-Zerfall**“) als weitere mögliche Elementarteilchen im Zuge der natürlichen Elementumwandlung *nicht abgegeben* (Ausnahme: $^{40}_{19}K$ geht unter β^+-Zerfall in $^{40}_{18}Ar$ über). Wohl aber treten derartige Kerntrümmer bei der durch hohe Energiezufuhr erzwungenen künstlichen Elementumwandlung (S. 1746) und der hierbei beobachtbaren Begleiterscheinung des „*künstlichen*“ *radioaktiven Zerfalls* (S. 1758) auf. Auch läßt sich die Spaltung von Kernen durch Beschuß mit Neutronen künstlich herbeiführen (S. 1761).

Einen besonderen Typus einer spontanen Kernumwandlung stellt der **„K-Einfang“** dar. Er besteht nicht im Herausschleudern, sondern umgekehrt im Einfangen eines Teilchens, nämlich eines Elektrons („*Elektroneneinfang*“) aus einer inneren Elektronenschale (meist K-Schale) im Kern des betreffenden Nuklids. Der K-Einfang ist bei den natürlichen Radionukliden ein *äußerst selten anzutreffender Prozeß* (gefunden bei $^{40}_{19}K$, $^{50}_{23}V$, $^{123}_{52}Te$, $^{138}_{57}La$, $^{180}_{114}Ta$) und soll im Zusammenhang mit den induzierten Kernreaktionen näher besprochen werden (vgl. S. 1758).

Nachfolgend sei zunächst auf den α- sowie β^--Zerfall, dann auf andere Zerfallsarten eingegangen.

1.1.1 Der α- sowie β^--Zerfall

Verschiebungssatz

Bei der **Emission eines Heliumkerns $^4_2He^{2+}$** (α-Zerfall) nimmt naturgemäß die *positive Ladung* des ursprünglichen Atomkerns um *zwei*, seine *Masse* um *vier* Einheiten ab. Es entsteht dabei also der Kern eines Elements, das im Periodensystem *2 Stellen vor dem Ausgangselement* steht und das gegenüber letzterem eine um *4 Einheiten verringerte Massenzahl* besitzt. So geht z. B. das Metall Radium mit der relativen Atommasse 226 und der Kernladungszahl 88 bei der Heliumabgabe exotherm in das Edelgas Radon mit der relativen Atommasse 222 und der Kernladungszahl 86 über:

$$^{226}_{88}Ra \rightarrow {}^{222}_{86}Rn^{2-} + {}^4_2He^{2+} + \text{Energie}. \quad (1)$$

Die **Aussendung eines Elektrons e^-** (β^--Zerfall; Übergang eines Kern-Neutrons in ein Kern-Proton; vgl. S. 92) führt zur Vermehrung der *positiven Ladung* des ursprünglichen Atoms um *eine* Einheit, so daß das neu entstehende Element im Periodensystem *1 Stelle nach dem Ausgangselement* steht und die *gleiche Massenzahl* wie dieses hat (Bildung eines *Isobaren* des Ausgangselements, vgl. S. 91). Da das Elektron eine verschwindend geringe Masse besitzt und zudem vom zurückbleibenden, positiv geladenen Elemention in der Außenhülle wieder aufgenommen wird (s. unten), ändert sich bei dieser Art der radioaktiven Umwandlung die Masse praktisch nicht. So verwandelt sich z. B. das Metall Actinium der relativen Atommasse 227 (exakt: 227.0278) und der Kernladungszahl 89 bei der Elektronenabgabe exotherm in das Element Thorium mit der gleichen rel. Masse 227 (exakt 227.0277) und der Kernladungszahl 90:

$$^{227}_{89}Ac \rightarrow {}^{227}_{90}Th^{+} + {}^{0}_{-1}e^{-} + \text{Energie}. \qquad (2)$$

Hier (2) wie oben (1) ist der Ladungszustand des Reaktionsprodukts chemisch unwesentlich, da sich die gebildeten positiven und negativen Ionen sehr bald nach ihrer Entstehung durch Aufnahme bzw. Abgabe von Außenelektronen wieder neutralisieren. Daher wird im folgenden, wo nicht erforderlich, bei der Formulierung von Kerngleichungen auf die Kennzeichnung der Ladungen verzichtet.

Die vorstehenden Grundgesetze der radioaktiven Umwandlung, gemäß denen je nach der Art der aus dem Atomkern emittierten Teilchen eine gesetzmäßige „Verschiebung" der Elemente innerhalb des Periodensystems erfolgt, bilden den Inhalt des im Jahre 1913 von K. Fajans, A.S. Russell und F. Soddy aufgestellten **„radioaktiven Verschiebungssatzes"**.

Zerfallsreihen

Das bei der radioaktiven Umwandlung *neu entstehende Element* ist meist seinerseits wieder *radioaktiv*, so daß der Zerfall weitergeht und zu einer ganzen „*Zerfallsreihe*" Veranlassung gibt. Man fand in der Natur zunächst *drei* derartige Zerfallsreihen. Sie verlaufen über das Thoriumisotop $^{232}_{90}Th$ (Halbwertszeit 1.405×10^{10} Jahre; **„Thorium-Zerfallsreihe"**), das Uranisotop $^{238}_{92}U$ (Halbwertszeit 4.468×10^{9} Jahre; **„Uran-Zerfallsreihe"**) und das Actiniumisotop $^{227}_{89}Ac$ (Halbwertszeit 21.77 Jahre; **„Actinium-Zerfallsreihe"**) (vgl. Tab. 152). Die Massenzahlen der Einzelglieder dieser drei Zerfallsreihen entsprechen den Werten $4n + 0$ (Thorium-Zerfallsreihe), $4n + 2$ (Uran-Zerfallsreihe) und $4n + 3$ (Actinium-Zerfallsreihe), wobei n jeweils eine ganze Zahl darstellt. Die fehlende Zerfallsreihe mit den Massenzahlen $4n + 1$ wurde später als „künstliche" radioaktive Zerfallsreihe (**„Neptunium-Zerfallsreihe"**, Tab. 152) aufgefunden. Da das Neptuniumisotop $^{237}_{93}Np$ (Halbwertszeit 2.14×10^{6} Jahre), wie später entdeckt wurde, auch in der Natur – allerdings nur in sehr geringen Mengen[3)] – vorkommt, ist die Neptunium-Zerfallsreihe auch zu den natürlichen Zerfallsreihen zu zählen. (Bezüglich der Zerfallsreihe künstlich synthetisierter Actinoide vgl. S. 1812).

Als Anfangsglieder der *Thorium-* und *Actinium-Zerfallsreihe* fungieren die Plutoniumisotope $^{244}_{94}Pu$ (Halbwertszeit 8.26×10^{7} Jahre) bzw. $^{239}_{94}Pu$ (Halbwertszeit 2.411×10^{4} Jahre), die auf der Erde die Nuklide mit der höchsten Ordnungszahl darstellen, welche – allerdings nur in verschwindender Menge[3)] – natürlich vorkommen. Sie gehen in mehreren Schritten unter α- sowie β^{-}-Zerfall auf dem Wege über längerlebige Uranisotope $^{236}_{92}U$ (Halbwertszeit 2.342×10^{7} Jahre) und $^{235}_{92}U$ (Halbwertszeit 7.038×10^{8} Jahre) in $^{232}_{90}Th$ und $^{227}_{89}Ac$ über (Tab. 152). Die *Neptunium-* und *Uran-Zerfallsreihe*, die u.a. die längerlebigen Uranisotope $^{233}_{92}U$ (Halbwertszeit 1.592×10^{5} Jahre) und $^{234}_{92}U$ (Halbwertszeit 2.446×10^{5} Jahre) beinhalten, beginnen mit den in Tab. 152 wiedergegebenen Nukliden $^{237}_{93}Np$ bzw. $^{238}_{92}U$; denn die Vorstufen beider Nuklide, Americium $^{241}_{95}Am$ (Halbwertszeit 432.6 a) und Plutonium $^{242}_{94}Pu$ (Halbwertszeit 3.763×10^{5} Jahre) kommen im Unterschied zu $^{244}_{94}Pu$ und $^{239}_{94}Pu$ nicht mehr natürlich vor (s.u.).

Besonders bemerkenswert als Zwischenglieder der Zerfallsreihen sind neben den erwähnten langlebigen Isotopen des *Urans*[4)], die drei *gasförmigen* Zerfallsprodukte („Emanationen"[5)]), „Actinon", „Thoron" und „Radon", welche die Kernladungszahl 86 besitzen und Isotope des Edelgases *Radon* sind ($^{219}_{86}Rn$, $^{220}_{86}Rn$, $^{222}_{86}Rn$). Sie sind die Ursache dafür, daß jeder in die Nähe eines „*emanierenden*" radioaktiven Stoffs gebrachte Körper selber radioaktiv wird („*induzierte Radioaktivität*"), indem sich die aus dem Stoff entweichende Emanation überallhin verbreitet und sich auf allen Körpern der Umgebung unter Abgabe von α-Teilchen als festes Polonium niederschlägt, das seinerseits wieder radioaktiv zerfällt.

Als Endglieder des radioaktiven Zerfalls entsteht bei drei Zerfallsreihen inaktives Blei, bei einer Zerfallsreihe inaktives Bismut. Das *Blei* muß entsprechend dem Verschiebungssatz bei der *Uran*-Zerfallsreihe die rel. Atommasse **206** („*Uranblei*"), bei der *Actinium*-Zerfallsreihe die rel. Atommasse **207** („*Actiniumblei*") und bei der *Thorium*-Zerfallsreihe die rel. Atommasse **208** („*Thoriumblei*") besitzen, während die rel. Atommasse des *gewöhnlichen Bleis* 207 (genauer 207.2) beträgt. In der Tat ergeben die Atommassen-

---

3 Die relative Häufigkeit in der Erdkruste beträgt für $^{237}_{93}Np$ ca. 4×19^{-17}, für $^{239}_{94}Pu$ und $^{244}_{94}Pu$ zusammengenommen ca. 2×10^{-19} Gew.-%.

4 $^{238}_{92}U$ ist auf der Erde das Nuklid mit der höchsten Ordnungszahl, welches noch in großen Mengen natürlich vorkommt.

5 emanatio (Lat.) = Ausfluß.

Tab. 152 Thorium-, Neptunium-, Uran- und Actiniumzerfallsreihe: Zerfallsschritte[a)], Halbwertszeiten[b)], alte Namen der Nuklide in Klammern (Th = Thorium, U = Uran, Ac = Actinium)

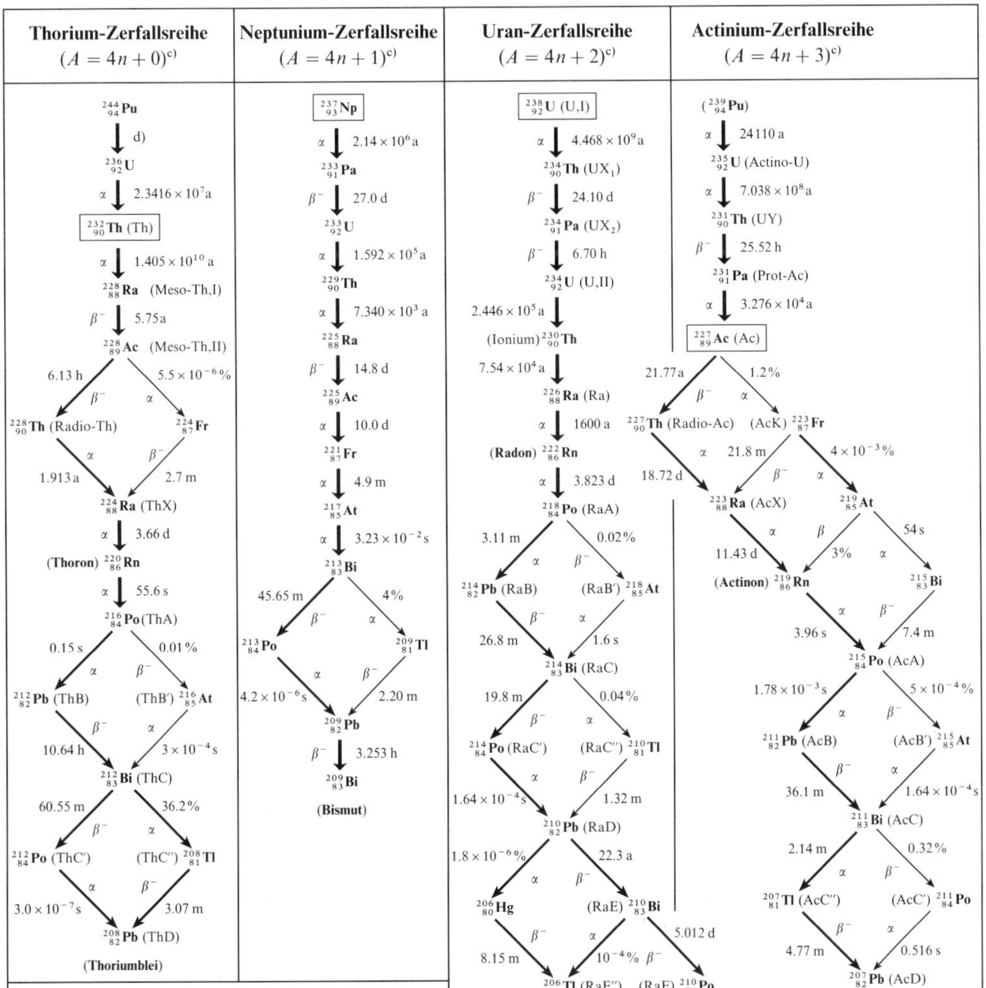

Thorium-Zerfallsreihe ($A = 4n + 0$)[c)]	**Neptunium-Zerfallsreihe** ($A = 4n + 1$)[c)]	**Uran-Zerfallsreihe** ($A = 4n + 2$)[c)]	**Actinium-Zerfallsreihe** ($A = 4n + 3$)[c)]
$^{244}_{94}$**Pu** ↓ d) $^{236}_{92}$U ↓ α 2.3416 × 10⁷a $^{232}_{90}$**Th** (Th) ↓ α 1.405 × 10¹⁰ a $^{228}_{88}$**Ra** (Meso-Th,I) ↓ β⁻ 5.75a $^{228}_{89}$**Ac** (Meso-Th,II) β⁻ 6.13 h → $^{228}_{90}$**Th** (Radio-Th) α 5.5 × 10⁻⁶% → $^{224}_{87}$**Fr** $^{228}_{90}$Th: α 1.913a → $^{224}_{88}$**Ra** (ThX) $^{224}_{87}$Fr: β⁻ 2.7 m → $^{224}_{88}$**Ra** (ThX) ↓ α 3.66 d (**Thoron**) $^{220}_{86}$**Rn** ↓ α 55.6 s $^{216}_{84}$**Po** (ThA) α 0.15 s → $^{212}_{82}$**Pb** (ThB) β⁻ 0.01 % → (ThB′) $^{216}_{85}$**At** $^{212}_{82}$Pb: β⁻ 10.64 h → $^{212}_{83}$**Bi** (ThC) $^{216}_{85}$At: α 3 × 10⁻⁴s → $^{212}_{83}$**Bi** (ThC) β⁻ 60.55 m → $^{212}_{84}$**Po** (ThC′) α 36.2% → (ThC″) $^{208}_{81}$**Tl** $^{212}_{84}$Po: α 3.0 × 10⁻⁷s → $^{208}_{82}$**Pb** (ThD) $^{208}_{81}$Tl: β⁻ 3.07 m → $^{208}_{82}$**Pb** (ThD) (**Thoriumblei**)	$^{237}_{93}$**Np** ↓ α 2.14 × 10⁶a $^{233}_{91}$**Pa** ↓ β⁻ 27.0 d $^{233}_{92}$U ↓ α 1.592 × 10⁵a $^{229}_{90}$**Th** ↓ α 7.340 × 10³ a $^{225}_{88}$**Ra** ↓ β⁻ 14.8 d $^{225}_{89}$**Ac** ↓ α 10.0 d $^{221}_{87}$**Fr** ↓ α 4.9 m $^{217}_{85}$**At** ↓ α 3.23 × 10⁻²s $^{213}_{83}$**Bi** β⁻ 45.65 m → $^{213}_{84}$**Po** α 4% → $^{209}_{81}$**Tl** $^{213}_{84}$Po: α 4.2 × 10⁻⁶s → $^{209}_{82}$**Pb** $^{209}_{81}$Tl: β⁻ 2.20 m → $^{209}_{82}$**Pb** ↓ β⁻ 3.253 h $^{209}_{83}$**Bi** (**Bismut**)	$^{238}_{92}$U (U,I) ↓ α 4.468 × 10⁹a $^{234}_{90}$**Th** (UX₁) ↓ β⁻ 24.10 d $^{234}_{91}$**Pa** (UX₂) ↓ β⁻ 6.70 h $^{234}_{92}$U (U,II) ↓ 2.446 × 10⁵a (Ionium) $^{230}_{90}$**Th** ↓ 7.54 × 10⁴a $^{226}_{88}$**Ra** (Ra) ↓ α 1600 a (**Radon**) $^{222}_{86}$**Rn** ↓ α 3.823 d $^{218}_{84}$**Po** (RaA) α 3.11 m → $^{214}_{82}$**Pb** (RaB) β⁻ 0.02% → (RaB′) $^{218}_{85}$**At** $^{214}_{82}$Pb: β⁻ 26.8 m → $^{214}_{83}$**Bi** (RaC) $^{218}_{85}$At: α 1.6 s → $^{214}_{83}$**Bi** (RaC) β⁻ 19.8 m → $^{214}_{84}$**Po** (RaC′) α 0.04% → (RaC″) $^{210}_{81}$**Tl** $^{214}_{84}$Po: α 1.64 × 10⁻⁴s → $^{210}_{82}$**Pb** (RaD) $^{210}_{81}$Tl: β⁻ 1.32 m → $^{210}_{82}$**Pb** (RaD) α 1.8 × 10⁻⁶% → $^{206}_{80}$**Hg** β⁻ 22.3 a → (RaE) $^{210}_{83}$**Bi** $^{206}_{80}$Hg: β⁻ 8.15 m → $^{206}_{81}$**Tl** (RaE″) $^{210}_{83}$Bi: α 10⁻⁴% → $^{206}_{81}$**Tl** (RaE″) $^{210}_{83}$Bi: β⁻ 5.012 d → (RaF) $^{210}_{84}$**Po** $^{206}_{81}$Tl: β⁻ 4.2 m → $^{206}_{82}$**Pb** (RaG) $^{210}_{84}$Po: α 138.38 d → $^{206}_{82}$**Pb** (RaG) (**Uranblei**)	($^{239}_{94}$**Pu**) ↓ α 24110 a $^{235}_{92}$U (Actino-U) ↓ α 7.038 × 10⁸a $^{231}_{90}$**Th** (UY) ↓ β⁻ 25.52 h $^{231}_{91}$**Pa** (Prot-Ac) ↓ α 3.276 × 10⁴a $^{227}_{89}$**Ac** (Ac) β⁻ 21.77a → $^{227}_{90}$**Th** (Radio-Ac) α 1.2% → (AcK) $^{223}_{87}$**Fr** $^{227}_{90}$Th: α 18.72 d → $^{223}_{88}$**Ra** (AcX) $^{223}_{87}$Fr: β⁻ 21.8 m → $^{223}_{88}$**Ra** (AcX) $^{223}_{87}$Fr: α 4 × 10⁻³% → $^{219}_{85}$**At** $^{223}_{88}$Ra: α 11.43 d → (**Actinon**) $^{219}_{86}$**Rn** $^{219}_{85}$At: β 3% → $^{219}_{86}$**Rn** $^{219}_{85}$At: α 54 s → $^{215}_{83}$**Bi** $^{219}_{86}$Rn: α 3.96 s → $^{215}_{84}$**Po** (AcA) $^{215}_{83}$Bi: β⁻ 7.4 m → $^{215}_{84}$**Po** (AcA) α 1.78 × 10⁻³s → $^{211}_{82}$**Pb** (AcB) β⁻ 5 × 10⁻⁴% → (AcB′) $^{215}_{85}$**At** $^{211}_{82}$Pb: β⁻ 36.1 m → $^{211}_{83}$**Bi** (AcC) $^{215}_{85}$At: α 1.64 × 10⁻⁴s → $^{211}_{83}$**Bi** (AcC) α 2.14 m → $^{207}_{81}$**Tl** (AcC″) β⁻ 0.32% → (AcC′) $^{211}_{84}$**Po** $^{207}_{81}$Tl: β⁻ 4.77 m → $^{207}_{82}$**Pb** (AcD) $^{211}_{84}$Po: α 0.516 s → $^{207}_{82}$**Pb** (AcD) (**Actiniumblei**)

a) α, β⁻ = α-Zerfall, β⁻-Zerfall.
b) s = Sek., m = Min., h = Std. (von hora [lat.]), d = Tage (von dies [lat.]), a = Jahre (von annus [lat.]).
c) A = Massenzahl, n = ganze Zahl.
d) $\xrightarrow[8.26 \times 10^7 a]{\alpha}$ $^{240}_{92}$U $\xrightarrow[14.1\,h]{\beta^-}$ $^{240}_{93}$**Np** $\xrightarrow[65\,m]{\beta^-}$ $^{240}_{94}$**Pu** $\xrightarrow[6560\,a]{\alpha}$

bestimmungen für das in reinen (thoriumfreien) Uranerzen enthaltene Blei den Wert 206 und für das in reinen Thoriumerzen gefundene Blei den Wert 208. Blei (Ordnungszahl 82) und Bismut (Ordnungszahl 83) stellen gemäß Tab. 152 nicht die Zerfallsglieder mit der kleinsten Ordnungszahl dar. Tatsächlich sind dies Thallium (Ordnungszahl 81) in der Th-, Np- und Ac-Zerfallsreihe und Quecksilber (Ordnungszahl 80) in der U-Zerfallsreihe.

Natürliche Radionuklide

Wie aus der Tab. 152 hervorgeht, gibt es unter den natürlich vorkommenden Elementen mit größerer Kernladungszahl als 83 (Bismut) nur 3 Nuklide, die genügend lange Halbwertszeiten besitzen, um das Alter der Erde (4.6×10^9 Jahre) zu überdauern: $^{232}_{90}$Th, $^{235}_{92}$U, $^{238}_{92}$U und $^{244}_{94}$Pu. Diese drei langlebigen Isotope sind dafür verantwortlich, daß auf der Erde die Reihe der natürlich vorkommenden Elemente nicht schon beim Bismut abbricht. Daß die Elemente zwischen $_{83}$Bi und $_{90}$Th sowie das Protactinium $_{91}$Pa trotz ihrer relativ kleinen Halbwertszeiten auf der Erde noch existieren, ist dem Umstand zuzuschreiben, daß sie aus ihren Muttersubstanzen ständig nachgebildet werden und sich mit diesen in einem „*radioaktiven Gleichgewicht*" („*Säkulargleichgewicht*"; S. 1741) befinden. Der langen Halbwertszeit des spaltbaren Urans $^{235}_{92}$U (0.7 Milliarden Jahre) verdanken wir es, daß noch ein geringer Teil der ursprünglich gegebenen $^{235}_{92}$U-Menge vorhanden ist und uns in Zukunft mit Kernenergie und mit spaltbarem Plutonium $^{239}_{94}$Pu versorgen kann (S. 1771).

Außer den natürlichen Radionukliden der vier Zerfallsreihen (Tab. 152) mit *Ordnungszahlen 82* (Blei) *bis 94* (Plutonium) kennt man auch solche mit *Ordnungszahlen* < 82. Unter ihnen weisen folgende Nuklide nur schwächere natürliche Radioaktivität auf und sind demzufolge langlebiger (in Klammern jeweils: Zerfallsart und Halbwertszeit):

$^{40}_{19}$K ($\beta^{\pm}$, K; 1.28×10^{9})[6]	$^{123}_{52}$Te (K; 1.24×10^{13})	$^{147}_{62}$Sm (α; 1.06×10^{11})	$^{180}_{73}$Ta (β^-, K; $>10^{13}$)
$^{87}_{37}$Rb (β^-; 4.8×10^{10})	$^{128}_{52}$Te (β^-; 1.5×10^{24})	$^{148}_{62}$Sm (α; 7×10^{15})	$^{187}_{75}$Re (β^-; 5×10^{10})
$^{113}_{48}$Cd (β^-, 9×10^{15})	$^{130}_{52}$Te (β^-; 1.0×10^{21})	$^{152}_{64}$Gd (α; 1.1×10^{14})	$^{186}_{76}$Os (α; 2.0×10^{15})
$^{115}_{49}$In (β^-; 4×10^{14})	$^{138}_{57}$La (β^-, K; 1.35×10^{11})	$^{176}_{71}$Lu (β^-; 3.6×10^{10})	$^{190}_{78}$Pt (α; 6.1×10^{11})
	$^{144}_{60}$Nd (α; 2.1×10^{15})	$^{174}_{72}$Hf (α; 2.0×10^{15})	$^{204}_{82}$Pb (α; $>1.4 \times 10^{17}$)

Während früher die Reihe der natürlich vorkommenden Elemente mit den Radionukliden der Ordnungszahl 94 endete, finden sich heute in der Natur als Folge der künstlichen Erzeugung von Transuranen in Kernreaktoren und bei Atombombenexplosionen (S. 1770) auch solche mit *Ordnungszahlen* > 94 wie $^{241,243}_{95}$Am (Halbwertszeiten 432.6, 7370 Jahre) oder $^{245,246,247,248}_{96}$Cm (Halbwertszeiten 8500, 4730, 1.56×10^7, 3.397×10^5 Jahre).

Anwendungen. Die radioaktiven Nuklide ermöglichen eine besonders einfache Markierung (**„radioaktive Markierung"**) bestimmter nicht radioaktiver Elemente, da sich die von ihnen ausgehende *Strahlung* auch bei Anwesenheit von *Nuklidspuren* stets mit *großer Empfindlichkeit* (vgl. S. 1734) nachweisen läßt. Sie gestatten damit, den Weg und das Schicksal der betreffenden Elemente im Verlauf von chemischen Reaktionen zu verfolgen, und sind in dieser Hinsicht den zu gleichen Zwecken verwendeten, aber weniger leicht analytisch nachweisbaren nichtradioaktiven Nukliden (vgl. „*Isotopenmarkierung*", S. 80) überlegen.

Zersetzt man z. B. eine Magnesium-Blei-Legierung der Zusammensetzung Mg_2Pb mit verdünnter Salzsäure, so läßt sich eine gemäß der Gleichung $Mg_2Pb + 4H^+ \rightarrow PbH_4 + 2Mg^{2+}$ erfolgende Bildung von Bleiwasserstoff PbH_4 wegen der geringen Menge des letzteren nur schwer nachweisen. Fügt man dem Blei der Legierung aber das radioaktive Nuklid $^{212}_{82}$Pb (Thorium B) zu und leitet das bei der Reaktion gebildete Gas durch ein erhitztes Glasrohr, so läßt sich nach F. A. Paneth (1920) der infolge Zersetzung des Bleiwasserstoffs entstehende – unsichtbare – Bleispiegel ($PbH_4 \rightarrow Pb + 2H_2$) wegen seiner Radioaktivität eindeutig nachweisen. Auf analoge Weise gelang Paneth (1918) der Nachweis einer flüchtigen Bismutwasserstoffverbindung, indem er sich des Bismuts $^{212}_{83}$Bi (Thoriums C) als radioaktiven Indikator bediente. Nachdem auf solche Weise die Existenz eines Bismutwasserstoffs sichergestellt war, gelang anschließend auch die präparative Darstellung der Verbindung BiH_3 aus dem gewöhnlichen nichtradioaktiven Bismut (S. 824).

Andere Anwendungsgebiete radioaktiver Indikatoren sind z. B. die Bestimmung der Löslichkeit schwerlöslicher Salze und die Ermittlung der Oberfläche feinverteilter Substanzen. So kann man z. B. die *Löslichkeit* von Bleichromat $PbCrO_4$ nicht dadurch ermitteln, daß man ein größeres Volumen der gesättigten Lösung eindampft und den Rückstand wiegt, weil wegen der Schwerlöslichkeit des Bleichromats die unvermeidlichen Wägefehler das Gewicht des gelösten Bleichromats übersteigen. Mischt man dem Ausgangs-Bleisalz aber etwas Blei $^{212}_{82}$Pb (Thorium B) bei und fällt das Bleisalz dann als Bleichromat, so kann man durch Vergleich der Radioaktivität des Verdampfungsrückstandes der filtrierten Lösung mit der Radioaktivität des ursprünglichen Gemisches die Menge des gelösten Bleichromats errechnen.

In ähnlicher Weise erfolgt z. B. die Ermittlung der Oberfläche von ausgefälltem Bleisulfat, indem man dem Bleisulfat Blei $^{212}_{82}$Pb beimischt und durch Messung der Aktivitäten das Atomverhältnis $^{212}_{82}Pb_{Oberfläche}/^{212}_{82}Pb_{Lösung}$ ermittelt. Da dieses gleich dem Atomverhältnis $Pb_{Oberfläche}/Pb_{Lösung}$ sein muß, läßt sich bei Kenntnis der Bleikonzentration in der Lösung ($Pb_{Lösung}$) die Zahl der Bleiatome an der Oberfläche des Bleisulfats ($Pb_{Oberfläche}$) und damit die Oberfläche selbst errechnen. Weiterhin kann die Oberfläche von Substanzen und ihre Änderung beim Altern, Rekristallisieren, Verformen usw. dadurch

---

6 Die Bildung von schwerem $^{40}_{18}$Ar aus dem schweren Kaliumisotop $^{40}_{19}$K durch β^+-Strahlung oder K-Einfang (S. 1758) im Laufe geologischer Zeitepochen ist möglicherweise dafür verantwortlich, daß das Argon im Sinne der auf S. 113 erwähnten „*Inversion*" isotopen-gemittelt schwerer als das im Periodensystem folgende Kalium ist.

bestimmt werden, daß man der Substanz durch Mischkristallbildung einen Emanation-abgebenden radioaktiven Stoff beimischt. Aus der Menge des von der Oberfläche aus abgegebenen Gases kann man dann Rückschlüsse auf die Oberfläche der untersuchten Substanz ziehen (Hahnsche **„Emaniermethode"**). Ebenso läßt sich etwa die Wirksamkeit eines Schmieröls dadurch testen, daß man die Menge des Abriebs eines ölgeschmierten Motors, dessen Metallteile ein Radionuklid enthalten, durch Messung der Aktivität des Öls nach bestimmter Betriebsdauer ermittelt.

Von besonderer Bedeutung ist die radioaktive Indizierung von Elementen bei der Lösung biochemischer und medizinischer Probleme. Da die für Organismen wichtigen Elemente hauptsächlich am Anfang des Periodensystems stehen (C, H, O, N, S, P) und ihre natürlich vorkommenden Isotope daher nicht radioaktiv sind, muß man hier künstlich-radioaktive Nuklide als Reaktions-Indikatoren verwenden (S. 1759).

1.1.2 Die asymmetrische und superasymmetrische Spaltung

Wie weiter oben bereits angedeutet wurde, können Elemente außer unter Emission von Heliumkernen He^{2+} vielfach zusätzlich (mit geringer Wahrscheinlichkeit) unter Abspaltung *anderer Kerne* radioaktiv zerfallen. Und zwar beobachtet man spontane *„asymmetrische Spaltungen"* der Nuklidkerne in Bruchstücke von *vergleichbarer Masse* sowie spontane *„superasymmetrische Spaltungen"* in ein leichteres Fragment („Cluster") und ein wesentlich schwereres Bruchstück. Im ersteren Falle spricht man von einer *„spontanen Spaltung"* (engl. *„spontaneous fission"*) im engeren Sinne, im letzteren Falle von einer *„Cluster-Spaltung"* (ein Spezialfall dieser Fragmentierung ist der α-Zerfall). Die **spontane Kernspaltung** (**„sf-Zerfall"**) wird nur bei schweren Elementen – nämlich fast allen Nukliden mit Massenzahlen ab 230, jedoch keinem Nuklid mit Massenzahlen unter 230 – beobachtet. Er gewinnt mit wachsender Ordnungszahl des Nuklids an Bedeutung und begrenzt letztendlich bei den späteren *„Transactinoiden"* das Periodensystem. Die Spaltung führt unter Erhalt der Summe der Kernladungen und Nukleonen zu *Paaren von massenähnlichen Bruchstücken*, sowie meist zusätzlich zu *Neutronen*, z. B.:

$$^{252}_{98}Cf \rightarrow {}^{142}_{56}Ba + {}^{106}_{42}Mo + 4\,^{1}_{0}n.$$

Man beobachtet die Spontan-Spaltung – meist als langsamen Prozeß – neben dem α- oder gelegentlich β^--Zerfall oder – bei den Transplutoniumelementen – auch ausschließlich. Nuklide mit gerader Protonen- und/oder Neutronenzahl unterliegen diesem Zerfall bevorzugt. Einige diesbezügliche Zerfallshalbwertzeiten seien nachfolgend wiedergegeben (für weitere Zerfälle vgl. Tab. 158, S. 1797):

$^{230}_{90}$Th 7.54×10^{4} a	$^{237}_{93}$Np $> 10^{18}$ a	$^{243}_{95}$Am 3.3×10^{13} a	$^{249}_{98}$Cf 6.5×10^{10} a	$^{246}_{100}$Fm 2.0×10^{1} s
$^{232}_{90}$Th $> 10^{21}$ a	$^{236}_{94}$Pu 3.5×10^{9} a	$^{242}_{96}$Cm 6.5×10^{6} a	$^{250}_{98}$Cf 1.7×10^{4} a	$^{248}_{100}$Fm 10^{1} h
$^{232}_{92}$U 8×10^{13} a	$^{238}_{94}$Pu 5×10^{10} a	$^{244}_{96}$Cm 1.3×10^{7} a	$^{251}_{98}$Cf 10^{8} a	$^{254}_{100}$Fm 2.46×10^{2} d
$^{233}_{92}$U 1.2×10^{17} a	$^{239}_{94}$Pu 5.5×10^{15} a	$^{246}_{96}$Cm 1.8×10^{7} a	$^{252}_{98}$Cf 8.5×10^{1} a	$^{255}_{100}$Fm 9.6×10^{3} a
$^{234}_{92}$U 1.6×10^{16} a	$^{240}_{94}$Pu 1.4×10^{11} a	$^{248}_{96}$Cm 4.2×10^{6} a	$^{254}_{98}$Cf 6.1×10^{1} d	$^{256}_{100}$Fm 6.63×10^{0} h
$^{235}_{92}$U 3.5×10^{17} a	$^{242}_{94}$Pu 7×10^{10} a	$^{249}_{97}$Bk 1.7×10^{9} a	$^{253}_{99}$Es 6.4×10^{5} a	$^{252}_{202}$No 8.5×10^{0} s
$^{236}_{92}$U 2×10^{16} a	$^{244}_{94}$Pu 6.6×10^{10} a	$^{246}_{98}$Cf 2.0×10^{3} a	$^{254}_{99}$Es 2.5×10^{7} a	$^{256}_{102}$No 1.1×10^{3} s
$^{238}_{92}$U 9×10^{15} a	$^{241}_{95}$Am 2.3×10^{14} a	$^{248}_{98}$Cf 3.2×10^{4} a	$^{255}_{99}$Es 2.44×10^{3} a	

Der **Cluster-Spaltung** können *mittelschwere* bis *schwere* Teilchen mit mehr als 40 Kernprotonen unterliegen. Die Spaltung führt unter Erhalt der Summe der Kernladungen und Nukleonen ausschließlich zu *Paaren von Bruchstücken*, von denen ein Fragment vergleichsweise *leicht*, das andere *schwer* ist. Stark bevorzugt ist in jedem Falle die Emission von Heliumkernen, während die Emission von protonen- und neutronenreichen Kernen (Cluster-Spaltung im engeren Sinne) mit weit geringerer Wahrscheinlichkeit eintritt (bevorzugte Cluster-Kerne sind etwa $^{14}_{6}C$, $^{24}_{10}Ne$, $^{25}_{10}Ne$, $^{28}_{12}Mg$). Wegen der Schwierigkeit des experimentellen Nachweises der extrem schwachen Cluster-Emissionen (Halbwertszeiten 10^{11}–10^{26} Jahre) neben der starken α-Emission ist die Zahl bisher ermittelter Cluster-Zerfälle noch klein.

U. a. wurden folgende Cluster-Spaltungen beobachtet (in Klammern relative Häufigkeit, bezogen auf die Häufigkeit 1 des entsprechenden α-Zerfalls des Nuklids):

$$^{222}_{88}\mathrm{Ra} \rightarrow {}^{14}_{6}\mathrm{C} + {}^{208}_{82}\mathrm{Pb}\,(10^{-11}) \qquad {}^{230}_{90}\mathrm{Th} \rightarrow {}^{24}_{10}\mathrm{Ne} + {}^{206}_{80}\mathrm{Hg}\,(10^{-12}), \qquad {}^{234}_{92}\mathrm{U} \xrightarrow{80\%} {}^{24}_{10}\mathrm{Ne} + {}^{210}_{82}\mathrm{Pb}$$

$$^{223}_{88}\mathrm{Ra} \rightarrow {}^{14}_{6}\mathrm{C} + {}^{209}_{82}\mathrm{Pb}\,(10^{-10}) \qquad {}^{231}_{91}\mathrm{Pa} \rightarrow {}^{24}_{10}\mathrm{Ne} + {}^{207}_{81}\mathrm{Tl}\,(10^{-12}) \qquad \xrightarrow{20\%} {}^{28}_{12}\mathrm{Mg} + {}^{206}_{80}\mathrm{Hg}$$

$$^{226}_{88}\mathrm{Ra} \rightarrow {}^{14}_{6}\mathrm{C} + {}^{212}_{82}\mathrm{Pb}\,(10^{-11}) \qquad {}^{232}_{92}\mathrm{U} \rightarrow {}^{24}_{10}\mathrm{Ne} + {}^{208}_{82}\mathrm{Pb}\,(10^{-12}) \qquad {}^{252}_{102}\mathrm{No} \rightarrow {}^{38}_{16}\mathrm{S} + {}^{214}_{86}\mathrm{Rn}$$

Der Nuklidkern $^{234}_{92}U$ ist der erste Kern, der nachweislich unter Emissionen dreier verschiedener Fragmente – nämlich Helium, Neon und Magnesium – zerfallen kann.

1.2 Energie des radioaktiven Zerfalls

1.2.1 Energieinhalt der radioaktiven Strahlung[7]

Strahlenarten

Sowohl die Heliumkerne wie die Elektronen werden beim radioaktiven Zerfall mit sehr großer Geschwindigkeit (Heliumkerne: 5–10% der Lichtgeschwindigkeit; Elektronen: bis zu Lichtgeschwindigkeit) als „*radioaktive Strahlen*" aus dem Atomkern herausgeschleudert. Die aus Heliumkernen He^{2+} bestehende Strahlung nennt man, wie erwähnt (S. 1725) **„α-Strahlung"**, die aus Elektronen e^- bzw. e^+ (im Falle von $^{40}_{19}K$) bestehende Strahlung **„β-Strahlung"** (β^- bzw. β^+). Die α- und β-Strahlen radioaktiver Präparate sind demnach *Korpuskularstrahlen* und nicht elektromagnetische Wellen wie die Lichtstrahlen. Hierbei muß man allerdings beachten, daß eine strenge Unterscheidung zwischen Korpuskular- und elektromagnetischer Strahlung nach heutiger Auffassung nicht möglich ist, da auch eine scheinbar so typische Korpuskularstrahlung wie die der α-Teilchen – welche aufgefangen das Gas Helium ergibt[8] – in anderer Beziehung als interferenzfähige Wellenstrahlung aufgefaßt werden kann (vgl. S. 103 und Lehrbücher der physikalischen Chemie). Als energetische Begleitstrahlung – vgl. (1) und (2), S. 1725/26 – tritt neben der α- und β-Strahlung meist noch eine als **„γ-Strahlung"** bezeichnete elektromagnetische Strahlung auf, deren Wellenlänge in der Regel kleiner als die der Röntgenstrahlung ist (vgl. Fig. 39, S. 106; die γ-Strahlung stellt eine Folge von Prozessen der Atomkerne, die Röntgenstrahlung eine Folge von Prozessen der Atomhülle dar). Zudem beobachtet man in Ausnahmefällen eine **„Röntgen-Strahlung"** („X-*Strahlung*"), welche den „K-*Zerfall*" (S. 1725, 1758) und „*Konversionselektronenzerfall*" (S. 1732) begleitet sowie bei schwereren Elementen gegebenenfalls eine **„Neutronen-Strahlung"** („n-*Strahlung*"), welche den hier möglichen „*Spontan*"- und „*Cluster*"-Zerfall begleitet (S. 1729).

Geschichtliches. Die Wirkungen der α-, β- und γ-Strahlung haben den Anstoß zur Entdeckung der radioaktiven Erscheinungen gegeben. So beobachtete im Jahre 1896 der französische Forscher Henri Becquerel (1852–1908), daß Uranverbindungen die photographische Platte schwärzen (S. 1735), die umgebende Luft leitend machen (S. 1735) und gewisse Stoffe wie Barium-tetracyanoplatinat(II) $Ba[Pt(CN)_4]$ und Zinksulfid ZnS im Dunkeln zum Leuchten bringen (S. 1734). Ähnliche Beobachtungen machte bald darauf der deutsche Physiker Gerhard Carl Schmidt (1865–1949) an Thoriumpräparaten. Die Untersuchung von Uranerz (Joachimsthaler Pechblende) durch das Forscherehepaar Pierre (1859–1906) und Marie (1867–1934) Curie, das damals in Becquerels Laboratorium arbeitete, führte dann im Jahre 1898 zur Entdeckung des im Uran enthaltenen, stark radioaktiven Poloniums und Radiums, eine bewundernswerte Leistung, da in der Pechblende nur 1 Radiumatom auf 3×10^6 Uranatome entfällt und der Poloniumgehalt noch 10^4 mal kleiner ist[9]. Kurz darauf (1899/1900) stellten der englische Naturforscher Ernest Rutherford (1871–1937) und andere Physiker (P. und M. Curie, H. Becquerel, P. Villard) fest, daß die von radioaktiven Stoffen ausgehende Strahlung nicht einheitlich ist, sondern entsprechend ihrer Ablenkung im magnetischen Feld (Fig. 334) aus positiv geladenen Heliumkernen (α-Strahlen), negativ geladenen Elektronen (β^--Strahlen) und ungeladenen Photonen (γ-Strahlen) besteht. Die genauere Untersuchung der Erschei-

[7] Der Ausdruck „radioaktive Strahlung", obgleich gebräuchlich, ist ein Pleonasmus (radius (lat.) = Strahl).

[8] Die Identität der α-Strahlung mit Heliumgas wurde 1909 von Rutherford und Royds sichergestellt. Sie schlossen Radon in ein Glaskapillarrohr ein, das dünnwandig genug war, um der energiereichen α-Strahlung den Durchtritt zu erlauben. Umgab man dieses Röhrchen mit einem größeren Glasrohr, so konnte man in diesem nach mehreren Tagen spektroskopisch Helium identifizieren.

[9] Im Jahre 1902 berichtete Marie Curie über die Isolierung von 0.1 g $RaCl_2$ aus etwa 2 Tonnen Uranpechblende.

nungen führte dann Rutherford und Soddy im Jahre 1903 zu der kühnen Hypothese, daß die drei Strahlenarten ihren Ursprung dem freiwilligen Zerfall der radioaktiven Elemente verdanken. Erst viel später, im Jahre 1939, entdeckten A. Petrzhak und G.N. Flerov (Kernforschungsinstitut Dubna, Rußland), daß Nuklidkerne wie $^{235}_{92}U$ nicht nur *induziert* (S. 1758), sondern auch *spontan* unter Neutronenemission in *Bruchstückspaare zerfallen* können. Den ersten überzeugenden Hinweis auf einen *Cluster-Zerfall* (Spaltung von $^{232}_{88}Ra$) fanden 1984 H.J. Rose und G.A. Jones (Universität Oxford).

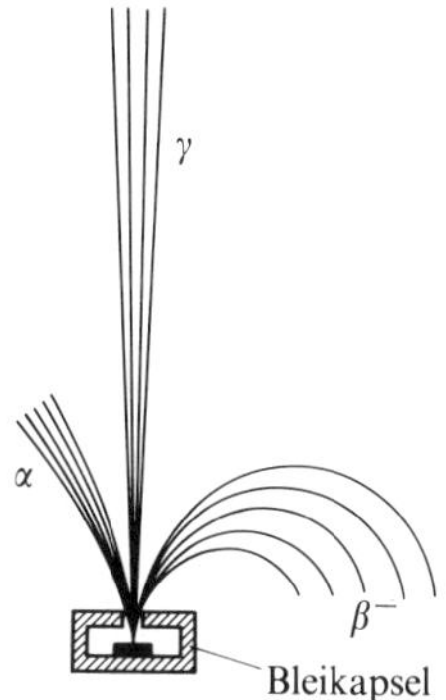

Fig. 334 Ablenkung der α-, β^-- und γ-Strahlen im magnetischen Feld (Feldlinien senkrecht zur Papierebene, Südpol oberhalb, Nordpol unterhalb der Papierebene).

Die Auffindung der Radioaktivität durch Becquerel war mehr eine Zufallsbeobachtung. Becquerel, der einen Zusammenhang zwischen den kurz zuvor (1895) entdeckten Röntgenstrahlen und der Fluoreszenz der gläsernen Röntgen-Entladungsröhre vermutete, studierte am Beispiel einer ihm gerade zur Verfügung stehenden, fluoreszierenden Uransalz-Probe das Fluoreszenz-Phänomen und fand dabei, daß vom Uran eine unsichtbare Strahlung ausgeht, die eine photographische Platte auch durch ihre Umhüllung hindurch schwärzte und weder mit der Fluoreszenz- noch der Röntgenstrahlung identisch war[10)]. Hätte er damals die Fluoreszenzerscheinung nicht an einem Uransalz, sondern etwa am ebenfalls fluoreszierenden, aber nicht radioaktiven Flußspat untersucht, so wäre die Radioaktivität erst zu einem späteren Zeitpunkt und dann wohl an anderer Stelle und von anderen Forschern aufgefunden worden, so daß ihre Entdeckungsgeschichte einen ganz anderen Verlauf genommen hätte. Das eine ist allerdings sicher: sie *wäre* entdeckt worden. Denn das unterscheidet ja die *naturwissenschaftlichen* Entdeckungen etwa von den *künstlerischen* Schöpfungen, daß *erstere* im „Entdecken" zwar verborgener, aber seit Urbeginn der Welt *bereits erschaffener* Naturgesetze bestehen, *letztere* aber in der *Neuschaffung* individueller, in der Schöpfung noch offen gelassener Werke. Hätten z.B. Männer wie Galvani, Hertz, Kepler, Newton oder Röntgen nicht gelebt, so gäbe es heute trotzdem, natürlich unter anderer Bezeichnung, die „galvanischen Erscheinungen", die „Hertzschen Wellen", die „Keplerschen Gesetze", die „Newtonschen Axiome" und die „Röntgenstrahlen"; wären aber Männer wie Beethoven, Dante, Goethe, Schubert, Wagner oder Schönberg nicht geboren worden, so gäbe es unwiderruflich keine „Neunte", keine „Göttliche", keinen „Faust", keine „Unvollendete", keinen „Ring" und keinen „Moses und Aron".

Strahlungsenergie

Die von radioaktiven Substanzen emittierten Strahlen (α-Teilchen, β-Teilchen, sonstige Teilchen, Photonen) sind außerordentlich *energiereich*, da sie mit *sehr großer Geschwindigkeit* bzw. mit *sehr hoher Frequenz* ausgeschleudert werden. So besitzen z.B. die „α-Teilchen" *Energien* von durchschnittlich 6 Millionen eV (Grenzen 4–9 MeV), was definitionsgemäß (vgl. Anm.[23)], S. 76) der Energie eines Protons oder Elektrons nach dem Durchlaufen einer Spannungsdifferenz von 6 Millionen Volt entspricht. Die Energie der „β^--Teilchen" beträgt im Durchschnitt 1 Million eV (Grenzen 0.02–4, Majorität 0.5–2 Millionen eV). Den „γ-Strahlen" kommt etwa die gleiche Energie von durchschnittlich 1 Million eV (Majorität 0.1–2 Millionen eV) wie den β-Strahlen zu[11)].

[10] Daß vom Uran eine unsichtbare, energetisch wirksame Strahlung ausgeht, erkannte Becquerel daran, daß eine umhüllte, der Strahlung ausgesetzte photographische Platte, auf der zufällig ein Schlüssel liegen geblieben war, nach der Entwicklung ein Abbild des Schlüssels ergab, also durch die Uranstrahlung an allen vom Schlüssel nicht bedeckten Stellen geschwärzt worden war.

[11] Zum Vergleich sei angeführt, daß die thermische Energie der Atome eines weißglühenden Körpers weniger als $\frac{1}{2}$ eV je Atom ($\frac{1}{2}$ Faradayvolt je Mol) und die bei der Vereinigung von Wasserstoff und Sauerstoff zu Wasser in der Knallgasexplosion freiwerdende Energie weniger als 3 eV je Molekül (3 Faradayvolt je Mol) Wasser beträgt.

Aus den oben angegebenen Elektronenvoltzahlen errechnet sich für die „α-Teilchen" (He^{2+}) gemäß der Beziehung $e \cdot U = m \cdot v^2/2$ eine durchschnittliche *Anfangsgeschwindigkeit* v von rund 6% der Lichtgeschwindigkeit, für die „β^--Teilchen" (e^-) eine solche von über 99% der Lichtgeschwindigkeit[12)]. Der mittleren Energie der „γ-Strahlen" (1 Million eV), die als elektromagnetische Strahlen Lichtgeschwindigkeit besitzen, entspricht gemäß der Beziehung $e \cdot U = h \cdot \nu = h \cdot c/\lambda$ eine durchschnittliche *Wellenlänge* λ von 10^{-10} cm = 1 pm[13)].

Die bei einem bestimmten Zerfallsvorgang vom Atomkern ausgesandten „α-Strahlen" besitzen *nicht alle die gleiche Energie*. So sendet z.B. das Radium $^{226}_{88}Ra$ beim Übergang in Radon $^{222}_{86}Rn$ (S. 1225) zwei Gruppen von α-Strahlen aus, deren Energie 4.78 und 4.59 MeV beträgt, sich also um 0.19 MeV voneinander unterscheidet. Diese *Energiedifferenz* entspricht nun genau der Energie von 0.187 MeV, welche die den α-Zerfall des Radiums begleitende „γ-Strahlung" besitzt. Man muß also annehmen, daß der zwischen Radium und Radon bestehende Energieunterschied entweder in Form eines energiereichen α-Teilchens oder verteilt in Form eines energieärmeren α-Teilchens und eines γ-Strahls ausgesandt werden kann. Dies bedeutet aber, daß auch der *Kern* wie die Atomhülle in *verschiedenen Energiezuständen* (**„Kernisomere"**; z.B. Grundzustand Rn, angeregter Zustand Rn*) auftreten kann (Ra → Rn + α + 4.78 MeV; Ra → Rn* + α + 4.59 MeV), bei deren Übergang in den unangeregten Normalzustand (Rn* → Rn + 0.19 MeV) die γ-Strahlung frei wird. Das Bismutnuklid $^{212}_{83}Bi$ (Thorium C) ergibt bei seinem α-Zerfall zu $^{208}_{81}Tl$ z.B. 5 Arten von α-Strahlen (6.084, 6.044, 5.762, 5.620, 5.601 MeV), indem das entstehende Thallium entweder im Grundzustand oder in einem seiner vier angeregten Zustände auftritt, die ihrerseits unter Abgabe von γ-Energie in den Grundzustand übergehen.

Anstelle der γ-Quanten treten in manchen Fällen auch „*Konversionselektronen*" e^- auf, indem der Atom*kern* seine Anregungsenergie durch direkte Wechselwirkung auf ein Elektron der Atom*hülle* (meist K-Schale) überträgt, welches dann herausgeschleudert wird (**„e^--Zerfall"**; gefunden u.a. bei $^{176}_{71}Lu$, $^{219}_{86}Rn$, $^{228}_{88}Ra$, $^{227}_{89}Ac$, $^{232}_{90}Th$, $^{234}_{91}Pa$, $^{238}_{92}U$, $^{237}_{93}Np$, $^{244}_{94}Pu$)[13a)].

Zum Unterschied von den α-Strahlen haben die „β^--Strahlen" *kontinuierliche* „*Spektren*". Man sollte daher erwarten, daß sich die dadurch nahegelegten zahlreichen Energiestufen des Atomkerns durch die Aussendung eines ebenfalls kontinuierlichen γ-Strahlen-Spektrums zu erkennen gäben. Dies ist aber nicht der Fall, was dem Gesetz von der Erhaltung der Energie widerspricht. Zur Beseitigung dieser Schwierigkeit ist man nach W. Pauli (1931; weiterentwickelt von E. Fermi 1934) gezwungen, anzunehmen, daß der Kern neben den negativ geladenen Elektronen („*Negatronen*") noch eine andere – praktisch *masselose* und *ladungsfreie* – Teilchenart (**„Anti-Neutrino"** $\bar{\nu}$)[14)] ausstrahlt, deren kinetische Energie die Energie der β^--Strahlen zum jeweils beobachtbaren Höchstwert E_{max} ergänzt[15)]: $E_{\beta^-\text{-Strahlung}} + E_{\text{Anti-Neutrino}} = E_{max}$. So wird z.B. beim β^--Zerfall von $^{14}_{6}C$ zu $^{14}_{7}N$ als Energieäquivalent des dabei auftretenden Massenverlustes von 14.003242 (C) – 14.003074 (N) = 0.000168 g/mol gemäß dem Einsteinschen Gesetz $E = m \cdot c^2$ (S. 20) ein Energiebetrag von 0.000168 × 931 = 0.155 MeV/Atom frei, der sich als kinetische Energie auf das β^--Teilchen e^- und das Anti-Neutrino $\bar{\nu}$ verteilt. In analoger Weise nimmt man bei der Emission von positiv geladenen Elektronen e^+ („*Positronen*", vgl. S. 92), d.h. beim β^+-Zerfall, die gleichzeitige Aussendung von **„Neutrinos"**[16)] ν an. Ein direkter *experimenteller Nachweis* des Anti-Neutrinos gelang erst 1956 (Umsetzung mit Protonen gemäß $\bar{\nu} + p^+ \rightarrow e^+ + n$ zu Positronen und Neutronen). Der analoge Nachweis des Neutrinos (Reaktion mit Neutronen nach $\nu + n \rightarrow p^+ + e^-$ zu Protonen und Negatronen) erfolgte 3 Jahre später (1959). (Weiteres zu Neutrinos und Antineutrinos: Anm.[18,52)], S. 91, 1749).

12 Bei der Berechnung der Geschwindigkeit der Elektronen aus ihrer Energie gemäß $e \cdot U = m \cdot v^2/2$ muß man für m statt der gewöhnlichen „*ruhenden Masse*" („*Ruhemasse*") die – infolge der außerordentlich hohen Geschwindigkeit v wesentlich größere – „*bewegte Masse*" $m' = m/\sqrt{1 - v^2/c^2}$ (c = Lichtgeschwindigkeit) und für die Zahl 2 den Ausdruck $1 + \sqrt{1 - v^2/c^2}$ einsetzen (für den Grenzfall $v = 0$ ist damit $e \cdot U = m \cdot v^2/2$. Der Massenzuwachs $\Delta m = m' - m$ steigt mit zunehmender Geschwindigkeit v rasch an und beträgt beispielsweise bei Elektronen von 0.1 MeV ($v = 0.548\,c$) 20%, von 0.5 MeV ($0.863\,c$) 98%, von 1 MeV ($0.94\,c$) 196% und von 5 MeV ($0.996\,c$) 1080%.

13 Dem sichtbaren Licht entspricht eine Energie von $1\frac{1}{2}$ bis 3 eV je Photon $h \cdot \nu$.

13a Der „e^--*Zerfall*" kann an der bei der Auffüllung durch ein Außenelektron auftretenden Röntgenstrahlung (S. 112) erkannt werden.

14 Anfangs als Neutrino bezeichnet. Der Name Neutrino stammt von E. Fermi (1934).

15 Der Maximalwert E_{max} der β^--Strahlen hängt wie im Falle der α-Strahlen davon ab, ob der entstehende Tochterkern im Grund- oder angeregten Zustand auftritt. So sendet das Goldisotop $^{198}_{79}Au$ beim β^--Zerfall zu $^{198}_{80}Hg$ β-Strahlen von 1.37 und 0.96 MeV aus; die Differenz von 1.37–0.96 = 0.41 MeV beobachtet man als γ-Strahlung.

16 Anfangs als Anti-Neutrino bezeichnet.

1.2.2 Strahlungswechselwirkung mit Materie

Strahlungsenergieabgabe an Materie

Ihrer hohen Energie entsprechend vermögen die α-, β^-- und γ-Strahlen *Materie zu durchqueren*, wobei sie durch *Zusammenstöße* mit den Materieteilchen *stufenweise ihre kinetische Energie verlieren*. Die Energieabgabe pro Wegstrecke („*linear energy transfer*", „*LET*") verhält sich hierbei für α- und β^--Teilchen wie 3000 : 1. Demgemäß sind die verhältnismäßig großen „α-Teilchen" am *wenigsten durchdringend*. Die α-Strahlen des Radiums werden z. B. bereits durch ein Aluminiumblatt von $\frac{1}{200}$ mm Dicke zur Hälfte zurückgehalten und durch eine Luftschicht von 3 cm Dicke absorbiert. Die „β^--Strahlen" des Radiumzerfalls werden erst durch eine hundertmal dickere Aluminiumschicht von $\frac{1}{2}$ mm und die noch durchdringenderen „γ-Strahlen" sogar erst durch eine Aluminiumplatte von 8 cm Dicke zur Hälfte absorbiert.

Man kann Strahlen statt durch ihren Energiegehalt auch durch ihre **„Reichweite"** in einem definierten Medium (Luft von 0 °C und 1 Atm. Druck) und die β^--Strahlen durch die *Schichtdicke* von Aluminium oder Blei charakterisieren, die von einer einfallenden β^--Strahlung die *Hälfte* zurückzuhalten vermag („*Halbwertsdicke*"). Die Reichweite R der α-Strahlen hat in Luft gemäß der Beziehung $E = 2.12 \times R^{2/3}$ einen Wert von 2.5 cm ($E = 4$ MeV) bis 9 cm ($E = 9$ MeV), in Aluminium einen Wert von 0.02 bis 0.06 mm. Die der β^--Strahlen in Luft ist bei vergleichbarer Energie etwa 500mal größer: 150 cm (0.5 MeV) bis 850 cm (2 MeV). Die Endform, in der alle von den radioaktiven Strahlen mitgeführte Energie nach mannigfaltiger Umwandlung schließlich erscheint, ist die **Wärme**. Daher besitzen z. B. *Radiumsalze* immer eine *höhere Temperatur* als ihre Umgebung[17]. Entsprechend der außerordentlich hohen kinetischen Energie der Strahlen sind die beim radioaktiven Zerfall insgesamt *freiwerdenden Wärmemengen* naturgemäß *gewaltig*.

Anwendungen. Die Wärmeentwicklung beim vollständigen Übergang von 1 mol „Radium" in Blei beträgt nach experimentellen Messungen rund 3400 Millionen kJ, was der Wärmemenge entspricht, die bei der vollständigen Verbrennung von rund 100000 kg Kohle oder bei der Bildung von rund 250000 kg Wasser aus Knallgas entsteht. Daraus ergeben sich wichtige geologische Folgerungen: Bekanntlich reicht die Erwärmung der Erde durch die Sonnenstrahlung nicht aus, um die Konstanz der Erdtemperatur zu erklären. Der radioaktive Zerfall stellt nun zusammen mit der aus der Ursprungszeit der Erde ererbten Wärmemenge eine Wärmequelle dar, welche den Überschuß der Wärmeausstrahlung der Erde gegenüber der Einstrahlung von der Sonne her zu kompensieren vermag. Eine Gesteinsschicht von 16 km Tiefe würde – falls ihr Gehalt an radioaktiven Substanzen im Durchschnitt der gleiche wie an der untersuchten Oberfläche ist[18] – bereits genügen, um den Wärmeverlust der Erde zu decken. Ebenso lassen sich viele rätselhafte Tatsachen der Erdgeschichte (geologische Zyklen, Gebirgsbildungen, Verschiebungen von Kontinenten) sowie die Erscheinungen des Vulkanismus auf Grund der Annahme verstehen, daß auch die tieferen Schichten der Erdkruste radioaktive Substanzen enthalten, die infolge der gewaltigen Wärmeentwicklung während geologischer Zeiträume zum Schmelzen von Tiefenschichten und damit zu gewaltigen Bewegungen im Erdinnern Veranlassung geben.

Die Wärmeentwicklung radioaktiver Stoffe wird z. B. in der Raumfahrttechnik zur Herstellung von Energiequellen, die keiner Wartung bedürfen, ausgenutzt. So werden in den sogenannten *SNAP-Generatoren* durch die Wärmeerzeugung radioaktiver Isotope wie ^{90}Sr, ^{147}Pm, ^{210}Po, ^{238}Pu, ^{242}Cm Thermoelemente erwärmt, deren Thermostrom zum Betrieb elektrischer oder elektronischer Geräte dient (SNAP = **S**ystem for **N**uclear **A**uxiliary **P**ower).

Strahlungsenergieaufnahme durch Materie

Wenn *radioaktive Strahlen* beim Durchgang durch Materie *mit Atomen zusammenstoßen*, so *treffen* sie fast ausschließlich auf deren *Elektronenhülle* auf, während der im Vergleich zum Gesamtatom winzige *Atomkern* nur äußerst *selten direkt getroffen* wird. Im letzteren Falle kommt es – bei Einwirkung hochenergetischer Strahlung – zu einer Atomumwandlung, von

[17] 1 g Radium entwickelt pro Stunde eine Wärmemenge von ≈ 400 J.

[18] Im Erdmantel und erst recht im Erdkern sind die Gehalte an radioaktiven Elementen um Größenordnungen kleiner.

der erst später (S. 1750) die Rede sein soll. Im ersteren Falle wird das Atom zunächst „*angeregt*" oder „*ionisiert*"[19]. Ist hierbei das Atom *Bestandteil eines Moleküls*, so kann dieses als Folge des Zusammenstoßes zudem *chemisch verändert* werden. Studien derartiger strahlenbedingter Molekülreaktionen sind Gegenstand der „*Strahlenchemie*" bzw. „*Strahlenbiologie*" (vgl. einschlägige Lehrbücher).

Anregung. Bei der „*Anregung*" des Atoms werden Elektronen der Atomhülle auf „höhere" Elektronenschalen „gehoben", wobei für kurze Zeit ($\approx 10^{-8}$ Sekunden) ein *energiereicherer Zustand* des Atoms entsteht, der unter Abgabe von Energie wieder in den Normalzustand übergeht (vgl. S. 107, 372f). Die freiwerdende Energie kann dabei z. B. in Form von *Licht* abgegeben werden oder zur Auslösung *chemischer Reaktionen* dienen. So kommt es, daß radioaktive Präparate an der Luft *leuchten* und daß sie *Stoffänderungen* der chemischen Umgebung bewirken können, die in ihrer Abwesenheit nicht ablaufen.

Anwendungen. Das blaue Leuchten von Radiumverbindungen an der Luft beruht z. B. auf der Anregung von „*Stickstoffmolekülen*" (vgl. S. 642) und deren Übergang in den Grundzustand: $N_2^* \rightarrow N_2 + h \cdot \nu$. Bei sehr *schwach radioaktiven* Präparaten findet man solche „*Lumineszenz*"-Erscheinungen nur dann, wenn man Substanzen in ihre Nähe bringt, die sich besonders *leicht anregen* lassen. Ein solcher Stoff ist z. B. „*Zinksulfid*". Zinksulfidpräparate, denen geringe Mengen radioaktiver Substanzen (z. B. Thorium $^{228}_{90}Th$; heute durch billigere Spaltprodukte aus Kernreaktoren ersetzt) beigemischt sind, zeigen daher ein beständiges, von äußeren Energiequellen unabhängiges Leuchten. Sie dienten früher als „*radioaktive Leuchtfarben*" zum Bestreichen der Zeiger und Ziffern von Uhren und dergleichen. Aber auch die wissenschaftliche Forschung macht von der leichten Anregbarbeit des Zinksulfids Gebrauch für die Sichtbarmachung von α-Strahlen: jedes auf einen Zinksulfid-Leuchtschirm („*Spinthariskop*")[20] auftreffende α-Teilchen ruft einen im Dunkeln sichtbaren Lichtblitz („*Szintillation*")[20] hervor, so daß man hier die Möglichkeit hat, einzelne Atome zu „sehen" und zu „zählen" („*Szintillationszähler*").

So kann man z. B. mit Hilfe eines Spinthariskops die „*Reichweite von α-Strahlen*" bestimmen, indem man die *Entfernung* mißt, in welcher ein Zinksulfidschirm durch ein radioaktives Präparat *eben noch zum Aufbitzen* angeregt wird. In gleicher Weise läßt sich die „*Dicke von Werkstücken*" dadurch feststellen, daß man die Abschwächung („Absorption") der Strahlung beim Stoffdurchgang mißt. Auch kann mit Hilfe des Spinthariskops recht genau die „*Avogadrosche Konstante*" (S. 46) ermittelt werden, indem man z. B. die von einer bestimmten Radiummenge in einer bestimmten Zeit ausgestrahlte Zahl von α-Teilchen (4.53×10^{18} Heliumatome je Jahr und g Radium) zählt und das von der gleichen Radiummenge in der gleichen Zeit entwickelte Heliumgasvolumen (167 mm^3 je Jahr und g Radium) erfaßt. Die Umrechnung auf die in 22.414 Litern vorhandene α-Teilchenzahl ergibt dann angenähert den gewünschten Wert $(4.53 \times 10^{18} \times 22.414) : (167 \times 10^{-6})$.

Als Beispiel für eine durch radioaktive Strahlen hervorgerufene chemische Reaktion sei die Bildung von *Ozon* angeführt: in der Nähe jedes stark strahlenden Präparats ist der charakteristische Geruch von Ozon wahrnehmbar (S. 514). Träger des durch die Strahlung hervorgerufenen Anregungszustandes ist in diesem Falle der „*Sauerstoff*" der Luft, welcher den Energieüberschuß nicht wie der Stickstoff (s. oben) zur Emission von Licht, sondern zur Reaktion mit weiterem Sauerstoff verwendet: $O_2^* + 2O_2 \rightarrow 2O_3$. „*Wasser*" wird durch radioaktive Strahlen in Wasserstoff und Sauerstoff gespalten (eine wässerige Radiumsalzlösung entwickelt täglich mehr als 30 cm^3 Knallgas je g Radium); Primärprodukte der – insbesondere für biologische Systeme folgenreichen – Wasser-Zersetzung sind über angeregtes Wasser H_2O^* gebildete *Radikale* (H·, HO·) und hydratisierte *Wasserkationen* H_2O^+ sowie *Elektronen*. „*Wasserstoff*" wird so stark aktiviert, daß er sich bereits bei Zimmertemperatur mit Schwefel, Arsen und Phosphor zu Schwefelwasserstoff, Arsenwasserstoff und Phosphorwasserstoff vereinigt.

Ionisation. Die Anregung von Atomen durch radioaktive Strahlen kann auch zur *völligen Abspaltung von Elektronen* (meist der inneren Schalen) führen. Dann sprechen wir von einer

---

[19] Entlang der Bahnen radioaktiver Strahlen entstehen in „*Primärprozessen*" Zigtausende von angeregten und ionisierten Teilchen, welche durch „*Sekundärprozesse*" wie Fragmentierungen, Rekombinationen, Lumineszenzen wieder verschwinden (die angeregten Teilchen bilden sich teilweise durch Ion-Elektron-Rekombination). Als Folge der Wechselwirkung *elektromagnetischer γ-Strahlung* (Entsprechendes gilt für harte Röntgenstrahlung) bilden sich einerseits Kationen- und Elektronenstrahlen („*Photoeffekt*"; vollständige Übertragung der Photonenenergie) oder Kationen-, Elektronen- und Photonenstrahlen („*Comptoneffekt*"; teilweise Übertragung der Photonenenergie), andererseits – im Falle hochenergetischer γ-Strahlung (> 1.02 MeV) Elektronen- und Positronenstrahlen („*Paarbildung*"; vollständige Umwandlung der Photonenenergie, vgl. S. 1823). α- und *$\beta^{\pm}$-Strahlen* führen zu angeregten und ionisierten Teilchen im Verhältnis von ca. 1.5 : 1, wobei e^+ nach Energieverlust schließlich mit e^- aus einer Atomhülle unter Bildung zweier γ-Quanten abreagiert („*Zerstrahlung*", vgl. S. 1823).

[20] spinther (griech.) = Funke; skopein (griech.) = beobachten; scintilla (lat.) = Funke.

„*Ionisation*" der betreffenden Atome (vgl. S. 82)[21]. So kann z. B. ein einziges α-Teilchen von 5 MeV Energie auf seiner Bahn in Luft 150000 Ionenpaare (positive Ionen + Elektronen) erzeugen. In analoger Weise wirken auch die β^-- und γ-Strahlen ionisierend. Man faßt die α-, β^-- und γ-Strahlung aus diesem Grunde auch als „*ionisierende Strahlung*" zusammen.

Anwendungen. Radioaktive Strahlen machen die *Luft leitend*, was wiederum zur experimentellen Messung der Aktivität von radioaktiven Präparaten (vgl. S,. 1740) benutzt wird. Zu diesem Zwecke läßt man die Strahlen in eine „*Ionisationskammer*" (Fig. 335) eintreten und mißt den durch die Ionisierung der Luft hervorgerufenen, zwischen zwei geladenen Elektroden übergehenden *Ionisationsstrom*. Meist ermittelt man dabei nur die durch die γ-Strahlen bewirkte Luftionisation, indem man die übrigen radioaktiven Strahlen durch entsprechende Eintrittsfenster ausfiltert; zur Kennzeichnung der Stärke gibt man u. a. die Anzahl mg „Radium" an, welche die gleiche γ-Strahlen-Intensität wie das untersuchte Präparat ergeben. Auf dem Prinzip der Ionisationskammer beruhen u. a. der „*Geiger-Zähler*" und eine Reihe moderner Zählgeräte zur Bestimmung von α-, β^-- und γ-Strahlen[21].

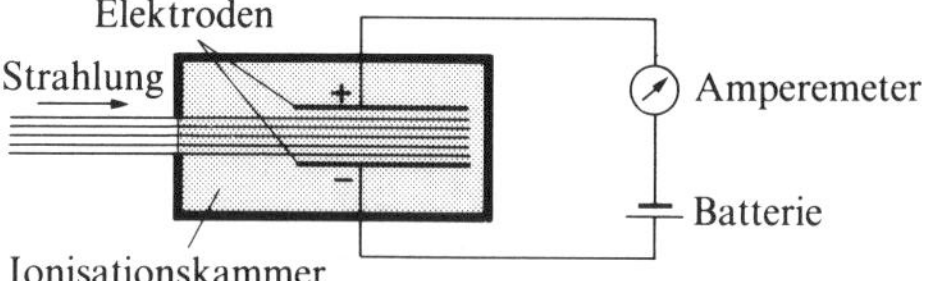

Fig. 335 Ionisationskammer.

Die Ionisierung von Fremdatomen kann selbstverständlich auch chemische Reaktionen zur Folge haben. Treffen z. B. radioaktive Strahlen auf „*Silberbromid*" (Ag^+Br^-) auf, so wird das aus dem Bromid-Ion abgelöste Elektron ($Br^- \rightarrow Br + \ominus$) vom benachbarten Silber-Ion aufgenommen ($Ag^+ + \ominus \rightarrow Ag$), so daß in summa die dem photographischen Prozeß bei der Belichtung (S. 1349) zugrunde liegende Spaltung des Silberbromids in Brom und Silber stattfindet ($AgBr \rightarrow Ag + Br$). Dementsprechend wirken radioaktive Strahlen auf *photographische Platten* ein, was historisch deshalb bedeutsam ist, weil diese Eigenschaft zur *Entdeckung* der Radioaktivität führte (S. 1730). Das bisweilen in der Natur vorkommende „*blaue Steinsalz*" verdankt seine blaue Farbe „gelöstem" freien Natrium, welches in ganz analoger Weise durch Zersetzung von Natriumchlorid ($NaCl \rightarrow Na + Cl$) unter dem Einfluß radioaktiver Strahlen entsteht. In analoger Weise kommt z. B. der „*violette Flußspat*" CaF_2 durch radiolytische Bildung von freiem Calcium oder der „*Rauchquarz*" SiO_2 durch radiolytische Ausscheidung von freiem Silicium zustande (für Einzelheiten vgl. „*Farbzentren*", S. 170).

Die Einwirkung radioaktiver Substanzen auf den *lebenden Organismus* erfolgt von außen hauptsächlich über die stark durchdringenden „γ-Strahlen" und findet mannigfaltige Anwendung in der Medizin (von den inkorporierten Radionukliden sind „α-Strahler" am gefährlichsten). Zwar wirkt radioaktive Strahlung auch auf gesundes Gewebe ein und vermag dort gefährliche Schädigungen hervorzurufen. Da aber das normale Gewebe in den meisten Fällen widerstandsfähiger gegen die Strahlen als das erkrankte ist, gelingt es doch, durch entsprechende *Dosierung* Hautkrankheiten und auch innere Erkrankungen günstig zu beeinflussen. Namentlich bei *Krebserkrankung* wird die heilende oder wenigstens bessernde Wirkung der γ-Strahlen vielfach angewandt. Als γ-Strahler dienten früher in der Medizin natürliche radioaktive Stoffe wie das Radium $^{226}_{88}Ra$ oder $^{228}_{88}Ra$. Heute sind an deren Stelle künstliche radioaktive Elemente getreten, z. B. $^{60}_{27}Co$ oder $^{137}_{55}Cs$ in der Strahlentherapie, $^{170}_{69}Tm$ zu Durchleuchtungszwecken (vgl. auch S. 1760).

Dosimetrie[22]. Die Messung der Stärke einer Veränderung in einem chemischen System durch Strahleneinwirkung (z. B. α-, β^--, γ-, Neutronen-Strahlen) (**„Dosimetrie"**) erfolgt mit Hilfe geeigneter Instrumente (**„Dosimeter"**), welche u. a. das Ausmaß der Ionisierung („*Ionisierungsdosimeter*"), einer chemischen Reaktion („*chemische Dosimeter*"; z. B. Reaktion mit Ammoniumeisen(II)-sulfat), der Schwärzung einer Photoplatte („*photographische Dosimeter*"), der Leitfähigkeit und andere Festkörpereigenschaften („*Festkörper Dosimeter*") messen. Die Überwachung der persönlichen Strahlungsbelastung geschieht etwa mit füllfederhalterartigen „Ionisationsdosimetern" (Messung des Abfalls einer vorgegebenen Kondensatorladung) bzw. mit sogenannten „Filmplaketten" (Messung der Schwärzung einer photographischen Schicht).

Das Maß für die Menge der einem Bestrahlungsgut zugeführten *Strahlungsenergie* pro Gewichtseinheit ist die **„Dosis"**, wobei man zwischen Energie-, Ionen- und Äquivalentdosis unterscheidet. Die Einheit

---

21 Statt aus *Fremdatomen* können die Elektronen (β^--Teilchen) durch die radioaktiven Strahlen (insbesondere γ-Strahlen) auch aus den Elektronenhüllen der *radioaktiven Atome selbst* abgespalten werden. Auf diese Weise entsteht die „*Konversionselektronenstrahlung*", deren Energie naturgemäß davon abhängt, ob sie der *K*-, *L*- oder *M*-Schale des Atoms entstammt.

22 dosis (griech.) = Gabe.

der in J/kg gemessenen „**Energiedosis**" (vor 1986 „*Rad*" (rd) von *r*adiation *a*bsorbed *d*ose) ist zu Ehren des englischen Physikers und Radiologen H. Gray (1905–1965) das **„Gray" (Gy)**: 1 Gy = 100 rd = 1 J/kg. Die „**Ionendosis**" wird in Coulomb/kg angegeben (vor 1986: „*Röntgen*" (R): 1 R = 2.082×10^9 erzeugte Ionenpaare pro cm^3 Luft; veraltet: „*Rep*" von *R*öntgen *e*quivalent *p*hysical: 1 Rep = Absorption ionisierender Strahlung der Energie 0.0093 Gy = 0.0093 J/kg).

Die für die Beurteilung der Strahlenbelastung des Menschen genutzte „**Äquivalentdosis**" H stellt das Produkt von *Energiedosis* $D = E/m$ und einem von der Strahlungsart (α-, β^--, γ-, Röntgen-, Neutronen-Strahlung) abhängigen *Qualitätsfaktor* Q dar.

$$H = D \cdot Q = \frac{E \cdot Q}{m}$$

Strahlen	α	β^-	γ	X	n
Q	20	1	1	1	3–10

Ihre Einheit (vor 1986 „*Rem*" von *R*öntgen *e*quivalent *m*an) ist zu Ehren des schwedischen Radiologen R.M. Sievert (1896–1966) das **„Sievert" (Sv)**: 1 Sv = 100 rem = 1 J/kg. Der erwähnte Qualitätsfaktor Q („*Bewertungsfaktor*", „*relative biologische Wirksamkeit*", „*RBW*") stellt das Verhältnis der Energiedosis einer Referenzstrahlung (meist 200 keV-Röntgenstrahlung oder $^{60}_{27}Co$-γ-Strahlung), die in lebenden Organismen oder Teilen von Organismen eine bestimmte biologische Wirkung erzeugt, zur Energiedosis der untersuchten Strahlung mit gleicher biologischer Wirkung dar. Die an Zellschädigungen und -tötungen sowie Mutationen erkennbare Wirkung von α-, β^--, γ- und Neutronenstrahlen (Folgeerscheinungen: Haarausfall, Blutkrankheiten, Magenblutungen, Verdauungsstörungen, Störungen des zentralen Nervensystems, Unfruchtbarkeit, Krebs) verhält sich etwa wie 20 : 1 : 1 : 3–10. Die unvermeidliche jährliche Strahlungsbelastung des Menschen (im Mittel 10^{-3} Sv/a = 1 mSv/a) geht auf die *kosmische Strahlung* (0.3–0.5 mSv/a), *terrestrische* (Gesteins-, Baustoff-) *Strahlung* (0.2–0.5 mSv/a) sowie auf die Strahlung inkorporierter natürlicher Radionuklide wie $^{40}_{19}K$, $^{87}_{37}Rb$ (bis zu 1.6 mSv/a) zurück. Hinzu kommen Belastungen wie z.B. durch den Fallout, die Höhenstrahlung bei Flugreisen, medizinische Untersuchungen, Tabakrauch (^{210}Po; Belastung des Körpers mit 0.07 mSv pro Zigarette). Ganzkörperbestrahlungen mit 1–2 Sv lösen die „*akute Strahlen-Krankheit*" aus, Äquivalentdosen > 6 Sv wirken in der Regel *tödlich*. Nach Schätzungen der Internationalen Strahlenschutzkommission ist bei 10000 mit 1 Sv/a belasteten Personen mit 125 strahlenbedingten Krebsfällen zu rechnen (Entsprechendes gilt für 10000000 mit je 1 mSv/a belasteten Personen). Genutzt werden kann die schädigende Strahlenwirkung etwa zum Konservieren von Nahrungsmitteln (Abtötung von Bakterien).

1.2.3 Radioaktiver Energieumsatz

Massenverlust durch Strahlung

Wie auf S. 1727 erwähnt, ergibt sich aus den rel. Atommassen des Urans und des Heliums für das Endprodukt der Uranzerfallsreihe, das *Uranblei*, ein rel. Atommassenwert 206, der auch experimentell bestätigt wurde (gefunden z.B. an einem in Dakota gefundenen Uranit: 206.01 statt normal 207.19). Verwendet man nun zur Berechnung die *genauen* rel. Atommassen von Uran und Helium, so resultiert eine *kleine Diskrepanz*. Entsprechend der Abgabe von 8 Heliumatomen ^4_2He (rel. Atommasse 4.0026) aus dem Uranatom $^{238}_{92}U$ (rel. Atommasse 238.0508) sollte man nämlich für das Uranblei $^{206}_{82}Pb$ eine rel. Atommasse von 238.0508 $- 8 \times 4.0026 = 206.0300$ erwarten, während der wirkliche Wert für $^{206}_{82}Pb$ 205.9745 beträgt. Das entspricht einem **Massenverlust** von 206.0300–205.9745 = 0.0555 Atommasseneinheiten. Die β^--Strahlung, die beim Uranzerfall noch auftritt, kann für diesen Massenverlust nicht verantwortlich gemacht werden, da – wie früher erwähnt – die ausgestrahlten Elektronen als Außenelektronen wieder in die Atomhülle aufgenommen werden. Somit scheinen je mol Uran 55.5 mg *spurlos zu verschwinden*.

Eine genauere Betrachtung zeigt nun, daß diese Masse in Form der gewaltigen *Zerfallsenergie* von insgesamt über 50 Millionen Elektronenvolt je Uranatom (entsprechend mehr als 50 Millionen Faradayvolt je Mol Uran) wieder erscheint, welche beim Übergang von Uran in Blei frei wird. Denn nach der früher (S. 20) schon erwähnten Einsteinschen *Masse-Energie-Gleichung*

$$m = \frac{E}{c^2} \tag{1}$$

entspricht einer Masse m von 1 g eine Energiemenge E von 931.5 Millionen Faradayvolt. Demnach sind die 55.5 mg Massenverlust einer Energiemenge von $0.0555 \times 931.5 = 51.7$ Millionen Faradayvolt äquivalent, was mit dem experimentell festgestellten Wert übereinstimmt. Somit erleidet das Uranatom $^{238}_{92}U$ bei seinem Übergang in ein Bleiatom $^{206}_{82}Pb$ außer einem *materiellen* Massenverlust von 32.0208 Atommasseneinheiten (Abgabe von 8 Heliumatomen) noch einen *energetischen* Massenverlust von 0.0555 Atommasseneinheiten (Abgabe von 51.7 MeV je Uranatom).

Der Übergang von *Radium* in Blei ist mit einer Energieentwicklung von insgesamt 35 Millionen eV je Radiumatom – in Form kinetischer Energie der α-, β^-- und γ-Strahlung – verknüpft. Diese 35 Millionen eV/Atom bzw. 35 Millionen Faradayvolt/Mol entsprechen einer *Wärmemenge* von ca. 3×10^9 kJ pro Mol Radium, was sich in Übereinstimmung mit der *experimentell* gemessenen Wärmeentwicklung (S. 1733) befindet. Das Massen-Äquivalent dieser Energiemenge beträgt nach (1) 38 mg, welche somit beim Übergang von 1 mol Radium in Blei „verschwinden".

Kernbindungsenergie

Die Masse eines jeden aus Protonen und Neutronen zusammengesetzten Atomkerns ist kleiner als die Summe der Massen seiner Bestandteile. Die *Differenz* Δm (**„Massendefekt"**) entspricht gemäß der Beziehung (1) der *Bindungsenergie E*, welche beim Aufbau des Atomkerns aus den beiden Bausteinen frei wird, und stellt ein *Maß für die Beständigkeit des Atomkerns* dar.

So beträgt z. B. die genaue rel. Atommasse des *Heliumkerns* $^4_2He^{2+}$ 4.00260, während sich als Summe der rel. Atommassen von 2 Protonen $^1_1H^+$ und 2 Neutronen ^1_0n der Wert $(2 \times 1.007276) + (2 \times 1.008665) = 4.03188$ ergibt. Der Massendefekt $\Delta m = 4.03188 - 4.00260 = 0.02928$ entspricht einer bei der Bildung von Heliumkernen aus Protonen und Neutronen freiwerdenden Bindungsenergie von $0.02928 \times 931.5 = 27.3$ Millionen Faradayvolt je Mol Helium, was einer Wärmeentwicklung von 2634 Millionen kJ je Mol oder von 662 Milliarden kJ je kg Helium[23)] äquivalent ist[24)]:

$$2H^+ + 2n \rightarrow He^{2+} + 2634000000\,kJ. \qquad (2)$$

Wollte man demnach Heliumkerne in Protonen und Neutronen *aufspalten*, so müßte man dazu den ungeheuren Energiebetrag von 2634 Millionen Kilojoule je Mol (4.00260 g) *aufwenden*. Dies läßt uns verstehen, warum beim radioaktiven Zerfall *Heliumkerne* und nicht deren Bausteine *ausgeschleudert* werden (vgl. S. 1725).

Zur Charakterisierung der *relativen Beständigkeit von Atomkernen* pflegt man meist nicht den oben definierten Massendefekt Δm, sondern die daraus gemäß (1) (s. oben) errechenbare **„Kernbindungsenergie"** E (in MeV) anzugeben, wobei man diese Bindungsenergie des besseren Vergleichs halber jeweils auf 1 Nukleon (Proton oder Neutron) bezieht, die Gesamtbindungsenergie des Kerns also durch die Zahl seiner Nukleonen dividiert. So ergibt sich beispielsweise die Bindungsenergie pro Nukleon für den Heliumkern $^4_2He^{2+}$ zu $27.3 : 4 = 6.8$ MeV. Für das Sauerstoffatom $^{16}_8O$ errechnet sich aus dem Massenverlust von 8×1.00782 (^1_1H) $+ 8 \times 1.00866$ (^1_0n) $- 15.99491$ ($^{16}_8O$) $= 0.1370$ g eine Bindungsenergie von $0.1370 \times 931.5 = 127.6$ MeV pro O-Kern bzw. von $127.6 : 16 = 8.0$ MeV pro Nukleon[25)].

Ganz allgemein liegt die Bindungsenergie pro Nukleon, wie Fig. 336 zeigt, bei allen Kernen, abgesehen von einigen sehr leichten Kernen (s. u.), zwischen 7 und 9 (Durchschnitt: 8)

---

23 Die Spaltung von Urankernen (S. 1761) liefert je kg Uran „nur" den rund zehnten Teil dieser Energiemenge.

24 Ein „Zusammenschmelzen" von je 4 Wasserstoffkernen zu Heliumkernen („*Kernfusion*") gelingt beim Erhitzen auf viele Millionen Grad, also bei der Wasserstoffbombe (S. 1774) z. B. im Explosionszentrum einer Uran- oder Plutoniumbombe, und spielt sich – über Zwischenstufen hinweg – u. a. in der Sonne ab (S. 1763), deren Energieausstrahlung dadurch gedeckt wird.

25 Es ist für das Ergebnis praktisch ohne Belang, ob man die Berechnung der Kernbindungsenergie mit den Atom- oder den Kernmassen durchführt, da sich die Elektronen bei der Differenzbildung herausheben, und die Elektronenbindungsenergien (für die 8 Elektronen der 8 H-Atome = 0.0001, für die 8 Elektronen des O-Atoms = 0.001 MeV) im Vergleich zur Kernbindungsenergie zu vernachlässigen sind.

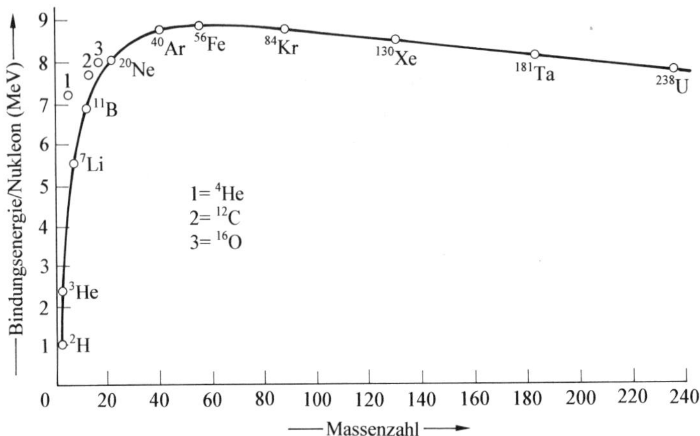

Fig. 336 Abhängigkeit der Kernbindungsenergie pro Nukleon von der Nukleonenzahl der Elementatome.

MeV[26]. Je *höher* ein Element in der Kurve von Fig. 336 steht, um so *beständiger* sind seine Atomkerne. Das *Maximum der Stabilität* liegt in der Mittelsektion (Fe, Co, Ni)[27] und ist der Grund dafür, daß sowohl die Spaltung von schweren zu leichteren Kernen (S. 1761) wie die Verschmelzung von leichten zu schwereren Kernen (S. 1763) nukleare Energie liefert, da in beiden Fällen die zunehmend festere Bindung (höhere Bindungsenergie) der Nukleonen zum Freiwerden großer Mengen von Kernbindungsenergie führt. Da bei der Spaltung von schweren Kernen wesentlich mehr Nukleonen betroffen werden (im Falle von $^{236}_{92}U$ z. B. 236 Nukleonen) als bei der Verschmelzung von leichten Kernen (bei der Bildung von $^{4}_{2}He$ z. B. 4 Nukleonen), ist die je „Mol" entwickelte nukleare Energie im ersteren Falle wesentlich größer als im letzteren; bezogen auf die „Masseneinheit" ist aber wegen der kleineren Atommasse der leichten Elemente die Energieentwicklung bei der Verschmelzung wesentlich größer als bei der Spaltung (vgl. S. 1763).

Hervorzuheben ist die vergleichsweise *geringe Stabilität* einiger *leichter Kerne*. So beträgt die Kernbindungsenergie im Falle des *Lithiums* $^{7}_{3}Li$ 5.6, des *Tritiums* $^{3}_{1}H$ 2.8 und des *Deuteriums* $^{2}_{1}H$ gar nur 1.1 MeV/Nukleon. Andererseits fällt die im Vergleich zu den Nachbarkernen *große Stabilität* des *Heliumkerns* $^{4}_{2}He$ (und seiner Vielfachen $^{12}_{6}C$ und $^{16}_{8}O$) auf, die sich durch ihre Lage oberhalb der sonst recht stetigen Kurve zu erkennen gibt (der ebenfalls oberhalb der Kurve, aber noch unter $^{4}_{2}He$ liegende Kern $^{8}_{4}Be$ zerfällt mit einer Halbwertszeit von 3×10^{-16} Sekunden spontan in zwei $^{4}_{2}He$-Kerne). Der geringe Energieinhalt von Heliumkernen läßt das Auftreten von α-Teilchen beim radioaktiven Zerfall einleuchtend verstehen und bildete die Grundlage zur Entwicklung der „*Wasserstoffbombe*" (S. 1774), welche die bei der Umwandlung von Wasserstoff in Helium gemäß (2) freiwerdende ungeheure Energie (die auch die Quelle der Sonnenenergie ist; S. 1263) „auszunutzen" sucht. Bezüglich einiger Gründe der unterschiedlichen Stabilität der Nuklidkerne vgl. den Abschnitt 1.4 (S. 1743).

1.3 Geschwindigkeit des radioaktiven Zerfalls

1.3.1 Zerfallskonstante, Halbwertszeit, Aktivität

Die Geschwindigkeit des radioaktiven Zerfalls entspricht, wie erwähnt (S. 1724), der einer monomolekularen Reaktion, d. h. die *je Zeiteinheit zerfallende Menge dN/dt* eines radioaktiven Stoffs ist in jedem Augenblick der noch *vorhandenen Mol-Menge proportional*:

[26] Bei den Massenzahlen 90–140 beträgt die Bindungsenergie im Mittel 8.4 MeV, bei der Massenzahl 235 im Mittel 7.5 MeV. Wenn also der Urankern $^{235}_{92}U$ bei der Beschießung mit Neutronen in zwei leichtere Atomkerne der bevorzugten Massenzahlen 95 und 138 übergeht (S. 1761), so müssen dabei Energien in der Größenordnung von $235 \cdot (8.4-7.5) \approx 200$ MeV frei werden.

[27] Es sei hier an die Zusammensetzung des Erdkerns und der Eisenmeteorite aus Eisen und Nickel erinnert.

$$-\frac{dN}{dt} = \lambda \cdot n \tag{1}$$

Dementsprechend nimmt die Geschwindigkeit einer radioaktiven Zerfallsreaktion mit der Zeit immer mehr ab und nähert sich asymptotisch dem Wert Null. Der *Proportionalitätsfaktor* λ, den wir früher allgemein als Geschwindigkeitskonstante $k_{\rightarrow}$ bezeichneten (S. 180), hat hier den speziellen Namen **„Zerfallskonstante"**. Sie gibt die Menge eines radioaktiven Stoffs an, die je Sekunde zerfällt, wenn die Mengeneinheit des Stoffs vorliegt (für $N = 1$ wird $-dN/dt = \lambda$). Für Radium $^{226}_{88}\text{Ra}$ z. B. hat λ den Wert 1.373×10^{-11}/s; d. h., von 1 g Radium zerfallen je Sekunde 1.373×10^{-11} g. Die Größe λ ist bei jedem radioaktiven Element wegen der außerordentlich großen Energieentwicklung bei radioaktiven Prozessen *von allen äußeren Bedingungen unabhängig*[28]. Die Zerfallsgeschwindigkeit bleibt also stets die gleiche, gleichgültig ob man den radioaktiven Stoff bei $-273\,°\text{C}$, bei $+3000\,°\text{C}$, in elementarer Form oder in Form chemischer Verbindungen untersucht.

Aus der Größe $\lambda = 1.373 \times 10^{-11}$/s für Radium folgt, daß von 1 g Radium im Laufe eines Jahres $1.373 \times 10^{-11} \times 60 \times 60 \times 24 \times 365 = 0.000433$ g (= 0.433 mg) zerfallen[29]. Da hierbei bis zur Stufe des verhältnismäßig langlebigen Radiums D ($^{210}_{82}\text{Pb}$) 4 Heliumkerne je Radiumatom emittiert werden, entspricht dies einer jährlichen Heliummenge von $(4 \times 22415 \times 0.000428) : 226 = 0.17\ \text{cm}^3/\text{g}$. Die experimentell gefundene Heliummenge befindet sich damit in Übereinstimmung.

Zwischen den Grenzen N_0 (ursprünglich vorhandene Menge) und N_t (nach t Sekunden noch vorhandene Menge) integriert (vgl. S. 370), ergibt die Differentialgleichung (1) die Beziehung:

$$\ln \frac{N_0}{N_t} = \lambda \cdot t, \tag{2}$$

aus der sich bei experimenteller Bestimmung von N_0 und N_t (anstelle der Stoffmengen N können auch die ihnen gemäß (1) proportionalen Strahlungsintensitäten eingesetzt werden) die Zerfallskonstante λ eines radioaktiven Stoffs ergibt. Ist λ auf diese Weise einmal ermittelt, so kann man (2) dazu benutzen, um für gegebenes N_0 und N_t die Größe t zu berechnen.

So beträgt z. B. die Zeit $t = \tau_{1/2}$, in der gerade die *Hälfte* einer radioaktiven Substanz umgewandelt wird ($N_t = N_0/2$; vgl. S. 370):

$$\tau_{1/2} = \frac{0.693}{\lambda}. \tag{3}$$

In Form dieser **„Halbwertszeit"** $\tau_{1/2}$ wird die Zerfallskonstante λ meist angegeben, weil $\tau_{1/2}$ anschaulicher als λ ist. Für „Radium" $^{226}_{88}\text{Ra}$ beträgt nach (3) $\tau_{1/2} = 0.693/1.373 \times 10^{-11} = 5.047 \times 10^{10}$ Sekunden, was – da 1 Jahr $60 \times 60 \times 24 \times 365 = 3.154 \times 10^7$ Sekunden hat – $(5.047 \times 10^{10})/(3.154 \times 10^7) = 1600$ Jahren entspricht. Jede zu irgendeiner Zeit betrachtete beliebige Menge Radium ist demnach 1600 Jahre später zur Hälfte zerfallen. Ganz allgemein erfordert die Abnahme der Menge einer radioaktiven Substanz von 100 auf 50, von 50 auf 25 und von 25 auf 12.5% (erkennbar an der analogen Abnahme der zugehörigen Radioaktivität) jeweils die gleiche Zeit (Halbwertszeit). Die Halbwertszeiten der radioaktiven Elemente können die extremsten Werte besitzen und variieren bei den in der *Natur* vorkommenden Nukliden zwischen einer zehnmillionstel Sekunde (Polonium $^{212}_{84}\text{Po}$) und 10 Trillionen Jahren $\approx 10^{26}$ Sekunden (Blei $^{204}_{82}\text{Pb}$).

Die Zeit $\tau_{1/1000}$, nach der nur noch ein *Tausendstel* der ursprünglichen Substanz vorhanden, letztere also zu 99.9%, zerfallen ist, ergibt sich nach (2) zu $\tau_{1/1000} = 6.908/\lambda = 9.9 \times \tau_{1/2}$, entsprechend dem rund *Zehnfachen der Halbwertszeit* (3)[30]. Nach $1600 \times 10 = 16000$ Jahren ist demnach eine gegebene

---

28 Eine Ausnahme hiervon bildet der „*K-Einfang*" (S. 1758).

29 Daß man die Menge des in 1 Jahr zerfallenen Radiums so berechnen kann, als ob eine lineare Mengenabnahme erfolgt (obwohl sie ja gemäß (1) in Wirklichkeit durch eine Differentialgleichung zu berechnen ist), rührt daher, daß im Laufe eines Jahres die Ausgangsmenge von 1000 mg Radium nur um $\frac{4}{10}$ mg abnimmt, also praktisch konstant bleibt.

Radiummenge praktisch völlig zerfallen. Ganz allgemein ist nach *n* Halbwertszeiten von der ursprünglich vorliegenden Menge eines radioaktiven Elements noch $(\frac{1}{2})^n$ vorhanden:

n	1	2	3	4	5	6	7	8	9	10
$(\frac{1}{2})^n$	$\frac{1}{2}$	$\frac{1}{4}$	$\frac{1}{8}$	$\frac{1}{16}$	$\frac{1}{32}$	$\frac{1}{64}$	$\frac{1}{128}$	$\frac{1}{256}$	$\frac{1}{512}$	$\frac{1}{1024}$

Bei Halbwertszeiten, die $\frac{1}{8}$, $\frac{1}{9}$ oder $\frac{1}{10}$ des Maximal-Alters der Erde (4.5×10^9 Jahre) betragen, war also die anfangs vorhandene Menge des betreffenden Elements rund 250, 500 bzw. 1000mal größer als heute, und von radioaktiven Elementen mit Halbwertszeiten z. B. von 3×10^8 ($n = 20$), 2×10^8 ($n = 30$) bzw. 1.5×10^8 Jahren ($n = 40$) ist heute nur noch 1 Millionstel bzw. 1 Milliardstel bzw. 1 Billionstel der ursprünglichen Menge übrig, so daß solche Elemente (etwa die Transurane) heute praktisch von der Erde verschwunden sind[31)], während z. B. Elemente wie $^{187}_{75}Re$ mit Halbwertszeiten von mehr als dem 10fachen Wert des Erdalters (für $n = \frac{1}{10}$ ist $(\frac{1}{2})^n = \frac{1}{1.07}$) heute noch zu mehr als 93% ihrer Anfangsmenge vorliegen.

Die **Aktivität** *A* eines radioaktiven Zerfalls, d.h. die *je Zeiteinheit zerfallende Menge* (Zahl der Atome) dN/dt eines radioaktiven Stoffs ist wie die Geschwindigkeit des betreffenden Zerfalls gemäß (1) in jedem Augenblick der noch vorhandenen Menge (Atomzahl) m proportional. Somit gilt unter Berücksichtigung der Gleichung (3):

$$A = -\frac{dN}{dt} = \lambda \cdot N = \frac{0.693}{\tau_{1/2}} \cdot N.$$

D. h., die *Aktivität einer bestimmten Menge eines radioaktiven Stoffs ist umso kleiner je größer die Zerfallshalbwertszeit und je kleiner die Menge dieses Stoffs ist.*

Unter der „*Aktivität*" **„1 Curie" (Ci)** versteht man ab 1950 zu Ehren von M. und P. Curie diejenige Menge einer radioaktiven Substanz, die je Sekunde genau 3.7×10^{10} Teilchen emittiert (tausendster, millionster, millionenfacher, milliardenfacher, billionenfacher Wert: mCi, µCi, MCi, GCi, TCi). Die Aktivität von Radium beträgt z. B. ca. 1 Ci pro Gramm. Ab 1970 bezeichnet man die Anzahl *n* der Zerfälle (Umwandlungen) pro Sekunde zu Ehren von A. H. Becquerel als **„*n* Becquerel" (Bq)** (millionen-, milliarden-, billionenfacher Wert: MBq, GBq, TBq). Es gilt der Zusammenhang: $1\,Bq = 1\,s^{-1} \approx 2.7 \times 10^{-11}$ Ci bzw. $1\,Ci = 3.7 \times 10^{10}$ Bq. (Die Einheit Becquerel in s^{-1} wird für statistische, die Einheit Hertz ebenfalls in s^{-1} für zeitlich periodische Vorgänge verwendet.)

Radionuklide mit Halbwertszeiten $> 10^9$ Jahre haben selbst in größeren Mengen auf den Menschen keinen Einfluß mehr. Sind andererseits die Zerfallshalbwertszeiten wie die der Radonisotope kurz, so erzeugen selbst die winzigen, als Emanation des allgegenwärtigen Thoriums $^{232}_{90}Th$ und Urans $^{238}_{92}U$ sowie $^{235}_{92}U$ an die Umgebung abgegebenen Mengen $^{219}_{86}Rn$ ($\tau_{1/2} = 3.96$ Sekunden), $^{220}_{86}Rn$ ($\tau_{1/2} = 55.6$ Sekunden) und $^{222}_{86}Rn$ ($\tau_{1/2} = 3.8$ Tage) deutliche Aktivitäten (im Freien ca. 15 Bq/m^3, in Häusern ca. 40 Bq/m^3).

Anwendungen. Unter den praktischen Nutzanwendungen der Beziehung (2) zwischen umgewandelter Stoffmenge *N* und Zeit *t* sei die **Altersbestimmung von Mineralien**[32, 33)] angeführt, die uns Auskunft über das *Mindestalter der Erde* gibt. Wie aus der Uranzerfallsreihe (Tab. 152, S. 1727) hervorgeht, geht jedes *Uran*atom beim radioaktiven Zerfall schließlich in ein inaktives *Blei*atom über. Ermittelt man daher in einem Uranmineral analytisch den *Gehalt an Uranblei*[34)], so läßt sich natürlich mit Hilfe von (2) die *Anzahl Jahre t* berechnen, die zum Zerfall der dieser Bleimenge entsprechenden Uranmenge erforderlich war (Bleimethode). So ergab z. B. die Analyse des in Afrika vorkommenden „*Monogoro-Erzes*" ein Atomverhältnis $^{205}_{82}Pb : ^{238}_{92}U = 0.107$. Auf 1 mol Uran sind danach 0.107 mol Uranblei (entstanden

30 Für die Zeit, in der 99% bzw. 90% der Ausgangsmenge zerfallen sind, gelten die analogen Beziehungen $\tau_{1/100} = 4.606/\lambda = 6.6 \times \tau_{1/2}$ bzw. $\tau_{1/10} = 2.303/\lambda = 3.3 \times \tau_{1/2}$.

31 Dies gilt natürlich nicht für Elemente wie die der Zerfallsreihen, die aus den langlebigen Stammelementen immer wieder nachgebildet werden.

32 **Literatur.** S. C. Curran: „*The Determination of Geological Age by Means of Radioactivity*", Quart. Rev. **7** (1953), 1–18; H. Meier: „*Neuere Beiträge zur Geochronologie und Geochemie*", Fortschr. Chem. Forsch. **7** (1966/67), 233–321; H. Wänke: „*Meteoritenalter und verwandte Probleme der Kosmochemie*", Fortschr. Chem. Forsch. **7** (1966/67), 322–408; G. B. Dalrymple, M. A. Lanphere: „*Potassium-Argon Dating: Principles, Techniques and Applications to Geochronology*", Freeman, San Francisco 1969; F. Gönnenwein: „*Altersbestimmung mit Radionukliden*", Physik in unserer Zeit **3** (1972) 81–87.

33 Unter dem „Alter" von Mineralien versteht man die Zeit, die seit der Aufnahme des Radioelements (z. B. Uran) im erstarrenden Gestein verstrichen ist.

34 Ein etwaiger Gehalt an natürlichem Isotopengemisch des Bleis wird an der Anwesenheit von $^{204}_{82}Pb$ erkannt und gemäß dem bekannten Isotopenverhältnis 204/206/207/208 als Blei nichtradiogenen Ursprungs abgezogen.

aus 0.107 ursprünglich noch zusätzlich vorhandenen mol Uran) enthalten, so daß $N_0 : N_t = (1 + 0.107) : 1 = 1.107$ ist. Hieraus berechnet sich, da λ für Uran den Wert 1.54×10^{-10}/Jahr besitzt, nach (2): $t = (\ln 1.107) : 1.54 \times 10^{-10}$[35]. In analoger Weise lassen sich die Verhältnisse $^{207}_{82}Pb : ^{235}_{92}U$ bzw. $^{208}_{82}Pb : ^{232}_{90}Th$ bzw. $^{206}_{82}Pb : ^{207}_{82}Pb : ^{208}_{82}Pb$ zur Altersbestimmung von Mineralien heranziehen.

Von den bisher nach der „*Bleimethode*" untersuchten Mineralien erwies sich als eines der *jüngsten* (60 Millionen Jahre) ein in der oberen Kreideformation vorkommender Uraninit, als eines der *ältesten* (3500 Millionen Jahre) ein im unteren Präkambrium enthaltener Uraninit. Das Alter der oberen Kreideformation beträgt somit 60 Millionen Jahre, das des unteren Präkambriums 3.5 Milliarden Jahre[36].

Nimmt man an, daß bei der Entstehung des Urans die beiden Isotope $^{238}_{92}U$ und $^{235}_{92}U$ in praktisch gleichen Mengen gebildet wurden, dann errechnet sich aus ihren Halbwertszeiten (4.47×10^9 bzw. 7.04×10^8 Jahre) und ihrer heutigen relativen Häufigkeit[37] (99.2739 bzw. 0.7205%), daß der Zeitpunkt x, zu dem dies der Fall war, gemäß der Beziehung $99.2739 \times 2\exp[x(4.47 \times 10^9)] = 0.7205 \times 2\exp[x(7.04 \times 10^8)]$, um 5.85×10^9 Jahre zurückliegt. Hiernach betrüge das Alter des Erdurans rund 6 Milliarden Jahre. Entstand andererseits die Erde vor rund 4.6×10^9 Jahren, wie heute allgemein angenommen wird[36], so ist zu folgern, daß das Verhältnis von $^{235}_{92}U$ zu $^{238}_{92}U$ damals um 1 : 3 betragen haben muß.

Statt des Bleis kann man zur Altersbestimmung von Uranmineralien und Meteoriten auch das entwickelte *Heliumgas* (1 g Uran erzeugt zusammen mit seinen Zerfallsprodukten jährlich 1.1×10^{-7} cm^3 Heliumgas) ermitteln[38], das in vielen Fällen zum überwiegenden Teil innerhalb des Minerals *eingeschlossen* bleibt und erst beim Auflösen, Schmelzen oder Erhitzen der gepulverten Erzprobe entweicht und dann aufgefangen und genau gemessen werden kann (Heliummethode). Die auf diese Weise gefundenen Alterswerte[39] stimmen mit den nach der „Bleimethode" erhaltenen in allen den Fällen überein, in denen während des Zerfalls noch kein Helium nach außen entwichen ist; andernfalls sind sie naturgemäß etwas kleiner. Der Heliummethode beim Uran entspricht die Argonmethode beim Kalium, da das Kaliumisotop $^{40}_{19}K$ mit einer Halbwertszeit von 1.28×10^9 Jahren durch β^+-Strahlung wie durch K-Einfang (S. 1725, 1758) in $^{40}_{18}Ar$ übergeht[40], so daß man aus dem Verhältnis $^{40}_{18}Ar : ^{40}_{19}K$ das Alter des betreffenden Kaliumminerals ermitteln kann.

Eine andere geologische Zeitmessung gründet sich auf den Vorgang $^{87}_{37}Rb$ (β^--Strahlung; $\tau_{1/2} = 4.7 \times 10^{10}$ Jahre) $\rightarrow$ $^{87}_{38}Sr$ (Ermittlung des Verhältnisses $^{87}_{38}Sr : ^{87}_{37}Rb$). Der höchste nach dieser Strontiummethode an einem Steinmeteoriten erhaltene Wert entspricht fast dem Erdalter[36]. Bei rheniumhaltigen Mineralien kann man die Umwandlung von $^{187}_{75}Re$ (Halbwertszeit 4.3×10^{10} Jahre) in $^{187}_{76}Os$ zur Altersbestimmung heranziehen (Osmiummethode). Zur Altersbestimmung organischer Stoffe mittels des Gehaltes an radioaktivem Kohlenstoff (Kohlenstoffmethode) vgl. S. 1759.

1.3.2 Radioaktives Gleichgewicht

Wenn reines „Radium" $^{226}_{88}Ra$ unter Emission von α-Strahlen in „Radon" $^{222}_{86}Rn$ übergeht, so entspricht die je Zeiteinheit zerfallende Radiummenge $-dN_{Ra}/dt$ der je Zeiteinheit gebildeten Radonmenge $+dN_{Rn}/dt$ und es gilt unter Berücksichtigung von (1):

$$-\frac{dN_{Ra}}{dt} = \lambda_{Ra} \cdot N_{Ra} = -\frac{dN_{Rn}}{dt}. \tag{4}$$

Entstandenes Radon ist seinerseits radioaktiv (Emission von α-Strahlen und Bildung von *Polonium* $^{218}_{84}Po$), so daß sich die Beziehung (1) anwenden läßt:

$$-\frac{dN_{Rn}}{dt} = \lambda_{Rn} \cdot N_{Rn}. \tag{5}$$

35 Der so erhaltene Alterswert ist etwas zu klein; denn bei genaueren Berechnungen muß man natürlich auch die im radioaktiven Gleichgewicht befindlichen Zwischenprodukte des Zerfalls mit in Rechnung setzen. Ebenso muß eine Korrektur für Thorium angebracht werden, das ganz allgemein in kleinen Mengen im Uran vorkommt und ebenfalls unter α-Emission zerfällt (Tab. 152).

36 Das Alter der Erde wird wie das der Sonne auf rund 4.6, das des Weltalls auf rund 20 Milliarden Jahre geschätzt.

37 Es ist interessant, daß das Uranisotopen-Verhältnis in Meteoriten das gleiche ist wie auf der Erde; beide haben also gleiches Alter und gleichen Ursprung.

38 Ein $^{235}_{92}U$-Atom gibt bis zur Endstufe $^{206}_{82}Pb$ insgesamt acht ^4_2He-Atome und sechs Elektronen $_{-1}^{0}e$ ab (Tab. 152).

39 Der älteste, nach der Heliummethode untersuchte Meteorit besaß ein Alter von 2.8 Milliarden Jahren.

40 Da $^{40}_{19}K$ auch durch β^--Strahlung in $^{40}_{20}Ca$ übergeht (S. 1758), hängt die Genauigkeit der Altersbestimmung von der Genauigkeit des Verzweigungsverhältnisses des Zerfalls von $^{40}_{19}K$ ab.

Zunächst wird die Menge N_{Rn} des unzersetzt vorliegenden Radons mit der Zeit zunehmen, da anfangs $+dN_{Rn}/dt > -dN_{Rn}/dt$ ist, d. h. mehr Radon gebildet wird als zerfällt. Nach und nach steigt aber infolge dieser Zunahme von N_{Rn} die je Zeiteinheit zerfallende Radonmenge gemäß (5) so an, daß schließlich

$$+\frac{dN_{Rn}}{dt} = -\frac{dN_{Rn}}{dt} \tag{6}$$

wird. Von jetzt ab ändert sich die Radonmenge nicht mehr, da in der Zeiteinheit *ebensoviele Radonatome gebildet werden, wie wieder zerfallen*[41]. Das damit eingestellte Gleichgewicht heißt **„radioaktives Gleichgewicht"**. Die Gleichgewichtsbedingung hierfür lautet gemäß (6) nach Einsetzen von (4) und (5): $\lambda_{Ra} \cdot N_{Ra} = \lambda_{Rn} \cdot N_{Rn}$ oder – unter gleichzeitiger Berücksichtigung von (3) –:

$$\frac{N_{Ra}}{N_{Rn}} = \frac{\lambda_{Rn}}{\lambda_{Ra}} = \frac{\tau_{1/2,Ra}}{\tau_{1/2,Rn}}. \tag{7}$$

In Worten: *Die im radioaktiven Gleichgewicht befindlichen Atommengen radioaktiver Elemente verhalten sich wie die Halbwertszeiten bzw. umgekehrt wie die Zerfallskonstanten.* Im obigen Fall z. B. hat λ_{Rn} den Wert 2.10×10^{-6}/s und λ_{Ra} den Wert 1.37×10^{-11}/s. Dementsprechend stehen Radium und Radon dann im radioaktiven Gleichgewicht, wenn $(2.10 \times 10^{-6}) : (1.37 \times 10^{-11}) = 153000$ mal mehr Radium- als Radonatome vorhanden sind[42].

Im radioaktiven Gleichgewicht sind im Sinne von (6) die *Aktivitäten* von Mutter- und Tochterelement, gemessen in Becquerel- (bzw. Curie-)Einheiten, *gleich groß*[43], da ja in der Zeiteinheit ebensoviele Atome des Tochterelements durch Zerfall einer gleich großen Zahl von Atomen des Mutterelements gebildet werden, wie ihrerseits wieder zerfallen.

Die Gesetzmäßigkeit (7) kann naturgemäß auf sämtliche – benachbarte oder nicht benachbarte – Glieder einer Zerfallsreihe ausgedehnt werden. Daher kann man z. B. aus der Tatsache, daß das Atomverhältnis vom Radium zu Uran in den Uranerzen konstant ist ($N_{Ra} : N_U = 3.60 \times 10^{-7}$ bzw. $N_U : N_{Ra} = 2.78 \times 10^6$), den Schluß ziehen, daß diese beiden Elemente im radioaktiven Gleichgewicht miteinander sind, d. h., daß das Uran die – allerdings nicht unmittelbare – *„Muttersubstanz"* des Radiums ist.

Anwendung. Bei Kenntnis des Gleichgewichtsverhältnisses $N_A : N_B$ und der Zerfallskonstante λ (bzw. Halbwertszeit $\tau_{1/2}$) einer Substanz A kann man die Beziehung (7) zur **Bestimmung der Zerfallskonstanten (Halbwertszeit)** einer anderen Substanz B nutzen. Auf diese Weise ermittelt man z. B. die Halbwertszeit besonderes *langlebiger Elemente*, deren Zerfallskonstante auf direktem Wege nicht bestimmbar ist. So folgt z. B. aus dem obigen Atomverhältnis $N_{Ra} : N_U = 3.60 \times 10^{-7}$, daß die Halbwertszeit des Urans $1600 : (3.60 \times 10^{-7}) = 4.44 \times 10^9$ Jahre beträgt. In analoger Weise ergibt sich aus den Halbwertszeiten von $^{238}_{92}U$ (4.47×10^9 Jahre) und $^{230}_{90}Th$ (7.52×10^4 Jahre) gemäß (7), daß auf 1 mol $^{238}_{92}U$ im radioaktiven Gleichgewicht $(7.52 \times 10^4) : (4.47 \times 10^9) = 1.68 \times 10^{-5}$ mol $^{230}_{90}Th$ bzw. auf 1 g $^{238}_{92}U$ $(1.68 \times 10^{-5}) \times 230/238 = 1.62 \times 10^{-5}$ g $^{230}_{90}Th$ entfallen, so daß in Uranerzen 16 mg $^{230}_{90}Th$ pro kg $^{238}_{92}U$ enthalten sind.

Bei besonders *kurzlebigen Elementen* läßt sich die Zerfallskonstante (Halbwertszeit) aus einer von H. Geiger und J. M. Nuttall empirisch aufgefundenen logarithmischen Beziehung zwischen Zerfallskonstante λ und Reichweite R der α-Strahlen in Luft (**„Geiger-Nuttallsche Regel"**, 1911) errechnen. So folgt z. B. aus der für die Uran-Zerfallsreihe geltenden Gleichung: $\log \lambda = -37.7 + 53.9 \times \log R$, daß die Zerfallskonstante λ von Polonium $^{214}_{84}Po$ (Radium C′) ($R = 6.60$ cm) in der Größenordnung von 10^6 liegen muß.

---

[41] Man kann den Vorgang mit einem großen, wassergefüllten Behälter (Radium) vergleichen, aus dem das Wasser in ein Faß mit einem Loch im Boden fließt. Die Wassermenge im Faß (Radon) hängt im Gleichgewichtszustand von der Geschwindigkeit ab, mit der das Wasser in das Faß eintritt (Zerfallsgeschwindigkeit des Radiums) und von der Größe des Lochs (Zerfallsgeschwindigkeit des Radons). Elemente wie Astat und Francium, die „ein sehr großes Loch im Faßboden" aufweisen, wurden dementsprechend in den Zerfallsreihen zunächst ganz übersehen.

[42] Die mit 1 g *Radium* im Gleichgewicht befindliche *Radonmenge* ($\approx 0.6\,mm^3$) wurde früher (seit 1910 bis 1950) „1 *Curie*" genannt (zur heutigen Definition vgl. S. 1740).

[43] Bevor das radioaktive Gleichgewicht erreicht ist, nimmt die Aktivität naturgemäß zu oder ab, je nachdem ob das Tochterelement eine kürzere oder längere Halbwertszeit besitzt als das Ausgangselement. In diesem Sinne beobachteten Rutherford und Soddy 1902, daß eine frischpräparierte Thoriumprobe zum Unterschied von einer alten Probe ihre Aktivität über eine längere Zeitperiode hinweg spontan vermehrte (Bildung der kürzerlebigen Zerfallsprodukte).

1.4 Mechanismus des radioaktiven Zerfalls[44]

Das im vorstehenden Abschnitt über die Geschwindigkeit des radioaktiven Zerfalls Gesagte regt zu Fragen wie folgende an: Was bestimmt die Zerfallsgeschwindigkeit der Atomkerne? Warum unterliegen bestimmte Nuklide einer Kernspaltung, andere aber nicht? Wieso haben zerfallende Kerne derart unterschiedliche Spaltungsstabilitäten? Nach welchem Mechanismus erfolgen die spontanen (wie induzierten) Kernreaktionen? Eine Beantwortung dieser Fragen ist mit dem „*Zweizentren-Schalenmodell*" möglich geworden. Es stellt eine logische Weiterentwicklung der zuvor von anderen Atomphysikern erarbeiteten Vorstellungen über die Struktur der Atomkerne dar, auf die nachfolgend zunächst eingegangen werden soll (bezüglich des Baus der Atomkerne vgl. S. 89).

Struktur der Atomkerne. Wie auf S. 92 angedeutet wurde, ist mit dem schrittweisen Einbau von Nukleonen in den Atomkern ein etwa *gleichbleibender Raumzuwachs* verbunden. Dieses Ergebnis führte neben anderen Befunden zu der Vorstellung, daß sich die Nukleonen eines Atomkerns ähnlich wie die Moleküle eines Flüssigkeitstropfens verhalten[45] (**„Tröpfchenmodell der Kerne"**; N. Bohr, 1935). Den *Zusammenhalt* der – wie in einer Flüssigkeit frei beweglichen – Nukleonen im Kern (Durchmesser um einige Femtometer = Fermi = 10^{-15} m) bedingt hierbei die für Protonen und Neutronen etwa gleich große *Nukleonen-Anziehungskraft* (starke Bindungskraft), die ihrerseits eine Folgeerscheinung der *starken Wechselwirkung* zwischen den Konstituenten („Quarks") der Nukleonen ist (vgl. S. 86). Sie ist bei kleinen Nukleonenabständen *sehr stark* und übertrifft hier die *Protonen-Abstoßungskraft* (Coulombsche Abstoßung), welche eine Folgeerscheinung der *elektromagnetischen Wechselwirkung* zwischen den positiv geladenen Nukleonen ist: bei 1 fm Distanz ist erstere Kraft 100mal größer als letztere. Mit der Entfernung nimmt aber die starke Bindungskraft außerordentlich rasch ab, so daß sie bereits bei Abständen um 10 fm nur noch 1/10 der Coulombschen Abstoßungskraft beträgt[46]. Mit dem Tröpfchenmodell ließ sich der *Verlauf der Kernbindungsenergie*, bezogen auf ein Nukleon, d.h. die Abnahme der effektiven Kernbindungsenergie sowohl bei den leichten wie den schweren Kernen (vgl. Fig. 336, S. 1738) erstmals in großen Zügen richtig deuten.

Während nämlich in einem Kern nur *benachbarte* Nukleonen über die starke, aber nicht weitreichende *Anziehung* in Wechselwirkung stehen (auch in Flüssigkeiten wechselwirken praktisch nur nächste Partner), ist die Coulombsche *Abstoßung* auch zwischen *entfernten* Protonen in großen Kernen bedeutungsvoll und trägt zur Minderung der Kernstabilität bei. Dies erklärt die Abnahme der effektiven Kernbindungsenergie bei den großen Kernen mit zunehmender Protonenzahl und der damit verbundenen wachsenden Coulombschen *Abstoßungsenergie*. Bei den leichten Kernen (kleine Massenzahlen), bei denen das Verhältnis von Oberfläche zur Masse hoch ist, setzt umgekehrt die *Oberflächenenergie* die Nukleonenbindungsenergie unter den Durchschnitt herab; denn ähnlich wie in einem Flüssigkeitstropfen sind die an der Kernoberfläche liegenden Teilchen weniger fest gebunden als im Kerninneren, wobei der energiemindernde Einfluß mit wachsender Nukleonenzahl ständig abnimmt, weil prozentual mehr Nukleonen im Kerninneren fest gebunden werden.

Feinheiten des Verlaufs der Kernbindungsenergie – z.B. die im Vergleich zu Nachbarnukliden mit *ungerader* Protonen- und/oder Neutronenzahl höhere Stabilität der Nuklide mit *gerader* Protonen- und Neutronenzahl ($^{4}_{2}He$ sowie Vielfache hiervon, S. 1738; vgl. auch die Mattauchsche Isobarenregelung S. 90) – vermag das Tröpfchenmodell nicht zu erklären. Auch wäre im Rahmen des Tröpfchenmodells entgegen der Erfahrung bei Atomkernen bis

---

44 **Literatur.** W. Greiner, A. Sandulescu: „*Neue radioaktive Zerfallsarten*", Spektrum der Wissenschaft, Heft **5** (1990) 62–71; W. Greiner, M. Ivascu, D.N. Poenaru, A. Sandulescu in D.A. Bromley (Hrsg.): „Treatise on Heavy Ion Science", Bd. 8, Plenum Press 1989.

45 Während man an jedem Ort eines Flüssigkeitstropfens eine gleiche Teilchendichte vorfindet, unterliegen Gase im eigenen Schwerefeld einer „hypsometrischen" Verteilung (Mittelpunktsdichte größer als die Dichte an der Oberfläche).

46 Zur Trennung von 2 Nukleonen, die ausschließlich durch die starke Kraft miteinander verknüpft sind, benötigt man bei einer Distanz von 1 fm eine Energie von ca. 1 MeV, bei einer Distanz von 10 fm 10 eV.

zu hundert Protonen eine beliebige Beteiligung von Neutronen am Kernaufbau denkbar. Kerne mit einer über 100 steigenden Kernladungszahl müßten wegen der wachsenden Protonen/Protonen-Abstoßung zunehmend instabiler werden und sollten – wiederum entgegen der Erfahrung – bei 107, 108 oder gar 109 Kernprotonen nicht mehr existenzfähig sein. Es lag nahe, die besondere Stabilität bestimmter Nukleonenkonfigurationen der Atomkerne ähnlich wie die erhöhte Stabilität bestimmter Elektronenkonfigurationen der Atomhüllen („Edelgas-Konfigurationen" mit 2, 10, 18, 36, 54, 86 Elektronen) durch ein „Schalenmodell der Elementarteilchen" zu erklären. Quantenmechanische Berechnungen erhärteten ein derartiges Modell und führten zum Ergebnis, daß Kernen mit den *„magischen Zahlen"* von 2, 8, 20, 28, 40, 50, 82, 126 oder 184 Protonen bzw. Neutronen besondere Stabilität zukommt (**„Schalenmodell des Kerns"**; M. Goeppert-Mayer sowie unabhängig J. H. D. Jensen, O. Haxel, H. E. Suess; 1948).

Die Protonen bzw. Neutronen des Kerns besetzen hiernach wie die Elektronen der Hülle diskrete, durch Energielücken getrennte Zustände, charakterisiert durch bestimmte räumliche Aufenthaltswahrscheinlichkeiten der Elementarteilchen (kein Teilchen kann als Folge des Pauli-Prinzips einen Zustand besetzen, den bereits ein entsprechendes Teilchen innehat). Einige größere Energielücken teilen die einzelnen Zustände für Protonen bzw. Neutronen in Gruppen von Zuständen auf, wobei eine vollständige Besetzung dieser als „Schalen" interpretierbaren Gruppen eine besondere Stabilität des Atomkerns bedingt (Entsprechendes gilt für die Elektronen der Hülle, vgl. S. 93f). Die innerste Protonen- bzw. Neutronenschale kann hierbei maximal zwei Elementarteilchen entgegengesetzten Spins aufnehmen, die zweite („Haupt"-)Schale maximal sechs Protonen bzw. Neutronen usw. (1. bzw. 2. Elektronenschale: 2 bzw. 8 Elektronen; vgl. S. 93). Im *Kerngrundzustand* besetzen die Protonen wie Neutronen die Energiezustände – beginnend mit dem energieärmsten Zustand – der energetischen Reihe nach. *Angeregte Kernzustände* (**„Kernisomere"**, S. 1732), die sich durch Energieaufnahme (γ-Quanten) aus dem Grundzustand bilden können und unter Energieabgabe wieder in diesen übergehen, sind dadurch charakterisiert, daß gewisse Nukleonen nicht die energieärmsten, sondern energiereichere Schalen besetzen.

Die magischen Zahlen dokumentieren sich u. a. durch folgende Tatsachen: (i) Nuklidkerne mit einer magischen Zahl von Protonen und Neutronen (**„doppelt-magische Kerne"**) wie etwa $^{4}_{2}$He, $^{16}_{8}$O, $^{208}_{82}$Pb zählen zu den *besonders stabilen Kernen*. (ii) Nuklidkerne mit einer magischen Zahl von Protonen oder Neutronen (**„einfach-magische Kerne"**) zeichnen sich, verglichen mit Nachbarnukliden, durch eine besonders *große Zahl stabiler Isotope* bzw. *Isotone* aus ($_{20}$Ca: 6 Isotope, $_{50}$Sn: 10 Isotope; $^{k+50}_{k}$E: 6 Isotone, $^{k+82}_{k}$E: 7 Isotone). (iii) Nuklide eines Elements mit doppelt- oder einfach-magnetischem Kern weisen, verglichen mit anderen Isotopen des betreffenden Elements, eine besonders *große Häufigkeit* auf: $^{4}_{2}$He: 99.9999%, $^{16}_{8}$O: 99,759%, $^{40}_{20}$Ca: 96.97; $^{51}_{23}$V: 99.76%, $^{88}_{38}$Sr: 82.56, $^{140}_{58}$Ce: 88,48. (iv) Drei der vier natürlichen *radioaktiven Zerfallsreihen* (S. 1726) enden bei einem Nuklid mit einer magischen Zahl von 82 Protonen ($^{206}_{82}$Pb, $^{207}_{82}$Pb, $^{208}_{82}$Pb), eine bei einem Nuklid mit der magischen Zahl von 126 Neutronen ($^{209}_{83}$Bi; zugleich schwerstes stabiles Nuklid). (v) Nuklide wie $^{136}_{54}$Xe oder $^{208}_{82}$Pb, die eine magische Zahl von 82 bzw. 126 Neutronen enthalten, nehmen bei der Beschießung mit Neutronen nicht leicht Neutronen auf (kleiner *„Neutroneneinfangsquerschnitt"*), während dies bei den um 1 Masseneinheit leichteren Nukliden $^{135}_{54}$Xe und $^{207}_{82}$Pb, denen ein Neutron zur magischen Zahl 82 bzw. 126 fehlt, nicht der Fall ist (großer Neutroneneinfangsquerschnitt).

Sowohl für das Tröpfchen- wie für das Schalenmodell besteht eine grundsätzliche Schwierigkeit: die *nicht-kugelförmige* („deformierte"), meist zigarren-, aber auch diskusförmige *Gestalt* vieler Kerne, die aus dem Bestehen von Kernquadrupol-Momenten der betreffenden Nuklidkerne gefolgert werden muß, läßt sich schwer erklären. Erst die Kombination einiger Aspekte des Tröpfchenmodells (freie Bewegungsmöglichkeit der Nukleonen, Verformbarkeit des Kerns) mit Aspekten des Schalenmodells (bestimmte Aufenthalts-Wahrscheinlichkeitsräume der Nukleonen, feste *sphärische* Struktur der Kerne) ermöglicht eine *Deutung der Gestalten sowie auch Deformierbarkeiten* der Kerne (**„Kollektivmodell der Kerne"**; A. N. Bohr, B. R. Mottelson, 1952).

Aus dem Kollektivmodell folgt u. a.: Kerne mit magischen Nukleonenzahlen sind sphärisch und nur schwer deformierbar. Man bezeichnet sie als *hart*. Mit wachsender Entfernung der Kernnukleonenzahl von einer magischen Zahl weicht die Kerngestalt zunehmend von der einer Kugel ab: die Deformation der Kerne erhöht sich (wie deren Kernquadrupol-Momente; vgl. Lehrbücher der physikalischen Chemie); auch werden die Kerne deformierbarer (*weicher*). Die *effektive* – experimentell meßbare – *Kernbindungsenergie* ergibt sich im Rahmen des Kollektivmodells aus der nach dem Tröpfchenmodell (Zugrundelegen eines strukturlosen, homogenen, geladenen Tröpfchens aus Kernmaterie) errechenbaren Kernbindungsenergie, zu der man die Energie addiert, die aus der Einordnung der – vordem ungeordneten – Nukleonen in Schalen resultiert (vollständige Besetzung aller inneren Schalen und gegebenenfalls auch der äußeren Schale). Die *„Schalenkorrektur“*, d.h. die Differenz der effektiven von der nach dem Tröpfchenmodell berechneten Energie gewinnt mit wachsender Zahl von Kernprotonen an Bedeutung. Sie liegt bei kleiner bis mittlerer Protonenzahl unter 1% der effektiven Kernbindungsenergie und bedingt bei Kernen mit mehr als 106 Protonen deren Stabilität (derartige Kerne wären als Tröpfchen ohne Schalenstruktur nicht erzeugbar, s. oben).

Spaltung und Aufbau der Atomkerne. Nähert man zwei positiv geladene Atomkerne einander, so nimmt der Energiegehalt des Systems beider Kerne aufgrund der wachsenden elektrostatischen Abstoßung zunächst zu, um dann bei jenen kleinen Kernabständen, bei welchen die nicht sehr weit reichenden, aber starken Nukleonenbindungskräfte wirksam werden, sehr rasch abzunehmen. Umgekehrt muß im Zuge der Spaltung eines Mutterkerns in zwei Tochterkerne zunächst zur Überwindung der Kernbindungskräfte solange Energie in das System hineingesteckt werden, bis ein Abstand der Tochterkerne voneinander erreicht ist, bei welchem die elektrostatische Abstoßung der Fragmente die Anziehung der Nukleonen übertrifft. Somit führt die Reaktionskoordinate der Spaltung und des Aufbaus von Atomkernen über ein Energiemaximum (*„Aktivierungsenergie“*, *„Potential-“* oder *„Spaltbarriere“*). Entsprechend der relativen *energetischen Stabilitäten* von Mutter- und Tochterkernen erfolgt dabei die Kernspaltung entweder unter *Energieabgabe* oder *Energiezufuhr*, d.h. *freiwillig* oder *erzwungenermaßen* (z.B. durch Kernzusammenschluß).

Die hier interessierende *kinetische Stabilität* von Kernen, welche *freiwillig zerfallen* können, wird allerdings nicht durch den Energiegehalt von Mutter- und Tochternukliden, sondern durch die *Höhe der Spaltbarriere* bestimmt. Zur freiwilligen Spaltung von Atomkernen muß diese Barriere im Zuge einer – durch das Kollektivmodell nicht erklärbaren – *großen Kerndeformation* überwunden werden. Tatsächlich ist die den Kernen innewohnende (Schwingungs-, Nullpunkts-)Energie aber viel kleiner als die zur Kernspaltung aufzubringende Aktivierungsenergie, so daß eine *spontane Kernspaltung* nur dann erfolgen kann, wenn eine bestimmte – durch quantenmechanische Berechnungen erfaßbare – Wahrscheinlichkeit für Kernfragmente besteht, die Spaltbarriere zu *„durchtunneln“* (bezüglich des „Tunneleffekts“ und der empfindlich von der Höhe und Breite des Aktivierungsberges abhängenden *„Tunnelwahrscheinlichkeit“*, vgl. Anm. 34 auf S. 658 sowie Lehrbücher der physikalischen Chemie). Eine Aussage darüber, welche Nuklide bevorzugt, d.h. mit höherer Wahrscheinlichkeit aus einem Mutternuklid hervorgehen bzw. zu einem Nuklid verschmelzen ist mit Hilfe des **„Zweizentren-Schalenmodells der Kerne“** (W. Greiner, U. Mosel, J.A. Maruhn und andere, ab 1969) möglich geworden. Es führte inzwischen zur Vorhersage einer Reihe von neuen und später experimentell erwiesenen *Kernfissionen* (z.B. Cluster-Zerfälle, s. dort) und *Kernfusionen* (z.B. Bildung superschwerer Elemente mit über 103 Kernprotonen, s. dort). Auch ließen sich viele Eigenschaften von Kernen mit dem Modell sehr genau beschreiben.

Das Zweizentren-Schalenmodell stellt eine Erweiterung des Kollektivmodells dar und behandelt den Übergangszustand der Kernspaltung (bzw. der Kernverschmelzung) wie einen „aktivierten Komplex“ (vgl. S. 182), in welchem die beiden durch Spaltung zu erzeugenden Kernbruchstücke als *„Protokerne“* mit bereits vorgebildeter Schalenstruktur der Nukleonen vorliegen (vgl. Fig. 337). Die aus dem Mutterkern durch Deformation hervorgehenden Protokern-Strukturen verwandeln sich entweder zurück in den Mutterkern oder weiter in die Tochterkerne. Das Modell ermöglicht eine Berechnung des Verlaufs der Kernenergie in Abhängigkeit vom gegenseitigen Abstand der Protokerne und von deren Nukleonenzahl. Nur besonders niederenergetische Protokern-Konfigurationen haben eine gewissse Bildungswahrscheinlichkeit. Bevorzugt entstehen vielfach Tochterkerne mit einer magischen Nukleonenzahl. Z.B. ist die Bildung von „doppelt-magischem“ ${}^{4}_{2}He$ als Folge des α-Zerfalls besonders häufig anzutreffen; auch entsteht aus ${}^{232}_{92}U$ unter ${}^{24}_{10}Ne$-Emission doppelt-magisches ${}^{208}_{82}Pb$ (vgl. S. 1730; die Abspaltung von ${}^{4}_{2}He$ aus ${}^{232}_{92}U$ erfolgt allerdings ca. 10^{12}mal rascher als die von ${}^{24}_{10}Ne$). Daß neben der Nukleonenzahl noch andere Effekte eine Rolle für den Weg des Zerfalls spielen, zeigt sich etwa darin, daß sich ${}^{252}_{102}No$ nach Berechnung und experimenteller Bestätigung nicht in einfach-magisches ${}^{44}_{20}Ca$ und doppelt-magisches ${}^{208}_{82}Pb$, sondern in nicht-magischen Schwefel ${}^{38}_{16}S$ und nicht-magisches Radon ${}^{214}_{86}Rn$ aufspaltet.

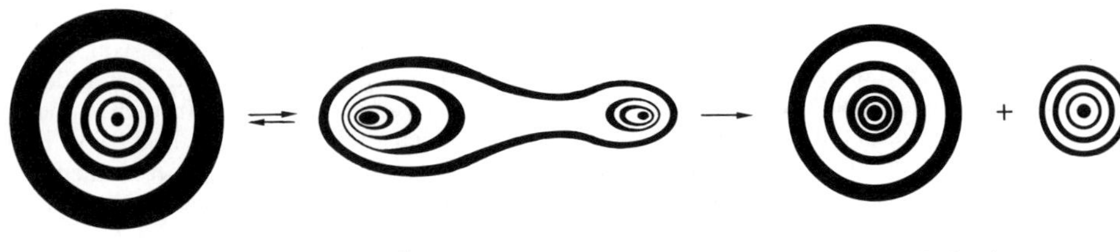

Fig. 337 Kernspaltung nach dem Zweizentren-Schalenmodell (weiße Bereiche: Protonenschalen; schwarze Bereiche: Neutronenschalen).

2 Die künstliche Elementumwandlung[1,47)]

Vergrößert man die Kernprotonenzahl von Elementnukliden durch „Hineinschießen" von Protonen in den Kern, so entsteht ein im Periodensystem auf das Ausgangselement *folgendes Element*; *verkleinert* man sie durch „Herausbombardieren" von Protonen aus dem Kern, so gelangt man zu einem im Periodensystem *vorstehenden* Grundstoff mit kleinerer Kernladung. Als „Geschosse" dienen zweckmäßig die Atomkerne mit den kleinsten Kernladungen 0 (Neutronen), 1 (Wasserstoffkerne) und 2 (Heliumkerne), da Teilchen mit geringer positiver Ladung besonders leicht in andere, ebenfalls positiv geladene Atomkerne einzudringen vermögen. Doch sind in neuerer Zeit auch z. B. mit fünffach positiv geladenen „Bor-", sechsfach positiv geladenen „Kohlenstoff"-, siebenfach positiv geladenen „Stickstoff"- achtfach positiv geladenen „Sauerstoff-", neunfach positiv geladenen „Fluor-", zehnfach positiv geladenen „Neon-" und noch höher positiv geladenen Atom-Kernen erfolgreiche Elementumwandlungen vorgenommen worden (S. 1757, 1799, 1392). Man hat bis heute bereits Tausende derartiger **„induzierter Kernreaktionen"** untersucht. Dabei wurden bis jetzt über die schon vorhandenen (263 stabilen und über 70 radioaktiven) *natürlichen Nuklide* hinaus noch fast 2000 *künstliche* (radioaktive) Nuklide gewonnen, so daß man zur Zeit schon fast 2500 *verschiedene Atomarten* der rund 110 Elemente kennt.

Im folgenden seien im Zusammenhang mit den induzierten Kernreaktionen zunächst die *Kern-Einzelreaktionen*, bei denen jeder „Treffer" nur einen einzigen Elementarakt auslöst, behandelt. Anschließend werden dann die *Kern-Kettenreaktionen* besprochen, bei denen nach Art der Chlorknallgas-Reaktion (S. 387) jeder ausgelöste Elementarakt weitere exotherme Elementarakte zur Folge hat, so daß bei gesteuertem Ablauf eine ständige Entnahme von Energie und Reaktionsprodukten möglich ist („*Atomkraftwerk*"), während bei ungesteuertem Ablauf eine Explosion von verheerender Wirkung erfolgt („*Atombombe*").

2.1 Die Kern-Einzelreaktion

Um positiv geladene Helium- oder Wasserstoffkerne mit anderen, mehrfach positiv geladenen Atomkernen in Wechselwirkung zu bringen, muß man ersteren zur Überwindung der bei der Annäherung wachsenden gegenseitigen Abstoßung eine hohe kinetische Energie mit auf den Weg geben, was in „*Linearbeschleunigern*" oder „*Zirkularbeschleunigern*" (z. B. „*Cyclotron*", „*Synchroton*") erfolgen kann.

---

[47] **Literatur.** G. Th. Seaborg: „*Nuclear Milestones*", Freeman, San Francisco 1972; Ullmann (5. Aufl.): „*Nuclear Technology*" **A17** (1991) 589–814; P. Armbruster, G. Münzenberg: „*Die schalenstabilisierten schwersten Elemente*", Spektrum der Wissenschaft, Heft **9** (1988) 42–52; G. Herrmann: „*Vor fünf Jahrzehnten: Von den Transuranen zur Kernspaltung*", Angew. Chem. **102** (1990) 469–496; Int. Ed. **29** (1990) 439.

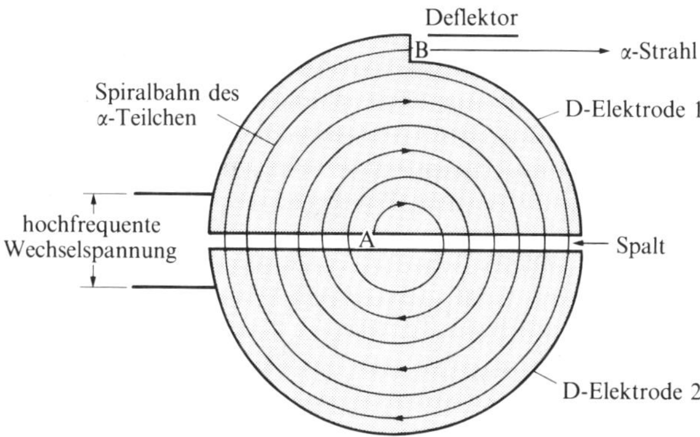

Fig. 338 Wirkungsweise des Cyclotrons (schematisch).

Das von dem amerikanischen Physiker Ernest Lawrence (1901–1958) im Jahre 1930 erstmals entwickelte **„Cyclotron“**[48] besteht (Fig. 338) aus zwei halbkreisförmigen, flachen Hohlräumen („*D-Elektroden*“), die in einer evakuierten, zwischen den Polen eines starken Magneten (Magnetpole oberhalb und unterhalb der Papierebene) befindlichen Entladungskammer untergebracht und mit einer hochfrequenten Wechselspannung verbunden sind. Die im Spalt zwischen den beiden Elektroden bei A erzeugten Teilchen werden von dem dort herrschenden elektrischen Feld erfaßt und in das Innere eines der beiden Hohlräume gerissen, wo sie – wie in einem Faraday-Käfig dem elektrischen Feld entzogen – unter dem Einfluß des senkrecht zur Papierebene gerichteten homogenen Magnetfeldes einen Halbkreis beschreiben (vgl. S. 75). Bei Wiedereintritt in den Spalt zwischen den beiden Hohlräumen werden die Teilchen durch das synchron mit der Umlaufzeit sein Vorzeichen wechselnde elektrische Feld nachbeschleunigt und so fort, wobei sich der Krümmungsradius des Halbkreises infolge der wachsenden Geschwindigkeit ständig vergrößert[49], so daß sich die Teilchen auf einer aus Halbkreisen zusammengesetzten Spiralbahn vom Zentrum wegbewegen, bis sie schließlich nach Erreichen der gewünschten Geschwindigkeit bei B durch eine Ablenkplatte („*Deflektor*“)[50] aus ihrer Spiralbahn abgelenkt und dem Bestimmungsort, d. h. der Probe („*Target*“) zugeführt werden. Das erste Versuchscyclotron hatte einen Durchmesser von nur 10 cm. Inzwischen sind cyclische Beschleunigungsstrecken mit mehreren Kilometern Durchmesser gebaut worden.

Der auf Entwicklungen von E. T. S. Walter aus dem Jahre 1932 zurückgehende **„Linearbeschleuniger“** arbeitet im Prinzip ähnlich wie ein Zirkularbeschleuniger, aber ohne Magnetfeld. Bei ihm werden Teilchen beim Durchfliegen eines langen, aus Abschnitten zunehmender Länge bestehenden Rohres durch eine fortlaufende elektrische Welle, die eine rasche Umpolung der abwechselnd negativ und positiv geladenen Rohrabschnitte bewirkt, beschleunigt. Demgemäß wird ein in den ersten, negativ geladenen Abschnitt gezogenes positives Teilchen nach der rasch erfolgenden Abschnittsumpolung in den längeren, zu diesem Zeitpunkt negativ gepolten zweiten Abschnitt zugleich gestoßen und gezogen usf. Der am Ende aus dem Rohr tretende, *linear beschleunigte* Teilchenstrahl trifft auf das dort lokalisierte Target. Typische Linearbeschleuniger haben eine Länge von mehreren Kilometern.

Heliumkerne. In den α-Strahlen radioaktiver Substanzen liegen Teilchen vor, deren Energie mehrere Millionen eV – entsprechend einer Anfangsgeschwindigkeit von einigen zehntausend Kilometern je Sekunde – beträgt (S. 1732). In den Anfangszeiten der Kernzertrümmerung bediente man sich daher dieser *natürlichen* α-Teilchen zur Beschießung von Atomkernen. Heutzutage ist man nicht mehr auf natürliche radioaktive Strahlenquellen angewiesen, welche α-Teilchen nur in kleiner Menge und mit begrenztem Energieinhalt liefern, sondern man *erzeugt* „*künstliche*“ α-Strahlen *beliebigen* Energieinhalts in Beschleunigungskammern (s. oben).

Wasserstoffkerne benötigen zum Eindringen in andere positiv geladene Atomkerne *keine so große kinetische Energie* wie Heliumkerne, da sie im Vergleich zu letzteren eine nur *halb so große positive Ladung* tragen. Daher genügt zur Kernumwandlung hier schon eine Energie von mehreren hunderttausend eV, entsprechend einer Anfangsgeschwindigkeit der Wasser-

48 Andere um die gleiche Zeit konstruierte Beschleuniger waren: der Van-de-Graaff-Generator, der Cockroft-Walton-Spannungsvervielfacher und der Lawrence-Linearbeschleuniger.

49 Die zum Durchlaufen eines Halbkreises erforderliche Zeit ist immer die gleiche, da der größere Krümmungsradius durch die größere Geschwindigkeit kompensiert wird.

50 deflectere (lat.) = ablenken.

stoffteilchen von einigen tausend Kilometern je Sekunde. Ja selbst mit Wasserstoffkernen von nur einigen zehntausend eV konnten, wenn auch mit relativ schlechter Ausbeute, Atomumwandlungen beobachtet werden. Als Wasserstoffkerne können sowohl Kerne der Masse 1 (*Protonen*) wie Kerne der Masse 2 (*Deuteronen*) oder 3 (*Tritonen*) dienen. Die Deuteronen und Tritonen sind dabei wegen ihrer größeren Masse wirksamer als die Protonen. Die Erzeugung energiereicher Wasserstoffkerne erfolgt zweckmäßig im Cyclotron (Fig. 338).

Der Durchmesser eines im Europäischen Kernforschungsinstitut in Genf („*CERN*" = *Conseil Européen pour la Recherche Nucléaire*) errichteten „*Protonen-Synchrotrons*" (Beschleunigung von Protonen bis auf 28 Milliarden eV = 28 GeV) beträgt über 200 m. Als Ausgangs-Ionen dienen bei diesem Cyclotron Wasserstoffkerne, die in einem „*Linearbeschleuniger*" auf 50 Millionen eV vorbeschleunigt werden. Darüber hinaus unterhält CERN ein 450 GeV „*Super Protonensynchrotron*", das auch als 900 GeV „*Protonen-Antiprotonen-Kollider*" genutzt werden kann. Weitere wichtige, zur Zeit in Betrieb befindliche Protonenbeschleuniger sind u. a.: das Synchrotron im *Fermi National Accelerator Laboratory* („FNAL") in den USA in der Nähe von Chicago, das amerikanische Protonensynchrotron in Brookhaven und das russische Protonensynchrotron in Serpuchow. Für das Lawrence-Radiation-Laboratory in Berkeley (USA) ist ein Vielzweckbeschleuniger („*Omnitron*") in Planung, der Ionen *aller* Elemente von Wasserstoff bis Uran in einem weiten Geschwindigkeitsbereich erzeugen soll (schwerere Ionen mit Maximalwerten von 300–500 MeV).

Neutronen. Wegen der positiven Ladung von Helium- und Wasserstoffkernen gelingt die Umwandlung eines Atomkerns durch Beschießung mit diesen Geschossen um so schwieriger, je höher die positive Kernladung des umzuwandelnden Atoms ist. Keine solche Einschränkung gilt für die Beschießung von Atomkernen mit Neutronen. Diese vermögen auch in die schwersten Atomkerne leicht einzudringen, da sie als *ungeladene Teilchen keine Abstoßung durch die positiven Ladungen* des Kerns erfahren. Und selbst ganz „langsame" Neutronen mit Energien von 1 eV (entsprechend einer Geschwindigkeit von immerhin einigen 10 Kilometern je Sekunde) können noch Kernreaktionen auslösen. Als *Neutronenquelle* dienen dabei im einfachsten Fall (Neutronenausstoß $\sim 10^4$–10^7 Neutronen pro Sekunde und cm^2) Gemische von α-Strahlern (wie $^{210}_{82}Pb$, $^{210}_{84}Po$, $^{226}_{88}Ra$, $^{228}_{90}Th$, $^{239}_{94}Pu$, $^{241}_{95}Am$) oder γ-Strahlern (wie $^{124}_{51}Sb$) mit „Berylliumpulver" (S. 1751, 1755), während die Erzeugung höherer Neutronenintensitäten ($\sim 10^8$–10^{10} Neutronen je s und cm^2) zweckmäßig durch Einwirkung Cyclotron-beschleunigter „Deuteronen" auf Deuterium ^2_1H, Tritium ^3_1H oder Beryllium ^9_4Be (S. 1755) oder noch vorteilhafter (10^8–10^{16} Neutronen je s und cm^2) im „*Uran-Reaktor*" (S. 1770f) sowie durch Einsatz von „Californium" $^{252}_{98}Cf$ vorgenommen wird.

Elektronen. Ähnliche Vorrichtungen wie für die Beschleunigung von α-Teilchen, Deuteronen und Protonen wurden auch für die Beschleunigung von Elektronen entwickelt („*Betatron*", „*Elektronen-Synchrotron*"). Mit ihrer Hilfe ist die Möglichkeit gegeben, auch mittels β^--Strahlen Kernumwandlungen vorzunehmen. Zudem sind die wichtigsten Entdeckungen auf dem Gebiet der *Elementarteilchen* (Mesonen, Protonen, Neutronen) aus der Anwendung von Elektronenbeschleunigern hervorgegangen.

Im Europäischen Kernforschungsinstitut in Genf (vgl. oben) befindet sich ein solcher Elektronenbeschleuniger großen Ausmaßes („*Synchro-Cyclotron*"; 0.6 GeV). Das „*D*eutsche *E*lektronen-*Sy*nchrotron" („DESY") in Hamburg vermag Elektronen bis zu 7.5 GeV zu beschleunigen. Noch größer ist die Leistung des seit 1970 in Betrieb befindlichen Elektronenbeschleunigers „SLAC" (Stanford Linear Accelerator) in Palo Alto (USA) (Linearbeschleuniger von rund 3 km Länge, Endenergie von 34 GeV).

Höhenstrahlung. Auf einer außerordentlich starken Beschleunigung von Protonen, α- und anderen Teilchen durch magnetische Wirbelfelder der Sonne und anderer Fixsterne beruht offenbar die erstaunlich *hohe Energie* (bis 10^{10} und mehr GeV/Teilchen; Teilchen von nahezu Lichtgeschwindigkeit) der aus dem Weltall zu uns dringenden, von V. F. Hess entdeckten **„Höhenstrahlung"** („*Ultrastrahlung*", „*kosmische Strahlung*"). Beim Auftreffen der zu 79 % aus Protonen, zu 20 % aus α-Teilchen und 1 % aus schwereren Kernen (Ordnungszahlen bis etwa 30; u. a. B, C, N, O, Ne, Na, Si, P, Ca, V, Fe) – in 30–40 km Höhe noch unverändert zu registrierenden – kosmischen „*Primärstrahlung*" auf die Moleküle der Atmosphäre werden diese zu Protonen, Neutronen, α-Teilchen, Mesonen, Elektronen, Positronen oder größeren Kerntrümmern zersplittert oder darüber hinaus zu Photonen zerstrahlt. Die so entstehende „*Sekundärstrahlung*" stößt innerhalb der Lufthülle auf weitere Kerne und löst zusätzliche Reaktionen aus, so daß man die Wirkung solcher Sekundär- und Tertiärstrahlung sogar noch in Bergwerken oder in 1300 m Tiefe des Ozeans nachweisen kann.

Bei der Erforschung der kosmischen Strahlung wurde 1937 von dem amerikanischen Forscher Charles David Anderson, der bereits 1932 das **Positron** (S. 87) als Bestandteil der Höhenstrahlung entdeckt hatte, eine neue Art von Elementarteilchen, das **„Myon"**, gefunden, das wie das Elektron eine *negative* oder *positive Ladung*, aber eine 206.8 mal *größere Masse* als dieses besitzt (rel. Atommasse ≈ 0.1) und unter Abgabe des Massenunterschieds in Form von kinetischer Energie und von 2 *Neutrinos* (S. 91) rasch in ein *negatives* bzw. *positives Elektron* übergeht (Zerfallshalbwertszeit $\tau_{1/2} = 2.1994 \times 10^{-6}$ s). 1947 wurde dann von C. F. Powell in der Höhenstrahlung das **„Pion"** (**„π-Meson"**)[51] aufgefunden, das schon 12 Jahre vorher (1935) von dem Japaner H. Yukawa vorausgesagt worden war und als *positiv* oder *negativ geladenes Teilchen* eine 272.2 fache, als *ungeladenes Teilchen* eine 264.2 fache Elektronen*masse* besitzt (rel. Atommasse ≈ 0.15). Die geladenen π^+- bzw. π^--Mesonen zerfallen unter Abgabe des Massenunterschieds in Form kinetischer Energie letztendlich in *Elektronen* e^+ bzw. e^- und *Neutrinos*[52] ($\tau_{1/2} = 2.6024 \times 10^{-8}$ s). Das ungeladene π^0-Meson ($\tau_{1/2} = 0.84 \times 10^{-16}$ s) ergibt zwei γ-Quanten oder ein e^-/e^+-Paar neben einem γ-Quant. Auf die Erdoberfläche gelangen die Myonen und Pionen teils

Tab. 153 Einige wichtige Elementarteilchen[a)]

	Leptonen (Spin 1/2)					**Quarks** (Spin 1/2) (nicht in freiem Zustande existent)			
Substruktur?	Name	Symbol[c)]	Masse[d)] (MeV)	$\tau_{1/2}$ (s)	Ladung[c)] q q̄	Name	Symbol[c)] q q̄	Masse[d)] (MeV)	Ladung q q̄
		ν_e $\bar{\nu}_e$	≈ 0	stabil	0 0	up	u ū	300	+2/3 −2/3
	Neutrinos	ν_μ $\bar{\nu}_\mu$	≈ 0	stabil	0 0	down	d d̄	300	−1/3 +1/3
		ν_τ $\bar{\nu}_\tau$	≈ 0	stabil	0 0	strange	s s̄	450	−1/3 +1/3
	Elektron	e^- e^+	0,5	stabil	−1 +1	charmed	c c̄	1 500	+2/3 −2/3
	Myon	μ^- μ^+	106	$\approx 10^{-6}$	−1 +1	bottom[e)]	b b̄	4900	−1/3 +1/3
	Tauon	τ^- τ^+	1800		−1 +1	top[f)]	t t̄	> 18000	+2/3 −2/3

	Hadronen — **Mesonen** (Spin 0)[b)]					**Baryonen** (Spin 1/2)[b)]				
Substruktur	Name	Symbol[c)]	Masse[d)] (MeV)	$\tau_{1/2}$ (s)	Quark-struktur	Name	Symbol[c)]	Masse[d)] (MeV)	$\tau_{1/2}$ (s)	Quark-struktur
	Pionen	π^0	135	$< 10^{-16}$	ūu/d̄d	Nukleonen				
		π^+ π^-	140	$\approx 10^{-8}$	d̄u	Proton	p^+ p^-	938	stab.	uud
	Kaonen	k^+ $\bar{k}^-$	494	$\approx 10^{-8}$	s̄u	Neutron	n n̄	940	$\approx 10^3$	udd
		k^0 $\bar{k}^0$	498	$\approx 10^{-10}$	s̄d	Hyperonen	Λ^0 $\bar{\Lambda}^0$	1116	$\approx 10^{-10}$	uds
	η-Meson	η^0	549	$\approx 10^{-19}$	ūu/d̄d/s̄s		Σ^+ $\bar{\Sigma}^+$	1189	$\approx 10^{-10}$	uus
	char-	D^0 $\bar{D}^0$	1863		ūc		Σ^0 $\bar{\Sigma}^0$	1192	$\approx 10^{-19}$	uds
	mante	D^+ $\bar{D}^-$	1868		d̄c		Σ^- $\bar{\Sigma}^-$	1197	$\approx 10^{-10}$	dds
	Mesonen	η_c^0	2980		c̄c		Ξ^0 $\bar{\Xi}^0$	1315	$\approx 10^{-10}$	uss
		B^- $\bar{B}^+$	5260		ūb		Ξ^- $\bar{\Xi}^-$	1321	$\approx 10^{-10}$	dss
		B^0 $\bar{B}^0$	5260		d̄b		Λ_c^+ $\bar{\Lambda}_c^+$	2273		udc
		y^0	9460		b̄b					

a) Als Träger der in der Natur zu beobachtenden Wechselwirkungen sind zusätzlich folgende Teilchen zu nennen: „*Gluonen*" für die starke Wechselwirkung (S. 89), „*Photonen*" für den Elektromagnetismus (S. 103), „*W- u. Z-Bosonen*" für die schwache Wechselwirkung (S. 89) und „*Gravitonen*" für die Gravitation. – **b)** Man kennt außer den aufgeführten Mesonen (Spin 0; Spinausrichtung ↑↓ der 2 Mesonenquarks) und Baryonen (Spin 1/2; Spinausrichtung ↑↓↑ der 3 Baryonenquarks) auch energiereiche – also schwerere – Mesonen und Baryonen mit paralleler Ausrichtung der Quarkspins (↑↑ bzw. ↑↑↑). Der Gesamtspin beträgt bei ihnen somit 1 bzw. 3/2 (Namen: ϱ-, K*-, Φ-Mesonen; Δ-, Σ*-, Ξ*-, Ω-Baryonen). Teilchen mit Spin 0 oder 1 sind „*Bosonen*", solche mit Spin 1/2 oder 3/2 „*Fermionen*". – **c)** Links: Teilchen; rechts: Antiteilchen; Mitte: Teilchen, die zugleich ihr Antiteilchen sind; am Symbol rechts oben: Ladung des Teilchens bzw. Antiteilchens. – **d)** Abgerundete Massen. 1 eV $\triangleq 1.0735 \times 10^{-12}$ kg. – **e)** Auch „beauty". – **f)** Auch „truth".

[51] Der Name Meson – von meson (griech.) = Mitte – rührt daher, daß seine Masse zwischen der des Elektrons und Protons liegt.

[52] Die π-Mesonen wandeln sich zunächst in μ-Mesonen gleichen Vorzeichens ($\pi^- \to \mu^- + \bar{\nu}_\mu$; $\pi^+ \to \mu^+ + \nu_\mu$), letztere direkt in Elektronen gleichen Vorzeichens um ($\mu^- \to e^- + \bar{\nu}_e + \nu_\mu$; $\mu^+ \to e^+ + \nu_e + \bar{\nu}_\mu$). Die hierbei auftretenden ungeladenen (praktisch) masselosen μ-Neutrinos ν_μ und $\bar{\nu}_\mu$ (früher „*Neutrettos*" und „*Antineutrettos*") unterscheiden sich von den e-Neutrinos ν_e und $\bar{\nu}_e$ (S. 91) dadurch, daß sie bei der Vereinigung mit Neutronen bzw. Protonen keine Elektronen (Anm. [18)], S. 91), sondern Myonen liefern.

unzersetzt als „*harte kosmische Strahlung*", teils in Form ihrer *Zerfallsprodukte* als „*weiche kosmische Strahlung*". Neben den hier und früher erwähnten leichteren Leptonen (Elektronen, Myonen) und den zu den Hadronen (S. 87) zu zählenden Mesonen (π^+, π^-, π^0) sowie Baryonen (Proton, Neutron) gibt es noch geladene schwerere Leptonen sowie geladene und ungeladene schwerere Hadronen, die meist künstlich durch Beschuß von Materie mit hochbeschleunigten Elektronen oder Protonen erzeugt wurden (man kennt bis heute einige Hundert solcher „Elementarteilchen")[53]. Tab. 153 informiert über einige wichtige Leptonen (Substruktur noch fraglich; möglicherweise Bau aus Präonen) und Hadronen (Bau aus 2 Quarks (Mesonen) bzw. 3 Quarks (Baryonen), vgl. S. 87; Substruktur der Quarks noch fraglich).

Je nach der Energie der zur Bombardierung von Atomkernen benutzten Elementarteilchen sind die Ergebnisse der Umsetzung verschieden. Benutzt man Teilchen verhältnismäßig „*geringer*" *Energie* (bis zu einigen 10 Millionen eV), so findet eine *einfache Kernreaktion* statt, bei welcher das auftreffende Teilchen absorbiert wird oder ein oder zwei Elementarteilchen aus dem getroffenen Kern herausschießt. Sind dagegen die Projektile sehr *energiereich* (einige 100 Millionen eV), so erfolgt eine ausgesprochene *Kernzersplitterung* (engl. „*spallation*"), bei welcher der beschossene Kern bis zu 40 und mehr Masseneinheiten verlieren kann. Besonders interessant ist eine dritte Art der Kernreaktion, die *Kernspaltung* (engl. „*fission*"), bei welcher der Atomkern in zwei Bruchstücke zerfällt. Sie erfolgt bei den instabilen schwereren Kernen häufig schon bei der Bestrahlung mit ganz langsamen Neutronen, bei den stabileren leichten Kernen nur unter der Einwirkung sehr energiereicher Geschosse. Bei einer vierten Art der Kernreaktion, der *Kernverschmelzung* (engl. „*fusion*") werden in Umkehrung der Kernspaltung leichte Kerne zu schwereren „zusammengeschweißt". Im folgenden werden diese verschiedenen Arten der Kernumwandlung näher besprochen.

2.1.1 Die einfache Kernreaktion

Methoden der Kernumwandlung

Zur einfachen Kernumwandlung werden *Heliumkerne*, *Wasserstoffkerne*, *Neutronen* und *schwerere Kerne* mit einer kinetischen Energie bis zu einigen 10 MeV oder kurzwellige *γ-Strahlen* verwendet. Die Einwirkung von α-Teilchen, Protonen, Deuteronen, Neutronen und γ-Strahlen führt hierbei in der Regel zu einer Vergrößerung oder Verkleinerung der Kernladungszahl des beschossenen Elements um maximal 2 Einheiten. Beispielsweise läßt sich Beryllium ${}^{9}_{4}\mathrm{Be}$ durch Beschuß mit α-Teilchen unter Herausschleuderung eines Deuterons ${}^{2}_{1}\mathrm{H}$, Protons ${}^{1}_{1}\mathrm{H}$ bzw. Neutrons ${}^{1}_{0}\mathrm{n}$ in das im Periodensystem rechts stehende nächste Element Bor bzw. übernächste Element Kohlenstoff umwandeln:

$$ {}^{9}_{4}\mathrm{Be} + {}^{4}_{2}\mathrm{He} \rightarrow {}^{2}_{1}\mathrm{H} + {}^{11}_{5}\mathrm{B}; \quad {}^{9}_{4}\mathrm{Be} + {}^{4}_{2}\mathrm{He} \rightarrow {}^{1}_{1}\mathrm{H} + {}^{12}_{5}\mathrm{B}; \quad {}^{9}_{4}\mathrm{Be} + {}^{4}_{2}\mathrm{He} \rightarrow {}^{1}_{0}\mathrm{n} + {}^{12}_{6}\mathrm{C}. $$

In analoger Weise verwandelt sich ${}^{9}_{4}\mathrm{Be}$ bei der Einwirkung von Protonen in den rechten oder linken Periodennachbarn Bor oder Lithium, bei der Einwirkung von Deuteronen in Lithium, bei der Einwirkung von Neutronen in Lithium oder ein massenreicheres Berylliumisotop und bei der Einwirkung von γ-Strahlen in Lithium oder ein massenärmeres Berylliumisotop.

In übersichtlicher Form lassen sich die besprochenen Prozesse durch eine **„Umwandlungsspinne"** des Berylliumkerns ${}^{9}_{4}\mathrm{Be}$ darstellen (vgl. Fig. 339). Die möglichen Elementumwandlungen sind hierbei durch Klammerausdrücke symbolisiert, wobei in der Klammer zuerst das eingeschossene Teilchen, dann das abgestrahlte Teilchen genannt wird. Demgemäß vereinfachen sich etwa die oben wiedergegebenen drei Prozesse zu:

$$ {}^{9}_{4}\mathrm{Be}\,(\alpha, \mathrm{d})\,{}^{11}_{5}\mathrm{B}; \quad {}^{9}_{4}\mathrm{Be}\,(\alpha, \mathrm{p})\,{}^{12}_{5}\mathrm{B}; \quad {}^{9}_{4}\mathrm{Be}\,(\alpha, \mathrm{n})\,{}^{12}_{6}\mathrm{C}. $$

[53] **Literatur.** B.H. Bransden: „*The Elementary Particles*", Quart. Rev. **21** (1967) 474–489; P. Joos: „*Die Elementarteilchen*" Physik in unserer Zeit **1** (1970) 9–15; H. Daniel: „*Mesonische Atome*", Physik in unserer Zeit **1** (1970) 155–161; N. Schmitz: „*Das Quark-Modell der Elementarteilchen*", Physik in unserer Zeit **2** (1971) 55–61, 86–90; Y. Nambu: „*The Confinement of Quarks*", Scientific American **235** (1976) 48–60; H. Fritzsch: „*Quarks – Urstoff unserer Welt*", Piper, München 1982.

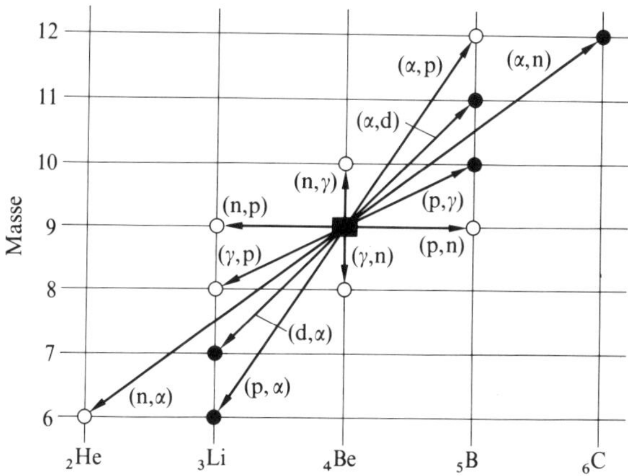

Fig. 339 „Umwandlungsspinne" des Berylliumkerns $^{9}_{4}$Be.
● = stabile Endkerne, ○ = radioaktive Endkerne

Besondere Bedeutung besitzt die Methode der einfachen Kernumwandlung mit leichten und schweren Kernen sowie Neutronen bei der Gewinnung der nicht oder nur in Spuren natürlich vorkommenden Elemente der Ordnungszahl 43 (*Technetium*; vgl. S. 1491), 61 (*Promethium*; S. 1781) 85 (*Astat*; S. 454), 87 (*Francium*; S. 1162), > 92 (*Transurane*; S. 1798) und > 103 (*Transactinoide*; Anm. [17)], S. 1418). Nachfolgend sei auf Einzelheiten einfacher Kernreaktionen näher eingegangen.

Kernumwandlung mit Heliumkernen

Trifft ein Heliumkern (α-Teilchen) auf einen Atomkern auf, so wird er von diesem im allgemeinen nicht einfach nur „eingefangen" (Beispiel: $^{7}_{3}\mathrm{Li} + ^{4}_{2}\mathrm{He} \rightarrow ^{11}_{5}\mathrm{B}$), sondern schleudert beim Aufprall meist zugleich einen Kernbaustein – ein Proton oder ein Neutron – heraus.

Emission von Protonen. Wird ein Proton aus dem Atomkern herausgeschleudert, so entsteht aus einem Element E der Kernladung k und der Masse m ein Element der Kernladung $k+1$ und Masse $m+3$:

$$^{m}_{k}\mathrm{E} + ^{4}_{2}\mathrm{He} \rightarrow ^{1}_{1}\mathrm{H} + ^{m+3}_{k+1}\mathrm{E}', \qquad (1)$$

weil das herausgeschleuderte Proton von den in Form des Heliumkerns zugeführten 2 Ladungs- und 4 Masseneinheiten 1 Ladungs- und 1 Masseneinheit mit sich führt.

Der älteste – schon historisch gewordene – Versuch dieser Art wurde im Jahre 1919 von dem englischen Physiker Lord Rutherford durchgeführt und stellt die *erste geglückte Elementumwandlung* überhaupt dar. Rutherford ließ die beim Zerfall von Bismut $^{212}_{83}$Bi (Thorium C) freiwerdenden, sehr energiereichen α-Strahlen (6 MeV) auf *Stickstoffgas* einwirken. Dabei beobachtete er auf einem dahinter gestellten Leuchtschirm neben den hellen Lichtblitzen der auf den Leuchtschirm auftreffenden Heliumkerne (Reichweite bis 7 cm) auch *schwächere Szintillationen* (Reichweite bis 40 cm). Durch exakte mathematische Analyse des Phänomens konnte er zeigen, daß diese schwächeren Lichtblitze von *Wasserstoffkernen* herrührten, und er gab diesem Befund die kühne Deutung, daß die beobachteten Wasserstoffteilchen (Protonen) *aus den Stickstoffkernen herausgeschossen* worden seien. Die späteren Untersuchungen bestätigten diese Deutung und zeigten, daß aus dem Stickstoff dabei Sauerstoff entsteht, und wir müssen heute den Scharfsinn des menschlichen Geistes bewundern, der imstande war, aus dem Aufblitzen einiger weniger Lichtpunkte auf einem Leuchtschirm die Lösung eines so uralten Rätsels und Wunschtraums der Menschheit, der künstlichen Elementverwandlung, abzuleiten.

Entsprechend der allgemeinen Gleichung (1) besitzt der bei der Beschießung von Stickstoff mit Heliumkernen neben Wasserstoff gebildete Sauerstoff die rel. Atommasse 17:

$$^{14}_{7}\mathrm{N} + ^{4}_{2}\mathrm{He} \rightarrow ^{1}_{1}\mathrm{H} + ^{17}_{8}\mathrm{O}. \qquad (2)$$

Da die Reaktion (2) mit einem *Massenzuwachs* von 16.999130 ($^{17}_{8}$O) + 1.007825 ($^{1}_{1}$H) – 14.003074 ($^{14}_{7}$N) – 4.002603 ($^{4}_{2}$He) = 0.001278 g verknüpft ist, der einer Energiemenge von 0.001278 × 931.5 = 1.19 MeV entspricht, benötigt man für diese Umsetzung α-Teilchen von *ausreichend hoher Energie*. Man nimmt an, daß sich intermediär durch Aufnahme des α-Teilchens ein angeregtes Fluoratom $^{18}_{9}\mathrm{F}^*$ bildet[54)], das unter Protonenabgabe in $^{17}_{8}$O übergeht[55)].

[54] In analoger Weise postuliert man auch in anderen Fällen die Bildung angeregter „*Zwischenkerne*" („*Compound-Kerne*").

[55] In einer Verzweigungsreaktion kann der Zwischenkern $^{18}_{9}\mathrm{F}^*$ auch unter Abgabe eines Neutrons in $^{17}_{9}$F übergehen. Das Verzweigungsverhältnis hängt von der Energie der α-Teilchen ab.

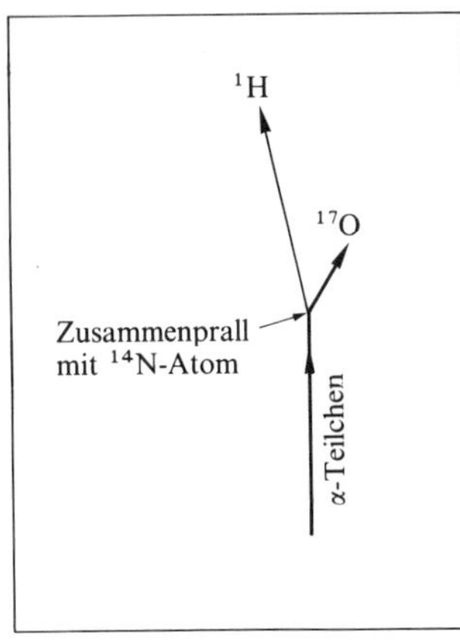

Fig. 340 Schematische Darstellung der Wilson-Aufnahme einer Kernumwandlung durch α-Teilchen.

Das Einfangen des α-Teilchens und die Entstehung zweier neuer Kerne bei der Kernreaktion (2) können dem Auge direkt *sichtbar gemacht* werden: Läßt man den Vorgang sich in einer mit gesättigtem Wasser- oder Alkoholdampf gefüllten Kammer (**„Wilson-Kammer“**, „*Nebelkammer*“) abspielen, in der man durch plötzliche Expansion (Abkühlung!) einen vorübergehenden Zustand der Übersättigung erzeugt, so wirken die längs der Bahn der Atomtrümmer durch Zusammenstoß mit Gasmolekülen erzeugten Ionen[56)] (vgl. S. 1735) als Kondensationskeime für Wasser- bzw. Alkoholtröpfchen. Bei geeigneter Beleuchtung kann man daher die Bahnen als weiße „Kondensstreifen“ auf dunklem Hintergrund sehen oder photographieren. Auf solchen „*Nebelaufnahmen*“ finden sich nun (Fig. 340) gelegentlich Bahnen von Heliumkernen, die an einer Stelle *plötzlich abbrechen* (Einfangen des Teilchens durch einen Stickstoffkern), während gleichzeitig *zwei neue Bahnspuren* von dieser Stelle ausgehen: eine dünne Spur des ausgeschleuderten Wasserstoffkerns und eine kräftige Spur des Sauerstoffkerns. Eine Analyse der Impulsbedingungen bei der Gabelung ergibt dabei in Übereinstimmung mit der obigen Reaktionsgleichung (2) die Massen 1 und 17.

Eine solche Atomumwandlung findet allerdings bei Verwendung von α-Strahlen aus natürlichen radioaktiven Quellen nur *äußerst selten* statt. Von 100000 α-Teilchen stößt durchschnittlich nur ein einziges in geeigneter Weise mit einem Stickstoffkern zusammen. Daher ist auch eine *chemische Isolierung* und *Charakterisierung* der bei der Kernreaktion (2) entstehenden Elemente Wasserstoff und Sauerstoff sehr erschwert, wie folgende Überschlagsrechnung zeigt: 1 g Radium entwickelt pro Jahr in Form von α-Strahlung 167 mm^3 Helium (S. 1734). Erzeugte jedes Heliumatom ein Wasserstoff- und ein Sauerstoffatom, so entstünden – da dann auf 2 Heliumatome 1 Wasserstoff- und 1 Sauerstoffmolekül entfielen – in 1 Jahr je rund 80 mm^3 Wasserstoff und Sauerstoff. Da aber von 100000 Heliumkernen nur einer wirksam ist, entwickeln sich bei einer einjährigen Bestrahlung von Stickstoff mit 1 g Radium nur je $80 : 100000 = 0.0008$ mm^3 (d. h. rund $^1/_{1000}$ Kubikmillimeter!) Wasserstoff und Sauerstoff[57)]. Demgegenüber ist bei Verwendung Cyclotron-beschleunigter α-Teilchen infolge der höheren α-Strahlen-Intensität und der vermehrten Trefferausbeute die Gewinnung wägbarer Mengen von Kernreaktionsprodukten in erträglichen Reaktionszeiten durchaus möglich.

In derselben Weise, in der man Stickstoff durch Bombardieren mit α-Strahlen in Sauerstoff überführen kann, kann man gemäß der allgemeinen Reaktionsgleichung (1) z. B. auch „Lithium“ in Beryllium, „Bor“ in Kohlenstoff, „Fluor“ in Neon, „Natrium“ in Magnesium, „Magnesium“ in Aluminium, „Aluminium“ in Silicium, „Silicium“ in Phosphor, „Phosphor“ in Schwefel oder „Calcium“ in Scandium umwandeln. Die Gesamtzahl bisher festgestellter derartiger (α, p)-Prozesse beträgt über 40.

Emission von Neutronen. Bei der Bombardierung von Atomkernen mit Heliumkernen können statt Protonen auch Neutronen herausgeschossen werden. In diesem Falle entsteht aus dem Element E von der Kernladung k und der Masse m ein Element von der Kernladung $k+2$ und der Masse $m+3$:

$$^{m}_{k}\mathrm{E} + {}^{4}_{2}\mathrm{He} \rightarrow {}^{1}_{0}\mathrm{n} + {}^{m+3}_{k+2}\mathrm{E}'. \tag{3}$$

Eine besonders wichtige Reaktion dieser Art ist die Umsetzung zwischen „Helium“- und „Beryllium“-kernen, die zur Bildung von Neutronen und Kohlenstoff führt:

---

56 Die Ionisationen durch α-, β-, und γ-Strahlen verhalten sich etwa wie 100000 : 100 : 1. Daher sind Bahnspuren von α-Teilchen in der Nebelkammer besonders stark ausgeprägt.

57 Der österreichische Chemiker Friedrich Adolf Paneth hat Methoden entwickelt, um solche kleinen Gasmengen – z. B. bei der Altersbestimmung von Mineralien und Meteoriten nach der Heliummethode (S. 1741) – exakt zu bestimmen.

$$^{9}_{4}Be + ^{4}_{2}He \rightarrow ^{1}_{0}n + ^{12}_{6}C. \qquad (4)$$

Sie diente und dient noch als besonders einfache und ergiebige Neutronenquelle („*Neutronenkanone*") zur *Laboratoriumsdarstellung von Neutronen* für weitere Atomumwandlungen (S. 1755). Und zwar benutzt man zu diesem Zwecke ein in ein Glasröhrchen eingeschmolzenes Gemisch von z. B. α-strahlendem *Radium*- ($^{226}_{88}Ra$) bzw. *Americium*salz ($^{241}_{95}Am$) mit metallischem *Beryllium*pulver oder eine in einen Edelstahlbehälter eingeschweißte Polonium-Beryllium-, Plutonium-Beryllium bzw. Americium-Beryllium-Legierung. Die gebildeten Neutronen, die im Falle der Verwendung von Radium eine maximale kinetische Energie von 7.8 Millionen eV (entsprechend einer Anfangsgeschwindigkeit von 39000 km/sec) besitzen[58], durchdringen als ungeladene Teilchen leicht die Gefäßwand und können so zur Einwirkung auf außerhalb des Glasröhrchens befindliche Materie gebracht werden. Höhere Neutronenintensitäten und -energien erreicht man durch Verwendung Cyclotron-beschleunigter α-Teilchen. Über weitere Neutronenquellen s. S. 1255 und 1771.

Bei der Durchführung der Reaktion (4) wurden die Neutronen im Jahre 1930 von den deutschen Physikern W. Bothe und H. Becker erstmals *entdeckt*. Allerdings hielten die beiden Forscher die Neutronenstrahlung wegen ihres großen Durchdringungsvermögens zunächst für eine *energiereiche γ-Strahlung*. Das Ehepaar Joliot-Curie zeigte 1931, daß diese Strahlung aus Paraffinwachs Protonen hoher Energie herauszuschießen in der Lage ist, und der englische Physiker J. Chadwick bewies dann 1932 im Laboratorium von E. Rutherford, daß es sich in Wirklichkeit nicht um γ-Strahlen, sondern um *ungeladene Teilchen von der Masse* 1 (rel. Atommasse: 1.008665012) handelt, die 12 Jahre vorher (1920) schon von Rutherford postuliert worden waren und für die W. D. Harkins 1921 den Namen **„Neutronen"** vorgeschlagen hatte (Symbol: n). Die Neutronen sind im freien Zustande *radioaktiv* und zerfallen mit einer Halbwertszeit von 10.6 Minuten unter β-Strahlung in Protonen: $^{1}_{0}n \rightarrow ^{1}_{1}p^{+} + ^{\;0}_{-1}e^{-} + \bar{\nu}_e$ (S. 91). Entsprechend der Kernladung 0 ist das Neutron im Periodensystem *vor dem Wasserstoff* einzureihen. Da es *keine Außenelektronen* besitzt und daher auch keine *chemischen Verbindungen* einzugehen in der Lage ist, ist es *chemisch inaktiv*.

Gemäß der durch Gleichung (3) wiedergegebenen Atomumwandlungsmethode kann man z. B. „Lithium" in Bor, „Bor" in Stickstoff, „Kohlenstoff" in Sauerstoff, „Stickstoff" in Fluor, „Fluor" in Natrium, „Natrium" in Aluminium, „Magnesium" in Silicium, „Aluminium" in Phosphor, „Silicium" in Schwefel, „Phosphor" in Chlor oder „Kalium" in Scandium überführen. Insgesamt kennt man bereits weit über 100 solcher (α,n)-Prozesse. Bei genügend großem Energiegehalt der Heliumkerne können auch mehrere (z. B. bis zu 9) Neutronen aus dem getroffenen Atomkern ausgeschleudert werden. So sind über 60 (α,2n)- und über 60 (α, 3n)-Prozesse bekannt.

Obwohl die schweren Kerne die α-Partikel wesentlich stärker als die leichten abstoßen, sind auch einige von ihnen (z. B. $^{75}_{33}As$) durch Heliumkerne hoher Energie (bis 300 MeV) umgewandelt worden:

$$^{75}_{33}As + ^{4}_{2}He \rightarrow ^{1}_{0}n + ^{78}_{35}Br.$$

Kernumwandlung mit Wasserstoffkernen

Wegen der geringeren erforderlichen kinetischen Energie (vgl. S. 1747) können die Wasserstoffkerne zum Unterschied von den Heliumkernen durch fremde Kerne häufig nur *eingefangen* werden, ohne daß es zur Emission irgendwelcher Kernbestandteile kommt. Andererseits können aber auch wie bei der Beschießung mit Heliumkernen Kernbausteine des bombardierten Atomkerns – Heliumkerne, Wasserstoffkerne, Neutronen – *herausgeschossen* werden[59].

Einfangen von Wasserstoffkernen. Bei der einfachen Aufnahme von Wasserstoffkernen entsteht entsprechend der Vermehrung der positiven Kernladung um 1 Einheit unter gleichzeitiger Abgabe eines γ-Quants das im Periodensystem auf das Ausgangselement folgende Element:

$$_{k}E + _{1}H \rightarrow _{0}h\nu + _{k+1}E'. \qquad (5)$$

Die Masse dieses Elements $_{k+1}E$ ist je nachdem, ob Protonen oder Deuteronen zur Anwendung gelangen, um 1 oder 2 Einheiten größer als die des ursprünglichen Grundstoffs ($^{m}_{k}E + ^{1}_{1}H \rightarrow ^{m+1}_{k+1}E'$; $^{m}_{k}E + ^{2}_{1}H \rightarrow ^{m+2}_{k+1}E'$).

---

58 Die Ausbeute an Neutronen ist, bezogen auf die α-Strahlung, sehr gering und beträgt etwa 30 Neutronen je 1 Million α-Teilchen.

59 Bei genügend *hoher Energie* der Protonen kann auch eine *Spaltung* des beschossenen Atomkerns erfolgen, wie die Umwandlung von Kupfer in Chlor und Aluminium bei der Beschießung mit Protonen von 50–60 MeV zeigt:

$$^{65}_{29}Cu + ^{1}_{1}H \rightarrow ^{1}_{0}n + ^{38}_{17}Cl + ^{27}_{13}Al.$$

So kann man auf diese Weise z. B. „Lithium" in Beryllium, „Beryllium" in Bor, „Kohlenstoff" in Stickstoff, „Fluor" in Neon oder „Silicium" in Phosphor umwandeln. Über 25 derartige (p, γ)-Prozesse sind bis heute bekannt.

Emission von α-Teilchen. Werden bei der Beschießung von Atomkernen mit Wasserstoffkernen Heliumkerne aus den Atomkernen herausgeschossen, so haben wir eine Umkehrung der Kernreaktion (1) vor uns:

$$_{k}E + {}_{1}H \rightarrow {}_{2}He + {}_{k-1}E'. \tag{6}$$

Die Masse des entstehenden, im Periodensystem links vom Ausgangselement stehenden Grundstoffs ist je nach der Art der verwendeten Wasserstoffkerne (^{1}H oder ^{2}H) um 3 oder 2 Einheiten kleiner als die des ursprünglichen Elements ($^{m}_{k}E + {}^{1}_{1}H \rightarrow {}^{4}_{2}He + {}^{m-3}_{k-1}E'$; $^{m}_{k}E + {}^{2}_{1}H \rightarrow {}^{4}_{2}He + {}^{m-2}_{k-1}E'$). Ein Beispiel für diesen Reaktionstypus ist die Umwandlung von „Lithium" $^{7}_{3}Li$ durch Protonen in Helium $^{4}_{2}He$:

$$^{7}_{3}Li + {}^{1}_{1}H \rightarrow {}^{4}_{2}He + {}^{4}_{2}He. \tag{7}$$

Daß diese Reaktion (die 1932 als erste mit künstlich beschleunigten Geschossen erzwungene Transmutation von Cockroft und Walton durchgeführt wurde) nicht dazu dienen kann, um Helium in meßbaren Mengen aus Lithium und Wasserstoff zu erzeugen, sei wieder an Hand eines *Zahlenbeispiels* erläutert: Wendet man bei der Reaktion (7) Protonen mit einer Energie von 0.2 MeV an, so dringt unter rund 100 Millionen Wasserstoffkernen nur ein einziger in einen Lithiumkern ein. Dies ist nicht verwunderlich, wenn man bedenkt, daß es sich – um einen früher (S. 92) gebrauchten Vergleich heranzuziehen – darum handelt, in einem Raum von 1000 Kubikmetern einen bestimmten Kubikmilimeter zu treffen, ohne zu zielen! Würde man einen Protonenstrom von 1 Milliampere Stärke (das ist die obere zur Zeit in Atomumwandlungs-Apparaturen erreichbare Grenze) ein ganzes Jahr lang auf Lithium richten, so entstünde in diesem Zeitraum nicht viel mehr als $\frac{1}{10}$ Kubikmillimeter Helium! An eine Umwälzung unserer „*Stoffwirtschaft*" durch das Verfahren der Beschießung von Atomkernen mit *Protonen* oder *Deuteronen* ist also wie im Falle der Beschießung von Atomkernen mit *Heliumkernen* (S. 1752) nicht zu denken.

Gleiches gilt für die Frage einer etwaigen Umgestaltung unserer „*Energiewirtschaft*" durch die obigen Arten der Kernumwandlung. Zwar liefert der einzelne Kernvorgang (7) für je 0.2 MeV aufgewandter Energie als Äquivalent für den dabei auftretenden Massenverlust von 0.001863 g/mol nach Abzug der 0.2 MeV einen Betrag von 17.3 MeV in Form kinetischer Energie der beiden entstehenden Heliumatome. Da aber 100 Millionen Wasserstoffkerne von 0.2 MeV Energie notwendig sind, um diese 17.3 Millionen eV zu erzeugen, muß in summa zur Gewinnung einer bestimmten Energiemenge doch ein milllionenmal größerer Energiebetrag aufgewendet werden. Im Gegensatz dazu haben die durch *Neutronen* bei den schwersten Atomkernen (ab Th) ausgelösten Kern-*Kettenreaktionen* (S. 1767) eine Umwälzung der Stoff- und Energieerzeugung eingeleitet.

Eine der Reaktion (7) ganz entsprechende Reaktion gibt das leichtere Lithiumisotop $^{6}_{3}Li$ mit Deuteronen[59]:

$$^{6}_{3}Li + {}^{2}_{1}H \rightarrow {}^{4}_{2}He + {}^{4}_{2}He\,. \tag{8}$$

Die dabei gebildeten α-Teilchen besitzen eine höhere kinetische Energie (11 MeV je Teilchen) als alle aus natürlichen radioaktiven Prozessen stammenden α-Strahlen; doch lassen sich im Cyclotron heute um 3–4 Zehnerpotenzen höhere Energien von Heliumkernen erzeugen. Auch das Berylliumnuklid $^{9}_{4}Be$ geht bei der Beschießung mit Deuteronen in zwei Heliumkerne über: $^{9}_{4}Be + {}^{2}_{1}H \rightarrow 2\,{}^{4}_{2}He + {}^{3}_{1}H$ (bezüglich des entstehenden Tritiums $^{3}_{1}H$ vgl. auch Gl. (10) und (16)).

Sonstige Beispiele für den Reaktionstypus (6) sind die Umwandlungen von „Beryllium" in Lithium, „Bor" in Beryllium, „Kohlenstoff" in Bor, „Stickstoff" in Kohlenstoff, „Fluor" in Sauerstoff, „Natrium" in Neon, „Magnesium" in Natrium, „Aluminium" in Magnesium, „Silicium" in Aluminium oder „Eisen" in Mangan. Die Gesamtzahl der bisher untersuchten (p,α)- und (d,α)-Prozesse beträgt über 50.

Emission von Protonen. Werden bei der Beschießung mit Wasserstoffkernen Wasserstoffkerne aus anderen Atomkernen herausgeschossen, so kommt es naturgemäß nicht zu einer Elementumwandlung, da bei der Kernreaktion die Zahl der Kernprotonen in den Atomen des bombardierten Elements unverändert bleibt:

$$_{k}E + {}_{1}H \rightarrow {}_{1}H + {}_{k}E. \tag{9}$$

Wohl aber geben solche Kernprozesse zur Bildung isotoper Kerne Veranlassung, wenn die aufgenommenen und abgegebenen Wasserstoffkerne verschiedene Masse haben. Bombardiert man beispielsweise Elemente mit Deuteronen oder Tritonen und werden dabei Protonen emittiert, so gelangt man zu Isotopen mit einer um 1 bzw. 2 Einheiten größeren Masse ($^{m}_{k}E + {}^{2}_{1}H \rightarrow {}^{1}_{1}H + {}^{m+1}_{k}E$; $^{m}_{k}E + {}^{3}_{1}H \rightarrow {}^{1}_{1}H + {}^{m+2}_{k}E$).

Ein besonders interessanter Fall dieser Art liegt bei der Kernreaktion

$$^{2}_{1}H + {}^{2}_{1}H \rightarrow {}^{1}_{1}H + {}^{3}_{1}H \tag{10}$$

(Energieentwicklung 4 MeV) vor, bei der M. L. E. Oliphant, P. Harteck und E. Rutherford 1934 erstmals ein *Wasserstoffisotop der rel. Masse* 3 („*Tritium*" T; vgl. S. 264) entdeckten, das mit einer Halbwertszeit von 12.346 Jahren unter β-Strahlung in ${}^{3}_{2}He$ (s. auch unten) übergeht: ${}^{3}_{1}H \rightarrow {}^{3}_{2}He + {}_{-1}^{0}e$. In analoger Weise lassen sich „Lithium", „Beryllium", „Bor", „Kohlenstoff", „Stickstoff", „Natrium" oder „Aluminium" in schwerere Isotope verwandeln. Insgesamt kennt man bereits über 160 solcher (d, p)-Prozesse. Weiterhin sind rund 15 (t,p)-Prozesse bekannt.

Emission von Neutronen. Die Bombardierung von Atomkernen mit Wasserstoffkernen unter Emission von Neutronen führt zur Bildung von Elementen, die im Periodensystem rechts vom Ausgangselement stehen:

$$ {}_{k}E + {}_{1}H \rightarrow {}_{0}n + {}_{k+1}E'. \tag{11}$$

Je nach der Anwendung von Protonen, Deuteronen oder Tritonen ist die Masse dieses Elements ${}_{k+1}E$ gleich der Masse des Ausgangselements (${}^{m}_{k}E + {}^{1}_{1}H \rightarrow {}^{1}_{0}n + {}_{k+1}{}^{m}E'$) oder um 1 bzw. 2 Einheiten größer (${}^{m}_{k}E + {}^{2}_{1}H \rightarrow {}^{1}_{0}n + {}^{m+1}_{k+1}E'$; ${}^{m}_{k}E + {}^{3}_{1}H \rightarrow {}^{1}_{0}n + {}^{m+2}_{k+1}E'$). Vielfach werden auch 2 oder mehr (bis zu 14) Neutronen ausgeschleudert (rund 120 bisher bekannte (p, 2n)- und (d, 2n)-Prozesse, über 70 (p, 3n)- und (d, 3n)-Fälle).

Eine besonders interessante Reaktion der Art (11) ist die Umsetzung von Deuteronen mit Deuterium – vgl. (10) – :

$$ {}^{2}_{1}H + {}^{2}_{1}H \rightarrow {}^{1}_{0}n + {}^{3}_{2}He \tag{12}$$

(Energieentwicklung 3.2 MeV), welche zur Bildung von *Helium mit der rel. Atommasse* 3 führt (S. 420). Ein solches Helium wäre ein idealer Füllstoff für Gasballons und Luftschiffe, da es als Helium-Isotop ebenso unentflammbar und reaktionsträge wie das gewöhnliche Helium und dabei um 25% leichter als dieses ist. Wegen der kleinen Ausbeuten bei künstlichen Elementumwandlungen (vgl. S. 1752, 1754) ist aber an eine präparative Auswertung von Gleichung (12) vorerst noch nicht zu denken. Dagegen läßt sich die Reaktion (12) als ergiebige *künstliche* – d.h. von radioaktiven Stoffen (wie im Falle (4)) unabhängige – *Neutronenquelle* (vgl. S. 1748) benutzen. So kann man auf diesem Wege mit dem Cyclotron unter günstigen Bedingungen Neutronenintensitäten schaffen, die sonst nur ein Gemisch von 100 kg Emanation und Beryllium ergeben würde. Die Energie der Neutronen kann bei Verwendung entsprechend *energiereicher* Deuteronen bis auf 20 MeV gesteigert werden. Auch die Einwirkung Cyclotron-beschleunigter Deuteronen auf Tritium ${}^{3}_{1}H$ (absorbiert an Titan oder Zirconium) oder auf Beryllium ${}^{9}_{4}Be$ wird zur Erzeugung von Neutronen hoher Energie herangezogen:

$$ {}^{3}_{1}H + {}^{2}_{1}H \rightarrow {}^{1}_{0}n + {}^{4}_{2}He; \qquad {}^{9}_{4}Be + {}^{2}_{1}H \rightarrow {}^{1}_{0}n + {}^{10}_{5}B\,. $$

Als weitere Beispiele für den Reaktionstypus (11) seien erwähnt: die Umwandlungen von „Lithium" in Beryllium, „Bor" in Kohlenstoff, „Kohlenstoff" in Stickstoff, „Stickstoff" in Sauerstoff, „Sauerstoff" in Fluor, „Fluor" in Neon, „Natrium" in Magnesium oder „Aluminium" in Silicium. Die Gesamtzahl der bisher bekannten (p,n)- und (d,n)-Prozesse beträgt mehrere hundert.

Kernumwandlung mit Neutronen

Einfangen von Neutronen. Erfolgt bei der Beschießung eine einfache Aufnahme des Neutrons durch den bombardierten Kern, so entsteht unter gleichzeitiger Ausstrahlung eines γ-Quants ${}^{0}_{0}h\nu$ ein Isotop des ursprünglichen Elements E:

$$ {}^{m}_{k}E + {}^{1}_{0}n \rightarrow {}^{0}_{0}h\nu + {}^{m+1}_{k}E\,. \tag{13}$$

Diese Art der Atomumwandlung ist heute *bei fast jedem Element* bekannt (festgestellt wurden bisher mehrere hundert derartige (n, γ)-Prozesse) und gelingt naturgemäß besonders leicht mit *langsamen* Neutronen (Energie um 1 eV). Solche Neutronen geringer Energie entstehen, wenn man schnelle Neutronen durch Wasser H_2O oder festes Paraffin C_mH_n hindurchtreten läßt, wobei sie infolge elastischer Zusammenstöße mit Wasserstoffkernen ihre Energie vermindern.

Die Einfangreaktion (13) ist besonders wichtig bei den schweren Elementen (S. 1761), dient aber ebenso bei leichteren Kernen zur Gewinnung von Isotopen (z. B. ${}^{23}_{11}Na \rightarrow {}^{24}_{11}Na$; ${}^{27}_{13}Al \rightarrow {}^{28}_{13}Al$; ${}^{63}_{29}Cu \rightarrow {}^{64}_{29}Cu$). Diese Isotope, die sich naturgemäß von den Mutterisotopen chemisch nicht abtrennen lassen, sind infolge des Neutronenüberschusses im allgemeinen β^--Strahler (vgl. S. 91, 1259). Hiervon macht man bei der von G. v. Hevesy (Nobelpreis 1943) eingeführten **„Aktivierungsanalyse"**[60] Gebrauch, bei der ein – z. B. nur in Spuren vorhandenes – Element (in Gesteinen, Legierungen oder anderen Stoffen) durch Neutro-

[60] **Literatur.** J. W. Winchester: „*Radioactivation Analysis in Inorganic Chemistry*", Progr. Inorg. Chem. **2** (1960) 1–32; D. H. F. Atkins, A. A. Smales: „*Activation Analysis*", Adv. Inorg. Radiochem. **1** (1959) 315–345; V. Krivan: „*Entwicklungsstand und Bedeutung der Aktivierungsanalyse*", Angew. Chem. **91** (1979) 132–155; Int. Ed. **18** (1979) 123; J. M. A. Lenihan, S. J. Thomson: „*Advances in Activation Analysis*", Acad. Press, London 1969 (Bd. **1**), 1972 (Bd. **2**); S. S. Nargolwalla, E. P. Przybylowicz: „*Activation Analysis with Neutron Generators*, Wiley, New York 1973; D. De Soete, R. Gijbels, J. Hoste: „*Neutron Activation Analysis*", Wiley, New York 1972; P. Kruger: „*Principles of Activation Analysis*", Wiley, New York 1971.

nenbeschuß zu einem radioaktiven Isotop aktiviert und mittels der so erzeugten Strahlung[61] identifiziert wird. So kann man etwa $^{55}_{25}Mn$, $^{75}_{33}As$ oder $^{197}_{79}Au$ mit Neutronen zu radioaktiven Isotopen $^{56}_{25}Mn$, $^{76}_{33}As$ bzw. $^{198}_{79}Au$ aktivieren, die mit Halbwertszeiten von 2.58 Stunden bzw. 26.4 Stunden bzw. 2.695 Tagen unter Aussendung von β^-- und γ-Strahlen zerfallen, wobei die Empfindlichkeit der Analysenmethode so groß ist, daß sich noch Mengen bis herab zu 10^{-10} g nachweisen lassen.

1936 zeigte E. Fermi als erster, daß eine Reihe von Elementen bei der Bestrahlung mit Neutronen radioaktiv wurde. Im gleichen Jahr wies G. v. Hevesy die Anwesenheit von 0.01 % Dy in einem Y-Präparat sowie von Spuren Eu in Gd-Präparaten nach, indem er die Proben mit Neutronen aus einer Ra-Be-Quelle bestrahlte. Eine eindrucksvolle Aktivierungsanalyse wurde 1961 mit einer Milligramm-Menge einer Haarsträhne von Napoleon I. durchgeführt, die seinerzeit einen Tag nach seinem Tod auf der Insel St. Helena (5. Mai 1821) abgeschnitten und seitdem aufbewahrt worden war. Sie führte zu dem Schluß, daß Napoleon offensichtlich keines natürlichen Todes starb, sondern das Opfer einer Arsenvergiftung wurde. Man konnte nicht nur die Anwesenheit und Menge von Arsen sicherstellen, sondern durch schrittweise Ermittlung des Arsengehalts in einigen 13 cm langen, dem Wachstum eines Jahres entsprechenden Haaren sogar zeigen, daß das Arsen während dieser einjährigen Zeitperiode mit Unterbrechungen gegeben wurde und zu welchen Zeitpunkten dies geschah.

Emission von Neutronen. In gleicher Weise wie bei (13) entsteht ein Isotop (Masse $m - 1$ statt $m + 1$) des beschossenen Elements (z. B. $^{99}_{42}Mo$ aus $^{100}_{42}Mo$), wenn beim Aufprall des Neutrons 2 Neutronen aus dem Kern geschleudert werden ($^{m}_{k}E + ^{1}_{0}n \rightarrow 2\,^{1}_{0}n + ^{m-1}_{k}E$; Dutzende bisher bekannter (n, 2n)-Prozesse). Das Neutron muß dabei mindestens eine Energie von 8 MeV besitzen, da die Bindungsenergie des Neutrons in den meisten Kernen rund 8 MeV beträgt (S. 1737). Für das Herausschießen von 3 Neutronen – (n, 3n)-Prozesse – ist dementsprechend eine Mindestenergie des Neutrons von 16 (= 24–8) MeV erforderlich.

Emission von Protonen. Werden bei der Bombardierung mit (energiereichen) Neutronen Protonen aus dem Atomkern herausgeschossen, so entsteht in Umkehrung des Reaktionstypus (11) der im Periodensystem vor dem Ausgangselement stehende Grundstoff:

$$^{m}_{k}E + ^{1}_{0}n \rightarrow ^{1}_{1}H + _{k-1}^{m}E' . \tag{14}$$

Ein besonders wichtiges Beispiel hierfür ist die – auch in der Natur sich abspielende (S. 1759) – Umwandlung von $^{14}_{7}N$ in ein β^--strahlendes[62] Kohlenstoffisotop der Masse 14:

$$^{14}_{7}N + ^{1}_{0}n \rightarrow ^{1}_{1}H + ^{14}_{6}C .$$

Man benutzt dieses Isotop als radioaktiven Indikator zur Aufklärung von Mechanismen organischer Reaktionen und zur geschichtlichen Altersbestimmung pflanzlicher und tierischer Organismen (vgl. „Kohlenstoffuhr", S. 1759).

Auf analoge Weise kann man z. B. „Fluor" in Sauerstoff, „Natrium" in Neon, „Magnesium" in Natrium, „Aluminium" in Magnesium, „Schwefel" in Phosphor, „Chrom" in Vanadium, „Eisen" in Mangan, „Nickel" in Cobalt, „Zink" in Kupfer, „Palladium" in Rhodium umwandeln usw. Rund 100 derartige (n, p)-Prozesse sind bis heute bekannt.

Anstelle des Protons $^{1}_{1}H$ (p) kann bei Einwirkung schneller Neutronen, z. B. auch ein Triton $^{3}_{1}H$ (t) aus einem Atomkern herausgeschossen werden. So können energiereiche, aus kosmischen Prozessen stammende Neutronen gemäß $^{14}_{7}N + ^{1}_{0}n \rightarrow ^{3}_{1}H + ^{12}_{6}C$ aus Luftstickstoff Tritium bilden, woher in der Hauptsache der geringe Gehalt der Atmosphäre an $^{3}_{1}H$ (vgl. S. 1760) und an $^{3}_{2}He$ ($^{3}_{1}H$ geht als β-Strahler in $^{3}_{2}He$ über) stammt.

Emission von α-Teilchen. Das Herausschießen von Heliumkernen durch energiereiche Neutronen führt in Umkehrung von Reaktionstypus (3) zur Bildung eines im Periodensystem zwei Stellen vor dem Ausgangsstoff stehenden Elements:

$$^{m}_{k}E + ^{1}_{0}n \rightarrow ^{4}_{2}He + ^{m-3}_{k-2}E' . \tag{15}$$

Man verwendet diesen Reaktionstyp z. B. zur Umwandlung von Lithium $^{6}_{3}Li$ in Tritium $^{3}_{1}H$ im Kernreaktor:

$$^{6}_{3}Li + ^{1}_{0}n \rightarrow ^{4}_{2}He + ^{3}_{1}H . \tag{16}$$

Das Tritium (S. 264) wird hierbei vom Uran als UT_3 absorbiert und beim Erhitzen auf 500 °C wieder abgegeben. Es kann zur Trennung vom Helium auch in T_2O umgewandelt werden, das sich leicht von He abtrennen läßt.

In analoger Weise entsteht z. B. aus „Bor" Lithium, aus „Aluminium" Natrium, aus „Phosphor" Aluminium, aus „Chlor" Phosphor, aus „Scandium" Kalium, aus „Mangan" Vanadium, aus „Cobalt" Mangan, aus „Germanium" Zink, aus „Thorium" Radium usw. Gesamtzahl der bisher festgestellten (n, α)-Prozesse über 50.

---

[61] Meist wird hierzu die γ-Strahlung des zu identifizierenden Elements benutzt, wobei sich aus Halbwertszeit und Intensität der Strahlung die Art und Menge des Spurenelements ableiten läßt.

[62] Bei der β^--Emission verwandelt sich $^{14}_{6}C$ wieder in das Ausgangs-$^{14}_{7}N$ zurück: $^{14}_{6}C \rightarrow _{-1}^{0}e + ^{14}_{7}N + \bar{\nu}_e$.

Fig. 341 Schematische Darstellung der Wilson-Aufnahme einer Kernumwandlung durch Neutronen.

Da die Neutronen als *ungeladene Teilchen* die Atome eines Gases frei durchfliegen, ohne sie zu ionisieren, offenbaren sie in einer Wilson-Kammer ihre Anwesenheit nur bei der *Kollision mit einem anderen Atomkern*. Die bei diesem Zusammenstoß gebildeten zwei Atomtrümmer machen sich durch das plötzliche Erscheinen zweier von einem Punkte ausgehender *Nebelspuren* bemerkbar (Fig. 341), während die Bahn des auftreffenden Neutrons *unsichtbar* bleibt.

Im allgemeinen begünstigen *langsame* Neutronen (kinetische Energie < 1 eV) den Vorgang (13), *mittelschnelle* ($1-10^5$ eV) den Vorgang (14) und *schnelle* ($1-10^5$ eV) den Vorgang (15). Zur Spaltung von Atomkernen mit Neutronen vgl. S. 1761.

Kernumwandlung mit schwereren Atomkernen

Erheblich größere Änderungen der Kernladungszahl treten ein, wenn man Kerne mit schwereren Atomkernen als $_1H$ oder $_2He$ beschießt, z.B. mit ^6_3Li, ^9_4Be, $^{11}_5B$, $^{12}_6C$, $^{14}_7N$, $^{16}_8O$, $^{19}_9F$ oder $^{20}_{10}Ne$. Da hierbei normalerweise nur Neutronen aus dem getroffenen Kern ausgeschleudert werden, vergrößert sich dabei die Kernladungszahl des Elements um 3, 4, 5, 6, 7, 8, 9 bzw. 10 Einheiten. Beispiele für solche Elementumwandlungen bringt die nachfolgende Tabelle.

$^{58}_{28}Ni + ^6_3Li \rightarrow ^1_0n + ^{63}_{31}Ga$	$^{115}_{49}In + ^{14}_7N \rightarrow 4^1_0n + ^{125}_{56}Ba$	$^{142}_{60}Nd + ^{16}_8O \rightarrow 6^1_0n + ^{152}_{68}Er$
$^{12}_6C + ^{11}_5B \rightarrow 3^1_0n + ^{20}_{11}Na$	$^{141}_{59}Pr + ^{14}_7N \rightarrow 6^1_0n + ^{149}_{66}Dy$	$^{144}_{62}Sm + ^{16}_8O \rightarrow 6^1_0n + ^{154}_{70}Yb$
$^{65}_{29}Cu + ^{12}_6C \rightarrow 3^1_0n + ^{74}_{35}Br$	$^{165}_{67}Ho + ^{14}_7N \rightarrow 5^1_0n + ^{174}_{74}W$	$^{181}_{73}Ta + ^{16}_8O \rightarrow 5^1_0n + ^{192}_{81}Tl$
$^{75}_{33}As + ^{12}_6C \rightarrow 5^1_0n + ^{82}_{39}Y$	$^{182}_{74}W + ^{14}_7N \rightarrow 5^1_0n + ^{191}_{81}Tl$	$^{197}_{79}Au + ^{16}_8O \rightarrow 9^1_0n + ^{204}_{87}Fr$
$^{79}_{35}Br + ^{12}_6C \rightarrow 3^1_0n + ^{88}_{41}Nb$	$^{197}_{79}Au + ^{14}_7N \rightarrow 6^1_0n + ^{205}_{86}Rn$	$^{141}_{59}Pr + ^{19}_9F \rightarrow 8^1_0n + ^{152}_{68}Er$
$^{115}_{49}In + ^{12}_6C \rightarrow 4^1_0n + ^{123}_{55}Cs$	$^{65}_{29}Cu + ^{16}_8O \rightarrow 2^1_0n + ^{79}_{37}Rb$	$^{142}_{60}Nd + ^{19}_9F \rightarrow 8^1_0n + ^{153}_{69}Tm$
$^{121}_{51}Sb + ^{12}_6C \rightarrow 7^1_0n + ^{126}_{57}La$	$^{96}_{44}Ru + ^{16}_8O \rightarrow 5^1_0n + ^{107}_{52}Te$	$^{144}_{62}Sm + ^{19}_9F \rightarrow 8^1_0n + ^{155}_{71}Lu$
$^{181}_{73}Ta + ^{12}_6C \rightarrow 5^1_0n + ^{188}_{79}Au$	$^{115}_{49}In + ^{16}_8O \rightarrow 5^1_0n + ^{126}_{57}La$	$^{140}_{58}Ce + ^{20}_{10}Ne \rightarrow 8^1_0n + ^{152}_{68}Er$
$^{197}_{79}Au + ^{12}_6C \rightarrow 9^1_0n + ^{200}_{85}At$	$^{139}_{57}La + ^{16}_8O \rightarrow 6^1_0n + ^{149}_{65}Tb$	$^{141}_{59}Pr + ^{20}_{10}Ne \rightarrow 8^1_0n + ^{153}_{69}Tm$
$^{203}_{81}Tl + ^{12}_6C \rightarrow 5^1_0n + ^{210}_{87}Fr$	$^{140}_{58}Ce + ^{16}_8O \rightarrow 6^1_0n + ^{150}_{66}Dy$	$^{142}_{60}Nd + ^{20}_{10}Ne \rightarrow 8^1_0n + ^{154}_{70}Yb$
$^{206}_{82}Pb + ^{12}_6C \rightarrow 5^1_0n + ^{213}_{88}Ra$	$^{141}_{59}Pr + ^{16}_8O \rightarrow 7^1_0n + ^{150}_{67}Ho$	$^{144}_{62}Sm + ^{20}_{10}Ne \rightarrow 7^1_0n + ^{157}_{72}Hf$

Man kennt heute u.a. schon rund 100 Fälle von Umwandlungen mit Kohlenstoffkernen, über 40 Umwandlungen mit Stickstoffkernen und über 70 Umwandlungen mit Sauerstoffkernen.

Besondere Bedeutung besitzt diese Methode der Kernumwandlung bei der Gewinnung der *schweren Actinoide* ab $_{98}Cf$ (vgl. S. 1799) und der *leichteren Transactinoide* bis Eka-W (vgl. S. 1418, 1436, 1478), während man zur Bildung der *schwereren Transactinoide* ab Eka-Re Elemente (z.B. $^{209}_{83}Bi$, $^{208}_{82}Pb$) mit sehr schwerem Atomkernen wie $^{54}_{24}Cr$, $^{58}_{26}Fe$, $^{62}_{28}Ni$, $^{64}_{28}Ni$ beschießt (vgl. S. 1503, 1547, 1574, 1604, 1364).

Kernumwandlung mit γ-Strahlen

Auch sehr kurzwellige γ-Strahlen – wie die des Thalliums $^{208}_{91}Tl$ („Thorium C") mit einer Energie von 2.6 MeV – können Atomumwandlungen bewirken (**„Kernphotoeffekt"**). Es handelt sich hier um die Umkehrung der Reaktionstypen (5) und (13), die ja wie alle exothermen Kernreaktionen stets mit der gleichzeitigen Emission von γ-Strahlung verknüpft sind. Erwähnt sei hier etwa die Aufspaltung von „Deuteronen" in Neutronen und Protonen:

$$^2_1H + ^0_0h\nu \rightarrow ^1_0n + ^1_1H\,.$$

Eine der bekanntesten Reaktionen dieser Art ist die γ-Bestrahlung von ^9_4Be gemäß

$$^9_4Be + ^0_0h\nu \rightarrow ^1_0n + 2^4_2He,$$

die eine leicht zugängliche *Neutronenquelle* darstellt. Als γ-Strahler verwendet man hierbei z.B. $^{124}_{51}Sb$ (Halbwertszeit 60.3 Tage), das γ-Strahlen mit Energien bis zu 2.09 MeV emittiert und zum Zwecke der Neutronenerzeugung mit Berylliumpulver innig gemischt wird. Andere verwendete γ-Strahler sind $^{24}_{11}Na$, $^{88}_{39}Y$, $^{116}_{49}In$ und $^{140}_{57}La$.

Mit γ-Strahlen *hoher* und *höchster* Energie (20–250 MeV) gelingt auch die Umwandlung besonders stabiler Atomkerne wie etwa des Silbers oder Bors:

$$^{107}_{47}Ag + ^{0}_{0}h\nu \rightarrow ^{1}_{0}n + ^{106}_{47}Ag; \quad ^{11}_{5}B + ^{0}_{0}h\nu \rightarrow 3^{1}_{1}H + ^{8}_{2}He.$$

Das in letzterem Fall gebildete Heliumisotop der Masse 8 geht mit einer Halbwertszeit von 122 Millisekunden unter β^--Strahlung in $^{8}_{3}Li$ über ($^{8}_{2}He \rightarrow {}_{-1}^{0}e + ^{8}_{3}Li$), welches seinerseits unter weiterer β^--Strahlung spontan in zwei Heliumkerne $^{4}_{2}He$ zerfällt[63] ($^{8}_{3}Li \rightarrow {}_{-1}^{0}e + 2^{4}_{2}He$). Rund 50 ($\gamma$, n)- und ($\gamma$, p)-Prozesse sind bis heute bekannt.

Künstliche Radionuklide

Die bei der vorstehend beschriebenen Beschießung von Elementen mit Heliumkernen, Wasserstoffkernen, Neutronen, höheren Kernen oder γ-Strahlen entstehenden neuen Elemente sind in der Mehrzahl der Fälle *nicht beständig*, sondern *radioaktiv* (**„künstliche“** bzw. – sinnvoller – **„induzierte Radioaktivität“**). Der erste Fall einer derartigen künstlichen Radioaktivität mit β^+-Strahlung wurde im Jahre 1934 von dem Forscherehepaar Irène Curie (1897–1956) und Frédéric Joliot (1900–1958) beobachtet. Sie fanden, daß die bei der Beschießung von „Aluminium“ mit α-Strahlen des Poloniums neben stabilen Siliciumatomen $^{30}_{14}Si$ (95%; $^{27}_{13}Al + ^{4}_{2}He \rightarrow ^{1}_{1}H + ^{30}_{14}Si$) entstehenden „Phosphoratome“ $^{30}_{15}P$ (5%) unter Abgabe von „Positronen“ mit einer Halbwertszeit von 2.50 min radioaktiv zerfallen:

$$^{27}_{13}Al + ^{4}_{2}He \rightarrow ^{1}_{0}n + ^{30}_{15}P; \quad ^{30}_{15}P \rightarrow ^{30}_{14}Si^- + ^{0}_{1}e^+.$$

Daß die Positronenstrahlung in der Tat von radioaktiven Phosphoratomen ausging, konnte chemisch dadurch bewiesen werden, daß die Strahlung beim Auflösen des verwendeten Aluminiumblechs in Salzsäure ($Al + 3H^+ \rightarrow Al^{3+} + 3H$) nicht in die Lösung, sondern in das entstehende PH_3-Gas ($P + 3H \rightarrow PH_3$) überging, und daß beim Lösen des aktivierten Aluminiums in Königswasser ($2P + 2\frac{1}{2}O_2 + 3H_2O \rightarrow 2H_3PO_4$) und Zusatz von etwas Phosphat und Zirconiumsalz die Radioaktivität quantitativ mit dem ausfallenden Zirconiumphosphat aus der Lösung entfernt wurde.

Die Energie der Positronen im Augenblick der Aussendung läßt sich leicht aus dem Massenverlust bei der Elementumwandlung und dem Energie/Masse-Äquivalent des Positrons (0.51 MeV) errechnen. Für die Umwandlung

$$^{64}_{29}Cu \rightarrow ^{64}_{28}Ni^- + ^{0}_{1}e^+,$$

die mit einem Massenverlust von 63.92922 ($^{64}_{29}Cu$)–63.92797 ($^{64}_{28}Ni^-$) = 0.00125 g je mol, entsprechend 1.17 MeV Energie je Atom verknüpft ist, folgt so z. B. für die kinetische Energie der von Kupfer ausgesandten Positronen ein Wert von 1.17–0.51 = 0.66 MeV, der auch in der Tat experimentell beobachtet wird.

Seitdem sind zahllose weitere Fälle von künstlicher Radioaktivität aufgefunden worden, so daß man heute von *jedem* der rund 110 bekannten Elemente mindestens *ein*, gewöhnlich jedoch *mehrere* radioaktive Isotope kennt. Die meisten künstlich gewonnenen radioaktiven Elemente zerfallen dabei entweder unter Ausstrahlung von *positiven* oder unter Ausstrahlung von *negativen Elektronen* („**β^--, β^+-Zerfall**“). Der Ausstrahlung von Positronen aus dem Atomkern ist die Aufnahme von Negatronen („*Elektroneneinfang*“) im Kern aus einer inneren Elektronenschale des Atoms, gewöhnlich der *K*-Schale (**„K-Einfang“**)[64], äquivalent[65]. In

[63] Andere Kerne, die analog $^{8}_{3}Li$ unter β^-- oder β^+-Strahlung spontan in zwei (oder drei) Heliumkerne $^{4}_{2}He$ zerfallen, sind z. B. $^{9}_{3}Li(\rightarrow 2^{4}_{2}He + ^{1}_{0}n + {}_{-1}^{0}e)$, $^{8}_{4}Be$ ($\rightarrow 2^{4}_{2}He$), $^{8}_{5}B$ ($\rightarrow 2^{4}_{2}He + {}_{+1}^{0}e$) und $^{12}_{7}N$ ($\rightarrow 3^{4}_{2}He + {}_{+1}^{0}e$).

[64] Der *Elektroneneinfang* kann an der bei der Auffüllung der *K*- bzw. *L*-Schale durch ein äußeres Elektron auftretenden Röntgenstrahlung (S. 112) erkannt werden und ist naturgemäß die einzige Art des radioaktiven Zerfalls, die durch die chemische Zusammensetzung beeinflußt wird (z. B. Halbwertszeit von $^{7}_{4}Be$ in BeF_2 um 0.08 % größer als in Be-Metall).

[65] Beim „*K-Einfang*“ (entdeckt von L. W. Alvarez, 1937) wächst die Kernmasse um die Masse eines Elektrons e^- und das Massenäquivalent von 0.783 MeV (S. 91) bei der *Positronenausstrahlung* nimmt die Kernmasse um die Masse eines Positrons e^+ ab und um das Massenäquivalent von 1.805 MeV (entsprechend der Masse eines Elektronenzwillings $e^- + e^+$ (S. 1823) plus 0.783 MeV) zu (S. 91):

$$p^+ + e^- + 0.783\ \text{MeV} \rightarrow n; \quad p^+ + 1.805\ \text{MeV} \rightarrow n + e^+.$$

Daher ist in beiden Fällen der Massenzuwachs gleich groß (e^- + 0.783 MeV), so daß das gebildete Isotop in beiden Fällen die genau gleiche Masse besitzt.

beiden Fällen wandelt sich das radioaktive Element in das im Periodensystem davorstehende Element um. So geht z. B. das radioaktive Kaliumisotop $^{40}_{19}K$ (vgl. S. 1725) zu 11 %[66] durch *K*-Einfang in das natürliche, beständige Argonisotop $^{40}_{18}Ar$ über. Eine Emission von *Heliumkernen* (**„α-Zerfall"**) wie bei den „*natürlichen*" radioaktiven Elementen wird bei den „*künstlichen*" radioaktiven Elementen fast ausschließlich bei den *schweren* Elementen, dagegen nur ganz vereinzelt bei den *leichten* Elementen (z. B. $^{8}_{4}Be \rightarrow {}^{4}_{2}He + {}^{4}_{2}He$) beobachtet; umgekehrt ist der Zerfall unter Bildung von *Protonen* (**„Protonenzerfall"**) nur bei den *künstlichen* Nukliden bekannt. Darüber hinaus vermögen sich die künstlichen wie die natürlichen Nuklide unter **Spontan**- sowie **Cluster-Zerfall** (S. 1729) in Tochternuklide zu spalten.

Ob ein *positives* oder ein *negatives* Elektron ausgestrahlt wird, hängt davon ab, ob in dem durch Beschießen gewonnenen neuen Atomkern das *Verhältnis von Protonen zu Neutronen* gegenüber dem optimalen Zahlenverhältnis *zu groß* oder *zu klein* ist (vgl. S. 91). So sind z. B. die durch *Einfangen von Neutronen* gebildeten radioaktiven Elemente stets „*negatronenaktiv*", indem die vermehrte Neutronenzahl durch Übergang von Neutronen in Protonen ($n \rightarrow p^+ + e^-$) wieder verringert wird. Umgekehrt sind die durch *Protonenaufnahme* entstehenden radioaktiven Kerne „*positronenaktiv*", indem sie sich durch Übergang von Protonen in Neutronen ($p^+ \rightarrow n + e^+$) stabilisieren. Die *Geschwindigkeit* des radioaktiven Zerfalls folgt in beiden Fällen den beim *natürlichen radioaktiven Zerfall* besprochenen Zerfallsgesetzen (S. 1738).

Anwendungen. Die *künstlichen Radionuklide* erweitern in willkommener Weise die Zahl der für radioaktive Bestrahlungs-, Energiegewinnungs- und Indikatorzwecke in Analytik, Forschung, Technik, Medizin und Biochemie brauchbaren Grundstoffe. Erleichtert wird deren Verwendung durch die Tatsache, daß die künstlichen Radionuklide heutzutage im Kernreaktor auch in größeren Mengen *gewonnen* werden können (vgl. S. 1770) und vielfach sogar *leichter erhältlich* und *billiger* sind als die natürlichen Radionuklide (S. 1727). Man nutzt hierbei sowohl „*umschlossene Strahler*", d. h. Radionuklide in einer Umhüllung, welche für die betreffenden Radionuklide nicht, für deren Strahlung aber sehr wohl durchlässig ist, als auch „*offene Strahler*". Erstere werden etwa zur Steuerung technischer Prozesse, Materialprüfung, Therapie von Tumoren, letztere in der analytischen, medizinischen und biochemischen Forschung sowie für reaktionsmechanistische Studien und in der medizinischen Diagnostik verwendet. Als besonders wertvoll für Indikatorzwecke haben sich β^--strahlende sowie (insbesondere in der medizinischen regionalen Funktionsdiagnostik) β^+-strahlende Nuklide wie folgende erwiesen (in Klammern: Zerfallshalbwertszeiten in Jahren, Tagen, Stunden bzw. Minuten):

β^--Strahler				*β^+-Strahler*			
$^{3}_{1}H$	(12.323a)	$^{45}_{20}Ca$	(163d)	$^{11}_{6}C$	(20.38 m)	$^{73}_{34}Se$	(7.1 h)
$^{14}_{6}C$	(5730a)	$^{59}_{26}Fe$	(45.1d)	$^{13}_{7}N$	(9.96m)	$^{75}_{35}Br$	(1.6 h)
$^{24}_{11}Na$	(14.96 h)	$^{65}_{30}Zn$	(244d)	$^{15}_{8}O$	(2.03 m)	$^{77}_{35}Br$	(57.0 h)
$^{32}_{15}P$	(14.3d)	$^{89}_{38}Sr$	(50.5d)	$^{18}_{9}F$	(109.7m)	$^{122}_{53}I$	(3.6m)
$^{35}_{16}S$	(87.5d)	$^{131}_{53}I$	(8.02d)	$^{30}_{15}P$	(2.50m)		

Die Nutzung der Radionuklide für *radioaktive Markierungen* sowie als *Erzeuger radioaktiver Strahlung* wurde bereits im Zusammenhang mit der natürlichen Radioaktivität erwähnt (vgl. S. 1727 und 1733). Ihre Verwendung in der *Technik* und zur *Materialprüfung* betrifft u. a. Messungen von Beschichtungs-, Folien- und Blechdicken (vgl. S. 1734), von Füllständen, von Verschleißvorgängen (S. 1728), von Strömungsgeschwindigkeiten und Volumina. Von Bedeutung ist in diesem Zusammenhang auch die radioaktive Markierung des Beginns einer neuen Ölcharge, die beim Transport durch Ölleitungen üblicherweise direkt auf die zuvor transportierte Charge gepumpt wird. In *Analytik* und *Forschung* nutzt man die Radionuklide u. a. zur Bestimmung kleinster Stoffmengen (vgl. S. 1728), von Dampfdrücken, Löslichkeiten und anderen physikalischen Größen (S. 1734), zur Überprüfung analytischer Verfahren, für Reinheits- und Gehaltsbestimmungen, für Studien von Reaktionsmechanismen und Katalysatorwirkungen, für Rückstandsuntersuchungen an Nahrungsmitteln, für Studien der Resorption, Verteilung, Speicherung, Ausscheidung und Metabolisierung von Pharmaka, Kosmetika, Umweltchemikalien (Pflanzenschutz, Futter- sowie Lebensmittelzusatz, Tensid).

Erwähnenswert ist ferner die Verwendung des β-strahlenden Kohlenstoffisotops $^{14}_{6}C$ zur Altersbestimmung kohlenstoffhaltiger historischer und prähistorischer Organismen („*Kohlenstoff-Uhr*"). Unter der Einwirkung der kosmischen Strahlung (S. 1748), die Stickstoff in Kohlenstoff umzuwandeln vermag (vgl. S. 1756), hat sich in der Atmosphäre im Laufe der Jahrmillionen eine Gleichgewichtskonzentration von

[66] 89 % gehen unter β^--Strahlung in $^{40}_{20}Ca$ über (S. 1728).

$^{14}CO_2$ eingestellt. Sie entspricht 16 ^{14}C-Atom-Zerfällen je g Kohlenstoff pro Minute, ist also außerordentlich gering. Analoges gilt für die *Pflanzen*, die bei der *Assimilation*, und für die *Tiere*, die über die *Pflanzen* die Gleichgewichtskonzentration von ^{14}C in sich aufnehmen und sie während ihrer Lebenszeit infolge des dauernden Ausgleichs mit der Umwelt konstant erhalten. Sobald aber ein lebender Organismus stirbt, vermag er keinen neuen radioaktiven Kohlenstoff mehr zu inkorporieren. Damit sinkt die ^{14}C-Aktivität nach Ablauf von 5730 Jahren auf die Hälfte (Zerfall von 8 ^{14}C-Atomen je g C pro Min.), nach Ablauf von 11460 Jahren auf ein Viertel (Zerfall von 4 ^{14}C-Atomen je g C pro Min.) usw. Umgekehrt kann man somit aus dem Maß der in einem abgestorbenen Organismus (z. B. der Holzplanke eines alten Schiffes, den Knochenresten eines prähistorischen Tieres) je Gramm C noch vorhandenen ^{14}C-Aktivität mit Hilfe der Halbwertszeit von ^{14}C zurückrechnen, zu welchem Zeitpunkt er noch *volle* Aktivität besaß, d. h. wann er gestorben ist. Auf diese Weise ist nach W. F. Libby (ab 1947) eine experimentelle Überprüfung geschichtlicher und vorgeschichtlicher Zeitangaben (Altersbestimmungen zwischen 400 und 30000 Jahren mit einer Fehlergrenze von durchschnittlich 5%) möglich. So ließ sich etwa durch die Untersuchung eines Plankenstücks des großen Leichenschiffs des Königs Sesostris III. von Ägypten (1887–1849 v. Chr.) das von den Archäologen angegebene Alter von 3800 Jahren experimentell bestätigen.

In ähnlicher Weise wie bei dem in der Atmosphäre gemäß $^{14}_{7}N + ^{1}_{0}n \rightarrow ^{1}_{1}H + ^{14}_{6}C$ gebildeten Kohlenstoffisotop $^{14}_{6}C$ hat sich auch bei dem in der Atmosphäre durch eine Nebenreaktion von $^{14}_{7}N$ gemäß $^{14}_{7}N + ^{1}_{0}n \rightarrow ^{3}_{1}H + ^{12}_{6}C$ gebildeten Wasserstoffisotop Tritium $^{3}_{1}H$ (β^--Strahler)[67] eine Gleichgewichtskonzentration an Tritium im Wasser eingestellt (1 Teil $^{3}_{1}H$ auf 10^{17} Teile $^{1}_{1}H$), die sich bei Abtrennung des Wassers von der äußeren Atmosphäre infolge des Zerfalls von $^{3}_{1}H$ mit einer Halbwertszeit von 12.346 Jahren verringert. Man kann daher den Tritiumgehalt eines Wassers z. B. zur Altersnachprüfung von – bis 50 Jahre alten – Weinen oder zur Lösung der Frage heranziehen, ob Untergrund-Wasser aus neueren Regenfällen oder aus großen unterirdischen, von der Atmosphäre abgeschlossenen Reservoiren stammen („*Tritium-Uhr*").

Über die vorgenannten Anwendungen hinaus gewinnen die künstlichen radioaktiven Nuklide zunehmende medizinische und biochemische Bedeutung, da sie leichter dosierbar sind als die natürlichen radioaktiven Stoffe und zudem im Organismus verbleiben können, weil sie bei ihrem Abklingen vielfach in harmlose Stoffe übergehen. Unter diesen „*Radionukliden*" seien hier erwähnt das aus gewöhnlichem Natrium ($^{23}_{11}Na$) durch Neutronenbeschuß gewinnbare „*Radio-Natrium*" $^{24}_{11}Na$, das mit einer Halbwertszeit von 15.03 Stunden in Magnesium übergeht ($^{24}_{11}Na \rightarrow ^{24}_{12}Mg + ^{0}_{-1}e + \gamma$), der aus normalem Phosphor ($^{31}_{15}P$) durch Neutronenbeschuß erhältliche „*Radio-Phosphor*" $^{32}_{15}P$, welcher mit 14.22 Tagen Halbwertszeit in normalen Schwefel zerfällt ($^{32}_{15}P \rightarrow ^{32}_{16}S + ^{0}_{-1}e + \gamma$) oder das aus natürlichem $^{130}_{52}Te$ durch Neutronenbeschuß erhältliche „*Radio-Iod*" $^{131}_{53}I$, das mit einer Halbwertszeit von 8.02 Tagen in normales Xenon zerfällt ($^{131}_{53}I \rightarrow ^{131}_{54}Xe + ^{0}_{-1}e + \gamma$) oder das aus natürlichem $^{98}_{42}Mo$ durch Neutronenbeschuß erhältliche „*metastabile Radio-Technetium*" $^{99m}_{43}Tc$, das mit einer Halbwertszeit von 6.03 Stunden in Technetium $^{99}_{43}Tc$ übergeht, welches seinerseits mit einer Halbwertszeit von 2.12×10^5 Jahren in nicht radioaktives Ruthenium zerfällt ($^{99m}_{43}Tc \rightarrow ^{99}_{43}Tc + \gamma \rightarrow ^{99}_{44}Ru + ^{0}_{-1}e + \gamma$). Man injiziert etwa eine $^{24}_{11}$NaCl-Lösung zur Verfolgung des Blutkreislaufs, zur Aufspürung von Blutgerinseln, zur Bestimmung des Blutvolumens ins Blut oder verabreicht einem Patienten zur Diagnose der Schilddrüsenfunktion, Lokalisierung von Gehirntumoren $Na^{131}_{53}I$ oder bringt zur Darstellung des Herzens komplexierte $^{99m}_{43}$Tc-Kationen ins Blut. Wichtige Anwendungen in Medizin und Biochemie betreffen ferner Studien der Protein- und Rezeptorbindung von Fremdstoffen, Bestimmung von Hormonspiegeln im Serum oder von tumorassoziierten Antigenen, Untersuchungen in der Histologie, Osteologie, Neurophysiologie, Gastroenterologie, Kardiologie. Zur Therapie von Tumoren, Blut- und Schilddrüsenerkrankungen wird u.a. umschlossenes Cobalt $^{60}_{27}Co$ eingesetzt (vgl. S. 1735).

Bezüglich der Verwendung von Radionukliden als Energiequellen vgl. S. 1735.

2.1.2 Die Kernzersplitterung

Wesentlich eingreifender als die besprochenen einfachen Kernreaktionen sind die Umwandlungen, die sich bei der Einwirkung von Geschossen *sehr hoher Energie* (einige 100 MeV) abspielen. Die Beschießung irgendwelcher Elemente des Periodensystems führt in diesem Falle durchweg zu einer überaus großen Anzahl radioaktiver Reaktionsprodukte, deren Ordnungszahl sich häufig über einen Bereich von 10–20 Einheiten erstreckt und deren Massenzahl oft um 20–50 Einheiten von der des Ausgangselements abweicht. So befindet sich unter den zahlreichen Reaktionsprodukten der Beschießung von „Arsen" $^{75}_{33}As$ mit α-Teilchen von 400 MeV beispielsweise das 37.18-Minuten-Chlorisotop $^{38}_{17}Cl$, dessen Kernladungszahl um 16 und dessen Massenzahl um 37 Einheiten kleiner als die des Ausgangskerns ist. Die Bestrahlung von „Kupfer" $^{63,65}_{29}Cu$ mit Deuteronen von 200 und Heliumkernen von 400 MeV

[67] In 10 cm^3 Luft kommt durchschnittlich 1 T-Atom vor; die ganze Atmosphäre enthält etwa 6gT.

ergab allein in der „Manganfraktion“ Manganisotope der Massenzahl 51 bis 56. Bei der Bestrahlung von „Eisen“ ($_{26}$Fe) mit Protonen von 340 MeV wurden bisher schon zahlreiche radioaktive Isotope der Elemente Natrium (z. B. $^{22}_{11}$Na und $^{24}_{11}$Na) bis Cobalt (z. B. $^{55}_{27}$Co und $^{56}_{27}$Co) aufgefunden. „Aluminium“ wird beim Beschuß mit Protonen von 1–3 GeV gemäß $^{27}_{13}\text{Al} + ^{1}_{1}\text{H} \rightarrow 10\,^{1}_{1}\text{H} + 11\,^{1}_{0}\text{n} + ^{7}_{4}\text{Be}$ zu Protonen, Neutronen und Beryllium zersplittert. Daraus geht hervor, daß die Einwirkung von Partikeln sehr hoher Energie Kernzertrümmerung zur Folge hat, bei denen Dutzende von Protonen und Neutronen – als solche oder als leichte Atomkerne – emittiert werden.

Besonders leicht finden solche weitgehenden Kernzertrümmerungen bei den instabileren *schweren Elementen* statt. So genügen bereits Deuteronen von 50 MeV, um aus „Uran“ $^{235,238}_{92}$U Nuklide (wie $^{211}_{85}$At) zu machen, die sich um nahezu 10 Protonen und 20–30 Masseneinheiten vom Ausgangselement unterscheiden. Geradezu unübersehbar wird in solchen Fällen die Schar der gebildeten Kerntrümmer bei Anwendung von Geschossen höchster Energien. Beispielsweise liefert das Uran bei der Beschießung mit α-Teilchen von 400 MeV Isotope aller Elemente zwischen den Ordnungszahlen ~ 25 und 92, wobei die Elemente oberhalb der Ordnungszahl ~ 70 (Massenzahl $> \sim 180$) offensichtlich durch Kernzersplitterungsreaktionen der eben beschriebenen Art entstehen, während die Elemente unterhalb dieser Ordnungszahl (Kernladungszahl $46 \pm \sim 20$; Massenzahlen $120 \pm \sim 60$) wahrscheinlich durch Spaltung des Urankerns (Ordnungszahl 92) in zwei Bruchstücke (s. folgenden Abschnitt 2.1.3) gebildet werden.

Analoges gilt für die Bestrahlung von Elementen mit γ-Strahlen höchster Energie aus dem Betatron. So wandelt sich beispielsweise „Silicium“ ($^{28}_{14}$Si) unter der Einwirkung elektromagnetischer Strahlung der Energie 100 MeV (Wellenlänge $\approx \frac{1}{100}$ pm) in Natrium ($^{24}_{11}$Na) um, was besagt, daß 3 Protonen und 1 Neutron emittiert werden.

2.1.3 Die Kernspaltung[68)]

Neutroneninduzierte Kernspaltung. Einen besonders bedeutsamen Typus von Kernreaktionen als Folge der Beschießung von Atomkernen mit Neutronen entdeckten Ende 1938 die deutschen Chemiker Otto Hahn und Fritz Strassmann in Form der Kernspaltung, womit unser heutiges „Atomzeitalter“ wissenschaftlich eingeleitet wurde. Bestrahlt man „Uran“ mit *langsamen*, in ihrer Geschwindigkeit gewöhnlichen Gasmolekülen vergleichbaren Neutronen („*thermische Neutronen*“), so spalten sich die Kerne des dabei aus dem Uranisotop $^{235}_{92}$U (Actino-Uran) durch Neutronenaufnahme primär gebildeten Zwischenkerns („*Compound-Kern*“) $^{236}_{92}$U spontan unter *ungeheurer Wärmeentwicklung* (15 Milliarden kJ = 160 Millionen

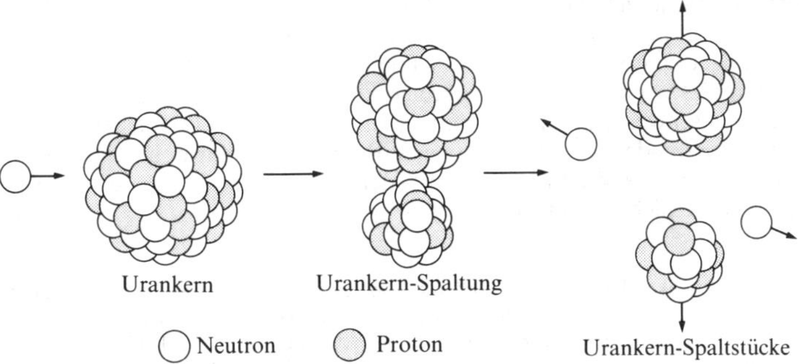

Fig. 342 Spaltung des Urankerns $^{235}_{92}$U in zwei Bruchstücke bei der Beschießung mit Neutronen.

68 **Literatur.** O. Hahn: „*Vom Radiothor zur Uranspaltung*“, Vieweg, Braunschweig 1962; G. N. Walton: „*Nuclear Fission*“, Quart. Rev. **15** (1961), 71–98; D. C. Aumann: „*Was wissen wir heute über die Kernspaltung?*“, Angew. Chem. **87** (1975) 77–97; Int. Ed. **14** (1975) 117; G. Herrmann: „*Vor fünf Jahrzehnten: Von den „Transuranen zur Kernspaltung*“, Angew. Chem. **102** (1990) 469–496; Int. Ed. **29** (1990) 439.

Faradayvolt je Mol Uran, entsprechend 65 Milliarden kJ je kg Uran) in je *zwei große Bruchstücke*[69] von bevorzugt verschiedenem Gewicht (Massenzahlen um 95 und um 138), z. B. in Krypton und Barium[70], Strontium und Xenon, Yttrium und Iod oder Brom und Lanthan (Summe der Kernladungen jeweils gleich 92) (Fig. 343):

$$^{235}_{92}U + ^{1}_{0}n \rightarrow \{^{236}_{92}U\} \rightarrow ^{92}_{36}Kr + ^{142}_{56}Ba + 2^{1}_{0}n;$$
$$^{235}_{92}U + ^{1}_{0}n \rightarrow \{^{236}_{92}U\} \rightarrow ^{90}_{38}Sr + ^{143}_{54}Xe + 3^{1}_{0}n\,.$$

Gleichzeitig werden dabei Neutronen (durchschnittlich 2 bis 3 je Elementarakt) in Freiheit gesetzt. Die entstehenden neuen Elemente sind wegen des in ihren Atomkernen vorhandenen großen Neutronenüberschusses radioaktiv und zerfallen unter β^--Strahlung (Umwandlung von Kern-Neutronen in Kern-Protonen) weiter (vgl. S. 91), so daß ganze *Zerfallsreihen* auftreten[71] und bis heute bereits 37 verschiedene Elemente ($^{72}_{30}Zn$ bis $^{161}_{66}Dy$) mit Massenzahlen von 72 bis 161 in Form von fast 300 Isotopen (darunter rund 80 stabilen Endgliedern von über 30 Elementen) als direkte und indirekte Kerntrümmer der Uranspaltung bekannt oder wahrscheinlich gemacht sind. Die Ausbeuten an Spaltprodukten sind bei den Massenzahlen um 95 und 138 besonders hoch (> 6 %) und nehmen mit zunehmender Entfernung von diesen Massenwerten ab (Fig. 343). Die beobachtete *Zerfallsenergie* beträgt zusammengenommen etwa 200 Millionen Faradayvolt = 19 Milliarden kJ je Mol Uran (vgl. S. 1771), übertrifft also die aller anderen bisher bekannten Kernreaktionen um ein Vielfaches. Die Rückbildung genügend energiereicher Neutronen beim Zerfall ermöglicht unter geeigneten Bedingungen (im „*Kernreaktor*"; S. 1768) eine selbsttätige Weiterführung der Uranspaltung in Form einer *Kettenreaktion* und damit eine *Nutzbarmachung der hohen Zerfallsenergie* und eine präparative Gewinnung der *entstehenden Nuklide* wie $^{90}_{38}Sr$, $^{99}_{43}Tc$, $^{137}_{55}Cs$, $^{147}_{61}Pm$ (S. 1770).

Das zweite, häufigere (99.3 %) Uranisotop $^{238}_{92}U$ geht bei der Bestrahlung mit *langsamen* Neutronen (< 1 eV) bzw. mittelschnellen Neutronen (1–10^5 eV) über einen Zwischenkern $^{239}_{92}U$ unter Elektronenabgabe in Neptunium $^{239}_{93}Np$ über, das seinerseits β^--radioaktiv unter Bildung von „*Plutonium*" $^{239}_{94}Pu$ weiter zerfällt (S. 1771, 1798). Die Spaltung von $^{238}_{92}U$ erfolgt nur durch *schnelle* Neutronen (> 10^5 eV).

Wie das Uranisotop $^{235}_{92}U$ lassen sich auch zahlreiche andere *schwere Nuklide* durch Beschießen mit langsamen Neutronen leicht spalten, z. B. die Isotope $^{233}_{92}U$, $^{239}_{94}Pu$, $^{241}_{94}Pu$, $^{242}_{95}Am$. Praktische Anwendungen haben unter diesen Elementen bis jetzt nur $^{235}_{92}U$, $^{239}_{94}Pu$ und $^{233}_{92}U$ gefunden, die schon mit ganz langsamen Neutronen spaltbar sind (vgl. S. 1768). Die beiden letzteren werden durch Neutroneneinfang unter β^--Strahlung aus $^{238}_{92}U$ bzw. $^{232}_{90}Th$ in einem „*Brutprozeß*" (S. 1771) gewonnen, wobei $^{239}_{94}Pu$ vom Ausgangs- $^{238}_{92}U$ bzw. $^{233}_{92}U$ vom Ausgangs- $^{232}_{90}Th$ durch einen Extraktionsprozeß („*Purex*"- bzw. „*Thorex*"-Prozeß) abgetrennt wird (S. 1800). Zur Spaltung der *weniger schweren*, stabileren Nuklide sind wesentlich höhere Geschoßenergien erforderlich. So gelingt die Spaltung von „Bismut" $_{83}Bi$ und „Blei" $_{82}Pb$ erst mit Neutronen von 100 MeV (untere Grenze: 50 MeV), die Spaltung von „Thallium" $_{81}Tl$ mit Deuteronen von 200 MeV und die Spaltung von „Platin" $_{78}Pt$ und „Tantal" $_{73}Ta$ mit α-Teilchen von 400 Mev. Die Spaltprodukte sind in diesen Fällen zum Unterschied von den Spaltprodukten des Urans und Plutoniums bevorzugt etwa gleichschwer. Zur Erzeugung von Energie (vgl. S. 1771) lassen sich die Spaltungen solcher Elemente nicht verwenden, da wegen der erforderlichen extrem hohen Geschwindigkeit der zur Spaltung notwendigen Partikel die Energie der bei der Spaltung freiwerdenden Teilchen für eine Fortsetzung der Reaktionskette nicht ausreicht.

---

69 1934 hatte schon E. Fermi solche Spaltprodukte des Urans in Händen gehabt, aber irrtümlicherweise als Transurane gedeutet. Hätte er damals aus seinen Versuchen schon die richtigen Schlußfolgerungen gezogen wie 4 Jahre später Hahn und Strassmann, so hätte die Entwicklung des Kernreaktors und der Atombombe schon 4 Jahre früher begonnen und angesichts der leicht vorauszusehenden militärischen Ausnutzbarkeit möglicherweise vom 2. Weltkrieg abgeschreckt, eine etwas nachdenklich stimmende Feststellung, die die beklemmende Abhängigkeit des Weltgeschehens vom Denkvermögen der Naturforscher erkennen läßt.

70 Das Barium war von O. Hahn anfangs irrtümlicherweise für Radium gehalten worden. Es stellte sich dann aber heraus, daß der zunächst angenommene β^--Zerfall nach Ra → Ac → Th in Wirklichkeit ein β^--Zerfall nach Ba → La → Ce war.

71 Zum Beispiel: $^{92}_{36}Kr \xrightarrow[1.84\,s]{-\beta^-} {^{92}_{37}Rb} \xrightarrow[4.5\,s]{-\beta^-} {^{92}_{38}Sr} \xrightarrow[2.71\,h]{-\beta^-} {^{92}_{39}Y} \xrightarrow[3.54\,h]{-\beta^-} {^{92}_{40}Zr}$ (stabil).

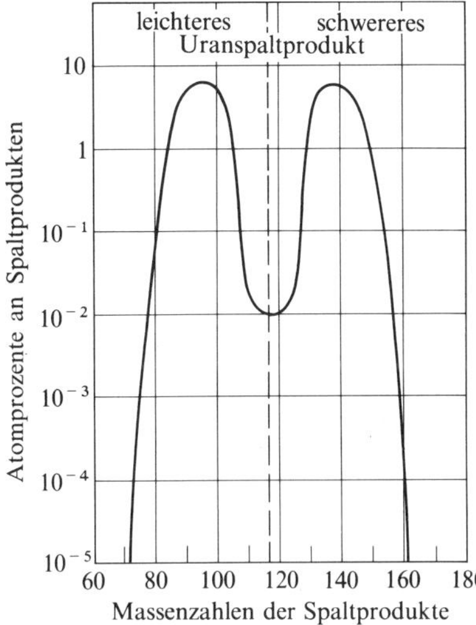

Fig. 343 Ausbeuten und Massenzahlen der Spaltprodukte des Urankernzerfalls, $^{235}_{92}U$.

2.1.4 Die Kernverschmelzung[72)]

Der Spaltung von schweren Kernen zu leichteren ist die *Verschmelzung von leichten Kernen zu schwereren* gegenüberzustellen. Letztere gibt wie erstere zur Freisetzung nuklearer Energie Veranlassung, da in beiden Fällen die Bindungsenergie je Nukleon in den Kernen steigt und die größte Stabilität bei den mittleren Elementen $_{26}Fe$, $_{27}Co$ und $_{28}Ni$ vorliegt (S. 1738; vgl. Zusammensetzung des Erdkerns, S. 62). Die Kernverschmelzung ist für die Ausstrahlung der *stellaren*[73)] *Energie* ein wesentlicher Faktor und für die Bildung der *stellaren Materie* von ausschlaggebender Bedeutung.

Stellare Energie. Ihren Ursprung verdankt die stellare Energie der Gravitation (S. 518) sowie der „Verbrennung" des im Weltall als Urelement reichlich vorhanden Wasserstoffs zu Helium unter β^+-Ausstrahlung:

$$4\,^1_1H^+ \rightarrow \,^4_2He^{2+} + 2\,^0_1e^+ + 2\nu_e + 26.72\,\text{MeV}\,, \tag{1}$$

wobei je Mol ^4_2He (4 g) 26.72 Millionen Faradayvolt = 2580 Millionen kJ entwickelt werden. In „kühleren" Sternen ($\sim 10^7$ K) spielt sich der Vorgang (1) bevorzugt gemäß dem „*Proton-Proton-Cyclus*" (2a) (Ch. Critchfield, 1938), in „heißeren" Sternen ($\sim 5 \times 10^7$ K) und bei Vorhandensein geringer Mengen an („katalytisch" wirkendem) Kohlenstoff und Stickstoff (wie bei der Sonne) zusätzlich nach dem „*Proton-Kohlenstoff-Cyclus*" (2b) ab (H. Bethe, C. F. v. Weizsäcker, 1937), wobei im Falle der Sonne 90 % der Heliumbildung nach dem Cyclus (2a), 10 % nach (2b) erfolgen (in den Gleichungen (2) blieben die Atomladungen der Übersichtlichkeit halber unberücksichtigt).

[72] **Literatur.** W. P. Allis: „*Nuclear Fusion*", Van Nostrand, New York 1960; S. Glasstone, R. C. Lorberg: „*Kontrollierte thermonukleare Reaktionen*", Thiemig, München 1964; L. A. Artimovich: „*Gesteuerte thermonukleare Reaktionen*", Gordon Breach, New York 1965; R. J. Taylor: „*The Origin of the Chemical Elements*", Wykeham Publications, London 1972; L. H. Ahrens: „*Origin and Distribution of the Elements*", Pergamon Press, Oxford 1979; J. D. Barrow, J. Silk: „*The Left Hand of Creation: The Origin and Evolution of the Expanding Universe*", Heinemann, London 1984; C. K. Jørgensen: „*Heavy Elements Synthesized in Supernovae and Detected in Peculiar A-Type Stars*", Struct. Bond. **73** (1990) 199–226; C. K. Jørgensen, G. B. Kauffmann: „*Crookes and Marignac – A Centennial of an Intuitive and Pragmatic Apraisal of Chemical Elements and the Present Astrophysical Status of Nucleosynthesis and Dark Matter*", Struct. Bond. **73** (1990) 227–262; J. B. Jackson, H. F. Gove, R. F. Schwitters: „*Nucleosyntheses*", Ann. Rev. Nucl. Part Sci. **34** (1984) 53–97; H. Beer, F. Käppeler, N. Klay, F. Voß, K. Wisshak: „*Die Entstehung der chemischen Elemente in Roten Riesen – Laborexperimente zur Beschreibung stellarer Prozesse*", Nachr. des Kernforschungszentrums Karlsruhe, **20** (1988) 3–15.

[73] stella (lat.) = Stern.

Wasserstoffverbrennung[74]

$2\times\mid {}^{1}_{1}H + {}^{1}_{1}H \rightarrow {}^{2}_{1}H + {}^{0}_{1}e^{+} + \nu_e$	$+\ 1.44$ MeV	14×10^{9} Jahre	(2a)
$2\times\mid {}^{1}_{1}H + {}^{2}_{1}H \rightarrow {}^{3}_{2}He$	$+\ 5.49$ MeV	0.6 Sekunden	
${}^{3}_{2}He + {}^{3}_{2}He \rightarrow {}^{4}_{2}He + 2\,{}^{1}_{1}H$	$+12.86$ MeV	10^{6} Jahre	
$\mathbf{4\,{}^{1}_{1}H \rightarrow {}^{4}_{2}He + 2\,{}^{0}_{1}e^{+} + 2\nu_e}$	**+26.72 MeV**		
${}^{1}_{1}H + {}^{12}_{6}C \rightarrow {}^{13}_{7}N$	$+\ 1.95$ MeV	1.3×10^{7} Jahre	(2b)
${}^{13}_{7}N \rightarrow {}^{13}_{6}C + {}^{0}_{1}e^{+} + \nu_e$	$+\ 2.22$ MeV	7 Minuten	
${}^{1}_{1}H + {}^{13}_{6}C \rightarrow {}^{14}_{7}N$	$+\ 7.54$ MeV	3×10^{6} Jahre	
${}^{1}_{1}H + {}^{14}_{7}N \rightarrow {}^{15}_{8}O$	$+\ 7.35$ MeV	3×10^{5} Jahre	
${}^{15}_{8}O \rightarrow {}^{15}_{7}N + {}^{0}_{1}e^{+} + \nu_e$	$+\ 2.70$ MeV	82 Sekunden	
${}^{1}_{1}H + {}^{15}_{7}N \rightarrow {}^{4}_{2}He + {}^{12}_{6}C$	$+\ 4.96$ MeV	1.1×10^{5} Jahre	
$\mathbf{4\,{}^{1}_{1}H \rightarrow {}^{4}_{2}He + 2\,{}^{0}_{1}e^{+} + 2\nu_e}$	**+ 26.72 MeV**		

Ersichtlicherweise sind die Zeiträume, innerhalb derer sich die einzelnen Elementarschritte im Mittel abspielen, zum Teil außerordentlich lang. Gleichwohl führt die Reaktion in Anbetracht der riesigen Mengen an Wasserstoff zu riesigen Umsätzen. Bei der Positronenbildung werden zugleich Neutrinos ν_e in den Weltraum ausgestrahlt, die damit auch auf die Erde gelangen[75]. Ihre in der Energiebilanz der Reaktion (1) enthaltenen Energien betragen im Falle des Cyclus (2a) 2×0.25 MeV, im Falle des Cyclus (2b) 0.7 und 1.0 MeV.

Die ungeheuere Strahlungsleistung unserer Sonne (3.72×10^{23} kW $= 37.2\times10^{22}$ kJ/s, entsprechend 61 300 kW = 61 300 kJ/s je m^2 der Sonnenoberfläche von 6.072×10^{18} m^2) wird aus der Energieentwicklung des Verschmelzungsvorgangs (1) gedeckt. Es müssen zu diesem Zweck pro Sekunde (!) rund 600 Millionen Tonnen Wasserstoff zu 595.5 Millionen Tonnen Helium „verbrannt" werden. Da aber der Wasserstoffvorrat der Sonne außerordentlich hoch ist (1.0×10^{33} g), wurde seit Entstehung der Sonne (vor 4.6 Milliarden Jahren) pro Jahrmilliarde nur $^{1}/_{50}$ (0.02×10^{33} g) des vorhandenen Wasserstoffs verbraucht, so daß sie noch eine viele Milliarden Jahre langes, unverändertes Leben vor sich hat. Der relativistische Massenschwund der Sonne (Massenäquivalent der ausgesandten Energie; vgl. S. 20) beträgt pro Jahrmilliarde (Entwicklung von 1.2×10^{40} kJ) 1.3×10^{29} g, entsprechend einem Zehntausendstel der Gesamtmasse. Trotz des beachtlichen Massenschwunds (4.1 Millionen Tonnen pro Sekunde (!) bleibt also die Masse der Sonne im wesentlichen erhalten.

Eine *kontrollierte* Wasserstoffverbrennung zu Helium, wie sie auf der Sonne stattfindet, ist auf der Erde im Laboratorium noch nicht geglückt. Ihre Verwirklichung in technischem Maßstab, die die Erde für sehr lange Zeiträume von jeder Energienot befreien würde, ist für das 20. Jahrhundert kaum noch zu erwarten. Wohl aber gelingt die *unkontrollierte* Wasserstoffverschmelzung in Form der Wasserstoffbombe (S. 1774).

Stellare Materie. Die *Bildung weiterer Elemente* – nach der um 10^7 K einsetzenden und während des größten Teils der Lebenszeit eines Sterns stattfindenden „*Wasserstoffusion*" („*Wasserstoffverbrennung*") – hat man sich am Ende des Lebens eines Sterns bei Temperaturen von ca. 10^8 bis über 10^9 K im Inneren der Sterne durch Verschmelzen der nach (1) gebildeten Heliumkerne ${}^{4}_{2}He$ („*Heliumfusion*", „*Heliumverbrennung*") sowie der hierbei erzeugten Kohlenstoffkerne ${}^{12}_{6}C$ („*Kohlenstoffusion*", „*Kohlenstoffverbrennung*") vorzustellen. In ersterem Falle entstehen die sogenannten „α-Kerne" $({}^{4}_{2}He)_n$ wie ${}^{8}_{4}Be$, ${}^{12}_{6}C$, ${}^{16}_{8}O$, ${}^{20}_{10}Ne$ usw.:

---

[74] Die angegebenen, stark temperatur- und druckabhängigen Zeiten geben die Zeiträume an, innerhalb derer sich im Sonnenzentrum die zugehörigen Elementarakte im Mittel einmal abspielen, d.h. innerhalb derer die Hälfte der vorhandenen Reaktionspartner abreagiert hat. So dauert es also z.B. bei (2a) im Mittel 14 Milliarden Jahre, bis ein Proton ${}^{1}_{1}H$ einem zweiten Proton ${}^{1}_{1}H$ so nahe kommt, daß sich beide zu einem Deuteriumatom ${}^{2}_{1}H$ verschmelzen können; der gebildete Deuteriumkern ${}^{2}_{1}H$ vereinigt sich nach 0.6 Sekunden mit einem weiteren Proton ${}^{1}_{1}H$ zu einem Heliumkern ${}^{3}_{2}He$; und nach 1 Million Jahren kommen sich zwei solche Heliumkerne ${}^{3}_{2}He$ genügend nahe, um einen normalen Heliumkern ${}^{4}_{2}He$ zu bilden.

[75] Jeder cm^2 der Erde wird pro Sekunde von 6×10^{10} Neutrinos durchsetzt, die von der Sonne stammen. Zur Durchdringungsfähigkeit dieser Neutrinos vgl. Anm.[18], S. 91.

Heliumverbrennung[76)]

	MeV		MeV		MeV
${}^{4}_{2}He + {}^{4}_{2}He \rightleftarrows {}^{8}_{4}Be$	$+0.094$	${}^{16}_{8}O + {}^{4}_{2}He \rightleftarrows {}^{20}_{10}Ne$	$+4.75$	${}^{28}_{14}Si + {}^{4}_{2}He \rightarrow {}^{32}_{16}S$	$+6.94$
${}^{8}_{4}Be + {}^{4}_{2}He \rightarrow {}^{12}_{6}C$	$+7.187$	${}^{20}_{10}Ne + {}^{4}_{2}He \rightarrow {}^{24}_{12}Mg$	$+9.31$	${}^{32}_{16}S + {}^{4}_{2}He \rightarrow {}^{36}_{18}Ar$	$+6.66$
${}^{12}_{6}C + {}^{4}_{2}He \rightarrow {}^{16}_{8}O$	$+7.148$	${}^{24}_{12}Mg + {}^{4}_{2}He \rightarrow {}^{28}_{14}Si$	$+10.00$	${}^{36}_{18}Ar + {}^{4}_{2}He \rightarrow {}^{40}_{20}Ca$	$+7.04$

Kohlenstoffverbrennung

${}^{12}_{6}C + {}^{12}_{6}C \rightarrow {}^{24}_{12}Mg + 13.85$	${}^{12}_{6}C + {}^{12}_{6}C \xrightarrow[-{}^{1}_{1}H]{} {}^{23}_{11}Na + 2.23$	${}^{12}_{6}C + {}^{12}_{6}C \xrightarrow[-{}^{4}_{2}He]{} {}^{20}_{10}Ne + 4.62$

Die Heliumfusion führt unterhalb 10^9 K nur zur Bildung von Kohlenstoff, Sauerstoff und Neon; oberhalb 10^9 K entstehen im Zuge des sogenannten α-Prozesses auch höhere α-Kerne (bis ${}_{22}Ti$). Die Kohlenstofffusion setzt ab etwa 5×10^8 K ein. Ab Temperaturen von ca. 3×10^9 K, wie sie u.a. in einer Supernova vorherrschen (s.u.), stellt sich dann ein Gleichgewicht (engl. equilibrium) zwischen verschiedenen Kernen, Protonen und Neutronen ein, wodurch insbesondere die sehr stabilen Elemente in der Umgebung von ${}_{26}Fe$ erzeugt werden (equilibrium oder e-Prozeß). Da ${}_{26}Fe$ im Kurvenmaximum der Nukleonenbindungsenergie liegt (S. 1738), ist die Erzeugung der Elemente *bis zum Eisen* mit einer *Energieabgabe, ab dem Eisen* mit einer *Energieaufnahme* verbunden.

Die Elemente oberhalb des Eisens bilden sich anders als die leichteren Elemente weniger durch *thermonukleare Prozesse* als durch *Neutroneneinfang* insbesondere aus den – sehr häufig auftretenden – Elementen in der Umgebung von ${}_{26}Fe$ (vgl. hierzu S. 1755). Bei *schwachem Neutronenfluß* werden nur selten (ca. alle 10 Jahre) Neutronen durch Atomkerne eingefangen. Bei derartigen, zu Kernen bis ${}_{83}Bi$ und darüber führenden langsamen (engl. slow) oder s-Prozessen unterliegen die durch (n, γ)-Reaktionen gebildeten Nuklide vor Aufnahme eines weiteren Neutrons in der Regel einem β^--Zerfall (die betreffenden Neutronen gehen aus Reaktionen wie ${}^{13}C(\alpha, n){}^{16}O$ oder ${}^{21}Ne(\alpha, n){}^{24}Mg$ während der Heliumverbrennung hervor). Je kleiner der Neutroneneinfangquerschnitt eines β^--zerfallenden Nuklids ist, desto wahrscheinlicher wird dessen Zerfall. Hierdurch erklärt sich die vergleichsweise große Häufigkeit von Nukliden mit einer magischen Neutronenzahl (S. 1744). Bei *starkem Neutronenfluß* werden Neutronen sehr häufig (alle 10^{-3} bis 10^{-6} Sekunden) durch Atomkerne eingefangen. Bei derartigen, zu Kernen bis ${}_{103}Lr$ und darüber führenden raschen (engl. rapid) oder r-Prozessen entstehen umgekehrt durch vielfache, rasche Neutronenaufnahme Produktkerne, die erst bei extremer Instabilität einem mehrfachen β^--Zerfall unterliegen (die schnellen Neutronen gehen aus Reaktionen in explodierenden Sternen hervor; s.u., Supernovae).

Während s- und r-Prozesse im wesentlichen neutronenreichere Kerne erbringen, bilden sich durch den ebenfalls möglichen p-Prozeß in explodierenden Sternen durch (p, γ)-Reaktionen *protonenreichere* Kerne (vgl. die Wasserstoffverbrennung, oben).

Evolution des Universums. Man nimmt heute an, daß die gesamte Materie des Universums ursprünglich in einem Kern enormer Dichte (10^{96} g/cm^3) und Temperatur (10^{32} K) zusammengeballt vorlag. Bei der aus unbekannten Gründen vor maximal 20 Milliarden Jahren erfolgten Explosion („*Urknall*") bildeten sich während der kosmischen Verteilung und adiabatischen Abkühlung auf 2.7 K der Materie in wenigen Minuten Wasserstoff (ca. 90 %), Helium (ca. 10 %) und Deuterium (ca. 10^{-3} %). Als sicher gilt weiterhin, daß die Sterne bis auf den heutigen Tag dadurch entstehen, daß sich kosmische Materie irgendwo zufällig überdurchschnittlich stark verdichtet und auf Grund ihrer Gravitation in Richtung auf ihren Schwerpunkt kontrahiert. Hierdurch bildet sich zunächst ein ungeheuer großer, kalter, noch sehr dünner Gasball, der aber infolge seiner Gravitation mehr und mehr schrumpft und sich dabei mangels eines Wärmeaustauschs mit seiner Umgebung adiabatisch aufheizt, bis er schließlich so heiß wird (10^7 K), daß die oben geschilderte (exotherme) „Wasserstoffusion" zu Helium einsetzt und sich der Gasball zum Stern wandelt. Derartige „*Normalsterne*" erscheinen dann *rot* bis *orangefarben* (Oberfläche: 2000 bis 5000 K), *gelb* (5000–6000 K) bzw. *weiß* bis *blau* (6000 bis über 25 000 K), falls sie eine Masse unterhalb, vergleichbar mit bzw. oberhalb der Sonnenmasse aufweisen.

Wenn etwa 10 % des Wasserstoffs in einem Stern mit bis zu 1.5 Sonnenmassen durch Umwandlung in Helium verbraucht sind, findet erneut eine gravitationsbedingte, wärmeliefernde Kontraktion statt, wobei sich Helium in einem dichten, heißen Zentralkern ($d \sim 10^5$ g/cm^3) anreichert und sich Wasserstoff unter Ausdehnung des Sterns zu einem „*Roten Riesen*" oder gar „*Superriesen*" um das He-Zentrum in Form einer dünnen, voluminösen Atmosphäre legt (10–1000facher Sonnenradius; geringe Dichte; Ober-

---

76 Die Umwandlung von He- in Be-Kerne ist nur schwach endotherm (– 0.094 MeV), das Konzentrationsverhältnis c_{Be}/c_{He} bei 10^8 K deshalb klein (10^{-9}). Die geringe Gleichgewichtsmenge an Be ermöglicht aber die weitere – stark exotherme – Umwandlung von Be in C. Die Bildung von Ne-Kernen aus O- und He-Kernen kommt ab 10^9 K in das Stadium der Reversibilität. Das durch Spaltung von Ne in diesem Temperaturbereich gebildete He wird durch exotherme α-Prozesse verbraucht.

flächentemperatur 200–5000 K). Nach Erreichen einer Temperatur von ca. 2×10^8 K setzt die „Heliumfusion" ein. Es folgen: Verbrauch des Brennstoffs (Helium), wärmeliefernde Kontraktion unter Bildung eines dichten Zentralkerns aus Kohlenstoff, Sauerstoff sowie Neon, Einsetzen der „Kohlenstoffusion" (ab 5×10^8 K), des „α-Prozesses" (ab 10^9 K) und des „e-Prozesses" (ab 3×10^9 K). Gleichzeitig kontrahieren sich die Roten Riesen zu kleinen, dichten „*Weißen Zwergen*" (Erdgröße, $d \sim 10^4$ g/cm^3), in deren Inneren die Temperatur bis auf 5×10^9 K ansteigen kann.

Da der Kernbrennstoff mit wachsender Sternmasse zunehmend rasch verbraucht wird (10^{12}, 10^{10}, 10^7 bzw. 10^5 Jahre für Sterne mit 0.2-, 1-, 10- bzw. 50facher Sonnenmasse), was höhere Temperaturen im Sterninneren bedingt, beginnt die Heliumfusion bei Sternen mit der 1.5- bis 3.5-fachen Sonnenmasse bereits lange vor Beendigung der Wasserstoffusion. Als Folge hiervon kann das stellare Temperaturgleichgewicht bei derartigen – sich nur wenig expandierenden – Sternen infolge *Überhitzung* (Überwiegen der Energieerzeugung gegenüber der Energieausstrahlung) gestört werden, so daß sie instabil werden und gegebenenfalls in „*Pulsare*" (s.u.) übergehen. Unter *Explosion* schleudern sie dann enorme Materiemengen in den interstellaren Raum, wodurch sich ihre Masse verkleinert und die stellare Gleichgewichtstemperatur schließlich wieder hergestellt wird. Während einer derartigen „*Nova*" oder „*Supernova*", bei welcher ein bis dahin ganz unauffälliger oder überhaupt noch nicht beobachteter Stern plötzlich als „*Neuer Stern*"[77] zu außerordentlicher Helligkeit aufleuchtet (Nova: bis auf das 10^5-, Supernova: auf über das 10^9-fache der durchschnittlichen Leuchtkraft)[78], laufen neben den erwähnten Prozessen zusätzlich Elementbildungen nach dem „s-Prozeß" und „p-Prozeß" ab (s.o.).

Daß sich solche Elementsynthesen im Weltall laufend vollziehen (man schätzt, daß z.B. in der Milchstraße jährlich etwa 30–50 Novae auftreten und auf 10^9 Sterne jährlich 1 Supernova entfällt)[77], läßt sich aus vielen Tatsachen entnehmen. So wurde in bestimmten Sternsystemen „Technetium" $^{99}_{43}$Tc nachgewiesen. Da dessen Halbwertszeit (2.12×10^5 Jahre) klein im Vergleich zum Alter der betreffenden Sternsysteme ist (10^7 Jahre), muß es offensichtlich immer wieder nachgebildet werden. Interessant ist auch, daß während einer Supernova die Energieabstrahlung nach dem ersten Aufleuchten mit einer Halbwertszeit von ca. 55 Tagen abfällt, woraus man den Schluß gezogen hat, daß ein beträchtlicher Teil der beobachteten Nova-Substanz in Form von (spontan zerfallendem) „Californium" $^{254}_{98}$Cf (Halbwertszeit 60.5 Tage) vorliegt.

Bei Sternen ab der 3.5-fachen Sonnenmasse kann die Kontraktion infolge der dann wesentlich stärkeren Gravitationswirkung noch über den Zustand des Weißen Zwergs hinausgehen, indem sich die Protonen und Elektronen des Sternplasmas unter dem unvorstellbar großen Binnendruck zu Neutronen unter Bildung von „*Neutronensternen*" („*Pulsaren*") vereinigen, die sich dann in einem „*Gravitationskollaps*" in Energie („*Schwarzes Loch*") verwandeln.

Elementhäufigkeiten im Kosmos. Durch unzählige Supernovae, Novae und andere Prozesse[78] wurde die beim Urknall erzeugte und in Sternen zum Teil modifizierte Materie im Kosmos verteilt. Die relative Häufigkeit der in ihr enthaltenen Elemente bis Bi ist in Fig. 344 gegen die Ordnungszahl Z der Elemente aufgetragen. Der Darstellung ist folgendes zu entnehmen: (i) Die *mittleren* Elementhäufigkeiten nehmen etwa bis Z = 42 (Mo) exponentiell ab und bleiben dann fast konstant. – (ii) Elemente mit *geradem* Z sind häufiger als solche mit ungeradem Z („*Harkinssche Regel*", vgl. S. 1778). – (iii) Die relativen Häufigkeiten für Elemente mit $Z > 28$ (Ni) schwanken weniger als die für Elemente mit $Z < 28$. – (iv) Nur 10 Elemente (H, He, C, N, O, Ne, Mg, Si, S, Fe) sind häufiger. Markante Peaks bilden H, He und Fe. – (v) D, Li, Be, B sind verglichen mit ihren Nachbarn H, He, C, N selten.

Die beobachteten Elementhäufigkeiten lassen sich durch die weiter oben geschilderten Gesetzmäßigkeiten des Materieaufbaus interpretieren, sieht man von den Häufigkeiten der Nuklide $^2_1$H, $^3_2$He, $^6_3$Li, $^7_3$Li, $^5_4$Be, $^{10}_5$B und $^{11}_5$B ab. Die Kerne letzterer Elemente entstehen nämlich nicht (oder nur als kurzlebige Zwischenprodukte) durch thermonukleare Prozesse in Sternen, so daß sie viel kleinere Häufigkeiten als beobachtet haben sollten. Wahrscheinlich sind sie durch den sogenannten „x-Prozeß" im interstellaren Raum im Zuge von Zusammenstößen der kosmischen Höhenstrahlung mit interstellarer Materie entstanden (z.B. $^{13}_6\text{C}(\text{p},\alpha)^{10}_5\text{B}$; $^{14}_7\text{N}(\text{p},\alpha)\ ^{11}_6\text{C} \rightarrow\ ^{11}_5\text{B} + \beta^+$).

Nur jene Radionuklide, deren Zerfallszeiten wie im Falle von $^{232}_{90}$Th (1.405×10^{10} a), $^{235}_{92}$U (7.038×10^8 a) oder $^{238}_{92}$U (4.468×10^9 a) in der Größenordnung des Alters des Universums liegen, finden sich in der Materie des Kosmos, nicht jedoch kurzlebige Nuklide (z.B. Tc, Pm). Nimmt man an, daß bei der Bildung des Urans in heißen Sternen die Isotope $^{235}_{92}$U und $^{238}_{92}$U in gleichen Mengen entstehen, dann errechnet sich aus ihren Halbwertszeiten und relativen Häufigkeiten auf der Erde, daß der Zeitpunkt ihrer Erzeugung ca. 6 Milliarden Jahre zurückliegt. Hiernach hätte sich die Materie des Sonnensystems vor 6×10^9 a durch eine kosmische Explosion gebildet.

---

77 Nova stelle (lat. = Neuer Stern). Im Jahre 1054 wurde von Chinesen, 1572 von Tycho Brahe (1546–1601), 1604 von Johannes Kepler (1571–1630) je ein Supernova beobachtet.

78 Eine zur Nova führende Störung tritt auch auf, wenn – wie häufig der Fall – ein System zweier umeinander rotierender, massenunterschiedlicher Sterne vorliegt und der sich langsamer entwickelnde leichtere Stern im Stadium des Roten Riesens den sich rascher entwickelnden schwereren Stern im Stadium des weißen Zwergs umgibt.

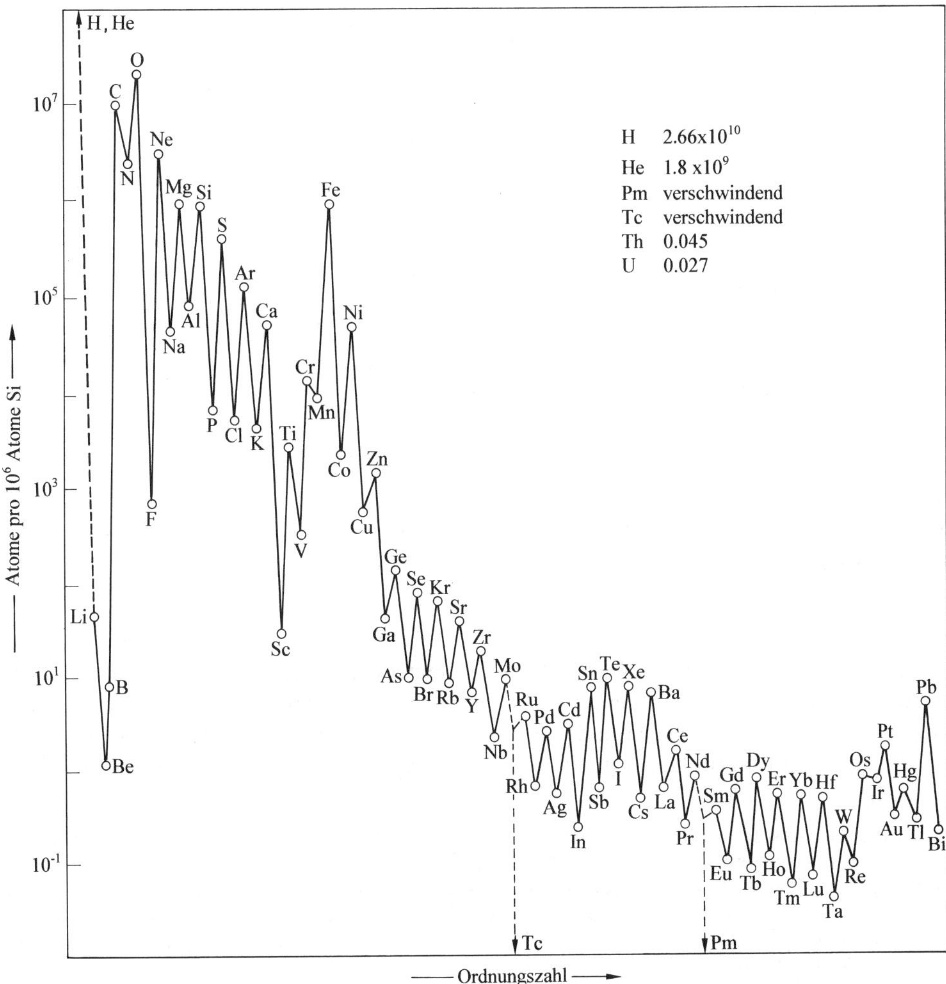

Fig. 344 Kosmische Häufigkeit der Elemente in Atomen pro 10^6 Atomen Silicium.

2.2 Die Kern-Kettenreaktion[79)]

Wir erwähnten schon auf S. 1762, daß der durch Neutronenbeschuß bewirkte hochexotherme Zerfall des Urankerns $^{235}_{92}U$ in zwei Bruchstücke zur gleichzeitigen Emission von 2 bis 3 Neutronen je Elementarakt Veranlassung gibt (Fig. 342, S. 1761). Diese Tatsache eröffnete die Möglichkeit zur Weiterführung der Kernspaltung und damit zur technischen Nutzbarmachung der bei der Uranspaltung freiwerdenden Energiemengen und entstehenden Zerfallsprodukte, wenn es gelang, die bei der Spaltung gebildeten Neutronen ihrerseits zur weiteren exothermen Spaltung neuer Urankerne zu veranlassen und auf diese Weise je nach der Steuerung des Prozesses eine gemäßigte oder eine lawinenartig sich steigernde **„Kettenreaktion"** zu erzielen. In beiden Fällen müssen eine Reihe von Vorbedingungen erfüllt werden, auf die wir im folgenden näher eingehen wollen.

Auf dem Wege zum Endziel der Atomkraftgewinnung waren sehr große Schwierigkeiten zu überwinden, die aber in Amerika in einer erstaunlich kurzen Zeit von nur wenigen Jahren gemeistert wurden, da

[79] **Literatur.** R.G. Palmer, A. Platt: „*Schnelle Reaktoren*", Vieweg, Braunschweig 1963; H. Adam: „*Einführung in die Kerntechnik*", Oldenbourg, München 1967; H.J. Ashe: „Chemische Aspekte der Fusionstechnologie", Angew. Chem. **101** (1989) 1–21; Int. Ed. **28** (1989) 1.

kurz nach der Entdeckung Otto Hahns der zweite Weltkrieg ausbrach und die militärische Bedeutung des Problems und die Furcht vor einer Überflügelung durch das Entdeckerland Deutschland in Amerika unbegrenzte Mengen an Mitteln und Menschen freimachte, die in atemberaubendem Tempo die Lösung eines Fragenkomplexes ermöglichten, dessen Realisierung in normalen Zeiten eine volle Generation erfordert hätte. Das Ergebnis dieser Bemühungen in dem mit Hunderttausenden von Mitarbeitern, darunter Zehntausenden von Wissenschaftlern und Ingenieuren, mit einem Aufwand von vielen Milliarden Dollar durchgeführten „*Manhattan-Projekt*" war 1942 das erfolgreiche Funktionieren des ersten „*Kernreaktors*" in Chicago sowie 1945 die Erprobung der ersten „*Atombombe*" in New Mexico und der anschließende Abwurf zweier Atombomben in Japan.

2.2.1 Die gesteuerte Kern-Kettenreaktion

Läßt man auf reines natürliches Uran, das zu 99.3% aus $^{238}_{92}U$ und zu 0.7% aus $^{235}_{92}U$ besteht[80], *langsame Neutronen* einwirken, so findet *keine* Kettenreaktion statt, da die bei der Spaltung von $^{235}_{92}U$ gebildeten 2 bis 3 Neutronen:

$$^{235}_{92}U + ^{1}_{0}n \rightarrow ^{236}_{92}U \rightarrow X + Y + 3^{1}_{0}n \qquad (1)$$

(X und Y = Uranspaltstücke) vom Uranisotop $^{238}_{92}U$, das sich anders als das Uranisotop $^{235}_{92}U$ verhält (s. unten), unter Bildung eines radioaktiven Uranisotops $^{239}_{92}U$ *absorbiert* und dadurch der gewünschten Kettenreaktion *entzogen* werden:

$$^{238}_{92}U + ^{1}_{0}n \rightarrow ^{239}_{92}U\,, \qquad (2)$$

so daß es bei einem einzelnen Spaltungsakt (1) je Neutronentreffer bleibt. Dem Umstand (2) haben wir es in der Tat zu verdanken, daß sich das natürlich vorkommende Uran trotz der aus kosmischen Quellen stammenden und auf das Uran auftreffenden Neutronen bis heute erhalten hat und nicht schon längst in einer Atomexplosion zerstört wurde (vgl. unten: Oklo-Phänomen).

Daß sich die Uranisotope $^{235}_{92}U$ und $^{238}_{92}U$ in ihrer Reaktion mit Neutronen so *verschieden* verhalten, hat seinen Grund darin, daß $^{235}_{92}U$, wie aus seiner ungeradzahligen Masse 235 hervorgeht, eine ungerade, $^{238}_{92}U$ dagegen eine *gerade* Zahl von Neutronen enthält. Da Neutronen – gleiches gilt von den Protonen – bestrebt sind, sich im Atomkern zu *paaren*, wird bei der Vereinigung von ungeradzahligem $^{235}_{92}U$ mit einem Neutron *mehr* Energie (6.8 MeV) frei als bei der Vereinigung von geradzahligem $^{238}_{92}U$ mit einem Neutron (5.5 MeV). Sie *übersteigt* im ersteren Fall die erforderliche *Aktivierungsenergie* der Spaltung (6.5 MeV), während sie im letzteren Fall (erforderlich: 7.0 MeV) bei Anwendung *langsamer* Neutronen dazu nicht ausreicht und nur mit *schnellen* Neutronen erreicht werden kann, deren Eigenenergie die Differenz von Spaltungs- und Bindungsenergie übersteigt. Analoges gilt für die leichte Spaltung von $^{233}_{92}U$ (Spaltungsenergie 6.0, Bindungsenergie 7.0 MeV) und $^{239}_{94}Pu$ (Spaltungsenergie 6.6 MeV) sowie die erschwerte Spaltung von $^{232}_{90}Th$ (Spaltungsenergie 7.5, Bindungsenergie 5.4 MeV).

Die Anlagerungsreaktion (2) erfolgt besonders leicht bei Einwirkung von Neutronen des Energieinhalts von 25 eV (Geschwindigkeit von über 70 km/s), während die Spaltungsreaktion (1) bevorzugt durch langsamere Neutronen von tausendmal kleinerer Energie (0.025 eV), also der Energie etwa der Gasmoleküle bei Zimmertemperatur (entsprechend einer Geschwindigkeit von immerhin noch über 2.2 km/s) ausgelöst wird. Es ist daher zur Effektivitätserhöhung der erwünschten Spaltungsreaktion (1) und zur Zurückdrängung der störenden Absorptionsreaktion (2) erforderlich, durch Einlagerung von „*Bremssubstanzen*" (**„Moderatoren"**) die hohe Geschwindigkeit der nach (1) gebildeten Neutronen ($\approx$ 2 Millionen eV, entsprechend einer Geschwindigkeit von 20000 km/s) möglichst rasch unter den kritischen Wert der „*Resonanzenergie*" von 25 eV, bei dem die Absorption durch $^{238}_{92}U$ besonders leicht erfolgt, bis auf einen Wert von 0.025 eV, bei dem eine maximale Wechselwirkung mit $^{235}_{92}U$ gegeben ist, herabzudrücken. Als Bremssubstanzen haben sich Protonen und Deuteronen in Form von leichtem und schwerem *Wasser*[81] sowie Kohlenstoffkerne in Form von reinem (d.h. von

---

80 In ganz geringem Umfang (0.006%) ist auch das Isotop $^{234}_{92}U$ vorhanden.

81 Leichtes Wasser und Graphit ist kein so guter Moderator wie schweres Wasser, dafür aber wesentlich billiger.

neutronenabsorbierenden Verunreinigungen freiem) *Graphit*[81)] bewährt, die in Auswirkung elastischer Zusammenstöße Neutronen rasch zu verlangsamen vermögen, ohne sie zu absorbieren. Dementsprechend umspült man $^{235}_{92}$U-haltige **„Kernbrennstoffelemente"** („*Brennelemente*", bestehend aus vielen „*Brennstäben*", s. u.) mit Wasser oder man bettet sie in geeigneter Weise in eine Graphitmasse ein. Die Größe der ganzen Anordnung muß dabei einen bestimmten Schwellenwert (**„kritische Größe"**) übersteigen, damit durch die so bedingte Verkleinerung des *Verhältnisses von Oberfläche zu Volumen*[82)] die Möglichkeit eines Entweichens der im Reaktorvolumen gebildeten Neutronen durch die Oberfläche nach außen erschwert wird. Zudem verwendet man zur weiteren Erniedrigung des Neutronenverlustes noch einen „*Reflektor*" (z. B. aus Wasser, Graphit, Beryllium), der die aus der Oberfläche entweichenden Neutronen zurückstreut. In dieser Anordnung, die als **Reaktor** (vgl. Fig. 345 und unten) bezeichnet wird, gehen etwa gemäß dem Schema der Fig. 346 von je drei nach (1) gebildeten und durch den Moderator verlangsamten Neutronen zwei durch Absorption gemäß (2) bzw. durch Entweichen nach außen verloren, während das dritte den „Zündstoff" für die Fortführung der Kette (1) liefert. Durch Einschieben bzw. Herausziehen von **„Kontrollstäben"** („*Regelstäben*") aus borhaltigem Stahl, Borcarbid, Cadmium oder anderen Materialien (Gd, Sm, Eu, Y, Hf) kann die Kettenreaktion (1) nach Belieben *verlangsamt* bzw. *beschleunigt* werden, da diese Stoffe sehr wirksame *Neutronenabsorber* sind[83)].

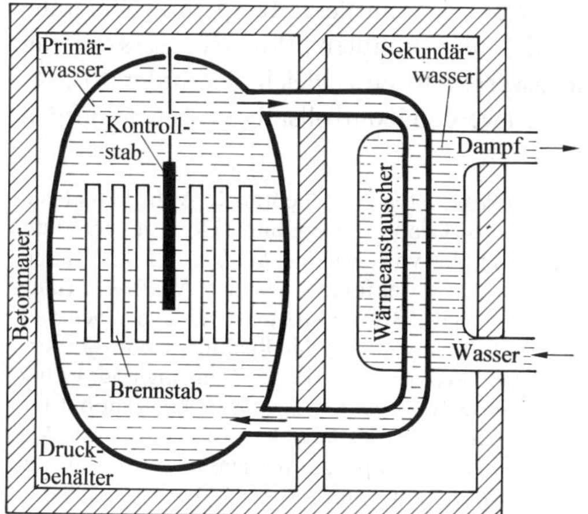

Fig. 345 Schema eines leichtwassermoderierten Druckwasserreaktors.

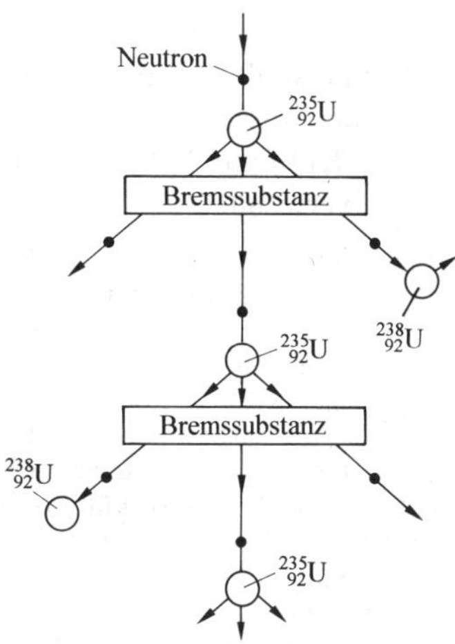

Fig. 346 Schema der gesteuerten Kern-Kettenreaktion ($k = 1$).

Maßgeblich für das ordnungsgemäße Arbeiten eines Rektors ist die Größe des sogenannten **„Multiplikationsfaktors"** („*Vermehrungsfaktors*") k, unter dem man das Verhältnis der – nach Abzug der Neutronenverluste (durch Absorption und Entweichen) – im Reaktor verbleibenden, kettenfortführenden, neugebildeten Neutronen (n_{gebildet}) zur Zahl der zur Bildung dieser wirksamen Neutronen bei den einzelnen Spaltungsakten verbrauchten Neutronen ($n_{\text{verbraucht}}$) versteht: $k = n_{\text{gebildet}}/n_{\text{verbraucht}}$. Ist $k < 1$, so bricht die Kette ab, der Reaktor kommt zum Stillstand; er ist *unter-* oder *subkritisch*. Ist $k > 1$, so geht die gesteuerte Kettenreaktion infolge der lawinenartig anwachsenden Neutronenzahl (vgl. Fig. 347, S. 1774) in eine unkontrollierbare Ketten-Explosion über: der Reaktor ist *über-* oder *superkritisch* und kommt gegebenenfalls zum Schmelzen („*Durchgehen*" des Reaktors; vgl. Tschernobyl, April 1986). Durch die oben erwähnten – automatisch mittels einer Ionisationskammer nach Maßgabe der Neutronendichte regulierten – Neutronenabsorber muß dementsprechend bei einem Reaktor der Multiplikationsfaktor k dauernd auf dem Wert 1 gehalten werden (*kritischer* Reaktor). Daß dies möglich ist, wird mit dadurch

82 Verdoppelt man etwa den Radius r einer Urankugel, so wächst die Neutronenproduktion auf das acht-, der Neutronenverlust aus der Oberfläche dagegen nur auf das vierfache, da der Inhalt der Kugel mit r^3, ihre Oberfläche dagegen mit r^2 wächst.

83 Aus diesem Grunde muß das für Kernreaktoren verwendete Uran sehr rein und frei von solchen Elementen mit hohem Neutronenabsorptionsquerschnitt wie B oder Cd sein.

bedingt, daß ein kleiner Teil der bei den Spaltungsvorgängen freiwerdenden Neutronen mit einer gewissen Verzögerung emittiert wird, so daß die Regelung durch die Neutronenabsorber nicht in Bruchteilen von Sekunden zu erfolgen braucht, sondern im Laufe von Minuten vorgenommen werden kann. Die „Zündung“ eines Reaktors erfolgt durch Neutronenquellen (z. B. $^{252}_{98}Cf$; vgl. S. 1748), die man in die Nähe der Brennelemente bringt.

Nachfolgend sei näher auf heute gebräuchliche Reaktortypen, auf die in Reaktoren produzierten Stoffe sowie auf Nutzanwendungen der Reaktoren eingegangen.

Reaktoren (*Kern-, Atom-, Spaltreaktoren, Atommeiler*). Reaktortypen. Am weitesten verbreitet ist heute der **Leichtwasserreaktor** („**LWR**“) (vgl. Fig. 345), der sowohl als *Druckwasser-* wie als *Siedewasserreaktor* („DWR“, „SWR“) betrieben wird und mit wasserumspülten, ca. 1 cm dicken und 4 m langen Brennstäben aus Edelstahl oder einer Zirconiumlegierung arbeitet, die mit UO_2-Tabletten („*pellets*“) gefüllt sind. Man verwendet als „*Brennstoff*“ Urandioxid, in welchem $^{235}_{92}U$ auf 2–4 % angereichert vorliegt (natürliches Uran besteht aus 0.7 % $^{235}_{92}U$ und 99.3 % $^{238}_{92}U$). Die Anreicherung ist bei Leichtwasserreaktoren (nicht dagegen Schwerwasserreaktoren[81]) nötig, um die unvermeidliche Absorption von Neutronen durch die Protonen des Wassers (Bildung von Deuteronen) auszugleichen. Die „*Kernspaltungszone*“ (der „*Reaktorkern*“, „*core*“; vgl. linken Teil der Fig. 345) des leichtwassermoderierten Druckwasserreaktors in Biblis (Nähe Worms), Block B, enthält z. B. 193 Brennelemente aus jeweils 236 senkrecht angeordneten Brennstäben mit insgesamt ca. 100 Tonnen Uran. Diese werden von 470 m^3 Wasser bei 157 bar Betriebsdruck sowie 306.5 °C mittlerer Temperatur von unten nach oben umspült (die mittlere Aufwärmspanne des umgepumpten „Primärwassers“ beträgt 32.8 °C). Das Wasser dient im Falle der Leichtwasserreaktoren zugleich als Moderator, Reflektor und Kühlmittel. Als zusätzliche Moderatoren werden Kontrollstäbe aus einer AgInCd-Legierung verwendet.

Neben Leichtwasserreaktoren sind eine Reihe *anderer Reaktortypen* in Gebrauch. Man klassifiziert diese Reaktoren nach der Art des verwendeten *Kernbrennstoffs* (Uran-, Plutoniumreaktor), des genutzten *Moderators* (Leichtwasser-, Schwerwasser-, Graphitreaktor), der vorliegenden *Kühlung* (Gas-, Wasser-, Druck-, Hochtemperaturreaktor), der kinetischen Energie der kettenfortpflanzenden *Neutronen* (langsamer, schneller Reaktor), der gewonnenen *Spaltstoffe* (Normal-, Brutreaktor). Neben den Leichtwasserreaktoren sind insbesondere noch *Brutreaktoren* (s. unten) sowie **Graphit-Reaktoren** von größerer Bedeutung. Letztere werden sowohl gasgekühlt (*Graphit-Gas-Reaktor*, „GGR“; z. B. in England, Frankreich) als auch siedewassergekühlt (*Graphit-Wasser-Reaktor*, z. B. in der GUS, u. a. in Tschernobyl-Ukraine) betrieben. Die Kernspaltungszone der Graphit-Gas-Reaktoren enthält Brennstäbe aus einer Magnesium-Aluminium-Legierung, die mit Uranmetall natürlicher Isotopenzusammensetzung gefüllt und in koaxiale Kanäle von Graphitblöcken eingelagert sind, welche zur Kühlung mit CO_2-Gas durchspült werden (man verwendet auch mit 2 % $^{235}_{92}UO_2$/98 % $^{238}_{92}UO_2$-pellets gefüllte Brennstäbe). Bedeutung haben ferner Reaktoren, die mit $^{233}_{92}U$ bzw. $^{239}_{94}Pu$ betrieben werden. Die Kerne beider Isotope spalten sich nämlich in exothermer Reaktion beim Beschuß mit langsamen Neutronen ähnlich wie $^{235}_{92}U$ unter Bildung von 2–3 schnellen Neutronen, wobei die Neutronen ihrerseits – nach Geschwindigkeitsverminderung – weitere Kernspaltungen auslösen können (bezüglich der Gewinnung von $^{233}_{92}U$ und $^{239}_{94}Pu$ s. u.).

Wegen der lebensgefährlichen *radioaktiven Ausstrahlung* des Reaktors und der Reaktionsprodukte[84] müssen natürlich außergewöhnliche Vorsichtsmaßregeln für die Umgebung getroffen werden. So ist der Reaktor zum Schutz gegen die Strahlung von einer starken luftdichten Betonmauer umgeben, welche ihrerseits von einem kugelförmigen, stählernen Sicherheitsbehälter umschlossen wird (charakteristische Silhouette der Reaktoren). Zum Schutz vor mechanischen Einwirkungen (z. B. Flugzeugabsturz) ummantelt man den Sicherheitsbehälter zweckmäßigerweise nochmals mit einer starkwandigen Betonabschirmung.

Reaktorprodukte. Die *Betriebsdauer* der Reaktorbrennelemente ist – da die spaltbaren Kerne verbraucht und neutronenabfangende Produkte gebildet werden – nicht unbegrenzt. Demgemäß wechselt man die Brennstäbe in der Regel nach 3 Betriebsjahren aus. Der „*Abbrand*“ je Tonne Uran mit 3.2 % $^{235}_{92}U$ sowie 96.8 % $^{238}_{92}U$ besteht dann noch aus 0.76 % $^{235}_{92}U$ sowie 94.3 % $^{238}_{92}U$. Neu gebildet haben sich 0.44 % $^{236}_{92}U$, 0.9 % Plutonium (Isotopengemisch), 3.5 % Spaltprodukte (zu ca. 2/3 gebildet aus $^{235}_{92}U$, zu 1/3 aus zwischenzeitlich entstandenem $^{239}_{94}Pu$), 0.1 % weitere Transurane (Np, Am, Cm). Gleichzeitig

[84] Die β^-- und γ-Strahlung der bei der Spaltung von 1 kg Uran oder Plutonium insgesamt gebildeten radioaktiven Elemente ist der entsprechenden Ausstrahlung von rund 1000 Tonnen Radium äquivalent.

wird Energie freigesetzt, welche zu 85% auf die kinetische Energie der Spaltprodukte und Neutronen und zu 15 % auf die Strahlungsenergie zurückgeht. Erstere wird als thermische Energie auf das Kühlmittel direkt übertragen, letztere indirekt auf dem Wege über Ionisations- und Anregungsprozesse. Die Beseitigung („*Entsorgung*") der gebildeten radioaktiven Produkte, die insbesondere bei gasförmigen Radionukliden ($^{85}_{36}Kr$, $^{135}_{54}Xe$) sehr aufwendig ist, sowie die „*Wiederaufbereitung*" des Brennstoffs (s. u.) erfordert naturgemäß größte Vorsicht (vgl. S. 1811f).

Reaktornutzung. Der Reaktor ist sowohl als Energie- als auch Neutronen- und Stoffgenerator von überragender wissenschaftlicher und praktischer Bedeutung. Die **Energie**-Entwicklung (insgesamt 200 Millionen Faradayvolt = 19 Milliarden kJ je mol = 81 Milliarden kJ je kg gespaltenen Urans)[85] eröffnet die Möglichkeit einer laufenden Entnahme von thermischer und damit – auf dem Wege über Dampferzeugung (Sekundärwasser, vgl. Fig. 345 rechter Teil), Dampfturbinen und Generatoren – auch von elektrischer Energie und macht den Reaktor damit zu einer Energiequelle (**„Kernkraftwerk"**). Die Bildung von **Neutronen** beträchtlicher kinetischer Energie macht den Reaktor darüber hinaus zu einer *Neutronenquelle*[86], die zur präparativen Gewinnung von radioaktiven *Isotopen* aller Elemente verwendet werden kann. Zur Ausnutzung der Neutronen werden die umzuwandelnden Elemente entweder an die Oberfläche des Reaktors herangebracht oder mit Sonden in das Reaktorinnere eingeführt. In letzteren Fällen müssen natürlich zur Kompensation des auftretenden Neutronenverlustes die Moderatoren etwas aus dem Reaktor herausgezogen werden. Die Erzeugung von **Stoffen** in Form der Uranspaltprodukte (z. B. Ln, An (wie Pu), Kr, Sr, Zr, Mo, Tc, Ru, I, Cs) dient schon heute zur Gewinnung vieler wissenschaftlich oder technisch wichtiger Isotope (vgl. S. 1759). So wurde durch die Kernreaktion eine Entwicklung angebahnt, die – entgegen ihrer ursprünglich mehr militärischen Ausgangsrichtung – in Anbetracht der mehr und mehr schwindenden Weltvorräte an fossilen Brennstoffen, wie Kohle und Erdöl, und angesichts der zunehmenden Wichtigkeit radioaktiver Isotope in Wissenschaft und Technik von Jahr zu Jahr steigende Bedeutung gewinnt. Dies gilt insbesondere für die mit Hilfe des Brutreaktors (s. u.) erschlossene Möglichkeit zur industriellen Erzeugung synthetischer, als Kernbrennstoffe nutzbarer Elemente wie Plutonium.

Brutreaktoren (*Brüter*). Die Bildung von (spaltbarem) Plutonium $^{239}_{94}Pu$ aus – mit $^{235}_{92}U$ angereichertem – natürlichem Uran, die man in Analogie zum artfortpflanzenden Brutvorgang der Vögel als „*Brutprozess*" bezeichnet, erfolgt so, daß das bei der Einwirkung von Neutronen (gebildet durch Spaltung von $^{235}_{92}U$) aus dem Uranisotop $^{238}_{92}U$ entstehende Uranisotop $^{239}_{92}U$ (Halbwertszeit: 23.54 Minuten) wegen Überschreitung des optimalen Verhältnisses von Neutronen zu Protonen unter β^--Ausstrahlung (Umwandlung eines Kernneutrons in ein Kernproton) über ein Neptuniumisotop $^{239}_{93}Np$ (Halbwertszeit: 2.355 Tage) in das Plutoniumisotop $^{239}_{94}Pu$ (Halbwertszeit: 24390 Jahre) übergeht:

$$^{238}_{92}U \xrightarrow{+n} {}^{239}_{92}U \xrightarrow{-\beta^-} {}^{239}_{93}Np \xrightarrow{-\beta^-} {}^{239}_{94}Pu.$$

Ein anderer Brutprozeß verwendet $^{232}_{90}Th$ statt $^{238}_{92}U$ als „*Brutstoff*" und führt dieses durch Neutronenbeschuß (aus der Spaltung von $^{235}_{92}U$ oder $^{239}_{94}Pu$) in $^{233}_{90}Th$ (Halbwertszeit 22.3 Minuten) über, welches unter β^--Strahlung über $^{233}_{91}Pa$ (Halbwertszeit 27.0 Tage) in $^{233}_{92}U$ (Halbwertszeit 159000 Jahre übergeht):

$$^{232}_{90}Th \xrightarrow{+n} {}^{233}_{90}Th \xrightarrow{-\beta^-} {}^{233}_{91}Pa \xrightarrow{-\beta^-} {}^{233}_{92}U\,,$$

das wie $^{235}_{92}U$ und $^{239}_{94}Pu$ in einer Kettenreaktion spaltbar ist. Dieser Brutprozeß ist deshalb bedeutungsvoll, weil Thorium auf der Erde viermal häufiger ist als Uran und deshalb als besonders wichtiger potentieller Kernbrennstoff angesehen werden kann.

Um $^{233}_{92}U$ bzw. $^{239}_{94}Pu$ kontinuierlich zu erbrüten, verfährt man z. B. im druckgasgekühlten **Hochtemperaturreaktor („HTR")** so, daß man tennisballgroße Graphitkugeln, die jeweils ca. 5–10 g Brenn-/Brutstoff in Form vieler, ca. 0.2 mm großer, mit pyrolytischem Kohlenstoff überzogener Kügelchen („*coated particles*") enthalten, durch den Reaktor *hindurchbewegt*, indem man oben neues Material einfüllt und

[85] Eine gleiche Gewichtsmenge (1 kg) guter Steinkohle liefert bei der Verbrennung nur 33500 kJ, also weniger als den zweimillionsten Teil an Wärmeenergie.

[86] Die Neutronenproduktion läßt sich bis auf tausende Billionen Neutronen je cm^2 und Sekunde steigern.

unten $^{233}_{92}U$- bzw. $^{239}_{94}Pu$-haltiges Material entnehmen kann. Der Brenn-/Brutstoff besteht im Falle der Gewinnung von $^{233}_{92}U$ aus 1 Teil UO_2 (93% $^{235}_{92}U$-Anreicherung)/9 Teile $^{232}_{90}ThO_2$, im Falle der Gewinnung von $^{239}_{94}Pu$ aus 1 Teil $^{235}_{92}UO_2$/9 Teile $^{238}_{92}UO_2$. Als Kühlmittel dient *Helium*, das den Reaktor von oben nach unten durchströmt und dabei Temperaturen von 790°C bei 40 bar erreicht (die thermische Energie des Heliums wird auf dem Wege über Wasserdampferzeuger und Turbinen in elektrische Energie verwandelt). Die Abtrennung des gebildeten $^{233}_{92}U$ bzw. $^{239}_{94}Pu$ aus dem entstandenen Kernreaktions-Gemisch erfolgt durch einen Lösungsmittel-Extraktionsprozeß („*Thorex-Prozeß*" in ersterem, „*Purex-Prozeß*" in letzterem Falle; vgl. S. 1800).

Brutreaktoren erzeugen mehr spaltbares Material als sie zu deren Bildung verbrauchen. Das rührt daher, daß 1 gespaltenes Atom 2–3 Neutronen aussendet, von denen nur eines zur Fortsetzung der Reaktionskette dient, während die restlichen (soweit sie nicht entweichen) zur Bildung von $^{239}_{94}Pu$ aus $^{238}_{92}U$ bzw. von $^{233}_{92}U$ aus $^{232}_{90}Th$ führen und damit je gespaltenen Kern mehr als einen spaltbaren Kern erzeugen können. Man charakterisiert die Wirksamkeit solcher Brutreaktoren z. B. durch die sogenannte „*Verdoppelungszeit*", unter der man die Zeit versteht, in der sich eine gegebene Menge spaltbaren Materials jeweils verdoppelt. Sie liegt bei durchschnittlich 10 Jahren.

Sehr große Leistungsdichten erreicht man mit den **schnellen Brütern („SBR")**, die mit schnellen, ungebremsten Neutronen (also ohne Moderatoren) arbeiten, so daß hierbei auch das – mit langsamen Neutronen nicht spaltbare – Uranisotop $^{238}_{92}U$ spaltbar wird (S. 1761) und so als „Brennstoff" (Spaltneutronenlieferant) für die „Brutreaktion" (Umwandlung von $^{238}_{92}U$ in $^{239}_{94}Pu$) dienen kann. Natürlich bereiten in diesem Fall die Regel- und Kühlprobleme besondere Schwierigkeiten. Als Kühlmittel verwendet man bisher praktisch ausschließlich flüssiges Natrium (**„schneller natriumgekühlter Reaktor", „SNR"**; z. B. Kalkar/Niederrhein), welches im Primärkühlkreis (615°C, 10 bar) die zu Brennelementen zusammengefaßten Brennstäbe, gefüllt mit Brenn-/Brutstofftabletten aus $^{239}_{94}PuO_2/UO_2$($^{235}_{92}U$ abgereichert), umspült.

Fusionsreaktoren[79]. Die Gewinnung von Kernenergie und von Isotopen im Uranreaktor wird allein durch den glücklichen Umstand ermöglicht, daß die Halbwertszeiten der Uranisotope $^{235}_{92}U$ und $^{238}_{92}U$ im Vergleich zum Alter der Erde (4.5×10^9 Jahre) von gleicher Größenordnung sind (0.7×10^9 bzw. 4.5×10^9 Jahre). Denn wegen dieser langen Halbwertszeiten blieb von den bei der Entstehung der Erde vorhandenen Mengen an $^{235}_{92}U$ und $^{238}_{92}U$ noch soviel übrig, daß die Uranisotopen-Zusammensetzung heute 0.7 : 99.3% beträgt, womit sich ein Uran-Reaktor betreiben läßt. Wäre die Halbwertszeit von $^{235}_{92}U$ z. B. nur ein Drittel so groß, wie sie es tatsächlich ist, so wäre die im natürlichen Uran vorhandene Menge an $^{235}_{92}U$ millionenmal kleiner, so daß $^{235}_{92}U$ heute von der Erde praktisch ganz verschwunden wäre und das natürlich vorkommende Uran nur noch aus dem Uranisotop $^{238}_{92}U$ bestünde, das sich nicht in einer Kettenreaktion spalten und daher auch nicht zur technischen Erzeugung von Kernenergie verwenden läßt. Die Transurane, die bei der Entstehung der Erde sicherlich in einer der Uranmenge vergleichbaren Menge vorlagen, sind wegen ihrer im Vergleich zum Uran um Größenordnungen kleineren Halbwertszeiten von der Erde bereits völlig verschwunden und können heute nur noch synthetisch hergestellt werden.

Zum Unterschied von der auf Kernspaltung („*Fission*") beruhenden nuklearen Reaktion ist es bis jetzt noch nicht gelungen, auch die auf Kernverschmelzung („*Fusion*") beruhende thermonukleare Reaktion (S. 1263) als gesteuerte Kern-Kettenreaktion durchzuführen. Wenn es möglich wäre, auch hier z. B. eine Verschmelzung von Wasserstoff zu Helium in kontrollierter Weise durchzuführen, wäre die Menschheit nach Aufbrauchen der Kohle- und Uranvorräte für weitere lange Zeit von ihren Energiesorgen befreit, da dann die ungeheuren Vorräte an Wasserstoff in den Ozeanen als Ausgangsmaterial für die Kernfusion zur Verfügung stünden. Im Weltall spielt sich die Kernverschmelzung in den Sternen, wie etwa unserer Sonne, in gesteuerter Weise ab und spendet seit Jahrmilliarden ohne Gleichgewichtsstörung thermonukleare Energie (S. 1263). Bei Störung des geregelten Energiehaushalts geht allerdings sowohl bei der Kernspaltung wie bei der Kernverschmelzung die gesteuerte in eine ungesteuerte Kern-Kettenreaktion über und führt dabei sowohl auf der Erde („*Uranbombe*", „*Wasserstoffbombe*") wie im Weltall („*Nova*", „*Supernova*") zu Explosionen gewaltigen bis kosmischen Ausmaßes, wovon im Abschnitt 2.2.2 die Rede ist.

Geschichtliches. Nach dem weiter oben Besprochenen wird natürliches Uran $^{235,\,238}_{92}U$ nur in Anwesenheit von Neutronenbremsern wie Wasser oder Graphit „kritisch", da anderenfalls die durch neutroneninduzierte Spaltung von $^{235}_{92}U$ erzeugten schnellen Neutronen von $^{238}_{92}U$ absorbiert werden (Bildung von $^{239}_{94}Pu$ auf dem Wege über $^{239}_{93}Np$; s. o.). Da derartige Moderatoren in natürlichen Uranvorkommen in der Regel fehlen, beobachtet man auf der Erde praktisch keine natürlichen Reaktoren. Eine Ausnahme bildet Oklo in Gabun an der Westküste Afrikas, wo vor etwa 1.8 Milliarden Jahren mindestens sechs natürliche Uranreaktoren ca. 1 Million Jahre lang kritisch waren (Gesamturanvorkommen in Oklo ca. 400000 t; Uranverbrauch während der kritischen Phase ca. 4–6 t; Energieausstoß 10–100 kW). Als Ursache für dieses „*Oklo-Phänomen*" betrachtet man Erznischen aus Urandioxid, die sich – durch besondere Bedingungen verursacht – in wasserhaltigem, aber Lithium- und Bor-armem Tongestein gebildet hatten (Li und B fungieren als neutronenabsorbierende „Gifte"). Hinsichtlich UO_2, das damals – vor 1.8×10^9 Jahren – noch 3% $^{235}_{92}UO_2$ enthielt, wirkte das Wasser im Tongestein als Moderator (vgl. Leichtwasserreaktor, S. 1770), dessen Menge sich bei einer Reaktionsbeschleunigung (Reaktionsverlangsamung) wegen des hiermit verbundenen Temperaturanstiegs (Temperaturabfalls) der Reaktionszone durch Verdampfung verringerte (durch Kondensation erhöhte), was umgekehrt eine „regelnde" Verlangsamung (Beschleunigung) der Kernreaktion bewirkte. Als Folge der Reaktortätigkeit enthalten heute die „ausgebrannten" Minen bei Oklo Uran, das prozentual weniger $^{235}_{92}U$ enthält (zum Teil nur noch 0.296%) als das normalerweise in Minen gefundene Uran (0.7202 ± 0.006%)[87].

Der erste, von E. Fermi entwickelte künstliche Kernreaktor wurde am 2. 12. 1942, 15.25 Uhr Chikagoer Zeit, in Chikago „*kritisch*" (Geburtsstunde des technischen Atomzeitalters). Heute sind viele große Kernreaktoren von 100 bis 1000 MW Leistung in Betrieb, und man kann damit rechnen, daß bis zum Ende dieses Jahrhunderts etwa die Hälfte der Stromerzeugung auf Kernkraftwerke entfallen wird (in der Bundesrepublik Deutschland beträgt der Anteil der Kernenergie an der gesamten Stromerzeugung zur Zeit über 30%).

2.2.2 Die ungesteuerte Kern-Kettenreaktion

Uran- und Plutoniumbombe. Will man die kontrollierte Kern-Kettenreaktion des Uran-Reaktors in eine ungesteuerte Ketten-*Explosion* übergehen lassen, so muß man aus dem natürlichen Uran des neben $^{235}_{92}U$ (0.7%) im Überschuß (99.3%) vorhandene, neutronenabsorbierende und damit kettenhemmende (S. 1768) Uranisotop $^{238}_{92}U$ entfernen, d.h. von dem reinen „Urannuklid" $^{235}_{92}U$ ausgehen. Die Trennung von $^{235}_{92}U$ und $^{238}_{92}U$ macht naturgemäß große Schwierigkeiten, da sich die beiden Atomarten als Isotope ein und desselben Elements chemisch völlig gleichartig verhalten und daher nur physikalisch auf Grund ihres sehr geringen Massenunterschieds trennbar sind. Zum Ziele führten (seit 1942) die *fraktionierende Diffusion* von gasförmigem Uranhexafluorid UF_6, die – noch wirksamere – *Trennung in Massenseparatoren* („*Calutron*"; vgl. S. 75f) u.a. Methoden (vgl. Spezialliteratur).

Wie es nun eine „*kritische Größe*" gibt, bei der die *Kern-Einzelreaktion* eines mit natürlichem Uran ($^{235,\,238}U$) arbeitenden Uran-Reaktors in eine steuerbare Kern-Kettenreaktion übergeht (S. 1768), gibt es auch eine kritische Größe, oberhalb derer aus der Kern-Einzelreaktion eines Uran-Reaktors ($^{235}_{92}U$) eine gesteuerte bzw. ungesteuerte Ketten-Reaktion wird. Sie ist dann erreicht, wenn die Oberfläche im Verhältnis zum Volumen des Reaktors und damit der Neutronenverlust nach außen hin so klein geworden ist, daß der Multiplikationsfaktor k (S. 1769) gleich bzw. größer als 1 wird (~ 50 kg $^{235}_{92}U$, entsprechend einer Urankugel vom Radius 8.4 cm)[87a]. *Unterhalb* der kritischen Größe ($k < 1$) ist ein $^{235}_{92}U$-Block *harmlos*, *oberhalb* dieser Größe ($k > 1$) kann er wegen der im Bruchteil von Sekunden lawinenartig anwachsenden Zahl kettenfortführender Neutronen (Fig. 347) mit *verheerender Wirkung explodieren*[88] („*Atombombe*"). Die erste gegen Ende des letzten Weltkrieges (am 6. 8. 1945) auf Hiroshima in Japan abgeworfene Atombombe – deren Herstellung im letzten Weltkrieg den eigentlichen Antriebsmotor zur rasanten Entwicklung der Kernforschung bildete – war eine *Uranbombe* und bestand aus solchem $^{235}_{92}U$. Sie verursachte Hunderttausende von Toten und Verletzten.

Analog dem Nuklid $^{235}_{92}U$ explodiert auch das „Plutoniumnuklid" $^{239}_{94}Pu$ bei Überschreitung der kritischen Menge mit ungeheuerer Wucht und furchtbarer Wirkung[89]. Da $^{239}_{94}Pu$ leichter gewinnbar als $^{235}_{92}U$ ist (s. oben), stellt es einen noch „geeigneteren" Atom-Sprengstoff als dieses dar. So war schon die zweite während des letzten Weltkrieges (am 8. 8. 1945) auf Nagasaki

---

87 Der etwas zu kleine Gehalt an $^{235}_{92}U$ in einer Uranprobe aus Oklo (0.7171%) führte zur Entdeckung des Oklo-Phänomens.

87a Durch die Anwendung von „*Reflektoren*" kann diese kritische Menge wesentlich herabgesetzt werden.

88 Durch Umhüllung der Uranbombe mit einem die Neutronen in das Innere reflektierenden, nicht absorbierenden Material („*Reflektor*") wird der Multiplikationsfaktor erhöht und zugleich ein vorzeitiges Auseinanderplatzen der Bombe in Teilstücke unterkritischer Größe vermieden.

89 Die kritische Masse beträgt ≈ 10 kg, entsprechend einer Plutoniumkugel vom Radius ≈ 5 cm, und verringert sich auf $\frac{1}{2}$ kg bei Anwesenheit von „*Reflektoren*" für Neutronen (in Wasser beläuft sie sich auf 5.4 kg).

in Japan abgeworfene Atombombe eine aus $^{239}_{94}Pu$ bestehende „*Plutoniumbombe*".[90] Sie hatte die Kapitulation Japans und das Ende der Kampfhandlungen des Weltkrieges zur Folge.

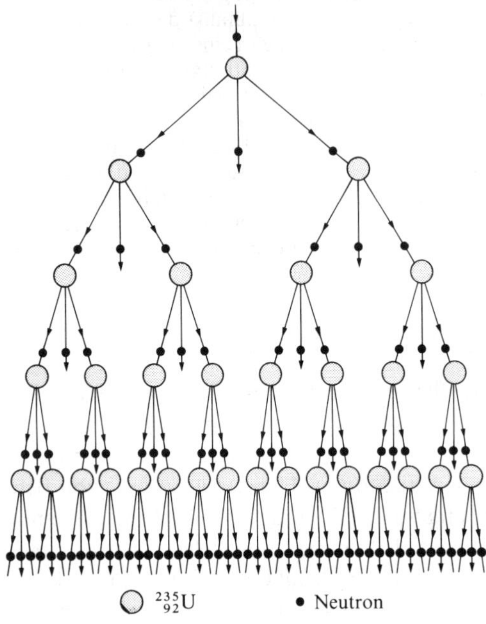

Fig. 347 Schema der ungesteuerten Kern-Kettenreaktion ($k = 2$).

Die Überschreitung der kritischen Größe einer Atombombe kann ganz allgemein mit Hilfe von Sprengstoffen durch Zusammenschießen zweier unterkritischer Stücke oder durch starkes Zusammenpressen eines unterkritischen Stückes (Verkleinerung der Oberfläche) erreicht werden.

Wasserstoffbombe. Eine noch stärkere Wirkung als die Uran- und Plutoniumbombe hat die „*Wasserstoffbombe*" („*thermonukleare Bombe*"), die von den USA erstmals 1952 (am 1.11.1952) auf der Insel Eniwetok (Marshall-Inseln) im Pazifik erprobt wurde („*Experiment Mike*"). Ihr liegt nicht wie bei den beiden ersteren eine Kernspaltung (S. 1761), sondern eine *Kernverschmelzung* (S. 1763) zugrunde. Ihre Energie beruht wie die stellare Energie (S. 1763) auf der stark exothermen Bildung des stabilen Heliumkerns $^{4}_{2}He$ aus Wasserstoff, die an sich auf verschiedene Weise erreicht werden kann: z. B. nach:

$$^{1}_{1}H + ^{3}_{1}H \rightarrow ^{4}_{2}He; \qquad ^{2}_{1}H + ^{3}_{1}H \rightarrow ^{1}_{0}n + ^{4}_{2}He;$$
$$^{2}_{1}H + ^{2}_{1}H \rightarrow ^{4}_{2}He; \qquad ^{3}_{1}H + ^{3}_{1}H \rightarrow 2^{1}_{0}n + ^{4}_{2}He\,.$$

Da das Tritium $^{3}_{1}H$ gemäß $^{6}_{3}Li + ^{1}_{0}n \rightarrow ^{3}_{1}H + ^{4}_{2}He$ durch Neutronenbeschuß von $^{6}_{3}Li$ gewonnen werden kann (S. 1756), kann man diese Gleichung mit der vorletzten der vier obigen Gleichungen zu der Gesamtgleichung

$$^{6}_{3}Li + ^{2}_{1}H \rightarrow 2^{4}_{2}He + 22.4\,\text{MeV}$$

kombinieren, die auf die nukleare Zersetzung von „Lithiumdeuterid" LiD hinausläuft, welche bei Temperaturen von 10^7–10^8 °C (also stellaren Bedingungen) erreicht werden kann und 4mal mehr Energie liefert als eine gleiche Masse (8 g) $^{235}_{92}U$. Zur Erzeugung einer so hohen Temperatur nutzt man die Energie der Explosion einer Uran- oder Plutoniumbombe aus. Auch *im Weltall* beobachtet man bei Störung des stellaren Temperaturgleichgewichts solche „thermonukleare Bomben" in Form der „*Novae*" und „*Supernovae*" (vgl. S. 1766).

[90] Dem Abwurf der ersten und zweiten Atombombe im letzten Weltkrieg ging am 16.7.1945, 5.30 Uhr morgens in der Nähe der Stadt Alamogordo im Staate New Mexico (USA) eine Erprobung dieser Kernwaffe (Plutoniumbombe) voraus („*Experiment Trinity*").

Kapitel XXXV

Die Lanthanoide[1)]

Zur Gruppe der auf das *Lanthan* (Ordnungszahl 57) folgenden 14 **„Lanthanoide“** Ln (früher *„Lanthanide“*[2)]) oder *„Seltenen Erdmetalle“* bzw. *„Seltenerdmetalle“*[3)] (Ordnungszahl 58–71) gehören die Elemente *Cer* (Ce), *Praseodym* (Pr), *Neodym* (Nd), *Promethium* (Pm), *Samarium* (Sm), *Europium* (Eu), *Gadolinium* (Gd), *Terbium* (Tb), *Dysprosium* (Dy), *Holmium* (Ho), *Erbium* (Er), *Thulium* (Tm), *Ytterbium* (Yb) und *Lutetium* (Lu). Bei ihnen erfolgt, wie früher (S. 719) auseinandergesetzt, der Ausbau der drittäußersten (vierten) Elektronenschale von der Elektronenzahl 18 auf den Maximalwert $2 \times 4^2 = 32$. Dementsprechend sind sich die Lanthanoide *chemisch außerordentlich ähnlich*, so daß ihre *Isolierung und Reindarstellung* durch Fraktionierung früher die größten *Schwierigkeiten* bereitete und einen großen Aufwand an Arbeit und Zeit erfordert hat, während heute die Einzel-Lanthanoide durch neuentwickelte chemisch-physikalische Kombinationsmethoden rasch und elegant voneinander getrennt werden können (s. u.). Einige **Eigenschaften** der Lanthanoide, die in ihren Verbindungen in der Regel *dreiwertig* auftreten (Betätigung der äußeren s- und d-Elektronen), sind in Tafel V zusammengestellt.

Geschichtliches (Tafel II). In einem im Jahre 1787 bei Ytterby auf einer schwedischen Insel in der Nähe von Stockholm aufgefundenen Mineral (*„Ytterbit“*) entdeckte im Jahre 1794 der finnische Forscher J. Gadolin ein – später *„Yttererde“* bezeichnetes – Oxid des neuen Elements *„Yttrium“* (vgl. S. 1393). Wenige Jahre darauf (1803) erkannten die schwedischen Chemiker J. J. Berzelius und W. Hisinger in einem anderen schwedischen Mineral (*„Cerit“*) und – unabhängig hiervon – der deutsche Chemiker M. H. Klaproth in einem schwedischen „Schwerspat“ ein – später als *„Ceriterde“* benanntes – Oxid des neuen Elements *„Cer“* (*benannt* von Klaproth nach dem im Jahre 1801 entdeckten Planetoid *Ceres*[4)]). Ytter- sowie Ceriterde wurden bis zum Jahre 1839, also noch 35 Jahre lang, für *einheitliche* Stoffe gehalten. In den Folgejahren konnten (u. a. durch fraktionierende Fällung bzw. Kristallisation von Lanthanoidhydroxiden, -oxalaten, -nitraten; vgl. S. 1778) einzelne Lanthanoidoxide isoliert werden:

(i) In den Jahren 1839–1843 gelang es einem Schüler und Mitarbeiter von Berzelius, C. C. Mosander, die *Ceriterde* (*„Leichterde“*; Lanthan- bis Europiumoxid) in Oxide der Elemente **Cer** (s. o.), *„Lanthan“*

---

1 **Literatur.** F. H. Spedding, A. M. Daane (Hrsg.): *„The Rare Earths“*, Wiley, New York 1961; E. V. Kleber (Hrsg.): *„Rare Earth Research“*, Mac Millan, New York 1961: Th. Moeller: *„The Lanthanides“* in Comprehensive Chemistry **4** (1973) 1–102; Le Roy Eyring (Hrsg.): *„Progress in the Science and Technology of the Rare Earths“*, Pergamon Press, London, Band **1** (1964), Band **2** (1967), Band **3** (1968); D. N. Trifonov: *„The Rare-Earth Elements“*, Pergamon, London 1963; N. E. Topp: *„The Chemistry of the Rare-Earth Elements“*, Elsevier, New York 1965; R. J. Callow: *„The Industrial Chemistry of the Lanthanons, Yttrium, and Uranium“*, Pergamon Press, New York 1967; K. W. Bagnall (Hrsg.): *„Lanthanides and Actinides“*, Butterworth, New York 1972; GMELIN: *„Sc, Y, La – Lu: Rare Earth Elements“*, System-Nr. **39**, bisher 35 Bände; K. A. Gschneidner (Hrsg.): *„Handbook of Physics and Chemistry of the Rare Earths“*, 6 Bände, North-Holland (Physics Publishing) Amsterdam 1978–1984; F. A. Hart: *„Scandium, Yttrium and the Lanthanides“*, Comprehensive Coord. Chem. **3** (1987) 1059–1127; E. C. Subbarao, W. E. Wallace (Hrsg.): *„Science and Technology of Rare Earth Materials“*, Academic Press, New York 1980; D. A. Johnson: *„Principles of Lanthanoide Chemistry“*, J. Chem. Educ. **57** (1980) 475–477; W. DeW. Horrocks, jr., M. Albin: *„Lanthanide Ion Luminescence in Coordination Chemistry and Biochemistry“*, Progr. Inorg. Chem. **31** (1984) 1–104; ULLMANN (5. Aufl.): *„Cerium Mischmetal, Cerium Alloys, Cerium Compounds“* **A6** (1986) 139–152; *„Rare Earth Elements“*, **A22** (1993). Vgl. auch Anm. 15, 16.

2 In Anlehnung an die gängige Bezeichnung *„Metalloide“* für metallähnliche Elemente wurde von der internationalen Nomenklaturkommission die Bezeichnung *„Lanthanoide“* (lanthanähnliche Elemente) gewählt, da die einfache Endung *-id* (Hydrid, Chlorid, Sulfid usw.) für binäre Salze reserviert ist.

3 Zu den *„Seltenerdmetallen“* wird normalerweise noch das *Lanthan*, gelegentlich *Scandium* und *Yttrium* hinzugerechnet. Die Bezeichnung stammt noch aus der Zeit ihrer Entdeckung und rührt daher, daß diese Elemente zuerst in seltenen Mineralien aufgefunden und aus diesen in Form von Oxiden (frühere Bezeichnung: *„Erden“*) isoliert wurden. Wie wir heute wissen, sind die Seltenen Erdmetalle aber entgegen ihrem Namen gar nicht so selten (vgl. S. 1777).

4 Auch das vorher von ihm aufgefundene Element *Uran* (1789) hatte er nach einem Planeten benannt: dem Uranus. Für das 1782 von M. v. Reichenstein entdeckte Element 52, *Tellur*, leitete er den Namen vom Planeten Erde (lat. tellus) ab, für das 1791 von W. Gregor entdeckte Element 22 wählte er den Namen *Titan* (nach dem Göttergeschlecht der Titanen auf der Erde).

(S. 1393) und „*Didym*“ (von didymos (griech.) = Zwilling; s. u.), die *Yttererde* („*Schwererde*“; Gadolinium- bis Lutetiumoxid sowie Yttriumoxid) in Oxide der Elemente „*Yttrium*“ (S. 1393) sowie **Terbium** und **Erbium** (beide Elemente *benannt* nach dem Ort *Ytterby*) zu zerlegen.

(ii) Aus „Yttererde“ wurde ein Oxid des Elements **Ytterbium** (J. C. G. de Marignac, 1878; *benannt* nach dem Ort *Ytterby*) isoliert, das sich jedoch später als Oxidgemisch erwies, und aus dem 1907 noch das Oxid von **Lutetium** abgetrennt werden konnte (C. Auer von Welsbach, und – unabhängig hiervon – G. Urbain; Lu *benannt* von ersterem Entdecker als „*Cassiopeium*“ nach dem Sternbild *Cassiopeia*, von letzterem Entdecker als „*Lutetium*“ nach *Lutetia* dem alten Namen von Paris).

(iii) Aus „*Ytterbit*“ („*Gadolinit*“) erhielt man das Oxid von „*Scandium*“ (S. 1393) sowie **Dysprosium** (L. de Boisbaudran, 1886; *benannt* nach seiner schweren Zugänglichkeit: *dyspros* (griech.) = schwierig).

(iv) Aus Mosanders „Erbiumoxid“ (s. o.) wurden als weitere Bestandteile die Oxide von **Holmium** und **Thulium** abgetrennt (P. T. Cleve und – unabhängig hiervon – J. L. Soret; *benannt* nach den Fundorten Seltener Erden: *Stockholm* bzw. *Thule*, dem alten Namen für Skandinavien).

(v) Mosanders „Didymoxid“ (s. o.) konnte in die Oxide von **Praseodym** und **Neodym** aufgetrennt werden (C. Auer von Welsbach, 1885; *benannt* nach *praseos* (griech.) = lauchgrün und neos (griech.) = neu: lauchgrünes und neues Didym).

(vi) Aus „Samarskit“, einem in Norwegen aufgefundenen Mineral (Uranotantalit) wurden die Oxide von **Samarium** (L. de Boisbaudran, 1879; *benannt* nach *Samarskit*), **Gadolinium** (J. C. G. de Marignac, 1880; *benannt* nach *Gadolin*, dem Pionier der Lanthanoidforschung[5]) und **Europium** (E. A. Demarcay, 1901; *benannt* nach dem Kontinent *Europa*[6]) isoliert.

Die Gewinnung der betreffenden *elementaren Lanthanoide* erfolgte vielfach durch Reduktion der Halogenide mit Alkalimetallen oder elektrischem Strom (z. B. Elektrolyse von geschmolzenem Cerchlorid durch Hillebrand und Norton, 1875).

(vii) Das **Promethium** wurde erstmals 1945 von den amerikanischen Forschern J. A. Marinsky, L. E. Glendenin und C. D. Coryell *identifiziert*. Sie wiesen nach, daß ein bei der Uranspaltung auftretendes Bruchstück der Halbwertszeit 2.62 Jahre ($^{147}_{61}$Pm) ein Isotop des Lanthanoids 61 ist[7] und schlugen für das neue Element zwei Jahre später den Namen Promethium (von *Prometheus*) vor, um „die Kühnheit und den möglichen Mißbrauch menschlichen Geistes“ bei der Synthese neuer Elemente zu symbolisieren (vgl. S. 1781). 1965 wurden in Lanthanoidkonzentraten eines Apatits geringste Spuren von $^{147}_{61}$Pm nachgewiesen, deren Bildung sich durch Beschuß von $^{146}_{60}$Nd mit Höhenstrahlen deuten läßt.

1 Vorkommen

Bei der ersten Phasentrennung des schmelzflüssigen Erdmagmas in eine *Eisenschmelze* („*Siderosphäre*“), *Sulfidschmelze* („*Chalkosphäre*“), *Silicatschmelze* („*Lithosphäre*“) und *Dampfhülle* („*Atmosphäre*“) sammelten sich die *Lanthanoide* als lithophile Elemente in der *Lithosphäre*. Im zweiten Stadium, dem der magmatischen Erstarrung, reicherten sie sich mit anderen selteneren Elementen vorwiegend in den *Restschmelzen* der lithophilen Gruppe an, aus denen sie sich dann nach genügender Konzentrierung in eigenen kristallisierten Phasen ausschieden. Diese typische *Sonderung* der dreiwertigen Lanthanoide ist auf ihre *geringe kristallchemische Verwandtschaft zu anderen dreiwertigen Elementen* zurückzuführen, indem ihre verhältnismäßig großen Ionenradien r (1.15–1.00 Å) einen Einbau ihres Gitters in das der gewöhnlichen gesteinsbildenden Mineralien weitgehend verhindern (die Ionenradien beziehen sich hier wie nachfolgend auf die Koordinatenzahl 6):

Elemention	B^{3+}	Al^{3+}	Cr^{3+}	V^{3+}	Fe^{3+}	Mn^{3+}
r in Å	0.41	0.68	0.76	0.78	0.79	0.79

Die *nahe kristallchemische Verwandtschaft der dreiwertigen Lanthanoide untereinander* dagegen, die in dem relativ kleinen Ionenradien-Intervall von insgesamt 0.15 Å zum Ausdruck kommt, ermöglicht *isomorphe Vertretbarkeit*, wodurch sich das ständig *gemeinsame Vorkommen* dieser Elementgruppe erklärt.

---

[5] In analoger Weise wurde das homologe Actinoidelement *Curium* nach dem Ehepaar Curie, den Pionieren der Actinoidforschung, benannt.

[6] In analoger Weise wurde das homologe Actinoidelement *Americium* nach dem Kontinent Amerika benannt.

[7] Die vermeintliche Entdeckung des Elements 61 in natürlichen Mineralien durch die amerikanischen Forscher J. A. Harris, L. F. Yntema und B. S. Hopkins im USA-Staat Illinois (1926; „*Illinium*“ Il) und durch die italienischen Forscher L. Rolla und L. Fernandes an der Universität Florenz (1926; „*Florentinum*“ Fl) hat sich nicht bestätigen lassen. M. L. Pool, J. D. Kurbatov und L. L. Quill, die 1941/43 die Bildung radioaktiver Isotope des Elements 61 bei der Bestrahlung der Nachbarelemente Praseodym und Neodym mit Cyclotron-beschleunigten α-Teilchen, Deuteronen und Neutronen wahrscheinlich machten („Cyclonium“ Cy), führten keine chemischen Abtrennungen durch.

Die Ionenradien der schon besprochenen drei Seltenen Erdmetalle *Scandium*, *Yttrium* und *Lanthan* (S. 1393) nehmen – wie ganz allgemein innerhalb einer Gruppe des Periodensystems – mit steigender Atommasse zu:

Elemention	Sc^{3+}	Y^{3+}	La^{3+}
r in Å	0.89	1.04	1.17

So kommt es, daß sich die Ionenradien der Lanthanoide (1.15–1.00 Å) in diesen Radienbereich von Scandium bis Lanthan (0.89–1.17 Å) einfügen und auf diese Weise auch Scandium, Yttrium und Lanthan in der Natur mit den Lanthanoiden vergesellschaftet sind. Dabei stehen naturgemäß die *frühen* Lanthanoide (Ceriterden; größere Ionenradien) dem *Lanthan*, die *späten* (Yttererden, kleinere Ionenradien) dem *Yttrium* am nächsten, während das *Scandium* mit seinem verhältnismäßig kleinen Ionenradius von 0.89 Å eine gewisse *Sonderstellung* einnimmt. Besonders hinzuweisen ist auf das *Yttrium*, das mit seinem Ionenradius von 1.04 Å mitten in den Bereich der Lanthanoide hineinfällt und dort neben dem *Holmium* mit dem Ionenradius 1.04 Å seinen Platz findet, was mit der praktischen Erfahrung in Einklang steht, daß Yttrium und Holmium außerordentlich schwer zu trennen sind.

Die *Periodizität* der Eigenschaften macht sich beim *Vorkommen* der Lanthanoide z. B. dadurch bemerkbar, daß das *Europium*, das gemäß dem Periodensystem der dreiwertigen Lanthanoide (S. 1721) auch *zweiwertig* auftreten kann ($r_{Eu^{2+}} = 1.31$ Å), sich häufig als Begleiter des *Strontiums* ($r_{Sr^{2+}} = 1.32$ Å), z. B. im Strontianit $SrCO_3$, findet.

Wichtige Mineralien. Größere Vorkommen an Lanthanoiden finden sich in Skandinavien, Südindien, Südafrika, Brasilien, Australien, Malaysia, GUS, USA. Eines der *wichtigsten Lanthanoidmineralien* ist – neben dem in Zaire, in New Mexico und in der Sierra Nevada vorkommenden „*Bastnäsit*" (La,Ln)$[CO_3F]$ – der „*Monazit*" (La,Th,Ln) $[(P,Si)O_4]$, der sich vor allem in den südnorwegischen Granitpegmatiten findet. Die technische Gewinnung dieses Monazits ist allerdings wegen seiner unregelmäßigen Verteilung in dem harten Begleitgestein wenig lohnend. Von weit größerer Bedeutung für die Industrie der Lanthanoide sind daher die durch natürliche Verwitterungs- und Schlämmungsprozesse aus den *primären* Monazitlagerstätten entstandenen *sekundären* Ablagerungen (**„Monazitsand"**), in denen der Monazit wesentlich *angereichert* ist. Solche sekundären Lagerstätten finden sich vor allem in Brasilien, in Südindien, auf Sri Lanka und in den Vereinigten Staaten.

Der Monazit enthält neben Lanthan (Ordnungszahl 57) und bis zu 20% Thorium (Ordnungszahl 90) bevorzugt die *leichteren* Lanthanoide (**„Ceriterden"**; Ordnungszahlen 58–64; vgl. S. 1721). Gleiches gilt von den ebenfalls wichtigen Silicaten vom sogenannten *Orthit-Typus* (z. B. „*Cerit*", S. 1393), nur daß bei diesen Orthiten die Ceriterden gegenüber den schwereren Lanthanoiden noch etwas stärker am Gesamtbestand beteiligt sind als beim Monazit. Im Bastnäsit fehlen die schwereren Lanthanoide und auch Thorium praktisch vollständig.

Umgekehrt finden sich die *schwereren Lanthanoide* (**„Yttererden"**; Ordnungszahlen 64–71; vgl. S. 1721) zusammen mit dem Yttrium (Ordnungszahl 39) bevorzugt in den Mineralien vom Typus des „*Thalenits*" $Y_2[Si_2O_7]$, „*Thortveitits*" $(Y, Sc)_2[Si_2O_7]$, „*Gadolinits*" $(Be^{II}, Fe^{III})_3(Ln^{III}, Y^{III})_2[Si_2O_{10}]$ und „*Xenotims*" YPO_4.

Häufigkeit. Betrachtet man die *relative Häufigkeit* der Seltenen Erdmetalle in den Lanthanoid-Mineralien der Natur (Fig. 348), so macht man die interessante Beobachtung, daß die Elemente mit *geraden* Atomnummern *häufiger* sind (Anteile an der Erdrinde 10^{-3} bis 10^{-4} Gew.-%) als die ungeraden Elemente

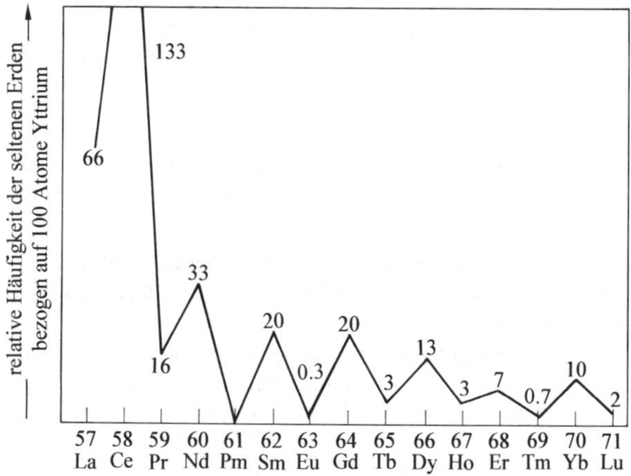

Fig. 348 Relative Häufigkeit der Lanthanoide.

Tab. 154 Natürliche Nuklide der Lanthanoide (Massen radioaktiver Elemente kursiv).

Ln	Massenzahl (% Häufigkeit)	Ln	Massenzahl (% Häufigkeit)
$_{57}$La	*138 (0.09)*, 139 (99.91)	$_{64}$Gd	*152 (0,20)*, 154 (2.1), 155 (14.8), 156 (20.6), 157 (15.7), 158 (24.8), 160 (21.8)
$_{58}$Ce	136 (0.19), 138 (0.25), 140 (88.48), 142 (11.08)	$_{65}$Tb	159 (100)
$_{59}$Pr	141 (100)	$_{66}$Dy	156 (0.06), 158 (0.10), 160 (2.34), 161 (19.0), 162 (25.5), 163 (24.9), 164 (28.1)
$_{60}$Nd	142 (27.16), 143 (12.18), *144 (23.80)*. 145 (8.29), 146 (17.19), 148 (5.75), 150 (5.63)	$_{67}$Ho	165 (100)
$_{61}$Pm	*147 ($<10^{-19}$)*[a]	$_{68}$Er	162 (0.14), 164 (1.56), 166 (33.4), 167 (22.9), 168 (27.1), 170 (14.9)
$_{62}$Sm	144 (3.1), *146 (2×10^{-7}), 147 (15.1), 148 (11.3)*, 149 (13.9), 150 (7.4), 152 (26.6), 154 (22.6)	$_{69}$Tm	196 (100)
		$_{70}$Yb	168 (0.14), 170 (3.06), 171 (14.3), 172 (21.9), 173 (16.1), 174 (31.8), 176 (12.7)
$_{63}$Eu	151 (47.8), 153 (52.2)	$_{71}$Lu	175 (97.39), *176 (2.61)*

a) Man kennt zusätzlich noch künstliche $_{61}$Pm-Isotope (^{132}Pm bis ^{154}Pm).

(Anteile an der Erdrinde 10^{-4} bis 10^{-5} Gew.-%; vgl. Tafel II). Ähnliches gilt auch bei den anderen Elementen (**„Harkinssche Regel“**), so daß es sicher kein Zufall ist, daß alle in der *Natur* nicht oder nur spurenweise aufgefundenen Grundstoffe (Technetium, Promethium, Astat, Francium) ungerade Atomnummern aufweisen (43, 61, 85, 87)[8]. Das relativ *seltenste* Element unter den Lanthanoiden ist das *Promethium* ($<10^{-9}$%), das relativ *häufigste* das Cer (4.3×10^{-3}%). Es ist weit häufiger als z.B. Blei, Arsen, Antimon, Quecksilber, Cadmium und andere Elemente, welche im üblichen Sinne nicht als „seltene“ Stoffe bezeichnet werden, und selbst das – nach Promethium – seltenste Lanthanoid, das Europium (0.99×10^{-5}%), ist noch fast so häufig wie Silber (1×10^{-5}%), und häufiger als etwa Gold oder Platin. Insgesamt beträgt der Gehalt der festen Erdrinde an Lanthanoiden etwa 0.01 Gew.-%.

Isotope (vgl. Anh. III). Die in der Natur vorkommenden Nuklide der Lanthanoide sind in Tab. 154 wiedergegeben.

2 Gewinnung

Um die Lanthanoide aus ihren Mineralien von den übrigen Elementen (z. B. Th, Fe, Ti, Zr, Si) *abzutrennen*, werden Bastnäsit oder Monazit (s. o.) einem *sauren oder basischen Aufschluß* unterworfen. Im Falle des häufiger angewandten sauren Aufschlusses werden die fein gepulverten Mineralien zunächst mit *konzentrierter Schwefelsäure* bei 120–200 °C behandelt, wobei Lanthan, Thorium und die Lanthanoide in lösliche *Sulfate* verwandelt werden (ungelöst bleiben u.a. SiO_2, TiO_2, $ZrSiO_4$, $FeTiO_3$, Sand). Dann löst man die Sulfate in *Eiswasser* auf (die Löslichkeit der Sulfate nimmt mit fallender Temperatur zu) und fällt nach *partieller Neutralisation* der Lösung mit Ammoniak zunächst basische Thorium-Salze, dann nach Zusatz von *Oxalsäure* HOOC–COOH die Lanthanoide in Form von $Ln_2(C_2O_4)_3$ aus. Beim *Erhitzen* gehen die Oxalate in *Oxide* über. Vor der Oxalatfällung können aus der Ln^{3+}-Lösung durch Zusatz von *Natriumsulfat* zunächst die Ceriterden in Form unlöslicher Doppelsulfate $Ln_2(SO_4)_3 \cdot Na_2SO_4 \cdot nH_2O$ von den Yttererden, deren Doppelsulfate leichter löslich sind, abgetrennt werden.

Die Trennung des erhaltenen Oxidgemischs der Lanthanoide erfolgte früher in mühseliger Operation durch – oft mehrtausendfach wiederholte – *fraktionierende Kristallisation, Fällung* bzw. *Zersetzung* geeigneter Verbindungen. Diese Verfahren haben nur mehr historisches Interesse. Heute gelingt die Isolierung der Einzelglieder wesentlich leichter und schneller mit Hilfe der *Lösungsextraktion* oder von *Ionenaustauschern*. In einzelnen Fällen ist auf Grund des periodischen Verhaltens der dreiwertigen Lanthanoide auch eine Trennung durch *Wertigkeitsänderung*, d.h. *Oxidation* (*Reduktion*) zu einer höheren (niederen) Wertigkeitsstufe möglich.

Trennung durch Fraktionierung. Zur Trennung durch Fraktionierung lassen sich *Löslichkeits-*, *Basizitäts-*, *Komplexbildungs-* und *Ionenaustausch-Unterschiede* nutzen. Letztere sind dabei die wirksamsten, so daß sie heute praktisch ausschließlich zur Trennung dienen.

Fraktionierende Kristallisation. Bei dem Verfahren der – auf geringen Löslichkeitsunterschieden basierenden – fraktionierenden Kristallisation geht man (vgl. Nachstehendes, stark gekürztes Fraktionierungsschema) von einer Lösung L_0 aus, die teilweise zur Kristallisation gebracht wird, wobei man Kristalle

[8] Tc findet sich in der Erdkruste überhaupt nicht, Pm zu $<10^{-19}$, At zu 3×10^{-24}, Fr zu 1.3×10^{-21} %.

K_1 (schwerer löslicher Anteil) und eine Mutterlauge L_1 (leichter löslicher Anteil) erhält. Die Kristalle K_1 werden erneut gelöst und fraktionierend kristallisiert, wobei Kristalle K_2 und eine Lösung L_2 erhalten werden, in welcher man die durch Weiterauskristallisieren der Lösung L_1 neben der Mutterlauge L'_2 erhaltenen Kristalle K'_2 auflöst usw. Auf diese Weise kommt man bei genügend häufiger Wiederholung der Operation[9] schließlich zu einer Trennung in *schwerer*, *mittelschwer* und *leichter lösliche* Anteile, die ihrerseits wieder zum Ausgangspunkt für *neue Fraktionierungen* gemacht werden können:

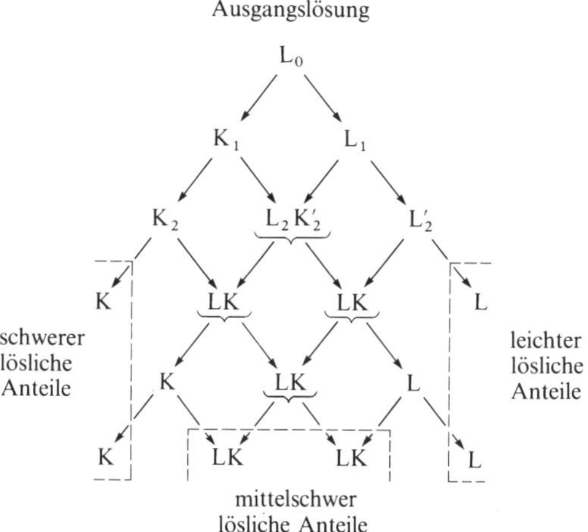

Als Salze eignen sich zur fraktionierenden Kristallisation besonders *Doppelnitrate*, *Doppelsulfate*, *Doppelcarbonate* und *Doppeloxalate* der Lanthanoide. So reichern sich z. B. beim Abkühlen einer mit überschüssigem „*Bismut-magnesium-nitrat*" $2\,Bi(NO_3)_3 \cdot 3\,Mg(NO_3)_2 \cdot 24\,H_2O$ versetzten Lösung „*Magnesium-doppelnitrate*" $2\,Ln(NO_3)_3 \cdot 3\,Mg(NO_3)_2 \cdot 24\,H_2O$ der Lanthanoide Ln = La, Ce, Pr, Nd, Sm in den ersten (schwerer löslichen) Kristallisationen an, während in den letzten (leichter löslichen) Fraktionen solche mit Ln = Eu, Gd und Tb enthalten sind, und das reine Bismut-magnesium-doppelnitrat in den dazwischenliegenden Mittelfraktionen anfällt.

Die fraktionierende Kristallisation hat heute nur noch historische Bedeutung. Sie wird jedoch noch zur Trennung von Radium und Barium genutzt (S. 1128).

Lösungsextraktion. Bei der Lösungsextraktion werden die Lanthanoide z. B. aus 14 M-Salpetersäure mit Hilfe von Tributylphosphat TBP gemäß der Stärke ihrer Adduktbildungstendenz fraktionierend als $Ln(NO_3)_3 \cdot 3\,TBP$ extrahiert. Nach diesem, erstmals 1952 entwickelten Verfahren wurden z. B. Kilogramm-Mengen von Nd, Sm, Gd und Dy gewonnen. Das Verfahren hat sich allerdings nicht allgemein durchsetzen können, da es eine sehr große Zahl von Extraktionsstufen und kompliziertere technische Einrichtungen voraussetzt.

Fraktionierende Fällung. Die *Basizitäten* und *Löslichkeitsprodukte* der Hydroxide der Lanthanoide nehmen mit steigender Atommasse von 1.0×10^{-19} ($La(OH)_3$) bis auf 2.5×10^{-24} ($Lu(OH)_3$) ab, da infolge des abnehmenden Ionenradius die Hydroxid-Gruppen in zunehmendem Maße fester an das Kation Ln^{3+} gebunden werden. Diese Abstufung kann man in der Weise zur Trennung der Lanthanoide benutzen, daß man die Lösung ihrer Salze *fraktionierend mit Basen* (z. B. Natronlauge, Ammoniak, Magnesia, Lanthanoidoxiden, siedendem Wasser) *fällt*, wobei *zuerst* die schwächer basischen (schwerer löslichen) *Yttererden* (schwerere Lanthanoide) und *dann* die stärker basischen (leichter löslichen) *Ceriterden* (leichtere Lanthanoide) ausfallen. Indem man die so erhaltenen Fraktionen ihrerseits wieder auftrennt und dabei jeweils die letzte Fraktion der ersten Fällung mit der ersten der zweiten Fällung vereinigt und diese Kombination erneut der Faktionierung unterwirft, kommt man wie bei dem vorher erwähnten, ganz analog verlaufenden Verfahren der fraktionierenden Kristallisation nicht nur zu einzelnen Gruppen, sondern schließlich bis zu den *Einzelgliedern*.

Eine andere, ebenfalls auf den Basizitätsunterschieden beruhende Trennungsmethode ist die *fraktionierende Zersetzung der Nitrate*. Da die Nitrate *schwacher* Basen *leichter* zerlegbar sind als diejenigen starker Basen, zersetzen sich beim Erhitzen der Erdmetallnitrate auf steigende Temperaturen *zuerst* die Nitrate der *Yttergruppe* und *dann* die der *Ceritgruppe*. Durch Ausziehen mit Wasser kann man dabei jeweils die noch unzersetzten Nitrate von den zersetzten abtrennen.

---

[9] Zur Isolierung der seltensten Lanthanoide waren bis zu 40000 Operationen erforderlich.

Ionenaustausch und Komplexbildung. Die Tendenz der dreiwertigen Lanthanoid-Ionen Ln^{3+} zum *Ionenaustausch* (vgl. S. 1138) mit Kationenaustauschern HR (oder deren Salzen; R^- = Anion des organischen Austauscherharzes) gemäß Ln^{3+} (gelöst) + 3HR (fest) $\rightleftarrows$ LnR_3 (fest) + $3H^+$ (gelöst) wächst mit *zunehmendem Ionenradius*, also vom Lutetium zum Lanthan hin. Dieser Effekt allein ist aber nicht groß genug für eine ausreichende Trennung, so daß man ihn mit einem zweiten Effekt, der Tendenz zur *Komplexbildung* kombiniert. In *umgekehrter Richtung* wie die Ionenaustausch-Tendenz, d.h. vom Lanthan zum Lutetium hin, wächst nämlich die Tendenz der Lanthanoide zur Bildung anionischer Komplexe mit Komplexbildnern HA (oder deren Salzen: A^- = Anion des organischen Komplexbildners) gemäß LnR_3 (fest) + 4HA (gelöst) $\rightleftarrows$ $HLnA_4$ (gelöst) + 3HR (fest). Gießt man dementsprechend die wässerige Lösung eines Gemisches von *Lanthanoid-Salzen* auf eine Austauschersäule (z.B. Ammonium-polystyrol-sulfonat; vgl. S. 1800), so reichern sich *oben die leichteren*, *unten die schwereren* Lanthanoide an (also Lanthan zuerst, Lutetium zuletzt gebunden). Wäscht man anschließend die Säule mit der Lösung eines *Komplexbildners* (z.B. Pufferlösung von Citronensäure/Ammoniumcitrat vom pH-Wert ~ 5; vgl. S. 1284) aus, so werden die *unten* befindlichen (schwereren) Lanthanoide *leichter* als die *oberen* (leichteren) in lösliche Komplexsalze übergeführt, so daß bei geeigneter Länge der Säule die verschiedenen Lanthanoid-Ionen Ln^{3+} in der abtropfenden Lösung („*Eluat*")[10)] in umgekehrter Reihenfolge ihrer Atommassen (also Lutetium zuerst, Lanthan zuletzt eluiert) erscheinen (vgl. Fig. 349 und bezüglich der Elution von Actinoid-Ionen An^{3+} Fig. 350).

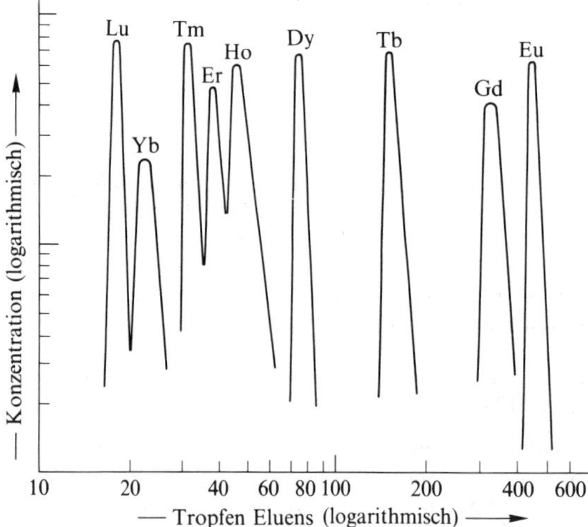

Fig. 349 Elution von Lanthanoid-Ionen Ln^{3+} aus dem Ionenaustauscher-Harz Dowex-50 mit Ammonium-α-hydroxy-isobutyrat.

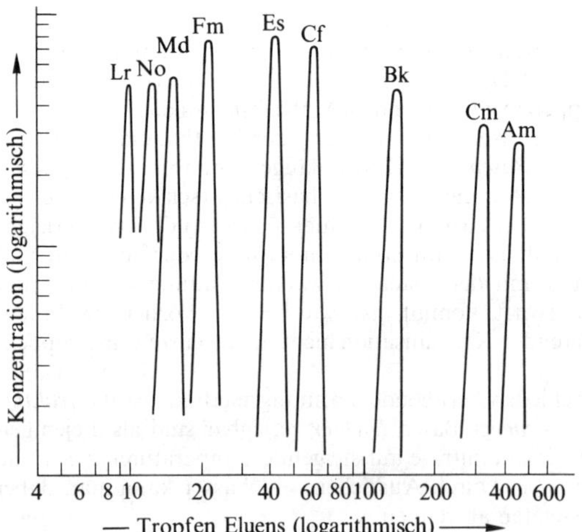

Fig. 350 Elution von Actionoid-Ionen An^{3+} aus dem Ionenaustauscher-Harz Dowex-50 mit Ammonium-α-hydroxy-isobutyrat.

[10] eluere (lat.) = auswaschen.

Bei einem anderen Trennverfahren durch Ionenaustausch wird auf die – zunächst mit Cu^{2+}-Ionen beladene – Austauschersäule eine salzsaure (0.1-molare) Lanthanoid-Lösung gegeben. Anschließend eluiert man mit einer Lösung von Ethylendiamintetraessigsäure (H_4EDTA, vgl. S. 1210, 1221) oder von Diethylentriaminpentaessigsäure bei pH = 8.5. Die so mögliche einfache Trennung von Lanthanoiden, die auf F. H. Spedding zurückgeht (1947), stellt heute die wirksamste Methode ihrer Fraktionierung dar und gestattet eine Gewinnung *spektroskopisch reiner* Lanthanoide in 100 kg-Mengen.

Trennung durch Wertigkeitsänderung. In einzelnen Fällen kann man sich zur Trennung von Lanthanoiden des Umstandes bedienen, daß einige zum Unterschied von den übrigen – durchweg dreiwertigen – Lanthanoiden *zwei-* bzw. *vierwertig* aufzutreten imstande sind. Entsprechend ihrer Stellung im *Periodensystem der Lanthanoide* (S. 1721) lassen sich z. B. *Europium* und *Ytterbium* durch Reduktionsmittel wie Zinkstaub ($2Eu^{3+} + Zn \rightarrow 2Eu^{2+} + Zn^{2+}$) leicht zur *zweiwertigen* Stufe *reduzieren* (S. 1786), während *Cer* und *Terbium* durch Oxidationsmittel wie Peroxodisulfat ($2Ce^{3+} + S_2O_8^{2-} \rightarrow 2Ce^{4+} + 2SO_4^{2-}$) leicht zum *vierwertigen* Zustand *oxidiert* werden können (vgl. hierzu S. 1787). Da die Elemente in dieser niedrigeren bzw. höheren Wertigkeitsstufe natürlich ganz andere chemische Eigenschaften als im dreiwertigen Zustande haben, sind sie leicht von den bei der Oxidation (Reduktion) unverändert gebliebenen Lanthanoiden abzutrennen (z. B. Eu^{2+} durch Fällung als $EuSO_4$ in schwefelsaurer, Ce^{4+} durch Fällung als $(NH_4)_2[Ce(NO_3)_6]$ in salpetersaurer Lösung).

Gewinnung der Lanthanoide. Die *elementaren* Lanthanoide werden mit Vorteil durch *Reduktion* der *wasserfreien Chloride* und insbesondere *Fluoride* mit *Calcium* bzw. der *geschmolzenen Halogenide* (z. B. $LnCl_3$/NaCl, $LnCl_3/CaCl_2$) mit *elektrischem Strom* bzw. der *Oxide* mit *Lanthan* (im Falle von Sm, Eu, Yb) gewonnen. Eine Reinigung der Lanthanoide kann durch Zonenschmelzen erfolgen. Die Gesamtweltproduktion an Lanthanoiden beträgt fast 20000 Jahrestonnen (vgl. Verwendung, S. 1787).

Da **Promethium** in der Natur nur in verschwindenden Mengen ($< 10^{-19}$%) vorkommt, muß es künstlich gewonnen werden. Man kennt bis heute 23 Promethiumisotope, deren Massenzahlen von 132 bis 154 und deren Halbwertszeiten von 4 Sekunden bis zu 17.7 Jahren variieren (je 2 Kernisomere der Massenzahlen 140, 148, 154; 3 Kernisomere der Masse 152). Einige von ihnen seien im folgenden angeführt:

$$^{141}_{61}Pm \xrightarrow[20.9\,m]{\beta^+} {}^{141}_{60}Nd \qquad ^{146}_{61}Pm \xrightarrow[5.53\,a]{\beta^-} {}^{146}_{62}Sm \qquad ^{148}_{61}Pm \xrightarrow[5.37\,d]{\beta^-} {}^{148}_{62}Sm$$

$$^{145}_{61}Pm \xrightarrow[17.7\,a]{K} {}^{145}_{60}Nd \qquad ^{147}_{61}Pm \xrightarrow[2.62\,a]{\beta^-} {}^{147}_{62}Sm \qquad ^{151}_{61}Pm \xrightarrow[28\,h]{\beta^-} {}^{151}_{62}Sm$$

Sie entstehen bei der Beschießung des Nachbarelements *Neodym* ($_{60}Nd$) mit Protonen, Deuteronen oder α-Teilchen sowie als (indirekte) Spaltungsprodukte des Urans (vgl. S. 1761) und gehen beim radioaktiven Zerfall unter β^+-Strahlung (bzw. K-Einfang; S. 1758) in Neodym ($_{60}Nd$) oder unter β^--Strahlung in Samarium ($_{62}Sm$) über. Von den aufgeführten Isotopen beansprucht das Isotop $^{147}_{61}Pm$ das meiste Interesse, da es in Uran-Reaktoren mittlerer Leistung (100 MW) mit einer Spaltungsausbeute von 2.6% in einer Menge von etwa $1\frac{1}{2}$ g täglich ($\sim \frac{1}{2}$ kg jährlich) produziert werden kann und sich wegen seiner Halbwertszeit von 2.62 Jahren noch bequem in substantiellen Mengen untersuchen läßt, zumal die ausgestrahlte β^--Strahlung verhältnismäßig weich ist (0.223 MeV). Es kann auch durch Bestrahlung von Neodym mit Reaktor-Neutronen gewonnen werden ($^{146}_{60}Nd \xrightarrow[-\gamma]{+n} {}^{147}_{60}Nd \xrightarrow[10.98\,d]{-\beta^-} {}^{147}_{61}Pm$). Aus den Reaktorabbränden läßt sich $^{147}_{61}Pm$ durch Überführen des bei der Aufarbeitung anfallenden Oxids in das Chlorid oder Fluorid und dessen Reduktion mit Calcium erhalten.

3 Physikalische Eigenschaften[1)]

Die *freien Elemente* stellen *weiche, silberglänzende Metalle* dar. Gd ist unterhalb 16 °C (Curie-Temperatur, S. 1307) ferromagnetisch. Auch Dy, Ho, Er werden beim Abkühlen mit flüssigem Stickstoff ferromagnetisch. In ihren Raumtemperatur-Modifikationen kristallisieren die Lanthanoide mit Ausnahme von Sm (rhomboedrisch) und Eu (kubisch raumzentriert) in dichtesten Kugelpackungen (teils hexagonal, teils kubisch). Bezüglich ihrer Dichten, Schmelzpunkte, Siedepunkte, Sublimationsenthalpien, Atom- und Ionenradien, Hydratationsenthalpien, Redoxpotentiale, Ionisierungspotentiale und anderer Daten vgl. Tafel V. Diese physikalischen Eigenschaften sind teils aperiodischer, teils periodischer Natur.

Unter den **aperiodischen physikalischen Eigenschaften** wurde bereits auf die **Lanthanoid-Kontraktion**, d. h. die *Abnahme des Ln^{3+}-Ionenradius mit wachsender Kernladungszahl der Lanthanoide* hingewiesen

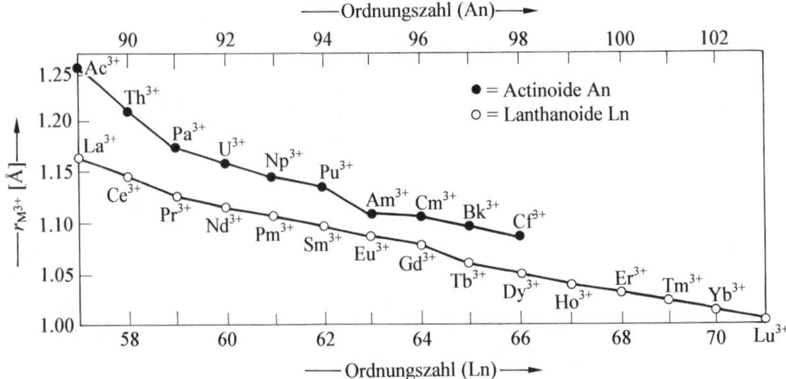

Fig. 351 Lanthanoid- und Actinoid-Kontraktion dreiwertiger Ionen $M^{3+} = Ln^{3+}$, An^{3+} (eine analoge Kontraktion beobachtet man bei den vierwertigen Ionen M^{4+}; vgl. Anhang IV).

(vgl. S. 1722 und Fig. 351). In analoger Weise sind alle Eigenschaften, die wie das molare Ionenvolumen oder die Hydrationsenthalpien (Tafel V) von den Ln^{3+}-Radien abhängen, *aperiodischer Natur.*

Die Lanthanoid-Kontraktion (Fig. 351) läßt sich dadurch *erklären*, daß die anziehende Wirkung der Kernladung auf ein einzelnes 4f-Elektron dreiwertiger Lanthanoide nur unvollständig durch die restlichen Atomelektronen abgeschirmt wird, so daß es durch die in Richtung $La^{3+} \rightarrow Lu^{3+}$ steigende Kernladung zunehmend fester und damit kernnäher gebunden wird.

Ganz allgemein sinkt der Energiegehalt der Elektronen mit wachsender positiver Ladung eines Atoms. Die Größe dieses *stabilisierenden Effekts* hängt wesentlich von der Art des Orbitals ab, welches das Elektron besetzt. Die Stabilisierung erniedrigt sich in der Reihenfolge 4f > 5d > 6s. Während etwa die Außenelektronen *ungeladener* Ln-Atome teils die 4f-, teils die 5d- und 6s-Orbitale besetzen, da der Energiegehalt der betreffenden Zustände vergleichbar ist (vgl. Tab. 151, S. 1720), halten sie sich in *dreifach geladenen* Ln-Ionen ausschließlich in den energieärmeren 4f-Orbitalen auf (vgl. S. 1784) und werden – da sie größtenteils im inneren Elektronenrumpf des jeweiligen Ions eingebettet sind, zudem von den anderen Elektronen wirkungsvoll gegen ihre chemische Umgebung abgeschirmt (s. u.).

Unter den **periodischen physikalischen Eigenschaften** der **freien Lanthanoide** ist das molare Atomvolumen der Metalle zu nennen, unter dem man das *je Mol Metall eingenommene Volumen* versteht. Es nimmt zum Unterschied vom molaren Ionenvolumen nicht stetig ab, sondern weist, wie aus Fig. 352 hervorgeht, einen *periodischen Verlauf* auf. Die *Maxima* des Atomvolumens der Lanthanoide kommen

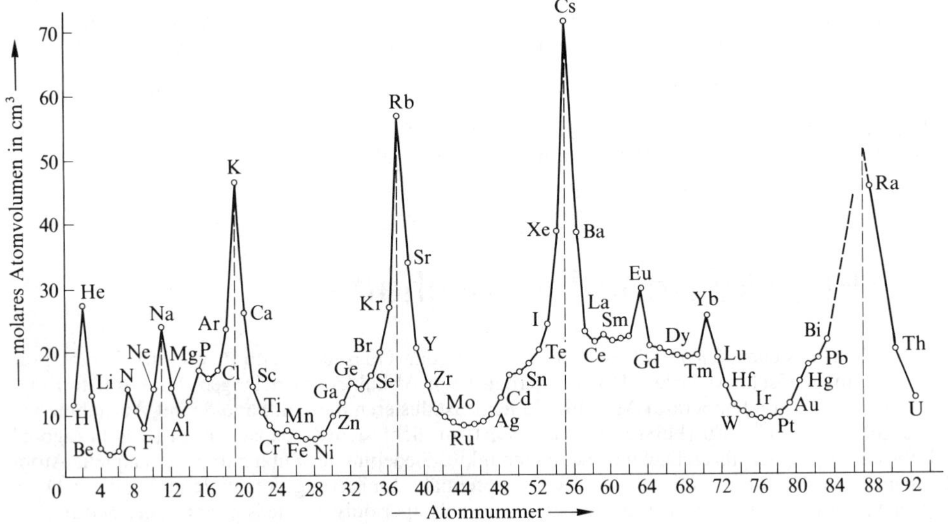

Fig. 352 Atomvolumenkurve der (festen) Elemente.

den Elementen „Europium" und „Ytterbium" zu. Sie sind, wie magnetische Messungen zeigen (s. u.), darauf zurückzuführen, daß diese beiden Elemente im metallischen Zustande zum Unterschied von den übrigen *dreiwertigen* Lanthanoiden *zweiwertig* sind, also nur 2 Elektronen je Atom an das Elektronengas abgeben (Erreichung einer halb- bzw. vollbesetzten 4f-Schale). Die hierdurch bedingte geringere Anziehung zwischen Metallionen und Elektronengas, die auch *Minima* der Dichten (Fig. 353), der Schmelzpunkte (Tafel V), der Sublimationsenthalpien (Tafel V) und – korrespondierend – *Maxima* der Metallatomradien (Fig. 354) beim Europium und Ytterbium zur Folge hat, führt zu einer Ausweitung der Metallstrukturen und damit zu einer Volumenvergrößerung. In analoger Weise finden sich die vorhergehenden Maxima der Atomvolumenkurve bei den *einwertigen* Alkalimetallen Na, K, Rb, Cs und Fr (Fig. 352)[11]. Eine kleinere, bei metallischem „Cer" beobachtete entgegengesetzte Abweichung (Minimum der Atomvolumenkurve und – wenig augenfällig – des Atomradius, Maximum der Dichte; vgl. Fig. 352, 353, 354) geht auf die Anwesenheit von *vierwertigen* neben dreiwertigen Ce-Ionen zurück.

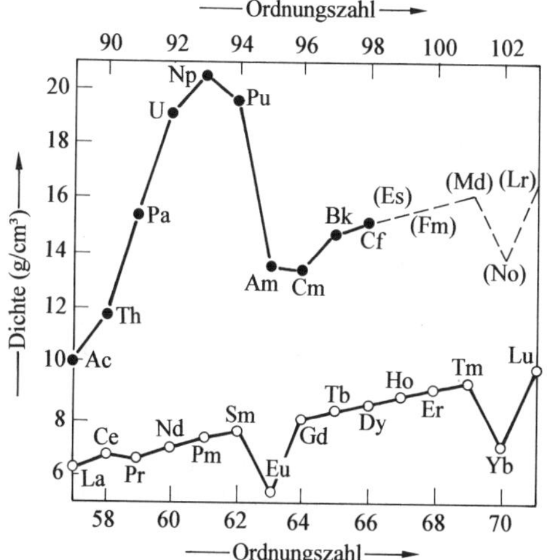

Fig. 353 Dichten der Lanthanoide.

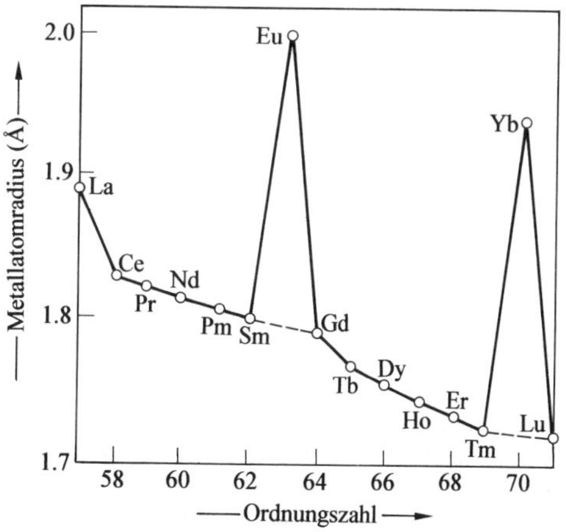

Fig. 354 Metallatomradien der Lanthanoide.

Einen periodischen Verlauf zeigen unter den Eigenschaften der **Lanthanoid-Ionen** neben ihren magnetischen Momenten (s. unten und Fig. 356) sowie ihren Farben (s. unten und Tab. 155, S. 1785) auch ihre dritten Ionisierungsenergien (Fig. 355). *Maxima* dieser Ionisierungsenergien kommen den zweiwertigen

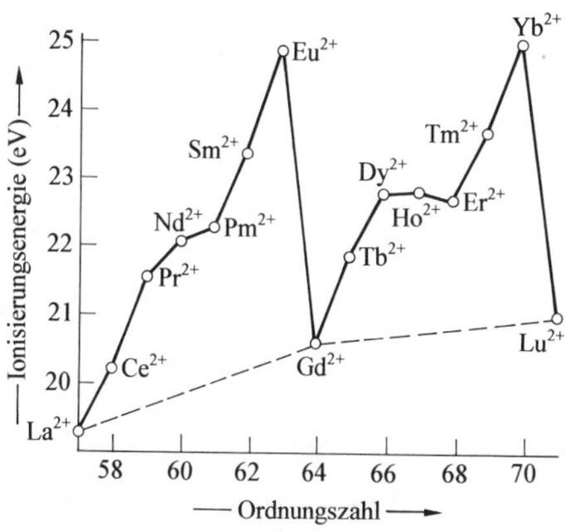

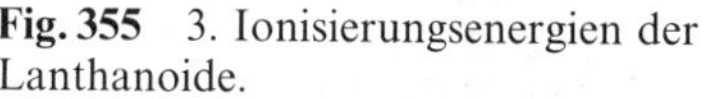

Fig. 355 3. Ionisierungsenergien der Lanthanoide.

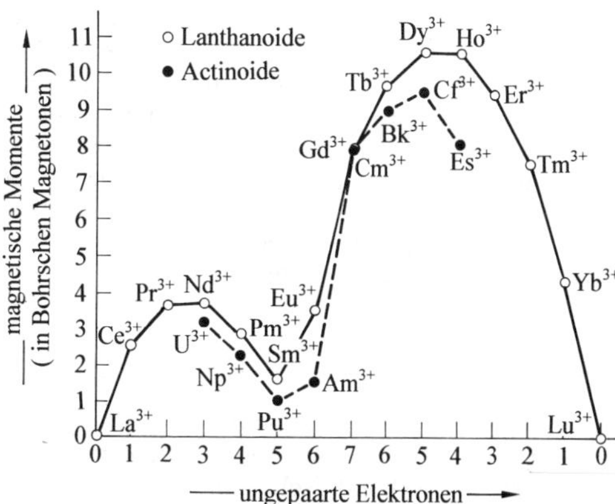

Fig. 356 Magnetische Momente der Lanthanoid- und Actinoid-Ionen M^{3+}.

[11] Die oben definierten „*Atomvolumina*" sind natürlich nur ein *angenähertes* Maß der aus den Atomradien hervorgehenden Volumina der *Einzelatome*, da die Atome ja nicht bei allen Stoffen *in gleicher Weise* angeordnet sind und dementsprechend auch nicht stets den *gleichen Bruchteil* des ihnen im Volumen eines Mols zur Verfügung stehenden Raums ausfüllen.

Elementen „*Europium*" und „*Ytterbium*", *Minima* den zweiwertigen Elementen „*Lanthan*", „*Gadolinium*" und „*Lutetium*" zu, was darauf zurückzuführen ist, daß Eu^{2+} bzw. Yb^{2+} eine halb- bzw. vollbesetzte 4f-Schale aufweisen, wogegen La^{2+}, Gd^{2+} bzw. Lu^{2+} zusätzlich zur nicht-, halb- bzw. vollbesetzten 4f-Schale ein überzähliges Elektron beherbergen.

Magnetisches Verhalten. Die magnetischen Momente der dreiwertigen *inneren Übergangselemente* hängen ähnlich wie deren Farben mit der Art und dem Energiegehalt der den betreffenden Ionen zukommenden **Mehrelektronenzustände (Terme)** $^{2S+1}\mathbf{L}_J$ der f-Elektronen zusammen (in analoger Weise ergibt sich das magnetische und optische Verhalten der dreiwertigen *äußeren Übergangselemente* aus Mehrelektronenzuständen der d-Elektronen; vgl. S. 1250, 1264). Näherungsweise lassen sich die Terme für Ln^{3+}-Ionen nach dem auf S.99 besprochenen *Russel-Saunders-Kopplungsschema* ableiten, wobei sich die nachfolgend wiedergegebenen Grundterme der dreiwertigen Ionen mittels der *Hundschen Regeln* (S. 101) ergeben:

La^{3+}	Ce^{3+}	Pr^{3+}	Nd^{3+}	Pm^{3+}	Sm^{3+}	Eu^{3+}	Gd^{3+}	Tb^{3+}	Dy^{3+}	Ho^{3+}	Er^{3+}	Tm^{3+}	Yb^{3+}	Lu^{3+}
$(4f^0)$	$(4f^1)$	$(4f^2)$	$(4f^3)$	$(4f^4)$	$(4f^5)$	$(4f^6)$	$(4f^7)$	$(4f^8)$	$(4f^9)$	$(4f^{10})$	$(4f^{11})$	$(4f^{12})$	$(4f^{13})$	$(4f^{14})$
$^1S_0$	$^2F_{5/2}$	$^3H_4$	$^4I_{9/2}$	$^5I_4$	$^6H_{5/2}$	$^7F_0$	$^8S_{7/2}$	$^7F_6$	$^6H_{15/2}$	$^5I_8$	$^4I_{15/2}$	$^3H_6$	$^2F_{7/2}$	$^1S_0$
$\mu^{ber.}_{mag} = 0$	2.54	3.58	3.62	2.68	0.85	0	7.94	9.72	10.65	10.60	9.58	7.56	4.54	0[BM]

Bei Kenntnis der – im Termsymbol zusammengefaßten – Quantenzahlen S (Gesamtspin-Quantenzahl), L (Gesamtbahndrehimpuls-Quantenzahl) und J (Gesamtdrehimpuls-Quantenzahl) läßt sich das magnetische Moment der dreiwertigen Ionen der Lanthanoide verhältnismäßig leicht gemäß folgender Gleichung berechnen:

$$\mu_{mag} = g\sqrt{J(J+1)} \text{ mit } g = \left[1.5 + \frac{S(S+1) - L(L+1)}{2J(J+1)}\right].$$

Für Ce^{3+} (Grundterm $^2F_{5/2}$: $2S + 1 = 2$, d.h. $S = \frac{1}{2}$; $L \triangleq F = 3$; $J = \frac{5}{2}$) folgt dann in einfacher Weise $\mu^{ber.}_{mag.}$ zu 2.54 BM (für weitere Werte $\mu^{ber.}_{mag.}$ vgl. obige Zusammenstellung).

Da der energetische Abstand zwischen Grund- und angeregtem Zustand bei Ionen Ln^{3+} mit Ausnahme von Sm^{3+} und Eu^{3+} derart groß ist, daß der erste angeregte Zustand thermisch unter Normalbedingungen unerreichbar ist, stehen die aus S-, L- und J-Werten der Grundterme *berechneten* magnetischen Momente der betreffenden Ionen in guter Übereinstimmung mit den *gefundenen* Momenten $\mu^{gef.}_{mag}$ (vgl. Tafel V; bei Sm^{3+} und Eu^{3+} wird erst bei tiefen Temperaturen Übereinstimmung erzielt).

Aus der Übereinstimmung von berechneten und gefundenen magnetischen Momenten lassen sich umgekehrt Rückschlüsse auf Wertigkeiten von Metallionen ziehen. Vergleicht man etwa die magnetischen Momente der *Lanthanoide im metallischen Zustand*:

	La	Ce	Pr	Nd	Pm	Sm	Eu	Gd	Tb	Dy	Ho	Er	Tm	Yb	Lu
$\mu^{gef.}_{mag} =$	0	2.3	3.5	3.7	?	2.1	8.3	7.8	9.0	10.9	10.6	9.5	7.6	0	0[BM]

mit berechneten Momenten verschiedener Wertigkeitsstufen der Lanthanoide[12] und setzt den geringen Paramagnetismus des *Elektronengases* der Metalle in Rechnung, so stellt man fest, daß *Europium* und *Ytterbium* – in Übereinstimmung mit ihrer Stellung im Periodensystem der Lanthanoide (vgl. S. 1721) – aus *zweiwertigen* Metallionen aufgebaut sind und daß *Samarium* neben drei- auch zweiwertige Metallionen im Kristall aufweist. Beim *Cer* und *Terbium* dürfte nach dem Ergebnis der magnetischen Messung – in Übereinstimmung mit ihrer Stellung im Lanthanoidsystem – neben drei- auch *vierwertige* Ionen am Aufbau des Metalls beteiligt sein. Bei den übrigen Lanthanoiden liegen im Metall praktisch nur *dreiwertige* Ionen vor.

In analoger Weise folgt aus den magnetischen Momenten von 0 BM für CeO_2, 2.6 BM für CeS_2 und 7.9 BM für $EuCl_2$, daß die betreffenden Verbindungen im Sinne der Formulierung $Ce^{4+}(O^{2-})_2$, $Ce^{3+}(S^{2-})(S_2^{2-})_{1/2}$, $Eu^{2+}(Cl^-)_2$ vierwertiges sowie dreiwertiges Cer bzw. zweiwertiges Europium enthalten[12]. Somit ist das Disulfid CeS_2 nicht analog dem formelgleichen Dioxid CeO_2 aufgebaut, auch liegt im Dichlorid $EuCl_2$ – anders als im Diiodid CeI_2 ($\triangleq Ce(I^-)_2(e^-)$) – kein dreiwertiges Lanthanoid vor.

Optisches Verhalten. Während die dreiwertigen Lanthanoid-Ionen mit nicht-, halb- und vollbesetzter 4f-Schale (La^{3+}, Gd^{3+}, Lu^{3+}) *farblos* sind und auch die unmittelbar benachbarten Ionen (Ce^{3+}, Tb^{3+} bzw. Eu^{3+}, Yb^{3+}) praktisch keine Farbe aufweisen, zeigen die übrigen dreiwertigen Ionen der Lanthanoide mit zunehmender Entfernung von diesen Randgruppen eine charakteristische *Färbung* (Tab. 155). So sind die rechts bzw. links zunächst angrenzenden Glieder (Pr^{3+}, Dy^{3+} bzw. Sm^{3+}, Tm^{3+}) *gelb* bis *grün*, während die restlichen Mittelglieder (Nd^{3+}, Ho^{3+}, Pm^{3+}, Er^{3+}) mit Ausnahme von Ho^{3+} eine *rote* bis *violette* Farbe aufweisen. Für die „anomalen" Wertigkeiten + 2 und + 4 der Lanthanoid-Ionen gelten die in Tab. 155 ebenfalls wiedergegebenen Farben.

---

[12] Gemäß dem „*Kosselschen Verschiebungssatz*" (S. 1203) haben die Paare La^{3+}/Ce^{4+}; Ce^{3+}/Pr^{4+}; Sm^{2+}/Eu^{3+}; Eu^{2+}/Gd^{3+}; Gd^{3+}/Tb^{4+}; Tb^{3+}/Dy^{4+}; Tm^{2+}/Yb^{3+}; Yb^{2+}/Lu^{3+}; Lu^{3+}/Hf^{4+} gleiche magnetische Momente.

Tab. 155 Farben von Lanthanoid-Ionen in wäßriger Lösung.

–	–	–	–	–	Sm^{2+} *blutrot*	Eu^{2+} *farblos*	–
La^{3+} *farblos*	Ce^{3+} *farblos*	Pr^{3+} *gelbgrün*	Nd^{3+} *violett*	Pm^{3+} *violettrosa*	Sm^{3+} *tiefgelb*	Eu^{3+} *farblos*	Gd^{3+} *farblos*
–	Ce^{4+} *orangegelb*	Pr^{4+} *gelb*	Nd^{4+} *blauviolett*	–	–	–	–
–	–	–	–	–	Tm^{2+} *violettrot*	Yb^{2+} *gelbgrün*	
Gd^{3+} *farblos*	Tb^{3+} *farblos*	Dy^{3+} *gelbgrün*	Ho^{3+} *gelb*	Er^{3+} *tiefrosa*	Tm^{3+} *blaßgrün*	Yb^{3+} *farblos*	Lu^{3+} *farblos*
–	Tb^{4+} *rotbraun*	Dy^{4+} *orangegelb*	–	–	–	–	–

Da die optischen *Absorptionsspektren* der farbigen Salze für die einzelnen Lanthanoide charakteristisch sind, nutzt man sie zur Unterscheidung der Elemente. Farblose Verbindungen, wie sie etwa vom dreiwertigen Lanthan, Gadolinium oder Lutetium bekannt sind, geben im Sichtbaren kein Absorptionsspektrum, dagegen linienreiche *Emissionsspektren.* Ein weiteres wichtiges Hilfsmittel zur Erkennung und Reinheitsprüfung von Lanthanoiden sind *Phosphoreszenzspektren,* die diese seltenen Erdmetalle bei Gegenwart kleiner Verunreinigungen an anderen Erden (0.1–1 %) im Vakuum unter dem Einfluß von Kathodenstrahlen ausstrahlen.

Die durch Lichtabsorption hervorgerufenen Farben der Ln^{3+}-Ionen gehen in der Regel auf **f → f-Übergänge**, seltener auf **f → d-Übergänge** zurück (vgl. S. 171, 1264). Zur *Deutung der* f → *f-Übergänge* geht man wie im Falle der Deutung der d → d-Übergänge (Methode des schwachen Feldes; S. 1265) von den durch Spin- und Bahnwechselwirkung hervorgerufenen *Mehrelektronenzuständen* (*Termen*) der M^{3+}-Ionen aus (s. o.). Während aber die Terme der dreiwertigen d-Elemente durch *Ligandeneinflüsse* vielfach eine beachtliche Aufspaltung in Unterterme erfahren (Energieabstände bis über 40 000 cm^{-1}; vgl. S. 1267), führt das Ligandenfeld im Falle der dreiwertigen f-Elemente nur zu vernachlässigbar kleinen Termaufspaltungen, weil f-Elektronen der Ln^{3+}-Ionen durch die anderen Elektronen wirksam von ihrer chemischen Ligandenumgebung abgeschirmt werden (vgl. Lanthanoid-Kontraktion, oben). Die erwähnten charakteristischen Farben von Ln^{3+}-Ionen sind eine Folge dieses geringen Ligandeneinflusses.

Die durch *Spin-Bahn-Kopplung* hervorgerufene Aufspaltung der Terme ^{2S+1}L (charakterisiert durch die *Gesamtdrehimpuls-Quantenzahl J* als Index am Termsymbol; vgl. S. 101) ist bei den Ln^{3+}-Ionen wesentlich größer (ca. 2000 cm^{-1}) als die durch Ligandenfeldeinflüsse bedingte (ca. 100 cm^{-1}). Sie reicht allerdings nicht für eine Elektronenanregung im sichtbaren, sondern nur im infraroten Bereich aus. Tatsächlich beruhen die f → f-Absorptionen sichtbaren Lichts auf Übergängen zwischen multiplizitätsgleichen Termen unterschiedlicher *Gesamtbahndrehimpuls-Quantenzahlen L,* hervorgerufen durch *Bahn-Bahn-Kopplung.* Fehlen derartige Terme in „richtigem“ Energieabstand, so erscheinen die Ionen farblos (vgl. Tab. 155).

Wegen des geringen Ligandeneinflusses sind die f → f-Elektronen-Übergangsverbote der Ln^{3+}-Ionen weniger gelockert als die d → d-Übergangsverbote der dreiwertigen d-Elemente; aus gleichem Grunde werden die Absorptionsbanden nur wenig von bandenverbreiternden Ligandenschwingungen beeinflußt. Die f → f-Absorptionen von Ln^{3+}-Ionen sind demgemäß von *geringer Intensität* und *kleiner Halbwertsbreite.* Die Intensitäten einiger f → f-Absorptionen (*„hypersensitive Banden“*) von Ln^{3+}-Ionen hängen als Folge eines geringen Ligandeneinflusses[13)] immerhin etwas von der Art koordinierter Liganden ab. Liegt der Lichtabsorption andererseits ein f → d-Übergang wie im Falle von Ce^{3+} oder Tb^{3+} zugrunde, der zum Unterschied von den verbotenen f → f-Übergängen erlaubt ist (vgl. S. 1265), so beobachtet man naturgemäß intensivere Absorptionsbanden[14)].

---

[13] Die durch das Ligandenfeld verursachten geringfügigen Termaufspaltungen können eine Feinstruktur der Absorptionsbanden verursachen.

[14] f → d-Übergänge sind im Falle von Ln^{3+}-Ionen energiereich und meist nicht sichtbar. Daß sie bei Ce^{3+} und Tb^{3+} Absorptionen im sichtbaren Bereich veranlassen, erklärt sich damit, daß nach Übergang eines f-Elektrons in einen d-Zustand eine nicht- bzw. halbbesetzte f-Schale verbleibt. Kleinere f/d-Energieabstände weisen auch Ln^{2+}-Ionen auf. Sie liefern deshalb intensivere Absorptionen, die wegen des größeren Ligandenfeldeinflusses auf Ln^{2+}-Ionen zudem vergleichsweise breit und wegen der ebenfalls möglichen f → f-Übergänge von starken Banden überlagert sind.

4 Chemische Eigenschaften[1,15)]

Entsprechend ihren stark negativen Normalpotentialen ε_0 (Ln/Ln^{3+}) (vgl. Anh. VI) sind die Lanthanoide wie die im Langperiodensystem links benachbarten Alkali- und Erdalkalimetalle *kräftige Reduktionsmittel* (von der Stärke etwa des Magnesiums), die Wasser und Säuren unter H_2-Entwicklung zersetzen (→ Ln^{3+}-Lösungen), an Luft matt werden und bei erhöhter Temperatur verbrennen (→ CeO_2, Pr_6O_{11}, Tb_4O_7, sonst Ln_2O_3). Beim Erhitzen reagieren sie zudem mit den meisten anderen Nichtmetallen (vgl. S. 1788). Am weitaus reaktivsten ist Europium.

Auch bei den chemischen Eigenschaften der Lanthanoide kann man zwischen aperiodischen und periodischen Eigenschaften unterscheiden. Von den **aperiodischen chemischen Eigenschaften** haben wir die mit der Lanthanoid-Kontraktion (S. 1722) zusammenhängende *Abnahme der Basizität der Oxide* Ln_2O_3 und *Hydroxide* $Ln(OH)_3$ mit steigender Atommasse des Lanthanoids Ln bereits erwähnt (S. 1779). So stehen die stärkstbasischen Hydroxid-Glieder der (leichteren) *Ceriterdengruppe* in ihrer Basizität dem *Calcium* nahe, während die schwächstbasischen Glieder der (schwereren) *Yttererdengruppe* mehr mit dem Aluminium zu vergleichen sind. Entsprechend der Abnahme der Basizität nimmt bei den Salzen in der Richtung vom Lanthan zum Lutetium der Grad der *Hydrolyse* in wässeriger Lösung und die Leichtigkeit der *thermischen Zersetzung* zu. Die mit NaOH fällbaren Lanthanoid-hydroxide $Ln(OH)_3$ sind zum Unterschied von $Al(OH)_3$ im Überschuß von NaOH unlöslich, also *nicht amphoter*. Lediglich die schwächstbasischen beiden letzten Glieder der Lanthanoidreihe, $Yb(OH)_3$ und $Lu(OH)_3$, zeigen insofern einen gewissen amphoteren Charakter, als sie beim Erhitzen mit konz. NaOH im Autoklaven in ein „*Ytterbat*" $Na_3Yb(OH)_6$ bzw. „*Lutetat*" $Na_3Lu(OH)_6$ übergehen.

Unter den **periodischen chemischen Eigenschaften** ist vor allem auf die im Einklang mit dem Periodensystem der dreiwertigen Lanthanoid-Ionen (S. 1721) *zusätzlich* zu beobachtende *Zweiwertigkeit* von *Europium* und *Ytterbium* (in schwächerem Ausmaß auch bei Samarium und Thulium) und *Vierwertigkeit* von *Cer* und *Terbium* (in schwächerem Ausmaß auch bei Praseodym, Neodym und Dysprosium) hinzuweisen[15)], die zur einfachen Abtrennung dieser Elemente von den übrigen Lanthanoiden benutzt werden kann (S. 1781).

La, Gd und Lu sind praktisch nur dreiwertig (f^0, f^7, f^{14}). Dieselben stabilen f-Konfigurationen werden erreicht in Ce^{IV}, Tb^{IV}, Eu^{II} und Yb^{II}. Die Oxidationsstufen Sm^{II}, Tm^{II}, Pr^{IV}, Nd^{IV} und Dy^{IV}, bei denen dies nicht der Fall ist, sind instabil. Die beobachteten Wertigkeiten der Lanthanoide sind in Tab. 156 zusammengestellt. Bezüglich ihrer Oxidationsstufen ist im einzelnen folgendes zu bemerken:

Tab. 156 Beobachtete Wertigkeiten (Oxidationsstufen) der Lanthanoide in Verbindungen[a)]

La	Ce	Pr	Nd	Pm	Sm	Eu	Gd	Tb	Dy	Ho	Er	Tm	Yb	Lu
	(2)	(2)	(2)	(2)	*2*	2		(2)	(2)	(2)	(2)	*2*	*2*	
[3]	[3]	[3]	[3]	[3]	[3]	[3]	[3]	[3]	[3]	[3]	[3]	[3]	[3]	[3]
	4	*4*	*4*					*4*	*4*					

a) Die beständigsten Oxidationsstufen sind umrandet; eingeklammerte Zweiwertigkeiten treten nur bei verdünnten festen Lösungen von LnX_2 in Erdalkalihalogeniden MX_2, kursiv gedruckte Wertigkeiten nicht in wäßriger Lösung, sondern nur im Feststoff auf.

Zweiwertigkeit. Eu^{2+} ist durch Reduktion von Eu^{3+} mit Zinkamalgam oder durch kathodische Reduktion auch in *wässeriger Lösung* erhältlich (ε_0 für $Eu^{2+}/Eu^{3+} = -0.35$ V, vergleichbar mit ε_0 für $Cr^{2+}/Cr^{3+} = -0.408$ V):

$$2Eu^{3+} + Zn \rightarrow 2Eu^{2+} + Zn^{2+}, \qquad Eu^{3+} + \ominus \rightleftarrows Eu^{2+},$$

während Yb^{2+}, Sm^{2+} und Tm^{2+} gemäß ihren stärker negativen Normalpotentialen Ln^{2+}/Ln^{3+} (Yb: -1.05, Sm: -1.55, Tm: -2.3 V) als *starke Reduktionsmittel* Wasser unter H_2-Entwicklung *zersetzen* und daher in wässeriger Lösung *instabil* sind. Man kann dementsprechend zwar die Dihalogenide LnX_2

---

15 **Literatur.** L. B. Asprey, B. B. Cunningham: „*Unusual Oxidation States of Some Actinide and Lanthanide Elements*", Prog. Inorg. Chem. **2** (1960) 267–302: D. A. Johnson: „*Recent Advances in the Chemistry of the Less-Common Oxidation States of the Lanthanide Elements*", Adv. Inorg. Radiochem. **20** (1977) 1–132; A. Simon: „*Kondensierte Metall-Cluster*", Angew. Chem. **93** (1981), 23–44; Int. Ed. **20** (1981) 1; N. B. Mikheev, A. N. Kamenskaya: „*Complex Formation of the Lanthanides and Actinides in Lower Oxidation States*", Coord. Chem. Rev. **109** (1991) 1–59.

von Eu, nicht aber die von Yb, Sm und Tm zur Umwandlung in andere Ln^{II}-Verbindungen im wässerigen System verwenden. In flüssigem Ammoniak lösen sich Europium und Ytterbium wie die Erdalkali- und Alkalimetalle (S. 1186) mit blauer Farbe unter Bildung von Ln^{2+} und solvatisierten Elektronen.

Wichtige *Koordinationszahlen* zweiwertiger Lanthanoide sind 6 und 8 (z. B. LnO mit oktaedrisch koordiniertem Eu^{2+}, Yb^{2+} oder LnF_2 mit kubisch-koordiniertem Sm^{2+}, Eu^{2+}, Yb^{2+}; vgl. Tab. 161, S. 1804).

Dreiwertigkeit. Die Lanthanoide treten *bevorzugt dreiwertig* auf. Demgemäß bleibt ein Großteil der Lanthanoidchemie auf die Oxidationsstufe + 3 der Elemente beschränkt, die sich in jedem Falle in *wässeriger Lösung* unter Wasserstoffentwicklung bildet ($H_2/H^+ = 0.00$ V bei pH = 0, − 0.414 V bei pH = 7 und − 0.828 bei pH = 14):

$$Ln \rightarrow Ln^{3+} + 3\ominus \quad (\text{für } \varepsilon_0 \text{ vgl. Tafel V}).$$

Ln(III)-Verbindungen entstehen darüber hinaus in der Regel als Produkte der Umsetzung von Lanthanoiden mit *Nichtmetallen*, und selbst Verbindungen der Lanthanoide, die wie die Dihalogenide LnX_2 oder Monochalkogenide LnY nach ihrer Summenformel *zweiwertige* Lanthanoide enthalten sollten, sind in vielen (jedoch nicht allen) Fällen Ln^{3+}-Verbindungen (vgl. S. 1788, 1790). Sie wirken dann als metallische Leiter und sind dementsprechend als $Ln^{3+}(X^-)_2e^-$ bzw. $Ln^{3+}(Y^{2-})e^-$ zu formulieren. Daß andererseits *vierwertige* Lanthanoide nur in Ausnahmefällen gebildet werden, erklärt sich mit der wachsenden energetischen Stabilisierung der 4f-Elektronen mit zunehmender Oxidationsstufe (vgl. Lanthanoid-Kontraktion, oben). Tatsächlich sind die verbleibenden 4f-Elektronen *dreiwertiger* Lanthanoide bereits so stark gebunden, daß ein zusätzliches f-Elektron nur noch dann *chemisch ablösbar* ist, wenn (i) die Kernladung wie bei den leichteren Lanthanoiden noch vergleichsweise klein ist (Ce^{3+}, Pr^{3+}, Nd^{3+}), (ii) nach Elektronenabgabe eine nicht- oder halbbesetzte f-Schale verbleibt (Ce^{3+}, Tb^{3+}) und/oder (iii) die Vierwertigkeit durch Komplexbildung stabilisiert wird (Nd^{3+}, Dy^{3+}).

Wegen ihrer vergleichsweise großen Ionenradien (vgl. Anhang IV, S. 1838) bevorzugen Ln^{3+}-Ionen hohe *Koordinationszahlen* im Bereich 6–9 (vgl. Tab. 161, S. 1804). Nur sehr sperrige Liganden führen zu Koordinationszahlen < 6 (z. B. $Ln[N(SiMe_3)_2]_3$), nur chelatbildende Liganden zu Koordinationszahlen > 9 (z. B. $[Ce(NO_3)_5]^{2-}$ oder $[Ce(NO_3)_6]^{3-}$; vgl. Tab. 161, S. 1804).

Vierwertigkeit. Von den im vierwertigen Zustand existierenden Lanthanoiden ist nur Ce^{4+} auch in *wässeriger Lösung* erhältlich (ε_0 für Ce^{3+}/Ce^{4+} in $HClO_4 = +1.72$ V), während Tb^{4+}, Pr^{4+}, Dy^{4+} und Nd^{4+} gemäß ihren weit stärker positiven Normalpotentialen Ln^{3+}/Ln^{4+} (Tb: + 3.1, Pr: + 3.2 V) als *starke Oxidationsmittel* Wasser (ε_0 in saurer Lösung + 1.229 V) unter O_2-Entwicklung *zersetzen* (die Oxidation von H_2O durch Ce^{4+}, obwohl thermodynamisch möglich, erfolgt aus kinetischen Gründen sehr langsam). Der leicht erfolgende Übergang zwischen drei- und vierwertigem Cer gemäß

$$\underset{farblos}{Ce^{3+}} \rightleftarrows \underset{gelb}{Ce^{4+}} + \ominus$$

ermöglicht die Benutzung von Cer(IV)-sulfat-Lösungen als Oxidationsmittel in der oxidimetrischen Maßanalyse („**Cerimetrie**"). Die umgekehrte Oxidation von Ce^{3+} zu Ce^{4+} gelingt nur mit starken Oxidationsmitteln wie MnO_4^- oder $S_2O_8^{2-}$.

Ähnlich wie die dreiwertigen Lanthanoide bevorzugen auch die vierwertigen Koordinationszahlen ≥ 6 (z. B. $CeCl_6^{2-}$ mit oktaedrisch-koordiniertem Ce^{4+}; LnO_2 mit kubisch-koordiniertem Ce^{4+}, Pr^{4+}, Tb^{4+}; $[Ce(NO_3)_6]^{2-}$ mit ikosaedrisch-koordiniertem Ce^{4+}; vgl. Tab. 161, S. 1804).

Verwendung der Lanthanoide. Die „*Lanthanoide*" finden u. a. zur Herstellung von *Leuchtfarbstoffen* für *Fernsehbildröhren* (z. B. Y_2O_2S + 6 % Eu für die Rotkomponente), in *Feststofflasern* (z. B. Nd-Laser), als Legierungsbestandteile in *Permanentmagneten*, als NMR-*Shift-Reagens* (Eu(III)- und Pr(III)-Komplexe) Verwendung. Das „*Neodym*", dessen Verbindungen eine Absorptionsbande im Gelben besitzen und daher violett erscheinen, ist ein Bestandteil des als *Sonnenschutzbrille* im Handel befindlichen „*Neophan*"-Glases. Mit „*Neodym-*" und „*Praseodymoxid*" gefärbte Gläser sind wegen ihrer eigentümlich schönen Färbung als *Kunstgläser* geschätzt. Die hohe Bildungsenthalpie des sehr beständigen „*Cerdioxids*" CeO_2 ($\Delta H_f = -976$ kJ/mol) bedingt die Verwendung des metallischen Cers als Legierungsbestandteil der „*Zündsteine*" (70 % Ce + 30 % Fe) von *Taschenfeuerzeugen*. Cerdioxid wird auch zum *Polieren* von Glas und zur Behandlung der Innenwände „selbstreinigender" Haushaltsöfen (Verhinderung der Ablagerung teerartiger Verbrennungsprodukte) genutzt. Eine der wichtigsten Anwendungen der Lanthanoide besteht weiterhin in deren Verwendung bei der Herstellung *niedriglegierter Stähle* zur Blech- und Rohrverarbeitung, da bereits ein Zusatz von 1 % Ln/La die Festigkeit des Stahls wesentlich erhöht und seine Verarbeitbarkeit verbessert. Darüber hinaus dienen einige Ln-Mischoxide als *Katalysatoren* beim Cracken von Erdöl.

5 Verbindungen der Lanthanoide[1,16)]

Wasserstoffverbindungen

Mit Wasserstoff reagieren die Lanthanoide je nach Druck und Temperatur unter Bildung *schwarzer*, an der Luft pyrophorer, wasserzersetzlicher, fester *Hydridphasen* der nichtstöchiometrischen Zusammensetzung $LnH_{<2}$ bis $LnH_{<3}$ (bezüglich weiterer Einzelheiten vgl. S. 276).

Halogenverbindungen

Zusammensetzung, Farben und Schmelzpunkte bisher bekannter **Lanthanoidhalogenide LnX_4, LnX_3, LnX_2** und **$LnX_{<2}$** sind in Tab. 157 wiedergegeben. Ihre **Darstellung** erfolgt durch direkte *Halogenierung* der Elemente mit Halogenen (möglich im Falle aller Halogenide) oder mit 1,2-Diiodethan $ICH_2–CH_2I$ (Diiodide) bzw. durch *Reduktion* der Trihalogenide mit Wasserstoff oder Lanthanoiden (Di- und andere Subhalogenide, vgl. Tab. 157). PrF_4 wird auf dem Wege über den Hexafluorokomplex Na_2PrF_6 (erhältlich aus NaF, F_2, PrF_3) gewonnen, der durch Extraktion mit flüssigem Fluorwasserstoff von NaF befreit wird. Die beständigeren Diiodide (SmI_2, EuI_2, YbI_2) lassen sich auch durch *thermischen Zerfall* der Triiodide gewinnen (das Gleichgewicht $LnX_3(f) \rightleftharpoons LnX_2(f) + \frac{1}{2}X_2$ liegt im Falle X = I auf der rechten, im Falle X = F, Cl, Br auf der linken Seite). Zudem können Ln^{2+}-Lösungen in *kristallinem Fluorit* hergestellt werden, indem man Ln^{3+}-haltiges CaF_2 mit Ca-Dampf reduziert. *Wasserhaltige* Fluoride $LnF_3 \cdot \frac{1}{2}H_2O$ erhält man beim Versetzen wäßriger $Ln(NO_3)_3$-Lösungen mit *Fluorwasserstoff* HF als schwerlösliche Niederschläge, wasserhaltige Chloride, Bromide, Iodide in Lösung beim Behandeln von Ln_2O_3 oder $Ln_2(CO_3)_3$ mit wäßrigen *Halogenwasserstoffen* HX. Sie lassen sich durch *Entwässern* in einer HX-Atmosphäre in die wasserfreien Trihalogenide überführen.

Strukturen. Die „*Tetrafluoride*" CeF_4, PrF_4 und TbF_4 sind isomorph mit UF_4 (antikubisch). Unter den „*Trichloriden*" hat $CeCl_3$ bis $GdCl_3$ hexagonale UCl_3-Raumstruktur (9fache, dreifach-überkappt-trigonal-prismatische Koordination von Ln^{3+}, S. 1816), $TbCl_3$ eine hiervon abweichende Raumstruktur (8fache, zweifach-überkappt-trigonal-prismatische Koordination von Ln^{3+}) und $DyCl_3$ bis $LuCl_3$ kubische $AlCl_3$-Schichtstruktur (6fache, oktaedrische Koordination von Ln^{3+}, S. 1074). Die schwereren (kleineren) dreiwertigen Lanthanoide weisen also eine niedrigere Koordinationszahl auf als die leichteren (größeren). Die leichteren „*Trifluoride*" CeF_3 bis EuF_3 sind analog $CeCl_3–GdCl_3$, die schwereren Trifluoride GdF_3 bis LuF_3 analog $TbCl_3$ strukturiert, während die leichten, mittelschweren bzw. schweren „*Tribromide*" und „*Triiodide*" analog $CeCl_3–GdCl_3$, $TbCl_3$, $DyCl_3–LuCl_3$ gebaut sind. Die „*Dihalogenide*" entsprechen hinsichtlich der Struktur den Erdalkalihalogeniden. So ist etwa SmF_2 mit CaF_2, SrF_2, BaF_2 (Fluorit-Raumstruktur), TmI_2 mit MgI_2, CaI_2 (Brucit-Schichtstruktur), EuF_2 mit SrF_2 (Fluoritstruktur), YbI_2 mit CaI_2 (CdI_2-Schichtstruktur) isostrukturell und isomorph. Die in Tab. 157 wiedergegebenen „*Subhalogenide*" $LnX_{<2}$ enthalten wie entsprechende Sc-, Y- und La-Halogenide (s. dort) Metallcluster.

Eigenschaften. Die „*Trihalogenide*" stellen salzartige, hochschmelzende (Tab. 157) Substanzen dar. Die Fluoride sind wasserunlöslich, die übrigen Halogenide wasserlöslich und zerfließlich. Beim Erhitzen der wasserhaltigen Chloride, Bromide, Iodide entstehen „*Halogenidoxide*" LnOX. Die – ebenfalls salzartigen – *Dihalogenide* oxidieren sich mit Ausnahme von EuX_2 an Luft sehr leicht, reagieren mit Wasser unter H_2-Entwicklung und disproportionieren bei höheren Temperaturen gemäß: $3\,LnX_2 \rightarrow 2\,LnX_3 + Ln$. Zum Unterschied von den übrigen Dihalogeniden zeigen die Iodide CeI_2, PrI_2 und GdI_2 im Sinne der Formulierung $Ln^{3+}(I^-)_2e^-$ metallischen Glanz und hohe elektrische Leitfähigkeit.

Im Unterschied zu den *zweiwertigen* Lanthanoiden, die ähnlich wie die schweren Erdalkalimetallionen keine größere Neigung zur Bildung von **Halogenokomplexen** aufweisen, kennt man von den *dreiwertigen*

---

[16] **Literatur.** Hydride. K. M. Mackay: „*Hydrides of Scandium, Yttrium and the Lanthanons*" in Comprehensive Chemistry **1** (1973) 40–47. – Halogenide, Chalkogenide. D. Brown: „*Halides of the Lanthanides and Actinides*", Wiley, New York 1968; J. Burgess, J. Kijowski: „*Lanthanide, Yttrium and Scandium Trihalides. Preparation of Anhydrous Materials and Solution Chemistry*", Adv. Inorg. Radiochem. **24** (1981) 57–117; J. C. Taylor: „*Systematic Features in the Structural Chemistry of the Uranium Halides, Oxyhalides and Related Transition Metals and Lanthanide Halides*", Coord. Chem. Rev. **20** (1976) 197–273; J. H. Hollaway, D. Laycock: „*Preparations and Reactions of Oxide Fluorides of the Transition Metals, the Lanthanides, and the Actinides*", Adv. Inorg. Radiochem. **28** (1984) 73–93. – Komplexe, metallorganische Verbindungen. T. J. Marks: „*Chemistry and Spectroscopy of f-Elements Organometallics. Part I: The Lanthanides*", Progr. Inorg. Chem. **24** (1978) 51–107; D. K. Koppikar et al.: „*Complexes of Lanthanides with Neutral Oxygen Donor Ligands*", Struct. Bonding **34** (1978) 135–213; J. H. Forsberg: „*Complexes of Lanthanide(III)-Ions with Nitrogen Donor Ligands*", Coord. Chem. Rev. **10** (1973) 195–226; F. A. Hart: „*Scandium, Yttrium and the Lanthanides*" in Comprehensive Coord. Chemistry **3** (1987) 1059–1127; T. J. Marks, R. D. Ernst: „*Scandium, Yttrium and the Lanthanides and Actinides*", in Comprehensive Organometallic Chemistry, **3** (1982) 173–270; W. J. Evans: „*Organometallic Lanthanide Chemistry*", Adv. Organomet. Chem. **24** (1985) 131–177; C. J. Schaverien: „*Organometallic Chemistry of the Lanthanides*", Adv Organomet. Chem. **36** (1994) 283–362.

Tab. 157 Farben und Schmelzpunkte (°C) binärer Lanthanoidhalogenide (Z = Zersetzung).

	Ce	Pr	Nd	Pm	Sm	Eu	Gd
LnX_4	**CeF_4** *farbl.*	**PrF_4** *cremef.*, Z. 90°	**NdF_4** als NdF_7^{3-}	–	–	–	–
LnX_3	**CeF_3** *farbl.* 1460 °C **$CeCl_3$** *farbl.* 848 °C **$CeBr_3$** *farbl.* 722 °C **CeI_3** *gelb* 761 °C	**PrF_3** *grün* 1399 °C **$PrCl_3$** *grün* 786 °C **$PrBr_3$** *grün* 693 °C **PrI_3** *grün* 737 °C	**NdF_3** *violett* 1410 °C **$NdCl_3$** *pink* 784 °C **$NdBr_3$** *grün* 684 °C **NdI_3** *grün* 775 °C	**PmF_3** *rosa* 1338 °C **$PmCl_3$** *violett* 655 °C **$PmBr_3$** *rot* 660 °C **PmI_3** *rot* 695 °C	**SmF_3** *farbl.* 1300 °C **$SmCl_3$** *gelb* 682 °C **$SmBr_3$** *gelb* 664 °C **SmI_3** *orange* 850 °C	**EuF_3** *farbl.* 1390 °C **$EuCl_3$** *gelb* 623 °C **$EuBr_3$** *grau* 702 °C **EuI_3** *farbl.* ~877 °C	**GdF_3** *farbl.* 1232 °C **$GdCl_3$** *farbl.* 609 °C **$GdBr_3$** *farbl.* 785 °C **GdI_3** *gelb* 931 °C
LnX_2 [a]	– – – **CeI_2** *bronze* 799 °C	– – – **PrI_2** *bronze* 758 °C	– **$NdCl_2$** *grün* 841 °C **$NdBr_2$** *grün* 725 °C **NdI_2** *violett* 562 °C	– – – –	**SmF_2** *purpur* 1417° **$SmCl_2$** *braun* 859 °C **$SmBr_2$** *braun* 700 °C **SmI_2** *grün* 527 °C	**EuF_2** *grüngelb* 1416° **$EuCl_2$** *farbl.* 757 °C **$EuBr_2$** *farbl.* 683 °C **EuI_2** *grün* 580 °C	– – – **GdI_2** *bronze* 831 °C
$LnX_{<2}$	– –	– [b] **PrBr**	– –	– –	– –	– –	**Gd_2X_3** [b,c] **GdX** [c]
	Tb	**Dy**	**Ho**	**Er**	**Tm**	**Yb**	**Lu**
LnX_4	**TbF_4** *farbl.* Z. 300°	**DyF_4** als DyF_7^{3-}	–	–	–	–	–
LnX_3	**TbF_3** *farbl.* 1172 °C **$TbCl_3$** *farbl.* 588 °C **$TbBr_3$** *farbl.* 827 °C **TbI_3** *farbl.* 955 °C	**DyF_3** *grün* 1154 °C **$DyCl_3$** *farbl.* 718 °C **$DyBr_3$** *farbl.* 881 °C **DyI_3** *grün* 955 °C	**HoF_3** *rosa* 1143 °C **$HoCl_3$** *gelb* 720 °C **$HoBr_3$** *gelb* 914 °C **HoI_3** *gelb* 1010 °C	**ErF_3** *rosa* 1146 °C **$ErCl_3$** *violett* 776 °C **$ErBr_3$** *violett* 950 °C **ErI_3** *violett* 1020 °C	**TmF_3** *farbl.* 1158 °C **$TmCl_3$** *gelb* 824 °C **$TmBr_3$** *farbl.* 952 °C **TmI_3** *gelb* 1021 °C	**YbF_3** *farbl.* 1162 °C **$YbCl_3$** *farbl.* 865 °C **$YbBr_3$** *farbl.* Z. 956° **YbI_3** *gelb* Z. 700 °C	**LuF_3** *farbl.* 1184 °C **$LuCl_3$** *farbl.* 892 °C **$LuBr_3$** *farbl.* 1025 °C **LuI_3** *gelb* 1050 °C
LnX_2 [a]	– – – –	– **$DyCl_2$** *schwarz*, 721 °C **$DyBr_2$** *schwarz* **DyI_2** *purpur* 695 °C	– – – –	– – – –	– **$TmCl_2$** *grün* 697 °C **$TmBr_2$** *dunkelgrün* **TmI_2** *schwarz* 756°	**YbF_2** *grau*, 1407 °C **$YbCl_2$** *grün* 720 °C **$YbBr_2$** *gelb* 677 °C **YbI_2** *gelb* 780 °C	– – – –
$LnX_{<2}$	**Tb_2Cl_3** [b] **TbX** [c]	– –	– **HoBr**	**Er_2Cl_3** [b] **ErBr**	– –	– –	**Lu_2Cl_3** –

a) Man kennt auch Halogenide LuX_{2-3}, z. B. Sm_5Br_{11}, $Sm_{11}Br_{24}$, Sm_6Br_{13}. **b)** Man kennt auch Pr_7I_{12}, Gd_5Br_8, Tb_7I_{12}, Tb_5Br_8, Tb_6Br_7, Er_6I_7. **c)** X = Cl, Br.

Lanthanoiden viele Koordinationsverbindungen mit Halogenid. U. a. existieren Komplexe des Typus $NaLnF_4$ (dreifach-überkappt-trigonal-prismatische Ln^{3+}-Koordination), $M_3^ILnF_6$ (M^I = K, Rb, Cs), $M_3^ILnX_6$ (M^I = Alkalimetalle, NH_4, pyH usw., X = Cl, Br, I; meist oktaedrische Ln^{3+}-Koordination), $M_2^ILnX_5$ bzw. $M_3^ILn_2X_9$ (eckenverknüpfte bzw. flächenverknüpfte LnX_6-Oktaeder). Unter den *vierwertigen* Lanthanoiden bilden die Tetrafluoride Fluorokomplexe des Typus $M_3^ILnF_7$ (Ln = Ce, Pr, Nd, Tb, Dy; pentagonal-bipyramidale Ln^{4+}-Koordination), Na_2PrF_6, $(NH_4)_2CeF_6$, $(NH_4)_4CeF_8$ (in letzteren beiden Fällen quadratisch-antiprismatische Ce^{4+}-Koordination). Die Komplexe mit den Ionen NdF_7^{3-} und DyF_7^{3-} stellen die einzigen stabilen Verbindungen des vierwertigen Neodyms und Dysprosiums dar.

Von Ce^{4+} sind auch Chlorokomplexe $M^I_2CeCl_6$ bekannt (M^I z.B. Cs, NH_4; oktaedrische Ce^{4+}-Koordination.

Sauerstoffverbindungen

Die Lanthanoide bilden **Oxide LnO_2** (Ln = Ce, Pr, Tb), **Ln_2O_3** (Ln = Ce bis Lu) und **LnO** (Ln = Nd, Sm, Eu, Yb). Darüber hinaus existieren von den Lanthanoiden nichtstöchiometrische Phasen **$LnO_{1.5-2.0}$**, ferner **Hydroxide $Ln(OH)_3$ Hydrate $[Ln(H_2O)_n]^{3+}$** sowie **Oxidhalogenide LnOX**.

Darstellung. Durch *Verbrennung* gehen die Lanthanoide Ce, Pr, Tb in „Dioxide" LnO_2 (exakte Formeln: CeO_2, Pr_6O_{11}, Tb_4O_7), die übrigen Lanthanoide in „*Sesquioxide*" Ln_2O_3 über. Pr_6O_{11} und Tb_4O_7 lassen sich mit *Sauerstoff* weiter zu Dioxiden PrO_2 und TbO_2 oxidieren (Pr_6O_{11}: O_2 bei 280 bar/400 °C; Tb_4O_7: atomarer Sauerstoff bei 450 °C). Kontrollierte Reduktion mit *Wasserstoff* führt CeO_2, Pr_6O_{11} und Tb_4O_7 in Sesquioxide Ln_2O_3 über. Durch Reduktion einiger Sesquioxide Ln_2O_3 mit *Lanthanoiden* bilden sich zudem die „*Monoxide*" LnO (Ln = Nd, Sm, Eu, Yb), durch Teilhydrolyse von Trihalogeniden LnX_3 „*Oxidhalogenide*" LnOX.

Strukturen. Unter den **Oxiden** besitzen die „*Dioxide*" LnO_2 „CaF_2-Struktur" (auch $LnO_{<2}$ weisen Fluoritstruktur – allerdings mit Anionenleerstellen – auf). Den „*Monoxiden*" kommt andererseits „NaCl-Struktur" zu, wobei NdO und SmO im Sinne von $Ln^{3+}(O^{2-})e^-$ elektrische Leiter darstellen, wogegen EuO und YbO zweiwertige Lanthanoide enthalten. Im Falle der „*Sesquioxide*" unterscheidet man drei Strukturtypen: (i) hexagonaler **„A-Oxid-Typ"** (erhältlich von Ce_2O_3 bis Pm_2O_3, also von den *leichten* Lanthanoiden; enthält überkappt-oktaedrische LnO_7-Einheiten); (ii) monokliner **„B-Oxid-Typ"** (erhältlich von Pm_2O_3 bis Lu_2O_3 also von den *mittelschweren* bis *schweren* Lanthanoiden; enthält überkappt-trigonal-prismatische und überkappt-oktaedrische LnO_7-Einheiten); (iii) kubischer **„C-Oxid-Typ"** (erhältlich von Eu_2O_3 bis Lu_2O_3, also von den *schweren* Lanthanoiden; defekte Fluoritstruktur mit verzerrt-oktaedrischen LnO_6- und tetraedrischen OLn_4-Einheiten).

Die **Oxidhalogenide** LnOX (X = Cl, Br, I) kristallisieren mit der **„PbClF-Struktur"**, einer „*Schichtstruktur*", die man häufig bei Salzen MXZ mit großen M-Kationen und stark unterschiedlich großen Anionen, nämlich größeren X- und kleineren Z-Ionen auffindet (X etwa Cl, Br, I; Y = F, H, O; z.B.; PbXF, BaXF, CaHCl, MOX mit M = Bi, Lanthanoide, Actinoide). In ihr bilden sowohl die großen wie die kleinen Anionen quadratisch-gepackte Schichten (a). Da die Z-Anionen jeweils über den Kanten der Quadrate der X-Schicht liegen, ist der ZZ-Abstand um den Faktor $\frac{1}{2}\sqrt{2} = 0.707$ kleiner als der XX-Abstand (a). Tatsächlich enthält die Z-Schicht doppelt so viele Ionen wie die X-Schicht, wobei je vier Z- und X-Ionen ein quadratisches Antiprisma mit zwei verschieden großen quadratischen Deckflächen aufspannen, in welchem sich das M-Kation befindet (b). Je zwei X-Schichten bilden mit einer mittleren Z-Schicht ein Schichtpaket (c). Die Schichtpakete sind im Kristall so gestapelt, daß die X-Ionen auf Lücke liegen, wodurch die Koordinationssphäre von M durch ein fünftes X-Ion ergänzt wird (in (b) und (c) gestrichelt; Koordinationszahl von M: 4 + 4 + 1 = 9).

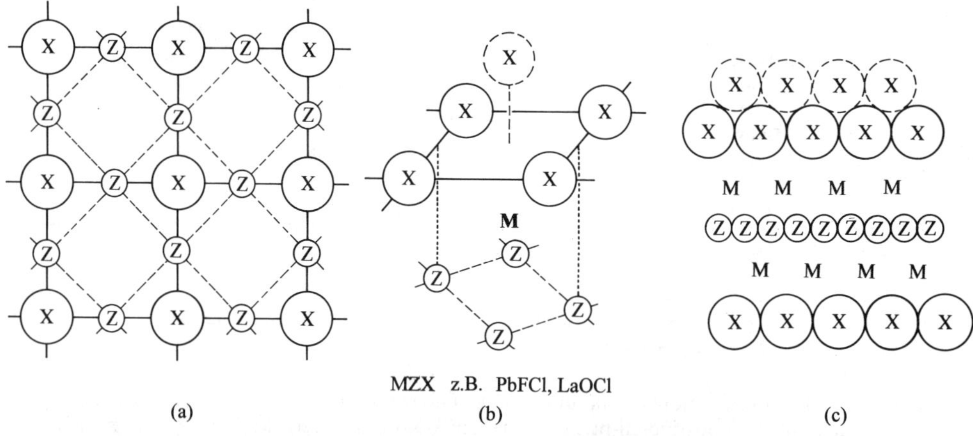

MZX z.B. PbFCl, LaOCl

(a) (b) (c)

Eigenschaften. Unter den „*Dioxiden*" und „*Monoxiden*" sind nur CeO_2 (*blaßgelb*, wasserunlöslich) und EuO (*dunkelviolett*) wasserbeständig, während PrO_2 (*dunkelbraun*) und TbO_2 (*dunkelrot*) bzw. NdO (*goldgelb*), SmO (*goldgelb*) und YbO (*hellgrün*) mit Wasser unter Bildung der dreiwertigen Stufe reagieren. Alle „*Sesquioxide*" Ln_2O_3 (ΔH_f negativer als im Falle von Al_2O_3) lösen sich – auch nach langem Glühen – in Säuren. Sie sind in Wasser unlöslich, nehmen aber H_2O unter Bildung der stark basisch wirkenden, ebenfalls wasserunlöslichen, aber säurelöslichen **Hydroxide $Ln(OH)_3$** auf (vgl. hierzu auch S. 1779). Kristalline Trihydroxide (9fache, dreifach-überkappt-trigonal-prismatische Ln^{3+}-Koordination) erhält man durch längere Einwirkung von konzentrierter NaOH auf Ln_2O_3 bei höheren Temperaturen und Drücken („*hydrothermale Alterung*"). In Säuren lösen sich die Lanthanoid(III)-oxide bzw. -hydroxide unter Bildung der *farbigen* **Hydrate** $[Ln(H_2O)_n]^{3+}$ (bezüglich der Farben vgl. Tab. 155, S. 1785). Die *Hydratationszahl n* beträgt – unabhängig davon, ob die hydratisierten Ionen im Kristall oder in wässeriger Lösung vorliegen – in der Regel *neun* (dreifach-überkappt-trigonal-prismatische Ln^{3+}-Koordination). Die betreffenden Hydrate wirken als Kationsäuren und sind nur in saurem Milieu gegen *Hydrolyse*, d. h. Bildung hydratisierter Hydroxide wie $Ln(OH)^{2+}$, $Ln(OH)_2^+$ stabil (vgl. S. 1786). Auch existieren sie nur in Anwesenheit schwach Lewis-basischer Gegenionen X^-, da anderenfalls hydratisierte Komplexe des Typs LnX^{2+}, LnX_2^+ usw. entstehen. Im Falle der *zweiwertigen* Lanthanoide ist nur das farblose Hydrat von Eu^{2+} in Abwesenheit von Sauerstoff und Katalysatoren wie Pt für die (prinzipiell mögliche) Reaktion $Eu^{2+} + H_2O \rightarrow Eu(OH)^{2+} + \frac{1}{2}H_2$ (vgl. S. 1786) über längere Zeit in Wasser haltbar. Demgegenüber oxidieren sich blaßgrünes Yb_{aq}^{2+} bzw. blutrotes Sm_{aq}^{2+} in Wasser mit Halbwertszeiten von ca. 2.8 bzw. 4.6 h unter H_2-Entwicklung, die Ionen Tm_{aq}^{2+}, Er_{aq}^{2+} und Gd_{aq}^{2+} in Bruchteilen einer Sekunde. Unter den *vierwertigen* Lanthanoiden ist nur Ce_{aq}^{4+} (orangegelb) in Abwesenheit von Katalysatoren wie RuO_2 für die (prinzipiell mögliche) Reaktion $2Ce^{4+} + H_2O \rightarrow 2Ce^{3+} + 2H^+ + \frac{1}{2}O_2$ wasserstabil (vgl. S. 1787 und Tab. 155), wobei das Aqua-Ion nur in starken Mineralsäuren vorliegt (bei pH-Erhöhung bildet sich über $Ce(OH)^{3+}$ und Isopolyoxokationen schließlich $CeO_2 \cdot xH_2O$). Pr^{4+} (gelb) sowie Tb^{4+} (rotbraun) sind nur in stark alkalischer Carbonatlösung redoxstabil.

Sonstige binäre Verbindungen

Mit Schwefel, Selen und Tellur reagieren die Lanthanoide unter Bildung schwarzer „*Monochalkogenide*" **LnY** mit „NaCl-Struktur", welche mit Ausnahme der Verbindungen von Sm, Eu, Yb, Tm (Formulierung: $Ln^{2+}Y^{2-}$) metallische Leitfähigkeit zeigen (Formulierung: $Ln^{3+}(Y^{2-})e^-$) und leicht hydrolysieren bzw. in der Wärme mit Luftsauerstoff reagieren (→Chalkogenwasserstoffe bzw. basische Ln^{3+}-Salze). „*Sesquichalkogenide*" $\mathbf{Ln_2Y_3}$ bilden sich andererseits aus den Elementen unter verschärften Bedingungen oder durch Einwirkung von Chalkogenwasserstoff auf die Chloride. Die durch Erhitzen von Ln_2Y_3 mit überschüssigem Chalkogen bei 600 °C im geschlossenen Bombenrohr erhältlichen „*Dichalkogenide*" $\mathbf{LnY_2}$ enthalten Ln^{3+}-Ionen und Polychalkogenid. Mit Stickstoff bilden die Lanthanoide „*Nitride*" **LnN**, die wie die homologen „*Phosphide*", „*Arsenide*", „*Antimonide*" und „*Bismutide*" „NaCl-Struktur" besitzen. Kombination mit Kohlenstoff ergibt „*Carbide*" $\mathbf{Ln^{II}C_2}$, $\mathbf{Ln^{III}C_3}$ und $\mathbf{Ln_2^{III}C_3}$ (S. 851). Mit Bor entstehen *Boride* des Typus $\mathbf{LnB_4}$ und $\mathbf{LnB_6}$ (S. 1059).

Salze

Unter den **Ln(III)-Salzen** lassen sich die „*Carbonate*" $Ln_2(CO_3)_3$ aus Ln^{3+}-Lösungen mit $NaHCO_3$ fällen. Die sehr leicht löslichen „*Nitrate*" $Ln(NO_3)_3$ vereinigen sich mit $Mg(NO_3)_2$ und NH_4NO_3 zu Doppelnitraten des Typus $2Ln(NO_3)_3 \cdot 3Mg(NO_3)_2 \cdot 24H_2O$ und $Ln(NO_3)_3 \cdot 2NH_4NO_3 \cdot 4H_2O$, deren Löslichkeiten mit wachsender Ordnungszahl der Lanthanoide zunehmen (vgl. S. 1779). Die „*Sulfate*" $Ln_2(SO_4)_3$ (deren Löslichkeit mit fallender Temperatur zunimmt) bilden keine Alaune $M^ILn^{III}(SO_4)_2 \cdot 12H_2O$, da sich Ln^{3+}-Ionen mit mehr als $6H_2O$ assoziieren (s. o.), aber Doppelsulfate des Typus $Ln_2(SO_4)_3 \cdot 3Na_2SO_4 \cdot 12H_2O$ und $Ln_2(SO_4)_3 \cdot (NH_4)_2SO_4 \cdot 8H_2O$. Unter ihnen sind die Salze der leichteren Lanthanoide in Sulfatlösung nur wenig, die der schwereren Lanthanoide merklich löslich, was früher zur Trennung der Lanthanoide in zwei Gruppen verwendet wurde (S. 1779). Die „*Phosphate*" und „*Oxalate*" lösen sich in Wasser und verdünnten Säuren nur spärlich, wobei die Schwerlöslichkeit der Oxalate zur Abtrennung der Lanthanoide von anderen Elementen dienen kann (S. 1778). **Ln(II)-Salze.** Ähnlich wie von dreiwertigen Lanthanoiden kennt man von den zweiwertigen Lanthanoiden Eu^{2+}, Yb^{2+}, Sm^{2+} und Tm^{2+} Salze (z. B. *Carbonate*, *Phosphate*, *Sulfate*, *Chromate*, *Perchlorate*). Sie sind den entsprechenden Erdalkali-, speziell Strontiumverbindungen vergleichbar (z. B. $EuSO_4$ wie $SrSO_4$ oder $BaSO_4$; deformierte NaCl-Struktur). Unter den **Ce(IV)-Salzen** ist das wasserlösliche, für Oxidationen mit Ce^{4+} genutzte „*Doppelnitrat*" $(NH_4)_2[Ce(NO_3)_6]$ besonders wichtig. Genannt seien auch die „*Sulfate*" $Ce(SO_4)_2 \cdot nH_2O$ ($n = 0, 4, 8, 12$) und $(NH_4)_2Ce(SO_4)_3$.

Komplexe

Man kennt eine große Anzahl von Lanthanoid-Komplexen mit *ein-* und *mehrzähnigen* Liganden. Unter den Verbindungen mit **einzähnigen Liganden** wurden die *Halogenokomplexe* und die *Hydrate* bereits besprochen (s. o.). Nachfolgend sei auf Beispiele des zweiten Typus eingegangen: Anionen EO_n^{m-} von Elementsauerstoffsäuren wie *Nitrat*, *Sulfat*, *Carbonat* wirken bezüglich Lanthanoid-Ionen vielfach als *zweizähnige* Chelatliganden und führen zu **Chelatkomplexen** mit hohen Koordinationszahlen der Lanthanoide, z. B. 12 in $[Ce(NO_3)_6]^{2-}$ bzw. $[Ce(NO_3)_6]^{3-}$ (ikosaedrische Ce^{4+}- bzw. Ce^{3+}-Koordination; oktaedrische Anordnung der NO_3-Liganden), 10 in $[Ln(NO_3)_5]^{2-}$ ($Ln^{3+} = Ce^{3+}$, Eu^{3+}, Ho^{3+}, Er^{3+}; zweifach-überkappt-dodekaedrische Ln^{3+}-Koordination; trigonal-bipyramidale NO_3-Anordnung). Mit *Ethylendiamin* $H_2N—CH_2CH_2—NH_2$ bilden die dreiwertigen Lanthanoide Komplexe des Typs $[Ln(en)_4]^{3+}$, mit *β-Diketonaten* O┄CR┄CH┄CR┄O⁻ Komplexe wie $[Ce(acac)_4]$ (quadratisch-antiprismatische Ce^{4+}-Koordination mit Acetylacetonat O┄CMe┄CH┄CMe┄O⁻) oder $[Ln(dpm)_3]$ (dpm = Dipivaloylmethanat O┄C^{t}Bu┄CH┄C^{t}Bu┄O⁻, ^{t}Bu = $(CH_3)_3C$). Letztere Komplexe liegen im kristallinen Zustand teils in dimerer Form (Ln = Ce – Dy), teils in monomerer Form vor (Ln = Tb – Lu; u. a. trigonal-prismatische Ln^{3+}-Koordination). In basischen Lösungsmitteln L wie H_2O, ROH, R_3PO bilden sich Addukte $(Ln(dpm)_3L]$ (u. a. überkappt-trigonal-prismatische Ln^{3+}-Koordination). Die erstaunlich flüchtigen, thermisch stabilen, in unpolaren Medien löslichen dmp-Komplexe werden als „*NMR-Shiftreagenzien*" genutzt (vgl. Lehrbücher der Spektroskopie). Ein weiterer wichtiger *acyclischer* Chelatligand für dreiwertige Lanthanoide ist *Ethylendiamintetraacetat* $EDTA^{4-}$, mit dem in Wasser Komplexe $[Ln(EDTA)(H_2O)_3]^-$ (Ln = Pr, Sm, Gd, Tb, Dy) und $[Ln(EDTA)(H_2O)_2]^{2-}$ (Ln = Eu, Yb) gebildet werden (vgl. S. 1210). *Cyclische Liganden* M wie *Kronenether, Phthalocyanin, Kryptate* (vgl. S. 1210) vereinigen sich mit dreiwertigen Lanthanoiden in Anwesenheit anderer Liganden L zu beständigen **makrocyclischen Komplexen** $[Ln(Makrocyclus)L_n]$, z. B. $[Nd(18\text{-Krone-}6)(NO_3)_3]$ mit der Koordinationszahl 12 von Nd^{3+} (Nd^{3+} inmitten des wannenförmig konformierten Kronenethers; zwei NO_3^- auf der einen, ein NO_3^- auf der anderen Komplexseite).

Metallorganische Verbindungen

Durch Reaktion von $LnCl_3$ mit Lithiumorganylen LiR (R z. B. Me, CMe_3, CH_2SiMe_3, Cp) in basischen Medien wie Tetrahydrofuran (THF) oder Diethylether/$Me_2NCH_2CH_2NMe_2$ (tmeda) konnten in vielen Fällen Lanthanoidorganyle des Typus R_nLnCl_{3-n}, LnR_4^-, LnR_6^{3-} synthetisiert werden (teilweise mit komplexgebundenen Donormolekülen). Als Beispiele seien genannt: $[LnMe_6]^{3-}$ (Ln = Er, Lu; oktaedrischer Bau, $Li(tmeda)_3^+$-Gegenionen), $[Ln(CMe_3)_4]^-$ (Ln = Sm, Er, Yb; tetraedrischer Bau, $Li(THF)_4^+$-Gegenionen), $[Ln(CH_2SiMe_3)_3(THF)_2]$ (Ln = Er, Tm; trigonal-bipyramidaler Bau; THF axial), Cp_3Ln (Ln = Ce, Pr, Nd, Sm, Gd, Dy, Er, Yb; pentahapto-gebundene Cp-Gruppen; Cp_3Ln-Einheiten untereinander verbrückt), Cp_2LnCl (pentahapto-gebundene Cp-Gruppen; $2Cp_2LnCl$-Einheiten über zwei Chloratome verbrückt). Das Anion $[(C_8H_8)_2Ce]^-$ (gewinnbar aus $CeCl_3 + K_2C_8H_8$ in Diglyme) weist die gleiche Sandwichstruktur wie „Uranocen" $[(C_8H_8)_2U]$ (S. 1821) auf.

Kapitel XXXVI

Die Actinoide[1)]

Die Gruppe der **„Actinoide"** An (früher *Actinide*[2)]) umfaßt die auf das *Actinium* (Atomnummer 89) folgenden 14 Elemente der Ordnungszahl 90–103, und zwar: *Thorium* (Th), *Protactinium* (Pa), *Uran* (U), *Neptunium* (Np), *Plutonium* (Pu), *Americium* (Am), *Curium* (Cm), *Berkelium* (Bk), *Californium* (Cf), *Einsteinium* (Es), *Fermium* (Fm), *Mendelevium* (Md), *Nobelium* (No) und *Lawrencium* (Lr; zunächst Lw). Man kennt von diesen Actinoiden bisher bereits rund 200 Isotope, die alle radioaktiv zerfallen und in Tab. 158 (S. 1797) zusammengestellt sind und zu denen noch rund 50 kernisomere Isotope kommen. Die Elemente ab Ordnungszahl 93 werden auch als **„Transurane"** bezeichnet, da sie im Periodensystem der Elemente jenseits (lat.: trans) des Urans stehen.

Einige **Eigenschaften** der Actinoide, die in ihren Verbindungen *zwei-* bis *siebenwertig* auftreten (Betätigung der äußeren s-, d- und gegebenenfalls f-Elektronen), sind in Tafel V zusammengestellt (vgl. hierzu auch S. 1808).

Geschichtliches (Tafel II). Thorium, Protactinium, Uran. Unter den natürlich vorkommenden Actinoiden Th, Pa, U, die früher (vor 1941) als schwerste Endglieder der Titan-, Vanadium- und Chromgruppe (Eka-Hf, Eka-Ta, Eka-W) angesehen wurden (vgl. S. 1810), ist **Uran** am längsten bekannt. Es wurde 1789 von M. H. Klaproth in einem aus Pechblende isolierten Oxid *entdeckt* (*benannt* von Klaproth nach dem 1781 von W. Herschel neu entdeckten Planeten *Uranus*). Die erstmalige Gewinnung von *elementarem* Uran gelang 1841 B. Peligot durch Reduktion des Tetrachlorids mit Kalium. In analoger Weise *entdeckte* 1828 J. J. Berzelius das **Thorium** als Oxid in einem als „*Thorit*" bezeichneten Erz und stellte es durch Reduktion von K_2ThF_6 mit Alkalimetallen im darauffolgenden Jahr erstmals in *elementarer* Form dar (*benannt* von Berzelius nach dem nordischen Kriegsgott „*Thor*"). Die Entdeckung des selteneren Actinoids **Protactinium** erfolgte erst relativ spät (1913) durch K. Fajans und O. Göhring als instabiles Zwischenglied der $^{238}_{92}U$-Zerfallsreihe (→ $^{234}_{91}Pa$) und 1917 durch O. Hahn und L. Meitner sowie – unabhängig hiervon – durch F. Soddy und J. A. Cranston als Zwischenglied der $^{235}_{92}U$-Zerfallsreihe (→ $^{231}_{91}Pa$; der von Hahn gewählte Name soll andeuten, daß Pa unter α-Strahlung in *Actinium* übergeht; *protos* (griech.) = zuerst).

Die in der Natur nicht oder nur in verschwindender Menge (Np, Pu) vorkommenden Transurane wurden allesamt *künstlich* durch Beschuß geeigneter Elementatome mit Neutronen, Deuteronen, Helium- und schweren Kernen (vgl. Gewinnung, S. 1795) *erzeugt*, nämlich: 1940 **Neptunium** $^{239}_{93}Np$ durch E. M. McMillan und P. Abelson[3)] sowie **Plutonium** $^{238}_{94}Pu$ durch G. T. Seaborg, E. M. McMillan, J. W. Kennedy

---

[1] **Literatur.** J. J. Katz, G. T. Seaborg, L. R. Morss: „*The Chemistry of the Actinide Elements*", 2 Bände, 2. Edit., Chapman and Hall, London 1986; K. W. Bagnall: „*The Actinide Elements*", Elsevier, Amsterdam 1972; K. W. Bagnall: „*Actinides*", Comprehensive Inorg. Chem. **5** (1973) 1–635; Comprehensive Coord. Chem. **3** (1987) 1129–1228; A. J. Freeman, J. B. Darby, jr. (Hrsg.): „*The Actinides: Elektronic Structure and Related Properties*", 2 Bände, Acad. Press, New York 1974; A. J. Freeman, G. H. Lander, C. Keller (Hrsg.): „*Handbook on the Physics and Chemistry of the Actinides*" mehrere Bände, North-Holland, Amsterdam 1984, 1985, 1986; GMELIN: „Thorium", System-Nr. **44**, bisher 18 Bände; „*Protactinium*", System-Nr. **51**, bisher 3 Bände; „Uran", System-Nr. **55**, bisher 28 Bände; „*Transuranium Elements*", System-Nr. **71**, bisher 10 Bände; ULLMANN (5. Aufl.): „*Thorium and Thorium Compounds*", **A27** (1995); „*Uranium and Uranium Alloys*", „*Uranium Compounds*", **A27** (1995); „*Radionuclides*", **A22** (1993). Vgl. auch Anm. 6, 11, 16.

[2] In Anlehnung an die gängige Bezeichnung „*Metalloide*" für metallähnliche Elemente wurde von der internationalen Nomenklaturkommission die Bezeichnung „*Actinoide*" (actiniumähnliche Elemente) gewählt, da die einfache Endung *-id* (Hydrid, Chlorid, Oxid) für binäre Salze reserviert ist.

[3] Die Transurane wurden erstmals als Folgeprodukte des Beschusses von $^{238}_{92}U$ mit Neutronen (→ *Neptunium*), von $^{238}_{92}U$ mit Deuteronen (→ *Plutonium*), von $^{239}_{94}Pu$ mit Neutronen (→ *Americium*), von $^{239}_{94}Pu$ mit α-Teilchen (→ *Curium*), von $^{241}_{95}Am$ mit α-Teilchen (→ *Berkelium*), von $^{242}_{96}Cm$ mit α-Teilchen (→ *Californium*), von $^{238}_{92}U$ mit Neutronen (→ *Einsteinium, Fermium*), von $^{253}_{99}Es$ mit α-Teilchen (→ *Mendelevium*), von $^{244}_{96}Cm$ mit Kohlenstoffkernen (→ *Nobelium*),

und A. Wahl[3)] (Elemente *benannt* nach den jenseits des Uranus folgenden Planeten Neptun und Pluto[4)]); 1944 **Americium** ${}^{241}_{95}$Am sowie **Curium** ${}^{242}_{96}$Cm durch G. T. Seaborg, R. A. James, L. O. Morgan und A. Ghiorso[3)] (*benannt* entsprechend den homologen Lanthanoiden Europium (Erdteil Europa) und Gadolinium (Lanthanoidforscher Gadolin) nach dem Erdteil *Amerika* und dem Forscherpaar *Curie*); 1949 **Berkelium** ${}^{243}_{97}$Bk sowie 1950 **Californium** ${}^{245}_{98}$Cf durch S. G. Thomson, A. Ghiorso, G. T. Seaborg und – im Falle von Cf – zusätzlich K. Street[3)] (*benannt* nach den Entdeckungsorten *Berkeley* (Calif.) bzw. *Californien*); 1952 **Einsteinium** ${}^{253}_{99}$Es sowie **Fermium** ${}^{255}_{100}$Fm durch ein amerikanisches Forscherteam im Staub der ersten thermonuklearen Explosion (*benannt* nach den Forschern A. *Einstein* und E. *Fermi*); 1955 **Mendelevium** ${}^{256}_{101}$Md durch A. Ghiorso, B. H. Harvey, G. R. Choppin, S. G. Thompson und G. T. Seaborg[3)] (*benannt* nach dem Forscher D. I. *Mendelejew*); 1958 **Nobelium** ${}^{252}_{102}$No durch A. Ghiorso, T. Sikkeland, J. R. Walton und G. T. Seaborg[3)] (*benannt* in Anlehnung an das nach A. Nobel benannte Stockholmer Institut, in dem das Element möglicherweise bereits 1957 entdeckt wurde), 1961 **Lawrencium** ${}^{257}_{103}$Lr durch A. Ghiorso, T. Sikkeland, A. E. Larsh und R. M. Latimer[3)] (*benannt* nach dem Forscher E. O. Lawrence). In Anerkennung ihrer besonderen Verdienste auf dem Gebiet der Actinoid-Forschung erhielten G. T. Seaborg und E. M. McMillan im Jahre 1951 den Chemie-Nobelpreis.

1 Vorkommen

In der *Natur* treten nur Thorium, Protactinium, Uran und – in Spuren – Neptunium sowie Plutonium auf (vgl. hierzu radiochemische Eigenschaften, S. 1811):

Natürliche An-Nuklide	${}^{232}_{90}$Th	${}^{231}_{91}$Pa	${}^{234}_{91}$Pa	${}^{234}_{92}$U	${}^{235}_{92}$U	${}^{238}_{92}$U	${}^{237}_{93}$Np	${}^{239}_{94}$Pu	${}^{244}_{94}$Pu
rel. Häufigkeit (%)	100	100	Spuren	0.005	0.720	99.275	100	variabel	
Zerfallshalbwertszeit	$10^{10.1}$ a	$10^{4.5}$ a	6.7 h	$10^{5.4}$ a	$10^{8.8}$ a	$10^{9.6}$ a	$10^{6.3}$ a	$10^{4.4}$ a	$10^{7.9}$ a
Gew.-% in der Erdkruste	10^{-3}	9×10^{-11}			2×10^{-4}		4×10^{-17}	2×10^{-19}	

Hierbei sind die Nuklide ${}^{232}_{90}$Th, ${}^{235,238}_{92}$U und – möglicherweise – ${}^{244}_{94}$Pu bei der Bildung der Erdmaterie entstanden und noch heute vorhanden, während das Vorkommen der Nuklide ${}^{231,234}_{91}$Pa, ${}^{234}_{92}$U, ${}^{237}_{93}$Np und ${}^{239}_{94}$Pu auf kontinuierlich verlaufende radioaktive Prozesse zurückgeht. (Entsprechendes gilt für ${}^{227-231,234}_{90}$Th und ${}^{232,236}_{92}$U). Das Thorium ist in der Erdkruste etwa so häufig wie B, das Uran häufiger als Sb, Hg, Cd, Bi, Ag, Sn, Pb oder Au.

Das Element mit der *höchsten Atommasse* und *Kernladung* aller natürlich vorkommenden Elemente ist hiernach das Plutonium. Sieht man andererseits von den Elementen Neptunium und Plutonium wegen ihres außerordentlich geringen Vorkommens ab, so kommt dem Element Uran die höchste Atommasse und Kernladung zu. Es ist in den natürlichen Zerfallsreihen (vgl. Tab. 152, S. 1727), um ein Wortspiel zu gebrauchen, gewissermaßen der „Urahn" der nachfolgenden Elementfamilien. Demgemäß müssen alle *Transurane* auf künstlichem Wege erzeugt werden (s. u.).

Wichtige Mineralien. Das technisch wichtigste Ausgangsmaterial zur Gewinnung des **Thoriums** ${}^{232}_{90}$Th, das in enger Beziehung zu den Lanthanoiden steht und sich daher in der Natur zusammen mit diesen findet, stellt der „*Monazitsand*" (S. 1777) dar, der bis zu 20% (meist 5–10%) ThO_2 enthält und u. a. in Australien, Südafrika, Südindien, Brasilien, Malaysia gefunden wird. Geringere Bedeutung hat der in Kanada vorkommende, ca. 0.4% Thorium enthaltende *Uranothorit* (Th- und U-haltiges Silicat). **Protactinium** ${}^{231}_{91}$Pa findet sich als *radioaktives Zerfallsprodukt* des Urannuklids ${}^{235}_{92}$U in Uranmineralien. Allerdings hat das Hauptmineral, die Joachimsthaler *Pechblende*, nur einen Pa-Gehalt bis zu einem Pa : U-Verhältnis von 10^{-7} : 1 (einige 100 mg Pa je Tonne U). Das wichtigste Mineral des **Urans** ${}^{234,235,238}_{92}$U ist das *Uranpecherz* (*Uraninit, Pechblende*) UO_2, das Sauerstoff etwa bis zum Verhältnis U_3O_8 aufnehmen

von ${}^{252}_{98}$Cf mit Borkernen (→ *Lawrencium*) gewonnen. Neptunium und Plutonium hatten erstmals 1934 E. Fermi und seine römische Arbeitsgruppe in Händen, als sie Uran mit Neutronen bestrahlten. Allerdings erkannten sie die durch Neutronenaufnahme aus ${}^{238}_{92}$U tatsächlich hervorgehenden Transurane ${}^{239}_{93}$Np und ${}^{239}_{94}$Pu nicht und deuteten – ähnlich wie zunächst O. Hahn und L. Meitner (1935) – fälschlicherweise leichtere, durch Kernspaltung aus ${}^{235}_{92}$U gebildete Nuklide als Elemente der Ordnungszahl 93 und 94. Eingehende Studien der Chemie letzterer Nuklide (Tracerexperimente) führten dann O. Hahn und F. Strassmann 1938 auf ihre wahre Natur (Entdeckung der Kernspaltung, zusammen mit O. R. Frisch und L. Meitner; vgl. S. 1761).

4 Angesichts der infernalen Wirkung des Plutoniums als Atombombensprengstoff erscheint die direkte Ableitung seines Namens von Pluto, dem Gott der Unterwelt, mindestens ebenso gerechtfertigt.

kann. Die größten derartigen Pechblendelager finden sich in Zaire (Katanga), Kanada (am Bärensee) und Tschechien (bei Joachimsthal). Weitere wichtige Uranerze sind (i) *Mischoxide* mit vorwiegend U^{IV} wie „*Brannerit*" MM'_2O_6 (M = U, Th, Ca, Ln, Y, Fe; M' = Ti, Fe^{II}; in Kanada), „*Davidit*" $MM'_{2.5}O_6$ (M = U, Ce, Fe, Ca, Zn, Th; M' = Ti, Fe^{III}, Cr, V; in Australien), (ii) *Silicate* mit vorwiegend U^{IV} wie „*Coffinit*" $USiO_4$ (in USA), „*Uranothorit*" $(U,Th)SiO_4$ (in Kanada, Madagaskar), (iii) „*Uranglimmer*" mit vorwiegend U^{VI} wie „*Torbernit*" $Cu(UO_2)_2(PO_4)_2 \cdot 8H_2O$ (in USA, Argentinien), „*Autunit*" $Ca(UO_2)_2(PO_4)_2 \cdot 8H_2O$ (in Frankreich, Portugal), „*Carnotit*" $K(UO_2)(VO_4) \cdot 1.5H_2O$ (in Australien, Argentinien). Doch sind nur relativ wenige Uranerzlager wirtschaftlich nutzbar (Erze mit einem Gehalt von 0.1–0.5%)[5].

2 Gewinnung[1,6]

Die Gewinnung von *Thorium*, *Protactinium* und *Uran* erfolgt aus den *natürlichen Vorkommen* der Elemente, die der *Transurane* in jedem Falle durch *künstliche Kernumwandlung*.

Thorium

Als Ausgangsmaterial zur Gewinnung von Thorium dient insbesondere der Monazitsand. Zur Abtrennung des Thoriums von den seltenen Erden schließt man diesen mit heißer konzentrierter Schwefelsäure auf, löst den Aufschluß in Eiswasser und fällt aus der Lösung basische Thorium-Salze durch Zugabe von Ammoniak. Nach Lösen dieser Salze in Salpetersäure läßt sich das enthaltene Thorium mit Hilfe von Tributylphosphat (TBP) Bu_3PO_4, verdünnt mit Kerosin, als $[Th(NO_3)_4 \cdot (TBP)_2]$ extrahieren. *Elementares* Thorium wird durch *Reduktion* des Oxids mit Ca in einer Argonatmosphäre bei 1000 °C gewonnen ($ThO_2 + 2Ca \rightarrow Th + 2CaO$); es fällt nach Weglösen von CaO mit verdünnten Säuren in Form eines Pulvers an, das gepreßt und gesintert oder im Lichtbogenofen umgeschmolzen wird (Smp. 1750 °C!). In analoger Weise erhält man es durch Reduktion von ThF_4 mit Ca oder $ThCl_4$ mit Mg. *Reinstes* Thorium läßt sich durch *thermische Zersetzung* des Iodids ThI_4 an einem Glühdraht erzeugen (vgl. S. 1401).

Protactinium

Protactinium findet sich in Erzen wie der Pechblende UO_2 nur in sehr kleiner Menge (s. o.), so daß die Isolierung des Elements große Schwierigkeiten bereitet. Es reichert sich bei der Aufbereitung von Erzen zur Urangewinnung in der Endfraktion an (s. u.), aus welcher es durch Lösungsmittelextraktion im 100 g-Maßstab isoliert werden kann (Reinigung durch Ionenaustausch). Die Darstellung von *elementarem* Protactinium erfolgt u. a. durch Reduktion des Tetrafluorids PaF_4 mit Ba oder Li bei 1400 °C oder durch Umsetzung des Oxids Pa_2O_5 mit Kohlenstoff zum Carbid PaC, welches mit Iod in das – an einem heißen W-Draht in Pa und I_2 zersetzbare – Iodid PaI_5 übergeführt wird.

Uran

Während Uran bis zur Entdeckung der Uranspaltung (1938) durch Otto Hahn und Fritz Strassmann (S. 1761) keine große technische Bedeutung besaß, ist es heute als „Brennstoff" der Kernreaktoren (S. 1769) und als Ausgangsstoff für die Darstellung des im Periodensystem nachfolgenden Plutoniums von weltweiter Bedeutung, so daß das radioaktive Element jetzt technisch in sehr großen Mengen gewonnen wird. Zu diesem Zwecke *trennt* man das Uran, das in uranhaltigen Erzen meist nur in kleiner Menge enthalten ist, zunächst von anderen Erzbestandteilen als Dioxid UO_2 *ab* und *reduziert* UO_2 dann zu elementarem Uran. Gegebenenfalls *reichert* man zuvor das Isotop $^{235}_{92}U$ *an*. Zur Gewinnung von Urandioxid schließt

[5] Die gesicherten Reserven an Uran betragen in der westlichen Welt etwa 2.5 Millionen Tonnen, die vermuteten Reserven liegen nochmals in der gleichen Größenordnung.

[6] **Literatur.** E.K. Hyde, I. Perlman, G.T. Seaborg: „*Man-made Transuranium Elements*", Bände I–III, Prentice-Hall, New Jersey 1964; C. Keller: „*Zum Aufbau von Transcurium-Elementen durch Kernreaktionen mit schweren Ionen*", Angew. Chem. **77** (1965) 981–993; Int. Ed. **4** (1965) 903; „*Die künstlichen Elemente*", Chemie in unserer Zeit **2** (1968) 167–177; „*Transurane*", Chemie in unserer Zeit **6** (1972) 37–43, 74–81; G. Herrmann: „*Synthese schwerster chemischer Elemente – Ergebnisse und Perspektiven*", Angew. Chem. **100** (1988) 1471–1491; Int. Ed. **27** (1988) 1417; J.L. Spirlet, J.R. Peterson, L.B. Asprey: „*Preparation and Purification of Actinide Metals*", Adv. Inorg. Chem. **31** (1987) 1–41.

man die fein gemahlenen und *gerösteten* Erze (insbesondere Pechblende) mit *Schwefelsäure* oder *Soda* auf:

$$UO_3 + 3H_2SO_4 + 3H_2O \rightleftharpoons 4H_3O^+ + [UO_2(SO_4)_3]^{4-};$$
$$UO_3 + Na_2CO_3 + 2NaHCO_3 \rightleftharpoons 4Na^+ + [UO_2(CO_3)_3]^{4-} + H_2O.$$

(Der saure Aufschluß mit *Salpetersäure* wird im Rahmen der „Wiederaufbereitung“ zum Lösen abgebrannter Kernbrennstoffe genutzt; s. u.: „Purex-Prozeß“.) Anschließend schickt man die gewonnenen uranhaltigen Lösungen über *Anionenaustauscherharze*, *eluiert* die Sulfatokomplexe mit einer Sulfatlösung, die Carbonatokomplexe mit einer Carbonatlösung und fällt das Uran aus den Eluaten durch Zugabe von *Ammoniak* bzw. *Natronlauge* als Polyuranatgemisch aus (Summenformel $(NH_4)_2U_2O_7$; vgl. S. 1809), das – getrocknet – als gelber Kuchen („*yellow cake*“) anfällt:

$$2[UO_2(SO_4)_3]^{4-} + 6NH_3 + 3H_2O \rightarrow (NH_4)_2U_2O_7 + 2(NH_4)_2SO_4 + 4SO_4^{2-};$$
$$2[UO_2(CO_3)_3]^{4-} + 6NaOH \rightarrow Na_2U_2O_7 + 2Na_2CO_3 + 4CO_3^{2-} + 3H_2O.$$

Nun löst man den gelben Kuchen in Salpetersäure, *extrahiert* gebildetes $UO_2(NO_3)_2$ mit Tributylphosphat (TBP), verdünnt mit Kerosin oder Dodecan, und erhält – nach Eindampfen der gewonnenen $[UO_2(NO_3)_2(TBP)_2]$-haltigen organischen Phase – reines Uranyldinitrat $UO_2(NO_3)_2$. Das hieraus durch *Erhitzen* auf 300 °C erzeugte Urantrioxid UO_3 wird durch *Reduktion* mit H_2 bei 700 °C in Urandioxid UO_2 verwandelt. (Die durch Extraktion von Uran befreite HNO_3-Lösung enthält noch Protactinium; vgl. Pa-Gewinnung.)

Die Gewinnung von elementarem Uran aus dem Dioxid UO_2 erfolgt auf dem Wege über Urantetrafluorid UF_4 („*grünes Salz*“, Smp. 960 °C), das durch Reaktion von UO_2 mit wasserfreiem *Fluorwasserstoff* bei 550 °C gewonnen wird und sich mit *Magnesium* oder *Calcium* bei 700 °C reduzieren läßt:

$$UO_2 \xrightarrow[-2H_2O]{+4HF} UF_4 \xrightarrow[-2MgF_2]{+2Mg} U.$$

Es kann durch *Zusammenschmelzen* weiter gereinigt werden.

Zur Anreicherung des Urannuklids $^{235}_{92}U$, das als eigentlicher Kernbrennstoff dient, führt man das Tetrafluorid $^{235,238}_{92}UF_4$ zunächst durch Fluorierung mit elementarem *Fluor* in das Hexafluorid $^{235,238}_{92}UF_6$ über (farblose Festsubstanz, Sblp. 57 °C), in welchem man dann durch *Diffusions-*, *Zentrifugen-*, *Trenndüsen-* und sonstige *Trenn-Verfahren* (vgl. Lehrbücher der physikalischen Chemie) $^{235}_{92}U$ anreichert (zum Teil bis auf fast 100 %, häufig auf 2–4 %). Schließlich wird das mit $^{235}_{92}U$ angereicherte Hexafluorid auf dem Wege über das Trioxid UO_3 (Behandlung mit wässerigem Ammoniak) in das Dioxid UO_2 verwandelt, das meist direkt als Brennstoff für Reaktoren dient (S. 1770) oder zu elementarem Uran reduziert wird (s. o.). Das als Kernbrennstoff neben $^{235}_{92}U$ noch genutzte Urannuklid $^{233}_{92}U$ – läßt sich durch Neutronenbeschuß von $^{232}_{90}Th$ erzeugen und – nach seiner Oxidation – durch Lösungsmittelextraktion vom entstandenen Kernreaktionsgemisch abtrennen (s. u.: „Thorex-Prozeß“).

Transurane

Die durch Beschuß von Uran oder einem daraus synthetisierten höheren Element mit *Neutronen* oder *beschleunigten Ionen* künstlich gewonnenen *Nuklide* der Transurane, die *alle* radioaktiv zerfallen, sind in Tab. 158 zusammen mit ihren *Zerfallshalbwertszeiten* wiedergegeben. Da sich die Bildung der Transurane im *Kernreaktor* während seines Betriebs in großem Umfang abwickelt, nutzt man den „Abbrand“ des Kernreaktors (vgl. S. 1770) mit Vorteil als Quelle für Transurane. Allerdings bilden sich diese nur im Gemisch mit vielen anderen chemischen Stoffen, so daß der Gewinnung *elementarer* Actinoide nicht nur eine sorgfältige Trennung der Actinoide untereinander, sondern auch eine Trennung der Actinoide von

Tab. 158 Bis jetzt bekannte Nuklide der Actinoide (verfügbar bzw. im Handel: grau unterlegt): *Massenzahlen*; *Zerfallsarten* (α = Zerfall unter Abgabe von He-Kernen, $\beta^{\mp}$ = Zerfall unter Abgabe von Negatronen bzw. Positronen, e^- = Zerfall unter Abgabe von Konversionselektronen, K = Elektroneneinfang, s = spontane Kernspaltung (vgl. S. 1729); meist zusätzlich γ-Strahlung); *Halbwertszeiten* (längstlebiges Isotop fett)[a, b].

	222	223	224	225	226	227	228	229	230	231	232	233	234	235	236	237	238	239	240	241	
90 Th[c]	α 2.8 ms	α 0.66 s	α, e^- 1.04 s	α, K 8 m	α, e^- 30.9 m	α, e^- 18.72 d	α, e^- 1.913 a	α, e^- 7340 a	α, e^- 75400 a	β^- 25.52 h	**α, s** **1.405×10^{10} a**	β^-, e^- 22.3 m	β^-, e^- 24.10 d	β^- 6.9 m	β^- 37.1 m						**90 Th**[c]
91 Pa[d]	α 4.3 ms	α 6.5 ms	α 0.95 s	α 1.8 s	α, K 1.8 m	α, K 38.3 m	K, α 22 h	K, α, e^- 1.4 d	K, β^-, e^- 17.4 d	**α** **32760 a**	β^-, e^- 1.31 d	β^-, e^- 27.0 d	β^-, e^- 6.70 h	β^- 24.2 m	β^- 9.1 m	β^- 8.7 m	β^- 2.3 m				**91 Pa**[d]
92 U[e]					α 0.5 s	α 1.1 m	α, K, e^- 9.1 m	K, α 58 m	α, e^- 20.8 d	K, α 4.2 d	α, e^-, s 70 a	α, e^- 1.592×10^5 a	α, e^-, s 244600 a	α, s 7.038×10^8 a	α, e^-, s 2.3416×10^7 a	β^-, e^- 6.75 d	**α, e^-, s** **4.468×10^9 a**	β^- 23.47 m	β^- 14.1 h		**92 U**[e]
93 Np[f]							α 52 s	α, K 4.0 m	K, α 4.6 m	K, β^+, α 48.8 m	K, e^- 14.7 m	K, α 36.2 m	K, β^+ 4.4 d	K, β^+, α 396.2 d	K, β^-, e^-, α 1.15×10^5 a	**α, e^-, s** **2.14×10^6 a**	β^-, e^- 2.117 d	β^-, e^- 2.355 d	β^- 65 m	β^- 13.9 m	**93 Np**[f]

	232	233	234	235	236	237	238	239	240	241	242	243	244	245	246	247	248	249	250	251	
94 Pu	K, α, e^- 34.1 m	K, α 20.9 m	K, α, e^- 8.8 h	K, β^+, α, s 25.3 m	α, e^-, s 2.851 a	K, α, e^-, s 45.2 d	α, e^-, s 87.74 a	α, e^-, s 24110 a	α, e^-, s 6550 a	β^-, α, e^- 14.4 a	α, e^-, s 376300 a	β^-, s 4.956 h	**α, e^-, s** **8.26×10^7 a**	β^- 10.5 h	β^- 10.85 d						**94 Pu**
95 Am	K, s 55 s		K, α, s 2.6 m			K, α, s 73.0 m	K, α, s 1.63 h	K, $\beta^+ \alpha$, s 11.9 h	K, α, β^-, s 50.8 h	α, e^-, s 432.6 a	β^-, K, e^-, s 16.02 h	**α, s** **7380 a**	β^-, e^-, s 10.1 h	β^-, e^-, s 2.05 h	β^-, s 39 m	β^- 22 m					**95 Am**
96 Cm							K, α 2.4 h	K 2.9 h	α, s 27 d	K, α, s 32.8 d	α, e^-, s 162.8 d	α, K, e^-, s 28.5 a	α, e^-, s 18.11 a	α, s 8500 a	α, e^-, s 4730 a	**α, β^-** **1.56×10^7 a**	α, s, e^- 339700 a	β^- 64.2 m	s 11300 a	β^- 16.8 m	**96 Cm**

	240	241	242	243	244	245	246	247	248	249	250	251	252	253	254	255	256	257	258	259	
97 Bk	K, β^+, s 5 m		K, β^+, s 7 m	K, α, s 4.5 h	K, α, s 4.35 h	K, α, e^-, s 4.94 d	K, e^- 1.80 d	**α** **1380 a**	β^-, K, e^- 23.7 h	β^-, α, s 320 d	β^- 3.217 h	β^- 56 m									**97 Bk**
98 Cf[g]	α 1.06 m	K, α 3.78 m	α, K 3.68 m	K, α 10.7 m	K, α 19.7 m	K, α 43.6 m	α, s 35.7 h	K, α 3.11 h	α, s 333.5 d	α, s 350.6 a	α, s 13.08 a	**α, s** **898 a**	α, e^-, s 2.638 a	β^-, α 17.81 d	s, α 60.5 d	β^- 1.4 h	s 12.3 m				**98 Cf**[g]
99 Es				α, K 21 s	K, s 37 s	K, α 1.3 m	K, α, s 7.7 m	K, α 4.7 m	K, α, s 27 m	K, α 1.70 h	K 8.6 h	K, α 33 h	**α, K** **471.7 d**	α, e^-, s 20.47 d	α, K, β^-, s 276 d	β^-, α, s 39.8 d	β^- 25 m				**99 Es**

	242	243	244	245	246	247	248	249	250	251	252	253	254	255	256	257	258	259	260	261	
100 Fm	s 0.8 ms	α 0.18 s	s 3.7 ms	α 4.2 s	α, s 1.1 s	α 35 s	α, s 36 s	K, α 2.6 m	α, s 30 m	K, α 5.30 h	α, s 25.4 h	K, α 3.0 d	α, e^-, s 3.24 h	α, s 20.1 h	s, α 2.63 h	**α, e^-, s** **100.5 d**	s 0.38 ms	s 1.5 s			**100 Fm**
101 Md						α 2.9 s	K, α 7 s	K, α 24 s	K, α, s 52 s	K, α 4.0 m	K 2.3 m		K 28 m	K, α 27 m	K, α 1.3 h	K, α 5.0 h	**α** **56 d**	s 95 m			**101 Md**
102 No									s 0.25 ms	α 0.8 s	α, s 2.3 s	α 1.7 m	α, s 55 s	α, K 3.1 m	α, s 3.3 s	α 26 s	s 1.2 ms	**α, K** **58 m**			**102 No**
103 Lr												α 1.4 s	α 20 s	α, K 21.5 s	α 28 s	α, K 0.65 s	α 4.35 s	α 5.4 s	**α** **3 m**		**103 Lr**

a) Bei Kernisomeren ist das längstlebige Teilchen angegeben. **b)** s = Sekunden, m = Minuten, h = Stunden, d = Tage, a = Jahre. **c)** Thorium bildet außerdem noch 10 leichtere Isotope der Massen 212 (α, 30 ms), 213 (α, 0.14 s), 214 (α, 86 ms), 215 (α, 1.2 s), 216 (α, 28 ms), 217 (α, 252 µs), 218 (α, 0.1 µs), 219 (α, 1.05 µs), 220 (α, 9.7 µs), 221 (α, 1.68 ms). **d)** Protactinium bildet außerdem noch 4 leichtere Isotope der Massen 215 (α, 14 ms), 216 (α, 0.2 s), 217 (α, 4.9 ms), 218 (α, 0.12 ms). **e)** Uran bildet außerdem noch ein schwereres Isotop der Masse 242 (β^-, 16.8 m). **f)** Neptunium bildet außerdem noch ein schwereres Isotop der Masse 242 (β^-, 5.5 m). **g)** Californium bildet außerdem noch ein leichteres Isotop der Masse 239 (α, 39 s).

den Lanthanoiden und anderen Elementen vorausgehen muß. Nachfolgend sei zunächst auf *Synthesemöglichkeiten* der Transurane durch künstliche Elementumwandlung, dann auf Methoden der *Actinoidabtrennung* sowie *-auftrennung* und schließlich auf die Gewinnung der *elementaren Actinoide* eingegangen.

Synthese der Transurane. Kernbeschuß mit Neutronen. Gemäß dem auf S. 1755 Besprochenen kann der Kernbeschuß mit Neutronen zu Isotopen des ursprünglichen Elements mit *größerer* bzw. *kleinerer* Masse führen, je nachdem langsame bzw. schnelle Neutronen verwendet werden. Sind die erhaltenen Nuklide β^--Strahler, so bilden sich Nuklide von Elementen der *nächst höheren Ordnungszahl.* Auf diese Weise entsteht **Neptunium** ${}^{239}_{93}Np$ (β-Strahler, $\tau_{1/2} = 2.355$ d; in großen Mengen verfügbar) bzw. ${}^{237}_{93}Np$ (α-Strahler, längstlebiges Np-Isotop, $\tau_{1/2} = 2.14 \times 10^6$ a; in großen Mengen verfügbar) aus ${}^{238}_{92}U$ durch Beschuß mit langsamen bzw. schnellen Neutronen:

$$ {}^{238}_{92}U \xrightarrow[-\gamma]{+n} {}^{239}_{92}U \xrightarrow[23.47\,m]{-\beta^-} {}^{239}_{93}Np; \qquad {}^{238}_{92}U \xrightarrow[-2n]{+n} {}^{237}_{92}U \xrightarrow[6.75\,d]{-\beta^-} {}^{237}_{93}Np. $$

Das im „Uran-Reaktor" entstehende Nuklid ${}^{237}_{93}Np$ wird hauptsächlich gewonnen, um daraus durch Neutronenbeschuß **Plutonium** ${}^{238}_{94}Pu$ zu erhalten (in größeren Mengen verfügbar), das als α-Strahler ($\tau_{1/2} = 87.74$ a) für die Energieversorgung z. B. von Raumsatelliten, Tiefseetauchanzügen, Herzschrittmachern verwendet wird (vgl. S. 1813). Weit wichtiger als ${}^{238}_{94}Pu$ ist aber das langlebige Plutoniumisotop ${}^{239}_{94}Pu$ (α-Strahler, $\tau_{1/2} = 24110$ a), das sich aus ${}^{239}_{93}Np$ bildet und als Folgeprodukt der Bestrahlung von ${}^{238}_{92}U$ mit Neutronen im „Uran-Brutreaktor" technisch im Tonnen-Maßstab produziert wird[7]. Es läßt sich gemäß dem auf S. 1800 Besprochenen – nach seiner Oxidation – durch Lösungsmittelextraktion („*Purex-Prozeß*") vom entstehenden Kernreaktions-Gemisch abtrennen und unterliegt bei der Bestrahlung mit langsamen Neutronen einer Kettenspaltreaktion (vgl. Pu-Reaktor und -Bombe, S. 1770, 1773):

$$ {}^{237}_{93}Np \xrightarrow[-\gamma]{+n} {}^{238}_{93}Np \xrightarrow[2.117\,d]{-\beta^-} {}^{238}_{94}Pu; \qquad {}^{239}_{93}Np \xrightarrow[2.355\,d]{-\beta^-} {}^{239}_{94}Pu. $$

Noch langlebiger als ${}^{238,239}_{94}Pu$ sind die aus ${}^{239}_{94}Pu$ durch wiederholte Neutronenaufnahme erhältlichen Isotope ${}^{242}_{94}Pu$ (α-Strahler; $\tau_{1/2} = 376300$ a; in großen Mengen verfügbar) und insbesondere ${}^{244}_{94}Pu$ (α-Strahler; längstlebiges Pu-Isotop, $\tau_{1/2} = 8.26 \times 10^7$ a; nur in kleinen Mengen verfügbar), instabiler als die Isotope ${}^{238,239}_{94}Pu$ sind die durch Neutronenaufnahme aus ${}^{239}_{94}Pu$ ebenfalls erhältlichen Plutoniumisotope ${}^{241}_{94}Pu$ (β-Strahler; $\tau_{1/2} = 14.4$ a; nur in kleinen Mengen verfügbar) und insbesondere ${}^{243}_{94}Pu$ (β^--Strahler; $\tau_{1/2} = 4.956$ h). Ein Gemisch aller erwähnten Pu-Isotope (${}^{238-244}_{94}Pu$) bildet sich – neben anderen Spaltprodukten – im Uran-Reaktor bzw. -Brutreaktor (Hauptkomponente in letzterem Falle ${}^{239}_{94}Pu$). Insgesamt werden auf diese Weise weltweit über 50 Tonnen Pu pro Jahr gewonnen (man schätzt, daß der Weltbestand an Pu im Jahre 2000 um 2500 Tonnen beträgt).

Letztere Isotope ${}^{241,243}_{94}Pu$ gehen unter β^--Abgabe in **Americium** ${}^{241}_{95}Am$ (α-Strahler; $\tau_{1/2} = 432.6$ a; verfügbar in kg-Mengen) und ${}^{243}_{95}Am$ (α-Strahler; längstlebiges Am-Isotop; $\tau_{1/2} = 7380$ a; verfügbar in kg-Mengen) über:

$$ {}^{239}_{94}Pu \xrightarrow[-\gamma]{+2n} {}^{241}_{94}Pu \xrightarrow[14.4\,a]{-\beta^-} {}^{241}_{95}Am; \qquad {}^{239}_{94}Pu \xrightarrow[-\gamma]{+4n} {}^{243}_{94}Pu \xrightarrow[4.956\,h]{-\beta^-} {}^{243}_{95}Am. $$

Die so erhältlichen Isotope ${}^{241,243}_{95}Am$ lassen sich ihrerseits durch (n,β)-Prozesse in **Curium** ${}^{242}_{96}Cm$ (α-Strahler; $\tau_{1/2} = 162.8$ d; verfügbar in 100 g-Mengen) sowie ${}^{244}_{96}Cm$ (α-Strahler; $\tau_{1/2} = 18.11$ a; verfügbar in kg-Mengen) verwandeln, während das für präparative Studien wichtige, langlebige Isotop ${}^{248}_{96}Cm$ (α-Strahler; $\tau_{1/2} = 339700$ a; verfügbar in 10 mg-Mengen) aus ${}^{252}_{98}Cf$ durch α-Zerfall gewonnen wird:

$$ {}^{241}_{95}Am \xrightarrow[-\gamma]{+n} {}^{242}_{95}Am \xrightarrow[16\,h]{-\beta^-} {}^{242}_{96}Cm; \quad {}^{243}_{95}Am \xrightarrow[-\gamma]{+n} {}^{244}_{95}Am \xrightarrow[10.1\,h]{-\beta^-} {}^{244}_{96}Cm; \quad {}^{252}_{98}Cf \xrightarrow[2.638\,a]{-\alpha} {}^{248}_{96}Cm. $$

[7] **Geschichtliches.** Die technische Großdarstellung von ${}^{239}_{94}Pu$ im Brutreaktor (S. 1771) stellt eine Meisterleistung wissenschaftlicher Zusammenarbeit dar. So wurden die Riesenanlagen zur täglichen Gewinnung und Isolierung von Kilogrammengen ${}^{239}_{94}Pu$ nach Forschungsergebnissen entworfen und errichtet, die B. B. Cunningham und Mitarbeiter 1942 an Mikrogrammengen erzeugten Plutoniums ${}^{239}_{94}Pu$ in „Reagensgläsern" und „Bechergläsern" von 1/1000000 bis 1/10 cm^3 Inhalt gewonnen hatten. Es war ein bewundernswertes Ergebnis dieser Forschungsarbeit, daß die gewaltigen Trennanlagen zur Großgewinnung von Plutonium sofort nach Inbetriebnahme erfolgreich arbeiteten, obwohl sich die hier produzierten Mengen zu den bei den ultramikrochemischen Orientierungsversuchen verwendeten Mengen wie 1000000000 : 1 verhielten.

Durch entsprechende Prozesse kann auch das bisher stabilste Cm-Isotop ${}^{247}_{98}\mathrm{Cm}$ (α-Strahler; $\tau_{1/2} = 1.56 \times 10^7$ a) sowie das ebenfalls langlebige Isotop ${}^{245}_{98}\mathrm{Cm}$ bzw. das Isotop ${}^{246}_{98}\mathrm{Cm}$ (jeweils α-Strahler; vgl. Tab. 158) nahezu rein in mg-Mengen gewonnen werden.

Die Gewinnung der „*Transcurium-Elemente*" durch (n,β)-Prozesse gestaltet sich in Richtung Bk, Cf, Es, Fm, Md, No, Lr zunehmend schwieriger wegen der wachsenden Elementinstabilitäten in gleicher Richtung. So führte etwa die anderthalbjährige intensive Neutronenbestrahlung von 400 g ${}^{242}_{94}\mathrm{Pu}$ zur Isolierung von nur 0,4 mg **Berkelium** ${}^{249}_{97}\mathrm{Bk}$ und 5 mg **Californium** ${}^{249-254}_{98}\mathrm{Cf}$ (Hauptkomponente ${}^{252}_{98}\mathrm{Cf}$, das als Quelle für ${}^{248}_{96}\mathrm{Cm}$ (s. u.) sowie für Neutronen dient), während zugleich 40 g ${}^{243}_{95}\mathrm{Am}$ und 150 g ${}^{244}_{96}\mathrm{Cm}$ gewonnen wurden[8]. Das Nuklid ${}^{249}_{97}\mathrm{Bk}$ (β^--Strahler; $\tau_{1/2} = 320$ d; verfügbar in mg-Mengen; Vorstufe für ${}^{252}_{99}\mathrm{Es}$) sowie die erwähnten Cf-Isotope (in g-Mengen verfügbar) lassen sich für präparative Zwecke im Kernreaktor durch Neutronenbestrahlung von ${}^{239}_{94}\mathrm{Pu}$ (aus ${}^{238}_{92}\mathrm{U}$) oder aus ${}^{239}_{94}\mathrm{Pu}$-erzeugten Isotopen wie ${}^{241,243}_{95}\mathrm{Am}$ bzw. ${}^{244,248}_{96}\mathrm{Cm}$ synthetisieren, das Nuklid ${}^{249}_{98}\mathrm{Cf}$ (α-Strahler; $\tau_{1/2} = 350.6$ a; in mg-Mengen verfügbar) zudem durch β^--Zerfall des Nuklids ${}^{249}_{97}\mathrm{Bk}$:

$${}^{244}_{96}\mathrm{Cm} \xrightarrow[-\gamma]{+4\mathrm{n}} {}^{248}_{96}\mathrm{Cm} \xrightarrow[-\gamma]{+\mathrm{n}} {}^{249}_{96}\mathrm{Cm} \xrightarrow[64.2\,\mathrm{m}]{-\beta^-} {}^{249}_{97}\mathrm{Bk} \xrightarrow[320\,\mathrm{d}]{-\beta^-} {}^{249}_{98}\mathrm{Cf}.$$

Das längstlebige Bk-Isotop ${}^{247}_{97}\mathrm{Bk}$ ist wie das längstlebige Cf-Isotop ${}^{251}_{98}\mathrm{Cf}$ ein α-Strahler (vgl. Tab. 158).

Das **Einsteinium** und das **Fermium** wurden 1952/1953 von mehreren Arbeitsgruppen in den Trümmern der thermonuklearen Explosion „Mike" (S. 1794) entdeckt, die am 1. 11. 1952 im Pazifik erfolgte. Es entstanden hier als Folge des hohen Neutronenflusses im Explosionszentrum aus ${}^{238}_{92}\mathrm{U}$ durch wiederholte Neutronenaufnahme und β^--Emission die Nuklide ${}^{253}_{99}\mathrm{Es}$ und ${}^{255}_{100}\mathrm{Fm}$. Dieser erste Nachweis erfolgte mit nicht mehr als einigen 100 Atomen, eine Meisterleistung der Experimentiertechnik. Später konnten dann im Kernreaktor *wägbare* Mengen Es und Fm in Form der Isotope ${}^{253,254,255}_{99}\mathrm{Es}$ (in mg-Mengen verfügbar; Hauptkomponente ${}^{253}_{99}\mathrm{Es}$) und ${}^{255,256,257}_{100}\mathrm{Fm}$ (in µg-Mengen verfügbar; Hauptkomponente ${}^{257}_{100}\mathrm{Fm}$) durch Neutronenbeschuß von ${}^{238}_{92}\mathrm{U}$ auf dem Wege über ${}^{239}_{94}\mathrm{Pu}$ gewonnen werden:

$${}^{239}_{94}\mathrm{Pu} \xrightarrow[-5\beta^-]{+14,\ 15,\ 16\mathrm{n}} {}^{253,254,255}_{99}\mathrm{Es}; \qquad {}^{239}_{94}\mathrm{Pu} \xrightarrow[-6\beta^-]{+16,\ 17,\ 18\mathrm{n}} {}^{255,256,257}_{100}\mathrm{Fm}.$$

${}^{255}_{100}\mathrm{Fm}$ wird in µg-Mengen zudem aus ${}^{255}_{99}\mathrm{Es}$ durch einen β^--Prozeß erzeugt. Die längstlebigen Es- und Fm-Isotope sind ${}^{252}_{99}\mathrm{Es}$ (aus ${}^{249}_{97}\mathrm{Bk}$ durch einen (α,n)-Prozeß; $\tau_{1/2} = 471.7$ d) und ${}^{257}_{100}\mathrm{Fm}$ ($\tau_{1/2} = 100.5$ d; vgl. Tab. 158).

Eine Synthese der verbleibenden Actinoide Md, No sowie Lr gelingt nicht mehr durch Beschuß schwerer Kerne mit Neutronen, sondern nur noch durch:

Kernbeschuß mit Ionen. Durch Bombardieren mit beschleunigten Ionen (z. B. H-, He-, C-, N-, O-, F- oder Ne-Kernen), deren Kernladungszahl die des Ausgangselements auf die des erstrebten Transurans erhöhen, kann man z. B. *Uran* nach Belieben in Np, Pu, Cf, Es, Fm, No oder *Plutonium* nach Belieben in Am, Cm, No unter gleichzeitiger Neutronenabgabe umwandeln:

$$\begin{array}{llll} {}_{92}\mathrm{U} + {}_{1}\mathrm{H} & \rightarrow {}_{93}\mathrm{Np} & {}_{92}\mathrm{U} + {}_{7}\mathrm{N} \rightarrow {}_{99}\mathrm{Es} & {}_{94}\mathrm{Pu} + {}_{1}\mathrm{H} \rightarrow {}_{95}\mathrm{Am} \\ \phantom{{}_{92}\mathrm{U}} + {}_{2}\mathrm{He} & \rightarrow {}_{94}\mathrm{Pu} & \phantom{{}_{92}\mathrm{U}} + {}_{8}\mathrm{O} \rightarrow {}_{100}\mathrm{Fm} & \phantom{{}_{94}\mathrm{Pu}} + {}_{2}\mathrm{He} \rightarrow {}_{96}\mathrm{Cm} \\ \phantom{{}_{92}\mathrm{U}} + {}_{6}\mathrm{C} & \rightarrow {}_{98}\mathrm{Cf} & \phantom{{}_{92}\mathrm{U}} + {}_{10}\mathrm{Ne} \rightarrow {}_{102}\mathrm{No} & \phantom{{}_{94}\mathrm{Pu}} + {}_{8}\mathrm{O} \rightarrow {}_{102}\mathrm{No} \end{array}$$

Das **Mendelevium** ${}^{256}_{101}\mathrm{Md}$ (α-Strahler, K-Einfang; $\tau_{1/2} = 1.3$ h) wurde hierdurch bei der Einwirkung energiereicher α-Strahlen (40 MeV) auf eine winzige Menge ${}^{253}_{99}\mathrm{Es}$ ($\approx$ 1 Milliarde Atome) entdeckt (vgl. S. 1794). Bei jedem einzelnen dieser Versuche entstand nur 1 Atom (!) Md; insgesamt kamen weniger als 20 Atome zur Untersuchung. Spätere Versuche mit größeren Es-Mengen führten dann zur Erzeugung von Millionen Md-Atomen (auch als ${}^{255}_{101}\mathrm{Md}$), die die schwachen, aus den ersten Versuchen erschlossenen Hinweise bestätigten. In analoger Weise kann **Nobelium** ${}^{255}_{102}\mathrm{No}$ (α-Strahler, K-Einfang; $\tau_{1/2} = 3.1$ min; verfügbar in 1000-Atom-Mengen) durch Beschuß von ${}^{249}_{98}\mathrm{Cf}$ mit Kohlenstoffkernen und **Lawrencium** ${}^{256}_{103}\mathrm{Lr}$ (α-Strahler, K-Einfang; $\tau_{1/2} = 28$ s; verfügbar in 10-Atom-Mengen) beim Beschuß von ${}^{249}_{98}\mathrm{Cf}$ mit Borkernen erhalten werden (längstlebige, aber schlechter zugängliche Nuklide: ${}^{258}_{101}\mathrm{Md}$, ${}^{259}_{102}\mathrm{No}$, ${}^{260}_{103}\mathrm{Lr}$; vgl. Tab. 158):

$${}^{253}_{99}\mathrm{Es} \xrightarrow[-\mathrm{n}]{+{}^{4}_{2}\mathrm{He}} {}^{256}_{101}\mathrm{Md}; \qquad {}^{249}_{98}\mathrm{Cf} \xrightarrow[-2\mathrm{n},\ -\alpha]{+{}^{12}_{6}\mathrm{C}} {}^{255}_{102}\mathrm{No}; \qquad {}^{249}_{98}\mathrm{Cf} \xrightarrow[-4\mathrm{n}]{+{}^{11}_{5}\mathrm{B}} {}^{256}_{103}\mathrm{Lr}.$$

---

[8] Hauptweg der Bildung von Transplutoniumelementen bei Neutronenbeschuß von ${}^{239}\mathrm{Pu}$ (in Klammern Ausbeuten gebildeter Nuklide sowie Verluste durch spontane Kernspaltung (sf); Ausbeuten ab Californium sehr klein): ${}^{239}\mathrm{Pu}(\frac{2}{3}\mathrm{sf}) \rightarrow {}^{240}\mathrm{Pu}(30\,\%) \rightarrow {}^{241}\mathrm{Pu}(\frac{2}{3}\mathrm{sf}) \rightarrow {}^{242}\mathrm{Pu}(10\,\%) \rightarrow {}^{243}\mathrm{Pu} \rightarrow {}^{243}\mathrm{Am} \rightarrow {}^{244}\mathrm{Am} \rightarrow {}^{244}\mathrm{Cm} \rightarrow {}^{245}\mathrm{Cm}(\frac{4}{5}\mathrm{sf}) \rightarrow {}^{246}\mathrm{Cm}(1.5\,\%) \rightarrow {}^{247}\mathrm{Cm}(\frac{1}{2}\mathrm{sf}) \rightarrow {}^{248}\mathrm{Cm}(0.8\,\%) \rightarrow {}^{249}\mathrm{Cm} \rightarrow {}^{249}\mathrm{Bk} \rightarrow {}^{250}\mathrm{Bk} \rightarrow {}^{250}\mathrm{Cf} \rightarrow {}^{251}\mathrm{Cf}(\frac{1}{2}\mathrm{sf}) \rightarrow {}^{252}\mathrm{Cf}(0.3\,\%) \rightarrow {}^{253}\mathrm{Cf} \rightarrow {}^{253}\mathrm{Es} \rightarrow \rightarrow {}^{255}\mathrm{Es} \rightarrow {}^{255}\mathrm{Fm} \rightarrow \rightarrow \rightarrow \rightarrow {}^{259}\mathrm{Fm} \rightarrow {}^{259}\mathrm{Md} \rightarrow {}^{260}\mathrm{Md} \rightarrow {}^{260}\mathrm{No} \rightarrow \rightarrow \rightarrow \rightarrow \rightarrow {}^{265}\mathrm{No} \rightarrow {}^{265}\mathrm{Lr}$.

Trennung und Isolierung der Transurane. Bei der Abtrennung der einzelnen Actinoide aus bestrahltem Kernbrennstoff muß man zwei Probleme unterscheiden: 1. Abtrennung der Actinoidgruppe von der Lanthanoidgruppe (die ja bei der Kernbeschießung infolge Kernspaltung ebenfalls auftritt), 2. Trennung der Actinoide voneinander. Das erste Problem läßt sich z. B. durch Extraktion der dreiwertigen Actinoid-Ionen aus einer 8- bis 12-molaren LiCl-Lösung mit Aminharzen bewerkstelligen („*Tramex-Prozeß*"). Dreiwertige Lanthanoid-Ionen werden unter diesen Bedingungen praktisch nicht extrahiert. Durch 8-molare Salzsäure können die Actinoid-Ionen anschließend wieder eluiert werden. Das zweite Problem der Isolierung einzelner Glieder der so abgetrennten Actinoide kann wie bei den Lanthanoiden durch *Fraktionierung* (wichtig: Lösungsmittelextraktion, Ionenaustausch; weniger wichtig: fraktionierende Fällung, Kristallisation) oder durch Ausnutzung der verschiedenen *Beständigkeit der Oxidationsstufen* erfolgen.

Der Lösungsmittelextraktion bedient man sich u. a. zur Gewinnung des im „*Brutreaktor*" aus ${}^{238}_{92}U$ bzw. ${}^{232}_{90}Th$ gebildeten Plutoniums ${}^{239}_{94}Pu$ bzw. Urans ${}^{233}_{92}U$ (vgl. S. 1771). Auch werden Extraktionsmethoden bei der Wiederaufbereitung und Regenerierung bestrahlter Uranbrennelemente, d. h. zur Abtrennung von ${}^{239}_{94}Pu$ und der Spaltprodukte von „unverbranntem" Uran genutzt. Zur Gewinnung und Abtrennung von ${}^{239}_{94}Pu$ nach dem **Purex-Prozeß** (*P*lutonium-*U*ran-*R*eduktion-*Ex*traktion) löst man die Brennelemente – nach etwa 100 tägiger Verweilzeit in mit Wasser gefüllten „*Abklingbecken*" (Zerfall der kurzlebigen, hochradioaktiven Spezies wie ${}^{131}_{53}I$) – in 7 molarer HNO_3. Bei der nachfolgend durchgeführten Extraktion mit Tributylphosphat (TBP) in Kerosin (10–30 %ige Lösung) gehen bevorzugt U^{VI} und Pu^{IV} in Form von $[UO_2(NO_3)_2(TBP)_2]$ und $[Pu(NO_3)_4(TBP)_2]$ in die organische Phase. Plutonium wird dann nach Reduktion zur dreiwertigen Oxidationsstufe zurückextrahiert, während das schwerer reduzierbare Uran anschließend durch Zugabe von Wasser zurückextrahiert wird. In analoger Weise erfolgt zur Gewinnung von ${}^{233}_{92}U$ nach dem **Thorex-Prozeß** (*Thor*ium-*Ex*traktion) zunächst eine Extraktion von Th^{IV} und U^{VI} aus der Salpetersäure-Lösung mit Tributylphosphat in Kerosin (40 %ige Lösung). Anschließend wird durch Zugabe von verdünnter Salpetersäure zuerst Thorium, dann Uran zurückextrahiert.

Das Ionenaustauschverfahren (vgl. S. 1780), das sich für kleinere und kleinste Mengen[9] eignet und für die Trennung der Transamericium-Elemente unentbehrlich ist, beruht darauf, daß beim Aufgießen einer wässerigen Actinoidsalzlösung auf eine *Austauschersäule* die Actinoid-Ionen An^{3+} von dem Kationenaustauscherharz MR der Säule um so *leichter festgehalten* werden, je *kleiner* die Ordnungszahl des Actinoids ist (leichte Actinoide oben, schwere unten), während sie umgekehrt aus dieser Säule bei Behandlung mit der Lösung eines *Komplexbildners* MA (z. B. gepufferte Citrat- oder Lactat-Lösung) um so *leichter* infolge Bildung löslicher Komplexe gemäß $AnR_3(\text{fest}) + 4\,MA(\text{gelöst}) \rightarrow M[AnA_4] + 3\,MR$ (fest) *eluiert* werden, je größer die Ordnungszahl des Actinoids ist (schwere Actinoide zuerst, leichte zuletzt; vgl. Fig. 350, S. 1780).

Bei der Ausnutzung der verschiedenen Stabilität der Oxidationsstufen bedient man sich z. B. der Tatsache, daß die Beständigkeit der An(VI)-Ionen in der Reihenfolge $UO_2^{2+} > NpO_2^{2+} > PuO_2^{2+} > AmO_2^{2+}$ ab-, die der An^{3+}-Ionen dagegen in gleicher Richtung zunimmt: $U^{3+} < Np^{3+} < Pu^{3+} < Am^{3+}$, so daß es durch Wahl geeigneter Oxidations- und Reduktionsmittel möglich ist, die Actinoide in einer Lösung in verschiedene Oxidationsstufen überzuführen, welche verschieden reagieren und so voneinander getrennt werden können. Beispielsweise kann man Pu als PuO_2^{2+} und Am als Am^{3+} erhalten, wobei PuO_2^{2+} durch *Lösungsmittelextraktion*, Am^{3+} durch *Fällung* als Fluorid abtrennbar ist, da ganz allgemein AnO_2^{2+}-Verbindungen zum Unterschied von An^{3+}-Verbindungen durch geeignete organische Lösungsmittel leicht extrahierbar und An^{3+}-Verbindungen zum Unterschied von AnO_2^{2+}-Verbindungen mit Fluoriden fällbar sind (vgl. hierzu Purex- und Thorex-Prozeß, oben).

Gewinnung der Transurane. Die *elementaren* Transurane lassen sich durch Reduktion der Halogenide (insbesondere Fluoride) und Oxide mit Alkali- und Erdalkalimetallen bei höheren Temperaturen gewinnen (z. B. NpF_3/Ba bei 1200 °C; PuF_4/Li, Ca, Ba bei 1200 °C; CmF_3/Ba bei 1275 °C; BkF_3/Li bei 1025 °C; Cf_2O_3/La, Th; EsF_3/Li). Wägbare Mengen von elementarem Md, No und Lr wurden bisher noch nicht isoliert.

9 G. T. Seaborg, der Entdecker zahlreicher Transurane, setzte das Verfahren selbst dann erfolgreich ein, wenn nur einige Atome des zu charakterisierenden Elements in Lösung waren. Andererseits lassen sich größere Mengen der Elemente nicht durch Ionenaustausch trennen, da das Austauscherharz (z. B. „*Dowex*-50" = sulfonsäurehaltiges Styrol/Divinylbenzol-Mischpolymerisat) durch die intensive radioaktive Strahlung zersetzt wird.

3 Physikalische Eigenschaften[1)]

Die in *wägbaren* Mengen zugänglichen *freien Actinoide* Th bis Es stellen wie die Lanthanoide *silberglänzende Metalle* dar. Sie kristallisieren – mit Ausnahme von Cf – in mehreren Modifikationen (z. B. 6 allotrope Pu-Modifikationen), wobei die Metallatome in den unter Normalbedingungen stabilen Modifikationen bevorzugt dichtest gepackt sind. Einige physikalische Eigenschaften der Actinoide wie Dichten, Schmelzpunkte, Siedepunkte, Atom- und Ionenradien, Redoxpotentiale faßt Tafel V zusammen. Sie zeigen wie entsprechende Eigenschaften der Lanthanoide teils aperiodischen, teils periodischen Verlauf.

Unter den physikalischen Eigenschaften mit **aperiodischem Verlauf** ist insbesondere die **Actinoid-Kontraktion**, d.h. die Abnahme des An^{n+}-Ionenradius mit wachsender Kernladungszahl der Actinoide zu nennen (vgl. Fig. 351 auf S. 1782 sowie Tafel V). Sie geht wie bei den dreiwertigen Lanthanoiden (vgl. Lanthanoid-Kontraktion) auf die in Richtung $Ac^{n+} \rightarrow Lr^{n+}$ wachsende Kernladung zurück, die hinsichtlich der f-Elektronen nur unvollständig durch die restlichen Elektronen abgeschirmt wird, so daß die f-Elektronen in gleicher Richtung stärker durch die Atomkerne angezogen werden. Allerdings wirkt sich die zusätzliche energetische Stabilisierung der 5f-Elektronen beim Übergang von den ungeladenen zu den geladenen Actinoiden weniger drastisch aus als die der 4f-Elektronen beim Übergang von den ungeladenen zu den geladenen Lanthanoiden (vgl. S. 1782). Demgemäß sind die f-Elektronen in Actinoid-Ionen weniger stark im Elektronenrumpf eingebettet und weniger wirkungsvoll gegen ihre chemische Umgebung abgeschirmt als die f-Elektronen der Lanthanoid-Ionen (s. u.). Auch kommt die mit steigender positiver Atomladung in Richtung $ns < (n-1)d < (n-2)f$-Elektronen wachsende energetische Stabilisierung der äußeren Atomelektronen bei den Actinoiden (zumindest den leichteren) weniger zum Tragen als bei den Lanthanoiden (S. 1782).

Da die schweren Actinoide ab Fermium („*Transeinsteinium-Elemente*") nur in *geringsten* (Fm) bzw. *unwägbaren* Mengen (Md, No, Lr) zugänglich sind, so daß über die makroskopischen Eigenschaften dieser Elemente bisher nichts bekannt ist, lassen sich zum Teil noch keine sicheren Aussagen darüber machen, inwieweit Dichten, Schmelzpunkte, Siedepunkte, Metallatomradien und andere physikalische Eigenschaften der **freien Actinoide** einen **periodischen Verlauf** zeigen. Die Dichten der Elemente durchlaufen gemäß Fig. 353 auf S. 1783 mit steigender Kernladung ein *Maximum* bei Neptunium, korrespondierend mit einem Minimum der Metallatomradien und einem Maximum der Siedepunkte (vgl. Tafel V). Im weiteren Dichteverlauf folgt ein *Minimum* im Bereich Am, Cm, Bk. Der Grund für den *Anstieg* der Dichten und die *Verkleinerung* der Metallatomradien in Richtung Ac → Np ← Cm beruht wohl auf der wachsenden Anzahl von Elektronen, die von den Actinoiden in gleicher Richtung zur metallischen Bindung beigesteuert werden. Hiermit übereinstimmend erhöht sich der Wert der stabilsten Oxidationsstufe in der Elementreihe Ac bis Cm, wie weiter unten auseinandergesetzt wird, zunächst von drei (Ac) bis auf sechs (U), um dann wieder auf drei (Cm) abzusinken[10)] (im Falle der homologen Elemente La bis Gd findet sich – entsprechend der geringeren Neigung zur Ausbildung höherer Oxidationsstufen – nur ein kleines Dichtemaximum bei Ce; vgl. Fig. 353, S. 1783).

Einen *periodischen Verlauf* zeigen unter den Eigenschaften der **Actinoid-Ionen** auch das magnetische und optische Verhalten dieser Ionen, worauf nachfolgend eingegangen sei:

Magnetisches Verhalten. Der energetische Abstand des auf den Grundterm der dreiwertigen Actinoide folgenden Terms ist kleiner als der entsprechende energetische Abstand im Falle der homologen dreiwertigen Lanthanoide. Die betreffenden Energieniveaus liegen – zumindest bei den leichten An^{3+}-Ionen

---

10 Daß die Dichte beim Übergang von Cm zu Am nur wenig, beim Übergang von Am zu Pu besonders stark ansteigt, hängt möglicherweise mit der vergleichsweise geringen Tendenz von Am (Entsprechendes gilt für No) zur Abgabe von Elektronen zusammen (Erreichung einer halb- bzw. vollbesetzten 5f-Schale bei Bildung zweiwertiger Ionen Am^{2+}, No^{2+}; vgl. Eu^{2+}, Yb^{2+}).

– so nahe beieinander, daß der erste angeregte Zustand thermisch erreichbar und bei Raumtemperatur teilweise besetzt wird. Dies führt zu einer Erschwernis der Vorhersage der magnetischen Momente für die Actinoid-Ionen. Die unter Normalbedingungen aufgefundenen magnetischen Momente der An^{3+}-Ionen sind in Fig. 356 (S. 1783) wiedergegeben. Ihre Größe und ihr Verlauf entspricht in etwa der Größe und dem Verlauf der experimentell bestimmten magnetischen Momente der Ln^{3+}-Ionen.

Optisches Verhalten. Die Actinoid-Ionen (vgl. Tab. 159) sind ähnlich wie die Lanthanoid-Ionen (Tab. 155 auf S. 1785) *farblos* oder fast farblos, falls sie eine nicht- oder halb-besetzte f-Außenschale besitzen (Ac^{3+}, Th^{4+}, PaO_2^+, UO_2^{2+}, Cm^{3+}, Bk^{4+}; die *grüne* Farbe von $Np^{VII}O_6^{5-}$ bzw. $Np^{VII}O_2^{3+}$ geht wohl ähnlich wie die *violette* Farbe von $Mn^{VII}O_4^-$ auf eine CT-Absorption zurück, vgl. S. 171). In den übrigen Fällen weisen die Actinoid-Ionen *kräftige Farben* auf.

Tab. 159 Farben von Actinoid-Ionen in wässeriger Lösung.

Ac^{3+} *farblos*	**(Th^{3+})** *tiefblau*	**(Pa^{3+})** *blauschwarz*	**U^{3+}** *purpurrot*	**Np^{3+}** *purpurviolett*	**Pu^{3+}** *tiefblau*	**Am^{3+}** *gelbrosa*	**Cm^{3+}** *farblos*	**Bk^{3+}** *gelbgrün*	**Cf^{3+}** *grün*	**Es^{3+}** *blaßrosa*
–	**Th^{4+}** *farblos*	**Pa^{4+}** *blaßgelb*	**U^{4+}** *smaragdgrün*	**Np^{4+}** *gelbgrün*	**Pu^{4+}** *orangebraun*	**Am^{4+}** *gelbrot*	**Cm^{4+}** *blaßgelb*	**Bk^{4+}** *beige*	**Cf^{4+}** *grün*	–
–	–	**$Pa^VO_2^+$** *farblos*	**$U^VO_2^+$** *blaßlila*	**$Np^VO_2^+$** *grün*	**$Pu^VO_2^+$** *rotviolett*	**$Am^VO_2^+$** *gelb*	–	–	–	–
–	–	–	**$U^{VI}O_2^{2+}$** *gelb*	**$Np^{VI}O_2^{2+}$** *rosarot*	**$Pu^{VI}O_2^{2+}$** *rosagelb*	**$Am^{VI}O_2^{2+}$** *zitronengelb*	–	–	–	–
–	–	–	–	**$Np^{VII}O_2^{3+}$** *tiefgrün*	**$Pu^{VII}O_2^{3+}$** *blaugrün*	**$(Am^{VII}O_6^{5-})$** *dunkelgrün*	–	–	–	–

Die durch Lichtabsorption hervorgerufenen Farben der An^{3+}-Ionen beruhen auf f → f-, f → d- und CT-Übergängen (vgl. S. 171). Die auf **f → f-Übergänge** zurückgehenden Absorptionen liegen im *sichtbaren* und *ultravioletten* Bereich und bedingen die Farben der Lösungen einfacher Actinoidsalze (vgl. Tab. 159). Zur Deutung der f → f-Übergänge der Actinoid-Ionen geht man wie im Falle der Deutung der f → f-Übergänge der Lanthanoid-Ionen (S. 1785) von dem durch *Spin-* und *Bahnkopplung* hervorgerufenen Mehrelektronenzuständen (*Termen*) aus. Da jedoch die 5 f-Elektronen stärker exponiert sind als die 4 f-Elektronen (vgl. das weiter oben Besprochene) beobachtet man im Falle der An-Ionen anders als im Falle der Ln-Ionen einen deutlichen *Ligandenfeldeinfluß* der zu einer energetischen Aufspaltung der betreffenden Terme in Unterterme führt (vgl. hierzu Deutung der d → d-Übergänge, S. 1265). Als Folge des erhöhten Ligandeneinflusses, der zu Ligandenfeldaufspaltungen in der Größenordnung der *Spin-Bahnkopplungen* von 5f-Elektronen führt (ca. 2000–4000 cm^{-1}), sind die Absorptionsspektren der An-Ionen *komplizierter* und *weniger charakteristisch* als die der Ln-Ionen. Auch bedingt der Ligandeneinfluß eine Lockerung der f → f-Übergangsverbote und eine Verstärkung der Kopplungen von f → f-Übergängen mit Anregungen von Ligandenschwingungen. Die f → f-Absorptionen der An-Ionen sind demgemäß ca. 10mal *intensiver* und 2mal *breiter* als die f → f-Absorptionen der Ln-Ionen.

Zur Auslösung der **f → d-Übergänge** benötigt man im Falle der An-Ionen langwelligeres Licht als im Falle der Ln-Ionen, da der energetische Abstand zwischen 5f- und 6d-Orbitalen aus den oben diskutierten Gründen kleiner ist als der zwischen 4f- und 5d-Orbitalen. Die „erlaubten" und deshalb sehr intensiven f → d-Absorptionen liegen aber selbst im Falle der dreiwertigen Actinoide meist im *ultravioletten* Bereich und beeinflussen demgemäß die Farbe der An-Ionen in der Regel nicht.

Die erlaubten und damit ebenfalls intensiven **Charge-Transfer- (CT-)Übergänge** (vgl. S. 171), sind insbesondere für die Farben von Actinoidkomplexen verantwortlich, die Actinoide in hoher Oxidationsstufe und Liganden leichter Oxidierbarkeit enthalten. Da Lanthanoide in ihren Verbindungen maximal vierwertig vorliegen, spielen derartige CT-Absorptionen für die 4f-Elemente keine Rolle.

4 Chemische Eigenschaften[1, 11)]

Die freien Actinoide schließen sich in ihrem *unedlen Charakter* den noch elektropositiveren benachbarten Erdalkali- und Alkalimetallen an und besitzen hohe *chemische Aktivität* (für ε_0-Werte vgl. Anh. VI). Sie laufen an der *Luft* an und entzünden sich in feinverteiltem Zustand spontan. Beim Erhitzen reagieren sie mit den meisten *Nichtmetallen*. Von *Wasser* und *Alkalien* werden die Actinoide nicht angegriffen. Siedendes *Wasser* führt zur Bildung einer Oxidschicht auf den Metalloberflächen. In *Säuren* wie Salzsäure lösen sich die Actinoide mehr oder weniger vollständig unter H_2-Entwicklung und Bildung von An-Ionen in ihrer beständigsten Oxidationsstufe (vgl. Tab. 160; unlösliche Rückstände im Falle von Th, Pa, U). Behandlung mit konzentrierter Salpetersäure führt zur Passivierung von Th, U, Pu. Letztere unterbleibt in Anwesenheit von *Fluorid*, so daß die betreffenden Elemente mit Vorteil in F^--haltiger Salpetersäure aufgelöst werden.

Gemäß Tab. 160, welche beobachtete Wertigkeiten der Actinoide zusammenfassend wiedergibt, vermögen die 5f-Elemente 2-, 3-, 4-, 5-, 6- und 7-wertig aufzutreten. Die höchsten Wertigkeiten 5, 6 und 7 sind dabei auf die Anfangsglieder Pa bis Am beschränkt (Cm^V und Cm^{VI} sind noch unsicher).

Tab. 160 Beobachtete Wertigkeiten (Oxidationsstufen) der Actinoide in Verbindungen[a)]

Ac	Th	Pa	U	Np	Pu	Am	Cm	Bk	Cf	Es	Fm	Md	No	Lr
	(2)	(2)	(2)	(2)	(2)	*2*	(2)	(2)	*2*	*2*	2	2	[2]	
[3]	(3)	(3)	3	3	3	[3]	[3]	[3]	[3]	[3]	[3]	[3]	3	[3]
	[4]	4	4	4	[4]	4	4	4	*4*					
		[5]	5	[5]	5	5	*5?*							
			[6]	6	6	6	*6?*							
				7	*7*	*7*								

a) Die beständigsten Oxidationsstufen sind umrandet; eingeklammerte Zweiwertigkeiten treten nur bei verdünnten festen Lösungen von Halogeniden AnX_2 in Erdalkalimetallhalogeniden MX_2, kursiv gedruckte Wertigkeiten nicht in wäßriger Lösung, sondern nur im Feststoff auf. Die Iodide ThI_2, ThI_3 und PaI_3 entsprechen der Formulierung $An^{4+}(X^-)_2(e^-)_2$ bzw. $An^{4+}(X^-)_3(e^-)$ mit vierwertigem Actinoid.

Wie ein Vergleich möglicher Oxidationsstufen der Actinoide mit denen homologer Lanthanoide lehrt, unterscheidet sich das Redoxverhalten der leichteren 5f-Elemente (bis Cm) deutlich von dem der leichteren 4f-Elemente. Tatsächlich zeigen die Actinoide Th, Pa, U hinsichtlich ihres Redoxverhaltens gewisse Ähnlichkeiten mit den Nebengruppenelementen Hf, Ta und W, weshalb die betreffenden Actinoide früher der IV., V. und VI. Nebengruppe

---

[11] **Literatur.** N.B. Mikheev, A.N. Kamenskaya: „*Complex Formation of the Lanthanides and Actinides in Lower Oxidation States*", Coord. Chem. Rev. **109** (1991) 1–59; M. Pepper, B.E. Burster: „*The Electronic Structure of Actinide-Containing Molecules: A Challenge to Applied Quantum Chemistry*", Chem. Rev. **91** (1991) 719–741. – Thorium. J.F. Smith, O.N. Carlson, D.T. Peterson, T.E. Scott: „*Thorium, Preparation and Properties*", Iowa State University Press, Iowa 1975; vgl. Uran. – Protactinium. C. Keller: „*Die Chemie des Protactiniums*", Angew. Chem. **78** (1966) 85–98; Int. Ed. **5** (1966) 23; D. Brown: „*Some Recent Preparative Chemistry of Protactinium*", Adv, Inorg. Radiochem. **12** (1969) 1–51. – Uran. J.H. Gittus: „*Uranium*", Butterworths, London 1963; E.H.P. Cordfunke: „*The Chemistry of Uranium including its Applications in Nuclear Technology*", Elsevier, Amsterdam 1969; I. Santos, A.P. de Matos, A.G. Maddock: „*Compounds of Thorium and Uranium in Low (< IV) Oxidation State*", Adv. Inorg. Chem. **34** (1989) 65–144. – Neptunium. C. Keller: „*Die Chemie des Neptuniums*", Fortschr. Chem. Forsch. **13** (1969/70) 1–124. – Plutonium. M. Taube: „Plutonium", Pergamon Press, Oxford 1964; M. Taube: „*Plutonium, ein allgemeiner Überblick*", Verlag Chemie, Weinheim 1974; F.L. Oetting: „*The Chemical Thermodynamic Properties of Plutonium Compounds*", Chem. Rev. **67** (1967) 299–315; G.J. Wick: „*Plutonium Handbook*", Gordon and Breach, New York 1967; J.M. Cleveland: „*The Chemistry of Plutonium*", Gordon and Breach, New York 1970. – Transplutoniumelemente. F. Weigel: „*Die Chemie der Transplutoniumelemente*", Fortschr. Chem. Forsch. **4** (1963) 51–137; P.R. Fields, Th. Moeller: „*Lanthanide/Actinide-Chemistry*", Advances in Chemistry Series **71**, Am. Chem. Soc., Washington 1967; C. Keller: „*The Chemistry of the Transuranium Elements*", Verlag Chemie, Weinheim 1971; O.L. Keller: „*Chemistry of the Heavy Actinides and Light Transactinides*", Radiochim. Acta **37** (1984) 169–180.

Tab. 161 Stereochemie der Lanthanoide und Actinoide (Ox = Oxidationsstufe; KZ = Koordinationszahl; vgl. hierzu Tab. 46, S. 318 und Tab. 101, S. 1226)

Ox	KZ	Koordinationsgeometrie	Beispiele
+2	6	oktaedrisch	YbI_2, LnO, AnO, LnZ (Ln = Sm, Eu, Yb; Z = S, Se, Te)
	8	kubisch	LnF_2 (Sm, Eu, Yb)
+3	3	pyramidal	$[M\{N(SiMe_3)_2\}_3]$ (Nd, Eu, Yb, U)
	4	tetraedrisch	$[Ln\{N(SiMe_3)_2\}_3(OPPh_3)]$ (La, Eu, Lu), $LuMes_4^-$
	5	trigonal-bipyramidal	AcF_3, $[Ln(CH_2SiMe_3)_3(THF)_2]$ (Er, Tm)
	6	oktaedrisch	MX_6^{3-} (Ln, U bis Bk; X = Cl, Br), $LnCl_3$ (Dy bis Lu)
		trigonal-prismatisch	$[Pr\{S_2P(C_6H_{11})_2\}_3]$
	7	überkappt-trig.-prism.	$[Y(acac)_3 \cdot H_2O]$, $[Dy(O\cdots C^tBu\cdots CH\cdots C^tBu\cdots O)_3(H_2O)]$
		überkappt-oktaedrisch	$[Ho(O\cdots CPh\cdots CH\cdots CPh\cdots O)_3(H_2O)]$
	8	antikubisch	$[Eu(acac)_3(phen)]$
		dodekaedrisch	$[Eu(S_2CNEt_2)_4]^-$
		2fach-überkappt-trig.-prismatisch	LnF_3 (Sm bis Lu), $TbCl_3$, CfF_3, $AnBr_3$ (Pu bis Bk)
	9	3fach-überkappt-trig.-prismatisch	$[Ln(H_2O)_9]^{3+}$, MCl_3 (La bis Gd, U bis Es), UF_5^-
		überkappt-antikubisch	$[Pr(terpy)Cl_3(H_2O)_5] \cdot 3H_2O$
	10	2fach-überkappt-dodekaedrisch	$[Ln(NO_3)_5]^{2-}$ (Ce, Eu, Ho, Er)
	12	ikosaedrisch	$[Ce(NO_3)_6]^{3-}$
+4	4	verzerrt-tetraedrisch	$[U(NPh_2)_4]$
	5	trigonal-bipyramidal	$[U_2(NEt_2)_8]$, $[UH\{N(SiMe_3)_2\}_3]$
	6	oktaedrisch	$CeCl_6^{2-}$, AnX_6^{2-} (U, Np, Pu; X = Cl, Br), $[UCl_4(OPR_3)_2]$
	7	pentagonal-bipyramidal	UBr_4, UF_7^{3-}, $NpBr_4$
	8	kubisch	$[An(NCS)_8]^{4-}$ (Th bis Pu), LnO_2, AnO_2
		antikubisch	$[M(acac)_4]$ (Ce, Th bis Pu), MF_4 (Ce, Pr, Tb, Th bis Np), ThI_4, $[U(NCS)_8]^{4-}$
		dodekaedrisch	$[Th(ox)_4]^{4-}$, $[An(S_2CNEt_2)_4]$ (Th, U, Np, Pu)
	9	3fach-überkappt-trig.-prismatisch	ThF_7^{3-}
		überkappt-antikubisch	$[Th(Tropolon)_4(H_2O)]$
	10	2fach-überkappt-antikubisch	$[Th(NO_3)_4(OPPh_3)_2]$
	11	komplex	$[Th(NO_3)_4(H_2O)_3] \cdot 2H_2O$
	12	ikosaedrisch	$[M(NO_3)_6]^{2-}$ (Ce, Th, U, Np, Pu), $[An(BH_4)_4]$ (Np, Pu)
	14	2fach-überk.-hexag.-antiprismatisch	$[An(BH_4)_4]$ (Th, Pa, U)
+5	6	oktaedrisch	AnF_6^- (U, Np, Pu), UF_5, UCl_5, $PaBr_5$
	7	pentagonal-bipyramidal	AnF_5 (Pa, U, Np), $PaCl_5$
	8	kubisch	AnF_8^{3-} (Pa, U, Np)
	9	3fach-überkappt-trig.-prismatisch	PaF_7^{2-}, PuF_7^{2-}
+6	6	oktaedrisch	AnF_6 (U, Np, Pu), UCl_6, $UO_2X_4^{2-}$ (X = Cl, Br)
	7	pentagonal-bipyramidal	$[UO_2(S_2CNEt_2)_2(ONMe_3)]$, $[UO_2(NCS)_5]^{3-}$, $[UO_2(H_2O)_5]^{2+}$
	8	hexagonal-bipyramidal	$[UO_2(NO_3)_2(H_2O_2)]$, $[UO_2(NO_3)_3]^-$, $[UO_2(O_2)_3]^{4-}$
+7	6	oktaedrisch	AnO_6^{5-} (Np, Pu)

zugeordnet wurden (vgl. S. 1810). Daß sie dennoch Glieder der Actinoidgruppe sind, geht allerdings nicht nur aus dem spektroskopisch ermittelten Bau ihrer Elektronenhüllen, sondern auch aus dem Gang einer Reihe physikalischer und chemischer Eigenschaften hervor (s. u.). Die redoxchemischen Ähnlichkeiten der Actinoide mit Nebengruppenelementen verschwinden bei den Transuranen in Richtung Np, Pu, Am zusehends. Deutliche Ähnlichkeiten des Redoxverhaltens mit dem der Lanthanoide weisen allerdings erst die schweren Actinoide ab Cm auf.

Im Zusammenhang mit den chemischen Eigenschaften der Actinoide (besonders eingehend untersucht: Th, U, Pu) sei nachfolgend das *Redox-*, *Säure-Base-*, *Löslichkeits-* und *Hydrolyse-*Verhalten der Actinoid-Ionen, geordnet nach ihren *Oxidationsstufen*, sowie ihre Darstellung eingehender besprochen (bezüglich der zum Eigenschaftsstudium angewandten experimentellen Methoden vgl. S. 1811). Eine Übersicht über die *Stereochemie* der An-Ionen unterschiedlicher Wertigkeiten gibt die Tab. 161 zusammen mit der Stereochemie entsprechender Ln-Ionen wieder.

Einwertigkeit. Einwertige Verbindungen von Mendelevium (vollbesetzte f-Schale) konnten bisher nicht gewonnen werden.

Zweiwertigkeit. Die zweiwertige Stufe ist für Actinoidverbindungen im Falle von Am sowie Cf bis No (insgesamt 6 Elemente) nachgewiesen. Ihre Darstellung ist durch *Oxidation* der betreffenden Actinoide mit milden Oxidationsmitteln (z. B. $Am + HgX_2 \rightarrow AmX_2 + Hg$ bei 400–500 °C; X = Cl, Br, I) oder durch *Reduktion* der dreiwertigen Stufe möglich (z. B. Md^{3+}, $No^{3+} + \ominus \rightarrow Md^{2+}$, No^{2+}; Reduktionsmittel: Zn, Cr^{2+}, Eu^{2+}, V^{2+} in wässeriger Lösung).

Redoxverhalten. *Charakteristisch* ist die Zweiwertigkeit insbesondere für das mit Europium elementhomologe *Americium* und das mit Ytterbium elementhomologe *Nobelium*, da die Elemente in diesem Valenzzustand eine halb- bzw. vollbesetzte f-Schale aufweisen. Während jedoch zweiwertiges **Americium** Am^{2+} redoxinstabiler ist als Eu^{2+} und – anders als Eu^{2+} – mit Wasser unter H_2-Entwicklung reagiert ($\varepsilon_0 = -2.3$ V für Am^{2+}/Am^{3+}; -0.35 V für Eu^{2+}/Eu^{3+}), zeigt zweiwertiges **Nobelium** No^{2+} umgekehrt eine höhere Redoxstabilität als Yb^{2+} und verhält sich – anders als Yb^{2+} – wasserstabil ($\varepsilon_0 = +1.45$ V für No^{2+}/No^{3+}; -1.05 V für Yb^{2+}/Yb^{3+}). Die zweiwertigen Stufen der vor Am und No stehenden Actinoide werden mit wachsendem Abstand des Elements zunehmend instabiler hinsichtlich ihres Übergangs in die dreiwertige Stufe. Dies hat wegen der vergleichsweise niedrigen Stabilität von Am^{2+} und hohen Stabilität von No^{2+} (stabilste Oxidationsstufe) zur Folge, daß das vor Am stehende Pu in Verbindungen nicht mehr zweiwertig auftritt, während die vor No stehenden Elemente **Mendelevium** und **Fermium** sogar wasserstabile zweiwertige Stufen bilden (Md^{2+} ist sogar noch stabiler als Eu^{2+}), und selbst von den Elementen **Einsteinium** und **Californium** noch zweiwertige Verbindungen existieren (Es^{2+} und Cf^{2+} zersetzen Wasser unter H_2-Entwicklung)[12].

Säure-Base-Verhalten. In ihren Säure-Base-Reaktionen ähneln die wasserstabilen Actinoid-Ionen No^{2+} und Md^{2+} den Erdalkali-Ionen Ca^{2+} oder Sr^{2+}. Dementsprechend neigen Salze AnX_2 nicht zur Hydrolyse; auch wirken die Hydrate $An(H_2O)_n^{2+}$ nicht sauer.

Dreiwertigkeit. Die dreiwertige Stufe ist für die Actinoide U bis Lr (insgesamt 12 Elemente) nachgewiesen. Ihre Darstellung erfolgt im Falle von U^{3+}, Np^{3+} und Pu^{3+} durch *Reduktion* höherer Wertigkeiten (z. B. U^{IV}, Np^{V}, Pu^{IV}) auf elektrischem sowie chemischem Wege (z. B. Zink oder H_2/Pt), in den übrigen Fällen durch *Oxidation* der Actinoide (z. B. Lösen in Säure).

Redoxverhalten. Die dreiwertige Stufe der Actinoide ist hinsichtlich einer Überführung in die *nullwertige* Stufe sehr stabil. Nach Lage der in folgender Zusammenstellung wiedergegebenen Redoxpotentiale für die Prozesse $An \rightleftharpoons An^{3+} + 3\ominus$ können die An^{3+}-Ionen nicht durch Zink, wohl aber durch Alkalimetalle zu den Elementen reduziert werden (experimentelle Werte in 1 M-$HClO_4$: -1.7 bis -2.1 V; eingeklammerte Werte berechnet; ε_0 für $Th/Th^{4+} = -1.83$ V); für $Pa/Pa^{5+} = -1.19$ V).

[Volt]	U	Np	Pu	Am	Cm	Bk	Cf	Es	Fm	Md	No	Lr
I/III	−1.66	−1.79	−2.00	−2.07	−2.06	−1.96	−1.91	−1.98	−2.07	−1.74	−1.26	−2.1
II/III	(−4.7)	(−4.7)	(−3.5)	−2.3	(−3.7)	(−2.8)	(−1.6)	(−1.6)	(−1.2)	−0.15	+1.45	–

[12] Das mit Pu elementhomologe Sm bildet *zweiwertige* Verbindungen, das mit Md elementhomologe Tm ist wasserstabil. Von den mit Fm, Es, Cf elementhomologen Lanthanoiden Er, Ho, Dy existieren keine zweiwertigen Verbindungen. Die Verbindung ThI_2 enthält im Sinne der Formulierung $Th^{4+}(I^-)_2(e^-)_2$ *vierwertiges* Actinoid.

Hinsichtlich der Überführung der An^{3+}-Ionen in eine *höherwertige* Stufe nimmt die *Stabilität* der Ionen in der Reihe Thorium bis Lawrencium zu. So sind dreiwertiges **Thorium** Th^{3+} und **Protactinium** Pa^{3+} in Wasser wegen ihrer hohen Reduktionskraft *nicht existenzfähig*, und selbst Verbindungen wie ThI_3 oder PaI_3, die nach ihrer Summenformel dreiwertige Actinoide enthalten sollten, müssen entsprechend ihrer metallischen Leitfähigkeit im Sinne von $An^{4+}(I^-)_3e^-$ mit vierwertigem Actinoid formuliert werden. Dreiwertiges **Uran** U^{3+} ist bereits in Wasser erhältlich. Die wässerigen Lösungen *zersetzen* sich aber auch in Abwesenheit von Sauerstoff langsam unter H_2-Entwicklung ($\varepsilon_0 = -0.52$ für U^{3+}/U^{4+}). Die dreiwertige Stufe läßt sich durch Fällung von U(III)-Doppelsulfaten oder -chloriden, die sich ihrerseits zur Darstellung anderer U(III)-Komplexe in nichtwässerigen Medien eignen, stabilisieren. Wässerige Lösungen des dreiwertigen **Neptuniums** Np^{3+} sind anders als Lösungen von U^{3+} in Wasser bereits beständig, werden aber durch *Luft* leicht in Lösungen von Np^{4+} verwandelt. Verbindungen des dreiwertigen **Plutoniums** Pu^{3+} sind sowohl gegen Wasser als auch gegen Luft beständig, lassen sich jedoch in wässeriger Lösung schon durch *milde Oxidationsmittel* leicht zu Pu^{4+} oxidieren (Oxidation erfolgt auch durch die Wirkung der α-Strahlung von $^{239}_{94}Pu$). Für die Elemente **Americium** bis **Mendelevium** sowie **Lawrencium** ist schließlich die Dreiwertigkeit der bevorzugte Zustand. Bezüglich der Überführbarkeit der An^{3+}-Ionen in den *zweiwertigen* Zustand siehe oben. Eine ausgeprägte Neigung hierfür hat nur das dreiwertige **Nobelium** No^{3+} (vgl. Potential-Zusammenstellung).

Säure-Base-Verhalten. In ihren *Fällungsreaktionen* ähneln die Actinoid-Ionen An^{3+} den entsprechenden Lanthanoid-Ionen Ln^{3+}. So sind die Fluoride, Hydroxide und Oxalate in Wasser *unlöslich*, die Chloride, Bromide, Iodide, Nitrate, Sulfate, Perchlorate *löslich*. Die *Basizität* der dreiwertigen Actinoid-oxide An_2O_3 und -hydroxide $An(OH)_3$ sinkt als Folge der Actinoid-Kontraktion (S. 1801) ähnlich wie die der dreiwertigen Lanthanoid-oxide und -hydroxide (S. 1790) mit steigender Atommasse des Ions An^{3+} In gleicher Richtung nimmt naturgemäß die Neigung von Salzen AnX_3 zur *Hydrolyse* zu. Die in saurer Lösung vorliegenden Ionen $[An(H_2O)_n]^{3+}$ ($n = 8-9$) stellen nur schwache *Kationsäuren* dar, deren Acidität mit wachsender Ordnungszahl ansteigt (pK_S ca. 7–5):

$$[An(H_2O)_n]^{3+} + H_2O \rightleftharpoons [An(OH)(H_2O)_{n-1}]^{2+} + H_3O^+ \quad \text{bzw.} \quad An^{3+} + H_2O \rightleftharpoons AnOH^{2+} + H^+.$$

Sie sind allerdings saurer als die hydratisierten zweiwertigen Actinoid-Ionen. Bei Zugabe von Alkali (Neutralisation der sauren An^{3+}-Lösungen) bilden sich unlösliche *Niederschläge* $An(OH)_3$ bzw. $An_2O_3 \cdot xH_2O$.

Stereochemie (vgl. Tab. 161). Ähnlich wie die Ln^{3+}-Ionen bevorzugen die An^{3+}-Ionen hohe *Koordinationszahlen* im Bereich 6–9 (z. B. $AnCl_6^{3-}$ mit *oktaedrisch*-koordiniertem Np^{3+}, Am^{3+}, Bk^{3+}; $AnBr_3$ mit zweifach-*überkappt-trigonal-prismatisch*-koordiniertem Pu^{3+}, Am^{3+}, Cm^{3+}, Bk^{3+}; $AnCl_3$ mit *dreifach-überkappt-trigonal-prismatisch* koordiniertem U^{3+} bis Es^{3+}).

Vierwertigkeit. Die vierwertige Stufe konnte für die Actinoide Th bis Cf (insgesamt 9 Elemente) verwirklicht werden. Die Ionen M^{4+} treten damit bei den Actinoiden häufiger auf als bei den homologen Lanthanoiden, bei denen nur Ce^{4+}, Pr^{4+}, Nd^{4+}, Tb^{4+}, Dy^{4+} in Verbindungen (Ce^{4+} auch in wässeriger Lösung) bekannt sind. Ihre Darstellung in wässeriger Lösung erfolgt teils durch *Oxidation* niedriger Wertigkeiten (**Th** + HNO_3/F^-, **U^{3+}/Np^{3+}** + O_2; **Pu^{3+}/Bk^{3+}** + BrO_3^-, $Cr_2O_7^{2-}$, Ce^{4+}; **Am^{3+}/Cm^{3+}** + Strom (s. u.)), teils durch *Reduktion* höherer Wertigkeiten (**Pa^{V}/U^{VI}** + Strom, Zn, Cr^{2+}, Ti^{3+}; **Np^{V}/Pu^{VI}** + Fe^{2+}, I^-, SO_2).

Redoxverhalten. *Charakteristisch* ist die Vierwertigkeit insbesondere für das mit Cer elementhomologe Thorium und das mit Terbium elementhomologe Berkelium, da die Elemente in diesem Valenzzustand eine nicht- bzw. halbbesetzte f-Schale aufweisen. Vierwertiges **Thorium** Th^{4+} ist unter den Ionen An^{4+} besonders stabil. Thorium bildet sowohl in wässeriger Lösung wie in anorganischen Verbindungen überhaupt keine anderen Wertigkeitsstufen (auch Substanzen wie ThI_2, ThS, ThI_3, Th_2S_3 enthalten vierwertiges Thorium; man kennt jedoch ThR_3 mit $R = C_5H_5$). In seiner ausschließlichen Vierwertigkeit unterscheidet sich Thorium vom elementhomologen Cer, das sowohl vier-, als auch dreiwertig auftritt (S. 1787).

Vierwertiges **Berkelium** Bk^{4+} (wasserstabil) läßt sich anders als Th^{4+} in den dreiwertigen Zustand überführen. Es ist bezüglich der Oxidationsstufe +3 sogar instabiler als U^{4+}, Np^{4+} und Pu^{4+}, wie aus folgender Potential-Zusammenstellung hervorgeht, die Potentiale von Ionen-Umladungen III/IV und IV/V der Elemente Pa bis Es umfaßt (1 M-$HClO_4$-Lösung; eingeklammerte Werte berechnet):

[Volt]	Pa	U	Np	Pu	Am	Cm	Bk	Cf	Es
III/IV	(−1.4)	−0.52	+0.15	+1.01	+2.62	+3.1	+1.67	(+3.2)	(+4.5)
IV/V	−0.05	+0.38	+0.64	+1.04	+0.82	–	–	–	–

Den wiedergegebenen Potentialen ist zu entnehmen, daß (i) die Oxidationskraft (Reduzierbarkeit) der An^{4+}-Ionen in der Richtung U → Np → Pu → Am → Cm und ihre Reduktionskraft (Oxidierbarkeit) in umgekehrter Richtung zunimmt, (ii) die Oxidationskraft von Bk^{4+} beim Übergang Cm → Bk entgegen Regel (i) nicht zu-, sondern abnimmt, entsprechend der erwarteten herausragenden Stabilität von Bk^{4+} (halbbesetzte f-Schale).

Die auf Thorium folgenden Elemente **Protactinium**, **Uran**, **Neptunium** und **Plutonium** sind in vierwertigem Zustand wie Th^{4+} und Bk^{4+} *wasserstabil* (die mögliche Oxidation von Pa(IV) ist kinetisch gehemmt). Wegen der nahezu gleichen Größe des Redoxpotentials für Pu^{III}/Pu^{IV} (+1.01 V), Pu^{IV}/Pu^{V} (+1.04 V) und Pu^{V}/Pu^{VI} (+1.02 V) sind in wässeriger Lösung alle vier Oxidationsstufen III, IV, V und VI des Plutoniums nebeneinander beständig:

$$Pu^{4+} + Pu^{V}O_2^{+} \rightleftharpoons Pu^{3+} + Pu^{VI}O_2^{2+}.$$

Beim Auflösen von Pu(IV)-Verbindungen in Wasser wandelt sich Plutonium in der Tat innerhalb weniger Stunden in ein Gleichgewichtsgemisch aller vier Oxidationsstufen um ($3\,Pu^{IV} \rightleftharpoons 2\,Pu^{III} + Pu^{VI}$; $Pu^{III} + Pu^{VI} \rightleftharpoons Pu^{IV} + Pu^{V}$). In konzentrierten Säuren (z. B. 6 M-HNO_3) ist Pu^{4+} demgegenüber disproportionierungsstabil. Durch *Luft* wird Pa^{4+} in Wasser rasch zu Pa(V), U^{4+} und Np^{4+} langsam zu U(VI) und Np(V) oxidiert (rasche Oxidation in Gegenwart von Oxidationsmitteln wie Ce^{4+}, MnO_2, H_2O_2, PbO_2, $Cr_2O_7^{2-}$); wässerige Pu^{4+}-Lösungen sind demgegenüber luftstabil.

Die auf Plutonium folgenden Elemente **Americium** und **Curium** sind ebenso wie das auf Berkelium folgende Element **Californium** im vierwertigen Zustand sehr *starke Oxidationsmittel* und anders als Th^{4+}, Pa^{4+}, U^{4+}, Np^{4+}, Pu^{4+} bzw. Bk^{4+} in Wasser, welches sie zu Sauerstoff oxidieren (Bildung von Am^{3+}, Cm^{3+}, Cf^{3+}), instabil. Im Falle von Am^{4+} beobachtet man zudem Disproportionierung in Am^{3+} und – seinerseits weiter in Am^{3+} und AmO_2^{2+} disproportionierendes (s. u.) – AmO_2^{+}:

$$2\,Am^{4+} + 2\,H_2O \rightleftharpoons Am^{3+} + Am^{V}O_2^{+} + 4\,H^{+}.$$

Es findet zudem eine rasche Selbstreduktion von Am^{4+} und Cm^{4+} als Folge der Wirkung der α-Aktivität statt. Stabilisiert werden Am^{4+}- und Cm^{4+}-Lösungen durch anwesendes Fluorid in hoher Konzentration (Bildung von AmF_6^{2-}, CmF_6^{2-}). Am^{4+} ist zudem in *alkalischer* Lösung beständiger, da das Redoxpotential III/IV dann um 2.1 V weniger positiv ist als in saurer Lösung (+0.5 V gegenüber +2.62 V). Demgemäß kann $Am(OH)_3$ im Alkalischen auch durch Hypochlorit leicht in $Am(OH)_4$ übergeführt werden. In *saurer* Lösung reicht demgegenüber das Redoxpotential von Am^{4+} an das des Fluors heran ($\varepsilon_0 = 3.05$ für F^-/F_2). Demgemäß läßt sich die Oxidation von Am^{3+} zu Am^{4+} in solchen Lösungen nicht einmal durch Ag^{2+}, wohl aber durch F_2 erzielen. Noch schwerer gelingt die Oxidation von Cm^{3+} zu Cm^{4+} ($\varepsilon_0 = +3.1$ V). Dies steht in Übereinstimmung damit, daß dem Cm^{3+}-Ion analog dem elementhomologen Gd^{3+}-Ion als einem Ion mit halbbesetzter f-Schale eine besondere Stabilität zukommt. Eine Oxidation von Cm^{3+} gelingt demgemäß nur mit starken Oxidationsmitteln oder durch anodische Oxidation, sofern Cm^{4+} durch Fluorid stabilisiert wird. Gebildetes CmF_6^{2-} zersetzt sich in Wasser mit einer Halbwertszeit von ca. 1 h.

Säure-Base-Verhalten. In ihren *Fällungsreaktionen* ähneln die Actinoid-Ionen An^{4+} dem Cer-Ion Ce^{4+} (*unlösliche* Fluoride, Hydroxide, Oxalate; *lösliche* Nitrate, Sulfate, Perchlorate, Chloride; zersetzliche Sulfide). Als kleine hochgeladene Ionen neigen die An^{4+}-Ionen stärker als die An^{3+}-Ionen zur *Hydrolyse* und zur *Komplexbildung* (s. u.). Auch wirken die Ionen $[An(H_2O)_n]^{4+}$ ($n = 8$–9) bereits als mittelstarke *Kationsäuren* (pK_S ca. 1 bis 4) und sind damit saurer als die Ionen $[An(H_2O)_n]^{3+}$ (ganz allgemein wächst die Acidität hydratisierter Ionen M^{m+} mit der Ladung m):

$$[An(H_2O)_n]^{4+} + H_2O \rightleftharpoons [An(OH)(H_2O)_{n-1}]^{3+} + H_3O^{+} \quad \text{bzw.} \quad An^{4+} + H_2O \rightleftharpoons AnOH^{3+} + H^{+}.$$

Die Säurestärke der Ionen erhöht sich in der Reihe $Th^{4+} < U^{4+}, Np^{4+} < Pu^{4+}$, also mit zunehmender Ordnungszahl des Actinoids. Eine Ausnahme bildet nur Pa^{4+}, das saurer wirkt als Pu^{4+}. Ohne Hydrolyse sind die Hydrate $[An(H_2O)_n]^{4+}$ nur in überaus saurer Lösung existenzfähig, während sie in saurer bis schwach saurer Lösung unter Bildung von (hydratisierten) ein- oder mehrkernigen Kationen wie $An(OH)^{3+}$, $An(OH)_2^{2+}$, $An_2(OH)_2^{6+}$ (An^{4+} über zwei OH-Brücken miteinander verknüpft), $An_3(OH)_5^{7+}$, $An_4(OH)_8^{8+}$, $An_6(OH)_{15}^{9+}$ hydrolysieren. (Fünf-, sechs- und siebenfach geladene Ionen An^{m+} existieren selbst in überaus saurer Lösung nur hydrolysiert in Form von AnO_2^{+}, AnO_2^{2+} und AnO_2^{3+}; s. u.) Die einkernigen Ionen $An(OH)^{3+}$ und $An(OH)_2^{2+}$ sind insbesondere in stark verdünnter saurer Lösung beständig, während sich in konzentrierter, weniger saurer Lösung Isopolyoxo-Kationen von kolloiden Dimensionen bilden können. Bei Zugabe von Alkali (Neutralisation der sauren Lösungen) entstehen unlösliche *Niederschläge* $An(OH)_4$ bzw. $AnO_2 \cdot x\,H_2O$.

Stereochemie (vgl. Tab. 161). Ähnlich wie die dreiwertigen Actinoide bevorzugen auch die vierwertigen Koordinationszahlen im Bereich 6–9 (z. B. $AnCl_6^{4-}$ mit *oktaedrisch*-koordiniertem U^{4+}, Np^{4+}, Pu^{4+}; UBr_4 mit *pentagonal-bipyramidal*-koordiniertem U^{4+}; $An(NCS)_8^{4-}/An(S_2CNEt_2)_4/An(acac)_4$ mit *ku-*

bisch-/dodekaedrisch-/quadratisch-antiprismatisch-koordiniertem Th^{4+}, U^{4+}, Np^{4+}, Pu^{4+}; ThF_7^{3-} mit *dreifach-überkappt-trigonal-prismatisch*-koordiniertem Th^{4+}). Nur raumbeanspruchende Liganden führen zu Koordinationszahlen < 6 (z. B. $U(NPh_2)_4$ mit *verzerrt-tetraedrisch*-, $U_2(NEt_2)_8$ mit *trigonal-bipyramidal*-koordiniertem U^{4+}), nur chelatbildende Liganden zu Koordinationszahlen > 9 (z. B. $Th(ox)_4^{4-}$: 10fache, *zweifach-überkappt-quadratisch-antiprismatische* Koordination; $[Th(NO_3)_4(H_2O)_3]$: 11fache Koordination; $Th(NO_3)_6^{2-}$: 12fache, *ikosaedrische* Koordination; $[U(BH_4)_4(THF)_2]$: 14fache, *zweifach-überkappt-hexagonal-antiprismatische* Koordination).

Fünfwertigkeit. Die – bei den Lanthanoiden nicht beobachtete – fünfwertige Stufe wird im Falle der Actinoide Pa bis Am (insgesamt 5 Elemente) angetroffen (die Existenz von Cm(V) ist unsicher; Cf(V) mit halbbesetzter f-Schale konnte bisher nicht nachgewiesen werden). Ihre Darstellung erfolgt durch *Oxidation* niedriger Wertigkeiten (**Pa** + HNO_3/F^-; $\mathbf{Np^{4+}}$ + O_2, Cl_2; $\mathbf{Am^{3+}}$ + Strom, $S_2O_8^{2-}$ bei pH < 2; $\mathbf{CmO_2}$ + Na_2O_2 im Ozonstrom?) bzw. *Reduktion* höherer Wertigkeiten ($\mathbf{UO_2^{2+}}$ + Strom, Zn-Amalgam, H_2; $\mathbf{NpO_2^{2+}}$ + HNO_2, H_2O_2, Sn^{2+}, SO_2; $\mathbf{PuO_2^{2+}}$ + I^-, SO_2) unter Bildung von $PaO(OH)^{2+}$, UO_2^+, NpO_2^+, PuO_2^+, AmO_2^+, Na_3CmO_4(?). Die Actinoid(V)-Ionen AnO_2^+ sind *linear* gebaut (abnehmende Bindungsstärke mit steigender Ordnungszahl) und *farbig* (vgl. Tab. 159 auf S. 1802).

Redoxverhalten. Der fünfwertige Zustand stellt beim **Protactinium** den normalen stabilen Oxidationszustand dar. Eine Reduktion zur vierwertigen Stufe ($\varepsilon_0 = -0.05$ für Pa(IV)/Pa(V)) ist etwa mit Zn, Cr^{2+}, Ti^{3+} möglich. Analog Pa(V) und zum Unterschied von U(V), Pu(V) und Am(V) ist fünfwertiges **Neptunium** NpO_2^+ wasser- und disproportionierungsstabil. Demgegenüber wandeln sich fünfwertiges **Uran** UO_2^+ bzw. **Plutonium** PuO_2^+ in Wasser rasch unter Disproportionierung in die vier- und sechswertige Stufe um, eine Reaktion, die im Falle von NpO_2^+ erst bei hohen Aciditäten beobachtet wird:

$$2An^VO_2^+ + 4H^+ \rightleftharpoons An^{4+} + An^{VI}O_2^{2+} + 2H_2O \quad (K = 10^{9.3}(U),\ 10^{-6.7}(Np),\ 10^{4.3}(Pu))$$

(gebildetes Pu^{4+} setzt sich noch mit PuO_2^+ gemäß $Pu^{4+} + PuO_2^+ \rightleftharpoons Pu^{3+} + PuO_2^{2+}$ ins Gleichgewicht, s. oben). Am haltbarsten sind UO_2^+-Lösungen im pH-Bereich 2–4, PuO_2^+-Lösungen bei pH-Werten um 2. Auch fünfwertiges **Americium** AmO_2^+ vermag sich – allerdings nur in stark saurer Lösung – zu disproportionieren:

$$3Am^VO_2^+ + 4H^+ \rightleftharpoons Am^{3+} + 2Am^{VI}O_2^{2+} + 2H_2O.$$

Unter der Wirkung der α-Aktivität von $^{241}_{95}Am$ zersetzt sich AmO_2^+ in Wasser zudem rasch unter Reduktion zu niedrigeren Wertigkeiten.

Säure-Base-Verhalten. Die Ionen AnO_2^+ (An = U, Np, Pu, Am) verhalten sich wie große, einfach geladene Kationen vom Alkalimetalltyp ohne nennenswerte Neigung für *Fällungs-* und *Komplexbildungsreaktionen* in wässeriger Lösung (möglich ist etwa die Ausfällung von AnO_2^+-Ionen aus starken Kaliumcarbonat-Lösungen als $K(AnO_2)[CO_3]$). Die *Hydrolyseneigung* und *Acidität* der Ionen $[AnO_2(H_2O)_n]^+$ ist demgemäß kleiner als die der entsprechenden Ionen $[An(H_2O)_n]^{4+}$. Pa(V) bildet in stark saurer Lösung das hydratisierte Ion $PaO(OH)^{2+}$, in schwach saurer Lösung das Ion $PaO(OH)_2^+$. Zugabe von Alkali zu AnO_2^+-Lösungen führt zur Fällung von Hydroxidniederschlägen bzw. Oxometallaten(V). In Lösung (insbesondere bei Verwendung von $Me_4N^+OH^-$ als Base) verbleiben unter diesen Bedingungen hydratisierte Ionen des Typus $PaO(OH)_4^-$ und $AnO_2(OH)_2^-$, was auf einen amphoteren Charakter der fünfwertigen Stufe deutet:

$$AnO_2(OH)_2^- \xrightleftharpoons{\pm OH^-} \mathbf{AnO_2(OH)} \xrightleftharpoons{\pm H^+} AnO_2^+ + H_2O.$$

Stereochemie (vgl. Tab. 161). Die fünfwertigen Actinoide treten wie die drei- und vierwertigen bevorzugt sechs- bis neunzählig auf (z. B. AnF_6^- mit *oktaedrisch*-koordiniertem U^{5+}, Np^{5+}, Pu^{5+}; $PaCl_5$ mit *pentagonal-bipyramidal*-koordiniertem Pa^{5+}; AnF_8^{3-} mit *kubisch*-koordiniertem Pa^{5+}, U^{5+}, Np^{5+}; PaF_7^{2-} mit *dreifach-überkappt-trigonal-prismatisch*-koordiniertem Pa^{5+}).

Sechswertigkeit. Die – bei den Lanthanoiden nicht beobachtete – sechswertige Stufe läßt sich für die Actinoide U, Np, Pu, Am verwirklichen (die Existenz von Cm(VI), erzeugt gemäß $^{242}_{95}AmO_2^+$ ($-\beta^-$, $\tau = 16.07$ h) → CmO_2^{2+}, ist unsicher). Ihre Darstellung erfolgt ausschließlich durch *Oxidation* niedriger Wertigkeiten (**U** + HNO_3/F^-; $\mathbf{U^{4+}}$ + O_2; $\mathbf{NpO_2^+}$ + Ce^{4+}, Ag^{2+}, Cl_2, O_3, MnO_4^-, BiO_3^-; $\mathbf{Pu^{4+}}$ + Ag^{2+}, HOCl, BrO_3^-; $\mathbf{Am^{3+}}$ + Strom (5M-H_3PO_4), $S_2O_8^{2-}$ in Anwesenheit von Ag^+). Die Actinoyl(VI)-Ionen AnO_2^{2+} sind wie die Ionen AnO_2^+ *linear* gebaut und *farbig* (vgl. Tab. 159 auf S. 1802). Die AnO-Bindungsstärke nimmt mit steigender Ordnungszahl von An ab und entspricht im Falle des Uranyl-Ions im Sinne der Formulierung $O{\equiv}U{\equiv}O^{2+}$ einer Bindungsordnung > 2 (UO-Bindungsabstand um 1.80 Å)[13].

[13] Das mit UO_2^{2+} isoelektronische, monomolekulare, matrixisolierte ThO_2 hat gewinkelte Struktur (∢ OThO = 122°). Der unterschiedliche Bau läßt sich damit erklären, daß für die Rückbindungen im Falle von Th keine f-Orbitale geeigneter energetischer Lage existieren.

Redoxverhalten. Die *Stabilität* der Actinoyl-Ionen AnO_2^{2+} nimmt mit steigender Ordnungszahl von An hinsichtlich der vierwertigen Stufe ab, wie aus folgender Zusammenstellung von Ionenumladungen des Typus IV/VI hervorgeht:

[Volt]	U	Np	Pu	Am
IV/VI	+0.27	+0.94	+1.03	+1.21

Demgemäß bilden sich die gelben Salze des sechswertigen **Urans** UO_2^{2+} (wasserstabil) bei längerer Einwirkung von Luft und Feuchtigkeit letztendlich aus allen Uranverbindungen niedriger Wertigkeit[14]. *Uranyl*-Verbindungen UO_2^{2+} stellen besonders typische Verbindungen des Urans dar. Mit Zink kann UO_2^{2+} in U^{4+} übergeführt werden. Leichter als UO_2^{2+} läßt sich sechswertiges **Neptunium** NpO_2^{2+} (wasserstabil) reduzieren, während Np^{4+} umgekehrt schwerer oxidierbar ist als U^{4+}. Dementsprechend wirken *Neptunyl*-Verbindungen NpO_2^{2+} stärker oxidierend als die isomorphen Uranyl-Verbindungen UO_2^{2+} und die Np(IV)-Verbindungen schwächer reduzierend als die entsprechenden U(IV)-Verbindungen. In noch erhöhtem Maße gilt dies für das in der Actinoidreihe auf Np folgende Element **Plutonium**. Beispielsweise werden Np^{4+}-Verbindungen – anders als U^{4+}-Verbindungen – zwar nicht mehr durch Brom, dagegen durch Dichromat, Bromat, Permanganat und Peroxodisulfat oxidiert, während Pu^{4+}-Verbindungen unter diesen Bedingungen nur noch durch Peroxodisulfat zu *Plutonyl*-Verbindungen PuO_2^{2+} (wasserstabil) oxidierbar sind. Auch wirkt PuF_6 bereits so stark oxidierend, daß es analog PtF_6 (vgl. S. 1593) sogar Xenon zu XeF_2 fluoriert. Von der Tatsache der abnehmenden Reduktionskraft in der Reihe U^{4+}, Np^{4+}, Pu^{4+} und wachsenden Oxidationskraft in der Reihe UO_2^{2+}, NpO_2^{2+}, PuO_2^{2+} macht man bei der Abtrennung des Neptuniums und Plutoniums vom Uran Gebrauch (vgl. Purex-Prozeß, S. 1800). Sechswertiges **Americium**, das ähnlich wie PuO_2^{2+} nur durch stärkste Oxidationsmittel wie $S_2O_8^{2-}$ aus Am^{4+} bzw. Am^{3+} zugänglich ist, stellt in Form des *Americyl*-Ions AmO_2^{2+} (wasserstabil) ein sehr starkes Oxidationsmittel dar, das – wie auch das Plutonyl-Ion PuO_2^{2+} – unter der Wirkung der α-Aktivität des zugrundeliegenden Actinoids reduziert wird.

Säure-Base-Verhalten. Die Ionen AnO_2^{2+} (An = U, Np, Pu, Am) verhalten sich näherungsweise wie kleine, harte, zweiwertige Metallionen mit großer *Komplexbildungs*tendenz für F^- und Liganden mit Sauerstoffligatoren (z. B. OH^-, SO_4^{2-}, NO_3^-, RCO_2^-). Demgemäß stellen die Hydrate $[AnO_2(H_2O)_n]^{2+}$ ($n = 5$) *Kationsäuren* dar:

$$[AnO_2(H_2O)_n]^{2+} \underset{\mp H_3O^+}{\overset{\pm H_2O}{\rightleftharpoons}} [AnO_2(OH)(H_2O)_{n-1}]^+ \text{ bzw. } AnO_2^{2+} + H_2O \rightleftharpoons AnO_2(OH)^+ + H^+.$$

Die Acidität wächst hierbei in der Reihenfolge $PuO_2^{2+} < NpO_2^{2+} < UO_2^{2+}$ sowie $AnO_2^+ < An^{3+} < AnO_2^{2+} < An^{4+}$ (jeweils gleiches Actinoid). Lösungen von Actinoid(VI)-Salzen unterliegen aus den besprochenen Gründen der *Hydrolyse* und reagieren deutlich sauer. Die Actinoid(VI)-Ionen sind wie die An^{4+}-Ionen nur in stark saurer Lösung hydrolysestabil und kondensieren in saurer bis schwach saurer Lösung auf dem Wege über $AnO_2(OH)^+$ (existiert in stark verdünnter Lösung) unter Bildung von hydratisierten Isopolyoxo-Kationen wie $(AnO_2)_2(OH)_2^{2+}$ (AnO_2^{2+}-Ionen über 2 OH-Brücken miteinander verknüpft), $(AnO_2)_3(OH)_5^+$, $(AnO_2)_4(OH)_6^{2+}$, $(AnO_2)_5(OH)_8^{2+}$. Die Neigung zur Bildung kolloidaler Isopolyoxo-Kationen vor ihrer Fällung als Hydroxide $AnO_2(OH)_2$ ist im Falle von AnO_2^{2+} geringer als im Falle von An^{4+}. Zugabe von Alkali zu den AnO_2^{2+}-Lösungen führt zur Fällung von Oxometallaten(VI). Beispielsweise bildet sich bei Verwendung von Ammoniak als Base ein als „*yellow cake*" bezeichnetes Gemisch (früher als Diuranat $(NH_4)_2U_2O_7$ angesehen) aus $UO_3 \cdot 2H_2O$ und den *Polyuranaten* $(NH_4)_2U_6O_{19} \cdot 9H_2O$, $(NH_4)_2U_4O_{13} \cdot 6H_2O$, $(NH_4)_2U_3O_{10} \cdot 3H_2O$. In Lösung verbleiben (insbesondere bei Verwendung von $NMe_4^+OH^-$ als Base) Ionen des Typus $AnO_2(OH)_4^{2-}$ (als Dihydrate), was auf einen *amphoteren* Charakter der Hydroxide $AnO_2(OH)_2$ weist:

$$AnO_2(OH)_4^{2-} \overset{\pm 2OH^-}{\rightleftharpoons} \mathbf{AnO_2(OH)_2} \overset{\pm 2H^+}{\rightleftharpoons} AnO_2^{2+} + 2H_2O.$$

Stereochemie (vgl. Tab. 161). Abgesehen von einigen AnO_2^{2+}-freien Verbindungen (z. B. AnF_6 mit *oktaedrisch*-koordiniertem U^{6+}, Np^{6+}, Pu^{6+}) enthalten sechswertige Komplexe der Actinoide meist lineare Actinoyl-Ionen AnO_2^{2+}, in welchen das An^{6+}-Zentrum neben den zwei axial gebundenen Sauerstoffliganden noch weitere vier, fünf oder sechs äquatorial gebundene Liganden aufweist, was *oktaedrische*, *pentagonal-bipyramidale* bzw. *hexagonal-bipyramidale* Koordination bedingt (z. B. $UO_2Cl_4^{2-}$, $[UO_2(H_2O)_5]^{2+}$, $[UO_2(NO_3)_2(H_2O)_2]$).

---

14 Die ohne (mit) Sauerstoffübertragung verknüpften Prozesse U^{3+}/U^{4+} und UO_2^+/UO_2^{2+} (U^{4+}/UO_2^+ und U^{4+}/UO_2^{2+}) verlaufen ungehemmt (gehemmt).

Siebenwertigkeit. Im Jahre 1967 wurden erstmals Verbindungen beobachtet, in denen die Actinoide **Neptunium** und **Plutonium** siebenwertig auftreten[15]. Darstellung. Entsprechend der Normalpotentiale für die Oxidation von Np(VI) bzw. Pu(VI), die im sauren Milieu ($An^{VI}O_2^{2+} + H_2O \rightarrow An^{VII}O_3^{+} + 2H^{+} + \ominus$) mehr als +2 V, im alkalischen Milieu ($An^{VI}O_2(OH)_4^{2-} + 2H_2O \rightarrow An^{VII}O_2(OH)_6^{3-} + 2H^{+} + \ominus$) aber nur +0.6 V (Np) bzw. 0.94 V (Pu) betragen, oxidiert man Np(VI) bzw. Pu(VI) mit Vorteil in stark alkalischer Lösung durch starke Oxidationsmittel wie Ozon oder auf elektrochemischem Wege. Die siebenwertige Stufe erhält man auch durch Erhitzen stöchiometrischer Mengen von Li_2O und AnO_2 im O_2-Strom auf 400 °C: $5Li_2O + 2AnO_2 + 1.5O_2 \rightarrow 2Li_5AnO_6$ (An = Np, Pu).

Redoxverhalten. Die stark oxidierend wirkenden Neptunate(VII) und Plutonate(VII) sind in alkalischer Lösung (tiefgrün) beständig und zersetzen sich in saurer Lösung (grün) rasch (Np(VII)) bzw. sehr rasch (Pu(VII)) unter Bildung von Np(VI) und Pu(VI).

Säure-Base-Verhalten. In alkalischer Lösung liegen Np(VII) und Pu(VII) in Form der Anionen $AnO_2(OH)_6^{3-}$, in saurer Lösung in Form der (instabilen) Kationen AnO_2^{3+} bzw. AnO_3^{+} vor, da die den Salzen zugrundeliegenden Actinoyl(VII)-Verbindungen $AnO_2(OH)_3$ sowohl als Säure wie als Base fungieren können[16] (vgl. das analoge *amphotere* Verhalten der An(V)- und An(VI)-Verbindungen, oben):

$$AnO_2(OH)_6^{3-} \underset{}{\overset{+3OH^-}{\rightleftharpoons}} \mathbf{AnO_2(OH)_3} \overset{+3H^+}{\rightleftharpoons} AnO_2^{3+} + 3H_2O.$$

Achtwertigkeit. Achtwertige Verbindungen von Plutonium (unbesetzte f-Schale) konnten bisher nicht gewonnen werden.

Th, Pa und U als Actinoide. Die ausgeprägte „*Vierwertigkeit*" von Th, „*Fünfwertigkeit*" von Pa und „*Sechswertigkeit*" von U war die Veranlassung dafür, daß man bis zum Jahre 1941 die Elemente *Thorium*, *Protactinium* und *Uran* als *schwerste Endglieder* der *Titan-*, *Vanadium-* bzw. *Chromgruppe* (Eka-Hafnium, Eka-Tantal, Eka-Wolfram) ansah. Erst als man ab 1940 die Eigenschaften der zwei dann folgenden synthetischen Transurane *Neptunium* und *Plutonium* kennenlernte (s.u.), welche bei Fortführung dieser Einordnung die *Endglieder* der *Mangan-* und *Eisengruppe* (Eka-Rhenium, Eka-Osmium) hätten sein sollen, aber nur näherungsweise waren, postulierte G.T. Seaborg 1944, daß alle Elemente ab Actinium in Wirklichkeit Glieder einer den 14 Lanthanoiden (Ordnungszahl 58–71) homologen – von Niels Bohr bereits 1922 (Nobelvortrag) postulierten – Reihe von *Actinoiden* (Ordnungszahl 90–103) sind, bei denen wie im Falle der Lanthanoide die f-Zustände der drittäußersten Elektronenschale aufgefüllt werden. Erst die Elemente 104, 105, 106, 107, 108 usw. (**„Transactinoide"**) sind als Eka-Hafnium, Eka-Tantal, Eka-Wolfram, Eka-Rhenium, Eka-Osmium usw. zu behandeln (vgl. S. 1392, 1418).

Daß etwa *Uran* in seinen Eigenschaften den nachfolgenden Elementen Neptunium, Plutonium und Americium näher als der Chromgruppe, in die es zunächst als schwerstes Glied eingeordnet wurde (s.o.), steht, geht nicht nur aus dem Gang der *Dichten* und *Schmelzpunkte* in der Chromgruppe hervor:

	Cr	Mo	W	U
Dichte [g/cm³]	7.14	10.28	19.26	19.16
Smp. [°C]	1903	2620	3410	1133,

sondern auch aus einer Reihe chemischer Eigenschaften, von denen die folgenden herausgegriffen seien: **(i)** Uran kommt *in der Natur* nicht vergesellschaftet mit Molybdän und Wolfram, sondern mit Thorium und den Lanthanoiden vor. – **(ii)** Das sechswertige Uran ist in Form der Uranate *farbig* (*gelb*). Wäre Uran ein Homologes des Wolframs, so müßten die Uranate wie die Molybdate und Wolframate farblos sein, da ganz allgemein in den Nebengruppen die Verbindungen der höchsten Wertigkeitsstufe mit steigender Atommasse farbloser werden (vgl. *violettes* MnO_4^-, *blaßgelbes* TcO_4^-, *farbloses* ReO_4^-). – **(iii)** In den Nebengruppen nimmt ganz allgemein mit steigender Atommasse die Beständigkeit der höheren *Wertigkeit* zu, der niedrigeren ab. Man sollte daher bei der Beständigkeit der sechswertigen Wolframverbindungen erwarten, daß die Verbindungen des vierwertigen Urans schwer zugänglich und instabil seien, was der Erfahrung widerspricht. – **(iv)** Uran bildet analog den Lanthanoiden ein *Hydrid* UH_3, das in seinen Eigenschaften dem Lanthanhydrid LaH_3 ähnlich ist und wie dieses einen Übergangstypus zwischen salzartigen und legierungsartigen Hydriden darstellt. – **(v)** Urandioxid UO_2 kristallisiert wie alle *Dioxide* AnO_2 im Fluorittypus, während die Dioxide MoO_2 und WO_2 ein (verzerrtes) Rutilgitter bilden. – **(vi)** Aus den im sauren Milieu beständigen U^{VI}-Lösungen (Bildung von UO_2^{2+}) fallen bei *Zusatz von Base*

[15] Die Siebenwertigkeit des **Americiums** ist noch unsicher. Diese extrem instabile Oxidationsstufe soll etwa durch *Disproportionierung* von Am(VI)-Salzen in stark alkalischer Lösung gemäß $2AmO_2(OH)_2 + 3OH^- \rightarrow AmO_2(OH) + AmO_5^{3-} + 3H_2O$ oder durch anodische *Oxidation* von Am(IV) in alkalischer Lösung bei 0 °C entstehen.

[16] $NpO_2(OH)_3$ fällt als schwarzer Niederschlag bei der vorsichtigen Neutralisation einer alkalischen Np(VII)-Lösung im pH-Bereich 5–9 aus. $NpO_2(OH)_6^{3-}$ konnte als $[Co(NH_3)_6][NpO_2(OH)_6]$ isoliert werden. Salze mit AnO_2^{3+}- bzw. AnO_3^{+}-Kation bzw. $PuO_2(OH)_6^{3-}$-Anion sind unbekannt.

unlösliche Alkalimetalluranate aus, während Mo^{VI}- und W^{VI}-Lösungen umgekehrt im alkalischen Bereich beständig sind (Bildung von Polymolybdaten und -wolframaten) und umgekehrt bei *Säurezusatz* in unlösliche Trioxid-Hydrate übergehen. – **(vii)** Während Chrom, Molybdän und Wolfram sehr stabile *Hexacarbonyle* $M(CO)_6$ bilden (vgl. S. 1629), konnte vom Uran keine derartige Verbindung dargestellt werden. Das wird verständlich, wenn Uran nicht als Eka-Wolfram, sondern als Actinoid (Eka-Neodym) betrachtet wird, da dann durch Aufnahme von 6 CO-Molekülen = 12 Elektronen nicht wie im Falle des Chroms, Molybdäns und Wolframs die Schale des nächsten Edelgases, sondern nur die des Eka-Hafniums erreicht würde (Eka-Radon hat bei Annahme einer zwischengeschalteten Actinoidreihe die Ordnungszahl 118, so daß Uran 26 Elektronen = 13 CO-Moleküle aufnehmen müßte, um zu einer Edelgasschale zu gelangen).

Analoge Betrachtungen beim *Thorium* und *Protactinium* zeigen, daß auch diese Elemente weniger als Eka-Hafnium und Eka-Tantal denn als Eka-Lanthanoide zu betrachten sind.

Verwendung der Actinoide. Eine praktische Verwendung finden insbesondere die Actinoide *Thorium, Uran, Plutonium, Americium* und *Californium*, wobei die Nutzung des radioaktiven Elementzerfalls als *Energiequelle* und *Neutronenlieferant* im Vordergrund steht (vgl. S. 1813). Weiterhin dient das beim Glühen von Thoriumhydroxid oder von Thoriumsalzen flüchtiger Säuren (z. B. Thoriumnitrat) hinterbleibende weiße Thoriumdioxid (Smp. 3220 °C) als *hochfeuerfestes Material* in der Feinmetallurgie. Da ThO_2, namentlich bei Gegenwart von 1 % CeO_2, in der Gasflamme ein helles Licht ausstrahlt, benutzt man es in Form eines feinmaschigen Oxidgerüstes („*Gasglühlichtstrumpf*", „*Auer-Strumpf*") zur Erzeugung eines intensiven Lichts. Legiert mit Mg dient Thorium als *Kernreaktorwerkstoff*, auch als Legierungszusatz für die *Heizdrähte* elektrischer Öfen wird es genutzt. Wenig umfangreich ist demgegenüber die Verwendung von Uran zum *Färben* von Glas und Keramik.

5 Radiochemische Eigenschaften[1)]

Actinoid-Zerfallsreihen. Alle Actinoid-Nuklide sind *radioaktiv* und wandeln sich unter Helium-lieferndem *α-Zerfall* (Hauptzerfall), Elektronen-lieferndem *β^--Zerfall*, Strahlen lieferndem *γ-Zerfall*, Neutronen-liefernder *spontaner Kernspaltung* und anderen Prozessen (z. B. β^+-Zerfall, e^--Zerfall, K-Einfang, Cluster-Zerfall) in andere Elemente um (unter den Lanthanoiden existieren nur von einem Element, Promethium, ausschließlich radioaktive Isotope). Das hierbei aus einem künstlichen Radionuklid *neu entstehende Element* ist ähnlich wie das Tochterelement eines natürlichen Radionuklids meist seinerseits wieder *radioaktiv*, so daß der Zerfall weitergeht und zu vielen „*künstlichen Zerfallsreihen*" der Actinoide (**„Actinoid Zerfallsreihen"**) Veranlassung gibt. Die Tab. 162 gibt vier derartige Actinoid-Zerfallsreihen, geordnet nach Massenzahlen $A = 4n + m$ (n = ganze Zahl; m = 0, 1, 2, 3), für die längstlebigen und/oder besser verfügbaren Transurane wieder, die letztendlich in die bereits besprochenen „*natürlichen Zerfallsreihen*" (Th-, Np-, U-, Ac-Zerfallsreihe; vgl. S. 1727) einmünden.

Die *Zerfallshalbwertszeiten* der Nuklide nehmen mit wachsender Ordnungszahl des Actinoids im Mittel stark ab (Tab. 158, S. 1797); dementsprechend sinkt in gleicher Richtung die Verfügbarkeit der Elemente so entscheidend, daß Berkelium, Californium sowie Einsteinium nur in mg-Mengen, Fermium in µg-Mengen und Mendelevium, Nobelium sowie Lawrencium in unwägbaren Mengen verfügbar sind (vgl. S. 1798 und unten).

Die aufwendige und begrenzte Zugänglichkeit sowie kleine Lebenserwartung vieler Actinoide macht für ihr chemisches Studium rasch durchführbare *ultramikrochemische Manipulationen* mit Substanzmengen im Mikro- bis Nanogrammbereich notwendig (Anm.[7)], S. 1798), wobei sich zur Substanzisolierung und -identifizierung Verfahren der *Chromatographie* und *Lösungsmittelextraktion* (S. 1800) bewährt haben. Mit **„Tracer-Techniken"** lassen sich sogar höchstverdünnte Lösungen ($< 10^{-12}$ mol/l) der nur in unwägbaren Mengen zugänglichen Actinoide Md, No, Lr studieren. Hierzu führt man die chemischen Reaktionen (Fällungen, Komplexbildungen usw.) in Anwesenheit von wohlfeilen, ähnlich reagierenden Elementen („*Trägerelementen*") durch und bestimmt anhand der Radioaktivität der Reaktionsprodukte (Niederschläge, Komplexe usw.) den Actinoidanteil, der dann seinerseits Rückschlüsse auf bestimmte Actinoideigenschaften (Löslichkeiten, Komplexbildungstendenzen usw.) zuläßt.

Die mit der Radioaktivität verbundene α, β-, und Neutronen-Strahlung bedingt nicht nur eine *Erwärmung* der chemischen Umgebung (kompaktes $^{238}_{94}Pu$ erhitzt sich z. B. bis zur Weißglut; die beim Zerfall von Thorium und Uran freiwerdende Energie ist wohl im wesentlichen für die hohen Temperaturen im Erdinneren verantwortlich), sondern sie löst auch *Reaktionen* aus, die gegebenenfalls Veränderungen der chemischen Umgebung bewirken (Bildung von Gitterdefekten in An-Verbindungen, von Wasserstoffperoxid in wässerigen An-Lösungen) oder lebensgefährliche Folgen für Organismen haben können. Insbesondere aus letzteren Gründen sind im Umgang mit Actinoiden und ihren Verbindungen (**„heiße Chemie"**) – sieht man von den schwach radioaktiven Elementen Thorium und Uran ab – außergewöhnliche

Tab. 162 Radioaktive Zerfallsreihen einiger künstlicher Elemente (umrandet: längstlebiges Element-Isotop; fett: verfügbare Nuklide).

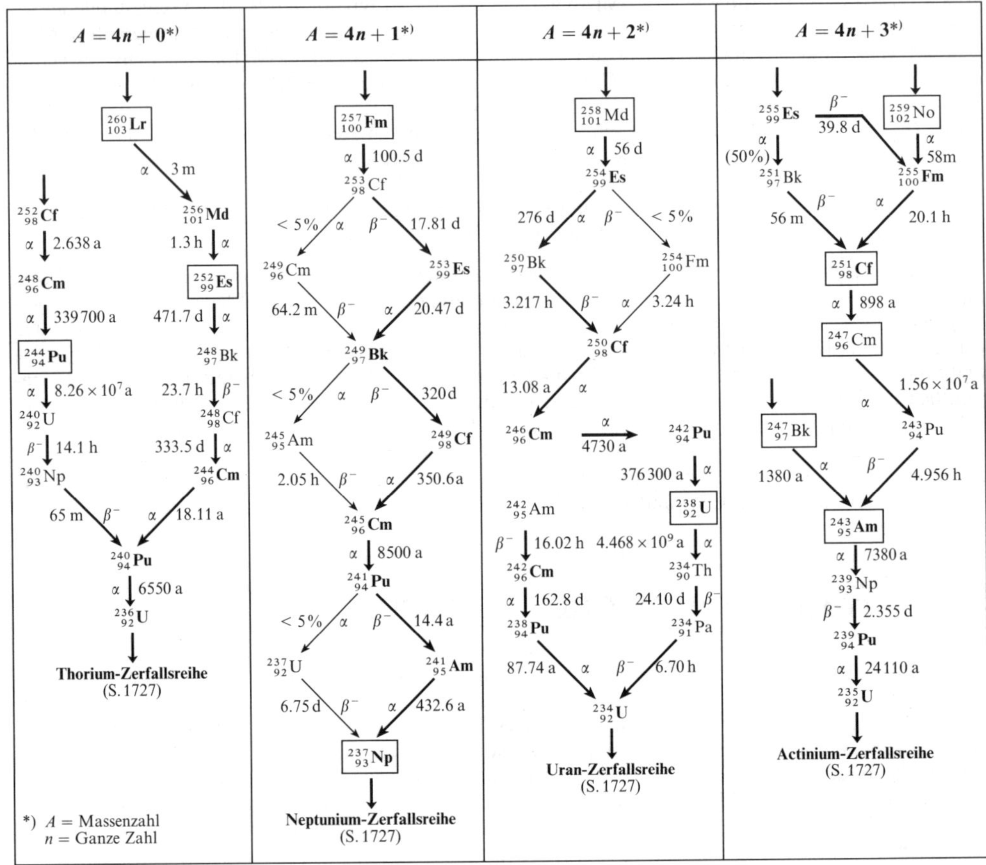

Vorsichtsmaßregeln zu treffen: Alle Arbeitsvorgänge wie Auflösen, Fällen, Oxidieren, Reduzieren usw. müssen in geschlossenen Glove-Boxen über Gummihandschuhe oder – besser – in starkwandigen Betonzellen über eine Fernbedienung gesteuert und überwacht werden. Auch nutzt man unter den leichter zugänglichen Actinoid-Isotopen mit Vorteil die langlebigsten. Für chemische Studien wurden bisher insbesondere folgende Transurane herangezogen (in Klammern: verfügbare Mengen):

$^{237}_{93}Np$	$^{239,242,244}_{94}Pu$	$^{241,243}_{95}Am$	$^{242,244,248}_{96}Cm$	$^{249}_{97}Bk$	$^{249}_{98}Cf$	$^{253,254}_{99}Es$	$^{255,257}_{100}Fm$	$^{256}_{101}Md$	$^{255}_{102}No$	$^{256}_{103}Lr$
(groß)	(groß)	(groß)	(groß)	(mg)	(mg)	(mg/µg)	(µg/ng)	(10^6 Atome)	(10^3 Atome)	(10 Atome)

(bezüglich der Halbwertszeiten vgl. Tab. 158, S. 1797). Unter ihnen sind Nuklide, die wie etwa $^{248}_{96}Cm$, $^{253}_{99}Es$ einem häufigen Spontanzerfall mit starkem Neutronenausstoß unterliegen (vgl. S. 1729), besonders gefährlich (Neutronen lassen sich als ungeladene Teilchen – anders als die geladenen α- und β-Teilchen – durch einfache Schutzvorrichtungen weniger leicht zurückhalten). Aus letzterem Grunde wird etwa für präparative Studien statt des Nuklids $^{252}_{98}Cf$ lieber das weniger verfügbare Isotop $^{249}_{98}Cf$ verwendet.

Nachfolgend soll kurz auf Umweltaspekte, Toxizität sowie Anwendungen der Actinoide eingegangen werden.

Actinoide in der Umwelt. Verbreitung. *Thorium* $^{232}_{90}Th$ und *Uran* $^{234,235,238}_{92}U$ sind auf unserer Erde mehr oder weniger gleichmäßig verbreitet: jedes Gramm Erdkruste enthält ca. 5–20 µg Th und 1–10 µg U, jeder Liter Wasser bis zu 1 µg Th und 0.01–10 µg U (man schätzt den Gehalt an Uran in der Erdkruste bzw. im Meer auf ca. 10^{14} bzw. 10^{10} Tonnen). Der Erdaushub für ein Einfamilienhaus enthält durchschnittlich 1 kg Uran und 3 kg Thorium. Die lebenden Organismen müssen mit dieser „Radioaktivität“

der Erde leben. Die Mengen an natürlich vorkommendem *Protactinium* $^{231}_{91}Pa$, *Neptunium* $^{237}_{93}Np$ bzw. *Plutonium* $^{239,244}_{94}Pu$ waren früher – verglichen mit den Th- und U-Anteilen – vernachlässigbar klein (vgl. S. 1794), wurden aber – wie auch die Mengen an nicht natürlich vorkommenden Transplutoniumelementen sowie anderen radioaktiven Stoffen – durch Menschenhand in den letzten Jahren deutlich erhöht. Ursache hierfür sind (i) nukleare, in den Jahren 1950–1963 durchgeführte Bombentestversuche in der Atmosphäre, wodurch 4.2 Tonnen Plutonium samt radioaktiven Explosionsfolgeprodukten in die Atmosphäre gelangten (90% hiervon haben sich inzwischen auf der Erde abgelagert), (ii) nukleare Bombentestversuche auf bzw. unter der Erde mit 1.4 Tonnen Plutonium, (iii) Satelliten mit $^{238}_{94}Pu$-Energiequellen, die nach Eintritt in die Atmosphäre verglühen, (iv) Atomreaktoren, deren hochradioaktiver Abbrand entweder wiederaufgearbeitet oder endgelagert wird.

Ablagerung. Die Art und Weise, in welcher sich die Elemente Uran bis Curium in der Umwelt ablagern (die Transcuriumelemente müssen wegen ihrer vernachlässigbaren Konzentration nicht berücksichtigt werden), ist durch deren chemische Eigenschaften bestimmt. In der *Hydrosphäre* sind nach den Ausführungen auf S. 1805f die Wertigkeiten $Np^{V}O_2^+$, $U^{VI}O_2^{2+}$, Pu^{4+}, Am^{3+} und Cm^{3+} beständig, wobei sich Pu^{4+}, Am^{3+} und Cm^{3+} unter den pH-Bedingungen im Ozean bei Abwesenheit von CO_2 vollständig in unlösliche Hydroxide oder Oxide umwandeln und als Meeressedimente absetzen (CO_2 aus der Atmosphäre erhöht in Form von Carbonat, $CO_2 + H_2O \rightleftharpoons HCO_3^- + H^+$, die Löslichkeit der An-Ionen durch Komplexbildung). In der *Lithosphäre* liegen die Actinoide in Form von Isopolyoxokationen, an Gesteine adsorbiert, vor; auch werden sie bevorzugt von Tonmineralen mit Ionenaustauschqualitäten festgehalten. Die Endlagerung von Reaktorabbränden erfolgt mit Vorteil in tiefgelegenen Höhlen ohne Wasserzirkulation, die vor geologischen und menschlichen Katastrophen (Erdbeben, Vulkantätigkeit, Flugzeugabsturz) sicher sind und die großen, beim radioaktiven Zerfall entwickelten Wärmemengen gut abzuleiten vermögen. Bewährt haben sich insbesondere Salzlagerstätten. In die Biosphäre gelangen die Actinoide im Falle der Meereslebewesen durch Adsorption an der Körperoberfläche bzw. durch Wasseraufnahme, im Falle vieler Landeslebewesen durch Atmung bzw. durch die Nahrung. Bei den höheren Tieren erfolgt eine gewisse Anreicherung der eingeatmeten bzw. über die Körperflüssigkeiten transportierten Actinoide (z. B. Pu^{4+} als Transferrin- sowie Citratkomplex) in der Lunge bzw. in der Leber und insbesondere im Knochen. Die Ausscheidung einmal abgelagerter Actinoide wickelt sich über die Niere (Pu^{4+}, Am^{3+}, Cm^{3+} als Citratkomplexe, UO_2^{2+} als Bicarbonatkomplex, NpO_2^+ unkomplexiert) bzw. über den Kot (auf dem Wege Leber, Galle) nur langsam ab ($\tau_{1/2}$ des Pu-Abbaus aus den Knochen beträgt 65–130 Jahre). Eine Anreicherung der Actinoide in der Nahrungskette wurde nicht beobachtet. Die Einnahme geeigneter Komplexbildner wie Ethylendiamintetraessigsäure H_4EDTA (vgl. S. 1223) bewirkt eine rasche Ausscheidung von gelöstem – aber nicht von abgelagertem – Plutonium(IV).

Toxizität. Werden Transurane (aus Reaktorabbränden[17]), Atomexplosionen usw.) in die Umwelt gebracht, und berücksichtigt man deren relative Anteile bei der Bildung (vgl. S. 1770) sowie Zerfallshalbwertszeiten der einzelnen Radionuklide und deren Tochternuklide (vgl. Tab. 162 sowie Tab. 152 auf S. 1727), so läßt sich ersehen, daß die Gefahren zunächst (bis zu 10000 Jahren) auf einige Uran- und Plutoniumisotope, das Nuklid $^{241}_{95}Am$ sowie einige Curiumisotope zurückgehen und dann im wesentlichen auf die Nuklide $^{239,240}_{94}Pu$ sowie $^{243}_{95}Am$. Die betreffenden Actinoide zeigen für den Menschen als Schwermetalle eine *akute Wirkung* wie andere Schwermetalle und als α-strahlende Nuklide eine *Langzeitwirkung* wie andere Radionuklide. Die α-Aktivität inkorporierten Plutoniums kann, wie aus Versuchen mit Tieren folgt, ab einer Aktivität von 37 Bq pro Gramm Lunge bzw. 0.06 Bq pro kg Knochen zu Karzinomen führen (bzgl. Bq vgl. S. 1740). Pu-Aktivitäten dieses Ausmaßes sind bisher bei keinem Menschen der Erde auch nur annähernd erreicht worden.

Verwendung der Actinoide. In *radiochemischer* Sicht dienen die Actinoide (insbesondere Th, U, Pu, Am, Cf) in Labor, Technik und Medizin der Erzeugung von Stoffen, Energie und energiereichen Helium- und anderen Atomkernen, Neutronen sowie γ-Quanten (für *nichtradiochemische* Anwendungen vgl. S. 1811). Stofferzeugung. Auf die Gewinnung von in der Natur nicht vorkommenden Nukliden durch *Kernspaltung* aus Uran $^{233,235}_{92}U$ und Plutonium $^{239}_{94}Pu$ bzw. durch *Neutroneneinfang* aus Thorium $^{232}_{90}Th$, Uran $^{238}_{92}U$, Plutonium $^{239}_{94}Pu$ und anderen Elementen wurde bereits auf S. 1759 bzw. 1770 hingewiesen. Im großen Maßstab wird im Brutreaktor $^{232}_{90}Th$ in $^{233}_{92}U$ und $^{238}_{92}U$ in $^{239}_{94}Pu$ verwandelt. Bedeutung hat darüber hinaus die Darstellung einiger Transneptuniumisotope durch α- bzw. *β⁻-Prozesse*, z. B.: $^{242}_{96}Cm \rightarrow {}^{238}_{94}Pu$ (wegen hoher Isotopenreinheit für Herzschrittmacher geeignet), $^{252}_{98}Cf \rightarrow {}^{248}_{96}Cm$, $^{249}_{97}Bk \rightarrow {}^{249}_{98}Cf$, $^{255}_{99}Es \rightarrow {}^{255}_{100}Fm$. Energieerzeugung. Die Verwendung von Uran $^{233,235}_{92}U$ und Plutonium $^{239}_{94}Pu$ als *Kernbrennstoffe* zur Erzeugung von elektrischer Energie bzw. zum Bau von Bomben wurde bereits eingehend besprochen (S. 1771, 1773). Darüber hinaus wird Plutonium $^{238}_{94}Pu$ in Verbindung mit thermoelektrischen PbTe-Elementen als kompakte (kleindimensionierte) zuverlässige Stromquelle für

[17] Der Abbrand eines mit 1 Tonne Uran beladenen Reaktors beträgt nach 3jähriger Brennzeit ca. 50 kg (= 35 kg Spaltprodukte und 15 kg Plutonium sowie Transplutonium-Elemente).

Tauchanzugheizungen, Herzschrittmacher, Raumsatelliten usw. genutzt (die von 1 g $^{238}_{94}Pu$ produzierte thermische Energie durch α-Zerfall in $^{234}_{92}U$ beträgt ca. 0.56 W; $\tau_{1/2} = 87.74$ a; typische Herzschrittmacher enthalten 160 mg $^{238}_{94}Pu$, umgeben von einer Legierung aus Ta, Ir und Pt). Erzeugung von α-Teilchen, γ-Quanten. Americium $^{241}_{95}Am$ findet als Quelle monoenergetischer α-Teilchen (5.44 und 5.49 MeV) sowie γ-Strahlen (59.6 keV) vielseitige Anwendung und dient etwa zur Bestimmung von *Stoffdichten* und *-dicken*, zur Luftionisierung in *Smoke-Detektoren* und in Verbindung mit Beryllium als – vielfach genutzte (s. u.) – *Neutronenquelle* ($^{9}_{4}Be + ^{4}_{2}He \rightarrow ^{1}_{0}n + ^{12}_{6}C$; vgl. S. 1752). Erzeugung von Neutronen. Als Neutronenquelle wird heute neben der erwähnten Kombination $^{241}_{95}Am/^{9}_{4}Be$ (1.0×10^7 Neutronen pro Sekunde und Gramm Americium) hauptsächlich Californium $^{252}_{98}Cf$ genutzt, das sowohl unter normalem Zerfall α-Teilchen als auch unter spontanem Zerfall Neutronen produziert. $^{252}_{98}Cf$-Neutronenquellen sind wegen des hohen Neutronenflusses (2.4×10^{12} Neutronen pro Sekunde und Gramm Californium) von kleinem Ausmaß und deshalb besonders geschätzt. Sie dienen u.a. zum „*Zünden*" von Reaktorbrennelementen (S. 1768), in der *Aktivierungsanalyse* (S. 1755) sowie in der *Medizin* (Therapie bestimmter Geschwüre). Erzeugung energiereicher Atomkerne. Eine weitere Anwendung von $^{252}_{98}Cf$ betrifft die Massenspektrometrie wenigflüchtiger Stoffe hoher Molekülmassen ($^{252}_{98}$*Cf-Plasma-Desorptions-Massenspektroskopie*, „*Cf-PDMS*"), wobei allerdings nicht die Neutronen, sondern die durch spontane Spaltung entstehenden hochenergetischen Bruchstücke der Cf-Kerne genutzt werden. Sie bringen die Stoffmoleküle, deren Masse bestimmt werden soll, durch Zusammenstöße in die Gasphase.

6 Verbindungen der Actinoide[1,18)]

Wasserstoffverbindungen

Gegenüber Wasserstoff verhalten sich die Actinoide wie die Lanthanoide (S. 1788): Es bilden sich nichtstöchiometrische Hydridphasen der Zusammensetzung $AnH_{<2}$ (An = Th, Np, Pu, Am, Cm, Bk), $AnH_{<3}$ (An = Pa, U, Np, Pu, Am, Cm) sowie $AnH_{<4}$ (Th_4H_{15}) mit Bildungsenthalpien ΔH_f von −100 bis −200 kJ/mol (bezüglich weiterer Einzelheiten vgl. S. 276). Die Actinoidhydride eignen sich als reaktive Substanzen oft besser zur Darstellung von Actinoidverbindungen als die Metalle selbst. So reagiert etwa „*Urantrihydrid*" UH_3 mit Cl_2 bei 200 °C zu UCl_4, mit HCl bei 250–300 °C zu UCl_3, mit H_2O bei 350 °C zu UO_2, mit HF bei 400 °C zu UF_4 und mit H_2S bei 450 °C zu US_2. Beim Erhitzen hinterläßt UH_3 ($\Delta H_f = -127$ kJ/mol; $\Delta H_f(UD_3, UT_3) = -130$ kJ/mol) Uran als extrem reaktives, feinverteiltes Metall.

Halogenverbindungen[18)]

Zusammensetzung, Farben und Schmelzpunkte bisher bekannter **Actinoidhalogenide AnX_6, AnX_5, AnX_4, AnX_3** und **AnX_2** sind in Tab. 163 zusammen mit U_4F_{17}, Pu_4F_{17}, Pa_2F_9 sowie U_2F_9 wiedergegeben. Ersichtlicherweise existieren keine *Heptahalogenide* und nur vier *Hexahalogenide* (UF_6, UCl_6, NpF_6, PuF_6) sowie acht *Pentahalogenide* (PaX_5, UF_5, UCl_5, UBr_5, NpF_5). Die Stabilität der *Tetrahalogenide* nimmt ähnlich wie die der Pentahalogenide mit steigender Ordnungszahl des Actinoids sowie Halogens ab. Dementsprechend sind Tetrafluoride bis Californium, Tetrachloride und -bromide bis Neptunium und Tetraiodide bis Uran gewinnbar. *Trihalogenide* (Fluoride bis Iodide) lassen sich mit Ausnahme von ThX_3 und PaX_3 wohl von jedem Actinoid, *Dihalogenide* (Chloride, Bromide, Iodide) von Americium sowie von Californium bis Nobelium verifizieren (bezüglich ThI_3, ThI_2, PaI_3 s.u.).

---

18 **Literatur.** Hydride. K.M. Mackay: „*Actinium and Actinide Hydrides*", Comprehensive Inorg. Chem. **1** (1973) 47–51; D. Brown: „*Compounds of Actinides: Hydrides*", Comprehensive Inorg. Chem. **5** (1973) 141–150. – Halogenide, Chalkogenide. J.J. Katz, I. Sheft: „*Halides of Actinide Elements*", Adv. Inorg. Radiochem. **2** (1960) 195–236; N. Hodge: „*The Fluorides of the Actinide Elements*", Adv. Fluorine Chem. **2** (1961) 138–182; K.W. Bagnall: „*The Halogen Chemistry of the Actinides*" in V. Gutmann: „Halogen Chemistry" **3** (1967) 303–382; D. Brown: „*Halides of the Lanthanides and Actinides*", Wiley, New York 1968; J.C. Taylor: „*Systematic Features in the Structural Chemistry of the Uranium Halides, Oxyhalides and Related Transition Metal and Lanthanide Halides*", Coord. Chem. **20** (1976) 197–273; L.E.J. Roberts: „*The Actinide Oxides*", Quart. Rev. **15** (1961) 442–460; W. Bacher, E. Jacob: „*Uranhexafluorid – Chemie und Technologie eines Grundstoffs des nuklearen Brennstoff-Kreislaufes*", Chemiker-Zeitung **106** (1982) 117–136; J.H. Holloway, D. Laycock: „*Preparation and Reactions of Oxide Fluorides of the Transition Metals, the Lanthanides, and the Actinides*", Adv. Inorg. Radiochem. **28** (1984) 73–93. – Komplexe, metallorganische Verbindungen. T.J. Marks: „*Chemistry and Spectroscopy of f-Element Organometallics, Part II: The Actinides*", Progr. Inorg. Chem. **26** (1979) 1–43; A.E. Comyns: „*The Coordination Chemistry of the Actinides*", Chem. Rev. **60** (1960) 115–146; T.J. Marks, R.D. Ernst: „*Scandium, Yttrium and the Lanthanides and Actinides*", Comprehensive Organomet. Chem., **3** (1982) 173–270; K.W. Bagnall: „*The Actinides*", Comprehensive Coord. Chem. **3** (1987) 1129–1228; U. Caselatto, M. Vidali, P.A. Vigato: „*Actinide Complexes with Chelating Ligands Containing Sulfur and Amidic Nitrogen Donor Atoms*", Coord. Chem. Rev. **28** (1979) 231–277.

Darstellung. Die Synthese der Actinoidhalogenide erfolgt durch Halogenierung, Halogenidierung sowie Dehalogenierung. Die Halogenierung mit *elementarem Halogen* führt zu hohen und höchsten Oxidationsstufen der betreffenden Actinoide:

$$\mathrm{An} + \tfrac{n}{2}\mathrm{X}_2 \rightarrow \mathrm{AnX}_n$$

So lassen sich die Tetrafluoride AnF_4 (An = U, Np, Pu) mit Fluor in AnF_5 und AnF_6 überführen, die Trifluoride AnF_3 (An = Am, Cm, Bk, Cf) in AnF_4 und die elementaren Actinoide Th bis Np mit Chlor, Brom bzw. Iod in ThX_4, PaX_5, $UCl_{3,4,5}$, $UBr_{3,4,5}$, $NpCl_4$, $NpBr_4$. Das auf diese Weise großtechnisch gewonnene UF_6 ist für die Trennung der Uranisotope nach dem Gasdiffusionsverfahren und anderen Verfahren von Bedeutung (vgl. S. 1796). Mit geeigneten *Halogenierungsmitteln* sind allerdings auch niedrige Halogenide zugänglich, z.B. AmX_2 durch Halogenierung von Am mit Quecksilber(II)-halogenid HgX_2 bei 400–500 °C (X = Cl, Br).

Tab. 163 Farben und Schmelzpunkte (°C; Z = Zersetzung) binärer Actinoidhalogenide

	Th	Pa	U	Np	Pu	Am	Cm	Bk	Cf	Es
AnX_6	–	–	$\mathbf{UF_6}$ a) *farbl.* 64 °C	$\mathbf{NpF_6}$ a) *orangef.* 55°	$\mathbf{PuF_6}$ a) *rotbraun* 52°	–	–	–	–	–
	–	–	$\mathbf{UCl_6}$ *grün* 178 °C	–	–	–	–	–	–	–
AnX_5	–	$\mathbf{PaF_5}$ c) *farblos*	$\mathbf{UF_5}$ *farblos* 348°	$\mathbf{NpF_5}$ *hellblau*	–	–	–	–	–	–
	–	$\mathbf{PaCl_5}$ *gelb* 306 °C	$\mathbf{UCl_5}$ *braun* 327 °C	–	–	–	–	–	–	–
	–	$\mathbf{PaBr_5}$ *rot* 310 °C	$\mathbf{UBr_5}$ *schwarz* Z.	–	–	–	–	–	–	–
	–	$\mathbf{PaI_5}$ *schwarz*	UI_5 als $\mathbf{UI_6^-}$	–	–	–	–	–	–	–
AnX_4	$\mathbf{ThF_4}$ *farbl.* 1110°	$\mathbf{PaF_4}$ b) *rotbraun*	$\mathbf{UF_4}$ b) *grün* 960 °C	$\mathbf{NpF_4}$ *grün*	$\mathbf{PuF_4}$ b) *braun* 1037°	$\mathbf{AmF_4}$ *fleischf.*	$\mathbf{CmF_4}$ *graugrün*	$\mathbf{BkF_4}$ *gelbgrün*	$\mathbf{CfF_4}$ *hellgrün*	–
	$\mathbf{ThCl_4}$ *farbl.* 770 °C	$\mathbf{PaCl_4}$ *gelbgrün*	$\mathbf{UCl_4}$ *grün* 590 °C	$\mathbf{NpCl_4}$ *braun* 538°	$\mathbf{PuCl_4}$ (584 °C)	–	–	–	–	–
	$\mathbf{ThBr_4}$ *farbl.* 679 °C	$\mathbf{PaBr_4}$ *orangerot*	$\mathbf{UBr_4}$ *braun* 519 °C	$\mathbf{NpBr_4}$ *rot* 464 °C	–	–	–	–	–	–
	$\mathbf{ThI_4}$ *gelb* 566 °C	$\mathbf{PaI_4}$ *schwarz*	$\mathbf{UI_4}$ *schwarz* 506°	–	–	–	–	–	–	–
AnX_3	–	–	$\mathbf{UF_3}$ *purpur* 1140°	$\mathbf{NpF_3}$ *purpur*	$\mathbf{PuF_3}$ *violett* 1425°	$\mathbf{AmF_3}$ *rosa* 1393 °C	$\mathbf{CmF_3}$ *farbl.* 1406 °C	$\mathbf{BkF_3}$ *gelbgrün*	$\mathbf{CfF_3}$ *gelbgrün*	–
	–	–	$\mathbf{UCl_3}$ *rot* 837 °C	$\mathbf{NpCl_3}$ *grün* 800 °C	$\mathbf{PuCl_3}$ *grün* 760 °C	$\mathbf{AmCl_3}$ *rosa* 715 °C	$\mathbf{CmCl_3}$ *farbl.* 695 °C	$\mathbf{BkCl_3}$ *grün* 603 °C	$\mathbf{CfCl_3}$ *grün* 545 °C	$\mathbf{EsCl_3}$ *orangef.*
	–	–	$\mathbf{UBr_3}$ *rot* 730 °C	$\mathbf{NpBr_3}$ *grün*	$\mathbf{PuBr_3}$ *grün* 681 °C	$\mathbf{AmBr_3}$ *hellgelb*	$\mathbf{CmBr_3}$ *hellgrün* 625°	$\mathbf{BkBr_3}$ *hellgrün*	$\mathbf{CfBr_3}$ *grün*	$\mathbf{EsBr_3}$ *weißgelb*
	$\mathbf{ThI_3}$ *schwarz*	$\mathbf{PaI_3}$ *schwarz*	$\mathbf{UI_3}$ *schwarz* 766°	$\mathbf{NpI_3}$ *braun* 767°	$\mathbf{PuI_3}$ *grün* 777 °C	$\mathbf{AmI_3}$ *hellgelb* 950 °C	$\mathbf{CmI_3}$ *farblos*	$\mathbf{BkI_3}$ *gelb*	$\mathbf{CfI_3}$ *orangef.*	$\mathbf{EsI_3}$ *bernsteinf.*
AnX_2	–	–	–	–	–	$\mathbf{AmCl_2}$ *schwarz*	–	–	$\mathbf{CfCl_2}$ *cremef.* 685 °C	–
	–	–	–	–	–	$\mathbf{AmBr_2}$ *schwarz*	–	–	$\mathbf{CfBr_2}$ *bernsteinf.*	–
	$\mathbf{ThI_2}$ *golden*	–	–	–	–	$\mathbf{AmI_2}$ *schwarz* 700 °C	–	–	$\mathbf{CfI_2}$ *violett*	–

a) Flüchtig im Vakuum; Sblp. UF_6 = 57 °C; Sdp. NpF_6 = 56 °C; Sdp. PuF_6 = 62 °C. – **b)** $\mathbf{Pa_2F_9}$: schwarz; $\mathbf{U_2F_9}$: schwarz; $\mathbf{U_4F_{17}}$: schwarz; $\mathbf{Pu_4F_{17}}$: rot. – **c)** Sblp. 500 °C im Vakuum.

Als Edukte für Halogenidierungen verwendet man in der Regel Actinoidoxide, die sich mit *Halogenwasserstoffen* gemäß ($n = 2m$)

$$\mathrm{AnO}_m + 2m\mathrm{HX} \rightarrow \mathrm{AnX}_n + m\mathrm{H_2O}$$

beim Erhitzen in Actinoidhalogenide verwandeln lassen. So bilden sich aus Pa_2O_5 mit HX die Pentahalogenide PaX_5, aus AnO_2 (An = Th bis Pu) mit HF die Tetrafluoride AnF_4 (zur Verhütung der Oxidation von PaF_4 bzw. Reduktion von NpF_4 und PuF_4 wird in Anwesenheit von H_2 bzw. O_2 gearbeitet). Beim Erhitzen von AnO_2 (An = U bis Pu) mit HX in Anwesenheit von H_2 bzw. von An_2O_3 (An = Pu bis Cf) mit HX entstehen andererseits Trihalogenide AnX_3. Als Halogenidierungsmittel wirken darüber hinaus CCl_4, $AlBr_3$ und AlI_3 bei höheren Temperaturen und führen etwa ThO_2 in ThX_4, Pa_2O_5 in

PaX_5 über. Auch die Bildung von UCl_6 erfolgt durch Halogenidierung von UF_6 mit $AlCl_3$. *Wasserhaltige Fluoride* $AnF_4 \cdot 2\frac{1}{2}H_2O$ und $AnF_3 \cdot H_2O$ erhält man beim Versetzen wässeriger Lösungen der Ionen An^{4+} bzw. An^{3+} mit Fluorid als schwerlösliche Niederschläge.

Die Bildung niederer Actinoidhalogenide durch Dehalogenierung höherer Halogenide kann etwa mit *Wasserstoff* (Bildung von UF_3 aus UF_4, von CfX_2 aus CfX_3), mit den betreffenden *Actinoiden* (Bildung von $ThI_{<4}$ aus ThI_4, von CfX_2 aus CfX_3) oder durch *Erwärmen* (Bildung von PaI_3 aus PaI_5) erfolgen.

Strukturen (vgl. Tab. 161, S. 1804). Die Actinoide weisen ähnlich wie die Lanthanoide (S. 1788) in ihren Halogenverbindungen hohe Koordinationszahlen im Bereich 6–9 auf, wobei die Zähligkeit von An mit wachsender Oxidationsstufe sowie zunehmender Ordnungszahl des Actinoids (Actinoid-Kontraktion!) sowie zunehmender Ordnungszahl des Halogens (Radienvergrößerung) abnimmt. In diesem Sinne beträgt die Koordinationszahl von An in den „*Hexahalogeniden*" UF_6, NpF_6, PuF_6, UCl_6 *sechs* (*oktaedrische* Koordination, $r_{UF} = 1.994$, $r_{NpF} = 1.981$, $r_{PuF} = 1.969$ Å), in den weniger hoch oxidierten „*Pentahalogeniden*" PaF_5, UF_5, NpF_5, $PaCl_5$ *sieben* (*pentagonal-bipyramidale* Koordination; über gemeinsame Kanten verknüpfte AnX_7-Polyeder, vgl. Fig. 357a), vermindert sich aber beim Übergang von $PaCl_5$ zu UCl_5 (schwereres Actinoid) bzw. $PaCl_5$ zu $PaBr_5$ (schwereres Halogen) wieder um eine Einheit auf *sechs* (*oktaedrische* Koordination; über eine gemeinsame Kante verknüpfte AnX_6-Polyeder, vgl. Fig. 357b). Unter den „*Tetrahalogeniden*" haben die Actinoide in den Fluoriden AnF_4 und Chloriden $AnCl_4$ (An = Th, Pa, U, Np) sowie den leichteren Bromiden $AnBr_4$ (An = Th, Pa) die Koordinationszahl *acht* (Fluoride: *quadratisch-antiprismatisch*, Chloride, Bromide: *dodekaedrisch*), in den schwereren Bromiden $AnBr_4$ (An = U, Np) die Koordinationszahl *sieben* (*pentagonal-bipyramidal*) und in UI_4 die Koordinationszahl *sechs* (*oktaedrisch*). Im Falle der „*Trihalogenide*" beträgt die höchste beobachtbare Koordinationszahl „*neun*" (Tetrahalogenide: acht; Pentahalogenide: sieben; Hexahalogenide: sechs). Sie liegt allen Fluoriden bis BkF_3, allen bisher bekannten Chloriden und allen Bromiden bis $NpBr_3$ zugrunde (*dreifach-überkappt-trigonal-prismatische* An-Koordination) und vermindert sich beim Übergang von $BkF_3 \rightarrow CfF_3$, von $NpBr_3 \rightarrow PuBr_3$ bis $BkBr_3$ und von $UBr_3 \rightarrow UI_3$ bis AmI_3 um eine Einheit auf *acht* (*zweifach-überkappt-trigonal-prismatische* An-Koordination), beim Übergang von $BkBr_3 \rightarrow CfBr_3$ und von $AmI_3 \rightarrow CmI_3$ bis CfI_3 um weitere zwei Einheiten auf *sechs* (*oktaedrische* An-Koordination). Unter den „*Dihalogeniden*" haben die Actinoide in den Verbindungen ThI_2 (Schichtstruktur) die Koordinationszahl 6, $AmCl_2$ ($PbCl_2$-Struktur, s. u.) die KZ 9, $AmBr_2$ ($SrBr_2$-Struktur) die KZ 8/7, AmI_2 (SrI_2-Struktur) die KZ 7 und $CfBr_2$ die KZ 8/7.

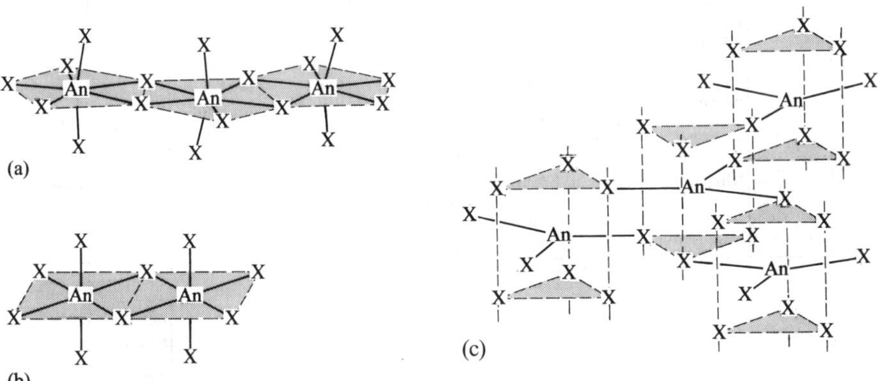

Fig. 357 (a) Struktur von PaF_5, $PaCl_5$, UF_5, NpF_5; (b) Struktur von $PaBr_5$, UCl_5, UBr_5; (c) UCl_3-Struktur.

Die Trichloride $AnCl_3$ (An = U, Np, Pu, Am, Cm, Bk, Cf, Es) sowie Tribromide $AnBr_3$ (An = U) kristallisieren in der „**Urantrichlorid-Struktur**": In ihr sind *dreifach-überkappt-trigonal-prismatische* AnX_9-Baueinheiten paarweise in der in Fig. 357c wiedergegebenen Weise so miteinander verknüpft, daß jeweils ein Basis- und ein überkappendes Halogen einer Einheit das überkappende bzw. Basis-Atom einer anderen Einheit bilden. Dabei fungiert jedes der drei überkappenden Halogene einer Einheit als Basisatom einer von drei anderen Baueinheiten (vgl. mittlere Einheit in Fig. 357c) und jedes der sechs Basishalogene einer Einheit als überkappendes Atom einer von sechs anderen Baueinheiten. Die AnX_9-Einheiten sind ihrerseits über gemeinsame Basisflächen zu Stapeln verknüpft. Insgesamt lassen sich auf diese Weise die AnX_9-Polyeder spannungsfrei zu einer Raumstruktur verbinden. Das X-Teilgitter bildet hierbei eine Packung mit dreifach-überkappt-trigonal-prismatischen Lücken, die teilweise mit An besetzt, teilweise unbesetzt sind. Die UCl_3-Struktur wird nicht nur von den erwähnten Actinoidhalogeniden, sondern auch von einigen Lanthanoidtrichloriden $LnCl_3$ (Ln = La bis Gd), -tribromiden $LnBr_3$ (Ln = La, Ce, Pr), -trihydroxiden $Ln(OH)_3$ (Ln = La, Pr, Nd, Sm, Gd, Yb) und von $Y(OH)_3$ eingenommen. Von der UCl_3-Struktur leitet sich die „**Bleidichlorid-Struktur**" dadurch ab, daß die Blei-Ionen an die Stelle der Uran-Ionen treten und zudem noch die erwähnten Lücken der UCl_3-Raumstruktur besetzen. Mit $PbCl_2$-Struktur kristallisieren außer $PbCl_2$ und $PbBr_2$ etwa auch $AmCl_2$, $EuCl_2$, $SmCl_2$, $BaBr_2$, BaI_2.

Eigenschaften. Der salzartige Charakter der Actinoidhalogenide wächst mit sinkender Oxidationsstufe des Actinoids und abnehmender Ordnungszahl des Halogens. Dementsprechend stellen die Hexahalogenide vergleichsweise flüchtige Substanzen mit niedrigen Schmelzpunkten, die Trihalogenide wenig flüchtige Substanzen mit hohen Schmelzpunkten dar (vgl. Tab. 163). Mit Ausnahme der Fluoride der vier- und dreiwertigen Actinoide, die wasserunlöslich sind, zerfließen bzw. *hydrolysieren* die Actinoidhalogenide in Kontakt mit *Wasser* (z. B. Bildung von $An^{VI}O_2X_2$, $An^{V}O_2X$, $An^{IV}O_2$, $[An^{III}X_2(H_2O)_6]^+$ $An^{III}OX$, $An_2^{III}O_3$). Die *Hexahalogenide* wirken als starke *Halogenierungsmittel*. Ihre Stabilität nimmt zum PuF_6 hin so stark ab, daß dieses nur bei tiefen Temperaturen aufbewahrt werden kann (AmF_6 ist bereits nicht mehr gewinnbar). Die *Dihalogenide* oxidieren sich an *Luft* und reagieren mit *Wasser* unter H_2-Entwicklung. ThI_2 und ThI_3 zeigen im Unterschied zu den anderen Di- und Trihalogeniden metallischen Glanz sowie elektrische Leitfähigkeit und müssen im Sinne von $Th^{4+}(I^-)_2(e^-)_2$ bzw. $Th^{4+}(I^-)_3(e^-)$ formuliert werden.

Die Actinoidhalogenide bilden eine Reihe von **Halogenokomplexen**. So leiten sich von den „*Trihalogeniden*" ähnlich wie von den Lanthanoid(III)-halogeniden u. a. Komplexe des Typus M^IAnF_4 (An = U, Pu, Am; *dreifach-überkappt-trigonal-prismatische* An^{3+}-Koordination), $M_2^IAnCl_5$ (An = U, Np, Pu; *einfach-überkappt-trigonal-prismatische* An^{3+}-Koordination) und $M_3^IAnCl_6$ (An = U, Np, Pu, Bk) sowie $M_3^IAnBr_6$ (An = U, Pu; jeweils *oktaedrische* An^{3+}-Koordination) ab. Die „*Tetrahalogenide*" bilden u. a. Fluorokomplexe des Typus AnF_5^- (*dreifach-überkappt-trigonal-prismatische* An^{4+}-Koordination), AnF_6^{2-}/AnF_7^{3-} (9fache Koordination), AnF_8^{4-} (*dodekaedrische* An^{4+}-Koordination), $An_6F_{31}^{7-}$, wovon viele Möglichkeiten für An = Th bis Bk verifiziert werden konnten. Die Chloro-, Bromo- und Iodokomplexe der vierwertigen Actinoide haben die Zusammensetzung AnX_6^{2-} (An = Th bis Pu, Bk; *oktaedrische* An^{4+}-Koordination). Von den Halogenokomplexen der „*Pentahalogenide*" lassen sich die komplexen Fluoride AnF_6^- (An = Pa, U, Np, Pu), PaF_7^{2-} und PaF_8^{3-} aus wässerigen HF-Lösungen fällen, die Fluorokomplexe AnF_7^{2-} (An = U, Np, Pu) und AnF_8^{3-} (An = U, Np) durch Fluorierung eines Gemischs von M^IF und AnF_4 mit Fluor darstellen. Der Bau der Anionen (sechs-, sieben-, acht- bzw. neunfache An^{5+}-Koordination) wird vom Actinoid sowie vom Gegenion diktiert. Interessanterweise ist An = Pa, U, Np in Na_3AnF_8 *kubisch* von Fluorid umgeben. Von den übrigen Halogeniden kennt man nur Komplexe AnX_6^- des fünfwertigen Protactiniums und Urans (*oktaedrische* An^{5+}-Koordination). Unter den „*Hexahalogeniden*" bildet UF_6 die Fluorokomplexe UF_7^-, UF_8^{2-}, UF_9^{3-} und UF_{10}^{4-}.

Sauerstoffverbindungen[18)]

Die Actinoide bilden nichtstöchiometrische **Oxide** der Grenzzusammensetzung $\mathbf{AnO_3}$, $\mathbf{An_3O_8}$, $\mathbf{An_2O_5}$, $\mathbf{AnO_2}$, $\mathbf{An_2O_3}$ und **AnO** (vgl. Tab. 164). Darüber hinaus existieren *wasserhaltige Oxide*, *Hydroxide* bzw. *Peroxide* $AnO_4 \cdot xH_2O$ ($\hat{=} UO_2(O_2) \cdot 2H_2O$), $AnO_3 \cdot H_2O$ ($\hat{=} AnO_2(OH)_2$), $AnO_2 \cdot xH_2O$ ($\hat{=}$ $An(OH)_4$), $An_2O_3 \cdot xH_2O$ ($\hat{=} An(OH)_3$) sowie **Oxidhalogenide** des Typus $AnOX_4$, AnO_2X_2, $AnOX_3$, AnO_2X, $AnOX_2$, AnOX.

Darstellung. Das „*Trioxid*" UO_3 (7 Modifikationen), welches als einziges An(VI)-Oxid in wasserfreiem Zustand zugänglich ist, entsteht beim Erhitzen von Uranylnitrat $UO_2(NO_3)_2$ (gewinnbar durch Lösen von UO_2 in Salpetersäure) auf 600 °C. Erwärmt man andererseits eine wässerige $UO_2(NO_3)_2$-Lösung im Autoklaven auf 300 °C, so bildet sich durch „*Hydrothermalreaktion*" ein Monohydrat $UO_3 \cdot H_2O$ = $UO_2(OH)_2$ („*Uranyldihydroxid*"; auch gewinnbar aus $UO_2(NO_3)_2$-Lösungen durch Fällung mit schwachen Basen wie Pyridin). Anders als im Falle von U(VI)-Salzen entstehen beim Erhitzen von Np(VI)- und Pu(VI)-Salzen flüchtiger Säuren statt der Trioxide sauerstoffärmere Dioxide. Es lassen sich jedoch durch Oxidation der in Wasser suspendierten Dioxide Sauerstoffverbindungen Np_2O_5 bzw. $Pu(OH)_4$, mit Ozon Monohydrate $AnO_3 \cdot H_2O = AnO_2(OH)_2$ („*Neptunyl-*", „*Plutonyldihydroxid*") gewinnen. Im Falle von UO_3 erfolgt die Sauerstoffabgabe erst bei Erhitzen auf 700–900 °C. Es bildet sich hierbei das Oxid U_3O_8, das bei gleichen Temperaturen auch aus UO_2 oder anderen Uranoxiden an der Luft entsteht und zur „*gravimetrischen Uranbestimmung*" genutzt werden kann.

U_3O_8 läßt sich im Wasserstoffstrom bei 700 °C oder im Kohlenmonoxidstrom bei 350 °C auf dem Wege über weitere nichtstöchiometrische Phasen bis zur UO_2-Stufe reduzieren. U. a. wird hierbei die Stufe des „*Pentaoxids*" An_2O_5 durchlaufen, die auch im Falle von Pa und Np existiert und für beide Elemente das höchste, in wasserfreiem Zustand erhältliche Oxid darstellt. Pa_2O_5 entsteht bei Erhitzen von $Pa^{VI}O(OH)_3$ und anderen Pa-Verbindungen an Luft auf 650 °C, Np_2O_5 bei der Oxidation von NpO_2 mit Ozon oder beim Erhitzen von $Np^{VI}O_2(OH)_2$ im Vakuum auf 300 °C.

Tab. 164 Farben, Schmelzpunkte (°C) und Bildungsenthalpien (kJ/mol) der Actinoidoxide (berechnete Werte in Klammern)[a)]

	Th	Pa	U	Np	Pu	Am	Cm	Bk	Cf	Es
VI	–	–	**UO_3** (β-Form)[b)] *orangef.* 650 °C −1220 kJ	**$NpO_3 \cdot H_2O$** *schwarz* −1379 kJ	**$PuO_3 \cdot H_2O$** *goldbraun*	–	–	–	–	–
V	–	**Pa_2O_5** *farblos*	**U_2O_5**[c)], *schwarz* (−2340 kJ)	**Np_2O_5** *dunkelbraun*	–	–	–	–	–	–
IV	**ThO_2** *farblos* 3390 °C −1226 kJ	**PaO_2** *farblos* (−1109 kJ)	**UO_2** *schwarzbraun* 2875 °C −1085 kJ	**NpO_2** *braun* 2600 °C −1074 kJ	**PuO_2** *gelbgrün* 2390 °C −1056 kJ	**AmO_2** *schwarz-braun* −932 kJ	**CmO_2** *schwarz-braun* −911 kJ	**BkO_2** *beigebraun* (−1021 kJ)	**CfO_2** *schwarz* (−858 kJ)	–
III	–	–	–	–	**Pu_2O_3** *schwarz* 2085 °C (−1656 kJ)	**Am_2O_3** *rotbraun* 2205 °C −1692 kJ	**Cm_2O_3** *farblos* 2260 °C −1682 kJ	**Bk_2O_3** *gelbgrün* 1920 °C (−1694 kJ)	**Cf_2O_3** *gelbgrün* 1750 °C −1653 kJ	**Es_2O_3** *farblos* (−1696 kJ)
II[d)]	–	**PaO**	**UO**	**NpO**	**PuO**	**AmO**	**CmO**	**BkO**	**CfO**	–

a) Halogenidoxide: UOF_4, $NpOF_4$, $PuOF_4$; UO_2X_2, NpO_2F_2, PuO_2F_2, PuO_2Cl_2, AmO_2F_2; $PaOBr_3$, $UOCl_3$, $UOBr_3$, $NpOF_3$; PaO_2F, PaO_2I, UO_2Cl, UO_2Br; $ThOX_2$, $PaOCl_2$, UOX_2, $NpOCl_2$; UOCl, NpOI, PuOX, AmOX, CmOX, BkOX, CfOX, EsOX. – **b) $UO_3 \cdot H_2O$** = $UO_2(OH)_2$: *grüngelb*, $\Delta H_f = -1531$ kJ/mol. – **c) U_3O_8** (*dunkelgrün*, Smp. 1150°, $\Delta H_f = -3575$ kJ/mol) bildet sich als wichtiges Oxid beim Erhitzen aller Uranoxide an Luft auf 700–900 °C. Es stellt wie U_2O_5 und viele andere Uranoxide im Bereich UO_2 bis UO_3 eine nichtstöchiometrische Phase dar. – **d)** Alle Oxide **MO** *dunkel, glänzend.*

Eine häufig angewandte Methode zur Gewinnung der „*Dioxide*" AnO_2 besteht in der thermischen Zersetzung der An(IV)-oxalate bzw. im Erhitzen der An(IV)-hydroxide (im Falle von Cm und Cf in einer O_2-Atmosphäre). Zur PaO_2-Darstellung reduziert man Pa_2O_5. Die festen Dioxide zeichnen sich durch besondere Stabilität aus, so daß selbst Elemente wie Pa, Am, Cm, deren An^{4+}-Ionen in wässeriger Lösung instabil sind, beständige feste Dioxide bilden. Die ab Pu erhältlichen „*Trioxide*" („*Sesquioxide*") An_2O_3 sind u.a. durch Erhitzen der An(III)-hydroxide, die ab Pa erhältlichen „*Monoxide*" AnO als Oberflächenschichten durch Erhitzen der elementaren Actinoide an der Luft gewinnbar.

Strukturen (vgl. Tab. 161, S. 1804). Die „Monoxide" MO kristallisieren alle in der „*Steinsalz-Struktur*" („NaCl-Struktur" (S. 123); *oktaedrische* An^{2+}-Koordination), die „Dioxide" MO_2 in der „*Fluorit-Struktur*" („CaF_2-Struktur" (S. 124); *kubische* An^{4+}-Koordination), während die „Sesquioxide" M_2O_3 ähnlich wie die Trioxide der Lanthanoide (S. 1790) den *A-*, *B-* oder *C-Oxid-Typ* einnehmen (7fache und/oder 6fache An^{3+}-Koordination).

Wie oben besprochen, nimmt UO_2 beim Erhitzen Sauerstoff bis zur Zusammensetzung $U_3O_8 = UO_{2.67}$ auf. Zunächst – bis zur Stöchiometrie $U_4O_9 = UO_{2.25}$ – werden kubische Lücken im CaF_2-strukturierten UO_2-Kristall von Sauerstoff besetzt. In U_3O_8 (α-Form) sind alle U-Atome 7fach *verzerrt-pentagonal-bipyramidal* von Sauerstoff koordiniert, wobei die pentagonalen UO_7-Bipyramiden über gemeinsame äquatoriale Kanten zu zweidimensionalen Schichten verbunden sind, deren dreidimensionale Verknüpfung über gemeinsame axiale Sauerstoffatome erfolgt. Eine entsprechende Struktur kommt α-UO_3 zu, nur sind einige UO_7-Polyeder nicht mit Uran besetzt. In den anderen 6 UO_3-Modifikationen liegt teils 7fache, teils 6fache, teils 7- und 6fache Koordination vor (δ-UO_3 kristallisiert in der „*ReO_3-Struktur*" (S. 1499) mit *oktaedrischer* U^{6+}-Koordination). „Uranyldihydroxid" $UO_2(OH)_2$ („Urantrioxid-Hydrat" $UO_3 \cdot H_2O$) kristallisiert in drei Formen. In der *α-Form* sind $UO_2(OH)_6$-Polyeder über gemeinsame Kanten in der in Fig. 358a wiedergegebenen Weise zu Schichten verknüpft: Uran(VI) ist hierbei 8fach (*zweifach-überkappt-oktaedrisch*) von 2 axial angeordneten Sauerstoffatomen und 6 äquatorial, an den Ecken

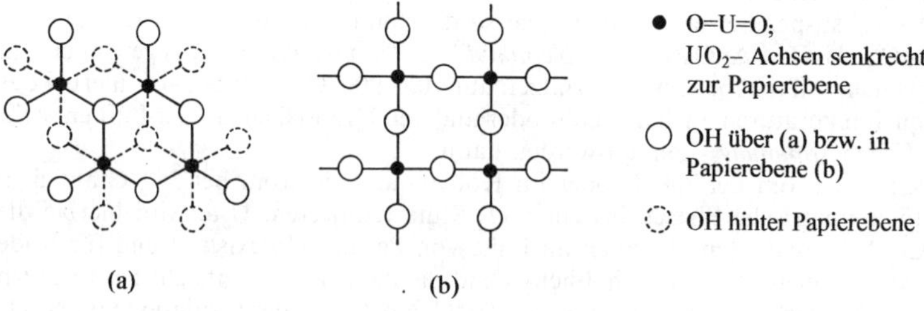

Fig. 358 Strukturen von $UO_2(OH)_2$: (a) α-Form; (b) β-Form.

eines gewellten Sechsrings lokalisierten Hydroxylgruppen koordiniert. Die *β-Form* (Fig. 358b) besteht andererseits aus Schichten eckenverknüpfter *oktaedrischer* $UO_2(OH)_4$-Einheiten (2 axiale O-Atome, 4 äquatoriale OH-Gruppen). Die *γ-Form* weist eine ähnliche Struktur auf wie die *β*-Form, die ihrerseits unter leichtem Druck (Erhöhung der Dichte von 5.73 auf 6.73 g/cm³) in die α-Form übergeht. Analoge Strukturen wie $UO_2(OH)_2$ kommen den anderen Actinoyldihydroxiden zu.

Eigenschaften. Bezüglich der Farben, Schmelzpunkte und Bildungsenthalpien der Actinoidoxide vgl. Tab. 164. Die Oxide stellen gering-flüchtige Substanzen dar (ThO_2 ist das Oxid mit dem höchsten Schmelzpunkt). Sie wirken in Wasser, in welchem sie schwer löslich sind, als *Basen* und lassen sich (teils unter Oxidation) in Säuren lösen, z. B. ThO_2, NpO_2, PuO_2 in konzentrierter F^--haltiger HNO_3, Pa_2O_5 in Flußsäure, alle Uranoxide in konzentrierter HNO_3 oder $HClO_4$. In stark saurer Lösung existieren **Hydrate** des Typus $[An(H_2O)_n]^{2+/3+/4+}$, $[An^{V}O_2(H_2O)_n]^+$, $[An^{VI}O_2(H_2O)_n]^{2+}$ sowie redoxinstabiles $[An^{VII}O_3(H_2O)_n]^+$ (vgl. S. 1805f). Bis auf $[An(H_2O)_n]^{2+}$ verwandeln sich diese bei Zugabe von Basen in wasserunlösliche basisch wirkende, säurelösliche (hydratisierte) **Hydroxide** (*Oxidhydrate*) $An(OH)_3$, $An(OH)_4$, $AnO_2(OH)$, $AnO_2(OH)_2$, $AnO_2(OH)_3$ bzw. in unlösliche Oxometallate (s. unten) sowie lösliche, hydratisierte Hydroxometallate $An^{V}O_2(OH)_2^-$, $An^{VI}O_2(OH)_4^{2-}$, $AnO_2(OH)_6^{3-}$ (vgl. S. 1805f)[19].

Hinsichtlich Alkali- und Erdalkalimetalloxiden vermögen die höheren Actinoidoxide auch als *Säuren* zu wirken. Dementsprechend erhält man **Oxometallate** $BaAnO_3$ (An = Th bis Am; Perowskit-Struktur (S. 1406); *oktaedrische* An-Koordination) beim Erhitzen von BaO mit AnO_2, wobei im Falle der Pa-, U-, Np- bzw. Pu-Verbindung unter strengem Ausschluß, im Falle der Am-Verbindung in Gegenwart von Sauerstoff gearbeitet werden muß. *Fünfwertige*, *oktaedrisch* koordinierte Actinoide An = Pa bis Am, Cm? liegen in den Alkalimetall-oxometallaten M^IAnO_3 (Perowskit-Struktur), $M^I_3AnO_4$ (NaCl-Struktur mit Fehlstellen) und $M^I_7AnO_6$ (*hexagonal-dichteste* Sauerstoffpackung) vor. Ihre Darstellung erfolgt durch Erhitzen der An(IV)- bzw. An(V)-oxide mit M_2O in einer Sauerstoffatmosphäre (Ozon im Falle von CmO_2) oder von An(VI)-oxometallaten mit $An^{IV}O_2$.

Die Oxometallatbildung ist mit einer Stabilisierung der höheren Wertigkeitsstufen der Actinoide verbunden. Demgemäß existieren zwar keine An(V)-oxide des Plutoniums und Americiums, aber An(V)-oxometallate. Entsprechendes gilt für die Oxometallate der *sechswertigen* Actinoide An = U bis Am. Es ließen sich hier gemischte Oxide u. a. des Typus $M^I_2AnO_4$, $M^I_4AnO_5$, $M^I_6AnO_6$ bzw. $M^{II}AnO_4$, $M^{II}_2AnO_5$, $M^{II}_3AnO_6$ (meist mit *oktaedrischer* An-Koordination) durch Erhitzen niederer An-oxide mit Alkali- oder Erdalkalimetalloxiden in einer Sauerstoffatmosphäre synthetisieren. Unter den – besonders eingehend untersuchten – „*Uranaten*" besitzt $CaUO_4$ eine verzerrte α-$UO_2(OH)_2$-Struktur (Fig. 358a, UO_2-Achsen nicht senkrecht zur Papierebene; O anstelle von OH; Ca^{2+} in Lücken), $SrUO_4$ sowie $BaUO_4$ die β-$UO_2(OH)_2$-Struktur (Fig. 358) und Ca_3UO_6 eine Struktur mit isolierten UO_6-Oktaedern. Neben Uranaten sind von U(VI) auch „*Polyuranate*" $M^I_2U_nO_{3n+1}/M^{II}U_nO_{3n+1}$ (n = 2, 3, 6, 7, 13, 16), $M^{II}_2U_3O_{11}$, $M^I_6U_7O_{24}$, $M^I_8U_{16}O_{52}$ bekannt.

Durch Oxometallatbildung lassen sich die Actinoide An = Np und Pu (Am noch fraglich) sogar in ihrer *siebenwertigen* Stufe in Form von $M^I_5AnO_6$ (M^I = Li, Na), $Ba_2M^INpO_6$ (M^I = Li, Na), M^INpO_4 (M^I = K, Rb, Cs), $M^I_3PuO_5$ (M^I = Rb, Cs) stabilisieren (jeweils *oktaedrische* An-Koordination). Die grünbraunen bis schwarzen, in Wasser mit grüner Farbe löslichen, in Säuren redoxinstabilen Verbindungen entstehen z. B. beim Erhitzen von AnO_2 mit Li_2O, M^IO_2 oder BaO im Sauerstoffstrom auf 400 bis 250 °C (vgl. S. 1810).

Außer Oxometallaten kennt man von U(VI) und Np(VI) **Peroxometallate** des Typus $M^I_4AnO_2(O_2)_3 \cdot 9H_2O$ (lineare AnO_2^{2+}-Gruppe mit drei Peroxogruppen O_2^{2-} in der äquatorialen Ebene; *hexagonal-bipyramidale* An^{6+}-Koordination mit O-Atomen). Auch bildet sich durch Reaktion von Uranylsalzen mit H_2O_2 bei pH = 3 gelbes *Uranylperoxid* $UO_2(O_2) = UO_4$ als Di- bzw. Tetrahydrat.

Sonstige binäre Verbindungen

Mit Schwefel, Selen, Tellur reagieren die Actinoide unter Bildung dunkelfarbiger „*Chalkogenide*" der Zusammensetzung **AnY**, **An_3Y_4**, **An_2Y_3**, **AnY_2** und **$AnTe_3$** (nicht alle Möglichkeiten verifiziert). Es handelt sich wie im Falle der Oxide um nichtstöchiometrische Phasen, wobei die Verbindungen mit Actinoiden in vergleichsweise niedrigen Oxidationsstufen halbmetallisches Verhalten zeigen. Mit Stickstoff bilden die Actinoide wie die Lanthanoide „*Nitride*" **AnN** („NaCl-Struktur"), die übrigen Pentele „*Phosphide*", „*Arsenide*", „*Antimonide*", „*Bismutide*" der Stöchiometrie **AnZ**, **An_3Z_4**, **AnZ_2**. Kombination mit Kohlenstoff liefert „*Carbide*" **AnC**, **An_2C_3**, **AnC_2**, Kombination mit Bor „*Boride*" u. a. des Typus **AnB_4**, **AnB_6**, **AnB_{12}**.

---

[19] Die wenig charakterisierten Tetrahydroxide $An(OH)_4$ und unbekannten Penta- und Hexahydroxide $An(OH)_5$ und $An(OH)_6$ lassen sich in Form von Alkoholaten $An(OR)_4$ (An = Th, U, Np, Pu), $An(OR)_5$ (An = Pa, U, Np) sowie $An(OR)_6$ (An = U) in Substanz gewinnen.

Salze

Von den **drei- und vierwertigen Actinoiden** An^{3+} und An^{4+} sind ähnlich wie von den analogen Lanthanoiden $Ln^{3+/4+}$ (S. 1791) Salze mit Anionen der Elementsauerstoffsäuren bekannt, unter denen etwa die „*Oxalate*" und „*Phosphate*" in Wasser unlöslich, die "*Carbonate*", „*Nitrate*", „*Sulfate*", „*Perchlorate*" löslich sind. Wegen der Basizität von CO_3^{2-} erhält man allerdings – mit Ausnahme von $Pu(CO_3)_4^{4-}$ – nur basische An(IV)-Carbonate. Stabile An(IV)-Nitrate $An(NO_3)_4 \cdot 5H_2O$ sind von Th und Pu erhältlich, wobei $Th(NO_3)_4 \cdot 5H_2O$ das wichtigste Salz des Thoriums darstellt (11 fach mit 4 zweizähnig wirkenden NO_3-Gruppen und 3 H_2O-Molekülen koordiniertes Th^{4+} bzw. Pu^{4+}). Beide Salze lösen sich in O-Donatoren wie Me_2SO oder Ph_3PO unter Bildung von $An(NO_3)_4(D)_2$ (10fache An^{4+}-Koordination). Von Interesse sind weiterhin die durch Umsetzung der Tetrafluoride AnF_4 mit Aluminiumboranat $Al(BH_4)_3$ erhältlichen „*Boranate*" (*Hydroborate*) $An(BH_4)_4$:

$$AnF_4 + 2\,Al(BH_4)_3 \rightarrow An(BH_4)_4 + 2\,AlF_2BH_4.$$

Unter ihnen sind $Np(BH_4)_4$ und $Pu(BH_4)_4$ unbeständig, leichtflüchtig, flüssig und monomer (12fache, *ikosaedrische* An^{4+}-Koordination wie im Falle von $Zr(BH_4)_4$ mit vier dreizähnigen BH_4-Gruppen), $Th(BH_4)_4$, $Pa(BH_4)_4$ und $U(BH_4)_4$ beständig, schwerflüchtig, fest und polymer (14fache, *zweifach-überkappt-hexagonal-antiprismatische* An^{4+}-Koordination mit zwei endständigen dreizähnigen und vier brükkenständigen zweizähnigen BH_4-Gruppen).

Unter den Salzen $AnO_2^+X^-$ und $AnO_2^{2+}2X^-$ der **fünf- und sechswertigen Actinoide** Pa bis Am wurden Actinoyl(VI)-Verbindungen besonders eingehend untersucht. Sie enthalten *linear* gebaute AnO_2^{2+}-Ionen mit kurzen AnO-Bindungslängen (vgl. S. 1808). Daß hierbei etwa *Uranylverbindungen* UO_2X_2 zum Unterschied von den Chromylverbindungen CrO_2X_2 nicht kovalent, sondern *salzartig* aufgebaut sind, geht daraus hervor, daß sie in wässeriger Lösung unter Bildung des gelben Ions UO_2^{2+} dissoziieren, wie durch Absorptions- und Ramanspektroskopie nachgewiesen werden konnte. Das wichtigste Uranylsalz ist das durch Lösen aller Uranoxide in konzentrierter Salpetersäure erhältliche *Uranyldinitrat-Hexahydrat* $UO_2(NO_3)_2 \cdot 6H_2O$. Es zeichnet sich durch Löslichkeit in Ethern, Alkoholen, Ketonen und Estern (z. B. Tributylphosphat) aus, was man zur Trennung des Urans von anderen, durch diese Lösungsmittel nicht in gleicher Weise extrahierbaren Metallnitraten ausnutzt. In $UO_2(NO_3)_2 \cdot 6H_2O$ ist das Uran ähnlich wie in den durch Umsetzung von $UO_2(NO_3)_2$ mit überschüssigem Nitrat oder mit H_2O_2 erhältlichen Anionen $UO_2(NO_3)_3^-$ und $UO_2(O_2)_3^{4-}$ 8fach, *hexagonal-bipyramidal* koordiniert (vgl. die Strukturbilder a, b und c).

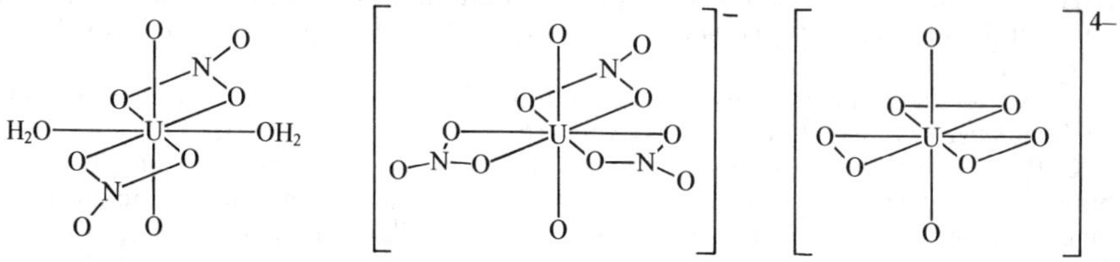

(a) (b) (c)

Erstaunlich stabil sind die *Actinoylphosphate* $M^I(AnO_2)PO_4 \cdot xH_2O$ (M^I = Wasserstoff, Alkali- bzw. $\frac{1}{2}$Erdalkalimetall; An = U, Np, Pu, Am) und die entsprechenden *Actinoylarsenate*. Die grünen Pu(VI)-phosphate spielen eine gewisse Rolle beim Purex-Prozeß (S. 1800) als „nicht-extrahierbare" Komponente, die zitronengelben Am(VI)-phosphate und -arsenate gehören zu den beständigsten sechswertigen Am-Verbindungen.

Salze des Typs $AnO_2^{3+}3X^-$ bzw. $AnO_3^+X^-$ mit den **siebenwertigen Actinoiden** Np und Pu konnten wegen der hohen Oxidationskraft von AnO_2^{3+} bzw. AnO_3^+ bisher nicht dargestellt werden. Es ließ sich aber im Falle des Neptuniums mit der Verbindung $[Co(NH_3)_6]^{3+}[AnO_2(OH)_6]^{3-}$ ein Salz mit anionischer An^{VII}-Komponente gewinnen.

Komplexe

Von den Actinoiden unterschiedlicher Oxidationsstufe kennt man ähnlich wie von den Lanthanoiden zahlreiche Komplexe mit *ein-* und *mehrzähnigen* Liganden. Unter den Verbindungen mit **einzähnigen Liganden** wurden die *Halogenokomplexe* und die *Hydrate* bereits besprochen (s. o.). Insgesamt wirken die Actinoid-Ionen etwas stärker komplexierend als die Lanthanoide. Als *harte Zentren* bilden sie mit F^-, H_2O sowie sauerstoffhaltigen Liganden *starke* Komplexe, während koordinierte Verbindungen mit den schwereren Halogeniden und Chalkogeniden, aber auch mit stickstoffhaltigen Liganden *schwach* sind. Dementsprechend lassen sich in wässeriger Lösung zwar koordinierte Wassermoleküle an den Actinoid-Ionen leicht durch Fluorid und gegebenenfalls durch Donatoren mit Sauerstoffligatoren ersetzen, aber nicht durch Chlorid, Bromid, Iodid, Sulfid usw. (z. B. $U^{4+} + X^- \rightleftharpoons UX^{3+}$: $\log K = 8.96$ (F^-), 0.30 (Cl^-), 0.18 (Br^-); $UO_2^{2+} + X^- \rightleftharpoons UO_2X^+$: $\log K = 4.54$ (F^-), -0.10 (Cl^-), -0.30 (Br^-)). Bezüglich eines bestimmten Liganden wie F^- wächst die Komplexstabilität eines Actinoid-Ions (i) bei gleichen Metallzentren unterschiedlicher Oxidationsstufe in Richtung $MO_2^+ < M^{3+}$, $MO_2^{2+} < M^{4+}$, (ii) bei ungleichen Metallzentren gleicher Oxidationsstufe in Richtung zunehmender Ordnungszahl, d. h. abnehmendem Ionenradius (in letzterem Falle beobachtet man jedoch vielfach Irregularitäten). Die Koordinationszahlen der An^{3+}- und An^{4+}-Komplexe sind meist hoch und liegen im Bereich > 6. Entsprechendes gilt für Komplexe der AnO_2^{2+}-Ionen, welche weitere vier, fünf oder sechs Liganden (z. B. H_2O, R_3PO, py, Halogenid) in der Äquatorebene der linearen AnO_2^{2+}-Ionen koordinieren, so daß einschließlich der zwei mit An verknüpften Sauerstoffatome *oktaedrische* 6fach-, *pentagonal-bipyramidale* 7fach- bzw. *hexagonal-bipyramidale* 8fach-Koordination resultiert.

Erhöhte Stabilität kommt den Actinoid-Komplexen mit *zwei-* und *mehrzähnigen* **Chelatliganden** zu. Beispiele bieten Anionen EO_n^{m-} von Elementsauerstoffsäuren, die in Richtung $NO_3^- < SO_4^{2-} < CO_3^{2-} < PO_4^{3-}$ Chelatkomplexe wachsender Stabilität bilden, z. B. $[An(NO_3)_6]^{2-}$ (*ikosaedrische* Koordination von Th^{4+}, U^{4+}, Np^{4+}, Pu^{4+}; *oktaedrische* Anordnung der NO_3-Liganden), $[An(CO_3)_5]^{6-}$ (10fache Koordination von Th^{4+}, U^{4+}, Pu^{4+}; *trigonal-bipyramidale* CO_3-Anordnung), $[AnO_2(CO_3)_3]^{4-/5-}$ (*hexagonal-bipyramidale* An^{VI}- bzw. An^{V}-Koordination). Weitere zweizähnige Liganden, die mit An^{4+}-Ionen Chelatkomplexe bilden, sind *Oxalat* $C_2O_4^{2-}$ und *Diethylthiocarbamat* $Et_2NCS_2^-$. In letzterem Falle erhält man etwa Komplexe des Typs $[An(S_2CNEt_2)_4]$ (*dodekaedrische* Koordination von Th^{4+}, U^{4+}, Np^{4+}, Pu^{4+}). Starke Komplexe werden darüber hinaus mit *β-Diketonaten* O⋯CR⋯CH⋯CR⋯O⁻ als zweizähnigen Liganden gebildet. Von Interesse sind etwa Komplexe $[An(acac)_4]$ der vierwertigen Actinoide mit Acetylacetonat O⋯CMe⋯CH⋯CMe⋯O⁻ (*quadratisch-antiprismatische* An^{4+}-Koordination). Sie werden trotz ihrer Wasserlöslichkeit mit organischen Lösungsmitteln wie Benzol, Tetrachlorkohlenstoff vollständig aus Wasser extrahiert. Das Diketonat O⋯CR′⋯CH⋯CR″⋯O (R′ = C_4H_3, R″ = CF_3) wird zur Extraktion von Plutonium-Ionen aus Wasser in organischen Medien genutzt. Ein wichtiger mehrzähniger Ligand für drei- und vierwertige Actinoide ist schließlich *Ethylendiamintetraacetat* $EDTA^{4-}$ (vgl. S. 1210). EDTA-Komplexe werden zur Trennung von Actinoid-Ionen genutzt; ihre Stärke wächst in Richtung Pu^{3+} bis Cf^{3+} bzw. $An^{3+} < An^{4+}$ bzw. $Np^{4+} < U^{4+}$, Pu^{4+}.

Metallorganische Verbindungen

Durch Reaktion von $AnCl_3$ bzw. $AnCl_4$ mit Kaliumcyclopentadienid KC_5H_5, Berylliumbis(cyclopentadienid) $Be(C_5H_5)_2$ sowie Dikaliumcyclooctatetraenid $K_2C_8H_8$ lassen sich actinoidorganische Verbindungen u. a. des Typs $[An^{III}(C_5H_5)_3]$ (An = U bis Cf), $[An^{IV}(C_5H_5)_4]$ (An = Th bis Np), $[An^{IV}(C_5H_5)_3Cl]$ (An = Th, U, Np) und $[An^{IV}(C_8H_8)_2]$ (An = Th bis Pu) darstellen. Hierbei kommt den Verbindungen der dreiwertigen Actinoide offensichtlich eine ähnliche Struktur wie den analogen Verbindungen $[Ln^{III}(C_5H_5)_3]$ der Lanthanoide zu (S. 1792). Die C_5H_5-Komplexe der vierwertigen Actinoide enthalten vier bzw. drei pentahapto-gebundene C_5H_5-Gruppen, wobei die vier C_5H_5-Gruppen bzw. die 3 C_5H_5-Gruppen und das Chloratom an den Ecken eines Tetraeders lokalisiert sind. In letzteren Verbindungen läßt sich das Chlor durch andere Halogene, Alkoxy-, Alkyl-, Aryl-, BH_4-Gruppen usw. ersetzen (Bildung von $[An(C_5H_5)_3X]$ mit X = Hal, OR, R, BH_4 usw.) sowie durch Reaktion mit Alkalimetallen abspalten (Bildung von $[An(C_5H_5)_3]$ mit An = Th, U, Np). Bei den luft- und wasserlabilen, aber thermostabilen Cyclooctatetraenkomplexen handelt es sich um „Sandwich"-Moleküle, in welchen planare C_8H_8-Ringe – ähnlich den C_5H_5-Ringen im Ferrocen $[Fe(C_5H_5)_2]$ (S. 1697) – auf beiden Seiten des Actinoids parallel angeordnet sind. Sie werden aus diesem Grunde als Metallocene (z. B. „*Uranocen*") bezeichnet. Bei den Actinoiden existieren ähnlich wie bei den Lanthanoiden neben den erwähnten π-Komplexen auch – meist wenig stabile – n-Komplexe wie z. B. $[U^{IV}R_6]^{2-}$ oder $[U^{V}R_8]^{3-}$ (R = CH_3, $CH_2Si(CH_3)_3$; $Li(Et_2O)_4^+$- bzw. $Li(Dioxan)^+$-Gegenionen) sowie $[Th(CH_3)_7]^{3-}$ ($Li(tmeda)^+$-Gegenionen; *überkappt-trigonal-prismatische* Th^{4+}-Koordination).

Schlußwort
Die gegenseitige Umwandlung von Masse und Energie

Im Verlaufe einer Atomkern-Umwandlung ändert sich zwar die *Verteilung*, nicht aber die *Gesamtzahl* der Ladungs- und Masseneinheiten. Daher ist bei allen angegebenen Umwandlungsprozessen die Summe der unteren (Zahl der Ladungseinheiten) bzw. der oberen (Zahl der Masseneinheiten) Atom-Indizes auf beiden Seiten der Reaktionsgleichung dieselbe. Setzt man aber in die Reaktionsgleichung nicht die abgerundeten ganzzahligen, sondern die *genauen Massenzahlen* ein, so ergeben sich *kleine Abweichungen* (vgl. S. 1736). So beträgt beispielsweise bei der auf S. 1754 erwähnten Kernreaktion zwischen „Lithium" und „Wasserstoff":

$$^{7}_{3}\mathrm{Li} + ^{1}_{1}\mathrm{H} \rightarrow ^{4}_{2}\mathrm{He} + ^{4}_{2}\mathrm{He} \tag{1}$$

die Summe der genaueren rel. Atommassen auf der linken Seite 7.016005 ($^{7}_{3}$Li) + 1.007825 ($^{1}_{1}$H) = **8.023830**; auf der rechten Seite dagegen 2 × 4.002603 ($^{4}_{2}$He) = **8.005206**. Das ergibt einen *Massenverlust* von 8.023830 – 8.005206 = 0.018624 Atommasseneinheiten. Je Mol Lithium verschwinden also bei der Reaktion mit Wasserstoff **18.624 mg** Substanz. Da nach der Einsteinschen *Masse-Energie-Äquivalenzbeziehung*

$$m = \frac{E}{c^2} \tag{2}$$

eine Masse von 1.074 mg einer Energiemenge von 1 Million Faradayvolt äquivalent ist (S. 1736, 1823), entspricht dieser Massenverlust von 18.624 mg einer Energiemenge von $(10^6 \times 18.624) : 1.074$ = **17.3 MeV/Lithiumatom**. Dies ist aber gerade die *kinetische Energie* der beiden nach (1) aus $^{7}_{3}$Li entstehenden Heliumatome (S. 1754).

Wir ersehen daraus (vgl. S. 20), daß das *Gesetz von der Erhaltung der Masse* nur begrenzte Gültigkeit besitzt und streng genommen ein Grenzfall des *Gesetzes von der Erhaltung der Energie* (S. 52) ist, so wie man das Gesetz von der Erhaltung der Energie als Grenzfall des Gesetzes von der Erhaltung der Masse (S. 19) ansehen kann, da Masse und Energie nur zwei verschiedene Erscheinungsformen der Materie sind. Nur in solchen Fällen, in denen die bei Materie-Umsetzung entwickelten oder aufgenommenen Energiemengen E im Hinblick auf die Gleichung (2) klein sind, gilt das Gesetz von der Erhaltung der Masse praktisch genau. Dies trifft z. B. für alle *normalen chemischen Reaktionen* zu, da deren Reaktionsenthalpie zu klein ist, um sich in Form eines meßbaren Massendefekts zu äußern. So beträgt beispielsweise die Reaktionsenthalpie der stark exothermen Verbrennung des Kohlenstoffs zu Kohlenstoffdioxid 394 kJ je Mol Kohlendioxid. Das entspricht einem Massenverlust von 0.0000000044 g je Mol (44 g) Kohlenstoffdioxid, d. h. von 10^{-8}%. Da demgegenüber die von Landolt und von Eötvös zur Prüfung des Gesetzes von der Erhaltung der Masse benutzten Waagen eine maximale Genauigkeit von „nur" 10^{-6}% erreichten (S. 20), konnte bei chemischen Reaktionen die begrenzte Gültigkeit des Massengesetzes damals nicht festgestellt werden. Erst bei *Kernreaktionen* wie der obigen (1) mit ihren ungeheuren Energieumsätzen ergab sich die Notwendigkeit, den *Gültigkeitsbereich des Gesetzes einzuschränken* und die getrennten Einzelprinzipien der Erhaltung von Masse und Erhaltung von Energie durch das **Gesamtprinzip der Erhaltung von Masse + Energie** zu ersetzen.

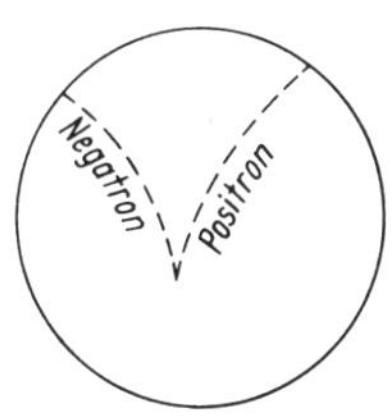

Fig. 359 Schematische Darstellung der Wilson-Aufnahme einer Negatron/Positron-Paarbildung im magnetischen Feld.

Im Falle der Kernreaktion zwischen Lithium und Wasserstoff (1) erfolgt eine *Umwandlung von Masse in Energie*. Auch der umgekehrte Weg einer *Umwandlung von Energie in Masse* ist möglich. So kann man beispielsweise *Photonen*, also *Energie*teilchen, in *Elektronen*, also *Masse*teilchen, verwandeln, sofern die Energie der Lichtquanten groß genug ist. Die Photonen von „rotem"Licht der Frequenz 4×10^{14}/Sekunde (entsprechend einer Energiemenge von 1.6 eV) oder von „ultraviolettem" Licht der Frequenz 20×10^{14}/Sekunde (entsprechend einer Energie von 8 eV) sind allerdings für eine Umwandlung in Elektronen viel zu *energiearm*. Läßt man dagegen Photonen von *mehreren Millionen* eV, wie sie in den γ-Strahlen radioaktiver Substanzen zur Verfügung stehen, auf ein Schwermetall auftreffen, so beobachtet man häufig – wie erstmals I. Curie und F. Joliot 1933 mit γ-Strahlung von $^{208}_{91}$Th (Thorium C) der Energie 2.65 MeV nachwiesen – eine **„Elektronen-Paarbildung"**, d. h. die *gleichzeitige Entstehung eines Negatrons und eines Positrons* von einer gemeinsamen Ursprungsstelle aus (Fig. 359). Die Summe der kinetischen Energie beider Teilchen ist dabei um 1.022 MeV kleiner als die der angewandten γ-Strahlung. Es *verschwindet* also je „Mol" Licht eine *Energiemenge* von 1.022 Millionen Faradayvolt, während gleichzeitig in Form der positiven und negativen Elektronen (Summe der elektrischen Ladung gleich Null) eine äquivalente *Massemenge* von 2×0.5486 (Elektronenmasse) = 1.097 mg *entsteht*, wie es der Masse-Energie-Gleichung (2) entspricht, aus der sich die Äquivalenzbeziehungen

$$1 \text{ Million Faradayvolt } (= 96.485 \text{ Millionen kJ}) \mathrel{\hat{=}} 1.0735 \text{ mg Masse}$$
$$1 \text{ mg Masse} \mathrel{\hat{=}} 0.93154 \text{ Millionen Faradayvolt } (= 89.876 \text{ Millionen kJ})$$

ergeben[1]. In Übereinstimmung mit dieser Energiebilanz vermögen sich aus γ-Strahlen von geringerer Energie als 1 MeV keine Elektronenzwillinge zu bilden. Zwangsläufig ergibt sich damit die Schlußfolgerung, daß auf dem geschilderten Wege eine „*Materialisierung von Energie*" stattfindet.

Fig. 359 gibt die Nebelbahn einer Paarbildung in der Wilson-Kammer bei Vorhandensein eines Magnetfeldes wieder. Wie man sieht, werden Negatron und Positron entsprechend ihrer entgegengesetzten Ladung nach verschiedenen Richtungen hin abgelenkt. Durch derartige Nebelaufnahmen und ihre Auswertung wurde das Positron bei der Untersuchung der Höhenstrahlung (S. 1748) von C. D. Anderson im Jahre 1932 erstmals nachgewiesen.

Die Umkehrung der Elektronen-Paarbildung, die Vernichtung („*Annihilation*")[2] der Masse eines Negatrons und Positrons unter Bildung von γ-Strahlen von 1.022 MeV Gesamtenergie je Elektronenpaar („*Zerstrahlung von Materie*") läßt sich – wie erstmals J. Thibaud und F. Joliot 1934 zeigten – ebenfalls verwirklichen. Läßt man Positronen auf die Elektronen einer Aluminium- oder Bleischicht auftreffen, so beobachtet man für jedes sich mit einem Elektron vereinigende Positron 2 Quanten γ-Strahlung von je 0.511 MeV (entsprechend einer Wellenlänge von 2.427 pm) oder in anderen Fällen[3] auch 1 Quant γ-Strahlung von 1.022 MeV (entsprechend einer Wellenlänge von $\frac{1}{2} \times 2.427$ pm). Bei der Vereinigung der beiden Elemen-

---

1 Je g Materie würde bei völliger Zerstrahlung somit eine Energiemenge von 931.876 Millionen Faradayvolt entstehen, welche der Wärmemenge entspricht, die bei der Verbrennung einer $2\frac{1}{2}$ Milliarden mal größeren Masse von Kohle entwickelt würde. Im Uranreaktor, in dem 1‰ der Uranmasse in Energie übergeht, wird je g Uranmasse naturgemäß nur $\frac{1}{1000}$ des maximal denkbaren Energie/Masse-Äquivalentes frei.

2 nihil (lat.) = nichts.

3 Zum Beispiel bei der Vernichtung von Positronen durch sehr fest an Kerne gebundene Elektronen.

tarteilchen bildet sich, wie M. Deutsch 1951 feststellte, intermediär eine kurzlebige ($< 10^{-6}$ s), dem Wasserstoffatom (Proton + Elektron) vergleichbare „Atomart", das „*Positronium*"-Atom (Symbol: Ps), bei dem Positron und Elektron um den gemeinsamen Masse- und Ladungsschwerpunkt kreisen[4)].

Die Myonen und Pionen (S. 1749), die eine 207- bzw. 273fache Elektronenmasse besitzen, sind einer Energiemenge von $207 \times 0.511 = 106$ bzw. $273 \times 0.511 = 140$ MeV äquivalent. Es muß daher analog der Elektronen-Paarbildung unter geeigneten Bedingungen möglich sein, kinetische Energie von $2 \times 106 = 212$ bzw. $2 \times 140 = 280$ MeV zur **Myonen-** und **Pionen-Paarbildung** (Summe der elektrischen Ladung gleich Null) zu nutzen. In der Tat konnte 1948 bei der Beschießung von Antikathoden aus Graphit, Beryllium, Kupfer und anderen Elementen mit α-Teilchen von 300–400 MeV Energie die Entstehung derartiger Paare photographisch nachgewiesen werden.

Als besonders weittragend ist das Problem der künstlichen *Verwandlung von Energie in Protonen und Neutronen* (1836.1- bzw. 1838.6fache Elektronenmasse) anzusehen, da hierbei in Wiederholung des „Schöpfungsaktes" die Urbausteine der chemischen Grundstoffe erschaffen werden. Theoretisch ist zur **Protonen-** bzw. **Neutronen-Paarbildung** eine Mindestenergie von 1.88 GeV erforderlich. In der Tat wurde 1955 bei der Beschießung von Kupfer mit Protonen von 6.2 GeV die Bildung von negativen („*Antiprotonen*") und positiven Protonen (Summe der elektrischen Ladung gleich Null) beobachtet, die beim Zusammentreffen unter Bildung von zwei γ-Quanten von je 0.94 GeV Energie pro Protonenpaar zerstrahlen können bzw. – häufiger – in neue Teilchen (vornehmlich Mesonen) und γ-Quanten übergehen. Ein Jahr später (1956) gelang die Darstellung von „*Antineutronen*", die zum Unterschied von den in Protonen und Elektronen (Negatronen) zerfallenden normalen Neutronen spontan in Antiprotonen und Antielektronen (Positronen) übergehen und beim Zusammentreffen mit normalen Neutronen zwei γ-Quanten von je 0.94 GeV Energie ergeben.

Möge sich der Mensch bei der Weiterentwicklung seiner hochfliegenden Pläne zur künstlichen Umwandlung von Energie in Masse und von Masse in Energie stets der Vermessenheit und möglichen Folgen solcher Eingriffe in den natürlichen Schöpfungsablauf unseres Planeten Erde bewußt bleiben!

---

[4] **a)** Man kennt zwei Formen des Positroniums: Energieärmeres (und demgemäß leichteres), kürzerlebiges (1.25×10^{-10} s) „*Parapositronium*" mit antiparalleler Ausrichtung der Spins von Negatron und Positron, sowie energiereicheres (und demgemäß schwereres), längerlebiges (1.4×10^{-7} s) „*Orthopositronium*" mit paralleler Ausrichtung der Elektronenspins. Als Folge des Massen- und Spinerhaltungssatzes zerstrahlt Parapositronium immer in zwei, Orthopositronium in drei Photonen ($E_\gamma^1 + E_\gamma^2 = 0.512 + 0.512 = 1.24$ MeV; $E_\gamma^1 + E_\gamma^2 + E_\gamma^3 = 10.2$ MeV). **b) Literatur.** J. Green, J. Lee: „*Positronium-Chemistry*", Academic Press, New York 1964; H. J. Ache: „*Chemie des Positrons und Positroniums*", Angew. Chem. **84** (1972), 234–255; Int. Ed. **11** (1972) 179; H. J. Ache: „*Positronium and Myonium Chemistry*", Advances in Chem. Series **175**, Am. Chem. Soc. 1979.

Teil E

Anhang

Anhang I

Zahlentabellen

Atomare Konstanten[1)]

Größe	Symbol	Wert
Atommasseneinheit	$u = 1\,g/Z_A$	$1.6605655 \times 10^{-27}$ kg ≙ $931.5016\ MeV/c^2$
Avogadrosche Konstante	N_A	$6.022045 \times 10^{23}\ mol^{-1}$
Avogadrosche Zahl	Z_A	6.022045×10^{23}
Bohrsches Magneton	$\boldsymbol{\mu}_B$	$9.274078 \times 10^{-24}\ Am^2\ (= JT^{-1})$
Bohrscher Radius	r_B, a_0	$5.2917706 \times 10^{-11}$ m
Boltzmannsche Konstante	k_B	$1.380662 \times 10^{-23}\ JK^{-1}$
Elektron e, relative Masse	M_r(e)	0.00054858026
" Ruhemasse	m_e	9.109534×10^{-31} kg
" Energieäquivalent	$E_e = m_e \cdot c^2$	0.5110034 MeV
" Ladung	e	$1.6021892 \times 10^{-19}$ C
" mag. Moment	$\boldsymbol{\mu}_e$	$1.001160\ \mu_B = 9.284832 \times 10^{-24}\ Am^2$
" Radius	r_e	$< 10^{-19}$ m
Einsteinsche Konstante	$E = N_A \cdot h$	$3.990313\ J\,s\,mol^{-1}$
Elektrische Feldkonstante	$\varepsilon_0 = 1/\mu_0 \cdot c^2$	$8.85418782 \times 10^{-12}\ F\,m^{-1}$
Elementarladung	e	$1.6021892 \times 10^{-19}$ C
Elementarlänge, Plancksche	$\sqrt{G \cdot h/2\pi \cdot c^3}$	1.617×10^{-35} m
Elementarzeit, Plancksche	$\sqrt{G \cdot h/2\pi \cdot c^5}$	5.394×10^{-44} s
Faradaysche Konstante	$F = N_A \cdot e$	$96\,484.56\ C\,mol^{-1}$
Gaskonstante	$R = N_A \cdot k_B$	$8.31441\ JK^{-1}\,mol^{-1}$
		$0.082057\ l\,atm\,K^{-1}\,mol^{-1}$
		$0.083144\ l\,bar\,K^{-1}\,mol^{-1}$
Gravitationskonstante	G	$6.6720 \times 10^{-11}\ m^3\,kg^{-1}\,s^{-2}$
Kern-Magneton	$\boldsymbol{\mu}_K$	$5.050824 \times 10^{-27}\ A\,m^2\ (= JT^{-1})$
Landé-Faktor	$g_e = 2\,\mu_e/\mu_B$	2.0023193134
Lichtgeschwindigkeit (Vak.)	c	$2.99792458 \times 10^8\ m\,s^{-1}$
Magnetische Feldkonstante	μ_0	$4\pi \times 10^{-7}\ H\,m^{-1}$
Molares Gasvolumen	$V_0 = RT_0/p_0$	$22.41383\ l\,mol^{-1}$
Neutron n, relative Masse	M_r(n)	1.008665012
" Ruhemasse	m_n	$1.6749543 \times 10^{-27}$ kg
" Energieäquivalent	$E_n = m_n \cdot c^2$	939.5731 MeV
" mag. Moment	$\boldsymbol{\mu}_n$	$-1.913148\ \mu_k = -0.966326 \times 10^{-26}\ A\,m^2$
" Radius	r_n	$\approx 1.3 \times 10^{-15}$ m
Plancksche Konstante	h	6.626176×10^{-34} Js
Proton p, relative Masse	M_r(p)	1.007276470
" Ruhemasse	m_p	$1.6726485 \times 10^{-27}$ kg
" Energieäquivalent	$E_p = m_p \cdot c^2$	938.2796 MeV
" mag. Moment	$\boldsymbol{\mu}_p$	$2.792763\ \mu_k = 1.410617 \times 10^{-26}\ A\,m^2$
" Radius	r_p	$\approx 1.3 \times 10^{-15}$ m
Rydbergsche Konstante	R_∞	$1.097373177 \times 10^7\ m^{-1}$
Wasserstoffatom $^1_1$H, rel. Masse	A_r(H)	1.007825036
" Ruhemasse	m_H	$1.6735596 \times 10^{-27}$ kg
" Energieäquiv.	$E_H = m_H \cdot c^2$	938.7906 MeV
" Ionisierungsenerg.	E_I	13.595 eV

[1] **Literatur.** Deutscher Zentralausschuß für Chemie: „*Internationale Regeln für die chemische Nomenklatur und Terminologie*", Band **2**, Gruppe 6, Verlag Chemie 1973, S. 1–60; „*Manual of Symbols and Terminology for Physicochemical Quantities and Units*", Pure and Appl. Chem. **51** (1979), 5–41.

Kosmische Daten

Himmelskörper[a)]	mittl. Sonnenabstand [10^6 km]	mittl. Durchmesser [km]	Masse [Erde]	mittlere Dichte [g/cm³]	Rotationszeit um Achse	Sonne	mittl. Oberflächen-Temp. [K]	Druck [bar]	Mondzahl
Merkur	58.5	4880	0.055	5.44	59 d	0.24 a	620	–	–
Venus	108	12100	0.815	5.27	243 d	0.61 a	740	93	–
Erde[b)]	150	12742	1.000[c)]	5.514[d)]	24 h	1.00 a	290	1	1
Mond	–	3470	0.012	3.342	365.24 d	–[e)]	425/125[f)]	–	–
Mars	228	6794	0.108	3.95	24.6 h	1.88 a	225	0.007	2
Jupiter	780	143200	318.36	1.31	9.9 h	11.86 a	170	hoch	12
Saturn	1425	120000	95.22	0.70	10.2 h	29.46 a	140	hoch	10
Uranus	2880	51800	14.58	1.21	10.8 h	84.01 a	80	hoch	5
Neptun	4515	49500	17.26	1.66	15.8 h	164.79 a	80	hoch	2
Pluto	5925	1300	0.0017	~1	6.2 d	247.70 a	80	–	–
Sonne[b)]	–[g)]	1393×10^5	333000	1.409	26 d	–[h)]	5500	hoch	–
Universum	–	2.6×10^{23}	$\sim 10^{28}$ [i)]	$\sim 10^{-29}$	–	–	–	–	–

a) Alter: Sonne + Sonnenplaneten 4.6×10^9 a, Universum 20×10^9 a. – **b) Bahngeschwindigkeit:** Erde 29.755 km/s, Sonne 250 km/s; **Druck im Inneren:** Erde 3.6×10^6 bar, Sonne 200×10^9 bar; **Oberfläche:** Erde 5.09×10^8 km² (davon 29.2% Land, 70.8% Meer), Sonne 6.07×10^{12} km². – **c) Erdmasse:** 5.976×10^{21} t. – **d)** Vgl. S. 63. – **e)** Rotation um Erde: 27 d 7 h 43 m 11.5 s. – **f)** Tagseite/Nachtseite. – **g)** Abstand von **Milchstr.-Zentr.** 33000 Lichtjahre = 3×10^{17} km. – **h)** Rotation um Milchstraße: 200×10^6 a. – **i)** Relativistischer **Massenschwund**: 4.14×10^6 t/s; **Strahlungsleistung** 3.72×10^{26} W (= kJ/s).

Umrechnungsfaktoren: Energie ↔ Masse ↔ Potential ↔ Wellenzahl

(1 kJ = 0.238846 kcal; 1 kcal = 4.18680 kJ)

	kJ	**kg**	**V**	$\tilde{\nu}$
Eine Energiemenge von **1 kJ** ≙	1	1.1126×10^{-14}	1.0364×10^{-2}	8.3599×10^1
Eine Masse von **1 kg** ≙	8.9876×10^{13}	1	9.3154×10^{11}	7.5131×10^{15}
Ein Potential von **1 Volt** ≙	9.6485×10^1	1.0735×10^{-12}	1	8.0657×10^3
Eine Wellenzahl von **1/cm** ≙	1.1963×10^{-2}	1.3310×10^{-16}	1.2398×10^{-4}	1

Mit Hilfe dieser Tabelle kann man kJ-Mengen[2)] (z. B. Reaktionswärmen, freie Energien), Massen kg (z. B. Massenverluste bei Kernreaktionen, Massenäquivalente bei Materialisierung von Strahlung), Potentiale V (z. B. Normalpotentiale, Ionisierungspotentiale) und Wellenzahlen[3)] ν_0 (z. B. Ramanfrequenzen, Lichtwellenlängen) wechselseitig ineinander umrechnen. In grober Näherung gilt laut Tabelle:

$$1\,\text{kJ} \mathrel{\hat{=}} 10^{-14}\,\text{kg} \mathrel{\hat{=}} 0.01\,\text{V} \mathrel{\hat{=}} 100/\text{cm}.$$

Beispiele

kJ → kg Je 1 kJ Reaktionsenthalpie bei chemischen Umsetzungen tritt ein Massenverlust von 1.1126×10^{-14} kg auf (vgl. S. 20).

kJ → V Aus der freien Enthalpie 118.67 kJ des Vorgangs $\frac{1}{2}H_2 + \frac{1}{4}O_2 \rightarrow \frac{1}{2}H_2O$ geht hervor, daß die Verbrennung von Wasserstoff im galvanischen „*Knallgaselement*“ eine Potentialdifferenz von $118.67 \times 1.0364 \times 10^{-2} = 1.229$ V liefert (vgl. S. 219).

kJ → ν_0 Die Spaltung von Chlor gemäß $Cl_2 \rightarrow 2Cl$, die die Zufuhr einer freien Enthalpie von 211.53 kJ erfordert, könnte mit Licht der Mindestwellenzahl $\tilde{\nu} = 211.53 \times 8.3599 \times 10^1 = 17684$/cm, entsprechend einer maximalen Wellenlänge $\lambda = 10^7/\tilde{\nu} = 565.5$ nm (gelbgrünes Licht) erzwungen werden. Da Chlor aber erst im blauen und violetten Spektralbereich absorbiert, ist für die Spaltung allerdings energiereicheres blaues Licht erforderlich (vgl. S. 105).

kg → kJ Einem Massenverlust von 1 mg bei Kernreaktionen entspricht eine freiwerdende Energie von $10^{-6} \times 8.9876 \times 10^{13} = 98.876$ Millionen kJ (vgl. S. 1823).

---

2 Bei Umrechnung von Reaktionsenthalpien in V oder $\tilde{\nu}$ (bzw. umgekehrt) ist die kJ-Menge pro Umsatz von 1 Faradayvolt ($N_A \cdot eV$) bzw. 1 Einstein ($N_A \cdot h\nu$) zu verstehen.

3 Und damit auch Frequenzen $\nu\,(\text{sec}^{-1}) = \tilde{\nu}\,(\text{cm}^{-1}) \cdot c\,(\text{cm} \cdot \text{sec}^{-1})$ oder Wellenlängen $\lambda\,(\text{nm}) = 10^7/\tilde{\nu}\,(\text{cm}^{-1})$.

kg → V Bei der Annihilation von Negatron/Positron-Paaren (1.097 mg/mol) wird eine Energiemenge von $1.097 \times 10^{-6} \times 9.3154 \times 10^{11} = 1.022$ Millionen Faradayvolt/mol (= 1.022 MeV/Paar) frei (vgl. S. 1823).

kg → $\tilde{\nu}$ Die bei der Zerstrahlung von Negatron/Positron-Paaren (1.097 mg/mol) entstehende Strahlung hat eine Wellenzahl $\tilde{\nu}$ von $1.097 \times 10^{-6} \times 7.5131 \times 10^{15} = 8.2420 \times 10^{9}$/cm, entsprechend einer Wellenlänge $\lambda = 10^7/\tilde{\nu}$ von 0.001213 nm, oder tritt in Form zweier Strahlen der doppelten Wellenlänge (= der halben Energie) auf (vgl. S. 1823).

V → kJ Die Potentialdifferenz 2.714 V des Redoxvorgangs $Na + H^+ \rightarrow Na^+ + \frac{1}{2}H_2$ entspricht einer freien Reaktionsenthalpie von $2.714 \times 9.6485 \times 10^1 = 261.86$ kJ (vgl. S. 106).

V → kg Eine Strahlungsenergiemenge von 1 Million Faradayvolt pro Mol Photonen (= 1 MeV/Photon) kann in eine Masse von $10^6 \times 1.0735 \times 10^{-6} = 1.0736$ mg umgewandelt werden (vgl. S. 1823).

V → $\tilde{\nu}$ Durch Elektronen einer Spannung von 2.10 V wird die D-Linie des Natriums ($\lambda = 589.3$ nm, entsprechend $\tilde{\nu} = 10^7/\lambda = 16969$/cm) angeregt („*Elektronenstoßanregung*"), was mit dem Beispiel $\tilde{\nu}$ → V (siehe unten) übereinstimmt, wonach 2.1038 V einer Wellenzahl $\tilde{\nu}$ von $2.1038 \times 8.0657 \times 10^3 = 16969$/cm entsprechen.

$\tilde{\nu}$ → kJ Die zur Anregung der CC-Valenzschwingung 993/cm im Ethanmolekül $H_3C{-}CH_3$ erforderliche Energie beträgt $993 \times 1.1963 \times 10^{-2} = 11.88$ kJ/mol.
Einer Wellenzahl $\tilde{\nu} = 14286$/cm (rotes Licht der Wellenlänge 700 nm) entspricht ein Energieäquivalent von $14286 \times 1.1963 \times 10^{-2} = 170.90$ kJ pro Mol Photonen (vgl. S. 103).

$\tilde{\nu}$ → kg 1 „Mol" Licht der Wellenzahl $\tilde{\nu} = 8.2420 \times 10^9$/cm (entsprechend einer Wellenlänge $\lambda = 10^7/\tilde{\nu}$ = 0.001213 nm) läßt sich in eine Masse von $8.2420 \times 10^9 \times 1.3310 \times 10^{-16} \times 10^6 = 1.097$ mg (= Atommasse eines Negatron/Positron-Paares) umwandeln (vgl. S. 1823).

$\tilde{\nu}$ → V Die Wellenzahl $\tilde{\nu} = 16969$/cm der D-Linie des Natriums (Übergang von Elektronen vom 3p- zum 3s-Niveau) entspricht einer Potentialdifferenz von $16969 \times 1.2398 \times 10^{-4} = 2.1038$ V zwischen diesen beiden Unterschalen. – Lithium spaltet bei Bestrahlung mit Licht der maximalen Wellenlänge 318 nm (entsprechend einer Mindestwellenzahl $\tilde{\nu} = 10^7/\lambda = 31446$/cm) Elektronen ab, was einer „*Austrittsarbeit*" für die Elektronen von $31.446 \times 1.2398 \times 10^{-4} = 3.899$ eV/Elektron („*Photoeffekt*") entspricht.

Griechische Zahlworte

Einfache Zahlen		**Multiplikativ-Zahlen**	
ein-	móno-	zweimal	dis[c]
zwei-	di-	dreimal	tris
drei-	tri-	viermal	tetrákis
vier-	tétra-	fünfmal	pentákis
fünf-	pénta-	sechsmal	hexákis
sechs-	héxa-	siebenmal	heptákis
sieben-	hépta-	achtmal	oktákis
acht-	ócta-[a]	neunmal	ennákis
neun-	ennéa-[b]	zehnmal	dekákis
zehn-	déca-[a]	elfmal	hendekákis
elf-	héndeca-[a, b]	zwölfmal	dodekákis
zwölf-	dódeca-[a]		

a) Entsprechend dem Gebrauch im Englischen werden die zur Angabe der Atomzahl in einer Verbindung genutzten Zahlworte trotz ihres griechischen Ursprungs mit „c" statt „k" geschrieben. **b)** Statt des griechischen „ennea" und „hendeca" wird meist das lateinische „nona" und „undeca" verwendet. **c)** Statt des griechischen „dis" wird meist das lateinische „bis" verwendet.

Anhang II

SI-Einheiten[1,4)]

SI-Grundeinheiten

Physikalische Größe	Name der SI-Einheit	Symbol
Länge l	Meter	m
Masse m	Kilogramm	kg
Zeit t	Sekunde	s
el. Stromstärke I	Ampere[a)]	A
Temperatur T	Kelvin[b)]	K
Stoffmenge n	Mol	mol
Lichtstärke I_V	Candela	cd

a) Nach dem französischen Physiker und Mathematiker André-Marie Ampère. **b)** Nach dem englischen Physiker Lord Kelvin (Sir William Thomson).

Abgeleitete SI-Einheiten[5)]

Physikalische Größe	Name der SI-Einheit	Symbol und Definition	Dimension
Kraft (= Masse × Beschleunigung)	Newton[a)]	N ($\triangleq$ 1 kg · 1 m/s^2)	kg m/s^2
Arbeit (Energie) (= Kraft × Weg)	Joule[b)] (≡ Wattsekunde)	J ($\triangleq$ N · m = W · s = C · V)	kg m^2/s^2
Druck (= Kraft/Fläche)	Pascal[c)]	Pa ($\triangleq$ N/m^2)	kg/m s^2
Leistung (= Arbeit/Zeit)	Watt[d)] (≡ Amperevolt)	W ($\triangleq$ J/s = A · V)	kg m^2/s^3
Elektrizitätsmenge (Ladung) (= Stromstärke × Zeit)	Coulomb[e)] (≡ Amperesekunde)	C ($\triangleq$ A · s = J/V)	A · s
Elektr. Spannung (= Energie/Ladung)	Volt[f)]	V ($\triangleq$ J/C)	kg m^2/A s^3
Elektr. Widerstand (= Spannung/Stromstärke)	Ohm[g)]	Ω ($\triangleq$ V/A)	kg m^2/A^2 s^3
Elektr. Leitvermögen (= Stromstärke/Spannung)	Siemens[h)] (≡ reziproke Ohm)	S ($\triangleq$ A/V = 1/Ω)	A^2 s^3/kg m^2
Frequenz (= Schwingungszahl/Sekunde)	Hertz[i)]	Hz	1/s

a) Nach dem englischen Physiker und Mathematiker Isaak Newton. **b)** Nach dem englischen Physiker James Prescott Joule. **c)** Nach dem französischen Mathematiker Blaise Pascal. **d)** Nach dem englischen Erfinder James Watt. **e)** Nach dem französischen Physiker Charles Augustin de Coulomb. **f)** Nach dem italienischen Physiker Alessandro Volta. **g)** Nach dem deutschen Physiker Georg Simon Ohm. **h)** Nach dem Begründer der Elektrotechnik Werner v. Siemens. **i)** Nach dem deutschen Physiker Heinrich Hertz.

---

[4] SI = *S*ystème *I*nternational d'Unités (Abkürzung „SI" seit 1960). Das SI-System wurde vom IUPAC-Konzil in Cortina d'Ampezzo am 7.7.1969 zusammenfassend angenommen.

[5] Abgeleitet aus den SI-Grundeinheiten durch Multiplikation und/oder Division.

Vorsilben zur Bezeichnung von Vielfachen und Teilen einer Einheit

Potenz	Name[a)] Abkürzung		Herkunft (g = griech.)	Potenz	Name, Abkürzung		Herkunft (g = gr., l = lat., i = ital., d = dän.)
10^1	**Deka-,**	**da**	deka (*g*) = zehn	10^{-1}	**Dezi-,**	**d**	decimus (*l*) = Zehnter
10^2	**Hekto-,**	**h**	hekaton (*g*) = hundert	10^{-2}	**Zenti-,**	**c**	centisimus (*l*) = Hundertster
10^3	**Kilo-,**	**k**	chilioi (*g*) = tausend	10^{-3}	**Milli-,**	**m**	millesimus (*l*) = Tausendster
10^6	**Mega-,**	**M**	megas (*g*) = groß	10^{-6}	**Mikro-,**	**μ**[d)]	mikros (*g*) = klein
10^9	**Giga-,**	**G**	gigas (*g*) = Riese	10^{-9}	**Nano-,**	**n**[e)]	nannos (*g*) = Zwerg
10^{12}	**Tera-,**	**T**	teras (*g*) = Ungeheuer	10^{-12}	**Piko-,**	**p**[f)]	piccolo (*i*) = klein
10^{15}	**Peta-,**	**P**	penta[b)] ohne n	10^{-15}	**Femto-,**	**f**[g)]	femten (*d*) = fünfzehn
10^{18}	**Exa-,**	**E**	hexa[c)] ohne h	10^{-18}	**Atto-,**	**a**	atten (*d*) = achtzehn

a) Deutsche Benennung: 10^3 Tausend, 10^6 Million, 10^9 Milliarde, 10^{12} Billion, 10^{15} Billiarde, 10^{18} Trillion usw. **b)** $10^{15} = 1000^5$. **c)** $10^{18} = 1000^6$. **d)** 1 μm (Mikrometer) = 10^{-6} m wurde früher 1 μ (gesprochen: mü) genannt und als „1 Mikron" bezeichnet. **e)** 1 nm (Nanometer) = 10^{-9} m wurde früher 1 mμ genannt und als „1 Millimikron" bezeichnet. Die zehnmal kleinere Längeneinheit 0.1 nm = 10^{-10} m nennt man „1 Å". **f)** 0.1 pm = 10^{-13} m wurde früher auch als „1 X-Einheit" bezeichnet. **g)** 1 fm = 10^{-15} m wurde früher auch als „1 Fermi" bezeichnet.

Definition der SI-Grundeinheiten

Meter. Ursprünglich (1790) wurde das Meter definiert als der 40millionste Teil eines Erdmeridians, seit 1875 durch den Strichabstand auf einem im Internationalen Büro für Gewichte und Maße in Sèvres bei Paris aufbewahrten Platin-Iridium-Normalstab („*Urmeter*"). Als neuere und genauere Definition des Meters hat eine internationale Kommission 1960 das 1650763.73fache der Wellenlänge der von den Atomen des Kryptonisotops $^{86}_{36}$Kr beim Übergang vom Zustand $5d_5$ zum Zustand $2p_{10}$ im Vakuum ausgesandten orangeroten Spektrallinie festgelegt. Seit 1983 ist die Grundeinheit der Länge als die Strecke definiert, die Licht im Vakuum während des Zeitintervalls von 1/299792458 Sekunden durchläuft.

Kilogramm. 1 Kilogramm ist definiert als die Masse eines im Internationalen Büro für Gewichte und Maße in Sèvres bei Paris aufbewahrten Platin-Iridium-Zylinders („*Urkilogramm*") und wurde ursprünglich der Masse von 1 Liter reinem Wasser bei 4 °C gleichgesetzt. Die Tatsache, daß das Volumen von 1 kg Wasser bei 4 °C in Wirklichkeit nicht 1000, sondern 1000.028 cm^3 beträgt, gab dann 1964 Veranlassung, unter 1 Liter nicht mehr das Volumen von 1 kg Wasser bei 4 °C, sondern das Volumen von 1000 cm^3 zu verstehen.

Sekunde. Unter 1 Sekunde verstand man früher die aus der Erdumdrehung gewonnene „*Weltzeitsekunde*", die gleich dem 86400sten Teil des mittleren Sonnentages ist. Sie wurde dann, um sich von den Schwankungen der Erdumdrehung unabhängig zu machen, 1956 als der 31556925.9747te Teil eines (seinerseits genau definierten) tropischen Sonnenjahres definiert. Seit 1967 definiert man die Sekunde noch genauer als das 9192631770fache der Periodendauer der dem Übergang zwischen den beiden Hyperfeinstrukturniveaus des Grundzustandes von Atomen des Cäsiumisotops $^{133}_{55}$Cs entsprechenden Strahlung („*Atomsekunde*").

Ampere. Als 1 Ampere wurde ursprünglich (seit 1908) eine Stromstärke von 1 Coulomb/Sekunde bezeichnet. 1948 wurde diese Definition wie folgt präzisiert: 1 Ampere ist die Stärke eines elektrischen Stroms, der beim Fluß durch zwei im Vakuum parallel im Abstand von 1 m voneinander angeordnete und genauer definierte Leiter zwischen diesen je 1 m Länge des Doppelleiters eine Kraft von 2×10^{-7} N hervorruft.

Kelvin. 1 Kelvin ist der 273.16te Teil der Differenz zwischen der Temperatur des absoluten Nullpunktes der Thermodynamik und der absoluten Temperatur des Tripelpunktes von reinem Wasser. Nach einer 1967 erfolgten internationalen Übereinkunft soll der bis dahin übliche Zusatz Grad (°) bei der Angabe der Kelvintemperaturen entfallen[6)].

Mol. Unter 1 Mol eines Stoffs verstand man ursprünglich eine numerisch der relativen Molekülmasse dieses Stoffes entsprechende Gramm-menge. Seit 1969 bedeutet 1 Mol die Stoffmenge eines Systems gegebener Zusammensetzung, die aus ebensovielen kleinsten Teilchen (Atomen, Molekülen, Ionen, Elektronen, Protonen, Radikalen, Formeleinheiten, Photonen, Elektronenvolt usw.) besteht, wie C-Atome in genau 12 g des Kohlenstoffisotops $^{12}_{6}$C enthalten sind.

[6] Die Temperaturskala von A. Celsius gründet sich auf den Schmelz- und Siedepunkt reinen luftgesättigten Wassers bei Atmosphärendruck: Smp. = 0 °C, Sdp. = 100 °C. 1 Celsiusgrad (1 °C) ist dementsprechend der hundertste Teil dieses Temperaturintervalls.

Candela. Ein Candela entspricht derjenigen Lichtstärke, die in senkrechter Richtung von 1/600000stel Quadratmeter eines schwarzen Körpers bei der Temperatur des erstarrenden Platins bei einem Druck von 101325 Nm^{-2} abgestrahlt wird.

Definition abgeleiteter SI-Einheiten

1 Newton ist gleich der Kraft, die einem Körper der Masse 1 kg die Beschleunigung 1 m/s^2 erteilt[7)].

1 Joule ist gleich der Arbeit, die geleistet wird, wenn der Angriffspunkt der Kraft 1 N in Richtung der Kraft um 1 m verschoben wird. Passiert eine Elektrizitätsmenge von 1 Coulomb (1 Amperesekunde) eine Potentialdifferenz von 1 Volt, so wird dabei eine Energiemenge von 1 Joule (= 1 Coulombvolt) frei.

1 Pascal ist gleich dem auf eine Fläche von 1 m^2 gleichmäßig und senkrecht wirkenden Druck von 1 N.

1 Watt ist gleich der Leistung, bei der während einer Zeit von 1 s eine Energie von 1 J umgesetzt wird.

1 Coulomb ist gleich der Elektrizitätsmenge, die während 1 s bei einer Stromstärke 1 A durch den Querschnitt eines Leiters fließt.

1 Volt ist gleich der elektrischen Spannung zwischen zwei Punkten eines Leiters, in dem bei einer Stromstärke 1 A zwischen den beiden Punkten eine Leistung von 1 W erbracht wird.

1 Ohm ist gleich dem elektrischen Widerstand zwischen zwei Punkten eines Leiters, durch den bei der Spannung 1 V zwischen den beiden Punkten ein Strom der Stärke 1 A fließt.

1 Siemens ist gleich dem elektrischen Leitwert eines Leiters vom elektrischen Widerstand 1 Ω.

1 Hertz ist gleich der Frequenz eines periodischen Vorgangs der Periodendauer 1 s.

---

[7] Als Einheit des *Gewichts* benutzte man früher die *Kraft*, welche die Masse von 1 g bzw. 1 kg bei dem Normwert g_n der Schwerebeschleunigung (9.80665 m/s^2 bei 45° geographischer Breite, Meeresniveau) auf die Unterlage ausübt. Da somit Masse und Gewicht Größen verschiedener Art waren, hatte man für die Einheit des Gewichts die Bezeichnung **Pond** (p) bzw. **Kilopond** (kp) eingeführt (pondus (lat.) = Gewicht):

$$1\,p = 1\,g \cdot g_n; \qquad 1\,kp = 1\,kg \cdot g_n = 9.80665\,N; \qquad 1\,N = 0.1019716\,kp.$$

Bei der üblichen Wägung spielt die Größe der Schwerebeschleunigung keine Rolle, da sie auf beide Waagschalen mit dem gleichen Wert wirkt. Man pflegte daher im täglichen Leben auch das *Gewicht* in *Gramm* bzw. *Kilogramm* anzugeben. Heute versteht man unter *Gewichtsangaben* immer *Massenangaben*. Gewicht als Kraft ist nicht mehr zulässig.

Zusammenhänge zwischen SI- und anderen gebräuchlichen Einheiten

Kraft	Newton (N)	Dyn (dyn)	Pond (p)
Newton (N)	1	10^5	1.019716×10^2
Dyn (dyn)	10^{-5}	1	1.019716×10^{-3}
Pond (p)	9.80665×10^{-3}	9.80665×10^2	1

Ladung	Coulomb (C)	Faraday (F)	Elementarladung (e)
Coulomb (C)	1	1.036435×10^{-5}	6.241460×10^{18}
Faraday (F)	9.648456×10^4	1	6.0220467×10^{23}
Elementarladung (e)	1.602189×10^{-19}	$1.6605650 \times 10^{-24}$	1

Druck[a)]	Pascal (Pa)	Physikalische Atmosphäre (atm)	Technische Atmosphäre (at)	Bar (bar)	Torr (Torr)
Pascal (Pa)	1	0.986923×10^{-5}	1.019716×10^{-5}	10^{-5}	7.50062×10^{-3}
Phys. Atmosph. (atm)	1.013250×10^5	1	1.03323	1.013250	760
Tech. Atmosph. (at)	9.80665×10^4	0.967839	1	0.980665	735.559
Bar (bar)	10^5	0.986923	1.019716	1	750.062
Torr (Torr)	1.333223×10^2	1.315789×10^{-3}	1.35951×10^{-3}	1.333223×10^{-3}	1

a) Von der auf S. 32 definierten „*physikalischen Atmosphäre*" (atm) ist zu unterscheiden die „*technische Atmosphäre*" (at), unter der man den Druck einer Masse von 1000 g (1 kg) statt 1033.23 g pro cm^2 versteht, so daß sich die Beziehung 1 atm = 1.03323 at bzw. 1 at = 0.967839 atm ergibt. Zwischen den Werten für die physikalische und die technische Atmosphäre liegt der Wert der Druckeinheit „*1 bar*" (bar) = 10^6 dyn/cm^2 = 0.986923 atm = 1.019716 at. Bis auf wenige Prozente sind demnach die Druckeinheiten atm, at und bar gleich groß.

Energie	Joule (J)	Erg (erg)	Kalorie (cal)	Elektronenvolt (eV)	Faradayvolt (FV)	Kilopondmeter (kpm)	Kilowattstunde (kWh)	Literatmosph. (l · atm)
Joule (J)	1	10^{7}	0.238846	6.24146×10^{18}	1.036435×10^{-5}	0.1019716	2.777777×10^{-7}	9.86895×10^{-3}
Erg (erg)	10^{-7}	1	2.38846×10^{-8}	6.24146×10^{11}	1.036435×10^{-12}	1.019716×10^{-8}	2.777777×10^{-14}	9.86895×10^{-10}
Kalorie (cal)	4.18680	4.1868×10^{7}	1	2.61316×10^{19}	4.33935×10^{-5}	0.426935	1.162999×10^{-6}	4.13193×10^{-2}
Elektronenvolt (eV)	1.602189×10^{-19}	1.602189×10^{-12}	3.82678×10^{-20}	1	1.66056×10^{-24}	1.63378×10^{-20}	4.4505×10^{-26}	1.58119×10^{-21}
Faradayvolt (FV)	9.64845×10^{4}	9.64845×10^{11}	2.30449×10^{4}	6.02206×10^{23}	1	9.83869×10^{3}	2.68012×10^{-2}	9.52201×10^{2}
Kilopondmeter (kpm)	9.80665	9.80665×10^{7}	2.34227	6.12078×10^{19}	1.01639×10^{-4}	1	2.72407×10^{-6}	9.67814×10^{-2}
Kilowattstunde (kWh)	3.6000×10^{6}	3.6000×10^{13}	8.598460×10^{5}	2.2469×10^{25}	37.312	3.67098×10^{5}	1	3.55283×10^{4}
Literatmosphäre (l · atm)	1.01328×10^{2}	1.01328×10^{9}	24.2018	6.32435×10^{20}	1.05011×10^{-3}	10.3326	2.81466×10^{-5}	1

Anhang III

Natürliche Nuklide

In nachfolgender Tabelle enthält die erste Spalte **Atomsymbole E** mit **Kernladungszahlen**, die zweite Spalte **Massenzahlen MZ** der Nuklide, die dritte und vierte Spalte prozentuale **Häufigkeiten** und relative **Massen**, die fünfte und sechste Spalte **Kernspins** (I; in Einheiten $h/2\pi$) und **kernmagnetische Momente** (μ_{mag}; in Kernmagnetonen) des betreffenden Nuklids (die *Summe der Nuklidhäufigkeit* beträgt jeweils 100%; Massenzahlen, Häufigkeiten, Massen und Momente von *Radionukliden* sind kursiv gedruckt; Radionuklide werden neben stabilen Nukliden des betreffenden Elements aufgeführt, wenn ihre Häufigkeit $> 10^{-3}$% ist (Ausnahme Tritium ^{3}H); unter den natürlichen Radionukliden von Elementen ohne stabile Nuklide sind neben den häufigsten (fett) alle nachgewiesenen berücksichtigt).

Nuklide E	MZ	Häufigkeit %	relative Nuklidmasse	Nukleus I	μ_{mag}
$_{1}$H	1	99.985	1.007825	1/2	+ 2.7928
	2	0.015	2.014102	1	+ 0.8574
	3	*≈ 10^{-15}*	*3.01605*	*1/2*	*+ 2.9789*
$_{2}$He	3	0.000137	3.016029	1/2	− 2.1276
	4	99.999863	4.002603	0	
$_{3}$Li	6	7.5	6.015123	1	+ 0.8220
	7	92.5	7.016005	3/2	+ 3.2564
$_{4}$Be	9	100	9.012183	3/2	− 1.1775
$_{5}$B	10	19.9	10.012938	3	+ 1.8006
	11	80.1	11.009305	3/2	+ 2.6885
$_{6}$C	12	98.90	12.000000	0	
	13	1.10	13.003355	1/2	+ 0.7024
$_{7}$N	14	99.634	14.003074	1	+ 0.4036
	15	0.366	15.000109	1/2	− 0.2831
$_{8}$O	16	99.762	15.994915	0	
	17	0.038	16.999130	5/2	− 1.8937
	18	0.200	17.999159	0	
$_{9}$F	19	100	18.998403	1/2	+ 2.6283
$_{10}$Ne	20	90.48	19.992439	0	
	21	0.27	20.993845	3/2	− 0.6618
	22	9.25	21.991384	0	
$_{11}$Na	23	100	22.989770	3/2	+ 2.2174
$_{12}$Mg	24	78.99	23.985045	0	
	25	10.00	24.985839	5/2	− 0.8564
	26	11.01	25.982595	0	
$_{13}$Al	27	100	26.981541	5/2	+ 3.6413
$_{14}$Si	28	92.23	27.976928	0	
	29	4.67	28.976469	1/2	− 0.5553
	30	3.10	29.973772	0	
$_{15}$P	31	100	30.973763	1/2	+ 1.1317
$_{16}$S	32	95.02	31.972072	0	
	33	0.75	32.971459	3/2	+ 0.6435
	34	4.21	33.967868	0	
	36	0.02	35.967079	0	
$_{17}$Cl	35	75.77	34.968853	3/2	+ 0.8218
	37	24.23	36.965903	3/2	+ 0.6841
$_{18}$Ar	36	0.337	35.967546	0	
	38	0.063	37.962732	0	
	40	99.600	39.962383	0	
$_{19}$K	39	93.2581	38.963708	3/2	+ 0.3914
	40	*0.0117*	*39.963999*	4	*− 1.2981*
	41	6.7302	40.961825	3/2	+ 0.2149
$_{20}$Ca	40	96.941	39.962591	0	
	42	0.647	41.958622	0	
	43	0.135	42.958770	7/2	− 1.3173
	44	2.086	43.955485	0	
	46	0.004	45.953690	0	
	48	0.187	47.952532	0	
$_{21}$Sc	45	100	44.955914	7/2	+ 4.7559
$_{22}$Ti	46	8.0	45.952633	0	
	47	7.4	46.951765	5/2	− 0.7885
	48	73.8	47.947947	0	
	49	5.5	48.947871	7/2	− 1.0417
	50	5.4	49.944786	0	
$_{23}$V	*50*	*0.250*	*49.947161*	*6*	*+ 3.3470*
	51	99.750	50.943962	7/2	+ 5.1485
$_{24}$Cr	50	4.345	49.946046	0	
	52	83.789	51.940510	0	
	53	9.501	52.940651	3/2	− 0.4745
	54	2.365	53.938882	0	
$_{25}$Mn	55	100	54.938046	5/2	+ 3.449
$_{26}$Fe	54	5.8	53.939612	0	
	56	91.72	55.934939	0	
	57	2.2	56.935396	1/2	+ 0.0904
	58	0.28	57.933278	0	
$_{27}$Co	59	100	58.933198	7/2	+ 4.627
$_{28}$Ni	58	68.077	57.935347	0	
	60	26.223	59.930789	0	
	61	1.140	60.931059	3/2	− 0.7500
	62	3.634	61.928346	0	
	64	0.926	63.927968	0	
$_{29}$Cu	63	69.17	62.929599	3/2	+ 2.2228
	65	30.83	64.927792	3/2	+ 2.3812
$_{30}$Zn	64	48.6	63.929145	0	
	66	27.9	65.926035	0	
	67	4.1	66.927129	5/2	+ 0.8752
	68	18.8	67.924846	0	
	70	0.6	69.925325	0	
$_{31}$Ga	69	60.108	68.925281	3/2	+ 2.0145
	71	39.892	70.924701	3/2	+ 2.5597
$_{32}$Ge	70	21.23	69.924250	0	
	72	27.66	71.922080	0	
	73	7.73	72.923464	9/2	− 0.8792
	74	35.94	73.921179	0	
	76	7.44	75.921403	0	
$_{33}$As	75	100	74.921595	3/2	+ 1.439
$_{34}$Se	74	0.89	73.922477	0	
	76	9.36	75.919207	0	
	77	7.63	76.919908	1/2	+ 0.534
	78	23.78	77.917304	0	
	80	49.61	79.916520	0	
	82	*8.73*	*81.916709*	*0*	
$_{35}$Br	79	50.69	78.918336	3/2	+ 2.1055
	81	49.31	80.916289	3/2	+ 2.2696
$_{36}$Kr	78	0.35	77.920396	0	
	80	2.25	79.916375	0	

Nuklide E	MZ	Häufigkeit%	relative Nuklidmasse	Nukleus I	μ_{mag}
	82	11.6	81.913482	0	
	83	11.5	83.914134	9/2	− 0.970
	84	57.0	83.911506	0	
	86	17.3	85.910614	0	
$_{37}$Rb	85	72.165	84.911800	5/2	+ 1.3524
	87	*27.835*	*86.913358*	*3/2*	*+ 2.750*
$_{38}$Sr	84	0.56	83.913429		
	86	9.86	85.909273	0	
	87	7.00	86.908890	9/2	− 1.093
	88	82.58	87.905625	0	
$_{39}$Y	89	100	88.905856	1/2	− 0.1373
$_{40}$Zr	90	51.45	89.904708		
	91	11.22	90.905644	5/2	− 1.303
	92	17.15	91.905039		
	94	17.38	93.906319		
	96	2.80	95.908272		
$_{41}$Nb	93	100	92.906378	9/2	+ 6.167
$_{42}$Mo	92	14.84	91.906809	0	
	94	9.25	93.905086	0	
	95	15.92	94.905838	5/2	− 0.9135
	96	16.68	95.904675	0	
	97	9.55	96.906018	5/2	− 0.9327
	98	24.13	97.905405	0	
	100	9.63	99.907472	0	
$_{43}$Tc	–	–	–	–	
$_{44}$Ru	96	5.52	95.907594	0	
	98	1.88	97.905286	0	
	99	12.7	98.905937	5/2	− 0.413
	100	12.6	99.904217	0	
	101	17.0	100.905581	5/2	− 0.7188
	102	31.6	101.904347	0	
	104	18.7	103.905422	0	
$_{45}$Rh	103	100	102.905503	1/2	− 0.0883
$_{46}$Pd	102	1.02	101.905608	0	
	104	11.14	103.904025	0	
	105	22.33	104.905075	5/2	− 0.642
	106	27.33	105.903475	0	
	108	26.46	107.903893	0	
	110	11.72	109.905169	0	
$_{47}$Ag	107	51.839	106.905095	1/2	− 0.1135
	109	48.161	108.904753	1/2	− 0.1305
$_{48}$Cd	106	1.25	105.906461	0	
	108	0.89	107.904185	0	
	110	12.49	109.903007	0	
	111	12.80	110.904182	1/2	− 0.5943
	112	24.13	111.902761	0	
	113	*12.22*	*112.904401*	*1/2*	*− 0.6217*
	114	28.73	113.903361	0	
	116	7.49	115.904758	0	
$_{49}$In	113	4.3	112.904055	9/2	+ 5.5229
	115	*95.7*	*114.903874*	*9/2*	*+ 5.5348*
$_{50}$Sn	112	0.97	111.904822		
	114	0.65	113.902780	0	
	115	0.34	114.903344	1/2	− 0.9178
	116	14.53	115.901743	0	
	117	7.68	116.902954	1/2	− 1.000
	118	24.23	117.901607	0	
	119	8.59	118.903310	1/2	− 1.0461
	120	32.59	119.902199	0	
	122	4.63	121.903439	0	
	124	5.79	123.905271	0	
$_{51}$Sb	121	57.36	120.903824	5/2	+ 3.3592
	123	42.64	122.904222	7/2	+ 2.5466
$_{52}$Te	120	0.096	119.904021	0	
	122	2.603	121.903055	0	
	123	*0.908*	*122.904278*	*1/2*	*− 0.7359*
	124	4.816	123.902825	0	
	125	7.139	124.904435	1/2	− 0.8871
	126	18.95	125.903311	0	
	128	*31.69*	*127.904464*	*0*	
	130	*33.80*	*129.906228*	*0*	
$_{53}$I	127	100	126.904476	5/2	+ 2.8091
$_{54}$Xe	124	0.10	123.906118	0	
	126	0.09	125.904281	0	
	128	1.91	127.903531	0	
	129	26.4	128.904780	1/2	− 0.7768
	130	4.1	129.903509	0	
	131	21.2	130.905076	3/2	+ 0.6908
	132	26.9	131.904148	0	
	134	10.4	133.905394	0	
	136	8.9	135.907219	0	
$_{55}$Cs	133	100	132.905432	7/2	+ 2.5779
$_{56}$Ba	130	0.106	129.906277	0	
	132	0.101	131.905042	0	
	134	2.417	133.904489	0	
	135	6.592	134.905668	3/2	+ 0.8365
	136	7.854	135.904555	0	
	137	11.23	136.905815	3/2	+ 0.9357
	138	71.70	137.905235	0	
$_{57}$La	*138*	*0.0902*	*137.907113*	5	*+ 3.707*
	139	99.9098	138.906354	7/2	+ 2.778
$_{58}$Ce	136	0.19	135.907135	0	
	138	0.25	137.905996	0	
	140	88.48	139.905441	0	
	142	*11.08*	*141.909248*	*0*	
$_{59}$Pr	141	100	140.907656	5/2	+ 4.16
$_{60}$Nd	142	27.13	141.907730	0	
	143	12.18	142.909822	7/2	− 1.063
	144	*23.80*	*143.910095*	*0*	
	145	*8.30*	*144.912581*	*7/2*	*− 0.654*
	146	17.19	145.913126	0	
	148	5.76	147.916900	0	
	150	5.64	149.920899	0	
$_{61}$Pm	*147*	*100*	*146.915148*	*7/2*	*+ 2.62*
$_{62}$Sm	144	3.1	143.912008		
	147	*15.0*	*146.914906*		
	148	*11.3*	*147.914831*	*7/2*	*− 0.813*
	149	13.8	148.917192	7/2	− 0.670
	150	7.4	149.917285		
	152	26.7	151.919741		
	154	22.7	153.922218		
$_{63}$Eu	151	47.8	150.919860	5/2	+ 3.463
	153	52.2	152.921242	5/2	+ 1.530
$_{64}$Gd	*152*	*0.20*	*151.919803*	*0*	
	154	2.18	153.920876	0	
	155	14.80	154.922629	3/2	− 0.2584
	156	20.47	155.922129	0	
	157	15.65	156.923966	3/2	− 0.3388
	158	24.84	157.924110	0	
	160	21.86	159.927060	0	
$_{65}$Tb	159	100	158.925350	3/2	+ 2.008
$_{66}$Dy	156	0.06	155.924286	0	
	158	0.10	157.924412	0	
	160	2.34	159.925202	0	
	161	18.9	160.926939	5/2	− 0.482
	162	25.5	161.926805	0	
	163	24.9	162.928736	5/2	+ 0.676
	164	28.2	163.929181	0	
$_{67}$Ho	165	100	164.930331	7/2	+ 4.12
$_{68}$Er	162	0.14	161.928786	0	
	164	1.61	163.929210	0	
	166	33.6	165.930304	0	

Nuklide E	MZ	Häufigkeit%	relative Nuklidmasse	Nukleus I	μ_{mag}
	167	22.95	166.932060	7/2	− 0.5665
	168	26.8	167.932383	0	
	170	14.9	169.935476	0	
$_{69}$**Tm**	169	100	168.934225	1/2	− 0.231
$_{70}$**Yb**	168	0.13	167.933907	0	
	170	3.05	169.934772	0	
	171	14.3	170.936337	1/2	+ 0.4919
	172	21.9	171.936392	0	
	173	16.12	172.938222	5/2	− 0.6776
	174	31.8	173.938872	0	
	176	12.7	175.942576	0	
$_{71}$**Lu**	175	97.41	174.940784	7/2	+ 2.203
	176	*2.59*	*175.942693*	*7*	*+ 3.18*
$_{72}$**Hf**	*174*	*0.162*	*173.940064*	*0*	
	176	5.206	175.941420	0	
	177	18.606	176.943232	7/2	+ 0.7935
	178	27.297	177.943710	0	
	179	13.629	178.945827	9/2	− 0.6409
	180	35.100	180.946560	0	
$_{73}$**Ta**	*180*	*0.012*	*179.947569*	0	
	181	99.988	180.948013	7/2	+ 2.370
$_{74}$**W**	*180*	*0.13*	*179.946726*	*0*	
	182	26.3	181.948225	0	
	183	14.3	182.950244	1/2	+ 0.1178
	184	30.67	183.950953	0	
	186	28.6	185.954376	0	
$_{75}$**Re**	185	37.40	184.952976	5/2	+ 3.172
	187	*62.60*	*186.955764*	*5/2*	*+ 3.204*
$_{76}$**Os**	184	0.02	183.952514	0	
	186	*1.58*	*185.954710*	*0*	
	187	1.6	186.955764	1/2	+ 0.0643
	188	13.3	187.955850	0	
	189	16.1	188.958155	3/2	+ 0.6565
	190	26.4	189.958454	0	
	192	41.0	191.961486	0	
$_{77}$**Ir**	191	37.3	190.960603	3/2	+ 0.1454
	193	62.7	192.962942	3/2	+ 0.1583
$_{78}$**Pt**	*190*	*0.01*	*189.959938*	*0*	
	192	0.79	191.961048	0	
	194	32.9	193.962678	0	
	195	33.8	194.964785	1/2	+ 0.6095
	196	25.3	195.964947	0	
	198	7.2	197.967878	0	
$_{79}$**Au**	197	100	196.966559	3/2	+ 0.1449
$_{80}$**Hg**	196	0.15	195.965812	0	
	198	9.97	197.966758	0	
	199	16.87	198.968269	1/2	+ 0.5027
	200	23.10	199.968315	0	
	201	13.18	200.970292	3/2	− 0.5567
	202	29.86	201.970632	0	
	204	6.87	203.973480	0	
$_{81}$**Tl**	203	29.524	202.972335	1/2	+ 1.6115
	205	70.476	204.974410	1/2	+ 1.6274
$_{82}$**Pb**	*204*	*1.4*	*203.973035*	*0*	
	206	24.1	205.974455	0	
	207	22.1	206.975885	1/2	+ 0.5783
	208	52.4	207.976640	0	
$_{83}$**Bi**	209	100	208.980388	9/2	+ 4.080
$_{84}$**Po**	***210***		*209.982864*	*0*	
	211		*210.986641*	*9/2*	
	212		*211.988856*	*0*	
	214		*213.995191*	*0*	
	215		*214.999420*	*9/2*	
	216		*216.001899*	*0*	
	218		*218.005595*	*0*	
$_{85}$**At**	*215*		*214.998646*		
	216		*216.002401*	*1*	
	217		*217.004704*	*9/2*	
	218		*218.008695*		
	219		*219.01130*		
$_{86}$**Rn**	*215*		*214.998734*		
	216		*216.000263*	*0*	
	217		*217.003918*	*9/2*	
	218		*218.005595*	*0*	
	219		*219.009480*	*5/2*	
	220		*220.011378*	*0*	
	222		*222.017574*	*0*	
$_{87}$**Fr**	***223***		*223.019734*	*3/2*	
$_{88}$**Ra**	*223*		*223.018502*	*1/2*	
	224		*224.020196*	*0*	
	226		*226.025406*	*0*	
	228		*228.031069*	*0*	
$_{89}$**Ac**	***227***		*227.027751*	*3/2*	*+ 1.1*
	228		*228.031020*	*3*	
$_{90}$**Th**	*227*		*227.027704*	*3/2*	
	228		*228.028726*	*0*	
	230		*230.033131*	*0*	
	231		*231.036298*	*5/2*	
	232	100	*232.038054*	*0*	
	234		*234.043598*	*0*	
$_{91}$**Pa**	***231***		*231.035881*	*3/2*	*+ 2.01*
	234		*234.043316*	*4*	
$_{92}$**U**	*233*		*233.039629*	*5/2*	
	234	*0.0055*	*234.040947*	*0*	
	235	0.7200	*235.043925*	*7/2*	*− 0.43*
	236		*236.045563*	*0*	
	238	*99.2745*	*238.050786*	*0*	
$_{93}$**Np**	***237***		*237.048169*	*5/2*	*+ 3.14*
$_{94}$**Pu**	*239*		*239.052158*	*1/2*	*+ 0.203*
	244		*244.064200*	*0*	

Anhang IV

Radien von Atomen und Ionen

Die nachfolgende Zusammenstellung gibt für Elementatome und -ionen in Verbindungen (1. Spalte) mit der Koordinationszahl **KZ** (3. Spalte) die Radien ***r*** (4. Spalte) wieder, und zwar für folgende Radienarten **R** (2. Spalte): (i) **Van-der-Waals-Radien** (vgl. S. 102): Sie betreffen zwischenmolekulare Abstände und sind durch die Abkürzung **W** gekennzeichnet. – (ii) **Kovalenzradien** (vgl. S. 136): Sie betreffen kovalent-einfach-, -doppelt- oder -dreifach-gebundene Molekülatome und sind durch die Abkürzung **K**, **K(2)** oder **K(3)** symbolisiert. Zur Berechnung von Bindungsabständen aus Kovalenzradien muß gegebenenfalls korrigiert werden, wenn die Bindungspartner stark unterschiedliche Elektronegativität oder – im Falle leichter Atome – freie Elektronenpaare aufweisen (vgl. Anhang V). – (iii) **Metallatomradien** (vgl. S. 146): Sie sind durch die Abkürzung **M** symbolisiert und beziehen sich auf den halben Atomabstand im betreffenden Metall mit dichtester, kubisch-innenzentrierter oder anderer Metallatompackung. Gegebenenfalls erfolgt eine Umrechnung der Radien auf KZ = 12 (mit wachsender Koordinationszahl vergrößert sich der Metallatomradius). – (iv) **Ionenradien** (vgl. S. 127): Die Basis der aufgelisteten, durch die Abkürzung **I** symbolisierten „*effektiven Ionenradien*" von Shannon und Prewitt[1)] stellt der Radius von F^- mit 1.19 Å dar. Die Radien sind für Kationen um 0.14 Å größer, für Anionen um 0.14 Å kleiner als die besten „*traditionellen Ionenradien*". Es bedeuten hierbei in der 3. Spalte: **q** = quadratisch-planare Ligandenanordnung (in den übrigen Fällen für KZ = 4: tetraedrische Anordnung); **p** = pyramidale Struktur mit den betreffenden Ionen an der Pyramidenspitze; in der 2. Spalte: **hs** = high-spin: **ls** = low-spin.

Elem.	R	KZ	*r* [Å]
Ac	M	12	1.878
Ac^{3+}	I	6	0.81
Ag	W		1.7
	M	12	1.445
Ag^{+}	I	2	0.81
	I	4	1.14
	I	4q	1.16
	I	5	1.23
	I	6	1.29
	I	7	1.36
	I	8	1.42
Ag^{2+}	I	4q	0.93
	I	6	1.08
Ag^{3+}	I	4q	0.81
	I	6	0.89
Al	M	12	1.432
	K(1)	3	1.25
	(2)	2	1.15
	(3)	1	1.08
Al^{3+}	I	4	0.53
	I	5	0.62
	I	6	0.675
Am	M	12	1.730
Am^{2+}	I	7	1.35
	I	8	1.40
	I	9	1.45
Am^{3+}	I	6	1.115
	I	8	1.23
Am^{4+}	I	6	0.99
Ar	W		1.9
As	W		2.0
	K(1)	3	1.21
	(2)	2	1.11
As^{3+}	I	6	0.72
As^{5+}	I	4	0.475
	I	6	0.60
At	K	1	1.41
At^-	I	6	2.13
Au	W		1.7
	M	12	1.442
Au^{+}	I	6	1.51
Au^{3+}	I	4q	0.82
	I	6	0.99
Au^{5+}	I	6	0.71
B	K(1)	3	0.82
		4	0.88
	K(2)	3	0.78
	(3)	2	0.71
B^{3+}	I	3	0.15
	I	4	0.25
	I	6	0.41
Ba	M	8	2.174
	M	12	2.24
Ba^{2+}	I	6	1.49
	I	7	1.52
	I	8	1.56
	I	9	1.61
	I	10	1.66
	I	11	1.71
	I	12	1.75
Be	M	12	1.113
	K	2	0.93
Be^{2+}	I	3	0.30
	I	4	0.41
	I	6	0.59
Bi	W		2.4
	K	3	1.50
	M	3	1.535
	M	12	1.82
Bi^{3+}	I	5	1.10
	I	6	1.17
	I	8	1.31
Bi^{5+}	I	6	0.90
Bk	M	12	1.703
Bk^{3+}	I	6	1.10
Bk^{4+}	I	6	0.97
	I	8	1.07
Br	W		1.9
	K	1	1.14
Br^-	I	6	1.82
Br^{3+}	I	4q	0.73
Br^{5+}	I	3p	0.45
Br^{7+}	I	4	0.39
	I	6	0.53
C	W		1.7
	K(1)	4	0.77
	(2)	3	0.67
	(3)	2	0.60
C^{4+}	I	3	0.06
	I	4	0.29
	I	6	0.30
Ca	M	12	1.974
Ca^{2+}	I	6	1.14
	I	7	1.20
	I	8	1.26
	I	9	1.32
	I	10	1.37
	I	12	1.48
Cd	W		1.6
	M	12	1.489
Cd^{2+}	I	4	0.92
	I	5	1.01
	I	6	1.09
	I	7	1.17
	I	8	1.24
Ce	M	12	1.825
Ce^{3+}	I	6	1.15
	I	7	1.21
	I	8	1.283
	I	9	1.336
	I	10	1.39
	I	12	1.48
Ce^{4+}	I	6	1.01
	I	8	1.11
	I	10	1.21
	I	12	1.28
Cf	M	12	1.69
Cf^{3+}	I	6	1.09
Cf^{4+}	I	6	0.961
	I	8	1.06
Cl	W		1.8
	K	1	0.99
Cl^-	I	6	1.67
Cl^{5+}	I	3p	0.26
Cl^{7+}	I	4	0.22
	I	6	0.41
Cm	M	12	1.743
Cm^{3+}	I	6	1.11
Cm^{4+}	I	6	0.99
	I	8	1.09
Co	M	12	1.253
Co^{2+}	Ihs	4	0.72
	I	5	0.81
	Ils	6	0.79
	hs		0.885

[1] **Literatur.** R. D. Shannon, C. T. Prewitt: „*Effective Ionic Radii in Oxides and Fluorides*", Acta Crystallogr. **B25** (1969) 925–946; R. D. Shannon: „*Revised Effective Ionic Radii and Systematic Studies of Interatomic Distances in Halides and Chalcogenides*", Acta Crystallogr. **A32** (1976) 751–767.

Elem.	R	KZ	r [Å]
		8	1.04
Co^{3+}	Ils	6	0.685
	hs		0.75
Co^{4+}	I	4	0.54
	Ihs	6	0.67
Cr	M	8	1.249
	M	12	1.29
Cr^{2+}	Ils	6	0.87
	hs		0.94
Cr^{3+}	I	6	0.755
Cr^{4+}	I	4	0.55
	I	6	0.69
Cr^{5+}	I	4	0.485
	I	6	0.63
		8	0.71
Cr^{6+}	I	4	0.40
	I	6	0.58
Cs	M	8	1.655
	M	12	2.72
Cs^{+}	I	6	1.81
	I	8	1.88
	I	9	1.92
	I	10	1.95
	I	11	1.99
	I	12	2.02
Cu	W		1.4
	M	12	1.278
Cu^{+}	I	2	0.60
	I	4	0.74
	I	6	0.91
Cu^{2+}	I	4	0.71
	I	4q	0.71
	I	5	0.79
	I	6	0.87
Cu^{3+}	Ils	6	0.68
Dy	M	12	1.752
Dy^{2+}	I	6	1.21
	I	7	1.27
	I	8	1.33
Dy^{3+}	I	6	1.052
	I	7	1.11
	I	8	1.167
	I	9	1.223
Er	M	12	1.734
Er^{3+}	I	6	1.030
	I	7	1.085
	I	8	1.144
	I	9	1.202
Es	–	–	–
Eu	M	12	1.995
Eu^{2+}	I	6	1.31
	I	7	1.34
	I	8	1.39
	I	9	1.44
	I	10	1.49
Eu^{3+}	I	6	1.087
	I	7	1.15
	I	8	1.206
	I	9	1.260
F	W		1.5
	K(1)	1	0.64
			(0.72)
	(2)	1	0.60
F^{-}	I	2	1.145
	I	3	1.16
	I	4	1.17
	I	6	1.19
Fe	M	8	1.241
	M	12	1.26
Fe^{2+}	Ihs	4	0.77
		4q	0.78
	Ils	6	0.75
	hs		0.920
	Ihs	8	1.06
Fe^{3+}	Ihs	4	0.63
	I	5	0.72
	Ils	6	0.69
	hs		0.785
	Ihs	8	0.92
Fe^{4+}	I	6	0.725
Fe^{6+}	I	4	0.39
Fm	–	–	–
Fr	M	8	2.7
Fr^{+}	I	6	1.94
Ga	W		1.9
	K(1)	3	1.26
	(2)	2	1.16
	M	7	1.35
	M	12	1.53
Ga^{3+}	I	4	0.61
	I	5	0.69
	I	6	0.760
Gd	M	12	1.787
Gd^{3+}	I	6	1.078
	I	7	1.14
	I	8	1.193
	I	9	1.247
Ge	K(1)	4	1.22
	(2)	3	1.12
Ge^{2+}	I	6	0.87
Ge^{4+}	I	4	0.530
	I	6	0.670
H	W		1.4
	K	1	0.37
H^{+}	I	1	−0.24
	I	2	−0.04
He	W		1.8
Hf	M	12	1.564
Hf^{4+}	I	4	0.72
	I	6	0.85
	I	7	0.90
	I	8	0.97
Hg	W		1.5
	M	12	1.62
Hg^{+}	I	3	1.11
	I	6	1.33
Hg^{2+}	I	2	0.83
	I	4	1.10
	I	6	1.16
	I	8	1.28
Ho	M	12	1.743
Ho^{3+}	I	6	1.041
	I	8	1.155
	I	9	1.212
	I	10	1.26
I	W		2.1
	K	1	1.33
I^{-}	I	6	2.06
I^{5+}	I	3p	0.58
	I	6	1.09
I^{7+}	I	4	0.56
	I	6	0.67
In	W		1.9
	K(1)	3	1.44
	(2)	2	1.34
	M	12	1.67
In^{3+}	I	4	0.76
	I	6	0.940
	I	8	1.06
Ir	M	12	1.357
Ir^{3+}	I	6	0.82
Ir^{4+}	I	6	0.765
Ir^{5+}	I	6	0.71
K	M	8	2.272
	M	12	2.35
K^{+}	I	4	1.51
	I	6	1.52
	I	7	1.60
	I	8	1.65
	I	9	1.69
	I	10	1.73
	I	12	1.78
Kr	W		2.0
La	M	12	1.870
La^{3+}	I	6	1.172
	I	7	1.24
	I	8	1.300
	I	9	1.356
	I	10	1.41
	I	12	0.87
Li	M	8	1.52
	M	12	1.57
Li^{+}	I	4	0.730
	I	6	0.90
	I	8	1.06
Lr	–	–	–
Lu	M	12	1.718
Lu^{3+}	I	6	1.001
	I	8	1.117
	I	9	1.172
Md	–	–	–
Mg	M	12	1.599
Mg^{2+}	I	4	0.71
	I	5	0.80
	I	6	0.860
	I	8	1.03
Mn	M	12	1.37
Mn^{2+}	Ihs	4	0.80
	Ihs	5	0.89
	Ils	6	0.81
	hs		0.970
	Ihs	7	1.04
	I	8	1.10
Mn^{3+}	I	5	0.72
	Ils	6	0.72
	hs		0.785
Mn^{4+}	I	4	0.53
	I	6	0.670
Mn^{5+}	I	4	0.47
Mn^{6+}	I	4	0.395
Mn^{7+}	I	4	0.39
	I	6	0.60
Mo	M	8	1.363
	M	12	1.40
Mo^{3+}	I	6	0.83
Mo^{4+}	I	6	0.790
Mo^{5+}	I	4	0.60
	I	6	0.75
Mo^{6+}	I	4	0.55
	I	5	0.64
	I	6	0.73
	I	7	0.87
N	W		1.6
	K(1)	3	0.70
			(0.74)
	(2)	2	0.60
	(3)	1	0.55
N^{3-}	I	4	1.32
N^{3+}	I	6	0.30
N^{5+}	I	3	0.044
	I	6	0.27
Na	M	8	1.858
	M	12	1.91
Na^{+}	I	4	1.13
	I	5	1.14
	I	6	1.16
	I	7	1.26
	I	8	1.32
	I	9	1.38
	I	12	1.53
Nb	M	8	1.429
	M	12	1.47
Nb^{3+}	I	6	0.86
Nb^{4+}	I	6	0.82
	I	8	0.93
Nb^{5+}	I	4	0.62
	I	6	0.78
	I	7	0.83
	I	8	0.88
Nd	M	12	1.814
Nd^{2+}	I	8	1.43
	I	9	1.49
Nd^{3+}	I	6	1.123
	I	8	1.249
	I	9	1.303
	I	12	1.41
Ne	W		1.6
Ni	W		1.6
	M	12	1.246
Ni^{2+}	I	4	0.69
	I	4q	0.63
	I	5	0.77
	I	6	0.830
Ni^{3+}	Ils	6	0.70
	hs		0.74
Ni^{4+}	Ils	6	0.62
No	–	–	–
No^{2+}	I	6	1.24
Np	M	12	1.503
Np^{2+}	I	6	1.24
Np^{3+}	I	6	1.15
Np^{4+}	I	6	1.01
	I	8	1.12
Np^{5+}	I	6	0.89
Np^{6+}	I	6	0.86
Np^{7+}	I	6	0.85
O	W		1.5
	K(1)	2	0.66
			(0.74)
	(2)	1	0.56
	(3)	1	0.55
O^{2-}	I	2	1.21
	I	3	1.22
	I	4	1.24
	I	6	1.26
	I	8	1.28
OH^{-}	I	2	1.18
	I	3	1.20

Elem.	R	KZ	r [Å]	Elem.	R	KZ	r [Å]	Elem.	R	KZ	r [Å]	Elem.	R	KZ	r [Å]
	I	4	1.21	**Pu**	M	12	1.523		I	6	0.540		I	5	0.65
	I	6	1.23	Pu^{3+}	I	6	1.14	**Sm**	M	12	1.802		I	6	0.745
Os	M	12	1.338	Pu^{4+}	I	6	1.00	Sm^{2+}	I	7	1.36		I	8	0.88
Os^{4+}	I	6	0.770		I	8	1.10		I	8	1.41	**Tl**	W		2.0
Os^{5+}	I	6	0.715	Pu^{5+}	I	6	0.88		I	9	1.46		M	12	1.700
Os^{6+}	I	5	0.63	Pu^{6+}	I	6	0.85	Sm^{3+}	I	6	1.098	Tl^{+}	I	6	1.64
	I	6	0.685	**Ra**	M	8	2.23		I	7	1.16		I	8	1.73
Os^{7+}	I	6	0.665		M	12	2.30		I	8	1.219		I	12	1.84
Os^{8+}	I	4	0.53	Ra^{2+}	I	8	1.62		I	9	1.272	Tl^{3+}	I	4	0.89
P	W		1.9		I	12	1.84		I	12	1.38		I	6	1.025
	K(1)	3	1.10	**Rb**	M	8	2.475	**Sn**	W		2.2		I	8	1.12
	(2)	2	1.01		M	12	2.50		K(1)	4	1.40	**Tm**	M	12	1.724
	(3)	1	0.93	Rb^{+}	I	6	1.66		(2)	3	1.30	Tm^{2+}	I	6	1.17
P^{3+}	I	6	0.58		I	7	1.70		M	6	1.53		I	7	1.23
P^{5+}	I	4	0.31		I	8	1.75		M	12	1.58	Tm^{3+}	I	6	1.02
	I	5	0.43		I	9	1.77	Sn^{4+}	I	4	0.69		I	8	1.134
	I	6	0.52		I	10	1.80		I	5	0.76		I	9	1.192
Pa	M	12	1.642		I	11	1.83		I	6	0.830	**U**	M	12	1.542
Pa^{3+}	I	6	1.18		I	12	1.86		I	7	0.89	U^{3+}	I	6	1.165
Pa^{4+}	I	6	1.04		I	14	1.97		I	8	0.95	U^{4+}	I	6	1.03
	I	8	1.15	**Re**	M	12	1.371	**Sr**	M	12	2.151		I	7	1.09
Pa^{5+}	I	6	0.92	Re^{4+}	I	6	0.77	Sr^{2+}	I	6	1.32		I	8	1.14
	I	8	1.05	Re^{5+}	I	6	0.72		I	7	1.35		I	9	1.19
	I	9	1.09	Re^{6+}	I	6	0.69		I	8	1.40		I	12	1.31
Pb	W		2.0	Re^{7+}	I	4	0.52		I	9	1.45	U^{5+}	I	6	0.90
	K	4	1.46		I	6	0.67		I	10	1.50		I	7	0.98
	M	12	1.750	**Rh**	M	12	1.345		I	12	1.58	U^{6+}	I	2	0.59
Pb^{2+}	I	4p	1.12	Rh^{3+}	I	6	0.805	**Ta**	M	8	1.430		I	4	0.66
	I	6	1.33	Rh^{4+}	I	6	0.74		M	12	1.47		I	6	0.87
	I	7	1.37	Rh^{5+}	I	6	0.69	Ta^{3+}	I	6	0.86		I	7	0.95
	I	8	1.43	**Rn**	–	–	–	Ta^{4+}	I	6	0.82		I	8	1.00
	I	9	1.49	**Ru**	M	12	1.325	Ta^{5+}	I	6	0.78	**V**	M	8	1.311
	I	10	1.54	Ru^{3+}	I	6	0.82		I	7	0.83		M	12	1.35
	I	11	1.59	Ru^{4+}	I	6	0.760		I	8	0.88	V^{2+}	I	6	0.93
	I	12	1.63	Ru^{5+}	I	6	0.705	**Tb**	M	12	1.763	V^{3+}	I	6	0.780
Pb^{4+}	I	4	0.79	Ru^{7+}	I	4	0.52	Tb^{3+}	I	6	1.063	V^{4+}	I	5	0.67
	I	5	0.87	Ru^{8+}	I	4	0.50		I	7	1.12		I	6	0.72
	I	6	0.915	**S**	W		1.8		I	8	1.180		I	8	0.86
	I	8	1.08		K(1)	2	1.04		I	9	1.235	V^{5+}	I	4	0.495
Pd	W		1.6		(2)	1	0.94	Tb^{4+}	I	6	0.90		I	5	0.60
	M	12	1.376		(3)	1	0.87			8	1.02		I	6	0.68
Pd^{+}	I	2	0.73	S^{2-}	I	6	1.70	**Tc**	M	12	1.352	**W**	M	8	1.37
Pd^{2+}	I	4q	0.78	S^{4+}	I	6	0.51	Tc^{4+}	I	6	0.785		M	12	1.41
	I	6	1.00	S^{6+}	I	4	0.26	Tc^{5+}	I	6	0.74	W^{4+}	I	6	0.80
Pd^{3+}	I	6	0.90		I	6	0.43	Tc^{7+}	I	4	0.51	W^{5+}	I	6	0.76
Pd^{4+}	I	6	0.755	**Sb**	W		2.2		I	6	0.70	W^{6+}	I	4	0.56
Pm	M	12	1.810		K(1)	3	1.41	**Te**	W		2.1		I	5	0.65
Pm^{3+}	I	6	1.11		(2)	2	1.31		K(1)	2	1.37		I	6	0.74
	I	8	1.233	Sb^{3+}	I	4p	0.90		(2)	1	1.27	**Xe**	W		2.2
	I	9	1.284		I	5	0.94	Te^{2-}	I	6	2.07	Xe^{8+}	I	4	0.54
Po	–	–	–		I	6	0.90	Te^{4+}	I	3	0.66		I	6	0.62
Po^{2-}	I	6	2.16	Sb^{5+}	I	6	0.74		I	4	0.80	**Y**	M	12	1.776
Po^{4+}	I	6	1.08	**Sc**	M	12	1.606		I	6	1.11	Y^{3+}	I	6	1.040
	I	8	1.22	Sc^{3+}	I	6	0.885	Te^{6+}	I	4	0.57		I	7	1.10
Po^{6+}	I	6	0.81		I	8	1.010		I	6	0.70		I	8	1.159
Pr	M	12	1.820	**Se**	W		1.9	**Th**	M	12	1.798		I	9	1.215
Pr^{3+}	I	6	1.13		K(1)	2	1.17	Th^{4+}	I	6	1.08	**Yb**	M	12	1.940
	I	8	1.266		(2)	1	1.07		I	8	1.19	Yb^{2+}	I	6	1.16
	I	9	1.319	Se^{2-}	I	6	1.84		I	9	1.23		I	7	1.22
Pr^{4+}	I	6	0.99	Se^{4+}	I	6	0.64		I	10	1.27		I	8	1.28
	I	8	1.10	Se^{6+}	I	4	0.42		I	11	1.32	Yb^{3+}	I	6	1.008
Pt	W		1.7		I	6	0.56		I	12	1.35		I	7	1.065
	M	12	1.373	**Si**	W		2.1	**Ti**	M	12	1.448		I	8	1.125
Pt^{2+}	I	4q	0.74		K(1)	4	1.17		K	4	1.32		I	9	1.182
	I	6	0.94		(2)	3	1.07	Ti^{2+}	I	6	1.00	**Zn**	W		1.4
Pt^{4+}	I	6	0.765		(3)	2	1.00	Ti^{3+}	I	6	0.810		M	12	1.335
Pt^{5+}	I	6	0.71	Si^{4+}	I	4	0.40	Ti^{4+}	I	4	0.56	Zn^{2+}	I	4	0.74

Elem.	R	KZ	r [Å]	Elem.	R	KZ	r [Å]	Elem.	R	KZ	r [Å]	Elem.	R	KZ	r [Å]
	I	5	0.82	**Zr**	M	12	1.590		I	6	0.86		I	9	1.03
	I	6	0.880	Zr^{4+}	I	4	0.73		I	7	0.92				
	I	8	1.04		I	5	0.80		I	8	0.98				

Anhang V

Bindungslängen (ber.) zwischen Hauptgruppenelementen

Die Bindungslänge d_{AB} zweier durch eine **ein-**, **zwei-** oder **dreifache Kovalenz** miteinander verbundener Atome A und B läßt sich als *Summe von Kovalenzradien* r_A und r_B der Atome A und B (Anhang IV) wiedergeben. Dabei muß man die *bindungsverkürzende* Wirkung des durch verschiedene Atomelektronegativitäten χ_A und χ_B bedingten *polaren Bindungscharakters* durch Abzug eines *Korrekturgliedes* berücksichtigen: $d_{AB} = r_A + r_B - c\ |\chi_A - \chi_B|$ (c = Proportionalitätsfaktor; $|\chi_A - \chi_B|$ = Absolutwert der Elektronegativitätsdifferenz; vgl. Anm.[31a], S. 145). Der Faktor c beträgt bei allen Bindungen mit mindestens *einem* Atom der *ersten* Achterperiode 0.08, bei Bindungen von Si, P oder S mit einem nicht der ersten Achterperiode angehörenden elektronegativeren Atom 0.06, bei entsprechenden Bindungen von Ge, As, Se bzw. Sn, Sb, Te 0.04 bzw. 0.02, während bei entsprechenden Bindungen zwischen C und Elementen der V., VI. und VII. Hauptgruppe keine Korrektur anzubringen ist ($c = 0$). Einige auf diese Weise errechnete Bindungslängen für *Einfach-*, *Doppel-* und *Dreifachbindungen* in [Å] sind nachfolgend zusammengestellt (für N, O, F wurden die Radien 0.74, 0.74, 0.72 Å verwendet):

1. Achterperiode			**2. Achterperiode**		
B—B 1.76	B=B 1.56	B≡B 1.42	Si—Si 2.34	Si=Si 2.14	Si≡Si 2.00
B—C 1.61	B=C 1.40	B≡C 1.27	Si—C 1.88	Si=C 1.67	Si≡C 1.54
B—N 1.56	B=N 1.28	B≡N 1.18	Si—N 1.80	Si=N 1.56	Si≡N 1.44
B—O 1.50	B=O 1.26	B≡O 1.09	Si—O 1.77	Si=O 1.53	Si≡O 1.41
B—S 1.89	B=S 1.69	B≡S 1.55	Si—S 2.17	Si=S 1.97	Si≡S 1.83
B—F 1.43	B=F 1.21	–	Si—F 1.70	Si=F 1.48	–
B—Cl 1.80	B=Cl 1.60	–	Si—Cl 2.09	Si=Cl 1.89	–
B—Br 1.96	B=Br 1.76	–	Si—Br 2.25	Si=Br 2.05	–
B—I 2.19	B=I 1.99	–	Si—I 2.47	Si=I 2.27	–
C—C 1.54	C=C 1.33	C≡C 1.20	P—C 1.87	P=C 1.67	P≡C 1.53
C—N 1.47	C=N 1.22	C≡N 1.11	P—N 1.76	P=N 1.52	P≡N 1.40
C—O 1.43	C=O 1.19	C≡O 1.07	P—P 2.20	P=P 2.00	P≡P 1.86
C—F 1.36	C=F 1.14	–	P—O 1.72	P=O 1.48	P≡O 1.36
C—Cl 1.76	C=Cl 1.56	–	P—S 2.11	P=S 1.91	P≡S 1.77
C—Br 1.91	C=Br 1.71	–	P—F 1.66	P=F 1.52	–
C—I 2.10	C=I 1.90	–	P—Cl 2.04	P=Cl 1.84	–
N—N 1.48	N=N 1.20	N≡N 1.10	P—Br 2.20	P=Br 2.00	–
N—O 1.45	N=O 1.17	N≡O 1.07	P—I 2.42	P=I 2.22	–
N—F 1.38	N=F 1.14	–	S—C 1.81	S=C 1.61	S≡C 1.47
N—Cl 1.71	N=Cl 1.47	–	S—N 1.73	S=N 1.49	S≡N 1.37
N—Br 1.85	N=Br 1.61	–	S—O 1.70	S=O 1.46	S≡O 1.34
N—I 2.00	N=I 1.76	–	S—S 2.08	S=S 1.88	S≡S 1.74
O—O 1.48	O=O 1.20	O≡O 1.10	S—F 1.63	S=F 1.41	–
O—F 1.41	O=F 1.10	–	S—Cl 2.01	S=Cl 1.81	–
O—Cl 1.68	O=Cl 1.44	–	S—Br 2.16	S=Br 1.96	–
O—Br 1.82	O=Br 1.58	–	S—I 2.36	S=I 2.16	–
O—I 1.97	O=I 1.73	–	Cl—F 1.61	Cl=F 1.39	–
F—F 1.44	F=F 1.20	–	Cl—Cl 1.98	Cl=Cl 1.78	–
3. Achterperiode			**4. Achterperiode**		
As—N 1.88	As=N 1.64	–	Sb—N 2.05	Sb=N 1.81	–
As—O 1.85	As=O 1.61	–	Sb—O 2.02	Sb=O 1.78	–
As—S 2.24	As=S 2.04	–	Sb—S 2.44	Sb=S 2.24	–
As—F 1.78	As=F 1.56	–	Sb—F 1.95	Sb=F 1.73	–
As—Cl 2.17	As=Cl 1.97	–	Sb—Cl 2.38	Sb=Cl 2.18	–
Se—Se 2.34	Se=Se 2.14	–	Te—Te 2.74	Te=Te 2.54	–
Br—Br 2.28	Br=Br 2.08	–	I—I 2.66	I=I 2.46	–

Anhang VI

Normalpotentiale[1)]

Die wiedergegebenen Normalpotentiale ε_0 beziehen sich auf *wässerige Lösungen* (meist in Abwesenheit, teils auch in Anwesenheit von komplexbildenden Partnern wie F^-, Cl^-, Br^-, I^-, CN^-, NH_3) bei pH = 0 (ε_0, **sauer**) und pH = 14 (ε_0, **basisch**) der links stehenden, alphabetisch geordneten, für saures Milieu formulierten **Redox-Systeme**.

Redox-Syst.	ε_0^{sauer}/V	$\varepsilon_0^{bas.}$/V
Ac/Ac^{2+}	−0.7	–
Ac^{3+}	−2.13	−2.5
Ac^{2+}/Ac^{3+}	−4.9	–
Ag/Ag^+	+0.7991	+0.342
AgCl	+0.222	–
AgBr	+0.071	–
AgI	−0.152	–
AgCN	–	−0.017
$Ag(S_2O_3)_2^{3-}$	+0.017	–
$Ag(NH_3)_2^+$	–	+0.373
$Ag(CN)_2^-$	–	−0.31
Ag^{2+}	+1.390	+0.473
AgO^+	+1.6	+0.562
Ag^+/Ag^{2+}	+1.980	+0.604
AgO^+	+2.0	+0.672
Ag^{2+}/AgO^+	+2.1	+0.887
Al/Al^{3+}	−1.676	−2.310
AlF_6^{3-}	−2.067	–
Am/Am^{2+}	−1.95	–
Am^{3+}	−2.07	−2.53
Am^{IV}	−0.90	−1.77
Am^{2+}/Am^{3+}	−2.3	–
Am^{3+}/Am^{IV}	+2.62	+0.5
AmO_2^+	+1.72	+0.6
AmO_2^{2+}	+1.60	+0.7
Am^{IV}/AmO_2^+	+0.82	+0.7
AmO_2^{2+}	+1.21	+0.8
AmO_2^+/AmO_2^{2+}	+1.60	+0.9
AsH_3/As	−0.225	−1.37
H_3AsO_3	+0.008	−1.03
H_3AsO_4	+0.146	−0.94
As/H_3AsO_3	+0.240	−0.68
H_3AsO_4	+0.368	−0.68
H_3AsO_3/H_3AsO_4	+0.560	−0.67
At$^-$/At_2	+0.25	+0.25
$At_2/HAtO$	+0.7	0.0
$HAtO_3$	+1.3	+0.1
$HAtO/HAtO_3$	+1.4	+0.5

Redox-Syst.	ε_0^{sauer}/V	$\varepsilon_0^{bas.}$/V
Au/Au^+	+1.691	–
$AuCl_2^-$	1.154	–
$AuBr_2^-$	+0.960	–
AuI_2^-	+0.578	–
$Au(CN)_2^-$	+0.20	–
Au^{3+}	+1.498	+0.70
Au^+/Au^{3+}	1.401	–
$AuCl_2^-/AuCl_4^-$	+0.926	–
$AuBr_2^-/AuBr_4^-$	+0.802	–
AuI_2^-/AuI_4^-	+0.55	–
B$_2$**H**$_6$/B	−0.14	−0.98
$B(OH)_3$	−0.52	−1.11
$B/B(OH)_3$	−0.890	−1.24
BF_4^-	−1.284	–
Ba/Ba^{2+}	−2.92	−2.166
Be/Be^{2+}	−1.97	−2.62
BiH_3/Bi	−0.97	–
Bi/Bi^{III}	+0.317	−0.452
Bi^V	+1	–
Bi^{III}/Bi^V	+2	–
Bk/Bk^{2+}	−1.54	–
Bk^{3+}	−1.96	–
Bk^{2+}/Bk^{3+}	−2.80	–
Bk^{3+}/Bk^{IV}	+1.67	–
Br$^-$/Br_2	+1.065	+1.065
HBrO	+1.335	+0.766
BrO_3^-	+1.410	+0.584
$Br_2/HBrO$	+1.604	+0.455
BrO_3^-	+1.478	+0.485
$HBrO/BrO_3^-$	+1.447	+0.492
BrO_3^-/BrO_4^-	+1.853	+1.025
CH_4/C	+0.132	–
CO	+0.260	–
CO_2	+0.169	–
C/CO	+0.517	–
CO_2	+0.206	–
CO/CO_2	−0.106	–
CH_4/CH_3OH	+0.59	−0.2

Redox-Syst.	ε_0^{sauer}/V	$\varepsilon_0^{bas.}$/V
CH_3OH/CH_2O	+0.232	−0.59
CH_2O/HCO_2H	+0.034	−1.07
HCO_2H/CO_2	−0.20	−1.01
Ca/Ca^{2+}	−2.84	−3.02
Cd/Cd^{2+}	−0.4025	−0.824
$Cd(NH_3)_4^{2+}$	−0.622	–
$Cd(CN)_4^{2+}$	−1.09	–
Ce/Ce^{3+}	−2.34	−2.78
Ce^{4+}	−1.33	−2.26
Ce^{3+}/Ce^{4+}	+1.72	−0.7
Cf/Cf^{2+}	−1.97	–
Cf^{3+}	−1.91	–
Cf^{2+}/Cf^{3+}	−1.60	–
Cf^{3+}/Cf^{IV}	+3.2	–
Cl$^-$/Cl_2	+1.3583	−1.3583
HClO	+1.494	+0.890
ClO_3^-	+1.450	+0.692
$Cl_2/HClO$	+1.630	+0.421
$HClO_2$	+1.659	+0.594
ClO_3^-	+1.458	+0.474
$HClO/HClO_2$	+1.647	+0.681
ClO_3^-	+1.428	+0.488
$HClO_2/ClO_3^-$	+1.181	+0.295
ClO_2	+1.188	+1.071
ClO_2/ClO_3^-	+1.175	−0.481
ClO_3^-/ClO_4	+1.201	+0.374
Cm/Cm^{2+}	−1.2	–
Cm^{3+}	−2.06	−2.53
Cm^{2+}/Cm^{3+}	−3.7	–
Cm^{3+}/Cm^{IV}	+3.1	+0.7
Co/Co^{2+}	−0.277	−0.733
Co^{3+}	+0.414	−0.432
Co^{2+}/Co^{3+}	+1.808	+0.170
$Co(CN)_6^{4-/3-}$	−0.83	–
$Co(NH_3)_6^{2+/3+}$	+0.058	–
$Co(ox)_3^{4-/3-}$	+0.57	–
Co^{3+}/CoO_2	> +1.8	+0.7
Cr/Cr^{2+}	−0.913	–

[1] **Literatur.** A. J. Bard, R. Parsons, J. Jordan (Hrsg.): „*Standard Potentials in Aqueous Solution*", Dekker, New York 1985; L. R. Morss: „*Thermodynamic Properties*" in J. J. Katz, G. T. Seaborg, L. R. Morss (Hrsg.): „The Chemistry of the Actinide Elements", Chapman and Hall, London 1986, Seiten 1278–1360.

Redox-Syst.	$\varepsilon_0^{\text{sauer}}$/V	$\varepsilon_0^{\text{bas.}}$/V	Redox-Syst.	$\varepsilon_0^{\text{sauer}}$/V	$\varepsilon_0^{\text{bas.}}$/V	Redox-Syst.	$\varepsilon_0^{\text{sauer}}$/V	$\varepsilon_0^{\text{bas.}}$/V
Cr^{3+}	− 0.744	− 1.33	GeO/GeO_2	− 0.370	–	MnO_4^{2-}	+ 2.09	+ 0.60
$Cr_2O_7^{2-}$	+ 0.293	− 0.72	**H**$^-$/H_2	− 2.25	− 2.25	MnO_4^-	+ 1.695	+ 0.60
Cr^{2+}/Cr^{3+}	− 0.408	− 1.33	H/H^+	− 2.1065	− 2.93	MnO_4^{3-}/MnO_4^{2-}	+ 1.28	+ 0.35
$[Cr(CN)_6]^{4-/3-}$		− 1.28	H_2/H^+	0.000	− 0.828	MnO_4^{2-}/MnO_4^-	+ 0.90	+ 0.564
Cr^{3+}/Cr^{IV}	+ 2.10	–	**Hf**/Hf^{IV}	− 1.70	− 2.50	**Mo**/Mo^{3+}	− 0.20	–
Cr^{V}	+ 1.72	–	**Hg**/Hg_2^{2+}	+ 0.7889	–	$Mo_2(OH)_2^{4+}$	+ 0.005	–
$Cr_2O_7^{2-}$	+ 1.38	− 0.11	Hg_2Cl_2	+ 0.2676	–	MoO_2	− 0.152	− 0.980
Cr^{IV}/Cr^{V}	+ 1.34	–	Hg_2Br_2	+ 0.1397	–	MoO_3	0.0	− 0.913
$Cr^{V}/Cr_2O_7^{2-}$	+ 0.55	–	Hg_2I_2	− 0.0405	–	Mo^{3+}/MoO_2	− 0.008	–
Cs/Cs^+	− 2.923	− 2.923	Hg^{2+}	+ 0.8595	+ 0.0977	MoO_2/MoO_3	+ 0.646	− 0.780
Cu/Cu^+	+ 0.521	− 0.358	$HgCl_4^{2-}$	+ 0.40	–	$Mo_2O_4^{2+}$	+ 0.15	–
$CuCl$	+ 0.137	–	$HgBr_4^{2-}$	+ 0.223	–	$Mo_2O_4^{2+}/MoO_3$	+ 0.50	–
$CuBr$	+ 0.033	–	HgI_4^{2-}	− 0.038	–	$\mathbf{NH_4^+}/N_2H_5^+$	+ 1.275	+ 0.10
CuI	− 0.185	–	$Hg(CN)_4^{2-}$	− 0.37	–	NH_3OH^+	+ 1.35	+ 0.42
$Cu(NH_3)_2^+$	− 0.100	− 0.12	Hg_2^{2+}/Hg^{2+}	+ 0.920	–	N_2	+ 0.278	− 0.74
$Cu(CN)_2^-$	− 0.44	− 0.429	**Ho**/Ho^{3+}	− 2.33	− 2.85	HNO_2	+ 0.866	− 0.44
Cu^{2+}	+ 0.340	− 0.219	**I**$^-$/I_2	+ 0.5355	+ 0.535	NO_3^-	+ 0.884	− 0.33
Cu^+/Cu^{2+}	+ 0.159	− 0.080	I_3^-	+ 0.536	–	$N_2H_5^+/NH_3OH^+$	+ 1.41	+ 0.73
$CuCl/Cu^{2+}$	+ 0.537	–	HIO	+ 0.988	+ 0.48	N_2	− 0.23	− 1.16
$CuBr/Cu^{2+}$	+ 0.641	–	HIO_3	+ 1.08	− 0.26	NH_3OH^+/N_2	− 1.87	− 3.04
CuI/Cu^{2+}	+ 0.859	–	I_2/HIO	+ 1.44	+ 0.42	N_2O	− 0.05	− 1.05
$Cu(NH_3)_2^{+/2+}$	+ 0.10	–	HIO_3	+ 1.19	+ 0.20	$H_2N_2O_2$	+ 0.496	− 0.76
$Cu(CN)_2^-/Cu^{2+}$	+ 1.12	+ 1.103	HIO/HIO_3	+ 1.13	+ 0.15	N_2/N_2O	+ 1.77	+ 0.94
Cu^{2+}/CuO^+	+ 1.8	–	HIO_3/H_5IO_6	+ 1.60	+ 0.65	$H_2N_2O_2$	+ 2.65	+ 1.52
Dy/Dy^{2+}	− 2.2	–	**In**/In^+	− 0.126	–	NO	+ 1.68	+ 0.97
Dy^{3+}	− 2.29	− 2.80	In^{3+}	− 0.338	–	HNO_2	+ 1.45	+ 0.41
Dy^{2+}/Dy^{3+}	− 2.5	–	In^+/In^{3+}	− 0.444	–	NO_3^-	+ 1.25	+ 0.25
Dy^{3+}/Dy^{IV}	+ 5.7	+ 3.5	**Ir**/Ir^{3+}	+ 1.156	–	N_2O/NO	+ 1.59	+ 0.76
Er/Er^{3+}	− 2.32	− 2.84	$IrCl_6^{3-}$	+ 0.86	–	HNO_2	+ 1.297	+ 0.15
Es/Es^{2+}	− 2.2	–	IrO_2	+ 0.923	–	$H_2N_2O_2/HNO_2$	+ 0.186	− 0.14
Es^{3+}	− 1.98	–	Ir^{3+}/IrO_2	+ 0.223	–	NO	+ 0.71	+ 0.18
Es^{2+}/Es^{3+}	− 1.55	–	$IrCl_6^{3-/2-}$	+ 0.867	–	NO/NHO_2	+ 0.996	− 0.46
Es^{3+}/Es^{IV}	+ 4.5	–	$IrBr_6^{3-/2-}$	+ 0.805	–	NO_3^-	+ 0.959	− 0.15
Eu/Eu^{2+}	− 2.80	–	$IrI_6^{3-/2-}$	+ 0.49	–	HNO_2/NO_2	+ 1.07	+ 0.867
Eu^{3+}	− 1.99	− 2.51	**K**/K^+	− 2.925	− 2.925	NO_3^-	+ 0.94	+ 0.01
Eu^{2+}/Eu^{3+}	− 0.35	–	**La**/La^{3+}	− 2.38	− 2.80	NO_2/NO_3^-	+ 0.803	− 0.86
FH/F_2	+ 3.053	+ 2.866	**Li**/Li^+	− 3.040	− 3.040	**Na**/Na^+	− 2.713	− 2.713
Fe/Fe^{2+}	− 0.440	− 0.877	**Lr**/Lr^{3+}	− 2.1	–	**Nb**/Nb^{3+}	− 1.099	–
$Fe(CN)_6^{4-}$	− 1.16	–	**Lu**/Lu^{3+}	− 2.30	− 2.83	Nb_2O_5	− 0.644	–
Fe^{3+}	− 0.036	− 0.81	**Md**/Md^{2+}	− 2.53	–	Nb^{3+}/Nb_2O_5	+ 0.038	–
Fe^{2+}/Fe^{3+}	0.771	− 0.69	Md^{3+}	− 1.74	–	**Nd**/Nd^{2+}	− 2.2	–
$Fe(CN)_6^{4-/3-}$	+ 0.361	–	Md^{2+}/Md^{3+}	− 0.15	–	Nd^{3+}	− 2.32	− 2.78
Fe^{3+}/Fe^{VI}	+ 2.20	+ 0.55	**Mg**/Mg^{2+}	− 2.356	− 2.687	Nd^{2+}/Nd^{3+}	− 2.6	–
Fm/Fm^{2+}	− 2.5	–	**Mn**/Mn^{2+}	− 1.180	− 1.55	Nd^{3+}/Nd^{IV}	+ 4.9	+ 2.5
Fm^{3+}	− 2.07	–	Mn^{3+}	− 0.28	− 1.12	**Ni**/Ni^{2+}	− 0.257	− 0.72
Fm^{2+}/Fm^{3+}	− 1.15	–	MnO_2	+ 0.025	− 0.80	NiO_2	+ 0.711	− 0.12
Fm^{3+}/Fm^{IV}	+ 5.2	–	MnO_4^-	+ 0.74	− 0.20	Ni^{2+}/NiO_2	+ 1.678	− 0.490
Fr/Fr^+	− 2.9	–	Mn^{2+}/Mn^{3+}	+ 1.51	− 0.25	**No**/No^{2+}	− 2.6	–
Ga/Ga^{3+}	− 0.529	− 1.22	MnO_2	+ 1.23	− 0.05	No^{3+}	− 1.26	–
Gd/Gd^{3+}	− 2.28	− 2.28	MnO_4^-	+ 1.51	+ 0.33	No^{2+}/No^{3+}	+ 1.45	–
GeH$_4$/Ge	< -0.3	< -1.1	$Mn(CN)_6^{4-/3-}$	− 0.22	–	**Np**/Np^{2+}	− 0.3	–
Ge/GeO	+ 0.225	–	Mn^{3+}/MnO_2	+ 0.95	+ 0.15	Np^{3+}	− 1.79	− 2.23
GeO_2	− 0.036	− 0.89	MnO_2/MnO_4^{3-}	+ 2.90	+ 0.85	Np^{IV}	− 1.30	− 2.20

Redox-Syst.	$\varepsilon_0^{\text{sauer}}$/V	$\varepsilon_0^{\text{bas.}}$/V
Np^{2+}/Np^{3+}	−4.7	–
Np^{3+}/Np^{IV}	+0.15	−2.1
NpO_2^+	+0.40	−0.9
NpO_2^{2+}	+0.68	−0.4
Np^{IV}/NpO_2^+	+0.64	+0.3
NpO_2^{2+}	+0.94	+0.5
NpO_2^+/NpO_2^{2+}	+1.24	+0.6
NpO_2^{2+}/NpO_3^+	+2.04	+0.6
OH_2/O_2H_2	+1.763	+0.867
OH	+2.85	+2.02
O_2	+1.229	+0.401
O	+2.422	+1.594
O_3	+2.075	+1.246
O_2H_2/O_2H	+1.515	+0.20
O_2	+0.695	−0.065
O_2/O_3	+2.075	+1.246
Os/$OsCl_3^{3-}$	+0.71	–
OsO_2	+0.687	–
OsO_4	+0.846	–
$Os(CN)_6^{4-/3-}$	+0.634	–
$OsCl_6^{3-/2-}$	+0.45	–
$OsBr_6^{3-/2-}$	+0.45	–
OsO_2/OsO_4	+1.005	–
$OsO_2(OH)_4^{2-}$	+1.61	–
OsO_4^-	+1.31	–
PH_3/P_4	−0.063	−0.89
P_2H_4	−0.006	−0.8
H_3PO_3	−0.283	−1.31
H_3PO_4	−0.281	−1.26
P_4/H_3PO_2	−0.508	−2.05
H_3PO_3	−0.502	−1.73
H_3PO_4	−0.412	−1.49
H_3PO_2/H_3PO_3	−0.499	−1.57
$H_3PO_3/H_4P_2O_6$	+0.380	−0.061
H_3PO_4	−0.276	−1.12
$H_4P_2O_6/H_3PO_4$	−0.933	−2.18
Pa/Pa^{2+}	+0.3	–
Pa^{3+}	−1.5	–
Pa^{IV}	−1.47	–
Pa^{V}	−1.19	–
Pa^{2+}/Pa^{3+}	−5.0	–
Pa^{3+}/Pa^{IV}	−1.4	–
Pa^{IV}/Pa^{V}	−0.05	–
Pb/Pb^{2+}	−0.125	−0.50
$PbCl_2$	−0.268	–
$PbBr_2$	−0.280	–
PbI_2	−0.365	–
$PbSO_4$	−0.356	–
PbO_2	+0.7865	+0.97
Pb^{2+}/PbO_2	+1.698	+0.28
$PbSO_4/PbO_2$	+1.46	–
Pd/Pd^{2+}	+0.915	+0.897
$PdCl_4^{2-}$	+0.62	–
$PdBr_4^{2-}$	+0.49	–
PdO_2	+1.05	+1.18
Pd^{2+}/PdO_2	+1.194	+1.47
$PdCl_4^{2-}/PdCl_6^{2-}$	+1.47	–
Pm/Pm^{3+}	−2.29	−2.76
PoH_2/Po	< −1.0	< −1.4
Po/Po^{2+}	+0.65	+0.65
PoO_2	+0.724	+0.748
PoO_3	+0.99	+0.99
Po^{2+}/PoO_2	+0.798	+0.847
PoO_3	+1.161	+1.16
PoO_2/PoO_3	+1.524	+1.474
Pr/Pr^{3+}	−2.35	−2.79
Pr^{IV}	−0.96	−1.89
Pr^{3+}/Pr^{IV}	+3.2	+0.8
Pt/PtO	+0.980	+0.15
Pt^{2+}	+1.188	–
$PtCl_4^{2-}$	+0.758	–
$PtBr_4^{2-}$	+0.698	–
PtI_4^{2-}	+0.40	–
PtO_2	+1.01	–
PtO/PtO_2	+1.045	–
Pt^{2+}/PtO_2	+0.837	–
$PtCl_4^{2-}/PtCl_6^{2-}$	+0.726	–
$PtBr_4^{2-}/PtBr_6^{2-}$	+0.631	–
PtI_4^{2-}/PtI_6^{2-}	+0.329	–
Pu/Pu^{2+}	−1.2	–
Pu^{3+}	−2.00	−2.46
Pu^{IV}	−1.25	−2.20
Pu^{2+}/Pu^{3+}	−3.5	–
Pu^{3+}/Pu^{IV}	+1.01	−1.4
PuO_2^+	+1.03	−0.25
PuO_2^{2+}	+1.02	−0.07
Pu^{IV}/PuO_2^+	+1.04	+0.9
PuO_2^{2+}	+1.03	+0.6
PuO_2^{2+}/PuO_3^+	–	+0.94
Ra/Ra^{2+}	−2.916	−1.319
Rb/Rb^+	−2.924	−2.924
Re/Re_2O_3	+0.3	−0.333
ReO_2	+0.276	−0.552
$ReCl_6^{2-}$	+0.51	–
ReO_4^-	+0.415	−0.570
Re_2O_3/ReO_2	+0.2	−0.88
ReO_2/ReO_4^{2-}	+0.51	−0.446
ReO_4^-	+0.60	−0.594
$ReCl_6^{2-}/ReO_4^-$	+0.12	–
ReO_3/ReO_4^-	+0.768	−0.890
Rh/Rh_2O_3	+0.88	–
Rh^{3+}	+0.76	–
$RhCl_6^{3-}$	+0.44	–
$Rh(CN)_6^{4-/3-}$	+0.9	–
$RhCl_6^{3-/2-}$	+1.2	–
$RhO_4^{3-/2-}$	+1.87	–
Ru/Ru^{2+}	+0.81	–
Ru^{3+}	+0.623	–
$RuCl_6^{3-}$	+0.60	–
RuO_2	+0.68	–
RuO_4	+1.03	–
Ru^{2+}/Ru^{3+}	+0.249	–
RuO_2	+0.55	–
$Ru(NH_3)_6^{2+/3+}$	+0.10	–
$Ru(CN)_6^{4-/3-}$	+0.86	–
RuO_2/RuO_4^{2-}	+1.98	–
RuO_4^-	+1.52	–
RuO_4	+1.387	–
RuO_4^{2-}/RuO_4^-	+0.593	–
RuO_4^-/RuO_4	+1.00	–
SH_2/S_8	+0.144	−0.476
SO_2	+0.381	−0.598
SO_4^{2-}	+0.365	−0.566
$S_8/S_2O_3^{2-}$	+0.600	−0.742
SO_2	+0.500	−0.659
SO_4^{2-}	+0.386	−0.751
$S_2O_3^{2-}/HS_2O_4^-$	+0.87	−0.04
SO_2	+0.400	−0.576
$HS_2O_4^-/SO_2$	−0.07	−1.12
$SO_2/S_2O_6^{2-}$	+0.569	–
SO_4^{2-}	+0.158	−0.936
$S_2O_6^{2-}/SO_4^{2-}$	−0.253	–
$SO_4^{2-}/S_2O_8^{2-}$	+2.01	+1.0
SbH_3/Sb	−0.510	−1.338
Sb_2O_3	−0.18	−0.989
Sb_2O_5	+0.040	−0.858
Sb/Sb_2O_3	+0.150	−0.639
Sb_2O_5	+0.370	−0.569
Sb_2O_3/Sb_2O_4	+0.342	–
Sb_2O_5	+0.699	−0.465
Sb_2O_4/Sb_2O_5	+1.055	–
Sc/Sc^{3+}	−2.03	−2.6
ScF_3	−2.37	–
SeH_2/Se_2H_2	−0.11	−0.67
Se	−0.40	−0.92
H_2SeO_3	+0.36	−0.55
SeO_4^{2-}	+0.56	−0.40
Se/H_2SeO_3	+0.74	−0.366
SeO_4^{2-}	+0.88	−0.23
H_2SeO_3/SeO_4^{2-}	+1.15	+0.03
SiH_4/Si	+0.102	−0.73
Si/SiO	−0.808	–
SiO_2	−0.909	−1.69
SiF_6^{2-}	−1.2	–
Sm/Sm^{2+}	−2.67	–
Sm^{3+}	−2.30	−2.80
Sm^{2+}/Sm^{3+}	−1.55	–
SnH_4/Sn	−1.071	–
Sn/Sn^{2+}	−0.137	−0.909

Redox-Syst.	ε_0^{sauer}/V	$\varepsilon_0^{bas.}$/V	Redox-Syst.	ε_0^{sauer}/V	$\varepsilon_0^{bas.}$/V	Redox-Syst.	ε_0^{sauer}/V	$\varepsilon_0^{bas.}$/V
SnO	−0.104	–	Th^{2+}/Th^{3+}	−4.9	–	**V**/V^{2+}	−1.186	−0.820
SnO_2	−0.096	−0.92	Th^{3+}/Th^{IV}	−3.8	–	V^{3+}	−0.876	−0.709
SnF_6^{2-}	−0.25	–	**Ti**/Ti^{2+}	−1.638	−2.13	VO^{2+}	−0.567	−0.396
Sn^{2+}/Sn^{IV}	+0.154	−0.93	Ti^{3+}	−1.208	−2.07	VO_2^+	−0.254	−0.119
SnO/SnO_2	−0.088	–	TiO^{2+}	−0.882	−1.90	V^{2+}/V^{3+}	−0.256	−0.486
Sr/Sr^{2+}	−2.89	−2.99	TiF_6^{2-}	−1.191	–	VO^{2+}	+0.052	+0.028
Ta/Ta_2O_5	−0.812	–	Ti^{2+}/Ti^{3+}	−0.369	−1.95	V^{3+}/VO^{2+}	+0.359	+0.542
TaF_7^{2-}	−0.45	–	Ti^{3+}/TiO^{2+}	+0.099	−1.38	VO_2^+	+0.680	+0.767
Tb/Tb^{3+}	−2.31	−2.82	**Tl**/Tl^+	−0.3363	–	VO^{2+}/VO_2^+	+1.000	+0.991
Tb^{3+}/Tb^{IV}	+3.1	+0.9	$TlCl$	−0.557	–	**W**/WO_2	−0.119	−0.982
Tc/TcO_2	+0.28	–	$TlBr$	−0.658	–	WO_3	−0.090	−1.074
TcO_4^-	+0.48	–	TlI	−0.557	–	WO_2/W_2O_5	−0.031	–
TcO_2/TcO_4^{2-}	+0.825	–	Tl^{3+}	+0.72	–	WO_3	−0.030	−1.259
TcO_4^-	+0.738	–	Tl^+/Tl^{3+}	+1.25	–	$W(CN)_8^{4-/3-}$	+0.57	–
TcO_4^{2-}/TcO_4^-	+0.569	–	**Tm**/Tm^{2+}	−2.3	–	W_2O_5/WO_3	−0.029	–
TeH_2/Te_2H_2	−0.64	−1.445	Tm^{3+}	−2.32	−2.83	**Xe**/XeF_2	+2.32	–
Te	−0.69	−1.143	Tm^{2+}/Tm^{3+}	−2.3	–	XeO_3	+2.12	+1.24
H_2TeO_3	+0.15	−0.661	**U**/U^{2+}	−0.1	–	H_4XeO_6	+2.18	+1.18
H_2TeO_4	+0.35	−0.478	U^{3+}	−1.66	−2.10	XeF_2/XeO_3	+1.92	–
Te_2H_2/Te	−0.74	−0.84	U^{IV}	−1.38	−2.23	XeO_3/H_4XeO_6	+2.42	+0.99
Te/H_2TeO_3	+0.57	−0.42	UO_2^+	−1.03		**Y**/Y^{3+}	−2.37	−2.85
$TeCl_6^{2-}$	+0.55	–	UO_2^{2+}	−0.83	−1.58	**Yb**/Yb^{2+}	−2.8	–
H_2TeO_4	+0.69	−0.26	U^{2+}/U^{3+}	−4.7	–	Yb^{3+}	−2.22	−2.74
H_2TeO_3/H_2TeO_4	+0.93	+0.07	U^{3+}/U^{IV}	−0.52	−2.6	Yb^{2+}/Yb^{3+}	−1.05	–
Th/Th^{2+}	+0.7	–	U^{IV}/UO_2^+	+0.38	–	**Zn**/Zn^{2+}	−0.7626	−1.285
Th^{3+}	−1.16	–	UO_2^{2+}	+0.27	−0.3	$Zn(CN)_4^{2-}$	−1.26	–
Th^{IV}	−1.83	−2.56	UO_2^+/UO_2^{2+}	+0.17	–	**Zr**/Zr^{IV}	−1.55	−2.36

Anhang VII

Nobelpreise für Chemie und Physik

Chemielaureaten	Jahr	Physiklaureaten
J.H. van't Hoff (Berlin): Entdeckung der Gesetze der chemischen Dynamik und des osmotischen Drucks in Lösungen.	**1901**	**W.C. Röntgen** (München): Entdeckung der nach ihm benannten Strahlen („*Röntgenstrahlen*").
E.H. Fischer (Berlin): Synthetische Arbeiten auf dem Gebiet der Zucker- und Puringruppen.	**1902**	**H.A. Lorentz** (Leiden) und **P. Zeemann** (Amsterdam): Untersuchungen über die Einwirkung des Magnetismus auf die Strahlungsphänomene.
S.A. Arrhenius (Stockholm): Theorie der elektrolytischen Dissoziation.	**1903**	**H.A. Becquerel** (Paris): Entdeckung der natürlichen Radioaktivität. **P. Curie** und **M. Sklodowska-Curie** (Paris): Gemeinsame Untersuchungen über die von Becquerel entdeckten Strahlen.
Sir W. Ramsay (London): Entdeckung der Edelgase und deren Einordnung im Periodensystem.	**1904**	**Lord Rayleigh** (J.W. Strutt) (London): Arbeiten über die Dichte von Gasen und die Entdeckung des Argons.
A.v. Baeyer (München): Arbeiten über organische Farbstoffe und hydroaromatische Verbindungen.	**1905**	**Ph. Lenard** (Kiel): Arbeiten über Kathodenstrahlen.
H. Moissan (Paris): Untersuchung und Isolierung des Fluors und Einführung des elektrischen Ofens („*Moissan-Ofen*").	**1906**	**Sir J.J. Thomson** (Cambridge): Untersuchungen über den Transport der Elektrizität durch Gase.
E. Buchner (Berlin): Entdeckung und Untersuchung der zellfreien Gärung.	**1907**	**A.A. Michelson** (Chicago): Optische Präzisionsinstrumente und die damit ausgeführten spektrometrischen Arbeiten.
Sir E. Rutherford (Manchester): Untersuchungen über den Elementzerfall und die Chemie der radioaktiven Stoffe.	**1908**	**G. Lipmann** (Paris): Farbphotographisches Aufnahmeverfahren auf der Grundlage von Interferenzerscheinungen.
W. Ostwald (Leipzig): Arbeiten über Katalyse sowie über chemische Gleichgewichte und Reaktionsgeschwindigkeiten.	**1909**	**G. Marconi** (Bologna) und **K.F. Braun** (Straßburg): Entwicklung der drahtlosen Telegraphie.
O. Wallach (Göttingen): Pionierarbeiten über alicyclische Verbindungen.	**1910**	**J.D. van der Waals** (Amsterdam): Arbeiten über die Zustandsgleichung von Gasen und Flüssigkeiten.
M. Curie (Paris): Entdeckung des Radiums und Poloniums und Charakterisierung, Isolierung und Untersuchung des Radiums.	**1911**	**W. Wien** (Würzburg): Entdeckung der Gesetze der Wärmestrahlung.
V. Grignard (Nancy): Entdeckung der „*Grignard-Reagenzien*". **P. Sabatier** (Toulouse): Hydrierung von organischen Verbindungen bei Anwesenheit feinverteilter Metalle.	**1912**	**N.G. Dalén** (Stockholm): Erfindung selbsttätiger Regulatoren zur Beleuchtung von Leuchttürmen und Leuchtbojen.
A. Werner (Zürich): Arbeiten über Bindungsverhältnisse der Atome in Molekülen.	**1913**	**H. Kamerlingh Onnes** (Leiden): Untersuchungen über das Verhalten der Materie bei tiefen Temperaturen (flüssiges Helium).
Th.W. Richards (Cambridge/USA): Genaue Bestimmung der rel. Atommasse zahlreicher chemischer Elemente.	**1914**	**M.v. Laue** (Berlin): Entdeckung der Röntgenstrahlen-Interferenz in Kristallen.
R. Willstätter (München): Untersuchungen über Pflanzenfarbstoffe, besonders das Chlorophyll.	**1915**	**Sir W.H. Bragg** (London) und **Sir W.L. Bragg** (Cambridge): Kristallstrukturanalysen mit Röntgenstrahlen.
(Keine Preisverteilung)	**1916**	(Keine Preisverteilung)
(Keine Preisverteilung)	**1917**	**Ch.G. Barkla** (Edinburgh): Entdeckung der charakteristischen Röntgenstrahlung der Elemente.
F. Haber (Berlin): Synthese des Ammoniaks aus den Elementen.	**1918**	**M.K.E.L. Planck** (Berlin): Verdienste um die Entwicklung der Physik durch die Entdeckung des Wirkungsquantums.
(Keine Preisverteilung)	**1919**	**J. Stark** (Greifswald, zuvor Aachen): Entdeckung des Doppler-Effektes bei Kanalstrahlen und Aufspaltung von Spektrallinien im elektrischen Feld.
W.H. Nernst (Berlin): Arbeiten auf dem Gebiet der Thermochemie.	**1920**	**Ch.E. Guillaume** (Sèvres): Verdienste um die Präzisionsphysik durch die Entdeckung der Anomalien von Nickel-Stahl-Legierungen.
F. Soddy (Oxford): Arbeiten über Vorkommen und Natur der Isotope und Untersuchungen radioaktiver Stoffe.	**1921**	**A. Einstein** (Berlin, später Princeton): Verdienste um die theoretische Physik, besonders Entdeckung des für den photoelektrischen Effekt geltenden Gesetzes.

Chemielaureaten	Jahr	Physiklaureaten
F. W. Aston (Cambridge): Entdeckung vieler Isotope in nichtradioaktiven Elementen mit dem Massenspektrographen.	**1922**	**N. H. D. Bohr** (Kopenhagen): Erforschung des Aufbaus der Atome und der von ihnen ausgehenden Strahlen.
F. Pregl (Graz): Entwicklung der Mikroanalyse organischer Stoffe.	**1923**	**R. A. Millikan** (Pasadena): Arbeiten über die elektrische Elementarladung und über den lichtelektrischen Effekt.
(Keine Preisverteilung)	**1924**	**K. M. G. Siegbahn** (Uppsala): Forschungsergebnisse auf dem Gebiet der Röntgenstrahlenspektroskopie.
R. A. Zsigmondy (Göttingen): Aufklärung der heterogenen Natur kolloidaler Lösungen.	**1925**	**J. Franck** (Göttingen) und **G. L. Hertz** (Berlin): Entdekkung der Stoßgesetze zwischen Elektronen und Atomen.
Th. Svedberg (Uppsala): Arbeiten über disperse Systeme.	**1926**	**J. B. Perrin** (Paris): Arbeiten über den diskontinuierlichen Aufbau der Materie und insbesondere Entdekkung des Sedimentationsgleichgewichtes.
H. O. Wieland (München): Forschungen über die Konstitution der Gallensäuren und verwandter Substanzen.	**1927**	**A. H. Compton** (Chicago): Entdeckung des nach ihm benannten Effektes („*Compton-Effekt*"). **Ch. Th. R. Wilson** (Cambridge): Verfahren, durch Nebelbildung die Bahnen elektrisch geladener Teilchen sichtbar zu machen.
A. Windaus (Göttingen): Erforschung des Aufbaues der Sterine und ihres Zusammenhangs mit den Vitaminen.	**1928**	**Sir O. W. Richardson** (London): Arbeiten über die Erscheinung der Glühemission und insbesondere Entdekkung des nach ihm benannten Gesetzes.
A. Harden (London) und **H. v. Euler-Chelpin** (Stockholm): Forschungen über Zuckervergärung und die dabei wirksamen Enzyme.	**1929**	**L.-V. Duc de Broglie** (Paris): Entdeckung der Wellennatur des Elektrons.
H. Fischer (München): Arbeiten über die Struktur der Blut- und Blattfarbstoffe und die Synthese des Hämins.	**1930**	**Sir Ch. V. Raman** (Kalkutta): Arbeiten über die Diffusion des Lichtes und Entdeckung des nach ihm benannten Effektes („*Raman-Effekt*").
C. A. Bosch und **F. Bergius** (Heidelberg): Entdeckung und Entwicklung chemischer Hochdruckverfahren.	**1931**	(Keine Preisverteilung)
I. Langmuir (New York): Forschungen und Entdeckungen im Bereich der Oberflächenchemie.	**1932**	**W. Heisenberg** (München): Aufstellung der Quantenmechanik, deren Anwendung u. a. zur Entdeckung der allotropen Formen des Wasserstoffs führte.
(Keine Preisverteilung)	**1933**	**E. Schrödinger** (Berlin) und **P. A. M. Dirac** (Cambridge): Entdeckung neuer fruchtbarer Formulierungen der Atomtheorie.
H. C. Urey (New York): Entdeckung des schweren Wasserstoffs.	**1934**	(Keine Preisverteilung)
F. Joliot und **I. Joliot-Curie** (Paris): Synthese neuer radioaktiver Elemente.	**1935**	**Sir J. Chadwick** (Liverpool): Entdeckung des Neutrons.
P. J. W. Debye (Berlin): Beiträge zur Molekülstruktur durch Arbeiten über Dipolmomente und über Diffraktion von Röntgenstrahlen und Elektronen in Gasen.	**1936**	**V. F. Hess** (Innsbruck) und **C. D. Anderson** (Pasadena): Entdeckung der kosmischen Strahlung und des Positrons.
Sir W. N. Haworth (Birmingham): Forschungen über Kohlenhydrate und Vitamin C. **P. Karrer** (Zürich): Forschungen über Carotinoide, Flavine und Vitamine A und B_2.	**1937**	**C. J. Davisson** (New York) und **Sir G. P. Thomson** (London): Experimenteller Nachweis von Interferenzerscheinungen bei der Bestrahlung von Kristallen mit Elektronen.
R. Kuhn (Heidelbereg): Arbeiten über Carotinoide und Vitamine.	**1938**	**E. Fermi** (Rom, Chicago): Erzeugung neuer Radioelemente durch Bestrahlung mit Neutronen und hierbei gemachte Entdeckung von Kernreaktionen mit Hilfe langsamer Neutronen.
A. Butenandt (Berlin): Arbeiten über Sexualhormone. **L. Ruzicka** (Zürich): Arbeiten über Polymethylene und höhere Terpenverbindungen.	**1939**	**E. O. Lawrence** (Berkeley): Erfindung des Cyclotrons und damit erhaltene Ergebnisse, insbesondere hinsichtlich künstlich-radioaktiver Elemente.
(Keine Preisverteilung)	**1940**	(Keine Preisverteilung)
(Keine Preisverteilung)	**1941**	(Keine Preisverteilung)
(Keine Preisverteilung)	**1942**	(Keine Preisverteilung)
G. v. Hevesy (Stockholm): Arbeiten über die Verwendung von Isotopen als Indikatoren bei der Erforschung chemischer Prozesse.	**1943**	**O. Stern** (Pittsburgh): Beiträge zur Entwicklung der Molekularstrahlmethode und Entdeckung des magnetischen Moments des Protons.
O. Hahn (Göttingen): Entdeckung der Kernspaltung bei schweren Atomen.	**1944**	**I. I. Rabi** (New York): Resonanzmethode zur Registrierung magnetischer Eigenschaften des Atomkerns.
A. I. Virtanen (Helsinki): Entdeckung auf dem Gebiet der Agrikultur- und Ernährungschemie, insbesondere Methoden zur Konservierung von Futtermitteln.	**1945**	**W. Pauli** (Zürich): Aufstellung des nach ihm benannten Ausschließungsprinzips („*Pauli-Prinzip*").

Chemielaureaten	Jahr	Physiklaureaten
J. B. Summer (Ithaca): Entdeckung der Kristallisierbarkeit von Enzymen. **J. H. Northrop** und **W. M. Stanley** (Princeton): Reindarstellung von Enzymen und Virus-Proteinen.	1946	**P. W. Bridgman** (Cambridge/USA): Apparatur zur Erzeugung extrem hoher Drücke und Entdeckungen auf dem Gebiete der Hochdruckphysik.
Sir R. Robinson (Oxford): Untersuchungen über biologisch wichtige Pflanzenprodukte, insbesondere Alkaloide.	1947	**Sir E. V. Appleton** (London): Arbeiten über die Physik der Atmosphäre, besonders Entdeckung der sogenannten Appletonschicht.
A. W. K. Tiselius (Uppsala): Arbeiten über Analysen mittels Elektrophorese und Adsorption, insbesondere Entdeckungen über die komplexe Natur von Serum-Proteinen.	1948	**P. M. S. Blackett** (Manchester, zuvor London): Verbesserung der Wilsonmethode und Entdeckungen auf dem Gebiete der Kernphysik und kosmischen Strahlung.
W. F. Giauque (Berkeley): Beiträge zur chemischen Thermodynamik, insbesondere Untersuchungen über das Verhalten der Stoffe bei extrem tiefen Temperaturen.	1949	**H. Yukawa** (Kyoto): Voraussage der Existenz der Mesonen im Zusammenhang mit theoretischen Untersuchungen über die Kernkräfte.
O. P. H. Diels (Kiel) und **K. Alder** (Köln): Entdeckung und Entwicklung der Dien-Synthese („*Diels-Alder-Synthese*").	1950	**C. F. Powell** (Bristol): Entwicklung der photographischen Methode zum Studium von Kernprozessen und dabei gemachte Entdeckungen betreffs der Mesonen.
E. M. McMillan und **G. Th. Seaborg** (Berkeley): Entdeckungen auf dem Gebiete der Transurane.	1951	**Sir J. D. Cockcroft** und **E. Th. S. Walton** (Cambridge): Umwandlung von Atomkernen mit künstlich beschleunigten atomaren Teilchen.
A. J. P. Martin (London) und **R. L. M. Synge** (Bucksburn): Erfindung der Verteilungschromatographie.	1952	**F. Bloch** (Stanford/Calif.) und **E. M. Purcell** (Cambridge): Entwicklung neuer Methoden für kernmagnetische Präzisionsmessungen und dabei gemachte Entdeckungen.
H. Staudinger (Freiburg): Entdeckungen auf dem Gebiete der makromolekularen Chemie.	1953	**F. Zernike** (Groningen): Erfindung des Phasenkontrastmikroskops und Entwicklung des Phasenkontrastverfahrens.
L. C. Pauling (Pasadena): Forschungen über die chemische Bindung, insbesondere Strukturaufklärung von Proteinen (Helix).	1954	**M. Born** (Göttingen): Forschungsarbeiten zur Quantenmechanik; statistische Interpretation der Wellenfunktion. **W. W. G. F. Bothe** (Heidelberg): Koinzidenzmethode und damit gemachte Entdeckungen.
V. du Vigneaud (New York): Isolierung der Hormone der Hypophyse „*Vasopressin*" und „*Oxytocin*" und deren Totalsynthese.	1955	**W. E. Lamb** (Stanford/Calif.): Entdeckungen im Zusammenhang mit der Feinstruktur des Wasserstoffspektrums. **P. Kusch** (New York): Präzisionsbestimmung des magnetischen Moments des Elektrons.
Sir C. N. Hinshelwood (Oxford) und **N. N. Semjonow** (Moskau): Aufklärung der Mechanismen von Kettenreaktionen, besonders im Zusammenhang mit Explosionsphänomenen.	1956	**W. B. Shockley** (Pasadena), **J. Bardeen** (Urbana) und **W. H. Brattain** (Murray Hill): Untersuchungen an Halbleitern und Entdeckung des Transistoreffekts.
Sir A. Todd (Cambridge): Erforschung von Nucleinsäuren und Coenzymen und Synthese von Nucleotiden.	1957	**Ch. N. Yang** (Princeton) und **T. D. Lee** (New York): Arbeiten zum Problem der Parität, die zu wichtigen Entdeckungen der Elementarteilchenphysik führten.
F. Sanger (Cambridge): Aufklärung der Aminosäure-Sequenz des Insulins.	1958	**P. A. Cherenkov** (Tscherenkow), **I. J. Tamm** und **I. M. Frank** (Moskau): Entdeckung und Deutung des Cherenkov-Effektes.
J. Heyrovsky (Prag): Entdeckung und Entwicklung der polarographischen Analysenmethode.	1959	**E. G. Segrè**, **O. Chamberlain** (Berkeley): Entdeckung des Antiprotons.
W. F. Libby (Los Angeles): Arbeiten über ^3H und über die Altersbestimmung mit ^{14}C.	1960	**D. A. Glaser** (Berkeley): Erfindung der Blasenkammer.
M. Calvin (Berkeley): Arbeiten über die photochemische CO_2-Assimilation.	1961	**R. Hofstadter** (Stanford/Calif.): Untersuchungen über die Elektronenstreuung an Atomkernen und dabei gemachte Entdeckungen betreffs der Struktur der Nukleonen. **R. L. Mössbauer** (München): Arbeiten zur Resonanzabsorption von γ-Strahlen und Entdeckung des nach ihm benannten Effekts („*Mössbauer-Effekt*").
J. C. Kendrew und **M. F. Perutz** (Cambridge): Röntgenographische Strukturbestimmung von Myoglobin und Hämoglobin.	1962	**L. D. Landau** (Moskau): Theorie der kondensierten Zustände, insbesondere des flüssigen Heliums.

Chemielaureaten	Jahr	Physiklaureaten
K. Ziegler (Mülheim/Ruhr) und **G. Natta** (Mailand): Entdeckungen auf dem Gebiet der Chemie und Technologie von Hochpolymeren.	1963	**J. H. D. Jensen** (Heidelberg) und **M. Goeppert-Mayer** (La Jolla): Schalentheorie des Atomkerns. **E. P. Wigner** (Princeton): Beiträge zur Theorie der Atomkerne und Elementarteilchen, besonders Entdeckung und Anwendung grundlegender Symmetrieprinzipien.
D. Crowfoot-Hodgkin (Oxford): Strukturaufklärung biochemisch wichtiger Stoffe mittels Röntgenstrahlen.	1964	**Ch. H. Townes** (Cambridge/USA), **N. G. Basov**, **A. M. Prochorov** (Moskau): Arbeiten auf dem Gebiete der Quantenelektronik, die zur Herstellung von Oscillatoren und Verstärkern nach dem Maser-Laser-Prinzip führten.
R. B. Woodward (Cambridge/USA): Strukturaufklärung und Synthese von Naturstoffen.	1965	**R. Feynman** (Pasadena), **J. Schwinger** (Cambridge/USA) und **S. Tomonaga** (Tokyo): Arbeiten auf dem Gebiete der Quanten-Elektrodynamik, mit tiefgreifenden Konsequenzen für die Physik der Elementarteilchen.
R. S. Mulliken (Chicago): Quantenmechanische Arbeiten, insbesondere Entwicklung der MO-Theorie.	1966	**A. Kastler** (Paris): Magnetische Resonanzuntersuchungen mit optischen Methoden und Entdeckung des Phänomens der optischen Pumpen.
M. Eigen (Göttingen), **R. G. W. Norrish** (Cambridge) und **G. Porter** (London): Untersuchung extrem schnell verlaufender chemischer Reaktionen.	1967	**H. A. Bethe** (Ithaca): Erforschung der Energieerzeugung in der Sonne.
I. Onsager (Connecticut): Untersuchungen zur Thermodynamik irreversibler Prozesse und deren mathematisch-theoretische Bewältigung.	1968	**L. W. Alvarez** (Berkeley): Arbeiten zur Entdeckung von Elementarteilchen und Methoden zur Feststellung auch äußerst kurzlebiger Elementarteilchen (Lebensdauer bis herab zu 10^{-24} s).
O. Hassel (Oslo) und **D. H. Barton** (London): Arbeiten über die Konformation chemischer Verbindungen.	1969	**M. Gell-Mann** (Pasadena): Untersuchungen zur Systematik der Elementarteilchen („*Quark-Theorie*").
L. F. Leloir (Buenos Aires): Entdeckung der Zuckernucleotide und ihre Rolle bei der Biosynthese der Kohlenhydrate.	1970	**H. O. G. Alfvén** (Stockholm): Arbeiten und Entdeckungen auf dem Gebiete der Magnetohydrodynamik und ihrer Anwendung in der Plasmaphysik. **L. Neél** (Grenoble): Entdeckungen auf dem Gebiete des Antiferromagnetismus.
G. Herzberg (Ottawa): Beiträge zur Kenntnis der Elektronenstruktur und Geometrie der Moleküle, insbesondere der freien Radikale.	1971	**D. Gabor** (London): Erfindung und Entwicklung der holographischen Methode.
Ch. B. Anfinsen (Bethesda), **S. Moore** und **W. H. Stein** (New York): Aufklärung und Bau der Ribonuclease; Untersuchungen zum Verständnis der biochemischen Wirkungsweise von Ribonuclease.	1972	**J. Bardeen** (Urbana), **L. N. Cooper** (Providence) und **J. R. Schrieffer** (Philadelphia): Entwicklung einer Theorie der Supraleitung („*BCS-Theorie*").
E. O. Fischer (München) und **G. Wilkinson** (London): Pionierarbeiten auf dem Gebiete der „Sandwich"-Verbindungen.	1973	**L. Esaki** (Yorktown Heigths), **I. Giaever** (Schenectady) und **B. D. Josephson** (Cambridge): Theoretische und experimentelle Entdeckungen auf dem Gebiete des „*Tunneleffekts*".
P. J. Flory (Stanford/Calif.): Theoretische und experimentelle Arbeiten auf dem Gebiete der makromolekularen Chemie.	1974	**A. P. Hewish** und **Sir M. Ryle** (Cambridge): Entdeckung der „*Pulsare*" (Neutronensterne).
J. W. Cornforth (Sussex) und **V. Prelog** (Zürich): Stereochemischer Ablauf molekularer Reaktionen.	1975	**A. Bohr, B. Mottelson** (Kopenhagen) und **J. Rainwater** (New York): Weiterführende Theorie der Struktur der Atomkerne.
W. N. Lipscomb (Cambridge/USA): Strukturklärende und bindungstheoretische Arbeiten im Zusammenhang mit Boranen.	1976	**B. Richter** (Stanford/Calif.) und **S. C. C. Ting** (Cambridge/USA): Entdeckung eines neuartigen schweren Elementarteilchens („*Psi-Teilchen*").
I. Prigogine (Brüssel): Beiträge zur Thermodynamik von Nichtgleichgewichtszuständen; Theorie „dissipativer" Strukturen.	1977	**P. W. Anderson** (Murray Hill), **N. F. Mott** (Cambridge) und **J. H. van Vleck** (Cambridge/USA): Fundamentale theoretische Arbeiten über die Elektronenstruktur magnetischer und ungeordneter Systeme.
P. Mitchell (Bodmin/Cornwall): Beiträge zum Verständnis der biologischen Energieübertragung; Entwicklung der „chemiosmotischen" Theorie.	1978	**P. L. Kapitsa** (Moskau): Entdeckungen auf dem Gebiet der Tieftemperaturphysik. **A. A. Penzias** (Holmdel) und **R. W. Wilson** (Holmdel): Entdeckung der kosmischen Hintergrundstrahlung („3 K-Strahlung", „Urknallstrahlung").
H. C. Brown (Purdue) und **G. Wittig** (Heidelberg): Pionierarbeiten auf dem Gebiet der Organobor- und Organophosphorchemie.	1979	**S. L. Glashow** (Cambridge/USA), **A. Salam** (London) und **S. Weinberg** (Cambridge/USA): Aufstellung einer einheitlichen Theorie der schwachen und elektromagnetischen Wechselwirkung zwischen Elementarteilchen.
P. Berg (Stanford/Calif.), **W. Gilbert** (Cambridge/USA) und **F. Sanger** (Cambridge/USA): Untersuchungen zur Biochemie und zur Basen-Sequenz von Nucleinsäuren.	1980	**J. W. Cronin** (Chicago) und **V. L. Fitch** (Princeton): Entdeckung von Verletzungen der fundamentalen Symmetriegesetze beim Zerfall neutraler K-Mesonen.

Chemielaureaten	Jahr	Physiklaureaten
K. Fukui (Kyoto) und **R. Hoffmann** (Ithaca): Quantenmechanische Studien zur chemischen Reaktivität.	1981	**K. M. Siegbahn** (Uppsala), **N. Bloemenbergen** (Cambridge/USA) und **A. L. Schawlow** (Stanford/Calif.): Weiterentwicklung der hochauflösenden Elektronen-Spektroskopie sowie Laser-Spektroskopie.
A. Klug (Cambridge): Klärung der molekularen Strukturen von Proteinen, Nucleinsäuren und deren Komplexen durch Elektronenmikroskopie.	1982	**K. G. Wilson** (Ithaca): Theorie kritischer Phänomene im Zusammenhang mit Phasenübergängen.
H. Taube (Stanford/Calif.): Erforschung von Elektronenübertragungsmechanismen der Metallkomplexe.	1983	**S. Chandrasekar** (Chicago) und **W. A. Fowler** (Pasadena): Theorien über wichtige physikalische Prozesse der Entstehung von Sternen sowie der Bildung von Elementen im Universum.
R. B. Merrifield (New York): Entwicklung einer Methode zur Synthese von Eiweißstoffen in fester Phase.	1984	**C. Rubbia** (Cambridge, USA) und **S. van der Meer** (Genf): Entdeckung der w- und z-Bosonen, Vermittler der schwachen Wechselwirkung.
H. A. Hauptmann (Buffalo, New York) und **J. Karle** (Washington): Aufdeckung eines Zusammenhangs zwischen Amplituden und Phasen von Beugungsexperimenten (Phasenproblem).	1985	**K. von Klitzing** (Stuttgart): Entdeckung des Quanten-Hall-Effekts.
D. R. Herschbach (Cambridge, USA) und **A. T. Lee** (Berkeley): Untersuchung chemischer Elementarreaktionen in Molekularstrahlen. **J. C. Polany** (Toronto): Nachweis der Produktenergieverteilung durch Infrarot-Chemiluminenszenz.	1986	**E. Ruska** (Berlin): Entwicklung des Elektronenmikroskops. **G. Binnig** und **H. Rohrer** (IBM, Rüschlikon bei Zürich): Konstruktion des Raster-Tunnel-Mikroskops.
D. Cram (Los Angeles), **J.-M. Lehn** (Straßburg) und **Ch. Pedersen** (Dupont, Wilmington): Entwicklung und Verwendung von Molekülen mit strukturspezifischer Wirkung von hoher Selektivität.	1987	**J. G. Bednorz** und **K. A. Müller** (IBM, Rüschlikon bei Zürich): Entdeckung von Hochtemperatur-Supraleitern.
R. Huber (München-Martinsried), **J. Deisenhofer** (Dallas, USA), **H. Michel** (Frankfurt): Bestimmung der dreidimensionalen Struktur eines photosynthetischen Reaktionszentrums.	1988	**L. M. Ledermann** (Batavia, Illinois), **M. Schwartz** (Mountain View, Kalifornien), **J. Steinberger** (CERN in Genf): Entwicklung der Neutrino-Strahlenmethode. Nachweis der Paar-Struktur der Leptonen durch Entdeckung des Myonneutrinos.
S. Altmann (Montreal, Kanada), **R. Ceck** (Chicago, USA): Nachweis der enzymatischen Wirksamkeit von Ribonukleinsäure (RNS).	1989	**N. F. Ramsey** (Cambridge, USA): Methode voneinander getrennter oszillierender Felder und ihre Anwendung auf den Wasserstoffmaser und andere Atomuhren. **W. Paul** (Bonn) und **H. G. Dehmelt** (Washington, USA); Entwicklung der Ionenkäfigtechnik.
E. J. Corey (Cambridge, USA): Entwicklung von Methoden der experimentellen und computergesteuerten Synthese natürlicher Wirkstoffe.	1990	**G. E. Friedman**, **H. W. Kendall** (beide Cambridge, USA), **R. E. Taylor** (Dentford, USA): Experimentelle Bestätigung des Quarkmodells in der Teilchenphysik durch Studien der unelastischen Streuung von Elektronen an Protonen und Neutronen.
R. R. Ernst (ETH Zürich): Bahnbrechende Beiträge zur Entwicklung der Methode hochauflösender NMR-Spektroskopie.	1991	**P.-G. de Gennes** (Paris): Verallgemeinerung von Methoden zur Beschreibung der Ordnung in einfachen Systemen wie Flüssigkristallen, Polymeren, Supraleitern.
R. A. Marcus (Pasadena, USA): Entwicklung einer Theorie („Marcus-Theorie") der Elektronenübergangs-Reaktionen in chemischen Systemen.	1992	**G. Charpak** (CERN, Genf): Erfindung und Entwicklung von Teilchen-Detektoren auf dem Gebiet der Hochenergiephysik.
K. B. Mullis (San Diego, USA): Erfindung der Polymerase-Kettenreaktion (PCR). **M. Smith** (Vancouver, USA): Entwicklung der ortspezifischen Mutation.	1993	**R. A. Hulse, J. H. Taylor** (beide New Jersey, USA): Entdeckung eines Doppelpulsars („Hulse-Taylor-Pulsar").
G. A. Olah (Los Angeles): Bahnbrechende Arbeiten über die Struktur, Eigenschaften und Reaktionen von Carbokationen.	1994	**B. Brockhouse** (Kanada) und **C. Shull** (USA): Bahnbrechende Leistungen bei der Entwicklung von Neutronen-Streuungstechniken.

Personenregister

Die Kursivzahlen verweisen auf Literaturzitate, die römischen Zahlen auf den Vorspann.

A

B

C

D

G

H

I

J

K

N

Q

R

S

T

U

V

Sachregister

Die Umlaute Ä (ä), Ö (ö) und Ü (ü) sind in der alphabetischen Reihenfolge bei Ae (ae), Oe (oe) und Ue (ue) eingeordnet. Fettgedruckte Seitenzahlen oder Seitenzahlen mit nachfolgendem „f" verweisen, wo erforderlich, auf wichtigere Stellen oder längere Ausführungen. Aus Eigenschafts- und Hauptwort zusammengesetzte Begriffe sind häufig nur unter dem Hauptwort eingeordnet (z.B. sekundäre Arsenate bei Arsenate, sekundäre).
Tafel I siehe vorderer Buchdeckel, Tafel VI siehe hinterer Buchdeckel; Tafel II siehe S. XXXIV, Tafel III siehe S. XXXVII, Tafel IV siehe S. XXXVIII, Tafel V siehe S. XXXIX.
Folgende Abkürzungen werden häufig verwendet:

a.	als, an, aus	galv.	galvanisch	quant.	quantitativ
Abh.	Abhängigkeit	grav.	gravimetrisch	rad.	radial
allg.	allgemein	halt.	haltig	rel.	relativ
analyt.	analytisch	Hauptgrp.	Hauptgruppe(n)	s.	siehe
and.	andere	Herst.	Herstellung	s.a.	siehe auch
AO	Atomorbital	i.	in, im	SB	Säure-Base
asymm.	asymmetrisch	kinet.	kinetisch	spez.	spezifisch
Ausw.	Auswirkung	krit.	kritisch	symm.	symmetrisch
b.	bei, beim	Konfig.	Konfiguration	syst.	systematisch
Beisp.	Beispiel	künstl.	künstlich	Tab.	Tabelle
Best.	Bestimmung	m.	mit, mittels	techn.	technisch
biol.	biologisch	magn.	magnetisch	therm.	thermisch
chem.	chemisch	mittl.	mittlerer	thermodyn.	thermodynamisch
chrom.	chromatographisch	MO	Molekülorbital	theoret.	theoretisch
CT	Charge-Transfer	mol.	molar	u.	und
d.	der, die, das, durch	n.	nach	ü.	über
Darst.	Darstellung	Nachs.	Nachsilbe	ungewöhnl.	ungewöhnlich
Eigensch.	Eigenschaft(en)	Nachw.	Nachweis	v.	von, vor
Einh.	Einheit	nat.	natürlich	Verb.	Verbindung(en)
elektr.	elektronisch, elektrisch	Nebengrp.	Nebengruppe(n)	Vergl.	Vergleich
elektrolyt.	elektrolytisch	org.	organisch	Vors.	Vorsilbe
Elem.	Element	phys.	physikalisch	z.	zu, zum, zur
experim.	experimentell	Prod.	Produkt	Zusammenh.	Zusammenhang
f.	für	proz.	prozentual	zw.	zwischen
frakt.	fraktionierend	qual.	qualitativ		

A

B

C

D

E

F

H

I

J

K

L

M

N

O

P

Q

R

S

T

U

V

W

X

Y

Tafel VI Komb

	0. Gruppe	I. Gruppe	II. Gruppe		III. Gruppe
1. Periode					
2. Periode	2 **He** 4.002602	3 **Li** 6.941	4 **Be** 9.012182		5 **B** 10.811
3. Periode	10 **Ne** 20.1797	11 **Na** 22.989768	12 **Mg** 24.3050		13 **Al** 26.981539
4. Periode	18 **Ar** 39.948	19 **K** 39.0983	20 **Ca** 40.078	Übergangselemente	31 **Ga** 69.723
5. Periode	36 **Kr** 83.80	37 **Rb** 85.4678	38 **Sr** 87.62		49 **In** 114.818
6. Periode	54 **Xe** 131.29	55 **Cs** 132.90543	56 **Ba** 137.327		81 **Tl** 204.3833
7. Periode	86 **Rn** *222.017574*	87 **Fr** *223.019734*	88 **Ra** *226.025406*		113 –
	0. Gruppe	I. Gruppe	II. Gruppe		III. Gruppe

Übergangselemente

(radioaktive Elemente: rot; vgl. Tafel I)

						21 **Sc** 44.955910
26 **Fe** 55.845	27 **Co** 58.93320	28 **Ni** 58.6934	29 **Cu** 63.546	30 **Zn** 65.39	Hauptgruppenelemente	39 **Y** 88.90585
44 **Ru** 101.07	45 **Rh** 102.90550	46 **Pd** 106.42	47 **Ag** 107.8682	48 **Cd** 112.411		57–71 **La + Lanthanoi** 138.9055–174.96
76 **Os** 190.23	77 **Ir** 192.217	78 **Pt** 195.08	79 **Au** 196.96654	80 **Hg** 200.59		89–103 **Ac + Actinoide** *227.0275–260.10*
108 **Eka-Os** *265*	109 **Eka-Ir** *268*	110 **Eka-Pt** *271*	111 **Eka-Au** *272*	112 **Eka-Hg**		

Lanthanoide

57 **La**$^{3+}$ 138.9055	58 **Ce**$^{3+}$ 140.115	59 **Pr**$^{3+}$ 140.90765	60 **Nd**$^{3+}$ 144.24	61 **Pm**$^{3+}$ *146.91515*	62 **Sm**$^{3+}$ 150.36	63 **Eu**$^{3+}$ 151.965	64 **Gd**$^{3+}$ 157.25
64 **Gd**$^{3+}$ 157.25	65 **Tb**$^{3+}$ 158.92534	66 **Dy**$^{3+}$ 162.50	67 **Ho**$^{3+}$ 164.93032	68 **Er**$^{3+}$ 167.26	69 **Tm**$^{3+}$ 168.93421	70 **Yb**$^{3+}$ 173.04	71 **Lu**$^{3+}$ 174.967